Wendehorst

# Bautechnische Zahlentafeln

Herausgegeben von
Prof. Dr.-Ing. Otto W. Wetzell

In Verbindung mit dem
DIN Deutsches Institut für Normung e.V.

Bearbeitet von
Prof. Dipl.-Ing. Hubert Achten
Prof. Dr.-Ing. Ernst Biener
Prof. Dr.-Ing. Helmut Dieler
Prof. Dr.-Ing. Gerhard Haße
Prof. Dr.-Ing. Richard Jenisch
Prof. Dr.-Ing. Wolfgang Krings
Prof. Dr.-Ing. Otto Maas
Prof. Dr.-Ing. Walther Mann
Prof. Dipl.-Ing. Henning Natzschka
Prof. Dr.-Ing. Helmuth Neuhaus
Prof. Dipl.-Ing. Albrecht Thiele
Prof. Dr.-Ing. Otto W. Wetzell

27., neubearbeitete und erweiterte Auflage
Mit 2732 Bildern und 245 Beispielen

**1996**

**B. G. Teubner Stuttgart**
**Beuth Berlin Wien Zürich**

# Vorwort

Bei der Bearbeitung der 27. Auflage dieses Standardwerkes der Bautechnik wurden die neuesten Ausgaben aller relevanten deutschen und europäischen Normen und sonstigen technischen Regelwerke verwendet.

Dabei führt die fortschreitende Entwicklung der europäischen Normen – Eurocodes – zu erheblich wachsenden Umfangsanteilen in diesem Buch, während die nationalen Normen uneingeschränkt ihre Bedeutung behalten haben. Besonders der *Eurocode 5 Holzbau*, mit eigenem Registerabschnitt, und der *Eurocode 7 Geotechnik* in Verbindung mit der *DIN 1054-100* haben den Umfang des Werkes wesentlich erweitert. Aber solange nach nationalen und europäischen Normen gebaut werden darf, müssen die Bautechnischen Zahlentafeln dem Studierenden wie dem praktizierenden Bauingenieur beide Vorschriftensysteme in der bewährt handlichen Form zur Verfügung stellen. Übergangszeiten sind nie einfach.

Von den vielen Neuerungen, die den Bautechnischen Zahlentafeln zugute gekommen sind, sei die tiefgreifende Bearbeitung des Abschnittes Statik hervorgehoben Dieser Abschnitt wurde – unter Beibehaltung bewährter Teile – neu gefaßt, wob nun auch die Festigkeitslehre angemessen berücksichtigt ist. Der Abschnitt Sta beton nach DIN 1045 wurde neu geordnet, um dem Anwender eine bessere Fi rung durch dieses Kernfach des konstruktiven Ingenieurbaus zu geben.

Herzlich gedankt sei all denen, die durch ihre Anregungen zur Fortentwicklung Bautechnischen Zahlentafeln beigetragen haben. Verlag und Autoren sind a weiterhin für jeden Hinweis auf Möglichkeiten der Verbesserung dieses Wer dankbar.

Münster, im Sommer 1996 | Otto W. Wetz

Die Deutsche Bibliothek – CIP-Einheitsaufnahme

**Wendehorst, Reinhard:**
Bautechnische Zahlentafeln : mit 245 Beispielen / Wendehorst.
Hrsg. von Otto W. Wetzell. In Verbindung mit dem DIN,
Deutsches Institut für Normung e.V. Bearb. von Hubert Achten
... – 27., neubearb. und erw. Aufl. – Stuttgart : Teubner ; Berlin
; Köln : Beuth, 1996
ISBN 3-519-15002-6 (Teubner)
ISBN 3-410-13722-X (Beuth)
NE: Achten, Hubert [Bearb.]



Printed in Germany
Gesamtherstellung: Universitätsdruckerei H. Stürtz AG, Würzburg
Einbandgestaltung: Peter Pfitz, Stuttgart

# Griechisches Alphabet

| | | | |
|---|---|---|---|
| α Α | β Β | γ Γ | δ Δ |
| *a* Alpha | *b* Beta | *g* Gamma | *d* Delta |
| ε Ε | ζ Ζ | η Η | ϑ Θ |
| *ĕ* Epsilon | *z* Zeta | *ē* Eta | *th* Theta |
| ι Ι | ϰ Κ | λ Λ | μ Μ |
| *i* Iota | *k* Kappa | *l* Lambda | *m* Mü |
| ν Ν | ξ Ξ | ο Ο | π Π |
| *n* Nü | *x* Ksi | *ŏ* Omikron | *p* Pi |
| ϱ Ρ | σ Σ | τ Τ | υ Υ |
| *r* Rho | *s* Sigma | *t* Tau | *ü* Ypsilon |
| φ Φ | χ Χ | ψ Ψ | ω Ω |
| *ph* Phi | *ch* Chi | *ps* Psi | *ō* Omega |

# SI-Einheiten nach DIN 1301 T1 (2.78)

**SI-Einheiten** sind nur die **Basiseinheiten** (Tafel 1) und die daraus kohärent (mit dem Zahlenfaktor 1) **abgeleiteten Einheiten** (Beispiele s. Tafel 2).

**Tafel 1 SI-Basiseinheiten**

| Basisgröße | Basiseinheit | |
|---|---|---|
| | Name | Zeichen |
| Länge | das Meter | m |
| Masse | das Kilogramm | kg |
| Zeit | die Sekunde | s |
| elektrische Stromstärke | das Ampere | A |
| thermodynamische Temperatur | das Kelvin[1]) | K |
| Stoffmenge | das Mol | mol |
| Lichtstärke | die Candela | cd |

[1]) Bei Angabe von Celsius-Temperaturen wird der besondere Name Celsius (Einheitenzeichen: °C) anstelle von Kelvin benutzt.

**Tafel 2 Abgeleitete SI-Einheiten mit besonderem Namen und Zeichen**

| Größe | SI-Einheit | | Beziehung |
|---|---|---|---|
| | Name | Zeichen | |
| ebener Winkel | der Radiant | rad | 1 rad = 1 m/m |
| Raumwinkel | der Steradiant | sr | 1 sr = 1 $m^2/m^2$ |
| Kraft | das Newton | N | 1 N = 1 $kg \cdot m/s^2$ |
| Druck, mechanische Spannung | das Pascal | Pa | 1 Pa = 1 $N/m^2$ |
| Energie, Arbeit, Wärmemenge | das Joule | J | 1 J = 1 N·m = 1 W·s |
| Leistung, Wärmestrom | das Watt | W | 1 W = 1 J/s |
| Lichtstrom | das Lumen | lm | 1 lm = 1 cd·sr |
| Beleuchtungsstärke | das Lux | lx | 1 lx = 1 $lm/m^2$ |

**Tafel 3 International festgelegte Vorsätze** (SI-Vorsätze)

| Faktor | Vorsatz | | Faktor | Vorsatz | | Faktor | Vorsatz | | Faktor | Vorsatz | |
|---|---|---|---|---|---|---|---|---|---|---|---|
| | Name | Zeichen | | Name | Zeichen | | Name | Zeichen | | Name | Zeichen |
| $10^{-18}$ | Atto | a | $10^{-6}$ | Mikro | µ | $10^{1}$ | Deka | da | $10^{9}$ | Giga | G |
| $10^{-15}$ | Femto | f | $10^{-3}$ | Milli | m | $10^{2}$ | Hekto | h | $10^{12}$ | Tera | T |
| $10^{-12}$ | Piko | p | $10^{-2}$ | Zenti | c | $10^{3}$ | Kilo | k | $10^{15}$ | Peta | P |
| $10^{-9}$ | Nano | n | $10^{-1}$ | Dezi | d | $10^{6}$ | Mega | M | $10^{18}$ | Exa | E |

Das Vorsatzzeichen bildet zusammen mit dem Einheitenzeichen, mit dem es ohne Zwischenraum geschrieben oder gesetzt wird, das Zeichen einer eigenen Einheit.

**Tafel 4 Einheiten außerhalb des SI**

| Größe | Einheitenname | Einheitenzeichen | Definition |
|---|---|---|---|
| ebener Winkel | Vollwinkel | – | 1 Vollwinkel = 2π rad |
| | Gon | gon | 1 gon = (π/200) rad |
| | Grad | ° [1]) | 1° = (π/180) rad |
| | Minute | ′ [1]) | 1′ = (1/60)° |
| | Sekunde | ″ [1]) | 1″ = (1/60)′ |
| Volumen | Liter | l | 1 l = 1 $dm^3$ |
| Zeit | Minute | min [1]) | 1 min = 60 s |
| | Stunde | h [1]) | 1 h = 60 min |
| | Tag | d [1]) | 1 d = 24 h |
| | Gemeinjahr | a [1]) | 1 a = 365 d = 8760 h |
| Masse | Tonne | t | 1 t = $10^3$ kg = 1 Mg |
| Druck | Bar | bar | 1 bar = $10^5$ Pa |

[1]) Nicht mit Vorsätzen verwenden.

# Bauzeichnungen

Bearbeitet von Prof. Dr.-Ing. Otto W. Wetzell

## Inhalt

## Technische Baubestimmungen

| | | | |
|---|---|---|---|
| DIN 6 | T1 | (12.86) | Darstellung in Normalprojektion, Ansichten und besondere Darstellungen |
| | T2 | (12.86) | — — —, Schnitte |
| DIN 201 | | (5.90) | Technische Zeichnungen, Schraffuren |
| DIN 406 | T10 | (12.92) | Maßeintragung, Begriffe, allg. Grundlagen |
| | T11 | (12.92) | —, Grundlagen der Anwendung |
| | T12 | (12.92) | —, Eintragung von Toleranzen für Längen- und Winkelmaße |
| DIN 824 | | (3.81) | Faltung auf Ablageformat |
| DIN 1356 | T1 | (2.95) | Bauzeichnungen, Arten, Inhalte und Grundregeln der Darstellung |
| | T2 | (E10.88) | —, Zeichnungen für die Objektplanung, Arten und Anforderungen |
| | T3 | (E10.88) | —, Zeichnungen für die Tragwerksplanung im Massivbau, Arten und Anforderungen |
| | T10 | (2.91) | —, Bewehrungszeichnungen |
| DIN ISO 4069 | | (8.84) | Zeichnungen für das Bauwesen, Darstellung von Flächen in Schnitten und Ansichten, Allgemeine Grundregeln |
| DIN ISO 4157 | T1 | (1.84) | Zeichnungen für das Bauwesen, Bezeichnung von Gebäuden und Teilen von Gebäuden |
| | T2 | (9.85) | Zeichnungen für das Bauwesen, Bezeichnungen von Räumen |
| DIN ISO 5261 | | (2.83) | Technische Zeichnungen für den Metallbau |
| DIN ISO 5261 | | (E2.93) | Vereinfachte Darstellung und Maßeintragung von Stäben und Profilen |
| DIN ISO 5455 | | (12.79) | Technische Zeichnungen, Maßstäbe |
| DIN ISO 5456 | T1 | (E6.92) | Projektionsmethoden, Übersicht |
| | T2 | (E6.92) | —, Orthographische Darstellungen |
| | T3 | (E6.92) | —, Axonometrische Darstellungen |
| | T4 | (E6.92) | —, Zentralprojektion |
| DIN ISO 6284 | | (E7.94) | Zeichnungen für das Bauwesen; Eintragung von Grenzabständen |
| DIN 6771 | T1 | (12.70) | Schriftfelder für Zeichnungen, Pläne und Listen |
| | T2 | (2.87) | Vordrucke für technische Unterlagen, Stückliste |
| | T5 | (10.77) | — — — —, Schaltpläne |
| | T6 | (4.88) | — — — —, Zeichnungen |
| DIN 6776 | T1 | (4.76) | Beschriftung, Schriftzeichen |
| | Bbl 1 | (4.76) | — —, Hilfsnetze für Schrift A |
| | Bbl 2 | (4.76) | — —, — für Schrift B |
| DIN ISO 7518 | | (11.86) | Zeichnungen für das Bauwesen, Vereinfachte Darstellung von Abriß und Wiederaufbau |
| DIN ISO 8560 | | (1.89) | Darstellung von modularen Größen, Linien und Rastern |
| DIN ISO 7519 | | (9.92) | Zeichnungen für das Bauwesen, Allgemeine Grundlagen für Anordnungspläne und Zusammenbauzeichnungen |
| DIN ISO 9431 | | (12.91) | Anordnung von Darstellungen, Texten und Schriftfeldern auf Zeichnungsvordrucken |
| DIN ISO 10209-2 | | (12.94) | Begriffe; Begriffe für Projektionsmethoden |
| DIN 18000 | | (5.84) | Modulordnung im Bauwesen |

# 1 Elemente der zeichnerischen Darstellung

## 1.1 Blattgrößen, Zeichenflächen, Schriftfeld und Faltungen

Blattgrößen und Zeichenflächen sind vorzugsweise nach DIN 6771 Teil 6 zu wählen, s. Tafel 1. Für Faltungen gilt DIN 824, s. Tafel 1.

**Tafel 1a Blattgrößen und Faltungen** (Maße in mm)

| Format und Blattgröße[1]) | Faltungsschema | Format und Blattgröße[1]) | Faltungsschema |
|---|---|---|---|
| A0<br>841 × 1189 | 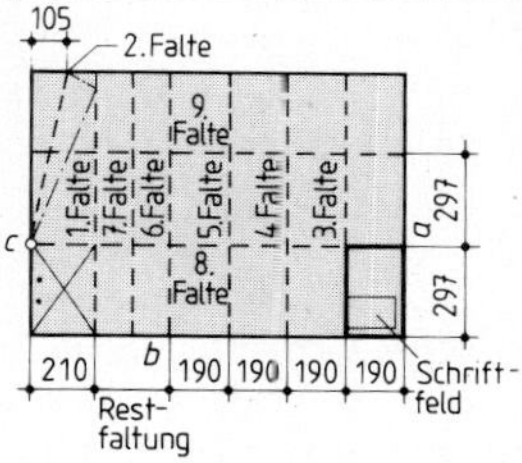 | A1<br>594 × 841 | 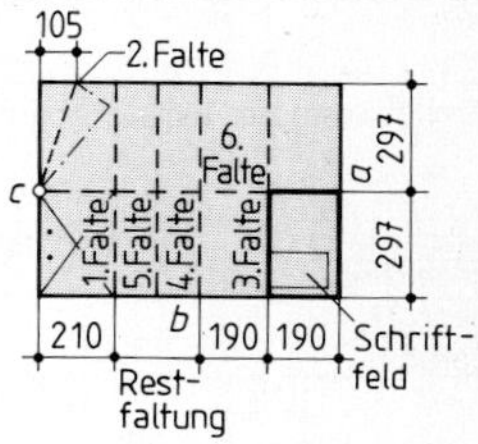 |
| A2<br>420 × 594 | 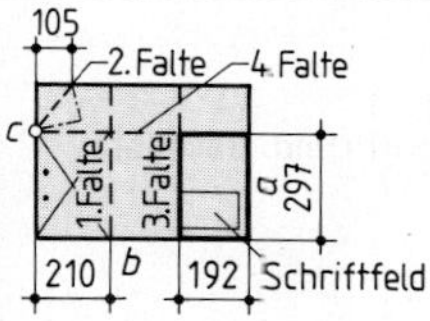 | A3<br>297 × 420 | 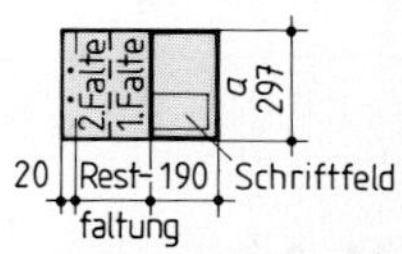 |
| A4<br>210 × 297 | 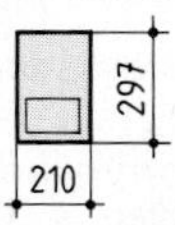 | 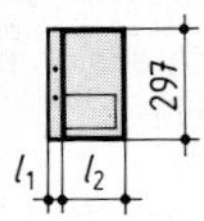 | Maße an der Zeichnung fertig gefaltet zum Einheften (siehe unten) |













Maße an der Zeichnung fertig gefaltet zum Einheften

| Format | $l_1$ | $l_2$ |
|---|---|---|
| A0 A1 A3 | 20 | 190 |
| A2 | 18 | 192 |

Faltmarken an den Blatträndern angeben

[1]) Maße der beschnittenen Zeichnung bzw. beschnittenen Lichtpause

**Tafel 1b Zeichenfläche**

| Format | A4 | A3 | A2 | A1 | A0 |
|---|---|---|---|---|---|
| Zeichenfläche nach DIN 823 (5.80) | 200 × 287 | 287 × 410 | 410 × 584 | 584 × 831 | 831 × 1179 |

Jedes Blatt erhält in der Regel ein Schriftfeld mit oder ohne Rand in der rechten unteren Ecke. Es enthält:

- Namen des Bauherrn
- die Bezeichnung des Projektes, Bauteiles
- Datum
- Name des für die Zeichnung Verantwortlichen/Verfassers mit Prüf- und Anerkennungsvermerken
- Art und Inhalt der Bauzeichnung
- Maßstab
- Änderungsvermerk mit Datum
- Toleranzen und dergleichen.

Bild 1 zeigt ein Beispiel.

**Bild 1**
**Schriftfeld, Beispiel**

## 1.2 Maßeinheiten und Maßstäbe

Die Wahl der Maßeinheiten richtet sich nach der Art des Bauwerks und der Bauart. Tafel 2a zeigt die Möglichkeiten.

**Tafel 2a Maßeinheiten**

| | | 1 | 2 | 3 | 4 |
|---|---|---|---|---|---|
| | Maßeinheit, Bemaßung in | Maße unter 1 m z. B. | | | Maße über 1 m z. B. |
| 1 | cm | 5 | 24 | 88,5 | 313,5 |
| 2 | m und cm | 5 | 24 | $88^5$ | $3{,}13^5$ |
| 3 | mm | 50 | 240 | 885 | 3135 |

Maßstäbe sind vorzugsweise nach DIN ISO 5455 zu wählen, s. Tafel 2b. Darüber hinaus darf auch die Maßstabsreihe 1 : 2,5; 1 : 25; 1 : 250 usw. verwendet werden. Der verwendete Maßstab wird im Schriftfeld notiert. Werden mehrere Maßstäbe in einer Zeichnung verwendet, so werden die abweichenden Maßstäbe an die zugehörigen Zeichnungsteile geschrieben.

**Tafel 2b Maßstäbe**

| Kategorie | Empfohlene Maßstäbe | | | Bemerkung |
|---|---|---|---|---|
| Vergrößerungsmaßstäbe | 50 : 1<br>5 : 1 | 20 : 1<br>2 : 1 | 10 : 1 | Der Maßstab ist das Verhältnis der in einer Originalzeichnung dargestellten linearen Maße eines Bereiches zur wirklichen Abmessung desselben Bereiches eines Gegenstandes.<br>Er wird größer, wenn sein Verhältniswert zunimmt.<br>Er wird kleiner, wenn sein Verhältniswert abnimmt. |
| Natürlicher Maßstab | | | 1 : 1 | |
| Verkleinerungsmaßstäbe | 1 : 2<br>1 : 20<br>1 : 200<br>1 : 2000 | 1 : 5<br>1 : 50<br>1 : 500<br>1 : 5000 | 1 : 10<br>1 : 100<br>1 : 1000<br>1 : 10000 | |

## 1.3 Linienarten und Linienbreiten

Für Bauzeichnungen sind die Linienarten der Tafel 3 anzuwenden, s.a. DIN 15 T1. Linienbreiten sind vorzugsweise nach Tafel 4 zu wählen.
Die Anwendungsbereiche sind in den Tafeln 5 und 6 angegeben.

**Tafel 3a Linienarten**

| | |
|---|---|
| ———————— | Vollinie |
| – – – – – – – – – | Strichlinie |
| —·—·—·—·— | Strichpunktlinie |
| ~~~~~~~~ | Freihandlinie |

**Tafel 3b Strichlinie und Strichpunktlinie**

| Linienart | | Strichlinie breit | Strichlinie schmal | Strichpunktlinie schmal | Strichpunktlinie breit |
|---|---|---|---|---|---|
| Länge des langen Striches | ≈ | 10 *d* | 20 *d* | 40 *d* | 20 *d* |
| Länge des kurzen Striches (Punktes) und/oder des Abstands | ≈ | 2,5 *d* | 5 *d* | 5 *d* | 2,5 *d* |

**Tafel 4 Linienbreiten**

| Linienbreite (*d*) mm | 0,13 | 0,18 | **0,25** | **0,35** | **0,5** | **0,7** | 1 | 1,4 | 2 |
|---|---|---|---|---|---|---|---|---|---|

Fettgedruckte Maße sind zu bevorzugen. Abstufungsverhältnis der Linienbreiten: DIN 15 = 1 : 0,7 : 0,5 DIN 1356 = 2 : 1 : 0,5. Die Liniengruppen 0,7 und 0,5 sind vorzugsweise anzuwenden. Die Breite der Linien springt in allen Zeichnungen von der Außenkante der Begrenzung nach innen, damit das genaue Außenmaß des Bauteils erhalten bleibt.

**Tafel 5 Linienbreiten in mm und Anwendung allgemein**

| Linienart | Anwendungsbereich allgemein | Liniengruppe I*) | II | III*) | IV**) |
|---|---|---|---|---|---|
| | | Zuordnung zu Maßstab | | | |
| | | ≦1:100 | | ≧1:50 | |
| | | Linienbreite | | | |
| Vollinie breit | Begrenzung von Schnittflächen | 0,5 | 0,7 | 1,0 | 1,4 |
| Vollinie schmal | Sichtbare Kanten und sichtbare Umrisse von Bauteilen, Begrenzung von Schnittflächen schmaler oder kleiner Bauteile | 0,25 | 0,35 | 0,5 | 0,7 |
| Vollinie fein | Maß-, Maßhilfs-, Hinweis-, Lauflinien, Begrenzung von Ausschnittdarstellungen, vereinfachte Darstellungen | 0,18 | 0,25 | 0,35 | 0,5 |
| Strichlinie schmal | Verdeckte Kanten und Umrisse von Bauteilen | 0,25 | 0,35 | 0,5 | 0,7 |
| Strichpunktlinie breit | Kennzeichnung der Lage der Schnittebenen | 0,5 | 0,7 | 1,0 | 1,4 |
| Strichpunktlinie fein | Achsen | 0,18 | 0,25 | 0,35 | 0,5 |
| Punktlinie | Bauteile vor bzw. über der Schnittebene | 0,25 | 0,35 | 0,5 | 0,7 |
| Maßzahlen | Linienbreite | 0,18 | 0,25 | 0,35 | 0,5 |
| | Schriftgröße | 2,5 | 3,5 | 5,0 | 7,0 |

*) Die Liniengruppe I ist nur dann anzuwenden, wenn eine Zeichnung angefertigt mit der Liniengruppe III im Verhältnis 2:1 verkleinert wurde, und die Verkleinerung weiterbearbeitet werden soll. In der Zeichnung mit der Liniengruppe III ist dann für die Schriftgröße der Maßzahlen 0,5 mm zu wählen. Die Liniengruppe I erfüllt nicht die Anforderungen der Mikroverfilmung.
**) Die Liniengruppe IV ist für Ausführungszeichnungen anzuwenden, wenn eine Verkleinerung, z.B. vom Maßstab 1:50 in den Maßstab 1:100 vorgesehen ist, und die Verkleinerung den Anforderungen der Mikroverfilmung zu entsprechen hat. Die Verkleinerung kann dann ggf. mit den Breiten der Liniengruppe II weiterbearbeitet werden.

**Tafel 6 Stricharten und Strichstärken und wichtigste Anwendung bei Zeichnungen der Tragwerksplanung**

| Linienarten | Wichtigste Anwendung bei Schalplänen und Rohbauzeichnungen | Wichtigste Anwendung bei Bewehrungszeichnungen | Liniengruppe IV | III | II | I | |
|---|---|---|---|---|---|---|---|
| | | | Maßstab der Zeichnung | | | | |
| | | | 1:1 | 1:5<br>1:10 | 1:50 | 1:100 | 1:200 |
| | | | Vorzugsweise zu wählende Linienbreite in mm | | | | |
| Vollinie breit<br>——— | Begrenzung von Flächen geschnittener Bauteile | Bewehrungsstäbe, unmaßstäbliche Stabform (Stabauszug) | 1,4 | 1 | 0,7 | 0,5 | 0,35 |
| Vollinie schmal<br>——— | Sichtbare Kanten von Bauteilen, Begrenzung schmaler oder kleiner Flächen geschnittener Bauteile, Maßzahlen, kleinste Beschriftung | Schalkanten (Ansichts- oder Schnittkanten), Umrisse der Formnummern, Umrisse der Betonstahlmatten | 0,7 | 0,5 | 0,35 | 0,25 | 0,18 |
| Vollinie fein<br>——— | Rasterlinien, Maßlinien, Maßhilfslinien, Hinweislinien, Pfeile, Lauflinien, Höhenlagen, Schraffuren, Hinweisschilder | Maßlinie Verlegelinie Diagonale bei Mattenkennzeichnung | 0,5 | 0,35 | 0,25 | 0,18 | 0,13 |
| Strichlinie schmal<br>– – – – | Unsichtbare Kanten von Bauteilen | Schalkanten (verdeckt) Anschlußbewehrung | 0,7 | 0,5 | 0,35 | 0,25 | 0,18 |
| Strichlinie fein<br>- - - - - - | Nebenrasterlinien | Suchlinie | 0,5 | 0,35 | 0,25 | 0,18 | 0,13 |
| Strichpunktlinie breit<br>—·— | Kennzeichnungen von Schnittebenen | Kennzeichnung von Schnitten | 1,4 | 1 | 0,7 | 0,5 | 0,35 |
| Strichpunktlinie schmal<br>—·— | Stoffachsen, Symmetrieachsen | Achsen Mattensymbol Spannglied (— ·· — ·· —) | 0,7 | 0,5 | 0,35 | 0,25 | 0,18 |
| Strichpunktlinie fein<br>—·— | Kennzeichnung von Änderungen im Schnittverlauf | — | 0,5 | 0,35 | 0,25 | 0,18 | 0,13 |
| Freihandlinie<br>~~~ | Kennzeichnung von Holz im Schnitt | — | 0,5 | 0,35 | 0,25 | 0,18 | 0,13 |
| Punktlinie fein<br>.......... | abzubrechende oder nebensächliche Bauteile, Bauteile vor bzw. über der Schnittebene | — | 0,7 | 0,5 | 0,35 | 0,25 | 0,18 |

## 1.4 Kennzeichnung von Schnittflächen

Schnittflächen sind durch breite Vollinien (feine Linien) besonders hervorzuheben und gemäß Tafel 7 zu kennzeichnen. Bauteile von Um- und Anbauten können auch gemäß Tafel 8 gekennzeichnet werden.

**Tafel 7 Kennzeichnung von Schnittflächen**

| Baustoff, Bauteil (ggf. ergänzt durch nähere Angaben | Art der Bauzeichnung | | | | | | |
|---|---|---|---|---|---|---|---|
| | Vorentwurfs-zeichnungen | Entwurfszeichnungen | | Ausführungszeichnungen | | Teilzeichnungen | |
| | Art der Darstellung | | | | | | |
| | | schwarz-weiß | farbig | schwarz-weiß | farbig | schwarz-weiß | farbig |
| Unbewehrter Beton | Einheitliche Kennzeichnung der Flächen | Falls erforderlich wie Ausführungszeichnungen behandeln | | | olivgrün | | olivgrün |
| Bewehrter Beton ohne Darstellung einer Bewehrung | | | | | blaugrün | | blaugrün |
| Mauerwerk aus künstlichen Steinen | | | | | braunrot | | |
| Betonfertigteile ohne Darstellung einer Bewehrung | | | | | violett | | violett |
| Holz in Schnittflächen | | | | | braun | | braun |
| Stahl im Schnitt | | | | | | | |
| Sperrschicht gegen Feuchtigkeit | | | | | | | |
| Dämmschicht gegen Schall, Wärme oder Kälte | | | | | | | |
| Putz, Mörtel | | | | | | | |
| Dichtstoffe | | | | | | | |
| Kies | | | | | | | |
| Boden | | | | | | | |
| Aufgefüllter Boden | | | | | | | |
| Nur für Um- und Anbauten vorzugsweise Baueingaben: Alte Bauteile im Schnitt | Falls erforderlich wie Entwurfszeichnungen behandeln | | grau | | grau | | grau |
| Neue Bauteile im Schnitt | | | braunrot | nach Baumaterial unterscheiden | | | |
| Abzubrechende Bauteile im Schnitt | | | gelb | | | | |
| Neue Bauteile in der Ansicht | | | braunrot nur lasierend | | | | |
| Abzutragender Boden Abzubrechende Bauteile in der Ansicht | | | gelb nur umrandet | | | | |

**Tafel 8 Darstellung von Um- und Anbauten**

**Umrisse, Maße und Information im Text**

| Absicht | zu machende Angabe in der bestehenden Zeichnung | zu machende Angabe in der neuen Zeichnung |
|---|---|---|
| Bestehender Teil, der erhalten bleiben soll | (keine Vereinbarung) | – schmale Linie |
| Bestehender Teil, der abgerissen werden soll |  |  – schmale Linie mit Kreuzen |
| Neuer Teil | – breite Linie<br>– Linie breiter als andere in derselben Zeichnung | – breite Linie |
| Bestehende Maße und Informationen, die erhalten bleiben sollen | (keine Vereinbarung) | 1370<br>INFORMATION |
| Maße und Informationen zu abzureißenden bestehenden Teilen [1] | ~~1370~~ ~~INFORMATION~~<br>– schmale Linie durch das Maß oder den Text | |
| Maße und Informationen für neue Teile | 1370 | INFORMATION |

**Darstellung von Bauwerken und Teilen von Gebäuden**

| Absicht | zu machende Angabe auf der bestehenden Zeichnung | zu machende Angabe auf der neuen Zeichnung |
|---|---|---|
| Bestehender, zu erhaltender Teil | (keine Vereinbarung) | 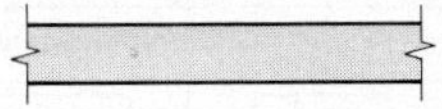 |
| Bestehender, abzureißender Teil | 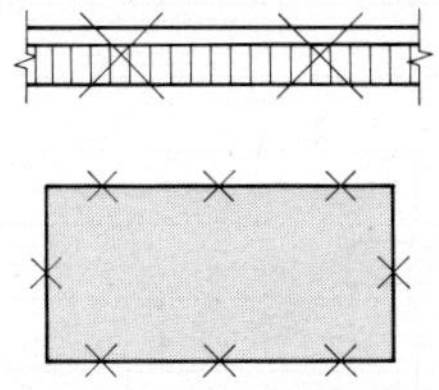 | 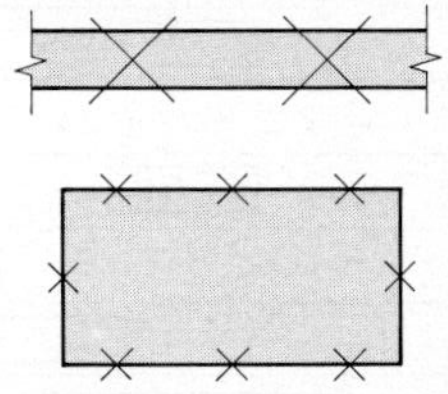 |
| Neuer Teil | 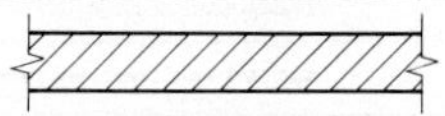 – Schraffur oder Schattierung, deutlich unterscheidbar von der bestehenden Schraffur | 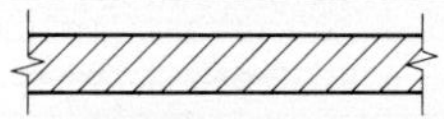 – Schraffur oder Schattierung in Übereinstimmung mit ISO 4069 |
| Schließung einer Öffnung im bestehenden Bauwerk |  – Schraffur oder Schattierung, deutlich unterscheidbar von der bestehenden Schraffur | 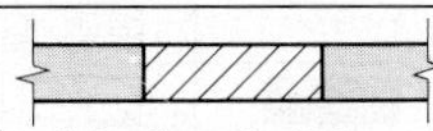 – Schraffur oder Schattierung in Übereinstimmung mit ISO 4069 |

[1]) Es kann nützlich sein, zwischen ursprünglichen und neuen Maßen und Textinformation zu unterscheiden. Dies kann durch verschiedene Schriftgrößen oder durch die Schreibweise der Ziffern und des Textes geschehen.

## 1.5 Bemaßung

Hinsichtlich der Bemaßung und Beschriftung soll das Schriftbild der DIN 6776 entsprechen.

Bemaßt werden Punkte, Schichten, Strecken und Winkel. Maße – in aller Regel Rohbaumaße – werden entweder zwischen den Begrenzungslinien der bemaßten Figur eingetragen oder mittels Maßhilfslinien herausgezogen.

Im Regelfall besteht die Bemaßung aus Maßzahl, Maßlinie, Maßlinienbegrenzung und ggf. Maßhilfslinie. Maßzahlen werden im Regelfall mittig über der zugehörigen durchgezogenen Maßlinie so angeordnet, daß sie in der Gebrauchslage der Zeichnung von unten bzw. von rechts zu lesen sind. Die Schriftgröße der Maßzahlen und die Linienbreite wird nach Tafel 9 gewählt.

**Tafel 9 Schriftgröße und Linienbreite von Maßzahlen in mm**

| | Schriftgröße | Linienbreite |
|---|---|---|
| für Darstellungen im Maßstab 1:50 und größer (z. B. 1:20) | 5,0 | 0,35 |
| für Darstellungen im Maßstab 1:100 und kleiner (z. B. 1:200) | 3,5 | 0,25 |

Maßlinien sind feine Vollinien. Sie werden zwischen den Begrenzungslinien des Objektes (z. B. Schnittfläche) oder zwischen Maßhilfslinien gezeichnet.

Als Maßlinienbegrenzung kann der Punkt oder der Schrägstrich gewählt werden. Ausnahmsweise werden auch Begrenzungspfeile verwendet. Für den Punkt wird ein Schreibgerät für die 1,5-fache Breite der breiten Linie gewählt (also ein Schreibgerät für 1,0 oder 1,4 mm Linienbreite). Der Schrägstrich wird als schmale Linie in Leserichtung (der Maßzahl) von links unten nach rechts oben geführt.

Bemaßt wird im allg. rechts von bzw. unter der bemaßten Figur. Bei mehreren parallelen Maßketten stehen zusammenfassende Maße außen. Wird in Grundrissen bei der Bemaßung von Wandöffnungen (z.B. Türen und Fenster) neben der Öffnungsbreite auch die Höhe angegeben, so steht die Höhenangabe unter der Maßlinie.

Höhen werden als Höhendifferenzen (mit Maßlinien) und als Höhenkoten mit Dreiecken angegeben, wobei die Dreiecksspitze die bemaßte Schicht berührt. Für Rohbaumaße werden schwarze Dreiecke verwendet, für Fertigmaße weiße Dreiecke, Tafel 10 und Bild 2. Im Regelfall hat die Oberfläche des fertigen Fußbodens im Erdgeschoß die Höhenlage ±0. Geschoßhöhen zählen von Oberkante fertiger Fußboden bis Oberkante fertiger Fußboden (des nächsten Geschosses). Brüstungshöhen zählen von Oberkante (OK) Rohdecke bis Unterkante der Mauerwerksöffnung (Rohbau). Rechteckquerschnitte werden durch Angabe von Breite/Höhe vermaßt (z.B. 8/16). Vor einer Durchmesserangabe steht das Zeichen ∅, vor einer Radiusangabe der Buchstabe R.

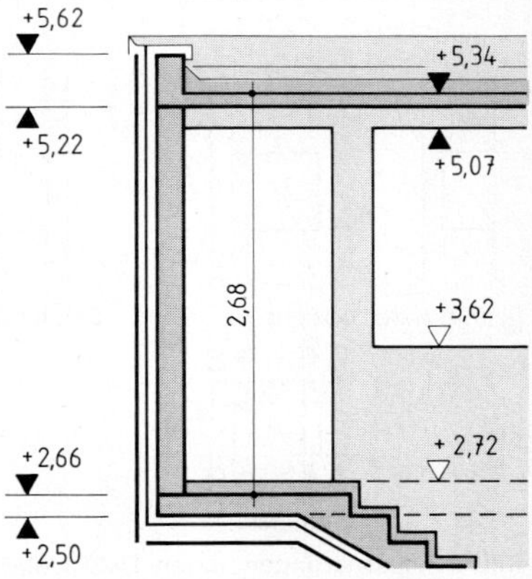


**Bild 2 Höhenangaben in Schnitten**

**Tafel 10 Höhenkoten, Symbole**

| Höhenangabe Oberfläche | | Höhenangabe Unterfläche | |
|---|---|---|---|
| Fertigkonstruktion | ▽ | Fertigkonstruktion | △ |
| Rohkonstruktion | ▼ | Rohkonstruktion | ▲ |

## 1.6 Darstellung von Treppen und Aussparungen

Bei Treppen im Grundriß wird neben den Stufen die Lauflinie gezeichnet. Sie beginnt in einem Kreis an der untersten Stufe (Antritt) und endet mit einem 45°-Pfeil an der obersten Stufe, (Austritt) Tafel 11.

Aussparungen, deren Tiefe kleiner ist als die Bauteiltiefe, werden durch einen (schmalen) Diagonalstrich von links unten nach rechts oben kenntlich gemacht, Bild 3. Aussparungen, deren Tiefe gleich der Bauteiltiefe ist (Durchbrüche), werden durch (schmale) Diagonalstriche kenntlich gemacht. Deckenöffnungen werden in Grundrissen auch durch Andeutung eines Schattens kenntlich gemacht.

**Tafel 11 Treppen und Rampen**

| | | |
|---|---|---|
| Einläufige Treppe<br>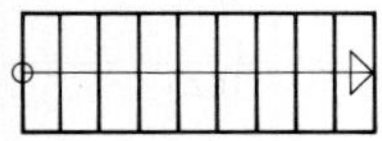 | Zweiläufige Treppe<br>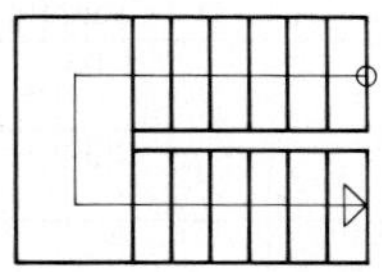 | Spindeltreppe<br>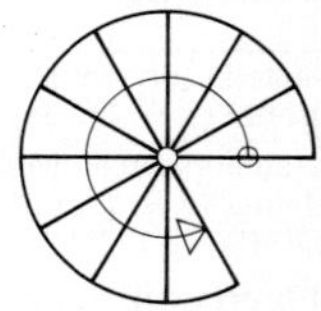 |
| Treppenlauf, horizontal geschnitten, mit darunterliegendem Lauf<br>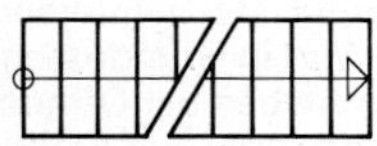 | Treppenlauf, horizontal geschnitten, mit Darstellung des Laufes oberhalb der Schnittebene (Grundriß Typ A)<br>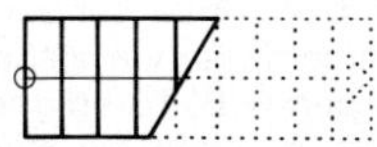 | Rampe, Darstellung von geschnittenen Rampen erfolgt sinngemäß der Darstellung von geschnittenen Treppen<br>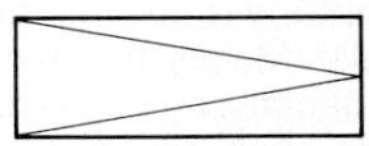 |

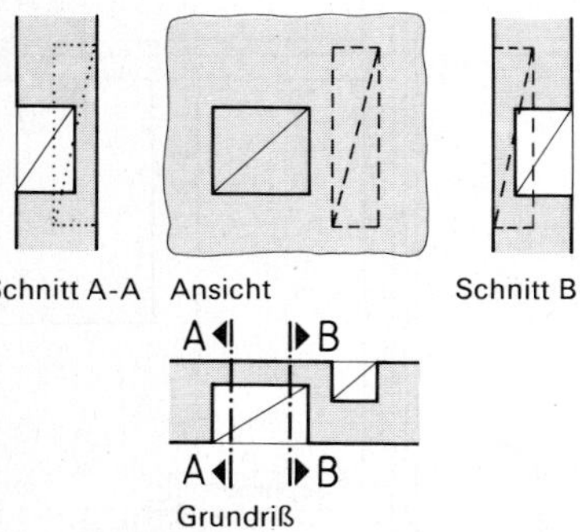


**Bild 3 Aussparungen, deren Tiefe kleiner als die Bauteiltiefe ist (Nischen)**

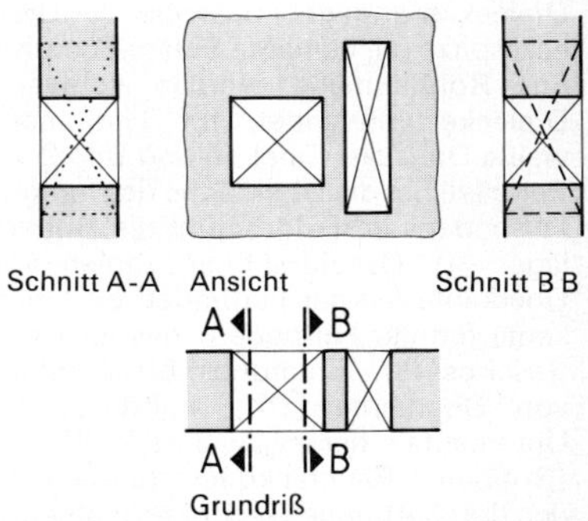


**Bild 4 Aussparungen deren Tiefe gleich der Bauteiltiefe ist (Durchbruch)**

## 1.7 Darstellung von Fenstern und Türen

Türen und Fenster werden in der Ansicht und im Grundriß wie in Tafel 12 gezeigt dargestellt.

**Tafel 12 Darstellung von Wandöffnungen in der Ansicht und im Grundriß**

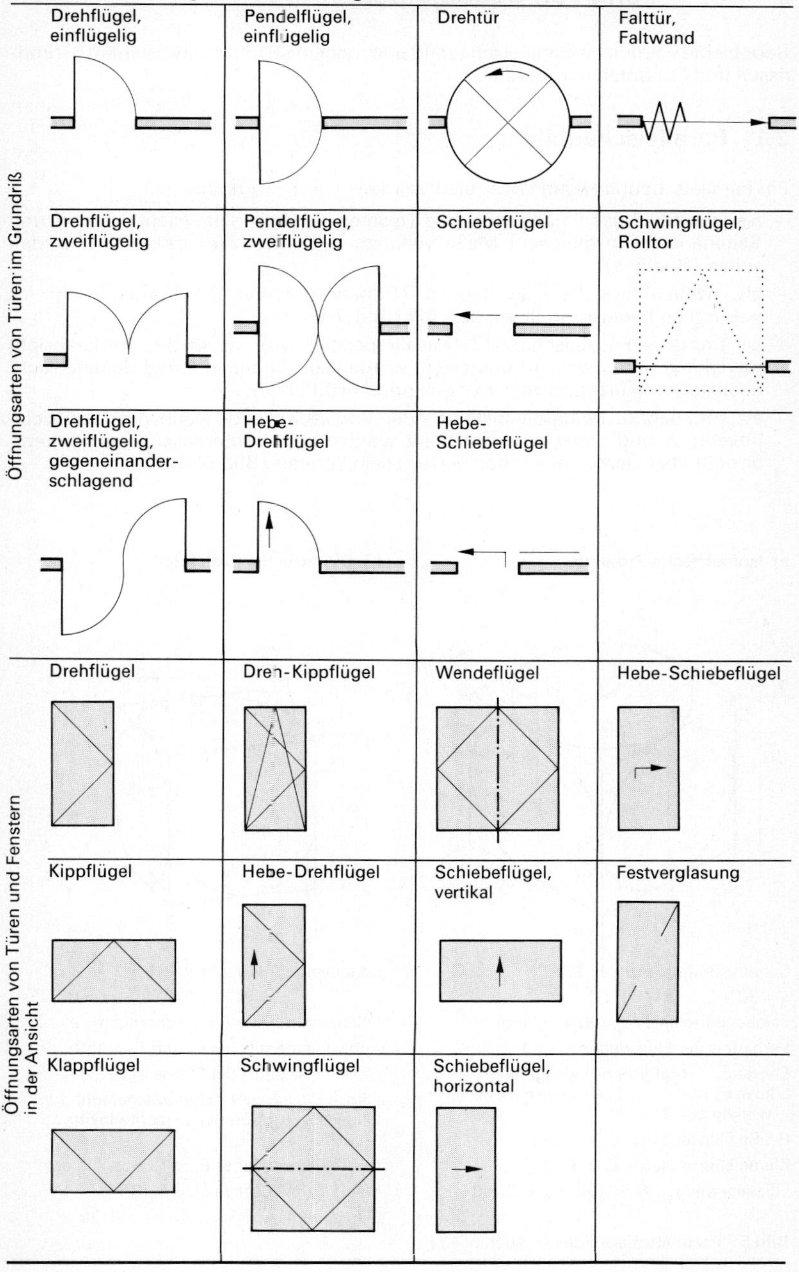

# 2 Darstellung von Bauobjekten

Bauobjekte werden als Parallelschaubild und/oder in Draufsicht, Ansichten, Grundrissen und Schnitten dargestellt.

## 2.1 Parallelschaubild

Ein Parallelschaubild kann konstruiert werden

- als gleichmaßiges Parallelschaubild (Isometrie), wenn Draufsicht, Vorder- und Seitenansicht in gleichem Maße verkürzt, aber unverzerrt dargestellt werden sollen (Bild 5, a),
- als zweimaßiges Parallelschaubild (Dimetrie), wenn die Vorderansicht als wesentlich herausgestellt werden soll (Bild 5, b)
- als frontales Parallelschaubild (Kavalierperspektive), wenn die Vorderansicht unverkürzt und unverzerrt dargestellt werden soll, Draufsicht und Seitenansicht aber stark verkürzt und verzerrt sein können (Bild 5, c),
- als sogenannte Militärperspektive oder Vogelschaubild, wenn die Draufsicht unverkürzt und unverzerrt dargestellt werden soll, Vorderansicht und Seitenansicht aber stark verkürzt und verzerrt sein können (Bild 5, d).

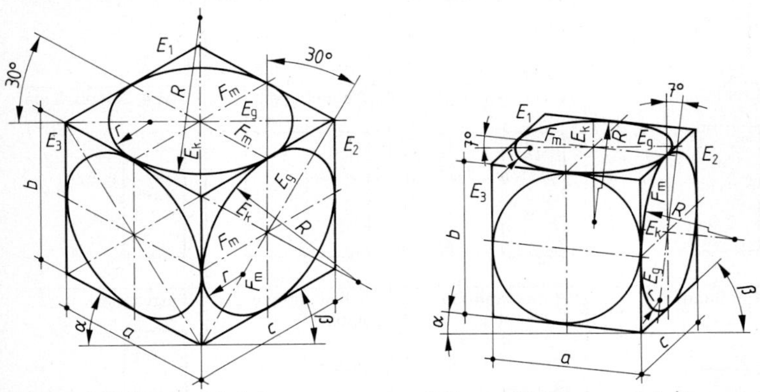


**a) Isometrische Projektion**

Seitenverhältnis $a:b:c = 1:1:1$

$\alpha = 30°$ $\beta = 30°$

Flächenmittellinie $F_m$ = Kantenlänge $a$

Verhältnis der Ellipsenachsen $\approx 1:1{,}7$

Ellipse $E_1$ ... große Achse waagerecht
Ellipse $E_2$ und $E_3$ ... große Achse rechtwinklig zu 30°

Große Ellipsenachse $E_g \approx 1{,}2 \cdot a$

Kleine Ellipsenachse $E_k \approx E_g : 1{,}7$

Ellipsenradien ... $R \approx 1{,}04 \cdot a$, $r \approx R:3{,}8$

**b) Dimetrische Projektion**

Seitenverhältnis $a:b:c = 1:1:{}^1/_2$

$\alpha = 7°$ $\beta = 42°$

Flächenmittellinie $F_m$ = Kantenlänge $a$

Achsenverhältnis bei $E_1$ und $E_2 \approx 1:3$

Achsenverhältnis bei Ellipse $E_3 \approx 1:1$

Ellipse $E_1$ ... große Achse waagerecht
Ellipse $E_2$ ... große Achse rechtwinklig zu 7°

Große Ellipsenachse $E_g \approx 1{,}06 \cdot a$

Kleine Ellipsenachse $E_k \approx E_g : 3$

Ellipsenradien ... $R \approx 1{,}5 \cdot a$, $r \approx R:20$

**Bild 5 Parallelschaubilder** (s. auch S. 17)

c) **Kavalierperspektive**

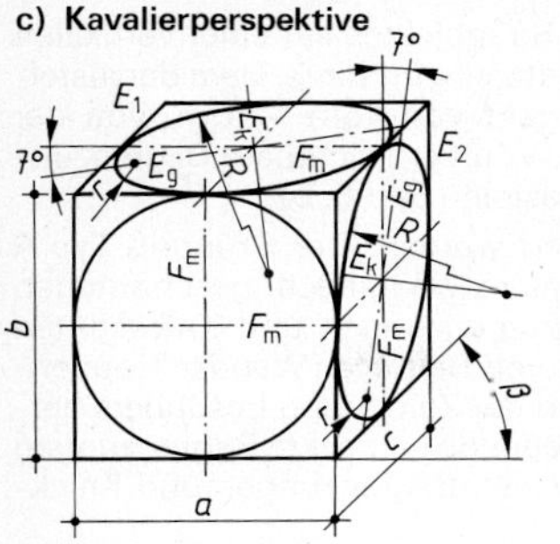


Seitenverhältnis $a:b:c = 1:1:{}^1/_2$, $\beta = 45°$

Flächenmittellinie $F_m$ = Kantenlänge $a$

Achsenverhältnis bei Ellipse $E_1$ und $E_2 \approx 1:3{,}2$

Ellipse $E_1$ ... große Achse um $\approx 7°$ geneigt

Ellipse $E_2$ ... große Achse rechtwinklig zu 7°

Große Ellipsenachse $E_g \approx 1{,}07 \cdot a$

Kleine Ellipsenachse $E_k \approx E_g:3{,}2$

Ellipsenradien ... $R \approx 1{,}5 \cdot a$, $r \approx R:20$

Häufig gebrauchte Wertepaare:

| | | | | |
|---|---|---|---|---|
| Verzerrungswinkel | $\beta$ | 30° | 45° | 60° |
| Verzerrungsmaßstab | $k$ | $^2/_3$ | $^1/_2$ | $^1/_3$ |

d) **Militärperspektive**

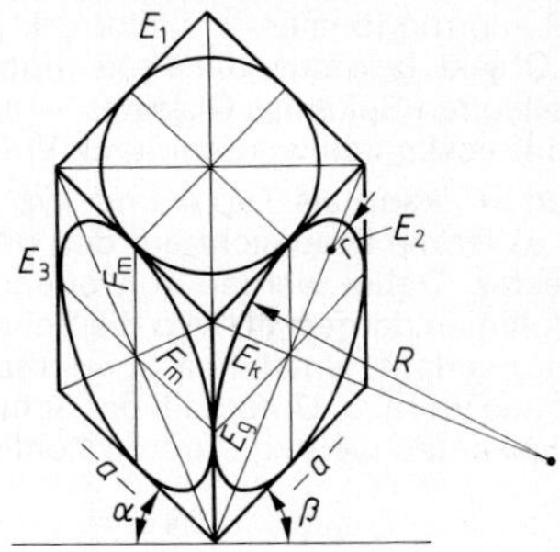


Seitenverhältnis $a:b:c = 1:1:1$

$\alpha = \beta = 45°$

Flächenmittellinie $F_m$ = Kantenlänge $a$

Achsenverhältnis bei Ellipse $E_2$ und $E_3 \approx 1:2{,}51$

Große Ellipsenachse $E_g \approx 1{,}305 \cdot a$

Kleine Ellipsenachse $E_k \approx E_g:2{,}51$

Ellipsenradien $R \approx 1{,}58 \cdot a$, $r \approx R:12{,}6$

## 2.2 Draufsicht, Ansicht, Grundriß und Schnitt

Die Draufsicht eines Bauobjektes ist die maßstäbliche Abbildung auf einer horizontalen Bildtafel in orthogonaler Parallelprojektion. Die Bildtafel liegt unter dem darzustellenden Objekt, die Projektionsrichtung ist von oben nach unten. Von oben sichtbare Begrenzungen und Knickkanten werden durch Vollinien dargestellt (Bild 6, a).

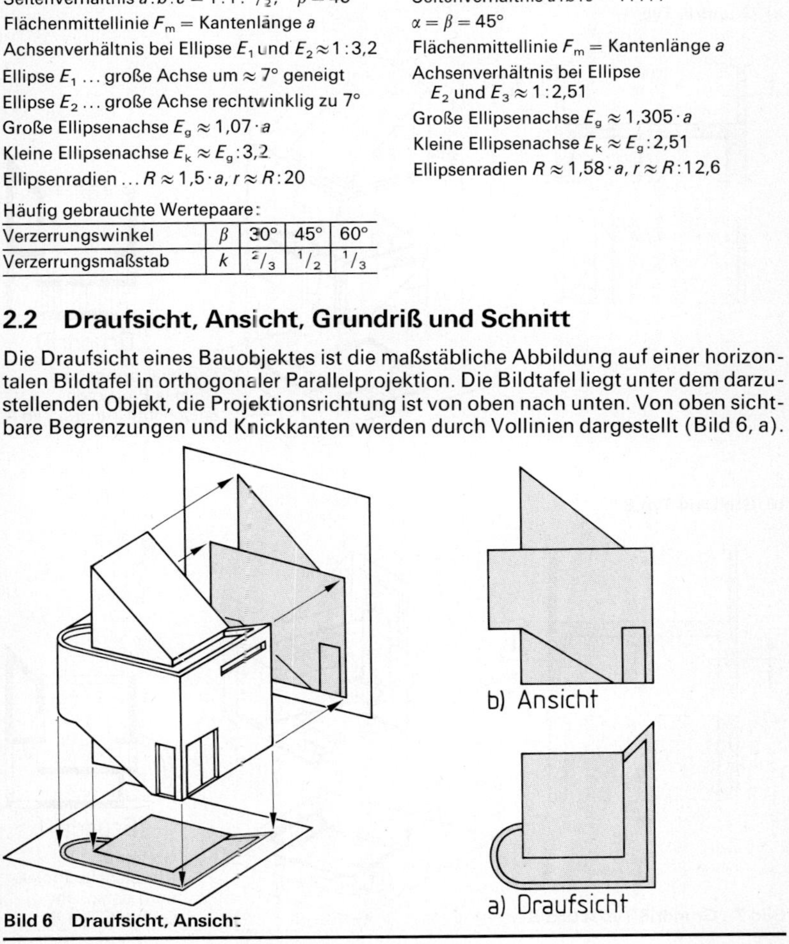


**Bild 6 Draufsicht, Ansicht**

Die Ansicht ist die maßstäbliche Abbildung eines Bauobjektes auf einer vertikalen Bildtafel in orthogonaler Parallelprojektion. Die Bildtafel wird hinter dem darzustellenden Objekt gewählt, die Projektionsrichtung geht von vorn – d.h. von der darzustellenden Seite des Objektes – nach hinten. Von vorn sichtbare Begrenzungen und Knickkanten werden durch Vollinien dargestellt (Bild 6, b).

Der Grundriß kann als Typ A und Typ B konstruiert werden. Der Grundriß Typ A (Bild 7, a) ist die Draufsicht auf den unteren Teil eines waagerecht geschnittenen Bauobjektes. Dabei werden von oben sichtbare Begrenzungen und Knickkanten durch Vollinien dargestellt. Wo die Schnittebene durch Bauteile (Wände, Treppenläufe u.ä.) verläuft, entstehen Schnittflächen, die in der Zeichnung besonders hervorgehoben werden. Unterhalb der Schnittebene liegende verdeckte Begrenzungen und Knickkanten werden durch Strichlinien dargestellt. Begrenzungen und Knick-

**a) Grundriß Typ A**

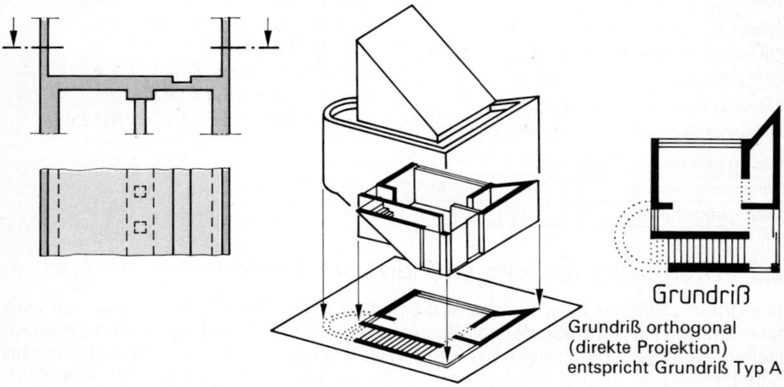


**b) Grundriß Typ B**

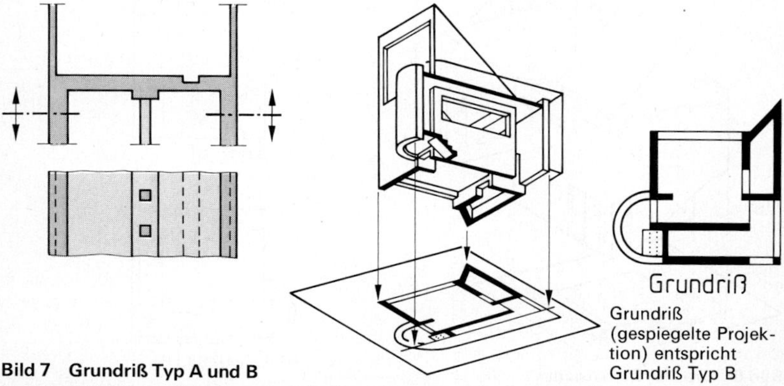


**Bild 7 Grundriß Typ A und B**

kanten von Bauteilen, die oberhalb der Schnittebene liegen (Deckenöffnungen, Wände, Wandvorsprünge usw.) werden ggf. durch Punktlinien dargestellt. Die horizontale Schnittebene ist so zu wählen, daß wesentliche Einzelteile des Bauwerks – Wände, Wandöffnungen, Treppen usw. – geschnitten werden. Gegebenenfalls muß die Schnittebene dazu verspringen.

Der Grundriß Type B (Bild 7, b) ist die gespiegelte Untersicht unter dem oberen Teil eines waagerecht geschnittenen Bauobjektes. Dabei werden alle tragenden Bauteile im jeweiligen Geschoß (Stützen, Wände, Unterzüge usw.) zusammen mit der Decke über diesem Geschoß dargestellt („Blick in die leere Schalung"). Von unten sichtbare Begrenzungen und Knickkanten des oberen Teilbaukörpers werden durch Vollinien dargestellt. Schnittflächen werden besonders hervorgehoben. Oberhalb der Schnittebene liegende verdeckte Begrenzungen und Knickkanten (Überzüge, Wände, Wandvorsprünge usw.) werden durch Strichlinien dargestellt. Begrenzungen und Knickkanten von Bauteilen, die unterhalb der Schnittebene liegen, werden ggf. durch Punktlinien dargestellt. Die horizontale Schnittebene ist so zu wählen, daß Gliederung und konstruktiver Aufbau des Tragwerkes deutlich werden.

Der Schnitt ist die Ansicht des hinteren Teils eines senkrecht geschnittenen Bauobjektes. Die von vorn sichtbaren Begrenzungen und Knickkanten dieses hinteren Teilbaukörpers werden durch Vollinien dargestellt. Schnittflächen werden besonders hervorgehoben. Hinter der Schnittebene liegende verdeckte Begrenzungen und Knickkanten werden durch Strichlinien dargestellt. Begrenzungen und Knickkanten des Teilbaukörpers, der vor der Schnittebene liegt, werden ggf. als Punktlinien dargestellt. Die Schnittebene soll so gewählt werden, daß komplizierte Teile und Bereiche des Bauobjektes (Treppen u.a.) sichtbar werden (Bild 8).

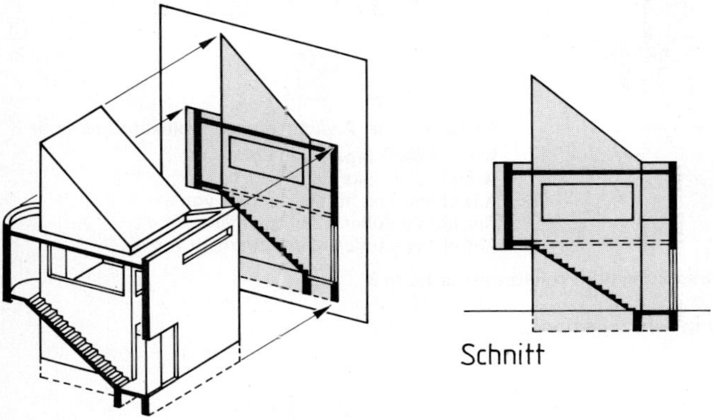


**Bild 8 Schnitt**

## 2.3 Anordnung und Zuordnung der Projektionen

Werden die verschiedenen Ansichten eines Bauobjektes gemeinsam auf einem Blatt dargestellt, so sind sie nach Bild 9 anzuordnen.

Sollen bei der Darstellung von Innenräumen alle waagerecht eingesehenen Ansichten in unmittelbarem Zusammenhang mit der Draufsicht gebracht werden, so sind diese Ansichten in die Draufsichtebene einzuklappen. Die verschiedenen Ansichten werden dann kranzartig um den Grundriß angeordnet, Bild 10, a.

Müssen die Ansichten in ihrer Höhenentwicklung miteinander zu vergleichen sein, so sind sie als Abwicklung nebeneinander zu reihen, Bild 10, b.

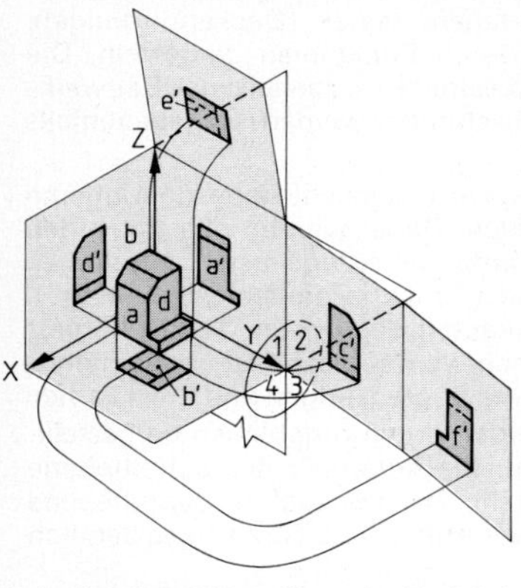


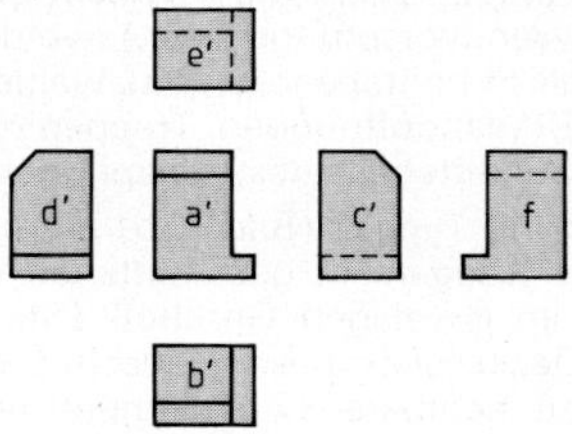


Anordnung der Ansichten nach Projektionsmethode 1
Ansicht des Körpers von vorn = a'
Ansicht von links steht rechts von a'
Ansicht von rechts steht links von a'
Ansicht von oben steht unterhalb von a'
Ansicht von unten steht oberhalb von a'

**a) räumliche Darstellung der Projektionsmethode 1**

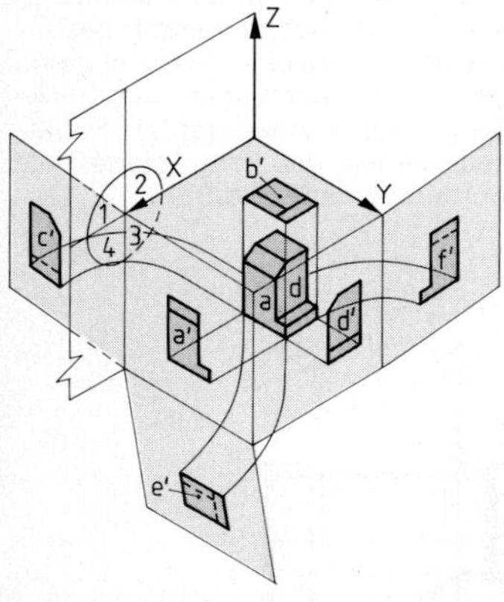


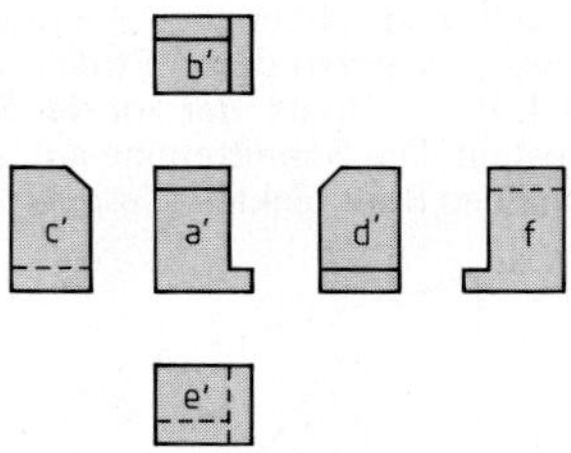


Anordnung der Ansichten nach Projektionsmethode 3
Ansicht des Körpers von vorn = a'
Ansicht von links steht links von a'
Ansicht von rechts steht rechts von a'
Ansicht von oben steht oberhalb von a'
Ansicht von unten steht unterhalb von a'

**b) räumliche Darstellung der Projektionsmethode 3**

**Bild 9 Anordnung der Projektionen**

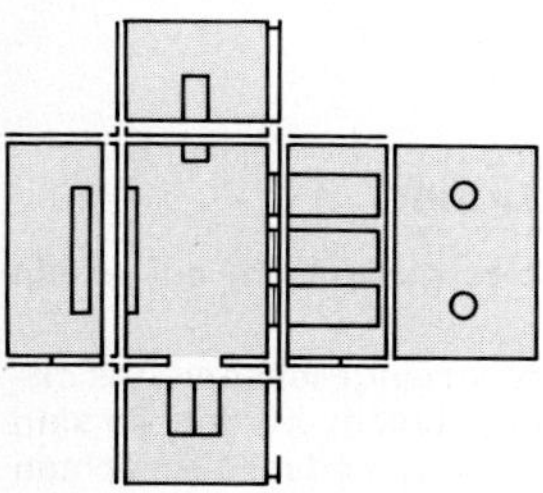

**a) Gruppierung um Boden**

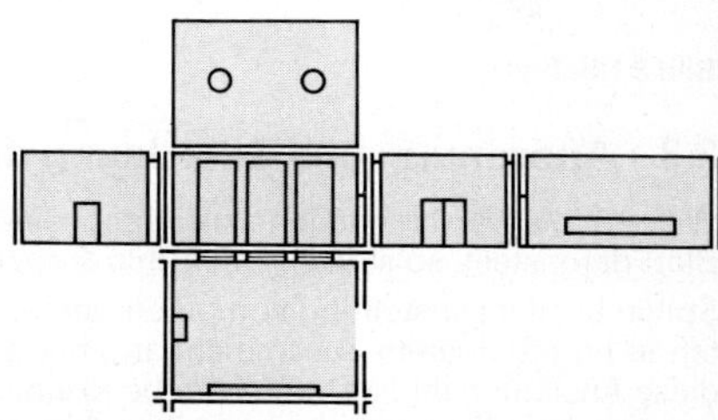

**b) Gruppierung um Wand**

**Bild 10 Darstellung von Innenräumen**

# 3 Thematische Klassifikation

Die Menge der Zeichnungen des Bauwesens läßt sich gliedern entsprechend Bild 11.

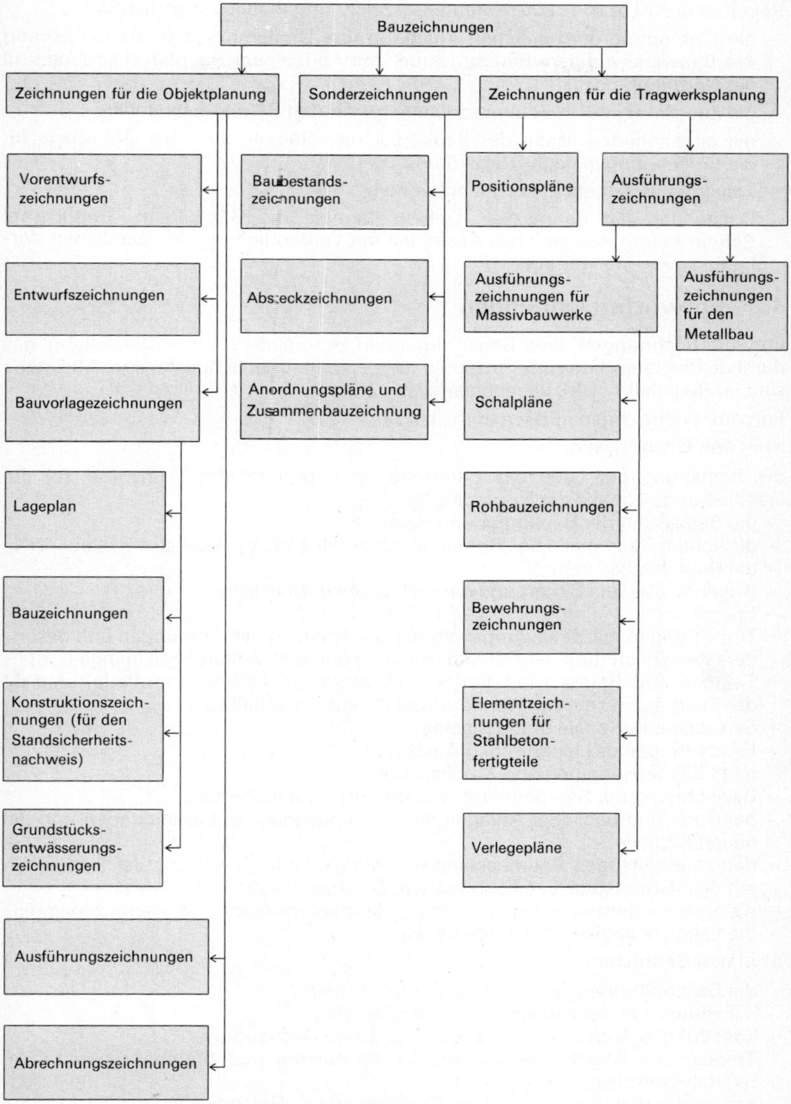


**Bild 11 Zeichnungen des Bauwesens**

# 4 Zeichnungen für die Objektplanung

## 4.1 Vorentwurfszeichnungen

Vorentwurfszeichnungen sind Bauzeichnungen mit zeichnerischer Darstellung eines Entwurfskonzeptes für eine geplante bauliche Anlage. Maßstäbe sind im Regelfall 1 : 500 bzw. 1 : 200. Vorentwurfszeichnungen müssen enthalten

- die Einbindung der baulichen Anlage in ihre Umgebung, z. B. als Darstellung des Bauwerks auf dem Baugrundstück mit Angabe der Haupterschließung und der Nordrichtung;
- die Zuordnung der im Raumprogramm genannten Räume zueinander;
- die angenäherten Maße der Baukörper und Räume, auch als Grundlage für die Berechnungen nach DIN 276 und DIN 277;
- konstruktive Angaben, soweit notwendig;
- Darstellung der Baumassen, Gebäudeformen und Bauteile in Grundrissen, Schnitten und wesentlichen Ansichten mit Verdeutlichung der räumlichen Wirkung, soweit notwendig.

## 4.2 Entwurfszeichnungen

Entwurfszeichnungen sind Bauzeichnungen mit zeichnerischer Darstellung des durchgearbeiteten Entwurfskonzeptes der geplanten baulichen Anlage. Maßstäbe sind im Regelfall 1 : 100, gegebenenfalls 1 : 200.

Entwurfszeichnungen müssen enthalten

**a) in den Grundrissen**

die Bemaßung der Lage des Bauwerks im Baugrundstück; Hinweise auf die Erschließung; Angabe der Nordrichtung;

- die Bemaßung der Baukörper und Bauteile;
- die lichten Raummaße des Rohbaus und die Höhenlage des Bauwerks über NN;
- die Raumflächen in $m^2$;
- Angaben über die Bauart und die wesentlichen Baustoffe;
- Fugen;
- Türöffnungen mit Bewegungsrichtung der Türen, Fensteröffnungen und besondere Kennzeichnung der Gebäudezugänge und ggf. Wohnungszugänge o. ä.;
- Treppen und Rampen mit Angabe der Steigungsrichtung (Lauflinie), Anzahl der Steigungen (nur bei Treppen) und Steigungsverhältnisse;
- Schornsteine, Kanäle und Schächte;
- Einrichtungen des technischen Ausbaus;
- betriebliche Einbauten und Möblierungen;
- Bezeichnung der Raumnutzung und ggf. die Raumnummern;
- bei Änderung baulicher Anlagen die zu erhaltenden, zu beseitigenden und die neuen Bauteile;
- den zu erhaltenden Baumbestand und die geplante Gestaltung der Freiflächen auf dem Grundstück (Verkehrsflächen, Grünflächen);
- die bestehenden und zu berücksichtigenden baulichen Anlagen, wenn notwendig;
- die Lage der vertikalen Schnittebenen.

**b) in den Schnitten**

- die Geschoßhöhen, ggf. auch lichte Raumhöhen;
- die Höhenlage der baulichen Anlage über NN;
- konstruktive Angaben zur Gründung und zum Dachaufbau;
- Treppen mit Angabe der Anzahl der Steigungen und Steigungsverhältnisse, bei Rampen Steigungsverhältnis;
- den vorhandenen und geplanten Geländeverlauf (Geländeanschnitt);
- ggf. weitere Angaben nach Art des Grundrisses.

**c) in den Ansichten**

- die Gliederung der Fassade;
- die Fenster- und Türteilungen;
- die Dachrinnen und Regenfalleitungen;
- die Schornsteine und sonstigen technischen Aufbauten;
- die Dachüberstände;
- den vorhandenen und den geplanten Geländeverlauf;
- ggf. die berücksichtigende anschließende Bebauung;
- ggf. weitere Angaben nach Art des Grundrisses.

## 4.3 Bauvorlagezeichnungen

Bauvorlagezeichnungen sind Entwurfszeichnungen, die durch alle Angaben ergänzt sind, die nach den jeweiligen Bauvorlageverordnungen der Länder oder nach den Vorschriften für andere öffentlich-rechtliche Verfahren gefordert werden. Sie werden im Rahmen der Genehmigungsplanung angefertigt. Maßstäbe sind im Regelfall 1:100, ggf. 1:200.

## 4.4 Ausführungszeichnungen

Ausführungszeichnungen sind Bauzeichnungen mit zeichnerischer Darstellung des geplanten Objektes mit allen für die Ausführung notwendigen Einzelangaben. Sie dienen auch als Grundlage der Leistungsbeschreibung. Sie haben die Form von Werkzeichnungen, Teilzeichnungen und Sonderzeichnungen

**Werkzeichnungen** müssen in jeweils einer Zeichnung oder aufeinander abgestimmten und sich schrittweise ergänzenden Zeichnungen (Baufortschritt) enthalten

**a) in den Grundrissen**

- alle Maße zum Nachweis der Räumflächen und des Rauminhaltes (lichte Raummaße des Rohbaus);
- vollständige Höhenangaben, Lage des Bauwerks über NN;
- Maße aller Bauteile;
- Türöffnungen mit Bewegungsrichtung der Türen, Fensteröffnungen;
- Treppen und Rampen mit Angabe der Steigungsrichtung (Lauflinie), Anzahl der Steigungen und Steigungsverhältnis, bei Rampen nur Steigungsverhältnis;
- Angabe der Bauart und der Baustoffe, soweit diese nicht den Tragwerksausführungszeichnungen zu entnehmen sind;
- Lage und Verlauf der Abdichtungen und Fugen;
- die Anordnung der betriebstechnischen Anlagen mit Querschnitt der Kanäle, Schächte und Schornsteine;
- alle Angaben über Aussparungen, Schlitze und Einbauteile;
- Geländeanschnitte, welche vorhandene und künftige Höhen erkennen lassen;
- bei Änderung baulicher Anlagen: alle Angaben über zu erhaltende, zu beseitigende und neu zu errichtende Bauteile;
- Hinweise auf weitere Zeichnungen;
- die Raumnummern und die Bezeichnung der Raumnutzung;
- Angaben über die Oberflächenbeschaffenheit verwendeter Baustoffe bei besonderen Anforderungen an die Oberfläche;
- die Anordnung der Einrichtungen des technischen Ausbaus;
- die Anordnung der betrieblichen Einbauten, ggf. in schematischer Darstellung;
- Einbauschränke und Kücheneinrichtungen;
- Verlauf der Grundleitungen;
- Angaben über die Dränung.

**b) in den Schnitten**

- Geschoßhöhen, ggf. auch lichte Raumhöhen;
- Höhenangaben für Decken und Fußböden (Rohbau- und Fertigmaß), Podeste, Brüstungen, Unterzüge;

– Maße aller Bauteile
– Angaben über die Bauart und über die Baustoffe, soweit diese nicht den Tragwerksausführungszeichnungen zu entnehmen sind;
– Angaben über die Oberflächenbeschaffenheit der Bauteile, bei besonderen Anforderungen an diese Oberfläche;
– Treppen mit Angabe der Anzahl der Steigungen und des Steigungsverhältnisses, bei Rampen nur Steigungsverhältnis;
– Lage und Verlauf der Abdichtungen;
– Angaben und Aussparungen, Schlitze und Einbauteile;
– die Geländeanschnitte, welche die vorhandenen und die künftigen Höhen erkennen lassen;
– Angaben über die Dränung;
– bei Änderung bestehender Anlagen Angaben über zu beseitigende und neu zu errichtende Bauteile;
– Einbauschränke und Kücheneinrichtung;
– Hinweise auf weitere Zeichnungen.

**c) in den Ansichten**

– Gliederung der Fassade;
– Bemaßung und Höhenangaben, soweit nicht aus Grundriß und Schnitt ersichtlich;
– hinter der Fassade liegende, verdeckte Geschoßdecken und verdeckte Fundamente;
– die Geländeschnitte, welche die vorhandenen und die künftigen Höhen erkennen lassen;
– Fenster und Türen mit Angabe der Teilung und Öffnungsart;
– Dachrinnen und Regenfalleitungen;
– Schornsteine und sonstige technische Aufbauten;
– ggf. die zu berücksichtigende anschließende Bebauung;
– weitere Angaben, soweit Grundriß und Schnitte dies erfordern.

Als Maßstab ist vorzugsweise 1 : 50, ggf. 1 : 20 zu wählen.

**Detailzeichnungen** ergänzen die Werkzeichnungen in bestimmten Ausschnitten im jeweils notwendigen Umfang durch zusätzliche Angaben. Maßstäbe sind 1 : 20, 1 : 10, 1 : 5 und 1 : 1.

**Sonderzeichnungen** enthalten zusätzliche Angaben über die Ausführung bestimmter Gewerke. Maßstab nach Tafel 2b wählen.

## 4.5 Abrechnungszeichnungen

Abrechnungszeichnungen dienen als Grundlage für die Abrechnung und Rechnungsprüfung. Es sind in der Regel die während der Bauausführung fortgeschriebenen Ausführungszeichnungen, ggf. skizzenhaft ergänzt.

## 4.6 Baubestandszeichnungen, Bauaufnahmen, Benutzungspläne

**Baubestandszeichnungen** enthalten als fortgeschriebene Entwurfs- und Ausführungszeichnungen alle für den jeweiligen Zweck notwendigen Angaben über die fertiggestellte bauliche Anlage.

**Bauaufnahmen** sind nachträgliche Maßaufnahmen bestehender Objekte im erforderlichen Umfang und Maßstab.

**Benutzungspläne** sind Baubestandszeichnungen oder Bauaufnahmen, die durch zusätzliche Angaben über bestimmte baurechtlich, konstruktiv oder funktionell zulässige Nutzungen ergänzt sind (z. B. zulässige Verkehrslasten und Rettungswege).

# 5 Zeichnungen für die Tragwerksplanung

Tafel 13 definiert die Begriffe Stockwerk, Ebene, Fußboden und gibt Positionsbezeichnungen an für Wände, Stützen, Platten und Balken.

**Tafel 13 Stockwerke, Ebenen, Fußböden und Stützen, Platten, Wände und Balken**

**Stockwerke**

Ein Stockwerk bedeutet den Raum, der durch den Abstand zwischen zwei einander folgenden Niveau-Ebenen, begrenzt durch Wände, Decke und Fußböden, einschließlich deren Dicken, gebildet wird. Die Begriffe Stockwerk und Ebene gehören zusammen, dürfen jedoch nicht miteinander verwechselt werden.

Die Stockwerke eines Gebäudes sollen mit einer Ziffernfolge bezeichnet werden. Die Benummerung von unten nach oben beginnt mit einer 1 an der untersten, beliebig nutzbaren Ebene.

Treppen sollen die gleiche Benummerung wie das Stockwerk erhalten, in welchem sie liegen, unabhängig davon, ob sie Zwischenpodeste haben oder nicht.

Die Benummerung gilt nicht nur für den Nutzraum eines gegebenen Stockwerkes, sondern auch für die diesen Raum umschließenden Wände, Decken und Fußböden.

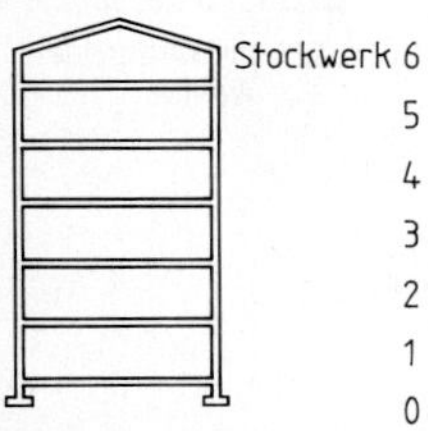


Benummerung von Stockwerken

**Fußböden**

Die Fußböden (Fußbodenaufbau) werden mit einer Ziffernfolge von unten nach oben in Übereinstimmung mit der Nummer des Stockwerkes, zu dem sie gehören, benummert.

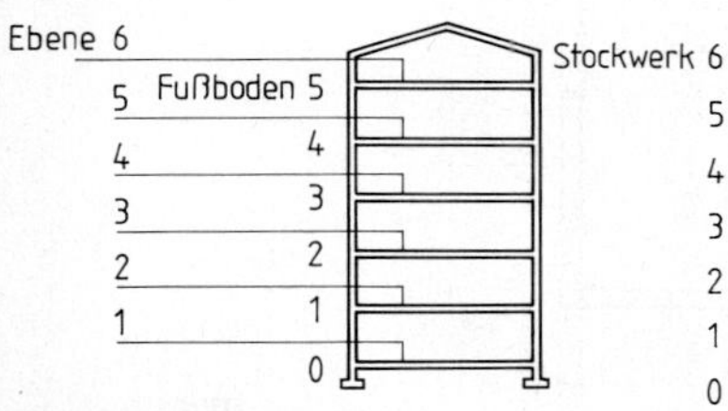


Fußbodenbenummerung

**Ebenen**

Um den Übergang von einer Stockwerkszahl zur nächsten auszudrücken, wird empfohlen, die Ebene an der Oberkante des tragenden Deckenelementes einzutragen.

Wenn es unterschiedliche Ebenen innerhalb eines Gebäudes gibt, z. B. Halbgeschosse, Versatzhöhen, Treppenabsätze, Rampen usw., soll jede notwendige Angabe gemacht werden, um Irrtümer zu vermeiden. Diese Angaben sollen in Form von Ebenenangaben oder festgelegten Abkürzungen neben der Benummerung des betreffenden Stockwerkes eingetragen werden.

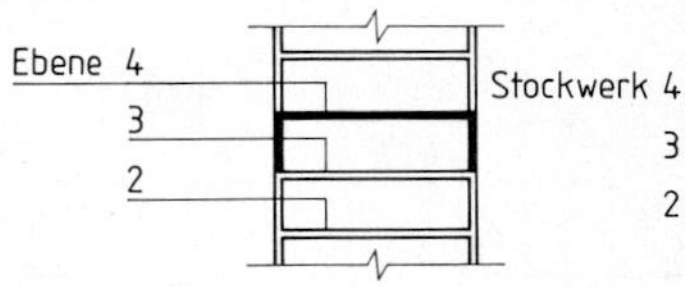


Ebenenangabe

**Stützen, Platten, Wände, Balken**

usw. erhalten eine Hauptbezeichnung (Abkürzung) und eine Zusatzbezeichnung (Zahlen). Die erste Ziffer in der Zusatzbezeichnung gibt die Stockwerkzahl an und die zwei letzten sind laufende Nummern entsprechend dem folgenden Beispiel:

Stützen (Columns) = C 201, C 202
Platten (Slabs) = S 201, S 202
Wände (Walls) = W 201, W 202
Balken (Beams) = B 201, B 202

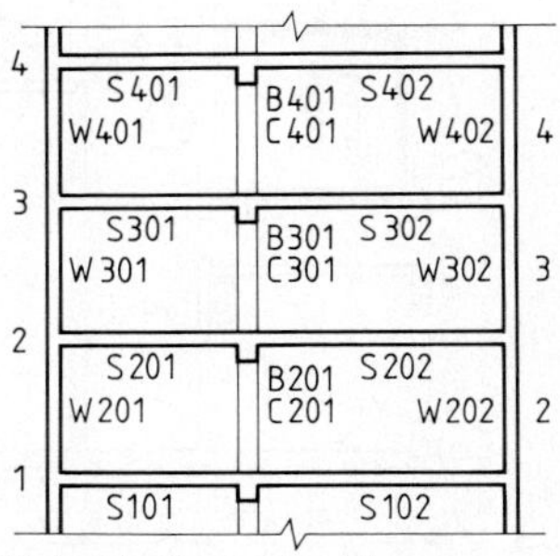


Beispiele für die Bezeichnung von Stützen, Platten, Wänden und Balken

## 5.1 Positionspläne

Positionspläne erläutern die statische Berechnung in Form von Bauzeichnungen des Tragwerks mit Angabe der Positionsnummern der einzelnen tragenden Bauteile, Tafel 14 und Bild 12. Sie enthalten außerdem die Hauptmaße des Bauwerks, Angaben zu den verwendeten Baustoffen und die wesentlichen Daten der einzelnen tragenden Bauteile; das sind bei Trägern, Balken, Stützen und (Streifen- und Einzel-)Fundamenten die Querschnittsabmessungen, bei Fundament- und Deckenplatten die Deckendicke und Spannrichtung. Positionspläne werden aus den Entwurfszeichnungen des Objektplaners entwickelt, Positionsplan-Grundrisse als Grundrisse Typ B. Maßstab ist im Regelfall 1 : 100.

**Tafel 14 Tragrichtung von Platten**

| Zweiseitig gelagert | Dreiseitig gelagert | Vierseitig gelagert | Auskragend |
|---|---|---|---|

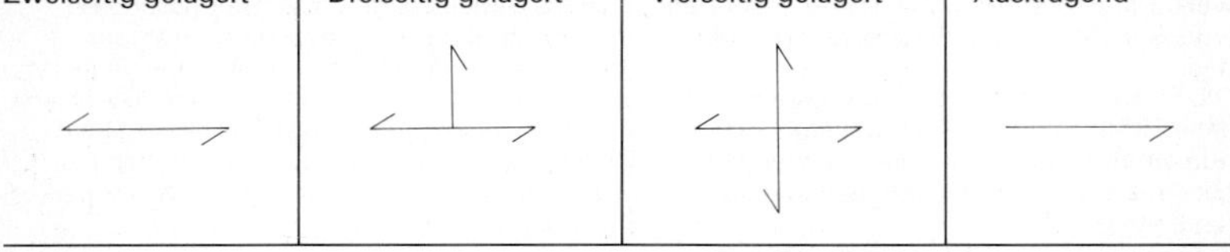

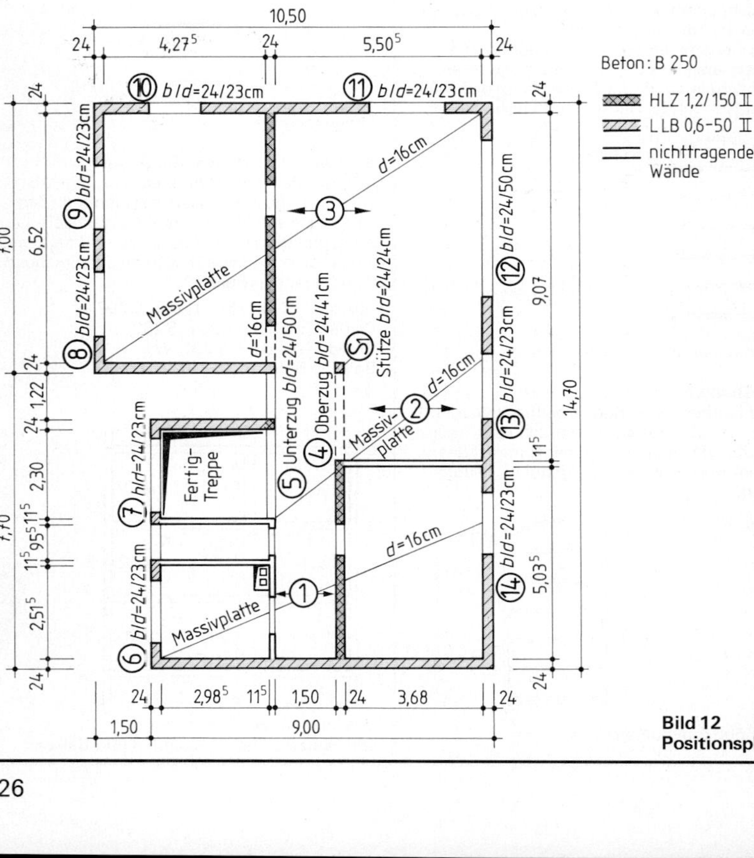


**Bild 12**
**Positionsplan**

## 5.2 Schalpläne und Fundamentpläne

Schalpläne ergänzen die Ausführungszeichnungen des Objektplaners und sind die Grundlage für das Einschalen der Beton-, Stahlbeton- und Spannbetonteile. Sie sind Zeichnungen des Tragwerks mit vollständiger Bemaßung der tragenden Konstruktion im Endzustand – auch Höhenkoten – und enthalten Angaben über

- Arbeitsfugen und Fugenbänder,
- Sauberkeits-, Sperr-, Gleit- und Dämmschichten,
- Aussparungen (Schlitze und Durchbrüche),
- Auflager der einzuschalenden Bauteile (z. B. Kopfplatten von Stahlstützen und Umrisse tragender Mauerwerkswände),
- Bauteile, die in den Beton oder das Mauerwerk einbinden (z. B. Ankerschienen, die in die Schalung verlegt werden),
- Beschaffenheit der Oberflächen und Kanten von Bauteilen,
- Arten und Festigkeitsklassen der Baustoffe, ggf. besondere Zuschläge, Zusatzmittel und Zusatzstoffe.

Schalpläne werden aus den Schnitt- und Grundrißzeichnungen des Objektplaners entwickelt, Grundrisse im Regelfall als Grundrisse Typ B. Vorzugsmaßstab ist 1 : 50, Detailmaßstäbe nach Art und Größe der darzustellenden Einzelheiten. Fundamentpläne sind Grundrißzeichnungen Typ A.

## 5.3 Rohbauzeichnungen

Rohbauzeichnungen entstehen durch Weiterentwicklung der Schalpläne in der Weise, daß die dort für Massivbauteile gemachten Angaben hier für alle Teile der tragenden Konstruktion „des Tragwerks" gemacht werden. Sie enthalten also alle für die Herstellung des Gesamttragwerks erforderlichen Angaben, so daß neben den Bewehrungszeichnungen keine weiteren Ausführungszeichnungen auf der Baustelle benötigt werden. Darstellungsart (Grundrißtyp) und Maßstab wie bei Schalplänen.

## 5.4 Bewehrungszeichnungen und Verlegepläne

Bewehrungszeichnungen und Verlegepläne sind Tragwerksausführungszeichnungen des Stahlbeton- und Spannbetonbaus und dienen der Herstellung und dem Einbau der Bewehrung.

Maßstab ist im Regelfall 1 : 50 oder 1 : 20, auch 1 : 25 wird verwendet.

Die Bewehrung kann bestehen aus Betonstabstahl, Betonstahlmatten und Spanngliedern. Die Darstellung der Bewehrungselemente zeigt Tafel 15.

Bewehrungspläne enthalten alle für die Herstellung und den Einbau der Bewehrung erforderlichen Angaben und Maße, insbesondere

- Hauptmaße der einzelnen Stahlbeton- und Spannbetonbauteile,
- Betonstahlsorten und Betonfestigkeitsklassen,
- Anzahl, Durchmesser, Form und Lage der Bewehrungsstäbe,
- Stababstände und Rüttellücken,
- Übergreifungslängen von Stößen und Verankerungslängen an Auflagern,
- Lage und Ausbildung von (Baustellen-)Schweißungen mit allen erforderlichen Angaben,
- Betondeckung und Unterstützung der oberen Bewehrung,
- Mindestdurchmesser der Biegerollen,
- zum Tragwerk gehörende Einbauteile, die in die Schalung verlegt werden, auch wenn sie nicht mit der Bewehrung verbunden sind,
- bei Spannbetonteilen weitere spezielle Angaben.

**Tafel 15 Bewehrungselemente und ihre Darstellung**

**(a) Betonstabstahl**

Gerader Bewehrungsstab ohne Verankerungselemente

a) allgemein 

b) als Anschlußbewehrung (Stab ist bereits auf anderer Zeichnung dargestellt und positioniert) 

Gerader Bewehrungsstab mit Verankerungselementen

a) mit Haken 

b) mit Winkelhaken 

c) mit einem Ankerkörper

– Ansicht 

– Schnitt 

Gebogener Bewehrungsstab

a) Darstellung als geknickter Linienzug 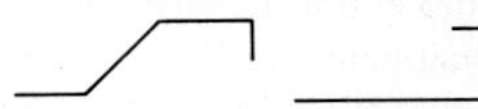

b) Darstellung als Linienzug aus Geraden und Bögen (bei Schlaufen, gekrümmten Bauteilen und bei großmaßstäblicher Wiedergabe) 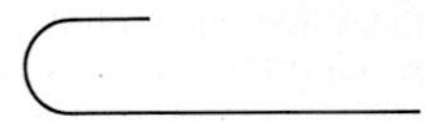

Rechtwinklig aus der Zeichenebene abgebogener Bewehrungsstab (sofern zum Verständnis erforderlich) 

Rechtwinklig aus der Zeichenebene aufgebogener Bewehrungsstab (sofern zum Verständnis erforderlich) 

Schnitt durch einen Bewehrungsstab

a) allgemein 

b) als Anschlußbewehrung (Stab ist bereits auf anderer Zeichnung dargestellt und positioniert) 

Schnitt durch ein Stabbündel

a) Bündel aus zwei Bewehrungsstäben 

b) Bündel aus drei Bewehrungsstäben 

Kraftschlüssiger Stoß von Bewehrungsstäben nach besonderen Detailangaben 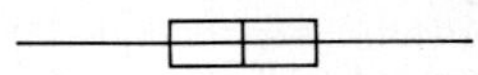

**(b) Betonstahlmatten**

Draufsicht auf eine Matte oder Teilansicht einer gebogenen Matte, z. B. Bügelmatte 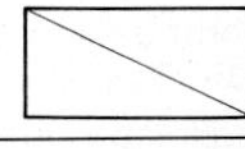

Schnitt durch eine Matte

a) Regeldarstellung 
Die Punkte zur Angabe der Querbewehrung dürfen ganz oder teilweise entfallen, falls deren Lage nicht zweifelhaft oder ohne Bedeutung und eine Verwechslung mit Betonstabstahl ausgeschlossen ist.

b) vereinfachte Darstellung, 
falls die Lage der Querbewehrung nicht zweifelhaft oder ohne Bedeutung ist und wenn bei der Regeldarstellung die Gefahr der Verwechslung mit Betonstabstahl besteht.

**Tafel 15,** Fortsetzung

**(c) Spannglieder**

Ansicht eines Spanngliedes

a) Regeldarstellung

b) vereinfachte Darstellung, falls eine Verwechslung mit schlaffer Bewehrung ausgeschlossen ist.

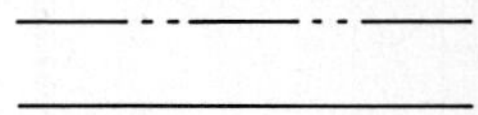

Schnitt durch ein Spannglied

a) bei nachträglichem Verbund oder ohne Verbund (Spannglied im Hüllrohr)

b) bei sofortigem Verbund (Spannbettvorspannung)

- Regeldarstellung
- vereinfachte Darstellung, falls eine Verwechslung mit schlaffer Bewehrung ausgeschlossen ist.

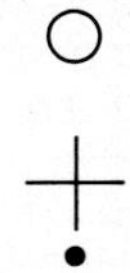

Ansicht einer Spanngliedverankerung

a) Spannanker

b) Festanker

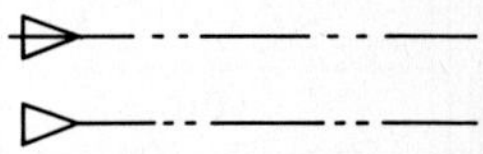

Schnitt durch eine Spanngliedverankerung

a) Spannanker

b) Festanker

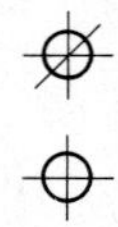

Ansicht einer Spanngliedkopplung

a) bewegliche Kopplung

b) feste Kopplung

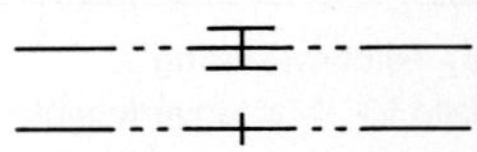

Schnitt durch eine Spanngliedkopplung

a) bewegliche Kopplung

b) feste Kopplung

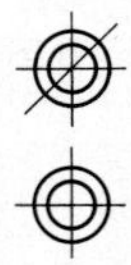

Jedes Bauteil – Balken, Stütze, Platte usw. – wird im Bewehrungsplan einzeln dargestellt.

Mit geschweißten Betonstahlmatten bewehrte tafelartige Stahlbetonbauteile (Decken, Wände usw.) werden in sog. Verlegeplänen dargestellt, die aus vereinfachten Schalplänen entwickelt werden.

In aller Regel werden die untere und obere bzw. die innere und äußere bzw. die vordere und hintere Bewehrung getrennt dargestellt. In der konventionellen Darstellung wird jede Matte in ihren Umrissen gezeichnet, in der Regel ein Rechteck. In dieses Rechteck wird eine Diagonale gezeichnet, und zwar in (Haupt-)Tragrichtung gesehen von links unten nach rechts oben.[1])

Während bei den Matten der Feldbewehrung zur Lagebestimmung i. allg. die Angabe der Übergreifungsweiten ausreicht, muß bei den Matten der Stützbewehrung – wenn sie nicht auf beiden Seiten gleich weit ins Feld reichen – zusätzlich angegeben werden, wie weit sie auf einer Seite ins Feld zu legen sind (gemessen i. allg. von Vorderkante Mauerwerk), Bilder 13 und 14.

[1]) Die Matte ist auf der Baustelle so einzulegen, daß die in Haupttragrichtung verlaufenden Mattenstäbe außen liegen, also unten bei positiven Plattenmomenten und oben bei negativen Plattenmomenten.

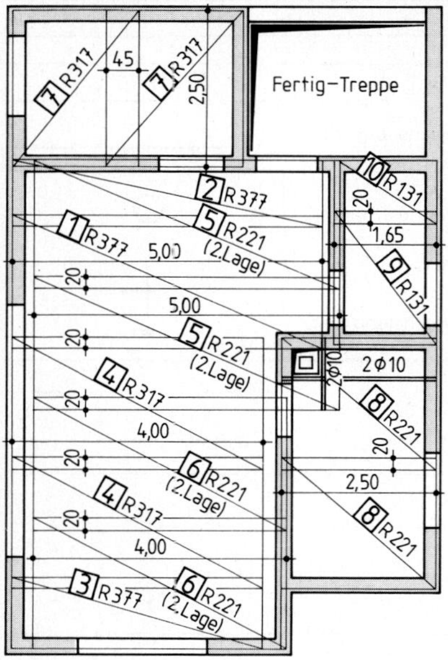


a) **Feldbewehrung**

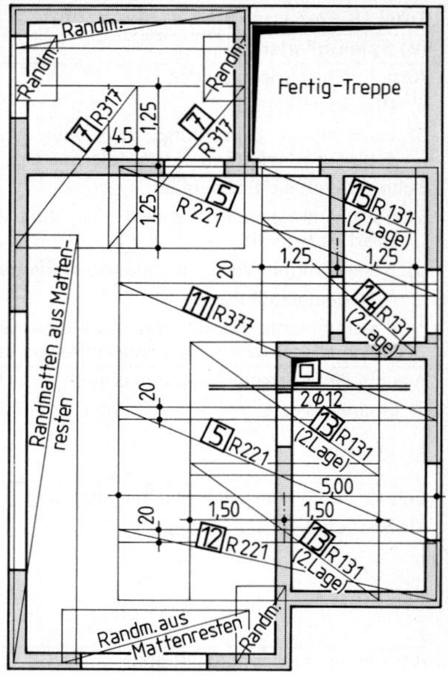


b) **Stützbewehrung**

**Bild 13 Mattenverlegeplan, Beispiel**

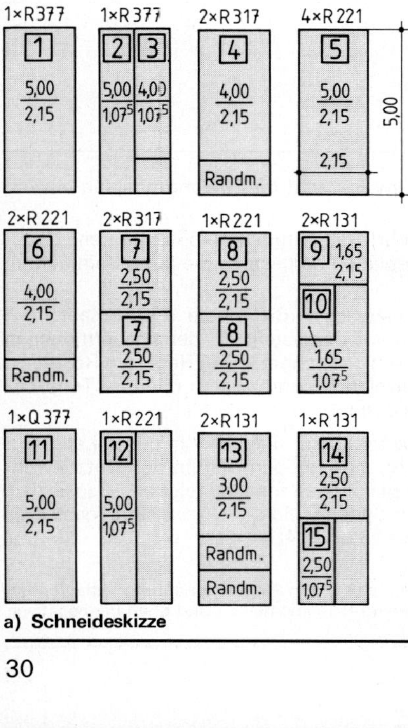


a) **Schneideskizze**

Abstandhalter nach Leistungsverzeichnis, 13 cm hoch

| Mattenbez. | Stück | Gewicht (kg) |
|---|---|---|
| Q377 | 1 | 56,0 |
| R377 | 2 | 71,0 |
| R317 | 4 | 118,8 |
| R221 | 8 | 172,8 |
| R131 | 4 | 69,8 |
| Gesamtgewicht: | | 481,8 |

b) **Bestelliste**

**Bild 14 Mattenliste**

Ein stabartiges Bauteil wird in einem Längs- und Querschnitt dargestellt. Bei Stahlbetonbalken liegt die Schnittebene des Längsschnittes vor dem Balken, die Bildebene dahinter. Bei der Wahl der Blickrichtung soll der wahrscheinliche Standort desjenigen beachtet werden, der die Zeichnung später auf der Baustelle lesen muß.

Die aus Stabstahl bestehende Bewehrung wird in der Regel nicht nur in ihrer endgültigen Lage im Bauteil dargestellt, sondern auch „herausgezogen" und vollständig bemaßt.

Tafel 16 zeigt die Darstellung der Stabstahl- und Mattenbewehrung in Bauteilen. Die Beschreibung der einzelnen Biegeformen kann formlos als konventionelle Bemaßung oder durch Angabe sog. Teilgrößen auf einem Formblatt geschehen.

**Tafel 16 Darstellung der Bewehrung in Bauteilen**

Ansicht von Bewehrungsstäben

falls erforderlich mit Markierung der Stabenden durch Schrägstrich und Positionsnummer

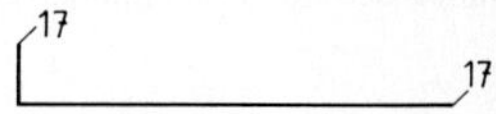


Draufsicht auf auf- oder abgebogene Bewehrungsstäbe

Die Biegestellen sind durch kurze Querlinien zu markieren.

Der in der Zeichenebene liegende Teil des Bewehrungsstabes ist durch eine breite Vollinie, der übrige Teil durch eine breite Strichlinie darzustellen.

Bei ausschließlicher Darstellung in der Draufsicht ist zusätzlich die Biegeform hinter der Kennzeichnung schematisch darzustellen.

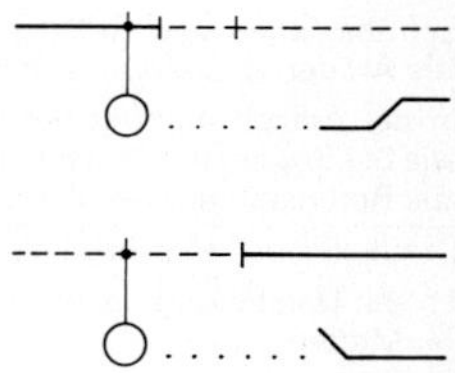

Übergreifungsstoß von Bewehrungsstäben

a) ohne Markierung der Stabenden durch Schrägstrich und Positionsnummer

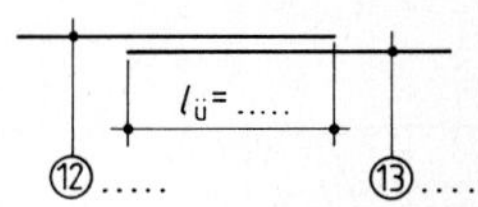


b) mit Markierung der Stabenden durch Schrägstrich und Positionsnummer

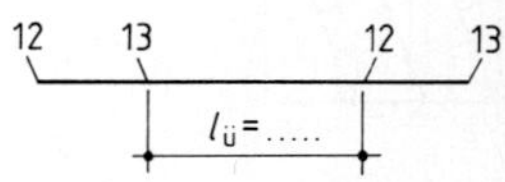


Gruppen gleicher Bewehrungsstäbe

a) Eine Gruppe gleicher Bewehrungsstäbe darf durch mindestens einen maßstäblich gezeichneten Bewehrungsstab und eine sich über ihren Verlegebereich erstreckende, begrenzte Querlinie dargestellt werden. Die Zuordnung von Stabgruppe und Verlegebereich erfolgt durch einen Kreis um den Schnittpunkt von Stab und Querlinie.

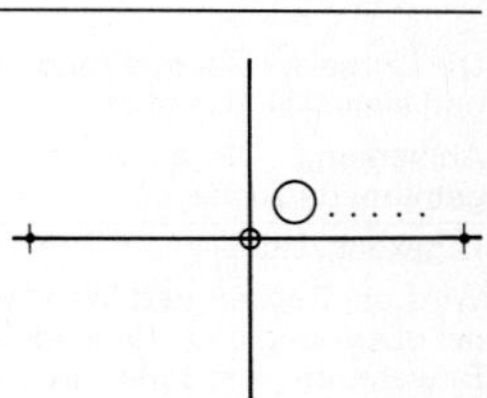

b) Bei der Anordnung gleicher Bewehrungsstäbe in Gruppen mit gegebenenfalls unterschiedlichem Stababstand sind die einzelnen Verlegebereiche durch eine entsprechend begrenzte, unterbrochene Querlinie zu kennzeichnen sowie die anteiligen, in Klammern zu setzenden Stückzahlen und, falls erforderlich, die zugehörenden Stababstände anzugeben. Die Abstände zwischen den Verlegebereichen sind zu bemaßen. Die Zuordnung von Stabgruppen und Verlegebereichen erfolgt durch einen Kreis um den Schnittpunkt des mindestens einen maßstäblich zu zeichnenden Stabes mit der Querlinie.

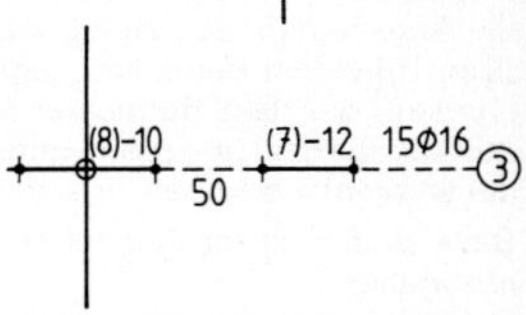


Fortsetzung s. nächste Seite

**Tafel 16,** Fortsetzung

Einzelne gleiche Bewehrungsstäbe

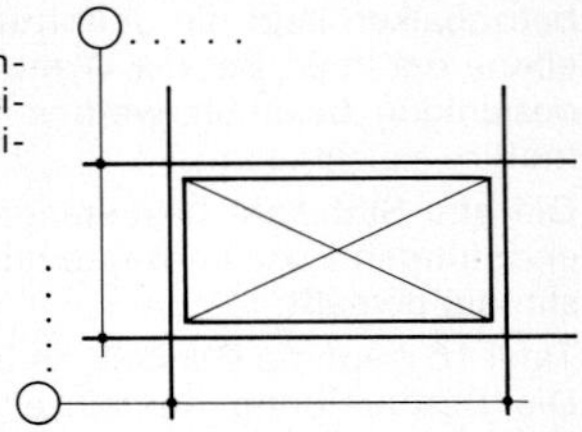

Bei einzelnen gleichen Bewehrungsstäben braucht die Kennzeichnung nur einmal angegeben zu werden, wobei die Positionsnummer mit den zugehörenden Stäben durch Hinweislinien zu verbinden ist.

Bügelanordnungen

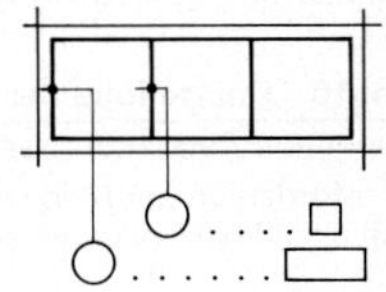

Bügelanordnungen, die nicht eindeutig der Bewehrungsdarstellung im Schnitt entnommen werden können, sind zusätzlich hinter den Kennzeichnungen schematisch darzustellen.

Schubzulagen

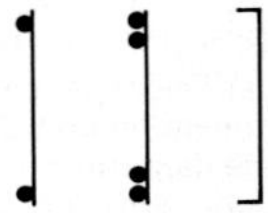

Schubzulagen sind im Querschnitt darzustellen.
Die Art der Verankerung ist anzugeben.

In der Ansicht genügt bei Schubzulagen aus Betonstabstahl wie bei Bügeln die Angabe des Verlegebereichs. Schubzulagen aus Betonstahlmatten siehe unten.

Draufsicht auf eine Lage gleicher Matten

a) mit Darstellung der einzelnen Matten

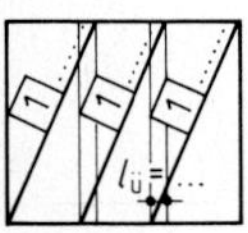


b) zusammengefaßte Darstellung

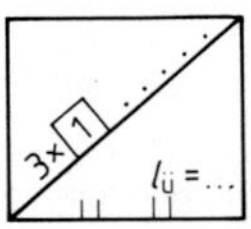


c) achsenbezogene Darstellung (Anwendung nur nach Vereinbarung)

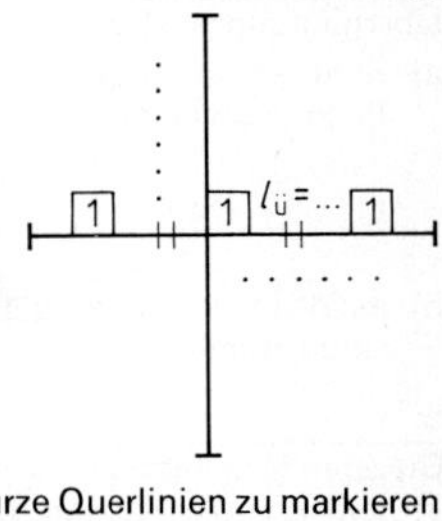


Die Länge der Übergreifungsstöße ($l_ü$) in Verlegerichtung ist durch kurze Querlinien zu markieren und einmal zu bemaßen.

Anmerkung: Die an verschiedenen Bauteilseiten anzuordnende Bewehrung ist in der Regel getrennt darzustellen.

Lagekennzeichen

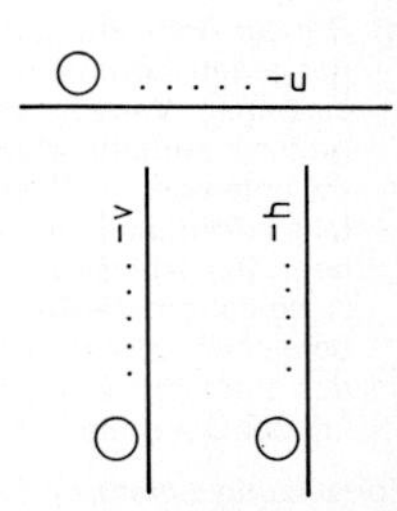


Wird bei Decken und Wänden auf eine getrennte Darstellung der oben- und untenliegenden bzw. vorn- und hintenliegenden Bewehrung verzichtet, so sind die Kennzeichnungen durch die Angabe der Lage zu ergänzen. Dabei gilt als „oben" bzw. „vorn" die dem Betrachter zugewandte und als „unten" bzw. „hinten" die dem Betrachter abgewandte Bauteiloberfläche. Zur Angabe der Lage sollen folgende Kennbuchstaben verwendet werden: o = oben u = unten v = vorn h = hinten

Bei v und h ist im Zweifelsfall der Standort des Betrachters anzugeben.

Bei mehrlagiger Bewehrung sind die einzelnen Lagen zu numerieren. Die Zählrichtung muß auf der Zeichnung eindeutig festgelegt sein.

**Konventionelle Bemaßung**

Biegeformen sind durch Angabe der Teillängen und Biegewinkel zu bemaßen. Falls erforderlich sind zusätzlich Zwangsmaße anzugeben; sie werden in Klammern gesetzt. Für die Teillängen gilt (s. Tafel 17):

Bei Biegestellen mit einem Winkel

- unter 90° ist bis zu den Schnittpunkten der Tangenten an die Stabachse zu messen,
- von 90° ist bis zu den Schnittpunkten der äußeren Tangenten zu messen,
- über 90° ist der Biegewinkel in einen rechten und einen spitzen Winkel aufzuteilen und die Teillängen sind entsprechend zu bemaßen, d.h., im Scheitel ist für den rechten Winkel die äußere Tangente und für den spitzen Winkel die Tangente an die Stabachse maßgebend.

Zwangsmaße $z$ sind Außenmaße, die der gebogene Bewehrungsstab unbedingt einhalten muß.

**Tafel 17 Bemaßung von Biegeformen, Beispiele**

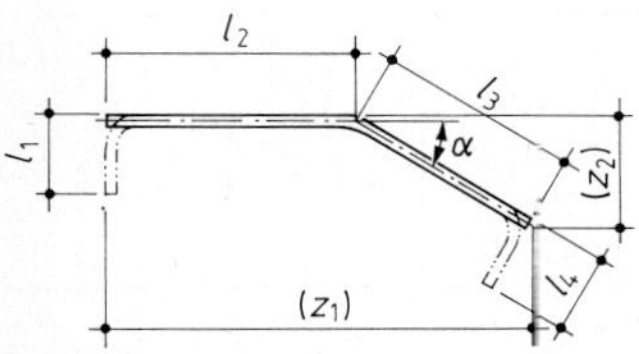

Typ C1

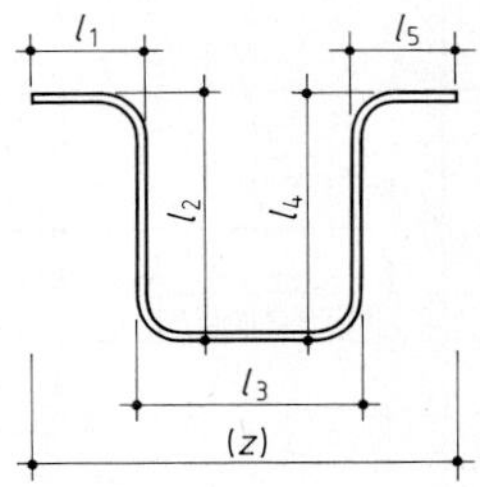

Typ C3 (mit $b_0 = 0$)

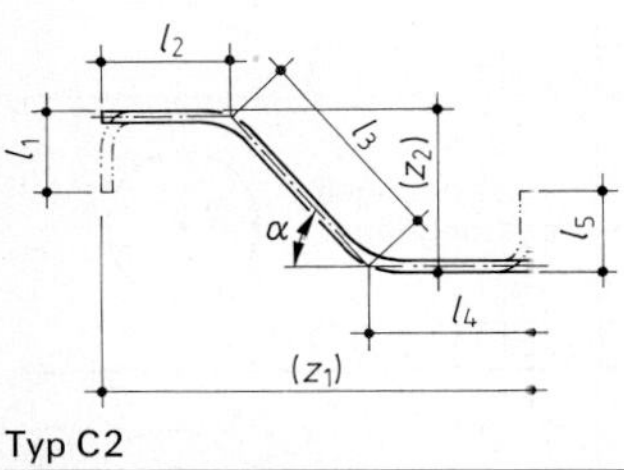

Typ C2

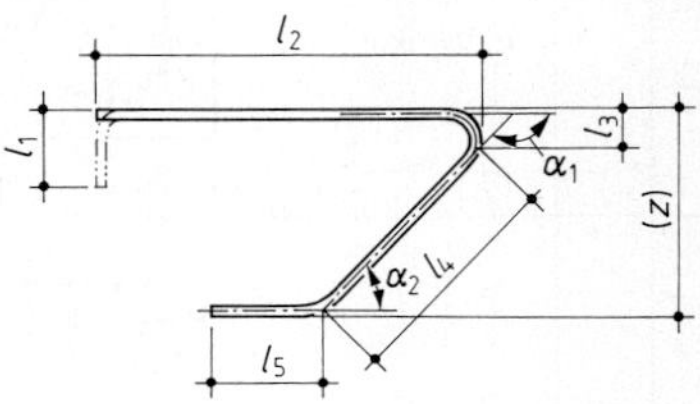

Typ X2

Typen s. Tafel 18

**Verwendung des genormten Formblattes**

Auf dem genormten Formblatt – s. Tafel 18 – werden die folgenden Grundformen A bis E unterschieden:

- A: Stäbe mit nur rechtwinklig zueinander verlaufenden Stabteilen
- B: Bügel
- C: Stäbe mit schräg zueinander verlaufenden Stabteilen (Schrägstäbe)
- D: Bewehrung zur Sicherung der Lage und S-Haken
- E: Stäbe mit kreisförmigen Stabteilen.

Innerhalb der einzelnen Grundformen werden verschiedene Typen unterschieden, die durch Hinzufügen der Ziffern 1 bis 4 an den Buchstaben der Grundform gekennzeichnet werden.

Sonderformen, die nicht den Grundformen A bis E zugeordnet werden können, werden mit dem Buchstaben X gekennzeichnet. Sie werden beschrieben durch

**Tafel 18 Biegeformen und ihre Beschreibung durch Teilgrößen**

| Typ | H | D | Form | Teilgrößen |
|---|---|---|---|---|
| A1 | | | 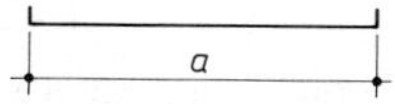 | $a$ |
| A2 | | | 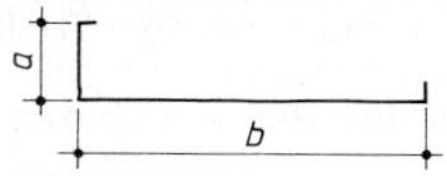 | $a$, $b$ |
| A3 | | | 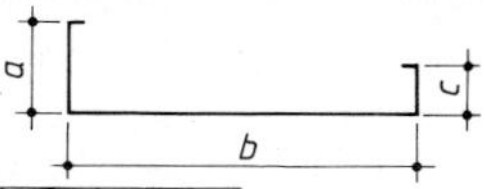 | $a$, $b$, $c$ |
| A4 | | | 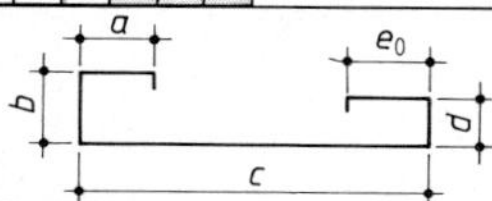 | $a$, $b$, $c$, $d$, $e_0$ |
| B1 | | | 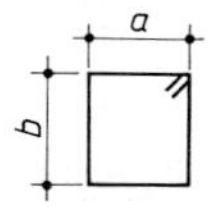 | $a$, $b$ |
| B2 | | | $c$: Winkel $\gamma$ 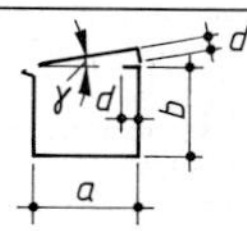 | $a$, $b$, $c$, $d$ |
| B3 | | | 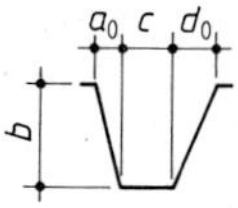 | $a_0$, $b$, $c$, $d_0$ |
| B4 | | | $e$: Winkel $\gamma$ 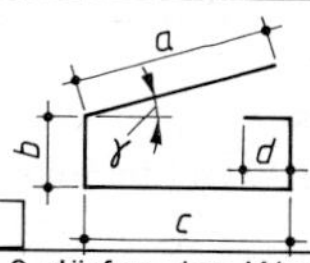 | $a$, $b$, $c$, $d$, $e$ |
| C1 | | | 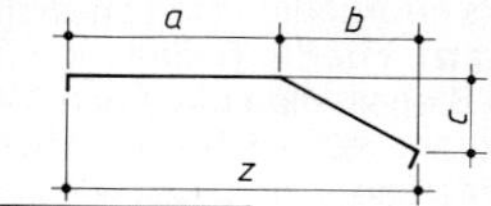 | $a$, $b$, $c$, $z$ |
| C2 | | | 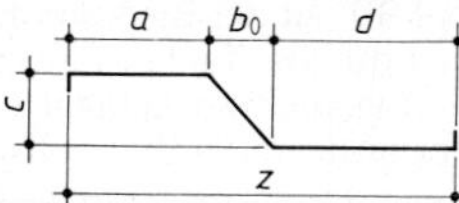 | $a$, $b_0$, $c$, $d$, $z$ |
| C3 | | | 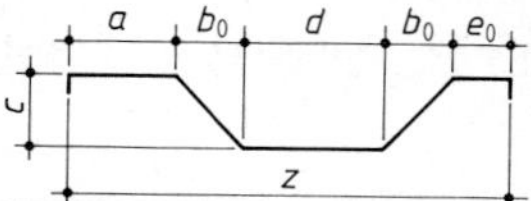 | $a$, $b_0$, $c$, $d$, $e_0$, $z$ |
| D1 | | | 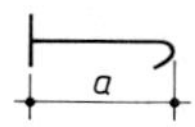 | $a$ |
| D2 | | | 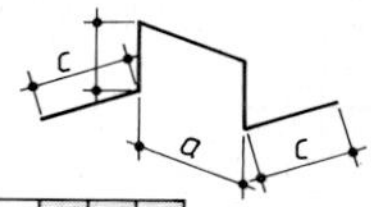 | $a$, $b$, $c$ |
| E1 | | | $b$: Anzahl der Windungen<br>$c$: Ganghöhe 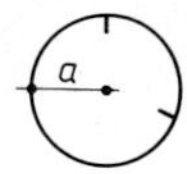 | $a$, $b$, $c$ |
| E2 | | | $b$: Winkel $\beta$ 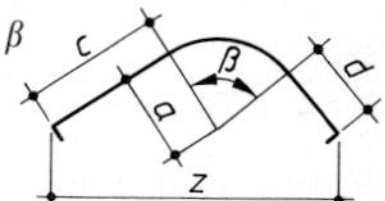 | $a$, $b$, $c$, $d$, $z$ |
| X1 | | | Skizze der Biegeform mit Teillängen in der Biegeliste<br>$a$: Anzahl der Biegestellen<br>$b$: Einzellänge l | $a$, $b$ |
| X2 | | | 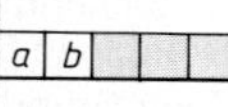 [1] | $n$, $x_1$, $y_1$, $x_2$, $y_2$, $x_3$, $y_3$ …<br>$a$, $b$, $c$, $d$, $e$ … |

Teilgrößen mit dem Index 0 dürfen den Wert Null annehmen.

Mit dem Buchstaben $z$ bezeichnete Maße sind Zwangsmaße für den Biegebetrieb bei Verwendung als Paßform. Sie müssen nicht angegeben werden.

[1]) $n$ Anzahl der die Biegeform festlegenden Punkte.
$x_i$, $y_i$ zugehörende Koordinaten,
Die Werte sind in die Felder $a$, $b$, $c$ … einzutragen.

- Typ X1 mit Angabe der Anzahl der Biegestellen und der abgewickelten Stablänge (Einzellänge) sowie einer Skizze der Biegeform oder
- Typ X2 mit Angabe der Anzahl der die Biegeform festlegenden Punkte sowie deren kartesischer Koordinaten.

Zur Beschreibung der Biegeformen sind in Tafel 18 anzugeben:

- Spalte „Typ“: Kennzeichen des Typs,
- Spalte „H“: Art der Verankerung (s. unten)
- Spalte „D“: Verhältnis von Biegerollen- zu Stabdurchmesser,
- Spalte „Form“: die Teilgrößen a, b, c, ... entsprechend der schematisch dargestellten Biegeform

**Verankerungen**

in Tafel 18, Spalte „H“, sind für die Verankerung folgende Angaben möglich:

0: ohne Haken oder Winkelhaken, L: Winkelhaken nur am linken Stabende,
2: Winkelhaken an beiden Stabenden, R: Winkelhaken nur am rechten Stabende.

Bei gerastertem Feld ist die Verankerung festgelegt.

Bei den Grundformen A, C und E sind Winkelhaken mit den Mindestmaßen und mit den Mindestwerten der Biegerollendurchmesser nach DIN 1045/07.88, Tabellen 18 und 20, auszuführen. Bei den Typen B1 und B3 richten sich die Verankerungen nach DIN 1045/07.88, Bild 25.

**Biegerollendurchmesser**

In Tafel 18, Spalte „D“, ist das Verhältnis des Biegerollendurchmessers (in der Regel der Mindestwert) zum Stabdurchmesser ($d_{br}/d_s$) anzugeben.
Bei gerastertem Feld ist das Verhältnis $d_{br}/d_s$ mit $d_{br}$ als Mindestwert nach DIN 1045/07.88, Tabelle 18, festgelegt.

**Teilgrößen**

Die Teilgrößen *a* bis *e* und gegebenenfalls *z* zur Festlegung der Biegeformen sind in die dafür vorgesehenen Felder der Spalte „Form“ einzutragen. Längen sind dabei in cm und Winkel in Grad (°) anzugeben. Teilgrößen mit dem Index 0

**Tafel 19 Teilgrößen von Biegeformen, Beispiele**

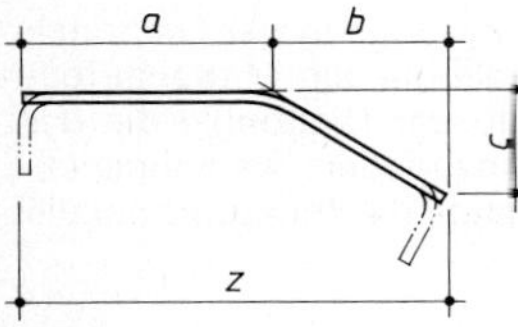


Typ C1

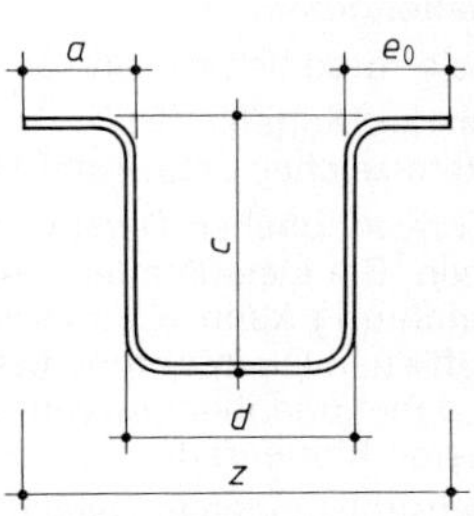


Typ C3 (mit $b_0 = 0$)

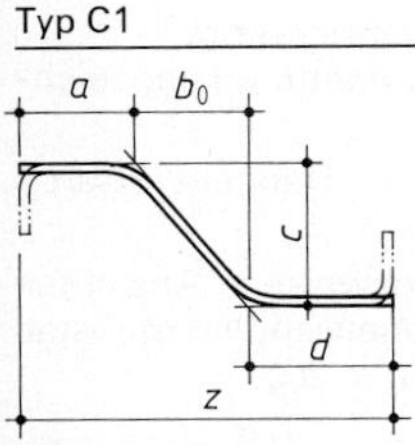


Typ C2

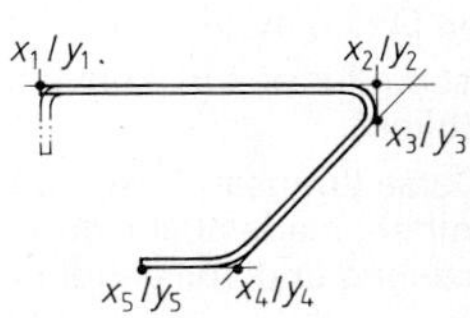


Typ X2

dürfen den Wert Null annehmen (s. Tafel 18 und Tafel 19). Bei der Beschreibung von Sonderformen durch Typ X2 sind in die Felder a, b, c, ... die Anzahl $n$ der die Biegeform festlegenden Punkte sowie die zugehörenden Koordinaten $x_i$, $y_i$ als Teilgrößen einzutragen.

Die anzugebenden Längen werden an Biegestellen durch den Schnittpunkt der äußeren Tangenten begrenzt. Bei Biegestellen mit einem Winkel über 90° ist dieser in einen rechten und einen spitzen Winkel aufzuteilen, Tafel 19.
Jedes einzelne Bewehrungselement wird gekennzeichnet.
Die Kennzeichnung von Betonstabstahl-Elementen muß enthalten

- Positionsnummer, die mit einem Kreis zu umschließen ist, [1]) sowie in nachstehender Reihenfolge
- Anzahl der Bewehrungsstäbe,
- Durchmesserzeichen (∅) und Stabnenndurchmesser in mm.

Soweit erforderlich, sind außerdem anzugeben

- Kurzzeichen der Betonstahlsorte
- Stababstand in cm,
- Lagekennzeichen und
- abgewickelte Stablänge (Einzellänge l) in m.

Die vollständige Kennzeichnung mit der Anzahl aller zu einer Position gehörenden Stäbe muß auf der Bewehrungszeichnung einmal angegeben sein; sie steht in der Regel an dem herausgezogenen Stab oder — wo dies nicht möglich ist — an einer Hinweislinie, die den Zusammenhang mit der zugehörigen Bewehrung im Bauteil herstellt. Die verwendeten Betonstahlsorten sind im Schriftfeld der Zeichnung anzugeben. Bei Verwendung verschiedener Betonstahlsorten innerhalb einer Bewehrungszeichnung muß die weniger oft vorkommende Sorte zusätzlich bei den entsprechenden Positionen in der Zeichnung angegeben werden.
Die Kennzeichnung von Betonstahlmatten muß enthalten:

- Positionsnummer, die mit einem Rechteck zu umschließen ist, [1])

sowie mindestens einmal

- bei Lagermatten die Mattenkurzbezeichnung nach DIN 488 Teil 4,
- bei Listenmatten die den Mattenaufbau kennzeichnenden Daten für beide Bewehrungsrichtungen,
- die Mattengröße.

Soweit es erforderlich ist, sind außerdem anzugeben:

- Anzahl der Matten,
- Lagekennzeichen nach Tafel 16.

Bei der konventionellen Darstellung ist die Kennzeichnung entlang der Diagonale anzuordnen. Bei Listenmatten sind oberhalb der Diagonale die den Mattenaufbau in Längsrichtung kennzeichnenden Daten und unterhalb der Diagonale die den Mattenaufbau in Querrichtung kennzeichnenden Daten anzugeben. Als Längsrichtung gilt dabei unabhängig von der Haupttragrichtung stets die Richtung parallel zum längeren Mattenrand.

Bei der achsenbezogenen Darstellung sind anzugeben:

- bei Lagermatten die Mattenkurzbezeichnung in der Haupttragrichtung,
- bei Listenmatten die den Mattenaufbau in Längs- und Querrichtung kennzeichnenden Daten in der zugehörenden Bewehrungsrichtung.

Die Entscheidung für konventionelle Bemaßung führt zur Darstellungsart 1 (gebräuchlich).

Bei der Darstellungsart 1 ist die Bewehrung im Bauteil, vorzugsweise in Ansichten und Schnitten, maßstäblich darzustellen. Die einzelnen Positionen sind im Maßstab herauszuziehen und vollständig zu bemaßen (s. Bild 15 und Tafel 20).

[1]) Gleiche Bewehrungsstäbe erhalten die gleiche Positionsnummer.

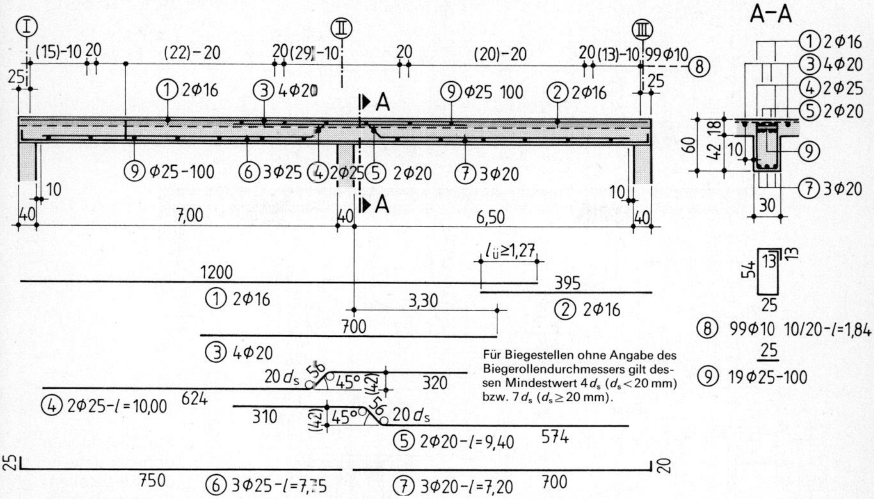


**Bild 15 Bewehrungszeichnung eines Unterzuges, Darstellungsart 1**

**Tafel 20 Gewichtsliste zu Bild 15, gekürzt**

| Pos.-Nr. | Anzahl | $d_s$ in mm | Betonstahlsorte Kurzzeichen | Einzellänge in m | Gesamtlänge in m | Gewichtsermittlung in kg für $d_s$ = 10 mm mit 0,617 kg/m | $d_s$ = 16 mm mit 1,58 kg/m | $d_s$ = 25 mm mit 3,85 kg/m |
|---|---|---|---|---|---|---|---|---|
| 1 | 2 | 16 | IV S | 12,00 | 24,00 | | 37,9 | |
| 4 | 2 | 25 | IV S | 10,00 | 20,00 | | | 77,0 |
| 6 | 3 | 25 | IV S | 7,75 | 23,25 | | | 89,5 |
| 8 | 99 | 10 | IV S | 1,84 | 182,16 | 112,4 | | |
| | | | | | Gewicht je Durchmesser | 112,4 | 37,9 | 166,5 |
| | | | | | Gesamtgewicht | 316,8 | | |

Eine Vereinfachung der Darstellungsart 1 führt zur Darstellungsart 2.

Bei der Darstellungsart 2 ist die Bewehrung im Bauteil, vorzugsweise in Ansichten und Schnitten, maßstäblich darzustellen, wobei die Stabenden zu markieren sind. Entgegen Darstellungsart 1 werden die einzelnen Positionen nicht maßstäblich herausgezogen, sondern durch kleinere skizzenartige Darstellungen der bemaßten Biegeformen bei den Positionsnummern ersetzt (siehe Bild 16 und Tafel 21). Wird eine Position mehrfach herausgezogen, so ist nur ein Auszug davon zu bemaßen und mit der vollständigen Kennzeichnung zu versehen. In diesem Fall sind alle auf der Bewehrungszeichnung vorkommenden Positionsnummern, bei denen eine vollständige Kennzeichnung einschließlich bemaßter Biegeform angegeben ist, besonders hervorzuheben.

Die Entscheidung für Verwendung des Formblattes führt zur Darstellungsart 3.[1])

[1]) Die Darstellung 3 muß vorher zwischen allen Beteiligten vereinbart werden.

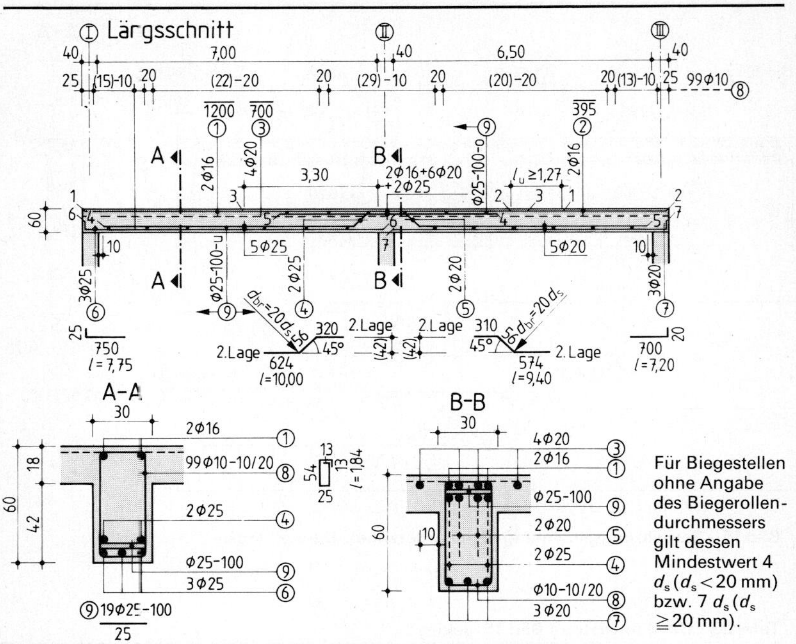


**Bild 16 Bewehrungszeichnung eines Unterzuges, Darstellungsart 2**

Für Biegestellen ohne Angabe des Biegerollendurchmessers gilt dessen Mindestwert 4 $d_s$ ($d_s < 20$ mm) bzw. 7 $d_s$ ($d_s \geqq 20$ mm).

**Tafel 21 Biegeliste zu Bild 16, gekürzt**

| Pos.-Nr. | Anzahl | $d_s$ in mm | Betonstahlsorte Kurzzeichen | Einzellänge in m | $d_{br}$ Haken, Winkelhaken, Schlaufen, Bügel in cm | $d_{br}$ sonstige Biegestellen in cm | Bemaßte Biegeform (unmaßstäblich) | Gesamtlänge in m | Gewicht je Position in kg |
|---|---|---|---|---|---|---|---|---|---|
| 1 | 2 | 16 | IV S | 12,00 | | | 1200 | 24,00 | 37,9 |
| 4 | 2 | 25 | IV S | 10,00 | | 50 | 320, 45°, 56, (42), 624 | 20,00 | 77,0 |
| 6 | 3 | 25 | IV S | 7,75 | 17,5 | | 25, 750 | 23,25 | 89,5 |
| 8 | 99 | 10 | IV S | 1,84 | 4,0 | | 54, 13, 13, 25 | 182,16 | 112,4 |

Bei der Darstellungsart 3 ist die Bewehrung im Bauteil, vorzugsweise in Ansichten und Schnitten, maßstäblich darzustellen, wobei die Stabenden zu markieren sind. Wie bei Darstellungsart 2 werden die Biegeformen bei den Positionsnummern in kleineren skizzenartigen Darstellungen angegeben, die jedoch unbemaßt bleiben. Dafür sind die eingekreisten Positionsnummern durch die Typkennzeichen zu ergänzen sowie in der Bewehrungszeichnung eine Auflistung der vorkommenden Typen nach Tafel 18 vorzusehen, Bild 17 und Tafel 22.

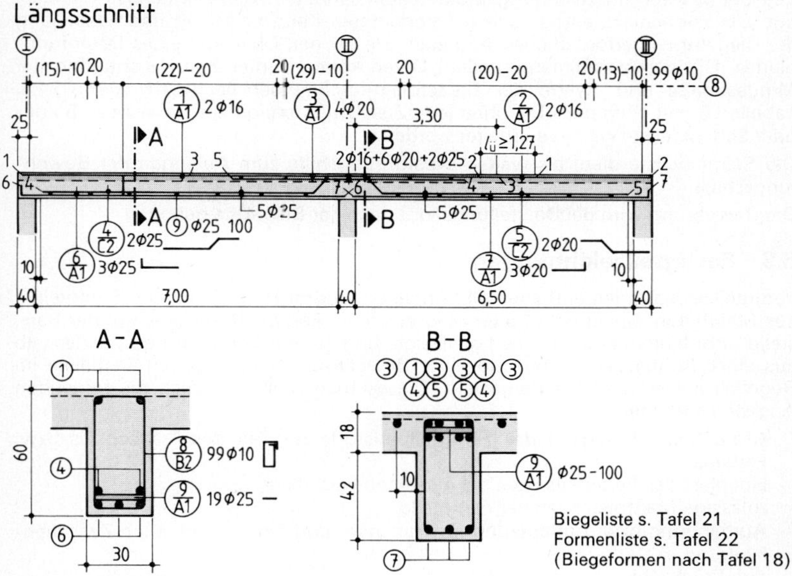


**Bild 17 Bewehrungszeichnung eines Unterzuges, Darstellungsart 3**

**Tafel 22 Formenliste zu Bild 17, gekürzt**

| Pos.-Nr. | Anzahl | $d_s$ in mm | Betonstahlsorte Kurzzeichen | Typ**) | H | D | Teilgrößen*) | | | | | |
|---|---|---|---|---|---|---|---|---|---|---|---|---|
| | | | | | | | *a* | *b* | *c* | *d* | *e* | *z* |
| 1 | 2 | 16 | IV S | A1 | O | | 1200 | | | | | |
| 4 | 2 | 25 | IV S | C2 | O | 20 | 320 | 39 | 42 | 624 | | |
| 6 | 3 | 25 | IV S | A1 | L | | 750 | | | | | |
| 8 | 99 | 19 | IV S | B2 | | | 25 | 54 | 0 | 13 | | |

*) Maße der Teilgrößen in cm bzw. in Grad (°).
**) Biegeform nach DIN 1356T10 (2.91)

## Matten- und Stabstahllisten

Zu jedem Verlegeplan wird eine Schneideskizze angefertigt, in der gezeigt wird wie die einzelnen Formnummern aus „ganzen" Matten geschnitten werden sollen. Die manchmal unvermeidlichen Mattenreste werden zum Schluß irgendwo im Bauteil sinnvoll verlegt. Zur Schneideskizze gehört eine Bestell-Liste aller Matten eines Verlegeplanes mit Gewichtsangabe für die Abrechnung, Bild 14.

Zu jeder Bewehrungszeichnung in Darstellungsart 1 und 2 wird eine Gewichtsliste angefertigt, die der Ermittlung der Gewichte der einzelnen Positionen dient. Für ihre Aufstellung müssen die Einzellängen bekannt sein, die sich aus der Summierung der Teillängen der jeweiligen Biegeform ergeben.

Die Bewehrung wird bei Darstellungsart 1 und 2 nach der Bewehrungszeichnung gebogen, sofern nicht eine Biegeliste aufgestellt wird, in der alle Biegeformen vollständig bemaßt aufgeführt sind. Mit ihrer Hilfe können die Bewehrungsstäbe unabhängig von der Bewehrungszeichnung gebogen werden. Biegeliste und Gewichtsliste können kombiniert werden.

Zu jeder Bewehrungszeichnung in Darstellungsart 3 wird eine Formenliste angefertigt. Die Formenliste enthält alle zur eindeutigen Kennzeichnung und Festlegung der Biegeformen erforderlichen Angaben. Sie hat den Charakter eines Datenformblattes. Die dort zusammengestellten Daten können unter Berücksichtigung der Mindestmaße und -werte der Biegerollendurchmesser nach DIN 1045/07.88, Tabelle 18, mit Hilfe der EDV ohne jede Zusatzinformation zur Gewichts-, Biege- oder Schneideliste weiterverarbeitet werden.

Die Schneideliste dient als weitere Ausführungshilfe zum Ablängen der Bewehrungsstäbe.

Die Bewehrung wird bei Darstellungsart 3 nach der Biegeliste gebogen.

## 5.5 Fertigteilzeichnungen

Fertigteilzeichnungen enthalten alle Angaben, die zur Herstellung von Fertigteilen aus Stahlbeton, Spannbeton oder Mauerwerk im Fertigteilwerk oder auf der Baustelle erforderlich sind. Die Fertigteilzeichnung für ein Fertigteil besteht deshalb aus einer Rohbauzeichnung und einer Bewehrungszeichnung, mit Stahlliste im Regelfall auf einem Blatt dargestellt. Dieses Blatt muß zusätzlich die folgenden Angaben enthalten:

- erforderliche Festigkeit des Fertigteilbaustoffs zur Zeit des Transportes bzw. Einbaus,
- Eigenlast des Fertigteils bzw. der einzelnen Fertigteile,
- zulässige Maßtoleranzen der Fertigteile,
- Aufhängung bzw. Auflagerung für Transport, und Einbau, ggf. auch Zwischenlagerung,
- ggf. Stückzahl.

Vorzugsmaßstab ist 1 : 20, auch 1 : 25.

## 5.6 Verlegezeichnungen

Nach Verlegezeichnungen werden Fertigteile auf der Baustelle zusammen- und eingebaut. Sie enthalten und zeigen außer der Bemaßung

- Positionsbezeichnungen der einzelnen Fertigteile,
- Lage der Fertigteile im Gesamttragwerk,
- Einbauablauf,
- Einbaumaße und Einbautoleranzen, Auflagertiefen,
- Anschlüsse,
- ggf. Hilfsstützen bzw. Montagestützen,
- auf der Baustelle zusätzlich zu verlegende Bewehrung,
- Festigkeitsklassen u.ä. der auf der Baustelle beim Einbau benötigten Baustoffe (Ortbeton, Mörtel, usw.)

Vorzugsmaßstab ist 1 : 50.

## 5.7 Planungsaufwand und Schwierigkeitsgrad

Der jeweils erforderliche Planungsaufwand hängt ab vom Schwierigkeitsgrad des geplanten Bauwerks:

- Tragwerke einfacher Bauten werden gebaut nach den Ausführungszeichnungen des Objektplaners und den Bewehrungszeichnungen des Tragwerkplaners;
- Tragwerke von Bauten mittleren Schwierigkeitsgrades werden gebaut nach den Ausführungszeichnungen des Objektplaners ergänzt durch Schalpläne des Tragwerkplaners und den Bewehrungsplänen des Tragwerkplaners;
- Tragwerke mit großem Schwierigkeitsgrad werden gebaut nach den Rohbauzeichnungen des Tragwerkplaners und den Bewehrungszeichnungen des Tragwerkplaners.

# Datenverarbeitung

Bearbeitet von Prof. Dr.-Ing. Otto W. Wetzell

## Inhalt



## Technische Baubestimmungen

| | | | |
|---|---|---|---|
| DIN 44300 | T1 | (E3.95) | Informationsverarbeitung; Begriffe; Allgemeine Begriffe |
| | T2 | (11.88) | – ; Begriffe; Informationsdarstellung |
| | T3 | (11.88) | – ; Begriffe; Datenstrukturen |
| | T4 | (11.88) | – ; Begriffe; Programmierung |
| | T5 | (11.88) | – ; Begriffe; Aufbau digitaler Rechensysteme |
| | T6 | (11.88) | – ; Begriffe; Speicherung |
| | T7 | (11.88) | – ; Begriffe; Zeiten |
| | T8 | (11.88) | – ; Begriffe; Verarbeitungsfunktionen |
| | T9 | (11.88) | – ; Begriffe; Verarbeitungsabläufe |
| | Bbl 2 | (11.88) | – ; Begriffe; Alphabetisches Gesamtverzeichnis |
| DIN 44301 | | (11.84) | Informationstheorie; Begriffe |
| DIN 44302 | | ( 2.87) | Informationsverarbeitung; Datenübertragung, Datenübermittlung; Begriffe |
| | Bbl 1 | (11.89) | Informationsverarbeitung; Datenübertragung, Datenübermittlung; Fachwörter |
| DIN 66000 | | (11.85) | Informationsverarbeitung; Mathematische Zeichen und Symbole der Schaltalgebra |
| DIN 66001 | | (12.83) | Informationsverarbeitung; Sinnbilder und ihre Anwendung |
| | Bbl 1 | (12.83) | Informationsverarbeitung; Sinnbilder und ihre Anwendung; Anordnung der Sinnbilder auf einer Zeichenschablone |
| DIN 66003 | | ( 6.74) | Informationsverarbeitung; 7-Bit-Code |
| DIN 66026 | | ( 9.86) | Informationsverarbeitung; Programmiersprache ALGOL 60 |
| DIN 66028 | | ( 8.86) | Informationsverarbeitung; Programmiersprache COBOL |
| DIN 66200 | | ( 3.92) | Betrieb von Rechensystemen; Begriffe; Auftragsabwicklung |

Fortsetzung s. nächste Seite

| | | | |
|---|---|---|---|
| DIN 66203 | | (12.75) | Informationsverarbeitung; Regeln zur Erweiterung des 7-Bit-Code |
| DIN 66213 | | ( 2.76) | Graphische Darstellung der Steuerzeichen des 7-Bit-Code |
| DIN 66232 | | ( 8.85) | Informationsverarbeitung; Datendokumentation |
| DIN 66250 | | ( 5.87) | Informationsverarbeitung; Zahlendarstellung für den Datenaustausch |
| DIN 66241 | | ( 1.79) | Informationsverarbeitung; Entscheidungstabellen; Beschreibungsmittel |
| DIN 66231 | | (10.82) | Informationsverarbeitung; Programmentwicklungsdokumentation |
| DIN 66230 | | ( 1.81) | Informationsverarbeitung; Programmdokumentation |
| | Bbl 1 | ( 1.81) | –; Programmdokumentation mit fester Gliederung |
| DIN 66252-1/A1 | | (10.94) | Graphische Systeme der Informationsverarbeitung; Graphisches Kernsystem (GKS); Funktionale Beschreibung |
| DIN ISO 8805 | | ( 5.91) | Graphisches Kernsystem für 3D |
| DIN 66253 | T2 | (10.82) | Informationsverarbeitung; Programmiersprache PEARL; Full PEARL |
| | T3 | ( 1.89) | –; Programmiersprache PEARL; Mehrrechner-PEARL |
| DIN 66255 | | ( 5.80) | Informationsverarbeitung; Programmiersprache PL/1 |
| | T2 | ( 5.84) | –; Programmiersprache PL/1; Allgemeine Teilmenge G |
| DIN EN 27185 | | ( 3.94) | Programmiersprache Pascal |
| DIN 66261 | | (11.85) | Informationsverarbeitung; Sinnbilder für Struktogramme nach Nassi-Shneiderman |
| DIN EN 28631 | | ( 8.94) | Programmkonstrukte und Regeln für ihre Anwendung |
| DIN 66268 | | ( 5.88) | Informationsverarbeitung; Programmiersprache Ada |
| DIN 66284 | | ( 5.88) | Informationsverarbeitung; Programmiersprache Elem.-BASIC |
| DIN EN 21539 | | ( 2.93) | Programmiersprache FORTRAN |
| DIN EN 28651 | T1 | ( 1.93) | Sprachbindungen für das graphische Kernsystem (GKS); FORTRAN |
| | T2 | ( 1.93) | –; PASCAL |
| | T3 | ( 1.93) | –; ADA |
| DIN EN 29899 | | ( 3.94) | Programmiersprache C |

# 1 Externe und interne Darstellung von Informationen

Mengen lassen sich digital auf einfache Weise beschreiben durch Verwendung einer positiv-ganzzahligen Basis $b>1$ und $b$ positiv-ganzzahligen Zählziffern 0, 1, ..., $b-1$. Im Dezimalsystem z.B. (Basis $b=10$, Zählziffer 0, 1, ..., 9) sind zehn Einer zu einem Zehner zusammengefaßt, zehn Zehner zu einem Hunderter, usw. Umgekehrt wird ein Einer in zehn Zehntel eingeteilt, ein Zehntel in zehn Hundertstel, usw. Jede beliebige Menge läßt sich dann beschreiben in der Form

$$a_n \cdot 10^n + a_{n-1} \cdot 10^{n-1} + \ldots + a_0 \cdot 10^0 + a_{-1} \cdot 10^{-1} + \ldots + a_{m+1} \cdot 10^{m+1} + a_m \cdot 10^m$$

also in der Form $\sum_{i=m}^{n} a_i \cdot 10^i$, wobei die untere Grenze $m$ nie größer als Null ist und jedes einzelne $a_i$ ein Element der Folge 0, 1, ..., 9 ist. Eine Kurzschreibweise dieser Potenzschreibweise ist die uns geläufige Radixschreibweise – Begriffe der Informationsverarbeitung s. DIN 44300 (3.72) –, die nur die Koeffizienten $a_1$ notiert und ihre Zuordnung zu den Basispotenzen durch ein Komma (oder einen Punkt) zwischen $a_0$ und $a_{-1}$ signalisiert. Bei kommalosen Zahlen ist die letzte Ziffer stets $a_0$. Andere polyadische Zahlensysteme sind: Dualsystem ($b=2$), Quinärsystem ($b=5$), Oktalsystem ($b=8$), Duodezimalsystem ($b=12$), Sedezimal- bzw. Hexadezimalsystem ($b=16$). Das Hexadezimalsystem verwendet die Zählziffern 0 bis 9 und A bis F. In der Schreibweise des jeweiligen Systems freilich erscheint die Basis stets als Ziffernfolge „Eins-Null" (also $b=10$). Durch Abspalten von Basispotenzen läßt sich das Komma beliebig in der Ziffernfolge verschieben: $z=a \cdot b^e$. Wählt man den Exponenten $e$ so, daß die Mantisse $a$ in dem durch $1/b \leqq a < 1$ begrenzten Bereich liegt, so spricht man von der normalisierten Form der halblogarithmischen Schreibweise. In dieser Form kann jede beliebige Kommazahl bei bekannter Basis durch Angabe von zwei Ganzzahlern – gegebenenfalls mit Vorzeichen – beschrieben werden, nämlich die Ganzzahler $m$ – das ist der Nachkommateil von $a$ – und $e$. Die Dezimalzahl $-374{,}25 = -0{,}37425 \cdot 10^3$ z.B. wäre beschrieben durch $m=-37425$ und $e=+3$. Nicht-numerische Sachverhalte werden extern dargestellt durch Verwendung von Schriftzeichen, das sind Buchstaben, Ziffern, Satz- und Sonderzeichen.

In einem Digitalrechner werden Informationen heute allgemein in binärer Form dargestellt, durch sog. Bitmuster (Bit = binary digit = Binärzeichen, z.B. 0 und 1). Als 1 Bit wird auch das Speicherelement zur Speicherung eines Binärzeichens bezeichnet. 8 Bit nennt man auch 1 Byte.

Zahlen, mit denen arithmetische Operationen ausgeführt werden sollen, werden dann als Dualzahlen dargestellt. Andere Informationen werden durch Verwendung eines Codes dargestellt, in dem jedem Schriftzeichen ein bestimmtes Bitmuster zugeordnet ist.

Weit verbreitet sind ASCII (American Standard Code for Information Interchange, 7 Bit) und EBCDIC (Extended Binary Coded Decimal Interchange Code, 8 Bit). ASCII ist identisch mit dem 7-Bit-Code Nr. 5 der CCITT (Comite Consultatif International Telegraphique et Telephonique) und dem 7-Bit-Code nach DIN 66003 (6.74). Die 7 Bit des ASCII werden (s. Tafel 1) durch Voranstellen eines achten Bit zu einem Byte aufgefüllt, wobei – von Rechnerfabrikat zu Rechnerfabrikat verschieden – (a) stets 0, (b) stets 1 oder (c) 0 oder 1 vorangestellt wird in der Weise, daß sich stets eine gerade – oder ungerade – Anzahl von 1 in einem Byte ergibt.

Bei der Darstellung von Zahlen, mit denen gerechnet werden soll, unterscheidet man zwei Arten: Festpunktzahlen und Gleitpunktzahlen. Bei Festpunktzahlen steht das Komma zur Trennung vom ganzen und gebrochenen Teil immer an derselben Stelle. Meist steht es rechts am Ende des Wortes, die Zahl ist dann ganz (Typ Integer). Es bleibt aber dem Programmierer überlassen, in Sonderfällen die Komma-

**Tafel 1 ASCII bzw. 7-Bit-Code nach DIN 66003 (6.74)**

| Bits | | | | | | | | | | | | | | | | |
|---|---|---|---|---|---|---|---|---|---|---|---|---|---|---|---|---|
| $b_7$ → | | | | | | | 0 | 0 | 0 | 0 | 1 | 1 | 1 | 1 | | |
| $b_6$ → | | | | | | | 0 | 0 | 1 | 1 | 0 | 0 | 1 | 1 | | |
| $b_5$ → | | | | | | | 0 | 1 | 0 | 1 | 0 | 1 | 0 | 1 | | zweite Hex.-Ziffer |
| $b_7$ | $b_6$ | $b_5$ | $b_4$ | $b_3$ | $b_2$ | $b_1$ | Zeile \ Spalte | 0 | 1 | 2 | 3 | 4 | 5 | 6 | 7 | |
| | | | 0 | 0 | 0 | 0 | 0 | NUL | (TC7) DLE | SP | 0 | @ (§) | P | | p | 0 |
| | | | 0 | 0 | 0 | 1 | 1 | (TC1) SOH | DC1 | ! | 1 | A | Q | a | q | 1 |
| | | | 0 | 0 | 1 | 0 | 2 | (TC2) STX | DC2 | " | 2 | B | R | b | r | 2 |
| | | | 0 | 0 | 1 | 1 | 3 | (TC3) ETX | DC3 | # (£) | 3 | C | S | c | s | 3 |
| | | | 0 | 1 | 0 | 0 | 4 | (TC4) EOT | DC4 | $ | 4 | D | T | d | t | 4 |
| | | | 0 | 1 | 0 | 1 | 5 | (TC5) ENQ | (TC8) NAK | % | 5 | E | U | e | u | 5 |
| | | | 0 | 1 | 1 | 0 | 6 | (TC6) ACK | (TC9) SYN | & | 6 | F | V | f | v | 6 |
| | | | 0 | 1 | 1 | 1 | 7 | BEL | (TC10) ETB | ' | 7 | G | W | g | w | 7 |
| | | | 1 | 0 | 0 | 0 | 8 | FE0 (BS) | CAN | ( | 8 | H | X | h | x | 8 |
| | | | 1 | 0 | 0 | 1 | 9 | FE1 (HT) | EM | ) | 9 | I | Y | i | y | 9 |
| | | | 1 | 0 | 1 | 0 | 10 | FE2 (LF) | SUB | * | : | J | Z | j | z | A |
| | | | 1 | 0 | 1 | 1 | 11 | FE3 (VT) | ESC | + | ; | K | [ (Ä) | k | { (ä) | B |
| | | | 1 | 1 | 0 | 0 | 12 | FE4 (FF) | IS4 (FS) | , | < | L | \ (Ö) | l | \| (ö) | C |
| | | | 1 | 1 | 0 | 1 | 13 | FE5 (CR) | IS3 (GS) | – | = | M | ] (Ü) | m | } (ü) | D |
| | | | 1 | 1 | 1 | 0 | 14 | SO | IS2 (RS) | . | > | N | ^ | n | ‾ (ß) | E |
| | | | 1 | 1 | 1 | 1 | 15 | SI | IS1 (US) | / | ? | O | _ | o | DEL | F |
| | | | erste Hex.-Ziffer | | | | | 0 | 1 | 2 | 3 | 4 | 5 | 6 | 7 | ↑ |

**Tafel 2 Bedeutung der Kurzzeichen des ASCII**

| | |
|---|---|
| NUL | Nil *(Null)* |
| TC | Übertragungssteuerung *(Transmission Control)* |
| SOH | Anfang des Kopfes *(Start of Heading)* |
| STX | Anfang des Textes *(Start of Text)* |
| ETX | Ende des Textes *(End of Text)* |
| EOT | Ende der Übertragung *(End of Transmission)* |
| ENQ | Stationsaufforderung *(Enquiry)* |
| ACK | Positive Rückmeldung *(Acknowledge)* |
| BEL | Klingel *(Bell)* |
| FE | Formatsteuerung *(Format Effector)* |
| BS | Rückwärtsschritt *(Backspace)* |
| HT | Horizontal-Tabulator *(Horizontal Tabulation)* |
| LF | Zeilenvorschub *(Line Feed)* |
| VT | Vertikal-Tabulator *(Vertical Tabulation)* |
| FF | Formularvorschub *(Form Feed)* |
| CR | Wagenrücklauf *(Carriage Return)* |
| SO | Dauerumschaltung *(Shift-out)* |
| SI | Rückschaltung *(Shift-in)* |
| DLE | Datenübertragungs-umschaltung *(Data Link Escape)* |
| DC | Gerätesteuerung *(Device Control)* |
| NAK | Negative Rückmeldung *(Negative Acknowledge)* |
| SYN | Synchronisierung *(Synchronous Idle)* |
| ETB | Ende des Datenübertragungsblocks *(End of Transmission Block)* |
| CAN | Ungültig *(Cancel)* |
| EM | Ende der Aufzeichnung *(End of Medium)* |
| SUB | Substitution *(Substitute Character)* |
| ESC | Umschaltung *(Escape)* |
| IS | Informationstrennung *(Information Separator)* |
| FS | Hauptgruppen-Trennung *(File Separator)* |
| GS | Gruppen-Trennung *(Group Separator)* |
| RS | Untergruppen-Trennung *(Record Separator)* |
| US | Teilgruppen-Trennung *(Unit Separator)* |
| SP | Zwischenraum *(Space)* |
| DEL | Löschen *(Delete)* |

stelle anders zu definieren. Für die Speicherung vorzeichenbehafteter ganzer Zahlen werden – das ist sprachenabhängig – in FORTRAN wahlweise 2 oder 4 Byte verwendet. Das erste Bit $a_{n-1}$ weist auf das Vorzeichen hin: $0 \triangleq +$, $1 \triangleq -$.

Die größte in den $n$ Bit $a_{n-1}$ bis $a_0$ darstellbare positive und ganzzahlige Dualzahl hat den dezimalen Wert $2^n - 1$. In einem Speicherplatz der Länge 2 Byte ist somit maximal der Wert $+32767$ darstellbar bei 1 Vorzeichenbit und 15 Betragsbit ($2^{15} - 1 = 32767$).

Negative Ganzzahlen werden nicht durch Vorzeichen und (Absolut-)Betrag dargestellt, sondern durch das zugehörige echte Komplement (konegative Zahl): Zwischen dem echten oder auch $b$-Komplement $\bar{z}$, dem Betrag der negativen Zahl $z$, der Basis $b$ und der Anzahl $n$ der für die Darstellung vorgesehenen Stellen besteht die Beziehung $\bar{z} = b^n - z$.

**Beispiel** Das 10-Komplement zu $z = 32$ für $n = 4$ ist $\bar{z} = 9968$;
das 2-Komplement zu $z = (11)_2$ für $n = 4$ ist $\bar{z} = (1101)_2$.

Das 2-Komplement läßt sich auch ganz „mechanisch" gewinnen:

- Eintragen des positiven Wertes der negativen Dualzahl in das vorgesehene Feld;
- Bearbeiten des entstandenen Bitmusters bitweise von rechts nach links:
  - alle Bits bis zur ersten 1 bleiben unverändert;
  - die erste 1 bleibt unverändert;
  - alle übrigen Bits wechseln (0 wird 1; 1 wird 0).
- das Vorzeichenbit wird wie jedes andere Bit behandelt, die o.g. Vorzeichendarstellung vorausgesetzt.

Auf gleiche Weise wird der Betrag einer konegativen Zahl gewonnen (Rück-Komplement).

**Beispiel** Duale Darstellung des dezimalen Wertes $-10$ für $n = 7$:

| | $a_7$ | $a_6$ | $a_5$ | $a_4$ | $a_3$ | $a_2$ | $a_1$ | $a_0$ |
|---|---|---|---|---|---|---|---|---|
| $z$ | 0 | 0 | 0 | 0 | 1 | 0 | 1 | 0 |
| $\bar{z}$ | 1 | 1 | 1 | 1 | 0 | 1 | 1 | 0 |

Komplementierung ($z \rightarrow \bar{z}$), Rückkomplementierung ($\bar{z} \rightarrow z$); VZ = $a_7$

Diese „mechanische" Bildung von Komplement und Rückkomplement ermöglicht den Ersatz der dualen Subtraktion durch duale Addition, wie die folgenden Beispiele zeigen für 1 Vorzeichenstelle und ($n =$) 3 Dualstellen.

Die betragsmäßig größte in $n=3$ Dualstellen darstellbare negative Zahl hat – wie man sieht – den dezimalen Wert 8, sie beträgt allgemein bei $n$ Dualstellen $2^n$. Damit sind in $n$ Betragstellen und einer Vorzeichenstelle alle Dualzahlen darstellbar, deren dezimale Werte $x$ die Bedingung $-(2^n) \leqq x \leqq +2^n-1$ erfüllen. In einem Speicherplatz der Länge 2 Byte = 16 Bit z.B. sind mit $n=15$ alle Dezimalzahlen im Bereich $-32768 \leqq x \leqq +32767$ dual darstellbar.

**Beispiel**

| | | |
|---|---|---|
| +5 0 1 0 1<br>+1 0 0 0 1<br>0 0 1 0 = Ü.<br>+6 0 1 1 0 | +5 0 1 0 1<br>−1 1 1 1 1<br>1 1 1 0 = Ü.<br>+4 0 1 0 0 | −5 1 0 1 1<br>+1 0 0 0 1<br>0 1 1 0 = Ü.<br>−? 1 1 0 0<br>Rück-Komplement<br>−4 0 1 0 0 |
| −5 1 0 1 1<br>−1 1 1 1 1<br>1 1 1 0 = Ü.<br>−? 1 0 1 0<br>Rück-Komplement<br>−6 0 1 1 0 | −6 1 0 1 0<br>−2 1 1 1 0<br>1 1 0 0 = Ü.<br>−? 1 0 0 0<br>Rück-Komplement<br>−8 1 0 0 0 | −8 1 0 0 0<br>+3 0 0 1 1<br>0 0 0 0 = Ü.<br>−? 1 0 1 1<br>Rück-Komplement<br>−5 0 1 0 1 |

Zur manuellen Berechnung des dezimalen Wertes einer längeren (positiven) Dualzahl zerlegt man diese mit Vorteil in Vierergruppen (Tetraden), liest jede Tetrade als eigene Dualzahl und nimmt ihre Werte als Ziffern einer Hexadezimalzahl.

**Beispiel**

| | | | | | | | | | | | | | | | | | | |
|---|---|---|---|---|---|---|---|---|---|---|---|---|---|---|---|---|---|---|
| Dualzahl | Wertigkeit | | 16384 | 8192 | 4096 | 2048 | 1024 | 512 | 256 | 128 | 64 | 32 | 16 | 8 | 4 | 2 | 1 | |
| | Bitposition | 15 | 14 | 13 | 12 | 11 | 10 | 9 | 8 | 7 | 6 | 5 | 4 | 3 | 2 | 1 | 0 | |
| | Dualziffern | 0 | 0 | 0 | 1 | 0 | 1 | 0 | 0 | 0 | 0 | 1 | 1 | 1 | 0 | 0 | 1 | ≙5177 |
| Hexadezimalzahl | Hexadezimalziffern | 1 | | | | 4 | | | | 3 | | | | 9 | | | | ≙5177 |
| | Tetradenposition | 3 | | | | 2 | | | | 1 | | | | 0 | | | | |
| | Wertigkeit | 4096 | | | | 256 | | | | 16 | | | | 1 | | | | |

## 2 Aufbau und Wirkungsweise von Computern

Die zu einer Datenverarbeitungsanlage gehörenden Geräte und Maschinen (die Hardware) unterteilt man in den eigentlichen bzw. zentralen Rechner und seine Peripherie.

Den eigentlichen Rechner nennt man auch CPU (Central Processing Unit, engl. für zentrale Verarbeitungseinheit). Die CPU wird manchmal weiter unterteilt in den zentralen Prozessor selbst (CP) und den Arbeits- bzw. Hauptspeicher (Main Storage). Ein besonderer Typ von zentralen Prozessoren sind die heute weit verbreiteten Mikroprozessoren.

Der CP läßt sich weiter zerlegen in das Rechenwerk (engl. Arithmetic Logical Unit – ALU – oder kurz Mill), das Steuer- oder Leitwerk (engl. Control Unit) und einige Register, das sind besonders schnelle Speichereinheiten.

Neben diesen Elementen des klassischen von-Neumann-Rechners gibt es vor allem bei modernen Mikrocomputern als eigenes Organ des CP das innere Kommunikationsnetzwerk, das als Bussystem bezeichnet wird. Die Leistungsfähigkeit des Bussystems ist von großer Bedeutung für die Leistungsfähigkeit des zentralen Prozessors insgesamt. Ein augenblicklich sehr gern verwendeter Bus ist der VME-Bus, das Small Computer System Interface SCSI und der EISA-Bus (Enhanced Industrial Standard Architecture), der bis zu 33 MB/s überträgt. Das Rechenwerk hat die gleiche Aufgabe wie früher eine klassische Rechenmaschine: Hier werden die Rechenoperationen (im verallgemeinerten Sinne) ausgeführt. Im Steuer- oder Leitwerk werden die einzelnen (Maschinen-) Programmbefehle entschlüsselt und ihre Ausführung veranlaßt und überwacht (es werden also u.a. die für ihre Ausführung notwendigen Signale erzeugt und an die übrigen Organe des Rechners geschickt).

Wesentliche Kenndaten eines zentralen Prozessors bzw. Mikroprozessors sind

- die Breite, in der Informationen verarbeitet werden können; aktuelle Verarbeitungsbreiten für Mikroprozessoren sind 32 Bit, in bestimmten Bereichen 64 u. 128 Bit;
- die mit der Verarbeitungsbreite zusammenhängende Anzahl der von ihm verstandenen Mikrobefehle; je mehr Mikrobefehle von einem CP verstanden werden, desto weniger Mikrobefehle werden im Einzelfall gebraucht zur Darstellung eines gegebenen Maschinenbefehls; augenblicklich besteht der Trend, Prozessoren mit vergleichsweise kleinem Befehlssatz zu bauen: RISC, Reduced Instruction Set Computer;
- seine Verarbeitungsgeschwindigkeit; diese wird angegeben entweder in MIPS (Million Instructions per Second) oder MFLOPS (Million Floatingpoint Operations per Second) oder auch durch die (maximal mögliche) Taktfrequenz; gute Werte für Mikroprozessoren liegen augenblicklich bei 66 MHz. MIPS-Angaben beziehen sich stets auf einen bestimmten Instruction-Mix, da die einzelnen Instructions unterschiedlich viele Takte zur Ausführung benötigen; gute Werte liegen augenblicklich bei 25 MFLOPS.

Zur Bewältigung rechenintensiver Aufgaben (Erhöhung der Rechengeschwindigkeit) kann dem zentralen Prozessor häufig ein Gleitkommaprozessor als Koprozessor zugeordnet werden.

Beispiele aktueller Mikroprozessoren sind die 32 Bit-Prozessoren MC68030 bzw. MC68040 von Motorola (im ingenieurwissenschaftlichen Bereich häufig mit dem Gleitkommaprozessor MC68881 als Koprozessor zusammenarbeitend) und Intel Pentium, der 4 GB (s.u.) adressieren kann (ggf. mit dem integrierten Gleitkommaprozessor zusammenarbeitend). Es können auch mehrere zentrale Prozessoren (ggf. mit Koprozessoren) innerhalb eines Rechners gemeinsam mit einem Hauptspeicher (s.u.) arbeiten (Multiprocessing, s.u.).

Der Arbeits- bzw. Hauptspeicher lagert vorübergehend sowohl die Programme bzw. Programmteile, die jeweils ausgeführt werden sollen, als auch die Daten, die durch diese Programme verarbeitet werden sollen und von diesen Programmen produziert werden (flüchtiger Speicher; Schreib-/Lesespeicher). Mit Hilfe einer eigenen Speichersteuerung kann dabei jeder beliebige Speicherplatz direkt angesprochen werden. Solche Speicher nennt man auch RAM (= Random Access Memory). Daneben gibt es Speicher mit (aus Anwendersicht) unveränderlichem Inhalt, aus denen der Anwender nur lesen kann. Solche Speicher nennt man ROM (Read Only Memory), manchmal auch Festwertspeicher.

Das Fassungsvermögen von Speichern wird in Byte gemessen (1 Byte wird benötigt zur Speicherung eines Zeichens). Gebräuchliche Meßeinheiten sind Kilobyte (1 KB $\approx 10^3$ Byte = 1 Tausend Byte), Megabyte (1 MB $\approx 10^6$ Byte = 1 Million Byte), Gigabyte (1 GB $\approx 10^9$ Byte = 1 Milliarde Byte), Terabyte (1 TB $\approx 10^{12}$ Byte) und Petabyte ( PB $\approx 10^{15}$ Byte) [1]).

Aktuelle Hauptspeicherwerte für Mikrocomputer liegen bei 1 MB bis 256 MB, ein häufig anzutreffender Wert: 8 MB. Zum Hauptspeicher gehört stets eine Speichersteuerung, von deren Qualität die Zugriffsgeschwindigkeit abhängt. Sie gibt an,

[1]) Exakt gilt: 1 KB = $2^{10}$ Byte = 1024 Byte; 1 MB = $2^{20}$ Byte = 1048576 Byte; 1 GB = $2^{30}$ Byte = 1073741824 Byte, 1 TB = $2^{40}$ Byte; 1 PB = $2^{50}$ Byte.

wieviel Zeit gebraucht wird, um einen bestimmten Speicherplatz zu finden und ihn zu lesen bzw. zu beschreiben (10 bis 100 ns).

Neben dem (flüchtigen) Hauptspeicher werden Massenspeicher mit der Möglichkeit der dauerhaften – jedoch zeitlich nicht unbegrenzten – Speicherung von Informationen gebraucht („Permanentspeicher"). Hierzu gehören Magnetplatten und Magnetbänder vorwiegend für größere Maschinen und Disketten (floppy disc) und Kassetten vorwiegend u.a. für Mikrocomputer. Magnetplatten können Festplatten und Wechselplatten sein. Hermetisch versiegelte Festplatten mit besonders hoher Schreibdichte und hoher Zugriffsgeschwindigkeit[1]) (hard disc) haben Kapazitäten zwischen 10 MB und 10 GB. Zugriffsgeschwindigkeiten liegen bei etwa 10 Millisekunden, die Übertragungsgeschwindigkeiten liegen bei 1,25 bis 2,5 MB/s bzw. bei 10 bis 20 Megabits/s ($20 \cdot 10^6$ Bps). Disketten haben heute üblicherweise eine Kapazität von 1,2 MB ($5\frac{1}{4}$ Zoll) bzw. 1,44 MB ($3\frac{1}{2}$ Zoll) bei einer mittleren Zugriffszeit von etwa 100 ms und einer Übertragungsrate von 300 KB/s. Für die mehr oder weniger regelmäßige schnelle Datensicherung (Backup) des Festplatteninhaltes gibt es eine besonders schnelle Kassettenstation, genannt Streamertape(unit) mit Kapazitäten bis 2,2 GB und Transferraten von 5 bis 11 MB/min.

Die in solchen peripheren Speichern lagernden Informationen sind logisch in Dateien (Files) zusammengefaßt. Jede Datei besteht aus (Daten-)Sätzen (Records), jeder Satz aus einzelnen Daten. Nach der Art des Zugriffs unterscheidet man hauptsächlich Dateien mit sequentiellem Zugriff (sequentielle Dateien) und Dateien mit direktem Zugriff. Direkter Zugriff ist vergleichsweise zeitraubend.

Neben diesen (Massen-)Speichern gehören auch die Ein-/Ausgabegeräte zur Peripherie des Rechnersystems. Eingabegeräte sind u.a. Terminaltastatur, Maus oder Joystick in Verbindung mit einem grafischen Bildschirm, Digitalisierbrett, Tablett mit Zeigegerät. Es können auch Meßwerte direkt von Meßgeräten z.B. über Analog-Digital-Umwandler eingelesen werden. Ausgabegeräte sind u.a. alphanumerischer (veraltet) und grafischer Bildschirm (CRT = Cathode Ray Tube; VDU = Video Display Unit), Drucker, Plotter. Bei leistungsfähigen Mikrocomputern haben grafische Bildschirme neben ihrem eigenen Bildschirmspeicher auch ihren eigenen Prozessor (Display Processor oder Graphic Processor). Aktuelle Werte für die Auflösung eines solchen Bildschirms sind 1280 × 1024 Bildpunkte. Es können auch Ausgangssignale z.B. über Digital-Analog-Umwandler direkt an Maschinen gegeben werden (Numeric Control, NC). Bei Druckern kann man unterscheiden zwischen Zeilendruckern (auch Schnelldrucker genannt) für größere Rechnersysteme (z.B. Mainframes), Typenraddrucker, Nadel- und Laserdrucker und Tintenstrahldrucker hauptsächlich für kleinere Rechner (z.B. Mikrocomputer). Zeilendrukker und Typenraddrucker können nur (aus Zeichen bestehenden) Text ausgeben. Aktuelle Werte für einen Typenraddrucker sind 100 Zeichen/s. Nadel- bzw. Matrix- und Laserdrucker können jedes beliebige grafische Bild ausgeben. Die Auflösung von Nadel- und Laserdruckern liegt bei etwa 360 × 360 Punkten bzw. DPI (Dots per Inch).

## 3 Rechnerbetrieb

Wegen der Komplexität der beim Betrieb eines Rechnersystems ablaufenden Prozesse ist eine Klassifizierung kaum möglich. Hier einige wichtige Merkmale:

**Multiprocessing.** Mehrere Zentralprozessoren haben einen Hauptspeicher gemeinsam und werden von einem Betriebssystem gesteuert. Eine entsprechende Anzahl von Prozessen kann echt parallel ablaufen.

**Multiprogramming.** Ein Prozessor bearbeitet scheinbar gleichzeitig mehrere Prozesse.

[1]) Sie ist weitgehend abhängig von der Memory Management Unit (MMU).

**Single-User-Betrieb.** Das Betriebssystem kann zu jeder gegebenen Zeit nur einen Benutzer bedienen.

**Multiuserbetrieb.** Das Betriebssystem kann Rechenaufträge mehrerer Benutzer verwalten.

**Multitasking.** Das System kann scheinbar gleichzeitig mehrere Aufträge eines Benutzers bearbeiten. Von ihnen läuft in jedem gegebenen Augenblick einer im Vordergrund, während die übrigen im Hintergrund ablaufen (Foreground/Background).

**Echtzeitverarbeitung.** Ein von außen kommendes Signal führt zu einer Unterbrechung des laufenden Betriebs und zur Aktivierung des betroffenen Programms innerhalb von Mikrosekunden. Echtzeitverarbeitung setzt das Vorhandensein eines Unterbrecherwerkes voraus (Interrupt, Prozeßrechner).

Verantwortlich für den Betrieb eines Rechners ist das Betriebs(programm)system, engl. operating system (OS). Das Betriebssystem einer Rechenanlage ist das Bindeglied zwischen Anwender und Hardware und ermöglicht den automatischen und effizienten Betrieb moderner Rechner hoher Komplexität. Einerseits nimmt es Kommandos vom Anwender entgegen, veranlaßt und überwacht die entsprechenden Aktivitäten und meldet dem Anwender deren Vollzug, fordert ihn zu weiteren Eingaben auf oder gibt Fehlermeldungen aus, andererseits erledigt es völlig selbständig bestimmte Aufgaben (sichert z.B. den gespeicherten Datenbestand in regelmäßigen Abständen und macht rege mäßige Funktionskontrollen und erstellt ggf. Diagnosen). Dazu enthält es u.a. (a) Steuerprogramme, z.B. Programme zum Auftragsmanagement und zur Daten- und Prozeßverwaltung, (b) Dienstprogramme, z.B. Sortier- und Mischprogramme und (c) Arbeitsprogramme, z.B. Übersetzer, Binder und Lader.

Bekannte Betriebssysteme für Mikro- und Minicomputer sind MS-DOS, augenblicklich in den Versionen 6.0 für Einplatz-Rechner und UNIX, augenblicklich in der Version V.4, für Mehrplatz-Rechner. Besonders anwenderfreundlich sind die graphischen Oberflächen WINDOWS für MS-DOS und XWINDOWS für UNIX, wofür freilich ein grafischer Bildschirm hardwaremäßige Voraussetzung ist. Das Betriebssystem bildet aus der Sicht des Anwenders die Umgebung seiner Anwenderprogramme (d.h. unter anderem: sie nutzen die Möglichkeiten des Betriebssy-

**Tafel 3 OS-Kommandos von UNIX und MS-DOS**

| Aktion/Begriff | UNIX | MS-DOS |
|---|---|---|
| beim Start automatisch abgearbeitete Befehlsdatei | profile | AUTOEXEC.BAT |
| Dateienverzeichnis | directory | Directory |
| Dateien und Verzeichnisse listen | ls | DIR |
| Verzeichnis wählen | cd *name* | CD *name* |
| Zurückgehen in höheres Verzeichnis | cd .. | CD .. |
| Zurückgehen ins Wurzelverzeichnis | cd/ | CD\ |
| Verzeichnis anlegen | mkdir *name* | MD *name* |
| Verzeichnis löschen | rmdir *name* | RD *name* |
| Datei löschen | rm *name* | DEL *name* |
| Datei auf Bildschirm listen | cat *name* | TYPE *name* |
| Datei drucken | lpr *name* | PRINT *name* |
| Datei kopieren | cp *alt neu* | COPY *alt neu* |
| „Hilfe suchen" | help | – |
| Kommando erklären | man kommando | – |
| Datei edieren | ex *name* | EDLIN *name* |
| Kommando abbrechen | ⟨ctrl C⟩ | ⟨ctrl C⟩ |
| C-Programm übersetzen | cc *name* | compilerabhängig |
| und ausführen | a.out | *name* |

stems und arbeiten mit dessen Dateienstruktur); es hat deshalb für ihn eine ganz erhebliche Bedeutung.

Das Betriebssystem ist i.allg. permanent auf (Fest-)Platte (Hard disc) gespeichert. Kleinere Betriebssysteme wie MS-DOS werden beim Systemstart ganz in den Hauptspeicher geladen; von großen Betriebssystemen wie UNIX wird beim Systemstart ein Kern geladen, der seinerseits bei Bedarf später weitere Teile von der Platte in den Hauptspeicher holt.

In Tafel 3 sind die wichtigsten OS-Kommandos von UNIX und MS-DOS zusammengestellt.

An der Seite des Single-User-Betriebssystems MS-DOS steht heute das Programmsystem XTREE, das dem Benutzer eines Einplatzsystems die Verwaltungsarbeit am Rechner entscheidend erleichtert.

# 4 Programmierung von Computern

## 4.1 Allgemeines

Unter dem Betriebssystem eines Rechners arbeiten sog. Anwendungsprogramme. Jedes Computer-Programm ist eine (ab)geschlossene Folge von logisch zusammengehörenden Arbeitsanweisungen. Ein Computerprogramm kann aus einer oder aus mehreren Programmeinheiten (Program Units) bestehen und mit anderen Programmen zusammen ein Programmsystem bilden.

Den Anwender eines Programms oder Programmsystems interessiert seine Benutzeroberfläche (das ist der von außen sichtbare bzw. nach außen wirkende Teil des Programms), nicht i.allg. sein innerer Aufbau.

Computer können programmiert werden

- in ihrer Maschinensprache,
- in einer maschinennahen Sprache,
- in Assemblersprache,
- in einer höheren Programmiersprache.

Die Maschinensprache eines Computers besteht aus einer Liste von Maschinenbefehlen, die diesem und nur diesem Computer unmittelbar verständlich sind. Die einzelnen Maschinenbefehle bestehen i.allg. aus dem Adressen- und dem Operationsteil (Einadreßbefehl; es gibt daneben Zwei- und Dreiadreßbefehle) und werden als Bitmuster notiert und eingegeben.

Die Befehle einer maschinennahen Sprache sind ebenfalls nur dem jeweiligen Computer verständlich; sie haben jedoch nicht die Form von Bitmustern sondern bestehen aus mnemotechnisch sinnvollen Symbolen oder Abkürzungen und dezimalen Speicheradressen (Beispiel: Programmiersprache des HP41). Die Befehle der Assemblersprache einer bestimmten Maschine verwenden anstelle von physikalischen Speicheradressen schon Variablennamen als sog. symbolische Adressen.

In einer höheren Programmiersprache formulierte Programme bestehen (in ihrem ausführbaren Teil) aus Anweisungen (Statements) und nicht aus Befehlen (Instructions). Höhere Programmiersprachen sind wesentlich leichter erlernbar als die zuvor erwähnten Sprachen und universell – d.h. auf Maschinen der verschiedensten Hersteller – verwendbar. In einer höheren Programmiersprache geschriebene Programme sind Computern nicht unmittelbar verständlich, sondern müssen, bevor sie ausgeführt werden können, erst in eine dem jeweiligen Computer unmittelbar verständliche Sprache übersetzt werden, letztlich immer in Maschinensprache.

Diese Übersetzung geschieht stets maschinell mit Hilfe von Übersetzungsprogrammen. In einer sogenannten Compilersprache geschriebene Programme werden in einem eigenen Lauf vor dem eigentlichen Ausführungslauf übersetzt, die Anweisungen eines in einer Interpretersprache geschriebenen Programms werden einzeln übersetzt (interpretiert) und anschließend sofort ausgeführt.

Von manchen Programmiersprachen gibt es nebeneinander eine Compiler- und eine Interpreterversion. In einer Compilersprache oder -sprachversion geschriebene Programme können aus völlig unabhängig voneinander formulierten und universell einsetzbaren Programmeinheiten bzw. -moduln bestehen, die — einzeln compiliert und archiviert — in einem eigenen Bindelauf vor der Ausführung miteinander verknüpft werden. Bei interpretativ arbeitenden Programmen ist so etwas naturgemäß nicht möglich.

**Wichtige Compilersprachen** sind u.a.:

**(a) vorwiegend für den technisch-wissenschaftlichen Bereich**

FORTRAN (Formula Translator) in der aktuellen Version 90 nach DIN EN 21539-1992;
ALGOL (Algorithmic Language), Vers. W und 68 nach DIN 66026 (9.86)
PASCAL nach EN 27185 (3.94)
MODULA-2
C nach EN 29899 die leistungsfähigste Programmiersprache, die u.a. auch eine maschinennahe Programmierung ermöglicht.

**(b) für den kaufmännisch-administrativen Bereich**

COBOL (Common Business Oriented Language) nach DIN 66028 (8.86)
RPG (Report Program Generator)

**(c) für die Echtzeit-Prozeßsteuerung PEARL** (DIN 66253 (10.82))

**Eine weitverbreitete Interpretersprache** ist

BASIC (Beginners All Purpose Symbolic Instruction Code) nach DIN 66284 (5.88) bzw. ANSI X3J2/79-51. Unter den zahlreichen BASIC-Versionen befinden sich inzwischen auch einige Compilerversionen, die mit dem ursprünglichen Dartmouth-BASIC nur noch den Namen gemein haben.

## 4.2 Die Programmiersprache C

### Notation

C-Schlüsselwörter (keywords) werden in Courier gesetzt, z.B. `float`.

*Kursive Wörter* vertreten Schlüsselwörter, z.B. *typ*.

*schräggestellte Wörter* stehen für Programmelemente bzw. -konstrukte, z.B. *d-objekt*.

⟨*abc*⟩ heißt *abc* ist optional (kann entfallen).

... das vorhergehende Element kann wiederholt werden.

| trennt Alternativen.

op vertritt Operatoren.

### a C-Zeichensatz

- 26 Kleinbuchstaben (lowercase letters) a ... z
- 26 Großbuchstaben (uppercase letters) A ... Z
- 10 Ziffern (digits) 0 ... 9
- 27 Sonderzeichen (special characters)
  = ⟨ ⟩ + − * / | \ ( ) [ ] { } ' " : , ; ? ! # ^ & ~
- Leerzeichen (blank).

In Textobjekten sind hierüber hinaus sämtliche druckbaren Zeichen und i.allg. weitere Steuerzeichen erlaubt.

**Numerische Zeichen**: 0 ... 9 und + − . e E x und X

**Alphazeichen**: a ... z und A ... Z

**Alphanumerische Zeichen**: Gesamtmenge der numerischen und der Alphazeichen.

## b C-Programm

Ein C-Programm besteht aus einer Quelldatei oder mehreren. Eine Quelldatei besteht aus

- Preprozessor-Anweisungen,
- globalen einschl. extern-Vereinbarungen (declarations, definitions),
- Programmeinheiten (functions), genau eine mit dem Namen main.

Preprozessor-Anweisungen dienen dem Textersatz, der Quelldateien-Einfügung und Übersetzungssteuerung. Globale Vereinbarungen enthalten Typ- und Speicherplatzfestlegungen (declarations bzw. definitions) mit Gültigkeit für alle unterhalb der Vereinbarungsebene – in diesem Fall für alle Funktionen der Quelldatei – liegenden Blöcke. Eine Funktion besteht neben dem Kopf aus genau einem Block. Ein Block enthält Vereinbarungen, Anweisungen und Blöcke.

### Programmstrukturen

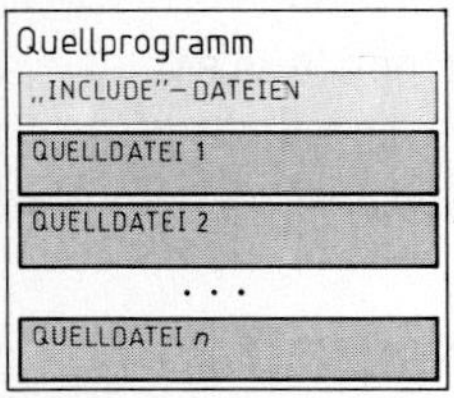


Das Quellprogramm kann in mehreren Quelldateien (sourcefiles) aufgestellt und compiliert werden, die Objektcodes der einzelnen Übersetzungseinheiten werden vom Linker zusammen mit den Bibliotheksroutinen zum ladefähigen Programm gebunden.

Es ist üblich, eine Übersetzungseinheit (Quelldatei) nach untenstehendem Schema aufzubauen.

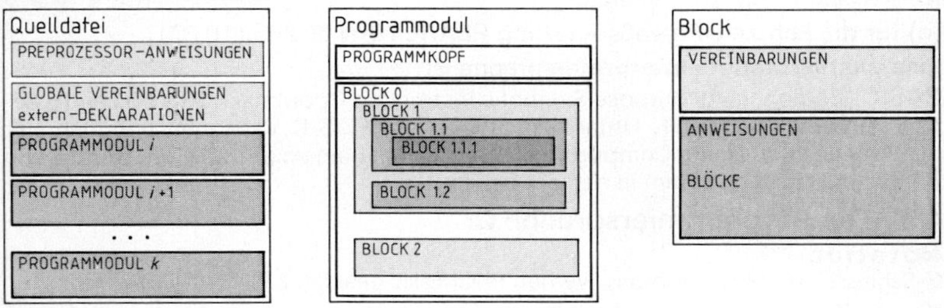


**Bild 1**

### b.1 Vereinbarung (s. auch d.2 und d.3)

⟨*class*⟩ *typ d_object* ⟨, *d_object*⟩ ...;  (*d_object* s. d.1)

### b.2 Anweisung statement

*lvalue=expr;* | *expr;* | *function;*

### b.3 Block

```
{
  ⟨Vereinbarungen⟩
  ⟨Anweisungen⟩
  ⟨Blöcke⟩
}
```

### b.4 Funktion bzw. Programmodul

```
⟨typ⟩ ⟨*⟨*⟩...⟩name (⟨par⟨, par⟩...⟩)                   } Kopf der Funktion
⟨class⟩ typ ⟨*⟨*⟩...⟩par ⟨, ⟨*⟨*⟩...⟩par⟩...;           }
...
{
  Blockinhalt                                          } Rumpf der Funktion (Block)
}
```

## c Sprachelemente

Es gibt fünf Gruppen von Sprachelementen: *Namen* (identifier), *Schlüsselwörter* (keywords), *Konstanten* (constants), *Operatoren* (operators) und *Trennzeichen* (separators). Es können Kommentare eingefügt werden. Sie werden durch /* eingeleitet und durch */ abgeschlossen und dürfen nicht geschachtelt sein.

### c.1 Namen

Ein Name ist eine Folge von Buchstaben einschl. Unterstreichungszeichen (_) und Ziffern, eine Ziffer darf nicht erstes Zeichen sein. Die Zahl der signifikanten Zeichen ist compilerabhängig begrenzt (oft 8). Reservierte Wörter dürfen nicht als Namen verwendet werden.

### c.2 Schlüsselwörter

| | | | | |
|---|---|---|---|---|
| auto | break | case | char | continue |
| default | do | double | else | entry |
| enum | extern | float | for | goto |
| if | int | long | register | return |
| short | sizeof | static | struct | switch |
| typedef | union | unsigned | void | while |

Schlüsselwörter sind reservierte Wörter. Weiterhin sind reserviert main, asm und fortran.

### c.3 Konstanten

Notation: *d* = Dezimalziffer 0 ... 9,
*o* = Oktalziffer 0 ... 7,
*h* = Hexadezimalziffer 0 ... 9 und a ... f | A ... F,
*c* = Beliebiges Zeichen, auch oktal- und sondercodierte.

**Integer-Konstanten:**

| | | |
|---|---|---|
| Dezimale Konstante: | $\langle - \rangle ddd$ | Ein angehängter Buchstabe l oder L |
| Oktale Konstante: | O*ooo* | kennzeichnet die Konstante |
| Hexadezimale Konstante: | Ox*hhh* | als vom Typ long, z. B. O*ooo*L |

**Gleitkomma-Konstanten:**

$\langle - \rangle ddd.$ | $\langle - \rangle .ddd$ | $\langle - \rangle ddd.ddd$ | $\langle - \rangle ddde\langle - \rangle dd$ | $\langle - \rangle .ddde\langle - \rangle dd$ | $\langle - \rangle ddd.ddde\langle - \rangle dd$

Statt e kann E verwendet werden.

**Zeichen-Konstanten:** Eine Zeichenkonstante besteht aus *einem* Zeichen zwischen Hochkomma (single quotes), z. B. 'c'. Nicht druckbare Zeichen können durch ihren oktalen ASCII-Code *ooc* ausgedrückt werden, für einige ist ein besonderer Code vereinbart: Zeilenschaltung (LF) \n, Tabulator (HT) \t, Rückschritt (BS) \b, Wagenrücklauf (CR) \r, Seitenvorschub (FF) \f, Backslash (\\) \\\\ und Hochkomma (') \\'.

**Text-Konstanten:** Eine Text-Konstante besteht aus einer Zeichenkette zwischen Anführungszeichen (double quotes), z. B. "*cccc*". Ein \\ innerhalb einer Text-Konstanten am Zeilenende des Quelltextes bedeutet, daß die Textkonstante mit dem nächsten signifikanten Zeichen in der Folgezeile fortgesetzt wird.

## d Objekt, Speicherklasse und Typ

**d.1 Objekt.** Unter *Objekt* soll das Element verstanden werden, dem ein *Name* unmittelbar zugeordnet ist. Objekte können sein: einfache Variable, einfache Strukturen und Varianten. Bitfelder, Zeiger auf vorstehende Objekte und auf Zeiger, Felder vorstehender Objekte. Objekte werden durch *Definition* (Typ- und Speicherplatzvereinbarung) in ihrem Geltungsbereich existent. Der Geltungsbereich ist durch den Block abgegrenzt, in dem das Objekt definiert wird, bei globalen Objekten reicht der Geltungsbereich vom Definitions- bzw. Deklarationspunkt bis zum Ende der Quelldatei. Mit der *Deklaration* (Typbeschreibung) kann ein in einer anderen Quelldatei desselben Programms unter demselben Namen definiertes Objekt zugriffsfähig gemacht werden. Die Definition eines Objektes geschieht nach b.1, wobei *typ* entweder die C-eigenen Typen char, short, int, long, float, double, struct und union oder mit typedef selbstdefinierte Typen vertritt.

*d_object* *name_1* | *name_2* [*n*] ⟨[*n*] ...⟩ | * *name_3* | * *name_4* [*n*]

*name_1* bezeichnet ein Objekt vom Typ *typ*;
*name_2* bezeichnet ein ggf. mehrdimensionales Feld von Objekten vom Typ *typ*,
*name_3* bezeichnet ein Objekt, das Zeiger auf ein Objekt vom Typ *typ* ist,
*name_4* bezeichnet ein Feld von Objekten, dessen *n* Elemente Zeiger auf Objekte vom Typ *typ* sind.

**d.2 Speicherklasse** (s. auch b.1)

auto Speicherplatz für lokale Variable eines Blocks, der nach Verlassen des Blocks freigegeben wird (flüchtiger Speicher), default

static (1) in einem Block: Speicherplatz einer lokalen Variablen, dessen Inhalt bei Verlassen des Blocks und Wiedereintritt in den Block wieder verfügbar ist;
(2) außerhalb einer Funktion: Wert des Objektes steht nur innerhalb der jeweiligen Datei zur Verfügung.

register wie auto, jedoch in schnellen Registern – soweit verfügbar – eingerichtet.

extern (1) Definition: innerhalb eines Blocks eingerichteter Speicherplatz auf den von außerhalb zugegriffen werden kann (globalisierte Variable).
(2) Deklaration: Vereinbarung des Typs von Variablen, deren Speicherplatz in einer anderen Übersetzungseinheit eingerichtet ist.

**d.3 Typ**

**Grundtypen:** (Speicherplatzzuweisung compilerabhängig)

char natürliche Zahl 0...255, im allg. als Zeichencode (meist ASCII) interpretiert (1 Byte).
short ganze Zahl −32768...+32767 (2 Byte), } zwischen short und int wird
int ganze Zahl −32768...+32767 (2 Byte), } im allg. nicht unterschieden
long ganze Zahl −2147483648...+214483647 (4 Byte),
unsigned kennzeichnet short, int und long als positive ganze Zahl:
unsigned short 0...65535,
unsigned int 0...65535,
unsigned long 0...4294967295,
float Gleitkommazahl auf ca. 7 Dezimalstellen, Größenordnung $10^{\pm 38}$ (4 Byte).
double Gleitkommazahl auf ca. 16 Dezimalstellen, Größenordnung $10^{\pm 308}$ (8 Byte)

**Zusammengesetzte Typen:**

```
struct ⟨t_name⟩⟨{
        typ e_object⟨,e_object⟩...;
        ...
        } ⟩⟨s_object⟨,s_object⟩...;
```

Hierbei kann von der Optionalität jeweils nur bedingt Gebrauch gemacht werden.
Neben der o.a. vollständigen Form sind folgende Formen sinnvoll:

– struct *Bezeichner* {*Komponenten*};
– struct {*Komponenten*} *Strukturvariable*;
– struct *Bezeichner Strukturvariable*;

Geordnete Folgen von Objekten verschiedener Grundtypen und zusammengesetzter Typen (Satz, record).

*t_name* Name des Satzmusters (Struktur),
*s_object* *d_object* mit Bezug auf Satz,
*e_object* *d_object* mit Bezug auf Strukturelement.

*t_name.e_name* Zugriff auf das Element *e_name* der Struktur *t_name*
*t_name→e_name* Zugriff auf das Element *e_name* der Struktur, auf die *t_name* zeigt (gleichbedeutend mit (* *t_name*).e_name)

```
union t_name  {
                  typ e_object〈, e_object〉...;
              }
                  u_object〈, u_object〉...;
```

Überlagerung von Objekten (*e_object*) verschiedener Grund- und zusammengesetzter Typen in ein- und demselben Speicherbereich (Variantensatz).

| | |
|---|---|
| *t_name* | Name des Variantensatzmusters, |
| *u_object* | *d_object* mit Bezug auf Variantensatz, |
| *e_object* | *d_object* mit Bezug auf Variante. |

| | | |
|---|---|---|
| *name* [〈*n*〉] ... | ein- oder mehr dimensionales Feld | Deklaration: *n* fehlt<br>Definition: *n* = Anzahl der Elemente,<br>Ausdruck: *n* = Index (0 ... *n*−1) |

**d.4 Typ-Definition**

typedef *typ type_name*; *type_name* kann anstelle von *typ* in Vereinbarungen verwendet werden. *typ* ist im allg. struct{...}

**d.5 Initialisierung**

Das Konstrukt

*name* = *const_expr* | *name*[*n*] = {*const_expr* 〈,*const_expr*〉 ...}

innerhalb einer Definition bedeutet eine Anfangswertzuweisung.
auto und register-Variable werden bei jedem Eintritt in den Block neu initialisiert; static-Variable werden nur beim ersten Eintritt in den Block initialisiert.

## e Operanden, Operatoren und Ausdrücke

*Operanden* und *Operatoren* sind Elemente in *Ausdrücken*. Operand kann sein: einfache Variable, einfache Konstante, (Ausdruck), Feldelement, Funktion, Struktur, Strukturelement, Variante, Variantenelement.
Operatoren sind im folgenden aufgeführt in der Reihenfolge ihres Ausführungs-Ranges (priority, precedence). Operatoren gleichen Ranges werden in der Regel von links nach rechts ausgeführt, Ausnahme: Zuweisungs-Operatoren.

### e.1 Ausdrücke mit unitären Operatoren

| | |
|---|---|
| **name* | liefert den Inhalt des Speicherplatzes, auf den *name* verweist. *name* ist Zeiger (pointer). |
| &*name* | liefert die Adresse des Speicherplatzes von Objekt *name*. |
| −*expr* | liefert den negativen Wert von *expr*. |
| !*expr* | liefert 1 (true), wenn *expr* = 0, liefert 0 (false), wenn *expr* ≠ 0 (logisches NOT). |
| ~*expr* | liefert das Bitmuster-Komplement von *expr* (arithmetisches NOT). |
| ++*lvalue* | der Wert von *lvalue* wird vor der Verwendung um 1 erhöht (incrementation). |
| −−*lvalue* | der Wert von *lvalue* wird vor der Verwendung um 1 vermindert (decrementation). |
| *lvalue*++ | der Wert von *lvalue* wird nach der Verwendung um 1 erhöht (incr.). |
| *lvalue*−− | der Wert von *lvalue* wird nach der Verwendung um 1 vermindert (decr.). |
| (*typ*)*expr* | bewirkt eine Typumwandlung des Wertes von *expr* gemäß *typ*. |
| sizeof *expr* | liefert die Größe von *expr* in Byte. |
| sizeof (*typ*) | liefert die Größe eines Objekts vom Typ *typ* in Byte. |

### e.2 Ausdrücke mit binären Operatoren

| | |
|---|---|
| * / % | haben gleiche Priorität |
| *expr_1* * *expr_2* | Produkt der beiden Operanden |
| *expr_1* / *expr_2* | Quotient der beiden Operanden. Merke: Division zweier Ganzzahler liefert ganzzahliges Ergebnis (*expr_1* < *expr_2* liefert 0, z. B. 5/7 * 7 = 0) |
| *int_expr_1* % *int_expr_2* | Modulo-Funktion, Ergebnis ist ganzzahliger Rest von *int_expr_1* nach ganzzahliger Division |

[+][−] haben gleiche Priorität

*expr_1* + *expr_2* — Summe der beiden Operanden

*expr_1* − *expr_2* — Differenz der beiden Operanden

[≪][≫] haben gleiche Priorität

*expr_1* ≪ *expr_2* — das zum Wert von *expr_1* gehörende Bitmuster wird im Speicher um *expr_2* Bits nach links verschoben

*expr_1* ≫ *expr_2* — Das zum Wert von *expr_1* gehörende Bitmuster wird im Speicher um *expr_2* Bits nach rechts verschoben

[<][>][< =][> =] (logische Operatoren) haben gleiche Priorität

*expr_1* < *expr_2*
*expr_1* > *expr_2*
*expr_1* < = *expr_2*
*expr_1* > = *expr_2*
— Das Ergebnis ist 1 bzw. true, wenn *expr_1* und *expr_2* in der genannten Beziehung zueinander stehen (andernfalls ist es 0 bzw. false). Es können auch zwei Adressen (Pointer) miteinander verglichen werden.

[= =][! =] (logisches gleich und ungleich) haben gleiche Priorität

*expr_1* = = *expr_2*
*expr_1* ! = *expr_2*
— allgemein gilt das oben Gesagte; das Ergebnis des Vergleichs eines Pointers mit einem Ganzzahler ist maschinenabhängig.

[&] (arithmetisches UND)

*expr_1* & *expr_2* — Das „arithmetische Und" vergleicht die Bitmuster von *expr_1* und *expr_2* und setzt im Ergebnis alle Bitpositionen auf 1, die in *expr_1* und *expr_2* eine 1 enthalten. Alle übrigen Bitpositionen werden auf 0 gesetzt.

[∧] (arithmetisches exklusives ODER)

*expr_1* ∧ *expr_2* — Das „arithmetische exklusive Oder" vergleicht die Bitmuster von *expr_1* und *expr_2* und setzt im Ergebnis alle Bitpositionen auf 1, die entweder in *expr_1* oder in *expr_2* (nicht in beiden) eine 1 enthalten.

[|] (arithmetisches inklusives ODER)

*expr_1* | *expr_2* — Das „arithmetische inklusive Oder" vergleicht die Bitmuster von *expr_1* und *expr_2* und setzt im Ergebnis alle Bitpositionen auf 1, die in *expr_1* oder *expr_2* (oder in beiden) eine 1 enthalten.

[&&] (logisches UND)

*expr_1* && *expr_2* — Das Ergebnis ist (true) wenn beide Operanden ungleich 0 (true) sind, andernfalls (false)

[||] (logisches ODER)

*expr_1* || *expr_2* — Das Ergebnis ist 1 (true), wenn mindestens einer der beiden Operanden ungleich 0 (true) ist, andernfalls (false).

**e.3 Ausdrücke mit trinären Operatoren**

*expr_1* ? *expr_2* : *expr_3* — Wenn *expr_1* ungleich 0 (also true) ist, erhält das Ergebnis den Wert von *expr_2*, andernfalls den Wert von *expr_3*

**e.4 Zuweisungsoperatoren.** Zuweisungsoperatoren werden von rechts nach links verarbeitet.

*lvalue* = *expr*; Der Wert von *expr* ersetzt den Wert von *lvalue*.

| | | |
|---|---|---|
| *lvalue* + = *expr*; | *lvalue* > = expr; | |
| *lvalue* − = *expr*; | *lvalue* < = expr; | Eine Zuweisung der Form |
| *lvalue* ∗ = *expr*; | *lvalue* & = *expr*; | *lvalue* op = *expr*; |
| *lvalue* / = *expr*; | *lvalue* ∧ = *expr*; | erzeugt dasselbe Ergebnis wie |
| *lvalue* % = *expr*; | *lvalue* ! = *expr*; | *lvalue* = *lvalue* op *expr*; |

**e.5 Kommaoperator**

| | |
|---|---|
| *expr_1, expr_2* ⟨, *expr_3*⟩ ... | die Ausdrücke werden von links nach rechts ausgewertet. Der Wert des letzten Ausdruckes wird zugewiesen. |

## f Konstrukte

Konstrukte werden ausgeführt in der Reihenfolge ihres Auftretens im Programm.

**f.1 Zuweisungs-Anweisung**

*lvalue = expr;*

**f.2 Ausdrucks-Anweisung**

*expr;* Zulässig sind
*name* (⟨*par*⟨,*par*⟩. .⟩); + +*lvalue*; *lvalue*+ + ; − −*lvalue*; *lvalue*− − ;
Verknüpfung durch Kommaoperator möglich.

**f.3 if-Konstrukte**

| | |
|---|---|
| if (*expr*) *statement* | *statement* wird ausgeführt, wenn Wert von *expr*≠0 bzw. true. |
| if (*expr*) *statement_1* | *statement_1* wird ausgeführt, wenn Wert von *expr*≠0 bzw. true. |
| else *statement_2* | *statement_2* wird ausgeführt, wenn Wert von *expr*=0 bzw. false. |
| if (*expr_1*) *statement_1* | Die Ausdrücke *expr_1* bis *expr_n*−1 werden in der Reihenfolge berechnet und auf true bzw. ≠0 geprüft. |
| else if (*expr_2*) *statement_2* <br> ... <br> else if (*expr_n*−1) *statement_n*−1 <br> else *statement_n* | Sobald *expr_i*≠0 bzw. true, wird das zugehörige *statement_i* ausgeführt und die Kette verlassen. Ist keiner der Ausdrücke true bzw. ≠0, so wird *statement_n* ausgeführt und die Kette verlassen. Fehlt „else *statement_n*", so wird die Kette nur verlassen. |

**f.4 switch-Konstrukt**

```
switch (expr){
  case const_int_expr: ⟨statement⟩break;
 ⟨case const_int_expr: ⟨statement⟩break;⟩
  ...
 ⟨default: ⟨statement⟩⟩
}
```

Es werden die Anweisungen des Blockes ausgeführt, für die gilt: *expr = const_int_expr.*
Die default-Statement-Folge wird ausgeführt, sofern das Konstrukt nicht über eine break-Anweisung verlassen wurde.

**f.5 while-Konstrukt**

| | |
|---|---|
| while (*expr*) *statement* | *statement* wird wiederholt so lange ausgeführt, wie der Wert von *expr*≠0. Die Prüfung von *expr* geschieht jedesmal vor der Ausführung von *statement*. |

**f.6 do-Konstrukt**

| | |
|---|---|
| do *statement* while (*expr*); | *statement* wird wiederholt ausgeführt bis *expr*=0. Die Prüfung von *expr* geschieht nach der Ausführung von *statement*. |

### f.7 for-Konstrukt

for (⟨*expr_1*⟩;⟨*expr_2*⟩;⟨*expr_3*⟩) *statement* entspricht dem while-Konstrukt:

```
expr_1;
while (expr_2) {
    statement
    expr_3;
}
```

### f.8 Die break- und continue-Anweisung

break; beendet die Ausführung des kleinsten umschließenden while-, do-, for- oder switch-Blocks.

continue; setzt die Programmausführung mit dem nächsten Zyklus der innersten while-, do- oder for-Schleife fort (verzweigt vor das Ende der innersten Schleife).

### f.9 goto-Anweisung

goto *label*; Verzweigt zu *label*: ⟨*statement*⟩. Für *label* gilt c.1.

### f.10 Null-Anweisung

...ist zulässig.

### f.11 return-Anweisung

return⟨(*expr*)⟩; bewirkt die Rückgabe der Kontrolle an die rufende Programmeinheit und gibt ggf. den Wert von *expr* zurück. Fehlen einer return-Anweisung ist gleichbedeutend mit einer leeren return-Anweisung am Ende der Programmeinheit.

**f.12 Block.** Ein Block kann überall dort stehen, wo eine Anweisung stehen kann.

## g Einige Ein-/Ausgabe-Funktionen

Die Sprache C enthält keine Ein-/Ausgabe-Anweisungen. Es gibt hierfür eine eigene Bibliothek mit Standard-Ein-/Ausgabe-Routinen. Makro-Definitionen und Parameter, die von diesen Routinen benötigt werden, enthält die *Header*-Datei stdio.h, die bei Bedarf mit

```
#include<stdio.h>
```

hinzugeladen werden kann.

### g.1 printf( ), fprintf( ), sprintf( )

Die Anweisungen

printf(*control*⟨,*expr*⟩...); Schreiben auf Standardausgabe
char ∗*control*;

fprintf(*fp*, *control*⟨,*expr*⟩...); Schreiben in Datei
FILE ∗*fp*;
char ∗*control*;

sprintf(*str*, *control*⟨,*expr*⟩...); Schreiben in Zeichenfeld im Arbeitsspeicher
char ∗*control*, ∗*str*;

bereiten die Werte ihrer Argumente *expr* ... gemäß *control* auf und geben sie aus. *control* enthält für die Ausgabe bestimmte Zeichen und ggf. Formatangaben für die Argumente. Jede Formatangabe beginnt mit % und endet mit einem der folgenden Konvertierungszeichen:

- d korrespondierendes Argument ist Dezimalzahl
- O korrespondierendes Argument ist vorzeichenlose Oktalzahl
- x korrespondierendes Argument ist vorzeichenlose Hexadezimalzahl
- u korrespondierendes Argument ist vorzeichenlose Dezimalzahl
- c korrespondierendes Argument ist einzelnes Zeichen
- s korrespondierendes Argument ist Zeichenkette
- e korrespondierendes Argument ist Zahl in Gleitkommadarstellung der Form ⟨−⟩m.nnnnnnnE+|−xx
- f korrespondierendes Argument ist Zahl in Gleitkommadarstellung der Form ⟨−⟩mmmm.nnnnnnn
- g von den beiden Formaten %⟨f.d⟩e und %⟨f.d⟩f wird vom System dasjenige gewählt, das zu einem kürzeren Output führt.

Zwischen % und dem Konvertierungszeichen kann bzw. können stehen

| | |
|---|---|
| ein Minuszeichen: | das umgewandelte Argument wird linksbündig in sein Feld geschrieben, |
| eine Zahl f; | sie gibt die Mindestbreite des Feldes an, |
| ein Dez.-punkt: | er trennt f und d, |
| eine Zahl d: | sie gibt bei einer Zeichenkette die größte Anzahl der Zeichen an, bei einer Gleitkommazahl die Anzahl der Nachkommastellen, |
| der Buchstabe l\|L: | das zugehörige Argument ist vom Datentyp long. |

Folgt auf % ein anderes Zeichen, so wird dieses andere Zeichen gedruckt.

## g.2 scanf( ), fscanf( ), sscanf( )

| | |
|---|---|
| scanf(*control*⟨,*adr_arg*⟩...);<br>char **control*; | Lesen von Standardeingabe |
| fscanf(*fp*,*control*⟨,*adr_arg*⟩...);<br>FILE **fp*;<br>char **control*; | Lesen aus Datei |
| sscanf(*str*,*control*⟨,*adr_arg*⟩...);<br>char **control*, **str*; | Lesen aus Zeichenfeld im Arbeitsspeicher |

lesen Zeichenfolgen, bereiten sie auf gemäß *control* und legen die so erhaltenen Daten in den von den Adreß-Argumenten bezeichneten Speicherplätzen ab. *control* enthält die Formatangaben bzw. Dekodiervorschriften.
Jede Formatangabe beginnt mit % und endet mit einem der folgenden Konvertierungszeichen:

| | |
|---|---|
| d | korrespondierende Eingabe ist ganze Dezimalzahl |
| o | korrespondierende Eingabe ist Oktalzahl |
| x | korrespondierende Eingabe ist Hexadezimalzahl |
| h | korrespondierende Eingabe ist ganze Dezimalzahl, Argumenttyp ist short |
| c | korrespondierende Eingabe ist Zeichen einschl. „white space" |
| s | korrespondierende Eingabe ist Zeichenkette, 1. Zeichen ≠ „white space" |
| e\|f\|g | korrespondierende Eingabe ist Dezimalzahl (siehe c.3) |

Ein d, o, x, h, e, f oder g vorangestelltes l oder L heißt: zugehöriges Argument bezieht sich auf Objekt vom Typ long bzw. double.

Zwischen % und dem Konvertierungszeichen kann das Zuweisungs-Unterdrückungs-Zeichen * oder eine Zahl stehen, die die Eingabefeldweite angibt.
scanf, fscanf und sscanf geben die Anzahl der erfolgreich gelesenen Werte zurück.

## g.3 getchar( ), putchar( ), getc( ), putc( ), ungetc( )

| | |
|---|---|
| getchar( ) | gibt den Code des nächsten Zeichens von Standardeingabe zurück |
| putchar(*char*)<br>char *char*; | schreibt *char* auf Standard-Ausgabe |
| getc(*fp*)<br>FILE **fp*; | gibt den Code des nächsten Zeichens von Datei *fp* zurück |
| putc(*char*,*fp*)<br>char *char*;<br>FILE **fp*; | schreibt *char* in Datei *fp* |
| ungetc(*char*,*fp*)<br>char *char*;<br>FILE **fp*; | macht den letzten Lesevorgang (getchar( ), getc( )) rückgängig |

## g.4 remove( ), rename( )

| | |
|---|---|
| remove(**filename*)<br>const char **filename* | löscht die Datei, auf deren Namen *filename* zeigt, und gibt bei erfolgreichem Verlauf 0 zurück |
| rename(**old*, **new*)<br>const char **old*, **new* | gibt der Datei, auf deren Namen **old* zeigt, den Namen, auf den **new* zeigt |

### g.5 fclose( ), fflush( ), fopen( )

| | |
|---|---|
| fclose (**stream*)<br>FILE **stream* | schließt die Datei, auf deren Namen **stream* zeigt, und gibt bei erfolgreichem Verlauf 0 zurück |
| fflush (**stream*)<br>FILE **stream* | schreibt alle noch im internen Puffer für die Datei, auf deren Namen **stream* zeigt, gespeicherten Daten in diese Datei. Bei fehlendem Parameter werden alle noch geöffneten Dateien berücksichtigt |
| fopen (**filename, *mode*)<br>const char **filename, *mode* | öffnet eine Datei mit dem Namen, auf den *filename* zeigt |

für den Öffnungsmodus sind folgende Werte zulässig:

| | |
|---|---|
| "r" | Textdatei zum Lesen |
| "w" | Textdatei zum Schreiben |
| "a" | Textdatei zum Anfügen |
| "rb" | Binäre Datei zum Lesen |
| "wb" | Binäre Datei zum Schreiben |
| "ab" | Binäre Datei zum Anfügen |
| "r+" | Existierende Textdatei zum Updaten (Lesen oder Schreiben, Starten am Dateibeginn) |
| "w+" | Neue Textdatei erzeugen oder der Inhalt einer existierenden Textdatei löschen (Lesen oder Schreiben, Starten am Dateibeginn) |
| "a+" | Neue Textdatei erzeugen oder öffnen einer existierenden Textdatei zum Updaten des Endes der Datei (Lesen oder Schreiben) |
| "rb+" | Existierende Binärdatei zum Updaten (Lesen oder Schreiben, Starten am Dateibeginn) |
| "wb+" | Neue Binärdatei erzeugen oder den Inhalt einer existierenden Textdatei löschen (Lesen oder Schreiben, Starten am Dateibeginn) |
| "ab+" | Neue Binärdatei erzeugen oder öffnen einer existierenden Binärdatei zum Updaten des Endes der Datei (Lesen oder Schreiben). |

**h Mathematische Funktionen 〈math.h〉** (alle zurückgegebenen Werte sind double)

| | | | |
|---|---|---|---|
| acos (*x*)<br>double *x* | Arcuscosinus | exp (*x*)<br>double *x* | Exponentialfunktion |
| asin (*x*)<br>double *x* | Arcussinus | log (*x*)<br>double *x* | natürlicher Logarithmus |
| atan (*x*)<br>double *x* | Arcustangens | log 10 (*x*)<br>double *x* | Logarithmus zur Basis 10 |
| atan2 (*y*, *x*)<br>double *y*, *x* | Arcustangens $y/x$ | pow (*x*, *y*)<br>double *x*, *y* | Potenzfunktion $x^y$ |
| cos (*x*)<br>double *x* | Cosiunus | sqrt (*x*)<br>double *x* | Quadratwurzel |
| sin (*x*)<br>double *x* | Sinus | ceil (*x*)<br>double *x* | kleinster ganzzahliger Wert nicht kleiner als *x* |
| tan (*x*)<br>double *x* | Tangens | fabs (*x*)<br>double *x* | Absolutwert |
| cosh (*x*)<br>double *x* | Cosinus Hyperbolicus | floor (*x*)<br>double *x* | größter ganzzahliger Wert nicht größer als *x* |
| sinh (*x*)<br>double *x* | Sinus Hyperbolicus | fmod (*x*, *y*)<br>double *x*, *y* | Rest von $x/y$ |
| tanh (*x*)<br>double *x* | Tangens Hyperbolicus | | |

**i Preprozessor-Direktiven**

| | |
|---|---|
| #define *name zeichenkette* | ersetzt *name* durch *zeichenkette* |
| #undef *name* | annulliert zugehöriges #define |
| #include "*datei*" | ersetzt diese Zeile durch den Quelltext in *datei*. Nach dieser Datei wird zunächst im aktuellen Verzeichnis gesucht, danach in einer festen Folge von Standard-Verzeichnissen |
| #include ⟨*datei*⟩ | wie vor, nach *datei* wird nur in Standard-Verzeichnis gesucht |
| #ifdef *name* | prüft, ob *name* zuvor definiert worden ist. Ggf. werden nachfolgende Direktiven ausgeführt bis |
| #else | anderenfalls werden hiernach folgende Direktiven ausgeführt bis |
| #endif | #else kann fehlen. |
| #ifndef *name* | Umkehrung von #ifdef⟨#else⟩ #endif |

## 4.3 Ein C-Programm (Beispiel)

Tafel 4 zeigt als Beispiel das C-Programm zur Berechnung der Stahlspannung. Aufgabenstellung und Ablaufplan s. Abschn. 5.2.
Kursiv gesetzte Texte sind nicht Bestandteil des Programms.

**Tafel 4 C-Programm (Beispiel)**

```
/* Stahlspannung                                                    08. Feb. 91
*************************************************************************** */
#include   <stdio.h>
#include   <math.h>
#define    ABS(x)       (((x)<0)?-(x):(x))
#define    RET          (str[0]=='\n')
#define    EMODUL       21000

/* Titel ausgeben
--------------------------------------------------------------------------- */
void titel (fp)
FILE: *fp;
{
    fprintf        (fp, "\n          Stahlspannung \n");
    fprintf        (fp, "            =======\n\n");
}
/* Hauptprogramm
---------------------------------------------------------------------------
epsi           Stahldehnung [./.]
si             Stahlspannung [kN/cm^2]
bs             Streckgrenze [kN/cm^2]
OK, RUN        logische Variable
str            allgemeiner Eingabestring (Ausgabedateiname, Streckgrenze, Stahldeh-
               nung
--------------------------------------------------------------------------- */
```

*RET ist* ***wahr****, wenn zuvor die Eingabeaufforderung allein mit RETURN beantwortet wurde*

Fortsetzung s. S. 62

**Tafel 4**, Fortsetzung

```
void main ( )
{
    FILE         *out;
    float        epsi, si;
    int          bs, OK, RUN;
    char         str[80];
    titel        (stdout);                  Programm-ID auf Bildschirm schreiben
    printf       ("Name der Ausgabedatei : ");
    scanf        ("%80s", str);
    out =        fopen (str, "w");
    titel        (out);                     Programm-ID in Ausgabedatei schreiben
    fflush       (stdin);                     Eingabepuffer leeren
    do
{
      do
      {
          printf ("\nbs [22, 42, 52 kN/cm^2] oder RETURN=EXIT : ");
          fgets (str, 80, stdin);
          bs=atoi (str);
          OK=(bs==22 || bs==42 || bs==52);   OK:=wahr, wenn bs gleich 22 oder
                                             42 oder 52 ist, sonst OK:= falsch

          if (!OK && !RET)               wenn nicht_OK=wahr und nicht_RET = wahr,
                                         dann if-Block ausführen
          printf ("\n*** Unbekannte Streckgrenze !! ***\n");
      }   while (!OK && !RET);   do-while-Schleife wiederholen, solange logischer Aus-
                                 druck wahr ist

      if   (RUN=!RET)                 (1) RUN:=nicht_RET, weil RET anschließend
                                          überschrieben wird;
                                      (2) wenn RUN=wahr, if-Block ausführen

          fprintf (out, "\nStreckgrenze bs=%d kN/cm^2\n\n", bs);
        while (!RET)
        {
           do
            {
             printf ("\n epsi [-0.005 bis 0.005] oder RETURN=neues bs  : ");
             fgets (str, 80, stdin);
             epsi=atof (str);
             OK=ABS (epsi)<=0.005;
             if (!OK && !RET)
                printf ("\n*** Zu große Stahldehnung !! ***\n");
          }  while (!OK && !RET);
          if   (!RET)
          {
             si=EMODUL*epsi;
             if (ABS (si) > (float) bs)
                si=(epsi>0) ? (float) bs : -(float) bs;
             printf ("\n si=%6.2f kN/cm^2\n", si);
          }

          fprintf (out, "epsi=%8.5f, si=%6.2f kN/cm^2\n", epsi, si);
        }
}   while   (RUN);    do-while-Schleife wird fortgesetzt, solange die Eingabeaufforde-
                      rung von bs nicht allein mit RETURN beantwortet wurde
    fprintf (out, "\n\n***** ENDE *****\n");
    fclose (out);
}
```

# 5 Programmentwicklung und -wartung (Software Engineering)

## 5.1 Allgemeines

Die einzelnen Teilschritte bei der Entwicklung einer DV-Lösung sind:

1) Genaue Definition des Problems; bei größeren Aufgaben wird ein Pflichtenheft zusammengestellt;
2) Strukturierung der Eingangs- und Ergebnisdaten und Beschreibung der entsprechenden Dateien in Form eines Jackson-Diagramms o.ä.
3) Zerlegung der gestellten Aufgabe in sinnvolle logisch abgeschlossene Teilaufgaben und Beschreibung der Abfolge dieser Teilaufgaben in einem Programmablaufplan und
4) Festlegung der Eingangs- und Ergebnisdaten für jede Teilaufgabe und Beschreibung des Zusammenwirkens von Datensätzen und Teilaufgaben in Form eines Datenflußplanes;
5) Entwurf der Algorithmen zur Lösung der verschiedenen Teilaufgaben und graphische Darstellung dieser Algorithmen in Form von Programmablaufplänen oder Struktogrammen.
6) Umsetzen der in 2) und 3) beschriebenen DV-Lösung in ein Computerprogramm;
7) Implementieren dieser Computerprogramms auf dem vorgesehenen Rechnersystem und Weiterentwicklung zur endgültigen DV-Lösung;
8) Dokumentation der Programmentwicklung nach DIN 66231 (10.82)
9) Dokumentation der endgültigen DV-Lösung in einem Anwenderbuch (hauptsächlich wird hier die Benutzeroberfläche des Programms beschrieben) und einem DV-technischen Handbuch (das den Aufbau des Programms u.a.m. beschreibt) nach DIN 66230 (1.81)
10) Freigabe der DV-Lösung für den praktischen Einsatz.

**Qualitätsmerkmale** einer DV-Lösung sind:

a) Leistungsfähigkeit im praktischen Einsatz (Performance):
- Geschwindigkeit (Minimierung der Programmlaufzeit);
- Platzbedarf (Minimierung des erforderlichen Speicherplatzes);
- Benutzeroberfläche (komfortable und sichere Eingabe; logisch durchdachte Ausgabe).
- Flexibilität (Eingabe- und Rechenaufwand richten sich z.B. nach der Komplexität der zu analysierenden Struktur)

b) Zugänglichkeit bei Wartung (Servicebility):
- Anpassung an Veränderungen in der Aufgabenstellung;
- Anpassung an Veränderungen im Pflichtenheft.

c) Portabilität:
- Übertragbarkeit einer DV-Lösung auf andere bzw. neue Rechner (Grad der Hardware-Abhängigkeit).

## 5.2 Programmablaufplan und Struktogramm

**Programmablaufplan und Struktogramm** sind Instrumente zur Planung und Dokumentation des Programmablaufs. In ihnen wird die zeitliche Abfolge sowohl der einzelnen Moduln eines Programms als auch der einzelnen Anweisungen eines Moduls dargestellt, also die Struktur eines Programms oder Moduls. Der Pro-

**Tafel 5 Grundstrukturen eines Programmablaufplanes**

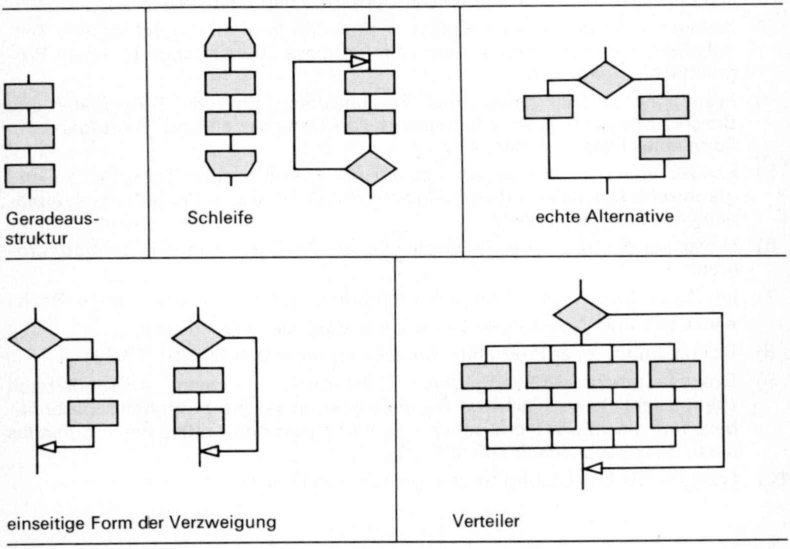


**Tafel 6 Symbole des Programmablaufplanes nach DIN 66001 (12.83)**

| | | | |
|---|---|---|---|
| Grenzstelle | allgemeine Operation | Einlesen, Ausschreiben | Verzweigung (1 Eingang, 2 Ausgänge) |
| vordefinierter Prozeß | Schleifenbegrenzung | Programmmodifikation | Ablauflinie, erforderlichenfalls mit Richtungspfeil |

grammablaufplan ist deshalb nicht zu sehen als Netz einzelner Kästchen, sondern als Ensemble einzelner Strukturen. Dabei sind die fünf Grundstrukturen der Tafel 5 zu unterscheiden. Diese Grundstrukturen ihrerseits werden aufgebaut unter Verwendung der Grundelemente der Tafel 6.

Es ist damit zu rechnen, daß irgendwann Dienstprogramme auf den Markt kommen, die zu einem im Rechner abgebildeten Programmablaufplan selbständig das Computerprogramm schreiben.

**Tafel 7 Symbole des Struktogrammes nach DIN 66261 (11.85)**

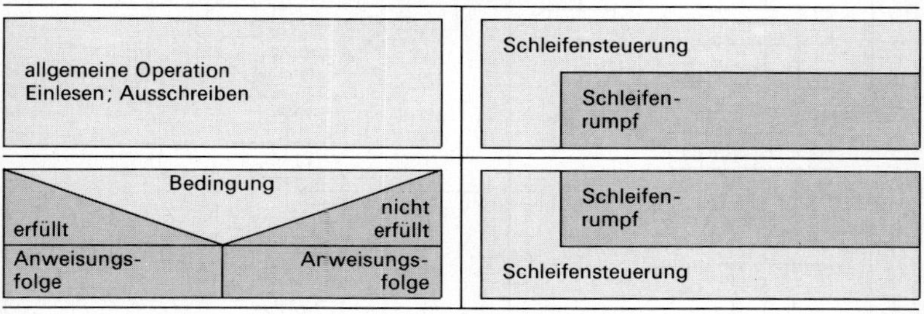


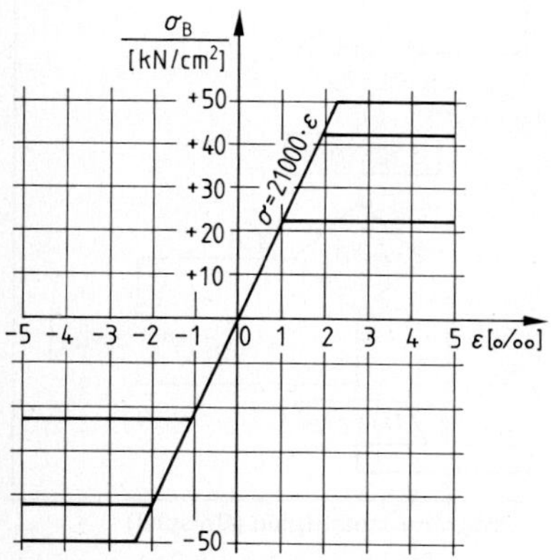


**Bild 2 Arbeitslinien Betonstahl**

Als Beispiel wird ein Ablaufplan zur Berechnung der Spannungen in Betonstahl gezeigt. Das Programm soll in einem Lauf beliebig viele $\beta_s$-Werte und für jeden $\beta_s$-Wert beliebig viele $\varepsilon$-Werte einlesen und (sofort) verarbeiten können.

| Betonstahl | $\beta_{s_2}$ in kN/cm² |
|---|---|
| BSt 500/550 | 50 |
| BSt 420/500 | 22 |
| BSt 220/340 | 22 |

$-0{,}005 \leqq \varepsilon \leqq +0{,}005$
$E = 21\,000$ kN/cm²

**Bild 3 Eingangs- und Ausgangswerte bzw. Datenfluß**

Wird anstelle eines $\varepsilon$-Wertes nichts eingegeben und nur die Return-Taste gedrückt, so verläßt das Programm die $\varepsilon$-Schleife und verlangt einen neuen $\beta_s$-Wert.

Wird anstelle eines $\beta_s$-Wertes nichts eingegeben und nur die Return-Taste gedrückt, so verläßt das Programm die $\beta_s$-Schleife und gibt die Kontrolle über die Hardware an das Betriebssystem zurück (Ende des Laufes).

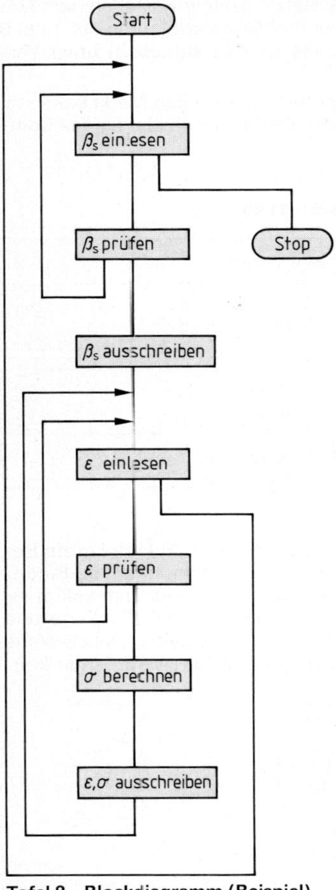


**Tafel 8 Blockdiagramm (Beispiel)**

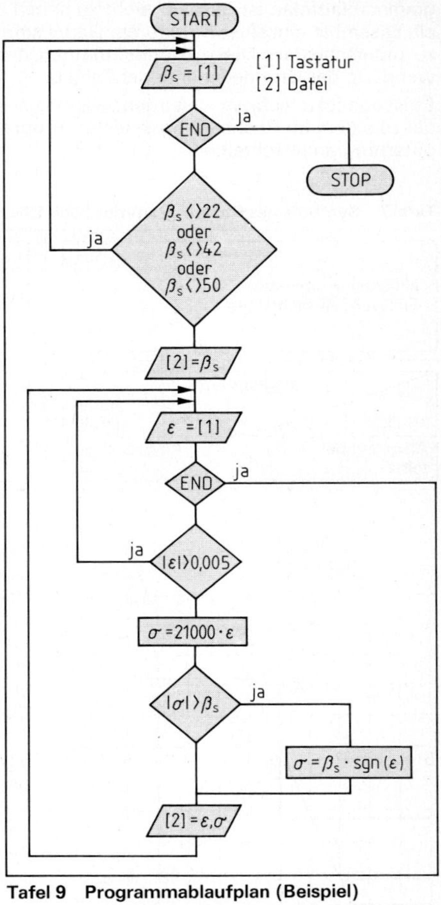


**Tafel 9 Programmablaufplan (Beispiel)**

## 5.3 Jackson-Diagramm

Das Jackson-Diagramm beschreibt den logischen Aufbau einer Datei bzw. die logische Struktur eines Datenstroms: Ausgehend von einer Grobeinteilung der Datei werden die entstehenden Teilmengen ihrerseits fortlaufend weiter zerlegt in kleinere Teilmengen bis in die Ebene der Einzeldaten. Dabei entsteht eine Baumstruktur.

Elemente des Jackson-Diagramms sind die Besteht-aus-Linie ggf. mit Wiederholungs-Stern oder Auswahl-Kreis und das Rechteck-Kästchen für Daten und Datensätze.

Tafel 10 zeigt exemplarisch das Jackson-Diagramm der Eingangsdatei FASSADE, die aus den Datensätzen „ÄUSSERE ABMESSUNGEN DES FASSADENELEMENTES", „ANGABEN ZU DEN ELEMENTTYPEN", „ANGABEN ZUM FASSADENRASTER" und „FASSADENBELEGUNG" besteht.

**Tafel 10 Jackson-Diagramm (Beispiel)**

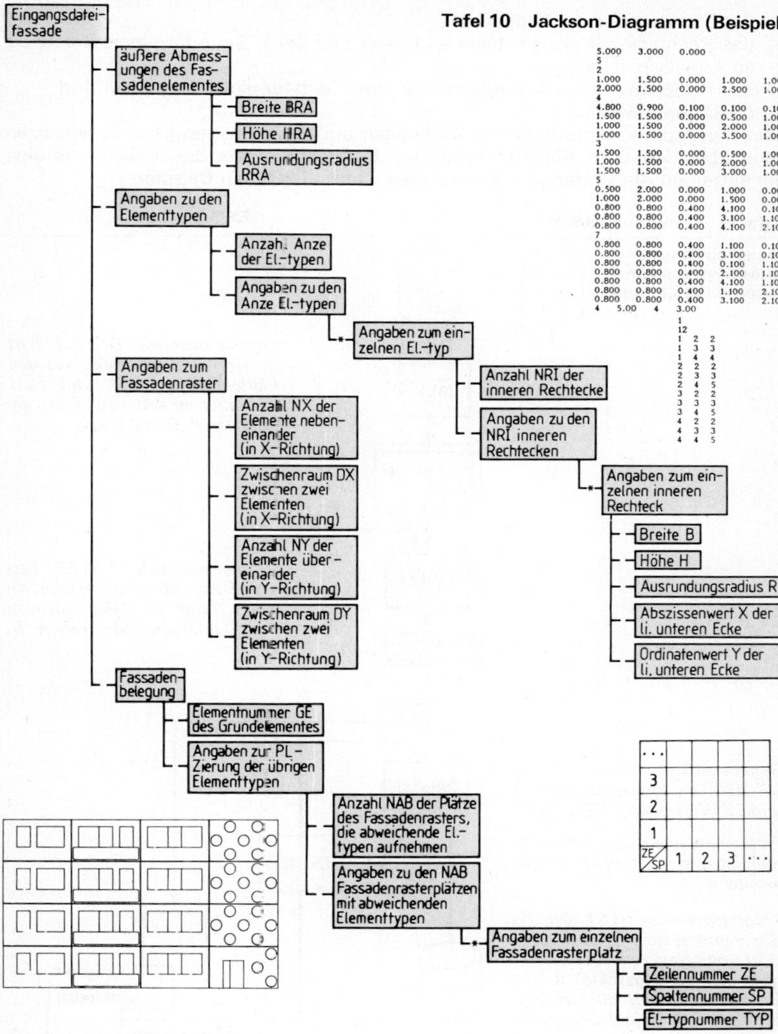


```
5.000   3.000   0.000
5
2
1.000   1.500   0.000   1.000   1.000
2.000   1.500   0.000   2.500   1.000
4
4.800   0.900   0.100   0.100   0.100
1.500   1.500   0.000   0.500   1.000
1.000   1.500   0.000   2.000   1.000
1.000   1.500   0.000   3.500   1.000
3
1.500   1.500   0.000   0.500   1.000
1.000   1.500   0.000   2.000   1.000
1.500   1.500   0.000   3.000   1.000
5
0.500   2.000   0.000   1.000   0.000
1.000   2.000   0.000   1.500   0.000
0.800   0.800   0.400   4.100   0.100
0.800   0.800   0.400   3.100   1.100
0.800   0.800   0.400   4.100   2.100
7
0.800   0.800   0.400   1.100   0.100
0.800   0.800   0.400   3.100   0.100
0.800   0.800   0.400   0.100   1.100
0.800   0.800   0.400   2.100   1.100
0.800   0.800   0.400   4.100   1.100
0.800   0.800   0.400   1.100   2.100
0.800   0.800   0.400   3.100   2.100
4    5.00    4    3.00
                1
                12
                1   2   2
                1   3   3
                1   4   4
                2   2   2
                2   3   3
                2   4   5
                3   2   2
                3   3   3
                3   4   5
                4   2   2
                4   3   3
                4   4   5
```

## 5.4 Datenflußplan

Der Datenflußplan beschreibt

- als interner Datenflußplan das Zusammenwirken von Dateien bzw. Datensätzen und Programmeinheiten
- als externer Datenflußplan das Zusammenwirken der verschiedenen Programme eines Programmsystems (ggf. in allg. Sinne) mit den betroffenen Dateien.

Er ist damit ein zentrales Planungs- und Dokumentationsinstrument. Zu den Symbolen des Datenflußplanes gehören u.a.

- das Rechteck für ein Programm oder eine Programmeinheit

– der Zylinder für eine Plattendatei,
– das Rechteck mit zweiter Linie an oberer und linker Seite für einen Datensatz im Arbeitsspeicher,
– das Trapez für manuelle Eingabe (z.B. über Tastatur eines Terminals) und
– die Datenflußlinie.

Durch geeignetes Anordnen von Aktivitäten und/oder Dateien bzw. Datensätzen kann über den Datenflußplan auch eine Information über die zeitliche Abfolge der einzelnen Aktivitäten gegeben werden. Tafel 11 gibt ein Beispiel.

**Tafel 11 Datenflußplan**

**(Beispiel: Lösung eines Systems von linearen Gleichungen)**

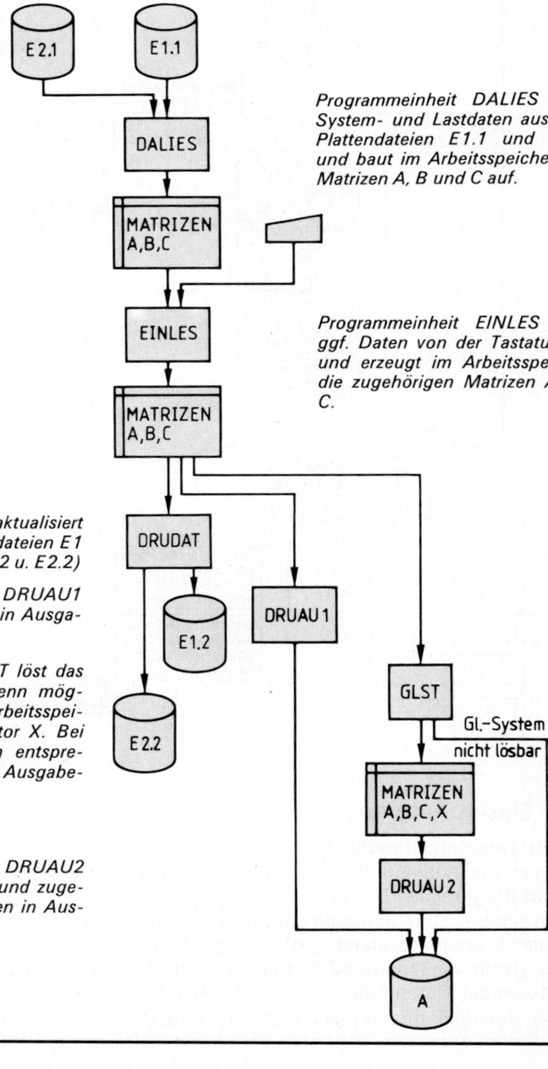


*Programmeinheit DALIES liest System- und Lastdaten aus den Plattendateien E1.1 und E2.1 und baut im Arbeitsspeicher die Matrizen A, B und C auf.*

*Programmeinheit EINLES liest ggf. Daten von der Tastatur ein und erzeugt im Arbeitsspeicher die zugehörigen Matrizen A, B, C.*

*Gegebenenfalls aktualisiert DRUDAT die Eingabedateien E1 und E2 (Versionen E1.2 u. E2.2)*

*Programmeinheit DRUAU1 schreibt Systemmatrix in Ausgabedatei A*

*Programmeinheit GLST löst das Gleichungssystem (wenn möglich) und erzeugt im Arbeitsspeicher den Lösungsvektor X. Bei Unlösbarkeit wird ein entsprechender Hinweis in die Ausgabedatei A geschrieben.*

*Programmeinheit DRUAU2 schreibt Lastvektoren und zugehörige Lösungsvektoren in Ausgabedatei.*

# Mathematik

Bearbeitet von Prof. Dr.-Ing. Otto Maas

## Inhalt



Fortsetzung s. nächste Seite

# Mathematische Zeichen nach DIN 1302 (4/94)

| | |
|---|---|
| $=$ ($\neq$) | gleich (ungleich); $\equiv$ identisch gleich |
| $\sim$ ($\approx$) | ähnlich, proportional; (rund, etwa) |
| $\hat{=}$ ($\cong$) | entspricht (kongruent) |
| $\parallel$ ($\nparallel$) | parallel (nicht parallel) |
| $\perp$ | rechtwinklig zu, senkrecht zu |
| $\triangle$ ($\sphericalangle$) | Dreieck (Winkel) |
| $<$ ($>$) | kleiner als (größer als) |
| , ($\cdots$) | Komma (und so weiter bis) |
| % | Prozent, vom Hundert, $1\% = 10^{-2}$ |
| ‰ | Promille, vom Tausend, $1‰ = 10^{-3}$ |
| $+$ ($-$) | plus (minus); $\cdot$ $\times$ mal |
| $-$ / : | durch, geteilt durch, zu; in Formeln / und : nur zur Platzersparnis. / auch „je" gelesen, z.B. $\mathrm{MN/m^2}$ = Meganewton je Quadratmeter |
| $\prod_{i=1}^{n} x_i$ | Produkt über $x_i$ von $i$ gleich 1 bis $n$ |

| | |
|---|---|
| $\sum$ | Summe; Grenzbezeichnungen: $\sum_{k=1}^{n}$ |
| $\sqrt[n]{\ }$ | $n$-te Wurzel aus |
| i oder j | imaginäre Einheit $= \sqrt{-1}$ |
| $\log_a$ | Logarithmus zur Basis $a$ |
| lg | $= \log_{10}$; $\ln = \log_e$; $\mathrm{lb} = \log_2$ |
| $n!$ | $n$ Fakultät $n! = 1 \cdot 2 \cdots n$ |
| $\binom{n}{k}$ | $n$ über $k$ |
| $f(x)$ | $f$ von $x$; Funktion der Veränderl. $x$ |
| lim | Limes, Grenzwert |
| $\lim\limits_{x \to a} f(x) = b$ | bedeutet: $f(x)$ strebt gegen den Grenzwert $b$, wenn $x$ sich in beliebiger Weise dem Wert $a$ nähert |
| d | Differentialzeichen |
| $\int$ | Integral; $\iint$ Doppelintegral |
| $\sum_{i=1}^{n} x_i$ | Summe über $x_i$ von $i$ gleich 1 bis $n$ |

# Zahlenwerte einiger wichtiger Konstanten

| Konstante | Zahlenwert | Kehrwert | Konstante | Zahlenwert | Kehrwert |
|---|---|---|---|---|---|
| $\pi$ | 3,141592654 | 0,318309886 | e | 2,718281828 | 0,367879441 |
| $\pi/180$ = arc 1° | 0,017453293 | 57,29577951 | lg e | 0,434294482 | 2,302585093 |
| $\pi/(60 \cdot 180)$ = arc 1′ | 0,000290888 | 3437,7468 | $g$ [1] | 9,80665 | 0,10197 |
| $\pi/(60^2 \cdot 180)$ = arc 1″ | 0,000004848 | 206264,81 | $\sqrt{g}$ | 3,13156 | 0,31933 |
| $\pi/200$ = arc 1 gon | 0,015707963 | 63,66197723 | $\pi/\sqrt{g}$ | 1,00320 | 0,99681 |

[1]) Fallbeschleunigung in $\mathrm{m/s^2}$ in Meereshöhe und 45° geographischer Breite

# 1 Tafeln

Zur Interpolation in den Tafeln (äquidistante Stützstellen) benutze man die Interpolationsformel von Newton (Anfangsformel):

$$y = \underbrace{y_0 + u \cdot (y_1 - y_0)}_{\text{lineare Interpolation}} + \underbrace{0{,}5 \cdot u \cdot (u-1) \cdot (y_2 - 2y_1 + y_0)}_{\text{quadratisches Korrekturglied}}$$

Die letzte Ziffer des Ergebnisses ist unsicher.

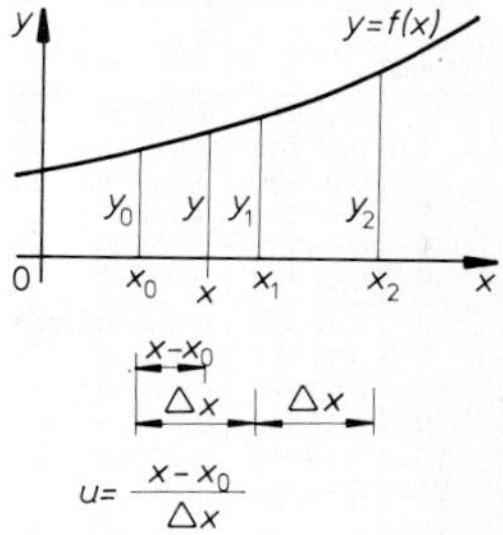


**Bild 1**

**Beispiel** $\ln 5{,}56 = ?$ $\qquad u = \frac{5{,}56 - 5{,}50}{0{,}1} = 0{,}6$

$$\ln 5{,}56 = 1{,}70475 + 0{,}6 \cdot 0{,}01802$$
$$+ 0{,}5 \cdot 0{,}6 \cdot (-0{,}4) \cdot (-0{,}00032)$$
$$= 1{,}70475 + 0{,}01081 + 0{,}00004 = 1{,}71560$$

## 1.1 Dekadische und natürliche Logarithmen

| $x$ | $\lg x$ | $\ln x$ | $x$ | $\lg x$ | $\ln x$ | $x$ | $\lg x$ | $\ln x$ |
|---|---|---|---|---|---|---|---|---|
| 1,0 | 0,00000 | 0,00000 | 4,0 | 0,60206 | 1,38629 | 7,0 | 0,84510 | 1,94591 |
| 1,1 | 0,04139 | 0,09531 | 4,1 | 0,61278 | 1,41099 | 7,1 | 0,85126 | 1,96009 |
| 1,2 | 0,07918 | 0,18232 | 4,2 | 0,62325 | 1,43508 | 7,2 | 0,85733 | 1,97408 |
| 1,3 | 0,11394 | 0,26236 | 4,3 | 0,63347 | 1,45862 | 7,3 | 0,86332 | 1,98787 |
| 1,4 | 0,14613 | 0,33647 | 4,4 | 0,64345 | 1,48160 | 7,4 | 0,86923 | 2,00148 |
| 1,5 | 0,17609 | 0,40547 | 4,5 | 0,65321 | 1,50408 | 7,5 | 0,87506 | 2,01490 |
| 1,6 | 0,20412 | 0,47000 | 4,6 | 0,66276 | 1,52606 | 7,6 | 0,88081 | 2,02815 |
| 1,7 | 0,23045 | 0,53063 | 4,7 | 0,67210 | 1,54756 | 7,7 | 0,88649 | 2,04122 |
| 1,8 | 0,25527 | 0,58779 | 4,8 | 0,68124 | 1,56862 | 7,8 | 0,89209 | 2,05412 |
| 1,9 | 0,27875 | 0,64185 | 4,9 | 0,69020 | 1,58924 | 7,9 | 0,89763 | 2,06686 |
| 2,0 | 0,30103 | 0,69315 | 5,0 | 0,69897 | 1,60944 | 8,0 | 0,90309 | 2,07944 |
| 2,1 | 0,32222 | 0,74194 | 5,1 | 0,70757 | 1,62924 | 8,1 | 0,90849 | 2,09186 |
| 2,2 | 0,34242 | 0,78846 | 5,2 | 0,71600 | 1,64866 | 8,2 | 0,91381 | 2,10413 |
| 2,3 | 0,36173 | 0,83291 | 5,3 | 0,72428 | 1,66771 | 8,3 | 0,91908 | 2,11626 |
| 2,4 | 0,38021 | 0,87547 | 5,4 | 0,73239 | 1,68640 | 8,4 | 0,92428 | 2,12823 |
| 2,5 | 0,39794 | 0,91629 | 5,5 | 0,74036 | 1,70475 | 8,5 | 0,92942 | 2,14007 |
| 2,6 | 0,41497 | 0,95551 | 5,6 | 0,74819 | 1,72277 | 8,6 | 0,93450 | 2,15176 |
| 2,7 | 0,43136 | 0,99325 | 5,7 | 0,75587 | 1,74047 | 8,7 | 0,93952 | 2,16332 |
| 2,8 | 0,44716 | 1,02962 | 5,8 | 0,76343 | 1,75786 | 8,8 | 0,94448 | 2,17475 |
| 2,9 | 0,46240 | 1,06471 | 5,9 | 0,77085 | 1,77495 | 8,9 | 0,94939 | 2,18605 |
| 3,0 | 0,47712 | 1,09861 | 6,0 | 0,77815 | 1,79176 | 9,0 | 0,95424 | 2,19722 |
| 3,1 | 0,49136 | 1,13140 | 6,1 | 0,78533 | 1,80829 | 9,1 | 0,95904 | 2,20827 |
| 3,2 | 0,50515 | 1,16315 | 6,2 | 0,79239 | 1,82455 | 9,2 | 0,96379 | 2,21920 |
| 3,3 | 0,51851 | 1,19392 | 6,3 | 0,79934 | 1,84055 | 9,3 | 0,96848 | 2,23001 |
| 3,4 | 0,53148 | 1,22378 | 6,4 | 0,80618 | 1,85630 | 9,4 | 0,97313 | 2,24071 |
| 3,5 | 0,54407 | 1,25276 | 6,5 | 0,81291 | 1,87180 | 9,5 | 0,97772 | 2,25129 |
| 3,6 | 0,55630 | 1,28093 | 6,6 | 0,81954 | 1,88707 | 9,6 | 0,98227 | 2,26176 |
| 3,7 | 0,56820 | 1,30833 | 6,7 | 0,82607 | 1,90211 | 9,7 | 0,98677 | 2,27213 |
| 3,8 | 0,57978 | 1,33500 | 6,8 | 0,83251 | 1,91692 | 9,8 | 0,99123 | 2,28238 |
| 3,9 | 0,59106 | 1,36098 | 6,9 | 0,83885 | 1,93152 | 9,9 | 0,99564 | 2,29253 |
| 4,0 | 0,60206 | 1,38629 | 7,0 | 0,84510 | 1,94591 | 10,0 | 1,00000 | 2,30259 |

**Zur Ermittlung der dekadischen Logarithmen**

Alle Zahlen mit derselben Ziffernfolge haben dieselbe Mantisse.

Die Kennziffer ist stets ganzzahlig; sie kann mit der Kennzifferregel ermittelt werden; diese lautet ($b$ = Numerus):

für $b \geqq 1$: Die Kennziffer ist um 1 niedriger als die Stellenzahl vor dem Komma, d.h.:
0 für $b=1$ bis 9; 1 für $b=10$ bis 99; 2 für $b=100$ bis 999 usw.

für $b<1$: Die (negative) Kennziffer ist gleich der Anzahl der Nullen vor der ersten geltenden Ziffer, z.B.: $-4$ für $b=0{,}000457\ldots$

**Interpolationsformel**

$$y = y_0 + u \cdot (y_1 - y_0) + 0{,}5 \cdot u \cdot (u-1) \cdot (y_2 - 2y_1 + y_0) \qquad u = \frac{x - x_0}{\Delta x}$$

## 1.2 Trigonometrische Funktionen (Argument in Gradmaß)

| $\frac{x}{\text{Grad}}$ | $\sin x$ | $\tan x$ | | $\frac{x}{\text{Grad}}$ | $\sin x$ | $\tan x$ | |
|---|---|---|---|---|---|---|---|
| 0 | 0,00000 | 0,00000 | 90 | 45 | 0,70711 | 1,00000 | 45 |
| 1 | 0,01745 | 0,01746 | 89 | 46 | 0,71934 | 1,03553 | 44 |
| 2 | 0,03490 | 0,03492 | 88 | 47 | 0,73135 | 1,07237 | 43 |
| 3 | 0,05234 | 0,05241 | 87 | 48 | 0,74314 | 1,11061 | 42 |
| 4 | 0,06976 | 0,06993 | 86 | 49 | 0,75471 | 1,15037 | 41 |
| 5 | 0,08716 | 0,08749 | 85 | 50 | 0,76604 | 1,19175 | 40 |
| 6 | 0,10453 | 0,10510 | 84 | 51 | 0,77715 | 1,23490 | 39 |
| 7 | 0,12187 | 0,12278 | 83 | 52 | 0,78801 | 1,27994 | 38 |
| 8 | 0,13917 | 0,14054 | 82 | 53 | 0,79864 | 1,32704 | 37 |
| 9 | 0,15643 | 0,15838 | 81 | 54 | 0,80902 | 1,37638 | 36 |
| 10 | 0,17365 | 0,17633 | 80 | 55 | 0,81915 | 1,42815 | 35 |
| 11 | 0,19081 | 0,19438 | 79 | 56 | 0,82904 | 1,48256 | 34 |
| 12 | 0,20791 | 0,21256 | 78 | 57 | 0,83867 | 1,53986 | 33 |
| 13 | 0,22495 | 0,23087 | 77 | 58 | 0,84805 | 1,60033 | 32 |
| 14 | 0,24192 | 0,24933 | 76 | 59 | 0,85717 | 1,66428 | 31 |
| 15 | 0,25882 | 0,26795 | 75 | 60 | 0,86603 | 1,73205 | 30 |
| 16 | 0,27564 | 0,28675 | 74 | 61 | 0,87462 | 1,80405 | 29 |
| 17 | 0,29237 | 0,30573 | 73 | 62 | 0,88295 | 1,88073 | 28 |
| 18 | 0,30902 | 0,32492 | 72 | 63 | 0,89101 | 1,96261 | 27 |
| 19 | 0,32557 | 0,34433 | 71 | 64 | 0,89879 | 2,05030 | 26 |
| 20 | 0,34202 | 0,36397 | 70 | 65 | 0,90631 | 2,14451 | 25 |
| 21 | 0,35837 | 0,38386 | 69 | 66 | 0,91355 | 2,24604 | 24 |
| 22 | 0,37461 | 0,40403 | 68 | 67 | 0,92050 | 2,35585 | 23 |
| 23 | 0,39073 | 0,42447 | 67 | 68 | 0,92718 | 2,47509 | 22 |
| 24 | 0,40674 | 0,44523 | 66 | 69 | 0,93358 | 2,60509 | 21 |
| 25 | 0,42262 | 0,46631 | 65 | 70 | 0,93969 | 2,74748 | 20 |
| 26 | 0,43837 | 0,48773 | 64 | 71 | 0,94552 | 2,90421 | 19 |
| 27 | 0,45399 | 0,50953 | 63 | 72 | 0,95106 | 3,07768 | 18 |
| 28 | 0,46947 | 0,53171 | 62 | 73 | 0,95630 | 3,27085 | 17 |
| 29 | 0,48481 | 0,55431 | 61 | 74 | 0,96126 | 3,48741 | 16 |
| 30 | 0,50000 | 0,57735 | 60 | 75 | 0,96593 | 3,73205 | 15 |
| 31 | 0,51504 | 0,60086 | 59 | 76 | 0,97030 | 4,01078 | 14 |
| 32 | 0,52992 | 0,62487 | 58 | 77 | 0,97437 | 4,33148 | 13 |
| 33 | 0,54464 | 0,64941 | 57 | 78 | 0,97815 | 4,70463 | 12 |
| 34 | 0,55919 | 0,67451 | 56 | 79 | 0,98163 | 5,14455 | 11 |
| 35 | 0,57358 | 0,70021 | 55 | 80 | 0,98481 | 5,67128 | 10 |
| 36 | 0,58779 | 0,72654 | 54 | 81 | 0,98769 | 6,31375 | 9 |
| 37 | 0,60182 | 0,75355 | 53 | 82 | 0,99027 | 7,11537 | 8 |
| 38 | 0,61566 | 0,78129 | 52 | 83 | 0,99255 | 8,14435 | 7 |
| 39 | 0,62932 | 0,80978 | 51 | 84 | 0,99452 | 9,51436 | 6 |
| 40 | 0,64279 | 0,83910 | 50 | 85 | 0,99619 | 11,43005 | 5 |
| 41 | 0,65606 | 0,86929 | 49 | 86 | 0,99756 | 14,30067 | 4 |
| 42 | 0,66913 | 0,90040 | 48 | 87 | 0,99863 | 19,08114 | 3 |
| 43 | 0,68200 | 0,93252 | 47 | 88 | 0,99939 | 28,63625 | 2 |
| 44 | 0,69466 | 0,96569 | 46 | 89 | 0,99985 | 57,28996 | 1 |
| 45 | 0,70711 | 1,00000 | 45 | 90 | 1,00000 | $\infty$ | 0 |
| | $\cos x$ | $\cot x$ | $\frac{x}{\text{Grad}}$ | | $\cos x$ | $\cot x$ | $\frac{x}{\text{Grad}}$ |

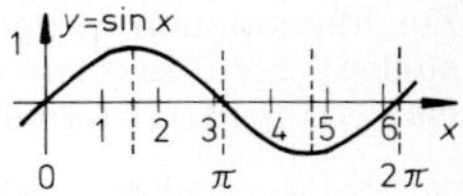

**Bild 2**

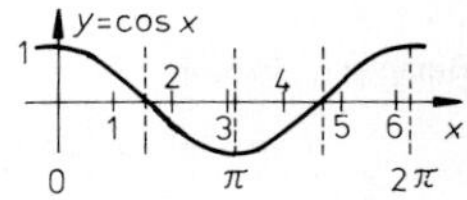

**Bild 3**

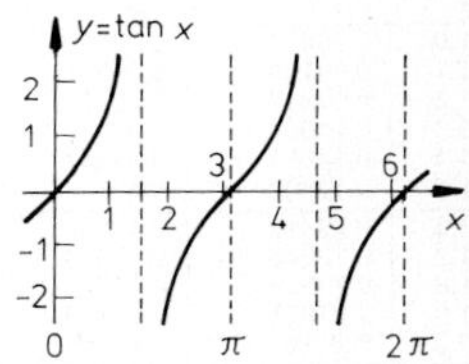

**Bild 4**

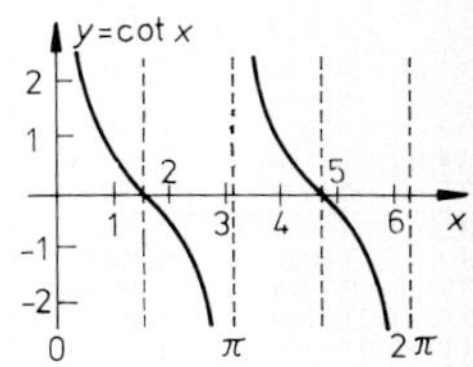

**Bild 5**

### Winkelumrechnungen

1 Vollwinkel = 6,28318... rad = 360° = 400 gon

1 gon = 15,70796... $\cdot 10^{-3}$ rad = 0,9°

1° = 17,45329... $\cdot 10^{-3}$ rad = $1,\bar{1}$ gon

1′ = 290,8882 ... $\cdot 10^{-6}$ rad = $0,01\bar{6}$° = $18,\overline{518}$ mgon

1″ = 4,84813... $\cdot 10^{-6}$ rad = $0,00027\bar{7}$° = $0,\overline{308641...}$ mgon

1 rad = 0,1591549... Vollwinkel = 63,6619... gon

= 57,2957...° = 3437,74...′ = 206264,8...″

## Trigonometrische Funktionen (Argument in Gonmaß), Fortsetzung

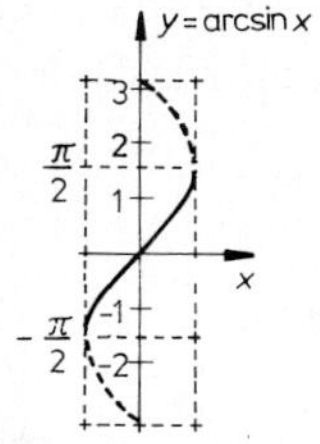


**Bild 6**

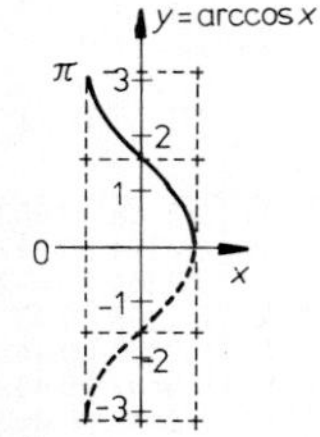


**Bild 7**

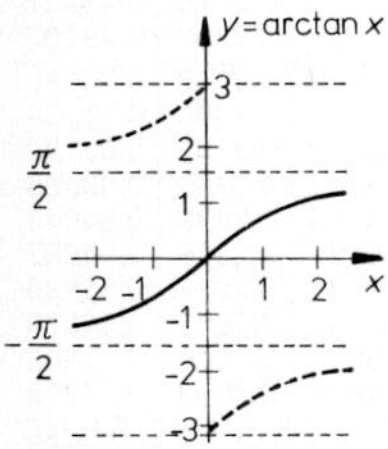


**Bild 8**

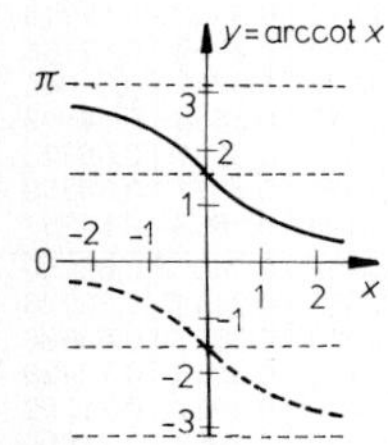


**Bild 9**

| $\frac{x}{\text{Gon}}$ | sin x | tan x | | $\frac{x}{\text{Gon}}$ | sin x | tan x | |
|---|---|---|---|---|---|---|---|
| 0 | 0,00000 | 0,00000 | 100 | 50 | 0,70711 | 1,00000 | 50 |
| 1 | 0,01571 | 0,01571 | 99 | 51 | 0,71813 | 1,03192 | 49 |
| 2 | 0,03141 | 0,03143 | 98 | 52 | 0,72897 | 1,06489 | 48 |
| 3 | 0,04711 | 0,04716 | 97 | 53 | 0,73963 | 1,09899 | 47 |
| 4 | 0,06279 | 0,06291 | 96 | 54 | 0,75011 | 1,13428 | 46 |
| 5 | 0,07846 | 0,07870 | 95 | 55 | 0,76041 | 1,17085 | 45 |
| 6 | 0,09411 | 0,09453 | 94 | 56 | 0,77051 | 1,20879 | 44 |
| 7 | 0,10973 | 0,11040 | 93 | 57 | 0,78043 | 1,24820 | 43 |
| 8 | 0,12533 | 0,12633 | 92 | 58 | 0,79016 | 1,28919 | 42 |
| 9 | 0,14090 | 0,14232 | 91 | 59 | 0,79968 | 1,33187 | 41 |
| 10 | 0,15643 | 0,15838 | 90 | 60 | 0,80902 | 1,37638 | 40 |
| 11 | 0,17193 | 0,17453 | 89 | 61 | 0,81815 | 1,42286 | 39 |
| 12 | 0,18738 | 0,19076 | 88 | 62 | 0,82708 | 1,47146 | 38 |
| 13 | 0,20279 | 0,20709 | 87 | 63 | 0,83581 | 1,52235 | 37 |
| 14 | 0,21814 | 0,22353 | 86 | 64 | 0,84433 | 1,57575 | 36 |
| 15 | 0,23345 | 0,24008 | 85 | 65 | 0,85264 | 1,63185 | 35 |
| 16 | 0,24869 | 0,25676 | 84 | 66 | 0,86074 | 1,69091 | 34 |
| 17 | 0,26387 | 0,27357 | 83 | 67 | 0,86863 | 1,75319 | 33 |
| 18 | 0,27899 | 0,29053 | 82 | 68 | 0,87631 | 1,81899 | 32 |
| 19 | 0,29404 | 0,30764 | 81 | 69 | 0,88377 | 1,88867 | 31 |
| 20 | 0,30902 | 0,32492 | 80 | 70 | 0,89101 | 1,96261 | 30 |
| 21 | 0,32392 | 0,34238 | 79 | 71 | 0,89803 | 2,04125 | 29 |
| 22 | 0,33874 | 0,36002 | 78 | 72 | 0,90483 | 2,12511 | 28 |
| 23 | 0,35347 | 0,37787 | 77 | 73 | 0,91140 | 2,21475 | 27 |
| 24 | 0,36812 | 0,39593 | 76 | 74 | 0,91775 | 2,31086 | 26 |
| 25 | 0,38268 | 0,41421 | 75 | 75 | 0,92388 | 2,41421 | 25 |
| 26 | 0,39715 | 0,43274 | 74 | 76 | 0,92978 | 2,52571 | 24 |
| 27 | 0,41151 | 0,45152 | 73 | 77 | 0,93544 | 2,64642 | 23 |
| 28 | 0,42578 | 0,47056 | 72 | 78 | 0,94088 | 2,77761 | 22 |
| 29 | 0,43994 | 0,48989 | 71 | 79 | 0,94609 | 2,92076 | 21 |
| 30 | 0,45399 | 0,50953 | 70 | 80 | 0,95106 | 3,07768 | 20 |
| 31 | 0,46793 | 0,52947 | 69 | 81 | 0,95579 | 3,25055 | 19 |
| 32 | 0,48175 | 0,54975 | 68 | 82 | 0,96029 | 3,44202 | 18 |
| 33 | 0,49546 | 0,57039 | 67 | 83 | 0,96456 | 3,65538 | 17 |
| 34 | 0,50904 | 0,59140 | 66 | 84 | 0,96858 | 3,89474 | 16 |
| 35 | 0,52250 | 0,61280 | 65 | 85 | 0,97237 | 4,16530 | 15 |
| 36 | 0,53583 | 0,63462 | 64 | 86 | 0,97592 | 4,47374 | 14 |
| 37 | 0,54902 | 0,65688 | 63 | 87 | 0,97922 | 4,82882 | 13 |
| 38 | 0,56208 | 0,67960 | 62 | 88 | 0,98229 | 5,24218 | 12 |
| 39 | 0,57501 | 0,70281 | 61 | 89 | 0,98511 | 5,72974 | 11 |
| 40 | 0,58779 | 0,72654 | 60 | 90 | 0,98769 | 6,31375 | 10 |
| 41 | 0,60042 | 0,75082 | 59 | 91 | 0,99002 | 7,02637 | 9 |
| 42 | 0,61291 | 0,77568 | 58 | 92 | 0,99211 | 7,91582 | 8 |
| 43 | 0,62524 | 0,80115 | 57 | 93 | 0,99396 | 9,05789 | 7 |
| 44 | 0,63742 | 0,82727 | 56 | 94 | 0,99556 | 10,57889 | 6 |
| 45 | 0,64945 | 0,85408 | 55 | 95 | 0,99692 | 12,70620 | 5 |
| 46 | 0,66131 | 0,88162 | 54 | 96 | 0,99803 | 15,89454 | 4 |
| 47 | 0,67301 | 0,90993 | 53 | 97 | 0,99889 | 21,20495 | 3 |
| 48 | 0,68455 | 0,93906 | 52 | 98 | 0,99951 | 31,82052 | 2 |
| 49 | 0,69591 | 0,96907 | 51 | 99 | 0,99988 | 63,65674 | 1 |
| 50 | 0,70711 | 1,00000 | 50 | 100 | 1,00000 | ∞ | 0 |
| | cos x | cot x | $\frac{x}{\text{Gon}}$ | | cos x | cot x | $\frac{x}{\text{Gon}}$ |

$\sin(-\alpha) = -\sin\alpha$ $\quad\sin(\pi\mp\alpha) = \pm\sin\alpha$ $\quad\sin(2\pi-\alpha) = -\sin\alpha$

$\cos(-\alpha) = \cos\alpha$ $\quad\cos(\pi\mp\alpha) = -\cos\alpha$ $\quad\cos(2\pi-\alpha) = \cos\alpha$

$\tan(-\alpha) = -\tan\alpha$ $\quad\tan(\pi\mp\alpha) = \mp\tan\alpha$ $\quad\tan(2\pi-\alpha) = -\tan\alpha$

$\cot(-\alpha) = -\cot\alpha$ $\quad\cot(\pi\mp\alpha) = \mp\cot\alpha$ $\quad\cot(2\pi-\alpha) = -\cot\alpha$

## 1.3 Kreisabschnitt

Bogenlänge $b$, Bogenhöhe $h$, Sehnenlänge $s$, Schwerpunktslage $e$, Fläche $A$, Öffnungswinkel $\alpha$ (Bogenmaß)

$$\alpha = 4 \cdot \arcsin\sqrt{\frac{h}{d}} = 2 \cdot \arctan\frac{s}{d-2h}$$

$$h = \frac{d}{2} \cdot \left(1 - \cos\frac{\alpha}{2}\right) = \frac{1}{2} \cdot \left(d - \sqrt{d^2 - s^2}\right)$$

$$s = d \cdot \sin\frac{\alpha}{2} = 2 \cdot \sqrt{h \cdot (d-h)}$$

$$b = \frac{d}{2} \cdot \alpha = d \cdot 2 \cdot \arcsin\sqrt{\frac{h}{d}}$$

$$e = \frac{d}{2} \cdot \left(\frac{4}{3} \cdot \frac{\sin^3\frac{\alpha}{2}}{\alpha - \sin\alpha} - \cos\frac{\alpha}{2}\right) = \frac{s^3}{12A} - \frac{d}{2} \cdot \cos\frac{\alpha}{2}$$

$$A = \frac{d^2}{8} \cdot (\alpha - \sin\alpha) = \frac{d}{4} \cdot (b-s) + \frac{s \cdot h}{2}$$

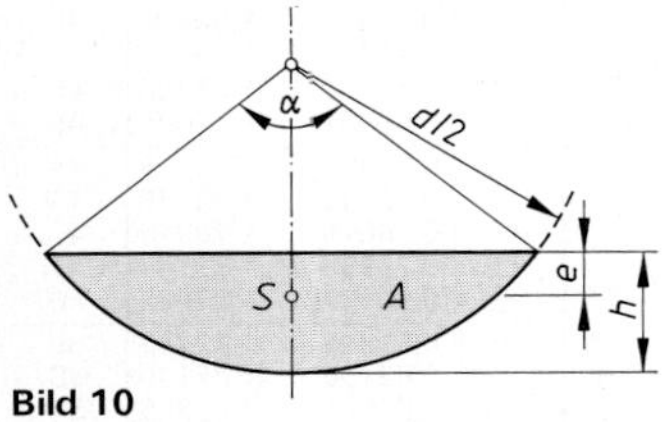


**Bild 10**

| $\frac{h}{d}$ | $\frac{\alpha}{\text{Grad}}$ | $\frac{s}{d}$ | $\frac{b}{d}$ | $\frac{e}{d}$ | $\frac{A}{d^2}$ | $\frac{h}{d}$ | $\frac{\alpha}{\text{Grad}}$ | $\frac{s}{d}$ | $\frac{b}{d}$ | $\frac{e}{d}$ | $\frac{A}{d^2}$ |
|---|---|---|---|---|---|---|---|---|---|---|---|
| 0,01 | 22,96 | 0,1990 | 0,2003 | 0,0040 | 0,00133 | 0,51 | 182,29 | 0,9998 | 1,5908 | 0,2168 | 0,40270 |
| 0,02 | 32,52 | 0,2800 | 0,2838 | 0,0080 | 0,00375 | 0,52 | 184,58 | 0,9992 | 1,6108 | 0,2214 | 0,41269 |
| 0,03 | 39,90 | 0,3412 | 0,3482 | 0,0120 | 0,00687 | 0,53 | 186,88 | 0,9982 | 1,6308 | 0,2261 | 0,42268 |
| 0,04 | 46,15 | 0,3919 | 0,4027 | 0,0161 | 0,01054 | 0,54 | 189,18 | 0,9968 | 1,6509 | 0,2308 | 0,43266 |
| 0,05 | 51,68 | 0,4359 | 0,4510 | 0,0201 | 0,01468 | 0,55 | 191,48 | 0,9950 | 1,6710 | 0,2355 | 0,44262 |
| 0,06 | 56,72 | 0,4750 | 0,4949 | 0,0241 | 0,01924 | 0,56 | 193,78 | 0,9928 | 1,6911 | 0,2402 | 0,45255 |
| 0,07 | 61,37 | 0,5103 | 0,5355 | 0,0282 | 0,02417 | 0,57 | 196,10 | 0,9902 | 1,7113 | 0,2449 | 0,46247 |
| 0,08 | 65,72 | 0,5426 | 0,5735 | 0,0322 | 0,02944 | 0,58 | 198,41 | 0,9871 | 1,7315 | 0,2497 | 0,47236 |
| 0,09 | 69,83 | 0,5724 | 0,6094 | 0,0363 | 0,03501 | 0,59 | 200,74 | 0,9837 | 1,7518 | 0,2545 | 0,48221 |
| 0,10 | 73,74 | 0,6000 | 0,6435 | 0,0404 | 0,04088 | 0,60 | 203,07 | 0,9798 | 1,7722 | 0,2593 | 0,49203 |
| 0,11 | 77,48 | 0,6258 | 0,6761 | 0,0444 | 0,04701 | 0,61 | 205,42 | 0,9755 | 1,7926 | 0,2642 | 0,50180 |
| 0,12 | 81,07 | 0,6499 | 0,7075 | 0,0485 | 0,05339 | 0,62 | 207,77 | 0,9708 | 1,8132 | 0,2690 | 0,51154 |
| 0,13 | 84,54 | 0,6726 | 0,7377 | 0,0526 | 0,06000 | 0,63 | 210,14 | 0,9656 | 1,8338 | 0,2739 | 0,52122 |
| 0,14 | 87,89 | 0,6940 | 0,7670 | 0,0567 | 0,06683 | 0,64 | 212,52 | 0,9600 | 1,8546 | 0,2789 | 0,53085 |
| 0,15 | 91,15 | 0,7141 | 0,7954 | 0,0608 | 0,07387 | 0,65 | 214,92 | 0,9539 | 1,8755 | 0,2839 | 0,54042 |
| 0,16 | 94,31 | 0,7332 | 0,8230 | 0,0650 | 0,08111 | 0,66 | 217,33 | 0,9474 | 1,8965 | 0,2889 | 0,54992 |
| 0,17 | 97,40 | 0,7513 | 0,8500 | 0,0691 | 0,08854 | 0,67 | 219,75 | 0,9404 | 1,9177 | 0,2939 | 0,55936 |
| 0,18 | 100,42 | 0,7684 | 0,8763 | 0,0732 | 0,09613 | 0,68 | 222,20 | 0,9330 | 1,9391 | 0,2990 | 0,56873 |
| 0,19 | 103,37 | 0,7846 | 0,9021 | 0,0774 | 0,10390 | 0,69 | 224,67 | 0,9250 | 1,9606 | 0,3041 | 0,57802 |
| 0,20 | 106,26 | 0,8000 | 0,9273 | 0,0816 | 0,11182 | 0,70 | 227,16 | 0,9165 | 1,9823 | 0,3093 | 0,58723 |
| 0,21 | 109,10 | 0,8146 | 0,9521 | 0,0857 | 0,11990 | 0,71 | 229,67 | 0,9075 | 2,0042 | 0,3144 | 0,59635 |
| 0,22 | 111,89 | 0,8285 | 0,9764 | 0,0899 | 0,12811 | 0,72 | 232,21 | 0,8980 | 2,0264 | 0,3197 | 0,60538 |
| 0,23 | 114,63 | 0,8417 | 1,0004 | 0,0941 | 0,13646 | 0,73 | 234,77 | 0,8879 | 2,0488 | 0,3250 | 0,61431 |
| 0,24 | 117,34 | 0,8542 | 1,0239 | 0,0983 | 0,14494 | 0,74 | 237,37 | 0,8773 | 2,0714 | 0,3303 | 0,62313 |
| 0,25 | 120,00 | 0,8660 | 1,0472 | 0,1025 | 0,15355 | 0,75 | 240,00 | 0,8660 | 2,0944 | 0,3357 | 0,63185 |
| 0,26 | 122,63 | 0,8773 | 1,0701 | 0,1067 | 0,16226 | 0,76 | 242,66 | 0,8542 | 2,1176 | 0,3411 | 0,64045 |
| 0,27 | 125,23 | 0,8879 | 1,0928 | 0,1110 | 0,17109 | 0,77 | 245,37 | 0,8417 | 2,1412 | 0,3466 | 0,64893 |
| 0,28 | 127,79 | 0,8980 | 1,1152 | 0,1152 | 0,18002 | 0,78 | 248,11 | 0,8285 | 2,1652 | 0,3521 | 0,65728 |
| 0,29 | 130,33 | 0,9075 | 1,1374 | 0,1195 | 0,18905 | 0,79 | 250,90 | 0,8146 | 2,1895 | 0,3577 | 0,66550 |
| 0,30 | 132,84 | 0,9165 | 1,1593 | 0,1237 | 0,19817 | 0,80 | 253,74 | 0,8000 | 2,2143 | 0,3633 | 0,67357 |
| 0,31 | 135,33 | 0,9250 | 1,1810 | 0,1280 | 0,20738 | 0,81 | 256,63 | 0,7846 | 2,2395 | 0,3691 | 0,68150 |
| 0,32 | 137,80 | 0,9330 | 1,2025 | 0,1323 | 0,21667 | 0,82 | 259,58 | 0,7684 | 2,2653 | 0,3748 | 0,68926 |
| 0,33 | 140,25 | 0,9404 | 1,2239 | 0,1366 | 0,22603 | 0,83 | 262,60 | 0,7513 | 2,2916 | 0,3807 | 0,69686 |
| 0,34 | 142,67 | 0,9474 | 1,2451 | 0,1410 | 0,23547 | 0,84 | 265,69 | 0,7332 | 2,3186 | 0,3866 | 0,70429 |
| 0,35 | 145,08 | 0,9539 | 1,2661 | 0,1453 | 0,24498 | 0,85 | 268,85 | 0,7141 | 2,3462 | 0,3927 | 0,71152 |
| 0,36 | 147,48 | 0,9600 | 1,2870 | 0,1496 | 0,25455 | 0,86 | 272,11 | 0,6940 | 2,3746 | 0,3988 | 0,71856 |
| 0,37 | 149,86 | 0,9656 | 1,3078 | 0,1540 | 0,26418 | 0,87 | 275,46 | 0,6726 | 2,4039 | 0,4050 | 0,72540 |
| 0,38 | 152,23 | 0,9708 | 1,3284 | 0,1584 | 0,27386 | 0,88 | 278,93 | 0,6499 | 2,4341 | 0,4113 | 0,73201 |
| 0,39 | 154,58 | 0,9755 | 1,3490 | 0,1628 | 0,28359 | 0,89 | 282,52 | 0,6258 | 2,4655 | 0,4177 | 0,73839 |
| 0,40 | 156,93 | 0,9798 | 1,3694 | 0,1672 | 0,29337 | 0,90 | 286,26 | 0,6000 | 2,4981 | 0,4242 | 0,74452 |
| 0,41 | 159,26 | 0,9837 | 1,3898 | 0,1716 | 0,30319 | 0,91 | 290,17 | 0,5724 | 2,5322 | 0,4308 | 0,75039 |
| 0,42 | 161,59 | 0,9871 | 1,4101 | 0,1760 | 0,31304 | 0,92 | 294,28 | 0,5426 | 2,5681 | 0,4376 | 0,75596 |
| 0,43 | 163,90 | 0,9902 | 1,4303 | 0,1805 | 0,32293 | 0,93 | 298,63 | 0,5103 | 2,6061 | 0,4445 | 0,76123 |
| 0,44 | 166,22 | 0,9928 | 1,4505 | 0,1850 | 0,33284 | 0,94 | 303,28 | 0,4750 | 2,6467 | 0,4517 | 0,76616 |
| 0,45 | 168,52 | 0,9950 | 1,4706 | 0,1895 | 0,34278 | 0,95 | 308,32 | 0,4359 | 2,6906 | 0,4590 | 0,77072 |
| 0,46 | 170,82 | 0,9968 | 1,4907 | 0,1940 | 0,35274 | 0,96 | 313,85 | 0,3919 | 2,7389 | 0,4665 | 0,77486 |
| 0,47 | 173,12 | 0,9982 | 1,5108 | 0,1985 | 0,36272 | 0,97 | 320,10 | 0,3412 | 2,7934 | 0,4743 | 0,77853 |
| 0,48 | 175,42 | 0,9992 | 1,5308 | 0,2031 | 0,37270 | 0,98 | 327,48 | 0,2800 | 2,8578 | 0,4823 | 0,78165 |
| 0,49 | 177,71 | 0,9998 | 1,5508 | 0,2076 | 0,38270 | 0,99 | 337,04 | 0,1990 | 2,9413 | 0,4908 | 0,78407 |
| 0,50 | 180,00 | 1,0000 | 1,5708 | 0,2122 | 0,39270 | 1,00 | 360,00 | 0,0000 | 3,1416 | 0,5000 | 0,78540 |

# 2 Arithmetik

## 2.1 Rechnen mit physikalischen Größen

Eine physikalische Größe (kurz: Größe) beschreibt eine meßbare Eigenschaft eines physikalischen Phänomens (Körper, Vorgänge, Zustände); ein spezieller Wert einer Größe ist ein Größenwert. Größenwert = Zahlenwert (Maßzahl) · Einheit

**Beispiel** $l = 5\,\text{m} = \{l\} \cdot [l]$ = Zahlenwert von $l$ · Einheit von $l$
$\{l\} = 5 \quad [l] = \text{m}$

Eine physikalische Gleichung stellt eine Beziehung zwischen Größen oder Einheiten oder Zahlenwerten dar.

Eine Größengleichung stellt eine Beziehung zwischen Größen dar und gilt unabhängig von der Wahl der Einheiten und sollte vorwiegend benutzt werden.

**Beispiel** $v = s/t \qquad M = ql^2/8 \qquad f = Fl^3/(3EI)$

Eine Einheitengleichung gibt die zahlenmäßige Beziehung zwischen Einheiten an.

**Beispiel** $1\,\text{m} = 100\,\text{cm} \qquad 1\,\text{kN} = 1000\,\text{N} \qquad 1\,\text{N} = 1\,\text{kg}\,\text{m}\,\text{s}^{-2}$

Eine Zahlenwertgleichung gibt die Beziehung zwischen Zahlenwerten von Größen an und erfordert immer die Angabe der Einheiten, für die die Zahlenwerte gelten.

**Beispiel** $\{v\} = 3{,}6\,\dfrac{\{s\}}{\{t\}}$ mit $v$ in km/h, $s$ in m, $t$ in s

Mit $\{s\} = 450$ und $\{t\} = 30$ wird $\{v\} = 3{,}6 \cdot \dfrac{450}{30} = 54$

$v = 54\,\text{km/h}$

Das Auswerten von Größengleichungen erfordert im allgemeinen das Einsetzen der gegebenen Größenwerte in der Form: Zahlenwert · Einheit.

**Beispiel** Fläche eines rechtwinkligen Dreiecks mit Grundseite $g = 3\,\text{m}$ und Höhe $h = 400\,\text{cm}$.

Allgemein: $A = 0{,}5\,gh = 0{,}5 \cdot 3\,\text{m} \cdot 400\,\text{cm} = 600\,\text{m}\,\text{cm} = 6\,\text{m}^2$

Einheitengerecht: $A = 0{,}5\,g\,h = 0{,}5 \cdot 3\,\text{m} \cdot 4\,\text{m} = 6\,\text{m}^2$

Kurzform: $A = 0{,}5\,g\,h = 0{,}5 \cdot 3 \cdot 4 = 6\,\text{m}^2$

Bei der üblichen Kurzform wird einheitengerecht eingesetzt; Einheiten werden jedoch bei der Zwischenrechnung nicht geschrieben; Endergebnis hat Einheit.

**Beispiel** Auswertung der Größengleichung

$f = Fl^3/(3EI)$ mit

$F = 20\,\text{kN}, \quad l = 3\,\text{m}, \quad E = 2{,}1 \cdot 10^7\,\text{N/cm}^2, \quad I = 2{,}517\,\text{dm}^4.$

Einheitengerecht (N, cm):

$$f = \frac{2 \cdot 10^4\,\text{N} \cdot 3^3 \cdot 10^6\,\text{cm}^3}{3 \cdot 2{,}1 \cdot 10^7\,\text{N/cm}^2 \cdot 2{,}517 \cdot 10^4\,\text{cm}^4}$$
$$= \frac{2 \cdot 3^3}{3 \cdot 2{,}1 \cdot 2{,}517} \cdot 10^{4-6-7-4}\,\frac{\text{N}\,\text{cm}^3\,\text{cm}^2}{\text{N}\,\text{cm}^4} = 3{,}41 \cdot 10^{-1}\,\text{cm}$$

Kurzform (N, cm): wie vor; Einheiten jedoch nur beim Endergebnis.

Die Einheit des Ergebnisses kann man wie folgt überprüfen:

$$[f] = \left[\frac{Fl^3}{3EI}\right] = \frac{\text{N}\,\text{cm}^3\,\text{cm}^2}{\text{N}\,\text{cm}^4} = \text{cm}$$

**Merke:** Eine Größengleichung gilt unabhängig von der Wahl der Einheiten. Einheiten in eckiger Klammer zu schreiben ist nicht normgerecht.

## 2.2 Potenzen

$a \cdot a \cdot a \cdot \ldots \cdot a = a^n$ ($n$ Faktoren) $a$ = Basis, $n$ = Potenzexponent, $a^n$ = Potenz

$a^1 = a \qquad a^0 = 1 \quad (a \neq 0) \qquad a^{-n} = \frac{1}{a^n}$

**Rechenregeln** mit $m, n, a, b$ reell

$$p \cdot a^n \pm q \cdot a^n = (p \pm q)\, a^n \qquad a^m \cdot a^n = a^{m+n} \qquad a^n \cdot b^n = (a \cdot b)^n$$

$$\frac{a^m}{a^n} = a^{m-n} \qquad \frac{a^n}{b^n} = \left(\frac{a}{b}\right)^n \qquad (a^m)^n = a^{m \cdot n}$$

## 2.3 Wurzeln

$b = \sqrt[m]{a} = a^{1/m}$, wenn $b^m = a$ und $a > 0$, $m$ positiv ganz

$a$ = Radikand, $m$ = Wurzelexponent, $b$ = Wurzel $\quad \sqrt[2]{a} = \sqrt{a}$

**Rechenregeln** mit $a, b$ reell, $n, m$ positiv ganz, $a > 0$

$$p\sqrt[m]{b} \pm q\sqrt[m]{b} = (p \pm q)\sqrt[m]{b} \qquad \sqrt[m]{a} \cdot \sqrt[m]{b} = \sqrt[m]{ab} \qquad \sqrt[m]{a} \cdot \sqrt[n]{a} = \sqrt[m \cdot n]{a^{m+n}}$$

$$(\sqrt[m]{a})^n = \sqrt[m]{a^n} = a^{\frac{n}{m}} \qquad \frac{\sqrt[m]{a}}{\sqrt[m]{b}} = \sqrt[m]{\frac{a}{b}} \qquad \frac{\sqrt[m]{a}}{\sqrt[n]{a}} = \sqrt[m \cdot n]{a^{n-m}} \qquad \sqrt[m]{\sqrt[n]{a}} = \sqrt[m \cdot n]{a} = \sqrt[n]{\sqrt[m]{a}}$$

$\sqrt{-a} = \sqrt{a(-1)} = \sqrt{a} \cdot \sqrt{-1} = \sqrt{a} \cdot \mathrm{j}$ mit $\mathrm{j} = \sqrt{-1}$ = imaginäre Einheit
$\mathrm{j}^2 = -1$; $\mathrm{j}^3 = -\mathrm{j}$; $\mathrm{j}^4 = +1$; allgemein $\mathrm{j}^{4n+k} = \mathrm{j}^k$ ($n$ ganzzahlig; $k = 0, 1, 2, 3$).

## 2.4 Logarithmen

$r = \log_a b$, wenn $a^r = b$ und $a, b > 0$, $a \neq 1$;
$a$ = Basis, $r$ = Exponent = Logarithmus, $b$ = Numerus

**Rechenregeln** mit $a, b, n, m$ reell

$$\log_a 1 = 0 \qquad \log_a a = 1 \qquad \log_a 0 = -\infty \qquad a^{\log_a b} = b$$

$$\log_a (cd) = \log_a c + \log_a d \qquad \log_a c^n = n \log_a c \qquad 10^{\lg b} = b$$

$$\log_a \left(\frac{c}{d}\right) = \log_a c - \log_a d \qquad \log_a \sqrt[m]{c} = \frac{1}{m} \log_a c \qquad \mathrm{e}^{\ln b} = b$$

**Dekadische Logarithmen** $\log_{10} b = \lg b$

$$\lg(c \cdot 10^n) = \lg c + \lg 10^n = \lg c + n \qquad \lg(c \cdot 10^{-m}) = \lg c + \lg 10^{-m} = \lg c - m$$

**Natürliche Logarithmen** $\log_{\mathrm{e}} b = \ln b$

mit $\mathrm{e} = \lim\limits_{n \to \infty} \left(1 + \frac{1}{n}\right)^n = 2{,}718281828$

**Binärlogarithmen** $\log_2 b = \mathrm{lb}\, b$

**Umrechnung der Logarithmen mit verschiedenen Basen**

$$\log_a b = \frac{\log_s b}{\log_s a} \qquad \log_a b = \frac{1}{\log_b a} \qquad \lg b = \frac{\ln b}{2{,}302585093} = 0{,}434294482 \ln b$$

Es gilt $a^b = \mathrm{e}^{b \cdot \ln a}$ mit $a > 0$ und $b$ reell

## 2.5 Binomischer Satz

$k! = 1 \cdot 2 \cdot 3 \cdot \ldots \cdot k$ „$k$-Fakultät" $k$ positiv ganz, $0! = 1$

$k! \approx (k/e)^k \sqrt{2\pi k}$ für $k \gg 1$

$$\binom{n}{k} = \frac{n(n-1)(n-2)\cdot \ldots \cdot (n-k+1)}{k!}$$ „$n$ über $k$"

= **Binomialkoeffizient** mit $k$ positiv ganz und $n$ reell (gleich viele Faktoren in Zähler und Nenner).

$$\binom{0}{0} = \binom{n}{0} = 1 \qquad \binom{n}{1} = \binom{n}{r-1} = n \qquad \binom{n}{k} + \binom{n}{k+1} = \binom{n+1}{k+1}$$

$\binom{n}{k} = 0$ für $k > n$ und $k, n$ positiv ganz

$\binom{n}{k} = \binom{n}{n-k} = \frac{n!}{k!(n-k)!}$ für $k, n$ positiv ganz

**Binomischer Satz** (für $n$ positiv ganz und $a$, $b$ reell)

$$(a+b)^n = \binom{n}{0} a^n + \binom{n}{1} a^{n-1} b + \binom{n}{2} a^{n-2} b^2 + \ldots + \binom{n}{n-1} a b^{n-1} + \binom{n}{n} b^n$$

$$= \sum_{k=0}^{n} \binom{n}{k} a^{n-k} b^k$$

$(a \pm b)^2 = a^2 \pm 2ab + b^2$ $\qquad$ $(a \pm b)^3 = a^3 \pm 3a^2 b + 3ab^2 \pm b^3$

**Näherungsformeln**

$(1+x)^n \approx 1 + nx$ wenn $|nx| \ll 1$ $\qquad$ $\sqrt{1+x} \approx 1 + x/2$ wenn $|x| \ll 1$

$\frac{1}{(1+x)^n} \approx 1 - nx$ wenn $|nx| \ll 1$ $\qquad$ $\frac{1}{\sqrt{1+x}} \approx 1 - x/2$ wenn $|x| \ll 1$

$(a+b)^n \approx a^n \left(1 + n\frac{b}{a}\right)$ wenn $|nb| \ll a$

**Beispiele** $\sqrt{1{,}004} \approx 1 + 0{,}004/2 = 1{,}002$

$\sqrt{9{,}27} = \sqrt{9(1+0{,}03)} \approx 3 \cdot 1{,}015 = 3{,}045$

**Teilbarkeit**

$$\frac{a^n - b^n}{a-b} = a^{n-1} + a^{n-2} b + a^{n-3} b^2 + \ldots + a b^{n-2} + b^{n-1}$$ $n$ positiv ganz

$\frac{a^2 - b^2}{a-b} = a + b$ $\qquad$ $\frac{a^3 - b^3}{a-b} = a^2 + ab + b^2$

## 2.6 Reihen

**Arithmetische Reihe** $d = a_{i+1} - a_i$ = Differenz zwischen 2 benachbarten Gliedern, $a_1$ = Anfangsglied, $a_n = a_1 + (n+1)d$ = Endglied, $a_i = (a_{i-1} + a_{i+1})/2$ = **arithmetisches Mittel.**

Interpolation von $m$ Gliedern zwischen $a$ und $b > a$: $d = (b-a)/(m+1)$

$$s_n = a_1 + (a_1 + d) + (a_1 + 2d) + \ldots + [a_1 + (n-2)d] + [a_1 + (n-1)d]$$

$$= \sum_{i=0}^{n-1} (a_1 + id) = \frac{n}{2}(a_1 - a_n)$$

**Geometrische Reihe** $q=a_{i+1}/a_i$ = Quotient zwischen 2 benachbarten Gliedern, $a_1$ = Anfangsglied, $a_n=a_1\,q^{n-1}$ = Endglied, $a_i=\sqrt{a_{i-1}\cdot a_{i+1}}$ = **geom. Mittel.**
Interpolation von $m$ Gliedern zwischen $a$ und $b>a$: $q=\sqrt[m+1]{b/a}$

Endliche geometrische Reihe

$$s_n=a_1+a_1\,q+a_1\,q^2+\ldots+a_1\,q^{n-2}+a_1\,q^{n-1}=\sum_{i=0}^{n-1} a_1\,q^i=a_1\,\frac{q^n-1}{q-1}$$

Unendliche geometrische Reihe $s=\lim\limits_{n\to\infty} s_n=\dfrac{a_1}{1-q}$ für $|q|<1$

Potenzsummen $\sum\limits_{i=1}^{n} i=\dfrac{n(n+1)}{2}$ $\sum\limits_{i=1}^{n} i^2=\dfrac{n(n+1)(2n+1)}{6}$ $\sum\limits_{i=1}^{n} i^3=\dfrac{n^2(n+1)^2}{4}$

Beziehung zwischen arithmetisches und geometrisches Mittel

$$(a+b)/2>\sqrt{ab} \quad a\neq b, \quad a,b>0$$

## 2.7 Zinseszins- und Rentenrechnung

Ist $p$ = Zinsfuß in %, $q=1+p/100$ = Zinsfaktor, $K_0$ = Anfangskapital = Barwert $B_0$, $K_n$ = Kapital nach $n$ Jahren = Endwert und $R$ = jährliche Rate bzw. Rente, so gilt bei jährlicher Verzinsung:

**Aufzinsungsformel** $K_n=K_0\cdot q^n$

**Rente nachschüssig** $K_n=R\dfrac{q^n-1}{q-1}$ **vorschüssig** $K_n=R\cdot q\dfrac{q^n-1}{q-1}$

**Barwertformel** $B_0=K_n/q^n$

Hieraus erhält man die jährliche Abschreibungssumme $A=R$ eines nach $n$ Jahren erlöschenden Wertes $K_n$ (z.B. eines Baugerätes, Bauwerkes usw.) zu:

$$A=K_n\frac{q-1}{q^n-1} \quad \text{bzw. in Prozent des Neuwertes} \quad 100\cdot\frac{A}{K_n}=100\cdot\frac{q-1}{q^n-1}$$

Die Änderung von $K_0$ durch Einzahlungen (+) bzw. Abhebungen (−) beträgt:

nachschüssig: $K_n=K_0\cdot q^n\pm R\dfrac{q^n-1}{q-1}$ vorschüssig: $K_n=K_0\cdot q^n\pm R\cdot q\dfrac{q^n-1}{q-1}$

**Stetige Verzinsung** $K_n=K_0\cdot e^{\frac{p}{100}n}$ **Wachstumsfunktion** $y=y_0\cdot e^{kt}$ ($k$ = „Wachstumsrate", $t$ = Zeit)

**Beispiel** Eine Anfangsschuld $K_0$ = 10000 DM soll in monatlichen Raten (= Annuität = Zinsen + Tilgung) $R$ = 416 DM (nachschüssige Verzinsung), Zinssatz $p$ = 8,5%, getilgt werden.

$K_0\cdot q^n-R(q^n-1)/(q-1)=0$,
dabei ist $q=1+p/12=1{,}0070833$ (monatliche Abzahlung)

$$n=\frac{\ln(R/[R-K_0(q-1)])}{\ln q}=\frac{\ln(416/(416-10000\cdot 0{,}0070833)}{\ln 1{,}0070833}=26{,}4$$

$K_{26}=K_0\cdot q^{26}-R(q^{26}-1)/(q-1)$
$=12014{,}36-11\,830{,}21=184{,}15$ DM (Restschuld nach 26 Raten)

27. Rate: $184{,}15\cdot 1{,}0070833=185{,}45$ DM

## 2.8 Investitionsrechnung

Wirtschaftlichkeitsvergleiche bei der Planung von baulichen Anlagen erfolgen anhand einer statischen oder dynamischen Investitionsrechnung.

**Statische Investitionsrechnung** aufgrund von Jahreskosten.

Jahreskosten $J = \frac{H}{l} + p \cdot H + B$ in DM/a

$H$ Herstellkosten in DM
$B$ Betriebskosten in DM/a
$l$ Lebensdauer in Jahren
$p$ Zinssatz, bezogen auf ein Jahr

Die mit obiger Gleichung ermittelten Jahreskosten stimmen nicht mit den tatsächlichen Kosten überein: Jährliche Preissteigerungen der Betriebskosten bleiben unberücksichtigt; obwohl jährlich auch getilgt wird, werden Zinsen für die vollen Herstellkosten über die gesamte Lebensdauer berechnet; hat ein Teil der Anlage eine kürzere Lebensdauer als die Gesamtanlage, so wird angenommen, daß zum ursprünglichen Preis reinvestiert wird.

**Dynamische Investitionsrechnung** aufgrund des Gegenwartswertes. Der Gegenwartswert $G$ einer Zahlung $Z$, die erst in $n$ Jahren fällig ist, wird mit der Barwertformel ermittelt:

$$G = Z/q^n \quad \text{mit } q = 1 + p = 1 + \text{Zinssatz}$$

Wird bei der Ermittlung des Gegenwartswertes einer Anlage berücksichtigt, daß im allgemeinen die laufenden Betriebskosten jährlich steigen und daß unter Umständen eine Reinvestition eines Teiles der Anlage erforderlich ist, wenn nämlich dessen Lebensdauer geringer ist als der Planungszeitraum, so wird:

Gegenwartswert einer Anlage

$$G = H \cdot g_H + B \cdot g_B \quad (= \text{in DM})$$

$H$ Herstellkosten bei Inbetriebnahme ($t=0$) in DM
$B$ Jährliche Betriebskosten bei Inbetriebnahme ($t=0$) in DM
$g_H$ Gegenwartswertfaktor der Herstellkosten
$g_B$ Gegenwartswertfaktor der Betriebskosten

$$g_H = \frac{\left(\frac{s}{q}\right)^{w \cdot l} - 1}{\left(\frac{s}{q}\right)^{l} - 1} + \frac{s^{w \cdot l}(q^{n-w \cdot l} - 1)}{q^{n-l}(q^l - 1)} \qquad \lim_{s \to q} g_H = w + \frac{1 - q^{w \cdot l - n}}{1 - q^{-l}}$$

$$g_B = \frac{r}{q} \frac{\left(\frac{r}{q}\right)^{n} - 1}{\frac{r}{q} - 1} = r \frac{q^n - r^n}{q^n (q - r)} \qquad \lim_{r \to q} g_B = n$$

$q$ Zinsfaktor ($=1+$Zinssatz)
$s$ Jährlicher Steigerungsfaktor der Herstellkosten ($s=1$ für $n \leq l$)
$r$ Jährlicher Steigerungsfaktor der Betriebskosten
$l$ Lebensdauer einer Anlage in Jahren
$n$ Planungszeitraum in Jahren
$w$ $[n/l]$ = Anzahl (ganzzahlig, abgerundet) der in $n$ Jahren voll abgeschriebenen Erstinvestitionen und Reinvestitionen

Beispielhaft sind in den beiden folgenden Tabellen $g_H$- und $g_B$-Faktoren angegeben.

## Gegenwartswertfaktoren $g_H$ der Herstellkosten

| $n$ a | $l$ a | $s$ | $q=$ 1,03 | 1,04 | 1,05 | 1,06 | 1,07 | 1,08 | 1,09 | 1,10 | 1,11 | 1,12 |
|---|---|---|---|---|---|---|---|---|---|---|---|---|
| | | 1,04 | 2,1560 | 2,0000 | 1,8663 | 1.7515 | 1,6527 | 1,5677 | 1.4944 | 1,4311 | 1,3764 | 1,3290 |
| | | 1,05 | 2,3344 | 2,1544 | 2,0000 | 1,8675 | 1,7535 | 1,6554 | 1,5707 | 1,4977 | 1.4345 | 1,3798 |
| 30 | 15 | 1,06 | 2,5383 | 2,3307 | 2,1528 | 2,0000 | 1,8686 | 1,7555 | 1,6579 | 1,5737 | 1,5009 | 1,4378 |
| | | 1,07 | 2,7709 | 2,5320 | 2,3271 | 2,1512 | 2,0000 | 1,8698 | 1,7575 | 1,6605 | 1,5766 | 1,5041 |
| | | 1,08 | 3,0361 | 2,7614 | 2,5259 | 2,3236 | 2,1497 | 2,0000 | 1,8709 | 1,7594 | 1,6630 | 1,5795 |
| | | 1,04 | 1,6956 | 1,5968 | 1,5117 | 1,4384 | 1,3754 | 1,3213 | 1,2749 | 1,2351 | 1,2010 | 1,1718 |
| | | 1,05 | 1,8423 | 1,7227 | 1,6196 | 1,5309 | 1,4546 | 1,3891 | 1,3328 | 1,2847 | 1,2434 | 1,2081 |
| 30 | 20 | 1,06 | 2,0181 | 1,8736 | 1,7489 | 1,6417 | 1,5495 | 1,4703 | 1,4023 | 1,3441 | 1,2942 | 1,2515 |
| | | 1,07 | 2,2285 | 2,0540 | 1,9037 | 1,7742 | 1,6630 | 1,5674 | 1,4854 | 1,4151 | 1,3550 | 1,3035 |
| | | 1,08 | 2,4797 | 2,2695 | 2,0885 | 1,9326 | 1,7985 | 1,6834 | 1,5847 | 1,5000 | 1,4275 | 1,3655 |
| | | 1,04 | 1,3349 | 1,2850 | 1,2418 | 1,2047 | 1,1728 | 1,1456 | 1,1224 | 1,1028 | 1,0861 | 1,0721 |
| | | 1,05 | 1,4254 | 1,3620 | 1,3072 | 1,2600 | 1,2195 | 1,1849 | 1,1555 | 1,1305 | 1,1094 | 1,0916 |
| 30 | 25 | 1,06 | 1,5391 | 1,4588 | 1,3893 | 1,3295 | 1,2782 | 1,2344 | 1,1971 | 1,1654 | 1,1386 | 1,1160 |
| | | 1,07 | 1,6817 | 1,5802 | 1,4923 | 1,4167 | 1,3518 | 1,2964 | 1,2492 | 1,2092 | 1,1753 | 1,1467 |
| | | 1,08 | 1,8602 | 1,7321 | 1,6212 | 1,5258 | 1,4440 | 1,3740 | 1,3145 | 1,2640 | 1,2212 | 1,1852 |
| | 30 | 1,00 | 1,0000 | 1,0000 | 1,0000 | 1,0000 | 1,0000 | 1,0000 | 1,0000 | 1,0000 | 1,0000 | 1,0000 |
| | 35 | 1,00 | 0,9122 | 0,9265 | 0,9388 | 0,9494 | 0,9584 | 0,9660 | 0,9723 | 0,9775 | 0,9818 | 0,9853 |
| 30 | 40 | 1,00 | 0,8430 | 0,8737 | 0,8959 | 0,9148 | 0,9308 | 0,9441 | 0,9550 | 0,9640 | 0,9713 | 0,9771 |
| | 45 | 1,00 | 0,7994 | 0,8346 | 0,8649 | 0,8906 | 0,9121 | 0,9297 | 0,9442 | 0,9558 | 0,9651 | 0,9726 |
| | 50 | 1,00 | 0,7618 | 0,8049 | 0,8421 | 0,8733 | 0,8992 | 0,9202 | 0,9372 | 0,9508 | 0,9615 | 0,9700 |

## Gegenwartswertfaktoren $g_B$ der Betriebskosten

| $n$ a | $r$ | $q=$ 1,03 | 1,04 | 1,05 | 1,06 | 1,07 | 1,08 | 1,09 | 1,10 | 1,11 | 1,12 |
|---|---|---|---|---|---|---|---|---|---|---|---|
| | 1,04 | 34,9686 | 30,0000 | 25,9533 | 22,6352 | 19,8960 | 17,6197 | 15,7153 | 14,1115 | 12,7522 | 11,5926 |
| | 1,05 | 40,9806 | 34,9162 | 30,0000 | 25,9881 | 22,6925 | 19,9674 | 17,6991 | 15,7986 | 14,1961 | 12,8361 |
| | 1,06 | 48,2739 | 40,8538 | 34,8649 | 30,0000 | 26,0224 | 22,7490 | 20,0378 | 17,7775 | 15,8811 | 14,2799 |
| 30 | 1,07 | 57,1420 | 48,0430 | 40,7298 | 34,8147 | 30,0000 | 26,0560 | 22,8047 | 20,1072 | 17,8550 | 15,9627 |
| | 1,08 | 67,9467 | 56,7676 | 47,8178 | 40,6086 | 34,7654 | 30,0000 | 26,0891 | 22,8595 | 20,1757 | 17,9315 |
| | 1,09 | 81,1343 | 67,3767 | 56,4032 | 47,5980 | 40,4900 | 34,7172 | 30,0000 | 26,1217 | 22,9135 | 20,2432 |
| | 1,10 | 97,2545 | 80,2996 | 66,8228 | 56,0482 | 47,3835 | 40,3741 | 34,6699 | 30,0000 | 26,1537 | 22,9666 |

**Beispiel** Gegenwartswert einer Gesamtanlage, die aus den Teilanlagen A und B besteht.
Planungszeitraum: 30 Jahre
Zinsfaktor: $q=1{,}06$ (Zinssatz 6%)
Betriebskostensteigerungsfaktor: $r=1{,}08$ (Zinssatz 8%)
Herstellungskostensteigerungsfaktor: $s=1{,}07$ (Zinssatz 7%)

| | Herstell-kosten in DM | Betriebs-kosten in DM/a | Lebens-dauer in a | Gegenwartswert Faktor | Wert in DM |
|---|---|---|---|---|---|
| Teilanlage A | 150000 | | 20 | 1,7742 | 266130 |
| | | 8000 | | 40,6086 | 324869 |
| Teilanlage B | 100000 | | 50 | 0,8733 | 87330 |
| | | 4000 | | 40,6086 | 162434 |
| | | | | | 840763 |

## 2.9 Gleichung zweiten Grades (quadratische Gleichung)

$$a_2 x^2 + a_1 x + a_0 = 0 \qquad x_{1;2} = \frac{-a_1 \pm \sqrt{a_1^2 - 4a_2 a_0}}{2a_2}$$

$$x^2 + px + q = 0 \qquad x_{1;2} = -\frac{p}{2} \pm \sqrt{\left(\frac{p}{2}\right)^2 - q}$$

Kontrolle: $x_1 + x_2 = -p = -\dfrac{a_1}{a_2}$ $\qquad x_1 \cdot x_2 = q = \dfrac{a_0}{a_2}$

## 2.10 Nullstellen von Polynomen $n$-ten Grades (Gleichung $n$-ten Grades)

Die Nullstellen eines Polynoms $n$-ten Grades

$$f(x) = a_n x^n + a_{n-1} x^{n-1} + \cdots + a_2 x^2 + a_1 x + a_0$$

sind die Lösungen (Wurzeln) der Gleichung $n$-ten Grades

$$a_n x^n + a_{n-1} x^{n-1} + \cdots + a_2 x^2 + a_1 x + a_0 = 0$$

Jede algebraische Gleichung $n$-ten Grades hat genau $n$ Wurzeln (reell oder komplex; eine $s$-fache Wurzel ist $s$-fach zu zählen).
Sind $x_1, x_2, \ldots, x_n$ die Wurzeln einer Gleichung $n$-ten Grades, so ist

$$(x - x_1)(x - x_2)(x - x_3) \ldots (x - x_n) = 0 \quad \text{(Zerlegung in Linearfaktoren)}$$

**Regula falsi** Die Kurve der (stetigen) Funktion $y = f(x)$ wird zwischen $P_1$ und $P_2$ durch die Sehne $P_1 P_2$ ersetzt. Hat man durch Probieren zwei Werte $x_1$ und $x_2$ so gefunden, daß $y_1 = f(x_1)$ und $y_2 = f(x_2)$ verschiedene Vorzeichen haben, dann ist

$$\bar{x}_0 = x_1 - \frac{x_1 - x_2}{y_1 - y_2} y_1$$

eine bessere Annäherung an den wirklichen Wert der Nullstelle $x_0$.

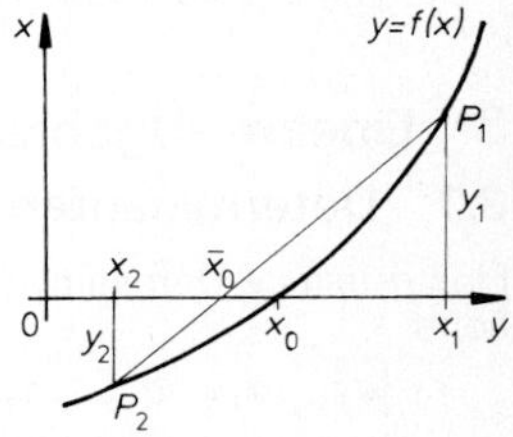

**Bild 11**

**Beispiel** $y = \cos x - x$ $\qquad$ Nullstelle $x_0 = ?$ $\qquad x_0 > 0$
Durch Probieren gefunden: $0{,}7 < x_0 < 0{,}8$

$y(0{,}80000) = -0{,}10329 = y_1 \quad y(0{,}70000) = +0{,}06484 = y_2 \quad \bar{x}_0 = 0{,}73857$

$y(0{,}73857) = +0{,}00086 = y_1 \quad y(0{,}80000) = -0{,}10329 = y_2 \quad \bar{x}_0 = 0{,}73908$

$y(0{,}73908) = +0{,}00001 \approx 0 \quad$ d.h. $\quad x_0 = 0{,}739$

**Newton-Verfahren** Hat man einen angenäherten Wert $x_i$ für die Nullstelle einer (beliebigen) Funktion $y = f(x)$ ermittelt, so wird die Kurve durch die Tangente in $P_i(x_i; y_i)$ ersetzt. Einen besseren Wert für die Nullstelle erhält man mit

$$x_{i+1} = x_i - \frac{y_i}{y_i'} = x_i - \frac{f(x_i)}{f'(x_i)}$$

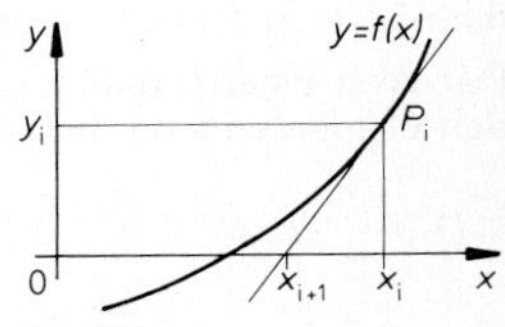

**Bild 12**

Für ein Polynom $n$-ten Grades wird

$$x_{i+1} = x_i - \frac{a_n x_i^n + a_{n-1} x_i^{n-1} + \cdots + a_1 x_i + a_0}{n a_n x_i^{n-1} + (n-1) a_{n-1} x_i^{n-2} + \cdots + a_1}$$

**Beispiel** $y=x^4-8x^3+21x^2-20x+5$ Nullstelle $x_0$? $0<x_0<1$

$$x_{i+1}=x_i-\frac{x_i^4-8x_i^3+21x_i^2-20x_i+5}{4x_i^3-24x_i^2+42x_i-20}=x_i-\frac{(((x_i-8)x_i+21)x_i-20)x_i+5}{((4x_i-24)x_i+42)x_i-20}$$

Mit dem geschätzten Anfangswert $x_1=0{,}1$ wird

$$x_2=0{,}1-\frac{3{,}20210}{-16{,}03600}=0{,}29968\approx 0{,}3 \qquad x_3=0{,}3-\frac{0{,}68210}{-9{,}45200}=0{,}37216\approx 0{,}373$$

$$x_4=0{,}373-\frac{0{,}06590}{-0{,}746552}=0{,}38183 \qquad x_5=0{,}38183-\frac{0{,}00098}{-7{,}23953}=0{,}38197$$

Nullstelle $x_0=0{,}382$ $\qquad y_0=y(x_0)=-0{,}00025\approx 0$

## 2.11 Horner-Schema

Der Funktionswert $y_0=f(x_0)$ einer ganzen rationalen Funktion $n$-ten Grades wird ermittelt, indem der Faktor $x_0$ schrittweise ausgeklammert wird.

$$y_0=f(x_0)=a_3x_0^3+a_2x_0^2+a_1x_0^1+a_0=((a_3x_0+a_2)x_0+a_1)x_0+a_0$$

| | | | |
|---|---|---|---|
| $a_3$ | $a_2$ | $a_1$ | $a_0$ |
| | $a_3x_0$ | $(a_2+a_3x_0)x_0$ | $(a_1+a_2x_0+a_3x_0)x_0$ |
| $a_3$ | $a_2+a_3x_0$ | $a_1+a_2x_0+a_3x_0^2$ | $a_0+a_1x_0+a_2x_0^2+a_3x_0^3=f(x_0)$ |

**Beispiel** $f(x)=2x^5-x^4-5x^2+3x-9$ $\qquad f(3)=?$

| | | | | | | |
|---|---|---|---|---|---|---|
| +2 | −1 | 0 | −5 | +3 | −9 | |
| | −6 | +15 | +45 | +120 | +369 | |
| +2 | +5 | +15 | +40 | +123 | +360 | $f(3)=360$ |

# 3 Lineare Algebra

## 3.1 Determinanten

Eine $n$-reihige Determinante hat $n$ Zeilen und $n$ Spalten, also $n^2$ Elemente in der Form

$$D=\begin{vmatrix} a_{11} & a_{12} & a_{13}\dots a_{1n} \\ a_{21} & a_{22} & a_{23}\dots a_{2n} \\ a_{31} & a_{32} & a_{33}\dots a_{3n} \\ \vdots & \vdots & \vdots \quad \vdots \\ a_{n1} & a_{n2} & a_{n3}\dots a_{nn} \end{vmatrix}$$

Das Element $a_{ik}$ steht in der $i$-ten Zeile und $k$-ten Spalte.

Man liest $a_{23}$ „$a$ zwei drei"

Streicht man in einer $n$-reihigen Determinante die $i$-te Zeile und die $k$-te Spalte und schiebt die übrigen Elemente wieder zu einer Quadratform zusammen, so entsteht eine $(n-1)$-reihige Unterdeterminante. Multipliziert man diese mit dem Faktor $(-1)^{i+k}$, so entsteht die Adjunkte $A_{ik}$ des Elementes $a_{ik}$.

Der Wert einer $n$-reihigen Determinante ist gleich der Summe der Produkte aus den Elementen einer beliebigen Reihe und den zugehörigen Adjunkten

$$D=\sum_{\substack{i=1\\k=\text{const}}}^{n} a_{ik}A_{ik}=\sum_{\substack{k=1\\i=\text{const}}}^{n} a_{ik}A_{ik} \quad \text{Entwicklungssatz von Laplace}$$

**Beispiel** $D=\begin{vmatrix} 4 & -3 & 2 \\ 5 & 6 & -7 \\ 10 & -2 & -3 \end{vmatrix}$

$$D=4\begin{vmatrix} 6 & -7 \\ -2 & -3 \end{vmatrix}-5\begin{vmatrix} -3 & 2 \\ -2 & -3 \end{vmatrix}+10\begin{vmatrix} -3 & 2 \\ 6 & -7 \end{vmatrix}$$

$$=4(-18-14)-5(9+4)+10(21-12)=-103$$

**Spezialfall: Zweireihige Determinante**

$$D=\begin{vmatrix} a_{11} & a_{12} \\ a_{21} & a_{22} \end{vmatrix}=a_{11}a_{22}-a_{12}a_{21}$$

Der Wert einer zweireihigen Determinante $D$ ist das Produkt der Elemente der Hauptdiagonale vermindert um das Produkt der Elemente der Nebendiagonale.

**Spezialfall: Dreireihige Determinante**

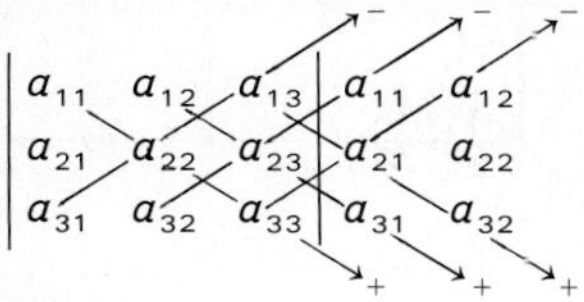


Die 1. und 2. Spalte werden neben die 3. Spalte geschrieben. In Richtung der Pfeile werden 6 Produkte zu je drei Faktoren gebildet und addiert bzw. subrahiert.

$$D=a_{11}a_{22}a_{33}+a_{12}a_{23}a_{31}+a_{13}a_{21}a_{32}-a_{31}a_{22}a_{13}-a_{32}a_{23}a_{11}-a_{33}a_{21}a_{12}$$

**Regeln für das Rechnen mit Determinanten**

1. Der Wert einer Determinante bleibt erhalten, wenn alle Zeilen mit allen Spalten unter Beibehaltung ihrer Reihenfolge vertauscht werden (Spiegeln an der Hauptdiagonale).

2. Eine Determinante ändert ihr Vorzeichen, wenn zwei beliebige Reihen vertauscht werden.

3. Eine Determinante wird mit einem Faktor multipliziert, indem alle Elemente einer beliebigen Reihe mit diesem Faktor multipliziert werden.

4. Der Wert einer Determinante bleibt erhalten, wenn zu einer Reihe ein Vielfaches einer anderen Reihe addiert wird.

5. Der Wert einer Determinante ist Null, wenn zwei Reihen einander proportional sind, d.h. wenn sie sich nur durch einen Faktor unterscheiden. Man sagt auch: die beiden Reihen sind linear abhängig.

**Beispiele**

$$k\begin{vmatrix} a_{11} & a_{12} \\ a_{21} & a_{22} \end{vmatrix}=\begin{vmatrix} ka_{11} & ka_{12} \\ a_{21} & a_{22} \end{vmatrix}=k(a_{11}a_{22}-a_{12}a_{21}) \qquad \begin{vmatrix} a & b \\ ka & kb \end{vmatrix}=k\begin{vmatrix} a & b \\ a & b \end{vmatrix}=0$$

$$\begin{vmatrix} a_{11} & a_{12} \\ a_{21} & a_{22} \end{vmatrix}=\begin{vmatrix} a_{11}+ka_{21} & a_{12}+ka_{22} \\ a_{21} & a_{22} \end{vmatrix}$$
$$=(a_{11}+ka_{21})a_{22}-(a_{12}+ka_{22})a_{21}=a_{11}a_{22}-a_{12}a_{21}$$

## 3.2 Vektoren

**Skalar** Größe, durch Maßzahl und Einheit vollständig beschrieben (z.B. Masse $m=5{,}32$ kg; Temperatur $T=301$ K; Arbeit $W=5{,}3$ kNm).

**Vektor** Größe, durch Maßzahl, Einheit und Richtung beschrieben (z.B. Kraft $F$, Moment $\vec{M}$, Geschwindigkeit $\vec{v}$). Ein Kraftvektor $\vec{F}$ (gelesen „Vektor F") ist ein linienflüchtiger Vektor und darf auf der Wirkungslinie verschoben werden. Ein Momentenvektor $\vec{M}$ ist ein freier Vektor und darf beliebig verschoben werden.

Darstellung eines Vektors entweder geometrisch durch einen Pfeil im Raum oder rechnerisch in der Form $\vec{v}=(v_x; v_y; v_z)$ z.B. $\vec{F}=(5; -3; 6)$ kN = Kraft $\vec{F}$ mit den Komponenten $F_x=5$ kN, $F_y=-3$ kN, $F_z=6$ kN.

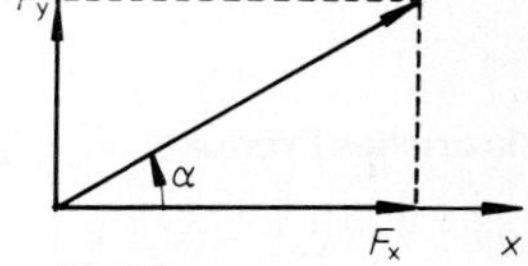


**Bild 13**

**Beispiel** $\vec{F}$ in der $(x; y)$-Ebene

$$F_x=F\cos\alpha \quad F_y=F\sin\alpha \quad F=\sqrt{F_x^2+F_y^2} \quad \alpha=\arctan\frac{F_y}{F_x}$$

### 3.2.1 Vektoralgebra

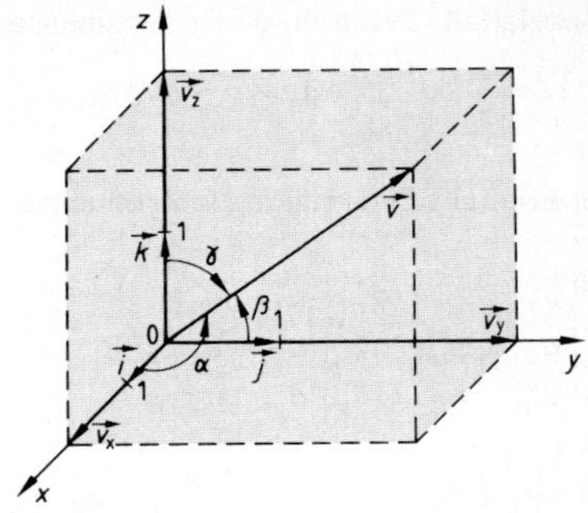

Bild 14

**Vektor** $\vec{v}=\vec{v}_x+\vec{v}_y+\vec{v}_z$

$\vec{v}=v_x\vec{i}+v_y\vec{j}+v_z\vec{k}$

$\vec{v}_x, \vec{v}_y, \vec{v}_z$ Vektorkomponenten

$v_x, v_y, v_z$ Vektorkoordinaten

$\vec{i}, \vec{j}, \vec{k}$ Einsvektoren

**Betrag** $|\vec{v}|=v=+\sqrt{v_x^2+v_y^2+v_z^2}$

**Einsvektor** $\vec{v}^0=\vec{v}/v \quad |\vec{v}^0|=v^0=1$

**Richtungscosinus**

$$\cos\alpha=\frac{v_x}{v} \quad \cos\beta=\frac{v_y}{v} \quad \cos\gamma=\frac{v_z}{v}$$

Es gilt $\cos^2\alpha+\cos^2\beta+\cos^2\gamma=1$

**Addition/Subtraktion** $\vec{v}_3=\vec{v}_1\pm\vec{v}_2$

$v_{3x}=v_{1x}\pm v_{2x} \quad v_{3y}=v_{1y}+v_{2y} \quad v_{3z}=v_{1z}\pm v_{2z}$

**Beispiel** $\vec{R}=\sum_{i=1}^{n}\vec{F}_i=$ Resultierende $\vec{R}$ aus $n$ Kräften $\vec{F}_i$.

Mit $\vec{F}_1=(3;\ -2;\ 5)$ kN, $\vec{F}_2=(5;\ 3;\ -6)$ kN, $\vec{F}_3=(-4;\ 2;\ 6)$ kN
wird $\vec{R}=(R_x;\ R_y;\ R_z)=(4;\ 3;\ 5)$ kN.

**Nullvektor** $\vec{0}=\vec{v}+(-\vec{v})$

**Linearkombination** $\vec{v}=\lambda_1\vec{v}_1+\lambda_2\vec{v}_2+\ldots+\lambda_n\vec{v}_n$.

$\vec{v}_1$ und $\vec{v}_2$ sind kollinear (parallel), wenn $\lambda_1\vec{v}_1+\lambda_2\vec{v}_2=\vec{0}$ ist. $\vec{v}_1$, $\vec{v}_2$ und $\vec{v}_3$ sind komplanar (liegen in einer Ebene), wenn $\lambda_1\vec{v}_1+\lambda_2\vec{v}_2+\lambda_3\vec{v}_3=\vec{0}$ ist.

Sind $\vec{v}_1$ und $\vec{v}_2$ nicht kollinear bzw. $\vec{v}_1$, $\vec{v}_2$ und $\vec{v}_3$ nicht komplanar, so sind die Vektoren linear unabhängig.

**Skalares Produkt** $\vec{v}_1\cdot\vec{v}_2=v_1v_2\cos(\vec{v}_1,\vec{v}_2)=v_{1x}v_{2x}+v_{1y}v_{2y}+v_{1z}v_{2z}$

Es gilt $\vec{v}_1\cdot\vec{v}_2=\vec{v}_2\cdot\vec{v}_1$

$\vec{v}_1\cdot(\vec{v}_2+\vec{v}_3)=\vec{v}_1\cdot\vec{v}_2+\vec{v}_1\cdot\vec{v}_3$

$\vec{i}^2=1 \qquad \vec{j}^2=1 \qquad \vec{k}^2=1$

$\vec{i}\cdot\vec{j}=0 \qquad \vec{j}\cdot\vec{k}=0 \qquad \vec{k}\cdot\vec{i}=0$

**Beispiel** $W=\vec{F}\cdot\vec{s}=Fs\cos(\vec{F},\vec{s})=$ Arbeit der Kraft $\vec{F}$ auf dem Weg $\vec{s}$.
Mit $\vec{F}=(3;\ 4)$ kN und $\vec{s}=(2;\ 3)$ m wird $W=3\cdot2+4\cdot3=18$ kN m.

**Projektion von $\vec{v}_1$ auf $\vec{v}_2$** $\vec{v}_{1(\vec{v}_2)}=\frac{\vec{v}_1\cdot\vec{v}_2}{v_2^2}\vec{v}_2$

**Winkel zwischen zwei Vektoren** $\cos(\vec{v}_1,\vec{v}_2)=\frac{\vec{v}\cdot\vec{v}_2}{v_1v_2}$

**Beispiel** Der Winkel $\varphi$ zwischen $\vec{F}_1=(5;\ 2)$ kN und $\vec{F}_2=(5;\ 10)$ kN beträgt

$$\varphi=\arccos\frac{\vec{F}_1\cdot\vec{F}_2}{F_1F_2}=\arccos\frac{5\cdot5+2\cdot10}{\sqrt{(5^2+2^2)\cdot(5^2+10^2)}}=\arccos\frac{45}{\sqrt{29\cdot125}} \qquad \varphi=41{,}63°$$

**Vektorielles Produkt** $\vec{v}_1\times\vec{v}_2=\begin{vmatrix}\vec{i} & \vec{j} & \vec{k}\\ v_{1x} & v_{1y} & v_{1z}\\ v_{2x} & v_{2y} & v_{2z}\end{vmatrix}$ $\quad |\vec{v}_1\times\vec{v}_2|=v_1v_2\sin(\vec{v}_1,\vec{v}_2)$

Es gilt $\vec{v}_1\times\vec{v}_2=-(\vec{v}_2\times\vec{v}_1)$

$\vec{v}_1\times(\vec{v}_2+\vec{v}_3)=\vec{v}_1\times\vec{v}_2+\vec{v}_1\times\vec{v}_3$

$\vec{i}\times\vec{i}=\vec{0} \qquad \vec{j}\times\vec{j}=\vec{0} \qquad \vec{k}\times\vec{k}=\vec{0}$

$\vec{i}\times\vec{j}=\vec{k} \qquad \vec{j}\times\vec{k}=\vec{i} \qquad \vec{k}\times\vec{i}=\vec{j}$

**Beispiel** $\vec{M}_0 = \vec{r} \times \vec{F}$ = Moment (Drehachse durch den Nullpunkt) der Kraft $\vec{F}$, im Punkt mit dem Ortsvektor $\vec{r}$ angreifend. Mit $\vec{r} = (5; 3)$ m und $\vec{F} = (1; 10)$ kN wird, wenn man nach der 3. Spalte entwickelt:

$$\vec{M}_0 = \vec{r} \times \vec{F} = \begin{vmatrix} \vec{i} & \vec{j} & \vec{k} \\ 5 & 3 & 0 \\ 1 & 10 & 0 \end{vmatrix} = +\vec{k}(5 \cdot 10 - 3 \cdot 1) = 47\vec{k} \qquad \text{d.h.} \quad \vec{M}_0 = (0; 0; 47) \text{ kN m}$$

## Mehrfache Produkte

$$\vec{v}_1 \cdot (\vec{v}_2 \times v_3) = \begin{vmatrix} v_{1x} & v_{1y} & v_{1z} \\ v_{2x} & v_{2y} & v_{2z} \\ v_{3x} & v_{3y} & v_{3z} \end{vmatrix} \quad \text{Spatprodukt}$$

$$\vec{v}_1 \times (\vec{v}_2 \times \vec{v}_3) = (\vec{v}_1 \cdot \vec{v}_3)\, \vec{v}_2 - (\vec{v}_1 \cdot \vec{v}_2)\, \vec{v}_3$$

$$(\vec{v}_1 \times \vec{v}_2) \cdot (\vec{v}_3 \times \vec{v}_4) = (\vec{v}_1 \cdot \vec{v}_3)\, (\vec{v}_2 \cdot \vec{v}_4) - (\vec{v}_2 \cdot \vec{v}_3)\, (\vec{v}_1 \cdot \vec{v}_4)$$

$$(\vec{v}_1 \times \vec{v}_2) \times (\vec{v}_3 \times \vec{v}_4) = (\vec{v}_1 \cdot (\vec{v}_2 \times \vec{v}_4))\, \vec{v}_3 - (\vec{v}_1 \cdot (\vec{v}_2 \times \vec{v}_3))\, \vec{v}_4$$

Der Multiplikationspunkt bedeutet das skalare Produkt zweier Vektoren.
Kein Operationszeichen bedeutet das Produkt zweier Skalare bzw. eines Vektors mit einem Skalar.

## 3.2.2 Geometrische Anwendungen der Vektorrechnung

### Radiusvektor

$$\vec{r} = \overrightarrow{OP} = x\vec{i} + y\vec{j} + z\vec{k} = (x; y; z)$$
$$\vec{r}_i = \overrightarrow{OP}_i = x_i\,\vec{i} + y_i\,\vec{j} + z_i\,\vec{k} = (x_i; y_i; z_i)$$
$$\vec{a} = \overrightarrow{OA} = a_x\,\vec{i} + a_y\vec{j} + a_z\,\vec{k} = (a_x; a_y; a_z)$$

### Vektor $\overrightarrow{AB}$

$$\overrightarrow{AB} = \overrightarrow{OB} - \overrightarrow{OA} = (b_x - a_x; b_y - a_y; b_z - a_z)$$

### Abstand $\overline{P_2 P_1}$

$$|\vec{r}_2 - \vec{r}_1| = \sqrt{(x_2 - x_1)^2 + (y_2 - y_1)^2 + (z_2 - z_1)^2}$$

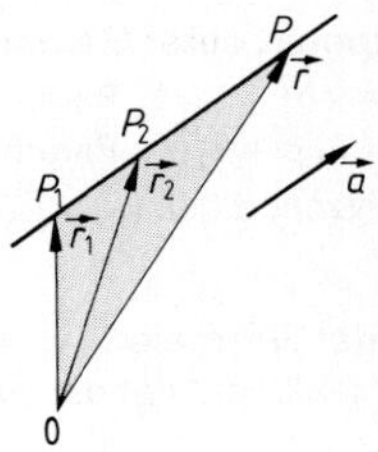

Bild 15

### Gerade durch $P_1$ parallel zu $\vec{a}$

$\vec{r} = \vec{r}_1 + \lambda \vec{a}$ ($\lambda$ = Parameter)

$$x = x_1 + \lambda a_x$$
$$y = y_1 + \lambda a_y$$
$$z = z_1 + \lambda a_z$$

### Gerade durch $P_1$ und $P_2$

$$\vec{r} = \vec{r}_1 + \lambda(\vec{r}_2 - \vec{r}_1)$$

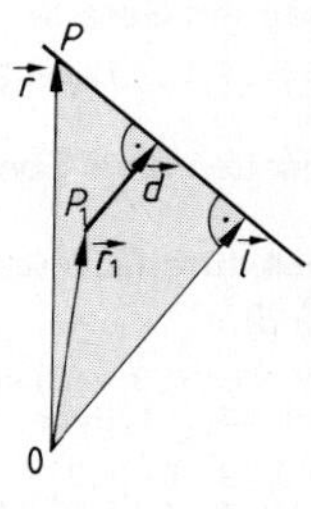

Bild 16

### Abstand Nullpunkt – Gerade

$\vec{r} \cdot \vec{l} = \vec{l}^2 = l^2$ (vektorielle Hesseform)

### Abstand Punkt $P_0$-Gerade

$$(\vec{r}_0 - \vec{l}) \cdot \vec{l} = -\vec{d} \cdot \vec{l} = -a \cdot l$$

**Beispiel** Gerade durch $P_1(-6; -12)$ und $P_2(-12; -4)$:

$\vec{r} = (-6\vec{i} - 12\vec{j}) + \lambda(-6\vec{i} + 8\vec{j}) = (-6 - 6\lambda)\vec{i} + (-12 + 8\lambda)\vec{j}$

$P_1$ und $P_2$ liegen auf der Geraden; somit wird mit $\vec{r}_i \cdot \vec{l} = l_x^2 + l_y^2$

$-6l_x - 12l_y = l_x^2 + l_y^2$

$-12l_x - 4l_y = l_x^2 + l_y^2$

Lösungen: $l_x = -48/5 \quad l_y = -36/5 \quad l = 12$

Für $P_0(3; -4)$ wird mit $\vec{r}_0 = 8\vec{i} - 4\vec{j}$ und $\vec{l} = -\frac{48}{5}\vec{i} - \frac{36}{5}\vec{j}$

$d = -(\vec{r}_0 - \vec{l}) \cdot \vec{l}/l = 16$

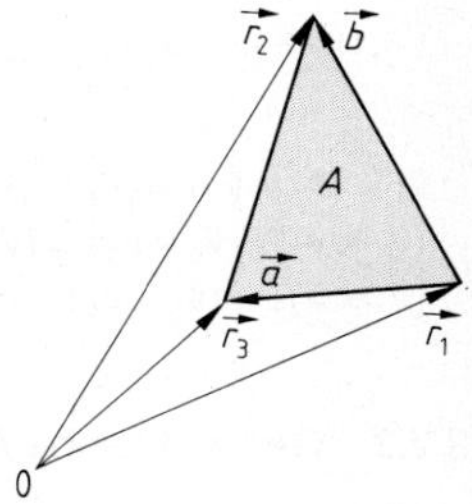

**Bild 17**

## Fläche eines Dreiecks

$A = \frac{1}{2}\sqrt{\vec{a}^2 \cdot \vec{b}^2 - (\vec{a} \cdot \vec{b})^2}$

$A = \frac{1}{2}|(\vec{r}_1 \times \vec{r}_2 + \vec{r}_2 \times \vec{r}_3 + \vec{r}_3 \times \vec{r}_1)|$

## Fläche eines Parallelogramms

$A = |\vec{a} \times \vec{b}|$

## Ebene durch $P_1, P_2, P_3$

$\vec{r} - \vec{r}_1 = \lambda_1(\vec{r}_2 - \vec{r}_1) + \lambda_2(\vec{r}_3 - \vec{r}_1)$

**Beispiel** Ebene durch $P_1(1; 2; 3)$, $P_2(-1; 2; -3)$ und $P_3(-4; 5; 6)$:

$(x-1)\vec{i} = \lambda_1(-2)\vec{i} + \lambda_2(-5)\vec{i}$

$(a-2)\vec{j} = \lambda_1(0)\vec{j} + \lambda_2(3)\vec{j} \quad \rightarrow \lambda_2 = (y-2)/3$

$(z-3)\vec{k} = \lambda_1(-6)\vec{k} + \lambda_2(3)\vec{k} \quad \lambda_1 = (1 - x - 5\lambda_2)/2$

$z = 3 - 6\lambda_1 + 3\lambda_2$

Es folgt: $3x + 6y - z - 12 = 0$

## Schnittpunkt einer Geraden mit einer Ebene

$\vec{u} = \vec{a} + \lambda\vec{b}$ Parametergleichung der Geraden

$\vec{v} = \vec{c} + \lambda_1\vec{d} + \lambda_2\vec{e}$ Parametergleichung der Ebene

Gleichsetzen, d.h. $\vec{u}(\lambda) = \vec{v}(\lambda_1, \lambda_2)$ führt auf ein lineares Gleichungssystem für $\lambda$, $\lambda_1$ und $\lambda_2$.

**Vektor der Normalen** $\vec{n} = n_x\vec{i} + n_y\vec{j} + n_z\vec{k} = \vec{a} \times \vec{b}$

($\vec{n}$ steht senkrecht auf der $(\vec{a}, \vec{b})$-Ebene)

**Parameterfreie Ebenengleichung** $(\vec{r} - \vec{r}_1) \cdot \vec{n} = 0$

(Ebene durch Punkt $P_1$ mit Normalenvektor $\vec{n}$)

**Winkel zwischen Gerade und Ebene** $\varphi = \arcsin\left|\frac{\vec{n} \cdot \vec{a}}{n \cdot a}\right|$

(mit Gerade $\vec{r} = \vec{r}_1 + \lambda\vec{a}$ und Ebene $\vec{n} \cdot \vec{r} = \vec{n} \cdot \vec{r}_1$)

**Winkel zwischen zwei Ebenen** $\varphi = \arccos\frac{\vec{n}_1 \cdot \vec{n}_2}{n_1 \cdot n_2}$

## Volumen des durch $\vec{a}$, $\vec{b}$ und $\vec{c}$ gebildeten Spats

$V = \vec{a} \cdot (\vec{b} \times \vec{c})$

**Beispiel** Mit $\vec{a} = (3; 9; -3)$ m, $\vec{b} = (-4; 4; 2)$ m und $\vec{c} = (1; 1; 5)$ m wird

$$V = \begin{vmatrix} 3 & 9 & -3 \\ -4 & 4 & 2 \\ 1 & 1 & 1 \end{vmatrix} = 12 + 18 + 12 - 6 + 36 + 12 = 84\ \text{m}^3$$

## 3.3 Matrizen

Eine rechteckige Anordnung von $m \cdot n$ Elementen $a_{ik}$ (Zahlen, Funktionen oder andere mathematische Größen) aus $m$ Zeilen und $n$ Spalten heißt eine $(m,n)$-Matrix $\boldsymbol{A}$.

$$\boldsymbol{A} = (a_{ik}) = \begin{pmatrix} a_{11} & a_{12} & a_{13} \ldots a_{1n} \\ a_{21} & a_{22} & a_{23} \ldots a_{2n} \\ \vdots & \vdots & \vdots \quad\; \vdots \\ a_{m1} & a_{m2} & a_{m3} \ldots a_{mn} \end{pmatrix}$$

einzeilige Matrix = Zeilenvektor
einspaltige Matrix = Spaltenvektor

Unterschied zu einer Determinante: Häufig ist $m \neq n$; der Matrixbegriff enthält keine Vorschrift zur Verknüpfung der Elemente. Eine Determinante hat einen Wert.

**Beispiele**

$$\boldsymbol{A} = \begin{pmatrix} 1 & 2 \\ 3 & 4 \\ 0 & 9 \end{pmatrix}; \quad \boldsymbol{B} = \begin{pmatrix} \cos\alpha & \sin\alpha \\ -\sin\alpha & \cos\alpha \end{pmatrix}; \quad \boldsymbol{N} = \begin{pmatrix} 0 & 0 & 0 \\ 0 & 0 & 0 \\ 0 & 0 & 0 \end{pmatrix};$$

$$\boldsymbol{D} = \begin{pmatrix} 2 & 0 & 0 \\ 0 & 5 & 0 \\ 0 & 0 & 1 \end{pmatrix}; \quad \boldsymbol{E} = \begin{pmatrix} 1 & 0 & 0 \\ 0 & 1 & 0 \\ 0 & 0 & 1 \end{pmatrix}; \quad \boldsymbol{x} = \begin{pmatrix} x_1 \\ x_2 \\ x_3 \end{pmatrix}.$$

Stimmen zwei Matrizen in Spalten- und Zeilenzahl überein, so sind sie vom gleichen Typ.

**Transponieren** Vertauscht man in einer Matrix $\boldsymbol{A}$ alle Zeilen mit den entsprechenden Spalten, so erhält man die transponierte Matrix $\boldsymbol{A}^T$.

**Quadratische Matrix** $m=n$; Ordnung = Anzahl der Reihen; Symmetrie wenn Matrix gleich der transponierten Matrix ($\boldsymbol{A}=\boldsymbol{A}^T$); Diagonalmatrix $\boldsymbol{D}$: Diagonalelemente $a_{ii} \neq 0$, alle übrigen Elemente $a_{ik}=0$; Einheitsmatrix $\boldsymbol{E}$ = Diagonalmatrix, bei der alle $a_{ii}=1$ sind.

**Gleichheit** Zwei Matrizen $\boldsymbol{A}$ und $\boldsymbol{B}$ sind gleich, wenn sie vom gleichen Typ sind und $a_{ik}=b_{ik}$ für alle $i$ und $k$ gilt.

**Addition** $\boldsymbol{A}$ und $\boldsymbol{B}$ müssen vom gleichen Typ sein.

$\boldsymbol{C}=\boldsymbol{A}+\boldsymbol{B} \quad c_{ik}=a_{ik}+b_{ik}$ für alle $i, k$

**Multiplikation einer Matrix $\boldsymbol{A}$ mit einem konstanten Faktor $\lambda$** Jedes Element von $\boldsymbol{A}$ wird mit $\lambda$ multipliziert (bei Determinanten wird dagegen nur e i n e Reihe mit $\lambda$ multipliziert).

**Multiplikation zweier Matrizen** Es muß die Spaltenanzahl $n_A$ gleich der Zeilenanzahl $m_B$ sein.

$$\boldsymbol{C}=\boldsymbol{AB} \qquad c_{ik} = \sum_{j=1}^{n} a_{ij} b_{jk} \qquad \begin{aligned} i &= 1,2,\ldots,m_A \\ k &= 1,2,\ldots,n_B \quad (n=n_A=m_B) \end{aligned}$$

$\boldsymbol{A}(\boldsymbol{B}+\boldsymbol{C}) = \boldsymbol{AB}+\boldsymbol{AC}$

$(\boldsymbol{AB})\,\boldsymbol{C} = \boldsymbol{A}(\boldsymbol{BC})$

Im allgemeinen gilt

$\boldsymbol{AB} \neq \boldsymbol{BA}$

Es gilt

$(\boldsymbol{AB})^T = \boldsymbol{B}^T\boldsymbol{A}^T$ und $(\boldsymbol{A}^T)^{-1} = (\boldsymbol{A}^{-1})^T$

$(\boldsymbol{AB})^{-1} = \boldsymbol{B}^{-1}\boldsymbol{A}^{-1}$

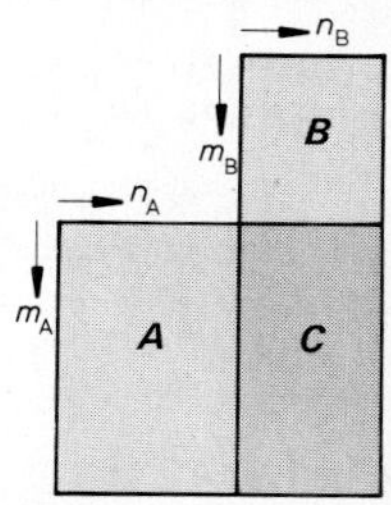


**Bild 18**
**Falksches Schema für die Matrizenmultiplikation**

**Determinante einer Matrix det ($\boldsymbol{A}$)**

$$\det(\boldsymbol{AB}) = \det(\boldsymbol{A})\,\det(\boldsymbol{B})$$

**Beispiele** Mit $\boldsymbol{A} = \begin{pmatrix} 3 & 6 \\ 2 & 5 \end{pmatrix}$, $\boldsymbol{B} = \begin{pmatrix} 2 & 3 \\ 0 & 1 \\ 5 & 2 \end{pmatrix}$, $\boldsymbol{E} = \begin{pmatrix} 1 & 0 \\ 0 & 1 \end{pmatrix}$ und $\boldsymbol{D} = \begin{pmatrix} 2 & 0 \\ 0 & 3 \end{pmatrix}$ wird:

$$\boldsymbol{A}^T = \begin{pmatrix} 3 & 2 \\ 6 & 5 \end{pmatrix};\ \boldsymbol{B}^T = \begin{pmatrix} 2 & 0 & 5 \\ 3 & 1 & 2 \end{pmatrix};\quad \boldsymbol{A}+\boldsymbol{B} \text{ nicht definiert}$$

$$\boldsymbol{A}+\boldsymbol{D} = \begin{pmatrix} 3+2 & 6+0 \\ 2+0 & 5+3 \end{pmatrix} = \begin{pmatrix} 5 & 6 \\ 2 & 8 \end{pmatrix};$$

$$\boldsymbol{AD} = \begin{pmatrix} 3 & 6 \\ 2 & 5 \end{pmatrix}\begin{pmatrix} 2 & 0 \\ 0 & 3 \end{pmatrix} = \begin{pmatrix} 3\cdot 2+6\cdot 0 & 3\cdot 0+6\cdot 3 \\ 2\cdot 2+5\cdot 0 & 2\cdot 0+5\cdot 3 \end{pmatrix} = \begin{pmatrix} 6 & 18 \\ 4 & 15 \end{pmatrix}$$

$$\boldsymbol{AE} = \begin{pmatrix} 3 & 6 \\ 2 & 5 \end{pmatrix}\begin{pmatrix} 1 & 0 \\ 0 & 1 \end{pmatrix} = \begin{pmatrix} 3 & 6 \\ 2 & 5 \end{pmatrix};$$

$$\boldsymbol{DA} = \begin{pmatrix} 2 & 0 \\ 0 & 3 \end{pmatrix}\begin{pmatrix} 3 & 6 \\ 2 & 5 \end{pmatrix} = \begin{pmatrix} 2\cdot 3+0\cdot 2 & 2\cdot 6+0\cdot 5 \\ 0\cdot 3+3\cdot 2 & 0\cdot 6+3\cdot 5 \end{pmatrix} = \begin{pmatrix} 6 & 12 \\ 6 & 15 \end{pmatrix}$$

Mit $\boldsymbol{C} = \begin{pmatrix} \cos\alpha & \sin\alpha \\ -\sin\alpha & \cos\alpha \end{pmatrix}$

wird $\det(\boldsymbol{C}) = \begin{vmatrix} \cos\alpha & \sin\alpha \\ -\sin\alpha & \cos\alpha \end{vmatrix} = \cos^2\alpha + \sin^2\alpha = 1$

**Kehrmatrix** (inverse Matrix) $\boldsymbol{A}^{-1}$ $\boldsymbol{A}^{-1}$ ist die Kehrmatrix zu $\boldsymbol{A}$, wenn $\boldsymbol{AA}^{-1} = \boldsymbol{A}^{-1}\boldsymbol{A} = \boldsymbol{E}$ ist. $\boldsymbol{A}^{-1}$ existiert nur, wenn $\boldsymbol{A}$ quadratisch und $\det(\boldsymbol{A}) \neq 0$ ist, d.h. wenn $\boldsymbol{A}$ regulär ist.

Zur Ermittlung von $\boldsymbol{A}^{-1}$ zerlegt man $\boldsymbol{A}^{-1}$ und $\boldsymbol{E}$ in Spaltenvektoren und bestimmt die Elemente $\alpha_{ik}$ der Kehrmatrix $\boldsymbol{A}^{-1}$ aus den dabei entstehenden Gleichungssystemen ($n$ Gleichungen $\boldsymbol{A}\boldsymbol{\alpha}_k = \boldsymbol{e}_k$ mit jeweils $n$ Unbekannten).

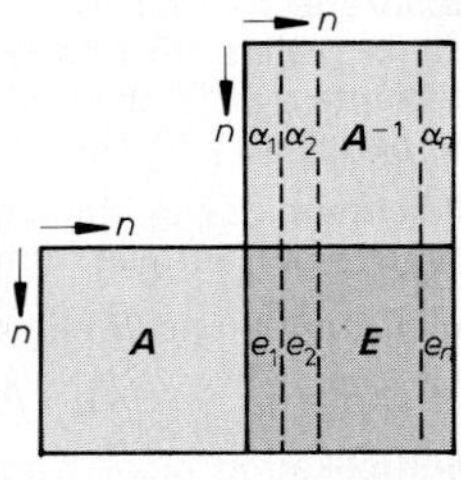


**Bild 19**

**Beispiel** Gesucht ist die Kehrmatrix $\boldsymbol{A}^{-1}$ zur zweireihigen Matrix $\boldsymbol{A}$.

$$\begin{pmatrix} a_{11} & a_{12} \\ a_{21} & a_{22} \end{pmatrix}\begin{pmatrix} \alpha_{11} & \alpha_{12} \\ \alpha_{21} & \alpha_{22} \end{pmatrix} = \begin{pmatrix} 1 & 0 \\ 0 & 1 \end{pmatrix}$$

$$\left.\begin{aligned} a_{11}\alpha_{11} + a_{12}\alpha_{21} &= 1 \\ a_{21}\alpha_{11} + a_{22}\alpha_{21} &= 0 \end{aligned}\right\} \Rightarrow \begin{aligned} \alpha_{11} &= +a_{22}/\det(\boldsymbol{A}) \\ \alpha_{21} &= -a_{21}/\det(\boldsymbol{A}) \end{aligned}$$

$$\left.\begin{aligned} a_{11}\alpha_{12} + a_{12}\alpha_{22} &= 0 \\ a_{21}\alpha_{12} + a_{22}\alpha_{22} &= 1 \end{aligned}\right\} \Rightarrow \begin{aligned} \alpha_{12} &= -a_{12}/\det(\boldsymbol{A}) \\ \alpha_{22} &= +a_{11}/\det(\boldsymbol{A}) \end{aligned}$$

$$\boldsymbol{A} = \begin{pmatrix} a_{11} & a_{12} \\ a_{21} & a_{22} \end{pmatrix} \Rightarrow \boldsymbol{A}^{-1} = \frac{1}{\det(\boldsymbol{A})}\begin{pmatrix} a_{22} & -a_{12} \\ -a_{21} & a_{11} \end{pmatrix}$$

$(\boldsymbol{A}^T)^{-1} = (\boldsymbol{A}^{-1})^T$ Reihenfolge des Invertierens und Transponierens ist vertauschbar.

## 3.4 Lineare Gleichungssysteme

Zur Bestimmung von $n$ Unbekannten $x_1, x_2, \ldots, x_n$ sind $n$ unabhängige Gleichungen erforderlich.

$$\begin{array}{ll} a_{11}x_1 + a_{12}x_2 + a_{13}x_3 + \ldots + a_{1n}x_n = b_1 & (1) \\ a_{21}x_1 + a_{22}x_2 + a_{23}x_3 + \ldots + a_{2n}x_n = b_2 & (2) \\ \vdots \qquad\qquad\qquad\qquad \vdots \quad \vdots & \\ a_{n1}x_1 + a_{n2}x_2 + a_{n3}x_3 + \ldots + a_{nn}x_n = b_n & (n) \end{array}$$

in Matrizenschreibweise $\boldsymbol{A}\boldsymbol{x} = \boldsymbol{b}$

Sind alle $b_i = 0$, dann nennt man das Gleichungssystem **homogen**, andernfalls **inhomogen**.

### 3.4.1 Lösung mit Determinanten

**Cramersche Regel** (für $n > 3$ numerisch ungeeignet)

$$x_k = \frac{D_k}{D} \quad \text{mit} \quad D_k = \begin{vmatrix} a_{11} \ldots a_{1,k-1} & b_1 & a_{1,k+1} \ldots a_{1n} \\ \vdots & & \\ a_{n1} \ldots a_{n,k-1} & b_n & a_{n,k+1} \ldots a_{nn} \end{vmatrix} \qquad k = 1, 2, \ldots, n$$

$D = \det(\boldsymbol{A})$ = Nennerdeterminante = Koeffizientendeterminante

$D_k$ = Zählerdeterminante = Determinante, entstanden durch Ersetzen der $k$-ten Spalte der Koeffizientendeterminante durch die rechte Seite $b_i$.

**Beispiel**

$$\begin{aligned} 4x_1 - 3x_2 + 2x_3 &= 10 \\ 5x_1 + 6x_2 - 7x_3 &= 4 \\ 10x_1 - 2x_2 - 3x_3 &= 7 \end{aligned}$$

$$D = \begin{vmatrix} 4 & -3 & 2 \\ 5 & 6 & -7 \\ 10 & -2 & -3 \end{vmatrix} = (-72 + 210 - 20) - (120 + 45 + 56) = -103$$

$$D_1 = \begin{vmatrix} 10 & -3 & 2 \\ 4 & 6 & -7 \\ 7 & -2 & -3 \end{vmatrix} = (-180 + 147 - 16) - (84 + 140 + 36) = -49 - 260 = -309$$

$$x_1 = \frac{-309}{-103} = 3$$

$$D_2 = \begin{vmatrix} 4 & 10 & 2 \\ 5 & 4 & -7 \\ 10 & 7 & -3 \end{vmatrix} = (-48 - 700 + 70) - (80 - 196 - 150) = -678 + 266 = -412$$

$$x_2 = \frac{-412}{-103} = 4$$

$$D_3 = \begin{vmatrix} 4 & -3 & 10 \\ 5 & 6 & 4 \\ 10 & -2 & 7 \end{vmatrix} = (168 - 120 - 100) - (600 - 52 - 105) = -52 - 463 = -515$$

$$x_3 = \frac{-515}{-103} = 5$$

Aus $\boldsymbol{A}\boldsymbol{x} = \boldsymbol{b}$ folgt $\boldsymbol{x} = \boldsymbol{A}^{-1}\boldsymbol{b}$ (unbestimmtes Auflösen von Gleichungssystemen)

$$\boldsymbol{A}^{-1} = \frac{1}{D} \begin{pmatrix} A_{11} & A_{21} \ldots A_{n1} \\ A_{12} & A_{22} \ldots A_{n2} \\ \vdots & \vdots \quad\; \vdots \\ A_{1n} & A_{2n} \ldots A_{nn} \end{pmatrix}$$

Die Indizes der Adjunkten $A_{ik}$ der Koeffizientendeterminante entsprechen den an der Hauptdiagonale gespiegelten Indizes der Koeffizientenmatrix.

## 3.4.2 Eliminationsverfahren von Gauß (Gauß-Algorithmus)

Bei diesem Verfahren wird ein Gleichungssystem mit $n$ Unbekannten (I) schrittweise um jeweils eine Gleichung und eine Unbekannte reduziert. Multipliziert man Gl. (1) nacheinander mit $a_{ik}/a_{11}$ ($i=2, 3, \ldots, n$) und subtrahiert diese Produkte jeweils von der $i$-ten Gleichung, so bleibt nach diesem ersten Schritt ein System von $(n-1)$ Gleichungen mit $(n-1)$ Unbekannten übrig. Verfährt man mit diesem neuen System und den in weiteren Schritten entstehenden neuen Systemen in gleicher Weise, so bleibt nach insgesamt $(n-1)$ Schritten nur noch eine Gleichung mit $x_n$ übrig. Schreibt man aus jedem dieser Systeme jeweils die erste Gleichung heraus, so entsteht das sog. gestaffelte Gleichungssystem (II), aus dem die $n$ Unbekannten von unten nach oben schrittweise berechnet werden können.

**Gl.-System mit *n* Unbekannten (I)**

$$a_{11}x_1+a_{12}x_2+\ldots+a_{1n}x_n=b_1 \quad (1)$$
$$a_{21}x_1+a_{22}x_2+\ldots+a_{2n}x_n=b_2 \quad (2)$$
$$\ldots\ldots\ldots\ldots\ldots\ldots\ldots\ldots$$
$$a_{n1}x_1+a_{n2}x_2+\ldots+a_{nn}x_n=b_n \quad (n)$$

**Gestaffeltes Gl.-System (II)**

$$a_{11}x_1+a_{12}x_2+\ldots+a_1x_n=b_1 \quad (1)$$
$$a'_{22}x_2+\ldots+a'_{2n}x_n=b'_2 \quad (2')$$
$$\ldots\ldots\ldots\ldots\ldots\ldots$$
$$a_{nn}^{(n-1)}x_n=b_n^{(n-1)} \quad (n^{(n-1)})$$

Das Verfahren wird in Tabellenform mit den gegebenen $a_{ik}$ und $b_i$ durchgeführt und nachstehend an einem System mit 4 Unbekannten gezeigt. Nur zur Erläuterung sind in der Tabelle zusätzlich auch die einzelnen Rechenschritte angegeben worden.

**Beispiel** System mit 4 Unbekannten

$$x_1+2x_2+x_3-2x_4=-5 \quad (1)$$
$$2x_1-2x_2-2x_3+4x_4=12 \quad (2)$$
$$-2x_1+2x_2+3x_3=2 \quad (3)$$
$$3x_1-x_3+3x_4=10 \quad (4)$$

Um nach jedem Schritt eine Rechenkontrolle zu haben, bildet man die Zeilensummen ($\Sigma$), mit denen man die gleichen Rechenschritte durchführt, wie mit den übrigen Zahlen der Zeile. Diese Ergebnisse (Kontrolle) müssen mit denen der Summenspalte übereinstimmen.

| Zeile | Gl. | $x_1$ | $x_2$ | $x_3$ | $x_4$ | $b$ | $\Sigma$ | Kontrolle | Rechenschritte |
|---|---|---|---|---|---|---|---|---|---|
| 1 | (1) | 1 | 2 | 1 | −2 | − 5 | − 3 | | |
| 2 | (2) | 2 | −2 | −2 | 4 | 12 | 14 | | |
| 3 | – | 2 | 4 | 2 | −4 | −10 | − 6 | − 6 | $a_{21}/a_{11}\cdot(1)$ |
| 4 | (3) | −2 | 2 | 3 | 0 | 2 | 5 | | |
| 5 | – | −2 | −4 | −2 | 4 | 10 | 6 | 6 | $a_{31}/a_{11}\cdot(1)$ |
| 6 | (4) | 3 | 0 | −1 | 3 | 10 | 15 | | |
| 7 | – | 3 | 6 | 3 | −6 | −15 | − 9 | − 9 | $a_{41}/a_{11}\cdot(1)$ |
| 8 | (2′) | 0 | −6 | −4 | 8 | 22 | 20 | 20 | Zeile 2 − Zeile 3 |
| 9 | (3′) | 0 | 6 | 5 | −4 | − 8 | − 1 | − 1 | Zeile 4 − Zeile 5 |
| 10 | – | 0 | 6 | 4 | −8 | −22 | −20 | −20 | $a'_{32}/a'_{22}\cdot(2')$ |
| 11 | (4′) | 0 | −6 | −4 | 9 | 25 | 24 | 24 | Zeile 6 − Zeile 7 |
| 12 | – | 0 | −6 | −4 | 8 | 22 | 20 | 20 | $a'_{42}/a'_{22}\cdot(2')$ |
| 13 | (3″) | | 0 | 1 | 4 | 14 | 19 | 19 | Zeile 9 − Zeile 10 |
| 14 | (4″) | | 0 | 0 | 1 | 3 | 4 | 4 | Zeile 11 − Zeile 12 |
| 15 | – | | 0 | 0 | 0 | 0 | 0 | 0 | $a''_{43}/a''_{33}\cdot(3'')$ |
| 16 | (4‴) | | | | 1 | 3 | 4 | 4 | Zeile 14 − Zeile 15 |

Aus den Gleichungen (4‴), (3″), (2′) und (1), dem gestaffelten Gleichungssystem, werden die Unbekannten $x_4$, $x_3$, $x_2$ und $x_1$ wie folgt berechnet.

$$x_4=3/1=3$$
$$x_3=(14-4\cdot 3)/1=2$$
$$x_2=(22-8\cdot 3+4\cdot 2)/(-6)=-1$$
$$x_1=(-5+2\cdot 3-2+2\cdot 1)/1=1$$

### 3.4.3 Austauschverfahren von Stiefel

Das Verfahren verwendet man zur Lösung von linearen Gleichungssystemen und insbesondere zur Ermittlung der Kehrmatrix.

$\boldsymbol{A x = b}$

| $x_1$ | $x_2 \dots x_n$ | |
|---|---|---|
| $a_{11}$ | $a_{12} \dots a_{1n}$ | $b_1$ |
| $a_{21}$ | $a_{22} \dots a_{2n}$ | $b_2$ |
| $\vdots$ | $\vdots \quad \vdots$ | $\vdots$ |
| $a_{n1}$ | $a_{n2} \dots a_{nn}$ | $b_n$ |

$\boldsymbol{y = A x - b}$

| | $x_1$ | $x_2 \dots x_n$ | 1 |
|---|---|---|---|
| $y_1$ | $a_{11}$ | $a_{12} \dots a_{1n}$ | $-b_1$ |
| $y_2$ | $a_{21}$ | $a_{22} \dots a_{2n}$ | $-b_2$ |
| $\vdots$ | | | $\vdots$ |
| $y_n$ | $a_{n1}$ | $a_{n2} \dots a_{nn}$ | $-b_n$ |
| | Kellerzeile | | |

$\boldsymbol{x = A^{-1} y + c}$

| | $y_1$ | $y_2 \dots y_n$ | 1 |
|---|---|---|---|
| $x_1$ | $\alpha_{11}$ | $\alpha_{12} \dots \alpha_{1n}$ | $c_1$ |
| $x_2$ | $\alpha_{21}$ | $\alpha_{22} \dots \alpha_{2n}$ | $c_2$ |
| $\vdots$ | $\vdots$ | | $\vdots$ |
| $x_n$ | $\alpha_{n1}$ | $\alpha_{n2} \dots \alpha_{nn}$ | $c_n$ |

Das zu untersuchende Gleichungssystem $\boldsymbol{Ax=b}$ wird in Form der Funktion $\boldsymbol{y=Ax-b}$ geschrieben. Anschließend werden in $n$ Schritten alle $y_i$ mit den $x_k$ vertauscht; damit erhält man $\boldsymbol{x=A^{-1}(y+b)=A^{-1}y+A^{-1}b=A^{-1}y+c}$; mit $\boldsymbol{y=0}$ wird $\boldsymbol{x=c}$ (Lösungsvektor).

**Vorbereitung des Austausches** Im Schema $\boldsymbol{y=Ax-b}$ wird die Pivotzeile, die Pivotspalte und der Pivot (Drehelement) durch Unterstreichung hervorgehoben. (Man wähle als Pivot jeweils denjenigen mit dem größten Absolutwert.)

**Durchführung des Austausches** Die Elemente der neuen Matrix werden wie folgt berechnet.

1. Dem alten Schema wird eine Kellerzeile angefügt, in die (außer in der Pivotspalte) die durch den Pivot dividierten und im Vorzeichen geänderten Elemente der Pivotzeile eingetragen werden.
2. Der Pivot wird in seinen Kehrwert transformiert.
3. Die übrigen Elemente der Pivotspalte werden durch den Pivot dividiert.
4. Die übrigen Elemente der Pivotzeile werden aus der Kellerzeile übernommen.
5. Zu den übrigen Elementen wird das Produkt aus dem gleichzeiligen Element der Pivotspalte und dem gleichspaltigen Element der Kellerzeile addiert.

**Berücksichtigung einer laufenden Rechenkontrolle** Bei der Vielzahl der Rechenoperationen ist bei manueller Berechnung eine Rechenkontrolle unentbehrlich. Hierzu wird dem Gleichungssystem ein weiterer Spaltenvektor $\boldsymbol{u}$ angefügt, dessen Elemente $u_i$ sich so bestimmen, daß in jeder Zeile die Zeilensumme Eins ergibt. Es läßt sich zeigen, daß auch nach dem Austausch die Zeilensumme immer Eins ergeben muß.

**Beispiel** Man löse das folgende Gleichungssystem mit drei Unbekannten.

$5{,}25x_1+0{,}91x_2+1{,}13x_3=3{,}72$
$1{,}50x_1+6{,}88x_2+2{,}45x_3=4{,}38$
$0{,}54x_1+1{,}76x_2+3{,}90x_3=2{,}68$

Die Rechnung wird mit 4 Stellen nach dem Komma durchgeführt, und es wird eine laufende Rechenkontrolle berücksichtigt.

| | $x_1$ | $x_2$ | $x_3$ | 1 | $u$ | $\sum$ |
|---|---|---|---|---|---|---|
| $y_1$ | 5,2500 | 0,9100 | 1,1300 | −3,7200 | −2,5700 | 1,0000 |
| $y_2$ | 1,5000 | 6,8800 | 2,4500 | −4,3800 | −5,4500 | 1,0000 |
| $y_3$ | 0,5400 | 1,7600 | 3,9000 | −2,6800 | −2,5200 | 1,0000 |
| | | −0,1733 | −0,2152 | 0,7086 | 0,4895 | |

| | $y_1$ | $x_2$ | $x_3$ | 1 | $u$ | $\sum$ |
|---|---|---|---|---|---|---|
| $x_1$ | 0,1905 | −0,1733 | −0,2152 | 0,7086 | 0,4895 | 1,0001 |
| $y_2$ | 0,2857 | 6,6201 | 2,1272 | −3,3171 | −4,7158 | 1,0001 |
| $y_3$ | 0,1029 | 1,6664 | 3,7838 | −2,2974 | −2,2557 | 1,0000 |
| | −0,0432 | | −0,3213 | 0,5011 | 0,7123 | |

Fortsetzung s. nächste Seite

**Beispiel,** Forts.

| | $y_1$ | $y_2$ | $x_3$ | 1 | $u$ | $\sum$ |
|---|---|---|---|---|---|---|
| $x_1$ | 0,1980 | −0,0262 | −0,1595 | 0,6218 | 0,3661 | 1,0002 |
| $x_2$ | −0,0432 | 0,1511 | −0,3213 | 0,5011 | 0,7123 | 1,0000 |
| $y_3$ | 0,0309 | 0,2517 | 3,2484 | −1,4624 | −1,0687 | 0,9999 |
| | −0,0095 | −0,0775 | | 0,4502 | 0,3290 | |

| | $y_1$ | $y_2$ | $y_3$ | 1 | $u$ | $\sum$ |
|---|---|---|---|---|---|---|
| $x_1$ | 0,1995 | −0,0138 | −0,0491 | 0,5500 | 0,3136 | 1,0002 |
| $x_2$ | −0,0401 | 0,1760 | −0,0989 | 0,3565 | 0,6066 | 1,0001 |
| $x_3$ | −0,0095 | −0,0775 | 0,3078 | 0,4502 | 0,3290 | 1,0001 |

$$\boldsymbol{x}=\begin{pmatrix}x_1\\x_2\\x_3\end{pmatrix}=\begin{pmatrix}0{,}550\\0{,}356\\0{,}450\end{pmatrix} \qquad \boldsymbol{A}^{-1}=\begin{pmatrix}0{,}1995 & -0{,}0138 & -0{,}0491\\-0{,}0401 & 0{,}1760 & -0{,}0989\\-0{,}0095 & -0{,}0775 & 0{,}3078\end{pmatrix}$$

# 4 Trigonometrie

## Rechtwinkliges Dreieck

$$\sin\alpha=\frac{a}{c} \qquad \cos\alpha=\frac{b}{c}$$

$$\tan\alpha=\frac{a}{b} \qquad \cot\alpha=\frac{b}{a}$$

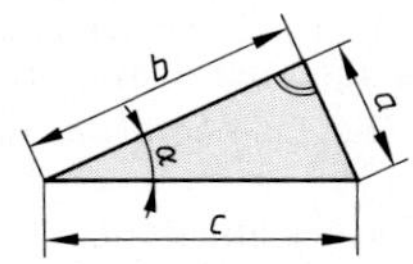

**Bild 20**

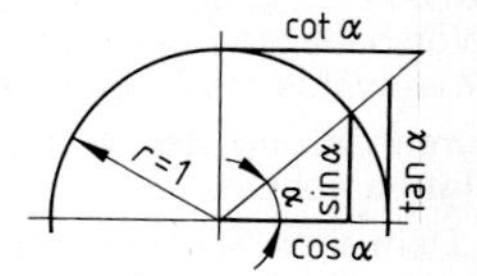

**Bild 21**
**Funktionen am Einheitskreis**

## Schiefwinkliges Dreieck

$R$ = Umkreisradius, $r$ = Inkreisradius, $s=(a+b+c)/2$

Sinussatz $a:b:c=\sin\alpha:\sin\beta:\sin\gamma \qquad \dfrac{a}{\sin\alpha}=\dfrac{b}{\sin\beta}=\dfrac{c}{\sin\gamma}=2R$

Cosinussatz[1]) $a^2=b^2+c^2-2bc\cos\alpha$

Halbwinkelsatz[1]) $\tan\dfrac{\alpha}{2}=\sqrt{\dfrac{(s-b)(s-c)}{s(s-a)}}=\dfrac{r}{s-a}$

Tangenssatz[1]) $\dfrac{a+b}{a-b}=\dfrac{\tan\dfrac{\alpha+\beta}{2}}{\tan\dfrac{\alpha-\beta}{2}}$

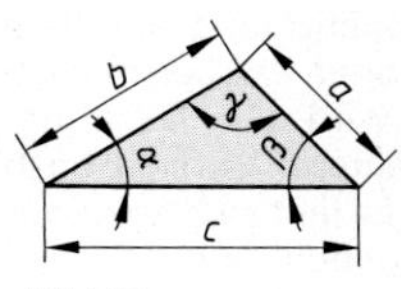

**Bild 22**

Flächensatz $2A=ab\sin\gamma=bc\sin\alpha=ac\sin\beta$
$=abc/(2R)=4R^2\sin\alpha\sin\beta\sin\gamma$

## Trigonometrische Funktionen und deren Umkehrfunktionen

$\sin^2x+\cos^2x=1 \qquad \tan x=\dfrac{\sin x}{\cos x}$ | $\cot x=\dfrac{\cos x}{\sin x} \qquad \tan x\cot x=1$

$\sin(x\pm y)=\sin x\cos y\pm\cos x\sin y$ | $\cos(x\pm y)=\cos x\cos y\mp\sin x\sin y$

$\tan(x\pm y)=\dfrac{\tan x\pm\tan y}{1\mp\tan x\tan y}$ | $\cot(x\pm y)=\dfrac{\cot x\cot y\mp 1}{\cot y\pm\cot x}$

$\sin 2x=2\sin x\cos x$ | $\cos 2x=\cos^2x-\sin^2x=2\cos^2x-1=1-2\sin^2x$

$\tan 2x=2\tan x/(1-\tan^2x)$ | $\cot 2x=(\cot^2x-1)/(2\cot x)$

$\sin(x/2)=\sqrt{(1-\cos x)/2}$ | $\cos(x/2)=\sqrt{(1+\cos x)/2}$

[1]) $a$, $b$, $c$ und $\alpha$, $\beta$, $\gamma$ können zyklisch vertauscht werden.

$\tan(x/2) = \sqrt{(1-\cos x)/(1+\cos x)}$

$\cot(x/2) = \sqrt{(1+\cos x)/(1-\cos x)}$

$\sin x + \sin y = 2\sin\frac{x+y}{2}\cos\frac{x-y}{2}$

$\cos x + \cos y = 2\cos\frac{x+y}{2}\cos\frac{x-y}{2}$

$\sin x - \sin y = 2\sin\frac{x-y}{2}\cos\frac{x+y}{2}$

$\cos x - \cos y = -2\sin\frac{x+y}{2}\sin\frac{x-y}{2}$

$\tan x \pm \tan y = \frac{\sin(x \pm y)}{\cos x \cos y}$

$\cot x \pm \cot y = \frac{\sin(y \pm x)}{\sin x \sin y}$

$\arcsin x + \arccos x = \pi/2$

$\arctan x + \operatorname{arccot} x = \pi/2$

$\arcsin x = \arccos\sqrt{1-x^2}$

$\arccos x = \arctan(\sqrt{1-x^2}/x)$

$\arccos x = \arcsin\sqrt{1-x^2}$

$\arctan x = \arcsin(x/\sqrt{1+x^2})$

**Hyperbolische Funktionen und deren Umkehrfunktionen**

$\sinh x = (e^x - e^{-x})/2$

$\cosh x = (e^x + e^{-x})/2$

$\tanh x = \sinh x/\cosh x$

$\coth x = 1/\tanh x$

$\sinh(x \pm y) = \sinh x \cosh y \pm \cosh x \sinh y$

$\cosh(x \pm y) = \cosh x \cosh y \pm \sinh x \sinh y$

$\operatorname{arsinh} x = \ln(x + \sqrt{x^2+1})$

$\operatorname{arcosh} x = \ln(x + \sqrt{x^2-1})$ für $x \geqq 1$

$\operatorname{artanh} x = \frac{1}{2}\ln\frac{1+x}{1-x}$ für $|x| < 1$

$\operatorname{arcoth} x = \frac{1}{2}\ln\frac{x+1}{x-1}$ für $|x| > 1$

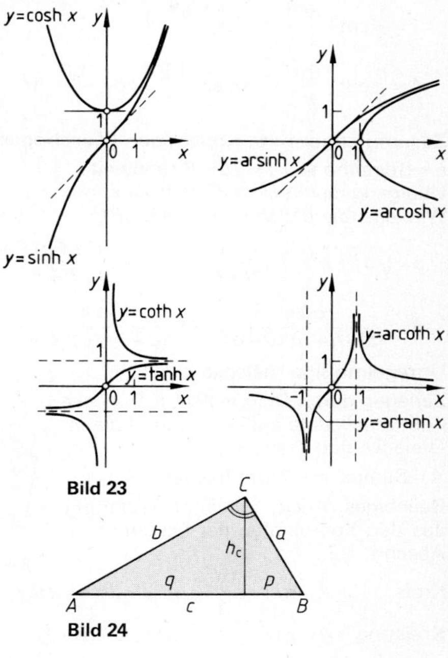


Bild 23

# 5 Geometrie

## 5.1 Geometrie der Ebene

**Rechtwinkliges Dreieck**

Fläche $A = \frac{1}{2}ab = \frac{1}{2}ch_c$

Pythagoras $c^2 = a^2 - b^2$

Euklid $a^2 = cp \qquad b^2 = cq$

Höhensatz $h_c^2 = pq$

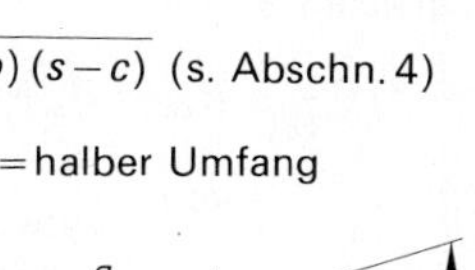

Bild 24

**Dreieck**

$$A = \frac{ah_a}{2} = \frac{bh_b}{2} = \frac{ch_c}{2} = rs = \sqrt{s(s-a)(s-b)(s-c)}$$ (s. Abschn. 4)

$r$ = Radius des Inkreises $\qquad s = \frac{a+b+c}{2}$ = halber Umfang

**Quadrat** $A = a^2$

**Rechteck** $A = ab$

**Parallelogramm** $A = ah$

Einflußfläche

$$A_1 = \frac{a^2}{a+b}\cdot\frac{h}{2} \qquad A_2 = \frac{b^2}{a+b}\cdot\frac{h}{2}$$

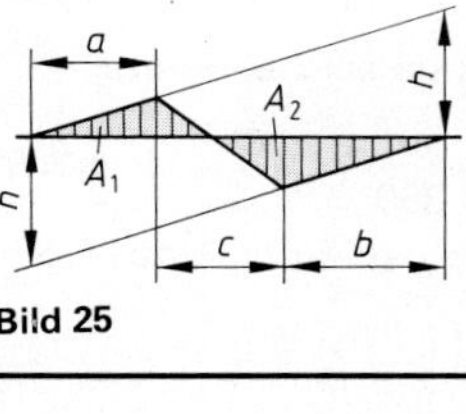

Bild 25

**Trapez**

Fläche

$$A=\frac{a+b}{2}h$$

Schwerpunktabstände

$$y_s=\frac{h}{3}\cdot\frac{a+2b}{a+b}$$

$$x_s=x_u-\frac{x_u-x_0}{3}\cdot\frac{a+2b}{a+b}$$

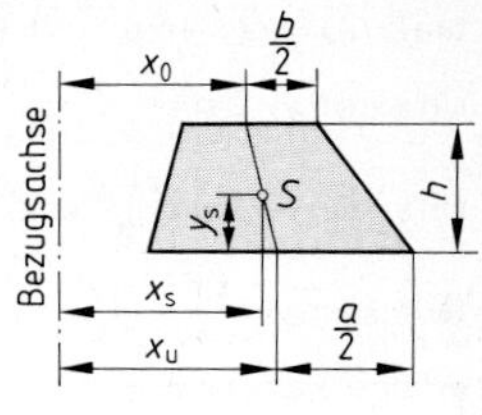


Bild 26

**Regelmäßige Vielecke (*n*-Ecke)**

Der Flächeninhalt ist $A=n\frac{s\cdot r}{2}$ oder mit

$$s=2\sin\frac{180°}{n}R=2\tan\frac{180°}{n}r \quad \text{und}$$

$$r=\frac{1}{2}\cot\frac{180°}{n}s=\cos\frac{180°}{n}R$$

$$A=\frac{n}{4}\cot\frac{180°}{n}s^2=n\sin\frac{180°}{n}\cos\frac{180°}{n}R^2=n\tan\frac{180°}{n}r^2$$

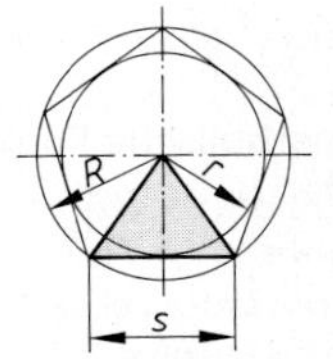


Bild 27

**Zusammengesetzte Kreisbögen (Korbbogen)**

$h$ = Bogenhöhe, $l=2a$ = Bogenweite.
Übergangspunkt *Ü* ist Schnittpunkt der Winkelhalbierenden im Dreieck *ABC*.

$$c=\sqrt{a^2+h^2} \qquad f=\frac{ah}{a+h+c} \qquad h_1=\frac{h(h+c)}{a+h+c}$$

$$R=\frac{ahc}{(a+h+c)(c-a)} \qquad r=\frac{ahc}{(a+h+c)(c-h)}$$

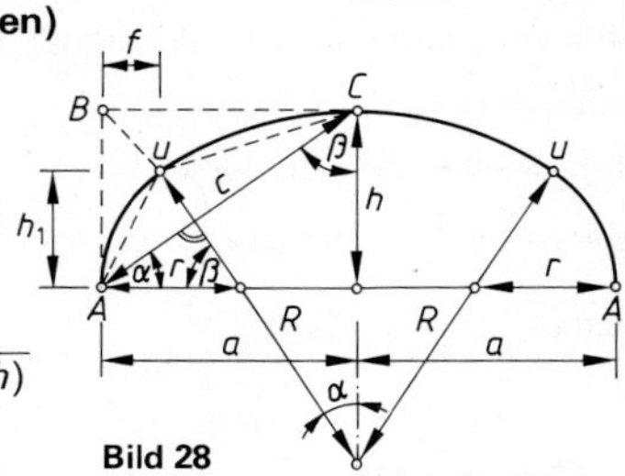


Bild 28

**Unregelmäßige Vielecke**

Zerlegen durch Diagonalen in Dreiecke oder durch Lote auf eine Grundlinie in Dreiecke und Trapeze.

$A$ = Summe der Einzelflächen

**Beliebiges *n*-Eck** Flächenberechnung aus den Koordinaten der Eckpunkte s. Abschn. 6.2.

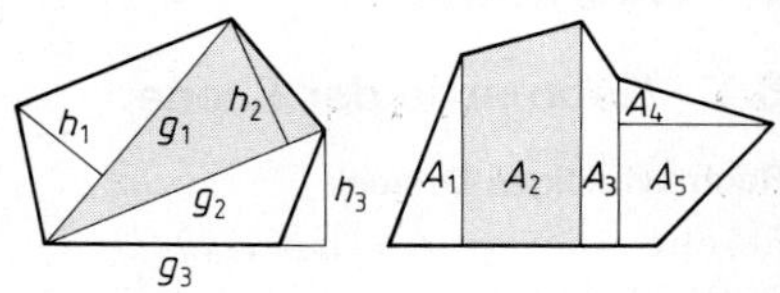


Bild 29

**Kreis** $\quad A=\pi r^2=\frac{\pi d^2}{4} \qquad U=2\pi r=\pi d$

**Kreisring** $\quad A=\pi(R^2-r^2)=\pi(R+r)(R-r)$

**Kreisringstück gleicher Breite**

$$A=\frac{\pi\alpha}{360°}(R^2-r^2)=\frac{\pi\alpha}{180°}R_m\delta=R_m\delta\,\text{arc}\,\alpha$$

$$R_m=\frac{R+r}{2} \qquad \text{arc}\,\alpha=\frac{\pi}{180°}\alpha$$

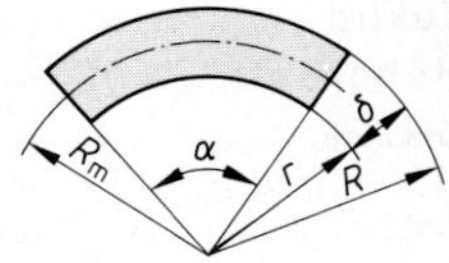


Bild 30

**Kreisringstück ungleicher Breite**

$$A=\frac{\pi R^2}{360°}\alpha_1-\frac{\pi r^2}{360°}\alpha_2-\frac{mS}{2} \qquad m=R-\delta-r$$

$$A=\tfrac{1}{2}(R^2\,\text{arc}\,\alpha_1-r^2\,\text{arc}\,\alpha_2-mS) \qquad S=2\sqrt{h_1(2R-h_1)}$$

$$s=2\sqrt{h_2(2r-h_2)}$$

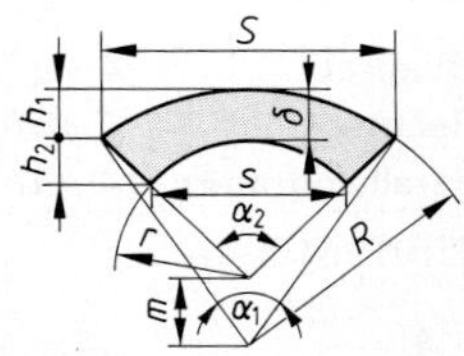


Bild 31

**Kreisausschnitt**

$$A=\frac{b\,r}{2}=\frac{r^2\operatorname{arc}\alpha}{2} \qquad b=\frac{\pi\,r\,\alpha}{180^\circ}=r\operatorname{arc}\alpha$$

$$s=2r\sin\frac{\alpha}{2} \qquad y=r\cos\frac{\alpha}{2} \qquad h=r\left(1-\cos\frac{\alpha}{2}\right)$$

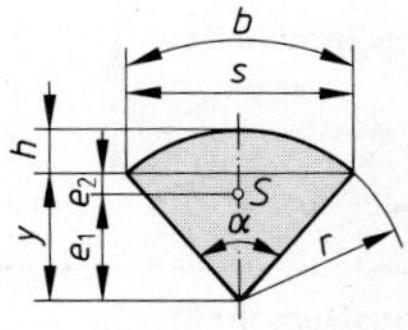

Bild 32

**Schwerpunktabstand**

– vom Mittelpunkt $e_1=\frac{2}{3}r\frac{s}{b}=\frac{2}{3}\cdot\frac{r^3\sin\frac{\alpha}{2}}{A}$

– von der Sehne $e_2=y-e_1=r\cos\frac{\alpha}{2}-\frac{2}{3}\cdot\frac{r^3\sin\frac{\alpha}{2}}{A}$

**Kreisabschnitt** s. Abschn. 1.4

**Parabel**

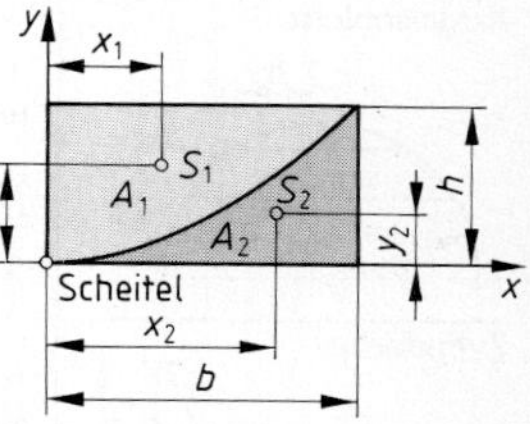

Bild 33

| quadratische Parabel $y=h\left(\frac{x}{b}\right)^2=\frac{h}{b^2}x^2$ | | kubische Parabel $y=h\left(\frac{x}{b}\right)^3=\frac{h}{b^3}x^3$ | |
|---|---|---|---|
| $A_1=\frac{2}{3}bh$ | $A_2=\frac{1}{3}bh$ | $A_1=\frac{3}{4}bh$ | $A_2=\frac{1}{4}bh$ |
| $x_1=\frac{3}{8}b$ | $x_2=\frac{3}{4}b$ | $x_1=\frac{2}{5}b$ | $x_2=\frac{4}{5}b$ |
| $y_1=\frac{3}{5}h$ | $y_2=\frac{3}{10}h$ | $y_1=\frac{4}{7}h$ | $y_2=\frac{2}{7}h$ |

**Ellipse**

$$A=\pi a b \qquad U=\mu(a+b) \qquad \lambda=\frac{a-b}{a+b}$$

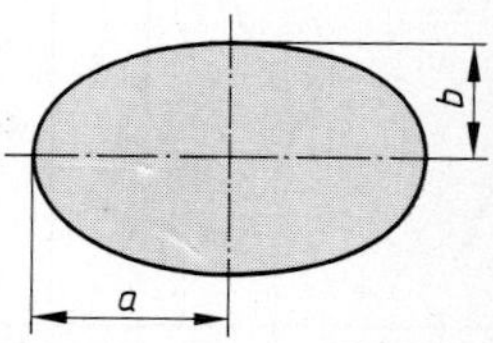

Bild 34

$\mu$ nach untenstehender Tafel

Zwischenwerte von $\lambda$ und $\mu$ geradlinig einschalten

| $\lambda$ | 0,1 | 0,2 | 0,3 | 0,4 | 0,5 | 0,6 | 0,7 | 0,8 | 0,9 | 1,0 |
|---|---|---|---|---|---|---|---|---|---|---|
| $\mu$ | 3,1495 | 3,1731 | 3,2127 | 3,2686 | 3,3412 | 3,4314 | 3,5401 | 3,6691 | 3,8208 | 4,0000 |

**Beliebige Flächen** Flächenberechnung mit der Trapezregel, Simpson-Regel oder Newton-Regel (s. Abschn. 8.4).

## 5.2 Geometrie des Raumes

| Körper | Rauminhalt $V$ | Oberfläche $O$, Mantel $M$ |
|---|---|---|
| **Prisma allgemein** | $V=Ah$ | $O=$ Summe aller Flächen |
| **Würfel** | $V=a^3$ | $O=6a^2$ |
| **Kreiszylinder** | $V=\pi r^2 h=\frac{\pi d^2}{4}h$ | $O=2\pi r(r+h)$ $M=2\pi r h$ |
| **Pyramide allgemein** | $V=\frac{1}{3}Ah$ | $O=$ Summe aller Flächen |
| **Kreiskegel** | $V=\frac{1}{3}\pi r^2 h$ | $O=\pi r(r+s)$ $M=\pi r s$<br>$s=\sqrt{r^2+h^2}$ (Mantellinie) |
| **Pyramidenstumpf allgemein** | $V=\frac{h}{3}(A_u+\sqrt{A_u A_o}+A_o)$ | $O=$ Summe aller Flächen |
| **Kegelstumpf** | $V=\frac{\pi h}{3}(R^2+Rr+r^2)$ | $M=\pi s(R+r)$<br>$s=\sqrt{(R-r)^2+h^2}$ (Mantellinie) |

| Körper | Rauminhalt $V$ | Oberfläche $O$, Mantel $M$ |
|---|---|---|
| **Kugel** | $V=\frac{4}{3}\pi r^3=\frac{\pi d^3}{6}$ | $O=4\pi r^2=\pi d^2$ |
| **Kugelabschnitt**<br>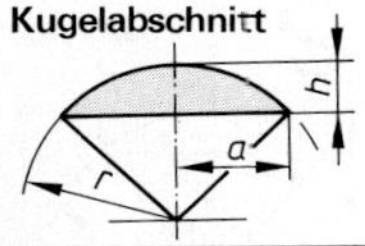 | $V=\pi h^2\left(r-\frac{h}{3}\right)$<br>$V=\frac{\pi h}{6}(3a^2+h^2)$<br>$a=\sqrt{h(2r-h)}$ | $O=\pi(2a^2+h^2)$<br>$M=2\pi r h=\pi(a^2+h^2)$<br>(Kappe oder Kalotte) |
| **Kugelausschnitt** | $V=\frac{2}{3}\pi r^2 h$ | $O=\pi r(a+2h)$  $M=\pi r a$ |
| **Kugelschicht**<br>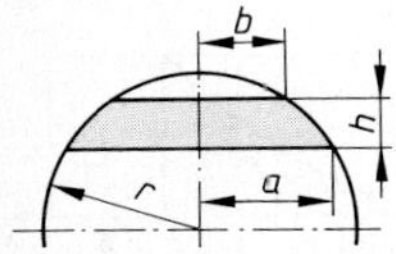 | $V=\frac{\pi h}{6}(3a^2+3b^2+h^2)$<br>Für die Halbkugel wird<br>$h=a=r$ und $b=0$<br>$V=\frac{\pi r}{6}(3r^2+r^2)=\frac{2}{3}\pi r^3$ | $M=2\pi r h$<br>$r=\sqrt{a^2+\left(\frac{a^2-b^2-h^2}{2h}\right)^2}$ |
| **Zylinderhuf**<br>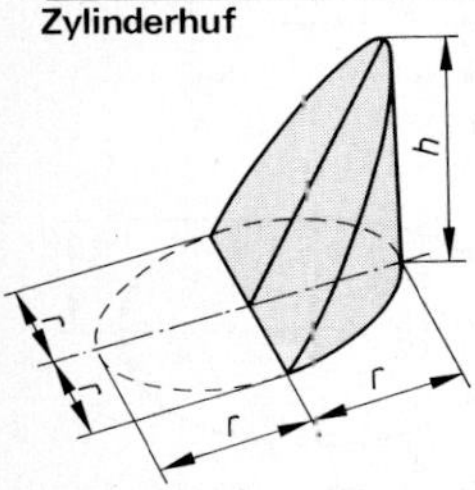 | Die Grundfläche ist ein Halbkreis; der Schnitt geht also durch den Mittelpunkt des Kreises<br>$V=\frac{2}{3}r^2 h$, $M=2rh$ (ohne $\pi$) | Zu verwenden bei der Berechnung des Klostergewölbes, dessen Wange dem Volumen und dessen Leibungsfläche dem Mantel des Zylinderhufes inhaltsgleich ist. |
| **Prismatoid**<br>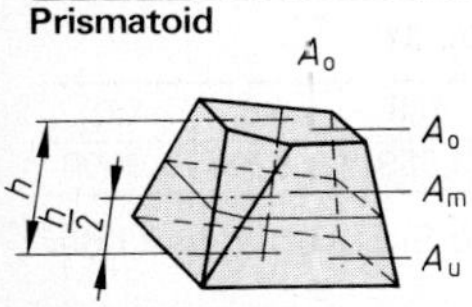 | Die beliebigen Grundflächen liegen in parallelen Ebenen. $A_m$ ist der zur Grundfläche parallele Querschnitt in halber Höhe.<br>$V=\frac{h}{6}(A_u+4A_m+A_o)$ | Oberfläche aller Prismatoide = Summe der Grund- und Seitenflächen. Letztere sind Vielecke. Sie können auch windschief sein.<br>Sonderfälle des Prismatoids sind alle Prismen, Pyramide ($A_o=0$), Pyramidenstumpf, Obelisk (Sandhaufen, Säulenfuß), Keil (Dach), Rampe usw. Auch Kugel mit<br>$A_u=A_o=0$  $A_m=\pi r^2$  $h=d$<br>Kugelabschnitt, Kugelschicht und Zylinderhuf können als Prismatoide aufgefaßt werden. |
| **Obelisk (Keilstumpf)**<br>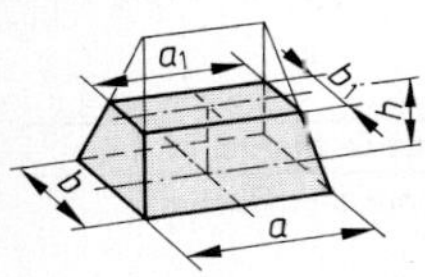 | Grundfläche rechteckig:<br>$V=\frac{h}{6}[(2a+a_1)b+(2a_1+a)b_1]$<br>Bei trapezförmiger Grundfläche sind für $a$ und $a_1$ die Mittelparallelen, für $b$ und $b_1$ die Trapezhöhen zu setzen. | |
| **Keil, Dach**<br>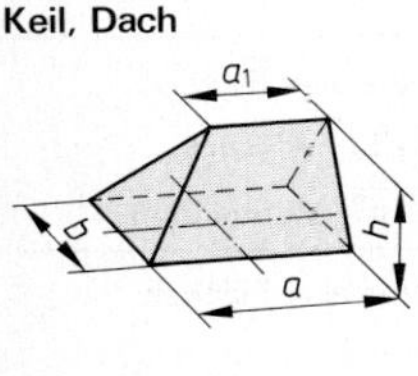 | $V=\frac{hb}{6}(2a+a_1)$<br>Bei trapezförmiger Grundfläche ist für $a$ die Mittelparallele, für $b$ die Trapezhöhe zu setzen. | **Beispiel** Sandhaufen mit $a=8$ m, $b=6$ m, $h=1$ m, Böschung 1:1,5<br>$a_1=8-2\cdot1\cdot1{,}5=5$ m<br>$b_1=6-2\cdot1\cdot1{,}5=3$ m<br>$V=\frac{1}{6}[(2\cdot8+5)\,6+(2\cdot5+8)\,3]=30\ \text{m}^3$ |

Fortsetzung s. nächste Seite

**Geometrie des Raumes,** Fortsetzung

| Körper | Rauminhalt $V$ | Anmerkungen, Beispiele |
|---|---|---|
| **Rampe**<br>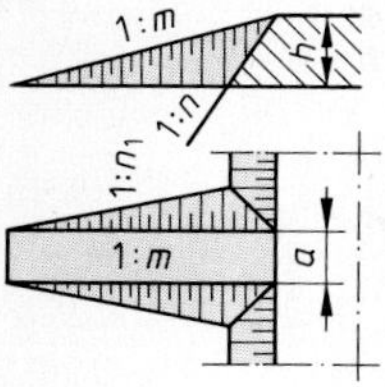 | $V=\frac{h^2}{6}\left(3a+2n_1 h\frac{m-n}{m}\right)(m-n)$<br>Für $n=0$ (Rampe gegen lotrechte Mauer) wird<br>$V=\frac{h^2}{6}(3a+2n_1 h)\,m$<br>**Beispiel** Rampe mit $h=2{,}0$ m, $a=2{,}5$ m, $m=12$, $n=1$, $n_1=1{,}5$<br>$V=\frac{2{,}0^2}{6}\left(3\cdot 2{,}5+2\cdot 1{,}5\cdot 2{,}0\frac{12-1}{12}\right)(12-1)=95{,}33\ \text{m}^3$<br>Für $n=0$: $V=\frac{2{,}0^2}{6}(3\cdot 2{,}5+2\cdot 1{,}5\cdot 2{,}0)\,12=108{,}00\ \text{m}^3$ | |
| **Elliptischer Kübel**<br>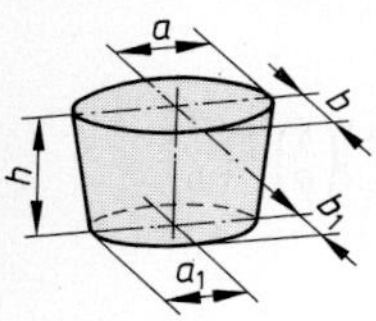 | $a$, $b$ obere Halbachsen, $a_1$, $b_1$ untere Halbachsen<br>$V=\frac{\pi h}{6}[(2a+a_1)\,b+(2a_1+a)\,b_1]$<br>**Beispiel** Kübel mit $a=45$ cm, $b=25$ cm, $a_1=40$ cm, $b_1=20$ cm, $h=50$ cm<br>$V=\frac{\pi\cdot 50}{6}[(2\cdot 45+40)\,25+(2\cdot 40+45)\,20]=150500\ \text{cm}^3=150{,}5\ \text{l}$ | |
| **Umdrehungskörper**<br>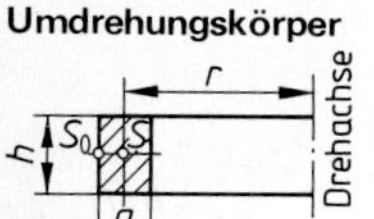 | $V=$ Umdrehungsfläche mal Weg des Flächenschwerpunktes $S$<br>$V=A\cdot 2\pi r=ah\cdot 2\pi r$ | $M=$ Umdrehungslinienlänge mal Weg des Linienschwerpunktes $S_0$<br>$M=h\cdot 2\pi\left(r+\frac{a}{2}\right)$ |
| 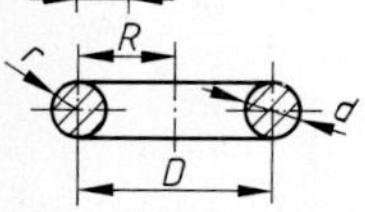 | zylindrischer Ring<br>$V=\pi r^2\cdot 2\pi R$<br>$=2\pi^2 Rr^2=\frac{\pi^2 Dd^2}{4}$ | $O=2\pi r\cdot 2\pi R$<br>$=4\pi^2 Rr=\pi^2 Dd$ |

# 6 Analytische Geometrie der Ebene

## 6.1 Punkt in verschiedenen Koordinatensystemen

**Rechtwinkliges Koordinatensystem**

$P(x;y)=$ Punkt mit der Abszisse $x$ und der Ordinate $y$

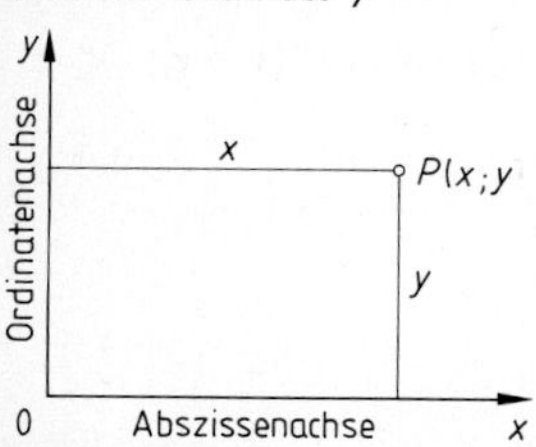


**Bild 35**

**Polarkoordinatensystem**

$P(r;\varphi)=$ Punkt mit dem Abstand $r$ und dem Polarwinkel $\varphi$

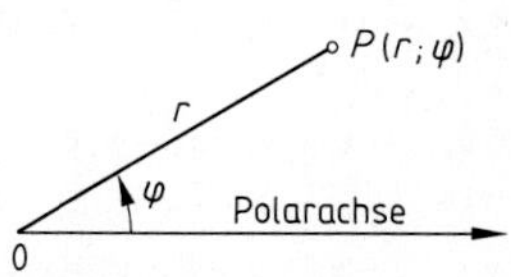


**Bild 36**

**Umrechnung zwischen rechtwinkligen und Polarkoordinaten**

$x = r\cos\varphi \qquad r = \sqrt{x^2+y^2}$

$y = r\sin\varphi \qquad \varphi = \arctan\dfrac{y}{x}$

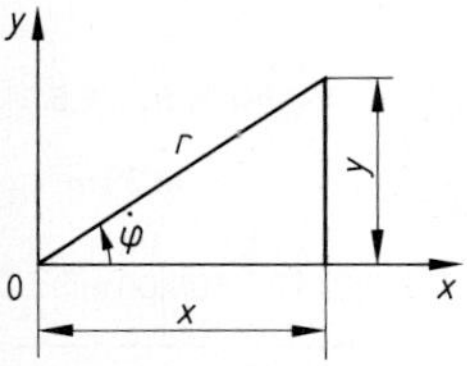


Bild 37

**Koordinatentransformation**
(Parallelverschiebung und Drehung)

$\bar{x} = x\cos\varphi + y\sin\varphi - a\cos\varphi - b\sin\varphi$

$\bar{y} = -x\sin\varphi + y\cos\varphi + a\sin\varphi - b\cos\varphi$

$x = \bar{x}\cos\varphi - \bar{y}\sin\varphi + a$

$y = \bar{x}\sin\varphi + \bar{y}\cos\varphi + b$

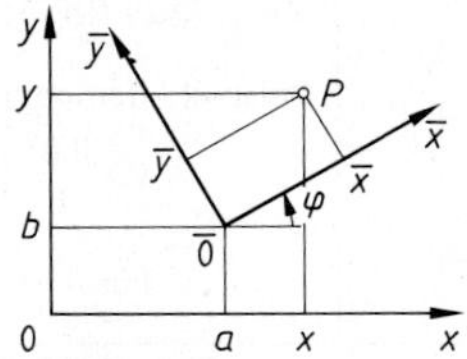


Bild 38

**Transformationsgleichungen in Matrizenschreibweise**

$$\begin{pmatrix}\bar{x}\\ \bar{y}\end{pmatrix} = \begin{pmatrix}\cos\varphi & \sin\varphi\\ -\sin\varphi & \cos\varphi\end{pmatrix}\begin{pmatrix}x-a\\ y-b\end{pmatrix} \qquad \begin{pmatrix}x\\ y\end{pmatrix} = \begin{pmatrix}\cos\varphi & -\sin\varphi\\ \sin\varphi & \cos\varphi\end{pmatrix}\begin{pmatrix}\bar{x}\\ \bar{y}\end{pmatrix} + \begin{pmatrix}a\\ b\end{pmatrix}$$

## 6.2 Zwei und mehr Punkte

**Länge $l$ der Strecke $\overline{P_1P_2}$** $\quad l = \sqrt{(x_2-x_1)^2+(y_2-y_1)^2}$

**Steigung der Strecke $\overline{P_1P_2}$** $\quad \tan\alpha = \dfrac{y_2-y_1}{x_2-x_1} = m$

**Teilpunkt $T$ der Strecke $\overline{P_1P_2}$** $\quad x_T = \dfrac{x_1+kx_2}{1+k} \qquad y_T = \dfrac{y_1+ky_2}{1+k} \quad$ mit $\quad k = \dfrac{\overline{P_1T}}{\overline{TP_2}}$

**Mittelpunkt $M$ der Strecke $\overline{P_1P_2}$** $\quad x_M = \dfrac{x_1+x_2}{2} \qquad y_M = \dfrac{y_1+y_2}{2}$

**Fläche $A$ des Dreiecks $P_1P_2P_3$**

$$A = \tfrac{1}{2}[x_1(y_2-y_3)+x_2(y_3-y_1)+x_3(y_1-y_2)] = \tfrac{1}{2}\begin{vmatrix}x_1 & y_1 & 1\\ x_2 & y_2 & 1\\ x_3 & y_3 & 1\end{vmatrix}$$

$P_1$, $P_2$ und $P_3$ liegen auf einer Geraden, wenn $A = 0$ ist.

**Schwerpunkt $S$ des Dreiecks $P_1P_2P_3$**

$$x_S = \frac{x_1+x_2+x_3}{3} \qquad y_S = \frac{y_1+y_2+y_3}{3}$$

**Querschnittswerte polygonal begrenzter Flächen ($n$-Eck)**

$$A = \frac{1}{2}\sum_{i=1}^{n}(x_iy_{i+1}-x_{i+1}y_i)$$

(Vorhandene Flächen im Gegenuhrzeigersinn, nicht vorhandene Flächen im Uhrzeigersinn umfahren; dabei ist $x_{n+1} = x_1$, $y_{n+1} = y_1$)

$$S_y = \frac{1}{6}\sum_{i=1}^{n}(x_iy_{i+1}-x_{i+1}y_i)(x_i+x_{i+1}) \qquad S_x = \frac{1}{6}\sum_{i=1}^{n}(x_iy_{i+1}-x_{i+1}y_i)(y_i+y_{i+1})$$

$$I_x = \frac{1}{12}\sum_{i=1}^{n}(x_iy_{i+1}-x_{i+1}y_i)(y_i^2+y_iy_{i+1}+y_{i+1}^2)$$

$$I_y = \frac{1}{12}\sum_{i=1}^{n}(x_iy_{i+1}-x_{i+1}y_i)(x_i^2+x_ix_{i+1}+x_{i+1}^2)$$

$$I_{xy} = \frac{1}{24}\sum_{i=1}^{n}(x_iy_{i+1}-x_{i+1}y_i)(2x_iy_i+x_iy_{i+1}+x_{i+1}y_i+2x_{i+1}y_{i+1})$$

## 6.3 Gerade

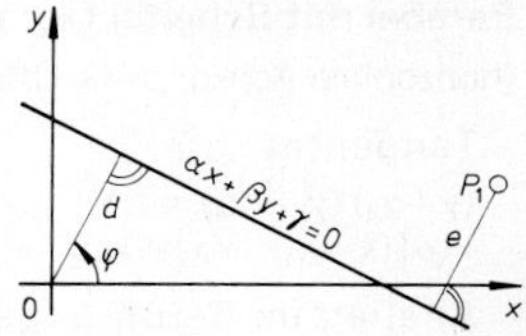


Bild 39

**Allgemeine Form** $y=mx+n$

**Zweipunkteform** $\dfrac{y-y_1}{x-x_1}=\dfrac{y_2-y_1}{x_2-x_1}$

**Punktrichtungsform für Punkt $(x_1;y_1)$** $\dfrac{y-y_1}{x-x_1}=m$

**Achsenabschnittform** $\dfrac{x}{a}+\dfrac{y}{b}=1$

**implizite Form** $\alpha x+\beta y+\gamma=0$

**Hessesche Normalform** $x\cos\varphi+y\sin\varphi-d=0 \qquad \dfrac{\alpha x+\beta y+\gamma}{\pm\sqrt{\alpha^2+\beta^2}}=0$

Das Vorzeichen vor der Wurzel ist so zu wählen, daß $\pm\gamma/\sqrt{\alpha^2+\beta^2}<0$ wird.

**Abstand des Punktes $P_1$ von einer Geraden** $e=x_1\cos\varphi+y_1\sin\varphi-d$

**Schnittpunkt und Schnittwinkel zweier Geraden**

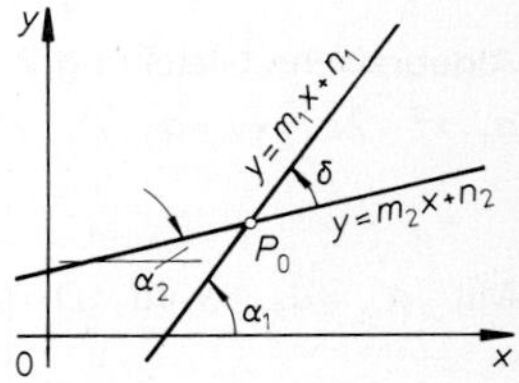


Bild 40

$$x_0=\frac{n_2-n_1}{m_1-m_2} \qquad y_0=\frac{n_2m_1-n_1m_2}{m_1-m_2}$$

$$\tan\delta=\tan(\alpha_1-\alpha_2)=\frac{m_1-m_2}{1+m_1m_2}$$

**Orthogonalitätsbedingung** $m_1=-1/m_2$

## 6.4 Kegelschnitte

**Kreis mit Radius $r$ um $(x_M;y_M)$** $(x-x_M)^2+(y-y_M)^2=r^2$

$$y=y_M\pm\sqrt{r^2-(x-x_M)^2}$$

Anstieg im Berührungspunkt

$$m_T=-\frac{x_T-x_M}{y_T-y_M}$$

Polare mit Pol $(x_0;y_0)$

$$(x-x_M)(x_0-x_M)+(y-y_M)(y_0-y_M)=r^2$$

**Ellipse (oberes Zeichen) und Hyperbel (unteres Zeichen)**

mit Achsen parallel zu Koordinatenachsen

$$\frac{(x-x_M)^2}{a^2}\pm\frac{(y-y_M)^2}{b^2}=1$$

Lineare Exzentrizität

$$e=\sqrt{a^2\mp b^2}$$

Numerische Exzentrizität

$$\varepsilon=e/a\lessgtr 1$$

Anstieg im Berührungspunkt

$$m_T=\mp\frac{b^2(x_T-x_M)}{a^2(y_T-y_M)}$$

Polare mit Pol $(x_0;y_0)$

$$\frac{(x-x_M)(x_0-x_M)}{a^2}\pm\frac{(y-y_M)(y_0-y_M)}{b^2}=1$$

Radien der Scheitelschmiegkreise

Ellipse $r_1=b^2/a \quad r_2=a^2/b$

Hyperbel $r=b^2/a$

Tangente

$$\frac{(x-x_M)(x_T-x_M)}{a^2}\pm\frac{(y-y_M)(y_T-y_M)}{b^2}=1$$

Asymptoten der Hyperbel

$$y=y_M\pm\frac{b}{a}(x-x_M)$$

**Parabel mit Scheitel ($x_A$; $y_A$)** $(y-y_A)^2=2p(x-x_A)$

(horizontale Achse; $p=+$ Öffnung nach rechts, $p=-$ Öffnung nach links)

Tangente

$(y-y_A)(y_T-y_A)$
$=p[(x-x_A)+(x_T-x_A)]$

Anstieg im Berührungspunkt

$m_T=\frac{p}{y_T-y_A}$

Polare mit Pol ($x_0$; $y_0$)

$(y-y_A)(y_0-y_A)=p[(x-x_A)+(x_0-x_A)]$

Parabel mit vertikaler Achse

$(x-x_A)^2=2p(y-y_A)$

($p=+$ Öffnung nach oben,
$p=-$ Öffnung nach unten)

**Scheitelgleichungen der Kegelschnitte mit $p=b^2/a$**

Ellipse $y^2=2px-\frac{p}{a}x^2$

Parabel $y^2=2px$

Hyperbel $y^2=2px+\frac{p}{a}x^2$

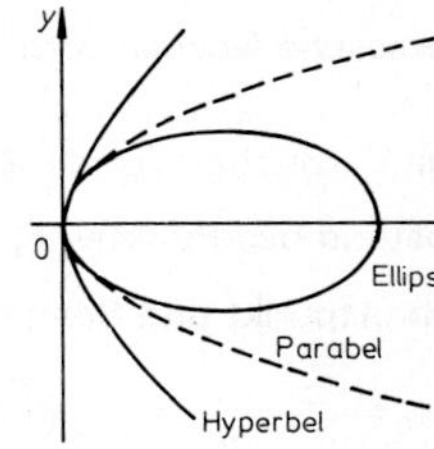

Bild 41

**Algebraische Gleichung 2. Grades**

$a_{11}x^2+2a_{12}xy+a_{22}y^2+2a_{13}x+2a_{23}y+a_{33}=0$

Mit $a_{ik}=a_{ki}$ wird $D=\begin{vmatrix} a_{11} & a_{12} & a_{13} \\ a_{21} & a_{22} & a_{23} \\ a_{31} & a_{32} & a_{33} \end{vmatrix}$ und $D_{33}=\begin{vmatrix} a_{11} & a_{12} \\ a_{21} & a_{22} \end{vmatrix}$ berechnet

$D \neq 0$ und $D_{33}$ $<0$ Hyperbel
$=0$ Parabel
$>0$ Ellipse, wenn $a_{11}D<0$; komplexe Kurve, wenn $\operatorname{sgn} D=\operatorname{sgn} a_{11}$

Sonderfall Ellipse wird Kreis, wenn $a_{11}=a_{22}$ und $a_{12}=0$

# 7 Differentialrechnung

## 7.1 Grundlagen

**Differenzenquotient** $\frac{\Delta y}{\Delta x}=\frac{y-y_1}{x-x_1}$

Die Funktion $y=f(x)$ ist in $x_1$ differenzierbar, wenn für alle Nullfolgen $(x-x_1)$ erhalten wird:

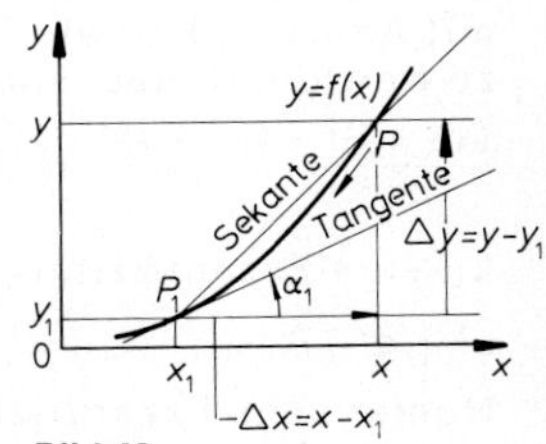

Bild 42

**Differentialquotient** $\lim\limits_{\Delta x\to 0}\frac{\Delta y}{\Delta x}=y'(x_1)=f'(x_1)=y'_1$

**Differential** $dy=f'(x)\,dx=y'\,dx$

**Höhere Ableitungen** $y'=\frac{dy}{dx}$ $y''=\frac{d^2y}{dx^2}$ $y'''=\frac{d^3y}{dx^3}$ ...

**Mittelwertsatz** $\frac{f(b)-f(a)}{b-a}=f'(x_m)$ $x_m$ aus $(a,b)$

## 7.2 Rechenregeln

**Konstante** $c'=0$ **Konstanter Faktor** $(cf)'=cf'$ **Summe** $(f_1 \pm f_2)'=f_1' \pm f_2'$

**Produktregel** $(f_1 f_2)'=f_1' f_2+f_1 f_2'=f_1 f_2\left(\frac{f_1'}{f_1}+\frac{f_2'}{f_2}\right)$

**Quotientenregel** $\left(\frac{f_1}{f_2}\right)'=\frac{f_1' f_2-f_1 f_2'}{f_2^2}$

**Kettenregel** $\frac{dy}{dx}=\frac{dy}{du}\frac{du}{dx}$ wenn $y=f(x)=g(h(x))$ mit $u=h(x)$

**Implizit gegebene Funktion** $\frac{dh(y)}{dx}=\frac{dh}{dy}\cdot y'$

**Logarithmische Differentiation**

Ist $f_1(x)>0$ und $y=f_1(x)^{f_2(x)}$, so folgt $y'=f_1(x)^{f_2(x)}\left[\frac{f_1'(x)}{f_1(x)}f_2(x)+f_2'(x)\ln f_1(x)\right]$

**Aufgelöste Funktion**

Ist $x=g(y)$ gleichwertig mit $y=f(x)$, so gilt $\frac{df(x)}{dx}=\frac{1}{\frac{dg(y)}{dy}}$.

## 7.3 Ableitungen elementarer Funktionen

$(x^n)'=n\,x^{n-1}$ $n$ reell

$(e^x)'=e^x$

$(a^x)'=a^x\cdot\ln a$ $a>0$

$(x^x)'=x^x(1+\ln x)$

$(\ln x)'=\frac{1}{x}$

$(\log_a x)'=\frac{1}{x\ln a}$

$(\sin x)'=\cos x$

$(\cos x)'=-\sin x$

$(\tan x)'=1+\tan^2 x=\frac{1}{\cos^2 x}$

$(\cot x)'=-(1+\cot^2 x)=-\frac{1}{\sin^2 x}$

$(\arcsin x)'=\frac{1}{\sqrt{1-x^2}}$

$(\ln\sin x)'=\cot x$

$(\ln\tan x)'=\frac{2}{\sin 2x}$

$(\arccos x)'=\frac{-1}{\sqrt{1-x^2}}$

$(\arctan x)'=\frac{1}{1+x^2}$

$(\operatorname{arccot} x)'=\frac{-1}{1+x^2}$

$(\sinh x)'=\cosh x$

$(\cosh x)'=\sinh x$

$(\tanh x)'=1-\tanh^2 x=\frac{1}{\cosh^2 x}$

$(\coth x)'=1-\coth^2 x=-\frac{1}{\sinh^2 x}$

$(\operatorname{arsinh} x)'=\frac{1}{\sqrt{x^2+1}}$

$(\operatorname{arcosh} x)'=\frac{1}{\sqrt{x^2-1}}$

$(\operatorname{artanh} x)'=\frac{1}{1-x^2}$ $|x|<1$

$(\operatorname{arcoth} x)'=\frac{-1}{x^2-1}$ $|x|>1$

$(\ln\cos x)'=-\tan x$

$(\ln\cot x)'=\frac{-2}{\sin 2x}$

## 7.4 Partielle Ableitungen von Funktionen von zwei (oder mehr) Variablen

$$z=f(x,y) \qquad \lim_{\Delta x \to 0} \frac{f(x+\Delta x,y)-f(x,y)}{\Delta x}=\frac{\partial z}{\partial x}=\frac{\partial f(x,y)}{\partial x}=f_x$$

$$\lim_{\Delta y \to 0} \frac{f(x,y+\Delta y)-f(x,y)}{\Delta y}=\frac{\partial z}{\partial y}=\frac{\partial f(x,y)}{\partial y}=f_y$$

Bei der Bildung höherer Ableitungen kann bei stetigen Funktionen und Ableitungen die Reihenfolge des Differenzierens vertauscht werden (z.B. $f_{xy}=f_{yx}$).

**Totales Differential** $\mathrm{d}z=f_x\,\mathrm{d}x+f_y\,\mathrm{d}y$

# 8 Integralrechnung

## 8.1 Bestimmtes Integral

$$\int_a^b f(x)\,\mathrm{d}x=\lim_{n\to\infty}\sum_{i=1}^{n} y_i\,\Delta x_i$$

$y=f(x)=$ Integrand; $a$ und $b=$ untere und obere Integrationsgrenze; Intervall von $a$ bis $b=$ Integrationsweg; $x=$ Integrationsvariable.

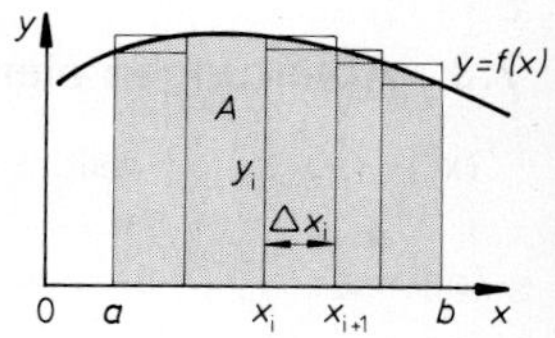

**Bild 43**

**Mittelwertsatz**

$$\int_a^b f(x)\,\mathrm{d}x=(b-a)\,f(x_m)$$

**Umkehrung des Integrationsweges**

$$\int_a^b f(x)\,\mathrm{d}x=-\int_b^a f(x)\,\mathrm{d}x$$

**Zerlegung des Integrationsweges**

$$\int_a^b f(x)\,\mathrm{d}x=\int_a^c f(x)\,\mathrm{d}x+\int_c^b f(x)\,\mathrm{d}x$$

## 8.2 Unbestimmtes Integral

$I(x)=\int_a^x f(u)\,\mathrm{d}u+C=\int f(x)\,\mathrm{d}x$ ist die Menge aller Stammfunktionen $F(x)$ mit $F'(x)=f(x)$.

**Hauptsatz der Differential- und Integralrechnung**

$$\frac{\mathrm{d}I(x)}{\mathrm{d}x}=f(x) \Leftrightarrow I(x)=\int f(x)\,\mathrm{d}x$$

Differenzieren und Integrieren sind inverse Rechenoperationen.

Ist $F(x)=\int f(x)\,\mathrm{d}x$ eine Stammfunktion, so gilt $\int_a^b f(x)\,\mathrm{d}x=F(b)-F(a)$

## 8.3 Rechenmethoden der Integralrechnung

**Konstanter Faktor**

$$\int c\,f(x)\,\mathrm{d}x = c \int f(x)\,\mathrm{d}x$$

**Integration einer Summe**

$$\int [f_1(x) \pm f_2(x)]\,\mathrm{d}x = \int f_1(x)\,\mathrm{d}x \pm \int f_2(x)\,\mathrm{d}x$$

**Produktintegration**

$$\int f_1 f_2'\,\mathrm{d}x = f_1 f_2 - \int f_1' f_2\,\mathrm{d}x$$

**Logarithmische Integration**

$$\int \frac{f'}{f}\,\mathrm{d}x = \ln|f|$$

**Integration durch Substitution**

Mit $f(x) = g(h(x)) = g(u)$ und $u = h(x) \Leftrightarrow x = k(u)$ gilt

$$\int f(x)\,\mathrm{d}x = \int g(u)\,\frac{\mathrm{d}k(u)}{\mathrm{d}u}\,\mathrm{d}u = \int g(u)\,\frac{\mathrm{d}x}{\mathrm{d}u}\,\mathrm{d}u$$

## 8.4 Numerische Integration

**Trapezregel**

$$\int_a^b f(x)\,\mathrm{d}x \approx h\left(\tfrac{1}{2}y_0 + y_1 + y_2 + \ldots + y_{n-1} + \tfrac{1}{2}y_n\right)$$ (gleich breite Streifen)

**Simpson-Regel** (Beispiel hierzu s. Abschn. 9.6)

$$\int_a^b f(x)\,\mathrm{d}x \approx \frac{h}{3}\left(y_0 + 4y_1 + 2y_2 + 4y_3 + \ldots + 2y_{n-2} + 4y_{n-1} + y_n\right)$$

(gerade Anzahl gleich breiter Streifen)

**Newton-Regel**

$$\int_a^b f(x)\,\mathrm{d}x \approx \frac{3}{8}h\left(y_0 + 3y_1 + 3y_2 + y_3\right)$$ (3 gleich breite Streifen)

## 8.5 Grundintegrale (ohne Integrationskonstante)

$$\int x^m\,\mathrm{d}x = \frac{x^{m+1}}{m+1} \qquad m \neq -1$$

$$\int \frac{\mathrm{d}x}{x} = \ln x \qquad x > 0$$

$$\int e^x\,\mathrm{d}x = e^x$$

$$\int a^x\,\mathrm{d}x = \frac{a^x}{\ln a} \qquad a \neq 1,\ a > 0$$

$$\int \sin x\,\mathrm{d}x = -\cos x$$

$$\int \cos x\,\mathrm{d}x = \sin x$$

$$\int \sinh x\,\mathrm{d}x = \cosh x$$

$$\int \frac{\mathrm{d}x}{1+x^2} = \arctan x$$

$$\int \frac{\mathrm{d}x}{1-x^2} = \frac{1}{2}\ln\left|\frac{1+x}{1-x}\right| = \operatorname{artanh} x$$

$$\int \frac{\mathrm{d}x}{\sqrt{1-x^2}} = \arcsin x \qquad |x| < 1$$

$$\int \frac{\mathrm{d}x}{\sqrt{x^2-1}} = \ln\left(x + \sqrt{x^2-1}\right) = \operatorname{arcosh} x \qquad |x| > 1$$

$$\int \frac{\mathrm{d}x}{\sqrt{x^2+1}} = \ln\left(x + \sqrt{x^2+1}\right) = \operatorname{arsinh} x$$

$$\int \cosh x\,\mathrm{d}x = \sinh x$$

## 8.6 Integrationsformeln (ohne Integrationskonstante)

### Rationale Integranden

$\int (ax+b)^n \,dx = \frac{(ax+b)^{n+1}}{a(n+1)}$ für $n \neq -1$ $\quad \int \frac{dx}{ax+b} = \frac{1}{a} \ln|ax+b|$ $\quad \int \frac{dx}{(ax+b)^2} = -\frac{1}{a(ax+b)}$

$\int \frac{dx}{ax^2+b} = \frac{1}{\sqrt{ab}} \arctan\left(\sqrt{\frac{a}{b}}\,x\right)$ für $ab>0$ $\quad \int \frac{dx}{ax^2-b} = \frac{1}{\sqrt{ab}} \ln\left|\frac{\sqrt{ab}-ax}{\sqrt{ab}+ax}\right|$ für $ab>0$

Im weiteren sei $D = ac - b^2$

$$\int \frac{dx}{ax^2+2bx+c} = \begin{cases} \frac{1}{\sqrt{D}} \arctan \frac{ax+b}{\sqrt{D}} & D>0 \\ \frac{1}{2\sqrt{-D}} \ln \left|\frac{\sqrt{-D}-b-ax}{\sqrt{-D}+b+ax}\right| & D<0 \\ -\frac{1}{ax+b} & D=0 \end{cases}$$

$$\int \frac{\alpha x+\beta}{ax^2+2bx+c}\,dx = \frac{\alpha}{2a} \ln|ax^2+2bx+c| + \frac{\beta a-\alpha b}{a} \int \frac{dx}{ax^2+2bx+c}$$

$$\int \frac{dx}{(ax^2+2bx+c)^n} = \frac{1}{2D(n-1)} \frac{ax+b}{(ax^2+2bx+c)^{n-1}} + \frac{(2n-3)a}{2D(n-1)} \int \frac{dx}{(ax^2+2bx+c)^{n-1}}$$

$$\int \frac{\alpha x+\beta}{(ax^2+2bx+c)^n}\,dx = \frac{-\alpha}{2a(n-1)} \frac{1}{(ax^2+2bx+c)^{n-1}} + \frac{\beta a-\alpha b}{a} \int \frac{dx}{(ax^2+2bx+c)^n}$$

### Irrationale Integranden

$\int \sqrt{ax+b}\,dx = \frac{2}{3a}(ax+b)^{3/2}$ $\quad \int \frac{dx}{\sqrt{ax+b}} = \frac{2}{a}\sqrt{ax+b}$

$\int \sqrt{x^2+a^2}\,dx = \frac{x}{2}\sqrt{x^2+a^2} + \frac{a^2}{2}\ln(x+\sqrt{x^2+a^2})$

$\int x\sqrt{x^2+a^2}\,dx = \frac{1}{3}(x^2+a^2)^{3/2}$ $\quad \int \frac{\sqrt{x^2+a^2}}{x}\,dx = \sqrt{x^2+a^2} - a\ln\frac{a+\sqrt{x^2+a^2}}{x}$

$\int x^2\sqrt{x^2+a^2}\,dx = \frac{x}{4}(x^2+a^2)^{3/2} - \frac{a^2}{8}\left[x\sqrt{x^2+a^2} + a^2\ln(x+\sqrt{x^2+a^2})\right]$

$\int \frac{dx}{\sqrt{x^2+a^2}} = \ln(x+\sqrt{x^2+a^2})$ $\quad \int \frac{x}{\sqrt{x^2+a^2}}\,dx = \sqrt{x^2+a^2}$

$\int \frac{x^2}{\sqrt{x^2+a^2}}\,dx = \frac{x}{2}\sqrt{x^2+a^2} - \frac{a^2}{2}\ln(x+\sqrt{x^2+a^2})$

$\int \frac{1}{x\sqrt{x^2+a^2}}\,dx = -\frac{1}{a}\ln\frac{a+\sqrt{x^2+a^2}}{x}$ $\quad \int \frac{1}{x^2\sqrt{x^2+a^2}}\,dx = -\frac{\sqrt{x^2+a^2}}{a^2x}$

$\int \sqrt{a^2-x^2}\,dx = \frac{x}{2}\sqrt{a^2-x^2} + \frac{a^2}{2}\arcsin\frac{x}{a}$ $\quad \int x\sqrt{a^2-x^2}\,dx = -\frac{1}{3}(a^2-x^2)^{3/2}$

$\int x^2\sqrt{a^2-x^2}\,dx = -\frac{x}{4}(a^2-x^2)^{3/2} + \frac{a^2}{8}\left(x\sqrt{a^2-x^2} + a^2\arcsin\frac{x}{a}\right)$

$\int \frac{1}{\sqrt{a^2-x^2}}\,dx = \arcsin\frac{x}{a}$ $\quad \int \frac{x}{\sqrt{a^2-x^2}}\,dx = -\sqrt{a^2-x^2}$

$\int \sqrt{x^2-a^2}\,dx = \frac{x}{2}\sqrt{x^2-a^2} - \frac{a^2}{2}\ln\left(x+\sqrt{x^2-a^2}\right)$

$\int x\sqrt{x^2-a^2}\,dx = \frac{1}{3}(x^2-a^2)^{3/2}$ $\qquad \int \frac{\sqrt{x^2-a^2}}{x}\,dx = \sqrt{x^2-a^2} - a\arccos\frac{a}{x}$

$\int \frac{1}{\sqrt{x^2-a^2}}\,dx = \ln\left(x+\sqrt{x^2-a^2}\right)$ $\qquad \int \frac{x}{\sqrt{x^2-a^2}}\,dx = \sqrt{x^2-a^2}$

**Transzendente Integranden**

$\int \ln x\,dx = x\ln x - x$ $\qquad \int (\ln x)^n\,dx = \int u^n e^u\,du \quad \text{mit } u=\ln x$

$\int x^n \ln x\,dx = \frac{x^{n+1}}{n+1}\ln x - \frac{x^{n+1}}{(n+1)^2} \quad n \neq -1$

$\int \frac{\ln x}{x}\,dx = \frac{1}{2}(\ln x)^2$ $\qquad \int \frac{dx}{x\ln x} = \ln|\ln x|$

$\int \tan x\,dx = -\ln|\cos x|$ $\qquad \int \cot x\,dx = \ln|\sin x|$

$\int \sin^2 x\,dx = -\frac{1}{4}\sin 2x + \frac{x}{2}$ $\qquad \int \cos^2 x\,dx = \frac{1}{4}\sin 2x + \frac{x}{2}$

$\int \tan^2 x\,dx = \tan x - x$

$\int \sin^n x\,dx = -\frac{\sin^{n-1}x\cos x}{n} + \frac{n-1}{n}\int \sin^{n-2}x\,dx$

$\int \cos^n x\,dx = \frac{\cos^{n-1}x\sin x}{n} + \frac{n-1}{n}\int \cos^{n-2}x\,dx$

$\int \sin(ax+b)\,dx = -\frac{1}{a}\cos(ax+b)$ $\qquad \int \cos(ax+b)\,dx = \frac{1}{a}\sin(ax+b)$

$$\left.\begin{aligned}
&\int \sin ax\cos bx\,dx = -\frac{\cos(a+b)x}{2(a+b)} - \frac{\cos(a-b)x}{2(a-b)}\\
&\int \cos ax\cos bx\,dx = \frac{\sin(a-b)x}{2(a-b)} + \frac{\sin(a+b)x}{2(a+b)}\\
&\int \sin ax\sin bx\,dx = \frac{\sin(a-b)x}{2(a-b)} - \frac{\sin(a+b)x}{2(a+b)}
\end{aligned}\right\} \quad a^2 \neq b^2$$

$\int \frac{dx}{\sin x} = \ln\left|\tan\frac{x}{2}\right|$ $\qquad \int \frac{dx}{1+\cos x} = \tan\frac{x}{2}$ $\qquad \int \frac{dx}{\cos x} = \ln\left|\tan\left(\frac{x}{2}+\frac{\pi}{4}\right)\right|$ $\qquad \int \frac{dx}{1-\cos x} = -\cot\frac{x}{2}$

$\int \sin x\cos x\,dx = \frac{1}{2}\sin^2 x$ $\qquad \int \frac{dx}{\sin x\cos x} = \ln|\tan x|$

$\int x^n \sin x\,dx = -x^n\cos x + n\int x^{n-1}\cos x\,dx$ $\qquad \int x^n\cos x\,dx = x^n\sin x - n\int x^{n-1}\sin x\,dx$

$\int e^{ax}\cos bx\,dx = \frac{e^{ax}}{a^2+b^2}(a\cos bx + b\sin bx)$ $\qquad \int e^{ax}\sin bx\,dx = \frac{e^{ax}}{a^2+b^2}(a\sin bx - b\cos bx)$

$\int e^{ax}\cos^2 bx\,dx = \frac{e^{ax}}{2a} + \frac{e^{ax}}{a^2+4b^2}\left(\frac{a}{2}\cos 2bx + b\sin 2bx\right)$

$\int e^{ax}\sin^2 bx\,dx = \frac{e^{ax}}{2a} - \frac{e^{ax}}{a^2+4b^2}\left(\frac{a}{2}\cos 2bx + b\sin 2bx\right)$

$\int \arcsin x\,dx = x\arcsin x + \sqrt{1-x^2}$ $\qquad \int \arccos x\,dx = x\arccos x - \sqrt{1-x^2}$

$\int \arctan x\,dx = x\arctan x - \frac{1}{2}\ln(1+x^2)$ $\qquad \int \operatorname{arccot} x\,dx = x\operatorname{arccot} x + \frac{1}{2}\ln(1+x^2)$

$\int \operatorname{arsinh} x\,dx = x\operatorname{arsinh} x - \sqrt{1+x^2}$ $\qquad \int \operatorname{arcosh} x\,dx = x\operatorname{arcosh} x - \sqrt{x^2-1}$

$\int \operatorname{artanh} x\,dx = x\operatorname{artanh} x + \frac{1}{2}\ln(1-x^2)$ $\qquad \int \operatorname{arcoth} x\,dx = x\operatorname{arcoth} x + \frac{1}{2}\ln(x^2-1)$

# 9 Anwendungen der Differential- und Integralrechnung

## 9.1 Tangente und Normale der Kurve einer Funktion

**Tangente im Punkt ($x_1; y_1$)** $y = y_1 + f'(x_1) \cdot (x - x_1)$

**Normale im Punkt ($x_1; y_1$)** $y = y_1 - \dfrac{x - x_1}{f'(x_1)}$

## 9.2 Eigenschaften der Kurven von Funktionen

**Maximum** $y' = 0$ und $y'' < 0$ **Minimum** $y' = 0$ und $y'' > 0$

**Rechtskrümmung** $y'' < 0$ **Linkskrümmung** $y'' > 0$

**Wendepunkt** $y''$ ändert das Vorzeichen

**Beispiel** Extremwerte und Wendepunkte der Funktion $y = x^3 - 6x + 9$.

$y' = 3x^2 - 6$; $y'' = 6x$; Extremwerte: $0 = 3x_e^2 - 6$; $x_e = \pm\sqrt{2}$; Maximum bei $(-\sqrt{2}; 9 + 4\sqrt{2})$, da $y''(-\sqrt{2}) = -6\sqrt{2} < 0$; Minimum bei $(+\sqrt{2}; 9 + 8\sqrt{2})$, da $y''(+\sqrt{2}) = +6\sqrt{2} > 0$; Wendepunkt: $0 = 6x_w$; $x_w = 0$; $y_w = 9$

**Beispiel** Rinne aus vier gleichbreiten Blechstreifen; Form, damit die Rinne möglichst viel Wasser faßt.

$$A = a \cdot 2a \cos\alpha + a \sin\alpha \cdot a \cos\alpha = a^2(2\cos\alpha + \sin\alpha\cos\alpha)$$

$$A' = a^2(-2\sin\alpha - \sin\alpha\sin\alpha + \cos\alpha\cos\alpha)$$

$$= -a^2(\sin^2\alpha - \cos^2\alpha + 2\sin\alpha)$$

$$A' = 0 \Rightarrow \sin^2\alpha_e - (1 - \sin^2\alpha_e) + 2\sin\alpha_e = 0$$

$$2\sin^2\alpha_e + 2\sin\alpha_e - 1 = 0;$$

$$\sin\alpha_e = -\frac{1}{2} \pm \sqrt{\frac{1}{4} + \frac{1}{2}} = \frac{-1 \pm \sqrt{3}}{2} \Rightarrow \alpha_e = 21{,}47°$$

$$\max A = a^2 \cdot 2{,}202 > a^2 \cdot 2 \quad \text{(Rechteck)}$$

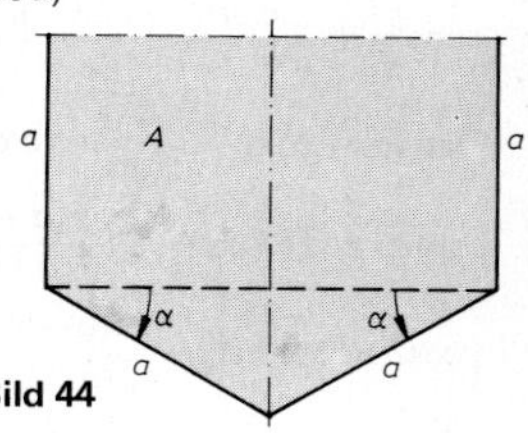

**Bild 44**

## 9.3 Nullstellen einer Funktion $f(x)$ (s. Abschn. 2.8)

**Newton-Verfahren** $x_{i+1} = x_i - \dfrac{f(x_i)}{f'(x_i)}$ konvergiert für $\left|\dfrac{ff''}{f'^2}\right| < 1$.

**Regula falsi** Ist $\operatorname{sgn} f(x_1) = -\operatorname{sgn} f(x_2)$, so ergibt

$$x_3 = x_1 - \frac{x_2 - x_1}{f(x_2) - f(x_1)} f(x_1)$$ eine verbesserte Näherung.

## 9.4 Krümmung, Krümmungsradius, Krümmungskreis

**Krümmung** $\varkappa = \lim\limits_{\Delta s \to 0} \dfrac{\Delta\alpha}{\Delta s} = \dfrac{d\alpha}{ds} = \dfrac{y''}{(1 + y'^2)^{3/2}}$ $>0$ Linkskrümmung; $=0$ Möglichkeit eines Wendepunktes; $<0$ Rechtskrümmung

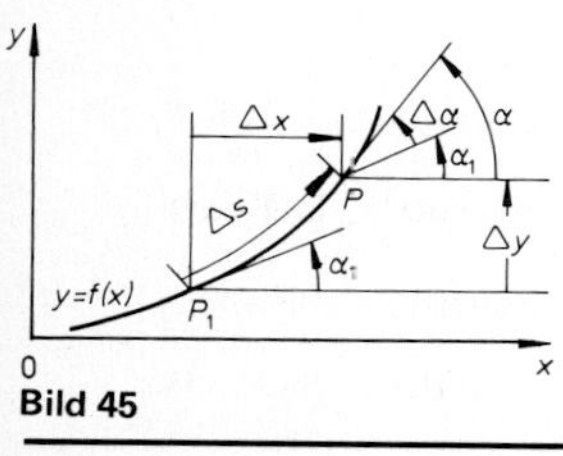

**Bild 45**

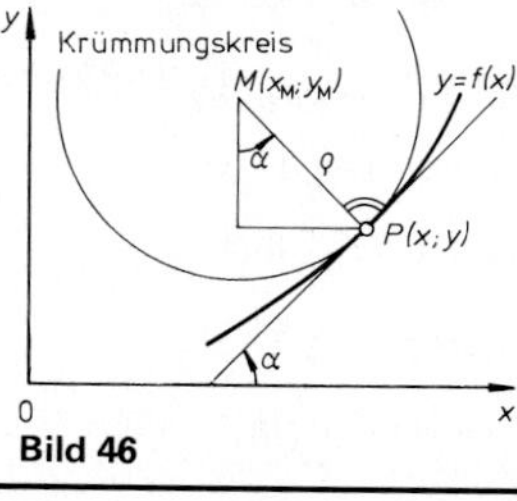

**Bild 46**

**Krümmungsradius** $\varrho = \frac{1}{\varkappa} = \frac{(1+y'^2)^{3/2}}{y''}$ $\varrho > 0$ Linkskrümmung, $\varrho < 0$ Rechtskrümmung

**Krümmungsmittelpunkt** $x_M = x - y'\frac{1+y'^2}{y''}$ $\quad y_M = y + \frac{1+y'^2}{y''}$

**Beispiel** Die Krümmung $1/\varrho(x)$ der Biegelinie $w(x)$ ist proportional zum Schnittbiegemoment $M(x)$ und umgekehrt proportional zur Biegesteifigkeit $EI(x)$ ($E$ = Elastizitätsmodul, $I(x)$ = auf die $y$-Achse bezogenes Flächenmoment 2. Grades des Trägerquerschnitts).

$$\frac{1}{\varrho(x)} = \frac{w''}{(1+w'^2)^{3/2}} = -\frac{M(x)}{EI(x)}$$ Nichtlinearisierte Differentialgleichung der Biegelinie

## 9.5 Unbestimmte Ausdrücke

Sind $f$ und $g$ in $x = a$ differenzierbar und $f(a) = g(a) = 0$ oder $f(a) \to \infty$, $g(a) \to \infty$, so gilt

$$\lim_{x\to a}\frac{f(x)}{g(x)} = \lim_{x\to a}\frac{f'(x)}{g'(x)}$$ Regel von de l'Hospital

**Beispiel** $\lim_{r\to 0}(r^2 \ln r) = ?$ Es wird auf den Ausdruck $\infty/\infty$ umgeformt.

$$r^2 \cdot \ln r = \frac{\ln r}{1/r^2};\ f(r) = \ln r;\ f'(r) = 1/r;\ g(r) = 1/r^2;\ g'(r) = -2/r^3$$

$$\lim_{r\to 0}(r^2 \ln r) = \lim_{r\to 0}\frac{1/r}{-2/r^3} = \lim_{r\to 0}(-r^2/2) = 0$$

## 9.6 Geometrische Größen

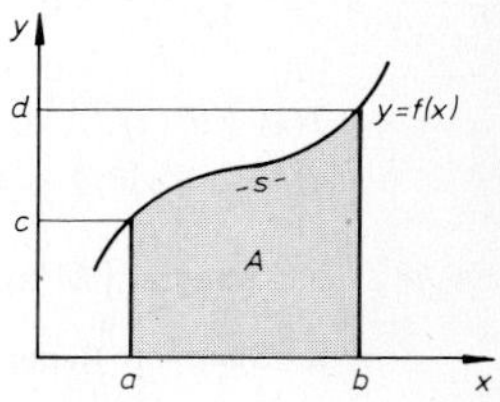

**Bild 47**

**Fläche** $A = \int_A \mathrm{d}A = \int_a^b y\,\mathrm{d}y$

**Bogenlänge** $s = \int_s \mathrm{d}s = \int_a^b \sqrt{1+y'^2}\,\mathrm{d}x$

**Volumen** $V = \int_V \mathrm{d}V$

**Rotationskörper** $V_x = \pi\int_a^b y^2\,\mathrm{d}x$ ($x$-Achse = Rotationsachse)

$$V_y = \pi\int_c^d x^2\,\mathrm{d}y = \pi\int_a^b x^2 y'\,\mathrm{d}x$$

**Beispiel** Differenz $u$ zwischen Meßbandlänge $s$ und Sehnenlänge (zu messende Länge); das Meßband hängt entsprechend der Funktion $y = hx^2/(s/2)^2$ durch.

$$\mathrm{d}u = \mathrm{d}s - \mathrm{d}x = (\sqrt{1+y'^2} - 1)\,\mathrm{d}x$$

$$\approx \left(1 + \frac{y'^2}{2} - 1\right)\mathrm{d}x = \frac{y'^2}{2}\,\mathrm{d}x$$

$$y' = \frac{4h}{s^2}\cdot 2x \qquad u = \int_{-s/2}^{-s/2}\frac{32h^2}{s^4}x^2\,\mathrm{d}x = \frac{8h^2}{3s}$$

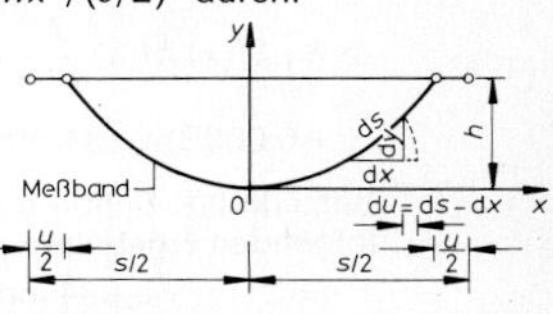

**Bild 48**

**Beispiel** Fläche zwischen der $x$-Achse und der Kurve der Funktion $y = x^3\,\text{cm}^{-2} - x^2\,\text{cm}^{-1} + 1\,\text{cm}$, begrenzt durch die Abszissen $a = 5$ cm und $b = 8$ cm.

$$A = \int_a^b (x^3\,\text{cm}^{-2} - x^2\,\text{cm}^{-1} + 1\,\text{cm})\,\mathrm{d}x$$

$$= \frac{b^4 - a^4}{4}\,\text{cm}^{-2} - \frac{b^3 - a^3}{3}\,\text{cm}^{-1} + (b - a)\,\text{cm}$$

$$= 741{,}75\,\text{cm}^2$$

**Beispiel** Vergleich des Inhalts der Querkraftfläche $A_{Q,\,1-2}$ mit dem Momentenzuwachs $\Delta M_{1-2}$ auf der Länge $(x_2 - x_1)$.

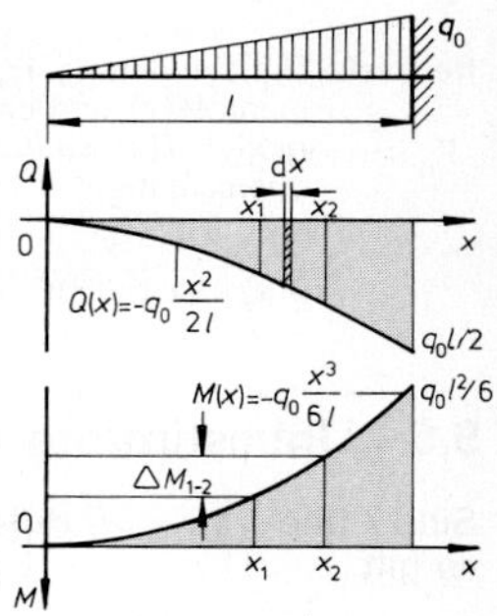


**Bild 49**

$$\mathrm{d}A_Q = Q(x)\,\mathrm{d}x = -q\frac{x^2}{2l}\mathrm{d}x$$

$$A_{Q,\,1-2} = \int_{x_1}^{x_2} Q(x)\,\mathrm{d}x = -\frac{q}{2l}\int_{x_1}^{x_2} x^2\,\mathrm{d}x = -\frac{q}{6l}(x_2^3 - x_1^3)$$

$$\Delta M_{1-2} = M(x_2) - M(x_1) = -q\frac{x_2^3}{6l} + q\frac{x_1^3}{6l} = -\frac{q}{6l}(x_2^3 - x_1^3)$$

**Beispiel** Gesucht ist die Enddurchbiegung des Stahlbetonfreiträgers ($E_b = 3 \cdot 10^7\,\text{kN/m}^2$); Trägerbreite $b = 0{,}30$ m

Arbeitsgleichung

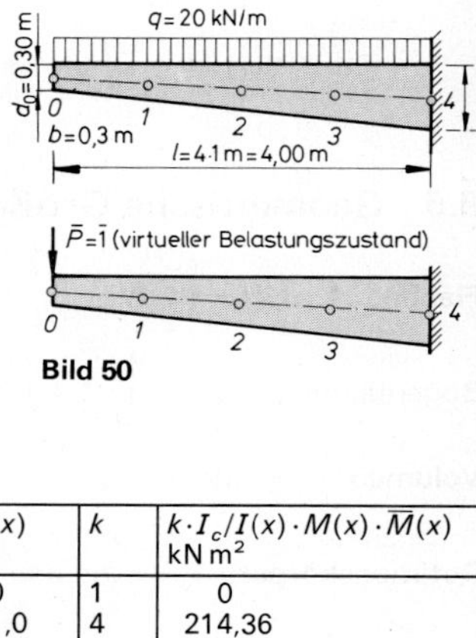


**Bild 50**

$$E_b I_c \cdot \delta_0 = \int_0^l M(x)\,\overline{M}(x)\frac{I_c}{I(x)}\,\mathrm{d}x$$

$$I_c = \frac{b d_4^3}{12} = \text{Vergleichsträgheitsmoment}$$

$$\frac{I_c}{I(x)} = \frac{d_4^3}{d^3(x)} = \left(\frac{0{,}70\,\text{m}}{d(x)}\right)^3$$

$$M(x) = -qx^2/2 \qquad \overline{M}(x) = -\overline{1}\,x$$

Das Integral $\int_0^l M(x)\,\overline{M}(x)\frac{I_c}{I(x)}\,\mathrm{d}x$ wird mit der Simpson-Regel bestimmt.

**Tafel 1**

| Pkt. | $x$ m | $d(x)$ m | $I_c/I(x)$ | $M(x)$ kN m | $\overline{M}(x)$ m | $k$ | $k \cdot I_c/I(x) \cdot M(x) \cdot \overline{M}(x)$ kN m² |
|---|---|---|---|---|---|---|---|
| 0 | 0,0 | 0,30 | | 0 | 0 | 1 | 0 |
| 1 | 1,0 | 0,40 | 5,359 | − 10,0 | −1,0 | 4 | 214,36 |
| 2 | 2,0 | 0,50 | 2,744 | − 40,0 | −2,0 | 2 | 439,04 |
| 3 | 3,0 | 0,60 | 1,588 | − 90,0 | −3,0 | 4 | 1715,04 |
| 4 | 4,0 | 0,70 | 1,000 | −160,0 | −4,0 | 1 | 640,00 |
| | | | | | | | 3008,44 |

$$\delta_0 = \int_0^l M(x)\,\overline{M}(x)\frac{I_c}{I(x)}\,\mathrm{d}x \cdot \frac{1}{E_b}\cdot\frac{1}{I_c} = \frac{1{,}0}{3}\cdot 3008{,}44\,\text{kN m}^3 \cdot \frac{\text{m}^2}{3 \cdot 10^7\,\text{kN}} \cdot \frac{12}{0{,}3 \cdot 0{,}7^3\,\text{m}^4}$$

$$= 0{,}0039\,\text{m} = 3{,}9\,\text{mm}$$

Bemerkung: Schon eine grobe Einteilung liefert genügend genaue Werte, wie die folgenden Ergebnisse zeigen:

$n = 2 \quad \delta_0 = 3{,}934$ mm; $\qquad n = 6 \quad \delta_0 = 3{,}901$ mm
$n = 4 \quad \delta_0 = 3{,}898$ mm; $\qquad n = 8 \quad \delta_0 = 3{,}902$ mm

## 9.7 Differenzieren und Integrieren in Polarkoordinaten

$$r=f(\varphi) \qquad r'=\frac{\mathrm{d}r}{\mathrm{d}\varphi} \qquad r''=\frac{\mathrm{d}r'}{\mathrm{d}\varphi} \qquad \tan\psi=r/r'$$

$$y'=\frac{r'\sin\varphi+r\cos\varphi}{r'\cos\varphi-r\sin\varphi} \qquad y''=\frac{r^2+2r'^2-rr''}{(r'\cos\varphi-r\sin\varphi)^3}$$

**Krümmung** $\varkappa=\frac{y''}{+(1+y'^2)^{3/2}}$

$$\varkappa=[\operatorname{sgn}(r'\cos\varphi-r\sin\varphi)]\frac{r^2+2r'^2-rr''}{+(r^2+r'^2)^{3/2}}$$

**Krümmungsradius** $\rho=1/\varkappa$

**Fläche** $A=\frac{1}{2}\int_{\varphi_1}^{\varphi_2} r^2\,\mathrm{d}\varphi$

**Bogen** $s=\int_{\varphi_1}^{\varphi_2}\sqrt{r^2+r'^2}\,\mathrm{d}\varphi$

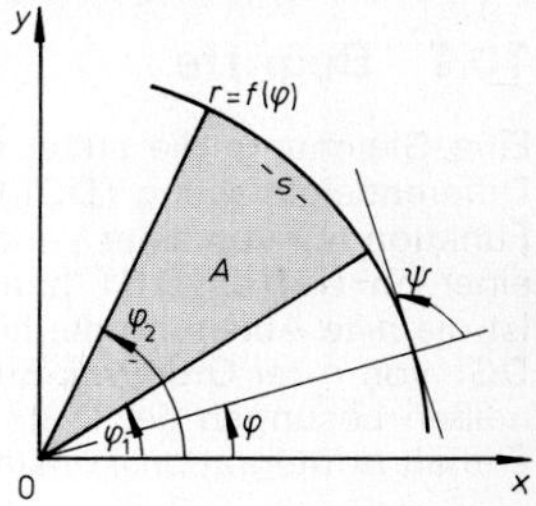


**Bild 51**

## 9.8 Potenzreihen

$$f(x)=f(x_0)+\frac{x-x_0}{1!}f'(x_0)+\frac{(x-x_0)^2}{2!}f''(x_0)+\ldots+\frac{(x-x_0)^n}{n!}f^{(n)}(x_0)$$

$$+\frac{(x-x_0)^{n+1}}{(n+1)!}f^{(n+1)}(x_m) \quad \text{mit } x_m \text{ aus } [x, x_0]$$

$$\sin x=\sum_{i=0}^{\infty}(-1)^i\frac{x^{2i+1}}{(2i+1)!}=x-\frac{x^3}{3!}+\frac{x^5}{5!}-\ldots \qquad x \text{ reell}$$

$$\cos x=\sum_{i=0}^{\infty}(-1)^i\frac{x^{2i}}{(2i)!}=1-\frac{x^2}{2!}+\frac{x^4}{4!}-\ldots \qquad x \text{ reell}$$

$$\arcsin x=x+\frac{1}{2}\frac{x^3}{3}+\frac{1\cdot 3}{2\cdot 4}\frac{x^5}{5}+\frac{1\cdot 3\cdot 5}{2\cdot 4\cdot 6}\frac{x^7}{7}+\ldots \qquad |x|<1$$

$$\arccos x=\frac{\pi}{2}-\arcsin x \qquad \arctan x=x-\frac{x^3}{3}+\frac{x^5}{5}-\ldots \qquad |x|<1$$

$$e^x=1+\frac{x}{1!}+\frac{x^2}{2!}+\ldots=\sum_{i=0}^{\infty}\frac{x^i}{i!} \qquad a^x=\sum_{i=0}^{\infty}\frac{(x\cdot\ln a)^i}{i!} \qquad x \text{ reell}$$

$$\ln(1+x)=\sum_{i=1}^{\infty}(-1)^{i+1}\frac{x^i}{i} \qquad \ln(1-x)=-\sum_{i=1}^{\infty}\frac{x^i}{i} \qquad -1\leqq x<+1$$

$$\sinh x=\sum_{i=0}^{\infty}\frac{x^{2i+1}}{(2i+1)!}=x+\frac{x^3}{3!}+\frac{x^5}{5!}+\frac{x^7}{7!}+\ldots \qquad x \text{ reell}$$

$$\cosh x=\sum_{i=0}^{\infty}\frac{x^{2i}}{(2i)!}=1+\frac{x^2}{2!}+\frac{x^4}{4!}+\frac{x^6}{6!}+\ldots \qquad x \text{ reell}$$

$$(1+x)^n=\sum_{i=0}^{n}\binom{n}{i}x^i \qquad (1-x)^n=\sum_{i=0}^{n}\binom{n}{i}(-x)^i \qquad m, n \text{ positiv ganz, } |x|<1$$

# 10 Differentialgleichungen

## 10.1 Begriffe

Eine Gleichung, die außer den Variablen auch deren Ableitungen enthält, heißt Differentialgleichung (DGl.). Bei einer g e w ö h n l i c h e n D G l. hängt die gesuchte Funktion nur von einer Variablen ab (allgemeine Form $f(x, y', y'', \dots, y^{(n)}) = 0$); bei einer p a r t i e l l e n D G l. hängt die gesuchte Funktion von mehreren Variablen ab. Ist die $n$-te Ableitung die höchste in der DGl. vorkommende Ableitung, so ist die DGl. von $n$-ter Ordnung. Funktionen, die mit ihren Ableitungen die DGl. erfüllen, heißen Lösungen der DGl. Die a l l g e m e i n e L ö s u n g einer DGl. $n$-ter Ordnung enthält $n$ Integrationskonstanten.

## 10.2 Trennung der Veränderlichen

Aus $y' = \frac{dy}{dx} = f_1(x) f_2(y)$ mit $y(x_0) = y_0$ und mit im betrachteten Intervall stetigen Funktionen $f_1(x)$ und $f_2(y)$ folgt

$$\int_{y_0}^{y} \frac{du}{f_2(u)} = \int_{x_0}^{x} f_1(v)\,dv \qquad f_2(y) \neq 0$$

Häufig wird geschrieben

$$\int \frac{dy}{f_2(y)} = \int f_1(x)\,dx$$

**Beispiel** Gesucht ist die Lösung der DGl. $y' = -x/y$ mit der Anfangsbedingung (Anfangswertaufgabe) $y(0) = 3$.

$$\frac{dy}{dx} = -\frac{x}{y} \qquad y\,dy = -x\,dx \qquad \int_0^y u\,du = -\int_3^x v\,dv$$

$$y^2 - 0^2 = -(x^2 - 3^2)$$

$$x^2 + y^2 = 9 \quad \text{d.h. Kreisgleichung}$$

**Beispiel** Für den dargestellten Einfeldträger sind $Q(x)$, $M(x)$ und $w(x)$ gesucht.

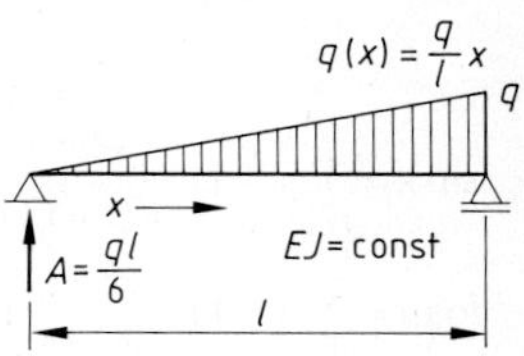


**Bild 52**

$$Q'(x) = -q(x) = -\frac{q}{l}x \qquad \int dQ = -\int \frac{q}{l} x\,dx$$

$$Q(x) = -\frac{qx^2}{2l} + c_1 \qquad \text{Rbd.: } Q(0) = \frac{ql}{6} \rightarrow c_1 = \frac{ql}{6} \quad Q(x) = \frac{ql}{6} - \frac{qx^2}{2l}$$

$$M'(x) = Q(x) \qquad \int dM = \int \left(\frac{ql}{6} - \frac{qx^2}{2l}\right) dx$$

$$M(x) = \frac{qlx}{6} - \frac{qx^3}{6l} + c_2 \qquad \text{Rbd.: } M(0) = 0 \rightarrow c_2 = 0 \quad M(x) = \frac{qlx}{6} - \frac{qx^3}{6l}$$

$$w''(x) = -\frac{M(x)}{EI} = -\frac{q}{EI}\left(\frac{lx}{6} - \frac{x^3}{6l}\right) \qquad w'(x) = -\frac{q}{EI}\left(\frac{lx^2}{12} - \frac{x^4}{24l} + c_3\right)$$

$$w(x) = -\frac{q}{EI}\left(\frac{lx^3}{36} - \frac{x^5}{120l} + c_3 x + c_4\right) \qquad \text{Rbd.: } w(0) = 0 \rightarrow c_4 = 0$$

$$w(l) = 0 \rightarrow c_3 = -\frac{7l^3}{360}$$

$$w(x) = \frac{q}{360EI}\left(7l^3 x - 10lx^3 + \frac{3x^5}{l}\right)$$

## 10.3 Lineare DGl. mit konstanten Koeffizienten

$\sum_{i=0}^{n} a_i y^{(i)} = g(x)$ Lösung $y = y_{(h)} + y_{(s)}$

$y_{(h)} = \sum_{i=1}^{n} C_i e^{p_i x}$ Lösung der homogenen DGl. $\sum_{i=0}^{n} a_i y^{(i)} = 0$

$p_i$ sind die Nullstellen der charakteristischen Gleichung:

$\sum_{i=0}^{n} a_i p^i = 0$ wobei $p_1 \neq p_2 \neq \ldots \neq p_n$

$y_{(h)} = (B_0 + B_1 x + B_2 x^2 + \ldots + B_{k-1} x^{k-1})\, e^{p_1 x} + \sum_{i=k+1}^{n} C_i e^{p_i x}$ wenn

mehrfache Nullstellen $p_1 = p_2 = p_3 = \ldots = p_k$ vorhanden.

$y_{(s)}$ = Spezielle (partielle) Lösung der inhomogenen DGl.: Der Ansatz wird in der allgemeinen Form der Störfunktion gemacht

| Störfunktion | Ansatz |
|---|---|
| $g(x) = b\,e^{ax}$ | $y_{(s)} = c\,e^{ax}$ |
| $g(x) = b_0 + c_1 x + \ldots + c_r x^r$ | $y_{(s)} = c_0 + c_1 x + \ldots + c_r x^r$ |
| $g(x) = A \sin ax$ oder $g(x) = A \cos ax$ | $y_{(s)} = B_1 \sin ax + B_1 \cos ax$ |
| $g(x) = A\, e^{ax} \sin bx$ oder $g(x) = A\, e^{ax} \cos bx$ | $y_{(s)} = e^{ax}(B_1 \sin bx + B_2 \cos bx)$ |

Bei Übereinstimmung der Störfunktion mit einer Lösung der homogenen DGl. werden die Größen $B$ im Ansatz durch $B \cdot x^r$ ersetzt, $r$ ergibt sich nach dem Einsetzen des Ansatzes in die DGl.

**Beispiel** Gesucht ist die allgemeine Lösung der DGl. $y'' - 4y = 2x$.

Homogene DGl.: $y'' - 4y = 0$

Charakteristische Gl.: $p^2 - 4 = 0 \rightarrow p_1 = +2$ und $p_2 = -2$

Inhomogene DGl.: $y'' - 4y = 2x$

Ansatz: $y_{(s)} = c_0 + c_1 x$

$0 - 4(c_0 + c_1 x) = 2x$

Koeffizientenvergleich liefert $c_0 = 0$ und $c_1 = -0{,}5$

Allgemeine Lösung: $y = C_1 e^{2x} + C_2 e^{-2x} - 0{,}5x$

**Beispiel** Die DGl. der freien Schwingung lautet $m\ddot{x} + cx = 0$; die Punkte bedeuten Ableitungen nach der Zeit $t$. Die Rückstellkraft ist $cx$ = Federkraft = Federkonstante mal Auslenkung.

Mit $\omega^2 = c/m$ wird $\ddot{x} + \omega^2 x = 0$

Charakteristische Gleichung: $p^2 + \omega^2 = 0$

Lösungen: $p_1 = +i\omega$ und $p_2 = -i\omega$

Lösung der DGl.: $x = C_1 e^{i\omega t} + C_2 e^{-i\omega t}$

Mit Hilfe der Eulerschen Formel $e^{i\varphi} = \cos\varphi \pm i \sin\varphi$ (Beweis durch Reihenentwicklung) folgt:

$x = (C_1 + C_2) \cos\omega t + i(C_1 - C_2) \sin\omega t$
$x = A_1 \cos\omega t + iA_2 \sin\omega t$

Da nur die Lösungen in reeller Form interessieren, darf geschrieben werden:

$x = A_1 \cos\omega t + A_2 \sin\omega t = A \cos(\omega t - \varepsilon)$

Durch Einsetzen dieser Lösung in die DGl. kann die Richtigkeit überprüft werden.

## 10.4 Differenzenverfahren

Die Ableitungen in einer DGl. werden durch Differenzenquotienten ersetzt; durch Auflösen eines linearen Gleichungssystems werden Werte der Lösungsfunktion ermittelt.

**Differenzenformeln für DGl. 1. Ordnung**

$$y'_{il}=\frac{y_i-y_{i-1}}{\Delta x} \quad \text{(rückwärts)}$$

$$y'_i=\frac{y_{i+1}-y_{i-1}}{2\Delta x} \quad \text{(mittig)}$$

$$y'_{ir}=\frac{y_{i+1}-y_i}{\Delta x} \quad \text{(vorwärts)}$$

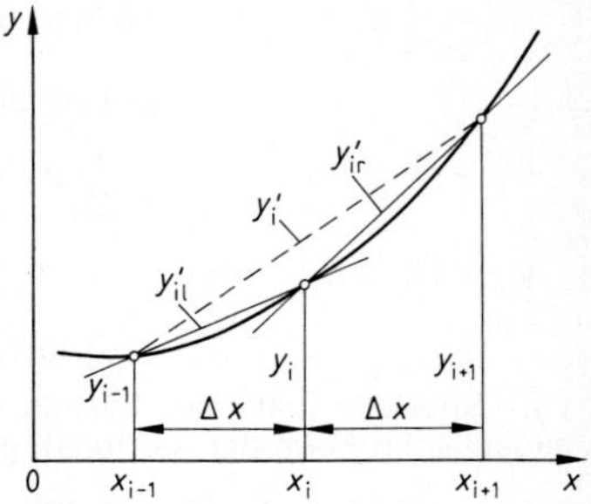


Bild 53

**Differenzenformeln für DGl. 2. Ordnung**

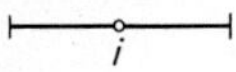


$$y''_i=\frac{1}{h^2}\boxed{1 \quad \boxed{-2} \quad 1}\; y$$

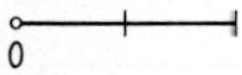


$$y''_0=-\frac{3}{h}y'_0+\frac{1}{2h^2}\boxed{\boxed{-7} \quad 8 \quad -1}\; y$$

**Mehrstellenformeln für DGl. 2. Ordnung**

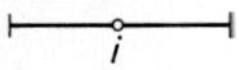


$$\boxed{1 \quad \boxed{10} \quad 1}\; y''=\frac{12}{h^2}\boxed{1 \quad \boxed{-2} \quad 1}\; y$$

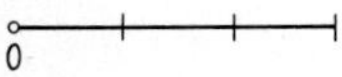


$$\boxed{\boxed{1} \quad 6}\; y''=-\frac{10}{6h}y'_0+\frac{1}{18h^2}\boxed{\boxed{89} \quad -216 \quad 135 \quad -8}\; y$$

**Randbedingungen**

Aus $y'_0=0$ folgt $y_{-1}=y_1$

Aus $y''_0=0$ folgt $y_{-1}=2y_0-y_1$

Aus $y'''_0=0$ folgt $y_{-2}=2y_{-1}-2y_1+y_2$

**Beispiel** Gesucht sind mit Hilfe der DGl. der Biegelinie $w''(x)=-M(x)/EI$ die Durchbiegungen $w_i$.

Bei einer Einteilung in 3 Streifen ist für die Punkte 2 und 4 die Zentralformel anzusetzen.

$$w''_2=-\frac{M(l/3)}{EI}=-\frac{ql^2}{EI}\cdot\frac{4}{81}=\frac{1w_0-2w_2+1w_4}{(l/3)^2}$$

$$w''_4=-\frac{M(2l/3)}{EI}=-\frac{ql^2}{EI}\cdot\frac{5}{81}=\frac{1w_2-2w_4+1w_6}{(l/3)^2}$$

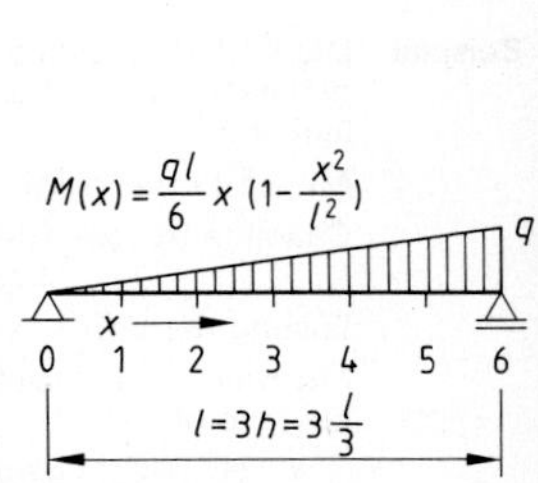


Bild 54

Rbd.: $w_0=w_6=0$; Lösung: $w_2=0{,}0059442\,ql^4/EI$; $w_4=0{,}0064015\,ql^4/EI$

Eine Einteilung in 6 Streifen liefert analog:

$w_0=0$; $w_1=0{,}0031757\,ql^4/EI$; $w_2=0{,}0056013\,ql^4/EI$; …; $w_6=0$

**Verbesserungsformel**

$$y(x) = y(x, h_2) + \frac{y(x, h_2) - y(x, h_1)}{(h_1/h_2)^n - 1}$$

$y(x, h_2)$ = der mit der kleineren Schrittweite $h_2$ ermittelte Wert $y(x)$; $n=2$ beim Differenzenverfahren, $n=4$ beim Mehrstellendifferenzenverfahren (und der numerischen Integration mit der Simpson-Regel).

**Beispiel** Der mit der Verbesserungsformel berechnete Wert $w_2$ des vorstehenden Beispiels (genauer Wert: $w_2 = 0{,}005487\, q\,l^4/EI$) ist:

$$w_2 = \left(0{,}0056013 + \frac{0{,}0056013 - 0{,}0059442}{2^2 - 1}\right)\frac{q\,l^4}{EI} = 0{,}005487\, q\,l^4/EI$$

**Beispiel** Gesucht sind $w_i$ und $M_i$ des dargestellten Trägers mit Hilfe der Mehrstellenformeln.

Finite Übersetzung der:

DGl. $M''_{(x)} = -q(x)$

in den Punkten 1 und 2 ($w_i$ unbekannt);

DGl. $w''_{(x)} = -\dfrac{M(x)}{EI}$

in den Punkten 0, 1 und 2 ($M_i$ unbekannt)

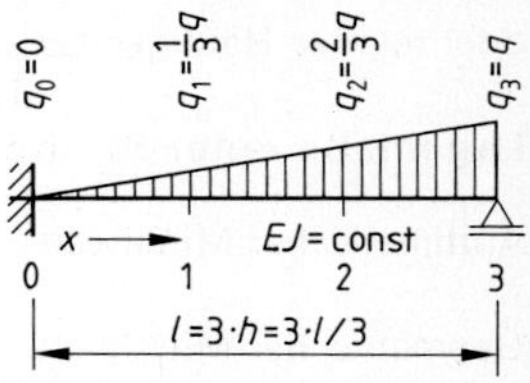


**Bild 55**

Punkt 0: $$w''_0 + 6w''_1 = -\frac{10}{6h}w'_0 + \frac{1}{18h^2}(89w_0 - 216w_1 + 135w_2 - 8w_3)$$

$$-\frac{M_0}{EI} - 6\frac{M_1}{EI} = \frac{1}{18h^2}(-216w_1 + 135w_2) \qquad (1)$$

Punkt 1: $$M''_0 + 10M''_1 + M''_2 = \frac{12}{h^2}(M_0 - 2M_1 + M_2)$$

$$0 - 10\frac{q}{3} - \frac{2q}{3} = \frac{12}{h^2}(M_0 - 2M_1 + M_2) \qquad (2)$$

$$w''_0 + 10w''_1 + w''_2 = \frac{12}{h^2}(w_0 - 2w_1 + w_2)$$

$$-\frac{M_0}{EI} - 10\frac{M_1}{EI} - \frac{M_2}{EI} = \frac{12}{h^2}(-2w_1 + w_2) \qquad (3)$$

Punkt 2: $$M''_1 + 10M''_2 + M''_3 = \frac{12}{h^2}(M_1 - 2M_2 + M_3)$$

$$-\frac{q}{3} - 10\frac{2q}{3} - q = \frac{12}{h^2}(M_1 - 2M_2) \qquad (4)$$

$$w''_1 + 10w''_2 + w''_3 = \frac{12}{h^2}(w_1 - 2w_2 + w_3)$$

$$-\frac{M_1}{EI} - 10\frac{M_2}{EI} = \frac{12}{h^2}(w_1 - 2w_2) \qquad (5)$$

Die Lösungen der Gleichungen (1) bis (5) stimmen mit den exakten Werten überein.

$$\begin{bmatrix} M_0 \\ M_1 \\ M_2 \end{bmatrix} = q\,l^2 \cdot \begin{bmatrix} -0{,}058333 \\ 0{,}010494 \\ 0{,}042284 \end{bmatrix} \qquad \begin{bmatrix} w_1 \\ w_2 \end{bmatrix} = \frac{q\,l^4}{EI} \cdot \begin{bmatrix} 0{,}0018861 \\ 0{,}0029492 \end{bmatrix}$$

# 11 Statistik, Fehlerrechnung

## 11.1 Statistik

**Stichprobe** $\{x_1, x_2, x_3, \ldots, x_n\}$ $n$ Werte der beobachteten Größe; Klassenanzahl bei großem ($50 < n < 500$) Stichprobenumfang: $k \approx \sqrt{n}$, jedoch nicht mehr als 30 Klassen.

Klassenbreite $\Delta x = (\max x - \min x)/k < 0{,}6 s$ Klassenmitte $\bar{x}_i$

Ordinate der Häufigkeitsverteilung: Absolute Häufigkeit $n_i$ (Anzahl der Werte einer Klasse) oder relative Häufigkeit $h_i = n_i/n$.

Ordinate der Häufigkeitssummenverteilung: Absolute Häufigkeitssumme $G_i = \sum_{j=1}^{i} n_j$ oder relative Häufigkeitssumme $\Phi_i = \sum_{j=1}^{i} h_j$.

Lagemaße einer Stichprobe (es wird stets über alle $x_i$ summiert)

Arithmetischer Mittelwert $\bar{x} = \frac{1}{n}\sum x_i \approx \frac{1}{n}\sum n_i \bar{x}_i$

Geometrischer Mittelwert $\bar{x}_G = \sqrt[n]{x_1 x_2 \ldots x_n}$

Harmonischer Mittelwert $\bar{x}_H = \frac{n}{\sum 1/x_i}$

Streuungsmaße einer Stichprobe

Spannweite (Variationsbreite) $R = \max x - \min x$

Streuung $s^2 = \frac{1}{n-1}\sum (x_i - \bar{x})^2 = \frac{1}{n-1}\left[\sum x_i^2 - \frac{1}{n}(\sum x_i)^2\right]$

$$\approx \frac{1}{n-1}\sum (\bar{x}_i - \bar{x})^2 n_i = \frac{1}{n-1}\left[\sum \bar{x}_i^2 n_i - \frac{1}{n}(\sum \bar{x}_i n_i)^2\right]$$

Standardabweichung $s = +\sqrt{s^2}$

Variationskoeffizient $v = s/\bar{x}$

**Wahrscheinlichkeitsverteilungen einer Zufallsgröße**

$h(A) = k/n$ = relative Häufigkeit des Zufallsereignisses $A$ (bei $n$-maliger Durchführung eines Zufallsexperiments tritt $A$ insgesamt $k$-mal ein).

$p(A) = \lim_{n \to \infty} h(A)$ = Wahrscheinlichkeit von $A$.

$n!$ Anzahl der Möglichkeiten, $n$ Elemente zu ordnen.

$n^k$ Anzahl der Möglichkeiten, $k$ Elemente geordnet einer Menge von $n$ verschiedenen Elementen zu entnehmen (mit Zurücklegen).

$\binom{n}{k}$ Anzahl der Möglichkeiten, $k$ Elemente ungeordnet einer Menge von $n$ verschiedenen Elementen zu entnehmen (ohne Zurücklegen).

Normalverteilung (stetige Verteilung mit Erwartungswert $\mu$ und Varianz $\sigma^2$)

Wahrscheinlichkeitsdichte

$$f(x) = \frac{1}{\sigma\sqrt{2\pi}} e^{-\frac{1}{2}\left(\frac{x-\mu}{\sigma}\right)^2}$$

Verteilungsfunktion

$$F(x) = \int_{-\infty}^{x} f(v)\,dv$$

Mit $u=(x-\mu)/\sigma$ und $\sigma f(x)=\varphi(u)$ wird die $N(\mu;\sigma)$-Verteilung zur $N(0;1)$-Verteilung (Normierte Normalverteilung)

Wahrscheinlichkeitsdichte

$$\varphi(u)=\frac{1}{\sqrt{2\pi}}\,e^{-u^2/2}$$

Verteilungsfunktion

$$\Phi(u)=\frac{1}{2}+\frac{1}{\sqrt{2\pi}}\int_0^u e^{-v^2/2}\,dv=\frac{1}{2}+\Psi(u)$$

**Tafel 2**

| $u$ | $\varphi(u)$ | $\Psi(u)u$ in % | $u$ | $\varphi(u)$ | $\Psi(u)$ in % |
|---|---|---|---|---|---|
| 0,0 | 0,39894 | 0,000 | 1,2 | 0,19419 | 38,493 |
| 0,1 | 0,39695 | 3,983 | 1,4 | 0,14973 | 41,924 |
| 0,2 | 0,39104 | 7,926 | 1,6 | 0,11092 | 44,520 |
| 0,3 | 0,38139 | 11,791 | 1,8 | 0,07895 | 46,407 |
| 0,4 | 0,36827 | 15,542 | 2,0 | 0,05399 | 47,725 |
| 0,5 | 0,35207 | 19,146 | 2,2 | 0,03547 | 48,610 |
| 0,6 | 0,33322 | 22,575 | 2,4 | 0,02239 | 49,180 |
| 0,7 | 0,31225 | 25,804 | 2,6 | 0,01358 | 49,534 |
| 0,8 | 0,28969 | 28,814 | 2,8 | 0,00792 | 49,744 |
| 0,9 | 0,26609 | 31,594 | 3,0 | 0,00443 | 49,865 |
| 1,0 | 0,24197 | 34,134 | 3,2 | 0,00238 | 49,931 |

$\Phi(-u)=50\%-\Psi(u)$ $\qquad$ $\Phi(u)=50\%+\Psi(u)$

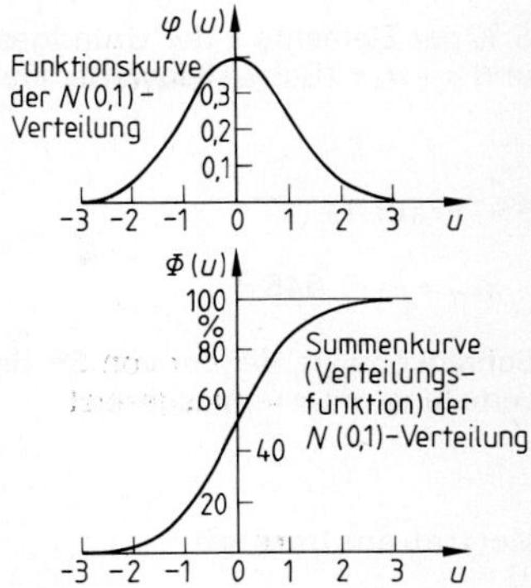


**Bild 56**

Binomialverteilung (diskrete Verteilung mit Erwartungswert $\mu=np$ und Varianz $\sigma^2=np(1-p)$)

Wahrscheinlichkeitsverteilung

$$p(x_i)=\binom{n}{x_i}p^{x_i}(1-p)^{n-x_i}$$

Verteilungsfunktion

$$F(x_i)=\sum_{j=0}^{i}\binom{n}{j}p^j(1-p)^{n-j}$$

$p(x_i)$ = Wahrscheinlichkeit dafür, daß unter $n$ Elementen einer der beiden Merkmalswerte genau $x_i$-mal auftritt; $p$ = Wahrscheinlichkeit dafür, daß bei einem Element der Merkmalswert vorhanden ist.

Poisson-Verteilung (diskrete Verteilung mit Erwartungswert $\mu=np$ und Varianz $\sigma^2=np$)

Wahrscheinlichkeitsverteilung (folgt aus der Binominalverteilung, wenn $p$ klein und $n$ groß wird)

$$p(x_i)=\frac{\mu^{x_i}}{x_i!}\,e^{-\mu}$$

**Beispiel** In einer Lieferung von 100 Stück befinden sich 5 defekte Stücke ($p=0{,}05$). Wie groß ist die Wahrscheinlichkeit, bei einer Stichprobe von 3 Stück (mit Zurücklegen) 0, 1, 2 oder 3 defekte Stücke zu erhalten?

$p(0)=\binom{3}{0}\cdot 0{,}05^0\cdot 0{,}95^{3-0}=0{,}8574$ $\qquad$ $F(0)=0{,}8574$

$p(1)=\binom{3}{1}\cdot 0{,}05^1\cdot 0{,}95^{3-1}=0{,}1354$ $\qquad$ $F(1)=0{,}9928$

$p(2)=\binom{3}{2}\cdot 0{,}05^2\cdot 0{,}95^{3-2}=0{,}0071$ $\qquad$ $F(2)=0{,}9999$

$p(3)=\binom{3}{3}\cdot 0{,}05^3\cdot 0{,}95^{3-3}=0{,}0001$ $\qquad$ $F(3)=1{,}0000$

Mit 99,28%iger Wahrscheinlichkeit wird höchstens 1 defektes Stück entnommen.

## Statistische Prüfverfahren

Statistische Sicherheit

$$S(u_S) = \int_{-u_S}^{u_S} \varphi(u)\,\mathrm{d}u = 2\Psi(u_S)$$

$S$ % der Elemente $x$ der Grundgesamtheit liegen zwischen den Schranken $\mu - u_S\sigma$ und $\mu + u_S\sigma$ (Schwellenwerte, Fraktile)

5%-Fraktile

$$x_{5\%} = \mu - 1{,}645\,\sigma$$

Schrankenwert, der nur von 5% der Grundgesamtheit unterschritten wird, Normalverteilung mit $\sigma$ vorausgesetzt

Vertrauensbereich

$$\bar{x} - u_S\sigma/\sqrt{n} \leqq \mu \leqq \bar{x} + u_S\sigma/\sqrt{n}$$

Erwartungswert $\mu$ liegt mit der Sicherheit $S$ im angegebenen Intervall.
Bei kleinem Stichprobenumfang bzw. wenn $\sigma$ unbekannt ist

$$\bar{x} - t_s s\sqrt{n} \leqq \mu \leqq \bar{x} + t_s s/\sqrt{n}$$

$t_s$ ist abhängig von $f = n - 1$

**Tafel 3 $u_s$-Werte der Normalverteilung**

| $S$ in % | $\alpha$ in % | Abgrenzung einseitig | Abgrenzung zweiseitig |
|---|---|---|---|
| 90 | 10 | 1,28155 | 1,64485 |
| 95 | 5 | 1,64485 | 1,95996 |
| 96 | 4 | 1,75069 | 2,05375 |
| 97 | 3 | 1,88079 | 2,17009 |
| 98 | 2 | 2,05375 | 2,32635 |
| 99 | 1 | 2,32635 | 2,57583 |
| 99,9 | 0,1 | 3,09023 | 3,29053 |

**Tafel 4 $t_S$-Werte der $t$-Verteilung**

| | Abgrenzung | | | |
|---|---|---|---|---|
| | einseitig | | zweiseitig | |
| $f$ | $S=95\%$ | $S=99\%$ | $S=95\%$ | $S=99\%$ |
| 1 | 6,314 | 31,821 | 12,706 | 63,657 |
| 2 | 2,920 | 6,965 | 4,303 | 9,925 |
| 3 | 2,353 | 4,541 | 3,182 | 5,841 |
| 4 | 2,132 | 3,747 | 2,776 | 4,604 |
| 5 | 2,015 | 3,365 | 2,571 | 4,032 |
| 6 | 1,943 | 3,143 | 2,447 | 3,707 |
| 7 | 1,895 | 2,998 | 2,365 | 3,499 |
| 8 | 1,860 | 2,896 | 2,306 | 3,355 |
| 9 | 1,833 | 2,821 | 2,262 | 3,250 |
| 10 | 1,812 | 2,764 | 2,228 | 3,169 |
| 15 | 1,753 | 2,602 | 2,131 | 2,947 |
| 20 | 1,725 | 2,528 | 2,086 | 2,845 |
| 25 | 1,708 | 2,485 | 2,060 | 2,787 |
| 30 | 1,697 | 2,457 | 2,042 | 2,750 |
| 40 | 1,684 | 2,423 | 2,021 | 2,704 |
| 50 | 1,676 | 2,403 | 2,010 | 2,678 |
| $\infty$ | 1,645 | 2,326 | 1,960 | 2,576 |

**Beispiel** Mittelwert $\bar{x}$, Standardabweichung $s$, 5%-Fraktile und der Vertrauensbereich ($S=95\%$) einer Stichprobe sind gesucht.

$\bar{x}=283{,}3/8=35{,}41$ MN/m²

$s^2=100{,}95/7=14{,}42\ (\text{MN/m}^2)^2$

$s=3{,}80$ MN/m²

$x_{5\%}=35{,}41-1{,}895\cdot 3{,}80=28{,}21$ MN/m²

$t_S s/\sqrt{n}=2{,}365\cdot 3{,}80/\sqrt{8}=3{,}18$ MN/m²

$\mu=(35{,}41\pm 3{,}18)$ MN/m², $S=95\%$

**Tafel 5**

| $i$ | $x_i$ MN/m² | $(x_i-\bar{x})^2$ MN²/m⁴ |
|---|---|---|
| 1 | 36,5 | 1,19 |
| 2 | 39,4 | 15,92 |
| 3 | 40,0 | 21,07 |
| 4 | 33,7 | 2,92 |
| 5 | 38,4 | 8,94 |
| 6 | 29,5 | 34,93 |
| 7 | 31,6 | 14,52 |
| 8 | 34,2 | 1,46 |
| | 283,3 | 100,95 |

**Korrelation und Regression**

Die Beobachtungswerte $(x_i; y_i)$ einer verbundenen Stichprobe können in einem $(x; y)$-Koordinatensystem dargestellt werden; aus den $x_i$- und $y_i$-Werten werden $\bar{x}$, $\bar{y}$, $s_x$, $s_y$, und $m_{xy}=1/(n-1)\cdot\sum(x_i-\bar{x})(y_i-\bar{y})$ (empirische Kovarianz) berechnet.

Empirischer Korrelationskoeffizient

$$r=\frac{m_{xy}}{s_x s_y}\qquad \begin{array}{l} r=0 \text{ kein linearer Zusammenhang,} \\ r=|1| \text{ linearer Zusammenhang.} \end{array}$$

Empirische Regressionsgerade

$$y=\bar{y}+r s_y/s_x\cdot(x-\bar{x})$$

**Beispiel** Ermittlung einer Regressionsgerade

| $i$ | $x_i$ | $y_i$ | $x_i-\bar{x}$ | $y_i-\bar{y}$ |
|---|---|---|---|---|
| 1 | 4,1 | 28,0 | −4,14 | −3,0 |
| 2 | 6,2 | 32,0 | −2,04 | 1,00 |
| 3 | 7,9 | 30,5 | −0,34 | −0,50 |
| 4 | 10,5 | 34,0 | 2,26 | 3,00 |
| 5 | 12,5 | 30,5 | 4,26 | −0,50 |
| | 41,2 | 155,0 | | |

$\bar{x}=8{,}24$
$s_x=3{,}3419$
$\bar{y}=31{,}00$
$s_y=2{,}2079$
$m_{xy}=3{,}8000$
$r=0{,}5150$

$$y=31{,}00+\frac{0{,}5150\cdot 2{,}2079}{3{,}3419}(x-8{,}24)=28{,}1964+0{,}3402x$$

## 11.2 Fehlerrechnung

Fehlerfortpflanzungsgesetz und Vertrauensbereich für die Funktion $z=f(u, v, w, \ldots)$
Standardabweichungen der Grundgesamtheiten $\sigma_u$, $\sigma_v$, $\sigma_w$, ... bekannt:

$$\sigma_z=\sqrt{(f_u\sigma_u)^2+(f_v\sigma_v)^2+(f_w\sigma_w)^2+\ldots}$$

$$\Delta z=\frac{u_S\sigma_z}{\sqrt{n}}$$

Schätzwerte $s_u$, $s_v$, $s_w$, ... aus Stichproben, alle vom gleichen Umfang $n$, bekannt:

$$s_z=\sqrt{(f_u s_u)^2+(f_v s_v)^2+(f_w s_w)^2+\ldots}$$

$$\Delta z=\frac{t_S s_z}{\sqrt{n}}$$

Vertrauensbereiche $\Delta u$, $\Delta v$, $\Delta w, \ldots$ (i. allg. aus Stichproben unterschiedlichen Umfangs) bekannt:

$$\Delta z = \sqrt{(f_u \Delta u)^2 + (f_v \Delta v)^2 + (f_w \Delta w)^2 + \ldots}$$

$$= \sqrt{(f(u+\Delta u, v, w, \ldots) - z)^2 + (f(u, v+\Delta v, w, \ldots) - z)^2 + (f(u, v, w+\Delta w, \ldots) - z)^2 + \ldots}$$

**Beispiel** Wie groß ist der relative Fehler $\Delta f_E / f_E$ der Enddurchbiegung eines Freiträgers unter Gleichstreckenlast mit folgenden relativen Vertrauensbereichen $\Delta l / l = 1\%$, $\Delta E / E = 2\%$ und $\Delta I / I = 3\%$?

$$f_E = q l^4 / (8EI); \quad l + \Delta l = 1{,}01\, l; \quad E + \Delta E = 1{,}02 E; \quad I + \Delta I = 1{,}03 I$$

$$\Delta f_E = \sqrt{(f_E \cdot 1{,}01^4 - f_E)^2 + (f_E / 1{,}02 - f_E)^2 + (f_E / 1{,}03 - f_E)^2}$$

$$\Delta f_E / f_E = \sqrt{(1{,}01^4 - 1)^2 + (1/1{,}02 - 1)^2 + (1/1{,}03 - 1)^2} = 0{,}0537 = 5{,}37\%$$

# Bauphysik

Bearbeitet von Prof. Dr.-Ing. Richard Jenisch

## Inhalt

## Technische Baubestimmungen

DIN 4102 Brandverhalten von Baustoffen und Bauteilen
-1 –; Baustoffe; Begriffe, Anforderungen und Prüfungen (5.81)
-2 –; Bauteile; Begriffe, Anforderungen und Prüfungen (9.77)
-3 –; Brandwände und nichttragende Außenwände; Begriffe, Anforderungen und Prüfungen (9.77)
-4 –; Zusammenstellung und Anwendung klassifizierter Baustoffe, Bauteile und Sonderbauteile (3.94)
-7 –; Bedachungen; Begriffe, Anforderungen und Prüfungen (3.87)

DIN 4108 Wärmeschutz im Hochbau (8.81)
-1 –; Größen und Einheiten (8.81)
-2 –; Wärmedämmung und Speicherung. Anforderungen und Hinweise für Planung und Ausführung (8.81)
-3 –; Klimabedingter Feuchteschutz. Anforderungen und Hinweise für Planung und Ausführung (8.81)
-4 –; Wärme- und feuchteschutztechnische Kennwerte (E11.95)
-5 –; Berechnungsverfahren (8.81)

Vornorm
DIN V4108-6 –; Wärmeschutz im Hochbau; Berechnung des Jahresheizwärmebedarfes von Gebäuden (4.95)

DIN 4109 Schallschutz im Hochbau; Anforderungen und Nachweise (11.89)
Beiblatt 1 –; Ausführungsbeispiele und Rechenverfahren (11.89)
Beiblatt 2 –; Hinweise für Planung und Ausführung; Vorschläge für einen erhöhten Schallschutz; Empfehlungen für den Schallschutz im eigenen Wohn- und Arbeitsbereich (11.89)
Berichtigung 1 zu DIN 4109 (8.92)

DIN 5031 Strahlungsphysik im optischen Bereich und Lichttechnik
DIN 5035-2 Innenraumbeleuchtung mit künstlichem Licht; Richtwerte für Arbeitsstätten in Innenräumen und im Freien (9.90)
DIN 18005 Schallschutz in Städtebau
DIN 18032 Hallen für Turnen und Spiele. Richtlinien für Planung und Bau
DIN 18041 Hörsamkeit in kleinen bis mittelgroßen Räumen
DIN 45641 Mittelungspegel
DIN 45645 Beurteilungspegel
DIN EN 1190 Wärmetechnisches Verhalten von Gebäuden; Wärmeaustausch mit dem Boden; Berechnungsverfahren (E.94)
DIN EN 26946 Bauelemente und Bauteile; Wärmedurchlaßwiderstand und Wärmedurchgangskoeffizient; Berechnungsverfahren (E.95)
DIN EN 27345 Wärmeschutz; Physikalische Größen und Definitionen (E.94)
DIN EN 32573 Wärmebrücken im Hochbau; Wärmestrom und Oberflächentemperaturen; Allgemeine Berechnungsverfahren (E.95)

prEN 832 Wärmetechnisches Verhalten von Gebäuden; Berechnung des Heizenergiebedarfs; Wohngebäude (E.94)

WärmeschutzV Verordnung über einen energiesparenden Wärmeschutz bei Gebäuden (Wärmeschutzverordnung-WärmeschutzV). Veröffentlicht am 24.8.1994 im Bundesgesetzblatt, Jahrgang 1994, Teil 1

VDI 4100 Schallschutz von Wohnungen; Kriterien für Planung und Beurteilung (9.94)
VDI 2058 Blatt 1: Beurteilung von Arbeitslärm in der Nachbarschaft (9.85)

## Weiterführende Literatur


[1] *Cziesielski, E.*: Wärmebrücken im Hochbau. Bauphysik **7** (1985), H. 5, S. 141
[2] *Furrer, W., Lauber, A.*: Raum- und Bauakustik, Lärmabwehr. Basel und Stuttgart 1972
[3] *Gösele, K., Schüle, W.*: Schall, Wärme, Feuchte. Wiesbaden-Berlin 1989
[4] *Hauser, G.; Schulze, H.* und *Wolfseher, U.*: Wärmebrücken im Holzbau Bauphysik **5** (1983), H. 2, S. 17 und H. 2, S. 42
[5] *Hauser, G., Stiegel, H.*: Wärmebrücken-Atlas für den Mauerwerksbau. Wiesbaden-Berlin 1990
[6] *Heindel, W.; Kreč., K; Panzhauser, E., Sigmund, H.*: Wärmebrücken. Wien-New York 1987
[7] *Jenisch, R.*: Berechnung der Feuchtigkeitskondensation in Außenbauteilen, abhängig vom Außenklima. Ges.Ing. **92** (1971), H. 9, S. 257 und H. 10, S. 299

[8] *Kupke, Chr.* und *Tanaka, T.*: Wärmebrücken. wksb Sonderausgabe August 1980
[9] *Lutz, P.*; *Jenisch, R.*; *Freymuth, H.*; *Krampf, L.*; *Petzold, K.*: Lehrbuch der Bauphysik. 3. Aufl. Stuttgart 1994
[10] *Mainka, G.W.* und *Paschen, H.*: Wärmebrückenkatalog. Stuttgart 1986
[11] *Rudolphi, R.* und *Müller, R.*: Bauphysikalische Temperaturberechnungen in FORTRAN. Band 1 Zwei- bzw. dreidimensionale stationäre Probleme des Wärmeschutzes. Stuttgart 1985
[12] *Schüle, W.*; *Jenisch, R.* und *Lutz, H.*: Wärmeschutztechnische und raumklimatische Untersuchungen an Montagebauten. Berichte aus der Bauforschung (1969), H. 60, S. 9. Stuttgart 1972

# 1 Wärmeschutz im Hochbau

Der Begriff „Wärmeschutz im Hochbau" betrifft Maßnahmen, die notwendig sind, um in beheizten Gebäuden ein für die Menschen behagliches Raumklima zu schaffen. In der Regel wird dabei zusätzlich erwartet, daß die Baukonstruktion vor Schäden durch Feuchteeinwirkung geschützt wird und der Verbrauch an Heizenergie in tragbaren Grenzen bleibt.

Die Anforderungen an den Wärmeschutz der Bauteile zur Gewährleistung eines zufriedenstellenden Raumklimas mit der zusätzlichen Forderung nach einem ausreichenden Schutz der Baukonstruktion führen zur Festlegung von Mindestwerten des Wärmedurchlaßwiderstandes. Eine erhöhte Einsparung von Heizenergie ist bei dieser Betrachtungsweise nicht zu erwarten. Deshalb gibt es 2 technische Regelwerke, die sich aus diesen unterschiedlichen Gesichtspunkten mit dem Wärmeschutz von Bauteilen bzw. von Gebäuden befassen:

- Die DIN 4108 fordert Mindestwerte des Wärmedurchlaßwiderstandes zum Schutz des Menschen vor thermisch unbehaglichen Zuständen und zum Schutz der Baukonstruktion vor Schäden.
- Die Wärmeschutzverordnung (WSchV) dagegen befaßt sich nur mit der Forderung nach einem energiesparenden Wärmeschutz.

Heizungseinrichtungen und Heizflächen zur Beheizung von Gebäuden werden in der Regel nach dem Norm-Wärmebedarf ausgelegt, der nach DIN 4701 „Regeln für die Berechnung des Wärmebedarfs von Gebäuden" (3.83) ermittelt wird.

## 1.1 Begriffe und Bewertungsgrößen

Trennt ein Bauteil einen beheizten Raum von einer Umgebung mit niedrigerer Temperatur, so fließt ein Wärmestrom durch ihn in Richtung des Temperaturgefälles. Der Wärmestrom hängt von der Geometrie, dem Material und der Beschaffenheit der Oberfläche, der Luftbewegung und der Lufttemperatur zu beiden Seiten des Bauteiles ab. Wenn die Temperaturen nicht konstant sind, ist der Wärmestrom auch noch zeitlichen Schwankungen unterworfen.

Beim Wärmeschutz im Hochbau werden grundsätzlich konstante Temperaturen angenommen. Die auf dieser Annahme basierenden physikalischen Gesetze, die den wärmeschutztechnischen Berechnungen im Hochbau zugrunde liegen, gelten nur für platten-

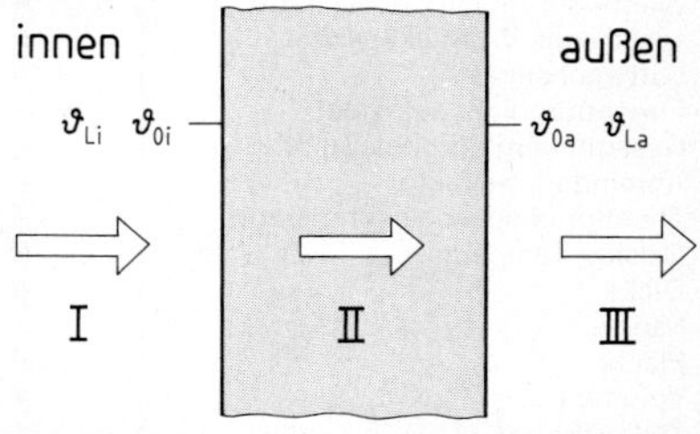


**Bild 1 Schematische Darstellung der Wärmebewegung durch ein Bauteil von der höheren Temperatur $\vartheta_{Li}$ zur tieferen $\vartheta_{La}$**
I Wärmeübergang von Raumluft zu raumseitiger Wandoberfläche
II Wärmedurchgang durch das Bauteil
III Wärmeübergang von außenseitiger Wandoberfläche an die Außenluft

förmige, unendliche ausgedehnte Körper. Bauteile können, wenn Ecken- und Anschlußbereiche ausgeklammert werden, in erster Annäherung als derartige Körper angesehen werden. Die Wärmebewegung durch ein Bauteil kann nach Bild 1 in 3 Einzelvorgänge aufgeteilt werden:

Die Wärmestromdichten (Wärmestrom durch Fläche) der einzelnen Wärmebewegungen sind:

$$q_{I} = \alpha_i\,(\vartheta_L - \vartheta_{0i}) \qquad q_{II} = \Lambda\,(\vartheta_{0i} - \vartheta_{0a}) \qquad q_{III} = \alpha_a\,(\vartheta_{0a} - \vartheta_{La})$$

$\alpha_i$ und $\alpha_a$ sind Wärmeübergangskoeffizienten, $\Lambda$ der Wärmedurchlaßkoeffizient des Bauteils. Bei der Gesamtbetrachtung der Wärmebewegung durch das Bauteil, einschließlich der beiderseitigen Wärmeübergänge, ergibt sich die Wärmestromdichte

$$q = k\,(\vartheta_{Li} - \vartheta_{La}),$$

wobei $k$ als Wärmedurchgangskoeffizient bezeichnet wird. Die Kehrwerte der Koeffizienten sind Wärmewiderstände. Werden die Einzelwiderstände addiert, erhält man den Gesamtwiderstand $R_k$. Er ist

$$R_k = R_i + R_\lambda + R_a$$

### 1.1.1 Wärmetechnische Größen

Für den Bereich des Wärmeschutzes sind in der Norm DIN EN 27345 (E.94) – Wärmeschutz. Physikalische Größen und Definitionen – folgende Symbole bzw. Formelzeichen und Einheiten festgelegt.

| Physikalische Größe | Formelzeichen DIN EN 27345 (E.94) | Formelzeichen bisher üblich | SI-Einheit |
|---|---|---|---|
| Wärmemenge | $Q$ | $Q$ | J (1 J = 1 Ws) |
| Wärmestrom | $\Phi$ | $\Phi$ | W |
| Wärmestromdichte | $q$ | $q$ | $W/m^2$ |
| Wärmeleitfähigkeit | $\lambda$ | $\lambda$ | $W/(m \cdot K)$ |
| Wärmedurchlaßkoeffizient | $\Lambda$ | $\Lambda$ | $W/(m^2 \cdot K)$ |
| Wärmedurchlaßwiderstand | $R$ | $1/\Lambda$ | $m^2 \cdot K/W$ |
| Wärmeübergangskoeffizient | $h$ | $\alpha$ | $W/(m^2 \cdot K)$ |
| Wärmeübergangswiderstand | $R$ | $1/\alpha$ | $m^2 \cdot K/W$ |
| Wärmedurchgangskoeffizient | $U$ | $k$ | $W/(m^2 \cdot K)$ |
| Wärmedurchgangswiderstand | $R$ | $1/k$ | $m^2 \cdot K/W$ |
| spezifische Wärmekapazität | $c$ | $c$ | $J/(kg \cdot K)$ |
| Luftwechselrate | $n$ | $n$, $\beta$ | 1/h |
| Fugendurchlaßkoeffizient | – | $a$ | $m^3/h \cdot m\,(daPa^{2/3})$ |
| Gesamtenergiedurchlaßgrad | – | $g$ | 1[1]) |
| Abminderungsfaktor | – | $z$ | 1[1]) |
| Thermodynamische Temperatur | $T$ | $T$ | K |
| Celsius-Temperatur | $\Theta$ | $\vartheta$ | °C |
| Dicke | $d$ | $s$ | m |
| Länge | $l$ | $l$ | m |
| Fläche | $A$ | $A$ | $m^2$ |
| Volumen | $V$ | $V$ | $m^3$ |
| Zeit | $t$ | $t$ | s |
| Dichte | $\varrho$ | $\varrho$ | $kg/m^3$ |

[1]) steht für das Verhältnis zweier gleicher Einheiten

Hiervon abweichend werden in den Abschnitten Wärme- und Feuchteschutz für Wärmeübergangskoeffizient, Wärmedurchgangskoeffizient, Temperatur und Dicke weiterhin die bisher üblichen Formelzeichen verwendet.

Zwischen den vor dem 1.1.1978 genutzten Einheiten kcal bzw. kcal/h und den SI-Einheiten J und W bestehen folgende Beziehungen:

1 kcal = 4186,8 J 1 kcal/h = 1,163 W

## 1.1.2 Berechnungsverfahren

Die nachfolgend angeführten Kenngrößen und Berechnungsverfahren gelten nur bei stationären Wärmestromverhältnissen und für ebene, plattenförmige Körper. In Bereichen divergierender oder konvergierender Wärmestromlinien sind sie nicht anwendbar.

### 1.1.2.1 Bedeutung und Berechnung der Kenngrößen

**Rechenwert der Wärmeleitfähigkeit $\lambda_R$.** Wärmeenergie wird in Stoffen unterschiedlich gut weitergeleitet. Diese Eigenschaft wird als Wärmeleitfähigkeit bezeichnet. Für wärmeschutztechnische Berechnungen ist der Rechenwert der Wärmeleitfähigkeit anzuwenden. Er ist auf eine Temperatur von 10 °C und den praktischen Feuchtegehalt (s. Tafel 26) bezogen und berücksichtigt material- und herstellungsbedingte Streuungen. Die Rechenwerte der Wärmeleitfähigkeit $\lambda_R$ in Tafel 17 sind unter anderem aufgrund der praktischen Feuchtegehalte nach Tafel 26 festgelegt worden.

**Wärmedurchlaßwiderstand $R_\lambda$.** Bei einem einschichtigen Bauteil berechnet er sich aus der Dicke $s$ und dem Rechenwert der Wärmeleitfähigkeit $\lambda_R$ nach der Gl.

$$R_\lambda = s/\lambda_R \quad (1)$$

Bei mehrschichtigen Bauteilen der Dicken $s_1, s_2, \ldots, s_n$ der Einzelschichten und deren Rechenwerten der Wärmeleitfähigkeit $\lambda_{R1}, \lambda_{R2}, \ldots, \lambda_{Rn}$ berechnet er sich nach der Gleichung

$$R_\lambda = s_1/\lambda_{R1} + s_2/\lambda_{R2} + \ldots + s_n/\lambda_{Rn} \quad (2)$$

**Wärmeübergangswiderstand $R_i$.** Er kennzeichnet den Wärmewiderstand beim Wärmetransport von der Luft zur Bauteiloberfläche bzw. umgekehrt (s. Bild 1). Die für Berechnungen notwendigen Zahlenwerte werden Tabellen entnommen.

**Wärmedurchgangswiderstand $R_k$.** Durch die Addition der Einzelwiderstände erhält man den Wärmedurchgangswiderstand eines Bauteils

$$R_k = R_i + R_\lambda + R_a \quad (3)$$

**Wärmedurchgangskoeffizient $k$.** Bei ein- und mehrschichtigen Bauteilen ergibt sich der Wärmedurchgangskoeffizient aus der Kehrwertbildung der Gl. (3)

$$k = \frac{1}{R_k} \quad (4)$$

Für ein Bauteil mit mehreren, in Richtung des Wärmestromes nebeneinanderliegenden Bereichen mit verschiedenen Wärmedurchgangskoeffizienten $k_1, k_2, \ldots k_n$ der Flächen $A_1, A_2 \ldots A_n$ wird der mittlere Wärmedurchgangskoeffizient nach der folgenden Gleichung berechnet

$$k = \frac{k_1 A_1 + k_2 A_2 + \ldots + k_n A_n}{A_1 + A_2 + \ldots + A_n} \quad (5)$$

**Mittlerer Wärmedurchlaßwiderstand $R_\lambda$.** Der mittlere Wärmedurchlaßwiderstand eines Bauteils mit mehreren, nebeneinanderliegenden Bereichen ergibt sich aus dem mittleren Wärmedurchgangskoeffizienten nach Gl. (5) zu

$$R_\lambda = R_k - (R_i + R_a) \quad (6)$$

**Wärmestrom $\Phi$ und Wärmestromdichte $q$.** Durch ein Bauteil mit der Fläche $A$ fließt bei einer beidseitig angrenzenden Luft der Temperaturen $\vartheta_{Li}$ bzw. $\vartheta_{La}$ ein Wärmestrom der Größe

$$\Phi = k \cdot A\,(\vartheta_{Li} - \vartheta_{La}) \quad (7)$$

bzw. eine Wärmestromdichte der Größe

$$q = k(\vartheta_{Li} - \vartheta_{La}) \quad (8)$$

Bei den Berechnungen ist die Schichtdicke $s$ in m und die Fläche $A$ in $m^2$ einzusetzen.

Die Berechnung der Größen nach den Gln. (1) bis (8) für den Nachweis des erforderlichen Wärmeschutzes im Hochbau erfolgt nach den anerkannten Regeln der Technik, veröffentlicht am 2. 3. 1982 im Bundesanzeiger Nr. 41.
Demnach sind für die Berechnung des Wärmeschutzes der Bauteile die Stoffwerte der DIN 4108-4 zu entnehmen (s. Tafel 17). Stoffwerte, die dort nicht enthalten sind, dürfen nur dann verwendet werden, wenn sie im Bundesanzeiger bekannt gemacht worden sind.

#### 1.1.2.2 Berechnung von Temperaturen

Sind die Lufttemperaturen beiderseits des Bauteils $\vartheta_{Li}$ und $\vartheta_{La}$, ergeben sich für die Innen- bzw. Außenoberflächen des Bauteils die Innen- bzw. Außenoberflächentemperaturen $\vartheta_{Oi}$ bzw. $\vartheta_{Oa}$ durch folgende Gleichungen

$$\vartheta_{Oi} = \vartheta_{Li} - R_i \cdot q \qquad (9)$$

$$\vartheta_{Oa} = \vartheta_{La} + R_a \cdot q \qquad (10)$$

Die Temperaturen $\vartheta_1, \vartheta_2, \ldots \vartheta_n$ innerhalb des Bauteils nach der ersten, zweiten bzw. $n$-ten Schicht, gezählt in Richtung des Wärmestromes, sind

$$\vartheta_1 = \vartheta_{Oi} - (R_{\lambda 1}) \cdot q \qquad (11)$$

$$\vartheta_2 = \vartheta_1 - (R_{\lambda 2}) \cdot q \qquad (12)$$

$$\vartheta_n = \vartheta_{n-i} - (R_{\lambda n}) \cdot q \qquad (13)$$

Anwendungsbeispiel s. S. 165
Nach Gl. (8) ist

$$q = k(\vartheta_{Li} - \vartheta_{La})$$

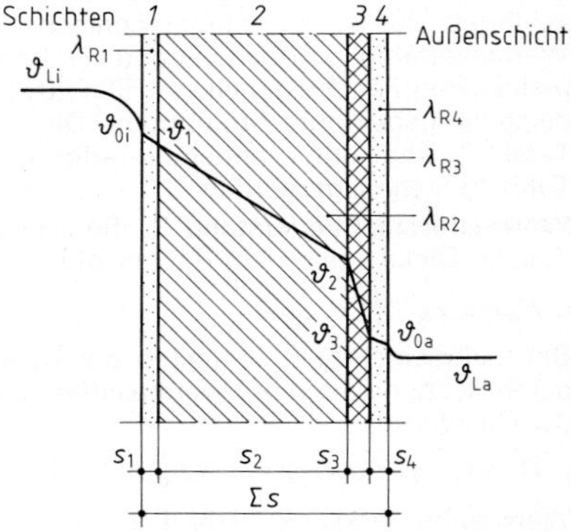


**Bild 2 Temperaturen in mehrschichtigen Bauteilen**

## 1.2 Mindestanforderungen an den Wärmeschutz im Winter

nach DIN 4108-2 und DIN 4108-2 (E11.95)

In DIN 4108 werden wärmeschutztechnische Mindestanforderungen an die Außenbauteile von Aufenthaltsräumen in Hochbauten, die auf normale Innentemperaturen beheizt werden, gestellt. Bei Erfüllung dieser Mindestanforderungen ist zu erwarten,

- daß sich in den Gebäuden bei normalen Heizungs- und Lüftungsverhältnissen ein aus hygienischer Sicht nicht zu beanstandendes Raumklima einstellt und
- daß die Baukonstruktion vor Folgeschäden klimabedingter Feuchteeinwirkungen bewahrt wird.

Der Nachweis eines Mindestwärmeschutzes nach DIN 4108 besteht darin, daß man für die gegebenen Außenbauteile den Wärmedurchlaßwiderstand $R_\lambda$ oder den Wärmedurchgangskoeffizienten $k$ ermittelt und nachweist, daß

**entweder vorh. $R_\lambda \geqq$ erf. Mindestwert $R_\lambda$**
**oder vorh. $k \leqq$ zul. Maximalwert $k$**

ist.

### 1.2.1 Erforderlicher Wärmeschutz der Bauteile

Die Mindestwerte $R_\lambda$ bzw. Maximalwerte $k$ der Bauteile sind in Tafel 1 angegeben. Bei Außenwänden, Decken unter nicht ausgebauten Dachgeschossen und Dächern bestehen nach Tafel 2 höhere Anforderungen an den Wärmeschutz, wenn deren Gesamtflächenmasse kleiner als 300 kg/m² ist (leichte Bauteile).

**Tafel 1 Mindestwerte $R_\lambda$ und Maximalwerte $k$ von Bauteilen (mit Ausnahme leichter Bauteile nach Tafel 2)**

| Zeile | | Bauteile (s. Skizze zu Tafel 1, S. 126) | | Wärmedurchlaßwiderstand $R_\lambda$ im Mittel | Wärmedurchlaßwiderstand $R_\lambda$ an der ungünstigst. Stelle | Wärmedurchgangskoeffizient $k$ im Mittel | Wärmedurchgangskoeffizient $k$ an der ungünstigst. Stelle |
|---|---|---|---|---|---|---|---|
| | | | | in $m^2 \cdot K/W$ | | in $W/(m^2 \cdot K)$ | |
| 1 | 1.1 | Außenwände[1]) | allgemein | 0,55 | | 1,39; 1,32[2]) | |
| 1 | 1.2 | Außenwände[1]) | Für kleinflächige Einzelbauteile (z. B. Pfeiler) bei Gebäuden mit einer Höhe des Erdgeschoßfußbodens (1. Nutzgeschoß) ≦500 m über NN | 0,47 | | 1,56; 1,47[2]) | |
| 2 | 2.1 | Wohnungstrennwände[3]) und Wände zwischen fremden Arbeitsräumen | in nicht zentralbeheizten Gebäuden | 0,25 | | 1,96 | |
| 2 | 2.2 | Wohnungstrennwände[3]) und Wände zwischen fremden Arbeitsräumen | in zentralbeheizten Gebäuden[4]) | 0,07 | | 3,03 | |
| 3 | | Treppenraumwände[5]) | | 0,25 | | 1,96 | |
| 4 | 4.1 | Wohnungstrenndecken u. Decken zwischen fremden Arbeitsräumen[3]) [6]) [7]) | allgemein | 0,35 | | 1,64[8]); 1,45[9]) | |
| 4 | 4.2 | Wohnungstrenndecken u. Decken zwischen fremden Arbeitsräumen[3]) [6]) [7]) | in zentralbeheizten Bürogebäuden[4]) | 0,17 | | 2,33[8]); 1,96[9]) | |
| 5 | 5.1 | Unterer Abschluß nicht unterkellerter Aufenthaltsräume[6]) | unmittelbar an das Erdreich grenzend | 0,90 | | 0,93 | |
| 5 | 5.2 | Unterer Abschluß nicht unterkellerter Aufenthaltsräume[6]) | über einen nicht belüfteten Hohlraum an das Erdreich grenzend | 0,90 | | 0,81 | |
| 6 | | Decken unter nicht ausgebauten Dachräumen[6]) [10]) | | 0,90 | 0,45 | 0,90 | 1,52 |
| 7 | | Kellerdecken[6]) [11]) | | 0,90 | 0,45 | 0,81 | 1,27 |
| 8 | 8.1 | Decken, die Aufenthaltsräume gegen die Außenluft abgrenzen[6]) | nach unten[12]) | 1,75 | 1,30 | 0,51; 0,50[2]) | 0,66; 0,65[2]) |
| 8 | 8.2 | Decken, die Aufenthaltsräume gegen die Außenluft abgrenzen[6]) | nach oben[13]) [14]) [15]) | 1,10 | 0,80 | 0,79 | 1,03 |

[1]) Zeile 1 gilt auch für Wände, die Aufenthaltsräume gegen Bodenräume, Durchfahrten, Garagen (auch beheizte) oder dgl. abschließen oder an das Erdreich angrenzen. Zeile 1 gilt nicht für Abseitenwände, wenn die Dachschräge bis zum Dachfuß gedämmt ist.

[2]) Dieser Wert gilt für Bauteile mit hinterlüfteter Außenhaut.

[3]) Wohnungstrennwände und -trenndecken sind Bauteile, die Wohnungen voneinander oder von fremden Arbeitsräumen trennen.

[4]) Als zentralbeheizt im Sinne dieser Norm gelten Gebäude, deren Räume an eine gemeinsame Heizzentrale angeschlossen sind.

[5]) Zeile 3 gilt auch für Wände, die Aufenthaltsräume von fremden, dauernd unbeheizten Räumen trennen, wie abgeschlossenen Hausfluren, Kellerräumen, Ställen, Lagerräumen usw. Zeile 3 gilt nur für geschlossene, eingebaute Treppenhäuser; sonst gilt Zeile 1.

[6]) Bei schwimmenden Estrichen ist für den rechnerischen Nachweis der Wärmedämmung die Dicke der Dämmschicht im belasteten Zustand anzusetzen. Bei Fußboden- oder Deckenheizungen müssen die Mindestanforderungen an den Wärmedurchlaßwiderstand durch die Deckenkonstruktion unter- bzw. oberhalb der Ebenen der Heizfläche eingehalten werden.

[7]) Die Zeile 4 gilt auch für Decken unter Räumen zwischen gedämmten Dachschrägen und Abseitenwänden bei ausgebauten Dachräumen. [8]) Wärmestromverlauf von unten nach oben. [9]) Wärmestromverlauf von oben nach unten.

[10]) Die Zeile 6 gilt auch für Decken, die unter einem belüfteten Raum liegen, der nur bekriechbar oder noch niedriger ist, sowie für Decken unter belüfteten Räumen zwischen Dachschrägen und Abseitenwänden bei ausgebauten Dachräumen (bezüglich der erforderlichen Belüftung s. DIN 4108-3).

[11]) Die Zeile 7 gilt auch für Decken, die Aufenthaltsräume gegen abgeschlossene, unbeheizte Hausflure o. ä. beschließen.

[12]) Die Zeile 8.1 gilt auch für Decken, die Aufenthaltsräume gegen Garagen (auch beheizte), Durchfahrten (auch verschließbare) und belüftete Kriechkeller abgrenzen.

[13]) S. auch DIN 18530.

[14]) Zum Beispiel Dächer und Decken unter Terrassen.

[15]) Für Umkehrdächer Mindestwert des Wärmedurchlaßwiderstandes $R$ um 10% erhöhen.

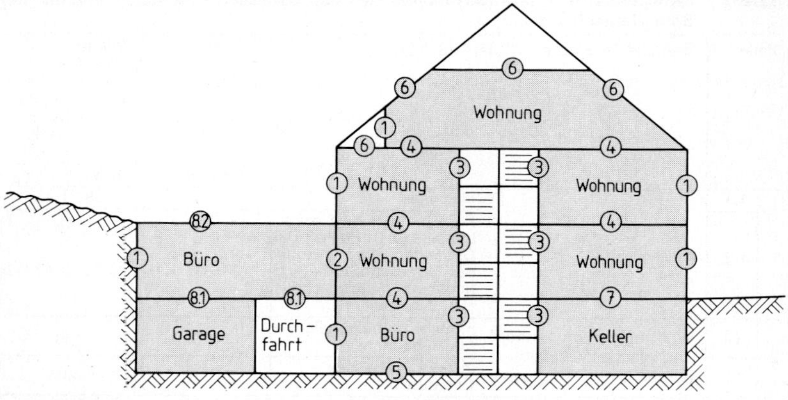


**Skizze zu Tafel 1 S. 125. Die lfd. Nr. entsprechen den Zeilen-Nummern in Tafel 1**

## 1.2.2 Erforderlicher Wärmeschutz der leichten Bauteile

Bei leichten Bauteilen ($m<300$ kg/m²) bestehen zusätzliche Anforderungen an deren Wärmeschutz, die von der Wärmespeicherfähigkeit der dem Innenraum zugekehrten Baustoffschichten abhängen. Die Anforderungen sind in Tafel 2 enthalten. Eine Unterschreitung der Werte in Tafel 1 ist jedoch nicht zulässig.

**Tafel 2 Mindestwerte $R_\lambda$ und Maximalwerte $k$ für Außenwände, Decken unter nicht ausgebauten Dachräumen und Dächern mit einer flächenbezogenen Gesamtmasse $m<300$ kg/m²**

| Flächenmasse $m$ der dem Raum zugewandten Bauteilschichten in kg/m² [1]) | | 0 | 20 | 50 | 100 | 150 | 200 | 300 |
|---|---|---|---|---|---|---|---|---|
| Mindestwert $R_\lambda$ in m²·K/W[1]) | | 1,75 | 1,40 | 1,10 | 0,80 | 0,65 | 0,60 | 0,55 |
| Maximalwerte $k$ in W/(m²·K)[1]) | mit nicht hinterlüfteter Außenhaut | 0,52 | 0,64 | 0,79 | 1,03 | 1,22 | 1,30 | 1,39 |
| | mit hinterlüfteter Außenhaut | 0,51 | 0,62 | 0,76 | 0,99 | 1,16 | 1,23 | 1,32 |

[1]) Zwischenwerte dürfen geradlinig interpoliert werden.

**Speicherfähige Flächenmasse.** Bei der Ermittlung der flächenbezogenen Masse eines Bauteils nach Tafel 2 sind in Rechnung zu stellen:

– bei Bauteilen mit Dämmschicht die Masse derjenigen Schichten, die zwischen der raumseitigen Bauteiloberfläche und der Dämmschicht angeordnet sind. Als Dämmschicht gilt hier eine Schicht mit $\lambda_R \leqq 0{,}1$ W/(m · K) und $R_\lambda \geqq 0{,}25$ m²·K/W.
– bei Bauteilen ohne Dämmschicht (z.B. Mauerwerk) die Gesamtmasse des Bauteils. Werden die Anforderungen nach Tafel 2 bereits von einer oder mehreren Schichten des Bauteils (z.B. bei Vernachlässigung der Masse und des Wärmedurchlaßwiderstandes einer Dämmschicht) erfüllt, so braucht kein weiterer Nachweis geführt zu werden.

Holz und Holzwerkstoffe dürfen bei der Ermittlung der Flächenmasse näherungsweise mit dem zweifachen Wert ihrer Masse in Rechnung gestellt werden. Bei Holzbauteilen gelten die Anforderungen der Tafel 2 für den Gefachbereich.

Nichttransparente Ausfachungen von Fensterwänden, die weniger als 50% der gesamten Ausfachung betragen, müssen mindestens die Anforderungen der Tafel 1 erfüllen, andernfalls gelten die Anforderungen der Tafel 2.

**Beispiele für die Anwendung der Tafel 2**

**Wand in Holztafelbauart** (Maße in mm)

*1* Gipskarton-Bauplatte,
$\varrho = 900\,kg/m^3$, $\lambda_R = 0{,}21\,W/(m \cdot K)$
*2* Spanplatte,
$\varrho = 700\,kg/m^3$, $\lambda_R = 0{,}13\,W/(m \cdot K)$
*3* Dampfsperre (wird nicht berücksichtigt)
*4* Mineralischer Faserdämmstoff,
$\lambda_R = 0{,}040\,W/(m \cdot K)$
*5* Stehende Luft, $R_\lambda = 0{,}17\,m^2 \cdot K/W$
*6* Belüfteter Hohlraum
*7* Wetterschutz (Bekleidung)

Flächenbezogene Masse:
$m = 0{,}0125 \cdot 900 + 0{,}01 \cdot 700 \cdot 2 = 25\,kg/m^2$
erf. Wert $R_\lambda$ im Gefachbereich nach Tafel 2:
$R_\lambda = 1{,}35\,m^2 \cdot K/W$
vorhandener Wert $R_\lambda$ im Gefachbereich:
$R_\lambda = 0{,}0125/0{,}21 + 0{,}01/0{,}13 + 0{,}06/0{,}04 + 0{,}17 + 0{,}013/0{,}13 = 1{,}91\,m^2 \cdot K/W$

**Ergebnis** vorh. $R_\lambda$ ist größer als erf. $R_\lambda$; die Anforderungen der Tafel 2 sind eingehalten.

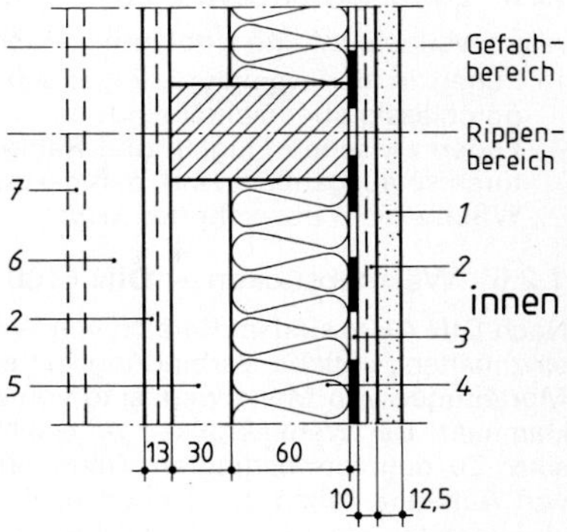


**Wand aus Leichtbeton mit zusätzlicher Innendämmung**

*1* Leichtbeton
$\varrho = 600\,kg/m^3$; $\lambda_R = 0{,}18\,W/(mK)$
2 Dämmschicht
3 Gipskartonplatte

Flächenbezogene Masse der Schicht 1: $m_1 = 0{,}25 \cdot 600 = 150\,kg/m^2$

erforderl. Wert $R_\lambda$ für Schicht 1 (aus Tafel 2): $R_{\lambda 1} = 0{,}65\,m^2 \cdot K/W$
vorhandener Wert $R_\lambda$ der Schicht 1:
$R_{\lambda 1} = 0{,}25/0{,}18 = 1{,}39\,m^2 \cdot K/W$

**Ergebnis** Die Anforderungen der Tafel 2 werden bereits durch die Schicht 1 allein erfüllt. Ein Nachweis für das gesamte Bauteil braucht also nicht mehr geführt zu werden.

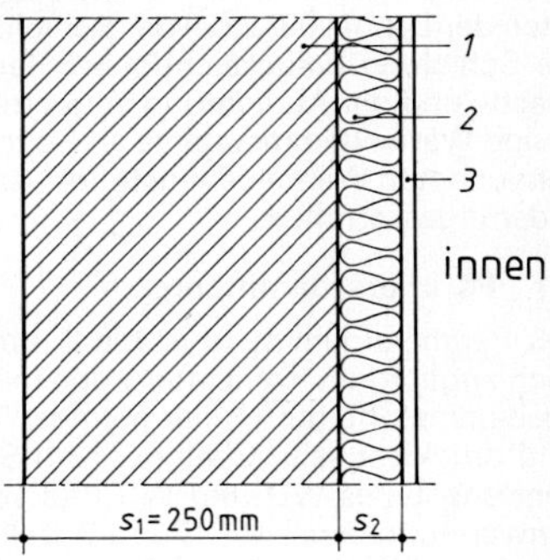


## 1.2.3 Belüftete Gefachbereiche

Bei der Berechnung von $R_k$ bzw. $R_\lambda$ für Querschnitte mit belüfteten Gefachbereichen sind im Rippenbereich die in Bild 3 eingetragenen, von der Anordnung der Dämmschicht abhängigen Bereiche zu berücksichtigen.

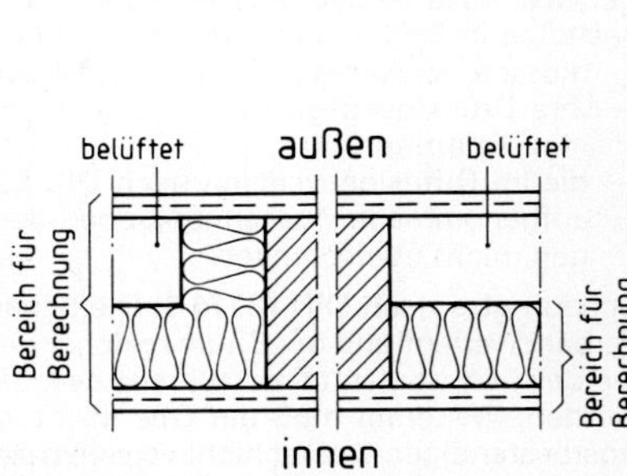


**Bild 3 Berechnung des Rippenbereichs**

### 1.2.4 Fenster

Anforderungen an den Wärmedurchgangskoeffizienten $k_F$ von Fenstern, Fenstertüren und außenliegenden Türen, sowie an den Fugendurchlaßkoeffizienten $a_n$ von Fenstern werden in der WSchV gestellt (s. Tafel 11 und Abschn. 2.5).

### 1.2.5 Lüftungswärmeverluste

Wärmeverluste infolge Undichtheiten sind dadurch zu begrenzen, daß

- Fugen in der wärmeübertragenden Umfassungsfläche dauerhaft und luftundurchlässig abgedichtet sind;
- Fugen zwischen Flügeln und Rahmen bei Fenstern, Fenstertüren und Außentüren so ausgebildet sind, daß der zulässige Fugendurchlaßkoeffizient nach der WSchV nicht überschritten wird (s. Tafel 16).

### 1.2.6 Wärmebrücken – DIN 4108

Nach DIN 4108 sind im Bereich von Wärmebrücken die Anforderungen der Tafel 1 einzuhalten, übliche Verbindungsmittel wie Nägel, Schrauben, Drahtanker und Mörtelfugen von Mauerwerk sind von der Notwendigkeit des Nachweises ausgeklammert. Bei Wärmebrücken unterscheidet man, ob sie stoff- oder formbedingt sind. Zu den formbedingten Wärmebrücken gehören die vorspringenden Ecken von Außenbauteilen, die jedoch nach DIN 4108 bei gleichartigem Aufbau nicht als Wärmebrücken zu bewerten sind (s. Abschn. 1.3).

### 1.2.7 Berechnung des Wärmedurchlaßwiderstandes bei Bauteilen mit Abdichtungen

Wenn Bauteile gegen Wassereinwirkung zu schützen sind, dürfen nach den Vorschriften der DIN 4108-2 bei der Berechnung des Wärmedurchlaßwiderstandes nur solche Schichten berücksichtigt werden, die zwischen der raumseitigen Bauteiloberfläche und der Abdichtung angeordnet sind. Ausgenommen von dieser Festlegung sind Wärmedämmsysteme als Perimeterdämmung und als Umkehrdach, wenn die verwendeten Wärmedämmstoffe zusätzliche, in DIN 4108-2 (E11.95) genannte Anforderungen erfüllen.

#### 1.2.7.1 Perimeterdämmung

Bei der Perimeterdämmung ist die Wärmedämmschicht zwischen Abdichtung und Erdreich angeordnet. Der Untergrund muß ausreichend eben sein. Die verwendeten Wärmedämmstoffe dürfen nur geringe Wassermengen aufnehmen und müssen genügend druckfest sein. Geeignet sind Schaumkunststoffe nach DIN 18164-1 des Anwendungstypes WD und WS und solche aus Schaumglas nach DIN 18174-1 des Anwendungstypes WDS und WDH, wenn die folgend genannten Anforderungen an deren Eigenschaften erfüllt und deren Verlegevorschriften beachtet werden.

**Polystyrol-Hartschaumplatte nach DIN 18164-1.** Die Dämmplatten müssen dichtgestoßen im Verband verlegt werden und auf dem Untergrund eben aufliegen. Sie

- müssen beidseitig je eine Schaumhaut haben,
- ihre Druckfestigkeit bzw. Druckspannung muß bei 10% Stauchung $\geq 0{,}30$ N/mm² sein und
- die im Diffusionsversuch nach DIN 52617 im Temperaturgefälle 50 °C zu 1 °C aufgenommene Wassermenge darf den Betrag von 3%, auf das Volumen bezogen, nicht überschreiten.

**Schaumglas nach DIN 18174-1.** Die Schaumglasplatten müssen dicht gestoßen im Verband verlegt und mit Bitumenkleber großflächig an die Bauteilflächen angeklebt werden. Es ist darauf zu achten, daß die Fugen mit Bitumenkleber voll verfüllt werden. Weiterhin muß die Oberfläche der Dämmplatten mit einer bituminösen, frostbeständigen Deckschicht versehen sein, die entweder werksmäßig aufgebracht ist oder nachträglich angebracht wird. Einige Schaumglastypen dürfen laut Zulassung auch in Bereichen mit ständig oder langanhaltend drückendem Wasser (Grundwasser) bis zu einer maximalen Eintauchtiefe von 12 m verwendet werden.

### 1.2.7.2 Umkehrdach

Beim Umkehrdach ist die Wärmedämmschicht oberhalb der Dachabdichtung angeordnet und somit der Einwirkung der Niederschlagsfeuchte ausgesetzt. Deshalb dürfen als Wärmedämmaterial nur solche Stoffe verwendet werden, die eine geringe Wasseraufnahme aufweisen. Ohne weiteren Eignungsnachweis sind einlagig verlegte Schaumkunststoffe nach DIN 18164-1 des Anwendungstypes WD und WS mit Stufenfalz für Umkehrdächer zugelassen, wenn sie dieselben Eigenschaften besitzen, wie für eine Perimeterdämmung gefordert.
Bei Regen werden die Dämmplatten unterströmt, wobei zusätzliche Wärmeverluste entstehen. Daher ist bei der Ermittlung des wärmeschutztechnisch wirksamen Kennwertes eines Umkehrdaches der errechnete Wärmedurchgangskoeffizient um einen Betrag $\Delta k$ in Abhängigkeit des prozentualen Anteils des Wärmedurchlaßwiderstandes unterhalb der Abdichtung am Wärmedurchlaßwiderstand der Gesamtkonstruktion zu erhöhen.

| Anteil der Unterkonstruktion am Gesamtwärmedurchlaßwiderstand in % | $\Delta k$ in $W/(m^2 \cdot K)$ |
|---|---|
| unter 10 | 0,05 |
| von 10 bis 50 | 0,03 |
| über 50 | 0 |

Nach DIN 4108-2, Tafel 1, Zeile 8.2, Fußnote 15, muß das Umkehrdach einen Mindestwert des Wärmedurchlaßwiderstandes von $R = 1{,}21\ m^2 \cdot K/W$ aufweisen.
Um ein „Aufschwimmen" der Dämmplatten oder das Abheben durch Sogkräfte bei Wind zu verhindern, müssen sie durch eine mindestens 50 mm dicke Kiesschicht oder durch Gehwegplatten beschwert werden. Außerdem muß ein langfristiges Überstauen der Wärmedämmplatten bei Regen durch entsprechende Maßnahmen bei der Ausbildung der Dachentwässerung ausgeschlossen werden. Ein kurzfristiges Überstauen, z.B. während intensiver Niederschläge, kann als unbedenklich angesehen werden.

## 1.2.8 Rechenbeispiel – Wärmeschutz einer Dachschräge

Der Wärmeschutz des Gefach- und des Rippenbereiches wird getrennt bewertet; im Gefachbereich müssen die Anforderungen nach Tafel 2 und im Rippenbereich nach Tafel 1 erfüllt werden.

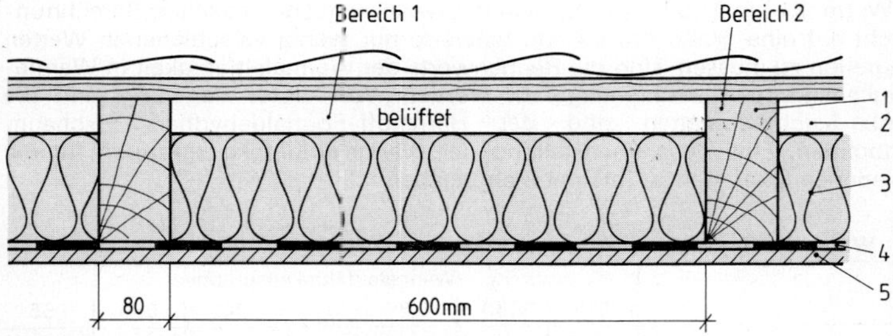


**Dachschräge mit belüftetem Hohlraum zwischen den Sparren**

*1* Sparren 80 × 160 mm; $\lambda_R = 0{,}13\ W/(m \cdot K)$
*2* Belüfteter Hohlraum
*3* 120 mm Mineralfaserdämmstoff; $\lambda_R = 0{,}04\ W/(m \cdot K)$
*4* Dampfsperre (wird nicht berücksichtigt)
*5* 15 mm Gipskartonplatte; $\lambda_R = 0{,}21\ W/(m \cdot K)$, $\varrho = 900\ kg/m^3$

Gefachanteil: $A_1/A = 0{,}6/0{,}68 = 0{,}88$
Rippenanteil: $A_2/A = 0{,}08/0{,}68 = 0{,}12$

**Gefachbereich**

| | |
|---|---|
| Gipskartonplatte: | $R_\lambda = 0{,}015/0{,}21 = 0{,}07\ \mathrm{m^2 \cdot K/W}$ |
| Mineralfaserdämmstoffe: | $R_\lambda = 0{,}12\ /0{,}04 = 3{,}00\ \mathrm{m^2 \cdot K/W}$ |
| Wärmedurchlaßwiderstand im Gefachbereich | $R_\lambda = 3{,}07\ \mathrm{m^2 \cdot K/W}$ |

Flächenmaße: $m = 900 \cdot 0{,}015 = 14\ \mathrm{kg/m^2}$

Erforderlicher Mindestwärmedurchlaßwiderstand nach Tafel 2 im Gefachbereich

| | |
|---|---|
| bei $m = 14\ \mathrm{kg/m^2}$ | $R_\lambda = 1{,}50\ \mathrm{m^2 \cdot K/W}$ |
| Vorhanden im Gefachbereich: | $R_\lambda = 3{,}07\ \mathrm{m^2 \cdot K/W}$ |

Die Anforderungen der Tafel 2 sind eingehalten.

**Rippenbereich**

| | |
|---|---|
| Gipskartonplatte: | $R_\lambda = 0{,}015/0{,}21 = 0{,}07\ \mathrm{m^2 \cdot K/W}$ |
| Holzsparren: | $R_\lambda = 0{,}12\ /0{,}13 = 0{,}92\ \mathrm{m^2 \cdot K/W}$ |
| Wärmedurchlaßwiderstand im Rippenbereich: | $R_\lambda = 0{,}99\ \mathrm{m^2 \cdot K/W}$ |

Erforderlicher Mindestwärmedurchlaßwiderstand nach

| | |
|---|---|
| Tafel 1 an der ungünstigsten Stelle (Zeile 6): | $R_\lambda = 0{,}45\ \mathrm{m^2 \cdot K/W}$ |
| vorhanden im Rippenbereich | $R_\lambda = 0{,}99\ \mathrm{m^2 \cdot K/W}$ |

Die Anforderungen der Tafel 1 sind eingehalten.

**Mittlerer Wärmedurchgangskoeffizient nach Gl. (5)**

Dieser Wert wird für den Nachweis des ausreichenden Wärmeschutzes nach der Wärmeschutz verordnung (Abschnitt 2) benötigt.

Gefachbereich: $R_{k1} = 0{,}13 + 3{,}07 + 0{,}08 = 3{,}28\ \mathrm{m^2 \cdot K/W}$
$k_1 = 1/3{,}28 = 0{,}30\ \mathrm{W/(m^2 \cdot K)}$
Flächenanteil $A_1/A = 0{,}88$

Rippenbereich: $R_{k2} = 0{,}13 + 0{,}99 + 0{,}08 = 1{,}20\ \mathrm{m^2 \cdot K/W}$
$k_2 = 1/1{,}20 = 0{,}83\ \mathrm{W/(m^2 \cdot K)}$
Flächenanteil $A_2/A = 0{,}12$

Mittelwert nach Gl. (5)

$$k_m = 0{,}30 \cdot 0{,}88 + 0{,}83 \cdot 0{,}12 = 0{,}36\ \mathrm{W/(m^2 \cdot K)}$$

## 1.2.9 Wärmedämmstoffe – Anwendungshinweise

### 1.2.9.1 Wärmeleitfähigkeitsgruppen

Die Wärmeleitfähigkeit der Dämmstoffe bewegt sich in den Grenzen von ca. 0,020 W/(m·K) bis 0,06 W/(m·K). Um bei wärmeschutztechnischen Berechnungen nicht auf eine große Anzahl von teilweise nur wenig verschiedenen Werten zurückgreifen zu müssen, sind die Rechenwerte der Wärmeleitfähigkeit in Wärmeleitfähigkeitsgruppen zusammengefaßt worden. Von dieser Regelung sind die Holzwolle-Leichtbauplatten und der Harnstoff-Formaldehydharz-Ortschaum ausgenommen. Eine Zusammenstellung der Wärmeleitfähigkeitsgruppen für die verschiedenen Stoffarten ist in Tafel 3 angegeben.

**Tafel 3 Wärmeleitfähigkeitsgruppen der Wärmedämmstoffe**

| Stoffart | Wärmeleitfähigkeitsgruppe | | | | | | |
|---|---|---|---|---|---|---|---|
| | 025 | 030 | 035 | 040 | 045 | 050 | 055 |
| Kork | | | | | × | × | × |
| Phenolharz-Hartschaum | | × | × | × | × | | |
| Polystyrol-Hartschaum | × | × | × | × | | | |
| Polyurethan-Hartschaum | × | × | × | | | | |
| Polyurethan-Ortschaum | | × | | | | | |
| Faserdämmstoffe | | | × | × | × | × | |
| Schaumglas | | | | × | × | × | × |

### 1.2.9.2 Anwendungstypen

Je nach Anwendungsgebiet werden unterschiedliche Anforderungen an bestimmte Eigenschaften der Dämmstoffe gestellt. Die Kennzeichnung erfolgt durch ein Typ-Kurzzeichen, z.B. „W" für Wärmedämmstoffe und „T" für Trittschalldämmstoffe. Die Tafel 4 gibt einen Überblick über alle in den Dämmstoffnormen aufgeführten Typkurzzeichen und deren Anwendungsgebiete.

Bei den Wärmedämmstoffen aus Schaumkunststoff befinden sich auch solche, deren Zellen statt Luft ein hochmolekulares Schwergas enthalten, dessen Wärmeleitfähigkeit wesentlich kleiner ist als die der Luft. Dementsprechend ist die Wärmeleitfähigkeit solcher Schaumkunststoffe (z.B. Polyurethan-Hartschaum) deutlich niedriger als bei Schaumkunststoffen mit Luft in den Zellen. Da das Schwergas im Laufe der Zeit aus den Poren ausdiffundiert und durch eindiffundierende Luft ersetzt wird, nimmt die Wärmeleitfähigkeit dieser Schaumkunststoffe mit steigendem Alter der Produkte zu. Um den Gasaustausch zwischen Poren und umgebender Luft zu unterbinden oder zumindest stark zu behindern, werden diese Dämmstoffplatten meist mit gasdiffusionsdichten Deckenschichten aus mindestens 0,05 mm dicken Metallfolien abgedeckt. Mit solchen Dämmstoffen kann die Wärmeleitfähigkeitsgruppe 020 erreicht werden.

**Tafel 4 Anwendungstypen und Anwendungsgebiete**

| Typkurzzeichen | Beanspruchbarkeit | Beispiele für Anwendungsgebiet |
|---|---|---|
| **a) Wärmedämmstoffe** | | |
| W | nicht druckbeanspruchbar | in Wänden*) und belüfteten Dächern |
| WL | nicht druckbeanspruchbar | für belüftete Dachkonstruktionen |
| WD | druckbeanspruchbar, auch bei höheren Temperaturen | in unbelüfteten Dächern direkt unter der Dachhaut und unter druckverteilenden Böden (ohne Trittschallanforderung) |
| WDS | druckbeanspruchbar mit höherer Belastung auch bei höheren Temperaturen | für unbelüftete Dächer direkt unter der Dachhaut und Sondereinsatzgebiete wie unter druckverteilenden Böden bei Parkdecks, Industrieböden |
| WDH | druckbeanspruchbar mit höherer Belastung auch bei höheren Temperaturen | für unbelüftete Dächer direkt unter Dachhaut und Sondereinsatzgebiete wie unter druckverteilenden Böden von Parkdecks, auch befahrbar mit Lkw oder Feuerwehrfahrzeugen |
| WS | druckbeanspruchbar mit höherer Belastung | Sondereinsatzgebiete wie unter druckverteilenden Böden bei Parkdecks, Industrieböden |
| WV | nicht druckbeanspruchbar, begrenzt beanspruchbar auf Abreißen und Scheren | für angesetzte (Schallschutz-)Vorsatzschalen ohne Unterkonstruktion (bei Innenwänden) |
| **b) Trittschalldämmstoffe** | | |
| T | druckbeanspruchbar und mit definierter dynamischer Steifigkeit | unter Böden mit Anforderungen an den Trittschallschutz |
| TK | druckbeanspruchbar mit geringer Zusammendrückbarkeit und definierter dynamischer Steifigkeit | unter Böden mit Anforderungen an den Trittschallschutz bei Fertigteilestrichen oder bei Kombinationen verschiedener Dämmaßnahmen |

*) Für Kerndämmung Regelung durch Zulassung

### 1.2.9.3 Zulässige Maßabweichungen

Eine wichtige Größe bei der Anwendung von Wärmedämmstoffen ist die zulässige Maßabweichung der Einzelprodukte von der Nenndicke. Bei hinterlüfteten Bauteilen sind die Maßtoleranzen, insbesondere bei Faserdämmstoffen, unbedingt zu beachten, um einen ausreichenden Lüftungsquerschnitt zu gewährleisten. Tafel 5 enthält zulässige Dickenabweichungen bei Faserdämmstoffen nach DIN 18165.

**Tafel 5 Zulässige Dickenabweichung nach DIN 18165 bei den Anwendungstypen der Faserdämmstoffe**

| Anwendungstyp | Zulässige Abweichung des gemessenen Mittelwertes von der Nenndicke *d* | Zulässige Abweichung des gemessenen Einzelwertes vom Mittelwert |
|---|---|---|
| W | +5 mm oder 6%[1])<br>−1 mm | ±5 mm |
| WL | +15 mm<br>−5% | ±10 mm |
| WD, WV | +5 mm<br>−1 mm | ±3 mm |

[1]) Der größere Wert ist maßgebend

**Beispiel** für zulässige Dickenabweichungen von Faserdämmatten Typ WL für Dachschrägen:

| | |
|---|---|
| Nenndicke der Dämmatte | 120 mm |
| Zulässige Abweichung des Mittelwertes ist +15 mm | 135 mm |
| Zulässige Abweichung des Einzel- vom Mittelwert ist ±10 mm | 145 mm |

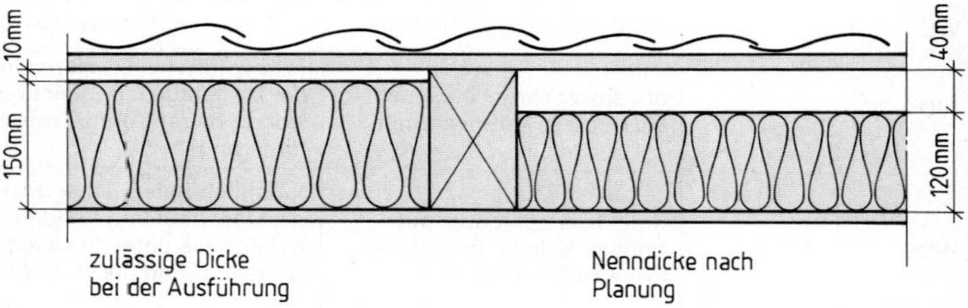


### 1.2.9.4 Mehrschicht-Leichtbauplatten nach DIN 1101

Mehrschicht-Leichtbauplatten bestehen aus einer Hartschaum- (HS) oder Mineralfaserdämmschicht (MF), die ein- (Zweischichtplatten) oder beidseitig (Dreischichtplatten) mit mineralisch gebundener Holzwolle bekleidet ist. Ihre Bezeichnung richtet sich nach der Gesamtdicke der Dämmplatte in mm, der Anzahl und Dicke der Einzelschichten und der Art des Dämmstoffes (HS oder MF). Eine Mehrschicht-Leichtbauplatte HS-ML 50/3 (5/40/5)-040 ist z.B. insgesamt 50 mm dick, aus drei Einzelschichten zusammengesetzt, die aus 40 mm Polystyrol-Hartschaum der Wärmeleitfähigkeitsgruppe 040 und aus zwei je 5 mm dicken Holzwolleschichten bestehen.

Bei der Berechnung des Wärmedurchlaßwiderstandes einer Mehrschicht-Leichtbauplatte dürfen die einzelnen Holzwolleschichten nicht berücksichtigt werden, wenn sie weniger als 10 mm dick sind (Regelfall). In den Ausnahmefällen, in denen die Holzwolleschicht 10 mm und mehr, aber weniger als 25 mm beträgt, wird zur Berechnung ihres Wärmedurchlaßwiderstandes die Wärmeleitfähigkeit $\lambda = 0{,}15$ W/(m · K) verwendet.

**Beispiel** Der auf den Wärmeschutz anrechenbare Wärmedurchlaßwiderstand einer Mehrschicht-Leichtbauplatte MF-ML 75/3 (5/60/10)-045 beträgt $R_\lambda = 1{,}33 + 0{,}07 = 1{,}40$ m² · K/W.

## 1.3 Wärmebrücken

Als Wärmebrücken werden örtlich begrenzte Stellen in einer Baukonstruktion bezeichnet, die im Vergleich zu den angrenzenden Bauteilbereichen eine höhere Wärmestromdichte aufweisen. Ihr physikalisches Kennzeichen ist, daß die Wärmestromlinien an dieser Stelle nicht mehr parallel zueinander verlaufen, wie dies in homogenen, ebenen Platten der Fall ist. Diese örtlich erhöhte Wärmestromdichte verursacht nicht nur einen zusätzlichen Wärmeverlust, sondern reduziert auch die Oberflächentemperatur in dem entsprechenden Bereich des Bauteils.

### 1.3.1 Wärmeverluste

Der erhöhte Wärmeverlust im Bereich von Wärmebrücken läßt den Wärmebedarf eines Raumes oder eines Gebäudes ansteigen und muß bei der Dimensionierung der Heizkörper und der Heizkessel berücksichtigt werden. Wärmebrücken verursachen somit nicht nur höhere Investitionskosten bei der Auslegung der Heizanlage, sondern bei der Nutzung der Gebäude auch höhere Heizkosten; sie vermindern die Wirtschaftlichkeit des Wärmeschutzes eines Bauwerkes.

### 1.3.2 Verringerte Oberflächentemperatur

In Wärmebrückenbereichen mit abgesenkten Oberflächentemperaturen muß zwischen zwei Zuständen unterschieden werden, nämlich ob an dieser Stelle die Taupunktstemperatur der Raumluft unterschritten wird oder nicht. Je nachdem entsteht ein Tauwasserniederschlag auf der Bauteiloberfläche mit den entsprechenden negativen Folgeerscheinungen oder es tritt nur eine verstärkte Staubablagerung auf. Wenn die Temperaturabsenkung an dieser Stelle so stark ist, daß Tauwasser auftritt, wachsen hier sehr häufig Schimmelpilze.

### 1.3.3 Arten von Wärmebrücken

Entstehen Temperaturunterschiede in den Ebenen parallel zur Bauteiloberfläche, dann ändern die Wärmestromlinien wegen der Querkomponente ihre Richtung und weichen vom parallelen Verlauf ab. Dies tritt ein, wenn entweder Stoffe unterschiedlicher Wärmeleitfähigkeit nebeneinander angeordnet sind, oder wenn die Bauteile von der Plattenform, beispielsweise an der Anschlußstelle zweier Bauteile, abweichen. Im ersten Fall spricht man von einer stoffbedingten, im zweiten Fall von einer form- oder geometriebedingten Wärmebrücke.

### 1.3.4 Untersuchung von Wärmebrücken

Wärmebrücken dürfen nicht mittels der einfachen Rechenregeln des Abschn. 1.1 berechnet werden, da wegen der hier nicht berücksichtigten Querleitung in der Regel große Abweichungen vom realen Ergebnis auftreten. Genauere rechnerische Untersuchungen von Wärmebrücken basieren auf der Lösung der Fouriergleichung mittels numerischer Verfahren, z. B. nach der Methode der finiten Elemente. In vielen Beiträgen der Fachliteratur wird über Ergebnisse von Untersuchungen an Wärmebrücken berichtet, die mittels solcher numerischer Verfahren durchgeführt wurden, z. B. in [1], [4], [5], [6], [8] und [10].

### 1.3.5 Bewertung der Oberflächentemperatur zur Beurteilung der Tauwassergefahr

Als temperaturunabhängige Bewertungsgröße für die Reduzierung der Oberflächentemperatur an der Wärmebrücke im Vergleich zur Lufttemperatur im Raum und im Freien kann die spezifische Temperaturabsenkung

$$f_s = \frac{\vartheta_{Li} - \vartheta_{Oi}}{\vartheta_{Li} - \vartheta_{La}}$$

verwendet werden.

Bei der Untersuchung von Tauwasserschäden wird die Taupunktstemperatur der Raumluft mit der Oberflächentemperatur der Wärmebrücke verglichen. Dabei hat sich eingebürgert, von einer zulässigen Taupunktstemperatur $\vartheta_s = 9{,}3\,°C$ ($\vartheta_{Li} = 20\,°C$ und $\varphi_i = 50\%$) auszugehen. Nach DIN 4108, Teil 3, sollten die Oberflächen von Außenbauteilen bis zu einer Außentemperatur von $\vartheta_{La} = -15\,°C$ tauwasserfrei bleiben. Daraus läßt sich die Forderung ableiten, daß

$$f_s \leqq \frac{20{,}0 - 9{,}3}{20{,}0 + 15} = 0{,}31$$

sein sollte. Damit hat man, wenn $\vartheta_{Oi,min}$, $\vartheta_{Li}$ und $\vartheta_{La}$ bekannt ist und $f_s$ berechnet wird, ein einfaches Mittel zur Hand, um eine Konstruktion hinsichtlich der Tauwassergefahr zu bewerten.

### 1.3.6 Temperaturverläufe bei einigen Wärmebrücken

Einige immer wiederkehrende Wärmebrücken wurden unter Verwendung des Rechenprogrammes STAT3DD nach *Rudolphi/Müller* untersucht [11]. Nachfolgend werden die Oberflächentemperaturen bzw. die spezifische Temperaturabsenkung an den kritischen Stellen dieser Wärmebrücken angegeben. Bei allen Beispielen wurde mit einem raumseitigen Wärmeübergangskoeffizienten von $\alpha_i = 5\,W/(m^2 \cdot K)$ gerechnet.

#### 1.3.6.1 Außenwinkel

Beim Außenwandwinkel ist die wärmeabgebende Außenfläche größer als die wärmeaufnehmende Innenfläche. Dadurch divergieren die Wärmestromlinien im Winkelbereich und die Oberflächentemperatur im Winkel ist niedriger als in der Wandfläche. Bild 4 zeigt den Verlauf der Oberflächentemperatur der Wand vom Winkel

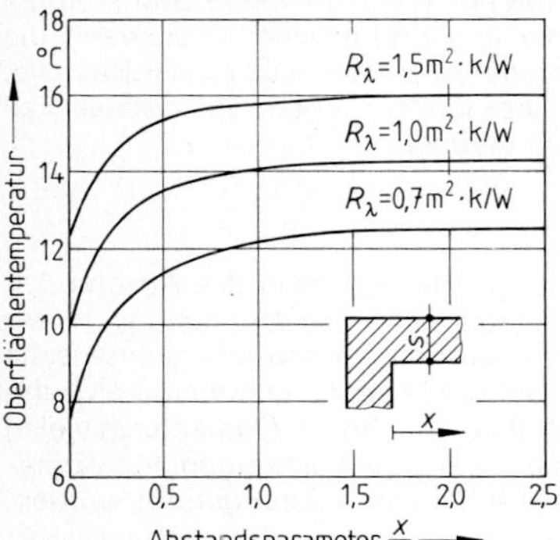


**Bild 4** **Oberflächentemperatur abhängig von dem Abstandsparameter *x/s* (*x* = Abstand vom Winkel, *s* = Dicke der Wand) bei verschiedenen Wärmedurchlaßwiderständen der Wand**
**Innenlufttemperatur: 20 °C**
**Außenlufttemperatur: −15 °C**

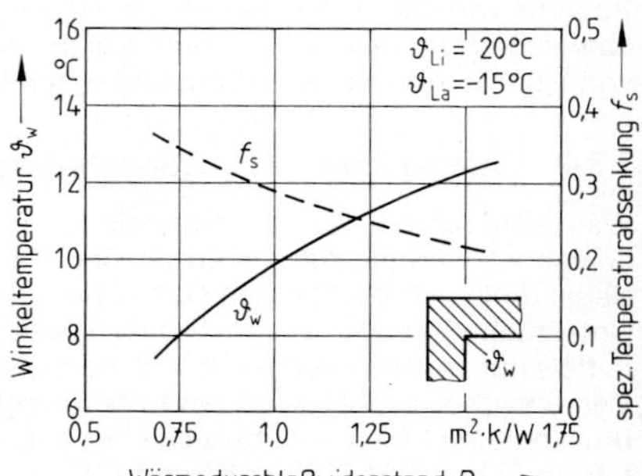


**Bild 5** **Temperatur $\vartheta_w$ und spez. Temperaturabsenkung $f_s$ im Wandwinkel, abhängig vom Wärmedurchlaßwiderstand der Wand**

ausgehend für Außenwände mit unterschiedlichem Wärmedurchlaßwiderstand. In Bild 5 wird die Temperatur $\vartheta_w$ im Wandwinkel sowie die zugehörige spezifische Temperaturabsenkung $f_s$ für Außenwände mit unterschiedlichem Wärmedurchlaßwiderstand gezeigt.

### 1.3.6.2 Deckenauflager

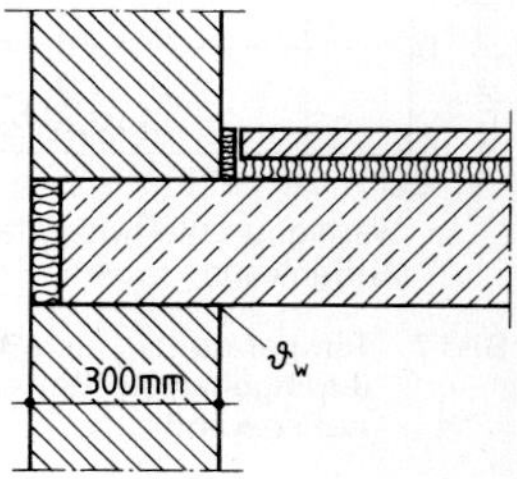


An der Auflagestelle der Wohnungstrenndecke auf die Außenwand ist eine Wärmebrücke vorhanden. Um deren Wirkung abzuschwächen wird die Stirnseite der Stahlbetondecke mit einer Wärmedämmplatte abgedeckt (s. Skizze). Die niedrigste Oberflächentemperatur tritt am Auflager der Decke auf die Wand im Winkel zwischen den beiden Bauteilen auf. In Bild 6 wird die Winkeltemperatur $\vartheta_w$ und die spezifische Temperaturabsenkung $f_s$, abhängig vom Wärmedurchlaßwiderstand der Wärmedämmschicht an der Stirnseite der Deckenplatte für zwei Wände mit unterschiedlichem Wärmedurchlaßwiderstand angegeben.

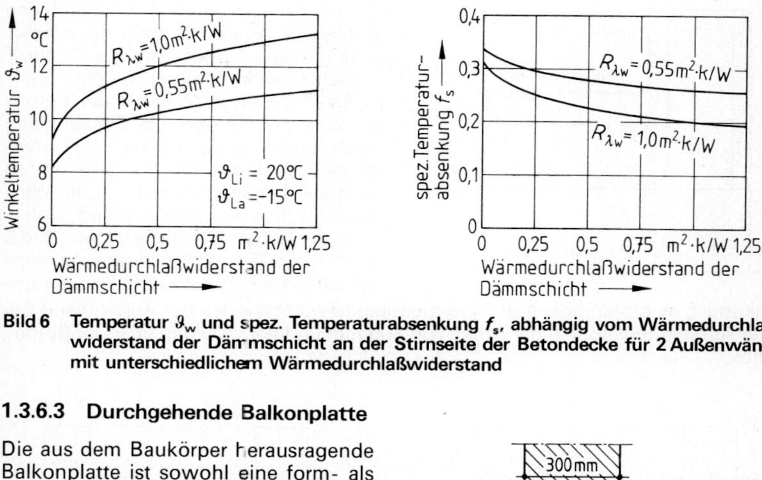


**Bild 6 Temperatur $\vartheta_w$ und spez. Temperaturabsenkung $f_s$, abhängig vom Wärmedurchlaßwiderstand der Dämmschicht an der Stirnseite der Betondecke für 2 Außenwände mit unterschiedlichem Wärmedurchlaßwiderstand**

### 1.3.6.3 Durchgehende Balkonplatte

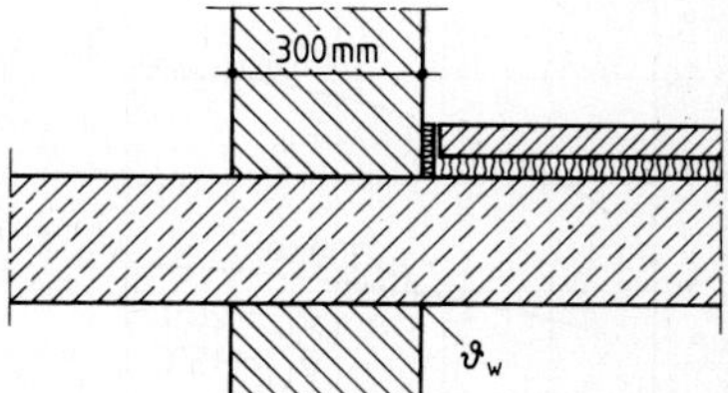


Die aus dem Baukörper herausragende Balkonplatte ist sowohl eine form- als auch eine stoffbedingte Wärmebrücke (s. Skizze). Wegen der außenseitigen Flächenvergrößerung entsteht ein erhöhter Wärmeverlust und damit verbunden eine Temperaturabsenkung im Winkel zwischen Außenwand und Unterseite der Stahlbetonplatte. Die berechnete Winkeltemperatur $\vartheta_w$ und die spezifische Temperaturabsenkung $f_s$ wird abhängig vom Wärmedurchlaßwiderstand der Außenwand in Bild 7 gezeigt.

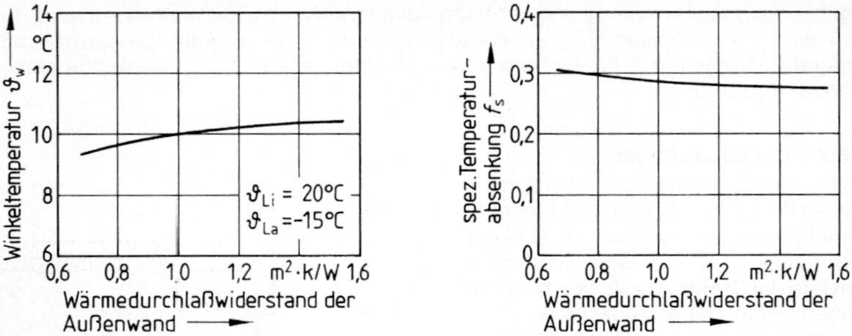


**Bild 7** **Temperatur $\vartheta_w$ und spez. Temperaturabsenkung $f_s$ im Winkel Wand/Decke einer durchgehenden Balkenplatte in Abhängigkeit des Wärmedurchlaßwiderstandes der Außenwand**

### 1.3.6.4 Attika

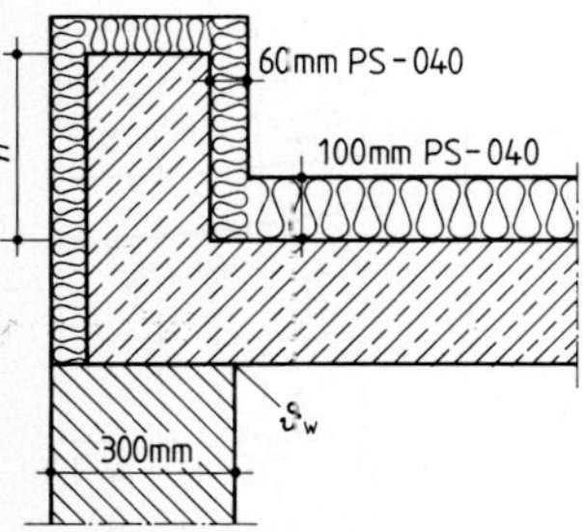


Bei der Attika vergrößert sich durch den hochstehenden Betonkranz die wärmeabgebende Außenfläche des Daches; die Attika wirkt dadurch wie eine Kühlrippe (s. Skizze). Je höher der Betonkranz der Attika über die Deckenplatte reicht, desto größer ist dessen Wärmeabgabe an die Außenluft und um so niedriger ist die Temperatur $\vartheta_w$ im Winkel zwischen Außenwand und Unterseite der Betonplatte des Daches. Bild 8 enthält die Temperaturangabe im Winkel und die spezifische Temperaturabsenkung $f_s$ in Abhängigkeit des Wärmedurchlaßwiderstandes der Außenwand bei einer Aufkantungshöhe $h$ der Attika von 300 mm und von 700 mm über der Betonplatte.

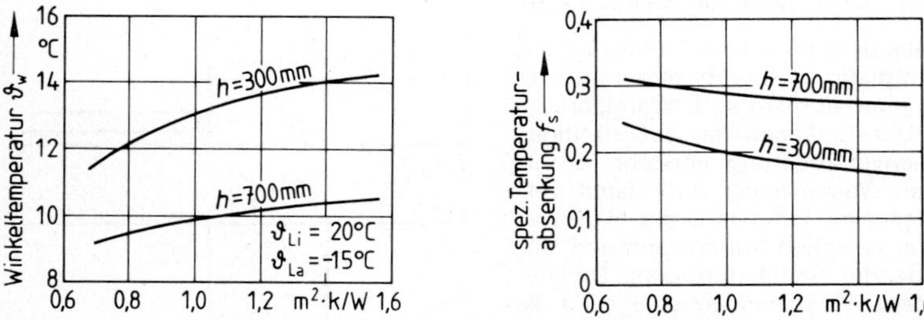


**Bild 8** **Temperatur $\vartheta_w$ und spez. Temperaturabsenkung im Winkel Wand/Decke einer ringsum mit 60 mm PS-Hartschaum-040 gedämmten Attika in Abhängigkeit des Wärmedurchlaßwiderstandes der Außenwand für 300 mm und 700 mm Aufkantungshöhe. Dicke der Wärmedämmschicht (040) des Daches: 130 mm**

## 1.4 Empfehlungen für den Wärmeschutz im Sommer

nach DIN 4108-2 (8.81)

Durch diese Empfehlung soll verhindert werden, daß bei einer Folge von heißen Sommertagen die Innentemperatur in einzelnen Räumen über die Außentemperaturen ansteigen. Die Erwärmung der Raumluft, insbesondere durch Sonneneinstrahlung, wird von folgenden Größen bestimmt:

- Gesamtenergiedurchlaßgrad der Fensterverglasungen;
- Größe und Orientierung der Fenster;
- Sonnenschutz der Fenster;
- Lüftungsmöglichkeiten des Raumes, bes. ob eine Nachtlüftung möglich ist;
- Wärmespeicherfähigkeit der Innenbauteile.

Unter dem Gesamtenergiedurchlaßgrad *g* einer Verglasung versteht man bei Sonneneinstrahlung das Verhältnis der durch die Verglasung in den Raum transportierten Wärmeenergie zur auftreffenden Strahlungsenergie (s. Bild 9). Der Zahlenwert von *g* wird experimentell nach DIN 67507 ermittelt.

Wenn der sommerliche Wärmeschutz beurteilt werden soll, muß dies für jeden Raum getrennt geschehen. Hierbei werden die Einflüsse der Wärmezufuhr in Form des Gesamtenergiedurchlaßgrades der Verglasung *g* (Tafel 6) des Abminderungsfaktors *z* der Sonnenschutzvorrichtung (Tafel 7) und des Fensterflächenanteils *f* der Wärmeabgabe an die Umgebung durch Lüftung (Tag- oder Nachtlüftung) und Wärmespeicherfähigkeit (leichte oder schwere Innenbauart) gegenübergestellt.

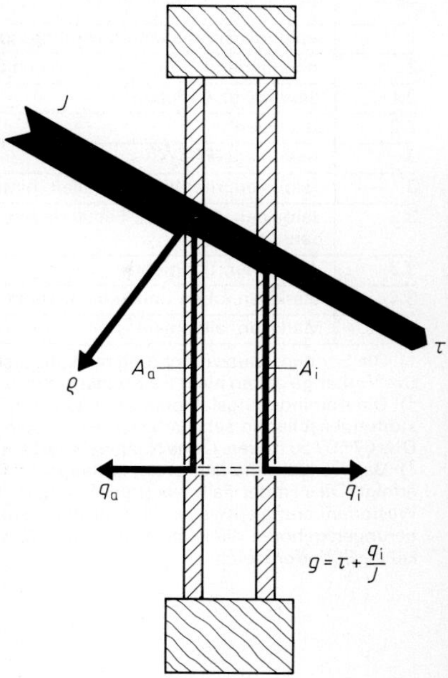


**Bild 9**
**Schematische Darstellung des Strahlendurchganges, Reflexion und Absorption von Sonnenstrahlung an einer Isolierglasscheibe**

| | |
|---|---|
| $J$ | auftreffende Strahlung |
| $\varrho$ | reflektierte Strahlung |
| $\tau$ | transmittierte Strahlung |
| $A_i$, $A_a$ | absorbierte Strahlung |
| $q_i$, $q_a$ | Wärmeabgabe von der inneren und äußeren Scheibe auf Grund der absorbierten Strahlungswärme |
| $g$ | Gesamtenergiedurchlaßgrad |

**Tafel 6 Gesamtenergiedurchlaßgrad *g* von Verglasungen**

| Verglasungsart | Doppelverglasung aus Klarglas | Dreifachverglasung aus Klarglas | Glasbausteine | Sondergläser[1]) (Wärme- oder Sonnenschutzgläser) |
|---|---|---|---|---|
| *g* | 0,8 | 0,7 | 0,6 | 0,2 bis 0,8 |

[1]) Die Werte *g* von Sonnenschutzverglasungen können aufgrund von Einfärbung bzw. Oberflächenbehandlung der Glasscheiben sehr unterschiedlich sein. Im Einzelfall ist der Nachweis gemäß DIN 67507 zu führen. Ohne Nachweis darf nur der ungünstigere Grenzwert angewendet werden.

**Tafel 7 Abminderungsfaktoren $z$ von Sonnenschutzvorrichtungen in Verbindung mit Verglasungen**

| Zeile | Sonnenschutzvorrichtung | $z$ |
|---|---|---|
| 1 | fehlende Sonnenschutzvorrichtung | 1,0 |
| 2 | innenliegend [1]) und zwischen den Scheiben liegend | |
| 2.1 | Gewebe bzw. Folien [2]) | 0,4 bis 0,7 |
| 2.2 | Jalousien | 0,5 |
| 3 | außenliegend | |
| 3.1 | Jalousien, drehbare Lamellen, hinterlüftet | 0,25 |
| 3.2 | Jalousien, Rolläden, Fensterläden, feststehende oder drehbare Lamellen | 0,3 |
| 3.3 | Vordächer, Loggien [3]) | 0,3 |
| 3.4 | Markisen, oben und seitlich ventiliert [3]) | 0,4 |
| 3.5 | Markisen, allgemein [3]) | 0,5 |

[1]) Die Sonnenschutzvorrichtung muß fest installiert sein (z. B. Lamellenstores). Übliche dekorative Vorhänge gelten nicht als Sonnenschutzvorrichtung.

[2]) Die Abminderungsfaktoren $z$ können aufgrund der Gewebestruktur, der Farbe und der Reflexionseigenschaften sehr unterschiedlich sein. Im Einzelfall ist der Nachweis in Anlehnung an DIN 67507 zu führen. Ohne Nachweis darf nur der ungünstigere Grenzwert angewendet werden.

[3]) Dabei muß näherungsweise sichergestellt sein, daß keine direkte Besonnung des Fensters erfolgt. Dies ist der Fall, wenn bei Südorientierung der Abdeckwinkel $\beta \geqq 50°$ ist, bei Ost- und Westorientierung entweder der Abdeckwinkel $\beta \geqq 85°$ oder $\gamma \geqq 115°$ ist. Zu den jeweiligen Orientierungen gehören Winkelbereiche von $\pm 22{,}5°$. Bei Zwischenorientierungen ist der Abdeckwinkel $\beta \geqq 80°$ erforderlich.

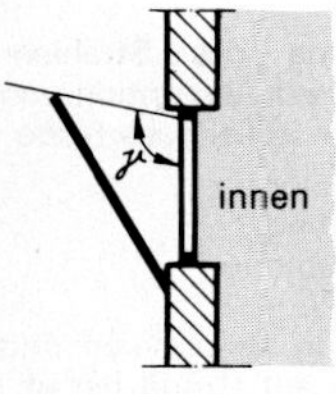


Grundriß

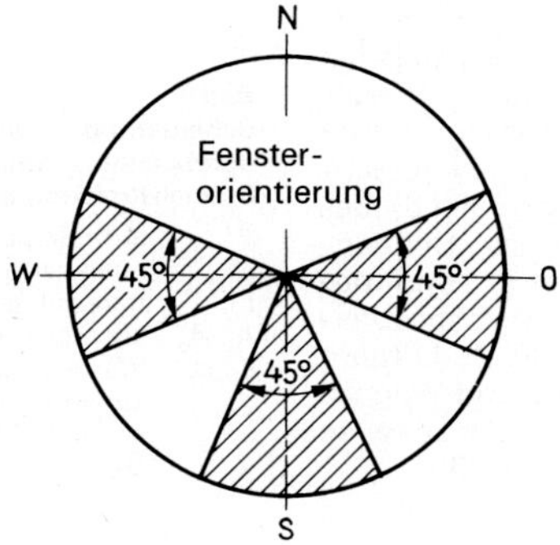


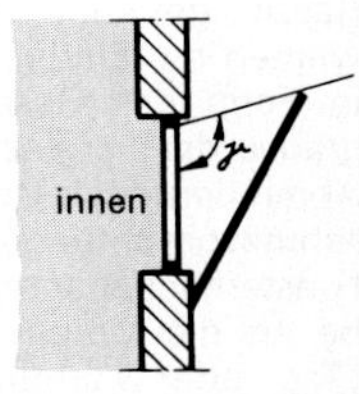


Grundriß

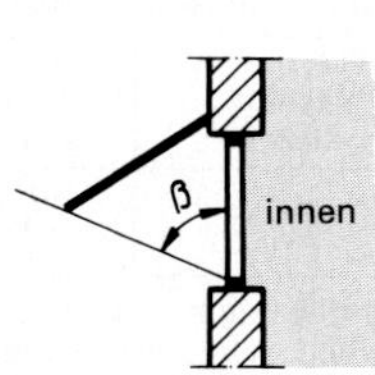


Schnitt

Beurteilt wird die Qualität des sommerlichen Wärmeschutzes durch das Produkt

$$g_F \cdot f \quad (14)$$

Dabei ist

$$g_F = g \cdot z \quad (15)$$

der Gesamtenergiedurchlaßgrad des Fensters. Sind mehrere Sonnenschutzvorrichtungen mit den Abminderungsfaktoren $z_1, z_2, \ldots, z_n$ hintereinander geschaltet, ist der Gesamtabminderungsfaktor $z = z_1 \cdot z_2 \cdot \ldots \cdot z_n$.

Der Fensterflächenanteil ist

$$f = \frac{A_F}{A_W + A_F}. \quad (16)$$

Dabei ist die Fensterfläche auf die fensterenthaltende Außenwand, die Dachfensterfläche auf die direkt besonnte Dachdecke bezogen (lichte Rohbaumaße).

Um einen ausreichenden Wärmeschutz im Sommer zu gewährleisten, soll das Produkt $g_F \cdot f$ die in Tafel 8 angegebenen zulässigen Werte $(g_F \cdot f)$ nicht überschreiten.

**Tafel 8 Empfohlene Höchstwerte $(g_F \cdot f)$ in Abhängigkeit von den natürlichen Lüftungsmöglichkeiten und der Innenbauart**

| Lüftung | empf. $(g_F \cdot f)$ [1]) bei Innenbauart [2]) | |
|---|---|---|
| | leicht $\leqq 600$ kg/m² | schwer $> 600$ kg/m² |
| erhöhte natürliche Lüftung nicht vorhanden [3]) | 0,12 | 0,14 |
| erhöhte natürliche Lüftung vorhanden [4]) | 0,17 | 0,25 |

[1]) Bei nach Norden orientierten Räumen oder solchen, bei denen eine ganztägige Beschattung (z.B. durch Verbauung) vorliegt, dürfen die angegebenen $(g_F \cdot f)$-Werte um 0,25 erhöht werden. Als Nord-Orientierung gilt ein Winkelbereich, der bis zu etwa 22,5° von der Nord-Richtung abweicht.

[2]) Zur Unterscheidung in leichte und schwere Innenbauart wird raumweise der Quotient aus der Masse der raumumschließenden Innenbauteile sowie gegebenenfalls anderer Innenbauteile und der Außenwandfläche $(A_W + A_F)$, die die Fenster enthält, ermittelt. Für einen Quotienten $> 600$ kg/m² liegt eine schwere Innenbauart vor. Für die Holzbauweise ergibt sich in der Regel leichte Innenbauart. Die Massen der Innenbauteile werden wie folgt berücksichtigt: Bei Innenbauteilen ohne Wärmedämmschicht wird die Masse zur Hälfte angerechnet. Bei Innenbauteilen mit Wärmedämmschicht darf die Masse derjenigen Schichten angerechnet werden, die zwischen der raumseitigen Bauteiloberfläche und der Dämmschicht angeordnet sind, jedoch höchstens die Hälfte der Gesamtmasse. Als Dämmschicht gilt hier eine Schicht mit $\lambda_R \leqq 0{,}1$ W/(m·K) und $R_\lambda \geqq 0{,}25$ m²·K/W. Bei Innenbauteilen mit Holz oder Holzwerkstoffen dürfen die Schichten aus Holz oder Holzwerkstoffen näherungsweise mit dem 2fachen Wert ihrer Masse angesetzt werden.

[3]) Fenster werden nachts oder in den frühen Morgenstunden nicht geöffnet (z.B. häufig bei Bürogebäuden und Schulen).

[4]) Erhöhte natürliche Belüftung, insbesondere während der Nacht- oder in den frühen Morgenstunden. Dies ist bei zu öffnenden Fenstern in der Regel gegeben (z.B. bei Wohngebäuden).

**Beispiel für die Anwendung der Tafeln 6 bis 8**

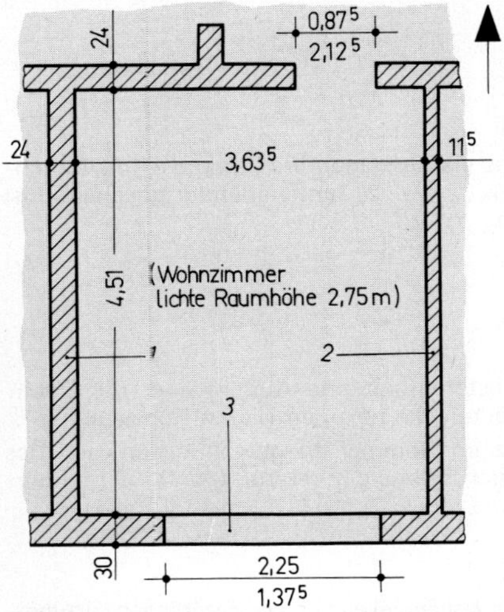


Beschreibung der Bauteile

*1* 240 mm Mauerwerk (Steine: $\varrho = 1600\ \mathrm{kg/m^3}$)

*2* 115 mm Mauerwerk (Steine: $\varrho = 1000\ \mathrm{kg/m^3}$)

*3* Fenster mit Doppelverglasung aus Klarglas und Rolladen

Die Wände *1* und *2* sind jeweils beidseitig verputzt (Putz: $\varrho = 1400\ \mathrm{kg/m^3}$)

Fußboden: schwimmender Estrich, 50 mm Zementestrich ($\varrho = 2000\ \mathrm{kg/m^3}$) auf 25/20 mm Trittschalldämmplatten ($\lambda_R = 0{,}04\ \mathrm{W/(m \cdot K)}$)

Decken: 180 mm Stahlbetonplatten ($\varrho = 2400\ \mathrm{kg/m^3}$)

**Grundriß eines Wohnraumes, lichte Raumhöhe 2,75 m**

Fensterfläche: $A_F = 2{,}25 \cdot 1{,}375 = 3{,}09\ \mathrm{m^2}$

Außenwand- und Fensterfläche: $A_W + A_F = 2{,}75 \cdot 3{,}635 = 10{,}00\ \mathrm{m^2}$

Fensterflächenanteil (s. Gln. (16)): $f = 3{,}09/10 = 0{,}31$

Masse der raumumschließenden Innenbauteile (s. Fußnote 2, Tafel 8; IW: Innenwand).

| | | |
|---|---|---|
| Decke: | $0{,}5 \cdot 3{,}635 \cdot 4{,}51 \cdot 0{,}18 \cdot 2400 + 0{,}5 \cdot 3{,}635 \cdot 4{,}51 \cdot 0{,}05 \cdot 2000$ | = 4361 kg |
| Estrich: | $3{,}635 \cdot 4{,}51 \cdot 0{,}05 \cdot 2000$ | = 1639 kg |
| IW West: | $0{,}5 \cdot 4{,}51 \cdot 2{,}75 \cdot 0{,}24 \cdot 1600 + 4{,}51 \cdot 2{,}75 \cdot 0{,}015 \cdot 1400$ | = 2642 kg |
| IW Ost: | $0{,}5 \cdot 4{,}51 \cdot 2{,}75 \cdot 0{,}115 \cdot 1000 + 4{,}51 \cdot 2{,}75 \cdot 0{,}015 \cdot 1400$ | = 974 kg |
| IW Nord: | $(0{,}5 \cdot 0{,}24 \cdot 1600 + 0{,}015 \cdot 1400) \cdot (3{,}635 \cdot 2{,}75 - 0{,}875 \cdot 2{,}125)$ | = 1733 kg |
| | Gesamtmasse | 11349 kg |

Innenbauart nach Fußn. 2 (Tafel 8): $1135\ \mathrm{kg/m^2} > 600\ \mathrm{kg/m^2}$
Einordnung: schwere Innenbauart; erhöhte natürliche Lüftung vorhanden (s. Fußnote 4 der Tafel 8)

gefordert nach Tafel 8: $(g_F \cdot f)$ empf $\leq 0{,}25$

vorhanden: $g = 0{,}8$ nach Tafel 6
$z = 0{,}3$ nach Tafel 7
$g_F = 0{,}8 \cdot 0{,}3 = 0{,}24$
$g_F \cdot f = 0{,}24 \cdot 0{,}31 = 0{,}07 < 0{,}25$

**Ergebnis** Die Empfehlungen der Tafel 8 werden eingehalten.

# 2 Energiesparender Wärmeschutz – WSchV (8.94)

## 2.1 Energiesparender Wärmeschutz bei Gebäuden

In der bis zum 31. Dezember 1994 geltenden Ausgabe der Wärmeschutzverordnung (2.82) wurde die wärmeschutztechnische Qualität eines Gebäudes allein durch den Wärmedurchgangskoeffizienten der Bauteile und deren Fläche in der Form des modifizierten mittleren Wärmedurchgangskoeffizienten bewertet. Lüftungswärmeverluste, interne und solare Wärmegewinne wurden nicht beachtet. Um beim Entwurf eines Gebäudes energetisch sinnvolle Maßnahmen zur Einsparung von Heizenergie planen zu können, ist ein Nachweisverfahren notwendig, das auch diese Einflußgrößen berücksichtigt.

Ein verhältnismäßig einfaches Rechenverfahren, das den Jahres-Heizwärmebedarf eines Gebäudes aus Monatsbilanzen der Wärmeverluste und -gewinne ermittelt (Monatsbilanzverfahren), ist Grundlage des europäischen Normenentwurfes prEN 832 „Thermal performance of buildings – of Calculation of energy use for heating – Residential buildings". Dieser Entwurf wurde vom Deutschen Institut für Normung als DIN EN 832 (E 8.93) „Wärmetechnisches Verhalten von Gebäuden. Berechnung des Heizwärmebedarfes-Wohngebäude" veröffentlicht. Auf dessen Basis beruht die Vornorm DIN V 4108-6 (4.95) „Wärmeschutz im Hochbau. Berechnung des Jahresheizwärmebedarfs von Gebäuden", das detailliertere Informationen für rechnerische Untersuchungen enthält.

Das Nachweisverfahren der neuen Wärmeschutzverordnung (8.94), das aus der DIN EN 832 abgeleitet wurde, arbeitet mit einem vereinfachten Jahrebilanzverfahren. Es ergibt eine Kennzahl für die vergleichende Beurteilung der energetischen Qualität von Gebäuden unter einheitlichen Randbedingungen, aus der aber der tatsächliche Heizenergieverbrauch nicht abgeleitet werden kann. Für eingehendere Untersuchungen des thermischen Verhaltens von Gebäuden müssen auf instationären Berechnungen beruhende dynamische Simulations-Rechenprogramme angewandt werden. Diese ermöglichen sowohl eine Analyse des Wärmebedarfes von Gebäuden als auch die Berechnung der zu erwartenden Tagesverläufe der Lufttemperaturen im Gebäudeinneren auf der Grundlage von Test-Referenztagen, sie ermöglichen somit auch Voraussagen über die voraussichtlichen raumklimatischen Verhältnisse.

## 2.2 Begriffe

**Heizwärmebedarf eines Gebäudes.** Dies ist ein rechnerisch ermittelter Gebäude-Kennwert, der auf normierten Randbedingungen basiert.

**Heizenergiebedarf eines Gebäudes.** Bei dieser Größe werden die Umwandlungsverluste an Primärenergie, die zur Erzeugung des berechneten Heizwärmebedarfes erforderlich ist, berücksichtigt.

**Heizwärmeverbrauch eines Gebäudes.** Er entsteht bei der Beheizung des realen Gebäudes unter realen Randbedingungen und hängt somit sehr stark vom Nutzerverhalten und von den jährlich schwankenden Außentemperaturen ab.

Der Heizwärmebedarf eines Gebäudes nach DIN V 4108-6 (4.95) ist nicht identisch mit dem Norm-Wärmebedarf nach DIN 4701 „Regeln zur Berechnung der Wärmeleistung von Gebäuden", der zur Auslegung der Heizung dient.

## 2.3 Grundlagen der Wärmeschutzverordnung (8.94)

### 2.3.1 Anwendungsbereich

Der Anwendungsbereich der WSchV (8.94) umfaßt alle beheizbare Neubauvorhaben, sowie bauliche Änderungen bestehender Gebäude mit normalen Innentemperaturen, wenn diese um einen oder mehrere Räume erweitert oder einzelne Bauteile ganz oder teilweise erneuert werden.

Bei Neuplanungen hängt das Anforderungsniveau von der Nutzungsart des Gebäudes und den damit verbundenen Raumlufttemperaturen, teilweise auch von der voraussichtlichen Dauer des Heizungsbetriebes ab. Unterschieden wird bei den Raumlufttemperaturen zwischen den Bewertungen „normal" und „niedrig". Bei Gebäuden mit normalen Innentemperaturen wird eine Lufttemperatur von mindestens 19 °C vorausgesetzt, bei solchen mit niedrigen Innentemperaturen müssen die Temperaturwerte zwischen 19 °C und 12 °C liegen; diese Gebäude müssen außerdem mindestens 4 Wochen lang im Jahr beheizt werden.

Gebäude mit folgenden Nutzungen werden dem Bereich der normalen Innentemperaturen zugeordnet:

1. Wohngebäude,
2. Büro- und Verwaltungsgebäude,
3. Schulen, Bibliotheken,
4. Krankenhäuser, Altenwohn-, Alten-, Pflege-, Entbindungs- und Säuglingsheime, sowie Aufenthaltsgebäude in Justizvollzugsanstalten und Kasernen,
5. Gebäude des Gaststättengewerbes,
6. Waren- und sonstige Geschäftshäuser,
7. Betriebsgebäude, soweit sie nach ihrem üblichen Verwendungszweck auf Innentemperaturen von mindestens 19 °C beheizt werden,
8. Gebäude für Sport- und Versammlungszwecke, woweit sie nach ihrem üblichen Verwendungszweck auf Innentemperaturen von mindestens 15 °C und jährlich mehr als 3 Monate beheizt werden.
9. Gebäude, die eine nach den Nummern 1 bis 8 gemischte oder ähnliche Nutzung aufweisen.

Vom Anwendungsbereich der Wärmeschutzverordnung sind ausgenommen:

1. Traglufthallen, Zelte und Raumzellen sowie sonstige Bauten, die wiederholt aufgestellt und zerlegt und nicht mehr als 2 Heizperioden am jeweiligen Aufstellungsort beheizt werden.
2. unterirdische Bauten zum Zwecke der Landesverteidigung, des Zivil- oder Katastrophenschutzes,
3. Werkstätten, Werk- und Lagerhallen, soweit sie nach ihrem üblichen Verwendungszweck großflächig und langanhaltend offengehalten werden müssen,
4. Unterglasanlagen und Kulturräume im Gartenbau.

### 2.3.2 Berechnung der Flächen und Volumina

**Wärmeübertragende Umfassungsfläche *A***

Die wärmeübertragende Umfassungsfläche eines Gebäudes ist:

$$\boldsymbol{A = A_W + A_F + A_D + A_G + A_{DL}} \quad (17)$$

Bei der Ermittlung der Einzelflächen von Bauteilen, die beheizte Räume nach außen oder gegen die unbeheizte Umgebung abgrenzen, sind die Festlegungen nach Tafel 9 zu beachten.

**Beheiztes Bauwerksvolumen *V***

Das beheizte Bauwerksvolumen *V* ist das Volumen, das von der nach Gl. (17) ermittelten Gebäudehüllfläche eingeschlossen wird. Gebäudeteile mit wesentlich niedrigeren Temperaturen werden in die Volumenberechnung nicht mit einbezogen.

**Gebäudenutzfläche $A_N$**

Die Gebäudenutzfläche wird für Gebäude mit einer lichten Raumhöhe von nicht mehr als 2,60 m wie folgt berechnet:

$$\boldsymbol{A_N = 0{,}32 \cdot V} \quad \text{in m}^2 \quad (18)$$

wobei *V* das beheizte Bauwerksvolumen in $m^3$ ist.

**Tafel 9 Bezeichnungen und Hinweise zur Flächenberechnung**

| Formelzeichen | Bauteilbezeichnung | Hinweise zu den Maßen bei den Flächenberechnungen |
|---|---|---|
| $A_W$ | an die Außenluft grenzende Außenwände und Abseitenwände zum nicht wärmegedämmten Dachraum | Gebäudeaußenmaße; OK des Geländes bzw. OK der darüberliegenden Decke bis OK der obersten Decke oder OK der wirksamen Dämmschicht |
| $A_F$ | Fenster, Dachfenster, Fenstertüren, Türen, soweit sie nach außen gerichtet sind | lichte Rohbaumaße |
| $A_D$ | wärmegedämmte Dachfläche, Dachschräge, Kehlbalkendecke usw. | Gebäude- bzw. Bauteilaußenmaße |
| $A_G$ | Decken über unbeheizten Räumen, erdberührende Wand- und Bodenflächen von beheizten Räumen | Gebäude- bzw. Bauteilaußenmaße |
| $A_{DL}$ | Decken, die das Gebäude nach unten gegen die Außenluft abgrenzen | Gebäude- bzw. Bauteilaußenmaße |
| $A_{BL}$ | Bauteile, die das Gebäude gegen Teile mit wesentlich niedrigeren Temperaturen abgrenzen, z.B. außenliegende Treppenräume, Lagerräume und dgl. | Gebäude- bzw. Bauteilaußenmaße |

**Anrechenbares Luftvolumen $V_L$**

Das anrechenbare Luftvolumen $V_L$ wird wie folgt berechnet:

$$\mathbf{V_L = 0{,}8 \cdot V} \quad \text{in m}^3 \quad (19)$$

wobei $V$ das beheizte Bauwerksvolumen in m³ ist.

### 2.3.3 Jahres-Heizwärmebedarf nach WSchVo (8.94)

Der Jahres-Heizwärmebedarf $Q_H$ eines Gebäudes setzt sich zusammen aus dem Transmissions- und Lüftungswärmebedarf $Q_T$ und $Q_L$, verringert um den solaren und internen Wärmegewinn $Q_S$ und $Q_I$, und wird nach folgender Gleichung ermittelt:

$$\mathbf{Q_H = 0.9 \cdot (Q_T + Q_L) - (Q_S + Q_I)} \quad \text{in kW} \cdot \text{h/a} \quad (20)$$

Der Zahlenwert 0,9 in Gl. (20) ist ein Reduktionsfaktor für verbrauchverringernde Effekte, z.B. Nachtabsenkung, Teilbeheizung u.ä., die bei diesem einfachen Nachweisverfahren nicht in Ansatz gebracht werden.

Sowohl der Transmissionswärmebedarf als auch der Lüftungswärmebedarf eines Gebäudes hängen von der mittleren Temperaturdifferenz zwischen Raum- und Außenluft während der Heizperiode und von deren Dauer ab, also von der Heizgradtagezahl $Gt$ des Gebäudestandortes. Die Heizgradtagezahl wird bestimmt von der Grenztemperatur $\vartheta_x$ der Außenluft, bei der die Heizung im Herbst in Betrieb genommen und im Frühjahr abgestellt wird (Heizperiode), sowie von der mittleren Außenlufttemperatur am Standort während der Heizperiode. Die Heizgradtagezahl ist das Produkt aus der Zahl der Heiztage der Heizperiode und der Temperaturdifferenz zwischen der mittleren Raumlufttemperatur und der mittleren Außenlufttemperatur während dieser Zeit. In der Regel wird $\vartheta_x$ zu 15 °C, 12 °C oder 10 °C, je nach der wärmeschutztechnischen Qualität der Häuser angenommen. Bei Gebäuden mit einer extrem guten Wärmedämmung trifft für $\vartheta_x$ der Wert von 10 °C zu.

Um im Nachweisverfahren der Wärmeschutzverordnung (8.94) einen vom Standort unabhängigen Wert des Jahres-Heizwärmebedarfes zu erhalten, wird in das Rechenverfahren die Heizgradtagezahl $Gt = 3500$ (K · d)/a eines mittleren, idealisierten Standortes in der Bundesrepublik Deutschland eingeführt.

## 2.3.4 Wärmeverluste – Wärmegewinne

### 2.3.4.1 Transmissionswärmeverlust $Q_T$

Der jährliche **Transmissionswärmeverlust** $Q_T$ repräsentiert den aus dem Wärmedurchgang durch die Bauteile stammenden Anteil am Jahres-Heizwärmebedarf und wird nach folgender Zahlenwertgleichung berechnet.

$$\boldsymbol{Q_T = 84 \cdot (k_W \cdot A_W + k_F \cdot A_F + 0{,}8 \cdot k_D \cdot A_D + 0{,}5 \cdot k_G \cdot A_G + k_{DL} \cdot A_{DL} + 0{,}5 \cdot k_{AB})} \quad (21)$$

in kWh/a mit $k$ in W/(m² · K) und $A$ in m².

Der Koeffizient $G_h = 84$ kW · h · K/(W · a) ergibt sich aus der Umrechnung der mittleren Heizgradtagzahl $Gt = 3500$ K · d/a in Heizgradstunden und von W in kW.

Die Faktoren 0,8 und 0,5 in Gl. (21) berücksichtigen bauspezifische Temperaturdifferenzen und werden als Temperaturreduktionsfaktoren $r$ bezeichnet. Bei anderen Bauteilen sind die in der Tafel 10 angegebenen Werte für $r$ in die Gl. (21) zur Berechnung von $Q_T$ einzusetzen.

Die Einzelflächen $A_i$ der Bauteile sind nach Abschn. 2.3.2 zu bestimmen.

**Tafel 10 Temperaturreduktionsfaktoren *r* zur Berücksichtigung bauspezifischer Temperaturdifferenzen**

| Bauteil | Reduktionsfaktor $r$ |
|---|---|
| Dächer und Dachdeckenflächen | 0,8 |
| Abseitenwände zum nicht wärmegedämmten Dachraum | 0,8 |
| an das Erdreich grenzende Wände | 0,5 |
| Wände gegen nicht beheizte Gebäudeteile | 0,5 |
| Decken über nicht beheizten Räumen | 0,5 |
| an das Erdreich grenzende Decken beheizter Räume | 0,5 |
| Wände und Fenster zu unbeheizten Glasvorbauten mit | |
| – Einfachverglasung | 0,7 |
| – Doppelverglasung | 0,6 |
| – Wärmeschutzverglasung ($k_F \leq 2{,}0$ W/(m² · K)) | 0,5 |

### 2.3.4.2 Lüftungswärmeverlust $Q_L$

Der Lüftungswärmeverlust $Q_L$ hängt vom Luftwechsel, der Wärmekapazität der Luft, dem Raumvolumen $V_R$ und von den Heizgradtagen ab. Es ist:

$$\boldsymbol{Q_L = c_p \cdot \varrho \cdot n \cdot V_R \cdot G_h} \quad \text{in kWh/a} \quad (22)$$

In Gl. (22) ist $c_p$ die spezifische Wärmekapazität der Luft bei konstantem Druck in W · h/(kg · K), $\varrho$ die Luftdichte bei 20 °C in kg/m³, $n$ die Luftwechselzahl in h⁻¹, $V_R = V_L$ das anrechenbare Luftvolumen in m³ und $G_h$ der Heizgradstundenkoeffizient 84 kW · h · K/(W · a). Werden die Zahlenwerte dieser Größen in Gl. (22) eingesetzt, erhält man die Zahlenwertgleichung

$$\boldsymbol{Q_L = 28{,}56 \cdot n \cdot V_L} \quad \text{in kWh/a} \quad (23)$$

wobei nach Gl. (19) $V_L = 0{,}8 \cdot V$ ist.

Wenn in Verbindung mit einer mechanisch betriebenen Lüftungsanlage ein geregelter Luftwechsel möglich ist, oder wenn eine Anlage mit Wärmerückgewinnung eingebaut wird, reduziert sich der Lüftungswärmebedarf. Zwischen folgenden Möglichkeiten ist bei der Raumlüftung zu unterscheiden:

**Ohne mechanisch betriebener Lüftungsanlage**

In der Gl. (23) wird die Luftwechselzahl $n = 0{,}8$ h⁻¹ gesetzt. Dann erhält man die folgende Zahlenwertgleichung:

$$\boldsymbol{Q_L = 28{,}56 \cdot 0{,}8 \cdot V_L = 18{,}28 \cdot V} \quad \text{in kWh/a} \quad (24)$$

**Mit mechanisch betriebener Lüftungsanlage ohne Wärmerückgewinnung**

Durch eine Regeleinrichtung muß sich eine Luftwechselzahl von mindestens 0,3 h⁻¹ vom Nutzer einstellen lassen. $Q_L$ berechnet sich dann zu:

$$\boldsymbol{Q_L = 0{,}95 \cdot 22{,}85 \cdot V_L = 17{,}37 \cdot V} \quad \text{in kWh/a} \quad (25)$$

**Mit mechanisch betriebener Lüftungsanlage mit Wärmerückgewinnung**

In diesem Fall wird gefordert, daß der zeitliche Mittelwert des Außenluftwechsels sich zwischen 0,5 $h^{-1}$ und 1,0 $h^{-1}$ regeln läßt und daß mindestens 60% der Wärmeenergie aus der Differenz des Wärmeinhaltes zwischen Fort- und Zuluftvolumenstrom zurückgewonnen wird, wobei eine Kühlung der Zuluft unter Einsatz elektrischer oder aus fossilen Brennstoffen gewonnener Energie nicht zulässig ist. Bei Wärmerückgewinnungsanlagen ohne Wärmepumpe muß je kWh aufgewendete elektrische Arbeit mindestens 5,0 kWh, bei Anlagen mit Wärmepumpe mindestens 4,0 kWh nutzbare Wärme abgegeben werden. Bei diesen Randbedingungen berechnet sich der Lüftungswärmeverlust zu:

$$Q_L = 0{,}8 \cdot 22{,}85 \cdot V_L = 14{,}62 \cdot V \quad \text{in kWh/a} \quad (26)$$

### 2.3.4.3 Interne Wärmegewinne $Q_I$

Interne Wärmequellen (Licht, elektrische Geräte, Warmwasserbereitung usw.) dekken einen Teil des Wärmebedarfes eines Gebäudes. In der WSchV (8.94) sind sie wie folgt zu ermitteln:

**Bei einer lichten Raumhöhe von mehr als 2,6 m ist**

$$Q_I = 8 \cdot V \quad \text{in kWh/a} \quad (27)$$

$V$ ist das Gebäudevolumen in $m^3$

**Bei einer lichten Raumhöhe von nicht mehr als 2,6 m ist**

$$Q_I = 25 \cdot A_N \quad \text{in kWh/a} \quad (28)$$

Nach Gl. (18) ist $A_N = 0{,}32 \cdot V$ die Gebäudenutzfläche in $m^2$.

**Büro- und Verwaltungsgebäude**

Bei Gebäuden, die ausschließlich als Büro- und Verwaltungsgebäude genutzt werden, ist der interne Wärmegewinn

$$Q_I = 1{,}25 \cdot 8 \cdot V = 10 \cdot V \quad \text{in kWh/a} \quad (29)$$

### 2.3.4.4 Solare Wärmegewinne $Q_S$

Wegen der Transparenz der Fensterverglasung gelangt ein Teil der auf die Scheiben auftreffenden Sonnenstrahlung in das Gebäudeinnere und trägt zur Erwärmung der Raumluft bei. Diese Energiezufuhr hängt vom Gesamtenergiedurchlaßgrad der Verglasung (s. Abschn. 1.4), von der Intensität der Sonnenstrahlung und der Fensterorientierung ab. Betroffen sind Außenfenster und Fenstertüren sowie Außentüren mit einem Glasanteil von mindestens 60%. Im Nachweisverfahren können die solaren Wärmegewinne entweder als direkter Energiegewinn $Q_S$ unter Anrechnung der himmelsrichtungabhängigen jährlichen Gesamtstrahlung in Gl. (20) eingesetzt werden oder der solare Wärmegewinn kann durch Verwendung des äquivalenten Wärmedurchgangskoeffizienten der Fenster $k_{eq,F}$ an Stelle des Wärmedurchgangskoeffizienten $k_F$ der Fenster in Gl. (21) berücksichtigt werden.

*Hinweis*: Bei Berechnungen zur Ermittlung der solaren Wärmegewinne dürfen nur im Bundesanzeiger veröffentlichte Rechenwerte der Gesamtenergiedurchlaßgrade von Verglasungen verwendet werden.

**Ermittlung der solaten Wärmegewinne aus der Gesamtstrahlung**

Entsprechend der einzelnen Fenster i und deren Orientierung j wird der solare Wärmegewinn wie folgt ermittelt:

$$Q_S = \sum_{i,j} 0{,}46 \cdot I_j \cdot g_i \cdot A_{F,j,i} \quad \text{in kWh/a} \quad (30)$$

Im Faktor 0,46 ist ein mittlerer Nutzungsgrad, die Abminderung der Glasfläche durch den Rahmen und eine Teilverschattung enthalten. $A_{F,j,i}$ sind die Fensterflächen in $m^2$, $g_i$ ist der Gesamtenergiedurchlaßgrad der Verglasung. Für die Strahlungsmenge $I_j$ sind folgende Werte, je nach Himmelsrichtung, in Gl. (30) einzusetzen:

$I_S = 400$ kWh/($m^2 \cdot$ a) für Südorientierung
$I_{W/O} = 275$ kWh/($m^2 \cdot$ a) für West- und Ostorientierung
$I_N = 160$ kWh/($m^2 \cdot$ a) für Nordorientierung

Unter Fensterorientierung ist eine Abweichung der Himmelsrichtung von nicht mehr als 45° von der Senkrechten auf die Fensterflächen zu verstehen. In den Grenzfällen NO, NW, SO und SW gilt jeweils der kleinere Wert für $I_j$. Fenster in Dachflächen mit einer Neigung von mehr als 15° sind wie Fenster in senkrechten Flächen zu behandeln. Bei überwiegender Beschattung der Fenster ist in allen Himmelsrichtungen der Wert $I_N$ anzusetzen.

Der solare Wärmegewinn nach Gl. (30) darf nur bis zu einer Fensterfläche von höchstens 2/3 der dazugehörenden Fassadenfläche berücksichtigt werden.

**Berücksichtigung der solaren Wärmegewinne durch Verwendung des äquivalenten Wärmedurchgangskoeffizienten $k_{eq,F}$**

Um Solargewinne durch Verglasungen als konstruktionsspezifische Größe der Fenster berücksichtigen zu können, wurde für letztere der äquivalente Wärmedurchgangskoeffizient $k_{eq,F}$ nach Gl. (31) definiert. Er ist um so kleiner, je größer der Gewinn an Strahlungsenergie ist. Der Wert von $k_{eq,F}$ wird dann in Gl. (21) an Stelle des Wärmedurchgangskoeffizienten $k_F$ der Fenster eingesetzt, der Term für $Q_S$ in Gl. (20) entfällt in diesem Fall.

$$\boldsymbol{k_{eq,F} = k_F - g \cdot S_F} \quad \text{in W/(m}^2 \cdot \text{K)} \quad (31)$$

In Gl. (31) ist $g$ der Gesamtenergiedurchlaßgrad der Verglasung und $S_F$ der himmelsrichtungabhängige Koeffizient für solare Wärmegewinne in W/(m² · K). Für ihn sind je nach Fensterorientierung folgende Werte in Gl. (31) einzusetzen:

$S_F = 2{,}40$ W/(m² · K) für Südorientierung

$S_F = 1{,}65$ W/(m² · K) für West- und Ostorientierung sowie für Fenster in Dächern mit einer Neigung $\leq 15°$

$S_F = 0{,}90$ W/(m² · K) für Nordorientierung

Der solare Wärmegewinn darf nur bis zu einer Fensterfläche von höchstens 2/3 der dazugehörenden Fassadenfläche im Nachweisverfahren mittels des äquivalenten Wärmedurchgangskoeffizienten $k_{eq,F}$ berücksichtigt werden. Für darüber hinausgehende Fensterflächen wird in die Gleichung (21) der Transmissionswärmeverlust mit dem Wärmedurchgangskoeffizient $k_F$ der Fenster berechnet.

*Hinweis*: Die Regelung für Orientierung und Beschattung der Fensterflächen bei der Ermittlung des solaren Wärmegewinnes $Q_S$ aus der Gesamtstrahlung gilt auch hier.

**Fertighäuser**

Für Fertighäuser kann der Nachweis des solaren Wärmegewinnes unter Annahme einer West-/Ostorientierung für alle Fensterflächen geführt werden, wenn der spätere Standort des Gebäudes noch unbekannt ist.

**Geschlossene, nicht beheizte Glasvorbauten**

Im Bereich der Glasvorbauten dürfen die äquivalenten Wärmedurchgangskoeffizienten $k_{eq,F}$ der Fenster, Fenstertüren und Außentüren sowie die der Außenwände mit den Temperatur-Reduktionsfaktoren der Tafel 10 kombiniert werden.

## 2.4 Anforderungen an den Wärmeschutz von Gebäuden

### 2.4.1 Übersicht der Anforderungen an den Wärmeschutz

Beim Nachweis des ausreichenden Wärmeschutzes eines Gebäudes ist die Bewertungsgröße bei lichten Raumhöhen bis zu 2,6 m der auf die Gebäudenutzfläche $A_N$, bei lichten Raumhöhen von mehr als 2,6 m der auf das Bauwerksvolumen $V$ bezogene Jahres-Heizwärmebedarf. Bei neu zu erstellenden Gebäude wird diese Bewertungsgröße in Abhängigkeit des Flächen-Volumen-Verhältnisses $A/V$ begrenzt. Werden bei bestehenden Gebäuden Bauteile erneuert oder ersetzt, dann dürfen vorgegebene Maximalwerte der Wärmedurchgangskoeffizienten nicht überschritten werden. Eine Zusammenstellung der Anforderungen befindet sich in Tafel 11.

**Tafel 11 Einteilung der Gebäude nach Nutzung und Anforderungen nach WSchV (8.94)**

| Gebäudenutzung bzw. bauliche Änderungen | | |
|---|---|---|
| Gebäude mit normalen Innentemperaturen $\vartheta_{Li} \geq 19$ °C | Gebäude mit niedrigen Innentemperaturen 19 °C $> \vartheta_{Li} \geq 12$ °C und jährlich mehr als 4 Monate beheizt | Bauliche Änderungen bestehender Gebäude mit normalen oder niedrigen Innentemperaturen |
| Nachweis nach Abschn. 2.4.2.1 | Nachweis nach Abschn. 2.4.2.2 | Nachweis nach Abschn. 2.4.2.3 |
| **Fenster und Fenstertüren** | | |
| Doppelverglasung[1] wird verlangt. Wenn Heizkörper vor Verglasungen stehen, muß $k_F \leq 1{,}5$ W/(m² · K) sein. | Bei Einfachverglasung muß mit $k_F = 5{,}2$ W/(m² · K) gerechnet werden. | $k_F \leq 1{,}8$ W/(m² · K). Wenn Heizkörper vor Verglasungen stehen, muß $k_F \leq 1{,}5$ W/(m² · K) sein. |

***Heizkörper***

Im Bereich der Heizkörper darf der Wärmeschutz der Außenwand nicht schlechter sein als im Bereich der restlichen Außenwände. Vor Verglasungen aufgestellte Heizkörper müssen rückseitig mit einer nicht demontierbaren oder mit einer integrierten Abdeckung versehen werden, deren Wärmedurchgangskoeffizient nicht größer als 0,9 W/(m² · K) sein darf. Diese Forderung gilt als erfüllt, wenn der Wärmedurchlaßwiderstand des Strahlungsschirmes den Wert 0,85 m² · K/W nicht unterschreitet.

***Flächenheizung***

Bei Bauteilen gegen das Freie, gegen das Erdreich oder gegen nicht beheizte Räume, darf der Wärmedurchgangskoeffizient des Bauteils den Wert 0,35 W/(m² · K), von der Heizfläche an in Richtung des Wärmestromes gerechnet, nicht überschreiten.

***Rolladenkästen***

Der Wärmedurchgangskoeffizient des Rolladenkastens darf den Wert 0,6 W/(m² · K) nicht überschreiten, vom Hersteller ist eine diesbezügliche Bestätigung vorzulegen.

***Außentüren***

Für Außentüren aus Holz, Holzwerkstoffen und Kunststoff darf mit $k = 3{,}0$ W/(m² · K), für solche aus Metall-Rahmen und metallenen Bekleidungen mit $k = 4{,}0$ W/(m² · K) gerechnet werden. Bei verglasten Außentüren mit Rahmen der Rahmenmaterialgruppe 1, 2.1 oder 2.2 wird der Wärmedurchgangskoeffizient nach DIN 4108, Teil 3, Tabelle 3 bzw. Tafel 19 bestimmt, sofern der Rahmenanteil $\leq 30\%$ ist.

***Dichtheit der wärmeübertragenden Umfassungsfläche***

Bauteile der wärmeübertragenden Umfassungsfläche müssen luftdicht sein. Eventuell vorhandene Fugen sind entsprechend dem Stand der Technik luftundurchlässig abzudichten (s. Abschn. 2.5).

***RLT-Anlage mit Luftkühlung und Fensterflächenanteil von 50% je zugehöriger Fassade oder mehr***

Um den Energiedurchgang bei Sonneneinstrahlung zu begrenzen, muß für jede Fassade $(g_F \cdot f) \leq 0{,}25$ sein. Ausgenommen hiervon sind nach Norden orientierte oder ganztägig beschattete Fenster. Der Abminderungsfaktor $z$ der Sonnenschutzvorrichtung muß $\leq 0{,}5$ sein.

[1]) Großflächige Verglasungen, z. B. Schaufensteranlagen, sind von dieser Forderung ausgenommen, wenn sie nutzungsbedingt erforderlich sind.

## 2.4.2 Anforderungen, abhängig von der Nutzungsart der Gebäude

### 2.4.2.1 Anforderungen zur Begrenzung des Jahres-Heizwärmebedarfes bei Gebäuden mit normalen Innentemperaturen

**Gebäude mit einer lichten Raumhöhe von mehr als 2,6 m**

Der nach Gl. (20) bestimmte Jahres-Heizwärmebedarf wird auf das beheizte Bauwerksvolumen $V$ bezogen. Der so berechnete Wert $Q'_H = Q_H/V$ in kWh/(m³ · a) darf den in Tafel 12 angegebenen oder den nach Gl. (32) in Abhängigkeit von $A/V$ ermittelten Wert nicht überschreiten.

**Tafel 12** **Maximaler Jahres-Heizwärmebedarf, bezogen auf das beheizte Bauwerksvolumen $V$ oder auf die Gebäudenutzfläche $A_N$ in Abhängigkeit von $A/V$**

| $A/V$ in $m^{-1}$ | $\leq 0{,}20$ | 0,30 | 0,40 | 0,50 | 0,60 | 0,70 | 0,80 | 0,90 | 1,00 | $\geq 1{,}05$ |
|---|---|---|---|---|---|---|---|---|---|---|
| $Q'_H$ in $kWh/(m^3 \cdot a)$ | 16,0 | 17,9 | 19,8 | 21,7 | 23,5 | 25,4 | 27,3 | 29,2 | 31,1 | 32,0 |
| $Q''_H$ in $kWh/(m^2 \cdot a)$ | 50,0 | 55,9 | 61,8 | 67,7 | 73,5 | 79,4 | 85,3 | 91,2 | 97,0 | 100,0 |

Für $0{,}2 \leq A/V \leq 1{,}05$ gilt:

$$\mathbf{Q'_H = 12{,}25 + 18{,}80 \cdot (A/V)} \quad \text{in kWh/(m}^3 \cdot \text{a)} \quad (32)$$

$$\mathbf{Q''_H = Q'_H / 0{,}32} \quad \text{in kWh/(m}^2 \cdot \text{a)} \quad (33)$$

$A$ in $m^2$ und $V$ in $m^3$ einsetzen.

**Gebäude mit einer lichten Raumhöhe von 2,60 m und weniger**

Der nach Gl. (20) bestimmte Jahres-Heizwärmebedarf wird auf die Gebäudenutzfläche $A_N$ bezogen. Der so berechnete Wert $Q''_H = Q_H/A_N$ in $kWh/(m^2 \cdot a)$ darf den in Tafel 12 angegebenen oder den nach Gl. (33) in Abhängigkeit von $A/V$ ermittelten Wert nicht überschreiten.

**Reihenhäuser**

Bei aneinandergereihten Gebäuden ist der Nachweis des ausreichenden Wärmeschutzes für jedes Gebäude einzeln zu führen. Hierbei werden Gebäudetrennwände als wärmeundurchlässig angenommen und bei der Ermittlung von $A$ und $A/V$ nicht berücksichtigt. Dies gilt auch für die angrenzenden Trennwände, wenn ein bestehendes Gebäude um einen beheizten Raum erweitert wird (s. Abschn. 2.4.2.3).

Beim Reihenmittelhaus mit zwei Trennwänden gilt zusätzlich die Forderung, daß für die Fassadenfläche der Mittelwert des Wärmedurchgangskoeffizienten aus Außenwand und Fenster nicht größer als

$$k_{m,W+F} = 0{,}95 \; W/(m^2 \cdot K)$$

sein darf. Diese Anforderung ist auch bei gegeneinander versetzten Gebäuden einzuhalten, wenn der Anteil der gemeinsamen Trennwand 50% und mehr der ganzen Trennwand ist.

Ist die Nachbarbebauung nicht gesichert, müssen die Trennwände den Mindestwärmeschutz nach DIN 4108 für Außenwände aufweisen.

**Geschlossene, nicht beheizte Glasvorbauten**

Im Bereich der Glasvorbauten dürfen die äquivalenten Wärmedurchgangskoeffizienten $k_{eq,F}$ der Fenster, Fenstertüren und Außentüren (s. Abschn. 2.3.4.4) sowie die der Außenwände mit den Temperatur-Reduktionsfaktoren der Tafel 10 kombiniert werden.

**Sonstige Anforderungen bzw. Berechnungshinweise**

Weitere Anforderungen bzw. Angaben zum Nachweis des ausreichenden Wärmeschutzes sind in der Tafel 11 aufgeführt.

### 2.4.2.2 Anforderungen zur Begrenzung des Jahres-Heizwärmebedarfes bei Gebäuden mit niedrigen Innentemperaturen

**Maximal zulässiger Jahres-Transmissionswärmebedarf**

Bei Gebäuden mit niedrigen Innentemperaturen wird nur der Jahres-Transmissionswärmebedarf ohne Berücksichtigung des Lüftungswärmebedarfs, der solaren und internen Wärmegewinne ermittelt. Er wird nach folgender Gl. berechnet:

$$\mathbf{Q_T = 30 \cdot (k_W \cdot A_W + k_F \cdot A_F + 0{,}8 \cdot k_D \cdot A_D + 0{,}5 \cdot k_G \cdot A_G + k_{DL} \cdot A_{DL} + 0{,}5 k_{AB} \cdot A_{AB})} \quad (34)$$

in kWA/a

Der nach Gl. (34) bestimmte Jahres-Transmissionswärmebedarf wird auf das beheizte Bauwerksvolumen $V$ bezogen. Der so berechnete Wert $Q'_T = Q_T/V$ in $kWh/(m^3 \cdot a)$ darf den in Tafel 13 angegebenen oder den nach Gl. (35) in Abhängigkeit von $A/V$ ermittelten Wert nicht überschreiten.

**Tafel 13** **Maximaler Jahres-Heizwärmebedarf, bezogen auf das beheizte Bauwerksvolumen $V$**

| $A/V$ in $m^{-1}$ | $\leq 0{,}20$ | 0,30 | 0,40 | 0,50 | 0,60 | 0,70 | 0,80 | 0,90 | $\geq 1{,}00$ |
|---|---|---|---|---|---|---|---|---|---|
| $Q'_T$ in $kWh/(m^3 \cdot a)$ | 6,20 | 7,80 | 9,40 | 11,00 | 12,60 | 14,20 | 15,80 | 17,40 | 19,00 |

Für $0{,}2 \leq A/V \leq 1{,}0$ gilt: $\boldsymbol{Q'_T = 3{,}0 + 16 \cdot (A/V)}$ in $kWh/(m^3 \cdot a)$ (35)

$A$ ist in $m^2$ und $V$ in $m^3$ einzusetzen.

**Decken beheizter Räume gegen Erdreich**

Bei Decken **ohne Wärmedämmung** wird $k_G = 2{,}0\ W/(m^2 \cdot K)$ gesetzt, für die Berechnung von $Q_T$ nach Gl. (34) werden die Temperatur-Reduktionsfaktoren $f_g$ Tafel 14 entnommen.

Bei Decken **mit Wärmedämmung** ist der Wärmedurchgangskoeffizient rechnerisch zu bestimmen, zur Berechnung des Jahres-Transmissionswärmebedarfes gelten die Reduktionsfaktoren $r$ nach Tafel 10.

**Tafel 14** **Temperatur-Reduktionsfaktoren $f_G$ der Wärmedurchgangskoeffizienten $k_G$ für Decken gegen das Erdreich**

| $A_G$ in $m^{-2}$ | $\leq 100$ | 500 | 1000 | 1500 | 2000 | 2500 | 3000 | 5000 | $\geq 8000$ |
|---|---|---|---|---|---|---|---|---|---|
| Temperatur-Reduktionsfaktoren $f_g$ | 0,50 | 0,29 | 0,23 | 0,20 | 0,18 | 0,17 | 0,16 | 0,14 | 0,12 |

Für $100 \leq A_G \leq 8000$ mit $A_G$ in $m^2$ gilt: $f_G = 2{,}33/\sqrt[3]{A_G}$

### 2.4.2.3 Anforderungen bei baulichen Änderungen bestehender Gebäude

**Erweiterung eines Gebäudes.** Bei Erweiterung eines Gebäudes um mehr als 10 $m^2$ zusammenhängende, beheizte Gebäudenutzfläche (s. Abschn. 2.3.2) sind für den neuen Gebäudeteil die Anforderungen der Tafel 12 bzw. 13 für Gebäude mit normalen oder niedrigen Innentemperaturen einzuhalten.

**Erneuerung oder Ersatz von Bauteilen.** Werden bei beheizten Gebäuden nachfolgend aufgezählte Bauteile erstmalig eingebaut, ersetzt oder erneuert (wobei deren Anteil an der Gesamtfläche des Bauteils mehr als 20% betragen muß), sind die in Tafel 15 genannten Anforderungen einzuhalten.

**Tafel 15** **Maximal zulässiger Wärmedurchgangskoeffizient bei erstmaligem Einbau, Ersatz und bei Erneuerung von Bauteilen beheizter Gebäude¹)**

| Bauteil und Formelzeichen des Wärmedurchgangskoeffizienten | max. Wärmedurchgangskoeffizient $k_{max}$ in $W/(m^2 \cdot K)$ ²) | |
|---|---|---|
| | $\vartheta_{Li} \geq 19\ °C$ | $12\ °C \leq \vartheta_{Li} \leq 19\ °C$ |
| Außenwände – allgemein<br>– mit Außendämmung als Erneuerungsmaßnahme | $k_W \leq 0{,}50$ ³)<br>$k_W \leq 0{,}40$ | $k_W \leq 0{,}75$ |
| Außenliegende Fenster, Fenstertüren, Dachfenster | $k_F \leq 1{,}8$ | – |
| Decken unter nicht ausgebauten Dachräumen, Decken und Dachschrägen, die Räume gegen die Außenluft abgrenzen | $k_D \leq 0{,}30$ | $k_D \leq 0{,}30$ |
| Kellerdecken, Decken und Wände gegen unbeheizte Räume sowie Decken und Wände, die an das Erdreich grenzen | $k_G \leq 0{,}50$ | – |

¹) Auf das Einhalten der Anforderungen kann dann verzichtet werden, wenn im Einzelfall die aufzuwendenden Mittel in keinem Verhältnis zu der noch zu erwartenden Nutzungsdauer des Gebäudes stehen.

²) Der Wärmedurchgangskoeffizient kann unter Berücksichtigung vorhandener Bauteilschichten ermittelt werden.

³) Die Anforderung gilt als erfüllt für ein Mauerwerk der Dicke 365 mm aus Baustoffen einer Wärmeleitfähigkeit von $\leq 0{,}21\ W/(m \cdot K)$.

1. Außenwände
2. Außenliegende Fenster, Fenstertüren und Dachfenster
3. Decken unter nicht ausgebauten Dachräumen, Dachschrägen und Decken, die beheizte Räume nach oben oder unten gegen die Außenluft abgrenzen
4. Kellerdecken
5. Wände oder Decken gegen unbeheizte Räume.

Unter Erneuerung sind folgende Maßnahmen zu verstehen:

Bei Außenwänden:

a) Bekleidungen in Form von Platten oder plattenartigen Bauteilen oder Verschalungen sowie Mauerwerks-Vorsatzschalen werden angebracht.
b) Bei beheizten Räumen werden auf der Innenseite der Außenwände Bekleidungen oder Verschalungen aufgebracht oder Dämmschichten eingebaut.

Bei Decken nach den Ziffern 3 bis 5 der obigen Aufzählung:

a) Dachhaut und eventuell darunter vorhandene Dachschalung werden ersetzt.
b) Bekleidungen in Form von Platten oder plattenartigen Bauteilen (sofern nicht unmittelbar angemauert, angemörtelt oder geklebt) oder Verschalungen werden angebracht oder Dämmschichten eingebaut.

## 2.5 Anforderungen an die Dichtheit von Fenster- und Türfugen

Zur Begrenzung der Lüftungswärmeverluste über die Fugen von Fenstern, Fenstertüren und Außentüren dürfen deren Fugendurchlaßkoeffizienten die in Tafel 16 angegebenen Werte nicht überschreiten.

**Tafel 16 Zulässige Fugendurchlaßkoeffizienten von Fenstern, Fenstertüren und Außentüren**

| Gebäudetemperaturen und Anzahl der Geschosse | | zulässige Fugendurchlaßkoeffizienten $a$ in $m^3/(m \cdot h \cdot (daPa)^{2/3})$ | | |
|---|---|---|---|---|
| | | Fenster und Fenstertüren | Außentüren | RLT-Anlagen |
| normal | 1 und 2 Vollgeschosse | ≤2,0 | ≤2,0 | ≤1,0 |
| | mehr als 2 Vollgeschosse | ≤1,0 | – | ≤1,0 |
| niedrig | allgemein | ≤2,0 | – | – |

Ohne weiteren Nachweis durch ein Prüfzeugnis dürfen nachstehende Werte der Fugendurchlaßkoeffizienten als gegeben angenommen werden:

Bei allen Fensterkonstruktionen mit umlaufender, alterungsbeständiger, leicht auswechselbarer und weichfedernder Dichtung in der Fuge:

$a \leq 1{,}0\ m^3/(m \cdot h \cdot (daPa)^{2/3})$.

Bei Holzfenstern mit Profilen nach DIN 68121 – Holzfenster-Profile – ohne Dichtung in den Fugen:

$1{,}0 \leq a \leq 2{,}0\ m^3/(m \cdot h \cdot (daPa)^{2/3})$.

Andere leicht regulierbare Lüftungseinrichtungen sind zulässig, wenn sie im geschlossenen Zustand die Forderungen der Tafel 16 erfüllen.

## 2.6 Wärmebedarfsausweis

Nach § 12 der Wärmeschutzverordnung (8.94) müssen bei allen Bauten, die nach den Abschnitten 1 und 2 zu bewerten sind, die wesentlichen Ergebnisse der rechnerischen Untersuchung in einem Wärmebedarfsausweis zusammengestellt werden.

# Wärmebedarfsausweis nach § 12 Wärmeschutzverordnung

für ein Gebäude mit normalen Innentemperaturen
bei Nachweis nach Anlage 1 Ziffer 1 und 6 Wärmeschutzverordnung

Bezeichnung des Gebäudes oder des Gebäudeteils ....................

Ort .................... Straße u. Hausnummer ....................

Gemarkung .................... Flurstücknummer ....................

## I. Jahres-Heizwärmebedarf

| A/V | Maximal zulässiger Jahres-Heizwärmebedarf | Berechneter Jahres-Heizwärmebedarf |
|---|---|---|
| (Wärmeübertr. Umfassungsfläche A = .................... m²<br>Beheiztes Bauwerksvolumen V = .................... m³)<br>A/V= .......... $m^{-1}$ | $Q'_{Hzul}$ = .................... kWh/(m³·a)<br>oder<br>$Q''_{Hzul}$ = .................... kWh/(m²·a) | $Q'_H$ = .................... kWh/(m³·a)<br>oder<br>$Q''_H$ = .................... kWh/(m²·a) |

Dem flächenbezogenen Wert $Q''_H$ des Jahres-Heizwärmebedarfs liegt eine aus dem Gebäudevolumen abgeleitete Fläche (Gebäudenutzfläche $A_N$) zugrunde.

*Folgende Angabe ist freigestellt:*

Umgerechnet auf die

☐ Wohnfläche nach § 44 Abs. 1 II. BV
- nur bei Wohnnutzung - A* = .......... m²

☐ Hauptnutzfläche nach DIN 277
- bei anderen Nutzungen - A* = .......... m²

ergibt sich ein Jahres-Heizwärmebedarf von

$Q^{**}_H = Q_H / A^*$ = .................... kWh/ (m² · a).

**Hinweise zu den Grundlagen dieses Wärmebedarfsausweises**

Die vorstehenden Werte des Jahres-Heizwärmebedarfs geben vorrangig Anhaltspunkte für die vergleichende Beurteilung der energetischen Qualität von Gebäuden. Diese Werte werden unter einheitlichen Randbedingungen ermittelt, die durch die Wärmeschutzverordnung vorgegeben sind (z.B. meteorologische Daten, bestimmte Annahmen über nutzbare interne Wärmegewinne und den Luftwechsel). Insoweit, wegen des nicht einbezogenen Wirkungsgrades der Heizungsanlage und wegen der im Einzelfall unterschiedlichen Nutzergewohnheiten kann der tatsächliche Heizenergieverbrauch aus dem Jahres-Heizwärmebedarf nur bedingt abgeleitet werden.

Die vorstehenden Werte des Jahres-Heizwärmebedarfs können darüberhinaus nur dann zutreffen, wenn die Dichtheitsanforderungen und die übrigen Anforderungen der Wärmeschutzverordnung erfüllt werden.

## II. Weitere energiebezogene Merkmale

Jahres-Heizwärmebedarf (insgesamt)

$Q_H$ = .................... kWh/a

**Darin sind berücksichtigt:**

Transmissionswärmebedarf

$Q_T$ = .................... kWh/a

Nutzbare interne Wärmegewinne

$Q_I$ = .................... kWh/a

Lüftungswärmebedarf

$Q_L$ = .................... kWh/a

Nutzbare solare Wärmegewinne

☐ $Q_S$ = .......... kWh/a ☐ in $Q_T$ enthalten

Gebäudenutzfläche nach Wärmeschutzverordnung $A_N$ = .......... m²

Anrechenbares Luftvolumen $V_L$ = .......... m³

Muster 1

| Lfd. Nr. | Teilfläche | Benennung / Orientierung der Teilflächen | Fläche $A_i$ [ m² ] | Wärme-durch-gangskoeffi-zient $k_i$ [W/(m²K)] | Gesamt-energie-durchlaß-grad $g_i$ [-] | Faktor zur Berück-sichtigung bauteilspe-zif. Tempe-raturdiffe-renzen [1]) |
|---|---|---|---|---|---|---|
| | $A_W$: Außenwände | | | | | |
| | | | | | | |
| | | | | | | |
| | | | | | | |
| | $A_D$: Dach- und Dachdeckenflächen | | | | | 0,8 |
| | | | | | | |
| | | | | | | |
| | | | | | | |
| | $A_G$: unterer Gebäudeabschluß einschl. erdberührter Flächen | | | | | 0,5 |
| | | | | | | |
| | | | | | | |
| | | | | | | |
| | $A_{DL}$: Decken nach unten gegen Außenluft | | | | | 1,0 |
| | | | | | | |
| | $A_{AB}$: abgr. Flächen zu Gebäudeteilen mit niedr. Innentemp. | | | | | 0,5 |
| | | | | | | |
| | $A_F$: Fenster, Fenstertüren und Außentüren | Nord | | | | |
| | | | | | | |
| | | Ost | | | | |
| | | | | | | |
| | | West | | | | |
| | | | | | | |
| | | Süd | | | | |
| | | | | | | |

Bei der Ermittlung des Jahres-Heizwärmebedarf wurden berücksichtigt:

☐ geschlossener, nicht beheizter Glasvorbau mit Einfachverglasung / Isolier- oder Doppelverglasung / Wärmeschutzverglasung [2]) bei den Flächen (lfd.Nr.):...............................

☐ erhöhte Werte für die nutzbare interne Wärme wegen ausschließlicher Nutzung als Büro- oder Verwaltungsgebäude

☐ mechanisch betriebene Lüftungsanlage mit Wärmerückgewinnung (mit oder ohne Wärmepumpe), Wärmerückgewinnungsgrad der Anlage $\eta_W$ = ................................ %

☐ mechanisch betriebene Lüftungsanlage ohne Wärmerückgewinnung

[1]) Bei geschlossenen, nicht beheizten Glasvorbauten sind für die Außenbauteile im Bereich dieser Vorbauten auch die angesetzten Abminderungsfaktoren anzugeben

[2]) Nichtzutreffendes bitte streichen

| Name und Anschrift des Aufstellers | Datum und Unterschrift |
|---|---|
| ................................................ | |
| ................................................ | ................................................ |
| ................................................ | |
| ................................................ | ................................................ |

# Wärmebedarfsausweis nach § 12 Wärmeschutzverordnung

für ein Gebäude mit normalen Innentemperaturen
bei vereinfachtem Nachweis nach Anlage 1 Ziffer 7 Wärmeschutzverordnung

Bezeichnung des Gebäudes oder des Gebäudeteils ..............................................................

Ort .................................................. Straße u. Hausnummer ..................................................

Gemarkung .................................................. Flurstücknummer ..................................................

## I. Wärmedurchgangskoeffizienten der Außenbauteile

Für das Gebäude wurde aufgrund von § 3 Abs. 1 Satz 2 der Wärmeschutzverordnung der vereinfachte Nachweis nach Anlage 1 Ziffer 7 geführt:

| Teilfläche | Benennung / Orientierung der Teilflächen | maximal zulässiger Wärmedurchgangskoeffizient $k_i$ [W/(m²K)] | vorhandener Wärmedurchgangskoeffizient $k_i$ [W/(m²K)] |
|---|---|---|---|
| Außenwände | | 0,50 | |
| Decken unter nicht ausgebauten Dachräumen und Decken (einschließlich Dachschrägen), die Räume nach oben und unten gegen Außenluft abgrenzen | | 0,22 | |
| Kellerdecken, Wände und Decken gegen unbeheizte Räume sowie Decken und Wände, die an das Erdreich grenzen | | 0,35 | |

| Teilfläche | Benennung / Orientierung der Teilflächen | Fläche [m²] | maximal zulässiger äquivalenter Wärmedurchgangskoeffizient $k_{Feq}$ [W/(m²K)] | vorhandener äquivalenter Wärmedurchgangskoeffizient $k_{Feq}$ [W/(m²K)] |
|---|---|---|---|---|
| Außenliegende Fenster, Fenstertüren sowie Dachfenster | | | | |
| | Nord | | | |
| | Ost | | | |
| | West | | | |
| | Süd | | | |
| | mittlerer äquivalenter Wärmedurchgangskoeffizient $k_{m,Feq}$ | | 0,7 | |

Muster 2

## II. Jahres-Heizwärmebedarf

| $A/V_{vorh.}$ | Maximal zulässiger Jahres-Heizwärmebedarf entsprechend Anlage 1 Tabelle 1 der Wärmeschutzverordnung |
|---|---|
| (Wärmeübertragende Umfassungsfläche<br>A = .................. m²<br>Beheiztes Bauwerksvolumen<br>V= .................. m³)<br>A/V = .........$m^{-1}$ | $Q'_{Hzul}$ =............................................ kWh/(m³·a)<br>oder<br>$Q''_{Hzul}$ =............................................ kWh/(m²·a) |

**Hinweis zu vorstehend angegebenen Werten:**

Die Werte können zur Beschreibung der energetischen Qualität eines Gebäudes als Orientierungswerte herangezogen werden; sie geben vorrangig Anhaltspunkte für die vergleichende Beurteilung von Gebäuden. Ihnen liegen einheitliche Randbedingungen zugrunde, die durch die Wärmeschutzverordnung vorgegeben sind (z.B. meteorologische Daten, bestimmte Annahmen über nutzbare interne Wärmegewinne und den Luftwechsel). Insoweit, wegen des nicht einbezogenen Wirkungsgrades der Heizungsanlage und wegen der im Einzelfall unterschiedlichen Nutzergewohnheiten kann der tatsächliche Heizenergieverbrauch aus dem Jahres-Heizwärmebedarf nur bedingt abgeleitet werden.

Die vorstehend angegebenen Werte können darüberhinaus nur dann zutreffen, wenn die Dichtheitsanforderungen und die übrigen Anforderungen der Wärmeschutzverordnung erfüllt werden.

| Name und Anschrift des Aufstellers | Datum der Ausfertigung und Unterschrift |
|---|---|
| ..............................................................................<br>..............................................................................<br>..............................................................................<br>.............................................................................. | ..............................................................................<br>.............................................................................. |

# Wärmebedarfsausweis nach § 12 Wärmeschutzverordnung

für ein Gebäude mit niedrigen Innentemperaturen

Bezeichnung des Gebäudes oder des Gebäudeteils.........................................................................................

Ort .................................................................................... Straße u. Hausnummer ....................................................

Gemarkung........................................................................ Flurstücknummer ............................................................

## I. Jahres-Transmissionswärmebedarf

Wärmeübertragende Umfassungsfläche $A$ = ............................................ m²

Beheiztes Bauwerksvolumen $V$ = ............................................ m³

Jahres-Transmissionswärmebedarf (insgesamt) $Q_T$ = ............................................ kWh/a

| A/V | Maximal zulässiger Jahres-Transmissionswärmebedarf | berechneter Jahres-Transmissionswärmebedarf |
|---|---|---|
| ............$m^{-1}$ | $Q'_{T\,zul}$ = ............................... kWh/(m³·a) | $Q'_T$ = ................................. kWh/(m³·a) |

**Hinweise zu den Grundlagen dieses Wärmebedarfsausweises:**

Die vorstehenden Werte des Jahres-Transmissionswärmebedarfs geben vorrangig Anhaltspunkte für die vergleichende Beurteilung der energetischen Qualität von Gebäuden. Diese Werte werden unter einheitlichen Randbedingungen ermittelt, die durch die Wärmeschutzverordnung vorgegeben sind (z.B. meteorologische Daten). Insoweit, wegen nicht einbezogener weiterer energetischer Einflußgrößen und wegen der im Einzelfall unterschiedlichen Nutzergewohnheiten kann der tatsächliche Heizenergieverbrauch aus dem Jahres-Transmissionswärmebedarf nur bedingt abgeleitet werden.

Die vorstehenden Werte des Jahres-Transmissionswärmebedarfs treffen darüberhinaus nur zu, wenn die Dichtheitsanforderungen und die übrigen Anforderungen der Wärmeschutzverordnung erfüllt werden.

**Muster 3**

## II. Weitere energiebezogene Merkmale

| Teilfläche | Fläche $A_i$ [ m² ] | Wärmedurchgangskoeffizient $k_i$ [W/(m²K)] | Faktor zur Berücksichtigung bauteilspezifischer Temperaturdifferenzen |
|---|---|---|---|
| $A_W$: Außenwände | | | |
| $A_D$: Dach- und Dachdeckenflächen | | | 0,8 |
| $A_G$: unterer Gebäudeabschluß einschl. erdberührter Flächen | | | |
| $A_{DL}$: Decken nach unten gegen Außenluft | | | 1,0 |
| $A_{AB}$: abgr. Flächen zu Gebäudeteilen mit niedr. Innentemp. | | | 0,5 |
| $A_F$: Fenster, Fenstertüren und Außentüren | | | 1,0 |

| Name und Anschrift des Aufstellers | Datum und Unterschrift |
|---|---|
| ........................................................................ | |
| ........................................................................ | ........................................................................ |
| ........................................................................ | |
| ........................................................................ | ........................................................................ |

In ihm sind die energiebezogenen Merkmale eines Gebäudes festgehalten, die es im Sinne der Richtlinie 93/76/EWG des Rates vom 13. September 1993 zur Begrenzung der Kohlendioxydemission durch eine effizientere Energienutzung aufweisen soll. Dieser Wärmebedarfsausweis ist Käufern, Mietern oder sonstigen Nutzungsberechtigten und den Baurechtsbehörden auf Anforderung vorzulegen.

Form des Wärmebedarfsausweises und die darin anzugebenden Werte sind in der Wärmeschutzverordnung (8.94) festgelegt. Je nach Art der Gebäudenutzung muß der Wärmeschutzausweis den auf S. 151 bis 156 gezeigten Mustern entsprechen.

## 2.7 Vornorm DIN V 4108-6 (4.95)

Das Rechenverfahren der DIN V 4108-6 (4.95) zur Berechnung des Jahres-Heizwärmebedarfs basiert auf einer Energiebilanz aus Wärmeverlusten und Wärmegewinnen in monatlichen Zeitabschnitten. Hierzu sind Tabellen mit Monatsmittelwerten der Lufttemperatur am Gebäudestandort erforderlich.

Alternativ kann der Jahres-Heizwärmebedarf auch mittels der Heizgradtagezahl berechnet werden. In der Vornorm DIN V 4108-6 werden 40 standortspezifische Heizgradtagezahlen in Abhängigkeit der Heizgrenztemperaturen 15 °C, 12 °C und 10 °C aufgeführt. Bei Gebäuden mit einer sehr guten wärmeschutztechnischen Qualität liegt die Heizgrenztemperatur deutlich unter 15 °C.

Die Berechnung nach DIN V 4108-6 beruht auf der Annahme eines stationären Temperaturzustandes. Berücksichtigt wird eine eingeschränkte Wärmespeicherfähigkeit der Bauteile durch eine thermische Zeitkonstante.

# 3 Feuchteschutz

Die atmosphärische Luft enthält immer Wasserdampf. Dieser entsteht bei der Verdunstung des natürlich vorhandenen Wassers und erzeugt wie alle Gase einen Druck, den Wasserdampfdruck. Den Druck des in der Atmosphäre vorhandenen Wasserdampfes bezeichnet man als Wasserdampfteildruck. Luft kann allerdings bei gegebener Temperatur nur eine begrenzte Menge an Wasserdampf aufnehmen, die man als Wasserdampfsättigungsmenge oder als Wasserdampfkonzentration $c_s$ im Sättigungszustand bezeichnet und die sehr stark von der Temperatur abhängig ist (s. Tafel 25, S. 182). Im Sättigungszustand wird dann der Wasserdampfsättigungsdruck erreicht. Meistens ist Luft nicht mit Wasserdampf gesättigt, sondern enthält eine geringere Wasserdampfkonzentration als der Sättigungskonzentration $c_s$ entspricht. Daraus abgeleitet wurde der Begriff der relativen Luftfeuchte $\varphi$ als das Verhältnis der in der Luft vorhandenen Wasserdampfkonzentration $c$ zur Wasserdampfkonzentration $c_s$ im Sättigungszustand.

$$\varphi = c/c_s \quad (36)$$

Da der Wasserdampfteildruck $p$ proportional zur Wasserdampfkonzentration $c$ in der Luft ist, gilt auch

$$\varphi = p/p_s \quad (37)$$

wobei $p_s$ der Wasserdampfsättigungsdruck ist (s. Tafel 22, S. 180). Er kann auch näherungsweise nach der Zahlenwertgleichung

$$p_s = a(b + \vartheta_L/100\,°C)^n \quad \text{in Pa} \quad (38)$$

berechnet werden, wobei für die Größen $a$, $b$ und $n$ folgende Zahlenwerte einzusetzen sind:

| Größen | $-20 \leqq \vartheta_L < 0$ °C | $0 \leqq \vartheta_L \leqq 30$ °C |
|---|---|---|
| *a* in Pa | 4,689 | 288,68 |
| *b* in 1 | 1,486 | 1,098 |
| *n* in 1 | 12,3 | 8,02 |

Die in einem Raum sich einstellende relative Luftfeuchte wird nicht nur von deren Wassergehalt, sondern auch von der Temperatur der Raumluft bestimmt. Änderungen des Wassergehaltes ergeben sich aus der Wasserdampfbelastung der Luft durch die Bewohner bzw. durch die Raumlüftung, wenn die Wasserdampfkonzentration der Raum- und Außenluft unterschiedlich groß ist. Im Winter wird durch Lüftung der Wassergehalt der Raumluft abgesenkt, weil bei tiefen Temperaturen die Wasserdampfkonzentration der Luft viel geringer ist als bei hohen Temperaturen.

Der in der Luft enthaltene Wasserdampf kann zu Tauwasserniederschlägen auf der Oberfläche oder im Innern von Bauteilen führen, die in ungünstigen Fällen Schäden verursachen.

## 3.1 Feuchteschutztechnische Größen

### 3.1.1 Formelzeichen und Einheiten

| Bedeutung | Formelzeichen | SI-Einheit[1]) |
|---|---|---|
| Wasserdampfteildruck | $p$ | Pa, N/m² |
| Sättigungsdruck des Wasserdampfes (Wasserdampfsättigungsdruck) | $p_s$ | Pa, N/m² |
| relative Luftfeuchte | $\varphi$ | 1 |
| Wasserdampf-Diffusionsstrom | $I$ | kg/h |
| Wasserdampf-Diffusionsstromdichte | $i$ | kg/(m²·h) |
| Wasserdampf-Diffusionsdurchlaßkoeffizient | $\Delta$ | kg/(m²·h·Pa) |
| Wasserdampf-Diffusionsdurchlaßwiderstand | $1/\Delta$ | (m²·h·Pa)/kg |
| Wasserdampf-Diffusionsleitkoeffizient | $\delta$ | kg/(m·h·Pa) |
| Wasserdampf-Diffusionswiderstandszahl | $\mu$ | 1 |
| wasserdampfdiffusionsäquivalente Luftschichtdicke | $s_d$ | m |
| flächenbezogene Wassermasse | $W$ | kg/m² |
| Wasseraufnahmekoeffizient | $w$ | kg/(m²·h$^{1/2}$) |

[1]) 1 steht für die Verhältnisgröße zweier gleicher Einheiten.

### 3.1.2 Rechengrößen

**Wasserdampfdiffusionswiderstandszahl $\mu$.** $\mu$ ist ein Stoffwert, der als Quotient aus dem Wasserdampf-Diffusionsleitkoeffizienten der Luft $\delta_L$ und dem Wert $\delta$ des betreffenden Stoffes bestimmt wird.

**Wasserdampfdiffusionsäquivalente Luftschichtdicke $s_d$.** $s_d = \mu \cdot s$ einer Bauteilschicht gibt an, wie dick eine ruhende Luftschicht ist, die den gleichen Wasserdampf-Diffusionsdurchlaßwiderstand wie die Bauteilschicht der Dicke $s$ in m hat.

**Wasserdampf-Diffusionsdurchlaßwiderstand $1/\Delta$.** Bei einem einschichtigen Bauteil wird er aus der Dicke $s$ in m und der Wasserdampf-Diffusionswiderstandszahl $\mu$ wie folgt berechnet:

$$\mathbf{1/\Delta = 1{,}5 \cdot 10^6 \cdot \mu \cdot s} \quad \text{in m}^2\text{h Pa/kg} \quad (39)$$

Bei mehrschichtigen Bauteilen der Dicken $s_1, s_2, \ldots, s_n$ der Einzelschichten und den Wasserdampf-Diffusionswiderstandszahlen $\mu_1, \mu_2, \ldots, \mu_n$ ergibt er sich aus der Gleichung

$$1/\Delta = 1{,}5 \cdot 10^6 (\mu_1 s_1 + \mu_2 s_2 + \ldots + \mu_n s_n) \quad \text{in} \quad m^2 h \, Pa/kg \quad (40)$$

**Hinweis** Analog zu $1/\alpha$ beim Wärmeschutz gibt es beim Feuchteschutz auch Wasserdampf-Diffusionsübergangswiderstände $1/\beta$, die jedoch gegenüber $1/\Delta$ so klein sind, daß sie vernachlässigt werden können und daher in der o.a. Zusammenstellung nicht aufgeführt worden sind.

**Wasseraufnahmekoeffizient *w*.** *w* ist eine Materialeigenschaft und gibt an, wie groß die kapillare Wasseraufnahme von Baustoffen ist. Sie wird nach DIN 52617 – Bestimmung der kapillaren Wasseraufnahme von Baustoffen und Beschichtungen – bestimmt.

## 3.2 Taupunkttemperatur

In einem abgeschlossenen Luftvolumen der Temperatur $\vartheta_L$ und der relativen Luftfeuchte $\varphi$ beträgt der Wasserdampfteildruck

$$p = \varphi \cdot p_s \quad (41)$$

Die relative Luftfeuchte als Dezimalbruch einsetzen.

Wird eine Luftmenge, bei der ein Wasserdampfaustausch mit der Umgebung unterbunden ist und der Wasserdampfteildruck $p$ deshalb konstant bleibt, abgekühlt, steigt die relative Luftfeuchte nach Gl. (41), da mit fallender Temperatur der Sättigungsdampfdruck $p_s$ abnimmt (s. Tafel 22). Wenn die relative Luftfeuchte den Wert 100 % erreicht, beginnt Wasserdampf als Tauwasser auszufallen. Die Grenztemperatur, bei der dieser Vorgang einsetzt, nennt man die Taupunktstemperatur $\vartheta_s$. Diese kann für die gegebenen Luft- und Feuchteverhältnisse aus der Tafel 24 abgelesen werden. Man kann jedoch auch die Taupunktstemperatur $\vartheta_s$ mit Hilfe des Wasserdampfsättigungsdruckes der Tafel 22 bestimmen.

**Beispiel zur Ermittlung von $\vartheta_s$**

| | |
|---|---|
| Lufttemperatur: | $\vartheta_L = 20\,°C$, relative Luftfeuchte $\varphi = 50\%$ |
| Sättigungsdruck (s. Tafel 22): | $p_s = 2340$ Pa |
| Wasserdampfteildruck: | $p = \varphi \cdot p_s = 0{,}5 \cdot 2340 = 1170$ Pa |
| Taupunktstemperatur: | $\vartheta_s = 9{,}3\,°C$ |

Für Lufttemperaturen $\vartheta_L \geqq 0\,°C$ und unter der Voraussetzung, daß $\vartheta_s$ keinen negativen Wert annimmt, kann die Taupunktstemperatur auch nach folgender Zahlenwertgleichung berechnet werden:

$$\vartheta_s = \varphi^{1/8{,}02} (109{,}8 + \vartheta_L) - 109{,}8 \quad \text{in } °C$$

Die relative Luftfeuchte $\varphi$ als Dezimalbruch und die Temperatur $\vartheta_L$ in °C einsetzen.

## 3.3 Tauwasserbildung auf Oberflächen von Bauteilen

Unterschreitet die Oberflächentemperatur $\vartheta_{0i}$ die Taupunktstemperatur der Luft, erfolgt ein Tauwasserniederschlag auf der Bauteiloberfläche. Die Oberflächentemperatur des Bauteils ist um so höher, je größer der Wärmedurchlaßwiderstand bzw. je kleiner der Wärmedurchgangskoeffizient des Bauteils ist. Der zur Verhinderung eines Tauwasserniederschlages erforderliche Wärmedurchlaßwiderstand ist

$$\text{erf.} \frac{1}{\Lambda} \geqq \frac{1}{\alpha_i} \cdot \frac{(\vartheta_{Li} - \vartheta_{La})}{(\vartheta_{Li} - \vartheta_s)} - \left(\frac{1}{\alpha_i} + \frac{1}{\alpha_a}\right) \quad (42)$$

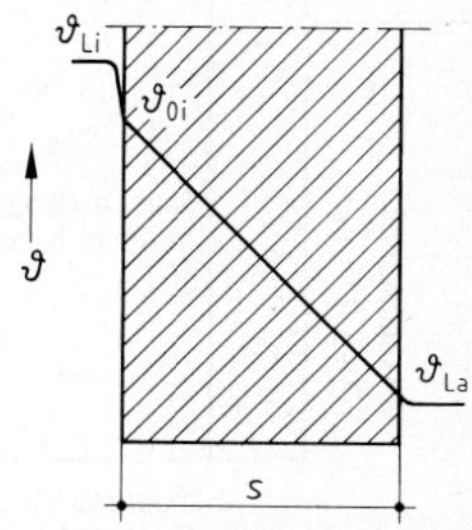


**Bild 10** Temperaturen

Bei vorgegebenen Wärmedurchlaßwiderstand wird die Oberflächentemperatur $\vartheta_{0i}$ nach Gl. (9) des Abschn. Wärmeschutz berechnet und mit der Taupunktstemperatur $\vartheta_s$ der Raumluft verglichen.

Nach DIN 4108 T3 muß mit $1/\alpha_i = 0{,}17\,m^2K/W$ und $\vartheta_{La} = -15\,°C$ gerechnet werden. Bei stark behindertem Wärmedurchgang (z.B. durch Möblierung) kann ein größerer innerer Wärmeübergangswiderstand erforderlich werden. Länger andauernde Tauwasserniederschläge können Feuchteschäden (z.B. durch Schimmelpilzbildung) verursachen.

## 3.4 Tauwasserbildung im Innern von Bauteilen

In beheizten Räumen herrscht im Winter auf Grund der höheren Lufttemperaturen bei üblichen Werten der Luftfeuchte ein höherer Wasserdampfteildruck als im Freien. Durch diesen Druckunterschied bewegen sich die in der Raumluft vorhandenen Wasserdampfmoleküle durch die luftgefüllten Poren und Kapillaren der Baustoffe in Richtung zum Freien. Den Vorgang nennt man Wasserdampf-Diffusion, und die je Zeiteinheit transportierte Wasserdampfmenge ist der Wasserdampf-Diffusionsstrom $I$ in kg/h bzw. die Wasserdampf-Diffusionsstromdichte $i$ in kg/(m²·h). Der Betrag des Diffusionsstromes durch das Außenbauteil

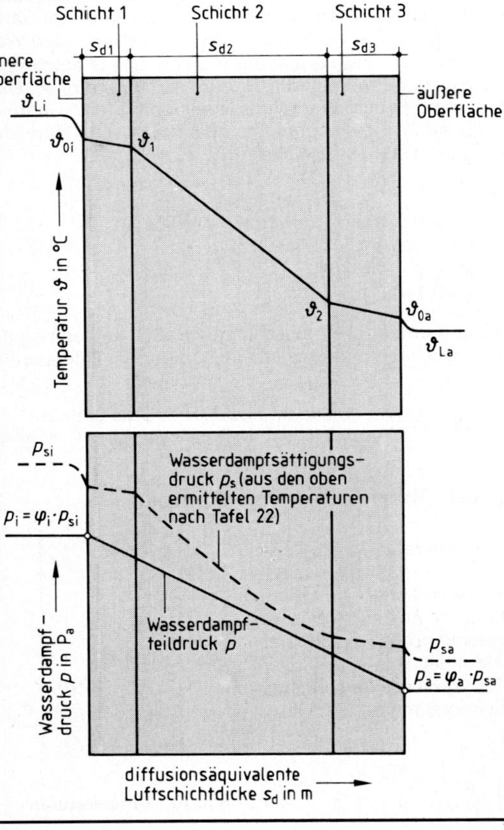


**Bild 11**
**Schematisierte Darstellung des Verlaufs der Temperatur, des Wasserdampfsättigungs- und -teildrucks durch ein mehrschichtiges Bauteil zur Ermittlung etwaigen Tauwasserausfalls (im Beispiel bleibt der Querschnitt tauwasserfrei).**

hängt ab von dessen Wasserdampf-Diffusionsdurchlaßwiderstand $1/\Delta$ und der Differenz zwischen dem Wasserdampfteildruck $p_i$ im Raum und $p_a$ im Freien.

Die Wasserdampf-Diffusionsstromdichte $i$ berechnet sich nach Gl. (43).

$$i=\frac{p_i-p_a}{1/\Delta}. \quad (43)$$

Im Innern des Bauteils nimmt der Wasserdampfdruck linear ab, es sei denn, es tritt eine Änderung des Aggregatzustandes des Wasserdampfes durch Tauwasserbildung oder Verdunstung im Innern des Bauteils ein. Aus dem Temperaturverlauf im Innern des Bauteils läßt sich auch der Verlauf des Wasserdampfsättigungsdruckes bestimmen, der wegen des nichtlinearen Zusammenhangs zwischen Wasserdampfsättigungsdruck und Temperatur einen leicht gekrümmten Kurvenzug aufweist (s. Bild 11). Bei der Prüfung eines Bauteils auf innere Tauwasserniederschläge werden die Kurven des Wasserdampfdruckes und des Sättigungsdampfdruckes miteinander verglichen.

Wenn sich die beiden Kurven nicht berühren, bleibt der Querschnitt tauwasserfrei (s. Bild 11 und 12 Fall a). Wenn jedoch der Wasserdampfteildruck $p$ im Innern eines Bauteils den Wasserdampfsättigungsdruck $p_s$ erreicht, erfolgt Tauwasserausfall. Die Berechnung wird nach dem graphischen Verfahren von Glaser (Diffusionsdiagramm) durchgeführt. Hierbei werden auf der Abszisse in das Diagramm die im Maßstab der diffusionsäquivalenten Luftschichtdicken $s_d$ dargestellten Baustoffschichten, auf der Ordinate der Wasserdampfteildruck $p$ aufgetragen (s. Bild 11).

In das Diagramm wird über dem Querschnitt des Bauteils der aufgrund der rechnerisch ermittelten Temperaturverteilung bestimmte Wasserdampfsättigungsdruck $p_s$ (höchstmöglicher Wasserdampfdruck) und der vorhandene Wasserdampfteildruck $p$ eingetragen. Der Verlauf des Wasserdampfteildrucks im Bauteil ergibt sich im Diffusionsdiagramm als Verbindungsgerade der Drücke $p_i$ und $p_a$ an beiden Bauteiloberflächen. Schneidet die Gerade den Kurvenzug des Wasserdampfsättigungsdruckes, so wäre in diesem Bereich des Bauteils der Wasserdampfteildruck höher als der Wasserdampfsättigungsdruck. Aus physikalischen Gründen ist dies jedoch nicht möglich. Deshalb sind in das Diagramm von den Drücken $p_i$ und $p_a$ ausgehend die Tangenten an die Kurve des Wasserdampfsättigungsdruckes zu zeichnen. An den Berührungspunkten der beiden Kurven ist Wasserdampf- gleich dem Wasserdampfsättigungsdruck und wird mit $p_{sw}$ bezeichnet. Je nach Aufbau und Schichtenfolge kann ein Tauwasserniederschlag in Ebenen (Bild 12, Fälle b und c) oder in einem Bereich (Bild 12, Fall d) erfolgen. Nach dem Berechnungsverfahren von Glaser ist es möglich, mit Hilfe des Diffusionsdiagrammes sowohl die im Winter anfallende Tauwassermasse als auch die im Sommer durch Verdunstung abführbare Wassermasse zu berechnen.

**Berechnung der Tauwassermasse.** Die Größe der Tauwassermasse ergibt sich als Differenz zwischen den je Zeit- und Flächeneinheit eindiffundierenden und ausdiffundierenden Wasserdampfmassen (Differenz der Diffusionsstromdichten $i_i$ und $i_a$). Die Neigung der Tangenten ist ein Maß für die jeweilige Diffusionsstromdichte $i$ (s. Gl. (43) und Bild 12, Fall b).

Die in der Tauperiode der Dauer $t_T$ in einem Außenbauteil ausfallende Tauwassermenge $W_T$ ergibt sich zu

$$W_T=t_T\cdot(i_i-i_a) \quad (44)$$

**Berechnung der Verdunstung.** Nach einem vorhergehenden Tauwasserausfall im Außenbauteil wird in der Tauwasserebene bzw. im Tauwasserbereich Sättigungsdruck angenommen. Die Ermittlung der durch Dampfdiffusion an die Raum- und Außenluft aus den Tauwasserebenen bzw. dem Tauwasserbereich abführbaren Verdunstungsmengen $W_V$ erfolgt analog zu Berechnung der Tauwassermenge. Ein Tauwasserausfall während der Verdunstungsperiode wird nicht berücksichtigt.

Die in der Verdunstungsperiode der Dauer $t_v$ aus einem Außenbauteil abführbare Verdunstungsmenge ist

$$W_v = t_v \cdot (i_i + i_a) \quad (45)$$

### 3.4.1 Anforderungen nach DIN 4108-3

Eine Tauwasserbildung in Bauteilen ist unschädlich, wenn durch Erhöhung des Feuchtegehaltes der Bau- und Dämmstoffe der Wärmeschutz und die Standsicherheit der Bauteile nicht gefährdet werden. Dies ist der Fall, wenn folgende Bedingungen erfüllt sind:

a) Die während der Tauperiode im Innern des Bauteils anfallende Wassermasse $W_T$ muß während der Verdunstungsperiode wieder an die Umgebung abgeführt werden können ($W_T < W_V$).

b) Die Baustoffe, die mit dem Tauwasser in Berührung kommen, dürfen nicht beschädigt werden (z.B. durch Korrosion, Pilzbefall).

c) Bei Dach- und Wandkonstruktionen darf eine Tauwassermasse von insgesamt 1,0 kg/m² nicht überschritten werden. Dies gilt nicht für die unter d) und e) ausgeführten Bedingungen.

d) Tritt Tauwasser an Berührungsflächen von kapillar nicht wasseraufnahmefähigen Schichten auf, so darf zur Begrenzung des Ablaufens oder Abtropfens eine Tauwassermasse von 0,5 kg/m² nicht überschritten werden (z.B. Berührungsflächen von Luft- oder Faserdämmstoffschichten einerseits und Beton- oder Dampfsperrschichten andererseits).

e) Bei Holz ist eine Erhöhung des massebezogenen Feuchtegehaltes um mehr als 5%, bei Holzwerkstoffen um mehr als 3% unzulässig. (Holzwolle-Leichtbauplatten und Mehrschicht-Leichtbauplatten nach DIN 1101 sind hiervon ausgenommen.)

### 3.4.2 Angaben zu den Berechnungen

#### 3.4.2.1 Klimabedingungen

In nicht klimatisierten Wohn- und Bürogebäuden sowie vergleichbar genutzten Gebäuden können der Berechnung folgende vereinfachte Annahmen zugrundegelegt werden.

**Tauperiode**

$\vartheta_{Li} = 20\,°C$; $\varphi_i = 50\%$; $\vartheta_{La} = -10\,°C$; $\varphi_a = 80\%$; $t_T = 1440$ h (60 Tage)

**Verdunstungsperiode**

a) Wandbauteile und Decken unter nicht ausgebauten Dachräumen

$\vartheta_{Li} = 12\,°C$; $\varphi_i = 70\%$; $t_V = 2160$ h (90 Tage)

$\vartheta_{La} = 12\,°C$; $\varphi_a = 70\%$; Tauwasserbereich: $\varphi = 100\%$

b) Dächer, die Aufenthaltsräume gegen die Außenluft abschließen

$\vartheta_{Li} = 12\,°C$; $\varphi_i = 70\%$; $t_V = 2160$ h (90 Tage)

$\vartheta_{La} = 12\,°C$; $\varphi_a = 70\%$; Tauwasserbereich: $\varphi = 100\%$

$\vartheta_{Oa} = 20\,°C$; (Oberflächentemperatur des Daches)

$\vartheta$: entsprechend dem Temperaturgefälle von außen nach innen

Bei schärferen Klimabedingungen (z.B. Schwimmbäder, klimatisierte Räume, extremes Außenklima) sind diese vereinfachten Annahmen nicht zulässig. Hier sind das tatsächliche Raumklima und das Außenklima am Standort des Gebäudes mit deren zeitlichem Verlauf zu berücksichtigen [7].

## 3.4.2.2 Berechnungen

**Tauwasserbildung**
Berechnungsschema

**Fall a Wasserdampfdiffusion ohne Tauwasserausfall im Bauteil**

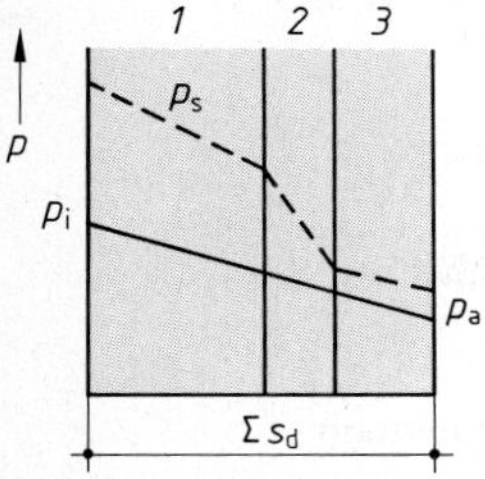


**Fall b Tauwasserausfall in einer Ebene**

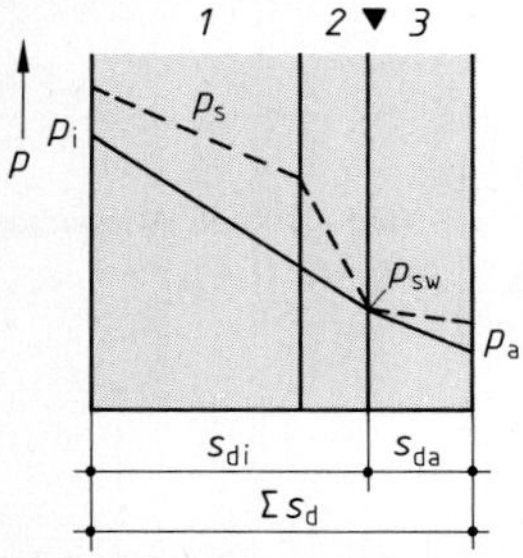


Diffusionsstromdichte

– in das Bauteil: $i_i = \dfrac{p_i - p_{sw}}{1/\Delta_i}$

– zum Freien: $i_a = \dfrac{p_{sw} - p_a}{1/\Delta_a}$

Tauwassermasse in der Ebene ▼

$W_T = t_T \cdot (i_i - i_a)$

**Fall c Tauwasserausfall in zwei Ebenen**

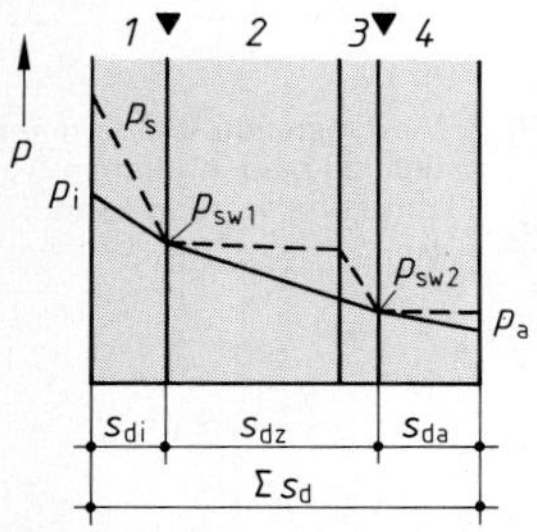


Diffusionsstromdichte

– in das Bauteil: $i_i = \dfrac{p_i - p_{sw1}}{1/\Delta_i}$

– von Ebene 1 zu Ebene 2: $i_z = \dfrac{p_{sw1} - p_{sw2}}{1/\Delta_z}$

– zum Freien: $i_a = \dfrac{p_{sw2} - p_a}{1/\Delta_a}$

Tauwassermasse

– in der Ebene 1▼:

$W_{T1} = t_T \cdot (i_i - i_z)$

– in der Ebene 2▼:

$W_{T2} = t_T \cdot (i_z - i_a)$

**Fall d Tauwasserausfall in einem Bereich**

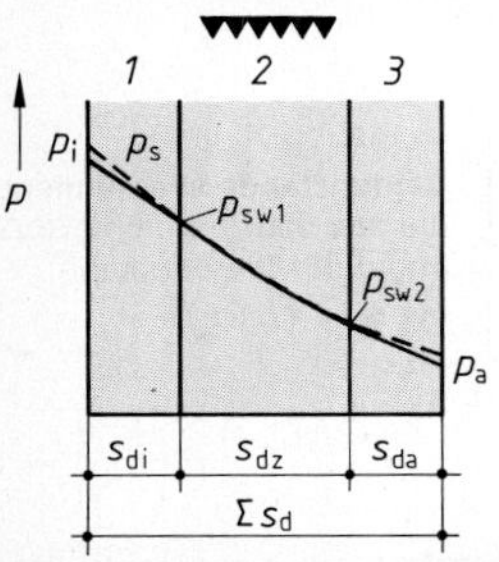


Diffusionsstromdichte

– in das Bauteil: $i_i = \dfrac{p_i - p_{sw1}}{1/\Delta_i}$

– zum Freien: $i_a = \dfrac{p_{sw2} - p_a}{1/\Delta_a}$

Tauwassermasse im Bereich ▼▼▼▼

$W_T = t_T \cdot (i_i - i_a)$

**Bild 12 Schematische Diffusionsdiagramme während der Tauperiode**

**Fall a Kein Tauwasserausfall während der Tauperiode. Eine Untersuchung der Verdunstung erübrigt sich.**

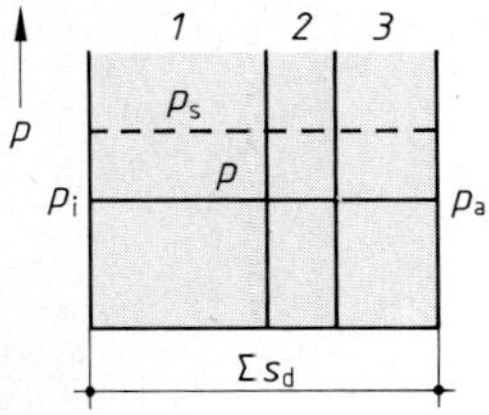


## Verdunstung

Berechnungsschema

**Fall b Verdunstung aus einer Ebene**

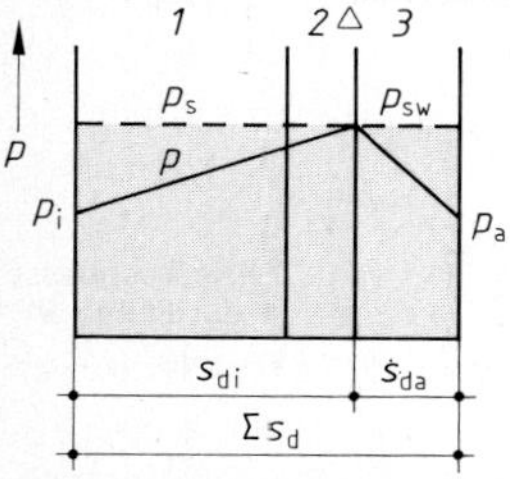


Diffusionsstromdichte

– zum Raum: $i_i = \dfrac{p_{sw} - p_i}{1/\Delta_i}$

– zum Freien: $i_a = \dfrac{p_{sw} - p_a}{1/\Delta_a}$

Verdunstende Wassermasse: $W_v = t_v \cdot (i_i + i_a)$

**Fall c Verdunstung aus 2 Ebenen**

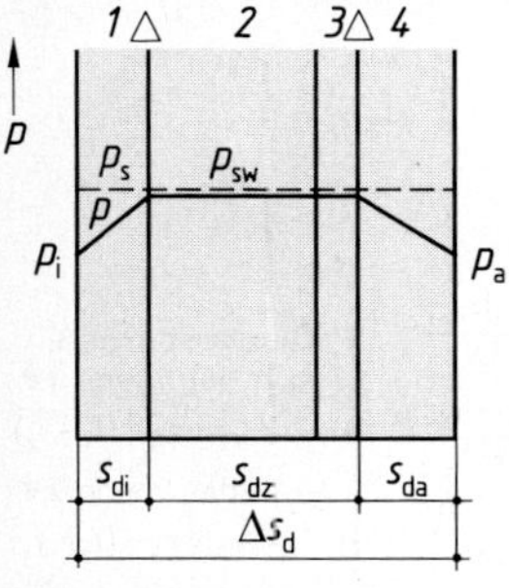


Diffusionsstromdichte

– zum Raum: $i_i = \dfrac{p_{sw} - p_i}{1/\Delta_i}$

– zum Freien: $i_a = \dfrac{p_{sw} - p_a}{1/\Delta_a}$

Verdunstende Wassermenge, die aus beiden Ebenen △ abgeführt werden kann: $W_v = t_v \cdot (i_i + i_a)$

**Fall d Verdunstung aus einem Bereich**

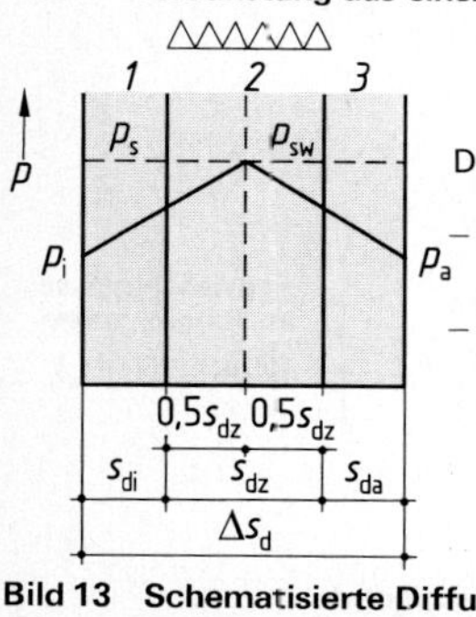


Diffusionsstromdichte

– zum Raum: $i_i = \dfrac{p_{sw} - p_i}{1/\Delta_i + 0{,}5 \cdot 1/\Delta_z}$

– zum Freien: $i_a = \dfrac{p_{sw} - p_a}{0{,}5 \cdot 1/\Delta_z + 1/\Delta_a}$

Verdunstende Wassermenge, die aus dem Bereich △△△△△△ abgeführt werden kann: $W_v = t_v \cdot (i_i + i_a)$

**Bild 13 Schematisierte Diffusionsdiagramme während der Verdunstungsperiode**

**Berechnungsverfahren bei Sonderfällen.** Ist nach DIN 4108 T3 die Auswirkung des tatsächlich gegebenen Raumklimas und des Außenklimas am Standort des Gebäudes auf den Tauwasserausfall und bei der Ermittlung der Tauwassermasse mit zu erfassen, so ist ein modifiziertes, auf diese Klimabedingung abgestimmtes Rechenverfahren anzuwenden [7].

### 3.4.3 Anwendungsbeispiel — Außenwand

Untersuchung einer Außenwand auf innere Tauwasserbildung und Verdunstung infolge von Wasserdampfdiffusion bei den Randbedingungen entsprechend DIN 4108-3. Feuchtigkeitstechnische Schutzschichten (z. B. Dampfsperren, Dachhaut u. a.) werden bei der Ermittlung der Temperaturverteilung nicht mitgerechnet.

**Anwendungsbeispiel — Wandaufbau**

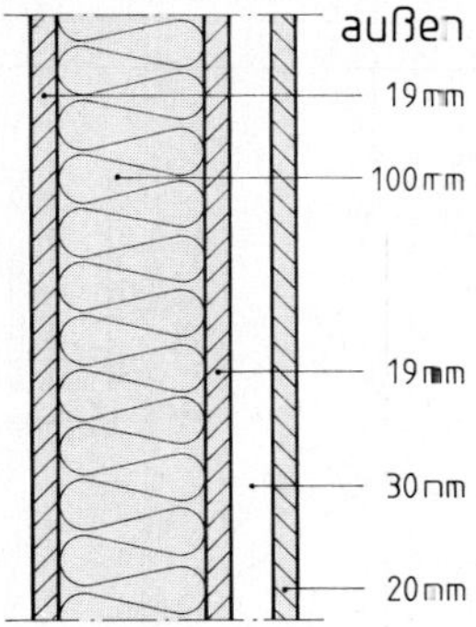


**Randbedingungen nach DIN 4108-3**

| | Lufttemperatur | rel. Luftfeuchte | Wasserdampf-sättigungsdruck | Wasserdampf-teildruck |
|---|---|---|---|---|
| **Tauperiode** | | | | |
| Raumklima | $\vartheta_{Li} = 20\,°C$ | $\varphi_i = 50\%$ | $p_{si} = 2340$ Pa | $p_i = 1170$ Pa |
| Außenklima | $\vartheta_{La} = -10\,°C$ | $\varphi_a = 80\%$ | $p_{sa} = 260$ Pa | $p_a = 208$ Pa |
| **Verdunstungsperiode** | | | | |
| Raumklima | $\vartheta_{Li} = 12\,°C$ | $\varphi_i = 70\%$ | $p_{si} = 1403$ Pa | $p_i = 982$ Pa |
| Außenklima | $\vartheta_{La} = 12\,°C$ | $\varphi_a = 70\%$ | $p_{sa} = 1403$ Pa | $p_a = 982$ Pa |

**Zusammenstellung der Rechengrößen für das Diffusionsdiagramm bei Tauwasserausfall**

| Schicht<br>— | $s$<br>m | $\mu$<br>— | $s_d$<br>m | $\lambda_R$<br>W/(m·K) | $R_{i,a}$, $R_\lambda$<br>m²·K/W | $\vartheta$<br>°C | $p_s$<br>Pa |
|---|---|---|---|---|---|---|---|
| | | | | | | 20,0 | 2340 |
| Wärmeübergang innen | — | — | — | — | 0,13 | | |
| | | | | | | 18,7 | 2158 |
| Spanplatte V 20 | 0,019 | 50 | 0,95 | 0,13 | 0,15 | | |
| | | | | | | 17,2 | 1963 |
| Polystyrol-Partikel-hartschaum | 0,10 | 20 | 2,00 | 0,04 | 2,50 | | |
| | | | | | | −7,7 | 318 |
| Spanplatte V 100 | 0,019 | 100 | 1,90 | 0,13 | 0,15 | | |
| | | | | | | −9,2 | 279 |
| Luftschicht — belüftet | 0,03 | — | — | — | — | | |
| | | | | | | — | — |
| Außenschale | 0,02 | — | — | — | — | | |
| | | | | | | — | — |
| Wärmeübergang außen | — | — | — | — | 0,08 | | |
| | | | | | | −10,0 | 260 |
| | | $\sum s_d = 4{,}85$ | | $R_k = 3{,}01$ | | | |

Temperaturverteilung in der Außenwand während der Tauperiode, berechnet nach Abschn. 1.1.2.2

$$q = \frac{\vartheta_{Li} - \vartheta_{La}}{R_k} = \frac{20+10}{3{,}01} = 9{,}97\ \mathrm{W/m^2}$$

$$\vartheta_{0i} = 20{,}0 - 0{,}13 \cdot 9{,}97 = 18{,}7\ °\mathrm{C}$$
$$\vartheta_1 = 18{,}7 - 0{,}15 \cdot 9{,}97 = 17{,}2\ °\mathrm{C}$$
$$\vartheta_2 = 17{,}2 - 2{,}5 \cdot 9{,}97 = -7{,}7\ °\mathrm{C}$$
$$\vartheta_{0a} = -7{,}7 - 0{,}15 \cdot 9{,}97 = -9{,}2\ °\mathrm{C}$$

**Berechnung der Tauwassermasse $W_T$**

$$1/\Delta_i = 1{,}5 \cdot 2{,}95 \cdot 10^6 = 4{,}43 \cdot 10^6\ \mathrm{m^2 \cdot h \cdot Pa/kg}$$
$$1/\Delta_a = 1{,}5 \cdot 1{,}9 \cdot 10^6 = 2{,}85 \cdot 10^6\ \mathrm{m^2 \cdot h \cdot Pa/kg}$$
$$p_i = 1170\ \mathrm{Pa}$$
$$p_{sw} = 318\ \mathrm{Pa}$$
$$p_a = 208\ \mathrm{Pa}$$

Dauer der Tauperiode: $t_T = 1440$ h

$$W_T = 1440\left(\frac{1170-318}{4{,}43} - \frac{318-208}{2{,}85}\right) \cdot 10^{-6}$$
$$W_T = 0{,}221\ \mathrm{kg/m^2}$$

**Ergebnis** Zulässige Tauwassermenge nach DIN 4108 T3 (Erhöhung des massebezogenen Feuchtegehalts der Spanplatte um nicht mehr als 3%):

$$\text{zul } W_T = 0{,}03 \cdot 0{,}019 \cdot 700 =$$
$$0{,}399\ \mathrm{kg/m^2} > W_T$$

**Diffusionsdiagramm während der Tauperiode**

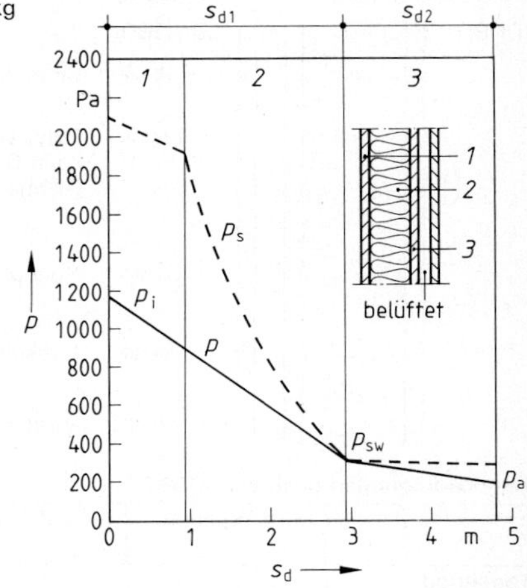


**Berechnung der verdunstenden Wassermasse $W_V$**

$$1/\Delta_i = 1{,}5 \cdot 2{,}95 \cdot 10^6 = 4{,}43 \cdot 10^6\ \mathrm{m^2 \cdot h \cdot Pa/kg}$$
$$1/\Delta_a = 1{,}5 \cdot 1{,}9 \cdot 10^6 = 2{,}85 \cdot 10^6\ \mathrm{m^2 \cdot h \cdot Pa/kg}$$
$$p_i = p_a = 982\ \mathrm{Pa}$$
$$p_{sw} = 1403\ \mathrm{Pa}$$

Dauer der Verdunstungsperiode: $t_V = 2160$ h

$$W_V = 2160\left(\frac{1403-982}{4{,}43} + \frac{1403-982}{2{,}85}\right) \cdot 10^{-6}$$
$$W_V = 0{,}524\ \mathrm{kg/m^2} > W_T$$

**Ergebnis** Die Tauwasserbildung ist im Sinne von DIN 4108 T3 unschädlich, da

a) $W_T < \text{zul } W_T$ und

b) $W_V > W_T$.

**Diffusionsdiagramm während der Verdunstungsperiode**

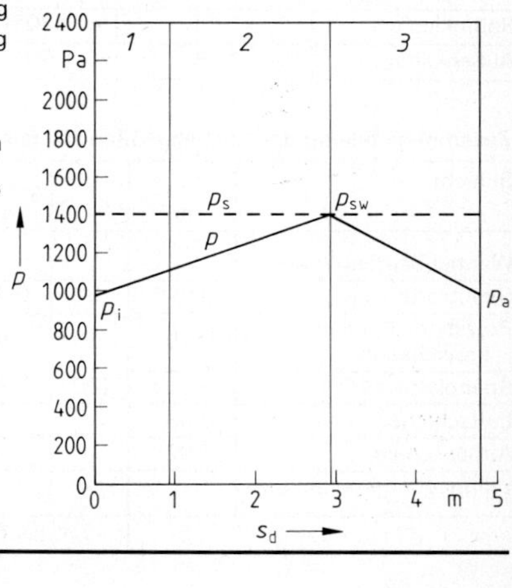

### 3.4.4 Bauteile, für die nach DIN 4108-3 kein rechnerischer Nachweis des Tauwasserausfalles infolge von Wasserdampfdiffusion erforderlich ist

**Außenwände**

| Wandart | ergänzende Angaben | Forderungen an Putz oder Bekleidung innen | Forderungen an Putz oder Bekleidung außen |
|---|---|---|---|
| Mauerwerk | einschalig, beidseitig verputzt | keine | keine |
| | zweischalig DIN 1053, mit oder ohne Wärmedämmschicht | keine | keine |
| | einschalig, außenseitige Dämmschicht und Außenputz oder hinterlüftete Bekleidung | keine<br>keine | $s_d \leqq 4{,}0$ m<br>keine |
| | einschalig, raumseitige Wärmedämmschicht | $s_d \geqq 0{,}5$ m[1]) | keine |
| Großformatige Platten | Gasbeton, bewehrt | keine | $s_d \leqq 4{,}0$ m |
| | Leichtbeton ohne zusätzliche Wärmedämmung | keine | keine |
| | Beton oder Leichtbeton mit außenseitiger Wärmedämmschicht und Außenputz oder hinterlüftete Bekleidung | keine<br>keine | keine<br>keine |
| Holztafelbauart | Wärmedämmstoff im Gefach mit innenseitiger Dampfsperre und außenseitige Beplankung oder hinterlüftetem Wetterschutz | $s_d \geqq 10$ m<br>$s_d \geqq 10$ m | $s_d \leqq 10$ m<br>keine |

[1]) einschließlich der Wärmedämmschicht

**Nichtbelüftete Dächer**

| Aufbau bzw. Material | Forderungen an die Dampfsperre |
|---|---|
| Wärmedämmschicht auf der Tragkonstruktion. Dampfsperre unter oder in der Wärmedämmschicht. Wärmedurchlaßwiderstand unterhalb der Dampfsperre höchstens 20% des Gesamtwärmedurchlaßwiderstandes | $s_d \geqq 100$ m |
| Einschalige Dächer aus Gasbeton nach DIN 4223 | keine |

**Belüftete Dächer**

| Dachneigung | Lüftungsquerschnitte, bezogen auf die Dachfläche: Traufe | Lüftungsquerschnitte, bezogen auf die Dachfläche: First | freie Höhe der Luft über der Wärmedämmschicht | Dachlänge von Traufe bis First | Forderungen an die Dampfsperre |
|---|---|---|---|---|---|
| $\geqq 10°$ | $\geqq 2‰$[1]) | $\geqq 0{,}5‰$[2]) | $\geqq 2$ cm | $\leqq 10$ m<br>$\leqq 15$ m<br>$> 15$ m | $s_d \geqq 2$ m<br>$s_d \geqq 5$ m<br>$s_d \geqq 10$ m |
| $< 10°$ | $\geqq 2‰$[2]) | – | $\geqq 5$ cm | – | $s_d \geqq 10$ m |

[1]) bezogen auf die geneigte Dachfläche
[2]) bezogen auf die gesamte Dachfläche

## 3.5 Regenschutz

Um den Wärmeschutz der Bauteile zu gewährleisten, dürfen diese nicht naß werden. Außenwände sind durch Schlagregen gefährdet, wenn sie nicht gegen eindringendes Regenwasser geschützt werden. Ein entsprechender Regenschutz ist je nach Schlagregenbeanspruchung erforderlich, der das Eindringen des Regens erschweren oder unterbinden soll, gleichzeitig aber die Austrocknung der Wand nach der Regenbelastung nicht behindern darf. Kennzeichnend für die Wasseraufnahme des Materials ist der Wasseraufnahmekoeffizient $w$, für die Austrocknungsfähigkeit die diffusionsäquivalente Luftschichtdicke $s_d$.

### 3.5.1 Beanspruchungsgruppe

Die Belastung der Bauteile durch Schlagregen wird durch Beanspruchungsgruppen definiert. Die entsprechende Gruppe ist im Einzelfall unter Berücksichtigung der regionalen klimatischen Bedingungen, der örtlichen Lage und der Gebäudeart festzulegen.

**Beanspruchungsgruppe I (Geringe Schlagregenbeanspruchung)**

Im allgemeinen Gebiete mit Jahresniederschlagsmengen unter 600 mm sowie besonders windgeschützte Lagen auch in Gebieten mit größerer Niederschlagsmenge.

**Beanspruchungsgruppe II (Mittlere Schlagregenbeanspruchung)**

Im allgemeinen Gebiete mit Jahresniederschlagsmengen von 600 bis 800 mm sowie windgeschützte Lagen auch in Gebieten mit größeren Niederschlagsmengen. Hochhäuser und Häuser in exponierter Lage in Gebieten, die sonst Gruppe I zuzuordnen wären.

**Beanspruchungsgruppe III (Starke Schlagregenbeanspruchung)**

Im allgemeinen Gebiete mit Jahresniederschlagsmengen über 800 mm sowie windreiche Gebiete mit niedrigeren Niederschlagsmengen (z.B. Küstengebiete, Mittel- und Hochgebirgslagen, Alpenvorland). Hochhäuser und Häuser in exponierter Lage in Gebieten, die sonst Gruppe II zuzuordnen wären.

### 3.5.2 Regenschutz durch Außenputze und Beschichtungen

Entsprechend den drei Beanspruchungsgruppen bestehen folgende Anforderungen an den Außenputz bzw. die Beschichtung:

- Geringe Schlagregenbeanspruchung: keine zusätzlichen Anforderungen
- Mittlere Schlagregenbeanspruchung: wasserhemmender Putz
- Starke Schlagregenbeanspruchung: wasserabweisender Putz.

Nach DIN 18550-1 werden Putzmörtel abhängig von den Bindemitteln und Zuschlägen den Putzmörtelgruppen PI bis PV (s. Abschn. „Mauerwerk und Putz", Abschn. 7, Tafel 32) zugeordnet. Bewertet wird der Regenschutz des Außenputzes auf Grund der Putzmörtelgruppen oder des Wasseraufnahmekoeffizienten $w$ und der diffusionsäquivalenten Luftschichtdicke $s_d$ des Putzes.

Entsprechende Angaben über Eigenschaften und Zusammensetzung der Putze sind in DIN 18550-1 enthalten

### 3.5.3 Beispiele für die Zuordnung von genormten Wandbauarten und Beanspruchungsgruppen

**Beanspruchungsgruppe I**

Mit Außenputz ohne besondere Anforderungen an den Schlagregenschutz nach DIN 18550-1 verputzte

– Außenwände aus Mauerwerk, Wandbauplatten, Beton o ä.,
– Holzwolle-Leichtbauplatten nach DIN 1101 mit Fugenbewehrung,
– Mehrschicht-Leichtbauplatten nach DIN 1101 mit ganzflächiger Bewehrung.

Einschaliges Sichtmauerwerk nach DIN 1053-1 31 cm dick.

**Beanspruchungsgruppe II**

Mit wasserhemmendem Außenputz nach DIN 18550 oder einem Kunstharzputz verputzte

– Außenwände aus Mauerwerk, Wandbauplatten, Beton o.ä.,
– Holzwolle-Leichtbauplatten nach DIN 1101 mit Fugenbewehrung,
– Mehrschicht-Leichtbauplatten nach DIN 1101 mit zu verputzenden Holzwolleschichten
  der Dicken ≧15 mm mit ganzflächiger Bewehrung,
  der Dicken <15 mm mit ganzflächiger Bewehrung unter Verwendung von Werkmörtel nach DIN 18557.

Einschaliges Sichtmauerwerk nach DIN 1053-1 37,5 cm dick.
Außenwände mit angemörtelten Bekleidungen nach DIN 18515.
Außenwände in Holzbauart unter Beachtung von DIN 68800-2 mit 11,5 cm dicker Vorsatzschale[1]).

**Beanspruchungsgruppe III**

Mit wasserabweisendem Außenputz nach DIN 18550-1 oder einem Kunstharzputz verputzte

– Außenwände aus Mauerwerk, Wandbauplatten, Beton o ä.,
– Holzwolle-Leichtbauplatten nach DIN 1101 mit Fugenbewehrung,
– Mehrschicht-Leichtbauplatten nach DIN 1101 mit zu verputzenden Holzwolleschichten
  der Dicken ≧15 mm mit ganzflächiger Bewehrung,
  der Dicken <15 mm mit ganzflächiger Bewehrung unter Verwendung von Werkmörtel nach DIN 18557.

Zweischaliges Verblendmauerwerk

– mit Luftschicht nach DIN 1053-1[2]),
– ohne Luftschicht nach DIN 1053-1 mit Vormauersteinen.

Außenwände mit angemauerten oder angemörtelten Bekleidungen mit Unterputz nach DIN 18515 und mit wasserabweisendem Mörtel ($w \leqq 0{,}5\ kg/m^2 \cdot h^{1/2}$).
Außenwände mit gefügedichter Betonaußenschicht nach DIN 1045, DIN 4219-1 und DIN 4219-2.
Außenwände mit hinterlüfteten Außenwandbekleidungen nach DIN 18515 und mit Bekleidungen nach DIN 18516-1 und DIN 18516-2 (E).
Außenwände in Holzbauart unter Beachtung von DIN 68800-2

– mit vorgesetzter Bekleidung nach DIN 18516-1 und DIN 18516-2 (E),
– mit 11,5 cm dicker Mauerwerks-Vorsatzschale mit Luftschicht[1])[3]).

---

[1]) Durch konstruktive Maßnahmen ist dafür zu sorgen, daß Feuchte von den Holzteilen ferngehalten und abgeleitet wird.

[2]) Luftschicht nach DIN 1053-1. Bei einer Kerndämmung im Zwischenraum muß DIN 1053-1 beachtet werden, oder es muß eine bauaufsichtliche Zulassung vorliegen.

[3]) Die Luftschicht muß mindestens 4 cm dick sein. Die Vorsatzschale ist unten und oben mit Luftöffnungen zu versehen, die jeweils eine Fläche von mindestens 150 cm² auf etwa 20 m² Wandfläche haben. Siehe auch DIN 68800-2. Für den Nachweis des Wärmeschutzes und der Tauwasserbildung an der raumseitigen Oberfläche dürfen die Luftschicht und die Vorsatzschale nicht in Ansatz gebracht werden.

# 4 Wärme- und feuchteschutztechnische Kennwerte

nach DIN 4108-4 (E11.95)

Beim rechnerischen Nachweis eines ausreichenden Wärmeschutzes nach DIN 4108 oder nach der WSchV sind die Kennwerte der folgenden Tabellen bzw. die Bekanntmachungen im Bundesanzeiger zu verwenden.

**Tafel 17 Rechenwerte der Wärmeleitfähigkeit $\lambda_R$ und Richtwerte der Wasserdampfdiffusionswiderstandszahlen $\mu$ von Baustoffen**

| Stoff | $\varrho$[1] [2]<br>kg/m³ | $\lambda_R$[3]<br>W/(m·K) | $\mu$[4] |
|---|---|---|---|
| **Putze, Estriche und andere Mörtelschichten** | | | |
| Kalkmörtel, Kalkzementmörtel, Mörtel aus hydraulischem Kalk | (1800) | 0,87 | 15/35 |
| Leichtmörtel nach DIN 1053-1<br>Leichtmörtel LM 21 | (≦ 700) | 0,21 | 15/35 |
| Leichtmörtel LM 36 | (≦1000) | 0,36 | 15/35 |
| Zementmörtel | (2000) | 1,4 | 15/35 |
| Kalkgips-, Gips-, Anhydrit-, Kalkanhydritmörtel | (1400) | 0,70 | 10 |
| Gipsputz ohne Zuschlag | (1200) | 0,35 | 10 |
| Wärmedämmputzsysteme nach DIN 18550-3<br>Wärmeleitfähigkeitsgruppe 060<br>070<br>080<br>090<br>100 | (≧200) | 0,060<br>0,070<br>0,080<br>0,090<br>0,100 | 5/20 |
| Anhydritestrich | (2100) | 1,2 | |
| Zementestrich | (2000) | 1,4 | 15/35 |
| Magnesiaestrich nach DIN 272 | | | |
| Unterböden und -schichten von zweilagigen Böden | (1400) | 0,47 | |
| Industrieböden und Gehschicht | (2300) | 0,70 | |
| Gußasphalt, Dicke ≧10 mm | (2300) | 0,90 | [5] |
| **Großformatige Bauteile** | | | |
| Normalbeton nach DIN 1045 (Kies- oder Splittbeton mit geschlossenem Gefüge; auch bewehrt) | (2400) | 2,1 | 70/150 |
| Leichtbeton und Stahlleichtbeton mit geschlossenem Gefüge nach DIN 4219-1 und DIN 4219-2, hergestellt unter Verwendung von Zuschlägen mit porigem Gefüge nach DIN 4226-2 ohne Quarzsandzusatz[6] | 800<br>900<br>1000<br>1100<br>1200<br>1300<br>1400<br>1500<br>1600<br>1800<br>2000 | 0,39<br>0,44<br>0,49<br>0,55<br>0,62<br>0,70<br>0,79<br>0,89<br>1,0<br>1,3<br>1,6 | 70/150 |
| Dampfgehärteter Gasbeton nach DIN 4223 | 400<br>500<br>600<br>700<br>800 | 0,14<br>0,16<br>0,19<br>0,21<br>0,23 | 5/10 |

Fortsetzung s. nächste Seite, Fußnoten s. S. 177

| Stoff | $\varrho$ 1) 2)<br>kg/m³ | $\lambda_R$ 3)<br>W/(m·K) | $\mu$ 4) |
|---|---|---|---|
| **Großformatige Bauteile,** Fortsetzung | | | |
| Leichtbeton mit haufwerksporigem Gefüge, z. B. nach DIN 4232 | | | |
| mit nichtporigen Zuschlägen nach DIN 4226-1, z. B. Kies | 1600<br>1800<br>2000 | 0,81<br>1,1<br>1,4 | 3/10<br>3/10<br>5/10 |
| mit porigen Zuschlägen nach DIN 4226-2, ohne Quarzsandzusatz 6) | 600<br>700<br>800<br>1000<br>1200<br>1400<br>1600<br>1800<br>2000 | 0,22<br>0,26<br>0,28<br>0,36<br>0,46<br>0,57<br>0,75<br>0,92<br>1,2 | 5/15 |
| ausschließlich unter Verwendung von Naturbims | 500<br>600<br>700<br>800<br>900<br>1000<br>1200 | 0,15<br>0,18<br>0,20<br>0,24<br>0,27<br>0,32<br>0,44 | 5/15 |
| ausschließlich unter Verwendung von Blähton | 500<br>600<br>700<br>800<br>900<br>1000<br>1200 | 0,18<br>0,20<br>0,23<br>0,26<br>0,30<br>0,35<br>0,46 | 5/15 |
| **Bauplatten** | | | |
| Faserzementplatten nach DIN 274-1 bis DIN 274-4 | (2000) | 0,58 | 20/50 |
| Gasbeton-Bauplatten, unbewehrt, nach DIN 4166 | | | |
| mit normaler Fugendicke und Mauermörtel nach DIN 1053-1 verlegt | 500<br>600<br>700<br>800 | 0,22<br>0,24<br>0,27<br>0,29 | 5/10 |
| dünnfugig verlegt | 500<br>600<br>700<br>800 | 0,19<br>0,22<br>0,24<br>0,27 | 5/10 |
| Wandbauplatten aus Leichtbeton nach DIN 18162 | 800<br>900<br>1000<br>1200<br>1400 | 0,29<br>0,32<br>0,37<br>0,47<br>0,58 | 5/10 |
| Wandbauplatten aus Gips nach DIN 18163 auch mit Poren, Hohlräumen, Füllstoffen oder Zuschlägen | 600<br>750<br>900<br>1000<br>1200 | 0,29<br>0,35<br>0,41<br>0,47<br>0,58 | 5/10 |
| Gipskartonplatten nach DIN 18180 | (900) | 0,21 | 8 |
| **Mauerwerk einschließlich Mörtelfugen** | | | |
| Mauerwerk aus Mauerziegeln nach DIN 105-1 bis DIN 105-4 | | | |
| Vollklinker, Hochlochklinker, Keramikklinker | 1800<br>2000<br>2200 | 0,81<br>0,96<br>1,2 | 50/100 |

| Stoff | $\varrho$[1] [2] kg/m³ | $\lambda_R$[3] W/(m·K) | $\mu$[4] |
|---|---|---|---|
| **Mauerwerk einschließlich Mörtelfugen,** Fortsetzung | | | |
| Vollziegel, Lochziegel, Hochlochziegel | 1200 | 0,50 | 5/10 |
| | 1400 | 0,58 | |
| | 1600 | 0,68 | |
| | 1800 | 0,81 | |
| | 2000 | 0,96 | |
| Leichthochlochziegel Lochung A und B nach DIN 105-2 | 700 | 0,36 | 5/10 |
| | 800 | 0,39 | |
| | 900 | 0,42 | |
| | 1000 | 0,45 | |
| Leichthochlochziegel W nach DIN 105-2 | 700 | 0,30 | 5/10 |
| | 800 | 0,33 | |
| | 900 | 0,36 | |
| | 1000 | 0,39 | |
| Mauerwerk aus Kalksandsteinen und Kalksand-Plansteinen nach DIN 106-1, DIN 106-2 und aus Kalksand-Plansteinen nach E DIN 106-1 A1 | 1000 | 0,50 | 5/10 |
| | 1200 | 0,56 | |
| | 1400 | 0,70 | |
| | 1600 | 0,79 | 15/25 |
| | 1800 | 0,99 | |
| | 2000 | 1,1 | |
| | 2200 | 1,3 | |
| Mauerwerk aus Hüttensteinen nach DIN 398 | 1000 | 0,47 | 70/100 |
| | 1200 | 0,52 | |
| | 1400 | 0,58 | |
| | 1600 | 0,64 | |
| | 1800 | 0,70 | |
| | 2000 | 0,76 | |
| **Mauerwerk aus Porenbeton-Blocksteinen und Porenbeton-Plansteinen nach DIN 4165 und E DIN 4165 A1** | | | |
| Porenbeton-Blocksteine (G) | 400 | 0,20 | 5/10 |
| | 450 | 0,21 | |
| | 500 | 0,22 | |
| | 550 | 0,23 | |
| | 600 | 0,24 | |
| | 650 | 0,25 | |
| | 700 | 0,27 | |
| | 800 | 0,29 | |
| Porenbeton-Plansteine (GP) | 350 | 0,14 | 5/10 |
| | 400 | 0,15 | |
| | 450 | 0,16 | |
| | 500 | 0,17 | |
| | 550 | 0,18 | |
| | 600 | 0,20 | |
| | 650 | 0,21 | |
| | 700 | 0,23 | |
| | 800 | 0,27 | |
| **Mauerwerk aus Betonsteinen** | | | |
| Hohlblöcke aus Leichtbeton (Hbl) nach DIN 18151 mit porigen Zuschlägen nach DIN 4226-2 ohne Quarzsandzusatz[7] | | | |
| 2 K Hbl, Breite ≦ 240 mm<br>3 K Hbl, Breite ≦ 300 mm<br>4 K Hbl, Breite ≦ 365 mm<br>5 K Hbl, Breite ≦ 490 mm<br>6 K Hbl, Breite ≦ 490 mm | 500 | 0,29 | 5/10 |
| | 600 | 0,32 | |
| | 700 | 0,35 | |
| | 800 | 0,39 | |
| | 900 | 0,44 | |
| | 1000 | 0,49 | |
| | 1200 | 0,60 | |
| | 1400 | 0,73 | |

| Stoff | $\varrho$[1] [2]) kg/m³ | $\lambda_R$[3]) W/(m · K) | $\mu$[4]) |
|---|---|---|---|
| **Mauerwerk aus Betonsteinen,** Fortsetzung | | | |
| 2 K Hbl, Breite = 300 mm<br>3 K Hbl, Breite = 365 mm | 500 | 0,29 | 5/10 |
| | 600 | 0,34 | |
| | 700 | 0,39 | |
| | 800 | 0,46 | |
| | 900 | 0,55 | |
| | 1000 | 0,64 | |
| | 1200 | 0,76 | |
| | 1400 | 0,90 | |
| Vollsteine und Vollblöcke aus Leichtbeton nach DIN 18152 | | | |
| Vollsteine (V) | 500 | 0,32 | 5/10 |
| | 600 | 0,34 | |
| | 700 | 0,37 | |
| | 800 | 0,40 | |
| | 900 | 0,43 | |
| | 1000 | 0,46 | |
| | 1200 | 0,54 | |
| | 1400 | 0,63 | |
| | 1600 | 0,74 | 10/15 |
| | 1800 | 0,87 | |
| | 2000 | 0,99 | |
| Vollblöcke (Vbl) (außer Vollblöcke S-W aus Naturbims und aus Blähton oder aus einem Gemisch aus Blähton und Naturbims) | 500 | 0,29 | 5/10 |
| | 600 | 0,32 | |
| | 700 | 0,35 | |
| | 800 | 0,39 | |
| | 900 | 0,43 | |
| | 1000 | 0,46 | |
| | 1200 | 0,54 | |
| | 1400 | 0,63 | |
| | 1600 | 0,74 | 10/15 |
| | 1800 | 0,87 | |
| | 2000 | 0,99 | |
| Vollblöcke S-W aus Naturbims | | | |
| Länge ≧ 490 mm | 500 | 0,20 | 5/10 |
| | 600 | 0,22 | |
| | 700 | 0,25 | |
| | 800 | 0,28 | |
| Länge $l$:<br>240 mm ≦ $l$ < 490 mm | 500 | 0,22 | 5/10 |
| | 600 | 0,24 | |
| | 700 | 0,28 | |
| | 800 | 0,31 | |
| Vollblöcke S-W aus Blähton oder aus einem Gemisch aus Blähton und Naturbims | | | |
| Länge ≧ 490 mm | 500 | 0,22 | 5/10 |
| | 600 | 0,24 | |
| | 700 | 0,27 | |
| | 800 | 0,31 | |
| Länge $l$:<br>240 mm ≦ $l$ < 490 mm | 500 | 0,24 | 5/10 |
| | 600 | 0,26 | |
| | 700 | 0,30 | |
| | 800 | 0,34 | |
| Hohlblöcke (Hbn) und T-Hohlblöcke (Tbn) aus Normalbeton mit geschlossenem Gefüge nach DIN 18153 | | | |
| 2 K, Breite ≦ 240 mm<br>3 K, Breite ≦ 300 mm<br>4 K, Breite ≦ 365 mm | (≦1800) | 0,92 | 20/30 |
| 2 K, Breite = 300 mm<br>3 K, Breite = 365 mm | (≦1800) | 1,3 | 20/30 |

| Stoff | $\varrho$[1] [2]) kg/m³ | $\lambda_R$[3]) W/(m·K) | $\mu$[4]) |
|---|---|---|---|
| **Wärmedämmstoffe** | | | |
| Holzwolle-Leichtbauplatten nach DIN 1101[8]) | | | |
| Plattendicke ≧ 25 mm | (360 bis 480) | 0,090 | 2/5 |
| = 15 mm | (570) | 0,15 | |
| Mehrschicht-Leichtbauplatten nach DIN 1101 | | | |
| Polystyrol-Partikelschaumschicht nach DIN 18164-1 | | | |
| Wärmeleitfähigkeitsgruppe[9]) 040 | (≧ 15) | 0,040 | 20/50 |
| Mineralfaserschicht nach DIN 18165-1 | | | |
| Wärmeleitfähigkeitsgruppe[10]) 040 | (50 bis 250) | 0,040 | 1 |
| 045 | | 0,045 | |
| Holzwolleschichten[11]) (Einzelschichten) | | | |
| Dicken: ≧ 10 bis < 25 mm | (460 bis 650) | 0,15 | 2/5 |
| ≧ 25 mm | (360 bis 480) | 0,090 | 2/5 |
| Schaumkunststoffe nach DIN 18159-1 und DIN 18159-2 an der Baustelle hergestellt | | | |
| Polyurethan-(PUR-)Ortschaum nach DIN 18159-1 | (> 45) | 0,035 | 30/100 |
| Harnstoff-Formaldehydharz-(UF-)Ortschaum nach DIN 18159-2 | (≧ 10) | 0,041 | 1/3 |
| **Korkdämmstoffe** | | | |
| Korkplatten nach DIN 18161-1 | | | |
| Wärmeleitfähigkeitsgruppe 045 | (80 bis 500) | 0,045 | 5/10 |
| 050 | | 0,050 | |
| 055 | | 0,055 | |
| **Schaumkunststoffe nach DIN 18164-1**[12]) | | | |
| Polystyrol-(PS-)Schaum | ≧ 15 | | 20/50 |
| Polystyrol-(PS-)Partikelschaum | ≧ 20 | | 30/70 |
| Wärmeleitfähigkeitsgruppe 035 | ≧ 30 | 0,035 | 40/100 |
| 040 | | 0,040 | |
| Polystyrol-Extruderschaum | | | |
| Wärmeleitfähigkeitsgruppe 030 | (≧ 25) | 0,030 | 80/250 |
| 035 | | 0,035 | |
| 040 | | 0,040 | |
| Polystyrol-Extruderschaum außerhalb der Bauwerksabdichtung[13]) bzw. Dachhaut[14]) | | | |
| Wärmeleitfähigkeitsgruppe 030 | (≧ 30) | 0,030 | 80/250 |
| 035 | | 0,035 | |
| 040 | | 0,040 | |
| Polyurethan-(PUR-)Hartschaum | | | |
| Wärmeleitfähigkeitsgruppe 025 | (≧ 30) | 0,025 | 30/100 |
| 030 | | 0,030 | |
| 035 | | 0,035 | |
| Phenolharz-(PF-)Hartschaum | | | |
| Wärmeleitfähigkeitsgruppe 030 | (≧ 30) | 0,030 | 10/50 |
| 035 | | 0,035 | |
| 040 | | 0,040 | |
| 045 | | 0,045 | |

| Stoff | $\varrho$ [1] [2] kg/m³ | $\lambda_R$ [3] W/(m·K) | $\mu$ [4] |
|---|---|---|---|
| **Wärmedämmstoffe,** Fortsetzung | | | |
| Mineralische und pflanzliche Faserdämmstoffe nach DIN 18165-1 [15]<br>Wärmeleitfähigkeitsgruppe 035<br>040<br>045<br>050 | (8 bis 500) | 0,035<br>0,040<br>0,045<br>0,050 | 1 |
| Schaumglas nach DIN 18174<br>Wärmeleitfähigkeitsgruppe 045<br>050<br>055<br>060 | (100 bis 500) | 0,045<br>0,050<br>0,055<br>0,060 | [5] |
| Schaumglas nach DIN 18174 außerhalb der Bauwerksabdichtung [16]<br>Wärmeleitfähigkeitsgruppe 045<br>050<br>055 | (110 bis 165) | 0,045<br>0,050<br>0,055 | [5] |
| Holzfaserdämmplatten DIN 68755<br>Wärmeleitfähigkeitsgruppe 040<br>045<br>050<br>055<br>060<br>065<br>070 | (≦450) | 0,040<br>0,045<br>0,050<br>0,055<br>0,060<br>0,065<br>0,070 | 5 |
| **Holz und Holzwerkstoffe** [17] | | | |
| Holz | | | |
| Fichte, Kiefer, Tanne | (600) | 0,13 | 40 |
| Buche, Eiche | (800) | 0,20 | 40 |
| Holzwerkstoffe | | | |
| Sperrholz nach DIN 68705-2 bis DIN 68705-4 | (800) | 0,15 | 50/400 |
| Spanplatten | | | |
| Flachpreßplatten nach DIN 68766-1, DIN 68761-4 und DIN 68763 | (700) | 0,13 | 50/100 |
| Strangpreßplatten nach DIN 68764-1 (Vollplatten ohne Beplankung) | (700) | 0,17 | 20 |
| Holzfaserplatten | | | |
| Harte Holzfaserplatten nach DIN 68750 und DIN 68754-1 | (1000) | 0,17 | 70 |
| Poröse Holzfaserplatten nach DIN 68750 und Bitumen-Holzfaserplatten nach DIN 68752 | ≦400 | 0,070 | 5 |
| **Beläge, Abdichtstoffe und Abdichtungsbahnen** | | | |
| Fußbodenbeläge | | | |
| Linoleum nach DIN 18171 | (1000) | 0,17 | |
| Korklinoleum | (700) | 0,081 | |
| Linoleum-Verbundbeläge nach DIN 18173 | (100) | 0,12 | |

| Stoff | $\varrho$[1] [2]) kg/m³ | $\lambda_R$[3]) W/(m·K) | $\mu$[4]) |
|---|---|---|---|
| Kunststoffbeläge, z. B. auch PVC | (1500) | 0,23 | |
| Abdichtstoffe, Abdichtungsbahnen | | | |
| Asphaltmastix, Dicke ≧ 7 mm | (2000) | 0,70 | [5]) |
| Bitumen | (1100) | 0,17 | |
| Dachbahnen, Dachdichtungsbahnen | | | |
| Bitumendachbahnen nach DIN 52128 | (1200) | 0,17 | 10000/ 80000 |
| nackte Bitumenbahnen nach DIN 51129 | (1200) | 0,17 | 2000/ 20000 |
| Glasvlies-Bitumendachbahnen nach DIN 52143 | | | 20000/ 60000 |
| Kunststoff-Dachbahnen | | | |
| nach DIN 16729 (ECB)<br>2,0 K<br><br>2,0 | | | <br>50000/ 75000<br>70000/ 90000 |
| nach DIN 16730 (PVC-P) | | | 10000/ 30000 |
| nach DIN 16731 (PIB) | | | 400000/ 1750000 |
| Folien | | | |
| PVC-Folien, Dicke ≧ 0,1 mm | | | 20000/ 50000 |
| Polyethylen-Folien, Dicke ≧ 0,1 mm | | | 100000 |
| Aluminium-Folien, Dicke ≧ 0,05 mm | | | [5]) |
| Andere Metallfolien, Dicke ≧ 0,1 mm | | | [5]) |

**Sonstige gebräuchliche Stoffe**[18])

| Stoff | $\varrho$ | $\lambda_R$ | $\mu$ |
|---|---|---|---|
| Lose Schüttungen[19]), abgedeckt | | | |
| aus porigen Stoffen:<br>Blähperlit<br>Blähglimmer<br>Korkschrot, expandiert<br>Hüttenbims<br>Blähton, Blähschiefer<br>Bimskies<br>Schaumlava<br><br>aus Polystyrolschaumstoff-Partikeln | <br>(≦100)<br>(≦100)<br>(≦200)<br>(≦600)<br>(≦400)<br>(≦1000)<br>≦1200<br>≦1500<br>(15) | <br>0,060<br>0,070<br>0,050<br>0,13<br>0,16<br>0,19<br>0,22<br>0,27<br>0,045 | |
| aus Sand, Kies, Split (trocken) | (1800) | 0,70 | |
| Fliesen | (2000) | 1,0 | |
| Glas | (2500) | 0,80 | |
| Natursteine | | | |
| Kristalline metamorphe Gesteine (Granit, Basalt usw.) | (2800) | 3,5 | |
| Sedimentsteine (Sandstein, Muschelkalk, Nagelfluh) | (2600) | 2,3 | |
| Vulkanische porige Natursteine | (1600) | 0,55 | |
| Böden (naturfeucht) | | | |
| Sand, Kiessand | | 1,4 | |
| Bindige Böden | | 2,1 | |
| Mosaik aus Glas und Keramik | (2000) | 1,2 | 100/300 |
| Kunstharzputz | (1100) | 0,70 | 50/200 |

| Stoff | $\varrho$[1]) [2]) kg/m³ | $\lambda_R$[3]) W/(m·K) | $\mu$[4]) |
|---|---|---|---|
| **Sonstige gebräuchlich Stoffe,** Fortsetzung | | | |
| Lehm | | | |
| Massivlehm und Lehmformlinge | | 0,80 | 5/10 |
| Strohlehm | | 0,60 | |
| Leichtlehm | | 0,40 | |
| Lehmwickel mit Stroh auf Holzstaken | | 0,40 | |
| Metalle | | | |
| Stahl | | 60 | |
| Kupfer | | 380 | |
| Aluminium | | 200 | |
| Gummi (kompakt) | (1000) | 0,20 | |

[1]) Die in Klammern angegebenen Rohdichtewerte dienen nur zur Ermittlung der flächenbezogenen Masse, z. B. für den Nachweis des sommerlichen Wärmeschutzes.
[2]) Bei Steinen genannte Rohdichten entsprechen den Rohdichteklassen der zitierten Stoffnormen.
[3]) Die angegebene Rechenwerte der Wärmeleitfähigkeit $\lambda_R$ von Mauerwerk dürfen bei Verwendung von Leichtmauermörtel nach DIN 1053-1 um 0,06 W/(m·K) verringert werden, jedoch dürfen die verringerten Werte bei Vollblöcken S-W aus Bims und Blähton sowie bei Gasbeton-Blocksteinen die Werte des entsprechenden Stoffes des Abschnittes „großformatige Bauteile" sowie die Werte des Mauerwerkes aus Vollblöcken Steinlänge ≧490 mm nicht unterschreiten.
[4]) Es ist jeweils der für die Baukonstruktion ungünstigere Wert einzusetzen. Bezüglich der Anwendung der $\mu$-Werte s. DIN 4108-3 und DIN 4108-5.
[5]) Praktisch dampfdicht. Nach DIN 52615-1: $s_d \geqq 1500$ m.
[6]) Bei Quarzsandzusatz erhöhen sich die Rechenwerte der Wärmeleitfähigkeit um 20%.
[7]) Die Rechenwerte der Wärmeleitfähigkeit sind bei Hohlblocksteinen mit Quarzsandzusatz für 2 K Hbl um 20% und für 3 K Hbl bis 6 K Hbl um 15% zu erhöhen.
[8]) Plattendicken <15 mm dürfen wärmeschutztechnisch nicht berücksichtigt werden.
[9]) Bei Vereinbarung anderer Wärmeleitfähigkeitsgruppen oder anderer Schaumkunststoffe nach DIN 18164-1 gelten deren Werte.
[10]) Bei Vereinbarung anderer Wärmeleitfähigkeitsgruppen gelten deren Werte.
[11]) Holzwolleschichten (Einzelschichten) mit Dicken $d<10$ mm dürfen zur Berechnung des Wärmedurchlaßwiderstandes $R$ nicht berücksichtigt werden (s. DIN 1101). Bei Diffusionsberechnungen werden sie jedoch mit ihrer wasserdampfdiffusionsäquivalenten Luftschichtdicke $s_d$ in Ansatz gebracht.
[12]) Bei Trittschalldämmplatten aus Schaumkunststoffen werden bei sämtlichen Erzeugnissen der Wärmedurchlaßwiderstand $R$ und die Wärmeleitfähigkeitsgruppe auf der Verpackung angegeben (s. DIN 18164-2).
[13]) s. Abschnitt 1.2.7. [14]) s. Abschnitt 1.2.7.
[15]) Bei Trittschalldämmplatten aus Faserdämmstoffen wird bei sämtlichen Erzeugnissen die Wärmeleitfähigkeitsgruppe auf der Verpackung angegeben (s. DIN 18165-2).
[16]) s. Abschnitt 1.2.7.
[17]) Die angegebenen Rechenwerte der Wärmeleitfähigkeit $\lambda_R$ gelten für Holz quer zur Faser, für Holzwerkstoffe senkrecht zur Plattenebene. Für Holz in Faserrichtung sowie für Holzwerkstoffe in Plattenebene ist näherungsweise der 2,2fache Wert einzusetzen, wenn kein genauer Nachweis erfolgt.
[18]) Diese Stoffe sind hinsichtlich ihrer wärmeschutztechnischen Eigenschaften nicht genormt. Die angegebenen Wärmeleitfähigkeitswerte stellen obere Grenzwerte dar.
[19]) Die Dichte wird bei losen Schüttungen als Schüttdichte angegeben.

**Tafel 18 Rechenwerte der Wärmedurchlaßwiderstände $R_\lambda$ von Luftschichten**[1])

| Lage der Luftschicht | Dicke der Luftschicht in mm | $R_\lambda$ in m²·K/W |
|---|---|---|
| lotrecht | 10 bis 20 | 0,14 |
| | über 20 bis 500 | 0,17 |
| waagerecht | 10 bis 500 | 0,17 |

[1]) Die Werte gelten für Luftschichten, die nicht mit der Außenluft in Verbindung stehen, und für Luftschichten bei mehrschaligem Mauerwerk nach DIN 1053 T 1.

**Tafel 19 Wärmedurchgangskoeffizienten $k_v$ für Verglasungen und $k_F$ für Fenster und Fenstertüren einschließlich Rahmen**

| Verglasung | | $k_v$[1] in $W/(m^2 \cdot K)$ | $k_F$ in $W/(m^2 \cdot K)$ für Rahmenmaterialgruppe 1 | 2.1 | 2.2 | 2.3 | 3[2] |
|---|---|---|---|---|---|---|---|
| Einfachverglasung | | 5,8 | 5,2 | | | | |
| Isolierglas mit 1 Luftzwischenraum (LZR) | 6 mm ≦ LZR ≦ 8 mm | 3,4 | 2,9 | 3,2 | 3,3 | 3,6 | 4,1 |
| | 8 mm < LZR ≦ 10 mm | 3,2 | 2,8 | 3,0 | 3,2 | 3,4 | 4,0 |
| | 10 mm < LZR ≦ 16 mm | 3,0 | 2,6 | 2,9 | 3,1 | 3,3 | 3,8 |
| Isolierglas mit 2 Luftzwischenräumen (LZR) | 8 mm < LZR ≦ 10 mm | 2,2 | 2,1 | 2,3 | 2,5 | 2,7 | 3,3 |
| | 10 mm < LZR ≦ 16 mm | 2,1 | 2,0 | 2,3 | 2,4 | 2,7 | 3,2 |
| Doppelverglasung mit 20 bis 100 mm Scheibenabstand | | 2,8 | 2,5 | 2,7 | 2,9 | 3,2 | 3,7 |
| Doppelverglasung aus Einfach- und Isolierglas (Luftzwischenraum 10 bis 16 mm) mit 20 bis 100 mm Scheibenabstand | | 2,0 | 1,9 | 2,2 | 2,4 | 2,6 | 3,1 |
| Doppelverglasung aus zwei Isolierglaseinheiten (Luftzwischenraum 10 bis 16 mm mit 20 bis 100 mm Scheibenabstand | | 1,4 | 1,5 | 1,8 | 1,9 | 2,2 | 2,7 |
| Wärme- oder Sonnenschutzgläser | | 2,5 | 2,3 | 2,5 | 2,7 | 3,0 | 3,5 |
| | | 2,4 | 2,2 | 2,5 | 2,6 | 2,9 | 3,4 |
| | | 2,3 | 2,1 | 2,4 | 2,6 | 2,8 | 3,4 |
| | | 2,2 | 2,1 | 2,3 | 2,5 | 2,7 | 3,3 |
| | | 2,1 | 2,0 | 2,3 | 2,4 | 2,7 | 3,2 |
| | | 2,0 | 1,9 | 2,2 | 2,4 | 2,6 | 3,1 |
| | | 1,9 | 1,8 | 2,1 | 2,3 | 2,5 | 3,1 |
| | | 1,8 | 1,8 | 2,0 | 2,2 | 2,5 | 3,0 |
| | | 1,7 | 1,7 | 2,0 | 2,2 | 2,4 | 2,9 |
| | | 1,6 | 1,6 | 1,9 | 2,1 | 2,3 | 2,9 |
| | | 1,5 | 1,6 | 1,8 | 2,0 | 2,3 | 2,8 |
| | | 1,4 | 1,5 | 1,8 | 1,9 | 2,2 | 2,7 |
| | | 1,3 | 1,4 | 1,7 | 1,9 | 2,1 | 2,7 |
| | | 1,2 | 1,4 | 1,6 | 1,8 | 2,0 | 2,6 |
| | | 1,1 | 1,3 | 1,6 | 1,7 | 2,0 | 2,5 |
| | | 1,0 | 1,2 | 1,5 | 1,7 | 1,9 | 2,4 |
| | | 0,9 | 1,2 | 1,5 | 1,7 | 1,9 | 2,4 |
| | | 0,8 | 1,2 | 1,4 | 1,6 | 1,9 | 2,3 |
| | | 0,7 | 1,1 | 1,3 | 1,5 | 1,8 | 2,2 |
| | | 0,6 | 1,0 | 1,3 | 1,5 | 1,8 | 2,2 |
| | | 0,5 | 1,0 | 1,2 | 1,4 | 1,7 | 2,1 |
| **Glasbaustein-Wand** nach DIN 4242 mit Hohlglasbausteinen nach DIN 18175 | | | | | | | 3,5 |

[1]) Bei Fenstern mit einem Rahmenanteil von nicht mehr als 5% (z. B. Schaufensteranlagen) kann für den Wärmedurchgangskoeffizienten $k_F$ der Wärmedurchgangskoeffizient $k_V$ der Verglasung gesetzt werden.

[2]) Bei Verglasungen mit einem Rahmenanteil ≦15% dürfen in der Rahmenmaterialgruppe 3 (ausgenommen Einfachverglasung) die $k_F$-Werte um 0,5 $W/(m^2 \cdot K)$ herabgesetzt werden.

Einordnung der Rahmenmaterialgruppen von Fensterprofilen nach Material oder Wärmedurchgangskoeffizienten $k_R$ der Rahmenprofile erfolgt nach folgendem Schema

| Rahmenmaterialgruppe | Material | $k_R$ des Rahmenprofils in $W/(m^2 \cdot K)$ |
|---|---|---|
| 1 | Holz, Kunststoff, Holzkombinationen | ≦2,0 |
| 2.1 | Wärmegedämmte Metall- oder Betonprofile | über 2,0 bis 2,8 |
| 2.2 | | über 2,8 bis 3,5 |
| 2.3 | | über 3,5 bis 4,5 |
| 3 | Metall oder Beton | >4,5 |

**Tafel 20 Wärmeübergangswiderstände $R_{i,a}$ [1]), [2]) in m² K/W**

| Zeile | Bauteil | | $R_i$ | $R_a$ |
|---|---|---|---|---|
| 1 | Außenwand (ausgenommen solche nach Zeile 2) | | | 0,04 |
| 2 | Außenwand mit hinterlüfteter Außenhaut [3]), Abseitenwand zum nicht wärmegedämmten Dachraum | | | 0,08 |
| 3 | Wohnungstrennwand, Treppenraumwand, Wand zwischen fremden Arbeitsräumen, Trennwand zu dauernd unbeheiztem Raum, Abseitenwand zum wärmegedämmten Dachraum | | 0,13 | [4]) |
| 4 | An das Erdreich grenzende Wand | | | 0 |
| 5 | Decke oder Dachschräge, die Aufenthaltsraum nach oben gegen die Außenluft abgrenzt (nicht belüftet) | | 0,13 | 0,04 |
| 6 | Decke unter nicht ausgebautem Dachgeschoß, unter Spitzboden oder unter belüftetem Raum (z.B. belüftete Dachschräge) | | | 0,08 |
| 7 | Wohnungstrenndecke und Decke zwischen fremden Arbeitsräumen | Wärmestrom von unten nach oben | 0,13 | [4]) |
| | | Wärmestrom von oben nach unten | 0,17 | |
| 8 | Kellerdecke | | | [4]) |
| 9 | Decke, die Aufenthaltsraum nach unten gegen die Außenluft abgrenzt | | 0,17 | 0,04 |
| 10 | Unterer Abschluß eines nicht unterkellerten Aufenthaltsraumes (an das Erdreich grenzend) | | | 0 |

[1]) Vereinfachend kann in allen Fällen mit $R_i = 0{,}13$ m² · K/W sowie – die Zeilen 4 und 10 ausgenommen – mit $R_a = 0{,}04$ m² K/W gerechnet werden.
[2]) Für die Überprüfung eines Bauteils auf Tauwasserbildung siehe besondere Festlegungen in DIN 4108-3.
[3]) Für zweischaliges Mauerwerk mit Luftschicht nach DIN 1053-1 gilt Zeile 1.
[4]) Bei innenliegendem Bauteil ist zu beiden Seiten mit demselben Wärmeübergangswiderstand zu rechnen.

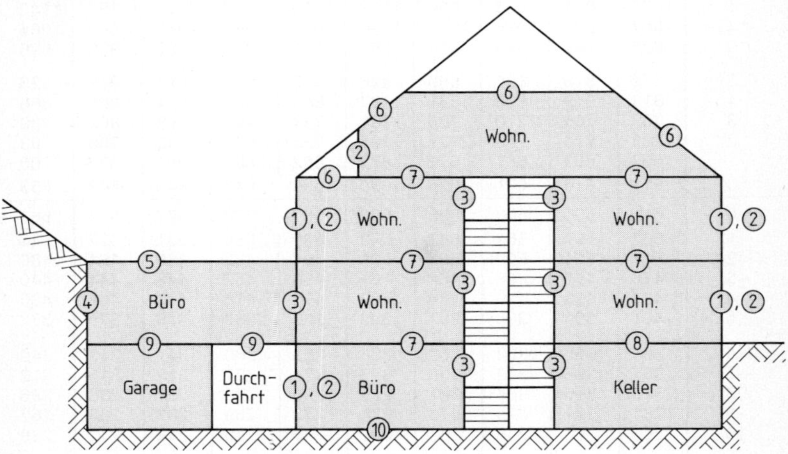


**Tafel 21 Spezifische Wärmekapazität c in J/(kgK)**

| Stoff | c | Stoff | c |
|---|---|---|---|
| anorg. Bau- und Dämmstoffe | 1000 | Aluminium | 800 |
| Holz und Holzwerkstoffe | 2100 | sonstige Metalle | 400 |
| pflanz. Fasern und Textilfasern | 1300 | Luft ($\varrho = 1{,}25$ kg/m³) | 1000 |
| Schaumkunststoffe und Kunststoffe | 1500 | Wasser | 4200 |

**Tafel 22 Wasserdampfsättigungsdruck $p_s$ bei Temperaturen $\vartheta_L$ von +30,9 bis −20,9 °C**

| $\vartheta_L$ | Wasserdampfsättigungsdruck $p_s$ über Wasser bzw. Eis in Pa | | | | | | | | | |
|---|---|---|---|---|---|---|---|---|---|---|
| in °C | 0,0 | 0,1 | 0,2 | 0,3 | 0,4 | 0,5 | 0,6 | 0,7 | 0,8 | 0,9 |
| 30 | 4244 | 4269 | 4294 | 4319 | 4344 | 4369 | 4394 | 4419 | 4445 | 4469 |
| 29 | 4006 | 4030 | 4053 | 4077 | 4101 | 4124 | 4148 | 4172 | 4196 | 4219 |
| 28 | 3781 | 3803 | 3826 | 3848 | 3871 | 3894 | 3916 | 3939 | 3961 | 3984 |
| 27 | 3566 | 3588 | 3609 | 3631 | 3652 | 3674 | 3695 | 3717 | 3738 | 3759 |
| 26 | 3362 | 3382 | 3403 | 3423 | 3443 | 3463 | 3484 | 3504 | 3525 | 3544 |
| 25 | 3169 | 3188 | 3208 | 3227 | 3246 | 3266 | 3284 | 3304 | 3324 | 3343 |
| 24 | 2985 | 3003 | 3021 | 3040 | 3059 | 3077 | 3095 | 3114 | 3132 | 3151 |
| 23 | 2810 | 2827 | 2845 | 2863 | 2880 | 2897 | 2915 | 2932 | 2950 | 2968 |
| 22 | 2645 | 2661 | 2678 | 2695 | 2711 | 2727 | 2744 | 2761 | 2777 | 2794 |
| 21 | 2487 | 2504 | 2518 | 2535 | 2551 | 2566 | 2582 | 2598 | 2613 | 2629 |
| 20 | 2340 | 2354 | 2369 | 2384 | 2399 | 2413 | 2428 | 2443 | 2457 | 2473 |
| 19 | 2197 | 2212 | 2227 | 2241 | 2254 | 2268 | 2283 | 2297 | 2310 | 2324 |
| 18 | 2065 | 2079 | 2091 | 2105 | 2119 | 2132 | 2145 | 2158 | 2172 | 2185 |
| 17 | 1937 | 1950 | 1963 | 1976 | 1988 | 2001 | 2014 | 2027 | 2039 | 2052 |
| 16 | 1818 | 1830 | 1841 | 1854 | 1866 | 1878 | 1889 | 1901 | 1914 | 1926 |
| 15 | 1706 | 1717 | 1729 | 1739 | 1750 | 1762 | 1773 | 1784 | 1795 | 1806 |
| 14 | 1599 | 1610 | 1621 | 1631 | 1642 | 1653 | 1663 | 1674 | 1684 | 1695 |
| 13 | 1498 | 1508 | 1518 | 1528 | 1538 | 1548 | 1559 | 1569 | 1578 | 1588 |
| 12 | 1403 | 1413 | 1422 | 1431 | 1441 | 1451 | 1460 | 1470 | 1479 | 1488 |
| 11 | 1312 | 1321 | 1330 | 1340 | 1349 | 1358 | 1367 | 1375 | 1385 | 1394 |
| 10 | 1228 | 1237 | 1245 | 1254 | 1262 | 1270 | 1279 | 1287 | 1296 | 1304 |
| 9 | 1148 | 1156 | 1163 | 1171 | 1179 | 1187 | 1195 | 1203 | 1211 | 1218 |
| 8 | 1073 | 1081 | 1088 | 1096 | 1103 | 1110 | 1117 | 1125 | 1133 | 1140 |
| 7 | 1002 | 1008 | 1016 | 1023 | 1030 | 1038 | 1045 | 1052 | 1059 | 1066 |
| 6 | 935 | 942 | 949 | 955 | 961 | 968 | 975 | 982 | 988 | 995 |
| 5 | 872 | 878 | 884 | 890 | 896 | 902 | 907 | 913 | 919 | 925 |
| 4 | 813 | 819 | 825 | 831 | 837 | 843 | 849 | 854 | 861 | 866 |
| 3 | 759 | 765 | 770 | 776 | 781 | 787 | 793 | 798 | 803 | 808 |
| 2 | 705 | 710 | 716 | 721 | 727 | 732 | 737 | 743 | 748 | 753 |
| 1 | 657 | 662 | 667 | 672 | 677 | 682 | 687 | 691 | 696 | 700 |
| 0 | 611 | 616 | 621 | 626 | 630 | 635 | 640 | 645 | 648 | 653 |
| −0 | 611 | 605 | 600 | 595 | 592 | 587 | 582 | 577 | 572 | 567 |
| −1 | 562 | 557 | 552 | 547 | 543 | 538 | 534 | 531 | 527 | 522 |
| −2 | 517 | 514 | 509 | 505 | 501 | 496 | 492 | 489 | 484 | 480 |
| −3 | 476 | 472 | 468 | 464 | 461 | 456 | 452 | 448 | 444 | 440 |
| −4 | 437 | 433 | 430 | 426 | 423 | 419 | 415 | 412 | 408 | 405 |
| −5 | 401 | 398 | 395 | 391 | 388 | 385 | 382 | 379 | 375 | 372 |
| −6 | 368 | 365 | 362 | 359 | 356 | 353 | 350 | 347 | 343 | 340 |
| −7 | 337 | 336 | 333 | 330 | 327 | 324 | 321 | 318 | 315 | 312 |
| −8 | 310 | 306 | 304 | 301 | 298 | 296 | 294 | 291 | 288 | 286 |
| −9 | 284 | 281 | 279 | 276 | 274 | 272 | 269 | 267 | 264 | 262 |
| −10 | 260 | 258 | 255 | 253 | 251 | 249 | 246 | 244 | 242 | 239 |
| −11 | 237 | 235 | 233 | 231 | 229 | 228 | 226 | 224 | 221 | 219 |
| −12 | 217 | 215 | 213 | 211 | 209 | 208 | 206 | 204 | 202 | 200 |
| −13 | 198 | 197 | 195 | 193 | 191 | 190 | 188 | 186 | 184 | 182 |
| −14 | 181 | 180 | 178 | 177 | 175 | 173 | 172 | 170 | 168 | 167 |
| −15 | 165 | 164 | 162 | 161 | 159 | 158 | 157 | 155 | 153 | 152 |
| −16 | 150 | 149 | 148 | 146 | 145 | 144 | 142 | 141 | 139 | 138 |
| −17 | 137 | 136 | 135 | 133 | 132 | 131 | 129 | 128 | 127 | 126 |
| −18 | 125 | 124 | 123 | 122 | 121 | 120 | 118 | 117 | 116 | 115 |
| −19 | 114 | 113 | 112 | 111 | 110 | 109 | 107 | 106 | 105 | 104 |
| −20 | 103 | 102 | 101 | 100 | 99 | 98 | 97 | 96 | 95 | 94 |

**Tafel 23** **Wärmedurchlaßwiderstände $R_\lambda$ von Stahlbetonrippen- und Stahlbetonbalkendecken** nach DIN 1045 mit Zwischenbauteilen nach DIN 4158

| Darstellung | Dicke $s$ in mm | $R_\lambda$ in $m^2 \cdot K/W$ im Mittel | an ungünstigster Stelle |
|---|---|---|---|
| **Stahlbetonrippendecke (ohne Aufbeton, ohne Putz)** 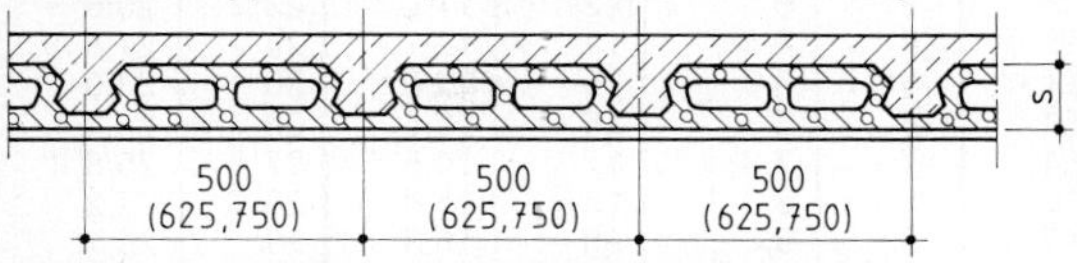  | 120 | 0,20 | 0,06 |
| | 140 | 0,21 | 0,07 |
| | 160 | 0,22 | 0,08 |
| | 180 | 0,23 | 0,09 |
| | 200 | 0,24 | 0,10 |
| | 220 | 0,25 | 0,11 |
| | 250 | 0,26 | 0,12 |
| **Stahlbetonbalkendecke (ohne Aufbeton, ohne Putz)** 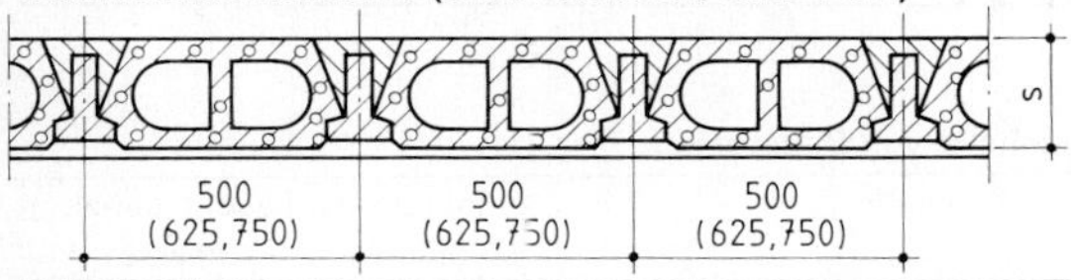  | 120 | 0,16 | 0,06 |
| | 140 | 0,18 | 0,07 |
| | 160 | 0,20 | 0,08 |
| | 180 | 0,22 | 0,09 |
| | 200 | 0,24 | 0,10 |
| | 220 | 0,26 | 0,12 |
| | 240 | 0,28 | 0,12 |

**Tafel 24** **Taupunkttemperatur $\vartheta_s$ der Luft in Abhängigkeit von der Lufttemperatur $\vartheta_L$ in °C und der relativen Luftfeuchte $\varphi$**

| Lufttemp. $\vartheta_L$ in °C | Taupunkttemperatur $\vartheta_s$ [1]) in °C bei einer relativen Luftfeuchte von 30% | 35% | 40% | 45% | 50% | 55% | 60% | 65% | 70% | 75% | 80% | 85% | 90% | 95% |
|---|---|---|---|---|---|---|---|---|---|---|---|---|---|---|
| 30 | 10,5 | 12,9 | 14,9 | 16,8 | 18,4 | 20,0 | 21,4 | 22,7 | 23,9 | 25,1 | 26,2 | 27,2 | 28,2 | 29,1 |
| 29 | 9,7 | 12,0 | 14,0 | 15,9 | 17,5 | 19,0 | 20,4 | 21,7 | 23,0 | 24,1 | 25,2 | 26,2 | 27,2 | 28,1 |
| 28 | 8,8 | 11,1 | 13,1 | 15,0 | 16,6 | 18,1 | 19,5 | 20,8 | 22,0 | 23,2 | 24,2 | 25,2 | 26,2 | 27,1 |
| 27 | 8,0 | 10,2 | 12,2 | 14,1 | 15,7 | 17,2 | 18,6 | 19,9 | 21,1 | 22,2 | 23,3 | 24,3 | 25,2 | 26,1 |
| 26 | 7,1 | 9,4 | 11,4 | 13,2 | 14,8 | 16,3 | 17,6 | 18,9 | 20,1 | 21,2 | 22,3 | 23,3 | 24,2 | 25,1 |
| 25 | 6,2 | 8,5 | 10,5 | 12,2 | 13,9 | 15,3 | 16,7 | 18,0 | 19,1 | 20,3 | 21,3 | 22,3 | 23,2 | 24,1 |
| 24 | 5,4 | 7,6 | 9,6 | 11,3 | 12,9 | 14,4 | 15,8 | 17,0 | 18,2 | 19,3 | 20,3 | 21,3 | 22,3 | 23,1 |
| 23 | 4,5 | 6,7 | 8,7 | 10,4 | 12,0 | 13,5 | 14,8 | 16,1 | 17,2 | 18,3 | 19,4 | 20,3 | 21,3 | 22,2 |
| 22 | 3,6 | 5,9 | 7,8 | 9,5 | 11,1 | 12,5 | 13,9 | 15,1 | 16,3 | 17,4 | 18,4 | 19,4 | 20,3 | 21,2 |
| 21 | 2,8 | 5,0 | 6,9 | 8,6 | 10,2 | 11,6 | 12,9 | 14,2 | 15,3 | 16,4 | 17,4 | 18,4 | 19,3 | 20,2 |
| 20 | 1,9 | 4,1 | 6,0 | 7,7 | 9,3 | 10,7 | 12,0 | 13,2 | 14,4 | 15,4 | 16,4 | 17,4 | 18,3 | 19,2 |
| 19 | 1,0 | 3,2 | 5,1 | 6,8 | 8,3 | 9,8 | 11,1 | 12,3 | 13,4 | 14,5 | 15,5 | 16,4 | 17,3 | 18,2 |
| 18 | 0,2 | 2,3 | 4,2 | 5,9 | 7,4 | 8,8 | 10,1 | 11,3 | 12,5 | 13,5 | 14,5 | 15,4 | 16,3 | 17,2 |
| 17 | –0,6 | 1,4 | 3,3 | 5,0 | 6,5 | 7,9 | 9,2 | 10,4 | 11,5 | 12,5 | 13,5 | 14,5 | 15,3 | 16,2 |
| 16 | –1,4 | 0,5 | 2,4 | 4,1 | 5,6 | 7,0 | 8,2 | 9,4 | 10,5 | 11,6 | 12,6 | 13,5 | 14,4 | 15,2 |
| 15 | –2,2 | –0,3 | 1,5 | 3,2 | 4,7 | 6,1 | 7,3 | 8,5 | 9,6 | 10,6 | 11,6 | 12,5 | 13,4 | 14,2 |
| 14 | –2,9 | –1,0 | 0,6 | 2,3 | 3,7 | 5,1 | 6,4 | 7,5 | 8,6 | 9,6 | 10,6 | 11,5 | 12,4 | 13,2 |
| 13 | –3,7 | –1,9 | –0,1 | 1,3 | 2,8 | 4,2 | 5,5 | 6,6 | 7,7 | 8,7 | 9,6 | 10,5 | 11,4 | 12,2 |
| 12 | –4,5 | –2,6 | –0,1 | 0,4 | 1,9 | 3,2 | 4,5 | 5,7 | 6,7 | 7,7 | 8,7 | 9,6 | 10,4 | 11,2 |
| 11 | –5,2 | –3,4 | –1,8 | –0,4 | 1,0 | 2,3 | 3,5 | 4,7 | 5,8 | 6,7 | 7,7 | 8,6 | 9,4 | 10,2 |
| 10 | –6,0 | –4,2 | –2,6 | –1,2 | 0,1 | 1,4 | 2,6 | 3,7 | 4,8 | 5,8 | 6,7 | 7,6 | 8,4 | 9,2 |

[1]) Näherungsweise darf geradlinig interpoliert werden.

**Tafel 25 Sättigungsmenge $c_s$ der Luft in Abhängigkeit von der Temperatur $\vartheta_L$**

| $\vartheta_L$ in °C | $c_s$ in g/m³ | $\vartheta_L$ in °C | $c_s$ in g/m³ | $\vartheta_L$ in °C | $c_s$ in g/m³ | $\vartheta_L$ in °C | $c_s$ in g/m³ | $\vartheta_L$ in °C | $c_s$ in g/m³ |
|---|---|---|---|---|---|---|---|---|---|
| −20 | 0,88 | −10 | 2,14 | 0 | 4,84 | 10 | 9,4 | 20 | 17,3 |
| −19 | 0,96 | −9 | 2,33 | 1 | 5,2 | 11 | 10,0 | 21 | 18,3 |
| −18 | 1,05 | −8 | 2,54 | 2 | 5,6 | 12 | 10,7 | 22 | 19,4 |
| −17 | 1,15 | −7 | 2,76 | 3 | 6,0 | 13 | 11,4 | 23 | 20,6 |
| −16 | 1,27 | −6 | 2,99 | 4 | 6,4 | 14 | 12,1 | 24 | 21,8 |
| −15 | 1,38 | −5 | 3,24 | 5 | 6,8 | 15 | 12,8 | 25 | 23,0 |
| −14 | 1,51 | −4 | 3,51 | 6 | 7,3 | 16 | 13,6 | 26 | 24,4 |
| −13 | 1,65 | −3 | 3,81 | 7 | 7,8 | 17 | 14,5 | 27 | 25,8 |
| −12 | 1,80 | −2 | 4,13 | 8 | 8,3 | 18 | 15,4 | 28 | 27,2 |
| −11 | 1,96 | −1 | 4,47 | 9 | 8,8 | 19 | 16,3 | 29 | 28,7 |
| −10 | 2,14 | 0 | 4,84 | 10 | 9,4 | 20 | 17,3 | 30 | 30,3 |

**Tafel 26 Praktische Feuchtegehalte von Baustoffen**

| Zeile | | Baustoffe | Praktischer Feuchtegehalt[1]) volumenbezogen[2]) $u_v$ in % | Praktischer Feuchtegehalt[1]) massebezogen $u_m$ in % |
|---|---|---|---|---|
| 1 | | Ziegel | 1,5 | – |
| 2 | | Kalksandsteine | 5 | – |
| 3 | 3.1 | Beton mit geschlossenem Gefüge mit dichten Zuschlägen | 5 | – |
| | 3.2 | Beton mit geschlossenem Gefüge mit porigen Zuschlägen | 15 | – |
| 4 | 4.1 | Leichtbeton mit haufwerksporigem Gefüge mit dichten Zuschlägen nach DIN 4226 T1 | 5 | – |
| | 4.2 | Leichtbeton mit haufwerksporigem Gefüge mit porigen Zuschlägen nach DIN 4226 T2 | 4 | – |
| 5 | | Gasbeton | 3,5 | – |
| 6 | | Gips, Anhydrit | 2 | – |
| 7 | | Gußasphalt, Asphaltmastix | ≈0 | ≈0 |
| 8 | | Anorganische Stoffe in loser Schüttung; Expandiertes Gesteinsglas (z.B. Blähperlit) | – | 5 |
| 9 | | Mineralische Faserdämmstoffe aus Glas-, Stein-, Hochofenschlacken-(Hütten-)Fasern | – | 1,5 |
| 10 | | Schaumglas | ≈0 | ≈0 |
| 11 | | Holz, Sperrholz, Spanplatten, Holzfaserplatten, Holzwolle-Leichtbauplatten, Schilfrohrplatten und -matten, Organische Faserdämmstoffe | – | 15 |
| 12 | | Pflanzliche Faserdämmstoffe aus Seegras, Holz-, Torf- und Kokosfasern und sonstigen Fasern | – | 15 |
| 13 | | Korkdämmstoffe | – | 10 |
| 14 | | Schaumkunststoffe aus Polystyrol, Polyurethan (hart) | – | 5 |

[1]) Unter praktischem Feuchtegehalt versteht man den Feuchtegehalt, der bei der Untersuchung genügend ausgetrockneter Bauten, die zum dauernden Aufenthalt von Menschen dienen, in 90% aller Fälle nicht überschritten wurde.

[2]) Der volumenbezogene Feuchtegehalt bezieht sich auch bei Lochsteinen, Hohldielen oder sonstigen Bauelementen mit Lufthohlräumen immer auf das Material allein ohne die Hohlräume. Es ist $u_v = u_m \cdot \frac{\varrho}{1000} \cdot \varrho$ ist die Dichte in kg/m³.

# 5 Schallschutz im Hochbau

Damit Menschen in Aufenthaltsräumen vor unzumutbaren Lärmbelästigungen durch Schallübertragung aus der Umgebung geschützt werden, legt die DIN 4109 einerseits Mindestwerte der Schalldämmung von Bauteilen und andererseits Höchstwerte des Schallpegels von Lärmquellen im Gebäude fest. Bei der Planung von Maßnahmen, um die Forderungen an den Schallschutz im Gebäude zu erfüllen, müssen auch die Schallausbreitungswege im Gebäude beachtet werden.

Die für die Lärmbelästigung des Menschen verantwortlichen Schallquellen können innerhalb oder außerhalb des Gebäudes lokalisiert sein. Befinden sie sich innerhalb des Gebäudes, dann handelt es sich entweder um Geräusche aus fremden Nachbarräumen, z. B. laute Sprache, Musik und dgl. oder um Lärm von haustechnischen Anlagen, z. B. Wasserinstallation, Aufzüge u. ä. Außerhalb des Hauses handelt es sich in der Regel um Verkehrslärm. Maßnahmen gegen Fluglärm sind Gegenstand der Verordnung der Bundesregierung über bauliche Schallschutzanforderungen nach dem Gesetz zum Schutz gegen Fluglärm.

Auf Grund der in DIN 4109 festgelegten Anforderungen kann nicht erwartet werden, daß in den eigenen Räumen Geräusche von außen nicht mehr wahrgenommen werden. Die festgelegten Anforderungen setzen voraus, daß in den Nachbarräumen keine ungewöhnlich starken Geräusche verursacht werden.

Ausführungsbeispiele von Bauteilen und deren Schalldämmung befinden sich im Beiblatt 1 zu DIN 4109.

Ergänzend zu den Schallschutzforderungen der DIN 4109 werden in der VDI-Richtlinie 4100 (8.94) – „Schallschutz von Wohnungen, Kriterien für Planung und Bewertung" – drei Schallschutzstufen definiert. Während die Schallschutzanforderungen der DIN 4109 durch die baurechtliche Einführung eine öffentlich-rechtliche Bedeutung erhält, kann der entsprechend der VDI-Richtlinie gewünschte Schallschutz nur zwischen den am Bau Beteiligten und dem Wohnungsnutzer privatrechtlich vereinbart werden.

## 5.1 Begriffe und Bewertungsgrößen der Bauakustik

### 5.1.1 Grundbegriffe

Als **Schall** bezeichnet man mechanische Schwingungen und Wellen eines elastischen Mediums, insbesondere im Bereich des menschlichen Hörens von etwa 16 Hz bis 16000 Hz. Je nachdem, ob er sich in Luft oder in einem festen Körper ausbreitet, spricht man von **Luft- oder Körperschall.**

Beim Luftschall ist zwischen Tönen, Klängen und Geräuschen zu unterscheiden.

Ein **Ton** entsteht bei einer Schallschwingung von sinusförmigem Verlauf. Die Zahl der Schwingungen je Sekunde ergibt die **Frequenz** $f$ des Tones in Hertz (Hz). Mit zunehmender Frequenz nimmt auch die Tonhöhe zu. Eine Verdoppelung der Frequenz entspricht einer **Oktave.**

In der Bauakustik betrachtet man einen Bereich von rund 5 Oktaven, nämlich die Frequenzen von 100 Hz bis 3150 Hz. Für die Analyse von Schallvorgängen ist die Oktavbreite oft zu groß und wird deshalb in Terzen gedrittelt. Die Bandbreite der Oktave und der Terz sind durch das Verhältnis der oberen Eckfrequenz $f_o$ zur unteren Eckfrequenz $f_u$ jeweils wie folgt festgelegt:

Oktave $f_o/f_u = 2$ Terz $f_o/f_u = \sqrt[3]{2} = 1{,}26$

Als **Geräusch** bezeichnet man ein Schallereignis, das aus vielen Teiltönen zusammengesetzt ist, deren Frequenzen nicht in einem einfachen Zahlenverhältnis zueinander stehen. Die Stärke des Schalls findet seinen Ausdruck im **Schalldruck** $\boldsymbol{p}$ der

Druckschwankungen, die durch die Schallwellen in der Luft erzeugt werden und die sich dem atmosphärischen Druck der Luft überlagern. Die Einheit des Druckes ist 1 N/m$^2$ = 1 Pa. Der Empfindungsbereich des Ohres erfaßt Schalldrücke zwischen $2 \cdot 10^{-5}$ Pa (**Hörschwelle** bei 1000 Hz) und 20 Pa (**Schmerzschwelle** bei 1000 Hz). Für die praktische Bewertung von Schallvorgängen wurde der **Schallpegel *L*** definiert. Er ist der zehnfache Logarithmus vom Verhältnis des Quadrates des jeweiligen Schalldrucks $p$ zum Quadrat des festgelegten Bezugschalldrucks $p_0 = 2 \cdot 10^{-5}$ Pa.

$$L = 10 \lg (p/p_0)^2 = 20 \lg (p/p_0) \quad \text{in dB}$$

Das **Dezibel** mit der Abkürzung dB ist keine Einheit im Sinne der qualitativen und quantitativen Angaben physikalischer Größen, sondern dient zur Kennzeichnung von logarithmierten Verhältnisgrößen.

**Schallpegeladdition.** Auf Grund der Definition des Schallpegels als logarithmiertes Verhältnis zweier Werte dürfen zwei oder mehr Schallpegel nicht direkt algebraisch addiert werden, um den Gesamtschallpegel zu ermitteln. Hierzu muß die Schallintensität in W/m$^2$ der einzelnen Schallquellen aufsummiert werden. Daraus kann abgeleitet werden, daß der Gesamtschallpegel mehrerer Schallquellen aus den einzelnen Schallpegeln $L_i$ nach folgender Gleichung berechnet wird

$$L_{ges} = 10 \lg \sum_{i=1}^{n} (10^{0,1 \cdot L_i})$$

Bei mehreren zu addierenden Schallpegeln hängt die Zunahme nur von der Differenz der Einzelpegel und nicht von deren Absolutwert ab. So erhöhen zwei Schallquellen gleicher, aber beliebiger Intensität (Differenz gleich Null) immer den Schallpegel um 3 dB. Bei Schallquellen unterschiedlicher Stärke fällt die Zunahme bei größer werdender Differenz geringer aus, um bei einer Differenz von 10 dB gleich Null zu werden. Oft erfolgt die **Pegeladdition** mittels eines Nomogramms, das die Größe des Zuschlages $\Delta L$ zum größeren Pegel, abhängig von der Differenz der beiden Pegel $L_m$ und $L_n$ angibt. Bild 14 zeigt ein für die Praxis vereinfachtes Schema zur Pegeladdition.

| $L_m - L_n$ in dB | 0 und 1 | 2 und 3 | 4, 5, 6, 7, 8 und 9 | 10 |
|---|---|---|---|---|
| $\Delta_L$ in dB | +3 | +2 | +1 | |

**Bild 14 Vereinfachtes Schema zur Addition von zwei Schallpegeln**

**Beispiel** Addition von 4 Einzelschallpegeln $L_1 = 50$ dB (A); $L_2 = 53$ dB (A); $L_3 = 53$ dB (A) und $L_4 = 56$ dB (A) mittels des vereinfachten Schemas nach Bild 9

$L_2 - L_1 = 53 - 50 = 3$ dB (A); $\Delta L_{1,2} = +2$ dB (A);
$L_{1,2} = 53 + 2 = 55$ dB (A).
$L_{1,2} - L_3 = 55 - 53 = 2$ dB (A); $\Delta L_{1,2,3} = +2$ dB (A);
$L_{1,2,3} = 55 + 2 = 57$ dB (A).
$L_{1,2,3} - L_4 = 57 - 56 = 1$ dB (A); $\Delta L_{1,2,3,4} = +3$ dB (A);
$L_{ges} = 57 + 3 = 60$ dB (A).

Das menschliche Ohr ist nicht über den ganzen Hörbereich gleich sensitiv. Bei mittleren Frequenzen ist es viel empfindlicher als bei tiefen Frequenzen. Daher wurde neben dem physikalischen Maß des Schallpegels ein weiteres Maß eingeführt, dem die Empfindung des menschlichen Ohres auf Schalleinwirkung zugrunde liegt. Es wird als **Lautstärke** oder **Lautstärkepegel** bezeichnet und seine Einheit ist das **Phon.** Die Lautstärke in Phon ist definitionsgemäß zahlenmäßig gleich dem Schallpegel in dB eines gleich lauten Tones der Frequenz 1000 Hz (Bild 15).

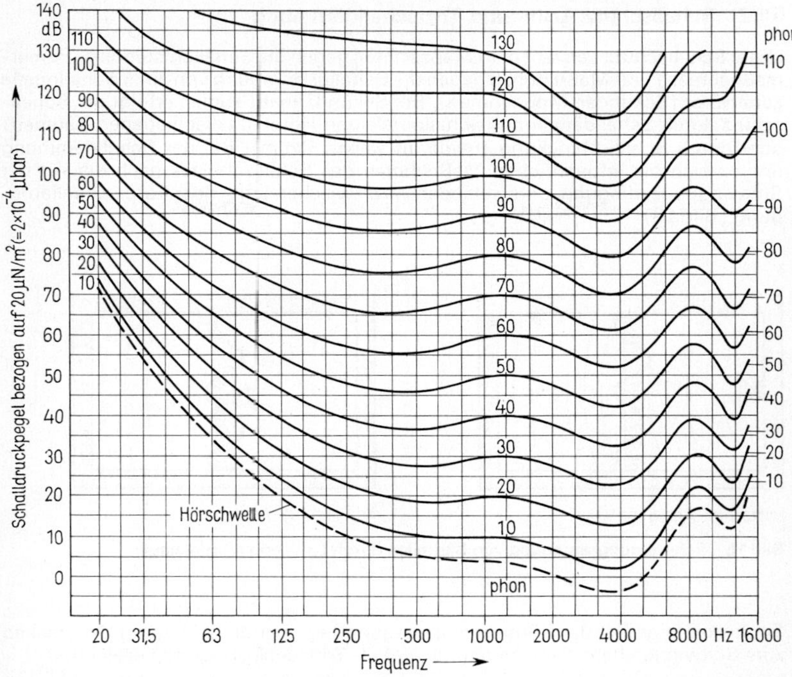


**Bild 15** **Hörschwelle und Kurven gleicher Lautstärke, Pegel für Sinustöne im freien Schallfeld** nach DIN 45630

Wegen der komplizierten Verhältnisse im Zusammenhang mit der veränderlichen Empfindlichkeit des menschlichen Ohres ist die Bestimmung der Lautstärke eines Geräusches sehr aufwendig. Um Geräusche ohne großen Aufwand annähernd gehörrichtig messen zu können, wurde der **A-bewertete Schallpegel $L_A$** in dB(A) eingeführt. Die Schallpegel der verschiedenen Frequenzanteile eines Geräusches werden nach der A-Frequenz-Bewertungskurve bewertet, der so ermittelte Schallpegel $L_A$ erlaubt die annähernd gehörrichtige Angabe der Stärke eines Geräusches (s. nachfolgende Beispiele)

**Beispiele für den A-Schallpegel verschiedener Geräusche**

| | |
|---|---|
| Fabriksaal einer Spinnerei | 90 bis 100 dB (A) |
| Verkehrslärm in Hauptverkehrsstraße | 75 bis 80 dB (A) |
| laute Sprache | 70 bis 75 dB (A) |
| ruhiger Raum, tagsüber | 25 bis 30 dB (A) |
| ruhiger Raum, nachts (abseits vom Verkehr) | 10 bis 20 dB (A) |

Die Lautstärkeempfindung des Ohrs und die Lautstärkeskala bzw. der A-bewertete Schallpegel $L_A$ verlaufen nicht proportional zueinander. Nimmt der Schallpegel eines Geräusches um 10 dB (A) zu, so wird dies normalerweise als eine Verdoppelung der Lautstärke empfunden. Nur bei leiseren Geräuschen genügen wesentlich geringere Zunahmen des Schallpegels, um dieselbe Empfindung hervorzurufen.

## 5.1.2 Schallschutz, Luft- und Trittschalldämmung

Unter **Schallschutz** versteht man Maßnahmen gegen die Schallentstehung (Primärmaßnahmen) und Maßnahmen gegen die Schallübertragung von einer Schallquelle zum Hörer (Sekundär-Maßnahmen). Bei Sekundärmaßnahmen erfolgt der Schallschutz durch Schalldämmung (Schallquelle und Hörer in verschiedenen Räumen) oder durch Schallschluckung (beide im selben Raum). Bei der Schalldämmung richten sich die erforderlichen Maßnahmen des Schallschutzes nach der Art der Schwingungsanregung, unterschieden wird zwischen Luft- oder Körperschallanregung (Bild 16).

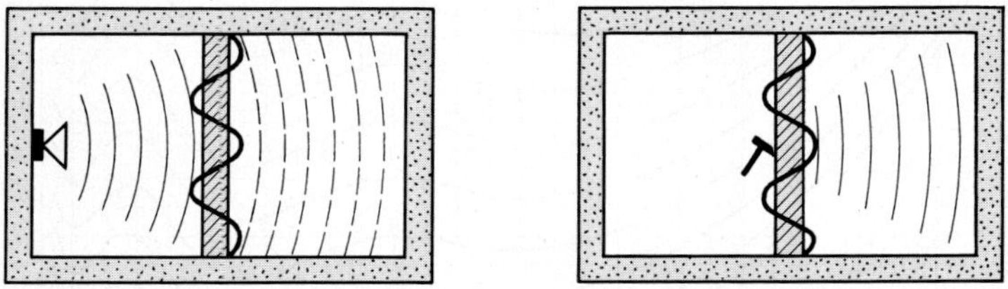


**Bild 16 Schwingungsanregung von Bauteilen durch Luft- und Körperschall**

Ein besonderer Fall der Körperschallanregung liegt bei der Anregung der Decken zum Schwingen beim Gehen vor und wird als Trittschallanregung bezeichnet.

### 5.1.2.1 Bewertung und Kennzeichnung der Luftschalldämmung

**Luftschalldämmung.** Sie betrifft den Luftschallschutz zwischen angrenzenden Räumen. Dabei ist zu beachten, daß die Schallübertragung nicht nur direkt über die dazwischenliegende Trennwand oder -decke, sondern auch über die seitlich angrenzenden (flankierenden) Bauteile erfolgt (Bild 17).

**Schalldämm-Maß *R*.** Es kennzeichnet die Luftschalldämmung des Bauteils zwischen den beiden Räumen bei Schallübertragung ohne die Wege B und ist wie folgt definiert:

$$R = L_1 - L_2 + 10 \lg (S/A)$$

$S$ Fläche des Bauteils in $m^2$
$A$ äquivalente Schallschluckfläche des leisen Raumes in $m^2$

**Bau-Schalldämm-Maß *R'*.** Darin wird außer der Schalldämmung des Bauteiles auch die immer vorhandene Schallübertragung über die Nebenwege B (Bild 17) miterfaßt.

**Norm-Schallpegeldifferenz $D_n$.** Sie kennzeichnet die Luftschalldämmung zwischen zwei Räumen bei beliebiger Schallübertragung

$$D_n = L_1 - L_2 - 10 \lg (A/A_0)$$

$A_0$ ist eine Bezugs-Schallschluckfläche und wird in der Regel zu 10 $m^2$ gesetzt.

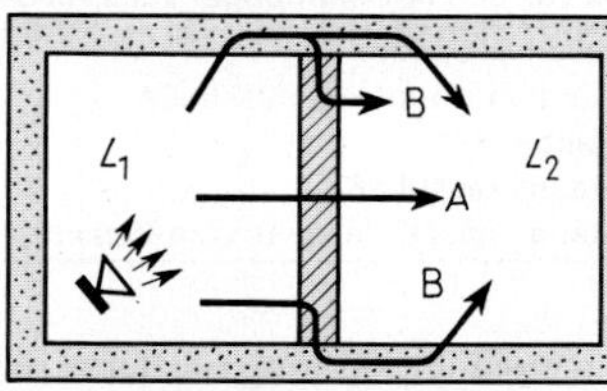


**Bild 17 Luftschallübertragung zwischen zwei Räumen über die Trennfläche (Weg A) und die flankierenden Bauteile (Weg B)**

**Schachtpegeldifferenz $D_k$.** Mit dieser Größe wird die Schallübertragung über Lüftungsschächte o.ä. beurteilt, wenn diese eine Verbindung zwischen zwei Räumen herstellen. Sie ist wie folgt definiert

$$D_k = L_{k1} - L_{k2}$$

$L_{k1}$ und $L_{k2}$ ist jeweils der mittlere Schallpegel in der Nähe der Schachtöffnung im Senderaum ($L_{k1}$) bzw. Empfangsraum ($L_{k2}$).

**Flankenübertragung.** Diese betrifft die Nebenweg-Übertragung von Schall unter Ausschluß der Übertragung über Undichtheiten, Rohrleitung, Lüftungsanlagen und ähnliches. Bei Massivbauten ist das **Flankendämm-Maß** und bei Skelettbauten und Holzhäusern das **Schall-Längsdämm-Maß $R_L$** die Bewertungsgröße.

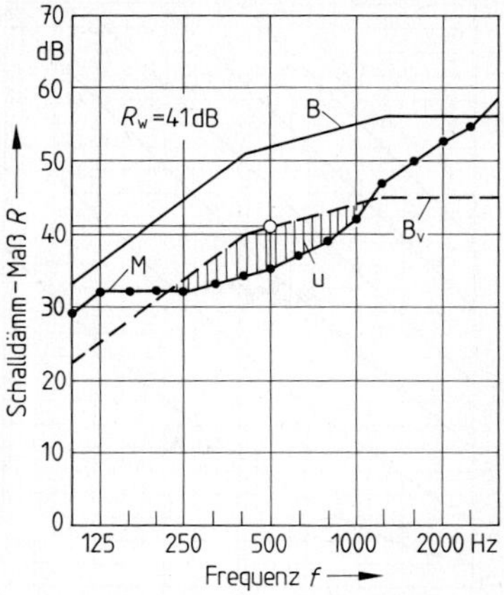


B Bezugskurve nach DIN 52 210-4
$B_v$ Verschobene Bezugskurve
M Meßwerte
u Zulässige mittlere Unterschreitung von 2 dB

**Bild 18 Zur Definition des bewerteten Schalldämm-Maßes $R_w$**

**Meß- und Auswerteverfahren.** Das Meß- und Auswerteverfahren zur Bestimmung der Luftschalldämmung ist in DIN 52210-4 festgelegt. Durchgeführt werden die Messungen abhängig von der Frequenz in Terzbandbreite. Zur Bewertung der Meßergebnisse dient eine Bezugskurve (Bild 18), mit deren Hilfe eine Einzahlangabe ermittelt wird.

Hierzu sind die Meßergebnisse mit der Bezugskurve zu vergleichen und diese parallel zu sich selbst in Ordinatenrichtung um ganze dB so weit zu verschieben, bis die mittlere Unterschreitung nicht mehr als 2 dB im Mittel beträgt.

Der Wert der verschobenen Bezugskurve bei 500 Hz ergibt

**für die Luftschalldämmung**

- das bewertete Schalldämm-Maß $R_w$ bzw. $R'_w$ (früher Luftschallschutzmaß *LSM*; $R'_w = LSM + 52$ dB)
- die bewertete Norm-Schallpegeldifferenz $D_{n,w}$,
- das bewertete Schall-Längsdämm-Maß $R_{L,w}$;

**für die Luftschalldämmung von Schächten und Kanälen**

- die bewertete Schaltpegeldifferenz $D_{K,w}$,

**Resultierende Schalldämmung von Flächenteilen mit unterschiedlicher Schalldämmung.** Für das resultierende Schalldämm-Maß $R_{w,res}$ gilt (s. Bild 19):

$$R_{w,res} = -10 \lg \left( \frac{1}{S_{ges}} \cdot \sum_{i=1}^{n} S_i \cdot 10^{\frac{-R_{w,i}}{10}} \right) \text{dB}$$

$S_{ges} = \sum_{i=1}^{n} S_i$ Fläche des gesamten Bauteils

$S_i$ Fläche des $i$-ten Elements des Bauteils

$R_{w,i}$ bewertetes Schalldämm-Maß des $i$-ten Elementes des Bauteils

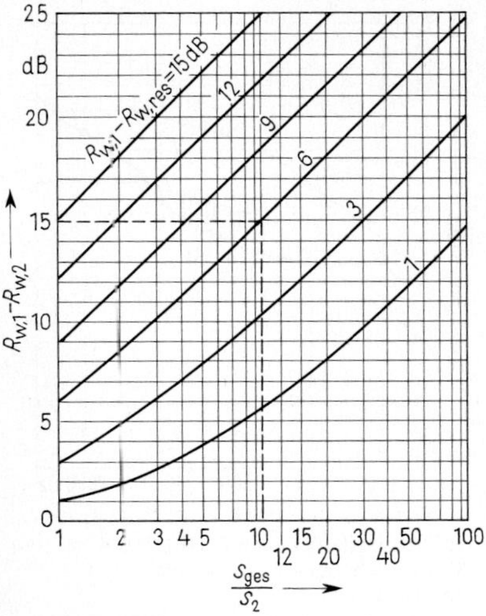


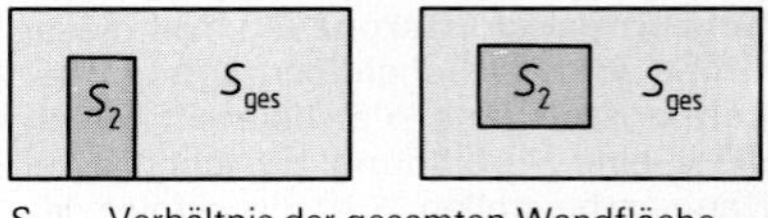


$\frac{S_{ges}}{S_2}$ Verhältnis der gesamten Wandfläche $S_{ges}=S_1+S_2$ einschließlich der Tür- oder Fensterfläche zur Tür- oder Fensterfläche $S_2$

$R_{w,1}-R_{w,2}$ Unterschied zwischen dem Schalldämm-Maß der Wand $R_{w,1}$ und dem Schalldämm-Maß von Tür oder Fenster $R_{w,2}$

$R_{w,1}-R_{w,res}$ Unterschied zwischen dem Schalldämm-Maß der Wand allein $R_{w,1}$ und dem Gesamt-Schalldämm-Maß $R_{w,res}$ der Wand mit Tür oder Fenster

**Bild 19 Einfluß von Flächen geringer Schalldämmung auf die Gesamt-Luftschalldämmung eines Bauteils (z.B. Tür oder Fenster in einer Wand)**

### 5.1.2.2 Bewertung und Kennzeichnung der Trittschalldämmung

Die Trittschalldämmung betrifft den Trittschallschutz von Decken und Treppen bei der Übertragung von Gehgeräuschen.

**Trittschallpegel $L_T$.** Er entsteht im Empfangsraum, wenn die zu prüfende Decke durch ein Norm-Hammerwerk angeregt wird.

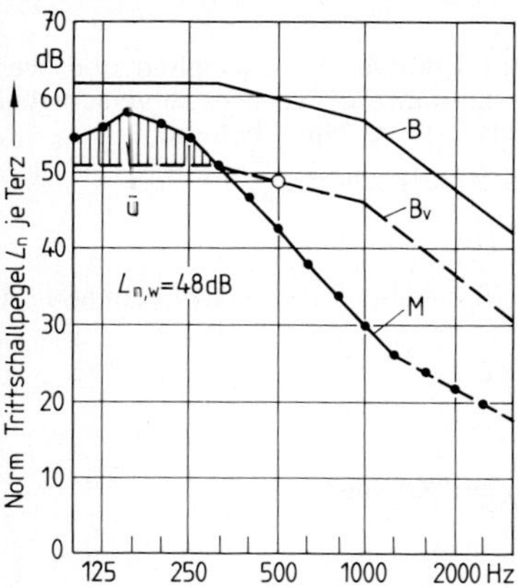


B Bezugskurve nach DIN 52210-4
$B_v$ Verschobene Bezugskurve
M Meßwerte
ü Zulässige mittlere Überschreitung von 2 dB

**Bild 20 Zur Definition des bewerteten Norm-Trittschallpegels $L_{n,w}$**

**Norm-Trittschallpegel $L_n$.** Der Trittschallpegel $L_T$ hängt von der Schallabsorption $A$ im Empfangsraum ab. Wird er auf eine Bezugs-Absorptionsfläche von $A_0=10\,m^2$ bezogen, ist der Norm-Trittschallpegel

$$L_n=L_T+10\lg(A/A_0)$$

**Norm-Trittschallpegel mit Flankenübertragung $L'_N$.** Die Schallübertragung über flankierende Bauteile ist miterfaßt.

**Trittschallminderung $\Delta L$.** Durch eine Deckenauflage (z.B. schwimmenden Estrich) erhöht sich die Trittschalldämmung. Die Differenz der Norm-Trittschallpegel ohne ($L_{n0}$) und mit ($L_{n1}$) Deckenauflage ist die Trittschallminderung $\Delta L$

$$\Delta L=L_{n0}-L_{n1}$$

**Meß- und Auswerteverfahren.** Das Meß- und Auswerteverfahren zur Bestimmung der Trittschalldämmung von Deckenauflagen ist in DIN 52210-4 festgelegt. Messungen zur Ermittlung der verschiedenen Kenngrößen werden in Abhängigkeit der Frequenz in Terzbandbreite durchgeführt. Zur Bewertung der Meßergebnisse dient eine Bezugskurve (s. Bild 20), mit deren Hilfe Einzahl-Angaben ermittelt werden. Hierzu sind die Meßergebnisse mit der Bezugskurve zu vergleichen und diese parallel zu sich selbst in Ordinatenrichtung um ganze dB so weit zu verschieben, daß die mittlere Überschreitung nicht mehr als 2 dB im Mittel ergibt.

Der Wert der verschobenen Bezugskurve bei 500 Hz ergibt für die Trittschalldämmung

- den bewerteten Norm-Trittschallpegel $L_{n,w}$ bzw. $L'_{n,w}$ einer Decke mit Deckenauflage,
- den äquivalenten bewerteten Norm-Trittschallpegel $L_{n,w,eq}$ einer Massivdecke ohne Deckenauflage,
- das Trittschallverbesserungsmaß $\Delta L_w$ einer Deckenauflage, bestimmt an einer in ihrem Norm-Trittschallpegel festgelegten Bezugsdecke.

Die Norm 52210-4 (8.84) Luft- und Trittschalldämmung: Ermittlung von Einzahl-Angaben, berücksichtigt die Festlegungen in den internationalen Normen ISO 717 T1 bis T3. Dies führte zu den folgenden Änderungen gegenüber DIN 52210-4, Ausgabe Juli 1975:

Die Trittschall-Bezugskurve wurde zur Anpassung an die internationale Bezugskurve um 3 dB gesenkt. Außerdem wurde das Auswerteverfahren für die Trittschalldämmung von Messungen in Oktavbandbreite auf Messungen in Terzbandbreite umgestellt. Ersetzt wurden

- das Trittschallschutzmaß *TSM* durch den bewerteten Norm-Trittschallpegel $L_{n,w}$,
- das Trittschallverbesserungsmaß *VM* durch das Trittschallverbesserungsmaß $\Delta L_w$,
- das äquivalente Trittschallschutzmaß $TSM_{eq}$ von Rohdecken durch den äquivalenten bewerteten Norm-Trittschallpegel $L_{n,w,eq}$.

In der Literatur findet man noch oft Angaben zum Trittschallschutz mit den früheren Bezeichnungen *TSM*, $TSM_{eq}$ und *VM*. Für die Umrechnung in die neuen Kenngrößen gelten folgende, für die Praxis hinreichend genaue Beziehungen:

$$L_{n,w} = 63\ \text{dB} - TSM$$
$$L_{n,w,eq} = 63\ \text{dB} - TSM_{eq}$$
$$\Delta L_w = VM$$

### 5.1.3 Bauakustische Kennzeichnung von Bauteilen

**Einschalige Bauteile.** Sie schwingen als Ganzes und können bestehen aus

a) einem einheitlichen Stoff (z.B. Beton, Mauerwerk)

b) mehreren Schichten verschiedener, in ihren schalltechnischen Eigenschaften verwandter, fest miteinander verbundener Baustoffe (z.B. Mauerwerk und Putzschichten)

c) den unter a) und b) genannten Baustoffen mit kleinen Hohlräumen (z.B. Lochsteine oder Hohlblocksteine).

**Mehrschalige Bauteile.** Bauteile aus zwei und mehreren Schalen, die nicht starr miteinander verbunden, sondern durch geeignete Dämmstoffe oder durch Luftschichten voneinander getrennt sind.

**Grenzfrequenz $f_g$ von Bauteilen.** Frequenz, bei der die Wellenlänge des Luftschalls mit der Länge der freien Biegeschwingungen der Bauteile übereinstimmt (Spuranpassung). Im Bereich der Grenzfrequenz ist im allgemeinen die Luftschalldämmung ungünstig. Die Grenzfrequenz wird bestimmt durch das Verhältnis der flächenbezogenen Masse zur Biegefestigkeit des Bauteils. Für Platten von gleichmäßigem Gefüge gilt näherungsweise

$$f_g \approx \frac{60}{d}\sqrt{\frac{\varrho}{E_{dyn}}} \quad \text{in Hz}$$

$E_{dyn}$ dyn. Elastizitätsmodul des Baustoffs in $MN/m^2$
$d$ Dicke der Platte in m
$\varrho$ Dichte des Baustoffs in $kg/m^3$ (DIN 1055)

**Eigenfrequenz $f_0$ zweischaliger Bauteile (Resonanzfrequenz).** Frequenz, bei der beide Schalen unter Zusammendrücken einer als Feder wirkenden Zwischenschicht (Luftpolster oder Dämmstoff) gegeneinander mit größter Amplitude schwingen. Mit den Flächenmassen $m_1$ und $m_2$ der beiden Schalen in $kg/m^2$ und der dynamischen Steifigkeit $s'$ der Zwischenschicht in $N/m^3$ ergibt sich $f_0$ zu

$$f_0 = \frac{1}{2\pi}\sqrt{s'\left(\frac{1}{m_1}+\frac{1}{m_2}\right)}$$

Oft wird der Wert der dynamischen Steifigkeit in der Einheit $MN/m^3$ angegeben. Dann ist

$$f_0 \approx 160 \cdot \sqrt{s'\left(\frac{1}{m_1}+\frac{1}{m_2}\right)} \quad \text{in Hz}$$

Anwendung: s. Tafel 27

**Dynamische Steifigkeit $s'$ von Zwischenschichten.** $s'$ kennzeichnet das Federungsvermögen der Zwischenschicht (Luftpolster oder Dämmstoff) zwischen zwei Schalen. Sie ergibt sich aus der Luftsteifigkeit und gegebenenfalls aus der Gefügesteifigkeit des Dämmstoffs. Sie wird bestimmt nach DIN 52214.

Für Luftschichten berechnet sich die dynamische Steifigkeit zu

$$s' = \frac{0{,}14}{a} \quad \text{in } MN/m^3$$

$a$ Dicke der Luftschicht in m

Für einige Dämmstoffe werden Werte für $s'$ in Tafel 28 angegeben.

### 5.1.4 Schallschluckung (Schallabsorption)

Verlust an Schallenergie bei der Reflexion an den Begrenzungsflächen eines Raumes oder an Gegenständen oder Personen in einem Raum. Der Verlust entsteht vorwiegend durch Umwandlung von Schall in Wärme (Dissipation). Die Schallschluckung unterscheidet sich von der Schalldämmung (s. Abschn. 5.1.2.).

**Schallschluckgrad (Schallabsorptionsgrad) $\alpha$.** Verhältnis der nicht reflektierten (nicht zurückgeworfenen) zur auffallenden Energie. Bei vollständiger Reflexion ist $\alpha = 0$, bei vollständiger Schluckung ist $\alpha = 1$.

**Nachhall.** Abnahme der Schallenergie in einem geschlossenen Raum nach beendeter Schallsendung. Für das Schluckvermögen des Raumes ist die Nachhallzeit $T$ kennzeichnend.

**Nachhallzeit $T$.** Zeitspanne, während der der Schallpegel nach Beenden der Schallsendung um 60 dB fällt. Aus der Nachhallzeit $T$ und dem Rauminhalt $V$ ergibt sich die äquivalente Schallschluckfläche $A$.

**Äquivalente Schallschluckfläche (Schallabsorptionsfläche) $A = 0{,}163\,V/T$** in $m^2$. Schallschluckfläche mit dem Schallschluckgrad $\alpha = 1$, die den gleichen Anteil der Schallenergie schlucken würde wie die gesamte Oberfläche des Raumes und die in ihm befindlichen Gegenstände und Personen. $V$ ist in $m^3$ und $T$ in Sekunden einzusetzen.

**Pegelminderung $\Delta L$ durch Schallschluckung. $\Delta L = 10 \cdot \lg(A_2/A_1)\,dB = 10 \cdot \lg(T_1/T_2)$ dB.** Minderung des Schallpegels $L$ in einem Raum durch Anbringen von schallschluckenden Stoffen oder Konstruktionen gegenüber dem unbehandelten Raum. Der Index 1 gilt für den Zustand des unbehandelten, der Index 2 für den Zustand des behandelten Raumes.

## 5.2 Nachweis des geforderten Schallschutzes

Der Nachweis, daß die verwendeten Bauteile den in DIN 4109 geforderten Schallschutz besitzen, kann entweder durch die Benutzung von im Beiblatt 1 der DIN 4109 angegebenen Werten erfolgen (s. Abschn. 5.4) oder durch bauakustische Messungen (Eignungsprüfungen). Bei Eignungsprüfungen wird unterschieden:

**Eignungsprüfung I.** Gemessen wird der Schallschutz der Bauteile in Prüfständen nach DIN 52210 T4. Das dort ermittelte Prüfergebnis wird durch den Index *P* gekennzeichnet, z. B. $R'_{w,P}$. Für den Nachweis des geforderten Schallschutzes muß, um den Rechenwert zu erhalten (Index *R*), der Meßwert um das Vorhaltemaß abgemindert werden. Es ist

| | |
|---|---|
| bei Wänden und Decken: | $R'_{w,R} = R'_{w,P} - 2$ dB, |
| bei Fenstern: | $R_{w,R} = R_{w,P} - 2$ dB, |
| bei Türen: | $R_{w,R} = R_{w,P} - 5$ dB. |

**Eignungsprüfung III.** Prüfung in ausgeführten Bauten von Bauteilen, die sich wegen ihrer Größe nicht in genormte Prüfstände einbauen lassen (Sonderbauteile), und von Bauarten, zu deren Prüfung die genormten Prüfstände nicht geeignet sind (Sonderbauarten).

## 5.3 Schalltechnisches Verhalten von Bauteilen massiver Bauten

### 5.3.1 Luftschallschutz

Für den Nachweis des ausreichenden Schallschutzes von Bauteilen werden im Beiblatt zu DIN 4109 Rechenwerte der Schalldämmung (z. B. $R'_{w,R}$) genannt. Sie setzen eine mittlere flächenbezogene Masse der biegesteifen, flankierenden Bauteile von etwa 300 kg/m² (s. Abschn. 5.4.4) voraus und berücksichtigen das Vorhaltemaß von 2 dB, um das die Ergebnisse aus Eignungsprüfungen in Prüfständen (Eignungsprüfung I) vermindert werden muß.

**Mittlere flächenbezogene Masse $m'_{L,\text{mittel}}$ von biegesteifen Wänden und Decken.** Sie berücksichtigt die Flankenübertragung und ist definiert als das arithmetische Mittel der Einzelwerte der massiven Bauteile, die an das trennende Bauteil angrenzen.

$$m'_{L,\text{mittel}} = \frac{1}{n} \sum_{i=1}^{n} m'_{Li}$$

$m'_{Li}$ flächenbezogene Masse des *i*-ten Bauteils ohne Bekleidung.

**Mittlere flächenbezogene Masse $m'_{L,\text{mittel}}$ der flankierenden Bauteile von Trennwänden aus biegeweichen Schalen und von Holzbalkendecken.** Sie ist maßgebend für die Korrektur von $R'_{w,300}$ durch die Flankenübertragung von massiven Bauteilen und wird nach folgender Gleichung bestimmt:

$$m'_{L,\text{mittel}} = \left[\frac{1}{n} \sum_{i=1}^{n} (m'_{L,i})^{-2,5}\right]^{-0,4}$$

#### 5.3.1.1 Einschalige Bauteile

**Einfluß von Masse und Biegesteifigkeit.** Einschalige Bauteile haben im allgemeinen eine um so bessere Luftschalldämmung, je schwerer sie sind. In der Regel nimmt die Luftschalldämmung auch mit der Frequenz stetig zu. Nur im Bereich der Grenzfrequenz der Spuranpassung $f_g$ verschlechtert sich die Luftschalldämmung. Ungünstig ist die Wirkung der Biegesteifigkeit einschaliger Bauteile, wenn $f_g$ im Hauptfrequenzbereich (200 bis 2000 Hz) liegt. Günstig ist, wenn $f_g$ im unteren Frequenzbereich (100 bis 200 Hz) oder sogar unter 100 Hz liegt (schwere Wände und Decken). Im akustischen Sinne als „biegeweich" gelten Platten mit $f_g$ oberhalb 2000 Hz. Sie haben ihre wesentliche Bedeutung für die Konstruktion zweischaliger Bauteile.

**Einfluß von Hohlräumen.** Größere Hohlräume können die Schalldämmung gegenüber gleich schweren Bauteilen ohne Hohlräume verringern.

**Einfluß von Putz.** Der Putz verbessert die Luftschalldämmung von Bauteilen nur entsprechend seinem (meist geringen) Anteil an flächenbezogener Masse, sofern er nicht auch eine dichtende Funktion hat. Gemauerte Wände mit nur unvollständig vermörtelten Fugen und Wände aus luftdurchlässigem Material (Einkornbeton, haufwerkporiger Leichtbeton) erhalten die ihrer flächenbezogenen Masse entsprechende Schalldämmung erst mit einem zumindest einseitigen, dichten und vollflächig haftenden Putz.

### 5.3.1.2 Zweischalige Bauteile

Bei zweischaligen Bauteilen läßt sich eine bestimmte Luftschalldämmung mit einer geringeren flächenbezogenen Masse erreichen als bei einschaligen. Die bewerteten Schalldämm-Maße $R'_w$ können zum Teil erheblich über denen für einschalige Bauteile liegen.

**Einfluß der Eigenfrequenz $f_0$.** Die Luftschalldämmung zweischaliger Bauteile ist nur für Frequenzen oberhalb ihrer Eigenfrequenz $f_0$ besser als die von gleich schweren einschaligen Bauteilen. Im Bereich $f_0$ ist die Luftschalldämmung geringer. $f_0$ soll deshalb unter 100 Hz liegen. In Tafel 27 sind Zahlenwertgleichungen zur Bestimmung von $f_0$ für einige typische Anwendungsfälle angegeben. Diese Gleichungen gelten dann, wenn die Schalen $s_1$ biegeweich (Grenzfrequenz $f_g \geqq 2000$ Hz) und die Schalen $s_2$ biegesteif ($f_g \leqq 200$ Hz) ausgeführt werden.

**Dynamische Steifigkeit $s'$.** Wenn bei zweischaligen Bauteilen eingelegte Dämmschichten vollflächig mit beiden Schalen fest verbunden sind oder fest an diesen anliegen, ist die Eigenfrequenz $f_0$ von der dynamischen Steifigkeit $s'$ der Dämmschicht abhängig und um so niedriger, je geringer diese ist. Dies gilt auch bei schwimmenden Estrichen. In Tafel 28 sind Zahlenwerte verschiedener Dämmstoffe und von Luft angegeben.

**Tafel 27 Bestimmung der Eigenfrequenz $f_0$ zweischaliger Bauteile**

| Ausfüllung des Zwischenraumes | Doppelwand aus zwei gleich schweren biegeweichen Einzelschalen $s_1$ 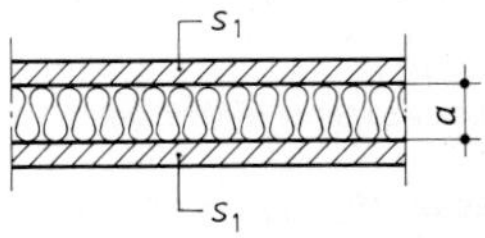 | Biegeweiche Vorsatzschale $s_1$ vor schwerem Bauteil $s_2$ 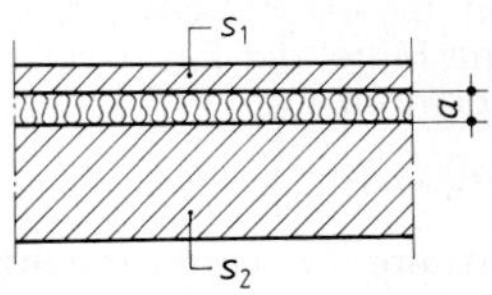 |
|---|---|---|
| Luftschicht mit schallschluckender Einlage¹) | Fall a $f_0 \approx \frac{85}{\sqrt{m' \cdot a}}$ | Fall b $f_0 \approx \frac{60}{\sqrt{m' \cdot a}}$ |
| Dämmschicht mit beiden Schalen vollflächig fest verbunden oder an diesen fest anliegend | Fall c $f_0 \approx 225\sqrt{\frac{s'}{m'}}$ | Fall d²) $f_0 \approx 160\sqrt{\frac{s'}{m'}}$ |



$f_0$ Eigenfrequenz in Hz
$m'$ flächenbezogene Masse der biegeweichen Schale $s_1$ in kg/m²
$a$ Schalenabstand in m
$s'$ dynamische Steifigkeit der Dämmschicht in MN/m³

¹) Die Gleichungen für die Fälle a und b gelten nur, wenn die schallschluckende Einlage eine Gefügesteifigkeit hat, die vernachlässigbar klein gegenüber der Luftsteifigkeit ist. Diese Bedingungen können erfüllt werden z. B. von Faserdämmstoffen nach DIN 18165 T1, Typ WL-w oder W-w. Ausnahmen bilden Ausführungen mit außenseitig verputzten Holzwolle-Leichtbauplatten nach DIN 1101. Hierbei kann auf eine schallschluckende Einlage verzichtet werden, weil diese Schalen zum Hohlraum hin offene Poren haben.

²) Diese Gleichung gilt auch für die Bestimmung der Eigenfrequenz schwimmender Estriche, obwohl diese im allgemeinen nicht mehr zu den biegeweichen Schalen rechnen.

**Anmerkung** Nach K. Gösele ist $f_0$ aus Tafel 27 bei den Fällen a und b um den Faktor 1,08 und bei den Fällen c und d um den Faktor 1,2 zu erhöhen.

**Tafel 28 Dynamische Steifigkeit *s'* verschiedener Dämmschichten** nach K. Gösele

| Material | Dicke in mm | dynamische Steifigkeit $s'$ in $MN/m^3$ | |
|---|---|---|---|
| | | Platten lose eingelegt | Platten fest mit Schalen verbunden |
| Mineralfaserplatten | 15 | 8 | 12 bis 15 |
| | 30 | 4 | 6 bis 8 |
| Hartschaumplatten | 10 | | 80 bis 200 |
| | 20 | ca. 30 bis 50 | 40 bis 100 |
| poröse Holzfaserdämmplatten | 10 | ca. 20 | ca. 1000 |
| | 20 | ca. 10 | ca. 500 |

### 5.3.2 Trittschallschutz

Fertige Decken bestehen aus der Rohdecke und der Deckenauflage, bzw. dem Fußboden und evtl. einer abgehängten Unterdecke. Im Gebäude ist die Trittschalldämmung der fertigen Decke für den Trittschallschutz maßgebend. Sie ergibt sich aus dem äquivalenten bewerteten Norm-Trittschallpegel $L_{n,w,eq}$ der Rohdecke und aus dem Trittschallverbesserungsmaß $\Delta L_w$ der Deckenauflage.

$$L_{n,w} = L_{n,w,eq} - \Delta L_w$$

**Massivdecken.** Bei einschaligen Massivplatten hängt der äquivalente bewertete Norm-Trittschallpegel von der Flächenmasse der Decke ab und ist um so kleiner, je schwerer die Decke ist. Durch eine abgehängte Unterdecke kann die Trittschalldämmung der Massivplatte um einige dB verbessert werden.

**Deckenauflage.** Die Deckenauflage bzw. der Fußboden mindert den Trittschallpegel. Erreicht wird die Trittschalldämmung durch einen auf der Decke verlegten schwimmenden Estrich oder durch einen unmittelbar auf der Decke aufgebrachten, weichfedernden Bodenbelag.

**Treppen.** Beim Begehen von Treppen entsteht ebenfalls störender Trittschall. Es wird nach denselben Meßverfahren wie bei Trenndecken bestimmt und auch durch das Trittschallschutzmaß gekennzeichnet.

## 5.4 Luft- und Trittschallschutz von Bauteilen

In den nachfolgenden Abschnitten werden in Beiblatt 1 zu DIN 4109 angegebene Rechenwerte der Schalldämmung genannt, die für den Nachweis des nach DIN 4109 geforderten Schallschutzes verwendet werden dürfen (s. Abschn. 5.2).

### 5.4.1 Einschalige Wände

Tafel 29 enthält Rechenwerte für das bewertete Schalldämm-Maß $R'_{w,R}$ abhängig von der flächenbezogenen Masse $m'$ von Wänden und homogenen Massivdecken. Sie gelten bei flankierenden Bauteilen mit einer flächenbezogenen Masse von rund 300 kg/m².

**Tafel 29 Rechenwerte des bewerteten Schalldämm-Maßes $R'_{w,R}$ von einschaligen, biegesteifen Bauteilen, abhängig von der flächenbezogenen Masse $m'$**

| $m'$ in kg/m² | 85 | 90 | 95 | 105 | 115 | 125 | 135 | 150 | 160 | 175 | 190 | 210 |
|---|---|---|---|---|---|---|---|---|---|---|---|---|
| $R'_{w,R}$ in dB | 34 | 35 | 36 | 37 | 38 | 39 | 40 | 41 | 42 | 43 | 44 | 45 |
| $m'$ in kg/m² | 230 | 250 | 270 | 295 | 320 | 350 | 380 | 410 | 450 | 490 | 530 | 580 |
| $R'_{w,R}$ in dB | 46 | 47 | 48 | 49 | 50 | 51 | 52 | 53 | 54 | 55 | 56 | 57 |

**Tafel 30 Wandrohdichten einschaliger, gemauerter Wände, abhängig von der Stein- bzw. Plattenrohdichte $\varrho$ und der Mörtelart**

| Rohdichte $\varrho$ in kg/dm³ | | 2,2 | 2,0 | 1,8 | 1,6 | 1,4 | 1,2 |
|---|---|---|---|---|---|---|---|
| Wandrohdichte in kg/m³ | Normalmörtel | 2080 | 1900 | 1720 | 1540 | 1360 | 1180 |
| | Leichtmörtel | 1940 | 1770 | 1600 | 1420 | 1260 | 1090 |
| Rohdichte $\varrho$ in kg/dm³ | | 1,0 | 0,9 | 0,8 | 0,7 | 0,6 | 0,5 |
| Wandrohdichte in kg/m³ | Normalmörtel | 1000 | 910 | 820 | 730 | 640 | 550 |
| | Leichtmörtel | 950 | 860 | 770 | 680 | 590 | 500 |

**Tafel 31 Bewertetes Schalldämm-Maß $R'_{w,R}$ von einschaligem, mit Normalmörtel gemauertem Mauerwerk**

| Zeile | Bewertetes Schalldämm-Maß $R'_{w,R}$ ¹) in dB | Mindestrohdichte der Steine und Wanddicke der Rohwand: Beiderseitiges Sichtmauerwerk | | Beiderseitig je 10 mm Putz P IV (Gips- und Kalkgipsputz) (20 kg/m²) | | Beiderseitig je 15 mm Putz P I, P II, P III (Kalk-, Kalkzement-, Zementputz) (50 kg/m²) | |
|---|---|---|---|---|---|---|---|
| | | Stein-Rohdichte-Klasse — | Wanddicke in mm | Stein-Rohdichte-Klasse — | Wanddicke in mm | Stein-Rohdichte-Klasse — | Wanddicke in mm |
| 1 | 37 | 0,6 | 175 | 0,5 | 175 | 0,4 | 115 |
| 2 | | 0,9 | 115 | 0,7 | 115 | 0,6 | 100 |
| 3 | | 1,2 | 100 | 0,8 | 100 | 0,7 | 80 |
| 4 | | 1,4 | 80 | 1,2 | 80 | 0,8 | 70 |
| 5 | | 1,6 | 70 | 1,4 | 70 | — | — |
| 6 | 40 | 0,5 | 240 | 0,5 | 240 | 0,5 | 175 |
| 7 | | 0,8 | 175 | 0,7 | 175 | 0,7 | 115 |
| 8 | | 1,2 | 115 | 1,0 | 115 | 1,2 | 80 |
| 9 | | 1,8 | 80 | 1,6 | 80 | 1,4 | 70 |
| 10 | | 2,2 | 70 | 1,8 | 70 | — | — |
| 11 | 42 | 0,7 | 240 | 0,6 | 240 | 0,5 | 240 |
| 12 | | 0,9 | 175 | 0,8 | 175 | 0,6 | 175 |
| 13 | | 1,4 | 115 | 1,2 | 115 | 1,0 | 115 |
| 14 | | 2,0 | 80 | 1,6 | 100 | 1,2 | 100 |
| 15 | | — | — | 1,8 | 80 | 1,4 | 80 |
| 16 | | — | — | 2,0 | 70 | 1,6 | 70 |
| 17 | 45 | 0,9 | 240 | 0,8 | 240 | 0,6 | 240 |
| 18 | | 1,2 | 175 | 1,2 | 175 | 0,9 | 175 |
| 19 | | 2,0 | 115 | 1,8 | 115 | 1,4 | 115 |
| 20 | | 2,2 | 100 | 2,0 | 100 | 1,8 | 100 |
| 21 | 47 | 0,8 | 300 | 0,8 | 300 | 0,6 | 300 |
| 22 | | 1,0 | 240 | 1,0 | 240 | 0,8 | 240 |
| 23 | | 1,6 | 175 | 1,4 | 175 | 1,2 | 175 |
| 24 | | 2,2 | 115 | 2,0 | 115 | 1,8 | 115 |
| 26 | 52 | 1,0 | 365 | 1,0 | 365 | 0,9 | 365 |
| 27 | | 1,4 | 300 | 1,2 | 300 | 1,2 | 300 |
| 28 | | 1,6 | 240 | 1,6 | 240 | 1,4 | 240 |
| 29 | | 2,2 | 175 | 2,2 | 175 | 1,8 | 175 |
| 31 | 53 | 1,2 | 365 | 1,2 | 365 | 1,0 | 365 |
| 32 | | 1,4 | 300 | 1,4 | 300 | 1,2 | 300 |
| 33 | | 1,8 | 240 | 1,8 | 240 | 1,6 | 240 |
| 34 | | — | — | — | — | 2,2 | 175 |
| 31 | 55 | 1,4 | 365 | 1,4 | 365 | 1,2 | 365 |
| 32 | | 1,8 | 300 | 1,6 | 300 | 1,6 | 300 |
| 33 | | 2,2 | 240 | 2,0 | 240 | 2,0 | 240 |
| 35 | 57 | 1,6 | 365 | 1,6 | 365 | 1,6 | 365 |
| 36 | | 2,0 | 300 | 2,0 | 300 | 1,8 | 300 |

¹) Gültig für flankierende Bauteile mit einer mittleren flächenbezogenen Masse von ≈300 kg/m²; für andere mittlere flächenbezogene Massen von flankierenden Bauteilen s. Abschn. 5.4.4.

Das bewertete Schalldämm-Maß $R'_{w,R}$ kann auch nach folgender Näherungsgleichung berechnet werden:

$$R'_{w,R} = 28 \lg \frac{m'}{m'_0} - 20 \text{ dB}; \text{ dabei ist } m'_0 = 1 \text{ kg/m}^2.$$

Das Ergebnis ist auf ganze dB zu runden.

Voraussetzung für die Anwendung der Werte der Tafel 29 ist ein geschlossenes Gefüge und ein fugendichter Aufbau der Wände. Ist diese Voraussetzung nicht erfüllt, sind die Wände mindestens einseitig gegen Schalldurchgang abzudichten, z. B. durch einen Putz.

Für genormte Steine und Platten sind in Tafel 31 Mindestdicken einschaliger, biegesteifer, verputzter Wände angegeben, ausgeführt mit Normalmörtel und beidseitigem Putz. Bei Wänden, die mit Leichtmauermörtel oder im Dünnbettmörtel gemauert sind, sowie bei anderen Putzdicken, einseitigem Putz oder mit Leichtmauermörtel als Putz gilt Tafel 31 nicht.

Die flächenbezogene Masse der Wand ergibt sich aus der Rohdichte der gemauerten Wand und aus deren Dicke. Angaben der Wandrohdichte für Mauerwerk in Normal- und Leichtmörtel (Rohdichte $<1000$ kg/m$^3$) sind in Tafel 30 zu finden. Für die flächenbezogene Masse von Putz sind die Werte nach Tafel 32 zu verwenden.

**Normalbeton.** Zur Ermittlung der flächenbezogenen Masse von Bauteilen aus Normalbeton ist mit einer Rohdichte von 2300 kg/m$^3$ zu rechnen.

**Tafel 32 Flächenbezogene Masse von Putz**

| Putzdicke in mm | | 10 | 15 | 20 |
|---|---|---|---|---|
| Flächenbezogene Masse in kg/m$^2$ | Kalkgipsputz, Gipsputz | 10 | 15 | – |
| | Kalkputz, Kalkzementputz, Zementputz | 18 | 25 | 30 |

**Einfluß zusätzlich angebrachter Bau- und Dämmplatten.** Werden z. B. aus Gründen der Wärmedämmung an einschalige, biegesteife Wände Dämmplatten hoher dynamischer Steifigkeit (z. B. Holzwolle-Leichtbauplatten oder harte Schaumkunststoffplatten) vollflächig oder punktweise angesetzt oder anbetoniert, so verschlechtert sich die Schalldämmung, wenn die Dämmplatten z. B. durch Putz, Bauplatten (z. B. Gipskartonplatten) oder Fliesen abgedeckt werden. Die Werte von Tafel 29 sind auf solche Wände nicht anwendbar.

### 5.4.2 Zweischalige Wände

**Zweischalige Wände aus schweren, biegesteifen Schalen mit durchgehender Trennfuge.** Die flächenbezogene Masse der Einzelschale soll möglichst groß sein, muß jedoch mindestens 150 kg/m$^2$ betragen. Bei einer flächenbezogenen Masse $\geq 200$ kg/m$^2$ muß die Trennfuge mindestens 20 mm dick, bei geringeren flächenbezogenen Massen mindestens 30 mm dick sein.

Beispiele für erreichbare Schalldämm-Maße zweischaliger, schwerer biegesteifer Wände mit durchgehender Trennfuge sind in Tafel 33 angegeben.

Das bewertete Schalldämm-Maß $R'_{w,R}$ einer zweischaligen Wand mit durchgehender Trennfuge kann auch aus der Summe der flächenbezogenen Masse $m'$ der Einzelschalen nach folgender Näherungsgleichung ermittelt werden:

$$R'_{w,R} = 28 \lg \frac{m'}{m'_0} - 8 \text{ dB}, \text{ dabei ist } m'_0 = 1 \text{ kg/m}^2$$

**Tafel 33 Beispiele für das bewertete Schalldämm-Maß $R'_{w,R}$ für zweischaliges, in Normalmörtel gemauertes Mauerwerk mit durchgehender Gebäudetrennfuge**

| Zeile | Bewertetes Schall-dämm-Maß $R'_{w,R}$ | Rohdichteklasse der Steine und Mindestwanddicke der Schalen bei zweischaligem Mauerwerk | | | | | |
|---|---|---|---|---|---|---|---|
| | | Beiderseitiges Sichtmauerwerk | | Beiderseitig je 10 mm Putz P IV (Gips- und Kalkgipsputz) (20 kg/m²) | | Beiderseitig je 15 mm Putz P I, P II, P III (Kalk-, Kalkzement-, Zementputz) (50 kg/m²) | |
| | | Stein-Rohdichte-Klasse | Mindest-dicke der Schalen ohne Putz | Stein-Rohdichte-Klasse | Mindest-dicke der Schalen ohne Putz | Stein-Rohdichte-Klasse | Mindest-dicke der Schalen ohne Putz |
| | in dB | – | in mm | – | in mm | – | in mm |
| 1 | | 0,6 | 2 × 240 | 0,6 | 2 × 240 | 0,7 | 2 × 175 |
| 2 | 57 | 0,9 | 2 × 175 | 0,8 | 2 × 175 | 0,9 | 2 × 150 |
| 3 | | 1,0 | 2 × 150 | 1,0 | 2 × 150 | 1,2 | 2 × 115 |
| 4 | | 1,4 | 2 × 115 | 1,4 | 2 × 115 | | |
| 5 | | 0,6 | 2 × 240 | 0,6 | 2 × 240 | 0,5 | 2 × 240 |
| 6 | 62 | 0,9 | 175 + 240 | 0,8 | 2 × 175 | 0,8 | 2 × 175 |
| 7 | | 0,9 | 2 × 175 | 1,0 | 2 × 150 | 0,9 | 2 × 150 |
| 8 | | 1,4 | 2 × 115 | 1,4 | 2 × 115 | 1,2 | 2 × 115 |
| 9 | | 1,0 | 2 × 240 | 1,0 | 2 × 240 | 0,9 | 2 × 240 |
| 10 | | 1,2 | 175 + 240 | 1,2 | 175 + 240 | 1,2 | 175 + 240 |
| 11 | 67 | 1,4 | 2 × 175 | 1,4 | 2 × 175 | 1,4 | 2 × 175 |
| 13 | | 1,8 | 115 + 175 | 1,8 | 115 + 175 | 1,6 | 115 + 175 |
| 14 | | 2,2 | 2 × 115 | 2,2 | 2 × 115 | 2,0 | 2 × 115 |

**Zweischalige Wände aus einer biegesteifen Schale mit biegeweicher Vorsatzschale.** Die Luftschalldämmung einschaliger, biegesteifer Wände kann mit biegeweichen Vorsatzschalen nach Bild 21 verbessert werden. Rechenwerte des bewerteten Schalldämm-Maßes $R'_{w,R}$ sind in Tafel 34 enthalten.

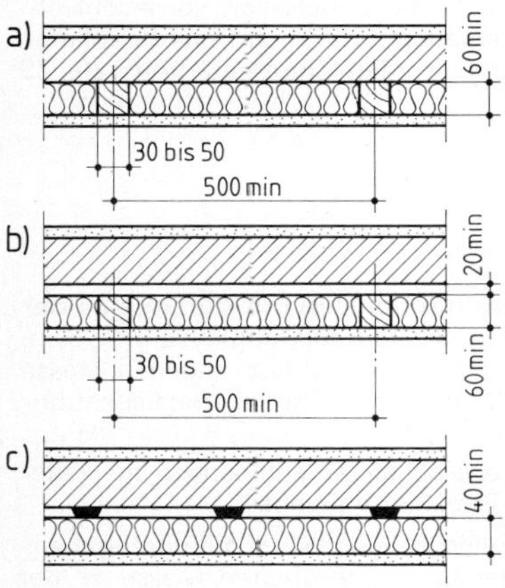


**a) Vorsatzschale aus Gipskartonplatten nach DIN 18180, Dicke 12,5 oder 15 mm, Ausführung nach DIN 18181 oder aus Spanplatten nach DIN 68763, Dicke 10 bis 16 mm; mit Hohlraumausfüllung[1]). Holzstiele (Ständer) an schwerer Schale befestigt[2]).**

**b) Ausführung wie Bild 16a, jedoch Holzstiele (Ständer) mit Abstand ≥ 20 mm vor schwerer Schale freistehend[2]).**

**c) Vorsatzschale aus Gipskartonplatten nach DIN 18180, Dicke 12,5 mm oder 15 mm und Faserdämmplatten[3]), Ausführung nach DIN 18181, an schwere Schale streifenförmig angesetzt.**

**Bild 21**
**Beispiele für zweischalige Wände aus einer schweren, biegesteifen Schale und einer biegeweichen Vorsatzschale**

[1]) Faserdämmstoffe n. DIN 18165-1, Typ WZ-w o. W-w, Nenndicke 40 bis 60 mm.
[2]) Es können auch Ständer aus Blech-C-Profilen nach DIN 18183-1 verwendet werden.
[3]) Faserdämmplatte nach DIN 18165-1 Typ WV-s, Nenndicke ≥ 40 mm, $s' \leq 5\ MN/m^3$.

**Luftschalldämmung von Massivdecken mit schwimmendem Estrich.** Die Luftschalldämmung wird durch den schwimmenden Estrich verbessert, allerdings wird die Verbesserung durch die Schall-Längsleitung begrenzt (s. Abschn. 5.4.4).

**Zweischalige Wände aus 2 biegeweichen Schalen mit Stielen (Ständern).** Tafel 35 enthält einige Ausführungsmöglichkeiten solcher zweischaliger Wände nebst dem zu erwartenden Schalldämm-Maß.

**Tafel 34 Bewertetes Schalldämm-Maß $R'_{w,R}$ von einschaligen, biegesteifen Wänden mit einer biegeweichen Vorsatzschale nach Bild 16 (Rechenwerte)**

| Zeile | Flächenbezogene Masse der Massivwand in kg/m² | $R'_{w,R}$ [1]) [2]) in dB |
|---|---|---|
| 1 | 100 | 49 |
| 2 | 150 | 49 |
| 3 | 200 | 50 |
| 4 | 250 | 52 |
| 5 | 275 | 53 |
| 6 | 300 | 54 |
| 7 | 350 | 55 |
| 8 | 400 | 56 |
| 9 | 450 | 57 |
| 10 | 500 | 58 |

[1]) Gültig für flankierende Bauteile mit einer mittleren flächenbezogenen Masse $m'_{L,Mittel}$ von etwa 300 kg/m².

[2]) Bei Wandausführungen nach Bild 16c sind diese Werte um 1 dB abzumindern.

**Tafel 35 Bewertetes Schalldämm-Maß $R'_{w,R}$ von zweischaligen Wänden aus zwei biegeweichen Schalen aus Gipskartonplatten oder Spanplatten**

| Wandauskleidung mit Stielen (Ständern) Achsabstand ≧ 600 mm ein- oder zweischalige Bekleidung[1]) | Anzahl der Lagen je Seite | Schalenabstand $s$ in mm | Dämmstoffdicke $s_D$ in mm | $R'_{w,R}$ [2]) in dB |
|---|---|---|---|---|
| 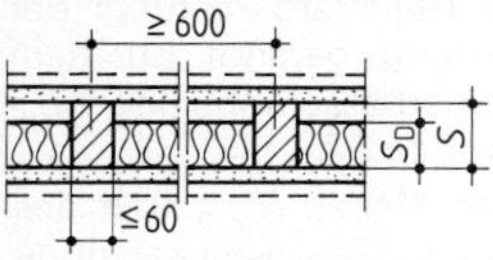 | 1 | ≧ 60 | ≧40 | 38 |
| | 2 | | | 46 |
| 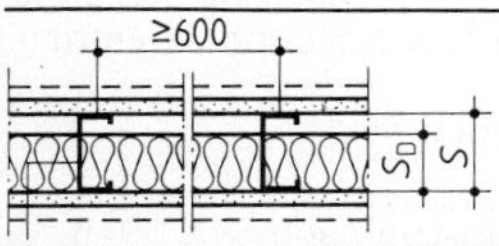 Blech-C-Profile nach DIN 18182 Teil 1 | 1<br>2 | ≧ 50 | ≧40 | 45<br>49 |
| | 2 | ≧100 | ≧80 | 50 |
| 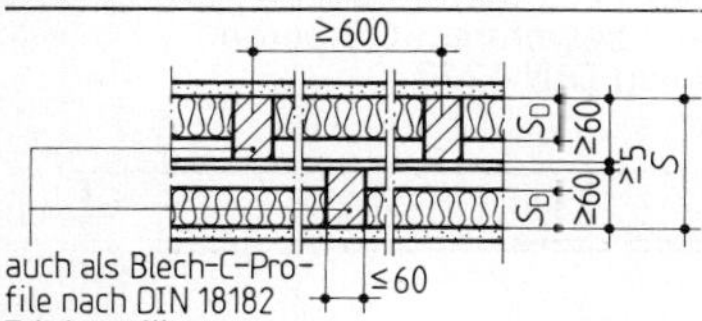 auch als Blech-C-Profile nach DIN 18182 Teil 1 ausführbar | 1 | ≧125 | 2·≧40 | 49 |
| 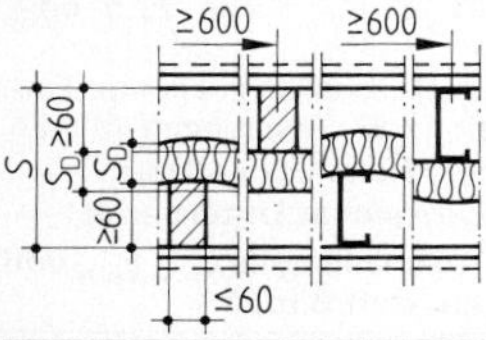 | 1 | ≧160 | ≧40 | 49 |
| | 2 | ≧200 | ≧80 | 50 |

[1]) Bekleidung aus Gipskartonplatten nach DIN 18180, 12,5 oder 15 mm dick, oder aus Spanplatten nach DIN 68763, 13 bis 16 mm dick.

[2]) Gültig für flankierende Bauteile mit einer flächenbezogenen Masse $m'_{L,mittel} \approx 300$ kg/m²

## 5.4.3 Decken

### 5.4.3.1 Massivdecken ohne und mit Deckenauflager

**Luftschalldämmung von Massivdecken mit schwimmendem Estrich.** Die Luftschalldämmung wird durch den schwimmenden Estrich verbessert, allerdings wird die Verbesserung durch die Schall-Längsleitung begrenzt.

**Trittschalldämmung von Massivdecken**

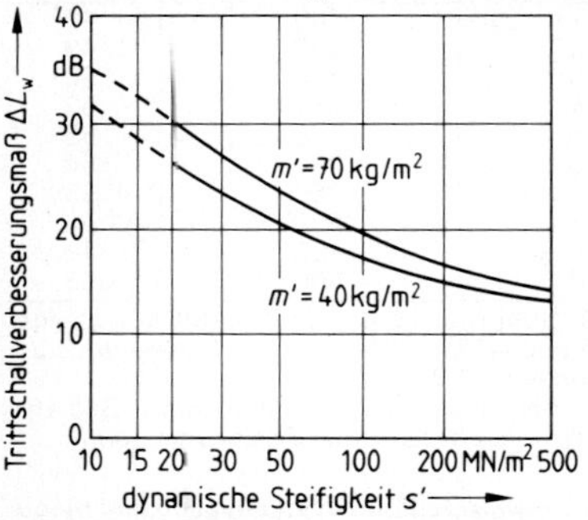


**Bild 22 Zusammenhang zwischen dem Trittschallverbesserungsmaß $\Delta L_w$ eines schwimmenden Estrichs ind der dynamischen Steifigkeit $s'$ der verwendeten Dämmschicht bei Estrichen mit flächenbezogenen Massen $m'$ von 70 und 40 kg/m²**

**Einschalige Decken.** Die Trittschalldämmung einschaliger Decken nimmt mit der Masse und der Biegesteifigkeit zu. Eine ausreichende Trittschalldämmung kann jedoch im Gegensatz zur Luftschalldämmung allein durch Erhöhung der flächenbezogenen Masse nicht erreicht werden. Eine Verbesserung durch Deckenauflagen ist immer notwendig. Die Trittschalldämmung einschaliger Decken kann durch eine zweite Schale (mit Abstand angebracht) verbessert werden. Als zweite Schale am wirksamsten ist der schwimmende Estrich.

**Schwimmender Estrich.** Er besteht aus einer lastverteilenden Estrichplatte, die auf einer weichfedernden Dämmschicht liegt. Die Verbesserung der Trittschalldämmung beginnt oberhalb der Eigenfrequenz. Den Zusammenhang zwischen dem Verbesserungsmaß $\Delta L_w$ und der dynamischen Steifigkeit $s'$ der Dämmschicht zeigt Bild 22.

Angaben über Rechenwerte des bewerteten Schalldämm-Maßes $R'_{w,R}$ und des äquivalenten bewerteten Norm-Trittschallpegels $L_{n,w,eq,R}$ von Massivdecken ohne und mit biegeweicher Unterdecke (s. Bild 23) sind in den Tafeln 36 und 37 enthalten. Sie beziehen sich

auf Massivdecken mit Hohlräumen nach DIN 1045 als
- Stahlsteindecken,
- Stahlbetonrippendecken,
- Stahlbetonhohldielen und
- Stahlbetonbalkendecken.

Stahlbetonvollplatten
- aus Normalbeton nach DIN 1045,
- aus Leichtbeton nach DIN 4219-2,
- aus bewehrtem Gasbeton nach DIN 4223

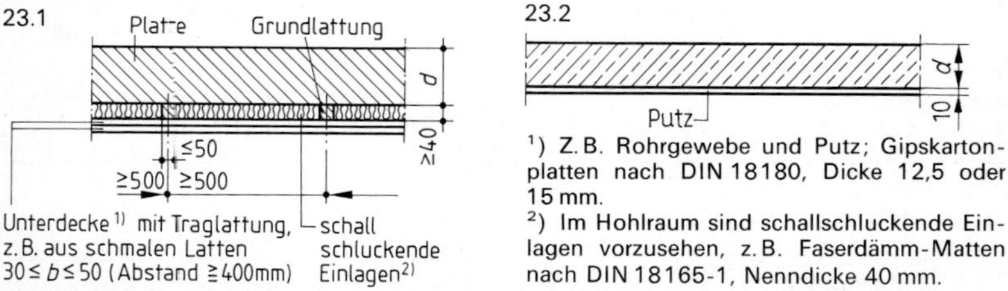


[1]) Z.B. Rohrgewebe und Putz; Gipskartonplatten nach DIN 18180, Dicke 12,5 oder 15 mm.

[2]) Im Hohlraum sind schallschluckende Einlagen vorzusehen, z.B. Faserdämm-Matten nach DIN 18165-1, Nenndicke 40 mm.

**Bild 23 Stahlbetonvollplatte nach DIN 1045 ohne und mit biegeweicher Unterdecke**

**Tafel 36 Rechenwerte des äquivalenten bewerteten Norm-Trittschallpegels $L_{n,w,eq,R}$ von Massivdecken ohne und mit biegeweicher Unterdecke nach Bild 23**

| Flächenbezogene Masse in kg/m² | | 135 | 160 | 190 | 225 | 270 | 320 | 380 | 450 | 530 |
|---|---|---|---|---|---|---|---|---|---|---|
| $L_{n,w,eq,R}$ in dB | ohne Unterdecke | 86 | 85 | 84 | 82 | 79 | 77 | 74 | 71 | 69 |
| | mit Unterdecke | 75 | 74 | 74 | 73 | 73 | 72 | 71 | 69 | 67 |

**Tafel 37 Rechenwerte des bewerteten Schalldämm-Maßes $R'_{w,R}$ von Massivdecken**

| Zeile | Flächenbezogene Masse der Decke[4]) in kg/m² | Bewertetes Schalldämm-Maß $R'_{w,R}$ in dB[1]) | | | |
|---|---|---|---|---|---|
| | | Einschalige Massivdecke, Estrich und Gehbelag unmittelbar aufgebracht | Einschalige Massivdecke mit schwimmendem Estrich[2]) | Massivdecke mit Unterdecke[3]), Gehbelag und Estrich unmittelbar aufgebracht | Massivdecke mit schwimmendem Estrich und Unterdecke[3]) |
| 1 | 500 | 55 | 59 | 59 | 62 |
| 2 | 450 | 54 | 58 | 58 | 61 |
| 3 | 400 | 53 | 57 | 57 | 60 |
| 4 | 350 | 51 | 56 | 56 | 59 |
| 5 | 300 | 49 | 55 | 55 | 58 |
| 6 | 250 | 47 | 53 | 53 | 56 |
| 7 | 200 | 44 | 51 | 51 | 54 |
| 8 | 150 | 41 | 49 | 49 | 52 |

[1]) gültig für flankierende Bauteile mit mittlerer flächenbezogener Masse $m'_{L,\,Mittel} \approx 300$ kg/m².
[2]) Und andere schwimmend verlegte Deckenauflagen, z. B. schwimmend verlegte Holzfußböden, sofern sie ein Trittschall-Verbesserungsmaß $\Delta L_w \geqq 24$ dB haben.
[3]) Biegeweiche Unterdecke nach Bild 23.1, oder akustisch gleichwertige Ausführungen.
[4]) Die Masse von aufgebrachten Verbundestrichen oder Estrichen auf Trennschicht ist zu berücksichtigen.

### 5.4.3.2 Deckenauflagen

Beispiele für Deckenauflagen und die mit ihnen erzielbaren Trittschallverbesserungsmaße $\Delta L_{w,\,R}$ sind in den Tafeln 38 und 39 enthalten. Die Deckenauflagen in Tafel 38 (schwimmende Estriche) verbessern die Luft- und Trittschalldämmung einer Rohdecke, die Deckenauflagen der Tafel 39 (weichfedernde Bodenbeläge) verbessern nur die Trittschalldämmung.

**Tafel 38 Rechenwerte des Trittschallverbesserungsmaße $\Delta L_{w,R}$ von schwimmenden Estrichen auf Massivdecken**

| Schwimmender Estrich | Dynamische Steifigkeit $s'$ in MN/m³ von höchstens | $\Delta L_{w,\,R}$ in dB mit Bodenbelag | |
|---|---|---|---|
| | | hart | weich[1]) ($\Delta L_{w,\,R} \geqq 20$ db) |
| Gußasphaltestriche nach DIN 18560-2 mit einer flächenbezogenen Masse ≧45 kg/m² auf Dämmschichten aus Dämmstoffen nach DIN 18164-2 oder DIN 18165-2 | 50 | 20 | 20 |
| | 40 | 22 | 22 |
| | 30 | 24 | 24 |
| | 20 | 26 | 26 |
| | 15 | 27 | 29 |
| | 10 | 29 | 32 |
| Estriche nach DIN 18560-2 mit einer flächenbezogenen Masse ≧70 kg/m² auf Dämmschichten aus Dämmstoffen nach DIN 18164-2 oder DIN 18165-2 | 50 | 22 | 23 |
| | 40 | 24 | 25 |
| | 30 | 26 | 27 |
| | 20 | 28 | 30 |
| | 15 | 29 | 33 |
| | 10 | 30 | 34 |

[1]) Wegen der möglichen Austauschbarkeit von weichfedernden Bodenbelägen nach Tafel 39 dürfen diese bei dem Nachweis der Mindestanforderungen nach DIN 4109 nicht angerechnet werden.

Bei gegebenen $L_{n,\,w,\,eq,\,R}$ einer Massivdecke läßt sich der zur Erfüllung der Mindestanforderungen bzw. Richtwerte erforderliche Mindestwert des Verbesserungsmaßes $\Delta L_{w,\,R,\,mind}$ nach folgender Gleichung bestimmen:

$$\Delta L_{w,\,R,\,mind} = L_{n,\,w,\,eq,\,R} - L_{n,\,w,\,erf.} + 2\text{ dB}$$

**Tafel 39 Rechenwerte des Trittschallverbesserungs-Maßes $\Delta L_{w,R}$ von weichfedernden Bodenbelägen**

| Deckenauflagen; weichfedernde Bodenbeläge | | $\Delta L_{w,R}$ |
|---|---|---|
| Linoleum-Verbundbelag nach DIN 18173 [1]) | | 14 [2]) |
| **PVC-Beläge** [1]) | | |
| PVC-Beläge mit genadeltem Jutefilz als Träger nach DIN 16952-1 | | 13 [2]) |
| PVC-Beläge mit Korkment als Träger nach DIN 16952-2 | | 16 [2]) |
| PVC-Beläge mit Unterschicht aus PVC-Schaumstoff nach DIN 16952-3 | | 16 [2]) |
| PVC-Beläge mit Synthesefaser-Vliesstoff als Träger nach DIN 16952-4 | | 13 [2]) |
| **Textile Bodenbeläge** | | |
| Nadelvlies, Dicke ≧5 mm | | 20 |
| **Poltteppiche** | | |
| Unterseite geschäumt | Gesamtdicke 4 mm | 19 |
| | Gesamtdicke 6 mm | 24 |
| | Gesamtdicke 8 mm | 28 |
| Unterseite ungeschäumt | Gesamtdicke 4 mm | 19 |
| | Gesamtdicke 6 mm | 21 |
| | Gesamtdicke 8 mm | 24 |

[1]) Die Bodenbeläge müssen durch Hinweis auf die jeweilige Norm gekennzeichnet sein. Das maßgebliche Verbesserungsmaß $\Delta L_{w,R}$ muß auf dem Erzeugnis angegeben sein.

[2]) Die angegebenen Werte sind Mindestwerte aus den entsprechenden Normen DIN 18173 und DIN 16952-1 bis DIN 16952-4; sie gelten nur für aufgeklebte Bodenbeläge.

### 5.4.3.3 Holzbalkendecken

Ausführungsbeispiele sind in Bild 24 dargestellt mit Ausgabe der Rechenwerte des bewerteten Schalldämm-Maßes $R'_{w,R}$ und des bewerteten Norm-Trittschallpegels $L_{n,w,R}$.

*1* Spanplatte nach DIN 68763, gespundet oder mit Nut und Feder
*2* Holzbalken
*3* Gipskarton-Bauplatte nach DIN 18180, 12,5 o. 15 mm dick, o. Spanplatte nach DIN 68763, 13 bis 16 mm dick
*4* Faserdämmstoff nach DIN 18165-2, Typ T, dynamische Steifigkeit $s' \leqq 15\ MN/m^3$
*5* Faserdämmstoff nach DIN 18165-1, Typ WL-w oder W-w
*6* Holzlatten, Achsabstand ≧400 mm, direkte Befestigung an den Balken mit mechanischen Verbindungsmitteln
*7* Unterkonstruktion aus Holz, Achsabstand der Latten ≧400 mm, Befestigung über Federbügel, kein fester Kontakt zwischen Latte und Balken – ein weichfedernder Faserdämmstreifen darf zwischengelegt werden.
*8* Mechanische Verbindungsmittel oder Verleimung
*9* Estrich
*10* Betonplatten, lose auf 3 mm Filz verlegt

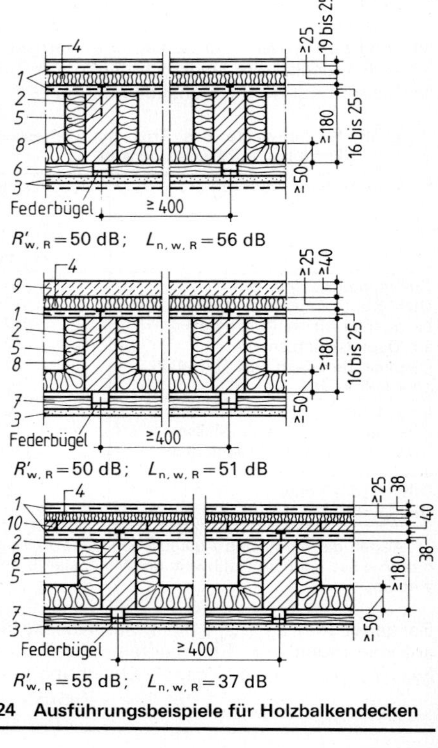


**Bild 24 Ausführungsbeispiele für Holzbalkendecken**

### 5.4.3.4 Massive Treppenläufe und Treppenpodeste

Bei der Ermittlung des erforderlichen Trittschallverbesserungsmaßes $\Delta L_{w,R,mind}$ von massiven Treppenläufen und -podesten kann von den äquivalenten bewerteten Norm-Trittschallpegeln $L_{n,w,eq,R}$ nach Tafel 40 ausgegangen werden. Das erf. Trittschallverbesserungsmaß $\Delta L_{w,R,mind}$ errechnet sich nach der Gl. im Abschn. 5.4.3.2.

**Tafel 40 Norm-Trittschallpegel für verschiedene Ausführungen von massiven Treppenläufen und Treppenpodesten** (Dicke ≧120 mm)

| Treppe und Treppenraumwand | $L_{n,w,eq,R}$ | $L'_{n,w,R}$ |
|---|---|---|
| Treppenpodest, fest verbunden | | |
| – mit einschaliger Treppenraumwand ($m' \geqq 380$ kg/m²), | 66 | 70 |
| – mit Treppenraumwand bei durchgehender Gebäudetrennfuge | ≦53 | ≦50 |
| Treppenlauf | | |
| – mit einschaliger Treppenraumrand ($m' \geqq 380$ kg/m²) fest verbunden | 61 | 65 |
| – von einschaliger Treppenraumwand abgesetzt | 58 | 58 |
| – zusätzlich mit durchgehender Gebäudetrennfuge | ≦46 | ≦43 |
| – zusätzlich auf Treppenpodest elastisch gelagert mit durchgehender Gebäudetrennfuge | 38 | 42 |

### 5.4.4 Flankierende Bauteile

Die Luftschalldämmung von Trennwänden und -decken hängt nicht nur von der Ausführung dieser Bauteile, sondern auch von der Ausführung flankierenden Bauteile ab. Die in den Tafeln 29, 31, 34 bis 36 und Bild 19 angegebenen Werte des bewerteten Schalldämm-Maßes $R'_{w,R}$ setzen eine mittlere flächenbezogene Masse von rund 300 kg/m² (s. Abschn. 5.3.1) der flankierenden Bauteile voraus ($R'_{w300}$).

Bei Abweichungen der mittleren flächenbezogene Masse von 300 kg/m² wird das bewertete Schalldämmaß $R'_{w,R}$ einschaliger Wände und Decken mittels des Korrekturwertes $K_{L,1}$ nach Tafel 41 und 42 wie folgt berechnet

$$R'_{w,R} = R'_{w300} + K_{L,1}$$

**Tafel 41 Korrekturwerte $K_{L,1}$ für das bewertete Schalldämm-Maß $R'_{w,R}$ von biegesteifen Wänden und Decken als trennende Bauteile bei flankierenden Bauteilen mit der mittleren flächenbezogenen Masse $m'_{L,Mittel}$**

| Art des trennenden Bauteiles | Korrektur $K_{L,1}$ in dB für mittlere flächenbezogene Massen $m'_{L,mittel}$ in kg/m² | | | | | | |
|---|---|---|---|---|---|---|---|
| | 400 | 350 | 300 | 250 | 200 | 150 | 100 |
| Einschalige, biegesteife Wände und Decken | 0 | 0 | 0 | 0 | −1 | −1 | −1 |
| Einschalige, biegesteife Wände mit biegeweichen Vorsatzschalen und Massivdecken mit schwimmendem Estrich und/oder mit Unterdecke | +2 | +1 | 0 | −1 | −2 | −3 | −4 |

**Tafel 42 Korrekturwerte $K_{L,1}$ für das bewertete Schalldämm-Maß $R'_{w,R}$ von zweischaligen Wänden aus zwei biegeweichen Schalen und von Holzbalkendecken bei flankierenden Bauteilen mit der mittleren flächenbezogenen Masse $m'_{L,Mittel}$**

| Zeile | $R'_w$ der Trennwand bzw. -decke für $m'_{L,Mittel} = 300$ kg/m² in dB | $K_{L,1}$ in dB für mittlere flächenbezogene Massen $m'_{L,Mittel}$ in kg/m² | | | | | | |
|---|---|---|---|---|---|---|---|---|
| | | 450 | 400 | 350 | 300 | 250 | 200 | 150 |
| 1 | 50 | +4 | +3 | +2 | 0 | −2 | −4 | −7 |
| 2 | 49 | +2 | +2 | +1 | 0 | −2 | −3 | −6 |
| 3 | 47 | +1 | +1 | +1 | 0 | −2 | −3 | −6 |
| 4 | 45 | +1 | +1 | +1 | 0 | −1 | −2 | −5 |
| 5 | 43 | 0 | 0 | 0 | 0 | −1 | −2 | −4 |
| 6 | 41 | 0 | 0 | 0 | 0 | −1 | −1 | −3 |

Bei trennenden Bauteilen aus biegeweichen Schalen und bei Holzbalkendecken, wird deren bewertetes Schalldämm-Maß $R'_{w,R}$ zusätzlich zum Korrekturwert $K_{L,1}$ um einen weiteren Korrekturwert $K_{L,2}$ erhöht, wenn die flankierenden Bauteile beidseitig des trennenden Bauteils mit einer Vorsatzschale versehen sind oder ein schwimmender Estrich bzw. schwimmender Holzfußboden verlegt wurde oder aus biegeweichen Schalen bestehen.

Der in Tafel 43 angegebene Korrekturwert $K_{L,2}$ kommt aber nur zur Anwendung, wenn die oben genannten, flankierenden Bauteile im Bereich des trennenden Bauteils unterbrochen sind. Während die Korrektur $K_{L,1}$ in Tafel 42 von $m'_{L,mittel}$ der massiven Bauteile abhängt, wird der Wert von $K_{L,2}$ in Tafel 43 von der Anzahl der flankierenden Bauteile, die die oben genannten Kriterien erfüllen, bestimmt.

**Tafel 43 Korrekturwert $K_{L,2}$ für das bewertete Schalldämm-Maß $R'_{w,R}$ trennender Bauteile mit biegeweicher Vorsatzschale, schwimmendem Estrich bzw. Holzfußboden oder aus biegeweichen Schalen in Abhängigkeit der Anzahl der flankierenden biegeweichen Bauteile oder solchen mit biegeweicher Vorsatzschale**

| Anzahl der flankierenden Bauteile | 1 | 2 | 3 |
|---|---|---|---|
| Korrekturwert $K_{L,2}$ der flankierenden Bauteile | +1 | +3 | +6 |

Beispiele zur Anwendung der Korrekturwerte $K_{L,1}$ und $K_{L,2}$ bei der Ermittlung von $R'_{w,R}$ von trennenden Bauteilen.

**Beispiel 1** Eine Wohnungstrenndecke (400 kg/m²) mit einem schwimmenden Estrich wird von folgenden Bauteilen flankiert:

Außenwand $m'_{L,1} = 200$ kg/m²
Wohnungstrennwand $m'_{L,2} = 450$ kg/m²
Flurwand $m'_{L,3} = 300$ kg/m²
Zwischenwand $m'_{L,4} = 100$ kg/m²

$$m'_{L,mittel} = \frac{200+450+300+100}{4} = 262 \text{ kg/m}^2$$

Nach Tafel 37 ergibt sich für die Decke: $R'_{w,300} = 57$ dB
Nach Tafel 41 ist bei biegesteifen Wänden: $K_{L,1} = -1$ dB
Bei Berücksichtigung der Flankenübertragung ist: $R'_{w,R} = 57-1 = 56$ dB

**Beispiel 2** Eine zweischalige Trennwand aus je zwei Lagen Gipskartonplatten mit einem Schalenabstand von 100 mm und einer Einlage im Hohlraum von 80 mm Mineralfaserdämmstoff wird von folgenden Bauteilen flankiert:

Außenwand $m'_{L,1} = 200$ kg/m²
Innenwand $m'_{L,2} = 350$ kg/m²
obere Trenndecke $m'_{L,3} = 368$ kg/m² (160 mm Stahlbetondecke)
untere Trenndecke mit schwimmendem Estrich hat keinen Einfluß auf $K_{L,1}$.

$$m'_{L,mittel} = [\tfrac{1}{3}(200^{-2,5} + 350^{-2,5} + 368^{-2,5})]^{-0,4} = 266 \text{ kg/m}^2$$

Nach Tafel 35, Zeile 2 ergibt sich für die Trennwand: $R'_{w,300} = 50$ dB
Nach Tafel 42 ist der Korrekturwert aus $m'_{L,mittel}$: $K_{L,1} = -2$ dB
Nach Tafel 43 ist der Korrekturwert bedingt durch den schwimmendem Estrich der unteren Trenndecke: $K_{L,2} = +1$ dB
Bei Berücksichtigung der Flankenübertragung ist: $R'_{w,R} = 50-2+1 = 49$ dB

## 5.4.5 Fenster

Die Schalldämmung von Fenstern hängt von der Fensterart (Einfach-, Verbund- oder Kastenfenster), der Verglasung und von der Dichtheit der Fensterfugen ab. Tafel 44 enthält Schalldämmwerte verschiedener Fensterarten.

**Tafel 44 Bewertetes Schalldämm-Maß $R_{w,R}$ verschiedener Fensterarten**

| Fensterart | Verglasung | $R_{w,R}$ in dB |
|---|---|---|
| Einfachfenster | normale Isolierglasscheibe<br>hochschalldämmendes Isolierglas | 30 bis 40<br>bis 45 |
| Verbundfenster | normale Ausführung<br>hochschalldämmende Ausführung | 35 bis 43<br>bis 48 |
| Kastenfenster | je nach Verglasung und Rahmen | 48 bis 55 |

## 5.4.6 Rolladenkästen

Bei Rolladenkästen wird die Schalldämmung oft als Normschallpegeldifferenz $D_{n,w,P}$ angegeben. Um diesen Wert mit der Schalldämmung des Fensters vergleichen zu können, muß daraus das Bauschalldämm-Maß $R_{w,R}$ nach folgender Gleichung errechnet werden

$$R_{w,R} = D_{n,w,P} - 10 \lg A_0 / S_{PRÜ} - 2\text{ dB}$$

$A_0$ 10 m² (Bezug-Absorptionsfläche)
$S_{PRÜ}$ lichte Einbaufläche des Elementes in der Prüfwand in m²
$D_{n,w,P}$ im Prüfstand gemessener Wert.

Um eine hohe Schalldämmung des Rolladenkastens zu erreichen, muß der Rollkastendeckel möglichst schwer sein und muß dicht schließen. Außerdem sollte der Kastenhohlraum durch Schallabsorptionsmaterial gedämpft werden. Meßwerte $D_{n,w,P}$ von Rolladenkästen liegen zwischen $D_{n,w,P} = 50$ dB und 60 dB.

## 5.4.7 Türen

Die Schallübertragung bei Türen erfolgt teils über das Türblatt, teils über Undichtheiten in den Falzen und an der Türunterkante. Normale Türblätter besitzen eine niedrige flächenbezogene Masse und deshalb eine geringe Schalldämmung. Verbessert werden kann der Schallschutz, indem das Türblatt schwerer gemacht wird und die Fälze abgedichtet werden. Besondere Schwierigkeiten bereitet die Abdichtung der unteren Türkante. In Tafel 45 wird eine Übersicht über die erreichbaren Schalldämm-Maße bei Türen gegeben.

**Tafel 45 Bewertetes Schalldämm-Maß $R_w$ von Türen**

| Türausführungen | bewertetes Schall-dämm-Maß in dB |
|---|---|
| einfache, leichte Zimmertüren ohne besondere Dichtungsmaßnahmen | 17 bis 25 |
| schwer ausgeführte Zimmertüren mit zusätzlichen Falzdichtungen | 25 bis 32 |
| schalldämmende Türen, Spezialausführungen | 32 bis 40 |
| hochschalldämmende Türen (doppelschalige Stahlblechtüren) | 40 bis 50 |
| zwei einfache Einzeltüren, hintereinander geschaltet | 40 |

## 5.4.8 Außenbauteile

Bauliche Maßnahmen an der Gebäudehülle sollen den Menschen vor dem von außen in Aufenthaltsräumen eindringenden Lärm schützen. Sie richten sich insbesondere an die Schalldämmung der Außenwände und Fenster und, soweit dies erforderlich ist, auch an die Schalldämmung der Decken und Dächer. Unter Außenlärm versteht sich Verkehrslärm, z. B. beim Straßen-, Schienen-, Wasser- und Luftverkehr und Lärm aus Gewerbe- und Industriebetrieben, die baulich in der Regel mit den Aufenthaltsräumen nicht verbunden sind. Ausführungsbeispiele für Außenwände, Flachdächer und geneigte Dächer in Holzbauart sind in den Tafeln 46, 47 und 48 enthalten. Angaben über die bewerteten Schalldämm-Maße von massiven Außenwänden sind in den Tafeln 29 und 33 zu finden.

**Tafel 46 Ausführungsbeispiele für belüftete oder nicht belüftete Flachdächer in Holzbauart (Rechenwerte, Maße in mm)**

| Dachausbildung | Verbindungsmittel 1) | erforderliche Kiesauflage $s_K$ in mm | $R'_{w,R}$ in dB |
|---|---|---|---|
| 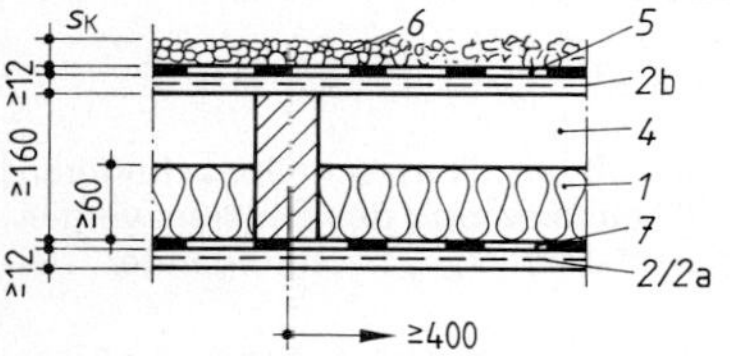  | beliebig 2) | – | 35 |
| | | ≧30 | 40 |
| 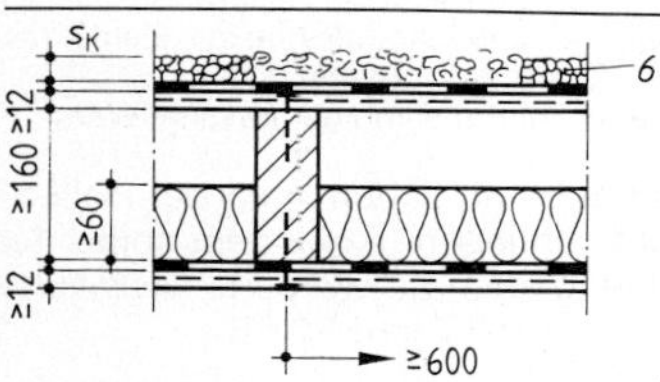  | mechanisch 3) | ≧30 | 45 |
| 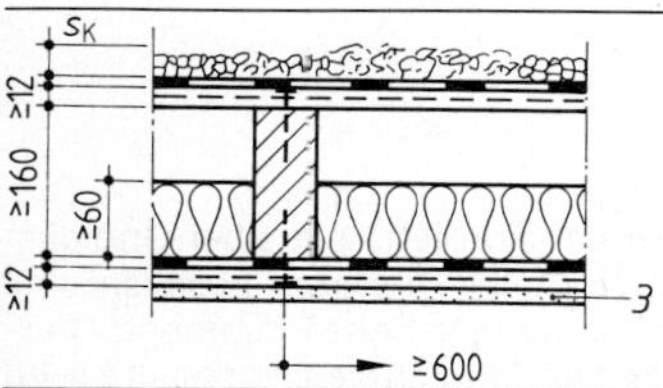  | mechanisch 3) | ≧30 | 50 |

1) Verbindungsmittel für die Befestigung von Beplankung und Rippe
2) mechanische Verbindungsmittel oder Verleimung
3) nur mechanische Verbindungsmittel, z. B. Nägel, Klammern

**Erläuterungen zu Tafel 46**

*1* Faserdämmstoff nach DIN 18165-1, Typ W-w oder WL-w
*2* Spanplatten nach DIN 68763, Bau-Furniersperrholz nach DIN 68705-3 und DIN 68705-5, Gipskartonplatten nach DIN 18180 (z. B. Entwurf), Nut-Feder-Bretterschalung
*2*a wie *2*, jedoch mit Zwischenlattung
*2*b Spanplatten, Bau-Furniersperrholz, Nut-Feder-Bretterschalung
*3* Spanplatten, Gipskartonplatten, Bretterschalung mit $m' \geqq 8$ kg/m²
*4* Hohlraum belüftet/nicht belüftet
*5* Dachabdichtung
*6* Kiesauflage
*7* Dampfsperre

## Tafel 47 Ausführungsbeispiele für Außenwände in Holzbauart (Rechenwerte, Maße in mm)

Mech. Verbindungsmittel (z. B. Nägel, Klammern) für Befestigung von Beplankung und Rippe.

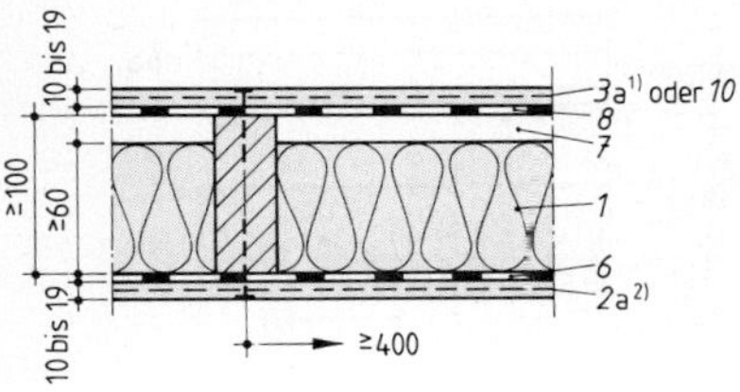


$R'_{w,R} = 35$ dB

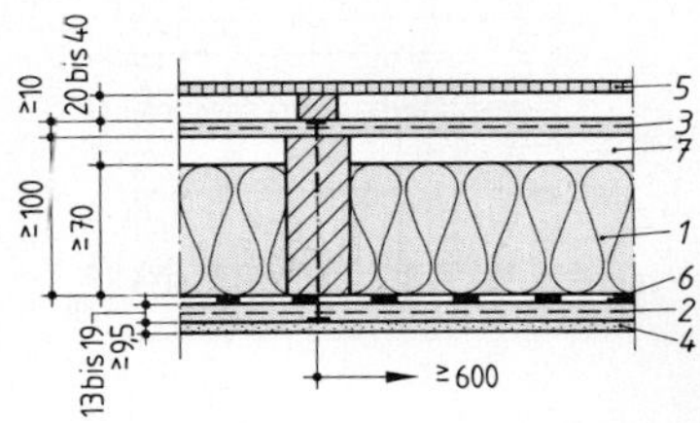


$R'_{w,R} = 42$ dB

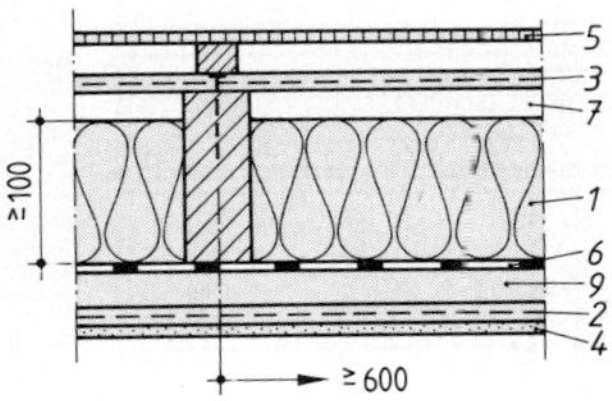


$R'_{w,R} = 45$ dB

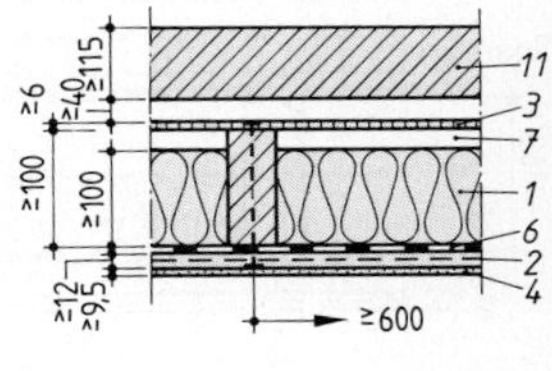


$R'_{w,R} = 52$ dB

[1]) Eine der beiden Bekleidungen darf auch als Bretterschalung mit Nut und Feder, $d \geqq 18$ mm, ausgeführt werden.

**Erläuterungen zu Tafel 47**

*1* Faserdämmstoff nach DIN 18165-1, Typ W-w oder WL-W
*2* Spanplatten nach DIN 68763, Bau-Furniersperrholz nach DIN 68705-3 und DIN 68705-5, Gipskartonplatten nach DIN 18180 (z. Z. Entwurf), mit $m' \geqq 8$ kg/m²
*2*a wie *2* oder 18 mm Nut-Feder-Bretterschalung
*3* Spanplatten, Bau-Furniersperrholz mit $m' \geqq 8$ kg/m²
*3*a wie *3* oder 18 mm Nutz-Feder-Bretterschalung
*4* Bekleidung, $m' \geqq 8$ kg/m²
*5* Vorhangschale, $m' \geqq 10$ kg/m²
*6* Dampfsperre
*7* Hohlraum, nicht belüftet
*8* Wasserdampfdurchlässige Folie, nur bei Bretterschalung erforderlich
*9* Zwischenlattung
*10* Faserzementplatten nach DIN 274-4, $d \geqq 4$ mm
*11* Mauerwerk-Vorsatzschale

**Tafel 48 Ausführungsbeispiele für belüftete oder nicht belüftete geneigte Dächer in Holzbauart (Rechenwerte, Maße in mm)**

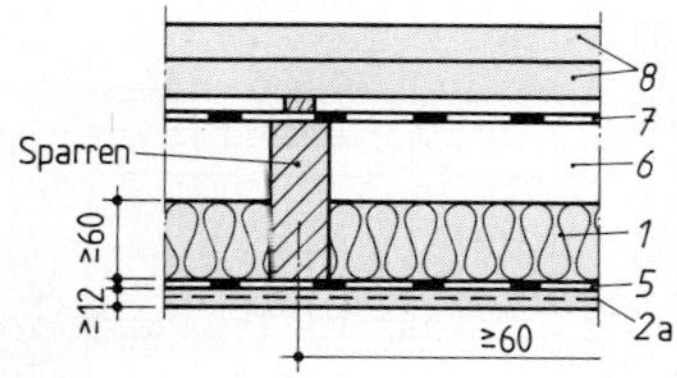


$R'_{w,R}$ = 35 dB

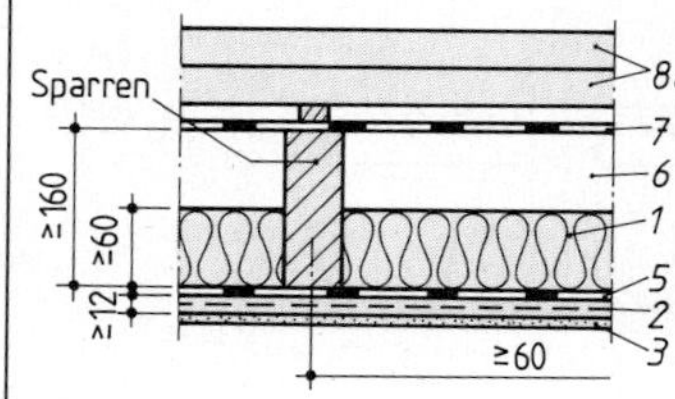


$R'_{w,R}$ = 45 dB

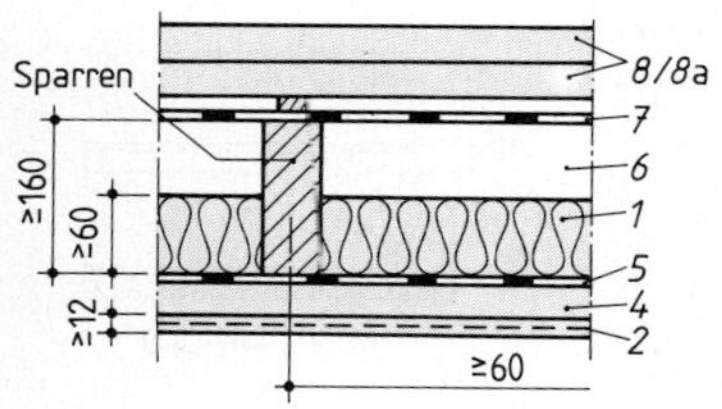


im Falle 8: $R'_{w,R}$ = 40 dB
im Falle 8a: $R'_{w,R}$ = 45 dB

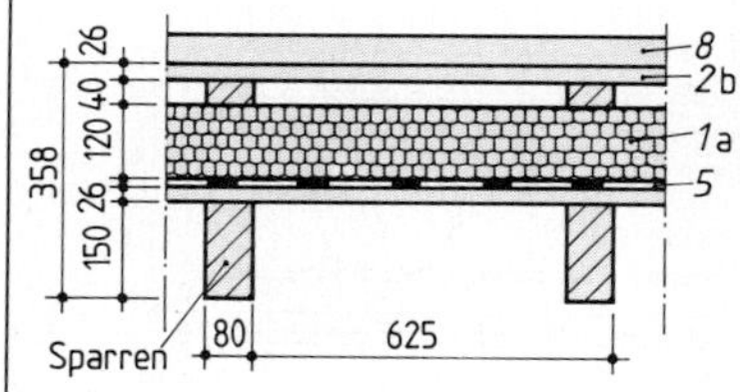


$R'_{w,R}$ = 37 dB

**Erläuterungen zu Tafel 48**

*1* Faserdämmstoff nach DIN 18165-1, Typ W-w oder WL-w
*1*a Hartschaumplatten nach DIN 18164-1, Typ WD oder WDS
*2* Spanplatten oder Gipskartonplatten
*2*a Spanplatten oder Gipskartonplatten ohne/mit Zwischenlattung
*2*b Rauhspundschalung mit Nut und Feder, 24 mm
*3* Zusätzliche Bekleidung aus Holz, Spanplatten oder Gipskartonplatten mit $m' \geqq 6$ kg/m²
*4* Zwischenlattung
*5* Dampfsperre, sofern erforderlich
*6* Hohlraum belüftet/nicht belüftet
*7* Unterspannbahn oder ähnliches, z. B. harte Holzfaserplatten nach DIN 68754 T1 mit $d \geqq 3$ mm
*8* Dachdeckung auf Querlattung und erforderlichenfalls Konterlattung
*8*a wie *8*, jedoch mit Anforderungen an die Dichtheit (z. B. Faserzementdachplatten nach DIN 274-3 auf Rauhspund ≧ 20 mm, Falzdachziegel nach DIN 456 bzw. Betondachsteine nach DIN 1115, nicht verfalzte Dachziegel bzw. Dachsteine in Mörtelbettung)

### 5.4.9 Haustechnische Anlagen und Betriebe

**Haustechnische Anlagen** im Sinne der DIN 4109 sind die zu einem Gebäude gehörenden technischen Einrichtungen, bei deren Betrieb Schall entstehen und in Aufenthaltsräume übertragen werden kann. Es sind dies
- Ver- und Entsorgungsanlagen,
- Transportanlagen,
- fest eingebaute, betriebstechnische Anlagen,
- Gemeinschaftswaschanlagen,
- Schwimmanlagen, Saunen und dgl.
- Sportanlagen,
- zentrale Staubsauganlagen,
- Müllabwurfanlagen,
- Garagenanlagen.

**Betriebe** sind Handwerks- und Gewerbebetriebe aller Art, auch Gaststätten und Theater.
Um Menschen in Aufenthaltsräumen (schutzbedürftige Räume) vor starken Geräuschen zu schützen, werden festgelegt:
- Werte für den noch zulässigen Schallpegel der vorgenannten Geräusche in den schutzbedürftigen Räumen,
- Mindestwerte für die Luft- und Trittschalldämmung der Bauteile zwischen „besonders lauten" Räumen und schutzbedürftigen Räumen.

**Schutzbedürftige Räume** sind
- Wohnräume einschließlich Wohndielen,
- Schlafräume einschließlich Übernachtungsräume in Beherbergungsstätten und Bettenräume in Krankenhäusern und Sanatorien,
- Unterrichtsräume in Schulen, Hochschulen und ähnlichen Einrichtungen,
- Büroräume (ausgenommen Großraumbüros), Praxisräume, Sitzungsräume und ähnliche Arbeitsräume.

**Besonders laute Räume** sind
- Räume, in denen nutzungsbedingt der maximale Schallpegel des Luftschalls häufig den Wert von 75 dB übersteigt,
- Räume zur Aufstellung von Auffangbehältern von Müllwurfanlagen,
- Gasträume von Gaststätten, Cafés usw.
- Räume von Kegelbahnen, Sporthallen,
- Küchenräume von Beherbergungs- u. Gaststätten, Krankenhäusern, Sanatorien,
- Theaterräume, Musik- und Werkräume.

**Bauteile.** Um die in DIN 4109, Tab. 5 enthaltenen Anforderungen an die Luft- und Trittschalldämmung zwischen „besonders lauten" und schutzbedürftigen Räumen einzuhalten, bringt das Beiblatt 1 zu DIN 4109 in der Tab. 35 Ausführungsbeispiele für trennende und flankierende Bauteile und in der Tab. 36 Korrekturwerte zur Ermittlung des Trittschallschutzmaßes.

**Lüftungsschächte und -kanäle.** Durch Schächte und Kanäle, die Aufenthaltsräume untereinander verbinden, kann die Luftschalldämmung des trennenden Bauteils durch Nebenwegübertragung verschlechtert werden. Damit die Anforderungen an den Schallschutz nach DIN 4109 durch den Schacht nicht verschlechtert wird, muß die bewertete Schachtpegeldifferenz folgender Bedingung genügen:

$$D_{k,w,R} \geqq \text{erf. } R'_w - 10 \lg \frac{S}{S_k} + 20 \text{ dB}$$

erf. $R'_w$ gefordertes bewertetes Schalldämm-Maß des trennenden Bauteils
$S$ die Fläche des trennenden Bauteils
$S_k$ die lichte Querschnittsfläche der Anschlußöffnung.

Diese Bedingung gilt für den Fall, daß die Anschlußöffnungen mindestens 0,5 m von einer Raumecke entfernt liegen, andernfalls ist eine um 6 dB höhere Schachtpegeldifferenz $D_{k,w}$ erforderlich.

**Wasserinstallation.** Geräusche aus Wasserversorgungsanlagen entstehen bei der Wasserentnahme im wesentlichen in den Querschnittsverengungen innerhalb der Armaturen und nicht in den Rohrleitungen selbst. Eine strömungstechnisch besonders günstige Ausbildung der Rohrleitungen bringt deshalb bezüglich der Geräusche keine Vorteile. Der in den Armaturen erzeugte Wasserschall wandert in den Rohrleitungen nur wenig geschwächt weiter. Durch den Wasserschall werden die Rohrleitungen zu Schwingungen angeregt, die ihrerseits wieder Wände bzw. Dekken in Schwingungen bringen, an denen die Leitungen befestigt sind. Die Abstrahlung in den angrenzenden Raum ist geringer, wenn die Zwischenwand schwer ist oder eine Vorsatzschale auf der Seite des schutzbedürftigen Raumes angebracht wird. Der Installationsgeräuschpegel $L_{In}$ des in einen schutzbedürftigen Raum übertragenen Geräusches ist um etwa 10 dB(A) geringer, wenn ein Raum zwischen der Wand mit Rohrinstallation und dem schutzbedürftigen Raum liegt.

Rohrschellen-Isolierungen bei Rohren vor der Wand und Rohrummantelungen bei Rohren in der Wand sind als Maßnahmen gegen die Übertragung von Armaturengeräuschen auf das Bauwerk wirkungslos, wenn die Armaturen fest mit der Wand verbunden oder andere Schallbrücken vorhanden sind. Eine Geräuschminderung ist nur zu erreichen, wenn derartige Schallbrücken vermieden werden.

Das Geräusch aus Wasserversorgungsanlagen wird um so größer, je größer der Fließdruck an der Armatur ist. Der Druck muß deshalb durch Druckminderer begrenzt werden.

Bei Armaturen und Geräten der Wasserinstallation erfolgt der Eignungsnachweis durch Zuordnung zu Armaturengruppen (s. Tafel 49).

**Tafel 49 Armaturengruppen**

| Armaturengeräuschpegel $L_{AG}$ für den kennzeichnenden Fließdruck nach DIN 52218 T1 | | Armaturengruppe |
|---|---|---|
| Auslaufarmaturen und Geräte | Auslaufvorrichtungen, die direkt an Armaturen angeschlossen werden | |
| ≦20 dB(A) | ≦15 dB(A) | I |
| ≦30 dB(A) | ≦25 dB(A) | II |

## 5.5 Anforderungen an den Schallschutz in Gebäuden

### 5.5.1 Schutz von Aufenthaltsräumen gegen Schallübertragung aus einem fremden Wohn- oder Arbeitsbereich

Die in Tafel 50 auf S. 209ff. angegebenen Werte sind Mindestanforderungen. Sie gelten nicht für die trennenden Bauteile allein, sondern für die resultierende Dämmung unter Berücksichtigung der an der Schallübertragung beteiligten Bauteile und Nebenwege im eingebauten Zustand.

Bei Türen und Fenstern gelten die Werte für die Schalldämmung bei alleiniger Übertragung über Türen und Fenster.

Bestehen Verbindungen zwischen Räumen durch Schächte und Kanäle, so dürfen die in Tafel 50 genannten Werte durch Schallübertragung über die Schacht- und Kanalanlagen nicht unterschritten werden.

### 5.5.2 Schutz gegen Geräusch aus haustechnischen Anlagen

**Maximale Schallpegel.** Die durch haustechnische Anlagen verursachten Schallpegel dürfen in schutzbedürftigen Räumen die in Tafel 51 angegebenen Maximalwerte nicht überschreiten.

**Schallschutz von Bauteilen.** Anforderungen an die Luft- und Trittschalldämmung von Bauteilen zwischen „besonders lauten" und schutzbedürftigen Räumen sind in Tafel 52 enthalten.

**Tafel 50 Erforderliche Luft- und Trittschalldämmung zum Schutz gegen Schallübertragung aus einem fremden Wohn- oder Arbeitsbereich**

| Zeile | | Bauteile | Anforderungen erf. $R'_w$ in dB | Anforderungen erf. $L'_{n,w}$ in dB | Bemerkungen |
|---|---|---|---|---|---|
| **1** | **Geschoßhäuser mit Wohnungen und Arbeitsräumen** | | | | |
| 1 | Decken | Decken unter allgemein nutzbaren Dachräumen, z. B. Trockenböden, Abstellräumen und ihren Zugängen | 53 | 53 | Bei Gebäuden mit nicht mehr als 2 Wohnungen betragen die Anforderungen erf. $R'_w = 52$ dB und erf. $L'_{n,w} = 63$ dB |
| 2 | Decken | Wohnungstrenndecken (auch -treppen) und Decken zwischen fremden Arbeitsräumen bzw. vergleichbaren Nutzungseinheiten | 54 | 53 | Wohnungstrenndecken sind Bauteile, die Wohnungen voneinander oder von fremden Arbeitsräumen trennen.<br>Bei Gebäuden mit nicht mehr als 2 Wohnungen beträgt die Anforderung erf. $R'_w = 52$ dB.<br>Weichfedernde Bodenbeläge dürfen bei dem Nachweis der Anforderungen an den Trittschallschutz nicht angerechnet werden; in Gebäuden mit nicht mehr als 2 Wohnungen dürfen weichfedernde Bodenbeläge berücksichtigt werden, wenn die Beläge auf dem Produkt oder auf der Verpackung mit dem entsprechenden $\Delta L_w$ gekennzeichnet sind. |
| 3 | Decken | Decken über Kellern, Hausfluren, Treppenhäusern unter Aufenthaltsräumen | 52 | 53[1]) | Weichfedernde Bodenbeläge dürfen bei dem Nachweis der Anforderungen an den Trittschallschutz nicht angerechnet werden. |
| 4 | Decken | Decken über Durchfahrten, Einfahrten von Sammelgaragen und ähnliches unter Aufenthaltsräumen | 55 | 53[1]) | |
| 5 | Decken | Decken unter/über Spiel- oder ähnlichen Gemeinschaftsräumen | 55 | 46 | Wegen der verstärkten Übertragung tiefer Frequenzen können zusätzliche Maßnahmen zur Körperschalldämmung erforderlich sein. |
| 6 | Decken | Decken unter Terrassen und Loggien über Aufenthaltsräumen | – | 53 | Bezüglich der Luftschalldämmung gegen Außenlärm siehe aber Abschn. 5.5.3. |
| 7 | Decken | Decken unter Laubengängen | – | 53[1]) | |
| 8 | Decken | Decken und Treppen innerhalb von Wohnungen, die sich über zwei Geschosse erstrecken | – | 53[1]) | Weichfedernde Bodenbeläge dürfen bei dem Nachweis der Anforderungen an den Trittschallschutz nicht angerechnet werden. |
| 9 | Decken | Decken unter Bad und WC ohne/mit Bodenentwässerung | 54 | 53[1]) | Bei Gebäuden mit nicht mehr als 2 Wohnungen beträgt die Anforderung erf. $R'_w = 52$ dB und erf. $L'_{n,w} = 63$ dB |

Fortsetzung s. nächste Seiten, Fußnote s. S. 212

**Tafel 50**, Fortsetzung

| Zeile | | Bauteile | Anforderungen erf. $R'_w$ in dB | Anforderungen erf. $L'_{n,w}$ in dB | Bemerkungen |
|---|---|---|---|---|---|
| 10 | Decken | Decken unter Hausfluren | – | 53[1]) | Weichfedernde Bodenbeläge dürfen bei dem Nachweis der Anforderungen an den Trittschallschutz nicht angerechnet werden. |
| 11 | Treppen | Treppenläufe und -podeste | – | 58 | Keine Anforderungen an Treppenläufe i. Gebäuden mit Aufzug und an Treppen in Gebäuden mit nicht mehr als 2 Wohnungen |
| 12 | Wände | Wohnungstrennwände und Wände zwischen fremden Arbeitsräumen | 53 | – | Wohnungstrennwände sind Bauteile, die Wohnungen voneinander oder von fremden Arbeitsräumen trennen. |
| 13 | Wände | Treppenraumwände und Wände neben Hausfluren | 52 | – | Für Wände mit Türen gilt die Anforderung erf. $R'_w$ (Wand) = erf. $R_w$ (Tür) + 15 dB. Darin bedeutet erf. $R_w$ (Tür) die erforderliche Schalldämmung der Tür nach Zeile 16 oder Zeile 17. Wandbreiten $\leqq$ 30 cm bleiben dabei unberücksichtigt. |
| 14 | Wände | Wände neben Durchfahrten, Einfahrten von Sammelgaragen u. ä. | 55 | – | |
| 15 | Wände | Wände von Spiel- oder ähnlichen Gemeinschaftsräumen | 55 | – | |
| 16 | Türen | Türen, die von Hausfluren oder Treppenräumen in Flure und Dielen von Wohnungen und Wohnheimen oder von Arbeitsräumen führen | 27 | – | Bei Türen gilt erf. $R_w$. |
| 17 | Türen | Türen, die von Hausfluren oder Treppenräumen unmittelbar in Aufenthaltsräume – außer Flure und Dielen – von Wohnungen führen | 37 | – | Bei Türen gilt erf. $R_w$. |
| **2 Einfamilien-Doppelhäuser und Einfamilien-Reihenhäuser** | | | | | |
| 18 | Decken | Decken | – | 48[1]) | |
| 19 | Decken | Treppenläufe und -podeste und Decken unter Fluren | – | 53 | Bei einschaligen Haustrennwänden gilt: Wegen der möglichen Austauschbarkeit von weichfedernden Bodenbelägen, die sowohl dem Verschleiß als auch besonderen Wünschen der Bewohner unterliegen, dürfen diese bei dem Nachweis der Anforderungen an den Trittschallschutz nicht angerechnet werden. |
| 20 | Wände | Haustrennwände | 57 | – | |

Fortsetzung s. nächste Seite

**Tafel 50**, Fortsetzung

| Zeile | | Bauteile | Anforderungen erf. $R'_w$ in dB | Anforderungen erf. $L'_{n,w}$ in dB | Bemerkungen |
|---|---|---|---|---|---|
| **3 Beherbergungsstätten** | | | | | |
| 21 | Decken | Decken | 54 | 53 | |
| 22 | Decken | Decken unter/über Schwimmbädern, Spiel- oder ähnlichen Gemeinschaftsräumen zum Schutz gegenüber Schlafräumen | 55 | 46 | Wegen der verstärkten Übertragung tiefer Frequenzen können zusätzliche Maßnahmen zur Körperschalldämmung erforderlich sein. |
| 23 | Decken | Treppenläufe und -podeste | – | 58 | Keine Anforderung an Treppenläufe in Gebäuden mit Aufzug. |
| 24 | Decken | Decken unter Fluren | | 53[1]) | |
| 25 | Decken | Decken unter Bad und WC ohne/mit Bodenentwässerung | 54 | 53[1]) | |
| 26 | Wände | Wände zwischen<br>– Übernachtungsräumen<br>– Fluren und Übernachtungsräumen | 47 | – | |
| 27 | Türen | Türen zwischen Fluren und Übernachtungsräumen | 32 | – | Bei Türen gilt erf. $R_w$. |
| **4 Krankenanstalten, Sanatorien** | | | | | |
| 28 | Decken | Decken | 54 | 53 | |
| 29 | Decken | Decken unter/über Schwimmbädern, Spiel- oder ähnlichen Gemeinschaftsräumen | 55 | 46 | Wegen der verstärkten Übertragung tiefer Frequenzen können zusätzliche Maßnahmen zur Körperschalldämmung erforderlich sein. |
| 30 | Decken | Treppenläufe und -podeste | – | 58 | Keine Anforderungen an Treppenläufe in Gebäuden mit Aufzug. |
| 31 | Decken | Decken unter Fluren | – | 53[1]) | |
| 32 | Decken | Decken unter Bad und WC ohne/mit Bodenentwässerung | 54 | 53[1]) | |
| 33 | Wände | Wände zwischen<br>– Krankenräumen,<br>– Fluren und Krankenräumen,<br>– Untersuchungs- bzw. Sprechzimmern,<br>– Flure und Untersuchungs- bzw. Sprechzimmern,<br>– Krankenräumen und Arbeits- und Pflegeräumen | 47 | – | |
| 34 | Wände | Wände zwischen<br>– Operations- bzw. Behandlungsräumen,<br>– Fluren und Operations- bzw. Behandlungsräumen | 42 | – | |

Fortsetzung s. nächste Seite

**Tafel 50**, Fortsetzung

| Zeile | | Bauteile | Anforderungen erf. $R'_w$ in dB | erf. $L'_{n,w}$ in dB | Bemerkungen |
|---|---|---|---|---|---|
| 35 | Wände | Wände zwischen<br>– Räume der Intensivpflege,<br>– Fluren und Räumen der Intensivpflege | 37 | – | |
| 36 | Türen | Türen zwischen<br>– Untersuchungs- bzw. Sprechzimmern,<br>– Fluren und Untersuchungs- bzw. Sprechzimmern | 37 | – | Bei Türen gilt erf. $R_w$. |
| 37 | | Türen zwischen<br>– Fluren- und Krankenräumen,<br>– Operations- bzw. Behandlungsräumen,<br>– Fluren und Operations- bzw. Behandlungsräumen | 32 | – | |
| **5** | **Schulen und vergleichbare Unterrichtsbauten** | | | | |
| 38 | Decken | Decken zwischen Unterrichtsräumen oder ähnlichen Räumen | 55 | 53 | |
| 39 | | Decken unter Fluren | – | 53[1]) | |
| 40 | | Decken zwischen Unterrichtsräumen oder ähnlichen Räumen und „besonders lauten" Räumen (z. B. Sporthallen, Musikräume, Werkräume) | 55 | 46 | Wegen der verstärkten Übertragung tiefer Frequenzen können zusätzlich Maßnahmen zur Körperschalldämmung erforderlich sein. |
| 41 | Wände | Wände zwischen Unterrichtsräumen oder ähnlichen Räumen | 47 | – | |
| 42 | | Wände zwischen Unterrichtsräumen oder ähnlichen Räumen und Fluren | 47 | – | |
| 43 | | Wände zwischen Unterrichtsräumen oder ähnlichen Räumen und Treppenräumen | 52 | – | |
| 44 | | Wände zwischen Unterrichtsräumen oder ähnlichen Räumen und „besonders lauten" Räumen (z. B. Sporthallen, Musikräumen, Werkräumen) | 55 | – | |
| 45 | Türen | Türen zwischen Unterrichtsräumen oder ähnlichen Räumen und Fluren | 32 | – | Bei Türen gilt erf. $R_w$. |

[1]) Die Anforderungen an die Trittschalldämmung gilt nur für die Trittschallübertragung in fremde Aufenthaltsräume, ganz gleich, ob sie in waagrechter, schräger oder senkrechter Richtung (nach oben) erfolgt.

**Wasserinstallationen.** Einschalige Wände, an denen Armaturen und Wasserleitungen befestigt werden, müssen eine flächenbezogene Masse von mindestens 220 kg/m² aufweisen. Bei anderen Wänden muß die Eignung durch eine Prüfung nachgewiesen werden.

Die Zuordnung von Armaturen (s. Tafel 49) hängt davon ab, ob die Wände mit der Wasserinstallation direkt an schutzbedürftige Räume im selben Geschoß oder in den darüber oder darunter liegenden Geschossen angrenzen oder nicht (s. Bild 25). Stoßen Wände mit Wasserinstallation an Wände nach Bild 25.1 an, sind nur Armaturen der Gruppe I zulässig.

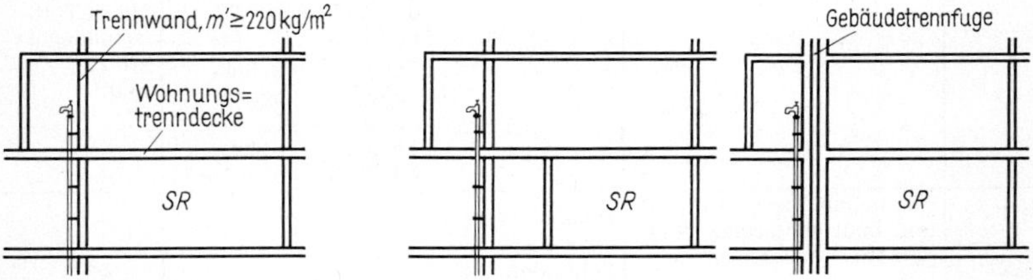


25.1 Armaturengruppe I    25.2 Armaturengruppe II

**Bild 25 Anordnung von Räumen mit Wasserinstallation und schutzbedürftigen Räumen (SR) und Zuordnung von Armaturengruppen**

**Tafel 51 Werte für die zulässigen Schallpegel in schutzbedürftigen Räumen von Geräuschen aus haustechnischen Anlagen und Gewerbebetrieben**

| Zeile | Geräuschquelle | Art der schutzbedürftigen Räume | |
|---|---|---|---|
| | | Wohn- und Schlafräume | Unterrichts- und Arbeitsräume |
| | | Kennzeichnender Schallpegel in dB(A) | |
| 1 | Wasserversorgungsanlagen | ≦35¹) | ≦35¹) |
| 2 | Sonstige haustechnische Anlagen | ≦30²) | ≦35²) |
| 3 | Betriebe tags 6 bis 22 Uhr | ≦35 | ≦35²) |
| 4 | Betriebe nachts 22 bis 6 Uhr | ≦25 | ≦35²) |

¹) Einzelne, kurzzeitige Spitzen, die beim Betätigen der Armaturen und Geräte der Wasserversorgungsanlagen (Öffnen, Schließen, Umstellen, Unterbrechen u.a.) entstehen, sind z.Z. nicht zu berücksichtigen.

²) Bei lüftungstechnischen Anlagen sind um 5 dB(A) höhere Werte zulässig, sofern es sich um Dauergeräusche ohne auffällige Einzeltöne handelt.

### 5.5.3 Schutz gegen Außenlärm

**Maßgeblicher Außenlärmpegel.** Grundlage für die Festlegung der erforderlichen Luftschalldämmung der Außenbauteile ist der „maßgebliche Außenlärmpegel". Für Straßenverkehr kann er mittels des Normogrammes in Bild 26 bestimmt werden.

Für die von der maßgeblichen Lärmquelle abgewandten Gebäudeseiten darf der „maßgebliche Außenlärmpegel" ohne besonderen Nachweis

- bei offener Bebauung um 5 dB(A),
- bei geschlossener Bebauung bzw. bei Innenhöfen um 10 dB(A)

gemindert werden.

Bei Vorhandensein von Lärmschutzwänden oder -wällen darf der „maßgebliche Lärmpegel" nach den Angaben in DIN 18005-1 reduziert werden.

Für Außenbauteile von Aufenthaltsräumen sind unter Berücksichtigung der unterschiedlichen Raumarten die in Tafel 53 aufgeführten Anforderungen der Luftschalldämmung einzuhalten.

Die erforderlichen Schalldämm-Maße sind in Abhängigkeit vom Verhältnis der gesamten Außenfläche eines Raumes $S_{(W+F)}$ zur Grundfläche eines Raumes $S_G$ nach Tafel 54 zu erhöhen oder zu mindern. Für Wohngebäude mit üblichen Raumhöhen von etwa 2,5 m und Raumtiefen von etwa 4,5 m oder mehr darf ein Korrekturwert von −2 dB herangezogen werden. Für Außenbauteile unterschiedlicher Orientierung sind die Anforderungen der Tafel 54 separat anzuwenden.

**Tafel 52 Anforderungen an die Luft- und Trittschalldämmung von Bauteilen zwischen „besonders lauten" und schutzbedürftigen Räumen**

| Zeile | Art der Räume | Bauteile | Bewertetes Schall-dämm-Maß erf. $R'_w$ in dB<br>Schall-pegel $L_{AF}$ = 75 bis 80 dB(A) | <br>Schall-pegel $L_{AF}$ = 81 bis 85 dB(A) | bewerteter Norm-Tritt-schallpegel erf. $L'_{n,w}$ in dB |
|---|---|---|---|---|---|
| 1.1 | Räume mit „besonders lauten" haustechnischen Anlagen oder Anlageteilen | Decken, Wände | 57 | 62 | – |
| 1.2 | | Fußböden | – | | 43 [3]) |
| 2.1 | Betriebsräume von Handwerks- und Gewerbebetrieben; Verkaufsstätten | Decken, Wände | 57 | 62 | – |
| 2.2 | | Fußböden | – | | 43 |
| 3.1 | Küchenräume der Küchenanlagen von Beherbergungsstätten, Krankenhäusern, Sanatorien, Gaststätten, Imbißstuben und dgl. | Decken, Wände | 55 | | – |
| 3.2 | | Fußböden | – | | 43 |
| 3.3 | Küchenräume wie vor, jedoch auch nach 22 Uhr in Betrieb | Decken, Wände | 57 [4]) | | – |
| | | Fußböden | – | | 33 |
| 4.1 | Gasträume, nur bis 22 Uhr in Betrieb | Decken, Wände | 55 | | – |
| 4.2 | | Fußböden | – | | 43 |
| 5.1 | Gasträume (maximaler Schallpegel $L_{AF} \leqq$ 85 dB(A)), auch nach 22 Uhr in Betrieb | Decken, Wände | 62 | | – |
| 5.2 | | Fußböden | – | | 33 |
| 6.1 | Räume von Kegelbahnen | Decken, Wände | 67 | | – |
| 6.2 | | Fußböden<br>a) Keglerstube<br>b) Bahn | <br>–<br>– | | <br>33<br>13 |
| 7.1 | Gasträume (maximaler Schallpegel 85 dB(A) $\leqq L_{AF} \leqq$ 95 dB(A)), z. B. mit elektroakust. Anlagen | Decken, Wände | 72 | | – |
| 7.2 | | Fußböden | – | | 28 |

[1]) Jeweils in Richtung der Lärmausbreitung.

[2]) Die für Maschinen erforderliche Körperschalldämmung ist mit diesem Wert nicht erfaßt; hierfür sind gegebenenfalls weitere Maßnahmen erforderlich. Ebenso kann je nach Art des Betriebes ein höheres erf. $L'_{n,w}$ als das genannte notwendig sein, dies ist im Einzelfall zu überprüfen.

[3]) Nicht erforderlich, wenn geräuscherzeugende Anlagen ausreichend körperschallgedämmt aufgestellt werden; eventuelle Anforderungen nach Tafel 49 bleiben hiervon unberührt.

[4]) Handelt es sich um Großküchenanlagen und darüberliegende Wohnungen als schutzbedürftige Räume gilt für erf. $R'_w = 62$ dB.

Anmerkung
Die in dem Nomogramm angegebenen Pegel wurden für einige straßentypische Verkehrssituationen nach DIN 18005 T1/05.87, Abschnitt 6, berechnet. Hierbei ist der Zuschlag von 3 dB gegenüber der Freifeldausbreitung berücksichtigt.

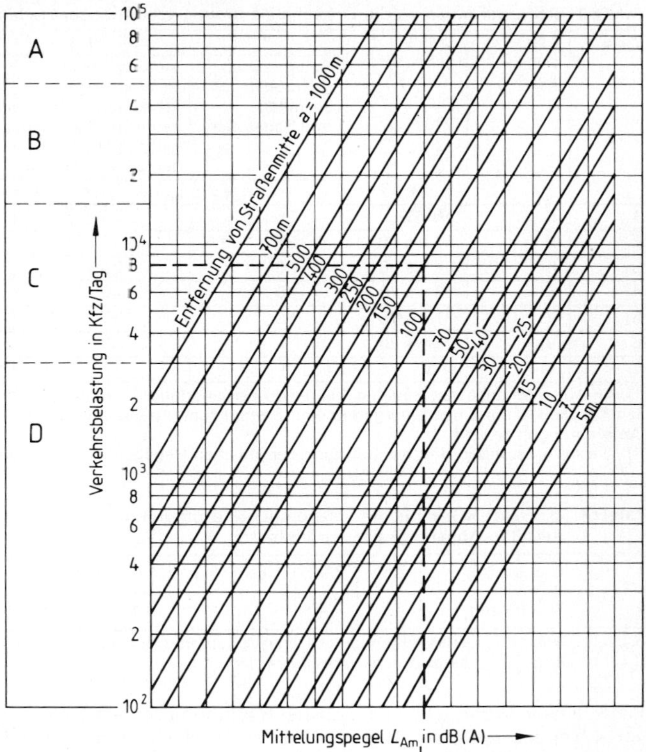


| | | |
|---|---|---|
| A | Autobahnen und Autobahnzubringer (25% Lkw-Anteil) | 50 – 55 – 60 – 65 – 70 – 75 |
| B | Bundes-, Landes-, Kreis-, Gemeindeverbindungsstraßen außerhalb des Ortsbereiches; Straßen in Industrie- und Gewerbegebieten (20% Lkw-Anteil) | 50 – 55 – 60 – 65 – 70 – 75 |
| C | Gemeinde-(Stadt-)straßen; Hauptverkehrsstraßen (2 bis 6-streifig, 10% Lkw-Anteil) | 45 – 50 – 55 – 60 – 65 – 70 |
| D | Gemeinde-(Stadt-)straßen; Wohn- und Wohnsammelstraßen (5% Lkw-Anteil) | 40 – 45 – 50 – 55 – 60 – 65 |

**Bild 26 Nomogramm zur Ermittlung des „maßgeblichen Außenlärmpegels" vor Hausfassaden für typische Straßenverkehrssituationen**

Zu den Mittelungspegeln sind gegebenenfalls folgende Zuschläge zu addieren:

+3 dB (A), wenn der Immissionsort an einer Straße mit beidseitig geschlossener Bebauung liegt,

+2 dB (A), wenn die Straße eine Längsneigung von mehr als 5% hat,

+2 dB (A), wenn der Immissionsort weniger als 100 m vor der nächsten lichtsignalgeregelten Kreuzung oder Einmündung entfernt ist.

**Tafel 53 Anforderungen an die Luftschalldämmung von Außenbauteilen**

| Zeile | Lärmpegelbereich | „Maßgeblicher Außenlärmpegel" in dB(A) | Raumarten: Bettenräume in Krankenanstalten und Sanatorien | Raumarten: Aufenthaltsräume in Wohnungen, Übernachtungsräume in Beherbergungsstätten, Unterrichtsräume u.ä. | Raumarten: Büroräume[1]) u.ä. |
|---|---|---|---|---|---|
| | | | erf. $R'_{w,res}$ des Außenbauteils in dB | | |
| 1 | I | bis 55 | 35 | 30 | – |
| 2 | II | 56 bis 60 | 35 | 30 | 30 |
| 3 | III | 61 bis 65 | 40 | 35 | 30 |
| 4 | IV | 66 bis 70 | 45 | 40 | 35 |
| 5 | V | 71 bis 75 | 50 | 45 | 40 |
| 6 | VI | 76 bis 80 | [2]) | 50 | 45 |
| 7 | VII | >80 | [2]) | [2]) | 50 |

[1]) An Außenbauteile von Räumen, bei denen der eindringende Außenlärm der darin ausgeübten Tätigkeiten nur einen untergeordneten Beitrag zum Innenraumpegel leisten, werden keine Anforderungen gestellt.
[2]) Die Anforderungen sind hier aufgrund der örtlichen Gegebenheiten festzulegen.

**Tafel 54 Korrekturwert für das erforderliche resultierende Schalldämm-Maß nach Tafel 53 in Abhängigkeit vom Verhältnis $S_{(W+F)}/S_G$**

| | | | | | | | | | | |
|---|---|---|---|---|---|---|---|---|---|---|
| 1 | $S_{(W+F)}/S_G$ | 2,5 | 2,0 | 1,6 | 1,3 | 1,0 | 0,8 | 0,6 | 0,5 | 0,4 |
| 2 | Korrektur | +5 | +4 | +3 | +2 | +1 | 0 | −1 | −2 | −3 |

$S_{(W+F)}$ Gesamtfläche des Außenbauteils eines Aufenthaltsraumes
$S_{(G)}$ Grundfläche eines Aufenthaltsraumes in $m^2$.

Für Räume in Wohngebäuden üblicher Raumhöhe von etwa 2,5 m und Raumtiefen von 4,5 m oder mehr und 10% bis 60% Fensterflächenanteil gelten die Anforderungen der Tafel 53 erfüllt, wenn die in Tafel 55 angegebenen Schalldämm-Maße $R'_{w,R}$ für die Wand und $R_{w,R}$ für das Fenster jeweils einzeln eingehalten werden.

**Tafel 55 Erforderliche Schalldämm-Maße erf. $R_{w,res}$ von Kombinationen von Außenwänden und Fenstern**

| Zeile | erf. $R'_{w,res}$ in dB nach Tafel 53 | Schalldämm-Maße für Wand/Fenster in .. dB/.. dB bei folgenden Fensterflächenanteilen in %: 10% | 20% | 30% | 40% | 50% | 60% |
|---|---|---|---|---|---|---|---|
| 1 | 30 | 30/25 | 30/25 | 35/25 | 35/25 | 50/25 | 30/30 |
| 2 | 35 | 35/30<br>40/25 | 35/30 | 35/32<br>40/30 | 40/30 | 40/32<br>50/30 | 45/32 |
| 3 | 40 | 40/32<br>45/30 | 40/35 | 45/35 | 40/35 | 40/37<br>60/35 | 40/37 |
| 4 | 45 | 45/37<br>50/35 | 45/40<br>50/37 | 50/40 | 50/40 | 50/42<br>60/40 | 60/42 |
| 5 | 50 | 55/40 | 55/42 | 55/45 | 55/45 | 60/45 | – |

Diese Tafel gilt nur für Wohngebäude mit üblicher Raumhöhe von etwa 2,5 m und Raumtiefe von etwa 4,5 m oder mehr, unter Berücksichtigung der Anforderungen an das resultierende Schalldämm-Maß erf. $R'_{w,res}$ des Außenbauteiles nach Tafel 53 und der Korrektur von −2 dB nach Tafel 54, Zeile 2.

## 5.6 Vorschläge für einen erhöhten Schallschutz und Empfehlungen zum Schallschutz im eigenen Wohn- und Arbeitsbereich

### 5.6.1 Vorschläge für einen erhöhten Schallschutz

In bestimmten Fällen kann ein über die Anforderungen nach DIN 4109 hinausgehender erhöhter Schallschutz (z. B. größeres Schutzbedürfnis, besonders geringes Hintergrundgeräusch) wünschenswert sein; hierdurch kann die Belästigung durch Schallübertragung weiter gemindert werden. Entsprechende Vorschläge sind in Tafel 56 enthalten.

Ein erhöhter Schallschutz einzelner oder aller Bauteile nach diesen Vorschlägen muß ausdrücklich zwischen dem Bauherrn und dem Entwurfsverfasser vereinbart werden, wobei hinsichtlich Eignungs- und Gütenachweis auf die Regelungen in DIN 4109 Bezug genommen werden soll.

**Tafel 56 Vorschläge für erhöhten Schallschutz; Luft- und Trittschalldämmung von Bauteilen zum Schutz gegen Schallübertragung aus einem fremden Wohn- oder Arbeitsbereich**

| Spalte | 1 | 2 | 3 | 4 | 5 |
|---|---|---|---|---|---|
| Zeile | | Bauteile | Vorschläge für erhöhten Schallschutz<br>erf. $R'_w$ in dB | <br>erf. $L'_{n,w}$ in dB | Bemerkungen |
| **1 Geschoßhäuser mit Wohnungen und Arbeitsräumen** | | | | | |
| 1 | Decken | Decken unter allgemein nutzbaren Dachräumen, z. B. Trockenböden, Abstellräumen und ihren Zugängen | ≧ 55 | ≦ 46 | |
| 2 | | Wohnungstrenndecken (auch -treppen) und Decken zwischen fremden Arbeitsräumen bzw. vergleichbaren Nutzungseinheiten | ≧ 55 | ≦ 46 | Weichfedernde Bodenbeläge dürfen für den Nachweis an den Trittschallschutz angerechnet werden. |
| 3 | | Decken über Kellern, Hausfluren, Treppenräumen unter Aufenthaltsräumen | ≧ 55 | ≦ 46[1]) | |
| 4 | | Decken über Durchfahrten, Einfahrten von Sammelgaragen und ähnliches unter Aufenthaltsräumen | – | ≦ 46[1]) | |
| 5 | | Decken unter Terrassen und Loggien über Aufenthaltsräumen | – | ≦ 46 | |
| 6 | | Decken unter Laubengängen | – | ≦ 46[1]) | |
| 7 | | Decken und Treppen innerhalb von Wohnungen, die sich über zwei Geschosse erstrecken | – | ≦ 46[1]) | Weichfedernde Bodenbeläge dürfen für den Nachweis an den Trittschallschutz angerechnet werden. |
| 8 | | Decken unter Bad und WC ohne/mit Bodenentwässerung | ≧ 55 | ≦ 46[1]) | Bei Sanitärobjekten in Bad oder WC ist für eine ausreichende Körperschalldämmung zu sorgen |
| 9 | | Decken unter Hausfluren | – | ≦ 46[1]) | |
| 10 | Treppen | Treppenläufe und -podeste | – | ≦ 46 | |

Fortsetzung und Fußnote s. nächste Seite

**Tafel 56,** Fortsetzung

| Spalte | 1 | 2 | 3 | 4 | 5 |
|---|---|---|---|---|---|
| Zeile | | Bauteile | Vorschläge für erhöhten Schallschutz<br>erf. $R'_w$ in dB | erf. $L'_{n,w}$ in dB | Bemerkungen |
| 11 | Wände | Wohnungstrennwände und Wände zwischen fremden Arbeitsräumen | ≧55 | – | |
| 12 | | Treppenraumwände und Wände neben Hausfluren | ≧55 | – | Für Wände mit Türen gilt $R'_w$ (Wand) $= R_{w,P}$ (Tür) + 15 dB. Darin bedeutet $R_{w,P}$ (Tür) die erforderliche Schalldämmung der Tür nach Zeile 13. Wandbreiten ≦30 cm bleiben dabei unberücksichtigt. |
| 13 | Türen | Türen, die von Hausfluren oder Treppenräumen in Flure und Dielen von Wohnungen und Wohnheimen oder von Arbeitsräumen führen | ≧37 | – | Bei Türen gelten die Werte für die Schalldämmung bei alleiniger Übertragung durch die Tür. |

**2 Einfamilien-Doppelhäuser und Einfamilien-Reihenhäuser**

| | | | | | |
|---|---|---|---|---|---|
| 14 | Decken | Decken | – | ≦38[1]) | Weichfedernde Bodenbeläge dürfen für den Nachweis an den Trittschallschutz angerechnet werden. |
| 15 | | Treppenläufe und -podeste und Decken unter Fluren | – | ≦46[1]) | |
| 16 | Wände | Haustrennwände Wohnungstrennwände | ≧67 | – | |

**3 Beherbergungsstätten, Krankenanstalten, Sanatorien**

| | | | | | |
|---|---|---|---|---|---|
| 17 | Decken | Decken | ≧55 | ≦46 | |
| 18 | | Decken unter Bad und WC ohne/mit Bodenentwässerung | ≧55 | ≦46[1]) | Weichfedernde Bodenbeläge dürfen für den Nachweis an den Trittschallschutz angerechnet werden.<br>Bei Sanitärobjekten in Bad oder WC ist für eine ausreichende Körperschalldämmung zu sorgen. |
| 19 | Decken | Decken unter Fluren | – | ≦46[1]) | |
| 20 | Treppen | Treppenläufe und -podeste | – | ≦46[1]) | |
| 21 | Wände | Wände zwischen Übernachtungs- bzw. Krankenräumen | ≧52 | – | |
| 22 | | Wände zwischen Fluren und Übernachtungs- bzw. Krankenräumen | ≧52 | – | Das $R'_w$ gilt nur für die Wand allein. |
| 23 | Türen | Türen zwischen Fluren und Krankenräumen | ≧37 | – | Bei Türen gelten die Werte für die Schalldämmung bei alleiniger Übertragung durch die Tür. |
| 24 | | Türen zwischen Fluren und Übernachtungsräumen | ≧37 | – | |

[1]) Der Vorschlag für den erhöhten Schallschutz an die Trittschalldämmung gilt nur für die Trittschallübertragung in fremde Aufenthaltsräume, ganz gleich, ob sie in waagrechter, schräger oder senkrechter (nach oben) Richtung erfolgt.

### 5.6.2 Empfehlungen für den Schallschutz im eigenen Wohn- oder Arbeitsbereich

In besonderen Fällen können Schallschutzmaßnahmen im eigenen Wohn- oder Arbeitsbereich wünschenswert sein.

Um dem Planer eine Orientierung für diese Aufgabe zu geben, werden in Tafel 57 Vorschläge für einen normalen und für einen erhöhten Schallschutz zum Schutz gegen Schallübertragung aus dem eigenen Wohn- oder Arbeitsbereich gemacht.

Der Schallschutz einzelner oder mehrerer Bauteile nach diesen Vorschlägen muß ausdrücklich zwischen dem Bauherrn und dem Entwurfsverfasser vereinbart werden, wobei hinsichtlich Eignungs- und Gütenachweis auf die Regelungen in DIN 4109 Bezug genommen werden soll.

**Tafel 57 Empfehlungen für normalen und erhöhten Schallschutz; Luft- und Trittschalldämmung von Bauteilen zum Schutz gegen Schallübertragung aus dem eigenen Wohn- oder Arbeitsbereich**

| Spalte | 1 | 2 | 3 | 4 | 5 | 6 |
|---|---|---|---|---|---|---|
| Zeile | Bauteile | Empfehlungen für normalen Schallschutz | | Empfehlungen für erhöhten Schallschutz | | Bemerkungen |
| | | erf. $R'_{w}$ in dB | erf. $L'_{n,w}$ in dB | erf. $R'_{w}$ in dB | erf. $L'_{n,w}$ in dB | |
| **1 Wohngebäude** | | | | | | |
| 1 | Decken in Einfamilienhäusern, ausgenommen Kellerdecken und Decken unter nicht ausgebauten Dachräumen | 50 | 56 | ≧55 | ≦46 | Bei Decken zwischen Wasch- und Aborträumen als Schutz nur gegen Trittschallübertragung in Aufenthaltsräume. Weichfedernde Bodenbeläge dürfen angerechnet werden. |
| 2 | Treppen und Treppenpodeste in Einfamilienhäusern | – | – | – | ≦53 | Der Vorschlag für den erhöhten Schallschutz an die Trittschalldämmung gilt nur für die Trittschallübertragung in fremde Aufenthaltsräume, ganz gleich, ob sie in waagerechter, schräger oder senkrechter, (nach oben) Richtung erfolgt. Weichfedernde Bodenbeläge dürfen angerechnet werden. |
| 3 | Decken von Fluren in Einfamilienhäusern | – | 56 | – | ≦46 | |
| 4 | Wände ohne Türen zwischen „lauten" und „leisen" Räumen unterschiedlicher Nutzung, z. B. zwischen Wohn- und Kinderschlafzimmer | 40 | – | ≧47 | – | |
| **2 Büro- und Verwaltungsgebäude** | | | | | | |
| 5 | Decken, Treppen, Decken von Fluren und Treppenraumwände | 52 | 10 | ≧55 | ≧46 | Weichfedernde Bodenbeläge dürfen angerechnet werden. |

Fortsetzung s. nächste Seite

**Tafel 57**, Fortsetzung

| Spalte | 1 | 2 | 3 | 4 | 5 | 6 |
|---|---|---|---|---|---|---|
| Zeile | Bauteile | Empfehlungen für normalen Schallschutz | | Empfehlungen für erhöhten Schallschutz | | Bemerkungen |
| | | erf. $R'_w$ in dB | erf. $L'_{n,w}$ in dB | erf. $R'_w$ in dB | erf. $L'_{n,w}$ in dB | |
| 6 | Wände zwischen Räumen mit üblicher Bürotätigkeit | 37 | – | ≧42 | – | Es ist darauf zu achten, daß diese Werte durch eine Nebenwegübertragung über Flur und Türen nicht verschlechtert wird. |
| 7 | Wände zwischen Fluren und Räumen nach Zeile 6 | 37 | – | ≧42 | – | |
| 8 | Wände von Räumen für konzentrierte geistige Tätigkeit oder zur Behandlung vertraulicher Angelegenheiten, z. B. zwischen Direktions- und Vorzimmer | 45 | – | ≧52 | – | |
| 9 | Wände zwischen Fluren und Räumen nach Zeile 8 | 45 | – | ≧52 | – | |
| 10 | Türen in Wänden nach Zeile 6 und 7 | 27 | – | ≧32 | – | Bei Türen gelten die Werte für die Schalldämmung bei alleiniger Übertragung durch die Tür. |
| 11 | Türen in Wänden nach Zeile 8 und 9 | 37 | – | – | – | |

## 5.7 VDI-Richtlinie 4100 (8.94) – Schallschutz von Wohnungen

Zu beachten ist, daß die VDI-Richtlinie 4100 weder von den Obersten Bauaufsichtsbehörden der Länder noch vom Bundesministerium für Städtebau, Bauwesen und Raumordnung anerkannt wird und daher kann auch nicht davon ausgegangen werden, daß es sich bei dieser Richtlinie um eine allgemein anerkannte Regel der Technik handelt.

**Tafel 58 Wahrnehmung üblicher Geräusche aus Nachbarwohnungen und Zuordnung zu den drei Schallschutzstufen**

| 1 | 2 | 3 | 4 |
|---|---|---|---|
| Art der Geräuschemission | Wahrnehmung der Immission aus der Nachbarwohnung, abendlicher Grundgeräuschpegel von 20 dB(A) und üblich große Aufenthaltsräume vorausgesetzt | | |
| | SSt I | SSt II | SSt III |
| Laute Sprache | verstehbar | im allgemeinen verstehbar | im allgemeinen nicht verstehbar |
| Sprache mit angehobener Sprechweise | im allgemeinen verstehbar | im allgemeinen nicht verstehbar | nicht verstehbar |
| Sprache mit normaler Sprechweise | im allgemeinen nicht verstehbar | nicht verstehbar | nicht hörbar |
| Gehgeräusche | im allgemeinen störend | im allgemeinen nicht mehr störend | nicht störend |
| Geräusche aus haustechnischen Anlagen | unzumutbare Belästigungen werden im allgemeinen vermieden | gelegentlich störend | nicht oder nur selten störend |
| Hausmusik, laut eingestellte Rundfunk- und Fernsehgeräte, Parties | deutlich hörbar | | im allgemeinen hörbar |

Die VDI-Richtlinie 4100 will mittels der drei Schallschutzstufen SSt I bis SSt III dem Wohnungsbenutzer eine Bewertungshilfe an Hand geben, damit er den baulichen Schallschutz seinen Vorstellungen entsprechend differenzierter beurteilen kann. Die in der VDI-Richtlinie 4100 angegebenen Schallschutzwerte beziehen sich auf Aufenthaltsräume und gelten für alle Geräuschquellen und -übertragungswege aus fremden Wohn- und Arbeitsräumen.

Die Qualität des subjektiv empfundenen Schallschutzes bei den einzelnen Stufen wird in der Tafel 58 angegeben.

**Tafel 59 Kennwerte für Schallschutzstufen von Wohnungen in Mehrfamilienhäusern und von Doppel- und Reihenhäusern**

| Geräuschübertragungswege und Geräuschquellen | | | kennzeichnende akustische Größe[5]) | SSt I | Mehrfamilienhäuser[8]) SSt II | Mehrfamilienhäuser[8]) SSt III | Doppel- und Reihenhäuser[8]) SSt II | Doppel- und Reihenhäuser[8]) SSt III |
|---|---|---|---|---|---|---|---|---|
| Luftschallschutz | zwischen Aufenthaltsräumen und fremden Räumen | horizontal | $R'_w$ in dB | Anforderungen nach DIN 4109 | 56 | 59 | 63 | 68 |
| | | vertikal | | | 57 | 60 | 63 | 68 |
| | zwischen Aufenthaltsräumen und fremden Treppenhäusern bzw. Fluren | | | | 56 | 59 | – | – |
| Trittschallschutz | zwischen Aufenthaltsräumen und fremden Räumen | | $L'_{n,w}$ in dB | | 46 | 39 | 41 | 34 |
| | zwischen Aufenthaltsräumen und fremden Treppenhäusern | | | | 53 | 46 | 46 | 39 |
| Geräusche von | Wasserinstallationen (Wasserversorgungs- und Abwasseranlagen gemeinsam) | | $L_{In}$ in dB(A) | | 30[3]), [4]) | 25[3]), [4]) | 25[3]), [4]) | 20[3]), [4]) |
| Geräusche | sonstigen haustechnischen Anlagen | | $L_{AFmax}$ in dB(A) | | 30[4]) | 25[4]) | 25[4]) | 20[4]) |
| Geräusche von | baulich verbundenen Gewerbebetrieben tags | | $L_r$ in dB(A) nach VDI 2058 Blatt 1 | | 35[1]), [2]) | –[0]) | 30[1]), [2]) | –[0]) |
| Luftschallschutz gegen von außen eindringende Geräusche | | | $R'_{w,res}$ in dB | | [6]) | [7]) | [6]) | [7]) |

[0]) In Schallschutzstufe III ist in der Regel gewerbliche Nutzung störungsfrei nicht möglich.
[1]) Möglichst nur tagsüber arbeitende Gewerbebetriebe zulassen
[2]) $L_{AFmax}$ höchstens 10 dB(A) höher
[3]) Wenn Abwassergeräusche gesondert (ohne die zugehörigen Armaturengeräusche) auftreten, sind wegen der erhöhten Lästigkeit dieser Geräusche um 5 dB niedrigere Werte einzuhalten.
[4]) Nutzergeräusche sollten durch Maßnahmen nach Abschnitt 5.4.9 soweit wie möglich gemindert werden.
[5]) s. Begriffsdefinitionen in der Norm DIN 4109
[6]) $R'_{w,res}$ nach der Norm DIN 4109
[7]) $R'_{w,res}$ nach der Norm DIN 4109 + 5 dB
[8]) Schutz in Aufenthaltsräumen vor Geräuschen aus fremden Bereichen

Während in der **Schallschutzstufe I (SStI)** die Mindestanforderungen der DIN 4109 übernommen wurde, werden in der **Schallschutzstufe II (SSt II)** Werte angegeben, bei deren Einhaltung die Bewohner, übliche Wohngegebenheiten vorausgesetzt, im allgemeinen Ruhe finden und ihre Verhaltensweisen nicht besonders einschränken müssen, um Vertraulichkeit zu wahren. Angehobene Sprache in der Nachbarwohnung ist in der Regel in fremden Aufenthaltsräumen wahrnehmbar, aber nicht zu verstehen.

Bei Einhalten der Kennwerte der **Schallschutzstufe III (SSt III)** können die Bewohner ein hohes Maß an Ruhe finden. Geräusche von außen sind kaum wahrzunehmen. Der Schutz der Privatsphäre ist auch bei lauter Sprache weitestgehend gegeben. Angehobene Sprache aus der Nachbarwohnung wird nur halb so laut wahrgenommen wie bei Stufe II. Damit ist die Sicherheit des Nichtverstehens gegenüber Stufe II deutlich verbessert. Musikinstrumente können aber beim Nachbar noch hörbar sein und damit unter Umständen stören. In den Tafeln 59 und 60 werden die empfohlenen Kennwerte des einzuhaltenden baulichen Schallschutzes für die drei Schallschutzstufen angegeben.

**Tafel 60 Kennwerte für Schallschutzstufen innerhalb des eigenen Wohnbereichs**

| | | | kennzeichnende akustische Größe[5]) | SSt I | SSt II | SSt III |
|---|---|---|---|---|---|---|
| Luftschallschutz | zwischen Aufenthaltsräumen | horizontal[4]) | $R'_w$ in dB | Beiblatt 2 zu DIN 4109 | 48 | 48 |
| | | vertikal | | | 55 | 55 |
| Trittschallschutz | zwischen Aufenthaltsräumen oder zwischen Aufenthaltsräumen und Erschließungs- bzw. Gemeinschaftsräumen | vertikal, horizontal oder diagonal | $L'_{n,w}$ in dB | | 46[1]) | 46[1]) |
| Geräusche von | Wasserinstallationen (Wasserversorgungs- und Abwasseranlagen gemeinsam) | | $L_{In}$ in dB(A) | | 30[2]), [3]) | 30[2]), [3]) |
| Geräusche von | sonstigen haustechnischen Anlagen | | $L_{AFmax}$ in dB(A) | | 30[3]) | 25[3]) |
| Luftschallschutz gegen von außen eindringende Geräusche | | | $R'_{w,res}$ in dB | [6]) | [6]) | [7]) |

[1]) Gilt auch zwischen Aufenthaltsräumen und Treppen bzw. -podesten

[2]) Werden Abwassergeräusche gesondert (ohne die zugehörigen Armaturengeräusche) wahrgenommen, sind wegen der erhöhten Lästigkeit dieser Geräusche um 5 dB(A) niedrigere Werte einzuhalten.

[3]) Nutzergeräusche sollten durch Maßnahmen nach Abschnitt 5.4.9 soweit wie möglich gemindert werden.

[4]) Wände ohne Türen

[5]) s. Begriffsdefinitionen in der Norm DIN 4109

[6]) $R'_{w,res}$ nach der Norm DIN 4109

[7]) $R'_{w,res}$ nach der Norm DIN 4109 + 5 dB

# 6 Raumakustik

## 6.1 Begriffe

**Nachhall, Nachhallzeit *T*, Schallabsorption, Schallabsorptionsgrad $\alpha$, äquivalente Schallschluckfläche *A*, Schallpegelminderung $\Delta L$.** (Diese Begriffe sind in Abschn. 5.1.4 definiert)

**Sabinesche Formel.** Näherungsweise Berechnung der Nachhallzeit $T$ aus Raumvolumen $V$ in m³ und äquivalenter Absorptionsfläche $A$ in m²

$$T = 0{,}163\, V/A \quad \text{in s}$$

Die äquivalente Absorptionsfläche $A$ kann näherungsweise berechnet werden aus den Absorptionsgraden $\alpha_1, \alpha_2 \ldots \alpha_i$ der zugehörigen Flächen $S_1, S_2 \ldots S_i$ und der Absorptionen $A'_1, A'_2 \ldots A'_i$ der Objekte bzw. Personen $n_1, n_2 \ldots n_i$

$$A = \alpha_1 S_1 + \alpha_2 S_2 + \ldots + \alpha_i S_i + n_1 A'_1 + n_2 A'_2 + \ldots + n_i A'_i$$

Schallabsorptionsgrade s. Tafel 61.

**Direktschall.** Schallwellen, die den Hörer direkt auf geradlinigem Weg erreichen.

**Reflektierender Schall.** An den Raumbegrenzungsflächen oder Gegenständen im Raum reflektierte Schallwellen, die den Hörer erst auf diesem Umweg erreichen. Es gibt günstige und ungünstige Schallreflexionen.

**Tafel 61 Schallabsorptionsgrade einiger Bauelemente und Absorption von Publikum und Bestuhlung** nach [2]

| Element | Absorptionskoeffizient $\alpha$ | | | | | |
|---|---|---|---|---|---|---|
| | 125 Hz | 250 Hz | 500 Hz | 1000 Hz | 2000 Hz | 4000 Hz |
| Glatter Verputz auf Mauerwerk oder Beton | 0,01 | 0,01 | 0,02 | 0,02 | 0,03 | 0,04 |
| Aufgehängte, glatte Gipsdecke | 0,25 | 0,2 | 0,1 | 0,05 | 0,05 | 0,1 |
| Wandverkleidung aus Holz oder Holzfaserplatten auf Lattenrost | 0,4 | 0,3 | 0,2 | 0,1 | 0,1 | 0,2 |
| Aufgeklebter Bodenbelag (Holz, Kork, Gummi) | 0,02 | 0,03 | 0,04 | 0,05 | 0,05 | 0,1 |
| Parkett usw. auf Blindboden | 0,2 | 0,15 | 0,1 | 0,1 | 0,05 | 0,1 |
| Teppiche mittlerer Dicke | 0,05 | 0,08 | 0,2 | 0,3 | 0,35 | 0,4 |
| Vorhänge mittel | 0,1 | 0,15 | 0,3 | 0,4 | 0,5 | 0,6 |
| Akustikplatte, 2 cm, aufgeklebt | 0,1 | 0,15 | 0,4 | 0,6 | 0,7 | 0,7 |
| Akustikplatte, 2 cm, auf Lattenrost | 0,2 | 0,3 | 0,6 | 0,7 | 0,7 | 0,7 |
| Geschlossene Fenster | 0,1 | 0,04 | 0,03 | 0,02 | 0,02 | 0,02 |
| Mit Zuhörern, Orchester, Chören belegte Fläche | 0,60 | 0,74 | 0,88 | 0,96 | 0,93 | 0,85 |
| Fläche der Bestuhlung (Polster mit Stoffbespannung) ohne Zuhörer | 0,49 | 0,66 | 0,80 | 0,88 | 0,82 | 0,70 |
| Fläche der Bestuhlung (Polster mit Leder) ohne Zuhörer | 0,44 | 0,54 | 0,60 | 0,62 | 0,58 | 0,50 |
| Publikum (m²/Person) stehend oder | | | | | | |
| – auf Holzbestuhlung | 0,15 | 0,3 | 0,5 | 0,55 | 0,6 | 0,5 |
| – auf Polsterbestuhlung | 0,2 | 0,4 | 0,55 | 0,6 | 0,6 | 0,5 |
| Orchester mit Instrumenten auf Podium/Person | 0,4 | 0,8 | 1,0 | 1,4 | 1,3 | 1,2 |
| Bestuhlung alleine: | | | | | | |
| – Holz | 0,01 | 0,01 | 0,02 | 0,03 | 0,05 | 0,05 |
| – Polster mit Stoffbespannung | 0,1 | 0,3 | 0,35 | 0,45 | 0,5 | 0,4 |
| – Polster mit Leder | 0,1 | 0,25 | 0,35 | 0,35 | 0,2 | 0,1 |

**Laufzeitdifferenz.** Zeitunterschied zwischen der Einwirkung des direkten und reflektierten Schalles auf den Hörer. Die Laufzeitdifferenz sollte nicht größer als 0,5 s sein.

**Hörsamkeit.** Eignung eines Raumes für Schalldarbietungen im Hinblick auf eine ausreichende Sprachverständlichkeit, vorwiegend bewirkt durch eine zweckmäßige Gestaltung des Raumes in Verbindung mit Auswahl und Verteilung definierter schallschluckender Flächen.

## 6.2 Anwendungsbereich

Die Raumakustik befaßt sich mit der Schallausbreitung in geschlossenen Räumen, der Beurteilung derselben hinsichtlich der Verständlichkeit des gesprochenen Wortes oder der Eignung für musikalische Darbietungen. Außerdem gibt sie Hinweise für Lärmminderungsmaßnahmen in Aufenthalts- und Arbeitsräumen zur Sicherung ausreichender Verständlichkeit von Gesprächen.

## 6.3 Anforderungen

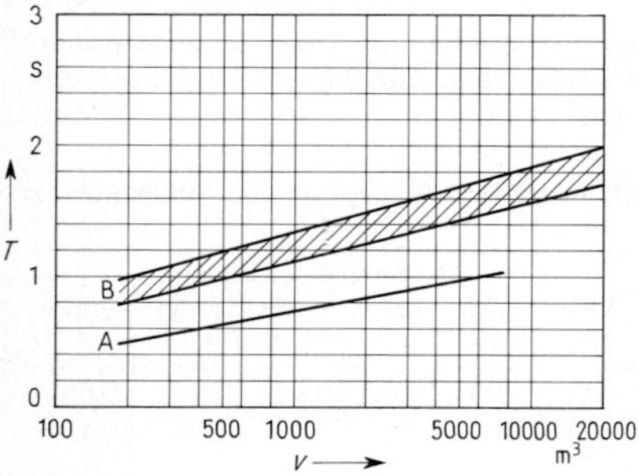


**Bild 27**
**Nachhallzeit *T* für verschiedene Raumvolumina *V* bei 1000 Hz. (*A* Sprache; *B* mittlerer Bereich für Musik)** nach [2]

Die Anforderungen hinsichtlich der raumakustischen Verhältnisse richten sich nach dem Verwendungszweck der Räume. Für jeden Raum gibt es einen günstigsten Nachhallzeitbereich, die sogenannte optimale Nachhallzeit *T*, die vom Verwendungszweck (sprachliche oder musikalische Darbietungen) und vom Raumvolumen abhängt (s. Bild 27). Bei Arbeits- und Aufenthaltsräumen ist gegebenenfalls durch zusätzliche Schallabsorptionsmaßnahmen der Schallpegel abzusenken, um eine ausreichende Verständlichkeit der Sprache zu gewährleisten.

### 6.3.1 Nachhallzeit

**Tafel 62 Nachhallzeit**

| | | | |
|---|---|---|---|
| Sporthallen | – | oberhalb 500 Hz < 1,8 [1]) | DIN 18032 |
| Sitzungssäle, Versammlungsräume und dergleichen | 125<br>250<br>500<br>1000 | 0,6<br>0,7<br>0,8<br>0,9 | DIN 18041 |

[1]) Werte gelten für unbesetzten Raum, im besetzten Raum sinken sie jeweils etwa um 0,2 s.

### 6.3.2 Lärmminderung

Eine Erhöhung der vorhandenen äquivalenten Schallabsorptionsfläche $A_1$ um $\Delta A$ ergibt eine Verminderung des Schallpegels $\Delta L$ um

$$\Delta L = 10 \lg \left(1 + \frac{\Delta A}{A_1}\right)$$

Dieser Effekt wird jedoch häufig überschätzt. Eine Verdoppelung der äquivalenten Schallabsorptionsfläche ($\Delta A = A_1$) ergibt nur 3 dB Minderung.

## 6.4 Raumgeometrie

Bei der Ausbreitung des Schalles wird dieser an Decken und Wänden reflektiert. Für hintere Plätze sind kurze Zeit nach dem Direktschall eintreffende Reflexionen wichtig. Große Laufzeitunterschiede zwischen direktem und indirektem Schall beeinträchtigen die Sprachverständlichkeit, sie können durch Anordnung von schallabsorbierenden Flächen vermieden werden (s. Bilder 28 bis 32).

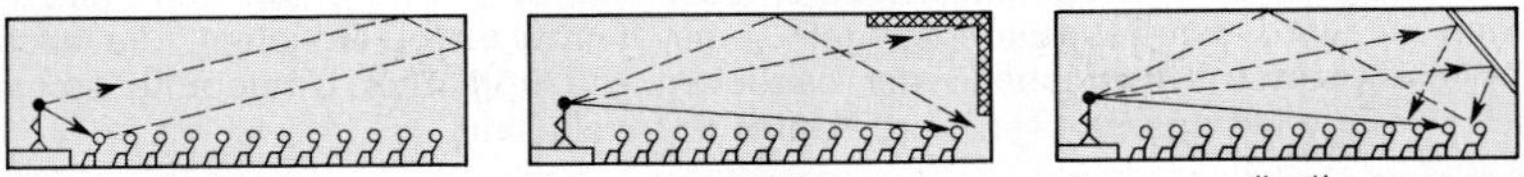

a) ungünstig b) günstig c) günstig

**Bild 28 Rückwandreflexion**

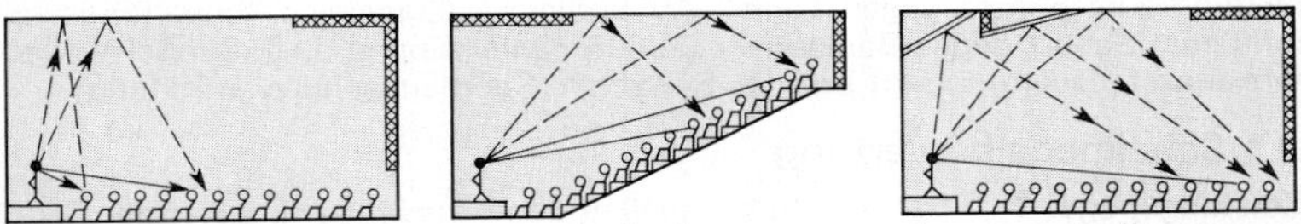

a) ungünstig b) günstig c) günstig

**Bild 29 Deckenreflexion**

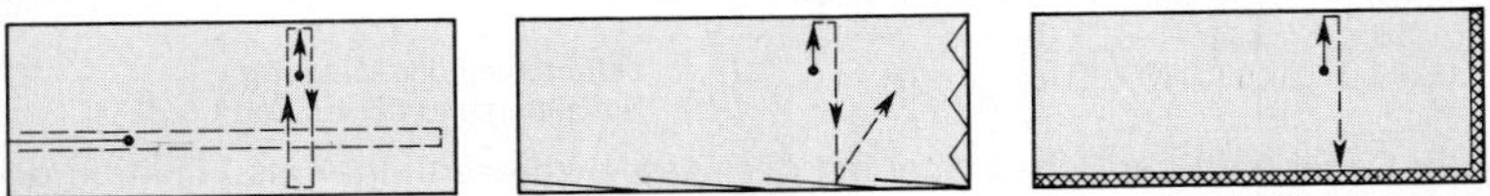

a) ungünstig b) günstig c) günstig

**Bild 30 Flatterecho**

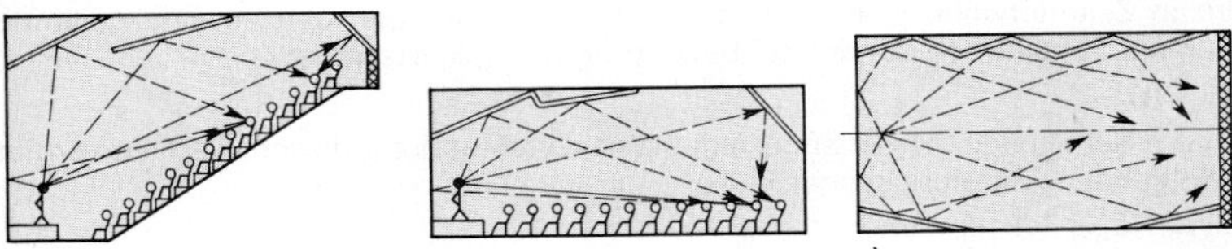

a) b) c)

**Bild 31 Nützliche Reflexionen für den hinteren Raumbereich**

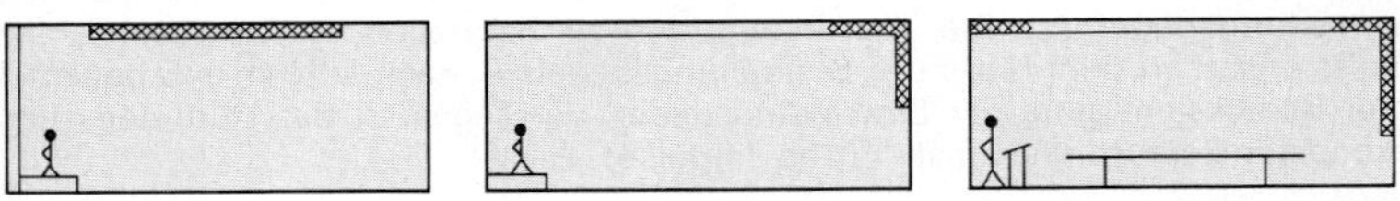

a) ungünstig b) günstig c) günstig

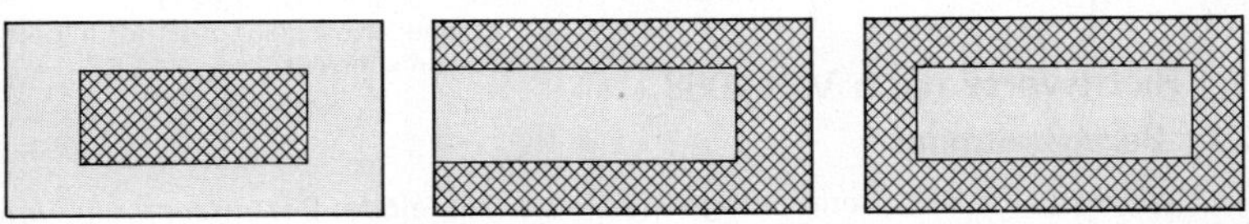

a) b) c)

**Bild 32 Verteilen von Schallschluckflächen für Räume kleiner bis mittlerer Raumgröße, z.B. Schulräume, Sitzungsräume (oben Aufrisse, unten Deckenuntersichten)**

# 7 Lärmschutz

Der von Geräuschquellen abgestrahlte Lärm wird von Menschen als belastend empfunden, wenn der am Immissionsort vorhandene Schallpegel zu hoch ist. Maßgebend für die Belastung ist die Stärke, Dauer, Häufigkeit des Auftretens, Frequenzzusammensetzung, Auffälligkeit und Ortsüblichkeit des Geräusches, sowie die Art und Betriebsweise der Geräuschquelle. Aus den am Immissionsort gemessenen Werten wird unter Berücksichtigung der verschiedenen Einflußgrößen der Beurteilungspegel $L_r$ bestimmt. Um zu entscheiden, ob Lärm als belastend einzustufen ist, wird der Beurteilungspegel $L_r$ mit Richtwerten verglichen, die nach Einwirkungsorten entsprechend der baulichen Nutzung ihrer Umgebung sowie nach der Einwirkungszeit (Tag bzw. Nacht) unterteilt sind.

Festgelegt sind die Richtwerte in der VDI-Richtlinie 2058 „Beurteilung von Arbeitslärm in der Nachbarschaft", DIN 18005 „Schallschutz im Städtebau", der Arbeitsstättenverordnung „Schutz gegen Lärm am Arbeitsplatz", TA-Lärm „Technische Anleitung zum Schutz gegen Lärm", AV-Baulärm „Allgemeine Verwaltungsvorschrift zum Schutz gegen Baulärm – Geräuschimmissionen", 16. BimSchV (Verkehrslärmschutzverordnung) und 18. BimSchV (Sportlärmschutzverordnung).

## 7.1 Schallpegelbewertung

**Mittelungspegel $L_m$.** Der von Schallquellen abgestrahlte Lärm ist in der Regel zeitlich nicht konstant. Um die Meßergebnisse verschiedener Schallereignisse miteinander vergleichen zu können, wird aus den zeitlich schwankenden Meßwerten der Mittelungspegel $L_m$ nach DIN 45641 gebildet.

$$L_m = 10 \lg\left[\frac{1}{T}\int_0^T 10^{\frac{L(t)}{10\,\mathrm{dB}}}\,\mathrm{d}t\right] \quad \text{in dB}$$

$T$ Zeitintervall der Messung
$L(t)$ Schallpegel in dB zur Zeit t

In der Regel wird der Schallpegel mit der Frequenzbewertung A als Funktion der Zeit mit der Zeitbewertung „F" (Schnell), „S" (Langsam) oder „I" (Impulse) gemessen. Je nach der gewählten Anzeigeart erhält man als Meßergebnis die Größe

$L_{AF}(t)$, $L_{AS}(t)$ oder $L_{AI}(t)$.

Wird in Zeitintervallen von 3 bis 5 Sekunden der für den ganzen Takt geltende maximale Schalldruck mit der Zeitbewertung „F" gemessen, ist

$L_{AFT}(t)$

der vom Schallpegelmesser angezeigte Wert. Die Mittelung dieser Meßwerte ergibt die folgenden Mittelungspegel:

$L_{AFm}$, $L_{ASm}$, $L_{AIm}$ und $L_{AFTm}$.

**Wirkpegel.** Der in allgemeinen Verwaltungsvorschriften benützte Wirkpegel ist identisch mit dem Mittelungspegel $L_{AFTm}$.

**Beurteilungspegel $L_r$.** Die Einwirkung des zu beurteilenden Geräusches am Immissionsort wird an Hand des Beurteilungspegels $L_r$ nach DIN 45645 bewertet unter Berücksichtigung der Einwirkungsdauer, der Tageszeit des Auftretens und besonderer Geräuschmerkmale (Töne, Impulse). Es ist

$$L_r = 10 \lg\left[\frac{1}{T_r}\int_0^{T_r} 10^{\frac{L(t)+K(t)}{10\,\mathrm{dB}}}\,\mathrm{d}t\right] \quad \text{in dB}$$

$T_r$ Beurteilungszeit
$L(t)$ Schallpegel in dB zur Zeit t
$K(t)$ Schallpegelzuschlag in dB für Impuls- und Tonhaltigkeit

## 7.2 Richtwerte nach VDI 2058

### 7.2.1 Bezugszeitraum

Die Richtwerte für den Beurteilungspegel sind auf einen Bezugszeitraum von 16 Stunden während des Tages und die ungünstigsten Stunden während der Nacht bezogen. Die Nachtzeit beträgt 8 Stunden; sie beginnt im allgemeinen um 22.00 Uhr und endet um 6.00 Uhr.

### 7.2.2 Immissionsrichtwerte

Die Richtwerte betragen für Einwirkungsorte, in deren Umgebung

| | |
|---|---|
| a) nur gewerbliche Anlagen und ggf. ausnahmsweise Wohnungen für Inhaber und Leiter der Betriebe sowie für Aufsichts- und Bereitschaftspersonen untergebracht sind | 70 dB (A) |
| b) vorwiegend gewerbliche Anlagen untergebracht sind | tags 65 dB (A) nachts 50 dB (A) |
| c) weder vorwiegend gewerbliche Anlagen noch vorwiegend Wohnungen untergebracht sind | tags 60 dB (A) nachts 45 dB (A) |
| d) vorwiegend Wohnungen untergebracht sind | tags 55 dB (A) nachts 40 dB (A) |
| e) ausschließlich Wohnungen untergebracht sind | tags 50 dB (A) nachts 35 dB (A) |
| f) für Kurgebiete, Krankenhäuser, Pflegeanstalten, sowie sie als solche durch Orts- und Straßenbeschilderung ausgewiesen sind | tags 45 dB (A) nachts 35 dB (A) |

Kurzzeitige Geräuschspitzen sollen den Richtwert am Tage nicht mehr als 30 dB (A) überschreiten. Zur Sicherung der Nachtruhe sollen nachts auch kurzzeitige Überschreitungen der Richtwerte um mehr als 20 dB (A) vermieden werden.

# 8 Brandschutz

Brände in Gebäuden und ihre Auswirkung auf die Umgebung gefährden das Leben und die Gesundheit von Menschen. Um der Entstehung und Ausbreitung von Schadenfeuer vorzubeugen, werden Vorschriften zum Brandschutz erlassen; sie sind in den Landesbauordnungen enthalten und stimmen in allen Bundesländern weitgehend überein. Die dort festgelegten brandschutztechnischen Mindestauflagen betreffen die Ausführung der Bauteile, die Planung von Flucht- und Rettungswegen für den Brandfall und die Planung von Feuerwehrzufahrten.

Maßnahmen zum baulichen Brandschutz finden ihren Niederschlag in der Auswahl der Baustoffe und Ausbildung der Bauteile. Als Bewertungsmaßstab für die bauaufsichtlichen Anforderungen an den Brandschutz dient die Klassifizierung der Baustoffe nach ihrem Brandverhalten (brennbare oder nicht brennbare Baustoffe) und die Einteilung der Bauteile in Feuerwiderstandsklassen. Darunter versteht man die Widerstandsdauer in Minuten bei Feuereinwirkung unter definierten Bedingungen. Eine Brandentstehung und die Ausbreitung des Feuers in einem Raum wird durch die Verwendung von nicht brennbaren oder schwer entflammbaren Baustoffen behindert. Leicht entflammbare Baustoffe sind nicht zugelassen, es sei denn, sie sind in Verbindung mit anderen Baustoffen nicht mehr leicht entflammbar.

Die Brandweiterleitung in benachbarte Räume oder in andere Geschosse wird durch das Brandverhalten der Bauteile bestimmt. An deren Feuerwiderstand werden, je nach Gebäudeart und -höhe, unterschiedliche Anforderungen gestellt.

## 8.1 Brandschutztechnische Prüfungen

Wie die Baustoffe und Bauteile zur brandschutztechnischen Klassifizierung zu prüfen sind, ist in DIN 4102 – Brandverhalten von Baustoffen und Bauteilen – festgelegt.

Die Norm besteht aus folgenden Teilen:

| | |
|---|---|
| T1 (5.81) | Baustoffe; Begriffe, Anforderungen und Prüfungen |
| T2 (9.77) | Bauteile, Begriffe, Anforderungen und Prüfungen |
| T3 (9.77) | Brandwände und nichttragende Außenwände; Begriffe, Anforderungen und Prüfungen |
| T4 (3.94) | Zusammenstellung und Anwendung klassifizierter Baustoffe, Bauteile und Sonderbauteile |
| T5 (9.77) | Feuerschutzabschlüsse, Abschlüsse in Fahrschachtwänden, gegen Flugfeuer widerstandsfähige Verglasungen; Begriffe, Anforderungen und Prüfungen. |
| T6 (9.77) | Lüftungsleitungen; Begriffe, Anforderungen und Prüfungen |
| T7 (3.87) | Bedachungen; Begriffe, Anforderungen und Prüfungen |
| T11 (12.85) | Rohrummantelungen, Rohrabschottungen, Installationsschächte und -kanäle sowie Abschlüsse ihrer Revisionsöffnungen; Begriffe, Anforderungen und Prüfungen. |

## 8.2 Baustoffklassen

Die Baustoffe werden nach ihrem Brandverhalten in Klassen eingeteilt. Diese sind gemeinsam mit den bauaufsichtlichen Benennungen in Tafel 63 aufgeführt.

Baustoffe der Klasse A2 dürfen geringe Mengen an organischen Bestandteilen enthalten, verhalten sich aber bei einem Brand wie ein Baustoff der Klasse A1. In der Bauverordnung wird nicht zwischen A1 und A2 unterschieden, die Baustoffe dieser Klassen werden bauaufsichtlich gleich behandelt.

**Tafel 63 Baustoffklassen und bauaufsichtliche Benennung**

| Klasse | Benennung |
|---|---|
| A, $A_1$, $A_2$ | nichtbrennbare Baustoffe |
| B | brennbare Stoffe |
| B1 | schwerentflammbare Baustoffe |
| B2 | normalentflammbare Baustoffe |
| B3 | leichtentflammbare Baustoffe |

Baustoffklassen müssen durch Prüfzeugnis bzw. -zeichen nachgewiesen werden.

Ohne Brandversuche können Baustoffe, die in DIN 4102-4 aufgeführt sind, den dort angegebenen Baustoffklassen ohne jeden weiteren Nachweis zugeordnet werden. Bei allen anderen Baustoffen muß durch ein Prüfzeugnis oder ein Prüfzeichen auf Grundlage von Brandversuchen nach DIN 4102-1 bzw. durch allgemeine bauaufsichtliche Zulassung (Institut für Bautechnik in Berlin) der Nachweis geliefert werden.

Für nichtbrennbare Baustoffe der Baustoffklasse A 1 genügt ein Prüfzeugnis, wenn sie keine brennbaren Bestandteile enthalten. Für nichtbrennbare Baustoffe der Baustoffklasse A 2 sowie für brennbare Baustoffe der Klasse B 1 besteht Prüfzeichenpflicht.

Für brennbare Baustoffe der Klasse B 2 und B 3 ist der Nachweis mit Prüfzeugnis ausreichend; diese können z.B. von amtlich anerkannten Materialprüfungsanstalten erstellt werden. Die folgende Tafel 64 gibt eine Übersicht zur Zuordnung von Baustoffen und Nachweisverfahren.

Werden Verbundstoffe klassifiziert, so müssen sie als Gesamtheit geprüft werden. Wenn für den Nachweis die in DIN 4102 vorgesehenen Prüfungen nicht ausreichen, sind weitere Nachweise zum Beispiel im Rahmen der Erteilung einer allgemeinen bauaufsichtlichen Zulassung zu erbringen.

**Tafel 64 Baustoffklassen und Nachweisverfahren**

| Klasse | zusätzliches Kriterium | | Nachweis durch |
|---|---|---|---|
| A 1 | ohne brennbare Bestandteile | genormte Baustoffe | DIN 4102-4 |
| | | nicht genormte Baustoffe | Prüfzeugnis |
| A 2 | mit brennbaren Bestandteilen | | Prüfbescheid mit Prüfzeichen |
| B 1 | nach bestimmten Normen | | DIN 4102-4 |
| | Sonstige | | Prüfbescheid mit Prüfzeichen |
| B 2 | genormte Baustoffe | | Prüfzeugnis |
| | nicht genormte Baustoffe | | Prüfzeugnis |

## 8.3 Feuerwiderstandsklassen

Eine Zuordnung der Bauteile zu Feuerwiderstandsklassen erfolgt nach Zeitdauer, die das Bauteil bzw. die Baukonstruktion beim Brandversuch dem Feuer Widerstand bietet.

**Feuerwiderstandsklassen F.** Für Wand- und Deckenbauteile sowie Stützen, Unterzüge und sonstigen Tragwerke werden nach DIN 4102-2 die Feuerwiderstandsklassen F, baurechtlichen Benennungen und Kurzbezeichnungen der Tafeln 65 und 66 unterschieden.

**Tafel 65 Feuerwiderstandsklasse F**

| Feuerwiderstandsklasse | F30 | F60 | F90 | F120 | F180 |
|---|---|---|---|---|---|
| Feuerwiderstandsdauer in min | ≧30 | ≧60 | ≧90 | ≧120 | ≧180 |

**Tafel 66 Benennungen der Feuerwiderstandsklassen F und Kurzbezeichnung**

| Baurechtliche Benennung | Benennung nach DIN 4102 | Kurzbezeichnung |
|---|---|---|
| feuerhemmend | Feuerwiderstandsklasse F 30 | F 30 – B |
| feuerhemmend und in den tragenden Teilen aus nicht brennbaren Stoffen | Feuerwiderstandsklasse F 30 und in den wesentlichen Teilen aus nichtbrennbaren Stoffen | F 30 – AB |
| feuerhemmend und aus nichtbrennbaren Baustoffen | Feuerwiderstandsklasse F 30 und aus nichtbrennbaren Baustoffen | F 30 – A |
| feuerbeständig | Feuerwiderstandsklasse F 90 und in den wesentlichen Teilen aus nichtbrennbaren Baustoffen | F 90 – AB |
| feuerbeständig und aus nichtbrennbaren Baustoffen | Feuerwiderstandsklasse F 90 und aus nichtbrennbaren Baustoffen | F 90 – A |

Holzbauteile der Feuerwiderstandsklasse F 30 – B und F 60 – B werden im Kapitel Holzbau, Abschn. 6, dieses Werkes aufgeführt.

**Weitere Feuerwiderstandsklassen** sind:

Feuerwiderstandsklasse W bei nichttragenden Außenwänden, Brüstungen und Stürzen.

Feuerwiderstandsklasse T bei Feuerschutzabschlüssen, z. B. Türen, Klappen, Rolläden und Toren. Sie müssen im eingebauten Zustand den Durchtritt eines Feuers durch Öffnungen in Wänden und Decken verhindern.

Feuerwiderstandsklasse G bei Verglasungen. Diese verhindern den Flammen- und Brandgasdurchtritt, nicht jedoch den Durchtritt der Wärmestrahlung. Die Verglasungen müssen einschließlich ihrer Halterungen sowie Befestigungen und Fugen als Raumabschluß wirksam bleiben. Verglasungen der Feuerwiderstandsklasse F verhindern nicht nur den Flammen- und Brandgasdurchtritt, sondern auch den Durchtritt von Wärmestrahlung.

Feuerwiderstandsklasse L und K bei Lüftungsleitungen und Absperrvorrichtungen. Die Übertragung von Feuer und Rauch durch Lüftungsleitungen soll verhindert werden.

# 9 Lichttechnische Größen und Einheiten

## 9.1 Größen und Einheiten

Die lichttechnischen Größen sind keine objektiven Meßgrößen, da durch die Bezugnahme auf die Helligkeitsempfindung des menschlichen Auges eine subjektive Bewertung unvermeidlich ist. Die Definitionen sind in DIN 5031 „Strahlungsphysik im optischen Bereich und Lichttechnik" niedergelegt. Die wichtigsten Größen sind:

**Lichtstärke $I$.** Ist die lichttechnische Basiseinheit im SI-Einheitensystem und wird in Candela (cd) gemessen.

**Lichtstrom $\Phi = I \cdot \Omega$.** Der Lichtstrom $\Phi$ ergibt sich aus der Lichtstärke $I$, die eine Lichtquelle in den Raumwinkel $\Omega$ (Einheit: Steradiant (sr)) ausstrahlt; er wird in Lumen (lm) gemessen. Es ist 1 lm = 1 cd · sr.

**Leuchtdichte $L = I/(A \cdot \cos\varepsilon)$.** Ist die maßgebende Größe für den vom Auge wahrgenommenen Helligkeitseindruck einer Fläche. Die Leuchtdichte $L$ einer Fläche $A$ in einer bestimmten Richtung ist der Quotient aus der Lichtstärke $I$ der Fläche, die in Richtung zum Beobachter abgestrahlt wird, und der zur Ausstrahlungsrichtung senkrechten Projektion der Fläche ($A \cdot \cos\varepsilon$). Sie wird gemessen in $cd/m^2$.

**Beleuchtungsstärke $E = \Phi/A$.** Ist der Quotient aus dem auf eine Fläche $A$ fallenden Lichtstrom $\Phi$ und der Größe dieser Fläche. Sie wird gemessen in Lux (lx). Es ist 1 lx = 1 $lm/m^2$.

## 9.2 Anforderungen an die Beleuchtungsstärke

**Richtwerte für die Nennbeleuchtungsstärke $E_n$** in Räumen oder in Raumzonen von Arbeitsstätten in Gebäuden sind in der DIN 5035 T 2 „Innenraumbeleuchtung mit künstlichem Licht; Richtwerte für Arbeitsstätten" (9.90) enthalten. Durch Übernahme in die Arbeitsstättenrichtlinie „Künstliche Beleuchtung 7/3 Juni 1979" des Bundesministers für Arbeit und Sozialordnung wurden sie zu Mindestanforderungen (s. Tafel 67).

**Tafel 67 Richtwerte für Nennbeleuchtungsstärken nach DIN 5035 T2 (9.90)**

| Art des Raumes bzw. der Tätigkeit | $E_n$ in lx |
|---|---|
| **Allgemeine Räume** | |
| Verkehrszonen in Abstellräumen | 50 |
| Kantinen | 200 |
| Pausen- und Liegeräume | 100 |
| Räume für körperliche Ausgleichsübungen | 300 |
| Umkleideräume | 100 |
| Waschräume | 100 |
| Toilettenräume | 100 |
| Sanitätsräume, Räume für Erste Hilfe u.ä. | 500 |
| **Verkehrswege in Gebäuden** | |
| für Personen | 50 |
| für Personen und Fahrzeuge | 100 |
| Treppen, Fahrtreppen und geneigte Verkehrswege | 100 |
| **Büroräume und büroähnliche Räume** | |
| Büroräume mit tageslichtorientierten Arbeitsplätzen ausschließl. in unmittelbarer Fensternähe | 300 |
| Büroräume | 500 |
| Großraumbüros – hohe Reflexion | 750 |
| – mittlere Reflexion | 1000 |
| Technisches Zeichnen | 750 [1]) |
| Sitzungszimmer und Besprechungsräume | 300 |
| Empfangsräume | 100 |
| Räume mit Publikumsverkehr | 200 |
| Räume für Datenverarbeitung | 500 |
| **Groß- und Einzelhandel** | |
| Verkaufsräume | 300 |
| Kassenarbeitsplätze | 500 |
| **Hotels und Gaststätten** | |
| Empfang | 200 |
| Küche | 500 |
| Speiseräume | 200 |
| Buffet | 300 |
| Sitzungsräume | 300 |
| Selbstbedienungsgaststätten | 300 |

[1]) bezogen auf eine Gebrauchslage des Zeichenbrettes von 75° zur Horizontalen; im Mittelpunkt 1,2 m Höhe.

# Lastannahmen

Bearbeitet von Prof. Dr.-Ing. Otto W. Wetzell

## Inhalt

## Technische Baubestimmungen

| | | | |
|---|---|---|---|
| DIN 1052 | T1 | (4.88) | Holzbauwerke; Berechnung und Ausführung |
| | T2 | (4.88) | –; Mechanische Verbindungen |
| | T3 | (4.88) | –; Holzhäuser in Tafelbauart; Berechnung und Ausführung |
| DIN 1053 | T1 | (2.90) | Mauerwerk; Rezeptmauerwerk; Berechnung und Ausführung |
| | T3 | (2.90) | –; Bewehrtes Mauerwerk; Berechnung und Ausführung |
| DIN 1055 | T1 | (7.78) | Lastannahmen für Bauten; Lagerstoffe, Baustoffe und Bauteile, Eigenlasten u. Reibungswinkel |
| | T2 | (2.76) | –; Bodenkenngrößen, Wichte, Reibungswinkel, Kohäsion, Wandreibungswinkel |
| | T3 | (6.71) | –; Verkehrslasten |
| | T4 | (8.86) | –; Verkehrslasten; Windlasten bei nicht-schwingungsanfälligen Bauwerken |
| | T4 A1 | (6.87) | –; Verkehrslasten; Änderung 1, Berichtigungen |
| | T5 | (4.94) | –; Verkehrslasten; Schneelast und Eislast |
| | T6 | (5.87) | –; Lasten in Silozellen |
| | T6 Bbl1 | (5.87) | –; Lasten in Silozellen; Erläuterungen |
| DIN 1056 | | (10.84) | Freistehende Schornsteine in Massivbauart; Berechnung und Ausführung |
| DIN 1072 | | (12.85) | Straßen- und Wegbrücken; Lastannahmen |
| | Bbl1 | (5.88) | –; Lastannahmen; Erläuterungen |
| DIN 4028 | | (1.82) | Stahlbetondielen aus Leichtbeton mit haufwerkporigem Gefüge; Anforderungen, Prüfung, Bemessung, Ausführung, Einbau |
| DIN 4112 | | (2.83) | Fliegende Bauten; Richtlinien für Bemessung und Ausführung |
| DIN 4131 | | (11.91) | Antennentragwerke aus Stahl |
| DIN 4132 | | (2.81) | Kranbahnen; Stahltragwerke; Grundsätze für Berechnung, bauliche Durchbildung und Ausführung |
| | Bbl1 | (2.81) | –; Stahltragwerke; Grundsätze für Berechnung, bauliche Durchbildung und Ausführung; Erläuterungen |
| DIN 4134 | | (2.83) | Tragluftbauten; Berechnung, Ausführung und Betrieb |
| DIN 4149 | T1 | (12.92) | Bauten in deutschen Erdbebengebieten; Lastannahmen; Bemessung und Ausführung üblicher Hochbauten |
| | T1, Bbl1 | (4.81) | –; Zuordnung von Verwaltungsgebieten zu Erdbebenzonen |
| DIN 4212 | | (1.86) | Kranbahnen aus Stahlbeton und Spannbeton; Berechnung und Ausführung |
| DIN 4420 | T1 | (12.90) | Arbeits- und Schutzgerüste; Allgemeine Regelungen; Sicherheitstechnische Anforderungen; Prüfungen |
| | T2 | (12.90) | –; Leitergerüste; Sicherheitstechnische Anforderungen |
| | T3 | (12.90) | –; Gerüstbauten; Sicherheitstechnische Anforderungen und Regelausführungen |
| | T4 | (12.88) | –; aus vorgefertigten Bauteilen; Werkstoffe; Gerüstbauteile, Abmessungen, Lastannahmen und sicherheitstechnische Anforderungen |
| DIN 4421 | | (8.82) | Traggerüste; Berechnung, Konstruktion und Ausführung |
| | A1 | (E5.88) | –; Berechnung, Konstruktion und Ausführung; Änderung 1 |
| DIN 15018 | T1 | (11.84) | Krane; Grundsätze für Stahltragwerke; Berechnung |
| | T2 | (11.84) | –; Stahltragwerke; Grundsätze für bauliche Durchbildung und Ausführung |
| | T3 | (11.84) | –; Grundsätze für Stahltragwerke; Berechnung von Fahrzeugkranen |
| DIN 15019 | T1 | (9.79) | –; Standsicherheit für alle Krane ausgenommen gleislose Fahrzeugkrane und Schwimmkrane |
| | T2 | (6.79) | –; Standsicherheit für gleislose Fahrzeugkrane, Prüfbelastung und Berechnung |
| DIN 18032 | T1 bis T6 | (9.79 bis 3.91) | Sporthallen |
| Eurocode I | | | Einwirkungen auf Tragwerke |

# 1 Allgemeines

## 1.1 Klassischer Ansatz

Kräfte, die von außen auf die Teile eines Bauwerkes einwirken und keine Reaktionskräfte sind, werden Lasten genannt. Bei der Zusammenstellung der Lasten verwendet man üblicherweise diese Einteilung:

| | |
|---|---|
| – Eigenlast des Tragwerkes<br>– Nach Art und Ort feststehende Ausbaulast (bei Hochbauten z. B. Fußboden, nicht tragende Wände) | ständig wirkende Lasten |
| – Ausbaulast mit unbestimmtem Einbauort (bei Hochbauten z. B. leichte Trennwände)<br>– Lasten aus Umwelteinwirkung (hervorgerufen etwa durch Schnee, Wind, Erd- und Wasserdruck, Erdbeben)<br>– Nutzlasten und Betriebslasten. | nicht ständig wirkende Lasten |

Während die Eigenlast des Tragwerkes und die nach Art und Ort feststehende Ausbaulast in ihrer jeweiligen Größe berechnet und angesetzt werden, kann für Ausbaulasten mit unbestimmtem Einbauort und für Lasten aus Umwelteinwirkung nur mit Ersatzlasten gearbeitet werden. Nutz- und Betriebslasten werden teilweise als Lastbilder fiktiver Fahrzeuge und teilweise in Form von Ersatzlasten angegeben.

Nutz- und Betriebslasten und Lasten aus Umwelteinwirkung müssen daraufhin geprüft werden, ob sie das Tragwerk nur statisch beanspruchen oder ob bei ihrem Auftreten im Tragwerk nennenswerte Schwingungsbeanspruchungen auftreten. Wenn die Beanspruchung statisch ist, spricht man von vorwiegend ruhender Belastung. Bei nicht vorwiegend ruhender Belastung ist noch zu prüfen, ob die Belastung periodischen Charakter hat oder ob sie aperiodisch verläuft. Während im ersteren Fall durch eine genauere Rechnung (eine dynamische oder auch Schwingungsberechnung) die Gefahr einer Resonanzkatastrophe zu untersuchen ist, kann im letzteren der dynamische Einfluß durch einen Lastzuschlag o.ä. berücksichtigt werden (Schwingbeiwert). Lastbilder fiktiver Regelfahrzeuge sind i.allg. als nicht vorwiegend ruhende Lasten zu behandeln. Ersatzlasten sind i.allg. als vorwiegend ruhende Lasten klassifiziert, wobei dann ein dynamischer Einfluß gegebenenfalls schon eingearbeitet ist.

Im Hinblick auf die Bedeutung der Lasten für das jeweils untersuchte Tragwerk sowie im Hinblick auf die Häufigkeit ihres Auftretens und die (damit zusammenhängende) Wahrscheinlichkeit ihres zeitlichen Zusammentreffens in ungünstiger Kombination unterscheidet man *Haupt- und Zusatzlasten*. Zu den *Hauptlasten* gehören alle ständig oder jedenfalls über lange Zeit wirkenden Lasten, insbesondere also die Eigenlast sowie die wesentlichen und vergleichsweise regelmäßig auftretenden Nutz- und Betriebslasten. Zu den *Zusatzlasten* gehören alle übrigen Lasten, das sind diejenigen nicht ständig wirkenden Lasten, die vergleichsweise selten auftreten, so daß die Wahrscheinlichkeit ihres zeitlichen Zusammentreffens mit rechnerischer, d.h. höchster Intensität und in ungünstigster Kombination vergleichsweise gering ist. Die Frage, ob eine bestimmte (nicht ständig wirkende) Last als Haupt- oder als Zusatzlast zu behandeln ist, kann deshalb nur nach einem Vergleich aller im gegebenen Fall (nicht ständig) wirkenden Lasten beantwortet werden, wobei die Antwort für unterschiedliche Tragwerke ein und desselben Bauwerkes unterschiedlich sein wird. Verbindliche Angaben hierzu enthalten die verschiedenen mit dem Thema Lastannahmen befaßten Normen und Normenabschnitte.[1])

[1]) Teilweise enthalten diese Vorschriften auch noch weitergehende Regelungen bezüglich der Behandlung von Lasten als Haupt- und/oder Zusatzlasten. DIN 1055 z.B. sieht vor, daß Wind und Schnee sowohl als Zusatzlasten wie auch als Hauptlasten behandelt werden können: Als Zusatzlasten, wenn beide gleichzeitig mit voller rechnerischer Intensität wirken, und als Hauptlasten, wenn jeweils eine der beiden mit voller und die andere gleichzeitig mit halber Intensität wirkt. Und DS 804 etwa sieht vor, daß nicht alle, sondern nur bestimmte Zusatzlasten gleichzeitig wirken, wobei dann mehrere Kombinationen zu untersuchen sind.

Bisher wurde von Lasten gesprochen, die im Fertigzustand auf das Bauwerk wirken. In vielen Fällen müssen jedoch auch Bauzustände untersucht werden, und zwar immer dann, wenn in der Errichtungsphase entweder eine andere Art der Lastabtragung gegeben ist als im Fertigzustand oder wesentliche Beanspruchungen aus „Baulasten" entstehen. Solche „Baulasten" zählen zu den sog. Sonderlasten.

Hauptlasten, Zusatzlasten und Sonderlasten im Bauzustand sind sämtlich Lasten in normalen bzw. planmäßigen Betriebsfällen. Daneben gibt es außergewöhnliche Betriebsfälle, etwa Unglücks- und Katastrophenfälle, wie sie eintreten etwa bei Anprall von Fahrzeugen oder Entgleisung von Schienenfahrzeugen, bei Anstieg des Grundwassers und damit des Wasserdrucks wegen Ausfall von Betriebs- und Sicherungsvorrichtungen, bei Erdbeben usw. Für alle diese und weitere Fälle gibt es Ersatzlasten, die man ebenfalls als Sonderlasten bezeichnet.
Im Rahmen der Bemessung sind nun alle Querschnittsabmessungen, konstruktiven Details usw. so festzulegen, daß alle zuvor aufgeführten Lasten sicher vom Bauwerk getragen werden können. Dabei ist es wirtschaftlich nicht vertretbar, zu fordern, daß unter den Lasten eines außergewöhnlichen und vielleicht nie eintretenden Katastrophenfalles der gleiche Sicherheitsabstand etwa zur Fließgrenze oder Bruchschnittgröße eingehalten wird wie unter den Lasten des regelmäßig (im Fertigzustand) auftretenden Lastfalles H oder des planmäßig auftretenden Lastfalles HB (Bauzustand).

Die Bemessung für Lastfälle HA (Anprall) oder HE (Erdbeben) wird deshalb mit anderen (niedrigeren) Sicherheiten durchgeführt als die Bemessung für die Lastfälle H oder HB.

Aus dem gleichen Grunde darf man unter den Lasten der vergleichsweise unwahrscheinlichen Lastfälle HZ und HZB mit gegenüber den Lastfällen H und HB reduzierten Sicherheitsabständen rechnen, die größer sind als diejenigen der Lastfälle HA und HE.

Der Nachweis für die Lastfälle HZ und HZB macht einen Nachweis für die Lastfälle H und HB nicht überflüssig: Da die verschiedenen Bauwerkstypen (Hochbauten, Brücken, Maste, Tunnel usw.) in ganz unterschiedlichem Maße durch Zusatzlasten beansprucht werden, würde eine Bemessung nur für die Lastfälle HZ und HZB zu ganz verschiedenen Sicherheiten in den (dann nicht untersuchten) Regellastfällen H und HB führen. Die Untersuchung des Lastfalles H erst liefert für alle Bauwerkstypen eine etwa gleiche Sicherheit unter der Einwirkung vergleichbarer Lasten.

Tafel 1 zeigt (als Beispiel) eine Übersicht über die zu führenden Nachweise beim Entwurf einer Eisenbahnbrücke nach DS 804.

**Tafel 1 Erforderliche Nachweise (Eisenbahnbrücken)**

| Zustand \ Lasten | Hauptlasten | Haupt- und Zusatzlasten |
|---|---|---|
| Fertigzustand | H | HZ |
| Bauzustand | HB | HZB |
| Unglücksfall bzw. Katastrophenfall | HA<br>HC<br>HE | |

Die zuvor genannten Lastfälle gelten übrigens nicht für die Untersuchung des Baugrundes nach DIN 1054, wobei man die Lastfälle 1, 2 und 3 unterscheidet.
Im Lastfall 1 wirken die ständigen Lasten und die regelmäßig auftretenden Verkehrslasten (auch Wind). Im Lastfall 2 wirken außer den Lasten des Lastfalles 1 auch die übrigen gleichzeitig, aber nicht regelmäßig auftretenden großen Verkehrslasten sowie Belastungen, die nur während der Bauzeit auftreten.[1]) Im Lastfall 3 wirken außer den Lasten des Lastfalles 2 alle gleichzeitig möglichen außerplanmäßigen Lasten wie z.B. Lasten in der Folge von Unglücks- und Katastrophenfällen oder Lasten, die bei Ausfall von Betriebs- und Sicherungsvorrichtungen auftreten.[2])

[1]) Lastfall 1 kann mit Lastfall H, Lastfall 2 mit Lastfall HZB verglichen werden.
[2]) Man beachte, daß DIN 1054 unmittelbar Lastfälle definiert und dabei die verschiedenen Lasten direkt benennt, während sonst erst Lastklassen gebildet und mit diesen dann Lastfälle definiert werden.

Um nun die Summe der Lasten, die von einem Bauwerk sicher zu tragen sind, nach allgemein festgelegten Grundsätzen einheitlich bestimmen zu können, werden Angaben der unterschiedlichsten Art gebraucht. Man findet sie in der Regel entweder in den Belastungsnormen oder in den entsprechenden Abschnitten verschiedener Bauwerksnormen.

Diese mit der Belastung von Bauwerken befaßten Normen und Normenabschnitte enthalten vor allem Angaben zur belastungsrelevanten Klassifizierung von Bauwerken und zur Intensität der verschiedenen Lasten sowie zu deren Einordnung in die verschiedenen o.g. Gruppen. Angaben dazu, welche Lastfälle zu untersuchen und welche Grenzwerte dabei einzuhalten sind, findet man i.allg. in anderen Normen bzw. Normteilen. Eine konsequente Trennung der Gebiete Lastannahmen, Lastfälle und Sicherheiten ist jedoch von der Sache her kaum möglich. Schon deshalb nicht, weil Angaben zu Lastannahmen vor allem geordnet sind unter dem Gesichtspunkt der Bauwerksarten (etwa Hochbauten, Brücken, Silos, Masten usw.), während sicherheitsrelevante Angaben vor allem unter dem Gesichtspunkt der Bauweisen gegliedert sind (etwa Stahlbetonbau, Stahlbau, Holzbau, Mauerwerksbau und Grundbau).[1])

Schließlich sei noch darauf hingewiesen, daß manche Begriffe in den verschiedenen Normen mit verschiedenen Inhalten gefüllt sind. DIN 1055 z.B. verwendet den Begriff „Verkehrslast" sowohl im engeren Sinne von Nutzlast (das ist die mit der Nutzung unmittelbar zusammenhängende Last) als auch im weiteren Sinne von „nicht ständig wirkende Last" (etwa Nutzlasten und Wind-, Schnee- und Eislasten), während z.B. DIN 1072 und DS 804 den gleichen Begriff nur im engeren Sinne von Nutzlast verwenden und insbesondere Wind- und Schneelasten nicht zu den Verkehrslasten zählen.

## 1.2 Lasten und Sicherheiten nach Eurocode

### 1.2.1 Allgemeines

Im Zuge der Bestrebungen zur Harmonisierung der technischen Spezifikationen der Mitgliedsländer der EG wird seit geraumer Zeit an einem europäischen Regelwerk gearbeitet, das u.a. aus diesen Teilen besteht bzw. bestehen wird:

- Eurocode 1 Einwirkungen auf Tragwerke
- Eurocode 2 Betonbauten
- Eurocode 3 Stahlbauten
- Eurocode 4 Verbundkonstruktionen aus Stahl und Beton
- Eurocode 5 Holzbauten
- Eurocode 6 Mauerwerksbauten
- Eurocode 7 Geotechnik
- Eurocode 8 Bauwerke in erdbebengefährdeten Gebieten.

Weitere Eurocodes werden Baustoffe und deren Prüfung zum Gegenstand haben.

Der Eurocode 1 wird aus den folgenden Teilen bestehen:

- Teil 1 Allgemeine Anwendungsregeln
- Teil 2 Materialdichten
- Teil 3 Eigenlasten
- Teil 4 Boden- und Wasserdruck
- Teil 5 Eingeprägte Verformungen (Zwang)
- Teil 6 Nutzlasten auf Decken und Dächern
- Teil 7 Schnee- und Eislasten
- Teil 8 Windlasten
- Teil 9 Wasser- und Wellenlasten
- Teil 10 Temperatureinwirkungen
- Teil 11 Silo- und Tanklasten
- Teil 12 Verkehrslasten für Straßenbrücken
- Teil 13 Verkehrslasten für Eisenbahnbrücken
- Teil 14 Kranlasten
- Teil 15 Maschineneinwirkungen
- Teil 16 Lasten in Bauzuständen
- Teil 17 Anprallasten
- Teil 18 Explosionslasten
- Teil 19 Erdbebenlasten
- Teil 20 Brandeinwirkungen.

[1]) Auch hängt dies zusammen mit der Tatsache, daß die verschiedenen bei der Planung, Errichtung und Nutzung von Bauwerken auftretenden Risiken bei uns (noch) pauschal durch einen (einzigen) Sicherheitsbeiwert berücksichtigt werden.

Er wird also wesentlich mehr abdecken als die beiden (deutschen) Normen 1055 und 1072. Dies wird auch deutlich in der Wahl des neu eingeführten Begriffes der „Einwirkungen", der auch Einflüsse von Temperaturänderungen, Auflagerbewegungen usw. umschließt.

### 1.2.2 Sicherheitskonzept

Normlasten können nicht für sich allein gesehen werden sondern nur im Zusammenhang mit den rechnerischen Nachweisen, in die sie eingehen. EC1 wird sogenannte charakteristische Werte $F_k$ enthalten bzw. liefern, die hauptsächlich aufgrund der statistischen Verteilung (Häufigkeit, Intensität) der jeweiligen Größe innerhalb eines bestimmten Zeitraums festgelegt werden. Solange EC1 nicht vorliegt bzw. nicht eingeführt ist, gelten die Werte der Normen DIN 1055 und DIN 1072 als charakteristische Werte.

Dem zeitlichen Auftreten nach wird EC1 unterscheiden zwischen

- ständigen Einwirkungen $G$,
- veränderlichen Einwirkungen $Q$, die planmäßig und/oder statistisch vergleichsweise häufig auftreten
  und
- außergewöhnlichen Einwirkungen $A$, die statistisch in großen zeitlichen Abständen auftreten.

Die veränderlichen Einwirkungen $Q$ werden, um bei Kombinationen die Unterschiede bei der Häufigkeit des Auftretens bzw. die Wahrscheinlichkeit des zeitlichen Zusammentreffens der charakteristischen Werte berücksichtigen zu können, mit Kombinationsfaktoren $\psi$ multipliziert, wodurch sich der repräsentative Wert der veränderlichen Einwirkung ergibt. EC1 wird unterscheiden zwischen

- dem Begleitwert der veränderlichen Einwirkung $\psi_0 Q_k$,
- dem häufigen Wert der veränderlichen Einwirkung $\psi_1 Q_k$
  und
- dem quasi-ständigen Wert der veränderlichen Einw. $\psi_2 Q_k$.

Die bemessenden Nachweise werden dann mit Bemessungswerten $F_d$ der Einwirkungen geführt, die durch Multiplikation der charakteristischen Werte $F_k$ oder der repräsentativen Werte $\psi F_k$ mit den Teilsicherheitsfaktoren $\gamma_F$ gebildet werden:

$G_d = \gamma_G \cdot G_k$

$Q_d = \gamma_Q \cdot Q_k$ bzw. $Q_d = \gamma_Q \cdot \psi \cdot Q_k$

$A_d = \gamma_A \cdot A_k$

usw.

Dabei wird es – auch für ständige Einwirkungen – unterschiedliche Teilsicherheitsbeiwerte für günstig und ungünstig wirkende Einwirkungen geben. Für die maßgebenden Kombinationen dieser Bemessungswerte $F_d$ der Einwirkungen werden schließlich die Bemessungswerte $S_d$ der Beanspruchungen ermittelt.

a) Für normale bzw. fundamentale Bemessungssituationen gilt

$$S_d = S\{\sum \gamma_G \cdot G_k + \gamma_{Q,1} \cdot Q_{k,1} + \sum \gamma_{Q,i} \cdot \psi_{0,i} \cdot Q_{k,i}\}.$$

Bei üblichen Hochbauten ohne Sicherheitsrisiko und normaler Bemessungssituation können die Bemessungswerte $S_d$ vereinfacht wie folgt berechnet werden:

a1) Kombination der ständigen Einwirkung $G$ mit nur einer veränderlichen Einwirkung $Q_{k,1}$:

- allgemein: $S_d = S\{\sum \gamma_G \cdot G_k + 1{,}50 \cdot Q_{k,1}\}$.
- bei Verwendung reduzierter Teilsicherheitsbeiwerte im Holzbau

$$S_d = S\{\sum \gamma_G \cdot G_k + 1{,}35 \cdot Q_{k,1}\}$$

a2) Kombination der ständigen Einwirkungen mit zwei oder mehr veränderlichen Einwirkungen $Q_{k,i}$:

– allgemein: $S_d = S\{\sum \gamma_G \cdot G_k + 1{,}35 \cdot \sum Q_{k,i}\}$.

– bei Verwendung reduzierter Teilsicherheitsbeiwerte im Holzbau

$$S_d = S\{\sum \gamma_G \cdot G_k + 1{,}20 \cdot \sum Q_{k,i}\}$$

b) Für außergewöhnliche Bemessungssituationen gilt

$$S_d = S\{\sum \gamma_{GA} \cdot G_k + A_d + \psi_1 \cdot Q_{k,1} + \sum \psi_{2,i} \cdot Q_{k,i}\}.$$

Diesen Bemessungswerten $S_d$ der Beanspruchungen werden Bemessungswerte $R_d$ der Beanspruchbarkeiten gegenübergestellt, die mit Bemessungswerten $X_d$ von Baustoffeigenschaften, geometrischen Größen $a_d$ und anderen berechnet werden.

Die Bemessungswerte $X_d$ von Baustoffeigenschaften ergeben sich aus charakteristischen Werten $X_k$, Teilsicherheitsbeiwerten $\gamma_M$ und ggf. einem modifizierenden Faktor $k_{mod}$, der den Einfluß der Lasteinwirkungsdauer auf die Baustoffeigenschaften und – z. B. bei Holzbauwerken – den Feuchtegehalt der Konstruktion berücksichtigt, in der Form

$$X_d = X_k/\gamma_M \quad \text{bzw.} \quad X_d = k_{mod} \cdot X_k/\gamma_M .$$

Es ist nachzuweisen, daß die Beanspruchungen $S_d$ die Beanspruchbarkeiten $R_d$ nicht überschreiten:

$$S_d/R_d \leqq 1$$

### 1.2.3 Nachweise und Teilsicherheitsbeiwerte

Welche Nachweise mit welchen Teilsicherheitsbeiwerten $\gamma$ zu erbringen sind, wird in den europäischen Vorschriften EC2 bis EC8 und/oder den entsprechenden nationalen Normen – z. B. DIN 18800 (11.90), s. BZ-Abschnitt Stahlbau – geregelt. Für Stahlbetonbauwerke und Holzbauwerke liefern EC2 bzw. EC5 die Werte der folgenden Tafeln.

**Tafel 2a Indikative Teilsicherheitsbeiwerte $\gamma_F$ für Einwirkungen nach EC2 [1])**

| | | $\gamma_G$ für ständige Einwirkung $G$ | $\gamma_Q$ für veränderliche Einwirkung $Q$ | $\gamma_P$ für Vorspannung |
|---|---|---|---|---|
| Auswirkung ist | – ungünstig | 1,35 | 1,50 | 1,20 |
| | – günstig | 1,00 | 0 | 0,90 |

[1]) Indikative Werte im Sinne von EC2 sind als Anhaltswerte anzusehen; nationale Normen dürfen abweichende Werte festlegen.

**Tafel 2b Indikative Teilsicherheitsbeiwerte $\gamma_M$ für Baustoffkennwerte nach EC2**

| | | $\gamma_c$ für Beton | $\gamma_s$ für Betonstahl und Spannstahl |
|---|---|---|---|
| Lastkombination | normale Kombination | 1,50 | 1,15 |
| | Unfallkombination | 1,30 | 1,00 |

**Tafel 2c Kombinationsbeiwerte $\psi$ nach EC2**

| | | $\psi_0$ für alle $Q_i$ | $\psi_1$ für häufige $Q_i$ | $\psi_2$ für quasi-ständige $Q_i$ |
|---|---|---|---|---|
| Nutzlasten in | – Wohnhäusern | 0,5 bis 0,7 | 0,4 | 0,2 |
| | – Bürogebäuden und Warenhäusern | 0,7 | 0,6 | 0,3 |
| | – Parkhäusern | 0,7 | 0,7 | 0,6 |
| Wind | | 0,7 | 0,2 | 0 |
| Schnee | | 0,7 | 0,2 | 0 |

**Tafel 3a Indikative Teilsicherheitsbeiwerte $\gamma_F$ für Einwirkungen** nach EC 5 (6.94) **für Nachweis der Tragfähigkeit**

| Einwirkung ist | $\gamma_G$ für ständige Einwirkungen $G$ | | | | $\gamma_G$ für veränderliche Einwirkungen $Q$ | |
|---|---|---|---|---|---|---|
| | allgemein | reduziert [1] | wenn Nachweis empfindlich auf räumliche Veränderung von $G$ reagiert | Nachweis der Lagesicherheit | allgemein | reduziert [1] |
| ungünstig | 1,35 | 1,20 | 1,10 | *) | 1,50 | 1,35 |
| günstig | 1,00 | 1,00 | 0,90 | *) | 0 | 0 |

[1] Reduzierte Teilsicherheitsbeiwerte können verwendet werden für

- einstöckige Gebäude, die nur gelegentlich genutzt werden (z. B. Lagerhallen, Schuppen, Gewächshäuser, Gebäude für landwirtschaftl. Zwecke),
- gewöhnliche Lichtmasten,
- leichte (nichttragende) Trennwände,
- Stürze und Verschalungen.

**Tafel 3b Indikative Teilsicherheitsbeiwerte $\gamma_M$ für Baustoffeigenschaften** nach EC 5 (6.94) **für Nachweis der Tragfähigkeit**

| | allgemein | für<br>– Brettschichtholz,<br>– werkseitig hergestellte Baustoffe und Bauteile<br>– Biegezugfestigkeit bei neutraler Fremdüberwachung |
|---|---|---|
| Grundkombination | 1,40 | 1,25 |
| außergewöhnliche Kombination | 1,10 | 1,00 |

**Tafel 3c Indikative Werte für den modifizierenden Faktor $k_{mod}$ für Festigkeitswerte** nach EC 5 (6.94)

| Bei Bauholz allgemein gültig für | | | Zugfestigkeit rechtwinklig zur Faser | | alle anderen Festigkeitswerte | |
|---|---|---|---|---|---|---|
| Bei Furniersperrholz gültig für | | | Schub in der Plattenebene | | alle anderen Festigkeitswerte | |
| | | | Feuchteklasse | | Feuchteklasse | |
| | | | 1 und 2 | 3 | 1 und 2 | 3 |
| Lasteinwirkungsdauer | lang | ~10 Jahre | 0,55 | 0,45 | 0,80 | 0,65 |
| | mittel | ~ 6 Monate | 0,70 | 0,55 | 0,90 | 0,72 |
| | kurz | ~ 1 Woche | 0,85 | 0,70 | 1,00 | 0,80 |
| | stoßartig | | 1,20 | 1,00 | 1,20 | 1,00 |

Feuchteklasse 1: Vorherrschender Feuchtegehalt in Baustoff wie bei 65% Luftfeuchtigkeit und etwa 20 °C

Feuchteklasse 2: Vorherrschender Feuchtegehalt in Baustoff wie bei 80% Luftfeuchtigkeit und etwa 20 °C

Feuchteklasse 3: Höhere Feuchtegehalte

# 2 Eigenlasten von Lagerstoffen, Baustoffen und -teilen
nach DIN 1055 T1 (7.78)

## 2.1 Vorbemerkung

Die im folgenden aufgeführten Rechenwerte zur Ermittlung der Eigenlasten sind die bezogenen Schwerkräfte aus der Masse der Bau- und Lagerstoffe. Sie sind gleich dem Produkt aus der Masse dieser Stoffe und der Erdbeschleunigung.

Im allgemeinen sind sie so in die Rechnung einzuführen, daß sie sich im ungünstigsten Sinne auf die Bemessungsgrößen des Tragwerkes auswirken.

## 2.2 Rechenwerte der Eigenlasten von gewerblichen, industriellen und landwirtschaftlichen Lagerstoffen

Wegen ihrer geringen Bedeutung für die Praxis hier nicht wiedergegeben. Siehe Abschn. 6 von T1 der DIN 1055.

## 2.3 Rechenwerte der Eigenlasten von Baustoffen und -teilen

### 2.3.1 Lagerstoffe, Metalle, Holz und Holzwerkstoffe (in kN/m³)

**Lagerstoffe**

| | | | |
|---|---|---|---|
| Bentonit, lose | 8 | gebrannt, in Stücken | 13 |
| gerüttelt | 11 | gebrannt, gemahlen | 13 |
| Blähton, Blähschiefer | 15 | gebrannt, gelöscht | 11 |
| Braunkohlenfilterasche | 15 | Kalksteinmehl | 13 |
| Gips, gemahlen | 15 | Flugasche | 10 |
| Glas, in Tafeln | 25 | Koksasche | 7,5 |
| Drahtglas | 26 | Kies und Sand trocken oder | |
| Acrylglas | 12 | erdfeucht; | |
| Hochofenstückschlacke | 18 | bei nasser Schüttung (nicht | |
| Hochofenschlacke, | | unter Wasser) erhöht sich der | |
| granuliert, Kesselschlacke | 11 | Rechenwert um 2 kN/m³ | 18 |
| Hüttenbims, erdfeucht | | Kunststoffe | |
| Hochofenschaumschlacke) | | a) Polyäthylen, Polystyrol | |
| Naturbims | 9 | als Granulat | 6,5 |
| Hüttenbims, trocken | 7 | b) Polyvinylchlorid als Pulver | 6,0 |
| Kalk; Luftkalke (Weißkalk, | | c) Polyesterharze | 12,0 |
| Dolomitkalk, Karbidkalk) | | d) Leimharze | 13,0 |
| gebrannt, in Stücken | | Magnesit (kaustisch gebrannte | |
| gebrannt, gemahlen | 13 | Magnesia), gemahlen | 12 |
| gebrannt, gelöscht | 13 | Schaumlava, gebrochen, | |
| (Trockenhydrat) | | erdfeucht | 10 |
| gebrannt, gelöscht | 6 | Traß, gemahlen | 15 |
| (Kalkteig) | | Zement, gemahlen | 16 |
| Kalk; hydraulisch erhärtende | 13 | Zementklinker | 18 |
| Kalke (Wasser-, Hydraulischer, | | Ziegelsand, Ziegelsplitt und | |
| Hochhydraulischer Kalk) | | Ziegelschotter, erdfeucht | 15 |

**Metalle**

| | | | |
|---|---|---|---|
| Aluminium | 27 | Messing | 85 |
| Aluminiumlegierungen | 28 | Nickel | 89 |
| Blei | 114 | Stahl und Schweißeisen | 78,5 |
| Bronze | 85 | Zink | |
| Gußeisen | 72,5 | gegossen | 69 |
| Kupfer | 89 | gewalzt | 72 |
| Magnesium | 18,5 | Zinn, gewalzt | 74 |

**Holz und Holzwerkstoffe.** Zuschläge für kleine Stahlteile usw. sind in den Berechnungsgewichten enthalten; Gewichte stählerner Zugglieder, Knotenbleche usw. sind besonders zu berücksichtigen.

| | | | |
|---|---|---|---|
| **Nadelholz, allgemein** | 4 bis 6 | Tischlerplatten nach DIN 68705 T4 | 4,5 bis 6,5 |
| Brettschichtholz im Holzleimbau | 4 bis 5 | Hartfaserplatten HFH nach DIN 68754 T1 | 9 bis 11 |
| Laubholz | 6 bis 8 | Mittelharte Faserplatten HFM nach DIN 68754 T1 | 6 bis 8,5 |
| Hölzer aus Übersee | Nachweis erforderlich | Dämmplatten nach DIN 68750 | 2,5 bis 4 |
| Spanplatten nach DIN 68761 und DIN 68763 | 5 bis 7,5 | | |
| Furnierplatten nach DIN 68705 T3 | 4,5 bis 8 | | |

## 2.3.2 Beton und Mörtel

**Beton.** Die folgenden Rechenwerte gelten auch für Betonfertigteile. Bei Frischbeton sind die Werte im allgemeinen um 1 kN/m³ zu erhöhen. Die Eigenlast von Beton und Stahlbeton ist, wenn sie aus besonderen Gründen (z.B. schwere oder besonders leichte Zuschlagstoffe, hoher Bewehrungsanteil) von dem nachstehenden Wert abweicht, aufgrund von Probekörpern bzw. Berechnung des Bewehrungsanteils zu bestimmen, sofern eine solche Abweichung von nennenswertem Einfluß auf die Standsicherheit des Bauwerkes ist. Die Auswirkungen auf den Schalungsdruck sind nicht Gegenstand dieser Norm.

**Tafel 4 Beton** (Rechenwerte in kN/m³)

| Betonart | Rohdichteklasse (g/cm³) | | | | | | | | | | | Gesteinsrohdichte bis |
|---|---|---|---|---|---|---|---|---|---|---|---|---|
| | 0,4 | 0,5 | 0,6 | 0,7 | 0,8 | 1,0 | 1,2 | 1,4 | 1,6 | 1,8 | 2,0 | 2,7 g/cm³ |
| Gasbeton bewehrt nach DIN 4223 | | 6,2 | 7,2 | 8,4 | 9,5 | | | | | | | |
| Leichtbeton nach den Richtlinien für Leicht- und Stahlleichtbeton mit geschlossenem Gefüge | | | | | | 10,5 | 12,5 | 14,5 | 16,5 | 18,5 | 20,5 | |
| Stahlleichtbeton nach den „Richtlinien ..." | | | | | | 11,5 | 13,5 | 15,5 | 17,5 | 19,5 | 21,5 | |
| Leichtbeton mit Zuschlägen aus Holzspänen (Holzspanbeton) | 5 | 6 | 7 | 8 | | | | | | | | |
| Leichtbeton mit haufwerksporigem Gefüge nach DIN 4232 | | | | | | 10 | 12 | 15 | 16 | 18 | 20 | |
| Normalbeton mit geschlossenem Gefüge nach DIN 1045 bis B 10<br>ab B 15 | | | | | | | | | | | | 23<br>24 |
| Stahlbeton aus Normalbeton mit geschlossenem Gefüge nach DIN 1045 ab B15 | | | | | | | | | | | | 25 |

**Mauer- und Putzmörtel** (alle Rechenwerte in kN/m³)

| | | | |
|---|---|---|---|
| Gipsmörtel, ohne Sand | 12 | Kalkzement- und Kalktraßmörtel | 20 |
| Kalkmörtel (Mauer- und Putzmörtel) Kalkgipsmörtel, Gipssandmörtel (Putzmörtel), Anhydritmörtel | 18 | Lehmmörtel | 20 |
| | | Zement- und Zementtraßmörtel und Mörtel mit Putz- und Mauerbinder | 21 |

## 2.3.3 Mauerwerk

Durch die Rechenwerte ist nur unverputztes Mauerwerk erfaßt; Fugenmörtel und der normale Feuchtigkeitsanteil sind enthalten.

**Tafel 5 Mauerwerk aus natürlichen Steinen** (alle Rechenwerte in kN/m³)

| Erstarrungsgesteine | | Schichtgesteine | |
|---|---|---|---|
| Basalt, Melaphyr, Diorit, Gabbro | 30 | Grauwacke, Sandstein, Nagelfluh | 27 |
| Basaltlava | 24 | dichter (fester) Kalkstein und Dolomit, einschließlich Muschelkalk und Marmor | 28 |
| Diabas | 29 | sonstiger Kalkstein, einschließlich Kalkkonglomeraten, Travertin u.ä. | 26 |
| Granit, Syenit, Porphyr | 28 | Vulkanischer Tuffstein | 20 |
| Trachyt | 26 | | |
| **Metamorphe Gesteine** | | | |
| Gneis, Granulit | 30 | | |
| Schiefer | 28 | | |
| Serpentin | 27 | | |

**Tafel 5a Mauerwerk aus künstlichen Steinen** nach DIN 1053 T1 (Rechenwert in kN/m³)

| Steinrohdichte (g/cm³) | 0,5 | 0,6 | 0,7 | 0,8 | 0,9 | 1,0 | 1,2 | 1,4 | 1,6 | 1,8 | 2,0 | 2,1 | 2,2 | 2,5 |
|---|---|---|---|---|---|---|---|---|---|---|---|---|---|---|
| normaler Mauermörtel | 7 | 8 | 9 | 10 | 11 | 12 | 14 | 15 | 17 | 18 | 20 | 21 | 22 | 25 |
| Leichtmauermörtel | 6 | 7 | 8 | 9 | 10 | 11 | 13 | 14 | 16 | 17 | 19 | 20 | 21 | 24 |

**Tafel 5b Steinrohdichten künstlicher Mauersteine**

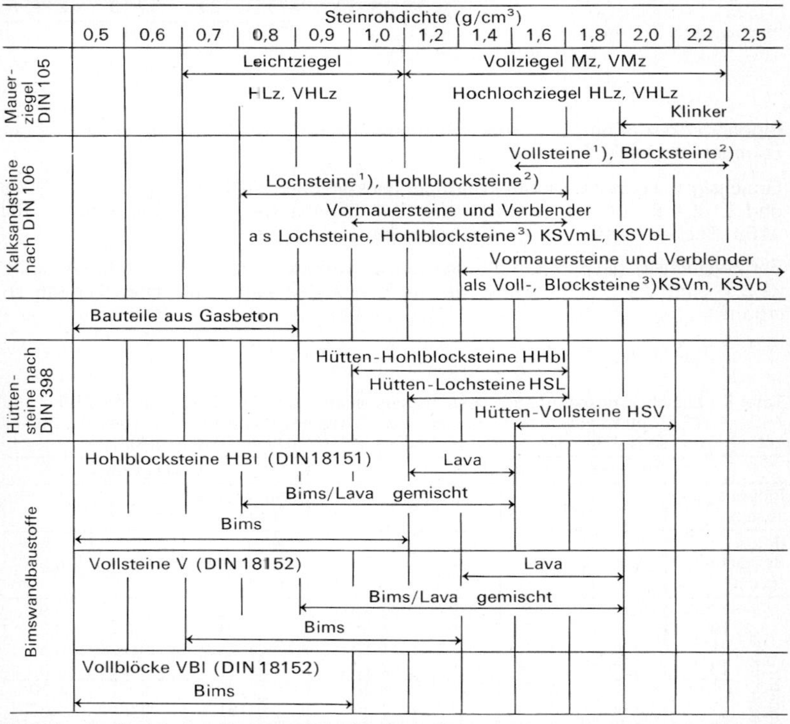


¹) Vollsteine sind Steine mit bis zu 15%, Lochsteine sind Steine mit mehr als 15% Lochung
²) Block- und Hohlblocksteine sind Steine von mehr als 113 mm Höhe
³) KSVb, KSVbl gibt es nur bis zu 113 mm Höhe

## 2.3.4 Geschoß- und Dachdecken

**Stahlbetondecken nach DIN 1045** (Rechenwerte einschl. Stahleinlagen, jedoch ohne Gewicht etwaiger Stahlträger.)

**Stahlbetonplatten nach DIN 1045** $\gamma = 0{,}25$ kN/m² je cm Dicke

**Tafel 6** **Stahlsteindecken** nach DIN 1045, Abschn. 20.2; aus Deckenziegeln nach DIN 4159, Abschn. 4

| | teilvermörtelte Stoßfugen | | | | vollvermörtelte Stoßfugen | | | |
|---|---|---|---|---|---|---|---|---|
| $d$ \ $\rho$ | 0,6 | 0,8 | 1,0 | 1,2 | 0,6 | 0,8 | 1,0 | 1,2 |
| 11,5 | 1,25 | 1,45 | 1,65 | 1,85 | 1,45 | 1,60 | 1,85 | 2,00 |
| 14,0 | 1,50 | 1,75 | 2,00 | 2,25 | 1,80 | 1,95 | 2,20 | 2,45 |
| 16,5 | 1,90 | 2,15 | 2,40 | 2,75 | 2,20 | 2,40 | 2,65 | 2,95 |
| 19,0 | 2,15 | 2,45 | 2,80 | 3,15 | 2,55 | 2,80 | 3,05 | 3,40 |
| 21,5 | 2,45 | 2,80 | 3,15 | 3,55 | 2,90 | 3,15 | 3,45 | 3,85 |
| 24,0 | 2,75 | 3,10 | 3,50 | 3,95 | 3,20 | 3,55 | 3,90 | 4,30 |
| 26,5 | 3,05 | 3,45 | 3,90 | 4,30 | 3,70 | 4,10 | 4,45 | 4,80 |
| 29,0 | 3,35 | 3,80 | 4,25 | 4,70 | 4,05 | 4,45 | 4,85 | 5,25 |

$d$ (cm) = Deckendicke; $\rho$ (g/cm³) = Ziegelrohdichte; Rechenwerte (kN/m²)

**Tafel 7** **Stahlbetondecken** nach DIN 1045, Abschn. 19.7.7, mit statisch nicht mitwirkenden Zwischenbauteilen aus Beton nach DIN 4158

| $s$(cm) | $d$(cm) | Betonrohdichte (g/cm³) der Zwischenbauteile 1,4 | 2,3 |
|---|---|---|---|
| 62,5 | 16 | 2,13 | 2,85 |
| | 20 | 2,28 | 2,95 |
| | 24 | 2,48 | 3,18 |
| 75 | 20 | 2,13 | 2,85 |

Rechenwerte in kN/m²

**Rippendecken ohne Füllkörper**: Rechenwerte der Eigenlasten entsprechend der Formgebung ermitteln.

**Einachsig gespannte Stahlbetonrippendecken** nach DIN 1045, Abschn. 19.7.8 und 21.2, mit statisch mitwirkenden Zwischenbauteilen **aus Beton** nach DIN 4158. Rechenwerte nach Herstellerangaben.

Bei **zweiachsig gespannten Stahlbetonrippendecken** nach DIN 1045, Abschn. 21.2.3, sind die o.a. Rechenwerte um den Anteil der zusätzlichen Rippen zu erhöhen.

**Tafel 8** **Einachsig gespannte Stahlbetonrippendecken** nach DIN 1045, Abschn. 19.7.8 und 21.2.2, mit statisch nicht mitwirkenden Zwischenbauteilen nach DIN 4158 (Beton) und DIN 4160 (Deckenziegel) und einer 5 cm dicken Betondruckplatte

| Beton-Zwischenbauteile | | | | | Deckenziegel | | |
|---|---|---|---|---|---|---|---|
| Rippenachsabstand | 50 cm | | 62,5 cm | | Rippenachsabstand | 50 cm | |
| Beton-Rohdichte (g/cm³) | 1,4 | 2,3 | 1,4 | 2,3 | Ziegel-Rohdichte (g/cm³) | 0,6 | 0,9 |
| Gesamtdeckendicke 17 | 2,95 | 3,58 | 2,77 | 3,36 | Gesamtdeckendicke 19,0 | 2,55 | 2,95 |
| 19 | 3,14 | 3,75 | 2,99 | 3,63 | 21,5 | 2,80 | 3,25 |
| 21 | 3,71 | 4,38 | 3,42 | 4,13 | 24,0 | 3,05 | 3,55 |
| 23 | 3,79 | 4,48 | 3,50 | 4,16 | 26,5 | 3,40 | 4,00 |
| 25 | 3,87 | 4,55 | 3,57 | 4,24 | 29,0 | 3,65 | 4,30 |
| 27 | 4,00 | 4,71 | 3,67 | 4,35 | 31,5 | 3,90 | 4,65 |
| 29 | 4,11 | 4,83 | 3,76 | 4,47 | 34,0 | 4,15 | 4,95 |
| 33 | 5,04 | 6,15 | 4,63 | 5,74 | 36,5 | 4,65 | 5,45 |
| | | | | | 39,0 | 4,90 | 5,80 |

alle Rechenwerte in kN/m²

**Tafel 9 Einachsig gespannte Stahlbetonrippendecken** nach DIN 1045, Abschn. 19.7.8 und 21.2, mit statisch mitwirkenden Deckenziegeln oder Zwischenbauteilen **aus Ziegeln** nach DIN 4159 ohne Aufbeton (Rechenwerte in $kN/m^2$)

| Rippenachsabstand | | 50 cm | | | | 62,5 cm | | | |
|---|---|---|---|---|---|---|---|---|---|
| Ziegel-Rohdichte ($g/cm^3$) | | 0,6 | 0,8 | 1,0 | 1,2 | 0,6 | 0,8 | 1,0 | 1,2 |
| Deckendicke | 11,5 | 1,19 | 1,39 | 1,59 | 1,79 | 1,13 | 1,33 | 1,54 | 1,75 |
| | 14,0 | 1,43 | 1,68 | 1,92 | 2,17 | 1,35 | 1,60 | 1,85 | 2,11 |
| | 16,5 | 1,67 | 1,96 | 2,25 | 2,55 | 1,58 | 1,88 | 2,18 | 2,48 |
| | 19,0 | 1,92 | 2,25 | 2,58 | 2,92 | 1,81 | 2,15 | 2,50 | 2,85 |
| | 21,5 | 2,24 | 2,61 | 2,98 | 3,36 | 2,11 | 2,49 | 2,87 | 3,27 |
| | 24,0 | 2,50 | 2,91 | 3,32 | 3,74 | 2,35 | 2,77 | 3,20 | 3,64 |
| | 26,5 | 2,81 | 3,26 | 3,71 | 4,17 | 2,64 | 3,11 | 3,58 | 4,06 |
| | 29,0 | 3,07 | 3,56 | 4,05 | 4,56 | 2,88 | 3,39 | 3,91 | 4,43 |
| | 31,5 | 3,32 | 3,85 | 4,40 | 4,95 | 3,13 | 3,68 | 4,24 | 4,81 |
| | 34,0 | 3,58 | 4,16 | 4,74 | 5,33 | 3,37 | 3,96 | 4,57 | 5,19 |

**Tafel 10 Stahlbeton-Hohldielen** nach DIN 1045, Abschn. 19.3 (Rechenwerte in $kN/m^2$)

| Dicke (cm) | 5 | 6 | 7 | 8 | 9 | 10 | 11 | 12 | 14 | 16 |
|---|---|---|---|---|---|---|---|---|---|---|
| Leichtbeton | 0,55 | 0,60 | 0,65 | 0,72 | 0,80 | 0,88 | 0,95 | 1,00 | 1,17 | 1,35 |
| Normalbeton | 0,85 | 1,00 | 1,15 | 1,30 | 1,50 | 1,65 | 1,85 | 2,00 | | |

**Tafel 11 Decken aus Gas- und Schaumbetonplatten** nach DIN 4223

| Beton-Rohdichte ($g/cm^3$) | 0,5 | 0,6 | 0,7 | 0,8 |
|---|---|---|---|---|
| Rechenwert ($kN/m^2$ je cm Dicke) | 0,062 | 0,072 | 0,084 | 0,095 |

**Tafel 12 Gewölbte Decken bis zu 2 m Stützweite. Rechenwerte ($kN/m^2$) einsch. Hintermauerung, jedoch ohne Trägergewicht**

| Gesamtdicke in cm | | 11,5 | 24 |
|---|---|---|---|
| aus Vollsteinen nach DIN 105, DIN 106 und DIN 398 | | 2,75 | 5,40 |
| | **Steinrohdichte ($g/cm^3$)** | | |
| aus Leichtbeton-Vollsteinen nach DIN 18152, Lochziegeln nach DIN 105 und Kalksand-Lochsteinen nach DIN 106 | 1,2 | 1,80 | 3,60 |
| | 1,4 | 2,25 | 4,50 |

**Tafel 13 Decken aus Voll- und Lochsteinen** nach DIN 105, DIN 106 und DIN 398 oder aus Leichtbeton-Vollsteinen nach DIN 18152; Deckenstärke 11,5 cm; Mindestdruckfestigkeit der Steine 15 $N/mm^2$

| Material | Vollziegel Vollsteine Hüttensteine | Hochloch-Klinker, Leichtbeton-Vollsteine | Loch- oder Porensteine | |
|---|---|---|---|---|
| Stein-Rohdichte ($g/cm^3$) | 1,8 | 1,6 | 1,4 | 1,2 |
| Rechenwert ($kN/m^2$) | 2,20 | 2,05 | 1,90 | 1,70 |

**Tafel 14 Decken aus Glasstahlbeton** nach DIN 1045, Abschn. 20.3

| Material nach DIN 4243 | massive Betongläser | Hohl-Betongläser | massive Betongläser 6 mm hoch |
|---|---|---|---|
| Rippenbreite × Rippenhöhe (cm) | 3 × 8 | 3 × 10 | 5 × 12 |
| Rechenwert ($kN/m^2$) | 1,00 | 1,40 | 1,95 |

## 2.3.5 Wandbauplatten und Wände

Die folgenden Rechenwerte beziehen sich auf unverputzte Wände einschließlich Fugenmörtel.

**Tafel 15 Wandbauplatten und Hohlwandplatten aus Leichtbeton**

| Plattenrohdichte (g/cm³) | 0,6 | 0,7 | 0,8 | 0,9 | 1,0 | 1,2 | 1,4 |
|---|---|---|---|---|---|---|---|
| Wandbauplatten nach DIN 18162 | | | 0,09 | 0,10 | 0,11 | 0,13 | 0,15 |
| Hohlwandplatten nach DIN 18148 | 0,08 | 0,09 | 0,10 | 0,11 | 0,12 | 0,14 | 0,15 |

Rechenwerte in kN/m² je cm Wanddicke

**Tafel 16 Unbewehrte Gasbetonbauplatten** nach DIN 4168 **und bewehrte Gasbetonplatten** nach DIN 4223

| | Rohdichte (g/cm³) | 0,5 | 0,6 | 0,7 | 0,8 |
|---|---|---|---|---|---|
| unbewehrte Gasbeton-Bauplatten | mit normaler Fugendicke | 0,06 | 0,07 | 0,08 | 0,09 |
| | im Dünnbettmörtel | 0,055 | 0,065 | 0,075 | 0,085 |
| bewehrte Gasbeton-Platten | | 0,062 | 0,072 | 0,084 | 0,095 |

Rechenwerte in kN/m² je cm Plattendicke

**Tafel 17 Wandbauplatten aus Gips** nach DIN 18163 **und Gipskartonplatten** nach DIN 18180

| Gegenstand | Plattenrohdichte (g/cm³) | Rechenwert kN/m² je cm |
|---|---|---|
| Porengips Wandbauplatte | 0,7 | 0,07 |
| Gips-Wandbauplatte | 0,9 | 0,09 |
| Gipskartonplatte | | 0,11 |

**Tafel 18 Wandbauart mit Schalungssteinen aus Holzspanbeton und Leichtbeton** (Füllbeton der Rohdichte 2,3 g/cm³)

| Wanddicke (cm) | Holzspanbeton der Rohdichteklasse 0,6 g/cm³ | Leichtbeton der Rohdichteklasse (g/cm³) 1,0 | 1,2 | 1,4 | 1,6 |
|---|---|---|---|---|---|
| 17,5 | 2,8 | 3,2 | 3,3 | 3,4 | 3,6 |
| 20,0 | 3,2 | 3,7 | 3,8 | 4,0 | 4,1 |
| 24,0 | 4,0 | 4,5 | 4,7 | 4,8 | 5,0 |
| 30,0 | 4,9 | 5,5 | 5,8 | 6,0 | 6,2 |

Rechenwerte in kN/m²

**Tafel 19 Wände aus Glasbausteinen und Profilbauglas** (Rechenwert in kN/m²)

| | | |
|---|---|---|
| Glasbaustein-Wände nach DIN 4242 mit Glasbausteinen nach DIN 18175 | 80 mm dick | 1,00 |
| | 100 mm dick | 1,25 |
| Sprossenlose Verglasung mit Profilbauglas als Trenn- oder Lichtwand | einschalig | 0,27 |
| | zweischalig | 0,54 |

**Tafel 20 Trennwände aus Gipsplatten** (Rechenwert in kN/m²)

| | | | |
|---|---|---|---|
| Ständerwände aus Gipskartonplatten nach DIN 18183 T1 mit Mineralwolleausfachung | | einfache Beplankung<br>doppelte Beplankung | 0,35<br>0,50 |
| Trennwände aus Gipsstuckbauplatten mit Mineralwolleausfachung (Gipskartonplatten mit Metallriegeln) | | mit Abspachtelung<br>mit Trockenputz | 0,50<br>0,70 |
| Trennwände aus Gipszwischenwandplatten | Einfache Wände | 60 mm dick<br>80 mm dicke<br>100 mm dick | 0,55<br>0,75<br>0,90 |
| | Doppelwand 200 mm dick mit 40 mm Mineralwolleausfachung | | 1,50 |
| | Doppelwand 280 mm dick mit Mineralwolleausfachung einschl. 2 × 50 mm Holzwolleleichtbauplatten und 20 mm Luftzwischenraum | | 1,80 |

## 2.3.6 Putze

**Tafel 21 Putze**

| | Rechen-wert in kN/m² |
|---|---|
| Drahtputz (Rabitzdecken und Verkleidungen 30 mm Mörteldicke | |
| – mit Gipsmörtel | 0,50 |
| – mit Kalk-, Gipskalk- oder Gipssandmörtel | 0,60 |
| – mit Zementmörtel | 0,80 |
| Gipskalkputz auf Putzträgern wie Baustahlmatten, Ziegelgewebe, Streckmetall bei 30 mm Mörteldicke | 0,50 |
| Gipskalkputz auf 15 mm dicken Holzwolleleichtbauplatten bei 20 mm Mörteldicke | 0,35 |
| Gipskalkputz auf 25 mm dicken Holzwolleleichtbauplatten bei 20 mm Mörteldicke | 0,45 |
| Gipskalkputz auf 9,5 mm dicken Gipskarton-Putzträgerplatten bei 8 mm Mörteldicke | 0,23 |
| Gipskalkputz auf doppeltem Rohrgewebe und Faserplatten, 20 mm Mörteldicke (Rechenwert beinhaltet auch Rohr, Latten und Faserplatten) | 0,40 |
| wie oben, jedoch auf Schalung | 0,50 |
| Gipsputz, 15 mm dick | 0,18 |
| Kalkmörtel, 20 mm dick | 0,35 |
| Kalkzementmörtel, 20 mm dick | 0,40 |
| Luftporenputz, 20 mm dick | 0,25 |
| Putz aus Putz- und Mauerbinder nach DIN 4211, 20 mm dick | 0,40 |
| Rohrdeckenputz (Gips), 20 mm dick | 0,30 |
| Vorgehängte Fassade mit mineralischem Putz, 95 mm dick, bestehend aus 40 mm Dämmplatten, Putzträger, Z-Schienen, 25 mm Edelputz | 0,50 |
| Wärmedämmputz 50 mm, bestehend aus 35 mm Dämmputz und 15 mm Luftporenputz | 0,40 |
| Wärmedämmverkleidung, bestehend aus 35 mm Holzwolleleichtbauplatte und 20 mm Kalkzementputz auf Rabitzgewebe | 0,55 |
| Wärmedämmverkleidung, bestehend aus 35 mm Schaumkunststoff nach DIN 18164 und 10 mm Kleber/Zementmischungs- und Kunststoffputzschichten | 0,03 |
| Zementmörtel, 20 mm dick | 0,42 |

## 2.3.7 Fußboden- und Wandbeläge

**Tafel 22 Fußboden- und Wandbeläge** (Rechenwerte in kN/m² je cm Dicke)

| | |
|---|---|
| Asphaltbeläge: | |
| – Asphaltbeton | 0,24 |
| – Asphaltmastix | 0,18 |
| – Gußasphalt | 0,23 |
| – Stampfasphalt in Plattenform | 0,22 |
| Betonwerksteinplatten (auch Terrazzo) | 0,24 |
| Estriche: | |
| – Anhydritestrich | 0,22 |
| – Gipsestrich | 0,20 |
| – Gußasphaltestrich | 0,23 |
| – Hartstoffestriche | 0,24 |
| – Kunstharzestrich | 0,22 |
| Magnesiaestrich nach DIN 272 | |
| – begehbare Nutzschicht bei ein- oder mehrschichtigen Ausführungen | 0,22 |
| – Unterschicht bei mehrschichtigen Ausführungen | 0,12 |

| | |
|---|---|
| Zementestrich | 0,22 |
| Glasplatten, Glaswandplatten, Glasfliesen, Glasmosaik | 0,25 |
| Gummi | 0,15 |
| Keramische Wandfliesen (Steingut) (einschl. Verlegemörtel) | 0,19 |
| Keramische Bodenfliesen (Steinzeug und Spaltplatten) (einschl. Verlegemörtel) | 0,22 |
| Kunststoff-Fußböden | 0,15 |
| Linoleum | 0,13 |
| Natursteinplatten (einschl. Verlegemörtel) | 0,30 |
| Teppichböden | 0,03 |
| Sportböden | |
| – Elastikböden (inkl. Oberbelag) | 0,12 |
| – Schwingböden | 0,30 |

## 2.3.8 Sperr-, Dämm- und Füllstoffe

**Tafel 23 Lose Stoffe**
(Rechenwerte in kN/m² je cm Dicke)

| | | | |
|---|---|---|---|
| Asbestfaser<br>Bimskies, geschüttet<br>Blähglimmer, geschüttet<br>Blähperlit<br>Blähschiefer u. Blähton, geschüttet | 0,06<br>0,07<br>0,015<br>0,01<br>0,15 | Gummischnitzel<br>Hanfscheben, bituminiert | 0,03<br>0,02 |
| Faserdämmstoffe nach DIN 18165 T1 und T2 (z.B. Glas-, Schlacken-, Steinfaser) | 0,01 | Hochofenschaumschlacke (Hüttenbims), Steinkohlenschlacke, Koksasche | 0,14 |
| Faserstoffe, bituminiert als Schüttung | 0,02 | Hochofenschlackensand<br>Kieselgur<br>Korkschrot, geschüttet<br>Magnesia, gebrannt<br>Schaumkunststoffe | 0,10<br>0,025<br>0,02<br>0,10<br>0,005 |

**Tafel 24 Platten, Matten oder Bahnen**
(Rechenwerte in kN/m² je cm Dicke)

| | | | |
|---|---|---|---|
| Asbestpappe<br>Asphaltplatten | 0,12<br>0,22 | Korkschrotplatten aus imprägniertem Kork nach DIN 18161 T1 bituminiert oder geteert | 0,02 |
| Faserdämmstoffe nach DIN 18165 T1 in Bahnen, Matten, Filzen oder Platten | 0,01 | Mehrschicht-Leichtbauplatten nach DIN 1104 T2<br>– Zweischichtplatten<br>– Dreischichtplatten | <br><br>0,045<br>0,09 |
| Harnstoff-Formaldehydharz-Ortschaum nach DIN 18159 T2 | 0,001 bis 0,002 kN/m² | Korkschrotplatten aus Backkork nach DIN 18161 T1 | 0,012 |
| Holzfaserplatten nach DIN 68750, DIN 68752 und DIN 68754 T1<br>– hart<br>– mittelhart<br>– weich | <br><br>0,10<br>0,08<br>0,04 | Perliteplatten<br>Polyurethan-Ortschaum nach DIN 18159 T1 | 0,02<br>0,004 bis 0,01 kN/m² |
| Holzwolleleichtbauplatten nach DIN 1101<br>– bei 15 mm Plattendicke<br>– bei 100 mm Plattendicke | <br><br>0,06[1])<br>0,04[1]) | Schaumglas (Rohdichte 0,07 g/cm³) in Dicken von 4 bis 6 cm mit Pappekaschierung | 0,01 |
| Kieselgurplatten | 0,025 | Schaumkunststoffplatten nach DIN 18164 T1 und T2 | 0,004 |

**Tafel 25 Sperren gegen Feuchtigkeit (ohne Bindemittel)**
(Rechenwerte in kN/m² je Lage)

| | | | |
|---|---|---|---|
| Bitumendachpappen mit beidseitiger Bitumendeckschicht nach DIN 52128 | 0,03 | Nackte Bitumenpappen nach DIN 52129 und nackte Teerpappen nach DIN 52126 | 0,02 |
| Bitumen-Dachdichtungsbahnen mit Rohfilzpappeneinlage nach DIN 52130 T1 | 0,04 | Teerdachpappen, beidseitig besandet nach DIN 52121 | 0,03 |
| Bituminöse Schweißbahnen | 0,07 | Teer-Sonderdachpappen und Teerbitumendachpappen nach DIN 52140 | 0,03 |
| Dichtungsbahnen für Bauwerksabdichtungen nach DIN 18190 T1 bis T5 | 0,04 | Glasvlies-Bitumen-Dachbahnen nach DIN 52143<br>– besandet<br>– bekiest | <br><br>0,02<br>0,05 |
| Kunststoffbahnen | 0,02 | | |

Flächengewicht von Holzwolle-Leichtbauplatten nach DIN 1101 (3.80)

| Kurzzeichen | L15 | L25 | L35 | L50 | L75 | L100 |
|---|---|---|---|---|---|---|
| g (kN/m²) | 0,085 | 0,115 | 0,145 | 0,28 | 0,195 | 0,36 |

## 2.3.9 Dachdeckungen

Die Rechenwerte gelten für 1 m² Dachfläche ohne Sparren, Pfetten und Dachbinder.

**Tafel 26 Deckung aus Dachziegeln, Betondachsteinen und Glasdachsteinen** (Rechenwerte in kN/m²).

Die Rechenwerte gelten, soweit nicht anders angegeben, ohne Vermörtelung, aber einschließlich der Latten Bei einer Vermörtelung sind 0,1 kN/m² zuschlagen.

| | |
|---|---|
| Betondachsteine mit mehrfacher Fußverrippung und hochliegendem Längsfalz<br>– bis 10 St./m²<br>– über 10 St./m² | <br><br><br>0,50<br>0,55 |
| Betondachsteine mit mehrfacher Fußverrippung und tiefliegendem Längsfalz<br>– bis 10 St./m²<br>– über 10 St./m² | <br><br><br>0,60<br>0,65 |
| Biberschwanzziegel nach DIN 456155/375 und 189/380 mm u. Biberschwanzbetondachsteine<br>– bei Spließdach (einschließlich Schindeln)<br>– bei Doppeldach und Kronendach | <br><br><br>0,60<br>0,75 |
| Falzziegel, Reformpfannen, Falzpfannen, Flachdachpfannen nach DIN 456 | 0,55 |
| Glasdachsteine bei gleicher Dachdeckungsart | s. oben |
| Großformatige Pfannen bis 10 St./m² | 0,50 |
| Kleinformatige Biberschwanzziegel und Sonderformate (Kirchen-, Turmbiber usw.) nach DIN 456 | 0,95 |
| Krempziegel, Hohlpfannen nach DIN 456 | 0,45 |
| Krempziegel, Hohlpfannen nach DIN 456 | 0,45 |
| Krempziegel, Hohlpfannen in Pappdocken verlegt | 0,55 |
| Mönch und Nonne (mit Vermörtelung) | 0,90 |
| Strangfalzziegel nach DIN 456 | 0,60 |

**Tafel 27 Schieferdeckung** (Rechenwerte in kN/m²)

| | |
|---|---|
| Altdeutsche Schieferdeckung und Deutsche Schuppenschablonendeckung auf 22 mm Schalung, einschl. Pappunterlage und Schalung<br>– in einfacher Deckung<br>– in doppelter Deckung | <br><br><br>0,50<br>0,60 |
| Englische Schieferdeckung (Rechteckschablonendach)<br>– in Doppeldeckung auf Lattung, einschl. Lattung<br>– auf 22 mm Schalung, einschl. Pappunterlage und Schalung | <br><br>0,45<br>0,55 |

**Tafel 28 Deckung mit ebenen Asbestzement-Dachplatten** nach DIN 274 T1 bis T3 (Rechenwerte in kN/m²)

| | |
|---|---|
| Deutsche Deckung auf 22 mm Schalung, einschl. Dachpappe und Schalung | 0,4 |
| Doppeldeckung auf Lattung, einschl. Lattung | 0,38 |
| Waagerechte Deckung auf Lattung, einschl. Lattung | 0,25 |

**Tafel 29 Deckung mit Asbestzement-Wellplatten, ohne Pfetten, aber einschließlich Befestigungsmaterial** (Rechenwerte in kN/m²)

| | |
|---|---|
| Asbestzement-Kurzwellplatten (Wohnhaus-Platten), Rohdichte 1,6 g/cm³ | 0,24 |
| Asbestzement-Wellplatten nach DIN 274 T1 bis T3 | 0,20 |

**Tafel 30 Metalldeckung** (Rechenwerte in (kN/m²)

| | | |
|---|---|---|
| Aluminiumdach (Alu 0,7 mm dick, einschl. 22 mm Schalung) | | 0,25 |
| Doppelstehfalzdach aus verzinkten Falzblechen (0,63 mm dick, einschl. Pappunterlage und 22 mm Schalung) | | 0,30 |
| Kupferdach mit doppelter Falzung (Kupferblech 0,6 mm dick, einschl. 22 mm Schalung) | | 0,30 |
| Stahlpfannendach (verzinkte Pfannenbleche nach DIN 59231)<br>– einschl. Latten<br>– einschl. Pappunterlage und 22 mm Schalung | | <br><br>0,15<br>0,30 |
| Stahlprofilblechdach aus Trapez-, Steg- oder Doppelstegsickenprofil) | | |
| Profilhöhe mm | Nennblechdicke mm | |
| 26 | 0,75 | 0,0075 |
| | 1,00 | 0,10 |
| | 1,50 | 0,15 |
| 70 | 0,75 | 0,11 |
| | 1,00 | 0,145 |
| | 1,50 | 0,22 |
| 121 | 0,75 | 0,12 |
| | 1,00 | 0,16 |
| | 1,50 | 0,24 |
| Zwischenwerte können geradlinig interpoliert werden. | | |
| Wellblechdach (verzinkte Stahlbleche nach DIN 59231, einschl. Befestigungsmaterial) | | 0,25 |
| Zinkdach mit Leistendeckung, einschl. 22 mm Schalung | | 0,30 |

**Tafel 31 Dachabdichtung und Dachdeckung mit bituminösen Dachbahnen und Kunststoffbahnen für Flachdächer** (Rechenwerte in kN/m² je Schicht)

| | |
|---|---|
| Ausgleichsschicht<br>– lose<br>– einschl. Klebemasse | <br>0,03<br>0,04 |
| Dachabdichtung<br>– 3lagige Dachabdichtung, einschl. Klebemasse<br>– 2lagige Dachabdichtung, einschließl. Klebemasse<br>– 1lagige Kunststoffbahn, lose | <br>0,17<br>0,13<br>0,02 |
| Dachdeckung<br>– 2lagige Dachabdichtung, einschl. Klebemasse | <br>0,15 |
| Dampfausgleichsschicht<br>– lose<br>– einschl. Klebemasse | <br>0,02<br>0,04 |
| Dampfsperre<br>– einschl. Klebemasse<br>– aus Kunststoffbahn, lose | <br>0,07<br>0,02 |
| Oberflächenschutz<br>– 5 cm Kiesschüttung, einschl. Deckaufstrich<br>– Mehrgewicht für jeden weiteren cm<br>– Bekiesung (Kiespressung), einschl. Kieseinbettmasse | <br>1,0<br>0,19<br>0,20 |
| Besplittung, einschl.<br>– Deckenaufstrich<br>– Schutzbahn, einschl. Klebemasse | <br>0,05<br>0,08 |
| Wärmedämmschicht, s. Tafel 23 und 24<br>Zuschlag für Klebemasse | <br>0,015 |

**Tafel 32 Sonstige Deckungen** (Rechenwerte in kN/m²)

| | |
|---|---|
| Deckung mit Kunststoffwellplatten (Profilform nach DIN 274 T1 bis T3, ohne Pfetten, einschl. Befestigungsmaterial aus glasfaserverstärkten Polyesterharzen (Rohdichte 1,4 g/cm³), Plattendicke 1 mm | 0,03 |
| – wie vor, jedoch mit Deckkappen | 0,06 |
| – aus Plexiglas (Rohdichte 1,2 g/cm³), Plattendicke 3 mm | 0,08 |
| PVC-beschichtetes Polyestergewebe ohne Tragwerk<br>– Typ I (Reißfestigkeit 3,00 kN/5 cm Breite) | <br>0,0075 |
| – Typ II (Reißfestigkeit 4,7 kN/5 cm Breite) | 0,0085 |
| – Typ III (Reißfestigkeit 6,0 kN/5 cm Breite) | 0,01 |
| Rohr-/Strohdach, einschl. Latten | 0,70 |
| Schindeldach, einschl. Latten | 0,25 |
| Sprossenlose Verglasung<br>– Profilbauglas einschalig | <br>0,27 |
| – Profilbauglas zweischalig | 0,54 |
| Zeltleinwand, ohne Tragwerk | 0,03 |

# 3 Verkehrslasten für Bauten nach DIN 1055 T3 (6.71)

## 3.1 Allgemeines

**Ständige Last** ist die Summe der unveränderlichen Lasten, also das Gewicht der tragenden oder stützenden Bauteile und der unveränderlichen, von den tragenden Bauteilen dauernd aufzunehmenden Lasten (z.B. Auffüllungen, Fußbodenbeläge, Putz und dgl.).

**Verkehrslast** ist die veränderliche oder bewegliche Belastung des Bauteils (z.B. Personen, Einrichtungsstücke, unbelastete leichte Trennwände, Lagerstoffe, Maschinen, Fahrzeuge, Kranlasten, Wind, Schnee).

Als „vorwiegend ruhend" gelten die Verkehrslasten nach Abschn. 3.2 und 3.3 mit Ausnahme der weiter unten ausdrücklich als „nicht vorwiegend ruhend" definierten Lasten.

Die Verkehrslasten in Werkstätten und Fabriken (s. Abschn. 2.1.2) gelten als vorwiegend ruhend, soweit nicht im Einzelfall stoßende oder sehr häufig sich wiederholende Lasten wirken oder nicht ausgewuchtete Maschinen zu berücksichtigen sind.

Als „nicht vorwiegend ruhend" gelten

- stoßende und sich häufig wiederholende Lasten,
- die Massenkräfte nicht ausgewuchteter Maschinen,
- die Verkehrslasten auf Kranbahnen, auf Hofkellerdecken, auf von Gabelstaplern befahrenen Decken und auf Dachdecken, die als Hubschrauberlandeplätze dienen (s. Abschn. 3.3.2).

In Werkstätten, Fabriken, Lagerräumen und dgl. ist anzugeben

- in jedem Raum die nach Abschnitt 3.2 angenommene Verkehrslast,
- an den Einfahrten zu mit Gabelstaplern befahrenen Räumen deren zulässiges Gesamtgewicht nach Abschn. 3.3.2.

An den Zufahrten von Decken, die von Personenkraftfahrzeugen oder ähnlichen Kraftfahrzeugen mit einem zulässigen Gesamtgewicht bis zu 2,5 t befahren werden dürfen, ist dieses zulässige Gesamtgewicht anzugeben.

An den Zufahrten von Decken, die von schwereren Kraftfahrzeugen befahren werden, ist das zulässige Gesamtgewicht des Kraftfahrzeuges derjenigen Brückenklasse nach DIN 1072 anzugeben, für welche die Decke entsprechend Abschn. 3.3.2 berechnet wurde.

## 3.2 Lotrechte gleichmäßig verteilte Verkehrslasten

Die in Tafel 34 unter (1) bis (4) genannten Verkehrslasten gelten für Belastung durch Personen, Möbel, Geräte, unbeträchtliche Warenmengen und dgl.

Kommen in einzelnen Räumen etwa besondere Belastungen durch Akten, Bücher, Warenvorräte, leichte Maschinen, Panzerschränke, Tresore usw. vor, so ist ein genauer Nachweis für diese Belastungen nicht erforderlich, wenn zu den o.g. Verkehrslasten dieser Räume ein Zuschlag von 3,0 kN/m² eingeführt wird.

Elektrische Speicherheizgeräte, Tresore und dgl. auf Decken in Gebäuden, die nach Abschnitt 3.2 für eine gleichmäßig verteilte Verkehrslast von 1,5 kN/m² bzw. 2,0 kN/m² berechnet werden, können unberücksichtigt bleiben, wenn

- das einzelne Gerät die Decke mit höchstens 3,0 kN belastet,
- das einzelne Gerät die Decke mit höchstens 5,0 kN belastet und an einem statisch in Rechnung gestellten Auflager der Decke steht.

Der Einfluß des Gewichts **unbelasteter leichter Trennwände** darf in der Regel durch einen gleichmäßig verteilten Zuschlag zur Verkehrslast berücksichtigt werden. Ausgenommen sind Wände mit einem Gewicht von mehr als 100 kg/m² Wandfläche, die parallel zu den Balken von Decken ohne ausreichende Querverteilung stehen.

Der Zuschlag zur Verkehrslast muß mindestens betragen

- 0,75 kN/m² bei Wänden, die einschl. Putz höchstens 100 kg/m² Wandfläche wiegen,
- 1,25 kN/m² bei Wänden, die mehr als 100 und höchstens 150 kg/m² Wandfläche wiegen.

Das Wandgewicht einschl. Putz ist nach DIN 1055 T1 nachzuweisen. Bei Verkehrslasten von 5,0 kN/m² und mehr kann der Zuschlag entfallen.

**Tafel 33 Verkehrslast waagerechter und bis 1:20 geneigter Dächer und Dachdecken**

| | Rechenwert in kN/m² |
|---|---|
| (1) bei zeitweiligem Aufenthalt von Personen<br>(Winddruck und Schneelast dürfen im Regelfall dann unberücksichtigt bleiben; der Lastfall „Windsog" ist jedoch zu untersuchen) | 2,0 |
| (2) Zugängliche Dächer von Terrassenhäusern, Dachgärten, wenn hierfür nicht höhere Lasten in Frage kommen | 3,5 |
| (3) Hubschrauberlandeplätze (s. a. Abschn. 3.3.2) | 5,0 |

**Tafel 34 Verkehrslast von Decken (Geschoßdecken)**

| | Rechenwert in kN/m² |
|---|---|
| (1) Spitzböden, die auf Grund ihrer Querschnittsabmessungen nur bedingt begehbar sind | 1,0 |
| Wohnräume<br>(2.1) Decken mit ausreichender Querverteilung der Lasten<br>(2.2) Decken ohne ausreichende Querverteilung der Lasten.<br><br>Bei der Berechnung und Bemessung stützender Bauteile (Unterzüge, Stützen usw.) darf mit 1,5 kN/m² gerechnet werden. (Für den Zustand beim Einbau ist eine Einzellast von 1,0 kN in ungünstigster Stellung anzusetzen, wenn nicht die Verkehrslast von 2,0 kN/m² ungünstiger ist. Die Verteilungsbreite der Einzellast ist gleich der Plattenbreite anzunehmen. Bei einer Verteilungsbreite von mindestens 0,5 m ist der Nachweis für die Einzellast nur bei Stützweiten bis 2 m erforderlich.) | <br>1,5<br>2,0 |
| (3) Büroräume<br>Verkaufsräume bis 50 m² Grundfläche in Wohngebäuden<br>Flure und Dachbodenräume in Wohn- und Bürogebäuden<br>Krankenzimmer und Aufenthaltsräume in Krankenhäusern<br>Kleinviehstallungen | 2,0 |
| (4) Balkone und Laubengänge über 10 m² Grundfläche<br>Haushaltungskeller<br>Hörsäle und Klassenzimmer<br>Behandlungsräume sowie Küchen und Flure in Krankenhäusern<br>Für die Weiterleitung der Verkehrslasten von Balkonen und Laubengängen dürfen diese unter bestimmten Bedingungen auf 1,5 kN/m² abgemindert werden, s. Abschn. 3.6 | 3,5 |
| Garagen und Parkhäuser, die von PKW oder ähnlichen Kfz bis zu einem zul. Gesamtgewicht von 2,5 t[1]) befahren werden<br>(5.1) für die Berechnung von Platten mit $l \geqq 3$ m und Balken mit $l \geqq 5$ m<br>(5.2) für die Berechnung von Platten mit $l < 3$ m<br>(5.3) Für die Berechnung von Balken mit $l < 5$ m<br><br>Für die Weiterleitung der Verkehrslast auf Stützen oder Wände kann in allen Fällen mit 3,5 kN/m² gerechnet werden. | <br>3,5<br>$3{,}5 \cdot 3/l \leqq 5$<br>$3{,}5 \cdot 3/l \leqq 5$ |

Fortsetzung und Fußnote s. nächste Seite

**Tafel 34**, Fortsetzung

| | Rechenwert in $kN/m^2$ |
|---|---|
| (6) Balkone, Laubengänge und offene gegen Innenräume abgeschlossene Hauslauben bis 10 $m^2$ Grundfläche<br>Keller besonderer Art, z.B. Kohlenkeller<br>Für die Weiterleitung der Verkehrslasten von Balkonen und Laubengängen dürfen diese unter bestimmten Bedingungen auf 1,5 $kN/m^2$ abgemindert werden, s. Abschn. 3.6 | 5,0 |
| (7) Versammlungsräume in öffentlichen Gebäuden, z.B. Kirchen, Theater- und Lichtspielsäle, Tanzsäle;<br>Turnhallen, Tribünen mit festen Sitzplätzen;<br>Flure zu Hörsälen und Klassenzimmern;<br>Ausstellungs- und Verkaufsräume;<br>Geschäfts- und Warenhäuser;<br>Büchereien, Archive;<br>Aktenräume, soweit nicht die Ermittlung nach DIN 1055 T1 höhere Werte ergibt;<br>Gastwirtschaften, Großküchen, Schlächtereien, Bäckereien;<br>Fabriken und Werkstätten mit leichtem Betrieb;<br>nicht befahrbare Hofkellerdecken, Vorplätze;<br>Großviehstallungen | 5,0 |
| (8) Zufahrten und Rampen in Garagen und Parkhäusern, die von PKW oder ähnlichen Kfz bis zu einem zul. Gesamtgewicht von 2,5 t[1]) befahren werden.<br>Für die Weiterleitung dieser Verkehrslast auf Stützen oder Wände darf sie auf 3,5 $kN/m^2$ abgemindert werden. | 5,0 |
| (9) Tribünen ohne feste Sitzplätze; Werkstätten und Fabriken sowie Lagerräume, wenn nicht höhere Belastungen nach (10) in Frage kommen | 7,5 |
| (10) Werkstätten und Fabriken sowie Lagerräume mit schwerem Betrieb, z.B. durch Gabelstapler (s. Abschn. 2.1.3.2). Die Verkehrslast ist in jedem Einzelfall zu bestimmen. Kommen hierfür gleichmäßig verteilte Verkehrslasten in Betracht, so empfiehlt es sich, nebenstehende Stufung zu wählen (s. a. Tafel 36). Dient diese Verkehrslast im wesentlichen als Ersatzlast für schwere Einzellasten (z.B. schwere Maschinen), so darf sie mit Zustimmung der Bauaufsichtsbehörde für Hauptträger und Stützen stufenweise abgemindert werden, wenn die Ersatzlast, die sich für die gesamte Lastfläche des Bauteils errechnet, wesentlich größer ist als die Last, die tatsächlich – auch beim Ein- und Ausbauen der Maschinen – auf der Fläche wirkt. | 10,0<br>12,5<br>15,0<br>20,0<br>25,0<br>30,0 |
| Fertigteildecken mit geringerer Tragfähigkeit während des Einbauzustandes müssen in diesem Zustand die folgenden gleichmäßig verteilten Verkehrslasten tragen können: | |
| (11.1) Decken, die bei der Herstellung mit Transportgefäßen für Beton bis zu 100 l Fassungsvermögen befahren werden | 1,0 |
| (11.2) Decken, die bei der Herstellung mit Transportgefäßen für Beton bis zu 150 l Fassungsvermögen befahren werden | 1,5 |
| (11.3) Decken, die bei der Herstellung mit Transportgefäßen für Beton bis zu 200 l Fassungsvermögen befahren werden | 2,0 |

[1]) Ein Fahrzeug mit dieser Masse stellt für die Decke eine Last von 25 kN dar.

**Tafel 35 Verkehrslast von Treppen, Treppenabsätzen und Zugängen**

| | RW in kN/m² |
|---|---|
| (1.1) in Wohngebäuden | 3,5 |
| (1.2) in öffentlichen Gebäuden | 5,0 |
| Für die Bemessung der einzelnen Stufen genügen die hier angegebenen Verkehrslasten nur, wenn die konstruktive Gestaltung der Treppe eine hinreichende Lastverteilung gewährleistet (z.B. durch Verbindung der einzelnen Trittstufen durch Setzstufen oder durch Auflagern der Stufen auf eine von Podest zu Podest laufende oder in die Treppenhauswände eingespannte Platte). Ist dies nicht der Fall, so ist bei Treppenstufen in Wohngebäuden eine Einzellast von 1,5 kN und bei Treppenstufen in öffentlichen Gebäuden eine Einzellast von 2,0 kN in ungünstigster Stellung anzunehmen. Bei auskragenden Stufen ist außerdem nachzuweisen, daß ihre in der Rechnung vorausgesetzte volle Einspannung in den Treppenhauswänden oder in der Wange auch wirklich aufgenommen werden kann. An Stellen, wo – wie z.B. unter Treppenhausfenstern – die zur Einspannung erforderliche Auflast des Treppenhausmauerwerks fehlt, muß diese Einspannung durch geeignete konstruktive Maßnahmen (z.B. Randträger) gesichert werden. Bei Treppen, bei denen mit besonders großen Einzellasten zu rechnen ist (z.B. in Fabrikgebäuden und Warenhäusern), sind Stufen ohne hinreichende Lastverteilung unzulässig. | |

## 3.3 Lotrechte Einzelverkehrslasten für Dächer, befahrene Decken und Hubschrauberlandeplätze

### 3.3.1 Einzelverkehrslasten für Dächer

**Einzelne Tragglieder.** In der Mitte der einzelnen Sprossen, Sparren oder Pfetten und in der Mitte von Fachwerk-Obergurtstäben, die unmittelbar die Dachhaut tragen, ist unter Außerachtlassung von Wind- und Schneelasten eine Einzellast von 1,0 kN anzunehmen für Personen, die das Dach bei Reinigungs- und Wiederherstellungsarbeiten betreten, wenn die auf diese Tragteile entfallende Wind- und Schneelast kleiner als 2,0 kN ist.

**Begehbare Dachhaut.** Es gilt das für einzelne Tragglieder Gesagte. Hierbei ist die Verteilungsbreite zu zwei Plattenbreiten – jedoch nicht größer als 1 m – anzunehmen, soweit DIN 1045 nicht anderes bestimmt. Für Stahlbetonhohldielen s. DIN 4028 (1.82).

**Dachlatten.** Bei Dachlatten sind zwei Einzellasten von je 0,5 kN in den äußeren Viertelpunkten der Stützweite anzunehmen. Für hölzerne Dachlatten mit Querschnittsabmessungen, die sich erfahrungsgemäß bewährt haben, ist bei Sparrenabständen bis etwa 1 m kein rechnerischer Nachweis erforderlich.

**Leichte Sprossen.** Für die Berechnung leichter Sprossen ist der Ansatz einer Einzellast von 0,5 kN in ungünstigster Stellung ausreichend, wenn das Dach nur mit Hilfe von Bohlen und Leitern begehbar ist.
Die o.a. Belastungen sind nur für die Bemessung der jeweils direkt belasteten Bauteile anzusetzen. Ihre Weiterleitung bzw. Ableitung in den Baugrund wird nicht nachgewiesen.

### 3.3.2 Verkehrslasten für befahrene Decken und Hubschrauberlandeplätze

**Hofkellerdecken usw.** Hofkellerdecken und andere von Kraftfahrzeugen befahrene Decken (ausgenommen Decken nach Tafel 34) sind mindestens für die Lasten der Brückenklasse 6/6 entsprechend Tab. 2 von DIN 1072 (12.85) zu bemessen. Abweichend von DIN 1072 ist jedoch die Fläche außerhalb der Hauptspur ebenfalls mit der gleichmäßig verteilten Flächenlast $p_1$ der Hauptspur zu belasten.

Muß mit schwereren Kraftfahrzeugen – z.B. mit Feuerwehrfahrzeugen – gerechnet werden, gelten die Lastannahmen der Brückenklasse 12/12 oder 30/30 der o.g. Tab. 2 von DIN 1072 (12.85)

Die Belastung ist als nicht vorwiegend ruhend unter Berücksichtigung der Schwingbeiwerte nach Abschn. 3.5 anzusetzen.

**Von Gabelstaplern befahrene Decken.** Decken, auf denen Gabelstapler eingesetzt werden, sind je nach den Betriebsverhältnissen für einen der durch Bild 1 und Tafel 36 beschriebenen Gabelstapler zu bemessen. Dabei sind sie für zwei Belastungen zu untersuchen:

a) Für einen Gabelstapler in ungünstigster Stellung mit den Lasten nach Bild 1 und Tafel 36, Zeile 3, und eine ringsherum gleichmäßig verteilte Verkehrslast nach Tafel 36, Zeile 7. Dabei ist die Belastung nach Tafel 36, Zeile 3, als nicht vorwiegend ruhend unter Berücksichtigung der Schwingbeiwerte nach Abschn. 3.5 anzusetzen.

b) Für eine gleichmäßig verteilte Verkehrslast nach Tafel 36, Zeile 7, ohne Schwingbeiwert, wobei angenommen werden darf, daß die einzelnen Felder entweder vollbelastet oder unbelastet sind (feldweise veränderliche Belastung).

Auf Lagerflächen ist die o.a. Verkehrslast nach Zeile 7 durch die hier angesetzte Belastung zu ersetzen, wenn diese größer ist.

Von den sich nach a) und b) ergebenden Werten sind die jeweils ungünstigen für die Bemessung maßgebend.

Für Decken, die durch Gabelstapler mit einem zulässigen Gesamtgewicht von mehr als 13 t belastet werden, ist ein besonderer Nachweis zu führen. Ist damit zu rechnen, daß eine Decke sowohl von Gabelstaplern als auch von Kraftfahrzeugen befahren wird, so ist die ungünstiger wirkende Belastung anzusetzen.

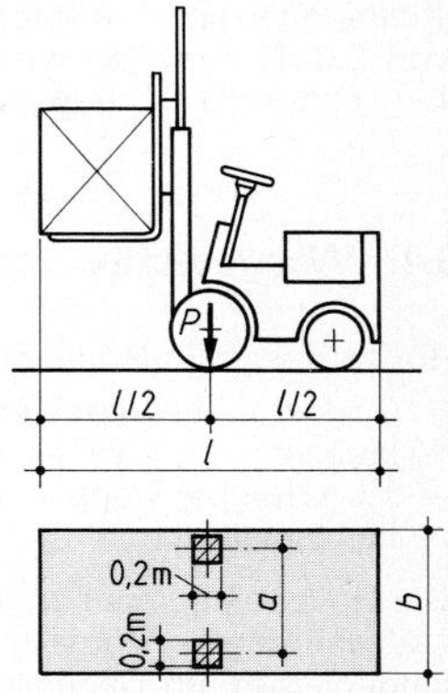


**Bild 1 Abmessungen der Gabelstapler**

**Tafel 36 Gabelstapler-Regelfahrzeuge**

| | | | | | | |
|---|---|---|---|---|---|---|
| 1 | zulässiges Gesamtgewicht | in t | 2,5 | 3,5 | 7 | 13 |
| 2 | Nenntragfähigkeit | in t | 0,6 | 1 | 2,5 | 5 |
| 3 | statische Achslast (Regellast) *P* | in kN | 20 | 30 | 65 | 120 |
| 4 | mittlere Spurweite *a* | in m | 0,8 | 0,8 | 1 | 1,2 |
| 5 | Gesamtbreite *b* | in m | 1 | 1 | 1,2 | 1,5 |
| 6 | Gesamtlänge *l* | in m | 2,4 | 2,8 | 3,4 | 3,6 |
| 7 | gleichmäßig verteilte Verkehrslast (Regellast) | in $kN/m^2$ | 10 | 12,5 | 15 | 25 |

**Hubschrauberlandeplätze auf Dachdecken.** Als Hubschrauberlandeplatz benutzte Dachdecken und die zugehörigen Unterzüge sind für zwei Belastungen zu untersuchen:

a) Für die Hubschrauber-Regellast nach Tafel 37 entsprechend dem zulässigen Abfluggewicht der Hubschrauber, das entsprechend dem vorgesehenen Verwendungszweck des Landeplatzes zu wählen ist. Diese Regellast ist als nicht vorwiegend ruhende Einzellast mit einer quadratischen Aufstandsfläche unter Berücksichtigung der Schwingbeiwerte nach Abschn. 3.5 an der für den jeweils untersuchten Querschnitt ungünstigsten Stelle der Betriebsfläche anzunehmen.

**Tafel 37 Hubschrauber-Regellasten**

| | | | |
|---|---|---|---|
| höchstzulässiges Abfluggewicht | in t | 2 | 6 |
| Hubschrauber-Regellast | in kN | 20 | 60 |
| Seitenlängen einer Aufstandsfläche | in m | 0,2 | 0,3 |

b) Für eine – vom zulässigen Abfluggewicht unabhängige – gleichmäßig verteilte Verkehrslast von 5,0 kN/m² ohne Schwingbeiwert, wobei angenommen werden darf, daß die einzelnen Felder entweder vollbelastet oder unbelastet sind (feldweise veränderliche Belastung).

Von den sich nach a) und b) ergebenden Werten sind die jeweils ungünstigen für die Bemessung maßgebend.

**Lotrechte Pendelkräfte.** Bei Sportgeräten in Turnhallen, z.B. bei Schaukelringen, Klettertauen usw., ist in jedem Anschlußpunkt eines Taues eine lotrechte Pendelkraft von 2,0 kN ohne Schwingbeiwert anzusetzen [s. auch DIN 18032, T6 (4.82)]. Luftschaukeln, Fliegerkarusselle usw. siehe DIN 4112.

## 3.4 Waagerechte Verkehrslasten

**Horizontallast** in Holmhöhe an Brüstungen und Geländern:
- 0,5 kN/m bei Treppen in Wohngebäuden und bei Balkonen und offenen Hauslauben;
- 1,0 kN/m bei Treppen in Versammlungsräumen, Kirchen, Schulen, Theater- und Lichtspielsälen.

Die Horizontalkräfte können in ihrer Ebene nach jeder beliebigen Richtung wirken (Ausnahme: Horizontalkräfte an Geländern und Fanggittern von Hubschrauberlandeplätzen auf Dachdecken).

**Horizontallasten** zur Erzielung einer ausreichenden Längs- und Quersteifigkeit: Neben der vorgeschriebenen Windlast und etwaigen anderen waagerecht wirkenden Kräften sind folgende beliebig gerichtete Horizontallasten zu berücksichtigen:
- Bei Tribünen und ähnlichen Sitz- und Steheinrichtungen eine in Fußbodenhöhe angreifende Horizontallast von 1/20 der lotrechten Verkehrslast.
- Bei Gerüsten eine in Schalungshöhe angreifende Horizontallast von 1/100 aller lotrechten Lasten.
- Bei kippgefährdeten Einbauten, die innerhalb von geschlossenen Bauwerken stehen und keiner Windbeanspruchung unterliegen (z.B. eingebaute freistehende Silos), eine in Höhe des Schwerpunktes angreifende Horizontallast von 1/100 der Gesamtlast.

**Bremskräfte und Horizontallasten** von Kranen und Kranbahnen sind nach DIN 15018 (11.84) und DIN 4132 (2.81) in Rechnung zu stellen (s. auch Abschn. 8, S. 271).

**Horizontalstöße auf tragende Stützen und Wände**
- An Straßen: Bei stützenden Bauteilen von Bauwerken, die innerhalb von geschlossenen Ortschaften im Abstand von weniger als 1 m von der Bordschwelle stehen und so unmittelbar der Gefahr eines Anpralls von Straßenfahrzeugen ausgesetzt sind (etwa die Pfeiler von Bogengängen), ist zur Berücksichtigung dieser Kraftwirkung in 1,2 m über Geländehöhe eine Horizontallast anzunehmen von 500 kN an ausspringenden Gebäudeecken bzw. von 250 kN bei anderen stützenden Bauteilen, und zwar getrennt je einmal in Richtung

der Längs- und der Querachse des stützenden Bauteils. Diese Horizontallast braucht nicht angesetzt zu werden, wenn nachgewiesen werden kann, daß durch Ausfall der stützenden Bauteile die Standsicherheit des Gebäudes nicht gefährdet wird. Bei der Berechnung der Fundamente braucht diese Anprallast in keinem Fall berücksichtigt zu werden.
Bei stützenden Bauteilen von Bauwerken, die außerhalb von geschlossenen Ortschaften der Gefahr des Anpralls von Straßenfahrzeugen ausgesetzt sind, gilt DIN 1072 (12.85), Abschn. 7.2.

- Bei Tankstellen: Bei stützenden Bauteilen von Tankstellenüberdachungen, die nicht am fließenden Verkehr liegen, ist, auch wenn sie durch Bordschwellen geschützt sind, zur Berücksichtigung eines möglichen Anpralls von Kraftfahrzeugen in 1,2 m Höhe über Gelände eine Horizontallast von 100 kN in ungünstigster Richtung wirkend anzunehmen, sofern nicht nachgewiesen werden kann, daß bei Ausfall der stützenden Bauteile die Standsicherheit der Tankstellenüberdachung nicht gefährdet ist. Bei der Berechnung der Fundamente braucht diese Anprallast nicht berücksichtigt zu werden.
- In Garagen, Werkstätten, Lagerräumen und dgl.: Bei stützenden Bauteilen in Räumen von ein- und mehrgeschossigen Gebäuden, in denen Lastkraftwagen oder Gabelstapler verkehren, ist zur Berücksichtigung eines möglichen Anpralls bei Lastkraftwagen in 1,2 m Höhe eine Horizontallast von 100 kN, bei Gabelstaplern in 0,75 m Höhe eine Horizontallast gleich dem 5fachen zulässigen Gesamtgewicht nach Zeile 1 von Tafel 36 anzunehmen.
  Kann diese Horizontallast nicht von einem Bauteil allein aufgenommen werden, so ist sie durch besondere bauliche Maßnahmen (z.B. durch ausreichend verformbare Schutzvorrichtungen aus Stahl) von dem stützenden Bauteil fernzuhalten oder so zu vermindern, daß dieser Bauteil der übrigbleibenden Belastung standhält.

Im übrigen gelten sinngemäß der folgende Abschnitt und die Bestimmungen der DIN 1072 (12.85), Abschn. 5.3 und 5.4

**Horizontalstöße auf nichttragende umschließende Bauteile**

Bei Geschoßgaragen und anderen mehrgeschossigen Gebäuden, in denen mit Kraftfahrzeugen gerechnet werden muß, ist zur Berücksichtigung eines möglichen Anpralls von Fahrzeugen gegen Außenwände und Wände, die Lichtschächte u.ä. abschließen, sowie gegen Brüstungen von Rampen, Parkpaletten und dgl. bei PKW in 0,5 m Höhe über dem Fußboden eine horizontale Streckenlast von 2,0 kN/m, bei LKW in 1,2 m Höhe eine Streckenlast von 5,0 kN/m anzunehmen, jeweils nach außen wirkend.

Zusätzlich soll der Anprall von Kfz, insbesondere von Gabelstaplern, gegen Wände und Brüstungen durch Bordschwellen, vorgesetzte Riegel u.ä. von mindestens 0,2 m Höhe verhindert werden.

**Zulässige Spannungen.** Bei der Bemessung stützender Bauteile für die zuvor erwähnten Horizontalstöße darf

- bei Beton und Stahlbeton nach DIN 1045 der Sicherheitsbeiwert $\gamma = 1$ gesetzt werden;
- bei Mauerwerk als zulässige Spannung das 2fache der in DIN 1053 angegebenen Werte angenommen werden;
- bei Stahlbauteilen, Verbindungsmitteln, Nieten, Schrauben und Schweißnähten als zulässige Spannung das 1,7fache der in DIN 1050 und DIN 4100 für Hauptlasten angegebenen Werte angesetzt werden.

**Waagerechte Pendelkräfte.** Bei Sportgeräten in Turnhallen (z.B. bei Schaukelringen, Klettertauen usw.) ist in jedem Anschlußpunkt eines Taues eine waagerechte Pendelkraft von 0,9 kN ohne Schwingbeiwert anzusetzen [s. a. DIN 18032, T6 (4.82)]. Luftschaukeln, Fliegerkarusselle usw. siehe DIN 4112.

**Horizontallasten für Hubschrauberlandeplätze auf Dachdecken.** In der Ebene der Start- und Landefläche und des umgebenden Sicherheitsstreifens ist eine Horizontallast gleich der Regellast nach Tafel 37 an der für den untersuchten Querschnitt eines Bauteils jeweils ungünstigsten Stelle anzunehmen.
Für den mindestens 0,25 m hohen Überrollschutz ist am oberen Rand eine Horizontallast von 10 kN anzunehmen.

Bei Geländern und Fanggittern ist in Holmhöhe eine Streckenlast von 1 kN/m rechtwinklig zur Geländer- oder Gitterebene anzunehmen.

## 3.5 Schwingbeiwerte (Stoßzahlen)

Verkehrslasten, die Stöße oder Schwingungen verursachen, sind von Fall zu Fall mit einer Stoßzahl bzw. einem Schwingbeiwert $\varphi$ zu vervielfachen. Für die in Abschn. 3.3.2 aufgeführten Hofkellerdecken, von Gabelstaplern befahrenen Decken und Dachdecken, die als Hubschrauberlandeplatz benutzt werden, beträgt der Schwingbeiwert im Regelfall $\varphi = 1{,}4$; bei überschütteten Bauwerken beträgt er $\varphi = 1{,}4 - 0{,}1\ h_{ü}$, wobei $h_{ü}$ die Überschüttungshöhe in m ist. Bei Maschinen mit Schwungmassenkräften sind die dynamischen Einflüsse rechnerisch zu untersuchen. Siehe hierzu DIN 4024 und DIN 4025; eine Norm für den Erschütterungsschutz im Bauwesen ist in Vorbereitung.

Bei Teilen von Schutzbrücken unter Seilbahnen, die (wie z.B. der Belag und die Längs- und Querträger) unmittelbar von herabfallenden Gegenständen getroffen werden können, muß eine Stoßzahl in Rechnung gestellt werden, die in erster Linie nach der Fallhöhe abzustufen ist. Bisher wurde hierbei mit einer Stoßzahl von 10 bis 20 gerechnet. Es empfiehlt sich, vor der endgültigen Wahl einer Stoßzahl die Entscheidung der Bauaufsichtsbehörde einzuholen. Bei nur mittelbar beanspruchten Bauteilen braucht keine Stoßzahl in Rechnung gestellt zu werden.

## 3.6 Verminderung der Verkehrslasten

Bei der Berechnung von Bauteilen (wie Stützen, Unterzüge, Wandpfeiler, Grundmauern und dgl.), die die Lasten von mehr als drei Vollgeschossen aufnehmen, und bei der Ermittlung der entsprechenden Bodenpressung darf die durch Zusammenzählen der Verkehrslasten der einzelnen Geschosse sich ergebende Gesamtverkehrslast nach folgenden Regeln ermäßigt werden, sofern es sich bei dem betrachteten Gebäude nicht um eine Werkstatt mit schwerem Betrieb, einen Speicher oder um Lagerräume handelt.

Die Verkehrslasten der drei den Bauteil am meisten belastenden Geschosse sind mit dem vollen Betrag einzusetzen; von den Verkehrslasten der anderen (diesen Bauteil belastenden) Geschosse – geordnet nach der Größe ihrer Lasten in absteigender Folge – darf ein von Geschoß zu Geschoß um einen bestimmten Bruchteil wachsender Betrag abgezogen werden. Dieser Bruchteil beträgt

a) bei Wohngebäuden, Büro- und Geschäftshäusern 20% bis zum Höchstbetrag von 80%
b) bei Werkstätten mit leichtem Betrieb und Waren- bzw. Kaufhäusern sowie bei Gebäuden, die zum Teil als Werkstätten oder Warenhäuser dienen, 10% bis zum Höchstbetrag von 40%.

Die Verminderung der gesamten auf einem solchen Bauteil ruhenden Verkehrslast darf aber bei den unter a) genannten Gebäuden 40% und bei den unter b) genannten 20% nicht überschreiten.

Sind die von den einzelnen Geschossen herrührenden Verkehrslasten einander gleich, so ergeben sich die in den Zeilen 1 und 3 der Tafel 38 in Prozent angegebenen Abzüge und die in den Zeilen 2 und 4 angegebenen auf die Gesamtverkehrslast bezogenen Minderungswerte $\alpha$ (das ist das Verhältnis der in Rechnung zu stellenden Verkehrslast zur Gesamtverkehrslast).

Für die Berechnung von Bauteilen, die die Lasten von mehr als drei Vollgeschossen aufnehmen, darf die Verkehrslast von Balkonen und Laubengängen aller Geschosse von 3,5 kN/m² bzw. 5,0 kN/m² einheitlich auf 1,5 kN/m² abgemindert werden.

**Tafel 38 Abzüge und Minderungswerte für die Verkehrslast von Bauteilen, die die Lasten von mehr als drei Vollgeschossen aufzunehmen haben, bei gleicher Verkehrslast in allen Vollgeschossen**

| | Anzahl der Geschosse | 1 bis 3 | 4 | 5 | 6 | 7 | 8 | 9 | 10 | 11 | 12 |
|---|---|---|---|---|---|---|---|---|---|---|---|
| **Wohngebäude usw. nach a)** | | | | | | | | | | | |
| 1 | Abzüge in % | 0 | 20 | 40 | 60 | 80 | | | 40 | | |
| 2 | Minderungswert $\alpha$ | 1 | 0,95 | 0,88 | 0,8 | 0,71 | 0,65 | 0,6 | | | |
| **Werkstätten usw. nach b)** | | | | | | | | | | | |
| 3 | Abzüge in % | 0 | 10 | 20 | 30 | 40 | | | 20 | | |
| 4 | Minderungswert $\alpha$ | 1 | 0,98 | 0,94 | 0,9 | 0,86 | 0,83 | 0,8 | | | |

# 4 Windlasten nach DIN 1055 T4 (8.86) und DIN 1056 (10.84)

## 4.1 Allgemeines

Windlasten gehören ebenso wie die Verkehrs- oder Nutzlasten zu den nicht ständig wirkenden Lasten.

Manche Bauwerke können, wenn sie vom Wind angeblasen werden, in Schwingungen geraten. Sie sind schwingungsanfällig. In diesem Abschnitt werden die Auswirkungen des Windes nur auf nicht schwingungsanfällige Bauwerke untersucht.[1]) Ein Bauwerk gilt im Sinne der Norm als nicht schwingungsanfällig, wenn seine Verformungen unter Berücksichtigung der dynamischen Wirkung der Windkräfte die Verformungen aus statischer Windlast um nicht mehr als 10% überschreiten.

Ohne besonderen Nachweis dürfen übliche Wohn-, Büro- und Industriegebäude und ihnen in Form oder Konstruktion ähnliche Bauwerke mit einer Schlankheit $h/b_1 \leq 5$ in der Regel als nicht schwingungsanfällig im Sinne der Norm angesehen werden, wobei für $b_1$ die kleinste Breite der gegen Horizontalkräfte aussteifenden Konstruktion einzusetzen ist. $h$ ist die Gebäudehöhe über Gelände.

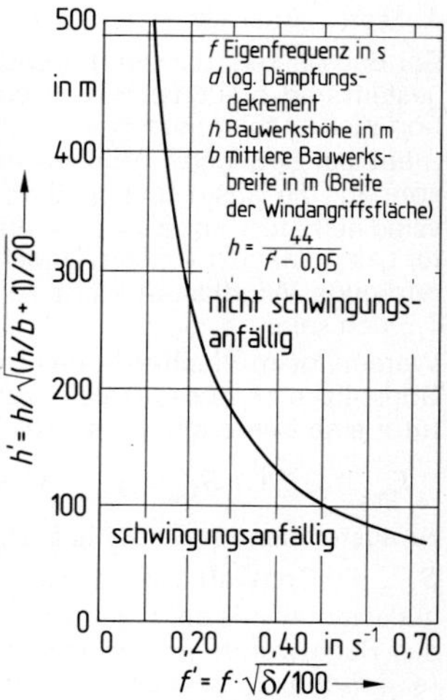


**Bild 2 Grenze der Schwingungsanfälligkeit**

Auch Krantragwerke können – von besonders gelagerten Ausnahmenfällen abgesehen – als nicht schwingungsanfällig im Sinne der o.g. Definition angesehen werden. Mit den Werten des Teiles 4 der DIN 1055 werden Windlasten für den Zustand „außer Betrieb" errechnet.

Allgemein darf ein als Kragträger wirkendes Bauwerk dann als nicht schwingungsanfällig im Sinne der o.g. Definition betrachtet werden, wenn der durch seine bezogene Eigenfrequenz $f'$ und bezogene Höhe $h'$ gegebene Punkt in Bild 2 oberhalb der angegebenen Kurve liegt. Sofern zur Berechnung der bezogenen

[1]) Die Windlast auf ein schwingungsanfälliges Bauwerk – auf freistehende Schornsteine – wird in Abschnitt 4.5 untersucht.

Eigenfrequenz $f'$ kein genauerer Wert des logarithmischen Dämpfungsdekrementes $\delta$ bekannt ist, kann er der Tafel 39 entnommen werden.

**Tafel 39 Logarithmisches Dämpfungsdekrement**

| | Stahlkonstruktionen | | | Beton- und Stahlbetonkonstruktionen | | Mauerwerkskonstruktionen | Holzkonstruktionen |
|---|---|---|---|---|---|---|---|
| | geschraubt | | geschweißt | Zustand I (a. Spannbeton) | Zustand II | | |
| | rohe Schrauben | HV-Schrauben | | | | | |
| $\delta$ | 0,05 | 0,03 | 0,02 | 0,04 | 0,10[1]) | 0,12 | 0,15 |
| | Zuschlag für offene geschraubte Gitterkonstruktionen 0,02 | | | | | | |
| | Zuschlag für dämpfende Einbauten, z.B. Ausmauerungen 0,02 | | | | | | |

[1]) nur für Konstruktionen anzusetzen, die im Gebrauchszustand überwiegend im Zustand II sind.

## 4.2 Berücksichtigung der Windwirkung

Bauwerke sind auf Windlast im allgemeinen in Richtung ihrer Hauptachsen zu untersuchen. In besonderen Fällen ist eine Berechnung mit Bezug auf andere Achsen („über Eck") erforderlich.

Bei Bauwerken, die durch genügend steife Wände und Decken hinreichend ausgesteift sind, brauchen in der Regel die Windbeanspruchungen der Gesamtkonstruktion nicht nachgewiesen zu werden. Siehe z. B. DIN 1053 T1 (2.90), Abschn. 3.1.

Steht bei baulichen Anlagen und bei Bauteilen, die umkippen und/oder gleiten können, die ausreichende Sicherheit gegen Umkippen und/oder Gleiten infolge Wind nicht fest, so ist sie unter Berücksichtigung auch etwaiger anderer waagerechter Lasten nachzuweisen. Dabei sind günstig wirkende Verkehrslasten und **günstig wirkende Windlasten nicht** zu **berücksichtigen**. Die Sicherheit muß mindestens 1,5fach sein.

Werden beim Nachweis der Sicherheit von Einzelbauteilen gegen Abheben die Sogspitzen (erhöhte Druck- bzw. Sogbeiwerte s. Abschn. 4.3) berücksichtigt, so führt eine Bemessung nach der Gleichung

$$F_{Trag}/1{,}3 \geqq 1{,}1\, S_{Sog} - S_{G\,Dach}/1{,}1$$

zu ausreichender Sicherheit. Hierbei ist $F_{Trag}$ die Traglast des Verbindungsmittels, $S_{Sog}$ die Sogkraft unter Berücksichtigung der Windsogspitzen, $S_{G\,Dach}$ der Auflagerlastanteil aus der Eigenlast des trockenen Daches. Diese darf mit dem 0,8fachen des Regelwertes des nassen Baustoffes nach DIN 1055, T 1, berechnet werden (s. Abschn. 2), soweit kein unterer Regelwert angegeben ist.

Wegen der gleichzeitigen Berücksichtigung von Wind- und Schneelast s. Abschn. 4.4.

## 4.3 Rechenwerte für Staudruck, Windlast, -druck bzw. -sog

### 4.3.1 Staudruck

**Windrichtung.** Die Windlast ist in jeder Richtung mit ihrem Maximalwert anzunehmen. Die Windrichtung kann im allgemeinen waagerecht angenommen werden.

**Staudruck.** Der Staudruck (Geschwindigkeitsdruck) $q$ ist

$$q = \frac{1}{2} \varrho\, v^2,$$

wobei $\varrho = 1{,}25\ \text{kg/m}^3$ hinreichend genau und $v$ die Windgeschwindigkeit ist. Mit $v$ in m/s ergibt sich $q = v^2/1\,600$ in $\text{kN/m}^2$. Tafel 40 gibt die in Rechnung zu stellende Windgeschwindigkeit $v$ und den zugehörigenden Staudruck $q$ in Abhängigkeit von der Höhe über dem (das betrachtete Bauwerk) umgebenden Gelände an.

**Tafel 40 Windgeschwindigkeit und Staudruck in Abhängigkeit von der Höhe**

| Höhe über Gelände h | von 0 bis 8 m | über 8 bis 20 m | über 20 bis 100 m | über 100 m |
|---|---|---|---|---|
| Windgeschwindigkeit $v$ in m/s | 28,3 | 35,8 | 42,0 | 45,6 |
| Staudruck $q$ in $\text{kN/m}^2$ | 0,5 | 0,8 | 1,1 | 1,3 |

**Bemerkung** In Abhängigkeit von örtlichen topographischen Einflüssen können hiervon abweichende Windgeschwindigkeiten auftreten. Insbesondere können infolge von Föhn- und Düseneffekten auch höhere Windgeschwindigkeiten auftreten.
Ist das Bauwerk auf einer das umliegende Gelände steil und hoch überragenden Erhebung dem Windangriff besonders stark ausgesetzt, so ist bei Festsetzung der Windlast mindestens von dem Staudruck $q = 1{,}1\ \text{kN/m}^2$ auszugehen.

### 4.3.2 Windlast

Die Windlast eines Bauwerkes setzt sich aus Druck-, Sog- und Reibungswirkungen zusammen und beträgt im Regelfall

$$\boldsymbol{W = c_f \cdot q \cdot A}.$$

Es ist $c_f$ der aerodynamische Kraftbeiwert, $q$ der Staudruck und $A$ die Bezugsfläche. Die Kraftbeiwerte $c_f$ sind von der Form des Bauwerkes und von der Anströmrichtung abhängig. Für etliche Bauwerksformen sind $c_f$-Werte in T4 der DIN 1055 angegeben. Für Bauwerksformen, die hier nicht aufgeführt und bei denen keine Analogieschlüsse zu gegebenen Bauwerksformen möglich sind, müssen die Beiwerte in Windkanalversuchen ermittelt werden.
Die Bezugsfläche $A$ ist diejenige Fläche, auf welche der Beiwert $c_f$ bezogen ist. Sie ist in der Norm mit angegeben und wird häufig eine Hauptprojektionsfläche sein. Der Staudruck $q$ ist nach Tafel 40 einzusetzen. Bei abschnittsweise veränderlichem Staudruck und/oder veränderlicher Bauwerksbreite $b$ darf näherungsweise gesetzt werden

$$\boldsymbol{W = c_f \sum_{i=1}^{n} q_i A_i}$$

$q_i$ Staudruck im Abschnitt $i$
$A_i$ Fläche im Abschnitt $i$
$n$ Anzahl der Abschnitte

Teil 4 der DIN 1055 enhält Kraftbeiwerte $c_f$ für die folgenden Gruppen von Körpern:

1. Prismatische Baukörper
   - allseitig geschlossene Baukörper mit rechteckigem Grundriß (s. S. 260)
   - allseitig geschlossene Baukörper mit nicht rechteckigem Grundriß
2. Kreiszylindrische Baukörper
   - stehende und liegende Zylinder
   - sonstige Baukörper mit Kreisquerschnitt
   - Drähte, Stangen, Seile
3. Stäbe, Tafeln, Fachwerke
   - Einzelne Widerstandskörper
   - Fachwerke, ebene und räumliche
4. Nachgiebige Baukörper
   - Flaggen mit festgespanntem Flaggentuch
   - Flaggen mit losem Flaggentuch

Die Windlast $W$ ist auch berechenbar durch Verwendung des Druckbeiwertes $c_p$ (s.u.), wenn die entlastenden Sogkräfte nicht in Ansatz gebracht werden.

**Tafel 41 Kraftbeiwerte $c_f$ für einen allseitig geschlossenen prismatischen Körper**

| Windrichtung | Bezugsfläche | Kraftbeiwerte | |
|---|---|---|---|
| | $A$ | $c_{fx}$ | $c_{fy}$ |
| parallel zur $x$-Achse | $b \cdot h$ | 1,3 | 0 |
| parallel zur $y$-Achse | $a \cdot h$ | 0 | 1,3 |

Gültig für Körper mit $h/b \leqq 5$ bzw. $h/a \leqq 5$

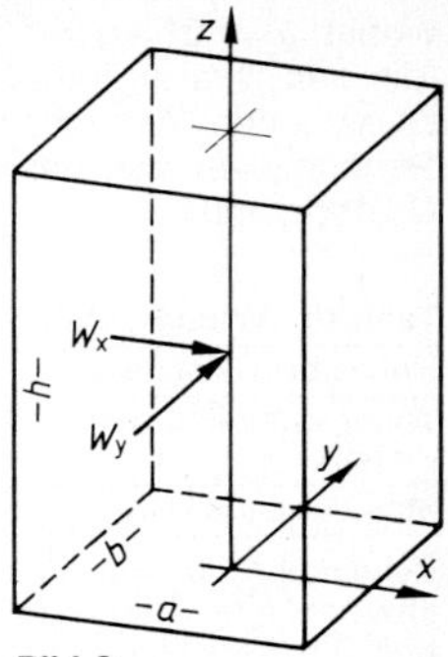


**Bild 3**

Es gilt:

$$W_x = c_{fx} \cdot A \cdot q \quad \text{und} \quad W_y = c_{fy} \cdot A \cdot q$$

Bei ungleichmäßiger Verteilung der Windgeschwindigkeit in $x$- oder $y$-Richtung kommt es zu einem exzentrischen Lastangriff. Deshalb ist eine Ausmitte der resultierenden Windlast von $a/10$ in $x$- bzw. $b/10$ in $y$-Richtung anzunehmen.

### 4.3.3 Winddruck

Die Größe des auf die Flächeneinheit einer Bauwerksoberfläche wirkenden Winddruckes ist

$$w = c_p \cdot q,$$

wobei $q$ der Staudruck des Windes und $c_p$ der aerodynamische Druckbeiwert der betrachteten Flächeneinheit ist. Der auf eine Fläche wirkende Winddruck ist stets rechtwinklig auf diese Fläche gerichtet. Aerodynamische Druck- und Sogbeiwerte $c_p$ sind in Abschnitt 6.3 von T4 für verschiedene Bauwerksformen angegeben. Bei der Anwendung dieser Werte ist zu beachten, daß es sich um Mittelwerte über die jeweils gekennzeichneten Bereiche handelt. Deshalb sind die **Druckwerte für einzelne Tragglieder** (z.B. Sparren, Pfetten, Wandstiele, Fassadenelemente) um 1/4 zu erhöhen. Einzelne Tragglieder in diesem Sinne liegen vor, wenn ihre Einzugsfläche weniger als 15% derjenigen Fläche beträgt, über die der Beiwert gemittelt wurde. Bei unmittelbar durch Wind belasteten Einzelbauteilen, z.B. Wand- und Dachtafeln, sind an den Schnittkanten von Wand- und Dachflächen prismatischer Körper zur Erfassung der hier auftretenden Sogspitzen die in der Norm angegebenen erhöhten Beiwerte (s. Tafel 43 und 46) anzunehmen. Der **Abhebenachweis** für solche Einzelbauteile kann dann mit der o.a. Gl.

$$F_{Trag}/1{,}3 \geqq 1{,}1\, S_{Sog} - S_{G\,Dach}/1{,}1$$

geführt werden.

Für folgende Fälle sind Druckbeiwerte $c_p$ in der Norm angegeben:

1 Prismatische Baukörper

1.1 Allseitig geschlossene Baukörper (s. S. 261, 262)
lotrechte Gebäudewände; Teilbereiche lotrechter Wandflächen; Sattel-, Pult- und Flachdächer; Teilbereiche von Dächern;

1.2 Seitlich offene Baukörper (s. S. 263)
vorne offen bzw. hinten offen; beide Seiten offen; vorne und an beiden Seiten offen bzw. hinten und an beiden Seiten offen; allseitig offen (also freistehende Dächer);

2 Kreiszylindrische Baukörper

**Tafel 42 Druckbeiwerte $c_p$ für Wände allseitig geschlossener Baukörper**

| Gebäudewand (Bezugsfläche) | $c_p$ |
|---|---|
| vordere Wand *ABCD* (= luv) | +0,8 |
| hintere Wand *EFGH* (= lee) | −0,5 |
| Seitenwände *AEHD* und *BFGC* | −0,5 für $h/a \leq 0{,}25$<br>−0,7 für $h/a > 0{,}50$ |

Ein positives Vorzeichen bedeutet Druck, ein negatives Vorzeichen bedeutet Sog

**Tafel 43 Erhöhter Druckbeiwert und zugehörige Teilfläche**

| Erhöhter Druckbeiwert $c_p$ | Breite $d$ der zugehörigen Teilfläche |
|---|---|
| −2,0 | für $a < 8$ m: $d = 1$ m<br>$8\text{ m} \leq a \leq 16$ m: $d = a/8$<br>für $a > 16$ m: $d = 2$ m |

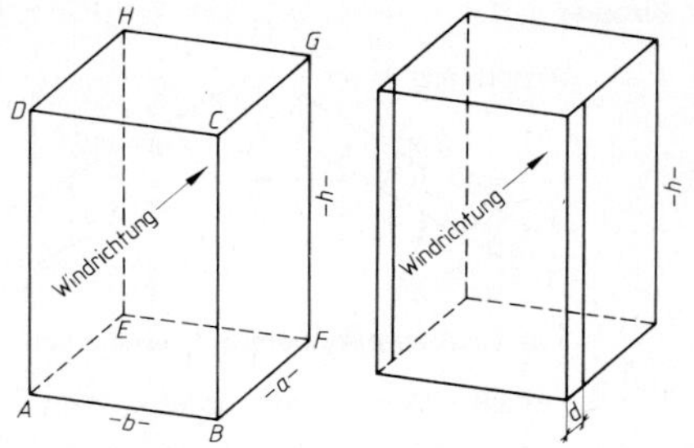


**Bild 4/5 Teilflächen mit erhöhtem Druckbeiwert**

Der Druckbeiwert für Dachflächen wird angegeben in Abhängigkeit von der Dachneigung $\alpha$ und ist Bild 7 zu entnehmen.

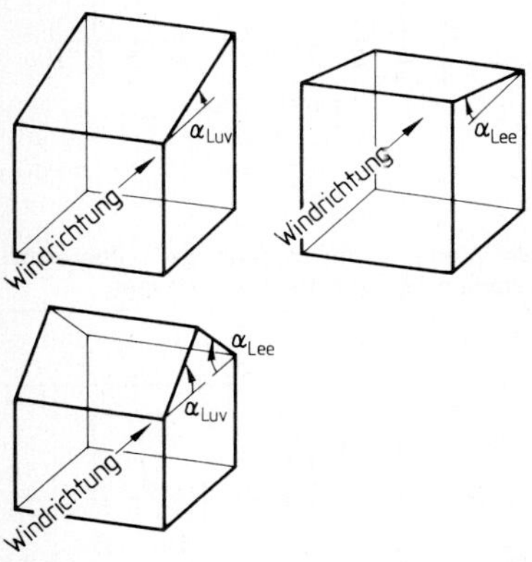


**Bild 6**

$$c_p = \frac{1}{50}\alpha_{Luv} - 0{,}2 \quad (25° \leqq \alpha_{Luv} \leqq 50°)$$

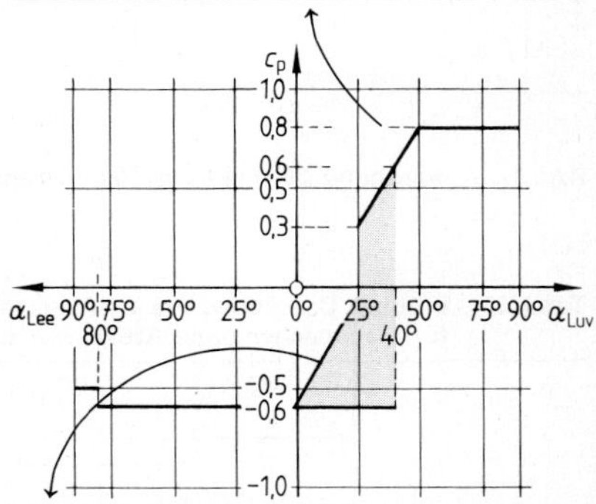


$$c_p = 1{,}3 \cdot \sin\alpha_{Luv} - 0{,}6 \quad (0° \leqq \alpha_{Luv} < 25°)$$

Im Bereich zwischen 25° und 40° ist der für den geplanten Nachweis ungünstige $c_p$-Wert zu wählen, s. Beispiel S. 262

**Bild 7 Druckbeiwerte für Dachflächen**

**Tafel 44 Druckbeiwerte $c_p$ für Dachflächen allseitig geschlossener prismatischer Baukörper**

| Dachneigung $\alpha_{Luv}$ | +0° | +5° | +10° | +15° | +20° | +25° | +30° | +35° | +40° | +45° | +50° | $\alpha \geqq 50°$ |
|---|---|---|---|---|---|---|---|---|---|---|---|---|
| Druckbeiwert $c_p$ | −0,60 | −0,49 | −0,37 | −0,26 | −0,16 | +0,3 | +0,4 | +0,5 | +0,6 | +0,7 | +0,8 | +0,8 |
| | −0,6 | | | | | | | | | | | |

Ein positives Vorzeichen bedeutet Druck, ein negatives Vorzeichen bedeutet Sog.

**Beispiel**

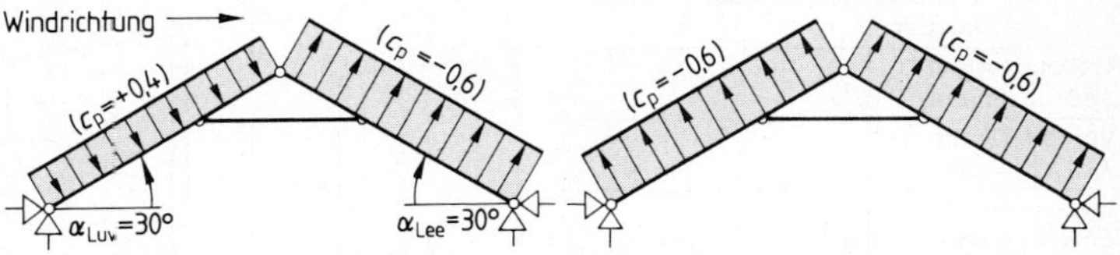


a) Lastbild mit oberem $c_p$-Grenzwert

b) Lastbild mit unterem $c_p$-Grenzwert (etwa für den Nachweis der Sicherheit der Gesamtkonstruktion gegen Abheben)

**Bild 8** **Oberer und unterer $c_p$-Wert**

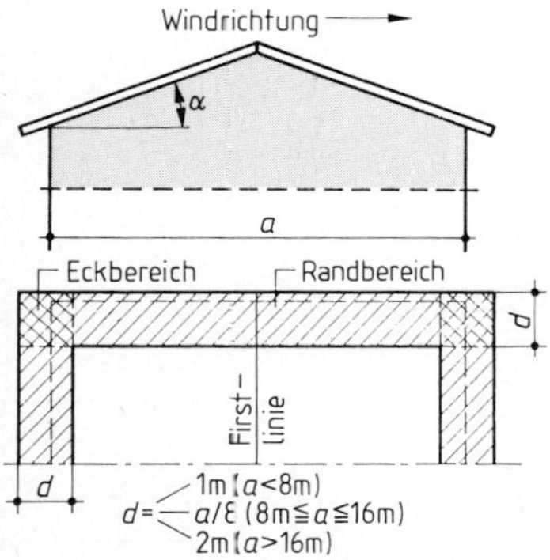


**Tafel 45** **Erhöhte Druckbeiwerte $c_p$ für Teilbereiche geneigter Dachflächen**

| Dach-neigungs-winkel α | Einzelbauteil liegt ganz im | |
|---|---|---|
| | Eckbereich | Randbereich |
| 0° bis 25° | −3,2 | −1,8 |
| 26° bis 35° | −1,8 | −1,1 |

Das negative Vorzeichen bedeutet Sog

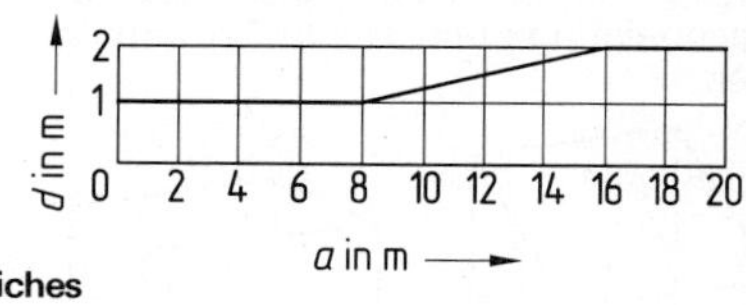


**Bild 9** **Ausdehnung des Eck- und Randbereiches**

**Tafel 46** **Erhöhte Druckbeiwerte $c_p$ – genauere Werte – und zugehörige Teilbereiche für Flachdächer ohne Attika von Bauwerken bestimmter Proportionen**

| | gültig für | $\frac{h}{a}<0{,}40$ | $\frac{h}{a}>0{,}40$ |
|---|---|---|---|
| 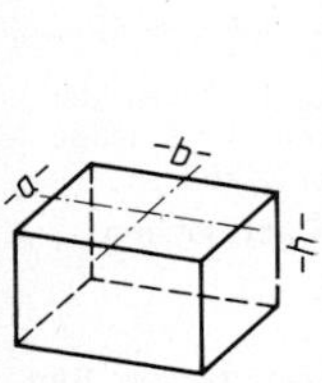 | $\frac{b}{a}<1{,}5$ | 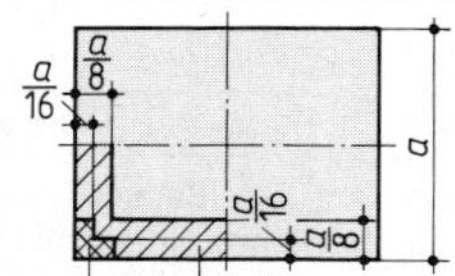 $c_p$=−2,0 $c_p$=−1,0 | 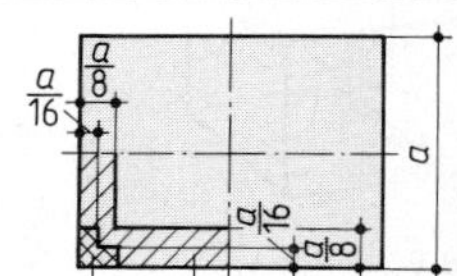 $c_p$=−2,8 $c_p$=−1,5 |
| | $\frac{b}{a}>1{,}5$ | 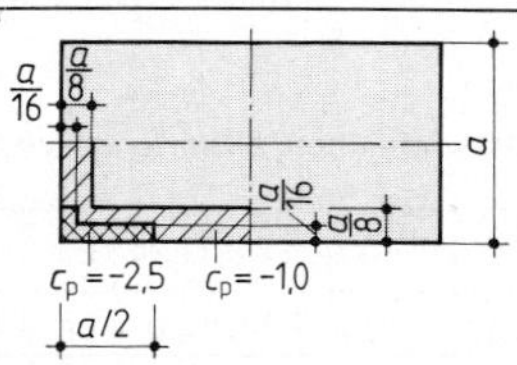 $c_p$=−2,5 $c_p$=−1,0 | 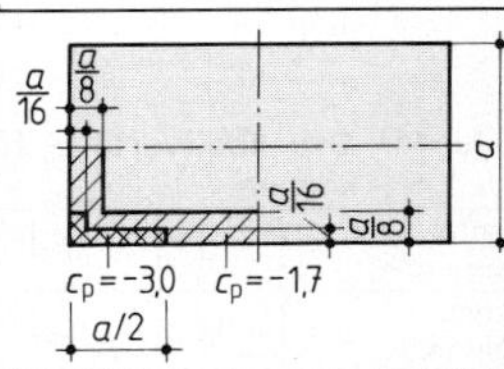 $c_p$=−3,0 $c_p$=−1,7 |

Das negative Vorzeichen bedeutet Sog

**Tafel 47 Druckbeiwerte $c_p$ seitlich offener Baukörper**

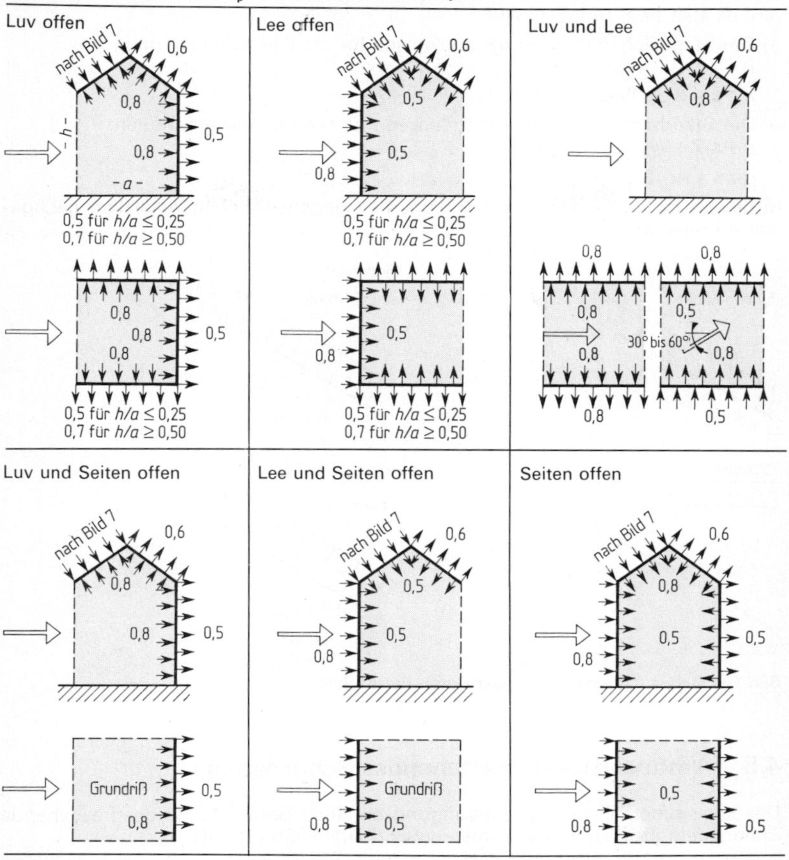


**Anmerkung** Der Fall „eine Seite offen" fehlt leider in der Norm.

## 4.4 Gleichzeitige Berücksichtigung von Wind- und Schneelast

Dächer mit einer Neigung bis 45° sind für eine gleichzeitige Belastung durch Wind und Schnee zu untersuchen. Dabei sind die beiden Lastfälle $s+w/2$ und $s/2+w$ zu berücksichtigen.[1]) Die jeweils ungünstigsten Werte sind für die Bemessung maßgebend, wobei die für den Lastfall H zugelassenen Spannungen nicht überschritten werden dürfen. Werden die vollen Wind- und Schneelasten kombiniert, dann können die zulässigen Spannungen des Lastfalles HZ ausgenützt werden.

Bei Dächern über 45° Neigung braucht mit gleichzeitiger Belastung durch Wind und Schnee nur in Gebieten mit besonders ungünstigen Schneeverhältnissen gerechnet zu werden oder dann, wenn Schneeansammlungen möglich sind (z.B. bei Zusammenstoß mehrerer Dachflächen).

[1]) Weitere Zusatzlasten sind gegebenenfalls entsprechend zu kombinieren.

Für den Standsicherheitsnachweis des in Bild 10 skizzierten Pultdaches ($\alpha \leqq 45°$) gibt es also zwei Möglichkeiten:

a) Die Standsicherheit wird nachgewiesen für die Lastkombinationen

$\boldsymbol{g+s}$ (Lastfall H)

$\boldsymbol{g+s+w_d}$ (Lastfall HZ)

b) Die Standsicherheit wird nachgewiesen für die Lastkombinationen

$\boldsymbol{g+s/2+w_d}$ (Lastfall H)

$\boldsymbol{g+s+w_d/2}$ (Lastfall H).

In beiden Fällen muß freilich die Sicherheit gegen Abheben zusätzlich nachgewiesen werden.

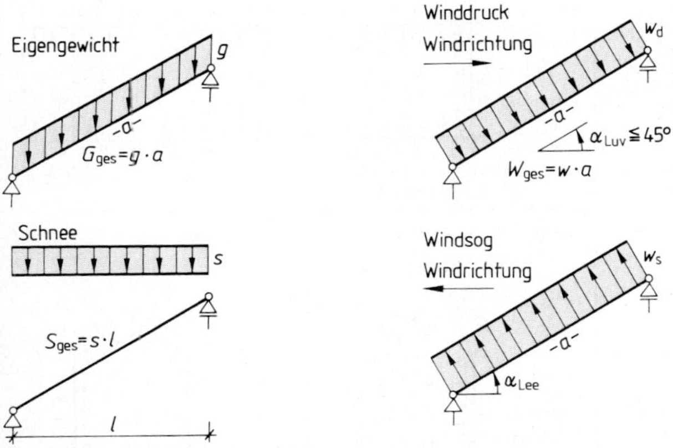


**Bild 10 Belastung eines wenig geneigten Pultdaches**

## 4.5 Windbelastung freistehender Schornsteine

Das klassische Beispiel für schwingungsanfällige Bauwerke ist der freistehende Schornstein in Massivbauart entsprechend DIN 1056 (10.84).

Das Verfahren der Berechnung der Windlast solcher Schornsteine ist im Anhang dieser Norm angegeben.

Der Staudruck $q$ (kN/m²) in der Höhe $z$ (m) über Gelände beträgt

für $z \leqq 300$ m $\quad q = q_0 + 0{,}003z$
für $z > 300$ m $\quad q = q_0 + 0{,}9$.

Der Staudruck $q_0$ in Geländehöhe beträgt

– im Nord- und Ostsee-Küstengebiet (Zone III) $\quad q_0 = 1{,}30$ kN/m²
– in der norddeutschen Tiefebene außer Zone III, in Berlin und in allen Standorten der Zone I, mit Geländehöhen über 800 m NN (Zone II) $\quad q_0 = 1{,}05$ kN/m²
– im übrigen Gebiet der BRD (Zone I) $\quad q_0 = 0{,}80$ kN/m².

(Karte der Windlastzonen s. DIN 1056).

Der aerodynamische Kraftbeiwert $c_f$ freistehender Schornsteine ergibt sich aus dem Grundkraftbeiwert $c_{f0}$ und dem Schlankheitsfaktor $\lambda$

$\boldsymbol{c_f = c_{f0} \cdot \lambda}$.

Der Grundkraftbeiwert $c_{f0}$ ist abhängig von der Querschnittsform und beträgt für kreiszylindrische Baukörper 0,95.

Der Schlankheitsfaktor $\lambda$ hängt ab von der Höhe $h_1$ des Schornsteins über Gelände und dem Querschnittswert $d_m$ (bei kreisförmigem Querschnitt ist $d_m$ der Schaft-Außendurchmesser in halber Höhe)

$$\lambda = 0{,}65 + 0{,}005\, h_1/d_m.$$

Die auf den Schornsteinabschnitt $i$ mit der Bezugsfläche $A_i = h_i \cdot d_i$ wirkende Windlast beträgt

$$W_i = c_f \cdot q_i \cdot A_i.$$

Zur Berücksichtigung der durch Böigkeit des Windes (räumliche und zeitliche Änderung der Windgeschwindigkeit) hervorgerufenen Schwingungen in Windrichtung werden die Windlasten $W_i$ mit dem Böenfaktor $\varphi$ multipliziert (statische Ersatzlast)

$$\text{ers } W_i = \varphi \cdot c_f \cdot q_i \cdot A_i$$

Der Böenfaktor $\varphi$ ergibt sich als Produkt von dem Größenfaktor $\eta$ und dem Böengrundfaktor $\varphi_0$:

$$\varphi = \varphi_0 \cdot \eta$$

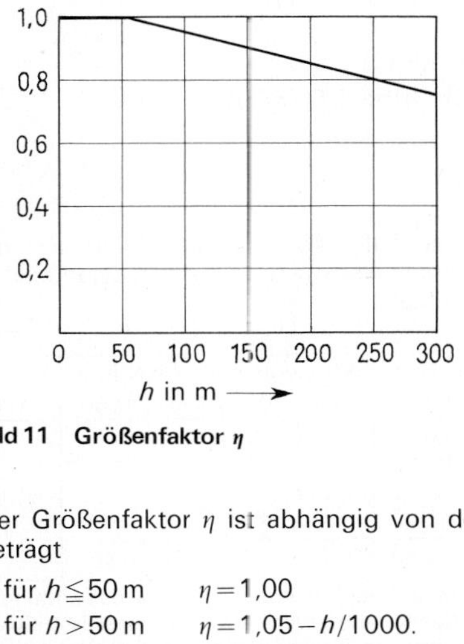


**Bild 11 Größenfaktor $\eta$**

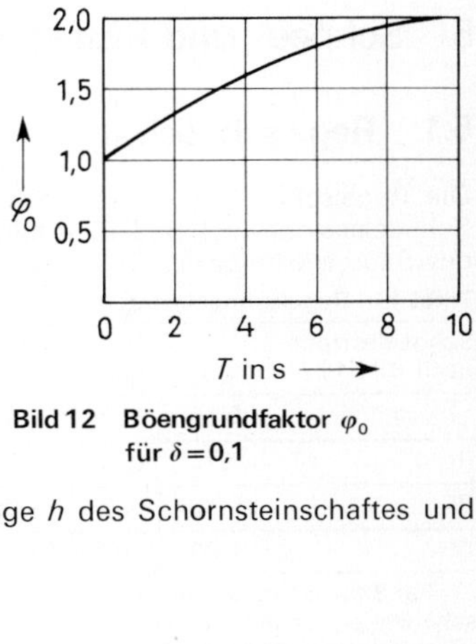


**Bild 12 Böengrundfaktor $\varphi_0$ für $\delta = 0{,}1$**

Der Größenfaktor $\eta$ ist abhängig von der Länge $h$ des Schornsteinschaftes und beträgt

für $h \leqq 50$ m $\quad \eta = 1{,}00$

für $h > 50$ m $\quad \eta = 1{,}05 - h/1000.$

Der Böengrundfaktor $\varphi_0$ ist abhängig von der Schwingungsdauer $T$ (sec) der Bauwerksgrundschwingung und dem logarithmischen Dämpfungsdekrement $\delta$ und beträgt im Bereich $T \leqq 10$ sec

$$\varphi_0 = 1 + (0{,}042\, T - 0.0019\, T^2)\, \delta^{-0,63}.$$

Bei Mauerwerk und Stahlbeton darf näherungsweise mit $\delta = 0{,}1$ gerechnet werden, wenn keine genaueren Werte (für die Dämpfung) bekannt sind.

Die Schwingungsdauer $T$ von Schornsteinen mit konstantem oder sich stetig veränderndem kreisförmigem oder rechteckigem Querschnitt beträgt näherungsweise

$$T = \frac{0{,}05}{1 + 2(1 - b_0/b_u)^2} \sqrt{\frac{\gamma}{E}} \sqrt{\frac{G}{G_1}} \frac{h^2}{b_m}$$

Dabei ist

$E$ Elastizitätsmodul (vertikal) des Schaftbaustoffes in $MN/m^2$
$\gamma$ Rohwichte des Schaftbaustoffes in $kN/m^3$
$G$ Eigenlast von Schaft, Futter und Einbauten in kN
$G_1$ Eigenlast des Schaftes in kN
$b_o$ maßgebende obere Querschnittsabmessung in m
$b_u$ maßgebende untere Querschnittsabmessung in m
$b_m$ maßgebende mittlere Querschnittsabmessung in m
$h$ Schornsteinschafthöhe in m über OK Fundament

Maßgebend ist die Querschnittsbreite in Schwingungsrichtung. Bei kreisförmigen Querschnitt ist dies der äußere Durchmesser.

Neben den böenerregten Schwingungen in Windrichtung können auch auftreten

a) Schwingungen (des Gesamtbauwerkes) rechtwinklig zur Windrichtung, hervorgerufen durch periodische wechselseitige Wirbelablösungen am Bauwerk,

b) Schwingungen (des Gesamtbauwerkes), hervorgerufen durch Wirbelablösungen an luvseitig vor dem Bauwerk gelegenen Ablösestellen (dieses Phänomen kann z.B. bei hintereinander stehenden Schornsteinen auftreten),

c) Schwingungen des Mündungsquerschnittes (Atmen, Ovalling). Diese Schwingungen brauchen bei Massivschornsteinen üblicher Bauart nicht untersucht zu werden. Nur bei Schornsteinen mit kreisringförmigem Querschnitt und $G/V < 2{,}0\,kN/m^3$ ist die Möglichkeit des Auftretens von Schwingungen nach (a) zu prüfen ($G$ ist die Summe aller Eigenlasten über OK Fundament, und $V$ ist das von der Außenfläche des Schornsteins umschlossene Volumen).

# 5 Schnee- und Eislast nach DIN 1055 T 5 (6.75)

## 5.1 Regelschneelast

Die Regelschneelast $s_0$ eines Standortes ist Tafel 48 in Abhängigkeit von der Schneelastzone nach Bild 13 – Karte der Schneelastzonen – und der Geländehöhe des Bauwerkstandortes über NN zu entnehmen.

**Tafel 48 Regelschneelast $s_0$ in $kN/m^2$**

| Schneelastzone [1]) nach Bild 11 | Geländehöhe [2]) des Bauwerkstandortes über NN in m | | | | | | | | | |
|---|---|---|---|---|---|---|---|---|---|---|
| | ≦200 | 300 | 400 | 500 | 600 | 700 | 800 | 900 | 1000 | >1000 |
| I | 0,75 | 0,75 | 0,75 | 0,75 | 0,85 | 1,05 | 1,25 | | | |
| II | 0,75 | 0,75 | 0,75 | 0,90 | 1,15 | 1,50 | 1,85 | 2,30 | | [3]) |
| III | 0,75 | 0,75 | 1,00 | 1,25 | 1,60 | 2,00 | 2,55 | 3,10 | 3,80 | |
| IV | 1,00 | 1,15 | 1,55 | 2,10 | 2,60 | 3,25 | 3,90 | 4,65 | 5,50 | |

[1]) Für Bauwerkstandorte auf der Grenzlinie zweier Schneelastzonen darf als $s_0$ das arithmetische Mittel aus den beiden Schneelastzonen angenommen werden. Wird dieser Mittelwert nicht gebildet, so ist der höhere $s_0$-Wert anzusetzen. In Berlin beträgt die Regelschneelast $s_0 = 0{,}75\ kN/m^2$.

[2]) Für Geländehöhen, die zwischen den angegebenen Geländehöhen liegen, darf der $s_0$-Wert geradlinig interpoliert werden. Wird nicht interpoliert, so ist der $s_0$-Wert der nächsthöheren Geländehöhe anzusetzen.

[3]) Wird im Einzelfall festgelegt durch die zuständige Baubehörde im Einvernehmen mit dem Zentralamt des Deutschen Wetterdienstes in Offenbach

## 5.2 Rechenwert der Schneelast

Der Rechenwert $s$ der Schneelast einer Dachfläche ist die auf einen Quadratmeter der Grundrißprojektion dieser Dachfläche entfallende rechnerische Schneelast in kN. Dieser Rechenwert ergibt sich aus der Regelschneelast $s_0$ des

[1]) Weitere Zusatzlasten sind gegebenenfalls entsprechend zu kombinieren.

**Bild 13 Karte der Schneelastzonen**

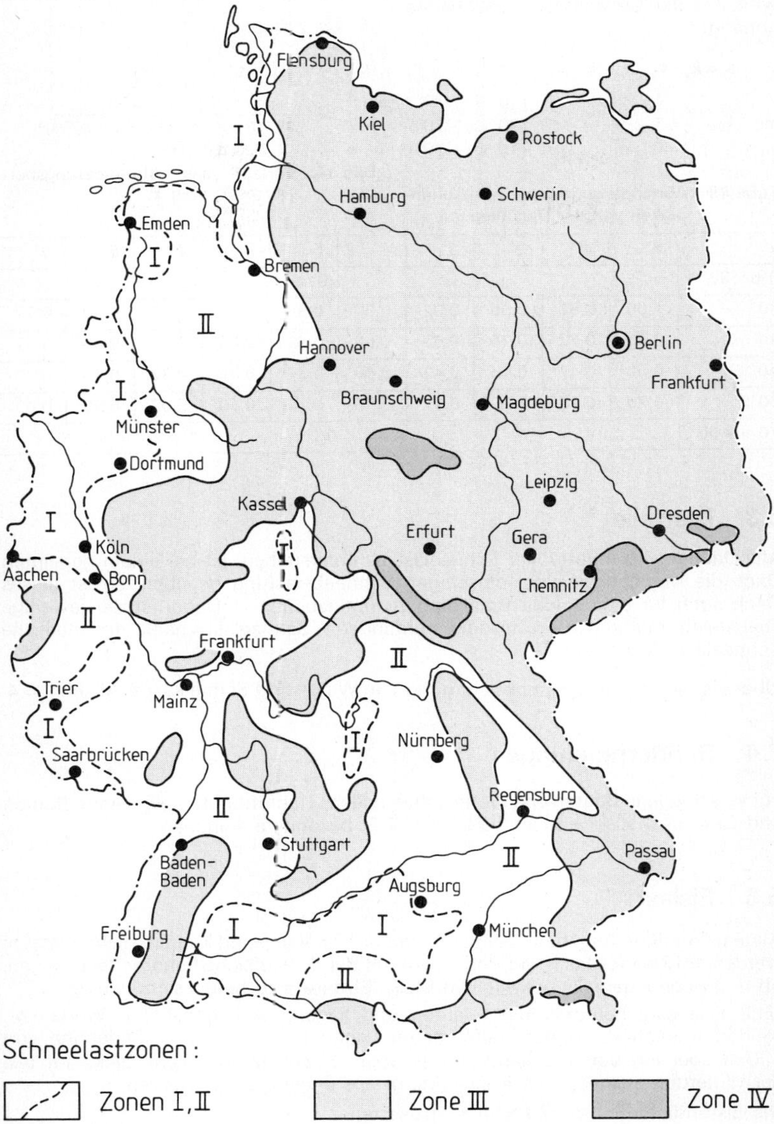


Anwendungsbereich

▬ ▬ Schneezonengrenze zwischen Zone I und II

▬▬▬ Schneezonengrenze zwischen Zone II, III und IV

Bauwerkstandortes und einem Abminderungsbeiwerk $k_s$, der vom Neigungswinkel $\alpha$ der betrachteten Dachfläche abhängt:

$$s = k_s \cdot s_0$$

$$\text{mit } k_s = \begin{cases} = 1 & (0° \leqq \alpha < 30°) \\ = 1 - \dfrac{\alpha - 30°}{40°} & (30° \leqq \alpha \leqq 70°) \\ = 0 & (70° < \alpha \leqq 90°) \end{cases}$$

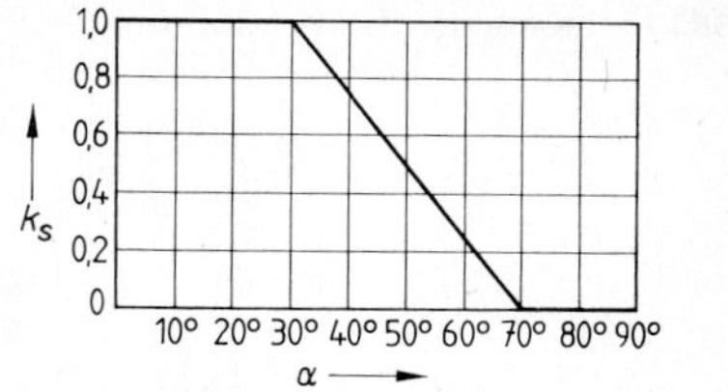


**Bild 14** Verlauf des Abminderungsbeiwertes $k_s$ über $\alpha$

**Tafel 49** Abminderungswerte $k_s$ in Abhängigkeit von der Dachneigung $\alpha$

| $\alpha$ | 0° | 1° | 2° | 3° | 4° | 5° | 6° | 7° | 8° | 9° |
|---|---|---|---|---|---|---|---|---|---|---|
| 0 bis 30° | 1,0 | | | | | | | | | |
| 30° | 1,00 | 0,97 | 0,95 | 0,92 | 0,90 | 0,87 | 0,85 | 0,82 | 0,80 | 0,77 |
| 40° | 0,75 | 0,72 | 0,70 | 0,67 | 0,65 | 0,62 | 0,60 | 0,57 | 0,55 | 0,52 |
| 50° | 0,50 | 0,47 | 0,45 | 0,42 | 0,40 | 0,37 | 0,35 | 0,32 | 0,30 | 0,27 |
| 60° | 0,25 | 0,22 | 0,20 | 0,17 | 0,15 | 0,12 | 0,10 | 0,07 | 0,05 | 0,02 |
| 70 bis 90° | 0 | | | | | | | | | |

## 5.3 Lastfälle

Alle Dächer sind unter voller Schneelast zu untersuchen. Ist bei einem geneigten Dach die Möglichkeit einer einseitigen Schneebelastung gegeben, so ist dieses Dach auch für eine solche Belastung zu untersuchen.[1]) Dabei ist der jeweilige Teilbereich mit $s_1 = s/2$ (einseitig verminderte Schneelast = halbe rechnerische Schneelast) zu belasten.

Über die gleichzeitige Berücksichtigung von Wind- und Schneelast s. Abschn. 4.4.

## 5.4 Sonderregelungen

Für verschiedene Bauten wie Wetterschutzhallen, Tragluftbauten, Fliegende Bauten und Gewächshäuser enthält DIN 1055, T 5, besondere Angaben.

## 5.5 Eislast

Allgemeingültige Angaben über das Auftreten von Vereisung können nicht gemacht werden. Im Zweifelsfall ist im Benehmen mit der Bauaufsichtsbehörde festzulegen, ob und gegebenenfalls in welchem Maße Eisansatz zu berücksichtigen ist.

Muß Eisansatz berücksichtigt werden und liegen keine genaueren Werte vor, so darf in nicht besonders gefährdeten Lagen bis zu einer Geländehöhe von 400 m über NN vereinfachend ein allseitiger Eisansatz von 3 cm Dicke für alle der Witterung ausgesetzten Konstruktionsteile angenommen werden.

Die Eisrohdichte ist mit 7 kN/m$^3$ einzusetzen.

[1]) Bei Satteldächern ist die Möglichkeit einseitiger Schneebelastung gegeben, bei Pult- und Flachdächern nicht. Bei Sparrendächern liefert „Schnee einseitig" nirgends höhere Werte als „Schnee voll". Bei Kehlriegeldächern jedoch liefert „Schnee einseitig" größere Sparrenmomente als „Schnee voll" und muß deshalb untersucht werden.

# 6 Lastannahmen für Straßen- und Wegbrücken

nach DIN 1072 (12.85) mit Beiblatt (5.88)

## 6.1 Allgemeines

DIN 1072 behandelt die Einwirkungen, die bei Entwurf und Bemessung von Straßen- und Wegbrücken zu beachten sind.[1]) Hinsichtlich ihrer Nutzung wird unterschieden in

- Straßenbrücken ohne Schienenbahnen;
- Straßenbrücken mit Schienenbahnen
  - der Gleiskörper ist auch durch Straßenfahrzeuge befahrbar;
  - der Gleiskörper ist nicht durch Straßenfahrzeuge befahrbar;
- Gehweg- und Radwegbrücken.

Für die Straßenbrücken sind Brückenklassen definiert:

- die Regelklassen 60/30 und 30/30,
- die Nachrechnungsklassen 16/16 bis 3/3.

Bei der Bemessung zu berücksichtigen sind alle planmäßigen und alle sonstigen möglichen Zustände

- während der Errichtung des Bauwerks (Bauzustände),
- während des Betriebes des Bauwerks (Bauwerk während der planmäßigen Nutzung; Bauwerk während planmäßiger Reparaturen; bei beweglichen Brükken: Bauwerk in ausgeschwenkter bzw. hochgeklappter Position, usw.).

Bei der Bemessung für den Endzustand sind gegebenenfalls folgende Lasten anzusetzen:

**Hauptlasten**

- Ständige Lasten (Eigenlasten der Bauteile, Ständige Erdlasten nach DIN 1055 Teil 1 und 2, Versorgungsleitungen und andere ruhende Lasten)
- Vorspannungen (z.B. durch Spannglieder, planmäßige Änderung der Lagerungsbedingungen. Vorbelastungen oder andere Maßnahmen)
- Schwinden des Betons
- Zwängungen aus wahrscheinlichen Baugrundbewegungen
- Verschiebungen beim Auswechseln von Lagern
- Lotrechte Verkehrs-Regellasten auf Überbau
- Verkehrslasten auf Bauwerkshinterfüllungen

**Zusatzlasten** [2])

- Wärmewirkungen bei stählernen Brücken, Verbundbrücken und massiven Brücken; bei hölzernen Brücken können sie unberücksichtigt bleiben.
  - Temperaturschwankung (gleichmäßige Änderung der Schwerpunktstemperatur aller Bauteile)
  - Temperaturunterschied (lineares Temperaturgefälle zwischen gegenüberliegenden Außenflächen eines Baukörpers)
  - Ungleiche Erwärmung verschiedener Bauteile
- Windlasten; Richtung des Windes: Sowohl quer zur Brücke(nachse) als auch in Brückenlängsrichtung; im allg. waagerecht. Intensität der Windlast nach

[1]) Für außergewöhnliche Einwirkungen (z.B. Anprall von Schienenfahrzeugen, Eisdruck, Schiffsstoß, Erdbeben) sind besondere Lastannahmen von der für die Bauaufsicht zuständigen Stelle zu treffen.

[2]) Ist in einem Bauteil die Beanspruchung aus einer Zusatzlast größer als die Beanspruchung aus den Hauptlasten ohne ständige Lasten und gegebenenfalls Vorspannung, dann ist diese Zusatzlast als Hauptlast einzustufen.

Tafel 50 a. Windangriff: i. allg. Wind auf die gesamte Angriffsfläche; für die Berechnung der Füllstäbe des Windverbandes Wind als Wanderlast ansetzen. Lastkombination: Soweit lotrechte Verkehrslast entlastend wirkt, ist sie als Streckenlast mit höchstens 5 kN/m in der Achse der Hauptspur anzunehmen. Größe der Windangriffsfläche: Unterschieden werden einerseits Brücke ohne Verkehrslast und Brücke mit Verkehrslast und andererseits Überbauten mit vollwandigen Hauptträgern und Überbauten mit gegliederten Hauptträgern. Höhe des Verkehrsbandes: Für Straßen- und Schienenfahrzeuge $h = 3{,}50$ m; für Fußgänger und Radfahrer $h = 1{,}80$ m.

**Tafel 50a Windlasten auf Straßen- und Wegbrücken**

| | Höhenlage H der Windangriffsfläche über Gelände | Windlast bei | | |
|---|---|---|---|---|
| | | Lastfall ohne Verkehr | | Lastfall mit Verkehr |
| | | Überbau ohne Lärmschutzwand, Pfeiler, Stützen | Überbau mit Lärmschutzwand | Überbau mit oder ohne Lärmschutzwand, Pfeiler, Stützen |
| | in m | in kN/m² | in kN/m² | in kN/m² |
| *1* | 0 bis 20 | 1,75 | 1,45 | 0,90 |
| *2* | 20 bis 50 | 2,10 | 1,75 | 1,10 |
| *3* | 50 bis 100 | 2,50 | 2,05 | 1,25 |

Bei Überbauten gilt als Höhenlage H die Höhendifferenz zwischen der Fahrbahnoberkante und dem tiefsten Punkt des Talgrundes bzw. der Wasserspiegelhöhe bei Mittelwasser.

- Schneelast braucht i.allg. nicht berücksichtigt zu werden. Bei geöffneten beweglichen (außer Klapp-)Brücken ist mit 0,75 kN/m² zu rechnen. Bei überdachten Brücken ist die Schneelast nach DIN 1055 T5 anzusetzen (s. Abschn. 4).
- Lasten aus Bremsen und Anfahren (Bremslast); Bremslast von Straßenfahrzeugen; Intensität: $^1/_4$ der Hauptspurbelastung (s. Tafel 51), mindestens $^1/_3$ der Lasten der Regelfahrzeuge in der Haupt- und Nebenspur, und höchstens 900 kN. Schwingbeiwert $\varphi = 1$. Ort und Richtung: Bremslast wirkt in Brückenachse in Höhe der Fahrbahnoberkante. Bremslast von Schienenfahrzeugen; Intensität: $^1/_8$ aller Achslasten innerhalb der Belastungslänge $l = 50$ m; darüber hinausgehende Belastungslänge $^1/_{20}$ aller Achslasten. Ort und Richtung: In Gleisrichtung in Höhe der Schienenoberkante; bei zweigleisigen Schienenbahnen wirkt Bremslast auf beiden Gleisen in gleicher Richtung.
  Die Bremslast darf unberücksichtigt bleiben, wenn sie offensichtlich ohne Einfluß auf die Sicherheit des Bauwerks oder Bauteils ist.
- Verschiebungswiderstände von Lagern und Fahrbahnübergängen; erforderliche Kenngrößen enthalten Zulassungsbescheide oder DIN 4141[1]); Bewegungswiderstände von Bewegungselementen; bei Lagern für lotrechte Lasten werden sie mit der Lagerkraft aus ständiger Last berechnet, vermehrt gegebenenfalls um die volle Lagerkraft aus Schienenverkehr und die halbe Lagerkraft aus nicht schienengebundenem Verkehr (Tafel 51); entlastende Beiträge der Verkehrslast bleiben unberücksichtigt. Bei Lagern für Querlasten werden sie berechnet einerseits aus der Summe der Zwangsbeanspruchungen und andererseits aus den 0,3fachen Windlasten; der größere Wert ist maßgebend. Verformungswiderstände von Verformungselementen; sie sind für eine Verformung der Lager von mindestens 1 cm in jeder Bewegungsrichtung anzusetzen.

1) Für Lager, Pendel und Stelzen herkömmlicher Bauart, für die Angaben aus einem Zulassungsbescheid oder aus DIN 4141 nicht entnommen werden können, s. DIN 1072 (12.85), Abschn. 4.5.

– Trägheitswirkungen bei beweglichen Brücken. Hier sind Lastzustände zu untersuchen, die beim Bewegen der Überbauten eintreten.
– Lasten auf Geländer sind mit 0,8 kN/m waagerecht in Holmhöhe anzunehmen.
– Lasten aus Besichtigungswagen; entsprechend der vorgesehenen Nutzung und Betriebsweise ansetzen.

**Sonderlasten** (im Endzustand)

– mögliche Baugrundbewegungen;
– Ersatzlasten für den Anprall von Straßenfahrzeugen; Tragende Stützen, Rahmenstiele, Endstiele von Fachwerkträgern usw. sind in der Regel für Fahrzeuganprall zu bemessen und durch besondere Maßnahmen zu sichern. Die Sicherung kann entfallen, wenn die Brücke innerhalb einer geschlossenen Ortschaft mit Geschwindigkeitsbeschränkung auf höchstens 50 km/h liegt oder wenn sie nur von Gemeindewegen oder Hauptwirtschaftswegen genutzt wird. Zusätzlich kann die Bemessung für Fahrzeuganprall entfallen, wenn die o.g. Bauteile durch ihre Lage gegen die Gefahr des Fahrzeuganpralls geschützt sind.

  Die Ersatzlast wirkt in 1,2 m Höhe über Fahrbahnoberfläche und beträgt 1 MN in Fahrtrichtung und 0,5 MN rechtwinklig dazu (nicht gleichzeitig wirkend).
– Ersatzlasten für den Seitenstoß auf Schrammborde und seitliche Schutzeinrichtungen; Intensität: s. Tafel 50b; Ort und Richtung: 5 cm unter Oberkante des Bauteils, höchstens jedoch 1,20 m über Fahrbahnrand, waagerecht und quer zur Fahrbahn wirkend.

**Tafel 50 b Ersatzlasten für den Seitenstoß von Straßenfahrzeugen**

| Brückenklasse | | 60/30 | 30/30 | 16/16 bis 3/3 |
|---|---|---|---|---|
| Ersatzlast in kN bei | Schrammborden und Schutzeinrichtungen, die direkt angefahren werden können | 100 | 50 | Radlast eines Hinterrades |
| | Brüstungen und dgl., die mehr als ein Meter hinter Distanzschutzplanken liegen | 50 | 25 | Halbe Radlast eines Hinterrades |

## 6.2 Belastung von Straßenbrücken durch nichtschienengebundenen Verkehr

Die entsprechenden lotrechten Verkehrs-Regellasten (und Regel-Fahrzeuge) sind Tafel 51 zu entnehmen.

Auf jeder Brücke bzw. jedem Überbau sind an der für den jeweils untersuchten Bauteil ungünstigen Stelle der Fahrbahn(en) eine Hauptspur und eine Nebenspur anzunehmen, i.allg. parallel zur Richtung der Fahrbahnachse.

Dabei ist die Brückenfläche wie folgt unterteilt.

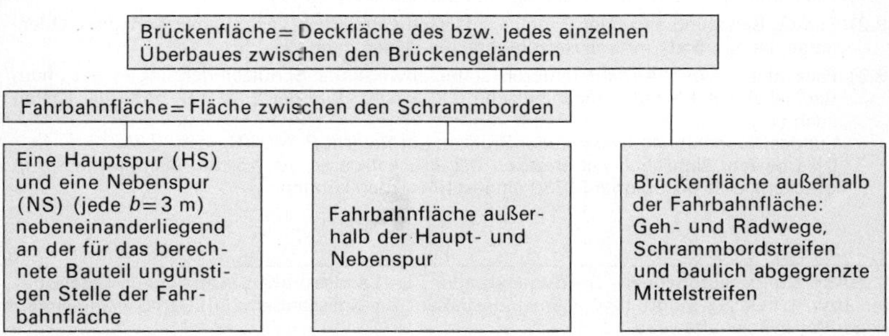

**Tafel 51 Lotrechte Verkehrsregellasten der Regelklassen** (Maße in m)

| Brückenklasse 60/30<br>vorzusehen für*)<br>BAB, B, L, K, S | Brückenklasse 30/30<br>vorzusehen für<br>K, S, G, W | |
|---|---|---|
| (1) Regelfahrzeug<br>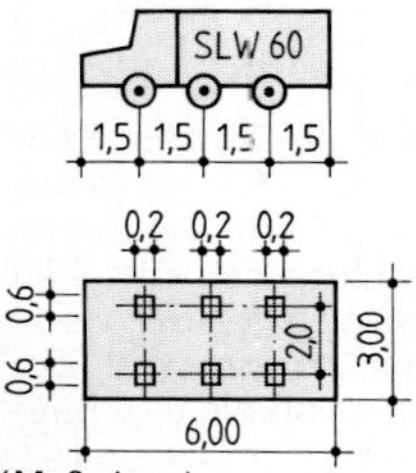<br>(Maße in m)<br>Gesamtlast: 600 kN<br>Radlast: 100 kN<br>Aufstandsfläche:<br>0,20 × 0,60 (m)<br>Ersatzflächenlast:<br>$p' = 33{,}3\ kN/m^2$ | 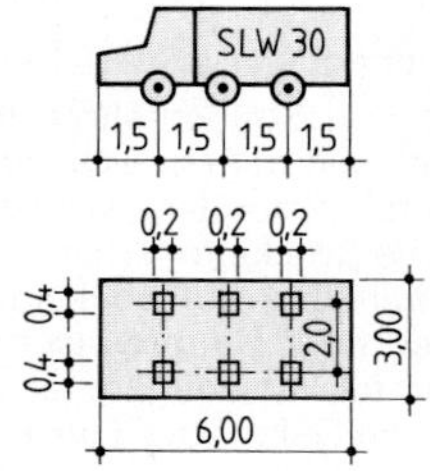<br>Gesamtlast: 300 kN<br>Radlast: 50 kN<br>Aufstandsfläche:<br>0,20 × 0,40 (m)<br>Ersatzflächenlast:<br>$p' = 16{,}7\ kN/m^2$ | 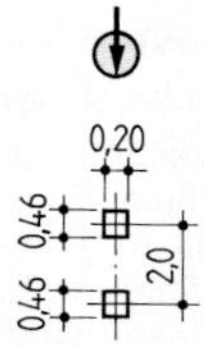<br>(Maße in m)<br>Einzelne Achslast 130 kN |



(2) Belastungssysteme für die Fahrbahnfläche zwischen den Schrammborden

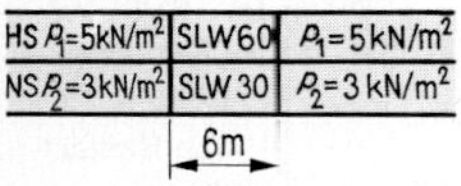


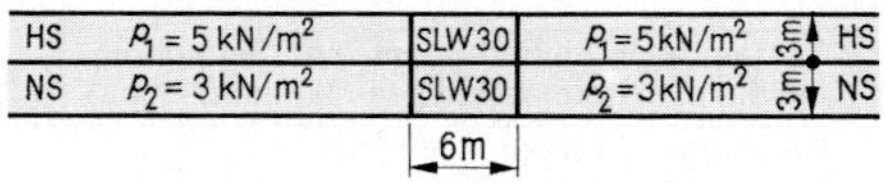


Restliche Fahrbahnfläche mit $p_2 = 3\ kN/m^2$ belasten ohne Schwingbeiwert $\varphi$

HS = Hauptspur mit Schwingbeiwert $\varphi$

NS = Nebenspur ohne Schwingbeiwert $\varphi$

Bei der Ermittlung der jeweils ungünstigen Laststellung sind die auf der Hauptspur (HS) und Nebenspur (NS) aufgestellten Regelfahrzeuge nicht gegeneinander zu verschieben, sondern als Lastpaket unmittelbar nebeneinander auf gleicher Höhe anzusetzen.

Beträgt die Fahrbahnbreite (von Brücken der Regelklassen) weniger als 6,0 m, so bleiben auch einzelne Radlasten des SLW auf der Nebenspur unberücksichtigt.

(3) Belastung (bis zum Geländer) von Geh-, Radwegen, Schrammbordstreifen, erhöhten oder baulich abgegrenzten Mittelstreifen (ohne Schwingbeiwert $\varphi$).
Der ungünstigste Wert von (3.1) bis (3.3) ist maßgebend.

(3.1) Flächenlast $p_2 = 3\ kN/m^2$ zusammen mit den Lasten nach (2).

(3.2) Für die Belastung einzelner Bauteile, z.B. Gehwegplatten, Längsträger, Konsolen, Querträger, ist $p_3 = 5\ kN/m^2$ anzusetzen ohne die Lasten nach (2).

(3.3) Falls nicht gegen Auffahren durch starre abweisende Schutzeinrichtungen gesichert, Radlast $P = 50$ kN mit Aufstandsfläche 0,20 × 0,40 (wie bei SLW 30), ohne die Lasten nach (2).
Für das Nachrechnen bestehender Brücken gilt Radlast $P = 40$ kN nach (3.3).
Dies bezieht sich auch auf Brücken der Brückenklasse 60, 45, 30, auch wenn sie in Brückenklasse 60/30 oder 30/30 eingestuft werden können.

*) BAB = Bundesautobahnen; B = Bundesstraßen; L = Landesstraßen (Land- bzw. Staatsstraßen bzw. L I.O; S = Stadt- bzw. Gemeindestraßen; K = Kreisstraßen (L II.O); G = Gemeindewege; W = Wirtschaftswege

Der Schwingbeiwert $\varphi$ beträgt

– bei Bauwerken ohne Überschüttung

$\varphi = 1{,}4 - 0{,}008 \cdot l_\varphi \geqq 1{,}0$

– bei überschütteten Bauwerken

$\varphi = 1{,}4 - 0{,}008 \cdot l_\varphi - 0{,}1\ h_ü \geqq 1{,}0$

mit $l_\varphi$ = maßgebende Länge in m
und $h_ü$ = Überschüttungshöhe in m

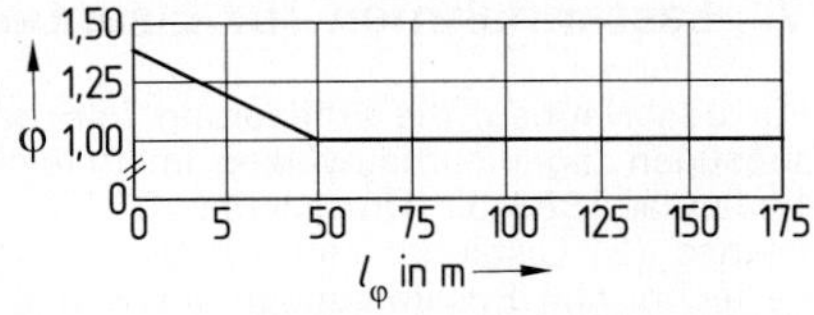


**Bild 15 Schwingbeiwert $l_\varphi$ bei Bauwerken ohne Überschüttung**

Maßgebende Längen $l_\varphi$ sind:

– beim Berechnen der Schnittgrößen aus unmittelbarer Belastung eines Baugliedes die Stützweite bzw. die Länge der Auskragung dieses Baugliedes, bei kreuzweise gespannten Platten die kleinere Stützweite,

– beim Berechnen der Schnittgrößen aus mittelbarer Belastung eines Baugliedes entweder dessen Stützweite oder die der Tragglieder, die die Verkehrslast auf das Bauglied übertragen; dabei darf der größere Wert für $l_\varphi$ angesetzt werden,

– bei durchlaufenden Trägern ohne und mit Gelenken das arithm. Mittel aller Stützweiten; für Lasten unmittelbar auf Kragarmen oder in Feldern, deren Stützweite geringer ist als das 0,7fache der größten Stützweite, ist als maßgebende Länge die Länge des Kragarmes oder die Stützweite des jeweils kleineren Feldes zu nehmen (s. Beiblatt 1 zu DIN 1072).

## 6.3 Verkehrslasten von Straßenbrücken mit Schienenbahnen

Soweit auf Straßenbrücken Schienenfahrzeuge auf getrenntem – von Straßenfahrzeugen nicht befahrbarem – Gleiskörper verkehren, sind die Lastenzüge der Schienenbahnen und die Verkehrsregellasten der Straße gleichzeitig in ungünstiger Stellung anzusetzen. Ist hingegen der Gleiskörper auch für Straßenfahrzeuge befahrbar, so sind für die Verkehrslasten folgende Lastfälle je für sich zu untersuchen:

– gleichzeitige Belastung durch Straßen- und Schienenlasten. Hierbei entweder zwei Gleise mit Schienenfahrzeugen in ungünstiger Zusammensetzung und die übrige Brückenfläche mit $p_2$ nach Tafel 50 bzw. 51 belasten oder ein Gleis mit Schienenfahrzeugen in ungünstiger Zusammensetzung und die übrige Brückenfläche wie bei Straßenbrücken ohne Schienenbahnen belasten.

– Belastung nur durch Straßenverkehrslasten auf der gesamten Fahrbahnfläche wie bei Straßenbrücken ohne Schienenbahnen.

## 6.4 Verkehrslasten von Wegbrücken

Geh- und Radwegbrücken sind einheitlich mit einer Flächenlast von $p_3 = 5\,\text{kN/m}^2$ zu belasten.

Soweit die Tragglieder mehr als 10 m weit gespannt sind, darf für diese und ihre Stützungen die Flächenlast auf $p_4 = 5{,}5 - 0{,}05\ l \geqq 4{,}0\ \text{kN/m}^2$ ermäßigt werden ($l$ in m)

Über die statische Berechnung für diese Lasten hinaus können – insbesondere bei schlanken und schwach gedämpften Bauwerken – Schwingungsuntersuchungen erforderlich werden.

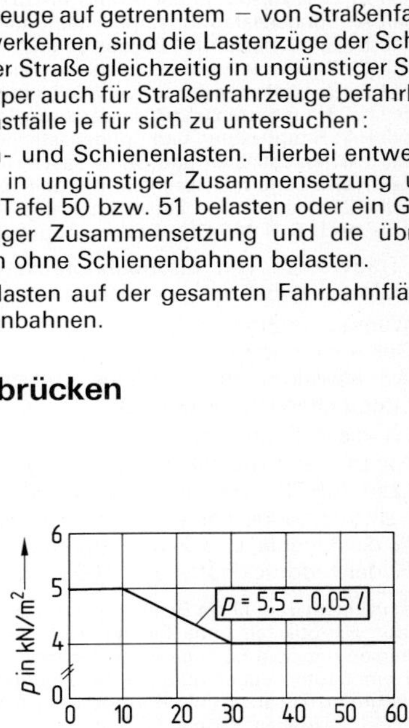


**Bild 16 Regellast für Geh- und Radwegbrücken**

# 7 Lastannahmen für Eisenbahnbrücken nach DS 804 (1.83)

Für den Neubau, die Erneuerung und den Umbau von Eisenbahnbrücken und sonstigen Ingenieurbauwerken im Bereich der Deutschen Bundesbahn gilt seit 1. Januar 1983 die Druckschrift DS 804. Sie besteht aus den Teilen (1) Allgemeines, (2) Lastannahmen, (3) Bemessung, (4) Konstruktion und (5) Allgemeine technische Bestimmungen sowie den Anlagen 1 bis 25 und dem Anhang I bis VIII. In Teil 2 werden die Lasten zunächst eingeteilt in Hauptlasten, Zusatzlasten und Sonderlasten.

Zu den Hauptlasten zählen ständige Lasten, Lastwirkungen aus Vorspannungen, Kriechen und Schwinden des Betons, Wasserdruckkräfte, Lastwirkungen aus wahrscheinlichen Baugrundbewegungen und Verkehrslasten (einschl. Fliehkräfte).

Zu den Zusatzlasten zählen in der Regel [1]) Lastwirkungen aus Temperatur, Windlasten, [2]) Schneelasten, [3]) Anfahr- und Bremslasten, Verschiebungswiderstände der Lager, Trägheitswirkungen bei beweglichen Brücken, Seitenlasten, Lastwirkungen aus möglichen Baugrundbewegungen und Verkehrslasten auf Dienstgehwegen. [4])

Zu den Sonderlasten zählen zeitweilig im Bauzustand wirkende Lasten aus Baugeräten, Baustoffen und Bauwerksteilen u.ä. sowie Ersatzlasten für Anprall von Eisenbahnfahrzeugen, Anprall von Straßenfahrzeugen und Gabelstaplern, Bruch von Fahrleitungen, Anprall von Schiffen, Eisstoß und thermischen Eisdruck, Erdbebenwirkungen und Entgleisung von Eisenbahnfahrzeugen.

Es sind folgende Lastfälle zu unterscheiden:

Lastfall H: Hauptlasten in der jeweils festzulegenden Zusammensetzung
Lastfall Z: Zusatzlasten in der jeweils festzulegenden Zusammensetzung
Lastfall A: Sonderlasten für Anprallfälle und Bruch von Fahrleitungen
Lastfall B: Sonderlasten für Bauzustände
Lastfall C: Sonderlasten für Entgleisung von Eisenbahnfahrzeugen
Lastfall E: Sonderlasten für Erdbebenwirkungen
Lastfall HZ: Hauptlasten und Zusatzlasten in der jeweils festzulegenden Zusammensetzung
Lastfall HA: Hauptlastung und Sonderlasten für Anprallfälle und Bruch von Fahrleitungen
Lastfall HB: Hauptlasten und Sonderlasten für Bauzustände
Lastfall HZB: Lasten der Lastfälle HB und zutreffende Zusatzlasten
Lastfall HZE: Haupt- und Zusatzlasten und Sonderlasten aus Erdbebenwirkungen.
Lastfälle nach DIN 1054 für Baugrunduntersuchungen.

Bei Tragwerken von Eisenbahnbrücken sind in Lastfällen HZ (nur) folgende Zusatzlasten gleichzeitig anzusetzen:

- Wärmewirkungen, Anfahr- und Bremskräfte und Verkehrslast auf öffentlichen Gehwegen oder
- Wärmewirkungen, mögliche Baugrundbewegungen und Verkehrslast auf öffentlichen Gehwegen oder
- Windlast, Seitenstoß und mögliche Baugrundbewegungen oder
- Anfahr- und Bremskräfte und mögliche Baugrundbewegungen.

Im Lastfall HZB sind alle möglichen Zusatzlasten zu berücksichtigen. Im Lastfall HZE sind folgende Lasten zu kombinieren:
100% der Eigenlast, 50% der Verkehrslasten, 50% der Windlasten,
125% der Erddruckkräfte und 100% der Ersatzlast für Erdbeben.

---

[1]) Ist in einem Bauteil die Beanspruchung aus einer Zusatzlast größer als die Beanspruchung aus den Hauptlasten ohne Eigengewicht und Vorspannung, dann bildet diese Zusatzlast zusammen mit dem Eigengewicht und der Vorspannung den Lastfall H.
Wird ein Bauteil außer durch seine Eigenlast nur durch Zusatzlasten beansprucht, dann ist die größte Zusatzlast als Hauptlast einzustufen.

[2]) In den Lastfällen HB und HZB ist die Last aus Wind als Hauptlast anzunehmen.

[3]) Bei „sonstigen Ingenieurbauwerken" ist die Schneelast als Hauptlast anzunehmen.

[4]) Die Verkehrslasten für Gehwege an Eisenbahnbrücken sind für die Gehwege selbst als Hauptlast, für alle Bauteile des Haupttragwerkes als Zusatzlast einzuführen.

Als Verkehrslast gilt für ein- und zweigleisige Tragwerke der regelspurigen Eisenbahnen das Lastbild UIC 71 (Bild 17).

Bei Tragwerken ab 10 m Stützweite mit durchgeführter Regelfahrbahn darf mit dem vereinfachten Lastbild UIC 71 (Bild 18) gerechnet werden.

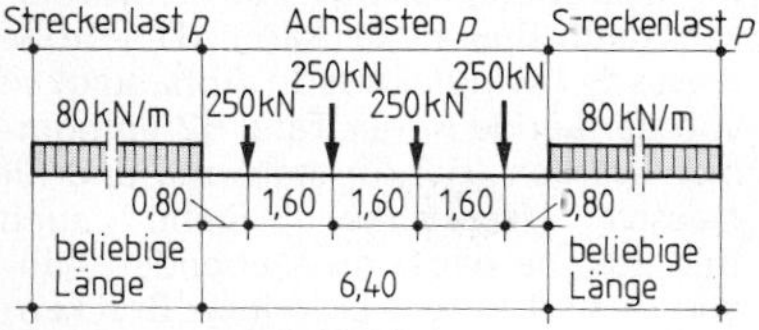


**Bild 17 Lastbild UIC 71**

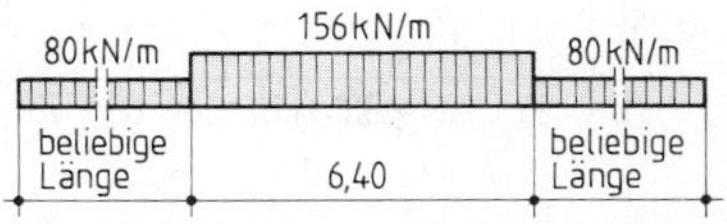


**Bild 18 Vereinfachtes Lastbild UIC 71**

Für Tragwerke und Bauteile, die von mehr als zwei Gleisen belastet werden, ist der jeweils ungünstigere der nachstehenden Fälle anzunehmen:

- Jeweils zwei Gleise sind mit dem vollen Lastbild UIC71 in ungünstigster Kombination belastet; alle übrigen Gleise sind ohne Verkehrslast.
- Alle Gleise sind mit 73% des Lastbildes UIC71 in ungünstigster Stellung belastet.

Bei der Ermittlung der größten und kleinsten Werte der Schnitt- und Stützgrößen sowie Formänderungen und dgl. bleiben entlastend wirkende Teile des Lastbildes UIC71 unverücksichtigt. Bild 19 zeigt hierfür einige Beispiele.

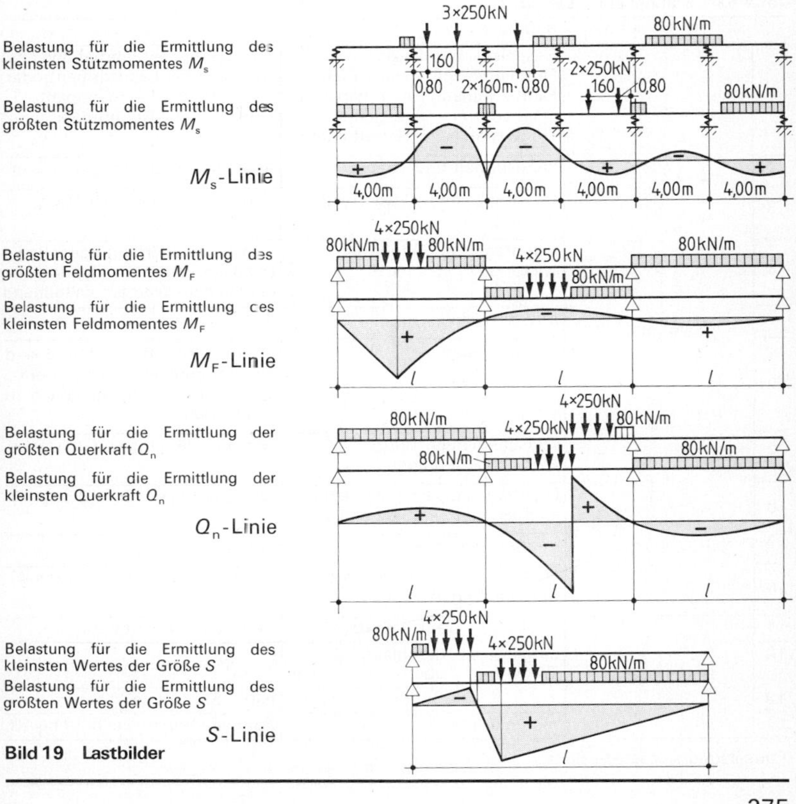


**Bild 19 Lastbilder**

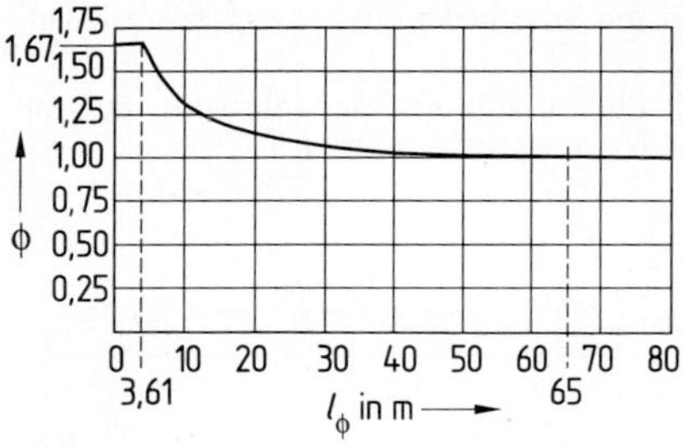


**Bild 20**

Die sich aus der Wirkung des so modifizierten Lastbildes UIC 71 ergebenden Schnitt- und Stützgrößen sind für die Bemessung usw. mit dem Schwingfaktor $\phi$ zu multiplizieren. Für nicht überschüttete Bauwerke kann die Größe dieses Schwingfaktors in Abhängigkeit von der Länge $l_\phi$ der Tafel 52 entnommen werden (gilt für stählerne und für massive Tragwerke). Siehe auch Bild 20. Die dabei maßgebenden Längen $l_\phi$ sind für die einzelnen Brückenteile in Tafel 53 angegeben.

**Tafel 52 Schwingfaktor $\phi$ für Tragwerke oder Tragwerksteile ohne Überschüttung**

| $l_\phi$ in m | ≦3,61 | 4 | 5 | 6 | 7 | 8 | 9 | 10 | 11 | 12 | 13 | 14 | 15 | 16 | 17 |
|---|---|---|---|---|---|---|---|---|---|---|---|---|---|---|---|
| $\phi$ | 1,67 | 1,62 | 1,53 | 1,46 | 1,41 | 1,37 | 1,33 | 1,31 | 1,28 | 1,26 | 1,24 | 1,23 | 1,21 | 1,20 | 1,19 |
| $l_\phi$ in m | 18 | 19 | 20 | 22 | 24 | 26 | 28 | 30 | 35 | 40 | 45 | 50 | 55 | 60 | ≧65 |
| $\phi$ | 1,18 | 1,17 | 1,16 | 1,14 | 1,13 | 1,11 | 1,10 | 1,09 | 1,07 | 1,06 | 1,04 | 1,03 | 1,02 | 1,01 | 1,00 |

Bei Tragwerken aus Walzträgern in Beton ist für die Bemessung der Querbewehrung $\phi = 1{,}30$ einzusetzen.

**Tafel 53 Maßgebende Längen $l_\phi$**

| | | Bauglied | | $l_\phi$ |
|---|---|---|---|---|
| 1 | Fahrbahn | Geschlossene Fahrbahn<br>Fahrbahnblech, Fahrbahnplatte massiver Tragwerke | Tragwirkung rechtwinklig zu den Hauptträgern | Stützweite des Fahrbahnblechs (Abstand der Längsrippen) oder der massiven Fahrbahnplatte (Abstand der Hauptträger) |
| 2 | | Längsrippen und -träger | | Abstand der Querträger + 3 m |
| 3 | | Querträger ohne Trägerrostwirkung | | doppelter Abstand der Querträger + 3 m |
| 4 | | Querträger mit Trägerrostwirkung | | Stützweite der Hauptträger bzw. doppelte Länge der Querträger, der kleinere Wert ist maßgebend |
| 5 | | Endquerträger | | 4 m |
| 6 | | Fahrbahnplatten | | Für jede Haupttragrichtung sind die maßgebenden Längen entsprechend den Zeilen 1 bis 5 zu bestimmen |
| 7 | | Zwischenlängs- und Zwischenquerträger | | Abstand der stützenden Träger |
| 8 | | Querträgerkragarme, Kragarme an massiven Fahrbahnplatten | | wie Querträger (Zeile 3 oder 4) |
| 9 | | Längsträgerkragarme | | 0,50 m |
| 10 | | Hängestangen, Stützen mit nur Querträgerbelastung | | wie Querträger (Zeile 3 oder 4) |
| 11 | Hauptträger | eingleisiges Tragwerk | auf 2 Stützen | Stützweite der Hauptträger |
| 12 | | | durchlaufend über $n$ Öffnungen | $l_\phi = \frac{1}{n}(l_1 + l_2 + \ldots + l_n)$ |
| 13 | | | Bogen | halbe Stützweite |
| 14 | | mehrgleisiges Tragwerk | | doppelte Stützweite n. 11 bis 13 |

Fortsetzung s. nächste Seite

**Tafel 53,** Fortsetzung

| | Bauglied | | $l_\phi$ |
|---|---|---|---|
| 15 | Stahlstützen, Stützrahmen Unterzüge, Lager, Gelenke, Zuganker, Auflagerbänke; für die Pressung unter Lagern und unter Auflagerbänken | | Stützweite der gelagerten Brückenteile |
| 16 | Setzt sich die Gesamtspannung eines Baugliedes aus Anteilen mehrerer Tragaufgaben zusammen, z.B. bei Fahrbahnplatten oder Längsträgern, wenn sie auch für anteilige Spanngrößen der Hauptträger zu berechnen sind, so gilt für jeden Anteil der für ihn maßgebende Wert $l_\phi$ mit Ausnahme des Falles 4. | | |

# 8 Lastannahmen für Kranbahnen

nach DIN 4132 (2.81) mit Beiblatt (2.81)

## (a) Hauptlasten

**(a.1) Ständige Lasten**: Eigengewicht, ständige Wirkungen von planmäßigen und ungewollten Änderungen der Stützbedingungen; Vorspannung.

**(a.2) Verkehrslasten von Kranlaufrädern**: Ungünstigste Radlasten $R$ aus Eigengewicht und Hublast der planmäßig verkehrenden Krane in ungünstigster Stellung. Bei Kranen der Beanspruchungsgruppe B1 bis B3 dürfen die Radlasten – sofern vom Bauherrn nicht ausdrücklich anders angegeben – in Schienenkopfmitte wirkend angenommen werden. Bei Kranen der Beanspruchungsgruppen B4 bis B6 ist bei der Betriebsfestigkeitsuntersuchung im allg. eine Ausmitte von $\pm {}^1/_4$ der Schienenkopfbreite anzusetzen.

**(a.3) Radlasten aus mehreren Kranen**: Je Kranbahn sind Radlasten von höchstens zwei Kranen, je Hallenschiff sind Radlasten von höchstens drei Kranen (als Hauptlast) anzusetzen. Zwei planmäßig als Kranpaar zusammenarbeitende Krane sind hierbei als ein Kran zu behandeln. Radlasten weiterer Krane als Zusatzlasten s. (b.3.1)

**(a.4) Schwingbeiwerte**: Radlasten R nach (a.2) und (a.3) sind wie folgt mit dem Schwingbeiwert $\varphi$ nach Tafel 54 zu vervielfachen: Bei mehreren Kranen ist für den Kran mit dem größten Wert von $\varphi \cdot R$ mit dessen Schwingbeiwert und für die übrigen Krane mit dem Schwingbeiwert der Hubklasse H1 zu rechnen. Grundbauten, Bodenpressungen, Formänderungen und Standsicherheit werden ohne Schwingbeiwert (also $\varphi = 1$) berechnet.

**Tafel 54 Schwingbeiwerte $\varphi$**

| Bauteil | Hubklasse des Krans | | | |
|---|---|---|---|---|
| | H1 | H2 | H3 | H4 |
| Träger | 1,1 | 1,2 | 1,3 | 1,4 |
| Unterstützungen oder Aufhängungen | 1,0 | 1,1 | 1,2 | 1,3 |

**(a.5) Lasten quer zur Fahrbahn**: s. (b.1).

## (b) Zusatzlasten

**(b.1) Waagerechte Lasten $H_M$, $H_S$ und $S$ quer zur Fahrbahn**: Waagerechte Seitenlasten $H_M$ infolge der Massenkräfte aus Antrieben und Seitenlasten $H_S$ und $S$ als Kräfte aus Schräglauf – vom Bauherrn anzugeben – sind je für sich in ungünstigster Größe und Richtung anzusetzen. Das gleichzeitige Zusammenwirken von $H_M$, $H_S$ und $S$ wird – wenn kein genauerer Nachweis geführt wird – durch einen Zuschlag von 10% zu den Seitenlasten $H_S$ und $S$ berücksichtigt. $H_M$ ist als Hauptlast einzustufen, wenn Massenkräfte aus Antrieben in einem bestimmten Kranbahnbereich regelmäßig wiederholt auftreten. Die Schräglaufkraft $S$ geht aus von dem in Fahrtrichtung vordersten formschlüssigen Führungsmittel; $H_S$ und $H_M$ wird in den Aufstandsflächen der Laufräder angesetzt.

Feste Kranbahnträger für Hängekrane, pendelnd aufgehängte Kranbahnen und feste Kranbahnträger, die von Unterflanschlaufkatzen befahren werden (Katzbahnträger),

s. Normblatt. Bei Verkehr von mehreren Kranen sind nur die für den Kranbahnträger ungünstigsten waagerechten Seitenlasten eines Kranes zu berücksichtigen.

**(b.2) Waagerechte Lasten *L* längs der Fahrbahn**: Die beim Anfahren und Bremsen längs einer Schiene in Höhe der Schienenoberkante auftretende Last *L* beträgt

$$L = 1{,}5 \cdot f \cdot \Sigma R_{KrB}$$

$f$ Reibungswert; bei Stahl auf Stahl gilt $f = 0{,}2$.

$\Sigma R_{KrB}$ bei Kranen mit Einzelantrieb die Summe der kleinsten und bei Kranen mit Zentralantrieb die Summe der größten ruhenden Lasten aller angetriebenen oder gebremsten Räder des unbelasteten Krans auf der Fahrbahnseite.

**(b.3) Zusatzlasten aus mehreren Kranen**: Zwei planmäßig als Kranpaar zusammenarbeitende Krane sind als ein Kran zu behandeln.

(b.3.1) Verkehrslasten von Kranlaufrädern: Über die Bestimmungen von (a.3) hinaus sind Radlasten weiterer Krane als Zusatzlasten zu berücksichtigen. Insgesamt sind im Lastfall HZ anzusetzen
– je Kranbahn Radlasten von höchstens drei Kranen;
– je Hallenschiff Radlasten von höchstens vier Kranen;
– in mehrschiffigen Bauten Radlasten von höchstens sechs Kranen.

(b.3.2) Lasten quer zur Fahrbahn: Bei der Berücksichtigung der Wirkung von Lasten quer zur Fahrbahn nach (b.1) auf Kranbahnunterstützungen und -aufhängungen sind höchstens anzusetzen
– je Kranbahn zwei Krane in ungünstigster Stellung;
– je Hallenschiff zwei übereinander laufende Krane in ungünstigster Stellung;
– in mehrschiffigen Bauten höchstens vier Krane.

Der zweite Kran je Kranbahn braucht nur angesetzt zu werden, wenn er zum Heben besonders schwerer Lasten planmäßig mit dem ersten zusammenwirkt und seine Berücksichtigung ungünstigere Seitenlasten ergibt.

(b.3.3) Lasten in Richtung der Kranbahn: Die Wirkung von Lasten in Richtung der Kranbahn nach (b.2) ist von höchstens zwei Kranen – den ungünstigsten – anzusetzen. Falls ungünstiger, sind die Kippkräfte nach (c.1) oder die Anprallkräfte nach (c.2) vom jeweils ungünstigsten Kran anzusetzen.

**(b.4) Verkehrslasten auf Laufstegen, Treppen, Podesten und Geländern**: Auf Laufstegen, Treppen und Podesten ist i. allg. eine wandernde Einzellast $F = 3{,}0$ kN mit einer Aufstandsfläche von 30 cm · 30 cm anzusetzen. Sofern sie selten und nur ohne Traglasten begangen werden (Zugänge zu Schmierstellen), darf die Einzellast auf $F = 1{,}5$ kN ermäßigt werden. Am Geländerholm ist eine wandernde waagerechte Einzellast $H = 0{,}3$ kN anzusetzen.

**(b.5) Windlasten**: Windlasten brauchen nicht berücksichtigt zu werden, wenn sie offensichtlich nicht maßgebend sind; andernfalls ist eine mögliche Windwirkung auf Krane und Kranbahnen für die beiden Fälle „Krane in Betrieb" und „Krane außer Betrieb" zu berücksichtigen.

(b.5.1) Lasten infolge Wind auf Krane: Lasten sind vom Bauherrn anzugeben.

(b.5.2) Lasten infolge Wind auf Kranbahn: Für „Krane in Betrieb" ist der Staudruck in der Regel mit $q = 0{,}25$ kN/m² anzunehmen. Für „Krane außer Betrieb" ist der Staudruck nach DIN 1055, T4 (s. S. 252) anzusetzen.

**(b.6) Wärmewirkungen**: Temperaturgrenzen im Freien −25 °C und +45 °C; Mitteltemperatur +10 °C. Betrieblich bedingte Temperaturschwankungen sowie ungleiche Erwärmungen sind vom Bauherrn anzugeben.

**(b.7) Schneelasten**: Schneelasten auf Kranbahnen werden vernachlässigt.

**(c) Sonderlasten und -lastfälle**

**(c.1) Kippen bei Laufkatzen mit Hublastführung**: s. Norm.

**(c.2) Anprall von Kranen gegen Anschläge (Pufferendkräfte)**: s. Norm.

# 9 Lasten in Silozellen nach DIN 1055 T6 (5.87) mit Beiblatt (5.87)

Die Angaben des Normblattes gelten für
- zylinderförmige Silos mit Füllhöhe/Durchmesser $\geqq 0{,}8$
- trichterförmige Silos mit $\alpha > 20°$.

Sie gelten sowohl beim Massenfluß (beim Entleeren ist das gesamte Schüttgut in Bewegung) als auch bei Kernfluß (Teilbereiche des Schüttgutes bleiben beim Entleeren in Ruhe), soweit das Verhältnis von vertikaler Füllast zu Wichte des Silogutes nicht größer als 25 m ist.

Zu berechnen sind

**a) Lasten im Zellenschaft** (Wandreibungslast, Horizontallast, Vertikallast)
- beim Füllen
  beim Entleeren.

  Beim Entleeren ist ungleichförmige Beanspruchung zu berücksichtigen
- bei Silos mit kreisförmigem Querschnitt und horizontaler Aussteifung am Kopf- und Fußende und Wänden mit ausreichender Querverteilung sowie bei Silos mit *n*-eckigem Querschnitt durch Erhöhung der gleichförmigen Horizontallast,
- bei Silos mit Kreisquerschnitt ohne Aussteifung und Querverteilung durch Ansatz zusätzlicher Teilflächenlasten auf diametral angeordneten Teilflächen bestimmter Größe.

**b) Lasten auf waagerechten Siloböden**
- bei Silos mit Füllhöhe/Durchmesser $> 1{,}5$ darf mit einer gleichmäßig verteilten Last auf waagerechte Siloböden gerechnet werden;
- bei Silos mit Kreisquerschnitt und Füllhöhe/Durchmesser $< 1{,}5$ ist mit einer ungleichmäßigen Lastverteilung zu rechnen.

**c) Lasten in Auslauftrichtern ($\alpha > 20°$)**

Die Lasten in Auslauftrichtern setzen sich zusammen aus den Anteilen für das im Trichter und für das über liegende Schüttgut.

**d) Zusätzliche Lasten am Übergang von Zellenschaft zum Trichter**

Bei Massenflußsilos treten beim Entleeren an diesem Übergang Lastspitzen auf, die ein Mehrfaches der Horizontallast im Normalbereich des Schaftes beträgt.

**e) Lasten aus dem Einblasen von Druckluft**

Hierbei ist zu unterscheiden
- Lufteinblasen zum Trocknen von körnigem Schüttgut,
- Lufteinblasen als Entleerungshilfe bei staubförmigem Schüttgut,
- Lufteinblasen zum Homogenisieren von staubförmigem Schüttgut.

**f) Lasten aus schnellem Einfüllen von staubförmigem Schüttgut**

Bei schnellem Einfüllen staubförmiger Schüttgüter können im oberen Bereich von Silos mit kleinem Wert von Querschnitt/Umfang größere Lasten auftreten als nach a) berechnet. Bei schnellem Entleeren kann ein Unterdruck entstehen, der zu berücksichtigen ist.

**g) Gärfutterlasten**

Für Gärfutter gelten andere physikalische Gesetze als für körnige oder staubförmige Schüttgüter. Hier wird auch nicht zwischen Füllen und Entleeren unterschieden. Bei Obenentnahme des Silogutes ist das Silo gegen die negativen Wandreibungskräfte zu verankern.

Dünne Silowände und Wandaussteifungen sind gegen Knicken und Beulen aus Wandreibungslast nachzuweisen.

# 10 Lastbilder für extremale Schnitt- und Stützgrößen

Ein Tragwerk wird in aller Regel nicht nur durch ständig wirkende Lasten beansprucht, sondern auch durch nicht ständig wirkende Lasten. Dann müssen bei der rechnerischen Untersuchung – der Analyse – des Tragwerkes selbstverständlich alle überhaupt möglichen Belastungsfälle bzw. Lastkombinationen bedacht werden, und der konstruktiven Ausbildung einer jeden baulichen Einzelheit muß der jeweils für diese Einzelheit ungünstige Belastungsfall zugrunde gelegt werden. Bei nicht regelmäßigen oder gar komplexen Tragwerken ist das Auffinden dieser jeweils ungünstigen Belastungsfälle nicht immer leicht, bei regelmäßigen oder besonders einfachen Tragwerken hingegen sind sie schnell gefunden. Zu ihnen gehören Durchlaufträger, Stockwerkrahmen und regelmäßige Systeme von Rechteckplatten.

## 10.1 Durchlaufträger des üblichen Hochbaus unter Gleichlasten

Alle normalerweise für die Bemessung maßgebenden Schnittgrößen und alle Stützgrößen eines unnachgiebig gestützten Durchlaufträgers nehmen extremale Werte an, wenn die einzelnen Felder entweder gar nicht oder auf ihrer ganzen Länge zusätzlich durch die nicht ständige Last beansprucht werden, wie schon die Anschauung, spätestens jedoch ein Blick auf die Einflußlinien für diese Größen zeigt. In Bild 21 sind die bei einem Vierfeldträger mit zwei Kragarmen zu untersuchenden Lastbilder und die zugehörigen Extremalgrößen angeschrieben. Ein Zahlenbeispiel zeigt Bild 22.

Bei den Biegemomenten interessiert neben Maximal-/Minimalwerten der Feld- und Stützmomente auch die größtmögliche Ausdehnung der positiven und negativen Bereiche (etwa für die Bewehrungsführung). Diese entnimmt man der sogenannten Momentengrenzlinie, die für jeden Balkenquerschnitt das größte und kleinste Biegemoment bzw. die beiden Grenzwerte aller dort auftretenden

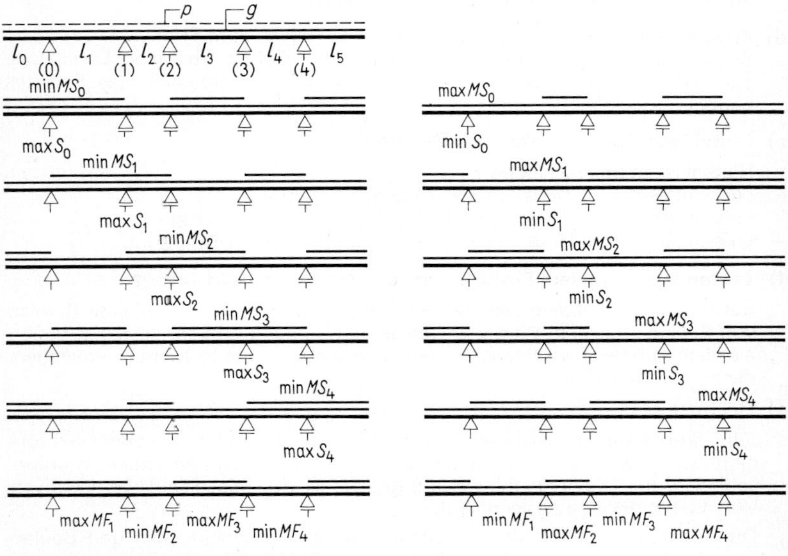


**Bild 21** Lastbilder eines Vierfeldträgers

Biegemomente angibt. Sie wird aus den ungünstigen Stücken der zu den verschiedenen Lastbildern gehörenden $M$-Linien aufgebaut.

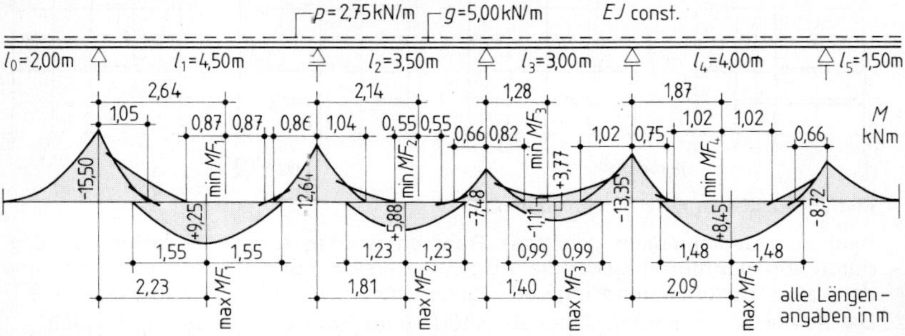


**Bild 22 Momentengrenzlinie eines Vierfeldträgers mit 2 Kragarmen**

Manchmal wird die extremale Querkraft irgendwo im Inneren eines Feldes gebraucht (z.B., weil dort eine Rohrdurchführung den Querschnitt schwächt und deshalb die Schubspannungen nachzuweisen sind). Sie stellt sich ein, wenn dieses Feld (nur) teilweise durch Verkehrslast beansprucht wird, wie ein Blick auf die entsprechende Einflußlinie zeigt. Extremale Querkräfte für jeden beliebigen Balkenquerschnitt im Inneren eines Feldes entnimmt man der sogenannten Querkraftgrenzlinie. Bild 23 zeigt für einen statisch bestimmten Einfeldbalken mit zwei Kragarmen die Einflußlinie für $Q(x)$ sowie die Werte für $Q(x)$ infolge ständiger Last und nicht ständiger Teilstreckenlast. Bild 24 zeigt die sich damit ergebende Querkraftgrenzlinie. Bei der Berechnung der Querkraftgrenzlinie eines statisch unbestimmten Durchlaufträgers geht man genau so vor; wegen des nicht-linearen Verlaufes der $Q$-Linie können freilich die Integrationen zur Ermittlung der Werte von $Q^{(g)}$, $\max Q^{(p)}$ und $\min Q^{(p)}$ mühsam werden.

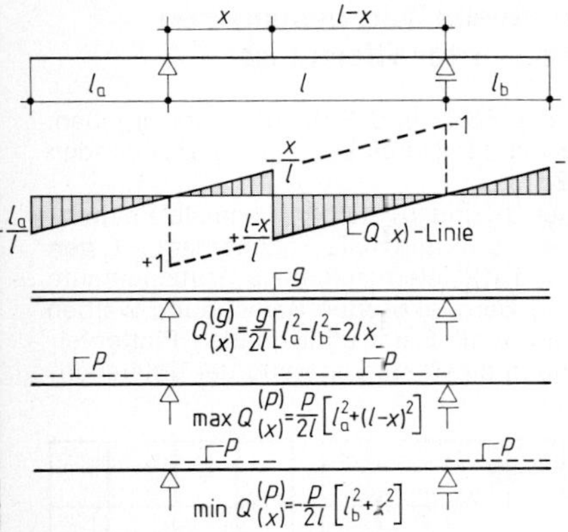


**Bild 23 Querkräfte im Feldinnern**

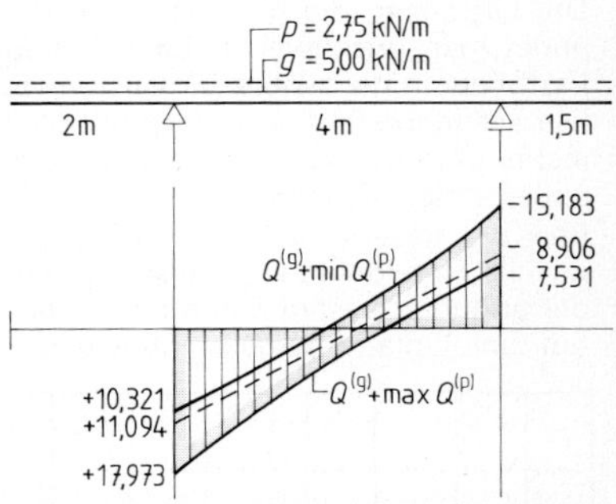


**Bild 24 Querkraftgrenzlinie im Feld (kN)**

## 10.2 Stockwerkrahmen unter Gleichlasten

Die Lastbilder a) und b) von Bild 25 liefern größte Feldmomente in den belasteten Riegeln und kleinste Feldmomente in den unbelasteten Riegeln. Das Lastbild c) liefert extremale Kopf- und Fußmomente in den durch Querstriche gekennzeichneten Stielquerschnitten. Das Lastbild d) liefert das minimale Stützmoment in dem durch einen Querstrich gekennzeichneten Riegelquerschnitt.

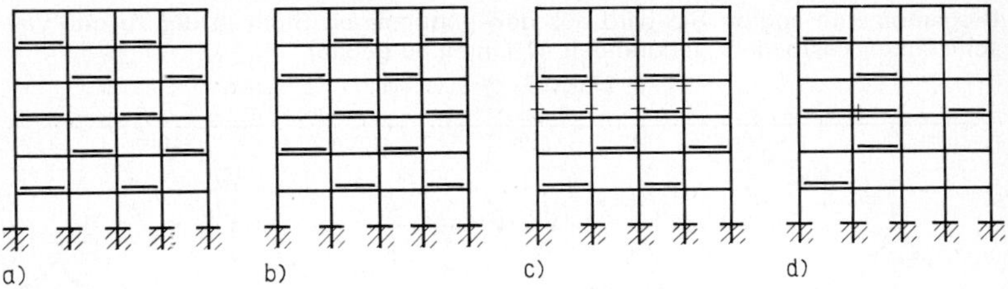


**Bild 25** Lastbilder eines Hochbaurahmens

Seitlich unverschieblich gehaltene Rahmen werden für die Berechnung i.allg. durch sogenannte rahmenartige Tragwerke ersetzt (Bild 26). Für jedes einzelne der dabei entstehenden Tragwerke gelten dann wieder die Lastbilder von 9.1. Die Innenstützen werden dabei als mittig gedrückte Pendelstützen behandelt.

In den Stielen der Außenwände ergeben sich extremale Kopf- und Fußmomente bei den Lastanordnungen von Bild 27.

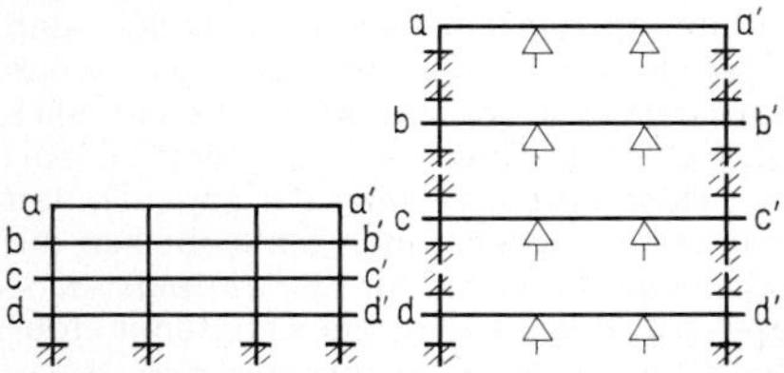


**Bild 26** Rahmenartige Tragwerke

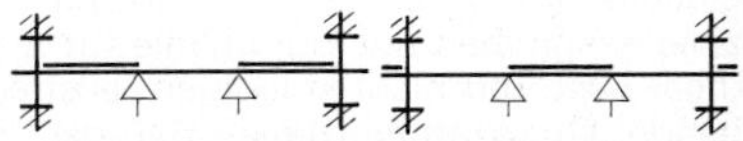

**Bild 27** Lastbilder eines rahmenartigen Tragwerkes

## 10.3 Regelmäßige Systeme von zweiachsig gespannten Rechteckplatten im Hochbau unter Gleichlast

Die Lastbilder, die hier extremale Werte der Feld- und Stützmomente ergeben, findet man unschwer durch Erweiterung der für Durchlaufträger maßgebenden Lastbilder in die zweite Dimension (Bild 28).

Die schachbrettartige Belastung der Bilder a) und b) liefert maximale Feldmomente in den belasteten Feldern (schraffiert) und minimale Feldmomente in den unbelasteten Feldern. Die Lastbilder c) und d) liefern minimale Stützmomente über den gekennzeichneten Stützungen. Bei der praktischen Berechnung werden jeweils Einfeldplatten untersucht, wobei der Einfluß der umliegenden Plattenfelder und ihrer Lasten durch eine entsprechend gewählte Lagerung der untersuchten Einfeldplatte berücksichtigt wird.

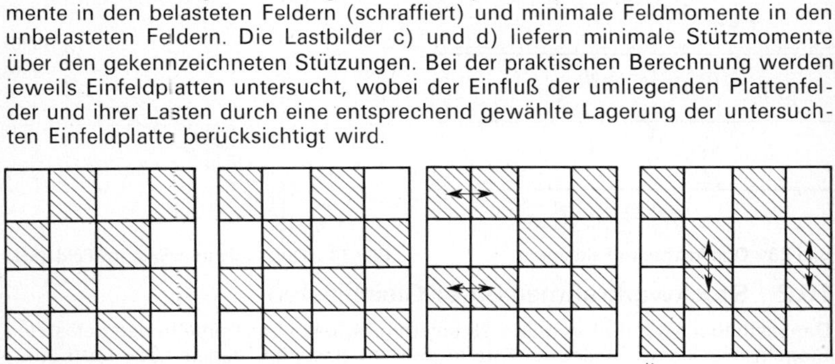


**Bild 28** Lastbilder eines orthogonal gerasterten Plattensystems (schraffierte Felder belastet)

# Statik und Festigkeitslehre

Bearbeitet von Prof. Dr.-Ing. Gerhard Haße

## Inhalt

# 1 Grundlagen

## 1.1 Begriff

Unter dem Begriff „Statik und Festigkeitslehre" ist die wissenschaftliche Grundlage für die Bemessung der Tragwerke zusammengefaßt. Es werden Methoden zur Berechnung von Beanspruchungen und Formänderungen zur Verfügung gestellt. In diesem Abschnitt beschränkt sich die Darstellung der Methoden auf solche, die allgemeinerer Natur – also nicht spezifischer Bestandteil einer bestimmten Bauweise (Holzbau, Stahlbau oder Mauerwerks-, Beton-, Stahl- oder Spannbetonbau) – sind. Bauweisenspezifische Verfahren werden in den jeweiligen Abschnitten behandelt.

## 1.2 Koordinatensysteme

### 1.2.1 Kartesisches Koordinatensystem

Ein allgemeines räumliches Koordinatensystem für statische Aufgabenstellungen ist in DIN 1080 Teil 1 festgelegt (Bild 1). Für die Darstellung ebener Objekte und Zustände wird die $z$-$x$-Ebene bevorzugt.

**Globale Koordinaten** dienen als festes Bezugssystem für ein ganzes Tragwerk oder einen größeren Komplex.

**Lokale Koordinaten** dienen als Bezugssystem für einzelne Bauteile oder Orte innerhalb eines Bauteils.

**Relative Koordinaten** sind auf bestimmte System- oder Bauteilabmessungen bezogene (dimensionslose) Koordinaten, z. B. $\xi = x/l$, wobei $l$ beispielsweise eine Stablänge bedeutet, über die die Koordinate $x$ verläuft.

**Tafel 1 Gebräuchliche Achsbezeichnungen**

| Absolute Koordinaten | | Relative Koordinaten | |
|---|---|---|---|
| Lokal | Global | Lokal | Global |
| $x$ $x_1$ | $X$ $X_1$ | $\xi$ $\xi_1$ | $\Xi$ $\Xi_1$ |
| $y$ $x_2$ | $Y$ $X_2$ | $\eta$ $\xi_2$ | $H$ $\Xi_2$ |
| $z$ $x_3$ | $Z$ $X_3$ | $\zeta$ $\xi_3$ | $Z$ $\Xi_3$ |

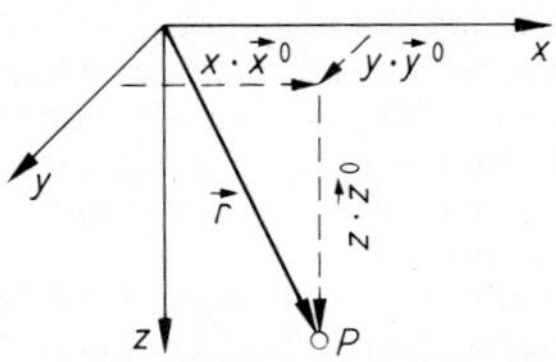


**Bild 1 Kartesisches Koordinatensystem**

Bevorzugt werden in diesem Abschnitt $(x, y, z)$, $(X, Y, Z)$ und $(\xi, \eta, \zeta)$ verwendet. Größenkomponenten erhalten die entsprechenden Indizes, z. B. ein Winkel in der $z$-$x$-Ebene $\varphi_y$ (vektoriell in Richtung $y$) oder eine vertikale Kraft $F_z$ (in Richtung global $Z$).

### 1.2.2 Polares Koordinatensystem

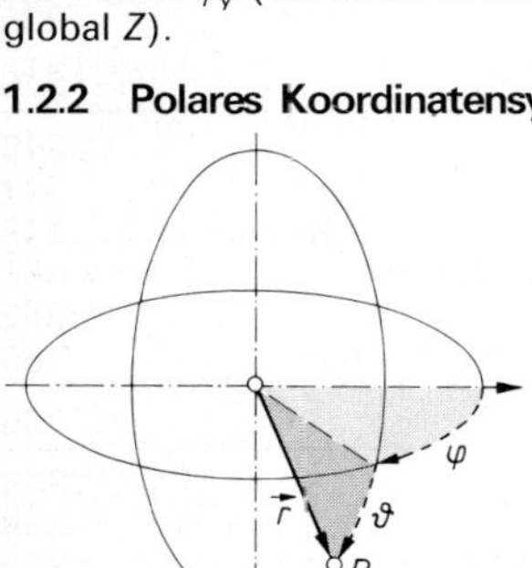


Der *Ortsvektor* $\vec{r}$ des Punktes $P$ ist durch seinen *Betrag* ($r$), den *Azimut* ($\varphi$) und die *Höhe* ($\vartheta$) definiert. Im ebenen Polarkoordinatensystem ist $\vartheta = 0$.

**Bild 2**
**Räumliches Polarkoordinatensystem**

## 1.3 Formelzeichen

Im Bauingenieurwesen verwendete Formelzeichen unterliegen weitgehend allgemeinen Konventionen, die in DIN 1080 festgelegt waren und neuerdings durch Eurocode geregelt sind. Bis zu einer endgültigen Einführung der reformierten Normen werden Elemente beider Systeme gleichzeitig auftreten. Auf eine konsequente Anwendung der Eurocode-Bezeichnungen wird in diesem Abschnitt verzichtet, zumal die bisherigen Zeichen oftmals sinnvoller erscheinen (z. B. die alternativen Querschnittswertebezeichnungen $A_{zz}\,(=I_y)$). Die Querkraft wird mit $V$ statt bisher mit $Q$ bezeichnet.

## 1.4 Tragwerksmodelle

Tragwerke erleiden unter äußeren Einwirkungen innere Beanspruchungen und Formänderungen, die i. allg. an jedem Punkt andere Richtungen und Ausmaße annehmen. Theoretisch können die Verhältnisse über die Differentialbeziehungen von Spannungen und Formänderungen am infinitesimalen Volumenelement erfaßt werden. Die Integration dieser Beziehungen ist aber für den allgemeinen Gebrauch so aufwendig, daß sie in der täglichen Ingenieurpraxis nicht gehandhabt werden kann. Daher bedient man sich geeigneter Verhaltensmodelle für verschiedene Tragwerkstypen, wobei die Formänderungsgeometrie auf die Haupterscheinungsformen reduziert wird.

Tragwerksmodelle werden dabei aus wenigen Bauteil-Typen aufgebaut:

**Stab**: Im Verhältnis zu seiner Länge geringe Querschnittsabmessungen; gerade oder gekrümmt (Bogen); prismatisch oder mit veränderlichem Querschnitt.

Netzartiger Zusammenbau zu *Rahmen-, Trägerrost- oder Fachwerkkonstruktionen* in Ebene und Raum.

**Platte**: Ebenes Flächenelement; im Verhältnis zu Flächenausdehnung geringe Dicke; senkrecht zu seiner Ebene gestützt und belastet.

Platten können zu ein- und zweiachsig durchlaufenden oder rahmenartigen Plattensystemen zusammengesetzt werden oder zu behälterartigen Konstruktionen.

**Scheibe**: Ebenes Flächenelement; im Verhältnis zu Flächenausdehnung geringe Dicke; parallel zu seiner Ebene gestützt und belastet.

Scheiben können zu *Faltwerken* zusammengesetzt werden.

**Schale**: Gekrümmtes Flächenelement; im Verhältnis zu Flächenausdehnung geringe Dicke; einfach oder doppelt gekrümmt *(Hypar-Schalen, Rotationsschalen)*.

**Gewölbe**: Einfach *(Tonnengewölbe)* oder doppelt gekrümmtes *(Kuppel)* Flächenelement mit reiner Druckbeanspruchung.

# 2 Kraft- und Verschiebungsgrößen

## 2.1 Kraft

**Einzelkraft**: Die *„Einzel"-Kraft* ist ein Vektor, der an eine *Wirkungslinie* gebunden ist:

$$\vec{F} = \begin{pmatrix} F_x \\ F_y \\ F_z \end{pmatrix} = \vec{F}_x + \vec{F}_y + \vec{F}_z = F_x\,\vec{x}^{\,0} + F_y\,\vec{y}^{\,0} + F_z\,\vec{z}^{\,0}$$

Die Wirkungslinie ist durch die Vektorgleichung $\vec{r} = \vec{r}_A + t\,\vec{F}$ mit der skala-

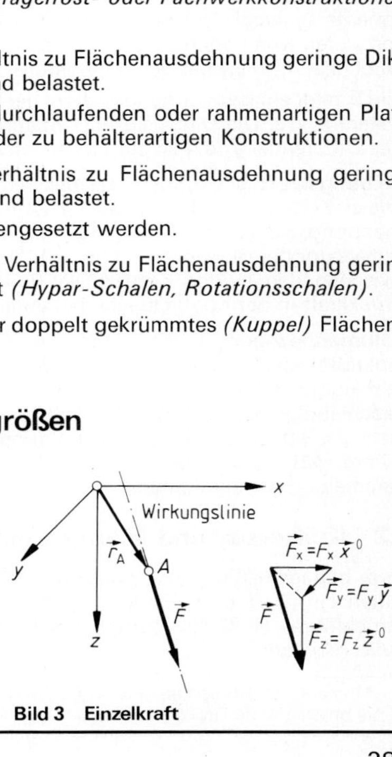


**Bild 3 Einzelkraft**

ren Variablen $f$ gegeben. $\vec{r}_A$ weist im allg. auf den Kraftangriffspunkt. Der Betrag von $\vec{F}$ ist $F$:

$$F = |\vec{F}| = \sqrt{F_x^2 + F_y^2 + F_z^2}$$

Eine Einzelkraft ist eine ideelle Größe. Sie ist als *Resultierende* von raum- und flächenverteilten Kraftwirkungen zu begreifen. Die Dimension der Kraft ist **F**.

**Linienkraft**: Auf eine Linie reduzierte raum- oder flächenverteilte natürliche Kraftwirkungen heißen Linienkräfte. Beispiele sind Eigengewichte von Stäben, Lasten aus Wänden (Linienlasten $g$), Auflagerkräfte von Platten ($\vec{g}$, $g$ für ständige, $\vec{p}$, $p$ für Verkehrskräfte oder -lasten, $\vec{q}$, $q$ allgemein). Die Dimension der Linienkraft ist $\mathbf{FL}^{-1}$. Das Differential $d\vec{F} = \vec{q}(x) \cdot dx$ ist ein Einzelkraftvektor.

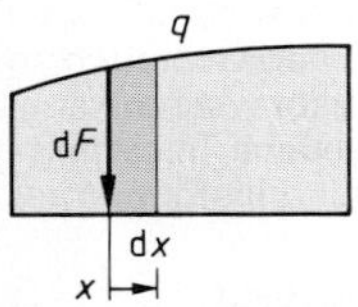


**Bild 4 Linienlast und ihr Differential**

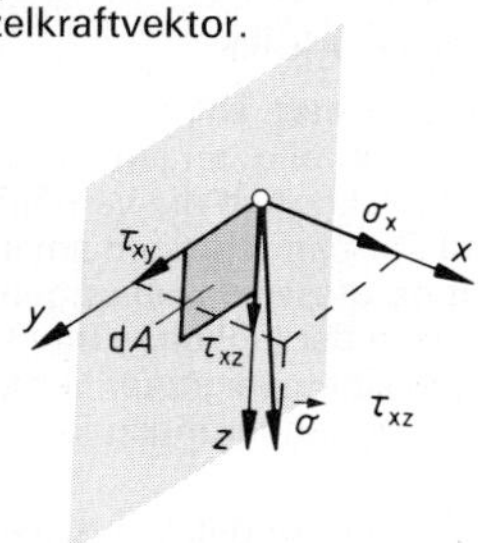


**Bild 5 Spannung**

**Spannung, Pressung**: Flächenhaft verteilte Kraft im Innern eines Körpers oder zwischen zwei Körpern heißt *Spannung* ($\vec{\sigma}$). Die Spannung ist ein Vektor, deren Komponente senkrecht (normal) zur Bezugsfläche mit $\sigma$, $\sigma_x$, $\sigma_y$, $\sigma_z$ (auch $\sigma_{xx}$, $\sigma_{yy}$, $\sigma_{zz}$) und deren Komponenten parallel (tangential) zur Bezugsfläche mit $\tau$, $\tau_{yz}$, $\tau_{zx}$, $\tau_{xy}$ (auch $\sigma_{yz}$, $\sigma_{zx}$, $\sigma_{xy}$) bezeichnet werden.

Bild 5 zeigt ein Bezeichnungssystem der Spannungskomponenten im Koordinatensystem $x$, $y$, $z$. Die Dimension der Spannung ist $\mathbf{FL}^{-2}$.
Das Differential $\vec{\sigma} \cdot dA$ ist ein Einzelkraftvektor.

**Reibungskraft** ist ein Sonderfall des Verhältnisses von $\sigma$ und $\tau$ in der Kontaktfläche zweier Körper. $\vec{\tau}_R = d\vec{R} = \varrho \sigma dA$ ($\sigma$ ist eine im Flächenpunkt herrschende Druckspannung, $\varrho$ der material- und oberflächenspezifische *Reibungsbeiwert*, $\vec{v}^0$ der Einheitsvektor der Bewegungsrichtung). Der Betrag der resultierenden Reibungskraft zwischen den beiden Körpern ist $R = \varrho D$, wobei $D = -\int \sigma dA$ die resultierende Druckkraft in der Kontaktfläche bedeutet.

**Volumenbezogene Kräfte**: Über das Volumen verteilte Kräfte bestehen als Massenkräfte verschiedener Ursachen wie Gravitation, Fliehkraft, Brems- und Beschleunigungskraft. Gemeinsam ist ihnen die Beziehung $d\vec{F} = dm\,\vec{a}$ ($m$: Masse, $\vec{a}$: Beschleunigung). Insbesondere gilt für die Gravitation $d\vec{G} = dm\vec{g}$ ($\vec{G}$: Gewichtskraft, $\vec{g} \approx 9{,}81\ \text{m/s}^2$: „Erdbeschleunigung"); $dm = \varrho\, dV$, $d\vec{G} = \vec{\varphi}\, dV$ ($V$: Volumen, $\varrho$: Dichte $[\mathbf{ML}^{-3}]$, $\gamma$ = Wichte $[\mathbf{FL}^{-3} = \mathbf{ML}^{-2}\mathbf{T}^{-2}]$). $\varrho$ und $\gamma$ sind materialspezifische Parameter, $\vec{\gamma}$ eine volumenbezogene auf den Erdmittelpunkt gerichtete Kraft.

## 2.2 Kräftepaar und Moment einer Kraft

Zwei betragsmäßig gleich große parallele aber entgegengesetzt orientierte Kräfte bilden ein *Kräftepaar*. Ein Kräftepaar läßt sich nicht auf eine resultierende Kraft zurückführen (2.3). Es vertritt vielmehr eine eigenständige Kraftgröße – ein *statisches Moment*.[1])

[1]) „Moment" ist definiert als [Physikalische Größe] · [Länge]. Im Falle des *statischen Moments* ist die physikalische Größe eine Kraft.

Das Moment ist – wie die Kraft – ein Vektor, jedoch im Gegensatz zur Kraft nicht an eine Wirkungslinie gebunden: $\vec{M}=\vec{r}\times\vec{F}$. Der (durch Doppelpfeilspitze gekennzeichnete) Momentenvektor steht senkrecht auf der durch die Wirkungslinien des Kräftepaars aufgespannten Ebene, in die auch der Vektor $\vec{r}$ fällt. Das statische Moment bedeutet eine „Drehkraft". Der Drehsinn ergibt sich aus der „Kurbelwirkung" von $\vec{r}$ und $\vec{F}$.

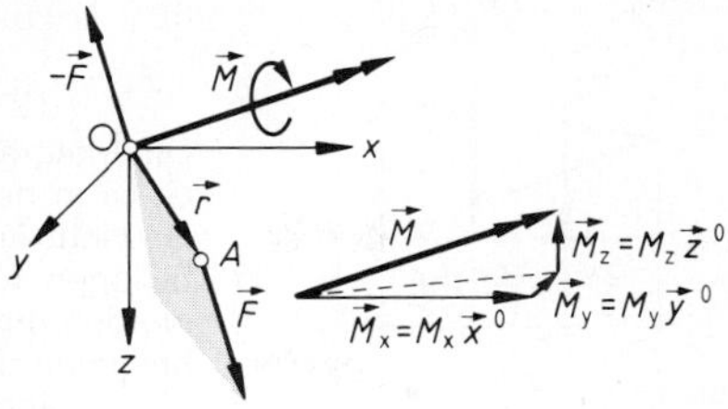

**Bild 6 Kräftepaar und Moment einer Kraft**

Alternativ wird der Momentenvektor als Drehpfeil dargestellt, rechtsdrehend bei Blick in Vektorrichtung (Bild 6).

$\vec{M}=\vec{r}\times\vec{F}$ gilt auch für das Moment der Kraft $\vec{F}$ um **O**.

$$\vec{M}=\begin{pmatrix}M_x\\M_y\\M_z\end{pmatrix}=\vec{M}_x+\vec{M}_y+\vec{M}_z=M_x\vec{x}^0+M_y\vec{y}^0+M_z\vec{z}^0=\vec{r}\times\vec{F}=\begin{pmatrix}yF_z-zF_y\\zF_x-xF_z\\xF_y-yF_x\end{pmatrix}.$$

Ist $\vec{r}=a\perp\vec{F}$, gilt $|\vec{M}|=|a|\cdot|\vec{F}|\rightarrow M=aF$.

In der $z$-$x$-Ebene gilt $M_y=z\cdot F_x-x\cdot F_z$.

## 2.3 Kräftereduktion, Äquivalenz, Schwerpunkt

Eine Menge statischer Momente kann auf ein einziges *resultierendes statisches Moment* reduziert werden, Mengen von Kräften *(Kräftesystem)* und Momenten im allg. auf eine *resultierende Kraft (Resultierende) und ein resultierendes statisches Moment*. Ein *zentrales Kräftesystem* (alle Kraftwirkungslinien schneiden sich in einem Punkt, dem Zentrum des Kräftesystems) hat nur eine resultierende Kraft, deren Wirkungslinie ebenfalls durch das Kraftzentrum **Z** läuft.

**Zentrales Kräftesystem – Reduktion in das Zentrum**

$$\{\vec{F}_1,\vec{F}_2,\vec{F}_3\ldots\vec{F}_n\}\rightarrow\mathbf{Z}\qquad \vec{F}=\sum_1^n\vec{F}_i$$

**Allgemeines Kräftesystem – Reduktion in den Koordinaten-Ursprung O**

$$\{\vec{F}_1,\vec{F}_2,\vec{F}_3\ldots\vec{F}_n\}+\{\vec{M}_1,\vec{M}_2,\vec{M}_3\ldots\vec{M}_m\}\rightarrow\mathbf{O}\qquad \vec{F}=\sum_1^n\vec{F}_i;\qquad \vec{M}=\sum_1^m\vec{M}_i+\sum_1^n\vec{r}_i\times\vec{F}_i$$

$\vec{r}_i$ ist der Ortsvektor des Angriffspunktes von $\vec{F}_i$. *Äquivalenzbedingungen*

**Allgemeines Kräftesystem – Reduktion in den Punkt A (Ortsvektor $\vec{r}_A$)**

$$\{\vec{F}_1,\vec{F}_2,\vec{F}_3\ldots\vec{F}_n\}+\{\vec{M}_1,\vec{M}_2,\vec{M}_3\ldots\vec{M}_m\}\rightarrow\mathbf{A}$$

$$\vec{F}=\sum_1^n\vec{F}_i;\qquad \vec{M}=\sum_1^m\vec{M}_i+\sum_1^n\vec{r}_i\times\vec{F}_i+\vec{r}_A\times\vec{F}$$

**Schwerpunkt:** Sonderfall eines zentralen Kräftesystems ist ein System paralleler Kräfte. Parallele Kräfte $\vec{\varphi}\,\mathrm{d}V$ treten insbesondere im Gravitationsfeld auf. Sie lassen sich daher auf das Gewicht $G=\int\gamma\,\mathrm{d}V$ bzw. bei *homogenen Körpern* (gleichverteilte Wichte) $G=\gamma V$ reduzieren. Der Vektor $\vec{G}$ wirkt im Sinne des Gravitationsfeldes im Schwerpunkt des Körpers, der durch den Ortsvektor $\vec{r}_S$ bestimmt ist:

$$\vec{r}_S=\frac{1}{\int\gamma\,\mathrm{d}V}\int\vec{r}\gamma\,\mathrm{d}V=\frac{1}{G}\vec{G}_r$$

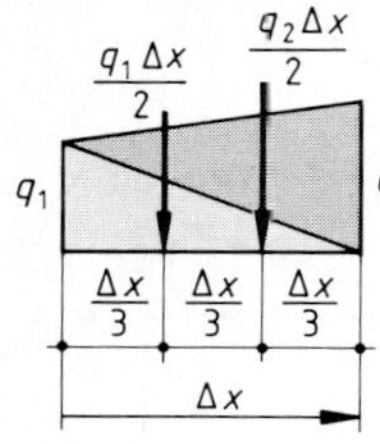


**Bild 7**
**Resultierende des Trapezlastblocks**

bzw. beim homogenen Körper

$$\vec{r}_S = \frac{1}{\int dV} \int \vec{r} \, dV = \frac{1}{V} \vec{V}_r .$$

Die Integrale erstrecken sich über das Körpervolumen. $\vec{G}_r$ ist in den Beziehungen das statische Moment der Gewichtskraft, $\vec{V}_r$ das Volumenmoment des Körpers bezogen auf den Koordinatenursprung. Entsprechend werden die „Schwerpunkte" von Flächen und Linien bestimmt. Ein Beispiel ist die Resultierende eines Trapezlastblockes, die vorteilhaft durch 2 Teilresultierende (von Linienlasten mit dreieckförmigem Verlauf) ersetzt wird (Bild 7).

## 2.4 Gleichgewicht

Verschwinden die resultierende Kraft und das resultierende statische Moment eines Kräftesystems $\{\vec{F}_1, \vec{F}_2, \vec{F}_3 \ldots \vec{F}_n\}$; $\{\vec{M}_1, \vec{M}_2, \vec{M}_3 \ldots \vec{M}_m\}$, so herrscht *Gleichgewicht*. Gleichgewicht im Kräftesystem ist die zentrale Forderung der Statik! In statischen Systemen muß stets gelten

$$\sum_1^n \vec{F}_i = \vec{0} \qquad \sum_1^m \vec{M}_i + \sum_1^n \vec{r}_i \times \vec{F}_i = \vec{0}$$ *Gleichgewichtsbedingung*

## 2.5 Verrückungen

Unter *Verrückung* versteht man die Lageveränderung eines (Konstruktions-)Punktes oder Bauteils, d. h. die *Verschiebungen* $\vec{v}$ und *Verdrehungen* $\vec{\varphi}$ gegenüber seiner ursprünglichen Lage. In der $z$-$x$-Ebene gibt es die 3 Verrückungskomponenten $v_x$, $v_z$ und $\varphi = \varphi_y$. Verrückungen haben ihre Ursache hauptsächlich in Formänderungen der Tragwerke oder Baugrundbewegungen.

## 2.6 Arbeit einer Kraftgröße

Die Arbeit eines Kräftesystems $\{\vec{F}_1, \vec{F}_2, \vec{F}_3 \ldots \vec{F}_n\}$; $\{\vec{M}_1, \vec{M}_2, \vec{M}_3 \ldots \vec{M}_m\}$ an den Verrückungen $\{\vec{v}_1, \vec{v}_2, \vec{v}_3 \ldots \vec{v}_n\}$; $\{\vec{\varphi}_1, \vec{\varphi}_2, \vec{\varphi}_3 \ldots \vec{\varphi}_m\}$ seiner Angriffspunkte ist bei über den gesamten Verrückungsweg gleichbleibender Intensität der Kraftgröße:s

$$W = \sum_1^n \vec{F}_i \cdot \vec{v}_i + \sum_1^m \vec{M}_i \cdot \vec{\varphi}_i$$

bzw. im Falle gleichgerichteter Kräfte und Verschiebungen, Momente und Verdrehungen

$$W = \sum_1^n F_i v_i + \sum_1^m M_i \varphi_i .$$

Wächst die Kraftgröße linear mit dem Verrückungsweg ($F(\xi) = F\xi$; $M(\xi) = M\xi$; $dv = v\,d\xi$; $\varphi = \varphi d\xi$), dann gilt für die Arbeit der Kraft und des Momentes

$$W = \int F(\xi)\,dv = Fv \int \xi \, d\xi = \tfrac{1}{2} F v$$ *Arbeit einer linear anwachsenden Kraft*

$$W = \int M(\xi)\,d\varphi = M\varphi \int \xi \, d\xi = \tfrac{1}{2} F \varphi$$ *Arbeit eines linear anwachsenden Moments*

# 3 Spannungen und Verzerrungen am Volumenelement

## 3.1 Volumenelement

Das Volumenelement ist ein infinitesimal (über alle Grenzen) kleiner Ausschnitt im Innern eines Körpers (Bild 8). Seine Ausmaße sind d$x$, d$y$, d$z$. Das eingetragene Koordinatensystem ist bezüglich Richtung und Orientierung verbindlich, sein Ursprung kann an beliebiger Stelle angeordnet sein.

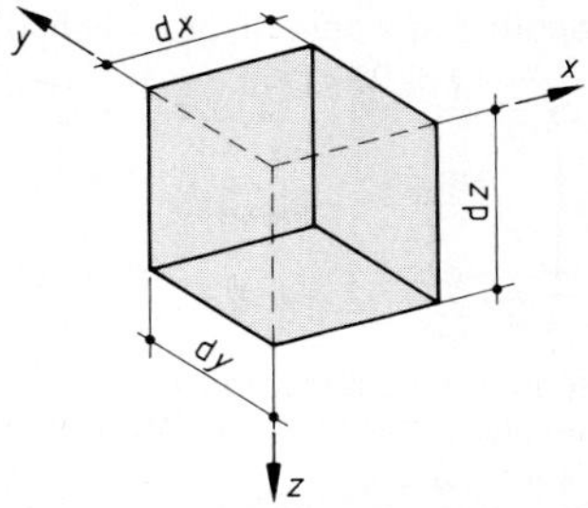


**Bild 8 Infinites Volumenelement**

Die am Element gültigen Kraft- und Verformungsbeziehungen bestimmen das Verhalten des Gesamtkörpers. Beanspruchungs- und Verformungsverhältnisse komplexer Baukonstruktionen in Form geschlossener Lösungen aus den elementaren Beziehungen am Raumelement herzuleiten, wäre für das tägliche Geschäft der Konstruktionsplanung unvertretbar aufwendig. Hier hat die Methode der *finiten Elemente*, also der endlichen Elemente mit der Verbreitung leistungsfähiger Rechner Eingang gefunden. Im allg. aber werden jedoch für verschiedene Bauteiltypen (Stab, Platte, Scheibe, Schale) eigene Verhaltensmodelle zugrundegelegt.

Einige am Volumenelement hergeleitete Beziehungen haben jedoch in der täglichen Praxis Bedeutung.

## 3.2 Spannungszustand

An den „Zuwachs"flächen, also den Normalflächen in den Schnitten $x+\mathrm{d}x$, $y+\mathrm{d}y$, $z+\mathrm{d}z$ des Volumenelements mit dem volumenbezogenen Gewichtsvektor

$$\vec{\gamma}\,\mathrm{d}x\,\mathrm{d}y\,\mathrm{d}z=\begin{pmatrix}\gamma_x\\ \gamma_y\\ \gamma_z\end{pmatrix}\mathrm{d}x\,\mathrm{d}y\,\mathrm{d}z$$

wirken die Komponenten der Spannungsvektoren nach Bild 9, in den Normalschnitten $x$, $y$, $z$ die Spannungsvektoren

$$\begin{pmatrix}\sigma_x\\ \tau_{yx}\\ \tau_{zx}\end{pmatrix},\ \begin{pmatrix}\tau_{xy}\\ \sigma_y\\ \tau_{zy}\end{pmatrix},\ \begin{pmatrix}\tau_{xz}\\ \tau_{yz}\\ \sigma_z\end{pmatrix}.$$

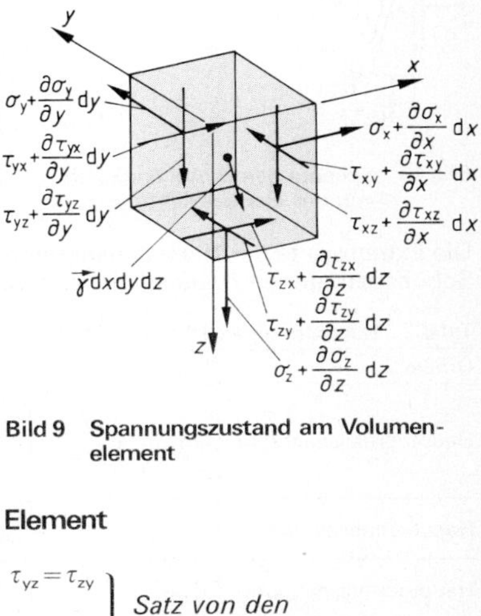


**Bild 9 Spannungszustand am Volumenelement**

### 3.2.1 Gleichgewichtsbedingungen am Element

$$x:\ \frac{\partial\sigma_x}{\partial x}+\frac{\partial\tau_{yx}}{\partial y}+\frac{\partial\tau_{zx}}{\partial z}=-\gamma_x$$

$$y:\ \frac{\partial\tau_{yx}}{\partial y}+\frac{\partial\sigma_x}{\partial x}+\frac{\partial\tau_{zx}}{\partial z}=-\gamma_y$$

$$z:\ \frac{\partial\tau_{yx}}{\partial y}+\frac{\partial\tau_{zx}}{\partial z}+\frac{\partial\sigma_x}{\partial x}=-\gamma_z$$

Ebene $y$-$z$: $\tau_{yz}=\tau_{zy}$
Ebene $z$-$x$: $\tau_{zx}=\tau_{xz}$
Ebene $x$-$y$: $\tau_{xy}=\tau_{yx}$

} *Satz von den zugeordneten Schubspannungen*

### 3.2.2 Ebener Spannungszustand

**Spannungen am gedrehten Element**

Der ebene Spannungsvektor am gedrehten Element kann mit folgender Transformationsbeziehung aus dem ursprünglichen Vektor gewonnen werden:

$$\begin{pmatrix}\sigma_r\\ \tau_{tr}\\ \sigma_t\end{pmatrix}=\begin{pmatrix}\frac{1+\cos 2\alpha}{2} & -\sin 2\alpha & \frac{1-\cos 2\alpha}{2}\\ \frac{\sin 2\alpha}{2} & \cos 2\alpha & -\frac{\sin 2\alpha}{2}\\ \frac{1-\cos 2\alpha}{2} & \sin 2\alpha & \frac{1+\cos 2\alpha}{2}\end{pmatrix}\begin{pmatrix}\sigma_x\\ \tau_{zx}\\ \sigma_z\end{pmatrix}$$

Die Beziehung ist einer Koordinatentransformation vom *z-x*-System in ein *t-r*-System äquivalent und gleichbedeutend mit:

$$\sigma_r=\frac{\sigma_z+\sigma_x}{2}-\left[\frac{\sigma_z-\sigma_x}{2}\cos 2\alpha+\tau_{zx}\sin 2\alpha\right]$$

$$\sigma_t=\frac{\sigma_z+\sigma_x}{2}+\left[\frac{\sigma_z-\sigma_x}{2}\cos 2\alpha+\tau_{zx}\sin 2\alpha\right]$$

Es gilt: $\sigma_x+\sigma_z=\sigma_r+\sigma_t$

$$\tau_{tr}=\tau_{zx}\cos 2\alpha-\frac{\sigma_z-\sigma_x}{2}\sin 2\alpha$$

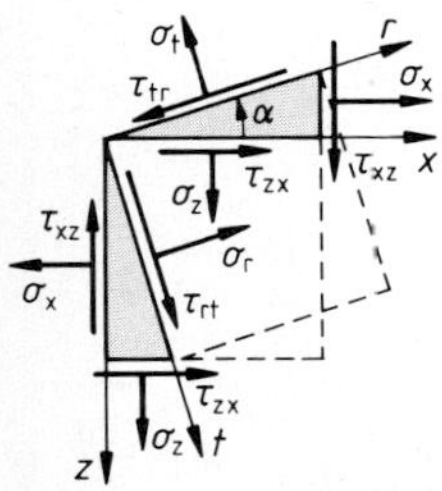


**Bild 10 Spannungen in Abhängigkeit von der Elementrichtung α**

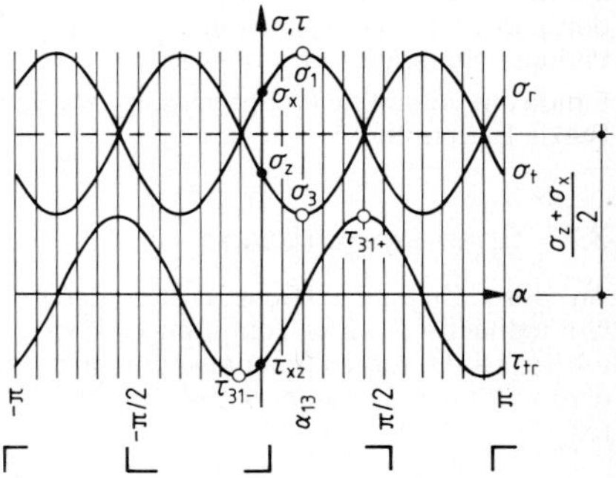


**Bild 11 Beispiel für Funktionen $\sigma_x(\alpha)$, $\sigma_z(\alpha)$ und $\tau_{zx}(\alpha)$**

Die Extremwerte der Normalspannungen heißen *Hauptnormalspannungen*, die der Schubspannungen *Hauptschubspannungen*

**Tafel 2 Hauptspannungen in *z-x*-Ebene**

| Größe | Richtung | Wert | Bedingung | |
|---|---|---|---|---|
| Hauptnormalspannung | $\tan 2\alpha_{13}=\frac{2\tau_{zx}}{\sigma_z-\sigma_x}$ | $\sigma_1=\frac{\sigma_z+\sigma_x}{2}-\frac{\sigma_z-\sigma_x}{2}\sqrt{1+\tan^2 2\alpha_{13}}$<br>$\sigma_3=\frac{\sigma_z+\sigma_x}{2}+\frac{\sigma_z-\sigma_x}{2}\sqrt{1+\tan^2 2\alpha_{13}}$ | $\sigma_x \neq \sigma_z$ | |
| Hauptschubspannung | $\alpha_{13}\pm\frac{\pi}{4}$ | $\tau_{31}=\mp\frac{\sigma_z-\sigma_x}{2}\sqrt{1+\tan^2 2\alpha_{13}}$ | | |
| Hauptnormalspannung | $\alpha_{13}=\frac{\pi}{4}$ | $\sigma_1=\sigma_x-\tau_{zx}$<br>$\sigma_3=\sigma_x+\tau_{zx}$ | $\tau_{zx}\neq 0$ | $\sigma_x=\sigma_z$ |
| Hauptschubspannung | $\alpha_{13}\pm\frac{\pi}{4}$ | $\tau_{31}=\mp\tau_{zx}$ | | |
| Hydrostatischer Spannungszustand | $-\pi\ldots+\pi$ | $\sigma=\sigma_x$<br>$\tau=0$ | $\tau_{zx}=0$ | |

## 3.3 Verzerrungszustand am homogenen isotropen elastischen Körper

Der *homogene* Körper besteht aus gleichem gleichdicht verteiltem Material, der *isotrope* Körper zeigt in allen Richtungen gleiches Materialverhalten.

### 3.3.1 Dehnverzerrung

Die Dehnung eines Körperelements in einer Richtung ist gekoppelt mit Querdehnungen umgekehrten Vorzeichens in den Querrichtungen.
Dehnung und Querdehnung werden über die Materialkennwerte:

$E = E(\sigma)$ *Elastizitätsmodul*

$\nu = \nu(\sigma)$ *Querdehnzahl*

mit den Normalspannungen in Beziehung gesetzt. Im Gültigkeitsbereich des *Hooke*schen Gesetzes sind $E$ und $\nu$ konstant.

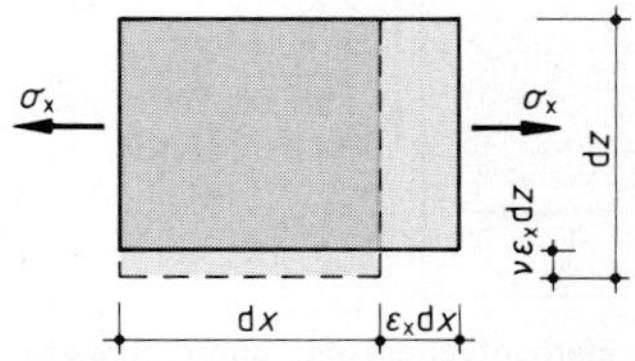


**Bild 12 Elementverzerrung unter einachsiger Längsspannung**

**Tafel 3 Dehnungen in Abhängigkeit von den Spannungen**

| | $\varepsilon_x$ | $\varepsilon_y$ | $\varepsilon_z$ |
|---|---|---|---|
| Einachsiger Spannungszustand | $\frac{1}{E}\sigma_x$ | $-\frac{\nu}{E}\sigma_x$ | $-\frac{\nu}{E}\sigma_x$ |
| Ebener Spannungszustand | $\frac{1}{E}(\sigma_x - \nu\sigma_z)$ | $-\frac{\nu}{E}(\sigma_x + \sigma_z)$ | $\frac{1}{E}(\sigma_z - \nu\sigma_x)$ |
| Räumlicher Spannungszustand | $\frac{1}{E}[\sigma_x - \nu(\sigma_y + \sigma_z)]$ | $\frac{1}{E}[\sigma_y - \nu(\sigma_z + \sigma_x)]$ | $\frac{1}{E}[\sigma_z - \nu(\sigma_x + \sigma_y)]$ |

**Tafel 4 Spannungen in Abhängigkeit von den Dehnungen**

| | $\sigma_x$ | $\sigma_y$ | $\sigma_z$ |
|---|---|---|---|
| Einachsiger Dehnungszustand | $E\varepsilon_x$ | 0 | 0 |
| Ebener Dehnungszustand | $\frac{E}{1-\nu^2}(\varepsilon_x + \nu\varepsilon_z)$ | 0 | $\frac{E}{1-\nu^2}(\varepsilon_z + \nu\varepsilon_x)$ |
| Räumlicher Dehnungszustand | $\frac{E}{1+\nu}\left(\varepsilon_x + \frac{\nu}{1-2\nu}\,{}^3\varepsilon\right)$ | $\frac{E}{1+\nu}\left(\varepsilon_y + \frac{\nu}{1-2\nu}\,{}^3\varepsilon\right)$ | $\frac{E}{1+\nu}\left(\varepsilon_z + \frac{\nu}{1-2\nu}\,{}^3\varepsilon\right)$ |
| | mit ${}^3\varepsilon = \varepsilon_x + \varepsilon_y + \varepsilon_z$ | | |

**Dehnung bei verhinderter Querdehnung**

Bei der Betrachtung plattenartiger Bauteile muß man beachten, daß Querdehnung in Scheibenrichtung im allg. nicht stattfinden kann. Eine häufige Konstellation ist: $\sigma_z = 0$; $\varepsilon_y = 0$. In diesem Fall gilt:

$$\sigma_y = -\nu\sigma_x; \qquad \sigma_x = \frac{E}{1-\nu^2}\varepsilon_x\,.$$

Die letzte Beziehung entspricht der des einachsigen Spannungszustands, wenn $\frac{E}{1-\nu^2}$ an die Stelle von $E$ gesetzt wird.

### 3.3.2 Gleitverzerrung (Schubverzerrung)

Die Gleitverzerrung ist volumenneutral. Sie wird über den Materialkennwert

$G = G(\tau)$ *Gleitmodul (Schubmodul)*

in Beziehung zur Schubspannung gesetzt:

$$\gamma_{zx}=\frac{\tau_{zx}}{G}; \quad \gamma_{xy}=\frac{\tau_{xy}}{G}; \quad \gamma_{yz}=\frac{\tau_{yz}}{G}$$

Im Gültigkeitsbereich des *Hooke*schen Gesetzes ist $G$ konstant.

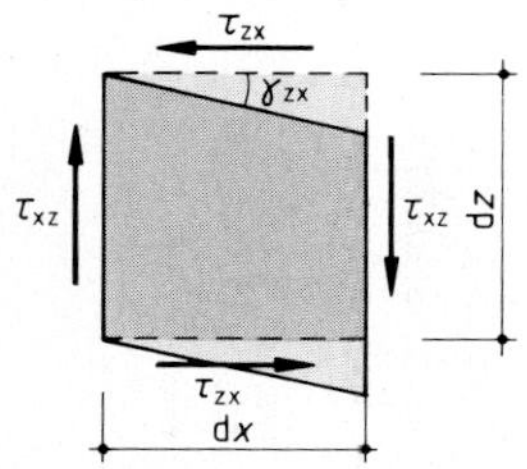


**Bild 13 Elementverzerrung unter ebenem Schubspannungszustand**

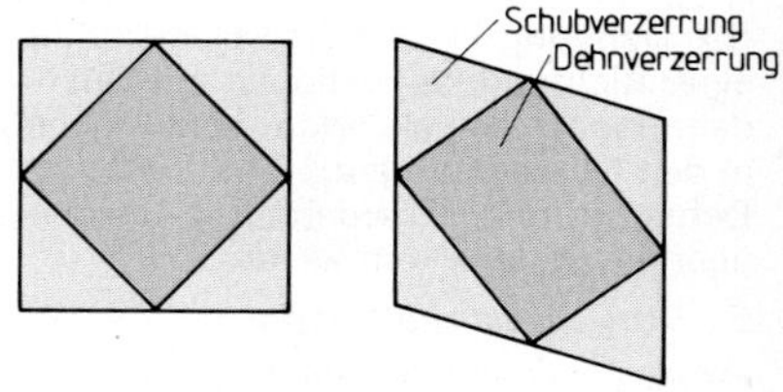


**Bild 14 Zusammenhang von Gleit- und Dehnverzerrungen**

### 3.3.3 Zusammenhang der Materialkonstanten

Dehn- und Gleitverzerrung sind miteinander gekoppelt (Bild 14). Ein Gleitverzerrungszustand erscheint unter 45° als Dehnzerrungszustand. Daher sind die drei Materialkennwerte nicht voneinander unabhängig,

$$G=\frac{E}{2(1+\nu)}\leq\frac{E}{3}; \quad \nu=\frac{E}{2G}-1\leq 0{,}5$$

Die Grenzbedingungen folgen aus der Forderung, daß die (positive) einachsige Dehnung nicht durch Querdehnung zu einer Volumenminderung führen kann.

**Tafel 5 Elastizitätsmoduln $E$ in MN/m² einiger Baustoffe**

| | | | |
|---|---|---|---|
| Europäische Nadelhölzer parallel (senkrecht) zur Faser | s. S. 803 | 10000 (300) | DIN 1052 |
| Eiche und Buche parallel (senkrecht) zur Faser | | 12500 (600) | |
| Brettschichtholz parallel (senkrecht) zur Faser | | 11000 (300) | |
| Baustahl, geschmiedeter Stahl, Stahlguß | | 210000 | DIN 18800/1 4113 |
| Grauguß, Gußeisen | | 100000 | |
| Aluminium | | 70000 | |
| Mauerwerk aus künstlichen Steinen | | 1500 bis 10000 | 1053/1 |
| Beton je nach Festigkeitsklasse: B 10 | s. S. 416 | 22000 | DIN 1045 |
| B 15 | | 26000 | |
| B 25 | | 30000 | |
| B 35 | | 34000 | |
| B 45 | | 37000 | |
| B 55 | | 39000 | |

# 4 Spannungen und Grundlagen der Formänderungsberechnung

## 4.1 Modell des Stabelements

Die Geometrie des idealen Stabes entsteht durch Translation einer festen Querschnittsstruktur längs einer geraden Achse. Seine Länge ist groß gegenüber seinen Querschnittsabmessungen (schlanker Stab). Er besteht aus homogenem isotropem ideal elastischem Material – es gilt das *Hooke*sche Gesetz, d. h. der lineare Zusammenhang zwischen Spannung und Dehnung bzw. Schiebung und damit zwischen Schnittgröße und Formänderung.

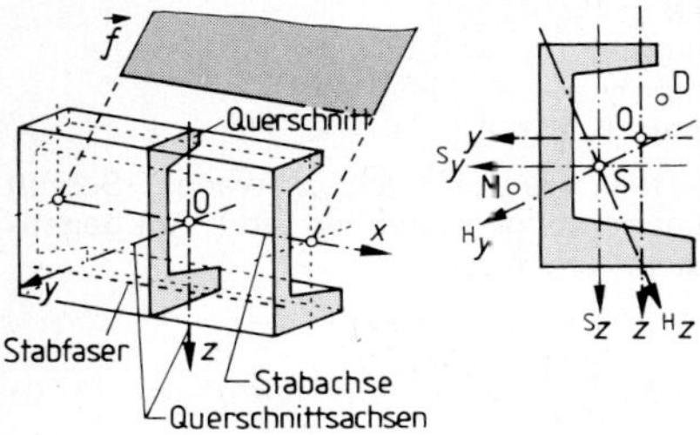


**O** Ursprung der allgemeinen Querschnittsachsen
**S** Ursprung der Schwer- und Hauptachsen = Spurpunkt der Biegeruheachse
**D** Spurpunkt der Drillachse
**M** Schubmittelpunkt = Spurpunkt der Drillruheachse

**Bild 15 Stabmodell**

**Bild 16 Verbundquerschnitt**

Stäbe können aus Strängen verschiedener Materialien bestehen (Beton und Stahl im Stahlbeton bzw. allg. Verbundquerschnitt, Holz und Stahl). Sie heißen Verbundstäbe; ihre Querschnitte sind *nicht homogen*. Holz verhält sich *orthogonal anisotrop*, d.h. es ist in zwei zueinander senkrechten Richtungen unterschiedlich steif.

Der Stab wird durch *Querschnitt* und *Stabachse* repräsentiert. Die Stabachse kann frei gewählt werden (Querschnittsachsen $y$ und $z$). Besondere Achslagen sind:

**Schwerachse = Biegeruheachse.** Die Faser in der Schwerachse erfährt bei Biegebeanspruchung keine Dehnungen *(Biegeruheachse)* und krümmt sich nicht unter achsialer Längslast. Querschnittsachsen: ${}^{S}y$, ${}^{S}z$.

**Schubmittelpunktsachse = Drillruheachse.** Die Faser in der Schubmittelpunktsachse verwindet sich unter Torsionsmomenteneinwirkung nicht *(Drillruheachse)*. Auf die Schubmittelpunktsachse gerichtete Querlasten erzeugen keine Torsionsbeanspruchung.

**Sonderfall** der Querschnittsachsen sind die *Hauptachsen* (${}^{H}y$, ${}^{H}z$). Biegung um die Hauptachsen bewirkt keine Deviation, d.h. Biegung um eine Hauptachse erzeugt keine Krümmungen um die andere.

Stäbe aus Baustoffen ohne Zugfestigkeit (Beton, Mauerwerk) können nur Druckspannungen aufnehmen. Ihre Querschnitte nennt man *Querschnitte mit versagender Zugzone*. Im Gegensatz dazu stehen die *Seile*, die keine Druckkräfte aufnehmen können. Die technische Biegelehre behandelt Beanspruchung und Formänderung des idealen biegesteifen Stabes. Geringe Krümmung und leichte Keil- oder Pyramidenform des Stabkörpers schränken die Gültigkeit der für den prismatischen Stab getroffenen Aussagen kaum ein.

## 4.2 Differentialbeziehungen zwischen Last- und Schnittgrößen

Lasten am räumlichen Stab sind vor allem Querlasten als Einzel- ($F_y$, $F_z$) und Linienlasten ($q_y$, $q_z$) und Längslasten ($F_x$ bzw. $f_x$). Insbesondere wenn die Lastwirkungslinien (und -flächen) die Stabachse nicht enthalten, können außerdem Lastmomente auftreten ($M_{fy}$, $M_{fz}$, $M_{ft} = M_{fx}$, $m_y$, $m_z$, $m_t = m_x$). Darüber hinaus können auch Lastbimomente ($M_{f\omega}$, $m_\omega$) in Betracht kommen (Abschnitt „Aussteifung").
Schnittgrößen sind die resultierenden Längs- und Schubspannungszustände im Querschnitt. Je nach verursachendem $\sigma$- oder $\tau$-Zustand werden sie mit $\vec{S}_\sigma$ bzw. $\vec{S}_\tau$ bezeichnet.

$$\vec{S}_\tau = \begin{pmatrix} 0 \\ V_y \\ V_z \\ M_t \end{pmatrix} \quad \begin{matrix} - \\ \textit{Querkraft in Richtung } y \\ \textit{Querkraft in Richtung } z \\ \textit{Torsionsmoment in Richtung } x \end{matrix}$$

$$\vec{S}_\sigma = \begin{pmatrix} N \\ -M_z \\ M_y \\ -M_\omega \end{pmatrix} \quad \begin{matrix} \textit{Längs- oder Normalkraft} \text{ in Richtung } x \\ \textit{Biegemoment} \text{ in Richtung } z \\ \textit{Biegemoment} \text{ in Richtung } y \\ \textit{Wölbbimoment} \text{ in Richtung } x \end{matrix}$$

Alle Schnittgrößenkomponenten sind *positiv*, wenn sie am „Zuwachs"-Schnitt $(x+\mathrm{d}x)$ des Elements wie die Koordinatenrichtungen orientiert sind. Am gegenüberliegenden Schnitt $(x)$ sind sie umgekehrt orientiert.

**Ebene Stäbe:** $(M_y = M;\ m_y = m)$

$$N' = \frac{\mathrm{d}N}{\mathrm{d}x} = -f_x; \quad V' = V_z' = \frac{\mathrm{d}V_z}{\mathrm{d}x} = -q_z \quad M' = \frac{\mathrm{d}M}{\mathrm{d}x} = V - m \rightarrow M'' = -q_z - m'$$

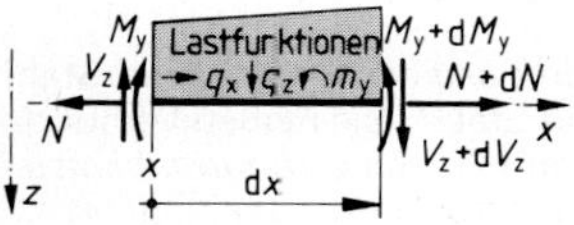


**Bild 17** **Ebenes Stabelement**

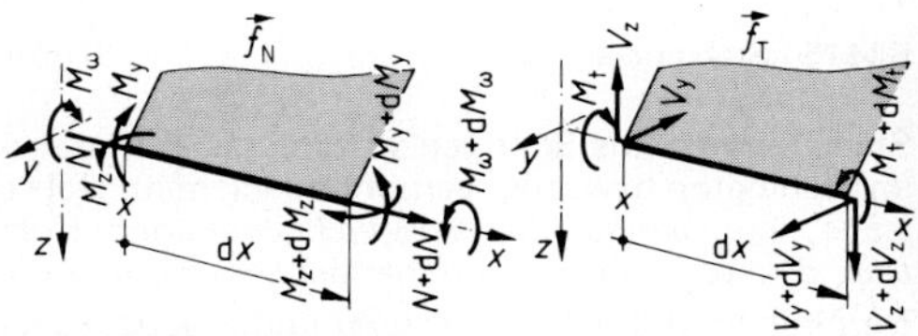

**Bild 18** **Räumlicher Stab**

**Räumliche Stäbe:**

$\vec{F}_N$, $\vec{F}_T$: Lastfunktionen mit querschnittsnormaler und -tangentialer Wirkung.

$N' = -f_x$

$V_z' = -q_z; \quad V_y' = -q_y$

$M_y' = V_z - m_y \rightarrow M_y'' = -q_z - m_y'$

$M_z' = -V_y - m_z \rightarrow M_z'' = q_y - m_z'$

$M_t' = -m_t$ ($m_t = m_x$: Torsionslast)

**St. Venantsche Torsion und Wölbkrafttorsion:**

Am I-Querschnitt (Bild 19) kann das Phänomen der beiden konkurrierenden Torsionstragverhalten leicht eingesehen werden. Die gesamte Torsionsschubbeanspruchung wird dabei in zwei Anteile (a) und (c) zerlegt. Der umlaufende Schubfluß $T_{\text{St.Venant}}$ erzeugt eine Verformung mit parallel verwölbten Querschnitten im gesamten Stabelement (b). Er wird durch ein Torsionsmoment $M_{tr}$ repräsentiert. Die zweite Komponente wirkt wie ein Querkräftepaar in den beiden Gurten (c, e). Es ist dem Torsionsmoment $M_{t\omega}$ äquivalent. Die Gurtschnittgrößen $V_{gu}$ und $M_{gu}$ verhalten sich am einzelnen Gurt genauso wie $V$ und $M$ am Stabelement (s.o.):

$$M_{gu}' = -V_{gu} \rightarrow (h M_{gu})' = -h V_{gu} \quad M_\omega' = -M_{t\omega}$$

mit dem *Wölbbimoment* $M_\omega = h M_{gu}$. Das Wölbbimoment hat die Dimension $\mathbf{FL}^2$.

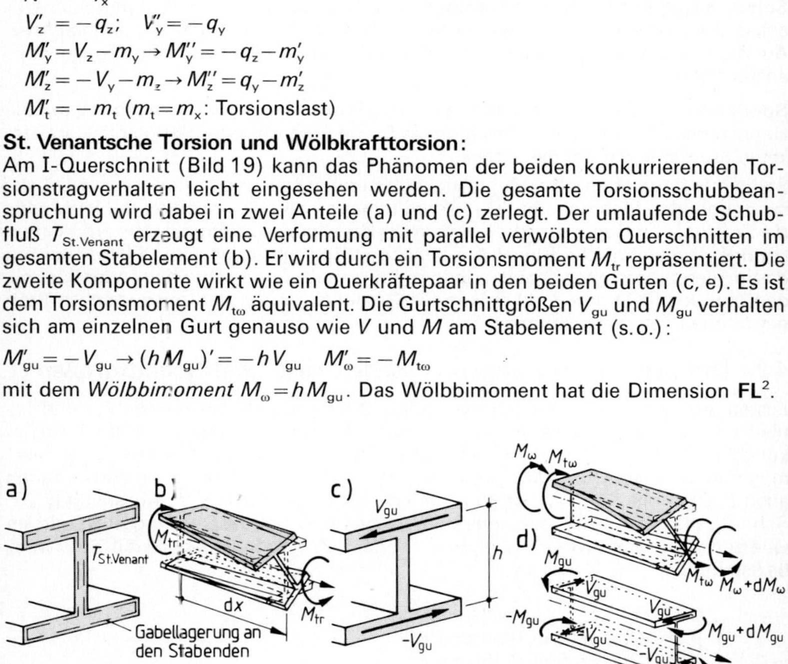


**Bild 19**

Die Anteile der reinen (St. Venantschen) Torsion und der Wölbkrafttorsion ergänzen sich zum Gesamttorsionsmoment: $M_t = M_{tr} + M_{t\omega}$.
Mit auf die Wölbtorsionsanteile $M_{t\omega}$ und (formal) $m_{t\omega}$ beschränkten Schnittgrößen- und Lasttupeln

$$\vec{S}_{\tau\omega} = \begin{pmatrix} 0 \\ V_y \\ V_z \\ M_{t\omega} \end{pmatrix}, \quad \vec{S}_\sigma = \begin{pmatrix} N \\ -M_z \\ M_y \\ -M_\omega \end{pmatrix} \quad \text{und} \quad \vec{f}_{\tau\omega} = \begin{pmatrix} 0 \\ q_y \\ q_z \\ m_{t\omega} \end{pmatrix}, \quad \vec{f}_\sigma = \begin{pmatrix} -f'_x \\ m'_z \\ -m'_y \\ m'_\omega \end{pmatrix}$$

lauten die Beziehungen:

$$\vec{S}'_{\tau\omega} = -\vec{f}_{\tau\omega}; \quad \vec{S}'_\sigma = \vec{S}_{\tau\omega} + \vec{f}_\sigma; \quad \vec{S}''_\sigma = -\vec{f}_{\tau\omega} + \vec{f}'_\sigma$$

## 4.3 Momenten-Krümmungs-Beziehung — Bernoulli-Hypothese

### Reine Biegung — grundlegendes Momenten-Krümmungs-Modell

Infolge ausschließlicher Einwirkung eines konstanten Biegemoments *(reine Biegung)* verformt sich ein *Stabelement* (ein durch achsnormale Schnitte begrenzter Stababschnitt von der Länge d$s$) zu einem Kreisbogen unter dem Abschnitt d$x$ der ursprünglichen Stabachse (Bild 20). Bei beanspruchungsneutraler *Biegesteifigkeit B* ist dabei die *Krümmung* $\varkappa$ proportional dem angreifenden Biegemoment. Mit Ausnahme der *neutralen Fasern* verändern dabei alle Stabfasern ihre Länge. Legt man die Stabachse genau in die neutrale Ebene, dann gilt:

$$ds = R\,d\varphi = \sqrt{1 + w'^2}\,dx; \quad d\varphi = d(w') = w''\,dx$$

Den Reziprokwert des *Krümmungsradius R* bezeichnet man als *Krümmung* $\varkappa$, so daß gilt:

$$\varkappa = \frac{1}{R} = \frac{w''}{\sqrt{1 + w'^2}}$$

Die Proportionalität zwischen Biegemoment und Krümmung ergibt

$$\frac{M}{B} = -\frac{w''}{\sqrt{1 + w'^2}}$$

Nun ist wegen der sehr kleinen Formänderungen realer Tragwerke $w'^2 \ll 1$ und damit $\sqrt{1 + w'^2} \approx 1$. Bei den praktischen Aufgabenstellungen im Bauwesen wird daher d$s$ = d$x$ gesetzt und i. allg. mit der vereinfachten Differentialbeziehung

$$w'' = -\frac{M}{B}$$ gerechnet.

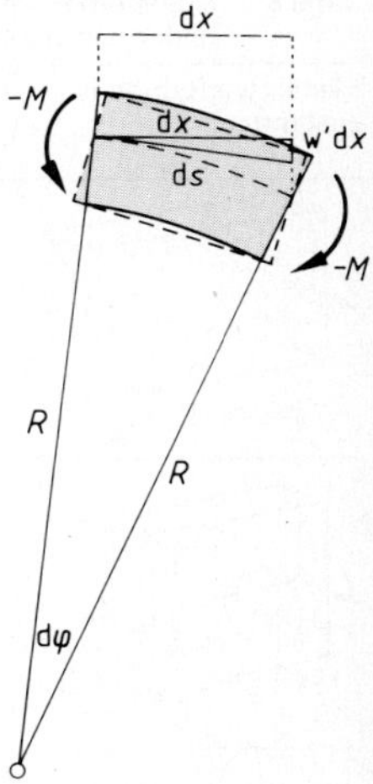


**Bild 20**
**Elementverformung infolge reiner Biegung**

### Querkraftbiegung

Bei Querkraftbiegung erleidet der Querschnitt infolge der Schubspannungen Verwölbungen. Diese sind bei schlanken Stäben aber unbedeutend, so daß auch bei Querkraftbiegung in schlanken Stäben die Annahme eben bleibender Querschnitte gerechtfertigt ist. Sie bleiben allerdings nicht senkrecht zur gekrümmten Stabachse *(Bernoulli-Hypothese)*.

### Biegung mit Längskraft

Auch bei Biegung mit Längskraft wird allgemein von d$s$ = d$x$ ausgegangen: Formänderungen in Stablängsrichtung ($u$) bleiben bei der Rand- und Schnittgrößenermittlung unberücksichtigt. Querverformungen (Durchbiegungen $v$, $w$) können bei Druckkrafteinwirkung zu maßgeblichen Erhöhungen der Biegebeanspruchung führen. Bei Berechnungen nach der *Elastizitätstheorie I. Ordnung* werden diese vernachlässigt, nach der *Elastizitätstheorie II. Ordnung* werden sie berücksichtigt.

## 4.4 Normalspannungen, Formänderungen aus Dehnverzerrung

Lasten und Zwängungen rufen in den Querschnitten des Stabes Spannungszustände hervor. Die Resultierenden des Normalspannungszustands ($\sigma = \sigma_x$) sind die Schnittgrößen: *Längskraft* im Spurpunkt der Stabachse ($N$), *Biegemomente* um die beiden Querschnittsachsen ($M_y$, $M_z$) und das *Wölbbimoment* ($M_\omega$).

Dem Normalspannungszustand entspricht ein über die Querschnittsfläche verteilter Dehnungszustand ($\varepsilon = \varepsilon_x$) aufgrund des Hookeschen Gesetzes, der analog zu den Schnittgrößen auf die Formänderungskomponenten der Stabachse – *Längung* ($u'$), *Biegekrümmung* ($w''$, $v''$) und *Drillkrümmung* ($\vartheta''$) – zurückgeführt werden kann. Dabei handelt es sich um Ableitungen der *Längsverschiebung* ($u$), der *Querverschiebungen* oder *Durchsenkungen* ($v$, $w$) und der *Verdrehung* um die $x$-Achse ($\vartheta$); sie bezeichnen die Lageänderungskomponenten (Verrückungen) eines Punktes der Stabachse. (Zu $M_\omega$ s. auch 4.5.5.)

### 4.4.1 Elementverformung infolge Dehnungen $\varepsilon_x$

**Tafel 6 Stabelementverformung auf der Grundlage der Bernoulli-Hypothese $x$, $y$, $z$, $\omega$ bilden ein beliebiges Bezugssystem mit $x \parallel$ zu Stabfasern**

| Elementverformungs-zustand | In die Stabkantenflucht projizierte Lageänderung des Endquerschnitts | Faserlängung infolge Achsverformungs-komponente | Gesamt-dehnung |
|---|---|---|---|
| 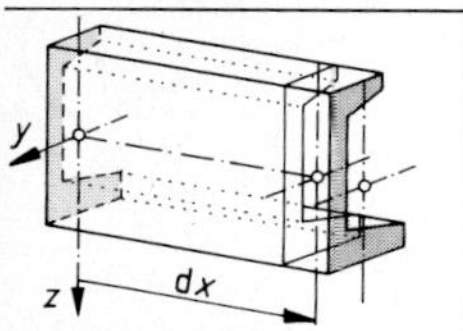 | 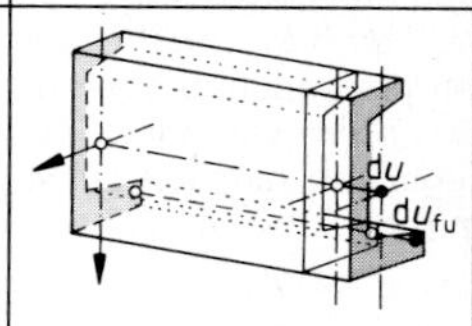 | **Längsverformung**<br>$du = u'\,dx$<br>$du_{fx} = 1 \cdot du$<br>$= u'\,dx$ | |
| 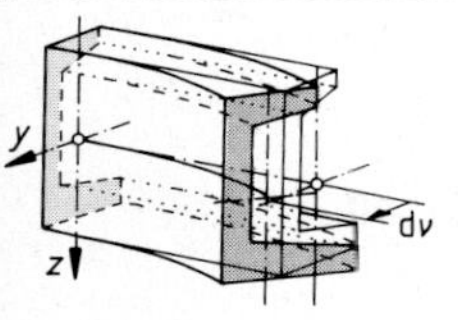 | 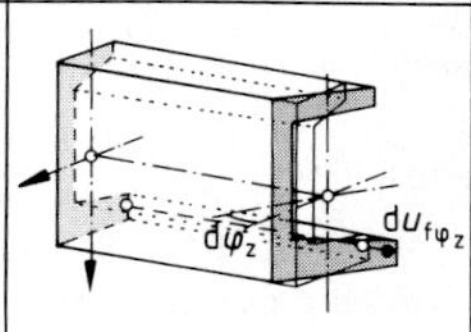 | **Biegung** um $z$-Achse<br>$d\varphi_z = v''\,dx$<br>$du_{f\varphi z} = -y\,d\varphi_z$<br>$= -y v''\,dx$ | $\varepsilon = \vec{a}^{\,T}\vec{K}$<br>mit<br>$\vec{a} = \begin{pmatrix} 1 \\ y \\ z \\ \omega \end{pmatrix}$ |
| 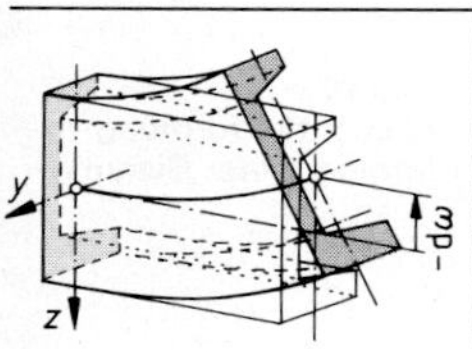 | 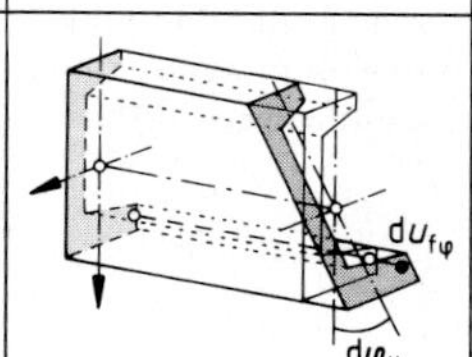 | **Biegung** um $y$-Achse<br>$d\varphi_y = -w''\,dx$<br>$du_{f\varphi y} = z\,d\varphi_y$<br>$= -z w''\,dx$ | $\vec{K} = \begin{pmatrix} u' \\ -v'' \\ -w'' \\ -\vartheta'' \end{pmatrix}$ |
| 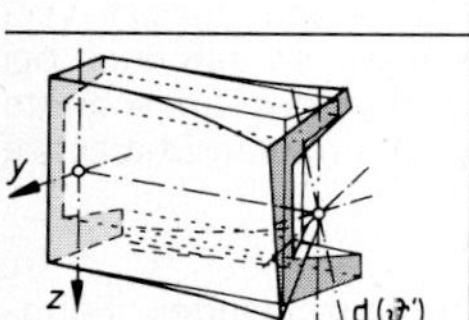 | 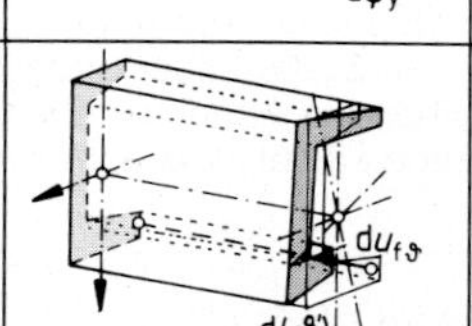 | **Wölbdrillung**<br>$d(\vartheta') = \vartheta''\,dx$<br>$-du_{f\vartheta} = \omega\,d(\vartheta')$<br>$du_{f\vartheta} = -\omega\vartheta''\,dx$ | |

*Einheitsverschiebungen* der Biegung, $y$ und $z$, entsprechen den Querschnittskoordinaten $y$ und $z$. Für *Einheitsverwölbung* $\omega$ gibt es keine vergleichbare Entsprechung; im allg. ist ihre Ermittlung schwierig, bei dünnwandigen Querschnitten kann $\omega$ jedoch auf einfache Weise genügend genau bestimmt werden (s. Abschn. 4.4.3.3).

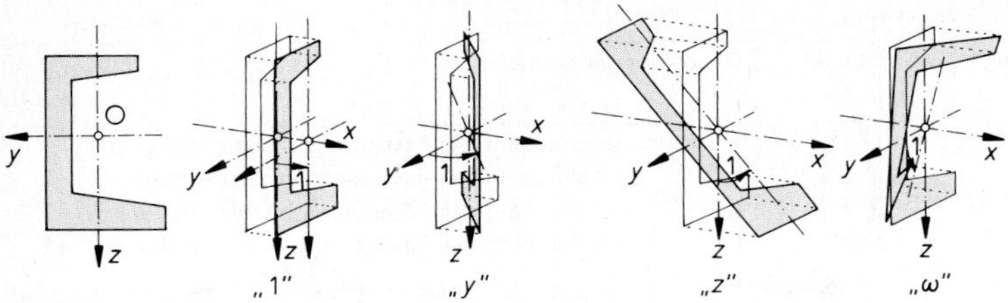


**Bild 21 Einheitsverschiebungen**

## 4.4.2 Normalspannungen und korrespondierende Schnittgrößen

Unter äußeren Einwirkungen (Last und Zwängung) baut sich in den Querschnitten ein Spannungszustand auf, der in die Komponenten der *Normalspannung* (oder *Längsspannung*) $\sigma_x$ und der *Tangentialspannungen* (oder *Schubspannungen*) $\tau_{xy}$, $\tau_{xz}$ oder im $s$-$t$-Achsensystem $\tau_{xs}$, $\tau_{xt}$ zerlegt werden kann.

Bild 22 links zeigt den Normalspannungskörper, dessen obere Grenzfläche auf der Grundlage der linearen Elastizitätstheorie bei Längskraft- und Biegebeanspruchung ($N$, $M_y$, $M_z$) eine schiefe Ebene bezüglich der Querschnittsgrundfläche bildete. Unter Wirken einer Torsionsbeanspruchung (*Wölbbimoment* $M_\omega$) bildet sich eine windschiefe und verwölbte Grenzfläche aus. (Zur Wölbkrafttorsion s. S. 315.)

Der Spannungszustand ist den resultierenden Schnittgrößen äquivalent.

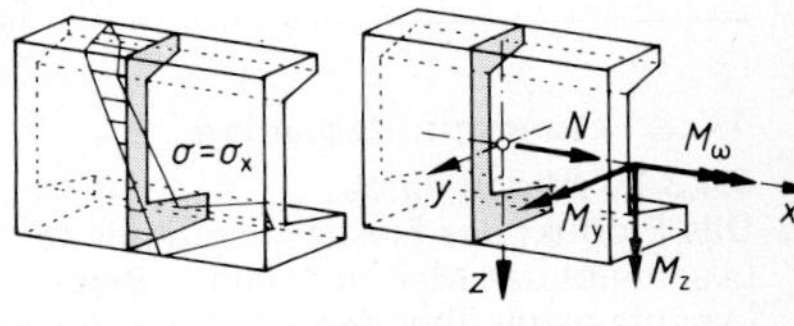


**Bild 22 Normalspannungen und korrespondierende Schnittgrößen**

**Tafel 7 Beziehungen zwischen Spannungszustand und Schnittgrößen aus der Äquivalenzbedingung**

| Bezeichnung | Beziehung | Erläuterung |
|---|---|---|
| Schnittgröße | $\vec{S}_\sigma = E_{\text{verb}} \bar{A} \vec{K}$ | $\int_{(A)} \vec{a}\sigma \, \mathrm{d}A = \int_{(A)} \vec{a} E_\mu \varepsilon \, \mathrm{d}A = \int_{(A)} \vec{a} E_\mu \vec{a}^{\mathrm{T}} \mathrm{d}A \, \vec{K}$ $= E_{\text{verb}} \int_{(A)} e_\mu \vec{a} \vec{a}^{\mathrm{T}} \mathrm{d}A \, \vec{K}$ |
| „Krümmung" | $\vec{K} = \dfrac{1}{E_{\text{verb}}} \bar{A}^{-1} \vec{S}_\sigma$ | |
| Normalspannung | $\sigma = e_\mu \vec{a}^{\mathrm{T}} \bar{A}^{-1} \vec{S}_\sigma$ | $E_\mu \varepsilon = E_\mu \vec{a}^{\mathrm{T}} \vec{K} = \dfrac{E_\mu}{E_{\text{verb}}} \vec{a}^{\mathrm{T}} \bar{A}^{-1} \vec{S}_\sigma$ |
| Querschnittswerte | $\bar{A} = \int_{(A)} e_\mu \vec{a} \vec{a}^{\mathrm{T}} \mathrm{d}A$ $\begin{pmatrix} A & A_y & A_z & A_\omega \\ A_y & A_{yy} & A_{yz} & A_{y\omega} \\ A_z & A_{zy} & A_{zz} & A_{z\omega} \\ A_\omega & A_{\omega y} & A_{\omega z} & A_{\omega\omega} \end{pmatrix}$ | $\begin{pmatrix} \int e_\mu \mathrm{d}A & \int e_\mu y \mathrm{d}A & \int e_\mu z \mathrm{d}A & \int e_\mu \omega \mathrm{d}A \\ \int e_\mu y \mathrm{d}A & \int e_\mu yy \mathrm{d}A & \int e_\mu yz \mathrm{d}A & \int e_\mu y\omega \mathrm{d}A \\ \int e_\mu z \mathrm{d}A & \int e_\mu zy \mathrm{d}A & \int e_\mu zz \mathrm{d}A & \int e_\mu z\omega \mathrm{d}A \\ \int e_\mu \omega \mathrm{d}A & \int e_\mu \omega y \mathrm{d}A & \int e_\mu \omega z \mathrm{d}A & \int e_\mu \omega\omega \mathrm{d}A \end{pmatrix}_{(A)}$ |

Fortsetzung s. nächste Seite

**Tafel 7**, Fortsetzung

| Größe | Inhalt | Dimension | Erläuterung |
|---|---|---|---|
| $\vec{a}$ | $\begin{pmatrix} 1 \\ y \\ z \\ \omega \end{pmatrix}$ | 1<br>L<br>L<br>$L^2$ | Verschiebung des Faserspurpunktes $f$ infolge $u=1$<br>Verschiebung des Faserspurpunktes $f$ infolge $-\varphi_z=1$<br>Verschiebung des Faserspurpunktes $f$ infolge $-\varphi_y=1$<br>Verschiebung des Faserspurpunktes $f$ infolge $-\vartheta'=1$ |
| $\vec{K}$ | $\begin{pmatrix} u' \\ -v'' \\ -w'' \\ -\vartheta'' \end{pmatrix}$ | 1<br>$L^{-1}$<br>$L^{-1}$<br>$L^{-2}$ | Längung des Stabelements in Richtung $x$<br>Biegekrümmung des Stabelements um die $z$-Achse<br>Biegekrümmung des Stabelements um die $y$-Achse<br>Drillkrümmung des Stabelements (um die $x$-Achse) |
| $\vec{S}_\sigma$ | $\begin{pmatrix} N \\ -M_z \\ M_y \\ -M_w \end{pmatrix}$ | F<br>FL<br>FL<br>$FL^2$ | Längskraft (Stabachse ist Wirkungslinie)<br>Biegemoment um die $z$-Achse<br>Biegemoment um die $y$-Achse<br>Wölbbimoment um die $x$-Achse |
| $\mu$ | $1, 2, \ldots, m$ | FL | Materialindex bei Verbundquerschnitten |
| $E_\mu$ | | $FL^{-2}$ | Elastizitätsmodul des Materials $\mu$ |
| $E_{verb}$ | | $FL^{-2}$ | Ideeller Elastizitätsmodul des Verbundquerschnitts (kann beliebig gewählt werden) |
| $e_\mu$ | $E_\mu/E_{verb}$ | 1 | Relative Elastizität des Materials $\mu$ (beim homogenen Querschnitt ist $E_\mu=E_{verb}=E$ und $e_\mu=1$) |

## 4.4.3 Querschnittswerte

### 4.4.3.1 Allgemeines

Das Produkt des Elastizitätsmoduls ($E$ bzw. $E_{verb}$) mit den Querschnittswerten ($\bar{A}$) beschreibt das Maß der Dehn-, Biege- und Wölbtorsionssteifigkeiten des Stabelements gegenüber den 4 Schnittgrößen ($\vec{S}_\sigma$). Zur etwa erforderlichen Berechnung der Querschnittswerte wird ein unter dem Gesichtspunkt einfacher Berechenbarkeit geeignetes Bezugssystem ($y$, $z$, $\omega$) gewählt. Bei Nichtberücksichtigung der Wölbkrafttorsion entfällt $\omega$, bei ebenen statischen Systemen hat $y$ keine Bedeutung für die Querschnittswerte. Je nach Fall ergibt die Rechnung die Matrizen:

Räumliche Betrachtung mit Berücksichtigung der Wölbkrafttorsion

$$\bar{A}=\begin{pmatrix} A & A_y & A_z & A_\omega \\ A_y & A_{yy} & A_{yz} & A_y \\ A_z & A_{zy} & A_{zz} & A_{z\omega} \\ A_\omega & A_{\omega y} & A_{\omega z} & A_{\omega\omega} \end{pmatrix}$$

Räumliche Betrachtung ohne Berücksichtigung der Wölbkrafttorsion

$$\bar{A}=\begin{pmatrix} A & A_y & A_z \\ A_y & A_{yy} & A_{yz} \\ A_z & A_{zy} & A_{zz} \end{pmatrix}$$

Ebene Betrachtung in der $z$-$x$-Ebene

$$\bar{A}=\begin{pmatrix} A & A_z \\ A_z & A_{zz} \end{pmatrix}$$

oder mit den gebräuchlichen Bezeichnungen:

$$\bar{A}=\begin{pmatrix} A & S_z & S_y & S_\omega \\ S_z & I_z & I_{yz} & I_{z\omega} \\ S_y & I_{yz} & I_y & I_{y\omega} \\ S_\omega & I_{z\omega} & I_{y\omega} & I_\omega \end{pmatrix} \qquad \bar{A}=\begin{pmatrix} A & S_z & S_y \\ S_z & I_z & I_{yz} \\ S_y & I_{yz} & I_y \end{pmatrix} \qquad \bar{A}=\begin{pmatrix} A & S \\ S & I \end{pmatrix}$$

Die Bezeichnung der Querschnittswerte ist in den Normenwerken einschließlich EUROCODE nur ungenügend geregelt. Tafel 8 gibt eine häufige Bezeichnungsvariante und die Gegenüberstellung mit der matrizenorientierten Bezeichnungsweise wider (DIN 1080), die mit den Hochindizes der jeweils zugrundeliegenden Bezugssysteme die Unsicherheiten der gebräuchlichen Benennungen vermeidet.

**Tafel 8 Bezeichnung der Querschnittswerte**

| Definition | Gebräuchliche Bezeichnungsweise | | | | | Matrizenorientierte Bezeichnungsweise | | | | | Benennung |
|---|---|---|---|---|---|---|---|---|---|---|---|
| | Freier Drehpunkt | | | Schubmittelpunkt | | Freier Drehpunkt | | | Schubmittelpunkt | | *Torsionsachse* |
| *Bezogen auf:* | Freie Achsen | Schwerachsen | Hauptachsen | Schwerachsen | Hauptachsen | Freie Achsen | Schwerachsen | Hauptachsen | Schwerachsen | Hauptachsen | *Biegeachse* |
| $\int e_\mu \, dA$ | $A$ | | | | | $A$ | | | | | Fläche |
| $\int e_\mu y \, dA$ | $S_z$ | 0 | | | | $A_y$ | 0 | | | | Flächenmoment 1. Grades um $z$ |
| $\int e_\mu z \, dA$ | $S_y$ | 0 | | | | $A_z$ | 0 | | | | Flächenmoment 1. Grades um $y$ |
| $\int e_\mu \omega \, dA$ | $[S_\omega]$ | 0 | | | | $A_\omega$ | 0 | | | | Flächenbimoment 1. Grades um $x$ |
| $\int e_\mu yy \, dA$ | | $I_z$ | $I_\zeta$ | $I_z$ | $I_\zeta$ | $A_{yy}$ | ${}^{S}A_{yy}$ | ${}^{H}A_{yy}$ | ${}^{S}A_{yy}$ | ${}^{H}A_{yy}$ | Flächenmoment 2. Grades um $z$ |
| $\int e_\mu yz \, dA$ | | $I_{yz}$ | 0 | $I_{yz}$ | 0 | $A_{yz}$ | ${}^{S}A_{yz}$ | 0 | ${}^{S}A_{yz}$ | 0 | Deviationsmoment |
| $\int e_\mu zz \, dA$ | | $I_y$ | $I_\eta$ | $I_y$ | $I_\eta$ | $A_{zz}$ | ${}^{S}A_{zz}$ | ${}^{H}A_{zz}$ | ${}^{S}A_{zz}$ | ${}^{H}A_{zz}$ | Flächenmoment 2. Grades um $y$ |
| $\int e_\mu y\omega \, dA$ | | $[I_{z\omega}]$ | | 0 | | $A_{y\omega}$ | ${}^{S}A_{y\omega}$ | ${}^{H}A_{y\omega}$ | 0 | | Flächen-Flächenbimoment |
| $\int e_\mu z\omega \, dA$ | | $[I_{y\omega}]$ | | 0 | | $A_{z\omega}$ | ${}^{S}A_{z\omega}$ | ${}^{H}A_{z\omega}$ | 0 | | Flächen-Flächenbimoment |
| $\int e_\mu \omega\omega \, dA$ | | | | $I_\omega$ | | $A_{\omega\omega}$ | ${}^{S}A_{\omega\omega}$ | | ${}^{M}A_{\omega\omega}$ | | Flächenbimoment 2. Grades um $x$ |

Die unbesetzten Posit onen in Tafel 8 enthalten Werte, die entbehrlich sind, sofern in einem ersten Schritt Schwerachsen und Drillruheachse ermittelt werden.

### 4.4.3.2 Allgemeine Transformation des Bezugssystems

Veränderungen des Bezugssystems beeinflussen die Beträge der Querschnittswerte sowie die der Schnittgrößen und Formänderungen. Allgemein lauten die Transformationsbeziehungen mit der Transformationsmatrix $\bar{T}$:

Einheitsverschiebungen: ${}^{T}\vec{a} = \bar{T}\vec{a}$

Querschnittswerte: ${}^{T}\bar{A} = \bar{T}\bar{A}\bar{T}^{T}$

Schnittgrößen: ${}^{T}\vec{S}_\sigma = \bar{T}\vec{S}_\sigma$

Formänderungen: ${}^{T}\vec{K} = \bar{T}^{T-1}\vec{K}$

$$
{}^{T}\vec{a} = \begin{pmatrix} 1 \\ {}^{T}y \\ {}^{T}z \\ {}^{T}\omega \end{pmatrix} \quad
{}^{T}\bar{A} = \begin{pmatrix} A & {}^{T}A_y & {}^{T}A_z & {}^{T}A_\omega \\ A_y & {}^{T}A_{yy} & {}^{T}A_{yz} & {}^{T}A_{y\omega} \\ A_z & {}^{T}A_{zy} & {}^{T}A_{zz} & {}^{T}A_{z\omega} \\ A_\omega & {}^{T}A_{\omega y} & {}^{T}A_{\omega z} & {}^{T}A_{\omega\omega} \end{pmatrix} \quad
{}^{T}\vec{S}_\sigma = \begin{pmatrix} N \\ -{}^{T}M_z \\ {}^{T}M_y \\ -{}^{T}M_\omega \end{pmatrix} \quad
{}^{T}\vec{K} = \begin{pmatrix} {}^{T}u' \\ -{}^{T}v'' \\ -{}^{T}w'' \\ -{}^{T}\vartheta'' \end{pmatrix}
$$

Prinzipiell sind drei Veränderungsarten des Bezugssystems zu unterscheiden:

(1) $\Lambda$-Transformation: Parallelverschieben der Bezugsebene der Einheitsverschiebungen um $y_t$, $z_t$ und $\omega_t$ (für $y$ und $z$ gleichbedeutend mit Parallelverschieben der Querschnittsachsen um $y_t, z_t$); Sonderfall der $\Lambda$-Transformation ist die Transformation auf den „Schwerpunkt", $y_0$, $z_0$, $\omega_0 \to 0_t = S$;

In bezug auf die Einheitsverschiebungen $y$ und $z$ ist das Verschieben der Bezugsebene gleichbedeutend mit dem Verschieben der entsprechenden Querschnittsachsen. Dies gilt jedoch nicht für die Querschnittsverwölbung $\omega$ (Bild 23).

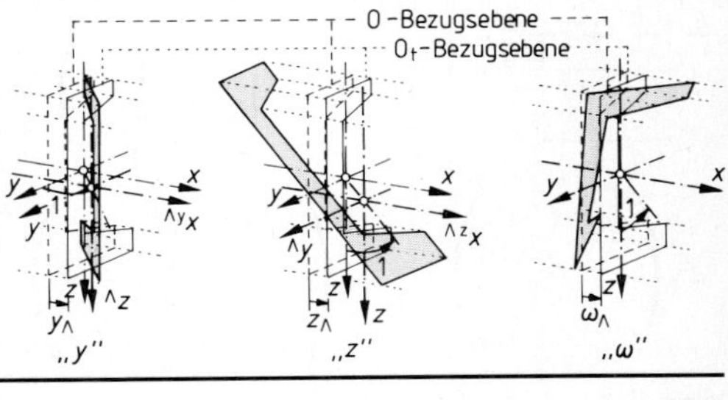


**Bild 23**
**Transformation der Bezugsebene**

(2) $\Phi$-Transformation: Verdrehen der Querschnittsachsen $(y, z)$ um den Winkel $\varphi_t$; Sonderfall der $\Phi$-Transformation ist die „Hauptachsen"-Transformation, $\varphi_0$;

(3) $\Theta$-Transformation: Parallelverschieben der Drillachse um $y_{Dt}$ und $z_{Dt}$. Man beachte, daß die Lage der Stabachse (Spurpunkt **O**) und die Lager der Drillachse

**Tafel 9 $\Lambda$-Transformation; Verschieben der Bezugsebene**

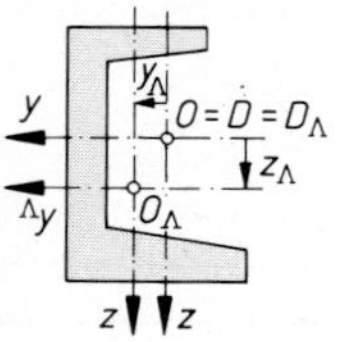


$$\bar{T} = \bar{\Lambda} = \begin{pmatrix} 1 & 0 & 0 & 0 \\ -y_\Lambda & 1 & 0 & 0 \\ -z_\Lambda & 0 & 1 & 0 \\ -\omega_\Lambda & 0 & 0 & 1 \end{pmatrix}$$

$$^\Lambda\vec{a} = \begin{pmatrix} 1 \\ y - y_\Lambda \\ z - z_\Lambda \\ \omega - \omega_\Lambda \end{pmatrix} \qquad ^\Lambda\vec{S}_\sigma = \begin{pmatrix} N \\ -M_z - N y_\Lambda \\ M_y - N z_\Lambda \\ -M_\omega - N\omega_\Lambda \end{pmatrix}$$

| Querschnittswerte | |
|---|---|
| $^\Lambda A$ | $A$ |
| $^\Lambda A_y$ | $A_y - A y_\Lambda$ |
| $^\Lambda A_z$ | $A_z - A z_\Lambda$ |
| $^\Lambda A_\omega$ | $A_\omega - A\omega_\Lambda$ |
| $^\Lambda A_{yy}$ | $A_{yy} - 2A_y y_\Lambda + A y_\Lambda^2$ |
| $^\Lambda A_{yz}$ | $A_{yz} - (A_y z_\Lambda + A_z y_\Lambda) + A y_\Lambda z_\Lambda$ |
| $^\Lambda A_{zz}$ | $A_{zz} - 2A_z z_\Lambda + A z_\Lambda^2$ |
| $^\Lambda A_{y\omega}$ | $A_{y\omega} - (A_y \omega_\Lambda + A_\omega y_\Lambda) + A y_\Lambda \omega_\Lambda$ |
| $^\Lambda A_{z\omega}$ | $A_{z\omega} - (A_z \omega_\Lambda + A_\omega z_\Lambda) + A z_\Lambda \omega_\Lambda$ |
| $^\Lambda A_{\omega\omega}$ | $A_{\omega\omega} - 2A_\omega \omega_\Lambda + A\omega_\Lambda^2$ |

**Tafel 10 $\Phi$-Transformation; Drehen der Querschnittsachsen**

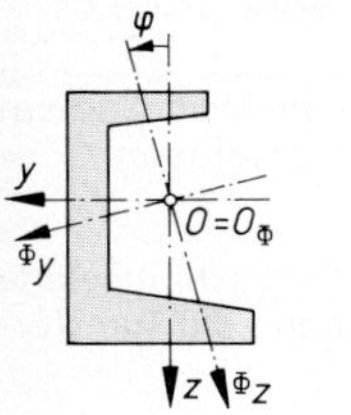


$$\bar{T} = \bar{\Phi} = \begin{pmatrix} 1 & 0 & 0 & 0 \\ 0 & \cos\varphi & \sin\varphi & 0 \\ 0 & -\sin\varphi & \cos\varphi & 0 \\ 0 & 0 & 0 & 1 \end{pmatrix}$$

$$^\Phi\vec{a} = \begin{pmatrix} 1 \\ z\sin\varphi + y\cos\varphi \\ z\cos\varphi - y\sin\varphi \\ \omega \end{pmatrix} \qquad ^\Phi\vec{S}_\sigma = \begin{pmatrix} N \\ M_y\sin\varphi - M_z\cos\varphi \\ M_y\cos\varphi + M_z\sin\varphi \\ -M_\omega \end{pmatrix}$$

| Querschnittswerte | |
|---|---|
| $^\Phi A$ | $A$ |
| $^\Phi A_y$ | $A_z\sin\varphi + A_y\cos\varphi$ |
| $^\Phi A_z$ | $A_z\cos\varphi - A_y\sin\varphi$ |
| $^\Phi A_\omega$ | $A_\omega$ |
| $^\Phi A_{yy}$ | $\frac{A_{yy}+A_{zz}}{2} + \frac{A_{yy}-A_{zz}}{2}\cos 2\varphi + A_{yz}\sin 2\varphi$ |
| $^\Phi A_{yz}$ | $A_{yz}\cos 2\varphi - \frac{A_{yy}-A_{zz}}{2}\sin 2\varphi$ |
| $^\Phi A_{zz}$ | $\frac{A_{yy}+A_{zz}}{2} - \frac{A_{yy}-A_{zz}}{2}\cos 2\varphi - A_{yz}\sin 2\varphi$ |
| $^\Phi A_{y\omega}$ | $A_{z\omega}\sin\varphi + A_{y\omega}\cos\varphi$ |
| $^\Phi A_{z\omega}$ | $A_{z\omega}\cos\varphi - A_{y\omega}\sin\varphi$ |
| $^\Phi A_{\omega\omega}$ | $A_{\omega\omega}$ |

**Tafel 11 $\Theta$-Transformation; Verschieben der Drillachse**

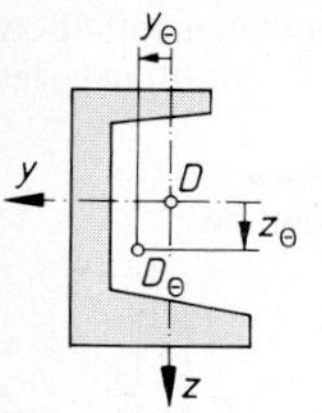


$$\bar{T} = \bar{\Theta} = \begin{pmatrix} 1 & 0 & 0 & 0 \\ 0 & 1 & 0 & 0 \\ 0 & 0 & 1 & 0 \\ 0 & z_\Theta & -y_\Theta & 1 \end{pmatrix}$$

$$^\Theta\vec{a} = \begin{pmatrix} 1 \\ y \\ z \\ \omega + y z_\Theta - z y_\Theta \end{pmatrix} \qquad ^\Theta\vec{S}_\sigma = \begin{pmatrix} N \\ -M_z \\ M_y \\ -M_\omega - M_z z_\Theta - M_y y_\Theta \end{pmatrix}$$

| Querschnittswerte | |
|---|---|
| $^\Theta A$ | $A$ |
| $^\Theta A_y$ | $A_y$ |
| $^\Theta A_z$ | $A_z$ |
| $^\Theta A_\omega$ | $A_\omega + A_y z_\Theta - A_z y_\Theta$ |
| $^\Theta{}_{yy}$ | $A_{yy}$ |
| $^\Theta A_{yz}$ | $A_{yz}$ |
| $^\Theta A_{zz}$ | $A_{zz}$ |
| $^\Theta A_{y\omega}$ | $A_{y\omega} + A_{yy} z_\Theta - A_{yz} y_\Theta$ |
| $^\Theta A_{z\omega}$ | $A_{z\omega} + A_{yz} z_\Theta - A_{zz} y_\Theta$ |
| $^\Theta A_{\omega\omega}$ | $A_{\omega\omega} + {}^\Theta A_{y\omega} z_\Theta - {}^\Theta A_{z\omega} y_\Theta$ |

(Spurpunkt **D**) zwar bei der „Urberechnung" der Querschnittswerte zusammenfallen, aber voneinander unabhängige Elemente des Bezugssystems sind. Eine Verschiebung von **O** ($\Lambda$-Transformation) führt nicht zu einer Lageänderung von D! Sonderfall der $\Theta$-Transformation ist die Transformation auf den „Schubmittelpunkt", $y_M$, $z_M \rightarrow \mathbf{D}_t = \mathbf{M}$.

#### 4.4.3.3 Berechnung der Querschnittswerte

**Berechnung der Querschnittswerte aus Flächenelementen**

Bei komplexen Querschnitten, die sich aus Elementarformen oder vertafelten Standardprofilen (Walzprofilen) zusammensetzen, lassen sich die Gesamtquerschnittswerte aus den Querschnittswerten der einzelnen Elemente bilden. Die Querschnittswertematrix des Querschnittselements $i$ sei auf Schwerpunkt und Schubmittelpunkt bezogen (MS-normiert) und lautet:

$$^{S}A_i = \begin{pmatrix} A & 0 & 0 & 0 \\ 0 & ^{S}A_{yy} & ^{S}A_{yz} & 0 \\ 0 & ^{S}A_{zy} & ^{S}A_{zz} & 0 \\ 0 & 0 & 0 & ^{M}A_{\omega\omega} \end{pmatrix}$$

Die auf das lokale $S_i$-$M_i$-Koordinatensystem bezogenen Werte der verschiedenen Querschnittsbestandteile sind nach Abschnitt 4.4.3.2 auf das globale O-D-System zu transformieren. Im allgemeinsten Fall gilt:

$$\bar{A}_i = \bar{\Theta}_i \bar{\Phi}_i \bar{\Lambda}_i {}^{S}\bar{A}_i [\bar{\Theta}_i \bar{\Phi}_i \bar{\Lambda}_i]^T$$

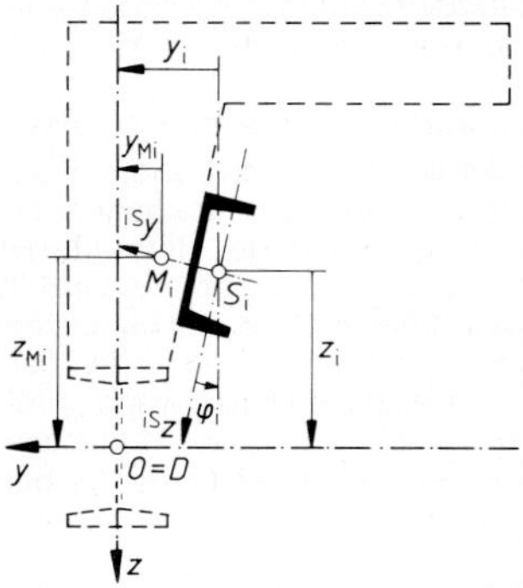


**Bild 24** Zusammengesetzter Querschnitt

$$\text{mit } \bar{\Theta}_i \bar{\Phi}_i \bar{\Lambda}_i = \begin{pmatrix} 1 & 0 & 0 & 0 \\ -y_i & \cos\varphi_i & \sin\varphi_i & 0 \\ -z_i & -\sin\varphi_i & \cos\varphi_i & 0 \\ 0 & (z_{Di}\cos\varphi_i + y_{Di}\sin\varphi_i) & (z_{Di}\sin\varphi_i - y_{Di}\cos\varphi_i) & 1 \end{pmatrix}$$

Oft sind Bezugssysteme des Gesamtquerschnitts und seiner Elemente parallel und auf die Berücksichtigung der Wölbkrafttorsion kann verzichtet werden. Dann ist $\bar{\Phi} = \bar{\Theta} = \bar{I}$, und es genügt die Einheitsverschiebungs-Transformation $\bar{A}_i = \bar{\Lambda}_i {}^{S}A_i \bar{\Lambda}_i^T$.

Die Gesamtquerschnittswerte erhält man aus der Summe der Elementwerte:

$$\bar{A} = \Sigma e_i \bar{A}_i$$

**Berechnung der Querschnittswerte polygonal begrenzter Flächen**

Die Eckpunkte sind fortlaufend von 0 bis $n$ zu numerieren, wobei die Punkte 0 und $n$ identisch sind.

Positive Flächen werden links, Abzugsflächen rechts umfahren. Im Falle vorhandener Hohlräume können Abzugsflächen auch durch einen ideellen „Kanal" zwischen 2 Eckpunkten des umgebenden und des eingeschriebenen Polygons mit der Umgebungsfläche verbunden werden. Die Kanalufer werden ggf. wie normale Polygonseiten behandelt, erhalten also an ihren Eckpunkten

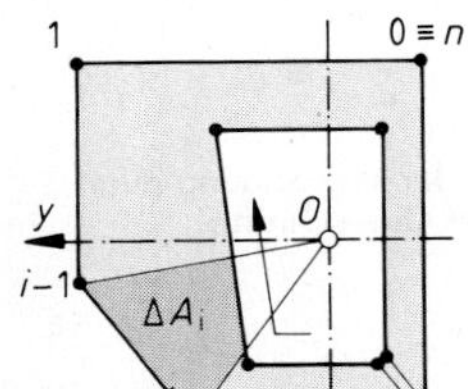


**Bild 25** Polygonal begrenzter Querschnitt

eigene Nummern. Die Querschnittswerte von Abzugsflächen können aber auch als selbständige (negative) Teilquerschnitte behandelt werden.

Die Querschnittswerte für Längs- und Biegeverformung ergeben sich zu $\bar{A}=\sum_{1}^{n}\Delta\bar{A}_i$.

$$\Delta\bar{A}_i=\Delta\begin{pmatrix} A_i & A_{yi} & A_{zi} \\ A_{yi} & A_{yyi} & A_{yzi} \\ A_{zi} & A_{zyi} & A_{zzi} \end{pmatrix}$$

$$\Delta A_i = \tfrac{1}{2}\,(y_{i-1}\,z_i - y_i\,z_{i-1})$$
$$\Delta A_{yi} = \tfrac{1}{3}\,(y_{i-1}+y_i)\,\Delta A_i$$
$$\Delta A_{zi} = \tfrac{1}{3}\,(z_{i-1}+z_i)\,\Delta A_i$$
$$\Delta A_{yyi} = \tfrac{1}{6}\,(y_{i-1}^2+y_{i-1}\,y_i+y_i^2)\,\Delta A_i$$
$$\Delta A_{yzi} = \tfrac{1}{12}\,(2y_{i-1}\,z_{i-1}+y_{i-1}\,z_i+y_i\,z_{i-1}+2y_i\,z_i)\,\Delta A_i$$
$$\Delta A_{zzi} = \tfrac{1}{6}\,(z_{i-1}^2+z_{i-1}\,z_i+z_i^2)\,\Delta A_i$$

Die Wölbquerschnittswerte lassen sich auf diese Weise nicht berechnen. Ggf. können sie mit dem Verfahren für dünnwandige Querschnitte ermittelt werden.

**Berechnung der Querschnittswerte dünnwandiger Querschnitte**

Bei der Verwölbung dünnwandiger Querschnitte kann die „innere Verwölbung" der einzelnen Wandquerschnitte gegenüber der des Gesamtquerschnitts vernachlässigt werden. Vergleichbar der Bernoulli-Hypothese kann unterstellt werden, daß die Einzelwandquerschnitte bei der Verdrillung eben und senkrecht zu ihren Längsfasern bzw. Längsrändern bleiben. Unter diesen Umständen ist der Winkel, mit dem der Einzelwandquerschnitt aus der ursprünglichen Querschnittsebene strebt, gleich dem Kippwinkel der Einzelwand infolge Drillung $\vartheta'$. Er nimmt mit wachsendem Abstand der Wand von der Drillachse zu (s. Bild 26). Der Verwölbungszuwachs über die Wandabschnittslänge $\Delta s$ beträgt $\Delta\omega=r\Delta s$, wenn $r\perp\Delta s$ oder allgemein (vektoriell) $\Delta\vec{\omega}=\vec{r}\times\Delta\vec{s}$.

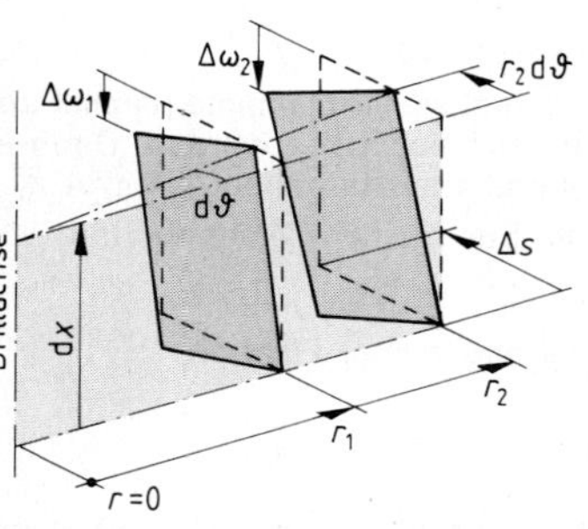


**Bild 26 Schema der Verwölbung dünnwandiger Querschnitte**

Für den geraden Abschnitt zwischen den im Wandzug aufeinanderfolgenden Punkten „$k-1$" und „$k$" ergibt das Kreuzprodukt $\Delta\omega_{k-1,k}=y_{k-1}\,z_k-y_k\,z_{k-1}$. Damit läßt sich die Einheitsverwölbung des Punktes „$k$" aus der des Punktes „$k-1$" berechnen:

$$\omega_k=\omega_{k-1}+y_{k-1}\,z_k-y_k\,z_{k-1}$$

An gemeinsamen Punkten zweier oder mehr Wandabschnitte (Wandknoten) ist die Verwölbung aller anschließenden Wandendpunkte selbstverständlich gleich. Von einem beliebig – wie der Koordinatenursprung **O** – gewählten Ausgangspunkt[1]) mit $\omega=0$ ausgehend, wird die Verwölbung den Achsen des Wandzugs folgend als Summe der Abschnittsbeiträge ermittelt, für den Punkt $i$:

$\omega_i=\sum_{(k)} r_k\,\Delta s_{k-1,k}$ – für einfach zusammenhängende (offene) Querschnitte.[2])

[1]) Mit der Wahl des Koordinaten-Ursprungs ist die Bezugsebene für die Biege-Einheitsverschiebungen $y$ und $z$ bereits festgelegt. Für die Drillverwölbung gilt das nicht. Deshalb ist eine gesonderte Festlegung des „Ursprungs" der Drillverwölbung $\omega$, d. h. ihrer Bezugsebene, erforderlich.
[2]) Für mehrfach zusammenhängende (geschlossene) Querschnitt s. Abschn. „Aussteifung".

$k$ ist dabei die (logische) Knotenfolge vom Wölbursprung ($\omega = 0$) bis zum Punkt $i$, also nicht unbedingt eine fortlaufende Zählung, die ja bei Querschnittsstrukturen mit Verästelungen nicht durchgehalten werden kann.

Bei dünnwandigen Querschnitten weichen Einheitsverschiebungen und -verwölbungen an den Wandrändern nur geringfügig von den Werten in der zugehörigen Wandmittellinie ab. Insbesondere bei Berücksichtigung der Wölbkrafttorsion ist es zweckmäßig und meist ausreichend, sich auf die Berechnung der Mittellinienwerte – im „Querschnittsskelett" – zu beschränken. In Bild 27 sind die Einheitsverschiebungen und -verwölbungen an die Systemlinien des Querschnitts angetragen.

Die Pfeile an den Wandachsen geben die positive Achsrichtung für die angetragene Einheitsverschiebungsfunktion an.

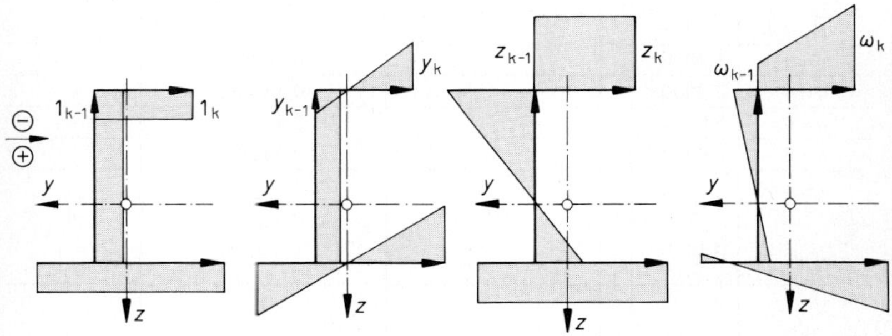


**Bild 27 Einheitsverschiebungs- und Verwölbungszustände des dünnwandigen Querschnitts**

Die Einzelbeiträge der Wandabschnitte an den Querschnittswerten sind nichts anderes als die Produktintegrale aller möglichen Zustandskombinationen $\int p \cdot q \,\mathrm{d}A$, wobei $p$ und $q$ für jeweils einen der Zustände 1, $y$, $z$, $\omega$ stehen. Für den Beitrag des Wandabschnitts zwischen den im Wandzug aufeinanderfolgenden Punkten $k-1$ und $k$ erhält man den Querschnittwertbeitrag

$$\Delta A_{pq;k-1,k} = \int_{k-1}^{k} p q \,\mathrm{d}A = t_{k-1,k} \int_{k-1}^{k} p q \,\mathrm{d}s \quad \text{bei konstanter Wanddicke } t_{k-1,k}.$$

Das Querschnittswerteelement $A_{pq}$ ergibt sich als Summe aller Wandbeiträge

$$A_{pq} = \sum_{(k)} \Delta A_{pq;k-1,k}.$$

Bei geradlinigen Wandabschnitten sind die Zustandsfiguren eines Abschnitts linear, im allg. trapezförmig. Hierfür gilt (s. Tafel „Produktintegrale") mit der Abschnittsfläche:

$$\Delta A_{k-1,k} = t_{k-1,k}\, s_{k-1,k} \quad (t = \text{Wanddicke},\ s = \text{Abschnittslänge})$$
$$\Delta A_{pq;k-1,k} = \tfrac{1}{6}\,(2p_{k-1} q_{k-1} + p_{k-1} q_k + p_k q_{k-1} + 2 p_k q_k)\, \Delta A_{k-1,k}$$

Für Flächenmomente 1. Grades vereinfacht sich die Beziehung:

$$\Delta A_{p;k-1,k} = \tfrac{1}{2}\,(p_{k-1} + p_k)\, \Delta A_{k-1,k}$$

**Tafel 12 Querschnittswerte elementarer Flächen**

| | $A$ | | $y_S$ | $z_S$ | $I_y = A_{zz}$ | $I_z = A_{yy}$ | $I_{yz} = {}_zA_{yz}$ |
|---|---|---|---|---|---|---|---|
| 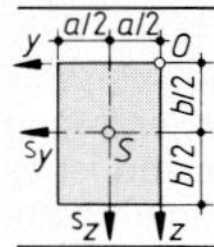 | $ab$ | **O** | $\frac{a}{2}$ | $\frac{b}{2}$ | $\frac{ab^3}{3}$ | $\frac{a^3b}{3}$ | $\frac{a^2b^2}{4}$ |
| | | **S** | | | $\frac{ab^3}{12}$ | $\frac{a^3b}{12}$ | $0$ |
| 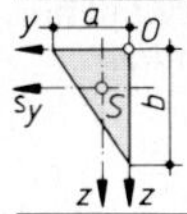 | $\frac{ab}{2}$ | **O** | $\frac{a}{3}$ | $\frac{b}{3}$ | $\frac{ab^3}{12}$ | $\frac{a^3b}{12}$ | $\frac{a^2b^2}{24}$ |
| | | **S** | | | $\frac{ab^3}{36}$ | $\frac{a^3b}{36}$ | $-\frac{a^2b^2}{72}$ |
| 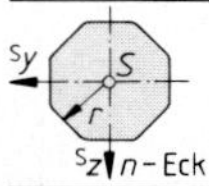 | $\frac{nr^2}{2}\sin\frac{2\pi}{n}$ | **S** | $0$ | | $\frac{nr^4}{24}\sin\frac{2p}{n}\left(2+\cos\frac{2\pi}{n}\right)$ | | $0$ |
| $n=3$ | $1{,}2990\,r^2$ | | | | $0{,}1624\,r^4$ | | |
| $n=4$ | $2{,}0000\,r^2$ | | | | $0{,}3333\,r^4$ | | |
| $n=6$ | $2{,}5981\,r^2$ | | | | $0{,}5413\,r^4$ | | |
| $n=8$ | $2{,}8284\,r^2$ | | | | $0{,}6381\,r^4$ | | |
| 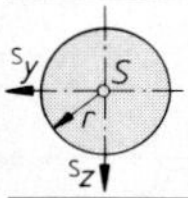 | $\pi r^2$<br>$3{,}1416\,r^2$ | **S** | $0$ | | $\frac{\pi r^4}{4}$<br>$0{,}7854^4$ | | $0$ |
| 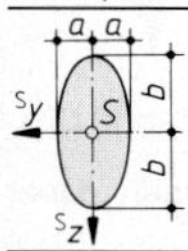 | $\pi ab$<br>$3{,}1416\,ab$ | **S** | $0$ | $0$ | $\frac{\pi ab^3}{4}$<br>$0{,}7854\,ab^3$ | $\frac{\pi a^3b}{4}$<br>$0{,}7854\,a^3b$ | $0$ |
| 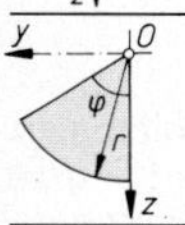 | $\frac{\varphi r^2}{2}$ | **O** | $\frac{2}{3}\,\frac{1-\cos\varphi}{\varphi}\,r$ | $\frac{2}{3}\,\frac{\sin\varphi}{\varphi}\,r$ | $(2\varphi + \sin 2\varphi)\,\frac{r^4}{16}$ | $(2\varphi - \sin 2\varphi)\,\frac{r^4}{16}$ | $(1 - \cos 2\varphi)\,\frac{r^4}{16}$ |
| 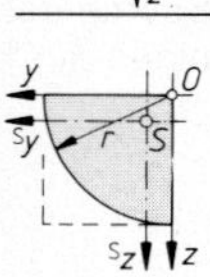 | $\frac{\pi r^2}{4}$<br>$0{,}7854\,r^2$ | **O** | $\frac{4}{3\pi}r$<br>$0{,}4244\,r$ | | $\frac{\pi r^4}{16}$<br>$0{,}19635\,r^4$ | | $\frac{r^4}{8}$<br>$0{,}125\,r^4$ |
| | | **S** | | | $\left(1-\frac{64}{9\pi^2}\right)\frac{\pi r^4}{16}$<br>$0{,}05488\,r^4$ | | $\left(1-\frac{32}{9\pi}\right)\frac{r^4}{8}$<br>$-0{,}01647\,r^4$ |
| 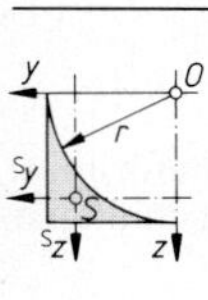 | $\left(1-\frac{\pi}{4}\right)r^2$<br>$0{,}2146\,r^2$ | **O** | $\frac{2}{3\,(4-\pi)}r$<br>$0{,}77663\,r$ | | $\left(\frac{16}{3\pi}-1\right)\frac{\pi r^4}{16}$<br>$0{,}13698\,r^4$ | | $\frac{r^4}{8}$<br>$0{,}125\,r^4$ |
| | | **S** | | | $\left(\frac{11-3\pi}{9\,(4-\pi)}-\frac{\pi}{16}\right)r^4$<br>$0{,}007545\,r^4$ | | $\frac{28-9\pi}{72\,(4-\pi)}\,r^4$<br>$0{,}004439\,r^4$ |
| 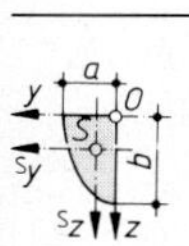 | $\frac{\pi ab}{4}$ | **O** | $\frac{4a}{3\pi}$ | $\frac{4b}{3\pi}$ | $\frac{\pi ab^3}{16}$<br>$0{,}19635\,ab^3$ | $\frac{\pi a^3b}{16}$<br>$0{,}19635\,a^3b$ | $\frac{a^2b^2}{8}$<br>$0{,}125\,a^2b^2$ |
| | | **S** | | | $\left(\frac{\pi}{16}-\frac{4}{9\pi}\right)ab^3$<br>$0{,}05488\,ab^3$ | $\left(\frac{\pi}{16}-\frac{4}{9\pi}\right)a^3b$<br>$0{,}05488\,a^3b$ | $\left(1-\frac{32}{9\pi}\right)\frac{a^2b^2}{8}$<br>$-0{,}01647\,a^2b^2$ |

## Flächenmomente 2. Grades von Plattenbalken-Querschnitten

Mit $A_{pl}=bd$ und $A_{St}=b_0(d_0-d)$ ist $I_{pl}=\dfrac{A_{pl}d^2}{12}$ und $I_{St}=\dfrac{A_{St}(d_0-d)^2}{12}$.

Mit $e_0=\dfrac{d_0}{2}\cdot\dfrac{A_{St}}{A_{pl}+A_{St}}+\dfrac{d}{2}$ ist dann $I_s=I_{pl}+I_{St}+\dfrac{A_{pl}\cdot A_{St}}{A_{pl}+A_{St}}\left(\dfrac{d_0}{2}\right)^2$.

Einfacher und hinreichend genau kann $I_s$ ermittelt werden mit Hilfe der $\mu$-Werte der folgenden Tafel nach der Gleichung $I_s=\dfrac{b\cdot d_0^3}{\mu}$

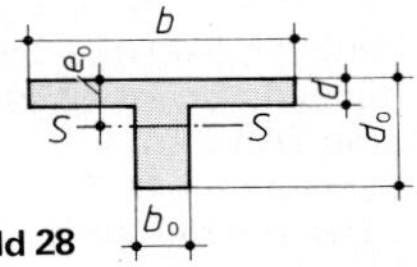

**Bild 28**

**Tafel 13** $\mu$-Werte zur Berechnung der Flächenmomente 2. Grades von Plattenbalkenquerschnitten

| $\frac{b_0}{b}$ | $d:d_0$ 0,05 | 0,10 | 0,15 | 0,20 | 0,25 | 0,30 | 0,35 | 0,40 | 0,50 | 0,55 | 0,60 |
|---|---|---|---|---|---|---|---|---|---|---|---|
| 0,05 | 103,4 | 91,7 | 90,1 | 90,0 | 89,3 | 86,9 | 82,0 | 75,8 | 59,2 | 51,0 | 43,3 |
| 0,06 | 90,9 | 80,0 | 77,5 | 77,5 | 77,5 | 75,7 | 73,0 | 68,0 | 55,2 | 48,3 | 41,5 |
| 0,07 | 81,9 | 71,4 | 68,9 | 68,5 | 68,5 | 67,6 | 65,8 | 62,1 | 51,8 | 45,9 | 39,8 |
| 0,08 | 75,2 | 64,9 | 62,1 | 61,7 | 61,7 | 61,3 | 59,9 | 57,1 | 48,8 | 43,6 | 38,4 |
| 0,09 | 70,0 | 59,9 | 56,8 | 56,2 | 56,2 | 55,5 | 54,9 | 53,0 | 46,1 | 41,7 | 37,0 |
| 0,10 | 64,9 | 55,8 | 52,6 | 52,1 | 52,1 | 51,8 | 51,0 | 49,5 | 43,8 | 40,0 | 35,8 |
| 0,11 | 60,9 | 52,1 | 49,3 | 48,5 | 48,3 | 48,1 | 47,8 | 46,5 | 41,6 | 38,4 | 34,7 |
| 0,12 | 57,8 | 49,0 | 46,3 | 45,4 | 45,2 | 45,0 | 44,8 | 44,0 | 39,8 | 36,9 | 33,5 |
| 0,13 | 54,9 | 46,5 | 43,7 | 42,9 | 42,7 | 42,5 | 42,3 | 41,6 | 38,2 | 35,6 | 32,6 |
| 0,14 | 52,3 | 44,2 | 41,5 | 40,6 | 40,5 | 40,5 | 40,3 | 39,7 | 36,7 | 34,5 | 31,6 |
| 0,15 | 50,0 | 42,5 | 39,7 | 38,8 | 38,5 | 38,5 | 38,3 | 37,9 | 35,3 | 33,3 | 30,9 |
| 0,16 | 47,8 | 40,8 | 38,0 | 37,0 | 36,8 | 36,8 | 36,6 | 36,2 | 34,1 | 32,2 | 30,0 |
| 0,17 | 46,0 | 39,2 | 36,6 | 35,5 | 35,2 | 35,2 | 35,1 | 34,8 | 32,9 | 31,3 | 29,2 |
| 0,18 | 44,4 | 37,7 | 35,2 | 34,1 | 33,8 | 33,8 | 33,7 | 33,5 | 31,8 | 30,4 | 28,6 |
| 0,19 | 42,7 | 36,5 | 33,9 | 32,9 | 32,6 | 32,5 | 32,5 | 32,4 | 30,9 | 29,6 | 27,9 |
| 0,20 | 41,3 | 35,3 | 32,9 | 31,8 | 31,4 | 31,3 | 31,3 | 31,2 | 30,0 | 28,8 | 27,2 |
| 0,22 | 38,3 | 33,2 | 31,0 | 29,9 | 29,5 | 29,4 | 29,4 | 29,3 | 28,3 | 27,4 | 26,0 |
| 0,24 | 36,4 | 31,4 | 29,2 | 28,2 | 27,8 | 27,8 | 27,7 | 27,7 | 26,9 | 26,2 | 25,0 |
| 0,26 | 34,4 | 29,9 | 27,8 | 26,8 | 26,5 | 26,3 | 26,3 | 26,2 | 25,7 | 25,1 | 24,0 |
| 0,28 | 32,7 | 28,6 | 26,6 | 25,6 | 25,2 | 25,1 | 25,1 | 25,0 | 24,6 | 24,0 | 23,2 |
| 0,30 | 31,3 | 27,3 | 25,5 | 24,6 | 24,1 | 24,0 | 23,9 | 23,9 | 23,6 | 23,1 | 22,4 |
| 0,32 | 29,8 | 26,3 | 24,5 | 23,6 | 23,1 | 23,0 | 23,0 | 23,0 | 22,7 | 22,3 | 21,7 |
| 0,34 | 28,4 | 25,3 | 23,6 | 22,7 | 22,3 | 22,1 | 22,1 | 22,1 | 21,9 | 21,6 | 21,0 |
| 0,36 | 27,2 | 24,4 | 22,8 | 22,0 | 21,6 | 21,4 | 21,4 | 21,3 | 21,1 | 21,0 | 20,4 |
| 0,38 | 26,2 | 23,5 | 22,1 | 21,3 | 20,8 | 20,7 | 20,6 | 20,6 | 20,5 | 20,1 | 19,8 |
| 0,40 | 25,2 | 22,7 | 21,4 | 20,6 | 20,2 | 20,0 | 20,0 | 20,0 | 19,9 | 19,7 | 19,3 |
| 0,42 | 24,3 | 22,0 | 20,7 | 20,0 | 19,6 | 19,5 | 19,4 | 19,4 | 19,3 | 19,2 | 18,9 |
| 0,44 | 23,4 | 21,4 | 20,2 | 19,5 | 19,1 | 18,9 | 18,8 | 18,8 | 18,8 | 18,6 | 18,4 |
| 0,46 | 22,7 | 20,7 | 19,6 | 19,0 | 18,6 | 18,4 | 18,4 | 18,4 | 18,3 | 18,2 | 18,0 |
| 0,48 | 21,9 | 20,2 | 19,1 | 18,5 | 18,1 | 18,0 | 17,9 | 17,9 | 17,8 | 17,7 | 17,6 |
| 0,50 | 21,3 | 19,6 | 18,8 | 18,0 | 17,7 | 17,6 | 17,5 | 17,5 | 17,4 | 17,3 | 17,2 |
| 0,55 | 19,8 | 18,4 | 17,6 | 17,1 | 16,8 | 16,6 | 16,6 | 16,6 | 16,5 | 16,5 | 16,3 |
| 0,60 | 18,4 | 17,4 | 16,7 | 16,2 | 16,0 | 15,8 | 15,8 | 15,7 | 15,7 | 15,7 | 15,6 |
| 0,65 | 17,2 | 16,4 | 15,9 | 15,5 | 15,3 | 15,2 | 15,1 | 15,1 | 15,0 | 15,0 | 14,9 |
| 0,70 | 16,2 | 15,6 | 15,1 | 14,8 | 14,6 | 14,5 | 14,5 | 14,5 | 14,4 | 14,4 | 14,4 |
| 0,75 | 15,3 | 14,8 | 14,5 | 14,2 | 14,1 | 14,0 | 13,9 | 13,9 | 13,9 | 13,9 | 13,9 |
| 0,80 | 14,5 | 14,2 | 13,9 | 13,7 | 13,6 | 13,5 | 13,5 | 13,4 | 13,4 | 13,4 | 13,4 |
| 0,90 | 13,1 | 13,0 | 12,8 | 12,8 | 12,7 | 12,7 | 12,7 | 12,7 | 12,6 | 12,6 | 12,6 |
| 1,00 | 12,0 | 12,0 | 12,0 | 12,0 | 12,0 | 12,0 | 12,0 | 12,0 | 12,0 | 12,0 | 12,0 |

**Beispiel** $b=1{,}50$ m; $b_0=0{,}30$ m; $d=0{,}15$ m; $d_0=0{,}60$ m. Für $b_0/b=0{,}30/1{,}50=0{,}20$ und $d/d_0=0{,}15/0{,}60=0{,}25$ erhält man aus der Tafel $\mu=31{,}4$; $I_s=1{,}50\cdot 0{,}60^3/31{,}4=0{,}0103\,\text{m}^4$.

### 4.4.3.4 Normierung der Querschnittswerte

Bei der Urberechnung der Querschnittswerte ist das Bezugssystem (**O** = **D** und *y*- bzw. *z*-Richtung) willkürlich festgelegt worden. Im allg. führt das zu einer voll besetzten Querschnittswertematrix. Dadurch sind Schnittgrößen und Formänderungen in der Beziehung $\vec{S}_\sigma = E_{verb}\bar{A}\vec{K}$ gekoppelt, d.h. sie können nicht in Einzelbeziehungen der Schnittgröße und ihrer zugeordneten Formänderungsgröße ($N = N(u)$, $M_z = M_z(v)$, $M_y = M_y(w)$, $M_\omega = M_\omega(\vartheta)$) ausgedrückt werden.

Variieren der Lage des Biegebezugspunktes **O**, der Richtung des Querschnittskoordinatensystems $(y, z)$ $\varphi$ und des Drillbezugspunktes **D** beeinflußt den Koppelungsgrad (Abschn. 4.4.3.2). Völlig entkoppelt werden die Beziehungen im Falle **O** → **S** (*Schwerpunkt, Biegeruhepunkt, neutrale Faser*), $\varphi \to \varphi_H$ (*Hauptachsen*) und **D** → **M** (*Schubmittelpunkt, Drillruhepunkt, Drillruheachse*).

Die folgenden Transformationen sind Sonderfälle der allgemeinen Bezugssystem-Transformationen nach Abschn. 4.4.2:

S-Transformation: (*Schwerpunkttransformation*) Verschieben der *y*-, *z*- und $\omega$-Bezugsebenen um $y_S$, $z_S$ und $\omega_S$ so, daß die *N*-*u*-Beziehung mit den Momenten-Krümmungsbeziehungen entkoppelt wird. Der Koordinatenursprung **O** verschiebt sich dabei in den Schwerpunkt **S**.

H-Transformation: (*Hauptachsentransformation*) Verdrehen des auf **S** bezogenen Koordinatensystems um $\varphi_H$ so, daß zusätzlich die $M_z$-$v$- und $M_y$-$w$-Beziehung entkoppelt sind.

M-Transformation: (*Schubmittelpunktstransformation*) Verschieben des Torsionsbezugspunkts **D** um $y_M$, $z_M$ in den Schubmittelpunkt **M** so, daß die $M$-$\vartheta$-Beziehung mit den übrigen Beziehungen entkoppelt ist. Diese Transformation kann sowohl am S- als auch am H-System durchgeführt werden.

**Tafel 14 O → S-Transformation = Schwerpunkttransformation**

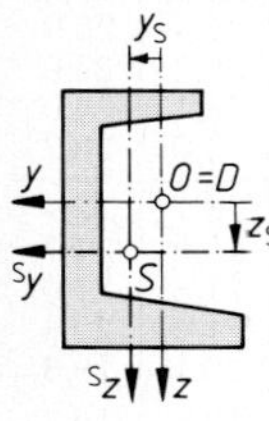


$$\bar{A}_S = \begin{pmatrix} 1 & 0 & 0 & 0 \\ -y_S & 1 & 0 & 0 \\ -z_S & 0 & 1 & 0 \\ -\omega_S & 0 & 0 & 1 \end{pmatrix}$$

$$^S\vec{d} = \begin{pmatrix} 1 \\ y - y_S \\ z - z_S \\ \omega - \omega_S \end{pmatrix}$$

$$^S\vec{S}_\sigma = \begin{pmatrix} N \\ -M_z - N y_S \\ M_y - N z_S \\ -M_\omega - N \omega_S \end{pmatrix}$$

**Querschnittswerte (konventionelle Bezeichnungen)**

| | | | |
|---|---|---|---|
| $y_S$ | $A_y/A$ | $y_0$ | $S_z/A$ |
| $z_S$ | $A_z/A$ | $z_0$ | $S_y/A$ |
| $\omega_S$ | $A_\omega/A$ | $\omega_0$ | $S_\omega/A$ |
| $^SA$ | $A$ | $A$ | $A$ |
| $^SA_{yy}$ | $A_{yy} - \frac{A_y A_y}{A}$ | $I_\zeta$ | $I_z - \frac{S_z S_z}{A}$ |
| $^SA_{yz}$ | $A_{yz} - \frac{A_y A_z}{A}$ | $I_{\eta\zeta}$ | $I_{yz} - \frac{S_y S_z}{A}$ |
| $^SA_{zz}$ | $A_{zz} - \frac{A_z A_z}{A}$ | $I_\eta$ | $I_y - \frac{S_y S_y}{A}$ |
| $^SA_{y\omega}$ | $A_{y\omega} - \frac{A_y A_\omega}{A}$ | $I_{\zeta\omega}$ | $I_{z\omega} - \frac{S_z S_\omega}{A}$ |
| $^SA_{z\omega}$ | $A_{z\omega} - \frac{A_z A_\omega}{A}$ | $I_{\eta\omega}$ | $I_{y\omega} - \frac{S_y S_\omega}{A}$ |
| $^SA_{\omega\omega}$ | $A_{\omega\omega} - \frac{A_\omega A_\omega}{A}$ | $I_\omega$ | $I_\omega - \frac{S_\omega S_\omega}{A}$ |

**Tafel 15 S → H-Transformation = Hauptachsentransformation**

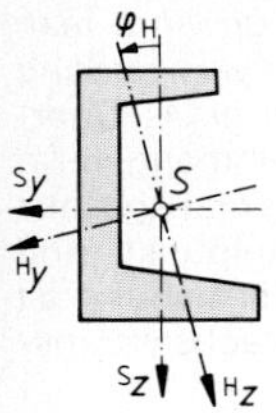


$$\bar{\Theta}_H = \begin{pmatrix} 1 & 0 & 0 & 0 \\ 0 & \cos\varphi_H & \sin\varphi_H & 0 \\ 0 & -\sin\varphi_H & \cos\varphi_H & 0 \\ 0 & 0 & 0 & 1 \end{pmatrix}$$

$${}^H\vec{a} = \begin{pmatrix} 1 \\ z\sin\varphi_H + y\cos\varphi_H \\ z\cos\varphi_H - y\sin\varphi_H \\ \omega \end{pmatrix}$$

$${}^H\vec{S}_\sigma = \begin{pmatrix} N \\ M_y\sin\varphi_H - M_z\cos\varphi_H \\ M_y\cos\varphi_H + M_z\sin\varphi_H \\ -M_\omega \end{pmatrix}$$

Querschnittswerte

| | $A_{yy} \neq A_{zz}$ | $A_{yy}=A_{zz}$, $A_{yz} \neq 0$ | $A_{yy}=A_{zz}$, $A_{yz}=0$ |
|---|---|---|---|
| $\varphi_H$ | $\frac{1}{2}\arctan\frac{2\,{}^SA_{yz}}{{}^SA_{yy}-{}^SA_{zz}}$ | $45° \mathrel{\hat=} \frac{\pi}{4}$ | beliebig |
| ${}^HA$ | $A$ | | |
| ${}^HA_{yy}$ | $\frac{{}^SA_{yy}+{}^SA_{zz}}{2}+\frac{{}^SA_{yy}-{}^SA_{zz}}{2}\sqrt{1+\tan^2 2\varphi_H}$ | $A_{yy}+A_{yz}$ | $A_{yy=A_{zz}}$ |
| ${}^HA_{yz}$ | $0$ | | |
| ${}^HA_{zz}$ | $\frac{{}^SA_{yy}+{}^SA_{zz}}{2}-\frac{{}^SA_{yy}-{}^SA_{zz}}{2}\sqrt{1+\tan^2 2\varphi_H}$ | $A_{zz}+A_{yz}$ | $A_{zz}=A_{yy}$ |
| ${}^HA_{y\omega}$<br>${}^HA_{z\omega}$<br>${}^HA_{\omega\omega}$ | ${}^SA_{z\omega}\sin\varphi_H + {}^SA_{y\omega}\cos\varphi_H$<br>${}^SA_{z\omega}\cos\varphi_H - {}^SA_{y\omega}\sin\varphi_H$<br>${}^SA_{\omega\omega}$ | | |

**Tafel 16 S/H → M-Transformation = Schubmittelpunktstransformation**

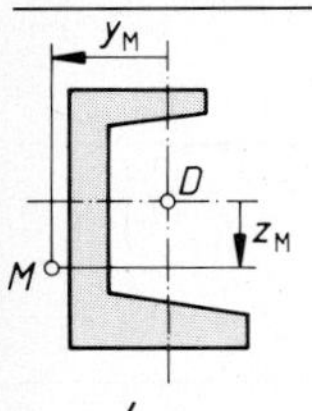


$$\bar{\Theta}_M = \begin{pmatrix} 1 & 0 & 0 & 0 \\ 0 & 1 & 0 & 0 \\ 0 & 0 & 1 & 0 \\ 0 & z_\Theta & -y_\Theta & 1 \end{pmatrix}$$

$${}^M\vec{a} = \begin{pmatrix} 1 \\ y \\ z \\ \omega + y z_M - z y_M \end{pmatrix}$$

$${}^M\vec{S}_\sigma = \begin{pmatrix} N \\ -M_z \\ M_y \\ -M_\omega - M_z z_M - M_y y_M \end{pmatrix}$$

Querschnittswerte

| | S → M | H → M |
|---|---|---|
| $y_M$ | $\frac{{}^SA_{yy}\,{}^SA_{z\omega} - {}^SA_{yz}\,{}^SA_{y\omega}}{{}^SA_{yy}\,{}^SA_{zz} - {}^SA_{yz}^2}$ | $\frac{{}^HA_{z\omega}}{{}^HA_{zz}}$ |
| $z_M$ | $\frac{{}^SA_{yz}\,{}^SA_{z\omega} - {}^SA_{zz}\,{}^SA_{y\omega}}{{}^SA_{yy}\,{}^SA_{zz} - {}^SA_{yz}^2}$ | $-\frac{{}^HA_{y\omega}}{{}^HA_{yy}}$ |
| ${}^Mz$ | $A$ | |
| ${}^MA_{yy}$<br>${}^MA_{yz}$<br>${}^MA_{zz}$ | ${}^SA_{yy}$<br>${}^SA_{yz}$<br>${}^SA_{zz}$ | ${}^HA_{yy}$<br>$0$<br>${}^HA_{zz}$ |
| ${}^MA_{y\omega}$<br>${}^MA_{z\omega}$ | $0$<br>$0$ | |
| ${}^MA_{\omega\omega}$ | ${}^SA_{\omega\omega} - {}^SA_{z\omega}\,{}^Sy_M + {}^SA_{y\omega}\,{}^Sz_M$ | ${}^HA_{\omega\omega} - {}^HA_{z\omega}\,{}^Hy_M + {}^HA_{y\omega}\,{}^Hz_M$ |

### 4.4.4 Längsspannung oder Normalspannung

Die Normalspannung in einem beliebigen Querschnittspunkt $(y, z)$ gewinnt man gemäß Tafel 7 aus der Beziehung $\sigma = e_\mu \vec{a}^T \bar{A}^{-1} \vec{S}_\sigma$. [Bei unmittelbarer Verwendung der Beziehung für die Spannungsberechnung in mehreren Punkten eines Querschnitts werden die Tupel $e_\mu \vec{a}^T$ zweckmäßig zu einer Matrix $\bar{a}^T$ zusammengefaßt: $\vec{\sigma} = \bar{a}^T \bar{A}^{-1} \vec{S}_\sigma$]. Tafel 17 enthält die ausgewertete Beziehung, wobei vorausgesetzt wird, daß Querschnittswerte und Schnittgrößen auf Schubmittelpunkt und Schwerpunkt normiert sind. Bei Berechnung mit Hilfe der Matrizenbeziehung ist eine Normierung nicht erforderlich. Unnötig ist im allg. auch die Hauptachsentransformation.

**Tafel 17 Berechnungsformeln für Längs- oder Normalspannungen**

| | | | | |
|---|---|---|---|---|
| Berechnung über Widerstandsmomente | $\sigma = e_\mu \left[\frac{N}{A} - \frac{M_z}{W_z} + \frac{M_y}{W_y} - \frac{M_\omega}{W_\omega}\right]$ | | | |
| | Standardquerschnitte | Widerstandsmomente für ausgezeichnete Randpunkte können Profiltafeln entnommen werden. | | |
| | Hauptachsen und Drillruheachse | $W_z = \frac{{}^{S}A_{yy}}{{}^{S}y}$ | $W_y = \frac{{}^{S}A_{zz}}{{}^{S}z}$ | $W_\omega = \frac{{}^{M}A_{\omega\omega}}{{}^{M}\omega}$ |
| | Schwerachsen und Drillruheachse | $W_z = \frac{{}^{S}A_{yy}\,{}^{S}A_{zz} - {}^{S}A_{yz}^2}{{}^{S}y\,{}^{S}A_{zz} - {}^{S}z\,{}^{S}A_{yz}}$ | $W_y = -\frac{{}^{S}A_{yy}\,{}^{S}A_{zz} - {}^{S}A_{yz}^2}{{}^{S}y\,{}^{S}A_{yz} - {}^{S}z\,{}^{S}A_{yy}}$ | |
| Berechnung über Punktkoordinaten | Ebene Systeme, Hauptachsen | $\sigma = e_\mu \left[\frac{N}{A} + \frac{{}^{H}z}{{}^{H}A_{zz}}\,{}^{H}M_y\right]$<br>$\sigma = e_\mu \left[\frac{N}{A} + \frac{z}{I_y} M_y\right]$ | | |
| | Ohne Berücksichtigung der Wölbkrafttorsion, Hauptachsen und Drillruheachse | $\sigma = e_\mu \left[\frac{N}{A} - \frac{{}^{H}y}{{}^{H}A_{yy}}\,{}^{H}M_z + \frac{{}^{H}z}{{}^{H}A_{zz}}\,{}^{H}M_y - \frac{{}^{M}\omega}{{}^{M}A_{\omega\omega}}\,{}^{M}M_\omega\right]$<br>$\sigma = e_\mu \left[\frac{N}{A} - \frac{\eta}{I_\zeta} M_\zeta + \frac{\zeta}{I_\eta} M_\eta - \frac{\omega}{I_\omega} M_\omega\right]$ | | |
| | Ohne Berücksichtigung der Wölbkrafttorsion, Schwerachsen und Drillruheachse | $\sigma = e_\mu \left[\frac{N}{A} - \frac{{}^{S}y\,{}^{S}A_{zz} - {}^{S}z\,{}^{S}A_{yz}}{{}^{S}A_{yy}\,{}^{S}A_{zz} - {}^{S}A_{yz}^2}\,{}^{S}M_z - \frac{{}^{S}y\,{}^{S}A_{yz} - {}^{S}z\,{}^{S}A_{yy}}{{}^{S}A_{yy}\,{}^{S}A_{zz} - {}^{S}A_{yz}^2}\,{}^{S}M_y\right]$<br>$\sigma = e_\mu \left[\frac{N}{A} - \frac{yI_y - zI_{yz}}{I_y I_z - I_{yz}^2} M_z - \frac{yI_{yz} - zI_z}{I_y I_z - I_{yz}^2} M_y\right]$ | | |
| | Mit Berücksichtigung der Wölbkrafttorsion, Schwerachsen und Drillruheachse | $\sigma = e_\mu \left[\frac{N}{A} - \frac{{}^{S}y\,{}^{S}A_{zz} - {}^{S}z\,{}^{S}A_{yz}}{{}^{S}A_{yy}\,{}^{S}A_{zz} - {}^{S}A_{yz}^2}\,{}^{S}M_z - \frac{{}^{S}y\,{}^{S}A_{yz} - {}^{S}z\,{}^{S}A_{yy}}{{}^{S}A_{yy}\,{}^{S}A_{zz} - {}^{S}A_{yz}^2}\,{}^{S}M_y - \frac{{}^{M}\omega}{{}^{M}A_{\omega\omega}}\,{}^{M}M_\omega\right]$<br>$\sigma = e_\mu \left[\frac{N}{A} - \frac{yI_y - zI_{yz}}{I_y I_z - I_{yz}^2} M_z - \frac{yI_{yz} - zI_z}{I_y I_z - I_{yz}^2} M_y - \frac{\omega}{I_\omega} M_\omega\right]$ | | |
| | Bei homogenem Querschnitt ist $e_\mu = 1$ im ganzen Querschnitt | | | |

### 4.4.5 Schnittgrößen und Achsverformung

Die Schnittgrößen $\vec{S}_\sigma$ und die Formänderungen $\vec{K}$ können wie die Querschnittswerte aus dem ursprünglichen O-Koordinatensystem in das DS-, DH-, MS- oder MH-Koordinatensystem transformiert werden.

$q_x$, $q_y$ und $q_z$ sind darin die Lasten/Stablänge in $x$-, $y$- bzw. $z$-Richtung des zugrundegelegten Bezugssystems, $m_\omega$ die Wölbkrafttorsion verursachende Momentenlast/Stablänge.

**Tafel 18 Transformation der Schnittgrößen und Formänderungen**

| | Ausgangsbezugssystem (siehe Normierung) | | | |
|---|---|---|---|---|
| O-System | DS-normiert | DH-normiert | MS-normiert | MH-normiert |
| $\vec{S}_\sigma$ | ${}^{S}\vec{S}_\sigma = \bar{\Lambda}_S \vec{S}_\sigma$ | ${}^{H}\vec{S}_\sigma = \bar{\Phi}_H {}^{S}\vec{S}_\sigma$ | ${}^{MS}\vec{S}_\sigma = {}^{S}\bar{\Theta}_M {}^{S}\vec{S}_\sigma$ | ${}^{MH}\vec{S}_\sigma = {}^{H}\bar{\Theta}_M {}^{H}\vec{S}_\sigma$ |
| $\vec{K}$ | ${}^{S}\vec{K} = \bar{\Lambda}_S^{T-1} \vec{K}$ | ${}^{H}\vec{K} = \bar{\Phi}_H^{T-1} {}^{S}\vec{K}$ | ${}^{MS}\vec{K} = {}^{S}\bar{\Theta}_M^{T-1} {}^{S}\vec{K}$ | ${}^{MH}\vec{K} = {}^{H}\bar{\Theta}_M^{T-1} {}^{H}\vec{K}$ |

**Tafel 19 Differentialgleichung der Längung, Biegung und Wölbdrillung (Elastitizätstheorie I. Ordnung)**

| Größe | Ausgangsbezugssystem (siehe Normierung) | | | | |
|---|---|---|---|---|---|
| | O-System | DS-normiert | DH-normiert | MS-normiert | MH-normiert |
| $\vec{S}_\sigma$ | $E_{verb} \bar{A} \vec{K}$ | $E_{verb} {}^{S}\bar{A} {}^{S}\vec{K}$ | $E_{verb} {}^{H}\bar{A} {}^{MH}\vec{K}$ | $E_{verb} {}^{MS}\bar{A} {}^{MS}\vec{K}$ | $E_{verb} {}^{MH}\bar{A} {}^{MH}\vec{K}$ |
| $\vec{K}$ | $\frac{1}{E_{verb}} \bar{A}^{-1} \vec{S}_\sigma$ | $\frac{1}{E_{verb}} {}^{S}\bar{A}^{-1} {}^{S}\vec{S}_\sigma$ | $\frac{1}{E_{verb}} {}^{H}\bar{A}^{-1} {}^{H}\vec{S}_\sigma$ | $\frac{1}{E_{verb}} {}^{MS}\bar{A}^{-1} {}^{MS}\vec{S}_\sigma$ | $\frac{1}{E_{verb}} {}^{MH}\bar{A}^{-1} {}^{MH}\vec{S}_\sigma$ |

| Größe | Ausführliche Darstellung<br>MS-normiert | MH-normiert |
|---|---|---|
| $u'$ | $\frac{1}{E_{verb} A} N$ | |
| $v''$ | $\frac{1}{E_{verb}} \left[ \frac{{}^{S}A_{zz}}{{}^{S}A_{yy} {}^{S}A_{zz} - {}^{S}A_{yz}^2} {}^{S}M_z + \frac{{}^{S}A_{yz}}{{}^{S}A_{yy} {}^{S}A_{zz} - {}^{S}A_{yz}^2} {}^{S}M_y \right]$ | $\frac{1}{E_{verb} {}^{H}A_{yy}} {}^{H}M_z$ |
| $w''$ | $-\frac{1}{E_{verb}} \left[ \frac{{}^{S}A_{yz}}{{}^{S}A_{yy} {}^{S}A_{zz} - {}^{S}A_{yz}^2} {}^{S}M_z + \frac{{}^{S}A_{yy}}{{}^{S}A_{yy} {}^{S}A_{zz} - {}^{S}A_{yz}^2} {}^{S}M_y \right]$ | $-\frac{1}{E_{verb} {}^{H}A_{zz}} {}^{H}M_y$ |
| $\vartheta''$ | $\frac{1}{E_{verb} {}^{M}A_{\omega\omega}} {}^{M}M_\omega$ | |
| $u''$ | $\frac{1}{E_{verb} A} q_x$ | |
| $v''''$ | $\frac{1}{E_{verb}} \left[ \frac{{}^{S}A_{zz}}{{}^{S}A_{yy} {}^{S}A_{zz} - {}^{S}A_{yz}^2} {}^{S}q_y - \frac{{}^{S}A_{yz}}{{}^{S}A_{yy} {}^{S}A_{zz} - {}^{S}A_{yz}^2} {}^{S}q_z \right]$ | $\frac{1}{E_{verb} {}^{H}A_{yy}} {}^{H}q_y$ |
| $w''''$ | $-\frac{1}{E_{verb}} \left[ \frac{{}^{S}A_{yz}}{{}^{S}A_{yy} {}^{S}A_{zz} - {}^{S}A_{yz}^2} {}^{S}q_y - \frac{{}^{S}A_{yy}}{{}^{S}A_{yy} {}^{S}A_{zz} - {}^{S}A_{yz}^2} {}^{S}q_z \right]$ | $-\frac{1}{E_{verb} {}^{H}A_{zz}} {}^{H}q_z$ |
| $\vartheta''''$ | $\frac{1}{E_{verb} {}^{H}A_{\omega\omega}} {}^{M}m_\omega$ | |

## 4.4.6 Formänderung unter Temperatureinwirkung

Unterschiedliche Temperaturänderungen $T_1$ und $T_2$ gegenüberliegender Profiloberflächen werden zerlegt in eine gleichmäßige Temperaturänderung $T$ in der Schwerlinie und die Temperaturdifferenz $\Delta T = T_2 - T_1$, Bild 29.

Die Temperaturdifferenz $\Delta T$ führt dazu, daß die freie Stabachse die Form eines Kreisbogens annimmt mit der Krümmung

$$\frac{\mathbf{1}}{\boldsymbol{R}} = \frac{\boldsymbol{\Delta T} \cdot \alpha_t}{\boldsymbol{h}}$$

hierbei ist $h$ die Profilhöhe und $\alpha_t$ die Temperaturdehnzahl

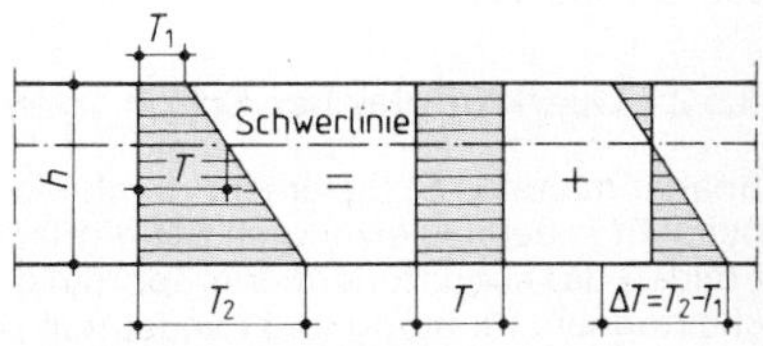


**Bild 29 Temperaturänderung**

## 4.5 Schubspannungen, Formänderungen aus Schubverzerrung

### 4.5.1 Geometrie der Elementverformung

Der auf der Grundlage der Bernoulli-Hypothese berechnete Normalspannungszustand infolge Biegung unter Querlasteinfluß hat einen Schubspannungszustand zur Folge, unter dem sich der Querschnitt nach Maßgabe der Querkraft verwölbt. Um nicht in Widerspruch zur Annahme des ebenbleibenden Querschnitts zu geraten, werden Mittelwerte der Schubverzerrung $\gamma_{zm}$ und $\gamma_{ym}$ gebildet und die Querschnitte auch unter Schubeinfluß als ebenbleibend angesehen. Bei gedrungenen Stäben ist diese vereinfachende Annahme nicht mehr gerechtfertigt. Deshalb ist die Anwendung der auf der Bernoulli-Hypothese entwickelten Beziehungen auf schlanke Stäbe beschränkt!

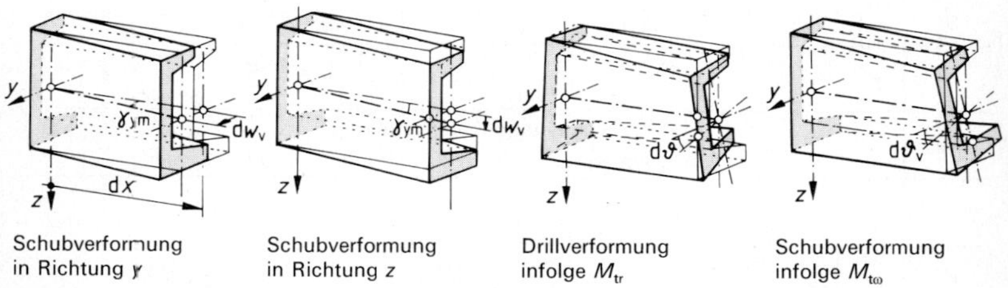


**Bild 30 Idealisierte Schubverzerrungen**

Außer bei Stäben mit Kreis- oder Kreisringquerschnitt verwölben sich die Querschnitte auch infolge Torsion. Im Gegensatz zu den Verhältnissen bei Biegung kann bei der Herleitung der Schnittgrößen-Spannungs-Beziehungen der Torsion nicht generell vom Ebenbleiben der Querschnitte ausgegangen werden. Allerdings führt die mit der Stabverwindung im allg. einhergehende Querschnittsverwölbung nicht unter allen Umständen zu Faserdehnungen, nämlich dann nicht, wenn sich alle Querschnitte im Stab im gleichen Maße (parallel) verwölben.

Dieser Fall ist bei prismatischen Stäben mit konstanter Torsionsbeanspruchung gegeben, wenn die Endquerschnitte nicht durch Einspannung in die ebene Form gezwungen werden, sondern sich bei „Gabellagerung" ganz am Stabende frei verwölben können.

Dieser Beanspruchungsfall wird als „reine Torsion" oder „St. Venantsche Torsion" bezeichnet. Er verursacht im Querschnitt einen reinen Schubspannungszustand. Wird die Verwölbung durch Zwang behindert (Einspannung, Querschnittsänderung) oder verändert sich das Torsionsmoment über die Stablänge, dann treten Faserdehnungen und damit Längsspannungen auf; der den Längsspannungszustand verursachende Torsionsanteil heißt Wölbkrafttorsion. Bei schlanken Stäben mit Vollquerschnitten hat die Wölbkrafttorsion im allg. keine entscheidende Bedeutung.

### 4.5.2 Querkraftgleicher Schub- oder Tangentialspannungszustand

Spaltet man das Stabelement durch einen Längsschnitt (Bild 31) in zwei Teile, so herrscht in der neu erzeugten Schnittfläche im allg. ein Spannungszustand. ($r$, $s$ und $t$ bilden das schnittorientierte Koordinatensystem. $r$ ist parallel $x$, $s$ die zur Spaltfläche normale Richtung und $t$ verläuft in der Spur der Spaltfläche mit der $y$-$z$-Ebene; $s$ und $t$ sind im allg. nicht parallel zu $y$ und $z$.)

Die Normalspannungen $\sigma_s$ in dieser Fläche sind bei Stäben allenfalls an Einleitungsstellen großer Einzellasten von Bedeutung. Von Interesse ist hingegen der Schubspannungszustand $\tau_{rs}$.

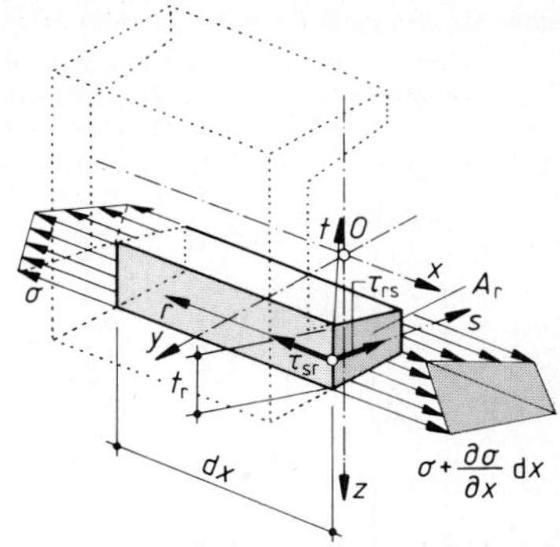


**Bild 31 Spannungen am Elementabschnitt**

Gleichgewicht am Elementabschnitt in Richtung $x$:

$$\mathrm{d}x \int_{(t_\tau)} \tau_{sr}\,\mathrm{d}t = \int_{(A_\tau)} \frac{\partial \sigma}{\partial x}\,\mathrm{d}A\,\mathrm{d}x.$$

Nach Tafel 7 ist der Normalspannungszuwachs

$$\frac{\partial \sigma}{\partial x} = e_\mu a^\mathrm{T} \bar{A}^{-1} \vec{S}'_\sigma, \quad \text{wobei} \quad \vec{S}'_\sigma = \vec{S}_\tau = \begin{pmatrix} N' \\ -M'_z \\ M'_y \\ -M'_\omega \end{pmatrix} = \begin{pmatrix} 0 \\ V_y \\ V_z \\ V_\omega \end{pmatrix}$$

die Querkräfte einschließlich des Wölbtorsionsmomentes $M_{t\omega} = V_\omega$ enthält.[1]) Daraus folgt

$$\int_{(t_\tau)} \tau_{sr}\,\mathrm{d}t = \int_{(A_\tau)} e_\mu a^\mathrm{T}\,\mathrm{d}A\,\bar{A}^{-1}\vec{S}_\tau = \vec{A}_\tau^\mathrm{T}\bar{A}^{-1}\vec{S}_\tau$$

mit den Flächenmomenten 1. Grades des abgetrennten Querschnittsteils:

$$\vec{A}_\tau^\mathrm{T} = (A_\tau\; A_{y\tau}\; A_{z\tau}\; A_{\omega\tau}).$$

Die Verteilung der Schubspannung $\tau_{rs} = \tau_{xs}$ über die Schnittbreite $t_\tau$ ist nicht ohne weiteres bestimmbar. Im allg. darf unter der Voraussetzung kürzester Schnittführung von Querschnittsrand zu Querschnittsrand etwa Gleichverteilung $\tau_{rsm} = \tau_{xsm}$ über $t_\tau$ angenommen werden:

Schubspannung längs $t_\tau$:

$$\tau_{rsm} = \tau_{xsm} = \tau = \frac{1}{t_\tau}\vec{A}_\tau^\mathrm{T}\bar{A}^{-1}\vec{S}_\tau.$$

Werden längs $t_\tau$ unterschiedliche Materialien ($\mu = 1 \ldots n$) durchschnitten, so gilt für den Materialbereich $\mu$: $t_{\tau\mu} \approx \frac{\Sigma e_\mu t_{\tau\mu}}{e_\mu}$.

**Tafel 20 Schubspannung $\tau_\mu$ im Materialbereich $\mu$**

| | |
|---|---|
| Allgemeines | $\tau_{\mu m} = \frac{e_\mu}{\Sigma e_\mu t_{\tau\mu}}\,{}^\mathrm{S}\vec{A}_\tau^{\mathrm{T}\,\mathrm{S}}\bar{A}^{-1\,\mathrm{S}}\vec{S}_\tau = \frac{e_\mu}{\Sigma e_\mu t_{\tau\mu}}\,{}^\mathrm{H}\vec{A}_\tau^{\mathrm{T}\,\mathrm{H}}\bar{A}^{-1\,\mathrm{H}}\vec{S}_\tau$ |
| Ebenes System mit homogenem Querschnitt | $\tau_m = \frac{1}{t_\tau}\frac{{}^\mathrm{S}A_{z\tau}}{{}^\mathrm{S}A_{zz}}V_z$ |
| Auf Drillruheachse und Hauptachsen bezogen | $\tau_{\mu m} = \frac{e_\mu}{\Sigma e_\mu t_{\tau\mu}}\left[\frac{{}^\mathrm{H}A_{y\tau}}{{}^\mathrm{H}A_{yy}}V_y + \frac{{}^\mathrm{H}A_{z\tau}}{{}^\mathrm{H}A_{zz}}V_z + \frac{{}^\mathrm{MH}A_{\omega\tau}}{{}^\mathrm{M}A_{\omega\omega}}{}^\mathrm{M}V_\omega\right]$ |
| Auf Drillruheachse und Schwerachsen bezogen | $\tau_{\mu m} = \frac{e_\mu}{\Sigma e_\mu t_{\tau\mu}}\left[\frac{{}^\mathrm{S}A_{y\tau}\,{}^\mathrm{S}A_{zz} - {}^\mathrm{S}A_{z\tau}\,{}^\mathrm{S}A_{yz}}{{}^\mathrm{S}A_{yy}\,{}^\mathrm{S}A_{zz} - {}^\mathrm{S}A_{yz}^2}V_y + \frac{{}^\mathrm{S}A_{z\tau}\,{}^\mathrm{S}A_{yy} - {}^\mathrm{S}A_{y\tau}\,{}^\mathrm{S}A_{yz}}{{}^\mathrm{S}A_{yy}\,{}^\mathrm{S}A_{zz} - {}^\mathrm{S}A_{yz}^2}V_z + \frac{{}^\mathrm{MS}A_{\omega\tau}}{{}^\mathrm{M}A_{\omega\omega}}{}^\mathrm{M}V_\omega\right]$ |

[1]) $N'$, die Änderung der Längskraft zu berücksichtigen ist nur sinnvoll, wenn auch der äußere und innere Längslastangriff am abgespaltenen Elementteil berücksichtigt wird.

**Beispiel** Homogener Rechteckquerschnitt

Das Maximum des Flächenmomentes 1. Grades ergibt sich für eine an der Schwerachse begrenzte Teilfläche des Querschnitts. Folglich treten die größten Schubspannungen aus Querkraftbiegung längs der Schwerachsen auf.

Es ist ${}^{S}A_{z\tau} = b d^2/8$; $A = b d$ und ${}^{S}A_{zz} = b d^3/12$

somit $\max \tau = \dfrac{b d^2/8}{b b d^3/12} V_z = \dfrac{3}{2} \dfrac{V_z}{A}$

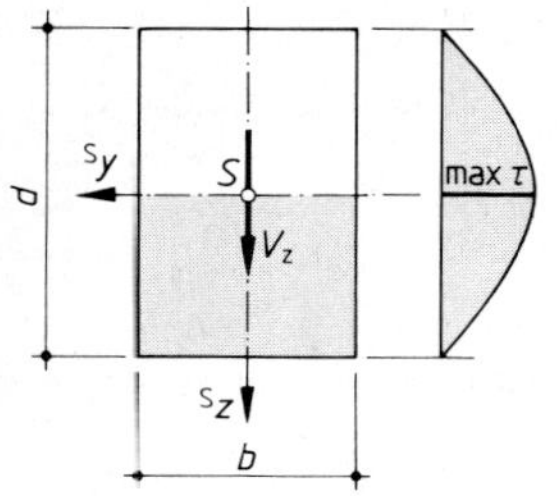


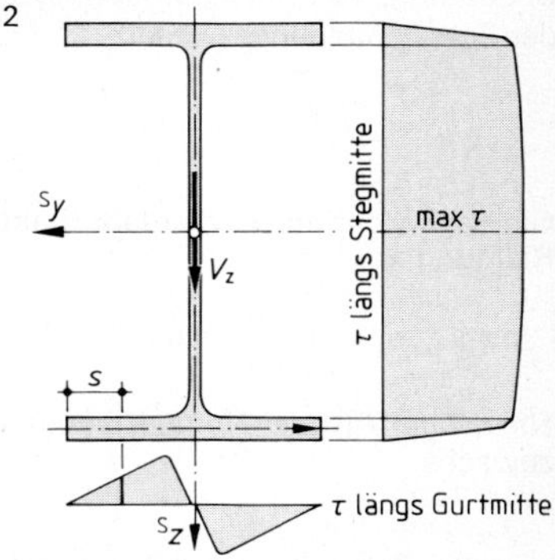


**Bild 32 Schubspannungen in der neutralen Achse des Rechteckquerschnitt**

**Bild 33 Schubspannungen im HE500B**

**Beispiel** Träger (HE500 B)

(1) $\tau$ längs des Steges: (Daten siehe Abschnitt Stahlbau)

$I_y = {}^{S}A_{zz} = 107\,200 \text{ cm}^4$; $S_y = \max {}^{S}A_z = 2410 \text{ cm}^3$;

$S_f = \max {}^{S}A_{zf} = 2130 \text{ cm}^3$; $A_{Steg} = 68{,}4 \text{ cm}^2$; $t_{\tau Steg} = (s) = 1{,}45$ cm

In Stegmitte: $\max \tau = \dfrac{2410}{1{,}45 \cdot 107\,200} V_z = 15{,}504 \cdot 10^{-3}\ [\text{cm}^{-2}]\ V_z$

Am Beginn der Ausrundungen: $\tau_f = \dfrac{2130}{1{,}45 \cdot 107\,200} V_z = 13{,}703 \cdot 10^{-3}\ [\text{cm}^{-2}]\ V_z$

Bei diesem Profil sind die Unterschiede zwischen den beiden Werten gering; deshalb wird beim Schubspannungsnachweis infolge $V_z$ bei Profilen mit verhältnismäßig dünnem Steg und starken Gurten vielfach mit gleichmäßig über die Stegfläche verteilter Schubspannung gerechnet. Dann ergibt sich:

$$\tau_m = \frac{V_z}{A_{Steg}} = \frac{1}{68{,}4} V_z = 14{,}620 \cdot 10^{-3}\ [\text{cm}^{-2}]\ V_z$$

(2) $\tau$ längs des Untergurtes:

Der Schnitt durch den Untergurt ist in Richtung der Gurtdicke $t_{\tau UG} = (t) = 2{,}8$ cm zu führen. Vom Ende eines Gurtes bis hin zur Ausrundung wird ein rechteckiger Querschnittsteil mit der Fläche $2{,}8 \cdot s$ ($s$ = Länge des Gurtabschnitts) und dem Achsabstand $z_g = 25 - 2{,}8/2 = 23{,}4$ cm abgetrennt. Das zugehörige Flächenmoment 1. Grades beträgt

${}^{S}A_{z\tau} = 2{,}8 \cdot 23{,}4 s = 65{,}52 \cdot [\text{cm}^2]\, s$. Demnach ist

$\tau = \dfrac{65{,}52}{2{,}8 \cdot 107\,200} s V_z = 0{,}2183 \cdot 10^{-3}\ [\text{cm}^{-3}]\, s V_z$. Am Ausrundungsbeginn ergibt sich

$\tau = 0{,}2183 \cdot 10^{-3}((30 - 1{,}45)/2 - 2{,}7)\, V_z = 2{,}527 \cdot 10^{-3}\ [\text{cm}^{-2}]\ V_z$

## 4.5.3 Schubspannungen infolge Torsion

### Das Prandtlsche Seifenhautgleichnis

Stellt man sich den gedrillten Stab als durch seine Oberfläche gebildetes Rohr vor und über den Querschnitt eine Membran (Seifenhaut) gespannt, die unter Innendruck gesetzt ist, dann lassen sich daraus qualitative Aussagen zur Torsionsschubspannung ableiten. Legt man nämlich an einen Punkt der gekrümmten Membranfläche 2 Tangenten, die Fallinie und die Normale dazu, so gibt letztere die Richtung der Schubspannung an, während die Neigung der Fallinie gegen die Querschnittsebene ein Maß für den Betrag der Spannung ist.

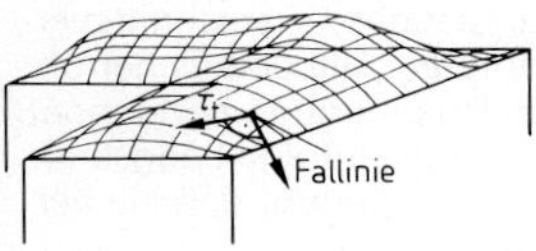


**Bild 34 Prandtlsches Seifenhautgleichnis**

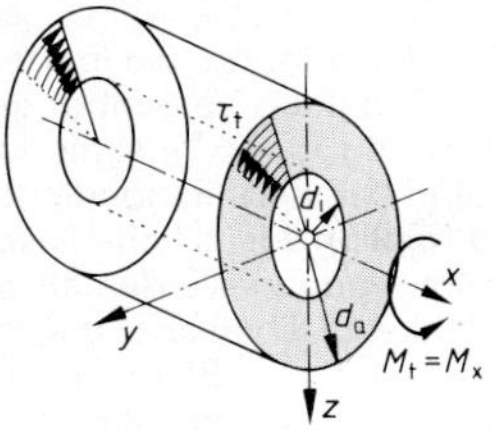


**Bild 35 Torsion des zylindrischen Stabes**

## Zylindrischer Stab (Kreis- oder Kreisringquerschnitt)

Bei der Torsion zylindrischer Stäbe um die Mittelachse bleiben die Querschnitte eben; die Schubspannungen verlaufen tangential und wachsen linear von 0 im Querschnittsmittelpunkt auf ihren Größtwert $\max \tau_t$ an der äußeren Zylinderwand. Daraus folgt die Äquivalenz

$$M_t = \int_{r_i}^{r_a} r\,(r/r_a) \max \tau_t \, 2\pi r \, dr = \frac{2\pi \max \tau_t}{r_a} \int_{r_i}^{r_a} r^3 \, dr = \frac{\pi \max \tau_t}{2 r_a} (r_a^4 - r_i^4)$$

$$\rightarrow \max \tau_t = \frac{M_t}{W_t} \quad \text{mit} \quad W_t = \frac{\pi (r_a^4 - r_i^4)}{2 r_a} = \frac{\pi (d_a^4 - d_i^4)}{16 d_a}$$

## Stab mit schlankem Rechteckquerschnitt

Bei der Torsion von Stäben mit schlankem Rechteckquerschnitt baut sich ein laminarer Schubspannungszustand auf, der linear von der Querschnittsmittellinie zum Rand hin von 0 bis $\max \tau_t$ anwächst. Der *Schubfluß* $T = \frac{1}{2}\frac{t}{2}\max \tau_t$ wirkt in den Schwerpunkten der dreieckförmigen Schubspannungsflächen. Verlagert man den Schubfluß an den Enden näherungsweise in die Stirnseiten, besteht die Äquivalenz

$$M_t = \frac{2}{3} t s T + s \frac{2}{3} t T = \frac{1}{3} s t^2 \max \tau_t \rightarrow \max \tau_t = \frac{M_t}{W_t} \quad \text{mit} \quad W_t = \frac{1}{3} s t^2.$$

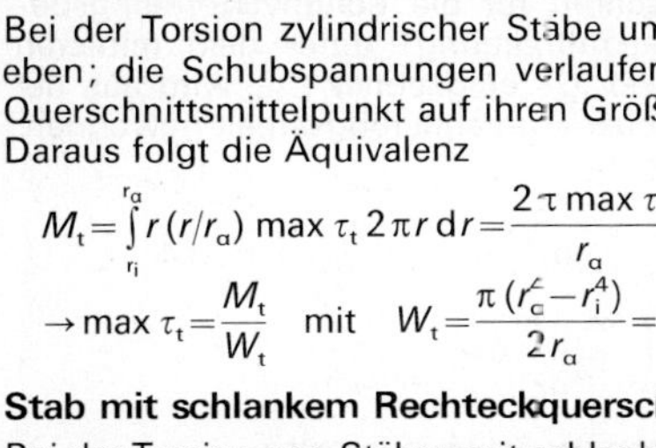


**Bild 36 Torsion des Stabes mit schlankem Rechteckquerschnitt**

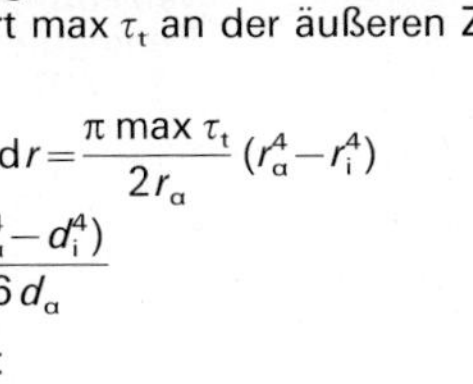


**Bild 37 Torsion des Stabes mit einzelligem Hohlquerschnitt**

## Stab mit einzelligem Hohlquerschnitt ($t \ll s$)

Wegen Längsspannungsfreiheit bei reiner oder St. Venantscher Torsion ist der Schubfluß $T$ in allen Zellwänden gleich: $T_i = T = \text{const}$. Damit besteht die Äquivalenz

$$M_t = T \sum_{(i)} a_i s_i = 2 T A_m \quad \text{mit } 2A_m = \sum_{(i)} \vec{r}_i \times \vec{s}_i = \sum_{(i)} (y_{i-1} z_i - y_i z_{i-1}) \text{ und } T = t_i \tau_{ti}$$

$$T = \frac{M_t}{2A_m} \quad \text{(1. Bredtsche Formel)} \rightarrow \max \tau_t = \frac{M_t}{W_t} \quad \text{mit} \quad W_t = 2A_m \min t$$

### 4.5.4 Schubverformung infolge Querkraft

Am Beispiel der Schubspannungsverteilung des eben beanspruchten Rechteckquerschnitts (Bild 38) wird deutlich, daß die Schubverzerrung $\gamma(z) = \tau(z)/G$ über die Querschnittshöhe in der Einwirkungsebene nicht konstant ist. Sie entspricht der Funktion der Schubspannung, die im Beispielfall parabolisch 2. Grades ist. Aus der Tatsache, daß die Querkraft Verwölbungen $\Delta u_{zV}$ ($\Delta u_z = u_z - u$; $u$ = Querschnittsverschiebung in Richtung $x$, $u_z$ = Verschiebung eines Querschnittspunktes in Richtung $x$) verursacht, folgt, daß bei veränderlicher Querkraft veränderliche Querschnittsverwölbungen und folglich zusätzliche Faserdehnungen auftreten. Die daraus herrührenden Normalspannungen werden als sekundäre Normalspannungen bezeichnet. Sie sind bei schlanken Stäben aber gegenüber den Spannungen infolge Längskraft, Biege- und Wölbbimomenten so gering, daß sie vernachlässigt werden können.

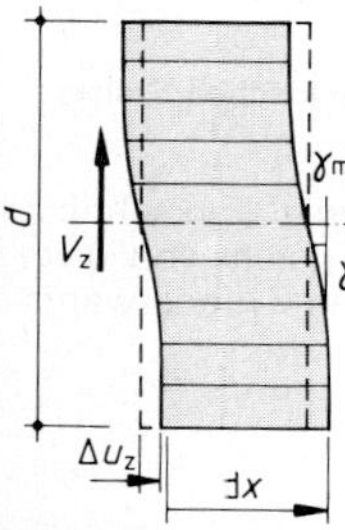


**Bild 38 Schubverformung des Stabelements**

Um die Fiktion des eben bleibenden Querschnitts (Bernoulli-Hypothese) aufrechterhalten zu können, wird der Querschnitt für die Schubverformungsberechnung (Querkraftbiegung) unter dem mittleren Verzerrungswinkel $\gamma_m$ „eingeebnet". $\gamma_m$ wird aus der Bedingung gleicher Formänderungsarbeit gewonnen, z. B. in Richtung $z$:

$$\frac{1}{2} V_z \gamma_{xzm} = \frac{1}{2} \int_{(A)} \tau_{xz} \gamma_{xz} \, dA \rightarrow \gamma_{xzm} = \frac{1}{G V_z} \int_{(A)} \tau_{xz}^2 \, dA$$

$$= \frac{V_z}{G} \int_{(A)} \left( \frac{{}^S A_{z\tau}}{t_\tau \, {}^S A_{zz}} \right)^2 dA = \frac{V_z}{G \alpha_V A}$$

**Tafel 21 Schubkrümmung; Differentialgleichungen der Schubverformung**

| | | |
|---|---|---|
| Schubkrümmung | $v_V'' = -\dfrac{q_y}{S_y}$ | $w_V'' = -\dfrac{q_z}{S_z}$ |
| Schubsteifigkeit | $S_y = G \alpha_{Vy} A$ | $S_z = G \alpha_{Vz} A$ |
| Beiwert $\alpha$ | $\dfrac{1}{\alpha_{Vy}} = \dfrac{A}{{}^S A_{yy}^2} \int_{(A)} \left( \dfrac{{}^S A_{y\tau}}{t_{z\tau}} \right)^2 dA$ | $\dfrac{1}{\alpha_{Vz}} = \dfrac{A}{{}^S A_{zz}^2} \int_{(A)} \left( \dfrac{{}^S A_{z\tau}}{t_{y\tau}} \right)^2 dA$ |
| Rechteckquerschnitt $\alpha_{Vy} = \alpha_{Vz} =$ | 0,833 | |
| Kreisquerschnitt $\alpha_{Vy} = \alpha_{Vz} =$ | 0,844 | |
| I-Profile $\alpha_V \approx$ | $0{,}833 A_{Gurte}/A$ | $A_{Steg}/A$ |
| (z. B. IPE500: | 0,478 | 0,426) |

### 4.5.5 Schubverformung infolge Torsion

Stabdrilling $\vartheta'$ verursacht die Verdrehung des Endquerschnitts eines Stabelements $dx$ um den Winkel $d\vartheta$.

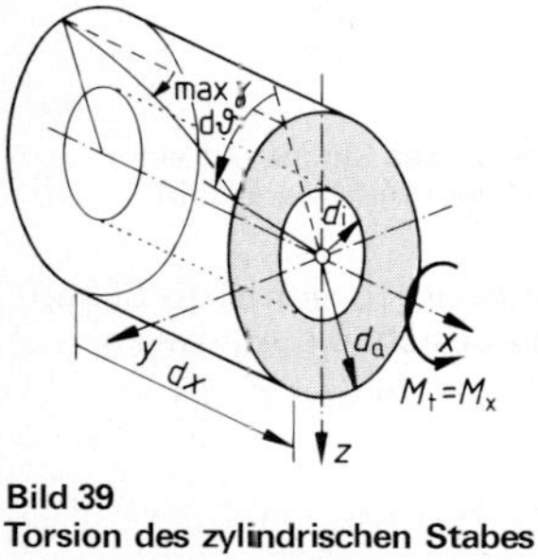


**Bild 39**
**Torsion des zylindrischen Stabes**

**Stab mit Kreisquerschnitt**

$$\max \gamma = \frac{r_a \, d\vartheta}{dx} = r_a \vartheta' = \frac{\max \tau_t}{G} = \frac{1}{G} M_t \frac{16 d_a}{\pi (d_a^4 - d_i^4)}$$

$$\rightarrow \vartheta' = \frac{M_t}{G I_t} \quad \text{mit} \quad I_t = \frac{\pi (d_a^4 - d_i^4)}{32}$$

**Stab mit schlankem Rechteckquerschnitt**

Infolge Drillung verschieben sich die Eckpunkte sowohl in der (ursprünglichen) Querschnittsebene als auch in Längsrichtung wegen Querschnittsverwölbung. Beim Verwölbungsmodell des schlanken Querschnitts bleibt an den Schmalseiten der rechte Winkel zwischen den Stabkanten und dem Querschnittsrand erhalten.

$$\max\gamma = \frac{1}{s/2}\,\frac{s}{2}\,\frac{t}{2}\,\frac{\mathrm{d}\vartheta}{\mathrm{d}x} + \frac{1}{\mathrm{d}x}\,\frac{t}{2}\,\mathrm{d}\vartheta = t\vartheta' = \frac{\max\tau_t}{G} = \frac{1}{G}\,\frac{M_t}{st^2/3}$$

$$\rightarrow \vartheta' = \frac{M_t}{GI_t} \quad \text{mit} \quad I_t = \frac{st^3}{3}$$

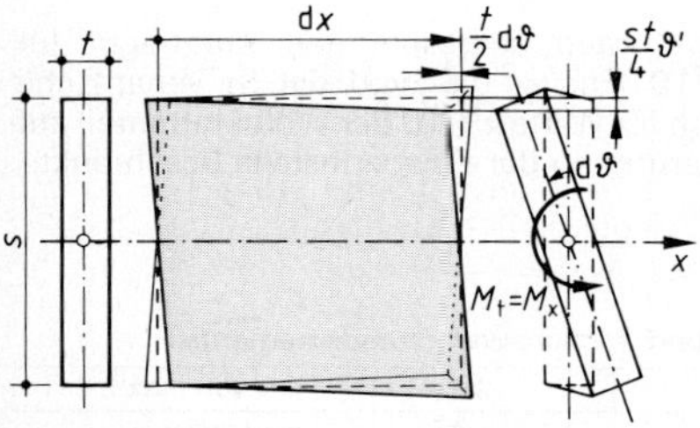


**Bild 40** Torsionsverzerrung des Stabes mit schlankem Rechteckquerschnitt

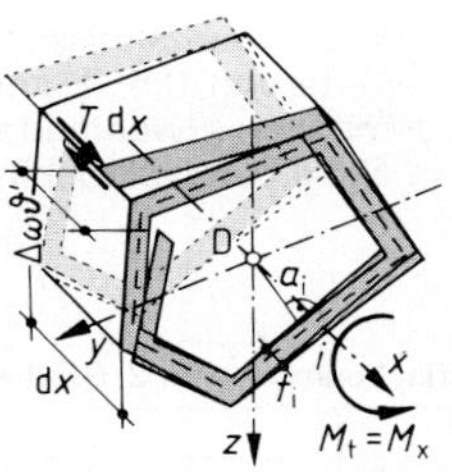


**Bild 41** Torsionsverzerrung des Stabes mit einzelligem Hohlquerschnitt

### Stab mit einzelligem Hohlquerschnitt ($t \ll s$)

In Bild 41 ist die Wölbverzerrung des Stababschnitts dargestellt, die am aufgeschlitzten Rohr eintreten würde. Der Wölbsprung beträgt (s. Abschn. 4.4.3.3)

$$\omega\vartheta' = \sum_{(i)} a_i s_i \vartheta' = 2A_m \vartheta' \rightarrow \Delta\omega = 2A_m$$

Am ungeschlitzten Rohr erfahren die Zellwände eine solche Schubverzerrung, daß tatsächlich kein Wölbsprung eintritt:

$$\Delta\omega\vartheta' = 2A_m\vartheta' = \sum_{(i)} \gamma_i s_i = \sum_{(i)} \frac{T}{Gt_i} s_i = \frac{T}{G}\sum_{(i)} \frac{s_i}{t_i} = \frac{M_t}{G\,2A_m}\sum_{(i)} \frac{s_i}{t_i}$$

$$\vartheta' = \frac{M_t}{G\,4A_m^2}\sum_{(i)} \frac{s_i}{t_i} \rightarrow \vartheta' = \frac{M_t}{GI_t} \quad \text{mit} \quad I_t = \frac{4A_m^2}{\sum\limits_{(i)} \frac{s_i}{t_i}} \quad \text{(2. Bredtsche Formel)}$$

Bei gekrümmter Zellwand ist allgemein

$$I_t = \frac{4A_m^2}{\oint \frac{s}{t}\,\mathrm{d}s}$$

### Bemerkung zum Wölbbimoment

Der Zusammenhang zwischen Wölbbimoment ($\dim[M_\omega] = \mathbf{F}\mathbf{L}^2$) und dem Wölbkraftanteil des Torsionsmomentes ($M_{t\omega}$) entspricht dem zwischen Biegemoment und Querkraft:

$$V_\omega = M_{t\omega} = -M'_\omega$$

(bei Querlast-Biegung: $V_z = M'_y$)

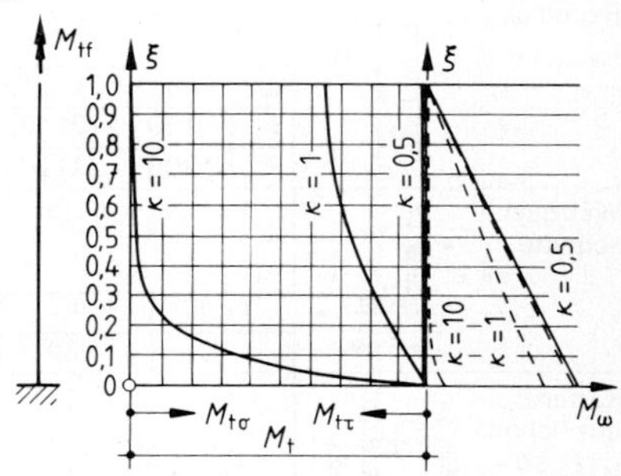


**Bild 42** Torsionsanteile in Abhängigkeit von $\varkappa$ (Einzeltorsionsmoment $M_{tf}$ an Kragarmspitze, $\xi = 1$)

Im Gegensatz aber zu den Querkräften $V_y$ und $V_z$, die jeweils einzige Kraftgrößen ihrer Dimension sind, wird das Torsionsmoment $M_t$ im allg. zwischen reiner (St. Venantscher) und Wölbkraft-Torsion aufgeteilt:

$$M_t = T\vartheta' - W\vartheta''',$$

worin der erste Term mit der St. Venantschen Torsionssteifigkeit $T = GI_t$ den Anteil der reinen Torsion ($M_{t\tau}$) und der zweite mit der Wölbsteifigkeit $W = EA_{\omega\omega} = EI_\omega$ den Anteil der Wölbkrafttorsion ($M_{t\sigma} = V_\omega$) repräsentieren. Daraus folgt die Differentialgleichung der Torsion:

$$\vartheta''' - \frac{\varkappa^2}{l^2}\vartheta' = -\frac{M_t}{W} \quad \text{mit dem Eigenwert} \quad \varkappa = l\sqrt{T/W}; \quad (l = \text{Abschnittslänge})$$

Bild 42 verdeutlicht die Verhältnisse am unten eingespannten Kragträger für $M_t = \text{const}$ und $\varkappa$-Werte von 0,5, 1 und 10. Für $\varkappa \leq 0{,}5$ wird der St. Venantsche Torsionsanteil bedeutungslos, während sich für Werte $\varkappa \geq 10$ der Wölbkraftanteil auf eine kurze Zone in Nähe der Wölbbehinderung an der Einspannstelle beschränkt.

**Tafel 22 Torsionsflächenmomente 2. Grades und Torsionswiderstandsmomente**

| Querschnittsform | | $I_T$ | $W_T$ | Ort von max $\tau$ |
|---|---|---|---|---|
| Kreis | 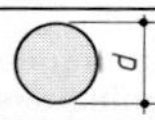 | $\pi \frac{d^4}{32}$ | $\pi \frac{d^3}{16}$ | am Umfang |
| Kreisring | 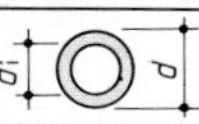 | $\frac{\pi}{32}(d^4 - d_i^4)$ | $\frac{\pi}{16} \cdot \frac{d^4 - d_i^4}{d}$ | am (äußeren) Umfang |
| dünnwandiger Kreisring $t \ll d$, $d_m = d - t$ | 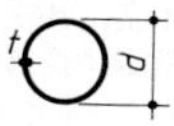 | $\frac{\pi d_m^3 t}{4}$ | $\frac{\pi d_m^2 t}{2}$ | $\tau$ ist über die Ringdicke nahezu konstant |
| Ellipse | 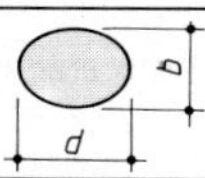 | $\frac{\pi}{16} \cdot \frac{a^3 b^3}{a^2 + b^2}$ | $\pi \frac{a b^2}{16}$ | beide Berührungspunkte von eingeschriebenem Kreis und Ellipse |
| Sechseck |  | $0{,}133 d^4$ | $0{,}188 d^3$ | in der Mitte der Seiten |
| Achteck | 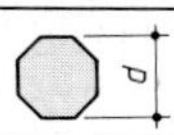 | $0{,}130 d^4$ | $0{,}185 d^3$ | in der Mitte der Seiten |
| Rechteck | 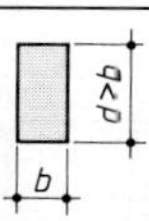 | $\alpha b^3 d$ | $\beta b^2 d$ | Mitten der längeren Seiten |
| Walzquerschnitte | 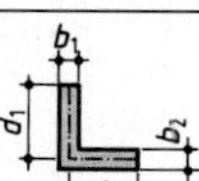 | $\eta \cdot \frac{1}{3}\sum(d \cdot b^3)$ | $\eta \cdot \frac{1}{3 \cdot b_{max}}\sum(d \cdot b^3)$ | Mitte der Längsseiten des dicksten Rechtecks |
| Kastenquerschnitt $t_1, t_2 \ll b$, $t_3, t_4 \ll d$ | 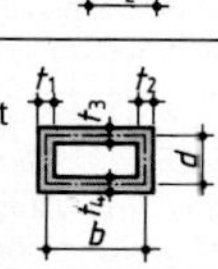 | $\frac{4bd}{\frac{1}{b}\left(\frac{1}{t_1} + \frac{1}{t_2}\right) + \frac{1}{d}\left(\frac{1}{t_3} + \frac{1}{t_4}\right)}$ | $2bd \min t$ | in der Mitte der dünnsten Wand |
| geschlossener dünnwandiger Querschnitt | 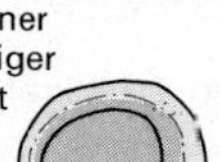 | allgemein: $\frac{4A_m^2}{\oint ds/t}$; für $t = \text{const}$: $\frac{4A_m^2 t}{U}$ | $2A_m \min t$ | wo der Ring am dünnsten ist |

Rechteck:

| $d/b$ | 1,00 | 1,25 | 1,50 | 2,00 | 3,00 | 4,00 | 6,00 | 10,00 | $\infty$ |
|---|---|---|---|---|---|---|---|---|---|
| $\alpha$ | 0,140 | 0,171 | 0,196 | 0,229 | 0,263 | 0,281 | 0,299 | 0,313 | 0,333 |
| $\beta$ | 0,208 | 0,221 | 0,231 | 0,246 | 0,267 | 0,281 | 0,299 | 0,313 | 0,333 |

Walzquerschnitte:

| Profil | I | [ | L | T | + |
|---|---|---|---|---|---|
| $\eta$ | 1,30 | 1,12 | 1,00 | 1,12 | 1,17 |

## 4.6 Querschnittskern

In manchen Zusammenhängen – z. B. für Kernpunktmoment-Einflußlinien – interessiert die Frage, bei welcher Wirkungsachse bei *ausschließlichem* Normalkraftangriff die Normalspannung am Querschnittsrand (${}^{R}y$, ${}^{R}z$) Null wird. Die Frage ist gleichbedeutend mit der nach den Grenzen einer Querschnittszone, innerhalb derer ein resultierender Normalkraftangriff keine Normalspannungen unterschiedlichen Vorzeichens bzw. im Falle einer Druckkraft keine „klaffende Fuge" im Querschnitt erzeugt. Diese Zone heißt *Querschnittskern*. Die Funktion des Kernrandes (${}^{K}y$, ${}^{K}z$) eines homogenen Querschnitts ohne Wölbkrafttorsion folgt also aus

$$\sigma = {}^{R}\vec{a}^{T}\,\bar{A}^{-1}\,\vec{S}_{\sigma}({}^{K}y, {}^{K}z) = 0 \quad \text{worin} \quad {}^{R}\vec{a}^{T} = (1\ {}^{R}y\ {}^{R}z) \quad \text{und} \quad \vec{S}_{0}({}^{K}y, {}^{K}z) = \begin{pmatrix} 1 \\ {}^{K}y \\ {}^{K}z \end{pmatrix}.$$

Allgemein ergibt sich daraus die Gleichung für die Tangenten an den Querschnittskern in der Hesseschen Normalform:

$$\frac{{}^{K}z}{(-W_{y}/A)} - \frac{{}^{K}y}{(-W_{z}/A)} = 1$$

Die Widerstandsmomente sind für die Randpunkte zu bilden nach den Regeln in Tafel 17; die Nenner geben die Achsabschnitte der Tangenten an.

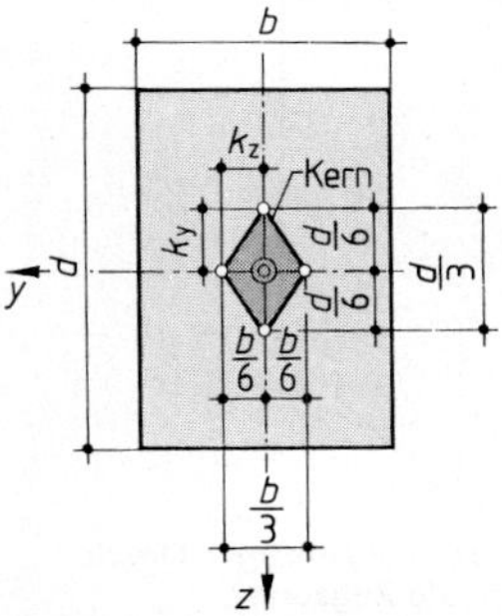


**Bild 43 Rechteckquerschnitt**

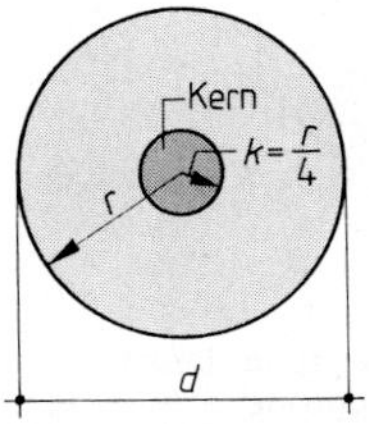


**Bild 44 Vollkreisquerschnitt**

## 4.7 Querschnitte mit versagender Zugzone

### 4.7.1 Allgemeines

Mittig und ausmittig in der Querschnittsfläche wirkende Druckkräfte können auch dann übertragen werden, wenn der Baustoff – wie z. B. Mauerwerk und Baugrund – keine Zugspannungen aufnehmen kann (Zugfestigkeit = 0).

Solange die Druckkraft im Kern des Querschnitts wirkt, ist der gesamte Querschnitt gedrückt und es gelten die Beziehungen des Abschnittes 4.4.4. Wirkt sie außerhalb des Kerns, so müssen hierfür neue Äquivalenz-Beziehungen zwischen den Spannungen und der resultierenden Schnittkraft entwickelt werden. Für den häufig auftretenden Fall des Rechteckquerschnitts werden sie im Folgenden angegeben.

### 4.7.2 Angriffspunkt der Druckkraft liegt auf einer Symmetrieachse

Mit den Bezeichnungen von Bild 45 lautet die Beziehung zwischen der größten Kantenpressung max $\sigma$ und der Druckkraft $D$, wirkend im Abstand $c$ von diesem Querschnittsrand

$$\max\sigma = \frac{2\cdot D}{3\cdot a\cdot c}$$

Die Spannungsnullinie hat den Abstand $3c$ von diesem Querschnittsrand. Auf die Restlänge von $b-3c$ bis zum gegebüberliegenden Rand gibt es die „klaffende Fuge". Diese würde sich z. B. bis zum Flächenschwerpunkt $S$ öffnen bei $c = b/6$.

### 4.7.3 Angriffspunkt der Druckkraft liegt nicht auf Symmetrieachsen

Solange die Druckkraft $D$ nicht viel weiter als 1/3 der jeweiligen Kantenlänge von einem Eckpunkt des Querschnitts entfernt liegt, läßt sich der zugehörige Spannungskörper – eine schiefe dreiseitige Pyramide – unschwer bestimmen: $V = \frac{1}{3} A_g h$, Volumenschwerpunkt auf der Verbindungslinie von Pyramidenspitze und Grundflächenschwerpunkt im Abstand $h/4$ von der Grundfläche.

Bei größerem Abstand der Druckkraft von einem Eckpunkt des Querschnitts kann der Spannungskörper – er hat dann eine andere Form, s. z. B. Bild 46 – nur noch iterativ bestimmt werden. In jedem Fall kann die größte Eckspannung mit Hilfe der Beziehung

$$\max \sigma = \mu \frac{D}{a \cdot b} \qquad \mu \text{ nach Tafel 7}$$

ermittelt werden.

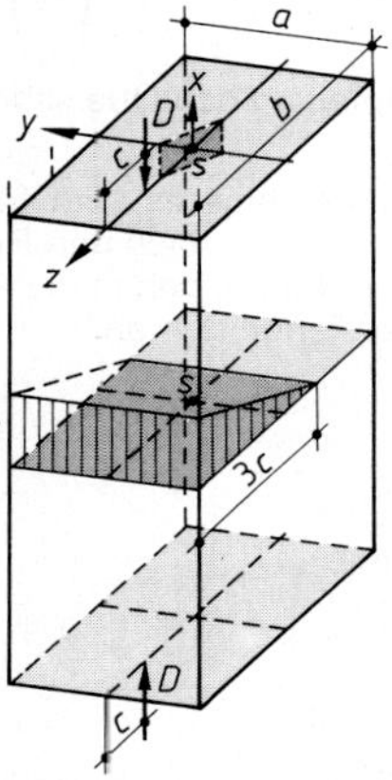


Bild 45 **Einachsig ausmittiger Druck, versagende Zugzone**

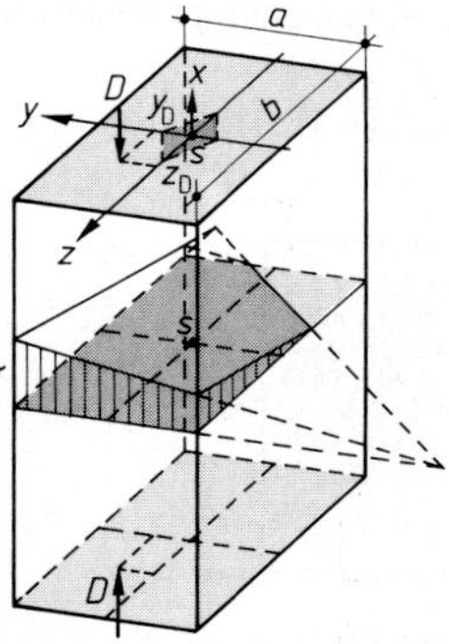


Bild 46 **Zweiachsig ausmittiger Druck, versagende Zugzone**

Für nicht aufgeführte oder nicht bewertete Kombinationen von $y_D/a$ und $z_D/b$ öffnet sich die Fuge über mehr als den halben Querschnitt (unzulässig).

Liegt die Druckkraft im Querschnittskern, so führt das zu einem Wert im grau angelegten Teil der Tafel (der gesamte Querschnitt wird gedrückt, es gilt Abschn. 4.4.4).

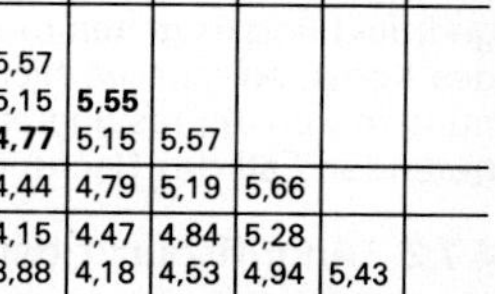


**Tafel 23** $\mu$-Werte

| $z_D/b$ ↓ | | | | | | | | | | | | | | | | | |
|---|---|---|---|---|---|---|---|---|---|---|---|---|---|---|---|---|---|
| 0,32 | 3,70 | 3,93 | 4,17 | 4,43 | 4,70 | 4,99 | | | | | | | | | | | |
| 0,30 | 3,33 | 3,54 | 3,75 | 3,98 | 4,23 | 4,49 | 4,78 | 5,09 | 5,43 | | | | | | | | |
| 0,28 | 3,03 | 3,22 | 3,41 | 3,62 | 3,84 | 4,08 | 4,35 | 4,63 | 4,94 | 5,28 | 5,66 | | | | | | |
| 0,26 | 2,78 | 2,95 | 3,13 | 3,32 | 3,52 | 3,74 | 3,98 | 4,24 | 4,53 | 4,84 | 5,19 | 5,57 | | | | | |
| 0,24 | 2,56 | 2,72 | 2,88 | 3,06 | 3,25 | 3,46 | 3,68 | 3,92 | 4,18 | 4,47 | 4,79 | 5,15 | **5,55** | | | | |
| 0,22 | 2,38 | 2,53 | 2,68 | 2,84 | 3,02 | 3,20 | 3,41 | 3,64 | 3,88 | 4,15 | 4,44 | **4,77** | 5,15 | 5,57 | | | |
| 0,20 | 2,22 | 2,36 | 2,50 | 2,66 | 2,82 | 2,99 | 3,18 | 3,39 | 3,62 | 3,86 | **4,14** | 4,44 | 4,79 | 5,19 | 5,66 | | |
| 0,18 | 2,08 | 2,21 | 2,35 | 2,49 | 2,64 | 2,80 | 2,98 | 3,17 | 3,38 | **3,61** | 3,86 | 4,15 | 4,47 | 4,84 | 5,28 | | |
| 0,16 | 1,96 | 2,08 | 2,21 | 2,34 | 2,48 | 2,63 | 2,80 | 2,97 | **3,17** | 3,38 | 3,62 | 3,88 | 4,18 | 4,53 | 4,94 | 5,43 | |
| 0,14 | 1,84 | 1,96 | 2,08 | 2,21 | 2,34 | 2,48 | 2,63 | **2,79** | 2,97 | 3,17 | 3,39 | 3,64 | 3,92 | 4,24 | 4,63 | 5,09 | |
| 0,12 | 1,72 | 1,84 | 1,96 | 2,08 | 2,21 | 2,34 | **2,48** | 2,63 | 2,80 | 2,98 | 3,18 | 3,41 | 3,68 | 3,98 | 4,35 | 4,78 | |
| 0,10 | 1,60 | 1,72 | 1,84 | 1,96 | 2,08 | **2,20** | 2,34 | 2,48 | 2,63 | 2,80 | 2,99 | 3,20 | 3,46 | 3,74 | 4,08 | 4,49 | 4,99 |
| 0,08 | 1,48 | 1,60 | 1,72 | 1,84 | **1,96** | 2,08 | 2,21 | 2,34 | 2,48 | 2,64 | 2,82 | 3,02 | 3,25 | 3,52 | 3,84 | 4,23 | 4,70 |
| 0,06 | 1,36 | 1,48 | 1,60 | **1,72** | 1,84 | 1,96 | 2,08 | 2,21 | 2,34 | 2,49 | 2,66 | 2,84 | 3,06 | 3,32 | 3,62 | 3,98 | 4,43 |
| 0,04 | 1,24 | 1,36 | **1,48** | 1,60 | 1,72 | 1,84 | 1,96 | 2,08 | 2,21 | 2,35 | 2,50 | 2,68 | 2,88 | 3,13 | 3,41 | 3,75 | 4,17 |
| 0,02 | 1,12 | **1,24** | 1,36 | 1,48 | 1,60 | 1,72 | 1,84 | 1,96 | 2,08 | 2,21 | 2,36 | 2,53 | 2,72 | 2,95 | 3,22 | 3,54 | 3,93 |
| 0,00 | **1,00** | 1,12 | 1,24 | 1,36 | 1,48 | 1,60 | 1,72 | 1,84 | 1,96 | 2,08 | 2,22 | 2,38 | 2,56 | 2,78 | 3,03 | 3,33 | 3,70 |
| | 0,00 | 0,02 | 0,04 | 0,06 | 0,08 | 0,10 | 0,12 | 0,14 | 0,16 | 0,18 | 0,20 | 0,22 | 0,24 | 0,26 | 0,28 | 0,30 | 0,32 |
| | $y_D/a$ → | | | | | | | | | | | | | | | | |

## 4.8 Differentialgleichung der ebenen Biegung nach Theorie II. Ordnung

Die Gleichgewichtsbedingung am Element liefert:

$$\mathrm{d}M - V^* \,\mathrm{d}x + N \,\mathrm{d}(w + w_f + w_V) = 0,$$

woraus mit $M = -B\,w''$ und $q = -M'' = -S\,w_V''$ die Differentialgleichung folgt:

$$w'''' - \frac{N}{B} w'' = \frac{q}{B} + \frac{N}{B}\left(w_f'' - \frac{q}{S}\right)$$

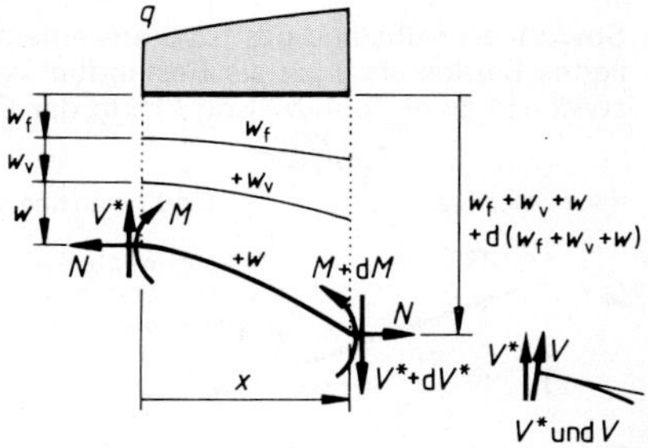


**Bild 47 Ebenes Stabelement Theorie II. Ordnung**

Darin ist:

- $q$ Linienlasteinwirkung,
- $N$ Längskraft im Stab
- $V^*$ Querkraft, senkrecht zur Systemachse
- $M$ Biegemoment,
- $S$ Schubsteifigkeit (Abschnitt 4.5.4),
- $B$ Biegesteifigkeit (Abschnitt 4.3),
- $w_f$ Vorverformung des Stabes (geometrische Imperfektion),
- $w_V$ Querkraft-Durchsenkung,
- $w$ Biege-Durchsenkung

Der Zusammenhang zwischen der an der unverformten Stabachse orientierten Querkraft $V^*$ und der an der verformten Stabachse orientierten Querkraft $V$ (Bild 47) ist gegeben durch

$$V = V^* - N\,(w' + w_f' + w_V')$$

Setzt man $\omega = w/l$ und $\xi = x/l$ (mit $l$ = Bezugslänge, im allg. Stablänge) und bezeichnet $\omega' = \mathrm{d}\omega/\mathrm{d}\xi$, dann lautet die Differentialgleichung

$$\omega'''' \mp \varepsilon^2 \omega'' = \frac{q l^3}{B}\left(1 - \frac{N}{S}\right) \pm \varepsilon^2 \omega_f'' \qquad \text{für } N = \pm|N| \text{ mit } \varepsilon = \sqrt{\frac{|N|}{B}}$$

**Lösung der homogenen Differentialgleichung**

$N<0$: $\omega = (1 \quad \xi \quad \sin\varepsilon\xi \quad \cos\varepsilon\xi)\,\vec{c}$ oder
$\omega = (\xi \quad (1-\xi) \quad \sin\varepsilon\xi \quad \sin\varepsilon(1-\xi))\,\vec{c}$

$N=0$: $\omega = (1 \quad \xi \quad \xi^2 \quad \xi^3)\,\vec{c}$ oder
$\omega = (\xi \quad (1-\xi) \quad \xi^3 \quad (1-\xi)^3)\,\vec{c}$

$N<0$: $\omega = (1 \quad \xi \quad \sinh\varepsilon\xi \quad \cosh\varepsilon\xi)\,\vec{c}$ oder
$\omega = (\xi \quad (1-\xi) \quad \sinh\varepsilon\xi \quad \sinh\varepsilon(1-\xi))\,\vec{c}$

mit dem Integrationskonstantentupel $\vec{c} = \begin{pmatrix} c_1 \\ c_2 \\ c_3 \\ c_4 \end{pmatrix}$

# 5 Einfeldstab

## 5.1 Statisches System

Sowohl als selbständiges bzw. aus einem größeren Tragwerkszusammenhang isoliertes Bauteil als auch als Bestandteil von Fach- und Rahmenstabwerken (Glied zwischen zwei *Knoten i* und *k*) tritt der *Einfeldstab* auf (Bild 48).

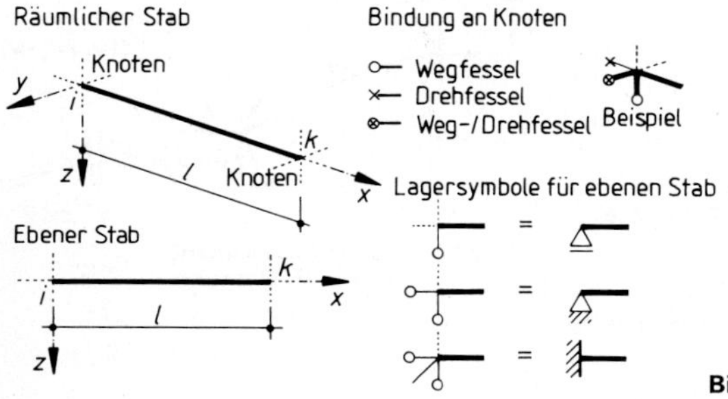


**Bild 48 Einzelstab**

Im Falle unstetiger Steifigkeit oder Lastfunktion wird er in Abschnitte mit jeweils stetigen Verhältnissen eingeteilt (Bild 49). U. U. ist es erforderlich, die Biegesteifigkeit ($B = EI$, $B_y = EI_y = E\,^{H}A_{zz}$, $B_z = EI_z = E\,^{H}A_{yy}$) innerhalb eines Abschnittes konstant anzunehmen.

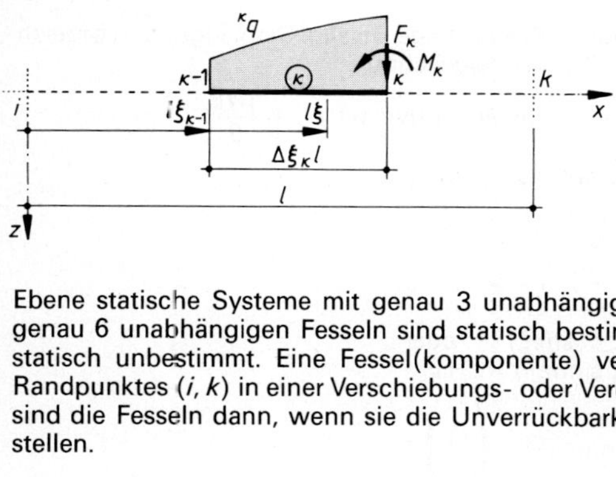

**Bild 49 Finite Stababschnitte**

Ebene statische Systeme mit genau 3 unabhängigen Fesseln und räumliche mit genau 6 unabhängigen Fesseln sind statisch bestimmt; bei mehr Fesseln sind sie statisch unbestimmt. Eine Fessel(komponente) verhindert die Verrückung eines Randpunktes (*i*, *k*) in einer Verschiebungs- oder Verdrehungsrichtung. Unabhängig sind die Fesseln dann, wenn sie die Unverrückbarkeit des Gesamtsystems sicherstellen.

## 5.2 Statische Berechnung des Einfeldstabes

Bei statisch bestimmten Systemen können zunächst die Fesselkräfte (Auflagerkräfte) und anschließend die Schnittgrößen $N$, $V$, $M$ beim ebenen und $N$, $V_y$, $V_z$, $M_y$, $M_z$, $M_t$ beim räumlichen System als Funktionen von $x$ bzw. $\xi$ oder in einzelnen Querschnitten bestimmt werden. Bei statisch unbestimmten Systemen ergeben sich die statisch überzähligen Fesselkräfte aus geometrischen oder dynamischen Verträglichkeitsbedingungen (Rand- und Übergangsbedingungen).

## 5.2.1 Einfache ebene statisch bestimmte Systeme

**Tafel 24 Kragträger und Träger auf 2 Stützen**

| Belastungsfall | Auflagerkräfte | Biegemomente | Durchbiegung |
|---|---|---|---|
| 1. 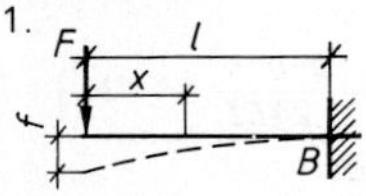  | $B=F$ | $M(x)=-Fx$<br>$M_B=-Fl$ | $f=\frac{1}{3}\cdot\frac{Fl^3}{EI}=\frac{1}{3}\cdot\frac{\|M_B\|\,l^2}{EI}$ |
| 2. 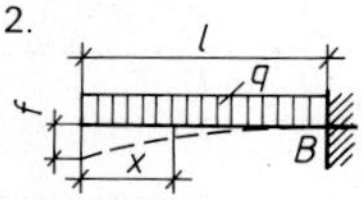  | $B=ql$ | $M(x)=-\frac{qx^2}{2}$<br>$M_B=-\frac{ql^2}{2}$ | $f=\frac{1}{8}\cdot\frac{ql^4}{EI}=\frac{1}{4}\cdot\frac{\|M_B\|\,l^2}{E\cdot I}$ |
| 3. 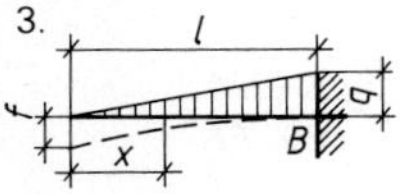  | $B=\frac{ql}{2}$ | $M(x)=-\frac{qx^3}{6l}$<br>$M_B=-\frac{ql^2}{6}$ | $f=\frac{1}{30}\cdot\frac{ql^4}{EI}=\frac{1}{5}\cdot\frac{\|M_B\|\,l^2}{EI}$ |
| 4. 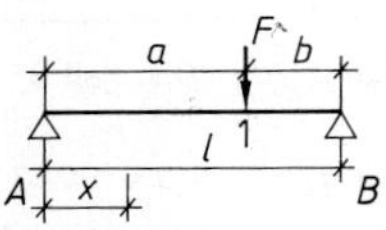  | $A=F\frac{b}{l}$<br>$B=F\frac{a}{l}$ | $M(x)=A\cdot x$<br>für $0\leqq x\leqq a$<br>$M(x)=B\,(l-x)$<br>für $a\leqq x\leqq l$<br>max $M=F\cdot a\cdot b/l$ | $f_1=\frac{1}{3}\cdot\frac{F}{EI}\cdot\frac{a^2b^2}{l}$ |
| 5. $a=b=\frac{l}{2}$ | $A=B=\frac{F}{2}$ | $M(x)=\frac{F}{2}x$; max $M=\frac{Fl}{4}$ | $f=\frac{1}{48}\cdot\frac{Fl^3}{EI}=\frac{1}{12}\cdot\frac{\max M\,l^2}{EI}$ |
| 6. 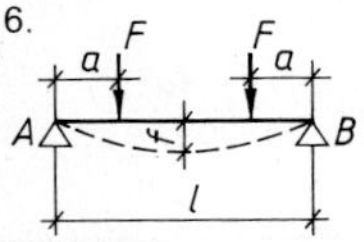  | $A=B=F$ | max $M=Fa$ | $f=\frac{Fa}{24EI}(3l^2-4a^2)$ |
| 7. 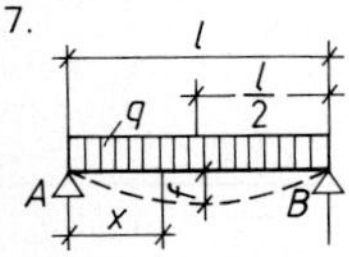  | $A=B=\frac{ql}{2}$ | $M(x)=\frac{qx}{2}(l-x)$<br>max $M=\frac{ql^2}{8}$ | $f=\frac{5}{384}\cdot\frac{ql^4}{EI}=\frac{1}{9{,}6}\cdot\frac{\max M\,l^2}{EI}$ |
| 8. 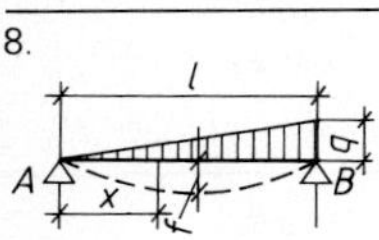  | $A=\frac{1}{6}\,ql$<br>$B=\frac{1}{3}\,ql$ | $M(x)=\frac{qlx}{6}\left(1-\frac{x^2}{l^2}\right)$<br>max $M=\frac{ql^2}{15{,}6}$<br>bei $x=0{,}577\,l$ | $f=0{,}00652\,\frac{ql^4}{EI}$<br>bei $x=0{,}5193\,l$ |
| 9. 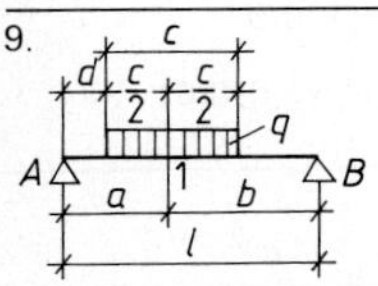  | $A=\frac{qbc}{l}$<br>$B=\frac{qac}{l}$ | max $M=\frac{qabc}{2l^2}(2l-c)$<br>bei $x=\frac{A}{q}+d$ | $f_1=\frac{qc}{384\,lEI}$<br>$(lc^3-16\,abc^2+128\,a^2b^2)$<br>bei $x=a$ |
| 10. $a=b=\frac{l}{2}$ | $A=B=\frac{qc}{2}$ | max $M=\frac{qc}{8}(2l-c)$ | $f=\frac{q\cdot c}{96EI}(2l^3-lc^2+0{,}25c^3)$ |

**Tafel 24** (Fortsetzung)

| Belastungsfall | Auflagerkräfte | Biegemomente | Durchbiegung |
|---|---|---|---|
| 11. 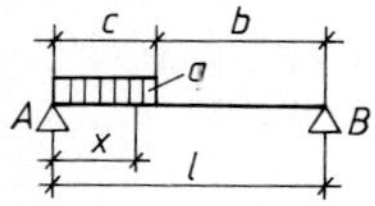 | $A=\frac{qc}{2l}(2l-c)$<br>$B=\frac{qc^2}{2l}$ | $M(x)=A\cdot x-\frac{qx^2}{2}$<br>$\max M=\frac{qc^2}{8l^2}(2l-c)^2$<br>bei $x=\frac{A}{q}$ | $f=\frac{q\cdot b\cdot c^3}{24EI}\left(4-3\frac{c}{l}\right)$<br>bei $x=c$ |
| 12. $c=\frac{l}{2}$ | $A=\frac{3}{8}ql$<br>$B=\frac{1}{8}ql$ | $\max M=\frac{9}{128}ql^2$ | $f=\frac{5}{768}\cdot\frac{q\cdot l^4}{EI}$<br>bei $x=l/2$ |
| 13. 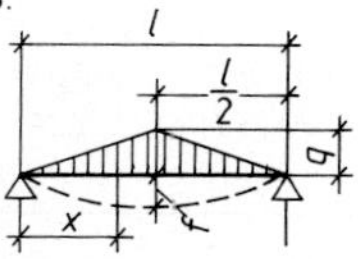 | $A=B=\frac{ql}{4}$ | $M(x)=\frac{qlx}{2}\left(\frac{1}{2}-\frac{2}{3}\cdot\frac{x^2}{l^2}\right)$<br>$\max M=\frac{ql^2}{12}$ | $f=\frac{1}{120}\cdot\frac{ql^4}{EI}$ |
| 14. 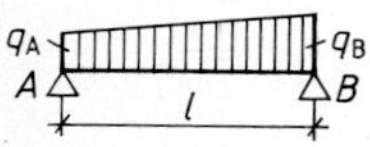 | $A=(2q_A+q_B)\frac{l}{6}$<br>$B=(q_A+2q_B)\frac{l}{6}$ | Mit $q=\frac{1}{2}(q_A+q_B)$ ist<br>$\max M=\frac{q\cdot l^2}{n}$ bei $x=\xi\cdot l$ | Für $q_A/q_B=0$ s. Fall 8<br>für $q_A/q_B=1{,}0$ s. Fall 7 |

| $q_A/q_B$ | 0 | 0,1 | 0,2 | 0,3 | 0,4 | 0,5 | 0,6 | 0,7 | 0,8 | 0,9 | 1,0 |
|---|---|---|---|---|---|---|---|---|---|---|---|
| $\xi$ | 0,577 | 0,566 | 0,555 | 0,545 | 0,536 | 0,528 | 0,520 | 0,514 | 0,508 | 0,504 | 0,500 |
| $n$ | 7,79 | 7,82 | 7,85 | 7,89 | 7,91 | 7,93 | 7,94 | 7,96 | 7,98 | 7,99 | 8,00 |

| Belastungsfall | Auflagerkräfte | Biegemomente | Durchbiegung |
|---|---|---|---|
| 15. 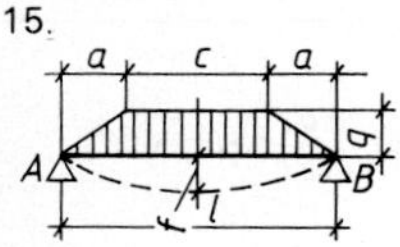 | $A=B=\frac{q(l-a)}{2}$ | $\max M=\frac{q}{24}(3l^2-4a^2)$ | $f=\frac{q(5l^2-4a^2)^2}{1920EI}$ |
| 16. 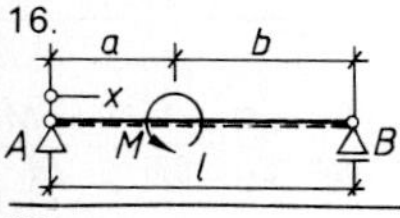 | $A=-B=\frac{M}{l}$ | $M(x)=M\frac{x}{l}$ für $x\leqq a$<br>$M(x)=-M\frac{l-x}{l}$ für $x\geqq a$ | |
| 17. 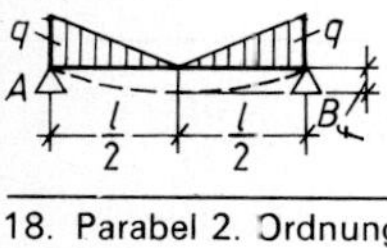 | $A=B=\frac{ql}{4}$ | $\max M=\frac{ql^2}{24}$ | $f=\frac{3ql^4}{640EI}$ |
| 18. Parabel 2. Ordnung 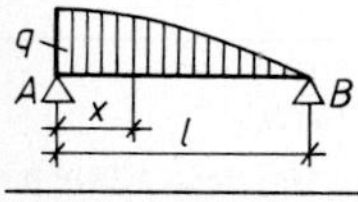 | $A=\frac{5}{12}ql$<br>$B=\frac{ql}{4}$ | $\max M=\frac{ql^2}{11{,}15}$<br>bei $x=0{,}446\,l$ | $f=\frac{11ql^4}{120EI}$<br>bei $x=0{,}486\,l$ |
| 19. Parabel 2. Ordnung 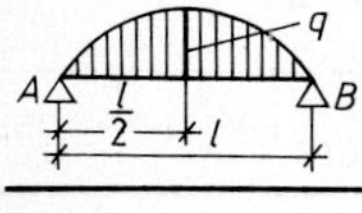 | $A=B=\frac{q\cdot l}{3}$ | $\max M=\frac{5}{48}ql^2$ | $f=\frac{61ql^4}{5760EI}$ |

**Tafel 25 Träger auf 2 Stützen mit Kragarmen**

| Belastungsfall | Auflagerkräfte | Biegemomente | Durchbiegung |
|---|---|---|---|
| 20. 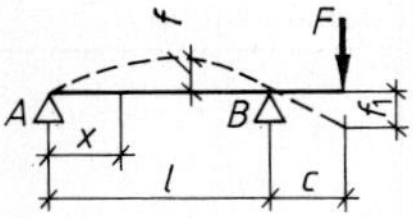  | $A=-\frac{Fc}{l}$ <br> $B=\frac{F(l+c)}{l}$ | $M(x)=A\cdot x=-\frac{Fcx}{l}$ <br> $M_B=-Fc$ | $f=\frac{Fl^2}{9EI}\cdot\frac{c}{\sqrt{3}}$ <br> bei $x=0{,}577\,l$ <br> $f_1=\frac{Fc^2}{3EI}(l+c)$ |
| 21. 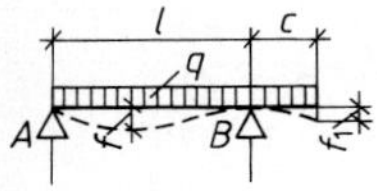  | $A=\frac{q}{2l}(l^2-c^2)$ <br> $B=\frac{q}{2l}(l+c)^2$ | $\max M_F=\frac{q}{8l^2}(l^2-c^2)^2$ <br> $M_B=-\frac{qc^2}{2}$ <br> $\max M_F=\lvert M_B\rvert$ <br> bei $c=l(\sqrt{2}-1)$ | $f=\frac{ql^2}{384EI}(5l^2-12c^2)$ <br> bei $x=\frac{l}{2}$ <br> $f_1=\frac{qc}{24EI}[c^2(4l+3c)-l^3]$ |
| 22. 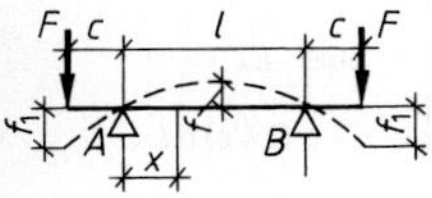  | $A=B=F$ | $M_A=M_B=-Fc$ | $f=\frac{Fl^2c}{8EI}$ bei $\frac{l}{2}$ <br> $f_1=\frac{Fc^2}{3EI}\left(c+\frac{3l}{2}\right)$ |
| | Gleiche Formeln gelten, wenn Auflager am Trägerende, Lastangriffspunkte in $A$ und $B$ liegen. Gesamtdurchbiegung in Trägermitte ist dann $f+f_1=\frac{Fc}{24EI}[3(l+2c)^2-4c^2]$ (s. Belastungsfall 6) | | |
| 23. 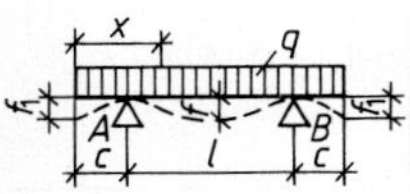  | $A=B=$ <br> $\frac{q}{2}(l+2c)$ | $M(x)=A\cdot x\left(1-\frac{c}{x}-\frac{x}{l+2c}\right)$ <br> für $x\leq c$ wird $M_{(x)}=-\frac{qx^2}{2}$ <br> $M_A=M_B=-\frac{qc^2}{2}$ <br> $M_C=\frac{ql^2}{2}\left(\frac{1}{4}-\frac{c^2}{l^2}\right)$ <br> für $c=0{,}3535\,l$ wird <br> $M_A=M_C=\pm\frac{ql^2}{16}$ | $f=\frac{1}{16}\cdot\frac{ql^4}{EI}\left(\frac{5}{24}-\frac{c^2}{l^2}\right)$ <br> $f_1=\frac{1}{24}\cdot\frac{ql^4}{EI}$ <br> $\cdot\left(3\frac{c^4}{l^4}+6\frac{c^3}{l^3}-\frac{c}{l}\right)$ |

## 5.2.2 Einfache ebene statisch unbestimmte Systeme

**Tafel 26 Eingespannte Träger**

| Belastungsfall | Auflagerkräfte | Biegemomente | Durchbiegung |
|---|---|---|---|
| 1. 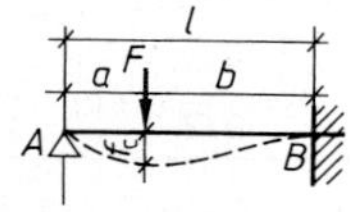 | $A=\frac{Fb^2}{2l^3}(2l+a)$<br>$B=$<br>$\frac{Fa}{2l^3}(3l^2-a^2)$ | $M_B=-\frac{Fab}{2l^2}(l+a)$<br>$M_C=\frac{Fab^2}{2l^3}(2l+a)$ | $f_C=\frac{Fa^2b^3}{12EIl^3}(3l+a)$ |
| 2. 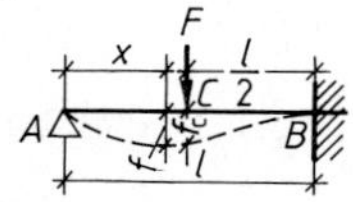 | $A=\frac{5}{16}F$<br>$B=\frac{11}{16}F$ | $M_B=-\frac{3}{16}Fl$<br>$M_C=\frac{5}{32}Fl$ | $f_C=\frac{7}{768}\cdot\frac{Fl^3}{EI}$<br>$f=\frac{1}{48\sqrt{5}}\cdot\frac{Fl^3}{EI}$<br>bei $x=0{,}447\,l$ |
| 3. 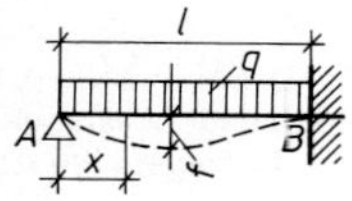 | $A=\frac{3}{8}ql$<br>$B=\frac{5}{8}ql$ | $M_{(x)}=\frac{qlx}{2}\left(\frac{3}{4}-\frac{x}{l}\right)$<br>$M_B=-\frac{ql^2}{8}$<br>$M_C=\frac{9}{128}ql^2$ bei $x=\frac{3}{8}l$ | $f\approx\frac{2}{369}\cdot\frac{ql^4}{EI}$<br>bei $x=0{,}4215\,l$ |
| 4. 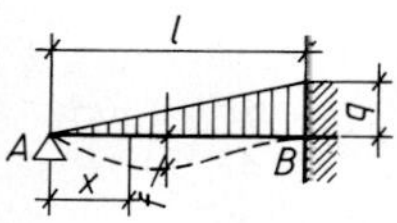 | $A=\frac{1}{10}ql$<br>$B=\frac{2}{5}ql$ | $M_{(x)}=\frac{qlx}{2}\left(\frac{1}{5}-\frac{x^2}{3l^2}\right)$<br>$M_B=-\frac{ql^2}{15}$<br>$M_C=\frac{ql^2}{33{,}54}$<br>bei $x=0{,}447\,l$ | $f\approx\frac{1}{420}\cdot\frac{ql^4}{EI}$<br>bei $x=0{,}447\,l$ |
| 5. 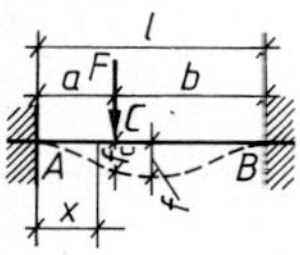 | $A=\frac{Fb^2}{l^3}(l+2a)$<br>$B=\frac{Fa^2}{l^3}(l+2b)$ | $M_A=-F\frac{ab^2}{l^2}$<br>$M_B=-F\frac{a^2b}{l^2}$<br>$\max M=M_C=2F\frac{a^2b^2}{l^3}$ | $f_C=\frac{1}{3l^3}\cdot\frac{Fa^3b^3}{EI}$<br>$f=\frac{2}{3(3l-2a)^2}\cdot\frac{Fa^2b^3}{EI}$<br>bei $x=\frac{l^2}{3l-2a}$ |
| 6. 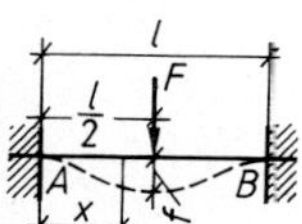 | $A=B=\frac{F}{2}$ | $M_{(x)}=\frac{F}{2}\left(x-\frac{l}{4}\right)$<br>$M_A=M_B=-\frac{Fl}{8}$<br>$\max M=M_C=\frac{Fl}{8}$ | $f=\frac{1}{192}\cdot\frac{Fl^3}{EI}$<br>$=\frac{\max M\,l^2}{24EI}$ |
| 7. 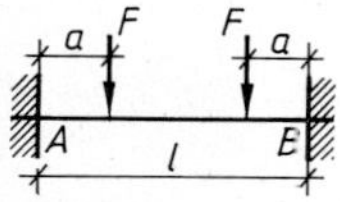 | $A=B=F$ | $M_A=M_B=-\frac{Fa}{l}(l-a)$<br>$\max M=\frac{Fa^2}{l}$ | |

**Tafel 26** (Fortsetzung)

| Belastungsfall | Auflagerkräfte | Biegemomente | Durchbiegung |
|---|---|---|---|
| 8. 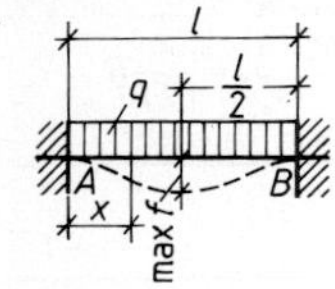 | $A=B=\frac{ql}{2}$ | $M(x)=-\frac{ql^2}{2}\left(\frac{1}{6}-\frac{x}{l}+\frac{x^2}{l^2}\right)$ <br> $\max M=M_A=M_B=-\frac{ql^2}{12}$ <br> $M_C=\frac{ql^2}{24}$ | $f_C=\frac{1}{384}\cdot\frac{ql^4}{EI}$ |
| 9. 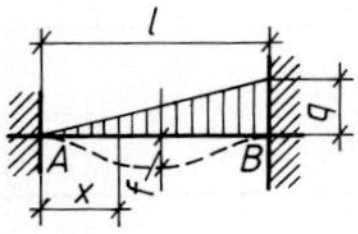 | $A=\frac{3}{20}ql$ <br> $B=\frac{7}{20}ql$ | $M(x)=-\frac{ql^2}{60}$ <br> $\cdot\left(2-9\frac{x}{l}+10\frac{x^3}{l^3}\right)$ <br> $M_A=-\frac{ql^2}{30}$ <br> $\max M=M_B=-\frac{ql^2}{20}$ <br> $M_C=\frac{ql^2}{46{,}6}$ <br> bei $x=0{,}548\,l$ | $f=\frac{1}{764}\cdot\frac{ql^4}{EI}$ <br> bei $x=0{,}525\,l$ |
| 10. 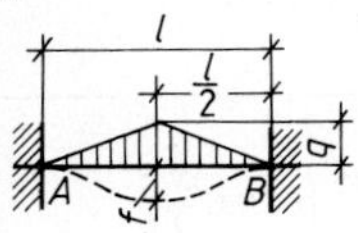 | $A=B=\frac{ql}{4}$ | $\max M=M_A=M_B$ <br> $=-\frac{5}{96}ql^2$ <br> $M_C=\frac{ql^2}{32}$ (größtes Feldmoment) | $f\approx\frac{1}{549}\cdot\frac{ql^4}{EI}$ |
| 11. 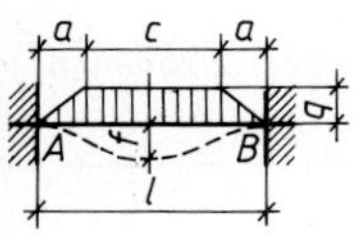 | $A=B$ <br> $=\frac{q(l-a)}{2}$ | $\max M=M_A=M_B$ <br> $=-\frac{q}{12}\left(l^2-2a^2+\frac{a^3}{l}\right)$ <br> $M_C=\frac{q}{24}\left(l^2-\frac{2a^3}{l}\right)$ <br> (größtes Feldmoment) | $f=\frac{q}{1920EI}$ <br> $\cdot(5l^4-20a^3l+16a^4)$ |
| 12. 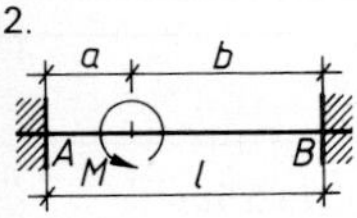 | $A=-B$ <br> $=6M\frac{ab}{l^3}$ | $M_A=-M\frac{b}{l^2}(3a-l)$ <br> $M_B=M\frac{a}{l^2}(3b-l)$ | |
| 13. Stützensenkung 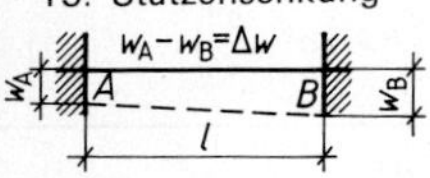 | $A=-B$ <br> $=-\frac{12EI}{l^3}\Delta w$ | $M_A=-M_B=\frac{6EI}{l^2}\Delta w$ | |
| 14. ungl. Erwärmung 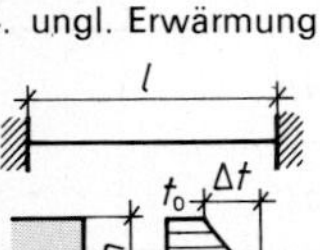 | $A=B=0$ | $M_A=M_B=-\frac{EI}{h}\alpha_T\Delta t$ <br> $h=$ Trägerhöhe | |

## 5.2.3 Belastungsglieder und Volleinspannmomente

**Tafel 27 Belastungsglieder und Volleinspannmomente**

| Nr. | 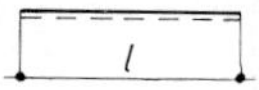  Lastfall | 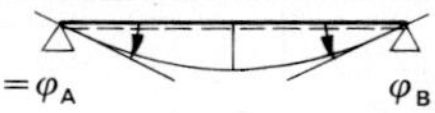 $\frac{l}{6EI} \cdot L = \varphi_A$ **L** | $\varphi_B = \frac{l}{6EI} R$ **R** |
|---|---|---|---|
| 1 | 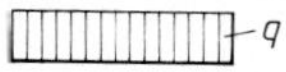  | $\frac{q l^2}{4}$ | $\frac{q l^2}{4}$ |
| 2 | 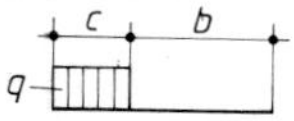  | $\frac{q c^2}{4 l^2} (2l-c)^2$ | $\frac{q c^2}{4 l^2} (2l^2-c^2)$ |
| 3 | 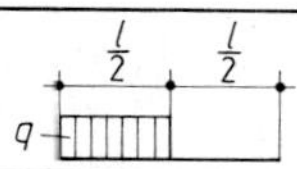  | $\frac{9}{64} q l^2$ | $\frac{7}{64} q l^2$ |
| 4 | 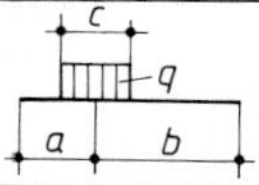  | $\frac{qcb}{l^2}\left(l^2-b^2-\frac{c^2}{4}\right)$ | $\frac{qca}{l^2}\left(l^2-a^2-\frac{c^2}{4}\right)$ |
| 5 | 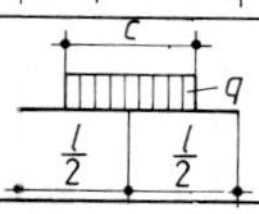  | $\frac{qc}{8l}(3l^2-c^2)$ | $\frac{qc}{8l}(3l^2-c^2)$ |
| 6 | 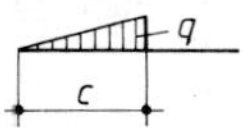  | $\frac{qc^2}{3l}\left(2l-2{,}25c+0{,}6\frac{c^2}{l}\right)$ | $\frac{qc^2}{3l}\left(l-0{,}6\frac{c^2}{l}\right)$ |
| 7 | 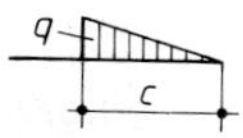  | $\frac{qc^2}{3l}\left(l-0{,}6\frac{c^2}{l}\right)$ | $\frac{qc^2}{3l}\left(2l-2{,}25c+0{,}6\frac{c^2}{l}\right)$ |
| 8 | 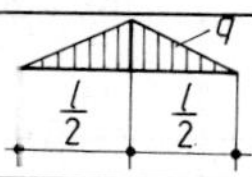  | $\frac{5}{32} q l^2$ | $\frac{5}{32} q l^2$ |
| 9 | 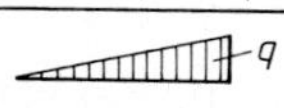  | $\frac{7}{60} q l^2$ | $\frac{8}{60} q l^2$ |
| 10 | 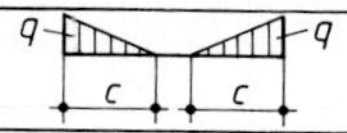  | $\frac{qc^2}{2l}(l-0{,}5c)$ | $\frac{qc^2}{2l}(l-0{,}5c)$ |
| 11 | 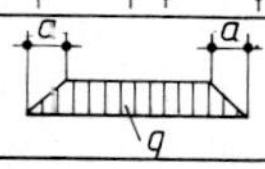  | $\frac{q}{4}\left(l^2-2a^2+\frac{a^3}{l}\right)$ | $\frac{q}{4}\left(l^2-2a^2+\frac{a^3}{l}\right)$ |
| 12 | 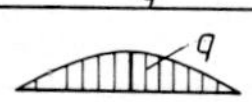  | $\frac{1}{5} q l^2$ | $\frac{1}{5} q l^2$ |
| 13 | 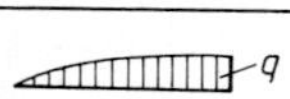  | $\frac{10}{60} q l^2$ | $\frac{11}{60} q l^2$ |
| 14 | 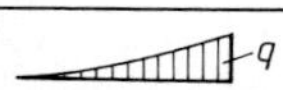  | $\frac{1}{15} q l^2$ | $\frac{1}{12} q l^2$ |

**Anmerkung** In die Formeln dieser Seite stets die tatsächlichen (geometrischen) Feldlängen einsetzen; auch dann, wenn wegen unterschiedlicher Flächenmomente zweiten Grades mit reduzierten (mechanischen) Feldlängen gearbeitet wird.

| <br>$M_A$ | $M_B$ | 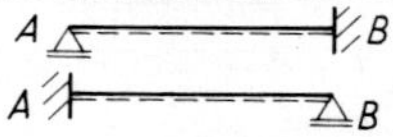<br>$M_B$<br>$M_A$ | Nr. |
|---|---|---|---|
| $-\frac{q l^2}{12}$ | $-\frac{q l^2}{12}$ | $-\frac{q l^2}{8}$ | 1 |
| $-\frac{q c^2}{12 l^2}(6b^2+4bc+c^2)$ | $-\frac{q c^3}{12 l^2}(4b+c)$ | $M_B=-\frac{q c^2}{8 l^2}(2l^2-c^2)$<br>$M_A=-\frac{q c^2}{8 l^2}(l+b)^2$ | 2 |
| $-\frac{11}{192} q l^2$ | $-\frac{5}{192} q l^2$ | $M_B=-\frac{7}{128} q l^2 \quad M_A=-\frac{9}{128} q l^2$ | 3 |
| $-\frac{q c}{12 l^2}\cdot[(4l^2-c^2)(2b-a)$<br>$-4(2b^3-a^3)]$ | $-\frac{q c}{12 l^2}\cdot[(4l^2-c^2)(2a-b)$<br>$-4(2a^3-b^3)]$ | $M_B=-\frac{q a c}{8 l^2}[4(l^2-a^2)-c^2]$<br>$M_A=-\frac{q b c}{8 l^2}[4(l^2-b^2)-c^2]$ | 4 |
| $-\frac{q c}{24 l}(3l^2-c^2)$ | $-\frac{q c}{24 l}(3l^2-c^2)$ | $-\frac{q c}{16 l}(3l^2-c^2)$ | 5 |
| $-\frac{q c^2}{3 l}\left(l-1{,}5c+0{,}6\frac{c^2}{l}\right)$ | $-\frac{q c^3}{4 l}\left(1-0{,}8\frac{c}{l}\right)$ | $M_B=-\frac{q c^2}{6}\left(1-0{,}6\frac{c^2}{l^2}\right)$<br>$M_A=-\frac{q c^2}{6 l}\left(2l-2{,}25c+0{,}6\frac{c^2}{l}\right)$ | 6 |
| $-\frac{q c^3}{4 l}\left(1-0{,}8\frac{c}{l}\right)$ | $-\frac{q c^2}{3 l}\left(l-1{,}5c+0{,}6\frac{c^2}{l}\right)$ | $M_B=-\frac{q c^2}{6 l}\left(2l-2{,}25c+0{,}6\frac{c^2}{l}\right)$<br>$M_A=-\frac{q c^2}{6}\left(1-0{,}6\frac{c^2}{l^2}\right)$ | 7 |
| $-\frac{5}{96} q l^2$ | $-\frac{5}{96} q l^2$ | $-\frac{5}{64} q l^2$ | 8 |
| $-\frac{1}{30} q l^2$ | $-\frac{1}{20} q l^2$ | $M_B=-\frac{8}{120} q l^2 \quad M_A=-\frac{7}{120} q l^2$ | 9 |
| $-\frac{q c^2}{6 l}(l-0{,}5c)$ | $-\frac{q c^2}{6 l}(l-0{,}5c)$ | $-\frac{q c^2}{4 l}(l-0{,}5c)$ | 10 |
| $-\frac{q}{12}\left(l^2-2a^2+\frac{a^3}{l}\right)$ | $-\frac{q}{12}\left(l^2-2a^2+\frac{a^3}{l}\right)$ | $-\frac{q}{8}\left(l^2-2a^2+\frac{a^3}{l}\right)$ | 11 |
| $-\frac{1}{15} q l^2$ | $-\frac{1}{15} q l^2$ | $-\frac{1}{10} q l^2$ | 12 |
| $-\frac{1}{20} q l^2$ | $-\frac{1}{15} q l^2$ | $M_B=-\frac{11}{120} q l^2 \quad M_A=-\frac{10}{120} q l^2$ | 13 |
| $-\frac{1}{60} q l^2$ | $-\frac{1}{30} q l^2$ | $M_B=-\frac{1}{24} q l^2 \quad M_A=-\frac{1}{30} q l^2$ | 14 |

Fortsetzung s. nächste Seite

Tafel 27 (Fortsetzung)

| | 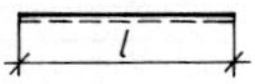 | $\frac{l}{6EI}\cdot L=\varphi_A$ 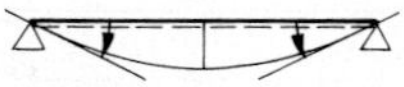 | $\varphi_B=\frac{l}{6EI}R$ |
|---|---|---|---|
| Nr. | Lastfall | ***L*** | ***R*** |
| 15 | 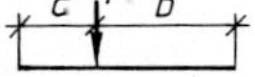 | $\frac{Fab}{l^2}(l+b)$ | $\frac{Fab}{l^2}(l+a)$ |
| 16 | 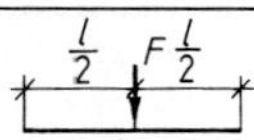 | $\frac{3}{8}Fl$ | $\frac{3}{8}Fl$ |
| 17 | 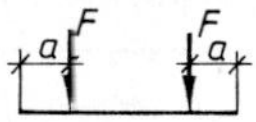 | $\frac{3Fa}{l}(l-a)$ | $\frac{3Fa}{l}(l-a)$ |
| 18 | 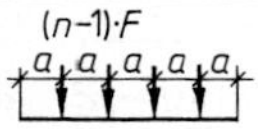 | $\frac{Fa}{4}(n^2-1)$ | $\frac{Fa}{4}(n^2-1)$ |
| 19 | 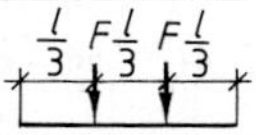 | $\frac{2}{3}Fl$ | $\frac{2}{3}Fl$ |
| 20 | 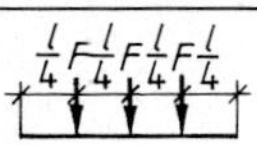 | $\frac{15}{16}F\cdot l$ | $\frac{15}{16}Fl$ |
| 21 | 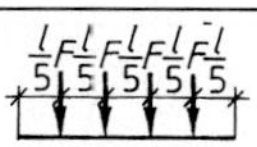 | $\frac{6}{5}Fl$ | $\frac{6}{5}Fl$ |
| 22 | 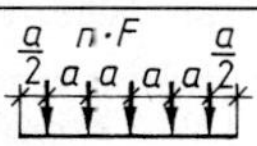 | $\frac{Fa}{4}\left(n^2+\frac{1}{2}\right)$ | $\frac{F\cdot a}{4}\left(n^2+\frac{1}{2}\right)$ |
| 23 | 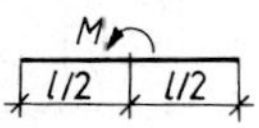 | $\frac{M}{4}$ | $-\frac{M}{4}$ |
| 24 | 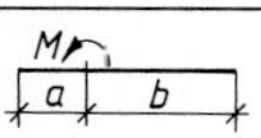 | $\frac{M}{l^2}(l^2-3b^2)$ | $-\frac{M}{l^2}(l^2-3a^2)$ |
| 25 |  | $M$ | $2M$ |
| 26 |  | $2M_1+M_2$ | $M_1+2M_2$ |
| 27 | 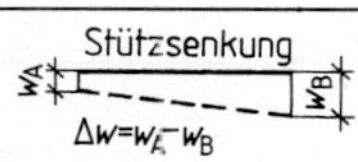 | $\frac{6EI}{l^2}(w_B-w_A)$ | $-\frac{6EI}{l^2}(w_B-w_A)$ |
| 28 | 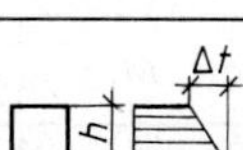 | $3EI\alpha_t\frac{\Delta t}{h}$ | $3EI\alpha_t\frac{\Delta t}{h}$ |

**Anmerkung** In die Formeln dieser Seite stets die tatsächlichen (geometrischen) Feldlängen einsetzen; auch dann, wenn wegen unterschiedlicher Flächenmomente zweiten Grades mit reduzierten (mechanischen) Feldlängen gearbeitet wird.

| <br> | | <br> | |
|---|---|---|---|
| $M_A$ | $M_B$ | $M_A$ | Nr. |
| $-\frac{Fab^2}{l^2}$ | $-\frac{F\cdot a^2 b}{l^2}$ | $-\frac{Fab}{2l^2}(l+b)$ | 15 |
| $-\frac{Fl}{8}$ | $-\frac{Fl}{8}$ | $-\frac{3}{16}Fl$ | 16 |
| $-\frac{Fa}{l}(l-a)$ | $-\frac{Fa}{l}(l-a)$ | $-\frac{3Fa}{2l}(l-a)$ | 17 |
| $-\frac{Fl}{12}\left(n-\frac{1}{n}\right)$ | $-\frac{Fl}{12}\left(n-\frac{1}{n}\right)$ | $-\frac{Fl}{8}\left(n-\frac{1}{n}\right)$ | 18 |
| $-\frac{2}{9}Fl$ | $-\frac{2}{9}Fl$ | $-\frac{Fl}{3}$ | 19 |
| $-\frac{5}{16}Fl$ | $-\frac{5}{16}Fl$ | $-\frac{15}{32}Fl$ | 20 |
| $-\frac{2}{5}Fl$ | $-\frac{2}{5}Fl$ | $-\frac{3}{5}Fl$ | 21 |
| $-\frac{Fl}{12}\left(n+\frac{1}{2n}\right)$ | $-\frac{Fl}{12}\left(n+\frac{1}{2n}\right)$ | $-\frac{Fl}{8}\left(n+\frac{1}{2n}\right)$ | 22 |
| $-\frac{M}{4}$ | $+\frac{M}{4}$ | $-\frac{M}{8}$ | 23 |
| $-\frac{Mb}{l^2}(3a-l)$ | $\frac{Ma}{l^2}(3b-l)$ | $-\frac{M}{2l^2}(l^2-3b^2)$ | 24 |
| $O$ | $-M$ | $-\frac{M}{2}$ | 25 |
| $-M_1$ | $-M_2$ | $-M_1-\frac{1}{2}M_2$ | 26 |
| $\frac{6EI}{l^2}\Delta w$ | $-\frac{6EI}{l^2}\Delta w$ | $\frac{3EI}{l^2}\Delta w$ | 27 |
| $-EI\alpha_t\frac{\Delta t}{h}$ | $-EI\alpha_t\frac{\Delta t}{h}$ | $-\frac{3}{2}E\cdot I\alpha_t\frac{\Delta t}{h}$ | 28 |

**Tafel 28 Volleinspannmomente (Vorspannung) $EI = \text{const.}$**

| Nr. Spanngliedführung | | |
|---|---|---|
| 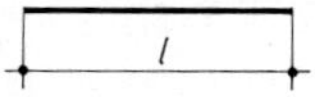  Nr. Spanngliedführung | 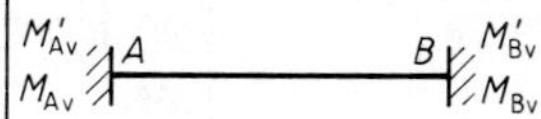  | 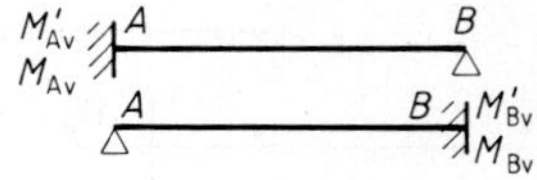  |
| 1 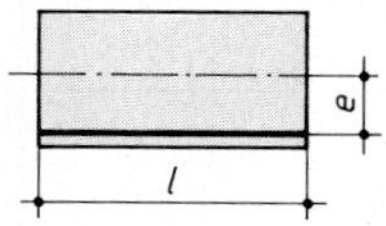  | $M'_{Av} = -e \cdot P$<br>$M_{Av} = 0$<br>$M'_{Bv} = -e \cdot P$<br>$M_{Bv} = 0$ | $M'_{Av} = -\frac{3}{2} e \cdot P$<br>$M_{Av} = -\frac{1}{2} e \cdot P$<br>$M'_{Bv} = -\frac{3}{2} e \cdot P$<br>$M_{Bv} = -\frac{1}{2} e \cdot P$ |
| 2 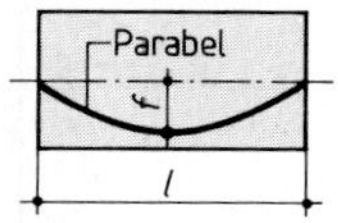  | $M'_{Av} = M_{Av} = M'_{Bv} = M_{Bv} = -\frac{2}{3} f \cdot P$ | $M'_{Av} = M_{Av} = M'_{Bv} = M_{Bv} = -f \cdot P$ |
| 3 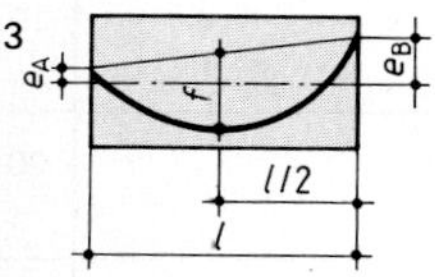  | $M'_{Av} = -\frac{1}{3}(2f + 3e_A) \cdot P$<br>$M_{Av} = -\frac{2}{3} f \cdot P$<br>$M'_{Bv} = -\frac{1}{3}(2f + 3e_B) \cdot P$<br>$M_{Bv} = -\frac{2}{3} f \cdot P$ | $M'_{Av} = -\frac{1}{2}(2f + 2e_A + e_B) \cdot P$<br>$M_{Av} = -\frac{1}{2}(2f + e_B) \cdot P$<br>$M'_{Bv} = -\frac{1}{2}(2f + e_A + 2e_B) \cdot P$<br>$M_{Bv} = -\frac{1}{2}(2f + e_A) \cdot P$ |
| 4 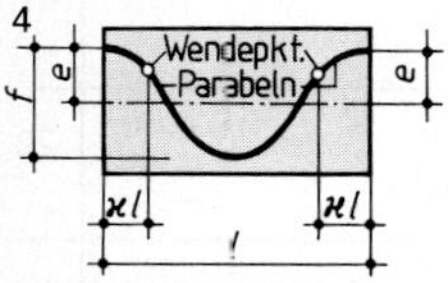  | $M'_{Av} = -\frac{1}{3}[2f(1-\varkappa) + 3e] \cdot P$<br>$M_{Av} = -\frac{2}{3} f(1-\varkappa) \cdot P$<br>$M'_{Bv} = -\frac{1}{3}[2f(1-\varkappa) + 3e] \cdot P$<br>$M_{Bv} = -\frac{2}{3} f(1-\varkappa) \cdot P$ | $M'_{Av} = -\frac{1}{2}[2f(1-\varkappa) + 3e] \cdot P$<br>$M_{Av} = -\frac{1}{2}[2f(1-\varkappa) + e] \cdot P$<br>$M'_{Bv} = -\frac{1}{2}[2f(1-\varkappa) + 3e] \cdot P$<br>$M_{Bv} = -\frac{1}{2}[2f(1-\varkappa) + e] \cdot P$ |
| 5 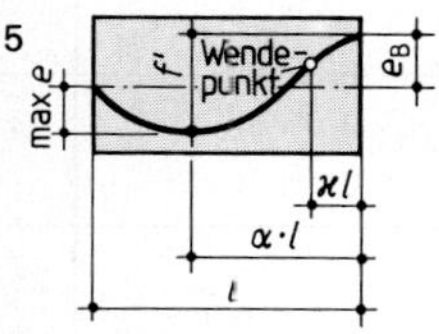  | $M'_{Bv} = -\frac{1}{4}\{f'[5 - \alpha(2-\varkappa) - \varkappa(4-\varkappa)] + e_B[5 - \alpha(2-\alpha)]\} \cdot P$<br>$M_{Bv} = e_B \cdot P + M'_{Bv}$<br>$f' = e_u - e_B$; $(e_u = \max e)$ | |

**Der einseitig eingespannte Balken mit parabelförmigem Spannglied**

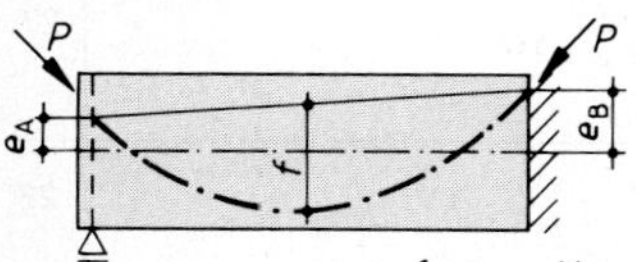


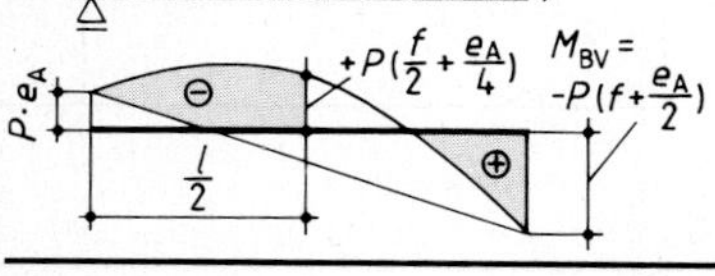


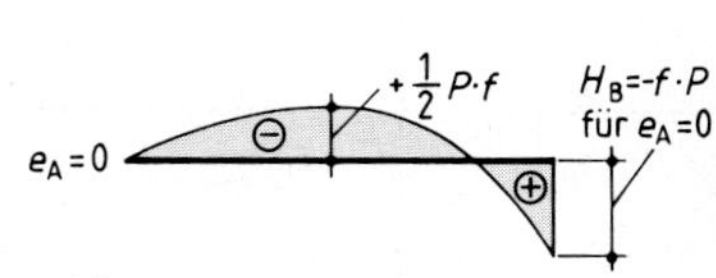


$\boldsymbol{e_A = 0}$

$M_V = M_V^0 + M'_V$; $M'_V$ stat. unbestimmtes Moment für $e_A = 0$

$M_{Bv}^0 = e_B \cdot P$; $M'_{Bv} = -(f + e_B) \cdot P$

$M_{Bv} = e_B \cdot P - (f + e_B) \cdot V = -f \cdot P$

$e$ über der Schwerlinie $P$ negativ

### 5.2.4 Knicken in einer Ebene (Eulerfälle)

Knicken wird durch die Differentialgleichung der Biegelinie in der Form

$EIw''(x) + M(x) = 0$ beschrieben.

**Lösung** $F_K = \frac{\pi^2 EI}{s_K^2}$ Kritische Last

Von besonderer Bedeutung ist die Knicklänge $s_K$. Man unterscheidet 4 Eulerfälle.

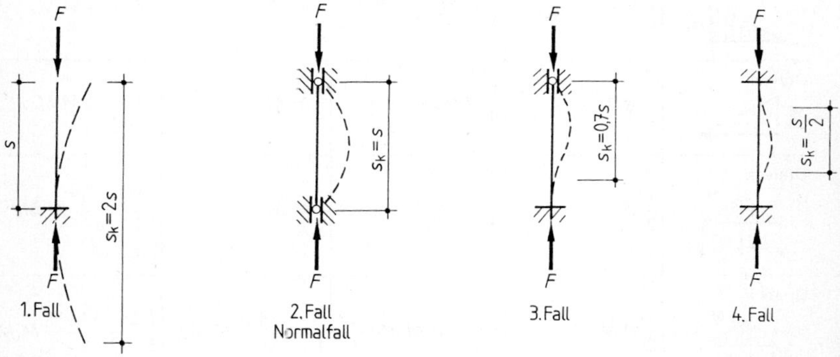


**Bild 50 Eulerfälle**

**Omega-Verfahren** (Baustoff Holz)

$\sigma_\omega = \frac{\omega \cdot F}{A} \leqq \text{zul}\,\sigma; \quad \lambda = \frac{s_K}{i}; \quad i = \sqrt{\frac{I}{A}};$

| | |
|---|---|
| $\lambda$ | Schlankheitsgrad |
| $\omega$ | Knickzahl |
| | Holz s. S. 824f. |

In der Baupraxis kommen sehr verschiedenartige Lagerungen der Druckstäbe vor, die die kritische Last wesentlich beeinflussen. Vor allem die richtige Interpretation der Randbedingungen zur Bestimmung der Knicklänge ist sehr wichtig. Sind z. B. die Einspannstellen im 4. Eulerfall verschieblich, vermindert sich die kritische Last auf die Werte des 2. Eulerfalls.

Für den Baustoff Stahlbeton wurde in der DIN 1045 die Bemessung nach Traglasten eingeführt, s. S. 415ff. und 469ff.

Zur Zeit geschieht das auch für die Baustoffe Stahl und Holz.

## 5.3 Formänderungsberechnung

**Arbeitsgleichung**

$$\bar{1} \cdot \delta_j = \int_{(l)} \left[ \frac{M\bar{M}}{EI} + \frac{M_T\bar{M}_T}{GI_T} + \frac{N\bar{N}}{EA} + \varkappa_Q \frac{Q\bar{Q}}{GA} + \alpha_t \left( \bar{N} T_0 + \bar{M} \frac{\Delta t}{d} \right) \right] dx - \sum \bar{C} c - \sum \bar{M} \varphi$$

Die Berechnung der Einzelweggröße $\delta_j$ erfolgt mit der Arbeitsgleichung, indem am Ort und in Richtung der Einzelweggröße eine virtuelle Last $\bar{1}$ angebracht wird.

**Tafel 29 Produktionsintegrale $\int^{i} f^{k} f \, d\xi = \frac{1}{l} \int^{i} f^{k} f \, dx$**

| 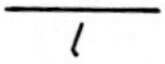 | Rechteck  | Dreieck  | Dreieck 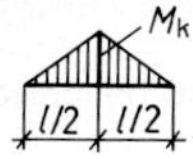 | Dreieck 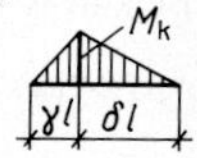 |
|---|---|---|---|---|
| Rechteck 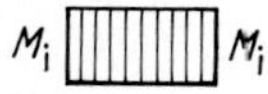 | $M_i M_k$ | $\frac{1}{2} M_i M_k$ | $\frac{1}{2} M_i M_k$ | $\frac{1}{2} M_i M_k$ |
| Dreieck 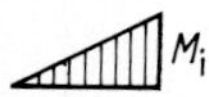 | $\frac{1}{2} M_i M_k$ | $\frac{1}{3} M_i M_k$ | $\frac{1}{4} M_i M_k$ | $\frac{1}{6} (1+\gamma) M_i M_k$ |
| Dreieck 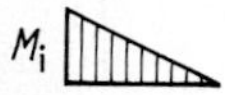 | $\frac{1}{2} M_i M_k$ | $\frac{1}{6} M_i M_k$ | $\frac{1}{4} M_i M_k$ | $\frac{1}{6} (1+\delta) M_i M_k$ |
| Dreieck 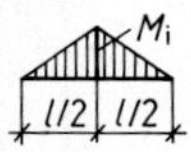 | $\frac{1}{2} M_i M_k$ | $\frac{1}{4} M_i M_k$ | $\frac{1}{3} M_i M_k$ | $\frac{1}{12} \frac{3-4\gamma^2}{\delta} M_i M_k$ für $\gamma \leqq \delta$ |
| Dreieck 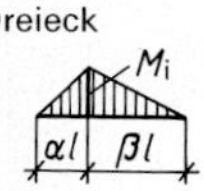 | $\frac{1}{2} M_i M_k$ | $\frac{1}{6} (1+\alpha) M_i M_k$ | $\frac{1}{12} \frac{3-4\alpha^2}{\beta} M_i M_k$ für $\alpha \leqq \beta$ | $\frac{1}{6} \frac{2\alpha-\alpha^2-\gamma^2}{\alpha \cdot \delta} M_i M_k$ für $\alpha \geqq \gamma$ |
| Trapez 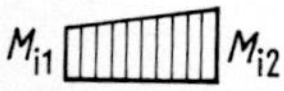 | $\frac{1}{2} (M_{i1}+M_{i2}) M_k$ | $\frac{1}{6} (M_{i1}+2M_{i2}) M_k$ | $\frac{1}{4} M_k (M_{i1}+M_{i2})$ | $\frac{1}{6} M_k [(1+\delta) M_{i1} + (1+\gamma) M_{i2}]$ |
| Quadratische Parabel 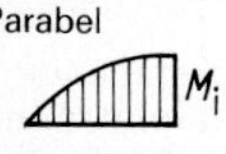 | $\frac{2}{3} M_i M_k$ | $\frac{5}{12} M_i M_k$ | $\frac{17}{48} M_i M_k$ | $\frac{1}{12} (5-\delta-\delta^2) M_i M_k$ |
| Quadratische Parabel 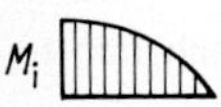 | $\frac{2}{3} M_i M_k$ | $\frac{1}{4} M_i M_k$ | $\frac{17}{48} M_i M_k$ | $\frac{1}{12} (5-\gamma-\gamma^2) M_i M_k$ |
| Quadratische Parabel 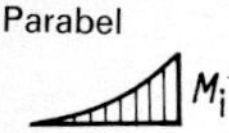 | $\frac{1}{3} M_i M_k$ | $\frac{1}{4} M_i M_k$ | $\frac{7}{48} M_i M_k$ | $\frac{1}{12} (1+\gamma+\gamma^2) M_i M_k$ |
| Quadratische Parabel 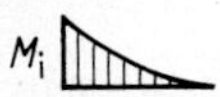 | $\frac{1}{3} M_i M_k$ | $\frac{1}{12} M_i M_k$ | $\frac{7}{48} M_i M_k$ | $\frac{1}{12} (1+\delta+\delta^2) M_i M_k$ |
| $\int M_k M_k \, dx$ | $M_k M_k$ | $\frac{1}{3} M_k M_k$ | $\frac{1}{3} M_k M_k$ | $\frac{1}{3} M_k M_k$ |

| Trapez $M_{k1}$ $M_{k2}$ | Quadratische Parabel $M_k$ | Quadratische Parabel $M_k$ | Quadratische Parabel $M_k$ |
|---|---|---|---|
| $\frac{1}{2} M_i (M_{k1} + M_{k2})$ | $\frac{2}{3} M_i M_k$ | $\frac{2}{3} M_i M_k$ | $\frac{1}{3} M_i M_k$ |
| $\frac{1}{6} M_i (M_{k1} + 2 M_{k2})$ | $\frac{1}{3} M_i M_k$ | $\frac{5}{12} M_i M_k$ | $\frac{1}{4} M_i M_k$ |
| $\frac{1}{6} M_i (2 M_{k1} + M_{k2})$ | $\frac{1}{3} M_i M_k$ | $\frac{1}{4} M_i M_k$ | $\frac{1}{12} M_i M_k$ |
| $\frac{1}{4} M_i (M_{k1} + M_{k2})$ | $\frac{5}{12} M_i M_k$ | $\frac{17}{48} M_i M_k$ | $\frac{7}{48} M_i M_k$ |
| $\frac{1}{6} M_i [(1+\beta) M_{k1} + (1+\alpha) M_{k2}]$ | $\frac{1}{3} (1 + \alpha\beta) M_i M_k$ | $\frac{1}{12} (5 - \beta - \beta^2) M_i M_k$ | $\frac{1}{12} (1 + \alpha + \alpha^2) M_i M_k$ |
| $\frac{1}{6} [(2 M_{k1} + M_{k2}) M_{i1} + (M_{k1} + 2 M_{k2}) M_{i2}]$ | $\frac{1}{3} (M_{i1} + M_{i2}) M_k$ | $\frac{1}{12} (3 M_{i1} + 5 M_{i2}) M_k$ | $\frac{1}{12} (M_{i1} + 3 M_{i2}) M_k$ |
| $\frac{1}{12} M_i (3 M_{k1} + 5 M_{k2})$ | $\frac{7}{15} M_i M_k$ | $\frac{8}{15} M_i M_k$ | $\frac{3}{10} M_i M_k$ |
| $\frac{1}{12} M_i (5 M_{k1} + 3 M_{k2})$ | $\frac{7}{15} M_i M_k$ | $\frac{11}{30} M_i M_k$ | $\frac{2}{15} M_i M_k$ |
| $\frac{1}{12} M_i (M_{k1} + 3 M_{k2})$ | $\frac{1}{5} M_i M_k$ | $\frac{3}{10} M_i M_k$ | $\frac{1}{5} M_i M_k$ |
| $\frac{1}{12} M_i (3 M_{k1} + M_{k2})$ | $\frac{1}{5} M_i M_k$ | $\frac{2}{15} M_i M_k$ | $\frac{1}{30} M_i M_k$ |
| $\frac{1}{3} (M_{k1}^2 + M_{k2}^2 + M_{k1} M_{k2})$ | $\frac{8}{15} M_k M_k$ | $\frac{8}{15} M_k M_k$ | $\frac{1}{5} M_k M_k$ |

Es bedeuten

| | |
|---|---|
| $\overline{1}$ | die dimensionsbehaftete virtuelle Lastgröße |
| $\delta_j$ | die gesuchte Einzelverformung |
| $M, M_T, N, Q$ | die Schnittgrößen infolge der wirklichen Lastgrößen |
| $\overline{M}, \overline{M}_T, \overline{N}, \overline{Q}$ | die Schnittgrößen infolge der virtuellen Belastung |
| $T_0, \Delta t$ | die vorgegebene Temperaturänderung eines Stabes |
| $c, \varphi$ | die tatsächliche Verschiebung der Auflagerpunkte und die Drehungen von Auflagereinspannungen. |
| $\overline{C}, \overline{M}$ | die zur virtuellen Lastgröße gehörenden Auflagerreaktionen |
| $I, A, \varkappa, E, \alpha_T$ | Querschnittswerte und Materialkonstante |

Die Gleichung enthält den vollständigen Ansatz zur Berechnung von Einzelverformungen für vollwandige ebene Tragwerke.

Eine Auflagerverschiebung tritt nicht in jedem Fall auf.

Der Einfluß der Temperatur wird getrennt untersucht.

Der Einfluß der Quer- und Normalkräfte kann fast immer vernachlässigt werden.

**Beispiel** Gesucht ist die horizontale Verschiebung des Punktes $b$
I 300; $I_y = 9800\ \text{cm}^4$; $A = 69{,}1\ \text{cm}^2$; $A_{\text{Steg}} = 28{,}9\ \text{cm}^2$; $E = 2{,}1 \cdot 10^4\ \text{kN/cm}^2$; $G = 0{,}8 \cdot 10^4\ \text{kN/cm}^2$

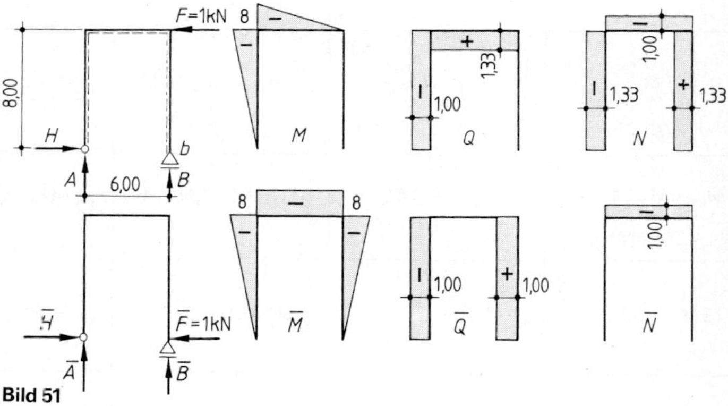


**Bild 51**

$$\text{Arbeitsgleichung: } \delta_b = \frac{1}{EI}\int M \cdot \overline{M}\,dx + \frac{1}{G \cdot A_{\text{Steg}}}\int Q\overline{Q}\,dx + \frac{1}{EA}\int N\overline{N} \cdot dx$$

**Auswertung mit Hilfe der Tafel 29**

Anteile aus den Momenten

$$\delta_{bM} = \left[\frac{1}{3} \cdot 800(-800)(-800) + \frac{1}{2}600(-800)(-800)\right] \cdot \frac{1}{2{,}1 \cdot 10^4 \cdot 9800} = 1{,}76\ \text{cm}$$

Anteile aus Querkräften

$$\delta_{bQ} = (-1)(-1) \cdot 800 \cdot \frac{1}{0{,}8 \cdot 10^4 \cdot 28{,}9} = 0{,}0035\ \text{cm}$$

Anteile aus Normalkräften

$$\delta_{bN} = (-1)(-1) \cdot 600 \cdot \frac{1}{2{,}1 \cdot 10^4 \cdot 69{,}1} = 0{,}0004\ \text{cm}$$

## 5.4 Übertragungsverfahren

### 5.4.1 Grundlagen

Der Differentialgleichung für ebene Biegung der Elastizitätstheorie II. Ordnung, $\omega'''' \pm \varepsilon^2 \omega'' = \frac{q l^3}{B}\left(1 - \frac{N}{S}\right) \mp \varepsilon^2 \, {}^{V}\omega''$; $N \lesseqgtr 0$, genügt der Lösungsansatz $\omega = \vec{h}^{T} \vec{c} + \omega_F$. $\vec{h}^{T} \vec{c}$ ist darin der Lösungsansatz für die homogene Differentialgleichung mit den 4 zu einem Tupel zusammengefaßten Integrationskonstanten $\vec{c}$. $\vec{h}^{T}$ enthält die 4 Lösungsfunktionen, die vom Vorzeichen der (als mindestens abschnittweise konstant angenommenen) Normalkraft $N$ abhängig sind:

$N<0$: $\vec{h}^{T}(\xi) = (\varepsilon\xi \;\; \varepsilon(1-\xi) \;\; \sin\varepsilon\xi \;\; \sin\varepsilon(1-\xi))$ mit $\varepsilon = l\sqrt{\frac{-N_d}{B}}$

$N=0$: $\vec{h}^{T}(\xi) = (\xi \;\; (1-\xi) \;\; \xi^3 \;\; (1-\xi)^3)$; entspricht Theorie I. Ordnung

$N>0$: $\vec{h}^{T}(\xi) = (\varepsilon\xi \;\; \varepsilon(1-\xi) \;\; \sinh\varepsilon\xi \;\; \sinh\varepsilon(1-\xi))$ mit $\varepsilon = l\sqrt{\frac{N_d}{B}}$

**Voraussetzungen bei Berechnung nach Elastizitätstheorie II. Ordnung:** $N$-Zustand in einem Rechengang unabhängig von $w$. Da diese Voraussetzung innerhalb von Stabwerken im allg. nicht streng erfüllt ist, wird mit (nach Theorie I. Ordnung) geschätzten $N$-Zuständen gestartet und das Ergebnis erforderlichenfalls (bei im allg. rascher Konvergenz) iterativ herbeigeführt. Bei der Berechnung des charakteristischen Wertes $\varepsilon$ ist $N$ mit seinem Bemessungswert $N_\gamma$ einzusetzen. Für Last- und Vorverformungseinwirkungen mit gemeinsamem festem $N$-Zustand gilt das Superpositionsgesetz.

**Statisches System**

Die Systemlinie des Stabes spannt sich zwischen den Knoten $i$ und $k$, deren Anbindungsbedingungen allen üblichen Verhältnissen (Kragarmspitze bis Volleinspannung) entsprechen können. Der Stab ist erforderlichenfalls so in Abschnitte zu unterteilen, daß innerhalb eines Abschnitts sämtliche Einwirkungen (Lasten, Vorverformung, $N$-Zustand) stetig sind. Darüber hinaus kann eine Unterteilung unter dem Gesichtspunkt des Ergebnisrasters sinnvoll sein. Die Abschnitte sind von $\varkappa = 1$ bis $\varkappa = n$ bezeichnet (Bild 52), die Abschnittsgrenzen von $\varkappa = 0$ ($i$) bis $\varkappa = n$ ($k$) numeriert.

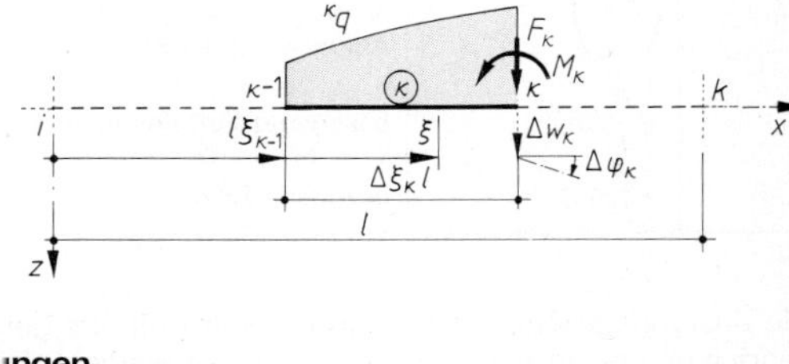


**Bild 52**
**Finite Stababschnitte**

### 5.4.2 Übertragungsbeziehungen

Das Prinzip des Übertragungsverfahrens beruht darauf, daß das Konstantentupel $\vec{c}$ des Lösungsansatzes für jeden Stababschnitt $\varkappa(\vec{c}_\varkappa)$ ausgedrückt wird durch den Zustand am Abschnittsanfang: $\vec{c}_\varkappa = {}^{\varkappa}\bar{H}_{\varkappa-1}^{-1}\,({}^{(\varkappa)}\vec{z}_{\varkappa-1} - {}^{\varkappa}\vec{f}_{\varkappa-1})$. Die Zustandsgrößenfunktionen innerhalb des Abschnitts $\varkappa$ lauten dann

$${}^{(\varkappa)}\vec{z} = {}^{\varkappa}\bar{\Xi}\,({}^{(\varkappa)}\vec{z}_{\varkappa-1} - {}^{\varkappa}\vec{f}_{\varkappa-1}) + {}^{\varkappa}\vec{f} \quad \text{mit} \quad {}^{\varkappa}\bar{\Xi} = {}^{\varkappa}\bar{H}\,{}^{\varkappa}\bar{H}_{\varkappa-1}^{-1}$$

**Bezeichnungen (System und Belastung s. Bild 52)**

| | | |
|---|---|---|
| $B$ | $EI = E\,{}^{\mathrm{H}}A_{zz}$ | Vergleichsbiegesteifigkeit |
| | $E$ | Elastizitätsmodul |
| | $I,\ {}^{\mathrm{H}}A_{zz}$ | Vergleichsflächenmoment 2. Grades |
| $\beta_\varkappa$ | $B_\varkappa/B$ | Relative Biegesteifigkeit im Abschnitt $\varkappa$ |
| $S$ | $GA_{\mathrm{V}}$ | Schubsteifigkeit |
| $w(\xi)$ | $l\omega(\xi)$ | Ordinate der einwirkungsbedingten Durchsenkung |
| ${}^{\mathrm{V}}w(\xi)$ | $l\,{}^{\mathrm{V}}\omega(\xi)$ | Ordinate der ungewollten Durchsenkung bzw. Form eines (schwach) gekrümmten Stabes |
| $w_{\mathrm{f}}$ | $l\omega_{\mathrm{f}}(\xi)$ | Spezielle Lösung der Differentialgleichung für die Durchsenkung (einschließlich Verformungseinfluß auf die Durchsenkung) |
| $w'$ | $\mathrm{d}w/\mathrm{d}x = \varphi(\xi)$ | Ableitung der Durchsenkung nach $x$ |
| $\omega^{\cdot}$ | $\mathrm{d}\omega/\mathrm{d}\xi = \varphi(\xi)$ | Ableitung der Durchsenkung nach $\xi$ |
| $N_\varkappa$ | | Normalkraft im Abschnitt $\varkappa$ (Gebrauchslastgröße) |
| $N_{\mathrm{d}\varkappa}$ | | Normalkraft im Abschnitt $\varkappa$ (Bemessungslastgröße) |
| $\varepsilon_\varkappa$ | $l\sqrt{\dfrac{\lvert N_{\mathrm{d}\varkappa}\rvert}{B_\varkappa}}$ | Charakteristischer Wert der Differentialgleichung der Biegung nach Theorie II. Ordnung |
| $V^*$ | $\dfrac{B}{l^2}\upsilon^*$ | Querkraft $\perp$ Systemlinie $\quad V + N(w' + {}^{\mathrm{V}}w')$ |
| $V$ | $\dfrac{B}{l^2}\upsilon$ | Querkraft $\perp$ verformtem Stab $\quad V^* - N(w' + {}^{\mathrm{V}}w')$ |
| $M$ | $\dfrac{B}{l}\mu$ | Biegemoment |
| $\omega$ | | Bezogene einwirkungsbedingte Durchsenkung |
| $\varphi$ | $\omega^{\cdot}$ | Einwirkungsbedingte Neigung der Tangente an $w$ |
| $\mu$ | $-\omega^{\cdot\cdot}$ | Bezogenes Biegemoment $M$ |
| $\upsilon$ | $-\omega^{\cdot\cdot\cdot}$ | Bezogene Querkraft $V$ |
| $\upsilon^*$ | $\upsilon \pm \beta_\varkappa \varepsilon_\varkappa^2 (\varphi + {}^{\mathrm{V}}\varphi)$ | Bezogene Querkraft $V^*$ ($\mp \mathrel{\hat{=}} N \lesseqgtr 0$) |
| ${}^{(\varkappa)}\vec{z}$ | ${}^{(\varkappa)}\begin{pmatrix}\omega\\ \varphi\\ \mu\\ \upsilon\end{pmatrix}$ bzw. ${}^{(\varkappa)}\begin{pmatrix}\omega\\ \varphi\\ \mu\\ \upsilon^*\end{pmatrix}$ | Zustandsgrößen im Abschnitt $\varkappa$ ($\varkappa = 1 \ldots n$) |
| $\vec{r}_{\mathrm{i}},\ \vec{r}_{\mathrm{k}}$ | ${}^{(0)}\vec{z}_0,\ {}^{(n+1)}\vec{z}_n$ | Randzustandsgrößen bei $i$, $k$ |
| ${}^{\varkappa}\vec{f}$ | | Einwirkungsbeitrag des Abschnitts $k$ zu den Zustandsgrößen (spezieller Lösungsanteil) |
| $\Delta\vec{f}_\varkappa$ | $\begin{pmatrix}\Delta\omega_\varkappa\\ \Delta\varphi_\varkappa\\ \Delta\mu_\varkappa\\ \Delta\upsilon_\varkappa\end{pmatrix}$ | Diskrete Einwirkungen an der Stelle $\varkappa$ wie Versetzung der Stabachse (etwa wegen Querschnittsänderung), Abknickung der Stabachse, Einzellast, -moment |
| $M_{\mathrm{f}\varkappa}$ | $-\dfrac{B}{l}\Delta\mu_\varkappa$ | bezogenes Einzelmoment $M_{\mathrm{f}\varkappa}$ an der Stelle $\varkappa$ |
| $F_\varkappa$ | $-\dfrac{B}{l^2}\Delta\upsilon_\varkappa$ | bezogene Einzellast $F_\varkappa = F_{z\varkappa}$ an der Stelle $\varkappa$ |

Die Zustandsgrößen am Anfang eines Abschnitts gehen aus denen des vorhergehenden hervor, enthalten aber außerdem etwaige diskrete Einwirkungen (Einzellast, -moment, Knick oder Versetzung), die an der Grenzstelle $(\varkappa-1)$ zwischen den Abschnitten $(\varkappa-1)$ und $\varkappa$ angreifen:

$$^{(\varkappa)}\vec{z}_{\varkappa-1} = {}^{(\varkappa-1)}\vec{z}_{\varkappa-1} + \Delta\vec{f}_{\varkappa-1}$$

Folgt man der Rekursion rückwärts bis $\varkappa = 1$, also bis zum ersten Abschnitt, dann führt man die Beziehung mit ${}^{(\varkappa)}\vec{z}_{\varkappa-1} = {}^{(1)}\vec{z}_0 = \vec{r}_{\mathrm{i}}$ auf den „Randzustand" am Knoten $i$ zurück, und es muß allgemein gelten

$$ {}^{(\varkappa)}\vec{z} = \bar{\Xi}\vec{r}_i + \vec{f} = {}^{\varkappa}\bar{\Xi}\left({}^{(\varkappa-1)}\vec{z}_{\varkappa-1} + \Delta\vec{f}_{\varkappa-1} - {}^{\varkappa}\vec{f}_{\varkappa-1}\right) + {}^{\varkappa}\vec{f} \quad \text{und} $$

$$ {}^{(\varkappa-1)}\vec{z}_{\varkappa-1} = \bar{\Xi}_{\varkappa-1}\vec{r}_i \quad + \vec{f}_{\varkappa-1}. $$

Daraus folgt nun die Übertragungsbeziehung

$$ {}^{(\varkappa)}\vec{z} = \bar{\Xi}\vec{r}_i + \vec{f} = {}^{\varkappa}\bar{\Xi}\left(\bar{\Xi}_{\varkappa-1}\vec{r}_i + \vec{f}_{\varkappa-1} - {}^{\varkappa}\vec{f}_{\varkappa-1} + \Delta\vec{f}_{\varkappa-1}\right) + {}^{\varkappa}\vec{f}. $$

**Übertragungsprozeß**

| | | |
|---|---|---|
| Zustandsgrößen im Abschnitt $\varkappa$ | ${}^{(\varkappa)}\vec{z} = \bar{\Xi}\vec{r}_i + \vec{f}$ | |
| Funktionsmatrix des Randgrößeneinflusses im Abschnitt $\varkappa$ | $\bar{\Xi} = {}^{(\varkappa)}\bar{\Xi} = {}^{\varkappa}\bar{\Xi}\bar{\Xi}_{\varkappa-1}$ | $= {}^{\varkappa}\bar{\Xi}\left(\prod_{\lambda=\varkappa=1}^{1}\bar{\Xi}_{\lambda}\right)$ |
| Funktionstupel des Einwirkungseinflusses im Abschnitt $\varkappa$ | $\vec{f} = {}^{(\varkappa)}\vec{f} = {}^{\varkappa}\bar{\Xi}\left({}^{(\varkappa-1)}\vec{f}_{\varkappa-1} - {}^{\varkappa}\vec{f}_{\varkappa-1}\right.$ $\left. + \Delta\vec{f}_{\varkappa-1}\right) + {}^{\varkappa}\vec{f}$ | $= {}^{\varkappa}\bar{\Xi}\left(\sum_{\lambda=1}^{\varkappa}{}^{(\lambda)}\bar{\Xi}_{\varkappa-1}\Delta\vec{F}_{\lambda-1}\right) + {}^{\varkappa}\vec{f}$ |
| Einflußzuwachs der Einwirkungen am Anfang des Abschnitts $\varkappa$ | $\Delta\vec{F}_{\varkappa-1} = {}^{\varkappa-1}\vec{f}_{\varkappa-1} - {}^{\varkappa}\vec{f}_{\varkappa-1} + \Delta\vec{f}_{\varkappa-1}$ | |

| | |
|---|---|
| ${}^{\varkappa}\bar{\Xi}$ | Funktionsmatrix des Einflusses des Anfangszustands im Abschnitt $\varkappa$ |
| $\bar{\Xi}_{\varkappa-1} = {}^{(\varkappa-1)}\bar{\Xi}_{\varkappa-1}$ | Funktionsmatrix des Einflusses des Randgrößenzustands $i$ am Anfang des Abschnitts $\varkappa$ (Tafel 30) |
| ${}^{\varkappa}\vec{f}$ | Einwirkungseinfluß des Abschnitts $\varkappa$ auf die Zustandsfunktionen (Tafel 31/32) |
| $\Delta\vec{f}_{\varkappa-1}$ | Zustandsgrößensprung an der Stelle $\varkappa-1$ (Ende des Abschnitts $\varkappa-1$) |

Für den Fall gleicher Biegesteifigkeit und Längskraft im ganzen Stab gilt ${}^{(\varkappa)}\bar{\Xi} = {}^{(\varkappa)}\bar{\Xi}$.

## Theorie I. und II. Ordnung

Die Übertragungsbeziehungen gelten gleichermaßen für die Berechnung nach Theorie I. wie II. Ordnung. Die Funktionsmatrizen sind allerdings unterschiedlich und aus Tafeln 30 bis 33 zu entnehmen.

Gemeinsame Voraussetzung beider Theorien ist die Annahme kleiner Formänderungen, d.h. Längsverschiebungen der Achspunkte infolge Krümmung ($w'' = -M/EI$) und Dehnung ($\varepsilon = N/EA$) bleiben bei der Berechnung der Schnittgrößen unberücksichtigt. Bei der Berechnung nach Theorie I. Ordnung wird außerdem die Biegewirkung der Längskräfte am verformten Stab vernachlässigt. Dadurch wird das Problem linear, d.h. die Auswirkungen einzelner Einwirkungszustände können für sich ermittelt und anschließend zur Gesamtauswirkung überlagert werden (Superpositionsgesetz).

Nach Theorie II. Ordnung werden die Stabbeanspruchungen durch Längskraft ($N$-Zustand) am verformten System berücksichtigt, das Problem ist grundsätzlich nichtlinear! Ist allerdings der $N$-Zustand mehreren Einwirkungszuständen gemeinsam und liegt der $N$-Zustand wertmäßig fest, so sind diese Einwirkungen in derselben Weise überlagerbar wie nach Theorie I. Ordnung. Bei Stäben, die Element komplexer Stabwerke sind und deren $N$-Zustand nicht von vornherein feststeht, ist mit Schätz- oder Vorberechnungswerten zu arbeiten, die u.U. in einem schnell konvergierenden Iterationsprozeß verbessert werden müssen.

Die Nichtlinearität des $N$-Einflusses bei Theorie II. Ordnung verlangt die Berücksichtigung von $N$ mit seinem Bemessungswert $N_d$. Dies ist aber nur bei der Berechnung des charakteristischen Wertes $\varepsilon$ erforderlich; im übrigen kann wie bei Theorie I. Ordnung unter Gebrauchslasten gerechnet werden.

Die Rechnung nach Theorie II. Ordnung ist erforderlich, wenn sie zu nennenswert ungünstigeren Ergebnissen führt als die nach Theorie I. Ordnung. Dies trifft bei einer Längsdruckbeanspruchung zu, die eine kritische Größenordnung übersteigt. Es hat sich eingebürgert, die kritische Grenze bei etwa $|N_d| = |N_{Ki}|/10$ anzunehmen, d.h., solange die Druckbeanspruchung $|N_d| \lesssim EI/l^2$ ist die Rechnung nach Theorie II. Ordnung entbehrlich.

**Tafel 30 Funktionsmatrizen; Übertragungsmatrizen (${}^{\varkappa}\xi=\xi-\xi_{\varkappa-1}$)**

| | Querkraft ⊥ Systemlinie ($V^*$) | Querkraft ⊥ Stabachse ($V$) |
|---|---|---|
| Theorie I. Ordnung $N=0$ | $\begin{pmatrix} 1 & {}^{\varkappa}\xi & -\frac{1}{2\beta_\varkappa}{}^{\varkappa}\xi^2 & -\frac{1}{6\beta_\varkappa}{}^{\varkappa}\xi^3 \\ 0 & 1 & -\frac{1}{\beta_\varkappa}{}^{\varkappa}\xi & -\frac{1}{2\beta_\varkappa}{}^{\varkappa}\xi^2 \\ 0 & 0 & 1 & {}^{\varkappa}\xi \\ 0 & 0 & 0 & 1 \end{pmatrix}$ | $\begin{pmatrix} 1 & {}^{\varkappa}\xi & -\frac{1}{2\beta_\varkappa}{}^{\varkappa}\xi^2 & -\frac{1}{6\beta_\varkappa}{}^{\varkappa}\xi^3 \\ 0 & 1 & -\frac{1}{\beta_\varkappa}{}^{\varkappa}\xi & -\frac{1}{2\beta_\varkappa}{}^{\varkappa}\xi^2 \\ 0 & 0 & 1 & {}^{\varkappa}\xi \\ 0 & 0 & 0 & 1 \end{pmatrix}$ |
| Theorie II. Ordnung $N>0$ | $\begin{pmatrix} 1 & \frac{\sinh\varepsilon_\varkappa{}^{\varkappa}\xi}{\varepsilon_\varkappa} & \frac{1-\cosh\varepsilon_\varkappa{}^{\varkappa}\xi}{\beta_\varkappa\varepsilon_\varkappa^2} & \frac{1}{\beta_\varkappa\varepsilon_\varkappa^2}\left({}^{\varkappa}\xi-\frac{\sinh\varepsilon_\varkappa{}^{\varkappa}\xi}{\varepsilon_\varkappa}\right) \\ 0 & \cosh\varepsilon_\varkappa{}^{\varkappa}\xi & -\frac{\sinh\varepsilon_\varkappa{}^{\varkappa}\xi}{\beta_\varkappa\varepsilon_\varkappa} & -\frac{1-\cosh\varepsilon_\varkappa{}^{\varkappa}\xi}{\beta_\varkappa\varepsilon_\varkappa^2} \\ 0 & -\beta_\varkappa\varepsilon_\varkappa\sinh\varepsilon_\varkappa{}^{\varkappa}\xi & \cosh\varepsilon_\varkappa{}^{\varkappa}\xi & \frac{\sinh\varepsilon_\varkappa{}^{\varkappa}\xi}{\varepsilon_\varkappa} \\ 0 & 0 & 0 & 1 \end{pmatrix}$ | $\begin{pmatrix} 1 & {}^{\varkappa}\xi & \frac{1-\cosh\varepsilon_\varkappa{}^{\varkappa}\xi}{\beta_\varkappa\varepsilon_\varkappa^2} & \frac{1}{\beta_\varkappa\varepsilon_\varkappa^2}\left({}^{\varkappa}\xi-\frac{\sinh\varepsilon_\varkappa{}^{\varkappa}\xi}{\varepsilon_\varkappa}\right) \\ 0 & 1 & -\frac{\sinh\varepsilon_\varkappa{}^{\varkappa}\xi}{\beta_\varkappa\varepsilon_\varkappa} & \frac{1-\cosh\varepsilon_\varkappa{}^{\varkappa}\xi}{\beta_\varkappa\varepsilon_\varkappa^2} \\ 0 & 0 & \cosh\varepsilon_\varkappa{}^{\varkappa}\xi & \frac{\sinh\varepsilon_\varkappa{}^{\varkappa}\xi}{\varepsilon_\varkappa} \\ 0 & 0 & \varepsilon_\varkappa\sinh\varepsilon_\varkappa{}^{\varkappa}\xi & \cosh\varepsilon_\varkappa{}^{\varkappa}\xi \end{pmatrix}$ |
| Theorie II. Ordnung $N<0$ | $\begin{pmatrix} 1 & \frac{\sin\varepsilon_\varkappa{}^{\varkappa}\xi}{\varepsilon_\varkappa} & -\frac{1-\cos\varepsilon_\varkappa{}^{\varkappa}\xi}{\beta_\varkappa\varepsilon_\varkappa^2} & -\frac{1}{\beta_\varkappa\varepsilon_\varkappa^2}\left({}^{\varkappa}\xi-\frac{\sin\varepsilon_\varkappa{}^{\varkappa}\xi}{\varepsilon_\varkappa}\right) \\ 0 & \cos\varepsilon_\varkappa{}^{\varkappa}\xi & -\frac{\sin\varepsilon_\varkappa{}^{\varkappa}\xi}{\beta_\varkappa\varepsilon_\varkappa} & -\frac{1-\cos\varepsilon_\varkappa{}^{\varkappa}\xi}{\beta_\varkappa\varepsilon_\varkappa^2} \\ 0 & \beta_\varkappa\varepsilon_\varkappa\sin\varepsilon_\varkappa{}^{\varkappa}\xi & \cos\varepsilon_\varkappa{}^{\varkappa}\xi & \frac{\sin\varepsilon_\varkappa{}^{\varkappa}\xi}{\varepsilon_\varkappa} \\ 0 & 0 & 0 & 1 \end{pmatrix}$ | $\begin{pmatrix} 1 & {}^{\varkappa}\xi & -\frac{1-\cos\varepsilon_\varkappa{}^{\varkappa}\xi}{\beta_\varkappa\varepsilon_\varkappa^2} & -\frac{1}{\beta_\varkappa\varepsilon_\varkappa^2}\left({}^{\varkappa}\xi-\frac{\sin\varepsilon_\varkappa{}^{\varkappa}\xi}{\varepsilon_\varkappa}\right) \\ 0 & 1 & -\frac{\sin\varepsilon_\varkappa{}^{\varkappa}\xi}{\beta_\varkappa\varepsilon_\varkappa} & -\frac{1-\cos\varepsilon_\varkappa{}^{\varkappa}\xi}{\beta_\varkappa\varepsilon_\varkappa^2} \\ 0 & 0 & \cos\varepsilon_\varkappa{}^{\varkappa}\xi & \frac{\sin\varepsilon_\varkappa{}^{\varkappa}\xi}{\varepsilon_\varkappa} \\ 0 & 0 & -\varepsilon_\varkappa\sin\varepsilon_\varkappa{}^{\varkappa}\xi & \cos\varepsilon_\varkappa{}^{\varkappa}\xi \end{pmatrix}$ |

| Lastfall | ${}^{\kappa}\vec{f}$ | ${}^{\kappa}\vec{f}_{\kappa-1}$ | ${}^{\kappa}\vec{f}_{\kappa}$ | |
|---|---|---|---|---|
| 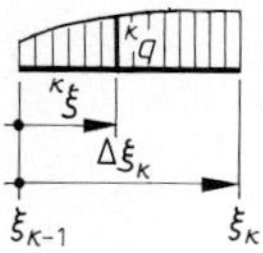  ${}^{\kappa}q=\sum_{i=0}^{n}{}^{\kappa}q_i\,\frac{{}^{\kappa}\xi^i}{i!}$ | $\begin{pmatrix}\frac{1}{\beta_\kappa}\sum_{i=0}^{n}{}^{\kappa}q_i\,\frac{{}^{\kappa}\xi^{i+4}}{(i+4)!}\\ \frac{1}{\beta_\kappa}\sum_{i=0}^{n}{}^{\kappa}q_i\,\frac{{}^{\kappa}\xi^{i+3}}{(i+3)!}\\ -\sum_{i=0}^{n}{}^{\kappa}q_i\,\frac{{}^{\kappa}\xi^{i+2}}{(i+2)!}\\ -\sum_{i=0}^{n}{}^{\kappa}q_i\,\frac{{}^{\kappa}\xi^{i+1}}{(i+1)!}\end{pmatrix}$ | $\begin{pmatrix}0\\0\\0\\0\end{pmatrix}$ | $\begin{pmatrix}\frac{1}{\beta_\kappa}\sum_{i=0}^{n}{}^{\kappa}q_i\,\frac{\Delta\xi_\kappa^{i+4}}{(i+4)!}\\ \frac{1}{\beta_\kappa}\sum_{i=0}^{n}{}^{\kappa}q_i\,\frac{\Delta\xi_\kappa^{i+3}}{(i+3)!}\\ -\sum_{i=0}^{n}{}^{\kappa}q_i\,\frac{\Delta\xi_\kappa^{i+2}}{(i+2)!}\\ -\sum_{i=0}^{n}{}^{\kappa}q_i\,\frac{\Delta\xi_\kappa^{i+1}}{(i+1)!}\end{pmatrix}$ | $\cdot\frac{l^3}{B}$ |
| 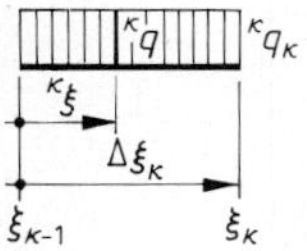  | $\begin{pmatrix}\frac{{}^{\kappa}\xi^4}{24\beta_\kappa}\\ \frac{{}^{\kappa}\xi^3}{6\beta_\kappa}\\ -\frac{{}^{\kappa}\xi^2}{2}\\ -{}^{\kappa}\xi\end{pmatrix}$ | $\begin{pmatrix}0\\0\\0\\0\end{pmatrix}$ | $\begin{pmatrix}\frac{\Delta\xi_\kappa^4}{24\beta_\kappa}\\ \frac{\Delta\xi_\kappa^3}{6\beta_\kappa}\\ -\frac{\Delta\xi_\kappa^2}{2}\\ -\Delta\xi_\kappa\end{pmatrix}$ | |
| 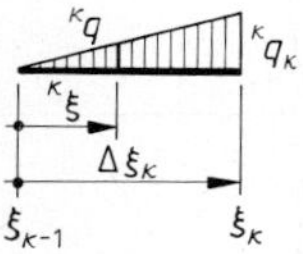  | $\begin{pmatrix}\frac{{}^{\kappa}\xi^5}{120\beta_\kappa\,\Delta\xi_\kappa}\\ \frac{{}^{\kappa}\xi^4}{24\beta_\kappa\,\Delta\xi_\kappa}\\ -\frac{{}^{\kappa}\xi^3}{6\Delta\xi_\kappa}\\ -\frac{{}^{\kappa}\xi^2}{2\,\Delta\xi_\kappa}\end{pmatrix}$ | $\begin{pmatrix}0\\0\\0\\0\end{pmatrix}$ | $\begin{pmatrix}\frac{\Delta\xi_\kappa^4}{120\beta_\kappa}\\ \frac{\Delta\xi_\kappa^3}{24\beta_\kappa}\\ -\frac{\Delta\xi_\kappa^2}{6}\\ \frac{-\Delta\xi_\kappa}{2}\end{pmatrix}$ | $\cdot\frac{{}^{\kappa}q_\kappa\,l^3}{B}$ |
| 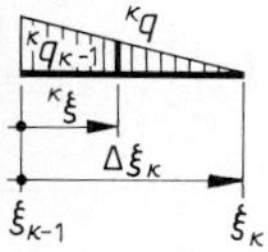  | $\begin{pmatrix}\frac{(\Delta\xi_\kappa-{}^{\kappa}\xi)^5}{120\beta_\kappa\,\Delta\xi_\kappa}\\ -\frac{(\Delta\xi_\kappa-{}^{\kappa}\xi)^4}{24\beta_\kappa\,\Delta\xi_\kappa}\\ \frac{(\Delta\xi_\kappa-{}^{\kappa}\xi)^3}{6\Delta\xi_\kappa}\\ -\frac{(\Delta\xi_\kappa-{}^{\kappa}\xi)^2}{2\Delta\xi_\kappa}\end{pmatrix}$ | $\begin{pmatrix}\frac{\Delta\xi_\kappa^4}{120\beta_\kappa}\\ \frac{\Delta\xi_\kappa^3}{24\beta_\kappa}\\ -\frac{\Delta\xi_\kappa^2}{6}\\ -\frac{\Delta\xi_\kappa}{2}\end{pmatrix}$ | $\begin{pmatrix}0\\0\\0\\0\end{pmatrix}$ | |

**Tafel 32 Elastizitätstheorie II. Ordnung, Belastungsfunktionen für $V^* \perp$ Systemlinie ($N \lesseqgtr 0$)**

| Lastfall | ${}^{\varkappa}\vec{z}_{F}$ | ${}^{\varkappa}\vec{z}_{F\varkappa-1}$ | ${}^{\varkappa}\vec{z}_{F\varkappa}$ | |
|---|---|---|---|---|
| Allgemeiner Ansatz: $^{\varkappa}q=\sum\limits_{i=0}^{n}{}^{\varkappa}q_i\frac{^{\varkappa}\xi^{i}}{i!}$ | $^{f}\omega=\sum\limits_{i=0}^{n}{}^{\varkappa}c_i\frac{^{\varkappa}\xi^{i}}{i!}$ | $^{\varkappa}c_{n+2}=\pm\frac{1}{\varepsilon_\varkappa^2}{}^{\varkappa}q_n$ <br> $^{\varkappa}c_{n+1}=\pm\frac{1}{\varepsilon_\varkappa^2}{}^{\varkappa}q_{n-1}$ <br> $^{\varkappa}c_{i}=\pm\frac{1}{\varepsilon_\varkappa^2}({}^{\varkappa}q_{i-2}-{}^{\varkappa}c_{i+2})$ | | $\cdot\frac{l^3}{B}$ |
| 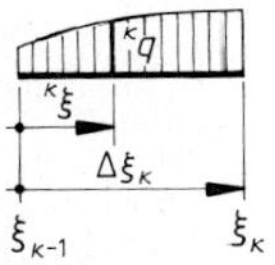 | $\begin{pmatrix}\frac{1}{\beta_\varkappa}\sum\limits_{i=0}^{n}{}^{\varkappa}c_i\frac{^{\varkappa}\xi^{i}}{i!}\\ \frac{1}{\beta_\varkappa}\sum\limits_{i=1}^{n}{}^{\varkappa}c_i\frac{^{\varkappa}\xi^{i-1}}{(i-1)!}\\ -\sum\limits_{i=2}^{n}{}^{\varkappa}c_i\frac{^{\varkappa}\xi^{i-2}}{(i-2)!}\\ -\left(\sum\limits_{i=3}^{n}{}^{\varkappa}c_i\frac{^{\varkappa}\xi^{i-3}}{(i-3)!}\mp\varepsilon_\varkappa^2\sum\limits_{i=1}^{n}{}^{\varkappa}c_i\frac{^{\varkappa}\xi^{i-1}}{(i-1)!}\right)\end{pmatrix}$ | | | |
| 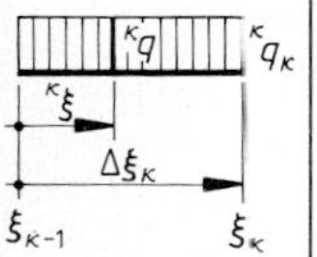 | $\begin{pmatrix}\pm\frac{^{\varkappa}\xi^2}{2\beta_\varkappa\varepsilon_\varkappa^2}\\ \pm\frac{^{\varkappa}\xi}{2\beta_\varkappa\varepsilon_\varkappa^2}\\ \mp\frac{1}{\varepsilon_\varkappa^2}\\ -{}^{\varkappa}\xi\end{pmatrix}$ | $\begin{pmatrix}0\\ 0\\ \mp\frac{1}{\varepsilon_\varkappa^2}\\ 0\end{pmatrix}$ | $\begin{pmatrix}\pm\frac{\Delta\xi_\varkappa^2}{2\beta_\varkappa\varepsilon_\varkappa^2}\\ \pm\frac{\Delta\xi_\varkappa^2}{\beta_\varkappa\varepsilon_\varkappa^2}\\ \mp\frac{1}{\varepsilon_\varkappa^2}\\ -\Delta\xi_\varkappa\end{pmatrix}$ | $\cdot\frac{^{\varkappa}q_\varkappa l^3}{B}$ |
| 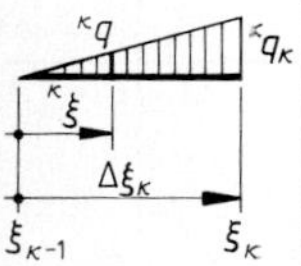 | $\begin{pmatrix}\pm\frac{^{\varkappa}\xi^3}{6\beta_\varkappa\varepsilon_\varkappa^2\Delta\xi_\varkappa}\\ \pm\frac{^{\varkappa}\xi^2}{2\beta_\varkappa\varepsilon_\varkappa^2\Delta\xi_\varkappa}\\ \mp\frac{^{\varkappa}\xi}{\varepsilon_\varkappa^2\Delta\xi_\varkappa}\\ -\frac{1}{\Delta\xi_\varkappa}\left(\frac{^{\varkappa}\xi^2}{2}\pm\frac{1}{\varepsilon_\varkappa^2}\right)\end{pmatrix}$ | $\begin{pmatrix}0\\ 0\\ 0\\ \mp\frac{1}{\varepsilon_\varkappa^2\Delta\xi_\varkappa}\end{pmatrix}$ | $\begin{pmatrix}\pm\frac{\Delta\xi_\varkappa^2}{6\beta_\varkappa\varepsilon_2^\varkappa}\\ \pm\frac{\Delta\xi_\varkappa}{2\beta_\varkappa\varepsilon_\varkappa^2}\\ \mp\frac{1}{\varepsilon_\varkappa^2}\\ -\left(\frac{\Delta\xi_\varkappa}{2}\pm\frac{1}{\varepsilon_\varkappa^2\Delta\xi_\varkappa}\right)\end{pmatrix}$ | |
| 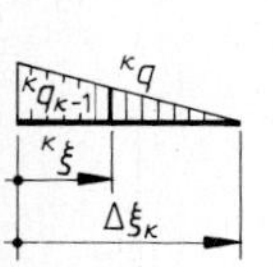 | $\begin{pmatrix}\pm\frac{^{\varkappa}\xi^2}{2\beta\varepsilon_\varkappa^2}\left(1-\frac{^{\varkappa}\xi}{3\Delta\xi_\varkappa}\right)\\ \pm\frac{^{\varkappa}\xi}{\beta_\varkappa\varepsilon_\varkappa^2}\left(1-\frac{^{\varkappa}\xi}{2\Delta\xi_\varkappa}\right)\\ \mp\frac{1}{\varepsilon_\varkappa^2}\left(1-\frac{^{\varkappa}\xi}{\Delta\xi_\varkappa}\right)\\ -{}^{\varkappa}\xi\left(1-\frac{^{\varkappa}\xi}{2\Delta\xi_\varkappa}\right)\pm\frac{1}{\varepsilon_\varkappa^2\Delta\xi_\varkappa}\end{pmatrix}$ | $\begin{pmatrix}0\\ 0\\ \mp\frac{1}{\varepsilon_\varkappa^2}\\ \pm\frac{1}{\varepsilon_\varkappa^2\lambda_\varkappa}\end{pmatrix}$ | $\begin{pmatrix}\mp\frac{\Delta\xi_\varkappa^2}{3\beta_\varkappa\varepsilon_\varkappa^2}\\ \mp\frac{\Delta\xi_\varkappa}{2\beta_\varkappa\varepsilon_\varkappa^2}\\ 0\\ -\left(\frac{\Delta\xi_\varkappa}{2}\mp\frac{1}{\varepsilon_\varkappa^2\xi_\varkappa}\right)\end{pmatrix}$ | $\cdot\frac{^{\varkappa}q_{\varkappa-1}l^3}{B}$ |
| 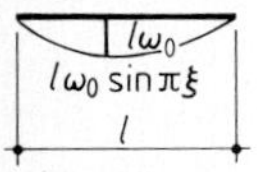 | $\begin{pmatrix}\sin\pi\xi\\ \pi\cos\pi\xi\\ \pi^2\beta_\varkappa\sin\pi\xi\\ 0\end{pmatrix}$ | $\begin{pmatrix}\sin\pi\xi_{\varkappa-1}\\ \pi\cos\pi\xi_{\varkappa-1}\\ \pi^2\beta_\varkappa\sin\pi\xi_{\varkappa-1}\\ 0\end{pmatrix}$ | $\begin{pmatrix}\sin\pi\xi_\varkappa\\ \pi\cos\pi\xi_\varkappa\\ \pi^2\beta_\varkappa\sin\pi\xi_\varkappa\\ 0\end{pmatrix}$ | $\cdot\left(-\frac{(\varepsilon_\varkappa/\pi)^2}{(\varepsilon_\varkappa/\pi)^2\mp1}\omega_0\right)$ |
| 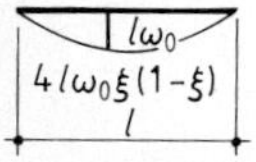 | $\begin{pmatrix}\xi^2\\ 2\xi\\ -2\beta_\varkappa\\ 0\end{pmatrix}$ | $\begin{pmatrix}\xi_{\varkappa-1}^2\\ 2\xi_{\varkappa-1}\\ -2\beta_\varkappa\\ 0\end{pmatrix}$ | $\begin{pmatrix}\xi_\varkappa^2\\ 2\xi_\varkappa\\ -2\beta_\varkappa\\ 0\end{pmatrix}$ | $\cdot(-4\omega_0)$ |

**Tafel 33 Elastizitätstheorie II. Ordnung: Belastungsfunktionen für $V \perp$ Biegelinie ($N \lessgtr 0$)**

| Lastfall | ${}^{\varkappa}\vec{z}_F$ | ${}^{\varkappa}\vec{z}_{F\varkappa-1}$ | ${}^{\varkappa}\vec{z}_{F\varkappa}$ | |
|---|---|---|---|---|
| 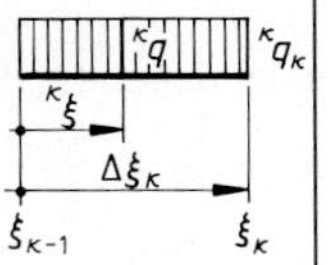 | $\begin{pmatrix} \pm\frac{{}^{\varkappa}\xi^2}{2\beta_\varkappa\varepsilon_\varkappa^2} \\ \pm\frac{{}^{\varkappa}\xi}{\beta_\varepsilon\varepsilon_\varkappa^2} \\ \mp\frac{1}{\varepsilon_\varkappa^2} \\ 0 \end{pmatrix}$ | $\begin{pmatrix} 0 \\ 0 \\ \mp\frac{1}{\varepsilon_\varkappa^2} \\ 0 \end{pmatrix}$ | $\begin{pmatrix} \pm\frac{\Delta\xi_\varkappa^2}{2\beta_\varkappa\varepsilon_\varkappa^2} \\ \pm\frac{\Delta\xi_\varkappa^2}{\beta_\varkappa\varepsilon_\varkappa^2} \\ \mp\frac{1}{\varepsilon_\varkappa^2} \\ 0 \end{pmatrix}$ | $\cdot\frac{{}^{\varkappa}q_\varkappa l^3}{B}$ |
| 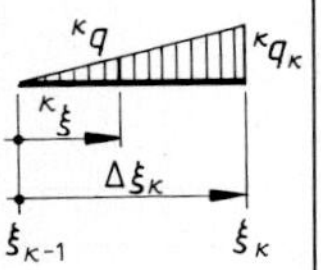 | $\begin{pmatrix} \pm\frac{{}^{\varkappa}\xi^3}{6\beta_\varkappa\varepsilon_\varkappa^2\Delta\xi_\varkappa} \\ \pm\frac{{}^{\varkappa}\xi^2}{2\beta_\varkappa\varepsilon_\varkappa^2\Delta\xi_\varkappa} \\ \mp\frac{{}^{\varkappa}\xi}{\varepsilon_\varkappa^2\Delta\xi_\varkappa} \\ \mp\frac{1}{\varepsilon_\varkappa^2\Delta\xi_\varkappa} \end{pmatrix}$ | $\begin{pmatrix} 0 \\ 0 \\ 0 \\ \mp\frac{1}{\varepsilon_\varkappa^2\Delta\xi_\varkappa} \end{pmatrix}$ | $\begin{pmatrix} \pm\frac{\Delta\xi_\varkappa^2}{6\beta_\varkappa\varepsilon_\varkappa^2} \\ \pm\frac{\Delta\xi_\varkappa}{2\beta_\varkappa\varepsilon_\varkappa^2} \\ \mp\frac{1}{\varepsilon_\varkappa^2} \\ \mp\frac{1}{\varepsilon_\varkappa^2\Delta\xi_\varkappa} \end{pmatrix}$ | |
| 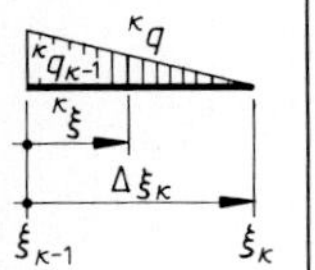 | $\begin{pmatrix} \pm\frac{{}^{\varkappa}\xi^2}{2\beta_\varkappa\varepsilon_\varkappa^2}\left(1-\frac{{}^{\varkappa}\xi}{3\Delta\xi_\varkappa}\right) \\ \pm\frac{{}^{\varkappa}\xi}{\beta_\varkappa\varepsilon_\varkappa^2}\left(1-\frac{{}^{\varkappa}\xi}{2\Delta\xi_\varkappa}\right) \\ \mp\frac{1}{\varepsilon_\varkappa^2}\left(1-\frac{{}^{\varkappa}\xi}{\Delta\xi_\varkappa}\right) \\ \pm\frac{1}{\varepsilon_\varkappa^2\Delta\xi_\varkappa} \end{pmatrix}$ | $\begin{pmatrix} 0 \\ 0 \\ \mp\frac{1}{\varepsilon_\varkappa^2} \\ \pm\frac{1}{\varepsilon_\varkappa^2\Delta\xi_\varkappa} \end{pmatrix}$ | $\begin{pmatrix} \pm\frac{\Delta\xi_\varkappa^2}{3\beta_\varkappa\varepsilon_\varkappa^2} \\ \pm\frac{\Delta\xi_\varkappa}{2\beta_\varkappa\varepsilon_\varkappa^2} \\ 0 \\ \pm\frac{1}{\varepsilon_\varkappa^2\Delta\xi_\varkappa} \end{pmatrix}$ | $\cdot\frac{{}^{\varkappa}q_{\varkappa-1} l^3}{B}$ |
| 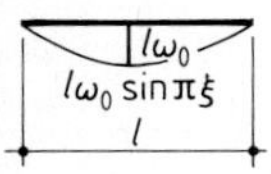 | $\begin{pmatrix} \sin\pi\xi \\ \pi\cos\pi\xi \\ \pi^2\beta_\varkappa\sin\pi\xi \\ \pi^3\beta_\varkappa\cos\pi\xi \end{pmatrix}$ | $\begin{pmatrix} \sin\pi\xi_{\varkappa-1} \\ \pi\cos\pi\xi_{\varkappa-1} \\ \pi^2\beta_\varkappa\sin\pi\xi_{\varkappa-1} \\ \pi^3\beta_\varkappa\cos\pi\xi_{\varkappa-1} \end{pmatrix}$ | $\begin{pmatrix} \sin\pi\xi_\varkappa \\ \pi\cos\pi\xi_\varkappa \\ \pi^2\beta_\varkappa\sin\pi\xi_\varkappa \\ \pi^3\beta_\varkappa\cos\pi\xi_\varkappa \end{pmatrix}$ | $\cdot\left(\frac{(\varepsilon_\varkappa/\pi)^2}{(\varepsilon_\varkappa/\pi)^2\mp1}\right)\omega_0$ |
| 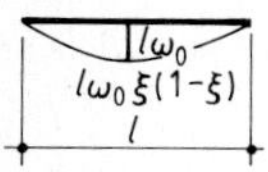 | $\begin{pmatrix} \xi^2 \\ 2\xi \\ -2\beta_\varkappa \\ 0 \end{pmatrix}$ | $\begin{pmatrix} \xi_{\varkappa-1}^2 \\ 2\xi_{\varkappa-1} \\ -2\beta_\varkappa \\ 0 \end{pmatrix}$ | $\begin{pmatrix} \xi_\varkappa^2 \\ 2\xi_\varkappa \\ -2\beta_\varkappa \\ 0 \end{pmatrix}$ | $\cdot(-4\omega_0)$ |

### 5.4.3 Erfüllen der Randbedingungen

Je nach Randverhältnissen des Stabes enthalten die Tupel $\vec{r}_i$ und $\vec{r}_k$ je zwei bestimmte und zwei freie bzw abhängige Randgrößen, die aus den Randbedingungen berechnet werden. Die Querkraft muß dabei im Falle von Theorie II. Ordnung senkrecht zur Stabsystemlinie angesetzt werden.

Die Übertragungsrechnung ergibt am Stabende:

$\vec{r}_k = {}^{(n+1)}\vec{z}_n = \bar{\Xi}_n \vec{r}_i + \vec{f}_n$ (wobei ${}^{n+1}\vec{f}_n = 0$) *Endergebnis der Übertragungsrechnung bei k*

Die Randgrößen werden nach unbestimmten ($\vec{x}_R$) und bestimmten ($\vec{c}_R$) Elementen umgeordnet, aus denen sie gemäß den folgenden Beziehungen wieder hervorgehen:

$\vec{r}_i = \bar{X}_i \vec{x}_R + \bar{C}_i \vec{c}_R$; $\vec{r}_k = \bar{X}_k \vec{x}_R + \bar{C}_k \vec{c}_R$ *Randgrößen, geordnet nach Randbedingungen*

$\vec{x}_R = \begin{pmatrix} \vec{x}_{Ri} \\ \vec{x}_{Rk} \end{pmatrix}$; $\vec{c}_R = \begin{pmatrix} \vec{c}_{Ri} \\ \vec{c}_{Rk} \end{pmatrix}$ mit $\vec{x}_{Ri}, \vec{x}_{Rk} = \begin{pmatrix} x_1 \\ x_2 \end{pmatrix}$, $\vec{c}_{Ri}$ und $\vec{c}_{Rk} = \begin{pmatrix} c_1 \\ c_2 \end{pmatrix}$ *umgeordnete Zustandsgrößentupel*

Je nach Randbedingung (Tafel 34) gilt

$x_1 = \omega | \upsilon^*$ und $c_1 = \upsilon^* | \omega$ sowie $x_2 = \varphi | \mu$ und $c_2 = \mu | \varphi$ des jeweiligen Knotens.

Die Transformationsmatrizen bauen sich nach folgenden Regeln auf:

$\bar{X}_i = (\bar{X}_R\ \bar{0})$; $\bar{X}_k = (\bar{0}\ \bar{X}_R)$ und $\bar{C}_i = (\bar{C}_R\ \bar{0})$; $\bar{C}_k = (\bar{0}\ \bar{C}_R)$

Die unbestimmten Randgrößen gewinnt man mit $\bar{X} = \bar{X}_k - \bar{\Xi}_n \bar{X}_i$ und $\bar{C} = \bar{\Xi}_n \bar{C}_i - \bar{C}_k$ aus

$\vec{x}_R = \bar{X}^{-1} [\bar{C} \vec{c}_R + \vec{f}_n]$ *Berechnung der unbestimmten Randgrößen*

**Tafel 34 Randbedingungsmatrizen**

| Bindung | $\bar{X}_R$ | $\vec{x}_{Ri}, \vec{x}_{Rk}$ | $\bar{C}_R$ | $\vec{c}_{Ri}, \vec{c}_{Rk}$ |
|---|---|---|---|---|
|  *i* *k* | $\begin{pmatrix} 1 & 0 \\ 0 & 1 \\ 0 & 0 \\ 0 & 0 \end{pmatrix}$ | $\begin{pmatrix} \omega \\ \varphi \end{pmatrix}$ | $\begin{pmatrix} 0 & 0 \\ 0 & 0 \\ 0 & 1 \\ 1 & 0 \end{pmatrix}$ | $\begin{pmatrix} \upsilon \\ \mu \end{pmatrix}$ |
|  *i* *k* | $\begin{pmatrix} 1 & 0 \\ 0 & 1 \\ 0 & 0 \\ \chi_F & 0 \end{pmatrix}$ | $\begin{pmatrix} \omega \\ \varphi \end{pmatrix}$ | $\begin{pmatrix} 0 & 0 \\ 0 & 0 \\ 0 & 1 \\ 0 & 0 \end{pmatrix}$ | $\begin{pmatrix} \upsilon \\ \mu \end{pmatrix}$ |
|  *i* *k* | $\begin{pmatrix} 1 & 0 \\ 0 & 1 \\ 0 & \chi_M \\ \chi_F & 0 \end{pmatrix}$ | $\begin{pmatrix} \omega \\ \varphi \end{pmatrix}$ | $\begin{pmatrix} 0 & 0 \\ 0 & 0 \\ 0 & 0 \\ 0 & 0 \end{pmatrix}$ | $\begin{pmatrix} \upsilon \\ \mu \end{pmatrix}$ |
|  *i* *k* | $\begin{pmatrix} 0 & 0 \\ 0 & 1 \\ 0 & 0 \\ 1 & 0 \end{pmatrix}$ | $\begin{pmatrix} \upsilon \\ \varphi \end{pmatrix}$ | $\begin{pmatrix} 1 & 0 \\ 0 & 0 \\ 0 & 1 \\ 1 & 0 \end{pmatrix}$ | $\begin{pmatrix} \omega \\ \mu \end{pmatrix}$ |
|  *i* *k* | $\begin{pmatrix} 0 & 0 \\ 0 & 1 \\ 0 & \chi_M \\ 1 & 0 \end{pmatrix}$ | $\begin{pmatrix} \upsilon \\ \varphi \end{pmatrix}$ | $\begin{pmatrix} 1 & 0 \\ 0 & 0 \\ 0 & 0 \\ 0 & 0 \end{pmatrix}$ | $\begin{pmatrix} \omega \\ \mu \end{pmatrix}$ |
|  *i* *k* | $\begin{pmatrix} 1 & 0 \\ 0 & 0 \\ 0 & 1 \\ 0 & 0 \end{pmatrix}$ | $\begin{pmatrix} \omega \\ \mu \end{pmatrix}$ | $\begin{pmatrix} 1 & 0 \\ 0 & 1 \\ 0 & 0 \\ 1 & 0 \end{pmatrix}$ | $\begin{pmatrix} \upsilon \\ \varphi \end{pmatrix}$ |
|  *i* *k* | $\begin{pmatrix} 1 & 0 \\ 0 & 0 \\ 0 & 1 \\ 0 & 0 \end{pmatrix}$ | $\begin{pmatrix} \omega \\ \mu \end{pmatrix}$ | $\begin{pmatrix} 0 & 0 \\ 0 & 1 \\ 0 & 0 \\ 1 & 0 \end{pmatrix}$ | $\begin{pmatrix} \upsilon \\ \varphi \end{pmatrix}$ |
|  *i* *k* | $\begin{pmatrix} 0 & 0 \\ 0 & 0 \\ 0 & 1 \\ 1 & 0 \end{pmatrix}$ | $\begin{pmatrix} \upsilon \\ \mu \end{pmatrix}$ | $\begin{pmatrix} 1 & 0 \\ 0 & 1 \\ 0 & 0 \\ 0 & 0 \end{pmatrix}$ | $\begin{pmatrix} \omega \\ \varphi \end{pmatrix}$ |

**Beispiel** **Einseitig eingespannter Stab nach Theorie I. Ordnung**

Der Stab nach Bild 53 hat über die ganze Länge gleichbleibende Biegesteifigkeit und konstante Belastung. Es ist nur die Einrichtung eines einzigen Abschnitts erforderlich ($n=1$). Die „Übertragungsbeziehung" verkümmert zu ${}^{(1)}\vec{z} = {}^{(1)}\bar{\Xi}\vec{r}_i - {}^{(1)}\bar{\Xi}\cdot\vec{f}_0 + {}^{1}\vec{f}$ mit ${}^{1}\xi=\xi$. Im übrigen entnimnmt man die Matrix ${}^{(1)}\bar{\Xi}$ aus Tafel 30 für $N=0$ und das Tupel ${}^{1}\vec{f}$ aus Tafel 31 für Gleichlast. Die Übertragungsrechnung endet mit

${}^{(1)}\vec{z}_1 = {}^{(1)}\bar{\Xi}_1\vec{r}_i - {}^{(1)}\bar{\Xi}\cdot\vec{f}_0 + {}^{1}\vec{f}_1 = {}^{(2)}\vec{z}_1 = \vec{r}_k$ bei Knoten $k$.

$$
{}^{(1)}\bar{\Xi}_1 = \begin{pmatrix} 1 & 1 & -1/2 & -1/6 \\ 0 & 1 & -1 & -1/2 \\ 0 & 0 & 1 & 1 \\ 0 & 0 & 0 & 1 \end{pmatrix};\quad \vec{f}_0 = {}^{1}\vec{f}_0 = \begin{pmatrix} 0 \\ 0 \\ 0 \\ 0 \end{pmatrix};\quad \vec{f}_1 = {}^{1}\vec{f}_1 = \begin{pmatrix} 1/24 \\ 1/6 \\ -1/2 \\ -1 \end{pmatrix}\frac{ql^3}{B};
$$

$$
\text{Randbedingungen:}\quad \vec{x}_R = \begin{pmatrix} v_i^* \\ \mu_i \\ v_k^* \\ \varphi_k \end{pmatrix};\quad \vec{c}_R = \begin{pmatrix} \omega_i \\ \varphi_i \\ \omega_k \\ \mu_k \end{pmatrix} = \begin{pmatrix} 0 \\ 0 \\ 0 \\ 0 \end{pmatrix}
$$

Nach Tafel 34 werden für die Randbedingungstupel Umordnungsmatrizen aufgestellt mit dem Ergebnis $\vec{r}_i = \bar{X}_i\vec{x}_R + \bar{C}_i\vec{c}_R$ und $\vec{r}_k = \bar{X}_k\vec{x}_R + \bar{C}_k\vec{c}_R$:

$$
\vec{r}_i = \begin{pmatrix} 0&0&0&0 \\ 0&0&0&0 \\ 0&1&0&0 \\ 1&0&0&0 \end{pmatrix}\begin{pmatrix} v_i^* \\ \mu_i \\ v_k^* \\ \varphi_k \end{pmatrix} + \begin{pmatrix} 1&0&0&0 \\ 0&1&0&0 \\ 0&0&0&0 \\ 0&0&0&0 \end{pmatrix}\begin{pmatrix} \omega_i \\ \varphi_i \\ \omega_k \\ \mu_k \end{pmatrix} \quad \text{und}
$$

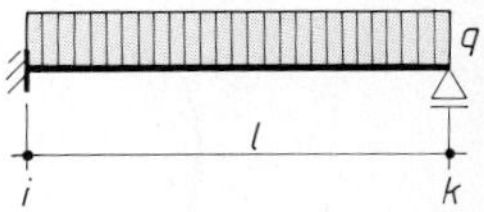


$$
\vec{r}_k = \begin{pmatrix} 0&0&0&0 \\ 0&0&0&1 \\ 0&0&0&0 \\ 0&0&1&0 \end{pmatrix}\begin{pmatrix} v_i^* \\ \mu_i \\ v_k^* \\ \varphi_k \end{pmatrix} + \begin{pmatrix} 0&0&1&0 \\ 0&0&0&0 \\ 0&0&0&1 \\ 0&0&0&0 \end{pmatrix}\begin{pmatrix} \omega_i \\ \varphi_i \\ \omega_k \\ \mu_k \end{pmatrix}
$$

$$
\bar{X} = \bar{X}_k - {}^{(1)}\bar{\Xi}_1\bar{X}_i = \begin{pmatrix} 1/6 & 1/2 & 0 & 0 \\ 1/2 & 1 & 0 & 1 \\ -1 & -1 & 0 & 0 \\ -1 & 0 & 1 & 0 \end{pmatrix};\quad \bar{X}^{-1} = \begin{pmatrix} -3 & 0 & -3/2 & 0 \\ 3 & 0 & 1/2 & 0 \\ -3 & 0 & -3/2 & 1 \\ -3/2 & 1 & 1/4 & 0 \end{pmatrix};
$$

$$
\bar{C} = {}^{(1)}\bar{\Xi}_1\bar{C}_i - \bar{C}_k = \begin{pmatrix} 1 & 1 & -1 & 0 \\ 0 & 1 & 0 & 0 \\ 0 & 0 & 0 & -1 \\ 0 & 0 & 0 & 0 \end{pmatrix}
$$

Damit errechnet sich

$$
\vec{x}_R = \bar{X}^{-1}[\bar{C}\vec{c}_R + \vec{f}_1] = \begin{pmatrix} -3 & 0 & -3/2 & 0 \\ 3 & 0 & 1/2 & 0 \\ -3 & 0 & -3/2 & 1 \\ -3/2 & 1 & 1/4 & 0 \end{pmatrix}\left[\begin{pmatrix} 1 & 1 & -1 & 0 \\ 0 & 1 & 0 & 0 \\ 0 & 0 & 0 & -1 \\ 0 & 0 & 0 & 0 \end{pmatrix}\begin{pmatrix} 0 \\ 0 \\ 0 \\ 0 \end{pmatrix} + \begin{pmatrix} 1/24 \\ 1/6 \\ -1/2 \\ -1 \end{pmatrix}\frac{ql^3}{B}\right]
$$

$$
\vec{x}_R = \begin{pmatrix} -3 & 0 & -3/2 & 0 \\ 3 & 0 & 1/2 & 0 \\ -3 & 0 & -3/2 & 1 \\ -3/2 & 1 & 1/4 & 0 \end{pmatrix}\begin{pmatrix} 1/24 \\ 1/6 \\ -1/2 \\ -1 \end{pmatrix}\frac{ql^3}{B} = \begin{pmatrix} 30 \\ -6 \\ -18 \\ -1 \end{pmatrix}\frac{ql^3}{48B}
$$

$$
\rightarrow \vec{r}_i = \begin{pmatrix} 0&0&0&0 \\ 0&0&0&0 \\ 0&1&0&0 \\ 1&0&0&0 \end{pmatrix}\begin{pmatrix} 30 \\ -6 \\ -18 \\ -1 \end{pmatrix}\frac{ql^3}{48B} = \begin{pmatrix} 0 \\ 0 \\ -1 \\ 5 \end{pmatrix}\frac{ql^3}{8B};
$$

$$
\vec{r}_k = \begin{pmatrix} 0&0&0&0 \\ 0&0&0&1 \\ 0&0&0&0 \\ 0&0&1&0 \end{pmatrix}\begin{pmatrix} 30 \\ -6 \\ -18 \\ -1 \end{pmatrix}\frac{ql^3}{48B} = \begin{pmatrix} 0 \\ -1 \\ 0 \\ -18 \end{pmatrix}\frac{ql^3}{48B}
$$

$$\vec{z}=\begin{pmatrix}1 & \xi & -\frac{\xi^2}{2} & -\frac{\xi^3}{6}\\ 0 & 1 & -\xi & -\frac{\xi^2}{2}\\ 0 & 0 & 1 & \xi\\ 0 & 0 & 0 & 1\end{pmatrix}\begin{pmatrix}0\\0\\-1\\5\end{pmatrix}\frac{ql^3}{8B}+\begin{pmatrix}\frac{\xi^4}{24}\\ \frac{\xi^3}{6}\\ -\frac{\xi^2}{2}\\ -\xi\end{pmatrix}\frac{ql^3}{B}=\begin{pmatrix}2\xi^4-5\xi^3+3\xi^2\\ 8\xi^3-15\xi^2+6\xi\\ -24\xi^2+30\xi-6\\ -48\xi+30\end{pmatrix}\frac{ql^3}{48B}$$

**Beispiel** **Einseitig eingespannter Stab nach Theorie II. Ordnung**

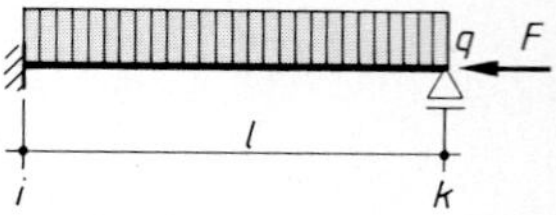


Der Rechengang ist derselbe wie im vorigen Beispiel. Die Funktionsmatrizen und -tupel sind den Tafeln für $N<0$ zu entnehmen:

Mit den Abkürzungen $\varrho_{-2}=-\varepsilon^2\cos\varepsilon$; $\varrho_{-1}=-\varepsilon\sin\varepsilon$; $\varrho_0=\cos\varepsilon$; $\varrho_1=\frac{\sin\varepsilon}{\varepsilon}$; $\varrho_2=\frac{1-\cos\varepsilon}{\varepsilon^2}$ und $\varrho_3=\frac{1}{\varepsilon^2}\left(1-\frac{\sin\varepsilon}{\varepsilon}\right)$ nach dem Bildungsgesetz $\varrho_{i+2}=\frac{1}{\varepsilon^2}\left(\frac{1}{i!}-\varrho_i\right)$ ist

$$^{(1)}\bar{\Xi}_1=\begin{pmatrix}1 & \varrho_1 & -\varrho_2 & -\varrho_3\\ 0 & \varrho_0 & -\varrho_1 & -\varrho_2\\ 0 & -\varrho_{-1} & \varrho_0 & \varrho_1\\ 0 & 0 & 0 & 1\end{pmatrix};\quad \vec{f}_0={}^1\vec{f}_0=\begin{pmatrix}0\\0\\-\frac{1}{\varepsilon_2}\\0\end{pmatrix}\frac{ql^3}{B};\quad \vec{f}_1={}^1\vec{f}_1=\begin{pmatrix}\frac{1}{2\varepsilon^2}\\ \frac{1}{\varepsilon^2}\\ -\frac{1}{\varepsilon^2}\\ -1\end{pmatrix}\frac{ql^3}{B}$$

Der belastungsabhängige Term in der Endgleichung ergibt sich zu

$$\vec{f}_1-{}^{(1)}\bar{\Xi}_1\vec{f}_0=\begin{pmatrix}\frac{1}{2\varepsilon^2}\\ \frac{1}{\varepsilon^2}\\ -\frac{1}{\varepsilon^2}\\ -1\end{pmatrix}\frac{ql^3}{B}-\begin{pmatrix}1 & \varrho_1 & -\varrho_2 & -\varrho_3\\ 0 & \varrho_0 & -\varrho_1 & -\varrho_2\\ 0 & -\varrho_{-1} & \varrho_0 & \varrho_1\\ 0 & 0 & 0 & 1\end{pmatrix}\begin{pmatrix}0\\0\\-\frac{1}{\varepsilon^2}\\0\end{pmatrix}\frac{ql^3}{B}$$

$$=\begin{pmatrix}\frac{1}{\varepsilon^2}\left(\frac{1}{2}-\varrho_2\right)\\ \frac{1}{\varepsilon^2}(1-\varrho_1)\\ -\frac{1}{\varepsilon^2}(1-\varrho_0)\\ -1\end{pmatrix}\frac{ql^3}{B}=\begin{pmatrix}\varrho_4\\ \varrho_3\\ -\varrho_2\\ -1\end{pmatrix}\frac{ql^3}{B}$$

Im übrigen ergibt sich

$$\bar{X}=\bar{X}_k-{}^{(1)}\bar{\Xi}_1\bar{X}_i=\begin{pmatrix}\varrho_3 & \varrho_2 & 0 & 0\\ \varrho_2 & \varrho_1 & 0 & 1\\ -\varrho_1 & -\varrho_0 & 0 & 0\\ -1 & 0 & 1 & 0\end{pmatrix};\quad \bar{X}^{-1}=\begin{pmatrix}-\frac{\varrho_{-2}}{\varrho_0-\varrho_1} & 0 & \frac{1-\varrho_0}{\varrho_0-\varrho_1} & 0\\ \frac{\varrho_{-1}}{\varrho_0-\varrho_1} & 0 & -\frac{1-\varrho_1}{\varrho_0-\varrho_1} & 0\\ -\frac{\varrho_{-2}}{\varrho_0-\varrho_1} & 0 & \frac{1-\varrho_0}{\varrho_0-\varrho_1} & 1\\ \frac{1-\varrho_0}{\varrho_0-\varrho_1} & 1 & \frac{\varrho_1-2\varrho_2}{\varrho_0-\varrho_1} & 0\end{pmatrix}\quad \text{und}$$

$$\bar{C}={}^{(1)}\bar{\Xi}_1\bar{C}_i-\bar{C}_k=\begin{pmatrix}1 & \varrho_1 & -1 & 0\\ 0 & \varrho_0 & 0 & 0\\ 0 & -\varrho_{-1} & 0 & -1\\ 0 & 0 & 0 & 0\end{pmatrix}$$

Dies führt zu

$$\begin{pmatrix} \upsilon_i^* \\ \mu_i \\ \upsilon_k^* \\ \varphi_k \end{pmatrix} = \begin{pmatrix} -\dfrac{\varrho_{-2}}{\varrho_0-\varrho_1} & 0 & \dfrac{1-\varrho_0}{\varrho_0-\varrho_1} & 0 \\ \dfrac{\varrho_{-1}}{\varrho_0-\varrho_1} & 0 & -\dfrac{1-\varrho_1}{\varrho_0-\varrho_1} & 0 \\ -\dfrac{\varrho_{-2}}{\varrho_0-\varrho_1} & 0 & \dfrac{1-\varrho_0}{\varrho_0-\varrho_1} & 1 \\ \dfrac{1-\varrho_0}{\varrho_0-\varrho_1} & 1 & \dfrac{\varrho_1-2\varrho_2}{\varrho_0-\varrho_1} & 0 \end{pmatrix} \left[ \begin{pmatrix} 1 & \varrho_1 & -1 & 0 \\ 0 & \varrho_0 & 0 & 0 \\ 0 & -\varrho_{-1} & 0 & -1 \\ 0 & 0 & 0 & 0 \end{pmatrix} \begin{pmatrix} \omega_i \\ \varphi_i \\ \omega_k \\ \mu_k \end{pmatrix} + \begin{pmatrix} \varrho_4 \\ \varrho_3 \\ -\varrho_2 \\ -1 \end{pmatrix} \frac{q l^3}{B} \right]$$

und weiter

$$\begin{pmatrix} \upsilon_i^* \\ \mu_i \\ \upsilon_k^* \\ \varphi_k \end{pmatrix} = \begin{pmatrix} -\dfrac{\varrho_{-2}}{\varrho_0-\varrho_1} & -\dfrac{\varrho_{-1}}{\varrho_0-\varrho_1} & \dfrac{\varrho_{-2}}{\varrho_0-\varrho_1} & -\dfrac{1-\varrho_0}{\varrho_0-\varrho_1} \\ \dfrac{\varrho_{-1}}{\varrho_0-\varrho_1} & \dfrac{\varrho_{-1}}{\varrho_0-\varrho_1} & -\dfrac{\varrho_{-1}}{\varrho_0-\varrho_1} & \dfrac{1-\varrho_1}{\varrho_0-\varrho_1} \\ -\dfrac{\varrho_{-2}}{\varrho_0-\varrho_1} & -\dfrac{\varrho_{-1}}{\varrho_0-\varrho_1} & \dfrac{\varrho_{-2}}{\varrho_0-\varrho_1} & -\dfrac{1-\varrho_0}{\varrho_0-\varrho_1} \\ \dfrac{1-\varrho_0}{\varrho_0-\varrho_1} & -\dfrac{1-\varrho_1}{\varrho_0-\varrho_1} & -\dfrac{1-\varrho_0}{\varrho_0-\varrho_1} & -\dfrac{\varrho_1-2\varrho_2}{\varrho_0-\varrho_1} \end{pmatrix} \begin{pmatrix} \omega_i \\ \varphi_i \\ \omega_k \\ \mu_k \end{pmatrix} + \begin{pmatrix} \dfrac{\varrho_0/2-\varrho_2}{\varrho_0-\varrho_1} \\ -\dfrac{\varrho_1/2-\varrho_2}{\varrho_0-\varrho_1} \\ \dfrac{\varrho_0/2-\varrho_2}{\varrho_0-\varrho_1}-1 \\ \dfrac{\varrho_2/2+2\varrho_3-\varrho_4}{\varrho_0-\varrho_1} \end{pmatrix} \frac{q l^3}{B}$$

Bei starrer Einspannung ohne Momentenangriff am gelenkig gelagerten Ende ist $\omega_i = \varphi_i = \omega_k = \mu_k = 0$ und damit

$$\begin{pmatrix} \upsilon_i^* \\ \mu_i \\ \upsilon_k^* \\ \varphi_k \end{pmatrix} = \begin{pmatrix} \dfrac{\varrho_0/2-\varrho_2}{\varrho_0-\varrho_1} \\ -\dfrac{\varrho_1/2-\varrho_2}{\varrho_0-\varrho_1} \\ \dfrac{\varrho_0/2-\varrho_2}{\varrho_0-\varrho_1}-1 \\ \dfrac{\varrho_2/2+2\varrho_3-\varrho_4}{\varrho_0-\varrho_1} \end{pmatrix} \frac{q l^3}{B}$$

Rücktransformation auf Randgrößentupel bei $i$ und $k$:

$$\vec{r}_i = \begin{pmatrix} 0 & 0 & 0 & 0 \\ 0 & 0 & 0 & 0 \\ 0 & 1 & 0 & 0 \\ 1 & 0 & 0 & 0 \end{pmatrix} \begin{pmatrix} \dfrac{\varrho_0/2-\varrho_2}{\varrho_0-\varrho_1} \\ -\dfrac{\varrho_1/2-\varrho_2}{\varrho_0-\varrho_1} \\ \dfrac{\varrho_0/2-\varrho_2}{\varrho_0-\varrho_1}-1 \\ \dfrac{\varrho_2/2+2\varrho_3-\varrho_4}{\varrho_0-\varrho_1} \end{pmatrix} \frac{q l^3}{B} = \begin{pmatrix} 0 \\ 0 \\ -\dfrac{\varrho_1/2-\varrho_2}{\varrho_0-\varrho_1} \\ \dfrac{\varrho_0/2-\varrho_2}{\varrho_0-\varrho_1} \end{pmatrix} \frac{q l^3}{B}$$

$$\vec{r}_k = \begin{pmatrix} 0 & 0 & 0 & 0 \\ 0 & 0 & 0 & 1 \\ 0 & 0 & 0 & 0 \\ 0 & 0 & 1 & 0 \end{pmatrix} \begin{pmatrix} \dfrac{\varrho_0/2-\varrho_2}{\varrho_0-\varrho_1} \\ -\dfrac{\varrho_1/2-\varrho_2}{\varrho_0-\varrho_1} \\ \dfrac{\varrho_0/2-\varrho_2}{\varrho_0-\varrho_1}-1 \\ \dfrac{\varrho_2/2+2\varrho_3-\varrho_4}{\varrho_0-\varrho_1} \end{pmatrix} \frac{q l^3}{B} = \begin{pmatrix} 0 \\ \dfrac{\varrho_2/2+2\varrho_3-\varrho_4}{\varrho_0-\varrho_1} \\ 0 \\ \dfrac{\varrho_0/2-\varrho_2}{\varrho_0-\varrho_1}-1 \end{pmatrix} \frac{q l^3}{B}$$

# 6 Gelenk- und Durchlaufträger

## 6.1 Gelenkträger unter Gleichlast

| Ausführung, Gelenke | Auflagerkräfte | Biegemomente |
|---|---|---|
| 1. 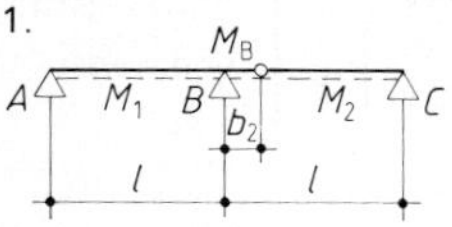  $b_2 = 0{,}1716\,l$ | $A = 0{,}4142\,q\,l$<br>$B = 1{,}1716\,q\,l$<br>$C = 0{,}4142\,q\,l$ | $M_1 = M_2 = -M_B$<br>$= 0{,}0858\,q l^2$ |
| 2a. 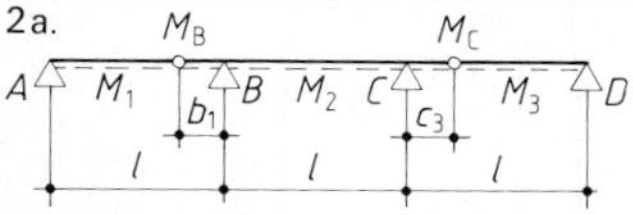  $b_1 = c_3 = 0{,}125\,l$ | $A = D = 0{,}4375\,q\,l$<br>$B = C = 1{,}0625\,q\,l$ | $M_1 = 0{,}0957\,q l^2$<br>$M_2 = -M_B = -M_C$<br>$= 0{,}0625\,q l^2$ |
| 2b. 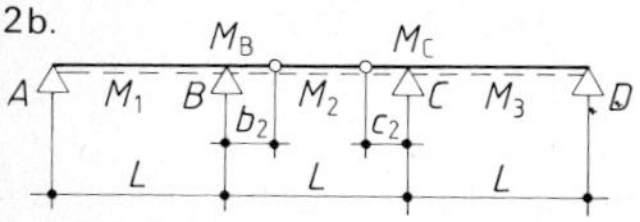  $b_2 = c_2 = 0{,}22\,l$ | $A = D = 0{,}4142\,q\,l$<br>$B = C = 1{,}0858\,q\,l$ | $M_1 = -M_B = -M_C$<br>$= 0{,}0858\,q l^2$<br>$M_2 = 0{,}0392\,q l^2$ |
| 3. 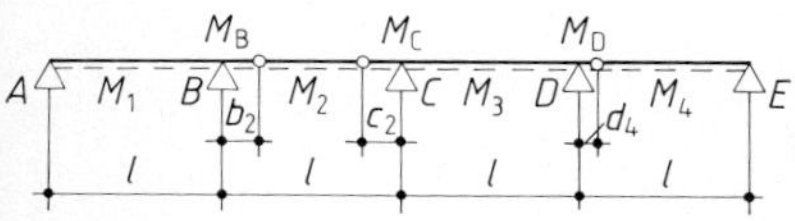  $b_2 = 0{,}2035\,l$; $c_2 = 0{,}157\,l$; $d_4 = 0{,}125\,l$ | $A = 0{,}4142\,q\,l$<br>$B = 1{,}1090\,q\,l$<br>$C \doteq 0{,}9768\,q\,l$<br>$D = 1{,}0625\,q\,l$<br>$E = 0{,}4375\,q\,l$ | $M_1 = -M_B$<br>$= 0{,}0858\,q l^2$<br>$M_2 = 0{,}0511\,q l^2$<br>$-M_c = M_3 = -M_D$<br>$= 0{,}0625\,q l^2$<br>$M_4 = 0{,}0957\,q l^2$ |

4. Fünffeld-Gerberträger

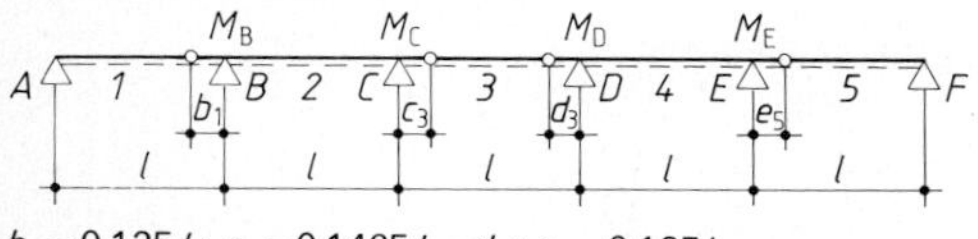


$A = F = 0{,}4375\,ql$;
$B = E = 1{,}0625\,ql$;
$C = D = 1{,}0\,ql$

$b_1 = 0{,}125\,l$; $c_3 = 0{,}1465\,l = d_3$; $e_5 = 0{,}125\,l$

$M_1 = 0{,}0957\,q \cdot l^2$; $M_2 = M_3 = -M_B = -M_C = 0{,}0625\,q l^2$

5. Sechsfeld-Gerberträger

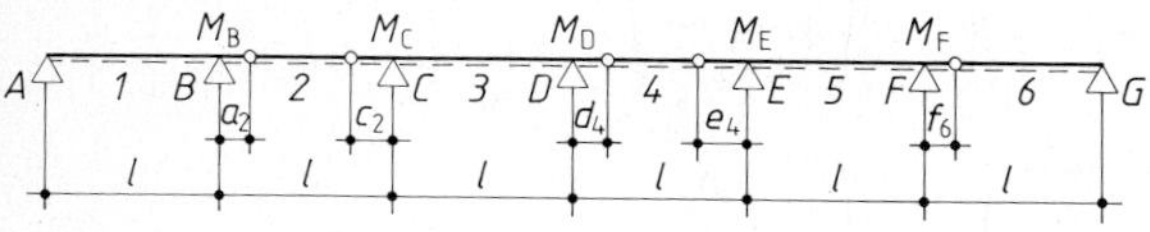


$A = 0{,}4142\,ql$;
$B = 1{,}1090\,ql$;
$C = 0{,}9768\,ql$;
$D = E = 1{,}0\,ql$;
$F = 1{,}0625\,q \cdot l$

$a_2 = 0{,}2035\,l$; $c_2 = 0{,}1570\,l$; $d_4 = e_4 = 0{,}1465\,l$; $f_6 = 0{,}125\,l$

$M_1 = -M_B = 0{,}0858\,q l^2$; $M_2 = 0{,}0511\,q l^2$; $M_6 = 0{,}0957\,q l^2$

$M_3 = M_4 = M_5 = -M_C = -M_D = -M_E = -M_F = 0{,}0625\,q \cdot l^2$

## 6.2 Zweifeldträger

$l'_1 = \frac{I_c}{I_1} l_1 \quad l'_2 = \frac{I_c}{I_2} l_2$

$I_c$ Vergleichsflächenmoment zweiten Grades

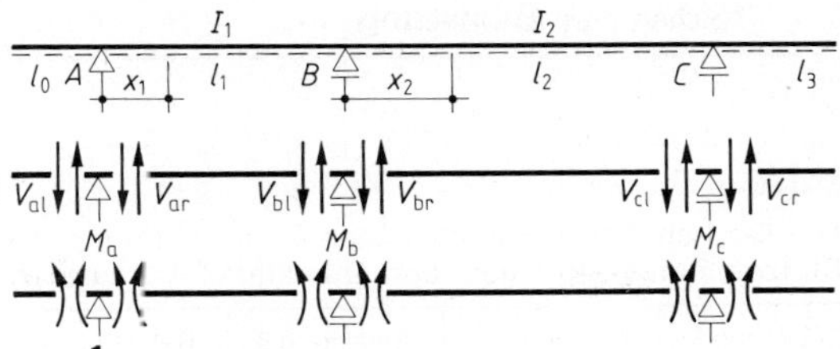


**Bild 55 Positivbild**

Allgemein gilt (s. S. 327) $\boldsymbol{M_b = -\frac{1}{2(l'_1 + l'_2)}[(R_1 + M_a)\,l'_1 + (L_2 + M_c)\,l'_2]}$

Für Gleichlast $q$ ergibt sich mit $R_j = L_j = q\ l_j^2/4$

$$M_b = -\frac{1}{2(l'_1 + l'_2)}\left[\left(\frac{q_1 l_1^2}{4} + M_a\right) l'_1 + \left(\frac{q_2 l_2^2}{4} + M_c\right) l'_2\right]$$

Die Quer- und Stützkräfte sowie die größten Feldmomente betragen dann:

$V_{al} = -q_0 l_0$

$V_{ar} = +\frac{1}{2} q_1 l_1 + (-M_a + M_b)/l_1$

$V_{bl} = -\frac{1}{2} q_1 l_1 + (-M_a + M_b)/l_1$

$V_{br} = +\frac{1}{2} q_2 l_2 + (-M_b + M_c)/l_2$

$V_{cl} = -\frac{1}{2} q_2 l_2 + (-M_b + M_c)/l_2$

$V_{cr} = +q_3 l_3$

$A = V_{ar} - V_{al}$

$\max M_1 = V_{ar}^2/2q_1 + M_a$ bei $x_1 = V_{ar}/q_1$

$B = V_{br} - V_{bl}$

$\max M_2 = V_{br}^2/2q_2 + M_b$ bei $x_2 = V_{br}/q_2$

$C = V_{cr} - V_{cl}$

Ohne Kragarme bzw. für $M_a = M_c = 0$ gilt $\boldsymbol{M_b = -\frac{1}{2(l'_1 + l'_2)}\left[\frac{q_1 l_1^2}{4} l'_1 + \frac{q_2 l_2^2}{4} l'_2\right]}$

und bei gleichen Flächenmomenten zweiten Grades in beiden Feldern ($I_1 = I_2 = I_c$) gilt $\boldsymbol{M_b = -\frac{1}{2(l_1 + l_2)}\left[\frac{q_1 l_1^3}{4} + \frac{q_2 l_2^3}{4}\right]}$

**Tafel 35 Beiwerte für $g$, $p_1$ und $p_2$ zur Berechnung von $M_b$**

| $l_1 : l_2$ | Stützmoment $M_b$ | | | $l_1 : l_2$ | Stützmoment $M_b$ | | |
|---|---|---|---|---|---|---|---|
| | aus $g$ | aus $p$ | | | aus $g$ | aus $p$ | |
| | Vollast | Feld 1 | Feld 2 | | Vollast | Feld 1 | Feld 2 |
| 1:1 | −0,1250 | −0,0625 | −0,0625 | 1:2 | −0,3750 | −0,0417 | −0,3333 |
| 1:1,05 | −0,1316 | −0,0610 | −0,0706 | 1:2,05 | −0,3941 | −0,0410 | −0,3531 |
| 1:1,1 | −0,1388 | −0,0595 | −0,0793 | 1:2,1 | −0,4138 | −0,0403 | −0,3735 |
| 1:1,15 | −0,1466 | −0,0581 | −0,0885 | 1:2,15 | −0,4341 | −0,0397 | −0,3944 |
| 1:1,2 | −0,1550 | −0,0568 | −0,0982 | 1:2,2 | −0,4550 | −0,0391 | −0,4159 |
| 1:1,25 | −0,1641 | −0,0556 | −0,1085 | 1:2,25 | −0,4766 | −0,0385 | −0,4381 |
| 1:1,3 | −0,1738 | −0,0543 | −0,1195 | 1:2,3 | −0,4988 | −0,0379 | −0,4609 |
| 1:1,35 | −0,1841 | −0,0532 | −0,1309 | 1:2,35 | −0,5216 | −0,0373 | −0,4843 |
| 1:1,4 | −0,1950 | −0,0521 | −0,1429 | 1:2,4 | −0,5450 | −0,0368 | −0,5082 |
| 1:1,45 | −0,2066 | −0,0510 | −0,1556 | 1:2,45 | −0,5690 | −0,0362 | −0,5328 |
| 1:1,5 | −0,2188 | −0,0500 | −0,1688 | 1:2,5 | −0,5938 | −0,0357 | −0,5581 |
| 1:1,55 | −0,2316 | −0,0490 | −0,1826 | 1:2,55 | −0,6191 | −0,0352 | −0,5839 |
| 1:1,6 | −0,2450 | −0,0481 | −0,1969 | 1:2,6 | −0,6450 | −0,0347 | −0,6103 |
| 1:1,65 | −0,2591 | −0,0472 | −0,2119 | 1:2,65 | −0,6716 | −0,0342 | −0,6374 |
| 1:1,7 | −0,2738 | −0,0463 | −0,2275 | 1:2,7 | −0,6988 | −0,0338 | −0,6650 |
| 1:1,75 | −0,2891 | −0,0455 | −0,2436 | 1:2,75 | −0,7265 | −0,0333 | −0,6932 |
| 1:1,8 | −0,3050 | −0,0446 | −0,2604 | 1:2,8 | −0,7550 | −0,0329 | −0,7221 |
| 1:1,85 | −0,3216 | −0,0439 | −0,2777 | 1:2,85 | −0,7841 | −0,0325 | −0,7516 |
| 1:1,9 | −0,3388 | −0,0431 | −0,2957 | 1:2,9 | −0,8138 | −0,0321 | −0,7817 |
| 1:1,95 | −0,3566 | −0,0424 | −0,3142 | 1:2,95 | −0,8441 | −0,0316 | −0,8125 |
| 1:2 | −0,3750 | −0,0417 | −0,3333 | 1:3 | −0,8750 | −0,0313 | −0,8437 |
| | $\cdot g l_1^2$ | $\cdot p_1 l_1^2$ | $\cdot p_2 l_1^2$ | | $\cdot g l_1^2$ | $\cdot p_1 l_1^2$ | $\cdot p_2 l_1^2$ |

## 6.3 Durchlaufträger mit gleichen Stützweiten und feldweiser Belastung

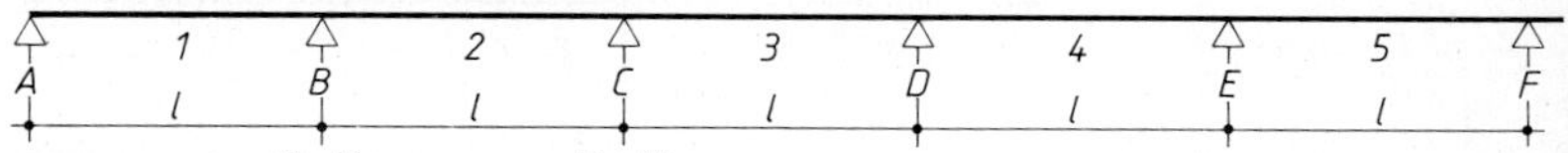


**Bild 56**

Die Tafel enthält die Koeffizienten $k$ zur Ermittlung der Größtwerte der Feld- und Stützmomente, Auflager- und Querkräfte. Voraussetzung sind konstantes Träg-

| Belastung 1 | Belastung 2 | Belastung 3 | Belastung 4 | Belastung 5 | Belastung 6 |
|---|---|---|---|---|---|
| 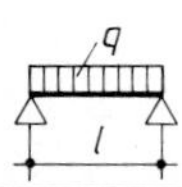 | 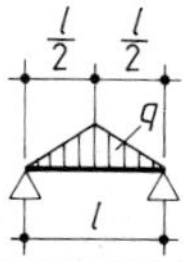 | 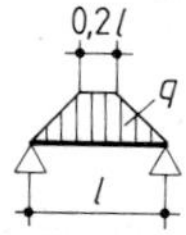 | 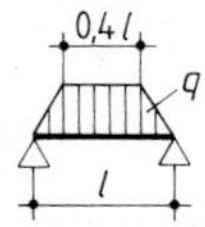 | 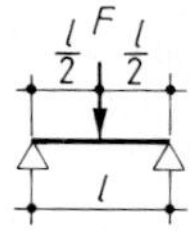 | 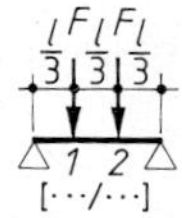 |

Es gilt für die Belastung 1 bis 4: Momente $= k \cdot ql^2$; Kräfte $= k \cdot ql$
und für die Belastung 5 und 6: Momente $= k \cdot Fl$; Kräfte $= k \cdot F$

| Belastungsschema | statische Größe | Belastung 1 | 2 | 3 | 4 | 5 | 6 |
|---|---|---|---|---|---|---|---|
| 2 gleiche Felder 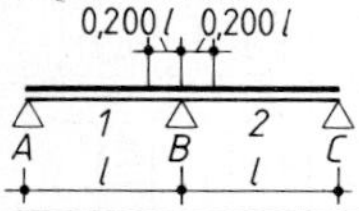 | $M_1$<br>min $M_B$<br>$A$<br>max $B$<br>min $Q_{Bl}$ | 0,070<br>−0,125<br>0,375<br>1,250<br>−0,625 | 0,048<br>−0,078<br>0,172<br>0,656<br>−0,328 | 0,056<br>−0,093<br>0,207<br>0,786<br>−0,393 | 0,062<br>−0,106<br>0,244<br>0,911<br>−0,456 | 0,156<br>−0,188<br>0,313<br>1,375<br>−0,688 | (0,222/0,111)<br>−0,333<br>0,667<br>2,667<br>−1,333 |
| 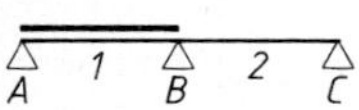 | max $M_1$<br>$M_B$<br>max $A$<br>min $C$ | 0,096<br>−0,063<br>0,438<br>−0,063 | 0,065<br>−0,039<br>0,211<br>−0,039 | 0,076<br>−0,047<br>0,253<br>−0,047 | 0,085<br>−0,053<br>0,297<br>−0,053 | 0,203<br>−0,094<br>0,406<br>−0,094 | (0,278/0,222)<br>−0,167<br>0,833<br>−0,167 |
| 3 gleiche Felder 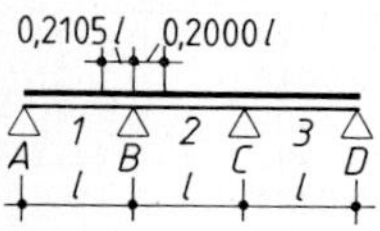 | $M_1$<br>$M_2$<br>$M_B$<br>$A$<br>$B$<br>$Q_{Bl}$<br>$Q_{Br}$ | 0,080<br>0,025<br>−0,100<br>0,400<br>1,100<br>−0,600<br>0,500 | 0,054<br>0,021<br>−0,063<br>0,188<br>0,563<br>−0,313<br>0,250 | 0,064<br>0,024<br>−0,074<br>0,226<br>0,674<br>−0,374<br>0,300 | 0,071<br>0,025<br>−0,085<br>0,265<br>0,785<br>−0,435<br>0,350 | 0,175<br>0,100<br>−0,150<br>0,350<br>1,150<br>−0,650<br>0,500 | (0,244/0,156)<br>0,067<br>−0,267<br>0,733<br>2,267<br>−1,267<br>1,000 |
| 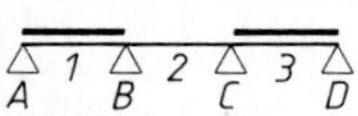 | max $M_1$<br>$M_B$<br>max $A$ | 0,101<br>−0,050<br>0,450 | 0,068<br>−0,032<br>0,219 | 0,080<br>−0,037<br>0,263 | 0,090<br>−0,043<br>0,307 | 0,213<br>−0,075<br>0,425 | (0,289/0,244)<br>−0,133<br>0,867 |
| 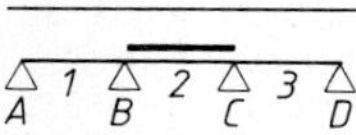 | max $M_2$<br>$M_B$<br>min $A$ | 0,075<br>−0,050<br>−0,050 | 0,052<br>−0,032<br>−0,032 | 0,061<br>−0,037<br>−0,037 | 0,067<br>−0,043<br>−0,043 | 0,175<br>−0,075<br>−0,075 | 0,200<br>−0,133<br>−0,133 |
| 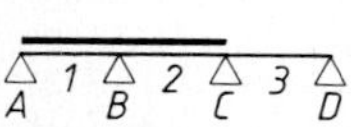 | min $M_B$<br>$M_C$<br>max $B$<br>min $Q_{Bl}$<br>max $Q_{Br}$ | −0,117<br>−0,033<br>1,200<br>−0,617<br>0,583 | −0,073<br>−0,021<br>0,626<br>−0,323<br>0,303 | −0,087<br>−0,025<br>0,749<br>−0,387<br>0,362 | −0,099<br>−0,029<br>0,871<br>−0,449<br>0,421 | −0,175<br>−0,050<br>1,300<br>−0,675<br>0,625 | −0,311<br>−0,089<br>2,533<br>−1,311<br>1,222 |
| 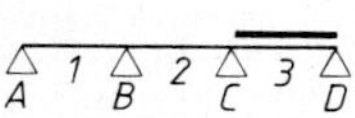 | max $M_B$<br>$M_C$<br>max $Q_{Bl}$<br>min $Q_{Br}$ | 0,017<br>−0,067<br>0,017<br>−0,083 | 0,011<br>−0,042<br>0,011<br>−0,053 | 0,013<br>−0,050<br>0,013<br>−0,062 | 0,015<br>−0,057<br>0,015<br>−0,071 | 0,025<br>−0,100<br>0,025<br>−0,125 | 0,044<br>−0,178<br>0,044<br>−0,222 |



Fortsetzung s. nächste Seiten

heitsmoment und gleiche Stützweite, doch kann die Tafel auch bei ungleichen Stützweiten benutzt werden, wenn min $l \geqq 0{,}8$ max $l$ ist.

Die statischen Größen an den Innenstützen (Momente, Auflager- und Querkräfte) werden dann mit den Mittelwerten der jeweils benachbarten Stützweiten berechnet, z.B. $C = kq(l_2 + l_3)/2$. Die Koeffizienten $k$ gelten – spiegelbildlich – auch für die rechte Trägerhälfte, für die Querkräfte jedoch mit umgekehrten Vorzeichen; z.B. beim Träger mit 3 gleichen Öffnungen: $M_1 \triangleq M_3$, $A \triangleq D$, $V_{Bl} \triangleq -V_{Cr}$ usw.

| Belastungsschema | statische Größe | Belastung 1 | 2 | 3 | 4 | 5 | 6 |
|---|---|---|---|---|---|---|---|
| 4 gleiche Felder | $M_1$ | 0,077 | 0,052 | 0,062 | 0,069 | 0,170 | (0,238/0,143) |
| | $M_2$ | 0,036 | 0,028 | 0,032 | 0,034 | 0,116 | (0,079/0,111) |
| | $M_B$ | −0,107 | −0,067 | −0,080 | −0,091 | −0,161 | −0,286 |
| | $M_C$ | −0,071 | −0,045 | −0,053 | −0,060 | −0,107 | −0,190 |
| 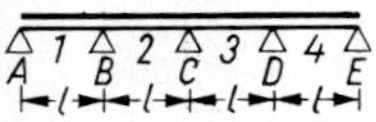  | $A$ | 0,393 | 0,183 | 0,220 | 0,259 | 0,339 | 0,714 |
| | $B$ | 1,143 | 0,590 | 0,707 | 0,822 | 1,214 | 2,381 |
| | $C$ | 0,929 | 0,455 | 0,546 | 0,638 | 0,892 | 1,810 |
| | $V_{Bl}$ | −0,607 | −0,317 | −0,380 | −0,441 | −0,661 | −1,286 |
| | $V_{Br}$ | 0,536 | 0,273 | 0,327 | 0,381 | 0,554 | 1,095 |
| | $V_{Cl}$ | −0,464 | −0,228 | −0,273 | −0,319 | −0,446 | −0,905 |
| 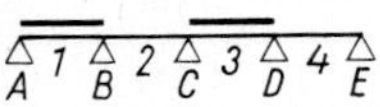  | max $M_1$ | 0,100 | 0,067 | 0,079 | 0,088 | 0,210 | (0,286/0,038) |
| | $M_B$ | −0,054 | −0,034 | −0,040 | −0,046 | −0,080 | −0,143 |
| | $M_C$ | −0,036 | −0,023 | −0,027 | −0,031 | −0,054 | −0,095 |
| | max $A$ | 0,446 | 0,217 | 0,260 | 0,298 | 0,420 | 0,857 |
| 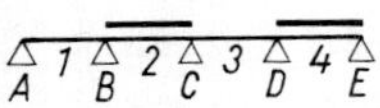  | max $M_2$ | 0,080 | 0,056 | 0,065 | 0,071 | 0,183 | (0,206/0,222) |
| | $M_B$ | −0,054 | −0,034 | −0,040 | −0,046 | −0,080 | −0,143 |
| | $M_C$ | −0,036 | −0,023 | −0,027 | −0,031 | −0,054 | −0,095 |
| | min $A$ | −0,054 | −0,034 | −0,040 | −0,046 | −0,080 | −0,143 |
| 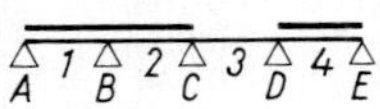  | min $M_B$ | −0,121 | −0,076 | −0,090 | −0,102 | −0,181 | −0,321 |
| | $M_C$ | −0,018 | −0,012 | −0,013 | −0,015 | −0,027 | −0,048 |
| | $M_D$ | −0,058 | −0,036 | −0,043 | −0,049 | −0,087 | −0,155 |
| | max $B$ | 1,223 | 0,640 | 0,767 | 0,889 | 1,335 | 2,595 |
| | min $V_{Bl}$ | −0,621 | −0,326 | −0,390 | −0,452 | −0,681 | −1,321 |
| | max $V_{Br}$ | 0,603 | 0,314 | 0,377 | 0,437 | 0,654 | 1,274 |
| 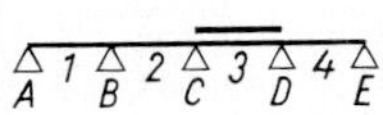  | max $M_B$ | 0,013 | 0,009 | 0,010 | 0,011 | 0,020 | 0,036 |
| | $M_C$ | −0,054 | −0,033 | −0,040 | −0,045 | −0,080 | −0,143 |
| | $M_D$ | −0,049 | −0,031 | −0,037 | −0,042 | −0,074 | −0,131 |
| | min $B$ | −0,080 | −0,050 | −0,060 | −0,067 | −0,121 | −0,214 |
| | max $V_{Bl}$ | 0,013 | 0,009 | 0,010 | 0,011 | 0,020 | 0,036 |
| | min $V_{Br}$ | −0,067 | −0,042 | −0,050 | −0,056 | −0,100 | −0,178 |
| 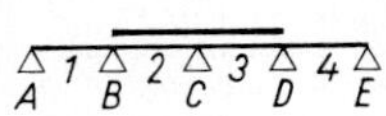  | $M_B$ | −0,036 | −0,023 | −0,027 | −0,031 | −0,054 | −0,095 |
| | min $M_C$ | −0,107 | −0,067 | −0,080 | −0,091 | −0,161 | −0,286 |
| | max $C$ | 1,143 | 0,589 | 0,706 | 0,820 | 1,214 | 2,381 |
| | min $V_{Cl}$ | −0,571 | −0,295 | −0,353 | −0,410 | −0,607 | −1,191 |
| 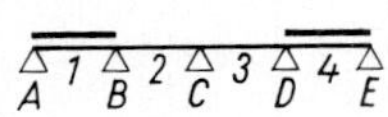  | $M_B$ | −0,071 | −0,045 | −0,053 | −0,060 | −0,107 | −0,190 |
| | max $M_C$ | 0,036 | 0,023 | 0,027 | 0,031 | 0,054 | 0,095 |
| | min $C$ | −0,214 | −0,134 | −0,160 | −0,182 | −0,321 | −0,571 |
| | max $V_{Cl}$ | 0,107 | 0,067 | 0,080 | 0,091 | 0,161 | 0,286 |

| Belastungsschema | statische Größe | Belastung 1 | 2 | 3 | 4 | 5 | 6 |
|---|---|---|---|---|---|---|---|
| 5 gleiche Felder | $M_1$ | 0,078 | 0,053 | 0,062 | 0,069 | 0,171 | (0,240/0,146) |
| | $M_2$ | 0,033 | 0,026 | 0,030 | 0,032 | 0,112 | (0,076/0,099) |
| | $M_3$ | 0,046 | 0,034 | 0,040 | 0,043 | 0,132 | 0,123 |
| | $M_B$ | −0,105 | −0,066 | −0,078 | −0,089 | −0,158 | −0,281 |
| | $M_C$ | −0,079 | −0,050 | −0,059 | −4,067 | −0,118 | −0,211 |
| 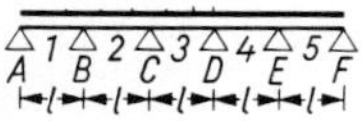 | $A$ | 0,395 | 0,185 | 0,222 | 0,261 | 0,342 | 0,719 |
| | $B$ | 1,132 | 0,582 | 0,697 | 0,811 | 1,197 | 2,351 |
| | $C$ | 0,974 | 0,484 | 0,581 | 0,678 | 0,960 | 1,930 |
| | $V_{Bl}$ | −0,605 | −0,316 | −0,378 | −0,439 | −0,658 | −1,281 |
| | $V_{Br}$ | 0,526 | 0,266 | 0,319 | 0,372 | 0,540 | 1,070 |
| | $V_{Cl}$ | −0,474 | −0,234 | −0,281 | −0,328 | −0,460 | −0,930 |
| | $V_{Cr}$ | 0,500 | 0,250 | 0,300 | 0,350 | 0,500 | 1,000 |
| 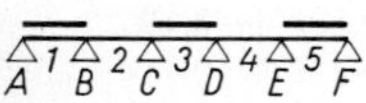 | max $M_1$ | 0,100 | 0,068 | 0,079 | 0,088 | 0,211 | (0,287/0,240) |
| | max $M_3$ | 0,086 | 0,059 | 0,070 | 0,076 | 0,191 | 0,228 |
| | $M_B$ | −0,053 | −0,033 | −0,040 | −0,045 | −0,079 | −0,140 |
| | $M_C$ | −0,039 | −0,025 | −0,030 | −0,034 | −0,059 | −0,105 |
| | max $A$ | 0,447 | 0,217 | 0,260 | 0,305 | 0,421 | 0,860 |
| 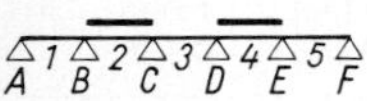 | max $M_2$ | 0,079 | 0,055 | 0,064 | 0,071 | 0,181 | (0,205/0,216) |
| | $M_B$ | −0,053 | −0,033 | −0,040 | −0,045 | −0,079 | −0,140 |
| | $M_C$ | −0,039 | −0,025 | −0,030 | −0,034 | −0,059 | −0,105 |
| | min $A$ | −0,053 | −0,033 | −0,040 | −0,045 | −0,079 | −0,140 |
| 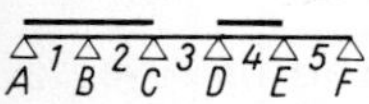 | min $M_B$ | −0,120 | −0,075 | −0,089 | −0,101 | −0,179 | −0,319 |
| | $M_C$ | −0,022 | −0,014 | −0,016 | −0,019 | −0,032 | −0,057 |
| | $M_D$ | −0,044 | −0,028 | −0,033 | −0,037 | −0,066 | −0,118 |
| | $M_E$ | −0,051 | −0,032 | −0,038 | −0,043 | −0,077 | −0,137 |
| | max $B$ | 1,218 | 0,636 | 0,761 | 0,883 | 1,327 | 2,581 |
| | min $V_{Bl}$ | −0,620 | −0,325 | −0,389 | −0,451 | −0,679 | −1,319 |
| | max $V_{Br}$ | 0,598 | 0,311 | 0,373 | 0,432 | 0,647 | 1,262 |
| 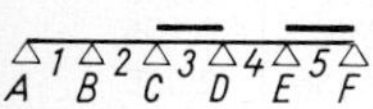 | max $M_B$ | 0,014 | 0,009 | 0,011 | 0,012 | 0,022 | 0,038 |
| | $M_C$ | −0,057 | −0,036 | −0,043 | −0,048 | −0,086 | −0,153 |
| | $M_D$ | −0,035 | −0,022 | −0,026 | −0,030 | −0,052 | −0,093 |
| | $M_E$ | −0,054 | −0,034 | −0,040 | −0,046 | −0,081 | −0,144 |
| | min $B$ | −0,086 | −0,054 | −0,065 | −0,072 | −0,129 | −0,230 |
| | max $V_{Bl}$ | 0,014 | 0,009 | 0,011 | 0,012 | 0,022 | 0,038 |
| | min $V_{Br}$ | −0,072 | −0,045 | −0,053 | −0,060 | −0,108 | −0,191 |
| 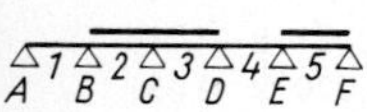 | $M_B$ | −0,035 | −0,022 | −0,026 | −0,029 | −0,052 | −0,093 |
| | min $M_C$ | −0,111 | −0,070 | −0,083 | −0,094 | −0,167 | −0,297 |
| | $M_D$ | −0,020 | −0,013 | −0,015 | −0,017 | −0,031 | −0,054 |
| | $M_E$ | −0,057 | −0,036 | −0,043 | −0,048 | −0,086 | −0,153 |
| | max $C$ | 1,167 | 0,605 | 0,725 | 0,841 | 1,251 | 2,447 |
| | min $V_{Cl}$ | −0,576 | −0,298 | −0,357 | −0,414 | −0,615 | −1,204 |
| | max $V_{Cr}$ | 0,591 | 0,307 | 0,368 | 0,427 | 0,636 | 1,242 |
| 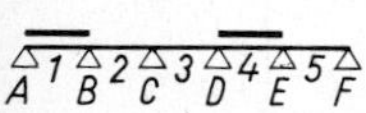 | $M_B$ | −0,071 | −0,044 | −0,052 | −0,060 | −0,106 | −0,188 |
| | max $M_C$ | 0,032 | 0,020 | 0,024 | 0,027 | 0,048 | 0,086 |
| | $M_D$ | −0,059 | −0,037 | −0,044 | −0,050 | −0,088 | −0,156 |
| | $M_E$ | −0,048 | −0,030 | −0,035 | −0,041 | −0,072 | −0,128 |
| | min $C$ | −0,194 | −0,121 | −0,144 | −0,163 | −0,291 | −0,517 |
| | max $V_{Cl}$ | 0,103 | 0,064 | 0,076 | 0,086 | 0,154 | 0,274 |
| | min $V_{Cr}$ | −0,091 | −0,057 | −0,068 | −0,077 | −0,136 | −0,242 |

## 6.4 Biegelinien von Durchlaufträgern (Näherungsverfahren)[1]

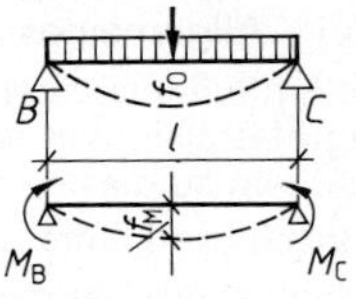

**Bild 57**

In einem beliebigen Feld eines Durchlaufträgers ist die Gesamtdurchbiegung $f = f_0 + f_M$ (s. Bild 57). Hierin ist

$f_0$ maximale Durchbiegung eines Trägers auf 2 Stützen infolge seiner Belastung (Werte s. S. 321 f.) und

$f_M$ Verformung infolge der Stützmomente $M_B$ und $M_C$.

$f_M$ kann bequem nach dem Satz von Mohr ermittelt werden, da die $M$-Fläche aus den Stützmomenten schon vorhanden ist (meist ein Trapez, in Grenzfällen ein Rechteck oder Dreieck). Mit $\mathfrak{F}$ = Inhalt der $M$-Fläche ist hinreichend genau (s. S. 322, Fall 14)

$$\max \mathfrak{M} = \mathfrak{F} \cdot l/8, \text{ bzw. mit } \mathfrak{F} = (M_B + M_C) \cdot l/2: \quad \max \mathfrak{M} = (M_B + M_C) \cdot l^2/16.$$

Hiermit erhält man folgende allgemeingültige Berechnungsformeln

$$f = f_0 + \frac{l^2}{16EI}(M_B + M_C) \quad \text{für beliebige Innenfelder}$$

$$f = f_0 + \frac{l^2}{16EI} \cdot M_B \quad \text{für Endfelder mit frei drehbarem Auflager } (M_C = 0)$$

Für den häufig vorkommenden Sonderfall einer Gleichstreckenlast $q$ mit $f_0 = (5/384)\, q l^4/EI$ (Fall 7/S. 321) erhält man folgende Gebrauchsformeln

$$f = \frac{l^2}{48EI}[5M_0 + 3(M_B + M_C)] \quad \text{für beliebige Innenfelder}$$

$$M_0 = \frac{q l^2}{8}$$

$$f = \frac{l^2}{48EI}(5M_0 + 3M_B) \quad \text{für Endfelder}$$

**Tafel 36** $\omega$**-Zahlen** (zur Ermittlung von Momenten und Durchbiegungen[1]))

| Belastung | 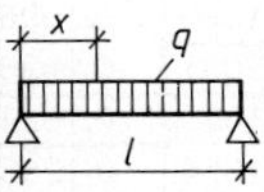 | 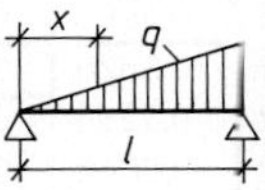 | 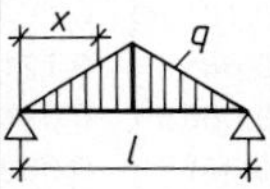 | quadratische Parabel 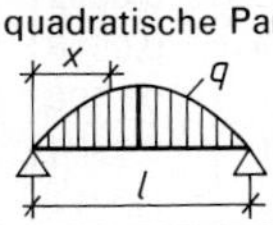 | 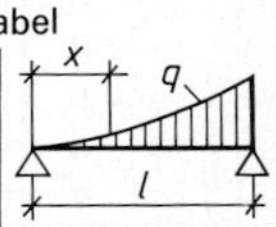 |
|---|---|---|---|---|---|
| $M_{(x)} =$ | $\alpha_R \cdot \omega_R$ | $\alpha_D \cdot \omega_D$ | $\alpha_G \cdot \omega_G$ | $\alpha_B \cdot \omega_B$ | $\alpha_P \cdot \omega_P$ |
| $\alpha =$ | $q \cdot l^2/2$ | $q \cdot l^2/6$ | $q \cdot l^2/12$ | $q \cdot l^2/3$ | $q \cdot l^2/12$ |
| $\xi = x/l$ | $\omega_R = \xi - \xi^2$ | $\omega_D = \xi - \xi^3$ | $\omega_G = 3\xi - 4\xi^3$ | $\omega_B = \xi - 2\xi^3 + \xi^4$ | $\omega_P = \xi - \xi^4$ |
| 0,1 | 0,09 | 0,099 | 0,296 | 0,0981 | 0,0999 |
| 0,2 | 0,16 | 0,192 | 0,568 | 0,1856 | 0,1984 |
| 0,3 | 0,21 | 0,273 | 0,792 | 0,2541 | 0,2919 |
| 0,4 | 0,24 | 0,336 | 0,944 | 0,2976 | 0,3744 |
| 0,5 | 0,25 | 0,375 | 1,000 | 0,3125 | 0,4375 |
| 0,6 | 0,24 | 0,384 | 0,944 | 0,2976 | 0,4704 |
| 0,7 | 0,21 | 0,357 | 0,792 | 0,2541 | 0,4599 |
| 0,8 | 0,16 | 0,288 | 0,568 | 0,1856 | 0,3904 |
| 0,9 | 0,09 | 0,171 | 0,296 | 0,0981 | 0,2439 |

[1]) Ersetzt man $q$ durch $M$, so erhält man mit den $\alpha$- und $\omega$-Werten die Durchbiegungen: $E \cdot I \cdot f = \alpha \cdot \omega$

[1]) Da $f_0$ und $f_M$ nicht an der gleichen Stelle im Feld auftreten, enthält das Verfahren eine geringfügige Ungenauigkeit, die jedoch in baupraktisch zulässigen Grenzen liegt. Voraussetzung ist nur eine – wenigstens annähernd – symmetrische Lastanordnung in dem betrachteten Feld.

## 6.5 Einflußlinien

### 6.5.1 Allgemeines

Die Einflußlinie einer statischen Größe $Z$ ist eine Kurve, deren Ordinaten $\eta$ an der Angriffsstelle einer wandernden Einzellast nach Multiplikation mit dem Wert der Last, den zu dieser Laststellung gehörenden Wert der statischen Größe liefert.

Statisch bestimmte Systeme: Einflußlinie (für Kraftgrößen) linear.

$m$-fach statisch unbestimmte Systeme: $\eta_n = \eta_{n0} + \eta_1 \cdot Z_{n1} + \eta_2 \cdot Z_{n2} + \ldots + \eta_m \cdot Z_{nm}$

$\eta_{n0}$ Ordinaten der Einflußlinie am statisch bestimmten Grundsystem
$\eta_1$ bis $\eta_m$ Ordinaten der Einflußlinien für die statisch Unbestimmten
$Z_{n1}$ bis $Z_{nm}$ Statische Größen im Bezugspunkt $n$ infolge $X_1$ bis $X_m$

Beispiel s. S. 354

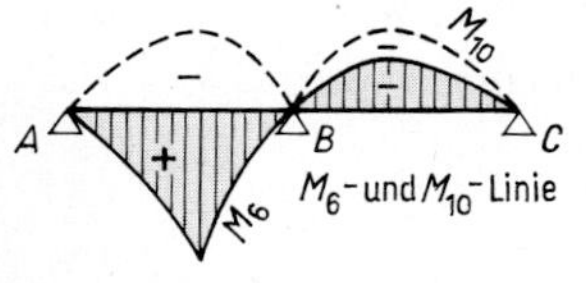


**Bild 58** ***M*-Linien**

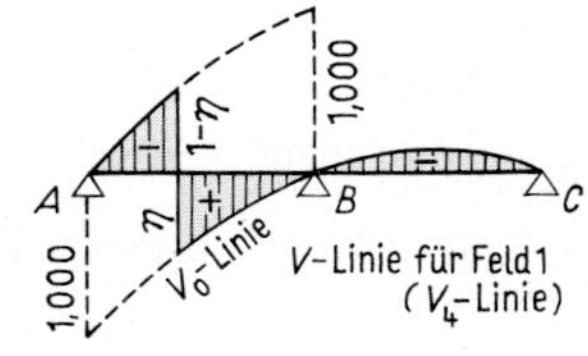


**Bild 59** ***V*-Linie**

**Tafel 37 Einflußzahlen**

| Steht die Last $F=1$ kN in den Punkten | $x/l$ | dann entstehen Biegemomente $M = F\eta l$ in kNm in den Punkten 1 | 2 | 3 | 4 | 5 | 6 | 7 |
|---|---|---|---|---|---|---|---|---|
| A 0 | 0 | 0 | 0 | 0 | 0 | 0 | 0 | 0 |
| 1 | 0,1 | 0,0875 | 0,0751 | 0,0626 | 0,0501 | 0,0376 | 0,0252 | 0,0127 |
| 2 | 0,2 | 0,0752 | 0,1504 | 0,1256 | 0,1008 | 0,0760 | 0,0512 | 0,0264 |
| 3 | 0,3 | 0,0632 | 0,1264 | 0,1895 | 0,1527 | 0,1159 | 0,0791 | 0,0422 |
| 4 | 0,4 | 0,0516 | 0,1032 | 0,1548 | 0,2064 | 0,1580 | 0,1096 | 0,0612 |
| $l_1$ 5 | 0,5 | 0,0406 | 0,0812 | 0,1219 | 0,1625 | 0,2031 | 0,1438 | 0,0844 |
| 6 | 0,6 | 0,0304 | 0,0608 | 0,0912 | 0,1216 | 0,1520 | 0,1824 | 0,1128 |
| 7 | 0,7 | 0,0211 | 0,0422 | 0,0632 | 0,0843 | 0,1054 | 0,1265 | 0,1475 |
| 8 | 0,8 | 0,0128 | 0,0256 | 0,0384 | 0,0512 | 0,0640 | 0,0768 | 0,0896 |
| 9 | 0,9 | 0,0057 | 0,0115 | 0,0172 | 0,0229 | 0,0286 | 0,0344 | 0,0401 |
| B 10 | 1,0 | 0 | 0 | 0 | 0 | 0 | 0 | 0 |
| 11 | 1,1 | −0,0043 | −0,0086 | −0,0128 | −0,0171 | −0,0214 | −0,0257 | −0,0299 |
| 12 | 1,2 | −0,0072 | −0,0144 | −0,0216 | −0,0288 | −0,0360 | −0,0432 | −0,0504 |
| 13 | 1,3 | −0,0089 | −0,0179 | −0,0268 | −0,0357 | −0,0446 | −0,0536 | −0,0625 |
| 14 | 1,4 | −0,0096 | −0,0192 | −0,0288 | −0,0384 | −0,0480 | −0,0576 | −0,0672 |
| $l_2$ 15 | 1,5 | −0,0094 | −0,0188 | −0,0281 | −0,0375 | −0,0469 | −0,0563 | −0,0656 |
| 16 | 1,6 | −0,0084 | −0,0168 | −0,0252 | −0,0336 | −0,0420 | −0,0504 | −0,0588 |
| 17 | 1,7 | −0,0068 | −0,0137 | −0,0205 | −0,0273 | −0,0341 | −0,0410 | −0,0478 |
| 18 | 1,8 | −0,0048 | −0,0096 | −0,0144 | −0,0192 | −0,0240 | −0,0288 | −0,0336 |
| 19 | 1,9 | −0,0025 | −0,0050 | −0,0074 | −0,0099 | −0,0124 | −0,0149 | −0,0173 |
| C 20 | 2,0 | 0 | 0 | 0 | 0 | 0 | 0 | 0 |

$\cdot l$

## 6.5.2 Einflußlinien für den durchlaufenden Träger mit gleichen Stützweiten

Einflußlinien sind vorteilhaft anwendbar zur Ermittlung des Einflusses beweglicher Lasten auf statische Größen (Biegemomente, Querkräfte, Auflagerkräfte, Durchbiegungen usw.).

Die Einflußlinien der Biegemomente im Feld 2 sind den entsprechenden im Feld 1 spiegelbildlich gleich (z.B. $M_8 \mathrel{\hat{=}} M_{12}$). Ihre Tafelwerte stellen Momente infolge $F=1$ für die Stützweite $l=1$ dar, sie müssen daher noch mit dem Faktor $l$ multipliziert werden. Die Ordinaten der $V$- und $A$-$B$-$C$-Linien sind dagegen unabhängig von der Stützweite.

Um die $V$-Linie für jeden beliebigen Punkt des 1. Feldes zu erhalten, muß zu allen Ordinaten der $V_0$-Linie im Feld 1 der Wert $-1$ addiert werden, d.h., der zweite Kurvenzweig ist um die Größe $-1$ parallel versetzt. Der Verlauf der jeweiligen $V$-Linie ist aus Bild „$V_4$-Linie" ersichtlich. Für das Feld 2 findet man ihren Verlauf analog aus der $V_{10}$-Linie.

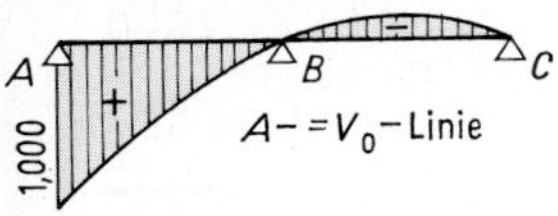


**Bild 60** ***A*-Linie**

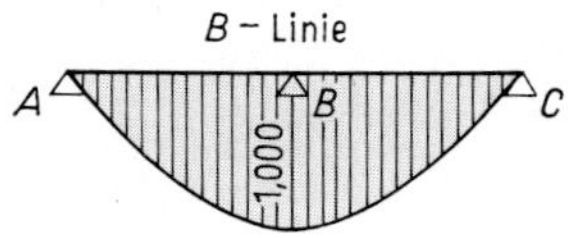


**Bild 61** ***B*-Linie**

| | | | | Querkräfte in kN | | Auflagerkräfte in kN | | |
|---|---|---|---|---|---|---|---|---|
| 8 | 9 | 10 | 11 | $V_0$ | $V_{10}$ | $A$ | $B$ | $C$ |
| 0 | 0 | 0 | 0 | 1,0000 | 0,0000 | 1,0000 | 0,000 | −0,0 |
| 0,0002 | −0,0123 | −0,0248 | −0,0223 | 0,8753 | 0,0248 | 0,8753 | 0,1495 | −0,0248 |
| 0,0016 | −0,0232 | −0,0480 | −0,0432 | 0,7520 | 0,0480 | 0,7520 | 0,2960 | −0,0480 |
| 0,0054 | −0,0314 | −0,0683 | −0,0614 | 0,6318 | 0,0683 | 0,6318 | 0,4365 | −0,0683 |
| 0,0128 | −0,0356 | −0,0840 | −0,0756 | 0,5160 | 0,0840 | 0,5160 | 0,5680 | −0,0840 |
| 0,0250 | −0,0344 | −0,0938 | −0,0844 | 0,4063 | 0,0938 | 0,4063 | 0,6875 | −0,0938 |
| 0,0432 | −0,0264 | −0,0960 | −0,0864 | 0,3040 | 0,0960 | 0,3040 | 0,7920 | −0,0960 |
| 0,0686 | −0,0103 | −0,0893 | −0,0803 | 0,2108 | 0,0893 | 0,2108 | 0,8785 | −0,0893 |
| 0,1024 | 0,0152 | −0,0720 | −0,0648 | 0,1280 | 0,0720 | 0,1280 | 0,9440 | −0,0720 |
| 0,0458 | 0,0515 | −0,0428 | −0,0385 | 0,0573 | 0,0428 | 0,0573 | 0,9855 | −0,0428 |
| 0 | 0 | 0 | 0 | 0 | 1,0000 | 0 | 1,0000 | 0 |
| −0,0432 | −0,0385 | −0,0428 | 0,0515 | −0,0428 | 0,9428 | −0,0428 | 0,9855 | 0,0573 |
| −0,0576 | −0,0648 | −0,0720 | 0,0152 | −0,0720 | 0,8720 | −0,0720 | 0,9440 | 0,1280 |
| −0,0714 | −0,0803 | −0,0893 | −0,0103 | −0,0893 | 0,7893 | −0,0893 | 0,8785 | 0,2108 |
| −0,0768 | −0,0864 | −0,0960 | −0,0264 | −0,0960 | 0,6960 | −0,0960 | 0,7920 | 0,3040 |
| −0,0750 | −0,0844 | −0,0938 | −0,0344 | −0,0938 | 0,5938 | −0,0938 | 0,6875 | 0,4063 |
| −0,0676 | −0,0756 | −0,0840 | −0,0356 | −0,0840 | 0,4840 | −0,0840 | 0,5680 | 0,5160 |
| −0,0546 | −0,0614 | −0,0683 | −0,0314 | −0,0683 | 0,3683 | −0,0683 | 0,4365 | 0,6318 |
| −0,0384 | −0,0432 | −0,0480 | −0,0232 | −0,0480 | 0,2480 | −0,0480 | 0,2960 | 0,7520 |
| −0,0198 | −0,0223 | −0,0248 | −0,0123 | −0,0248 | 0,1248 | −0,0248 | 0,1495 | 0,8753 |
| 0 | 0 | 0 | 0 | 0 | 0 | 0 | 0 | 1,0000 |
| | | | | $V_0$ | $V_{10}$ | $A$ | $B$ | $C$ |

**Beispiel** $l_1 = l_2 = l = 7{,}00$ m.

Die Last $F = 50$ kN steht im Punkt 4 ($x/l = 0{,}4$).

Gesucht: $A$, $B$, $M_4$, $M_{10}$ und $M_{16}$

$A = 0{,}5160 \cdot 50 = 25{,}8$ kN

$B = 0{,}5680 \cdot 50 = 28{,}4$ kN

$M_4 = 0{,}2064 \cdot 50 \cdot 7{,}00 = 72{,}24$ kNm

$M_{10} = -0{,}0840 \cdot 50 \cdot 7{,}00 = -29{,}4$ kNm

$M_{16} = -0{,}0336 \cdot 50 \cdot 7{,}00 = -11{,}76$ kNm

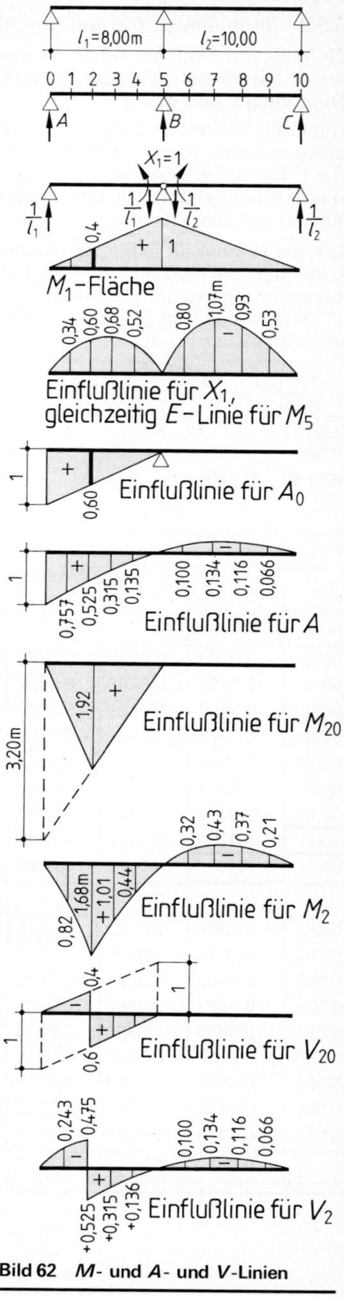


**Bild 62** *M*- und *A*- und *V*-Linien

**Beispiel** Zweifeldträger (zu S. 352)

$X_1 = -\delta_{m1}/\delta_{11}$

Die Einflußlinie für die statisch unbestimmte Größe $X_1 = 1$ ergibt sich als Produkt der Biegelinienordinaten am Grundsystem und $-1/\delta_{11}$

Für die Einflußlinien von $A$, $M_n = M_2$ und $Q_n = Q_{2r}$ gelten folgende Gleichungen:

$\eta_A = \eta_{A0} + \eta_1 \cdot A_1$

für das Moment im Punkt 2

$\eta_2 = \eta_{20} + \eta_1 \cdot M_{21}$

für die Querkraft im Punkt 2

$\eta_2 = \eta_{20} + \eta_1 \cdot V_{21}$

Für Laststellung im Punkt 2

$\eta_A = 0{,}60 - 0{,}6 \cdot 0{,}125$
$= 0{,}525$ (Auflagerdruck)

$\eta_2 = 1{,}92 - 0{,}6 \cdot 0{,}40$
$= 1{,}68$ m (Moment)

$\eta_2 = 0{,}6 - 0{,}6 \cdot 0{,}125$
$= 0{,}525$ (Querkraft)

## 6.6 Methoden zur statischen Berechnung von Durchlaufträgern

### 6.6.1 Momentenausgleichsverfahren nach Cross

**Voraussetzungen**

1. Knotenpunkte unter der Belastung unverschieblich[1]; 2. feldweise konstantes $I$

**Vorzeichenregel (Bild 63)**

Abweichend von der gebräuchlichen Regel (nach dem Biegesinn) wird vom Drehsinn ausgegangen. Entgegen dem Uhrzeigersinn um den Stab drehende Momente sind positiv.

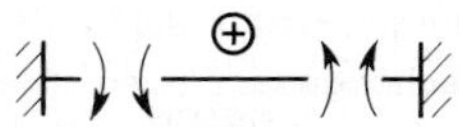


**Bild 63** Positivbild

**Rechengang**

1. Ermittlung der Einspannmomente mit Hilfe der Tafel auf S. 326; die Trägerfelder werden als voll eingespannt angenommen
2. Berechnung der Steifigkeiten $k=I/l$ bzw. $k'=0{,}75\,I/l$ bei frei drehbaren Endauflagern
3. Berechnung der Verteilungszahlen $\alpha=k/\sum k$ für die einzelnen Knoten mit Ausnahme der frei drehbaren und fest eingespannten Endauflagerknoten. Kontrolle: $\sum \alpha=1{,}00$ an jedem Knoten
4. Momentenausgleich mit Hilfe des Berechnungsschemas (s. Beispiel unten) Übertragungskoeffizient $\gamma=0{,}5$; bei frei drehbaren Endauflagern $\gamma=0$

**Beispiel** Ermittlung der Stützmomente eines Durchlaufträgers nach Cross

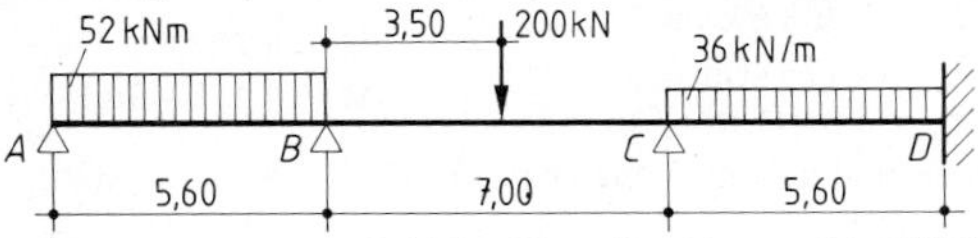


**Bild 64**

1. Einspannmomente Feld 1 $M_{ab}=0$ $M_{ba}=-52\cdot 5{,}6^2/8=-203{,}8$ kNm
   Feld 2 $M_{bc}=200\cdot 7{,}0/8=+175$ kNm $M_{cb}=-175$ kNm
   Feld 3 $M_{cd}=36\cdot 5{,}6^2/12=+94{,}1$ kNm $M_{dc}=-94{,}1$ kNm
2. Steifigkeiten $k=I/l$ ($I=10\,\text{m}^4$ angenommen)
   Feld 1 $k_1=0{,}75\cdot 10/5{,}60=1{,}34$ > $2{,}77=\sum k=k_1+k_2$
   Feld 2 $k_2=10/7{,}00=1{,}43$
   Feld 3 $k_3=10/5{,}60=1{,}79$ > $3{,}22=\sum k=k_2+k_3$
3. Verteilungszahlen Knoten $B$: $\alpha_{ba}=1{,}34/2{,}77=0{,}48$ $\alpha_{bc}=1{,}43/2{,}77=0{,}52$
   ($\alpha=k/\sum k$) Knoten $C$: $\alpha_{cb}=1{,}43/3{,}22=0{,}44$ $\alpha_{cd}=1{,}79/3{,}22=0{,}56$
4. Berechnungsschema

| | A | B | | C | | D |
|---|---|---|---|---|---|---|
| | | $0\leftarrow\gamma\rightarrow 0{,}5$ | | $0{,}5\leftarrow\gamma\rightarrow 0{,}5$ | | |
| | | 0,48 | 0,52 | 0,44 | 0,56 | |
| Einspann-momente | | −203,8 | +175 | −175 | +94,1 | −94,1 |
| 1. | | −28,8 | | −80,9 | | |
| | | | +17,8 ← | +35,6 | +45,3 → | +22,6 |
| 2. | | −11,0 | | | | |
| | 0 ← | +5,3 | +5,7 → | +2,9 | | |
| 3. Ausgleich | | | | +2,9 | | |
| | | | −0,7 ← | −1,3 | −1,6 | −0,8 |
| 4. | | −0,7 | | | | |
| | 0 ← | +0,3 | −0,4 → | +0,2 | | |
| 5. | | | | +0,2 | | |
| | | | | −0,1 | −0,1 | |
| $\sum=$ | | −198,2 | +198,2 | −137,7 | +137,7 | −72,3 |

$M_B=-198{,}2$ kNm $M_C=-137{,}7$ kNm $M_D=-72{,}3$ kNm

1. Ausgleich am Knoten $C$
Das Differenzmoment
$$M=-175+94{,}1=-80{,}9\text{ kNm}$$
wird durch ein gleich großes Moment mit entgegengesetztem Vorzeichen ausgeglichen, das im Verhältnis der Verteilungszahlen auf die anschließenden Stäbe verteilt wird (+35,6 u. +45,3 kNm). Diese Momente rufen (mit $\gamma=0{,}5$) an den jeweils abliegenden Knoten ein Übertragungsmoment von halber Größe (+17,8 und +22,6) hervor (kein Vorzeichenwechsel!). Weitere Ausgleiche analog. Die Vorzeichen der endgültigen Einspann- u. Stützmomente (i.a. negativ) ergeben sich nach den Vorzeichenregeln der Statik.

[1] Über Systeme mit verschieblichen Knoten s. Wagner/Erlhof, Praktische Baustatik, Teil 2

## 6.6.2 Momentenausgleichsverfahren nach Kani

### Voraussetzungen

1. Knotenpunkte unter der Belastung unverschieblich[1]); 2. feldweise konstantes $I$

### Vorzeichenregel (Bild 65)

Im Uhrzeigersinn um den Stab drehende Stabendmomente sind positiv (+)

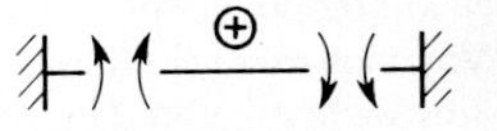

**Bild 65 Positivbild**

**Rechengang.** Zu berechnen sind:

1. die Volleinspannmomente $\overline{M}_{ik}$ sowie die Festhaltemomente $\overline{M}_i$, wobei $\overline{M}_i = \sum \overline{M}_{ik}$ an jedem Knoten $i$ ist
2. die Steifigkeiten (wie bei Cross) $k = I/l$ bzw. $k' = 0{,}75 \cdot I/l$
3. die Drehungsfaktoren $\mu_{ik} = -0{,}5 k_i / \sum k_{ik}$ für die einzelnen Knoten $i$
   Kontrolle: $\sum \mu_{ik} = -0{,}5$ an jedem Knoten
4. die Drehungsanteile $M'_{ik}$ durch wiederholtes Anwenden der Grundoperation $M'_{ik} = \mu_{ik}(\overline{M}_i + \sum M'_{ki})$ von Knoten zu Knoten in beliebiger Reihenfolge fortschreitend, bis an allen Knoten die gewünschte Genauigkeit erreicht ist
5. die endgültigen Stabendmomente $M_{ik}$; es ist: $M_{ik} = \overline{M}_{ik} + 2 \cdot M'_{ik} + M'_{ki}$

**Beispiel** Es wird das gleiche Beispiel wie beim Cross-Verfahren gewählt (s. S. 332)

1. Volleinspannmomente $\overline{M}_{ik}$ (s. Cross)

$\overline{M}_{ab} = 0$ $\quad \overline{M}_{ba} = +203{,}8$ kNm

$\overline{M}_{bc} = -175$ kNm $\quad \overline{M}_{cb} = +175$ kNm

$\overline{M}_{cd} = -94{,}1$ kNm $\quad \overline{M}_{dc} = +94{,}1$ kNm

Festhaltemomente $\overline{M}_i = \sum \overline{M}_{ik}$

$\overline{M}_b = +203{,}8 - 175 = +28{,}8$ kNm

$\overline{M}_c = +175 - 94{,}1 = +80{,}9$ kNm

2. Steifigkeiten $k$ (die Werte sind dieselben wie beim Cross-Verfahren s. S. 355)
3. Drehungsfaktoren:

Knoten $B$: $\mu_{ba} = -0{,}5 \cdot 1{,}34/2{,}77 = -0{,}24$ $\mu_{bc} = -0{,}5 \cdot 1{,}43/2{,}77 = -0{,}26$

($\mu = -0{,}5k/\sum k$) Knoten $C$: $\mu_{cb} = -0{,}5 \cdot 1{,}43/3{,}22 = -0{,}22$ $\mu_{cd} = -0{,}5 \cdot 1{,}79/3{,}22 = -0{,}28$

4. Drehungsanteile $M'_{ik}$ (mit folgendem Berechnungsschema)

| $\mu$ $\overline{M}_i$ $\mu$ / $i$ | $A$ | $B$ | | $C$ | | $D$ |
|---|---|---|---|---|---|---|
| $\mu$ | | −0,24 | −0,26 | −0,22 | −0,28 | |
| $\overline{M}_i$ | | +28,8 | | +80,9 | | |
| $\overline{M}_{ik}$ | | +203,8 | −175 | +175 | −94,1 | +94,1 |
| 1. Schritt | | −2,6 | −2,9 | −17,8 | −22,6 | |
| 2. Schritt | | −2,8 | −3,0 | −17,2 | −21,8 | |
| 3. Schritt | | −2,8 | −3,0 | −17,2 | −21,8 | |

1. Schritt der Iteration

Knoten $C$: $-0{,}22(+80{,}9+0) = -17{,}8$ $\quad$ Knoten $B$: $-0{,}24(+28{,}8-17{,}8) = -2{,}6$

$-0{,}28(+80{,}9+0) = -22{,}6$ $\quad$ $-0{,}26(+28{,}8-17{,}8) = -2{,}9$

2. Schritt. Knoten $C$: $-0{,}22(+80{,}9-2{,}9) = -17{,}2$ $\quad$ Knoten $B$: $-0{,}24(+28{,}8-17{,}2) = -2{,}8$

$-0{,}28(+80{,}9-2{,}9) = -21{,}8$ $\quad$ $-0{,}26(+28{,}8-17{,}2) = -3{,}0$

3. Schritt. Knoten $C$: $-0{,}22(+80{,}9-3{,}0) = -17{,}2$ $\quad$ Knoten $B$: $-0{,}24(+28{,}8-17{,}2) = -2{,}8$

$-0{,}28(+80{,}9-3{,}0) = -21{,}8$ $\quad$ $-0{,}26(+28{,}8-17{,}2) = -3{,}0$

5. Endgültige Stabendmomente $\overline{M}_{ik} = \overline{M}_{ik} + 2 \cdot M'_{ik} + M'_{ki}$

$M_{ba} = +203{,}8 - 2 \cdot 2{,}8 + 0 = +198{,}2$ kNm $\quad M_{bc} = -175 - 2 \cdot 3{,}0 - 17{,}2 = -198{,}2$ kNm

$M_{cb} = +175 - 2 \cdot 17{,}2 - 3{,}0 = +137{,}6$ kNm $\quad M_{cd} = -94{,}1 - 2 \cdot 21{,}8 + 0 = -137{,}7$ kNm

$M_{dc} = +94{,}1 - 0 - 21{,}8 = +72{,}3$ kNm

Mithin sind die Stützmomente: $M_B = -198{,}2$ kNm $\quad M_C = -137{,}7$ kNm $\quad M_D = -72{,}3$ kNm

[1]) Über Systeme mit verschieblichen Knoten s. Wagner/Erlhof, Praktische Baustatik, Teil 3

### 6.6.3 Numerische Iteration (Gauß-Seidel, Wetzell)

Grundlage ist die Dreimomentengleichung nach Clapeyron (s. S. 371)

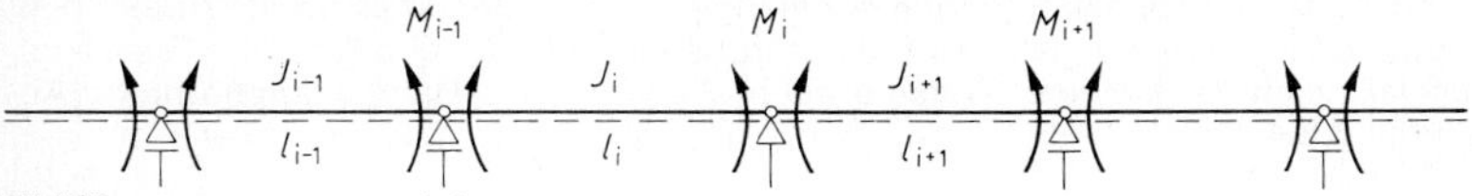


**Bild 66**

$$l'_i M_{i-1} + 2(l'_i + l'_{i+1}) M_i + l'_{i+1} M_{i+1} = -l'_i R_i - l'_{i+1} L_{i+1}$$

Für die Momente gilt die übliche Vorzeichendefinition. Ein positives Moment zieht die gestrichelte Faser.

**Rechengang**

1. Berechnung der Belastungsglieder $L$ und $R$ in allen Feldern, s. S. 326.
2. Berechnung der mechanischen (reduzierten) Feldlängen $l'_{i-1} = I_c/I_{i-1}) l_{i-1}$; $l'_i = (I_c/I_i)\, l_i$; $l'_{i+1} = (I_c/I_{i+1})\, l_{i+1}$ (nur bei feldweise unterschiedlichem Flächenmoment 2. Grades erforderlich).
3. Berechnung der Grundwerte $G_i = R_i l'_i + L_{i+1} l'_{i+1}$ für alle Stützen an denen das Stützmoment unbekannt ist.
4. Berechnung der Werte $N_i = 2(l'_i + l'_{i+1})$ für alle Stützen an denen das Stützmoment unbekannt ist.
5. Gegebenenfalls Berechnung der Kragmomente $M_o$ und/oder $M_n$.
6. Iteration: Berechnung von $M_i = \dfrac{-G_i - M_{i-1} l'_i - M_{i+1} l'_{i+1}}{N_i}$ an allen Stützen an denen das Stützmoment unbekannt ist in mehreren Durchgängen.
7. Im Iterationsprozeß werden etwa gemachte Rechenfehler selbständig korrigiert bzw. ausgeglichen.

**Beispiel** Ermittlung der Stützmomente eines Durchlaufträgers

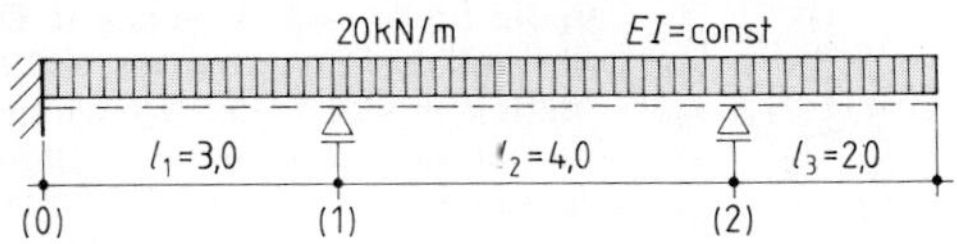


**Bild 67**

| (0) | (1) | | (2) | |
|---|---|---|---|---|
| 45 | 45 | 80 | 80 | $R$ bzw. $L$ |
| +135 | +455 | | | $G_i = R_i l'_i + L_{i+1} l'_{i+1}$ |
| 6 | 14 | | | $N_i = 2(l'_i + l'_{i+1})$ |
| | | | −40 | $M_n$ |
| −22,50 | −16,25 | | | |
| −14,37 | −17,99 | | | |
| −13,50 | −18,17 | | | |
| −13,41 | −18,20 | | | |
| −13,40 | −18,20 | | | |
| $M_0$ | $M_1$ | | $M_2$ | |

Zu 1. Belastungsglieder: Feld (1) $L = R = 20 \cdot 3{,}0^2/4 = 45$ kNm;
Feld (2) $L = R = 20 \cdot 4{,}0^2/4 = 80$ kNm

zu 3. $G_0 = 45 \cdot 3{,}0 = 135$ kNm²; $G_1 = 45 \cdot 3{,}0 + 80 \cdot 4{,}0 = 455$ kNm²

zu 4. $N_0 = 2 \cdot 3{,}0 = 6{,}0$; $N_1 = 2(3{,}0 + 4{,}0) = 14$

zu 5. Kragmoment; $M_2 = -20 \cdot 2{,}0^2/2 = -40$ kNm

1. Durchgang: $M_0 = -135/6 = -22{,}50$ kNm; $M_1 = (-455 + 22{,}5 \cdot 3{,}0 + 40 \cdot 4{,}0)/14 = -16{,}25$ kNm
2. Durchgang: $M_0 = (-135 + 16{,}25 \cdot 3{,}0)/6 = -14{,}37$ kNm; $M_1 = (-455 + 14{,}37 \cdot 3{,}0 + 40 \cdot 4{,}0)/14 = -17{,}99$ kNm
3. Durchgang: $M_0 = (-135 + 17{,}99 \cdot 3{,}0)/6 = -13{,}50$ kNm; $M_1 = (-455 + 13{,}5 \cdot 3{,}0 + 40 \cdot 4{,}0)/14 = -18{,}17$ kNm
4. Durchgang: $M_0 = (-135 + 18{,}17 \cdot 3{,}0)/6 = -13{,}41$ kNm; $M_1 = (-455 + 13{,}41 \cdot 3{,}0 + 40 \cdot 4{,}0)/14 = -18{,}20$ kNm
5. Durchgang: $M_0 = (-135 + 18{,}20 \cdot 3{,}0)/6 = -13{,}40$ kNm; $M_1 = (-455 + 13{,}4 \cdot 3{,}0 + 40 \cdot 4{,}0)/14 = -18{,}20$ kNm

## 6.6.4 Übertragungsverfahren, Reduktionsverfahren

Obwohl grundsätzlich für jedes Stabwerk anwendbar, eignet sich das Übertragungsverfahren vor allem für den geraden Stab. Geeignet ist es für die Automatenprogrammierung. Lediglich die Schnittgrößenermittlung bei bekannten Fesselkräften läßt sich für kleinere Systeme auch sinnvoll „von Hand" durchführen (Abschnitt 6.6.4.1).

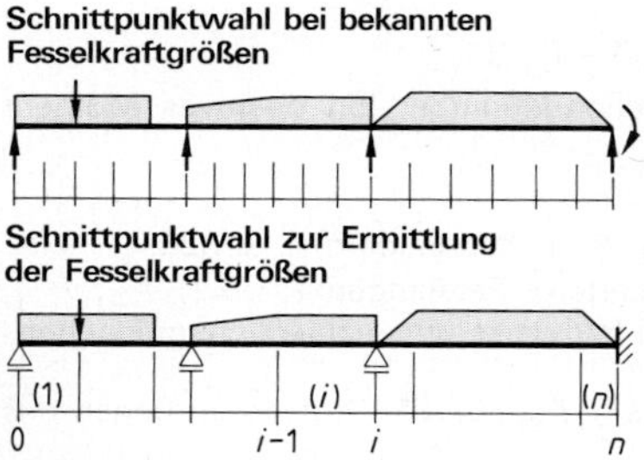


**Bild 68 Abschnittseinteilung**

Der zu berechnende Stab wird in Abschnitte eingeteilt. Schnittgrößen (allgemeiner: Zustandsgrößen) werden an Abschnittsgrenzen ermittelt. Abschnittsgrenzen können an jeder beliebigen Stelle festgelegt werden, müssen aber dort gesetzt werden, wo Stetigkeitsgrenzen der Belastung liegen, bei statisch unbestimmten Systemen außerdem dort, wo Steifigkeitssprünge liegen (Trägerabschnitte mit jeweils konstanter Steifigkeit angenommen).

### 6.6.4.1 Schnittgrößen bei vorbestimmten Fesselkraftgrößen

Wenn die Fesselkräfte (Auflagerkräfte, Einspannmomente) bekannt sind, lassen sich die Schnittgrößen $V$ und $M$ von Schnitt zu Schnitt fortschreitend mit Hilfe von Übertragungsbeziehungen berechnen:

**Übertragungsbeziehungen**

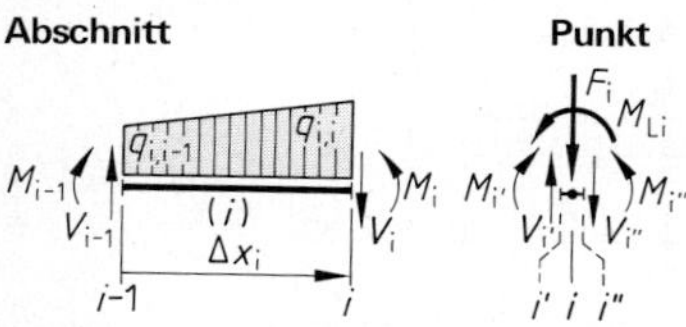


**Bild 69 Übertragungsbeziehung für Schnittgrößen**

Der Funktionswert der Schnittgrößen an der Stelle $i-1$ sei bekannt. Dann ergibt sich ihr Funktionswert an der Stelle $i$ mittels aus den Gleichgewichtsbedingungen gewonnenen Übertragungsbeziehungen:

Lastanteil eines Stab-**Abschnitts**

$$\boldsymbol{K}=\begin{pmatrix} -(2q+q'\Delta x)\ \Delta x/2 \\ -(3q+q'\Delta x)\ \Delta x^2/6 \end{pmatrix} \quad \text{mit} \quad q_i=q_{i,i-1};\quad q_i'=\frac{q_{i,i}-q_{i,i-1}}{\Delta x_i};$$

Lastanteil eines Stab-**Punktes**

$$\boldsymbol{P}=\begin{pmatrix} -F \\ -M_L \end{pmatrix};$$

**Übertragungsmatrix** $\quad \boldsymbol{U}=\begin{pmatrix} 1 & 0 \\ \Delta x & 1 \end{pmatrix}.$

**Abschnittsübertragung** $\quad \boldsymbol{S}_i=\boldsymbol{U}_i\,\boldsymbol{S}_{i-1}+\boldsymbol{K}_i$

**Punktübertragung** $\quad \boldsymbol{S}_{i''}=\boldsymbol{S}_{i'}+\boldsymbol{P}_i$

Darin ist $S$ das Schnittgrößentupel $\boldsymbol{S}=\begin{pmatrix} N \\ M \end{pmatrix};$

Der Index $i'$ bezeichnet den Schnitt unmittelbar vor dem Lasteintragungspunkt $i$, der Index $i''$ den Schnitt unmittelbar dahinter.

Die Rechnung beginnt mit $\boldsymbol{S}_{0'} = \mathbf{0} = \begin{pmatrix} 0 \\ 0 \end{pmatrix}$

unmittelbar vor dem linken Trägerende, einem Auflager oder einer Kragarmspitze,

sie schließt ab mit $\boldsymbol{S}_{n''} = \mathbf{0} = \begin{pmatrix} 0 \\ 0 \end{pmatrix}$

unmittelbar hinter dem rechten Trägerende.
Das **0**-Ergebnis ist Rechenkontrolle!

**Beispiel 1**

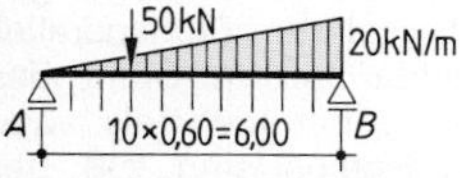


**Bild 70 System zu Beispiel 1**

$$A = -F_A = 20 \cdot 6{,}00/6 + 0{,}7 \cdot 50 = 55 \text{ kN}$$
$$B = -F_B = 20 \cdot 6{,}00/3 + 0{,}3 \cdot 50 = 55 \text{ kN}$$
$$q' = 20/6{,}00 = 3{,}333 \text{ kN/m}$$

**Tafel 38 Rechnung zu Beispiel 1**

| 1 | 2 | 3 | 4 | 5 | 6 | 7 | 8 | 9 | 10 |
|---|---|---|---|---|---|---|---|---|---|
| $i$ | $x$ | $\Delta x$ | $q$ | $q'$ | $-F$ | $-\boldsymbol{M}_L$ | $V$ | $\Delta\boldsymbol{M}$ | $\boldsymbol{M}$ |
| 0′ | | | | | | | 0,00 | | 0,00 |
| 0 | 0,00 | | | | 55,00 | 0,00 | | | |
| 0″ | | | | | | | 55,00 | | 0,00 |
| | | 0,60 | 0,00 | 3,333 | −0,60 | −0,12 | | 32,88 | |
| 1 | 0,60 | | | | | | 54,40 | | 32,88 |
| | | 0,60 | 2,00 | 3,333 | −1,80 | −0,48 | | 32,16 | |
| 2 | 1,20 | | | | | | 52,60 | | 65,04 |
| | | 0,60 | 4,00 | 3,333 | −3,00 | −0,84 | | 30,72 | |
| 3′ | | | | | | | 49,60 | | 95,76 |
| 3 | 1,80 | | | | −50,00 | | | | |
| 3″ | | | | | | | −0,40 | | 95,76 |
| | | 0,60 | 6,00 | 3,333 | −4,20 | −1,20 | | −1,44 | |
| 4 | 2,40 | | | | | | −4,20 | | 94,32 |
| | | 0,60 | 8,00 | 3,333 | −5,40 | −1,56 | | −4,32 | |
| 5 | 3,00 | | | | | | −10,00 | | 90,00 |
| | | 0,60 | 10,00 | 3,333 | −6,60 | −1,92 | | −7,92 | |
| 6 | 3,60 | | | | | | −16,60 | | 82,08 |
| | | 0,60 | 12,00 | 3,333 | −7,80 | −2,28 | | −12,24 | |
| 7 | 4,20 | | | | | | −24,40 | | 69,84 |
| | | 0,60 | 14,00 | 3,333 | −9,00 | −2,64 | | −17,28 | |
| 8 | 4,80 | | | | | | −33,40 | | 52,56 |
| | | 0,60 | 16,00 | 3,333 | −10,20 | −3,00 | | −23,04 | |
| 9 | 5,40 | | | | | | −43,60 | | 29,52 |
| | | 0,60 | 18,00 | 3,333 | −11,40 | −3,36 | | −29,52 | |
| 10′ | | | | | | | −55.00 | | 0,00 |
| 10 | 6,00 | | | | 55,00 | | | | |
| 10″ | | | | | | | 0,00 | | 0,00 |

(In den Spalten 6 und 7 sind auch die Abschnittslastbeiträge eingetragen)

### 6.6.4.2 Statisch bestimmt gelagerte Träger

**Übertragungsbeziehungen**

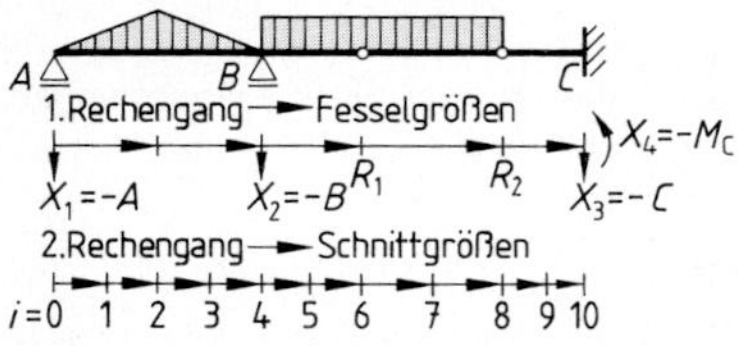


**Bild 71 Übertragungsrechnung bei nicht vorbestimmten Fesselgrößen**

Wenn die Fesselgrößen nicht vorbestimmt sind, müssen zwei Übertragungs-Rechengänge ablaufen (Bild 71). Der erste dient der Berechnung der Fesselgrößen, der zweite der Berechnung der Schnittgrößen. Beide Rechengänge folgen grundsätzlich dem Vorgehen nach Abschn. 6.6.4.1.

Die Fesselgrößen werden im ersten Rechengang als Unbekannte $X_1 \ldots X_k \ldots X_{nF}$ in die Rechnung eingeführt und genau wie Punktlasten behandelt. Die Übertragungsrechnung erfaßt nur die quer zur Trägerachse wirksamen Fesselarten (achsparallel gleitendes Auflager und Einspannung), so daß ein einfacher Stab im Sinne der Übertragungsrechner nur zwei Fesseln besitzt: Es können aber mehr als zwei „Quer"fesseln auftreten, wenn punktuell innere Bindungen gelöst sind, z. B. bei Gelenkträgern (Gerberträgern).

Bei statisch bestimmten Systemen können Fesseln im Rahmen der Schnittgrößenermittlung immer als starre Auflager (Wegfessel) oder Einspannungen (Drehfessel) angesehen werden, auch dann, wenn es sich tatsächlich um elastische Elemente handelt. Eine Unterscheidung starrer und elastischer Fesseln ist nicht erforderlich. Man beachte aber, daß einem Fesselelement nur eine Fesselkraftgröße entspricht. Die Drehfessel in Bild 72 beispielsweise ist nicht zugleich auch Auflager (Wegfessel). Die Einspannung eines Kragarms enthält also zwei Fesselelemente: eine Weg- und eine Drehfessel (Bild 71).

Die Punktlasttupel an Fesselpunkten haben die Form:

$$-\boldsymbol{P}=\begin{pmatrix} F \\ M_L \end{pmatrix}=\begin{pmatrix} 1 \\ 0 \end{pmatrix} X_k \quad \text{bzw.} \quad \begin{pmatrix} F \\ M_L \end{pmatrix}=\begin{pmatrix} 0 \\ 1 \end{pmatrix} X_k,$$

je nach dem, ob es sich um Weg- oder Drehfesseln handelt. An Doppelfesselpunkten (Krageinspannstellen) ist

$$-\boldsymbol{P}=\begin{pmatrix} F \\ M_L \end{pmatrix}=\begin{pmatrix} 1 & 0 \\ 0 & 1 \end{pmatrix}\begin{pmatrix} X_\alpha \\ X_\beta \end{pmatrix}.$$

$\alpha$ und $\beta$ stehen für die aktuellen Werte von $k$ in der jeweiligen Berechnungsphase.

Unabhängig davon, wie viele Fesseln ein System enthält, übersteigt die Anzahl der Unbekannten in der Rechnung niemals 2. Spätestens ehe eine dritte Fesselgröße eintreten würde, kann an einem „Reduktionspunkt" (Bild 71) eine vorhandene eliminiert werden. Der Zustandsgrößenausdruck hat daher die Form

$$\boldsymbol{S}=\boldsymbol{S}_1 \boldsymbol{X}+\boldsymbol{S}_0,$$

$$\boldsymbol{X}=\begin{pmatrix} X_\alpha \\ X_\beta \end{pmatrix}, \quad \boldsymbol{S}_1=\begin{pmatrix} V_\alpha & V_\beta \\ M_\alpha & M_\beta \end{pmatrix}=(s_\alpha\, s_\beta) \quad \text{und} \quad \boldsymbol{S}_0=\begin{pmatrix} V_0 \\ M_0 \end{pmatrix},$$

wobei der Vektor $\boldsymbol{X}$ keines, ein oder zwei Elemente enthält. Entsprechend ist $S_1$ entweder nicht vorhanden, oder es ist eine $1 \times 2$- oder eine $2 \times 2$-Matrix. Im ersten Rechengang ist die Übertragungsoperation demnach auf den Summenausdruck, also sowohl auf $\boldsymbol{S}_1$ als auch auf $\boldsymbol{S}_0$ anzuwenden.

## Reduktion

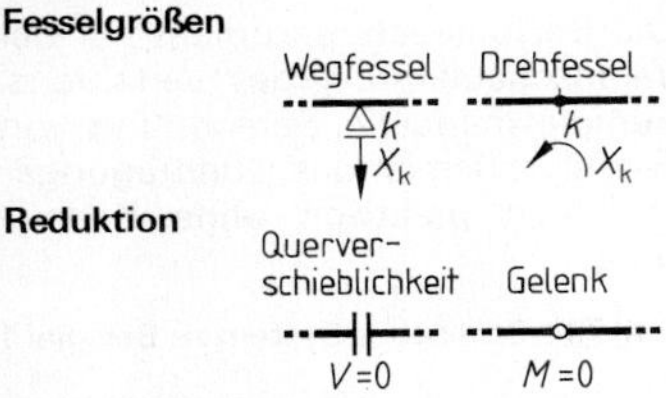


**Bild 72 Unbekannte Fesselkraftgrößen und Reduktion**

Handelt es sich um einen Mehrscheiben-Träger, etwa einen Gelenkträger (Gerberträger), so kann an den Verbindungspunkten zweier benachbarter „Scheiben" (Gelenke, Querverschieblichkeiten) unter Ausnutzung der Bedingungen $M=0$ an einem Gelenk bzw. $V=0$ an einer praktisch allerdings kaum bedeutsamen Querverschieblichkeit („Querkraftgelenk") eine Unbekannte eliminiert werden. Dies ist auch erforderlich, um „Platz zu schaffen" für die an der nächsten Fesselstelle anfallende neue Unbekannte. Die Operation wird mit Reduktion bezeichnet.

$V_i = 0$:

$$V_{\alpha i} X_\alpha + V_{\beta i} X_\beta + V_{0i} = 0 \;\rightarrow\; X_\alpha = -(V_{\beta i} X_\beta + V_{0i})/V_{\alpha i}$$
$$\text{oder} \;\rightarrow\; X_\beta = -(V_{\alpha i} X_\alpha + V_{0i}/V_{\beta i}$$

Der Schnittgrößenausdruck im Punkt $i$ geht damit über in

$$\boldsymbol{S}_{i''} = \boldsymbol{S}_{i'} - \boldsymbol{R}_i$$

mit $\boldsymbol{R}_\alpha = [(V_\alpha\, V_\beta)\, \boldsymbol{X} + V_0]\, \boldsymbol{s}_\alpha / V_\alpha$ bei Elimination von $X_\alpha$ bzw.
$\boldsymbol{R}_\beta = [(V_\alpha\, V_\beta)\, \boldsymbol{X} + V_0]\, \boldsymbol{s}_\beta / V_\beta$ bei Elimination von $X_\beta$

$M_i = 0$:

$$M_{\alpha i} X_\alpha + M_{\beta i} X_\beta + M_{0i} = 0 \;\rightarrow\; X_\alpha = -(M_{\beta i} X_\beta + M_{0i}/M_{\alpha i}$$
$$\text{oder} \;\rightarrow\; X_\beta = -(M_{\alpha i} X_\alpha + M_{0i}/M_{\beta i}$$

$$\boldsymbol{S}_{i''} = \boldsymbol{S}_{i'} - \boldsymbol{R}_i$$

mit $\boldsymbol{R}_\alpha = [(M_\alpha\, M_\beta)\, X + M_0]\, \boldsymbol{s}_\alpha / M_\alpha$ bei Elimination von $X_\alpha$ bzw.
$\boldsymbol{R}_\beta = [(M_\alpha\, M_\beta)\, X + M_0]\, \boldsymbol{s}_\beta / M_\beta$ bei Elimination von $X_\beta$

$\boldsymbol{s}_\alpha$ und $\boldsymbol{s}_\beta$ repräsentieren darin die erste bzw. zweite Spalte in $\boldsymbol{S}_1$.

Welche Unbekannte eliminiert wird, ist im allg. gleichgültig. Grundsätzlich maßgebend ist der Divisor $S_\alpha$ oder $S_\beta$ ($S$ steht für $V$ oder $M$). Der größere läßt das numerisch bessere Endergebnis erwarten.

### Berechnungsstart und -abschluß

Die Berechnung beginnt im Punkt $O'$ mit $S_{0'} = 0$ und schließt ab hinter dem letzten Punkt ($n$) bei „$n''$" mit $\boldsymbol{S}_{n''} = \boldsymbol{0}$. Diese Bedingung erlaubt die Berechnung der letzten beiden Unbekannten.

Im Rückwärtsgang werden die übrigen Unbekannten als Ergebnis der bei der Reduktion aufgestellten Ausdrücke bestimmt. Die Übertragungsrechnung nach Abschn. 6.6.4.1 liefert anschließend die Schnittgrößen an jeder gewünschten Stelle.

## Beispiel 2

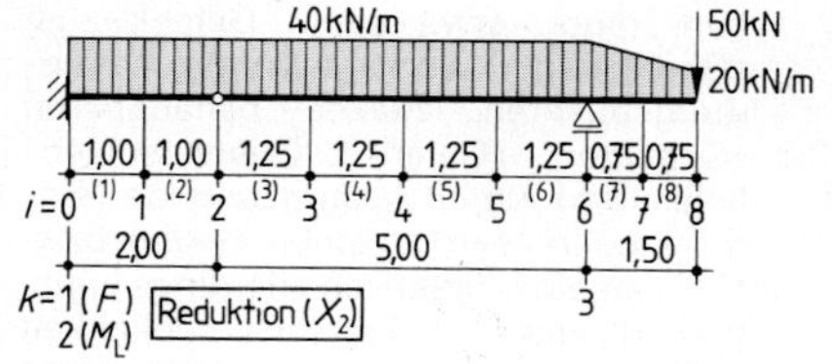


Die Beispielrechnung dient nur der Veranschaulichung des Verfahrens. Für die manuelle Berechnung von Fesselgrößen ist das Übertragungsverfahren praktisch ohne Bedeutung.

**Bild 73 Statisches System zu Beispiel 1**

**Tafel 39 Berechnung der Fesselkräfte und Schnittgrößen von Beispiel 2**

| 1 | 2 | 3 | 4 | 5 | 6 | 7 | 8 | 9 | 10 | 11 | 12 |
|---|---|---|---|---|---|---|---|---|---|---|---|
| $i$<br>($i$) | $\Delta x_i$ | $k$ | $\Delta x_k$ | $S_{1,i}$ | | $q_{i,i-1}$<br>$q_{i,i}$ | $q'_i$ | $K_{0,i}$, $P_{0i}$ | $S_{0,i}$ | $K_i$, $P_i$ | $S_i$ |
| 0′ | | | | | | | | | 0,00<br>0,00 | | 0,00<br>0,00 |
| [0] | 0,00 | 1<br>2 | | −1,00<br>0,00 | 0,00<br>−1,00 | | | 0,00<br>0,00 | | 159,00<br>−238,00 | |
| 0″ | | | | | | | | | 0,00<br>0,00 | | 159,00<br>−238,00 |
| (1) | 1,00 | | | | | 40,00<br>40,00 | 0,000 | | | −40,00<br>−20,00 | |
| 1 | | | 2,00 | −1,00<br>−2,00 | 0,00<br>−1,00 | | | −80,00<br>−80,00 | | | 119,00<br>−99,00 |
| (2) | 1,00 | | | | | 40,00<br>40,00 | 0,000 | | | −40,00<br>−20,00 | |
| 2′ | | | | | | | | | −80,00<br>−80,00 | | 79,00<br>0,00 |
| [2] | | −2 | Reduktion | 0,00<br>2,00 | 0,00<br>1,00 | | | 0,00<br>−80,00 | | | |
| 2″ | | | | −1,00<br>0,00 | | | | | −80,00<br>0,00 | | 79,00<br>0,00 |
| (3) | 1,25 | | | | | 40,00<br>40,00 | 0,000 | | | −50,00<br>−31,25 | |
| 3 | | | | | | | | | | | 29,00<br>67,50 |
| (4) | 1,25 | | | | | 40,00<br>40,00 | 0,000 | | | −50,00<br>−31,25 | |
| 4 | | | 5,00 | −1,00<br>−5,00 | | | | −200,00<br>−500,00 | | | −21,00<br>72,50 |
| (5) | 1,25 | | | | | 40,00<br>40,00 | 0,000 | | | −50,00<br>−31,25 | |
| 5 | | | | | | | | | | | −71,00<br>15,00 |
| (6) | 1,25 | | | | | 40,00<br>40,00 | 0,000 | | | −50,00<br>−31,25 | |
| 6′ | | | | | | | | | −280,00<br>−900,00 | | −121,00<br>−105,00 |
| 6 | | 3 | | | −1,00<br>0,00 | | | | | 216,00<br>0,00 | |
| 6″ | | | | | | | | | −280,00<br>−900,00 | | 95,00<br>−105,00 |
| (7) | 0,75 | | | | | 40,00<br>30,00 | −13,333 | | | −26,25<br>−10,31 | |
| 7 | | | 1,50 | −1,00<br>−6,50 | −1,00<br>−1,50 | | | −45,00<br>−37,50 | | | 68,75<br>−44,06 |
| (8) | 0,75 | | | | | 30,00<br>20,00 | −13,333 | | | −45,00<br>−37,50 | |
| 8′ | | | | | | | | | −325,00<br>−1357,50 | | 50,00<br>0,00 |
| [8] | | | | | | | | −50,00<br>0,00 | | −50,00<br>0,00 | |
| 8″ | | | Schluß | −0,30<br>1,30 | 0,20<br>−0,20 | | | | −375,00<br>−1357,50 | | 0,00<br>0,00 |

### 6.6.4.3 Statisch unbestimmte Balken auf starren und elastischen Stützen

Bei statisch unbestimmten Systemen sind die Formänderungen – auch für die Berechnung der Schnittkraftgrößen – von entscheidender Bedeutung. Aus diesem Grund muß die Gruppe der Zustandsgrößen (bisher $\boldsymbol{Z}=\boldsymbol{S}$ mit $V$ und $M$) um die Durchsenkung der Stabachse $w$ und deren Tangentenneigung $w'$ erweitert werden. Das Tupel der Zustandsgrößen ist jetzt:

$$\boldsymbol{Z}=\begin{pmatrix} V \\ M \\ w' \\ w \end{pmatrix} \begin{matrix} \text{Querkraft} \\ \text{Biegemoment} \\ \text{Neigung der Stabachse} \\ \text{Durchsenkung der Stabachse} \end{matrix}$$

**Übertragungsbeziehungen**

Gegenüber Abschnitt 6.6.4.2 ist lediglich zu berücksichtigen, daß das Zustandsgrößentupel nun 4 Elemente enthält. Außer den Fesselgrößen können jetzt auch unbekannte Formänderungen $w_k$ und $w'_k$ auftreten, die ebenfalls mit $X_k$ bezeichnet werden. Der Index $k$ läuft über alle unbekannten Fesselgrößen und Formänderungsklaffungen. Formänderungsklaffungen sind Knicke und Versetzungen der Stabachse an freien Gelenken und Querverschieblichkeiten. Das gilt auch bei Start mit freier Auflagerung (unbekanntes $\Delta V$ und unbekanntes $w'$) oder Kragarmende (unbekanntes $w$ und unbekanntes $w'$). Ferner müssen die Übertragungsgesetze für die Formänderungen in die Übertragungsmatrizen für Abschnitt und Punkt aufgenommen werden.

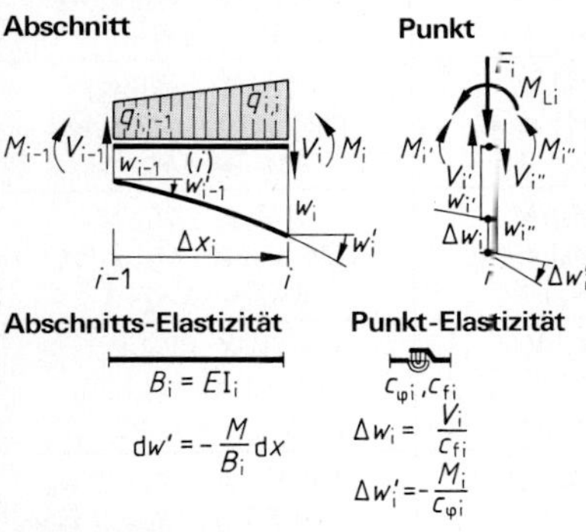


**Bild 74 Stabelemente**

| | |
|---|---|
| $c_\varphi=0$: | Gelenk |
| $c_f=0$: | Querverschieblichkeit |
| $c_\varphi=c_f=\infty$: | starre Bindung |

Lastanteil eines Stab-**Abschnitts**

$$K_i=\begin{pmatrix} -(2q_i+q'_i\,\Delta x_i)\,\Delta x_i/2 \\ -(3q_i+q'_i\,\Delta x_i)\,\Delta x_i^2/6 \\ 0 \\ 0 \end{pmatrix}$$

Lastanteil eines Stab-**Punktes**

$$P_i=\begin{pmatrix} -F_i \\ -M_{Li} \\ \Delta w'_i \\ \Delta w_i \end{pmatrix}$$

**Abschnittsübertragungs-Matrix**

$$\boldsymbol{U}_i=\begin{pmatrix} 1 & 0 & 0 & 0 \\ \Delta x & 1 & 0 & 0 \\ \Delta x^2/(2B) & -\Delta x/B & 1 & 0 \\ \Delta x^3/(6B) & -\Delta x^2/(2B) & \Delta x & 1 \end{pmatrix}_i$$

**Punktübertragungs-Matrix**

$$\boldsymbol{U}_i=\begin{pmatrix} 1 & 0 & 0 & 0 \\ 0 & 1 & 0 & 0 \\ 0 & -1/c_\varphi & 1 & 0 \\ 1/c_f & 0 & 0 & 1 \end{pmatrix}_i$$

Im Gegensatz zu elastischen Gelenken und Querverschieblichkeiten sind freie Gelenke und Querverschieblichkeiten keine Punktübertragungsfälle, sondern Ursachen zunächst unbekannter Formänderungsklaffungen (s. o.).

**Abschnittsübertragung:** $\boldsymbol{Z}_i=\boldsymbol{U}_i\,\boldsymbol{Z}_{i-1}+\boldsymbol{K}_i$

**Punktübertragung:** $\boldsymbol{Z}_{i''}=\boldsymbol{U}_i\,\boldsymbol{Z}_{i'}+\boldsymbol{P}_i$

Im Zustandsgrößenausdruck sind stets zwei Unbekannte enthalten. Er hat daher folgenden Aufbau:

$$\boldsymbol{Z}=\boldsymbol{Z}_1\boldsymbol{X}+\boldsymbol{Z}_0 \quad \text{mit} \quad \boldsymbol{X}=\begin{pmatrix}X_\alpha\\X_\beta\end{pmatrix};\quad \boldsymbol{Z}_1=\begin{pmatrix}V_\alpha & V_\beta\\M_\alpha & M_\beta\\w'_\alpha & w'_\beta\\w_\alpha & w_\beta\end{pmatrix};\quad \boldsymbol{Z}_0=\begin{pmatrix}V_0\\M_0\\w'_0\\w_0\end{pmatrix}$$

Die Indizes $\alpha$ und $\beta$ vertreten wieder die in der jeweiligen Übertragungsphase geltenden Werte des Index $k$ der unbekannten Kraft- und Formänderungsgrößen.

## Reduktion

Fessel- und Klaffungsgrößen

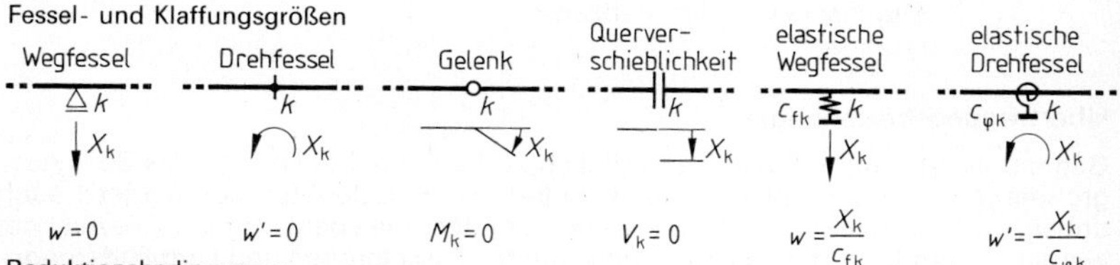


Reduktionsbedingungen

**Bild 75 Fesselkräfte und Reduktionsbedingungen**

**Tafel 40 Reduktionsgrößen**

| 1 | 2 | 3 | 4 | 5 |
|---|---|---|---|---|
| ZNr | Symbol | | Ersatz der 1. Unbekannten ($\alpha$) $k \to \alpha$ | Ersatz der 2. Unbekannten ($\beta$) $k \to \beta$ |
| 1 | $\Delta V_k$ | $X$<br>$\boldsymbol{R}$<br>$\Delta V_k$ | $-[w_\beta X_\beta+w_0]/w_\alpha$<br>$[(w_\alpha\, w_\beta)\,\boldsymbol{X}+w_0]\,\boldsymbol{z}_\alpha/w_\alpha$<br>$\Delta V_\alpha \Leftarrow \Delta V_\alpha-1$ | $-[w_\alpha X_\alpha+w_0]/w_\beta$<br>$[(w_\alpha\, w_\beta)\,\boldsymbol{X}+w_0]\,\boldsymbol{z}_\beta/w_\beta$<br>$\Delta V_\beta \Leftarrow \Delta V_\beta-1$ |
| 2 | $\Delta M_k$ | $X$<br>$\boldsymbol{R}$<br>$\Delta M_k$ | $-[w'_\beta X_\beta+w'_0]/w'_\alpha$<br>$[(w'_\alpha\, w'_\beta)\,\boldsymbol{X}+w'_0]\,\boldsymbol{z}_\alpha/w'_\alpha$<br>$\Delta M_\alpha \Leftarrow \Delta M_\alpha-1$ | $-[w'_\alpha X_\alpha+w'_0]/w'_\beta]$<br>$[(w'_\alpha\, w'_\beta)\,\boldsymbol{X}+w'_0]\,\boldsymbol{z}_\beta/w'_\beta$<br>$\Delta M_\beta \Leftarrow \Delta M_\beta-1$ |
| 3 | $\Delta w'_k$ | $X$<br>$\boldsymbol{R}$<br>$\Delta w'_k$ | $-[M_\beta X_\beta+M_0]/M_\alpha$<br>$[(M_\alpha\, M_\beta)\,\boldsymbol{X}+M_0]\,\boldsymbol{z}_\alpha/M_\alpha$<br>$\Delta w'_\alpha \Leftarrow \Delta w'_\alpha+1$ | $-[M_\alpha X_\alpha+M_0]/M_\beta$<br>$[(M_\alpha\, M_\beta)\,\boldsymbol{X}+M_0]\,\boldsymbol{z}_\beta/M_\beta$<br>$\Delta w'_\beta \Leftarrow \Delta w'_\beta+1$ |
| 4 | $\Delta w_k$ | $X$<br>$\boldsymbol{R}$<br>$\Delta w_k$ | $-[V_\beta X_\beta+V_0]/V_\alpha$<br>$[(V_\alpha\, V_\beta)\,\boldsymbol{X}+V_0]\,\boldsymbol{z}_\alpha/V_\alpha$<br>$\Delta w_\alpha \Leftarrow \Delta w_\alpha+1$ | $-[V_\alpha X_\alpha+V_0]/V_\beta$<br>$[(V_\alpha\, V_\beta)\,\boldsymbol{X}+V_0]\,\boldsymbol{z}_\beta/V_\beta$<br>$\Delta w_\beta \Leftarrow \Delta w_\beta+1$ |
| 5 | $\Delta V_k$ | $X$<br>$\boldsymbol{R}$<br>$\Delta V_k$ | $-[w_\beta X_\beta+w_0-X_k/c_{fk}]/w_\alpha$<br>$[(w_\alpha\, w_\beta)\,\boldsymbol{X}+w_0-X_k/c_{fk}]\,\boldsymbol{z}_\alpha/w_\alpha$<br>$\Delta V_\alpha \Leftarrow \Delta V_\alpha-1$ | $-[w_\alpha X_\alpha+w_0-X_k/c_{fk}]/w_\beta$<br>$[(w_\alpha\, w_\beta)\,\boldsymbol{X}+w_0-X_k/c_{fk}]\,\boldsymbol{z}_\beta/w_\beta$<br>$\Delta V_\beta \Leftarrow \Delta V_\beta-1$ |
| 6 | $\Delta M_k$ | $X$<br>$\boldsymbol{R}$<br>$\Delta M_k$ | $-[w'_\beta X_\beta+w'_0-X_k/c_{fk}]/w'_\alpha$<br>$[(w'_\alpha\, w'_\beta)\,\boldsymbol{X}+w'_0-X_k/c_{fk}]\,\boldsymbol{z}_\alpha/w'_\alpha$<br>$\Delta M_\alpha \Leftarrow \Delta M_\alpha-1$ | $-[w'_\alpha X_\alpha+w'_0-X_k/c_{fk}]/w'_\beta$<br>$[(w'_\alpha\, w'_\beta)\,\boldsymbol{X}+w'_0-X_k/c_{fk}]\,\boldsymbol{z}_\beta/w'_\beta$<br>$\Delta M_\beta \Leftarrow \Delta M_\beta-1$ |
| | Im Falle großer Federsteifigkeiten $c_f$ oder $c_\varphi$ nähern sich die Fesseln starrer Lagerung bzw. Volleinspannung. In diesem Fall wird die neue Unbekannte $X_k$ eliminiert: | | | |
| 5a | $\Delta V_k$ | $X_k$<br>$\Delta V_0$ | $c_{fk}[(w_\alpha\, w_\beta)\,X+w_0]$<br>$\Delta V_0 \Leftarrow \Delta V_0-c_{fk}[(w_\alpha\, w_\beta)\,\boldsymbol{X}+w_0]$ | |
| 6a | $\Delta M_k$ | $X_k$<br>$\Delta M_0$ | $c_{\varphi k}[(w_\alpha\, w_\beta)\,\boldsymbol{X}+w_0]$<br>$\Delta M_0 \Leftarrow \Delta M_0-c_{\varphi k}[(w_\alpha\, w_\beta)\,\boldsymbol{X}+w_0]$ | |

An jedem Punkt $i$, an dem eine neue Unbekannte $X_{k_i}$ hinzutritt, ermöglicht eine Bedingung die Ablösung einer anderen oder auch der neu hinzutretenden. Am Reduktionspunkt $i$ geht $\boldsymbol{Z}_{i'}$ in $\boldsymbol{Z}_{i''}$ über:

$$\boldsymbol{Z}_{i'} \overset{R}{\rightarrow} \boldsymbol{Z}_{i''} \rightarrow \boldsymbol{Z}_{i''}=\boldsymbol{Z}_{i'}-\boldsymbol{R}_{k_i}.$$

Der Reduktionsterm $\boldsymbol{R}_{k_i}$ ergibt sich für die unterschiedlichen Reduktionsbedingungen nach Tafel 40.

Die ersten 6 Hauptzeilen enthalten je 3 Unterzeilen, mit $X$, $\boldsymbol{R}$ und $\Delta$.... Sie enthalten:

$\boldsymbol{X}$ Ausdruck der ausscheidenden Unbekannten durch die anderen,

$\boldsymbol{R}$ Reduktionsterm zur Transformation der Zustandsgrößen (s.o.),

$\Delta$... Beitrag der neu hinzutretenden Unbekannten in der bezeichneten Position. Mit dieser Angabe wird nur erklärt, wie die am erreichten Punkt angreifende neue Unbekannte in die Rechnung eingeht. Die Operation ist nicht Bestandteil der eigentlichen Reduktion.

Doppelfesseln (Auflager und Einspannung) können einzeln nacheinander behandelt werden.

Für welche Unbekannte man sich bei der Elimination entscheidet, ist so lange gleichgültig, wie ihre Koeffizienten in der Bedingungsgleichung von gleicher Größenordnung sind. Bei großen Unterschieden ist die Elimination der Unbekannten mit dem größten Koeffizienten aus numerischen Gründen zu empfehlen, in Extremfällen zwingend geboten.

**Beispiel zur Reduktion**

Annahmen: Reduktion bei $k=7$, elastische Auflagerung, aktuelle Unbekannte $X_3$ und $X_6$.
a) normale Feder, $w_6>w_3$: $X_6$ eliminieren,
b) starke Feder: $X_7$ eliminieren.

a) Reduktion nach Zeile 5:

$$X_6=[w_3 X_3+w_0-X_7/c_{f7}]/w_6;$$

$$\boldsymbol{R}=[(w_3\, w_6)\, \boldsymbol{X}+w_0-X_7/c_{f7}]\, \boldsymbol{z}_6/w_6=[w_3 X_3+w_6 X_6+w_0-X_7/c_{f7}] \begin{pmatrix} V_6 \\ M_6 \\ w'_6 \\ w_6 \end{pmatrix} / w_6$$

$$\boldsymbol{Z}_{i''}=\boldsymbol{Z}_{i'}-\boldsymbol{R}+\boldsymbol{1}_1 X_7=\begin{pmatrix} V_3-w_3 V_6/w_6 & 1-V_6/(c_{f7} w_6) \\ M_3-w_3 M_6/w_6 & -M_6/(c_{f7} w_6) \\ w'_3-w_3 w'_6/w_6 & -w'_6/(c_{f7} w_6) \\ 0 & -1/(c_{f7} w_6) \end{pmatrix} \begin{pmatrix} X_3 \\ X_7 \end{pmatrix} + \begin{pmatrix} V_0-w_0 V_6/w_6 \\ M_0-w_0 M_0/w_6 \\ w'_0-w_0 w'_0/w_6 \\ 0 \end{pmatrix}.$$

b) Reduktion nach Zeile 5a:

$$X_7=c_{f7}[(w_3\, w_6)\, \boldsymbol{X}+w_0]=c_{f7}[w_3 X_3+w_6 X_6+w_0]$$

$$\boldsymbol{Z}_{i''}=\boldsymbol{Z}_{i'}+\boldsymbol{1}_1 X_7=\begin{pmatrix} V_3+c_{f7} w_3 & V_6+c_{f7} w_6 \\ M_3 & M_6 \\ w'_3 & w'_6 \\ w_3 & w_6 \end{pmatrix} \begin{pmatrix} X_3 \\ X_6 \end{pmatrix} + \begin{pmatrix} V_0+c_{f7} w_0 \\ M_0 \\ w'_0 \\ w_0 \end{pmatrix}$$

**Berechnungsstart und -abschluß**

Die Berechnung beginnt im Punkt 0' mit $\boldsymbol{Z}_{0'}=\boldsymbol{0}$, sie schließt ab hinter dem letzten Punkt ($n$), bei $n''$ mit $\boldsymbol{Z}_{n''}=\boldsymbol{0}$. Nach der Reduktion im letzten Punkt verbleiben zwei der vier Bedingungen, aus denen die letzten beiden Unbekannten ermittelt werden.

Im Rückwärtsgang werden die übrigen Unbekannten als Ergebnis der bei der Reduktion aufgestellten Ausdrücke bestimmt. Die Übertragungsrechnung liefert anschließend die Zustandsgrößen an jeder gewünschten Stelle.

### 6.6.5 Andere Verfahren

Kraft- und Formänderungsgrößenverfahren s. Abschn. 7.

# 7 Rahmenartige Stabwerke

## 7.1 Standardsysteme

### 7.1.1 Einfeldrahmen

**Hilfsgröße** $c = \frac{I_R}{I_S} \cdot \frac{h}{l}$ $\quad I_R$ Trägheitsmoment des Riegelquerschnitts $\quad h$ Höhe
$\quad I_S$ Trägheitsmoment des Stielquerschnitts $\quad l$ Stützweite

1.

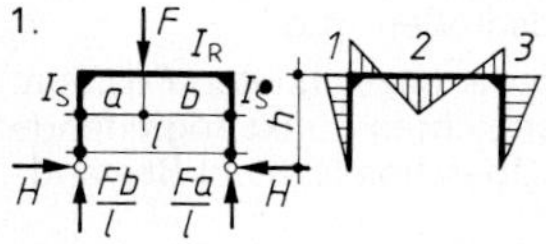

$$H = \frac{3Fab}{2hl} \cdot \frac{1}{2c+3}$$

$$M_1 = M_3 = -Hh$$

$$M_2 = \frac{Fab}{l} - Hh$$

Sonderfall $a = b = l/2$

$$H = \frac{3Fl}{8h} \cdot \frac{1}{2c+3}$$

$$M_1 = M_3 = -Hh \qquad M_2 = \frac{F \cdot l}{4} - Hh$$

2.

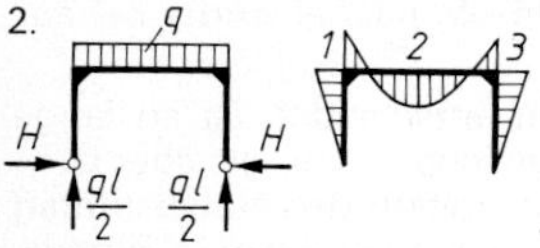

$$H = \frac{ql^2}{4h} \cdot \frac{1}{2c+3}$$

$$M_1 = M_3 = -Hh \qquad \max M_2 = \frac{ql^2}{8} - Hh$$

3.

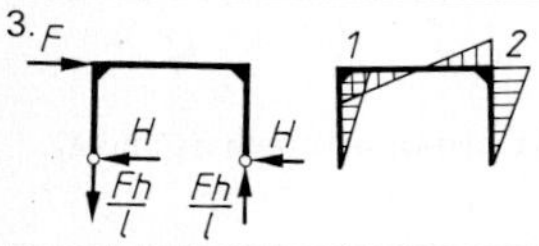

$$H = F/2$$

$$M_1 = -M_2 = \frac{Fh}{2}$$

4.

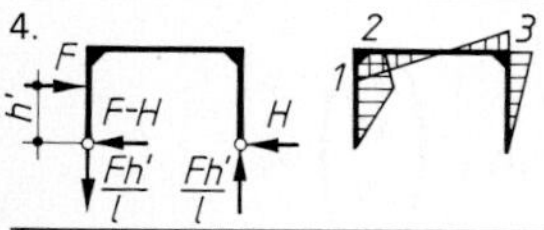

$$H = \frac{3Fh'}{2h}\left[1 - \frac{1}{3}\left(\frac{h'}{h}\right)^2 + \frac{1}{c}\right]\frac{c}{2c+3}$$

$$M_1 = (F-H)\,h' \qquad M_2 = Fh' - Hh \qquad M_3 = Hh$$

5.

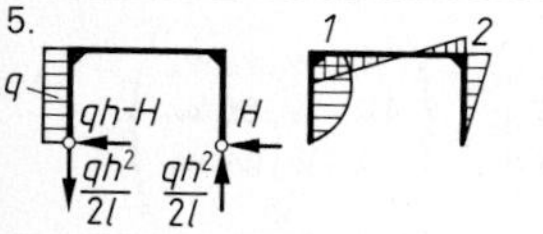

$$H = \frac{qh}{8}(5c+6)\,\frac{1}{2c+3}$$

$$M_1 = \frac{qh^2}{2} - Hh \qquad M_2 = -Hh$$

6.

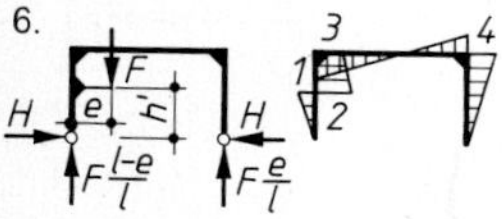

$$H = \frac{3Fe}{2h}\left[1 - \left(\frac{h'}{h}\right)^2 + \frac{1}{c}\right]\frac{c}{2c+3}$$

$$M_1 = -Hh' \qquad M_2 = Fe - Hh'$$

$$M_3 = Fe - Hh \qquad M_4 = -Hh$$

7. Belastung durch Moment am Riegel

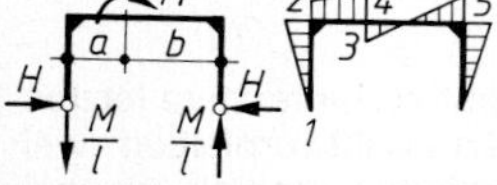

$$H = \frac{3M}{2h} \cdot \frac{b-a}{l} \cdot \frac{1}{2c+3} \qquad M_2 = M_5 = -H \cdot h$$

$$M_3 = -Hh - M\frac{a}{l} \qquad M_4 = -Hh + M\frac{b}{l}$$

Ist $a > b$, so wird $H$ negativ, d.h. ist von innen nach außen gerichtet, wenn $M$, wie eingezeichnet, rechtsdrehend.

8. gleichmäßige Erwärmung um t°C

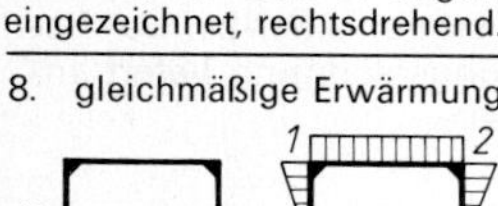

$$H = \frac{3EI_R\alpha_T t}{h^2} \cdot \frac{1}{2c+3} \qquad M_1 = M_2 = -Hh$$

9.

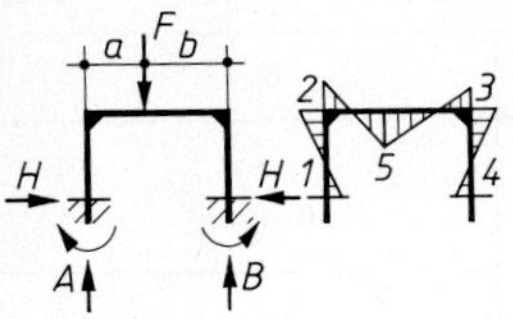


$$A=\frac{Fb}{l}\left[1+\frac{a(b-a)}{l^2(6c+1)}\right] \qquad B=F-A \qquad H=\frac{3Fab}{2hl}\cdot\frac{1}{c+2}$$

$$\left.\begin{matrix}M_1=\\M_4=\end{matrix}\right\}=\frac{Fab}{2l}\left[\frac{1}{c+2}\mp\frac{b-a}{l(6c+1)}\right]$$

$$\left.\begin{matrix}M_2=\\M_3=\end{matrix}\right\}=-\frac{Fab}{l}\left[\frac{1}{c+2}\pm\frac{b-a}{2l(6c+1)}\right]$$

$$M_5=\frac{1}{l}\,(Fab+bM_2+aM_3)$$

Sonderfall $a=b=\frac{l}{2}$: $\quad A=B=\frac{F}{2} \qquad H=\frac{3Fl}{8h}\cdot\frac{1}{c+2}$

$$M_1=M_4=\frac{H\cdot h}{3} \qquad M_2=M_3=-2M_1 \qquad M_5=\frac{Fl}{4}+M_2$$

10.

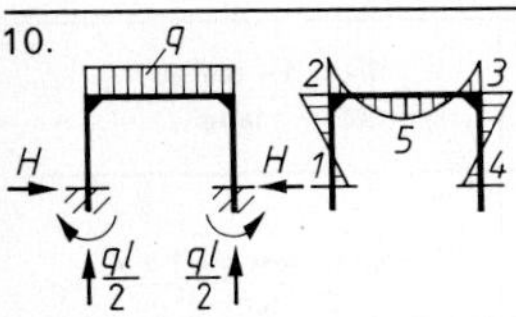


$$H=\frac{ql^2}{4h}\cdot\frac{1}{c+2} \qquad M_1=M_4=\frac{ql^2}{12}\cdot\frac{1}{c+2}$$

$$M_2=M_3=-2M_1 \qquad M_5=\frac{ql^2}{8}+M_2$$

11.

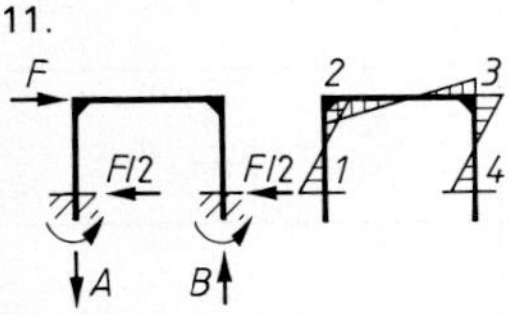


$$A=-B=\frac{Fh}{l}\cdot\frac{3c}{6c+1}$$

$$M_1=M_4=\frac{Fh}{2}\cdot\frac{3c+1}{6c+1}$$

$$M_2=-M_3=\frac{Fh}{2}\cdot\frac{3c}{6c+1}$$

12.

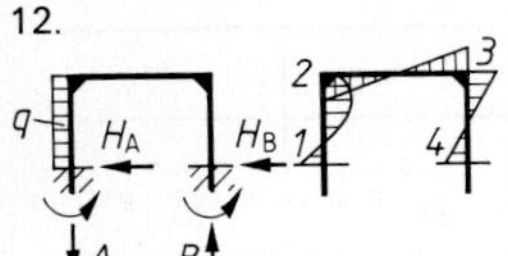


$$B=-A=\frac{q\cdot h^2}{l}\cdot\frac{c}{6c+1}; \quad H_A=-\frac{q\cdot h}{8}\cdot\frac{6c+13}{c+2}; \quad H_B=\frac{q\cdot h}{8}\cdot\frac{2c+3}{c+2}$$

$$\left.\begin{matrix}M_1=\\M_4=\end{matrix}\right\}=\frac{qh^2}{4}\left[-\frac{c+3}{6(c+2)}\mp\frac{4c+1}{6c+1}\right]$$

$$\left.\begin{matrix}M_2=\\M_3=\end{matrix}\right\}=\frac{qh^2}{4}\left[-\frac{c}{6(c+2)}\pm\frac{2c}{6c+1}\right]$$

13.

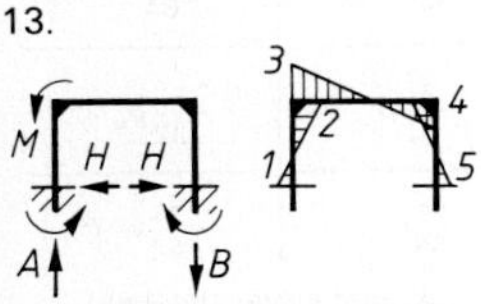


$$A=-B=\frac{6M}{l}\cdot\frac{c}{6c+1} \qquad H=-\frac{3M}{2h}\cdot\frac{1}{c+2}$$

$$\left.\begin{matrix}M_1=\\M_5=\end{matrix}\right\}=-\frac{M}{2}\left(\frac{1}{c+2}\mp\frac{1}{6c+1}\right)$$

$$\left.\begin{matrix}M_2=\\M_4=\end{matrix}\right\}=\frac{M}{2}\left(\frac{2}{c+2}\pm\frac{1}{6c+1}\right) \qquad M_3=-(M-M_2)$$

14. gleichmäßige Erwärmung um t°C

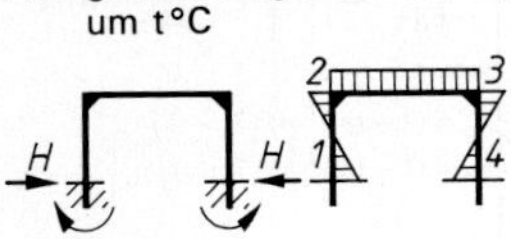


$$H=\frac{3EI_R\alpha_T t}{h^2}\cdot\frac{2c+1}{c(c+2)}$$

$$M_1=M_4=-\frac{3EI_R\alpha_T t}{h}\cdot\frac{c+1}{c(c+2)}$$

$$M_2=M_3=M_1-Hh \text{ (negativ)}$$

Zu S. 368

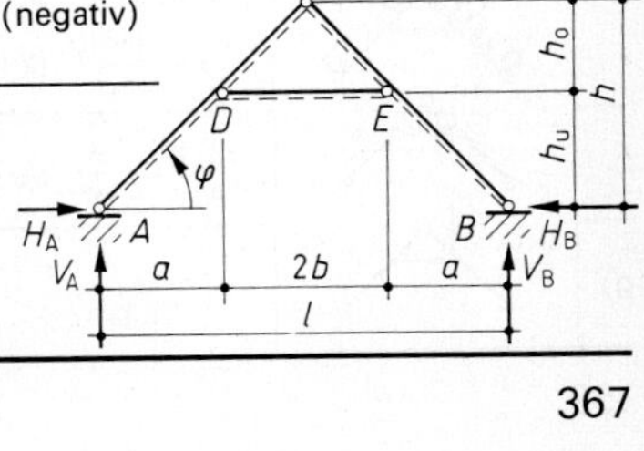


$\tan\varphi=2h/l$, $\alpha=h_u/h$
$\beta=h_o/h=1-\alpha$
$\gamma=\alpha\beta$
$\varkappa=w_r/w_l$

## 7.1.2 **Kehlbalkendach** (Bezeichnungen s. S. 367 unten)

| | Belastungen | $V_A$ | $V_B$ | $N_{DE}$ |
|---|---|---|---|---|
| a) | 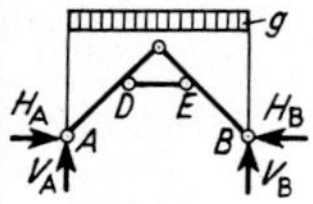 | $\frac{g\cdot l}{2}$ | $\frac{g\cdot l}{2}$ | $-\frac{1+\gamma}{16\,\gamma\tan\varphi}\,g\cdot l$ |
| b) | 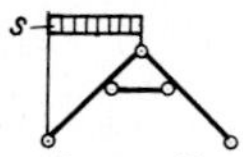 | $\frac{3}{8}\,s\cdot l$ | $\frac{1}{8}\,s\cdot l$ | $-\frac{1+\gamma}{32\gamma\tan\varphi}\,s\cdot l$ |
| c) | 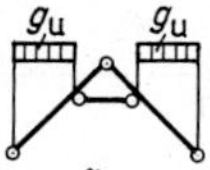 | $\frac{\alpha}{2}\,g_u\cdot l$ | $\frac{\alpha}{2}\,g_u\cdot l$ | $-\frac{\alpha(3\beta+1)}{16\beta\tan\varphi}\,g_u\cdot l$ |
| d) | 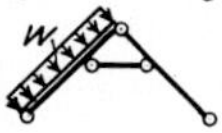 | $\frac{3-\tan^2\varphi}{8}\,w\cdot l$ | $\frac{1+\tan^2\varphi}{8}\,w\cdot l$ | $-\frac{1+\gamma}{32\gamma}\cdot\frac{1+\tan^2\varphi}{\tan\varphi}\,w\cdot l$ |
| e) | 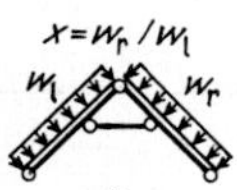 | $V_A=\frac{3-\tan^2\varphi+\varkappa(1+\tan^2\varphi)}{8}\,w_l\cdot l$ | $V_B=\frac{1+\tan^2\varphi+\varkappa(3-\tan^2\varphi)}{8}\,w_l\cdot l$ | $-\frac{(1+\gamma)(1+\tan^2\varphi)(1+\varkappa)}{32\gamma\cdot\tan\varphi}\,w_l\cdot l$ |
| f) | 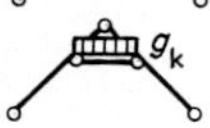 | $g_k\cdot b=\frac{\beta}{2}\,g_k\cdot l$ | $g_k\cdot b=\frac{\beta}{2}\,g_k\cdot l$ | $-\frac{g_k\cdot b}{\tan\varphi}=-\frac{\beta}{2\tan\varphi}\,g_k\cdot l$ |
| g) | 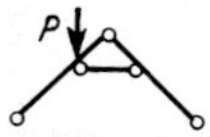 | $\frac{2b+a}{l}\,P=\left(\beta+\frac{\alpha}{2}\right)P$ | $\frac{a}{l}\,P=\frac{\alpha}{2}\,P$ | $-\frac{P}{2\tan\varphi}$ |

| | Belastungen | $H_A$ | $H_B$ | $M_D$ | $M_E$ |
|---|---|---|---|---|---|
| a) | 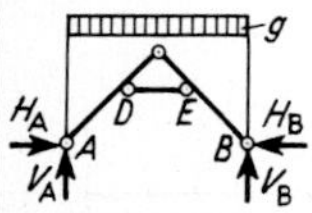 | $\frac{1+4\alpha+\gamma}{16\alpha\tan\varphi}\,g\cdot l$ | $\frac{1+4\alpha+\gamma}{16\alpha\tan\varphi}\,g\cdot l$ | $\frac{3\gamma-1}{32}\,g\cdot l^2$ | $\frac{3\gamma-1}{32}\,g\cdot l^2$ |
| b) | 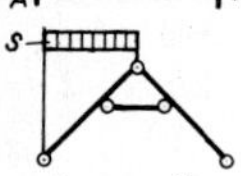 | $\frac{1+4\alpha+\gamma}{32\alpha\tan\varphi}\,s\cdot l$ | $\frac{1+4\alpha+\gamma}{32\alpha\tan\varphi}\,s\cdot l$ | $\frac{7\gamma-1}{64}\,s\cdot l^2$ | $-\frac{1+\gamma}{64}\,s\cdot l^2$ |
| c) | 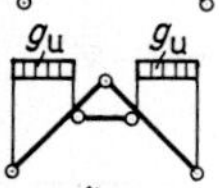 | $\frac{\alpha(\alpha+4)}{16\tan\varphi}\,g_u\cdot l$ | $\frac{\alpha(\alpha+4)}{16\tan\varphi}\,g_u\cdot l$ | $-\frac{\alpha^3}{32}\,g_u\cdot l^2$ | $-\frac{\alpha^3}{32}\,g_u\cdot l^2$ |
| d) | 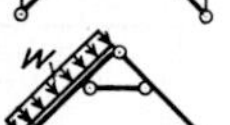 | $\frac{k_1}{16}\,w\cdot l$ | $\frac{k_2}{16}\,w\cdot l$ | $\frac{k_3}{64}\,w\cdot l^2$ | $-\frac{k_4}{64}\,w\cdot l^2$ |
| | | $k_1$ und $k_2$ wie unter e) | | $k_3$ und $k_4$ wie unter e) | |
| e) | 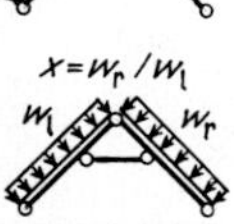 | $\frac{k_1+\varkappa k_2}{16}\,w_l\cdot l$ | $\frac{k_2+\varkappa k_1}{16}\,w\cdot l$ | $\frac{k_3-\varkappa k_4}{64}\,w_l\cdot l^2$ | $\frac{-k_4+\varkappa k_3}{64}\,w_l\cdot l^2$ |
| | | worin<br>$k_1=\frac{2}{\tan\varphi}-6\tan\varphi+\frac{1+\gamma}{2\alpha}\cdot\frac{1+\tan^2\varphi}{\tan\varphi}$<br>$k_2=\frac{1+\tan^2\varphi}{\tan\varphi}\cdot\left(2+\frac{1+\gamma}{2\alpha}\right)$ | | worin<br>$k_3=(1+\tan^2\varphi)(7\gamma-1)$<br>$k_4=(1+\tan^2\varphi)(1+\gamma)$ | |
| f) | 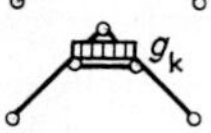 | $\frac{g_k\cdot b}{\tan\varphi}=\frac{\beta}{2\tan\varphi}\,g_k\cdot l$ | $\frac{g_k\cdot b}{\tan\varphi}=\frac{\beta}{2\tan\varphi}\,g_k\cdot l$ | 0 | 0 |
| g) | 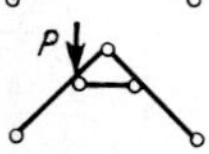 | $\frac{P}{2\tan\varphi}$ | $\frac{P}{2\tan\varphi}$ | $\frac{\gamma\cdot l}{4}\,P$ | $-\frac{\gamma\cdot l}{4}\,P$ |

## 7.2 Kraftgrößenverfahren

Ein Tragwerk ist statisch bestimmt ($n=0$, s. unten), wenn jede beliebige Kraftgröße allein durch Gleichgewichtsbetrachtungen bestimmt werden kann: Bestimmung der statischen Unbestimmtheit entweder durch Aufbaukriterium oder durch Abzählkriterium.

**Aufbaukriterium**

Version 1: Das gegebene Tragwerk wird in seiner Geometrie neu aufgebaut aus statisch bestimmten und unverschieblichen Grundstrukturen wie „beidseitig frei drehbar gelagerter Einzelstab, Dreigelenkrahmen" usw. Vergleich des so entstandenen statisch bestimmten Tragwerkes mit dem gegebenen Tragwerk liefert den Grad $n$ der statischen Unbestimmtheit als Anzahl der Bindungen, die das gegebene System vom neu aufgebauten statisch bestimmten System unterscheiden.

Version 2: Wiederholte Prüfung und Reduktion des gegebenen Systems, wie im Ablaufdiagramm Bild 76 gezeigt.

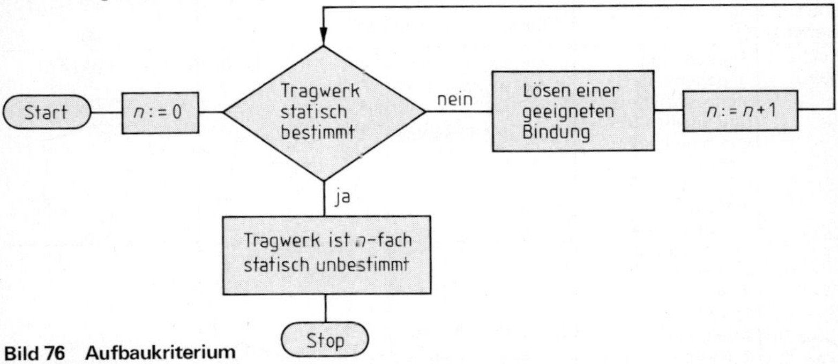


**Bild 76 Aufbaukriterium**

**Abzählkriterium.** Grad $n$ der statischen Unbestimmtheit

– bei ebenen Stabwerken $n=a+z-3p$

– bei ebenen Fachwerken $n=a+s-2k$

- $a$ die Anzahl der Auflagerreaktionen
- $k$ die Anzahl der Fachwerkknoten
- $s$ die Anzahl der Fachwerkstäbe
- $p$ die Anzahl der einfach zusammenhängenden Stabwerksscheiben
- $z$ die Anzahl der Zwischenreaktionen,
  – die beim Auftrennen von mehrfach zusammenhängenden Tragwerksteilen anfallen, und
  – die zwischen den einzelnen Tragwerksteilen wirken.

In einem Gelenk, in dem $m$ Stäbe zusammenlaufen, werden $z=2(m-1)$ Zwischenreaktionen übertragen.

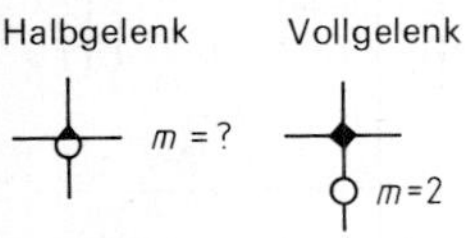


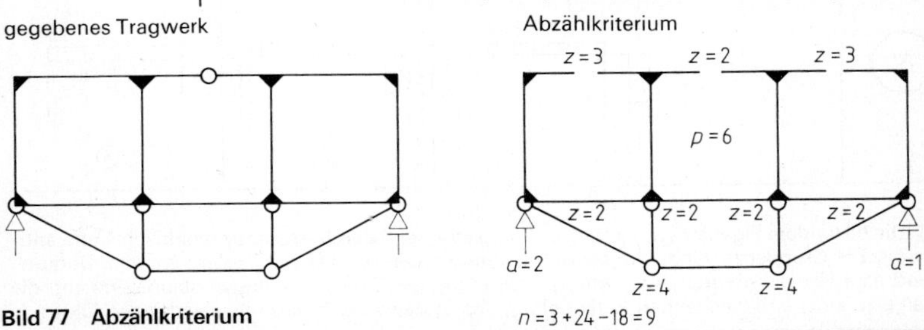


**Bild 77 Abzählkriterium**

Bei Anwendung des Abzählkriteriums ist zusätzlich die Standfestigkeit des Tragwerkes nachzuweisen.

Die unbekannten Kraftgrößen werden an einem statisch bestimmten Ersatzsystem ermittelt, das im Hinblick auf die numerische Rechnung möglichst steif zu wählen ist. Auch sollen die Eigenspannungszustände möglichst einfach sein und gegebene Symmetrien erhalten bleiben.[1])

**Tafel 41 Beispiel zum Kraftgrößenverfahren**

| Beispiel | gegebenes System | Ersatzsystem | Lastspannungszustand | Eigenspannungszustand |
|---|---|---|---|---|
| System (Tragwerk mit Lasten und Reaktionskräften) | 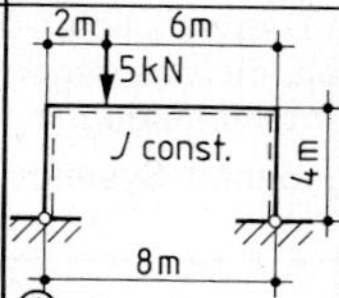  ① | 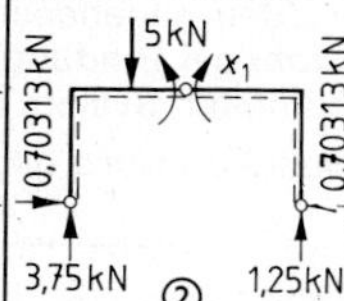  ② | 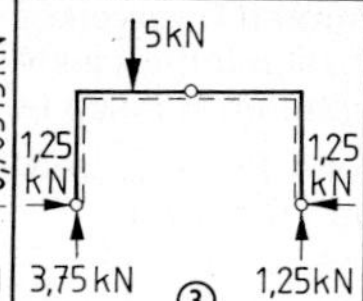  ③ | 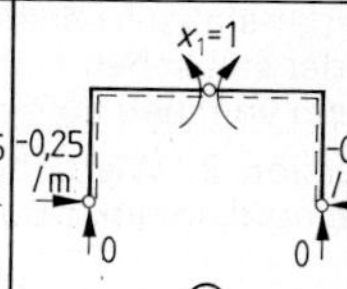  ④ |
| Rechnung | Rechengang:<br>① gegebenes System aufzeichnen und positive Biegemomente definieren<br>② Ersatzsystem wählen<br>③ + ④ Last- und Eigenspannungszustände bestimmen<br>⑤ Verformungen berechnen<br>⑥ System der Elastizitätsgleichungen aufstellen und lösen<br>⑦ Spannungszustand des Ersatz- bzw. des gegebenen System bestimmen<br>⑧ Verformungskontrollen machen | $\delta_1 = \delta_{10} + X_1 \cdot \delta_{11} = 0$<br>$X_1 = -\delta_{10}/\delta_{11}$<br>$= 70/32$<br>$X_1 = +2{,}1875$ kNm<br>⑥ | $EJ\delta_{10} = -70/3$ kNm²<br>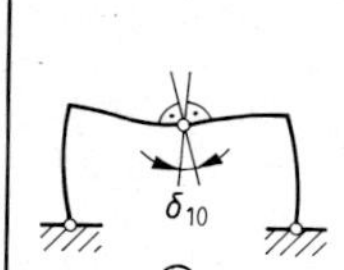  ⑤ | $EJ\delta_{11} = +32/3$ m<br>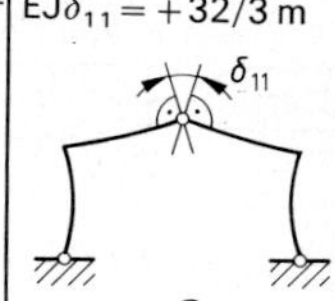  ⑤ |
| (M) | | 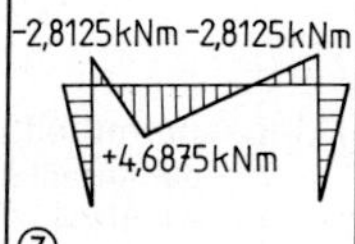  ⑦ | 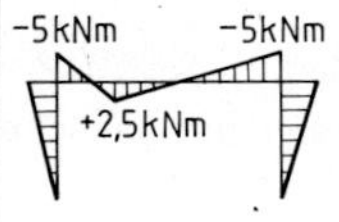  ④ | 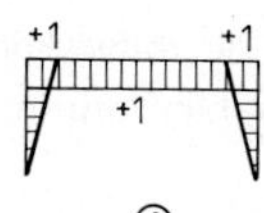  ④ |
| (Q) | | 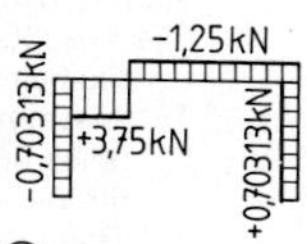  ⑦ | 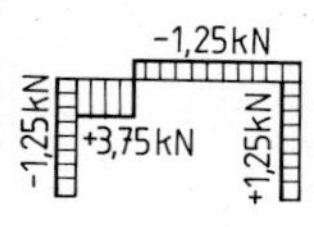  ④ | 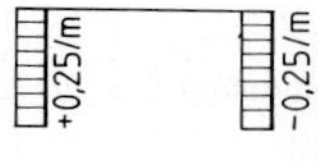  ④ |
| (N) | | 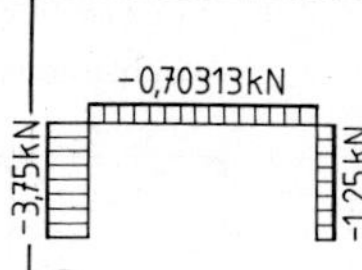  ⑦ | 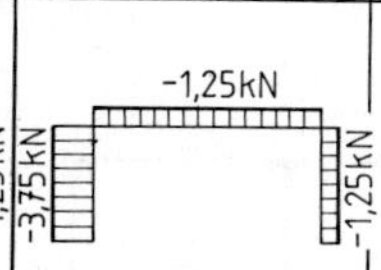  ④ | 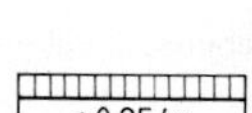  ④ |

[1]) Die besondere Eigenart symmetrischer Tragwerke kann durch Ansatz symmetrischer und antimetrischer Gruppenzustände der statisch Unbestimmten (und Lasten) erfaßt werden. Dadurch wird eine Normalisierung bzw. Orthogonalisierung der Eigenspannungszustände erreicht, die i. allg. zu einer entsprechenden Entkopplung des Systems der Elastizitätsgleichungen führt.

Der Spannungs- bzw. Verformungszustand $Z$ eines $n$-fach statisch unbestimmten Tragwerkes wird ermittelt als Linearkombination der Spannungs- bzw. Verformungszustände des statisch bestimmten Ersatzsystems

- infolge der gegebenen Belastung (Zustand $Z_o$) und
- infolge der zu den gewählten statisch Überzähligen $X_i$ gehörenden $n$ Einheitslasten 1 (Zustände $Z_j$), multipliziert mit den sich tatsächlich einstellenden $n$ Werten $X_i$ dieser statisch Überzähligen:

$$\boldsymbol{Z} = \boldsymbol{Z}_o + \sum_{i=1}^{n} \boldsymbol{X}_i \cdot \boldsymbol{Z}_i$$

Die $n$ Werte $X_i$ der statisch überzähligen Größen ergeben sich aus der Bedingung, daß die entsprechenden (gegenseitigen) Verformungen $\delta_j$ infolge der Gesamtbelastung am Ersatzsystem wie beim gegebenen System verschwinden (Elastizitätsgleichungen erster Art):

$$\boldsymbol{\delta_j = \delta_{jo} + \sum_{i=1}^{n} X_i \cdot \delta_{ji} \equiv 0;}\ \textbf{\textit{j}}\ \textbf{von 1 bis}\ \boldsymbol{n}.$$

$\delta_{jo}$ der Überzähligen $X_i$ entsprechende (gegenseitige) Verformung des Ersatzsystems infolge der gegebenen Belastung.

$\delta_{ji}$ der Überzähligen $X_j$ entsprechende (gegenseitige) Verformung des Ersatzsystems infolge der Einheitslast $X_i = 1$.

Die Werte der Verformungen $\delta_{jo}$ und $\delta_{ji}$ werden i. allg. mit Hilfe der Arbeitsgleichung berechnet (Abschn. 5 und 6). Anwendungsbeispiel s. Tafel 41.

Dabei gilt bezüglich des Vorzeichens von $\delta$: Positive $X_i$ erzeugen positive $\delta_i$.

Der gefundene Spannungszustand ist korrekt, wenn die den statisch Überzähligen entsprechenden Verformungssprünge tatsächlich verschwinden. Bei diesen Verformungskontrollen wird mit Vorteil der Reduktionssatz verwendet; er besagt, daß bei Berechnung einer Verformung eines statisch unbestimmten Tragwerkes mit Hilfe der Arbeitsgleichung die betreffende Kerngröße 1 an einem geeignet, aber beliebig erzeugten statisch bestimmten Tragwerksausschnitt aufgebracht werden kann.

**Durchlaufträger**

Wenn bei der Untersuchung von Durchlaufträgern mit Hilfe des Kraftgrößenverfahrens die Stützmomente als statisch Überzählige gewählt werden, bekommt das System der Elastizitätsgleichungen Bandstruktur: bei elastischer Stützung beträgt die Bandbreite 5, bei unnachgiebiger Stützung 3. Einführung der Belastungsglieder (s. S. 326) ergibt hier für jedes statisch unbestimmte Stützmoment die Dreimomentengleichung in der Clapeyronschen Form (Bild 78)

$$\boldsymbol{M_i \cdot l'_i + 2 \cdot M_j \cdot (l'_i + l'_j) + M_k \cdot l'_j = -R_i \cdot l'_i - L_j \cdot l'_j},$$

mit den mechanischen bzw. reduzierten Stützweiten $l'_i = l_i / I_i$,

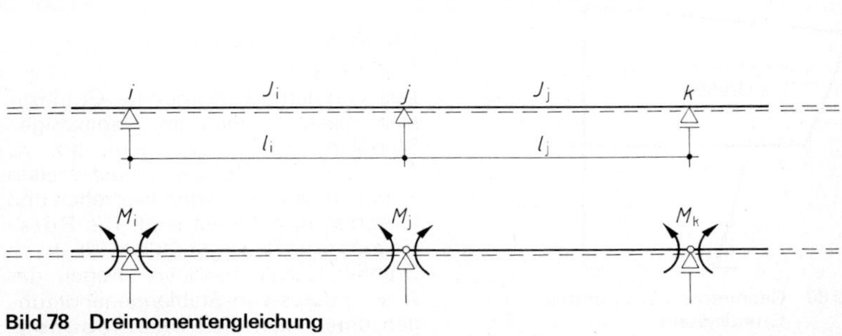


**Bild 78 Dreimomentengleichung**

## 7.3 Formänderungsgrößenverfahren, Drehwinkelverfahren

Beim Formänderungsgrößenverfahren wird die Gesamtverformung des Tragwerks auf eine Anzahl geometrisch verträglicher Elementarverformungszustände zurückgeführt. Die Anzahl ($n$) zur vollständigen Beschreibung erforderlicher Elementarverformungszustände entspricht der geometrischen Unbestimmtheit des Tragwerks. Es gibt zwei Arten Elementarverformungszustände:

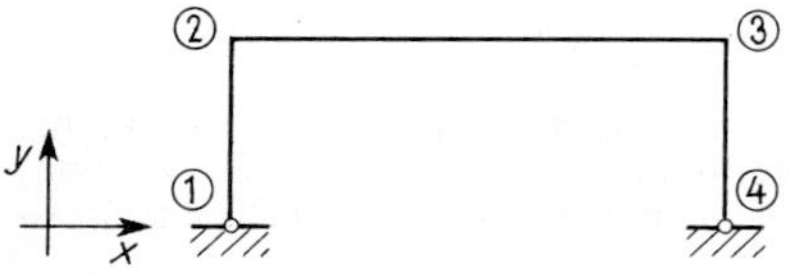

**Bild 79 Grad der geometrischen Unbestimmtheit**

– Knotenverdrehungen ($\varphi$) und
– Knotenverschiebungen ($u$, $v$).

Ein Knoten ist definiert als abstrakter Punkt, an dem im allg. mehrere Stabenden zusammentreffen und gelenkig oder biegesteif angeschlossen sind. Eine *Knotenverdrehung* $\varphi_i$ ist an jedem Knoten $i$ anzusetzen, der eine Verdrehungsfreiheit besitzt und dessen Verdrehung zur Biegeverformung der angeschlossenen Stäbe führt; starr gefesselte Knoten (Einspannstellen) können sich nicht verdrehen; Knoten, an die Stabenden nur gelenkig angeschlossen sind, haben bei Verdrehen keine Verformungen zur Folge.

*Knotenverschiebungen* können nur bei ungefesselten oder elastisch gefesselten (Wegfesseln) Knoten auftreten. Ungefesselte Knoten haben in der Ebene 2 Verschiebungsfreiheiten, elastisch gefesselte je nach Fesselungsart 1 oder 2 Freiheiten, vollständig gefesselte 0.

Die Summe der Freiheiten ergibt die geometrische Unbestimmtheit $n$. Die eingeführten Verrückungen bilden die *geometrisch Unbestimmten*.

Eine vereinfachte Variante des Formänderungsgrößenverfahrens ist das *Drehwinkelverfahren*. Hierbei werden die Längenänderungen der Stäbe vernachlässigt (Ausnahme: eingeprägte Längenänderungen, etwa infolge Temperatureinwirkung). Dies führt zu einer Verminderung der Knotenverschiebungsfreiheiten ($u$, $v$), weil ein oder mehrere Gruppen von Knotenverschiebungen über die Mechanik des Stabwerk-„Gelenksystems" miteinander gekoppelt sind. Die Verschiebung eines Knotens $k$ ($u_{ki}$, $v_{ki}$) jeder Verschiebungsgruppe kann dann durch die Verdrehung ($\psi_i$) eines „Leitstabes" ausgedrückt werden. Alle geometrischen Unbestimmten sind jetzt unbekannte Drehwinkel, daher Drehwinkelverfahren.

Der in Bild 79 dargestellte Rahmen ist im Sinne des Drehwinkelverfahrens dreifach geometrisch unbestimmt ($\psi_1 = \psi_{1-2}$, $\varphi_2$, $\varphi_3$) und im allgemeinen Formänderungsgrößenverfahren sechsfach ($\varphi_2$, $u_2$, $v_2$, $\varphi_3$, $u_3$, $v_3$).

Im geometrisch bestimmten Grundsystem des Stabwerks sind alle $n$ Freiheiten durch einen Satz von $n$ Hilfsfesseln ($H_i$) blockiert.

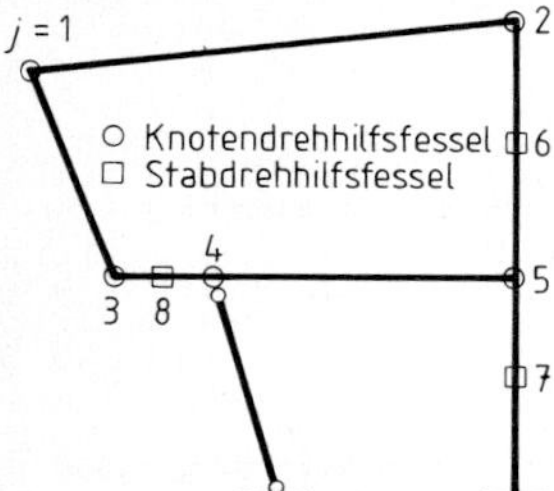

**Bild 80 Geometrisch bestimmtes Grundsystem**

### Geometrisch bestimmtes Grundsystem

Das geometrisch bestimmte Grundsystem besteht aus dem planmäßigen Stabwerkssystem, bei dem die $n_K$ ($j = 1 \dots n_K$) äußerlich ungefesselten Knoten hilfsweise gegen Verdrehen und Verschieben gefesselt sind. Die Rotationsfreiheit der Knoten wird durch Drehhilfsfesseln blockiert. Wegen des Ausschlusses von Stablängenänderungen unterliegen die Verschiebungsfreiheiten der Knoten kinematischen Beschränkungen. Anstatt die Knoten unmittelbar gegen Verschieben zu fesseln, genügt es deshalb, eine dem kinematischen Freiheitsgrad des *Gelenksystems* entsprechende Anzahl $n_S$ ($j=n_K+1 \ldots n_G=n_K+n_S$) (Leit-)Stäbe hilfsweise gegen Verdrehen zu fesseln. Das System nach Bild 80 beispielsweise bedarf zur Herstellung des *geometrisch bestimmten Grundsystems* 5 Knotendrehhilfsfesseln und 3 Stabdrehhilfsfesseln; das System ist 8fach ($n_G=8$) *geometrisch unbestimmt*.

Der Formänderungszustand des Stabwerks läßt sich durch Überlagern der Knotenverdrehungen (${}^j\varphi$) und der Leitstabverdrehungen (${}^j\psi$) bilden (Bild 81 zeigt dies im Beispiel für $j=4$ und $j=8$). Der einzelne Stab verhält sich im geometrisch bestimmten Grundsystem wie ein Einfeldträger mit Standardrandbedingungen (Einspannung, Gelenk, evtl. Kragarmspitze).

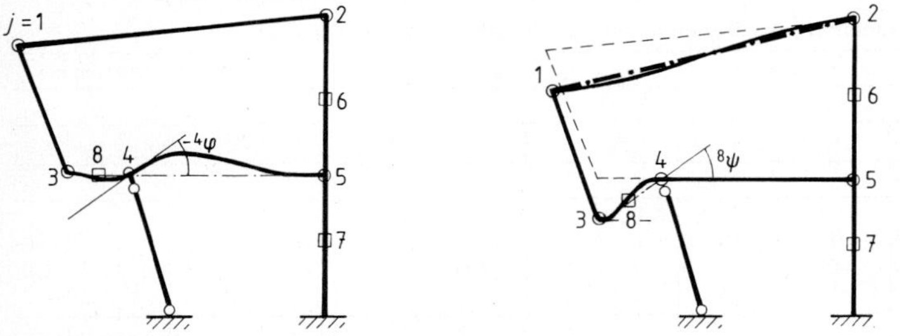


**Bild 81 Beispiel für Verrückungszustände $\varphi$ und $\psi$**

## Verrückungszustand des Gelenksystems

Im *Gelenksystem* sind alle Stäbe gelenkig an die Knoten angeschlossen (in diesem Zusammenhang gleichbedeutend mit einem Zentralgelenk im Knotenpunkt). Die kinematischen Beziehungen des Stabnetzes (im verformten Stabwerk: Stabsehnennetz) lassen sich gewöhnlich leicht durchschauen (Bild 82). In weniger über-

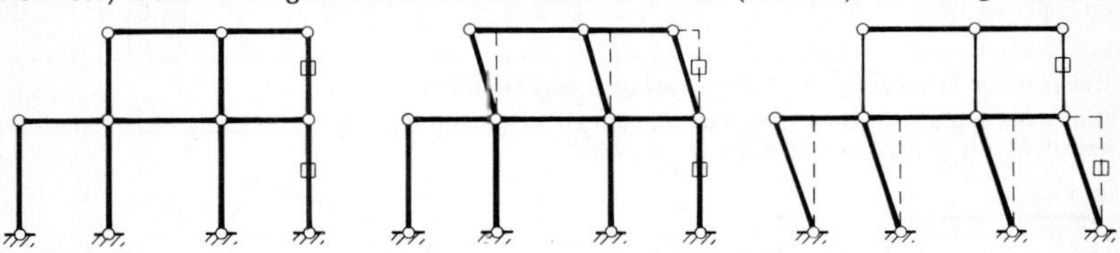

**Bild 82 Verrückungszustände des Gelenksystems eines Stockwerkrahmens**

sichtlichen Fällen (Bild 80) müssen die vom Verrückungszustand ${}^j\psi$ abhängigen Stabverdrehungen ${}^j\psi_{ik}$ und Knotenverschiebungen ${}^ju_i$ und ${}^jw_i$ z.B. mit Hilfe eines Polplans bestimmt werden. Rechnerisch lassen sie sich mit Hilfe des Gleichungssystems $\vec{V}\cdot\vec{V}=\vec{v}\cdot\vec{v}$ ermitteln.

Stabverdrehung und Verschiebungen der zugehörigen Knotenpunkte sind gekoppelt (Bild 83):

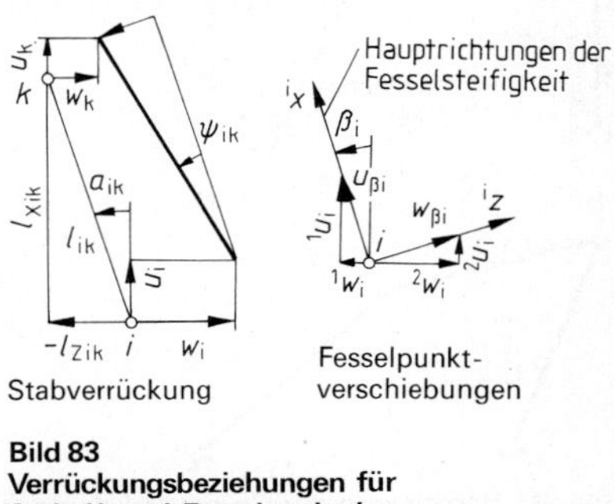


**Bild 83**
**Verrückungsbeziehungen für Stab *ik* und Fesselpunkt *i***

$$\begin{pmatrix} u \\ w \end{pmatrix}_i - \begin{pmatrix} u \\ w \end{pmatrix}_k = \begin{pmatrix} -l_z \\ l_x \end{pmatrix}_{ik} \psi_{ik} = l_{ik} \begin{pmatrix} \sin\alpha \\ \cos\alpha \end{pmatrix}_{ik} \psi_{ik}$$

Die Komponenten einer Fesselpunktverschiebung in Hauptsteifigkeitsrichtung bei elastischer Fesselung bzw. in der freien Richtung eines verschieblichen Lagers sind:

$$\begin{pmatrix} u \\ w \end{pmatrix}_i = \begin{pmatrix} \cos\beta & \sin\beta \\ -\sin\beta & \cos\beta \end{pmatrix}_i \begin{pmatrix} u_\beta \\ w_\beta \end{pmatrix}_i \rightarrow \begin{pmatrix} u_\beta \\ w_\beta \end{pmatrix}_i = \begin{pmatrix} \cos\beta & -\sin\beta \\ \sin\beta & \cos\beta \end{pmatrix}_i \begin{pmatrix} u \\ w \end{pmatrix}_i$$

In Tafel 42 sind die Bedingungen für das Tragwerk zusammengestellt. Der Überschuß der unbekannten Knotenverschiebungen und Stabverdrehungen ($n_{\text{Knoten}} + n_{\text{Stäbe}}$) über die verfügbaren Bedingungen ($2n_{\text{Stäbe}} + n_{\text{Fessel}}$) gibt den Grad der kinematischen Unbestimmtheit an. Das Gleichungssystem wird mit den Definitionen der gewählten Unbestimmten aufgefüllt. Die Lösungstupel ergeben die einzelnen Verrückungen in Abhängigkeit von den kinematisch Unbestimmten.

**Tafel 42 Kinematische Beziehungen des Gelenksystems $\bar{V} \cdot \vec{V} = \bar{v} \cdot \vec{v}$**

| | Knoten *i, k* | | | | Stäbe *i–k* | | | Kinematisch Unbestimmte | | | | | |
|---|---|---|---|---|---|---|---|---|---|---|---|---|---|
| | $\vec{V}$ | | | | | | | $\vec{v}$ | | | | | |
| | … | $(u_i w_i)$ | … | $(u_k w_k)$ | … | $\psi_{ik}$ | … | … | $v_{j1}$ | … | $v_{j2}$ | $v_{j3}$ | … |
| | $\bar{V}$ | | | | | | | $\bar{v}$ | | | | | |
| Stabbedingungen | … | … | … | … | … | … | … | … | … | … | … | … | … |
| | 0…0 | 1 0 | 0…0 | −1 0 | 0…0 | $-l_i \sin\alpha_{ik}$ | 0…0 | 0… | … | … | … | … | …0 |
| | 0…0 | 0 1 | 0…0 | 0 −1 | 0…0 | $-l_i \cos\alpha_{ik}$ | 0…0 | 0… | … | … | … | … | …0 |
| | … | … | … | … | … | … | … | … | … | … | … | … | … |
| Fesselbedingungen | … | … | … | … | … | … | … | … | … | … | … | … | … |
| | 0…0 | $\cos\alpha_i$ $-\sin\alpha_i$ | 0… | … | … | … | …0 | 0… | … | … | … | … | …0 |
| | 0…0 | $\sin\alpha_i$ $\cos\alpha_i$ | 0… | … | … | … | …0 | 0… | … | … | … | … | …0 |
| | … | … | … | … | … | … | … | … | … | … | … | … | … |
| Kinematisch Unbestimmte | … | … | … | … | … | … | … | … | … | … | … | … | … |
| | 0… | … | … | … | …0 | 1 | 0…0 | 0…0 | 1 | 0… | … | … | …0 |
| | … | … | … | … | … | … | … | … | … | … | … | … | … |
| | 0…0 | $\cos\alpha_i$ $-\sin\alpha_i$ | 0… | … | … | … | …0 | 0… | … | …0 | 1 | 0… | …0 |
| | 0…0 | $\sin\alpha_i$ $\cos\alpha_i$ | 0… | … | … | … | …0 | 0… | … | … | …0 | 1 | 0…0 |
| | … | … | … | … | … | … | … | … | … | … | … | … | … |

**Beispiel zur Ermittlung der Grundverrückungen (Bild 84)**

Die Fesselung bei (2) sei elastisch mit der um 25° gegen die Horizontale geneigten Hauptsteifigkeitsrichtung ($\cos 25° = 0{,}906$; $\sin 25° = 0{,}423$).

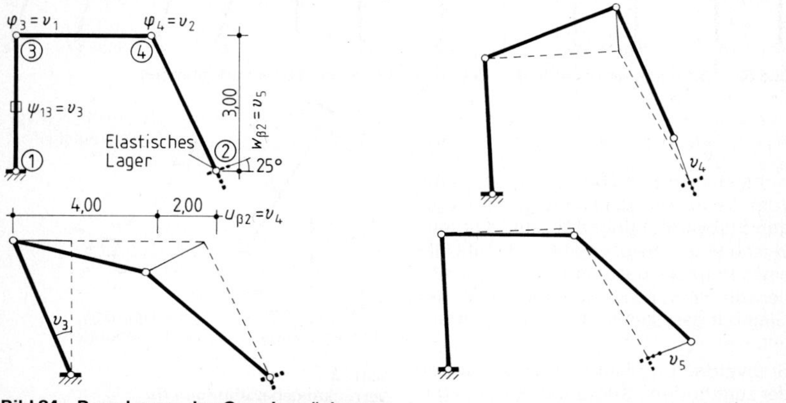


**Bild 84 Berechnung der Grundverrückungen**

Das System habe bei (3) und (4) unbekannte Knotendrehungen ($j=1$ und $j=2$) und – wegen der elastischen Lagerung bei (2) – drei unbekannte Verrückungszustände ($j=3$, 4, 5). In Abhängigkeit von den zugehörigen kinematisch Unbestimmten $v_3=\psi_{13}$, $v_4=u_{\beta 2}$ und $v_5=w_{\beta 2}$ ergibt sich der Verrückungszustand

$$\begin{pmatrix} u_1 \\ w_1 \\ u_2 \\ w_2 \\ u_3 \\ w_3 \\ u_4 \\ w_4 \\ \psi_{13} \\ \psi_{24} \\ \psi_{34} \end{pmatrix} = \begin{pmatrix} 0 & 0 & 0 \\ 0 & 0 & 0 \\ 0 & 0{,}906 & 0{,}423 \\ 0 & -0{,}423 & 0{,}906 \\ 0 & 0 & 0 \\ -3{,}0 & 0 & 0 \\ -2{,}0 & 1{,}188 & -0{,}182 \\ -3{,}0 & 0 & 0 \\ 1 & 0 & 0 \\ 1 & -0{,}141 & 0{,}302 \\ -0{,}5 & 0{,}297 & -0{,}045 \end{pmatrix} \begin{pmatrix} v_3 \\ v_4 \\ v_5 \end{pmatrix}$$

aus dem Gleichungssystem

$$\begin{pmatrix} 1 & 0 & 0 & 0 & -1 & 0 & 0 & 0 & 0 & 0 & 0 \\ 0 & 1 & 0 & 0 & 0 & -1 & 0 & 0 & -3 & 0 & 0 \\ 0 & 0 & 1 & 0 & 0 & 0 & -1 & 0 & 0 & -2 & 0 \\ 0 & 0 & 0 & 1 & 0 & 0 & 0 & -1 & 0 & -3 & 0 \\ 0 & 0 & 0 & 0 & 1 & 0 & -1 & 0 & 0 & 0 & 4 \\ 0 & 0 & 0 & 0 & 0 & 1 & 0 & -1 & 0 & 0 & 0 \\ 1 & 0 & 0 & 0 & 0 & 0 & 0 & 0 & 0 & 0 & 0 \\ 0 & 1 & 0 & 0 & 0 & 0 & 0 & 0 & 0 & 0 & 0 \\ 0 & 0 & 0 & 0 & 0 & 0 & 0 & 0 & 1 & 0 & 0 \\ 0 & 0 & 0{,}906 & -0{,}423 & 0 & 0 & 0 & 0 & 0 & 0 & 0 \\ 0 & 0 & 0{,}423 & 0{,}906 & 0 & 0 & 0 & 0 & 0 & 0 & 0 \end{pmatrix} \begin{pmatrix} u_1 \\ w_1 \\ u_2 \\ w_2 \\ u_3 \\ w_3 \\ u_4 \\ w_4 \\ \psi_{13} \\ \psi_{24} \\ \psi_{34} \end{pmatrix} = \begin{pmatrix} 0 & 0 & 0 \\ 0 & 0 & 0 \\ 0 & 0 & 0 \\ 0 & 0 & 0 \\ 0 & 0 & 0 \\ 0 & 0 & 0 \\ 0 & 0 & 0 \\ 0 & 0 & 0 \\ 1 & 0 & 0 \\ 0 & 1 & 0 \\ 0 & 0 & 1 \end{pmatrix} \begin{pmatrix} v_3 \\ v_4 \\ v_5 \end{pmatrix}$$

## Stabendmomente

Die Einwirkungen (in die hier auch etwaige Imperfektionen einbezogen sein sollen) erzeugen im Grundsystem den 0-Zustand der *Stabendschnittgrößen* (am Knoten $i$ des Stabes $i-k$: ${}^0N_{ik}$, ${}^0V_{ik}$, ${}^0M_{ik}$; am Knoten $k$ des Stabes $i-k$: ${}^0N_{ki}$, ${}^0V_{ki}$, ${}^0M_{ki}$).

Der Reihe nach werden die einzelnen Hilfsfesseln ($j$) gelöst und die Auswirkung auf die betroffenen Stäbe berechnet (z. B. am Knoten $k$ des Stabes $i-k$: ${}^jN_{ki}$, ${}^jV_{ki}$, ${}^jM_{ki}$). Bild 81 zeigt einige dabei auftretende Verrückungszustände.

Die innerhalb des Stabwerks möglichen elementaren Formänderungszustände des einzelnen Stabes zeigt Bild 85. Eine Besonderheit stellt der Einwirkungsfall „Temperatur" dar, sofern er – wie allerdings in der Regel – zu Längenänderung der Stäbe führt.

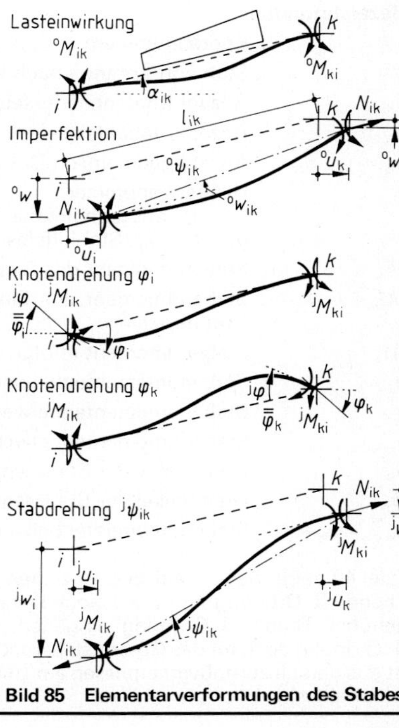


**Bild 85 Elementarverformungen des Stabes**

Die Summe aller Einwirkungs- und Formänderungskomponenten ergibt die endgültigen *Stabendmomente:*

$$M_{ik} = \sum_{j=1}^{n_G} {}^{j}M_{ik} + {}^{0}M_{ik}$$

$$M_{ki} = \sum_{j=1}^{n_G} {}^{j}M_{ki} + {}^{0}M_{ki}$$

oder

$$\begin{pmatrix} M_{ik} \\ M_{ki} \end{pmatrix} = \frac{B_{ik}}{l_{ik}} \begin{pmatrix} \mu_{ii} & (\mu_{ik}+\mu_{ii}) & \mu_{ik} \\ \mu_{ik} & (\mu_{ik}+\mu_{kk}) & \mu_{kk} \end{pmatrix} \begin{pmatrix} \varphi_i \\ \psi_{ik} \\ \varphi_k \end{pmatrix} + \begin{pmatrix} \mu_{\omega i} & \mu_{\varphi i} & \mu_{\mu i} \\ \mu_{\omega k} & \mu_{\varphi k} & \mu_{\mu k} \end{pmatrix} \begin{pmatrix} f_\omega \\ f_\varphi \\ f_\mu \end{pmatrix}$$

Darin ist $\psi_{ik} = \sum_{j=n_K+1}^{n_G} {}^{j}\psi_{ik} v_j$

Für im ganzen Stab gleiche Normalkraft und Biegesteifigkeit können Beiwerte $\mu$ den Tafeln 43 und 44 entnommen werden.

Die Beziehungen gelten sowohl für Berechnungen nach Theorie I. Ordnung als auch Theorie II. Ordnung.

**Bezeichnungen**

| | |
|---|---|
| $i, k$ | Knotennummern |
| $k$ | Stab von Knoten $i$ nach Knoten $k$ |
| $n_K$ | Anzahl Knotenhilfsfesseln |
| $n_S$ | Anzahl Stabhilfsfesseln |
| $n_G = n_K + n_S$ | Anzahl geometrisch Unbestimmter |
| $j$ | Hilfsfesselnummer<br>1 ... $n_K$: Knotenhilfsfesseln<br>$n_K+1$ ... $n_G$: Stabhilfsfesseln |
| $M_{ik}$ | Stabendmoment des Stabes $ik$ am Knoten $i$ |
| ${}^{0}M_{ik}$ | Stabendmoment aus Einwirkungen am geometrisch bestimmten Grundsystem |
| ${}^{j}M_{ik}$ | Stabendmoment infolge der Unbestimmten $j$ |
| $\mu_{ii}$ | Stabendmomentenbeiwert am Knoten $i$ des Stabes $ik$ infolge $\varphi_i$ |
| $\mu_{ik}$ | Stabendmomentenbeiwert am Knoten $i$ des Stabes $ik$ infolge $\varphi_k$ |
| $\mu_{\omega i}$, $\mu_{\varphi i}$, $\mu_{\mu i}$ | Stabendmomentenbeiwerte zu Belastungsgrößen $f_\omega$, $f_\varphi$, $f_\mu$ |
| $\psi_{ik}$ | Drehwinkel der Stabssehne (außer Imperfektion) |
| ${}^{j}\psi_{ik}$ | Drehwinkel der Stabssehne $ik$ infolge ${}^{j}\psi = 1$ |
| $\mu_{ik+ii} = \mu_{ik} + \mu_{ii}$ | Stabendmomentenbeiwert des Stabes $ik$ infolge $\psi_{ik}$ |

Tafel 43 zeigt, daß – auf den einzelnen Stab bezogen – in die Rechnung nach Theorie II. Ordnung für $\varepsilon < \approx 1$ noch keine nennenswerte Beiwerteänderungen gegenüber Theorie I. Ordnung eingehen. Dies bedeutet aber nicht, daß Theorie II. Ordnung auch für das Gesamtstabwerk entbehrlich wäre. Die Gesamtgefährdung ist aus den Einzelstabverhältnissen am (hilfsgefesselten) Grundsystem nicht unmittelbar ablesbar!

## Tafel 43 Beiwerte für Stabendmomente bei Druckbeanspruchung

$\varkappa_1 = 1 - \frac{\varepsilon}{\tan \varepsilon}$; $\varkappa_2 = 1 - \frac{\varepsilon/2}{\tan \varepsilon/2}$; $\varkappa_3 = \frac{\varepsilon}{\sin \varepsilon} - 1$

| | | | | | | | |
|---|---|---|---|---|---|---|---|
| |  *i* *k* <br> $\mu_{ii} = \mu_{kk} = (1/\varkappa_2 - 1)\,\varkappa_1$ <br> $\mu_{ik} = (1/\varkappa_2 - 1)\,\varkappa_3$ <br> $\mu_{\omega i} = \mu_{\omega k} = \mu_{ii} + \mu_{ik}$ <br> $\mu_{\varphi i} = -\mu_{ik}$; $\mu_{\varphi k} = -\mu_{kk}$ <br> $\mu_{\mu i} = 0$; $\mu_{\mu k} = -1$ | | |  *i* *k* <br> $\mu_{ii} = \mu_{ik} = 0$ <br> $\mu_{kk} = \varepsilon^2/\varkappa_1$ <br> $\mu_{\omega i} = 0$; $\mu_{\omega k} = \varepsilon^2/\varkappa_1$ <br> $\mu_{\varphi i} = 0$; $\mu_{\varphi k} = -\varepsilon^2/\varkappa_1$ <br> $\mu_{\mu i} = 0$; $\mu_{\mu k} = -1$ | |  *i* *k* <br> $\mu_{ii} = \varepsilon^2/\varkappa_1$ <br> $\mu_{ik} = \mu_{kk} = 0$ <br> $\mu_{\omega i} = \varepsilon^2/\varkappa_1$; $\mu_{\omega k} = 0$ <br> $\mu_{\varphi i} = 0$; $\mu_{\varphi k} = 0$ <br> $\mu_{\mu i} = \varkappa_3/\varkappa_1$; $\mu_{\mu k} = 0$ | |
| $\varepsilon$ | $\mu_{ii}$ $= \mu_{kk}$ $= -\mu_{\varphi k}$ | $\mu_{ik}$ $= -\mu_{\varphi i}$ | $\mu_{ik+ii}$ $= \mu_{ik+kk}$ $= \mu_{\omega i}$ $= \mu_{\omega k}$ | $\mu_{kk}$ $= \mu_{\omega k}$ | $\mu_{\varphi k}$ | $\mu_{ii}$ $= \mu_{\omega i}$ | $\mu_{\mu k}$ |
| 0,00 | 4 | 2 | 6 | 3 | 3 | 3 | 0,50000 |
| 0,10 | 3,99867 | 2,00033 | 5,99900 | 2,99800 | −2,99800 | 2,99800 | 0,50025 |
| 0,20 | 3,99466 | 2,00133 | 5,99600 | 2,99199 | −2,99199 | 2,99199 | 0,50100 |
| 0,30 | 3,98799 | 2,00301 | 5,99099 | 2,98195 | −2,98195 | 2,98195 | 0,50226 |
| 0,40 | 3,97862 | 2,00536 | 5,98398 | 2,96785 | −2,96785 | 2,96785 | 0,50403 |
| 0,50 | 3,96656 | 2,00840 | 5,97496 | 2,94964 | −2,94964 | 2,94964 | 0,50633 |
| 0,60 | 3,95177 | 2,01214 | 5,96391 | 2,92725 | −2,92725 | 2,92725 | 0,50917 |
| 0,70 | 3,93424 | 2,01658 | 5,95083 | 2,90060 | −2,90060 | 2,90060 | 0,51257 |
| 0,80 | 3,91394 | 2,02176 | 5,93571 | 2,86959 | −2,86959 | 2,86959 | 0,51655 |
| 0,90 | 3,89083 | 2,02769 | 5,91853 | 2,83411 | −2,83411 | 2,83411 | 0,52115 |
| 1,00 | 3,86488 | 2,03439 | 5,89928 | 2,79402 | −2,79402 | 2,79402 | 0,52638 |
| 1,10 | 3,83604 | 2,04190 | 5,87794 | 2,74916 | −2,74916 | 2,74916 | 0,53229 |
| 1,20 | 3,80426 | 2,05023 | 5,85449 | 2,69934 | −2,69934 | 2,69934 | 0,53893 |
| 1,30 | 3,76949 | 2,05943 | 5,82892 | 2,64435 | −2,64435 | 2,64435 | 0,54634 |
| 1,40 | 3,73167 | 2,06953 | 5,80119 | 2,58394 | −2,58394 | 2,58394 | 0,55459 |
| 1,50 | 3,69072 | 2,08058 | 5,77129 | 2,51783 | −2,51783 | 2,51783 | 0,56373 |
| 1,57 | 3,65979 | 2,08900 | 5,74879 | 2,46740 | −2,46740 | 2,46740 | 0,57080 |
| 1,60 | 3,64656 | 2,09262 | 5,73918 | 2,44569 | −2,44569 | 2,44569 | 0,57386 |
| 1,70 | 3,59912 | 2,10571 | 5,70484 | 2,36715 | −2,36715 | 2,36715 | 0,58506 |
| 1,80 | 3,54831 | 2,11991 | 5,66822 | 2,28178 | −2,28178 | 2,28178 | 0,59744 |
| 1,90 | 3,49401 | 2,13529 | 5,62930 | 2,18906 | −2,18906 | 2,18906 | 0,61113 |
| 2,00 | 3,43611 | 2,15193 | 5,58804 | 2,08843 | −2,08843 | 2,08843 | 0,62627 |
| 2,10 | 3,37450 | 2,16989 | 5,54439 | 1,97919 | −1,97919 | 1,97919 | 0,64303 |
| 2,20 | 3,30902 | 2,18929 | 5,49831 | 1,86056 | −1,86056 | 1,86056 | 0,66161 |
| 2,30 | 3,23954 | 2,21022 | 5,44976 | 1,73158 | −1,73158 | 1,73158 | 0,68226 |
| 2,40 | 3,16587 | 2,23280 | 5,39867 | 1,59114 | −1,59114 | 1,59114 | 0,70527 |
| 2,50 | 3,08784 | 2,25716 | 5,34500 | 1,43790 | −1,43790 | 1,43790 | 0,73098 |
| 2,60 | 3,00525 | 2,28344 | 5,28869 | 1,27024 | −1,27024 | 1,27024 | 0,75982 |
| 2,70 | 2,91785 | 2,31182 | 5,22967 | 1,08619 | −1,08619 | 1,08619 | 0,79230 |
| 2,80 | 2,82540 | 2,34247 | 5,16787 | 0,88332 | −0,88332 | 0,88332 | 0,82907 |
| 2,90 | 2,72763 | 2,37560 | 5,10323 | 0,65861 | −0,65861 | 0,65861 | 0,87094 |
| 3,00 | 2,62420 | 2,41145 | 5,03565 | 0,40824 | −0,40824 | 0,40824 | 0,91893 |
| 3,10 | 2,51477 | 2,45030 | 4,96507 | 0,12730 | −0,12730 | 0,12730 | 0,97436 |
| $\pi$ | $\pi^2/4$ | $\pi^2/4$ | $\pi^2/2$ | 0 | 0 | 0 | 1 |

**Tafel 44 Belastungsgrundfunktionen ($N<0$)**

$f_0 = \cos \varepsilon\xi \qquad f_1 = \dfrac{\sin \varepsilon\xi}{\varepsilon\xi} \qquad f_i = \dfrac{1}{\varepsilon^2\xi^2}\left(\dfrac{1}{(i-2)!} - f_{i-2}\right)$

| $\varepsilon$ | $f_0$ | $f_1$ | $f_2$ | $f_3$ | $f_4$ | $f_5$ | $f_6$ |
|---|---|---|---|---|---|---|---|
| 0,00 | 1,00000 | 1,00000 | 0,50000 | 0,16667 | 0,041667 | 0,0083333 | 0,00138889 |
| 0,10 | 0,99500 | 0,99833 | 0,49958 | 0,16658 | 0,041653 | 0,0083313 | 0,00138864 |
| 0,20 | 0,98007 | 0,99335 | 0,49834 | 0,16633 | 0,041611 | 0,0083254 | 0,00138790 |
| 0,30 | 0,95534 | 0,98507 | 0,49626 | 0,16592 | 0,041542 | 0,0083155 | 0,00138666 |
| 0,40 | 0,92106 | 0,97355 | 0,49337 | 0,16534 | 0,041445 | 0,0083017 | 0,00138493 |
| 0,50 | 0,87758 | 0,95885 | 0,48967 | 0,16460 | 0,041321 | 0,0082839 | 0,00138271 |
| 0,60 | 0,82534 | 0,94107 | 0,48518 | 0,16369 | 0,041170 | 0,0082623 | 0,00138000 |
| 0,70 | 0,76484 | 0,92031 | 0,47991 | 0,16263 | 0,040992 | 0,0082368 | 0,00137680 |
| 0,80 | 0,69671 | 0,89670 | 0,47390 | 0,16141 | 0,040788 | 0,0082075 | 0,00137313 |
| 0,90 | 0,62161 | 0,87036 | 0,46715 | 0,16005 | 0,040558 | 0,0081744 | 0,00136898 |
| 1,00 | 0,54030 | 0,84147 | 0,45970 | 0,15853 | 0,040302 | 0,0081377 | 0,00136436 |
| 1,10 | 0,45360 | 0,81019 | 0,45157 | 0,15687 | 0,040022 | 0,0080972 | 0,00135928 |
| 1,20 | 0,36236 | 0,77670 | 0,44281 | 0,15507 | 0,039717 | 0,0080533 | 0,00135374 |
| 1,30 | 0,26750 | 0,74120 | 0,43343 | 0,15314 | 0,039389 | 0,0080058 | 0,00134775 |
| 1,40 | 0,16997 | 0,70389 | 0,42349 | 0,15108 | 0,039038 | 0,0079548 | 0,00134132 |
| 1,50 | 0,07074 | 0,66500 | 0,41301 | 0,14889 | 0,038664 | 0,0079006 | 0,00133446 |
| 1,57 | 0,00000 | 0,63662 | 0,40528 | 0,14727 | 0,038387 | 0,0078602 | 0,00132934 |
| 1,60 | −0,02920 | 0,62473 | 0,40203 | 0,14659 | 0,038269 | 0,0078430 | 0,00132717 |
| 1,70 | −0,12884 | 0,58333 | 0,39060 | 0,14418 | 0,037853 | 0,0077823 | 0,00131946 |
| 1,80 | −0,22720 | 0,54103 | 0,37877 | 0,14166 | 0,037418 | 0,0077186 | 0,00131135 |
| 1,90 | −0,32329 | 0,49805 | 0,36656 | 0,13904 | 0,036963 | 0,0076518 | 0,00130285 |
| 2,00 | −0,41615 | 0,45465 | 0,35404 | 0,13634 | 0,036491 | 0,0075822 | 0,00129396 |
| 2,10 | −0,50485 | 0,41105 | 0,34123 | 0,13355 | 0,036001 | 0,0075098 | 0,00128470 |
| 2,20 | −0,58850 | 0,36750 | 0,32820 | 0,13068 | 0,035495 | 0,0074348 | 0,00127507 |
| 2,30 | −0,66628 | 0,32422 | 0,31499 | 0,12775 | 0,034974 | 0,0073573 | 0,00126510 |
| 2,40 | −0,73739 | 0,28144 | 0,30163 | 0,12475 | 0,034439 | 0,0072773 | 0,00125479 |
| 2,50 | −0,80114 | 0,23939 | 0,28818 | 0,12170 | 0,033891 | 0,0071950 | 0,00124415 |
| 2,60 | −0,85689 | 0,19827 | 0,27469 | 0,11860 | 0,033330 | 0,0071106 | 0,00123320 |
| 2,70 | −0,90407 | 0,15829 | 0,26119 | 0,11546 | 0,032759 | 0,0070241 | 0,00122195 |
| 2,80 | −0,94222 | 0,11964 | 0,24773 | 0,11229 | 0,032177 | 0,0069357 | 0,00121042 |
| 2,90 | −0,97096 | 0,08250 | 0,23436 | 0,10910 | 0,031586 | 0,0068455 | 0,00119861 |
| 3,00 | −0,98999 | 0,04704 | 0,22111 | 0,10588 | 0,030988 | 0,0067536 | 0,00118655 |
| 3,10 | −0,99914 | 0,01341 | 0,20803 | 0,10266 | 0,030382 | 0,0066602 | 0,00117424 |

## Knotenkräfte aus Einwirkungen

$$\mathfrak{F}_{Xi} = \sum_{(k(i))} F_{Xik} + {}^0F_{Xi} \quad \text{bzw.} \quad \mathfrak{F}_{Zi} = \sum_{(k(i))} F_{Zik} + {}^0F_{Zi}$$

Unter den Summenzeichen stehen die Lastkomponenten aus den an den Knoten angeschlossenen Stäben, ${}^0F_{XI}$, ${}^0F_{Zi}$ sind mögliche unmittelbare Knoteneinwirkungen.

Zur einfachen Berechnung der Verschiebungsarbeiten (siehe unten) werden Lasten des Stabes *ik* als (äquivalente) Doppelresultierende auf die benachbarten Knoten *i* und *k* angesetzt. Die Kräfte ($F_{Xik}$, $F_{Zik}$) und ($F_{Xki}$, $F_{Zki}$) errechnen sich wie die Auflagerkräfte eines beidseits gelenkig gelagerten Stabes.

## Stabmomente

$$\mathfrak{M}_{ik} = M_{ik} + M_{ki} + N^{\mathrm{II}} l_{ik} (\psi_{ik} + {}^0\psi_{ik}) = M_{ik} + M_{ki} \mp \frac{\beta_{ik}\varepsilon_{ik}^2}{\gamma l_{ik}} (\psi_{ik} + {}^0\psi_{ik}) \qquad (N \lesseqgtr 0)$$

Die *Stabmomente* sind die insgesamt am „Körper" Stab innerhalb des Stabwerks angreifenden statischen Momente einschließlich ggf. der nach Theorie II. Ordnung.

## Gleichgewicht im „Gelenksystem"

Das *Gelenksystem* entsteht durch Ersetzen aller biegesteifen Stabanschlüsse an die Knotenpunkte durch *Gelenke* und *Stabendmomente*. Im Gelenksystem sind die ungefesselten Knoten frei drehbar – die Knotenmomente müssen im Gleichgewicht sein. Abgesehen von einfachen Trägern und fachwerkartigen Strukturen ist ferner das Stabnetz kinematisch unbestimmt – Knotenkräfte- und Stabendmomentensystem müssen ebenfalls einen Gleichgewichtszustand bilden (Bild 86). Jedenfalls die Gleichgewichtsbedingungen am Gelenksystem werden vorteilhaft ausgedrückt durch die Arbeiten an den virtuellen Verrückungen $\delta v_j = -1$.

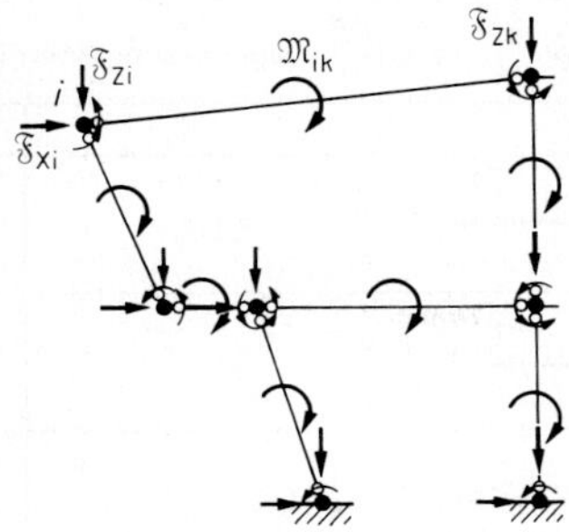


**Bild 86** **Gelenksystem**

## Knotengleichgewicht

$$j=1 \ldots n_K:\ \sum_{(i)} M_{ik} = \sum_{(i)} ({}^0M_{ik} + \mu_{ii}\varphi_i - \mu_{ik}\varphi_k + \mu_{ik+ii}\psi_{ik}) = 0$$

## Gelenksystem-Gleichgewicht

$$j=n_K+1 \ldots n_G:\ \sum_{(ik)} \mathfrak{M}_{ik}\,{}^j\psi_{ik} + \sum_{(i)} \mathfrak{F}_{Xi}\,u_i + \sum_{(i)} \mathfrak{F}_{Zi}\,{}^jw_i = 0$$

**Beispiel (Bild 87)** Der Rahmen soll für den gegebenen Lastzustand mit einem Sicherheitsbeiwert $\gamma = 1{,}5$ bei einer ungewollten Schiefstellung von 1/150 der Höhe berechnet werden. Der geschätzte Normalkraftzustand in den Stielen ist angeschrieben, ebenso die relativen Biege- und Lagerungssteifigkeiten bezogen auf eine Vergleichssteifigkeit von $B_c = 3500\,\text{kNm}^2$. Der Normalkraftzustand im Riegel bleibt unberücksichtigt.

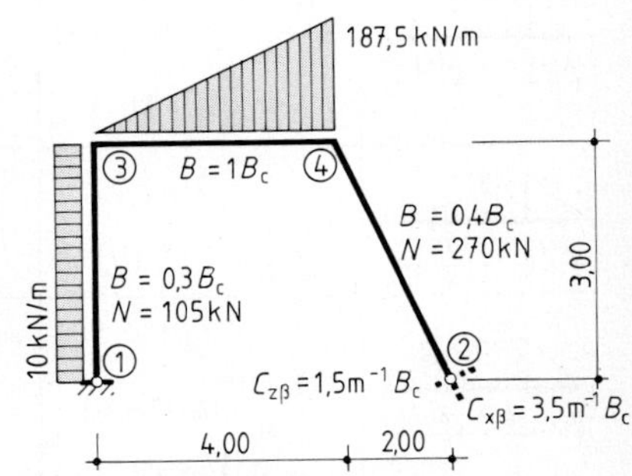


**Bild 87** **Beispiel Rahmen nach Drehwinkelverfahren**

Der Verrückungszustand des Stabsehnensystems ist im oben gezeigten Beispiel bereits berechnet.

$\mathfrak{F}_{Z3} = 10 \cdot 3{,}0/2 = 15{,}00\,\text{kN}$

$\mathfrak{F}_{X3} = -187{,}5 \cdot 4{,}0/6 = -125{,}00\,\text{kN}$

$\mathfrak{F}_{Z4} = -187{,}5 \cdot 4{,}0/3 = -250{,}00\,\text{kN}$

**Stabliste**

| Stab | $l$ | $\beta$ | $N$ | $\varepsilon$ | $\mu_{ii}$ | $\mu_{ii+ik}$ | $\mu_{ik}$ | $f_\omega$ | $f_\varphi$ | $f_\mu$ | $\mu_{i0}$ | $\mu_{k0}$ |
|---|---|---|---|---|---|---|---|---|---|---|---|---|
| 1–3 | 3,0 | 0,3 | –105 | 1,162 | 0 | 2,7189 | 2,7189 | 0,03984 | 0,15577 | –0,44622 | 0 | 0,13100 |
| 3–4 | 4,0 | 1,0 | – | 0 | 4 | 6 | 2 | 0,00833 | 0,04167 | –0,16667 | –0,03333 | 0,05000 |
| 4–2 | 3,606 | 0,4 | –270 | 1,939 | 2,1505 | 2,1505 | 0 | | | | | |
| | m | | kN | | | | | | | | $\cdot ql^2$ | |

## Tafel 45 Belastungsfunktionen

Faktoren: $\frac{ql^3}{B}$ bzw. $\frac{Fl^2}{B}$ algebraischer Wert in [ ] Funktionswert in ( )

| Lastbild | $f_\omega$ | $f_\varphi$ | $f_\mu$ |
|---|---|---|---|
| 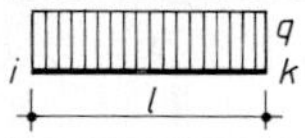 | $f_4(\varepsilon)$ | $f_3(\varepsilon)$ | $-f_2(\varepsilon)$ |
| 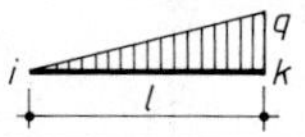 | $f_5(\varepsilon)$ | $f_4(\varepsilon)$ | $-f_3(\varepsilon)$ |
| 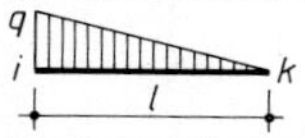 | $f_4(\varepsilon)-f_5(\varepsilon)$ | $f_3(\varepsilon)-f_4(\varepsilon)$ | $-f_2(\varepsilon)+f_3(\varepsilon)$ |
| 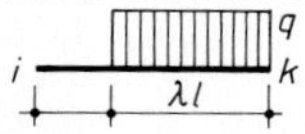 | $\lambda^4 f_1(\lambda\varepsilon)$ | $\lambda^3 f_3(\lambda\varepsilon)$ | $-\lambda^2 f_2(\lambda\varepsilon)$ |
| 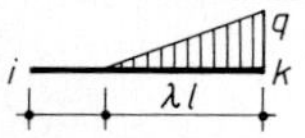 | $\lambda^4 f_3(\lambda\varepsilon)$ | $\lambda^3 f_1(\lambda\varepsilon)$ | $-\lambda^2 f_3(\lambda\varepsilon)$ |
| 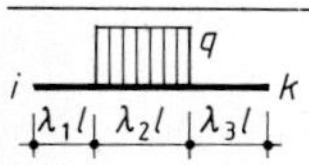 | $(1-\lambda_1)^4 f_4([1-\lambda_1]\varepsilon)$<br>$-\lambda_3^1 f_4(\lambda_3\varepsilon)$ | $[1-\lambda_1]^3 f_3([1-\lambda_1]\varepsilon)$<br>$-\lambda_3^3 f_3(\lambda_3\varepsilon)$ | $-[1-\lambda_1]^2 f_2([1-\lambda_1]\varepsilon)$<br>$+\lambda_3^2 f_2(\lambda_3\varepsilon)$ |
| 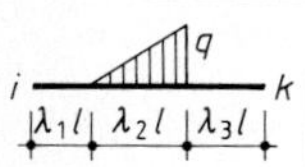 | $\frac{[1-\lambda_1]^5}{\lambda_2} f_5([1-\lambda_1]\varepsilon)$<br>$-\frac{\lambda_3^5}{\lambda_2} f_5(\lambda_3\varepsilon)-\lambda_3^4 f_4(\lambda_3\varepsilon)$ | $\frac{[1-\lambda_1]^4}{\lambda_2} f_4([1-\lambda_1]\varepsilon)$<br>$-\frac{\lambda_3^4}{\lambda_2} f_4(\lambda_3\varepsilon)-\lambda_3^3 f_3(\lambda_3\varepsilon)$ | $-\frac{[1-\lambda_1]^3}{\lambda_2} f_3([1-\lambda_1]\varepsilon)$<br>$+\frac{\lambda_3^3}{\lambda_2} f_3(\lambda_3\varepsilon)+\lambda_3^2 f_2(\lambda_3\varepsilon)$ |
| 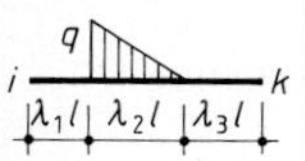 | $[1-\lambda_1]^4 f_4([1-\lambda_1]\varepsilon)$<br>$-\frac{[1-\lambda_1]^3}{\lambda_2} f_5([1-\lambda_1]\varepsilon)$<br>$+\frac{\lambda_3^5}{\lambda_2} f_5(\lambda_3\varepsilon)$ | $[1-\lambda_1]^3 f_3([1-\lambda_1]\varepsilon)$<br>$-\frac{[1-\lambda_1]^4}{\lambda_2} f_4([1-\lambda_1]\varepsilon)$<br>$+\frac{\lambda_3^4}{\lambda_2} f_4(\lambda_3\varepsilon)$ | $-[1-\lambda_1]^2 f_2([1-\lambda_1]\varepsilon)$<br>$+\frac{[1-\lambda_1]^3}{\lambda_2} f_3([1-\lambda_1]\varepsilon)$<br>$-\frac{\lambda_3^5}{\lambda_2} f_3(\lambda_3\varepsilon)$ |
| 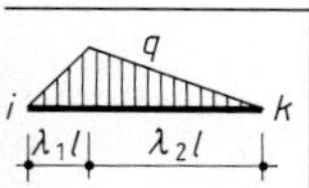 | $\frac{1}{\lambda_1} f_5(\varepsilon)$<br>$-\frac{\lambda_2^1}{\lambda_1} f_5([1-\lambda_1]\varepsilon)$ | $\frac{1}{\lambda_1} f_4(\varepsilon)$<br>$-\frac{\lambda_2^3}{\lambda_1} f_4([1-\lambda_1]\varepsilon)$ | $-\frac{1}{\lambda_1} f_3(\varepsilon)$<br>$+\frac{\lambda_2^2}{\lambda_1} f_3([1-\lambda_1]\varepsilon)$ |
| 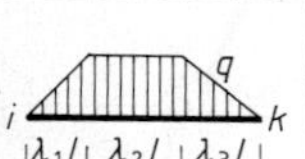 | $\frac{1}{\lambda_1} f_5(\varepsilon)$<br>$-\frac{[1-\lambda_1]^5}{\lambda_1} f_5([1-\lambda_1]\varepsilon)$<br>$-\lambda_3^4 f_5(\lambda_3\varepsilon)$ | $\frac{1}{\lambda_1} f_4(\varepsilon)$<br>$-\frac{[1-\lambda_1]^4}{\lambda_1} f_4([1-\lambda_1]\varepsilon)$<br>$-\lambda_3^3 f_4(\lambda_3\varepsilon)$ | $-\frac{1}{\lambda_1} f_3(\varepsilon)$<br>$+\frac{[1-\lambda_1]^3}{\lambda_1} f_3([1-\lambda_1]\varepsilon)$<br>$+\lambda_3^2 f_3(\lambda_3\varepsilon)$ |
| Faktor | | $ql^2$ | |
| 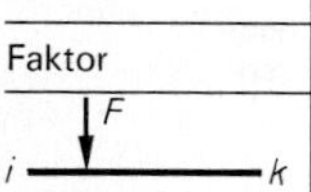 | $\lambda^3 f_3(\lambda\varepsilon)$ | $\lambda^2 f_2(\lambda\varepsilon)$ | $-\lambda f_1(\lambda\varepsilon)$ |
| Faktor | | $Fl$ | |
| 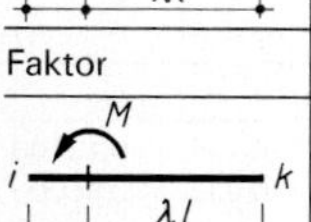 | $\lambda^2 f_2(\lambda\varepsilon)$ | $\lambda f_1(\lambda\varepsilon)$ | $-f_0(\lambda\varepsilon)$ |
| Faktor | | $M$ | |

**Tafel 46 Stabend- und Stabmomente**

| | $B_c^*$ | $\varphi_3$ $v_1$ | $\varphi_4$ $v_2$ | $\psi_{13}$ $v_3$ | $u_{\beta 2}$ $v_4$ | $w_{\beta 2}$ $v_5$ | | | |
|---|---|---|---|---|---|---|---|---|---|
| Lösung $(-\psi_0)$<br>Lösung $(+\psi_0)$ | | 130,08<br>137,11 | −200,60<br>−192,12 | −136,99<br>−108,70 | −89,37<br>−88,29 | 38,86<br>40,74 | | | |
| | $\beta/l$ | Koeffizienten | | | | | $^0M$ | $M_{+\psi}$ | $M_{-\psi}$ |
| Grundverdrehung<br>$M_{31}$ | 0,1000 | 0,2719 | 0 | 1,000<br>0,2719 | 0<br>0 | 0<br>0 | 11,79 | 9,91 | 19,51 |
| $\Delta\mathfrak{M}_{13}$ | | | | −0,0900 | | | ±2,10 | | |
| $\mathfrak{M}_{13}$ | | 0,2719 | 0 | 0,1819 | 0 | 0 | 13,8/9,69 | | |
| Grundverdrehung<br>$M_{34}$<br>$M_{43}$ | <br>0,2500<br>0,2500 | <br>1,0000<br>0,5000 | <br>0,5000<br>1,0000 | −0,500<br>−0,7500<br>−0,7500 | 0,297<br>0,4455<br>0,4455 | 0,045<br>−0,0675<br>−0,0675 | <br>−100,00<br>150,00 | <br>−9,991<br>74,74 | <br>−19,51<br>65,87 |
| $\mathfrak{M}_{34}$ | | 1,5000 | 1,5000 | −1,5000 | 0,8910 | −0,1350 | 50,00 | | |
| Grundverdrehung<br>$M_{42}$ | 0,1109 | 0 | 0,2386 | 1,0000<br>0,2386 | −0,141<br>−0,0336 | 0,302<br>0,0721 | 0 | −74,74 | −65,87 |
| $\Delta\mathfrak{M}_{42}$ | | | | −0,2781 | 0,0392 | −0,0840 | ±6,49 | | |
| $\mathfrak{M}_{42}$ | | 0 | 0,2386 | −0,0395 | 0,0056 | −0,0119 | 6,49/−6,49 | | |

**Tafel 47 Arbeitsgleichungen (Gleichgewichtsbedingungen)**

| | $B_c \cdot$ | $\varphi_3$ $v_1$ | $\varphi_4$ $v_2$ | $\psi_{13}$ $v_3$ | $u_{\beta 2}$ $v_4$ | $w_{\beta 2}$ $v_5$ | ${}^0\mathfrak{M}$ |
|---|---|---|---|---|---|---|---|
| | Verrückung | Koeffizienten | | | | | Belastungsglieder |
| ($v_1$) Gleichung 1 ($\Sigma M_{3k}$) | 1 | 1,2719 | 0,5000 | −0,4781 | 0,4455 | −0,0675 | −88,21 |
| ($v_2$) Gleichung 2 ($\Sigma M_{4k}$) | 1 | 0,5000 | 1,2386 | −0,5114 | 0,4119 | 0,0046 | 150,00 |
| $\mathfrak{M}_{13}$ | 1,000 | 0,2719 | | 0,1819 | | | 13,89/9,69 |
| $\mathfrak{M}_{34}$ | −0,500 | −0,7500 | −0,7500 | 0,7500 | −0,4455 | 0,0675 | −25,00 |
| $\mathfrak{M}_{42}$ | 1,000 | | 0,2386 | −0,0395 | 0,0056 | −0,0119 | 6,49/−6,49 |
| $\mathfrak{F}_{x3}$ | 0 | | | | | | |
| $\mathfrak{F}_{z3}$ | 3,000 | | | | | | 45,00 |
| $\mathfrak{F}_{x4}$ | 0 | | | | | | |
| ($v_3$) Gleichung 3 | Σ | −0,4781 | −0,5114 | 0,8924 | −0,4399 | 0,0556 | 40,38/23,20 |
| $\mathfrak{M}_{13}$ | 0 | | | | | | |
| $\mathfrak{M}_{34}$ | 0,297 | 0,4455 | 0,4455 | −0,4455 | 0,2646 | −0,0401 | 6,34 |
| $\mathfrak{M}_{42}$ | −0,141 | | −0,0336 | 0,0056 | 0,0008 | 0,0017 | −0,92/0,02 |
| $\mathfrak{F}_{x3}$ | 0 | | | | | | |
| $\mathfrak{F}_{z3}$ | 0 | | | | | | |
| $\mathfrak{F}_{x4}$ | −1,118 | | | | | | 297,00 |
| $C_{u\beta} v_4$ (Arbeit der Fesselkraft) | 1,000 | | | | 3,5000 | | |
| ($v_4$) Gleichung 4 | Σ | 0,4455 | 0,4119 | 0,4399 | 3,7654 | −0,0384 | 302,42/304,26 |
| $\mathfrak{M}_{13}$ | 0 | | | | | | |
| $\mathfrak{M}_{34}$ | −0,045 | −0,0675 | −0,0675 | 0,0675 | −0,0401 | 0,0061 | −0,96 |
| $\mathfrak{M}_{42}$ | 0,302 | | 0,0721 | −0,0119 | 0,0017 | −0,0036 | 1,96/−1,96 |
| $\mathfrak{F}_{x3}$ | 0 | | | | | | |
| $\mathfrak{F}_{z3}$ | 0 | | | | | | |
| $\mathfrak{F}_{x4}$ | 0,182 | | | | | | −45,50 |
| $C_{w\beta} v_5$ (Arbeit der Fesselkraft) | 1,000 | | | | | 1,5000 | |
| ($v_5$) Gleichung 5 | Σ | −0,0675 | 0,0046 | 0,0556 | −0,0384 | 1,5025 | −44,50/−48,42 |

Das Gleichungssystem ist um die Hauptdiagonale symmetrisch! Die Lösung ist im Kopf der Tabelle der Stabendmomente eingetragen. Die Ergebnisse für die Stabendmomente stehen in der letzten Spalte für beide Richtungen einer ungewollten Schiefstellung.

# Beton- und Stahlbetonbau nach DIN 1045

Bearbeitet von Prof. Dr.-Ing. Otto W. Wetzell

## Inhalt



Fortsetzung s. nächste Seite

## Technische Baubestimmungen

DIN 1045 Beton und Stahlbeton; Bemessung und Ausführung (7/88)
DIN 488 Betonstahl
T1 –, Sorten, Eigenschaften, Kennzeichen
DIN 1048 Prüfverfahren für Beton
T1 –, Frischbeton, Festbeton gesondert hergestellter Probekörper / T2 –, Bestimmung der Druckfestigkeit von Festbeton in Bauwerken und Bauteilen; Allgemeines Verfahren, T4 –, Bestimmung der Druckfestigkeit von Festbeton in Bauwerken und Bauteilen; Anwendung von Bezugsgeraden und Auswertung mit besonderen Verfahren
DIN 1084 Überwachung (Güteüberwachung) im Beton- und Stahlbetonbau
T1 –, Beton B II auf Baustellen, T2 –, Fertigteile, T3 –, Transportbeton
DIN 4099 Schweißen von Betonstahl; Ausführung und Prüfung
DIN 4102 Brandverhalten von Baustoffen und Bauteilen
T1 –, Baustoffe; Begriffe, Anforderungen und Prüfungen, T2 –, Bauteile; Begriffe, Anforderungen und Prüfungen, T4 –, Zusammenstellung und Anwendung Klassifizierter Baustoffe, Bauteile und Sonderbauteile
DIN 4158 Zwischenbauteile aus Beton für Stahlbeton und Spannbetondecken
DIN 4159 Ziegel für Decken und Wandtafeln, statisch mitwirkend
DIN 4160 Ziegel für Decken, statisch nicht mitwirkend
DIN 4226 Zuschlag für Beton
T1 –, Zuschlag mit dichtem Gefüge, T2 –, Zuschlag mit porigem Gefüge, T3 –, Prüfung von Zuschlag, T4 –, Überwachung (Güteüberwachung)
DIN 4227 Spannbeton
T1 –, Bauteile aus Normalbeton mit beschränkter oder voller Vorspannung

Deutscher Ausschuß für Stahlbeton; Richtlinie zur Nachbehandlung von Beton; Richtlinie für Beton mit Fließmittel und für Fließbeton; Richtlinie Alkalireaktion im Beton, vorbeugende Maßnahmen gegen schädigende Alkalireaktionen im Beton; Vorl. Richtlinie für Beton mit verlängerter Verarbeitbarkeitszeit (verzögerter Beton).

## Weiterführende Literatur


Deutscher Ausschuß für Stahlbeton: DAfStb-Heft 220, Bemessung von Beton und Stahlbetonbauteilen nach DIN 1045, Ausg. Dez. 1973. 2. Aufl. Berlin: Verlag Wilhelm Ernst & Sohn 1979

Deutscher Ausschuß für Stahlbeton: DAfStb-Heft 240, Hilfsmittel zur Berechnung von Schnittgrößen und Formänderungen von Stahlbetontragwerken. 2. Aufl. Berlin: Verlag Wilhelm Ernst & Sohn 1979

Deutscher Ausschuß für Stahlbeton: DAfStb-Heft 400, Erläuterungen zu DIN 1045 Beton und Stahlbeton, Ausg. 07.88. Berlin: Beuth Verlag GmbH 1990

*Leonhardt*: Vorlesungen über Massivbau Teil 1, Grundlagen zur Bemessung im Stahlbetonbau. 3. Aufl. Berlin: Springer Verlag 1984

*Leonhardt*: Vorlesungen über Massivbau Teil 2, Sonderfälle der Bemessung im Stahlbetonbau. 3. Aufl. Berlin: Springer Verlag 1986

*Leonhardt*: Vorlesungen über Massivbau Teil 3, Grundlagen zum Bewehren im Stahlbetonbau. 3. Aufl. Berlin: Springer Verlag 1977

*Grasser*: Bemessung der Stahlbetonbauteile, Betonkalender 1990 Teil I. Berlin: Verlag Ernst & Sohn 1990

*Schlaich/Schäfer*: Konstruieren im Stahlbetonbau, Betonkalender 1984 Teil II. Berlin: Verlag Ernst & Sohn 1984

*Pieper/Martens*: Durchlaufende vierseitig gestützte Platten. Beton und Stahlbetonbau 1966, Heft 6, S. 158 und 1967, Heft 6, S. 150

*Hahn*: Durchlaufträger, Rahmen, Platten und Balken auf elastischer Bettung. 14. Aufl. Düsseldorf: Werner Verlag 1985

*Stiglat/Wippel*: Platten. 3. Auflage. Verlag Wilhelm Ernst & Sohn 1983

*Wommelsdorf*: Stahlbetonbau Teil 1, Biegebeanspruchte Bauteile. 6. Aufl. Düsseldorf: Werner Verlag 1990

*Wommelsdorf*: Stahlbetonbau Teil 2, Stützen und Sondergebiete des Stahlbetons. 5. Aufl. Düsseldorf: Werner Verlag 1993

*Kordina/Meyer-Ottens*: Beton Brandschutz Handbuch. Düsseldorf: Beton Verlag 1981

*Wesche*: Baustoffe für tragende Bauteile, Bd. 2, Beton und Mauerwerk. 3. Aufl. Bauverlag 1993

# 1 Die Baustoffe und ihr Zusammenwirken

## 1.1 Beton

### 1.1.1 Ausgangsstoffe des Betons

**Zement.** Für Beton und Stahlbeton müssen Normzemente nach DIN 1164, unter Beachtung der Zulassungsbedingungen können auch bauaufsichtlich zugelassene Zemente verwendet werden.

**Tafel 1 Bezeichnung und Hauptbestandteile der Normzemente**

| Zementart | Kurzbezeichnung | Anteil in Gew.-%[1]) | | | |
|---|---|---|---|---|---|
| | | Portlandzementklinker | Hüttensand[2]) | Traß | Gebrannter Ölschiefer |
| Portlandzement | PZ | 100 | – | – | – |
| Eisenportlandzement | EPZ | 65 bis 94 | 35 bis 6 | – | – |
| Hochofenzement | HOZ | 20 bis 64 | 80 bis 36 | – | – |
| Traßzement | TrZ | 60 bis 80 | – | 40 bis 20 | – |
| Portlandölschieferzement | PÖZ | 65 bis 90 | – | – | 35 bis 10 |

[1]) bezogen auf die Summe von Portlandzementklinker und jeweiligem Hauptbestandteil
[2]) schnell gekühlte, granulierte Hochofenschlacke

**Tafel 2 Festigkeitsklassen der Normzemente und ihre Kennzeichnung**

| Festigkeitsklasse | | Druckfestigkeit in N/mm² nach | | | | Kennfarbe des | |
|---|---|---|---|---|---|---|---|
| | | 2 Tagen min. | 7 Tagen min. | 28 Tagen min. | 28 Tagen max. | Sackes bzw. des Silo-Anheftblattes | Aufdruckes |
| Z 25[1]) | | – | 10 | 25 | 45 | violett | schwarz |
| Z 35 | L[2]) | – | 18 | 35 | 55 | hellbraun | schwarz |
| | F[3]) | 10 | – | | | | rot |
| Z 45 | L | 10 | – | 45 | 65 | grün | schwarz |
| | F | 20 | | | | | rot |
| Z 55 | | 30 | – | 55 | – | rot | schwarz |

[1]) Nur für Zemente mit niedriger Wärmeentwicklung und/oder hohem Sulfatwiderstand
[2]) L = Zement mit langsamer Anfangserhärtung
[3]) F = Zement mit hoher Anfangsfestigkeit

### Betonzuschlag

**Tafel 3 Bezeichnung von Zuschlag mit dichtem Gefüge nach DIN 4226**

| Zuschlag mit | | Zusätzliche Bezeichnung für | |
|---|---|---|---|
| Kleinstkorn in mm | Größtkorn in mm | ungebrochenen Zuschlag | gebrochenen Zuschlag[1]) |
| 0 | 4 | Sand | Brechsand; Edelbrechsand |
| 4 | 32 | Kies | Splitt; Edelsplitt |
| 32 | – | Grobkies | Schotter |

[1]) Für gebrochene Zuschläge nach den „Technischen Lieferbedingungen für Mineralstoffe im Straßenbau" (TL Min) gelten andere Begrenzungen der Korngruppen.

Anforderungen der DIN 4226 an den Zuschlag betreffen Kornzusammensetzung der Korngruppen, Kornform, Festigkeit, Widerstand gegen Frost bei mäßiger Durchfeuchtung, schädliche Bestandteile.

Abweichungen können als erhöhte (e) oder verminderte (v) Anforderungen im Rahmen der Tafel 4 vereinbart werden.

Das Größtkorn des Zuschlags soll $\leqq 1/3$ der kleinsten Bauteilemaße sein. Bei enger Bewehrung oder geringer Betondeckung soll der überwiegende Teil des Zuschlags kleiner als der Abstand der Stähle untereinander und von der Schalung sein.

**Tafel 4 Kennzeichnung möglicher Abweichungen von den Regelanforderungen**

| Eigenschaft | Anforderung erhöht (e) | Anforderung vermindert (v) |
|---|---|---|
| Kornform | eK | vK |
| Druckfestigkeit | — | vD |
| Widerstand gegen Frost | eF | vF |
| Widerstand gegen Frost und Taumittel | eFT | — |
| Gehalt an abschlämmbaren Stoffen | — | vA |
| Gehalt an Stoffen organischen Ursprungs | — | vO |
| Gehalt an quellfähigen Bestandteilen organischen Ursprungs | eQ | — |
| Gehalt an Sulfaten | — | vS |
| Gehalt an wasserlöslichem Chlorid | eCl | vCl |

Der Kornaufbau des Zuschlags wird durch Vergleich mit Regelsieblinien nach DIN 1045 (Bilder 1 bis 3) und durch Kennwerte wie *D*-Summe, Körnungsziffer *k* (Tafel 5) u.a. beurteilt. Er ist maßgebend für die Verarbeitbarkeit, die Verdichtungswilligkeit und den Wasseranspruch (Tafel 22) des Betons. Sieblinien mit gleichem Kennwert haben etwa den gleichen Wasseranspruch.

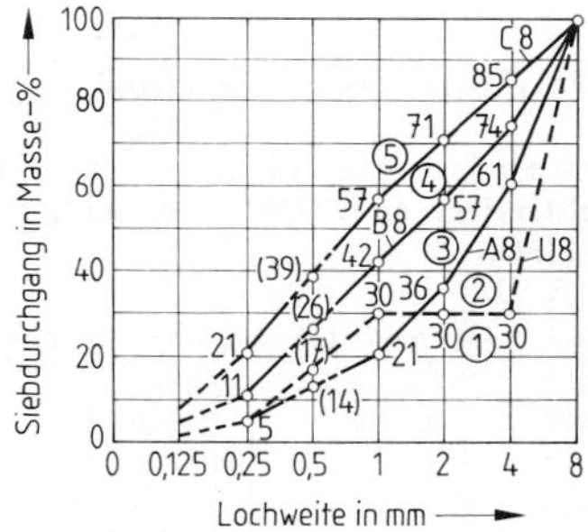


**Bild 1 Sieblinien mit 8 mm Größtkorn**

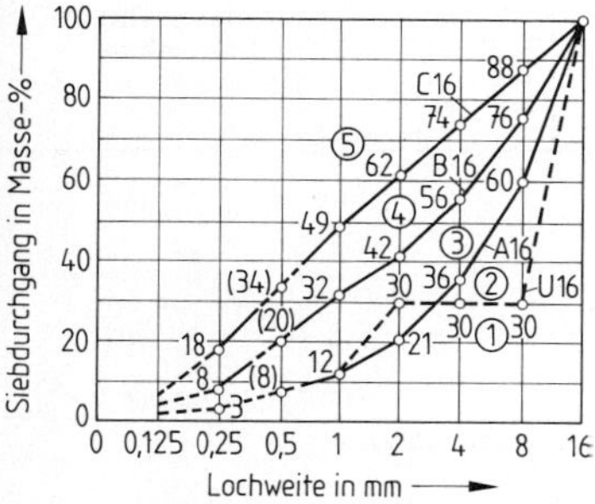


**Bild 2 Sieblinien mit 16 mm Größtkorn**

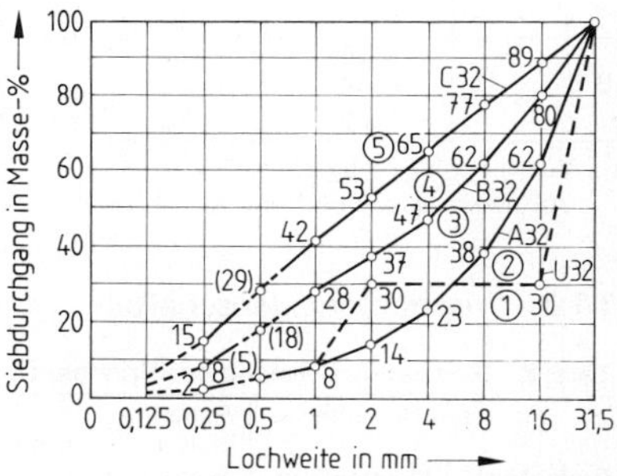


**Bild 3 Sieblinien mit 32 mm Größtkorn**

## Kennwerte

***D*-Summe** $D = \sum D_i$ Summe der Durchgangsordinaten einschl. Korngröße 63 mm

**Körnungsziffer** $k = \frac{1}{100} \sum R_i = \frac{1}{100}(900 - D)$ Summe der Rückstandsordinaten

Für beide Kennwerte wird die Korngröße 0,125 mm nicht berücksichtigt

**Tafel 5 Kennwerte der Regelsieblinien**

| Regelsieblinie | A 32 | B 32 | C 32 | A 16 | B 16 | C 16 | A 8 | B 8 | C 8 |
|---|---|---|---|---|---|---|---|---|---|
| *D*-Summe | 352 | 480 | 570 | 439 | 534 | 625 | 536 | 611 | 673 |
| Körnungsziffer *k* | 5,48 | 4,20 | 3,30 | 4,61 | 3,66 | 2,75 | 3,64 | 2,89 | 2,27 |

**Tafel 6 Betonzusatzmittel**

| Wirkungsgruppe | Kurzzeichen | Farbkennzeichen |
|---|---|---|
| Betonverflüssiger | BV | gelb |
| Fließmittel | FM | grau |
| Luftporenbildner | LP | blau |
| Dichtungsmittel | DM | braun |
| Verzögerer | VZ | rot |
| Beschleuniger | BE | grün |
| Einpreßhilfen | EH | weiß |
| Stabilisierer | ST | violett |

**Betonzusatzstoffe** sind fein aufgeteilte Betonzusätze wie Steinkohlenflugasche, Traß, Gesteinsmehle oder Farbpigmente. Sie müssen einer Norm entsprechen oder ein Prüfzeichen haben. Sie sind als Volumenbestandteile zu berücksichtigen.

**Betonzusatzmittel** können die Frisch- und Festbetoneigenschaften beeinflussen. Die Zugabemenge ist gering. Sie benötigen ein Prüfzeichen und dürfen nur mit Eignungsprüfung eingesetzt werden.

## 1.1.2 Festbetoneigenschaften

Nach der Trockenrohdichte $\varrho$ in kg/dm$^3$ werden die Betone eingeteilt in **Leichtbeton** ($\varrho < 2{,}00$), **Normalbeton** ($\varrho = 2{,}01$ bis 2,80) und **Schwerbeton** ($\varrho > 2{,}80$).

**Tafel 7 Festigkeitsklassen, erforderliche $\beta_{W\,28}$ und Anwendung des Betons**

| Betongruppe | Festigkeitsklasse | Nennfestigkeit $\beta_{WN}$ in N/mm$^2$ | Serienfestigkeit $\beta_{WS}$ in N/mm$^2$ | min $\beta_{Wm}$ bei Eignungsprüfung in N/mm$^2$ | Anwendung |
|---|---|---|---|---|---|
| B I | B 5 | 5 | 8 | 11 | nur für unbewehrten Beton |
| | B 10 | 10 | 15 | 20 | |
| | B 15 | 15 | 20 | 25 | für unbewehrten und bewehrten Beton |
| | B 25 | 25 | 30 | 35 | |
| B II | B 35 | 35 | 40 | [2]) | |
| | B 45 | 45 | 50 | | |
| | B 55 [1]) | 55 | 60 | | |

[1]) Vor allem für Fertigteile

[2]) Vorhaltemaß nach Erfahrung

## 1.1.3 Frischbetoneigenschaften

**Tafel 8 Konsistenzbereiche des Frischbetons**

| Konsistenzbereiche: Bedeutung | Konsistenzbereiche: Kurzzeichen | Ausbreitmaß $a$ in cm | Verdichtungsmaß $v$ | Verdichtungsart |
|---|---|---|---|---|
| steif | KS | – | $\geqq 1{,}20$ | kräftig wirkende Rüttler oder kräftiges Stampfen in dünner Lage |
| plastisch | KP | 35 bis 41 | 1,19 bis 1,08 | Rütteln oder Stampfen |
| weich | KR | 42 bis 48 | 1,07 bis 1,02 | Rütteln oder Stochern |
| fließfähig | KF | 49 bis 60 | – | Stochern oder leichtes Rütteln |

Für Ortbeton der Gruppe B I vorzugsweise KR oder KF. KF darf nur mit einem Fließmittel FM eingestellt werden (Fließbeton).

Im Übergangsbereich zwischen KS und KP kann je nach Zusammenhaltevermögen des Frischbetons das Ausbreitmaß oder das Verdichtungsmaß zweckmäßiger sein. Bei Splittbeton, Leichtbeton, Schwerbeton oder sehr mehlkornreichem Beton kann auch für KP und KR das Verdichtungsmaß zweckmäßig sein.

## 1.1.4 Betonzusammensetzung

**Tafel 9 Grenzwerte für Zementgehalt und *w/z*-Wert von Beton mit Eignungsprüfung (B I und B II)**

| Anwendungsbereich | Zementfestigkeitsklasse | Zementgehalt *z* in kg/m³ | *w/z* |
|---|---|---|---|
| unbewehrter Beton | – | $\geqq 100$ | – |
| Innenbauteile | Z 25<br>$\geqq$ Z 35 | $\geqq 280$<br>$\geqq 240$ | $\leqq 0{,}65$<br>$\leqq 0{,}75$ |
| Außenbauteile[1] | $\leqq$ Z 35<br>$\geqq$ Z 45 | $\geqq 300$[2]<br>$\geqq 270$ | $\leqq 0{,}60$ |

[1]) Mindestens B 25. Mindestzementgehalt und $w/z \leqq 0{,}60$ bedingen in der Regel eine Nennfestigkeit $\beta_{WN} \geqq 32$ N/mm²
[2]) Für Beton B II $\geqq 270$ kg/m³

**Tafel 10 Erforderliche Korngruppen des Zuschlags**

| Betongruppe | Betonfestigkeitsklasse | Gesamtzahl der Korngruppen[3] Größtkorn 8 und 16 mm | 32 mm | davon vorgeschrieben |
|---|---|---|---|---|
| Beton B I | B 5<br>B 10 | Ungetrennter Zuschlag zulässig | | |
| | B 15<br>B 25 | $\geqq 2$[1] | $\geqq 2$[1] | 0/4 |
| Beton B II | B 35<br>B 45<br>B 55 | $\geqq 2$ | $\geqq 3$[2] | 0/2<br>oder<br>0/4 a |

[1]) Werkgemischter Betonzuschlag zulässig
[2]) Bei unstetiger Sieblinie mind. 2 Korngruppen
[3]) Mehlkornzusatz gilt nicht als Korngruppe

Bei Beton für Außenbauteile und Beton mit hohem Frostwiderstand, hohem Frost- und Tausalzwiderstand oder hohem Verschleißwiderstand sollen Mehlkorn- und Feinstsandgehalt nach Tafel 11 nicht überschritten werden.

**Tafel 11 Höchstzulässiger Mehlkorn- und Feinstsandgehalt bei Größtkorn von 16 mm bis 63 mm**

| Zementgehalt in kg/m³ | Höchstzul. Gehalt [kg/m³] an Mehlkorn[1] bei einer Prüfkorngröße von 0,125 mm | Mehlkorn[1] plus Feinstsand[2] bei einer Prüfkorngröße von 0,250 mm |
|---|---|---|
| $\leqq 300$[3] | 350[4] | 450[4] |
| 350[3] | 400[4] | 500[4] |

[1]) Mehlkorn: Summe Kornanteil $\leqq 0{,}125$ mm des Zuschlags, Zement und Zusatzstoff
[2]) Feinstsand: Kornanteil 0,125 mm bis 0,250 mm des Zuschlags
[3]) Bei Zementgehalten von 300 bis 350 kg/m³ lineare Interpolation
[4]) Erhöhung um $x \leqq 50$ kg/m³ möglich, wenn
- der Zementgehalt 350 kg/m³ um x kg/m³ überschritten wird
- der Beton x kg/m³ Flugasche oder Traß enthält
- das Zuschlaggrößtkorn 8 mm beträgt

**Tafel 12 Mindestzementgehalt für B I (Rezeptbeton)**

| Festigkeitsklasse des Betons | Sieblinienbereich des Zuschlags[3] | Mindestzementgehalt in kg/m³ [2] Konsistenzbereich K S[1] | K P | K R |
|---|---|---|---|---|
| B 5[1] | 3<br>4 | 140<br>160 | 160<br>180 | –<br>– |
| B 10[1] | 3<br>4 | 190<br>210 | 210<br>230 | 230<br>260 |
| B 15 | 3<br>4 | 240<br>270 | 270<br>300 | 300<br>330 |
| B 25 allgemein | 3<br>4 | 280<br>310 | 310<br>340 | 340<br>380 |
| B 25 Außenbauteile | 3<br>4 | 300<br>320 | 320<br>350 | 350<br>380 |

[1]) Nur für unbewehrten Beton
[2]) Der Mindestgehalt **darf** (Außenbauteile ausgenommen) verringert werden:
- bei Zement der Festigkeitsklasse Z 45 um höchstens 10%
- bei einem Größtkorn des Zuschlags von 63 mm um höchstens 10%
- bei Stahlbeton jedoch nicht unter 240 kg/m³

Der Mindestzementgehalt **muß** erhöht werden:
- bei Zement der Festigkeitsklasse Z 25 um 15%
- bei einem Größtkorn des Zuschlags von 16 mm um 10% von 8 mm um 20%

Vergrößerungen müssen, Verringerungen dürfen zusammengerechnet werden.

[3]) s. Bilder 1 bis 3

**Beton B I ohne Eignungsprüfung.** Zusammensetzung nach Tafel 12 („Rezeptbeton") mit Zuschlag 0/32 und Zement Z 35. Für anderen Zuschlag und/oder Zement gilt Fußnote 2.

**Beton B I mit Eignungsprüfung.** Eignungsprüfung erforderlich, wenn Mindestzementgehalt nach Tafel 12 reduziert oder wenn Zusatzstoffe, Zusatzmittel, Ausfallkörnung oder Zuschlag mit verminderten Anforderungen verwendet werden sollen. Bei der Prüfung muß die Betonkonsistenz an der oberen Grenze des Konsistenzbereichs liegen, und die Druckfestigkeit muß die Werte min $\beta_{Wm}$ nach Tafel 7, Spalte 5, erreichen.

**Beton B II.** Er darf nur nach Eignungsprüfung hergestellt werden. Die Wahl eines Vorhaltemaßes für die Druckfestigkeit der Eignungsprüfung ist Sache des Unternehmens.

**Beton mit besonderen Eigenschaften.** Herstellung als B II, in Ausnahmefällen als B I mit Richtwerten nach Tafel 13.

**Tafel 13 Beton mit besonderen Eigenschaften**

| Eigenschaft | Baustelle zugel. für | Sieblinienbereich | Zementgehalt kg/m³ | größter *w/z*-Wert | zusätzliche Anforderungen |
|---|---|---|---|---|---|
| Wasserundurchlässigkeit | B I | *A/B* 16<br>*A/B* 32 | ≧370<br>≧350 | –<br>– | Wassereindringtiefe $e_w \leqq 5$ cm |
| | B II | –<br>– | –<br>– | 0,60[1]<br>0,70[2] | |
| hoher Frostwiderstand | B I | *A/B* 16<br>*A/B* 32 | ≧370<br>≧350 | –<br>– | Zuschlag eF<br>Wassereindringtiefe $e_w \leqq 5$ cm |
| | B II | –<br>– | –<br>– | 0,60<br>0,70[3] | |
| hoher Frost- und Tausalzwiderstand | B II | – | – | 0,50 | Zement ≧Z 35; Zuschlag eFT; LP-Gehalt nach Tafel 14<br>$e_w \leqq 5$ cm |
| hoher Widerstand gegen chem. Angr. mit Angriffsgrad: schwach | B I | *A/B* 16<br>*A/B* 32 | ≧370<br>≧350 | –<br>– | Wassereindringtiefe $e_w \leqq 5$ cm[4] |
| | B II | – | – | 0,60 | |
| stark | B II | – | – | 0,50 | Wassereindringtiefe $e_w \leqq 3$ cm[4] |
| sehr stark | B II | – | – | 0,50 | Wassereindringtiefe $e_w \leqq 3$ cm und Schutz des Betons[4] |
| hoher Abnutzwiderstand | B II | nahe *A* oder *B/U* | ≦350 bei Zuschlag 0/32 mm | – | Beton ≧ B 35; Zuschlag ≦4 mm Quarz o.ä., >4 mm mit hohem Verschleißwiderstand |

1) Bei Bauteildicke $d \leqq 40$ cm
2) Bei $d > 40$ cm
3) Bei LP-Gehalt nach Tafel 14
4) Bei Sulfatgehalt > 600 mg $SO_4$ je l Wasser oder > 3000 mg je kg Boden nur HS-Zement

**Tafel 14 Luftgehalt im Frischbeton für hohen Frost- und Tausalzwiderstand**

| Größtkorn des Zuschlaggemisches in mm | 8 | 16 | 32 | 63 |
|---|---|---|---|---|
| mittlerer Luftgehalt in Volumen-%[1] ≧ | 5,5 | 4,5 | 4,0 | 3,5 |

1) Einzelwerte dürfen diese Anforderungen um ≦0,5% unterschreiten

### 1.1.5 Bauausführung

Beton muß gleichmäßig durchgemischt sein und darf sich bei Transport und Einbau nicht entmischen. Er muß vollständig verdichtet werden. Als Anhaltswert gilt ein Restluftgehalt ≦1,5 Vol.-% (ohne LP-Zusatz).

Vorzeitige Austrocknung muß verhindert, die ausreichende Erhärtung auch der oberflächennahen Bereiche gesichert werden. Dazu ist Nachbehandlung nach der „Richtlinie zur Nachbehandlung von Beton" erforderlich. Mögliche Maßnahmen: Belassen in der nassen Schalung, Abdecken mit Folien oder/und nassen Matten, Nachbehandlungsfilme, Besprühen mit Wasser. Dauer abhängig von Erhärtungsgeschwindigkeit des Betons und Umgebungsbedingungen. Anhalt nach den Tafeln 15 und 16

**Tafel 15 Nachbehandlungsdauer in Abhängigkeit von Umgebungsbedingung und Betonfestigkeitsentwicklung**

| Festigkeitsentwicklung des Betons | Der Festigkeitsentwicklung entsprechende Betonzusammensetzungen (Beispiele) | | Maßgebende Umgebungsbedingung[1]) | | |
|---|---|---|---|---|---|
| | | | I | II | III |
| | Zementfestigkeitsklasse | Wasserzementwert $w/z$ | Nachbehandlungsdauer[2]) in Tagen | | |
| schnell | Z 45 F; Z 55 | <0,50 | 1 | 1 | 2 |
| mittel | Z 35 L | <0,50 | 2 | 3 | 4 |
| | Z 35 F; Z 45; Z 55 | 0,50 bis 0,60 | | | |
| langsam | Z 25; Z 35 L–NW/HS | <0,50 | 2 | 4 | 5 |
| | Z 35 L | 0,50 bis 0,60 | | | |

[1]) Die Einordnung erfolgt nach Tafel 16.
[2]) Bei Betontemperaturen < +10 °C verdoppeln; bei der Berücksichtigung von Flugasche bei Mindestzementgehalt und Höchstwasserzementwert 2 Tage addieren; bei verzögertem Beton um die Verzögerungszeit verlängern; bei Betonoberflächen-Temperaturen <0 °C um die Frostdauer verlängern.

**Tafel 16 Umgebungsbedingungen zu Tafel 15**

| Umgebungsbedingungen[1]) | Einzelumgebungsbedingungen | | |
|---|---|---|---|
| | Sonneneinstrahlung | Wind | Relative Luftfeuchte |
| I | schwach (bedeckt) | schwach | >80% |
| II | mittel (bewölkt) | mittel | >50% |
| III | stark (wolkenlos) | stark | <50% |

[1]) Für die Festlegung der Umgebungsbedingungen ist der jeweils ungünstigste der drei Einzeleinflüsse maßgebend

Der Beton darf erst dann ausgerüstet oder ausgeschalt werden, wenn er zur Aufnahme der Belastung ausreichend erhärtet ist.

**Tafel 17 Anhaltswerte für Ausschalfristen**

| Zementfestigkeitsklasse | Ausschalfristen in Tagen | | |
|---|---|---|---|
| | Seitliche Schalung (Balken, Wände, Stützen) | Schalung von Deckenplatten | Rüstung (Stützung) von Balken, Rahmen und weitgespannten Platten |
| 25 | 4 | 10 | 28 |
| 35 L | 3 | 8 | 20 |
| 35 F/45 L | 2 | 5 | 10 |
| 45 F/55 | 1 | 3 | 6 |

Die Ausschalfristen sind zu vergrößern, wenn die Betontemperatur in der Erhärtungszeit überwiegend unter +5 °C lag. Tritt während des Erhärtens Frost ein, so sind die Fristen für ungeschützten Beton mindestens um die Dauer des Frostes zu verlängern.

### 1.1.6 **Betonprüfung** nach DIN 1048 T1

Die **Eignungsprüfung** wird vor Baubeginn durchgeführt, um festzustellen, welche Zusammensetzung der Beton haben muß, damit er zuverlässig verarbeitet werden kann und bei Normallagerung (s. Tafel 18) die geforderten Eigenschaften sicher erreicht.

Die **Güteprüfung** erfolgt während der Bauausführung. Sie soll nachweisen, daß die Betonzusammensetzung geeignet ist, bei sachgemäßer Verarbeitung und unter Bedingungen der Normallagerung die geforderten Eigenschaften zu erreichen.

Die **Erhärtungsprüfung** soll Aufschluß über den wahrscheinlichen Festigkeitszustand im Bauwerk geben, z.B. für Ausschal- und Vorspannfristen.

**Tafel 18 Bedingungen für Festigkeitsprüfungen**

| Prüfungsart | Probekörper[1]) | Lagerung | Prüfalter |
|---|---|---|---|
| Eignungsprüfung | Würfel mit 200 mm Kantenlänge | Normallagerung nach DIN 1048[3]) | 28 Tage[2]) |
| Güteprüfung | | | |
| Erhärtungsprüfung | | wie Bauwerksbeton | nach Zweck |

[1]) Für andere Würfelgrößen oder Körperformen muß Festigkeitsverhältnis zum 200-mm-Würfel an mind. 6 Körperpaaren nachgewiesen werden. Es kann umgerechnet werden:
bei Würfeln von 150 mm Kantenlängen: $\boldsymbol{\beta_{W200} = 0{,}95 \cdot \beta_{W150}}$
bei Zylindern ∅150, h = 300: für ≦ B 15: $\beta_{W200} = 1{,}25 \cdot \beta_C$
für ≧ B 25: $\beta_{W200} = 1{,}18 \cdot \beta_C$

[2]) Ohne Vergleichsversuche darf $\beta_{W28}$ mit den Beiwerten der Tafel 19 aus $\beta_{W7}$ errechnet werden

[3]) 7 Tage feucht, 21 Tage an Raumluft, beides bei 15 bis 22 °C

**Tafel 19 Beiwerte für die Umrechnung von $\beta_{W7}$ auf $\beta_{W28}$**

| Zement | Z 25 | Z 35 L | Z 35 F und Z 45 L | Z 45 F und Z 55 |
|---|---|---|---|---|
| $\beta_{W28}$ | 1,4 $\beta_{W7}$ | 1,3 $\beta_{W7}$ | 1,2 $\beta_{W7}$ | 1,1 $\beta_{W7}$ |

**Tafel 20 Festigkeitsanforderungen für die Güteprüfung**

| Mindestanzahl der Würfel | 3 | 9 | 35 |
|---|---|---|---|
| Festigkeitsanforderung | je $\beta_{Wi} \geqq \beta_{WN}$<br>$\beta_{Wm} \geqq \beta_{WS}$ | 1 $\beta_{Wi} \geqq 0{,}8\ \beta_{WN}$<br>8 $\beta_{Wi} \geqq \beta_{WN}$<br>7 $\beta_{Wm} \geqq \beta_{WS}$ | statistische Auswertung mit $\beta_{W5\%} \geqq \beta_{WN}$ |

$\beta_{Wi}$ = Einzelwert; $\beta_{Wm}$ = Serien-Mittelwert; $\beta_{W5\%}$ = 5%-Fraktile; Serie = drei aufeinanderfolgend hergestellte Würfel

**Tafel 21 Umfang der Güteprüfung**

| Prüfung | Betongruppe | | Häufigkeit | |
|---|---|---|---|---|
| Zementgehalt | B I | je Betonsorte | beim ersten Einbringen, dann in angemessenen Zeitabständen | |
| *W/Z*-Wert | B II | je Betonsorte | beim ersten Einbringen, dann einmal je Betoniertag | |
| Konsistenz | B I<br>B II | je Betonsorte | beim ersten Einbringen, beim Herstellen der Probekörper | |
| | B II | | zus. in angemessenen Zeitabständen | |
| Druck-festigkeit | B I | tragende Wände und Stützen aus B 5 und B 10 | 3 Würfel | je 500 m³ Beton oder je Geschoß oder je 7 Betoniertage |
| | | B 15 und B 25 | | |
| | B II | B 35, B 45 und B 55 | 6 Würfel[1]) | |

[1]) Die Hälfte kann durch die doppelte Zahl von *W/Z*-Wert-Bestimmungen ersetzt werden

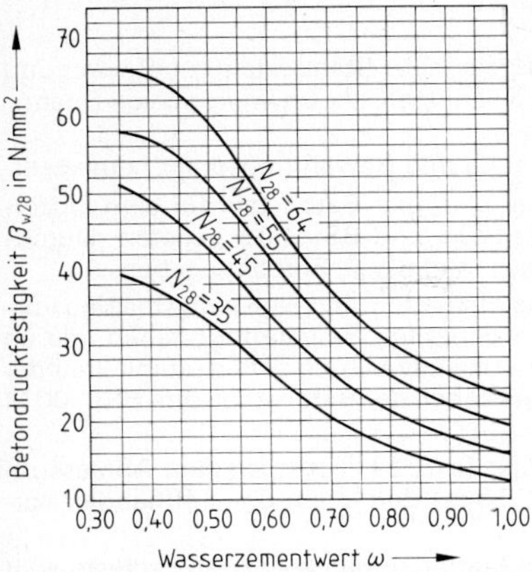


**Bild 4 Zusammenhang zwischen Betondruckfestigkeit, Normfestigkeit des Zements und Wasserzementwert (nach Walz)**

**Tafel 22 Anhaltswerte für den Wasseranspruch in kg/m³ Frischbeton**

| Sieblinie | Konsistenzbereich | | |
|---|---|---|---|
| | KS | KP | KR |
| $A_{32}$ | 130 | 150 | 170 |
| $A_{16}$ | 140 | 160 | 180 |
| $B_{32}$ | 150 | 170 | 190 |
| $B_{16}$ | 160 | 180 | 200 |
| $C_{32}$ | 170 | 190 | 210 |
| $C_{16}$ | 190 | 210 | 230 |

**Tafel 23 Anhaltswerte für Dichten bzw. Rohdichten in kg/dm³**

| Stoff | Dichte |
|---|---|
| PZ | 3,10 |
| EPZ | 3,05 |
| HOZ | 3,00 |
| TrZ | 2,90 |
| Kiessand | 2,60 bis 2,70 |
| Kalkstein | 2,65 bis 2,85 |

## Mischungsentwurf

Grundlage ist die **Stoffraumberechnung** $V=\frac{m}{\varrho}$

es gilt $V_z+V_g+V_w+p=\frac{z}{\varrho_z}+\frac{g}{\varrho_g}+\frac{w}{\varrho_w}+p=1000$

$z, g, w$ Menge von Zement, Zuschlag und Wasser in kg/m³
$p$ Luftgehalt in dm³/m³
$\varrho_z, \varrho_g, \varrho_w$ Dichte bzw. Kornrohdichte in kg/dm³

**Beispiel** Gegeben Z 35 F mit $N_{28}=45$ N/mm²
Rheinzuschlag Sieblinie A/B 32, $\varrho_g=2{,}63$ kg/dm³
Gesucht B 25, KR ($a=45$ cm)
Zielfestigkeit $=30+5=35$ N/mm²

**Schritte** (s. Tafel 24)
① aus Bild 4 $\omega=0{,}58$
aus Tafel 22 $w=180$ kg/m³,
② $z=\frac{w}{\omega}=\frac{180}{0{,}58}=310$ kg/m³
③ $p=15$ dm³/m³ (vollständige Verdichtung)
④ $g=V_g\cdot\varrho_g=705\cdot 2{,}63=1854$ kg/m³

**Tafel 24 Tabellierte Stoffraumberechnung zum obigen Beispiel**

| Stoff | Mischungsverhältnis Gew.-Teile | Menge in kg/m³ | Dichte bzw. Rohdichte in kg/dm³ | Stoffraum in dm³/m³ | Schritt |
|---|---|---|---|---|---|
| $z$ | 1,00 | 310 : | 3,10 → | 100 | ② |
| $w$ | 0,58 | 180 : | 1,00 → | 180 | ① |
| $p$ | – | – | – | 15 | ③ |
| | | | | 295 | |
| $g$ | 5,98 | 1854 ← | 2,63 × | 705 | ④ |
| Summe | | 2344 | | 1000 | |

## 1.2 Betonstahl (BSt) nach DIN 488

Die Norm gilt für untengenannte schweißgeeignete Stahlsorten zur Bewehrung von Beton nach DIN 1045, sie gilt nicht für Spannstahl zur Bewehrung von Spannbeton nach DIN 4227.

Betonstahl wird als Betonstabstahl, -stahlmatte und Bewehrungsdraht hergestellt.

**Betonstabstahl** (S) ist ein stangenförmiger gerippter Betonstahl für eine Einzelstabbewehrung. Er wird in den Sorten BSt420S und BSt500S geliefert. Durchmesser, Querschnitt und Gewicht sind in der Tafel 82, S. 509 angegeben.

**Betonstahlmatte** (M) Geschweißte Betonstahlmatten sind eine werksmäßige vorgefertigte Bewehrung aus sich kreuzenden gerippten Bewehrungsstäben, die an den Kreuzungsstellen durch Widerstands-Punktschweißung scherfest miteinander verbunden sind. Sie werden aus Bewehrungsstäben der Betonstahlsorte BSt 500 M hergestellt.

**Lagermatten** werden mit den vom Hersteller (s. S. 511) festgelegten Abmessungen (Mattenlängen 5 m bzw. 6 m, -breite 2,15 m) durch den Baustoffhändler vorgehalten.

**Listenmatten** sind Betonstahlmatten, deren Mattenaufbau vom Besteller festgelegt wird. (Mattenlänge bis 12 m, Mattenbreite bis 3,00 m.)

**Zeichnungsmatten** sind Betonstahlmatten, deren Aufbau und Maße ausschließlich in einer Zeichnung festgelegt sind.

**Bewehrungsdraht** ist glatter oder profilierter Betonstahl, der als Ring in den Betonstahlsorten BST 500 G und BST 500 P hergestellt und vom Ring werkmäßig zu Bewehrungen weiterverarbeitet wird. Für sie gelten besondere Anforderungen.

**Mattenbezeichnung.** Für den Mattenaufbau müssen die Stababstände und Durchmesser in folgender Reihenfolge angegeben werden.
a) Längsstab-, b) Querstababstand, c) Längsstab-, d) Querstabdurchmesser

**Beispiel** Betonstahlmatte: 150 mm Längsstababstand, 250 mm Querstababstand, 10 mm Längsstabdurchmesser, 8 mm Querstabdurchmesser **150 × 250 × 10 × 8**

**Schweißen der Bewehrung.** Die Anwendungsbedingungen für Schweißverbindungen an Betonrippenstahl BST 500 S richtet sich nach DIN 1045. Für das Schweißen gilt DIN 4099-Schweißen von Betonstahl.

Die Verwendung von Betonstählen, die von DIN 488 abweichen, bedarf der Zustimmung im Einzelfall der obersten Bauaufsichtsbehörde, sofern nicht eine allgemeine bauaufsichtliche Zulassung erteilt ist.

## 1.3 Zusammenwirken von Stahl und Beton

**Zustand I.** Der Beton ist in der Zugzone nicht gerissen und trägt auf Zug mit.

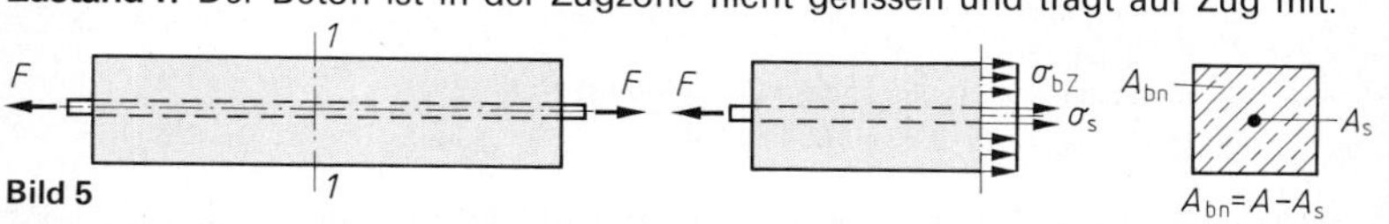


**Bild 5**

**Gleichgewicht** $\sigma_s A_s + \sigma_{bz} A_{bn} - F = 0 \quad Z_s + Z_b - F = 0$

**Verformung** $\varepsilon_s = \varepsilon_b$ Bei niedrigen Spannungen $\sigma_{bz} < \beta_{BZ}$ gilt: $\sigma_s = \varepsilon_s\ E_s$ ; $\sigma_{bz} = \varepsilon_b E_b$

**Stahlspannung** $\sigma_s = \frac{E_s}{E_b}\sigma_{bz}$ mit $\frac{E_s}{E_b} = n \quad \sigma_s = n \cdot \sigma_{bz}$

**Betonspannung** $n \cdot \sigma_{bz} A_s + \sigma_{bz} \cdot A_{bn} - F = 0$

$\sigma_{bz} = \frac{F}{(A_{bn} + n \cdot A_s)} = \frac{F}{A_i}; \quad A_i = A_{bn} + n \cdot A_s$ ideeller Querschnitt

**Zustand II.** Der Beton ist in der Zugzone mehrfach gerissen. Die Zugkräfte müssen allein von den Stahleinlagen aufgenommen werden. Bemessung s. S. 415f.

**Tafel 25 Sorteneinteilung und Eigenschaften der Betonstähle** nach DIN 488

| | 1 | | 2 | 3 | 4 | 5 |
|---|---|---|---|---|---|---|
| Betonstahlsorte | Kurzname | | BSt 420 S | BSt 500 S | BSt 500 M [2]) | Wert $p$ in % [3]) |
| | Kurzzeichen [1]) | | III S | IV S | IV M | |
| | Werkstoffnummer | | 1.0428 | 1.0438 | 1.0466 | |
| | Erzeugnisform | | Betonstabstahl | Betonstabstahl | Betonstahlmatte [2]) | |
| 1 | Nenndurchmesser $d_s$ | in mm | 6 bis 28 | 6 bis 28 | 4 bis 12 [4]) | – |
| 2 | Streckgrenze $R_e$ ($\beta_s$) [5]) bzw. 0,2%-Dehngrenze $R_{p0,2}$ ($\beta_{0,2}$) [5]) | in $N/mm^2$ | 420 | 500 | 500 | 5,0 |
| 3 | Zugfestigkeit $R_m$ ($\beta_Z$) [5]) | in $N/mm^2$ | 500 [6]) | 550 [6]) | 550 [6]) | 5,0 |
| 4 | Bruchdehnung $A_{10}$ ($\delta_{10}$) [5]) | in % | 10 | 10 | 8 | 5,0 |
| | Dauerschwingfestigkeit $N/mm^2$ | Schwingbreite | | | | |
| 5 | gerade Stäbe [7]) | $2\sigma_A(2\cdot10^6)$ | 215 | 215 | – | 10,0 |
| 6 | gebogene Stäbe | $2\sigma_A(2\cdot10^6)$ | 170 | 170 | – | 10,0 |
| 7 | gerade freie Stäbe von Matten | $2\sigma_A(2\cdot10^6)$ | – | – | 100 | 10,0 |
| 8 | mit Schweißstelle | $2\sigma_A(2\cdot10^5)$ | – | – | 200 | 10,0 |
| 9 | Rückbiegeversuch mit Biegerollendurchmesser für Nenndurchmesser $d_s$ mm | 6 bis 12 | $5d_s$ | $5d_s$ | – | 1,0 |
| 10 | | 14 und 16 | $6d_s$ | $6d_s$ | – | 1,0 |
| 11 | | 20 bis 28 | $8d_s$ | $8d_s$ | – | 1,0 |
| 12 | Biegedorndurchmesser beim Faltversuch an der Schweißstelle | | – | – | $6d_s$ | 5,0 |
| 13 | Knotenscherkraft $S$ | in N | – | – | $0,3\cdot A_s\cdot R_e$ | 5,0 |
| 14 | Unterschreitung des Nennquerschnittes $A_s$ [8]) | in % | 4 | 4 | 4 | 5,0 |
| 15 | Bezogene Rippenfläche $f_R$ | | S. DIN 488 T2 | S. DIN 488 T2 | S. DIN 488 T4 | 0 |
| 16 | Chemische Zusammensetzung bei der Schmelzen- und Stückanalyse [9]) Massengehalt in %, max. | C | 0,22 (0,24) | 0,22 (0,24) | 0,15 (0,17) | – |
| 17 | | P | 0,050 (0,055) | 0,050 (0,055) | 0,050 (0,055) | – |
| 18 | | S | 0,050 (0,055) | 0,050 (0,055) | 0,050 (0,055) | – |
| 19 | | N [10]) | 0,012 (0,013) | 0,012 (0,013) | 0,012 (0,013) | – |
| 20 | Schweißeignung für Verfahren [11]) | | E, MAG, GP, RA, RP | E, MAG, GP, RA, RP | E [12]), MAG [12]), RP | – |

[1]) Für Zeichnungen und statische Berechnungen.

[2]) Mit den Einschränkungen nach Abschn. 8.3 (DIN 488) gelten die in dieser Spalte festgelegten Anforderungen auch für Bewehrungsdraht.

[3]) p-Wert für eine statistische Wahrscheinlichkeit $W=1-\alpha=0{,}90$ (einseitig) (s. auch Abschn. 5.2.2 von DIN 488).

[4]) Für Betonstahlmatten mit Nenndurchmessern von 4,0 und 4,5 mm gelten die in Anwendungsnormen festgelegten einschränkenden Bestimmungen; die Dauerschwingfestigkeit braucht nicht nachgewiesen zu werden.

[5]) Früher verwendete Zeichen.

[6]) Für die Istwerte des Zugversuchs gilt, daß $R_m$ min. $1{,}05\cdot R_e$ (bzw. $R_{p0,2}$), beim Betonstahl BSt 500 M mit Streckgrenzenwerten über 550 $N/mm^2$ min. $1{,}03\cdot R_e$ (bzw. $R_{p0,2}$) betragen muß.

[7]) Die geforderte Dauerschwingfestigkeit an geraden Stäben gilt als erbracht, wenn die Werte nach Zeile 6 eingehalten werden.

[8]) Die Produktion ist so einzustellen, daß der Querschnitt im Mittel mindestens dem Nennquerschnitt entspricht.

[9]) Die Werte in Klammern gelten für die Stückanalyse.

[10]) Die Werte gelten für den Gesamtgehalt an Stickstoff. Höhere Werte sind nur dann zulässig, wenn ausreichende Gehalte an stickstoffabbindenden Elementen vorliegen.

[11]) Die Kennbuchstaben bedeuten: E = Metall-Lichtbogenhandschweißen, MAG = Metall-Aktivgasschweißen, GP = Gaspreßschweißen, RA = Abbrennstumpfschweißen, RP = Widerstandspunktschweißen.

[12]) Der Nenndurchmesser der Mattenstäbe muß mindestens 6 mm beim Verfahren MAG und mindestens 8 mm beim Verfahren E betragen, wenn Stäbe von Matten untereinander oder mit Stabstählen $\leq$14 mm Nenndurchmesser verschweißt werden.

# 2 Schnitt- und Stützgrößen im Stahlbetonbau

## 2.1 Auflagertiefe und Stützweite

Die Auflagertiefe ist so zu wählen, daß die zul. Pressungen in der Auflagerfläche nicht überschritten werden und die erforderlichen Verankerungslängen der Bewehrung untergebracht werden können. Die Mindestauflagertiefe beträgt für

- für Balken und Plattenbalken 10 cm
- für Platten
  - 7 cm bei Auflagerung auf Mauerwerk und auf Beton B5 und B10
  - 5 cm bei Auflagerung auf Bauteile aus Beton B15 bis B55 und auf Stahl
  - 3 cm bei Auflagerung auf Trägern aus Stahl oder Stahlbeton, wenn seitliches Ausweichen der Auflager konstruktiv verhindert wird und die Stützweite $l$ nicht mehr als 2,50 m beträgt.

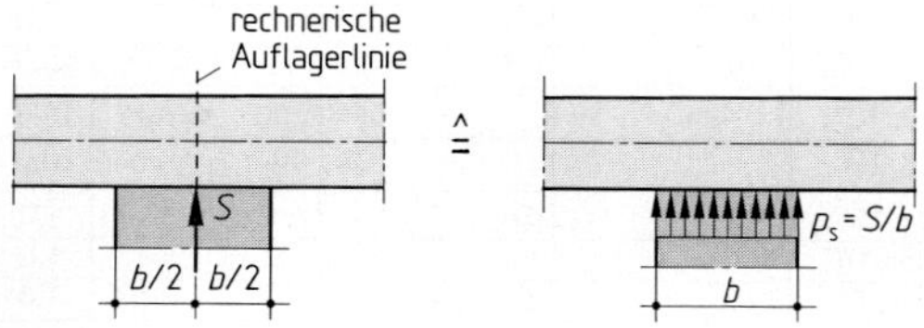


**Bild 6**
**Durchlaufende Platte auf gemauerter Wand; Auflagerpressung**

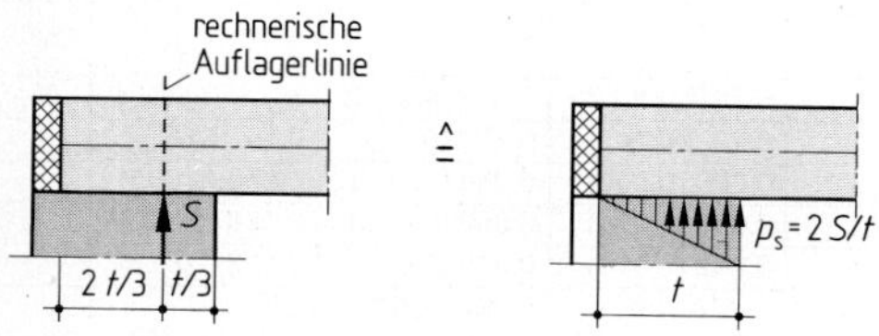


**Bild 7**
**Platte auf gemauerter Wand; Endauflager; Auflagerpressung**

Die Auflagerpressung wird angenommen als

- gleichmäßig verteilt bei Auflagern, über die das Bauteil durchläuft
- dreieckförmig verteilt bei Endauflagern (frei drehbar oder eingespannt)

Die rechnerische Auflagerlinie eines Auflagers liegt im Schwerpunkt der Auflagerpressung.

Als lichte Weite $w$ gilt

- bei auskragenden Bauteilen das Maß vom Bauteilende bis zur Vorderkante des Auflagers
- bei allen anderen freitragenden Bauteilen das Maß zwischen den Vorderkanten der das Feld begrenzenden Auflager.

Als Stützweite eines Feldes gilt

- bei auskragenden Bauteilen das Maß vom Bauteilende bis zur rechnerischen Auflagerlinie
- bei allen anderen freitragenden Bauteilen der Abstand der rechnerischen Auflagerlinien der das Feld begrenzenden Auflager.

Bei sehr großen Auflagertiefen kann als Stützweite auch die um 5 Prozent vergrößerte lichte Weite $w$ genutzt werden.

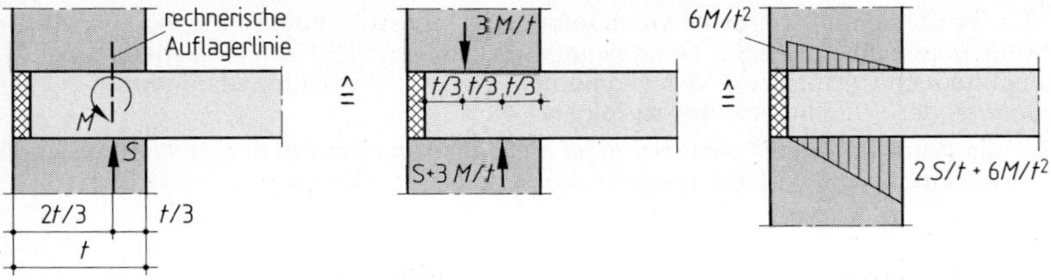


**Bild 8 Einspannung einer Kragplatte; Auflagerpressung**

## 2.2 Schnitt- und Stützgrößen in Stabtragwerken

Die Schnittgrößen statisch unbestimmter Stabtragwerke sind mit den Verfahren der Elastizitätstheorie zu berechnen, wobei i. allg. die Betonquerschnitte nach Zustand I (ungerissener Querschnitt) mit oder ohne Einschluß des 10fachen Stahlquerschnittes verwendet werden dürfen.

Bei Durchlaufkonstruktionen bleibt eine ggf. vorhandene elastische Einspannung dieser Konstruktion in die Stützkonstruktionen – Beispiel: durchlaufende Platte ist mit dem stützenden Unterzug biegesteif verbunden – i. allg. zunächst unberücksichtigt.

Es sind alle maßgebenden Lastfälle während der Errichtung und Nutzung des Bauwerkes zu untersuchen (Verkehrslasten in ungünstiger Stellung). Bei Hochbauten unter gleichmäßig verteilten Verkehrslasten darf mit Vollbelastung der einzelnen Felder in ungünstiger Anordnung gerechnet werden.

Die sich für die einzelnen Lastfälle so ergebenden Biegemomente dürfen bei Durchlaufkonstruktionen des üblichen Hochbaus mit Stützweiten bis zu 12 m und gleichbleibendem Betonquerschnitt in der Weise umgelagert werden, daß

- die Stützmomente um maximal 15 Prozent ihres Wertes vergrößert oder verkleinert werden, und
- die Feldmomente den veränderten Stützmomenten so angepaßt werden, daß die Gleichgewichtsbedingungen wieder erfüllt sind (bei Gleichstreckenlast z. B. bedeutet dies: Einhängen der $ql^2/8$-Parabel).

Wenn – wie oben angegeben – die ggf. vorhandene elastische Einspannung der durchlaufenden Konstruktion in die stützenden Bauteile bei der Momentenberechnung unberücksichtigt blieb,

- müssen in den Feldern mindestens die positiven Momente in Rechnung gestellt werden, die sich bei einseitig starrer Einspannung (Endfelder) bzw. beidseitig starrer Einspannung (Innenfelder) ergeben. Für eine Gleichlast bedeutet dies
  - in Endfeldern mindest $\boldsymbol{M_{\text{Feld}} = \frac{9}{128} q l^2}$; (1)
  - in Innenfeldern mindest $\boldsymbol{M_{\text{Feld}} = q l^2/24}$. (2)
- dürfen in den Feldern die aus Verkehrslast stammenden Anteile der negativen Momente ermäßigt werden, und zwar
  - um 50 Prozent bei durchlaufenden Platten und Rippendecken
  - um 30 Prozent bei durchlaufenden Balken.

Die für Schneidenlagerung berechneten Stützmomente treten im wirklichen Bauwerk wegen der flächenhaft eingeleiteten Stützkräfte nicht auf. Eine entsprechende nachträgliche Anpassung der Momentenlinie – „Momentenausrundung" – im Bereich der Stützungen führt zu folgendem:

– die durchlaufende Konstruktion ist nicht biegesteif mit dem stützenden Bauteil verbunden (z. B. Platte, gestützt durch gemauerte Wand).

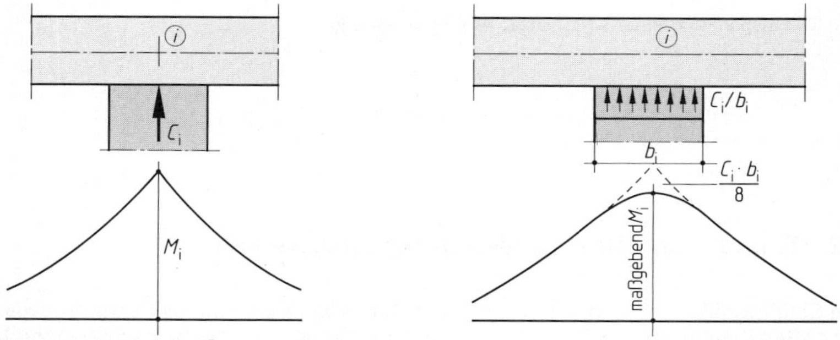


maßgebend $M_i = M_i - \frac{C_i b_i}{8}$

**Bild 9 Momentenausrundung bei Auflagerung auf Mauerwerk**

– die durchlaufende Konstruktion ist biegesteif mit dem stützenden Bauteil verbunden (z. B. Ortbetonplatte, gestützt auf Ortbetonunterzug).

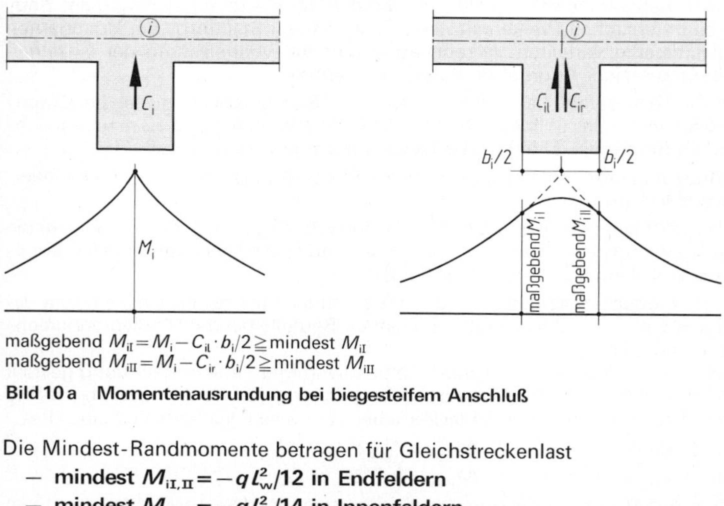


maßgebend $M_{iI} = M_i - C_{il} \cdot b_i/2 \geqq$ mindest $M_{iI}$
maßgebend $M_{iII} = M_i - C_{ir} \cdot b_i/2 \geqq$ mindest $M_{iII}$

**Bild 10 a Momentenausrundung bei biegesteifem Anschluß**

Die Mindest-Randmomente betragen für Gleichstreckenlast

– **mindest $M_{iI,II} = -q\,l_w^2/12$ in Endfeldern** (3)

– **mindest $M_{iI,II} = -q\,l_w^2/14$ in Innenfeldern** (4)

Bei durchlaufenden kreuzweise gespannten Platten sind hier die Lastanteile $q_x$ bzw. $q_y$ einzusetzen.

Bei anderer Belastung ist entsprechend zu verfahren.

Im Bereich von Balkenschrägen bzw. Vouten darf bei der Bestimmung der Nutzhöhe $h$ [1]) höchstens mit einer Neigung von 1 : 3 gerechnet werden.

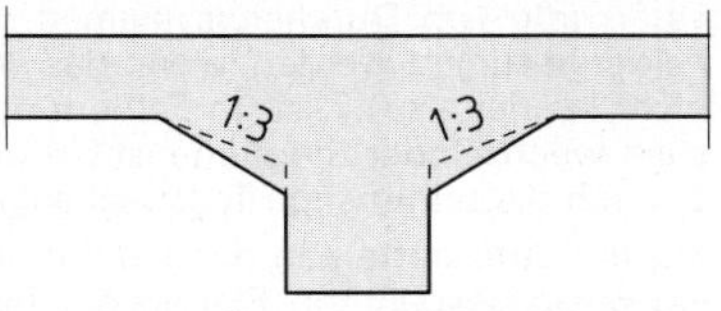


**Bild 10b Zur Berechnung der Nutzhöhe *h* bei Balkenschrägen**

Bei Bauteilen mit Nutzhöhen $h < 7$ cm sind die Schnittgrößen im Verhältnis $15/(h+8)$ vergrößert in Rechnung zu stellen.

Der bei Außerachtlassen einer ggf. vorhandenen elastischen Einspannung der Durchlaufkonstruktion in das Endlauflager (z. B. Unterzug/Stahlbetonstütze oder Deckenplatte /Wand oder Deckenplatte/Randunterzug) sich im Endfeld rechnerisch ergebende Momentenverlauf tritt im wirklichen Bauteil nicht auf. Er muß ggf. nachträglich den wirklichen Verhältnissen angepaßt werden. Für rahmenartige Tragwerke ist das sog. $c_o/c_u$-Verfahren anwendbar:

Mit dem Einspannmoment $M_R^o$ des beidseitig voll eingespannten Endfeldes unter Vollast und den Verteilungszahlen

$$c_o = \frac{l_R}{h_o} \cdot \frac{I_{So}}{I_R} \quad \text{und} \quad c_u = \frac{l_R}{h_u} \cdot \frac{I_{Su}}{I_R}$$

ergeben sich das Riegel-End-Moment

$$M_R = \frac{c_o + c_u}{3(c_o + c_u) + 2{,}5} \cdot \left(3 + \frac{p}{q}\right) \cdot M_R^o \tag{5}$$

und die Stützen-Momente

$$M_{So} = -\frac{c_o}{3(c_o + c_u) + 2{,}5} \cdot \left(3 + \frac{p}{q}\right) \cdot M_R^o \tag{6}$$

$$M_{Su} = \frac{c_u}{3(c_o + c_u) + 2{,}5} \cdot \left(3 + \frac{p}{q}\right) \cdot M_R^o \tag{7}$$

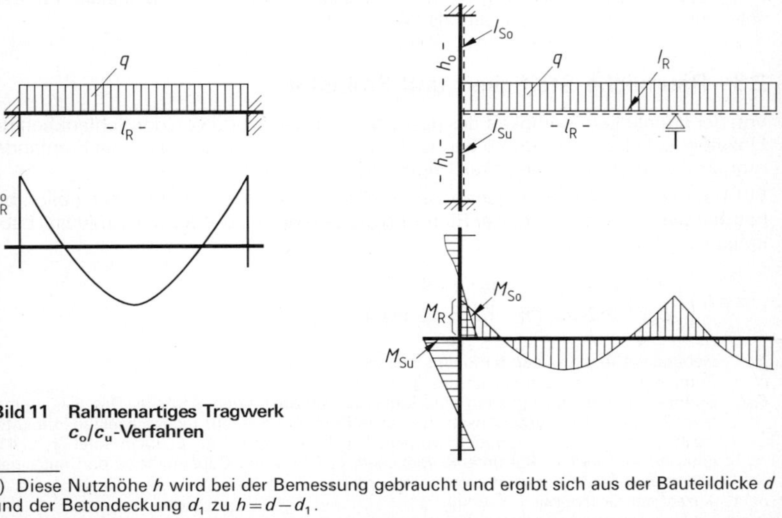


**Bild 11 Rahmenartiges Tragwerk $c_o/c_u$-Verfahren**

[1]) Diese Nutzhöhe $h$ wird bei der Bemessung gebraucht und ergibt sich aus der Bauteildicke $d$ und der Betondeckung $d_1$ zu $h = d - d_1$.

Querkräfte von Durchlaufsystemen dürfen in Hochbauten für Vollbelastung aller Felder bestimmt werden, wenn das Verhältnis der Stützweiten benachbarter Felder nicht kleiner als 0,7 ist. In Feldern mit größeren Querschnittsschwächungen oder stark wechselnder Steghöhe ist bei der Ermittlung der Querkraft im geschwächten Bereich die ungünstige Teilstreckenlast anzusetzen.

Für die Stützkräfte von durchlaufenden Balken, Plattenbalken, Rippendecken und einachsig gespannten Platten gilt folgendes: die Durchlaufwirkung muß bei der Ermittlung der Stützkraft der ersten Innenstütze stets berücksichtigt werden; bei der Ermittlung der Stützkraft der übrigen Innenstützen nur dann, wenn das Verhältnis benachbarter Stützweiten kleiner als 0,7 ist.

In vornehmlich biegebeanspruchten Bauteilen (Balken, Plattenbalken u.ä.) ist die Aufnahme von Torsionsmomenten nur dann rechnerisch nachzuweisen, wenn sie für das Gleichgewicht notwendig sind. Rechnerisch vernachlässigte Torsionsmomente und ihre Weiterleitung in stützende Bauteile sind jedoch bei der Bewehrungsführung konstruktiv zu berücksichtigen.

Die Einflüsse von Stützensenkungen, Temperaturänderungen, Schwinden usw. (Zwang) müssen stets berücksichtigt werden, wenn hierdurch die Summe der Schnittgrößen wesentlich in ungünstiger Richtung verändert wird. Bei kleineren Bauten und solchen, die durch Fugen in genügend kurze Abschnitte unterteilt sind, darf der Einfluß von Kriechen, Schwinden und Temperatur in der Regel vernachlässigt werden.

Beim Nachweis der von Wärmewirkungen hervorgerufenen Schnittgrößen oder Verformungen darf in der Regel angenommen werden, daß die Temperatur im ganzen Tragwerk gleich ist.

Für die durch Witterungseinflüsse hervorgerufenen mittleren Temperaturschwankungen in den Bauteilen sind als Grenzen in Rechnung zu stellen:

a) $\pm 15\,°C$ im allgemeinen
b) $\pm 10\,°C$ bei Bauteilen, deren geringste Abmessung $\geqq 70$ cm beträgt
c) $\pm\ 7{,}5\,°C$ bei Bauteilen, die durch Überschüttung oder andere Vorkehrungen vor Temperaturschwankungen geschützt sind

Bei Bauteilen im Freien sind die Werte unter a) und b) um je 5 °C zu erhöhen, wenn der Abbau der Zwangsschnittgrößen nach Zustand II in Rechnung gestellt. Für den Beton und die Stahleinlagen gilt als Wärmedehnzahl $\alpha_T = 10^{-5}/°C$.

## 2.3 Räumliche Steifigkeit und Stabilität

Von der räumlichen Steifigkeit des gesamten Bauwerks und von der Schlankheit der Einzelbauteile hängt es ab, ob bei der Ermittlung der Schnittgrößen die Formänderungen der Bauteile zu berücksichtigen sind oder nicht.

Ein Tragwerk kann in einer gegebenen Richtung als horizontal unverschieblich behandelt werden, wenn in dieser Richtung die Bedingung der Gl. (8) erfüllt ist (Labilitätszahl $\alpha$ für Biegung).

$$\alpha = h\sqrt{\frac{N}{E_b I}} \leqq \begin{cases} \mathbf{0{,}6} & \text{für } n \geqq 4 \\ \mathbf{0{,}2+0{,}1}\,n & \text{für } n = 1 \text{ bis } 4 \end{cases} \qquad (8)$$

$h$ Gebäudehöhe in m über der Einspannebene
$N$ Summe aller lotrechten Lasten des Gebäudes
$E_b I$ Summe der Biegesteifigkeiten aller lotrechten aussteifenden Bauteile. Das Flächenmoment 2. Grades kann unter Ansatz des vollen Betonquerschnitts jedes einzelnen lotrechten aussteifenden Bauteils ermittelt werden. Der Elastizitätsmodul $E_b$ kann Tafel 35 S. 416 entnommen werden. Bei unterschiedlichem $E_b I$ über die Gebäudehöhe darf mit einem gemittelten Steifigkeitswert gerechnet werden.
$n$ Anzahl der Geschosse

Dann muß auch die Standsicherheit der waagerechten und lotrechten aussteifenden Bauteile nachgewiesen werden. Dabei sind auch Maßabweichungen des Systems und ungewollte Ausmitten der lotrechten Lasten und ggf. – bei großer Nachgiebigkeit der aussteifenden Bauteile – auch die Formänderungen bei der Ermittlung der Schnittgrößen zu berücksichtigen. Maßabweichungen und ungewollte Ausmitten werden durch Schrägstellung um den Winkel $\varphi$ (Bogenmaß) in ungünstiger Richtung – Lastfall Lotabweichung – berücksichtigt:

– beim Nachweis eines waagerechten aussteifenden Bauteils Schrägstellung der auszusteifenden Stützen oder Wände um den Winkel

$$\varphi_1 = \pm \frac{1}{200\sqrt{h_1}} \qquad (9)$$

– beim Nachweis eines lotrechten aussteifenden Bauteils Schrägstellung der auszusteifenden Stützen und Wände und des aussteifenden lotrechten Bauteils um den Winkel

$$\varphi_2 = \pm \frac{1}{100\sqrt{h}} \qquad (10)$$

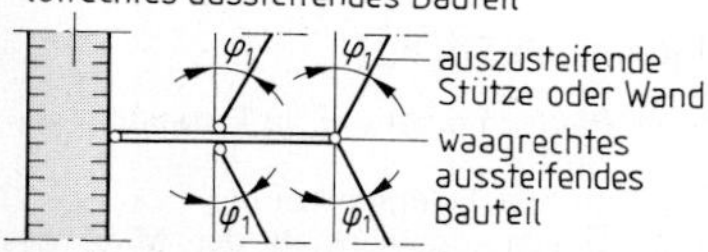


**Bild 12 Schrägstellung $\varphi_1$ aller auszusteifenden Stützen und Wände**

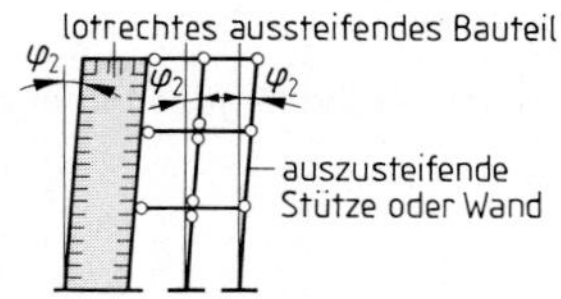


**Bild 13 Schrägstellung $\varphi_2$ aller auszusteifenden und aussteifenden lotrechten Bauteile**

$h$ Gebäudehöhe in m über der Einspannebene

$\varphi_1$ Winkel im Bogenmaß zwischen der Achsen der auszusteifenden Stützen und Wände und der Lotrechten

$\varphi_2$ Winkel im Bogenmaß zwischen der Lotrechten und den auszusteifenden sowie den aussteifenden lotrechten Bauteilen

$h_1$ Mittel aus den jeweiligen Stockwerkshöhen unter und über dem waagerechten aussteifenden Bauteilen in m

## 2.4 Schnitt- und Stützgrößen von vierseitig gelagerten Platten unter Gleichlast

Vierseitig gelagerte Rechteckplatten, deren größere Stützweite nicht größer als das Zweifache der kleineren ist, sind als zweiachsig gespannt zu berechnen und auszubilden.

### 2.4.1 Die vierseitig gestützte Einfeldplatte

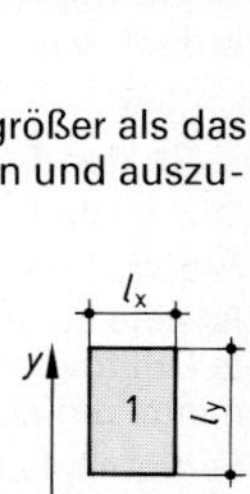


Als Bezugssystem dient ein rand-paralleles $x$-$y$-System, wobei die $x$-Achse dem kürzeren Rand parallel ist. Der kürzere Rand hat die Länge $l_x$. Das Biegemoment $m_x$ erzeugt Spannungen in $x$-Richtung, das Biegemoment $m_y$ erzeugt Spannungen in $y$-Richtung. Die Lastabtragung in $x$-Richtung liefert die Stützkräfte $\bar{q}_x$ entlang dem längeren Rand; die Lastabtragung in $y$-Richtung liefert die Stützkräfte $\bar{q}_y$ entlang dem kürzeren Rand.

Allgemein gilt: Größen in direktem Zusammenhang
– mit der Lastabtragung in $x$-Richtung tragen den Index x;
– mit der Lastabtragung in $y$-Richtung tragen den Index y.

Die einzelnen Ränder der Einfeldplatte können frei drehbar gelagert oder fest eingespannt sein. Bild 14 zeigt die möglichen Lagerungsfälle. Ecken, in denen zwei frei drehbare Ränder zusammenstoßen, nennt man freie Ecken.

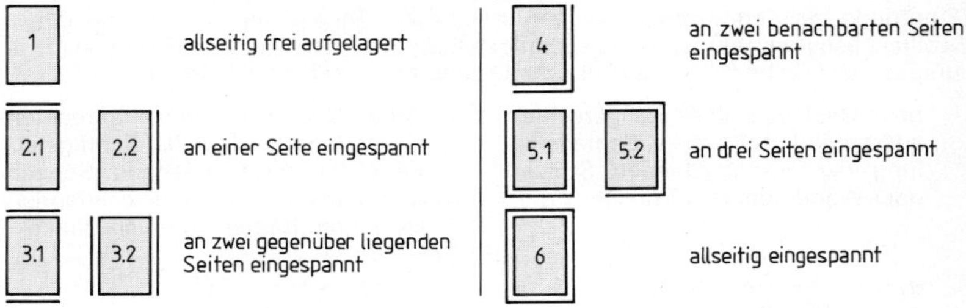


**Bild 14 Stützungen**

Plattenmomente werden angegeben in der allgemeinen Form

$$m_i = \frac{q \cdot l_x^2}{k_i} \quad (11)$$

| | |
|---|---|
| $m_{xm}$ | Plattenmoment $m_x$ in Feldmitte (maximal) |
| $m_{y\,max}$ | größtes Feldmoment $m_y$ |
| $m_{xerm}$ | Einspannmoment in der Mitte des längeren Randes (minimal) |
| $m_{yerm}$ | Einspannmoment in der Mitte des kürzeren Randes (minimal) |
| $m_{xer\,min}$ | kleinstes Einspannmoment entlang dem eingespannten längeren Rand |
| $m_{yer\,min}$ | kleinstes Einspannmoment entlang dem eingespannten kürzeren Rand |
| $k_i$ | Tafel 45 a |

Tafel 26 enthält die $k_i$-Werte für a) volle Drilltragfähigkeit (drillsteife Platte) b) herabgesetzte Drilltragfähigkeit, c) Drilltragfähigkeit = 0 (drillweiche Platte).

Volle Drilltragfähigkeit ist bei Stahlbetonvollplatten gegeben, wenn

– die freien Ecken gegen Abheben gesichert sind (Nachweis),

– im Bereich der freien Ecke(n) in der Platte die geforderte Drillbewehrung angeordnet wird

und

– in den Eckbereichen der Platte keine größeren Aussparungen vorhanden sind.

Die Sicherheit gegen Abheben ist z. B. gegeben, wenn die dauernd vorhandene Auflast im Eckbereich mindestens 1/16 der Gesamtlast der Platte beträgt.

Ist eine der o. g. Bedingungen nicht erfüllt, so sind die $k_i$-Werte für (b) herabgesetzte Drilltragfähigkeit zu verwenden, was zu größeren Feldmomenten führt (Stützmomente einfachheitshalber wie bei (a)).

Fertigteilplatten mit statisch mitwirkender Ortbetonschicht und zweiachsig gespannte Rippendecken sind als (c) drillweich (Drilltragfähigkeit = 0) zu berechnen. Gleichwohl können auch hier Abhebekräfte in den Ecken auftreten, da die Drilltragfähigkeit nicht vollständig ausfällt (Ecken konstruktiv verankern).

Ein Bild über den Verlauf der aus Tafel 26 errechneten Plattenmomente gibt Tafel 29.

Die Werte der Tafel 26 gelten für isotrope Platten, also für Platten mit gleicher Plattensteifigkeit in allen Richtungen. Haben z. B. bei zweiachsig gespannten Rippendecken die Rippen in Längs- und Querrichtung unterschiedliche Abstände,

## Tafel 26 Beiwerte $k_i$ zur Berechnung der Biegemomente in Einfeldplatten

| Stützung | Drilltragfähig | Beiwerte $k_i$ | $\varepsilon = l_y/l_x$ 1,0 | 1,10 | 1,20 | 1,30 | 1,40 | 1,50 | 1,60 | 1,70 | 1,80 | 1,90 | 2,0 | ∞ |
|---|---|---|---|---|---|---|---|---|---|---|---|---|---|---|
| 1 ($l_x$, $l_y$, x, y) | a | $k_{xm}$ | 27,2 | 22,4 | 19,1 | 16,8 | 15,0 | 13,7 | 12,7 | 11,9 | 11,3 | 10,8 | 10,4 | |
| | | $k_{ymax}$ | 27,2 | 27,9 | 29,1 | 30,9 | 32,8 | 34,7 | 36,1 | 37,3 | 38,5 | 39,4 | 40,3 | |
| | b | $k_{xm}$ | 20,0 | 16,6 | 14,5 | 13,0 | 11,9 | 11,1 | 10,6 | 10,2 | 9,8 | 9,5 | 9,3 | |
| | | $k_{ymax}$ | 20,0 | 20,7 | 22,1 | 24,0 | 26,2 | 28,3 | 30,2 | 31,9 | 33,4 | 34,7 | 35,9 | |
| | c | $k_{xm}$ | 13,1 | 10,9 | 9,6 | 8,7 | 8,2 | 7,8 | 7,5 | 7,3 | 7,2 | 7,2 | 7,1 | |
| | | $k_{ymax}$ | 13,1 | 13,5 | 14,4 | 15,8 | 17,7 | 19,9 | 21,7 | 23,5 | 24,2 | 24,9 | 25,5 | |
| 2.1 | a | $k_{xm}$ | 41,2 | 31,9 | 25,9 | 21,7 | 18,8 | 16,6 | 15,0 | 13,8 | 12,8 | 12,0 | 11,4 | |
| | | $k_{ymax}$ | 29,4 | 28,8 | 28,9 | 29,7 | 30,8 | 32,3 | 33,6 | 34,9 | 36,2 | 37,5 | 38,8 | |
| | | $k_{yerm}$ | −11,9 | −10,9 | −10,1 | −9,6 | −9,2 | −8,9 | −8,7 | −8,5 | −8,4 | −8,3 | −8,2 | |
| | b | $k_{xm}$ | 34,3 | 25,9 | 20,6 | 17,0 | 14,10 | 12,8 | 11,6 | 10,8 | 10,1 | 9,6 | 9,3 | |
| | | $k_{ymax}$ | 23,5 | 22,7 | 22,4 | 23,1 | 24,1 | 25,5 | 26,9 | 28,5 | 30,2 | 31,7 | 33,2 | |
| | c | $k_{xm}$ | 22,6 | 17,2 | 13,9 | 11,8 | 10,4 | 9,5 | 8,8 | 8,3 | 8,0 | 7,8 | 7,6 | |
| | | $k_{y,max}$ | 16,9 | 15,5 | 15,3 | 15,6 | 16,3 | 17,2 | 18,4 | 19,9 | 21,6 | 23,7 | 23,5 | |
| | | $k_{yerm}$ | −8,4 | −7,7 | −7,3 | −7,1 | −7,1 | −7,1 | −7,1 | −7,2 | −7,3 | −7,4 | −7,5 | |
| 2.2 | a | $k_{xm}$ | 31,4 | 27,3 | 24,5 | 22,4 | 21,0 | 19,8 | 19,0 | 18,3 | 17,8 | 17,4 | 17,1 | |
| | | $k_{ymax}$ | 41,2 | 45,1 | 48,8 | 51,8 | 54,3 | 55,6 | 56,8 | 57,8 | 58,6 | 59,0 | 59,2 | |
| | | $k_{xerm}$ | −11,9 | −10,9 | −10,2 | −9,7 | −9,3 | −9,0 | −8,8 | −8,6 | −8,4 | −8,3 | −8,3 | |
| | b | $k_{xm}$ | 25,1 | 22,4 | 20,6 | 19,2 | 18,4 | 17,7 | 17,3 | 16,8 | 16,5 | 16,3 | 16,1 | |
| | | $k_{ymax}$ | 34,3 | 38,7 | 43,2 | 46,5 | 49,4 | 51,2 | 53,1 | 54,3 | 55,3 | 55,9 | 56,4 | |
| | c | $k_{xmax}$ | 16,3 | 14,8 | 13,8 | 13,2 | 12,8 | 12,6 | 12,5 | 12,5 | 12,5 | 12,6 | 12,7 | |
| | | $k_{ymax}$ | 22,6 | 25,6 | 29,7 | 33,3 | 36,4 | 37,7 | 38,9 | 40,0 | 41,0 | 42,0 | 42,0 | |
| | | $k_{xerm}$ | −8,4 | −7,8 | −7,3 | −7,1 | −6,9 | −6,8 | −6,8 | −6,8 | −6,8 | −6,8 | −6,9 | |
| 3.1 | a | $k_{xm}$ | 63,3 | 46,1 | 35,5 | 28,5 | 23,7 | 20,4 | 17,9 | 16,0 | 14,6 | 13,4 | 12,5 | |
| | | $k_{ymax}$ | 35,1 | 32,9 | 31,7 | 31,2 | 31,4 | 32,1 | 33,3 | 34,9 | 37,1 | 39,7 | 42,4 | |
| | | $k_{yerm}$ | −14,3 | −12,7 | −11,5 | 10,7 | 10,0 | −9,5 | −9,2 | −8,9 | −8,7 | −8,5 | −8,4 | |
| | c | $k_{xm}$ | 41,0 | 28,8 | 21,8 | 17,3 | 14,4 | 11,7 | 11,0 | 10,0 | 9,3 | 8,8 | 8,4 | |
| | | $k_{ymax}$ | 23,1 | 20,7 | 19,2 | 18,5 | 18,3 | 18,6 | 19,4 | 20,5 | 22,1 | 24,2 | 26,8 | |
| | | $k_{yerm}$ | −10,8 | −9,6 | −8,7 | −8,1 | −7,7 | −7,5 | −7,4 | −7,3 | −7,3 | −7,3 | −7,5 | |
| 3.2 | a | $k_{xm}$ | 35,1 | 31,7 | 29,4 | 27,8 | 26,6 | 25,8 | 25,2 | 24,7 | 24,4 | 24,3 | 24,1 | |
| | | $k_{ymax}$ | 61,7 | 67,2 | 71,5 | 73,5 | 74,6 | 75,8 | 77,0 | 77,0 | 77,0 | 77,0 | 77,0 | |
| | | $k_{xerm}$ | −14,3 | −13,5 | −13,0 | −12,6 | −12,3 | −12,2 | −12,0 | −12,0 | −12,0 | 12,0 | −12,0 | |
| | c | $k_{xm}$ | 23,1 | 21,8 | 21,1 | 20,9 | 20,8 | 20,8 | 20,9 | 21,2 | 21,4 | 21,7 | 22,0 | |
| | | $k_{ymax}$ | 41,0 | 48,1 | 52,1 | 54,2 | 55,8 | 57,5 | 59,0 | 60,0 | 59,2 | 57,9 | 57,5 | |
| | | $k_{xerm}$ | −10,8 | −10,4 | −10,2 | −10,0 | −10,0 | −10,0 | −10,1 | −10,2 | −10,3 | −10,3 | −10,5 | |
| 4 | a | $k_{xm}$ | 42,7 | 35,1 | 30,0 | 26,5 | 24,1 | 22,2 | 21,0 | 19,9 | 19,1 | 18,4 | 17,9 | |
| | | $k_{ymax}$ | 40,2 | 42,0 | 44,0 | 47,6 | 51,0 | 53,0 | 54,8 | 56,3 | 57,7 | 59,0 | 60,2 | |
| | | $k_{xermin}$ | −14,3 | −12,7 | −11,5 | −10,7 | −10,0 | −9,6 | −9,2 | −8,9 | −8,7 | −8,5 | −8,4 | |
| | | $k_{yermin}$ | −14,3 | −13,6 | −13,1 | −12,8 | −12,6 | −12,4 | −12,3 | −12,2 | −12,2 | −12,2 | −12,2 | |
| | b | $k_{xm}$ | 37,1 | 30,7 | 26,3 | 23,5 | 21,5 | 20,0 | 19,1 | 18,3 | 17,7 | 17,2 | 16,9 | |
| | | $k_{ymax}$ | 35,0 | 36,7 | 38,6 | 41,2 | 45,5 | 47,8 | 49,8 | 51,7 | 53,4 | 55,1 | 56,8 | |
| | c | $k_{xmax}$ | 23,4 | 19,4 | 17,0 | 15,5 | 14,5 | 13,8 | 13,4 | 13,1 | 13,0 | 12,9 | 12,9 | |
| | | $k_{ymax}$ | 23,4 | 24,3 | 26,3 | 28,3 | 31,2 | 33,9 | 35,7 | 37,5 | 39,1 | 40,8 | 42,3 | |
| 5.1 | a | $k_{xm}$ | 44,1 | 37,9 | 33,8 | 31,0 | 29,0 | 27,6 | 26,5 | 25,7 | 25,1 | 24,7 | 24,5 | |
| | | $k_{ymax}$ | 55,9 | 60,3 | 66,2 | 69,0 | 72,0 | 75,2 | 78,7 | 82,5 | 86,8 | 91,7 | 97,0 | |
| | | $k_{xermin}$ | −16,2 | −14,8 | −13,9 | −13,2 | −12,7 | −12,5 | −12,3 | −12,2 | −12,1 | −12,0 | −12,0 | |
| | | $k_{xerm}$ | −18,3 | −17,7 | −17,5 | −17,5 | −17,5 | −17,5 | −17,5 | −17,5 | −17,5 | −17,5 | −17,5 | |
| | c | $k_{xmax}$ | 28,8 | 25,6 | 23,7 | 22,6 | 21,9 | 21,6 | 21,4 | 21,4 | 21,4 | 21,6 | 21,7 | |
| | | $k_{ymax}$ | 36,3 | 40,0 | [illegible] | 49,0 | 51,9 | 54,7 | 57,4 | 59,9 | 59,1 | 58,2 | 57,5 | |
| | | $k_{xermin}$ | −12,9 | −11,8 | [illegible] | −10,7 | −10,5 | −10,3 | −10,3 | −10,3 | −10,3 | −10,3 | −10,3 | |
| | | $k_{yerm}$ | −15,3 | −15,5 | −15,9 | −16,2 | −16,6 | −16,9 | −17,1 | −17,4 | −17,6 | −17,9 | −18,1 | |

Fortsetzung und Hinweise s. nächste Seite

**Tafel 26,** Fortsetzung

| Stützung | Drilltragfähig | Beiwerte $k_i$ | | | | | | | | | | | |
|---|---|---|---|---|---|---|---|---|---|---|---|---|---|
| | | $\varepsilon = l_y/l_x$ | | | | | | | | | | | |
| | | | 1,0 | 1,10 | 1,20 | 1,30 | 1,40 | 1,50 | 1,60 | 1,70 | 1,80 | 1,90 | 2,00 $\infty$ |
| 5.2 | a | $k_{xm}$ | 59,5 | 46,1 | 37,5 | 31,8 | 28,0 | 25,2 | 23,3 | 21,7 | 20,5 | 19,5 | 18,7 |
| | | $k_{ym}$ | 44,1 | 43,7 | 44,8 | 46,9 | 50,3 | 55,0 | 61,6 | 70,4 | 79,6 | 89,8 | 101,0 |
| | | $k_{xerm}$ | –18,3 | –15,4 | –13,5 | –12,2 | –11,2 | –10,6 | –10,1 | –9,7 | –9,4 | –9,0 | –8,8 |
| | | $k_{yermin}$ | –110,2 | –14,8 | –13,9 | –13,3 | –13,0 | –12,7 | –12,6 | –12,5 | –12,4 | –12,3 | –12,3 |
| | c | $k_{xmax}$ | 36,3 | 27,9 | 22,7 | 19,4 | 17,3 | 15,9 | 14,9 | 14,2 | 13,8 | 13,5 | 13,3 |
| | | $k_{ymax}$ | 28,8 | 27,8 | 28,1 | 29,5 | 31,8 | 35,2 | 39,9 | 46,0 | 52,7 | 57,6 | 60,8 |
| | | $k_{xerm}$ | –15,3 | –12,7 | –10,9 | –9,7 | –8,9 | –8,3 | –7,9 | –7,6 | –7,4 | –7,2 | –7,1 |
| | | $k_{yesmin}$ | –12,9 | –12,0 | –11,5 | –11,3 | –11,2 | –11,3 | –11,4 | –11,6 | –11,8 | –11,9 | –12,2 |
| 6 | a | $k_{xm}$ | 56,8 | 46,1 | 39,4 | 34,8 | 31,9 | 29,6 | 28,1 | 26,9 | 26,0 | 25,4 | 25,0 |
| | | $k_{ymax}$ | 56,8 | 60,3 | 65,8 | 73,6 | 83,4 | 93,5 | 98,1 | 101,3 | 103,3 | 104,6 | 105,0 |
| | | $k_{xerm}$ | –19,4 | –17,1 | –15,5 | –14,5 | –13,7 | –13,2 | –12,8 | –12,5 | –12,3 | –12,1 | –12,0 |
| | | $k_{yerm}$ | –19,4 | –18,4 | –17,9 | –17,6 | –17,5 | –17,5 | –17,5 | –17,5 | –17,5 | –17,5 | –17,5 |
| | c | $k_{xm}$ | 39,1 | 32,2 | 28,2 | 25,6 | 24,0 | 23,0 | 22,3 | 22,0 | 21,9 | 21,9 | 21,9 |
| | | $k_{ymax}$ | 39,1 | 41,4 | 45,6 | 52,0 | 61,1 | 72,5 | 81,2 | 86,5 | 92,6 | 97,5 | 94,5 |
| | | $k_{xerm}$ | –16,3 | –14,2 | –12,8 | –11,9 | –11,3 | –10,9 | –10,6 | –10,5 | –10,5 | –10,5 | –10,5 |
| | | $k_{yerm}$ | –16,3 | –15,9 | –15,9 | –16,1 | –16,3 | –16,6 | –17,0 | –17,3 | –17,6 | –17,8 | –18,1 |

a: volle Drilltragfähigkeit; b: verminderte Drilltragfähigkeit; c: Drilltragfähigkeit = 0;

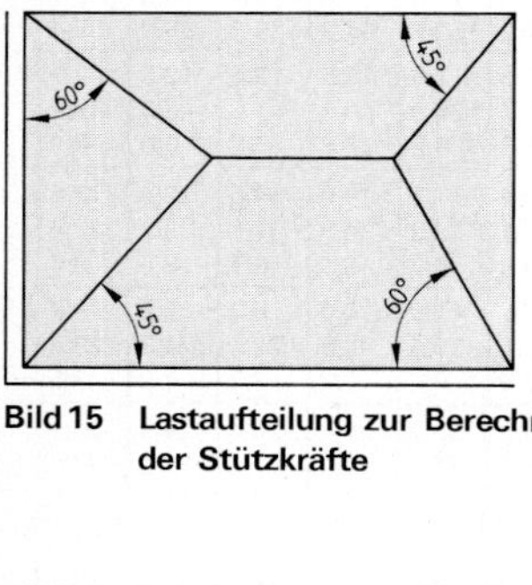


**Bild 15 Lastaufteilung zur Berechnung der Stützkräfte**

dann ist die Platte orthogonal anisotrop, man sagt auch orthotrop. Für solche Platten dürfen die Werte der Tafel 26 nicht verwendet werden.

Bei der Berechnung der Werte der Tafel 26 wurde die Querdehnzahl $\mu = 0$ gesetzt. Feldmomente für $\mu \neq 0$ (z. B. $\mu = 0{,}2$) lassen sich aus den mit Tafel 26 errechneten Werten so berechnen:

$$M_{x,\mu} = \frac{1}{(1-\mu^2)} (M_{x,\mu=0} + \mu \cdot M_{y,\mu=0})$$

$$M_{y,\mu} = \frac{1}{(1-\mu^2)} (M_{y,\mu=0} + \mu \cdot M_{x,\mu=0}) \quad (12)$$

$$M_{xy,\mu} = (1-\mu)\ M_{xy,\mu=0}.$$

Zur Ermittlung der Schnittgrößen in Randunterzügen dürfen die Stützkräfte von Platten näherungsweise mit den Lastbildern berechnet werden, die sich aus der Zerlegung der Plattenfläche in Trapeze und Dreiecke ergeben, Bild 15: Stoßen an einer Ecke Plattenränder mit gleichartiger Stützung zusammen, so beträgt der Zerlegungswinkel 45°; stößt ein voll eingespannter mit einem frei drehbar gelagerten Rand zusammen, so beträgt der am eingespannten Rand anliegende Zerlegungswinkel 60°. Für die verschiedenen Stützungen ergeben sich die maximalen Lastordinaten des freien und eingespannten Randes in der Form

$\max \bar{q} = m \cdot q \cdot l_x$ (13) $m$ aus Tafel 27

**Tafel 27 Koeffizienten *m* für maximale Lastordinaten**

| | 1 | 2.1 | 2.2 | 3.1 | 3.2 | 4 | 5.1 | 5.2 | 6 |
|---|---|---|---|---|---|---|---|---|---|
| frei drehbar gelagerter Rand | 0,50 | 0,50 | 0,365 | 0,50 | 0,29 | 0,365 | 0,29 | 0,365 | – |
| fest eingespannter Rand | – | 0,865 | 0,635 | 0,865 | 0,50 | 0,635 | 0,50 | 0,635 | 0,50 |

Wenn die Gleichlast $q$ einer zweiachsig gespannten Platte auf die beiden Tragrichtungen aufgeteilt werden muß, so kann das mit den Lastaufteilungsfaktoren $k_x$ und $k_y$ nach Tafel 28 erfolgen

$$q_x = k_x \cdot q; \quad q_y = k_y \cdot q. \quad (13)$$

**Tafel 28 Lastaufteilungsfaktoren $k_x$ und $k_y$**

| y / x | 1, 4, 6 ($\varepsilon = l_y/l_x$) | 2.1 ($l_x$) | 2.2 ($l_y$) | 3.1 ($l_x$) | 3.2 ($l_y$) | 5.1 ($l_x$, $l_y$) | 5.2 ($l_x$, $l_y$) |
|---|---|---|---|---|---|---|---|
| $k_x$ | $\left(1+\frac{1}{\varepsilon^4}\right)^{-1}$ | $\left(1+\frac{1}{0{,}4\cdot\varepsilon^4}\right)^{-1}$ | $\left(1+\frac{1}{2{,}5\cdot\varepsilon^4}\right)^{-1}$ | $\left(1+\frac{1}{0{,}2\cdot\varepsilon^4}\right)^{-1}$ | $\left(1+\frac{1}{5\cdot\varepsilon^4}\right)^{-1}$ | $\left(1+\frac{1}{2\cdot\varepsilon^4}\right)^{-1}$ | $\left(1+\frac{1}{0{,}5\cdot\varepsilon^4}\right)^{-1}$ |
| $k_y$ | $(1+\varepsilon^4)^{-1}$ | $(1+0{,}4\cdot\varepsilon^4)^{-1}$ | $(1+2{,}5\cdot\varepsilon^4)^{-1}$ | $(1+0{,}2\cdot\varepsilon^4)^{-1}$ | $(1+5\cdot\varepsilon^4)^{-1}$ | $(1+2\cdot\varepsilon^4)^{-1}$ | $(1+0{,}5\cdot\varepsilon^4)^{-1}$ |

**Tafel 29 Verlauf der Plattenmomente**

| Volle Drilltragfähigkeit (drillsteif)<br>Verlauf der Biege- und Drillmomente für $\varepsilon = 1{,}5$ | Drilltragfähigkeit = 0 (drillweich)<br>Verlauf der Biegemomente |
|---|---|
| 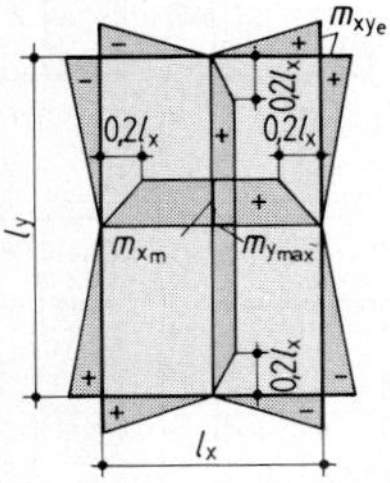 | 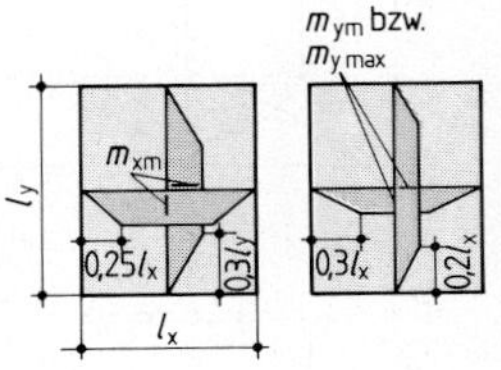 |
| 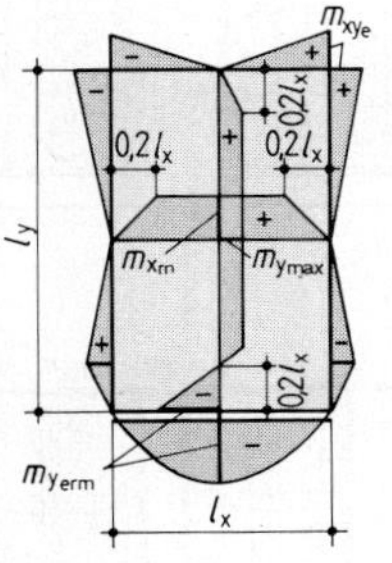 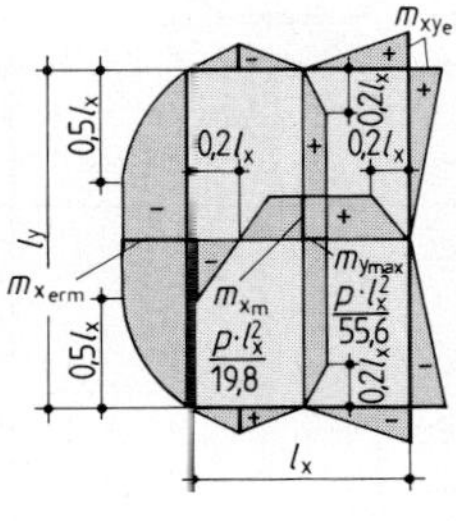 | 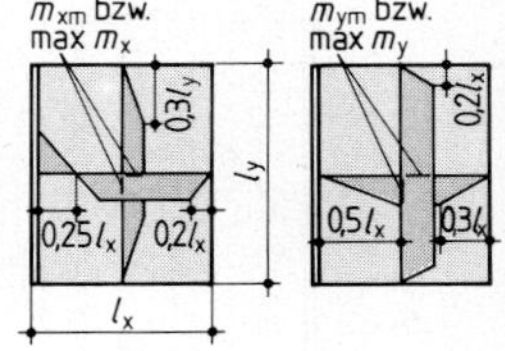 |



Fortsetzung s. nächste Seite

**Tafel 29,** Fortsetzung

| Volle Drilltragfähigkeit (drillsteif)<br>Verlauf der Biege- und Drillmomente für $\varepsilon = 1{,}5$ | Drilltragfähigkeit $= 0$<br>(drillweich)<br>Verlauf der Biegemomente |
| --- | --- |

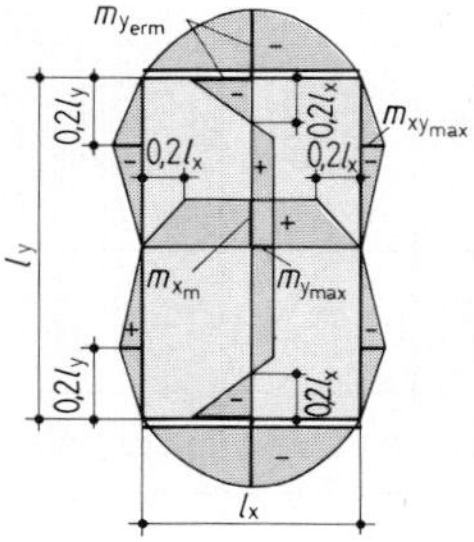


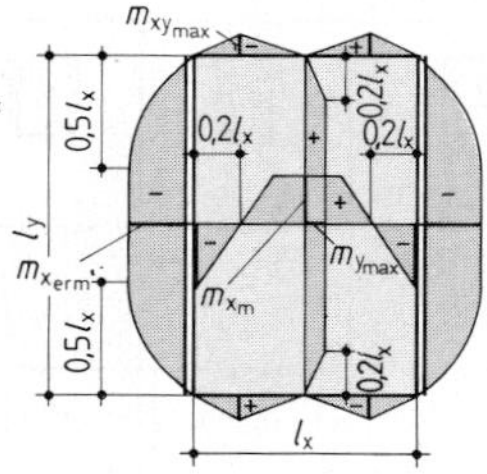


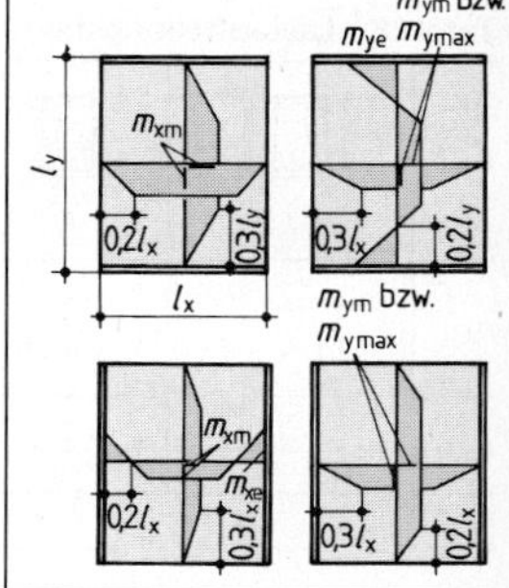


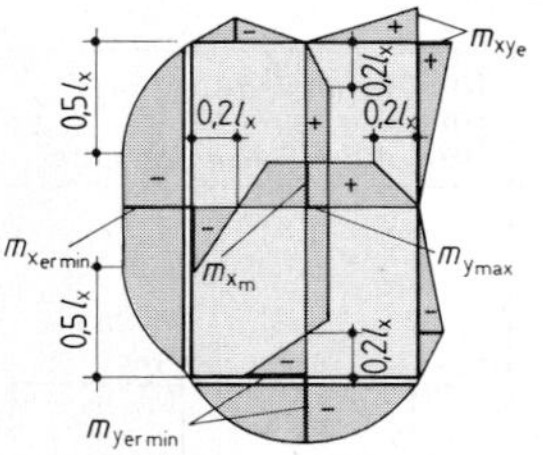


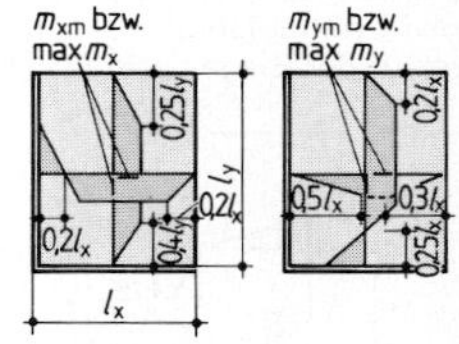


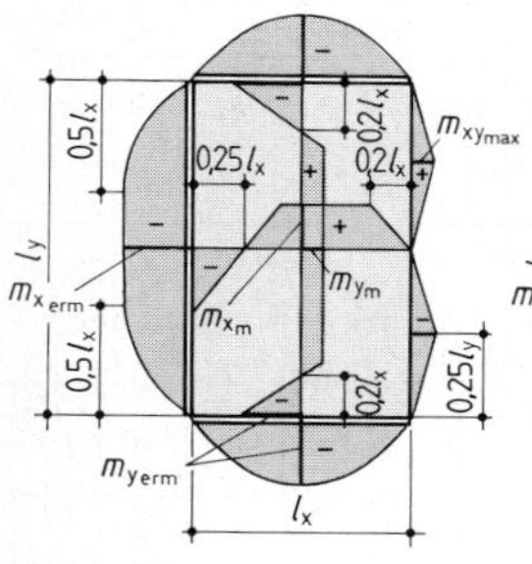


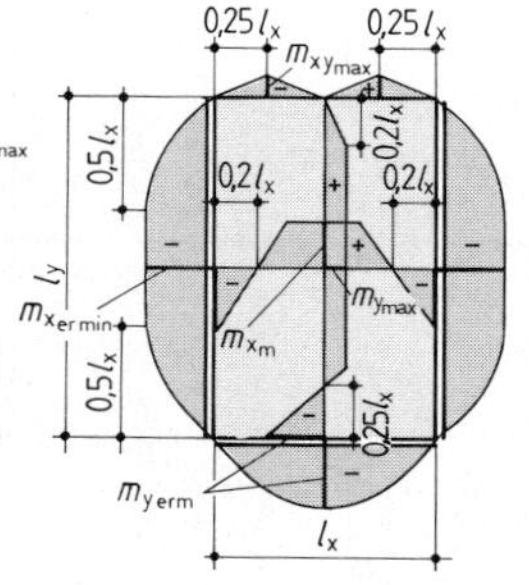


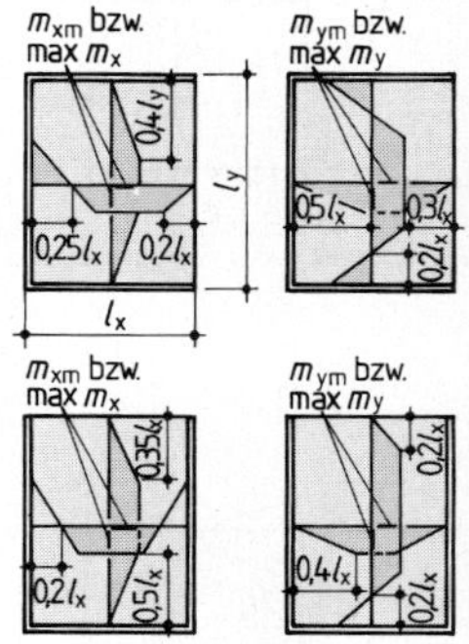


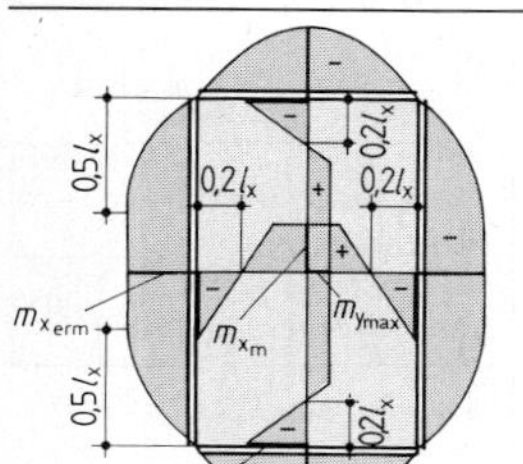


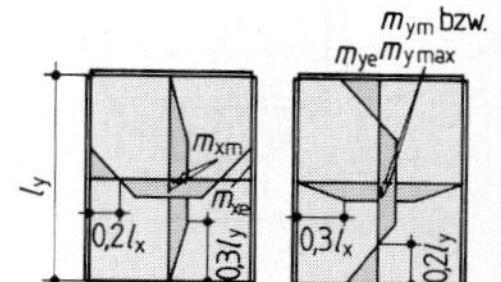

## 2.4.2 Zweiachsig gespannte durchlaufende Platten

In der Baupraxis sind Einfeldplatten (z. B. Garagendecke) die Ausnahme und Mehrfeldplatten – Plattensysteme (z. B. Geschoßdecke) – die Regel.

Platten zwischen Stahlträgern oder Stahlbetonfertigbalken dürfen nur dann als durchlaufend gerechnet werden, wenn die Oberkante der Platte mindestens 4 cm über der Trägeroberkante liegt und die Bewehrung zur Deckung der Stützmomente über die Träger hinweggeführt wird.

Bei der Berechnung eines Systems von zweiachsig gespannten Platten wird ausgegangen von den bekannten Ergebnissen der Analyse von Einfeldplatten.

Die Plattenmomente durchlaufender zweiachsig gespannter Platten, deren Stützweitenverhältnis min $l$/max $l$ in einer Durchlaufrichtung nicht kleiner als 0,75 ist, dürfen nach dem Verfahren der Belastungsumordnung berechnet werden:

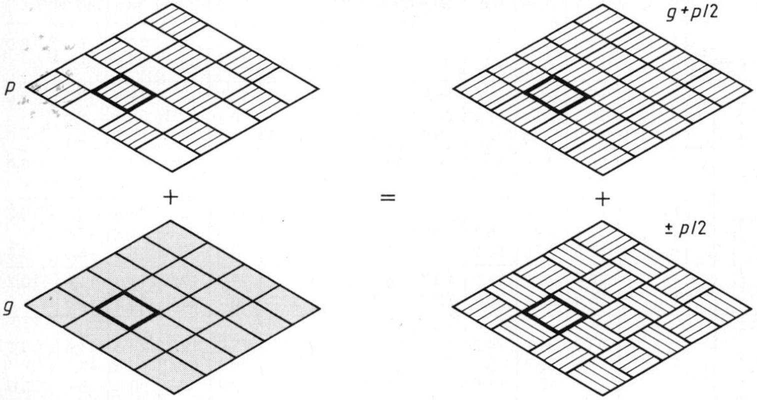


**Bild 16 Belastungsumordnung**

Maximale Feldmomente des stärker umrandeten Feldes von Bild 16 ergeben sich unter der links dargestellten Belastung (schraffierte Felder belastet). Rechts wirkt die gleiche Belastung in anderer Aufteilung. Wie man sieht, lassen sich die **maximalen Feldmomente** des elastisch eingespannten Plattenfeldes des Plattensystems an einer Einfeldplatte mit fest eingespannten und frei drehbar gelagerten Rändern ermitteln, die man wie folgt belastet:

$g+p/2$ auf Einfeldplatte, die an allen Rändern fest eingespannt ist, wo Nachbarfelder anschließen, liefert $m'_{\text{Feld}}$

$p/2$ auf Einfeldplatte, die an allen Rändern frei drehbar gelagert ist, liefert $m''_{\text{Feld}}$

$$\max m_{\text{Feld}} = m'_{\text{Feld}} + m''_{\text{Feld}} \qquad (14\,a)$$

Das **minimale Stützmoment** zwischen zwei Plattenfeldern eines Plattensystems darf wie folgt berechnet werden:

(a) Man berechnet die beiden (Voll-)Einspannmomente $m_{S1}$ und $m_{S2}$ der beiden benachbarten Einfeldplatten.

(b) Man berechnet das arithmetische Mittel $\boldsymbol{m_S = \frac{1}{2}(m_{S1} + m_{S2})}$ (14 b)

(c) Man berechnet den Wert „75 Prozent des betragsmäßig größeren (Voll-)Einspannmomentes".

(d) Man vergleicht die unter (b) und (c) berechneten Werte miteinander und wählt den betragsmäßig größeren Wert als maßgebendes Stützmoment.

(e) bei $l_1/l_2 > 5$ ist zwischen $m_{S1}$ und $m_{S2}$ nicht zu mitteln: der betragsmäßig größere Wert ist allein für die Bemessung maßgebend.

Ein Kragarm kann hinsichtlich der Stützungsart des angrenzenden Feldes dann als einspannend angesetzt werden, wenn das Kragmoment aus Eigenlast größer ist als das halbe Volleinspannmoment des Feldes bei Belastung durch $q$. Sinngemäß ist zu verfahren, wenn andere einspannende Systeme, z. B. dreiseitig gelagerte Platten, angrenzen.

**Tafel 30 Momentenzahlen** nach Pieper und Martens

| Stützungsart | Drilltragfähigkeit | Beiwerte | Stützweitenverhältnis $l_y/l_x$ 1,0 | 1,1 | 1,2 | 1,3 | 1,4 | 1,5 | 1,6 | 1,7 | 1,8 | 1,9 | 2,0 | $>\infty$ |
|---|---|---|---|---|---|---|---|---|---|---|---|---|---|---|
| 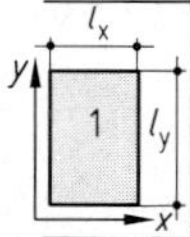  | a | $k_{xm}$ | 27,2 | 22,4 | 19,1 | 16,8 | 15,0 | 13,7 | 12,7 | 11,9 | 11,3 | 10,8 | 10,4 | 8,0 |
| | | $k_{ymax}$ | 27,2 | 27,9 | 29,1 | 30,9 | 32,8 | 34,7 | 36,1 | 37,3 | 38,5 | 39,4 | 40,3 | * |
| | b | $k_{xm}$ | 20,0 | 16,6 | 14,5 | 13,0 | 11,9 | 11,1 | 10,6 | 10,2 | 9,8 | 9,5 | 9,3 | 8,0 |
| | | $k_{ymax}$ | 20,0 | 20,7 | 22,1 | 24,0 | 26,2 | 28,3 | 30,2 | 31,9 | 33,4 | 34,7 | 35,9 | * |
|   | a | $k_{xm}$ | 32,8 | 26,3 | 22,0 | 18,9 | 16,7 | 15,0 | 13,7 | 12,8 | 12,0 | 11,4 | 10,9 | 8,0 |
| | | $k_{ymax}$ | 29,1 | 29,2 | 29,8 | 30,6 | 31,8 | 33,5 | 34,8 | 36,1 | 37,3 | 38,4 | 39,5 | * |
| | | $k_{yerm}$ | 11,9 | −10,9 | −10,1 | −9,6 | −9,2 | −8,9 | −8,7 | −8,5 | −8,4 | −8,3 | −8,2 | −8,0 |
| | b | $k_{xm}$ | 26,4 | 21,4 | 18,2 | 15,9 | 14,3 | 13,0 | 12,1 | 11,5 | 10,9 | 10,4 | 10,1 | 8,0 |
| | | $k_{ymax}$ | 22,4 | 22,8 | 23,9 | 25,1 | 26,7 | 28,6 | 30,4 | 32,0 | 33,4 | 34,8 | 36,2 | * |
| 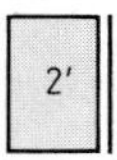  | a | $k_{xm}$ | 29,1 | 24,6 | 21,5 | 19,2 | 17,5 | 16,2 | 15,2 | 14,4 | 13,8 | 13,3 | 12,9 | 10,2 |
| | | $k_{ymax}$ | 32,8 | 34,5 | 36,8 | 38,8 | 40,9 | 42,7 | 44,1 | 45,3 | 46,5 | 47,2 | 47,9 | * |
| | | $k_{xerm}$ | −11,9 | −10,9 | −10,2 | −9,7 | −9,3 | −9,0 | −8,8 | −8,6 | −8,4 | −8,3 | −8,3 | −8,0 |
| | b | $k_{xm}$ | 22,4 | 19,2 | 17,2 | 15,7 | 14,7 | 13,9 | 13,2 | 12,7 | 12,3 | 12,0 | 11,8 | 10,2 |
| | | $k_{ymax}$ | 26,4 | 28,1 | 30,3 | 32,7 | 35,1 | 37,3 | 39,1 | 40,7 | 42,2 | 43,3 | 44,8 | * |
|   | a | $k_{xm}$ | 38,0 | 30,2 | 24,8 | 21,1 | 18,4 | 16,4 | 14,8 | 13,6 | 12,7 | 12,0 | 11,4 | 8,0 |
| | | $k_{ymax}$ | 30,6 | 30,2 | 30,3 | 31,0 | 32,2 | 33,8 | 35,9 | 38,3 | 41,1 | 44,9 | 46,3 | * |
| | | $k_{yerm}$ | 14,3 | −12,7 | −11,5 | −10,7 | −10,0 | −9,5 | −9,2 | −8,9 | −8,7 | −8,5 | −8,4 | 8,0 |
|   | a | $k_{xm}$ | 30,6 | 26,3 | 23,2 | 20,9 | 19,2 | 17,9 | 16,9 | 16,1 | 15,4 | 14,9 | 14,5 | 12,0 |
| | | $k_{ymax}$ | 38,0 | 39,5 | 41,4 | 43,5 | 45,6 | 47,6 | 49,1 | 50,3 | 51,3 | 52,1 | 52,9 | * |
| | | $k_{xerm}$ | −14,3 | −13,5 | −13,0 | −12,6 | −12,3 | −12,2 | −12,0 | −12,0 | −12,0 | −12,0 | −12,0 | −12,0 |
|   | a | $k_{xm}$ | 33,2 | 27,3 | 23,3 | 20,6 | 18,5 | 16,9 | 15,8 | 14,9 | 14,2 | 13,6 | 13,1 | 10,2 |
| | | $k_{ymax}$ | 33,2 | 34,1 | 35,5 | 37,7 | 39,9 | 41,9 | 43,5 | 44,9 | 46,2 | 47,2 | 48,3 | * |
| | | $k_{xermin}$ | 14,3 | −12,7 | −11,5 | −10,7 | −10,0 | −9,6 | −9,2 | −8,9 | −8,7 | −8,5 | −8,4 | −8,0 |
| | | $k_{yermin}$ | 14,3 | −13,6 | −13,1 | −12,8 | −12,6 | −12,4 | −12,3 | −12,2 | −12,2 | −12,2 | −12,2 | −11,2 |
| | b | $k_{xm}$ | 26,7 | 22,1 | 19,2 | 17,2 | 15,7 | 14,6 | 13,8 | 13,2 | 12,7 | 12,3 | 12,0 | 10,2 |
| | | $k_{ymax}$ | 26,7 | 27,6 | 29,2 | 31,4 | 33,8 | 36,2 | 38,1 | 39,8 | 41,4 | 42,8 | 44,2 | * |
|   | a | $k_{xm}$ | 33,6 | 28,2 | 24,4 | 21,8 | 19,8 | 18,3 | 17,2 | 16,3 | 15,6 | 15,0 | 14,6 | 12,0 |
| | | $k_{ymax}$ | 37,3 | 38,7 | 40,4 | 42,7 | 45,1 | 47,5 | 49,5 | 51,4 | 53,3 | 55,1 | 58,9 | * |
| | | $k_{xermin}$ | −16,2 | −14,8 | −13,9 | −13,2 | −12,7 | −12,5 | −12,3 | −12,2 | −12,1 | −12,0 | −12,0 | −12,0 |
| | | $k_{yerm}$ | −18,3 | −17,7 | −17,5 | −17,5 | −17,5 | −17,5 | −17,5 | −17,5 | −17,5 | −17,5 | −17,5 | −17,5 |
|   | a | $k_{xm}$ | 37,3 | 30,3 | 25,3 | 22,0 | 19,5 | 17,7 | 16,4 | 15,4 | 14,6 | 13,9 | 13,4 | 10,2 |
| | | $k_{ym}$ | 33,6 | 34,1 | 35,1 | 37,3 | 39,8 | 43,1 | 46,6 | 52,3 | 55,5 | 60,5 | 66,1 | * |
| | | $k_{xerm}$ | −18,3 | −15,4 | −13,5 | −12,2 | −11,2 | −10,6 | −10,1 | −9,7 | −9,4 | −9,0 | −8,9 | −8,0 |
| | | $k_{yermin}$ | −16,2 | −14,8 | −13,9 | −13,3 | −13,0 | −12,7 | −12,6 | −12,5 | −12,4 | −12,3 | −12,3 | −11,2 |
| 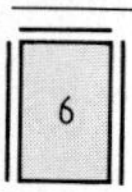  | a | $k_{xm}$ | 36,8 | 30,2 | 25,7 | 22,7 | 20,4 | 18,7 | 17,5 | 16,5 | 15,7 | 15,1 | 14,7 | 12,0 |
| | | $k_{ymax}$ | 36,8 | 38,1 | 40,4 | 43,5 | 47,1 | 50,6 | 52,8 | 54,5 | 56,1 | 57,3 | 58,3 | * |
| | | $k_{xerm}$ | −19,4 | −17,1 | −15,5 | −14,5 | −13,7 | −13,2 | −12,8 | −12,5 | −12,3 | −12,1 | 12,0 | −12,0 |
| | | $x_{yerm}$ | −19,4 | −18,4 | −17,9 | −17,6 | −17,5 | −17,5 | −17,5 | −17,5 | −17,5 | −17,5 | −17,5 | −17,5 |

a: volle Drilltragfähigkeit b: verminderte Drilltragfähigkeit

Auf die oben beschriebene Weise können auch die Plattenmomente eines Plattensystems mit Hilfe der $k$-Werte von Tafel 26 berechnet werden. Die hierbei erforderlich werdende Überlagerung haben Pieper und Martens überflüssig gemacht, indem sie generell eine 50prozentige Einspannung $\left(\frac{g+p/2}{g+p}=0{,}50\right)$ annehmen und dafür die Koeffizienten angeben, Tafel 30. Die Koeffizienten dieser Tafel dürfen bei annähernd gleicher Dicke $d$ aller Platten benutzt werden, solange $p$ nicht größer als $\frac{2}{3}q$ ist.

Folgt in einem Plattensystem auf zwei kleine Felder ein großes (Bild 17), dann werden die Verhältnisse z. B. in Feld 1 nicht nur durch Feld 2, sondern auch durch Feld 3 beeinflußt.

**Tafel 31 Momentenzahlen $f_{x1}$** [1])

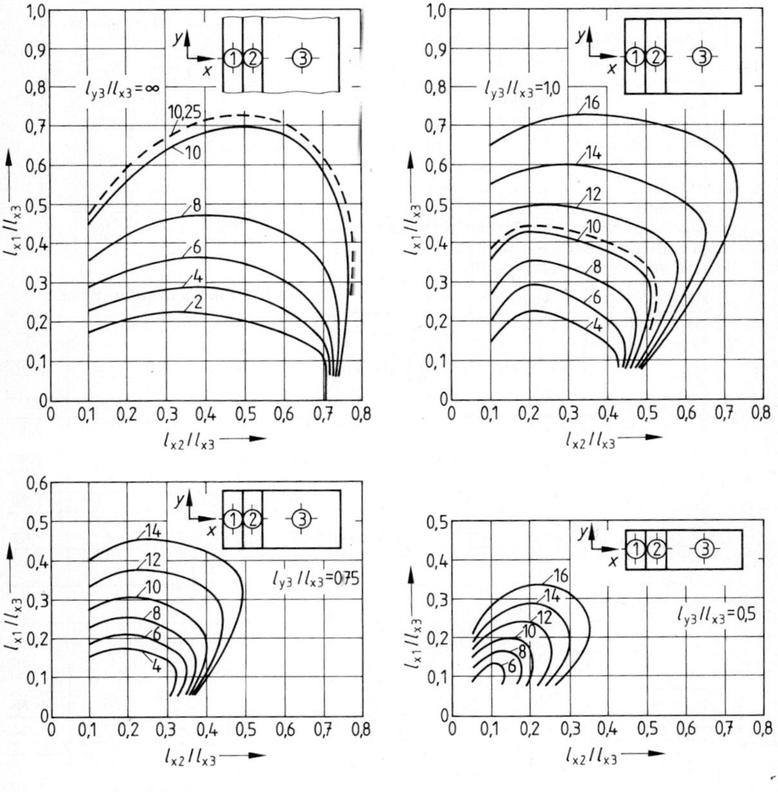


[1]) Zwischenwerte können innerhalb einer Tafel und zwischen zwei Tafeln linear eingeschaltet werden. Im allgemeinen genügt es jedoch die Tafel zu verwenden, deren Seitenverhältnis im Feld 3 dem vorhandenen am nächsten liegt. Wird die Tafel mit dem niedrigen Wert $l_{y3}/l_{x3}$ gewählt so ist etwas reichlicher zu bewehren.

Man verfährt dann so:

- Tafel 31 Momentenzahl $f_{x1}$ entnehmen;
- wenn $f_{x1} > 10{,}25$ oder das Stützweitenverhältnis nicht mehr notiert, dann wie im Normalfall Tafel 26 oder Tafel 30 verwenden;
- andernfalls ergibt sich

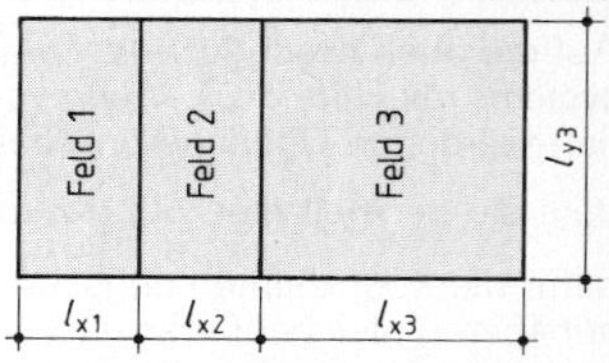

**Bild 17 Auf zwei kleine Felder folgt ein großes**

das Feldmoment in Feld 1 $$m_{fx1} = \frac{q \cdot l_{x1}^2}{f_{x1}} \quad (15)$$

die Endauflagerkraft des Feldes 1 $$A = \sqrt{2\, q \cdot m_{fx1}} \quad (16)$$

das Stützmoment zwischen den Feldern 1 und 2 $$m_b = A\, l_{x1} - \frac{q\, l_{x1}^2}{2} \quad (17)$$

das Feldmoment in Feld 2 $$m_{fx2} = \frac{q\, l_{x2}^2}{12} \quad (18)$$

(wenn $m_b > m_{fx2}$, dann ist $m_b$ im Feld 2 maßgebend).

**Beispiel** $d = 13$ cm $g = 4{,}0$ kN/m²; $p = 1{,}50$ kN/m²; $q = 5{,}50$ kN/m² $p < 5{,}5/3$.
Berechnung der Momente s. Tabelle unten
zu Platte 6 $\varepsilon' = l'_y / l'_x = 1{,}13$
zu Platte 4 $l_{y3}/l_{x3} = 4{,}80/5{,}40 = 0{,}88 \approx 1{,}0$
$l_{x1}/l_{x3} = 1{,}60/5{,}40 = 0{,}296$;
$l_{x2}/l_{x3} = 2{,}0/5{,}40 = 0{,}37$;
nach Tafel 31 $f_{x1} = 7{,}9$. Die Indizes geben hier nicht die Plattennummer sondern das 1. bzw. 3. Feld an.
zu Platte 2 Kragmoment $m_{sxo} = -5{,}5 \cdot 1{,}7^2/2 = -7{,}95$ kNm/m. Das Plattenfeld 2 kann auch in andere statische Systeme aufgelöst werden z. B. in dreiseitig gelagerte Platten.

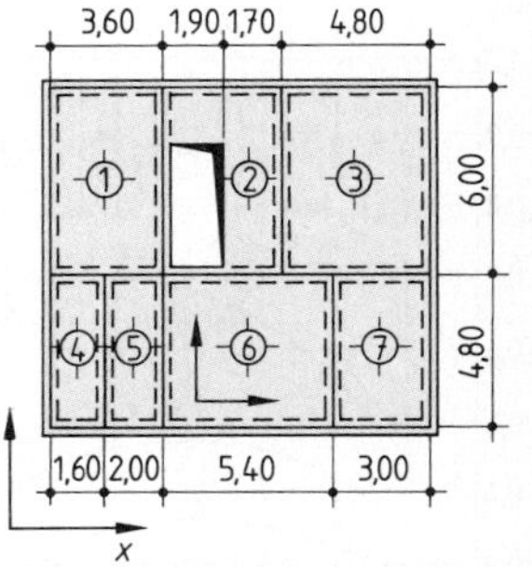

**Bild 18 Plattensystem, Beispiel**

Feldmomente in kNm/m

| Platten-Nr. | Stützung | $l_x$ / $l'_y$ | $l_y$ / $l'_x$ | $\varepsilon = l_y/l_x$ / $\varepsilon' = l'_y/l'_x$ | $f_x$ | $f_y$ | $s_x$ | $s_y$ | $m_{fx}$ | $m_{fy}$ | $m_{sox}$ | $m_{soy}$ |
|---|---|---|---|---|---|---|---|---|---|---|---|---|
| 1 | 2 | 3,60<br>— | 6,00<br>— | 1,67<br>— | 13,1 | 35,7 | – | 8,7 | 5,45 | 2,00 | –<br>– | –8,20 |
| 2 | Krag | 1,70 | – | – | – | – | 2,0 | – | – | – | – 7,95 | – |
| 3 | 4 | 4,80<br>— | 6,00<br>— | 1,25<br>— | 22,0 | 36,6 | 11,1 | 13,0 | 5,75 | 3,46 | –11,40 | –9,75 |
| 4 | 4 | 1,60<br>— | 4,80<br>— | 3,00<br>— | 7,9 | * | 8,0 | 11,2 | 1,79 | * | – 1,75 | –1,25 |
| 5 | 5 | 2,00 | 4,80 | 2,40 | 12,0 | * | 12,0 | 17,5 | 1,84 | * | – 1,84 | –1,26 |
| 6 | <br>5′ | —<br>5,40 | —<br>4,80 | —<br>1,13 | 34,4 | 28,8 | 14,5 | 14,8 | 3,68 | 4,38 | – 8,70 | –8,52 |
| 7 | 4 | 3,00<br>— | 4,80<br>— | 1,60<br>— | 15,8 | 43,5 | 9,2 | 12,3 | 3,14 | 1,14 | – 5,40 | –4,04 |

Stützmomente in kN/m

| Rand $i-k$ / $m$ | $x$-Richtung 2–3 | 4–5 | 5–6 | 6–7 | $y$-Richtung 1–4 | 1–5 | (2) 3–6 | 3–7 |
|---|---|---|---|---|---|---|---|---|
| $m_{so} = m_{ik}$ | –7,95 | –1,75 | –1,84 | –8,70 | –8,20 | –8,20 | –9,75 | –9,75 |
| $m_{so} = m_{ki}$ | –11,4 | –1,84 | –8,70 | –5,40 | –1,25 | –1,26 | –8,52 | –4,04 |
| $\frac{m_{ik} + m_{ki}}{2}$ | | –1,80 | –5,27 | –7,05 | wegen der T-förmigen Wandstücke Volleinspannung maßgebend | | | |
| 0,75 min $m_{so}$ | | –1,38 | –6,52 | –6,52 | | | | |
| min $m_s$ | –7,95 | –1,80 | –6,52 | –7,05 | –8,20 | –8,20 | –9,75 | –9,75 |

Der dreiseitig gestützte Plattenteil von Feld 2 ist konstruktiv zu bewehren mit Zulagen am freien Rand.

## 2.5 Dreiseitig gelagerte Platten nach Hahn

### 2.5.1 Dreiseitig frei drehbar gestützte Platte

$\varepsilon = l_y / l_x$; $D = \bar{\omega}_r \cdot E \cdot d^3$

**Lastfall 1** Gleichlast $q$

$K = q \cdot l_x l_y$

Momente $m_i = K : f_i$

Durchbiegung $\omega_r = K \cdot l_x^2 : D$

Auflagerkräfte: $K_x = v_x \cdot K$; $K_y = v_y \cdot K_i$

Verteilung der Auflagerkräfte s. Bild 19

Eckkräfte: $R_1 = 2 m_{xy1}$; $R_2 = 2 m_{xy2}$ (Zug)

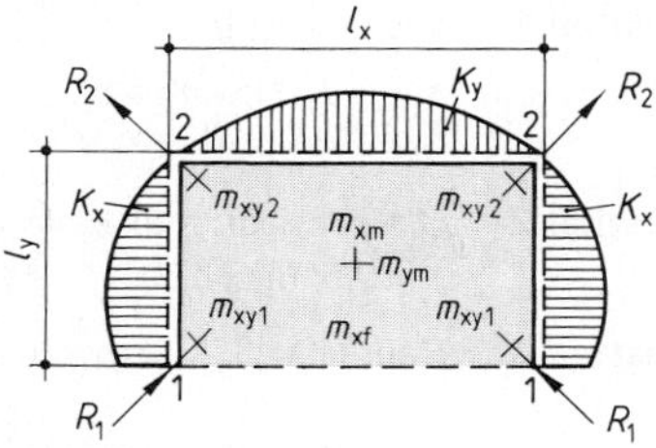


**Bild 19** **Gleichlast**

**Lastfall 2** Randlast $q_x$

$S = q_x l_x$

Momente $m_i = S : f_i$

Durchbiegung $\omega_r = S \cdot l_x^2 : D$

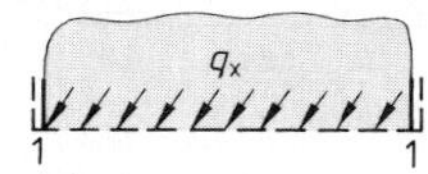


**Bild 20** **Randlast**

**Lastfall 3** Randmoment $\mu$

Momente $m_i = \mu : f_i$

Durchbiegung $\omega_r = \mu l_x^2 : D$

Auflagerkräfte: $K_x = v_x \cdot \mu$; $K_y = v_y \cdot \mu$;

Verteilung der Auflagerkräfte s. Bild 21.

Eckkräfte: $R_1 = |\varrho_1 \cdot \mu|$; $R_2 = \varrho_2 \cdot \mu$

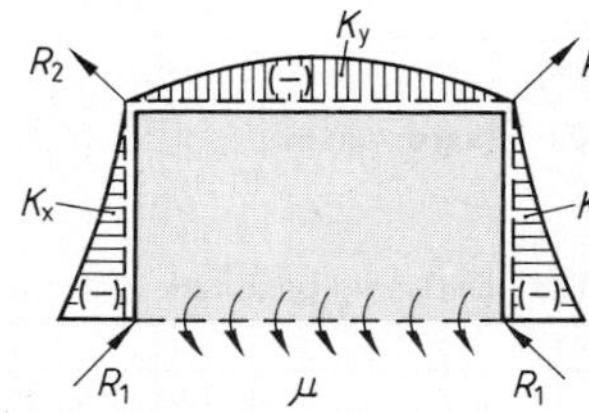


**Bild 21** **Randmoment**

**Tafel 32** **Dreiseitig frei drehbar gestützte Platte**

| Fall | $\varepsilon=$ | 1,5 | 1,4 | 1,3 | 1,2 | 1,1 | 1,0 | 0,9 | 0,8 | 0,7 | 0,6 | 0,5 | 0,4 | 0,3 | 0,25 |
|---|---|---|---|---|---|---|---|---|---|---|---|---|---|---|---|
| 1 Gleichlast | $f_{xr}$ | 12,6 | 11,9 | 11,3 | 10,7 | 10,2 | 9,8 | 9,4 | 9,1 | 9,1 | 9,2 | 9,8 | 11,0 | 13,7 | 16,2 |
| | $f_{xm}$ | 15,3 | 14,9 | 14,5 | 14,1 | 13,8 | 13,7 | 13,6 | 13,8 | 14,2 | 15,2 | 17,0 | 20,2 | 26,3 | 31,5 |
| | $f_{ym}$ | 62,4 | 58,4 | 54,2 | 50,0 | 45,9 | 41,7 | 37,1 | 33,2 | 29,9 | 27,4 | 25,9 | 26,3 | 29,7 | 33,7 |
| | $\pm f_{xy2}$ | 22,3 | 20,6 | 19,3 | 17,9 | 16,7 | 15,4 | 14,1 | 12,9 | 11,8 | 10,8 | 10,1 | 9,4 | 8,8 | 8,6 |
| | $\pm f_{xy1}$ | 412 | 300 | 220 | 161 | 118 | 86,5 | 63,6 | 47,0 | 35,0 | 26,3 | 20,2 | 15,8 | 12,8 | 11,6 |
| | $\bar{\omega}_r$ | 9,10 | 8,70 | 8,35 | 8,05 | 7,80 | 7,60 | 7,45 | 7,35 | 7,35 | 7,40 | 7,65 | 8,25 | 9,90 | 11,60 |
| | $v_x$ | 0,45 | 0,45 | 0,44 | 0,43 | 0,42 | 0,41 | 0,39 | 0,37 | 0,34 | 0,31 | 0,28 | 0,22 | 0,16 | 0,13 |
| | $v_y$ | 0,28 | 0,30 | 0,32 | 0,34 | 0,36 | 0,40 | 0,44 | 0,49 | 0,54 | 0,59 | 0,64 | 0,72 | 0,80 | 0,84 |
| 2 Randlast | $f_{xr}$ | 4,1 | 4,1 | 4,1 | 4,1 | 4,1 | 4,1 | 4,1 | 4,2 | 4,3 | 4,5 | 4,9 | 5,6 | 6,9 | 8,1 |
| | $f_{xm}$ | 18,0 | 16,1 | 14,3 | 13,1 | 11,9 | 10,9 | 10,2 | 9,6 | 9,4 | 9,3 | 9,7 | 10,8 | 13,1 | 16,1 |
| | $f_{ym}$ | 36,2 | 33,0 | 30,8 | 29,2 | 27,9 | 27,2 | 27,2 | 29,3 | 32,8 | 39,4 | 52,5 | 91,0 | 200 | 500 |
| | $\pm f_{xy2}$ | 65,0 | 51,5 | 40,5 | 32,4 | 25,6 | 20,4 | 16,0 | 12,6 | 10,2 | 8,3 | 6,9 | 5,8 | 5,2 | 4,9 |
| | $\bar{\omega}_r$ | 3,10 | 3,10 | 3,10 | 3,10 | 3,10 | 3,10 | 3,05 | 3,05 | 3,10 | 3,35 | 3,70 | 4,45 | 5,75 | 7,00 |
| 3 Randmoment | $f_{xr}$ | 2,95 | 2,94 | 2,93 | 2,92 | 2,91 | 2,90 | 2,85 | 2,80 | 2,74 | 2,65 | 2,50 | 2,35 | 2,20 | 2,08 |
| | $f_{xm}$ | −18,2 | −18,4 | −18,8 | −20,5 | −23,2 | −31,0 | −69 | 105 | 30,0 | 12,5 | 7,9 | 5,7 | 4,6 | 4,2 |
| | $-f_{ym}$ | 32,1 | 22,4 | 16,5 | 12,8 | 9,3 | 7,6 | 6,1 | 4,8 | 3,4 | 3,1 | 2,5 | 2,2 | 2,1 | 2,0 |
| | $\bar{\omega}_r$ | 2,00 | 2,00 | 2,00 | 2,00 | 2,00 | 2,00 | 1,95 | 1,90 | 1,85 | 1,78 | 1,71 | 1,63 | 1,54 | 1,49 |
| | $-v_x$ | | | | | | 1,19 | 1,39 | 1,52 | 1,55 | 1,52 | 1,49 | 1,46 | 1,36 | 1,20 |
| | $-v_y$ | | | | | | 0,62 | 0,64 | 0,70 | 0,78 | 0,80 | 0,80 | 0,70 | 0,50 | 0,28 |
| | $\varrho_1$ | | | | | | 1,25 | 1,55 | 1,78 | 1,94 | 2,03 | 2,15 | 2,35 | 2,65 | 2,96 |
| | $-\varrho_2$ | | | | | | −0,25 | −0,16 | −0,09 | −0,01 | 0,11 | 0,26 | 0,54 | 1,04 | 1,52 |

**Beispiel** $l_y = 2{,}10$ m; $l_x = 3{,}00$ m; $\varepsilon = 0{,}70$; Gleichlast $q = 8{,}5$ kN/m² Lastfall 1; Randlast $q_x = 7{,}2$ kN/m Lastfall 2; $K = 8{,}50 \cdot 2{,}10 \cdot 3{,}0 = 53{,}55$ kN; $S = 7{,}2 \cdot 3{,}0 = 21{,}6$ kN;
$m_{xr} = 53{,}55/9{,}1 + 21{,}6/4{,}3 = 10{,}90$ kNm/m;
$m_{xm} = 53{,}55/14{,}2 + 21{,}6/9{,}4 = 6{,}07$ kN/m;
$m_{ym} = 53{,}55/29{,}9 - 21{,}6/32{,}8 = 1{,}13$ kNm/m;
$m_{xy2} = \pm 53{,}55/11{,}8 \pm 21{,}6/10{,}2 = \pm 6{,}66$ kNm/m;
$m_{xy1} = 53{,}55/35 = 1{,}53$ kNm/m.

## 2.5.2 Dreiseitig gestützte Platte mit Einspannung der drei Ränder

$\varepsilon = l_y / l_x$

**Lastfall 1** Gleichlast: $q$

$K = q \cdot l_x \cdot l_y;\quad m_i = K/f_i;$
$K_x = v_x \cdot K;\quad K_y = v_y \cdot K;$

**Lastfall 2** Dreieckslast; max $q$ am Rand 2−2; $q = 0$ am Rand 1−1;
$K = 0{,}5 \cdot \max q \cdot l_x \cdot l_y;\quad m_i = K : f_i$

**Lastfall 3** Randlast: $S_{1-1} = q_{1-1} \cdot l_x;\quad m_i = S_{1-1}/f_i$

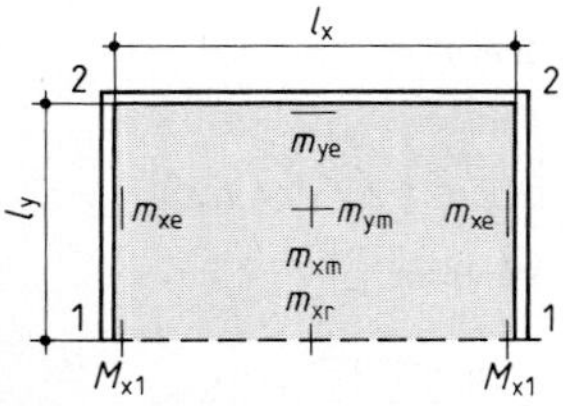


**Bild 22 Biegemomente**

**Bild 23 Stützkräfte**

**Tafel 33 Dreiseitig gestützte Platte mit Einspannung der drei Ränder**

| Fall | $\varepsilon=$ | 1,5 | 1,4 | 1,3 | 1,2 | 1,1 | 1,0 | 0,9 | 0,8 | 0,7 | 0,6 | 0,5 | 0,4 | 0,3 | 0,25 |
|---|---|---|---|---|---|---|---|---|---|---|---|---|---|---|---|
| 1 Gleichlast | $f_{xr}$ | 35,8 | 33,4 | 31,0 | 28,6 | 26,4 | 24,3 | 22,4 | 20,9 | 19,9 | 19,8 | 21,3 | 26,8 | 46,4 | 77,0 |
| | $f_{xm}$ | 39,8 | 38,3 | 37,0 | 35,8 | 34,9 | 34,3 | 34,0 | 34,3 | 35,6 | 38,6 | 45,6 | 63,6 | 126 | 228 |
| | $f_{ym}$ | 163 | 152 | 141 | 130 | 119 | 109 | 99,5 | 91,0 | 83,4 | 80,0 | 83,4 | 108 | 208 | 417 |
| | $-f_{x1}$ | 17,8 | 16,6 | 15,3 | 14,1 | 12,8 | 11,6 | 10,4 | 9,3 | 8,2 | 7,4 | 6,8 | 6,8 | 7,6 | 8,6 |
| | $-f_{xe}$ | 18,7 | 17,8 | 17,0 | 16,2 | 15,6 | 15,0 | 14,5 | 14,3 | 14,2 | 14,7 | 15,8 | 18,1 | 23,0 | 27,2 |
| | $-f_{ye}$ | 26,4 | 24,6 | 22,8 | 21,1 | 19,3 | 17,6 | 15,8 | 14,2 | 12,6 | 11,1 | 9,8 | 9,0 | 9,0 | 9,6 |
| | $v_x$ | 0,42 | 0,41 | 0,40 | 0,39 | 0,38 | 0,37 | 0,35 | 0,34 | 0,32 | 0,30 | 0,27 | 0,23 | 0,19 | 0,17 |
| | $v_y$ | 0,16 | 0,18 | 0,20 | 0,22 | 0,24 | 0,26 | 0,30 | 0,32 | 0,36 | 0,40 | 0,46 | 0,54 | 0,62 | 0,66 |
| 2 Dreieckslast max q. Rand 2−2 | $f_{xr}$ | 115 | 100 | 86,3 | 73,7 | 63,0 | 54,1 | 46,8 | 41,4 | 37,9 | 36,6 | 38,9 | 48,7 | 85,5 | 143 |
| | $f_{xm}$ | 42,4 | 41,5 | 41,1 | 41,0 | 41,3 | 42,2 | 44,0 | 46,8 | 51,4 | 59,2 | 74,2 | 110 | 230 | 430 |
| | $f_{ym}$ | 80,6 | 76,2 | 71,3 | 66,7 | 62,5 | 58,8 | 56,9 | 54,0 | 56,5 | 59,1 | 69,0 | 91,0 | 172 | 313 |
| | $-f_{x1}$ | 85,8 | 74,8 | 64,0 | 54,1 | 45,1 | 37,1 | 30,0 | 24,6 | 20,2 | 17,0 | 15,0 | 14,3 | 15,7 | 17,7 |
| | $-f_{xe}$ | 19,1 | 18,4 | 17,8 | 17,3 | 16,9 | 16,6 | 16,5 | 16,7 | 17,2 | 18,3 | 20,3 | 23,9 | 30,7 | 36,5 |
| | $-f_{ye}$ | 17,8 | 17,0 | 16,3 | 15,6 | 14,9 | 14,2 | 13,5 | 13,0 | 12,5 | 12,0 | 11,7 | 11,7 | 12,6 | 13,8 |
| 3 Randlast $S_{1-1}$ | $f_{xr}$ | 7,0 | 7,0 | 7,1 | 7,1 | 7,2 | 7,2 | 7,3 | 7,3 | 7,4 | 7,9 | 9,2 | 13,0 | 21,2 | 33,5 |
| | $f_{xm}$ | 143 | 112 | 85 | 63 | 47,5 | 35,5 | 28,2 | 24,0 | 22,1 | 23,3 | 27,1 | 34,3 | 54 | 84 |
| | $-f_{ym}$ | 22 | 22 | 22 | 22 | 22 | 22 | 22 | 21 | 21 | 19 | 17 | 15 | 13 | 12 |
| | $-f_{x1}$ | 2,3 | 2,3 | 2,3 | 2,2 | 2,2 | 2,2 | 2,1 | 2,1 | 2,1 | 2,2 | 2,2 | 2,6 | 3,3 | 4,1 |
| | $-f_{xe}$ | 262 | 165 | 102 | 68 | 47,1 | 35,8 | 27,0 | 20,5 | 15,8 | 13,2 | 12,1 | 12,5 | 13,9 | 15,6 |
| | $-f_{ye}$ | $\sim\infty$ | – | – | – | 250 | 120 | 59 | 35 | 20 | 12,4 | 8,6 | 5,9 | 5,3 | 5,2 |

**Beispiel** $l_y = 4{,}80$ m; $l_x = 6{,}00$ mm; $\varepsilon = 0{,}80$; Dreieck max $q = 12{,}5$ kN/m²
Lastfall 2; $K = 0{,}5 \cdot 12{,}5 \cdot 6{,}00 \cdot 4{,}80 = 180$ KN

$m_{xr} = 180/41{,}4 = 4{,}35$ kN m/m
$m_{xm} = 180/46{,}8 = 3{,}85$ kN m/m
$m_{ym} = 180/54{,}0 = 3{,}33$ kN m/m
$m_{x1} = -180/24{,}6 = -7{,}32$ kN m/m
$m_{xe} = -180/16{,}7 = -10{,}78$ kN m/m
$m_{ye} = -180/13{,}0 = -13{,}85$ kN m/m

## 2.6 Punkt- und Linienlasten auf einachsig gespannten Platten; rechnerische Lastverteilungsbreite $b_m$

Ohne genaueren Nachweis darf die rechnerische Lastverteilungsbreite $b_m$ nach Tafel 34 ermittelt werden. Dabei gilt für die Lasteintragungsbreite $t$

$$t = b_0 + 2d_1 + d \quad (19)$$

$b_0$ Lastaufstandsbreite
$d_1$ lastverteilende Deckschicht
$d$ Plattendicke

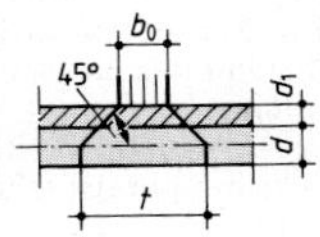


**Bild 24 Lasteintragungsbreite *t***

Die Bilder 25a und b zeigen Beispiele für $b_m$. Für Lasten in Randnähe ergibt sich eine reduzierte rechnerische Lastverteilungsbreite red $b_m$ nach Bild 25c.

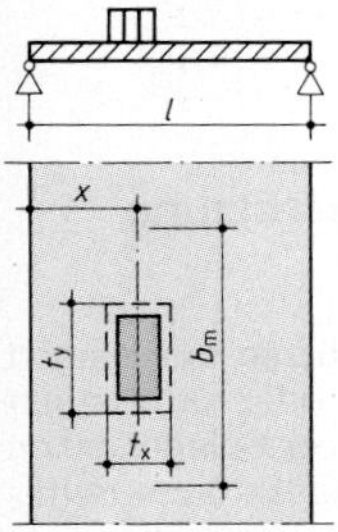


**Bild 25a $b_m$ für Feldmomente**

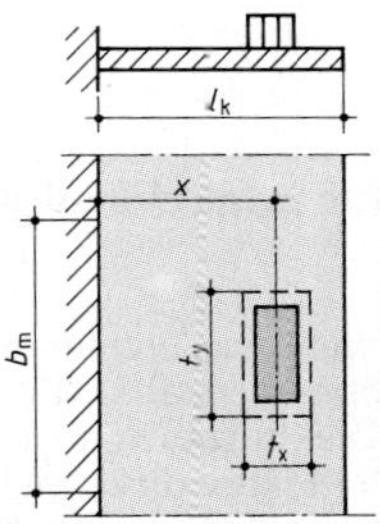


**Bild 25b $b_m$ für Stützmoment bei Kragplatten**

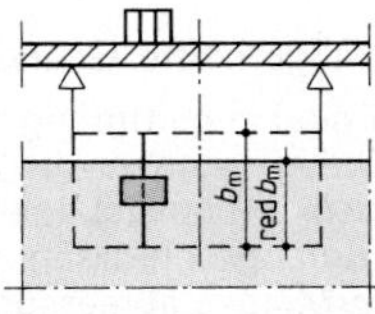


**Bild 25c Reduzierte $b_m$ bei Lasten in Randnähe**

**Tafel 34 Rechnerische Lastverteilungsbreite**

| | statisches System Schnittgröße | rechnerische Lastverteilungsbreite $b_m$ | Gültigkeitsgrenzen $x$ | $t_y$ | $t_x$ | genauere $b_m$-Werte¹) |
|---|---|---|---|---|---|---|
| 1 | $m_F$ | $t_y + 2{,}5x\left(1 - \frac{x}{l}\right)$ | $0 < x < l$ | $0{,}8\,l$ | $l$ | $1{,}35\,l$ |
| 2 | $q_s$ | $t_y + 0{,}5\,x$ | $0 < x < l$ | $0{,}8\,l$ | $l$ | |
| 3 | $m_F$ | $t_y + 1{,}5\,x\left(1 - \frac{x}{l}\right)$ | $0 < x < l$ | $0{,}8\,l$ | $l$ | $1{,}04\,l$ |
| 4 | $m_s$ | $t_y + 0{,}5\,x\left(2 - \frac{x}{l}\right)$ | $0 < x < l$ | $0{,}8\,l$ | $l$ | $0{,}65\,l$ |
| 5 | $q_s$ | $t_y + 0{,}3\,x$ | $0{,}2\,l < x < l$ | $0{,}4\,l$ | $0{,}2\,l$ | |
| 6 | $q_s$ | $t_y + 0{,}4\,(l - x)$ | $0 < x < 0{,}8\,l$ | $0{,}4\,l$ | $0{,}2\,l$ | |
| 7 | $m_F$ | $t_y + x\left(1 - \frac{x}{l}\right)$ | $0 < x < l$ | $0{,}8\,l$ | $l$ | $0{,}86\,l$ |
| 8 | $m_s$ | $t_y + 0{,}5\,x\left(2 - \frac{x}{l}\right)$ | $0 < x < l$ | $0{,}4\,l$ | $l$ | $0{,}53\,l$ |
| 9 | $q_s$ | $t_y + 0{,}3\,x$ | $0{,}2\,l < x < l$ | $0{,}4\,l$ | $0{,}2\,l$ | |
| 10 | $m_s$ | $t_y + 1{,}5\,x$ | $0 < x < l_k$ | $0{,}8\,l_k$ | $l_k$ | $1{,}35\,l$ |
| 11 | $q_s$ | $t_y + 0{,}3\,x$ | $0{,}2\,l_k < x < l_k$ | $0{,}4\,l_k$ | $0{,}2\,l_k$ | |

¹) Sie gelten für den häufigen Fall einer von Auflager zu Auflager reichenden Linienlast, z. B. Wandlast ($t_x = l$; $t_y = 0{,}05\,l$), während die $b_m$-Werte der Spalte 2 einen sehr breiten Anwendungsbereich erfassen und daher für einige Fälle weit auf der sicheren Seite liegen.

Für die Berechnung des Biegemomentes $m$ und der Querkraft $q$ gilt

$$m=\frac{M}{b_m} \quad (20) \qquad q=\frac{Q}{b_m} \quad (21)$$

$l$ Stützweite der Platte
$l_k$ Kragweite der Platte
$u$ Ort des größten Feldmomentes
$x$ Abstand des Lastschwerpunktes vom Auflager
$t_x$ Lasteintragungsbreite in $x$-Richtung
$t_y$ Lasteintragungsbreite senkrecht zur $x$-Richtung
$m$ Plattenmoment je m Breite ($m_F$ bzw. $m_s$)
$M$ größtes Balkenmoment (Feldmoment $M_F$ bzw. Stützmoment $M_s$) der auf die Länge $t_x$ gleichmäßig verteilten Gesamtlast
$Q$ Balkenquerkraft am Auflager
$q_s$ Plattenquerkraft je m Breite am Auflager
$b_m$ rechnerische Lastverteilungsbreite a.d. Stelle des max. Feldmomentes bzw. am Auflager

## 2.7 Flach- und Pilzdecken mit punktförmiger Unterstützung

### 2.7.1 Allgemeine Grundlagen

Platten sind punktförmig gestützt, wenn sie unmittelbar auf Stützen aufgelagert sind. Dabei können die Stützenköpfe verstärkt (Pilzdecken) oder unverstärkt (Flachdecken) ausgebildet werden. Die Stützen können gelenkig oder biegesteif an die Platte angeschlossen werden. Die Plattendicke muß mindestens 15 cm betragen, die Mindestabmessungen der Stützen sind nach Abschn. 18 einzuhalten.

### 2.7.2 Schnittgrößen

Bei rechteckigem Stützenraster mit Stützweiten

$$0{,}75 \leqq l_x/l_y \leqq 1{,}33$$

und vorwiegend lotrechter Belastung gilt für die Ermittlung der Schnittgrößen das unten dargestellte Näherungsverfahren. Die Pilzdecke wird durch zwei sich kreuzende Scharen von Durchlaufträgern oder bei biegesteifer Unterstützung Rahmen ersetzt. Als Stützweite wird der Abstand der Unterstützungen und als Systembreite der entsprechende Stützenabstand senkrecht zur Trägerrichtung angenommen. Die Systeme werden in beide Richtungen jeweils mit der gesamten Last feldweise in ungünstiger Stellung belastet.

Der Einfluß der Stützenkopfverstärkungen ist zu berücksichtigen, wenn der Durchmesser der Verstärkung $\geqq 0{,}3 \min l$ und die Neigung der Unterseiten $\geqq 1:3$ ist.

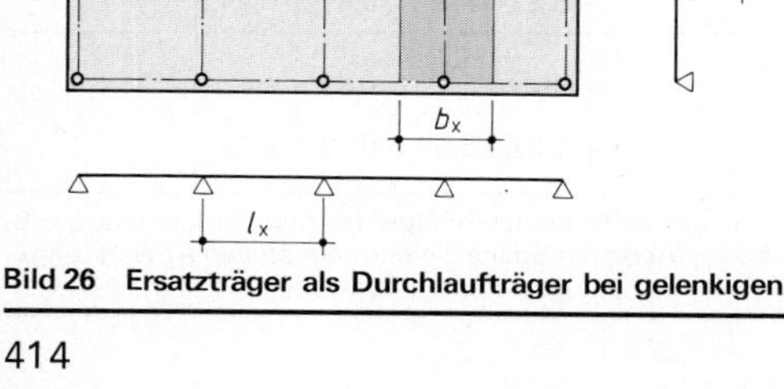


$b_y$ Belastungsbreite in $x$-Richtung
$b_x$ Belastungsbreite in $y$-Richtung

**Bild 26 Ersatzträger als Durchlaufträger bei gelenkigen Anschlüssen Stützen/Platte**

Die Schnittgrößen sind im Bereich der jeweiligen Systembreite zu verteilen, wobei das Deckenfeld in einen inneren Feldstreifen und zwei äußeren Gurtstreifen zerlegt wird.

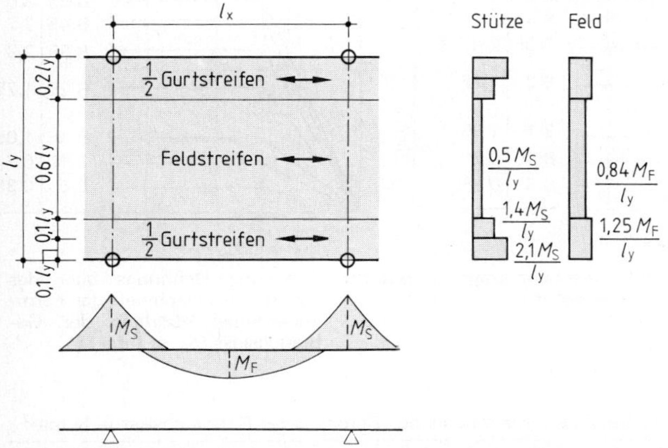


**Bild 27 Schnittgrößen in Pilz- und Flachdecken (dargestellt für die $x$-Richtung)**

# 3 Bemessung für Biegung, Biegung mit Längskraft und Längskraft allein

## 3.1 Allgemeine Grundlagen und Biegebemessung

Die Bemessungsregeln gelten für Träger mit $l_0/h \geqq 2$ und Kragträger mit $l_k/h \geqq 1$ mit $l_0$ = Abstand der Momenten-Nullpunkte und $l_k$ = Kraglänge.

Die Bemessung muß einen ausreichenden Sicherheitsabstand zwischen Gebrauchs- und rechnerischer Bruchlast gewährleisten. Dies ist der Fall, wenn die Schnittgrößen im Bruchzustand mindestens gleich sind den mit dem Sicherheitsbeiwert $\gamma$ vervielfachten Schnittgrößen unter Gebrauchslast.

Der für die Bemessung maßgebende Zusammenhang zwischen Spannung und Dehnung ist für Stahl in Bild 28 und für Beton in Bild 29a dargestellt. Wie weit diese Spannungsdehnungslinien im einzelnen ausgenutzt werden dürfen, zeigen die Dehnungsdiagramme in Bild 30.

Zur Vereinfachung darf für Beton statt Bild 29a auch Bild 29b benutzt werden.

Der für Zug und Druck gleiche Elastizitätsmodul für Stahl beträgt $E_s$ = 210000 N/mm$^2$.

Tafel 35 gibt Rechenwerte des für Zug und Druck gleichen Elastizitätsmoduls $E_b$ für Beton an. Sie gelten nur für Beton mit Zuschlag nach DIN 4226 T1, nicht aber für Beton mit anderen z. B. porigen Zuschlägen. Der Einfluß der Querdehnung ist mit $\mu$ = 0,2 zu berücksichtigen, wenn er von wesentlicher Bedeutung ist.

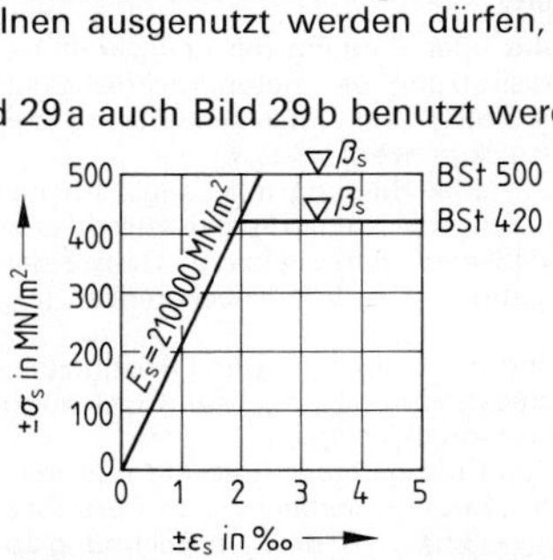


**Bild 28 Rechenwerte für die Spannungs-Dehnungs-Linien der Betonstähle**

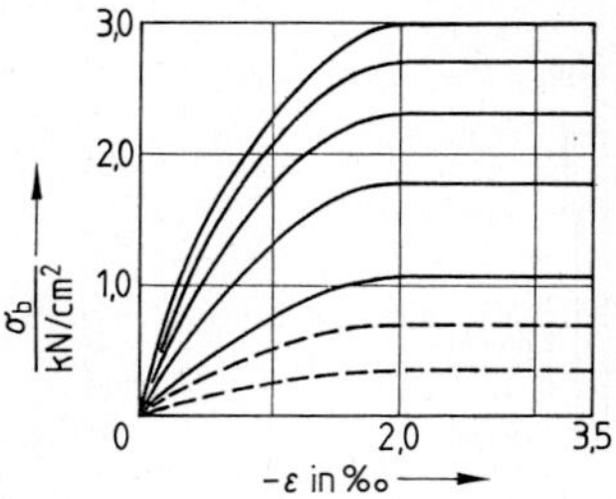


| Beton | $\beta_R$ kN/cm² |
|---|---|
| B 55 | 3,0 |
| B 45 | 2,7 |
| B 35 | 2,3 |
| B 25 | 1,75 |
| B 15 | 1,05 |
| B 10 | 0,7 |
| B 5 | 0,35 |

**Bild 29a Rechenwerte für die Spannungs-Dehnungslinie des Betons**

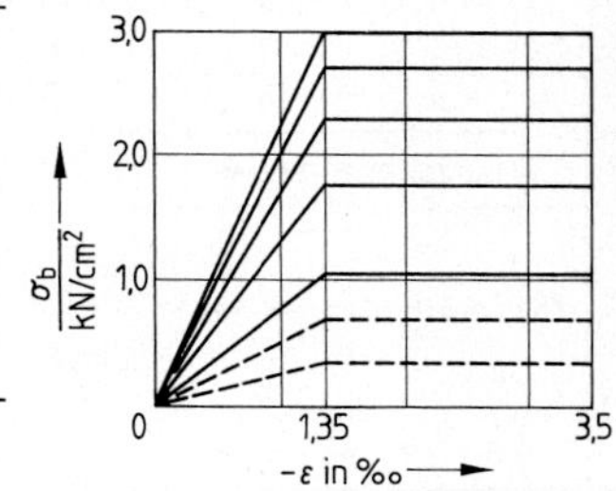


| Beton | $\beta_R$ kN/cm² |
|---|---|
| B 55 | 3,0 |
| B 45 | 2,7 |
| B 35 | 2,3 |
| B 25 | 1,75 |
| B 15 | 1,05 |
| B 10 | 0,7 |
| B 5 | 0,35 |

**Bild 29b Spannungs-Dehnungs-Linie des Betons zum Nachweis der Formänderungen oberhalb der Gebrauchslast ($\beta_R$ s. Tafel 36)**

**Tafel 35 Rechenwerte des Elastizitätsmoduls des Betons unter Gebrauchslast in N/mm²**

| Festigkeitsklasse des Betons | B 10 | B 15 | B 25 | B 35 | B 45 | B 55 |
|---|---|---|---|---|---|---|
| Elastizitätsmodul $E_b$ in N/mm² | 22000 | 26000 | 30000 | 34000 | 37000 | 39000 |

**Tafel 36 Rechenwerte $\beta_R$ der Betondruckfestigkeit in N/mm²**

| Nennfestigkeit des Betons $\beta_{wN}$ | 5 | 10 | 15 | 25 | 35 | 45 | 55 |
|---|---|---|---|---|---|---|---|
| Rechenwerte $\beta_R$ | 3,5 | 7,0 | 10,5 | 17,5 | 23 | 27 | 30 |

Ein Mitwirken des Betons auf Zug darf näherungsweise durch Annahme eines um 10% vergrößerten Querschnitts der Zugbewehrung berücksichtigt werden.

**Merkmale der Dehnungsbereiche**

*1* Mittige Zugkraft und Zugkraft mit geringer Ausmitte

*2* Biegung oder Biegung mit Längskraft bis zur Ausnutzung der Betondruckfestigkeit ($|\varepsilon_{b1}| \leq 3{,}5$‰) und unter Ausnutzung der Stahlstreckgrenze ($\varepsilon_{s2} > \varepsilon_{sS}$)

*3* Biegung oder Biegung mit Längskraft bei Ausnutzung der Betondruckfestigkeit und der Stahlstreckgrenze. Linie a: Grenze der Ausnutzung der Stahlstreckgrenze ($\varepsilon_{s2} = \varepsilon_{sS}$)

*4* Biegung mit Längskraft ohne Ausnutzung der Streckgrenze ($\varepsilon_{s2} < \varepsilon_{sS}$) bei Ausnutzung der Betondruckfestigkeit

*5* Druckkraft mit geringer Ausmitte und mittige Druckkraft. Innerhalb dieses Bereiches ist $\varepsilon_{b1} = -3{,}5‰ - 0{,}75\ \varepsilon_{b2}$ in Rechnung zu stellen, für mittigen Druck (Linie b) ist somit $\varepsilon_{b1} = \varepsilon_{b2} = -2$‰.

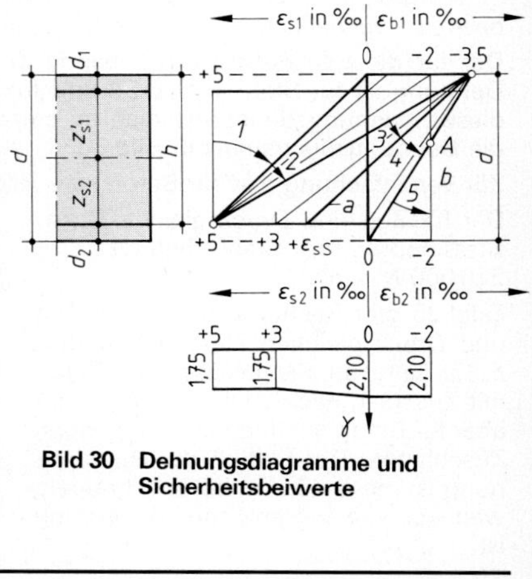


**Bild 30 Dehnungsdiagramme und Sicherheitsbeiwerte**

Bei Lastschnittgrößen betragen die Sicherheitsbeiwerte (Bild 30)

$\gamma = 1{,}75$ bei Versagen des Querschnitts mit Vorankündigung, d.h. bei $\varepsilon_{s2} \geqq 3‰$
$\gamma = 2{,}10$ bei Versagen des Querschnitts ohne Vorankündigung, d.h. bei $\varepsilon_{b2} \leqq 0‰$.
(Im Bereich $0 < \varepsilon < 3$ Sicherheitswert geradlinig einschalten)

Bei Zwangsschnittgrößen beträgt der Sicherheitsbeiwert $\gamma = 1{,}0$.

Beim Rechteckquerschnitt mit der Breite $b$ treten im Bruchzustand folgende inneren Kräfte auf:

| | |
|---|---|
| $D_b = k_b b h \beta_R$ | Resultierende der Betondruckspannungen |
| $Z_S = A_{s2} \cdot \sigma_{s2,u}$ | Zugkraft in der Zugbewehrung |
| $D_s = A_{s1} \cdot \sigma_{s1,u}$ | Druckkraft in der Druckbewehrung |

Die Stahlspannungen $\sigma_{s2,u}$ und $\sigma_{s1,u}$ sind den Spannungs-Dehnungs-Linien nach Bild 28 entsprechend den zugehörigen Dehnungen $\varepsilon_{s2}$ und $\varepsilon_{s1}$ zu entnehmen ($\sigma_{s2,u}$ bzw. $\sigma_{s1,u} \leqq \beta_S$).

**Bild 31**
**Bezeichnungen, äußere Schnittgrößen und innerer Spannungs- und Dehnungszustand für den Rechteckquerschnitt im Bruchzustand**

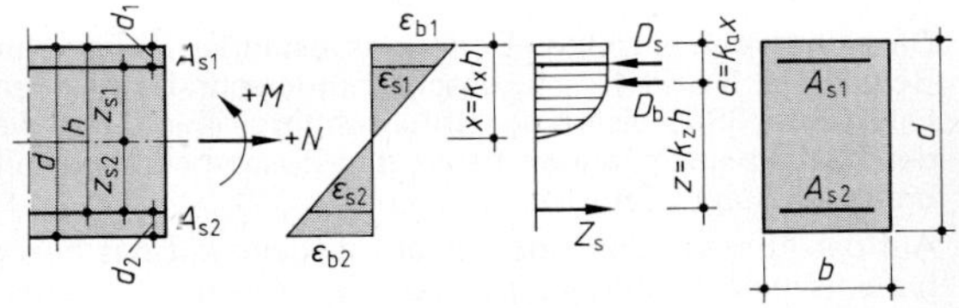


Der dargestellte Dehnungs- und Spannungszustand gilt für den Bruch- bzw. Erschöpfungszustand, der nach DIN 1080 mit dem Index $u$ gekennzeichnet wird. Wenn die Eindeutigkeit nicht darunter leidet, läßt man diesen Index jedoch fort, wie hier teilweise geschehen.

### Hilfsgrößen

| | |
|---|---|
| $x = k_x h$ | Höhe der Druckzone |
| $z = k_z h$ | Hebelarm der inneren Kräfte |
| $a = k_a x$ | Abstand der Resultierenden der Betondruckspannungen ($D_b = b x \sigma_m$) vom stärker gedrückten Querschnittsrand |
| $\sigma_m = D_b / b x$ | mittlere Betondruckspannung (s. Bild 32) |
| $\alpha_R = \sigma_m / \beta_R$ | Beanspruchungsgrad |
| $k_b = \alpha_R \cdot k_x = D_b / b \cdot h \cdot \beta_R$ | auf die Querschnittsfläche $bh$ und den Rechenwert $\beta_R$ der Betonfestigkeit bezogene resultierende Druckkraft $D_b$ |

Mit der Spannungsverteilung von Bild 29a und den möglichen Dehnungszuständen von Bild 30 können Größe und Lage der resultierenden Betondruckkraft $D_{bu}$ für jeden Dehnungszustand bestimmt werden. Bild 32 zeigt den Zusammenhang für (a) den Dehnungsbereich 2 und (b) den Dehnungsbereich 5. Bild 32(a) zeigt außerdem die Lage der Spannungsnullinie im Querschnitt, die freilich auch schon Bild 30 zu entnehmen ist.

(a) Fall der Biegedruckzone: $|\varepsilon_{b1}| \leqq 3{,}5‰$

(b) Fall des ganz überdrückten Querschnittes: $2 \leqq |\varepsilon_{b1}| \leqq 3{,}5‰$

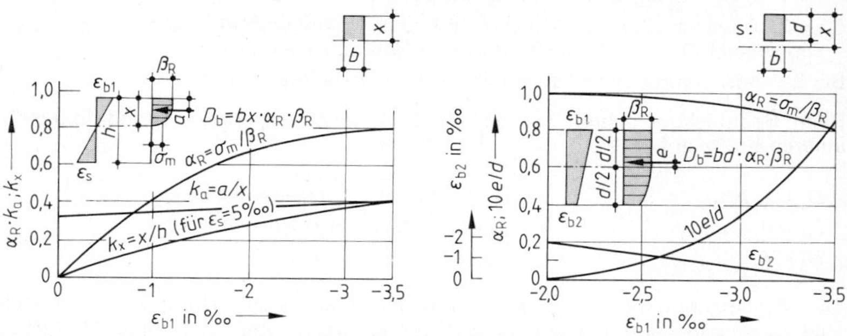


**Bild 32 Kennwerte der Biegedruckzone für den Rechteckquerschnitt im Bruchzustand**

Die sich zu den einzelnen Dehnungszuständen – man durchläuft nacheinander die Bereiche 2, 3 und 4 – für Rechteckquerschnitte ergebenden Bruchschnittgrößen liefert Tafel 38. Division der Bruchschnittgrößen durch die zu $\varepsilon_{s2}$ bzw. $\varepsilon_{b2}$ gehörenden Sicherheitsbeiwerten liefert den Zusammenhang mit den Momenten im Gebrauchszustand, Tafel 39.

Auf der Abszisse von Tafel 39 ist als Richtwert das bezogene Moment $m_s$ im Gebrauchszustand aufgetragen, das den Ausnutzungsgrad des Querschnitts kennzeichnet. Auf der Ordinate findet man die diesem Wert $m_s$ zugeordneten Hilfsgrößen $k_x$, $k_z$ und $k_b$ sowie $\varepsilon_{s1}$ und $\varepsilon_{s2}$. Zur Bemessung benötigt man meist nur $k_z$ und $\varepsilon_{s2}$. Mit $k_z$ ermittelt man $z = k_z h$, und mit $\varepsilon_{s2}$ erhält man aus Bild 28 die Stahlspannung $\sigma_{su}$. Die erforderliche Bewehrung $A_s$ ergibt sich dann aus Gl. (22a). Bei normaler Querschnittsausnutzung wird meist die Streckgrenze des Stahls erreicht. Wenn gleichzeitig $\varepsilon_s \geqq 3‰$ beträgt, bleibt $\gamma = 1{,}75$ konstant und aus Gl. (22a) wird dann Gl. (22b). Werte $1{,}75/\beta_s$ s. Tafel 37.

$$\boldsymbol{A}_s = \frac{\gamma}{\sigma_{su}}\left(\frac{\boldsymbol{M}_s}{\boldsymbol{z}} + \boldsymbol{N}\right) \quad (22\text{a}) \qquad \boldsymbol{A}_s = \frac{1{,}75}{\beta_s} \cdot \left(\frac{\boldsymbol{M}_s}{\boldsymbol{z}} + \boldsymbol{N}\right) \quad (22\text{b}) \qquad \boldsymbol{m}_s = \boldsymbol{M}_s / \boldsymbol{b}\,\boldsymbol{h}^2 \beta_R \quad (22\text{c})$$

**Tafel 37 Werte $\beta_s$, $\beta_s/1{,}75$ und $1{,}75/\beta_s$ für Betonstähle nach DIN 1045**

| | BSt420S | BSt500S/BSt500M |
|---|---|---|
| $\beta_s$ in MN/m² | 420 | 500 |
| $\beta_s/1{,}75$ in MN/m² | 240 | 286 |
| $1{,}75/\beta_s$ in m²/MN | 0,0042 | 0,0035 |

Tafel 39 kann auch zur Ermittlung einer zusätzlichen Druckbewehrung benutzt werden. Man spaltet hierzu das Gesamtmoment $M_s$ nach Gl. (23) in 2 Anteile auf, nämlich

$$\boldsymbol{M}_s = \boldsymbol{M}_{sb} + \Delta \boldsymbol{M}_s \quad (23)$$

$M_{sb}$ Momentenanteil der unbewehrten Betondruckzone
$\Delta M_s$ Momentanteil einer zusätzlichen Druck- und Zugbewehrung.

Die Zug- und Druckbewehrung erhält man dann mit Gl. (24) und Gl. (25).

$$\boldsymbol{A}_{s2} = \frac{\gamma}{\sigma_{s2,u}}\left(\frac{\boldsymbol{M}_{sb}}{\boldsymbol{z}} + \frac{\Delta \boldsymbol{M}_s}{\boldsymbol{h} - \boldsymbol{d}_1} + \boldsymbol{N}\right) \quad (24) \qquad \boldsymbol{A}_{s1} = \frac{\gamma}{\sigma_{s1,u}} \cdot \frac{\Delta \boldsymbol{M}_s}{\boldsymbol{h} - \boldsymbol{d}_1} \quad (25)$$

## Tafel 38 Allgemeines Bemessungsdiagramm mit $M_s$ im Bruchzustand

$M_{su} = M_u - N_u \cdot Z_s$

Ohne Druckbewehrung:

$$A_{s2} = \frac{1}{\sigma_{s2,u}} \left( \frac{M_{su}}{z} + N_u \right)$$

$M_{su} = M_{sbu} + \Delta M_{su}$

mit Druckbewehrung:

$$A_{s2} = \frac{1}{\sigma_{s2,u}} \left( \frac{M_{sbu}}{z} + \frac{\Delta M_{su}}{h - d_1} + N_u \right)$$

$$A_{s1} = \frac{1}{\sigma_{s1,u}} \cdot \frac{\Delta M_{su}}{h - d_1}$$

$N_u$ als Druckkraft negativ einsetzen

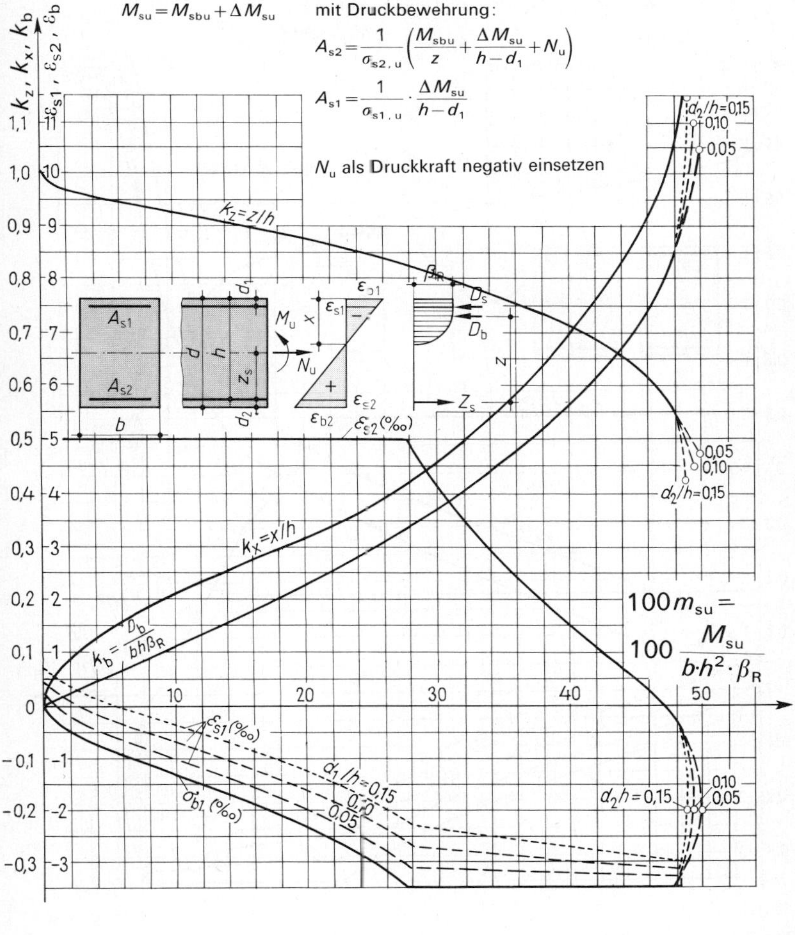

## Tafel 39 Allgemeines Bemessungsdiagramm mit $M_s$ im Gebrauchszustand

$$M_s = M - N \cdot Z_s$$

Ohne Druckbewehrung:

$$A_{s2} = \frac{\gamma}{\sigma_{s2,u}} \left( \frac{M_s}{z} + N \right)$$

$$M_s = M_{sb} + \Delta M_s$$

mit Druckbewehrung:

$$A_{s2} = \frac{\gamma}{\sigma_{s2,u}} \left( \frac{M_{sb}}{z} + \frac{\Delta M_s}{h - d_1} + N \right)$$

$$A_{s1} = \frac{\gamma}{\sigma_{s1,u}} \cdot \frac{\Delta M_s}{h - d_1}$$

*N* als Druckkraft negativ einsetzen

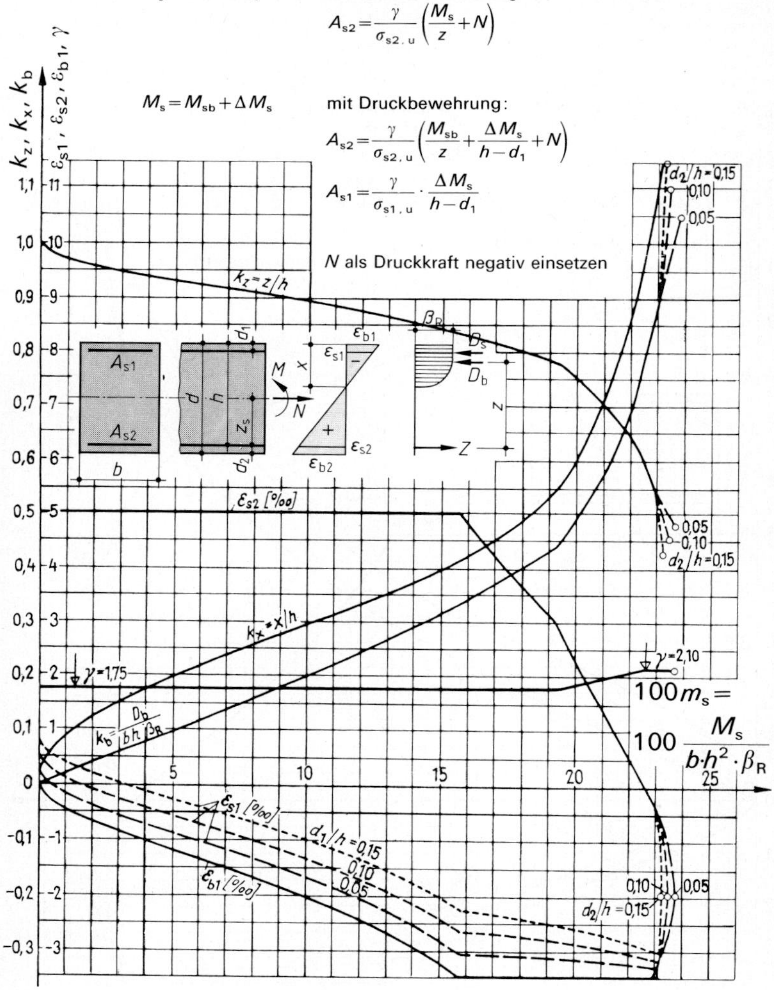


**Beispiel** Geg.: $b = 0{,}30$ m; $d = 0{,}5$ m; $h = 0{,}46$ m; $z_s = 0{,}21$ m; B 25; BSt 420 S; $M = 68{,}0$ kNm und $N = -100$ kN;

Ges.: Bewehrung

$$M_s = 68 + 100 \cdot 0{,}21 = 89 \text{ kNm} \rightarrow 100\, m_s = \frac{100 \cdot 89}{0{,}3 \cdot 0{,}46^2 \cdot 17{,}5 \cdot 10^3} = 8{,}0.$$

Hierzu $k_z = 0{,}91$ (Ablesung)

$$z = 0{,}91 \cdot 0{,}46 = 0{,}42 \text{ m}; \quad A_s = \frac{1{,}75}{42} \left( \frac{89}{0{,}42} - 100 \right) = 4{,}66 \text{ cm}^2$$

Die Stahlspannungen $\sigma_{s2,u}$ der Zugbewehrung und $\sigma_{s1,u}$ der Druckbewehrung erhält man aus Bild 28 für die Dehnungen $\varepsilon_{s2}$ und $\varepsilon_{s1}$, die aus Tafel 39 bei $m_{sb}$ zu entnehmen sind. Um den Querschnitt möglichst wirtschaftlich zu bemessen, ist es i. allg. vorteilhaft, den Momentenanteil $M_{sb}$ so zu wählen, daß die Zugbewehrung mindestens die Streckgrenze, besser aber noch eine Dehnung von $\varepsilon_{s2}=3‰$ erreicht.

**Beispiel** Geg.: $b=0{,}30$ m; $d=0{,}5$ m; $z_s=0{,}21$ m; B 25; BSt 420 S
$M=208$ KNm und $N=-200$ kN
Ges.: Bewehrung

$$M_s=208+200\cdot 0{,}21=250\text{ kNm}\rightarrow 100\,m_s=\frac{100\cdot 250}{0{,}3\cdot 0{,}46^2\cdot 17{,}5\cdot 10^3}=22{,}5>19{,}3$$

(bei $\varepsilon_{s2}=3‰$).

Bei $100\,m_s=19{,}3\rightarrow k_z=0{,}78$ (Ablesung) $z=0{,}78\cdot 0{,}46=0{,}36$ m

$M_{sb}=19{,}3\cdot 0{,}3\cdot 0{,}46^2\cdot 17{,}5\cdot 10^3/100=214$ kNm $\quad \Delta M_s=250-214=36$ kNm

$$A_{s2}=\frac{1{,}75}{42}\left(\frac{214}{0{,}36}+\frac{36}{0{,}46-0{,}04}-200\right)=20{,}0\text{ cm}^2;\quad A_{s1}=\frac{1{,}75}{42}\cdot\frac{36}{0{,}46-0{,}04}=3{,}6\text{ cm}^2$$

Da die Handhabung dieser Diagramme für die tägliche Bemessungsarbeit zu umständlich ist, wurden Bemessungstabellen entwickelt, s. S. 469ff.

## 3.2 Zugkraftlinie und Zugkraftdeckungslinie

Die Biegezugbewehrung eines Biegebalkens kann in Bauteil-Längsrichtung dem Verlauf der $M$-Linie bzw. der $\left(\frac{M_s}{z}+N\right)$-Linie entsprechend geführt werden. Um dem tatsächlichen Tragverhalten eines biegebeanspruchten Stahlbetonbauteils näher zu kommen, wird die sog. Zugkraftlinie eingeführt, das ist die um ein bestimmtes Versatzmaß $v$ verschobene $\left(\frac{M_s}{z}+N\right)$-Linie. Die einzelnen Teile der $\left(\frac{M_s}{z}+N\right)$-Linie sind jeweils so zu verschieben, daß sich eine Vergrößerung der $\left(\frac{M_s}{z}+N\right)$-Fläche ergibt. Das Versatzmaß $v$ ist von der Größe der Schubbeanspruchung – dem Schubbereich (s. S. 430) – und der gewählten Schubbewehrung abhängig und in Tafel 40 angegeben.

**Tafel 40 Versatzmaß *v*** (vgl. DIN 1045, Tab. 25)

| Schubsicherung durch | Versatzmaß $v$ bei Balken im Schubbereich 1 | Balken im Schubbereich 2 | Balken im Schubbereich 3 | Platten im Schubbereich 1 | Platten im Schubbereich 2 |
|---|---|---|---|---|---|
| Schrägbügel $s\leq 0{,}25\cdot h$ | $0{,}75\cdot h$ | $0{,}50\cdot h$ | $0{,}25\cdot h$ | Keine Schubbewehrung erforderlich | $0{,}50\cdot h$ |
| Schrägbügel $s>0{,}25\cdot h$ | $0{,}75\cdot h$ | $0{,}75\cdot h$ | $0{,}50\cdot h$ | | $0{,}75\cdot h$ |
| Aufgebogene Stäbe allein | nicht zulässig! | | | | $0{,}75\cdot h$ |
| Aufbiegungen und lotrechte Bügel | $0{,}75\cdot h$ | $0{,}75\cdot h$ | $0{,}50\cdot h$ | | $0{,}75\cdot h$ |
| Lotrechte Bügel allein | $0{,}75\cdot h$ | $1{,}00\cdot h$ | $0{,}75\cdot h$ | | $1{,}00\cdot h$ |
| Kein Nachweis d. Schubbewehrung | $0{,}75\cdot h$ | nicht zulässig! | | $0{,}75\cdot h$ | nicht zulässig! |
| Bauteile ohne Schubbewehrung | im allg. nicht zulässig! | | | $1{,}00\cdot h$ | |
| Bei „voller Schubdeckung" gelten immer die Werte des Schubbereiches 3 | | | | | |

„schräg": Neigungswinkel zwischen Bauteilachse und Schubbewehrung 45° bis 60°, „annähernd rechtwinklig": Neigungswinkel zwischen Bauteilachse und Schubbewehrung mehr als 60°.

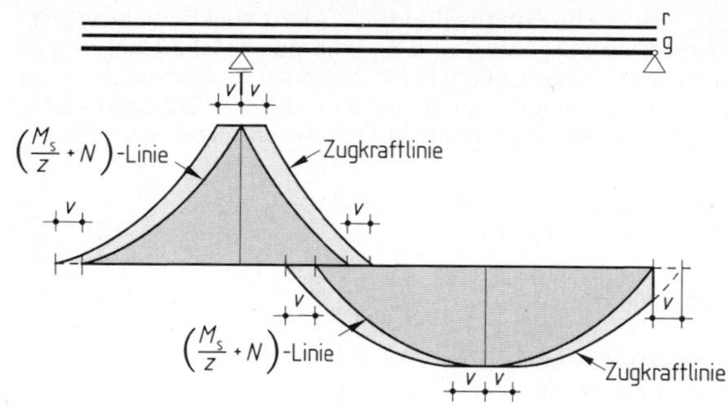


**Bild 33**
**$\left(\frac{M_s}{z}+N\right)$-Linie, Versatzmaß und Zugkraftlinie**

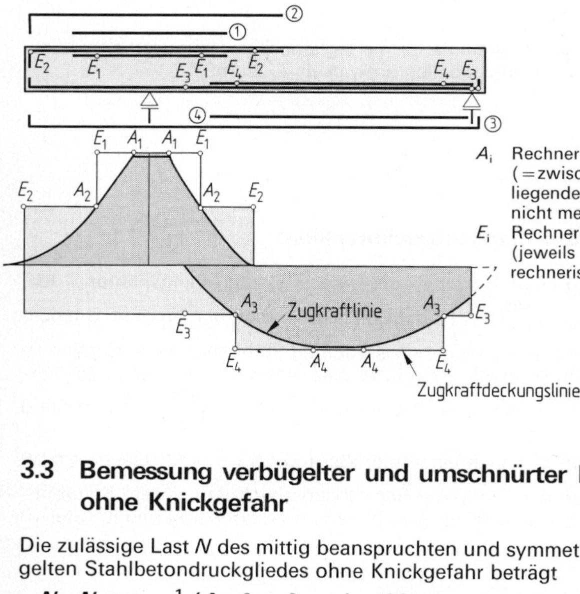


$A_i$ Rechnerischer Anfangspunkt (= zwischen $A_i$ und dem nächstliegenden Punkt $E_i$ wird der Stab ⓘ nicht mehr voll ausgenutzt)

$E_i$ Rechnerischer Endpunkt (jeweils von $E_i$ wird der Stab ⓘ rechnerisch nicht mehr benötigt)

**Bild 34**
**Zugkraftlinie und Zugkraftdeckungslinie**

## 3.3 Bemessung verbügelter und umschnürter Druckglieder ohne Knickgefahr

Die zulässige Last $N$ des mittig beanspruchten und symmetrisch bewehrten verbügelten Stahlbetondruckgliedes ohne Knickgefahr beträgt

$$N = N_b + n_s = \frac{1}{2,1}(A_b \cdot \beta_R + A_s \cdot \sigma_{su}) \quad (26)$$

**Tafel 41 Zulässiger Lastanteil $N_b = k \cdot$ Tafelwert in kN für den Betonquerschnitt $A_b = b \cdot d$**

| Betonfestigkeitsklasse | $k$ |
|---|---|
| B 15 | 0,6 |
| B 25 | 1,0 |
| B 35 | 1,31 |
| B 45 | 1,54 |
| B 55 | 1,71 |

| $b$ in cm = | 20 | 25 | 30 | 35 | 40 | 45 | 50 | 55 | 60 |
|---|---|---|---|---|---|---|---|---|---|
| $d$ = 20 cm | 333 | | | | | | | | |
| 25 | 417 | 521 | | | | | | | |
| 30 | 500 | 625 | 750 | | | | | | |
| 35 | 583 | 729 | 875 | 1021 | | | | | |
| 40 | 667 | 833 | 1000 | 1167 | 1333 | | | | |
| 45 | 750 | 938 | 1125 | 1312 | 1500 | 1688 | | | |
| 50 | 833 | 1042 | 1250 | 1458 | 1667 | 1875 | 2083 | | |
| 55 | 917 | 1146 | 1375 | 1604 | 1833 | 2062 | 2292 | 2521 | |
| 60 | 1000 | 1250 | 1500 | 1750 | 2000 | 2250 | 2500 | 2750 | 3000 |
| 65 | 1083 | 1354 | 1625 | 1896 | 2167 | 2438 | 2708 | 2979 | 3250 |
| 70 | 1167 | 1458 | 1750 | 2042 | 2333 | 2625 | 2917 | 3208 | 3500 |

**Tafel 42 Zulässiger Lastanteil $N_s$ in kN für die Längsbewehrung $A_s$**

| Betonstahl | $n$ | ⌀12 | ⌀14 | ⌀16 | ⌀18 | ⌀20 | ⌀22 | ⌀25 | ⌀28 |
|---|---|---|---|---|---|---|---|---|---|
| BSt 420 S und 500 S | 4 | 90 | 124 | 160 | 202 | 254 | 314 | 380 | 492 |
| | 6 | 136 | 184 | 242 | 306 | 376 | 456 | 590 | 738 |
| $\frac{\sigma_{su}}{2,1} = 200$ MN/m² | 8 | 182 | 246 | 322 | 408 | 502 | 608 | 786 | 986 |
| | 10 | 226 | 308 | 402 | 510 | 628 | 760 | 982 | 1232 |
| $= 20,0$ kN/cm² | 12 | 272 | 370 | 483 | 610 | 753 | 912 | 1180 | 1478 |

Geg. $b = 35$ cm; $d = 55$ cm; B 35; BSt 420/500; 8⌀20 $A_s = 25,1$ cm²
zul. $N = 1604 \cdot 1,31 + 502 = 2603$ KN $= 2,603$ MN

Die Bruchlast umschnürter Druckglieder darf um

$$\Delta N_U = [\gamma A_w \beta_{SW} - (A_b - A_k)\beta_R] \cdot \left(1 - \frac{8M}{Nd_k}\right) \geqq 0 \quad (27)$$

größer angenommen werden als die eines verbügelten Druckgliedes mit gleichen Außenabmessungen. Doch darf der traglaststeigernde Einfluß $\Delta N_U$ der Umschnürung nur in Rechnung gestellt werden mit folgenden Einschränkungen:

- Betonfestigkeitsklasse mindestens B 25
- Schlankheit $\lambda \leqq 50$ (aus dem Gesamtquerschnitt berechnet)
- Lastausmitte $e \leqq d_k/8$

| Es gilt für Beton | | B 25 | B 35 | B 45 | B 55 |
|---|---|---|---|---|---|
| $\delta$ | | 0,42 | 0,39 | 0,37 | 0,36 |
| $\gamma$ | $\lambda \leqq 10$ | 1,60 | 1,70 | 1,80 | 1,90 |
| | $10 < \lambda < 20$ | linear interpolieren | | | |
| | $20 \leqq \lambda \leqq 50$ | 0,80 | 0,85 | 0,90 | 0,95 |

Zusätzlich muß sein

$$A_w \beta_{SW} \leqq \delta \cdot [(2,3 A_b - 1,4 A_k)\,\beta_R + A_s \beta_S] \quad (28)$$

| | |
|---|---|
| $A_b$ | Gesamtquerschnitt der Druckgliedes |
| $A_s$ | Gesamtquerschnitt der Längsbewehrung |
| $d_k$ | Kerndurchmesser (= Achsdurchmesser der Wendel) |
| $A_{sw}$ | Stabquerschnitt der Wendel |
| $s_w$ | Ganghöhe der Wendel |
| $\beta_{sw}$ | Streckgrenze der Wendelbewehrung |
| $A_k = \frac{\pi}{4} d_k^2$ | Kernquerschnitt des Druckgliedes |
| $A_w = \frac{\pi d_k}{s_w} A_{sw}$ | Bezogener Querschnitt der Wendelbewehrung s. Tafel 74 |
| $M, N$ | Schnittgrößen im Gebrauchszustand |

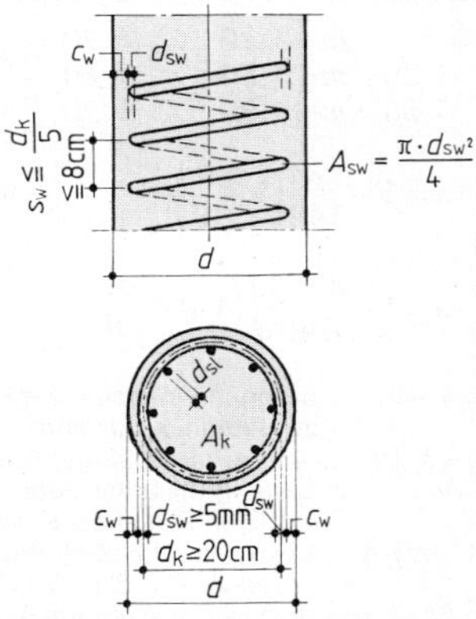


**Bild 35 Umschnürtes Druckglied**

**Beispiel** B 25; $d = 40$ cm; $s_K = 4,50$ m; $\lambda = 45 < 50$;
vorh. $N = 2150$ kN
gewählt: längs 10⌀20; quer ⌀12; $s_w = 5$ cm
$A_b = 40^2 \cdot \pi/4 = 1256,6$ cm²;
$d_K = 40 - 2\ (2,0 + 1,2/2) \approx 34$ cm
$A_K = 34^2 \cdot \pi/4 = 907,9$ cm²; $A_s = 10 \cdot 3,14 = 31,4$ cm²
$\mu_0 = 31,4/907,9 = 0,035 > 0,02 = \min \mu_0$;
$A_w = 0,711 \cdot 34 = 24,17$ cm²
$A_w \cdot \beta_s = 24,17 \cdot 42 = 1015$
$< 0,42 \cdot [(2,3 \cdot 1256,6 - 1,4 \cdot 907,9) \cdot 1,75 + 31,4 \cdot 42] = 1743$ kN
zul $N_1 = [1256,6\ 1,75 + 31,4 \cdot 42]/2,1 = 1675$ kN
$\Delta N_u = [0,80 \cdot 1015 - (1256,6 - 907,9) \cdot 1,75] = 201,8$ kN
zul $N = 201,8/8/2,1 + 1675 = 1771$ kN

## 3.4 Bemessung von Bauteilen aus unbewehrtem Beton

Die Tragfähigkeit von Bauteilen aus unbewehrtem Beton ist auf der Grundlage der Dehnungsdiagramme in den Bildern 28 und 29a zu ermitteln, wobei die Mitwirkung des Betons auf Zug nicht in Rechnung gestellt werden darf. Dabei darf unter Gebrauchslast eine klaffende Fuge höchstens bis zum Schwerpunkt des Gesamtquerschnitts entstehen. Der traglastmindernde Einfluß der Bauteilauslenkung ist auch für Schlankheiten $\lambda \leqq 20$ zu berücksichtigen. Für Bauteile mit Schlankheiten $\lambda > 70$ ist stets ein genauer Nachweis mit Berücksichtigung des Kriechens zu führen. Die zulässige Last wird mit dem Sicherheitsbeiwert $\gamma = 2{,}1$ ermittelt.

Es darf rechnerisch keine höhere Betonfestigkeit des Betons als B 35 ausgenutzt werden. Unbewehrte Bauteile aus Beton < B 10 dürfen nur bis zu einer Schlankheit von $\lambda \leqq 20$ ausgeführt werden.

Die zulässige Last im Gebrauchszustand darf für den Rechteckquerschnitt näherungsweise nach Gl. (29) ermittelt werden, wobei $e/d \leqq 0{,}3$ sein muß.

$$\boldsymbol{N} = \frac{1}{\gamma} \boldsymbol{A}_{\mathrm{b}} \boldsymbol{\beta}_{\mathrm{R}} \left(1 - 2 \cdot \frac{\boldsymbol{e}}{\boldsymbol{d}}\right) \quad (29)$$

Der Einfluß der Schlankheit und ungewollter Ausmitte auf die Tragfähigkeit darf näherungsweise durch Verringerung der ermittelten zulässigen Last mit dem Beiwert $\varkappa$ nach Gl. (30a) bzw., bei Rechteckquerschnitten, nach Gl. (30b) berücksichtigt werden.

Der Abminderungsfaktor $\varkappa$ kann aus Bild 36 ermittelt werden. Dabei gelten folgende Grenzen, wobei Zwischenwerte gradlinig interpoliert werden dürfen

$$m \leqq 1{,}20 \qquad \lambda_{\mathrm{zul}} = 70$$
$$1{,}20 < m \leqq 1{,}50 \qquad \lambda_{\mathrm{zul}} = 40$$
$$1{,}50 < m \leqq 1{,}80 \qquad \lambda_{\mathrm{zul}} = 20$$

$$\varkappa = 1 - \frac{\lambda}{140}\left(1 + \frac{m}{3}\right) \quad (30\,\mathrm{a})$$

$$\varkappa = 1 - \frac{s_{\mathrm{k}}\sqrt{12}}{140\,d}\left(1 + 2 \cdot \frac{e}{d}\right) \quad (30\,\mathrm{b})$$

$m = e/k$ bezogene Ausmitte des Lastangriffs im Gebrauchszustand
$e = M/N$ größte planmäßige Ausmitte des Lastangriffs unter Gebrauchslast im mittleren Drittel der Knicklänge $s_{\mathrm{k}}$
$k = W_{\mathrm{d}}/A_{\mathrm{b}}$ Kernweite des Betonquerschnitts, bezogen auf den Druckrand (bei Rechteckquerschnitten ist $k = d/6$)
$\lambda = s_{\mathrm{k}}/i$ Schlankheit mit Trägheitsradius $i = \sqrt{I/A}$ in Knickrichtung

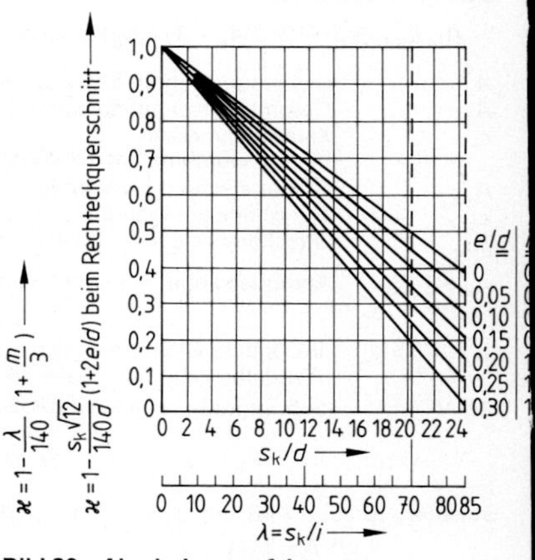


**Bild 36 Abminderungsfaktoren**

Unbewehrte Fundamente s. Abschnitt 17.2

## 3.5 Teilflächenbelastung

Wird nur die Teilfläche $A_1$ (Übertragungsfläche) eines Querschnitts durch eine Druckkraft $F$ belastet, dann darf $A_1$ mit der Pressung $\sigma_1$ nach Gl. (31) beansprucht werden, wenn im Beton unterhalb der Teilfläche die Spaltzugkräfte aufgenommen werden können (z. B. durch Bewehrung).

Der Schwerpunkt von $A$ muß in Belastungsrichtung mit dem Schwerpunkt von $A_1$ übereinstimmen. Wirken mehrere Druckkräfte $F$ auf den Betonquerschnitt, so dürfen sie die rechnerischen Verteilungsflächen innerhalb der Höhe $h$ nicht überschneiden.

$$\sigma_1 = \frac{\beta_R}{2{,}1}\sqrt{\frac{A}{A_1}} \leqq 1{,}4\,\beta_R \quad (31)$$

$A\,(A_1)$ Querschnittsfläche des kleineren der angrenzenden Bauteile (des Fugenmörtels)

$\beta_R$ Rechenwert der Betondruckfestigkeit der anschließenden Bauteile nach Tafel 27

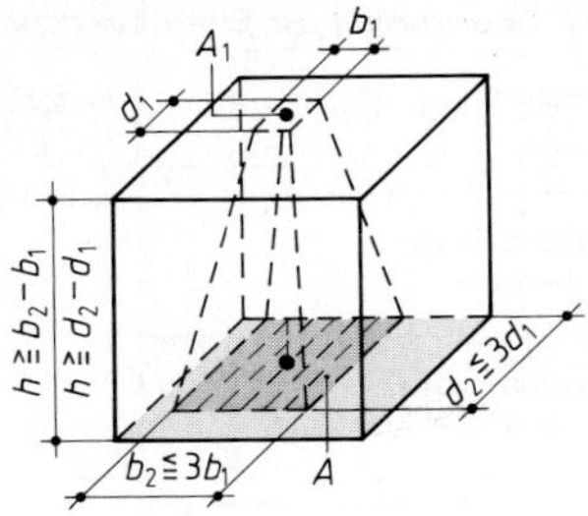


**Bild 37 Rechnerische Verteilungsfläche**

## 3.6 Spannungen in dünnen Mörtelfugen

Bei dünnen Mörtelfugen mit dem Verhältnis der kleinsten tragenden Fugenbreite zur Fugendicke $b/d \geqq 7$ dürfen Druckspannungen nach Gl. (31) in Rechnung gestellt werden.

Überschreitet die Druckspannung in der Mörtelfuge den Wert $\beta_R/2{,}1$ des Betons der anschließenden Bauteile, so muß die Aufnahme der Spaltzugkräfte in den anschließenden Bauteilen nachgewiesen werden (z.B. durch Bewehrung).

Für dickere Fugen $(b/d < 7)$ gelten die Bemessungsgrundlagen nach Abschn. 3.1.

# 4 Nachweis der Knicksicherheit

## 4.1 Grundlagen

Der Nachweis der Knicksicherheit ist für Druckglieder zusätzlich zur Bemessung nach Abschn. 3 zu führen. Nach der Größe der Schlankheit $\lambda = s_K/i$ unterscheidet man

mäßige Schlankheit, wenn $20 < \lambda \leqq 70$

große Schlankheit, wenn $\lambda > 70$ ist.

Der Nachweis darf bei mäßiger Schlankheit nach Abschn. 4.3, aber er muß bei großer Schlankheit nach Abschn. 4.4 geführt werden.

Schlankheiten $\lambda > 200$ sind unzulässig.

Entfallen darf der Nachweis, wenn

$\lambda \leqq 45$ bei Innenstützen, die mittig gedrückt und beiderseits eingespannt sind. Hierbei ist als Knicklänge $s_K$ die Geschoßhöhe in Rechnung zu stellen.

$\lambda \leqq 70$ für bezogene Ausmitten des Lastangriffs $e/d \geqq 3{,}50$

$\lambda > 70$ wenn $e/d \geqq 3{,}50\,\lambda/70$ ist.

## 4.2 Knicklänge $s_K$

Die Knicklänge ergibt sich in der Regel als Abstand der Wendepunkte der Knickfigur; sie darf mit Hilfe der Elastizitätstheorie nach dem Ersatzstabverfahren ermittelt werden. Für häufig benötigte Fälle können die Knicklängen $s_K = \beta \cdot s$ mit Hilfe der Beiwerte $\beta$ der Tafel 43 ermittelt werden.

**Tafel 43 Beiwerte $\beta$ zur Ermittlung der Knicklängen**

| | Lagerung | Verschieblichkeit | System | $\beta = \frac{\text{Knicklänge}}{\text{Systemlänge}}$ |
|---|---|---|---|---|
| | der Stabenden | | | |
| 1 | beide Enden gelenkig | unverschieblich | 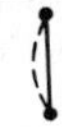 | 1,0 |
| 2 | beide Enden elastisch eingespannt | |  | ≧0,7 |
| 3 | ein Ende starr eingespannt, das andere gelenkig | |  | ≈0,7 |
| 4 | beide Enden starr eingespannt | |  | 0,5 |
| 5 | ein Ende starr eingespannt, das andere frei | verschieblich |  | 2,0 |
| 6 | beide Enden starr eingespannt | |  | 1,0 |
| 7 | beide Enden elastisch eingespannt | |  | ≧1,3 |

## 4.3 Druckglieder mit mäßiger Schlankheit ($\lambda \leqq 70$)

Der Einfluß der ungewollten Ausmitte und der Stabauslenkung darf näherungsweise erfaßt werden durch eine Bemessung im mittleren Drittel der Knicklänge unter Berücksichtigung einer zusätzlichen Ausmitte $f$ nach Gl. (32a) bzw. (32b) bzw. (32c). Für $f$ ist einzusetzen bei

$e/d < 0{,}30$: $$f = d\,\frac{\lambda - 20}{100}\sqrt{0{,}10 + e/d} \geqq 0 \qquad (32a)$$

$e/d = 0{,}30$ bis $2{,}50$: $$f = d\,\frac{\lambda - 20}{160} \geqq 0 \qquad (32b)$$

$e/d = 2{,}50$ bis $3{,}50$: $$f = d\,\frac{\lambda - 20}{160}\,(3{,}50 - e/d) \geqq 0 \qquad (32c)$$

$I_b$ Flächenmoment 2. Grades des Betonquerschnittes
$A_b$ Flächeninhalt des Betonquerschnittes
$s_K$ Knicklänge
$d$ Querschnittsabmessung in Knickrichtung
$e = |M/N|$ größte planmäßige Ausmitte des Lastangriffs unter Gebrauchslast im mittleren Drittel der Knicklänge
$\lambda = s_k/i$ Schlankheit (min $\lambda = 20$)
$i = \sqrt{I_b A_b}$ Trägheitsradius des Betonquerschnittes in Knickrichtung

## 4.4 Druckglieder mit großer Schlankheit ($\lambda > 70$)

Ihre Knicksicherheit gilt als ausreichend, wenn nachgewiesen wird, daß unter den in ungünstigster Anordnung einwirkenden 1,75fachen Gebrauchslasten ein stabiler Gleichgewichtszustand unter Berücksichtigung der Stabauslenkungen (Theorie II.

Ordnung) möglich ist und die zulässigen Schnittgrößen unter Gebrauchslast im unverformten System nicht überschritten werden. Es darf keine kleinere Bewehrung angeordnet werden, als für die Berechnungen der Stabauslenkungen vorausgesetzt wurde.

## 4.5 Ungewollte Ausmitte des Lastangriffs und unvermeidbare Maßabweichungen

Sie sind durch Annahme einer zur Knickfigur des untersuchten Druckgliedes affinen Verformung mit dem Größtwert $e_v$ nach folgender Gleichung zu berücksichtigen:

$e_v = s_K/300$

## 4.6 Berücksichtigung des Kriechens

Kriechverformungen sind in der Regel nur dann zu berücksichtigen, wenn im unverschieblichen System $\lambda > 70$ und im verschieblichen System $\lambda > 45$ und wenn gleichzeitig $e/d < 2$ ist. Sie sind unter den im Gebrauchszustand ständig einwirkenden Lasten (ggf. auch Verkehrslasten) und ausgehend von den ständig vorhandenen Stabauslenkung und Ausmitten einschließlich der ungewollten Ausmitte nach o. a. Gleichung zu ermitteln.

## 4.7 Knicken nach zwei Richtungen

Wenn ein Knicksicherheitsnachweis geführt werden muß und ist die Knickrichtung nicht eindeutig vorgegeben, so muß grundsätzlich der Nachweis für schiefe Biegung mit Längsdruck geführt werden. Die ungewollten Ausmitten $e_{vy}$ und $e_{vz}$ sind getrennt für beide Hauptachsenrichtungen zu ermitteln und zusammen mit den planmäßigen Ausmitten zu berücksichtigen.

Bei Druckgliedern mit $\lambda_z$ und $\lambda_y \leqq 70$ (mäßiger Schlankheit) sind die Zusatzausmitten $f_z$ und $f_y$ getrennt für die beiden Hauptachsenrichtungen nach Abschn. 4.3 zu bestimmen, wobei die planmäßigen Ausmitten der Last $e_z$ und $e_y$ und die Schlankheiten $\lambda_z$ und $\lambda_y$ entsprechend den Hauptachsen einzusetzen sind. Die Verformungsmomente ergeben sich zu $N \cdot f_z$ bzw. $N \cdot f_y$. Der Knicksicherheitsnachweis wird analog Abschn. 4.3 als Regelbemessung für schiefe Biegung mit Achsdruck für den Querschnitt im mittleren Drittel der Ersatzlänge geführt, der die größte planmäßige Ausmitte $e = \sqrt{(e_z^2 + e_y^2)}$ zeigt.

Für Druckglieder mit Rechteckquerschnitt und $\lambda > 70$ (große Schlankheit) darf das Näherungsverfahren nach DAfStb Heft 220 angewendet werden, wenn das Seitenverhältnis $d/b \leqq 1{,}5$ beträgt. Für $d/b > 1{,}5$ gilt die Einschränkung, daß die planmäßige Ausmitte im Bereich $B$ nach Bild 38 liegen muß.

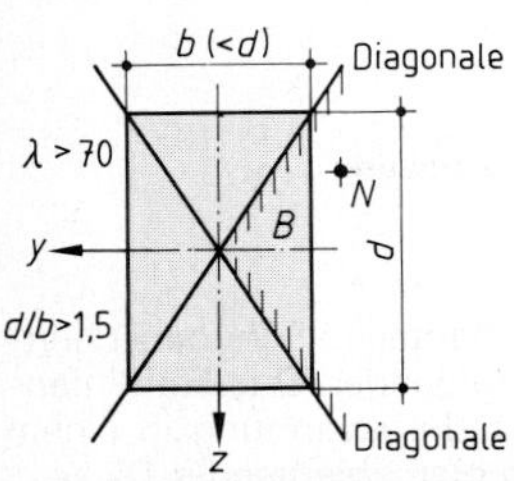


**Bild 38 Anwendungsgrenzen für das Näherungsverfahren für Schiefe Biegung mit Längsdruck**

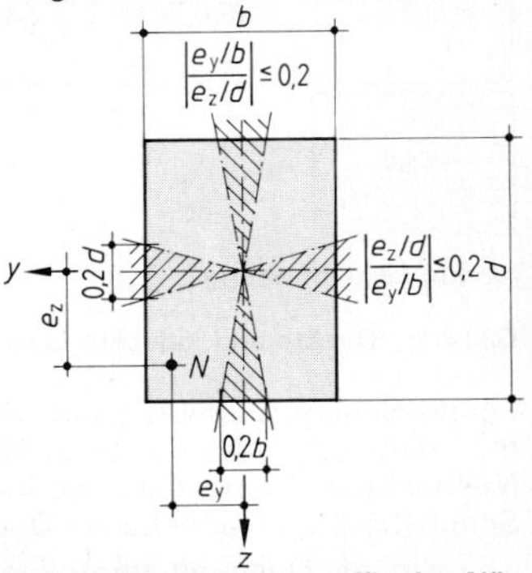


**Bild 39 Anwendungsgrenzen für das Näherungsverfahren**

Getrennte Nachweise für die Knicksicherheit sind nur erlaubt, wenn das Verhältnis der kleineren zur größeren bezogenen Lastausmitte den Wert 0,2 nicht überschreitet. Ist bei Druckgliedern mit einer planmäßigen Ausmitte $e_z \geqq 0{,}2\,d$, so muß beim Nachweis in Richtung der kürzeren Querschnittsseite $b$ die dann maßgebende Querschnittsseite $d$ auf das Maß der Höhe der Druckzone infolge der Lastausmitte $e_x + e_{vz}$ im Gebrauchszustand verkleinert werden (vgl. Bild 39).

## 4.8 Nachweis am Gesamtsystem

Grundlage für einen Nachweis am Gesamtsystem ist, daß die Biegesteifigkeiten der einzelnen Stäbe ausreichend mit dem dazugehörigen Beanspruchungszustand übereinstimmen. Hierzu ist es notwendig, jeweils die Biegesteifigkeit eines ganzen Bauteiles zu erfassen, die Angabe der Steifigkeit einzelner Querschnitte genügt nicht, Verformungen des Gesamtsystems sind entsprechend Abschn. 4.4 zu berücksichtigen. Der Nachweis der Knicksicherheit erfolgt unter 1,75facher Gebrauchslast nach Theorie II. Ordnung.

# 5 Querkraftbemessung und Schubbewehrung

## 5.1 Bemessung für Querkraft

Biegebeanspruchte Bauteile mit $b/d \leqq 5$ sind Balken.
Biegebeanspruchte Bauteile mit $b/d > 5$ sind Platten.

Lasteintragungen über Druckkräfte in biegebeanspruchte Bauteile heißen direkt bzw. unmittelbar. Andersartige Lasteintragungen heißen indirekt bzw. mittelbar (s. Bild 40a).

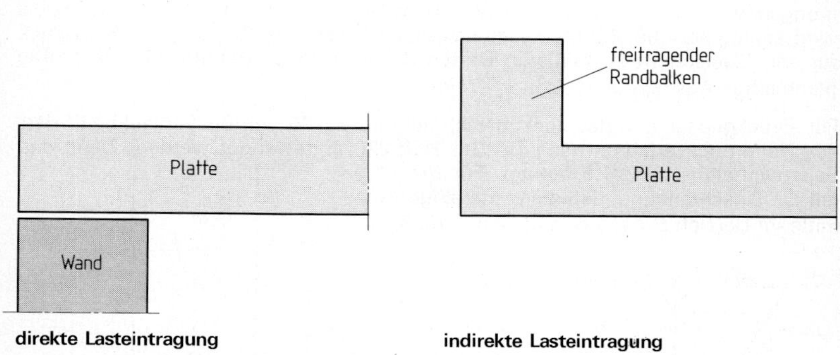


**Bild 40a Direkte und indirekte Lasteintragung**

Für die Schubbemessung wird eine biegebeanspruchtes Bauteil in Schubabschnitte – das sind die Abschnitte zwischen zwei aufeinanderfolgenden Querkraftlinien-Nullpunkten – unterteilt. Die für die Berechnung der Schubspannung in einem Schubabschnitt maßgebende Querkraft ist bei Bauteilen gleichbleibender Dicke

- i. allg. die Querkraft am Auflagerrand
- bei direkter Stützung die Querkraft im Abstand von $0{,}5\,h$ vom Auflagerrand.

Bei veränderlicher Bauteilhöhe (z. B. Vouten) ist die maßgebende Querkraft

– bei Vouten auf der gedrückten Seite $\boldsymbol{Q_s = Q \pm \frac{M_s}{h} \cdot \tan\alpha}$ (33a)

– bei Vouten auf der Zugseite $\boldsymbol{Q_s = Q \pm \left(\frac{M_s}{h} + N\right) \cdot \tan\alpha}$ (33b)

Das negative Vorzeichen gilt dort, wo in Richtung zunehmender Bauteilhöhe auch der Absolutwert des Biegemomentes zunimmt. Andernfalls gilt das positive Vorzeichen, Bild 40b.

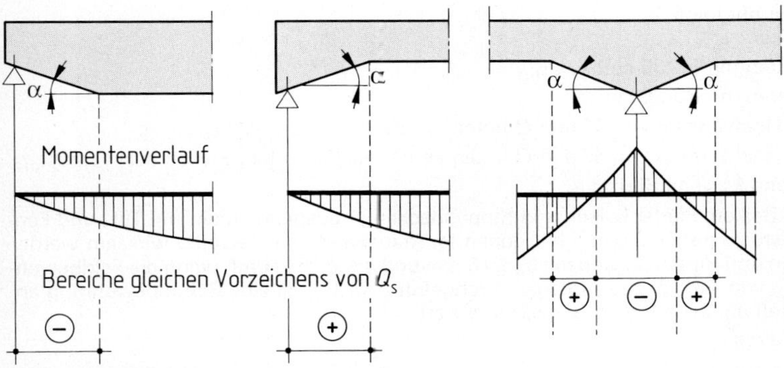


**Bild 40 b Maßgebende Querkraft bei Vouten**

Der Grundwert $\tau_0$ der Schubspannung beträgt bei Biegung und Biegung mit Längskraft, solange die Nullinie im Querschnitt liegt,

– $\tau_0 = \frac{Q_s}{b_0 z}$ (34a), wenn die Bauteilbreite $b_0$ über die Zugzone konstant ist,

– $\tau_0 = \frac{Q_s}{\min b_0 z}$ (34b), wenn die Bauteilbreite $b_0$ in der Zugzone variiert.

Bei Biegung mit Längsdruckkraft und Nullinie außerhalb des Querschnitts darf der Grundwert $\tau_0$ in der Größe der nach Zustand I auftretenden größten Hauptzugspannung angenommen werden:

$$\sigma_1 = \frac{\sigma_x}{2} + \sqrt{\left(\frac{\sigma_x}{2}\right)^2 + \tau^2} \quad (35) \quad \text{mit} \quad \sigma_x = \frac{N}{A_b} \pm \frac{M}{W_b}$$

In diesem Fall ist zusätzlich nachzuweisen, daß die schiefe Hauptdruckspannung im Zustand II den Wert $2\tau_{03}$ nicht überschreitet.

Der so ermittelte Grundwert $\tau_0$ darf

– i. allg. den Grenzwert $\tau_{02}$

– bei Balken mit $d \geqq 30$ cm und Verwendung von Rippenstahl den Grenzwert $\tau_{03}$ aus Tafel 44 nicht überschreiten. (Einhaltung dieser Grenzwerte entspricht einem Sicherheitsbeiwert der Biegebemessung von $\gamma = 1{,}75$.)

**Tafel 44 Grenzen der Grundwerte $\tau_0$ in N/mm² unter Gebrauchslast**

| Bereich | | Bauteil | max $\tau_0$ | Grenzen der Schubspannung $\tau_0$ für B 15 | B 25 | B 35 | B 45 | B 55 | Schubdeckung |
|---|---|---|---|---|---|---|---|---|---|
| 1 | a | Platten¹) | $\tau_{011}$ | 0,25 | 0,35 | 0,4 | 0,5 | 0,55 | keine |
| | b | | | 0,35 | 0,5 | 0,6 | 0,7 | 0,8 | |
| | | Balken | $\tau_{012}$ | 0,5 | 0,75 | 1,0 | 1,1 | 1,25 | konstruktive |
| 2 | | Platten Balken | $\tau_{02}$ | 1,2 | 1,8 | 2,4 | 2,7 | 3,0 | verminderte nach Gl. (36) |
| 3 | | Balken | $\tau_{03}$ | 2,0 | 3,0 | 4,0 | 4,5 | 5,0 | volle |
| | | | | nur bei $d$ bzw. $d_0 \geqq 30$ cm und Rippenstahl | | | | | |

¹) Zeile a) gilt bei gestaffelter, d. h. teilweise im Zugbereich verankerter Bewehrung.

Das weitere Vorgehen hängt von der Größe des Grundwertes $\tau_0$ ab:

**Schubbereich 1**

Balken: $\tau_0 \leqq \tau_{012}$

Platten mit $d \leqq 30$ cm: $\tau_0 \leqq \tau_{011}$

Platten mit $d > 30$ cm:

- Höchstwerte von $M$ und $Q$ treten an gleicher Stelle auf: $\tau_0 \leqq k_1 \tau_0$
- Höchstwerte von $M$ und $Q$ treten an unterschiedlichen Stellen auf: $\tau_0 \leqq k_2 \tau_{012}$

$k_1$ und $k_2$ siehe Bild 41.

Bei Balken, Plattenbalken und Rippendecken – ausgenommen sind Tür- und Fensterstürze mit $l \leqq 2{,}0$ m, über denen im Mauerwerk ein Gewölbe wirksam werden kann und Rippendecken mit $d_{sl} \leqq 16$ mm und $p \leqq 2{,}75$ kN/m², wenn die Feldbewehrung von Auflager zu Auflager durchgeführt wird – ist eine Schubbewehrung anzuordnen, die mit dem Bemessungswert

$$\tau = 0{,}4\,\tau_0$$

zu ermitteln ist. Hiervon ist mindestens der Anteil $\tau = 0{,}25\,\tau_0$ durch Bügel abzudecken.

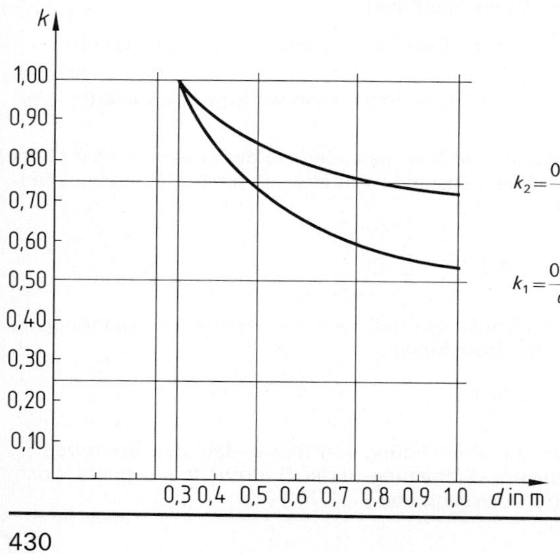


$$k_2 = \frac{0{,}12}{d} + 0{,}6 \ {\geqq 0{,}7 \atop \leqq 1{,}0}$$

$$k_1 = \frac{0{,}2}{d} + 0{,}33 \ {\geqq 0{,}5 \atop \leqq 1{,}0}$$

**Bild 41**
**Die $k$-Faktoren**

Zur Berechnung von $\tau$ darf der Grundwert $\tau_0$ zuvor ggf. reduziert werden: Der aus auflagernahen Einzellasten $F$ im Abstand $a \leqq 2h$ stammende Anteil der Querkraft $Q_s$ darf im Verhältnis $a/2h$ abgemindert werden.

Bei Platten darf auf eine Schubbewehrung verzichtet werden.

**Schubbereich 2**

Balken: $\tau_{012} < \tau_0 \leqq \tau_{02}$

Platten mit $d \leqq 30$ cm: $\tau_{011} < \tau_0 \leqq \tau_{02}$

Platten mit $d > 30$ cm:

– Höchstwerte von $M$ und $Q$ treten an gleicher Stelle auf: $k_1 \tau_{011} < \tau_0 \leqq \tau_{02}$
– Höchstwerte von $M$ und $Q$ treten an unterschiedlichen Stellen auf: $k_2 \tau_{012} < \tau_0 \leqq \tau_{02}$

$k_1$ und $k_2$ s. Bild 41.

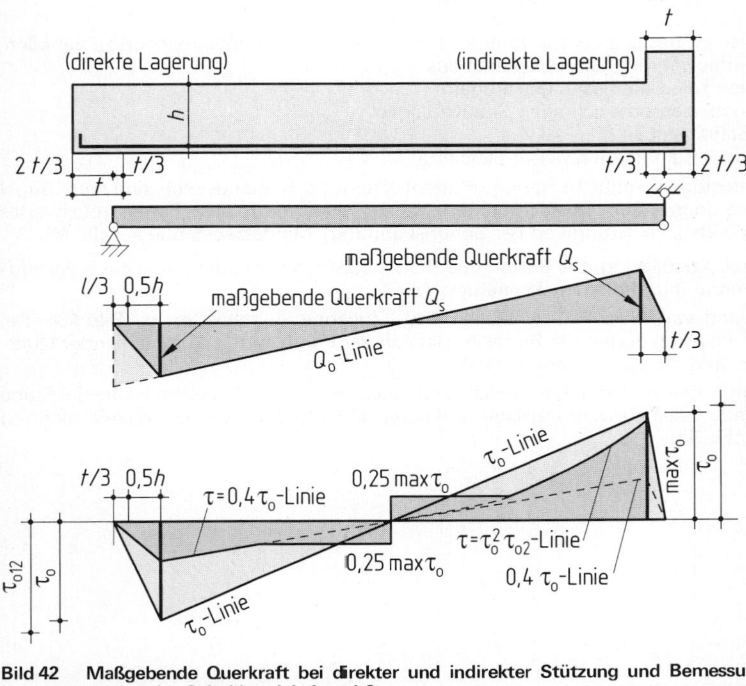


**Bild 42** **Maßgebende Querkraft bei direkter und indirekter Stützung und Bemessungswerte $\tau$ im Schubbereich 1 und 2**

In allen Bauteilen – Platten, Balken, Plattenbalken und Rippendecken – ist eine Schubbewehrung anzuordnen, die mit dem Bemessungswert

$$\tau = \tau_0^2/\tau_{02} \geqq 0{,}4\,\tau_0 \quad (36)$$

zu ermitteln ist.

Bei Balken, Plattenbalken und Rippendecken ist hiervon mindestens der Anteil $\tau = 0{,}25\,\tau_0$ durch Bügel zu decken. Zur Berechnung des Bemessungswertes $\tau$ darf der Grundwert $\tau_0$ zuvor wie beim Schubbereich 1 reduziert werden.

Bei Platten darf in Teilbereichen mit $\tau_0 \leqq k_1\,\tau_{011}$ bzw. $\tau_0 \leqq k_2\,\tau_{011}$ auf eine Schubbewehrung verzichtet werden.

**Schubbereich 3** (nur für Balken mit $d \geqq 30$ cm und Verwendung von Rippenstahl)

$$\tau_{02} < \tau_0 \leqq \tau_{03}$$

Es ist eine Schubbewehrung anzuordnen, die mit dem Bemessungswert $\tau = \tau_0$ zu ermitteln ist (volle Schubbedeckung). Mindestens der Anteil $\tau = 0{,}25\,\tau_0$ ist durch Bügel zu decken. Zur Berechnung des Bemessungswertes $\tau$ darf der Grundwert $\tau_0$ zuvor wie beim Schubbereich 1 reduziert werden. Der größte im Schubabschnitt vorhandene Bemessungswert $\tau$ ist im ganzen Schubabschnitt anzusetzen (das bedeutet: bei Bauteilen im Schubbereich 3 darf die Schubbewehrung nicht dem Verlauf der $\tau$-Linie angepaßt werden).

## 5.2 Schubbewehrung; allgemeine Angaben

Sie ist mindestens dem Verlauf der Bemessungswerte $\tau$ entsprechend zu verteilen.
Schubbewehrung kann bestehen aus:
- vertikalen oder schrägen Bügeln
- vertikalen oder schrägen Schubzulagen
- Schrägstäben
- einer Kombination dieser Elemente.

Mindestquerschnitt: In Balken, Plattenbalken und Rippendecken sind stets Bügel anzuordnen. Der Querschnitt ergibt sich aufgrund des Bemessungswertes $\tau_{bü} = 0{,}25\,\tau_0$ ($\tau_0$ Grundwert der Schubspannung) Mindestabstände s. Tafel 45.

**Bügel, Ausbildung.** Bei Balken und Plattenbalken müssen die Bügel die Biegezugbewehrung und die Druckzone umschließen.

Sie sind wahlweise in der Druck- bzw. Zugzone zu schließen (s. Bild 43). Bei Plattenbalken dürfen die Bügel im Bereich der Platte mittels durchgehender Querstäbe geschlossen werden (Bild 44).

Wenn Bügel in Platten erforderlich sind, müssen sie mindestens die Hälfte der Stäbe der äußersten Bewehrungslage umfassen und brauchen die Druckzone nicht zu umschließen.

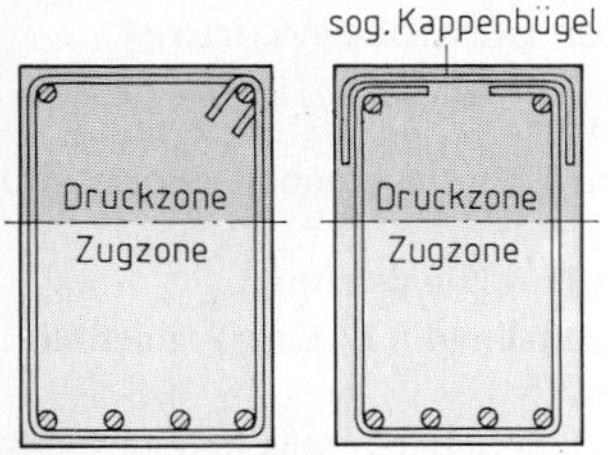


**Bild 43 Bügel im Balken**

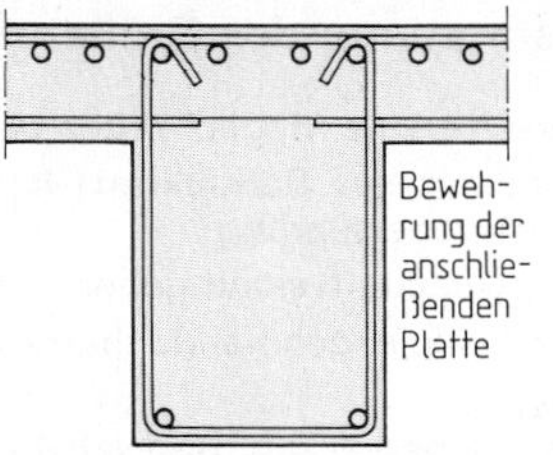


**Bild 44 Bügelausbildung bei Plattenbalken (in der Druck- und Zugzone zulässig)**

**Tafel 45 Obere Grenzwerte der zulässigen Abstände der Bügel und Bügelschenkel**

| Abstand der Bügel in Richtung der Biegezugbewehrung | | | |
|---|---|---|---|
| | | Bemessungsspannung der Schubbewehrung | |
| | | $\sigma_s \leqq 240$ N/mm² | $\sigma_s = 286$ N/mm² |
| Art des Bauteils und Höhe der Schubbeanspruchung | Platten im Schubbereich 2 | 0,6 *d* bzw. 80 cm | 0,6 *d* bzw. 80 cm |
| | Balken im Schubbereich 1 | 0,8 $d_0$ bzw. 30 cm[1]) | 0,8 $d_0$ bzw. 25 cm[1]) |
| | Balken im Schubbereich 2 | 0,6 $d_0$ bzw. 25 cm | 0,6 $d_0$ bzw. 20 cm |
| | Balken im Schubbereich 3 | 0,3 $d_0$ bzw. 20 cm | 0,3 $d_0$ bzw. 15 cm |
| Abstand der Bügelschenkel quer zur Biegezugbewehrung | | | |
| Bauteildicke *d* bzw. $d_0$ | $\leqq$40 cm | 40 cm | |
| | >40 cm | *d* bzw. $d_0$ oder 80 cm | |

[1]) Bei Balken mit $d_0 < 20$ cm und $\tau_0 \leqq \tau_{011}$ braucht der Abstand nicht kleiner als 15 cm zu sein.

**Schrägstäbe.** Abstände von der rechnerischen Auflagerlinie bzw. untereinander in Richtung der Bauteillängsachse nach Bild 45. Verankerung s. S. 446. Schrägstäben an nur einer Stelle darf höchstens die in einem Längenbereich von 2,0 *h* vorh. Schubkraft zugewiesen werden.

**Bild 45 Zulässiger Abstand von Schrägstäben, die als Schubbewehrung dienen**

**Schubzulagen** sind Schubbewehrungselemente, die die Biegezugbewehrung nicht umschließen. Sie sind korb-, leiter- oder girlandenartig auszubilden und müssen aus Rippenstäben o. Betonstahlmatten aus gerippten Stäben bestehen.

Bei Platten in Bereichen mit Schubspannungen $\tau_0 \leqq 0{,}5\,\tau_{02}$ dürfen Schubzulagen allein, $\tau_0 > 0{,}5\,\tau_{02}$ nur in Verbindung mit Bügeln angeordnet werden.

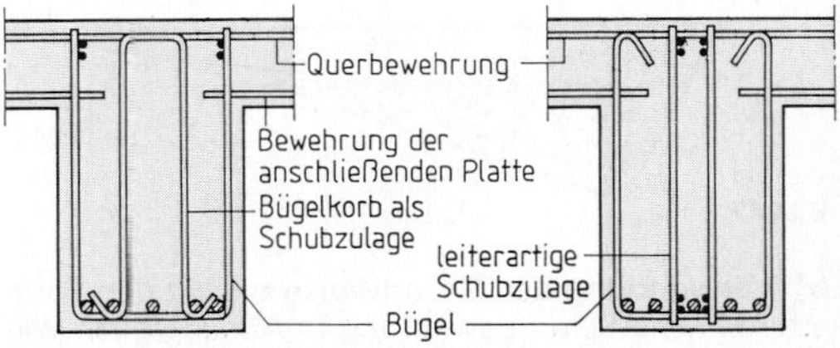


**Bild 46**
**Beispiel für eine Schubbewehrung aus Bügeln und Schubzulagen in Plattenbalken**

## 5.3 Bestimmung der Größe und Lage der Schubbewehrung

Es gibt verschiedene Möglichkeiten der Berechnung

**a) Verwendung der Schubkraft(-linie).** Folgende Schritte ergeben Größe und Lage der Schubbewehrung:

1. Die zum Querkraftverlauf gehörende $\tau_0$-Linie und $\tau$-Linie zeichnen.

2. Die zur $\tau$-Linie gehörende bezogene Schubkraft-Linie ($T'$-Linie) zeichnen: $T' = \tau b_0$

3. Bügeldurchmesser und Bügelabstand $s_{bü}$ wählen, gegebenenfalls bereichsweise. Aus einfacher Querschnittsfläche $a_{sbü}$ des Bügels, Schnittigkeit $s$, Bügelabstand $s_{bü}$ und zulässiger Zugspannung $\sigma_{s\tau}$ (s.u.) ergibt sich der durch Bügel abgedeckte Teil der bezogenen Schubkraft zu

$$\boldsymbol{T'_{bü} = a_{sbü} \cdot s \cdot \sigma_{s\tau} / s_{bü}} \quad (\sigma_{s\tau} = \beta_s / 1{,}75).$$

4. Sicherstellen, daß der Anteil $\tau = 0{,}25\ \tau_0$ durch Bügel abgedeckt ist:

$$\text{erf}\, a_{sbü} = \frac{0{,}25\ \tau_0 b}{\sigma_{s\tau}} \cdot \frac{s_{bü}}{s}$$

5. Den Inhalt der (Rest-) Fläche zwischen $T'$-Kurve und $T'_{bü}$-Kurve gegebenenfalls näherungsweise) berechnen.

6. Die zugehörige (resultierende) Restschubkraft $T_s$ muß durch Schrägstäbe aufgenommen werden. Die Gesamtquerschnittsfläche der dazu erforderlichen Schrägstäbe beträgt

$$\textbf{erf}\ \boldsymbol{A_{ss} = T_s / (\sigma_{s\tau} \sqrt{2} \cos\delta)},$$

wobei $\delta$ den Winkel angibt, um den die Schrägstäbe von der 45°-Richtung abweichen; bei 60°-Aufbiegungen z. B. ist $\delta = 15°$.

7. Ermittlung der Anzahl der Schrägstäbe nach Maßgabe der vorhandenen Durchmesser. Aufteilung der Restschubkraft $T_s$ auf die einzelnen Schrägstäbe und Abschätzung der zugehörigen Teilflächen (zwischen $T'$-Kurve und $T'_{bü}$-Kurve).

8. Die geschätzten Schwerpunkte der Teilflächen auf die Schwerlinie loten. Die Schrägstäbe so legen, daß sie die Schwerlinie in diesen Punkten schneiden (Bild 47).

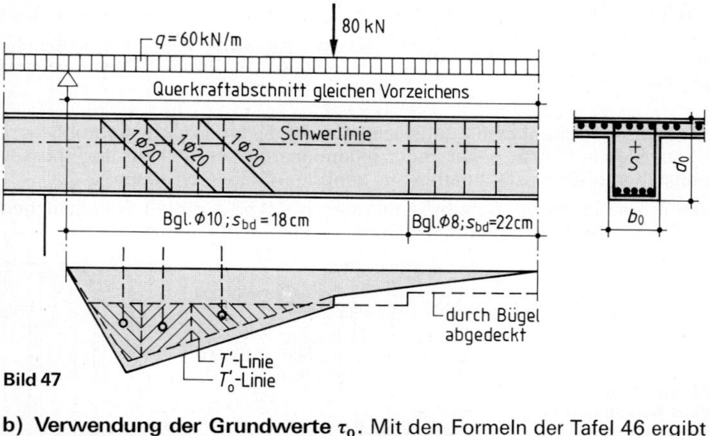


**Bild 47**

**b) Verwendung der Grundwerte $\tau_0$.** Mit den Formeln der Tafel 46 ergibt sich die erforderliche Schubbewehrung in Abhängigkeit von $\tau_0$.

**Tafel 46 Grenzwerte $\tau_0$ in MN/m und Schubberechnung $a_s$ in cm²/m**

| Bauteil | Bereich | max $\tau_0$ | Grenzwert $\tau_0$ [MN/m²] B 15 | B 25 | B 35 | B 45 | B 55 | Nachweis der Schubdeckung $a_s$ [cm²/m] Gesamte Schubbewehrung | davon Mindest-Bü-Bew. | Anmerkung |
|---|---|---|---|---|---|---|---|---|---|---|
| Platte (Dicke $d$) | 1 | $\tau_{011}$ | 0,25 | 0,35 | 0,40 | 0,50 | 0,55 | Keine Schubbewehrung für $d \leq 30$ cm, wenn $\tau_0 \leq \tau_{011}$ für $d > 30$ cm, wenn $\tau_0 \leq k_1 \cdot \tau_{011}$ ¹) bzw. $\tau_0 \leq k_2 \cdot \tau_{011}$ ¹) sonst | nicht erforderlich²) | $k_\beta = \dfrac{1}{\sin\beta + \cos\beta}$ für lotrechte Bügel: $k_\beta = 1$ für Schrägeisen: ($\beta = 45°$) $k_\beta = 0{,}707$ |
| | | | Feldbew. gestaffelt | | | | | | | |
| | | | 0,35 | 0,50 | 0,60 | 0,70 | 0,80 | | | |
| | | | Feldbew. durchgehend | | | | | | | |
| | 2 | $\tau_{02}$ | 1,20 | 1,80 | 2,40 | 2,70 | 3,00 | $a_s = \dfrac{\tau_0^2 \cdot b}{\tau_{02} \cdot 2{,}86}$ | | |
| Plattenbalken (Dicke $d_0$) | 1 | $\tau_{012}$ | 0,50 | 0,75 | 1,00 | 1,10 | 1,25 | $a_s = \dfrac{0{,}4 \cdot \tau_0 \cdot b}{2{,}86} \cdot k_\beta$ | $a_{sbü} = \dfrac{0{,}25 \cdot \tau_0 \cdot b}{2{,}86}$ | bei Plattenbalken muß anstatt $b$ die Stegbreite $b_0$ eingesetzt werden |
| | 2 | $\tau_{02}$ | 1,20 | 1,80 | 2,40 | 2,70 | 3,00 | $a_s = \dfrac{\tau_0^2 \cdot b}{\tau_{02} \cdot 2{,}86} \cdot k_\beta$ | | |
| Balken (Dicke $d$) | 3 | $\tau_{03}$ | 2,00 | 3,00 | 4,00 | 4,50 | 5,00 | $a_s = \dfrac{\tau_0 \cdot b}{2{,}86} \cdot k_\beta$ ³) | | |
| | | | zulässig nur für $d$ bzw. $d_0 \geq 30$ cm | | | | | | | |
| | | | | | | | | $\tau_0$ in MN/m², $b$ in cm | | |

¹) Für dicke Platten ($d > 30$ cm) gilt

$\text{Ort}_{\max M} = \text{Ort}_{\max Q}$: $k_1 = \dfrac{0{,}2}{d\,[m]} + 0{,}33 \;\; \begin{matrix}\geq 0{,}5 \\ \leq 1{,}0\end{matrix}$

$\text{Ort}_{\max M} \neq \text{Ort}_{\max Q}$: $k_2 = \dfrac{0{,}12}{d\,[m]} + 0{,}60 \;\; \begin{matrix}\geq 0{,}7 \\ \leq 1{,}0\end{matrix}$

²) Bei Verwendung von Schubzulagen s. DIN 1045, 18.8.4.

³) Gilt für den ganzen zugehörigen Querkraftbereich gleichen Vorzeichens

**c) Verwendung der Biegebewehrung.** Für Stahlbetonbalken unter Gleichlast kann die insgesamt im Feldbereich eines Querkraftvorzeichens erforderliche Schubbewehrung näherungsweise berechnet werden nach der Formel

$$\text{erf}\, A_\tau = (A_{s\text{Feld}} + A_{s\text{Stütze}})\,\varkappa \quad (37) \quad \text{mit } \varkappa = \sigma_{s\tau}/\sigma_{s\text{längs}}.$$

## 6 Bemessung für Torsion

Der Grundwert $\tau_T$ der Torsionsschubspannung ist mit den Querschnittswerten für Zustand I und für die Schnittgrößen unter Gebrauchslast ohne Berücksichtigung der Bewehrung nach Gl. (36) zu ermitteln. Es muß $\tau_T \leqq \tau_{02}$ in Tafel 38 sein; Abminderungen nach Gl. (36) sind unzulässig. Ein Nachweis der Torsionsbewehrung ist nur erforderlich, wenn $\tau_T > 0{,}25\,\tau_{02}$ ist. Für die häufig vorkommenden Querschnitte kann $W_T$ dem Abschnitt Statik und Festigkeitslehre, Tafel 22 entnommen werden.

$$\max \tau_T = M_T / W_T \quad (38)$$

**Torsionsbewehrung**

Schubkraft nach Bredt $\quad T'_T = \dfrac{M_T}{2A_k} \quad (39)$

Stahlquerschnitte: Bügel $\quad A'_{sbü} = \dfrac{T'_T}{\sigma_s} \quad (40)$

Einfacher Bügelquerschnitt $\quad A_{sbu} = \dfrac{M_T \cdot s_{bü}}{2A_k \cdot \sigma_s} \quad (41)$

Längsstäbe $\quad \sum A_{sL} = \dfrac{T'_T \cdot u_k}{\sigma_s} \quad (42)$

Einzelstabquerschnitte $\quad A_{sL} = \dfrac{M_T s_L}{2A_k \cdot \sigma_s} \quad (43)$

$A_k = b_k \cdot d_k$

$u_k = 2\,(b_k + d_k)$

$\sigma_s = \dfrac{\beta_s}{1{,}75} \leqq 240\ \text{N/mm}^2$

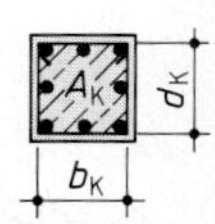


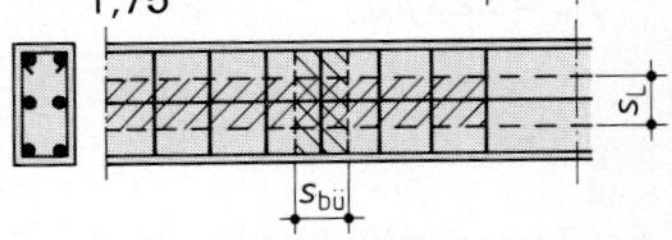


**Bild 48 Torsionsbewehrung**

$s_L$ arithmetisches Mittel benachbarter Längsstababstände

## 7 Bemessung für Querkraft und Torsion

Wirken Querkraft und Torsion gleichzeitig, so ist zunächst nachzuweisen, daß $\tau_0$ und $\tau_T$ jeder für sich die unter 5 und 6 angegebenen Höchstwerte nicht überschreiten. Weiter muß Gl. (44) erfüllt sein. Beträgt die Bauteildicke $d$ bzw. $d_0$ weniger als 30 cm, so tritt an Stelle des Höchstwertes $\tau_{03}$ der Höchstwert $\tau_{02}$. Die erforderliche Schubbewehrung ist getrennt für die Teilwerte $\tau_0$ bzw. $\tau$ und $\tau_T$ zu ermitteln. Die so ermittelten Querschnittswerte der Schubbewehrung sind zusammenzuzählen.

$$\frac{\tau_0}{\tau_{03}} + \frac{\tau_T}{\tau_{02}} \leqq 1{,}3 \qquad (44)$$

## 8 Beschränkung der Rißbreite unter Gebrauchslast

### 8.1 Allgemeine Grundlagen

Sie soll durch geeignete Wahl von Bewehrungsgrad, Stahlspannung und Bewehrungsanordnung in dem Maße erfolgen, wie es der Verwendungszweck erfordert.

Wenn Mindestbewehrung und Regeln für statisch erforderliche Bewehrung eingehalten, wird die Rißbreite in dem Maße beschränkt, daß das äußere Erscheinungsbild und die Dauerhaftigkeit von Stahlbetonteilen nicht beeinträchtigt werden. Diese Konstruktionsregeln unterscheiden zwischen Anforderungen an Innenbauteile (Tafel 50, Zeile 1) und Bauteile mit Umweltbedingungen nach Tafel 50, Zeile 2 bis 4. Darüber hinaus können weitere Anforderungen erforderlich sein.

Als rißverteilende Bewehrung sind stets Betonrippenstähle zu verwenden.

### 8.2 Mindestbewehrung

Eine Mindestbewehrung ist im allgemeinen in oberflächennahen Bereichen von Stahlbetonbauteilen einzulegen, in denen Betonzugspannungen entstehen können. Sie ist nicht erforderlich

- bei Innenbauteilen des üblichen Hochbaus;
- bei Bauteilen, wo Zwangsauswirkungen nicht auftreten können;
- wenn die Zwangsschnittgröße die Rißschnittgröße nicht erreichen kann, denn dann ist die Bewehrung für die Zwangsschnittgröße nach den Konstruktionsregeln für die statisch erfaßte Bewehrung zu ermitteln;
- wenn breite Risse unbedenklich sind.

Die Schnittgröße, die zu einer Randspannung gleich der Betonfestigkeit führt, wird als Rißschnittgröße bezeichnet. Sie wird durch eine Mindestbewehrung nach folgender Gleichung aufgenommen.

$$\mu_z = k_0 \cdot \beta_{bz}/\sigma_s \qquad (45)$$

$$\beta_{bz} = 0{,}25\, \beta_{WN}^{2/3} \qquad (46)$$

$\mu_z$ Bewehrungsgehalt auf die Zugzone nach Zustand I bezogen ($A_s/A_{bz}$)

$k_0$ Beiwert zur Beschränkung von Erstrissen
0,4 Bauwerke unter Biegezwang
1,0 Bauwerke unter zentrischem Zwang

$\sigma_z$ Betonstahlspannung im Zustand II in Abhängigkeit vom gewählten Stabdurchmesser nach Tafel 47a mit $\sigma_s \leqq 0{,}8\, \beta_s$.

$\beta_{WN}$ Nennfestigkeit des Betons, in Gl. (46) ist dje vorgesehene Nennfestigkeit, mindestens jedoch $\beta_{WN} = 35$ N/mm², einzusetzen.

Bei Zwang im frühen Betonalter darf mit der dann vorhandenen, geringeren wirksamen Betonzugfestigkeit $\beta_{bzw}$ gerechnet werden, wenn der Grenzdurchmesser nach Tafel 47a im Verhältnis $\beta_{bzw}/2{,}1$ abgemindert wird.

## 8.3 Statisch erforderliche Bewehrung

Die statisch erforderliche Bewehrung ist unter Beachtung von Tafel 47a anzuordnen.

Die Betonstahlspannung $\sigma_s$ ist die Stahlspannung unter dem häufig wirkenden Lastanteil nach Zustand II. Sie kann mit 70% der zulässigen Gebrauchslast, mindestens aber der ständigen Last einschließlich Zwang, angesetzt werden.

Als Grenzdurchmesser gilt der Durchmesser eines Einzelstabes (auch bei Betonstahlmatten mit Doppelstäben) bzw. der Vergleichsdurchmesser bei Stabbündeln.

**Tafel 47a Grenzdurchmesser $d_s$ (Grenzen für Vergleichsdurchmesser $d_{sV}$) in mm**
Nur einzuhalten, wenn die Werte der Tafel 47b nicht eingehalten sind, und stets einzuhalten bei Ermittlung der Mindestbewehrung

| | 1 | | 2 | 3 | 4 | 5 | 6 | 7 |
|---|---|---|---|---|---|---|---|---|
| 1 | Betonstahlspannung $\sigma_s$ in N/mm² | | 160 | 200 | 240 | 280 | 350 | 400[1]) |
| 2 | Grenzdurchmesser $d_s$ in mm bei | Zeile 1 | 36 | 36 | 28 | 25 | 16 | 10 |
| 3 | Umweltbedingungen nach Tafel 50 | Zeilen 2 bis 4 | 28 | 20 | 16 | 12 | 8 | 5 |

Die Grenzdurchmesser dürfen im Verhältnis $\frac{d}{10(d-h)} \geqq 1$ vergrößert werden.

$d$ Bauteildicke
$h$ statische Nutzhöhe } jeweils rechtwinklig zur betrachteten Bewehrung

Bei Verwendung von Stabbündeln mit $d_{sV} > 36$ mm ist immer eine Hautbewehrung erforderlich.
Zwischenwerte dürfen linear interpoliert werden.

[1]) jedoch $\sigma_s \leqq 0{,}8\,\beta_s$

**Tafel 47b Höchstwerte der Stababstände in cm**
Nur einzuhalten, wenn die Werte der Tafel 47a nicht eingehalten sind.

| | 1 | | 2 | 3 | 4 | 5 | 6 |
|---|---|---|---|---|---|---|---|
| 1 | Betonstahlspannung $\sigma_s$ in N/mm² | | 160 | 200 | 240 | 280 | 350 |
| 2 | Höchstwerte der Stababstände in cm | Zeile 1 | 25 | 25 | 25 | 20 | 15 |
| 3 | bei Umweltbedingungen nach Tafel 50 | Zeilen 2 bis 4 | 25 | 20 | 15 | 10 | 7 |

In Tafel 47b dürfen Zwischenwerte gradlinig eingeschaltet werden. Für mittigen Zug gelten die halben Werte.

# 9 Beschränkung der Durchbiegung unter Gebrauchslast

Der Nachweis der Beschränkung der Durchbiegung kann vereinfacht werden durch eine Begrenzung der Biegeschlankheit $l_i/h$. Es gelten folgende Grenzen:

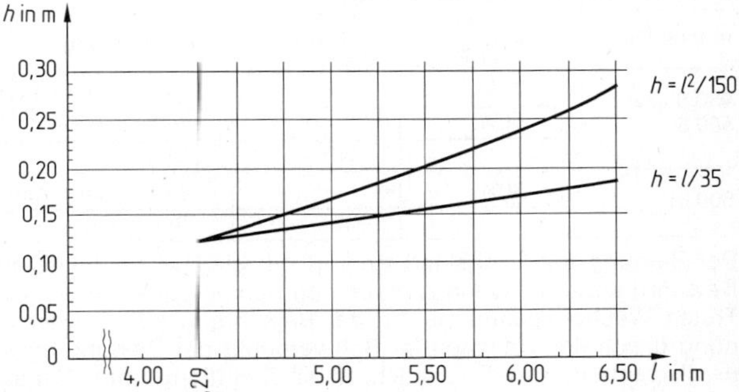


**Bild 49**
**Biegeschlankheit**

$l_i/h \leqq 35$ bei Bauteilen, die mit ausreichender Überhöhung der Schalung hergestellt worden sind ($l_i$ und $h$ in m)

$l_i/h \leqq 150/l_i$ bei Bauteilen, die Trennwände zu tragen haben, wenn störende Risse in den Trennwänden nicht durch andere Maßnahmen vermieden werden.

**Tafel 48 Beiwerte $\alpha = l_i/l$**

| statisches System | $\alpha = l_i/l$ |
|---|---|
| 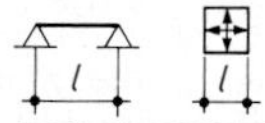 | 1,00 |
| 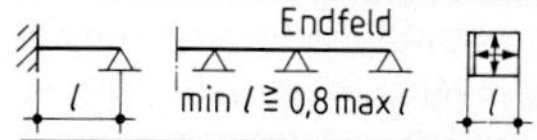  | 0,80 |
| 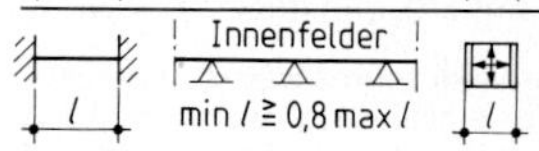  | 0,60 |
| 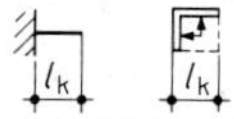 | 2,40 |

Mit der Ersatzstützweite $l_i = \alpha l$ kann gerechnet werden, wenn die Durchbiegung vorwiegend verursacht wird durch die im betrachteten Feld wirkende Belastung. Für häufig vorkommende Anwendungsfälle mit gleichbleibender Bauhöhe kann der Beiwert $\alpha$ aus Tafel 48 entnommen werden.

## 10 Beschränkung der Stahlspannungen unter Gebrauchslast bei nicht vorwiegend ruhender Belastung

Unter Gebrauchslast darf die Schwingbreite der Stahlspannungen folgende Werte nicht überschreiten.

**Tafel 49a Zulässige Spannungen unter Gebrauchslast**

| Betonstahl | zul. Spannung in N/mm² | Anwendung |
|---|---|---|
| 420 S bzw. 500 S | 180 | in geraden oder schwach gekrümmten Stababschnitten (Biegerollendurchmesser $d_{br} \geqq 25\,d_s$) |
| | 140 | in gekrümmten Stababschnitten mit einem Biegerollendurchmesser $25\,d_s > d_{br} \geqq 10\,d_s$ |
| | 100 | in gekrümmten Stababschnitten mit einem Biegerollendurchmesser $d_{br} < 10\,d_s$ |
| 500 M | 80 | Betonstahlmatten mit tragenden Stäben $d_s > 4{,}5$ mm |

Für Biegung ohne Längskraft darf zur Vereinfachung der Nachweis geführt werden, daß der durch häufige Lastwechsel verursachte Momentenanteil die Werte der Tafel 49b nicht überschreitet.

**Tafel 49b Höchstwerte der Schnittgrößenanteile**

| Betonstahl | $\frac{\text{dyn } M}{\max M}$ | $\frac{\text{dyn } Q}{\max Q}$ | Anwendung |
|---|---|---|---|
| 420 S bzw. 500 S | 75% | | gerade oder schwach gekrümmte Stäbe |
| | 60% | | Abbiegestellen |
| | | 60% | Bügel |
| 500 M | 30% | | Betonstahlmatten |
| | | 30% | Bügelmatten |

Bei Biegung mit Längskraft genügt der gleiche Nachweis für zugbeanspruchte Bewehrungsstäbe, wenn $\Delta M$ um den Schwerpunkt der Druckzone gebildet wird. Treten Wechselspannungen in der Bewehrung auf, so darf die Stahldruckspannung gleich der 10fachen im Schwerpunkt der Bewehrung auftretenden Betondruckspannung gesetzt werden, deren Ermittlung unter Annahme einer geradlinigen Spannungsverteilung nach Zustand I erfolgen darf.

# 11 Spannungsermittlung bewehrter Querschnitte im Gebrauchszustand

Außer der Bruchsicherheit ist auch das einwandfreie Verhalten unter Gebrauchslast nachzuweisen. Bei Ermittlung von Querschnittswerten und Spannungen darf dabei einheitlich mit $n = E_s/E_b = 10$ gerechnet werden, $\sigma_s$ darf näherungsweise nach Gl. (47) angenommen werden, worin $M_s$ das auf die Zugbewehrung bezogene Moment ist. Als Druckkraft ist $N$ mit negativem Vorzeichen einzusetzen.

$$\sigma_s = \frac{1}{A_s}\left(\frac{M_s}{z} + N\right) \qquad (47)$$

Für eine genauere Berechnung und vor allem für die Ermittlung der Betonrandspannungen können folgende Gleichungen benutzt werden.

## 11.1 Spannungsnachweis bei reiner Biegung

### a) Einfach bewehrte Rechteckquerschnitte

$$x = \frac{nA_s}{b}\left(-1 + \sqrt{1 + \frac{2bh}{nA_s}}\right) \quad (48) \qquad z = h - \frac{x}{3} \quad (49) \qquad \sigma_s = \frac{2M}{bxz} \quad (50) \qquad \sigma_s = \frac{M}{zA_s} \quad (51)$$

### b) Doppelt bewehrte Rechteckquerschnitte

$$x = -a_s + \sqrt{a_s^2 + \frac{2n}{b}(A_{s2} \cdot h + A_{s1} \cdot d_1)} \quad (52) \qquad \text{mit } a_s = \frac{n(A_{s1} + A_{s2})}{b}$$

$$\sigma_b = M : \left[\frac{bx}{6}(3h - x) + \frac{nA_{s1}(h - d_1)}{x}(x - d_1)\right] \quad (53) \qquad \sigma_s = \sigma_b \frac{n(h - x)}{x} \quad (54)$$

### c) Einfach bewehrte Plattenbalkenquerschnitte

$$x = \frac{0{,}5\,bd^2 + nA_s h}{bd + nA_s} \quad (55) \qquad z = h - \frac{d}{2} + \frac{d^2}{6(2x - d)} \quad (56)$$

### d) Doppelt bewehrte Plattenbalkenquerschnitte

$$x = \frac{0{,}5\,bd^2 + n(A_{s2} \cdot h + A_{s1} \cdot d)}{bd + n(A_{s1} + A_{s2})} \quad (57)$$

$$\sigma_s = M : \left[A_{s2}(h - x) + A_{s1} \cdot \frac{(x - d_1)^2}{h - x} + \frac{bd(3x^2 - 3xd + d^2)}{3n(h - x)}\right] \quad (58)$$

oder angenähert $\sigma_s = \dfrac{M}{(h - d/2)A_{s2}}$ (59) $\qquad \sigma_b = \sigma_s \cdot \dfrac{x}{n(h - x)}$ (60)

Bei c) und d) sind die Spannungen im Steg unterhalb der Platte vernachlässigt.

## 11.2 Spannungsnachweis bei Biegung mit Längskraft

Da ein geschlossener Ansatz zu einer kubischen Gleichung führt, wird zur Vereinfachung folgende Iteration empfohlen:

Die Gleichungen (48) bis (60) gelten auch für den Fall der Biegung mit Längskraft, wenn man statt $A_s$ den von $M_s$ allein verursachten Bewehrungsanteil $A_{sM}$ aus Gl. (61) und statt $M$ das auf den Schwerpunkt der Zugbewegung bezogene Moment $M_s$ einsetzt. $N$ ist als Druckkraft negativ einzusetzen.

$$A_{sM} = A_s - \frac{N}{\sigma_s}. \qquad (61)$$

In Gl. (61) ist $\sigma_s$ zunächst unbekannt und muß im ersten Rechnungsgang geschätzt und dann mit dem nach Gl. (51) bzw. (58) errechneten Wert $\sigma_s$ verglichen werden. In weiteren Rechengängen ist der Schätzwert $\sigma_s$ zu verbessern, bis eine ausreichende Übereinstimmung erreicht ist.

# 12 Bewehrungsrichtlinien

## 12.1 Betondeckung, Abstand der Bewehrung und Biegerollendurchmesser

Der lichte Abstand der Bewehrungsstäbe ($d_s$ = Stabdurchmesser) muß betragen: $\geqq 2$ cm und $\geqq d_s$ bei gleichlaufenden Bewehrungsstäben. Dies gilt nicht für den Abstand zwischen einem Einzelstab und einem an die Querbewehrung angeschweißten Längsstab mit $d_s \leqq 12$ mm.

Beim Einbau der Bewehrung ist für die Bewehrungsstäbe, die der Außenfläche am nächsten liegen, das Mindestmaß der Betondeckung min *c* nach Tafel 50, Spalte 3, einzuhalten.

Zur Sicherung der Mindestmaße sind dem Entwurf und der Ausführung die Nennmaße zugrundezulegen, die in Tafel 50, Spalte 4, angegeben sind.

**Tafel 50 Maße der Betondeckung in cm, bezogen auf die Umweltbedingungen (Korrosionsschutz) und die Sicherung des Verbundes**

| | 1 | 2 | 3 | 4 |
|---|---|---|---|---|
| | Umweltbedingungen | Stabdurchmesser $d_s$<br>in mm | Mindestmaße für $\geqq$ B 25<br>min *c*<br>in cm | Nennmaße für $\geqq$ B 25<br>nom *c*<br>in cm |
| 1 | Bauteile in geschlossenen Räumen, z. B. in Wohnungen (einschließlich Küche, Bad und Waschküche), Büroräumen, Schulen, Krankenhäusern, Verkaufsstätten – soweit nicht im folgenden etwas anderes gesagt ist.<br>Bauteile, die ständig trocken sind. | bis 12<br>14, 16<br>20<br>25<br>28 | 1,0<br>1,5<br>2,0<br>2,5<br>3,0 | 2,0<br>2,5<br>3,0<br>3,5<br>4,0 |
| 2 | Bauteile, zu denen die Außenluft häufig oder ständig Zugang hat, z. B. offene Hallen und Garagen.<br>Bauteile, die ständig unter Wasser oder im Boden verbleiben, soweit nicht Zeile 3 oder Zeile 4 oder andere Gründe maßgebend sind.<br>Dächer mit einer wasserdichten Dachhaut für die Seite, auf der die Dachhaut liegt. | bis 20<br>25<br>28 | 2,0<br>2,5<br>3,0 | 3,0<br>3,5<br>4,0 |
| 3 | Bauteile im Freien.<br>Bauteile in geschlossenen Räumen mit oft auftretender, sehr hoher Luftfeuchte bei üblicher Raumtemperatur, z. B. in gewerblichen Küchen, Bädern, Wäschereien, in Feuchträumen von Hallenbädern und in Viehställen.<br>Bauteile, die wechselnder Durchfeuchtung ausgesetzt sind, z. B. durch häufige starke Tauwasserbildung oder in der Wasserwechselzone.<br>Bauteile, die „schwachem" chemischem Angriff nach DIN 4030 ausgesetzt sind. | bis 25<br>28 | 2,5<br>3,0 | 3,5<br>4,0 |
| 4 | Bauteile, die besonders korrosionsfördernden Einflüssen auf Stahl oder Beton ausgesetzt sind, z. B. durch häufige Einwirkung angreifender Gase oder Tausalze (Sprühnebel- oder Spritzwasserbereich) oder durch „starken" chemischen Angriff nach DIN 4030 | bis 28 | 4,0 | 5,0 |

**Tafel 51 Mindestwerte der Biegerollendurchmesser $d_{br}$**

| | | | Betonstahlsorte<br>BSt 420 S<br>BSt 500 S<br>BSt 500 M |
|---|---|---|---|
| Haken, Winkelhaken, Schlaufen, Bügel | Stabdurchmesser $d_s$ in mm | $<20$ | $4\,d_s$ |
| | | 20 bis 28 | $7\,d_s$ |
| Aufbiegungen und andere Krümmungen von Stäben (z. B. in Rahmenecken) [1]) | Betondeckung (Mindestmaß) rechtwinklig zur Krümmungsebene | $>5$ cm und $>3\,d_s$ | $15\,d_s$ [2]) |
| | | $\leqq 5$ cm oder $\leqq 3\,d_s$ | $20\,d_s$ |

[1]) Werden die Stäbe mehrerer Bewehrungslagen an einer Stelle abgebogen, dann sind die entsprechenden Werte für die Stäbe der inneren Lagen mit 1,5 zu multiplizieren.

[2]) Verminderung auf 10 $d_s$ erlaubt, wenn die Betondeckung rechtwinklig zur Krümmungsebene und der Abstand der Stäbe mindestens 10 cm und mindestens 7 $d_s$ betragen.

Bei Beton der Festigkeitsklasse B 35 und höher dürfen Mindest- und Nennmaße um 0,5 cm verringert werden.

Um den Verbund der Bewehrungsstähle zu sichern, ist das Mindestmaß der Betondeckung in jedem Fall größer als der Durchmesser der eingelegten Bewehrung, mindestens jedoch 1 cm anzusetzen.

Das Nennmaß der Betondeckung ist der statischen Berechnung zugrundezulegen und auf den Bewehrungszeichnungen anzugeben.

Für Fertigteile und besondere Anwendungsgebiete gelten weitere Regeln (s. dazu DIN 1045 und weitere Normen sowie DAfStb-Heft 400). Dies gilt ebenso für Belange des Brandschutzes (s. dazu DIN 4102, T4 und Abschn. 20).

## 12.2 Verankerungen

### 12.2.1 Grundmaß $l_0$ und reduziertes Grundmaß $l_1$ der Verankerungslänge

**Verbundspannungen.** Die zulässigen Grundwerte in Tafel 52 sind abhängig von der Lage der Bewehrungsstäbe im Querschnitt beim Betonieren. Es gilt:

Ein Bewehrungsstab liegt im Verbundbereich I, wenn er beim Betonieren

– mindestens 45° gegen die Waagerechte geneigt ist,
– unabhängig von seiner Neigung gegen die Waagerechte und seinem Abstand von der Oberfläche des Frischbetonkörpers nicht mehr als 25 cm über der Bodenfläche des Frischbetonkörpers liegt,
– unabhängig von seiner Neigung gegen die Waagerechte und seiner Höhe über der Bodenfläche des Frischbetonkörpers mindestens 30 cm unter der Deckfläche des Frischbetonkörpers liegt.

Alle anderen Stäbe liegen im Verbundbereich II.

**Tafel 52 Zulässige Grundwerte der Verbundspannungen zul. $\tau_1$ in N/mm²**

| Verbundbereich | Fertigkeitsklasse des Betons | | | | |
|---|---|---|---|---|---|
| | B 15 | B 25 | B 35 | B 45 | B 55 |
| I | 1,4 | 1,8 | 2,2 | 2,6 | 3,0 |
| II | 0,7 | 0,9 | 1,1 | 1,3 | 1,5 |

**Tafel 53 Streckgrenze $\beta_s$ in N/mm²**

| Betonstahl | $\beta_s$ |
|---|---|
| B St 420 S | 420 |
| B St 500 S<br>B St 500 M | 420 |

Verankerung sowohl für Zug- als auch für Druckstäbe durch:

Gerade Stabenden, Haken, Winkelhaken, Schlaufen, angeschweißte Querstäbe und Ankerkörper.

Die Verankerungslänge $l_0$ eines voll ausgenutzten Bewehrungsstabes mit geradem Stabende – gültig für Betonstabstahl und für Betonstahlmatten – ergibt sich nach Gl. (62):

$$l_0 = \frac{F_s}{\gamma \cdot u \operatorname{zul} \tau_1} = \frac{d_s}{4 \cdot \operatorname{zul} \tau_1} \cdot \frac{\beta_s}{\gamma} = \frac{\beta_s}{7 \operatorname{zul} \tau_1} \cdot d_s \quad (62)$$

$F_s$ Zug- oder Druckkraft im Bewehrungsstab bei $\sigma_s = \beta_s$ (s. Tafel 25)
$u$ Umfang des Bewehrungsstabes
$\gamma$ Sicherheitsbeiwert ($\gamma = 1{,}75$)
$\operatorname{zul} \tau_1$ Grundwert der Verbundspannung nach Tafel 52 (konstant über $l_0$)
$d_s$ Durchmesser des Bewehrungsstabes

**Tafel 54 Koeffizienten $\beta_s/(7 \operatorname{zul} \tau_1)$ für den Verbundbereich I**

| | B 15 | B 25 | B 35 | B 45 | B 55 |
|---|---|---|---|---|---|
| B St 420 S | 42,26 | 33,33 | 27,27 | 23,08 | 20,50 |
| B St 500 S<br>B St 500 M | 51,02 | 39,68 | 32,47 | 27,47 | 23,81 |

Für den Verbundbereich II sind die Tafelwerte zu verdoppeln

## Reduziertes Grundmaß $l_1$

Die Verankerungslänge $l_1$ eines nicht voll ausgenutzten Bewehrungsstabes mit unterschiedlich geformtem Stabende – gültig für Betonstabstahl und Betonstabmatten – ergibt sich nach Gl. (63):

$$l_1 = \alpha_1 \frac{\operatorname{erf} A_s}{\operatorname{vorh} A_s} \cdot l_0 \quad \begin{cases} \geqq 10\, d_s & \text{bei geraden Stabenden mit angeschweißtem Querstab oder ohne} \\ \geqq \dfrac{d_{br}}{2} + d_s & \text{bei Haken, Winkelhaken oder Schlaufen mit angeschweißtem Querstab oder ohne} \end{cases} \quad (63)$$

$\alpha_1$ Beiwert zur Berücksichtigung der Art der Verankerung nach Tafel 58;
$\operatorname{erf} A_s$ rechnerisch erforderlicher Bewehrungsquerschnitt;
$\operatorname{vorh} A_s$ vorhandener Bewehrungsquerschnitt;
$d_{br}$ vorhandener Biegerollendurchmesser.

**Tafel 55 Verankerungslänge $l_0$ in cm für BSt 420 S**

| Nenndurchmesser $d_s$ in mm | Verbund-bereich | Betonfestigkeitsklasse B 15 | B 25 | B 35 | B 45 | B 55 |
|---|---|---|---|---|---|---|
| | I | $43 d_s$ | $33{,}5 d_s$ | $27{,}5 d_s$ | $23 d_s$ | $20 d_s$ |
| | II | $86 d_s$ | $67 d_s$ | $55 d_s$ | $46 d_s$ | $40 d_s$ |
| 6 | I | 26 | 20 | 17 | 14 | 12 |
| | II | 52 | 40 | 33 | 28 | 24 |
| 8 | I | 35 | 27 | 22 | 18 | 16 |
| | II | 69 | 54 | 44 | 37 | 32 |
| 10 | I | 43 | 34 | 28 | 23 | 20 |
| | II | 86 | 67 | 55 | 46 | 40 |
| 12 | I | 52 | 40 | 33 | 28 | 24 |
| | II | 103 | 80 | 66 | 55 | 48 |
| 14 | I | 60 | 47 | 39 | 32 | 28 |
| | II | 120 | 94 | 77 | 64 | 56 |
| 16 | I | 69 | 54 | 44 | 37 | 32 |
| | II | 138 | 107 | 88 | 74 | 64 |
| 20 | I | 86 | 67 | 55 | 46 | 40 |
| | II | 172 | 134 | 110 | 92 | 80 |
| 25 | I | 108 | 84 | 69 | 58 | 50 |
| | II | 215 | 167 | 137 | 115 | 100 |
| 28 | I | 120 | 94 | 77 | 64 | 56 |
| | II | 241 | 188 | 154 | 129 | 112 |

**Tafel 56 Verankerungslänge $l_0$ in cm für BSt 500 S**

| Nenndurchmesser $d_s$ in mm | Verbund-bereich | Betonfestigkeitsklasse B 15 | B 25 | B 35 | B 45 | B 55 |
|---|---|---|---|---|---|---|
| | I | $51{,}0 d_s$ | $39{,}7 d_s$ | $32{,}5 d_s$ | $27{,}5 d_s$ | $23{,}8 d_s$ |
| | II | $102 d_s$ | $79{,}4 d_s$ | $65{,}0 d_s$ | $55{,}0 d_s$ | $47{,}6 d_s$ |
| 6 | I | 31 | 24 | 20 | 17 | 15 |
| | II | 62 | 48 | 39 | 33 | 29 |
| 8 | I | 41 | 32 | 26 | 22 | 19 |
| | II | 82 | 64 | 52 | 44 | 38 |
| 10 | I | 51 | 40 | 33 | 28 | 24 |
| | II | 102 | 80 | 65 | 55 | 48 |
| 12 | I | 62 | 48 | 39 | 33 | 29 |
| | II | 123 | 96 | 78 | 66 | 58 |
| 14 | I | 72 | 56 | 46 | 39 | 34 |
| | II | 143 | 112 | 91 | 77 | 67 |
| 16 | I | 82 | 64 | 52 | 44 | 39 |
| | II | 164 | 127 | 104 | 88 | 77 |
| 20 | I | 102 | 80 | 65 | 55 | 48 |
| | II | 204 | 159 | 130 | 110 | 96 |
| 25 | I | 128 | 100 | 82 | 69 | 60 |
| | II | 255 | 199 | 163 | 138 | 119 |
| 28 | I | 143 | 112 | 91 | 77 | 67 |
| | II | 286 | 223 | 182 | 154 | 134 |

Die genauen Werte können aufgrund von Rundungen um $\pm 1$ cm differieren.

**Tafel 57 Verankerungslänge $l_0$ in cm im Verbundbereich I für Betonstahlmatten BSt500M**

| Matte/Richtung | | | B15 | B25 | B35 | B45 | B55 |
|---|---|---|---|---|---|---|---|
| Q-Matten | 131 | längs | 26 | 20 | 17 | 14 | 12 |
| | | quer | 26 | 20 | 17 | 14 | 12 |
| | 188 | längs | 31 | 24 | 20 | 17 | 15 |
| | | quer | 31 | 24 | 20 | 17 | 15 |
| | 221 | längs | 34 | 26 | 22 | 18 | 16 |
| | | quer | 34 | 26 | 22 | 18 | 16 |
| | 257 | längs | 37 | 28 | 23 | 20 | 17 |
| | | quer | 37 | 28 | 23 | 20 | 17 |
| | 377 | längs | 44 | 34 | 28 | 24 | 21 |
| | | quer | 44 | 34 | 28 | 24 | 21 |
| | 513 | längs | 51 | 39 | 32 | 27 | 24 |
| | | quer | 42 | 32 | 27 | 22 | 20 |
| R- und K-Matten | 131 | längs | 26 | 20 | 17 | 14 | 12 |
| | | quer | 21 | 16 | 14 | 11 | 10 |
| | 188 | längs | 31 | 24 | 20 | 17 | 15 |
| | | quer | 21 | 16 | 14 | 11 | 10 |
| | 221 | längs | 34 | 26 | 22 | 18 | 16 |
| | | quer | 21 | 16 | 14 | 11 | 10 |
| | 257 | längs | 37 | 28 | 23 | 20 | 17 |
| | | quer | 24 | 18 | 15 | 13 | 11 |
| | 317 | längs | 40 | 31 | 26 | 22 | 19 |
| | | quer | 24 | 18 | 15 | 13 | 11 |
| | 377 | längs | 44 | 34 | 28 | 24 | 21 |
| | | quer | 26 | 20 | 17 | 14 | 12 |
| | 443 | längs | 48 | 37 | 31 | 26 | 23 |
| | | quer | 29 | 22 | 18 | 16 | 14 |
| | 513 | längs | 51 | 39 | 32 | 27 | 24 |
| | | quer | 31 | 24 | 20 | 17 | 15 |
| | 589 | längs | 55 | 42 | 35 | 29 | 26 |
| | | quer | 34 | 26 | 22 | 18 | 16 |
| | 664 | längs | 48 | 37 | 31 | 26 | 23 |
| | | quer | 34 | 26 | 22 | 18 | 16 |
| | 770 | längs | 51 | 39 | 32 | 27 | 24 |
| | | quer | 37 | 28 | 23 | 20 | 17 |
| | 884 | längs | 55 | 42 | 35 | 29 | 26 |
| | | quer | 39 | 30 | 25 | 21 | 18 |

Im Verbundbereich II sind die Verankerungslängen doppelt so groß.

**Tafel 58 Beiwerte $\alpha_1$**

| | 1 | 2 | 3 |
|---|---|---|---|
| | Art und Ausbildung der Verankerung | Beiwert $\alpha_1$ Zug-stäbe | Druck-stäbe |
| 1 | a) Gerade Stabenden 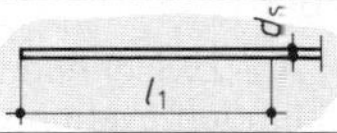 | 1,0 | 1,0 |
| 2 | b) Haken 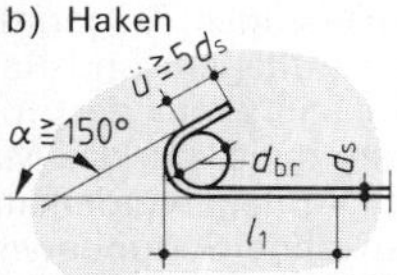 c) Winkelhaken 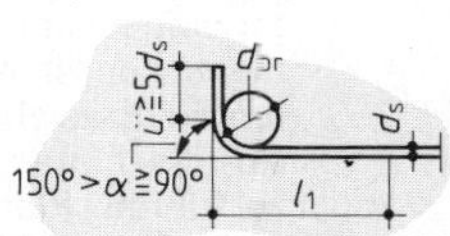 d) Schlaufen 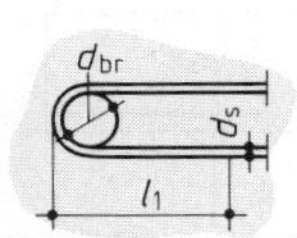 | 0,7 (1,0) [1]) | 1,0 [2]) |
| 3 | e) Gerade Stabenden mit mindestens einem angeschweißten Stab innerhalb $l_1$ 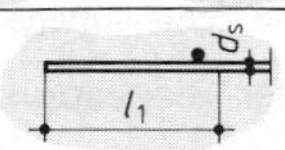 | 0,7 | 0,7 |
| 4 | f) Haken 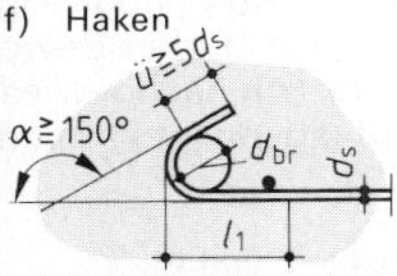 g) Winkelhaken 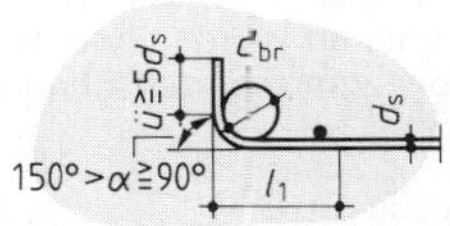 h) Schlaufen (Draufsicht) 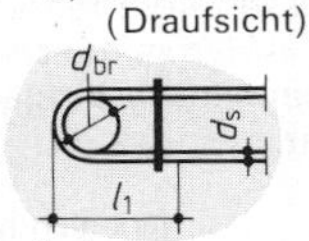 mit jeweils mind. einem angeschweißten Stab innerhalb $l_1$ vor Krümmungsbeginn | 0,5 (0,7) [1]) | 1,0 [2]) |
| 5 | i) Gerade Stabenden mit mindestens zwei angeschweißten Stäben innerhalb $l_1$ (Stababstand $s_q < 10$ cm bzw. $\geqq 5\,d_s$ und $\geqq 5$ cm), nur zulässig bei Einzelstäben mit $d_s \leqq 16$ mm bzw. Doppelstäben mit $d_s \leqq 12$ mm 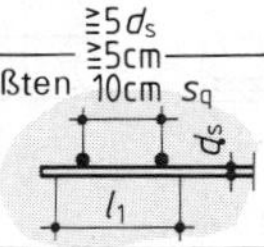 | 0,5 | 0,5 |

[1]) Die in Spalte 2 in Klammern angegebenen Werte gelten, wenn im Krümmungsbereich rechtwinklig zur Krümmungsebene die Betondeckung weniger als 3 $d_s$ beträgt bzw. kein Querdruck oder keine Verbügelung vorhanden ist.
[2]) Haken, Winkelhaken und Schlaufen bei Druckstäben möglichst vermeiden.

## 12.2.2 Verankerung an Endauflagern

An frei drehbaren oder nur schwach eingespannten Endauflagern ist eine Bewehrung zur Aufnahme der Zugkraft $F_{SR}$ nach Gl. (64) erforderlich.

$$F_{SR} = Q_r \cdot \frac{v}{h} + N \qquad (64)$$

Mindestens ein Drittel der größten Feldbewehrung muß jedoch vorhanden sein. Diese Bewehrung ist hinter der Auflagervorderkante

bei direkter Auflagerung mit der Verankerungslänge $l_2 = \frac{2}{3} l_1 \geqq 6\,d_s$ (65a)

bei indirekter Auflagerung mit $l_3 = l_1 \geqq 10\,d_s$ (65b)

zu verankern.

In allen Fällen ist die Bewehrung mindestens bis über die rechnerische Auflagerlinie zu führen.

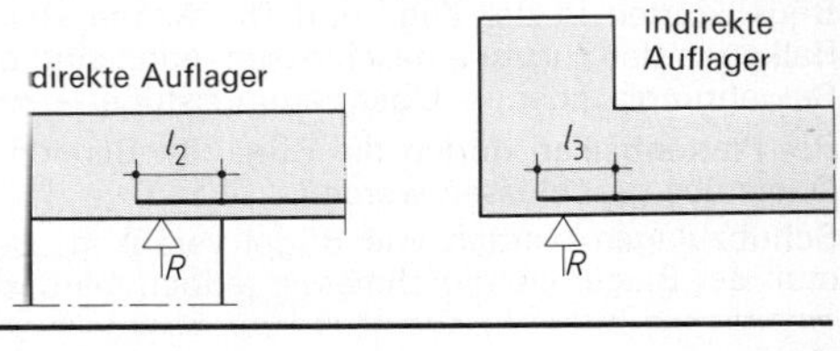


**Bild 50 Verankerung am Endauflager**

Bei Betonstahlmatten u. erf$a_s$/vorh$a_s \leq \frac{1}{3}$ genügt zur Verankerung mindestens ein Querstab hinter der rechnerischen Auflagerlinie. Bei Matten aus glatten oder profilierten Stäben muß dieser Querstab auch mindestens 5 cm hinter der Auflagervorderkante liegen.

### 12.2.3 Verankerung an Zwischenauflagern

Es wird empfohlen, die Bewehrung über Zwischenauflagern durchzuführen oder dort kraftschlüssig zu stoßen

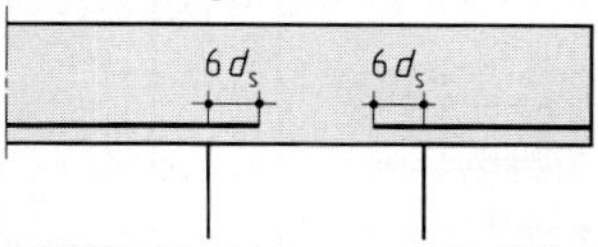


**Bild 51 Verankerung am Zwischenaufleger**

An Zwischenauflagern von durchlaufenden Platten und Balken, an Endauflagern mit anschließenden Kragarmen, an eingespannten Auflagern und Rahmenecken ist mind. ein Viertel der größten Feldbewehrung mind. um das Maß $6d_s$ bis hinter die Auflagervorderkante zu führen. Platten ohne Schubbewehrung s. S. 430.

### 12.2.4 Verankerung der Biegezugbewehrung im Feld

Die Verankerungslänge eines nicht mehr benötigten Stabes im Feld beträgt allgemein $\alpha_1 \cdot l_0$, gemessen vom rechnerischen Endpunkt $E$. In Platten dürfen Bewehrungsstäbe mit $d_s < 16$ mm mit $l_1$ verankert werden, wenn zusätzlich nachgewiesen wird, daß die Verankerungslänge bis zum rechnerischen Anfangspunkt $A$ mindestens $\alpha_1 \cdot l_0$ beträgt.

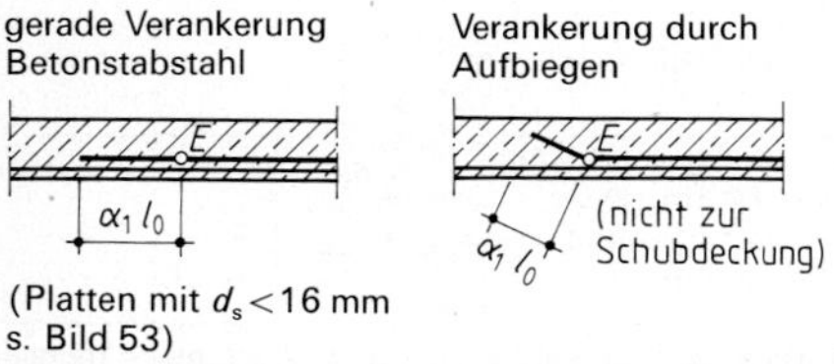


**Bild 52 Beispiele für Verankerungen gestaffelter bzw. auf- oder abgebogener Stäbe außerhalb von Auflagern**

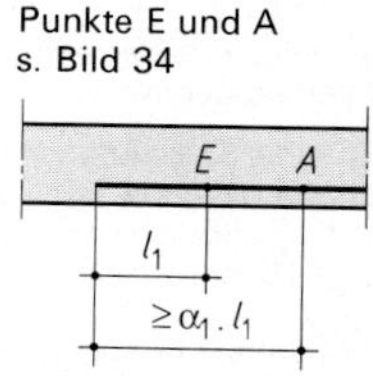


**Bild 53 Verankerung gestaffelter Bewehrung bei $d_s < 16$ mm im Feld einer Platte**

**Verankerung von Schubaufbiegungen im Feld.** Die zur Schubsicherung auf- bzw. abgebogenen Stäbe sind zu verankern mit

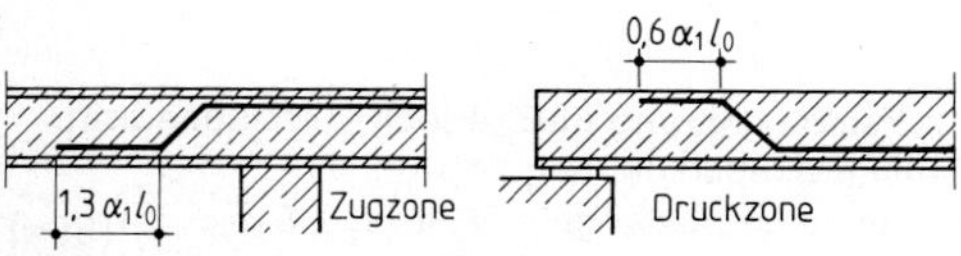


**Bild 54 Beispiele für Schubaufbiegungen**

$$l_z = 1{,}3 \cdot \alpha_1 \cdot l_0 \qquad (66\,a)$$

im Bereich von Betonzugspannungen

$$l_d = 0{,}6 \cdot \alpha_1 \cdot l_0 \qquad (66\,b)$$

im Bereich von Betondruckspannungen

### 12.2.5 Verankern und Stoßen bei Bügeln

Bügel dürfen in der Zug- und Druckzone verankert werden. Werden Bügel bei Balken in der Zugzone geschlossen, dann sind die Grundsätze für das Stoßen von Bewehrungsstäben — Übergreifungsstöße — zu beachten (Abschn. 12.3).

Bei Plattenbalken dürfen die Bügel im Bereich der Platte mittels durchgehender Querstäbe geschlossen werden.

Schubzulagen werden wie Bügel verankert. Bei girlandenartigen Schubzulagen muß der Biegerollendurchmesser jedoch mindestens $d_{br} = 10\,d_s$ betragen.

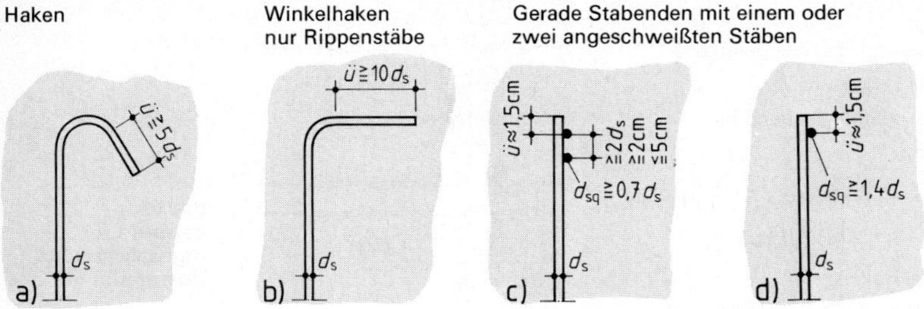


Verankerung nach c bis d nur zulässig bei ausreichender seitlicher Betondeckung $\geqq 3 d_s$ bzw. $\geqq 5$ cm.

**Bild 55 Verankerungselemente von Bügeln**

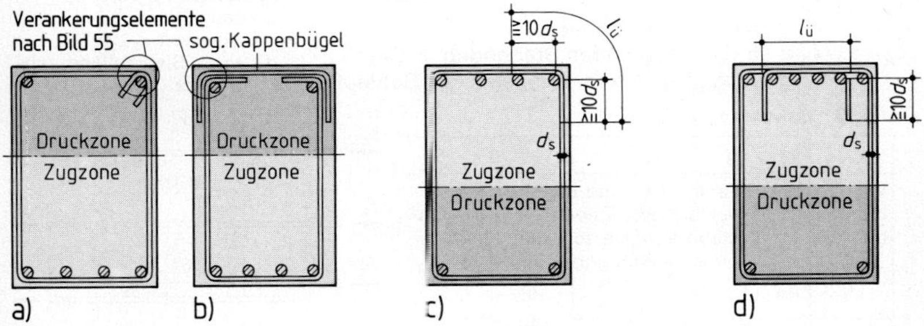


Schließen in der Druckzone

Schließen in der Zugzone mit $l_ü$ nach Abschn. 12.5. Beiwert $\alpha_1 = 0{,}7$ (nur zulässig, wenn an den Bügelenden Haken oder Winkelhaken angeordnet werden).

**Bild 56 Beispiele für das Schließen von Bügeln**

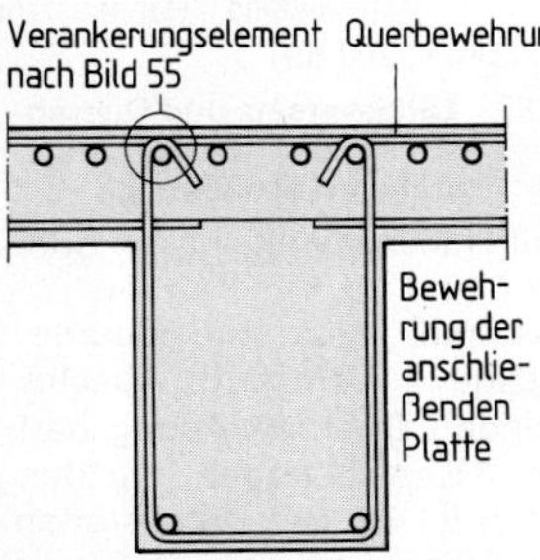


**Bild 57 Schließen bei Plattenbalken im Bereich der Platte (in der Druck- und Zugzone zulässig)**

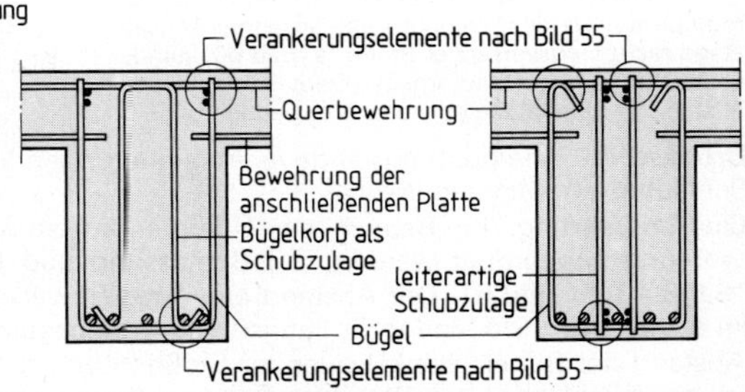


**Bild 58 Beispiel für eine Schubbewehrung aus Bügeln und Schubzulagen in Plattenbalken**

## 12.3 Stöße von Bewehrungen

### 12.3.1 Stöße von Betonstabstahl

Sie können u.a. hergestellt werden durch Übergreifen von Stäben mit geraden Stabenden, mit Haken, Winkelhaken oder mit Schlaufen, sowie mit geraden Stabenden und angeschweißten Querstäben, z. B. bei geschweißten Betonstahlmatten. Der zulässige Anteil der durch Übergreifen an einer Stelle gestoßenen Stäbe beträgt 100% des Bewehrungsquerschnittes in einer Lage, und bei mehreren Bewehrungslagen ohne Längsversatz höchstens 50% des Bewehrungsquerschnittes.

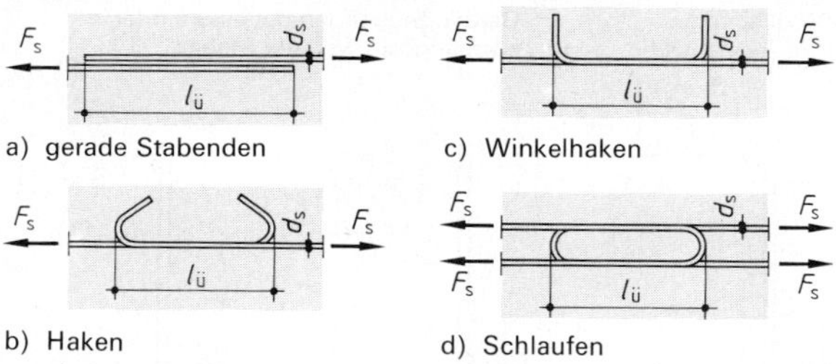


**Bild 59**
**Beispiele für zugbeanspruchte Übergreifungsstöße**

**Übergreifungsstöße.** Sie gelten als längsversetzt, wenn der Längsabstand der Stoßmitten mindestens gleich der 1,3fachen Übergreifungslänge $l_ü$ ist. Der lichte Querabstand im Stoßbereich muß Bild 60 entsprechen.

**Zugstöße**

$$\boldsymbol{l_ü = \alpha_ü \cdot l_1} \begin{cases} \geqq \mathbf{20\ cm} & \text{in allen Fällen} \\ \geqq \mathbf{15\ d_s} & \text{bei geraden Stabenden} \\ \geqq \mathbf{1{,}5\ d_{br}} & \text{bei Haken, Winkelhaken, Schlaufen} \end{cases} \quad (67)$$

$\alpha_ü$ Beiwert s. Tafel 59
$l_1$ red. Grundmaß (Beiwert $\alpha_1 \geqq 0{,}7$)
$d_{br}$ vorh. Biegerollendurchmesser

**Tafel 59 Beiwert $\alpha_ü$**[1]

| | 1 | 2 | 3 | 4 | 5 | 6 |
|---|---|---|---|---|---|---|
| | Verbundbereich | $d_s$ in mm | Anteil der ohne Längsversatz gestoßenen Tragstäbe am Querschnitt einer Bewehrungslage $\leqq$20% | >20% $\leqq$50% | >50% | Querbewehrung |
| 1 | I | <16 | 1,2 | 1,4 | 1,6 | 1,0 |
| 2 | | $\geqq$16 | 1,4 | 1,8 | 2,2 | |
| 3 | II | 75% der Werte Verbundbereich I | | | | 1,0 |

[1]) Die Beiwerte $\alpha_ü$ der Spalten 3 bis 5 dürfen mit 0,7 multipliziert werden, wenn der gegenseitige Achsabstand nicht längsversetzter Stöße (s. Bild 60) mindestens 10 $d_s$ und bei stabförmigen Bauteilen der Randabstand (s. Bild 60) mindestens 5 $d_s$ betragen.

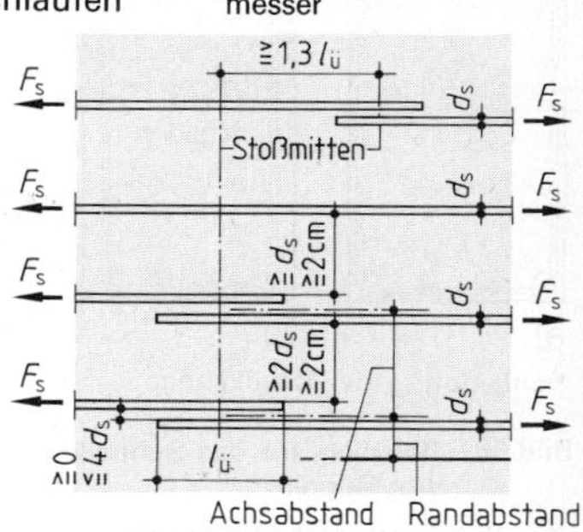


(s. Fußnote Tafel 59)

**Bild 60 Längsversatz und Querabstand der Bewehrungsstäbe im Stoßbereich**

**Druckstöße.** Übergreifungslänge $l_0$. Abminderungen für Haken, Winkelhaken oder Schlaufen sind nicht zulässig.

**Querbewehrung.** Im Bereich der Übergreifungsstöße muß stets eine Querbewehrung angeordnet werden. Zur Bemessung und Lage s. DIN 1045, Abschn. 18.6.3.4 und Bild 61. Der Abstand einer nachzuweisenden Querbewehrung darf im Bereich der Stoßenden in Längsrichtung höchstens 15 cm betragen. Für den Abstand der Bügelschenkel quer zur Stoßrichtung gilt Tafel 45. Bei Druckstößen ist ein Bügel bzw. ein Stab der Querbewehrung vor dem jeweiligen Stoßende außerhalb des Stoßbereiches anzuordnen.

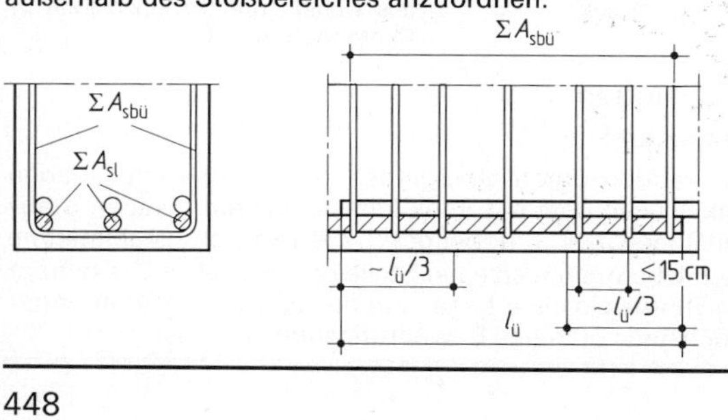


$\sum A_{sbü}$ Querschnittsfläche aller Bügelschenkel

**Bild 61**
**Beispiel für die Anordnung von Bügeln im Stoßbereich von übereinanderliegenden zugbeanspruchten Stäben**

## 12.3.2 Übergreifungsstöße von Betonstahlmatten

Ein-Ebenen-Stöße (Bild 62) können wie normale zugbeanspruchte Übergreifungsstöße behandelt werden. Bei der Berechnung der Übergreifungslänge nach Gl. (67) sind angeschweißte Querstäbe nicht mit anzusetzen. Der Beiwert $\alpha_ü$ ist bei Doppelstabmatten mit dem Vergleichsdurchmesser für einen Einzelstab zu berechnen ($d_{sv} = d_s \cdot \sqrt{2}$).

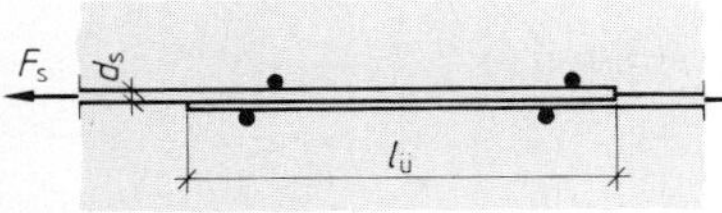


**Bild 62 Ein-Ebenen-Stoß**

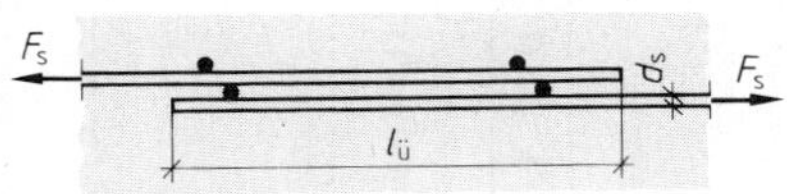


**Bild 63 Zwei-Ebenen-Stoß**

Zwei-Ebenen-Stöße mit bügelartiger Umfassung der Tragbewehrung können wie Ein-Ebenen-Stöße behandelt werden.

Zwei-Ebenen-Stöße ohne Umfassung der Tragbewehrung (Bild 63) sind möglichst in Bereichen mit nicht mehr als 80% Ausnutzung der Bewehrung anzuordnen, s. DIN 1045, Abschn. 18.6.4.3.

Für den Zwei-Ebenen-Stoß ohne Umfassung der Tragstäbe sind folgende Belastungen zulässig

$a_s \leqq 6$ cm²/m vorwiegend ruhende und nicht vorwiegend ruhende Belastung
$a_s > 6$ cm²/m vorwiegend ruhende Belastung

Betonstahlmatten mit $a_s \leqq 12$ cm²/m dürfen in einem Querschnitt gestoßen werden. Stöße von Matten $a_s > 12$ cm²/m sind nur in der inneren Lage bei mehrlagiger Bewehrung zulässig. Der gestoßene Anteil darf jedoch nicht mehr als 60% des erforderlichen Bewehrungsquerschnitts betragen. Weiterhin sind bei mehrlagiger Bewehrung die Stöße der einzelnen Lagen mind. um die 1,3fache Übergreifungslänge gegeneinander zu versetzen.

**Stoßlängen beim Zwei-Ebenen-Stoß ohne Umfassung der Tragstäbe.** Beim Verlegen von Betonstahlmatten treten sog.

– Tragstöße in Längs- und Querrichtung und
– Verteilerstöße

auf. Für ihre Berechnung steht im Regelfall der Zugbeanspruchung sowohl die sog. Stoßformel als auch – für die meisten Fälle – die sog. Maschenregel zur Verfügung. Tafel 60 zeigt die Möglichkeiten.

**Tafel 60 Zwei-Ebenen-Zugstoß von Betonstahlmatten (Lagermatten) im Verbundbereich I; Möglichkeiten der Berechnung**

| | | Längsrichtung | Querrichtung |
|---|---|---|---|
| Tragstoß | Q-Matten | sowohl Maschenregel als auch Stoßformel | sowohl Maschenregel als auch Stoßformel |
| | R- und K-Matten | Stoßformel; für R131 bis R513 auch Maschenregel | Stoßformel ($l_ü \geqq$ Verteilerstoß) |
| Verteilerstoß | | Maschenregel | Maschenregel |

Tafel 61 zeigt die sog. Maschenregel. Die sog. Stoßformel liefert für Zugbeanspruchung die Übergreifungslänge

$$l_ü = \alpha_{üm} \frac{\mathrm{erf}\, a_s}{\mathrm{vorh}\, a_s} l_0 \geqq 20 \text{ cm} \quad (68)$$

mit Verbundbereich I: $\alpha_{üm\,I} = 0{,}5 + \frac{a_s}{7} \begin{matrix} \geqq 1{,}1 \\ \leqq 2{,}2 \end{matrix}$ (69a)

Verbundbereich II: $\alpha_{üm\,II} = 0{,}75\, \alpha_{üm\,I} \geqq 1{,}0$ (69b)

$a_s$ Bewehrungsquerschnitt der zu stoßenden Matte in cm²/m;
$d_{sv} = d_s \cdot \sqrt{2}$ bei Doppelstabmatten

**Tafel 61 Maschenregel**

**Stoßlängen in Matten-Längsrichtung**

Tragstöße

| Verbundbereich I | Q131 | Q188 | Q221 | Q257 | Q377 |
|---|---|---|---|---|---|
| B15 | 2 Maschen (≧35 cm) | 2 Maschen (≧35 cm) | 3 Maschen (≧50 cm) | 3 Maschen (≧50 cm) | 3 Maschen (≧50 cm) |
| B25 | 2 Maschen (≧35 cm) | 2 Maschen (≧35 cm) | 2 Maschen (≧35 cm) | 2 Maschen (≧35 cm) | 3 Maschen (≧50 cm) |
| B35 | 1 Masche (≧20 cm) | 2 Maschen (≧35 cm) | 2 Maschen (≧35 cm) | 2 Maschen (≧35 cm) | 2 Maschen (≧35 cm) |
| B45 | 1 Masche (≧20 cm) | 1 Masche (≧20 cm) | 1 Masche (≧20 cm) | 2 Maschen (≧35 cm) | 2 Maschen (≧35 cm) |
| B55 | 1 Masche (≧20 cm) | 1 Masche (≧20 cm) | 1 Masche (≧20 cm) | 1 Masche (≧20 cm) | 2 Maschen (≧35 cm) |

Tragstöße

| R131 | R188 | R221 | R257 | R317 | R337 | R443 | R513 |
|---|---|---|---|---|---|---|---|
| 1 Masche (≧30 cm) | 2 Maschen (≧55 cm) | 2 Maschen (≧55 cm) | 2 Maschen (≧55 cm) | 2 Maschen (≧55 cm) | 2 Maschen (≧55 cm) | 2 Maschen (≧55 cm) | 3M (≧80 cm) |
| 1 Masche (≧30 cm) | 1 Masche (≧30 cm) | 1 Masche (≧30 cm) | 2 Maschen (≧55 cm) | 2 Maschen (≧55 cm) | 2 Maschen (≧55 cm) | 2 Maschen (≧55 cm) | 2 Maschen (≧55 cm) |
| 1 Masche (≧30 cm) | 1 Masche (≧30 cm) | 1 Masche (≧30 cm) | 1 Masche (≧30 cm) | 1 Masche (≧30 cm) | 1 Masche (≧30 cm) | 2 Maschen (≧55 cm) | 2 Maschen (≧55 cm) |
| 1 Masche (≧30 cm) | 1 Masche (≧30 cm) | 1 Masche (≧30 cm) | 1 Masche (≧30 cm) | 1 Masche (≧30 cm) | 1 Masche (≧30 cm) | 1 Masche (≧30 cm) | 2 Maschen (≧55 cm) |
| 1 Masche (≧30 cm) | 1 Masche (≧30 cm) | 1 Masche (≧30 cm) | 1 Masche (≧30 cm) | 1 Masche (≧30 cm) | 1 Masche (≧30 cm) | 1 Masche (≧30 cm) | 1 Masche (≧30 cm) |

**Stoßlängen in Matten-Querrichtung**

Tragstöße

| Verbundbereich I | Q131 | Q188 | Q221 | Q257 | Q377 | Q513 |
|---|---|---|---|---|---|---|
| B15 | 2 Maschen (≧35 cm) | 2 Maschen (≧35 cm) | 3 Maschen (≧50 cm) | 3 Maschen (≧50 cm) | 3 Maschen (≧50 cm) | 3 Maschen (≧50 cm) |
| B25 | 2 Maschen (≧35 cm) | 2 Maschen (≧35 cm) | 3 Maschen (≧50 cm) | 3 Maschen (≧50 cm) | 3 Maschen (≧50 cm) | 3 Maschen (≧50 cm) |
| B35 | 1 Masche (≧20 cm) | 2 Maschen (≧35 cm) | 3 Maschen (≧50 cm) | 3 Maschen (≧50 cm) | 3 Maschen (≧50 cm) | 3 Maschen (≧50 cm) |
| B45 | 1 Masche (≧20 cm) | 1 Masche (≧20 cm) | 3 Maschen (≧50 cm) | 3 Maschen (≧50 cm) | 3 Maschen (≧50 cm) | 3 Maschen (≧50 cm) |
| B55 | 1 Masche (≧20 cm) | 1 Masche (≧20 cm) | 3 Maschen (≧50 cm) | 3 Maschen (≧50 cm) | 3 Maschen (≧50 cm) | 3 Maschen (≧50 cm) |

Verteilerstöße

| | R-Matten | K-Matten |
|---|---|---|
| Verbundbereich I + II | 1 Masche (≧30 cm) | 3 Maschen (≧35 cm) |

**Tafel 62 Stoßbeiwerte $\alpha_{üm}$ für Zwei-Ebenen-Tragstoß**

| | Verbundbereich | Q131 bis Q377 | Q513 | R131 bis R377 | R443 | R513 | R589 | K664 | K770 | K884 |
|---|---|---|---|---|---|---|---|---|---|---|
| Längsrichtung | I | 1,10 | 1,23 | 1,10 | 1,13 | 1,23 | 1,34 | 1,45 | 1,60 | 1,76 |
| | II | 1,00 | | 1,00 | | | | 1,09 | 1,20 | 1,32 |
| Querrichtung | I | 1,10 | 1,22 | 1,10 | | | | | | |
| | II | 1,00 | | 1,00 | | | | | | |

Die Querbewehrung darf im Stoßbereich als Ein-Ebenen- oder Zwei-Ebenen-Stoß ausgeführt werden. Die Übergreifungslänge richtet sich nach Tafel 63, wobei innerhalb $l_ü$ eine Ausbildung nach Bild 64 erforderlich ist.

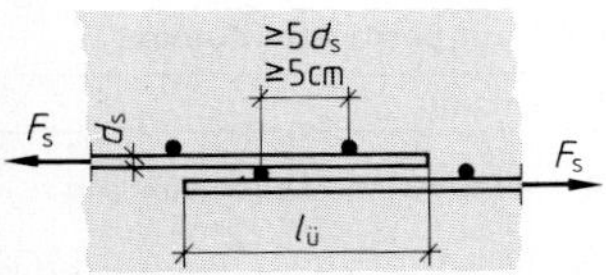


**Bild 64 Übergreifungsstoß der Querbewehrung**

**Tafel 63 Erforderliche Übergreifungslänge $l_ü$ der Querbewehrung**

| | Stabdurchmesser der Querbewehrung $d_s$ in mm | Erforderliche Übergreifungslänge $l_ü$ in cm |
|---|---|---|
| 1 | $\leqq$ 6,5 | $\geqq$15 |
| 2 | > 6,5<br>$\leqq$ 8,5 | $\geqq$25 |
| 3 | > 8,5<br>$\leqq$12,0 | $\geqq$35 |

## 12.4 Sonstige Bewehrungen

In Bauteilen mit geknickten Leibungen (z.B. Rahmenecken) sind Zugkräfte vorhanden, die sich aus der Richtungsänderung der vorhandenen Zug- und Druckkräfte ergeben. Diese werden Umlenkkräfte genannt und ihre Aufnahme ist nachzuweisen.

Bei Beanspruchung von Rahmenecken durch negative Momente ist besonders auf eine ordnungsgemäße Verdichtung des Betons zu achten. Bewehrungsstöße sollten im Eckbereich vermieden werden. Wird die Bewehrung gestoßen, so kann $l_ü$ nach Bild 65 berechnet werden. Der Biegerollendurchmesser $d_{br}$ der Zugstäbe in der Rahmenecke muß in Abhängigkeit von der Betondeckung mindestens $15\,d_s$ (min $c > 5$ cm und $> 3\,d_s$) bzw. $20\,d_s$ (min $c \leqq 5$ cm oder $\leqq 3\,d_s$) betragen. Werden an den Stabenden Haken oder Winkelhaken mit Biegerollendurchmesser $d_{br1}$ bzw. $d_{br2}$ von $4\,d_s$ (vorh. $d_s < 20$ mm) bzw. $7\,d_s$ (vorh. $d_s$ von 20 bis 28 mm) angeordnet, so darf der Beiwert $\alpha_1$ mit 0,7 angesetzt werden. Die Querbewehrung ist nach Abschn. 12.3 anzuordnen.

Wird die Rahmenecke durch positive Momente beansprucht, so kann die Bewehrung nach Bild 66 ausgebildet werden. Die Biegebewehrung ist für die dargestellten Schnitte 1–1 und 2–2 zu bemessen, Verankerungslängen brauchen bei Einhaltung der Angaben nicht nachgewiesen werden. Für die Schrägbügel gilt Tafel 64. Bei Bauteilen mit einer Dicke von $d > 1{,}00$ m, sind die Umlenkkräfte durch Bügel oder eine gleichwertige Bewehrung aufzunehmen. Der Biegerollendurchmesser $d_{br}$ ist sinngemäß den obigen Angaben anzunehmen.

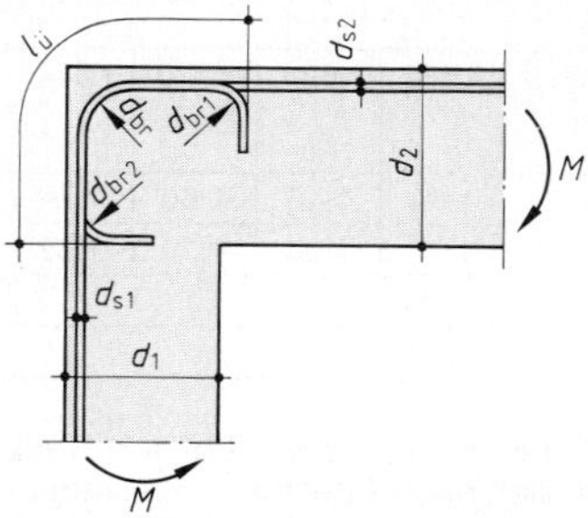

Bild 65 **Rahmenecke mit Belastung durch negatives Moment**

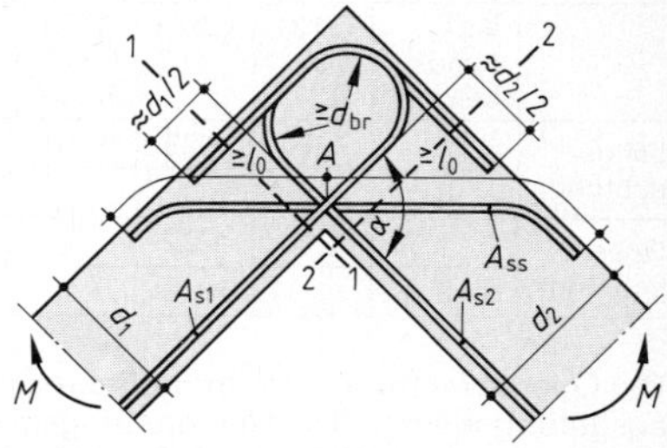

Bild 66 **Rahmenecke mit Belastung durch positives Moment**

**Tafel 64 Ausbildung der Schrägbewehrung in Rahmenecke mit positivem Moment**

| vorh $\mu$ in % | Schrägbewehrung $A_{ss}$ in cm² | Bemerkung |
|---|---|---|
| $\mu < 0{,}4$ | nicht erforderlich | $A_s$ = erforderliche Zugbewehrung |
| $0{,}4 \leq \mu \leq 1{,}0$ | $A_{ss} = \frac{A_s}{2}$ | $A_s = \max A_{s1}, A_{s2}$<br>$\mu = \max \mu_1, \mu_2$ |
| $\mu > 1{,}0$ | $A_{ss} = A_s$ | $\mu_1 = \frac{A_{s1}}{b \cdot h_1}$; $\mu_2 = \frac{A_{s2}}{b \cdot h_2}$ |

# 13 Platten und plattenartige Bauteile

## 13.1 Allgemeines

Platten sind flächenhafte ebene Bauteile, deren maßgebende Belastung senkrecht zur Mittelfläche gerichtet ist. Es gibt Platten unterschiedlichster Form, z. B. Kreisplatten, Dreieck-, Viereck-, Fünfeck- und Sechseckplatten. Viereckplatten gibt es u.a. als Routen-, Rechteck- und Parallelogrammplatten (sog. schiefe Platten). Rechteckplatten können u.a. vierseitig, dreiseitig, an zwei gegenüberliegenden und an zwei benachbarten Rändern gestützt sein. An zwei gegenüberliegenden Rändern gestützte Platten werden einachsig gespannt, alle anderen werden in der Regel zweiachsig gespannt. Werden sie zur Vereinfachung als einachsig gespannt berechnet, so sind die aus der vernachlässigten Tragwirkung herrührenden Beanspruchungen durch eine geeignete konstruktive Bewehrung zu berücksichtigen.

## 13.2 Mindestdicke, Stützweite und Mindestauflagertiefe

Die Mindestdicke von Platten beträgt

- allgemein: 7 cm
- bei befahrbaren Platten
  - befahrbar nur für Personenkraftwagen: 10 cm
  - befahrbar für schwere Fahrzeuge: 12 cm
- bei Platten, die nur ausnahmsweise begangen werden: 5 cm.

Die erforderliche Plattendicke ergibt sich i. allg. im Zusammenhang mit der Beschränkung der Durchbiegung, Abschnitt 9.

Angaben zur Stützweite und Mindesttiefe der Auflager von Platten macht Abschn. 2.1.

## 13.3 Bewehrung

Höchstbewehrung allgemein 9% von $A_b$, bei B 15 jedoch nur 5%.

**Hauptbewehrung**

$$s = \begin{cases} \leqq 15\,\text{cm} & \text{bei } d \leqq 15\,\text{cm} \\ \leqq d & \text{bei } 15\,\text{cm} < d < 25\,\text{cm} \\ \leqq 25\,\text{cm} & \text{bei } d \geqq 25\,\text{cm} \end{cases} \quad (70)$$

Abstand der Stäbe im Bereich der größten Momente

$2d \geqq s \leqq 25$ cm Abstand der Stäbe in der minderbeanspruchten Richtung zweiachsig gespannter Platten der Dicke $d$

**Querbewehrung**

$\geqq 1/5$ der Hauptbewehrung, jedoch $\geqq 3 \varnothing 6$ mm bei BSt 420 S (III S) und 500 S (IV S) und $\geqq 3 \varnothing 4{,}5$ mm bei BSt 500 M (IV M)

$\geqq 60\%$ der Hauptbewehrung bei Einzel- und Streckenlasten auf einer Breite von $0{,}5\,b_m$, mindestens jedoch $t_x$, mit einer Länge der Querbewehrung von $b_m + 2L_1$.

**Eckbewehrung** (Drillbewehrung). Sie kann entsprechend Bild 67 als schräge (rechte Bildhälfte) oder rechtwinklige Eckbewehrung (linke Bildhälfte) ausgeführt werden. Ihr Querschnitt je Längeneinheit muß in beiden Richtungen gleich dem der größten unteren Feldbewehrung sein.

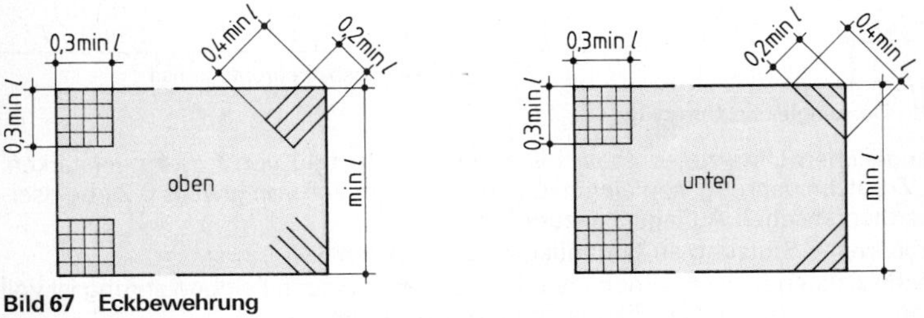


**Bild 67 Eckbewehrung**

## 13.4 Unterbrochene Stützungen (deckengleiche Unterzüge)

$l/d \leqq 7$ Konstruktive Bewehrungszulage ohne rechnerischen Nachweis

$7 < l/d \leqq 15$ Bemessung mit den Schnittgrößen des Ersatzbalkens. Zusatzbewehrung nach Bild 68.

Unterbrochene Stützung an Innenauflagern mehrfeldriger Platten:

Die sich aus der durchgehenden Stützung der Platte ergebende Stützbewehrung und der bis zum Auflager durchgehende Anteil der Feldbewehrung ist auch im Bereich der unterbrochenen Stützung ungeschwächt einzulegen. Diese gleichmäßig verteilte Bewehrung genügt bis zu einer Länge der unterbrochenen Stützung von $l = 10$ d. Für $l > 10$ d ist die Stützbewehrung in den Auflagerbereichen des

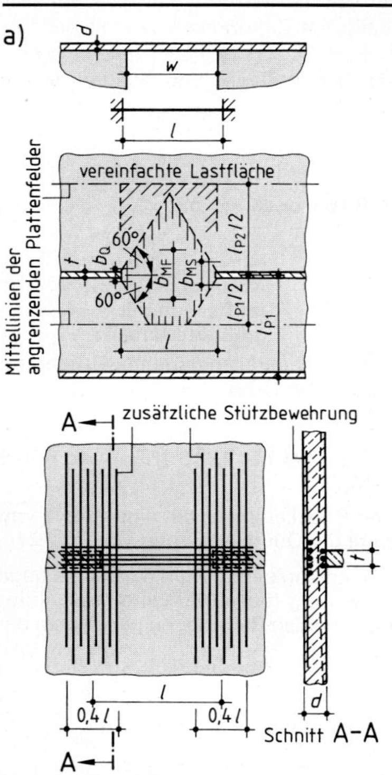


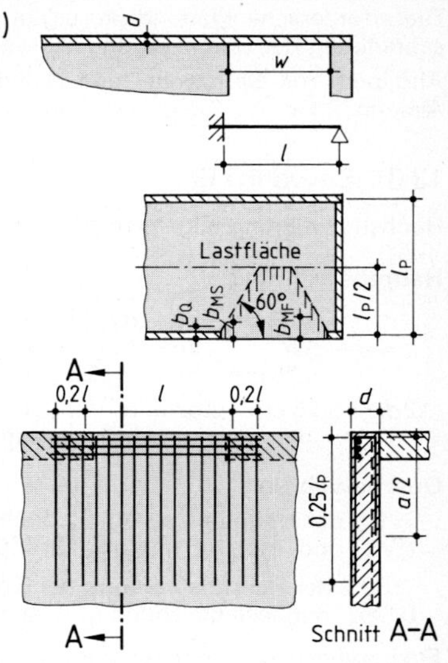


Mitwirkende Breiten im Fall:

| | a) | b) |
|---|---|---|
| $b_{MF}$ | $0{,}5\,l$ | $0{,}25\,l$ |
| $b_{MS}$ | $0{,}25\,l$ | $0{,}125\,l$ |
| $b_{MS}$ | $t+d$ | $t+0{,}5\,d$ |

Einfassungsbewehrung, konstr.

**Bild 68 Deckengleiche Unterzüge**

deckengleichen Unterzuges linear bis zu 40% (abhängig von $l/d$) zu verstärken. Diese Zusatzbewehrung ist gleichmäßig in einem Bereich von jeweils $0{,}2\,l$ beidseitig des theoretischen Auflagers anzuordnen.

Unterbrochene Stützung an Endauflagern von Platten:

Die rechtwinkelig zur unterbrochenen Stützung vorhandene Feldbewehrung ist voll bis zum nicht unterstützten Plattenrand durchzuführen.

Für $\tau_0 \leqq \tau_{011}$ ist eine Schubbewehrung nicht erforderlich. Bei deckengleichen Unterzügen an Plattenendauflagern ist jedoch die nach DIN 1045, Abschn. 18.5.3.1, für freie ungestützte Ränder von Platten geforderte Einfassungsbewehrung (z. B. Steckbügel) anzuordnen. Für $\tau_0 > \tau_{011}$ ist eine Schubbewehrung wie für Balken vorzusehen. Die Bügel müssen die Längsbewehrung unten umschließen; es genügt, wenn sie oben mit Haken verankert sind.

Zur Aufnahme der rechtwinkelig zur unterbrochenen Stützung im nicht unterstützten Plattenbereich wirkenden positiven und negativen Biegemomente kann die zuvor beschriebene Einfassungsbewehrung (Steckbügel) verwendet werden. Der auf die Längeneinheit des Plattenstreifens und auf die Nutzhöhe h der Platte bezogene Bewehrungsprozentsatz sowohl der unteren als auch der oberen Schenkel dieser Steckbügel muß jeweils mindestens 0,1% betragen.

Es genügt, wenn der untere Schenkel der Steckbügel mit der halben Verankerungslänge ($a/2$) an die bis zum Plattenrand durchgeführte Feldbewehrung angeschlossen wird und der obere Schenkel eine Länge von etwa 0,25 der Plattenspannweite $l_P$ aufweist. Die Anordnung der Steckbügel zeigt Bild 68b.

# 14 Balken und Plattenbalken

## 14.1 Bewehrung (Hauptbewehrung)

Die Höchstwerte der Längsbewehrung betragen 9% von $A_b$ auch im Bereich von Übergreifungsstößen, jedoch nur 5% von $A_b$ bei B 15. Im Bereich überwiegender Biegung soll die Druckbewehrung $A_{s1} \leqq 1\%$ von $A_b$ betragen.

**Abreiß- und Bügelbewehrung** s. DIN 1045.

## 14.2 Mitwirkende Plattenbreite

Die Mindestdicke der Platten von Plattenbalken beträgt wie bei Platten $d = 7$ cm. Mindestauflagertiefe 10 cm.

Die mitwirkende Plattenbreite darf vereinfachend angenommen werden zu

– $\boldsymbol{b_m = l_0/3}$ (71 a) bei beidseitigen Plattenbalken
– $\boldsymbol{b_m = l_0/6}$ (71 b) bei einseitigen Plattenbalken

Zutreffendere Werte erhält man jedoch mit

– $\boldsymbol{b_m = b_0 + b_{m1} + b_{m2}}$ (72 a) bei beiderseits freien Plattenrändern und bei Randträgern
– $\boldsymbol{b_m = b_0 + b_{m2} + b_{m3}}$ (72 b) bei Innenträgern

Ergeben sich hiermit stark unsymmetrische Querschnitte, so muß eine Bemessung für schiefe Biegung durchgeführt werden, wenn der Querschnitt nicht gegen Verdrehen gesichert und hoch ausgenutzt ist.

Die Werte $b_{m1}/b_1$ bzw. $b_{m2}/b_2$ bzw. $b_{m3}/b_3$ sind Tafel 65 zu entnehmen.
Für die Stützweite $l$ gilt vereinfachend

– in den Endfeldern $\boldsymbol{l_0 = 0{,}8\,l}$ (73 a) – in den Mittelfeldern $\boldsymbol{l_0 = 0{,}6\,l}$ (73 b)

Bei Kragträgern mit $l_k$ = Kragarmlänge gilt $\boldsymbol{l_0 = 1{,}5\,l_k}$ (73 c)

Um 40% abzumindern sind die so ermittelten $B_m$-Werte über den Stützen von Durchlaufträgern mit der Platte in der Druckzone wegen der einschnürenden Wirkung von Einzellasten.

**Bild 69 Plattenbalken**
**a) beiderseits freie Ränder**
**b) Rand- und Innenträger**

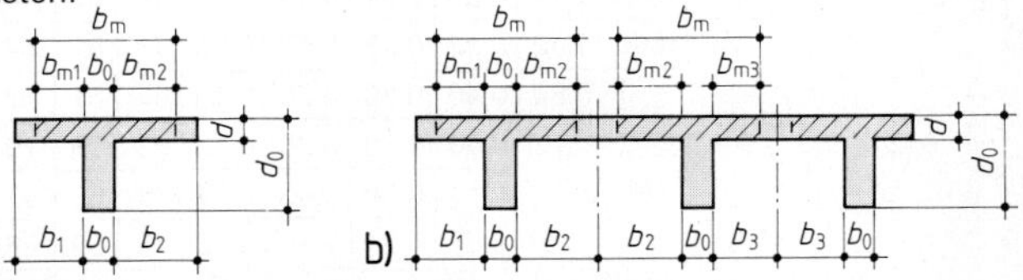


**Tafel 65 Bezogene mitw. Plattenbreite $b_{m1}/b_1$ bzw. $b_{m2}/b_2$ bzw. $b_{m3}/b_3$**

| $\frac{d}{d_0}$ | $\frac{b_1}{l_0}$ bzw. $\frac{b_2}{l_0}$ bzw. $\frac{b_3}{l_0}$ | | | | | | | | | | | | | | |
|---|---|---|---|---|---|---|---|---|---|---|---|---|---|---|---|
| | 1,0 | 0,9 | 0,8 | 0,7 | 0,6 | 0,5 | 0,45 | 0,4 | 0,35 | 0,3 | 0,25 | 0,2 | 0,15 | 0,1 | |
| 0,10 | 0,18 | 0,20 | 0,23 | 0,26 | 0,31 | 0,38 | 0,43 | 0,48 | 0,55 | 0,62 | 0,71 | 0,82 | 0,92 | 1,00 | $b_{m1}/b_1$ bzw. $b_{m2}/b_2$ bzw. $b_{m3}/b_3$ |
| 0,15 | 0,20 | 0,22 | 0,25 | 0,28 | 0,33 | 0,40 | 0,45 | 0,50 | 0,57 | 0,64 | 0,72 | 0,82 | 0,92 | | |
| 0,20 | 0,23 | 0,26 | 0,29 | 0,33 | 0,38 | 0,45 | 0,50 | 0,55 | 0,61 | 0,68 | 0,76 | 0,85 | 0,93 | | |
| 0,30 | 0,32 | 0,36 | 0,40 | 0,44 | 0,50 | 0,56 | 0,59 | 0,63 | 0,68 | 0,74 | 0,80 | 0,87 | 0,94 | | |

Zwischenwerte dürfen geradlinig interpoliert werden

Bei sehr großen vorhandenen Plattenbreiten $b_i$ ($i = 1, 2, 3$) darf näherungsweise der zu $b_i/l_0 = 1$ gehörende Wert $b_{mi}/b_i$ verwendet werden. Zur Ermittlung der mitwirkenden Breite $b_{mi}$ ist die vorhandene Plattenbreite $b_i$ dabei rechnerisch auf $b_i = 1{,}0\,l_0$ zu begrenzen.

# 14.3 Bemessung von Plattenbalken

**a) Gedrungene Querschnitte ($b_m/b_0 \leqq 5$).** Der oberhalb der Nullinie liegende Querschnitt der Druckzone wird umgewandelt in ein Rechteck mit der Ersatzbreite $b_i$ nach Gl. (74), wobei der Wert $\lambda_b$ aus Tafel 66 zu entnehmen ist. Die Bemessung erfolgt dann wie beim Rechteckquerschnitt mit den $k_h$-Tafeln (BT 2a, 2b und 4a). Man schätzt $k_x$, erhält damit für $b_m/b_0$ und $d/h$ aus Tafel 66 den Wert $\lambda_b$, mit dem $b_i$ ermittelt wird. Mit $b_i$ berechnet man $k_h$ nach Gl. (75).

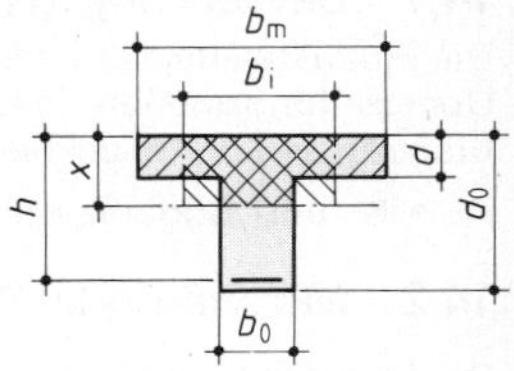


**Bild 51 Ersatzbreite $b_i$**

$$\boldsymbol{b_i = \lambda_b \cdot b_m} \qquad (74) \qquad\qquad \boldsymbol{k_h = h/\sqrt{M_s/b_i}} \qquad (75)$$

Ist der geschätzte $k_x$-Wert kleiner als der zu diesem $k_h$-Wert gehörende $k_x$-Wert, so muß Schätzung und Berechnung wiederholt werden. Man kann diese Iteration vermeiden, wenn man den zum größten $k_x$-Wert gehörenden Wert $\lambda_b$ wählt.

Der Nachweis, daß die Festigkeit der Biegedruckzone nicht überschritten wird, ist erbracht, wenn $k_h \geqq k_h^*$ ist.

**Tafel 66 Beiwerte $\lambda_b$ zur Bestimmung der Ersatzbreite $b_i$ bei Plattenbalken**

| $d/h=$ | | | | | | | | | | $b_m/b_o$ | | | | | | |
|---|---|---|---|---|---|---|---|---|---|---|---|---|---|---|---|---|
| 0,50 | 0,45 | 0,40 | 0,35 | 0,30 | 0,25 | 0,20 | 0,15 | 0,10 | 0,05 | 1,5 | 2,0 | 2,5 | 3,0 | 3,5 | 4,0 | 5,0 |
| $k_x=$ | | | | | | | | | | $100 \cdot \lambda_b$ | | | | | | |
| 0,50 | 0,45 | 0,40 | 0,35 | 0,30 | 0,25 | 0,20 | 0,15 | 0,10 | 0,05 | 100 | | | | | | |
| | 0,50 | 0,44 | 0,39 | 0,33 | 0,28 | 0,22 | 0,17 | 0,11 | 0,06 | 99 | 99 | 99 | 99 | 99 | 99 | 98 |
| | | 0,50 | 0,44 | 0,38 | 0,31 | 0,25 | 0,19 | 0,13 | 0,06 | 97 | 96 | 95 | 95 | 95 | 94 | 94 |
| | | | 0,50 | 0,43 | 0,36 | 0,29 | 0,21 | 0,14 | 0,07 | 95 | 92 | 90 | 89 | 89 | 88 | 87 |
| | | | | 0,50 | 0,42 | 0,33 | 0,25 | 0,17 | 0,08 | 91 | 87 | 84 | 82 | 81 | 80 | 79 |
| | | | | | 0,50 | 0,40 | 0,30 | 0,20 | 0,10 | 87 | 81 | 77 | 75 | 73 | 71 | 70 |
| | | | | | | 0,50 | 0,38 | 0,25 | 0,13 | 83 | 75 | 70 | 66 | 64 | 62 | 60 |
| | | | | | | | 0,50 | 0,33 | 0,17 | 79 | 69 | 62 | 58 | 55 | 53 | 50 |
| | | | | | | | | 0,50 | 0,25 | 75 | 62 | 55 | 50 | 46 | 44 | 40 |
| | | | | | | | | | 0,50 | 71 | 56 | 47 | 42 | 37 | 34 | 30 |

**b) Schlanke Querschnitte ($b/b_0 > 5$).** Meist vernachlässigt man die Druckspannungen im Steg. Man nimmt die Resultierende der Betondruckspannungen im Abstand $d/2$ vom oberen Querschnittsrand an. Die erforderliche Bewehrung $A_s$ erhält man dann nach Gl. (76).

Hierbei wird meist die Stahlspannung ausgenutzt, so daß $\gamma/\sigma_{su} = 1{,}75/\beta_s$ wird.

Mit Gl. (77) kann dann der Nachweis erbracht werden, daß die Festigkeit der Betondruckzone nicht überschritten wird.

$$\boldsymbol{A_s = \frac{\gamma}{\sigma_{su}}\left[\frac{M_s}{h-d/2} + N\right]} \qquad (76) \qquad\qquad \boldsymbol{\sigma_m = \frac{M_s}{(h-d/2)\, b_m\, d} \leqq \frac{\beta_R}{1{,}75}} \qquad (77)$$

## c) Beliebige Plattenbalkenquerschnitte

| Für alle B<br>Für alle BSt |
|---|

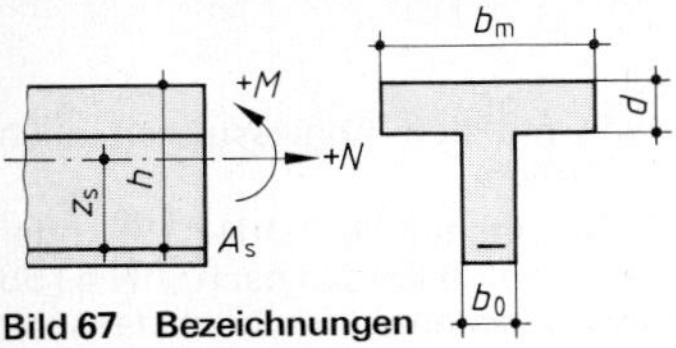


**Bild 67 Bezeichnungen**

| | $\beta_S/\beta_R$ B 15 | B 25 | B 35 | B 45 | B 55 | $\beta_S/\gamma$ [MN/m²] |
|---|---|---|---|---|---|---|
| BSt 420 S | 40,0 | 24,0 | 18,3 | 15,6 | 14,0 | 240 |
| BSt 500 | 47,6 | 28,6 | 21,7 | 18,5 | 16,7 | 286 |

$$M_s = M - N \cdot z_s$$

$N$ als Druckkraft negativ einsetzen.

$$m_s = \frac{M_s}{b_m h^2 \beta_R}$$

($\leq m_s^*$ ohne Druckbewehrung)

$$A_s = \omega_M \frac{b_m \cdot h}{\beta_s/\beta_R} + \frac{N}{\beta_s/\gamma}$$

Für die verschiedenen Größen sind einander entsprechende Einheiten zu verwenden.

**Tafel 68 Mechanische Bewehrungsgrade 1000 $\omega_M$**

| $m_s$ | $d/h=0{,}05$ $b_m/b_o$ 10 | 5 | 3 | 2 | 1 | $d/h=0{,}10$ $b_m/b_o$ 10 | 5 | 3 | 2 | 1 | $d/h=0{,}15$ $b_m/b_o$ 10 | 5 | 3 | 2 | 1 |
|---|---|---|---|---|---|---|---|---|---|---|---|---|---|---|---|
| 0,01 | 18 | 18 | 18 | 18 | 18 | 18 | 18 | 18 | 18 | 18 | 18 | 18 | 18 | 18 | 18 |
| 0,02 | 26 | 36 | 36 | 36 | 37 | 36 | 36 | 36 | 36 | 37 | 37 | 37 | 37 | 37 | 37 |
| 0,03 | 55 | 55 | 55 | 55 | 55 | 55 | 55 | 55 | 55 | 55 | 55 | 55 | 55 | 55 | 55 |
| 0,04 | 76 | 75 | 75 | 75 | 75 | 74 | 74 | 74 | 74 | 75 | 74 | 74 | 74 | 74 | 75 |
| 0,05 | | 97 | 95 | 94 | 94 | 93 | 93 | 93 | 94 | 94 | 94 | 94 | 94 | 94 | 94 |
| 0,06 | | 124 | 117 | 115 | 114 | 112 | 113 | 113 | 113 | 114 | 113 | 113 | 113 | 113 | 114 |
| 0,07 | | | 141 | 137 | 134 | | 134 | 133 | 134 | 134 | 132 | 133 | 133 | 133 | 133 |
| 0,08 | | | 169 | 160 | 154 | | 161 | 156 | 155 | 154 | 152 | 153 | 153 | 154 | 154 |
| 0,09 | | | | 184 | 175 | | | 181 | 177 | 175 | 176 | 174 | 174 | 175 | 175 |
| 0,10 | | | | 211 | 197 | | | 210 | 201 | 197 | | 201 | 197 | 197 | 197 |
| 0,11 | | | | 241 | 218 | | | | 227 | 218 | | | 224 | 220 | 218 |
| 0,12 | | | | | 241 | | | | 256 | 241 | | | | 246 | 247 |
| 0,13 | | | | | 264 | | | | | 264 | | | | 274 | 264 |
| 0,14 | | | | | 288 | | | | | 288 | | | | | 288 |
| 0,15 | | | | | 313 | | | | | 313 | | | | | 313 |
| 0,16 | | | | | 339 | | | | | 339 | | | | | 339 |
| 0,17 | | | | | 367 | | | | | 367 | | | | | 367 |
| 0,18 | | | | | 395 | | | | | 395 | | | | | 395 |
| 0,19 | | | | | 426 | | | | | 426 | | | | | 426 |
| $m_s^*=$ | 0,044 | 0,061 | 0,083 | 0,111 | 0,193 | 0,068 | 0,082 | 0,101 | 0,124 | 0,193 | 0,091 | 0,102 | 0,117 | 0,136 | 0,193 |
| 1000 $\omega_M=$ | 89 | 127 | 179 | 243 | 436 | 134 | 167 | 212 | 268 | 436 | 179 | 207 | 245 | 293 | 436 |

| $m_s$ | $d/h=0{,}20$ $b_m/b_o$ 10 | 5 | 3 | 2 | 1 | $d/h=0{,}30$ $b_m/b_o$ 10 | 5 | 3 | 2 | 1 | $d/h=0{,}40$ $b_m/b_o$ 10 | 5 | 3 | 2 | 1 |
|---|---|---|---|---|---|---|---|---|---|---|---|---|---|---|---|
| 0,01 | 18 | 18 | 18 | 18 | 18 | 18 | 18 | 18 | 18 | 18 | 18 | 18 | 18 | 18 | 18 |
| 0,02 | 37 | 37 | 37 | 37 | 37 | 37 | 37 | 37 | 37 | 37 | 37 | 37 | 37 | 37 | 37 |
| 0,03 | 55 | 55 | 55 | 55 | 55 | 55 | 55 | 55 | 55 | 55 | 55 | 55 | 55 | 55 | 55 |
| 0,04 | 75 | 75 | 75 | 75 | 75 | 75 | 75 | 75 | 75 | 75 | 75 | 75 | 75 | 75 | 75 |
| 0,05 | 94 | 94 | 94 | 94 | 94 | 94 | 94 | 94 | 94 | 94 | 94 | 94 | 94 | 94 | 94 |
| 0,06 | 114 | 114 | 114 | 114 | 114 | 114 | 114 | 114 | 114 | 114 | 114 | 114 | 114 | 114 | 114 |
| 0,07 | 134 | 134 | 134 | 134 | 134 | 134 | 134 | 134 | 134 | 134 | 134 | 134 | 134 | 134 | 134 |
| 0,08 | 154 | 154 | 154 | 154 | 154 | 154 | 154 | 154 | 154 | 154 | 154 | 154 | 154 | 154 | 154 |
| 0,09 | 174 | 174 | 174 | 175 | 175 | 175 | 175 | 175 | 175 | 175 | 175 | 175 | 175 | 175 | 175 |
| 0,10 | 195 | 195 | 195 | 196 | 197 | 197 | 197 | 197 | 197 | 197 | 197 | 197 | 197 | 197 | 197 |
| 0,11 | 218 | 217 | 217 | 218 | 218 | 213 | 218 | 218 | 218 | 218 | 218 | 218 | 218 | 218 | 218 |
| 0,12 | | 244 | 241 | 241 | 241 | 241 | 241 | 241 | 241 | 241 | 241 | 241 | 241 | 241 | 241 |
| 0,13 | | | 269 | 266 | 264 | 264 | 264 | 264 | 264 | 264 | 264 | 264 | 264 | 264 | 264 |
| 0,14 | | | | 293 | 288 | 287 | 287 | 287 | 288 | 288 | 288 | 288 | 288 | 288 | 288 |
| 0,15 | | | | | 313 | 312 | 312 | 312 | 313 | 313 | 313 | 313 | 313 | 313 | 313 |
| 0,16 | | | | | 339 | | | 341 | 340 | 339 | 339 | 339 | 339 | 339 | 339 |
| 0,17 | | | | | 367 | | | | | 367 | 366 | 366 | 366 | 366 | 367 |
| 0,18 | | | | | 399 | | | | | 395 | | 397 | 397 | 395 | 395 |
| 0,19 | | | | | 426 | | | | | 426 | | | | | 426 |
| $m_s^*=$ | 0,112 | 0,121 | 0,133 | 0,148 | 0,193 | 0,150 | 0,155 | 0,161 | 0,169 | 0,193 | 0,178 | 0,180 | 0,182 | 0,185 | 0,193 |
| 1000 $\omega_M=$ | 224 | 247 | 279 | 318 | 436 | 312 | 326 | 345 | 367 | 436 | 388 | 394 | 401 | 409 | 436 |

# 15 Stahlbetonrippendecken

## 15.1 Allgemeine Grundlagen

Stahlbetonrippendecken sind Plattenbalkendecken mit den Abmessungen nach Bild 72. Ein Nachweis für die Platte ist nicht erforderlich.

Die Platte kann ganz oder teilweise durch Zwischenbauteile (DIN 4158 oder DIN 4159) ersetzt werden. Zwischen den Rippen können Füllkörper nach DIN 4158 oder DIN 4160 angeordnet werden. Stahlbetonrippendecken dürfen höchstens mit einer Verkehrslast $p$ von 5,00 kN/m² belastet werden. Einzellasten über 7,5 kN sind unmittelbar durch Querrippen oder gleichwertige Maßnahmen auf die Längsrippen zu übertragen.

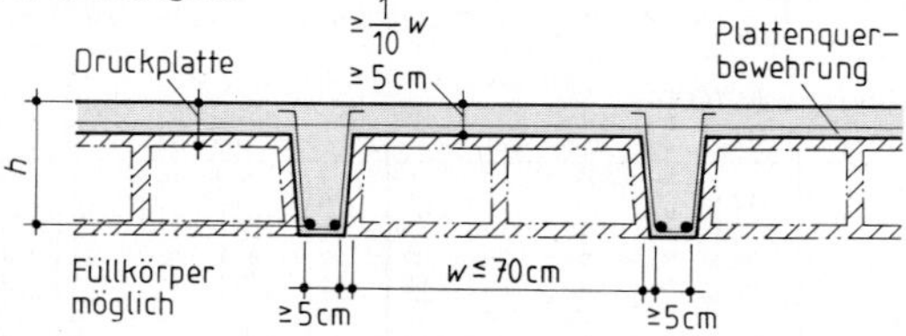


**Bild 72**
**Stahlbetonrippendecken**

## 15.2 Einachsig gespannte Decken

Die Druckplatte braucht statisch nicht nachgewiesen zu werden, als Querbewehrung sind mindestens 3 Stäbe mit $d_s = 6$ mm (Betonstabstahl) oder $d_s = 4{,}5$ mm (Betonstahlmatten) erforderlich.

In den Längsrippen ist die Längsbewehrung möglichst gleichmäßig zu verteilen. Die Bügelbewehrung kann entfallen, wenn die Verkehrslast $p \leqq 2{,}75$ kN/m², der Wert der Schubspannung $\tau_0 \leqq \tau_{011}$ (Bereich 1 b) und der Durchmesser der Längsbewehrung $d_s \leqq 16$ mm ist. Dabei ist die Feldbewehrung dann von Auflager zu Auflager zu führen.

Im Bereich von Innenstützen dürfen Vouten nur bis zu einer Neigung von 1:3 in Rechnung gestellt werden, Druckbewehrung darf für durchgeführte Feldbewehrung mit $\mu_d \leqq 1\%$ von Ab in Rechnung gestellt werden.

Für die Anordnung von Querrippen in Abhängigkeit der Verkehrslast $p$, der Stützweite $l$ und der Dicke der Rippendecke $d_0$ gilt Tafel 69.

**Tafel 69 Abstand von Querrippen**

| Verkehrslast $p$ in kN/m² | Stützweite $l$ in m | Abstand der Längsrippen | Abstand der Querrippen |
|---|---|---|---|
| ≦2,75 und dazugehörige Flure ≦3,50 | ≦6,0 | – | – |
| ≦2,75 | >6,00 | ≦1/8<br>>1/8 | –<br>$12 d_0$ |
| >2,75 | | ≦1/8<br>>1/8 | $10 d_0$<br>$8 d_0$ |

Bei $p > 2{,}75$ kN/m² oder $l > 6{,}00$ m ist mindestens eine Querrippe anzuordnen.

Die Querrippen sind in der Bauhöhe der Längsrippen auszubilden und zu verbügeln. Sie sind für die Schnittgrößen der Längsrippen zu bemessen, bei einer Verkehrslast von $p \leqq 3{,}50$ kN/m² genügt eine Bemessung für die halben Werte.

## 15.3 Zweiachsig gespannte Decken

Zweiachsig gespannte Decken sind wie einachsig gespannte zu bemessen und auszubilden. Die Schnittgrößenermittlung erfolgt wie bei zweiachsig gespannten Platten, jedoch ohne Berücksichtigung der günstig wirksamen Drillmomente.

# 16 Flach- und Pilzdecken

## 16.1 Schnittgrößen

Angaben für Ermittlung der Schnittgrößen enthält Abschn. 2.7.

## 16.2 Biegebemessung

Die Bemessung erfolgt für die nach Abschnitt 2.7 ermittelten Schnittgrößen. Stützkopfverstärkungen mit einer Neigung von $\geqq 1:3$ dürfen nur mit einer Neigung von 1:3 in Rechnung gestellt werden. Um eine Zugbandwirkung zu erreichen, ist mindestens 50% der Feldbewehrung bis zu den Stützenachsen durchzuführen. Wird keine Schubbewehrung angeordnet, so ist eine Mindestbewehrung im Bereich des Rundschnittes der Stützen $A_s = \max Q_r / \beta_s$ einzulegen. Im Bereich des Rundschnittes um die Stützen ist die Biegetragfähigkeit nachzuweisen, an der Plattenoberseite ist in jeder Richtung ein Biegebewehrungsgrad von $\mu = 0{,}5\%$ einzulegen. An Plattenrändern ist die Bewehrung zu verankern.

Ist bei der Platte am Rande eine durchgehende Unterstützung vorhanden, so entfällt der Gurtstreifen neben dem Rand. Der dann vorhandene Randstreifen mit einer Breite von $0{,}8l$ kann für 75% der Schnittlasten eines Feldstreifens bemessen werden.

## 16.3 Nachweis der Sicherheit gegen Durchstanzen

Die rechnerische Schubspannung $\tau_r$ wird in einem zylindrischen Rundschnitt um die Stütze bestimmt.

$$\max \tau_r = \frac{\max Q_r}{u \cdot h_m} \quad (78) \qquad \text{mit } u = (d_{St} + h_m)\,\pi$$

In obiger Gleichung ist $\max Q_r$ die größte Querkraft im Rundschnitt. Der Beiwert $u$ ist bei Randstützen um 40% und bei Eckstützen um 70% zu reduzieren. Für $h_m$ ist die mittlere statische Höhe einzusetzen. Als Stützenabmessung $d_{St}$ wird bei Rundstützen der Durchmesser und bei Rechteckstützen mit den Seitenabmessungen $d$ und $b$ der Wert $1{,}13\sqrt{d \cdot b}$ eingesetzt, wobei die größte Seitenlänge nicht mehr als der 1,5fache Betrag der kleineren in Rechnung gestellt werden darf.

Bei Randstützen ist die Biegebeanspruchung nicht rotationssymmetrisch, hier darf auf eine genaue Ermittlung von verzichtet werden, wenn der Rechenwert nach Gl. (78) um 40% erhöht wird.

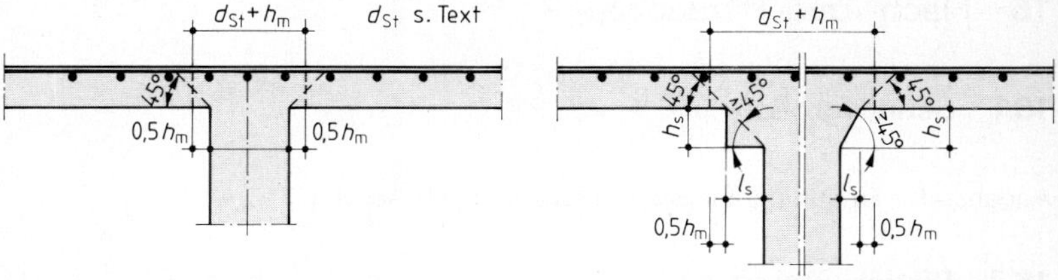


**Platte ohne Stützenkopfverstärkung**

**Platte mit Stützenkopfverstärkung und $l_s \leqq h_s$**

**Bild 73 Maßgebende Schnitte für den Distanznachweis**

Wird eine Stützenkopfverstärkung ausgebildet, so sollte $l_s \ll h_s$ gewählt werden, dann ist ein Nachweis der Schubspannung im Bereich der Verstärkungen nicht erforderlich.

Für die Ermittlung der Schubbewehrung gilt Tafel 70. Wird eine Bewehrung erforderlich, so ist diese für 0,75 max $Q_r$ zu bemessen, wobei sie 45° und steiler geneigt sein soll.

**Tafel 70 Schubbewehrung**

| Fall | Schubspannung | Schubbewehrung | |
|---|---|---|---|
| 1 | $\tau_r \leqq \varkappa_1 \tau_{011}$ | nicht erforderlich | $\varkappa_1 = 1{,}3\ \alpha_s \sqrt{\mu_g}$ \| $\alpha_s = 1{,}3$ (BSt III S)<br>$\varkappa_2 = 0{,}45\ \alpha_s \sqrt{\mu_g}$ \| $\alpha_s = 1{,}4$ (BSt IV s/IV M) |
| 2 | $\varkappa_1 \tau_{0\mu} < \tau_r \leqq \varkappa_2 \tau_{02}$ | erforderlich | $\mu_g = \frac{A_s}{h_m} \leqq 0{,}25 \frac{\beta_{ws}}{\beta_s} \leqq 1{,}5\%$ |
| 3 | $\tau_r > \varkappa_2 \tau_{02}$ | nicht zulässig | $\frac{A_s}{h_m}$ = vorh. Bewehrungsgrad im Rundschnitt |

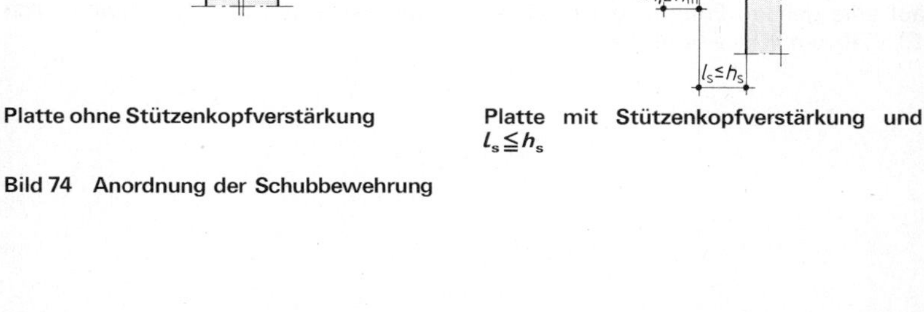


**Platte ohne Stützenkopfverstärkung**

**Platte mit Stützenkopfverstärkung und $l_s \leqq h_s$**

**Bild 74 Anordnung der Schubbewehrung**

# 17 Fundamente

## 17.1 Allgemeines

Fundamente sind Gründungskörper, die Bauwerkslasten aufnehmen und in den Untergrund ableiten. Sie können bewehrt und für kleinere Belastungen auch unbewehrt ausgeführt werden. (Im Fertigteilbau kommen häufig auch Köcherfundamente zur Anwendung).

## 17.2 Unbewehrte Fundamente

Bei unbewehrten Fundamenten müssen Biegezugspannungen vom Beton aufgenommen werden. Die zulässige Breite ist daher begrenzt. Sie kann in Abhängigkeit der Betonfestigkeitsklasse angegeben werden.

$$\text{zul}\, b = 2 \cdot \frac{d}{n} + c \qquad (79)$$

**Tafel 71 Tafelwerte *n***

| B | max. $p_s$ in kN/m² | | | | |
|---|---|---|---|---|---|
| | 100 | 200 | 300 | 400 | 500 |
| 5 | 1,6 | 2,0 | 2,0 | unzulässig | |
| 10 | 1,1 | 1,6 | 2,0 | 2,0 | 2,0 |
| 15 | 1,0 | 1,3 | 1,6 | 1,8 | 2,0 |
| 25 | 1,0 | 1,0 | 1,2 | 1,4 | 1,6 |
| 35 | 1,0 | 1,0 | 1,0 | 1,2 | 1,3 |

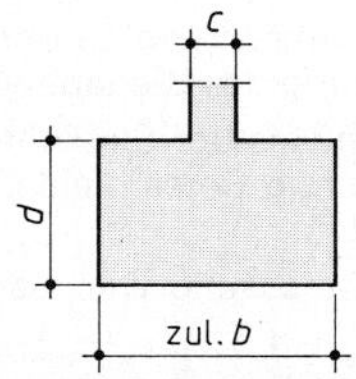


**Bild 75 Ausführung unbewehrte Fundamente**

## 17.3 Bewehrte Einzelfundamente

Für die Bemessung bewehrter Fundamentplatten sind die Schnittgrößen nach der Plattentheorie zu ermitteln. Heft 240 DafStb gibt ein Näherungsverfahren an, wobei anstelle von Hauptmomenten Momente in $x$- und $y$-Richtung parallel zu den Fundamentkanten verlaufen. Sie werden für lotrechte Belastung aus einer gleichmäßig verteilten Belastungsfigur unter dem Fundamentkörper ermittelt, wobei das Fundamentgewicht unberücksichtigt bleibt. Die Konzentrierung der Momente unter der Stütze wird durch Faktoren berücksichtigt. Hierfür wird das Fundament in 8 gleiche Streifen unterteilt.

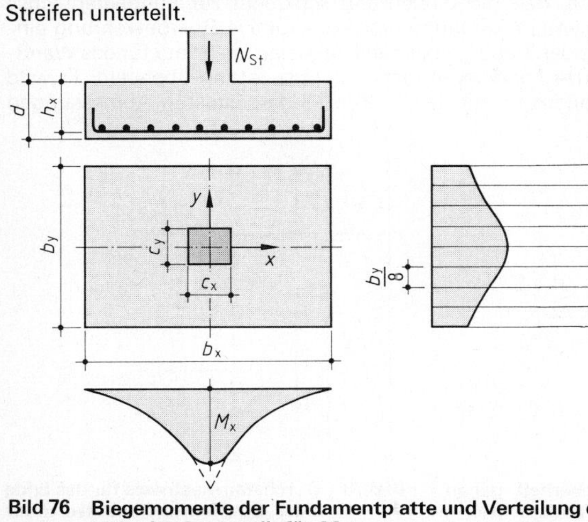


**Verteilung von $M_x$ in Fundamentmitte**

| α-Werte des Momentes | | | |
|---|---|---|---|
| $c_y/b_y$ | | | |
| 0,1 | 0,2 | 0,3 | >0,3 |
| 7 | 8 | 9 | 12,5 |
| 10 | 10 | 11 | : |
| 14 | 14 | 14 | : |
| 19 | 18 | 16 | : |
| 19 | 18 | 16 | : |
| 14 | 14 | 14 | : |
| 10 | 10 | 11 | : |
| 7 | 8 | 9 | 12,5 |

**Bild 76 Biegemomente der Fundamentp atte und Verteilung der Momente über die Plattenbreite dargestellt für $M_x$**

$$M_x = N_{St} \cdot \frac{b_x - c_x}{8} \quad (80\,a) \qquad M_y = N_{St} \cdot \frac{b_y - c_y}{8} \quad (80\,b)$$

Für jeden Plattenstreifen mit der Breite $\frac{b_y}{8}$ gilt

$$k_{hx} = \frac{h_x}{\sqrt{\frac{\alpha}{100} \cdot \frac{M_x}{8 \cdot b_y}}} \quad (81) \qquad A_{sx} = k_s \cdot \frac{\frac{\alpha}{100} \cdot M_x}{h_x} \quad (82)$$

Nach neueren Untersuchungen kann zur Bemessung auch das jeweilige Moment am Stützenrand zugrunde gelegt werden. Danach wird

$$M_x = N_{St}\left(\frac{b_x}{8} - \frac{c_x}{4}\right) \quad (83\,a) \qquad M_y = N_{St}\left(\frac{b_y}{8} - \frac{c_y}{4}\right) \quad (83\,b)$$

Die Biegebewehrung sollte ohne Abstufung bis zum Rand durchgeführt werden. Eine Begrenzung des Biegebewehrungsgrades ist nicht erforderlich.

Für den Nachweis der Sicherheit gegen Durchstanzen darf die Belastung $N_{St}$ um den Anteil, der im Bereich einer Lastausbreitung unter 45° abgetragen wird, abgemindert werden.

Als Stützenabmessung wird bei Rundstützen der Durchmesser $d_{St}$ und bei Rechteckstützen $d_{St} = 1{,}13\sqrt{c_x \cdot c_y}$ angesetzt, wobei die größere Seitenlänge nicht mehr als der 1,5fache Betrag der kleineren in Rechnung gestellt werden darf.

$$\max Q_r = N_{St} - \frac{\pi d_k^2}{4}\sigma_0 \quad (84) \qquad d_k = d_{St} + 2 \cdot h_m$$

Die Ermittlung der Schubspannung sowie der Schubbewehrung wird in Abschn. 16 ausführlich behandelt.

Für außermittige Belastung werden die Momente in $x$ und in $y$ Richtung aus einer trapezförmigen Belastungsfigur ermittelt. Beim Nachweis der Sicherheit gegen Durchstanzen wird im Bereich unter der Stütze ebenfalls eine trapezförmige Belastung berücksichtigt.

Werden Streifenfundamente unter langen Wänden angeordnet, so kann die Biegebemessung derart erfolgen, daß die Bewehrung senkrecht zur Fundamentachse berechnet und in Fundamentlängsrichtung eine konstruktive Querbewehrung eingelegt wird. Der Nachweis der Sicherheit gegen Durchstanzen ist nur für das Wandende erforderlich, wenn das Fundament hier in Längsrichtung übersteht. Er wird dann für ein Rechteckfundament mit den in Bild 78 dargestellten Abmessungen geführt.

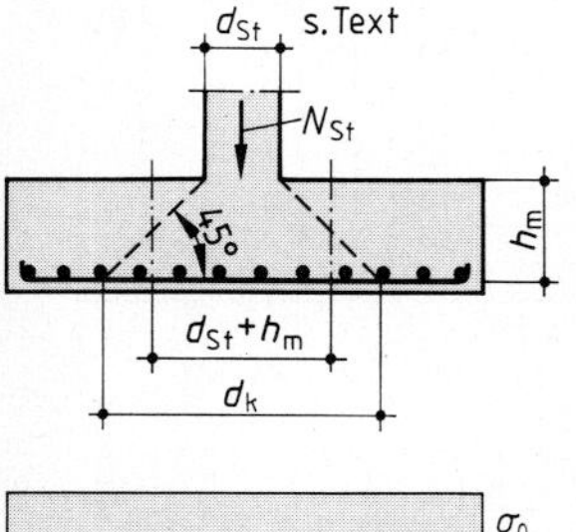


**Bild 77 Nachweis der Sicherheit gegen Durchstanzen bei Fundamenten**

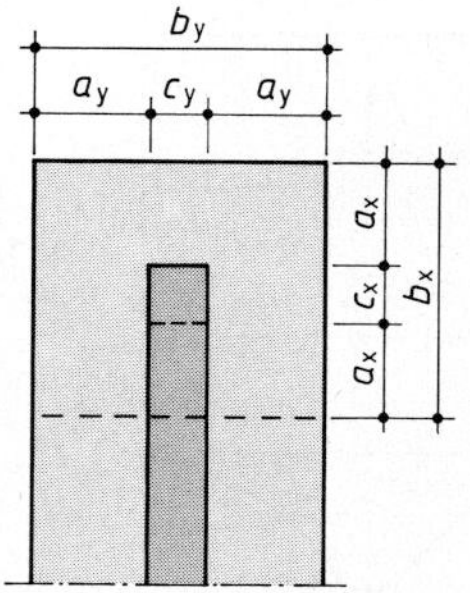


**Bild 78 Durchstanznachweis für das Ende eines Streifenfundamentes unter einer Wand**

# 18 Druckglieder

Man unterscheidet stabförmige Druckglieder mit $b \leqq 5d$ und Wände mit $b > 5d$, wobei $b \geqq d$.

## 18.1 Stabförmige Druckglieder

### 18.1.1 Bügelbewehrte Druckglieder

Mindestdicke $d$ s. Tafel 72

**Bewehrung**

Längsbewehrung $A_s$ — $\geqq 0{,}4\%$ erf $A_b$ am gezogenen oder weniger gedrückten Rand
$\geqq 0{,}8\%$ erf $A_b$ im Gesamtquerschnitt
$\leqq 9{,}0\%$ erf $A_b$ auch im Bereich von Übergreifungsstößen
Nenndurchmesser (Mindestdurchmesser) $d_{sl}$ s. Tafel 73
Abstand $\leqq 30$ cm; bei $b \leqq 40$ cm genügt ein Stab je Ecke.
Verankerungsbereich der Stütze nach Bild 81 a (ohne besondere Verbundmaßnahmen) bzw. nach Bild 81 b bei $0{,}5d \leqq l \leqq 2d$

Druckbewehrung $A_s'$ — Sie darf höchstens mit dem am gezogenen oder weniger gedrückten Rand vorhandenen $A_s$ in Rechnung gestellt werden.

Bügelbewehrung — $d_s \geqq 5$ mm bei Einzelbügel oder Bügelwendel
$d_s \geqq 4$ mm bei Betonstahlmatten
$d_s \geqq 8$ mm bei Längsstäben mit $d_{sl} > 20$ mm
Bügelabstand $s_{bü}$ nach Bild 79, 81 a und 81 b
Verbügelung je Ecke bis zu 5 Längsstäben (s. Bild 80)

**Tafel 72 Mindestdicken bügelbewehrter, stabförmiger Druckglieder in cm**

| | Querschnittsform | stehend hergestellte Druckglieder aus Ortbeton | Fertigteile und liegend hergestellte Druckglieder |
|---|---|---|---|
| 1 | Vollquerschnitt, Dicke | $\geqq 20$ | $\geqq 14$ |
| 2 | aufgelöster Querschnitt[1)], z.B. I-, T- und L-förmig (Flansch- und Stegdicke) | $\geqq 14$ | $\geqq 7$ |
| 3 | Hohlquerschnitt[2)] (Wanddicke) | $\geqq 10$ | $\geqq 5$ |

[1)] Gesamte Flanschbreite $\geqq$ Werte in Zeile 1;
Flansche mit Breite > 5fache Dicke sind als Wände zu behandeln.
[2)] Wandungen mit lichter Seitenlänge > 10fache Wanddicke sind als Wände zu behandeln.

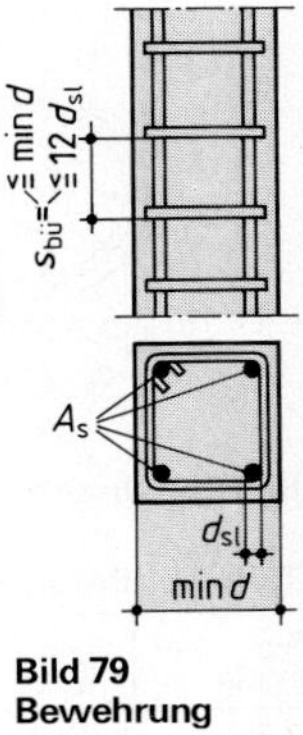


**Bild 79 Bewehrung**

**Tafel 73 Nenndurchmesser $d_{sl}$ der Längsbewehrung**

| kleinste Querschnittsdicke der Druckglieder in cm | $<10$ | $\geqq 10$ bis $<20$ | $\geqq 20$ |
|---|---|---|---|
| Nenndurchmesser $d_{sl}$ | 8 | 10 | 12 |

Bei Druckgliedern für untergeordnete Zwecke dürfen die Tafelwerte $d_{sl}$ unterschritten werden.

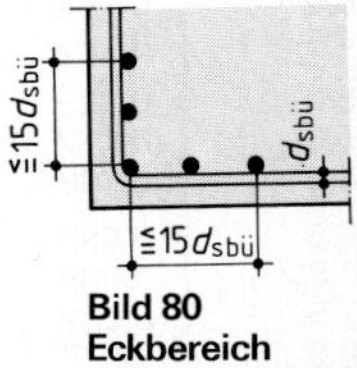


**Bild 80 Eckbereich**

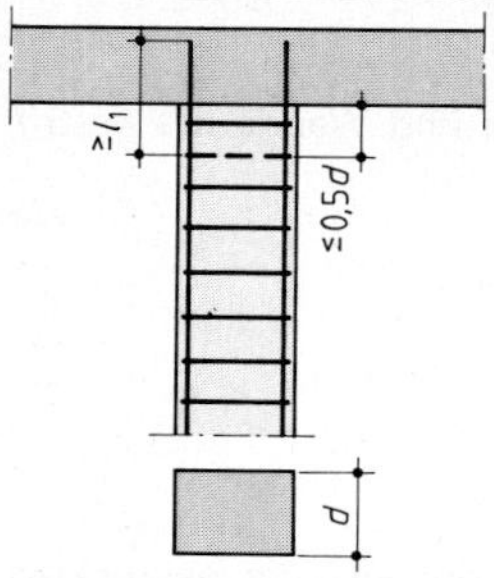


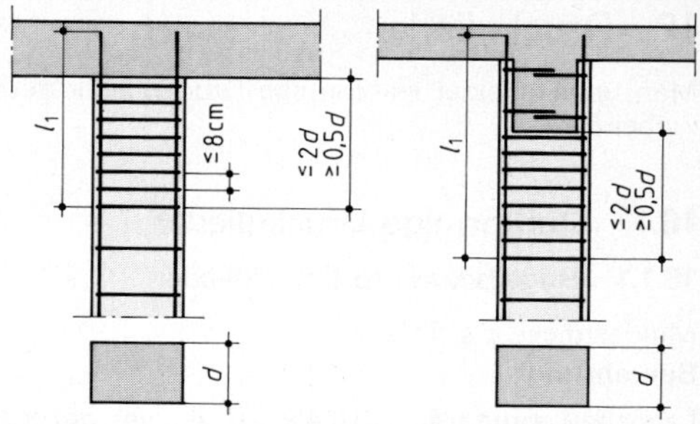


Bild 81a Verankerungsbereich der Stütze ohne besondere Verbundmaßnahmen

Bild 81b Verstärkung der Bügelbewehrung im Verankerungsbereich der Stützenbewehrung

## 18.1.2 Umschnürte Druckglieder

Die Mindestanforderungen sind Bild 82 zu entnehmen.
Zusätzlich muß sein

$$A_w \beta_{sw} \leqq \delta \cdot [(2{,}3 A_b - 1{,}4 A_k)\beta_R + A_s \beta_S] \quad (85)$$

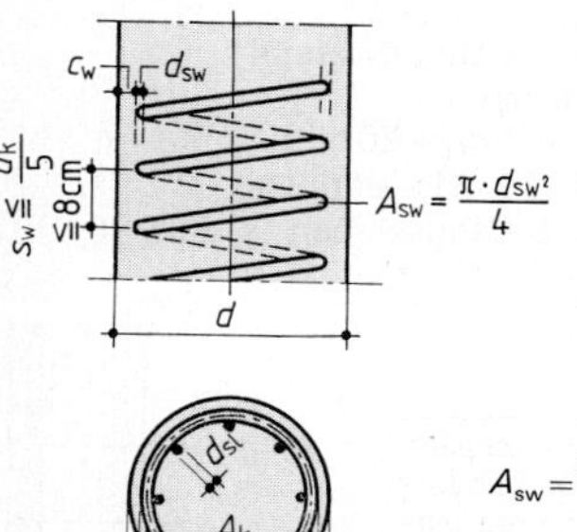


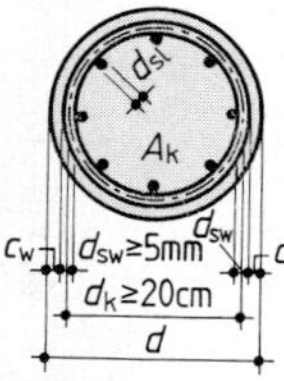


$$A_{sw} = \frac{\pi \cdot d_{sw^2}}{4}$$

| Beton | B 25 | B 35 | B 45 | B 55 |
|---|---|---|---|---|
| $\delta$ | 0,42 | 0,39 | 0,37 | 0,36 |

Bild 82 Umschnürtes Druckglied

Tafel 74 Bezogene Wendelbewehrung $A_W/d_K$ in cm, Ganghöhe $s_W$ in cm

| $s_W$ in cm | ⌀5 | ⌀6 | ⌀8 | ⌀10 | ⌀12 | ⌀14 | ⌀16 |
|---|---|---|---|---|---|---|---|
| 3,5 | 0,176 | 0,254 | 0,452 | 0,704 | 1,015 | 1,380 | 1,805 |
| 4,0 | 0,154 | 0,222 | 0,395 | 0,617 | 0,888 | 1,209 | 1,578 |
| 4,5 | 0,137 | 0,197 | 0,351 | 0,548 | 0,790 | 1,074 | 1,403 |
| 5,0 | 0,123 | 0,178 | 0,316 | 0,498 | 0,711 | 0,967 | 1,263 |
| 5,5 | 0,112 | 0,161 | 0,287 | 0,448 | 0,646 | 0,879 | 1,148 |
| 6,0 | 0,103 | 0,148 | 0,263 | 0,411 | 0,592 | 0,806 | 1,052 |
| 6,5 | 0,095 | 0,137 | 0,243 | 0,379 | 0,547 | 0,744 | 0,971 |
| 7,0 | 0,088 | 0,127 | 0,226 | 0,352 | 0,508 | 0,691 | 0,902 |
| 7,5 | 0,082 | 0,118 | 0,210 | 0,329 | 0,474 | 0,645 | 0,830 |
| 8,0 | 0,077 | 0,110 | 0,197 | 0,308 | 0,444 | 0,604 | 0,789 |

## 18.2 Stahlbetonwände

Stahlbetonwände sind überwiegend auf Druck beanspruchte, scheibenartige Bauteile, und zwar

a) tragende Wände zur Aufnahme lotrechter Lasten, z. B. Deckenlasten; auch lotrechte Scheiben zur Abtragung waagerechter Lasten (z. B. Windscheiben) gelten als tragende Wände.

b) aussteifende Wände zur Knickaussteifung tragender Wände, dazu können jedoch auch tragende Wände verwendet werden

c) nichttragende Wände werden überwiegend nur durch ihr Eigengewicht beansprucht, können aber auch auf ihre Fläche wirkende Windlasten auf tragende Bauteile, z. B. Wand- oder Deckenscheiben, abtragen.

**Mindestwanddicke *d***

Für tragende Wände in Tafel 75; für aussteifende Wände $\geqq 8$ cm

**Knicklänge $h_K$**

Sie ist je nach Art der Aussteifung in Abhängigkeit von der Geschoßhöhe $h_s$ nach folgender Gl. in Rechnung zu stellen: $h_K = \beta h_s$

Für den Beiwert $\beta$ ist einzusetzen bei

a) zweiseitig gehaltenen Wänden[1]) $\beta = 1{,}00$

b) dreiseitig gehaltenen Wänden $\beta = 1/[1 + (h_s/3b)^2] \geqq 0{,}3$

c) vierseitig gehaltenen Wänden für $h_s \leqq b$ $\beta = 1/[1 + (h_s/b)^2]$
für $h_s > b$ $\beta = b/2h_s$

*b* Abstand des freien Randes von der Mitte der aussteifenden Wand bzw. Mittenabstand der aussteifenden Wände

**Bewehrung**

Längsbewehrung $A_s$ — $d_s \geqq 8$ mm, aber $\geqq 5$ mm bei geschweißten Betonstahlmatten aus B St 500 M (IV); Größtabstand 20 cm

Querbewehrung — wie bei Platten

**Nachweis der Knicksicherheit** s. Heft 220 des DAfStb.

**Tafel 75 Mindestwanddicken *d* in cm für tragende Wände**

| 1 | 2 | 3 | 4 | 5 | 6 |
|---|---|---|---|---|---|
| Festigkeitsklasse des Betons | Herstellung | Mindestwanddicken für Wände aus | | | |
| | | unbewehrtem Beton | | Stahlbeton | |
| | | | Decke über Wänden | | |
| | | nicht durchlaufend | durchlaufend | nicht durchlaufend | durchlaufend |
| bis B 10 | Ortbeton | 20 | 14 | – | – |
| ab B 15 | Ortbeton | 14 | 12 | 12 | 10 |
| | Fertigteil | 12 | 10 | 10 | 8 |

Die Werte gelten auch für Wandteile mit $b < 5d$ zwischen oder neben Öffnungen oder für Wandteile mit Einzellasten, auch wenn sie als bügelbewehrte, stabförmige Druckglieder ausgebildet werden. Die Werte der Spalten 4 und 6 gelten auch bei nicht durchlaufenden Decken, wenn nachgewiesen wird, daß die Ausmitten der lotrechten Last kleiner als $^1/_6$ der Wanddicke ist.

[1]) Für $h_s \leqq b$ darf $\beta = 0{,}85$ gesetzt werden, wenn die Wände oben und unten mit den Decken durch Ortbeton und Bewehrung biegesteif so verbunden sind, daß die Eckmomente voll aufgenommen werden.

# 19 Brandschutz

## 19.1 Allgemeines

Einleitende Worte zum Thema Brandschutz sind im Kapitel „Bauphysik" wiedergegeben. Dort ist sowohl auf die Klassifizierung der Baustoffe als auch auf die Widerstandsklassen der Bauteile eingehend eingegangen worden, so daß sich an dieser Stelle weitere Erläuterungen erübrigen.

## 19.2 Bemessungstafeln für Standardfälle

Die DIN 4102 Teil 4 enthält Angaben über Baustoffe, Bauteile und Sonderbauteile, die nach ihrem Brandverhalten eindeutig klassifiziert werden. Für die brandschutztechnische Bemessung von Bauteilen aus Beton mit überwiegend quarzhaltigem Zuschlag werden Bemessungstabellen angegeben. Danach können die einzelnen Bauteile dann in die entsprechenden Feuerwiderstandsklassen eingestuft werden.

Als Parameter gehen neben den statischen Systemen in erster Linie die Abmessungen der Bauteile sowie die Betondeckung und der Abstand der Bewehrung ein. Auch kann durch Putzverkleidungen der Brandschutz verbessert werden. Voraussetzung für die brandschutztechnische Wirksamkeit eines Putzes ist seine Haftung am Putzgrund.

Für Standardfälle werden Bemessungstafeln angegeben. Dazu folgende Erläuterungen:

1. Die Tafeln beziehen sich auf eine kritische Temperatur des Bewehrungsstahles von $\text{crit}\,T = 500°$. Damit sind alle Betonstähle nach DIN 1045 abgedeckt. Bei Vorliegen anderer kritischer Temperaturen sind vor allem die Mindestachsabstände der Bewehrungen zu korrigieren, da diese maßgebend sind für die Erwärmung der Stahleinlagen.
2. Als Achsabstand $u$ der Bewehrung ist der Abstand zwischen der Längsachse der Bewehrungsstäbe und der beflammten Betonoberfläche definiert. Je nach Lage der bezogenen Betonoberfläche wird er mit $u$ (unten), $u_s$ (seitlich) oder $u_0$ (oben) bezeichnet. Als Betondeckung $c$ ist der Abstand der Staboberfläche von der Bauteiloberfläche definiert.
3. Bei Betondeckungen von $c > 40$ mm ist eine Schutzbewehrung erforderlich, damit soll ein frühzeitiges Abfallen von Betonschichten vermieden werden. Diese Bewehrung ist dann mit kreuzweise angeordneten, an den Knotenpunkten fest verbundenen Stäben mit einem Stabdurchmesser $\geqq 2{,}5$ mm, einer Maschenweite $\geqq (150 \cdot 150)$ mm und $\leqq (500 \cdot 500)$ mm und einer Betondeckung von 15 mm auszubilden.
4. Werden bei Verwendung von Putzbelag Tafelwerte nach Tafel 76 abgemindert, so ist allerdings zu beachten, daß Mindestachsabstände $u$ einzuhalten sind.

**Tafel 76 Putzdicke als Ersatz für den Achsabstand $u$ oder eine Querschnittsabmessung**

| Zeile | Putzart | Erforderliche Putzdicke in mm als Ersatz für 10 mm Normalbeton | max. Putzdicke |
|---|---|---|---|
| 1 | Putze ohne Putzträger nach DIN 18550 Teil 2 | | |
| 1.1 | Putzmörtel der Gruppe P II und P IV c | 15 | 20 |
| 1.2 | Putzmörtel der Gruppe P IV a und P IV b | 10 | 25 |
| 2 | Putze nach DIN 18550 Teil 2 auf nichtbrennbare Putzträger | | |
| 2.1 | Putzmörtel P II, P IV a, P IV b, P IV c | 8 | 25 [1]) |

[1]) Gemessen über Putzträger

**Tafel 77 Unbekleidete Stahlbetonplatten aus Normalbeton mit einer $d \geqq 10$ cm**

| Zeile | Konstruktionsmerkmale | Feuerwiderstandsklasse F30 | Feuerwiderstandsklasse F90 |
|---|---|---|---|
| | 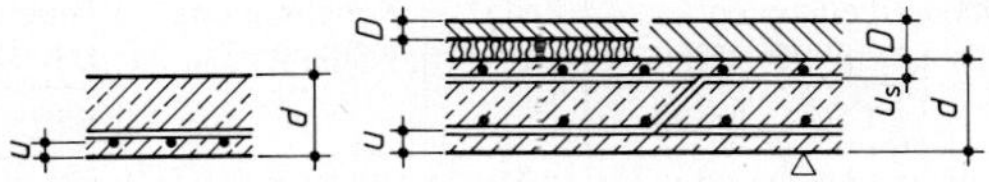 | F30 | F90 |
| 1. | Frei aufliegende Stahlbetonplatten [3]) | | |
| 1.1 | Mindestachsabstand $u$ in mm einachsig gespannter Platten 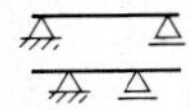 | 12 | 35 |
| 1.2 | Mindestachsabstand $u$ in mm zweiachsig gespannter Platten bei | 12 | 35 |
| 1.2.1 | – 3seitiger Lagerung mit $\frac{l_y}{l_x} > 1{,}0$ 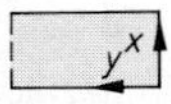 | | |
| 1.2.2 | – 3seitiger Lagerung mit $1{,}0 \geqq \frac{l_y}{l_x} \geqq 0{,}7$ 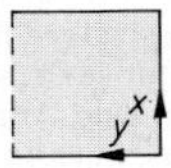 | 12 | 30 |
| 1.2.3 | – 3seitiger Lagerung mit $0{,}7 > \frac{l_y}{l_x}$ 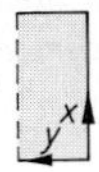 | 12 | 25 |
| 1.2.4 | – 4seitiger Lagerung mit $1{,}5 \geqq \frac{l_y}{l_x}$ 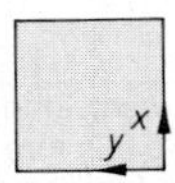 | 12 | 15[1]) |
| 1.2.5 | – 4seitiger Lagerung mit $\frac{l_y}{l_x} \geqq 2{,}0$ | 12 | 35[1]) |
| 2 | Durchlaufende oder eingespannte Stahlbetonplatten [3]) | | |
| 2.1 | Mindestachsabstand $u_o$ in mm der Stütz- bzw. Einspannbewehrung | | |
| 2.1.1 | ohne Anordnung von Estrichen | 12 | 15 |
| 2.1.2 | bei Anordnung eines nichtbrennbaren Estrichs oder eines Asphaltestrichs | 12 | 12[2]) |
| 2.2 | Mindestachsabstand $u$ in mm der Feldbewehrung | | |
| 2.2.1 | einachsig gespannter Platten bei einer Anordnung der Stütz- bzw. Einspannbewehrung | | |
| 2.2.1.1 | nach DIN 1045 | 12 | 35 |
| 2.2.1.2 | mit Verlängerung um $0{,}15\,l$ gegenüber den Werten nach DIN 1045 und durchgehende obere Mindestbewehrung mit 20% der erforderlichen Stütz- bzw. Einspannbewehrung bei | | |
| | – $\min l < 0{,}8 \max l$ | 12 | 25 |
| | – $\min l \geqq 0{,}8 \max l$ | 12 | 12 |
| 2.2.2 | zweiachsig gespannter Platten bei einer Anordnung der Stütz- bzw. Einspannbewehrung nach DIN 1045 unabhängig vom Seitenverhältnis bei | | |
| 2.2.2.1 | – 3seitiger Lagerung | 12 | 25 |
| 2.2.2.2 | – 4seitiger Lagerung | 12 | 15 |

[1]) Bei Seitenverhältnissen $1{,}5 < l_y/l_x < 2{,}0$ darf zwischen den Werten der Zeilen 1.2.4 und 1.2.5 geradlinig interpoliert werden.

[2]) Mindestdicke des Estrichs $D = 10$ mm.

[3]) Bei Putzbekleidungen sind Abminderungen (s. Norm) zulässig, $u$ jedoch nicht kleiner als 12 mm.

**Tafel 78 Unbekleidete stat. bestimmt gelagerte Stahlbetonbalken aus Normalbeton mit 1–3seitiger Brandbeanspruchung, 1lagiger Bewehrung und einer Mindestbreite *b* sowie Mindestdicke *t* von 150 mm**

| Zeile | Konstruktionsmerkmale | Feuerwiderstandsklasse F30 | Feuerwiderstandsklasse F90 | Zeile | Konstruktionsmerkmale | Feuerwiderstandsklasse F30 | Feuerwiderstandsklasse F90 |
|---|---|---|---|---|---|---|---|
| | Mindestachsabstände $u$[1]) und $u_s$ [1]) und Mindeststabanzahl $n$ [2]) der Zugbewehrung [3]) | | | | | | |
| | Balkenbreite $b$ | 150 | 150 | | Balkenbreite $b$ | | 250 |
| | $u$ in mm | 13 | 55 | | $u$ in mm | | 40 |
| | $u_s$ in mm | 22 | 65 | | $u_s$ in mm | | 50 |
| | $n$ | 2 | 2 | | $n$ | | 4 |
| | Balkenbreite $b$ | ≧200 | 200 | | Balkenbreite $b$ | | ≧400 |
| | $u$ in mm | 12 | 45 | | $u$ in mm | | 45 |
| | $u_s$ in mm | 12 | 35 | | $u_s$ in mm | | 45 |
| | $n$ | 3 | 3 | | $n$ | | 5 |

[1]) Zwischen den $u$- und $u_s$-Werten darf in Abhängigkeit der Balkenbreite $b$ gradlinig interpoliert werden.

[2]) Die geforderte Mindeststabzahl $n$ darf unterschritten werden, wenn der seitliche Abstand $u_s$ pro entfallendem Stab jeweils um 10 mm vergrößert wird.

[3]) Bei Putzbekleidungen sind Abminderungen nach Tafel 21/1 der DIN 4102, T4 zulässig, $u$ jedoch nicht kleiner als für F30.

**Tafel 79a Unbekleidete Stahlbetonstützen aus Normalbeton**

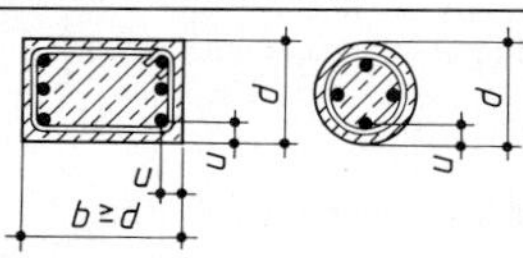


| Zeile | Konstruktionsmerkmale | Feuerwiderstandsklasse F30 | Feuerwiderstandsklasse F90 |
|---|---|---|---|
| 1.0 | Stützen mit mehrseitiger Brandbeanspruchung | | |
| 1.1 | Mindestdicke $d$ in mm | 150 | 240 |
| | zug. Mindestachsabstand $u$ in mm oder alternativ | 18 | 45 [1]) |
| 1.2 | Mindestdicke $d$ in mm | 150 | 300 |
| | zug. Mindestachsabstand $u$ in mm | 18 | 35 [1]) |
| 2.0 | Stützen mit einseitiger Brandbeanspruchung | | |
| | Mindestdicke $d$ in mm | 100 | 140 |
| | zug. Mindestachsabstand $u$ in mm | 18 | 35 |

[1]) Zwischen den $u$-Werten darf in Abhängigkeit der Wanddicken gradlinig interpoliert werden.

**Tafel 79b Unbekleidete tragende Stahlbetonwände aus Normalbeton**

| Zeile | Konstruktionsmerkmale | | Feuerwiderstandsklasse F30 | Feuerwiderstandsklasse F90 |
|---|---|---|---|---|
| 1.1 | Mindestdicke $d$ in mm bei max. Druckrandspannung | $\sigma \leqq 0{,}5 \cdot \frac{\beta_R}{2{,}1}$ | 120 | 140 |
| | | $\sigma \leqq 2{,}0 \cdot \frac{\beta_R}{2{,}1}$ | 120 | 170 |
| 1.2 | Mindestachsabstand $u$ in mm bei max. Druckrandspannung | $\sigma \leqq 0{,}5 \cdot \frac{\beta_R}{2{,}1}$ | 12 | 25 |
| | | $\sigma \leqq 1{,}0 \cdot \frac{\beta_R}{2{,}1}$ | 12 | 35 |

$\sigma = \frac{N}{A_b} \pm \frac{M}{W}$ — $N, M$ Längskraft bzw. Biegemoment im Gebrauchszustand; $A_b, W$ Wandquerschnittsfläche bzw. Wandwiderstandsmoment

| Betonfestigkeitsklasse | B15 | B25 | B35 | B45 | B55 |
|---|---|---|---|---|---|
| 1,0fache Werte für $\frac{\beta_R}{2{,}1}$ in MN/m² | 5,0 | 8,34 | 11,0 | 12,90 | 14,30 |

# 20 Bemessungstafeln für Rechteckquerschnitte BT1 bis BT11

## Bezeichnungen und allgemeine Ansätze

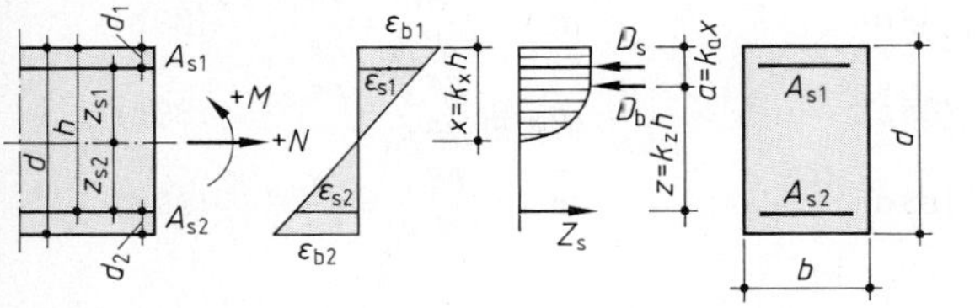


Bild 83

**Die äußeren Schnittgrößen.** Je nach Bemessungsverfahren wird als Moment verwendet entweder das auf den Schwerpunkt des Betonquerschnitts bezogene Moment $M$ oder auch das auf den Schwerpunkt der Zugbewehrung bezogene Moment

$$\boldsymbol{M_{s2} = M - N z_{s2}} \qquad (86\,a)$$

bzw. das auf den Schwerpunkt der Druckbewehrung bezogene Moment

$$\boldsymbol{M_{s1} = M - N z_{s1}}. \qquad (86\,b)$$

**Die inneren Schnittgrößen.** Der in Bild 83 dargestellte Dehnungs- und Spannungszustand gilt für den Bruch- bzw. Erschöpfungszustand, der nach DIN 1080 mit dem Index $u$ gekennzeichnet wird. Wenn die Eindeutigkeit nicht darunter leidet, läßt man diesen Index jedoch fort.

Beim Rechteckquerschnitt mit der Breite $b$ treten im Bruchzustand folgende inneren Kräfte auf:

$\boldsymbol{D_b = b_k h \beta_R}$ (87 a) Resultierende der Betondruckspannungen

$\boldsymbol{Z_S = A_{s2} \cdot \sigma_{s2,u}}$ (87 b) Zugkraft in der Zugbewehrung

$\boldsymbol{D_s = A_{s1} \cdot \sigma_{s1,u}}$ (87 c) Druckkraft in der Druckbewehrung

### Hilfsgrößen

$x = k_x h$ Höhe der Druckzone

$z = k_z h$ Hebelarm der inneren Kräfte

$a = k_a x$ Abstand der Resultierenden der Betondruckspannungen ($D_b = b x \sigma_m$) vom stärker gedrückten Querschnittsrand

$\sigma_m = D_b / b x$ mittlere Betondruckspannung (s. Bild 32)

$\alpha_R = \sigma_m / \beta_R$ Beanspruchungsgrad

$k_b = \alpha_R \cdot k_x = D_b / b \cdot h \cdot \beta_R$ auf die Querschnittsfläche $bh$ und den Rechenwert $\beta_R$ der Betonfestigkeit bezogene resultierende Druckkraft $D_b$

**Tafel 80 Werte $\beta_s$, $\beta_s/1{,}75$ und $1{,}75/\beta_s$ für Betonstähle nach DIN 1045**

| | BSt 420 S | BSt 500 S/BSt 500 M |
|---|---|---|
| $\beta_s$ in MN/m$^2$ | 420 | 500 |
| $\beta_s/1{,}75$ in MN/m$^2$ | 240 | 286 |
| $1{,}75/\beta_s$ in m$^2$/MN | 0,0042 | 0,0035 |

Die folgenden dimensionslosen Schnittgrößen werden eingeführt:

für den rechnerischen Bruchzustand

$$n_u = \frac{N_u}{b\,d\,\beta_R} \quad (88\,a)$$

$$m_u = \frac{M_u}{b\,d^2\,\beta_R} \quad (88\,b)$$

$$m_{s2,u} = \frac{M_{s2,u}}{b\,h^2\,\beta_R} \quad (88\,c)$$

$$m_{s1,u} = \frac{M_{s1,u}}{b\,d^2\,\beta_R} \quad (88\,d)$$

für den Gebrauchszustand

$$n = \frac{N}{b\,d\,\beta_R} = \frac{n_u}{\gamma} \quad (89\,a)$$

$$m = \frac{M}{b\,d^2\,\beta_R} = \frac{m_u}{\gamma} \quad (89\,b)$$

$$m_{s2} = \frac{M_{s2}}{b\,h^2\,\beta_R} = \frac{m_{s2,u}}{\gamma} \quad (89\,c)$$

$$m_{s1} = \frac{M_{s1}}{b\,d^2\,\beta_R} = \frac{m_{s1,u}}{\gamma} \quad (89\,d)$$

Bewehrungsgrade

| | | | |
|---|---|---|---|
| $\mu_2 = A_{s2}/bh$ bzw. $\mu_{02} = A_{s2}/bd$ | geometrische | Bewehrungsgrade der | Zugbewehrung |
| $\mu_1 = A_{s1}/bh$ bzw. $\mu_{01} = A_{s1}/bd$ | | | Druckbewehrung |
| $\omega_2 = \mu_2 \beta_S/\beta_R$ bzw. $\omega_{02} = \mu_{02}\beta_S/\beta_R$ | mechanische | Bewehrungsgrade der | Zugbewehrung |
| $\omega_1 = \mu_1 \beta_S/\beta_R$ bzw. $\omega_{01} = \mu_{01}\beta_S/\beta_R$ | | | Druckbewehrung |
| tot $\mu$ bzw. tot $\mu_0$ | geometrischer Gesamtbewehrungsgrad | | |
| tot $\omega$ bzw. tot $\omega_0$ | mechanischer Gesamtbewehrungsgrad | | |

Tafel 81 gibt einen Überblick über die hier folgenden Bemessungstafeln und -diagramme und ihre Eignung für die verschiedenen Beanspruchungen. Für zweiachsige Biegung mit Längsdruckkraft sind BT8 (für BSt420S) und BT9 (für BSt500) geeignet.

**BT1a**
**Allgemeines Bemessungsdiagramm mit $M_{su}$ im Bruchzustand**

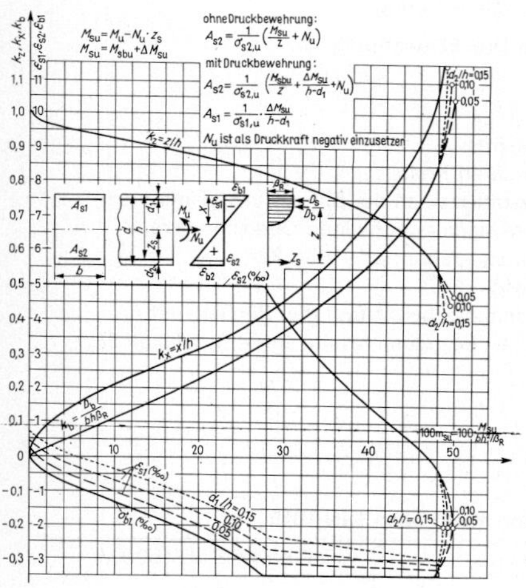


**BT1b**
**Allgemeines Bemessungsdiagramm mit $M_s$ im Gebrauchszustand**

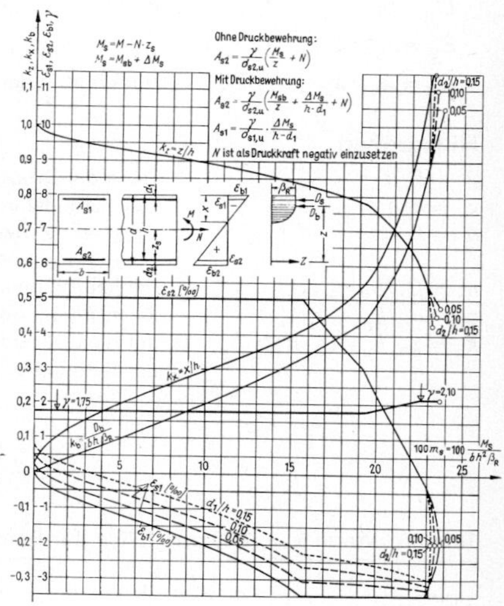


Erläuterungen zu BT 1 a und BT 1 b s. S. 417 ff.

**Tafel 81 Anwendung der Bemessungstafeln BT1 bis BT11**

| | Druckbeanspruchung | | | | | Reine Biegung einachsig | Zugbeanspruchung | |
|---|---|---|---|---|---|---|---|---|
| | $e/d$ | | | | | | | |
| | $=0$ | $<0{,}3$ | 0,3 bis 0,6 | 0,6 bis 3,5 | $>3{,}5$ | | $e>z_s$ | $e<z_s$ |
| Allgemeines Bemessungsdiagramm BT 1 b bzw. Tafel 39 | | (×) | × | × | × | × | × | |
| $k_h$-Verfahren BT 2 und BT 3 (einheitliche Bemessung) $A_{s2}<A_{s1}$ (geeignet für $\left\|\frac{N}{b\cdot d\cdot \beta_R}\right\|<0{,}25$) | | | × | × | × | × | × | |
| Diagramme für symmetrische Bewehrung BT 4 für B St 420 S und BT 5 für B St 500 $A_{s2}=A_{s1}$ (geeignet für $\left\|\frac{N}{b\cdot d\cdot \beta_R}\right\|\geqq 0{,}25$) | × | × | (×) | (×) | (×) | (×) | (×) | × |
| Diagramme für beiderseits beliebig bewehrte Rechteckquerschnitte BT 6 für B St 420 S BT 7 für B St 500 | (×) | (×) | (×) | (×) | (×) | (×) | (×) | |
| Nomogramme zur Bemessung von Druckgliedern mit großer Schlankheit $\lambda>70$ BT 10 für B St 420 S BT 11 für B St 500 | (×) | × | (×) | | | | | |
| Hebelgesetz | | | | | | | | × |

× = Anwendung empfohlen; (×) = Anwendung sehr bedingt empfohlen

## BT 2a Biegung mit Längskraft ohne Druckbewehrung

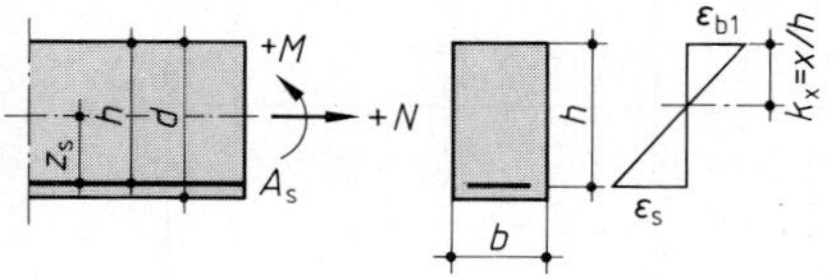


$$M_s = M - Nz_s$$

N als Druckkraft negativ einsetzen

**Einfache Bewehrung, wenn $k_h \geqq k_h^*$**

$$A_s = \frac{M_s}{h} k_s + \frac{10N}{\sigma_{su}/\gamma}$$

$A_s$ in cm², h in cm, $M_s$ in kNm, N in kN, $\sigma_{su}$ in MN/m²

$$k_h = \frac{h}{\sqrt{M_s/b}}$$

h in cm, b in m, $M_s$ in kNm

**BT2a Für Betonstahl BSt 420 S (ohne Druckbewehrung)**

| B 15 | | B 25 | | B 35 | | B 45 | | B 55 | | $k_s$ | $\sigma_{su}/\gamma$ | $k_x$ | $k_z$ | $-\varepsilon_{h1}$ | $\varepsilon_s$ |
|---|---|---|---|---|---|---|---|---|---|---|---|---|---|---|---|
| $k_h$ | $d_s$ | $k_h$ | $d_s$ | $k_h$ | $d_s$ | $k_h$ | $d_s$ | $k_h$ | $d_s$ | | MN/m² | | | ‰ | |
| 9,09 | 2 | 7,04 | 3 | 6,14 | 3 | 5,67 | 4 | 5,38 | 5 | 4,3 | | 0,09 | 0,97 | 0,50 | |
| 5,49 | 5 | 4,26 | 8 | 3,71 | 11 | 3,43 | 12 | 3,25 | 14 | 4,4 | 240 | 0,15 | 0,95 | 0,90 | 5,00 |
| 4,09 | 9 | 3,19 | 16 | 2,78 | 21 | 2,57 | 24 | 2,43 | 27 | 4,5 | | 0,21 | 0,93 | 1,32 | |
| 3,41 | 15 | 2,64 | 25 | 2,30 | 33 | 2,13 | 38 | 2,02 | 43 | 4,6 | | 0,26 | 0,91 | 1,73 | |
| 3,03 | 21 | 2,34 | 35 | 2,04 | 45 | 1,89 | 53 | 1,79 | 57 | 4,7 | 240 | 0,30 | 0,89 | 2,14 | 5,00 |
| 2,78 | 26 | 2,15 | 42 | 1,88 | 57 | 1,73 | | 1,64 | | 4,8 | | 0,34 | 0,87 | 2,54 | |
| 2,61 | 32 | 2,02 | 54 | 1,77 | | 1,63 | | 1,55 | | 4,9 | | 0,37 | 0,85 | 2,95 | 5,00 |
| 2,49 | 38 | 1,93 | | 1,68 | | 1,55 | | 1,47 | | 5,0 | 240 | 0,40 | 0,83 | 3,38 | 5,00 |
| 2,39 | 44 | 1,85 | | 1,62 | | 1,49 | | 1,42 | | 5,1 | | 0,44 | 0,82 | 3,50 | 4,45 |
| 2,32 | 50 | 1,80 | | 1,57 | | 1,45 | | 1,37 | | 5,2 | | 0,48 | 0,80 | | 3,83 |
| 2,26 | 58 | 1,75 | | 1,53 | | 1,41 | | 1,34 | | 5,3 | 240 | 0,51 | 0,79 | 3,50 | 3,31 |
| $k_h^* = 2,22$ | | 1,72 | | 1,50 | | 1,38 | | 1,31 | | 5,4 | | 0,54 | 0,78 | | 3,00 |

Als Richtwert dient $k_h$, der mit Gl. (90) ermittelt wird. Aus den Tafeln entnimmt man dann den $k_s$-Wert, der zum nächstkleineren $k_h$-Wert gehört. Die Zugbewehrung erhält man mit diesem $k_s$-Wert nach Gl. (91). Auch der bei der Biegung mit Längskraft benötigte Wert $\sigma_{su}/\gamma$ ist in den Tafeln angegeben.

$$k_h = \frac{h}{\sqrt{M_s/b}} \qquad (90)$$

h in cm, b in m, $M_s$ in kNm

$$A_s = \frac{M_s}{h} \cdot k_s + \frac{10N}{\sigma_{su}/\gamma} \qquad (91)$$

$A_s$ in cm², h in cm, $M_s$ in kNm, N in kN, $\sigma_{su}$ in MN/m²

Bei steigendem Beanspruchungsgrad des Querschnitts, d.h. bei fallendem $k_h$-Wert, wird man die Tafeln in der Regel nur verwenden, bis der Dehnungszustand $\varepsilon_{b1}/\varepsilon_{s2} = -3{,}5/3{,}0$ ‰ erreicht ist, von dem an der Sicherheitsbeiwert $\gamma$ ansteigt. Der diesem Dehnungszustand zugehörige Richtwert wird mit $k_h^*$ bezeichnet. Bis zu ihm ist $\sigma_{su}/\gamma = \beta_S/1{,}75 = \text{const.}$

Die Tafeln sind bis zum Erreichen der Streckgrenze in der Zugbewehrung nach unten fortgesetzt, um in Sonderfällen auch für tiefere Nullinienlagen ohne Anordnung einer Druckbewehrung bemessen zu können.

## BT 2b Biegung mit Längskraft ohne Druckbewehrung

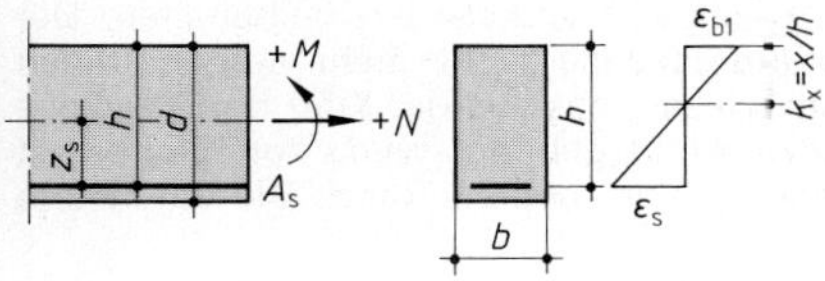


$$M_s = M - N z_s$$

$N$ als Druckkraft negativ einsetzen.

**Einfache Bewehrung, wenn $k_h \geq k_h^*$**

$$A_s = \frac{M_s}{h} k_s + \frac{10\,N}{\sigma_{su}/\gamma}$$

$A_s$ in cm², $h$ in cm, $M_s$ in kNm, $N$ in kN, $\sigma_{su}$ in MN/m²

$$k_h = \frac{h}{\sqrt{M_s/b}}$$

$h$ in cm, $b$ in m, $M_s$ in kNm

**BT 2b Für Betonstahl BSt 500 S (ohne Druckbewehrung)**

| B 15 | | B 25 | | B 35 | | B 45 | | B 55 | | $k_s$ | $\sigma_{su}/\gamma$ | $k_x$ | $k_z$ | $-\varepsilon_{b1}$ | $\varepsilon_s$ |
|---|---|---|---|---|---|---|---|---|---|---|---|---|---|---|---|
| $k_h$ | $d_s$ | $k_h$ | $d_s$ | $k_h$ | $d_s$ | $k_h$ | $d_s$ | $k_h$ | $d_s$ | | MN/m² | | | ‰ | |
| 10,2 | 1 | 7,9 | 1 | 6,9 | 2 | 6,4 | 2 | 6,0 | 2 | 3,6 | | 0,08 | 0,97 | 0,44 | |
| 5,4 | 3 | 4,2 | 5 | 3,6 | 7 | 3,4 | 8 | 3,2 | 8 | 3,7 | 286 | 0,16 | 0,95 | 0,92 | 5,00 |
| 3,9 | 6 | 3,0 | 11 | 2,6 | 14 | 2,4 | 17 | 2,3 | 18 | 3,8 | | 0,22 | 0,92 | 1,41 | |
| 3,2 | 10 | 2,5 | 17 | 2,2 | 22 | 2,0 | 27 | 1,9 | 29 | 3,9 | | 0,28 | 0,90 | 1,91 | |
| 2,86 | 14 | 2,22 | 23 | 1,94 | 30 | 1,79 | 36 | 1,69 | 41 | 4,0 | 286 | 0,32 | 0,87 | 2,39 | 5,00 |
| 2,64 | 18 | 2,05 | 31 | 1,78 | | 1,65 | | 1,56 | | 4,1 | | 0,36 | 0,85 | 2,87 | |
| 2,49 | 23 | 1,93 | | 1,68 | | 1,55 | | 1,47 | | 4,2 | | 0,40 | 0,83 | 3,38 | 5,00 |
| 2,37 | 26 | 1,84 | | 1,61 | | 1,48 | | 1,41 | | 4,3 | 286 | 0,45 | 0,81 | 3,50 | 4,32 |
| 2,29 | 32 | 1,79 | | 1,55 | | 1,43 | | 1,36 | | 4,4 | | 0,49 | 0,80 | 3,50 | 3,62 |
| $k_h^*=2,22$ | | 1,72 | | 1,50 | | 1,38 | | 1,31 | | 4,5 | | 0,54 | 0,78 | 3,50 | 3,00 |

**Beispiel zu BT 2a** Gesucht: Bew. eines Balkens für $M=80,0$ kNm; $N=0$
Gewählt: B 25; BSt 420 S; $b=0,25$ m; $d=0,45$ m; $h=0,42$ m; $M_s=M$;
$k_h=42/\sqrt{80/0,25}=2,34>k_h^*$
zu $k_h=2,34$ aus BT 2a $k_s=4,7$; $k_x=0,30$; $A_s=4,7\cdot 80/42=8,95$ cm²;
gew. 3⌀20; vorh. $A_s=9,4$ cm²

**Beispiel zu BT 2b** Gesucht: Bew. einer Platte für $M=27,05$ kNm $N=15,0$ kN
Gewählt: B 35; BSt 500; $b=1,0$ m; $d=15$ cm; $h=13,5$ cm;
$z_s=13,5–7,5=6$ cm;
$M_s=27,05–15,0\cdot 0,06=26,15$ kNm; $k_h=13,5/\sqrt{26,15/1,0}=2,6>k_h^*$
zu $k_h=2,60$ aus BT 2b $k_s=3,8$ $\sigma_{su}/\gamma=286$ MN/m²;
$A_s=3,8\cdot 26,15/13,5+10\cdot 15,0/286=7,89$ cm²

**Beispiel zu BT 3a** Gesucht: Bew. eines Balkens für $M=320$ kNm und $N=-250$ kN
Gewählt: B 15; BSt 420 S; $b=0,50$ m; $d=0,60$ m; $h=0,56$ m;
$z_{s2}=0,26$ m
$M_s=320+250\cdot 0,26=385$ kNm; $k_h=56/\sqrt{385/0,50}=2,01<k_h^*$
zu $k_h=2,01$ aus BT 3a $k_s=5,2$; $k_{s1}=0,8$
$d_1/h=4/56=0,07$; $\varrho=1,00$ und $\varrho_1=1,00$
$A_{s2}=385\cdot 5,2\cdot 1,0/56-1,0\cdot 250/240=25,3$ cm²
$A_{s1}=385\cdot 0,8\cdot 1,0/56=5,5$ cm²

## BT 3a, 3b Querschnitt mit Druckbewehrung ($k_h < k_h^*$)

Diese Tafeln verwendet man, wenn man aus Gl. (90) einen Wert $k_h < k_h^*$ erhält. Dabei wird der zu $k_h$ gehörige Dehnungszustand unverändert beibehalten. Der Teil von $M_s$, der hierbei von der Betondruckzone nicht mehr aufgenommen werden kann, wird einem Kräftepaar zugewiesen, das aus der Kraft der Druckbewehrung und einer zusätzlichen Zugbewehrung gebildet wird. Von Einfluß ist hierbei der Abstand $d_1$ der Druckbewehrung vom oberen Rand. Die Tafelwerte gelten für das Verhältnis $d_1/h = 0{,}07$.

Für $d_1/h > 0{,}07$ sind zur Ermittlung der Zug- und Druckbewehrung die Korrekturfaktoren $\varrho$ und $\varrho_1$ in den Nebentafeln angegeben. Die Ermittlung erfolgt mit Gl. (92) und Gl. (93). Da für die Mehrzahl der Bemessungsaufgaben $d_1/h < 0{,}07$ ist, bleibt man auf der sicheren Seite, wenn man $\varrho = \varrho_1 = 1{,}0$ setzt.

Der in Gl. (92) einzusetzende Wert $\beta_s/1{,}75$ kann Tafel 80 entnommen werden.

$$\boldsymbol{A_{s2} = \frac{M_s}{h} \cdot k_s \varrho + \frac{10 \cdot N}{\beta_s/1{,}75}} \quad (92)$$

$$\boldsymbol{A_{s1} = \frac{M_s}{h} \cdot k_{s1} \varrho_1} \quad (93)$$

$A_{s2}$ und $A_{s1}$ in cm², $h$ in cm, $M_s$ in kNm, $N$ in kN, $\beta_s$ in MN/m², $\beta_s/1{,}75$ s. Tafel 67

## BT4, 5 Querschnitt mit symmetrischer Bewehrung $A_{s2} = A_{s1}$

Symmetrische Bewehrung empfiehlt sich bei Längskraft mit geringer Ausmitte. Diese Tafeln umfassen den gesamten Beanspruchungsbereich vom mittigen Druck über reine Biegung bis zum mittigen Zug. Sie gelten jeweils nur für eine Stahlart und für einen Randabstand $d_1/h$ der Bewehrung, aber für alle Betonfestigkeitsklassen.

Für die 2 Betonstähle mit jeweils 5 verschiedenen Randabständen $d_1/h$ ergeben sich also 2 mal 5 = 10 BT, nämlich: BT4a bis e, BT 5a bis e.

Mit den nach Gl. (94) und (95) ermittelten bezogenen Schnittgrößen $n$ und $m$ des Gebrauchszustandes kann aus den Tafeln der auf die gesamte Betonfläche $b\,d$ bezogene mechanische Bewehrungsgrad $\omega_{01} = \omega_{02}$ abgelesen werden, mit dem die Bewehrung nach Gl. (96) ermittelt wird.

$$\boldsymbol{n = \frac{N}{b\,d\,\beta_R}} \quad (94) \qquad \boldsymbol{m = \frac{M}{b\,d^2\,\beta_R}} \quad (95)$$

$$\omega_{01} = \omega_{02} = \frac{A_{s1}}{b\,d} \cdot \frac{\beta_S}{\beta_R} = \frac{A_{s2}}{b\,d} \cdot \frac{\beta_S}{\beta_R}$$

$$A_{s1} = A_{s2} = \frac{\omega_{01} \cdot b \cdot d}{\beta_S/\beta_R} = \frac{\omega_{02} \cdot b \cdot d}{\beta_S/\beta_R} \quad (96)$$

**Bild 84 Symmetrische Bewehrung**

Zum besseren Verständnis der Diagramme sind noch Linien gleicher Dehnungszustände sowie im Bereich des gleitenden Sicherheitsbeiwertes Linien gleicher Werte entsprechend Bild 30 angegeben.

## BT 3a, 3b Biegung mit Längskraft mit Druckbewehrung

(Erläuterungen zu den Tafeln s. S. 474)

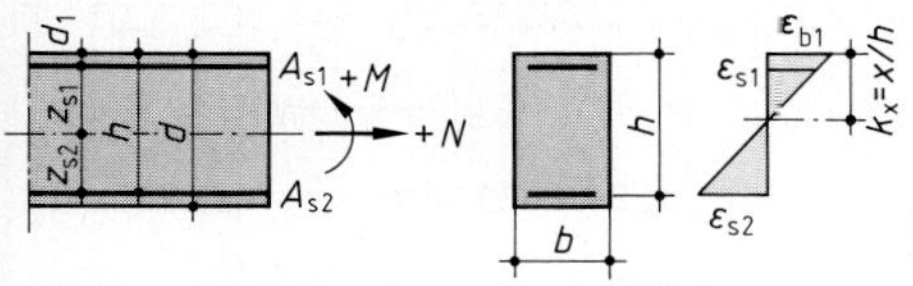


$$M_s = M - N z_{s2}$$

$N$ als Druckkraft negativ einsetzen.

$$k_h = \frac{h}{\sqrt{M_s/b}}$$

$h$ in cm, $b$ in m, $M_s$ in kNm

Doppelte Bewehrung, wenn $k_h < k_h^*$

$$A_{s2} = \frac{M_s}{h} k_s \varrho + \frac{10 \cdot N}{\beta_S/1{,}75} \qquad A_{s1} = \frac{M_s}{h} k_{s1} \cdot \varrho_1$$

$A_{s2}$ und $A_{s1}$ in $cm^2$, $M_s$ in kNm, $h$ in cm, $N$ in kN und $\beta_s$ in $MN/m^2$

Werte für $\beta_S/1{,}75$ sind Tafel 80 zu entnehmen.

**BT 3a Für Betonstahl BSt 420 S**

| B 15 | B 25 | B 35 | B 45 | B 55 | $k_s$ | $k_{s1}$ |
|---|---|---|---|---|---|---|
| $k_h$ | | | | | | |
| $k_h^*$ = 2,22 | 1,72 | 1,50 | 1,38 | 1,31 | 5,4 | 0,0 |
| 2,19 | 1,70 | 1,48 | 1,37 | 1,30 | 5,3 | 0,1 |
| 2,17 | 1,68 | 1,46 | 1,35 | 1,28 | 5,3 | 0,2 |
| 2,14 | 1,66 | 1,45 | 1,34 | 1,27 | 5,3 | 0,3 |
| 2,12 | 1,64 | 1,43 | 1,32 | 1,25 | 5,3 | 0,4 |
| 2,09 | 1,62 | 1,41 | 1,30 | 1,24 | 5,3 | 0,5 |
| 2,07 | 1,60 | 1,40 | 1,29 | 1,22 | 5,3 | 0,6 |
| 2,04 | 1,58 | 1,38 | 1,27 | 1,21 | 5,2 | 0,7 |
| 2,01 | 1,56 | 1,36 | 1,25 | 1,19 | 5,2 | 0,8 |
| 1,98 | 1,54 | 1,34 | 1,24 | 1,17 | 5,2 | 0,9 |
| 1,96 | 1,52 | 1,32 | 1,22 | 1,16 | 5,2 | 1,0 |
| 1,93 | 1,49 | 1,30 | 1,20 | 1,14 | 5,2 | 1,1 |
| 1,90 | 1,47 | 1,28 | 1,18 | 1,12 | 5,1 | 1,2 |
| 1,87 | 1,45 | 1,26 | 1,17 | 1,10 | 5,1 | 1,3 |
| 1,84 | 1,43 | 1,24 | 1,15 | 1,09 | 5,1 | 1,4 |
| 1,81 | 1,40 | 1,22 | 1,13 | 1,07 | 5,1 | 1,5 |
| 1,78 | 1,38 | 1,20 | 1,11 | 1,05 | 5,1 | 1,6 |
| 1,75 | 1,35 | 1,18 | 1,09 | 1,03 | 5,0 | 1,7 |
| 1,72 | 1,33 | 1,16 | 1,07 | 1,02 | 5,0 | 1,8 |
| 1,68 | 1,30 | 1,14 | 1,05 | 1,00 | 5,0 | 1,9 |
| 1,65 | 1,28 | 1,12 | 1,03 | 0,98 | 5,0 | 2,0 |
| 1,62 | 1,25 | 1,09 | 1,01 | 0,96 | 5,0 | 2,1 |
| 1,55 | 1,20 | 1,05 | 0,96 | 0,92 | 4,9 | 2,3 |
| 1,48 | 1,14 | 1,00 | 0,92 | 0,87 | 4,9 | 2,5 |

| $d_1/h$ | $\varrho$ für $k_s$ = 5,4 | 5,3 | 5,2 | 5,1 | 5,0 | 4,9 | $\varrho_1$ für alle $k_s$ |
|---|---|---|---|---|---|---|---|
| 0,07 | | | | 1,00 | 1,00 | 1,00 | 1,00 |
| 0,08 | 1,00 | 1,00 | 1,00 | 1,00 | 1,00 | 1,00 | 1,01 |
| 0,10 | | | | 1,01 | 1,01 | 1,01 | 1,03 |
| 0,12 | | | | 1,01 | 1,02 | 1,03 | 1,06 |
| 0,14 | 1,00 | 1,00 | 1,01 | 1,02 | 1,03 | 1,04 | 1,08 |
| 0,16 | | | | 1,03 | 1,04 | 1,05 | 1,11 |
| 0,18 | | | 1,02 | 1,03 | 1,05 | 1,06 | 1,13 |
| 0,20 | 1,00 | 1,00 | 1,02 | 1,04 | 1,05 | 1,07 | 1,16 |
| 0,22 | | | 1,03 | 1,04 | 1,06 | 1,09 | 1,19 |

**BT 3b Für Betonstahl BSt 500**

| B 15 | B 25 | B 35 | B 45 | B 55 | $k_s$ | $k_{s1}$ |
|---|---|---|---|---|---|---|
| $k_h$ | | | | | | |
| $k_h^*$ = 2,22 | 1,72 | 1,50 | 1,38 | 1,31 | 4,5 | 0,0 |
| 2,19 | 1,70 | 1,48 | 1,37 | 1,30 | 4,5 | 0,1 |
| 2,16 | 1,67 | 1,46 | 1,36 | 1,28 | 4,5 | 0,2 |
| 2,13 | 1,65 | 1,44 | 1,33 | 1,26 | 4,6 | 0,3 |
| 2,10 | 1,63 | 1,42 | 1,31 | 1,24 | 4,4 | 0,4 |
| 2,07 | 1,60 | 1,40 | 1,29 | 1,22 | 4,4 | 0,5 |
| 2,04 | 1,58 | 1,38 | 1,27 | 1,20 | 4,4 | 0,6 |
| 2,00 | 1,55 | 1,35 | 1,25 | 1,18 | 4,4 | 0,7 |
| 1,97 | 1,53 | 1,33 | 1,23 | 1,16 | 4,4 | 0,8 |
| 1,94 | 1,50 | 1,31 | 1,21 | 1,15 | 4,3 | 0,9 |
| 1,90 | 1,47 | 1,29 | 1,19 | 1,13 | 4,3 | 1,0 |
| 1,87 | 1,45 | 1,26 | 1,16 | 1,10 | 4,3 | 1,1 |
| 1,83 | 1,42 | 1,24 | 1,14 | 1,09 | 4,3 | 1,2 |
| 1,80 | 1,39 | 1,21 | 1,12 | 1,06 | 4,3 | 1,3 |
| 1,76 | 1,36 | 1,19 | 1,10 | 1,04 | 4,2 | 1,4 |
| 1,72 | 1,33 | 1,16 | 1,07 | 1,02 | 4,2 | 1,5 |
| 1,68 | 1,30 | 1,14 | 1,05 | 1,00 | 4,2 | 1,6 |
| 1,64 | 1,27 | 1,11 | 1,02 | 0,97 | 4,2 | 1,7 |
| 1,60 | 1,24 | 1,08 | 1,00 | 0,95 | 4,2 | 1,8 |
| 1,56 | 1,21 | 1,06 | 0,97 | 0,92 | 4,1 | 1,9 |
| 1,52 | 1,18 | 1,03 | 0,95 | 0,90 | 4,1 | 2,0 |
| 1,48 | 1,14 | 1,00 | 0,92 | 0,87 | 4,1 | 2,1 |

| $d_1/h$ | $\varrho$ für $k_s$ = 4,5 | 4,4 | 4,3 | 4,2 | 4,1 | $\varrho_1$ für alle $k_s$ |
|---|---|---|---|---|---|---|
| 0,07 | | | 1,00 | 1,00 | 1,00 | 1,00 |
| 0,08 | 1,00 | 1,00 | 1,00 | 1,00 | 1,00 | 1,01 |
| 0,10 | | | 1,01 | 1,01 | 1,02 | 1,03 |
| 0,12 | | | 1,01 | 1,02 | 1,03 | 1,06 |
| 0,14 | 1,00 | 1,01 | 1,02 | 1,03 | 1,04 | 1,08 |
| 0,16 | | | 1,02 | 1,04 | 1,05 | 1,11 |
| 0,18 | | 1,01 | 1,03 | 1,04 | 1,06 | 1,15 |
| 0,20 | 1,00 | 1,01 | 1,03 | 1,05 | 1,07 | 1,25 |
| 0,22 | | 1,02 | 1,04 | 1,06 | 1,09 | 1,37 |

## BT 4a Symmetrisch bewehrter Querschnitt (Erläuterungen s. S. 474)

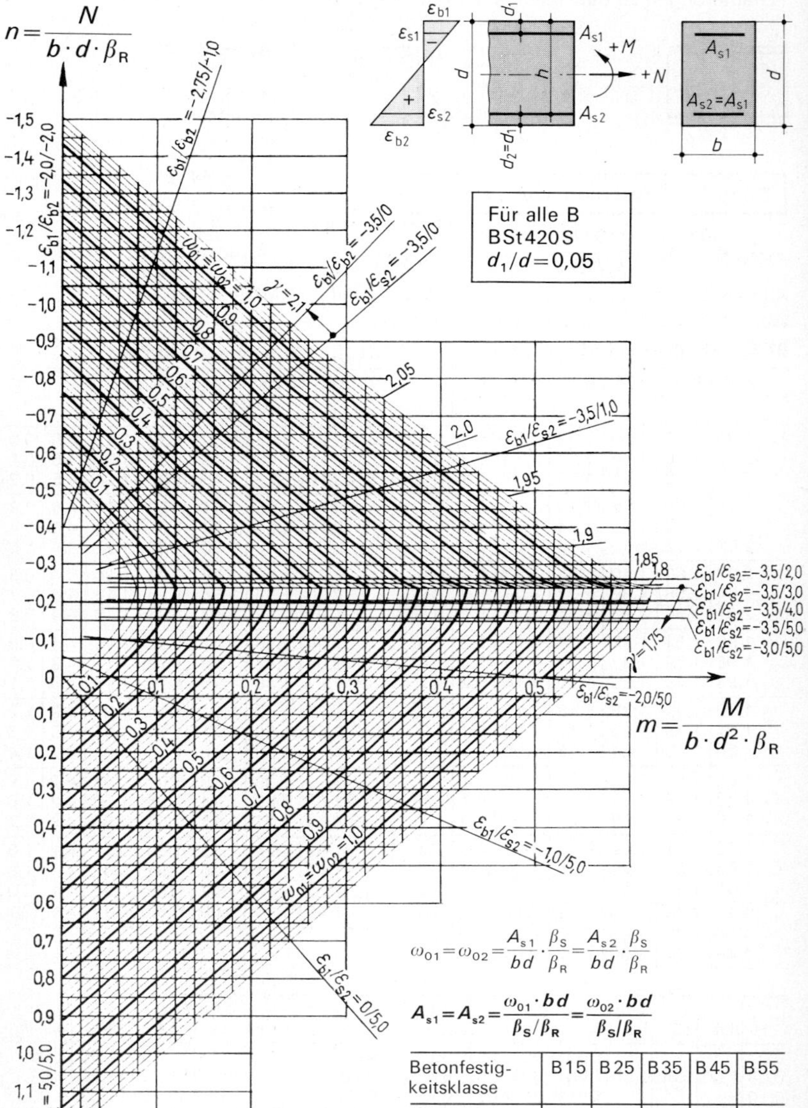


$$\omega_{01} = \omega_{02} = \frac{A_{s1}}{bd} \cdot \frac{\beta_S}{\beta_R} = \frac{A_{s2}}{bd} \cdot \frac{\beta_S}{\beta_R}$$

$$A_{s1} = A_{s2} = \frac{\omega_{01} \cdot bd}{\beta_S / \beta_R} = \frac{\omega_{02} \cdot bd}{\beta_S / \beta_R}$$

| Betonfestigkeitsklasse | B 15 | B 25 | B 35 | B 45 | B 55 |
|---|---|---|---|---|---|
| Rechenwert der Betondruckfestigkeit $\beta_R$ in MN/m² | 10,5 | 17,5 | 23,0 | 27,0 | 30,0 |
| Umrechnungsfaktor $\beta_S/\beta_R$ | 40,0 | 24,0 | 18,3 | 15,6 | 14,0 |

**BT 4b Symmetrisch bewehrter Querschnitt** (Erläuterungen s. S. 474)

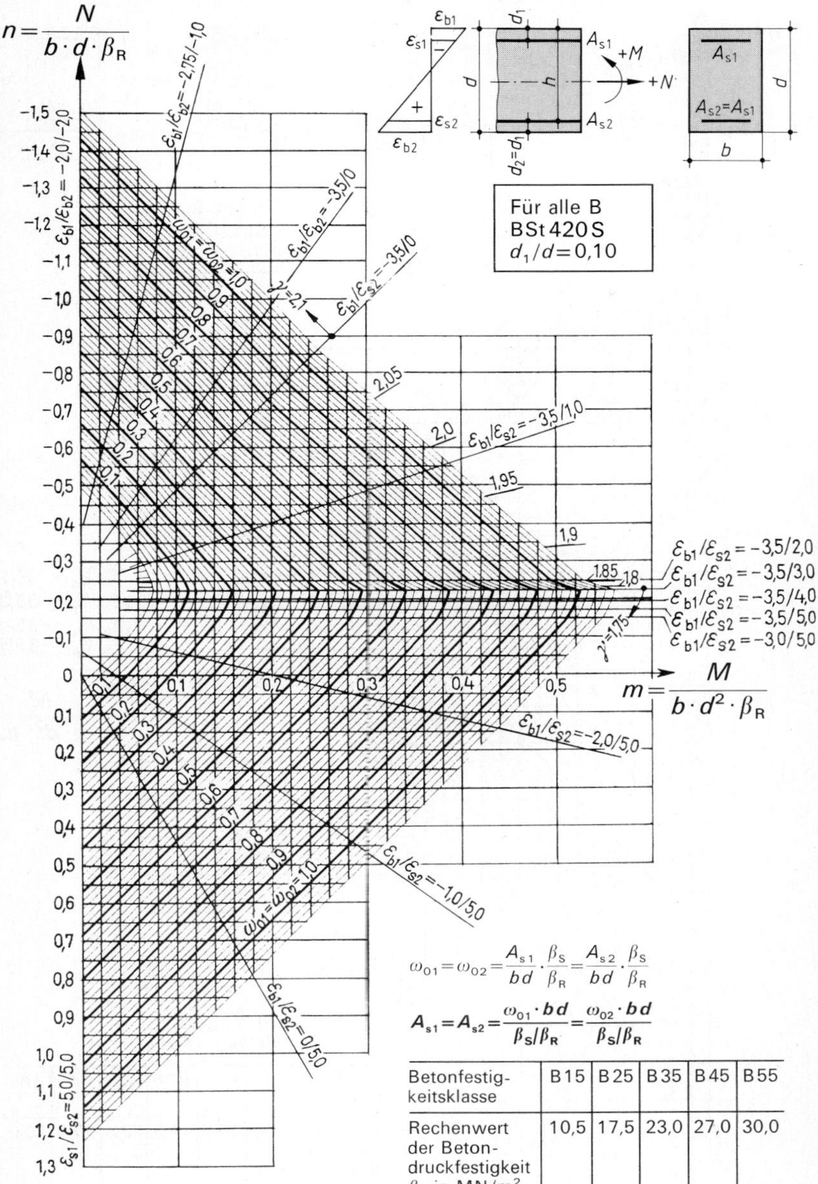


$$\omega_{01}=\omega_{02}=\frac{A_{s1}}{bd}\cdot\frac{\beta_S}{\beta_R}=\frac{A_{s2}}{bd}\cdot\frac{\beta_S}{\beta_R}$$

$$\boldsymbol{A_{s1}=A_{s2}=\frac{\omega_{01}\cdot bd}{\beta_S/\beta_R}=\frac{\omega_{02}\cdot bd}{\beta_S/\beta_R}}$$

| Betonfestigkeitsklasse | B 15 | B 25 | B 35 | B 45 | B 55 |
|---|---|---|---|---|---|
| Rechenwert der Betondruckfestigkeit $\beta_R$ in MN/m² | 10,5 | 17,5 | 23,0 | 27,0 | 30,0 |
| Umrechnungsfaktor $\beta_S/\beta_R$ | 40,0 | 24,0 | 18,3 | 15,6 | 14,0 |

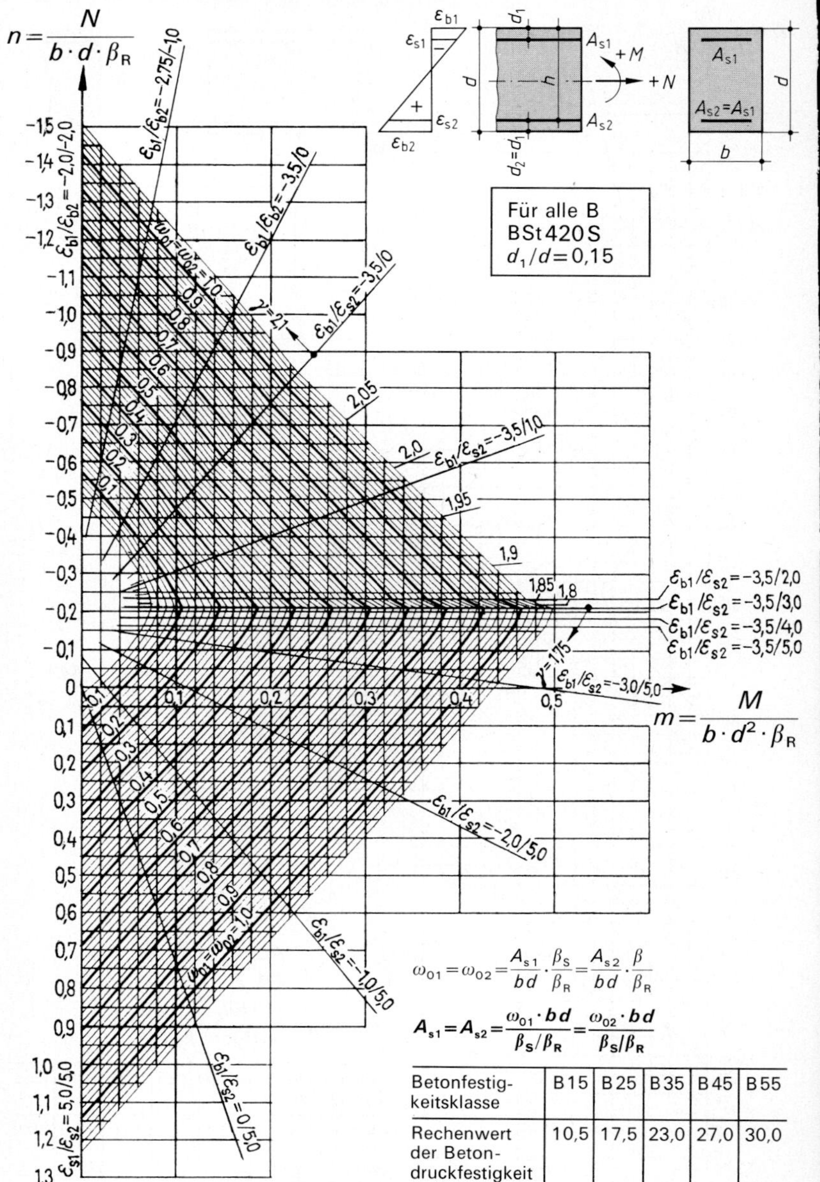


$$\omega_{01} = \omega_{02} = \frac{A_{s1}}{bd} \cdot \frac{\beta_S}{\beta_R} = \frac{A_{s2}}{bd} \cdot \frac{\beta}{\beta_R}$$

$$\boldsymbol{A_{s1} = A_{s2} = \frac{\omega_{01} \cdot bd}{\beta_S/\beta_R} = \frac{\omega_{02} \cdot bd}{\beta_S/\beta_R}}$$

| Betonfestigkeitsklasse | B 15 | B 25 | B 35 | B 45 | B 55 |
|---|---|---|---|---|---|
| Rechenwert der Betondruckfestigkeit $\beta_R$ in MN/m² | 10,5 | 17,5 | 23,0 | 27,0 | 30,0 |
| Umrechnungsfaktor $\beta_S/\beta_R$ | 40,0 | 24,0 | 18,3 | 15,6 | 14,0 |

## BT 4d **Symmetrisch bewehrter Querschnitt** (Erläuterungen s. S. 474)

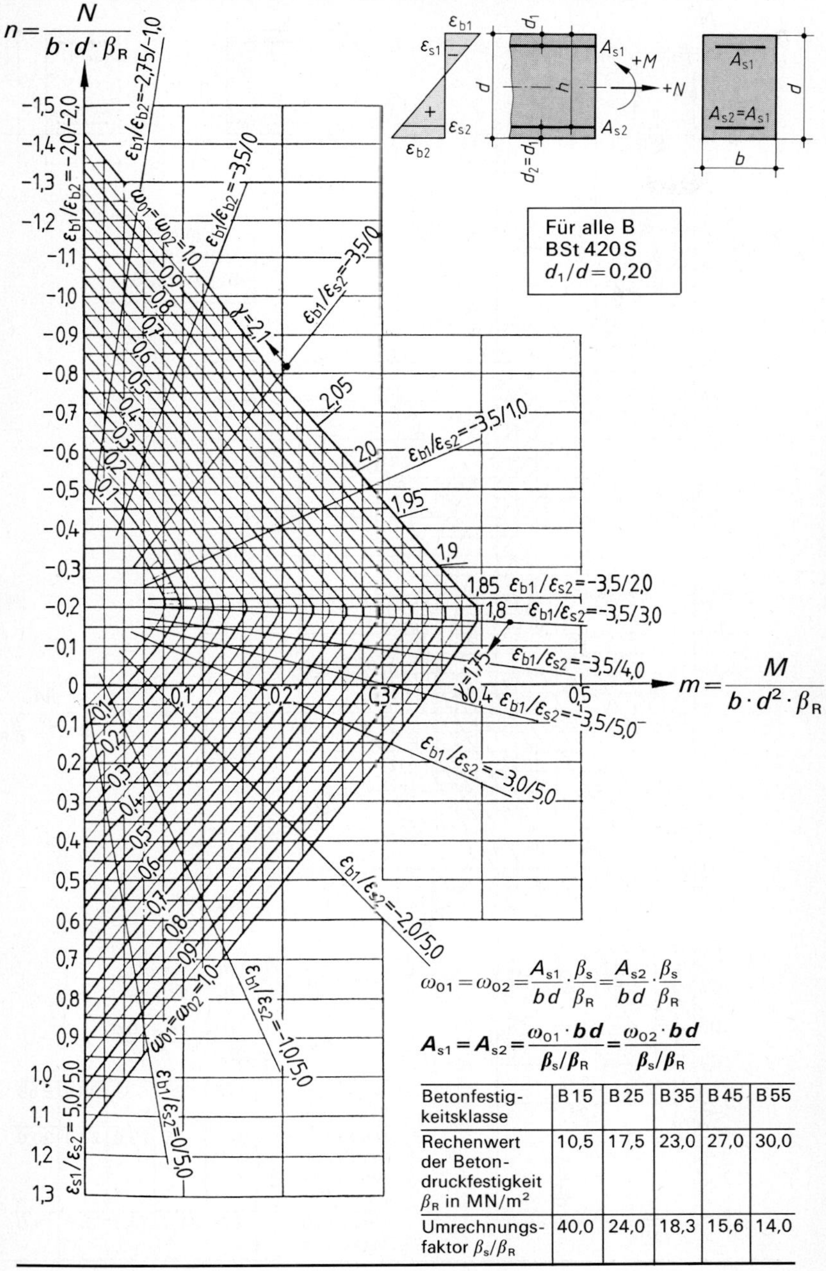


Für alle B
BSt 420 S
$d_1/d = 0{,}20$

$$\omega_{01} = \omega_{02} = \frac{A_{s1}}{b\,d} \cdot \frac{\beta_s}{\beta_R} = \frac{A_{s2}}{b\,d} \cdot \frac{\beta_s}{\beta_R}$$

$$\boldsymbol{A}_{s1} = \boldsymbol{A}_{s2} = \frac{\omega_{01} \cdot \boldsymbol{b\,d}}{\boldsymbol{\beta_s/\beta_R}} = \frac{\omega_{02} \cdot \boldsymbol{b\,d}}{\boldsymbol{\beta_s/\beta_R}}$$

| Betonfestigkeitsklasse | B 15 | B 25 | B 35 | B 45 | B 55 |
|---|---|---|---|---|---|
| Rechenwert der Betondruckfestigkeit $\beta_R$ in MN/m² | 10,5 | 17,5 | 23,0 | 27,0 | 30,0 |
| Umrechnungsfaktor $\beta_s/\beta_R$ | 40,0 | 24,0 | 18,3 | 15,6 | 14,0 |

**BT 4e Symmetrisch bewehrter Querschnitt** (Erläuterungen s. S. 474)

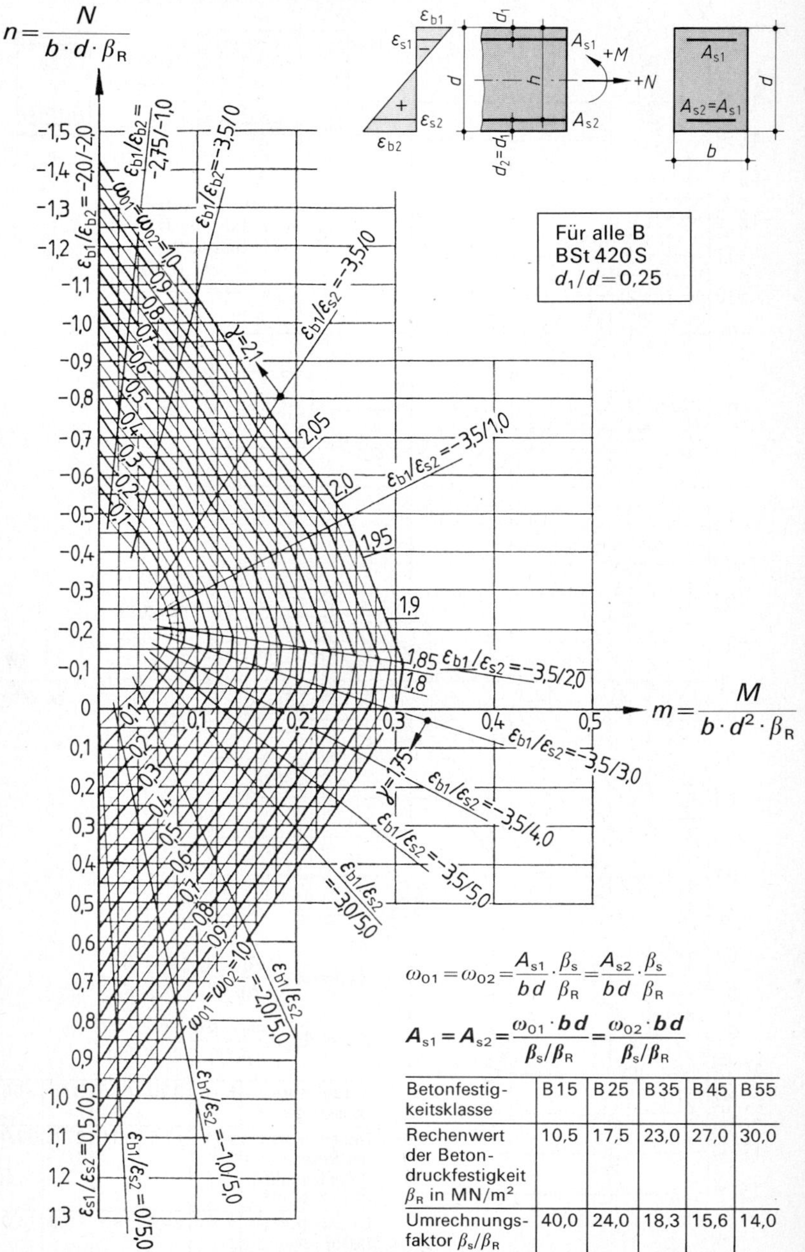


$$\omega_{01} = \omega_{02} = \frac{A_{s1}}{bd} \cdot \frac{\beta_s}{\beta_R} = \frac{A_{s2}}{bd} \cdot \frac{\beta_s}{\beta_R}$$

$$\boldsymbol{A_{s1} = A_{s2}} = \frac{\omega_{01} \cdot \boldsymbol{bd}}{\boldsymbol{\beta_s/\beta_R}} = \frac{\omega_{02} \cdot \boldsymbol{bd}}{\boldsymbol{\beta_s/\beta_R}}$$

| Betonfestigkeitsklasse | B 15 | B 25 | B 35 | B 45 | B 55 |
|---|---|---|---|---|---|
| Rechenwert der Betondruckfestigkeit $\beta_R$ in MN/m² | 10,5 | 17,5 | 23,0 | 27,0 | 30,0 |
| Umrechnungsfaktor $\beta_s/\beta_R$ | 40,0 | 24,0 | 18,3 | 15,6 | 14,0 |

## BT 5a **Symmetrisch bewehrter Querschnitt** (Erläuterungen s. S. 474)

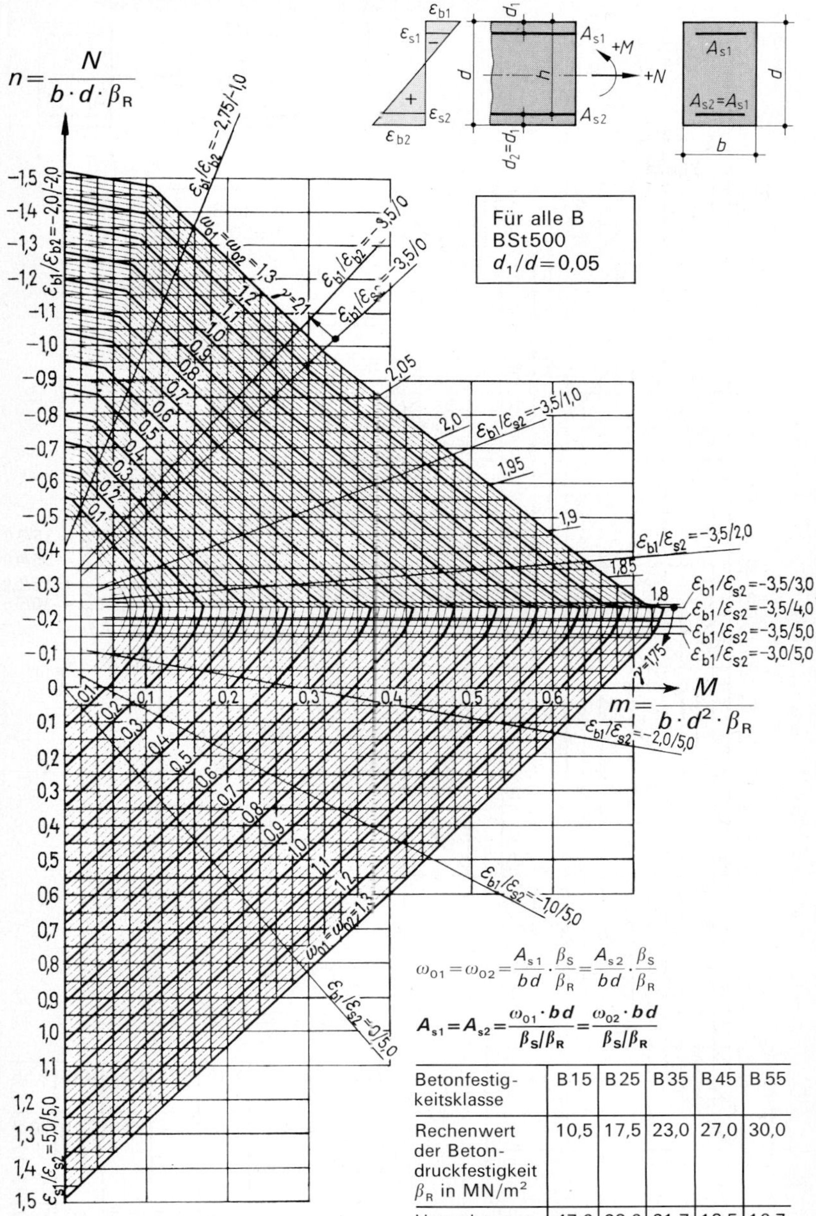


$$\omega_{01}=\omega_{02}=\frac{A_{s1}}{bd}\cdot\frac{\beta_S}{\beta_R}=\frac{A_{s2}}{bd}\cdot\frac{\beta_S}{\beta_R}$$

$$\boldsymbol{A_{s1}=A_{s2}=\frac{\omega_{01}\cdot bd}{\beta_S/\beta_R}=\frac{\omega_{02}\cdot bd}{\beta_S/\beta_R}}$$

| Betonfestigkeitsklasse | B 15 | B 25 | B 35 | B 45 | B 55 |
|---|---|---|---|---|---|
| Rechenwert der Betondruckfestigkeit $\beta_R$ in MN/m² | 10,5 | 17,5 | 23,0 | 27,0 | 30,0 |
| Umrechnungsfaktor $\beta_S/\beta_R$ | 47,6 | 28,6 | 21,7 | 18,5 | 16,7 |

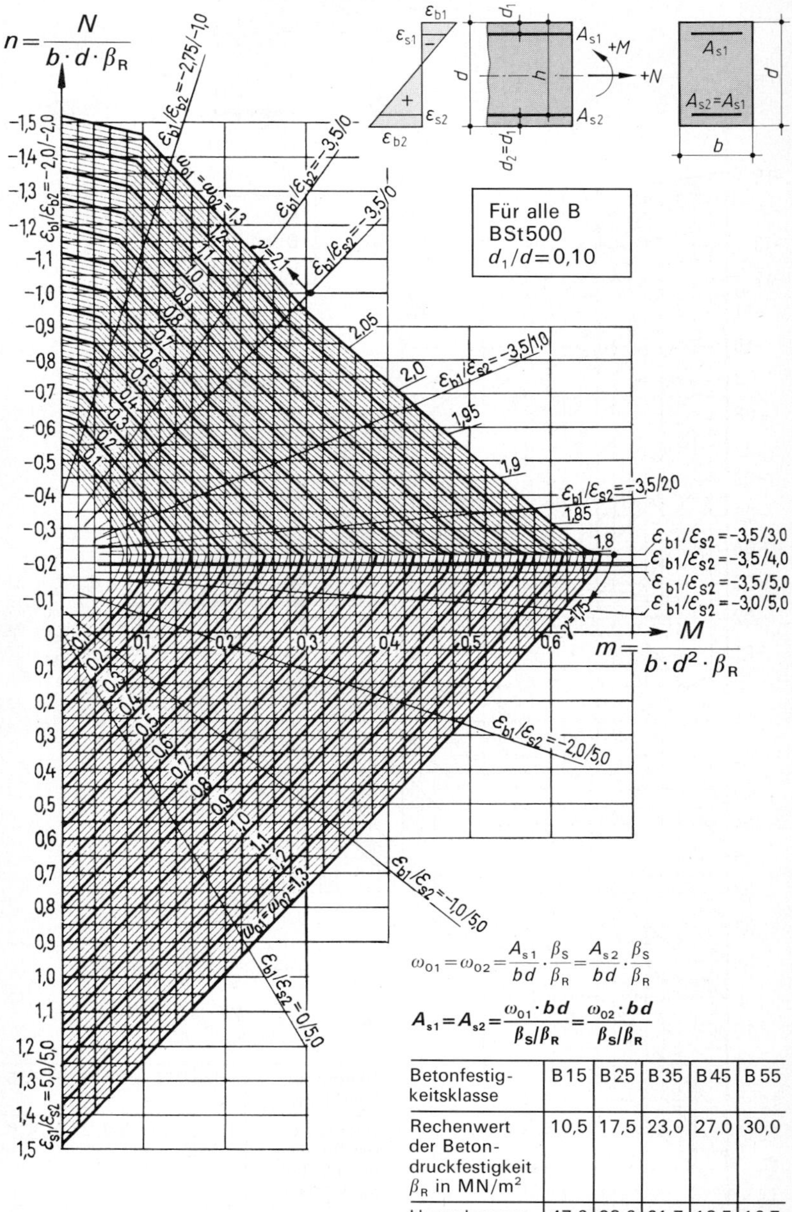


$$\omega_{01}=\omega_{02}=\frac{A_{s1}}{bd}\cdot\frac{\beta_S}{\beta_R}=\frac{A_{s2}}{bd}\cdot\frac{\beta_S}{\beta_R}$$

$$\boldsymbol{A_{s1}=A_{s2}=\frac{\omega_{01}\cdot bd}{\beta_S/\beta_R}=\frac{\omega_{02}\cdot bd}{\beta_S/\beta_R}}$$

| Betonfestigkeitsklasse | B 15 | B 25 | B 35 | B 45 | B 55 |
|---|---|---|---|---|---|
| Rechenwert der Betondruckfestigkeit $\beta_R$ in $MN/m^2$ | 10,5 | 17,5 | 23,0 | 27,0 | 30,0 |
| Umrechnungsfaktor $\beta_S/\beta_R$ | 47,6 | 28,6 | 21,7 | 18,5 | 16,7 |

**BT 5c Symmetrisch bewehrter Querschnitt** (Erläuterungen s. S. 474)

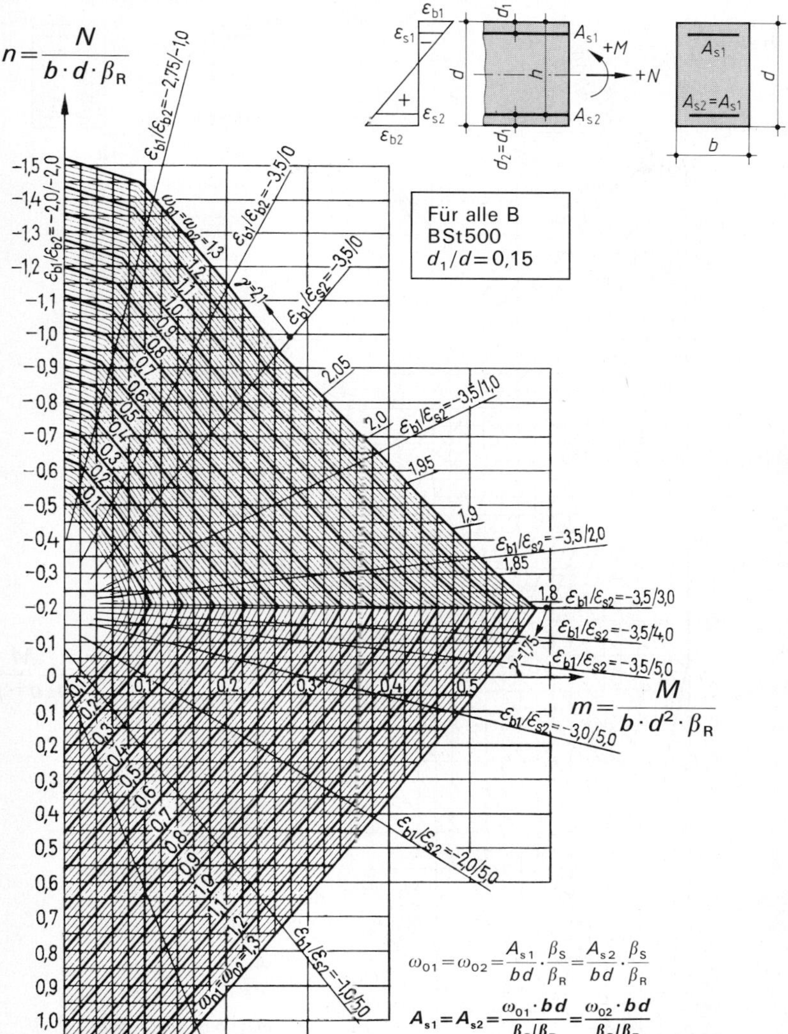


$$\omega_{01}=\omega_{02}=\frac{A_{s1}}{bd}\cdot\frac{\beta_S}{\beta_R}=\frac{A_{s2}}{bd}\cdot\frac{\beta_S}{\beta_R}$$

$$\boldsymbol{A_{s1}=A_{s2}=\frac{\omega_{01}\cdot bd}{\beta_S/\beta_R}=\frac{\omega_{02}\cdot bd}{\beta_S/\beta_R}}$$

| Betonfestigkeitsklasse | B 15 | B 25 | B 35 | B 45 | B 55 |
|---|---|---|---|---|---|
| Rechenwert der Betondruckfestigkeit $\beta_R$ in MN/m² | 10,5 | 17,5 | 23,0 | 27,0 | 30,0 |
| Umrechnungsfaktor $\beta_S/\beta_R$ | 47,6 | 28,6 | 21,7 | 18,5 | 16,7 |

## BT 5d Symmetrisch bewehrter Querschnitt (Erläuterungen s. S. 474)

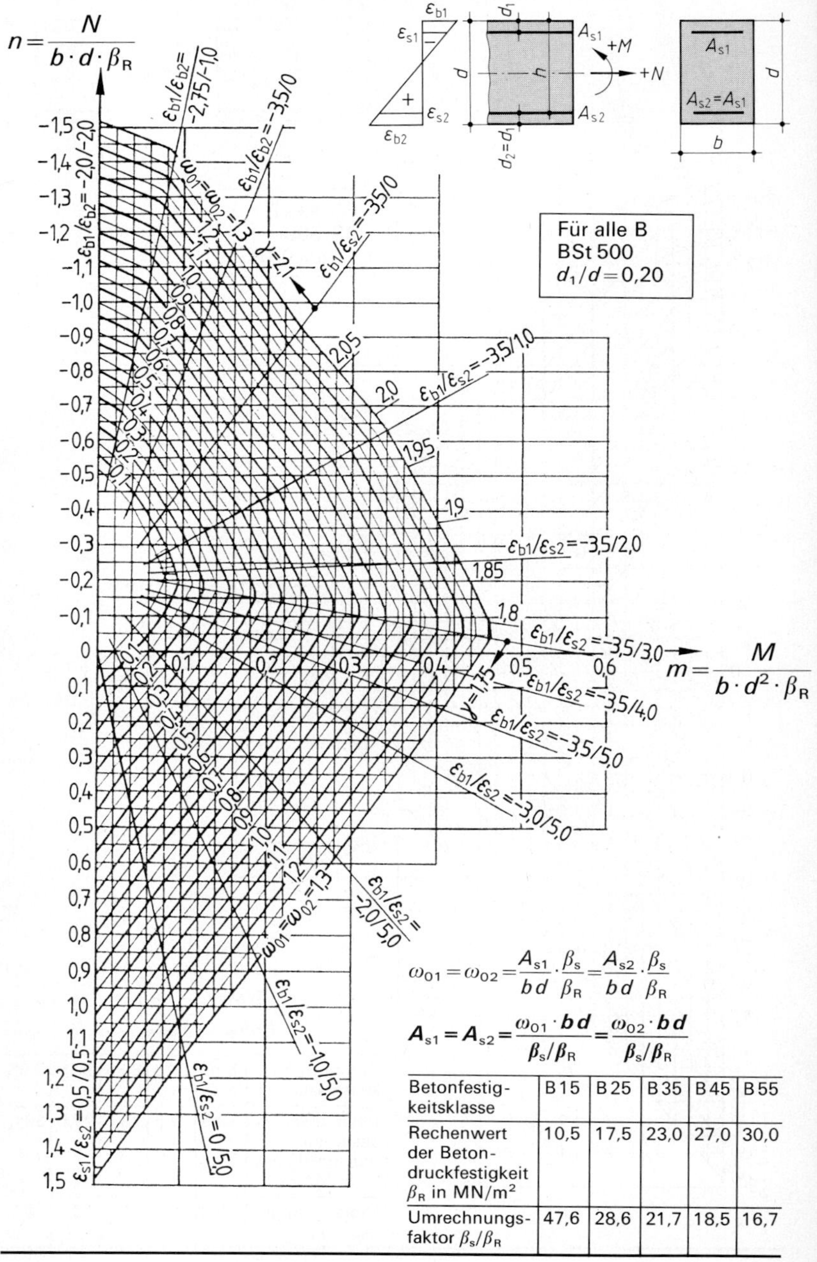


$$\omega_{01} = \omega_{02} = \frac{A_{s1}}{b\,d} \cdot \frac{\beta_s}{\beta_R} = \frac{A_{s2}}{b\,d} \cdot \frac{\beta_s}{\beta_R}$$

$$\boldsymbol{A_{s1} = A_{s2}} = \frac{\omega_{01} \cdot \boldsymbol{b\,d}}{\boldsymbol{\beta_s/\beta_R}} = \frac{\omega_{02} \cdot \boldsymbol{b\,d}}{\boldsymbol{\beta_s/\beta_R}}$$

| Betonfestigkeitsklasse | B 15 | B 25 | B 35 | B 45 | B 55 |
|---|---|---|---|---|---|
| Rechenwert der Betondruckfestigkeit $\beta_R$ in MN/m² | 10,5 | 17,5 | 23,0 | 27,0 | 30,0 |
| Umrechnungsfaktor $\beta_s/\beta_R$ | 47,6 | 28,6 | 21,7 | 18,5 | 16,7 |

## BT 5e Symmetrisch bewehrter Querschnitt (Erläuterungen s. S. 474)

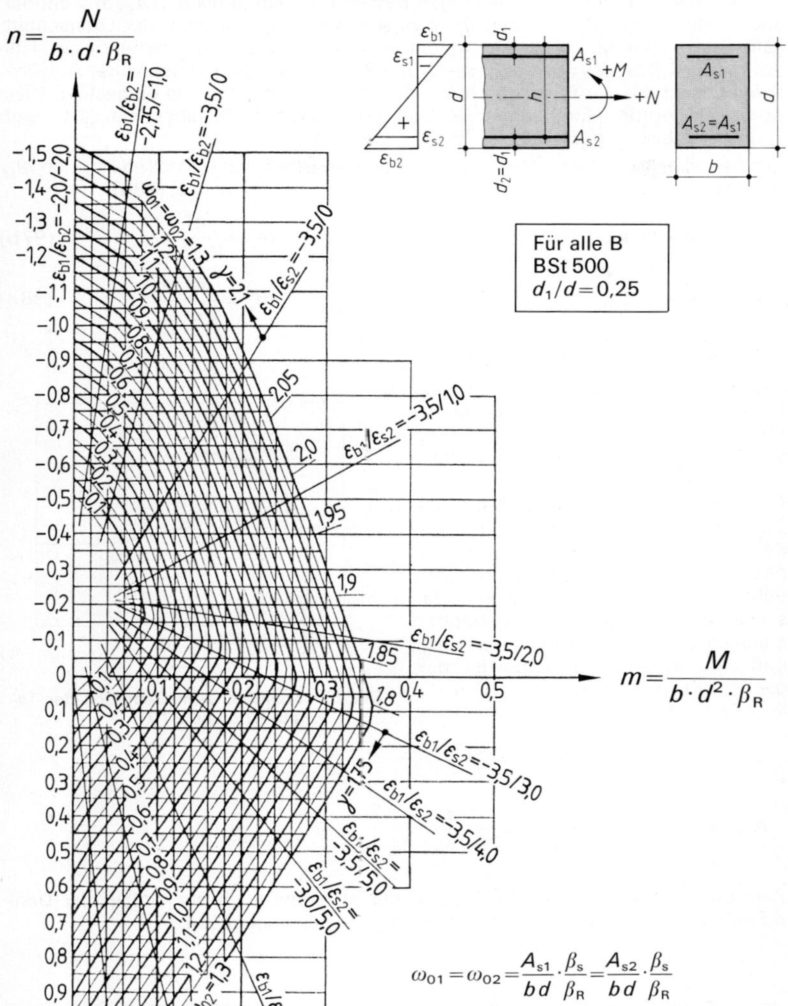


Für alle B
BSt 500
$d_1/d = 0{,}25$

$$\omega_{01} = \omega_{02} = \frac{A_{s1}}{b\,d} \cdot \frac{\beta_s}{\beta_R} = \frac{A_{s2}}{b\,d} \cdot \frac{\beta_s}{\beta_R}$$

$$\boldsymbol{A_{s1} = A_{s2}} = \frac{\omega_{01} \cdot \boldsymbol{b\,d}}{\boldsymbol{\beta_s/\beta_R}} = \frac{\omega_{02} \cdot \boldsymbol{b\,d}}{\boldsymbol{\beta_s/\beta_R}}$$

| Betonfestigkeitsklasse | B 15 | B 25 | B 35 | B 45 | B 55 |
|---|---|---|---|---|---|
| Rechenwert der Betondruckfestigkeit $\beta_R$ in MN/m² | 10,5 | 17,5 | 23,0 | 27,0 | 30,0 |
| Umrechnungsfaktor $\beta_s/\beta_R$ | 47,6 | 28,6 | 21,7 | 18,5 | 16,7 |

## BT 6 und BT 7 Beiderseits beliebig bewehrter Querschnitt $A_{s1} \leqq A_{s2}$

Diese Tafeln sind bei einem beliebigen Bewehrungsverhältnis $A_{s1}/A_{s2}$ anwendbar und umfassen fast den ganzen Beanspruchungsbereich, in dem der Querschnitt ganz oder teilweise Druckspannungen aufweist. Ihre untere Grenze ist der Fall des mittigen Druckes bei $\varepsilon_{s2}/\varepsilon_{b1} = -2{,}0/-2{,}0‰ = 1{,}0$. Nach oben ist der Anwendungsbereich bis zur Beanspruchung mit hochliegender Nullinie dargestellt. Dies ist erreicht worden durch einen Wechsel des Ordinatenmaßstabes von $\varepsilon_{s2}/\varepsilon_{b1}$ auf $k_x$ an der Stelle $\varepsilon_{s2}/\varepsilon_{b1} = 5{,}0/-3{,}5‰ = -1{,}43$ auf $k_x = 0{,}412$.

Zur Benutzung der Tafeln benötigt man die bezogenen Schnittgrößen $m_{s2}$ und $m_{s1}$ nach Gl. (97b) und (98b) mit $M_{s2}$ und $M_{s1}$ nach Gl. (97a) und (98a).

$$\boldsymbol{M_{s2} = M - N \cdot z_{s2}} \qquad (97a) \qquad\qquad \boldsymbol{m_{s2} = \frac{M_{s2}}{b d^2 \beta_R}} \qquad (97b)$$

$$\boldsymbol{M_{s1} = M + N \cdot z_{s1}} \qquad (98a) \qquad\qquad \boldsymbol{m_{s1} = \frac{M_{s1}}{b d^2 \beta_R}} \qquad (98b)$$

$N$ als Druckkraft negativ einsetzen.

Zu jedem Dehnungsverhältnis $\varepsilon_{s2}/\varepsilon_{b1}$ (= horizontale Linie) erhält man zu $m_{s2}$ und $m_{s1}$ ein bestimmtes Bewehrungsverhältnis $A_{s1}/A_{s2}$ wie folgt (s. Schlüssel, Bild 85):

Man bringt die horizontale Linie, die zur günstigsten Bewehrung führt, mit den Kurven zum Schnitt, die zu den oben berechneten Werten $m_{s2}$ und $m_{s1}$ gehören, und erhält als Abszissen dieser Schnittpunkte die dazugehörigen mechanischen Bewehrungsgerade $\omega_{01}$ und $\omega_{02}$, wobei zu beachten ist, daß die $m_{s1}$-Kurve den Wert $\omega_{02}$ und die $m_{s2}$-Kurve den Wert $\omega_{01}$ liefern.

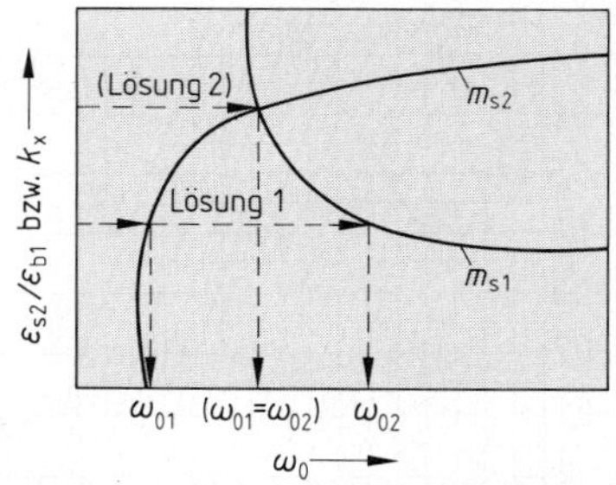


**Bild 85 Schlüssel zum Gebrauch der Tafeln BT 6 und BT 7**

$$\omega_{01} = \frac{A_{s1}}{b d} \cdot \frac{\beta_S}{\beta_R} \qquad \omega_{02} = \frac{A_{s2}}{b d} \cdot \frac{\beta_S}{\beta_R}$$

$$\boldsymbol{A_{s1} = \omega_{01} \cdot \frac{b d}{\beta_S/\beta_R}} \qquad \boldsymbol{A_{s2} = \omega_{02} \cdot \frac{b d}{\beta_S/\beta_R}}$$

Zum besseren Verständnis der Diagramme ist rechts noch der Verlauf der Dehnungen und des zugehörigen Sicherheitsbeiwertes angegeben.

**Beispiel zu BT 6a**, S. 487

Gegeben: $M = 350$ kNm und $N = -500$ kN; Gesucht: Bewehrung

Gewählt: $b = 0{,}30$ m; $d = 0{,}55$ m; $z_{s2} = z_{s1} = 0{,}225$ m; $d_1/h = 0{,}10$; B25, BSt420S;

$M_{s2} = 350 + 500 \cdot 0{,}225 = 462{,}5$ kNm; $M_{s1} = 350 - 500 \cdot 0{,}225 = 237{,}5$ kNm

$$m_{s2} = \frac{462{,}5}{0{,}30 \cdot 0{,}55^2 \cdot 17500} = 0{,}29; \quad m_{s1} = \frac{237{,}5}{0{,}3 \cdot 0{,}55^2 \cdot 17500} = 0{,}15$$

Für $\varepsilon_{s2}/\varepsilon_{b1} = -0{,}8$ erhält man aus BT6a: $\omega_{01} = 0{,}3$ und $\omega_{02} = 0{,}4$

$A_{s2} = 0{,}4 \cdot 30 \cdot 55/24 = 27{,}50\ \text{cm}^2$; $A_{s1} = 0{,}3 \cdot 30 \cdot 55/24 = 20{,}63\ \text{cm}^2$

## BT 6a Beiderseits beliebig bewehrter Querschnitt

(Erläuterung und Schlüssel auf S. 486)

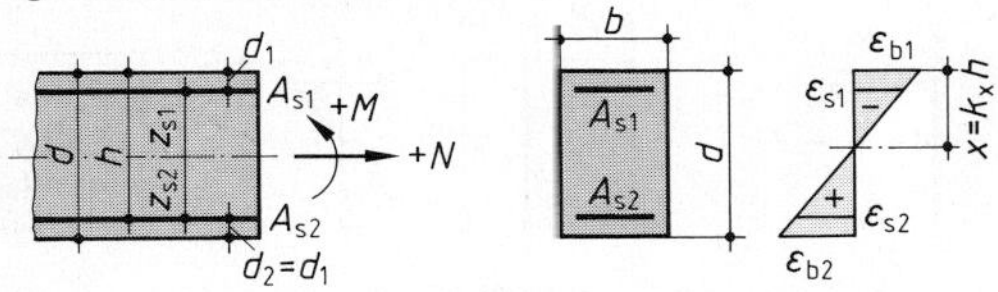


Für alle B
BSt420S
$d_1/d = 0{,}10$

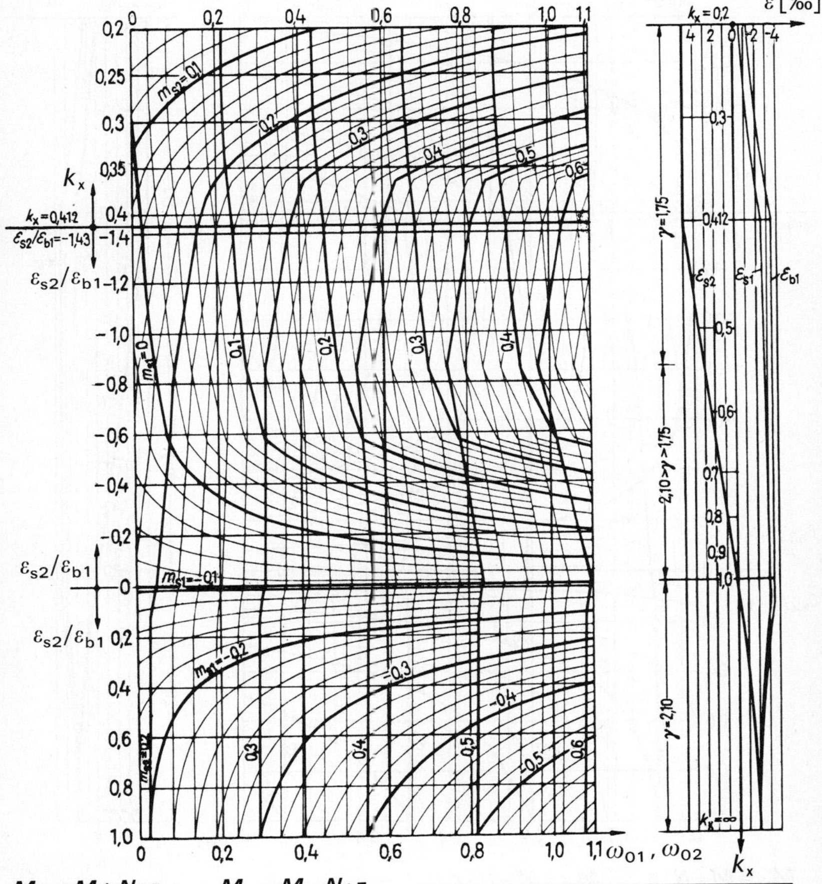


$$M_{s1} = M + N \cdot z_{s1} \qquad M_{s2} = M - N \cdot z_{s2}$$

$$m_{s1} = \frac{M_{s1}}{b d^2 \beta_R} \qquad m_{s2} = \frac{M_{s2}}{b d^2 \beta_R}$$

$$\omega_{01} = \frac{A_{s1}}{bd} \cdot \frac{\beta_S}{\beta_R} \qquad \omega_{02} = \frac{A_{s2}}{bd} \cdot \frac{\beta_S}{\beta_R}$$

$$A_{s1} = \omega_{01} \cdot \frac{bd}{\beta_S/\beta_R} \qquad A_{s2} = \omega_{02} \cdot \frac{bd}{\beta_S/\beta_R}$$

| Betonfestigkeitsklasse | B 15 | B 25 | B 35 | B 45 | B 55 |
|---|---|---|---|---|---|
| Rechenwert der Betondruckfestigkeit $\beta_R$ in MN/m² | 10,5 | 17,5 | 23,0 | 27,0 | 30,0 |
| Umrechnungsfaktor $\beta_S/\beta_R$ | 40,0 | 24,0 | 18,3 | 15,6 | 14,0 |

## BT 6b Beiderseits beliebig bewehrter Querschnitt

(Erläuterung und Schlüssel auf S. 486)

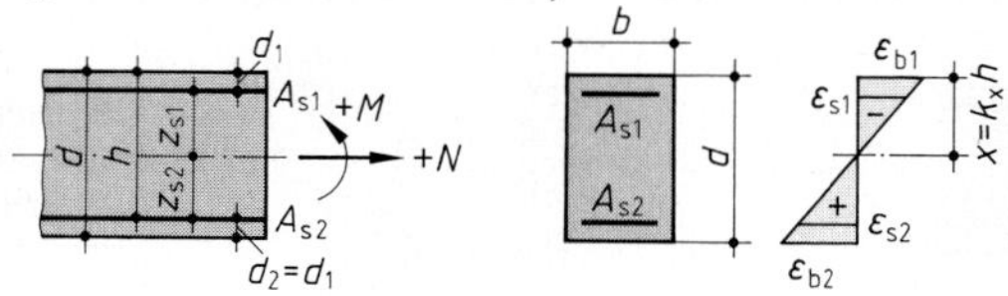


Für alle B
BSt 420 S
$d_1/d=0{,}15$

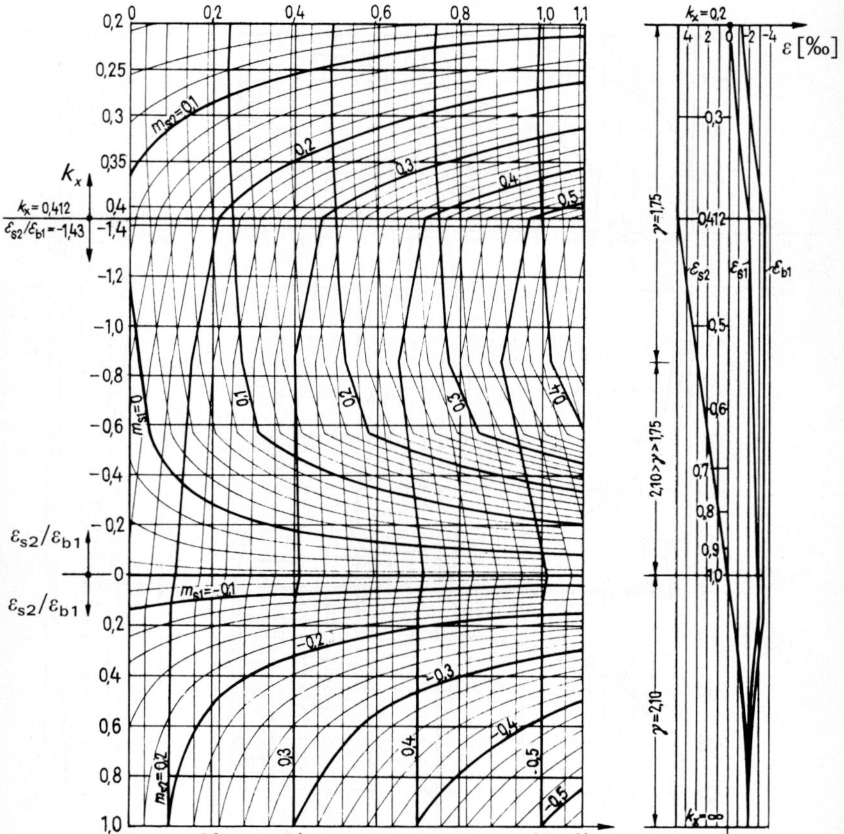


$$M_{s1}=M+N\cdot z_{s1} \qquad M_{s2}=M-N\cdot z_{s2}$$

$$m_{s1}=\frac{M_{s1}}{bd^2\beta_R} \qquad m_{s2}=\frac{M_{s2}}{bd^2\beta_R}$$

$$\omega_{01}=\frac{A_{s1}}{bd}\cdot\frac{\beta_S}{\beta_R} \qquad \omega_{02}=\frac{A_{s2}}{bd}\cdot\frac{\beta_S}{\beta_R}$$

$$A_{s1}=\omega_{01}\cdot\frac{bd}{\beta_S/\beta_R} \qquad A_{s2}=\omega_{02}\cdot\frac{bd}{\beta_S/\beta_R}$$

| Betonfestigkeitsklasse | B 15 | B 25 | B 35 | B 45 | B 55 |
|---|---|---|---|---|---|
| Rechenwert der Betondruckfestigkeit $\beta_R$ in MN/m² | 10,5 | 17,5 | 23,0 | 27,0 | 30,0 |
| Umrechnungsfaktor $\beta_S/\beta_R$ | 40,0 | 24,0 | 18,3 | 15,6 | 14,0 |

## BT 7a Beiderseits beliebig bewehrter Querschnitt

(Erläuterung und Schlüssel auf S. 486)

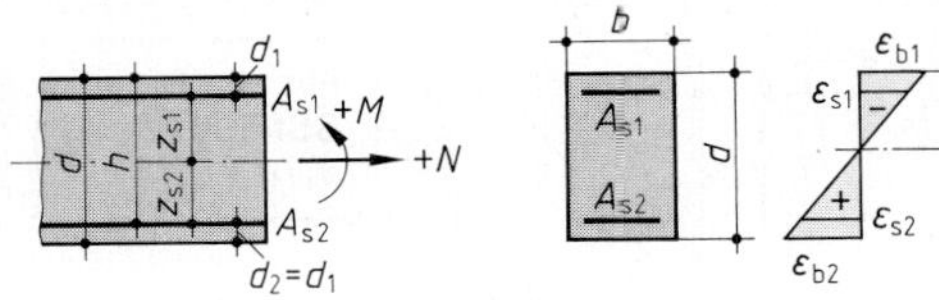


Für alle B
BSt 500
$d_1/d=0{,}10$

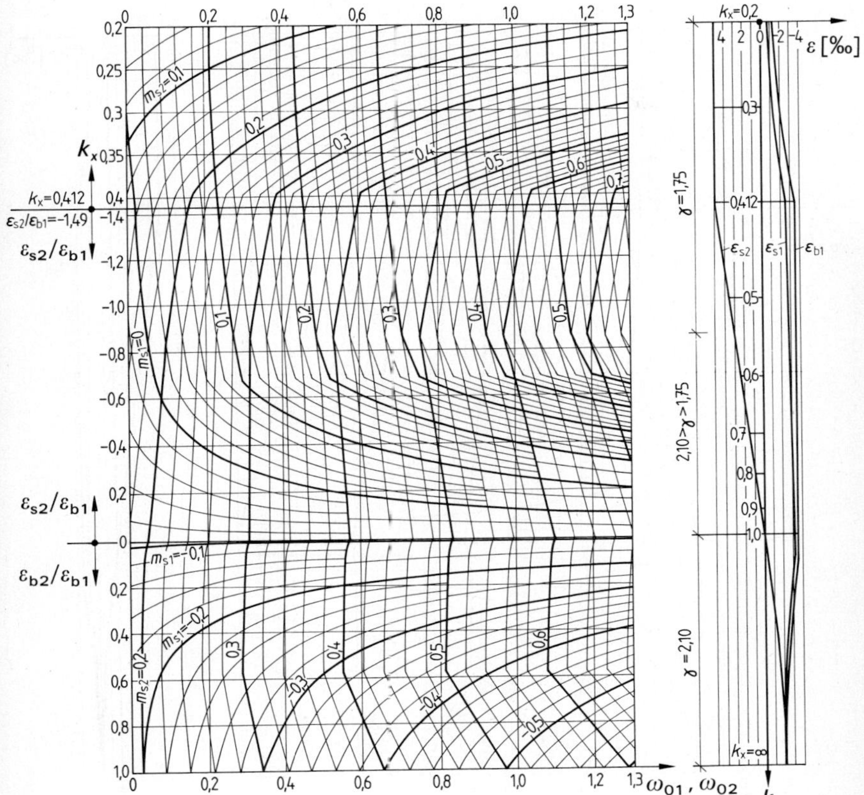


$$M_{s1}=M+N\cdot z_{s1} \qquad M_{s2}=M-N\cdot z_{s2}$$

$$m_{s1}=\frac{M_{s1}}{b\,d^2\,\beta_R} \qquad m_{s2}=\frac{M_{s2}}{b\,d^2\,\beta_R}$$

$$\omega_{01}=\frac{A_{s1}}{b\,d}\cdot\frac{\beta_S}{\beta_R} \qquad \omega_{02}=\frac{A_{s2}}{b\,d}\cdot\frac{\beta_S}{\beta_R}$$

$$A_{s1}=\omega_{01}\cdot\frac{b\,d}{\beta_S/\beta_R} \qquad A_{s2}=\omega_{02}\cdot\frac{b\,d}{\beta_S/\beta_R}$$

| Betonfestigkeitsklasse | B 15 | B 25 | B 35 | B 45 | B 55 |
|---|---|---|---|---|---|
| Rechenwert der Betondruckfestigkeit $\beta_R$ [MN/m²] | 10,5 | 17,5 | 23,0 | 27,0 | 30,0 |
| Umrechnungsfaktor $\beta_S/\beta_R$ | 47,6 | 28,6 | 21,7 | 18,5 | 16,7 |

## BT 7b Beiderseits beliebig bewehrter Querschnitt

(Erläuterung und Schlüssel auf S. 486)

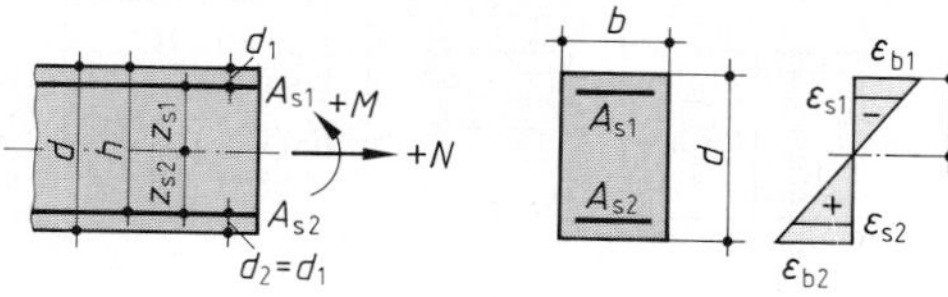


Für alle B
BSt 500
$d_1/d = 0{,}15$

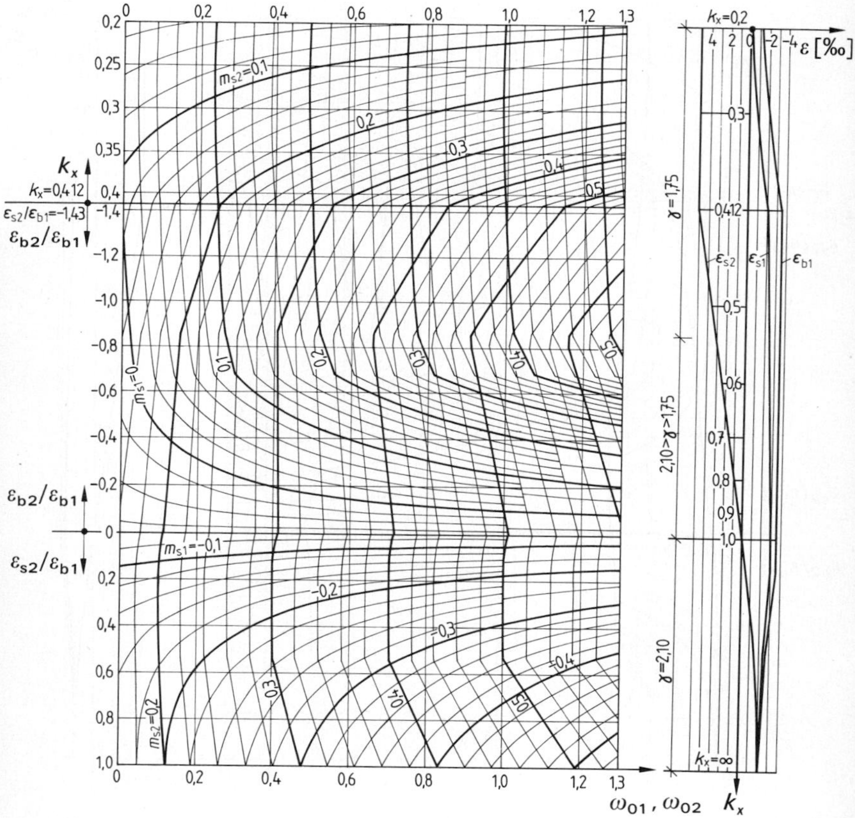


$$M_{s1} = M + N \cdot z_{s1} \qquad M_{s2} = M - N \cdot z_{s2}$$

$$m_{s1} = \frac{M_{s1}}{b d^2 \beta_R} \qquad m_{s2} = \frac{M_{s2}}{b d^2 \beta_R}$$

$$\omega_{01} = \frac{A_{s1}}{b d} \cdot \frac{\beta_S}{\beta_R} \qquad \omega_{02} = \frac{A_{s2}}{b d} \cdot \frac{\beta_S}{\beta_R}$$

$$A_{s1} = \omega_{01} \cdot \frac{b d}{\beta_S/\beta_R} \qquad A_{s2} = \omega_{02} \cdot \frac{b d}{\beta_S/\beta_R}$$

| Betonfestigkeitsklasse | B 15 | B 25 | B 35 | B 45 | B 55 |
|---|---|---|---|---|---|
| Rechenwert der Betondruckfestigkeit $\beta_R$ [MN/m²] | 10,5 | 17,5 | 23,0 | 27,0 | 30,0 |
| Umrechnungsfaktor $\beta_S/\beta_R$ | 47,6 | 28,6 | 21,7 | 18,5 | 16,7 |

## BT 8 und BT 9 Bemessung bei schiefer Biegung

Diese Tafeln gelten für BSt 420 S (BT8) und für BSt 500 (BT9) mit dem Randabstand $d_1/d = b_1/b = 0{,}10$ sowie für die oberhalb der Tafeln angegebenen Bewehrungsbilder.

Zunächst ermittelt man mit Gl. (100a) bis (101) $m_y$, $m_z$ und $n$ und überführt dann $m_y$ und $m_z$ in die auf den Achsen aufgetragenen Werte $m_1$ und $m_2$, wie auf den Tafeln angegeben. Unter Ausnutzung der vorhandenen Symmetrien genügt es, von allen möglichen Nullinien nur die darzustellen, die die resultierende Normalkraft etwa im Winkelbereich eines Oktanten – mit der Querschnittsmitte als Zentrum – liefern. Die Kurven mit tot $\omega_0$ als Parameter gelten daher in jedem Oktanten nur für den dort angegebenen Wert $n$.

Mit diesem den Tafeln entnommenen mechanischen Bewehrungsgrad tot $\omega_0$ erhält man dann nach Gl. (102) die Gesamtbewehrung tot $A_s$, die nach dem Bewehrungsbild zu verteilen ist.

$$m_y = \frac{M_y}{b\,d^2\,\beta_R} \quad (100a) \qquad m_z = \frac{M_z}{b^2\,d\,\beta_R} \quad (100b)$$

$$n = \frac{N}{b\,d\,\beta_R} \quad (101) \qquad \text{tot}\,A_s = \frac{\text{tot}\,\omega_0}{\beta_S/\beta_R} \cdot b\,d \quad (102)$$

**Beispiel zu BT 8a** Gegeben: $M_y = 96{,}0$ kNm; $M_z = 26{,}0$ kNm; $N = -370$ kN; Gesucht: tot $A_s$
Gewählt: $b = 0{,}30$ m; $d = 0{,}35$ m; $d_1/h = 0{,}10$; B 25; BSt 420 S
$m_y = 96{,}0/0{,}3 \cdot 0{,}35^2 \cdot 17500 = 0{,}149$; $m_z = 26{,}0/0{,}30^2 \cdot 0{,}35 \cdot 17500 = 0{,}047$
$n = -370/0{,}30 \cdot 0{,}35 \cdot 17500 = -0{,}20$;
mit $m_1 = m_y$; $m_2 = m_z$ und $n = -0{,}2 \rightarrow$ Ablesung: tot $\omega_0 = 0{,}5$
tot $A_s = 0{,}5 \cdot 30 \cdot 35/24 = 21{,}88\ \text{cm}^2$

## BT 10 und BT 11 Knicksicherheitsnachweis für Druckglieder mit großer Schlankheit

Die Bemessungsnomogramme dienen zur Vereinfachung des allgemein gültigen Nachweisverfahrens für Druckglieder mit Schlankheiten $\lambda > 70$.

Sie wurden für einige ausgewählte Querschnittsformen für BSt 420 S (BT10) und für BSt 500 (BT11) entwickelt. Bei gegebenem $n$; $m$, $e/d$ und $s_K/d$ läßt sich die erforderliche Bewehrung direkt ermitteln.

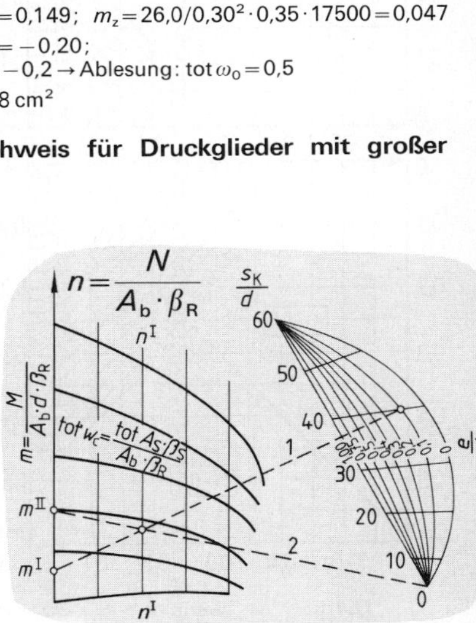


**Bild 86 Prinzip der Nomogramme und ihrer Anwendung**

### Bezogene Normalkraft

$$n = \frac{N}{A_b \cdot \beta_R} \quad (103)$$

### Bezogenes Moment

$$m = \frac{M}{A_b \cdot d \cdot \beta_R} \quad (104)$$

Die ungewollte Ausmitte $e_v$ ist bereits berücksichtigt. Die von den einspannenden Bauteilen aufzunehmenden Verformungsmomente $\Delta m = m^{II} - m^{I}$ können mit den Tafeln bestimmt werden.

**Beispiel zu BT 10a** B 35, BSt420 S; $b = 40$ cm; $d = 40$ cm; $M = 0{,}138$ MNm;
$N = -0{,}183$ MN $s_K = 2 \cdot 6{,}30 = 12{,}6$ m $\lambda = 12{,}6/0{,}289 \cdot 0{,}4 = 109 > 70$
$s_K/d = 32$; $e/d > 1{,}0$ $n = -0{,}049$; $m = 0{,}094$ tot $\omega_0 = 0{,}45$
tot $A_s = 0{,}45 \cdot 40^2/18{,}3 = 39{,}30\ \text{cm}^2$

## BT 8a Schiefe Biegung mit Längsdruckkraft (s. Erläuterung auf S. 491)

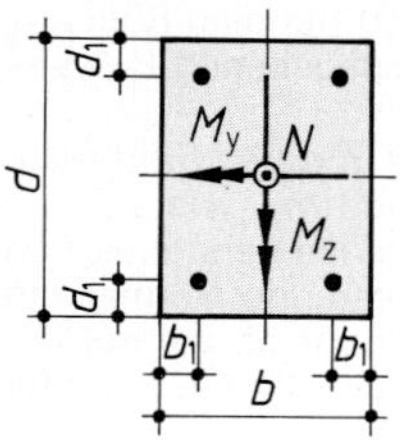


Für alle B
BSt 420 S
$d_1/d = b_1/b = 0{,}10$

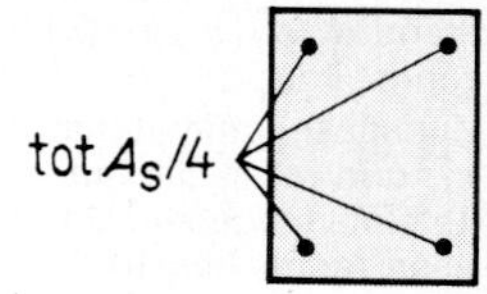


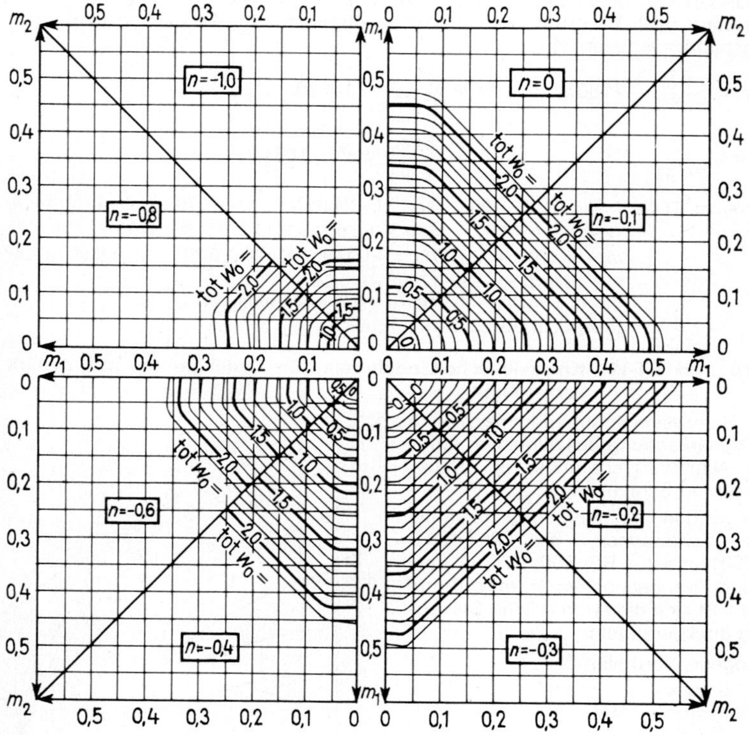


$$m_y = \frac{|M_y|}{b\,d^2\,\beta_R}$$

$$m_z = \frac{|M_z|}{b^2\,d\,\beta_R}$$

$$n = \frac{N}{b\,d\,\beta_R}$$

wenn $m_y > m_z \rightarrow m_1 = m_y;\; m_2 = m_z$
wenn $m_y < m_z \rightarrow m_1 = m_z;\; m_2 = m_y$

| Betonfestigkeitsklasse | B 15 | B 25 | B 35 | B 45 | B 55 |
|---|---|---|---|---|---|
| Rechenwert der Betondruckfestigkeit $\beta_R$ in MN/m² | 10,5 | 17,5 | 23,0 | 27,0 | 30,0 |
| Umrechnungsfaktor $\beta_S/\beta_R$ | 40,0 | 24,0 | 18,3 | 15,6 | 14,0 |

Gesamte Bewehrung: $\mathbf{tot}\,A_s = \mathbf{tot}\,\omega_0 \dfrac{b\,d}{\beta_S/\beta_R}$

Verteilung von tot$A_s$ entsprechend Skizze oben rechts

**BT 8b Schiefe Biegung mit Längsdruckkraft** (s. Erläuterung auf S. 491)

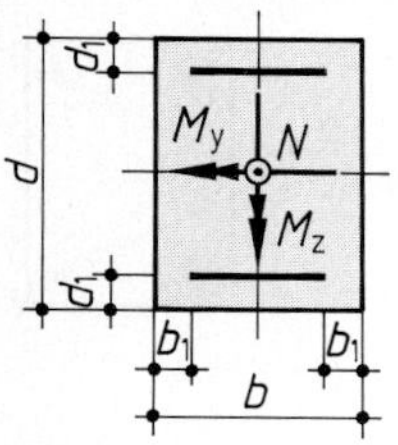


Für alle B
BSt420S
$d_1/d = b_1/b = 0{,}10$

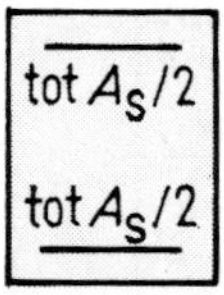


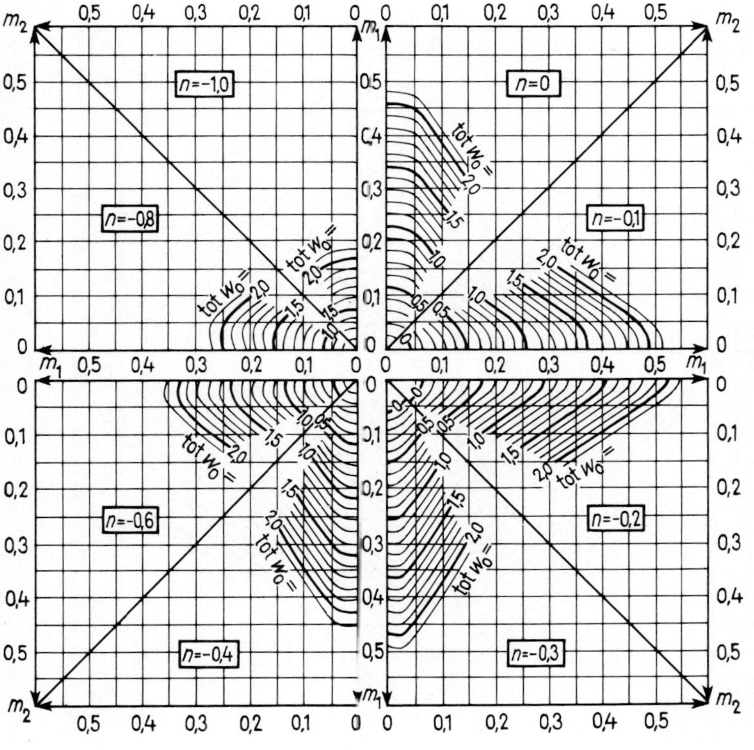


$m_y = \dfrac{|M_y|}{b d^2 \beta_R}$

$m_z = \dfrac{|M_z|}{b^2 d \beta_R}$

$n = \dfrac{N}{b d \beta_R}$

wenn $m_y > m_z \rightarrow m_1$, $m_2 = m_z$
wenn $m_y < m_z \rightarrow m_1 = m_z$; $m_2 = m_y$

| Betonfestigkeitsklasse | B 15 | B 25 | B 35 | B 45 | B 55 |
|---|---|---|---|---|---|
| Rechenwert der Betondruckfestigkeit $\beta_R$ in MN/m² | 10,5 | 17,5 | 23,0 | 27,0 | 30,0 |
| Umrechnungsfaktor $\beta_S/\beta_R$ | 40,0 | 24,0 | 18,3 | 15,6 | 14,0 |

Gesamte Bewehrung: $\mathbf{tot}\,A_s = \mathbf{tot}\,\omega_0 \dfrac{bd}{\beta_S/\beta_R}$

Verteilung von tot $A_s$ entsprechend Skizze oben rechts

## BT 9a **Schiefe Biegung mit Längsdruckkraft** (s. Erläuterung auf S. 491)

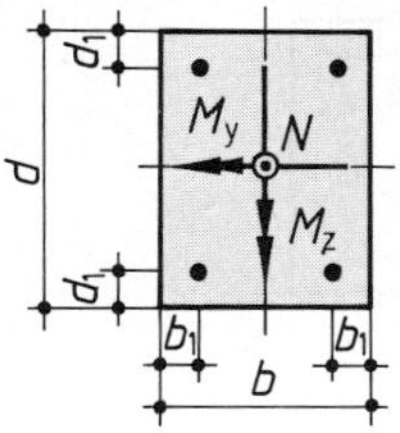


Für alle B
BSt 500
$d_1/d = b_1/b = 0{,}10$

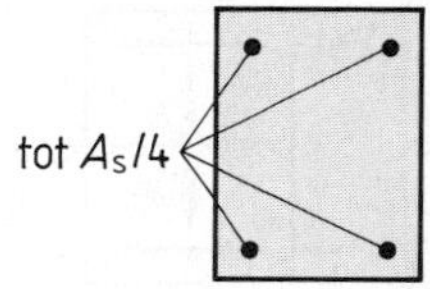


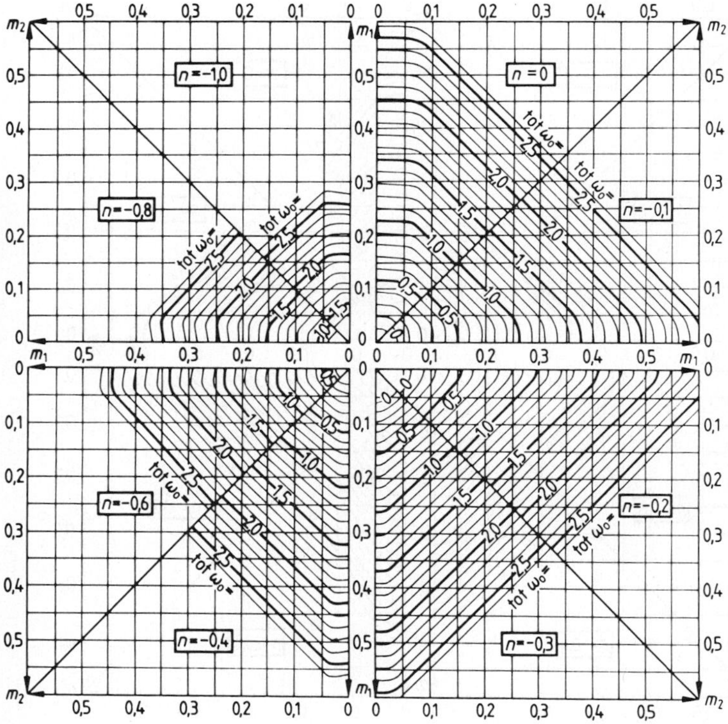


$$m_y = \frac{|M_y|}{b\,d^2\,\beta_R}$$

$$m_z = \frac{|M_z|}{b^2\,d\,\beta_R}$$

$$n = \frac{N}{b\,d\,\beta_R}$$

wenn $m_y > m_z \rightarrow m_1 = m_y;\ m_2 = m_z$
wenn $m_y < m_z \rightarrow m_1 = m_z;\ m_2 = m_y$

| Betonfestigkeitsklasse | B 15 | B 25 | B 35 | B 45 | B 55 |
|---|---|---|---|---|---|
| Rechenwert der Betondruckfestigkeit $\beta_R$ [MN/m²] | 10,5 | 17,5 | 23,0 | 27,0 | 30,0 |
| Umrechnungsfaktor $\beta_S/\beta_R$ | 47,6 | 28,6 | 21,7 | 18,5 | 16,7 |

Gesamte Bewehrung: $\mathbf{tot}\,A_s = \mathbf{tot}\,\omega_0 \dfrac{b\,d}{\beta_S/\beta_R}$

Verteilung von tot$A_s$ entsprechend Skizze oben rechts

## BT 9b **Schiefe Biegung mit Längsdruckkraft** (s. Erläuterung auf S. 491)

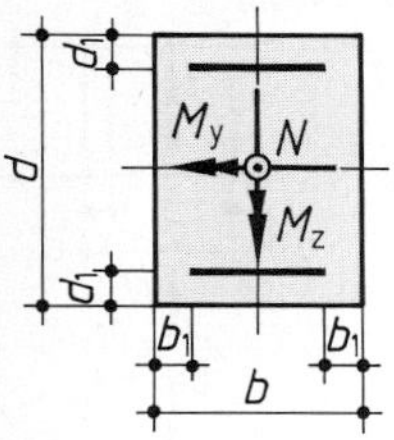


Für alle B
BSt 500
$d_1/d = b_1/b = 0{,}10$

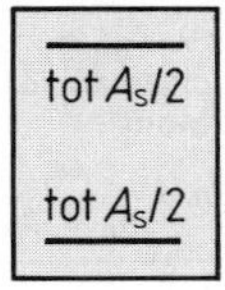


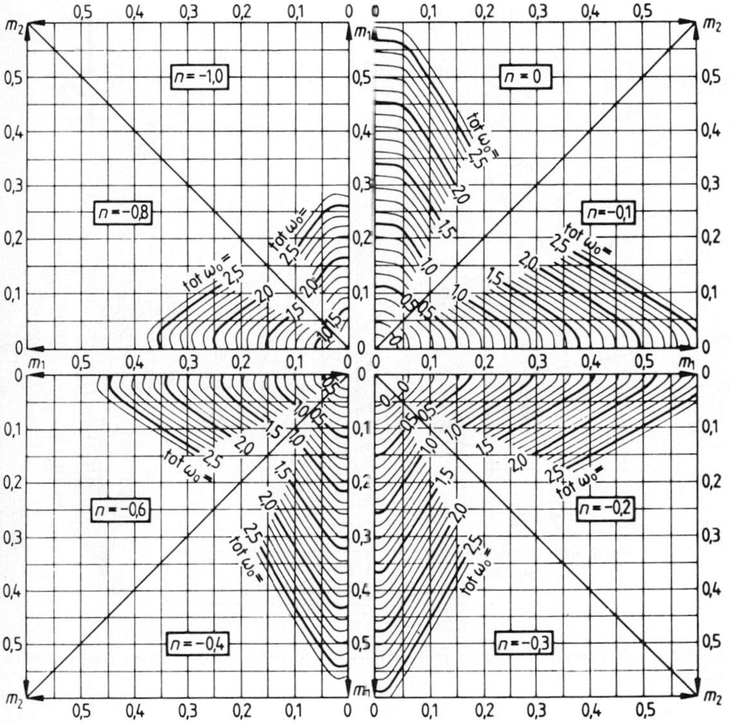


$m_1 = m_y \qquad m_2 = m_z$

$$m_y = \frac{|M_y|}{b d^2 \beta_R}$$

$$m_z = \frac{|M_z|}{b^2 d \beta_R}$$

$$n = \frac{N}{b d \beta_R}$$

| Betonfestigkeitsklasse | B 15 | B 25 | B 35 | B 45 | B 55 |
|---|---|---|---|---|---|
| Rechenwert der Betondruckfestigkeit $\beta_R$ [MN/m²] | 10,5 | 17,5 | 23,0 | 27,0 | 30,0 |
| Umrechnungsfaktor $\beta_S/\beta_R$ | 47,6 | 28,6 | 21,7 | 18,5 | 16,7 |

Gesamte Bewehrung: $\mathbf{tot}\,A_s = \mathbf{tot}\,\omega_0 \dfrac{bd}{\beta_S/\beta_R}$

Verteilung von tot $A_s$ entsprechend Skizze oben rechts

bezogenes planmäßiges Moment

$$m = \frac{M}{A_b \cdot d \cdot \beta_R}$$

$N$ als Druckkraft negativ

$$e = \text{abs}\left(\frac{M}{N}\right)$$

$$A_{s1} = A_{s2} = \tfrac{1}{2} \text{tot} A_s$$

Für alle B
BSt 420 S
$d_1/d = d_2/d = 0{,}10$

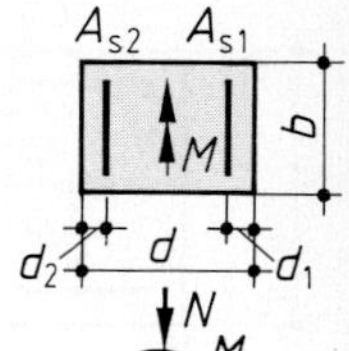


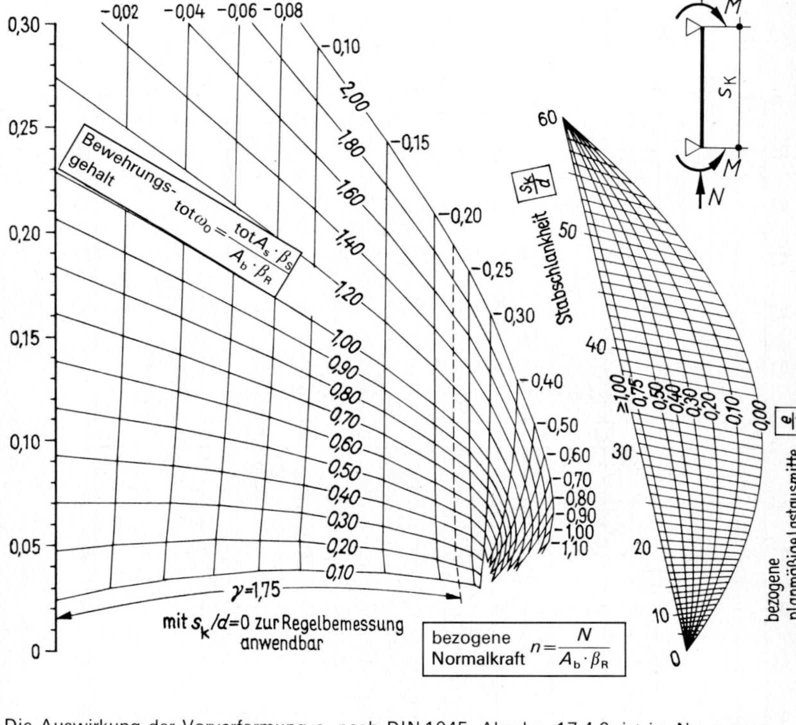


Die Auswirkung der Vorverformung $e_v$ nach DIN 1045, Abschn. 17.4.6. ist im Nomogramm berücksichtigt.

Ablesung im Nomogramm

$$\text{tot} A_s = \frac{\text{tot}\,\omega_0}{\beta_S/\beta_R} A_b$$

| Betonfestigkeitsklasse | B 15 | B 25 | B 35 | B 45 | B 55 |
|---|---|---|---|---|---|
| Rechenwert der Betondruckfestigkeit $\beta_R$ in MN/m² | 10,5 | 17,5 | 23,0 | 27,0 | 30,0 |
| Umrechnungsfaktor $\beta_S/\beta_R$ | 40,0 | 24,0 | 18,3 | 15,6 | 14,0 |

Anwendungsgrenze:
$s_K/d < 45$, für $e/d > 2{,}0$ und zugleich tot $\omega_0 > 1{,}0$.

## BT 10b Druckglieder mit großer Schlankheit (Erläuterung s. S. 491)

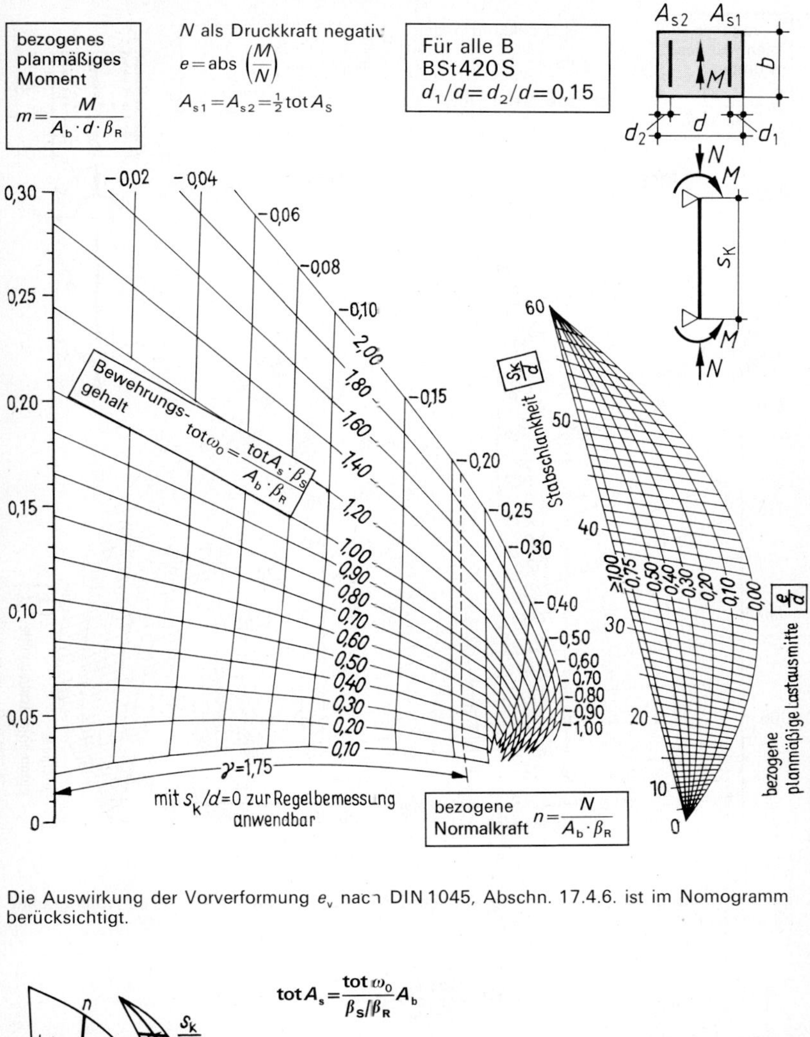


Die Auswirkung der Vorverformung $e_v$ nach DIN 1045, Abschn. 17.4.6. ist im Nomogramm berücksichtigt.

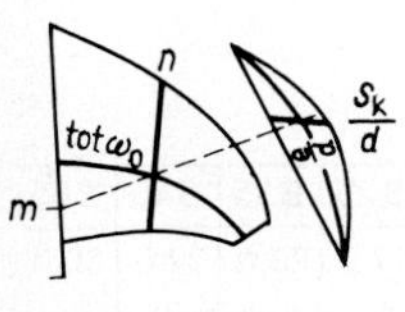


Ablesung im Nomogramm

$$\textbf{tot}\,A_s = \frac{\textbf{tot}\,\omega_0}{\beta_S/\beta_R} A_b$$

| Betonfestigkeitsklasse | B 15 | B 25 | B 35 | B 45 | B 55 |
|---|---|---|---|---|---|
| Rechenwert der Betondruckfestigkeit $\beta_R$ in MN/m² | 10,5 | 17,5 | 23,0 | 27,0 | 30,0 |
| Umrechnungsfaktor $\beta_S/\beta_R$ | 40,0 | 24,0 | 18,3 | 15,6 | 14,0 |

Anwendungsgrenze:
$s_K/d < 45$, für $e/d > 2{,}0$ und zugleich $\text{tot}\,\omega_0 > 1{,}0$.

## BT 10c Druckglieder mit großer Schlankheit (Erläuterung s. S. 491)

bezogenes planmäßiges Moment

$m = \frac{M}{A_b \cdot d \cdot \beta_R}$

$N$ als Druckkraft negativ

$e = \text{abs}\left(\frac{M}{N}\right)$

an jeder Seite $\frac{1}{4}$ tot $A_s$

Für alle B
BSt 420 S
$d_1/d = d_2/d = 0{,}10$

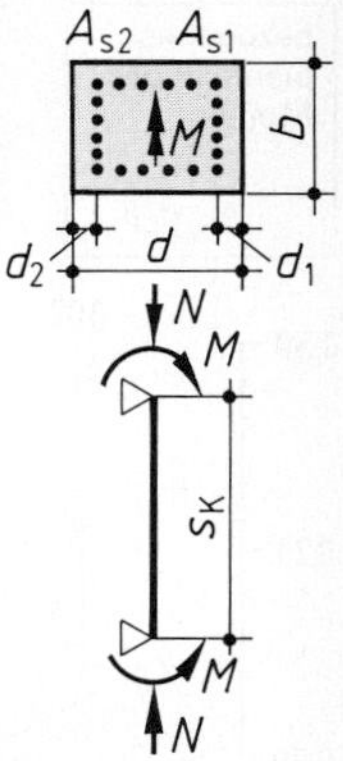


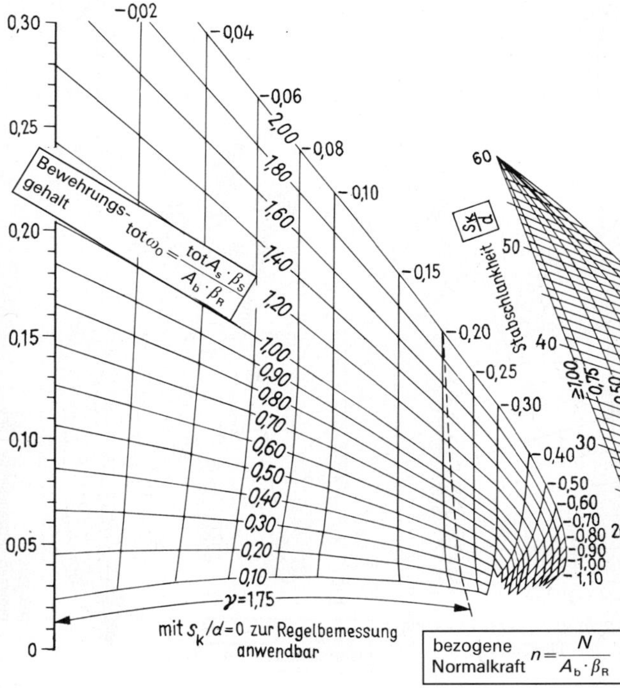


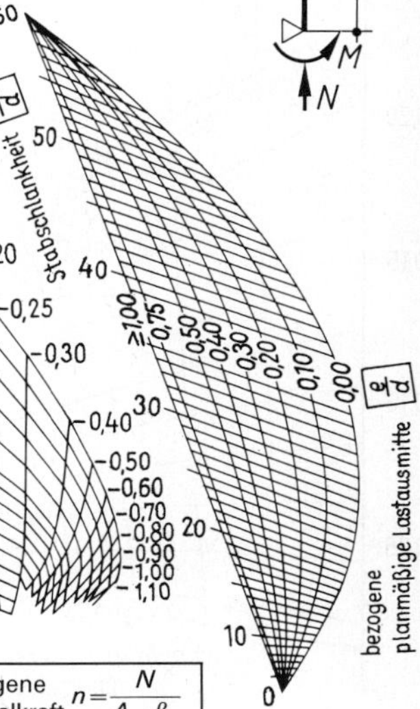


Die Auswirkung der Vorverformung $e_v$ nach DIN 1045, Abschn. 17.4.6. ist im Nomogramm berücksichtigt.

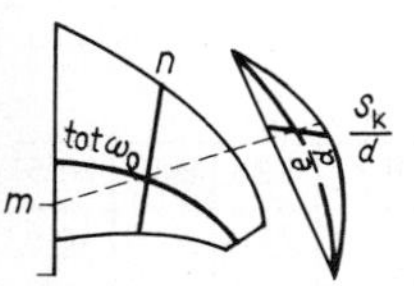


Ablesung im Nomogramm

$$\text{tot}\,A_s = \frac{\text{tot}\,\omega_0}{\beta_S/\beta_R} A_b$$

| Betonfestigkeitsklasse | B 15 | B 25 | B 35 | B 45 | B 55 |
|---|---|---|---|---|---|
| Rechenwert der Betondruckfestigkeit $\beta_R$ in MN/m² | 10,5 | 17,5 | 23,0 | 27,0 | 30,0 |
| Umrechnungsfaktor $\beta_S/\beta_R$ | 40,0 | 24,0 | 18,3 | 15,6 | 14,0 |

Anwendungsgrenze:
$s_K/d < 45$, für $e/d > 2{,}0$ und zugleich tot $\omega_0 > 1{,}0$.

# BT 10d Druckglieder mit großer Schlankheit (Erläuterung s. S. 491)

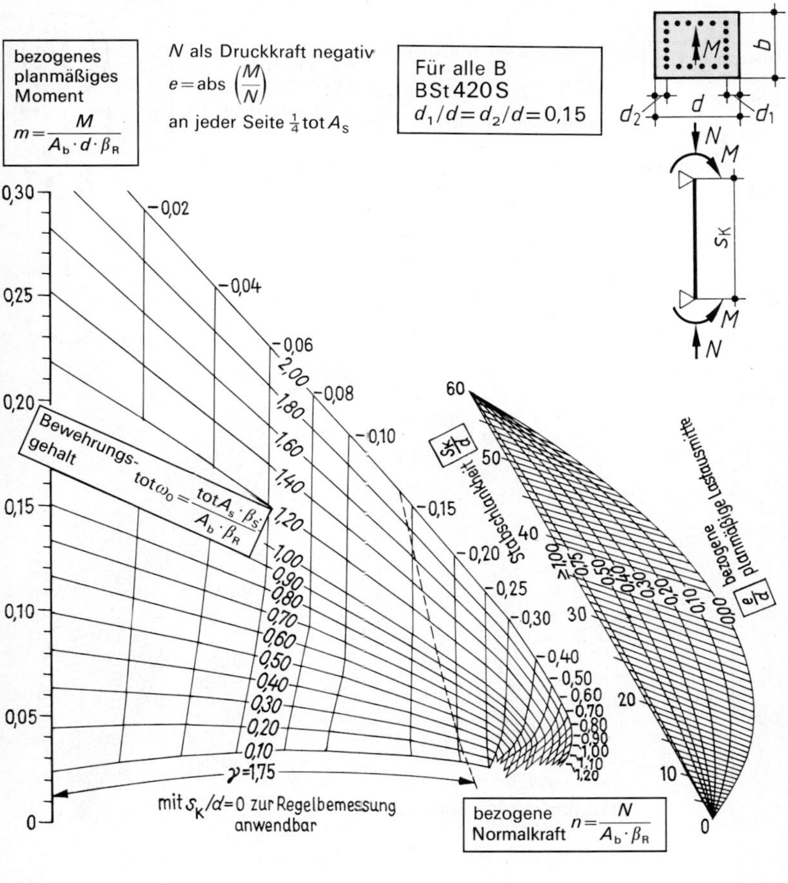


Die Auswirkung der Vorverformung $e_v$ nach DIN 1045, Abschn. 17.4.6. ist im Nomogramm berücksichtigt.

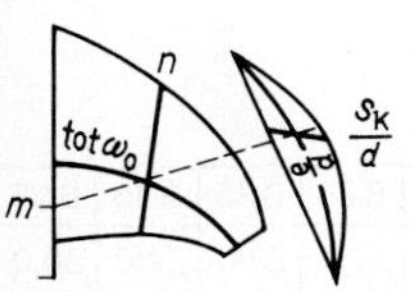


Ablesung im Nomogramm

$$\text{tot}\,A_s = \frac{\text{tot}\,\omega_0}{\beta_S/\beta_R} A_b$$

| Betonfestigkeitsklasse | B 15 | B 25 | B 35 | B 45 | B 55 |
|---|---|---|---|---|---|
| Rechenwert der Betondruckfestigkeit $\beta_R$ in MN/m² | 10,5 | 17,5 | 23,0 | 27,0 | 30,0 |
| Umrechnungsfaktor $\beta_S/\beta_R$ | 40,0 | 24,0 | 18,3 | 15,6 | 14,0 |

Anwendungsgrenze:
$s_K/d < 45$, für $e/d > 2{,}0$ und zugleich tot $\omega_0 > 1{,}0$.

bezogenes planmäßiges Moment

$m = \frac{M}{A_b \cdot d \cdot \beta_R}$

$N$ als Druckkraft negativ

$e = \text{abs}\left(\frac{M}{N}\right)$

mindestens 6 Stäbe

Für alle B

BSt 420 S

$d_1/d = d_2/d = 0{,}10$

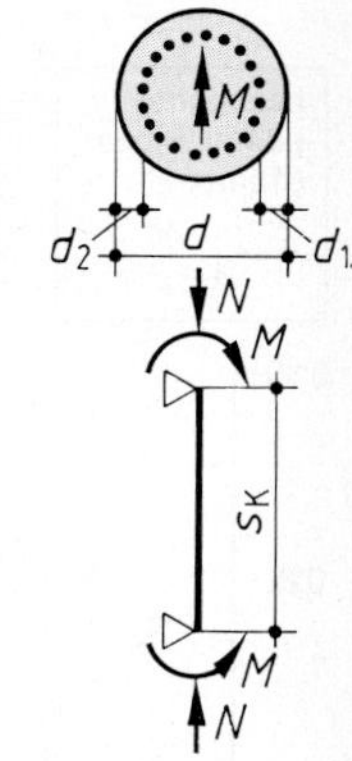


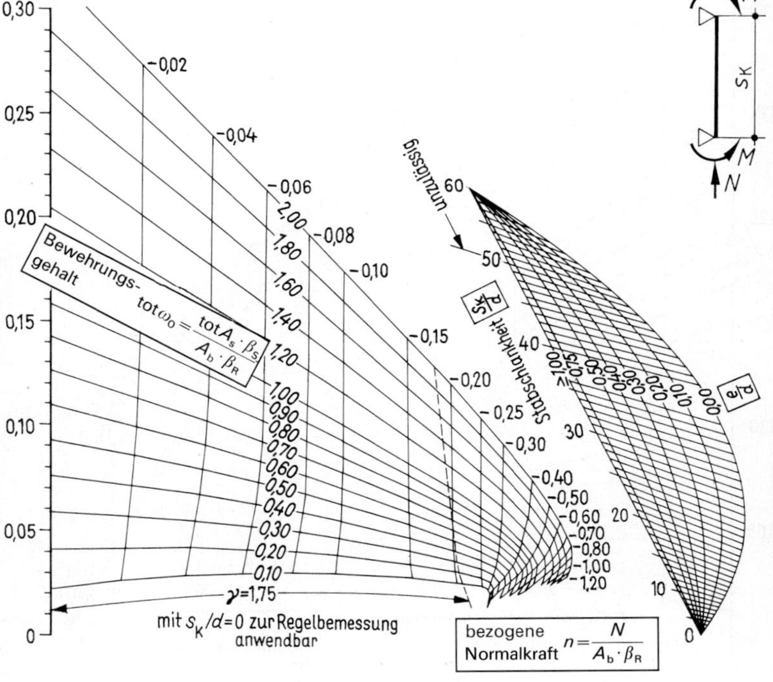


Die Auswirkung der Vorverformung $e_v$ nach DIN 1045, Abschn. 17.4.6. ist im Nomogramm berücksichtigt.

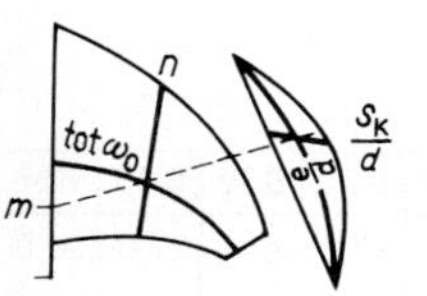


Ablesung im Nomogramm

$$\text{tot}\,A_s = \frac{\text{tot}\,\omega_0}{\beta_S/\beta_R} A_b$$

| Betonfestigkeitsklasse | B 15 | B 25 | B 35 | B 45 | B 55 |
|---|---|---|---|---|---|
| Rechenwert der Betondruckfestigkeit $\beta_R$ in $MN/m^2$ | 10,5 | 17,5 | 23,0 | 27,0 | 30,0 |
| Umrechnungsfaktor $\beta_S/\beta_R$ | 40,0 | 24,0 | 18,3 | 15,6 | 14,0 |

Anwendungsgrenze:
$s_K/d < 45$, für $e/d > 2{,}0$ und zugleich tot $\omega_0 > 1{,}0$.

## BT 10f **Druckglieder mit großer Schlankheit** (Erläuterung s. S. 491)

bezogenes planmäßiges Moment $m = \frac{M}{A_b \cdot d \cdot \beta_R}$

$N$ als Druckkraft negativ
$e = \text{abs}\left(\frac{M}{N}\right)$
mindestens 6 Stäbe

Für alle B
BSt 420 S
$d_1/d = d_2/d = 0{,}15$

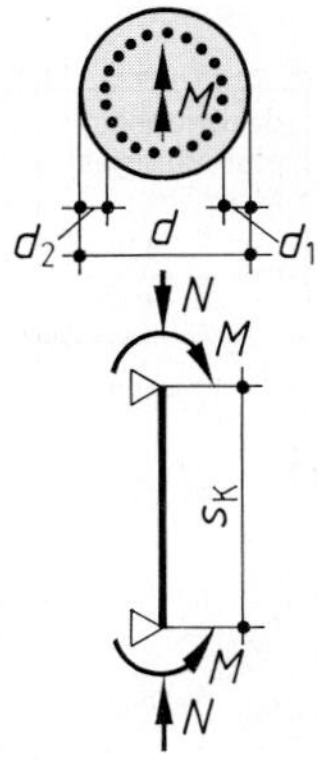


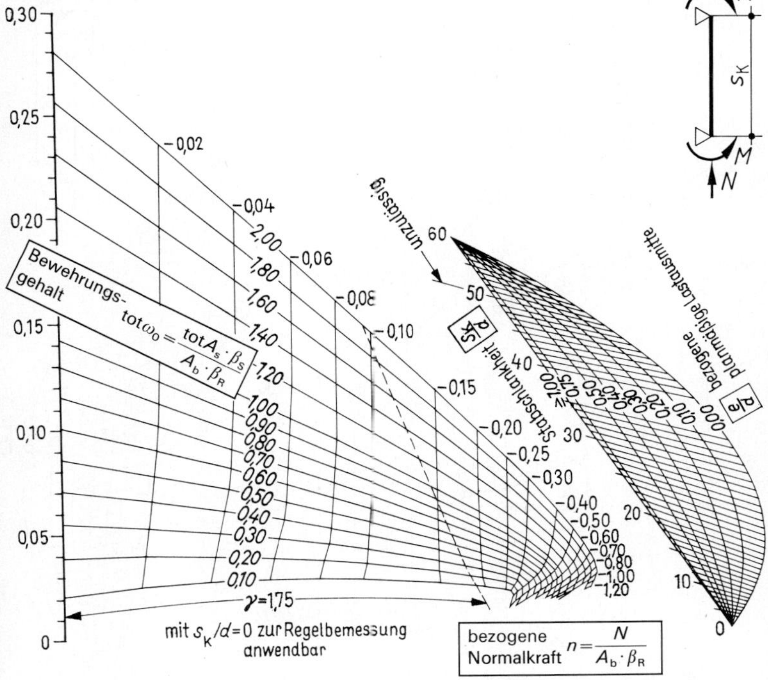


Die Auswirkung der Vorverformung $e_v$ nach DIN 1045, Abschn. 17.4.6. ist im Nomogramm berücksichtigt.

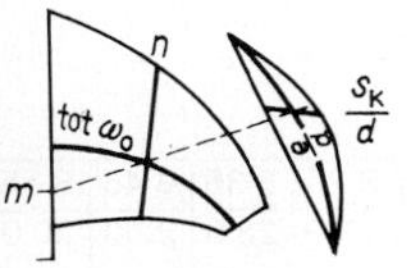


Ablesung im Nomogramm

$$\text{tot}\,A_s = \frac{\text{tot}\,\omega_0}{\beta_S/\beta_R} A_b$$

| Betonfestigkeitsklasse | B 15 | B 25 | B 35 | B 45 | B 55 |
|---|---|---|---|---|---|
| Rechenwert der Betondruckfestigkeit $\beta_R$ in MN/m² | 10,5 | 17,5 | 23,0 | 27,0 | 30,0 |
| Umrechnungsfaktor $\beta_S/\beta_R$ | 40,0 | 24,0 | 18,3 | 15,6 | 14,0 |

Anwendungsgrenze:
$s_K/d < 45$, für $e/d > 2{,}0$ und zugleich tot $\omega_0 > 1{,}0$.

bezogenes planmäßiges Moment

$$m = \frac{M}{A_b \cdot d \cdot \beta_R}$$

$N$ als Druckkraft negativ

$e = \text{abs}\left(\frac{M}{N}\right)$

$A_{s1} = A_{s2} = \frac{1}{2} \text{tot} A_s$

Für alle B
BSt 500 S
$d_1/d = d_2/d = 0{,}10$

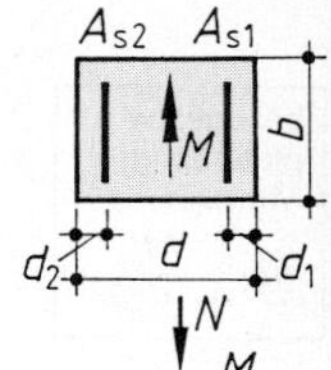


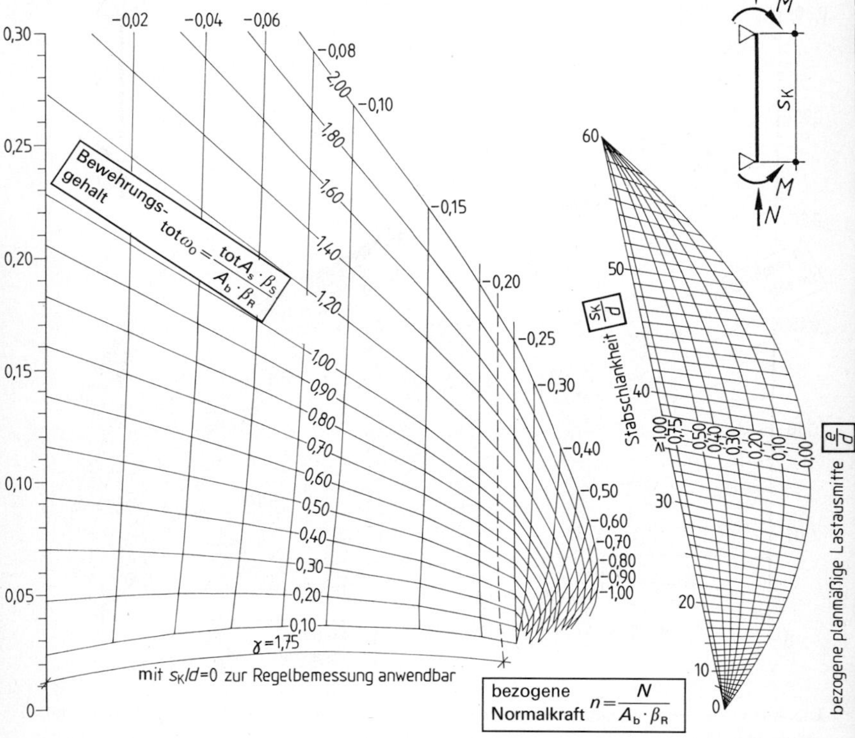


Die Auswirkung der Vorverformung $e_v$ nach DIN 1045, Abschn. 17.4.6 ist im Nomogramm berücksichtigt.

$$\textbf{tot}\,A_s = \frac{\text{tot}\,\omega_0}{\beta_S/\beta_R} A_b$$

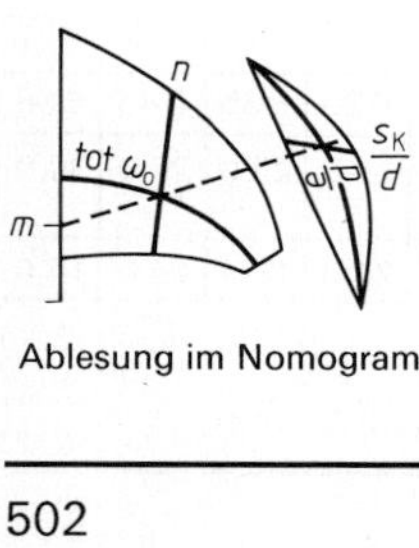


Ablesung im Nomogramm

| Betonfestigkeitsklasse | B 15 | B 25 | B 35 | B 45 | B 55 |
|---|---|---|---|---|---|
| Rechenwert der Betondruckfestigkeit $\beta_R$ in MN/m² | 10,5 | 17,5 | 23,0 | 27,0 | 30,0 |
| Umrechnungsfaktor $\beta_S/\beta_R$ | 47,6 | 28,6 | 21,7 | 18,5 | 16,7 |

Anwendungsgrenzen:

a) $s_K/d < 45$, für $e/d > 2{,}0$ und zugleich $\text{tot}\,\omega_0 > 1{,}0$.
b) $e/d = 0{,}1$ statt $e/d < 0{,}1$ für $\text{tot}\,\omega_0 > 0{,}5$.

## BT 11 b **Druckglieder mit großer Schlankheit** (Erläuterung s. S. 491)

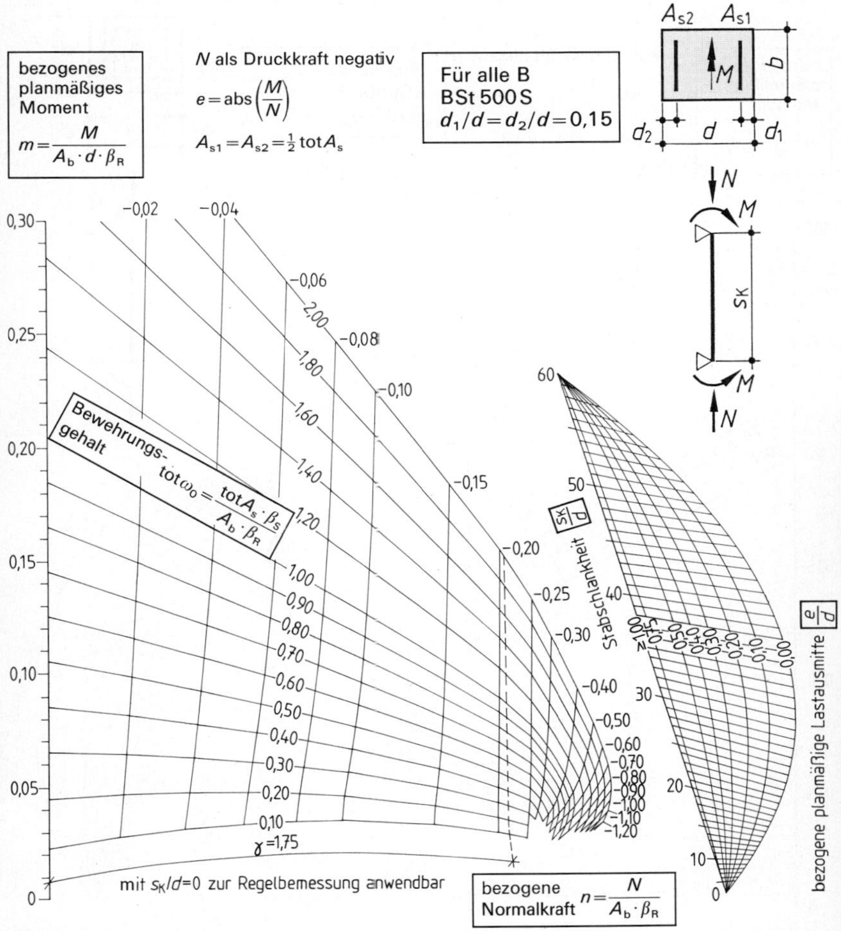


Die Auswirkung der Vorverformung $e_v$ nach DIN 1045, Abschn. 17.4.6 ist im Nomogramm berücksichtigt.

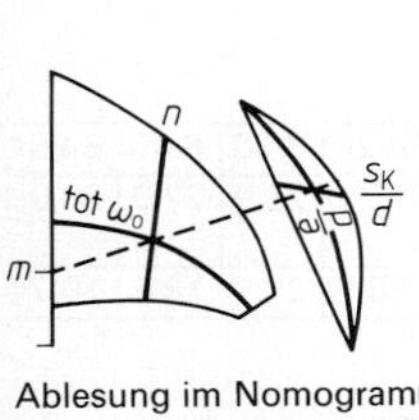


Ablesung im Nomogramm

$$\mathrm{tot} A_s = \frac{\mathrm{tot}\,\omega_0}{\beta_S/\beta_R} A_b$$

| Betonfestigkeitsklasse | B 15 | B 25 | B 35 | B 45 | B 55 |
|---|---|---|---|---|---|
| Rechenwert der Betondruckfestigkeit $\beta_R$ in MN/m² | 10,5 | 17,5 | 23,0 | 27,0 | 30,0 |
| Umrechnungsfaktor $\beta_S/\beta_R$ | 47,6 | 28,6 | 21,7 | 18,5 | 16,7 |

Anwendungsgrenzen:

a) $s_K/d < 45$, für $e/d > 2{,}0$ und zugleich $\mathrm{tot}\,\omega_0 > 1{,}0$.

b) $e/d = 0{,}1$ statt $e/d < 0{,}1$ für $\mathrm{tot}\,\omega_0 > 0{,}5$.

bezogenes planmäßiges Moment
$m = \frac{M}{A_b \cdot d \cdot \beta_R}$

$N$ als Druckkraft negativ

$e = \text{abs}\left(\frac{M}{N}\right)$

an jeder Seite $\frac{1}{4}$ tot $A_s$

Für alle B
BSt 500 S
$d_1/d = d_2/d = 0{,}10$

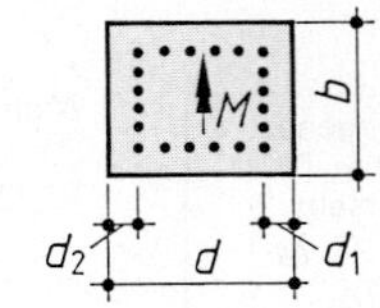


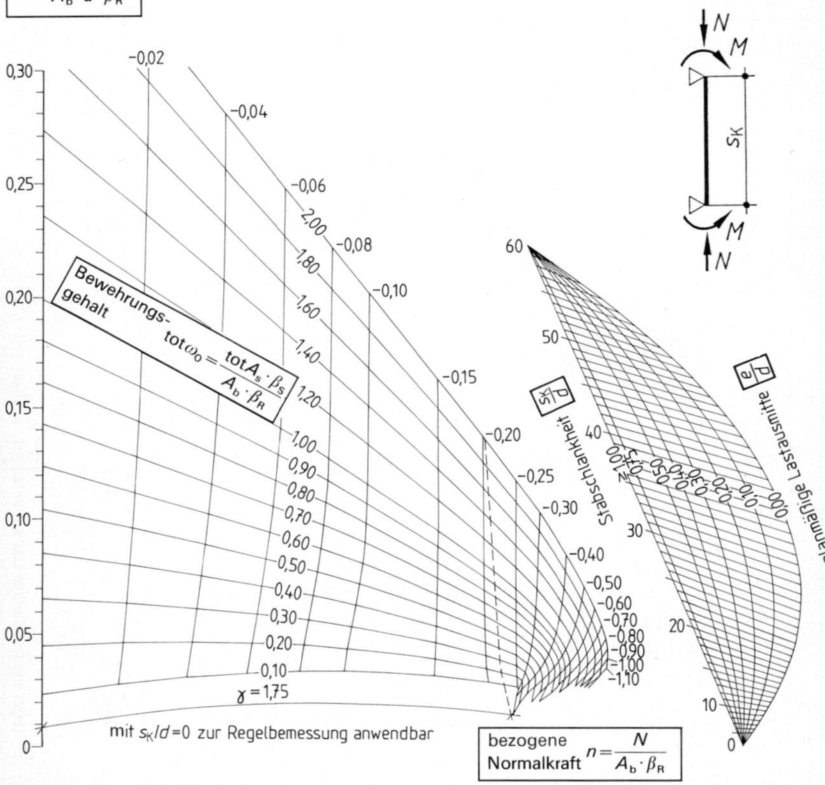


Die Auswirkung der Vorverformung $e_v$ nach DIN 1045, Abschn. 17.4.6 ist im Nomogramm berücksichtigt.

Ablesung im Nomogramm

$$\text{tot}A_s = \frac{\text{tot}\,\omega_0}{\beta_S/\beta_R} A_b$$

| Betonfestigkeitsklasse | B 15 | B 25 | B 35 | B 45 | B 55 |
|---|---|---|---|---|---|
| Rechenwert der Betondruckfestigkeit $\beta_R$ in MN/m² | 10,5 | 17,5 | 23,0 | 27,0 | 30,0 |
| Umrechnungsfaktor $\beta_S/\beta_R$ | 47,6 | 28,6 | 21,7 | 18,5 | 16,7 |

Anwendungsgrenzen:
a) $s_K/d < 45$, für $e/d > 2{,}0$ und zugleich tot $\omega_0 > 1{,}0$.
b) $e/d = 0{,}1$ statt $e/d < 0{,}1$ für tot $\omega_0 > 0{,}5$.

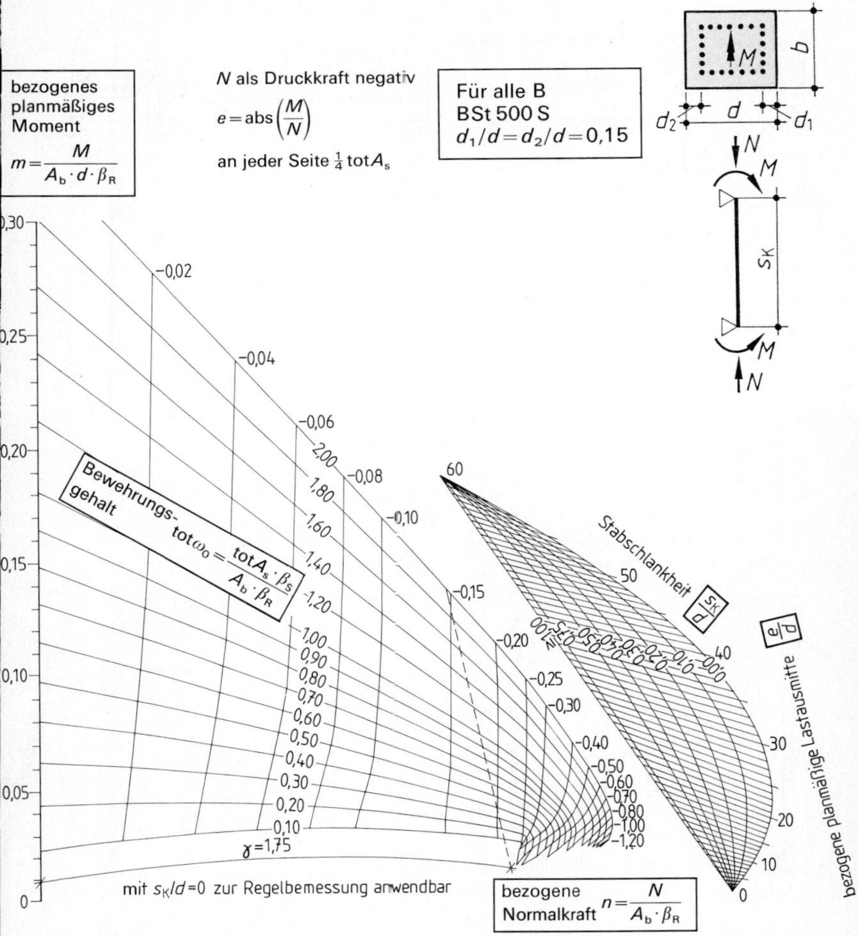


Die Auswirkung der Vorverformung $e_v$ nach DIN 1045, Abschn. 17.4.6 ist im Nomogramm berücksichtigt.

$$\textbf{tot}A_s=\frac{\text{tot}\,\omega_0}{\beta_S/\beta_R}A_b$$

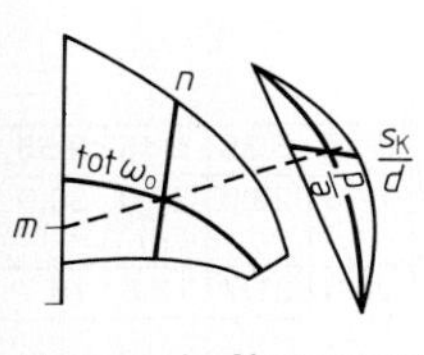


Ablesung im Nomogramm

| Betonfestigkeitsklasse | B 15 | B 25 | B 35 | B 45 | B 55 |
|---|---|---|---|---|---|
| Rechenwert der Betondruckfestigkeit $\beta_R$ in $MN/m^2$ | 10,5 | 17,5 | 23,0 | 27,0 | 30,0 |
| Umrechnungsfaktor $\beta_S/\beta_R$ | 47,6 | 28,6 | 21,7 | 18,5 | 16,7 |

Anwendungsgrenzen:

a) $s_K/d<45$, für $e/d>2{,}0$ und zugleich tot$\omega_0>1{,}0$.
b) $e/d=0{,}1$ statt $e/d<0{,}1$ für tot$\omega_0>0{,}5$.

bezogenes planmäßiges Moment

$$m = \frac{M}{A_b \cdot d \cdot \beta_R}$$

$N$ als Druckkraft negativ

$$e = \text{abs}\left(\frac{M}{N}\right)$$

mindestens 6 Stäbe

Für alle B
BSt 500 S
$d_1/d = d_2/d = 0{,}10$

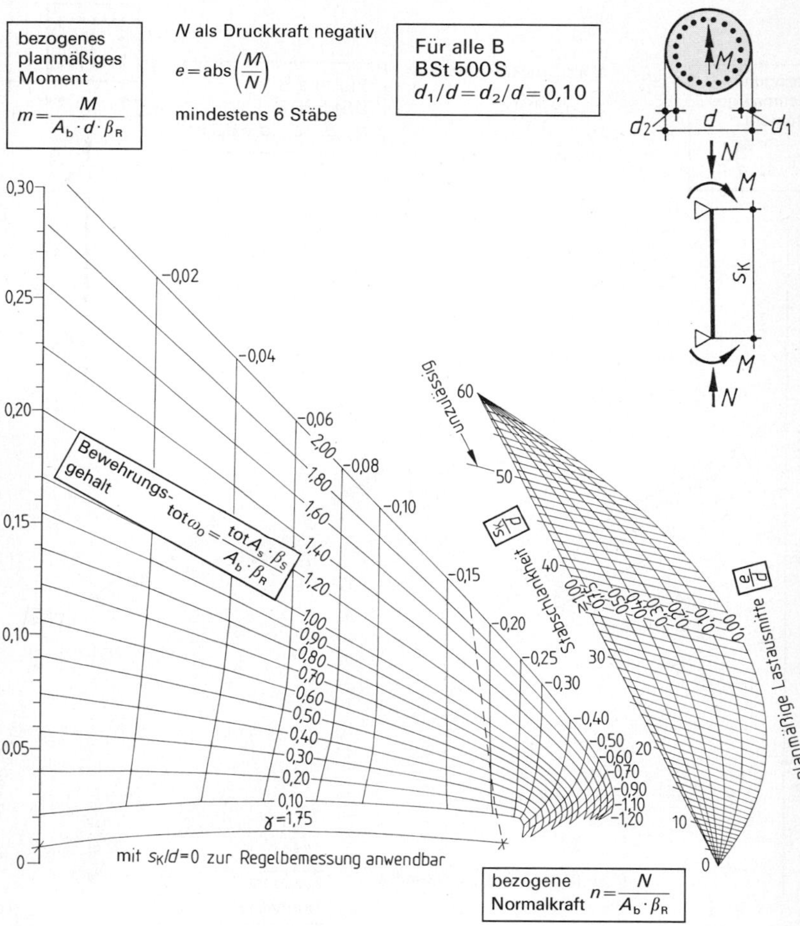


Die Auswirkung der Vorverformung $e_v$ nach DIN 1045, Abschn. 17.4.6 ist im Nomogramm berücksichtigt.

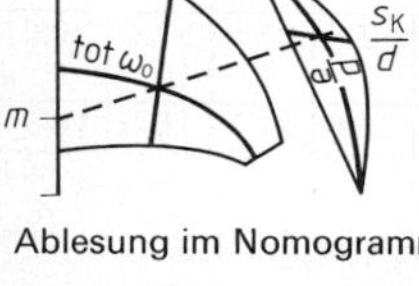


Ablesung im Nomogramm

$$\text{tot}\,A_s = \frac{\text{tot}\,\omega_0}{\beta_S/\beta_R} A_b$$

| Betonfestigkeitsklasse | B 15 | B 25 | B 35 | B 45 | B 55 |
|---|---|---|---|---|---|
| Rechenwert der Betondruckfestigkeit $\beta_R$ in MN/m² | 10,5 | 17,5 | 23,0 | 27,0 | 30,0 |
| Umrechnungsfaktor $\beta_S/\beta_R$ | 47,6 | 28,6 | 21,7 | 18,5 | 16,7 |

Anwendungsgrenze:
$s_K/d < 45$, für $e/d > 2{,}0$ und zugleich $\text{tot}\,\omega_0 > 1{,}0$.

## BT 11 f **Druckglieder mit großer Schlankheit** (Erläuterung s. S. 491)

bezogenes planmäßiges Moment

$m = \dfrac{M}{A_b \cdot d \cdot \beta_R}$

$N$ als Druckkraft negativ

$e = \text{abs}\left(\dfrac{M}{N}\right)$

mindestens 6 Stäbe

Für alle B
BSt 500 S
$d_1/d = d_2/d = 0{,}15$

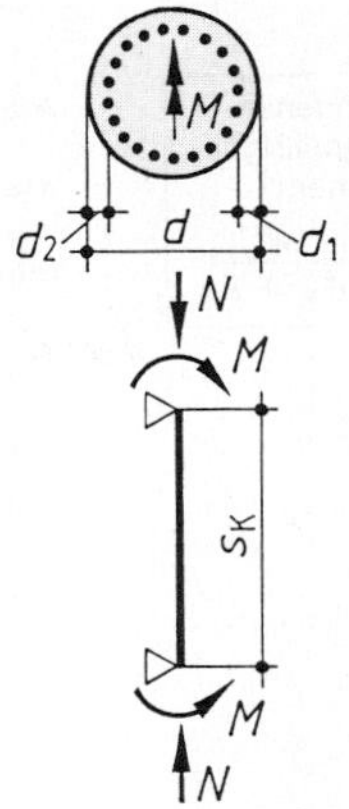


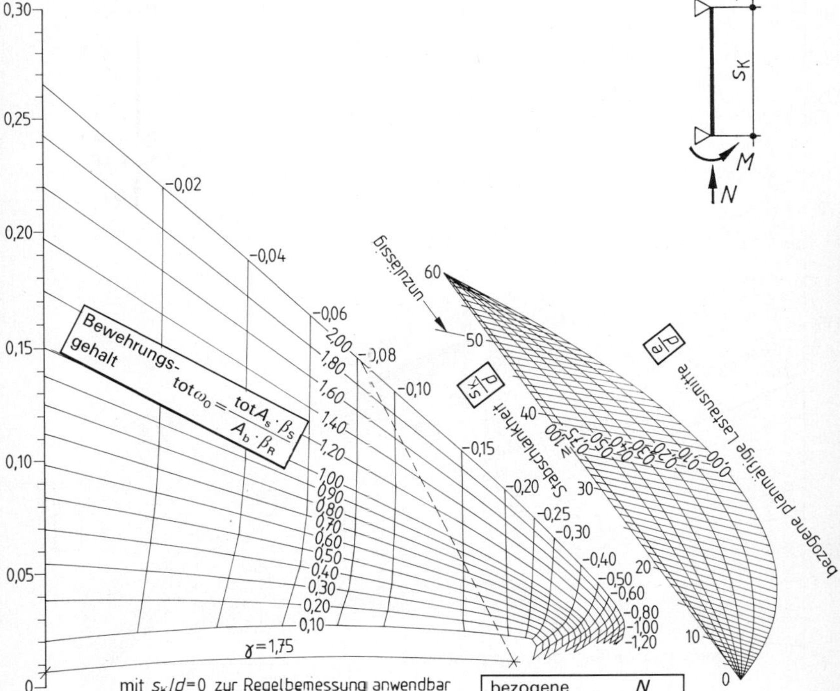


Die Auswirkung der Vorverformung $e_v$ nach DIN 1045, Abschn. 17.4.6 ist im Nomogramm berücksichtigt.

$$\text{tot}\,A_s = \frac{\text{tot}\,\omega_0}{\beta_S/\beta_R} A_b$$

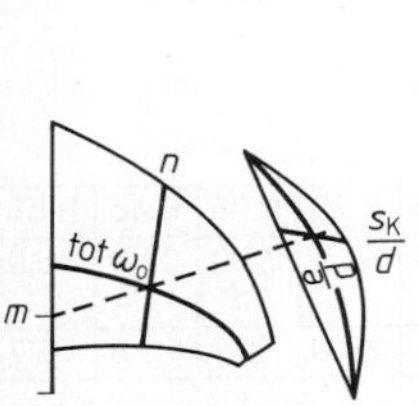


Ablesung im Nomogramm

| Betonfestigkeitsklasse | B 15 | B 25 | B 35 | B 45 | B 55 |
|---|---|---|---|---|---|
| Rechenwert der Betondruckfestigkeit $\beta_R$ in $MN/m^2$ | 10,5 | 17,5 | 23,0 | 27,0 | 30,0 |
| Umrechnungsfaktor $\beta_S/\beta_R$ | 47,6 | 28,6 | 21,7 | 18,5 | 16,7 |

Anwendungsgrenze:
$s_K/d < 45$, für $e/d > 2{,}0$ und zugleich tot$\omega_0 > 1{,}0$.

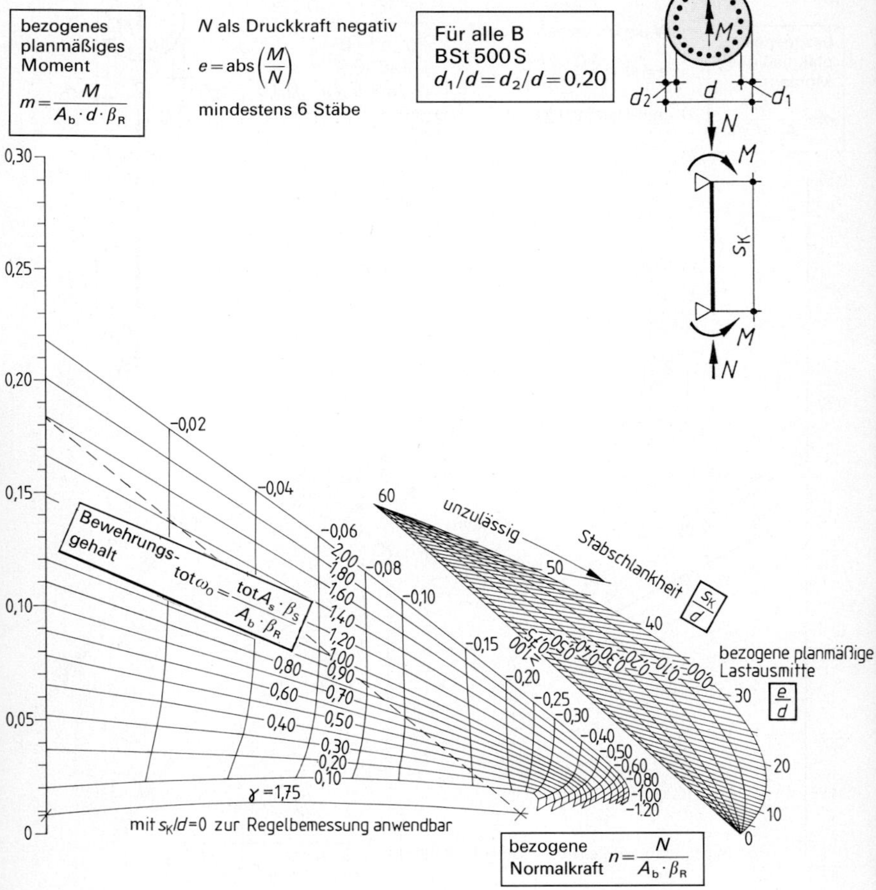


Die Auswirkung der Vorverformung $e_v$ nach DIN 1045, Abschn. 17.4.6 ist im Nomogramm berücksichtigt.

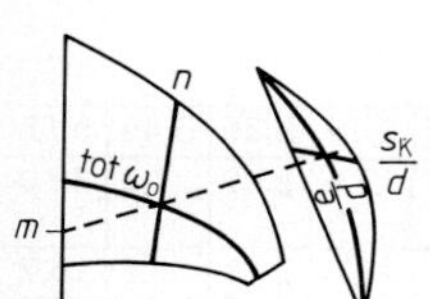


Ablesung im Nomogramm

$$\text{tot}\,A_s=\frac{\text{tot}\,\omega_0}{\beta_S/\beta_R}A_b$$

| Betonfestigkeitsklasse | B 15 | B 25 | B 35 | B 45 | B 55 |
|---|---|---|---|---|---|
| Rechenwert der Betondruckfestigkeit $\beta_R$ in $MN/m^2$ | 10,5 | 17,5 | 23,0 | 27,0 | 30,0 |
| Umrechnungsfaktor $\beta_S/\beta_R$ | 47,6 | 28,6 | 21,7 | 18,5 | 16,7 |

Anwendungsgrenze:
$s_K/d<45$, für $e/d>2{,}0$ und zugleich tot $\omega_0>1{,}0$.

# 21 Betonstahl nach DIN 488

**Tafel 82 Nennwerte von Betonstahl BSt 420 S; BSt 500 S; BSt 500 M**

| Nenndurchmesser $d_s$ in mm | Nennquerschnitt[1]) $A_s$ in cm² | Nenngewicht[2]) in kg/m | Nenndurchmesser $d_s$ in mm | Nennquerschnitt[1]) $A_s$ in cm² | Nenngewicht[2]) in kg/m |
|---|---|---|---|---|---|
| **4,0** | 0,126 | 0,099 | **9,5** | 0,709 | 0,556 |
| **4,5** | 0,159 | 0,125 | **10,0** | 0,785 | 0,617 |
| **5,0** | 0,196 | 0,154 | **10,5** | 0,866 | 0,680 |
| **5,5** | 0,238 | 0,187 | **11,0** | 0,950 | 0,746 |
| **6,0** | 0,283 | 0,222 | **11,5** | 1,039 | 0,815 |
| **6,5** | 0,332 | 0,260 | **12,0** | 1,131 | 0,888 |
| **7,0** | 0,385 | 0,302 | **14,0** | 1,54 | 1,21 |
| **7,5** | 0,442 | 0,347 | **16,0** | 2,01 | 1,58 |
| **8,0** | 0,503 | 0,395 | **20,0** | 3,14 | 2,47 |
| **8,5** | 0,567 | 0,445 | **25,0** | 4,91 | 3,85 |
| **9,0** | 0,636 | 0,499 | **28,0** | 6,16 | 4,83 |

**Tafel 83 Querschnitte von Plattenbewehrungen $a_s$ in cm²/m** $s$ = Stababstand $n$ = Stabzahl

| $s$ | Stabdurchmesser $d_s$ in mm | | | | | | | | | $n$ |
|---|---|---|---|---|---|---|---|---|---|---|
| in cm | 6 | 8 | 10 | 12 | 14 | 16 | 20 | 25 | 28 | je m |
| 7,5 | 3,77 | 6,70 | 10,47 | 15,08 | 20,52 | 26,81 | 41,9 | 65,4 | 82,1 | 13,3 |
| 8,0 | 3,53 | 6,28 | 9,82 | 14,14 | 19,24 | 25,1 | 39,3 | 61,4 | 77,0 | 12,5 |
| 8,5 | 3,33 | 5,91 | 9,24 | 13,31 | 18,11 | 23,7 | 37,0 | 57,9 | 72,5 | 11,8 |
| 9,0 | 3,14 | 5,59 | 8,73 | 12,57 | 17,10 | 22,34 | 34,9 | 54,5 | 68,4 | 11,1 |
| 9,5 | 2,98 | 5,29 | 8,27 | 11,90 | 16,20 | 21,2 | 33,1 | 51,6 | 64,8 | 10,5 |
| 10,0 | 2,83 | 5,03 | 7,85 | 11,31 | 15,39 | 20,1 | 31,4 | 49,1 | 61,6 | 10,0 |
| 10,5 | 2,69 | 4,79 | 7,48 | 10,77 | 14,66 | 19,15 | 29,9 | 46,6 | 58,7 | 9,5 |
| 11,0 | 2,57 | 4,57 | 7,14 | 10,28 | 13,99 | 18,28 | 28,6 | 44,7 | 56,0 | 9,1 |
| 11,5 | 2,46 | 4,37 | 6,83 | 9,84 | 13,39 | 17,49 | 27,3 | 42,7 | 53,6 | 8,7 |
| 12,0 | 2,36 | 4,19 | 6,54 | 9,42 | 12,83 | 16,76 | 26,2 | 40,8 | 51,3 | 8,3 |
| 12,5 | 2,26 | 4,02 | 6,28 | 9,05 | 12,32 | 16,09 | 25,1 | 39,3 | 49,3 | 8,0 |
| 13,0 | 2,17 | 3,87 | 6,04 | 8,70 | 11,84 | 15,47 | 24,2 | 37,8 | 47,4 | 7,7 |
| 13,5 | 2,09 | 3,72 | 5,82 | 8,38 | 11,40 | 14,90 | 23,3 | 36,3 | 45,6 | 7,4 |
| 14,0 | 2,02 | 3,59 | 5,61 | 8,08 | 11,00 | 14,36 | 22,4 | 34,9 | 44,0 | 7,1 |
| 14,5 | 1,95 | 3,47 | 5,42 | 7,80 | 10,62 | 13,87 | 21,7 | 33,9 | 42,5 | 6,9 |
| 15,0 | 1,89 | 3,35 | 5,24 | 7,54 | 10,26 | 13,41 | 20,9 | 32,9 | 41,1 | 6,7 |
| 15,5 | 1,82 | 3,24 | 5,07 | 7,30 | 9,93 | 12,97 | 20,3 | 31,9 | 39,7 | 6,5 |
| 16,0 | 1,77 | 3,14 | 4,91 | 7,07 | 9,62 | 12,57 | 19,64 | 30,9 | 38,5 | 6,3 |
| 16,5 | 1,71 | 3,05 | 4,76 | 6,85 | 9,23 | 12,19 | 19,04 | 30,0 | 37,3 | 6,1 |
| 17,0 | 1,66 | 2,96 | 4,62 | 6,65 | 9,05 | 11,83 | 18,48 | 29,0 | 36,2 | 5,9 |
| 17,5 | 1,62 | 2,87 | 4,49 | 6,46 | 8,79 | 11,49 | 17,95 | 27,0 | 35,2 | 5,7 |
| 18,0 | 1,57 | 2,79 | 4,36 | 6,28 | 8,55 | 11,17 | 17,46 | 27,5 | 34,2 | 5,6 |
| 18,5 | 1,53 | 2,72 | 4,25 | 6,11 | 8,32 | 10,87 | 16,94 | 26,5 | 33,3 | 5,4 |
| 19,0 | 1,49 | 2,65 | 4,13 | 5,95 | 8,10 | 10,58 | 16,54 | 26,0 | 32,4 | 5,3 |
| 19,5 | 1,45 | 2,58 | 4,03 | 5,80 | 7,89 | 10,31 | 16,11 | 25,0 | 31,6 | 5,1 |
| 20,0 | 1,41 | 2,51 | 3,93 | 5,65 | 7,69 | 10,05 | 15,72 | 24,6 | 30,8 | 5,0 |
| 20,5 | 1,38 | 2,45 | 3,83 | 5,52 | 7,50 | 9,80 | 15,32 | 23,9 | 30,0 | 4,9 |
| 21 | 1,35 | 2,39 | 3,74 | 5,39 | 7,33 | 9,57 | 14,96 | 23,4 | 29,3 | 4,8 |
| 21,5 | 1,32 | 2,34 | 3,65 | 5,26 | 7,16 | 9,35 | 14,61 | 22,8 | 28,6 | 4,6 |
| 22 | 1,29 | 2,28 | 3,57 | 5,14 | 7,00 | 9,14 | 14,28 | 22,3 | 28,0 | 4,5 |
| 22,5 | 1,26 | 2,23 | 3,49 | 5,03 | 6,84 | 8,94 | 13,96 | 21,6 | 27,4 | 4,4 |
| 23 | 1,23 | 2,19 | 3,41 | 4,92 | 6,69 | 8,74 | 13,66 | 21,3 | 26,8 | 4,3 |
| 23,5 | 1,20 | 2,14 | 3,34 | 4,81 | 6,55 | 8,56 | 13,37 | 20,9 | 26,2 | 4,2 |
| 24 | 1,18 | 2,09 | 3,27 | 4,71 | 6,41 | 8,38 | 13,09 | 20,4 | 25,7 | 4,2 |
| 24,5 | 1,15 | 2,05 | 3,21 | 4,61 | 6,28 | 8,21 | 12,82 | 20,0 | 25,1 | 4,1 |
| 25 | 1,13 | 2,01 | 3,14 | 4,52 | 6,16 | 8,04 | 12,57 | 19,6 | 24,6 | 4,0 |

max $s = 15 + d/10$ ($d$ = Plattendicke in cm) Querbewehrung: $a_{sq} = a_s/5$
min $a_{sq}$: 3 ∅ 6/$m$ bei Betonstabstahl III S und IV S, 3 ∅ 4,5/m bei Betonstahlmatten IV M

**Tafel 84 Querschnitte von Balkenbewehrungen $A_s$ in cm²**

| $d_s$ in mm | Stabanzahl | | | | | | | | | | | |
|---|---|---|---|---|---|---|---|---|---|---|---|---|
| | 1 | 2 | 3 | 4 | 5 | 6 | 7 | 8 | 9 | 10 | 11 | 12 |
| 6 | 0,28 | 0,57 | 0,85 | 1,13 | 1,42 | 1,70 | 1,98 | 2,26 | 2,55 | 2,83 | 3,11 | 3,40 |
| 8 | 0,50 | 1,01 | 1,51 | 2,01 | 2,52 | 3,02 | 3,52 | 4,02 | 4,53 | 5,03 | 5,53 | 6,04 |
| 10 | 0,79 | 1,57 | 2,36 | 3,14 | 3,93 | 4,71 | 5,50 | 6,28 | 7,07 | 7,85 | 8,64 | 9,42 |
| 12 | 1,13 | 2,26 | 3,39 | 4,52 | 5,65 | 6,78 | 7,91 | 9,04 | 10,17 | 11,30 | 12,43 | 13,56 |
| 14 | 1,54 | 3,08 | 4,62 | 6,16 | 7,70 | 9,24 | 10,78 | 12,32 | 13,86 | 15,40 | 16,94 | 18,48 |
| 16 | 2,01 | 4,02 | 6,03 | 8,04 | 10,05 | 12,06 | 14,07 | 16,08 | 18,09 | 20,10 | 22,11 | 24,12 |
| 20 | 3,14 | 6,28 | 9,42 | 12,56 | 15,70 | 18,84 | 21,98 | 25,12 | 28,26 | 31,40 | 34,54 | 37,68 |
| 25 | 4,91 | 9,82 | 14,73 | 19,64 | 24,55 | 29,46 | 34,37 | 39,28 | 44,19 | 49,10 | 54,01 | 58,92 |
| 28 | 6,16 | 12,32 | 18,48 | 24,64 | 30,80 | 36,96 | 43,12 | 49,28 | 55,44 | 61,60 | 67,76 | 73,92 |

**Tafel 85 Größte Anzahl von Stahleinlagen in einer Lage** ($b_0$ = Balkenbreite)

| $b_0$ in cm | Durchmesser der Stahleinlagen $d_s$ in mm | | | | | | |
|---|---|---|---|---|---|---|---|
| | 10 | 12 | 14 | 16 | 20 | 25 | 28 |
| 10 | 1 | 1 | 1 | 1 | 1 | 1 | 1 |
| 15 | 3 | 3 | 2 | 2 | 2 | 1 | 1 |
| 20 | (5) | 4 | 4 | 4 | 3 | 2 | 2 |
| 25 | 6 | 6 | 5 | 5 | 4 | 3 | 3 |
| 30 | 8 | 7 | 7 | (7) | 6 | 5 | 4 |
| 35 | (10) | 9 | 8 | 8 | 7 | 5 | 5 |
| 40 | 11 | (11) | 10 | 9 | 8 | 6 | 6 |
| 45 | 13 | 12 | 11 | 11 | (10) | 7 | 7 |
| 50 | (15) | 14 | 13 | 12 | 11 | 8 | 8 |
| 60 | 18 | 17 | 16 | 15 | 13 | 10 | 9 |
| ∅ Bügel | 6 mm | | | | 8 mm | 10 mm | |

Betondeckung der Bügel $c_{bü} = 3{,}0$ cm. Bei den Werten in Klammern werden die geforderten Abstände geringfügig unterschritten.

**Tafel 86 Querschnitte von Schrägstäben unter 45° $A_s \cdot \sqrt{2}$ in cm²**

| $d_s$ in mm | Anzahl der Schubaufbiegungen | | | | | | | | | |
|---|---|---|---|---|---|---|---|---|---|---|
| | 1 | 2 | 3 | 4 | 5 | 6 | 7 | 8 | 9 | 10 |
| 10 | 1,1 | 2,2 | 3,3 | 4,4 | 5,6 | 6,7 | 7,8 | 8,9 | 10,0 | 11,1 |
| 12 | 1,6 | 3,2 | 4,8 | 6,4 | 8,0 | 9,6 | 11,2 | 12,8 | 14,4 | 16,0 |
| 14 | 2,2 | 4,4 | 6,5 | 8,7 | 10,9 | 13,1 | 15,2 | 17,4 | 19,6 | 21,8 |
| 16 | 2,8 | 5,7 | 8,5 | 11,4 | 14,2 | 17,1 | 19,9 | 22,8 | 25,6 | 28,4 |
| 20 | 4,4 | 8,9 | 13,3 | 17,8 | 22,2 | 26,7 | 31,3 | 35,5 | 40,0 | 44,4 |
| 25 | 6,9 | 13,9 | 20,8 | 27,8 | 34,7 | 41,7 | 48,6 | 55,5 | 62,5 | 69,4 |
| 28 | 8,7 | 17,4 | 26,1 | 34,8 | 43,5 | 52,3 | 61,0 | 69,7 | 78,4 | 87,1 |

Für Aufbiegungen unter 60° sind die Tafelwerte mit cos 15° = 0,966 zu vervielfachen.

**Tafel 87 Querschnitte $A_{sbü}$ in cm² für zweischnittige Bügel**

| $d_s$ in mm | Anzahl der Bügel | | | | | | | | | | | | | | |
|---|---|---|---|---|---|---|---|---|---|---|---|---|---|---|---|
| | 1 | 2 | 3 | 4 | 5 | 6 | 7 | 8 | 9 | 10 | 11 | 12 | 13 | 14 | 15 |
| 5 | 0,4 | 0,8 | 1,2 | 1,6 | 2,0 | 2,4 | 2,7 | 3,1 | 3,5 | 3,9 | 4,3 | 4,7 | 5,1 | 5,5 | 5,9 |
| 6 | 0,6 | 1,1 | 1,7 | 2,3 | 2,8 | 3,4 | 4,0 | 4,5 | 5,1 | 5,7 | 6,2 | 6,8 | 7,4 | 7,9 | 8,5 |
| 8 | 1,0 | 2,0 | 3,0 | 4,0 | 5,0 | 6,0 | 7,0 | 8,0 | 9,0 | 10,1 | 11,1 | 12,1 | 13,1 | 14,1 | 15,1 |
| 10 | 1,6 | 3,1 | 4,7 | 6,3 | 7,9 | 9,4 | 11,0 | 12,6 | 14,1 | 15,7 | 17,3 | 18,8 | 20,4 | 22,0 | 23,6 |
| 12 | 2,3 | 4,5 | 6,8 | 9,0 | 11,3 | 13,6 | 15,8 | 18,1 | 20,4 | 22,6 | 24,9 | 27,1 | 29,4 | 31,7 | 33,9 |
| 14 | 3,1 | 6,2 | 9,2 | 12,3 | 15,4 | 18,5 | 21,6 | 24,6 | 27,7 | 30,8 | 33,9 | 36,9 | 40,0 | 43,1 | 46,2 |
| 16 | 4,0 | 8,0 | 12,1 | 16,1 | 20,1 | 24,1 | 28,1 | 32,2 | 36,2 | 40,2 | 44,2 | 48,3 | 52,3 | 56,3 | 60,3 |

**Baustahlgewebe-Lagermatten.** Ausführung mit Mattenabmessungen, Querschnitten und Mattenaufbau nach Tafel 88. In Sonderausführung wie vor, jedoch mit einer Mattenlänge bis zu 12 m. Lagermatten werden – mit Ausnahme von Q131, Q188, R131, R188 – als Randsparmatten ausgebildet.

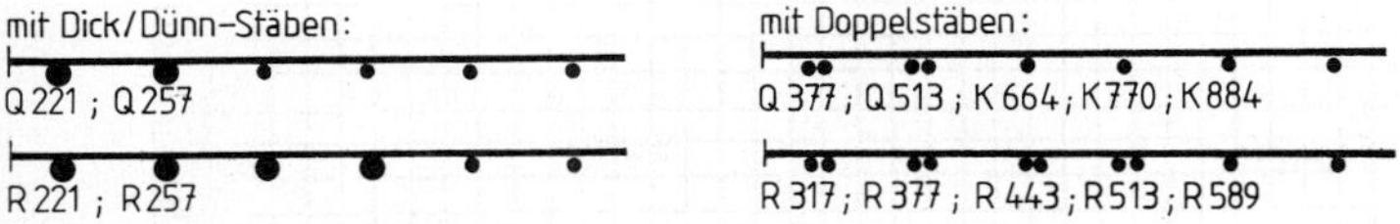


**Bild 72 Randausbildung der Randsparmatten**

**Tafel 88 BAUSTAHLGEWEBE®-Lagermatten**

| Länge/ Breite | Randeinsparung | Mattenbezeichnung | Mattenaufbau in Längsrichtung / Querrichtung: Stababstände | Stabdurchmesser Innenbereich | Stabdurchmesser Randbereich | Anzahl der Längsrandstäbe links | Anzahl der Längsrandstäbe rechts | Querschnitte längs/quer | Gewichte je Matte | Gewichte je m² |
|---|---|---|---|---|---|---|---|---|---|---|
| in m | | | in mm | in mm | | | | cm²/m | in kg | |
| 5,00<br>2,15 | ohne | Q 131 | 150<br>150 | 5,0<br>5,0 | | | | 1,31<br>1,31 | 22,5 | 2,09 |
| | | Q 188 | 150<br>150 | 6,0<br>6,0 | | | | 1,88<br>1,88 | 32,4 | 3,01 |
| | mit | Q 221 | 150<br>150 | 6,5<br>6,5 | 5,0 | 4 | 4 | 2,21<br>2,21 | 33,7 | 3,14 |
| | | Q 257 | 150<br>150 | 7,0<br>7,0 | 5,0 | 4 | 4 | 2,57<br>2,57 | 38,2 | 3,55 |
| | | Q 377 | 150<br>150 | 6,0 *d*<br>8,5 | 6,0 | 4 | 4 | 3,77<br>3,78 | 56,0 | 5,21 |
| 6,00<br>2,15 | | Q 513 | 150<br>100 | 7,0 *d*<br>8,0 | 7,0 | 4 | 4 | 5,13<br>5,03 | 90,0 | 6,97 |
| 5,00<br>2,15 | ohne | R 131 | 150<br>250 | 5,0<br>4,0 | | | | 1,31<br>0,50 | 15,8 | 1,47 |
| | | R 188 | 150<br>250 | 6,0<br>4,0 | | | | 1,88<br>0,50 | 20,9 | 1,95 |
| | mit | R 221 | 150<br>250 | 6,5<br>4,0 | 5,0 | 2 | 2 | 2,21<br>0,50 | 21,6 | 2,01 |
| | | R 257 | 150<br>250 | 7,0<br>4,5 | 5,0 | 2 | 2 | 2,57<br>0,64 | 25,1 | 2,33 |
| | | R 317 | 150<br>250 | 5,5 *d*<br>4,5 | 5,5 | 2 | 2 | 3,17<br>0,64 | 29,7 | 2,76 |
| | | R 377 | 150<br>250 | 6,0 *d*<br>5,0 | 6,0 | 2 | 2 | 3,77<br>0,78 | 35,5 | 3,30 |
| | | R 443 | 150<br>250 | 6,5 *d*<br>5,5 | 6,5 | 2 | 2 | 4,43<br>0,95 | 41,8 | 3,89 |
| 6,00<br>2,15 | | R 513 | 150<br>250 | 7,0 *d*<br>6,0 | 7,0 | 2 | 2 | 5,13<br>1,13 | 58,6 | 4,54 |
| | | R 589 | 150<br>250 | 7,5 *d*<br>6,5 | 7,5 | 2 | 2 | 5,89<br>1,33 | 67,5 | 5,24 |
| | | K 664 | 100<br>250 | 6,5 *d*<br>6,5 | 6,5 | 4 | 4 | 6,64<br>1,33 | 69,6 | 5,39 |
| | | K 770 | 100<br>250 | 7,0 *d*<br>7,0 | 7,0 | 4 | 4 | 7,70<br>1,54 | 80,8 | 6,27 |
| | | K 884 | 100<br>250 | 7,5 *d*<br>7,5 | 7,5 | 4 | 4 | 8,84<br>1,77 | 92,9 | 7,20 |
| 5,00<br>2,15 | ohne | N 94 | 75<br>75 | 3,0<br>3,0 | | | | 0,94<br>0,94 | 15,9 | 1,48 |
| | | N 141 | 50<br>50 | 3,0<br>3,0 | | | | 1,41<br>1,41 | 23,7 | 2,20 |

Der Gewichtsermittlung der Lagermatten liegen folgende Überstände zugrunde:

Q-Matte: Überstände längs: 100/100 mm Überstände quer: 25/25 mm
R-Matte: Überstände längs: 125/125 mm Überstände quer: 25/25 mm
K-Matte: Überstände längs: 125/125 mm Überstände quer: 25/25 mm

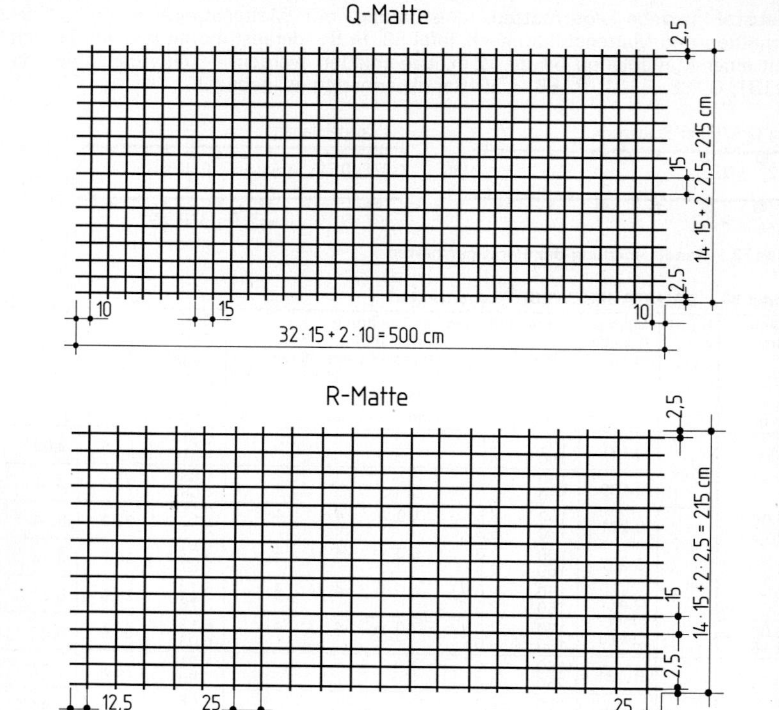


**Bild 73 Baustahlgewebe Lagermatten**

**Baustahlgewebe-Listenmatten** werden als Einfach- oder Doppelstabmatten bei freier Wahl der Stabdurchmesser, Stababstände und Querschnitte geliefert.

Mattenlänge bis zu 12 m. Mattenbreite bis zu 3 m.

# Stahlbeton nach Eurocode 2 (EC2)

Bearbeitet von Prof. Dr. Otto W. Wetzell

Abschnitt **Beton nach DIN ENV 206** auf S. 626.

## Inhalt

# 1 Allgemeines

## 1.1 Einführung

Die deutsche Version von

Eurocode 2: Design of Concrete Structures;

Part 1: General Rules and Rules for Buildings;

ist

DIN V ENV 1992: Eurocode 2; Planung von Stahlbeton und Spannbetontragwerken;

Teil 1-1 (6.92): Grundlagen und Anwendungsregeln für den Hochbau.

Diese europäische Vornorm ist Ersatz für die – von Druckfehlerkorrekturen abgesehen – inhaltsgleiche DIN V 18932, T1 (10.91). Wenn eine Konstruktion nach EC2, Teil 1 bemessen wird, sind die Stoffangaben der DIN V ENV 206 (10.90) zu verwenden.

Nationale Anwendungsdokumente beider Normen sind die

Richtlinie zur Anwendung von Eurocode 2, Teil 1 (4.93)

Richtlinie zur Anwendung von DIN V ENV 206 (11.91)

des Deutschen Ausschusses für Stahlbeton (DAfStb).

Bei der Planung eines und desselben Bauwerks dürfen Eurocode-Vorschriften nicht mit deutschen Vorschriften (etwa DIN 1045) vermischt werden.

## 1.2 Literatur

DIN V ENV 1992–1-1 (6.92)

– Eurocode 2; Planung von Stahlbeton- und Spannbetontragwerken; Teil 1: Grundlagen und Anwendungsregeln für den Hochbau

DAfStb – Richtlinie zur Anwendung von Eurocode 2 T1, Ausg. Apr. '93

DIN V ENV 206 Beton; Eigenschaften, Herstellung, Verarbeitung und Gütenachweis, Ausg. Okt. 1990

DAfStb – Richtlinie zur Anwendung von DIN V ENV 206, Ausg. Nov. '91

*Kordina, K.* u.a.: Bemessungshilfsmittel zu EC2 T1, Schriftenreihe des DAfStb, Heft 425

*Heydel, Krings, Herrmann*: Stahlbeton im Hochbau nach EC2, Berlin '95

# 2 Begriffe, Formelzeichen, SI-Einheiten

## 2.1 Begriffe

Zur Vereinheitlichung finden verschiedene grundlegende Begriffe in allen Eurocodes Anwendung. In untenstehender Übersicht wird eine Liste äquivalenter Begriffe in den Sprachen der Gemeinschaft wiedergegeben (Tab. 1.1 EC2).

**Tafel 1 Liste äquivalenter Begriffe**

| Englisch | Französisch | Deutsch | Italienisch | Niederländisch | Spanisch |
|---|---|---|---|---|---|
| Construction works | Construction | Bauwerk | Costruzione | Bouwwerk | Construccion |
| Execution | Exécution | (Bau-)Ausführung | Esecuzione | Uitvoering | Ejecucion |
| Structure | Structure | Tragwerk | Struttura | Draagconstructie | Estructura |
| Type of building or civil engineering works | Nature de construction | Art des Bauwerks | Tipo di costruzione | Type bouwwerk | Naturaleza de la construccion |
| Form of structure | Type de structure | Art des Tragwerks | Tipo di struttura | Type draagconstructie | Tipo de estructura |
| Construction material | Matériau de construction | Baustoff; Werkstoff (Stahlbau) | Materiale de costruzione | Constructie materiaal | Material de construccion |
| Type of construction | Mode de construction | Bauart | Sistema costruttivo | Bouwwijze | Modo de construccion |
| Method of construction | Procédé d'exécution | Bauverfahren | Procedimento esecutivo | Bouwmethode | Procedimiento de ejecucion |
| Structural system | Système structural | Tragsystem | Sistema strutturale | Constructief systeem | Sistema estructural |

Darüber hinaus enthält EC2 einige grundlegende neue Begriffe, die in den einzelnen Kapiteln ausführlich erläutert werden:

- Prinzip
  allgemein gültige Definitionen und Anforderungen, die verbindlich sind und im vollen Umfang beachtet werden müssen
- Anwendungsregel
  Regeln zur Bemessung, die den Anforderungen zur Bemessung genügen
- Grenzzustände der Tragfähigkeit u. der Gebrauchstauglichkeit.
  Zustände, die den Bereich der Beanspruchung begrenzen, in dem das Tragwerk tragsicher oder gebrauchstauglich ist.
- Einwirkung
  Lasten, die als Kräfte oder Zwänge in Form von Temperatur oder Setzungen auf ein Bauwerk wirken
- charakteristischer Wert
  Werte der Einwirkungen, die in einschlägigen Bestimmungen festgelegt werden
- Bemessungswert
  Werte, die sich durch Multiplikation der charakteristischen Werte mit einem Sicherheitsbeiwert ergeben
- Duktilität
  plastische Dehnfähigkeit von Betonstahl und Spannstahl
- Relaxation
  mit Relaxation wird bei Spannstählen das allmähliche Absinken der Spannung bei gleichbleibender Dehnung bezeichnet

## 2.2 Formelzeichen

Nachstehend sind wesentliche Formelzeichen und abgeleitete Zeichen aufgeführt (weitere werden in den einzelnen Abschn. erläutert).

### 2.2.1 Einzelne Formelzeichen

**Große lateinische Buchstaben**

| | |
|---|---|
| $A$ | Außergewöhnliche Einwirkung |
| $A$ | Fläche, Querschnitt |
| $E$ | Elastizitätsmodul |
| $F$ | Einwirkung |
| $F$ | Kraft |
| $G$ | ständige Einwirkung |
| $G$ | Schubmodul |
| $I$ | Trägheitsmoment |
| $M$ | Moment, Biegemoment |
| $N$ | Längskraft |
| $P$ | Vorspannkraft |
| $Q$ | Veränderliche Einwirkung |
| $R$ | Widerstand |
| $S$ | Schnittgrößen |
| $T$ | Torsionsmoment |
| $V$ | Querkraft |
| $W$ | Widerstandsmoment |

**Kleine lateinische Buchstaben**

| | |
|---|---|
| $a$ | Abstand, Bügelabstand |
| $b$ | Breite |
| $d$ | Durchmesser, Nutzhöhe |
| $e$ | Exzentrizität, Ausschnitte |
| $f$ | Festigkeit |
| $h$ | Höhe |
| $i$ | Trägheitsradius |
| $k$ | Beiwert |
| $l$ | Länge |
| $m$ | Masse |
| $r$ | Radius |
| $t$ | Wanddicke, Zeitpunkt |
| $u$ | Umfang |
| $u, v, w$ | Verschiebung eines Punktes |
| $x$ | Höhe der Druckzone |
| $z$ | Hebelarm der inneren Kräfte |
| $x, y, z$ | Koordinaten |

**Griechische Buchstaben**

| | |
|---|---|
| $\alpha, \beta$ | Winkel |
| $\gamma$ | Teilsicherheitswert |
| $\varepsilon$ | Dehnung |
| $\mu$ | Reibungsbeiwert Spannglied/Hüllrohr |
| $\nu$ | Querdehnzahl |
| $\varrho$ | Trockenrohdichte des Betons |
| $\sigma$ | Normalspannung |
| $\tau$ | Schubspannung |
| $\psi$ | Beiwert zur Kennzeichnung der repräsentativen Werte veränderlicher Einwirkungen |

**Indizes**

| | |
|---|---|
| a | Baustahl |
| c | Beton, Druck |
| d | Bemessungswert |
| eff | effektiv, wirksam |
| ext | außerhalb der Bügel liegend |
| f | Flansch, Gurt |
| F | Einwirkung, Kraft |
| g, G | ständige Einwirkung |
| h | Höhe |
| ind | indirekt |
| inf | unterer, niedriger |
| int | innere |
| k | charakteristisch |
| l | niedrig |
| m, M | Baustoff |
| m | Biegung, Mittlere |
| max, min | Maximum, Minimum |
| nom | Nennwert |
| p, P | Einwirkung, Kraft (Vorspannung) |
| prov | vorhanden |
| ps | Spannstahl |
| q, Q | veränderliche Einwirkung |
| R | Widerstand |
| req | erforderlich |
| s/v | Betonstahl/Spannglieder oder Spannkanäle |
| S | Schnittgröße |
| sup | ober, oberer |
| surf | an der Oberfläche liegend |
| t | Torsion, Zeit |
| u | Grenz |
| v | Querkraft |
| w | Steg |
| y | Fließ-, Streckgrenze |

### 2.2.2 Abgeleitete Formelzeichen

**Große lateinische Buchstaben**

$A_c$ Fläche des Betonquerschnitts
$A_p$ Querschnittsfläche Spannglied(er)
$A_s$ Querschnittsfläche des Betonstahles in der Zugzone
$A_{sw}$ Querschnittsfläche der Schubbewehrung
$E_{cd}$ Bemessungswert des Elastizitätsmoduls für Beton
$E_{cm}/E_s$ Elastizitätsmodul Betonstahl/Spannstahl
$I_c$ Trägheitsmoment des Betonquerschnitts
$J(t, t_0)$ Kriechfunktion zur Zeit $t$
$M_{Sd}$ Bemessungswert des aufzunehmenden Biegemomentes
$N_{Sd}$ Bemessungswert der aufzunehmenden Längskraft
$P_0/P_{m,t}$ Vorspannkraft unmittelbar nach Vorspannen/zur Zeit $t$
$T_{Sd}$ Bemessungswert des aufzunehmenden Torsionsmomentes
$V_{Sd}$ Bemessungswert der aufzunehmenden Querkraft

**Kleine lateinische Buchstaben**

$d_g$ Nennwert des Größtkorndurchmessers des Zuschlages
$b_w$ Stegbreite
$f_c$ Druckfestigkeit Beton
$f_{cd}$ Bemessungswert der Zylinderdruckfestigkeit des Betons
$f_{ck}$ charakterist. Zylinderdruckfestigkeit des Betons nach 28 Tagen
$f_{cm}$ Mittelwert der Zylinderdruckfestigkeit des Betons
$f_{ctk}$ charakterist. Zugfestigkeit des Betons
$f_{ctm}$ Mittelwert der Zugfestigkeit des Betons
$f_p/f_t$ Zugfestigkeit Spannstahl/Betonstahl
$f_{pk}/f_{tk}$ charakteristische Zugfestigkeit Spannstahl/Betonstahl
$f_y$ Festigkeit des Betonstahles an der Streckgrenze
$f_{yk}$ charakteristische Festigkeit des Betonst. an der Streckgrenze
$f_{yd}$ Bemessungsw. der Festigk. des Betonst. an der Streckgr.
$f_{ywd}$ Bemessungsw. der Festigk. des Betonst. an der Streckgr. der Schubbewehrung
$l_{eff}$ wirksame Stützweite

**Griechische Buchstaben**

$\gamma_F/\gamma_G/\gamma_Q/$
$\gamma_P/\gamma_A$ Teilsicherheitsbeiwerte für Einwirkungen
$\gamma_c/\gamma_s$ Teilsicherheitsbeiwert für Beton/Beton- oder Spannstahl
$\varepsilon_c$ Betonstauchung
$\varepsilon_{cu}$ Bruchstauchung des Betons
$\varepsilon_u$ Dehnung des Beton- oder Spannstahles bei Höchstlast
$\varrho_l/\varrho_w$ Bewehrungsgrad der Längs-/Schubbewehrung
$\sigma_c$ Betondruckspannung
$\phi(t, t_0)$ Kriechzahl zwischen den Zeitpunkten $t_0$ und $t$
$d_s/d_v$ Nenndurchm. von Betonstahl/Spanngl. oder Spannkanälen
$d_n$ Vergleichsdurchmesser von Stabbündeln

## 2.3 SI-Einheiten

Folgende mit ISO 1000 übereinstimmende SI-Einheiten werden für Berechnungen empfohlen

- Kräfte, Lasten = kN, kN/m, kN/m²
- Dichte = kg/m³
- Wichte = kN/m³
- Spannungen, Festigkeiten = N/mm²
- Momente = kNm

# 3 Baustoffeigenschaften

Die physikalischen Eigenschaften für die zur Verwendung kommenden Baustoffe sind in Tafel 2 zusammengestellt.

**Tafel 2 Physikalische Eigenschaften von Beton, Stahlbeton und Spannbeton aus Normalbeton: Betonstahl und Spannstahl**

| Physikalische Eigenschaft | Normalbeton | | Stahl | |
|---|---|---|---|---|
| | Beton | Stahlbeton Spannbeton | Betonstahl | Spannstahl |
| Dichte $\varrho$ [kg/m³] | 2400 | 2500 | 7850 | 7850 |
| Wärmedehnzahl [k⁻¹] | $10 \cdot 10^{-6}$ | | | |
| Querdehnzahl $\mu$ [ / ] | 0,2 für elastische Dehnungen<br>0 wenn Rißbildung in Beton unter Zugbeanspruchung zulässig ist | | | |

## 3.1 Beton

Normalbeton ist Beton mit geschlossenem Gefüge, der aus festgelegten Zuschlagstoffen hergestellt wird und so zusammengesetzt und verdichtet ist, daß außer den künstlich erzeugten kein nennenswerter Anteil an eingeschlossenen Luftporen vorhanden ist.

### 3.1.1 Betondruck- und Betonzugfestigkeit

Der Bemessung der Bauteile liegen die charakteristischen Zylinderdruckfestigkeiten $f_{ck}$ zugrunde. Die Betondruckfestigkeit ist als der Bemessungswert definiert, der bei statistischer Auswertung aller Druckfestigkeitsergebnisse von Beton im Alter von 28 Tagen nur in 5% aller Fälle (5% Fraktile) unterschritten wird.

Die Druckfestigkeitswerte $f_{ck}$ können entweder an Zylindern (300 mm Höhe, 150 mm Durchmesser) als $f_{ck,zyl}$ oder an Würfeln (150 mm Kantenlänge) als $f_{ck,cube}$ ermittelt werden. Da die Bemessungsregeln auf den Werten der Zylinderfestigkeit basieren, gilt im weiteren $f_{ck,zyl} = f_{ck}$.

Die Betonzugfestigkeit wird für den einachsigen Spannungszustand angegeben. Wegen der großen Streuung der Zugfestigkeitswerte werden hierfür sowohl die Mittelwerte $f_{ctm}$ als auch die unteren und oberen charakteristischen Grenzwerte $f_{ctk;0,05}$ bzw. $f_{ctk;0,95}$ angegeben, wobei folgende Beziehungen gelten.

$$f_{ctm} = 0{,}30 f_{ck}^{2/3} \quad (1) \qquad f_{ctk;0,05} = 0{,}7 f_{ctm} \quad (2) \qquad f_{ctk;0,95} = 1{,}3 f_{ctm} \quad (3)$$

**Tafel 3 Betonfestigkeitsklassen, Betondruck- und Betonzugfestigkeiten**

| Betonfestigkeitsklasse | | C12/15 | C16/20 | C20/25 | C25/30 | C30/37 | C35/45 | C40/50 | C45/55 | C50/60 |
|---|---|---|---|---|---|---|---|---|---|---|
| Druckfestigkeit [N/mm²] | $f_{ck} = f_{ck,cyl}$ | 12 | 16 | 20 | 25 | 30 | 35 | 40 | 45 | 50 |
| | $f_{ck,cube}$ | 15 | 20 | 25 | 30 | 37 | 45 | 50 | 55 | 60 |
| Zugfestigkeit [N/mm²] | $f_{ctm}$ | 1,6 | 1,9 | 2,2 | 2,6 | 2,9 | 3,2 | 3,5 | 3,8 | 4,1 |
| | $f_{ctk;0,05}$ | 1,1 | 1,3 | 1,5 | 1,8 | 2,0 | 2,2 | 2,5 | 2,7 | 2,9 |
| | $f_{ctk;0,95}$ | 2,0 | 2,5 | 2,9 | 3,3 | 3,8 | 4,2 | 4,6 | 4,9 | 5,3 |

## 3.1.2 Verformungseigenschaften

Die Schnittgrößenermittlung ist auf Grundlage der in Bild 1 dargestellten Spannungs-Dehnungs-Linie durchzuführen. Dabei gilt für die dargestellte Parabel folgende rechnerische Beziehung:

$$\sigma_c = f_c \frac{k\eta - \eta^2}{1 + (k-2)\,\eta} \quad (4)$$

$\eta \quad = \varepsilon_c / \varepsilon_{c1}$

$\varepsilon_{c1} \quad = -0{,}0022 \quad (\varepsilon \text{ bei } \sigma_c = f_c)$

$k \quad = 1{,}1\, E_c \cdot \varepsilon_{c1} / f_c$

$f_c$ Höchstwert der Betonspannung
$\varepsilon_{cu}$ Bruchstauchung in der äußeren Faser des gedrückten Betons
$E_{c,nom}$ maßgebender Elastizitätsmodul

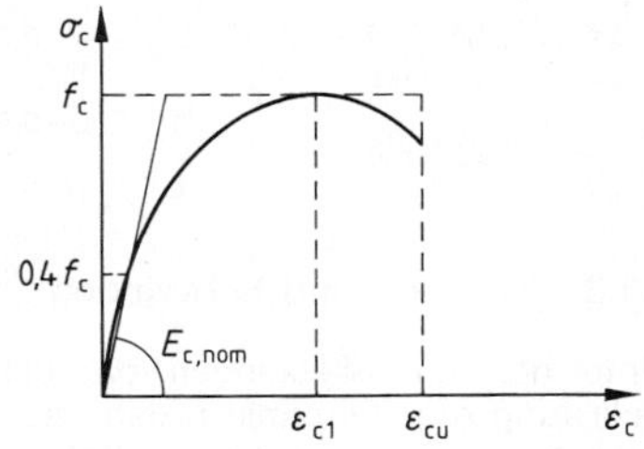


**Bild 1**
**Spannungs-Dehnungs-Linie von Beton für die Schnittgrößenermittlung**

**Tafel 4** **Elastizitätsmodul $E_{cm}$ als Sekantenmodul, Mittelwert der Betondruckfestigkeit $f_{cm}$, rechnerische Bruchstauchung $\varepsilon_{cu}$ für Rechteckquerschnitte und maximale Bruchstauchungen max $\varepsilon_{cu}$ für Querschnittsbemessung**

| Betonfestigkeitsklasse | C12/15 | C12/15 | C20/25 | C25/30 | C30/37 | C35/45 | C40/50 | C45/55 | C50/60 |
|---|---|---|---|---|---|---|---|---|---|
| $E_{cm}$ [N/mm²] | 26000 | 27500 | 29000 | 30500 | 32000 | 33500 | 35000 | 36000 | 37000 |
| $f_{cm}$ [N/mm²] | 20 | 24 | 28 | 33 | 38 | 43 | 48 | 53 | 58 |
| $\varepsilon_{cu} \cdot 10^{-3}$ | −3,6 | −3,5 | −3,4 | −3,3 | −3,2 | −3,1 | −3,0 | −2,9 | −2,8 |

Der Elastizitätsmodul darf für den Bereich $0 \leqq \sigma_c \leqq 0{,}4 f_{ck}$ in Bild 1 als Sekantenmodul $E_{cm}$ nach Tafel 4 angenommen werden, wenn kein genauerer Wert vorliegt. Hier sind auch die rechnerischen Bruchstauchungen $\varepsilon_{cu}$ für die Schnittgrößenbemessung sowie die maximalen Bruchstauchungen $\varepsilon_{cu,max}$ angegeben. Die Bruchstauchung kann in Abhängigkeit vom Mittelwert $f_{cm}$ der Betondruckfestigkeit entnommen werden

$$f_{cm} = f_{ck} + 8 \quad [\text{N/mm}^2] \quad (5)$$

Für die Querschnittsbemessung für Biegung, Biegung mit Längskraft und Längskraft allein dürfen die in den Bildern 2 und 3 dargestellten Spannungsdehnungslinien verwendet werden. Dabei muß die Form der Druckzone im bilinearen Diagramm dem des Parabel–Rechteck–Diagrammes gleichwertig sein.

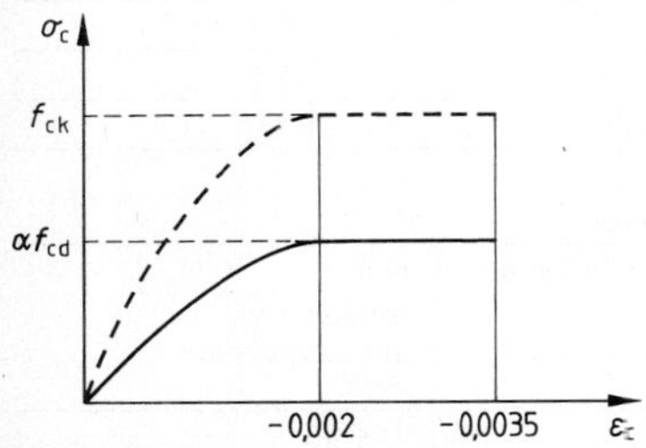


**Bild 2** **Parabel–Rechteck–Diagramm**

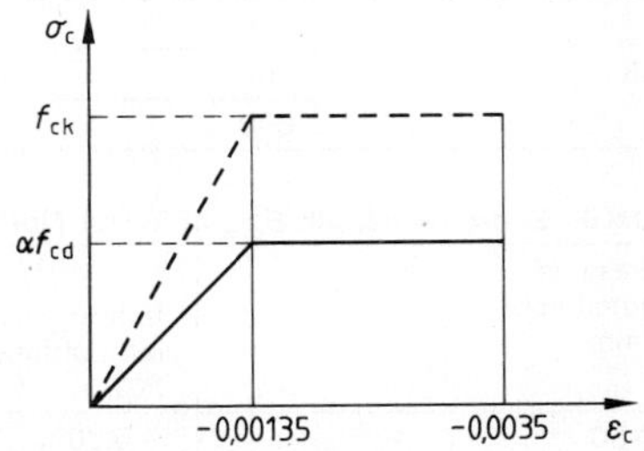


**Bild 3** **Bilineares Diagramm**

Die Druckspannung $f_{cd}$ ist durch folgende Beziehung zu ermitteln

$$f_{cd} = f_{ck}/\gamma_c \qquad (6)$$

$$\alpha f_{cd} = \alpha(f_{ck}/\gamma_c) \qquad (7)$$

$\gamma_c$ Teilsicherheitsbeiwert für Beton nach Abschn. 4.2

$\alpha$ ein zusätzlicher Beiwert zur Berücksichtigung der Reduzierung der Betondruckfestigkeit unter Dauerlast.

$\alpha = 0{,}80$ Querschnitte mit abnehmender Breite zum Betondruckrand (z. B. Kreisquerschnitte)

$\alpha = 0{,}85$ alle anderen Querschnitte

### 3.1.3 Kriechen und Schwinden

Unter den Voraussetzungen, daß die Betondruckspannung beim Aufbringen der Belastung zum Zeitpunkt $t_0$ den Wert $0{,}45 f_{ck}$ nicht überschreitet, die mittlere Bauwerkstemperatur zwischen +10 °C und +20 °C liegt, wobei jahreszeitlich bedingte Schwankungen von −20 °C bis +40 °C zulässig sind, und die Schwankungen der rel. Luftfeuchte zwischen 20% und 100% liegen, können die Werte der Endkriechzahlen $\phi(\infty, t_\phi)$ nach Tafel 5 und Endschwindmaße $E_{cs\infty}$ nach Tafel 6 angesetzt werden. Dabei ist die wirksame Bauteildicke als das Verhältnis der Querschnittsfläche des Betons $A_c$ zum Querschnittsumfang in mm definiert.

**Tafel 5 Endkriechzahlen $\phi(\infty, t_\phi)$ für Normalbeton bezogen auf den Sekantenmodul $E_{cm}$**

| Alter $t_0$ des Betons bei Belastung in Tagen | Wirksame Bauteildicke in mm | Innenräume, sonst trockene Umgebungen rel. Luftfeuchte 50% | im Freien, sonst feuchte Umgebungen rel. Luftfeuchte 80% |
|---|---|---|---|
| | 50 | 5,5 | 3,6 |
| 1 | 150 | 4,6 | 3,2 |
| | 600 | 3,7 | 2,9 |
| | 50 | 3,9 | 2,6 |
| 7 | 150 | 3,1 | 2,3 |
| | 600 | 2,6 | 2,0 |
| | 50 | 3,0 | 1,9 |
| 28 | 150 | 2,5 | 1,7 |
| | 600 | 2,0 | 1,5 |
| | 50 | 2,4 | 1,5 |
| 90 | 150 | 2,0 | 1,4 |
| | 600 | 1,6 | 1,2 |
| | 50 | 1,8 | 1,1 |
| 365 | 150 | 1,5 | 1,0 |
| | 600 | 1,2 | 1,0 |

**Tafel 6 Endschwindmaß $E_{cs\infty}$ in ‰ für Normalbeton**

| Wirksame Bauteildicke in mm | Lage des Bauteiles | |
|---|---|---|
| | Innen rel. Luftfeuchte 50% | Außen rel. Luftfeuchte 80% |
| ≦150 | −0,60 | −0,33 |
| 600 | −0,50 | −0,28 |

## 3.2 Betonstahl

Betonstahl kann als Stabstahl, vom Ring und als Matten zur Bewehrung von Betonbauten verwendet werden. Er ist nach Stahlsorten, Klasse, Duktilität, Maße, Oberflächenbeschaffenheit und Schweißbarkeit einzuteilen. Die Einordnung kann nach Tafel 7 erfolgen.

**Tafel 7 Schweißgeeignete Betonstähle in Deutschland**

| Betonstahl nach | Bezeichnung | Lieferform | Durchmesser in mm | Oberfläche | Nennstreckgrenze $f_{yk}$ in N/mm² | Duktilität nach EC2, Teil 1 |
|---|---|---|---|---|---|---|
| DIN 488 | BSt 420 S<br>BSt 500 S | Stab<br>Stab | 6 bis 28<br>6 bis 28 | gerippt<br>gerippt | 420<br>500 | hoch<br>hoch |
| | BSt 500 M | Matte | 6 bis 28 | gerippt | 500 | normal |
| bauaufsichtliche Zulassung | BSt 500 WR<br>BSt 500 WR | Ring<br>Ring | 6 bis 14<br>6 bis 12 | gerippt<br>gerippt | 500<br>500 | hoch<br>normal |

### 3.2.1 Festigkeiten

Charakteristische Werte sind Streckgrenze $f_{yk}$ und Zugfestigkeit $f_{tk}$. Für Betonstähle mit nicht ausgeprägter Streckgrenze darf der Wert bei 0,2% Dehnung angesetzt werden ($f_{0,2k}$).

Angemessene Dehnfähigkeit muß vorhanden sein; dabei sind folgende Duktilitätsanforderungen in Abhängigkeit von dem charakteristischen Wert der Dehnung bei Höchstlast $\varepsilon_{uk}$ zu erfüllen.

Hohe Duktilität $\varepsilon_{uk} > 5\%$ $(f_t/f_y)_k > 1{,}08$

Normale Duktilität $\varepsilon_{uk} > 2{,}5\%$ $(f_t/f_y)_k > 1{,}05$

Auf Grundlage der typischen Spannungsdehnungslinie für den Betonstahl darf für die Ermittlung der Schnittgrößen und für die Querschnittsbemessung eine idealisierte rechnerische Spannungsverteilung nach Bild 4 angenommen werden.

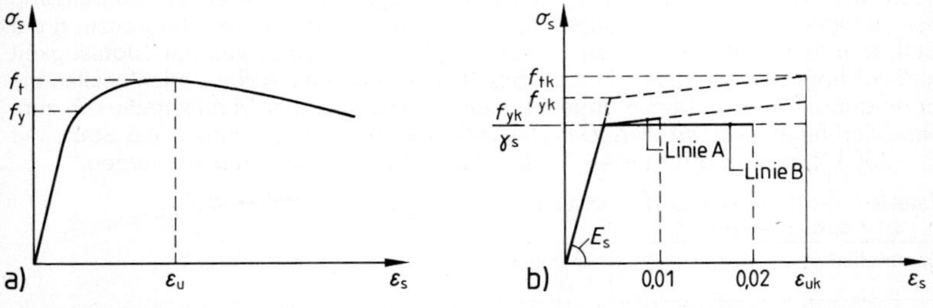


**a) Typische Spannungs-Dehnungs-Linie** **b) Rechnerische Spannungs-Dehnungs-Linie**

**Bild 4 Typische und rechnerische Spannungs-Dehnungs-Linie für den Betonstahl**

Die Bemessungswerte für den Betonstahl ergeben sich durch Division der charakteristischen Werte der Spannungs-Dehnungs-Linie durch Teilsicherheitsbeiwerte $\gamma_s$ nach Abschn. 4.2. Dabei kann entweder Linie A (geneigter oberer Ast: Begrenzung der Stahldehnung auf 0,01) oder Linie B (horizontaler oberer Ast: Begrenzung der Stahlspannung auf $f_{yk}/\gamma_s$) zugrunde gelegt werden. Der Elastizitätsmodul beträgt in beiden Fällen $E_s = 200$ kN/mm².

## 3.3 Spannstahl

Als Spannstahl können Drähte, Stäbe und Litzen verwendet werden. Er ist nach Stahlsorten, Klasse (Relaxationsverhalten), Maße, Oberflächenbeschaffenheit einzuteilen. Das Relaxationsverhalten führte auf folgende Klassifizierung

Klasse 1: Drähte und Litzen mit hoher Relaxation
Klasse 2: Drähte und Litzen mit niedriger Relaxation
Klasse 3: Stäbe

### 3.3.1 Festigkeiten

Charakteristische Werte sind die 0,1%-Dehngrenze $f_{p0,1k}$ und die Zugfestigkeit $f_{pk}$. Spannstähle müssen eine angemessene Dehnfähigkeit haben, wobei die charakteristische Dehnung bei Höchstlast $\varepsilon_{uk}$ vom Hersteller angegeben wird, Die Bemessung kann unter Ansatz des Nenndurchmessers oder des Nennwertes der Querschnittsfläche erfolgen.

Auf Grundlage der typischen Spannungsdehnungslinie für den Spannstahl darf für die Ermittlung der Schnittgrößen und für die Querschnittsbemessung eine idealisierte rechnerische Spannungsverteilung nach Bild 5 angenommen werden.

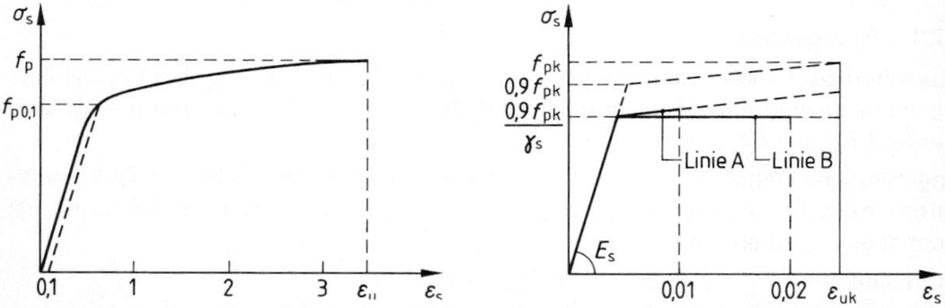


**Typische Spannungs-Dehnungs-Linie** **Rechnerische Spannungs-Dehnungs-Linie**

**Bild 5 Typische und rechnerische Spannungs-Dehnungs-Linie für den Spannstahl**

Die Bemessungswerte für den Spannstahl ergeben sich durch Division der charakteristischen Werte der Spannungsdehnungslinie durch Teilsicherheitsbeiwerte $\gamma_s$ nach Abschn. 4.2. Dabei kann entweder Linie A (geneigter oberer Ast: Begrenzung der Stahldehnung auf 0,01) oder Linie B (horizontaler oberer Ast: Begrenzung der Stahlspannung auf $0{,}9 f_{pk}/\gamma_s$) zugrunde gelegt werden. Die zulässige Zugfestigkeit darf voll angesetzt werden, wenn die Spannstähle im Bereich von Umlenkstellen die Bedingungen der in Tafel 8 angegebenen Verhältnisse des Mindestradius $R$ zum Nenndurchmesser $d_v$ erfüllen. Der Elastizitätsmodul kann für Drähte und Stäbe mit $E_s = 200$ kN/mm$^2$ und für Litzen mit $E_s = 190$ kN/mm$^2$ angenommen werden.

**Tafel 8 Verhältnis Mindestradius/Nenndurchmesser**

| Spanngliedart | | Verhältnis $R/d$ 1) |
|---|---|---|
| Einzeldraht oder Litze | nach dem Spannen umgelenkt | 15 |
| | in glattem Hüllrohr | 20 |
| | in gerippten Hüllrohren | 40 |

1) Die Werte sind bei Bündelspanngliedern aus mehreren Drähten oder Litzen mit dem Verhältnis der Gesamtanzahl $n_1$ zur Anzahl $n_2$ der Drähte oder Litzen, über die die Radialkraft auf die Umlenkung übertragen wird, zu multiplizieren.

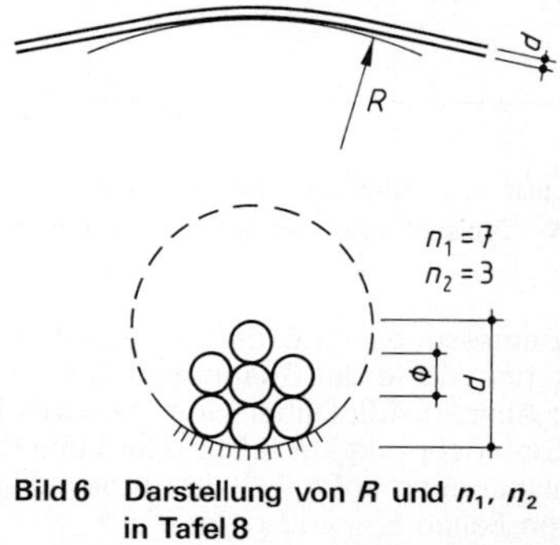


**Bild 6 Darstellung von $R$ und $n_1$, $n_2$ in Tafel 8**

### 3.3.2 Relaxation

Bemessungswerte für einen Relaxationsverlust nach 1000 h sind alternativ anzunehmen

- aus den Bescheinigungen, die der Lieferung beigefügt sind
- nach Bild 7.

Langzeitverluste und Relaxationsverluste für den Zeitraum <1000 h können nach Tafel 9 angenommen werden.

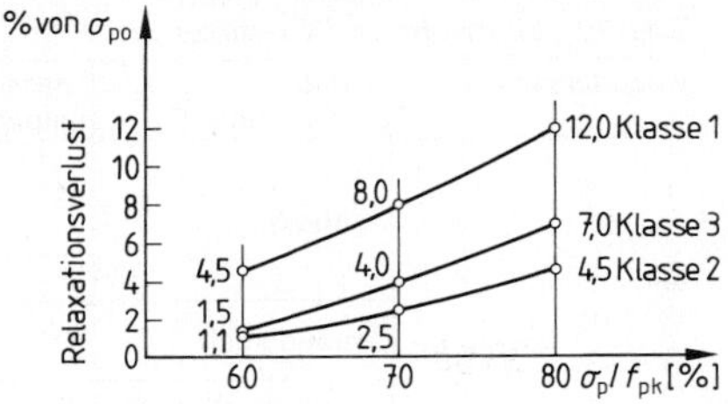


**Bild 7 Relaxationsverluste nach 1000 h**

**Tafel 9 Relaxationsverluste unter 1000 h und Langzeitwerte**

| Zeit in h | 1 | 5 | 20 | 100 | 200 | 500 | 1000 | Langzeitverluste |
|---|---|---|---|---|---|---|---|---|
| Relaxationsverluste in % (1000 h = 100%) | 15 | 25 | 35 | 55 | 65 | 85 | 100 | 300 |

## 3.4 Spannglieder

Bezüglich der Anforderungen an die Eigenschaften, die Prüfverfahren und die Verfahren zur Bescheinigung der Konformität von unten genannten Baustoffen wird auf die einschlägigen Normen verwiesen.

Für Verankerungen (Ankerkörper) und Kopplungen zur Verbindung einzelner Spanngliedabschnitte zu durchlaufenden Spanngliedern von vorgespannten Tragwerken mit nachträglichem Verbund gilt:

- Die Verwendung erfolgt auf Grundlage von Technischen Zulassungsbescheiden
- Für die bauliche Durchbildung gelten die Abschn. 6.4 und 7.3.8
- Die Festigkeits-, Verformungs- und Dauerfestigkeitseigenschaften müssen erfüllt sein durch
  a) entsprechende Wahl der Geometrie und Baustoffeigenschaft
  b) sinnvolle Begrenzung der Bruchdehnung
  c) Verankerung in Bereichen, die nicht anderweitig hochbelastet sind
- Ausreichende Kraftübertragung muß gewährleistet sein.

Für Spannkanäle und Hüllrohre von vorgespannten Tragwerken mit nachträglichem Verbund gilt

- Die Verwendung erfolgt auf Grundlage von Technischen Zulassungsbescheiden
- Hüllrohre sollen aus Baustoffen bestehen, die in einschlägigen Normen festgelegt sind
- Das Profil der Hüllrohre muß eine einwandfreie Kraftübertragung der Kräfte gewährleisten.

# 4 Allgemeine Grundlagen zur Tragwerksplanung

## 4.1 Einwirkungen

Einwirkungen $F$ sind Lasten, die als Kräfte direkt, und als Zwänge, z. B. in Form von Temperatur oder Setzungen indirekt auf ein Tragwerk wirken; sie werden nach Tafel 10 eingeteilt. Der charakteristische Wert $F_k$ der Einwirkung wird in den einschlägigen Bestimmungen festgelegt; wenn die Werte nicht ausreichen, sind sie in Abstimmung mit dem Bauherren zu verändern. Bei ständigen Einwirkungen sind die charakteristischen Werte $G_k$ in den Fällen, in denen sich diese während der Nutzungsdauer ändern können, in einen oberen Wert $G_{k,sup}$ und einen unteren Wert $G_{k,inf}$ zu unterscheiden.

**Tafel 10 Einteilung von Einwirkungen $F$**

| Veränderlichkeit | Art der Einwirkung | Bezeichnung allgemein | Charakteristik |
|---|---|---|---|
| zeitlich | ständig | G | Eigenlast, Ausrüstungen, ständige Einbauten, haustechnische Anlagen |
| | | P | Vorspannung |
| | veränderlich | Q | Nutzlasten, Windlasten, Schneelasten |
| | außergewöhnlich | A | Fahrzeuganprall, Explosion |
| räumlich | ortsfest | G | Eigenlast (Tragwerke mit hoher Empfindlichkeit gegenüber Veränderung der Eigenlast) |
| | ortsveränderlich | Q | bewegliche Nutzlasten |
| | ständig | $G_{IND}$ | Zwang (z. B. Auflagersetzungen) |
| | veränderlich | $Q_{IND}$ | Zwang (z. B. Temperatur) |

Da mehrere veränderliche Einwirkungen nicht gleichzeitig auftreten, können die charakteristischen Werte durch einen Beiwert $\psi$ abgemindert werden. Folgende Beiwerte sind definiert:

$\psi_0 Q_k$ Kombinationswert $\psi_1 Q_k$ Häufiger Wert $\psi_2 Q_k$ Quasi-ständiger Wert

Die Bemessungswerte der Einwirkungen $F_d$ ergeben sich aus der Multiplikation der charakteristischen Werte mit einem auf die jeweilige Art der Einwirkung bezogenen Sicherheitsbeiwert $\gamma$ nach Tafel 12a zu

$$\boldsymbol{F}_{\mathbf{d}} = \gamma_F \boldsymbol{F}_{\mathbf{k}} \qquad (8)$$

Für ständige Last gilt:

$$\boldsymbol{G}_{\mathbf{d}} = \gamma_G \boldsymbol{G}_{\mathbf{k}} \qquad (9)$$

Werden obere und untere Bemessungswerte benötigt und liegt nur ein charakteristischer Wert der ständigen Last $G_k$ vor, gelten die Gleichungen (10) und (11); beim Vorliegen eines oberen und unteren Wertes $G_{k,sup}$ und $G_{k,inf}$ gelten die Gl. (12) und (13)

$$\boldsymbol{G}_{\mathbf{d,sup}} = \gamma_{G,sup} \boldsymbol{G}_{\mathbf{k}} \qquad (10)$$

$$\boldsymbol{G}_{\mathbf{d,inf}} = \gamma_{G,inf} \boldsymbol{G}_{\mathbf{k}} \qquad (11)$$

$$\boldsymbol{G}_{\mathbf{d,sup}} = \gamma_{G,sup} \boldsymbol{G}_{\mathbf{k,sup}} \qquad (12)$$

$$\boldsymbol{G}_{\mathbf{d,inf}} = \gamma_{G,inf} \boldsymbol{G}_{\mathbf{k,inf}} \qquad (13)$$

**Tafel 11 Kombinationsbeiwerte $\psi$**

| Einwirkung | | Kombinationsbeiwert $\psi_0$ | $\psi_1$ | $\psi_2$ |
|---|---|---|---|---|
| Verkehrslast auf Decken | Wohnräume; Büroräume; Verkehrsräume bis 50 m²; Flure; Balkone; Räume in Krankenhäusern | 0,7 | 0,5 | 0,3 |
| | Versammlungsräume; Garagen u. Parkhäuser; Turnhallen; Tribünen; Flure in Lehrgebäuden; Archive; Büchereien | 0,8 | 0,8 | 0,5 |
| | Ausstellung- und Verkaufsräume | 0,8 | 0,8 | 0,8 |
| Windlasten | | 0,6 | 0,5 | 0 |
| Schneelasten | | 0,7 | 0,2 | 0 |
| alle anderen Einwirkungen | | 0,8 | 0,7 | 0,5 |

**Tafel 12a Teilsicherheitsbeiwerte $\gamma$ für Einwirkungen**

| Art der Einwirkung | | Teilsicherheitsbeiwerte[3] Bezeichnung | günstige Auswirkung | ungünstige Auswirkung |
|---|---|---|---|---|
| ständig | | $\gamma_G$ | 1,0[1]) | 1,35[1]) |
| veränderlich | eine Einwirkung mit ihrem charakteristischem Wert | $\gamma_Q$ | 0 | 1,5[2]) |
| | weitere Einwirkung mit ihrem Kombinationswert | $\gamma_Q$ | 0 | 1,5[2]) |
| Vorspannung | | $\gamma_P$ | 1,0 | 1,0 |

[1]) bei günstigen und ungünstigen ständigen Einwirkungen $\gamma_{G,inf} = 0{,}9$, $\gamma_{G,sup} = 1{,}1$

[2]) Werte gelten für Zwang bei nichtlinearer Schnittgrößenermittlung, bei linearer Ermittlung gilt: $\gamma_Q = 1{,}20$

[3]) bei Kombination von Eigenlast und Vorspannung gilt: $\gamma_G = 1{,}35$ (ungünstige Wirkung), $\gamma_G = 1{,}0$ (günstige Wirkung), $\gamma_P = 1{,}0$

## 4.2 Baustoffe

Baustoffeigenschaften werden durch den charakteristischen Wert $X_k$ angegeben. Für die Bemessungswerte $X_d$ gilt

$$X_d = X_k / \gamma_M \quad (14)$$

wobei $\gamma_M$ der Teilsicherheitsbeiwert für die Baustoffeigenschaft nach Abschn. 4.3.1, Tafel 14 und Abschn. 4.3.2 ist.

## 4.3 Grenzzustände

Die Bemessung der Tragwerke erfolgt auf Grundlage der Entwurfsanforderungen für Grenzzustände, wobei dies Zustände sind, die den Bereich der Beanspruchung begrenzen, in dem das Tragwerk tragsicher oder gebrauchstauglich ist.

Unterschieden wird zwischen den sicherheitsrelevanten Aspekten des rechnerischen Versagens (Grenzzustand der Tragfähigkeit) und denen der Nutzungseigenschaften (Grenzzustand der Gebrauchstauglichkeit.

Nachzuweisen ist, daß die Bemessungswerte der Beanspruchung $S_d$ unterhalb der Beanspruchbarkeit $R_d$ bleiben.

### 4.3.1 Grenzzustand der Tragfähigkeit

Es gilt

$$S_d \leqq R_d \quad (15)$$

Der Bemessungswert der Beanspruchung $S_d$ ist als Schnittgröße durch Kombination der Lastfälle auf Grundlage von Tafel 11 und 13 zu ermitteln

a) für ständige und vorübergehende Bemessungssituationen als Grundkombination

$$S_d = S\{\sum \gamma_G G_k + \gamma_Q Q_{k,1} + \sum_{i>1} \gamma_Q \psi_0 Q_{k,i} + \gamma_P P_k\} \quad (16)$$

b) für außergewöhnliche Bemessungssituationen

$$S_d = S\{\sum \gamma_{GA} G_k + \gamma_A \cdot A_k + \psi_1 \cdot Q_{k,1} + \sum_{i>1} \psi_2 \cdot Q_{k,i}\} \quad (17)$$

Mit den Sicherheitswerten aus Tafel 12 kann Gl. (16) folgendermaßen geschrieben werden:

a) Grundkombination mit einer veränderlichen Einwirkung

$$S_d = S\{\sum \gamma_G \cdot G_k + 1{,}5\, Q_{k,1}\} \quad (18)$$

b) Grundkombination mit mehr als einer veränderlichen Einwirkung

$$S_d = S\{\sum \gamma_G \cdot G_k + 1{,}35 \sum_{i \geqq 1} Q_{k,1}\} \quad (19)$$

In den obigen Gleichungen bedeuten:

| | | | |
|---|---|---|---|
| $G_k$ | charakteristischer Wert der ständigen Einwirkungen | $P_k$ | charakteristischer Wert der Vorspannung |
| $Q_{k,1}$ | charakteristischer Wert einer veränderlichen Einwirkung | $A_k$ | charakteristischer Wert der außergewöhnlichen Einwirkung |
| $Q_{k,i}$ | charakteristischer Wert weiterer veränderlichen Einwirkungen | $\gamma_G$, $\gamma_{GA}$, $\gamma_Q$, $\gamma_P$, $\gamma_A$ | entsprechende Teilsicherheitsbeiwerte |
| | | $\psi_0$, $\psi_1$, $\psi_2$ | Kombinationsbeiwerte |

Die für die maßgebenden Bemessungswerte des Widerstandes $R_d$ erforderlichen Teilsicherheitsbeiwerte für Baustoffeigenschaften sind in Tafel 14 angegeben.

**Tafel 12b Teilsicherheitsbeiwerte $\gamma_M$ für Baustoffe**

| Baustoff | | Kombination[1]) Normal, Grund- | Außer-gewöhnlich |
|---|---|---|---|
| Beton | $\gamma_c$ | 1,5[2]) | 1,3[2]) |
| Betonstahl Spannstahl | $\gamma_s$ | 1,15 | 1,0 |

[1]) Werte gelten bei Überwachung nach Abschn. 9

[2]) Niedrigere Werte dürfen angesetzt werden, wenn dies durch Kontrollen ausreichend belegt ist (Zustimmung der obersten Bauaufsichtsbehörde erforderlich)

**Beispiel Teilsicherheitsbeiwerte**

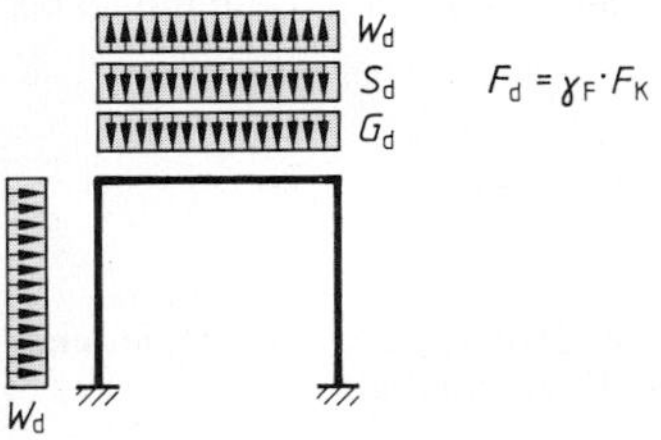


**Tafel 13 Bemessungswerte der Einwirkungen bei Kombination**

| Art der Einwirkung[1])[2]) | | Bemessungssituation ständig | außer-gewöhnlich |
|---|---|---|---|
| ständig | | $\gamma_G\, G_k$ | $\gamma_{GA}\, G_k$ |
| veränderlich | eine Einwirkung mit ihrem charakteristischen Wert | $\gamma_Q\, Q_k$ | $\psi_1\, Q_k$ |
| | weitere Einwirkung mit ihrem Kombinationswert | $\psi_0 \cdot \gamma_Q\, Q_k$ | $\psi_2\, Q_k$ |
| Außergewöhnliche | | | $\gamma_A\, A_k$ |
| Vorspannung | | $\gamma_P \cdot P_k$ | |

[1]) Werte bei Erdbebengefährdung s. EC 8

[2]) Werte bei Lastfall Brand s. EC 2 Teil 10

| Kombination | Einwirkung | $\gamma_F$ |
|---|---|---|
| 1 | $G_k$ | 1,35 |
| $G_d + S_d + W_d$ | $\sum Q_k$ | 1,35 |
| 2a | $G_k$ | 1,35 |
| $G_d + S_d$ | $S_k$ | 1,50 |
| 2b | $G_k$ | 1,00 |
| $G_d + W_d$ | $W_k$ | 1,50 |

## 4.3.2 Grenzzustand der Gebrauchstauglichkeit

Es gilt

$$\boldsymbol{E_d \leqq R_d} \quad (20)$$

Der Bemessungswert der Lasteinwirkung $E_d$ wird durch Kombination von Lastfällen ermittelt, wobei hinsichtlich der Häufigkeit des Auftretens unterschieden wird.

a) Seltene Lastkombinationen

$$E_d = E\{\sum G_k + P_k + Q_{k,1} + \sum_{i>1} \psi_0\, Q_{k,i}\} \quad (21)$$

b) Häufige Lastkombinationen

$$E_d = E\{\sum G_k + P_k + \psi_1\, Q_{k,1} + \sum_{i>1} \psi_2\, Q_{k,i}\} \quad (22)$$

c) Quasi-ständige Kombinationen

$$E_d = E\{\sum G_k + P_k + \sum_i \psi_2\, Q_{k,i}\} \quad (23)$$

Die Gleichungen für die seltenen und häufigen Lastkombinationen können bei Gebäuden durch folgende ersetzt werden:

d) Kombinationen mit einer veränderlichen Einwirkung

$$E_d = E\{\sum G_k + P_k + Q_{k,1}\} \quad (24)$$

e) Kombinationen mit mehr als einer veränderlichen Einwirkung

$$E_d = E\{\sum G_k + P_k + \sum_i 0{,}9\, Q_{k,i}\} \quad (25)$$

Der für die maßgebenden Bemessungswerte des Widerstandes $R_d$ erforderliche Teilsicherheitsbeiwert für die Baustoffeigenschaften beträgt $\gamma_M = 1$.

## 4.4 Dauerhaftigkeit

Bei der Tragwerksplanung sind alle wesentlichen Gesichtspunkte zu berücksichtigen, damit eine ausreichende Dauerhaftigkeit während der vorgesehenen Nutzungsdauer sichergestellt ist.

- Nutzung des Tragwerkes
- Tragwerkseigenschaften
- Umweltbedingungen
- Verwendete Baustoffe und deren Verhalten
- Formgebung und bauliche Durchbildung der einzelnen Bauteile
- Bauausführung und Bauüberwachung
- Instandhaltung.

# 5 Schnittgrößenermittlung

Zur Bestimmung von Schnittgrößen werden Tragwerke idealisiert.

a) Durch Zerlegung der Tragwerke in einzelne Bauteile (geometrische Idealisierung) werden statische Systeme gebildet.

b) Die Idealisierung des Tragverhaltens erfolgt durch Annahme verschiedener Rechenverfahren
   - elastisches Verhalten
   - plastisches Verhalten
   - nichtlineares Verhalten.

c) Im Bereich von örtlich konzentrierten Beanspruchungen (z. B. Auflager, Einzellasten, Verankerungszonen, Kreuzungspunkte von Bauteilen und unstetigen Querschnittsteilen) können weitere Berechnungen erforderlich sein.

## 5.1 Lastfälle und Lastfallkombinationen

Die für die Bemessung eines Tragwerkes maßgebende Einwirkungskombination ist durch Untersuchung einer ausreichenden Anzahl von Lastfällen zu bestimmen.

Dabei dürfen Einwirkungskombinationen vereinfacht angenommen werden, wenn sie alle kritischen Bemessungsbedingungen erfassen. Die Bemessung kann entweder im Grenzzustand der Tragfähigkeit oder im Grenzzustand der Gebrauchstauglichkeit erfolgen.

Durchlaufträger ohne Kragarme (Balken und Platten) mit Belastung durch gleichmäßig verteilte Lasten dürfen in der Regel durch Annahme folgender Lastfälle berechnet werden.

- Belastung der Felder abwechselnd mit den ständigen Bemessungslasten $(\gamma_Q \cdot Q_k + \gamma_G \cdot G_k)$ bzw. $(\gamma_G \cdot G_k)$
- Belastung von zwei beliebig nebeneinander liegenden Feldern mit den ständigen Bemessungslasten $(\gamma_Q \cdot Q_k + \gamma_G \cdot G_k)$ und allen anderen Feldern mit $(\gamma_G \cdot G_k)$.

## 5.2 Imperfektionen

Im Grenzzustand der Tragfähigkeit sind die Auswirkungen von möglichen Imperfektionen zu berücksichtigen. Wird der Einfluß der Tragwerksimperfektionen auf geometrische Ersatzimperfektionen zurückgeführt, so kann die Schnittgrößenermittlung am unbelasteten, unverformten Tragwerk als Ganzes über eine Schiefstellung gegen die Vertikale unter dem Winkel $\nu$ im Bogenmaß berücksichtigt werden.

$$\boldsymbol{\nu = 1/(100\sqrt{l}) \geqq \min \nu} \quad (26)$$

min $\nu = 1/400$ stabilitätsgefährdete Bauteile
$= 1/200$ nicht stabilitätsgefährdete Bauteile
$l$ Gesamthöhe des Tragwerkes

Wenn $n$ lotrechte durchlaufende Bauteile gemeinsam wirken, so kann Gl. (26) durch Multiplikation mit dem Wert $\alpha_n$ abgemindert werden.

$$\alpha_n = \sqrt{(1 + 1/n)/2} \quad (27)$$

Auf Grundlage der Schiefstellungen werden Ersatzhorizontalkräfte ermittelt und als Beanspruchungsgrößen auf das Tragwerk angesetzt. Der Ansatz dieser Kräfte in

- waagerechte aussteifende Bauteile
- lotrechte aussteifende Bauteile
- nicht ausgesteifte Rahmensysteme

ist in den Bildern 8 bis 10 erläutert.

Wenn die Ersatzhorizontalkräfte kleiner sind als die horizontalen Bemessungskräfte und bei außergewöhnlichen Einwirkungskombinationen kann auf den Ansatz der Imperfektionen verzichtet werden.

Waagerechte aussteifende Bauteile (z. B. Decken) übertragen Stabilisierungskräfte von den lotrechten Bauteilen zu den aussteifenden Bauteilen. Sie sind für eine Ersatzhorizontallast $H_{fd}$ nach Gl. (28) zu bemessen. Auf die Weiterleitung dieser Kräfte (z. B. bei der Bemessung der lotrechten aussteifenden Bauteile) kann verzichtet werden.

$$\boldsymbol{H_{fd} = (N_{bc} + N_{ba}) \cdot \nu/2} \quad (28)$$

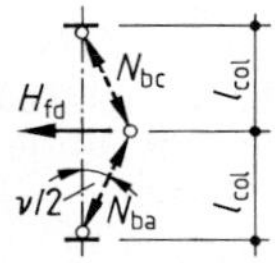


**Bild 8 Waagerechte aussteifende Bauteile**

| | |
|---|---|
| $H_{fd}$ | Ersatzhorizontalkraft in waagerecht aussteifenden Bauteilen |
| $N_{bc}$, $N_{ba}$ | Bemessungswerte der Beanspruchungen |
| $\nu$ | Schiefstellung nach Gl. (26) |
| $l_{col}$ | mittlere Geschoßhöhe |

Lotrechte aussteifende Bauteile sind für Ersatzhorizontalkräfte nach Gl. (29) zu bemessen.

$$\boldsymbol{H_j = \sum_{i=1}^{n} V_{ji} \cdot \nu} \quad (29)$$

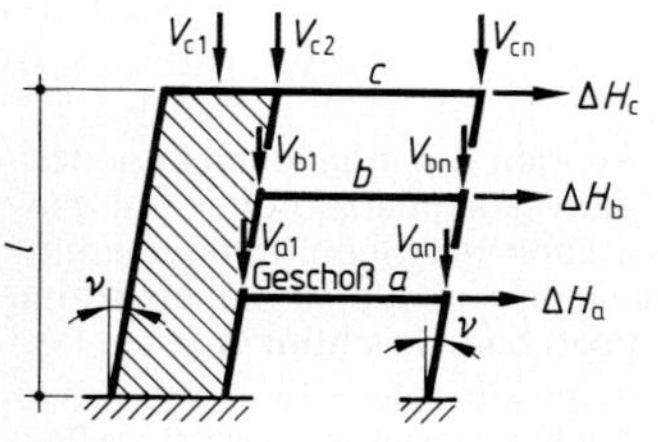


**Bild 9**
**Lotrechte aussteifende Bauteile**

| | |
|---|---|
| $H_j$ | Ersatzhorizontalkraft in der Ebene $j$ |
| $\sum_{i=1}^{n} V_{ji}$ | Summe der vertikalen Bemessungsanteilkräfte in der Ebene $j$ |
| $\nu$ | Schiefstellung nach Gl. (26) |
| $l$ | Gesamthöhe |

Tragwerke ohne lotrechte aussteifende Bauteile (z. B. Rahmen) sind für Ersatzhorizontalkräfte nach Gl. (30) zu bemessen.

$$H_j = \sum_{i=1}^{n} V_{ji} \cdot \nu \quad (30)$$

$H_j$ Ersatzhorizontalkraft in der Ebene $j$

$\sum_{i=1}^{n} V_{ji}$ Summe der vertikalen Bemessungsanteilkräfte in der Ebene $j$

$\nu$ Schiefstellung nach Gl. (26)

$l$ Gesamthöhe

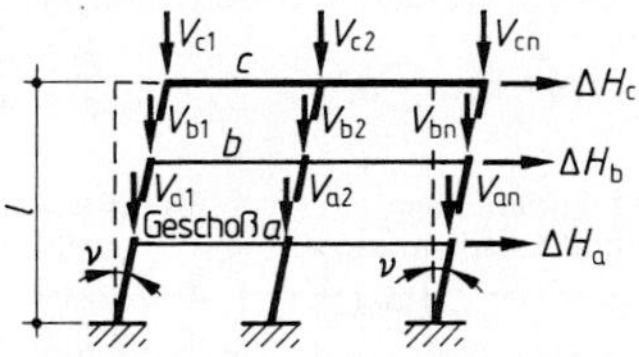


**Bild 10 Tragwerke ohne Aussteifung**

## 5.3 Auswirkungen nach Theorie II. Ordnung

Für Hochbauten dürfen Auswirkungen nach Theorie II. Ordnung vernachlässigt werden, wenn das Verhältnis MII/MI < 1,10 ist. Ansonsten und bei anderen Bauten, bei denen der Einfluß von Bedeutung ist, müssen die Auswirkungen nach Theorie II. Ordnung in Rechnung gestellt werden (Gleichgewichtszustand unter Berücksichtigung des verformten Tragwerkes).

## 5.4 Zeitabhängige Wirkungen

Zeitabhängige Wirkungen sind in Rechnung zu stellen, wenn der Einfluß von Bedeutung ist.

## 5.5 Tragwerksidealisierung

Für die gängigen Formen von Tragwerksteilen gelten die in Tafel 15 aufgezeichneten Bedingungen.

**Tafel 14 Bedingungen für die Einteilung von Tragwerksteilen**

| Funktion | Bedingung | Kurzzeichen | |
|---|---|---|---|
| Balken<br>Stütze | $l/h \geqq 2$<br>$l/h \geqq 2$ | $l$<br>$h$ | Stützweite<br>Querschnittsdicke |
| Wand<br>Stütze | $l/b \geqq 4$<br>$l/b < 4$ | $l$<br>$b$ | horizontale Länge<br>Breite |
| Platte | $l_{min}/h \geqq 4$ | $l_{min}$ | kleinste Stützweite |
| Wandartiger<br>Träger | Balken mit<br>$l/h < 2$ | $l$<br>$h$ | Spannweite<br>Querschnittshöhe |

Platten dürfen als einachsig gespannt angenommen werden, wenn die Belastung gleichmäßig verteilt ist und wenn zwei nahezu parallele Ränder ohne Auflagerung oder bei allseitiger Stützung einer Rechteckplatte das Stützenverhältnis $l_{max}/l_{min} > 2$ ist.

Rippen- oder Kassettendecken dürfen als Vollplatten berechnet werden, wenn die Gurtplatte zusammen mit den Rippen ausreichend torsionssteif ist und die Bedingungen in Bild 11 erfüllt sind.

$s \leqq 150$ cm
$h_w \leqq 4 b_m$
$h_f \geqq s_n/10$
$\geqq 5$ cm
$s_q \leqq 10 h_0$

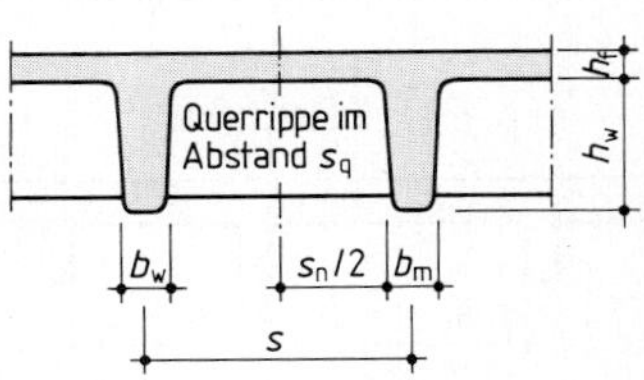


**Bild 11**
**Ausbildung von Rippen- und Kassettendecken als Vollplatten**

### 5.5.1 Stützweite von Platten und Balken

Für die wirksame Stützweite gilt

$l_{eff} = l_n + \sum a_i$ — $l_n$ lichte Stützweite; $a_i$ Abstand der Auflagerlinien von der Auflagervorderkante

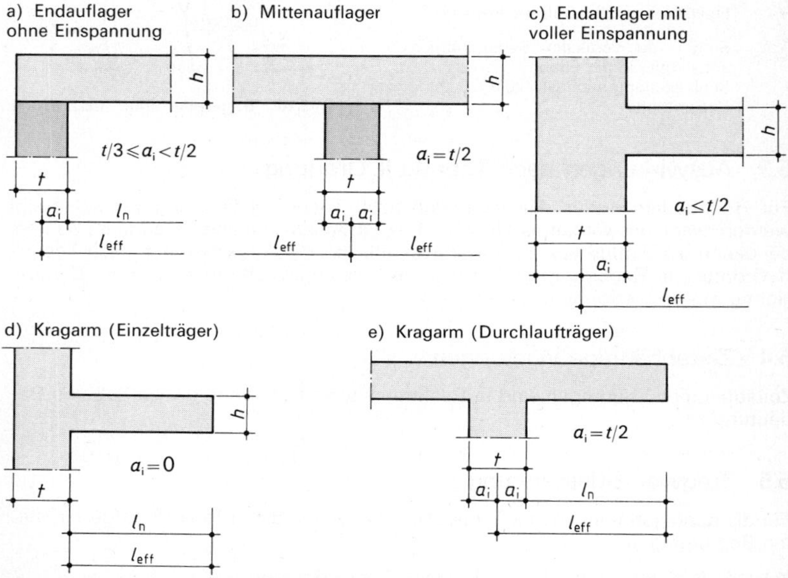


**Bild 12 Wirksame Stützweiten**

### 5.5.2 Mitwirkende Plattenbreite

Die mitwirkende Plattenbreite $b_{eff}$ von Plattenbalken darf vereinfachend feldweise konstant über die gesamte Feldlänge angenommen werden.

**a) Symmetrischer Plattenbalken**

$b_{eff} = b_w + l_0/5 \leqq b$ (31)

**b) Sonderfall einseitiger Plattenbalken**

$b_{eff} = b_w + l_0/10 \leqq b_w + b_1$ (32)

Die Formelzeichen sind nach den Bildern 13 und 14 anzunehmen. Für den Abstand der Momentennullpunkte $l_0$ gelten dabei die Bedingungen $l_3/l_2 \leqq 0{,}5$ bzw. $l_1/l_2 \leqq 1{,}5$.

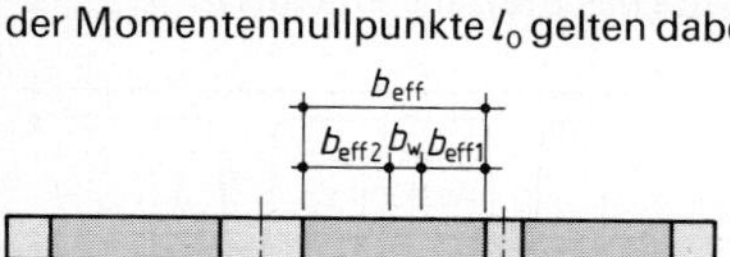


**Bild 13 Plattenbalken, mitwirkende Plattenbreite**

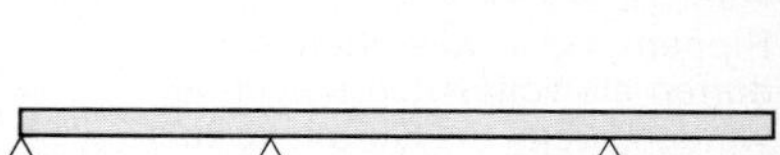


**Bild 14 Momentennullpunkte $l_0$**

## 5.6 Berechnungsverfahren

Grundbedingungen der Anwendung aller Berechnungsverfahren ist, daß der Gleichgewichtszustand jederzeit sichergestellt ist. Dabei genügt in der Regel die Anwendung von Theorie I. Ordnung (Gleichgewichtszustand am nicht verformten Tragwerk). Theorie II. Ordnung s. Abschn. 5.3.

Sind Tragwerke durch Fugen in Abschnitte unterteilt (Abschnittslänge im Regelfall $< 30$ m), so brauchen die Einflüsse aus Zwangsverformungen (Temperatureinwirkung, Schwinden) dann nicht berücksichtigt werden, wenn Verformungen nicht zu Schäden führen.

### 5.6.1 Grenzzustände der Gebrauchstauglichkeit und Tragfähigkeit

Für die Ermittlung der Schnittgrößen sind zwei Verfahren zulässig:

**a) Grenzzustand der Gebrauchstauglichkeit**

- Elastizitätstheorie (ungerissener Querschnitt mit Elastizitätsmodul $E_{cm}$)
- Rißbildungen im Beton dürfen bei günstiger Auswirkung und müssen bei deutlich ungünstigem Einfluß auf das Tragverhalten berücksichtigt werden.

**b) Grenzzustand der Tragfähigkeit**

Hier dürfen verschiedene Berechnungsverfahren angewendet werden

- linear-elastisch mit Umlagerung
- linear-elastisch ohne Umlagerung
- nichtlinear unter Berücksichtigung der nicht linearen Verformungseigenschaften von Stahlbeton- und Spannbetonquerschnitten
- plastisch (Plastizitätstheorie).

### 5.6.2 Vereinfachungen

Für die Ermittlungen der Schnittgrößen sind folgende Vereinfachungen zulässig:

- Querdehnzahl darf den Wert Null erhalten
- durchlaufende Platten und Balken dürfen als frei drehbar gelagert gerechnet werden
- Das Stützmoment darf bei frei drehbar gelagerter Rechnung ausgerundet und bei monolithischem Verbund des zu stützenden Bauteiles mit dem Auflager am Auflagerrand angenommen werden, wobei letzteres Moment größer als 65% des Auflagermomentes bei Volleinspannung sein sollte. Allgemein ergeben sich die in Bild 15 angegebenen Bemessungswerte.

**frei drehbare Lagerung** — **monolithischer Verbund**

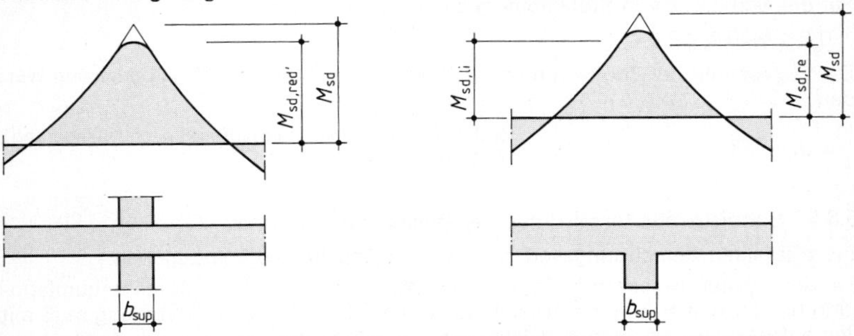


$M_{Sd,red} = M_{Sd} - F_{Sd,sup} \cdot b_{sup}/8$ (33)

$M_{Sd,li} = M_{Sd} - V_{d,li} \cdot b_{sup}/2 > M_d$ (34)

$M_{Sd,re} = M_{Sd} - V_{d,re} \cdot b_{sup}/2 > M_d$ (35)

**Bild 15** Ausrundung des Stützmomentes

Bei gleichmäßig verteilter Einwirkung wird

erste Innenstütze im Endfeld

$$M_d = (q_d + g_d) \cdot l_n^2/12$$

übrige Innenstützen

$$M_d = (q_d + g_d) \cdot l_n^2/18$$

| | |
|---|---|
| $M_{Sd}$ | Bemessungswert ohne Abminderung |
| $M_{Sd,red}$ | red. Bemessungswerte |
| $M_{Sd,li}$; $M_{Sd,re}$ | red. Bemessungswerte |
| $F_{d,sup}$ | Auflagerreaktion (Bemessungswert) |
| $V_{d,re}$; $V_{d,li}$ | Querkraft rechts bzw. links (Bemessungswert) |
| $b_{sup}$ | Auflagerbreite |
| $F_d$ | Auflagerreaktion bei gleichmäßig verteilter Einwirkung |
| $l_n$ | lichte Stützweite |

– Auflagerreaktionen bei einachsig gespannten Platten dürfen auf Grundlage einer frei drehbaren Lagerung unter Vernachlässigung der Durchlaufwirkung ermittelt werden.

Ausnahme:

– Erste Innenauflager
– Spannweite der angrenzenden Felder weichen mehr als 30% voneinander ab.

### 5.6.3 Schnittgrößenermittlung bei Platten

Abschn. 5.6.3 gilt für alle Platten, die in 2 Achsrichtungen beansprucht sind; für einachsig gespannte Platten gilt Abschn. 5.6.4.

Zulässige Berechnungsverfahren sind

– lineare Berechnung mit oder ohne Umlagerung (Grenzzustände der Gebrauchstauglichkeit und der Tragfähigkeit)
– plastische Berechnung (Grenzzustand der Tragfähigkeit)
– numerische Verfahren auf der Grundlage nicht linearer Baustoffeigenschaften.

Die lineare Berechnung kann unter den in Abschn. 5.6.4 angegebenen Berechnungsverfahren für Balken angewendet werden.

Bei der plastischen Berechnung kommen vor allem 2 Verfahren zur Anwendung, wobei untenstehende Anmerkungen zu beachten sind

– Bruchlinientheorie (kinematisches Verfahren)
– Streifenverfahren (statisches Verfahren).

Auf den direkten Nachweis des Rotationsvermögens darf verzichtet werden, wenn ausreichende Verformungsfähigkeit vorhanden ist. Betonstähle mit hoher Duktilität können ohne weitere Nachweise verwendet werden.

Für das Verhältnis von Stützmoment zu Feldmoment gilt

$$0{,}5 \leqq M_S/M_F \leqq 2{,}0$$

Der Querschnitt der Zugbewehrung soll überall für folgenden Wert bemessen werden

$$x/d = 0{,}25$$

$x$ Höhe der Druckzone (Grenzzustand nach Umlagerung)
$d$ Nutzhöhe

### 5.6.4 Schnittgrößenermittlung bei Balken und Rahmen

Die zulässigen Berechnungsverfahren sind in Abschn. 5.6.1 angegeben.

Bei der linearen Berechnung müssen alle Auswirkungen einer Momentenumlagerung bei der Bemessung berücksichtigt werden. Die Momentenverteilung muß mit den aufgebrachten Lasten im Gleichgewicht stehen.

Der Nachweis des Rotationsvermögens braucht für Durchlaufträger mit Stützenverhältnissen benachbarter Felder $\leqq 2$, in Riegeln von unverschieblichen Rahmen und vorwiegend auf Biegung beanspruchten Bauteilen nicht geführt werden, wenn das Verhältnis δ des umgelagerten Momentes zum Ausgangsmoment vor der Umlagerung folgende Bedingungen in Abhängigkeit der Betonfestigkeitsklassen und der verwendeten Stahlsorten erfüllt.

| | | $\delta$ |
|---|---|---|
| Betonfestigkeitsklasse | $\leqq$ C35/45<br>$>$ C35/45 | $\geqq 0{,}44+1{,}25\cdot x/d$<br>$\geqq 0{,}56+1{,}25\cdot x/d$ |
| Stahlsorte | hochduktil<br>normalduktil | $\geqq 0{,}7$<br>$\geqq 0{,}85$ |

Wird bei diesen Bauteilen keine Umlagerung vorgenommen, so ist das Verhältnis $x/d$ zu beschränken.

| | | $x/d$ |
|---|---|---|
| Betonfestigkeitsklasse | $\geqq$ C12/15<br>$\leqq$ C35/45 | $\leqq 0{,}45$ |
| | $\geqq$ C40/45 | $\leqq 0{,}35$ |

Bei verschieblichen Rahmen und immer dann, wenn das Rotationsvermögen nicht mit Sicherheit angenommen werden kann (z. B. in Ecken von vorgespannten Rahmen), ist eine Umlagerung nicht zugelassen.

Bei einer nicht linearen Berechnung bzw. der Anwendung der Plastizitätstheorie wird auf den Anhang von EC2 verwiesen.

### 5.6.5 Schnittgrößenermittlung von Wänden und in ihrer Ebene beanspruchte Bauteile

Schnittgrößen von Bauteilen, für die die Annahme einer linearen Dehnungsverteilung nicht zutrifft, dürfen nach folgenden Verfahren ermittelt werden:

- lineare Berechnung (Grenzzustände der Gebrauchstauglichkeit und der Tragfähigkeit)
- elastische-plastische Berechnung
- Berechnungen unter Zugrundelegung nichtlineare Materialverhaltens.

Bei der linearen Berechnung müssen die Auswirkungen von Zwang (z. B. Wärmeeinwirkungen oder Auflagersetzungen) und von Theorie II. Ordnung berücksichtigt werden, wenn sie von Bedeutung sind. Kommen numerische Methoden auf Grundlage der Elastizitätstheorie zur Anwendung, so sind die Auswirkungen einer Rißbildung in hochbelasteten Bauteilen zu verfolgen (z. B. durch Verringerung der Steifigkeiten in den betroffenen Bereichen).

Bei der Berechnung nach der Plastizitätstheorie dürfen Bauteile durch Idealisierung in statisch bestimmte Stabwerke mit fiktiven Druck- und Zugstreben betrachtet werden, wobei dann alle Kräfte aus Gleichgewichtsbedingungen ermittelt werden.

Folgende Nachweise sind zu führen:

- Aufnahme der Zugkräfte durch Bewehrung mit ausreichender Verankerung, dabei ist der Bemessungswert der Stahlspannung auf $\sigma_{sd} \leqq f_{yd}$ begrenzt.
- Nachweis der Betondruckspannungen in den Druckstreben, wobei für die zulässige Bemessungsdruckspannung gilt

$$\sigma_{od} \leqq n_{ü} \cdot f_{cd}$$

| | |
|---|---|
| $n_{ü}=0{,}6$ | allgemein |
| $0{,}6<n_{ü}\leqq 1$ | bei Vorliegen dreiachsiger Spannungszustände |

- Kontrolle örtlich auftretender Spannungen (z. B. aus konzentrierten Einzellasten).

Bei Anwendung der nicht linearen Berechnung wird auf den Anhang von EC2 verwiesen.

### 5.6.6 Konsolen

Konsolen sind kleine Kragarme mit $a_c \leqq h_c$. Sie können unter den in Abschn. 5.6.5 angegebenen Bedingungen für die elastisch-plastische Berechnung berechnet werden, dabei ist der Einfluß dieser Berechnung bei der Bemessung der angrenzenden Bauteile zu berücksichtigen.

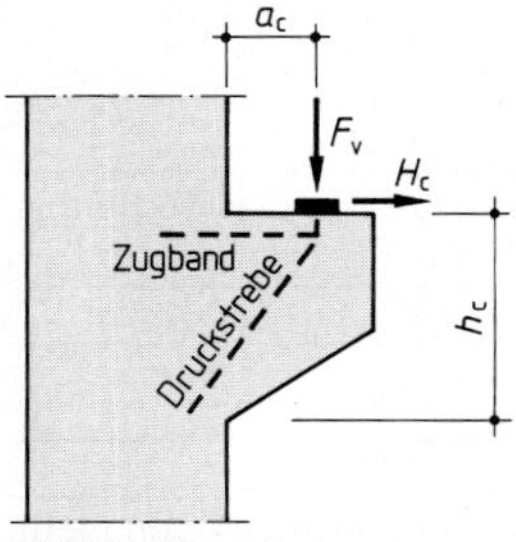


**Bild 16 Konsole**

a) Stabwerksmodell bei

$0{,}4\,h_c \leqq a_c \leqq h_c$

Bemessung für $F_v$, $H_c \geqq 0{,}2\,F_v$

$h_c$ nach Abschn. 6.5.2

b) Stabwerks- oder andere gleichwertige Modelle bei

$a_c < 0{,}4 \cdot h_c$

c) Konsole nach Balkenstatik (Kragarm) bei

$a_c > h_c$

### 5.6.7 Wandartige Träger

Wandartige Träger können unter den in Abschn. 5.6.5 angegebenen Bedingungen für die elastisch-plastische Berechnung unter Verwendung eines einfachen Stabwerksmodells bemessen werden.

### 5.6.8 Konzentrierte Krafteinleitungen

Bei der Berechnung der Bereiche mit konzentrierten Krafteinleitungen ist insbesondere auf die Einhaltung des Gleichgewichtes aller Kräfte sowie auf die Aufnahme der Querkräfte aus Verankerungen und von Druckstreben aus der Vorspannung mit nachträglichem Verbund zu achten.

## 5.7 Auswirkungen einer Vorspannung

### 5.7.1 Vorspannung mit sofortigem oder nachträglichem Verbund

Bei der Ermittlung der Schnittlasten sind folgende Auswirkungen zu berücksichtigen

- statisch bestimmte in statisch bestimmten Tragwerken
- statisch bestimmte und statisch unbestimmte in statisch unbestimmten Tragwerken
- im Verankerungsbereich und in Bereichen, wo Spannglieder umgelenkt werden.

Für den Mittelwert der Vorspannkraft $P_{m,t}$ zur Zeit $t$ an einer beliebigen Stelle im Bauwerk gilt

**a) Spannglieder mit sofortigem Verbund**

$$P_{m,t} = P_0 - \Delta P_c - \Delta P_t(t) - \Delta P_\mu(x) \quad (36)$$

**b) Spannglieder mit nachträglichem Verbund**

$$P_{m,t} = P_0 - \Delta P_c - \Delta P_\mu(x) - \Delta P_{Sl} - \Delta P_t(t) \quad (37)$$

$P_0$ Vorspannkraft am Spannende
$\Delta P_\mu(x)$ Spannkraftverlust infolge Reibung
$\Delta P_{Sl}$ Spannkraftverlust infolge Schlupf
$\Delta P_c$ Spannkraftverlust infolge elastischer Verformung des Bauteils
$\Delta P_t(t)$ Spannkraftverlust infolge Kriechen, Schwinden und Relaxation zur Zeit $t$

### 5.7.1.1 Grenzzustände der Gebrauchstauglichkeit

Die Schnittgrößen sind nach der Elastizitätstheorie zu ermitteln. Dabei kann normalerweise mit dem Mittelwert der Vorspannung $P_{m,t}$ gerechnet werden (z. B. beim Nachweis der Druckspannungen). Lediglich bei der Berücksichtigung der Grenzzustände der Rißbildung, der Dekompression, des Öffnens von Fugen zwischen Fertigteilen und der Ermüdungseinwirkungen ist der charakteristische Wert der Vorspannung anzuwenden.

Der charakteristische Wert der Vorspannung ist durch einen oberen Wert $P_{k,sup}$ und einen unteren Wert $P_{k,inf}$ festgelegt

$$P_{k,sup} = r_{sup} P_{m,t} \quad (38) \qquad\qquad P_{k,inf} = r_{inf} P_{m,t} \quad (39)$$

Wenn die Summe der Spannkraftverluste infolge Reibung, Kriechen und Schwinden und Relaxation kleiner als 30% der anfänglichen Vorspannkraft ist, kann $r_{sup}$ mit 1,1 und $r_{inf}$ mit 0,9 angesetzt werden.

### 5.7.1.2 Grenzzustände der Tragfähigkeit

Die Schnittgrößenermittlung erfolgt linear, nichtlinear oder auf Grundlage der Plastizitätstheorie.

Der Bemessungswert der Vorspannung $P_d$ beträgt

$$P_d = \gamma_p P_{m,t} \quad (40)$$

Bei linearer Berechnung beträgt $\gamma_p = 1{,}0$ (vgl. Tafel 12).

Die Querschnittsbemessung erfolgt ebenfalls unter Berücksichtigung der Schnittlasten infolge Vorspannung nach Gl. (40). Dabei darf $\gamma_p = 1{,}0$ gesetzt werden, wenn nicht mehr als 25% des gesamten Spannstahlquerschnittes in der Druckzone liegt und die Spannstahlspannung größer als $f_{p0,1k}/\gamma_m$ ist, ansonsten ist $\gamma_p = 0{,}9$.

### 5.7.2 Bauteile mit zeitlich begrenztem Wegfall des Verbundes

Ist in Bauteilen die Vorspannung zeitlich begrenzt ohne Verbund (z. B. während der Bauzeit), so darf im Grenzzustand der Gebrauchstauglichkeit vereinfacht so gerechnet werden, als lägen die Spannglieder im Verbund.

## 5.8 Zeitabhängiges Betonverhalten

Die Einflüsse aus Kriechen und Schwinden müssen im Allgemeinen nur für den Grenzzustand der Gebrauchstauglichkeit berücksichtigt werden. (Ausnahme: Theorie II. Ordnung und wenn der Beton extremen Temperaturen ausgesetzt ist)

Die Abschätzung der Spannkraftverluste kann unter folgenden Annahmen erfolgen:

- getrennte Betrachtung von Kriechen und Schwinden
- Beziehung zwischen Kriechverformungen und kriecherzeugenden Spannungen linear
- Das Superpositionsprinzip bleibt gültig
- ungleichmäßige Temperatur- und Feuchtigkeitsverläufe werden vernachlässigt.

Die Gesamtverformung des Betons zum Zeitpunkt $t$ beträgt bei der ersten Lastaufbringung ($\sigma_0$) zum Zeitpunkt $t_0$:

$$\varepsilon_{tot}(t, t_0) = \varepsilon_n(t) + \sigma_0 J(t, t_0) + \sum J(t, t_i)\, \Delta\sigma(t_i) \quad (41)$$

$\varepsilon_n(t)$ von Lastspannungen unabhängige, aufgezwungene Verformung (z. B. Schwinden, Temperatur)

$\Delta\sigma(t_i)$ Spannungsänderung zum Zeitpunkt $t_i$

**Tafel 15a Schwinden**

**Schwindfunktion**

$$\varepsilon_{cs}(t-t_s)=\varepsilon_{cs0}\cdot\beta_s(t-t_s)$$

**Grundschwindmaß**

$$\varepsilon_{sc0}=\varepsilon_s(f_{cm})\cdot\beta_{RH}$$

**Beiwert „Betonfestigkeit"**

$$\varepsilon_s(f_{cm})=[160+\beta_{sc}(90-f_{cm})]\cdot 10^{-6}$$

**Beiwert „Zementart"**

$$\beta_{sc}=\begin{cases}4 & \text{Langsam erhärtende Zemente (S)}\\ 5 & \text{Normal und schnell erhärtende Zemente (N, R)}\\ 8 & \text{Schnell erhärtende hochfeste Zemente (RS)}\end{cases}$$

$f_{cm}$ Betonfestigkeit

**Beiwert „Umgebungsfeuchtigkeit"**

$$\beta_{RH}=\begin{cases}-1{,}55\,\beta_{sRH}: & 40\% \le RH < 99\%\ \text{(Luftlagerung)}\\ +0{,}25\,\beta_{sRH}: & RH \ge 99\%\ \text{(Wasserlagerung)}\end{cases}$$

**Beiwert „Luftfeuchte" (Relative Humidität)**

$$\beta_{sRH}=1-(RH/100)^3$$

RH = Relative Luftfeuchte in %

**Beiwert „Zeitlicher Verlauf"**

$$\beta_s(t-t_s)=\sqrt{\frac{t-t_s}{0{,}035\,h_0^2+t-t_s}}$$

**Wirksame Dicke**

$$h_0=\frac{2A_c}{u}\ \text{in mm}$$

$A_c$ Querschnittsfläche
$u$ Querschnittsumfang

$t$ Betonalter in Tagen
$t_s$ Betonalter in Tagen bei Beginn des Schwindens

**Tafel 15b Kriechen**

**Kriechfunktion** $J(t,t_0) = \frac{1}{E_c(t_0)} + \frac{\phi(t,t_0)}{E_c(28)}$

$t_0$ Zeitpunkt der ersten Lastaufbringung
$t$ betrachteter Zeitpunkt
$E_c(t_0)$ (Tangenten-) Elastizitätsmodul im Zeitpunkt $t_0$
$E_v(28)$ (Tangenten-) Elastizitätsmodul nach 28 Tagen

**Kriechzahl** (bezogen auf elast. Verformung mit $E_c(28)$) $\phi(t,t_0) = \phi_0 \cdot \beta_c(t-t_0)$

**Grundkriechzahl** $\phi_0 = \phi_{RH} \cdot \beta(f_{cm}) \cdot \beta(t_0)$
mit
– $\phi_{RH} = 1 + \frac{1 - RH/100}{0{,}10 \sqrt[3]{h_0}}$
– $\beta(f_{cm}) = \frac{16{,}8}{\sqrt{f_{cm}}}$
$f_{cm}$ Betonfestigkeit
– $\beta(t_0) = \frac{1}{0{,}1 + t_0^{0{,}2}}$

$\beta_c(t-t_0) = \left(\frac{t-t_0}{\beta_H + t - t_0}\right)^{0{,}3}$
mit
$\beta_H \approx 1{,}5\,[1 + (0{,}012\,RH)^{18}]\,h_0 + 250 \leq 1500$

$t-t_0$ Tatsächliche Belastungsdauer in Tagen
$h_0$ Wirksame Dicke (siehe bei Schwinden)
RH Relative Feuchte in %

*Der Einfluß von Zementart und Temperaturverlauf kann erfaßt werden durch:*

$t_0 = t_{0,T} \left\{ \left( \frac{9}{2 + t_{0,T}^{1,2}} + 1 \right)^{\alpha} \geq 0{,}5 \right\}$

$\alpha = \begin{cases} -1 & \text{langsam erhärtende Zemente (S)} \\ 0 & \text{normal oder schnell erhärtende Zemente (N, R)} \\ 1 & \text{schnell erhärtende hochfeste Zemente (RS)} \end{cases}$

*Temperatureinfluß:*
$t_{0,T}$ *aus (Wirksames Betonalter)*

$t_T = \sum_{i=1}^{n} e^{-(4000/(273 + T(\Delta t_i) - 13{,}65)} \cdot \Delta t_i$

$T(\Delta t_i)$ Temperatur in °C; $\Delta t_i$ Anzahl der Tage mit Temperatur $T(\Delta t_i)$

Man erkennt in Gl. (42) neben dem Platzhalter für die Schwinddehnung die Position der kriech-modifizierten Dehnung infolge der ersten Lastaufbringung und – unter dem Summenzeichen – die kriech-modifizierten Dehnungsbeiträge infolge der nachfolgenden Einwirkungsänderungen.

Diese kriech-modifizierten Dehnungsbeiträge aller nachfolgenden Einwirkungsänderungen lassen sich auch pauschal durch einen von der zeitlichen Entwicklung der Dehnungen abhängigen Relaxationswert $\chi$ erfassen:

$$\varepsilon_{tot}(t, t_0) = \varepsilon_n(t) + \sigma(t_0)\, J(t, t_0) + [\sigma(t) - \sigma(t_0)] \left[\frac{1}{E_c(t_0)} + \chi \frac{\phi(t, t_0)}{E_{c(28)}}\right] \quad (42)$$

$\chi$ Relaxationswert, darf üblicherweise mit 0,8 angenommen werden

Bei geringer Änderung der Betonspannungen können die Verformungen mit dem wirksamen Elastizitätsmodul (Gl. (43)) berechnet werden.

$$E_{c,eff} = \frac{E_c(t_0)}{1 + \phi(t, t_0)} \quad (43)$$

Bei Anwendung der Kriechzahlen nach Tafel 5 in obige Gleichungen sollten die Tafelwerte um 5% vergrößert werden.

Die Endschwindmaße können nach Tafel 6 angenommen werden.

# 6 Bemessung

Tragwerke sind derart zu bemessen, daß sie während der vorgesehenen Nutzungsdauer ihre Funktion hinsichtlich der Gebrauchstauglichkeit, Standfestigkeit und Stabilität voll erfüllen.

## 6.1 Umweltbedingungen und Betondeckung

Neben den in den Lastannahmen angesetzten Beanspruchungen sind Tragwerke, einzelne Bauteile und der Beton insbesondere chemischen und physikalischen Einflüssen und indirekten Einwirkungen ausgesetzt, die berücksichtigt werden müssen.

**Tafel 16 Beispiele von chemischen und physikalischen Angriffen und indirekten Einwirkungen**

| | |
|---|---|
| chemischer Angriff | – Nutzung eines Gebäudes zur Lagerung von Flüssigkeiten<br>– Umweltbedingungen aggressiv<br>– Tragwerk ist Gasen oder Lösungen (z. B. Säurelösungen) ausgesetzt<br>– ungeeignete Baustoffeigenschaften (z. B. Alkalireaktion von Zuschlägen) |
| physikalischer Angriff | – Abnutzung<br>– Frost-Tau-Wechselwirkung<br>– Eindringen von Wasser |
| indirekte Einwirkungen | – Zwangeinwirkungen durch Verformungen durch bes. Lasten, Temperatur, Kriechen und Schwinden, Risse |

Hochbauten sind nach Tafel 16a in Umweltklassen einzustufen, die in Abhängigkeit von den Umweltbedingungen festzulegen sind.

**Tafel 16a Umweltklassen in Abhängigkeit von den Umweltbedingungen**

| Umweltklasse | | Beispiele für Umweltbedingungen |
|---|---|---|
| 1<br>Trockene Umgebung | | – Innenräume von Wohn- oder Bürogebäuden[1]) |
| 2<br>Feuchte Umgebung | a<br>ohne<br>Frost | – Gebäudeinnenräume mit hoher Feuchte (z. B. Wäschereien)<br>– Außenbauteile<br>– Bauteile in nichtangreifendem Boden und/oder Wasser |
| | b<br>mit<br>Frost | – Außenbauteile, die Frost ausgesetzt sind<br>– Bauteile in nichtangreifendem Boden und/oder Wasser, die Frost ausgesetzt sind<br>– Innenbauteile bei hoher Luftfeuchte, die Frost ausgesetzt sind |
| 3<br>Feuchte Umgebung mit Frost und Taumitteleinwirkung | | – Außenbauteile, die Frost und Taumitteln ausgesetzt sind |
| 4<br>Meerwasserumgebung | a<br>ohne<br>Frost | – Bauteile im Spritzwasserbereich oder ins Meerwasser eintauchende Bauteile, bei denen eine Fläche der Luft ausgesetzt ist<br>– Bauteile in salzgesättigter Luft (unmittelbarer Küstenbereich) |
| | b<br>mit<br>Frost | – Bauteile im Spritzwasserbereich oder ins Meerwasser eintauchende Bauteile, bei denen eine Fläche Luft und Frost ausgesetzt ist<br>– Bauteile, die salzgesättigter Luft und Frost ausgesetzt sind |

Die folgenden Klassen können einzeln oder in Kombination mit den oben genannten Klassen vorliegen:

| | | |
|---|---|---|
| 5<br>Chemisch angreifende Umgebung[2]) | a | Schwach chemisch angreifende Umgebung (gasförmig, flüssig oder fest)<br>Aggressive industrielle Atmosphäre |
| | b | Mäßig chemisch angreifende Umgebung (gasförmig, flüssig oder fest) |
| | c | Stark chemisch angreifende Umgebung (gasförmig, flüssig oder fest) |

[1]) Diese Umweltklasse gilt nur dann, wenn das Bauwerk oder einige seiner Bauteile während der Bauausführung über einen längeren Zeitraum hinweg keinen schlechteren Bedingungen ausgesetzt wird.

[2]) Chemisch angreifende Umgebungen werden in ISO DP 9690 klassifiziert. Folgende gleichwertige Umweltklassen können ebenfalls angegeben werden:
Umweltklasse 5a: ISO-Klassifizierung A1G, A1L, A1S
Umweltklasse 5b: ISO-Klassifizierung A2G, A2L, A2S
Umweltklasse 5c: ISO-Klassifizierung A3G, A3L, A3S

Die Betondeckung soll den Verbund zwischen Beton und Stahl sichern und die Bewehrung vor Korrosion schützen. Weiterhin soll sie den Brandschutz sicherstellen. Die erforderliche Betondeckung ist abhängig von der Güte des Betons und von den Umweltbedingungen und ist in Tafel 17 angegeben (Werte können für den Brandschutz zu niedrig sein, s. DIN 4102, T4).

Die Mindestmaße min $c$ sind durch ein Vorhaltemaß $\Delta h$ auf das Nennmaß nom $c$ der Betondeckung zu vergrößern. Hierdurch sollen in erster Linie Abweichungen bei der Ausführung berücksichtigt werden. Nennmaße der Betondeckung sind auf den Bewehrungszeichnungen anzugeben.

**Tafel 17 Mindestbetondeckung und Vorhaltemaß von Normalbeton**

| | | Umweltklasse nach Tafel 16a | | | | | | | | |
|---|---|---|---|---|---|---|---|---|---|---|
| | | 1 | 2a | 2b | 3 | 4a | 4b | 5a | 5b | 5c[2]) |
| Mindest-betondeckung in mm [1]) | Betonstahl | 15 | 20 | 25 | 40 | 40 | 40 | 25 | 30 | 40 |
| | Spannstahl | 25 | 30 | 35 | 50 | 50 | 50 | 35 | 40 | 50 |
| Vorhaltemaß $\Delta h$ (mm) | Betonstahl<br>Spannstahl | Fertigteile: $0 \leq \Delta h \leq 5$[3])<br>Ortbeton: $5 \leq \Delta h \leq 10$ | | | | | | | | |

[1]) Mindestbetondeckung der Hauptbewehrung soll $\geqq 20$ mm sein
Betondeckung der maßg. Bewehrungsstäbe oder Spannglieder
a) > Durchmesser Betonstahl oder Hüllrohr; > Vergleichdurchmesser eines Stabbündels, aber $\leqq 40$ mm
oder wenn der Größtkorndurchm. des Betonzuschlages > 32 mm
b) – Durchmesser Betonstahl oder Hüllrohr + 5 mm
– Vergleichdurchmesser eines Stabbündels + 5 mm
Mindestbetondeckung bei Spannbeton mit sofortigem Verbund
> 2 Nenndurchmesser des Spannstahles;
> 3 Nenndurchmesser des Spannst. bei Verwendung gerippter Drähte
Mindestbetondeckung bei Betonschüttung
– direkt gegen Erde $\geqq 75$ mm
– auf vorbereitetem Untergrund $\geqq 40$ mm
Abminderung von 5 mm zulässig
– bei plattenartigen Bauteilen für Umweltklassen 2 bis 5
– bei Betonfestigkeitsklassen $\geqq$ C 40/50 (Stahlbeton nach Umweltkl. 2a bis 5b, Spannbeton nach Umweltkl. 1 bis 5b) jedoch immer größer als nach Umweltkl. 1 angegeben

[2]) Beschichtungen zur Vermeidung eines direkten Kontaktes mit chemisch angreifenden Stoffen erforderlich

[3]) Nur zulässig, wenn diese Werte durch Fertigungskontrolle garantiert werden und dies im Rahmen der Güteüberwachung bestätigt wird.

## 6.2 Beton

Die Bemessung erfolgt auf Grundlage der in Abschn. 3.1 angegebenen Betonfestigkeitsklassen und weiteren Unterlagen.

## 6.3 Stahlbeton

Die für die Bemessung maßgebenden Werte sind in den Abschn. 3.1 und 3.2 angegeben.

Die Festigkeitswerte für den Betonstahl dürfen auf Grundlage des Nenndurchmessers und des Nennquerschnittes des Betonstahles erfolgen. Bei der Bemessung für Streckgrenze und Zugfestigkeit können für den Betonstahl die gleichen Festigkeitswerte für Zug und Druck angesetzt werden.

Nach der DAfStb-Anwendungsrichtlinie ist die rechnerische Stahldehnung auf 20‰ zu begrenzen.

## 6.4 Spannbeton

Die Bemessung erfolgt auf Grundlage der in Abschn. 3 angegebenen Grundlagen. Darüber hinaus gelten folgende Bedingungen

### 6.4.1 Mindestbetonfestigkeitsklassen

Als Mindestbetonfestigkeitsklasse gilt
– Vorspannung mit sofortigem Verbund C 30/37
– Vorspannung mit nachträglichem Verbund C 25/30.

Beim Vorspannen von Spanngliedern mit nachträglichem Verbund muß der Beton untenstehende Mindestfestigkeiten aufweisen, die durch Erhärtungsprüfung nachgewiesen werden. Die Betonfestigkeitsklassen richten sich nach den jeweiligen Zulassungsbescheiden für das Spannverfahren.

**Tafel 18 Mindestwerte der Betonfestigkeit $f_c$ beim Vorspannen**

| Festigkeitsklasse | Mindestwerte $f_c$ in $N/mm^2$ | |
|---|---|---|
| | beim Teilvorspannen[1]) | beim endgültigen Vorspannen |
| C25/30 | 14 | 28 |
| C30/37 | 17 | 34 |
| C35/45 | 20 | 39 |
| C40/50 | 22 | 45 |
| C45/55 | 25 | 50 |
| C50/60 | 28 | 56 |

[1]) Die Spannkraft des einzelnen Spanngliedes ist auf 30% des zulässigen Wertes zu begrenzen, die Betondruckspannung auf 13% von $f_{ck}$.
Liegen beim Teilvorspannen die erforderlichen Mindestwerte der Betondruckspannungen, die beim endgültigen Vorspannen erforderlich sind, vor, so darf die Spannkraft 100% der zulässigen Werte betragen.
Zwischenwerte können zwischen 30 und 100% interpoliert werden.

### 6.4.2 Spanngliedanzahl

Für die Mindestanzahl von Spanngliedern in der vorgedrückten Zugzone von Einzelbauteilen gilt Tafel 19.

**Tafel 19 Mindestanzahl von Stäben, Drähten und Spanngliedern in der vorgedruckten Zugzone von Einzelbauteilen**

| Spanngliedart | Mindestanzahl[1]) [2]) |
|---|---|
| Einzelstäbe, Einzeldrähte | 3 |
| Als Litze oder Spannglied zusammengefaßte Stäbe und Drähte | 7 |
| Spannglieder außer Litzen | 3 |
| Litze mit mindestens 7 Drähten mit Einzeldurchmesser $d_y \geqq 4$ mm | 1 |

[1]) tragende Bauteile, ohne zusätzliche Tragfähigkeit aus
- Umlagerung von Schnittkräften oder Momenten
- Querverteilungen von Belastungen
- nicht vorgespannter Bewehrung

[2]) Angaben gelten für gleiche Durchmesser für alle Stäbe, Drähte oder Spannglieder

### 6.4.3 Anfängliche Vorspannung

Die Bestimmung der anfänglichen Vorspannung erfolgt nach Abschn. 5.7.1. Dabei gilt

- Höchstkraft der Vorspannung $P_0$ am aktiven Spannende ($x=0$)

$$P_0 = A_p\,\sigma_{0,\max} \quad (45)$$

$A_p$ Querschnittsfläche der Spannglieder

$\sigma_{0,\max}$ Maximale Spannung $\leqq 0{,}80 f_{pk}$, $\leqq 0{,}90 f_{p0,1k}$

- Vorspannkraft unmittelbar nach dem Spannen (Vorspannung mit nachträglichem Verbund) bzw. nach dem Lösen der Verankerung (Vorspannung mit sofortigem Verbund)

$$P_{m0} = A_p\,\sigma_{pm0} \quad (46)$$

$$\sigma_{pm0} \leqq 0{,}75 f_{pk}, \quad \sigma_{pm0} \leqq 0{,}85 f_{p0,1k}$$

Zum Erreichen der erforderlichen Vorspannkraft darf überspannt werden, wenn die Spannpresse mit einer Genauigkeit von ±5% arbeitet. Dabei ist $P_{m0}$ zu begrenzen

$$P_{m0} \leqq 0{,}95 f_{p0,1k} A_p \quad (47)$$

## 6.4.4 Sofortige Spannkraftverluste

Spannkraftverluste aus

- Ankerschlupf $\Delta P_{s1}$ sind vom verwendeten Spannverfahren abhängig (Zulassungsbescheid beachten)
- elastischer Verformung des Betons $\Delta P_c$ sind beim Vorspannen mit sofortigem und nachträglichem Verbund auf Grundlage der E-Moduli des Betons und der Stähle unter Verwendung der Betonspannungen in Höhe der Spannglieder zu berechnen. Bei der Vorspannung mit nachträglichem Verbund ist evtl. der Einfluß aus nicht gleichzeitiger Vorspannung aller Spannglieder zu berücksichtigen.
- Relaxationsverluste $\Delta P_{t(t)}$ bzw. $\Delta P_{ir}$ ergeben sich beim Vorspannen mit sofortigem Verbund zwischen dem Spannen der Spannglieder und der Spannungsübertragung auf den Beton und sind nach Abschn. 3.3.2 abzuschätzen
- aus Reibung $\Delta P_{\mu(x)}$ in Spanngliedern mit nachträglichem Verbund nach folgender Abschätzung

$$\Delta P_{\mu(x)} = P_0 (1 - e^{-\mu(\theta + kx)}) \quad (48)$$

$\mu$ Reibungsbeiwert zwischen Spannglied und Hüllrohr
Wenn keine genauen Angaben vorliegen, können für Spannglieder, die ungefähr 50% der Hüllrohre ausfüllen, folgende Werte verwendet werden

| | |
|---|---|
| 0,17 Draht, kaltgezogen | 0,33 Rundstab, glatt |
| 0,19 Litzen | 0,65 Stab, gerippt |

$k$ ungewollter Umlenkwinkel in °/m nach Zulassungsbescheid, im allgemeinen
$0{,}005 < k < 0{,}01$

Die angegebenen Werte für $\mu$ und $k$ sind Mittelwerte und können beim Vorliegen genauerer Werte korrigiert werden.

## 6.4.5 Zeitabhängige Spannkraftverluste

Die Zeitabhängigen Verluste ergeben sich zu

$$P_t(t) = \Delta\sigma_{p,c+s+r} A_p \quad (49)$$

$$\Delta\sigma_{p,c+s+r} = \frac{\varepsilon_s(t-t_0)\, E_s + \Delta\sigma_{pr} + \alpha \cdot \phi(t,t_0)\,(\sigma_{cg} + \sigma_{cp0})}{1 + \alpha \dfrac{A_p}{A_c}\left(1 + \dfrac{A_c}{I_c} z_{cp}^2\right)(1 + 0{,}8 \cdot \phi(t,t_0))} \quad (50)$$

$\Delta\sigma_{p,c+s+r}$ Spannungsverlust infolge Kriechen, Schwinden und Relaxation zur Zeit $t$
$\varepsilon_s(t-t_0)$ Schwindmaß zur Zeit $t$
$\alpha$ $E_s/E_{cm}$
$E_s$ Elastizitätsmodul Spannstahl nach Abschn. 3.3
$E_{cm}$ Elastizitätsmodul Beton nach Tafel 4
$\Delta\sigma_{pr}$ Spannungsverlust infolge Relaxation nach Bild 7, wobei für die Ausgangsspannung gilt

$$\sigma_p = \sigma_{pg0} - 0{,}3 - \sigma_{p,c+s+r} \quad (51)$$

$\sigma_{pg0}$ ist die anfängliche Spannung in den Spanngliedern aus ständiger Last und Vorspannung. Gl. (51) darf für übliche Hochbauten $\sigma_p = 0{,}85\,\sigma_{pg0}$ angesetzt werden
$\phi(t,t_0)$ Kriechzahl nach Abschn. 5.8
$\sigma_{cg}$ Betonspannung in Höhe der Spannglieder aus Eigenlast und anderen Ständigen Einwirkungen
$\sigma_{cp0}$ Betonspannung in Höhe der Spannglieder aus anfänglicher Vorspannung
$A_c$ Betonquerschnitt
$A_p$ Spannstahlquerschnitt
$I_c$ Trägheitsmoment Betonquerschnitt
$z_{cp}$ Abstand Schwerpunkt Betonquerschnitt/Spannglieder

## 6.4.6 Verankerungsbereiche von Spanngliedern mit sofortigem Verbund

Es ist nach Bild 17 zu unterscheiden zwischen

- der Übertragungslänge $l_{bp}$, in deren Bereich die Spannkraft $P_0$ voll auf den Beton übertragen wird
- der Eintragungslänge $l_{p,eff}$, ab der die Betonspannung aus der Vorspannung linear über den Querschnitt verteilt ist
- der Verankerungslänge $l_{ba}$, innerhalb der die Vorspannkraft $F_{pu}$ in den Beton eingeleitet werden kann.

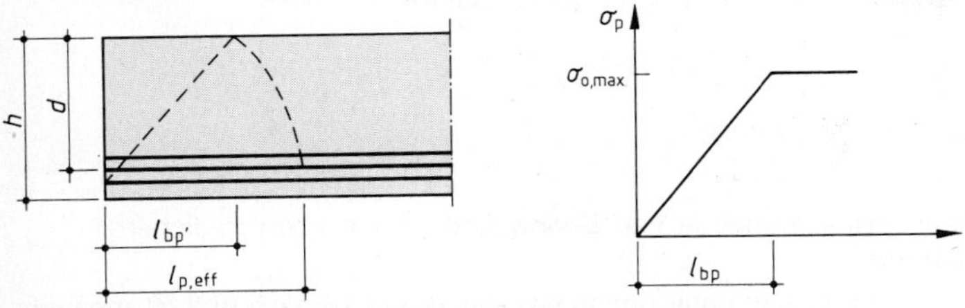


a) Übertragungslänge-, Eintragungslänge b) Bemessungswert von $l_{pb}$

**Bild 17 Verankerungsbereiche bei Vorspannung mit sofortigem Verbund**

Für die Übertragungslänge gilt in Abhängigkeit der Beiwerte $\beta_b$ nach Tafel 20

$l_{bp} = \beta_b \, d_v$ (52) $d_v$ ∅ des Stabes

**Tafel 20 Beiwerte $\beta_b$ nach Gl. (52)**

| | | Betonfestigkeit $f_c$ in N/mm² bei Übertragung der Vorspannkraft | | | | | |
|---|---|---|---|---|---|---|---|
| | | 25 | 30 | 35 | 40 | 45 | 50 |
| $\beta_b$¹) | Litzen²) profilierte Drähte³) | 75 | 70 | 65 | 60 | 55 | 50 |
| | gerippte Drähte⁴) | 55 | 50 | 45 | 40 | 35 | 30 |

[1]) Beiwerte gelten nur mit den in den Zulassungen ausgewiesenen Verbundbeiwerten für profilierte und gerippte Stähle und Litzen

[2]) Werte gelten für Litzen mit $A_p < 100$ mm²

[3]) Werte gelten für profilierte Drähte mit $d_v \leqq 8$ mm

[4]) Werte gelten für gerippte Drähte mit $d_v \leqq 12$ mm als Näherungswerte, die durch genaue Werte ersetzt werden sollten

Für den Bemessungswert der Übertragungslänge gilt der jeweils ungünstigere Wert aus nachfolgender Gleichung

$$l_{bpd} \leqq 0{,}8\, l_{bp}$$
$$\leqq 1{,}2\, l_{bp} \quad (53)$$

Die Eintragungslänge kann für Rechteckquerschnitte und gerader, untenliegender Spanngliedanordnung wie folgt angegeben werden

$$l_{p,eff} = \sqrt{l_{bpd}^2 + d^2} \quad (54)$$

Die Länge der Verankerung ist vom Zustand des Verankerungsbereiches im Grenzzustand der Tragfähigkeit abhängig. Bei vorhandenen Zugspannungen gilt

| | |
|---|---|
| $\sigma_{ct} \leqq f_{ct,0,05}$ | Übertragungslänge ist ausreichend |
| $\sigma_{ct} \geqq f_{ct,0,05}$ | Nachweis erforderlich, daß Zugkraftlinie die Zugkraftdeckungslinie (aus Spannglieder und nicht vorgespannter Bewehrung) nicht überschreitet. |

Ist ein Nachweis erforderlich, so gilt für die aufnehmbare Kraft $F_{px}$

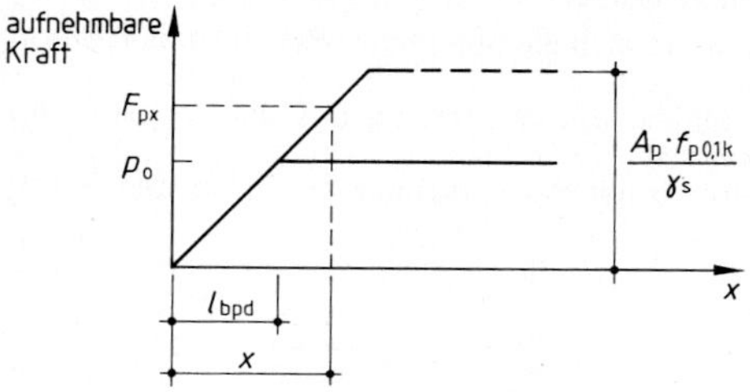


$$F_{px} = \frac{x}{l_{bpd}} P_0 \leq \frac{A_p \cdot f_{p0,1k}}{\gamma_s} \quad (55)$$

**Bild 18 Darstellung der Gl. (55)**

### 6.4.7 Verankerungsbereiche von Spanngliedern mit nachträglichem Verbund

Die Eintragungslänge darf unter Annahme eines Winkels $\beta$ nach Bild 19 angenommen werden.

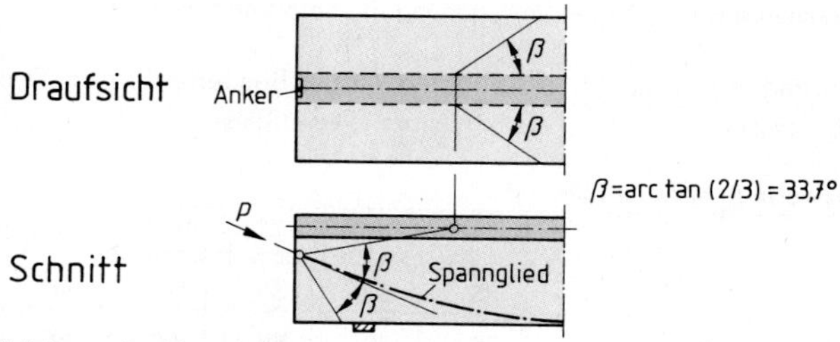


**Bild 19 Einleitung der Vorspannung**

Für die Aufnahme der Vorspannkraft im Bereich hinter der Ankerplatte gelten die Bemessungsregeln für Teilflächenbelastung nach Abschn. 7.3.8.2. Daneben ist die zur Aufnahme der Spaltzugkräfte erforderliche Bewehrung den Zulassungsbescheiden zu entnehmen. Weitere Bewehrung ist nach Abschn. 7.3.7 anzuordnen.

## 6.5 Nachweis in den Grenzzuständen der Tragfähigkeit

### 6.5.1 Biegung mit Längskraft

Für Bauteile mit im Verbund liegende Bewehrung, die mit Biegung, Biegung mit Längskraft oder Längskraft allein belastet sind, erfolgt die Ermittlung der aufnehmbaren Schnittgrößen unter folgender Annahme:

- Ebenbleiben der Querschnitte
- Zug-, Druckbewehrung und Beton haben, wenn sie in gleicher Höhe liegen, gleich große Dehnung
- Zugfestigkeit des Betons wird vernachlässigt
- Für die Betondruckspannungen gelten die rechnerischen Spannungsdehnungslinien nach Bild 3 und 4
- Die Bemessung erfolgt auf Grundlage des Dehnungsdiagrammes nach Bild 20.

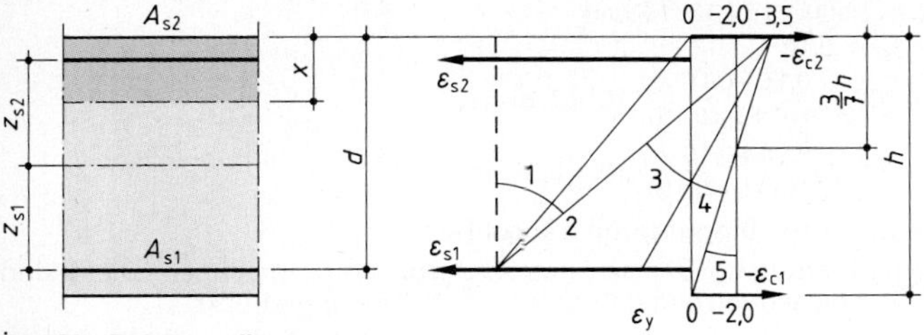


**Bild 20 Dehnungsdiagramm**

Für die einzelnen Dehnbereiche gilt:

a) Dehnbereich 1: Mittiger Zug oder Zugkraft mit kleiner Ausmitte. Nullinie liegt außerhalb des Querschnitts.

b) Dehnbereich 2: Biegung mit Längskraft mit Ausnutzung der Bewehrung. Nullinie liegt innerhalb des Querschnitts, so daß Zug- und Druckzone vorhanden sind. Betonstauchung $< -3{,}5‰$, Stahldehnung 20%

c) Dehnbereich 3: Biegung mit Längskraft mit Ausnutzung der Bewehrung und des Betons. Betonstauchung $= -3{,}5‰$, Stahldehnung liegt zwischen 20‰ und $\varepsilon_{yd}$

d) Dehnbereich 4: Biegung mit Längskraft mit Ausnutzung des Betons. Betonstauchung $= -3{,}5‰$, Stahldehnung liegt zwischen $\varepsilon_{yd}$ und 0‰

e) Dehnbereich 4a: Biegung mit Längskraft mit Ausnutzung des Betons. Betonstauchung $= -3{,}5‰$, Stahl auf Druck beansprucht

f) Dehnbereich 5: Längsdruckkraft mit kleiner Ausmitte bzw. mittiger Druck. Gesamter Querschnitt auf Druck beansprucht. Alle Dehnungsverteilungen schneiden sich in Punkt C. Betonstauchung liegt zwischen $-3{,}5‰$ ($\varepsilon_{c1} = 0$) und $-2‰$ (zentrischer Druck)

### 6.5.1.1 Bemessung für mittigen Zug oder Zugkraft mit kleiner Ausmitte

Bewehrungsermittlung ohne weitere Hilfsmittel durch Anwendung des Hebelgesetzes nach Bild 21 und Gl. (56) bis (58).

$$e = \frac{M_{sd}}{N_{sd}} \quad (56)$$

$$A_{s2} = N_{sd} \frac{z_{s2} - e}{f_{yd}\,(z_{s1} + z_{s2})} \quad (57)$$

$$A_{s1} = N_{sd} \frac{z_{s1} + e}{f_{yd}\,(z_{s1} + z_{s2})} \quad (58)$$

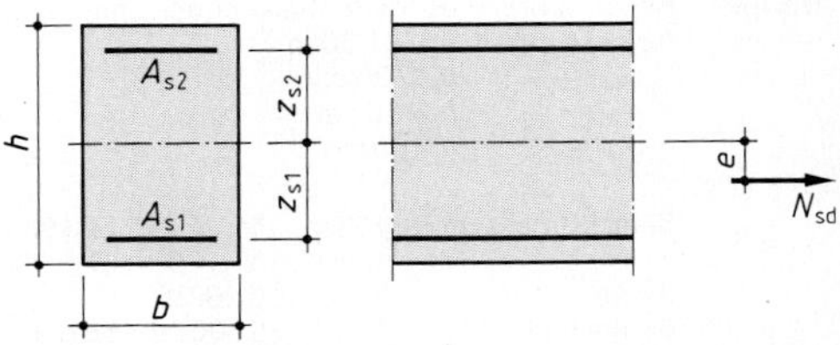


**Bild 21 Bemessung für mittigen Zug und Zugkraft mit kleiner Ausmitte**

**Beispiel** Bemessung eines Zugstabes für folgende Vorgaben

| | |
|---|---|
| Abmessungen | $b \cdot h = 24/40$ cm |
| Bemessungsschnittgrößen | $M_{sd} = 30$ kNm |
| | $N_{sd} = 300$ kN |
| Betonstahl | S500, $z_{s1} = z_{s2} = 15$ cm |

**Lösung** $f_{yd} = f_{yk}/\gamma_s = 500/1{,}15 = 435\ \text{MN/m}^2$

$e = 30/300 = 0{,}10$

$$A_{s2} = 0{,}300 \frac{0{,}15 - 0{,}10}{435\,(0{,}15 + 0{,}15)} \cdot 10^4 = 1{,}15\ \text{cm}^2$$

$$A_{s2} = 0{,}300 \frac{0{,}15 + 0{,}10}{435\,(0{,}15 + 0{,}15)} \cdot 10^4 = 5{,}75\ \text{cm}^2$$

### 6.5.1.2 Bemessung für Biegung mit Längskraft

Bewehrungsermittlung durch Bemessungstabellen bzw. Diagrammen. Diese sind im Anhang für Rechteckquerschnitte und Plattenbalken abgedruckt.

Dabei sind die einwirkenden Schnittgrößen in der Regel auf die Lage der Biegezugbewehrung zu beziehen.

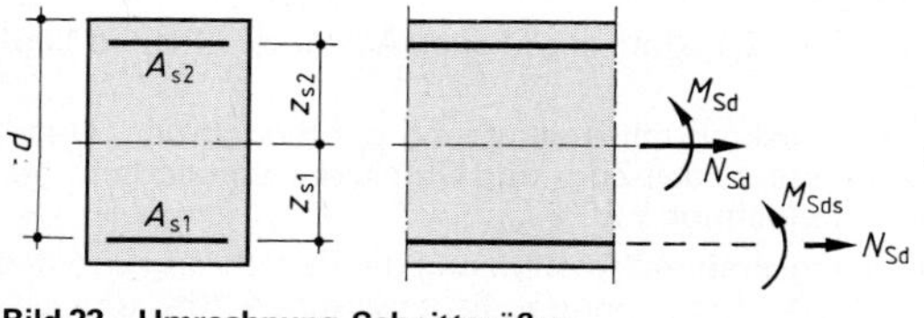


$$M_{Sds} = M_{Sd} - N_{Sd} \cdot z_{s1} \qquad (59)$$

**Bild 22 Umrechnung Schnittgrößen**

**Beispiel** Bemessung eines Rechteckquerschnittes für folgende Vorgaben:

| | |
|---|---|
| Abmessungen | $b/h = 24/40$ cm |
| Bemessungsschnittgrößen | $M_{Sd} = 78{,}2$ kNm |
| | $N_{Sd} = 0$ |
| Beton | C 20/25 |
| Betonstahl | S 500 ($d = 35$ cm) |

**Lösung** $f_{cd} = f_{ck}/\gamma_c = 20/1{,}5 = 13{,}3\ \text{MN/m}^2$

$f_{yd} = f_{yk}/\gamma_s = 500/1{,}15 = 435\ \text{MN/m}^2$

$M_{Sds} = 78{,}20$ kNm ($N_{Sd} = 0$)

$$\mu_{Sds} = 0{,}0782 \frac{1}{0{,}24 \cdot 0{,}35^2 \cdot 13{,}3} = 0{,}20$$

$\omega_{1,M} = 0{,}2327$ (aus BT 2)

$$A_s = \frac{1}{435}\,(0{,}2327 \cdot 0{,}24 \cdot 0{,}35 \cdot 13{,}3 + 0)\ 10^4 = 5{,}98\ \text{cm}^2$$

**Beispiel** Bemessung eines Plattenbalkenquerschnittes für folgende Vorgaben

Abmessungen $b_{eff} = 1{,}50$ m

$b_w = 30$ cm

$h_f = 15$ cm

$d = 55$ cm

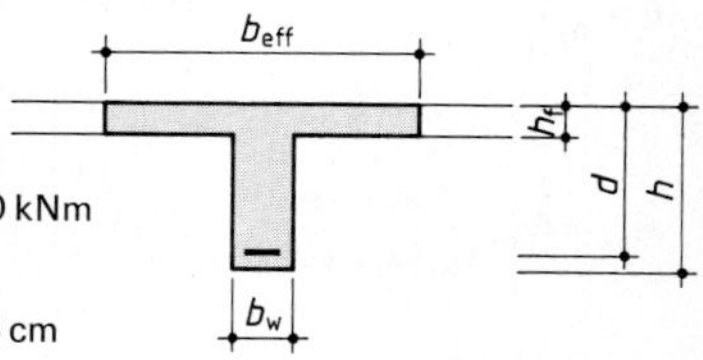


| | |
|---|---|
| Bemessungsschnittgrößen | $M_{Sd} = 242{,}50$ kNm |
| | $N_{Sd} = 0$ |
| Beton | C 20/25 |
| Betonstahl | S 500, $d = 55$ cm |

**Bild 23**

**Lösung** $f_{cd} = 20/1{,}5 = 13{,}3\ \text{MN/m}^2$

$f_{yd} = 500/1{,}15 = 435\ \text{MN/m}^2$

$M_{Sds} = 242{,}50$ kNm

$$\mu_{Sds} = 0{,}2425 \frac{1}{1{,}50 \cdot 0{,}55^2 \cdot 13{,}3} = 0{,}040$$

$h_f/d = 15/55 \approx 0{,}25$

$b_{eff}/b_w = 1{,}50/0{,}30 = 5{,}0$

$1000\,\omega_{1,M} = 41$ (aus BT 6 c)

$$A_s = \frac{1}{43{,}5}\,(0{,}041 \cdot 1{,}50 \cdot 0{,}55 \cdot 13{,}3 + 0)\ 10^4 = 10{,}35\ \text{cm}^2$$

### 6.5.1.3 Längsdruckraft mit kleiner Ausmitte

Bewehrungsermittlung durch Interaktionsdiagramme, welche im Anhang für Rechteckquerschnitte abgedruckt sind.

Für überwiegenden Längsdruck oder Längszug bzw. überwiegende Biegebeanspruchung mit wechselnden Vorzeichen wird in der Regel eine symmetrische Bewehrung angeordnet.

### 6.5.1.4 Kreisquerschnitte

Kreisquerschnitte werden in der Regel wie Rechteckquerschnitte mit symmetrischer Bewehrung bemessen. Im Anhang ist eine solche Bemessungshilfe für den Vollquerschnitt angegeben.

### 6.5.1.5 Rechteckquerschnitt mit zweiachsiger Biegung

Die Bewehrungsermittlung durch Anwendung von Interaktionsdiagrammen, welche für zwei verschiedene Bewehrungsanordnungen im Anhang abgedruckt sind.

### 6.5.1.6 Bemessung von Spannbetonteilen bei Vorspannung mit nachträglichem oder sofortigem Verbund

Die Bemessung kann analog der Bemessung der Stahlbetonbauteile erfolgen.

## 6.5.2 Querkraft

Unabhängig von den nachstehend geführten Nachweisen ist in Platten und Balken eine Mindestbewehrung nach Abschn. 7.3 anzuordnen.

**Ausnahme:**
- Platten (Voll-, Rippen- und Hohlplatten) mit ausreichendem Querabtrag der Lasten.
- Bauteile von untergeordneter Bedeutung (z. B. Sturz mit Spannweite <2 m).

### 6.5.2.1 Bemessungsverfahren

Für die Bemessung gilt

$$V_{Sd} \leqq V_{Rd} \quad (60)$$

**6.5.2.1.1 Aufzunehmende Querkraft $V_{Sd}$.** Die aufzunehmende Querkraft $V_{Sd}$ ist nach Abschn. 4 zu ermitteln. Dabei sind folgende Einflüsse zu beachten:

a) **Bauteile mit veränderlicher Höhe**
Neben dem Bemessungswert der Querkraft $V_{0d}$ sind die Querkraftkomponenten in der Druckzone $V_{ccd}$ und in der Zugzone $V_{td}$ zu berücksichtigen.

$$V_{Sd} = V_{0d} - V_{ccd} - V_{td} \quad (61)$$

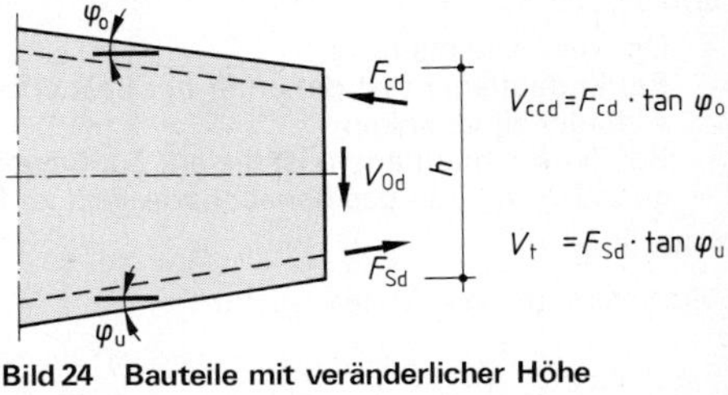


**Bild 24 Bauteile mit veränderlicher Höhe**

b) **Bauteile mit geneigten Spanngliedern**
Neben dem Bemessungswert der Querkraft $V_{0d}$ ist die Querkraftkomponente des geneigten Spanngliedes $V_{pd}$ zu berücksichtigen.

$$V_{Sd} = V_{0d} - V_{pd} \quad (62)$$

Bei Anwendung von Gl. (62) ist eine Abminderung nach Gl. (61) nicht zulässig.

**6.5.2.1.2 Aufnehmbare Querkraft.** $V_{Rd}$ festgelegt in

- $V_{Rd1}$ Bemessungswert der aufnehmbaren Querkraft eines Bauteils ohne Schubbewehrung
- $V_{Rd2}$ Höchster Bemessungswert der Querkraft, die ohne Versagen der Druckstreben aufgenommen werden kann
- $V_{Rd3}$ Bemessungswert der aufnehmbaren Querkraft eines Querschnitts in einem Bauteil mit Schubbewehrung

Bei der Bemessung muß $V_{Rd2}$ in jedem Fall nachgewiesen und weiterhin unterschieden werden.

a) $\boldsymbol{V_{Sd} \leqq V_{Rd1}}$ (63)

Eine rechnerische Schubbewehrung ist nicht erforderlich (vgl. Abschn. 6.5.2.2). Mindestbewehrung s. Abschn. 7.3.1.2.

b) $\boldsymbol{V_{Rd1} < V_{Sd} \leqq V_{Rd3}}$ (64)

Schubbewehrung ist nach Abschn. 6.5.2.3 zu berechnen, mindestens aber in der Größenordnung der Mindestbewehrung.

**6.5.2.1.3 Querkraft mit Längsdruck.** Die Tragfähigkeit der Druckstreben ist bei Querkraft und Längsdruck auf den Wert $V_{Rd2,red}$ abzumindern

$$\boldsymbol{V_{Rd2,red} = 1{,}67\, V_{Rd2}(1 - \sigma_{cp,eff}/f_{cd}) < V_{Rd2}} \quad (65)$$

$$\sigma_{cp,eff} = (N_{Sd} - f_{yk}\, A_{sc}/\gamma_m)\, A_c \quad (66)$$

- $\sigma_{cp,eff}$ Wirksame Betonspannung aus der Längskraft nach Gl. (66)
- $N_{Sd}$ Bemessungswert der aufzunehmenden Längskraft
- $A_c$ Fläche des Betonquerschnitts
- $A_{sc}$ Fläche der Bewehrung in der Druckzone
- $f_{yk}$ Festigkeit an der Streckgrenze des Betonstahles

In Gl. (66) ist $f_{yk}/\gamma_m$ auf 400 $N/mm^2$ zu begrenzen.

**6.5.2.1.4 Konzentrierte Einzellasten.** Bei konzentrierten Einzellasten im Abstand $x \leqq 2{,}5\,d$ vom Auflagerrand darf die aufnehmbare Querkraft für folgende Bauteile erhöht werden:

- Bauteile ohne Schubbewehrung
- Bauteile mit Bemessung nach dem Standardverfahren (Abschn. 6.5.2.3.2)

Voraussetzung:

- Direkte Lasteinleitung
- Bei Endauflagern ist die unter der Last erforderliche Bewehrung voll über dem Auflager zu verankern
- Bei Zwischenauflagern ist die erf. Zugbewehrung am Auflagerrand mit der Länge $2{,}5\,d + l_{b,net}$ in das benachbarte Feld zu führen.

Erhöhung:

Multiplikation des Wertes $\tau_{Rd}$ mit $\beta$

$$\beta = 2{,}5\,d/x \quad 1 \leqq \beta \leqq 3 \quad (67)$$

Im Feldbereich außerhalb der Einzellasten ist $\beta = 1$ zu setzen. Erhöhung von $V_{Rd1}$ bleibt beim Nachweis von $V_{Rd2}$ unberücksichtigt.

**6.5.2.1.5 Sonstige Regelungen.** Bei Stegen mit verpreßten Spanngliedern mit einem Durchmesser $d_v > b_w/8$ ist $b_w$ bei der Ermittlung von $V_{Rd2}$ unter Berücksichtigung der ungünstigsten Spanngliedlage abzumindern

$$b_{w,nom} = b_w - \sum d_v \quad (68)$$

### 6.5.2.2 Bauteile ohne rechnerisch erf. Schubbewehrung ($V_{sd} \leqq V_{Rd1}$)

Die Bemessungswerte der Querkrafttragfähigkeit ergeben sich zu

$$V_{Rd1} = [\tau_{Rd}\, k(1{,}2 + 40\varrho_1) + 0{,}15\sigma_{cd}]\, b_w\, d \quad (70) \qquad V_{Rd2} = 0{,}5\,\nu f_{cd}\, b_w\, 0{,}9d \quad (71)$$

mit

$$\varrho_1 = A_{sl}/(b_w d) \leqq 0{,}02 \quad (72) \qquad \nu = 0{,}7 - (f_{ck}/200) \geqq 0{,}5 \quad (73)$$

| | |
|---|---|
| $\tau_{Rd}$ | Grundwert der Bemessungsschubfestigkeit nach Tafel 21, wobei $c$ mit 1,5 anzunehmen ist |
| $k=1$ | Bauteile mit Staffelung der Feldbewehrung von >50% |
| $k=1{,}6-d \geqq 1$ | alle anderen Bauteile ($d$ in m) |
| $A_{sl}$ | Fläche der Zugbewehrung im betrachteten Querschnitt, die mindestens um das Maß $d + l_{b,net}$ verankert wird (vgl. Bild 25) |
| $b_w$ | kleinste Breite des Querschnittes (vgl. Bild 26) |
| $\sigma_{cd} = N_{sd}/A_c$ | |
| $N_{sd}$ | Längskraft im Querschnitt aus Last oder Vorspannung |

Wenn Gl. (70) im Verankerungsbereich vorgespannter Bauteile mit sof. Verbund gelten soll, so sind die Verankerungen nach Abschn. 6.4.6 auszubilden.

**Tafel 21 Werte für $\tau_{Rd}$ mit $\tau_{Rd} = 0{,}25 f_{ctk;0{,}05}/\gamma_c$; $\gamma_c = 1{,}5$**

| $f_{ck}$ | 12 | 16 | 20 | 25 | 30 | 35 | 40 | 45 | 50 |
|---|---|---|---|---|---|---|---|---|---|
| $\tau_{Rd}$ | 0,18 | 0,22 | 0,26 | 0,30 | 0,34 | 0,37 | 0,41 | 0,44 | 0,48 |

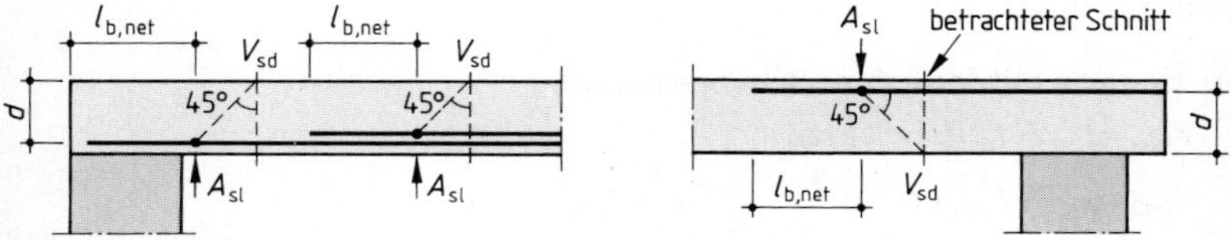


**Bild 25 Darstellung von $A_{sl}$**

### 6.5.2.3 Bauteile mit rechnerisch erf. Schubbewehrung ($V_{sd} > V_{Rd1}$)

**6.5.2.3.1 Verfahren.** Der Nachweis kann nach zwei verschiedenen Bemessungsverfahren erfolgen

- Standardverfahren (Abschn. 6.5.2.3.2)
- Verfahren mit veränderlicher Druckstrebenneigung (Abschn. 6.5.2.3.3)

Die Nachweise erfolgen auf Grundlage der in Bild 26 dargestellten Bezeichnungen.

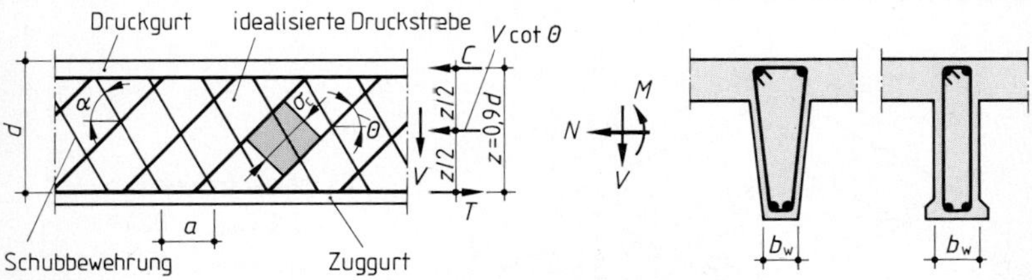


**Bild 26 Bezeichnungen beim Nachweis der Schubbewehrung**

Die Spannung in den Betondruckstäben ist auf $\sigma_c \leqq \nu f_{cd}$ zu begrenzen, wobei für $\nu$ gilt

$$\nu = 0{,}7 - \frac{f_{ck}}{200} \geqq 0{,}5 \quad (f_{ck} \text{ in N/mm}^2) \quad (74)$$

Bei Verwendung von Schrägstäben soll der Winkel zwischen Bauteilachse und Schrägstab $\geqq 45°$ sein.

Schrägstäbe dürfen in Balken nur gleichzeitig mit Bügeln angeordnet werden, wobei aber mindestens 50% von $V_{sd}$ den Bügeln zugewiesen werden muß.

### 6.5.2.3.2 Standardverfahren

Für die Querkrafttragfähigkeit gilt:

$$V_{Rd3} = V_{cd} + V_{wd} \quad (75)$$

$$V_{cd} = V_{Rd1} \text{ nach Gl. (70)}$$

$$V_{wd} = \frac{A_{sw}}{a} 0{,}9\, d\, f_{ywd} (1 + \cot\alpha) \sin\alpha \quad (76)$$

Für die Druckstrebentragfähigkeit gilt:

$$V_{Rd2} = \tfrac{1}{2} \nu f_{cd}\, b_w\, 0{,}9\, d (1 + \cot\alpha) \quad (77)$$

$A_{sw}$ Querschnittsfläche der Schubbewehrung
$a$ Abstand der Schubbewehrung
$\alpha$ Neigungswinkel der Schubbewehrung zur Bauteilachse (lotrechte Bügel oder Kombination senkrechter Bügel/Schrägstäbe: $\alpha = 90°$: $\sin\alpha = 1$, $\cot\alpha = 0$)

### 6.5.2.3.3 Verfahren mit veränderlicher Druckstrebenneigung.

Für die Querkrafttragfähigkeit gelten die untenstehenden Gleichungen, wobei der Winkel $\theta$ zwischen Betondruckstrebe und Längsbewehrung bei Platten und Balken auf $4/7 \leqq \cot\theta \leqq 7/4$ begrenzt ist. Für den Hebelarm $z$ darf $0{,}9d$ angenommen werden.

**a) Bauteile mit lotrechter Schubbewehrung**

$$V_{Rd2} = b_w z \nu f_{cd} / (\cot\theta + \tan\theta) \quad (78)$$

$$V_{Rd3} = \frac{A_{sw}}{a} z f_{ywd} \cot\theta; \left(\frac{A_{sw} \cdot f_{ywd}}{b_w \cdot a} \leqq \frac{1}{2} \nu f_{cd}\right) \quad (79)$$

**b) Bauteile mit geneigter Schubbewehrung**

$$V_{Rd2} = b_w z \nu f_{cd} (\cot\theta + \cot\alpha) / (1 + \cot^2\theta) \quad (80)$$

$$V_{Rd3} = \frac{A_{sw}}{a} z f_{ywd} (\cot\theta + \cot\alpha) \sin\alpha; \left(\frac{A_{sw}\, f_{ywd}}{b_w \cdot a} \leqq \frac{0{,}5 \nu f_{cd} \sin\alpha}{1 - \cos\alpha}\right) \quad (81)$$

### 6.5.2.4 Schub zwischen Balkensteg und Gurt

Der Anschluß von Gurten an Stegen kann aufgrund des Bemessungsmodells nach Bild 27 berechnet werden.

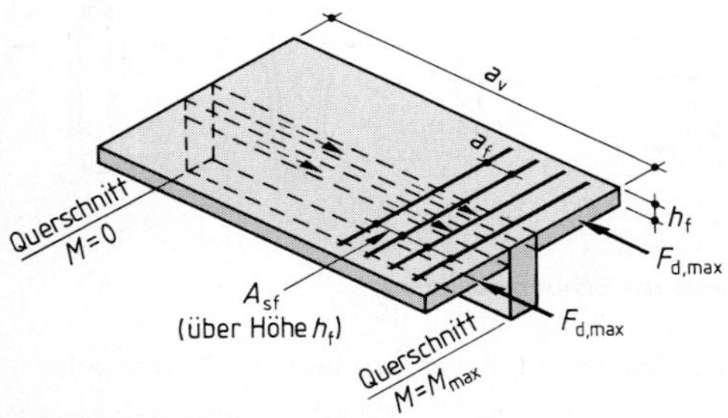


**Bild 27 Bemessungsmodell beim Anschluß Gurt/Steg**

Es ist nachzuweisen

$$v_{Sd} \leqq v_{Rd2} \quad (82)$$

$$v_{Sd} \leqq v_{Rd3} \quad (83)$$

Für den aufzunehmenden Längsschub gilt

$$v_{Sd} = F_{d,max} / a_v \quad (84)$$

$F_{d,max}$ maximale Gurtkraft
$a_v$ Abstand zwischen Momentennullpunkt und dem Querschnitt mit dem maximalen Moment.

Die aufzunehmende Querkraft errechnet sich unter Berücksichtigung der Werte für $\tau_{Rd}$ nach Tafel 21 zu

$$v_{Rd2} = 0{,}2 f_{cd}\, h_f \quad (85) \qquad v_{Rd3} = 2{,}5 \tau_{Rd}\, h_f + A_{sf}\, f_{yd} / a_f \quad (86)$$

In Gl. (86) ist der Ausdruck $2{,}5\,\tau_{Rd}\, h_f = 0$ zu setzen, wenn der Gurt durch eine Zugkraft beansprucht wird. Bei gleichzeitiger Beanspruchung von Schub und Querbiegung braucht jeweils nur die größte Bewehrung angeordnet zu werden.

### 6.5.3 Torsion

Eine vollständige Torsionsbemessung ist nur erforderlich, wenn das statische Gleichgewicht eines Tragwerkes von der Torsionssteifigkeit seiner einzelnen Bauteile abhängt. Ggf. ist zu berücksichtigen, daß Torsion in stat. unbestimmten Bauteilen auftreten und damit zu Rißbildungen führen kann (Grenzzustand der Gebrauchstauglichkeit).

In jedem Fall sollte immer eine Mindestbewehrung nach Abschn. 6.6.2 und 7.3.1 zur Vermeidung von Rißbildungen angeordnet werden.

#### 6.5.3.1 Reine Torsion

Für die Bemessung gilt

$$T_{Sd} \leqq T_{Rd} \quad (87)$$

**6.5.3.1.1 Aufzunehmendes Torsionsmoment $T_{Sd}$.** Das aufzunehmende Torsionsmoment $T_{Sd}$ ist nach Abschn. 4 zu ermitteln.

**6.5.3.1.2 Aufnehmbare Torsionsmoment.** $T_{Rd}$ ist festgelegt in

– $T_{Rd1}$ Bemessungswert des durch die Betonstreben aufnehmbares Torsionsmoments
– $T_{Rd2}$ Bemessungswert des durch Bewehrung aufnehmbaren Torsionsmoments

Folgende Nachweise sind zu führen:

$$T_{Sd} \leqq T_{Rd1} \quad (88)$$

$$T_{Sd} \leqq T_{Rd2} \quad (89)$$

Dabei gelten die im Bild 28 verwendeten Bezeichnungen.

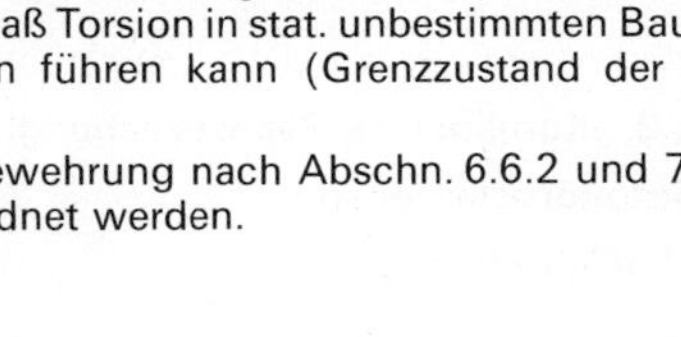


**Bild 28 Bezeichnungen für den Nachweis von Torsion**

**a) Betondruckstreben**

$$T_{Rd1} = 2 \nu f_{cd}\, t A_k / (\cot\theta + \tan\theta) \quad (90)$$

$$t = A/u \quad (91)$$

$t$ fiktive Wanddicke nach Gl. (91). Dabei darf $t$ nicht größer als die vorhandene Dicke und nicht kleiner als die zweifache Betondeckung sein
$u$ äußerer Umfang
$A$ Gesamtfläche des Querschnitts innerhalb des äußeren Umfangs einschließlich hohler Innenbereiche
$\nu$ Wirksamkeitsfaktor

$$\nu = 0{,}7\left(0{,}7 - \frac{f_{ck}}{200}\right) \geqq 0{,}35 \quad (f_{ck} \text{ in N/mm}^2) \quad (92)$$

$A_k$ Von der Mittellinie eines dünnwandigen Hohlquerschnitts umschlossene Fläche

$\theta$ Winkel zwischen Betondruckstrebe und Längsbewehrung bei Balken, der auf $4/7 \leqq \cot\theta \leqq 7/4$ begrenzt ist.

**b) Torsionsbewehrung**

Bügel:

$$T_{Rd2} = 2A_k \cdot f_{ywd} \cdot A_{sw} \cdot \cot\theta / a \quad (93)$$

Zusätzliche Längsbewehrung:

$$A_{sl} \cdot f_{yld} = T_{Rd2} \cdot u_k \cdot \cot\theta / (2A_k) \quad (94)$$

$A_{sw}$ Querschnittsfläche der Bügelbewehrung

$A_{sl}$ Zusätzlich erforderliche Querschnittsfläche der Längsbewehrung

$f_{ywd}$ Bemessungswert der Festigkeit der Bügel an der Streckgrenze

$a$ Abstand der Bügelbewehrung

$u_k$ Umfang der Fläche $A_k$

$f_{yld}$ Bemessungswert der Festigkeit der Längsbewehrung an der Streckgrenze

### 6.5.3.2 Kombinierte Beanspruchung aus Querkraft und Torsion

**a) Betondruckstreben**

Es ist nachzuweisen

$$\left(\frac{T_{Sd}}{T_{Rd1}}\right)^2 + \left(\frac{V_{Sd}}{V_{Rd2}}\right)^2 \leqq 1 \quad (95)$$

$T_{Rd1}$ Bemessungswert des aufnehmbaren Torsionsmomentes nach Gl. (90)

$V_{Rd2}$ Bemessungswert der aufnehmbaren Querkraft nach Gl. (78) und (80), wobei $\nu$ nach Gl. (91) einzusetzen ist.

**b) Bewehrung**

Getrennte Bemessung für Torsion und Querkraft ist zulässig, die Neigung der Betondruckstreben $\theta$ ist dabei gleich groß anzunehmen. Bei rechteckigen Vollquerschnitten kann auf Schub- und Torsionsbewehrung verzichtet werden, wenn folgende Bedingungen eingehalten sind:

$$T_{Sd} \leqq V_{Sd} \frac{b_w}{4{,}5} \quad (96) \qquad V_{Sd}\left(1 + \frac{4{,}5\, T_{Sd}}{V_{Sd}\, b_w}\right) \leqq V_{Rd1} \quad (97)$$

Mindestbewehrung ist aber in jedem Fall erforderlich.

### 6.5.4 Durchstanzen

Für punktförmig gestützte Platten (Platten, Fundamente und Rippendecken mit Vollquerschnitten) ist neben dem Nachweis nach den Abschn. 6.5.1 und 6.5.2 der Nachweis zu erbringen, daß die aufnehmbare Querkraft längs eines kritischen Rundschnittes folgende Bedingungen erfüllt:

$$v_{Sd} = \frac{V_{Sd}\beta}{u} \leqq v_{Rd} \quad (98)$$

$v_{Sd}$ Bemessungswert der aufzunehmenden Querkraft

$u$ Umfang des kritischen Rundschnittes im Abstand von $1{,}5d$ von der Lasteinleitungsfläche nach Bild 30

$\beta$ Beiwert zur Berücksichtigung der Auswirkung von Lastausmitten

$\beta = 1{,}00$ Lastausmitte nicht möglich (Rotationssymmetr. Biegebeanspruchung)

$\beta = 1{,}15$ Innenstützen

$\beta = 1{,}40$ Randstützen

$\beta = 1{,}50$ Eckstützen

$v_{Rd}$ Bemessungswert der Querkrafttragfähigkeit längs des kritischen Rundschnittes einer Platte mit folgender Grenztragfähigkeit

$v_{Rd1}$ Bemessungswert ohne Schubbewehrung

$v_{Rd2}$ größter Bemessungswert

$v_{Rd3}$ Bemessungswert mit Schubbewehrung

Das Bemessungsmodell kann aus Bild 29 abgeleitet werden.

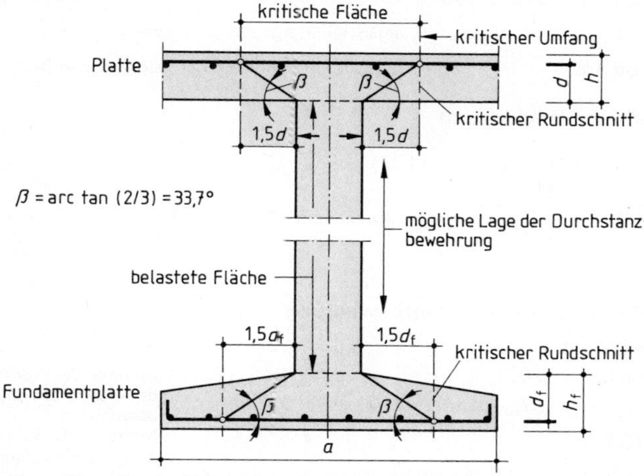


für $a > 2h_f$ sollte das Fundament als Platte betrachtet werden

**Bild 29 Bemessungsmodell für den Nachweis der Sicherheit gegen Durchstanzen**

**Normalbereich**

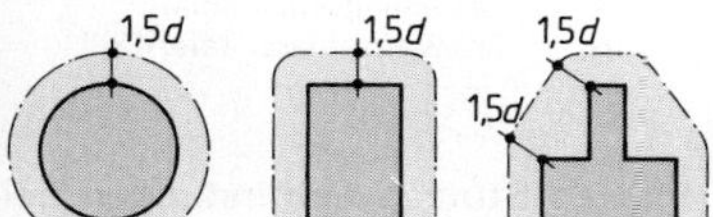


**Sonderbereich**

Bei Wänden oder Stützen, wenn die Bedingungen für Normalbereich nicht erfüllt sind.

Lastaufstandsfläche $\leqq 11\,d$ Länge/Breite $\leqq 2{,}0$

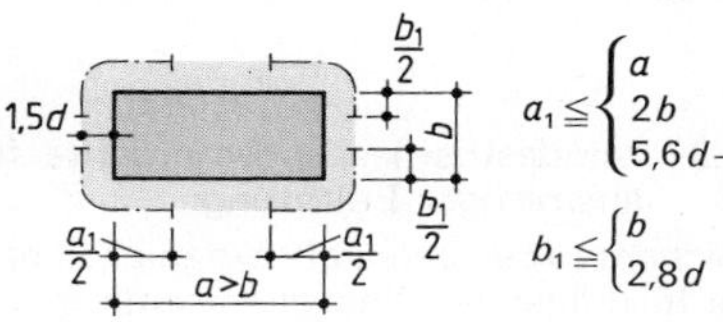


–·–·– maßgebend für den Nachweis gegen Durchstanzen

Restbereich Schub maßgebend

**Randbereich**

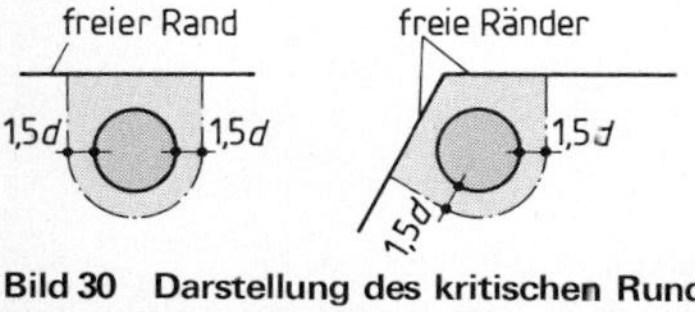


**in der Nähe von Öffnungen**

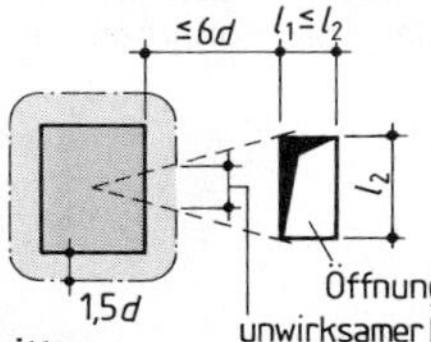


für $l_1 > l_2$ ist $l_2$ durch $\sqrt{l_1 \cdot l_2}$ zu ersetzen

**Bild 30 Darstellung des kritischen Rundschnittes**

### 6.5.4.1 Platten und Fundamente ohne Durchstanzbewehrung

**a) ohne Vorspannung**

$v_{Rd1} = \tau_{Rd}\, k\,(1{,}2 + 40\varrho_1)\, d \cdot 1{,}2$ (99) $\tau_{Rd}$ nach Tafel 21 $k = (1{,}6 - d) \geqq 1{,}0$
$d$ in m

$\varrho_1 = \sqrt{\varrho_{1x} \cdot \varrho_{1y}} \leqq 0{,}015$ (100)

$\varrho_{1x}, \varrho_{1y}$ $a_{slx}/d$ bzw. $a_{sly}/d$ (Längsbewehrungsgrad in $x$- bzw. $y$-Richtung)

$d = (d_x + d_y)/2$ $d_x, d_y$ gemessen im Bereich der theoretischen Bruchfläche

**b) Platten mit Vorspannung**

$\varrho_1 = \sqrt{\varrho_{1x} \cdot \varrho_{1y}} + \dfrac{\sigma_{cp0}}{f_{yd}} \leqq 0{,}015$ (101)

$\sigma_{cp0} = \dfrac{N_{pd}}{A_c}$ $N_{pd}$ Vorspannung $P_{m0} \cdot \gamma_p \; (\gamma_p = 0{,}9)$

### 6.5.4.2 Platten mit Durchstanzbewehrung

Bei $\boldsymbol{v_{Sd} > v_{Rd1}}$ gilt

$v_{Rd2} = 1{,}6\, v_{Rd1}$ (102)

$v_{Rd3} = v_{Rd1} + \sum A_{sw} f_{yd} \sin \alpha / u$ (103)

Aus Gl. (103) folgt

$\sum A_{sw} = (V_{Rd3} - V_{Rd1})\; u / (f_{yd} \sin \alpha)$

$\sum A_{sw} f_{yd} \sin \alpha / u$ Summe der Komponenten der Zugkräfte in der Schubbewehrung
$\alpha$ Neigung der Schubbewehrung zur Plattenmittelachse

Flachdecken mit Schubbewehrung sollen mindestens 200 mm dick sein. Für die bauliche Durchbildung gilt Abschn. 7.3.3.2, wobei die Schubbewehrung innerhalb der kritischen Fläche angeordnet werden soll.

Mindestbewehrung:

$\min \sum A_{sw} = 0{,}6\, \varrho_w\, (A_{crit} - A_{load}) / \sin \alpha$ (104)

$A_{crit}$ Kritische Fläche innerhalb des kritischen Rundschnittes
$A_{load}$ Lasteinleitungsfläche
$\varrho_w$ Tafelwerte nach Tafel 43

### 6.5.4.3 Mindestbemessungsmomente für Platten-Stützen-Verbindungen bei ausmittiger Belastung

Zur Sicherung der Querkrafttragfähigkeit nach den Gl. (99), (102) und (103) ist die Platte für folgende Mindestmomente in $x$- und $y$-Richtung zu bemessen, sofern nicht die Schnittgrößenermittlung zu höheren Werten führt:

$\boldsymbol{m_{Sdx} \geqq \eta \cdot V_{Sd}}$ (105)

$\boldsymbol{m_{Sdy} \geqq \eta \cdot V_{Sd}}$ (106)

$V_{Sd}$ Aufzunehmende Querkraft
$\eta$ Momentenbeiwert nach Tafel 22

Beim Nachweis der aufnehmbaren Biegemomente können nur Bewehrungsstäbe berücksichtigt werden, die außerhalb der kritischen Querschnittsfläche verankert sind.

**Tafel 22 Momentenbeiwerte $\eta$**

| Lage der Stütze | $\eta$ für $m_{Sdx}$ | | | $\eta$ für $m_{Sdy}$ | | |
|---|---|---|---|---|---|---|
| | Plattenoberseite | Plattenunterseite | mitwirkende Plattenbreite | Plattenoberseite | Plattenunterseite | mitwirkende Plattenbreite |
| Innenstütze | −0,125 | 0 | $0{,}3\,l_y$ | −0,125 | 0 | $0{,}3\,l_x$ |
| Randstütze, Plattenrand parallel zur $x$-Achse | −0,25 | 0 | $0{,}15\,l_y$ | −0,125 | +0,125 | (je m Plattenbreite) |
| Randstütze, Plattenrand parallel zur $y$-Achse | −0,125 | +0,125 | (je m Plattenbreite) | −0,25 | 0 | $0{,}15\,l_x$ |
| Eckstütze | −0,5 | +0,5 | (je m Plattenbreite) | +0,5 | −0,5 | (je m Plattenbreite) |

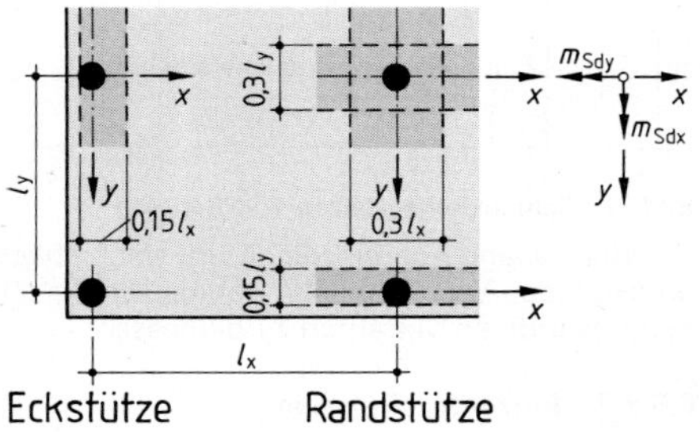


**Bild 31**
**Biegemomente $m_{Sdx}$ und $m_{Sdy}$ in Platten-Stützen-Verbindungen bei außermittiger Belastung und mitwirkende Plattenbreite zur Ermittlung der aufnehmbaren Biegemomente**

## 6.5.5 Knicksicherheitsnachweis

Für schlanke Tragwerke oder schlanke Bauteile, die vorwiegend auf Druck beansprucht und deren Tragfähigkeit wesentlich durch ihre Verformung derart beeinflußt werden, daß die Momente aus Theorie II. Ordnung zu einer Erhöhung der Momente aus Theorie I. Ordnung führen, ist ein Nachweis nach diesem Abschnitt erforderlich.

### 6.5.5.1 Einteilung des Tragwerks und der Tragwerksteile

Der zu führende Nachweis hängt in erster Linie von der Nachgiebigkeit des Tragwerkes ab.

Aussteifende Bauteile sind in der Regel nach Theorie I. Ordnung zu bemessen und sollen 100% aller Horizontallasten aufnehmen.

Als unverschieblich gelten

a) Tragwerke, bei denen der Einfluß von Knotenverschiebungen auf die Bemessungsmomente und – Kräfte der einzelnen Bauteile vernachlässigt werden können.
b) Tragwerke, die durch massive Wände oder Bauwerkskerne ausgesteift werden können.
c) Tragwerke, bei denen die aussteifenden Bauteile annähernd symmetrisch verteilt sind und folgende Bedingungen erfüllen:

$$h_{tot}\sqrt{\frac{F_v}{E_{cm} I_c}} \leqq 0{,}2+0{,}1\,n \quad n \leqq 3 \qquad (107)$$
$$\leqq 0{,}6 \quad n \geqq 4$$

$h_{tot}$ Gesamthöhe des Bauwerkes über Einspannebene
$F_v$ Summe aller lotrechten Lasten
$E_{cm} I_c$ Biegesteifigkeit aller vertikalen aussteifenden Bauteile
$n$ Anzahl der Geschosse

d) Rahmen ohne aussteifende Bauteile, bei denen die Schnittgrößen nach Theorie I. Ordnung infolge zugehöriger Verschiebungen um nicht mehr als 10% erhöht werden.

Dies kann als erfüllt angesehen werden, wenn die Schlankheit aller Druckglieder, die mehr als 70% der mittleren Normalkraft je Geschoß aufnehmen, folgende in Bild 32 dargestellten Bedingungen erfüllen.

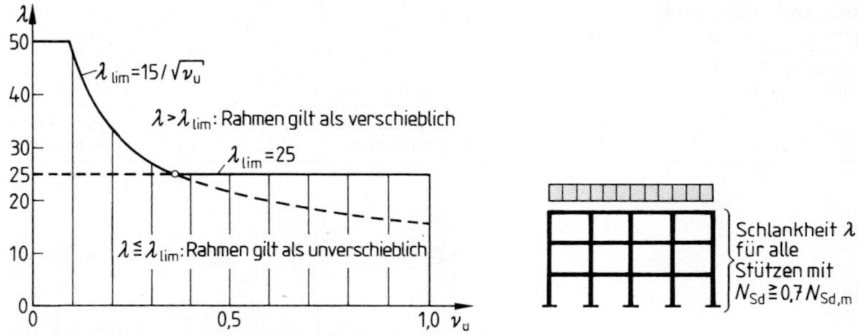


**Bild 32 Schlankheitsgrenzen von Rahmen**

Die Bemessung von einzelnen unverschieblichen Druckgliedern erfolgt als Einzeldruckglieder. Verschiebliche Rahmen sind nach dem in DIN V 18932 T1 angegebenen besonderen Verfahren zu bemessen.

### 6.5.5.2 Einzeldruckglieder

Als Einzeldruckglieder werden bezeichnet

- Einzelstehende Stützen
- Druckglieder, die in einem unverschieblichen Tragwerk gelenkig oder biegesteif angeschlossen sind
- Druckglieder, die als aussteifendes Bauteil dienen und schlank sind.

Die Schlankheit von Einzeldruckgliedern kann nach Bild 33 ermittelt werden. Dabei gilt für die Ersatzlänge $l_0$ eines Druckgliedes

$$l_0 = \beta l_{col} \quad (108)$$

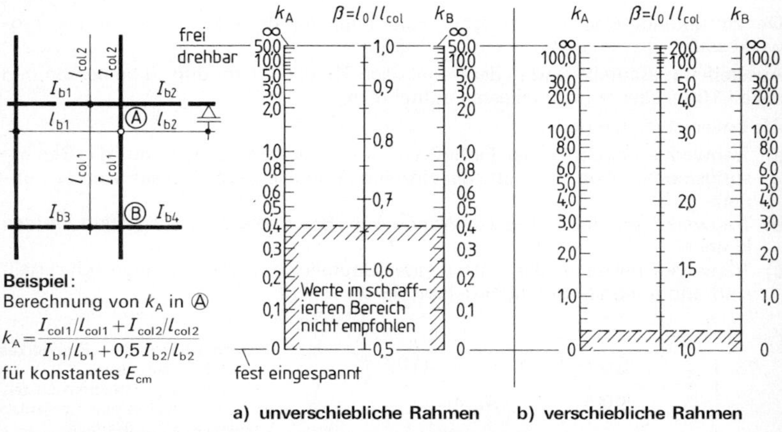


a) unverschiebliche Rahmen b) verschiebliche Rahmen

**Bild 33 Berechnung der Ersatzlänge von Einzeldruckgliedern**

Die Steifigkeit der Einspannung an den Stützenenden kann durch die Beiwerte $k_A$ und $k_B$ angegeben werden.

$$k_A(k_B)=\frac{\sum E_{cm}\, I_{col}/l_{col}}{\sum E_{cm}\, \alpha I_b/l_{eff}} \quad (109)$$

$E_{cm}$ Elastizitätsmodul Beton
$I_{col}$, $I_b$ Trägheitsmoment Druckglied, Balken
$l_{col}$ Stützenlänge zwischen den ideellen Einspannstellen
$l_{eff}$ wirksame Stützweite Balken
$\alpha$ Beiwert zur Berücksichtigung der Einspannung am abliegenden Ende eines Balkens
$\alpha=1{,}0$ abliegende Ende elastisch oder starr eingespannt
$\alpha=0{,}5$ abliegende Ende frei drehbar gelagert
$\alpha=0$ Kragbalken

Einzeldruckglieder gelten als schlank, wenn für $\lambda$ die Gl. (110) erfüllt ist, wobei der größte Wert maßgebend ist.

$$\lambda \begin{matrix} >25 \\ >15/\sqrt{\nu_u} \end{matrix} \quad (110)$$

$\lambda$ Schlankheit $l_0/i$
$\nu_u$ Bezogene Längskraft nach Gl. (111)
$l_0$ Ersatzlänge des Druckgliedes
$i$ Flächenträgheitsradius

Für $\nu_u$ gilt

$$\nu_u=N_{Sd}/(f_{cd}\, A_c) \quad (111)$$

$N_{Sd}$ Bemessungswert der aufzunehmenden Normalkraft ($N_{Sd}\geqq 0{,}7\, N_{Sd,m}$)
$A_c$ Betonquerschnitt der Stütze
$f_{cd}$ Bemessungswert der Betondruckfestigkeit

Ein Knicksicherheitsnachweis kann entfallen, wenn für die Schlankheit $\lambda$ in unverschieblichen Tragwerken folgende Bedingung eingehalten ist:

$$\lambda_{crit}\leqq 25\,(2-e_{01}/e_{02}) \quad (112)$$

$e_{01}$, $e_{02}$ Ausmitten der Normalkraft nach Theorie I. Ordnung mit $|e_{02}|\geqq|e_{01}|$

Gl. (112) gilt nur für Druckglieder ohne Querlasten zwischen den Enden.

Die Druckglieder sind allerdings für folgende Lastkombination zu bemessen:

$$N_{Rd}=N_{Sd} \quad (113) \qquad M_{Rd}=N_{Sd}\, h/20 \quad (114)$$

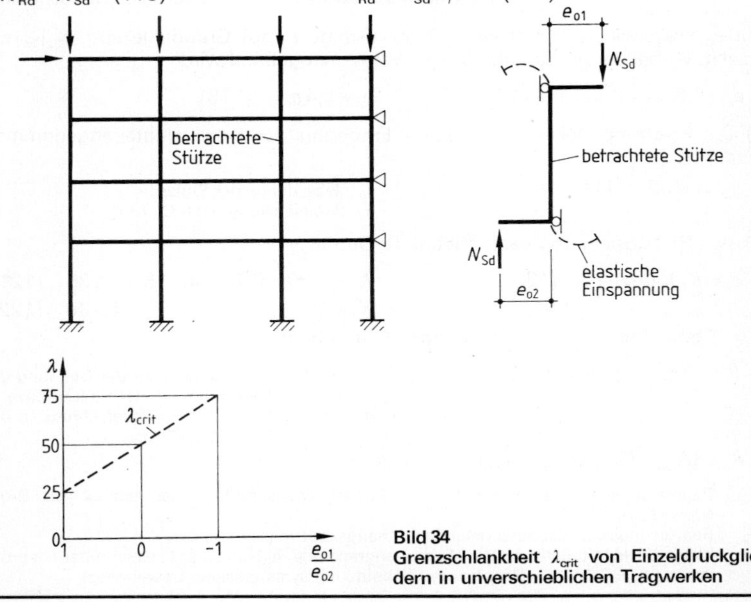


**Bild 34**
**Grenzschlankheit $\lambda_{crit}$ von Einzeldruckgliedern in unverschieblichen Tragwerken**

### 6.5.5.3 Vereinfachtes Bemessungsverfahren

Für rechteckige bzw. kreisförmige Druckglieder mit $\lambda < 140$ und einer Lastausmitte $e_0 > 0{,}1\,h$ kann auf Grundlage einer fußeingespannten und am Kopf frei verschieblichen Modellstütze nach Bild 35 bemessen werden.

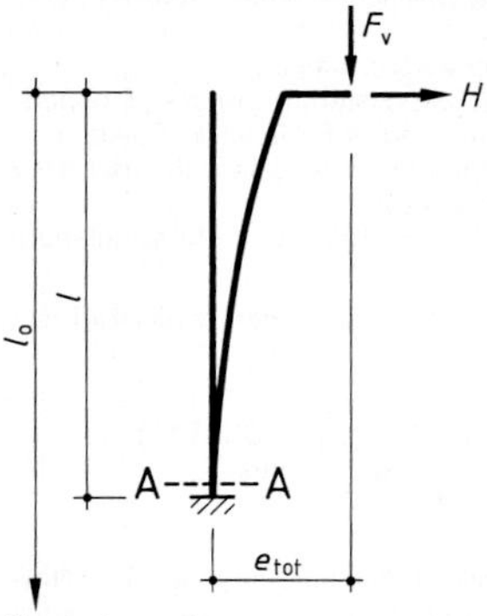


Gesamtausmitte $e_{tot} = e_0 + e_a + e_2$

**Bild 35 Modellstütze**

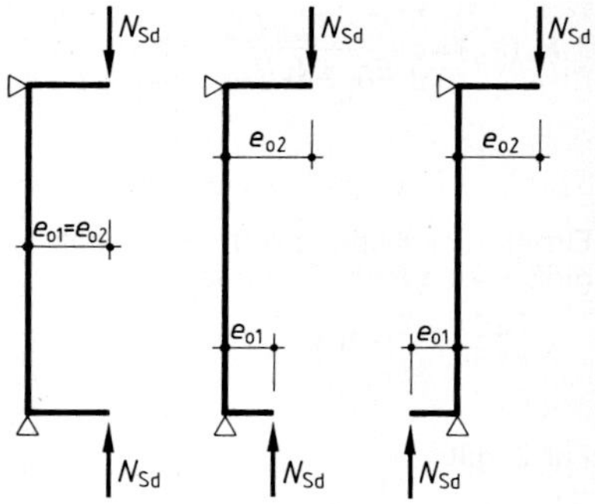


**Bild 36 Berechnung der Lastausmitte $e_0$**

Die Bemessung des Kritischen Querschnittes $A-A$ erfolgt unter der Längskraft $N_{Sd}$ und der Gesamtausmitte $e_{tot}$ nach Bild 36

$$e_{tot} = e_0 + e_a + e_2 \quad (115)$$

a) $e_0$ Lastausmitte nach Theorie I. Ordnung

$$e_0 = M_{Sd1}/N_{Sd} \quad (116)$$

$M_{Sd1}$ Bemessungswert des aufzunehmenden Biegemomentes nach Theorie I. Ordnung
$N_{Sd}$ Bemessungswert der aufzunehmenden Längskraft

Für $e_{01} \neq e_{02}$ wird $e_0$ durch eine Ersatzausmitte $e_e$ auf Grundlage von $|e_{02}| \geqq |e_{01}|$ ersetzt, wobei der größere der beiden Werte maßgebend wird

$$e_e = 0{,}6\,e_{02} + 0{,}4\,e_{01} \quad (117) \qquad e_e = 0{,}4\,e_{02} \quad (118)$$

b) $e_a$ Ersatzimperfektion, die durch Erhöhung der Lastausmitte angenommen wird

$$e_a = \nu \cdot l_0/2 \quad (119)$$

$l_0$ Ersatzlänge der Stütze
$\nu$ Schiefstellung nach Gl. (26)

c) $e_2$ Stabauslenkung nach Theorie II. Ordnung

$$e_2 = K_1\, l_0^2 (1/r)/10 \quad (120)$$

$$K_1 = \lambda/20 - 0{,}75 \quad \text{für } 15 \leqq \lambda \leqq 35 \quad (121)$$

$$K_1 = 1 \quad \lambda > 35 \quad (122)$$

$1/r$ Stabkrümmung im maßgebenden Querschnitt

$$1/r = 2\,K_2\,\varepsilon_{yd}/(0{,}9\,d) \quad (123)$$

$\varepsilon_{yd} = f_{yd}/E_s$ Bemessungswert der Dehnung der Bewehrung an der Streckgrenze
$d$ Nutzhöhe des Querschnitts in der Stabilitätsrichtung

$$K_2 = (N_{ud} - N_{Sd})/(N_{ud} - N_{bal}) \leqq 1 \quad (124)$$

$N_{ud}$ Bemessungswert der Grenztragfähigkeit des Querschnitts unter zentrischem Druck $N_{ud} = \alpha f_{cd} A_c + f_{yd} A_s$
$N_{Sd}$ Bemessungswert der aufzunehmenden Längskraft
$N_{bal}$ Längsdruckkraft, unter der die Momentengrenztragfähigkeit eines Querschnittes am größten ist $N_{bal} = 0{,}4 f_{cd} A_c$ (Rechteckquerschnitte mit symmetrischer Bewehrung)

### 6.5.5.4 Berücksichtigung des Kriechens

In unverschieblichen Tragwerken können Kriechverformungen normalerweise vernachlässigt werden.

Bei verschieblichen Rahmen sind Kriechverformungen zu berücksichtigen, wenn hiervon die Tragwerksstabilität wesentlich beeinflußt wird. Dies ist z. B. der Fall, wenn aus Kriecheinwirkung die Momente nach Theorie I. Ordnung unter planmäßigen Lasten um 10% vergrößert werden. Für den Nachweis enthält der Anhang 3 zur DIN V 18932 T1 weitere Hinweise.

### 6.5.5.5 Druckglieder mit zweifacher Lastausmitte

Bei zweiachsiger Ausmitte ist für Rechteckquerschnitte ein getrennter Nachweis in Richtung der beiden Hauptachsen erlaubt, wenn die bezogenen Ausmitten $e_y/b$ und $e_z/h$ nach untenstehenden Gleichungen derart begrenzt sind, daß der Lastangriffspunkt der Längskraft im dunkleren Bereich des Bildes 37 liegt. Die ungewollte Ausmitte $e_a$ nach Gl. (117) braucht bei der Ermittlung von $e_y$ und $e_z$ nicht berücksichtigt werden.

$$\frac{e_z/h}{e_y/b} \leqq 0{,}2 \quad (125) \qquad\qquad \frac{e_y/b}{e_z/h} \leqq 0{,}2 \quad (126)$$

Zur Erfüllung der Bedingung genügt die Einhaltung eine der beiden Gleichungen. Der getrennte Nachweis kann wie vor beschrieben geführt werden.

Bei $e_z/h > 0{,}2$ ist ein getrennter Nachweis nur dann erlaubt, wenn für den Nachweis um die schwächere Hauptachse $z$ nach Bild 38 die Dicke $h$ auf $h'$ abgemindert wird. Dabei wird $h'$ auf Grundlage einer linearen Spannungsverteilung nach folgenden Formeln ermittelt.

$$\frac{N_{Sd}}{A_c} - \frac{N_{Sd}}{Z_c}(e_z + e_{az}) = 0 \quad (127)$$

$$h' = \frac{h}{2} + \frac{h^2}{12\,(e_z + e_{az})} \leqq h \quad (128)$$

$N_{Sd}$ Bemessungswert der aufzunehmenden Längskraft (bei Druck negativ)
$A_c$ Fläche des Betonquerschnitts $(b \cdot h)$
$Z_c$ Widerstandsmoment $(b \cdot h^3/12\,[h' - h/2])$
$e_{az}$ Zusatzausmitte in $z$-Richtung nach Gl. (119)

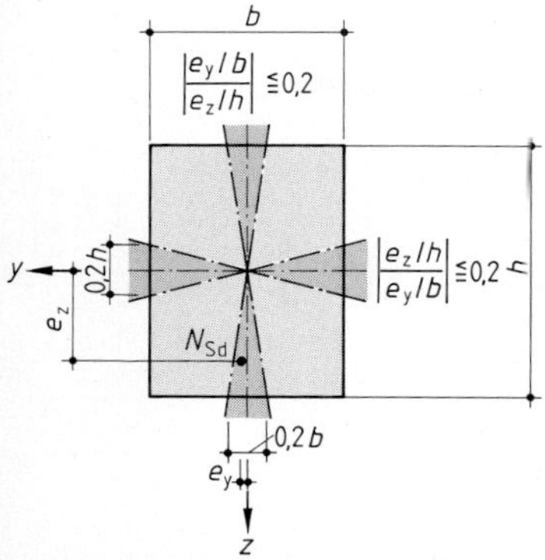


**Bild 37** Voraussetzung für getrennten Nachweis in $y$-Richtung bei $e_z > 0{,}2 \cdot h$

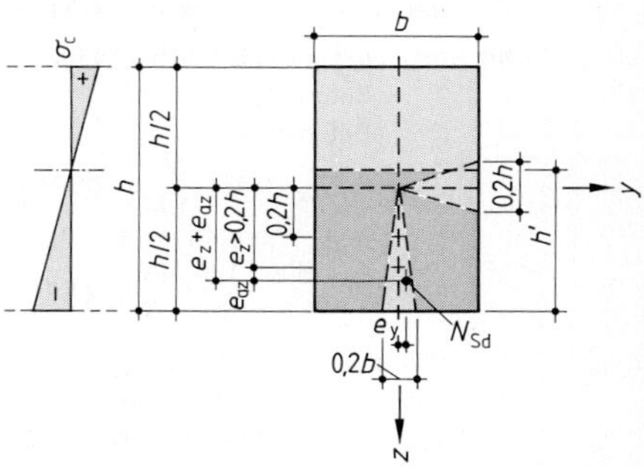


**Bild 38** Bedingungen für getrennte Nachweise in Richtung der beiden Hauptachsen

### 6.5.5.6 Kippen von schlanken Trägern

Auf einen genauen Nachweis kann bei Stahlbeton- und Spannbetonträgern verzichtet werden, wenn folgende beiden Gleichungen erfüllt sind

$$l_{0t} < 35\,b \quad (130)$$
$$h < 2{,}5\,b$$

$b$ Breite des Druckgurtes
$h$ Gesamtdicke des Trägers
$l_{0t}$ Druckgurtlänge zwischen den seitlichen Abstützungen

### 6.5.5.7 Direkte Bemessung von Stützen

Auf Grundlage des Modellstützenverfahrens kann eine exakte Bemessung unter Anwendung der Nomogramme nach BT 8 (Anhang) durchgeführt werden.

**Beispiel** Bemessung einer Kragstütze
Abmessungen $b/h = 45/45$ cm, $l_k = 3{,}30$ m
Beton C 30/37
Betonstahl S 500, $d = 40{,}5$ cm

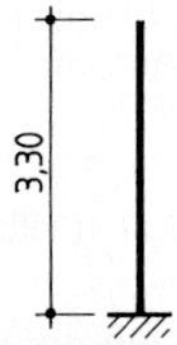


**Bild 39**

**Einwirkungen an der Einspannstelle**

| | | $N$ [kN] | $M_0$ [kNm] | $M_0$ [kNm] | $M_1$ [kNm] |
|---|---|---|---|---|---|
| ständig | g | −500 | 0 | 9,08 | 9,08 |
| veränderlich | s | 250 | 0 | 4,54 | 4,54 |
| | w | 0 | 120 | 0 | 120,0 |

Imperfektion nach Gl. (26)

$$\nu = \frac{1}{100\sqrt{l}} \geqq 0{,}005$$

$$\nu = \frac{1}{100\sqrt{3{,}30}} = 0{,}0055 \geqq 0{,}005$$

Zusatzmoment $M_\alpha$ nach Gl. (119)

$$M_\alpha = |N| \cdot l_0 \cdot \nu/2 = |N| \cdot 3{,}30 \cdot 0{,}0055 \quad [\text{kNm}]$$

**Bemessungswerte und bezogene Momente und Längskräfte**

Vorwerte $l_0/h = 2 \cdot 3{,}30/0{,}45 = 14{,}66$

Beton $\gamma_c = 1{,}5$

Betonstahl $\gamma_s = 1{,}15$

$$A_c \cdot f_{cd} = 0{,}45^2 \cdot \frac{30}{1{,}5} = 4{,}05 \text{ MN}$$

$$h \cdot A_c \cdot f_{cd} = 0{,}45 \cdot 4{,}05 = 1{,}823 \text{ MNm}$$

$$\frac{f_{yd}}{f_{cd}} = \frac{500}{1{,}15} \cdot \frac{1{,}5}{30} = \frac{435}{20} = 21{,}75$$

Kombinationen nach Gl. (16)

1: $1{,}35 \cdot g + 1{,}5 \cdot s + 1{,}5 \cdot 0{,}6 \cdot w$

$N_{Sd} = -1{,}35 \cdot 500 - 1{,}5 \cdot 250 = -1050$ kNm,

$M_{Sd} = 1{,}35 \cdot 9{,}08 + 1{,}5 \cdot 4{,}54 + 1{,}5 \cdot 0{,}6 \cdot 120 = 127{,}07$ kNm

$\nu_{sd} = -1050/4050 = -0{,}26$

$\mu_{sd} = 127{,}07/1823 = 0{,}07$

**Beispiel** 2: $1{,}35 \cdot g + 1{,}5 \cdot w + 1{,}5 \cdot 0{,}7 \cdot s$
Forts.
$N_{sd} = -1{,}35 \cdot 500 - 1{,}5 \cdot 0{,}7 \cdot 250 = -937{,}50$ kN
$M_{sd} = +1{,}35 \cdot 9{,}08 + 1{,}5 \cdot 120 + 1{,}5 \cdot 0{,}7 \cdot 4{,}54 = 197{,}03$ kNm
$\nu_{sd} = -937{,}50/4050 = -0{,}23$
$\mu_{sd} = 197{,}03/1823 = 0{,}11$

3: $1{,}0 \cdot g + 1{,}50 \cdot w$
$N_{sd} = -1{,}0 \cdot 500 = -500$ kN
$M_{sd} = 1{,}0 \cdot 9{,}08 + 1{,}50 \cdot 120 = 189{,}08$ kNm
$\nu_{sd} = -500/4050 = -0{,}12$
$\mu_{sd} = 189{,}08/1823 = 0{,}10$

aus Tafel BT 8b erhält man folgende bezogene Bewehrungsverhältnisse $\omega$

Kombination
1 $\omega = 0{,}03$
2 $\omega = 0{,}14$
3 $\omega = 0{,}16$

Die maßgebende Bewehrung ergibt sich zu
$A_s = \omega \cdot A_c / (f_{yd}/f_{cd}) = 0{,}16 \cdot 45^2/21{,}75 = 14{,}90\ \text{cm}^2$

## 6.6 Nachweis in den Grenzzuständen der Gebrauchstauglichkeit

Die Dauerhaftigkeit und Gebrauchstauglichkeit von Beton- und Spannbetonbauteilen kann durch Bildung von Mikrorissen und Kriechverformungen infolge hoher Betondruckspannungen und durch nichtelastische Verformungen durch Stahlspannungen beeinträchtigt werden und ist durch Spannungsbegrenzung sicherzustellen. Weiterhin soll eine ordnungsgemäße Nutzung und das Erscheinungsbild eines Tragwerkes durch Beschränkung der Rissbildung und durch Einhaltung von Verformungsgrenzen gewährleistet werden. Darüberhinaus können weitere Einschränkungen z. B. wegen Auftreten von Erschütterungen notwendig sein.

### 6.6.1 Begrenzung der Spannungen

Die Gebrauchsspannungen sind zu begrenzen

a) Beton
unter seltener Lastkombination $\sigma_c \leqq 0{,}60 f_{ck}$ (131)
unter quasi-ständigen Lasten $\sigma_c \leqq 0{,}45 f_{ck}$ (132)
Anforderungen an Dauerhaftigkeit von Spannbetonbauteilen: volle Überdrückung des Querschnittes

b) Betonstahl unter seltener Lastkombination
wenn Zugspannungen ausschließlich aus Zwang $\sigma_s \leqq 1{,}00 f_{yk}$ (133)
sonst $\sigma_s \leqq 0{,}80 f_{yk}$ (134)

c) Spannstahl unter seltener Lastkombination
nach Abzug der Spannkraftverluste $\sigma_p \leqq 0{,}75 f_{pk}$ (135)

O. g. Begrenzungen der Spannungen können als eingehalten gelten, wenn folgende Bedingungen eingehalten sind:

a) Bemessung für den Grenzzustand der Tragfähigkeit nach Abschn. 6.5
b) Mindestbewehrung nach Abschn. 6.6.2.2
c) Bauliche Durchbildung nach Abschn. 7
d) Schnittgrößen im Grenzzustand der Tragfähigkeit sind um nicht mehr als 30% umgelagert

Wird der Nachweis geführt, so sind die Spannungen im Allgemeinen unter Berücksichtigung der ungerissenen Querschnitte (Zustand I) zu ermitteln. Wenn jedoch unter der seltenen Lastkombination die Zugspannungen aus der Rechnung im Zustand I den Mittelwert der Zugspannung $f_{ctm}$ überschreiten, sollte der gerissene Querschnitt (Zustand II) angesetzt werden. Folgendes ist zu berücksichtigen:

a) Einflüsse aus Kriechen und Schwinden und (wenn erforderlich) aus Reißen des Querschnitts unter Gebrauchslast

b) Einflüsse aus Zwangeinwirkungen sobald sie die Spannungen wesentlich beeinflussen

c) Langzeiteinflüsse bei der Bemessung, wenn der Anteil der quasi-ständigen Einwirkung größer als 50% der Gesamteinwirkung ist. Das Verhältnis der E-Module $E_s/E_c$ kann mit 15 angenommen werden.

d) bei Rechnung nach Zustand I: elastisches Verhalten des Querschnittes

e) bei Rechnung nach Zustand II: elastisches Verhalten des auf Druck beanspruchten Betons, dieser kann aber keine Zugspannungen aufnehmen

## 6.6.2 Begrenzung der Rißbildung

### 6.6.2.1 Allgemeine Grundlagen

Die zulässigen Rißbreiten zur Sicherstellung der Dauerhaftigkeit von Stahlbeton- und Spannbetonbauteilen ohne besondere Anforderungen (z. B. Wasserundurchlässigkeit) sind in Tafel 23 angegeben.

**Tafel 23 Zulässige Rißbreiten $w_k$ in mm**

| Umweltklasse nach Tafel 16 | Stahlbeton[1] | Spannbeton Vorspannung mit sofortigem Verbund | Spannbeton Vorspannung mit nachträglichem Verbund |
|---|---|---|---|
| 1 | – | 0,2 | 0,2 |
| 2 | 0,3 | Dekompression[2] | 0,2 |
| 3 | | | Dekompression[2] oder Beschichtung der Spannglieder und 0,2 |
| 4 | | | |
| 5 | Besondere Maßnahmen notwendig, von der Art der jeweiligen aggressiven chemischen Substanz abhängig | | |

1) unter quasi-ständiger Belastung

2) Grenzzustand der Dekompression gilt als eingehalten, wenn unter der häufigen Lastkombination alle Teile des Spanngliedes wenigstens 25 mm innerhalb des gedrückten Beton liegen

Erreicht werden die zulässigen Werte durch eine im Verbund liegende Mindestbewehrung, die ausreichend ist, um das Fließen der Bewehrung zu vermeiden und durch die Begrenzung der Abstände und Durchmesser der Bewehrungsstäbe.

### 6.6.2.2 Mindestbewehrung

Eine Mindestbewehrung ist im allgemeinen in oberflächennahen Bereichen von Stahlbeton- und Spannbetonbauteilen einzulegen, in denen Betonzugspannungen, besonders infolge von Zwang entstehen. Dabei muß zwischen Biegung (Zugspannungsverteilung über den Querschnitt dreieckförmig) und Zug (gesamter Querschnitt unter Zug) unterschieden werden.

Die als Mindestbewehrung definierte Querschnittsbewehrung der Zugbewehrung $A_s$ ergibt sich zu

$$A_s = k_c\, k\, f_{ct,eff}\, A_{ct}/\sigma_s \qquad (136)$$

wobei $k_c$ den Einfluß der Spannungsverteilung innerhalb des Querschnitts bei Erstrißbildung und $k$ nichtlinear verteilte Eigenspannungen berücksichtigt. Im einzelnen betragen

| | | |
|---|---|---|
| $k_c$ | Stahlbeton, | alle Querschnitte |
| | 1,0 | unter reinem Zug |
| | 0,4 | unter reiner Biegung |
| | Spannbeton, | Kastenquerschnitte |
| | 0,4 | für Stege |
| | 0,8 | für Zuggurte |
| | Spannbeton, | Rechteckquerschnitte |
| | 0,4 | für reine Biegung |
| | 0 | Querschnitt ist unter seltener Lastkombination und den charakteristischen Werten der Vorspannung überdrückt, wobei eine lineare Interpolation vorgenommen werden darf |
| | 0 | Querschnitt reißt unter der Lastbedingung, die im Zustand II zum Erstriß führt unter dem Ansatz des maßgebenden charakteristischen Wertes der Vorspannung an keiner Stelle mehr als $h/2$ oder 0,5 m auf |
| $k$ | | Zugspannungen infolge von Eigenzwang |
| | 0,8 | allgemein |
| | 0,8 | Rechteckquerschnitte mit $h \leqq 30$ cm |
| | 0,5 | $h \geqq 80$ cm |
| | 1,0 | Zugspannungen infolge von Zwang durch andere Bauteile |
| | 0,5 bis 1,0 | Zugspannungen in folge Zwang in von der Hauptzugbewehrung entfernt liegenden Bauteilen (z. B. Stege von hohen Querschnitten) |

$f_{ct,eff}$ wirksame Betonzugfestigkeit bei Erstrißbildung, nach Tafel 3. Treten die Risse nach $<28$ Tagen auf, ist mit dem Festigkeitswert zu rechnen, der beim Auftreten der Risse wirksam ist, dabei soll mindestens 3 N/mm$^2$ angenommen werden.

$A_{ct}$ Querschnittsfläche der Betonzugzone (Zustand I bzw. nach Spannungsverteilung bei vorgespannten Bauteilen

$\sigma_s$ Betonstahlspannung im Zustand I (nach Tafel 24 oder, wenn kein Zwang vorhanden, $\sigma_s = f_{yk}$).

### 6.6.2.3 Begrenzung der Rißbreite ohne besondere Berechnung

Für Hochbauplatten aus Stahlbeton und Spannbeton mit $h \leqq 20$ cm braucht keine besondere Bewehrung eingelegt werden, wenn diese nach Abschn. 7.3.2 ausgebildet sind.

Bei allen anderen Bauteilen, für die nach Abschn. 6.6.2.2 Mindestbewehrung vorgesehen ist, können die Rißbreiten als ausreichend begrenzt angesehen werden, wenn

a) bei überwiegendem Zwang die Grenzdurchmesser nach Tafel 24

b) bei Lastbeanspruchung die Grenzdurchmesser nach Tafel 24 oder die maximalen Stababstände nach Tafel 25

eingehalten werden. Bei Stahlbeton dürfen die Grenzdurchmesser um folgende Faktoren vergrößert werden:

bei Zwang

$$\frac{f_{ctm}}{2,5}\,\frac{h}{10\,(h-d)} \geqq \frac{f_{ctm}}{2,5} \qquad (137)$$

bei Lastbeanspruchung

$$\frac{h}{10\,(h-d)} \geqq 1,0 \qquad (138)$$

Die Stahlspannungen sollen folgendermaßen ermittelt werden

a) bei Stahlbeton unter quasi-ständiger Last

b) Bei Spannbeton unter häufigen Lasten und dem maßgebenden charakteristischen Wert der Vorspannung

Balken mit $h \geqq 1{,}00$ m mit konzentrierter Hauptbewehrung sind mit einer zusätzlichen Stegbewehrung zu versehen. Die Zulagen sind nach Gleichung (136) (mit $k = 0{,}5$ und $\sigma_s = f_{vk}$) zu bemessen und nach Tafel 24 bzw. 25 (unter der Annahme von reinem Zug und $\sigma_s = 50\%$ der Stahlspannung der Hauptbewehrung) zu dimensionieren und im Bereich Zugbewehrung/Nullinie anzuordnen.

**Tafel 24 Grenzdurchmesser bei Rippenstählen**

| Stahlspannung[1]) $\sigma_s$ in [N/mm²] | | 160 | 200 | 240 | 280 | 320 | 360 | 400 | 450 |
|---|---|---|---|---|---|---|---|---|---|
| Grenzdurchmesser der Stäbe in mm | Stahlbeton | 32 | 25 | 20 | 16 | 12 | 10 | 8 | 6 |
| | Spannbeton | 25 | 16 | 12 | 8 | 6 | 5 | 4 | – |

[1]) Bei überwiegendem Zwang $\sigma_s$ nach Gl. (136)

**Tafel 25 Maximale Stababstände bei Betonrippenstählen**

| Stahlspannung $\sigma_s$ in [N/mm²] | | | 160 | 200 | 240 | 280 | 320 | 360 |
|---|---|---|---|---|---|---|---|---|
| maximale Stababstände in mm | Stahlbeton | Biegung | 300 | 250 | 200 | 150 | 100 | 50 |
| | | Zug | 200 | 150 | 125 | 75 | – | – |
| | Spannbeton | Biegung | 200 | 150 | 100 | 50 | – | – |

Eine Einhaltung der Begrenzung der Breite von Schubrissen kann als ausreichend angesehen werden, wenn die in Tafel 26 angegebenen maximalen Bügelabstände in Abhängigkeit der Bügelspannung $\sigma_w$ eingehalten werden.

**Tafel 26 Maximale Bügelabstände in Balken**

| Bügelspannung $\sigma_w$ in N/mm² | $\leqq 50$ | 75 | 100 | 150 | 200 |
|---|---|---|---|---|---|
| Bügelabstand in mm | 300 | 200 | 150 | 100 | 50 |

$$\sigma_w = \frac{V_{Sd} - 3\,V_{cd}}{\varrho_w\, b_w\, d} \qquad (139)$$

$$\varrho_w = \frac{A_{sw}}{a\, b_w \sin\alpha} \qquad (140)$$

$V_{Sd}$ Bemessungswert der aufzunehmenden Querkraft im Grenzzustand der Tragfähigkeit
$V_{cd}$ entspricht $V_{Rd1}$ nach Gl. (70)
$\varrho_w$ Schubbewehrungsgrad
$b_w$ Stegbreite bzw. kleinste Breite des Bauteils
$a$ Abstand der Schubbügel
$\alpha$ Winkel der Schubbewehrung zur Biegebewehrung (bei senkrechten Bügeln: $\alpha = 90°$)

### 6.6.2.4 Berechnung der Rißbreite

Die in den vorstehenden Kapiteln angegebenen Regeln zur Begrenzung der Rißbildung sind praxisgerecht, so daß eine gesonderte Berechnung der Rißbreiten nur sehr selten erforderlich sein wird, wobei dann auf die DIN V 18932 T1, Abschn. 4.4.2.4 verwiesen wird.

## 6.6.3 Begrenzung der Verformung

Verformungen sind derart zu begrenzen, daß insbesondere die Gebrauchstauglichkeit eines Tragwerkes sichergestellt ist. Im allgemeinen ist diese Forderung erfüllt, wenn folgende Durchbiegungen $f$ bezogen auf die Verbindungslinie $l_{eff}$ der Unterstützung eingehalten werden:

a) allgemeine Gebrauchstauglichkeit bei Balken, Kragbalken und Platten (Überhöhungen der Schalung $\leqq l_{eff}/250$) $\quad f \leqq l_{eff}/250$

b) wenn angrenzende Bauteile vorh. sind z. B. leichte Trennwände, Verglasungen, Außenwandbekleidungen oder Oberflächenausbildungen (wenn größere Durchbiegungen nicht zu Schäden führen, kann diese Grenze herabgesetzt werden). $\quad f \leqq l_{eff}/500$

Beim rechnerischen Nachweis der Durchbiegung ist die jeweils maßgebende Einwirkung zu berücksichtigen. Die Rechnung kann auf Grundlage von DIN V 18932 T1, Anhang 4 erfolgen.

Auf einen rechnerischen Nachweis kann verzichtet werden, wenn die zulässige Biegeschlankheit $l_{eff}/d$ eingehalten werden. Die Grundwerte $l_{eff}/d$ sind in Tafel 27 angegeben. Diese sind in den in Tafel 28 angegebenen Fällen mit den dort aufgeführten Korrekturfaktoren zu multiplizieren.

**Tafel 27 Grundwerte der zulässigen Biegeschlankheit $l_{eff}/d$ von Stahlbetonbauteilen ohne Längsdruck**

| Statisches System | Grundwerte $l_{eff}/d$[2]) | |
|---|---|---|
| | Betonbeanspruchung | |
| | gering $\varrho = 0{,}5\%$[1]) | hoch $\varrho = 1{,}5\%$[1]) |
| 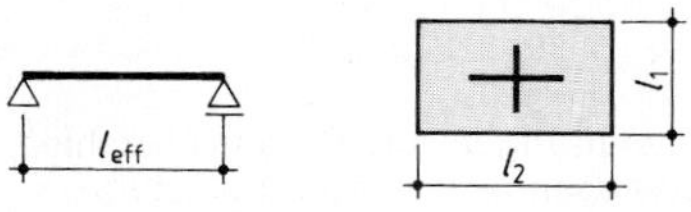 $l_{eff} = l_1$ $l_1 < l_2$ | 25 | 18 |
| 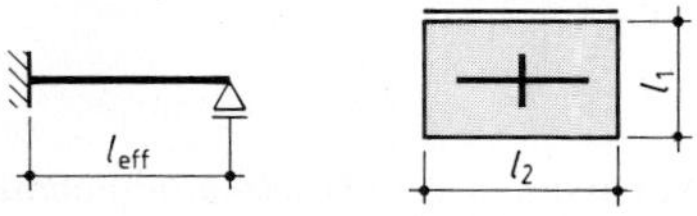 $l_{eff} = l_1$ $l_1 < l_2$ | 32 | 23 |
| 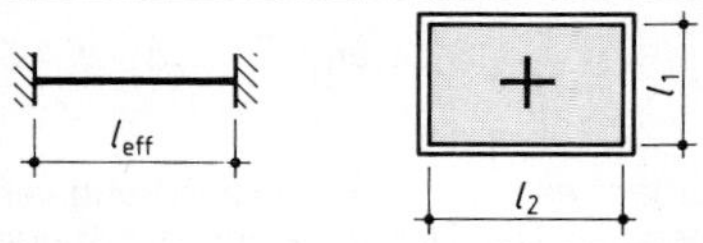 $l_{eff} = l_1$ $l_1 < l_2$ | 35 | 25 |
| 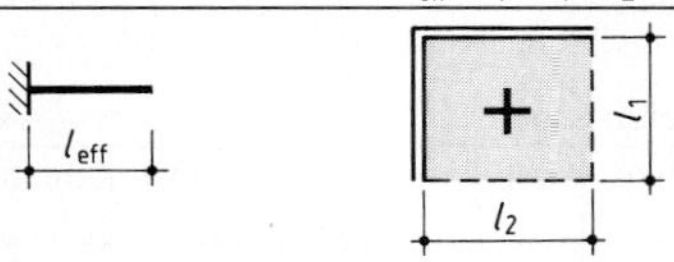 $l_{eff} = l_1$ $l_1 < l_2$ | 10 | 7 |
| $l_{eff} = l_2$ 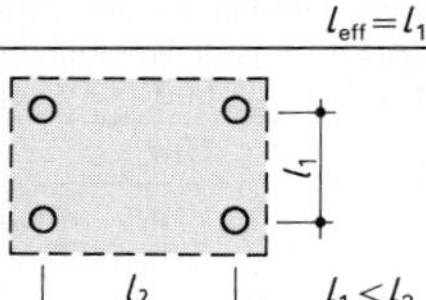 $l_1 < l_2$ | 30 | 21 |

[1]) $\varrho = A_s/b \cdot d$, Zwischenwerte können interpoliert werden
[2]) Werte gelten für: Streckgrenze des Betonstahles $f_{yk} = 400$ N/mm²
Stahlspannung unter häufigen Lasten $\sigma_s = 250$ N/mm²
bei $\sigma_s \neq 250$ N/mm² sind die Grundwerte mit $250/\sigma_s$ zu multiplizieren
bei $f_{yk} \neq 400$ N/m² sind die Grundwerte mit $400/(f_{yk} \cdot A_{s,req}/A_{s,prov})$ zu multiplizieren

**Tafel 28 Korrekturwerte $k$**

| Bauteil, stat. System | Korrekturwert |
|---|---|
| 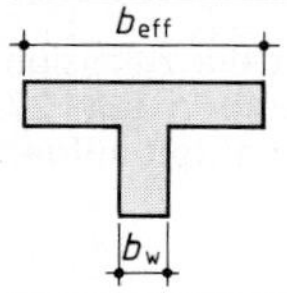 $\frac{b_{eff}}{b_w} > 3$ | 0,8 |
| Balken, Platten mit leichten Trennwänden (keine Flachdecken mit $l_{eff} > 7{,}00$ m) | $\frac{7}{l_{eff}}$ |
| Flachdecken mit $l_{eff} > 8{,}5$ m | $\frac{8{,}5}{l_{eff}}$ |

# 7 Bauliche Durchbildung

Abschn. 7 gilt für Normalbeton mit Bewehrungen aus Betonstabstählen, Betonstahlmatten und Spannstählen bei überwiegender ruhender Belastung

## 7.1 Betonstahl

### 7.1.1 Stababstände und Verbund

Der lichte Abstand von Betonstahl $a$ ist abhängig vom Größtkorndurchmesser $d_g$ des Zuschlagstoffes

$d_g \leqq 32$ mm: $a \geqq d_s$, $\geqq 20$ mm $\qquad$ $d_g > 32$ mm: $a > d_s + 5$ mm

In jedem Fall soll $a$ so groß gewählt werden, daß der Beton ausreichend verdichtet werden kann und der Verbund gesichert ist. Die Mindestweite der Biegerollendurchmesser sind in Tafel 29 angegeben.

**Tafel 29 Mindestwerte der Biegerollendurchmesser**

| Betonstahl | Haken, Winkelhaken, Schlaufen | | Schräge Stäbe und sonst. Krümmungen | | |
|---|---|---|---|---|---|
| | Stabdurchmesser $d_s$ | | Mindestmaß der Betondeckung seitlich | | |
| | $< 20$ mm | $\geqq 20$ mm | $> 100$ mm und $> 7\,d_s$ | $> 50$ mm und $> 3\,d_s$ | $\leqq 50$ mm und $\leqq 3\,d_s$ |
| glatte Stäbe S 220 | $2{,}5\,d_s$ | $5\,d_s$ | $10\,d_s$ | $10\,d_s$ | $15\,d_s$ |
| Rippenstäbe S 400, S 500 | $4\,d_s$ | $7\,d_s$ | $10\,d_s$ | $15\,d_s$ | $20\,d_s$ |
| geschweißte Bewehrung und Betonstahlmatten | $20\,d_s$[1]) | | | | |

[1]) Wert gilt bei Schweißung innerhalb des Biegebereichs sowie bei einem Abstand von $< 4\,d_s$ zwischen Biegebeginn und Schweißstelle, bei größerem Abstand können die Werte für Stäbe angewendet werden

Die Verbundbedingungen sind abhängig von den Bauteilabmessungen sowie der Beschaffenheit der Bewehrungsstäbe und deren Lage im Bauteil während des Betonierens. Unterschieden wird zwischen guten (vgl. Tafel 30) und mäßigen (alle anderen Bauteile) Verbundbedingungen. Der Bemessungswert der Verbundspannungen ist in Tafel 31 angegeben.

**Tafel 30 Bedingungen für guten Verbundbereich**

| Stablage zur Waagerechten während des Betonierens | Bauteildicke $h$ in cm | Stablage[1]) |
|---|---|---|
| 0 bis 45° | ≦25 | 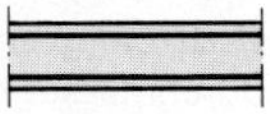 alle Stäbe |
| | >25 ≦60 | 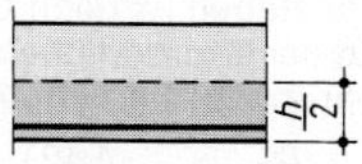  alle Stäbe in der unteren Hälfte des Bauteils |
| | >60 | 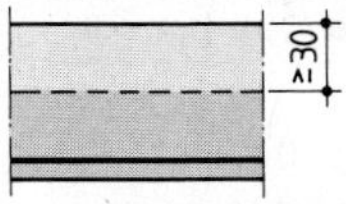  alle Stäbe, die ≧30 cm von oben liegen |
| 45 bis 90° | ohne Begrenzung | 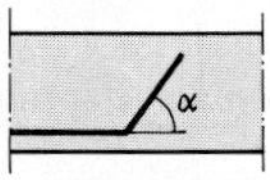  alle Stäbe mit $45 < \alpha \leqq 90°$ |

[1]) Betonierrichtung ist immer von unten nach oben

**Tafel 31 Bemessungswerte der Verbundspannungen** $f_{bd}$ in [N/mm²][1]) [4])

| charakteristische Zylinderfestigkeit $f_{ck}$ in N/mm² | gute Verbundbedingungen | | mäßige Verbundbedingungen |
|---|---|---|---|
| | glatte Stäbe[2]) | gerippte Stäbe $d_s < 32$ mm[3]) | glatte Stäbe, gerippte Stäbe $d_s < 32$ mm |
| 12 | 0,9 | 1,6 | |
| 16 | 1,0 | 2,0 | |
| 20 | 1,1 | 2,3 | |
| 25 | 1,2 | 2,7 | 70% der Werte für gute Verbundbedingungen |
| 30 | 1,3 | 3,0 | |
| 35 | 1,4 | 3,4 | |
| 40 | 1,5 | 3,7 | |
| 45 | 1,6 | 4,0 | |
| 50 | 1,7 | 4,3 | |

[1]) $\gamma_c = 1{,}5$

[2]) $f_{bd} = 0{,}36\sqrt{f_{ck}}/\gamma_c$

[3]) $f_{bd} = 2{,}25 f_{ctk;0,05}/\gamma_c$

[4]) Bei Querdruck dürfen die Werte in Abhängigkeit des mittleren Querdruckes $p$ [N/mm²] um folgenden Beiwert erhöht werden

$$\frac{1}{1-0{,}04p} \leqq 1{,}4$$

## 7.1.2 Verankerungen

Für das Grundmaß der Verankerungslänge $l_b$ gilt

$$\boldsymbol{l_b = (d_s/4)\,(f_{yd}/f_{bd})} \quad (141)$$

Der Nenndurchmesser ist bei geschweißten Betonstahlmatten mit Doppelstäben durch den Vergleichsdurchmesser $d_n = d_s\sqrt{2}$ zu ersetzen.
Die erforderliche Verankerungslänge $l_{b,net}$ von Stäben, Drähten, und Betonstahlmatten aus Rippenstäben ist nach Gl. (142) unter Berücksichtigung der Beiwerte $\alpha$ nach Tafel 32 und der erforderlichen ($A_{s,req}$) zur vorhandenen ($A_{s,prov}$) Querschnittsfläche der Bewehrung zu berechnen.

$$\boldsymbol{l_{b,net} = \alpha_a\, l_b\, A_{s,req}/A_{s,prov}} \quad (142)$$
$$\boldsymbol{\geqq l_{b,min}}$$

Die Mindestlänge $l_{b,min}$ beträgt

– für Zugstäbe

$$l_{b,min} = 0{,}3\,l_b \geqq 10\,d_s \quad (143)$$
$$\geqq 100\text{ mm}$$

– für Druckstäbe

$$l_{b,min} = 0{,}6\,l_b \geqq 10\,d_s \quad (144)$$
$$\geqq 100\text{ mm}$$

**Tafel 32 Verankerungsarten, Verankerungslängen und $\alpha_a$-Werte**

| Verankerungsart | | | $\alpha_a$ |
|---|---|---|---|
| gerade Stabenden | 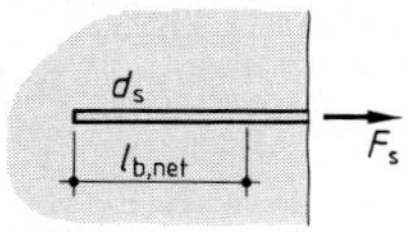 | 1) | 1,0 |
| Haken | 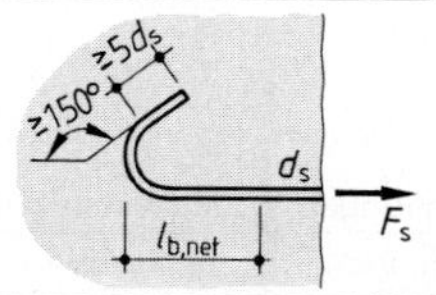 | | 0,7 2) |
| Winkelhaken | 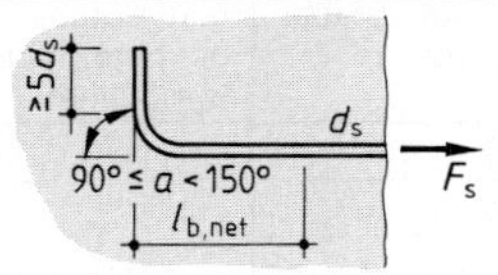 | 2) | 0,7 2) |
| Schlaufe | 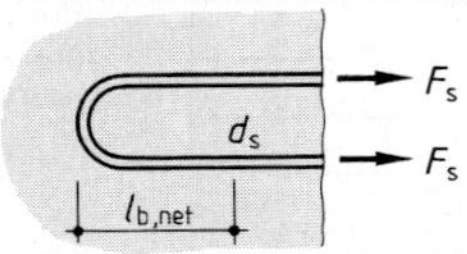 | | 0,7 2) |
| angeschweißter Querstab $d_{st}$ | 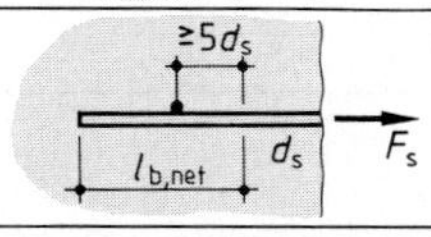 | $d_{st} \geqq 0{,}6\,d_s$ | 0,7 3) |

1) nicht für glatte Stäbe mit $d_s > 8$ mm
2) Werte gelten bei Stabbeanspruchung auf Zug, wenn Betondeckung in Abbiegebereich rechtwinklig zur Krümmungsebene $\geqq 3\,d_s$
3) mindestens 1 Querstab im Verankerungsbereich erforderlich

In Balken soll eine Querbewehrung bei Verankerungen im Druckbereich generell und im Zugbereich dann, wenn kein Querdruck aus Auflagerkräften (z. B. indirekte Auflager) vorhanden ist, angeordnet werden. Dabei ist die gesamte Querschnittsfläche $A_{st}$ der Querbewehrung in Abhängigkeit der Querschnittsfläche des zu verankernden Stabes $A_{si}$ zu wählen

$$A_{st} = 0{,}25 A_{si}$$

**Tafel 33 Querbewehrung im Verankerungsbereich**

| Balken | | Platte |
|---|---|---|
| 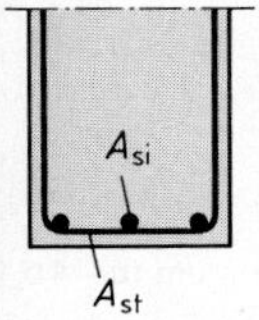 | Querbewehrung soll zu verankernde Druckstäbe umfassen und hierbei am Ende der Verankerung konzentriert liegen<br><br>Querbewehrung $\geq 4 d_s$ über Stoßbereiche hinaus anordnen | 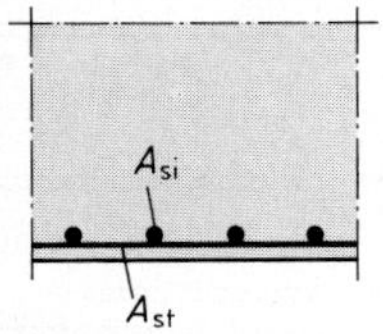 |

$A_{st}$ ist gleichmäßig zu verteilen, wobei 1 Querstab im Bereich von Aufbiegungen liegen soll

Für Verankerungen von Bügeln und Schubbewehrungen gelten die in Tafel 34 angegebenen besonderen Bedingungen

**Tafel 34 Verankerungen von Bügeln und Schubbewehrungen**

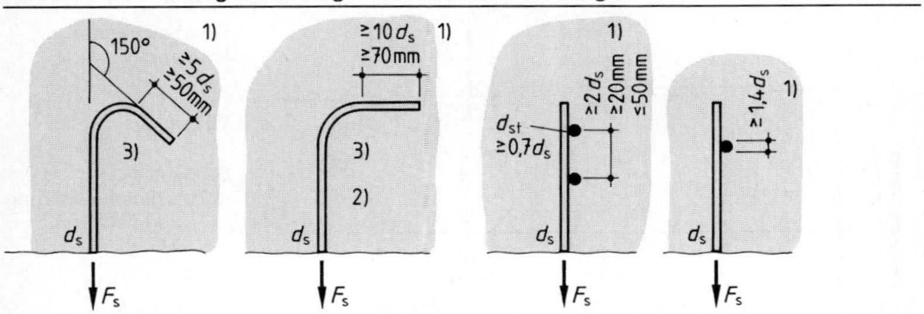


Haken — Winkelhaken — angeschweißter Querstab

1) Bei Einhaltung der Maße kann Verankerung als ausreichend angesehen werden
2) Winkelhaken bei glatten Stäben nicht zulässig
3) Biegerollendurchmesser nach Tafel 29

Bei Verankerungen mit Ankerkörper dürfen nur allgemein bauaufsichtlich zugelassene Anker verwendet werden.

## 7.1.3 Bewehrungsstöße

Stöße von Bewehrungen sind derart auszubilden, daß die Kraftübertragung sichergestellt ist und im Stoßbereich keine Betonabplatzungen auftreten. Die Rißbreite sollte die Werte aus Abschn. 6.6.2.1 nicht wesentlich überschreiten.

Übergreifungsstöße von Stäben und Drähten sind nach Tafel 35 auszubilden. Die Übergreifungslänge $l_s$ ist nach Gl. (145) unter Berücksichtigung von $l_{b,net}$ nach Gl. (142), $\alpha_a$ nach Tafel 32 und $\alpha_1$ nach Tafel 36 zu berechnen.

$$l_s = l_{b,net}\,\alpha_1 \geqq l_{s,min} \quad (145) \qquad\qquad l_{s,min} = 0{,}3\,\alpha_a\,\alpha_1\,l_b \geqq 15\,d_s \quad (146)$$
$$\geqq 200\text{ mm}$$

**Tafel 35 Ausbildung von Übergreifungsstößen**

| | | | |
|---|---|---|---|
| Stoßausbildung | | 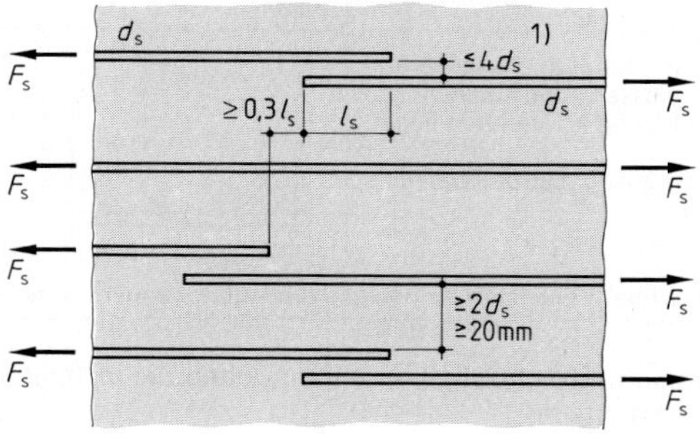  | bei $a > 4\,d_s$ ist $l_s$ um $(a - 4\,d_s)$ zu vergrößern |
| Querbewehrung | Zugstoß | 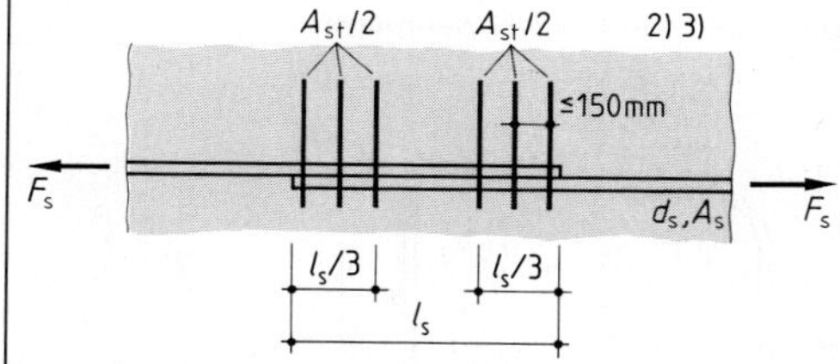  | $d_s < 16$ mm<br>Querbewehrung konstruktiv<br>$d_s \geqq 16$ mm<br>Stoßanteil $< 20\%$ Querbewehrung konstruktiv |
| | Druckstoß | 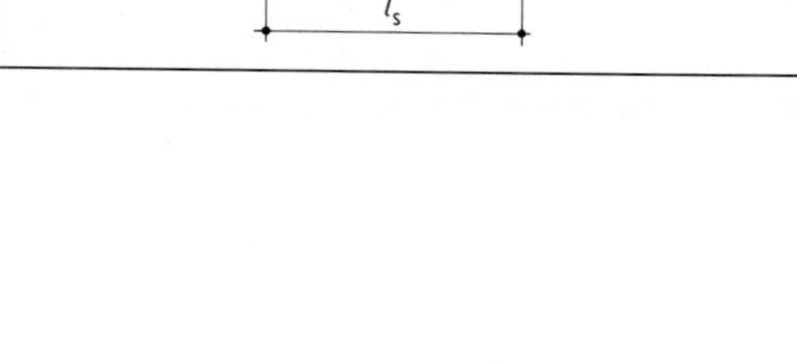  | $\geqq 20\%$, $a \leqq 10\,d_s$:<br>$\sum A_{st} \geqq 1{,}0 A_s$<br>(Bügel, außen)<br>$\geqq 20\%$, $a > 10\,d_s$:<br>$\sum A_{st} \geqq 1{,}0 A_s$<br>(gerade Stäbe, außen) |

**Tafel 36 Beiwerte $\alpha_1$**

| Stoßdarstellung | Stoßart | Stoßanteil % | $a$<br>$b$ | $\alpha_1$ |
|---|---|---|---|---|
| 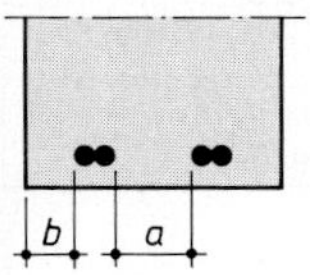 | Druckstoß | – | | 1,0 |
| | Zugstoß | $<30\%$ | $a \geqq 10\,d_s$<br>$b \geqq 5\,d_s$ | 1,0 |
| | | $\geqq 30\%$ | oder $a < 10\,d_s$<br>oder $b < 5\,d_s$ | 1,4 |
| | | | $a < 10\,d_s$<br>$b < 5\,d_s$ | 2,0 |

Stöße von Betonstahlmatten aus Rippenstäben sind nach Tafel 37 auszubilden. Die Übergreifungslänge $l_s$ der Hauptbewehrung ist nach Gl. (147) berechnen.

**Tafel 37 Stoßausbildung bei Betonstahlmatten aus Rippenstäben**

| Stoß | zul. Stoßanteil in % | Bedingung | Übergreifungslänge |
|---|---|---|---|
| Hauptbewehrung[1]) | 100 | $A_s/a$[2]) $\leqq 1200\ \text{mm}^2/\text{m}$ | nach Gl. (147)[2])[3]) |
| | 60 | $A_s/a > 1200\ \text{mm}^2/\text{m}$ | |
| Querbewehrung | 100 | Mindestens 2 Querstäbe sollen im Bereich der Übergreifungsstöße liegen | $d_s < 6$ mm $\quad l_s \geqq a_l$[4]), $l_s \geqq 150$ mm<br>$d_s \geqq 6$ mm, $d_s \leqq 8{,}5$ mm $\quad l_s \geqq a_l$, $l_s \geqq 250$ mm<br>$d_s > 8{,}5$ mm, $d_s \leqq 12$ mm $\quad l_s \geqq a_l$, $l_s \geqq 350$ mm |

[1]) Stöße sollen in Bereiche liegen, in denen unter sehr seltenen Lastkombinationen die Beanspruchungen nicht größer als 80% des Bemessungswertes der Tragfähigkeit ist

[2]) $A_s/a$ = Stabquerschnitt/Stababstand in $\text{mm}^2/\text{m}$

[3]) $a_l$ = Abstand der Querstäbe

[4]) $a_e$ = Abstand der Längsstäbe

$$l_s = \alpha_2\, l_b\, A_{s,req}/A_{s,pro} \geqq l_{s,min} \qquad (147)$$

$$\alpha_2 = 0{,}4 + (1/800)\,(A_s/a) \begin{matrix} \geqq 1{,}0 \\ \leqq 2{,}0 \end{matrix} \qquad (148)$$

$$l_{s,min} = 0{,}3\,\alpha_2\, l_b \begin{matrix} \geqq 200\ \text{mm} \\ \geqq a_t \end{matrix} \qquad (149)$$

### 7.1.4 Zusätzliche Regeln für Rippenstäbe mit $d_s \geqq 32$ mm

Die wesentlichen Abmessungen, Stababstände und Betondeckung sind in Tafel 38 angegeben. Daneben soll die Rißbeschränkung entweder durch Anordnung einer Hautbewehrung oder durch Nachweis nach Abschn. 6.6.2 erfolgen. Die Bemessungswerte der Verbundspannungen $f_{bd}$ nach Tafel 31 sind mit dem Faktor $(132 - d_s)/100$ zu multiplizieren.

Verankerungen im Zugbereich sind nicht zulässig. Zur Verankerung sind gerade Stabenden oder Anker zu verwenden. Stöße dürfen in auf Zug und Druck beanspruchten Bauteilen nicht verwendet werden. Bei Balken und Platten ohne Querdruck im Verankerungsbereich ist zusätzlich zur Schubbewehrung eine gleichmäßig über den Verankerungsbereich verteilte Querbewehrung nach Tafel 38 erforderlich.

**Tafel 38 Zusätzliche Regeln für Rippenstäbe mit $d_s > 32$ mm**

| | |
|---|---|
| Bauteilabmessungen | 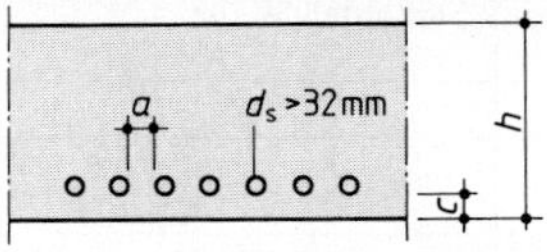 Mindestdicke $h > 15 d_s$<br>Lichter Abstand $a \geqq d_s$, $\geqq d_g + 5$ mm<br>Betondeckung $c \geqq d_s$<br>$d_g$ Nennwert des Größtkorndurchmessers des Zuschlags |
| Zusatzbewehrung im Verankerungsbereich bei geraden Stabenden | ○ verankerte Bewehrungsstäbe<br>● durchlaufende Bewehrungsstäbe<br>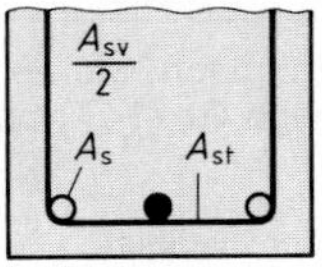 in Richtung zur Bauteilunterseite<br>– parallel<br>$A_{st} = n_1\,0{,}25 A_s$<br>– senkrecht<br>$A_{sv} = n_2\,0{,}25 A_s$<br>Abstand Zusatzbew. $\sim 5 d_s$<br>$A_s$ Querschnitt eines verankerten Stabes<br>$n_1$ Anzahl der Bewehrungslagen, die im gleichen Schnitt verankert werden<br>$n_2$ Anzahl der Bewehrungsstäbe, die in jeder Lage verankert werden |
| Hautbewehrung | senkrecht $A_{s,surf} = 0{,}01\,A_{ct,ext}$<br>parallel $A_{s,surf} = 0{,}02\,A_{ct,ext}$<br>$A_{ct,ext}$ Querschnittsfläche des auf Zug beanspruchten Bauteils außerhalb der Bügel (vgl. 7.3.1.4) |

### 7.1.5 Zusätzliche Regeln für Stabbündel aus Rippenstäben

Als Bemessungsgrundlage dient ein Ersatzstab mit dem Durchmesser $d_n$ und gleicher Fläche bzw. gleichem Schwerpunkt des Stabbündels nach Gl. (150).

$$d_n = d_s \sqrt{n_b} \leqq 55 \text{ mm} \quad (150)$$

$n_b$ Anzahl der Einzelstäbe des Stabbündels
$n_b \leqq 4$ lotrechte, auf Druck beanspruchte Stäbe und Stäbe in einem Übergreifungsstoß
$n_b \leqq 3$ alle anderen Stäbe

Für den Stababstand gilt Abschn. 7.1.1, allerdings wird der Abstand vom äußeren Bündelumfang gemessen. Die Betondeckung soll min $c > d_n$ betragen.

Verankerungen oder Stöße müssen derart ausgebildet sein, daß jeder Einzelstab verankert oder gestoßen wird. Bei der Verankerung sind nur versetzt angeordnete gerade Stabenden zulässig, wobei der Längsversatz bei Bündeln aus 1, 2 bzw. 3 Stäben mindestens die 1,2-, 1,3- bzw. 1,4fache Verankerungslänge betragen muß.

## 7.2 Spannstahl

Die Betondeckung der Spannglieder bzw. Hüllrohre ist nach Abschn. 6.1 und Tafel 17 festzulegen. Für die lichten Abstände untereinander gelten die Werte in Tafel 39.

Ankerkörper (Vorspannung mit nachträglichem Verbund) und Verankerungslängen (Vorspannung mit sofortigem Verbund) sind für die volle Vorspannkraft zu bemessen. Spanngliedkopplungen dürfen bis max. 50% der Spannglieder in einem Querschnitt liegen, aber nicht im Bereich von Zwischenauflagern angeordnet sein.

**Tafel 39 Lichte Mindestabstände von Spanngliedern und Hüllrohre**

| Vorspannung | Lichte Mindestabstände $a$ | | |
|---|---|---|---|
| mit sofortigem Verbund | Spannglieder | senkrecht | $a \geqq d_s$<br>$a \geqq d_g$<br>$a \geqq 10$ mm |
| | | waagerecht | $a \geqq d_s$<br>$a \geqq d_g + 5$ mm<br>$a \geqq 20$ mm |
| mit nachträglichem Verbund | Hüllrohre | senkrecht<br>waagerecht | $a \geqq 50$ mm<br>$a \geqq 40$ mm |

## 7.3 Besondere Durchbildung von Bauteilen

### 7.3.1 Balken

#### 7.3.1.1 Längsbewehrung

Die Längsbewehrung ist mit einem Mindest- bzw. Höchstquerschnitt nach untenstehenden Gleichungen auszubilden, wobei der charakteristische Wert des Betonstahles $f_{yk}$ in N/mm² einzusetzen ist. In jedem Fall ist zu überprüfen, ob nicht der Nachweis der Begrenzungen der Rißbildungen nach Abschn. 6.6.2 für die Mindestbewehrung maßgebend wird.

$$A_{sl,min} \geqq 0{,}0015\, b_t\, d / f_{yk} \quad (151)$$
$$\geqq 0{,}6\, b_t\, d$$
$$\geqq \text{Mindestbewehrung nach Abschn. 6.6.2}$$

$$A_{sl,max} \leqq 0{,}04\, A_c \quad (152)$$

$b_t$ mittlere Breite der Zugzone
$d$ Nutzhöhe des Bauteils
$A_c$ Gesamtquerschnitt der Betonflächen

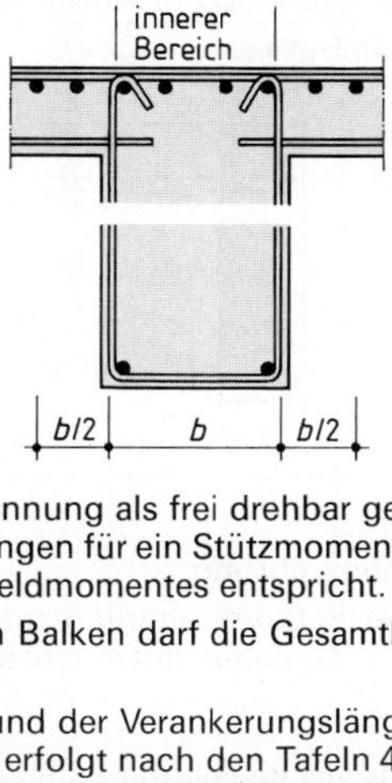


**Bild 40 Ausgelagerte Bewehrung im Plattenbalken**

Werden Bauteile mit monolithischer Einspannung als frei drehbar gelagert berechnet, sind die unberücksichtigten Einspannungen für ein Stützmoment zu bemessen, welches mindestens 25% des maximalen Feldmomentes entspricht.

An Zwischenauflagern von durchlaufenden Balken darf die Gesamtbewehrung $A_{sl}$ zu 50% ausgelagert werden (vgl. Bild 40).

Die Ermittlung der Zugkraftdeckungslinie und der Verankerungslängen für die Bemessung von Bauteilen bei reiner Biegung erfolgt nach den Tafeln 40 und 41. Das Versatzmaß $a_l$ ist in Abhängigkeit des gewählten Nachweisverfahrens für die Schubbewehrung zu bestimmen.

**Standardverfahren**

$$\boldsymbol{a_l = 0{,}5\, z\, (1 - \cot \alpha) \geqq 0} \quad (153)$$

**Veränderliche Druckstrebenneigung**

$$\boldsymbol{a_l = 0{,}5\, z\, (\cot \theta - \cot \alpha) \geqq 0} \quad (154)$$

$\alpha$ Neigung der Schubbewehrung
$\theta$ Neigung der Druckstreben
$z$ $\approx 0{,}9\, d$ (im allgemeinen ausreichend genau)

Bei End- und Zwischenauflagern ist mindestens 25% der Feldbewehrung über das entsprechende Auflager zu führen und für untenstehende Zugkraft zu bemessen

$$\boldsymbol{F_s = V_{Sd}\, a_l / d + N_{Sd}} \quad (155)$$

An Zwischenauflagern wird zur Aufnahme positiver Momente infolge außergewöhnlicher Beanspruchung empfohlen, die Bewehrung durchzuführen und kraftschlüssig zu schließen.

**Tafel 40 Zugkraftdeckungslinie und Verankerungslängen für die Bemessung von Bauteilen bei reiner Biegung**

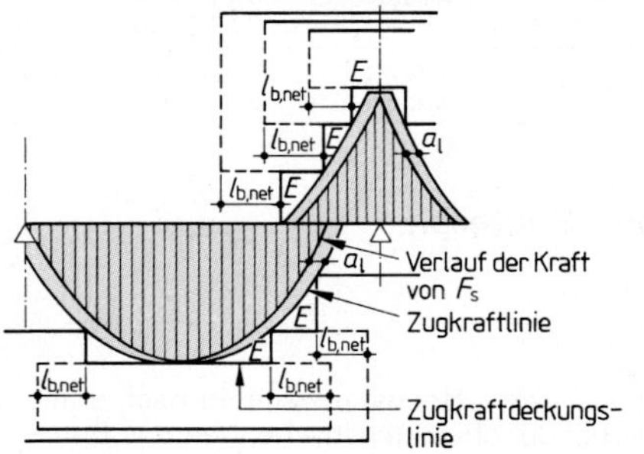


Bei Auslagerung der Bewehrung im Gurtbereich ist $a_l$ um den Wert $b/2$ nach Bild 40 zu vergrößern

Für Verankerungen außerhalb von Auflagern gilt

Verankerungslängen

- Biegebewehrung ab dem rechnerischen Endpunkt E $\quad l \geqq l_{b,net}$, $\geqq d$
- Schrägstäbe zur Aufnahme von Schubkräften
  - im Bereich von Zugspannungen $\quad l \geqq 1{,}3\, l_{b,net}$
  - im Bereich von Druckspannungen $\quad l \geqq 0{,}7\, l_{b,net}$

**Tafel 41 Verankerungslängen im Auflagerbereich**

| Endauflager | | Zwischenauflager | |
|---|---|---|---|
| direkt | indirekt | Schlaufen | Gerade Stäbe |

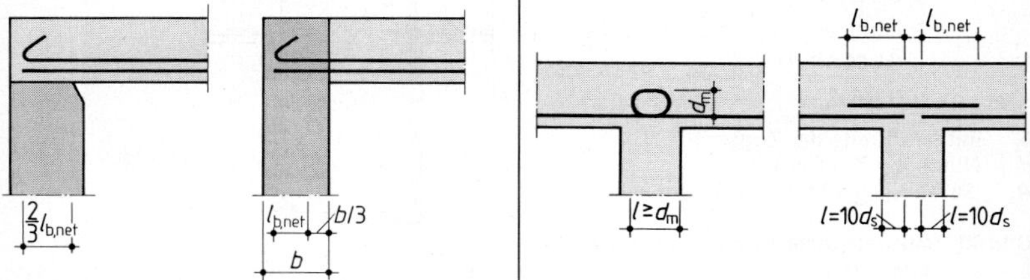


## 7.3.1.2 Schubbewehrung

Die Neigung der Schubbewehrung zur Bauteilachse sollte zwischen 45° und 90° liegen. Mögliche Kombinationen von Schubbewehrungen sind in Tafel 42 dargestellt.

**Tafel 42 Beispiele von Kombinationen für Schubbewehrungen**

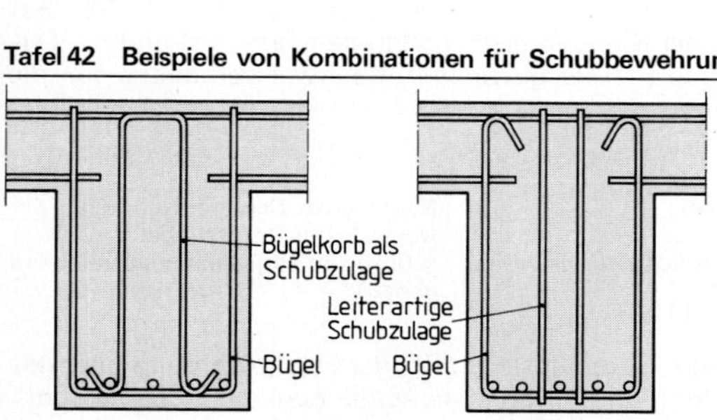


Kombinationen[1])

- Bügel (umfassen Längsbewehrung und Druckzone)
- Schrägstäbe
- Schubzulagen (ohne Umschließng der Längsbewehrung)
  z. B. Körbe, Leitern usw. (ausreichendes Verankerung erforderlich)

[1]) Der Anteil der Bügel muß $\geqq$ 50% der notwendigen Schubbewehrung sein

Bügel sind ausreichend zu verankern, an der Außenseite von Stegen dürfen nur Rippenstäbe gestoßen werden. Der Durchmesser von glatten Rundstäben soll 12 mm nicht überschreiten. Für die Mindestbewehrung $A_{sw,min}$ gilt

$$A_{sw,min} = \varrho_w \, a \, b_w \sin \alpha \quad (156)$$

$A_{sw}$ Querschnittsfläche der Schubbewehrung je Länge $a$
$\varrho_w$ Bewehrungsgrad in Abhängigkeit der verwendeten Betonfestigkeitsklasse nach Tafel 43
$a$ Abstand der Schubbewehrung
$b_w$ Stegbreite
$\alpha$ Winkel zwischen Schubbewehrung und Hauptbewehrung

**Tafel 43 Mindestwerte $\varrho_w$**

| Festigkeitsklassen des Betonstahles | Betonfestigkeitsklasse C12/15 und C20/25 | C25/30 bis C35/45 | C40/50 bis C50/60 |
|---|---|---|---|
| S500 | 0,0007 | 0,0011 | 0,0013 |
| S400 | 0,0009 | 0,0013 | 0,0016 |
| S220 | 0,0016 | 0,0024 | 0,0030 |

Der maximale Abstand von Bügeln oder anderen Schubbewehrungen $a_{max}$ ist vom Verhältnis der Schubbeanspruchung $V_{Sd}$ zum höchsten Bemessungswert der Querkraft $V_{Rd2}$, der ohne Versagen der Druckstreben aufgenommen werden kann, abhängig.

**Tafel 44 max Abstand von Bügeln und anderen Schubbewehrungen**

| Verhältnis $V_{Sd}/V_{Rd2}$ | Abstand $a_{max}$ Längsabstand | Querabstand |
|---|---|---|
| $V_{Sd} \leqq 1/5\,V_{Rd2}$ | $\leqq 0{,}8\,d$<br>$\leqq 300$ mm | $\leqq 1{,}0\,d$<br>$\leqq 800$ mm |
| $1/5\,V_{Rd2} < V_{Sd} \leqq 2/3\,V_{Rd2}$ | $\leqq 0{,}6\,d$<br>$\leqq 300$ mm | |
| $2/3\,V_{Rd2} < V_{Sd}$ | $\leqq 0{,}3\,d$<br>$\leqq 200$ mm | |

Der Längsabstand von Schrägstäben sollte nach folgender Gleichung begrenzt werden

$$\mathbf{a_{max} \leqq 0{,}6\,d(1 + \cot \alpha)} \quad (157)$$

### 7.3.1.3 Torsionsbewehrung

Für die Anordnung und Ausbildung der Torsionsbewehrung gelten die folgenden Bedingungen.

**Tafel 45 Ausbildung der Torsionsbewehrung**

| | |
|---|---|
| Ausbildung Torsionsbügel | – Winkel zur Bauteilachse 90°<br>– geschlossen<br>– durch Übergreifen verankert |
| Mindestbewehrung | – Angaben in Abschn. 7.3.1.2 gelten sinngemäß |
| Bügelabstände | – $a_{max} = u_k/8$<br>$u_k$ Umfang des Kernquerschnittes<br>– Die Abstände nach Tafel 44 sind einzuhalten |
| Längsstäbe | – über den inneren Umfang der Bügel verteilen mit $a < 350$ mm, mindestens jedoch 1 Stab je Querschnittsecke |

### 7.3.1.4 Hautbewehrung

Zur Begrenzung von Rißbildungen bei Balken mit $h \geqq 1{,}0$ m und zur Vermeidung von Abplatzungen (z. B. aus Brandeinwirkung, bei Verwendung von Stabbündeln oder Stäben mit $d_s > 32$ mm) ist eine Hautbewehrung nach Bild 41 unter Beachtung der Mindestbetondeckung nach Tafel 17 anzuordnen.

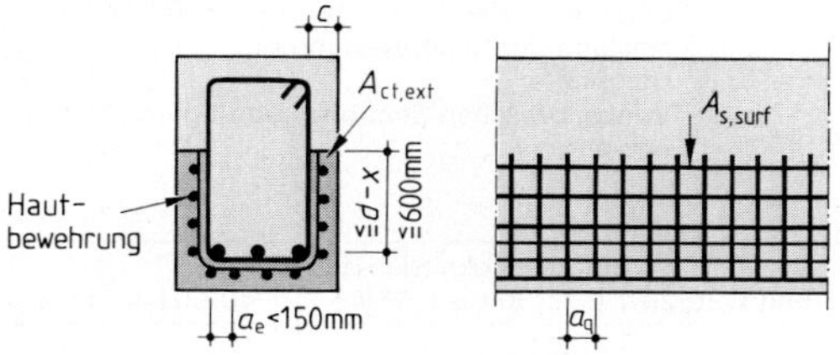


**Bild 41**
**Anordnung einer Hautbewehrung**

Für die parallele zur Balkenzugbewehrung liegende Querschnittsfläche der Hautbewehrung $A_{s,surf}$ gilt

$$A_{s,surf} = 0{,}01\, A_{ct,ext} \quad (158)$$

$A_{ct,ext}$ Querschnittsfläche des auf Zug beanspruchten Betons außerhalb der Bügel

Die Längs- bzw. Querbewehrung der Hautbewehrung kann auf die Biege- bzw. Schubbewehrung angerechnet werden, wenn die Regeln für die Anordnung und Verankerung dieser Bewehrung beachtet sind.

**Tafel 46 Ausbildung der Biegebewehrung bei Vollplatten**

| | |
|---|---|
| Mindestbewehrung<br>Höchstbewehrung | Gl. (151) und (152) gelten sinngemäß |
| Hauptbewehrung | Abschn. 7.3.1.1 gilt sinngemäß. Das Versatzmaß ist mit $a_l = d$ anzunehmen<br>$a_{max} = 1{,}5h \leqq 350$ mm |
| Querbewehrung | $A_s \geqq 20\%$ der Hauptbewehrung<br>$a_{max} = 2{,}5h \leqq 400$ mm |
| Bewehrung am Auflager<br>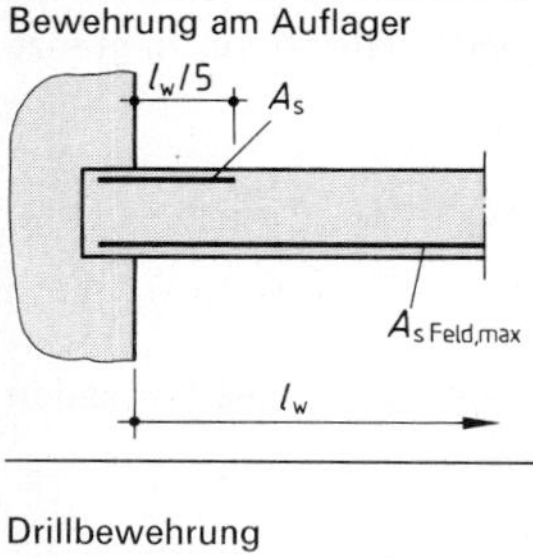<br> | $\geqq 50\%$ der erforderlichen Feldbewehrung durchführen und verankern<br><br>Bei teilweisen, nicht berücksichtigten Endeinspannung ist obere Bewehrung anzuordnen<br>$A_s \geqq 0{,}25\, A_{SFeld,max}$<br>$l \geqq l_w/5$ (vom Auflagerrand) |
| Drillbewehrung | ist anzuordnen, wenn durch bauliche Durchbildung das Abheben der Platte an einer Ecke verhindert wird |
| Bewehrung freier Ränder<br>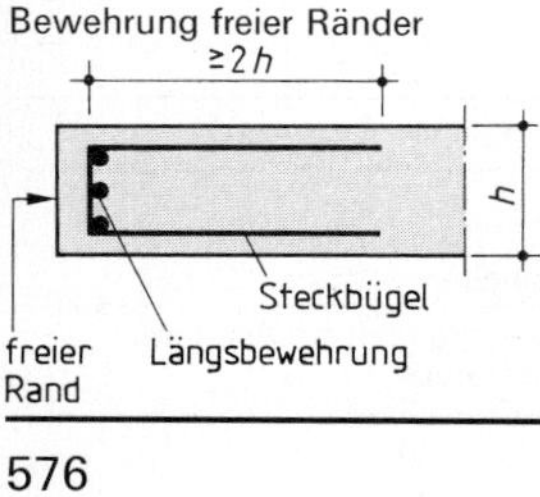<br> | an ungestützen freien Rändern<br>Längs- und Querbewehrung erforderlich mit $l \geqq 2h$.<br>Vorhandene Bewehrung darf angerechnet werden |

## 7.3.2 Auf der Baustelle betonierte Vollplatten

Ein- oder zweiachsig gespannte Vollplatten mit $b > 4h$ sind mit einer Mindestdicke von 50 mm auszubilden.

### 7.3.2.1 Biegebewehrung

Für die Biegebewehrung gelten die Bedingungen der Tafel 46.

### 7.3.2.2 Schubbewehrung

Platten mit Schubbewehrung sollen mindestens $h = 200$ mm dick sein. Die bauliche Durchbildung erfolgt sinngemäß wie in Abschn. 7.3.1.2 angegeben, dabei gelten folgende Ausnahmen:

- Die Werte der Tabelle 43 dürfen zu 60% in Rechnung gestellt werden
- Bei $V_{Sd} < 1/3\,V_{Rd2}$ darf die Schubbewehrung vollständig aus Schrägstäben oder Schubeinlassungen bestehen
- Der Längsabstand von Bügeln ist nach Tafel 44 einzuhalten, für Schrägstäbe beträgt er $a_{max} = h$
- Die in Tafel 47 angegebene Durchbildung der Bewehrung am Auflager ist zu beachten.

**Tafel 47 Durchbildung der Schubbewehrung am Auflager**

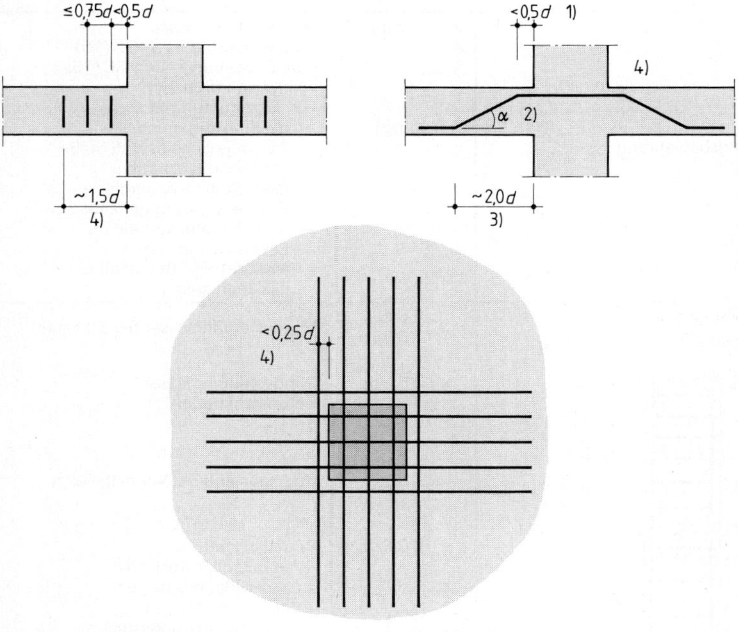


[1]) $0{,}5\,d$ ist einzuhalten, wenn Schrägstäbe als Schubbewehrung ausgerechnet werden

[2]) Bei nur einer Lage von Schrägstäben darf $\alpha$ auf 30° verringert werden

[3]) Ein Schrägstab darf die Schubkraft von $2\,d$ aufnehmen

[4]) Schrägstäbe, die die belastete Fläche kreuzen oder in einem Abstand $< 0{,}25\,d$ vom Rand liegen, dürfen als Durchstanzbewehrung angerechnet werden (im übrigen darf Bewehrung angerechnet werden, die am Rande der belasteten Fläche im Abstand $\leqq 1{,}5\,d$ bzw. $\leqq 800$ mm entfernt liegt (kleinerer Wert maßgebend)

### 7.3.3 Stützen und Druckglieder

Stützen und Druckglieder mit dem Seitenverhältnis $b/h \leqq 4$ sind nach Tafel 48 auszubilden, der Mindestwert der Zugbewehrung ist nach Gl. (159) und der maximale zulässige Bewehrungsquerschnitt nach Gl. (160) zu ermitteln

$$A_{s,min} = 0{,}15 N_{Sd}/f_{yd} \geqq 0{,}003 A_c \quad (159)$$

$$A_{s,max} = 0{,}08 A_c \quad (160)$$

$A_c$ Gesamtquerschnitt der Betonfläche
$N_{Sd}$ Bemessungswert der aufnehmbaren Längskraft
$f_{yd}$ Bemessungswert des Betonstahles (Streckgrenze)

**Tafel 48 Bauliche Durchbildung von Stützen und Druckglieder mit $b/h \leqq 4$**

| | | |
|---|---|---|
| Mindestabmessungen 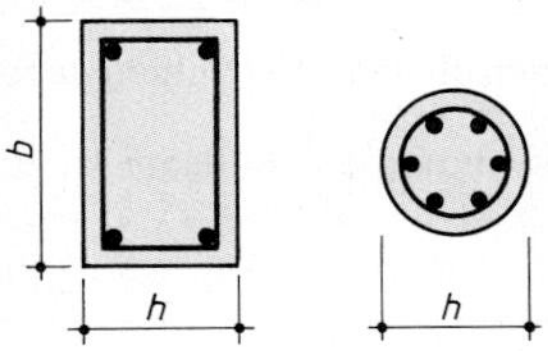  | $h \geqq 200$ mm | Vor Ort betonierte Stützen mit Vollquerschnitt |
| | $h \geqq 140$ mm | Waagerecht betonierte Fertigteilstützen |
| Längsbewehrung | $d_{sl} \geqq 12$ mm | Mindestdurchmesser |
| | $A_{s,min}$ | Zugbewehrung nach Gl. (151) |
| | $A_{s,max}$ | max Bewehrung nach Gl. (152) (gilt auch im Bereich von Übergreifungsstößen) |
| | Verteilung | – gleichmäßig, mindestens 1 Stab je Ecke bzw. 6 Stäbe bei Kreisquerschnitt<br>– jeder Stab muß durch Querbewehrung gehalten sein<br>– max. 5 Stäbe können im Eckbereich durch einschnittige Bewehrung gesichert sein |
| Querbewehrung 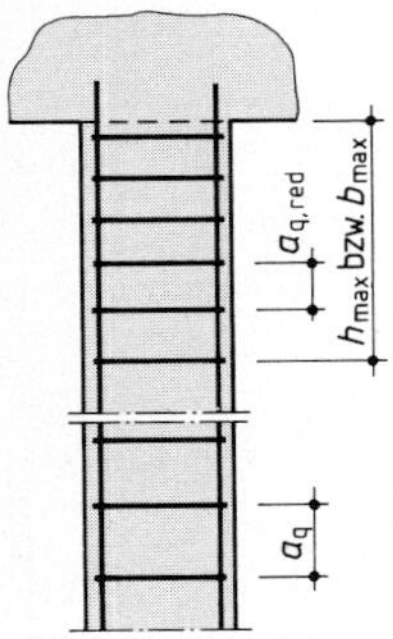  | $d_{sq} \geqq 6$ mm<br>$d_{sq} \geqq 0{,}25\, d_{sl}$ | Mindestdurchmesser bei Stabstahl |
| | $d_{sq} \geqq 5$ mm | Mindestdurchmesser Betonstahlmatten |
| | $a_q \leqq 12\, d_{sl,min}$<br>$a_q \leqq h_{min}$<br>$a_q \leqq 30$ mm | Bügelabstand im Normalbereich |
| | $a_{q,red} \leqq 0{,}6 \cdot a_q$ | Bügelabstand<br>– unmittelbar über oder unter Platten, Balken im Bereich $h_{max}$, $b_{max}$<br>– bei Übergreifungsstößen, wenn $d_{sl,max} > 14$ mm |

### 7.3.4 Stahlbetonwände

Stahlbetonwände mit dem Verhältnis der waagerechten Länge zur Dicke von $l/b \geqq 4$ und einer Bewehrung auf Grundlage des Tragfähigkeitsnachweises sind nach Tafel 49 auszubilden.

**Tafel 49 Ausbildung von Stahlbetonwände**

| | | |
|---|---|---|
| Lotrechte Bewehrung 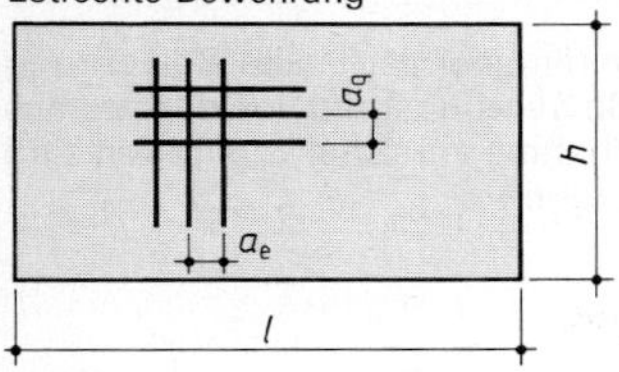  $\frac{l}{h} \leq 4$   $b$ Wanddicke | $A_{sl,min} \geq 0{,}004 A_c$<br>$A_{sl,max} \leq 0{,}04 A_c$ | min, max Bewehrung, hiervon die Hälfte auf jeder Seite |
| | $a_l \leq 2b$<br>$a_l \leq 300$ mm | Abstand der lotrechten Bewehrung |
| Waagerechte Bewehrung | $a_{sq} \geq 0{,}25 d_{sl}$<br>$A_{sq,min} \geq 0{,}50 A_{sl}$<br>$a_q \leq 300$ mm | zwischen Außenfläche und lotrechte Bewehrung verteilt |
| Querbewehrung | bei $A_{sl} \geq 0{,}02 A_c$ | sollten Bügel die lotrechte Bewehrung umschließen |
| | $a_{sq}$ nach Tafel 48 | ausbilden (Bügel) |

### 7.3.5 Wandartige Träger

In wandartigen Trägern ist eine Netzbewehrung mit $A_{sl} = A_{sq} = 0{,}15 A_c$ anzuordnen. Die Zugbewehrung ist vollständig außerhalb vom Knotenpunkt zu verankern, wenn zwischen Knotenpunkt und Trägerende keine ausreichende Verankerungslänge $l_{b,net}$ vorhanden ist.

### 7.3.6 Konsolen

Die Zugbewehrung ist ab dem Knotenpunkt von Druck- und Zugstrebe unter der Auflagerplatte mit U-Bügeln oder Ankerkörpern zu verankern, wenn die Verankerungslänge $l_{b,net}$ zwischen Knotenpunkt und Stirn nicht vorhanden ist.
Konsolen mit $h_c \geq 300$ mm und einer Hauptbewehrung von

$$\boldsymbol{A_s \geq 0{,}4 A_c f_{yd}/f_{yd}} \quad (161)$$

sind mit einer Zusatzbewehrung als Bügel mit $A_{sb} \geq 0{,}4 A_s$ nach Bild 42 zu bewehren. Diese Bewehrung ist bei $a_c/h_c \leq 0{,}5$ waagerecht und bei $0{,}5 < a_c/h_c \leq 1{,}5$ stets lotrecht einzulegen. (Abweichend von DIN V 18932 T1 Abschn. 5.44, vgl. DAfStb Anwendungsrichtlinie.)

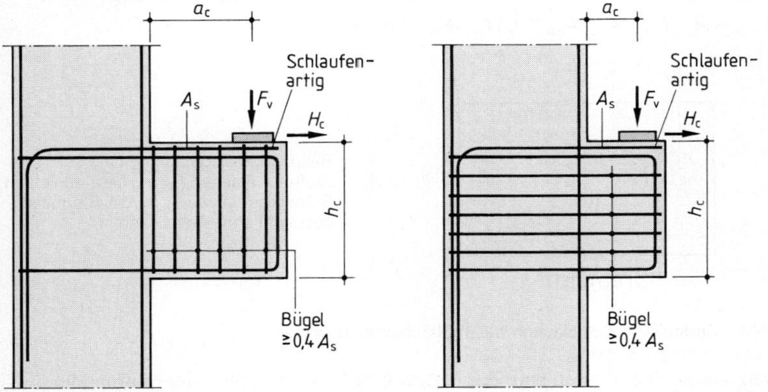


a) $\mathbf{0{,}5 < a_c/h_c \leq 1{,}5}$    b) $\mathbf{a_c/h_c \leq 0{,}5}$

**Bild 42 Bewehrung von Konsolen**

## 7.3.7 Verankerungsbereiche für Vorspannkräfte bei nachträglichem Verbund

Alle Oberflächen von Verankerungsbereichen sind mit einer vertikalen Bewehrung aus rechtwinkligen Bewehrungsnetzen mit einem Bewehrungsgrad von mindestens 0,15% in beiden Richtungen zu bewehren. Zur Aufnahme von Spaltzugkräften sind am Ende der Spannglieder geeignete Bügel anzuordnen.

## 7.3.8 Sonderfälle

### 7.3.8.1 Indirekte Auflager

In Kreuzungsbereichen von Haupt- und Nebenträgern sind wechselseitige Auflagerreaktionen durch Aufhängebewehrungen vollständig aufzunehmen.

Diese Bewehrung sollte aus Bügeln bestehen, die die Hauptbewehrung des Hauptträgers umfassen, wobei einige Bügel aus dem Kreuzungsbereich nach Bild 43 ausgelagert werden können.

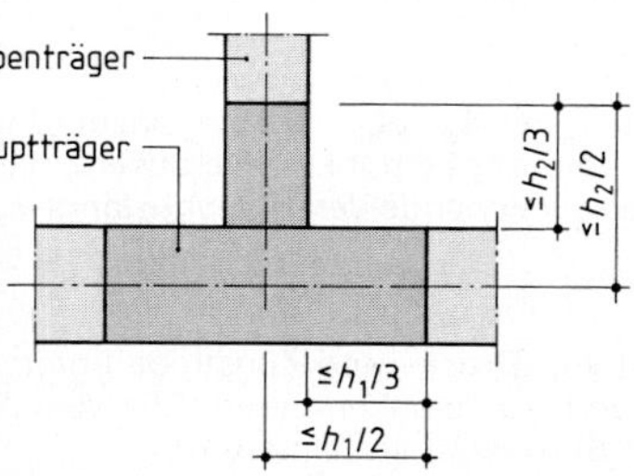


$h_1$ Dicke des Hauptträgers
$h_2$ Dicke des Nebenträgers

**Bild 43 Kreuzungsbereich bei indirekten Auflagern**

### 7.3.8.2 Teilflächenbelastung

Die aufnehmbare Teilflächenbelastung $F_{Rdu}$ aus der Belastung auf einer Teilfläche $A_{c0}$ beträgt

$$\boldsymbol{F_{Rdu} = A_{c0} f_{cd} \sqrt{A_{c1}/A_{c0}} \leqq 3{,}3 f_{cd} A_{c0}} \quad (162) \quad f_{cd} = f_{ck}/\gamma_c$$

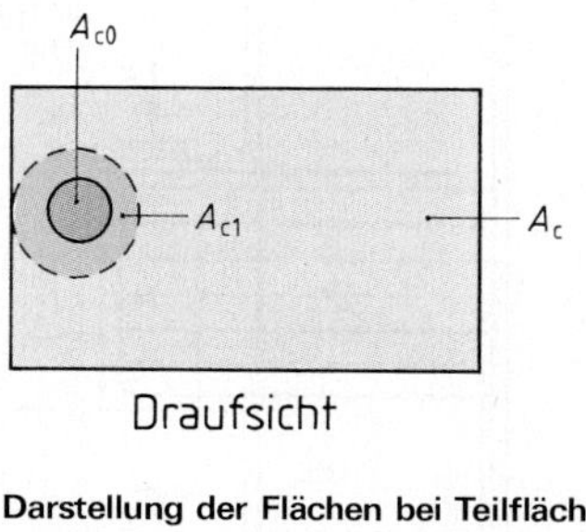


$A_{c0}$ Belastungsfläche
$A_{c1}$ größte Fläche, die bei gleichem Schwerpunkt wie $A_{c0}$ in das Bauteil eingeschrieben werden kann

**Bild 44 Darstellung der Flächen bei Teilflächenbelastungen**

Spaltzugkräfte sind durch eine Zusatzbewehrung aus Bügeln oder Haarnadeln aufzunehmen.

Bei Verankerungen von Spanngliedern s. Abschn. 5.6.8.

## 7.4 Ausbildung für außergewöhnliche Einwirkungen

Zur Vermeidung örtlicher Schäden durch außergewöhnliche Einwirkungen (Anprallasten) sowie zur Sicherung einer alternativen Lastabtragung beim Auftreten örtlicher Schäden können Ringanker angeordnet werden.

Dabei kann das Zusammenwirken der Bauteile durch äußere, innere Ringanker oder senkrechte Zugbänder erreicht werden, wobei das Ringankersystem über den vollen Umfang eines Bauwerkes bzw. bei Anordnung von Dehnfugen über volle Bauwerksabschnitte durchlaufen soll. Die Bemessung von Ringankern kann sich auf Kräfte aus o.g. Einwirkungen beschränken.

Für die Ermittlung des Betonstahlquerschnittes darf die charakteristische Festigkeit $f_{yk}$ des Betonstahles in Ansatz gebracht und evtl. eine vorhandene Bewehrung aus anderen Lastfällen angerechnet werden. Notwendige Übergreifungslängen sind mit dem zweifachen Grundmaß der Verankerungslänge $l_s = 2l_b$ auszubilden und durch umfassende Bügel oder Spiralen mit $c < 100$ mm zu sichern.

# 8 Bauausführung

EC2 T1 enthält im Abschn. 6 Angaben über eine Reihe von Mindestanforderungen, die bei der Bauausführung beachtet werden müssen, um die Verwirklichung der Entwurfsannahmen sicherzustellen.

- Maßabweichungen
- Ausführungsregeln für
  - Beton
  - Schalung und Gerüste
  - Betonstahl
  - Spannstahl, Spannvorgang und Verpressen

Es wird ausdrücklich darauf hingewiesen, daß die Angaben dieses Abschnittes nicht dazu bestimmt sind, als Vertragsgrundlage herangezogen zu werden, weil sie dazu nicht ausführlich genug sind.

# 9 Güteüberwachung

Es müssen drei Überwachungssysteme unterschieden werden

- Eigenüberwachung
- Fremdüberwachung
- Konformitätskontrolle

Die Eigenüberwachung wird aufgrund eigener Veranlassung oder betriebsinterner Festlegungen ausgeübt und soll der Sicherstellung der Anforderungen dienen.

Die Fremdüberwachung kann zur Kontrolle der Eigenüberwachung dienen, kann aber auch in Form von unabhängigen Zusatzprüfungen durchgeführt werden. Für die Ausführung kommen nur unabhängige Stellen im Auftrage des Auftraggebers oder einer Behörde in Frage.

Konformitätskontrollen sind im allgemeinen Teil der Fremdüberwachung. Sie dienen dem Nachweis von Leistungen oder der Herstellung.

Zeitabhängig können folgende Überwachungen durchgeführt werden:

- Überwachung der Tragwerksplanung
- Überwachung von Herstellung und Planung
- Kontrolle des fertigen Bauwerks (Abnahme)
- evtl. Überwachungsprogramm zur Unterhaltung des Bauwerks.

Die Tragwerksplanung muß dem europäischen oder nationalen Verfahren entsprechen.

Für den Nachweis der Brauchbarkeit und der ordnungsgemäßen Herstellung von Bauprodukten gelten die bauaufsichtlichen Bestimmungen der einzelnen Bauordnungen der Länder entsprechend der §§ 20 bis 24 der Musterbauordnung MBO.

# 10 Bemessungstabellen

Vom Deutschen Ausschuß für Stahlbeton sind Bemessungshilfen für die Anwendung nach EC 2 T1 erstellt worden, die in der Schriftenreihe des DAfStb veröffentlicht wurden.

Nachfolgende Bemessungstafeln BT1 bis BT8 sind als Auszug aus o.g. Literatur abgedruckt.

Für die Anwendung gibt Tafel 50 einen Überblick. Die weiteren Erläuterungen sollen das Arbeiten mit den einzelnen BT erleichtern.

**Tafel 50 Übersicht der Anwendungsbereiche der Bemessungshilfen**

| Betonquerschnitt | Anwendungsbereich | Bemessungstafeln BT<br>besondere Merkmale | | Nr. |
|---|---|---|---|---|
| 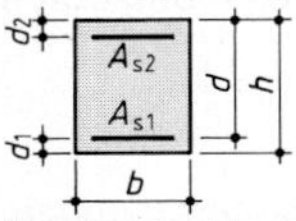  | Reine Biegung und Biegung mit Längskraft | All. Bemessungsdiagramm | | BT1 |
| | | Tabellen | ohne Druckbew. | BT2 |
| | | | mit Druckbew. | BT3a–3d |
| 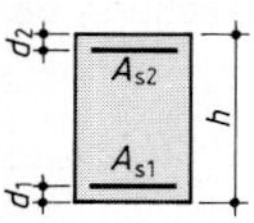  | a) Biegung mit überwiegend Längsdruck bzw. Längszug mit geringer Ausmitte<br>b) überwiegend Biegezug mit wechselnden Vorzeichen | Diagramm mit $A_{s1} = A_{s2}$<br>$d_1/h = 0{,}05$; 0,10; 0,15; 0,20; 0,25 | | BT4a–4e |
| 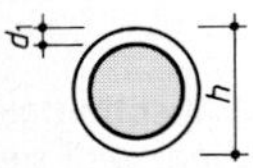  | Biegung und Längskraft | Diagramm mit gleichm. über dem Umfang verteilte Bewehrung<br>$d_1/h = 0{,}10$ | | BT5 |
| 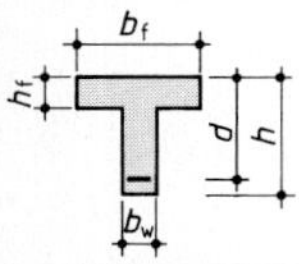  | Längskraft mit großer Ausmitte | Tabellen | | BT6a–6d |
| 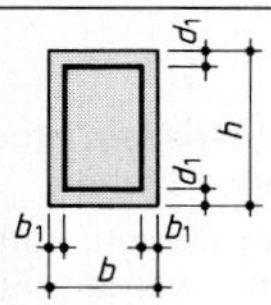  | Zweiachsige Biegung und Längskraft | Diagramm mit<br>$d_1/h = b_1/h = 0{,}10$<br>versch. Bewehrungsanordnung | | BT7a–b |
| 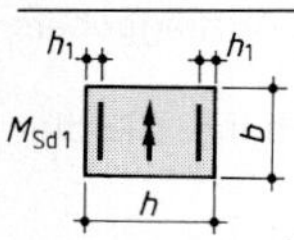  | | | | BT8a–8d |
| 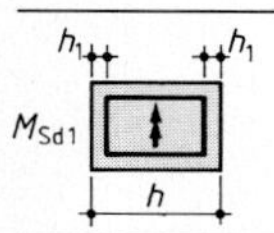  | Stabilitätsnachweis<br><br>Modellstützenverfahren | $\mu$-Nomogramm bzw. $e/h$ Diagramm<br>$h_1/h = 0{,}05$; 0,10; 0,15; 0,20 | | BT8e–8h |
| 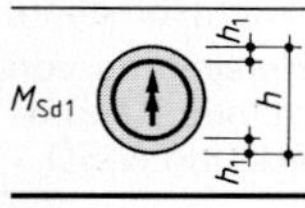  | | | | BT8i–8m |

## zu BT1: Allgemeines Bemessungsdiagramm für Rechteckquerschnitte

Eingangsparameter:
- die auf die Lage der Biegezugbewehrung bezogenen Schnittgrößen in folgender dimensionsloser Form

$$\boldsymbol{M_{Sds} = M_{Sd} - N_{Sd}\, z_{s1}} \qquad \boldsymbol{\mu_{Sds} = M_{Sds}/b\, d^2 f_{cd}}$$

## zu BT2: Rechteckquerschnitt ohne Druckbewehrung

Eingangsparameter:
- die auf die Lage der Biegezugbewehrung bezogenen Schnittgrößen in folgender dimensionsloser Form

$$\boldsymbol{M_{Sds} = M_{Sd} - N_{Sd}\, z_{s1}} \qquad \boldsymbol{\mu_{Sds} = M_{Sds}/b\, d^2 f_{cd}}$$

## zu BT3: Rechteckquerschnitt mit Druckbewehrung

Eingangsparameter:
- die auf die Lage der Biegezugbewehrung bezogenen Schnittgrößen in folgender dimensionsloser Form

$$\boldsymbol{M_{Sds} = M_{Sd} - N_{Sd}\, z_{s1}} \qquad \boldsymbol{\mu_{Sds} = M_{Sds}/b\, d^2 f_{cd}}$$

- die bezogenen Druckzonenhöhen
- die bezogenen Randabstände $d_2/d$

## zu BT4: Rechteckquerschnitt mit symmetrische Bewehrung

BT4 gilt für
- alle Betonfestigkeitsklassen
- Beton mit frei wählbaren Sicherheitsbeiwerten
- Betonstahl S500 mit $\gamma_s = 1{,}15$

Eingangsparameter:
- die auf die Schwereachse des Rechteckquerschnittes bezogenen Momente $\mu_{Sd}$ bzw. Längskräfte $\nu_{Sd}$ in folgender dimensionsloser Form

$$\boldsymbol{\mu_{Sd} = M_{Sd}/b\, h^2 f_{cd}} \qquad \boldsymbol{\nu_{Sd} = N_{Sd}/b\, h\, f_{cd}}$$

- die bezogenen Randabstände $d_1/h$

## zu BT5: Kreisquerschnitte

BT5 gilt für
- alle Betonfestigkeitsklassen
- Beton mit frei wählbaren Sicherheitsbeiwerten
- Betonstahl S500 mit $\gamma_s = 1{,}15$

Eingangsparameter:
- die auf den Mittelpunkt des Kreisquerschnittes bezogenen Momente $\mu_{Sd}$ bzw. Längskräfte $\nu_{Sd}$ in folgender dimensionsloser Form

$$\boldsymbol{\mu_{Sd} = M_{Sd}/A_c\, h\, f_{cd}} \qquad \boldsymbol{\nu_{Sd} = N_{Sd}/A_c\, f_{cd}}$$

- die bezogenen Randabstände $d_1/h$

## zu BT6: Plattenbalken

Eingangsparameter:

- die auf die Lage der Biegezugbewehrung bezogenen Schnittgrößen in folgender dimensionsloser Form

$$\boldsymbol{M_{Sds} = M_{Sd} - N_{Sd}\, z_{s1} \quad \mu_{Sds} = M_{Sds}/b_{eff}\, d^2 f_{cd} \quad (b_{eff} = b_f)}$$

- die bezogenen Randabstände $h_f/d$

Bewehrung:

$$\boldsymbol{A_s = (\omega\, b_{eff}\, d\, f_{cd} + N_{Sd})/f_{yd}}$$

## zu BT7: Schiefe Biegung mit Längskraft

BT7 gilt für

- alle Betonfestigkeitsklassen
- Beton mit frei wählbaren Sicherheitsbeiwerten
- Betonstahl S500 mit $\gamma_s = 1{,}15$

Eingangsparameter:

- die auf die Schwereachse des Rechteckquerschnittes bezogenen Momente $\mu_{Sd}$ bzw. Längskräfte $\nu_{Sd}$ in folgender dimensionsloser Form

$$\boldsymbol{\mu_{Sdy} = |M_{Sdy}|/b\, h^2 f_{cd} \quad \mu_{Sdz} = |M_{Sdz}|/b\, h^2 f_{cd} \quad \nu_{Sd} = N_{Sd}/b\, h\, f_{cd}}$$

- die bezogenen Randabstände $d_1/h$ bzw. $b_1/b$

## zu BT8: $e/h$ und $\mu$-Diagramme

BT8 gilt für

- Alle Betonfestigkeitsklassen
- Beton mit frei wählbaren Sicherheitsbeiwerten
- Betonstahl S500 mit $\gamma_s = 1{,}15$

Die Anwendung erfolgt in 2 Diagrammen, da das $\mu$-Nomogramm im Bereich kleiner bezogener Last-Ausmitten nicht ablesbar ist; hier ist dann das in der Handhabung etwas umständlichere $e/h$-Diagramm anzuwenden.

Eingangsparameter $\mu$-Nomogramm:

- das bezogene Momente $\mu_{Sd}$ (einschließlich zusätzlicher Ausmitte $e_a$ (Imperfektionen) und $e_c$ (Kriechverformungen))

  $\mu_{Sdy} = M_{Sd1}/h A_c f_{cd}$

- die bezogene Längskräfte $\nu_{Sd}$

  $\nu_{Sd} = N_{Sd}/A_c f_{cd}$

- die bezogenen Stababstände $l_o/h$

Eingangsparameter $e/h$-Diagramm:

- die bezogene Lastausmitte $e_1/h$ (einschließlich zusätzlicher Ausmitte $e_a$ (Imperfektionen) und $e_c$ (Kriechverformungen))
- die bezogenen Längskräfte $\nu_{Sd}$

  $\nu_{Sd} = N_{Sd}/A_c f_{cd}$

- die bezogenen Stababstände $l_o/h$

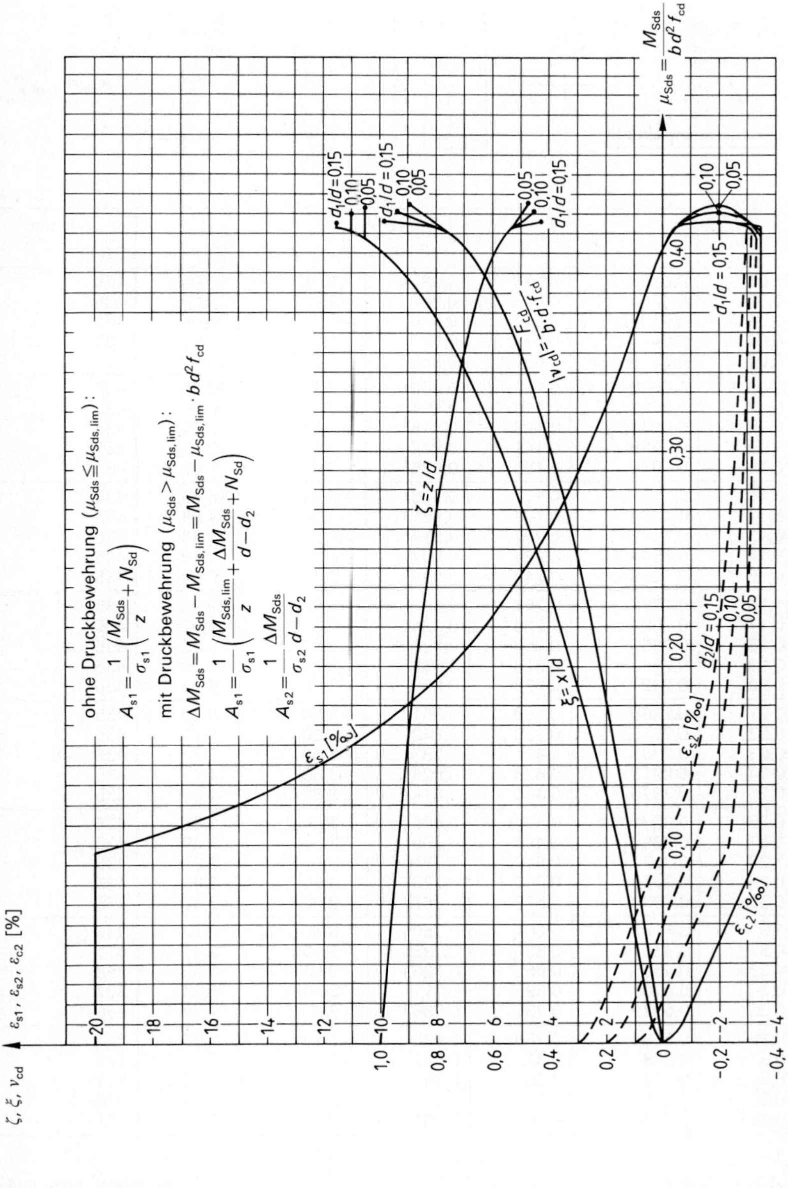
$\mu_{Sds} = \frac{M_{Sds}}{b d^2 f_{cd}}$
$\zeta, \xi, \nu_{cd}$
$\varepsilon_{s1}, \varepsilon_{s2}, \varepsilon_{c2}$ [%]
ohne Druckbewehrung ($\mu_{Sds} \leq \mu_{Sds,lim}$):
$A_{s1} = \frac{1}{\sigma_{s1}}\left(\frac{M_{Sds}}{z} + N_{Sd}\right)$
mit Druckbewehrung ($\mu_{Sds} > \mu_{Sds,lim}$):
$\Delta M_{Sds} = M_{Sds} - M_{Sds,lim} = M_{Sds} - \mu_{Sds,lim} \cdot b d^2 f_{cd}$
$A_{s1} = \frac{1}{\sigma_{s1}}\left(\frac{M_{Sds,lim}}{z} + \frac{\Delta M_{Sds}}{d - d_2} + N_{Sd}\right)$
$A_{s2} = \frac{1}{\sigma_{s2}} \frac{\Delta M_{Sds}}{d - d_2}$
$\zeta = z/d$
$\xi = x/d$
$|\nu_{cd}| = \frac{F_{cd}}{b \cdot d \cdot f_{cd}}$
$\varepsilon_{s1}$ [‰]
$\varepsilon_{s2}$ [‰]
$\varepsilon_{c2}$ [‰]
$d_1/d = 0{,}15$
0,10
0,05
$d_2/d = 0{,}15$
0,10
0,20
0,30
0,40
-20
-18
-16
-14
-12
-10
-8
-6
-4
-2
2
4
1,0
0,8
0,6
0,4
0,2
0
-0,2
-0,4

## BT2 Rechteckquerschnitt ohne Druckbewehrung, Biegung mit Längskraft

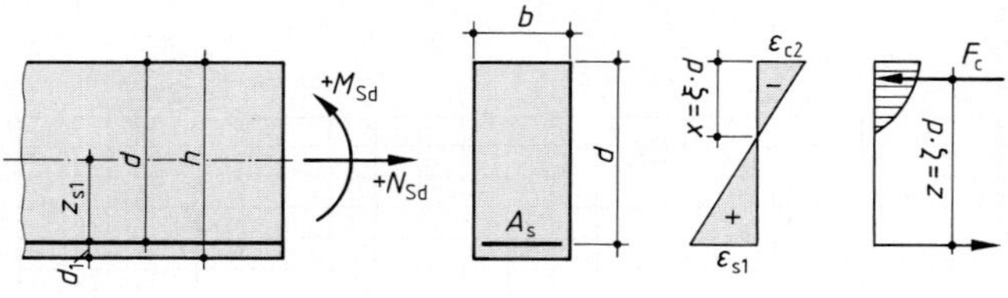


$$\mu_{Sds}=\frac{M_{Sds}}{b\,d^2 f_{cd}}$$

| $\mu_{Sds}$ | $\omega$ | $\xi=\frac{x}{d}$ | $\zeta=\frac{z}{d}$ | $\varepsilon_{c2}$ [‰] | $\varepsilon_{s1}$ [‰] | $\sigma_{sd}$ in N/mm² S500 |
|---|---|---|---|---|---|---|
| 0,01 | 0,0101 | 0,036 | 0,987 | −0,75 | 20,00 | 435 |
| 0,02 | 0,0204 | 0,053 | 0,981 | −1,12 | 20,00 | 435 |
| 0,03 | 0,0307 | 0,067 | 0,976 | −1,43 | 20,00 | 435 |
| 0,04 | 0,0412 | 0,079 | 0,971 | −1,72 | 20,00 | 435 |
| 0,05 | 0,0518 | 0,091 | 0,966 | −2,01 | 20,00 | 435 |
| 0,06 | 0,0625 | 0,103 | 0,960 | −2,31 | 20,00 | 435 |
| 0,07 | 0,0733 | 0,116 | 0,954 | −2,62 | 20,00 | 435 |
| 0,08 | 0,0844 | 0,128 | 0,948 | −2,94 | 20,00 | 435 |
| 0,09 | 0,0955 | 0,141 | 0,942 | −3,28 | 20.00 | 435 |
| 0,10 | 0,1069 | 0,155 | 0,935 | −3,50 | 19,03 | 435 |
| 0,11 | 0,1185 | 0,172 | 0,928 | −3,50 | 16,83 | 435 |
| 0,12 | 0,1303 | 0,189 | 0,921 | −3,50 | 14,99 | 435 |
| 0,13 | 0,1422 | 0,207 | 0,914 | −3,50 | 13,43 | 435 |
| 0,14 | 0,1544 | 0,224 | 0,907 | −3,50 | 12,10 | 435 |
| 0,15 | 0,1668 | 0,242 | 0,899 | −3,50 | 10,94 | 435 |
| 0,16 | 0,1795 | 0,261 | 0,892 | −3,50 | 9,92 | 435 |
| 0,17 | 0,1924 | 0,280 | 0,884 | −3,50 | 9,02 | 435 |
| 0,18 | 0,2055 | 0,299 | 0,876 | −3,50 | 8,22 | 435 |
| 0,19 | 0,2190 | 0,318 | 0,868 | −3,50 | 7,50 | 435 |
| 0,20 | 0,2327 | 0,338 | 0,859 | −3,50 | 6,85 | 435 |
| 0,21 | 0,2468 | 0,359 | 0,851 | −3,50 | 6,26 | 435 |
| 0,22 | 0,2613 | 0,380 | 0,842 | −3,50 | 5,72 | 435 |
| 0,23 | 0,2761 | 0,401 | 0,833 | −3,50 | 5,22 | 435 |
| 0,24 | 0,2913 | 0,423 | 0,824 | −3,50 | 4,77 | 435 |
| 0,25 | 0,3070 | 0,446 | 0,814 | −3,50 | 4,35 | 435 |
| 0,26 | 0,3231 | 0,470 | 0,805 | −3,50 | 3,95 | 435 |
| 0,27 | 0,3398 | 0,494 | 0,795 | −3,50 | 3,59 | 435 |
| 0,28 | 0,3571 | 0,519 | 0,784 | −3,50 | 3,24 | 435 |
| 0,29 | 0,3750 | 0,545 | 0,773 | −3,50 | 2,92 | 435 |
| 0,30 | 0,3937 | 0,572 | 0,762 | −3,50 | 2,62 | 435 |
| 0,31 | 0,4132 | 0,601 | 0,750 | −3,50 | 2,33 | 435 |
| 0,32 | 0,4337 | 0,630 | 0,738 | −3,50 | 2,05 | 411 |
| 0,33 | 0,4553 | 0,662 | 0,725 | −3,50 | 1,79 | 358 |
| 0,34 | 0,4783 | 0,695 | 0,711 | −3,50 | 1,54 | 307 |
| 0,35 | 0,5029 | 0,731 | 0,696 | −3,50 | 1,29 | 258 |
| 0,36 | 0,5295 | 0,769 | 0,680 | −3,50 | 1,05 | 210 |
| 0,37 | 0,5587 | 0,812 | 0,662 | −3,50 | 0,81 | 162 |
| 0,38 | 0,5915 | 0,860 | 0,642 | −3,50 | 0,57 | 114 |
| 0,39 | 0,6297 | 0,915 | 0,619 | −3,50 | 0,32 | 65 |
| 0,40 | 0,6774 | 0,984 | 0,591 | −3,50 | 0,06 | 11 |

$$A_s=\frac{1}{\sigma_{Sd}}\left(\omega\, b\, d\, f_{cd}+N_{Sd}\right)$$

Beispiel s. Seite 546

**BT3a Rechteckquerschnitt mit Druckbewehrung für Biegung mit Längskraft**

**Betonstahl S500, $\gamma_s = 1{,}15$, $\xi = \dfrac{x}{d} = 0{,}25$**

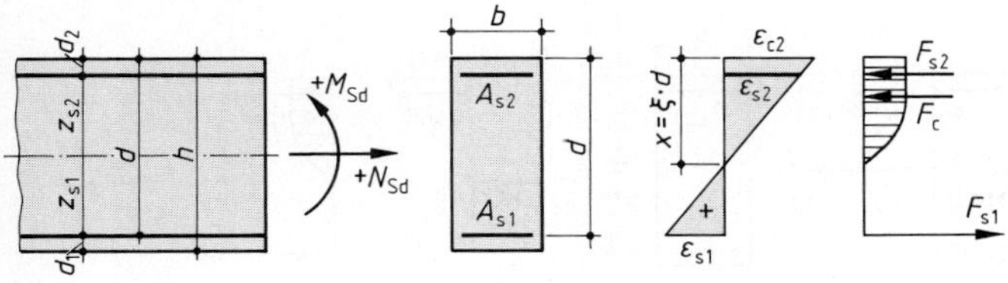


$$\mu_{Sds} = \frac{M_{Sds}}{b\,d^2 f_{cd}}$$

| | $\xi = 0{,}250$ | | | | | | | |
|---|---|---|---|---|---|---|---|---|
| $\mu_{Sds}$ | $d_2/d = 0{,}05$ | | $d_2/d = 0{,}10$ | | $d_2/d = 0{,}15$ | | $d_2/d = 0{,}20$ | |
| | $\omega_1$ | $\omega_2$ | $\omega_1$ | $\omega_2$ | $\omega_1$ | $\omega_2$ | $\omega_1$ | $\omega_2$ |
| 0,16 | 0,178 | 0,006 | 0,179 | 0,007 | 0,179 | 0,011 | 0,179 | 0,023 |
| 0,17 | 0,189 | 0,017 | 0,190 | 0,018 | 0,191 | 0,029 | 0,192 | 0,062 |
| 0,18 | 0,199 | 0,027 | 0,201 | 0,030 | 0,202 | 0,047 | 0,204 | 0,100 |
| 0,19 | 0,210 | 0,038 | 0,212 | 0,041 | 0,214 | 0,066 | 0,217 | 0,139 |
| 0,20 | 0,220 | 0,048 | 0,223 | 0,053 | 0,226 | 0,084 | 0,229 | 0,178 |
| 0,21 | 0,231 | 0,059 | 0,234 | 0,064 | 0,238 | 0,102 | 0,242 | 0,217 |
| 0,22 | 0,241 | 0,069 | 0,245 | 0,076 | 0,250 | 0,120 | 0,254 | 0,256 |
| 0,23 | 0,252 | 0,080 | 0,256 | 0,087 | 0,261 | 0,139 | 0,267 | 0,295 |
| 0,24 | 0,262 | 0,090 | 0,267 | 0,099 | 0,273 | 0,157 | 0,279 | 0,333 |
| 0,25 | 0,273 | 0,101 | 0,279 | 0,110 | 0,285 | 0,175 | 0,292 | 0,372 |
| 0,26 | 0,283 | 0,111 | 0,290 | 0,122 | 0,297 | 0,193 | 0,304 | 0,411 |
| 0,27 | 0,294 | 0,122 | 0,301 | 0,133 | 0,308 | 0,212 | 0,317 | 0,450 |
| 0,28 | 0,305 | 0,132 | 0,312 | 0,145 | 0,320 | 0,230 | 0,329 | 0,489 |
| 0,29 | 0,315 | 0,143 | 0,323 | 0,156 | 0,332 | 0,248 | 0,342 | 0,528 |
| 0,30 | 0,326 | 0,154 | 0,334 | 0,168 | 0,344 | 0,267 | 0,354 | 0,567 |
| 0,31 | 0,336 | 0,164 | 0,345 | 0,179 | 0,355 | 0,285 | 0,367 | 0,605 |
| 0,32 | 0,347 | 0,175 | 0,356 | 0,191 | 0,367 | 0,303 | 0,379 | 0,644 |
| 0,33 | 0,357 | 0,185 | 0,367 | 0,202 | 0,379 | 0,321 | 0,392 | 0,683 |
| 0,34 | 0,368 | 0,196 | 0,379 | 0,214 | 0,391 | 0,340 | 0,404 | 0,722 |
| 0,35 | 0,378 | 0,206 | 0,390 | 0,225 | 0,402 | 0,358 | 0,417 | 0,761 |
| 0,36 | 0,389 | 0,217 | 0,401 | 0,237 | 0,414 | 0,376 | 0,429 | 0,800 |
| 0,37 | 0,399 | 0,227 | 0,412 | 0,248 | 0,426 | 0,395 | 0,442 | 0,838 |
| 0,38 | 0,410 | 0,238 | 0,423 | 0,260 | 0,438 | 0,413 | 0,454 | 0,877 |
| 0,39 | 0,420 | 0,248 | 0,434 | 0,271 | 0,450 | 0,431 | 0,467 | 0,916 |
| 0,40 | 0,431 | 0,259 | 0,445 | 0,283 | 0,461 | 0,449 | 0,479 | 0,955 |
| 0,41 | 0,441 | 0,269 | 0,456 | 0,294 | 0,473 | 0,468 | 0,492 | 0,994 |
| 0,42 | 0,452 | 0,280 | 0,467 | 0,306 | 0,485 | 0,486 | 0,504 | 1,033 |
| 0,43 | 0,462 | 0,290 | 0,479 | 0,317 | 0,497 | 0,504 | 0,517 | 1,071 |
| 0,44 | 0,473 | 0,301 | 0,490 | 0,329 | 0,508 | 0,522 | 0,529 | 1,110 |
| 0,45 | 0,483 | 0,311 | 0,501 | 0,340 | 0,520 | 0,541 | 0,542 | 1,149 |
| 0,46 | 0,494 | 0,322 | 0,512 | 0,352 | 0,532 | 0,559 | 0,554 | 1,188 |
| 0,47 | 0,505 | 0,332 | 0,523 | 0,363 | 0,544 | 0,577 | 0,567 | 1,227 |
| 0,48 | 0,515 | 0,343 | 0,534 | 0,375 | 0,555 | 0,596 | 0,579 | 1,266 |
| 0,49 | 0,526 | 0,354 | 0,545 | 0,387 | 0,567 | 0,614 | 0,592 | 1,304 |
| 0,50 | 0,536 | 0,364 | 0,556 | 0,398 | 0,579 | 0,632 | 0,604 | 1,343 |

$$A_{s1} = \frac{1}{f_{yd}}(\omega_1\, b\, d\, f_{cd} + N_{Sd}) \qquad A_{s2} = \omega_2\, b\, d\, \frac{f_{cd}}{f_{yd}}$$

**BT3b Rechteckquerschnitt mit Druckbewehrung für Biegung mit Längskraft**

**Betonstahl S500, $\gamma_s = 1{,}15$, $\xi = \dfrac{x}{d} = 0{,}35$**

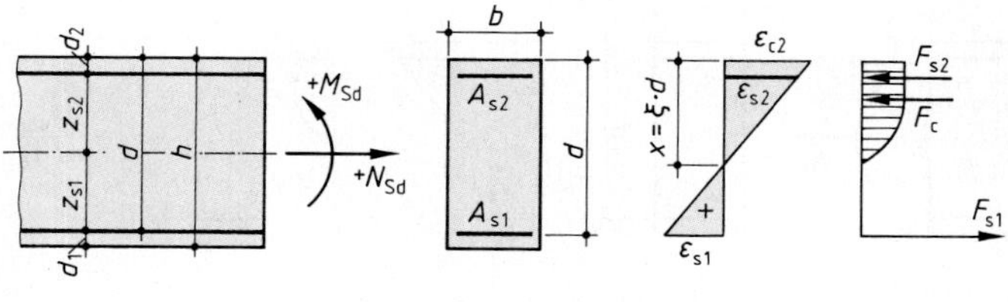


$$\mu_{Sds} = \frac{M_{Sds}}{b\,d^2 f_{cd}}$$

| | $\xi = 0{,}350$ | | | | | | | |
|---|---|---|---|---|---|---|---|---|
| $\mu_{Sds}$ | $d_2/d = 0{,}05$ | | $d_2/d = 0{,}10$ | | $d_2/d = 0{,}15$ | | $d_2/d = 0{,}20$ | |
| | $\omega_1$ | $\omega_2$ | $\omega_1$ | $\omega_2$ | $\omega_1$ | $\omega_2$ | $\omega_1$ | $\omega_2$ |
| 0,21 | 0,245 | 0,004 | 0,246 | 0,005 | 0,246 | 0,005 | 0,246 | 0,008 |
| 0,22 | 0,256 | 0,015 | 0,257 | 0,016 | 0,258 | 0,018 | 0,259 | 0,026 |
| 0,23 | 0,266 | 0,026 | 0,268 | 0,027 | 0,269 | 0,031 | 0,271 | 0,044 |
| 0,24 | 0,277 | 0,036 | 0,279 | 0,038 | 0,281 | 0,044 | 0,284 | 0,062 |
| 0,25 | 0,287 | 0,047 | 0,290 | 0,049 | 0,293 | 0,057 | 0,296 | 0,080 |
| 0,26 | 0,298 | 0,057 | 0,301 | 0,060 | 0,305 | 0,069 | 0,309 | 0,098 |
| 0,27 | 0,308 | 0,068 | 0,312 | 0,071 | 0,316 | 0,082 | 0,321 | 0,116 |
| 0,28 | 0,319 | 0,078 | 0,323 | 0,082 | 0,328 | 0,095 | 0,334 | 0,135 |
| 0,29 | 0,329 | 0,089 | 0,334 | 0,094 | 0,340 | 0,108 | 0,346 | 0,153 |
| 0,30 | 0,340 | 0,099 | 0,346 | 0,105 | 0,352 | 0,121 | 0,359 | 0,171 |
| 0,31 | 0,351 | 0,110 | 0,357 | 0,116 | 0,363 | 0,133 | 0,371 | 0,189 |
| 0,32 | 0,361 | 0,120 | 0,368 | 0,127 | 0,375 | 0,146 | 0,384 | 0,207 |
| 0,33 | 0,372 | 0,131 | 0,379 | 0,138 | 0,387 | 0,159 | 0,396 | 0,225 |
| 0,34 | 0,382 | 0,141 | 0,390 | 0,149 | 0,399 | 0,172 | 0,409 | 0,243 |
| 0,35 | 0,393 | 0,152 | 0,401 | 0,160 | 0,411 | 0,185 | 0,421 | 0,261 |
| 0,36 | 0,403 | 0,162 | 0,412 | 0,171 | 0,422 | 0,197 | 0,434 | 0,280 |
| 0,37 | 0,414 | 0,173 | 0,423 | 0,182 | 0,434 | 0,210 | 0,446 | 0,298 |
| 0,38 | 0,424 | 0,183 | 0,434 | 0,194 | 0,446 | 0,223 | 0,459 | 0,316 |
| 0,39 | 0,435 | 0,194 | 0,446 | 0,205 | 0,458 | 0,236 | 0,471 | 0,334 |
| 0,40 | 0,445 | 0,204 | 0,457 | 0,216 | 0,469 | 0,248 | 0,484 | 0,352 |
| 0,41 | 0,456 | 0,215 | 0,468 | 0,227 | 0,481 | 0,261 | 0,496 | 0,370 |
| 0,42 | 0,466 | 0,226 | 0,479 | 0,238 | 0,493 | 0,274 | 0,509 | 0,388 |
| 0,43 | 0,477 | 0,236 | 0,490 | 0,249 | 0,505 | 0,287 | 0,521 | 0,406 |
| 0,44 | 0,487 | 0,247 | 0,501 | 0,260 | 0,516 | 0,300 | 0,534 | 0,425 |
| 0,45 | 0,498 | 0,257 | 0,512 | 0,271 | 0,528 | 0,312 | 0,546 | 0,443 |
| 0,46 | 0,508 | 0,268 | 0,523 | 0,282 | 0,540 | 0,325 | 0,559 | 0,461 |
| 0,47 | 0,519 | 0,278 | 0,534 | 0,294 | 0,552 | 0,338 | 0,571 | 0,479 |
| 0,48 | 0,529 | 0,289 | 0,546 | 0,305 | 0,563 | 0,351 | 0,584 | 0,497 |
| 0,49 | 0,540 | 0,299 | 0,557 | 0,316 | 0,575 | 0,364 | 0,596 | 0,515 |
| 0,50 | 0,551 | 0,310 | 0,568 | 0,327 | 0,587 | 0,376 | 0,609 | 0,533 |

$$A_{s1} = \frac{1}{f_{yd}}\left(\omega_1\, b\, d\, f_{cd} + N_{Sd}\right) \qquad A_{s2} = \omega_2\, b\, d\, \frac{f_{cd}}{f_{yd}}$$

## BT3c Rechteckquerschnitt mit Druckbewehrung für Biegung mit Längskraft

**Betonstahl S500, $\gamma_s = 1{,}15$, $\xi = \frac{x}{d} = 0{,}45$**

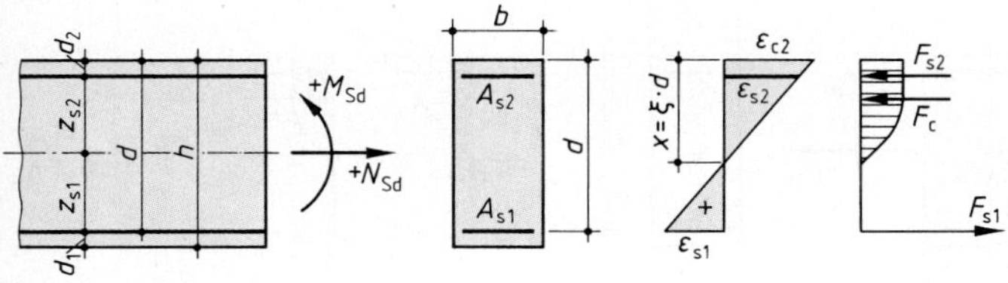


$$\mu_{Sds} = \frac{M_{Sds}}{b\,d^2 f_{cd}}$$

| $\mu_{Sds}$ | $d_2/d = 0{,}05$ | | $d_2/d = 0{,}10$ | | $d_2/d = 0{,}15$ | | $d_2/d = 0{,}20$ | |
|---|---|---|---|---|---|---|---|---|
| $\xi = 0{,}450$ | $\omega_1$ | $\omega_2$ | $\omega_1$ | $\omega_2$ | $\omega_1$ | $\omega_2$ | $\omega_1$ | $\omega_2$ |
| 0,26 | 0,318 | 0,009 | 0,319 | 0,009 | 0,319 | 0,010 | 0,320 | 0,012 |
| 0,27 | 0,329 | 0,019 | 0,330 | 0,020 | 0,331 | 0,022 | 0,333 | 0,026 |
| 0,28 | 0,339 | 0,030 | 0,341 | 0,031 | 0,343 | 0,033 | 0,345 | 0,040 |
| 0,29 | 0,350 | 0,040 | 0,352 | 0,043 | 0,355 | 0,045 | 0,358 | 0,054 |
| 0,30 | 0,361 | 0,051 | 0,363 | 0,054 | 0,366 | 0,057 | 0,370 | 0,068 |
| 0,31 | 0,371 | 0,061 | 0,374 | 0,065 | 0,378 | 0,069 | 0,383 | 0,082 |
| 0,32 | 0,382 | 0,072 | 0,386 | 0,076 | 0,390 | 0,080 | 0,395 | 0,096 |
| 0,33 | 0,392 | 0,082 | 0,397 | 0,087 | 0,402 | 0,092 | 0,408 | 0,110 |
| 0,34 | 0,403 | 0,093 | 0,408 | 0,098 | 0,414 | 0,104 | 0,420 | 0,123 |
| 0,35 | 0,413 | 0,103 | 0,419 | 0,109 | 0,425 | 0,116 | 0,433 | 0,137 |
| 0,36 | 0,424 | 0,114 | 0,430 | 0,120 | 0,437 | 0,127 | 0,445 | 0,151 |
| 0,37 | 0,434 | 0,125 | 0,441 | 0,131 | 0,449 | 0,139 | 0,458 | 0,165 |
| 0,38 | 0,445 | 0,135 | 0,452 | 0,143 | 0,461 | 0,151 | 0,470 | 0,179 |
| 0,39 | 0,455 | 0,146 | 0,463 | 0,154 | 0,472 | 0,163 | 0,483 | 0,193 |
| 0,40 | 0,466 | 0,156 | 0,474 | 0,165 | 0,484 | 0,174 | 0,495 | 0,207 |
| 0,41 | 0,476 | 0,167 | 0,486 | 0,176 | 0,496 | 0,186 | 0,508 | 0,221 |
| 0,42 | 0,487 | 0,177 | 0,497 | 0,187 | 0,508 | 0,198 | 0,520 | 0,235 |
| 0,43 | 0,497 | 0,188 | 0,508 | 0,198 | 0,519 | 0,210 | 0,533 | 0,249 |
| 0,44 | 0,508 | 0,198 | 0,519 | 0,209 | 0,531 | 0,222 | 0.545 | 0,263 |
| 0,45 | 0,518 | 0,209 | 0,530 | 0,220 | 0,543 | 0,233 | 0,558 | 0,277 |
| 0,46 | 0,529 | 0,219 | 0,541 | 0,231 | 0,555 | 0,245 | 0,570 | 0,291 |
| 0,47 | 0,539 | 0,230 | 0,552 | 0,243 | 0,566 | 0,257 | 0,583 | 0,305 |
| 0,48 | 0,550 | 0,240 | 0,563 | 0,254 | 0,578 | 0,269 | 0,595 | 0,319 |
| 0,49 | 0,561 | 0,251 | 0,574 | 0,265 | 0,590 | 0,280 | 0,608 | 0,333 |
| 0,50 | 0,571 | 0,261 | 0,586 | 0,276 | 0,602 | 0,292 | 0,620 | 0,347 |

$$A_{s1} = \frac{1}{f_{yd}}(\omega_1\, b\, d\, f_{cd} + N_{Sd}) \qquad A_{s2} = \omega_2\, b\, d\, \frac{f_{cd}}{f_{yd}}$$

## BT3d Rechteckquerschnitt mit Druckbewehrung für Biegung und Längskraft

**Betonstahl S500, $\gamma_s = 1{,}15$, $\xi = \frac{x}{d} = 0{,}617$**

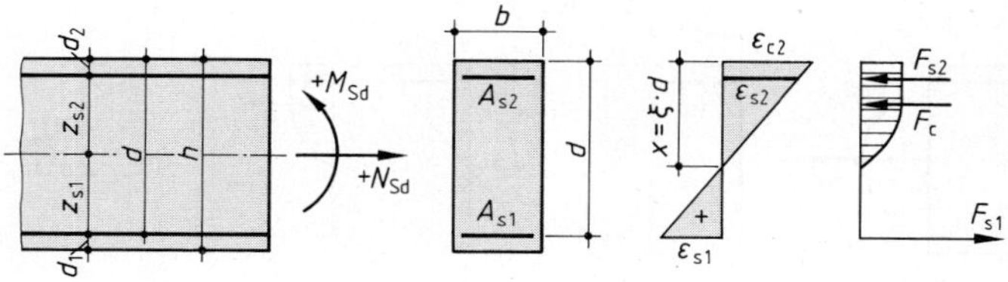


$$\mu_{Sds} = \frac{M_{Sds}}{b\,d^2 f_{cd}}$$

$\xi = 0{,}617$

| $\mu_{Sds}$ | $d_2/d = 0{,}05$ | | $d_2/d = 0{,}10$ | | $d_2/d = 0{,}15$ | | $d_2/d = 0{,}20$ | |
|---|---|---|---|---|---|---|---|---|
| | $\omega_1$ | $\omega_2$ | $\omega_1$ | $\omega_2$ | $\omega_1$ | $\omega_2$ | $\omega_1$ | $\omega_2$ |
| 0,32 | 0,429 | 0,005 | 0,429 | 0,005 | 0,430 | 0,005 | 0,430 | 0,006 |
| 0,33 | 0,440 | 0,015 | 0,441 | 0,016 | 0,441 | 0,017 | 0,443 | 0,018 |
| 0,34 | 0,450 | 0,026 | 0,452 | 0,027 | 0,453 | 0,029 | 0,455 | 0,031 |
| 0,35 | 0,461 | 0,036 | 0,463 | 0,038 | 0,465 | 0,041 | 0,468 | 0,043 |
| 0,36 | 0,471 | 0,047 | 0,474 | 0,049 | 0,477 | 0,052 | 0,480 | 0,056 |
| 0,37 | 0,482 | 0,057 | 0,485 | 0,061 | 0,489 | 0,064 | 0,493 | 0,068 |
| 0,38 | 0,492 | 0.068 | 0,496 | 0,072 | 0,500 | 0,076 | 0,505 | 0,081 |
| 0,39 | 0,503 | 0,078 | 0,507 | 0,083 | 0,512 | 0,088 | 0,518 | 0,093 |
| 0,40 | 0,513 | 0,089 | 0,518 | 0,094 | 0,524 | 0,099 | 0,530 | 0,106 |
| 0,41 | 0,524 | 0,099 | 0,529 | 0,105 | 0,536 | 0,111 | 0,543 | 0,118 |
| 0,42 | 0,534 | 0,110 | 0,541 | 0,116 | 0,547 | 0,123 | 0,555 | 0,131 |
| 0,43 | 0,545 | 0,120 | 0,552 | 0,127 | 0,559 | 0,135 | 0,568 | 0,143 |
| 0,44 | 0,555 | 0,131 | 0,563 | 0,138 | 0,571 | 0,146 | 0,580 | 0,156 |
| 0,45 | 0,566 | 0,142 | 0,574 | 0,149 | 0,583 | 0,158 | 0,593 | 0,168 |
| 0,46 | 0,577 | 0,152 | 0,585 | 0,161 | 0,594 | 0,170 | 0,605 | 0,181 |
| 0,47 | 0,587 | 0,163 | 0,596 | 0,172 | 0,606 | 0,182 | 0,618 | 0,193 |
| 0,48 | 0,598 | 0,173 | 0,607 | 0,183 | 0,618 | 0,193 | 0,630 | 0,206 |
| 0,49 | 0,608 | 0,184 | 0,618 | 0,194 | 0,630 | 0,205 | 0,643 | 0,218 |
| 0,50 | 0,619 | 0,194 | 0,629 | 0,205 | 0,641 | 0,217 | 0,655 | 0,231 |

$$A_{s1} = \frac{1}{f_{yd}}(\omega_1\, b\, d\, f_{cd} + N_{Sd}) \qquad A_{s2} = \omega_2\, b\, d\, \frac{f_{cd}}{f_{yd}}$$

**BT4a Rechteckquerschnitt mit symmetrischer Bewehrung**
**Betonstahl S500, $\gamma_s = 1{,}15$, $d_1/h = 0{,}05$**

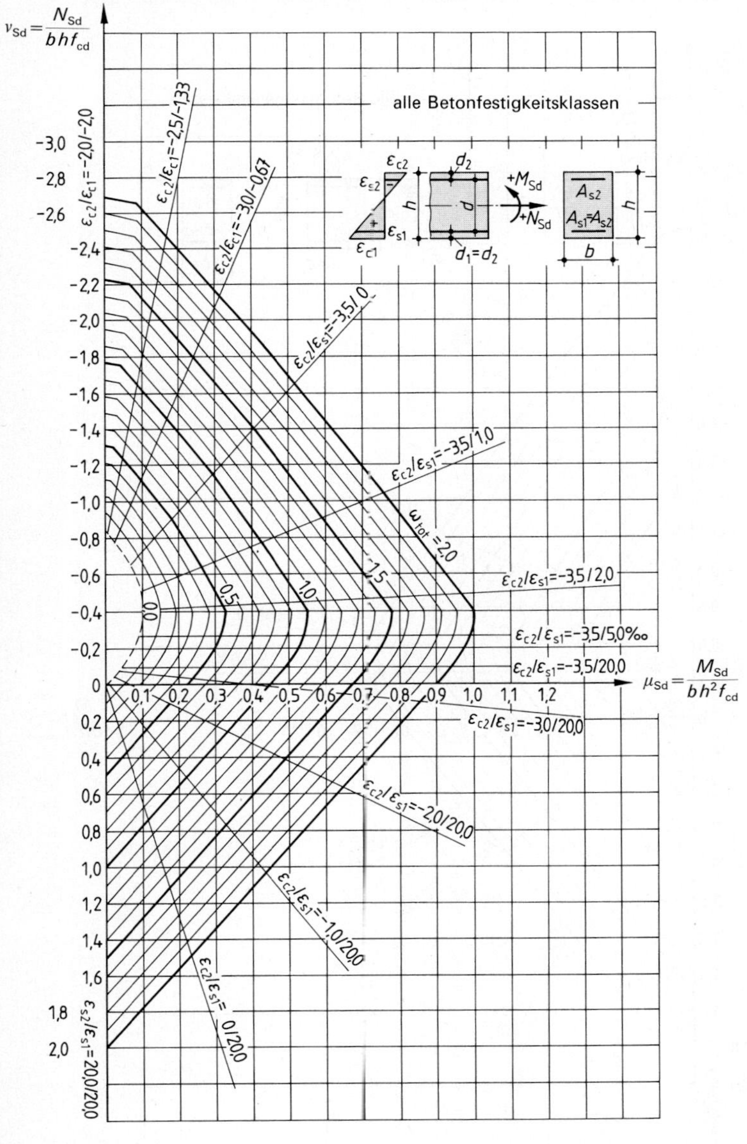


$$\omega_{tot} = \frac{A_{s,tot}}{b h} \cdot \frac{f_{yd}}{f_{cd}} \qquad A_{s,tot} = A_{s1} + A_{s2} = \omega_{tot} \frac{b h}{f_{yd}/f_{cd}}$$

**BT4b Rechteckquerschnitt mit symmetrischer Bewehrung**
**Betonstahl S500, $\gamma_s = 1{,}15$, $\frac{d_1}{h} = 0{,}10$**

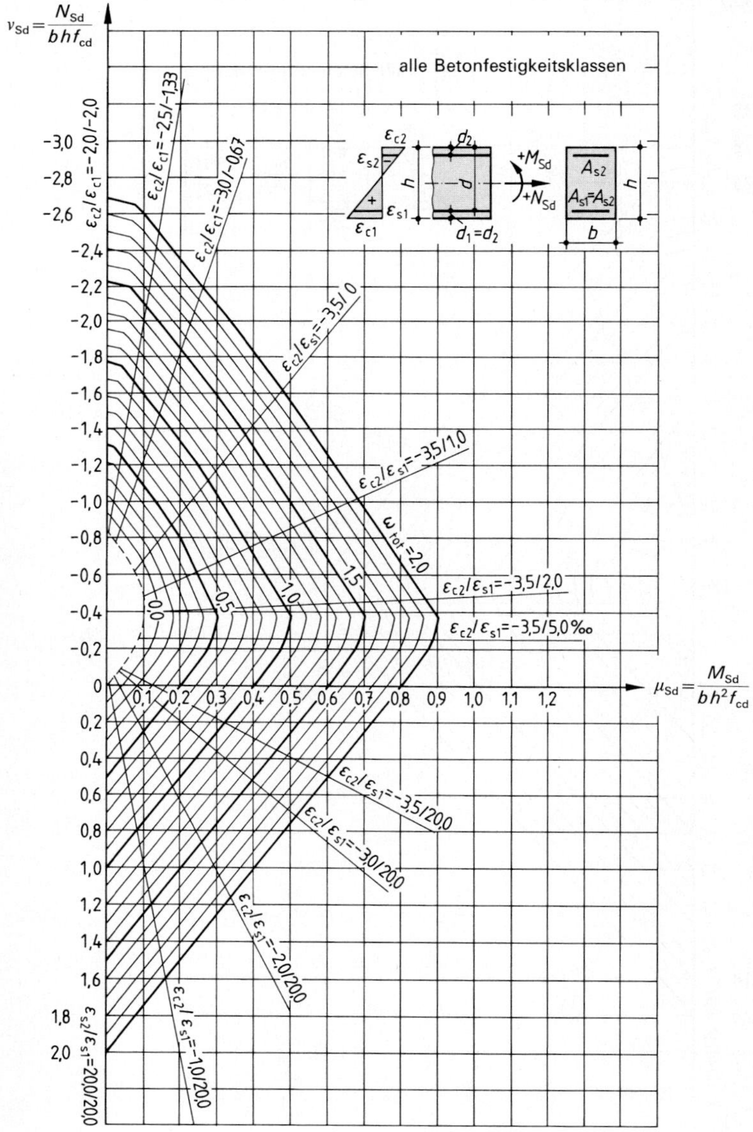


$$\omega_{tot} = \frac{A_{s,tot}}{b h} \cdot \frac{f_{yd}}{f_{cd}} \qquad A_{s,tot} = A_{s1} + A_{s2} = \omega_{tot} \frac{b h}{f_{yd}/f_{cd}}$$

**BT4c Rechteckquerschnitt mit symmetrischer Bewehrung**
**Betonstahl S500, $\gamma_s = 1{,}15$, $d_1/h = 0{,}15$**

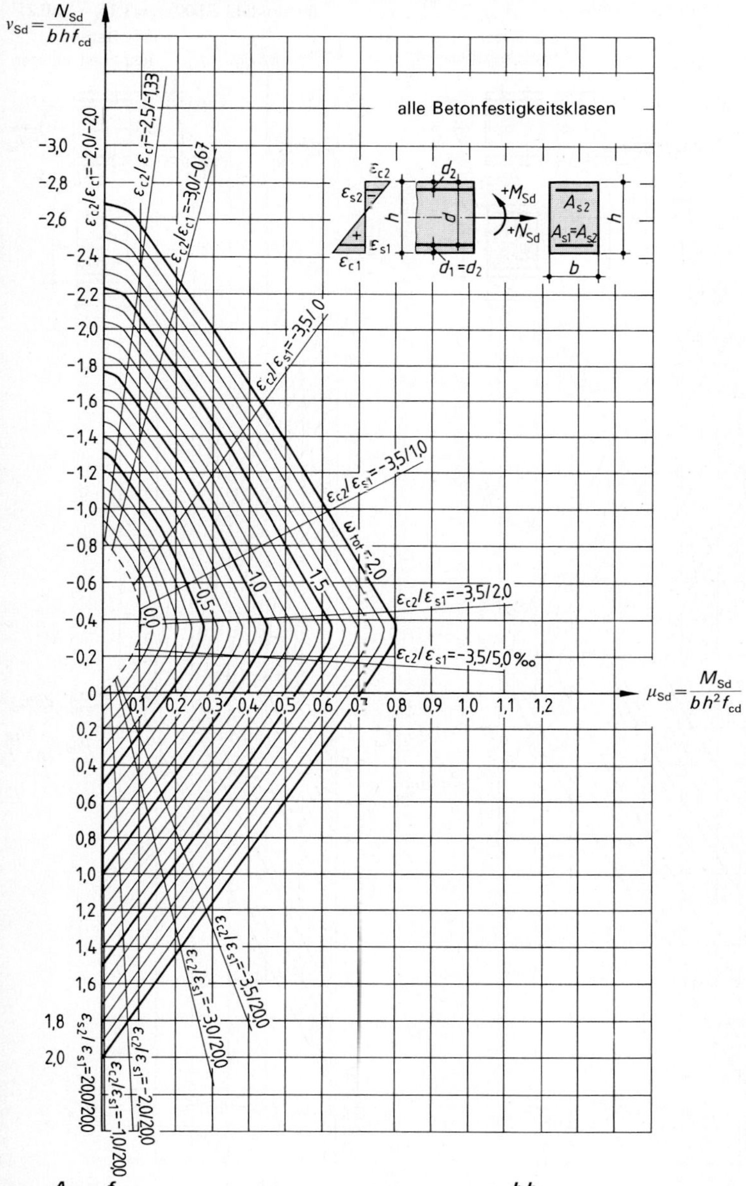


$\omega_{tot} = \frac{A_{s,tot}}{b h} \cdot \frac{f_{yd}}{f_{cd}}$

$A_{s,tot} = A_{s1} + A_{s2} = \omega_{tot} \frac{b h}{f_{yd}/f_{cd}}$

**BT4d Rechteckquerschnitt mit symmetrischer Bewehrung**

**Betonstahl S500, $\gamma_s = 1{,}15$, $\frac{d_1}{h} = 0{,}20$**

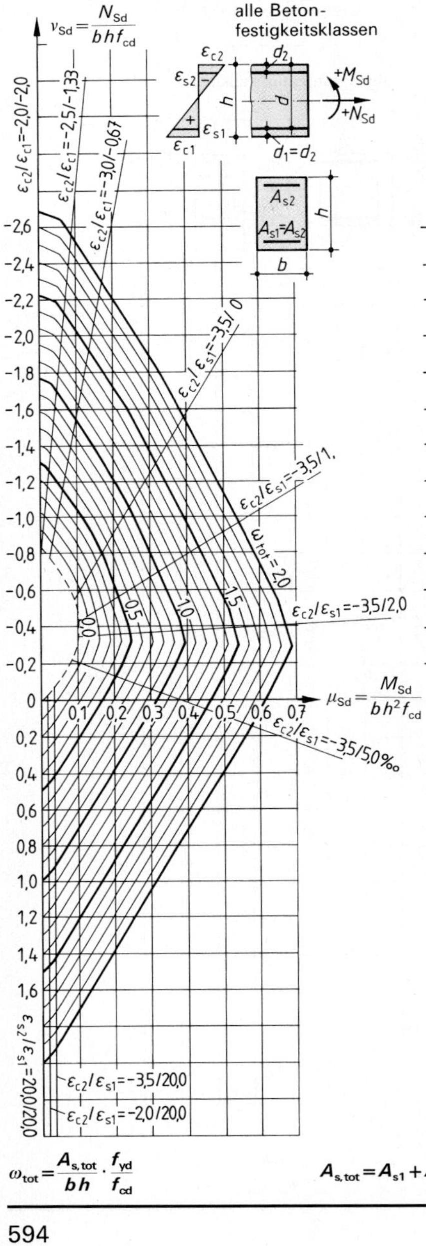


**BT4e Rechteckquerschnitt mit symmetrischer Bewehrung**

**Betonstahl S500, $\gamma_s = 1{,}15$, $\frac{d_1}{h} = 0{,}25$**

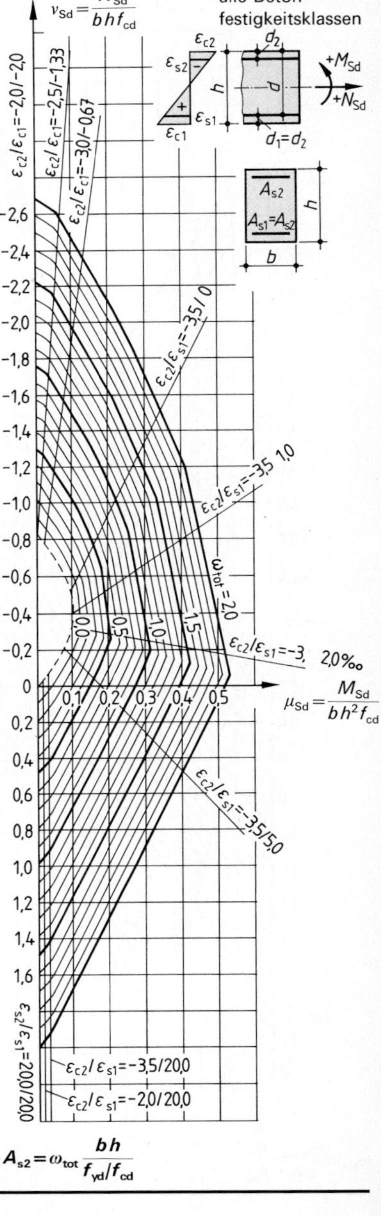


$$\omega_{tot} = \frac{A_{s,tot}}{b h} \cdot \frac{f_{yd}}{f_{cd}} \qquad A_{s,tot} = A_{s1} + A_{s2} = \omega_{tot} \frac{b h}{f_{yd}/f_{cd}}$$

**BT5 Kreisquerschnitte (Vollquerschnitt), Betonstahl S500, $\gamma_s = 1{,}15$, $d_1/h = 0{,}10$**

alle Betonfestigkeitsklassen

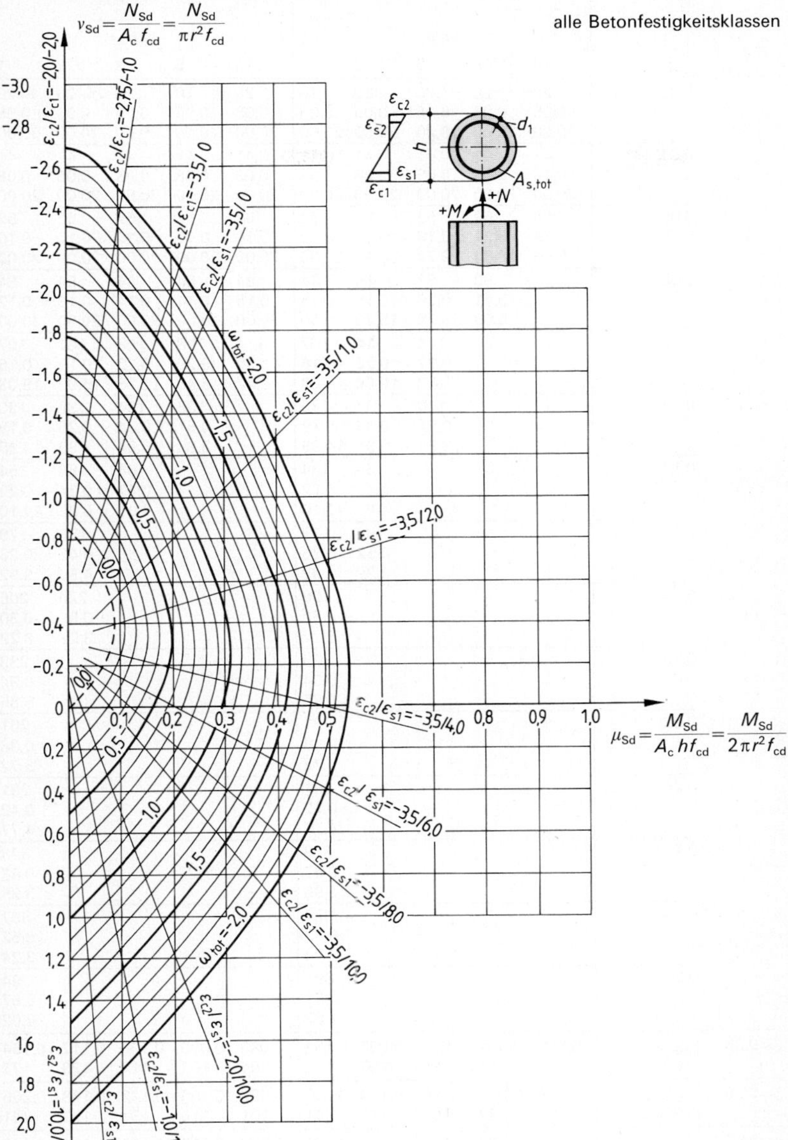


$$\omega_{tot} = \frac{A_{s,tot}}{A_c} \cdot \frac{f_{yd}}{f_{cd}}$$

$$A_{s,tot} = \omega_{tot} \frac{A_c}{f_{yd}/f_{cd}} = \omega_{tot} \frac{\pi r^2}{f_{yd}/f_{cd}}$$

 Beispiel s. Seite 546

| | $\mu_{Sds}$ | $1000\omega_{1,M}$ / $\xi$ / $\varepsilon_{s1}$ — $h_f/d=0{,}05$ — $b_f/b_w=$ 10 | 5 | 3 | 2 | 1 | $1000\omega_{1,M}$ / $\xi$ / $\varepsilon_{s1}$ — $h_f/d=0{,}10$ — $b_f/b_w=$ 10 | 5 | 3 | 2 | 1 |
|---|---|---|---|---|---|---|---|---|---|---|---|
| | 0,02 | 20 | 20 | 20 | 20 | 20 | 20 | 20 | 20 | 20 | 20 |
| | | 0,05 | 0,05 | 0,05 | 0,05 | 0,05 | 0,05 | 0,05 | 0,05 | 0,05 | 0,05 |
| | | 20,00 | 20,00 | 20,00 | 20,00 | 20,00 | 20,00 | 20,00 | 20,00 | 20,00 | 20,00 |
| | 0,04 | 41 | 41 | 41 | 41 | 41 | 41 | 41 | 41 | 41 | 41 |
| | | 0,10 | 0,09 | 0,09 | 0,08 | 0,08 | 0,08 | 0,08 | 0,08 | 0,08 | 0,08 |
| | | 20,00 | 20,00 | 20,00 | 20,00 | 20,00 | 20,00 | 20,00 | 20,00 | 20,00 | 20,00 |
| | 0,06 | 65 | 63 | 63 | 63 | 62 | 62 | 62 | 62 | 62 | 62 |
| | | 0,39 | 0,21 | 0,15 | 0,13 | 0,10 | 0,10 | 0,10 | 0,10 | 0,10 | 0,10 |
| | | 5,36 | 12,84 | 19,74 | 20,00 | 20,00 | 20,00 | 20,00 | 20,00 | 20,00 | 20,00 |
| | 0,08 | | 90 | 87 | 86 | 84 | 84 | 84 | 84 | 84 | 84 |
| | | | 0,41 | 0,26 | 0,19 | 0,13 | 0,15 | 0,14 | 0,14 | 0,13 | 0,13 |
| | | | 5,03 | 10,20 | 15,23 | 20,00 | 20,00 | 20,00 | 20,00 | 20,00 | 20,00 |
| | 0,10 | | | 114 | 110 | 107 | 111 | 108 | 108 | 107 | 107 |
| | | | | 0,37 | 0,26 | 0,16 | 0,50 | 0,29 | 0,22 | 0,19 | 0,16 |
| | | | | 5,87 | 10,06 | 19,03 | 3,47 | 8,45 | 12,28 | 15,09 | 19,03 |
| | 0,12 | | | 146 | 137 | 130 | | 138 | 134 | 132 | 130 |
| | | | | 0,51 | 0,34 | 0,19 | | 0,51 | 0,34 | 0,26 | 0,19 |
| | | | | 3,34 | 6,94 | 14,99 | | 3,35 | 6,94 | 9,99 | 14,99 |
| | 0,14 | | | | 166 | 154 | | | 164 | 158 | 154 |
| | | | | | 0,42 | 0,22 | | | 0,47 | 0,34 | 0,22 |
| | | | | | 4,83 | 12,10 | | | 4,01 | 6,89 | 12,10 |
| | 0,16 | | | | 199 | 179 | | | | 188 | 179 |
| | | | | | 0,52 | 0,26 | | | | 0,42 | 0,26 |
| | | | | | 3,29 | 9,92 | | | | 4,80 | 9,92 |
| | 0,18 | | | | | 206 | | | | 220 | 206 |
| | | | | | | 0,30 | | | | 0,52 | 0,30 |
| | | | | | | 8,22 | | | | 3,27 | 8,22 |
| | 0,20 | | | | | 233 | | | | | 233 |
| | | | | | | 0,34 | | | | | 0,34 |
| | | | | | | 6,85 | | | | | 6,85 |
| | 0,22 | | | | | 261 | | | | | 261 |
| | | | | | | 0,38 | | | | | 0,38 |
| | | | | | | 5,72 | | | | | 5,72 |
| | 0,24 | | | | | 291 | | | | | 291 |
| | | | | | | 0,42 | | | | | 0,42 |
| | | | | | | 4,77 | | | | | 4,77 |
| | 0,26 | | | | | 323 | | | | | 323 |
| | | | | | | 0,47 | | | | | 0,47 |
| | | | | | | 3,95 | | | | | 3,95 |
| | 0,28 | | | | | 357 | | | | | 357 |
| | | | | | | 0,52 | | | | | 0,52 |
| | | | | | | 3,24 | | | | | 3,24 |
| | 0,30 | | | | | 394 | | | | | 394 |
| | | | | | | 0,57 | | | | | 0,57 |
| | | | | | | 2,62 | | | | | 2,62 |
| $\xi=0{,}25$ | $\mu_{Sds,lim}$ | 0,053 | 0,064 | 0,079 | 0,098 | 0,154 | 0,088 | 0,095 | 0,105 | 0,117 | 0,154 |
| | $1000\omega_{1M,lim}$ | 55 | 68 | 86 | 107 | 172 | 94 | 102 | 114 | 129 | 172 |
| $\xi=0{,}35$ | $\mu_{Sds,lim}$ | 0,058 | 0,074 | 0,096 | 0,124 | 0,206 | 0,093 | 0,106 | 0,122 | 0,143 | 0,206 |
| | $1000\omega_{1M,lim}$ | 62 | 82 | 109 | 142 | 241 | 101 | 116 | 137 | 163 | 241 |
| $\xi=0{,}45$ | $\mu_{Sds,lim}$ | 0,062 | 0,083 | 0,112 | 0,147 | 0,252 | 0,098 | 0,115 | 0,138 | 0,166 | 0,252 |
| | $1000\omega_{1M,lim}$ | 69 | 96 | 132 | 176 | 310 | 107 | 130 | 160 | 197 | 310 |
| $\xi=0{,}617$ | $\mu_{Sds,lim}$ | 0,069 | 0,096 | 0,133 | 0,179 | 0,316 | 0,104 | 0,128 | 0,159 | 0,198 | 0,316 |
| | $1000\omega_{1M,lim}$ | 81 | 119 | 170 | 234 | 425 | 119 | 153 | 198 | 255 | 425 |

## BT6b Plattenbalkenquerschnitt $h_f/d=0{,}15$; $0{,}20$

| | $\mu_{Sds}$ | $1000\omega_{1,M}$ / $\xi$ / $\varepsilon_{s1}$ — $h_f/d=0{,}15$ — $b_f/b_w=$ 10 | 5 | 3 | 2 | 1 | $1000\omega_{1,M}$ / $\xi$ / $\varepsilon_{s1}$ — $h_f/d=0{,}20$ — $b_f/b_w=$ 10 | 5 | 3 | 2 | 1 |
|---|---|---|---|---|---|---|---|---|---|---|---|
| | 0,02 | 20 | 20 | 20 | 20 | 20 | 20 | 20 | 20 | 20 | 20 |
| | | 0,05 | 0,05 | 0,05 | 0,05 | 0,05 | 0,05 | 0,05 | 0,05 | 0,05 | 0,05 |
| | | 20,00 | 20,00 | 20,00 | 20,00 | 20,00 | 20,00 | 20,00 | 20,00 | 20,00 | 20,00 |
| | 0,04 | 41 | 41 | 41 | 41 | 41 | 41 | 41 | 41 | 41 | 41 |
| | | 0,08 | 0,08 | 0,08 | 0,08 | 0,08 | 0,08 | 0,08 | 0,08 | 0,08 | 0,08 |
| | | 20,00 | 20,00 | 20,00 | 20,00 | 20,00 | 20,00 | 20,00 | 20,00 | 20,00 | 20,00 |
| | 0,06 | 62 | 62 | 62 | 62 | 62 | 62 | 62 | 62 | 62 | 62 |
| | | 0,10 | 0,10 | 0,10 | 0,10 | 0,10 | 0,10 | 0,10 | 0,10 | 0,10 | 0,10 |
| | | 20,00 | 20,00 | 20,00 | 20,00 | 20,00 | 20,00 | 20,00 | 20,00 | 20,00 | 20,00 |
| | 0,08 | 84 | 84 | 84 | 84 | 84 | 84 | 84 | 84 | 84 | 84 |
| | | 0,13 | 0,13 | 0,13 | 0,13 | 0,13 | 0,13 | 0,13 | 0,13 | 0,13 | 0,13 |
| | | 20,00 | 20,00 | 20,00 | 20,00 | 20,00 | 20,00 | 20,00 | 20,00 | 20,00 | 20,00 |
| | 0,10 | 107 | 107 | 107 | 107 | 107 | 107 | 107 | 107 | 107 | 107 |
| | | 0,16 | 0,16 | 0,16 | 0,16 | 0,16 | 0,16 | 0,16 | 0,16 | 0,16 | 0,16 |
| | | 18,97 | 18,98 | 18,99 | 19,00 | 19,03 | 19,03 | 19.03 | 19.03 | 19,03 | 19,03 |
| | 0,12 | 130 | 130 | 130 | 130 | 130 | 130 | 130 | 130 | 130 | 130 |
| | | 0,24 | 0,22 | 0,21 | 0,20 | 0,19 | 0,19 | 0,19 | 0,19 | 0,19 | 0,19 |
| | | 10,95 | 12,29 | 13,21 | 13,89 | 14,99 | 14,99 | 14,99 | 14,99 | 14,99 | 14,99 |
| | 0,14 | | 157 | 155 | 155 | 154 | 154 | 154 | 154 | 154 | 154 |
| | | | 0,40 | 0,31 | 0,27 | 0,22 | 0,23 | 0,23 | 0,23 | 0,23 | 0,22 |
| | | | 5,31 | 7,90 | 9,68 | 12,10 | 11,57 | 11,67 | 11,77 | 11,87 | 12,10 |
| | 0,16 | | | 184 | 182 | 179 | 180 | 179 | 179 | 179 | 179 |
| | | | | 0,43 | 0,34 | 0,26 | 0,39 | 0,33 | 0,30 | 0,28 | 0,26 |
| | | | | 4,59 | 6,72 | 9,92 | 5,49 | 7,24 | 8,22 | 8,90 | 9,92 |
| | 0,18 | | | 219 | 211 | 206 | | 210 | 207 | 206 | 206 |
| | | | | 0,58 | 0,43 | 0,30 | | 0,54 | 0,41 | 0,35 | 0,30 |
| | | | | 2,50 | 4,68 | 8,22 | | 2,98 | 5,03 | 6,39 | 8,22 |
| | 0,20 | | | | 244 | 233 | | | 241 | 236 | 233 |
| | | | | | 0,52 | 0,34 | | | 0,56 | 0,44 | 0,34 |
| | | | | | 3,18 | 6,85 | | | 2,80 | 4,47 | 6,85 |
| | 0,22 | | | | | 261 | | | | 270 | 261 |
| | | | | | | 0,38 | | | | 0,54 | 0,38 |
| | | | | | | 5,72 | | | | 3,02 | 5,72 |
| | 0,24 | | | | | 291 | | | | | 291 |
| | | | | | | 0,42 | | | | | 0,42 |
| | | | | | | 4,77 | | | | | 4,77 |
| | 0,26 | | | | | 323 | | | | | 323 |
| | | | | | | 0,47 | | | | | 0,47 |
| | | | | | | 3,95 | | | | | 3,95 |
| | 0,28 | | | | | 357 | | | | | 357 |
| | | | | | | 0,52 | | | | | 0,52 |
| | | | | | | 3,24 | | | | | 3,24 |
| | 0,30 | | | | | 394 | | | | | 394 |
| | | | | | | 0,57 | | | | | 0,57 |
| | | | | | | 2,62 | | | | | 2,62 |
| $\xi=0{,}25$ | $\mu_{Sds,lim}$ | 0,121 | 0,124 | 0,129 | 0,136 | 0,154 | 0,145 | 0,146 | 0,147 | 0,149 | 0,154 |
| | $1000\omega_{1M,lim}$ | 131 | 136 | 142 | 149 | 172 | 160 | 162 | 163 | 165 | 172 |
| $\xi=0{,}35$ | $\mu_{Sds,lim}$ | 0,127 | 0,136 | 0,147 | 0,162 | 0,206 | 0,158 | 0,163 | 0,170 | 0,179 | 0,206 |
| | $1000\omega_{1M,lim}$ | 139 | 150 | 165 | 184 | 241 | 176 | 183 | 193 | 205 | 241 |
| $\xi=0{,}45$ | $\mu_{Sds,lim}$ | 0,131 | 0,145 | 0,163 | 0,185 | 0,252 | 0,163 | 0,173 | 0,186 | 0,202 | 0,202 |
| | $1000\omega_{1M,lim}$ | 146 | 164 | 188 | 219 | 310 | 184 | 198 | 217 | 240 | 240 |
| $\xi=0{,}617$ | $\mu_{Sds,lim}$ | 0,138 | 0,157 | 0,184 | 0,217 | 0,316 | 0,169 | 0,186 | 0,207 | 0,234 | 0,316 |
| | $1000\omega_{1M,lim}$ | 157 | 187 | 227 | 276 | 425 | 195 | 221 | 255 | 297 | 425 |

## BT6c Plattenbalkenquerschnitt $h_f/d = 0{,}25;\ 0{,}30$

| $\mu_{Sds}$ | | $1000\omega_{1,M}$, $\xi$, $\varepsilon_{s1}$ — $h_f/d = 0{,}25$, $b_f/b_w =$ 10 | 5 | 3 | 2 | 1 | $1000\omega_{1,M}$, $\xi$, $\varepsilon_{s1}$ — $h_f/d = 0{,}30$, $b_f/b_w =$ 10 | 5 | 3 | 2 | 1 |
|---|---|---|---|---|---|---|---|---|---|---|---|
| 0,02 | | 20 | 20 | 20 | 20 | 20 | 20 | 20 | 20 | 20 | 20 |
| | | 0,05 | 0,05 | 0,05 | 0,05 | 0,05 | 0,05 | 0,05 | 0,05 | 0,05 | 0,05 |
| | | 20,00 | 20,00 | 20,00 | 20,00 | 20,00 | 20,00 | 20,00 | 20,00 | 20,00 | 20,00 |
| 0,04 | | 41 | 41 | 41 | 41 | 41 | 41 | 41 | 41 | 41 | 41 |
| | | 0,08 | 0,08 | 0,08 | 0,08 | 0,08 | 0,08 | 0,08 | 0,08 | 0,08 | 0,08 |
| | | 20,00 | 20,00 | 20,00 | 20,00 | 20,00 | 20,00 | 20,00 | 20,00 | 20,00 | 20,00 |
| 0,06 | | 62 | 62 | 62 | 62 | 62 | 62 | 62 | 62 | 62 | 62 |
| | | 0,10 | 0,10 | 0,10 | 0,10 | 0,10 | 0,10 | 0,10 | 0,10 | 0,10 | 0,10 |
| | | 20,00 | 20,00 | 20,00 | 20,00 | 20,00 | 20,00 | 20,00 | 20,00 | 20,00 | 20,00 |
| 0,08 | | 84 | 84 | 84 | 84 | 84 | 84 | 84 | 84 | 84 | 84 |
| | | 0,13 | 0,13 | 0,13 | 0,13 | 0,13 | 0,13 | 0,13 | 0,13 | 0,13 | 0,13 |
| | | 20,00 | 20,00 | 20,00 | 20,00 | 20,00 | 20,00 | 20,00 | 20,00 | 20,00 | 20,00 |
| 0,10 | | 107 | 107 | 107 | 107 | 107 | 107 | 107 | 107 | 107 | 107 |
| | | 0,16 | 0,16 | 0,16 | 0,16 | 0,16 | 0,16 | 0,16 | 0,16 | 0,16 | 0,16 |
| | | 19,03 | 19,03 | 19,03 | 19,03 | 19,03 | 19,03 | 19,03 | 19,03 | 19,03 | 19,03 |
| 0,12 | | 130 | 130 | 130 | 130 | 130 | 130 | 130 | 130 | 130 | 130 |
| | | 0,19 | 0,19 | 0,19 | 0,19 | 0,19 | 0,19 | 0,19 | 0,19 | 0,19 | 0,19 |
| | | 14,99 | 14,99 | 14,99 | 14,99 | 14,99 | 14,99 | 14,99 | 14,99 | 14,99 | 14,99 |
| 0,14 | | 154 | 154 | 154 | 154 | 154 | 154 | 154 | 154 | 154 | 154 |
| | | 0,22 | 0,22 | 0,22 | 0,22 | 0,22 | 0,22 | 0,22 | 0,22 | 0,22 | 0,22 |
| | | 12,10 | 12,10 | 12,10 | 12,10 | 12,10 | 12,10 | 12,10 | 12,10 | 12,10 | 12,10 |
| 0,16 | | 179 | 179 | 179 | 179 | 179 | 179 | 179 | 179 | 179 | 179 |
| | | 0,26 | 0,26 | 0,26 | 0,26 | 0,26 | 0,26 | 0,26 | 0,26 | 0,26 | 0,26 |
| | | 9,87 | 9,88 | 9,88 | 9,89 | 9,92 | 9,92 | 9,92 | 9,92 | 9,92 | 9,92 |
| 0,18 | | 205 | 205 | 205 | 205 | 206 | 206 | 206 | 206 | 206 | 206 |
| | | 0,33 | 0,32 | 0,32 | 0,31 | 0,30 | 0,30 | 0,30 | 0,30 | 0,30 | 0,30 |
| | | 7,07 | 7,34 | 7,59 | 7,81 | 8,22 | 8,22 | 8,22 | 8,22 | 8,22 | 8,22 |
| 0,20 | | | 234 | 233 | 233 | 233 | 232 | 232 | 233 | 233 | 233 |
| | | | 0,46 | 0,41 | 0,37 | 0,34 | 0,35 | 0,35 | 0,35 | 0,34 | 0,34 |
| | | | 4,03 | 5,14 | 5,85 | 6,85 | 6,48 | 6,54 | 6,61 | 6,69 | 6,85 |
| 0,22 | | | | 266 | 263 | 261 | 261 | 261 | 261 | 261 | 261 |
| | | | | 0,54 | 0,46 | 0,38 | 0,49 | 0,45 | 0,42 | 0,40 | 0,38 |
| | | | | 2,98 | 4,16 | 5,72 | 3,68 | 4,36 | 4,82 | 5,17 | 5,72 |
| 0,24 | | | | | 298 | 291 | | | 293 | 292 | 291 |
| | | | | | 0,56 | 0,42 | | | 0,54 | 0,48 | 0,42 |
| | | | | | 2,80 | 4,77 | | | 2,99 | 3,75 | 4,77 |
| 0,26 | | | | | | 323 | | | | 328 | 323 |
| | | | | | | 0,47 | | | | 0,58 | 0,47 |
| | | | | | | 3,95 | | | | 2,51 | 3,95 |
| 0,28 | | | | | | 357 | | | | | 357 |
| | | | | | | 0,52 | | | | | 0,52 |
| | | | | | | 3,24 | | | | | 3,24 |
| 0,30 | | | | | | 394 | | | | | 394 |
| | | | | | | 0,57 | | | | | 0,57 |
| | | | | | | 2,62 | | | | | 2,62 |
| $\xi = 0{,}25$ | $\mu_{Sds,lim}$ | 0,154 | 0,154 | 0,154 | 0,154 | 0,154 | 0,154 | 0,154 | 0,154 | 0,154 | 0,154 |
| | $1000\omega_{1M,lim}$ | 172 | 172 | 172 | 172 | 172 | 172 | 172 | 172 | 172 | 172 |
| $\xi = 0{,}35$ | $\mu_{Sds,lim}$ | 0,183 | 0,186 | 0,189 | 0,193 | 0,206 | 0,200 | 0,200 | 0,201 | 0,202 | 0,206 |
| | $1000\omega_{1M,lim}$ | 209 | 212 | 217 | 223 | 241 | 232 | 233 | 234 | 236 | 241 |
| $\xi = 0{,}45$ | $\mu_{Sds,lim}$ | 0,192 | 0,202 | 0,207 | 0,219 | 0,252 | 0,217 | 0,252 | 0,226 | 0,232 | 0,252 |
| | $1000\omega_{1M,lim}$ | 221 | 240 | 244 | 261 | 310 | 256 | 310 | 270 | 280 | 310 |
| $\xi = 0{,}617$ | $\mu_{Sds,lim}$ | 0,199 | 0,212 | 0,229 | 0,251 | 0,316 | 0,227 | 0,236 | 0,250 | 0,266 | 0,316 |
| | $1000\omega_{1M,lim}$ | 234 | 255 | 283 | 319 | 425 | 272 | 289 | 311 | 340 | 425 |

## BT6d Plattenbalkenquerschnitt $h_f/d = 0{,}35$; 0,40

| | $\mu_{Sds}$ | $1000\omega_{1,M}$<br>$\xi$<br>$\varepsilon_{s1}$<br>$h_f/d=0{,}35$, $b_f/b_w=$ 10 | 5 | 3 | 2 | 1 | $1000\omega_{1,M}$<br>$\xi$<br>$\varepsilon_{s1}$<br>$h_f/d=0{,}40$, $b_f/b_w=$ 10 | 5 | 3 | 2 | 1 |
|---|---|---|---|---|---|---|---|---|---|---|---|
| | 0,02 | 20<br>0,05<br>20,00 | 20<br>0,05<br>20,00 | 20<br>0,05<br>20,00 | 20<br>0,05<br>20,00 | 20<br>0,05<br>20,00 | 20<br>0,05<br>20,00 | 20<br>0,05<br>20,00 | 20<br>0,05<br>20,00 | 20<br>0,05<br>20,00 | 20<br>0,05<br>20,00 |
| | 0,04 | 41<br>0,08<br>20,00 | 41<br>0,08<br>20,00 | 41<br>0,08<br>20,00 | 41<br>0,08<br>20,00 | 41<br>0,08<br>20,00 | 41<br>0,08<br>20,00 | 41<br>0,08<br>20,00 | 41<br>0,08<br>20,00 | 41<br>0,08<br>20,00 | 41<br>0,08<br>20,00 |
| | 0,06 | 62<br>0,10<br>20,00 | 62<br>0,10<br>20,00 | 62<br>0,10<br>20,00 | 62<br>0,10<br>20,00 | 62<br>0,10<br>20,00 | 62<br>0,10<br>20,00 | 62<br>0,10<br>20,00 | 62<br>0,10<br>20,00 | 62<br>0,10<br>20,00 | 62<br>0,10<br>20,00 |
| | 0,08 | 84<br>0,13<br>20,00 | 84<br>0,13<br>20,00 | 84<br>0,13<br>20,00 | 84<br>0,13<br>20,00 | 84<br>0,13<br>20,00 | 84<br>0,13<br>20,00 | 84<br>0,13<br>20,00 | 84<br>0,13<br>20,00 | 84<br>0,13<br>20,00 | 84<br>0,13<br>20,00 |
| | 0,10 | 107<br>0,16<br>19,03 | 107<br>0,16<br>19,03 | 107<br>0,16<br>19,03 | 107<br>0,16<br>19,03 | 107<br>0,16<br>19,03 | 107<br>0,16<br>19,03 | 107<br>0,16<br>19,03 | 107<br>0,16<br>19,03 | 107<br>0,16<br>19,03 | 107<br>0,16<br>19,03 |
| | 0,12 | 130<br>0,19<br>14,99 | 130<br>0,19<br>14,99 | 130<br>0,19<br>14,99 | 130<br>0,19<br>14,99 | 130<br>0,19<br>14,99 | 130<br>0,19<br>14,99 | 130<br>0,19<br>14,99 | 130<br>0,19<br>14,99 | 130<br>0,19<br>14,99 | 130<br>0,19<br>14,99 |
| | 0,14 | 154<br>0,22<br>12,10 | 154<br>0,22<br>12,10 | 154<br>0,22<br>12,10 | 154<br>0,22<br>12,10 | 154<br>0,22<br>12,10 | 154<br>0,22<br>12,10 | 154<br>0,22<br>12,10 | 154<br>0,22<br>12,10 | 154<br>0,22<br>12,10 | 154<br>0,22<br>12,10 |
| | 0,16 | 179<br>0,26<br>9,92 | 179<br>0,26<br>9,92 | 179<br>0,26<br>9,92 | 179<br>0,26<br>9,92 | 179<br>0,26<br>9,92 | 179<br>0,26<br>9,92 | 179<br>0,26<br>9,92 | 179<br>0,26<br>9,92 | 179<br>0,26<br>9,92 | 179<br>0,26<br>9,92 |
| | 0,18 | 206<br>0,30<br>8,22 | 206<br>0,30<br>8,22 | 206<br>0,30<br>8,22 | 206<br>0,30<br>8,22 | 206<br>0,30<br>8,22 | 206<br>0,30<br>8,22 | 206<br>0,30<br>8,22 | 206<br>0,30<br>8,22 | 206<br>0,30<br>8,22 | 206<br>0,30<br>8,22 |
| | 0,20 | 233<br>0,34<br>6,85 | 233<br>0,34<br>6,85 | 233<br>0,34<br>6,85 | 233<br>0,34<br>6,85 | 233<br>0,34<br>6,85 | 233<br>0,34<br>6,85 | 233<br>0,34<br>6,85 | 233<br>0,34<br>6,85 | 233<br>0,34<br>6,85 | 233<br>0,34<br>6,85 |
| | 0,22 | 261<br>0,39<br>5,58 | 261<br>0,38<br>5,60 | 261<br>0,38<br>5,63 | 261<br>0,38<br>5,65 | 261<br>0,38<br>5,72 | 261<br>0,38<br>5,72 | 261<br>0,38<br>5,72 | 261<br>0,38<br>5,72 | 261<br>0,38<br>5,72 | 261<br>0,38<br>5,72 |
| | 0,24 | 290<br>0,48<br>3,83 | 290<br>0,46<br>4,06 | 291<br>0,45<br>4,27 | 291<br>0,44<br>4,45 | 291<br>0,42<br>4,77 | 291<br>0,43<br>4,71 | 291<br>0,43<br>4,72 | 291<br>0,43<br>4,73 | 291<br>0,42<br>4,74 | 291<br>0,42<br>4,77 |
| | 0,26 | | | 323<br>0,56<br>2,79 | 323<br>0,52<br>3,27 | 323<br>0,47<br>3,95 | 322<br>0,50<br>3,43 | 322<br>0,50<br>3,54 | 322<br>0,49<br>3,65 | 323<br>0,48<br>3,75 | 323<br>0,47<br>3,95 |
| | 0,28 | | | | 360<br>0,62<br>2,17 | 357<br>0,52<br>3,24 | | | 357<br>0,59<br>2,44 | 357<br>0,56<br>2,76 | 357<br>0,52<br>3,24 |
| | 0,30 | | | | | 394<br>0,57<br>2,62 | | | | | 394<br>0,57<br>2,62 |
| $\xi=0{,}25$ | $\mu_{Sds,lim}$<br>$1000\omega_{1M,lim}$ | 0,154<br>172 | 0,154<br>172 | 0,154<br>172 | 0,154<br>172 | 0,154<br>172 | 0,154<br>172 | 0,154<br>172 | 0,154<br>172 | 0,154<br>172 | 0,154<br>172 |
| $\xi=0{,}35$ | $\mu_{Sds,lim}$<br>$1000\omega_{1M,lim}$ | 0,206<br>241 | 0,206<br>241 | 0,206<br>241 | 0,206<br>241 | 0,206<br>241 | 0,206<br>241 | 0,206<br>241 | 0,206<br>241 | 0,206<br>241 | 0,206<br>241 |
| $\xi=0{,}45$ | $\mu_{Sds,lim}$<br>$1000\omega_{1M,lim}$ | 0,236<br>284 | 0,238<br>287 | 0,240<br>290 | 0,243<br>295 | 0,252<br>310 | 0,248<br>303 | 0,248<br>303 | 0,249<br>304 | 0,249<br>306 | 0,252<br>310 |
| $\xi=0{,}617$ | $\mu_{Sds,lim}$<br>$1000\omega_{1M,lim}$ | 0,252<br>309 | 0,259<br>322 | 0,268<br>339 | 0,280<br>360 | 0,316<br>425 | 0,273<br>343 | 0,278<br>352 | 0,284<br>364 | 0,292<br>379 | 0,316<br>425 |

**BT7a Schiefe Biegung mit Längsdruckkraft**
**Betonstahl S500, $\gamma_s = 1{,}15$, $d_1/h = b_1/b = 0{,}10$**
Für alle Betonfestigkeitsklassen

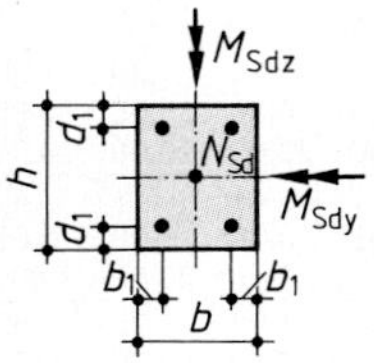


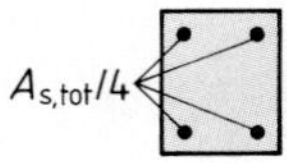


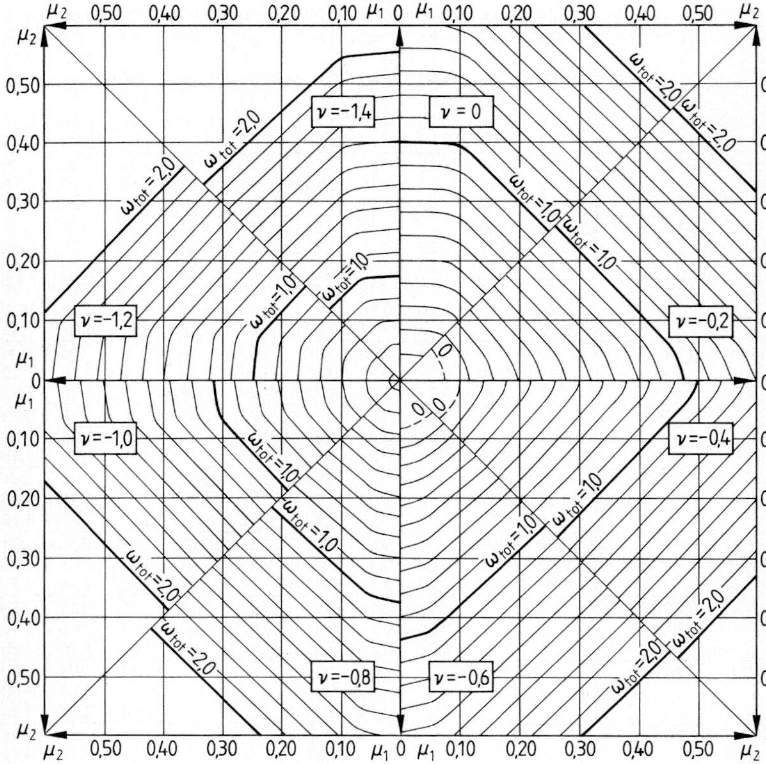


$$\mu_{Sdy} = \frac{|M_{Sdy}|}{b h^2 f_{cd}} \quad \text{wenn } \mu_{Sdy} > \mu_{Sdz} \quad \mu_1 = \mu_{Sdy};\ \mu_2 = \mu_{Sdz}$$

$$\mu_{Sdz} = \frac{|M_{Sdz}|}{b^2 h f_{cd}} \quad \text{wenn } \mu_{Sdy} < \mu_{Sdz} \quad \mu_1 = \mu_{Sdz};\ \mu_2 = \mu_{Sdy}$$

$$\nu = \nu_{Sd} = \frac{N_{Sd}}{b h f_{cd}} \qquad \omega_{tot} = \frac{A_{s,tot}}{b h} \cdot \frac{f_{yd}}{f_{cd}} \qquad A_{s,tot} = \omega_{tot} \frac{b h}{f_{yd}/f_{cd}}$$

## BT7b Schiefe Biegung mit Längsdruckkraft

**Betonstahl S500, $\gamma_s = 1{,}15$, $d_1/h = b_1/b = 0{,}10$**

Für alle Betonfestigkeitsklassen

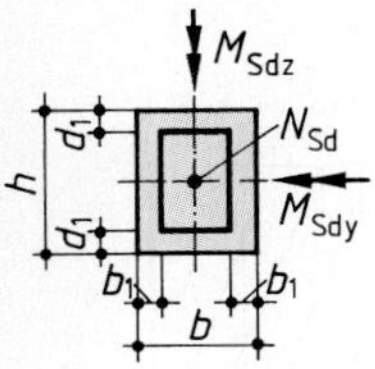


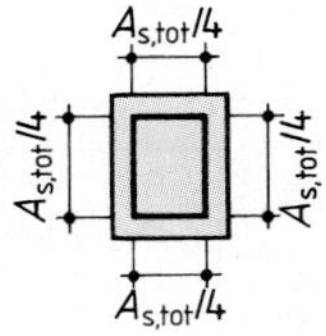


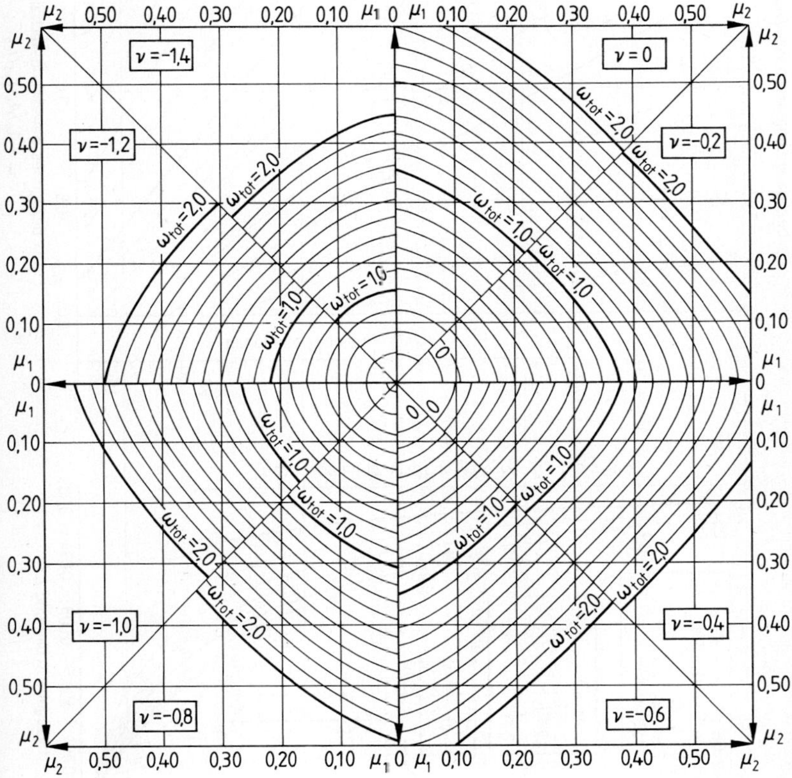


$$\mu_{Sdy} = \frac{|M_{Sdy}|}{b\,h^3 f_{cd}} \qquad \text{wenn } \mu_{Sdy} > \mu_{Sdz} \qquad \mu_1 = \mu_{Sdy};\ \mu_2 = \mu_{Sdz}$$

$$\mu_{Sdz} = \frac{|M_{Sdz}|}{b^2 h f_{cd}} \qquad \text{wenn } \mu_{Sdy} < \mu_{Sdz} \qquad \mu_1 = \mu_{Sdz};\ \mu_2 = \mu_{Sdy}$$

$$\nu = \nu_{Sd} = \frac{N_{Sd}}{b\,h\,f_{cd}} \qquad \omega_{tot} = \frac{A_{s,tot}}{b\,h} \cdot \frac{f_{yd}}{f_{cd}} \qquad A_{s,tot} = \omega_{tot} \frac{b\,h}{f_{yd}/f_{cd}}$$

**BT8a** ***e/h* Diagramm und *μ*-Nomogramm**
**R 2-05**
**$h_1/h = 0{,}05$**

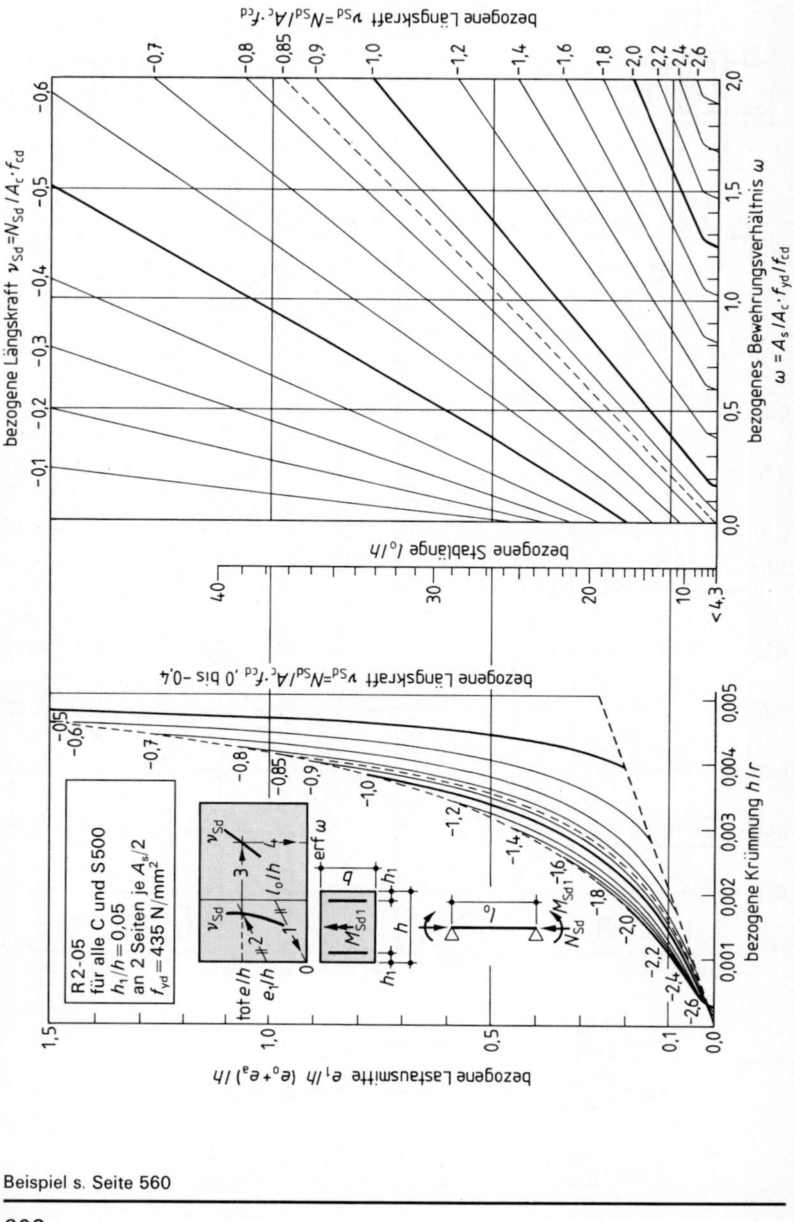


Beispiel s. Seite 560

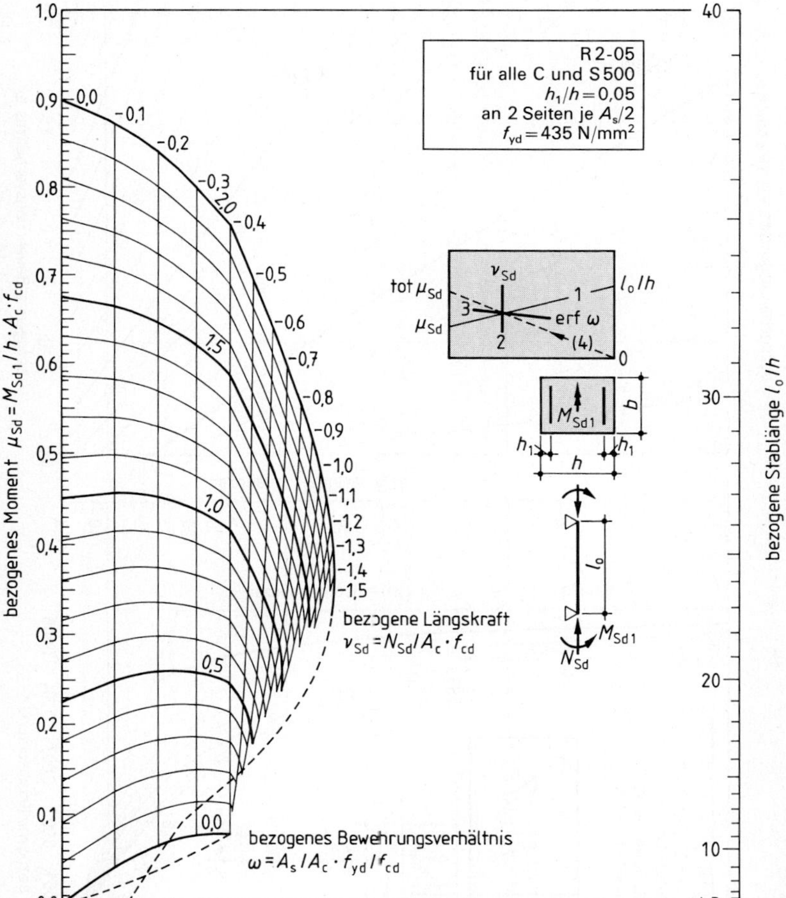
R 2-05
für alle C und S 500
$h_1/h = 0,05$
an 2 Seiten je $A_s/2$
$f_{yd} = 435\ N/mm^2$
bezogenes Moment $\mu_{Sd} = M_{Sd1}/h \cdot A_c \cdot f_{cd}$
bezogene Längskraft
$\nu_{Sd} = N_{Sd}/A_c \cdot f_{cd}$
bezogenes Bewehrungsverhältnis
$\omega = A_s/A_c \cdot f_{yd}/f_{cd}$
bezogene Stablänge $l_0/h$
tot $\mu_{Sd}$
$\mu_{Sd}$
$\nu_{Sd}$
erf $\omega$
$l_0/h$
$M_{Sd1}$
$N_{Sd}$

**R 2-10**

$h_1/h = 0,10$

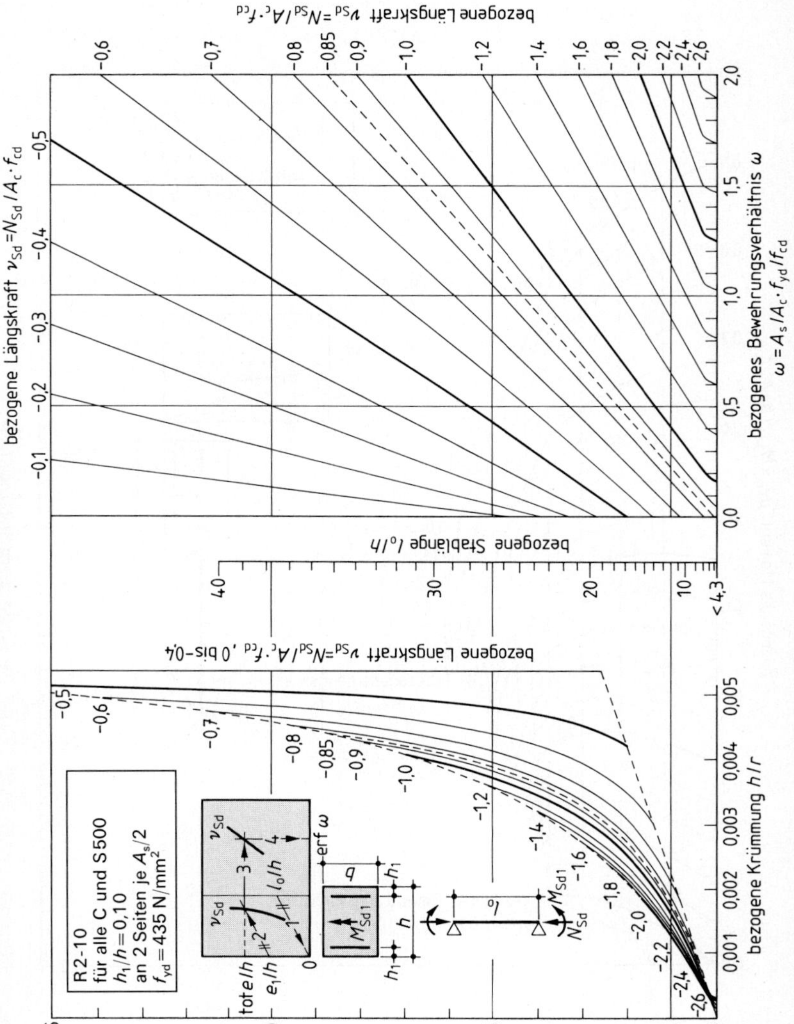
bezogene Längskraft $\nu_{Sd} = N_{Sd}/A_c \cdot f_{cd}$
bezogene Längskraft $\nu_{Sd} = N_{Sd}/A_c \cdot f_{cd}$
bezogene Längskraft $\nu_{Sd} = N_{Sd}/A_c \cdot f_{cd}$, 0 bis −0,4
bezogene Stablänge $l_0/h$
bezogenes Bewehrungsverhältnis ω
$\omega = A_s/A_c \cdot f_{yd}/f_{cd}$
bezogene Krümmung $h/r$
bezogene Lastausmitte $e_1/h$ $(e_0+e_a)/h$
R 2-10
für alle C und S 500
$h_1/h = 0,10$
an 2 Seiten je $A_s/2$
$f_{yd} = 435$ N/mm²
tot e/h
$e_1/h$
$\nu_{Sd}$
$l_0/h$
erf ω
$M_{Sd1}$
$N_{Sd}$
$l_0$
h
b
$h_1$

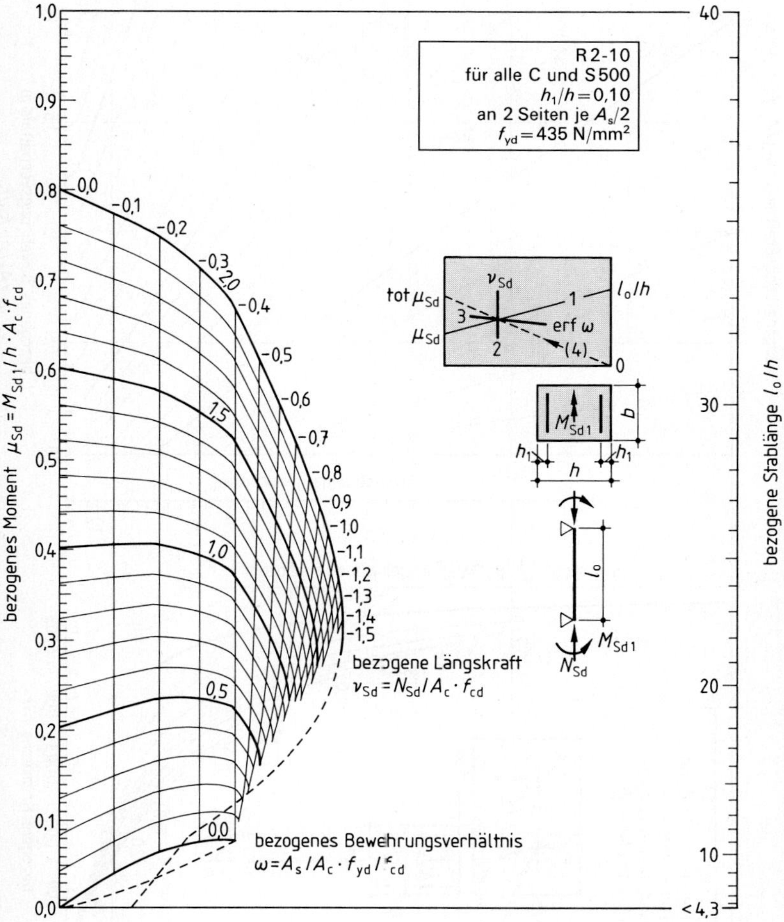

R 2-10
für alle C und S500
$h_1/h = 0{,}10$
an 2 Seiten je $A_s/2$
$f_{yd} = 435\ \mathrm{N/mm^2}$
bezogenes Moment $\mu_{Sd} = M_{Sd1} / h \cdot A_c \cdot f_{cd}$
bezogene Längskraft
$\nu_{Sd} = N_{Sd} / A_c \cdot f_{cd}$
bezogenes Bewehrungsverhältnis
$\omega = A_s / A_c \cdot f_{yd} / f_{cd}$
bezogene Stablänge $l_0/h$
tot $\mu_{Sd}$
$\mu_{Sd}$
$\nu_{Sd}$
$l_0/h$
erf $\omega$
(4)
$M_{Sd1}$
$N_{Sd}$
$h_1$
$h$
$b$
$l_0$

**BT8c** *e*/*h* **Diagramm und** $\mu$**-Nomogramm**
**R2-15**
$h_1/h = 0{,}15$

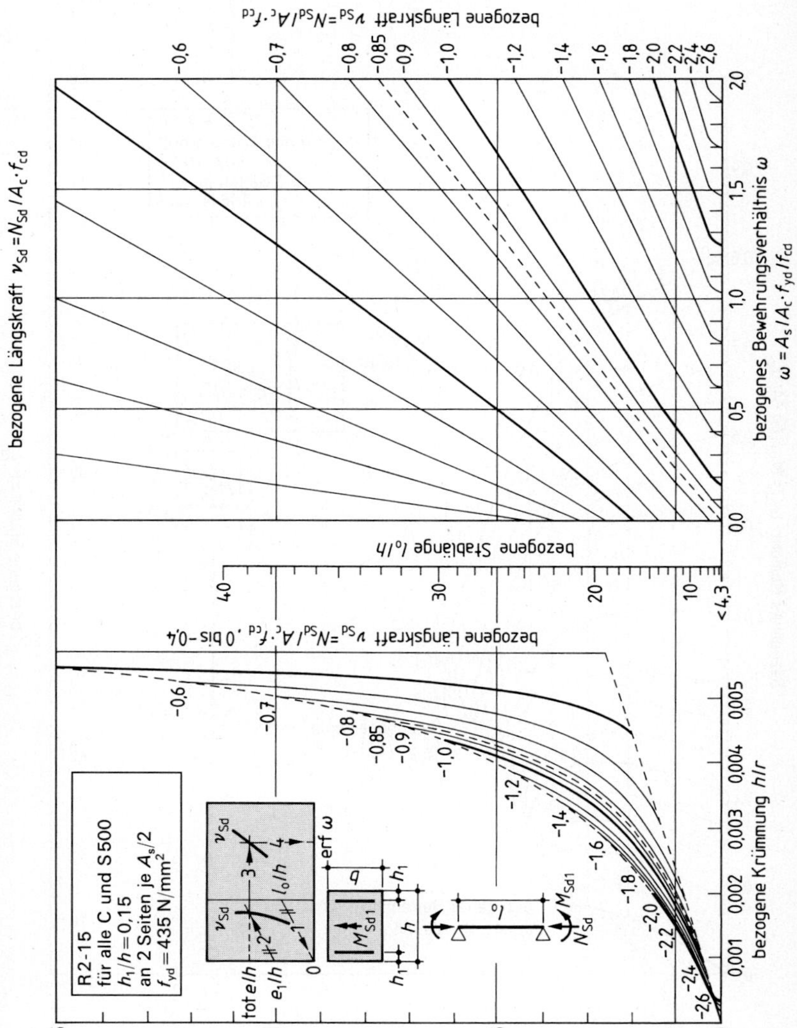

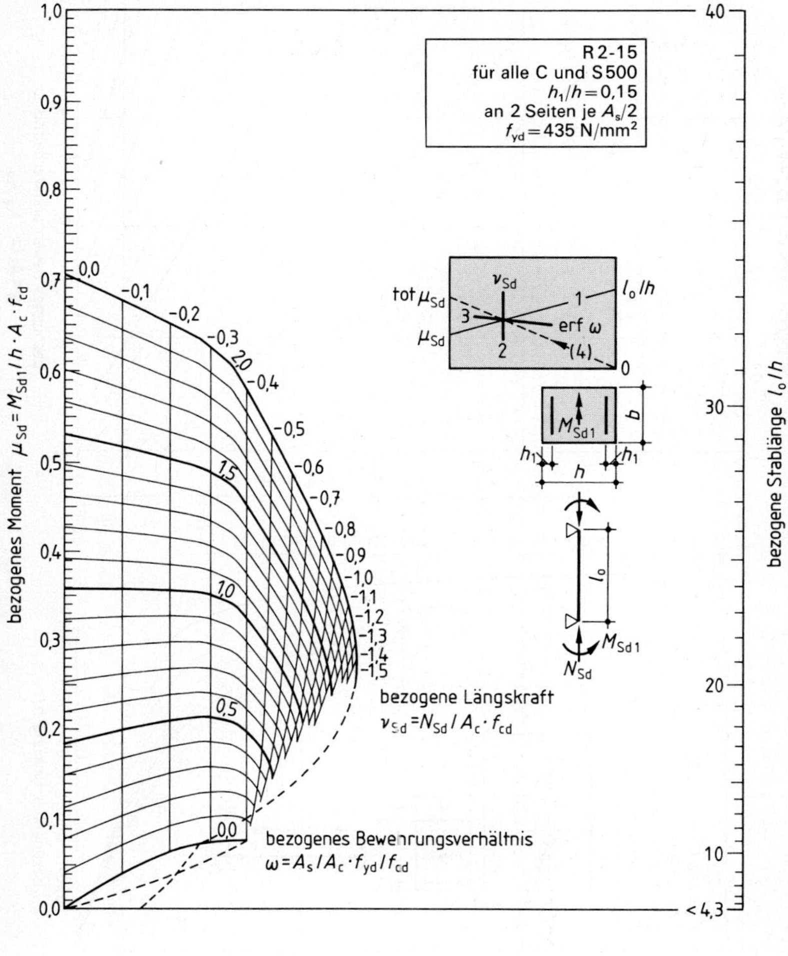
R 2-15
für alle C und S 500
$h_1/h = 0{,}15$
an 2 Seiten je $A_s/2$
$f_{yd} = 435$ N/mm²
bezogenes Moment $\mu_{Sd} = M_{Sd1}/h \cdot A_c \cdot f_{cd}$
bezogene Stablänge $l_0/h$
bezogene Längskraft
$\nu_{Sd} = N_{Sd}/A_c \cdot f_{cd}$
bezogenes Bewehrungsverhältnis
$\omega = A_s/A_c \cdot f_{yd}/f_{cd}$
tot $\mu_{Sd}$
$\mu_{Sd}$
$\nu_{Sd}$
erf $\omega$
$l_0/h$
$M_{Sd1}$
$N_{Sd}$
<4,3

**BT8d** ***e/h* Diagramm und *μ*-Nomogramm**
**R 2-20**
**$h_1/h = 0{,}20$**

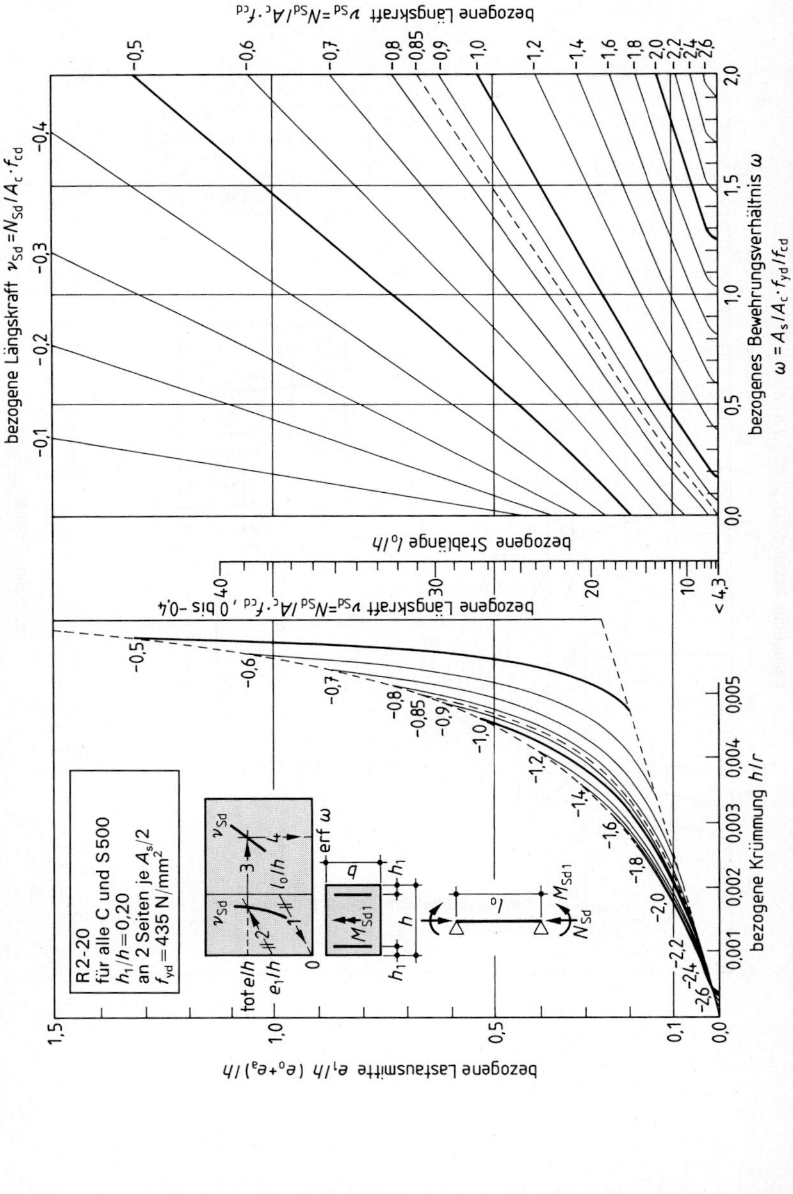

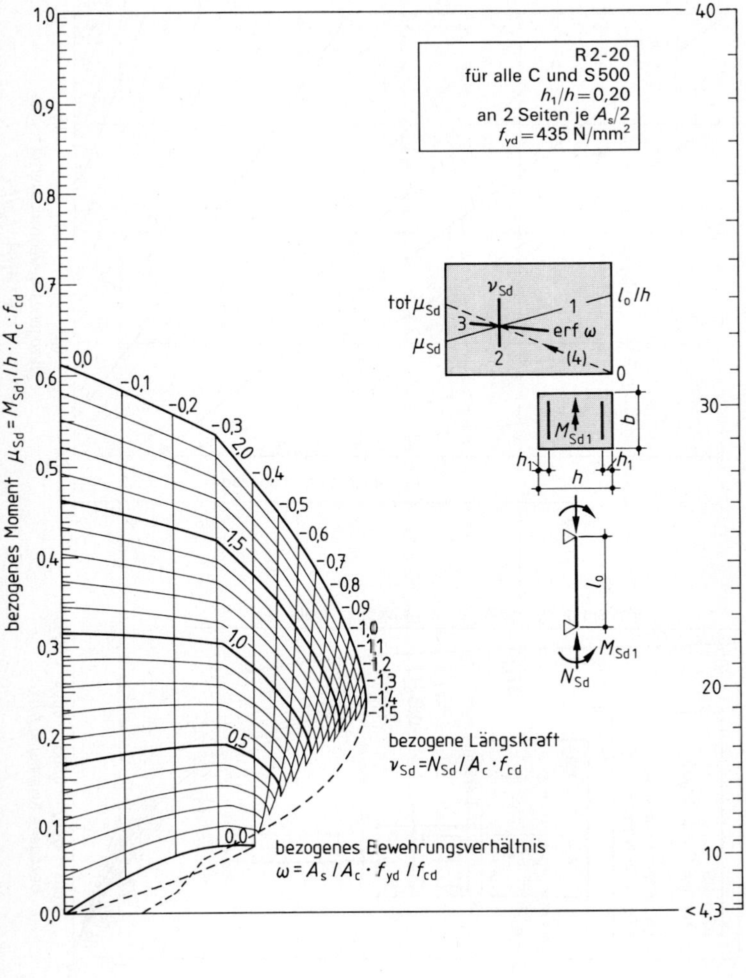
R 2-20
für alle C und S500
$h_1/h = 0{,}20$
an 2 Seiten je $A_s/2$
$f_{yd} = 435\ N/mm^2$
bezogenes Moment $\mu_{Sd} = M_{Sd1}/h \cdot A_c \cdot f_{cd}$
bezogene Längskraft
$\nu_{Sd} = N_{Sd}/A_c \cdot f_{cd}$
bezogenes Bewehrungsverhältnis
$\omega = A_s/A_c \cdot f_{yd}/f_{cd}$
bezogene Stablänge $l_0/h$
tot $\mu_{Sd}$
$\mu_{Sd}$
$\nu_{Sd}$
erf $\omega$
$l_0/h$
$M_{Sd1}$
$N_{Sd}$
$l_0$

**BT8e** ***e*/*h*-Diagramm und *μ*-Nomogramm**
**R4-05**
**$h_1/h=0{,}05$**

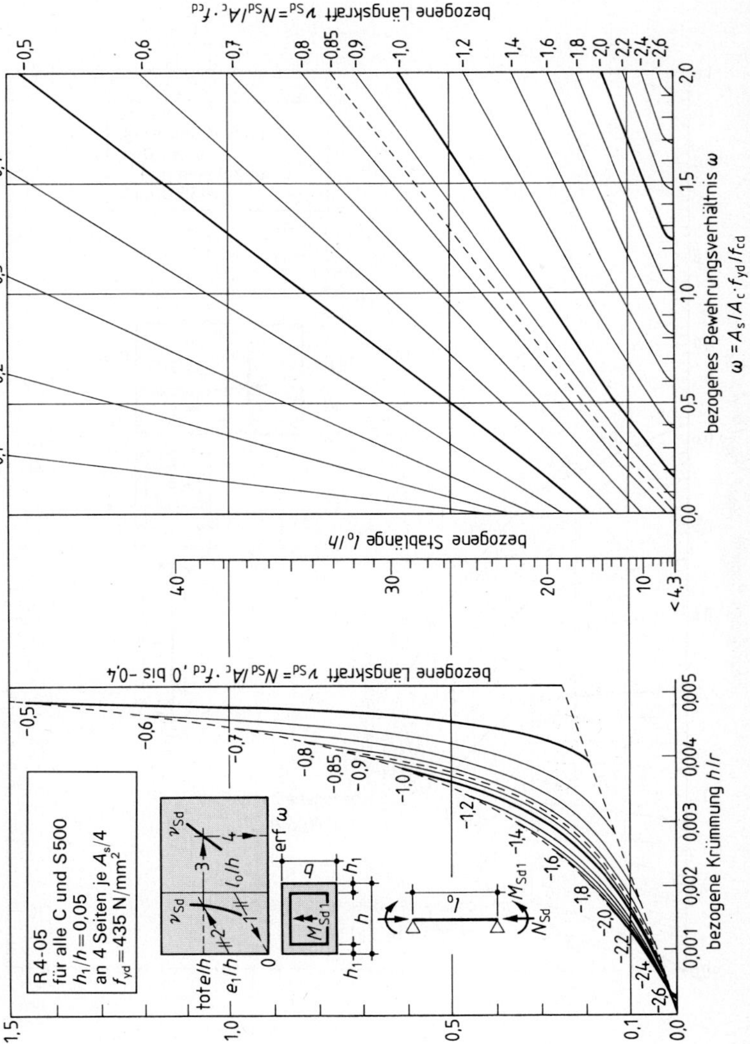

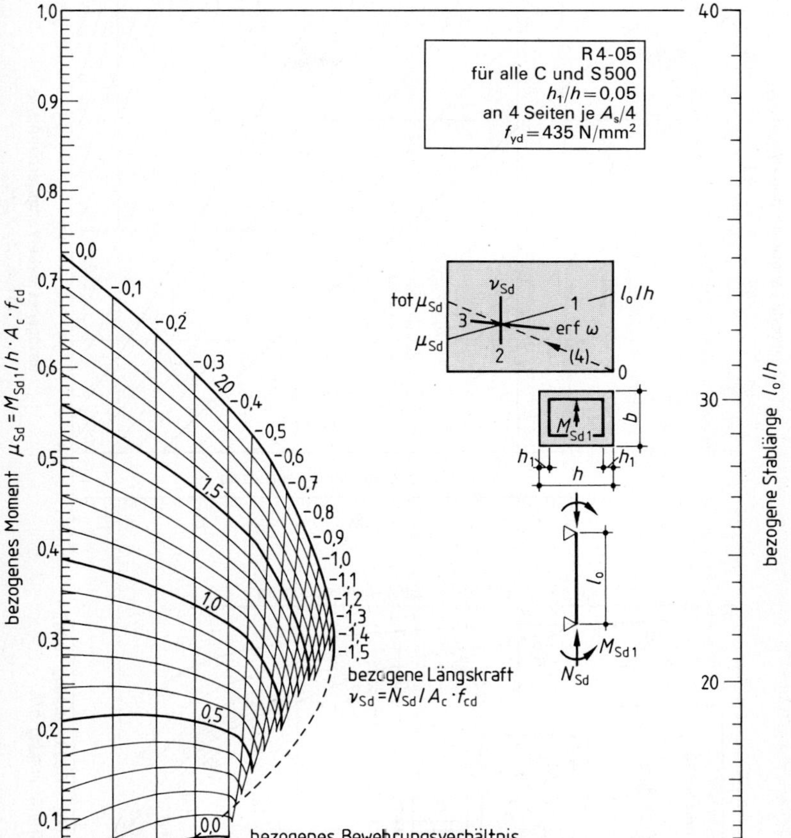
R 4-05
für alle C und S500
$h_1/h = 0{,}05$
an 4 Seiten je $A_s/4$
$f_{yd} = 435\ N/mm^2$
bezogenes Moment $\mu_{Sd} = M_{Sd1}/h \cdot A_c \cdot f_{cd}$
bezogene Längskraft
$\nu_{Sd} = N_{Sd}/A_c \cdot f_{cd}$
bezogenes Bewehrungsverhältnis
$\omega = A_s/A_c \cdot f_{yd}/f_{cd}$
bezogene Stablänge $l_0/h$
tot $\mu_{Sd}$
$\mu_{Sd}$
$\nu_{Sd}$
erf $\omega$
$l_0/h$
$M_{Sd1}$
$N_{Sd}$
$l_0$
$h_1$
$h$
$b$
<4,3

**BT8f** ***e*/*h*-Diagramm und *μ*-Nomogramm**
**R4-10**
**$h_1/h = 0{,}10$**

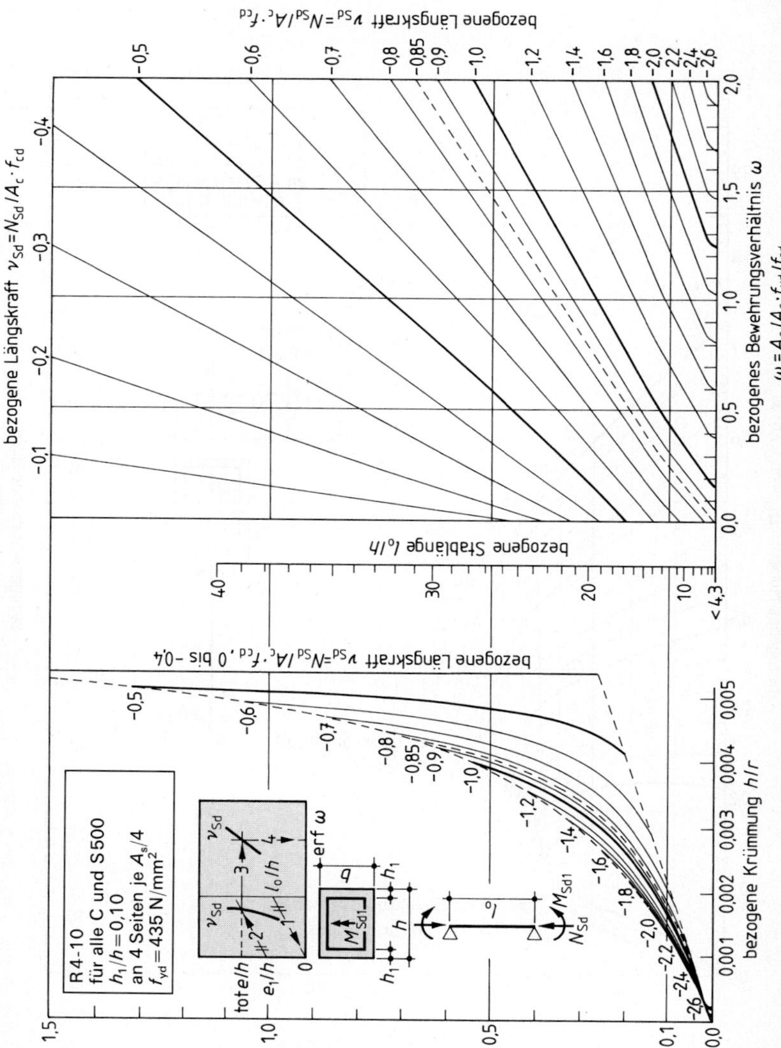

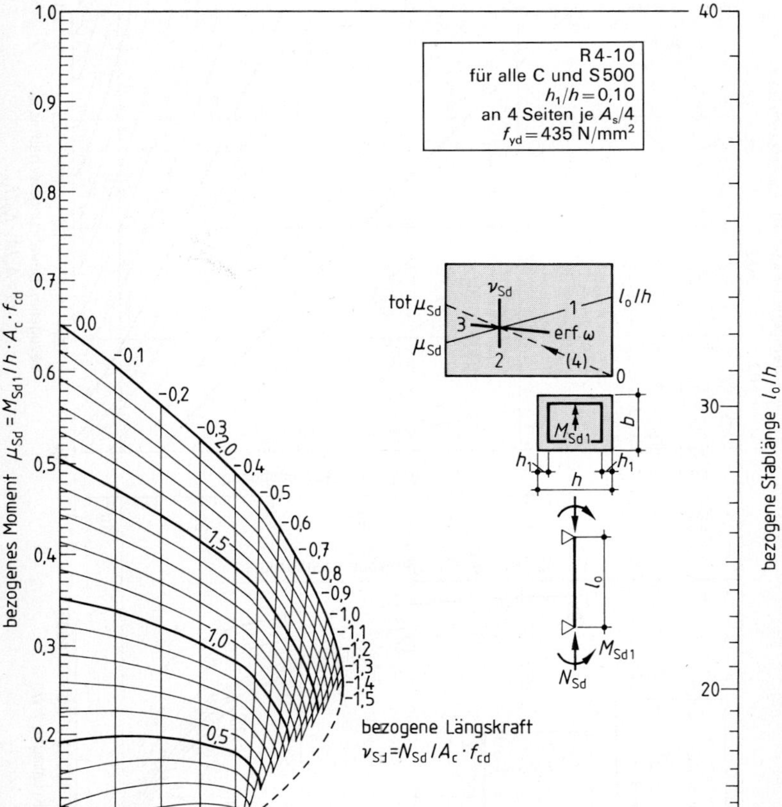
R4-10
für alle C und S500
$h_1/h = 0{,}10$
an 4 Seiten je $A_s/4$
$f_{yd} = 435\ N/mm^2$
bezogenes Moment $\mu_{Sd} = M_{Sd1}/h \cdot A_c \cdot f_{cd}$
bezogene Längskraft
$\nu_{Sd} = N_{Sd}/A_c \cdot f_{cd}$
bezogenes Bewehrungsverhältnis
$\omega = A_s/A_c \cdot f_{yd} : f_{cd}$
bezogene Stablänge $l_0/h$
tot $\mu_{Sd}$
$\nu_{Sd}$
$\mu_{Sd}$
erf $\omega$
$l_0/h$
$M_{Sd1}$
$N_{Sd}$
$l_0$
b
h
$h_1$
1,0
0,9
0,8
0,7
0,6
0,5
0,4
0,3
0,2
0,1
0,0
40
30
20
10
< 4,3
-0,1
-0,2
-0,3
-0,4
-0,5
-0,6
-0,7
-0,8
-0,9
-1,0
-1,1
-1,2
-1,3
-1,4
-1,5
2,0
1,5
1,0
0,5

**BT8g** ***e/h*-Diagramm und *μ*-Nomogramm**
**R4-15**
**$h_1/h = 0{,}15$**

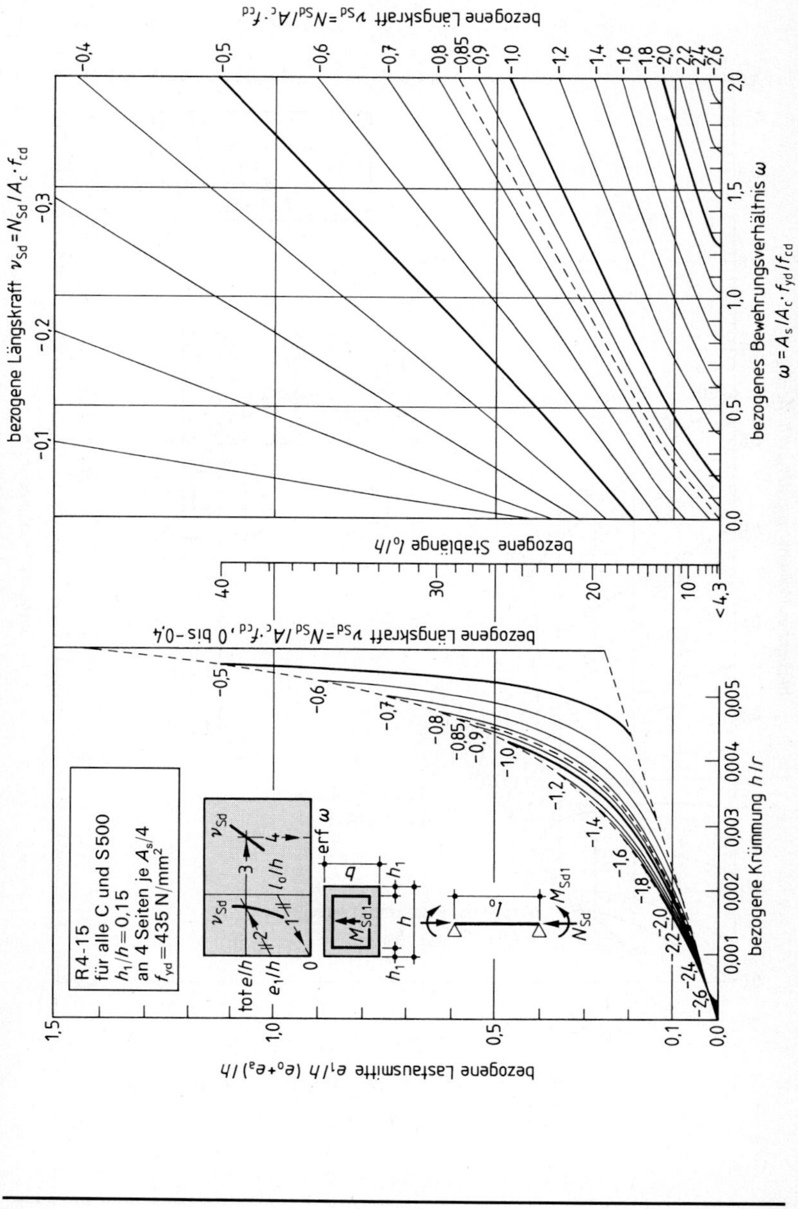

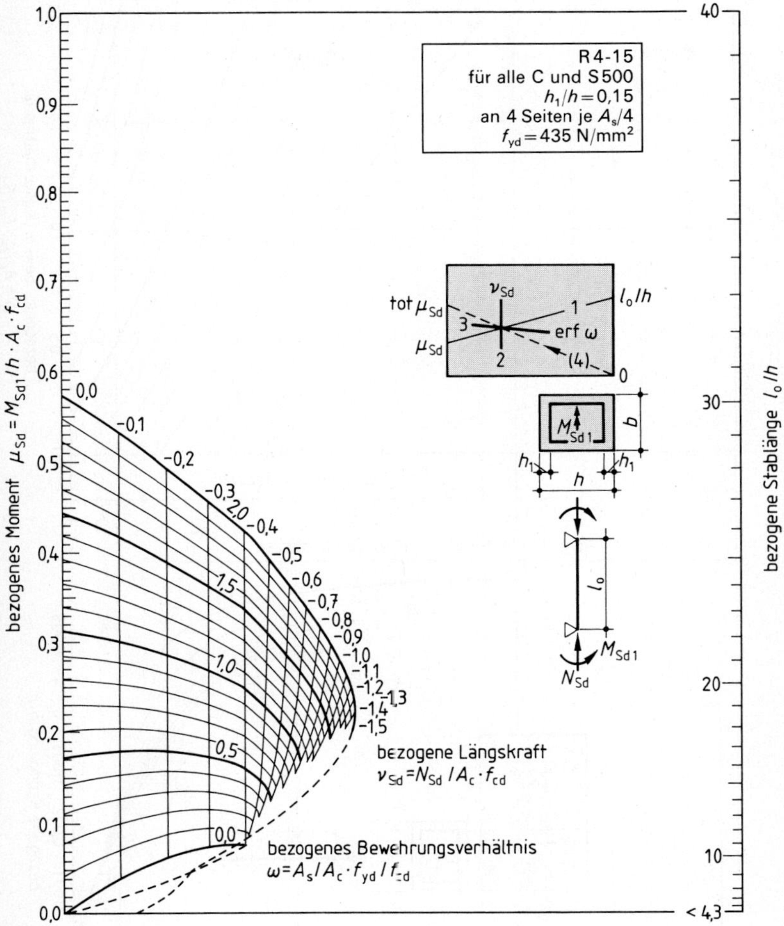
R4-15
für alle C und S500
$h_1/h = 0{,}15$
an 4 Seiten je $A_s/4$
$f_{yd} = 435$ N/mm²
bezogenes Moment $\mu_{Sd} = M_{Sd1}/h \cdot A_c \cdot f_{cd}$
bezogene Längskraft
$\nu_{Sd} = N_{Sd}/A_c \cdot f_{cd}$
bezogenes Bewehrungsverhältnis
$\omega = A_s/A_c \cdot f_{yd}/f_{cd}$
bezogene Stablänge $l_0/h$
tot $\mu_{Sd}$
$\nu_{Sd}$
$\mu_{Sd}$
erf $\omega$
$l_0/h$
$M_{Sd1}$
$N_{Sd}$
$h_1$
$h$
$b$
$l_0$
1,0
0,9
0,8
0,7
0,6
0,5
0,4
0,3
0,2
0,1
0,0
40
30
20
10
< 4,3
0,0
-0,1
-0,2
-0,3
-0,4
-0,5
-0,6
-0,7
-0,8
-0,9
-1,0
-1,1
-1,2
-1,3
-1,4
-1,5
2,0
1,5
1,0
0,5
0,0

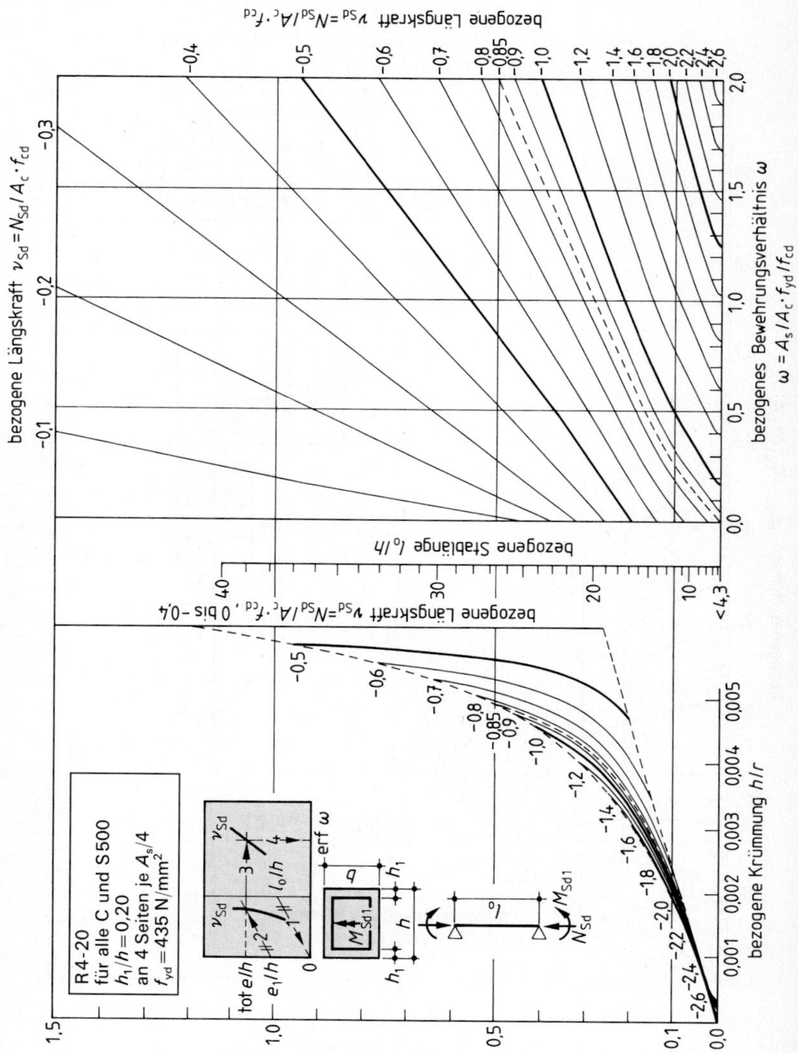
bezogene Längskraft $\nu_{Sd} = N_{Sd}/A_c \cdot f_{cd}$
-0,4
-0,5
-0,6
-0,7
-0,8
-0,85
-0,9
-1,0
-1,2
-1,4
-1,6
-1,8
-2,0
-2,2
-2,4
-2,6
bezogene Längskraft $\nu_{Sd} = N_{Sd}/A_c \cdot f_{cd}$
-0,1
-0,2
-0,3
bezogenes Bewehrungsverhältnis ω
$\omega = A_s/A_c \cdot f_{yd}/f_{cd}$
0,0
0,5
1,0
1,5
2,0
bezogene Stablänge $l_0/h$
<4,3
10
20
30
40
bezogene Längskraft $\nu_{Sd} = N_{Sd}/A_c \cdot f_{cd}$, 0 bis -0,4
bezogene Krümmung $h/r$
0,001
0,002
0,003
0,004
0,005
bezogene Lastausmitte $e_1/h$ $(e_0+e_a)/h$
0,0
0,1
0,5
1,0
1,5
R4-20
für alle C und S500
$h_1/h = 0{,}20$
an 4 Seiten je $A_s/4$
$f_{yd} = 435$ N/mm²
tot e/h
$e_1/h$
$\nu_{Sd}$
$l_0/h$
erf ω
$M_{Sd1}$
$N_{Sd}$
$l_0$
$h_1$
h
b

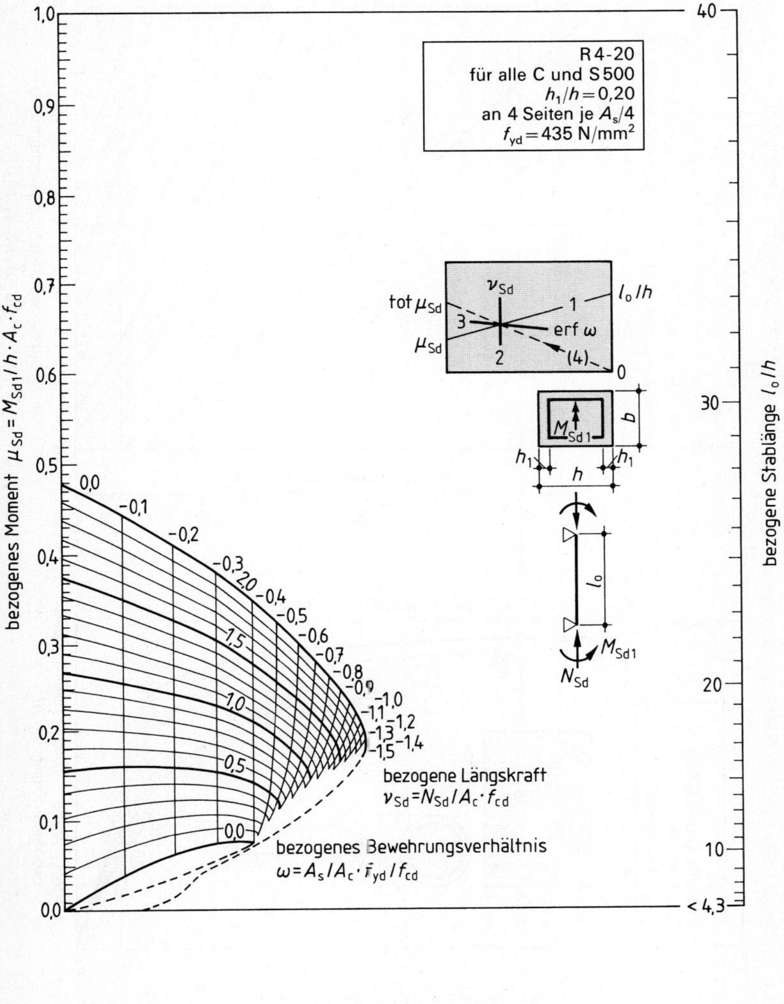

R4-20
für alle C und S500
$h_1/h = 0{,}20$
an 4 Seiten je $A_s/4$
$f_{yd} = 435$ N/mm²
bezogenes Moment $\mu_{Sd} = M_{Sd1}/h \cdot A_c \cdot f_{cd}$
bezogene Stablänge $l_0/h$
bezogene Längskraft
$\nu_{Sd} = N_{Sd}/A_c \cdot f_{cd}$
bezogenes Bewehrungsverhältnis
$\omega = A_s/A_c \cdot f_{yd}/f_{cd}$
tot $\mu_{Sd}$
$\mu_{Sd}$
$\nu_{Sd}$
erf $\omega$
$l_0/h$
$M_{Sd1}$
$N_{Sd}$

**K-05**

$h_1/h = 0{,}05$

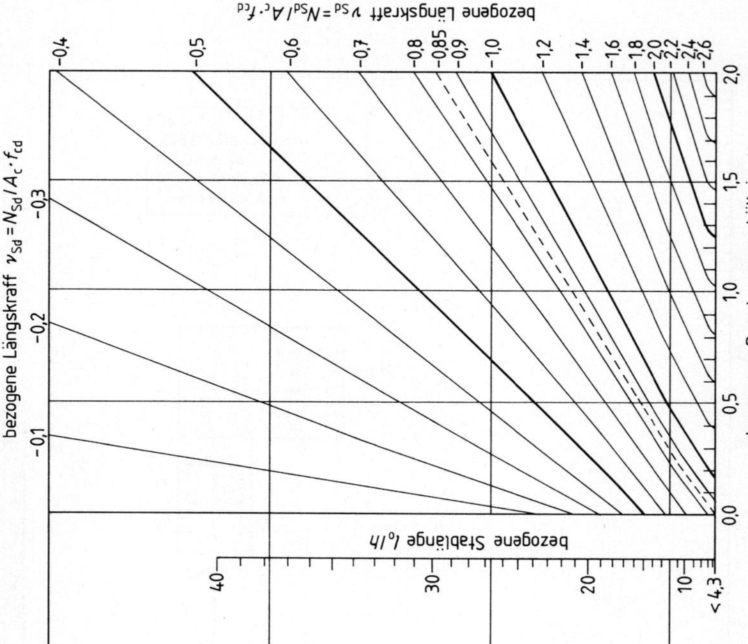
bezogene Längskraft $\nu_{Sd} = N_{Sd}/A_c \cdot f_{cd}$
bezogenes Bewehrungsverhältnis $\omega$
$\omega = A_s/A_c \cdot f_{yd}/f_{cd}$
bezogene Stablänge $l_0/h$
bezogene Längskraft $\nu_{Sd} = N_{Sd}/A_c \cdot f_{cd}$, 0 bis −0,4
bezogene Krümmung $h/r$
bezogene Lastausmitte $e_1/h$ $(e_0+e_a)/h$
K-05
für alle C und S500
$h_1/h = 0{,}05$
$f_{yd} = 435\ N/mm^2$
tot $e/h$
$e_1/h$
erf $\omega$
$M_{Sd1}$
$N_{Sd}$

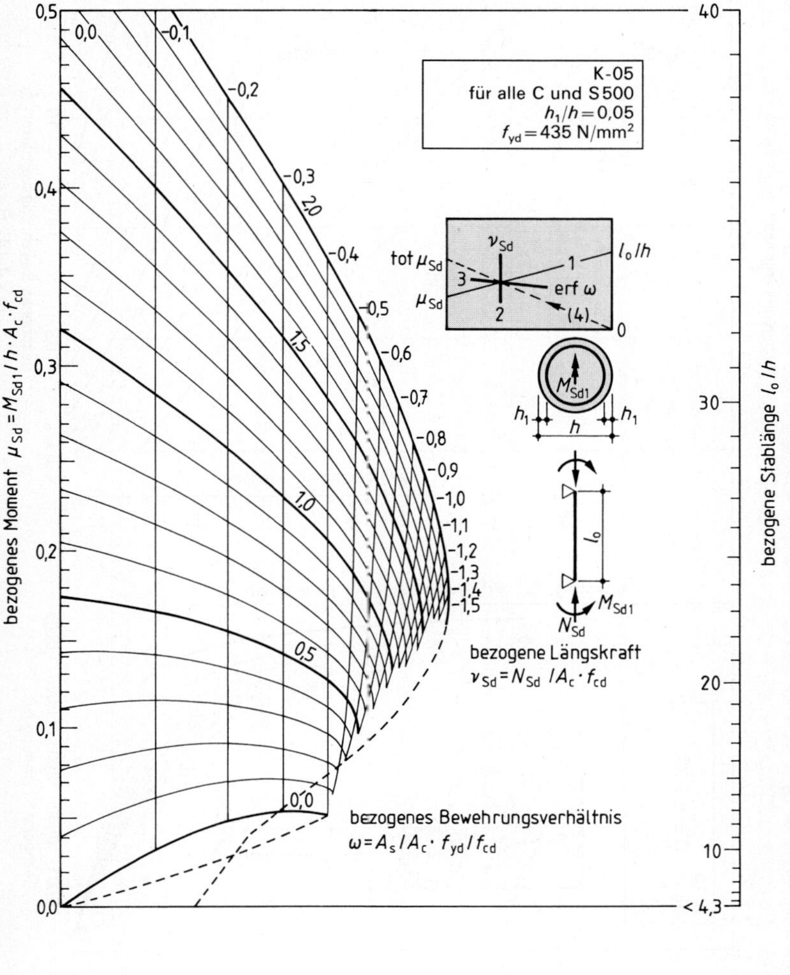
K-05
für alle C und S500
$h_1/h = 0{,}05$
$f_{yd} = 435\ N/mm^2$
bezogenes Moment $\mu_{Sd} = M_{Sd1}/h \cdot A_c \cdot f_{cd}$
bezogene Stablänge $l_0/h$
bezogene Längskraft
$\nu_{Sd} = N_{Sd}/A_c \cdot f_{cd}$
bezogenes Bewehrungsverhältnis
$\omega = A_s/A_c \cdot f_{yd}/f_{cd}$
tot $\mu_{Sd}$
$\mu_{Sd}$
$\nu_{Sd}$
erf $\omega$
$l_0/h$
$M_{Sd1}$
$N_{Sd}$
$h_1$
$h$
$l_0$

**BT8k** *e/h*-**Diagramm und** $\mu$-**Nomogramm**
**K-10**
$h_1/h = 0{,}10$

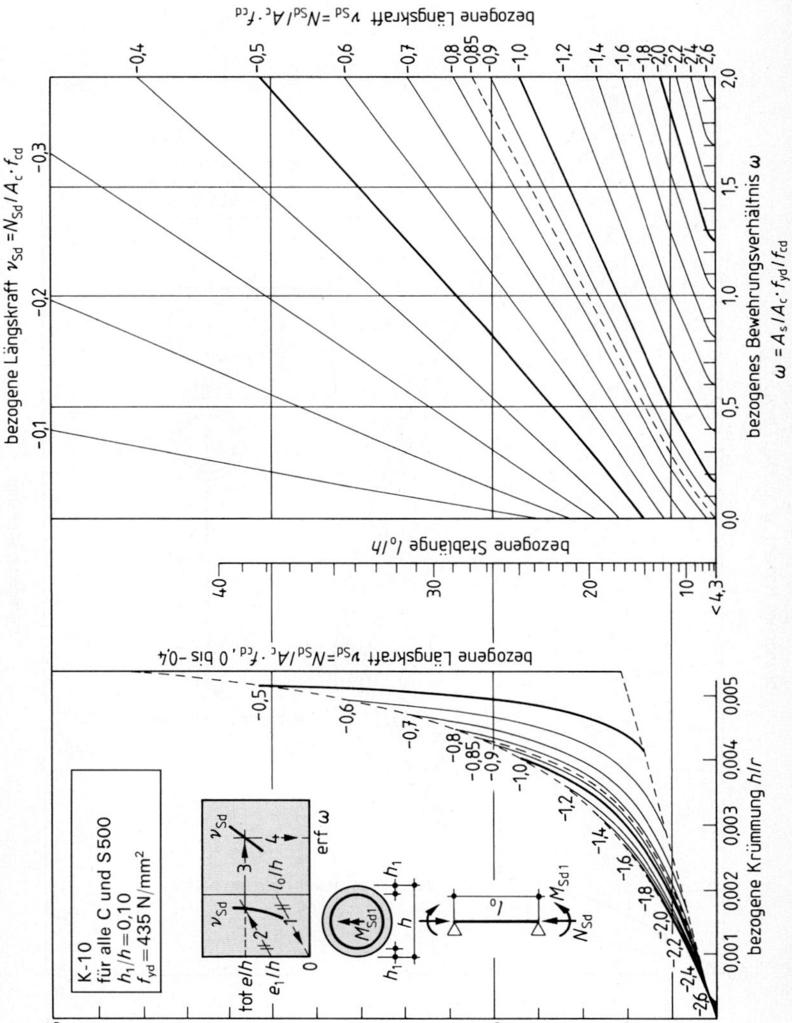

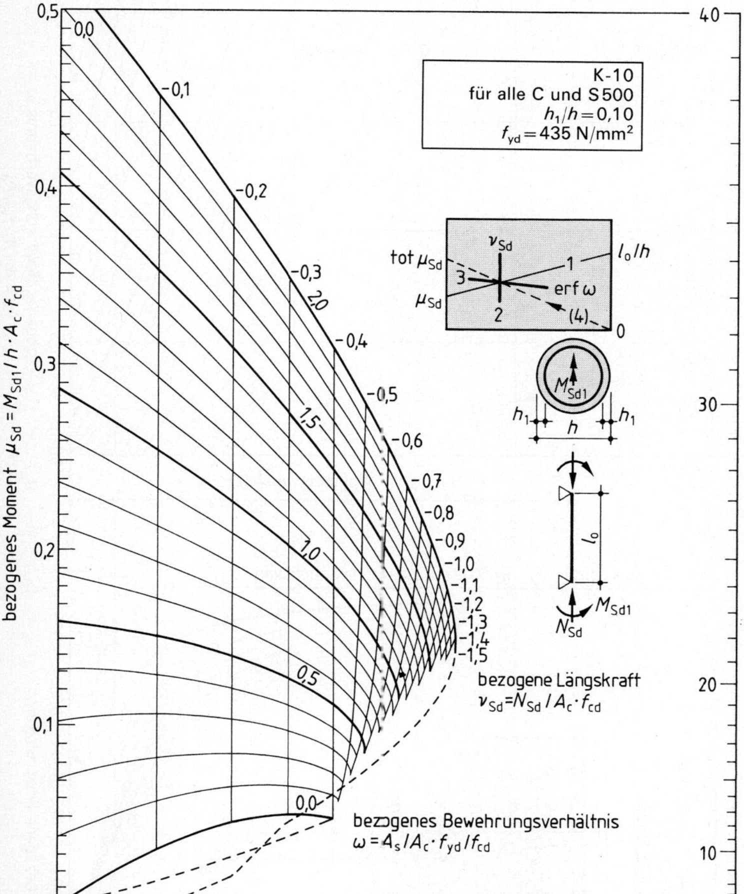
K-10
für alle C und S 500
$h_1/h = 0,10$
$f_{yd} = 435$ N/mm²
bezogenes Moment $\mu_{Sd} = M_{Sd1}/h \cdot A_c \cdot f_{cd}$
bezogene Stablänge $l_o/h$
bezogene Längskraft
$\nu_{Sd} = N_{Sd}/A_c \cdot f_{cd}$
bezogenes Bewehrungsverhältnis
$\omega = A_s/A_c \cdot f_{yd}/f_{cd}$
tot $\mu_{Sd}$
$\mu_{Sd}$
$\nu_{Sd}$
erf $\omega$
$l_o/h$
$M_{Sd1}$
$N_{Sd}$
$h_1$
$h$
$l_o$

# BT8I *e*/*h*-Diagramm und *μ*-Nomogramm
**K-15**
**$h_1/h = 0{,}15$**

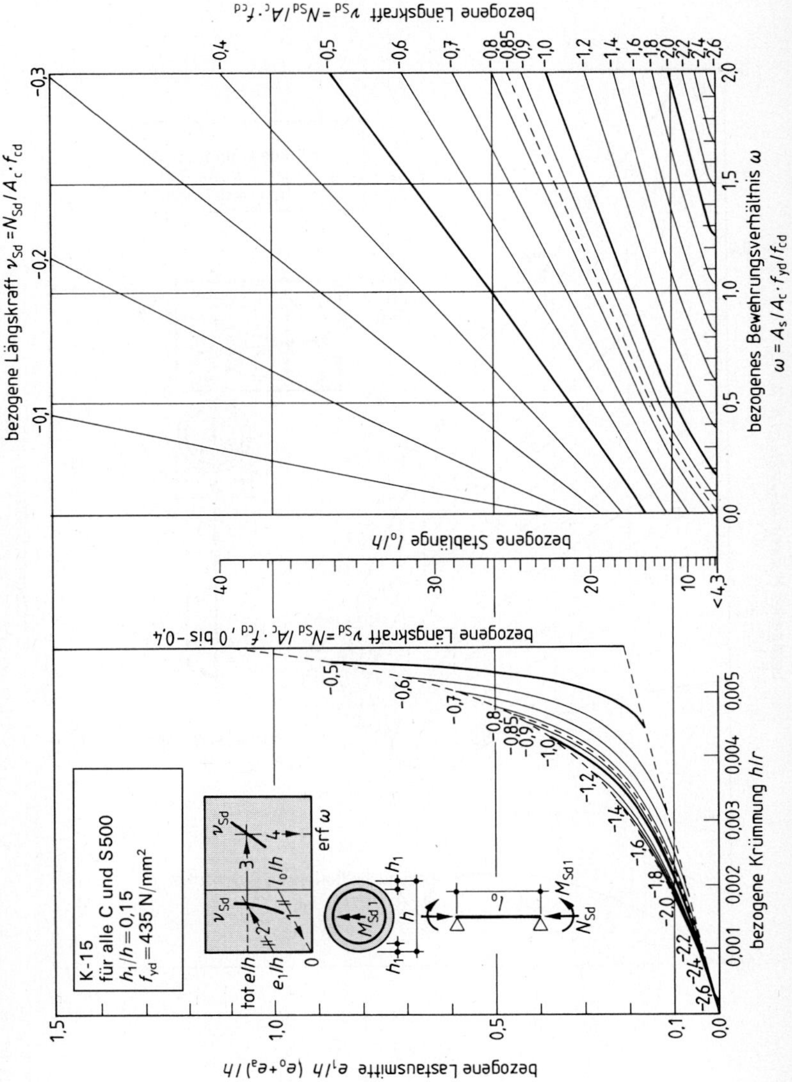

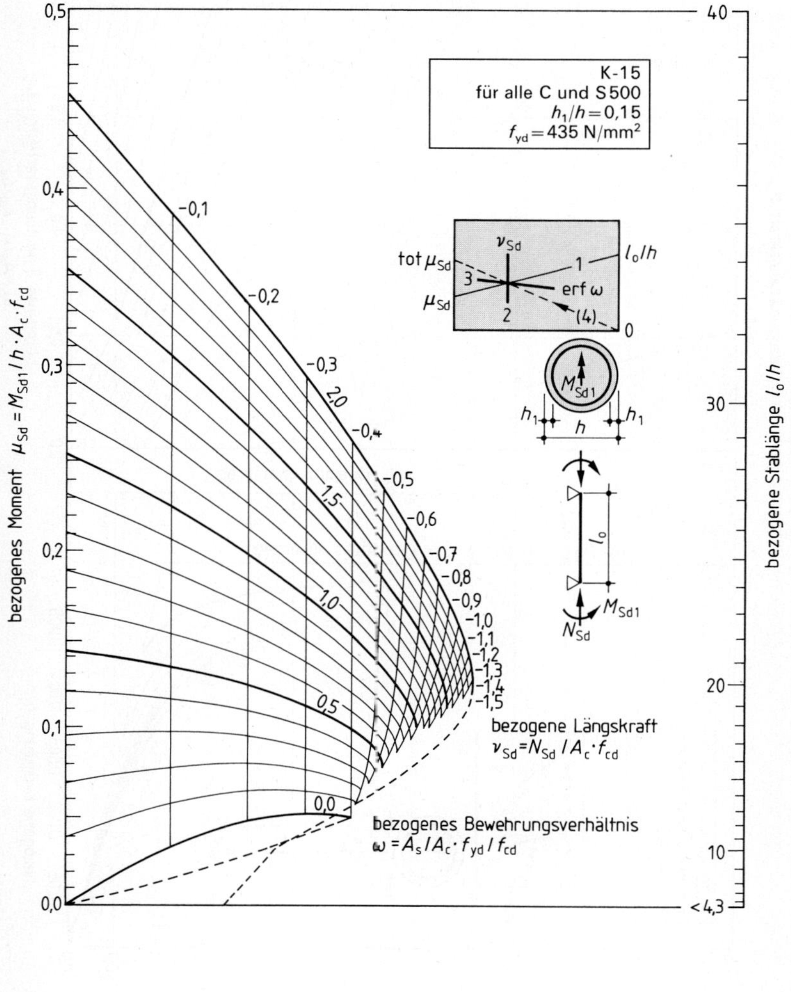
K-15
für alle C und S500
$h_1/h = 0{,}15$
$f_{yd} = 435\ N/mm^2$
bezogenes Moment $\mu_{Sd} = M_{Sd1}/h \cdot A_c \cdot f_{cd}$
bezogene Stablänge $l_0/h$
bezogene Längskraft
$\nu_{Sd} = N_{Sd}/A_c \cdot f_{cd}$
bezogenes Bewehrungsverhältnis
$\omega = A_s/A_c \cdot f_{yd}/f_{cd}$
tot $\mu_{Sd}$
$\mu_{Sd}$
$\nu_{Sd}$
$l_0/h$
erf $\omega$
$M_{Sd1}$
$N_{Sd}$
$h_1$
$h$
$l_0$
0,0
0,1
0,2
0,3
0,4
0,5
-0,1
-0,2
-0,3
-0,4
-0,5
-0,6
-0,7
-0,8
-0,9
-1,0
-1,1
-1,2
-1,3
-1,4
-1,5
2,0
1,5
1,0
0,5
0,0
40
30
20
10
<4,3

**BT8m** ***e/h*-Diagramm und *μ*-Nomogramm**
**K-20**
**$h_1/h = 0{,}20$**

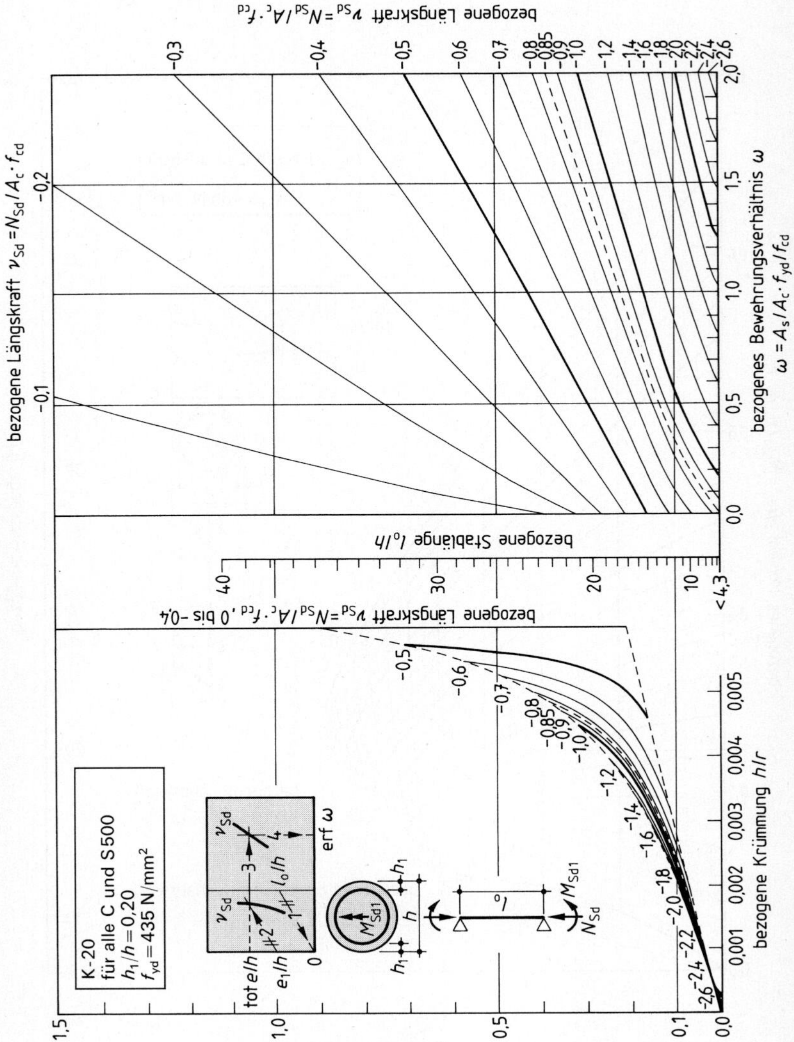

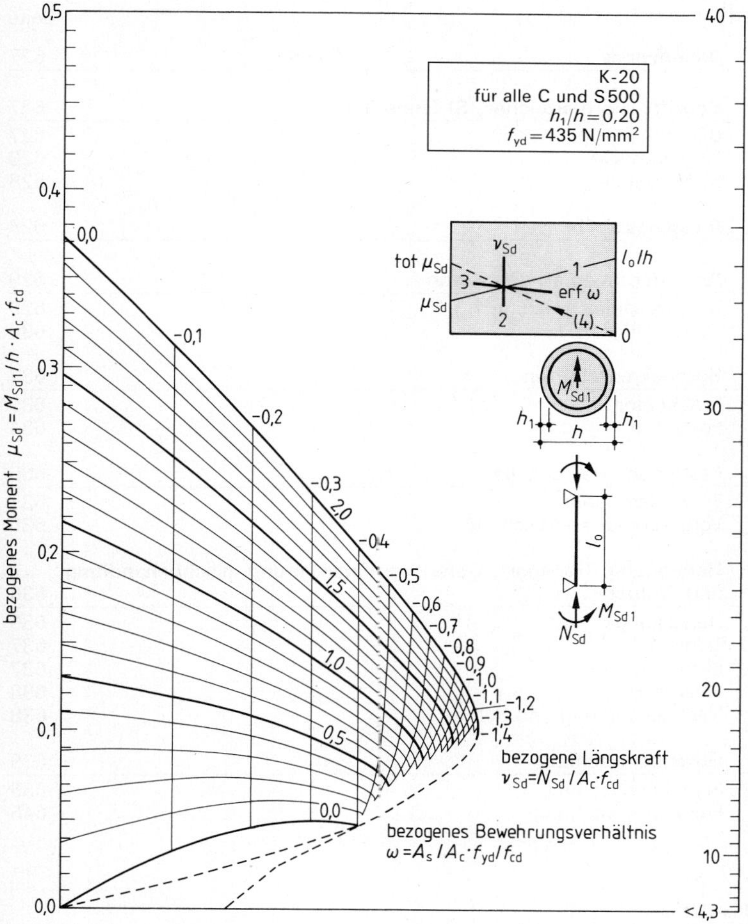
K-20
für alle C und S 500
$h_1/h = 0{,}20$
$f_{yd} = 435\ N/mm^2$
bezogenes Moment $\mu_{Sd} = M_{Sd1}/h \cdot A_c \cdot f_{cd}$
bezogene Längskraft
$\nu_{Sd} = N_{Sd}/A_c \cdot f_{cd}$
bezogenes Bewehrungsverhältnis
$\omega = A_s/A_c \cdot f_{yd}/f_{cd}$
bezogene Stablänge $l_0/h$
tot $\mu_{Sd}$
$\mu_{Sd}$
$\nu_{Sd}$
erf $\omega$
$l_0/h$
$M_{Sd1}$
$N_{Sd}$

# Beton nach DIN V ENV 206

Bearbeitet von Prof. Dr.-Ing. Otto W. Wetzell

## Inhalt



## Literatur


DIN V 18932 T 1, Ausg. Okt. 1991

– Eurocode 2; Planung von Stahlbeton- und Spannbetontragwerken; T 1: Grundlagen und Anwendungsregeln für den Hochbau

DAfStb – Richtlinie zur Anwendung von Eurocode 2 T 1, Ausg. Nov 1990

DIN V ENV 206 Beton; Eigenschaften, Herstellung, Verarbeitung und Gütenachweis, Ausgabe Oktober 1990

DAfStb – Richtlinie zur Anwendung von DIN V ENV 206, Ausg. Nov 1990

*Kordina, K.* u.a.: Bemessungshilfsmittel zu EC 2 T 1, Schriftenreihe des DAfStb, Heft 425

# 1 Allgemeines

Die in den nachstehenden Abschnitten enthaltenen Regeln über die Eigenschaften, Herstellung, Verarbeitung und über den Gütenachweis von Beton basieren auf DIN V ENV 206.

Da die vorliegende Vorschrift nur im Zusammenhang mit dem gesamten europäischen Normenwerk gültig ist, und wesentliche Normen fehlen, ist zunächst eine Einbindung in das deutsche Normenwerk erforderlich. Diesem Zweck dient die vom Deutschen Ausschuß für Stahlbetonbau herausgegebene DAfStb-Anwendungsrichtlinie.

Die mit DIN V ENV 206 vorliegenden Regeln für den Baustoff Beton sind auf die Bemessung und Ausführung von Betonbauten nach Eurocode 2 abgestimmt.

Wichtigste Neuerungen gegenüber der DIN 1045 sind:

- Neue Festigkeitsklassen mit der Bezeichnung C für Concrete
- Neue Umweltklassen zur Berücksichtigung der Umweltbedingungen
- Verschiedene Verfahren zu Messung der Konsistenz
- Regelung der Nachbehandlung von Beton im Hinblick auf die Dauerhaftigkeit
- Neue Regelungen zur Güteüberwachung.

# 2 Begriffe, Formelzeichen, SI-Einheiten

## 2.1 Begriffe

Zur Vereinheitlichung finden verschiedene grundlegende Begriffe in allen Eurocodes Anwendung. Eine Übersicht über einige äquivalente Begriffe in den Sprachen der Gemeinschaft ist in EC2 Teil 1, Kap. 2.1 in der Tafel 1.1 angegeben.

Darüber hinaus enthält DIN V ENV 206 einige nachstehend genannte grundlegende Begriffe:

- Beton
  Baustoff aus Zement, grob- und feinkörnigem Zuschlag und Wasser, der durch Erhärten der Mischung aus Zement und Wasser (Zementleim) entsteht.
- Frischbeton
  Beton, der noch verarbeitet und verdichtet werden kann
- Festbeton
  erhärteter Beton mit einer bestimmten Festigkeit
- Lieferung
  Übergabe des Betons an der Abnehmer
- Zusatzmittel
  Mittel zur Änderung der Eigenschaften des Betons
- Zusatzstoff
  Anorganische Stoffe zur Änderung der Eigenschaften des Betons
- Wasserzementwert
  Verhältnis von wirksamen Wassergehalt zu Zementgehalt im Beton
- Entwurfsmischung
  Mischung, bei der die Festlegung der Angaben beim Bauausführenden liegt, und der Hersteller des Betons für die Erfüllung bei der Herstellung verantwortlich ist.
- Vorgeschriebene Mischung
  Mischung, bei der die Ausgangsstoffe und deren Zusammensetzung vom Bauausführenden festgelegt werden. Der Hersteller liefert nach diesen Angaben, übernimmt aber keine Verantwortung für die Eigenschaften des Betons.
- Eignungsprüfung
  Prüfungen zur Sicherstellung der Erfüllung der geforderten Eigenschaften des Betons.

## 2.2 Formelzeichen

Nachstehend sind wesentliche Formelzeichen und abgeleitete Zeichen aufgeführt (weitere werden in den einzelnen Abschnitten erläutert).

### 2.2.1 Einzelne Formelzeichen

**Große lateinische Buchstaben**

C Beton
CE Zementklasse
HC Schwerbeton
LC Leichtbeton
Z Zementklasse (DIN)

**Kleine lateinische Buchstaben**

$f$ Festigkeit
$\lambda$, $k$ Beiwert

**Indizes**

$c$ Beton, Druck

### 2.2.2 Abgeleitete Formelzeichen

**Kleine lateinische Buchstaben**

$f_c$ Druckfestigkeit Beton
$f_{ck, cyl}$ charakteristische Zylinderdruckfestigkeit des Betons nach 28 Tagen.
$f_{ck, cube}$ charakteristische Würfelfestigkeit des Betons nach 28 Tagen.

## 2.3 SI-Einheiten

Angaben über SI-Einheiten s. EC 2 Teil 1, Kap. 2.3

# 3 Ausgangsstoffe

Für die Verwendung der Ausgangsstoffe gelten die Bedingungen der Tafel 1.

**Tafel 1 Bedingungen für Ausgangsstoffe**

| Ausgangsstoff | | Anforderungen |
|---|---|---|
| Zemente | Portlandzement (CEI)<br>Portlandkompositzement (CEII)<br>Hochofenzement (CEIII)<br>Puzzolanzement (CEIV) | EN 197 Teile 1 bis 3 |
| | Andere Zementarten | nationale Normen bzw. die am Verwendungsort geltenden Bestimmungen |
| Zuschläge[1]) | | |
| Zugabewasser[1]) [2]) | | |
| Zusatzmittel[1]) | | |
| Zusatzstoffe[1]) | | |

[1]) Schädliche Bestandteile müssen derart beschränkt werden, daß
a) die Dauerhaftigkeit des Betons nicht leidet
b) die Bewehrung nicht korrodiert
[2]) Trinkwasser aus öffentlichen Versorgungsleitungen ist in der Regel geeignet

Nach der DAfStb Richtlinie zur Anwendung von ENV 206 gelten zunächst die Bedingungen der Tafel 2.

**Tafel 2 Bedingungen für Ausgangsstoffe nach DAfStb-Richtlinie**

<table>
<tr><th>Ausgangsstoff</th><th colspan="2">Anforderungen</th></tr>
<tr><td rowspan="4">Zemente</td><td colspan="2">bis zum Inkrafttreten von EN 197 Teile 1 bis 3:<br>– DIN 1164 Teil 1<br>– DIN 1164 Teil 100<br>– Bauaufsichtliche Zulassungen</td></tr>
<tr><td colspan="2">Zuordnung der Zementfestigkeiten</td></tr>
<tr><td colspan="2">Zement nach</td></tr>
<tr><td>CEN<br>CE 32,5<br>CE 32,5 R<br>CE 42,5<br>CE 42,5 R</td><td>DIN<br>Z 35 L<br>Z 35 F<br>Z 45 L<br>Z 45 F, Z 55</td></tr>
<tr><td>Zuschläge</td><td colspan="2">Korngruppeneinteilung, Betonzuschlag nach DIN 4226;<br>Kornzusammensetzung nach DIN 1045, 6.2.2;<br>Mehlkorn- und Feinstsandgehalt nach DIN 1045, 6.5.4</td></tr>
<tr><td>Zugabewasser</td><td colspan="2">DIN 1045, 6.4 bzw. DAfStb-Richtlinie</td></tr>
<tr><td>Zusatzmittel</td><td colspan="2">DIN 1045, 6.3.1</td></tr>
<tr><td>Zusatzstoffe</td><td colspan="2">DIN 1045, 6.3.2 (1) und (2)</td></tr>
</table>

# 4 Anforderungen an den Beton

## 4.1 Betonzusammensetzung

Beton besteht aus

- Zement
- Zuschlag
- Wasser
- evtl. Zusatzmittel, Zusatzstoffe.

Die Zusammensetzung soll entsprechend den Anforderungen gewählt und auf die Verarbeitbarkeit abgestimmt werden. Dabei sind folgende Anforderungen einzuhalten:

**Betongefüge**
Geschlossen, Luftgehalt des Zuschlagkorns
$<16$ mm $\leqq 4$ Vol%
$\geqq 16$ mm $\leqq 3$ Vol%

**Zementart**
entsprechend der Verwendungsart, der Bauteilabmessungen, der Umweltbedingungen des Bauwerkes und der Wärmeentwicklung des Betons im Bauwerk

**Zementgehalt**
Für Nennwert des Zuschlagskorns $\leqq 32$ mm nach Tafel 5

**max. Wasserzementwerk** nach Tafel 5

**Korngröße des Zuschlags**
so wählen, daß beim Einbringen des Betons kein Entmischen stattfindet, der maximale Nennwert beträgt:

- 25% der kleinsten Bauteilabmessung
- lichte Abstand der Bewehrungsstäbe abzüglich 5 mm
- um 30% vergrößerte Betondeckung der Bewehrung

**Chloridgehalt des Betons**
Werte der nationalen Normen oder der am Verwendungsort des Betons geltenden Bestimmungen sind einzuhalten; wenn keine Werte vorliegen, gilt für den CL Massenanteil in % bezogen auf den Zementgehalt:

| | |
|---|---|
| Unbewehrter Beton | ≦1,0% |
| Stahlbeton | ≦0,4% |
| Spannbeton | ≦0,2% |

**Konsistenz beim Betonieren**
sollte zum Zeitpunkt der Verarbeitung der Slump-Klasse S3 oder der Ausbreitklasse F3 entsprechen, um eine sachgem. Verdichtung zu erzielen.

**Alkali-Kieselsäure-Reaktion**
Zur Vermeidung von Auswirkungen sind folgende Maßnahmen erforderlich
- Einschränkung des Gesamtalkaligehaltes der Betonmischung
- geeignete Wahl des Zementes (mit geringem Anteil an reaktionsfähigem Alkali)
- geeignete Wahl der Zuschläge
- Einschränkung des Sättigungsgrades des Betons

**Zusatzmittel**
Bei Verwendung sind folgende Gewichtsanteile einzuhalten 2 g/kg Zement ≦g≦50 g/kg Zement

**Zusatzstoffe**
Werte der nationalen Normen oder der am Verwendungsort des Betons geltenden Bestimmungen sind einzuhalten, Dauerhaftigkeit des Betons darf nicht beeinträchtigt werden

**Betontemperatur**

| | |
|---|---|
| Frischbeton | ≦30° |
| Beim Mischen und Einbringen | ≧5° |

## 4.2 Dauerhaftigkeit

Beton mit ausreichender Dauerhaftigkeit soll
- den Bewehrungsstahl vor Korrosion zu schützen
- den Umweltbedingungen standhalten
- den Arbeitsbedingungen standhalten.

Hierfür sind folgende Maßnahmen sicherzustellen
- Wahl der Ausgangsstoffe (vgl. Abschn. 7)
- Wahl der Betonzusammensetzung
- Sicherung des Betons gegen mechanische Angriffe
- Ausreichende Verarbeitung des Betons bei der Herstellung (Mischen, Einbringen, Verdichten)
- Ausreichende Nachbehandlung.

Umwelteinflüsse wirken wie chemische und physikalische Einwirkungen auf den Beton. Zur Erfassung werden die Umweltbedingungen in Umweltklassen nach Tafel 4 eingestuft. Für die angegebenen Umweltklassen 5a bis 5c gelten die in Tafel 3 angegebenen Angriffsgrade nach DIN 4030 Teil 1 für Wasser Böden und Gase.

In Abhängigkeit der Umweltklassen sind Grenzwerte für die Zusammensetzung von Beton und die zulässigen Zemente in Tafel 5 angegeben.

**Tafel 3 Zuordnung der Umweltklassen 5a–5c zu den Angriffsgraden nach DIN 4030 (entspricht Tab. R3 der DAfStb – Anwendungsrichtlinie)**

| Angriffsgrad | | | | |
|---|---|---|---|---|
| ENV 206 Tafel 4.1 Klasse 5 | | DIN 4030 T 1 | | |
| | | Wässer | Böden | Gase |
| chemisch angreifende Umgebung | 5a | schwach | schwach | schwach |
| | 5b | stark | stark | [1]) |
| | 5c | sehr stark | [1]) | [1]) |

[1]) keine Regelung in DIN 4030

**Tafel 4 Umweltklassen in Abhängigkeit von den Umweltbedingungen**

| Umweltklasse | | **Beispiele** für Umweltbedingungen |
|---|---|---|
| 1<br>Trockene Umgebung | | Innenräume von Wohn- oder Bürogebäuden[1]) |
| 2<br>Feuchte | a<br>ohne Frost | Gebäudeinnenräume mit hoher Feuchte (z.B. Wäschereien)<br>Außenbauteile<br>Bauteile in nichtangreifendem Boden und/oder Wasser |
| | b<br>mit Frost | Aufbauteile, die Frost ausgesetzt sind<br>Bauteile in nichtangreifendem Boden und/oder Wasser, die Frost ausgesetzt sind<br>Innenbauteile bei hoher Luftfeuchte, die Frost ausgesetzt sind |
| 3<br>Feuchte Umgebung mit Frost- und Taumitteleinwirkung | | Außenbauteile, die Frost und Taumitteln ausgesetzt sind |
| 4<br>Meerwasser-umgebung | a<br>ohne Frost | Bauteile im Spritzwasserbereich oder ins Meerwasser eintauchende Bauteile bei denen eine Fläche der Luft ausgesetzt ist<br>Bauteile in salzgesättigter Luft (unmittelbarer Küstenbereich) |
| | b<br>mit Frost | Bauteile im Spritzwasserbereich oder ins Meerwasser eintauchende Bauteile, bei denen eine Fläche Luft und Frost ausgesetzt ist<br>Bauteile, die salzgesättigter Luft und Frost ausgesetzt sind |
| Die folgenden Klassen können einzeln oder in Kombination mit den oben genannten Klassen vorliegen: | | |
| 5<br>Chemisch angreifende Umgebung[1]) | a | Schwach chemisch angreifende Umgebung<br>(gasförmig, flüssig oder fest)<br>Aggressive industrielle Atmosphäre |
| | b | Mäßig chemisch angreifende Umgebung<br>(gasförmig, flüssig oder fest) |
| | c | Stark chemisch angreifende Umgebung<br>(gasförmig, flüssig oder fest) |

[1]) Diese Umweltklasse gilt nur dann, wenn das Bauwerk oder einige seiner Bauteile während der Bauausführung über einen längeren Zeitraum hinweg keinen schlechteren Bedingungen ausgesetzt wird.

[2]) Chemisch angreifende Umgebungen werden in 150 DP 9690 klassifiziert. Folgende gleichwertige Umweltklassen können ebenfalls angegeben werden:

Umweltklasse 5a: ISO-Klassifizierung A1G, A1L, A1S
Umweltklasse 5b: ISO-Klassifizierung A2G, A2L, A2S
Umweltklasse 5c: ISO-Klassifizierung A3G, A3L, A3S

**Tafel 5 Anforderungen hinsichtlich der Dauerhaftigkeit in Abhängigkeit von den Umweltklassen**

| Anforderung | Umweltklasse nach Tabelle 2 | | | | | | | | |
|---|---|---|---|---|---|---|---|---|---|
| | 1 | 2a | 2b | 3 | 4a | 4b | 5a | 5b | 5c[1]) |
| Maximaler Wasserzementwert für[2]) | | | | | | | | | |
| – unbewehrten Beton | – | 0,70 | 0,55 | 0,50 | 0,55 | 0,50 | 0,55 | 0,50 | 0,45 |
| – Stahlbeton | 0,65 | 0,60 | | | | | | | |
| – Spannbeton | 0,60 | 0,60 | | | | | | | |
| Mindestzementgehalt[2]) in $kg/m^3$ für | | | | | | | | | |
| – unbewehrten Beton | 150 | 200 | 200 | 300 | 300 | 300 | 200 | 300 | 300 |
| – Stahlbeton | 260 | 280 | 280 | | | | 280 | | |
| – Spannbeton | 300 | 300 | 300 | | | | 300 | | |
| Mindestluftporengehalt von Frischbeton in % für den Nennwert des Zuschlaggrößtkorns[3]) | | | [4]) | [4]) | | [4]) | | | |
| –32 mm | – | – | 4 | 4 | – | 4 | – | – | – |
| –16 mm | – | – | 5 | 5 | – | 5 | – | – | – |
| – 8 mm | – | – | 6 | 6 | – | 6 | – | – | – |

Fortsetzung und Fußnoten s. nächste Seite

**Tafel 5,** Fortsetzung

| Anforderung | Umweltklasse nach Tabelle 2 | | | | | | | | |
|---|---|---|---|---|---|---|---|---|---|
| | 1 | 2a | 2b | 3 | 4a | 4b | 5a | 5b | 5c[1]) |
| Frostbeständige Zuschläge[6]) | – | – | ja | ja | – | ja | – | – | – |
| Wasserundurchlässiger Beton nach 7.3.1.5 | – | – | ja | ja | ja | ja | ja | ja | ja |
| | | | | | | | Zement mit hohem Sulfatwiderstand, wenn der Sulfatgehalt[5]) > 500 mg/kg im Wasser > 3000 mg/kg im Boden | | |
| Für unbewehrten Beton und Stahlbeton erforderliche Zementarten nach EN 197 | Die o.g. Werte für den Wasserzementwert und den Zementgehalt gelten für Zemente, mit denen viele Länder langzeitige Erfahrungen haben. Bei Erstellung des Entwurfs dieser Vornorm beruhten die Erfahrungen einiger Länder mit einer Reihe der in EN 197 genormten Zemente jedoch nur auf den jeweiligen örtlichen klimatischen Bedingungen. Deshalb sollten für die Gültigkeitsdauer dieser Vornorm insbesondere für die Umweltklassen 2b, 3, 4b bei der Wahl der Zementart und ihrer Zusammensetzung die am Verwendungsort des Betons geltenden nationalen Normen oder Regelungen zugrundegelegt werden. Die Eignung der Zemente kann auch durch Prüfung des Betons unter herrschenden Bedingungen beim beabsichtigten Gebrauch nachgewiesen werden.<br>Zusätzlich kann der Zement CEI allgemein für Spannbeton verwendet werden. Es können auch andere Zementarten verwendet werden, wenn mit diesen Zementen Erfahrungen gesammelt worden sind, und deren Anwendung nach den am Verwendungsort des Betons geltenden nationalen Normen oder Regelungen zulässig ist. | | | | | | | | |

1) Zusätzlich muß der Beton durch Beschichtungen vor direkter Berührung mit dem angreifenden Medium geschützt werden, ausgenommen in den Fällen, in denen ein derartiger Schutz nicht für erforderlich gehalten wird.

2) Für den in dieser Vornorm festgelegten Mindestzementgehalt und den maximalen Wasserzementwert sind nur Zemente nach 4.1 zu berücksichtigen. In besonderen Fällen, in denen puzzolanische oder latent hydraulische Zusatzstoffe der Betonmischung zugegeben werden, können am Verwendungsort des Betons geltende nationale Normen oder Regelungen angeben, ob und in welchem Maße die Mindest- bzw. Höchstwerte geändert werden dürfen.

3) Mit einem Abstandsfaktor des Luftporenbildners $\leqq 0{,}20$ mm, gemessen am Festbeton.

4) Sofern ein hoher Sättigungsgrad über längere Zeiträume hinweg vorliegt.
Es können auch andere Werte und Maßnahmen gelten, wenn geprüft und nachgewiesen wird, daß der Beton nach den an seinem Verwendungsort geltenden nationalen Normen oder Regelungen eine entsprechende Frostbeständigkeit aufweist (gelten zur Zeit nicht).

Für die Umweltklasse 3 ist stets ein hoher Sättigunsgrad des Betons anzunehmen.
Die Bedingungen der dieser Tafel sind für die Umweltklassen 2b und 4b im Fall eines hohen Sättigungsgrades einzuhalten. Ein hoher Sättigungsgrad ist zu erwarten, wenn ein Bauteil über mehrere Tage mit Wasser unmittelbar im Kontakt steht, z. B. bei Teilen von Schleusenbauwerten, Kläranlagen, Bauteilen in Wasserwechselzonen und waagerechten Betonflächen (s. DIN 1045/07.88, Abschn. 6.5.7.3 und 6.5.7.4). Für Außenbauteile nach DIN 1045/07.88, Abschn. 2.1.1, ist ein hoher Sättigungsgrad dagegen generell nicht zu erwarten; bei ihnen kann von einem entsprechenden Frostwiderstand in der Regel auch ohne den geforderten Mindestluftporengehalt ausgegangen werden.

5) Der Sulfatwiderstand des Zements muß nach den nationalen Normen und den am Verwendungsort des Betons geltenden nationalen Normen oder Regelungen beurteilt werden.
Für die Definition von HS-Zementen gilt DIN 1164 Teil 1/03.90, Abschnitt 4.6.

6) Anhand der am Verwendungsort des Betons geltenden nationalen Normen oder Regelungen nachzuweisen.
Dabei gilt: Für die Umweltklasse 2b ist bei hohem Sättigungsgrad Betonzuschlag eF, für die Umweltklassen 3 und 4b ist Betonzuschlag eFT nach DIN 4226 Teil 1/04.83, Abschn. 7.5, zu verwenden.

**Tafel 6 Zulässige Zemente in Abhängigkeit von den Umweltklassen und den Anwendungsbereichen (entspricht Tab R4 der DAfStb – Anwendungsrichtlinie)**

| | Anwendungsbereiche | Umweltklassen nach DIN V ENV 206/10.90, Tabelle 2 | | | | | | | | |
|---|---|---|---|---|---|---|---|---|---|---|
| | | 1 | 2a | 2b | 3 | 4a | 4b | 5a | 5b | 5c |
| | | trocken | feucht ohne Frost | feucht mit Frost | feucht mit Frost und Tausalz | Meerwasser ohne Frost | Meerwasser mit Frost | chemischer Angriff schwach | chemischer Angriff mäßig | chemischer Angriff stark |
| 1 | Für unbewehrten Beton und Stahlbeton-zulässige Zementarten | Alle DIN-Zemente und bauaufsichtlich zugelassenen Zemente[1]) | | | Alle Zemente entsprechend DIN 1045, Abschnitt 6.5.7.4 (1) und bauaufsichtlich zugelassene Zemente[1]). Bei sehr starkem Frost- und Tausalzangriff die Zemente nach DIN 1045/07.88, Abschn. 6.5.7.4 (4) und bauaufsichtlich zugelassene Zemente[1]) | wie 1, 2a, 2b | | Alle DIN-Zemente und bauaufsichtlich zugelassenen Zemente[1]), wenn nicht HS-Zement in ENV 206, Abschnitt 6.2.2, Tabelle 3 gefordert wird. | | |
| 2 | Spannbeton mit nachträglichem Verbund (verpreßtes Hüllrohr) oder Vorspannung ohne Verbund | Alle DIN- und bauaufsichtlich zugelassenen Zemente, [1]) soweit nicht Einschränkungen nach Zeile 1 gelten. | | | | | | | | |
| 3 | Spannbeton mit sofortigem Verbund | Folgende DIN-Zemente dürfen verwendet werden; PZ 35 F; PZ 45; PZ 55; EPZ 35 F; EPZ 45; HOZ 45; PÖZ 45 F; PÖZ 55; bauaufsichtlich zugelassene Zemente[1]) | | | | | | | | |

[1]) Für zugelassene Zemente je nach Zulassungsbescheid.

# 5 Betoneigenschaften

## 5.1 Frischbeton

**Klassifizierung** entsprechend seiner Konsistenz nach Tafel 7 anhand folgender Prüfungen:

- Slump nach ISO 4109
- Vebe nach ISO 4110
- Verdichtung nach ISO 4111
- Ausbreitversuch nach ISO 9812
- sonstige zu vereinbarende Prüfungen.

**weitere Eigenschaften** sind wie folgt zu bestimmen

- Luftgehalt ISO 4848
- Rohdichte des verdichteten Betons: ISO 6276
- Wasserzementwert und Zementgehalt: Meßergebnisse aufgrund von Gewichtsanteilen.

**Tafel 7 Konsistenzklassen des Betons**

| Prüfung | Klasse | Kennzeichnung | |
|---|---|---|---|
| Slump | S 1 | Slump in mm (auf 10 mm gerundet) | 10 bis 40 |
| | S 2 | | 50 bis 90 |
| | S 3 | | 100 bis 150 |
| | S 4 | | ≧160 |
| Vebe | V 0 | Vebe in Sekunden | ≧3,1 |
| | V 1 | | 30 bis 21 |
| | V 2 | | 20 bis 11 |
| | V 3 | | 10 bis 5 |
| | V 4 | | ≦4 |
| Verdichtungsmaß | C 0 | Verdichtungsmaß | ≧1,46 |
| | C 1 | | 1,45 bis 1,26 |
| | C 2 | | 1,25 bis 1,11 |
| | C 3 | | 1,10 bis 1,04 |
| Ausbreitklassen | F 1 | Ausbreitmaß in mm (Durchmesser) | ≦340 |
| | F 2 | | 350 bis 410 |
| | F 3 | | 420 bis 480 |
| | F 4 | | 490 bis 600 |

## 5.2 Festbeton

### a) Druckfestigkeit

Charakteristische Festigkeit mit dem Wert, unter dem erwartungsgemäß 5% der Gesamtheit aller möglichen Festigkeitsmessungen liegen.
Bestimmung an Probekörpern nach ISO 4012 mit Nachbehandlung nach ISO 2736 im Alter von 28 Tagen

– Würfel ($f_{ck,cube}$) mit 150 mm Kantenlänge
– Zylinder ($f_{ck,cyl}$) mit $d = 1150$ mm Durchmesser und $h = 300$ mm Höhe.

Für die Betonfestigkeit des Betons gelten folgende Werte

**Tafel 8 Festigkeitsklassen für Beton**

| Festigkeitsklasse | Druckfestigkeit in N/mm² | |
|---|---|---|
| | $f_{ck,cyl}$[1]) | $f_{ck,cube}$ |
| C 12/15[2]) | 12 | 15 |
| C 16/20 | 16 | 20 |
| C 20/25[2]) | 20 | 25 |
| C 25/30 | 25 | 30 |
| C 30/37[2]) | 30 | 37 |
| C 35/45 | 35 | 45 |
| C 40/50[2]) | 40 | 50 |
| C 45/55 | 45 | 55 |
| C 50/60[2]) | 50 | 60 |

[1]) $f_{ck,cyl}$ wird in EC 2 als $f_{ck}$ bezeichnet
[2]) empfohlene Werte

Bei Würfeln mit einer Lagerung abweichend von ISO 2736 nach DIN 1048 Teil 1 gilt für die Druckfestigkeit nach ISO 2736

$$f_{c(ISO)} = 0{,}92\, f_{c(DIN)}$$

### b) Zugfestigkeit

Bestimmung durch

– Spaltzugfestigkeit nach ISO 4108
– Biegezugfestigkeit nach ISO 4013
– Axiale Zugfestigkeit nach RI-LEM CP 7

### c) Festigkeitsentwicklung

Wird zeitabhängig anhand von Druckfestigkeitsprüfungen bestimmt

### d) Verschleißwiderstand

Keine Vorschriften in Deutschen Normen zur Ermittlung des Verschleißwiderstandes. Folgende Maßnahmen werden zur Herstellung eines entsprechenden Betons empfohlen

- Festigkeitsklasse ≧ C 30/37
- Verwendung von gut abgestuften, harten Zuschlägen mit rauhen Oberflächen und hohem Anteil an groben Körnern
- Nachbehandlung verdoppeln
- evtl. Verschleißschicht auftragen

### e) Wasserundurchlässigkeit

Beton geeignet, wenn

- max. Eindringtiefe < 50 mm
- mittlere Eindringtiefe < 20 mm
- Wasserzementwert ≦ 0,55

### f) Rohdichte

Kennzeichnung entsprechend der Trockenrohdichte des Betons

- C Normalbeton: 2000 bis 2800 kg/m³ (105 °C)
- LC Leichtbeton: nach Tafel 9
- HC Schwerbeton: > 2800 kg/m³ (105 °C)

**Tafel 9 Klassifizierung von Leichtbeton**

| Rohdichteklasse | 1,0 | 1,2 | 1,4 | 1,6 | 1,8 | 2,0 |
|---|---|---|---|---|---|---|
| kg/m³ | 901 bis 1000 | 1001 bis 1200 | 1201 bis 1400 | 1401 bis 1600 | 1601 bis 1800 | 1801 bis 2000 |

# 6 Festlegung des Betons

Beton darf als Entwurfsmischung oder als vorgeschriebene Mischung beschrieben werden, wobei jeweils Mindestangaben und, wenn besondere Bedingungen zu erfüllen sind, zusätzliche Angaben erforderlich sind.

## 6.1 Entwurfsmischung

Die Festlegung der Angaben liegt beim Bauausführenden, der Hersteller des Betons ist für die Erfüllung bei der Herstellung verantwortlich.

Mindestangaben sind:

- Festigkeitsklasse
- Zuschlaggrößtkorn (Nennwert)
- Auf den Verwendungszweck abgestimmte Mindestanforderungen der Zusammensetzung
- Konsistenz-Klasse.

Zusätzliche Angaben für die Eigenschaften des Festbetons können sein:

- Betonrohdichte
- Widerstand gegen eindringendes Wasser
- Widerstand gegen chemischen Angriff
- Widerstand gegen hohe Temperaturen
- Verschleißwiderstand
- andere zusätzliche technische Anforderungen.

Zusätzliche Angaben für die Eigenschaften der Mischung können sein:

- Zementart
- Konsistenz
- zeitlich abhängige Festigkeitsentwicklung
- verzögerte Hydratation
- besondere Anforderungen an Zuschläge
- besondere Anforderungen an die Temperatur des Frischbetons
- andere zusätzliche technische Anforderungen.

## 6.2 Vorgeschriebene Mischung

Die Ausgangsstoffe und deren Zusammensetzung werden vom Bauausführenden festgelegt, der Hersteller liefert nach diesen Angaben, übernimmt aber keine Verantwortung für die Eigenschaften des Betons.

Mindestangaben sind:

- Zementgehalt/m³ Beton
- Art und Festigkeitsklasse des Zements
- Konsistenzbereich von Frischbeton oder Wasserzementwert
- Zuschlag (Art, Größtkorn, Sieblinie)
- Zusatzmittel und Zusatzstoffe (Art und Menge)
- Herkunft und Ausgangsstoffe des Betons bei Verwendung von Zusatzmitteln der Zusatzstoffe.

Zusätzliche Angaben für Eigenschaften der Betonzusammensetzung können sein:

- Herkunft der Ausgangsstoffe
- andere zusätzliche technische Anforderungen

Zusätzliche Angaben für Transport, Förderung und Verarbeitung von Transportbeton können sein:

- Lieferzeit
- Liefermenge
- Fahrzeugart (mit/ohne Rührwerk)
- Fahrzeugabmessungen, Fahrzeuggewicht.

# 7 Herstellung, Transport, Lieferung, Verarbeitung, Nachbehandlung und Schutz

Grundsätzlich muß Personal mit entsprechender Kenntnis, Ausbildung und Erfahrung vorhanden sein.

## 7.1 Herstellung

**Anforderung an das Personal**

a) Herstellung. Eine Person mit o.g. Qualifikation muß anwesend sein (DIN 1045/7.88, Abschn. 5.1, 5.2.2.7; 5.3.2 und 5.4.2 gelten sinngemäß)

b) Eigenüberwachung. Eine Person mit o.g. Qualifikation auf dem Gebiet der Betontechnologie muß verantwortlich sein.

**Anforderung an Anlagen und Einrichtungen**

a) Lager

- Zur Einhaltung der Lieferungen müssen genügend Ausgangsstoffe vorhanden sein
- Unterschiedliche Ausgangsstoffe sind getrennt zu lagern
- Verschmutzung der Ausgangsstoffe muß vermieden werden
- Vorrichtungen zur Probeentnahme müssen vorhanden sein

b) Dosiervorrichtungen und Mischer

- Mischanweisung muß vorliegen
- Zuverlässige Wäge- bzw. Messvorrichtung muß bei der Dosierung vorhanden sein. Dabei ist die Meßunsicherheit wie folgt zu beschränken
  - Zement, Wasser, Zuschläge insgesamt, Zusatzstoffe ±3% der erforderlichen Menge
  - Zusatzmittel ±5% der erforderlichen Menge
- Gleichmäßige Mischung muß in einem mechanischen Mischer erfolgen
- Zusatzmittel sind bei kleiner Dosierung im Zugabewasser aufzulösen
- vor und nach Zugabe von Fließmittel ist der Beton ausreichend lange zu mischen und Fließmittel.

## 7.2 Transport

- Beton darf sich während des Transportes nicht entmischen, keine Bestandteile verlieren und nicht verunreinigen.
- Die Transportdauer ist zu beachten.

## 7.3 Lieferung

Besonders sorgfältig ist die Konsistenz des Betons zu überprüfen, ggf. muß der Beton zurückgewiesen werden.
Vom Hersteller sind dem Verwender alle wichtigen Angaben zum Beton anzugeben (evtl. Betonsortenverzeichnis).

- Zementart und -Festigkeit
- Zuschlagart
- Zusatzmittel
- Zusatzstoffe
- Wasserzementwert
- Prüfergebnisse von früheren Prüfungen

**a) Transportbeton**

Vor dem Entladen ist vom Lieferbeauftragten ein Lieferschein mit den folgenden Mindestangaben zu übergeben

- Name des Transportwerkes
- Lieferscheinnummer
- Beladezeit, Zeitpunkt des ersten Kontakts zwischen Zement und Wasser
- Fahrzeugnummer
- Name des Abnehmers
- Baustellenbezeichnung und -lage
- Betonmenge
- Spezielle Angaben zum Beton.

Zusätzliche Angaben bei einer Entwurfsmischung

- Betonfestigkeitsklasse
- Umweltklasse
- Konsistenzklasse
- Zementart und Zementfestigkeit
- Zusatzmittel
- Zusatzstoffe
- besondere Eigenschaften.

Zusätzliche Angaben bei einer vorgeschriebenen Mischung

- Zementzusammensetzung
- Konsistenzbereich.

**b) Auf der Baustelle gemischter Beton**

Obengenannte Angaben gelten auch hier sinngemäß, eine Angabe kann erforderlich sein.

## 7.4 Verarbeitung

- baldmögliches Einbringen des Betons ist sicherzustellen
- das Entmischen ist zu verhindern
- auf sorgfältiges Einbringen und Verdichten ist zu achten (bei Einsatz von Rüttlern ist so lange zu rütteln bis sich keine Luftblasen mehr bilden).

## 7.5 Nachbehandlung und Schutz

Durch Nachbehandlung und Schutzmaßnahmen soll folgendes verhindert werden:

a) Nachbehandlung
- vorzeitiges Austrocknen (Sonne, Wind)

b) Schutzmaßnahmen
- Auswaschungen (Regen, fließendes Wasser)
- rasches Abkühlen des jungen Betons
- zu hohes Temperaturgefälle oder zu niedrige Temperaturen (Frost)
- Verhinderung von Erschütterungen oder Stöße (Gefahr von Rißbildungen oder Beeinträchtigung der Verbundwirkung).

### Maßnahmen

a) Nachbehandlung
- Verlängerung der Ausschalfristen
- Besprühung mit Wasser
- Abdeckung mit feuchtem Material bzw. mit Kunststoff-Folien
- Auftragen von Nachbehandlungsmitteln.

Die Dauer der Nachbehandlung richtet sich dabei nach folgenden Kriterien:
- örtliche Anforderungen
- Reifegrad des Betons (Hydrationsgrad der Betonmischung bzw. Umgebungsbedingungen)
- Mindestdauer nach Tafel 10 unter Abschätzung der Festigkeitsentwicklung nach Tafel 11.

b) Schutz
- Maßnahmen zur Sicherstellung eines maximalen Temperaturunterschieds von 20 °C zwischen Betonmitte und -oberfläche
- Maßnahmen zum Fernhalten von Frost bei Druckfestigkeiten des Betons von $<5\ N/mm^2$

**Tafel 10 Mindestdauer der Nachbehandlung in Tagen für die Umweltklassen nach Tafel 3**

| | Festigkeitsentwicklung des Betons | | | | | | | | |
|---|---|---|---|---|---|---|---|---|---|
| | schnell | | | mittel | | | langsam | | |
| Betontemperaturen über 0 °C während der Nachbehandlung<br>Umgebungsbedingungen während der Nachbehandlung | 5 | 10 | 15 | 5 | 10 | 15 | 5 | 10 | 15 |
| I Keine direkte Sonneneinstrahlung und Wind, relative Feuchte der Umgebungsluft nicht unter 80% | 2 | 2 | 1 | 3 | 3 | 2 | 3 | 3 | 2 |
| II Mittlere Sonneneinstrahlung oder mittlere Windgeschwindigkeit oder relative Luftfeuchte nicht unter 50% | 4 | 3 | 2 | 6 | 4 | 3 | 8 | 5 | 4 |
| III Starke Sonneneinstrahlung oder hohe Windgeschwindigkeit oder relative Luftfeuchte unter 50% | 4 | 3 | 2 | 8 | 6 | 5 | 10 | 8 | 5 |

Die Tafelwerte können auch auf Umweltklasse 1 angewendet werden.

Die Tafelwerte sollen erheblich verlängert werden
- wenn Beton starkem Verschleiß ausgesetzt ist
- bei stark angreifenden Umweltbedingungen (Umweltklassen 3, 4, 5b und 5c)

**Tafel 11 Festigkeitsentwicklung des Betons**

| | Festigkeitsentwicklung des Betons | | | |
|---|---|---|---|---|
| | schnell | mittel | | langsam |
| Wasserzementwert | <0,5 | 0,5–0,6 | <0,5 | alle |
| Festigkeitsklassen[1]) von Zement | 42,5 R | 42,5 R | 32,5 R<br>42,5 R | andere Fälle |

[1]) Die Festigkeitsklassen der CEN-Zemente sind den Festigkeitsklassen der DIN-Zemente nach Tafel 2 zuzuordnen

# 8 Güteüberwachung

Die Herstellung, Verarbeitung und Nachbehandlung des Betons sind einer Güteüberwachung, bestehend aus

- Eigenüberwachung
- Fremdüberwachung

zu unterwerfen.

## 8.1 Eigenüberwachung

Die Eigenüberwachung ist eine Fertigungskontrolle und ist durchzuführen vom:

- Bauausführenden
- Subunternehmer
- Zulieferer.

Die Eigenüberwachung umfaßt

- Maßnahmen, um eine Übereinstimmung der Betonqualität mit den festgelegten Anforderungen zu erzielen
- eine Kontrolle vor dem Betonieren
- eine Kontrolle des Transports, Einbringens, Verdichtens und der Nachbehandlung des Frischbetons.

Zur Durchführung der Eigenüberwachung müssen alle erforderlichen Geräte und Einrichtungen zur Verfügung stehen.

Als Ergebnisse sind zu Dokumentieren (Tagebuch)

- Name der Zulieferer und Nummer der Lieferscheine von Zement, Zuschlägen, Zusatzmitteln und Zusatzstoffen
- Herkunft des Zugabewassers
- Konsistenz des Betons
- Rohdichte des Frischbetons
- Wasserzementwert des Frischbetons
- Gehalt des Zugabewassers im Frischbeton
- Zementgehalt
- Datum und Uhrzeit der Probenahme
- Anzahl der Proben
- Arbeitsvorgänge während der Verarbeitung und Nachbehandlung (zeitlicher Verlauf)
- Temperatur und Witterung während der Verarbeitung und Nachbehandlung des Betons
- Bauteilangaben
- Name des Zulieferers und Nummer des Lieferscheins (nur bei Transportbeton).

Alle Abweichungen sind dem Verantwortlichen zu melden.

Die Eigenüberwachung kann als Teil des Gütenachweises (Abschn. 8.2) überprüft werden. Bei Transportbeton dürfen die Versuchsergebnisse der Eigenüberwachung auf die erforderlichen Versuche im Rahmen der Güteprüfung angerechnet werden.

**a) Prüfung des Betons**

- Ausgangsstoffe:
  Prüfung nach Tafel 12. Wenn an der Produktionsstätte der Ausgangsstoffe keine angemessenen Qualitätskontrollen vorgenommen werden, muß die Konformität der Ausgangsstoffe mit den einschlägigen Stoffnormen überprüft werden (Bauausführender)
- Einrichtungen und Geräte:
  Prüfung nach Tafel 13
- Betoneigenschaften, Prüfungen während d. Herstellung:
  Prüfung nach Tafel 17.
- Transportbeton
  Prüfung nach Tafel (durch den Bauausführenden)
- Transportbeton und Betonfertigteile, Prüfungen während der Herstellung:
  Prüfung nach Tafel 12 bis 14. Bei Herstellung von mehr als eine Betonsorte innerhalb eines fortlaufenden Herstellungsvorganges ist die Mindestanzahl der Druckfestigkeit auf Grundlage von Familien von Betonmischungen zu bestimmen. Voraussetzung der Zugehörigkeit von Betonsorten zur gleichen Familie ist die Herstellung mit folgender Eigenschaften
  - Zement der gleichen Art, der gleichen Festigkeitsklasse und der gleichen Herkunft
  - Zuschläge mit der gleichen geologischen Herkunft und Art
  - (bei Zugabe von Zusatzmitteln und Zusatzstoffen werden versch. Familien gebildet).

**Tafel 12 Prüfung der Ausgangsstoffe**

| Ausgangsstoff | Prüfung | Zweck | Mindesthäufigkeit |
|---|---|---|---|
| Zemente[1]) | Prüfung des Lieferscheins | Um sicherzustellen, daß die Lieferung der Bestellung entspricht[2]) und die richtige Herkunft hat | Jede Lieferung |
| Zuschläge[3]) | Prüfung des Lieferscheins | Um sicherzustellen, daß die Lieferung der Bestellung entspricht und die richtige Herkunft hat | Jede Lieferung |
| | Prüfung | Um Aussehen mit üblichem Aussehen hinsichtlich Kornverteilung, Kornform und Verunreinigungen zu vergleichen | Jede Lieferung |
| | Siebversuch | Um Übereinstimmung mit der normalen oder einer anderen vereinbarten Kornverteilung zu beurteilen | i) Erste Lieferung neuer Herkunft<br>ii) In Zweifelsfällen nach der Augenscheinprüfung<br>iii) In regelmäßigen Abständen, abhängig von örtlichen Bedingungen oder Lieferbedingungen |
| | Prüfung auf Verunreinigungen | Um zu beurteilen, ob und in welcher Menge Verunreinigungen vorhanden sind | i) Erste Lieferung neuer Herkunft<br>ii) In Zweifelsfällen nach der Augenscheinprüfung<br>iii) In regelmäßigen Abständen, abhängig von örtlichen Bedingungen oder Lieferbedingungen |

Fortsetzung und Fußnoten s. nächste Seite

**Tafel 12,** Fortsetzung

| Ausgangsstoff | Prüfung | Zweck | Mindesthäufigkeit |
|---|---|---|---|
| Zusätzliche Prüfung für Leicht- oder Schwerbeton | Prüfung nach ISO 6782 | Um die Schüttdichte zu messen | i) Erste Lieferung neuer Herkunft<br>ii) In Zweifelsfällen nach der Augenscheinprüfung<br>iii) In regelmäßigen Abständen, abhängig von örtlichen Bedingungen oder Lieferbedingungen |
| Zusatzmittel[4]) | Prüfung des Lieferscheins und der Beschriftung des Behälters | Um sicherzustellen, daß die Lieferung der Bestellung entspricht und ordnungsgemäß bezeichnet ist | Jede Lieferung |
| | Prüfung des Zusatzmittels | Um Aussehen mit üblichem Aussehen zu vergleichen | i) Jede Lieferung<br>ii) Während der Verwendung |
| | Dichtebestimmung | Um Dichte mit üblicher Dichte zu vergleichen | In Zweifelsfällen |
| Zusatzstoffe (lose Pulver)[4]) | Prüfung des Lieferscheins | Um sicherzustellen, daß die Lieferung der Bestellung entspricht und die richtige Herkunft hat | Jede Lieferung |
| Aufgeschlämmte Zusatzstoffe | Prüfung des Lieferscheins | Um sicherzustellen, daß die Lieferung der Bestellung entspricht und die richtige Herkunft hat | Jede Lieferung |
| | Dichtebestimmung | Um die Gleichmäßigkeit sicherzustellen | Jede Lieferung |
| Wasser | Prüfung anhand chemischer Analyse | Um sicherzustellen, daß das Wasser keine betonschädigenden Bestandteile aufweist | Nur wenn das Wasser aus öffentlicher Vergungsleitung stammt, beim erstmaligen Gebrauch; in Zweifelsfällen |
| | Prüfung anhand von Beton- oder Mörtelprüfkörpern nach ISO 2736 | Um die Ansteif- und Festigkeitseigenschaften der hergestellten Probekörper mit den entsprechenden Eigenschaften von Referenzprobekörpern, die mit Wasser bekannter Brauchbarkeit hergestellt wurden, zu vergleichen | Nur wenn das Wasser nicht aus öffentlichen Versorgungsleitungen stammt; beim erstmaligen Gebrauch, im Zweifelsfällen |

[1]) Es wird empfohlen, je Zementart einmal wöchentlich eine Probe für Prüfungen in Zweifelsfällen zu entnehmen. Für die Probenahme s. EN 196 7.

[2]) Bei der Lieferung sind mindestens die Zementart, Herkunft und Festigkeitsklasse auf dem Lieferschein anzugeben.

[3]) Der Lieferschein sollte ebenfalls Angaben über den Höchstgehalt an löslichem Chlorid enthalten, sofern der Chloridgehalt nicht in Normen oder Regelungen, auf die verwiesen wird, begrenzt ist. Falls erforderlich, sollte der Lieferschein Angaben zu möglichen Alkali-Kieselsäure-Reaktionen enthalten. Die Angaben über den Höchstgehalt an löslichen Chloriden sind entbehrlich, wenn folgendes verwendet wird.

[4]) Es wird empfohlen, bei jeder Lieferung Proben zu entnehmen und diese zu lagern.

**Tafel 13 Prüfung der Einrichtungen und Geräte**

| Einrichtung, Gerät | Prüfung | Zweck | Häufigkeit |
|---|---|---|---|
| Lager, Silos usw. | Augenscheinprüfung | Um Übereinstimmung mit den Anforderungen nachzuweisen | Einmal wöchentlich |
| Wägeeinrichtungen | Augenscheinprüfung der Funktionen | Um sicherzustellen, daß die Wägeeinrichtungen einwandfrei funktionieren | Täglich |
| | Prüfung der Wägegenauigkeit | Um die Fehlergrenzen nach Tabelle 10 festzustellen | i) Nach Aufstellung<br>ii) In regelmäßigen Abständen, abhängig von nationalen Regelungen |
| Dosiergerät für Zusatzmittel | Augenscheinprüfung der Funktionen | Um sicherzustellen, daß das Gerät in sauberem Zustand ist und einwandfrei funktioniert | Für jedes Zusatzmittel bei der ersten Dosierung des Tages |
| | Genauigkeitsprüfung | Um ungenaue Zugabe zu vermeiden | i) Nach Aufstellung<br>ii) Monatlich nach Aufstellung<br>iii) In Zweifelsfällen |
| Wasserzähler | Vergleich der tatsächlichen mit der vom Meßgerät angezeigten Wassermenge | Um Fehlergrenzen sicherzustellen | i) Nach Aufstellung<br>ii) Monatlich nach Aufstellung<br>iii) In Zweifelsfällen |
| Gerät zur kontinuierlichen Messung des Wassergehaltes der feinkörnigen Zuschläge | Vergleich des tatsächlichen mit dem vom Meßgerät angezeigten Wassergehalt | Um Geräte zu justieren | i) Nach Aufstellung<br>ii) Monatlich nach Aufstellung<br>iii) In Zweifelsfällen |
| Dosieranlage | Vergleich der tatsächlichen Menge der Mischungsbestandteile mit den Zielwerten mit Hilfe eines für die jeweilige Dosieranlage geeigneten Verfahren | Um Fehlergrenzen sicherzustellen | i) Nach erstmaliger Aufstellung<br>ii) In Zweifelsfällen nach weiteren Aufstellungen<br>iii) Monatlich nach Aufstellung |
| | Augenscheinprüfung | Um sicherzustellen, daß die Dosieranlage einwandfrei funktioniert | Täglich |
| Prüfgeräte | Prüfungen nach Normen oder anderen Bestimmungen | Um Übereinstimmung zu überprüfen | In regelmäßigen Abständen abhängig vom Gerät, mindestens jedoch alle 2 Jahre |
| Mischer (einschließlich Mischfahrzeuge) | Augenscheinprüfung | Um den Abnutzungsgrad der Mischwerkzeuge zu überprüfen | Monatlich |

**Tafel 14 Prüfung der Betoneigenschaften – Prüfungen während der Herstellung**

| Prüfgegenstand | Prüfung | Zweck | Häufigkeit |
|---|---|---|---|
| Mischungszusammensetzung für Entwurfsmischung | Eignungsprüfung | Um nachzuweisen, daß die festgelegten Betoneigenschaften mit dem erforderlichen Vorhaltemaß erreicht werden | Vor der Verwendung einer neuen Mischung, wenn keine Angaben aufgrund langjähriger Erfahrung zur Verfügung stehen |
| Chloridgehalt der Mischung | Eignungsprüfung (Bestimmung s. 11.3.12) | Um sicherzustellen, daß der Höchstgehalt an Chlorid nicht überschritten wird | Eignungsprüfung und bei Änderung des Chloridgehalts der Ausgangsstoffe |
| Wassergehalt des Grobzuschlags | Darrprüfung oder Gleichwertiges | Um das noch erforderliche Zugabewasser zu bestimmen | Wenn nicht kontinuierlich: täglich oder öfter, abhängig von örtlichen und Wetterbedingungen |
| Wassergehalt von feinkörnigen Zuschlägen | Kontinuierliches Meßverfahren Darrprüfung oder Gleichwertiges | Um das Zugabewasser zu bestimmen | Wenn nicht kontinuierlich: täglich oder öfter, abhängig von örtlichen und Wetterbedingungen |
| Konsistenz des Betons | Augenscheinprüfung | Um Aussehen mit üblichem Aussehen zu vergleichen | Jede Mischerfüllung oder Ladung |
| | Konsistenzprüfung nach ISO 4109 oder ISO 4110 oder ISO 4111 oder ISO 9812 | Um Übereinstimmung mit der geforderten Konsistenzklasse nachzuweisen und mögliche Änderung des Wassergehalts zu überprüfen | i) Bei der Herstellung von Probekörpern für die Prüfung von Festbeton<br>ii) Bei der Prüfung des Luftgehalts<br>iii) In Zweifelsfällen nach der Augenscheinprüfung |
| Rohdichte des Frischbetons | Rohdichteprüfung nach ISO 6276 | Um die Dosieranlage zu überwachen und die Rohdichte von Leicht- oder Schwerbeton zu überprüfen | So häufig wie für die Druckfestigkeitsprüfung |
| Druckfestigkeitsprüfung an in Formen hergestellten Betonprobekörpern | Prüfung nach ISO 4012 | Um die Betonfestigkeit der Betonmischung festzustellen | So häufig wie für den Gütenachweis erforderlich (siehe 11.3) jedoch nicht weniger als in Tabelle 18 angegeben |
| Rohdichte von erhärtetem Leichtbeton oder Schwerbeton | Prüfung nach ISO 4012 | Um Übereinstimmung mit der festgelegten Rohdichte zu beurteilen | So häufig wie für die Druckfestigkeitsprüfung |
| Zugabewasser zum Frischbeton | Aufzeichnung des Zugabewassers[1]) | Um Angaben zur Bestimmung des Wasserzementwertes zu erhalten | Jede Mischerfüllung |
| Zementgehalt des Frischbetons | Aufzeichnung der beigegebenen Zementmenge[1]) | Um den Zementgehalt zu überprüfen und Angaben für die Bestimmung des Wasserzementwertes zu erhalten | Jede Mischerfüllung |
| Gehalt an Zusatzstoffen in Frischbeton | Aufzeichnung der beigegebenen Zusatzstoffmenge[1]) | Um den Zusatzstoffgehalt zu überprüfen | Jede Mischerfüllung |
| Wasserzementwert des Frischbeton[2]) | Wird durch die Teilung von (3) + (4) + (10) durch (11) berechnet oder vereinbarte Prüfverfahren | Um Übereinstimmung mit dem festgelegten Wasserzementwert nachzuweisen | Täglich oder häufiger, je nach Bedarf |

Fortsetzung s. nächste Seite

**Tafel 14,** Fortsetzung

| Prüfgegenstand | Prüfung | Zweck | Häufigkeit |
|---|---|---|---|
| Luftgehalt von Frischbetonsorten mit festgelegtem Luftgehalt | Prüfung nach ISO 4848 | Um Übereinstimmung mit dem festgelegten Gehalt an künstlich eingeführten Luftporen nachzuweisen | Für Mischungen mit künstlich eingeführten Luftporen: i) erste Mischerfüllung mindestens täglich ii) öfter, abhängig von den Herstellungsbedingungen und Umwelteinflüssen |
| Homogenität | Vergleichende Prüfungen der Eigenschaften von Teilproben von unterschiedlichen Stellen einer Mischerfüllung | Um die Homogenität einer Mischerfüllung nachzuweisen | In Zweifelsfällen |
| Wassereindringtiefe | Prüfung nach ISO 7031 | Um die Wasserundurchlässigkeit nachzuweisen | Bei der Eignungsprüfung, weitere Häufigkeit nach Vereinbarung |
| Weitere Eigenschaften | Nach den einschlägigen Normen oder nach Vereinbarung | Um die Übereinstimmung mit den geforderten Eigenschaften nachzuweisen | Nach Vereinbarung |

[1]) Diese Angabe kann durch Verweisung auf das Betonsortenverzeichnis nach Abschn. 7.3 erfolgen.
[2]) Siehe jedoch Tafel 5, Fußnote 2

**Tafel 15 Prüfung des Betons bei Verwendung von Transportbeton durch den Bauausführenden**

| Gegenstand | Prüfung | Zweck | Mindesthäufigkeit |
|---|---|---|---|
| Lieferschein | Augenscheinprüfung | Um sicherzustellen, daß die Lieferung der Bestellung entspricht[1]) | Jede Lieferung |
| Konsistenz des Betons | Augenscheinprüfung | Um Aussehen mit üblichem Aussehen zu vergleichen | Jede Lieferung |
| | Konsistenzprüfung nach ISO 4109 oder ISO 4110 oder ISO 4111 oder ISO 9812 | Um Übereinstimmung mit der geforderten Konsistenzklasse zu beurteilen | i) Bei der Herstellung von Probekörpern zur Prüfung von Festbeton ii) In Zweifelsfällen nach der Augenscheinprüfung |
| Homogenität des Betons | Augenscheinprüfung | Um Aussehen mit üblichem Aussehen zu vergleichen | Jede Lieferung |
| | Vergleichende Prüfungen der Eigenschaften von Teilproben von unterschiedlichen Stellen einer Mischerfüllung | Um die Homogenität einer Mischung nachzuweisen | In Zweifelsfällen nach der Augenscheinprüfung |
| Aussehen des Betons im allgemeinen | Augenscheinprüfung | Um Aussehen mit üblichem Aussehen zu vergleichen, z. B. Farbe | Jede Lieferung |
| Eigenüberwachung (Fertigungskontrolle) des Betonherstellers | Kontrolle der Zertifikationssbescheinigung oder Inspektion des Transportbetonwerkes | Um sich zu vergewissern, daß eine Fertigungskontrolle durchgeführt wird | i) Bei erstem Vertrag mit neuem Lieferanten ii) In Zweifelsfällen |
| Druckfestigkeit der auf der Baustelle entnommenen Betonprobe | Prüfung nach ISO 4012 | Um die Festigkeitseigenschaften der Mischung nachzuweisen | So häufig wie für den Gütenachweis erforderlich, siehe Abschn. 8.2 |
| Luftgehalt von Frischbetonmischungen mit festgelegtem Luftgehalt | Prüfung nach ISO 4848 auf der Baustelle | Um die Übereinstimmung mit dem geforderten Luftgehalt zu beurteilen | i) So häufig wie für den Gütenachweis erforderlich ii) Mindestens täglich und je nach den Umwelteinflüssen häufiger iii) In Zweifelsfällen |
| Weitere Eigenschaften | Nach den einschlägigen Normen oder nach Vereinbarung | Um die Übereinstimmung mit den geforderten Eigenschaften nachzuweisen | Nach Vereinbarung |

[1]) siehe Abschn. 6

**b) Überprüfungen vor dem Betonieren**

Folgende Punkte sind zu überprüfen (Inspektion)

- Schalung (Festigkeit, Steifigkeit, Geometrie, Oberflächenvorbereitung, Fugendichtigkeit)
- Bewehrung (Lage, Sauberkeit)
- Entfernen von Fremdkörpern (Staub, Sägemehl, Schnee, Eis, Reste an Schalung, Bindedraht am Untergrund)
- erhärtete Oberflächen der Arbeitsfugen (Behandlung)
- Benetzung von Schalung/Untergrund
- Kontrollöffnungen
- Befestigungen aller Art
- Transportmittel, Gräte und Einrichtungen (Verfügbarkeit)
- fachkundiges Personal (Verfügbarkeit).

**c) Kontrollen während des Transports, Einbringens, während der Verdichtung und Nachbehandlung des Frischbetons**

Folgende Punkte sind zu überprüfen (Inspektion)

- Zeitraum zwischen Mischen, Lieferung und Betonieren
- Beton (Gleichmäßigkeit während des Transports und der Verarbeitung, gleichmäßige Verteilung in der Schalung, gleichmäßige Verdichtung)
- maximale Freifallhöhe des Betons
- Schichttiefen
- Betoniergeschwindigkeit, Anstieg des Betons in der Schalung
- Besondere Vorkehrungen bei Frost/warmen Wetter/extremer Witterung (schwere Regenfälle)
- Arbeitsfugen (insbes. Behandlung vor dem Erhärten)
- Oberflächenbeschaffenheiten
- Betonierverfahren, Nachbehandlung
- vermeiden von Erschütterungen bzw. Schwingungen.

## 8.2 Fremdüberwachung

Die Konformität der festgelegten Anforderungen wird durch eine Kombination von

- Maßnahmen
- Entscheidungen

als Gütenachweis überprüft.

Dabei führt die

- Konformität zur Abnahme
- Nichtkonformität zu weiteren erforderlichen Maßnahmen (z. B. zusätzliche Prüfungen nach ISO 7034 an Bohrkernen aus dem fertigen Bauwerk, oder eine Kombination aus Bohrkernprüfungen und zerstörungsfreien Prüfungen).

### 8.2.1 Gütenachweissysteme

Als Gütenachweis für

- Transportbetonwerke
- Betonfertigteilwerke
- Baustellen

kommen folgende Systeme in Frage

- Fall 1: Nachweis durch Zertifizierungsstelle
  Zertifizierungsverfahren nach der Normenreihe DIN 1084, Abschn. 3.1
  Dieser Nachweis gilt für die Überwachung
  - in Transportwerken
  - in Fertigteilwerken
  - für Baustellenbeton ≧ C30/37 (C25/30)
  - für Betonarten für Umweltklassen 3, 4b und 5

- Fall 2: Nachweis durch den Auftraggeber
  Dieser Nachweis gilt für die Überwachung
  - in den Fällen, in denen kein zugelassenes Zertifizierungssystem existiert
  - für Baustellenbeton ≦ C 20/25
- Fall 3: Abnahmeprüfung
  Sie kann vom Auftraggeber zusätzlich gewünscht werden, wobei die Probenahme zu vereinbaren ist.

### 8.2.2 Probenahmepläne und Konformitätskriterien

Die Verantwortung für die Probenahme trägt der für den Gütenachweis Zuständige. Die Proben sind unabhängig getrennt zu entnehmen.

#### 8.2.2.1 Druckfestigkeit von Beton

**a) Einzelne Baustelle.** Die verwendete Betonmenge für ein Gebäude, Bauwerk oder Bauteil wird in Lose unterteilt. Dabei gilt als Los die gelieferte Betonmenge für

- jedes Geschoß eines Gebäudes
- Gruppen von Balken/Platten eines Geschosses/Gebäudes
- Gruppen von Stützen/Wänden eines Geschosses/Gebäudes
- maximal 450 m³, jedoch nicht mehr als die Menge, die in einer Woche verarbeitet werden kann (geringere Menge ist maßgebend).

Für Baustellenbeton gilt:

| | | |
|---|---|---|
| Proben | ≧6 | für jedes Los |
| | 3 | für jedes Los bis zu einer Betonfestigkeitsklasse C 20/25 und Lose bis 150 m³ |
| Nachweis Konformität | | Kriterium 1 für ≧6 Proben |
| | | Kriterium 2 für 3 Proben |

Für auf der Baustelle verwendeten Transportbeton gilt:

Möglichkeit 1: Konformität aufgrund Probenahme (auf der Baustelle) durch Lose

| | | |
|---|---|---|
| Proben | ≧6 | für jedes Los |
| | 3 | für jedes Los bis zu einer Betonfestigkeitsklasse C 20/25 und Lose bis 150 m³ |
| Nachweis Konformität | | Kriterium 1 für ≧6 Proben |
| | | Kriterium 2 für 3 Proben |

Wenn die Konformität bereits durch Zertifizierungsstelle nachgewiesen wurde (Abschn. 8.2.1, Fall 1), und der Nachweis auf Grundlage von ≧15 Prüfergebnissen erfolgte so gilt:

| | | |
|---|---|---|
| Nachweis Konformität | Kriterium 1 für ≧6 Proben ($\lambda = 1{,}48$) | Kriterium 2 für 3 Proben (mit $\bar{x}_3 \geqq f_{ck} + 3\ x_{min} \geqq f_{ck} - 1$) |

Möglichkeit 2: Konformität aufgrund einer anerkannten Zertifizierung des Betons bei einer Stichprobe aus einer Betonmenge ≦150 m³ Beton der Festigkeitsklasse ≦ C 20/25

Auf der Baustelle ist eine Prüfung unter folgenden Bedingungen nicht erforderlich

- Konformität des gelieferten Transportbetons wurde von einer zugelassenen zertifizierenden Stelle für den Konformitätsnachweis für fortlaufende Betonherstellung in Transportbetonwerken nachgewiesen
- Lieferer des Transportbetons kann Prüfergebnisse vorlegen, die zufriedenstellend und nicht älter als 7 Tage sind.

**b) Fortlaufende Betonherstellung in Transportbetonwerken**

Probeentnahme an jeder Familie (vgl. Abschn. 8.1 a) auf Grundlage des Gesamtvolumens des hergestellten Betons oder Gesamtdauer für dessen Herstellung.

| | | |
|---|---|---|
| Proben | $1/150\,m^3$, jedoch nicht mehr als 6/Tag | Betonfestigkeitsklasse $\leqq$ C 20/25 |
| | $1/75\,m^3$, jedoch nicht mehr als 15/Tag | Betonfestigkeitsklasse $>$ C 20/2 |
| Nachweis Konformität | | Kriterium 1 |

**c) Fortlaufende Betonherstellung in Betonfertigteilwerken**

Proben und Nachweis Konformität

wie b) wenn Fertigteilwerk dem Zertifizierungssystem einer zugelassenen Stelle unterliegt

sonst wie a)

**d) Konformitätskriterien für die Betonfestigkeit**

Kriterium 1:

Gilt für $n \geqq 6$ aufeinanderfolgende Proben mit den Festigkeiten $x_1, x_2, \ldots x_n$.

Für die bei der Durchführung der Prüfung festgestellte Festigkeit gilt:

- das Prüfergebnis, wenn Prüfung nur an einem Probekörper
- der Mittelwert der Prüfergebnisse, wenn Prüfung an mindestens zwei aus einer einzelnen Probe hergestellten Probekörpern

Dabei muß die Druckfestigkeit folgende Bedingungen erfüllen

$$\bar{x}_n \geqq f_{ck} + \lambda s_n$$
$$x_{min} \geqq f_{ck} - k$$

**Tafel 16 Beiwerte $\lambda$ und $k$**

| $n$ | 6 | 7 | 8 | 9 | 10 | 11 | 12 | 13 | 14 | 15 |
|---|---|---|---|---|---|---|---|---|---|---|
| $\lambda$ | 1,87 | 1,77 | 1,72 | 1,67 | 1,62 | 1,58 | 1,55 | 1,52 | 1,50 | 1,48 |
| $k$ | 3 | 3 | 3 | 3 | 4 | 4 | 4 | 4 | 4 | 4 |

$x_{min}$ niedrigster Einzelwert der Probereihe
$\bar{x}_n$ Mittlere Festigkeit der Probereihe
$s_n$ Standartabweichung der Reihe der Prüfergebnisse für die Festigkeit
$f_{ck}$ charakteristische Betonfestigkeit
$\lambda, k$ Beiwerte nach Tafel 16

Kriterium 2:

Gilt für $n = 3$ aufeinanderfolgende Proben mit den Festigkeiten $x_1, x_2$ und $x_3$.

Für die bei der Durchführung der Prüfung festgestellte Festigkeit gilt:

- das Prüfergebnis, wenn Prüfung nur an einem Probekörper
- der Mittelwert der Prüfergebnisse, wenn Prüfung an mindestens zwei aus einer einzelnen Probe hergestellten Probekörpern

Dabei muß die Druckfestigkeit folgende Bedingungen erfüllen

$\bar{x}_3 \geqq f_{ck} + 5$ $\quad x_{min} \geqq f_{ck} - 1$ $\quad \bar{x}_3$ Mittlere Festigkeit der drei Proben

### 8.2.2.2 Betonkonsistenz

Anzahl

- jede Mischerfüllung oder Ladung
- jede Lieferung (Transportbeton)
- wenn Proben entnommen werden müssen, müssen sie repräsentativ sein

Nachweis Konformität nach Augenschein (Augenscheinprüfung)

### 8.2.2.3 Rohdichte von Leichtbeton

Anzahl

Häufigkeit wie bei Druckfestigkeitsprüfungen (vgl. Abschn. 8.2.2.1)

Nachweis Konformität

Mittelwert der Trockenrohdichte muß innerhalb der Werte der Tafel 9 liegen

#### 8.2.2.4 Wasserzementwert

Anzahl
 mindestens 1/Tag (Ergebnisse der Fertigungskontrolle nach Tafel 16 können übernommen werden)

Nachweis Konformität
- mittlerer Wasserzementwert darf den festgelegten Wert nicht überschreiten und
- Einzelwerte dürfen den festgelegten Wert um max. 0,02 überschreiten

**Tafel 17 Festigkeitsklassen von Beton in Abhängigkeit vom Wasserzementwert**

| Festigkeitsklasse vom Zement | | Wasserzementwert |
|---|---|---|
| CE 32,5 | CE 42,5 | |
| C 20/25 | C 25/30 | 0,65 |
| C 25/30 | C 30/37 | 0,60 |
| C 30/37 | C 35/45 | 0,55 |
| C 35/45 | C 40/50 | 0,50 |
| C 40/50 | C 45/55 | 0,45 |

Die Anforderungen gelten als erfüllt, wenn der Beton den in Tafel 17 angegebenen Werten entspricht. Die Werte gelten nicht bei Verwendung von
- Zusatzstoffe des Typ II
- Luftporenzusatzstoffe.

#### 8.2.2.5 Zementgehalt

Anzahl
 Häufigkeit ist zu vereinbaren

Nachweis Konformität
 Mittelwert des Zementgehaltes sollen
- mit den festgelegtem Wert übereinstimmen oder
- den festgelegten Wert überschreiten (Einzelne Werte dürfen den festgelegten Wert um max. 5 Gewichtsprozente unterschreiten).

#### 8.2.2.6 Luftgehalt von Frischbeton

Anzahl
 mindestens 1/Tag
 1/150 $m^3$ Frischbeton (größerer Wert ist maßgebend)

Nachweis Konformität
 Prüfergebnisse müssen über den festgelegten Wert liegen, dürfen ihn aber nicht um mehr als 3% überschreiten.

#### 8.2.2.7 Wasserundurchlässigkeit

Anzahl
 Häufigkeit ist zu vereinbaren

Nachweis Konformität
 Werte für den Höchstwert und Mittelwert der Wassereindringtiefe jedes Probekörpers sind nach Abschn. 5.2e) einzuhalten (Ergebnisse der Fertiungskontrolle nach Tafel 16 können anerkannt werden).

#### 8.2.2.8 Chloridgehalt

Anzahl
 Häufigkeit ist zu vereinbaren

Bestimmung
- für jeden Mischungsentwurf
- wenn sich der Chloridgehalt der Ausgangsstoffe ändert

Umfang
- Berechnung anhand der gemessenen Chloridgehalte der Ausgangsstoffe
- Berechnung anhand der Nennhöchstwerte der Chloridgehalte der Ausgangsstoffe
- Prüfungen des Frischbetons für den Chloridgehalt

Nachweis Konformität
 maximale Werte nach Abschn. 4.1 sind einzuhalten.

# Spannbeton nach DIN 4227

Bearbeitet von Prof. Dr.-Ing. Wolfgang Krings

## Inhalt

## Technische Baubestimmungen

| | |
|---|---|
| Teil 1 | Bauteile aus Normalbeton mit beschränkter oder voller Vorspannung (7/88) Änderung A1, Ausgabe 12/95 |
| Teil 2 | Bauteile mit teilweiser Vorspannung (5/84) |
| Teil 3 | Bauteile in Segmentbauart; Bemessung und Ausführung der Fugen (12/83) |
| Teil 4 | Bauteile aus Spannleichtbeton (2/86) |
| Teil 5 | Einpressen von Zementmörtel in Spannkanäle (12/79) |
| Teil 6 | Bauteile mit Vorspannung ohne Verbund (5/82) |
| Teil 10 | Einpreßmörtel für Spannglieder; Anforderungen für übliche Einpreßmörtel (Entwurf 3/91) |
| Teil 11 | Einpreßmörtel für Spannglieder; Prüfverfahren (Entwurf 3/91) |
| Teil 12 | Einpreßmörtel für Spannglieder; Einpreßverfahren (Entwurf 3/91) |

# 1 Begriffe, Querschnittswerte und Betonfestigkeiten

**Querschnittsteile**

| | |
|---|---|
| Druckzone | Teil des Querschnitts der ohne Vorspannung durch die Belastung gedrückt wird. Sonderfall: Druckspannungen durch Vorspannung in der Druckzone: *vorgedrückte Druckzone* |
| Vorgedrückte Zugzone | Teil des Querschnitts der ohne Vorspannung durch die Belastung unter Zugspannungen steht. Diese Zugspannungen können ganz oder teilweise durch die Vorspannung aufgehoben werden. |

**Vorspanngrade**

| | |
|---|---|
| Volle Vorspannung | Es treten im Beton im Gebrauchszustand keine Zugspannungen – bis auf wenige erlaubte Ausnahmen – auf. |
| Beschränkte Vorspannung | Zugspannungen dürfen im Gebrauchszustand auftreten. |

**Verbundwirkung der Vorspannung**

| | |
|---|---|
| mit sofortigem Verbund | Die Spannglieder werden im gespannten Zustand einbetoniert. |
| mit nachträglichem Verbund | Nach dem Erhärten des Betons werden die Spannglieder vorgespannt. Danach wird erst der Verbund hergestellt. |
| ohne Verbund | Im Endzustand sind die Spannglieder (außer an den Verankerungsstellen und eventuellen Zwischenpunkten) nicht mit dem Beton verbunden. |

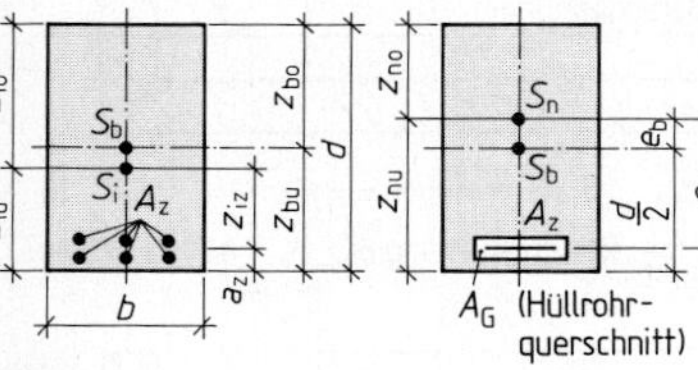


**Bild 1**

**Beton B II nach DIN 1045 (7.88)**

| Betonfestigkeitsklasse | B 25 | B 35 | B 45 | B 55 |
|---|---|---|---|---|
| Nennfestigkeit $\beta_{WN}$ (N/mm²) | 25 | 35 | 45 | 55 |
| Elastizitätsmodul $E_b$ (N/mm²) | 30000 | 34000 | 37000 | 39000 |
| Schubmodul $G_b$ (N/mm²) | 13000 | 14000 | 15000 | 16000 |
| Teilvorspannung $\beta_{Wm}$ (N/mm²) | ≧12 | ≧16 | ≧20 | ≧24 |
| endgültige Vorspannung $\beta_{Wm}$ (N/mm²) | ≧24 | ≧32 | ≧40 | ≧48 |

Elastizitätsmodul

| | |
|---|---|
| Betonstahl | $E_s = 210000$ N/mm² |
| Spannstahl | $E_z = 205000$ N/mm² |
| Spannlitzen | $E_z = 195000$ N/mm² |

| $(n = E_z/E_b)$ | | Bruttoquerschnitt | Nettoquerschnitt | ideeller Querschnitt |
|---|---|---|---|---|
| Flächeninhalt | | $A_b = b \cdot d$ [1]) | $A_n = A_b - A_z$ bzw. $A_n = A_b - A_G$ | $A_i = A_b + (n-1) \cdot A_z$<br>$A_i = A_n + n \cdot A_z$ |
| Randabstände der Schwerlinie | | $z_{bo} = d/2$ [1]) | $z_{no} = d - z_{nu}$ | $z_{io} = d - z_{iu}$ |
| | | $z_{bu} = d/2$ [1]) | $z_{nu} = (A_b \cdot z_{bu} - A_z \cdot a_z)/A_n$ bzw. $A_G$ statt $A_z$ | $z_{iu} = (A_b \cdot z_{bu} + (n-1) A_z \cdot a_z)/A_i$ |
| Flächenmoment zweiter Ordnung | | $I_b = b d^3/12$ [1]) | $I_n = I_b + A_b (z_{nu} - z_{bu})^2 - A_z (z_{nu} - a_z)^2$ bzw. $A_G$ statt $A_z$ | $I_i = I_b + A_b (z_{bu} - z_{iu})^2 + (n-1) A_z \cdot (z_{iu} - a_z)^2$ |
| Widerstandsmomente | | $W_{bo} = b d^2/6$ [1]) | $W_{no} = I_n/z_{no}$ | $W_{io} = I_i/z_{io}$ |
| | | $W_{bu} = b d^2/6$ [1]) | $W_{nu} = I_n/z_{nu}$ | $W_{iu} = I_i/z_{iu}$ |

[1]) Rechteckquerschnitt (als Beispiel).

# 2 Vorspannung mit sofortigem Verbund

## 2.1 Lastfall Vorspannung bei Spannbettverankerung

### 2.1.1 Mittige Vorspannung

Zur Zeit des Betonierens wirkt im Spannstahl die Spannkraft $\boldsymbol{Z_v^{(o)}}$ (Bild 2a). Die zugehörige Spannung beträgt $\boldsymbol{\sigma_{zv}^{(o)} = Z_v^{(o)}/A_z}$, der zugehörige Vordehnweg des Spannstahls beträgt $\boldsymbol{\delta_{zv}^{(o)} = Z_v^{(o)} \cdot l/(E_z \cdot A_z)}$.

Nach dem Erhärten des Betons wird die Verankerung des Spannstahls im Spannbett gelöst. Wegen der nun auftretenden Stauchung des Betons verringert sich die Dehnung des Spannstahls, wobei die im Spannstahl wirkende Zugkraft auf $Z_v$ absinkt (Bild 2b).

Im Betonkörper (Nettoquerschnitt) wirkt die Druckkraft $\boldsymbol{D_{bv} = -Z_v}$, zu ihr gehören die Betondruckspannung $\boldsymbol{\sigma_{bv} = D_{bv}/A_n}$ und die Verkürzung $\boldsymbol{\delta_{bv} = D_{bv} \cdot l/(E_b \cdot A_n)}$. Der verbleibende Dehnweg des Spannstahls beträgt $\boldsymbol{\delta_{zv} = |\delta_{zv}^{(o)}| - |\delta_{bv}|}$.

Wegen $\delta_{Z_v} = Z_v \cdot l/(E_z A_z)$ gilt

$$\frac{Z_v \cdot l}{E_z \cdot A_z} = \frac{Z_v^{(o)} \cdot l}{E_z \cdot A_z} - \frac{Z_v \cdot l}{E_b \cdot A_n}$$

$$Z_v \left[\frac{1}{E_z A_z} + \frac{1}{E_b \cdot A_n}\right] = Z_v^{(o)} \frac{1}{E_z A_z}$$

Multiplikation mit $E_z \cdot A_z$ liefert

$$Z_v \left[1 + \frac{E_z A_z}{E_b A_n}\right] = Z_v^{(o)}$$

$$Z_v \left[1 + n \frac{A_z}{A_n}\right] = Z_v^{(o)}$$

$$\frac{Z_v}{A_n} [A_n + n \cdot A_z] = Z_v^{(o)}$$

$$\frac{Z_v}{A_n} \cdot A_i = Z_v^{(o)} \quad \text{bzw.} \quad \frac{Z_v}{A_n} = \frac{Z_v^{(o)}}{A_i} \; (= -\sigma_{bv})$$

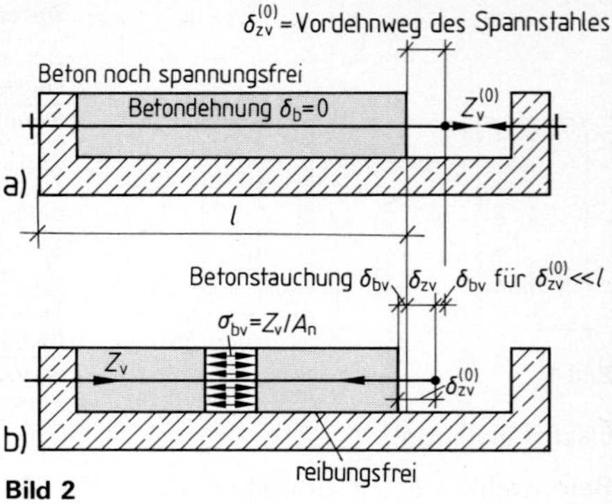


**Bild 2**

**Beispiel** Ermittlung der Beton- und Stahlspannungen nach dem Lösen der Verankerung 1420/1570 gerippt, Einzelquerschnitt 0,4 cm²;

$A_z = 6 \cdot 0{,}4 = 2{,}4\,\text{cm}^2$, B 45.

Stahl wird mit $\sigma_{zv}^{(o)} = 90\,\text{kN/cm}^2$ vorgespannt.

$Z_v^{(o)} = 90 \cdot 2{,}4 = 216\,\text{kN}$; $n = 2{,}05 \cdot 10^5 / 3{,}7 \cdot 10^4 = 5{,}54$

$A_i = 15 \cdot 25 + (5{,}54 - 1) \cdot 2{,}4 = 385{,}90\,\text{cm}^2$

$\sigma_{bv} = -216/385{,}90 = 0{,}56\,\text{kN/cm}^2$;

$A_n = 15 \cdot 25 - 2{,}4 = 372{,}6\,\text{cm}^2$

$Z_v = 216 \cdot 372{,}6/385{,}90 = 208{,}56\,\text{kN}$;

$\sigma_{zv} = 208{,}56/2{,}4 = 86{,}9\,\text{kN/cm}^2 = 869\,\text{MN/m}^2$

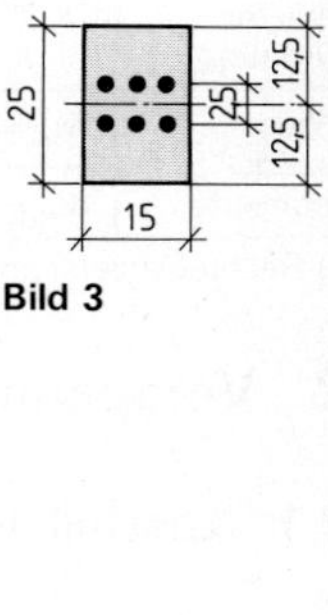


**Bild 3**

## 2.1.2 Ausmittige Vorspannung

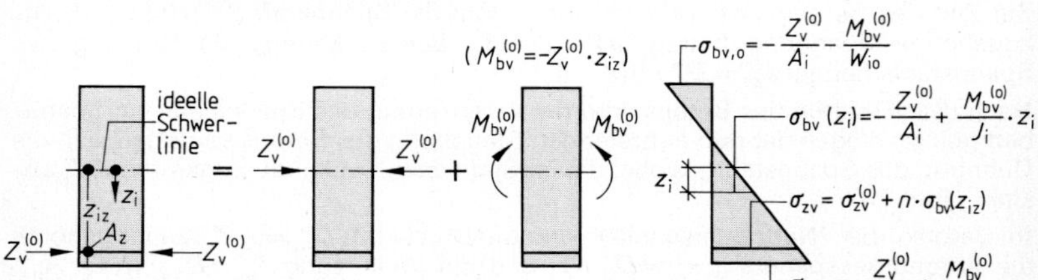


**Bild 4**

# 3 Vorspannung mit nachträglichem Verbund

## 3.1 Schnittgrößen $N_{bv}$, $Q_{bv}$, $M_{bv}$ des Lastfalles Vorspannung bei beliebiger Spanngliedführung

### 3.1.1 Statisch bestimmte Systeme

$$N_{bv}(x) = -Z_v(x) \cdot \cos\varphi(x) \approx -Z_v(x)$$

$$Q_{bv}(x) = -Z_v(x) \cdot \sin\varphi(x)$$

$$M_{bv}(x) = -Z_v(x) \cdot \cos\varphi(x) \cdot z_{nz}(x) \approx -Z_v(x) \cdot z_{nz}(x)$$

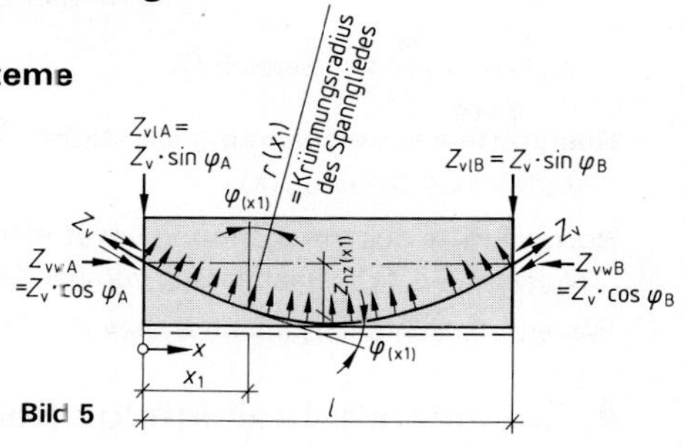

Bild 5

### 3.1.2 Statisch unbestimmte Systeme

Die Ermittlung der Schnittkräfte wird am Zweifeldträger mit Stützweiten $l_1$ und $l_2$ und einer Spanngliedführung mit Abstand $z = z(x)$ erläutert (vgl. Bild 6a)

**Vorspannung mit Berücksichtigung der Reibung (Bild 6c)**

$Z_v(x) = Z_v \cdot e^{-\mu \cdot \gamma}$

**Statisch bestimmtes Grundsystem (Bild 6b)**

Grundsystem zur Ermittlung der Schnittkräfte nach dem Kraftgrößenverfahren

**Einheitsspannungszustand (Bild 6d)**

$X_1 = 1$, $M_1(x)$

Verformungsgröße $\delta_{11} = \int \frac{M_1^2(x)}{EJ} d_s$

**Lastspannungszustand $M$ (Bild 6e)**

$M_{bv}^0(x) = -Z_v(x)\, z_{nz}(x)$

$A^0 = B^0 = C^0 = 0$

Verformungsgröße

$$\delta_{10} = \int \frac{M_{bv}^0(x) \cdot M_1(x)}{EJ} d_s$$

(evtl. numerisch integrieren)

**Zwängungsmomente (Bild 6f)**

$$X_1 = -\frac{\delta_{10}}{\delta_{11}}$$

$M_{zw}(x) = X_1 \cdot M_1(x)$

**Momente aus Vorspannung am statisch unbestimmten System**

$M_{bv}(x) = M_{bv}^0(x) + M_{zw}$

**Lastspannungszustand $Q$ (Bild 6g)**

$Q_{bv}^0(x) = -Z_v(x) \cdot \sin\varphi(x)$

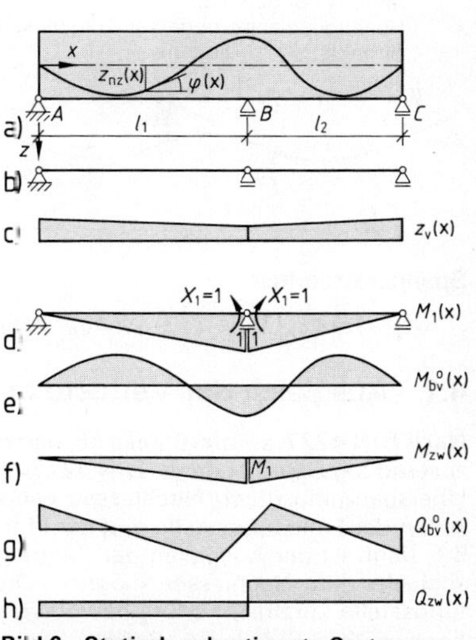

**Bild 6 Statisch unbestimmte Systeme**

**Auflager und Querkräfte aus $M_{zw}$ (Bild 6h)**

$$A=\frac{M_{zw}}{l_1} \qquad B=-M_{zw}\left(\frac{1}{l_1}+\frac{1}{l_2}\right) \qquad C=\frac{M_{zw}}{l_2}$$

$$Q_{zw}(x)=\frac{M_{zw}}{l_1} \quad \text{(Bereich } l_1\text{)} \qquad Q_{zw}(x)=-\frac{M_{zw}}{l_2} \quad \text{(Bereich } l_2\text{)}$$

$$Q_{zw}(x)=-\frac{M_{zw}}{l_2} \quad \text{(Bereich } l_2\text{)}$$

**Querkräfte aus Vorspannung am statisch unbestimmten System**

$$Q_{bv}(x)=Q_{bv}^{0}(x)+Q_{zw}(x)$$

**Normalkräfte aus Vorspannung am statisch unbestimmten System**

$N_{bv}(x)=-Z_v(x)$ unabhängig von der Zwängung

Weitere statisch unbestimmte Systeme s. Abschn. Statik.

# 4 Spannkraftabfall infolge Reibung

Die an der Spannstelle A eingeleitete Vorspannkraft $Z_{VA}$ nimmt längs der Spanngliedachse infolge Reibung des Spannglieds im Gleitkanal auf $Z_v(x)$ ab.

$$\boldsymbol{Z_v(x)=Z_{VA}\cdot e^{-\mu\gamma_{Ax}}\approx Z_{VA}\cdot(1-\mu\cdot\gamma_{Ax})} \quad \textbf{mit} \quad \boldsymbol{\gamma_{Ax}=\varphi_{Ax}+\beta\cdot x}$$

Hierin bedeuten

$\gamma_{Ax}$ Rechenwert des Umlenkwinkels von der Spannstelle A bis zur untersuchten Schnittstelle.

$\mu$ Reibungswert konstant über die Spanngliedlänge. Er ist dem Zulassungsbescheid des Spannverfahrens zu entnehmen.

$\varphi_{Ax}$ Absolutsumme der Umlenkwinkel aus der Geometrie des Spannglieds von der Spannstelle bis zur untersuchten Schnittstelle (Bogenmaß), s. Bild 7.

$\beta$ Ungewollte Umlenkwinkel je Meter Gliedlänge s. Zulassungsbescheid des Spannverfahrens (Bogenmaß).

$x$ Spanngliedlänge ungefähr Tragwerkslänge von der Spannstelle bis zur untersuchten Schnittstelle in Metern.

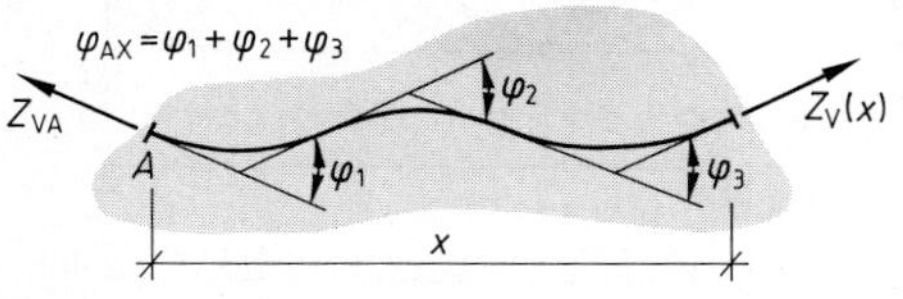


**Bild 7**

**Spannkraftverlust**

$$\boldsymbol{\Delta Z_v(x)=Z_{VA}(1-e^{-\mu\cdot\gamma_{Ax}})\approx Z_{VA}\cdot\mu\cdot\gamma_{Ax}}$$

## 4.1 Ausgleich der Verluste durch Überspannen

Nach DIN 4227, s. Tafel 6 Zeile 66, darf die zulässige Stahlspannung im Gebrauchszustand am Spannende (s. DIN 4227, 15.4) um 5% überschritten werden, ohne die Überspannung durch Nachlassen wieder abbauen zu müssen. Beträgt $\Delta Z_{Vm}$ zwischen der Einleitungsstelle und dem für zul $Z_V$ maßgebenden Querschnitt mehr als 5%, dann ist der Ausgleich der Reibungsverluste nur durch Überspannen mit anschließendem Nachlassen möglich. Die Stahlspannung darf dann an der Einleitungsstelle kurzfristig 0,8 $\beta_s$ bzw. 0,65 $\beta_z$ erreichen. Der kleinere Wert ist maßgebend, s. Tafel 6 Zeile 64 (S. 669).

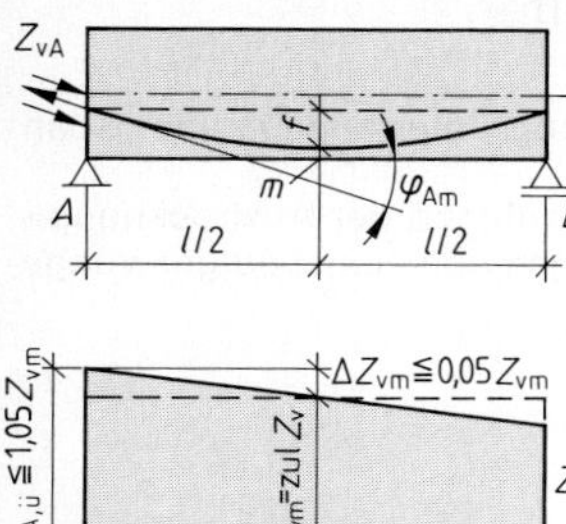


$\gamma_{Am} = \varphi_{Am} + \beta\, l/2$

$\Delta Z_{vm} = Z_{vAü}\,(1 - e^{\mu \cdot \gamma_{Am}}) \leq 0{,}05 \cdot \text{zul}\, Z_v$

**Bild 8 Überspannen auf $Z_{vAü}$ ohne Nachlassen**

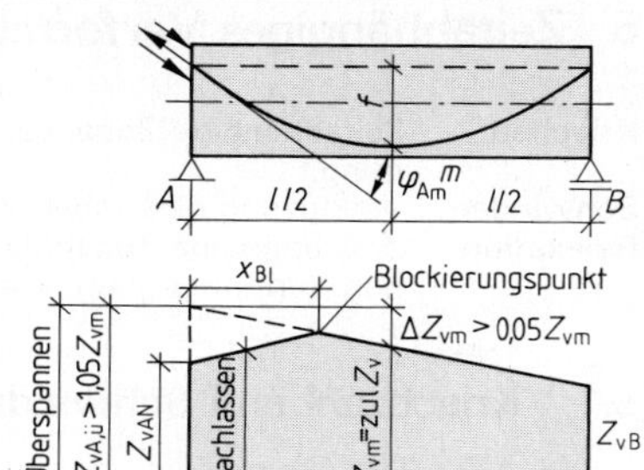


$\gamma_{Am} = \varphi_{Am} + \beta\, l/2$

$\Delta Z_{vm} = Z_{vAü}\,(1 - e^{\mu \cdot \gamma_{Am}}) > 0{,}05 \cdot \text{zul}\, Z_v$

**Bild 9 Überspannen auf $Z_{vAü}$ mit Nachlassen auf $Z_{vAN}$**

**Nachlassen** Umlenkwinkel bis zum Blockierungspunkt

$$\gamma = \frac{Z_{vAü} - Z_{vAN}}{\mu \cdot Z_{vAü} + \mu_R \cdot Z_{vAN}}$$

$\mu_R$ Reibungsbeiwert beim Rückgleiten

**Abstand bis zum Blockierungspunkt bei konstanter Spanngliedkrümmung**

$$x_{BL} = \frac{\gamma}{\varphi' + \beta}$$

$\varphi'$ Summe der Umlenkwinkel im Bogenmaß/m

**Nachlaßweg**

$$\delta_{spN} = \frac{A_N}{E_z \cdot A_z} + \frac{A_N}{E_b \cdot A_n}$$

$$A_N = (Z_{vAü} - Z_{vAN}) \cdot x_{BL}/2$$

**Spannkraft am Blockierungspunkt**

$$Z_{vxBL} = Z_{vAü} \cdot e^{-\mu\gamma} \leqq 1{,}05\,\text{zul}\, Z_v$$

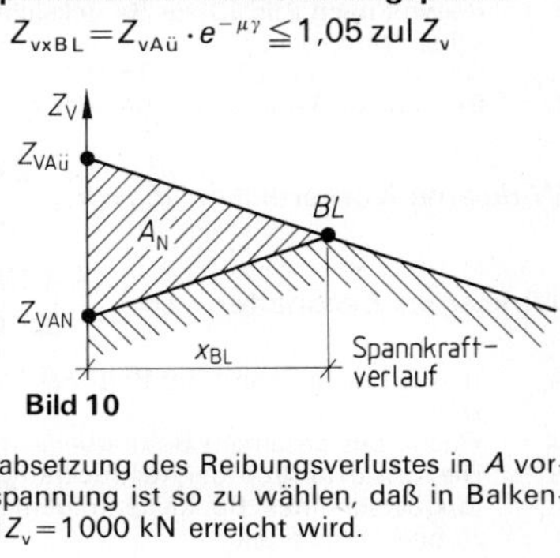


**Bild 10**

**Beispiel** Für den dargestellten Balken ist zur Herabsetzung des Reibungsverlustes in $A$ vorübergehend zu überspannen. Die Überspannung ist so zu wählen, daß in Balkenmitte gerade die Vorspannkraft $Z_{vm} = \text{zul}\, Z_v = 1000$ kN erreicht wird.

$\mu = 0{,}3$; $\beta = 0{,}9°/\text{m}$

**Summe der Umlenkwinkel**

$\gamma_{Am} = 8{,}67 + 0{,}9 \cdot 10{,}5 = 18{,}12°$; $\text{arc}\,\gamma_{Am} = 0{,}316$

$\gamma_{AB} = 17{,}34 + 0{,}9 \cdot 21{,}0 = 36{,}24°$; $\text{arc}\,\gamma_{AB} = 0{,}633$

$$Z_{vAü} = \frac{Z_{vm}}{e^{-\mu \cdot \gamma_{Am}}} = \frac{1000}{e^{-0{,}3 \cdot 0{,}316}}$$

$= 1099{,}4\ \text{kN} > 1{,}05 \cdot 1000$

$Z_{vB} = Z_{vAü} \cdot e^{-\mu \cdot \gamma_{AB}} = 1099{,}4 \cdot e^{-0{,}3 \cdot 0{,}633} = 909{,}2$ kN

**Nachlassen** auf $Z_{vAN} = 1000$ kN

Umlenkwinkel bis zum Blockierungspunkt: $\mu_R = \mu$

$$\gamma = \frac{1}{0{,}3} \cdot \frac{1099{,}4 - 1000}{1099{,}4 + 1000} = 0{,}158$$

**Blockierungspunkt** $\varphi' = 17{,}34/21{,}0 = 0{,}83°/\text{m}$

$\text{arc}(\varphi' + \beta) = \text{arc}(0{,}83 + 0{,}9) = \text{arc}\,1{,}73 = 0{,}0302/\text{m}$;

$x_{BL} = 0{,}158/0{,}0302 = 5{,}23$ m;

$Z_{vBL} = 1099{,}4 \cdot e^{-0{,}3 \cdot 0{,}158} = 1049$ kN

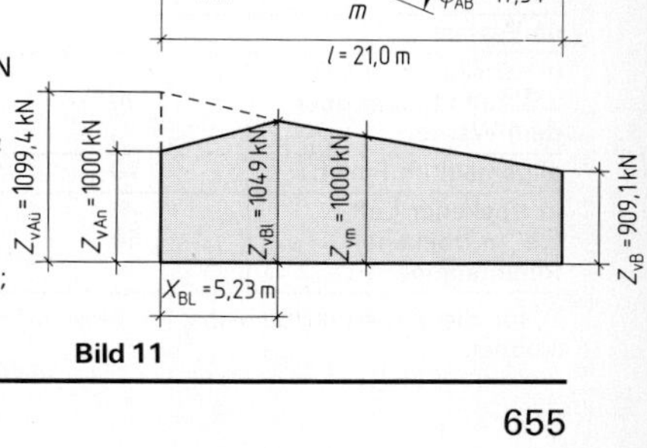


**Bild 11**

# 5 Zeitabhängiges Verformungsverhalten

**Kriechen** Zeitabhängige Zunahme der Verformung unter andauernder Spannung.

**Schwinden** Verkürzung des unbelasteten Betons während der Austrocknung.

**Relaxation** Zeitabhängige Abnahme der Spannungen unter einer aufgezwungenen Verformung von konstanter Größe.

## 5.1 Kriechzahl und Schwindmaß

**Kriechdehnung** $\varepsilon_{K,t} = \frac{\sigma_b}{E_b} \varphi_t$

**Kriechzahl** $\varphi_t = \varphi_{fo}(k_{f,t} - k_{f,to}) + 0{,}4\, k_{v,(t-to)}$

**Schwindmaß** $\varepsilon_{S,t} = \varepsilon_{So}(k_{S,t} - k_{S,to})$

$\varphi_{fo}$ Grundfließzahl nach Tafel 1

$k_f$ Beiwert nach Bild 12 für den zeitlichen Ablauf des Fließens unter Berücksichtigung der wirksamen Körperdicke $d_{ef}$, der Zementart und des wirksamen Alters.

$t$ Wirksames Betonalter im untersuchten Zeitpunkt (Endzeitpunkt $t = \infty$)

$t_o$ Wirksames Betonalter beim Aufbringen der kriecherzeugenden Spannungen, bzw. zu dem Zeitpunkt, von dem ab der Schwindeinfluß berücksichtigt werden soll.

$k_v$ Beiwert nach Bild 13 zur Berücksichtigung des zeitlichen Ablaufes der verzögert elastischen Verformung.

$\varepsilon_{So}$ Grundschwindmaß nach Tafel 1

$k_S$ Beiwert zur Berücksichtigung der zeitlichen Entwicklung des Schwindens nach Bild 14

**Wirksame Körperdicke** $d_{ef} = k_{ef} \cdot \frac{2A}{u}$

**Wirksames Betonalter** $t = \sum_i \frac{T_i + 10\,°C}{30\,°C} \Delta t_i$

$k_{ef}$ Beiwert nach Tafel 1 zur Berücksichtigung des Einflusses der Feuchte auf die wirksame Dicke

$A$ Fläche des gesamten Betonquerschnittes

$u$ Die Abwicklung der der Austrocknung ausgesetzten Begrenzungsfläche des gesamten Betonquerschnittes. Bei Kastenträgern ist im allgemeinen die Hälfte des inneren Umfanges zu berücksichtigen.

$T_i$ Mittlere Tagestemperatur des Betons in °C

$\Delta t_i$ Anzahl der Tage mit mittlerer Tagestemperatur $T_i$ des Betons in °C

**Tafel 1 Grundfließzahl und Grundschwindmaß in Abhängigkeit von der Lage des Bauteils**

| Lage des Bauteiles | Mittlere relative Luftfeuchtigkeit in % (etwa) | Konsistenzbereich KP[1]) | | Beiwert $k_{ef}$ |
|---|---|---|---|---|
| | | Grundfließzahl $\varphi_{fo}$[1]) | Grundschwindmaß $\varepsilon_{So}$[1]) | |
| im Wasser | | 0,8 | $+10 \cdot 10^{-5}$ | 30 |
| in sehr feuchter Luft, z.B. unmittelbar über dem Wasser | 90 | 1,3 | $-13 \cdot 10^{-5}$ | 5,0 |
| allgemein im Freien | 70 | 2,0 | $-32 \cdot 10^{-5}$ | 1,5 |
| in trockener Luft, z.B. in trockenen Innenräumen | 50 | 2,7 | $-46 \cdot 10^{-5}$ | 1,0 |

[1]) für die Konsistenzbereiche KS bzw. KR sind die Zahlen um 25% zu ermäßigen bzw. zu erhöhen

**Beispiel** Ein Spannbetonträger soll nach $t=28$ Tagen Normalerhärtung vorgespannt werden. Er befindet sich anschließend im Freien. Querschnitt $b/d=20/40$ cm; Zement Z35L, KP.

Mittlere Tagestemperatur $=20\,°C$

Ges. $\varphi_\infty$. $\varepsilon_{s\infty}$:

nach Tafel 1

$\varepsilon_{so}=-32\cdot10^{-5}$;

$\varphi_{fo}=2{,}0$;

$k_{ef}=1{,}5$

$$d_{ef}=1{,}5\,\frac{2\cdot20\cdot40}{2\,(20+40)}=20\text{ cm}$$

nach Bild 12

$k_{f\infty}=1{,}55$; $k_{f28}=0{,}58$

nach Bild 13

$k_{v\infty}=1{,}0$

$$t=\frac{20\,°C+10\,°C}{30\,°C}\cdot28=28$$

nach Bild 14

$k_{s\infty}=0{,}9$; $k_{s28}=0{,}2$

Kriechzahl

$$\varphi_\infty=2{,}0\,(1{,}55-0{,}58)+0{,}4\cdot1{,}0=2{,}34$$

Schwindmaß

$$\varepsilon_{s\infty}=-32\cdot10^{-5}\,(0{,}9-0{,}2)=-22{,}4\cdot10^{-5}=-0{,}224‰=-0{,}224\text{ mm/m}$$

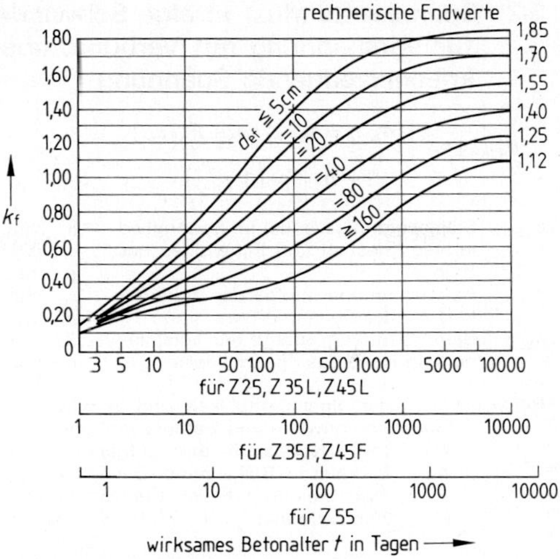


**Bild 12 Beiwerte $k_f$**

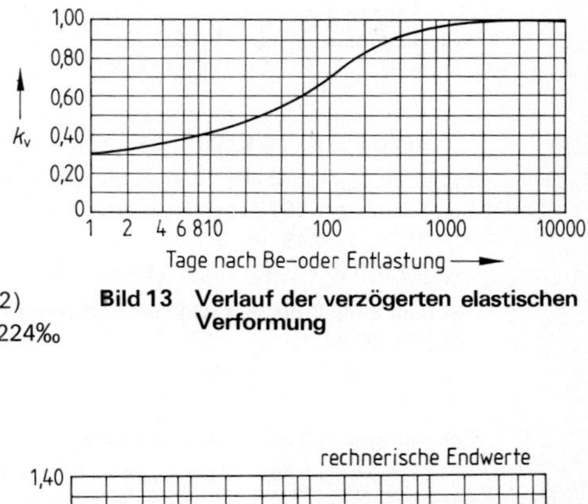


**Bild 13 Verlauf der verzögerten elastischen Verformung**

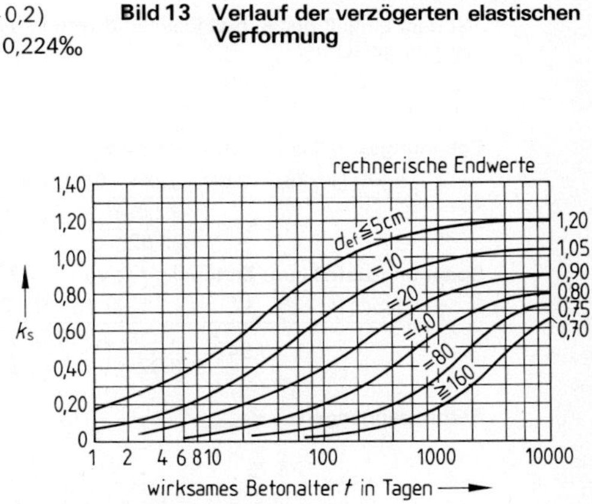


**Bild 14 Beiwerte $k_s$**

## 5.2 Spannkraftverlust infolge Schwinden und Kriechen für Vorspannung mit Verbund, über die mittlere kriecherzeugende Spannung

$$\sigma_{z,k+s} = \frac{n[(\sigma_{bz,d} + \sigma_{bz,v}) \cdot \varphi_t + E_b \cdot \varepsilon_{st}]}{1 - n\,\frac{\sigma_{bz,v}}{\sigma_{zv}}\left(1 + \frac{\varphi_t}{2}\right)}$$

$\sigma_{z,k+s}$ Stahlspannungsverlust im Spannglied infolge Kriechen und Schwinden des Betons
$\sigma_{bz,d}$ Betonspannung infolge der Dauerlast in Höhe des Spanngliedes
$\sigma_{bz,v}$ Betonspannung infolge der Vorspannung in Höhe des Spanngliedes
$\sigma_{zv}$ Stahlspannung im Spannglied vor dem Kriechen und Schwinden des Betons
$\varphi_t$ Kriechzahl
$\varepsilon_{st}$ Schwindmaß
$E_b$ Elastizitätsmodul des Betons
$E_z$ Elastizitätsmodul des Spannstahls
$n = E_z/E_b$

**Beispiel** Für einen Spannbettbalken sind in Bild 15 die Abmessungen, Querschnittswerte, Baustoffkennwerte und Betonspannungen angegeben. Die Vorspannung wird nach $t_1 = 7$ Tagen Normalerhärtung aufgebracht. Gleichzeitig wirkt infolge Eigengewicht $M_{g1} = 4{,}5$ kNm in Balkenmitte. Der Träger lagert unter dieser Beanspruchung, aus $v + g_1$, zwei Monate im Freien. Ges. Spannungsabfall $\sigma_{z,k+s}$ und die Betonspannungen $\sigma_{b,k+s}$ zum Zeitpunkt $t_2 = 7 + 2 \cdot 30 = 67$ Tage und $t = \infty$

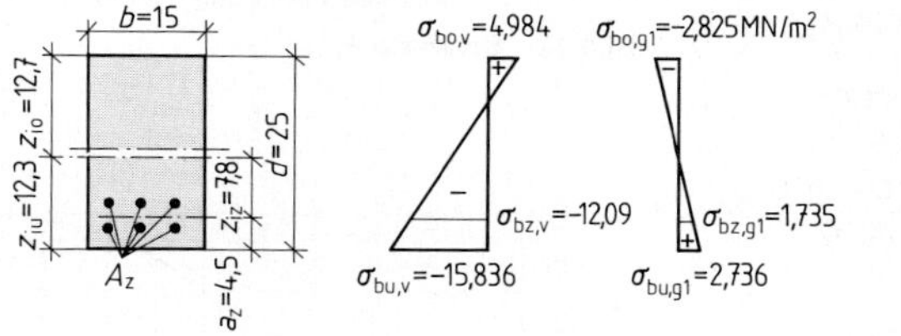


$A_z = 2{,}40\ \text{cm}^2$
$\sigma_{z,v}^{(o)} = 900\ \text{MN/m}^2$
$n = 5{,}54$
B 45, Z 35 F
Konsistenz $K_2$

**Bild 15**

$\sigma_{z,v} = 900 + 5{,}54 \cdot (-12{,}09) = 833{,}02\ \text{MN/m}^2$

$\varphi_{fo} = 2{,}0$; $\varepsilon_{so} = -32 \cdot 10^{-5}$; $k_{ef} = 1{,}5$; $d_{ef} = 14{,}1$ cm, wirksames Betonalter bei $T = 20°$ C
$t_7 = 7$ Tage; $t_{67} = 67$ Tage; $k_{f7} = 0{,}45$; $k_{f67} = 0{,}97$; $k_{f\infty} = 1{,}64$; $k_{v(67-7)} = 0{,}64$; $k_{v\infty} = 1{,}0$
$k_{s1} = 0$; $k_{s67} = 0{,}48$; $k_{s\infty} = 1{,}0$
$\varphi_{7,67} = 2{,}0(0{,}97 - 0{,}45) + 0{,}4 \cdot 0{,}64 = 1{,}296$; $\varphi_{7,\infty} = 2{,}0(1{,}64 - 0{,}45) + 0{,}4 \cdot 1{,}0 = 2{,}78$

Mit dem Einfluß des Schwindens und wegen des sofortigen Verbundes vom ersten Tage an gerechnet

$\varepsilon_{s,0,67} = -32 \cdot 10^{-5} \cdot (0{,}48 - 0) = -15{,}36 \cdot 10^{-5}$; $\varepsilon_{s,0,\infty} = -32 \cdot 10^{-5}(1{,}0 - 0) = -32 \cdot 10^{-5}$

**Spannungsabfall zum Zeitpunkt $t = 67$ Tage** Lastfälle $v + g_1$

$$\sigma_{z,k+s} = \frac{5{,}54\,[(1{,}735 - 12{,}09) \cdot 1{,}296 - 0{,}37 \cdot 10^5 \cdot 15{,}36 \cdot 10^{-5}]}{1 - 5{,}54\,\frac{(-12{,}09)}{833{,}02}\left(1 + \frac{1{,}296}{2}\right)} = -93{,}45\ \text{MN/m}^2$$

**Spannungsabfall zum Zeitpunkt $t_\infty$; von $t_1 = 7$ Tage bis $t = \infty$** Lastfälle $v + g_1$

$$\sigma_{z,k+s} = \frac{5{,}54\,[(1{,}735 - 12{,}09)\,2{,}78 - 0{,}37 \cdot 10^5 \cdot 32 \cdot 10^{-5}]}{1 - 5{,}54\,\frac{(-12{,}09)}{833{,}02}\left(1 + \frac{2{,}78}{2}\right)} = -188{,}79\ \text{MN/m}^2$$

**Betonspannungen** $\sigma_{b,k+s} = -\sigma_{b,v} \cdot \frac{\sigma_{z,k+s}}{\sigma_{z,v}}$

$$\sigma_{bo,k+s} = -4{,}984\,\frac{188{,}79}{833{,}2} = -1{,}13\ \text{MN/m}^2$$

$$\sigma_{bu,k+s} = -(-15{,}836) \cdot \frac{188{,}79}{833{,}2} = 3{,}59\ \text{MN/m}^2$$

**Beispiel, Forts.** Zum Zeitpunkt $t=\infty$ betragen die Spannungen in Balkenmitte für die Lastfälle $v+g_1+k+s$

$\sigma_{bo}=4{,}984-2{,}825-1{,}13=+1{,}029\ MN/m^2$;

$\sigma_{bu}=-15{,}836+2{,}736+3{,}59=-9{,}51\ MN/m^2$

$\sigma_z=+833{,}02+1{,}735\cdot 5{,}54-188{,}79=653{,}84\ MN/m^2$

# 6 Mindestbewehrung

In Spannbetonbauteilen ist eine Mindestbewehrung aus Betonstahl einzubauen. Statisch erforderliche Betonstahlbewehrung und Bewehrung zur Beschränkung der Rißbreite (s. unter 8) braucht nicht zusätzlich eingebaut werden. Es ist also nur der jeweils größte Wert einzulegen.
Die Stababstände der Mindestbewehrung in Längsrichtung dürfen maximal 20 cm sein. Liegen Umweltbedingungen nach DIN 1045, Tabelle 10, Zeile 2 bis 4 vor, so gilt für den Stabdurchmesser der Mindestbewehrung:

$d_s \geq 10$ mm Betonstabstahl

$d_s \geq 8$ mm Betonstahlmatten

Oberflächennahe Spannstahlbewehrung mit sofortigem Verbund darf angerechnet werden. Bei Oberflächenbewehrungen als Betonstahl IV S. Bei Längsbewehrungen im Verhältnis $\beta_{0,2}/\beta_s$, wenn die Spannbewehrung nur bis $0{,}3\cdot\beta_{0,2}$ vorgespannt wird. Die Oberflächen-Mindestbewehrung ist in Form, von sich rechtwinklig kreuzenden Bewehrungslagen anzuordnen. Bei Fertigteilplatten mit einer Breite bis zu 1,20 m darf die Mindestquerbewehrung entfallen.

**Tafel 2 Grundwerte des Mindestbewehrungsgehaltes $\mu$ (Betonstahl IV S, IV M)**

| Betonfestigkeitsklasse | $\mu$ in % | $\mu$ – |
|---|---|---|
| B 25 | 0,08 | 0,0008 |
| B 35 | 0,09 | 0,0009 |
| B 45 | 0,10 | 0,0010 |
| B 55 | 0,11 | 0,0011 |

**Beispiel** Für eine Platte mit einer Dicke von $d=40$ cm (Umweltbedingung nach DIN 1045, Tabelle 10, Zeile 2) ist die Mindestbewehrung zu bestimmen. B 45; Stahl IV S

Ablesungen aus Tafel 2 $\mu=0{,}0010$ aus Tafel 3 $1{,}0\cdot\mu\cdot d$

$\min a_s=1{,}0\cdot 0{,}0010\cdot 0{,}40\ m=0{,}0004\ m^2/m=4{,}00\ cm^2/m$

Eine Bewehrung größer als 3,35 cm²/m ist nicht erforderlich!

Gewählt: $d_s=10$ mm, $e=20$ cm mit 3,93 cm²/m in Längsrichtung
$d_s=10$ mm, $e=23$ cm mit 3,41 cm²/m in Querrichtung

(Weil der Mindeststabdurchmesser 10 mm und der maximale Stababstand in Längsrichtung 20 cm beträgt!)

**Beispiel** Für einen Balken mit einer Dicke von $d=80$ cm und einer Breite $b=30$ cm (Umweltbedingung nach DIN 1045, Tabelle 10, Zeile 3) ist die Mindestlängsbewehrung in der vorgedrückten Zugzone zu bestimmen. B 35; Stahl IV S

Ablesungen aus Tafel 2 $\mu=0{,}0009$ aus Tafel 3 $1{,}5\cdot\mu\cdot b\cdot d$

$\min A_{sl}=1{,}5\cdot 0{,}0009\cdot 30\ cm\cdot 80\ cm=3{,}24\ cm^2$

Eventuell Spannstahlbewehrung mit anrechnen!

**Tafel 3 Mindestbewehrung für verschiedene Bereiche eines Spannbetonbauteils**

| | Platten/Gurtplatten oder breite Balken $b > d$ | | Balken mit $b \leq d$ Stege von Plattenbalken und Kastenträgern | |
|---|---|---|---|---|
| | 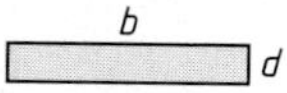 | | 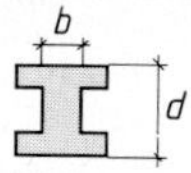 | |
| | Umweltbed. DIN 1045 Tabelle 10 Zeile 1 | Umweltbed. DIN 1045 Tabelle 10 Zeilen 2 bis 4 | Umweltbed. DIN 1045 Tabelle 10 Zeile 1 | Umweltbed. DIN 1045 Tabelle 10 Zeilen 2 bis 4 |
| Oberflächenbewehrung je m bei Balken an jeder Seitenfläche, bei Platten mit $d \geq 1{,}0$ m an jedem gestützten oder nicht gestützten Rand[1]) | $1{,}0 \cdot \mu \cdot d$ | $1{,}0 \cdot \mu \cdot d$ | $1{,}0 \cdot \mu \cdot b$ | $1{,}0 \cdot \mu \cdot b$ |
| Oberflächenbewehrung am äußeren Rand der Druckzone bzw. in der Zugzone von Platten[1]) | $1{,}0 \cdot \mu \cdot d$ (je m) | $1{,}0 \cdot \mu \cdot d$ (je m) | – | $1{,}0 \cdot \mu \cdot b \cdot d$ |
| Oberflächenbewehrung in Druckgurten (obere und untere Lage je für sich)[1]) | – | $1{,}0 \cdot \mu \cdot d$ (je m) | – | – |
| Längsbewehrung in vorgedrückten Zugzonen | $1{,}5 \cdot \mu \cdot d$ (je m) | $1{,}5 \cdot \mu \cdot d$ (je m) | $1{,}5 \cdot \mu \cdot b \cdot d$ | $1{,}5 \cdot \mu \cdot b \cdot d$ |
| Längsbewehrung in Zuggurten und Zuggliedern (obere und untere Lage je für sich) | $2{,}5 \cdot \mu \cdot d$ (je m) | $2{,}5 \cdot \mu \cdot d$ (je m) | – | – |
| Schubbewehrung für Scheibenschub | $2{,}0 \cdot \mu \cdot d$ (je m) | $2{,}0 \cdot \mu \cdot d$ (je m) | – | – |
| Bügelbewehrung von Balkenstegen und freien Rändern von Platten | $2{,}0 \cdot \mu \cdot d$ (je m) | $2{,}0 \cdot \mu \cdot d$ (je m) | $2{,}0 \cdot \mu \cdot b$ (je m) | $2{,}0 \cdot \mu \cdot b$ (je m) |

[1]) Eine Oberflächenbewehrung größer als 3,35 $cm^2$/m je Richtung ist nicht erforderlich.

*d* Balkendicke/Plattendicke/Gurtplattendicke/Zuggliedicke

*b* Stegbreite in Höhe der Querschnittsschwerlinie, bei Hohlplatten kleinste Stegbreite

# 7 Nachweis der Bruchsicherheit

## 7.1 Maßgebende Bruchschnittgrößen

**Statisch bestimmte Tragwerke**

$$M_u = 1{,}75(M_g + M_p)$$

$$N_u = 1{,}75(N_g + N_p)$$

$$Q_u = 1{,}75(Q_g + Q_p)$$

**Statisch unbestimmte Tragwerke**

$$M_u = 1{,}75(M_g + M_p) + 1{,}0 \cdot M'_{zw}$$

Bei statisch unbestimmt gelagerten Tragwerken sind zusätzlich Zwängungsmomente $M_{zw}$ infolge Temperatur ($T$), wahrscheinlicher Baugrundbewegung ($s$), Kriechen und Schwinden ($k+s$) sowie Vorspannung ($V$) zu berücksichtigen

$$M'_{zw} = (M_{zw,T} + M_{zw,s} + M_{zw,k+s} + M_{zw,v}).$$

## 7.2 Bemessung des erforderlichen Spannstahlquerschnitts für die rechnerische Bruchlast. Einfach bewehrte Querschnitte mit rechteckiger Druckzone

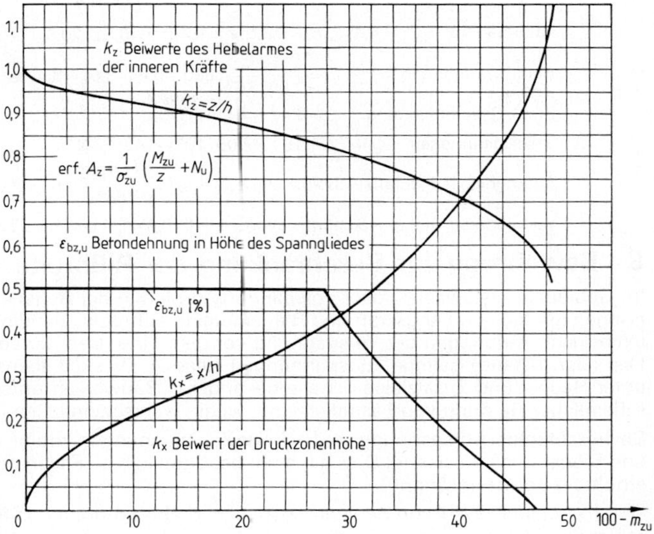


**Bild 16 Bemessungsdiagramm mit $M_{zu}$ im Bruchzustand**

**Moment um die Spannstahlachse**

$$M_{zu} = M_u - N_u \cdot z_{iz}$$

**Bezogenes Moment**

$$100\,m_{zu} = \frac{100\,M_{zu}}{b \cdot h^2 \cdot 0{,}6\,\beta_{WN}}$$

| | $0{,}6 \cdot \beta_{WN}$ | |
|---|---|---|
| | MN/m² | kN/cm² |
| B 25 | 15 | 1,5 |
| B 35 | 21 | 2,1 |
| B 45 | 27 | 2,7 |
| B 55 | 31 | 3,1 |

**Spannstahl-Vordehnung sofortiger Verbund**

$$\varepsilon^{(o)}_{z,v+k+s} = \frac{1}{E_z}\left(\sigma_{z,v+k+s} - n \cdot \sigma_{bz,v+k+s}\right)$$

**Vordehnung mit nachträglichem Verbund**

$$\varepsilon^{(o)}_{z,v+k+s} = \frac{1}{E_z}\left(\sigma_{z,v+g_1+k+s} - n \cdot \sigma_{bz,v+g_1+k+s}\right)$$

**Spannstahl-Gesamtdehnung**

$$\varepsilon_{zu} = \varepsilon^{(o)}_{z,v+k+s} + \varepsilon_{bz,u}$$

**Erforderlicher Spannstahlquerschnitt**

$$\text{erf.}\,A_z = \frac{1}{\sigma_{zu}} \cdot \left(\frac{M_{zu}}{z} + N_u\right) \quad \text{mit } \sigma_{zu} = \varepsilon_{zu} \cdot E_z \leq \beta_{zs}$$

**Schlaffe Bewehrungszulagen**

$$\text{erf.}\,A_s = (\text{erf.}\,A_z - \text{vorh.}\,A_z)\frac{\sigma_{zu} \cdot Z_z}{\sigma_{su} \cdot Z_s} \quad \text{mit } \sigma_{su} = \varepsilon_{bsu} E_s \leq \beta_{ss}$$

**Beispiel** Für den Spannbettbalken s. Bild 15 soll die Bruchsicherung nachgewiesen werden. Gebrauchslastmomente

$M_q = M_g + M_p = 28\,\text{kNm};\ \sigma_{z,v+k+s} = 660{,}0\,\text{MN/m}^2;\ \sigma_{bz,v+k+s} = -9{,}6\,\text{MN/m}^2$

Bezogenes Moment mit $N_u = 0$; $100\,m_{zu} = \dfrac{100 \cdot 1{,}75 \cdot 2800}{15 \cdot 20{,}5^2 \cdot 0{,}6 \cdot 4{,}5} = 28{,}78$

nach Bild 16 $\varepsilon_{bz,u} = 4{,}4‰;\ k_z = 0{,}82;\ k_x = 0{,}43;\ z = 0{,}82 \cdot 20{,}5 = 16{,}81\,\text{cm}$

Stahl-Vordehnung $\varepsilon^{(o)}_{z,v+k+s} = \dfrac{10^3}{2{,}05 \cdot 10^5}(660 + 5{,}54 \cdot 9{,}6) = 3{,}47‰$

Stahl-Gesamtdehnung $\varepsilon_{zu} = 3{,}47 + 4{,}4 = 7{,}87‰$

Stahlspannungen $\sigma_{zu} = 7{,}87 \cdot 10^{-3} \cdot 2{,}05 \cdot 10^5 \rightarrow 1420\,\text{MN/m}^2 = \beta_{zs}$

Erforderlicher Stahlquerschnitt erf. $A_z = \dfrac{1}{142}\left(\dfrac{1{,}75 \cdot 28{,}0}{0{,}1681} + 0\right) = 2{,}05\,\text{cm}^2$

Vorhandener Stahlquerschnitt vorh. $A_z = 6 \cdot 0{,}4 = 2{,}4\,\text{cm}^2 > 2{,}05\,\text{cm}^2$

## 8 Bewehrung zur Beschränkung der Rißbreite

Im Gebrauchszustand bei voller Vorspannung dürfen in der Regel keine Zugspannungen infolge von Längskraft und Biegemoment auftreten, allerdings sind unmittelbar nach Aufbringen der Vorspannung vor dem Einwirken der vollen ständigen Last (Bauzustand) geringe Zugspannungen zulässig. Dies gilt ebenso bei Brücken unter Haupt- und Zusatzlasten sowie bei anderen Bauwerken unter wenig wahrscheinlicher Häufung von Lastfällen bzw. wenig wahrscheinlichen Laststellungen.

Bei beschränkter Vorspannung sind geringe Zugspannungen infolge von Längskraft und Biegemoment zulässig. Dies gilt nicht bei Bauteilen im Freien oder solchen mit erhöhtem Korrosionsangriff.

Durch geeignete Wahl von Bewehrungsgehalt, Stahlspannung und Stabdurchmesser ist die Rißbreite so zu beschränken, daß die Gebrauchsfähigkeit und Dauerhaftigkeit der Bauteile entsprechend ihrem Verwendungszweck gesichert ist.

Der Nachweis ist in Haupttragrichtung unter der seltenen Einwirkungskombination und mit 0,9facher Vorspannung zu führen. (Bei Fertigteilen mit sofortigem Verbund darf mit 0,95facher Vorspannung gerechnet werden, wenn ausreichende statistische Meßdaten zur Vorspannkraft vorliegen.)

### Seltene Einwirkungskombination

- ständige Last und Verkehrslast
- Zwang aus wahrscheinlichen Baugrundbewegungen
- Schwinden und Wärmewirkung

Die erforderliche Bewehrung ist in Haupttragrichtung überall dort einzulegen, wo am Bauteilrand unter der seltenen Einwirkungskombination und die 0,90- bzw. 0,95fache Vorspannung Zug- oder Druckspannungen bis zu 1 $\text{N/mm}^2$ auftreten.

### Erforderlicher Bewehrungsgehalt zur Beschränkung der Rißbreite

$$\mu_s = 0{,}8 \cdot k \cdot k_c \cdot \beta_{bZ}/\sigma_s - \xi_1 \cdot \mu_z$$

$\mu_s$ Betonstahlbewehrungsgehalt $A_s/A_{bZ}$. $A_{bZ}$ ist die Zugzone unmittelbar vor der Rißbildung für die seltene Einwirkungskombination und die 0,90- bzw. 0,95fache Vorspannung.

$\mu_z$ Spannstahlbewehrungsgehalt $A_z/A_{bZ}$ in der Zugzone $A_{bZ}$. Es darf nur die Spannstahlbewehrung innerhalb von $A_{bZ}$ angesetzt werden.

$\beta_{bZ}$ $= 0{,}25 \cdot \beta_{WN}^{2/3} \geq 2{,}70\,\text{N/mm}^2$, zentrische Betonzugfestigkeit. Für B 25 und B 35: $\beta_{bZ} = 2{,}70\,\text{N/mm}^2$; für B 45: $\beta_{bZ} = 3{,}16\,\text{N/mm}^2$; für B 55: $\beta_{bZ} = 3{,}62\,\text{N/mm}^2$.

$\sigma_s$ Betonstahlspannung in Abhängigkeit vom Stahldurchmesser und der Betonfestigkeitsklasse (s. Tafel 4).

$k$ $k = 1{,}00$ für Stege und Rechteckquerschnitte mit der Dicke $d \leq 0{,}30$ m.
$k = 0{,}65$ für Stege und Rechteckquerschnitte mit der Dicke $d \geq 0{,}80$ m.
Zwischenwerte interpolieren.

$k_c \quad = 0{,}4 \cdot (1 + \sigma_{bV}/(k_1 \cdot \beta_{bZ} \cdot d/d')) \leq 1$ für Rechteckquerschnitte und Stege
$d' = d$ für $d < 1$ m
$d' = 1$ m für $d \geq 1$ m, $d$ Balken- bzw. Plattendicke
$k_1 = 1{,}5$ für Drucknormalkraft
$k_1 = 2/3 \cdot d'/d$ für Zugnormalkraft
$\sigma_{bV}$ zentr. Betonspannungsanteil infolge äußerer Normalkraft und 0,9facher (im Bereich von Koppelfugen = 0,75facher) Normalkraft aus Vorspannung (Druck negativ)

$k_c \quad = 1{,}0$ (obere Abschätzung) für Zuggurte in gegliederten Querschnitten

$\xi_1 \quad = \sqrt{\xi \cdot d_s/d_z}$ Verbundbeiwert zur Berücksichtigung des Spannstahls

$d_s$ Betonstahldurchmesser
$d_z$ Spannglieddurchmesser
$d_z = 1{,}6 \cdot \sqrt{A_z}$ Bündel- und Litzenspannglieder
$d_z = 1{,}75 \cdot d_v$ für 7drähtige Einzellitzen
$d_z = 1{,}20 \cdot d_v$ für 3drähtige Einzellitzen
$d_v$ einzelner Spanndrahtdurchmesser

$\xi$ Verbundbeiwert in Abhängigkeit von der Spannstahlsorte

| | sofortiger Verbund | nachtr. Verbund |
|---|---|---|
| glatt | – | 0,3 |
| Litzen | 0,6 | 0,5 |
| profiliert | 0,7 | 0,6 |
| gerippt | 0,9 | 0,7 |

Soll keine Betonstahlbewehrung und nur Spannstahl zur Rißbreitenbeschränkung eingesetzt werden, so ist $\xi_1 = 0$, für $\mu_s$ ist $\mu_z$ zu setzen und der Spannungszuwachs $\Delta\sigma_z$ aus Tafel 4 ist für den Stabdurchmesser $d_s = d_z/\xi$ abzulesen.

**Tafel 4 Betonstahlspannungen zur Rißbreitenbeschränkung**

| Betonklasse | Stabdurchmesser $d_s$ in mm | 25 | 20 | 16 | 14 | 12 | 10 | 8 | 6 |
|---|---|---|---|---|---|---|---|---|---|
| B 25/B 35 | $\sigma_s$ bzw. $\Delta\sigma_z$ in N/mm² | 160 | 180 | 200 | 220 | 240 | 260 | 280 | 320 |
| B 45 | $\sigma_s$ bzw. $\Delta\sigma_z$ in N/mm² | 173 | 195 | 216 | 238 | 260 | 281 | 303 | 346 |
| B 55 | $\sigma_s$ bzw. $\Delta\sigma_z$ in N/mm² | 185 | 208 | 231 | 255 | 278 | 301 | 324 | 370 |

# 9 Schiefe Hauptspannungen und Schubdeckung

**Allgemeines.** Zur Einschränkung von Schrägrissen unter Gebrauchslast muß in Bereichen größerer Querkräfte getrennt nachgewiesen werden, daß auch die schiefen Hauptspannungen innerhalb zulässiger Grenzen bleiben.

Größe und Richtung der schiefen Hauptzugspannungen $\sigma_1$ werden mit Hilfe der Längenspannungen $\sigma_x$ und der Schubspannungen $\tau_{xz}$ berechnet. Torsionsmomente sind ebenfalls zu berücksichtigen.

Der Hauptspannungsnachweis ist im Bereich großer Querkräfte zu führen, wobei die Entfernung vom Auflager i. allg. nicht vorgegeben werden kann. Bei unmittelbarer Unterstützung darf der Nachweis im Schnitt 0,5 $d_o$ vom Auflagerrand geführt werden.

**Schnittgrößenkombinationen**

Größtwert $Q$ mit zugehörigem $M_T$ und $M$
oder Größtwert $M_T$ mit zugehörigem $Q$ und $M$
oder Größtwert $M$ mit zugehörigem $Q$ und $M_T$

## 9.1 Hauptspannungen im Zustand I

Im Fall des ebenen Spannungszustandes

$\sigma_x$ als Längsspannung aus Biegung und Normalkraft
$\sigma_z$ aus Auflagerpressung und lotrechter Vorspannung
$\tau_{xz}$ aus Querkraft und Torsion;

$$\tau_{xz} = \frac{Q \cdot S}{I \cdot b}; \quad \tau_T = \frac{M_T}{W_T}; \quad \text{s. Abschn. Statik}$$

$$\sigma_{1,3} = \frac{\sigma_z + \sigma_x}{2} \mp \frac{\sigma_z - \sigma_x}{2} \cdot \sqrt{1 + \tan^2 2\alpha}$$

mit $\tan 2\alpha = \dfrac{2\tau_{xz}}{\sigma_z - \sigma_x}$

Bild 17

## 9.2 Hauptspannungen im Zustand II

Überschreiten die Biegezugspannungen die in Tafel 5 angegebenen Grenzwerte, so gilt in Zone b als Hauptzugspannung der Rechenwert der Schubspannung

$$\tau_R = \frac{Q}{b \cdot z} \qquad \text{Zone b s. S. 665}$$

## 9.3 Spannungsnachweise im Gebrauchszustand

Unter Gebrauchslast wird nur der Nachweis der Hauptzugspannungen $\sigma_1$ nach Zustand I verlangt. Sie dürfen im Bereich von Längsdruckspannungen sowie in der Mittelfläche von Gurten und Stegen (soweit zugbeanspruchte Gurte anschließen) auch im Bereich von Längszugspannungen die Werte der Tafel 6 Zeile 46 bis 49 nicht überschreiten.

Querbiegespannungen müssen nur unter ständiger Last und Vorspannung berücksichtigt werden.

**Beispiel** Schiefe Hauptspannungen unter Gebrauchslast

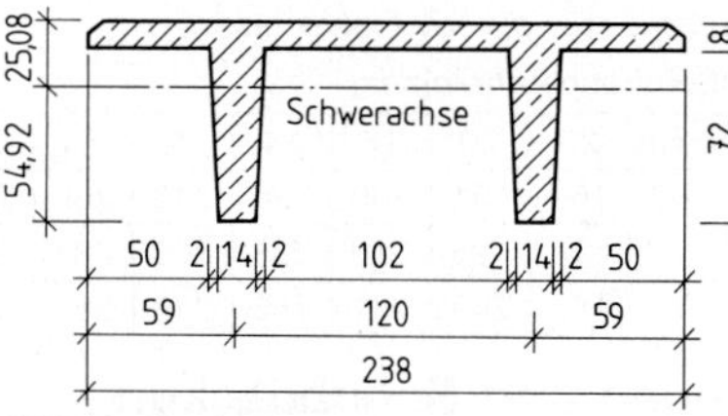


**Bild 18 Querschnitt**

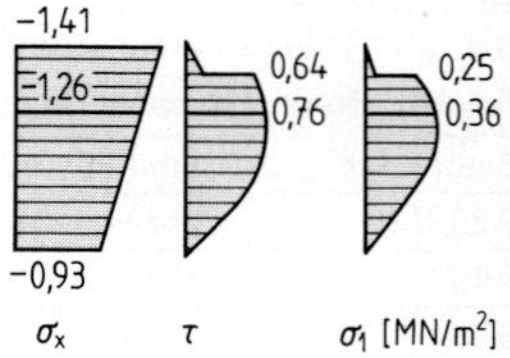


**Bild 19 Hauptzugspannungen $\sigma_1$**

$S_b = 45295\ \text{cm}^3$; $I_b = 2545536\ \text{cm}^4$; $Q = 145{,}40\ \text{kN}$

$$\tau = \frac{145{,}40 \cdot 45295}{2545536 \cdot 2 \cdot 17{,}05} = 0{,}076\ \text{kN/cm}^2 = 0{,}76\ \text{MN/m}^2$$

Schiefe Hauptzugspannungen

$$\tan 2\alpha = \frac{-2 \cdot 0{,}76}{-(-1{,}26)} = 1{,}206 \qquad \sigma_1 = \frac{-1{,}26}{2} + \frac{-(-1{,}26)}{2} \cdot \sqrt{1 + 1{,}206^2} = 0{,}36\ \text{MN/m}^2$$

## 9.4 Spannungsnachweise im rechnerischen Bruchzustand

Der vorgespannte Balken kann sich unter rechnerischer Bruchlast bereichsweise im Zustand I oder Zustand II befinden. Die Spannungsnachweise sind getrennt für Zone a, in der Biegerisse nicht zu erwarten sind, und Zone b, in der sich die Schubrisse aus Biegerissen entwickeln, zu führen.

Ein Querschnitt liegt in Zone a, wenn die größte nach Zustand I im rechnerischen Bruchzustand ermittelte Randzugspannung die Werte der Tafel 5 nicht überschreitet.

**Tafel 5 Höchstbiegezugspannungen für Zone a**

| Beton | B 25 | B 35 | B 45 | B 55 |
|---|---|---|---|---|
| $\sigma_{bz}$ in MN/m² | 2,5 | 2,8 | 3,2 | 3,5 |

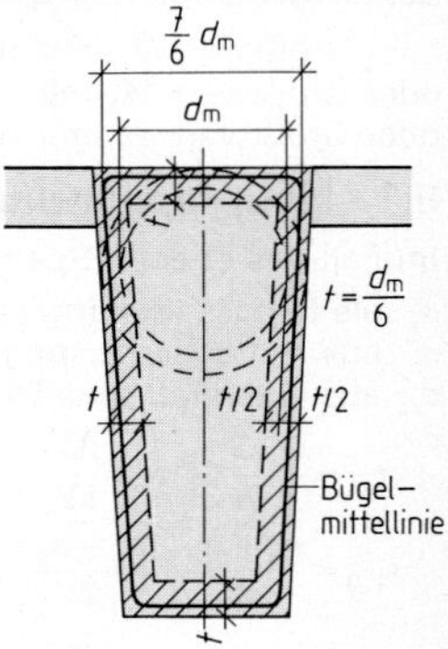


**Bild 20**

Die Begrenzung der schiefen Hauptzugspannungen ist für die Zonen a und b gleich, s. Tafel 6 Zeilen 50 bis 55. Die Spannungsberechnung erfolgt für Zone a nach Zustand I und in Zone b nach Zustand II mit dem Rechenwert $\tau_R$ der Schubspannungen.

**Zone a**

Schiefe Hauptdruckspannungen. In Zone a sind, wenn nicht vereinfachend wie in Zone b verfahren wird, die schiefen Hauptdruckspannungen unter der Annahme ausgefallener schiefer Hauptzugspannungen nachzuweisen s. Tafel 6 Zeilen 62, 63. Auf diesen Nachweis darf bei druckbeanspruchten Gurten verzichtet werden, wenn die größte Schubspannung im rechnerischen Bruchzustand kleiner als 0,1 $\beta_{WN}$ ist. Die schiefen Hauptdruckspannungen sind nach der Fachwerkanalogie zu ermitteln. Zur Vereinfachung kann dieser Nachweis in der Schwerlinie des Trägers geführt werden, wenn konstante Stegdicke vorliegt oder die geringste Stegdicke angesetzt wird.

Für Torsion ist bei Vollquerschnitten der in Bild 20 dargestellte Ersatzhohlquerschnitt anzusetzen s. Abschn. Statik.

**Zone b**

Maßgebend ist der Rechenwert der Schubspannung $\tau_R$ aus Querkraft nach Zustand II, aus Torsion nach Zustand I. Es sind die Werte der Tafel 6 Zeile 56 bis 61 einzuhalten. Für druckbeanspruchte Gurte sind die Nachweise wie in Zone a zu führen.

Bei zugbeanspruchten Gurten kann die Schubspannung infolge Querkraft aus der Zugkraftdifferenz zweier benachbarter Querschnitte oder nach Zustand I berechnet werden.

## 9.5 Bemessung der Schubbewehrung

Die schiefen Hauptzugkräfte sind unter rechnerischer Bruchlast durch Schubbewehrung aufzunehmen, wenn die Nachweisgrenzen der Tafel 6 Zeilen 50 bis 55 überschritten werden. Die erforderliche Schubbewehrung ist für die in den Zugstreben eines gedachten Fachwerks wirkenden Kräfte zu ermitteln s. DIN 4227 Abschn. 12.4.

**Beispiel** Schubsicherung eines Biegeträgers bei Vorspannung mit nachträglichem Verbund
Rechteckquerschnitt $b/d/h = 0{,}80/2{,}00/1{,}80$ [m] Beton B 45
Betonstahl B St500 S

Gebrauchszustand $Q_{g+p} = 2{,}00$ MN; $Q_v = -0{,}40$ MN;
$Q = 1{,}60$ MN; $M = 0$ (Auflager)

$$\max \tau = \frac{1{,}60}{0{,}8 \cdot 2{,}00} \cdot 1{,}5 = 1{,}5 \text{ MN/m}^2 < 2{,}6 \text{ MN/m}^2$$

Bruchzustand (Zone b) $z = 1{,}50$ m; $Q_{bs,u} = 1{,}75 \cdot 2{,}00 - 0{,}4 = 3{,}10$ MN;

$$\max \tau_R = \frac{3{,}10}{0{,}80 \cdot 1{,}50} = 2{,}58 \text{ MN/m}^2 \begin{matrix} < 8\,00 \text{ MN/m}^2 = \text{zul } \tau_R \\ > 2\,00 \text{ MN/m}^2 \end{matrix}$$

Nachweis der Schubbewehrung erforderlich.

Neigung der Druckstreben $\tan \vartheta = 1 - \frac{\Delta\tau}{\tau_R} = 1 - \frac{0{,}6 \cdot 2{,}00}{2{,}58} = 0{,}535 > 0{,}4$

Schubsicherung nur durch Bügel

Strebenzugkraft: $Z' = \frac{Q_{bs,u}}{z} \cdot \tan \vartheta = \frac{3{,}10 \cdot 0{,}535}{1{,}50} = 1{,}11$ MN/m

$$\text{erf. } A_{s,bü} = \frac{Z'}{\sigma_{su}} = \frac{1{,}11 \cdot 10^4}{500} = 22{,}2 \text{ cm}^2/\text{m};$$

gew. vierschnittige Bügel ∅12, $e = 20$ cm vorh. $A_{s,bü} = 22{,}6$ cm²/m.

# 10 Einleitung der Spannkräfte

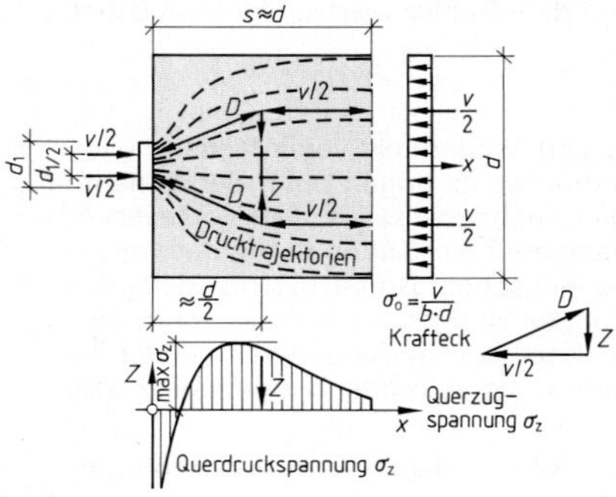


Durch die konzentriert eingetragene Spannkraft entstehen quer zur Kraftrichtung Zugspannungen. Die Resultierende dieser Querzugspannungen, die Spaltzugkräfte, sind durch Bewehrung aufzunehmen.

In Bild 23 sind die Spaltzugkraft $Z$, die Lage von max $\sigma_z$, sowie die Stelle $\sigma_z = 0$, in Abhängigkeit von $d_1/d$ angegeben. Den Verlauf von $\sigma_z$ entlang der $x$-Achse in Abhängigkeit von $d_1/d$ zeigt Bild 24.

**Bild 21 Kraftfluß und Druckresultierende zur Ermittlung der Spaltzugkraft *Z* sowie Verlauf der Querzugspannungen längs der *x*-Achse**

**Beispiel** Spaltzugbewehrung Anspannstelle, Längsvorspannung Spannkraft $V = 1160$ kN je Spannglied

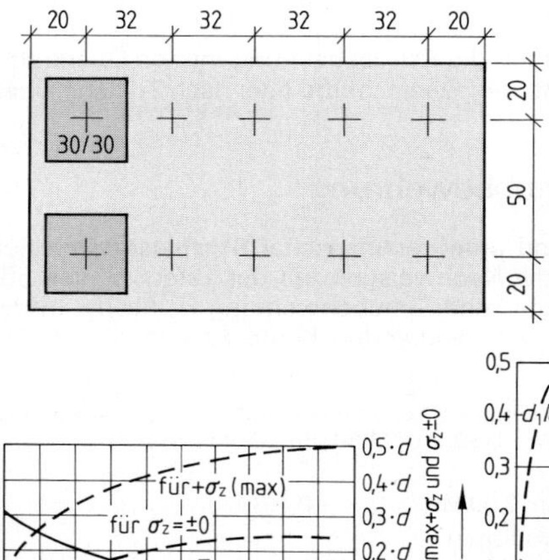


Lotrechte Spaltzugkraft
$d_1 = 30$ cm; $d = 20 + 25 = 45$ cm;
$d_1/d = 0{,}67$ n. Bild 24 $Z/V = 0{,}08$;
$Z = 0{,}08 \cdot 1160 = 92{,}8$ kN
$\sigma_z = 0 \rightarrow x = 0{,}22 \cdot 45 = 9{,}9$ cm
$\sigma_z = \max \rightarrow x = 0{,}47 \cdot 45 = 21{,}2$ cm
$A_s = 92{,}8 \cdot 10^{-3} / 286 \cdot 10^{-4} = 3{,}24$ cm²
je Spannglied

Betonstahl B St500 S mit
$\sigma_s = 500/1{,}75 = 286$ N/mm²
**Bild 22**

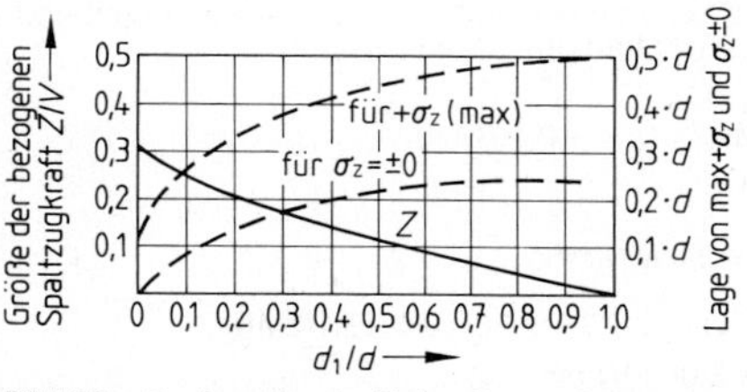


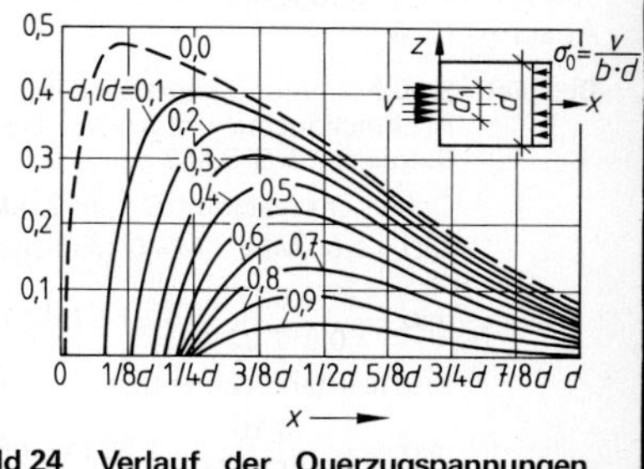


**Bild 23 Spaltzugkraft *Z* in der *x*-Achse, sowie Lage von max $\sigma_z$ und $\sigma_z = 0$** (nach Iyengar)

**Bild 24 Verlauf der Querzugspannungen $+\sigma$, entlang der *x*-Achse** (nach Iyengar)

Verankerung durch Verbund s. DIN 4227 Abschn. 14.2

# 11 Zugkraftdeckung

Bei gestaffelter Anordnung von Spanngliedern ist die Zugkraftdeckung im rechnerischen Bruchzustand analog den Bestimmungen der DIN 1045 durchzuführen. Siehe DIN 4227 Abschn. 14.3 bzw. Abschn. Stahlbeton S. 421/422.

## 12 Zulässige Spannungen

Die bei den Nachweisen zulässigen Beton- und Stahlspannungen sind in Tafel 6 angegeben. Zwischenwerte dürfen nicht eingeschaltet werden. Tafel 6 gilt auch für die Bemessung und Ausführung von Stahlverbundträgern.

**Tafel 6 Zulässige Spannungen** in MN/m² nach DIN 4227

**Beton auf Druck infolge von Längskraft und Biegemoment im Gebrauchszustand**

| | 1 | 2 | 3 | 4 | 5 | 6 |
|---|---|---|---|---|---|---|
| | Querschnittsbereich | Anwendungsbereich | Festigkeitsklasse | | | |
| | | | B 25 | B 35 | B 45 | B 55 |
| 1 | Druckzone | Mittiger Druck in Säulen und Druckgliedern | 8 | 10 | 11,5 | 13 |
| 2 | | Randspannung bei Voll- (z. B. Rechteck-) Querschnitt (einachsige Biegung) | 11 | 14 | 17 | 19 |
| 3 | | Randspannung in Gurtplatten aufgelöster Querschnitte (z. B. Plattenbalken und Hohlkastenquerschnitte) | 10 | 13 | 16 | 18 |
| 4 | | Eckspannung bei zweiachsiger Biegung | 12 | 15 | 18 | 20 |
| 5 | vorgedrückte Zugzone | Mittiger Druck | 11 | 13 | 15 | 17 |
| 6 | | Randspannung bei Voll- (z. B. Rechteck-) Querschnitt (einachsige Biegung) | 14 | 17 | 19 | 21 |
| 7 | | Randspannung in Gurtplatten aufgelöster Querschnitte (z. B. Plattenbalken und Hohlkastenquerschnitte) | 13 | 16 | 18 | 20 |
| 8 | | Eckspannung bei zweiachsiger Biegung | 15 | 18 | 20 | 22 |

**Beton auf Zug infolge von Längskraft und Biegemoment im Gebrauchszustand**

**Allgemein (nicht bei Brücken)**

| | | | B 25 | B 35 | B 45 | B 55 |
|---|---|---|---|---|---|---|
| | volle Vorspannung | allgemein: | | | | |
| 9 | | Mittiger Zug | 0 | 0 | 0 | 0 |
| 10 | | Randspannung | 0 | 0 | 0 | 0 |
| 11 | | Eckspannung | 0 | 0 | 0 | 0 |
| | | unter unwahrscheinlicher Häufung von Lastfällen: | | | | |
| 12 | | Mittiger Zug | 0,6 | 0,8 | 0,9 | 1,0 |
| 13 | | Randspannung | 1,6 | 2,0 | 2,2 | 2,4 |
| 14 | | Eckspannung | 2,0 | 2,4 | 2,7 | 3,0 |
| | | Bauzustand: | | | | |
| 15 | | Mittiger Zug | 0,3 | 0,4 | 0,4 | 0,5 |
| 16 | | Randspannung | 0,8 | 1,0 | 1,1 | 1,2 |
| 17 | | Eckspannung | 1,0 | 1,2 | 1,4 | 1,5 |
| | beschränkte Vorspannung | allgemein: | | | | |
| 18 | | Mittiger Zug | 1,2 | 1,4 | 1,6 | 1,8 |
| 19 | | Randspannung | 3,0 | 3,5 | 4,0 | 4,5 |
| 20 | | Eckspannung | 3,5 | 4,0 | 4,5 | 5,0 |
| | | unter unwahrscheinlicher Häufung von Lastfällen: | | | | |
| 21 | | Mittiger Zug | 1,6 | 2,0 | 2,2 | 2,4 |
| 22 | | Randspannung | 4,0 | 4,4 | 5,0 | 5,6 |
| 23 | | Eckspannung | 4,4 | 5,2 | 5,8 | 6,4 |
| | | Bauzustand: | | | | |
| 24 | | Mittiger Zug | 0,8 | 1,0 | 1,1 | 1,2 |
| 25 | | Randspannung | 2,0 | 2,2 | 2,5 | 2,8 |
| 26 | | Eckspannung | 2,2 | 2,6 | 2,9 | 3,2 |

Tafel 6, Fortsetzung

| Zeile | 1 Vorspannung | 2 Anwendungsbereich | 3 Festigkeitsklasse B 25 | 4 B 35 | 5 B 45 | 6 B 55 |
|---|---|---|---|---|---|---|
| **Beton auf Zug infolge von Längskraft und Biegemoment im Gebrauchszustand** | | | | | | |
| **Bei Brücken und vergleichbaren Bauwerken nach Abschn. 6.7.1 DIN 4227** | | | | | | |
| | | unter Hauptlasten: | | | | |
| 27 | | Mittiger Zug | 0 | 0 | 0 | 0 |
| 28 | | Randspannung | 0 | 0 | 0 | 0 |
| 29 | | Eckspannung | 0 | 0 | 0 | 0 |
| | | unter Haupt- und Zusatzlasten: | | | | |
| 30 | volle Vorspannung | Mittiger Zug | 0,6 | 0,8 | 0,9 | 1,0 |
| 31 | | Randspannung | 1,6 | 2,0 | 2,2 | 2,4 |
| 32 | | Eckspannung | 2,0 | 2,4 | 2,7 | 3,0 |
| | | Bauzustand: | | | | |
| 33 | | Mittiger Zug | 0,3 | 0,4 | 0,4 | 0,5 |
| 34 | | Randspannung | 0,8 | 1,0 | 1,1 | 1,2 |
| 35 | | Eckspannung | 1,0 | 1,2 | 1,4 | 1,5 |
| | | unter Hauptlasten: | | | | |
| 36 | | Mittiger Zug | 1,0 | 1,2 | 1,4 | 1,6 |
| 37 | | Randspannung | 2,5 | 2,8 | 3,2 | 3,5 |
| 38 | | Eckspannung | 2,8 | 3,2 | 3,6 | 4,0 |
| | | unter Haupt- und Zusatzlasten: | | | | |
| 39 | beschränkte Vorspannung | Mittiger Zug | 1,2 | 1,4 | 1,6 | 1,8 |
| 40 | | Randspannung | 3,0 | 3,6 | 4,0 | 4,5 |
| 41 | | Eckspannung | 3,5 | 4,0 | 4,5 | 5,0 |
| | | Bauzustand: | | | | |
| 42 | | Mittiger Zug [1]) | 0,8 | 1,0 | 1,1 | 1,2 |
| 43 | | Randspannung [1]) | 2,0 | 2,2 | 2,5 | 2,8 |
| 44 | | Eckspannung [1]) | 2,2 | 2,6 | 2,9 | 3,2 |
| **Biegezugspannungen aus Quertragwirkung beim Nachweis nach Abschn. 15.6 DIN 4227** | | | | | | |
| 45 | | | 3,0 | 4,0 | 5,0 | 6,0 |
| **Beton auf Schub** | | | | | | |
| **Schiefe Hauptzugspannungen im Gebrauchszustand** | | | | | | |
| 46 | volle Vorspannung | Querkraft, Torsion, Querkraft plus Torsion in der Mittelfläche | 0,8 | 0,9 | 0,9 | 1,0 |
| 47 | | Querkraft plus Torsion | 1,0 | 1,2 | 1,4 | 1,5 |
| 48 | beschränkte Vorspannung | Querkraft, Torsion, Querkraft plus Torsion in der Mittelfläche | 1,8 | 2,2 | 2,6 | 3,0 |
| 49 | | Querkraft plus Torsion | 2,5 | 2,8 | 3,2 | 3,5 |
| **Schiefe Hauptzugspannungen bzw. Schubspannungen im rechnerischen Bruchzustand ohne Nachweis der Schubbewehrung (Zone a und Zone b)** | | | | | | |
| 50 | Querkraft | bei Balken | 1,4 | 1,8 | 2,0 | 2,2 |
| 51 | | bei Platten [2]) (Querkraft senkrecht zur Platte) | 0,8 | 1,0 | 1,2 | 1,4 |
| 52 | Torsion | bei Vollquerschnitten | 1,4 | 1,8 | 2,0 | 2,2 |
| 53 | | in der Mittelfläche von Stegen und Gurten | 0,8 | 1,0 | 1,2 | 1,4 |
| 54 | Querkraft plus Torsion | in der Mittelfläche von Stegen und Gurten | 1,4 | 1,8 | 2,0 | 2,2 |
| 55 | | bei Vollquerschnitten | 1,8 | 2,4 | 2,7 | 3,0 |

**Tafel 6**, Fortsetzung

| Zeile | 1 | 2 | 3 | 4 | 5 | 6 |
|---|---|---|---|---|---|---|
| | Beanspruchung | Bauteile | Festigkeitsklasse | | | |
| | | | B 25 | B 35 | B 45 | B 55 |
| **Beton auf Schub** | | | | | | |
| **Grundwerte der Schubspannung im rechnerischen Bruchzustand in Zone b und in Zuggurten der Zone a** | | | | | | |
| 56 | Querkraft | bei Balken | 5,5 | 7,0 | 8,0 | 9,0 |
| 57 | Querkraft | bei Platten (Querkraft senkrecht zur Platte) | 3,2 | 4,2 | 4,8 | 5,2 |
| 58 | Torsion | bei Vollquerschnitten | 5,5 | 7,0 | 8,0 | 9,0 |
| 59 | Torsion | in der Mittelfläche von Stegen und Gurten | 3,2 | 4,2 | 4,8 | 5,2 |
| 60 | Querkraft plus Torsion | in der Mittelfläche von Stegen und Gurten | 5,5 | 7,0 | 8,0 | 9,0 |
| 61 | Querkraft plus Torsion | bei Vollquerschnitten | 5,5 | 7,0 | 8,0 | 9,0 |
| **Schiefe Hauptdruckspannungen im rechnerischen Bruchzustand in Zone a und Zone b** | | | | | | |
| 62 | Querkraft, Torsion, Querkraft plus Torsion | in Stegen | 11 | 16 | 20 | 25 |
| 63 | Querkraft, Torsion, Querkraft plus Torsion | in Gurtplatten | 15 | 21 | 27 | 33 |

**Stahl der Spannglieder**

| | 1 | 2 |
|---|---|---|
| | Beanspruchung | Zulässige Spannungen |
| 64 | vorübergehend, im Spannbett besonders beim Spannen (s. a. Abschn. 9.3 und 15.7 DIN 4227) | $0{,}8\beta_s$ bzw. $0{,}65\beta_z$ |
| 65 | im Gebrauchszustand | $0{,}75\beta_s$ bzw. $0{,}55\beta_z$ |
| 66 | im Gebrauchszustand bei Dehnungsbehinderung (s. Abschn. 15.4 DIN 4227) | 5% mehr als nach Zeile 65 |
| 67 | Randspannungen in Krümmungen (s. a. Abschn. 15.8 DIN 4227) | $\beta_{0,01}$ |

**Betonstahl**

| | 1 | 2 | 3 |
|---|---|---|---|
| | Beanspruchung | Betonstahl | zul. Spannungen |
| 68 | Zur Aufnahme der im Gebrauchszustand auftretenden Zugspannung | BST 420 S (III S)<br>BSt 500 S (IV S)<br>BSt 500 M (IV M) | $\beta_s/1{,}75$ |
| 69 | Beim Nachweis zur Beschränkung der Rißbreite, zur Aufnahme der Zugkräfte bei Biegung im rechnerischen Bruchzustand und zur Bemessung der Schubbewehrung | BSt 420 S (III S)<br>BSt 500 S (IV S)<br>BSt 500 M (IV M) | $\beta_s$ |

[1]) Abschn. 15.1 (3) DIN 4227 ist zu beachten
[2]) Für dicke Platten ($d > 30$ cm) s. Abschn. 12.4.1 DIN 4227

# 13 Spannstähle (Auswahl)

**Tafel 7 Spannstähle (Auswahl)**

| | | | | | | | | | |
|---|---|---|---|---|---|---|---|---|---|
| 1 | Spannstahlsorte | 835/<br>1030 | 835/<br>1030 | 1080/<br>1230 | 1420/<br>1570 | 1420/<br>1570 | 1420/<br>1570 | 1470/<br>1670 | 1570/<br>1770 |
| 2 | Stahlherstellung | warmgewalzt, gereckt und angelassen | | | vergütet | | | kaltgezogen | |
| 3 | Form | rund glatt | runde Gewinderippen | runde Gewinderippen | rund, glatt | rund, gerippt | flach gerippt | rund, glatt | |
| 4 | Durchmesser in mm bzw. Abmessungen in mm und Fläche in mm$^2$ | 26-32-36 | 26,5-32-36 | 26,5-32-36 | 6-7-8<br>10-12,2-14 | 5,2-6,2-7,2-8<br>10-12-14 | 4,5 × 10 ≙ 40<br>5,4 × 11 ≙ 50<br>7,9 × 15,5 ≙ 114 | 6,0-6,5-7,0<br>7,5 | 5,0-5,5 |
| 5 | Streckgrenze $\beta_s$ bzw. $\beta_{0,2}$ in N/mm$^2$ | 835 | 835 | 1080 | 1420 | 1420 | 1420 | 1470 | 1570 |
| 6 | Zugfestigkeit $\beta_z$ in N/mm$^2$ | 1030 | 1030 | 1230 | 1570 | 1570 | 1570 | 1670 | 1770 |
| 7 | Elastizitätsgrenze $\beta_{0,01}$ in N/mm$^2$ | 735 | 735 | 950 | 1220 | 1220 | 1220 | 1250 | 1300 |
| 8 | Bruchdehnung $\delta_{1,0}$ in % | 7 | 7 | 6 | 6 | 6 | 6 | 6 | 6 |
| 9 | Gleichmaßdehnung $\delta_{GL}$ in % | 4 | 4 | 4 | 2 | 2 | 2 | 2 | 2 |
| 10 | Relaxationsverlust in % $\sigma_i = 0{,}7\beta_z$; 1000 $h$; 20° | 3,3 | 3,3 | 3,3 | 2,0 | 2,0 | 2,0 | 7,5 | 7,5 |
| 11 | Relaxationsklasse | – | – | – | – | – | – | no | no |
| 12 | Schwingbreite in N/mm$^2$ 1) | 290<br>230 | 240<br>200 | 240<br>210 | 335<br>295 | 245<br>230 | 250<br>200 | 430<br>320 | 540<br>430 |
| 13 | Elastizitätsmodul $E_z$ in N/mm$^2$ | $2{,}05 \cdot 10^5$ | | | | | | | |

1) Die Dauerschwingfestigkeiten $2\sigma_A$ sind für eine Grenzlastspielzahl von $2 \cdot 10^6$ angegeben, und zwar der erste Wert für $\sigma_O = 0{,}55\beta_z$ und der zweite für $\sigma_O = 0{,}9\beta_{0,2}$.

# Stahlbau

Bearbeitet von Prof. Dipl.-Ing. Albrecht Thiele

## Inhalt



Stahlbau

## Technische Baubestimmungen

| | | | | |
|---|---|---|---|---|
| [1] | DIN V ENV 1993 T1-1 | | (4.93) | Eurocode 3: Bemessung und Konstruktion von Stahlbauten – Allgemeine Bemessungsregeln, Bemessungsregeln für den Hochbau |
| [2] | DIN V ENV 1994 T1-1 | | (2.94) | Eurocode 4: Bemessung und Konstruktion von Verbundtragwerken aus Stahl und Beton – Allgemeine Bemessungsregeln, Bemessungsregeln für den Hochbau |
| [3] | DIN 4132 | | (2.81) | Kranbahnen, Stahltragwerke, Grundsätze für Berechnung, bauliche Durchbildung und Ausführung |
| [4] | DIN 15018 | T1 | (11.84) | Krane; Grundsätze für Stahltragwerke, Berechnung |
| [5] | | T2 | (11.84) | –, Grundsätze für die bauliche Durchbildung |
| [6] | DIN 18800 | T1 | (11.90) | Stahlbauten, Bemessung und Konstruktion |
| [7] | | T2 | (11.90) | –, Stabilitätsfälle, Knicken von Stäben und Stabwerken |
| [8] | | T3 | (11.90) | –, Stabilitätsfälle, Plattenbeulen |
| [9] | | T4 | (11.90) | –, Stabilitätsfälle, Schalenbeulen |
| [10] | | T7 | (5.83) | –, Herstellen, Eignungsnachweise zum Schweißen |

mit Anpassungsrichtlinie zu DIN 18800 – Stahlbauten – Teil 1 bis 4/11.90 – Ausg. 7.95

| | | | |
|---|---|---|---|
| [11] | DIN 18801 | (9.83) | Stahlhochbau; Bemessung, Konstruktion, Herstellung |
| [12] | DIN 18806 T1 | (3.84) | Verbundkonstruktionen, Verbundstützen |
| [13] | DIN 18807 T1 | (6.87) | Trapezprofile im Hochbau; Stahltrapezprofile, Allg. Anforderungen, Ermittlung der Tragfähigkeitswerte durch Berechnung |
| [14] | T2 | (6.87) | –, Durchführung und Auswertung von Tragfähigkeitsversuchen |
| [15] | T3 | (6.87) | –, Festigkeitsnachweis und konstruktive Ausbildung |
| [16] | DIN 18808 | (10.84) | Stahlbauten, Tragwerke aus Hohlprofilen unter vorwiegend ruhender Beanspruchung |
| [17] | DIN 18809 | (9.87) | Stählerne Straßen- und Wegbrücken; Bemessung, Konstruktion, Herstellung |
| [18] | DS 804 | (9.88) | Vorschrift für Eisenbahnbrücken und sonstige Ingenieurbauwerke (VEI) |
| [19] | DASt-Ri 006 | (1.80) | Überschweißen von Fertigungsbeschichtungen (FB) im Stahlbau |
| [20] | DASt-Ri 007 | (11.79) | Wetterfeste Baustähle |
| [21] | DASt-Ri 009 | (4.73) | Empfehlungen zur Wahl der Stahlgütegruppen für geschweißte Stahlbauten |
| [22] | DASt-Ri 014 | (1.81) | Empfehlungen zum Vermeiden von Terrassenbrüchen in geschweißten Konstruktionen aus Baustahl |
| [23] | DASt-Ri 016 | (6.88) | Bemessung und konstruktive Gestaltung von Tragwerken aus dünnwandigen kaltgeformten Bauteilen |
| [24] | DASt-Ri 103 | (11.93) | Nationales Anwendungsdokument (NAD)-Richtlinie zur Anwendung von DIN V ENV 1993 Teil 1-1 (Eurocode 3) |
| [25] | DASt-Ri 104 | (2.94) | Nationales Anwendungsdokument (NAD)-Richtlinie zur Anwendung von DIN V ENV 1994 Teil 1-1 (Eurocode 4) |
| [26] | DStV/DASt | | Typisierte Verbindungen im Stahlhochbau. Köln 1984 |
| [27] | Richtlinien für die Bemessung und Ausführung von Stahlverbundträgern (3.81) mit ergänzenden Bestimmungen, 1984 und 1991 | | |
| [28] | VDI 2388 | (10.82) | Krane in Gebäuden – Planungsgrundlagen |


## Weiterführende Literatur


[29] *v. Berg, D.*: Krane und Kranbahnen, 2. Aufl. Stuttgart: B.G. Teubner 1989

[30] *Klöppel/Scheer* und *Klöppel/Möller*: Beulwerte ausgesteifter Rechteckplatten. Band I und II, Berlin – München: Wilhelm Ernst & Sohn

[31] *Lindner, J.* und *Greguli, T.*: Drehbettungswerte für Dachdeckungen mit untergelegter Wärmedämmung. Stahlbau **58** (1989)

[32] *Lindner, J.* und *Habermann, W.*: Zur Weiterentwicklung des Beulnachweises für Platten bei mehrachsiger Beanspruchung. Stahlbau 1988 und 1989

[33] *Oberegge, O./Hockelmann, H.P.*: Bemessungshilfen für profilorientiertes Konstruieren, 2. Aufl. Köln: Stahlbau-Verlagsges. mbH 1992

[34] *Oxfort, J.*: Zur Biegebeanspruchung des Stegblechanschlusses infolge exzentrischer Radlasten auf dem Obergurt von Kranbahnträgern. Der Stahlbau **50** (1981)

[35] *Petersen, Ch.*: Statik und Stabilität der Baukonstruktionen. Braunschweig 1982

[36] *Protte, W.*: Zum Scheiben- und Beulproblem längsversteifter Stegblechfelder bei örtlicher Lasteinleitung und bei Belastung aus Haupttragwirkung. Der Stahlbau **45** (1976)

[37] *Rose, G.*: Ein Beitrag zur Berechnung von Kranbahnen. Der Stahlbau **27** (1958)

[38] *Rubin, H.*: Interaktionsbeziehungen zw. Biegemoment, Quer- und Normalkraft für einfachsymmetrische I- und Kasten-Querschnitte bei Biegung um die starke und für doppeltsymmetrische I-Querschnitte bei Biegung um die schwache Achse. Der Stahlbau **47** (1978)

[39] *Rubin, H.*: Näherungsweise Bestimmung der Knicklängen und Knicklasten von Rahmen nach DIN 18800 Teil 2. Stahlbau **58** (1989)

[40] *Siebert, G.*: Biegesteife Stirnplattenverbindungen nach DSTV – Berechnung nach alter und neuer Norm. Stahlbau **64** (1995)

[41] *Thiele, A./Lohse, W.*: Stahlbau Teil 1, 22. Aufl. Stuttgart: B.G. Teubner 1993

[42] *Thiele, A./Lohse, W.*: Stahlbau Teil 2, 17. Aufl. Stuttgart: B.G. Teubner 1985

# Formelzeichen

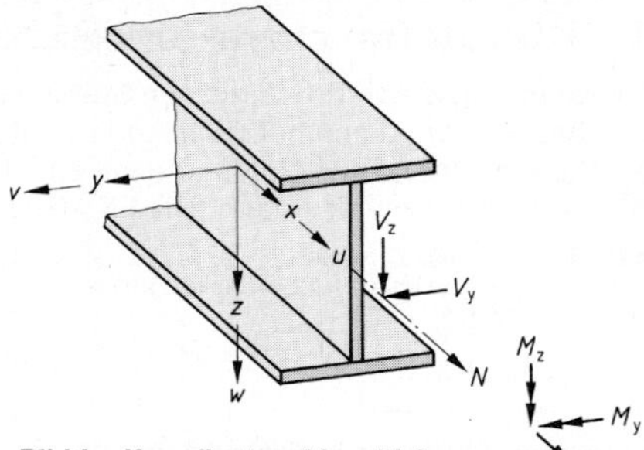


**Bild 1 Koordinaten, Verschiebungs- und Schnittgrößen**

## a) Schnittgrößen und Spannungen

$N$ Normalkraft, als Zug positiv
$M_y$, $M_z$ Biegemomente
$M_x$ Torsionsmoment
$V_y$, $V_z$ Querkräfte
$\sigma$ Normalspannung
$\Delta\sigma$ Spannungsschwingbreite
$\tau$ Schubspannung
$f_y$ Streckgrenze
$f_u$ Zugfestigkeit
$\mu$ Reibungszahl
$\psi$ Verhältnis von Spannungen oder Schnittgrößen

## b) Querschnittsgrößen

$A$ Querschnittsfläche
$A_{Steg}$ Stegfläche (zwischen den Gurtschwerlinien)
$S$ Statisches Moment
$I$ Flächenmoment 2. Grades
$i=\sqrt{I/A}$ Trägheitsradius
$I_T$ Torsionsflächenmoment 2. Grades (St. Venantscher Torsionswiderstand)
$I_\omega$ Wölbflächenmoment 2. Grades (Wölbwiderstand)
$W$ elastisches Widerstandsmoment
$N_{pl}$ Normalkraft im vollplastischen Zustand
$M_{pl}$ Biegemoment im vollplastischen Zustand
$M_{el}$ Biegemoment, bei dem die Spannung $\sigma_x$ an der ungünstigsten Stelle des Querschnitts $f_y$ erreicht
$\alpha_{pl}=M_{pl}/M_{el}$ plastischer Formbeiwert (1)
$V_{pl}$ Querkraft im vollplastischen Zustand
$d_L$ Lochdurchmesser
$d_{Sch}$ Schaftdurchmesser
$\Delta d$ Nennlochspiel
$A_{Sch}$ Schaftquerschnitt einer Schraube
$A_{Sp}$ Spannungsquerschnitt einer Schraube
$a$ rechnerische Schweißnahtdicke

## c) Systemgrößen

$l$ Systemlänge eines Stabes
$N_{Ki}=\pi^2\cdot E\cdot I/(\beta_K\cdot l)^2$ Normalkraft unter der kleinsten Verzweigungslast nach Elastizitätstheorie, Druck positiv
$s_K=\beta_K\cdot l=\pi\cdot\sqrt{(E\cdot I)/N_{Ki}}$ zu $N_{Ki}$ gehörende Knicklänge eines Stabes; $\beta_K$ s. Abschn. 4.4 (2)
$\lambda_K=s_K/i$ Schlankheitsgrad (3)
$\lambda_a=\pi\cdot\sqrt{E/f_{y,k}}$ Bezugsschlankheitsgrad $\lambda_a=92{,}9$ für St37 mit $f_{y,k}=240$ N/mm² (4)
$\lambda_a=75{,}9$ für St52 mit $f_{y,k}=360$ N/mm²
$\bar{\lambda}_K=\lambda_K/\lambda_a=\sqrt{N_{pl}/N_{Ki}}$ bezogener Schlankheitsgrad bei Druckbeanspruchung (5)
$\varkappa$ Abminderungsfaktor nach den Europäischen Knickspannungslinien
$\varepsilon=l\cdot\sqrt{N/(E\cdot I)_d}$ Stabkennzahl (6)
$\eta_{Ki}=N_{Ki,d}/N$ Verzweigungslastfaktor des Systems (7)
$M_{Ki,y}$ Biegedrillknickmoment nach der Elastizitätstheorie bei Wirkung von $M_y$ ohne $N$
$\bar{\lambda}_M=\sqrt{M_{pl,y}/M_{Ki,y}}$ bezogener Schlankheitsgrad bei Biegemomentenbeanspruchung (8)
$\varkappa_M$ Abminderungsfaktor für das Biegedrillknicken

Anmerkung: Für Zähler und Nenner in den Gln. (2), (5) und (8) sind einheitlich entweder deren charakteristische Werte oder aber ihre Bemessungswerte einzusetzen.

## d) Einwirkungen, Widerstandsgrößen, Sicherheitselemente

**F** Einwirkung (allg. Formelzeichen; engl.: **F**orce)
$G$ ständige Einwirkung
$Q$ veränderliche Einwirkung
$F_A$ außergewöhnliche Einwirkung
$F_E$ Erddruck
**M** Widerstandsgröße (allg. Formelzeichen)
$\gamma_F$ Teilsicherheitsbeiwert für die Einwirkungen
$\gamma_M$ Teilsicherheitsbeiwert für die Widerstandsgrößen
$\psi$ Kombinationsbeiwert für Einwirkungen
$S_d$ Beanspruchung (allg. Formelzeichen; engl.: **S**tress)
$R_d$ Beanspruchbarkeit (allg. Formelzeichen; engl. **R**esistance)

## e) Indizes

k ch(k)arakteristischer Wert einer Größe
d Bemessungswert einer Größe (engl.: **d**esign)
P Platte
R, d Beanspruchbarkeit
S, d Beanspruchung
w Schweißen (engl.: **w**eld)
b Schrauben, Niete, Bolzen (engl.: **b**olt)
a Stahl (**a**cier)
K Knicken

# 1 Werkstoffe, charakteristische Werte, Walzprofile

## Bezeichnungssystem unlegierter Stähle für den Stahlbau

Die Bezeichnung kann auf zwei Arten erfolgen:

a) Nach der Werkstoff-Nummer gem. DIN EN 10027-2, z. B. 1.0116

b) Mit dem Kurznamen nach DIN EN 10027-1 (9.92) und DIN V 17006 T100:

**Beispiel**

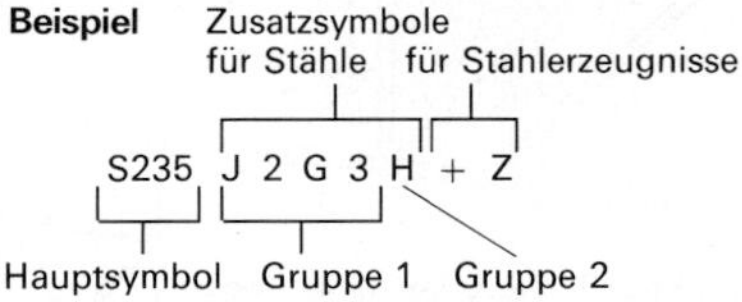


Beispiele für die Bedeutung der *Hauptsymbole*:

S = Stähle für den allg. Stahlbau, gefolgt von dem Mindeststreckgrenzenwert in N/mm²

B = Betonstähle mit charakt. Streckgrenzenwert in N/mm²

**Tafel 1 Zusatzsymbole Gruppe 1** für Nenndicken $10 < t \leqq 150$ mm (Auszug)

| Prüftemperatur in °C | | +20 | 0 | −20 | −30 | −40 | −50 | −60 |
|---|---|---|---|---|---|---|---|---|
| Kerbschlagarbeit, min | 27 J | JR | JO | J2 | J3 | J4 | J5 | J6 |
| | 40 J | KR | KO | K2 | K3 | K4 | K5 | K6 |

Der Angabe der Kerbschlagarbeit folgt ggf. eine zusätzliche Gütekennzeichnung G, evtl. mit 1 oder 2 Ziffern.

*Zusatzsymbole der Gruppe 2* werden erforderlichenfalls an die Gruppe 1 angehängt.

**Beispiele** C = mit besonderer Kaltumformbarkeit, H = für Hohlprofile
L = für niedrige Temperatur, W = wetterfest

Zusatzsymbole für Stahlerzeugnisse s. Normblätter.

**Tafel 2 Jetzige und frühere Bezeichnungen vergleichbarer Stähle,** Auswahl

| Stähle nach DIN EN | Bezeichnung der Stahlsorten | | | |
|---|---|---|---|---|
| | neu nach | | früher nach | |
| | EN 10027-1 (9.92) | EN 10027-2 (9.92) | DIN 17100 | EN 10025 : 1990 |
| 10025 (3.94) | S235JR<br>S235JRG1<br>S235JRG2<br>S235JO<br>S235J2G3 | 1.0037<br>1.0036<br>1.0038<br>1.0114<br>1.0116 | St 37-2<br>USt 37-2<br>RSt 37-2<br>St 37-3 U<br>St 37-3 N | Fe 360 B<br>Fe 360 BFU<br>Fe 360 BFN<br>Fe 360 C<br>Fe 360 D1 |
| | S275JR<br>S275JO<br>S275J2G3 | 1.0044<br>1.0143<br>1.0144 | St 44-2<br>St 44-3 U<br>St 44-3 N | Fe 430 B<br>Fe 430 C<br>Fe 430 D1 |
| | S355JO<br>S355J2G3 | 1.0553<br>1.0570 | St 52-3 U<br>St 52-3 N | Fe 510 C<br>Fe 510 D1 |
| 10155 (8.93) | S235J2W<br>S355J2G1W | 1.8961<br>1.8963 | WTSt 37-3<br>WTSt 52-3 | Fe 360 D KI<br>Fe 519 D2 KI |
| 10113-2 (4.93) | S355N<br>S355NL | 1.0545<br>1.0546 | StE 355<br>TStE 355 | FeE 355 KGN<br>FeE 355 KTN |

**Tafel 3 Charakteristische Werte für Werkstoffe von Kopf- und Gewindebolzen** nach DIN 18800 T1 [6] Tab. 4

| | Bolzen | Streckgrenze $f_{y,b,k}$ in N/mm² | Zugfestigkeit $f_{u,b,k}$ in N/mm² |
|---|---|---|---|
| 1 | nach DIN 32500 T1, Festigkeitsklasse 4.8 | 320 | 400 |
| 2 | nach DIN 32500 T3 mit der chemischen Zusammensetzung des S235J2G3 nach DIN EN 10025 | 350 | 450 |

Bei den Bolzen-Werkstoffen S235JR, S235J2G3, S355J2G3 gelten für $f_{y,b,k}$ und $f_{u,b,k}$ die Werte aus Tafel 4, Zeilen 1 bis 4; dabei entspricht $t$ dem Bolzendurchmesser $d$.

**Tafel 4 Charakteristische Werte für Walzstahl und Stahlguß**
nach DIN 18800 T1 [6] Tab. 1

| | Stahl | Erzeugnisdicke $t$ in mm | Streckgrenze $f_{y,k}$ N/mm² | Zugfestigkeit $f_{u,k}$ N/mm² | Hertzsche Pressung $\sigma_{H,k}$ N/mm² | E-Modul $E$ N/mm² | Schubmodul $G$ N/mm² | Temperaturdehnzahl $\alpha_T$ in $K^{-1}$ |
|---|---|---|---|---|---|---|---|---|
| 1 | Baustahl S235JR S235JRG1 S235JRG2 S235J2G3 | $t \leq 40$ | 240 | 360 | 800 | 210000 | 81 000 | $12 \cdot 10^{-6}$ |
| 2 | | $40 < t \leq 80$ | 215 | | | | | |
| 3 | Baustahl S355J2G3 | $t \leq 40$ | 360 | 510 | 1000 | | | |
| 4 | Feinkornbaustahl S355N S355NL | $40 < t \leq 80$ | 325 | | | | | |
| 5 | Stahlguß GS355 | | 260 | 520 | | | | |
| 6 | Stahlguß GS-20Mn5 | $t \leq 100$ | 260 | 500 | – | | | |
| 7 | Vergütungsstahl C35N | $t \leq 16$ | 300 | 480 | 950 | | | |
| 8 | | $16 < t \leq 80$ | 270 | | | | | |

Bedingungen für die Verwendung anderer Stahlsorten s. Normblatt!
Für Rohre (Hohlprofile) gelten entsprechende Stahlsorten. Werkstoffe der Zeilen 5 bis 8 sind für stählerne Lager, Gelenke und Sonderbauteile zu verwenden.
Die Stahlsorten sind entsprechend dem vorgesehenen Verwendungszweck und ihrer Schweißeignung auszuwählen (s. Tafeln 50 bis 53) und [22].
Charakteristische Werte für **Schrauben-Werkstoffe** s. Tafel 66; für Niete s. Normblatt.

**Tafel 5 Mechanische Eigenschaften der Flach- und Langerzeugnisse**[1])
Auszug aus DIN EN 10025 (3.94) und DIN EN 10113 T2 (4.93)

| Stahlsorte Kurzname nach EN 10027-1 | Desoxidationsart[2]) | Stahlart[3]) | Streckgrenze $R_{eH}$ in N/mm², min. für Nenndicken ≤16 | >16 ≤40 | >40 ≤63 | >63 ≤80 | >80 ≤100 | Zugfestigkeit $R_m$ N/mm² | Bruchdehnung %, min.[4]) für Nenndicke ≥3 ≤40 | >40 ≤63 | >63 ≤100 |
|---|---|---|---|---|---|---|---|---|---|---|---|
| S235JR[5]) S235JRG1[5]) | freig. FU | BS BS | 235 | 225 | – | – | – | 340 bis 470 | 26 (24) | 25 (23) | 24 (22) |
| S235JRG2 S235JO S235J2G3 | FN FN FF | BS QS QS | 235 | 225 | 215 | 215 | 215 | | | | |
| S275JR S275J0 S275J2G3 | FN FN FF | BS QS QS | 275 | 265 | 255 | 245 | 235 | 410 bis 560 | 22 (20) | 21 (19) | 20 (18) |
| S355JO S355J2G3 | FN FF | QS QS | 355 | 345 | 335 | 325 | 315 | 490 bis 630 | | | |
| S355N[6]) S355NL[6]) | GF | QS | | | | | | 470 bis 630 | 22 | | |

[1]) Für Nenndicken $t < 3$ mm und $t > 100$ mm s. Normblätter. Kerbschlagarbeit der Baustähle nach DIN EN 10025 s. Taf. 1.
[2]) FU Unberuhigter Stahl, FN Unberuhigter Stahl nicht zulässig, FF Vollberuhigter Stahl GF Vollberuhigter Stahl mit ausreichendem Gehalt an Elementen zur Bindung des Stickstoffs und mit feinkörnigem Gefüge.
[3]) BS Grundstahl, QS Qualitätsstahl
[4]) Länge der Längsprobe $L_0 = 5{,}65\sqrt{S_0}$; $S_0$ Anfangsquerschnitt der Probe. Klammerwerte für Querproben.
[5]) Nur in Nenndicken $t \leq 25$ mm lieferbar
[6]) Normalgeglühte/normalisierend gewalzte (N), schweißgeeignete Feinkornbaustähle. Mindestwerte der Kerbschlagarbeit bei −20 °C bzw. −50 °C (L) s. Normblatt.

## Warmgewalzte schmale I-Träger

**I-Reihe** nach DIN 1025-1 (5.95)

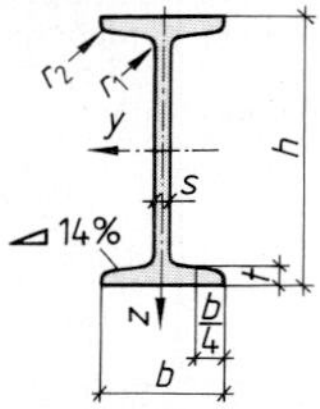


Bezeichnung eines warmgewalzten I-Trägers aus einem Stahl mit dem Kurznamen S235JR bzw. der Werkstoffnummer 1.0037 nach DIN EN 10025 mit dem Kurzzeichen I360:

I-Profil DIN 1025 – S235JR – I360 oder
I-Profil DIN 1025 – 1.0037 – I360

| Kurzzeichen[1]) | Maße[2]) in mm | | | | | [3]) | [3]) | für Biegung um die[4]) | | | | | |
|---|---|---|---|---|---|---|---|---|---|---|---|---|---|
| | | | | | | | | *y*-Achse | | | *z*-Achse | | |
| | $h$ | $b$ | $s=r_1$ | $t$ | $r_2$ | $A$ | $G$ | $I_y$ | $W_y$ | $i_y$ | $I_z$ | $W_z$ | $i_z$ = min $i$ |
| I | | | | | | $cm^2$ | kg/m | $cm^4$ | $cm^3$ | cm | $cm^4$ | $cm^3$ | cm |
| **80** | 80 | 42 | 3,9 | 5,9 | 2,3 | **7,57** | 5,94 | 77,8 | **19,5** | 3,20 | 6,29 | 3,00 | **0,91** |
| **100** | 100 | 50 | 4,5 | 6,8 | 2,7 | **10,6** | 8,34 | 171 | **34,2** | 4,01 | 12,2 | 4,88 | **1,07** |
| **120** | 120 | 58 | 5,1 | 7,7 | 3,1 | **14,2** | 11,1 | 328 | **54,7** | 4,81 | 21,5 | 7,41 | **1,23** |
| **140** | 140 | 66 | 5,7 | 8,6 | 3,4 | **18,2** | 14,3 | 573 | **81,9** | 5,61 | 35,2 | 10,7 | **1,40** |
| **160** | 160 | 74 | 6,3 | 9,5 | 3,8 | **22,8** | 17,9 | 935 | **117** | 6,40 | 54,7 | 14,8 | **1,55** |
| **180** | 180 | 82 | 6,9 | 10,4 | 4,1 | **27,9** | 21,9 | 1450 | **161** | 7,20 | 81,3 | 19,8 | **1,71** |
| **200** | 200 | 90 | 7,5 | 11,3 | 4,5 | **33,4** | 26,2 | 2140 | **214** | 8,00 | 117 | 26,0 | **1,87** |
| 220 | 220 | 98 | 8,1 | 12,2 | 4,9 | 39,5 | 31,1 | 3060 | 278 | 8,80 | 162 | 33,1 | 2,02 |
| **240** | 240 | 106 | 8,7 | 13,1 | 5,2 | **46,1** | 36,2 | 4250 | **354** | 9,59 | 221 | 41,7 | **2,20** |
| **260** | 260 | 113 | 9,4 | 14,1 | 5,6 | **53,3** | 41,9 | 5740 | **442** | 10,4 | 288 | 51,0 | **2,32** |
| 280 | 280 | 119 | 10,1 | 15,2 | 6,1 | 61,0 | 47,9 | 7590 | 542 | 11,1 | 364 | 61,2 | 2,45 |
| **300** | 300 | 125 | 10,8 | 16,2 | 6,5 | **69,0** | 54,2 | 9800 | **653** | 11,9 | 451 | 72,2 | **2,56** |
| 320 | 320 | 131 | 11,5 | 17,3 | 6,9 | 77,7 | 61,0 | 12510 | 782 | 12,7 | 555 | 84,7 | 2,67 |
| **340** | 340 | 137 | 12,2 | 18,3 | 7.3 | **86,7** | 68,0 | 15700 | **923** | 13,5 | 674 | 98,4 | **2,80** |
| **360** | 360 | 143 | 13,0 | 19,5 | 7,8 | **97,0** | 76,1 | 19610 | **1090** | 14,2 | 818 | 114 | **2,90** |
| 380 | 380 | 149 | 13,7 | 20,5 | 8,2 | 107 | 84,0 | 24010 | 1260 | 15,0 | 975 | 131 | 3,02 |
| **400** | 400 | 155 | 14,4 | 21,6 | 8,6 | **118** | 92,4 | 29210 | **1460** | 15,7 | 1160 | 149 | **313** |
| **450** | 450 | 170 | 16,2 | 24,3 | 9,7 | **147** | 115 | 45850 | **2040** | 17,7 | 1730 | 203 | **3,43** |
| **500** | 500 | 185 | 18,0 | 27,0 | 10,8 | **179** | 141 | 68740 | **2750** | 19,6 | 2480 | 268 | **3,72** |
| 550 | 550 | 200 | 19,0 | 30,0 | 11,9 | 212 | 166 | 99180 | 3610 | 21,6 | 3490 | 349 | 4,02 |

**Fett** gedruckte Profile sind zur bevorzugten Verwendung empfohlen (DStV-Profilliste).

[1]) Kurzzeichen nach DIN 1353 Teil 2

[2]) Zul. Abweichungen s. DIN 1025-1.

[3]) $A$ Querschnitt, $G$ Masse ($\gamma = 7{,}85$ kg/dm$^3$).

[4]) $I$ Flächenmoment 2. Grades, $W$ elastisches Widerstandsmoment, $i$ Trägkeitshalbmesser, jeweils für die Bezugsachsen $y$, $z$.

[5]) $S_y$ = Flächenmoment 1. Grades des halben Querschnitts um die $y$-Achse. $W_{pl,y} = 2\,S_y$ plastisches Widerstandsmoment für die $y$-Achse.

[6]) $s_y = I_y/S_y$ = Abstand der Druck- und Zugmittelpunkte.

[7]) $S_f$ = Flächenmoment 1. Grades des Trägerflansches (einschl. Ausrundung) um die $y$-Achse.

[8]) $A_{Steg}$ = Stegfläche zwischen den Flanschmitten zur näherungsweisen Berechnung der Schubspannung $\tau$ infolge Querkraft $V_z$. Bei kursiv gedruckten Werten ist $A_{Flansch}/A_{Steg} \leqq 0{,}6$ und es ist $\tau$ erforderlichenfalls genauer nachzuweisen.

[9]) $i_{zg}$ = Trägheitsradius eines Flansches einschl. 1/5 der Stegfläche nach DIN 18800 T2, Abschn. 3.3.3.

Werkstoff vorzugsweise aus Stahlsorten nach DIN EN 10025; er ist in der Bezeichnung anzugeben.

Die gewünschte Nennlänge ist bei Bestellung anzugeben. Die Profile werden mit folgenden Grenzabmaßen von der bestellten Länge geliefert:

a) ±50 mm

oder, auf Vereinbarung

b) $^{+100}_{\ \ 0}$ mm

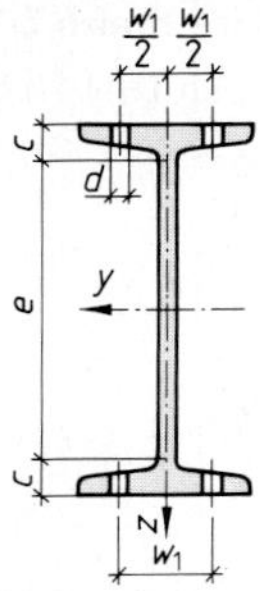


| 5) $S_y = \frac{1}{2} W_{pl,y}$ cm³ | 6) $s_y$ cm | 7) $S_f$ cm³ | 8) $A_{Steg}$ cm² | 9) $i_{zg}$ cm | 10) $I_T$ cm⁴ | 11) $\frac{I_\omega}{1000}$ cm⁶ | 12) $U$ m²/m | Maße nach DIN 997 in mm: Größt-∅ $d$ | Anreißmaß 13) $w_1$ | $c$ | $e$ | Kurzzeichen **I** |
|---|---|---|---|---|---|---|---|---|---|---|---|---|
| 11,4 | 6,84 | 9,65 | 2,89 | 1,02 | 0,869 | 0,0875 | 0,304 | 6,4 | 22 | 10,5 | 59 | **80** |
| 19,9 | 8,57 | 16,6 | 4,19 | 1,21 | 1,60 | 0,268 | 0,370 | 6,4 | 28 | 12,5 | 75 | **100** |
| 31,8 | 10,3 | 26,3 | 5,73 | 1,39 | 2,71 | 0,685 | 0,439 | 8,4 | 32 | 14 | 92 | **120** |
| 47,7 | 12,0 | 39,1 | 7,49 | 1,58 | 4,32 | 1,54 | 0,502 | 11 | 34 | 15,5 | 109 | **140** |
| 68,0 | 13,7 | 55,5 | 9,48 | 1,76 | 6,57 | 3,14 | 0,575 | 11 | 40 | 17,5 | 125 | **160** |
| 93,4 | 15,5 | 75,8 | 11,7 | 1,95 | 9,58 | 5,92 | 0,640 | 13+) | 44 | 19 | 142 | **180** |
| 125 | 17,2 | 101 | 14,2 | 2,14 | 13,5 | 10,52 | 0,709 | 13 | 48 | 20,5 | 159 | **200** |
| 162 | 18,9 | 130 | 16,8 | 2,31 | 18,6 | 17,76 | 0,775 | 13 | 52 | 22 | 176 | 220 |
| 206 | 20,6 | 165 | 19,7 | 2,51 | 25,0 | 28,73 | 0,844 | 17 \| 13 | 56 | 24 | 192 | **240** |
| 257 | 22,3 | 205 | 23,1 | 2,66 | 33,5 | 44,07 | 0,906 | 17 | 60 | 26 | 208 | **260** |
| 316 | 24,0 | 251 | 26,7 | 2,81 | 44,2 | 64,58 | 0,966 | 17 | 60 | 27,5 | 225 | 280 |
| 381 | 25,7 | 302 | 30,7 | 2,94 | 56,8 | 91,85 | 1,03 | 21 \| 17 | 64 | 29,5 | 241 | **300** |
| 457 | 27,4 | 361 | 34,8 | 3,08 | 72,5 | 128,8 | 1,09 | 21 \| 17 | 70 | 31 | 258 | 320 |
| 540 | 29,1 | 425 | 39,2 | 3,22 | 90,4 | 176,3 | 1,15 | 21 | 74 | 33 | 274 | **340** |
| 638 | 30,7 | 500 | 44,3 | 3,36 | 115 | 240,1 | 1,21 | 23 \| 21 | 76 | 35 | 290 | **360** |
| 741 | 32,4 | 579 | 49,3 | 3,50 | 141 | 318,7 | 1,27 | 23 \| 21 | 82 | 37 | 306 | 380 |
| 857 | 34,1 | 668 | 54,5 | 3,64 | 170 | 419,6 | 1,33 | 23 | 86 | 38,5 | 323 | **400** |
| 1200 | 38,3 | 929 | 69,0 | 3,99 | 267 | 791,1 | 1,48 | 25 \| 23 | 94 | 43,5 | 363 | **450** |
| 1620 | 42,4 | 1250 | 85,1 | 4,33 | 402 | 1403 | 1,63 | 28 | 100 | 48 | 404 | **500** |
| 2120 | 46,81 | 1640 | 98,8 | 4,71 | 544 | 2389 | 1,80 | 28 | 110 | 52,5 | 445 | 550 |

10) Torsionsflächenmoment 2. Grades (St. Venantscher Torsionswiderstand)

$$I_T = 2\left[\frac{1}{3} b t^3 \left(1 - 0{,}63 \frac{t}{b}\right)\right] + \frac{1}{3}(h - 2t)\, s^3 + 2\alpha D^4$$

mit $D$ = Durchmesser des zwischen den Rundungen und der Flanschaußenkante einbeschriebenen Kreises und $\alpha = (0{,}145 + 0{,}1\ r/t) \cdot s/t$.

11) $I_\omega$ = Wölbflächenmoment 2. Grades (Wölbwiderstand).

12) $U$ = Mantelfläche (Anstrichfläche) für 1 m Stablänge.

13) Für Niete und Schrauben von kleinerem als dem Größtdurchmesser können die gleichen Anreißmaße verwendet werden. Bei 2 Werten gilt für HV-Verbindungen der kleinere $d$.

+) Genormte Schrauben für HV-Verbindungen sind hier nicht anwendbar.

**Bemerkung** Die Angaben entsprechend den Fußnoten 7 bis 11 sind nicht genormt.

## Warmgewalzte breite I-Träger (I-Breitflanschträger)

**IPB-Reihe** nach DIN 1025 Teil 2 (3.94).

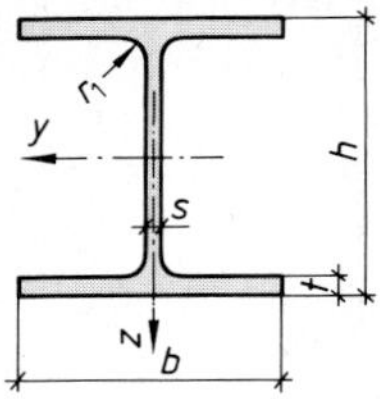


Diese Reihe entspricht der Euronorm 53–62 (HE-B). Bezeichnung eines warmgewalzten I-Trägers aus einem Stahl mit dem Kurznamen S235JR bzw. der Werkstoffnummer 1.0037 nach DIN EN 10025 mit dem Kurzzeichen IPB 360:

I-Profil DIN 1025–S235JR–IPB 360

oder I-Profil DIN 1025–1.0037–IPB 360

Das Kurzzeichen HE 360 B nach Euronorm 53–62 entspricht IPB 360.

**Breite I-Träger mit parallelen Flanschflächen (IPB-Reihe)**

| Kurzzeichen | Maße in mm | | | | | | | für Biegung um die | | | | | |
|---|---|---|---|---|---|---|---|---|---|---|---|---|---|
| | | | | | | | | y-Achse | | | z-Achse | | |
| | $h$ | $b$ | $s$ | $t$ | $r_1$ | $A$ | $G$ | $I_y$ | $W_y$ | $i_y$ | $I_z$ | $W_z$ | $i_z$ = min $i$ |
| **IPB HE-B** | | | | | | $cm^2$ | kg/m | $cm^4$ | $cm^3$ | cm | $cm^4$ | $cm^3$ | cm |
| **100** | 100 | 100 | 6 | 10 | 12 | **26,0** | 20,4 | 450 | **89,9** | 4,16 | 167 | 33,5 | **2,53** |
| **120** | 120 | 120 | 6,5 | 11 | 12 | **34,0** | 26,7 | 864 | **144** | 5,04 | 318 | 52,9 | **3,06** |
| **140** | 140 | 140 | 7 | 12 | 12 | **43,0** | 33,7 | 1510 | **216** | 5,93 | 550 | 78,5 | **3,58** |
| **160** | 160 | 160 | 8 | 13 | 15 | **54,3** | 42,6 | 2490 | **311** | 6,78 | 889 | 111 | **4,05** |
| **180** | 180 | 180 | 8,5 | 14 | 15 | **65,3** | 51,2 | 3830 | **426** | 7,66 | 1360 | 151 | **4,57** |
| **200** | 200 | 200 | 9 | 15 | 18 | **78,1** | 61,3 | 5700 | **570** | 8,54 | 2000 | 200 | **5,07** |
| 220 | 220 | 220 | 9,5 | 16 | 18 | 91,0 | 71,5 | 8090 | 736 | 9,43 | 2840 | 258 | 5,59 |
| **240** | 240 | 240 | 10 | 17 | 21 | **106** | 83,2 | 11260 | **938** | 10,3 | 3920 | 327 | **6,08** |
| **260** | 260 | 260 | 10 | 17,5 | 24 | **118** | 93,0 | 14920 | **1150** | 11,2 | 5130 | 395 | **6,58** |
| 280 | 280 | 280 | 10,5 | 18 | 24 | 131 | 103 | 19270 | 1380 | 12,1 | 6590 | 471 | 7,09 |
| **300** | 300 | 300 | 11 | 19 | 27 | **149** | 117 | 25170 | **1680** | 13,0 | 8560 | 571 | **7,58** |
| 320 | 320 | 300 | 11,5 | 20,5 | 27 | 161 | 127 | 30820 | 1930 | 13,8 | 9240 | 616 | 7,57 |
| **340** | 340 | 300 | 12 | 21,5 | 27 | **171** | 134 | 36660 | **2160** | 14,6 | 9690 | 646 | **7,53** |
| **360** | 360 | 300 | 12,5 | 22,5 | 27 | **181** | 142 | 43190 | **2400** | 15,5 | 10140 | 676 | **7,49** |
| **400** | 400 | 300 | 13,5 | 24 | 27 | **198** | 155 | 57680 | **2880** | 17,1 | 10820 | 721 | **7,40** |
| **450** | 450 | 300 | 14 | 26 | 27 | **218** | 171 | 79890 | **3550** | 19,1 | 11720 | 781 | **7,33** |
| **500** | 500 | 300 | 14,5 | 28 | 27 | **239** | 187 | 107200 | **4290** | 21,2 | 12620 | 842 | **7,27** |
| 550 | 550 | 300 | 15 | 29 | 27 | 254 | 199 | 136700 | 4970 | 23,2 | 13080 | 872 | 7,17 |
| **600** | 600 | 300 | 15,5 | 30 | 27 | **270** | 212 | 171000 | **5700** | 25,2 | 13530 | 902 | **7,08** |
| 650 | 650 | 300 | 16 | 31 | 27 | 286 | 225 | 210600 | 6480 | 27,1 | 13980 | 932 | 6,99 |
| **700** | 700 | 300 | 17 | 32 | 27 | **306** | 241 | 256900 | **7340** | 29,0 | 14440 | 963 | **6,87** |
| **800** | 800 | 300 | 17,5 | 33 | 30 | **334** | 262 | 359100 | **8980** | 32,8 | 14900 | 994 | **6,68** |
| 900 | 900 | 300 | 18,5 | 35 | 30 | 371 | 291 | 494100 | 10980 | 36,5 | 15820 | 1050 | 6,53 |
| **1000** | 1000 | 300 | 19 | 36 | 30 | **400** | 314 | 644700 | **12890** | 40,1 | 16280 | 1090 | **6,38** |

**I-Träger mit besonders breiten Flanschen (nicht genormt)**

| | | | | | | | | | | | | | |
|---|---|---|---|---|---|---|---|---|---|---|---|---|---|
| **HL** 1000 B | 1000 | 400 | 19 | 36 | 30 | 472 | 371 | 812100 | 16240 | 41,5 | 38480 | 1924 | 9,03 |
| **HX** 1000 B | 1000 | 451 | 19 | 36 | 30 | 509 | 399 | 897400 | 17950 | 42,0 | 55120 | 2444 | 10,4 |

**Fett** gedruckte Profile sind zur bevorzugten Anwendung empfohlen (DStV-Profilliste).

Werkstoff vorzugsweise aus Stahlsorten nach DIN EN 10025; er ist in der Bezeichnung anzugeben.

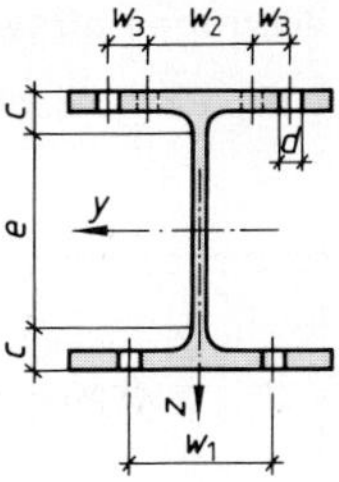


Die gewünschte Nennlänge ist bei Bestellung anzugeben. Die Profile werden mit folgenden Grenzabmaßen von der bestellten Länge geliefert:

a) ±50 mm oder

b) $^{+100}_{\ \ 0}$ mm, wenn bestimmte Mindestlängen gefordert werden.

| $S_y = \frac{1}{2} W_{pl,y}$ cm³ | $s_y$ cm | $S_f$ cm³ | $A_{Steg}$ cm² | $i_{zg}$ cm | $I_T$ cm⁴ | $\frac{I_\omega}{1000}$ cm⁶ | $U$ m²/m | Maße nach DIN 997 in mm: Größt-∅ $d$ | Anreißmaße $w_{1,2}$ | $w_3$ | $c$ | $e$ | Kurzzeichen IPB HE-B |
|---|---|---|---|---|---|---|---|---|---|---|---|---|---|
| 52,1 | 8,63 | 49,8 | 5,40 | 2,69 | 9,25 | 3,38 | 0,567 | 13 | 56 | – | 22 | 56 | **100** |
| 82,6 | 10,5 | 78,2 | 7,09 | 3,24 | 13,8 | 9,41 | 0,686 | 17 | 66 | – | 23 | 74 | **120** |
| 123 | 12,3 | 115 | 8,96 | 3,80 | 20,1 | 22,48 | 0,805 | 21 | 76 | – | 24 | 92 | **140** |
| 177 | 14,1 | 166 | 11,8 | 4,31 | 31,2 | 47,94 | 0,918 | 23 | 86 | – | 28 | 104 | **160** |
| 241 | 15,9 | 225 | 14,1 | 4,87 | 42,2 | 93,75 | 1,04 | 25 | 100 | – | 29 | 122 | **180** |
| 321 | 17,7 | 301 | 16,7 | 5,39 | 59,3 | 171,1 | 1,15 | 25 | 110 | – | 33 | 134 | **200** |
| 414 | 19,6 | 386 | 19,4 | 5,95 | 76,6 | 295,4 | 1,27 | 25 | 120 | – | 34 | 152 | 220 |
| 527 | 21,4 | 493 | 22,3 | 6,47 | 103 | 486,9 | 1,38 | 25 | 96 | 35 | 38 | 164 | **240** |
| 641 | 23,3 | 602 | 24,3 | 6,99 | 124 | 753,7 | 1,50 | 25 | 106 | 40 | 41,5 | 177 | **260** |
| 767 | 25,1 | 717 | 27,5 | 7,54 | 144 | 1130 | 1,62 | 25 | 110 | 45 | 42 | 196 | 280 |
| 934 | 26,9 | 875 | 30,9 | 8,06 | 185 | 1683 | 1,73 | 28 | 120 | 45 | 46 | 208 | **300** |
| 1070 | 28,7 | 1000 | 34,4 | 8,06 | 225 | 2069 | 1,77 | 28 | 120 | 45 | 47,5 | 225 | 320 |
| 1200 | 30,4 | 1120 | 38,2 | 8,05 | 257 | 2454 | 1,81 | 28 | 120 | 45 | 48,5 | 243 | **340** |
| 1340 | 32,2 | 1240 | 42,2 | 8,03 | 292 | 2883 | 1,85 | 28 | 120 | 45 | 49,5 | 261 | **360** |
| 1620 | 35,7 | 1470 | 50,8 | 7,99 | 356 | 3817 | 1,93 | 28 | 120 | 45 | 51 | 298 | **400** |
| 1990 | 40,1 | 1780 | 59,4 | 7,97 | 440 | 5258 | 2,03 | 28 | 120 | 45 | 53 | 344 | **450** |
| 2410 | 44,5 | 2130 | 68,4 | 7,94 | 538 | 7018 | 2,12 | 28 | 120 | 45 | 55 | 390 | **500** |
| 2800 | 48,9 | 2440 | 78,2 | 7,89 | 600 | 8856 | 2,22 | 28 | 120 | 45 | 56 | 438 | 550 |
| 3210 | 53,2 | 2750 | 88,4 | 7,84 | 667 | 10970 | 2,32 | 28 | 120 | 45 | 57 | 486 | **600** |
| 3660 | 57,5 | 3090 | 99,0 | 7,80 | 739 | 13360 | 2,42 | 28 | 120 | 45 | 58 | 534 | 650 |
| 4160 | 61,7 | 3440 | 114 | 7,73 | 831 | 16060 | 2,52 | 28 | 120 | 45 | 59 | 582 | **700** |
| 5110 | 70,2 | 4120 | 134 | 7,61 | 946 | 21840 | 2,71 | 28 | 130 | 40 | 63 | 674 | **800** |
| 6290 | 78,5 | 4920 | 160 | 7,52 | 1137 | 29460 | 2,91 | 28 | 130 | 40 | 65 | 770 | 900 |
| 7430 | 86,8 | 5640 | *183* | 7,43 | 1254 | 37640 | 3,11 | 28 | 130 | 40 | 66 | 868 | **1000** |

**Nach dem Walzprogramm der ARBED**

| | | | | | | | | | | |
|---|---|---|---|---|---|---|---|---|---|---|
| 9163 | 88,6 | 7373 | 183 | 10,2 | 1565 | 89210 | 3,51 | 66 | 868 | **HL** 1000 B |
| 10050 | 89,3 | 8258 | 183 | 11,7 | 1724 | 127900 | 3,71 | 66 | 868 | **HX** 1000 B |

Anmerkungen sinngemäß wie auf S. 676/677.

## Warmgewalzte breite I-Träger, leichte Ausführung

**IPBl-Reihe** nach DIN 1025 Teil 3 (3.94).

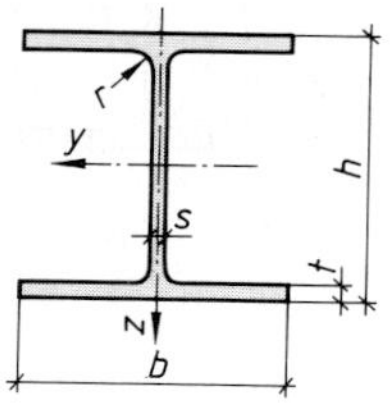


Diese Reihe entspricht der Euronorm 53 – 62 (HE-A). Träger mit parallelen Flanschflächen, deren Stege und Flansche dünner und deren Höhen *h* damit kleiner als die der IPB-Reihe nach DIN 1025 Teil 2 sind.

Bezeichnung eines Trägers dieser Reihe aus einem Stahl mit dem Kurznamen S235JR nach DIN EN 10025 mit dem Kurzzeichen IPBl 360:

I-Profil DIN 1025 – S235JR – IPBl 360

Das Kurzzeichen HE 360 A nach Euronorm 53 – 62 entspricht IPBl 360.

| Kurzzeichen[1]) | Maße in mm | | | | | | | für Biegung um die | | | | | |
|---|---|---|---|---|---|---|---|---|---|---|---|---|---|
| | | | | | | | | *y*-Achse | | | *z*-Achse | | |
| **IPBl HE-A** | *h* | *b* | *s* | *t* | *r* | *A* cm² | *G* kg/m | $I_y$ cm⁴ | $W_y$ cm³ | $i_y$ cm | $I_z$ cm⁴ | $W_z$ cm³ | $i_z$ = min *i* cm |
| **100** | 96 | 100 | 5 | 8 | 12 | **21,2** | 16,7 | 349 | **72,8** | 4,06 | 134 | 26,8 | **2,51** |
| **120** | 114 | 120 | 5 | 8 | 12 | **25,3** | 19,9 | 606 | **106** | 4,89 | 231 | 38,5 | **3,02** |
| **140** | 133 | 140 | 5,5 | 8,5 | 12 | **31,4** | 24,7 | 1030 | **155** | 5,73 | 389 | 55,6 | **3,52** |
| **160** | 152 | 160 | 6 | 9 | 15 | **38,8** | 30,4 | 1670 | **220** | 6,57 | 616 | 76,9 | **3,98** |
| **180** | 171 | 180 | 6 | 9,5 | 15 | **45,3** | 35,5 | 2510 | **294** | 7,45 | 925 | 103 | **4,52** |
| **200** | 190 | 200 | 6,5 | 10 | 18 | **53,8** | 42,3 | 3690 | **389** | 8,28 | 1340 | 134 | **4,98** |
| 220 | 210 | 220 | 7 | 11 | 18 | 64,3 | 50,5 | 5410 | 515 | 9,17 | 1950 | 178 | 5,51 |
| **240** | 230 | 240 | 7,5 | 12 | 21 | **76,8** | 60,3 | 7760 | **675** | 10,1 | 2770 | 231 | **6,00** |
| **260** | 250 | 260 | 7,5 | 12,5 | 24 | **86,8** | 68,2 | 10450 | **836** | 11,0 | 3670 | 282 | **6,50** |
| 280 | 270 | 280 | 8 | 13 | 24 | 97,3 | 76,4 | 13670 | 1010 | 11,9 | 4760 | 340 | 7,00 |
| **300** | 290 | 300 | 8,5 | 14 | 27 | **112** | 88,3 | 18260 | **1260** | 12,7 | 6310 | 421 | **7,49** |
| 320 | 310 | 300 | 9 | 15,5 | 27 | 124 | 97,6 | 22930 | 1480 | 13,6 | 6990 | 466 | 7,49 |
| **340** | 330 | 300 | 9,5 | 16,5 | 27 | **133** | 105 | 27690 | **1680** | 14,4 | 7440 | 496 | **7,46** |
| **360** | 350 | 300 | 10 | 17,5 | 27 | **143** | 112 | 33090 | **1890** | 15,2 | 7890 | 526 | **7,43** |
| **400** | 390 | 300 | 11 | 19 | 27 | **159** | 125 | 45070 | **2310** | 16,8 | 8560 | 571 | **7,34** |
| **450** | 440 | 300 | 11,5 | 21 | 27 | **178** | 140 | 63720 | **2900** | 18,9 | 9470 | 631 | **7,29** |
| **500** | 490 | 300 | 12 | 23 | 27 | **198** | 155 | 86970 | **3550** | 21,0 | 10370 | 691 | **7,24** |
| 550 | 540 | 300 | 12,5 | 24 | 27 | 212 | 166 | 111900 | 4150 | 23,0 | 10820 | 721 | 7,15 |
| **600** | 590 | 300 | 13 | 25 | 27 | **226** | 178 | 141200 | **4790** | 25,0 | 11270 | 751 | **7,05** |
| 650 | 640 | 300 | 13,5 | 26 | 27 | 242 | 190 | 175200 | 5470 | 26,9 | 11720 | 782 | 6,97 |
| **700** | 690 | 300 | 14,5 | 27 | 27 | **260** | 204 | 215300 | **6240** | 28,8 | 12180 | 812 | **6,84** |
| **800** | 790 | 300 | 15 | 28 | 30 | **286** | 224 | 303400 | **7680** | 32,6 | 12640 | 843 | **6,65** |
| 900 | 890 | 300 | 16 | 30 | 30 | 320 | 252 | 422100 | 9480 | 36,3 | 13550 | 903 | 6,50 |
| **1000** | 990 | 300 | 16,5 | 31 | 30 | **347** | 272 | 553800 | **11190** | 40,0 | 14000 | 934 | **6,35** |

**I-Träger mit besonders breiten Flanschen,** leichte Ausführung

| | | | | | | | | | | | | | |
|---|---|---|---|---|---|---|---|---|---|---|---|---|---|
| **HL** 1000 A | 990 | 400 | 16,5 | 31 | 30 | 409 | 321 | 696400 | 14070 | 41,3 | 33120 | 1656 | 9,00 |
| **HX** 1000 A | 992 | 450 | 18 | 32 | 30 | 463 | 363 | 799800 | 16130 | 41,6 | 48670 | 2163 | 10,3 |

**Fett** gedruckte Profile sind zur bevorzugten Anwendung empfohlen (DStV-Profilliste).

Anmerkungen sinngemäß wie auf S. 676/677.

Werkstoff vorzugsweise aus Stahlsorten nach DIN EN 10025; er ist in der Bezeichnung anzugeben.

Die gewünschte Nennlänge ist bei Bestellung anzugeben. Die Profile werden mit folgenden Grenzabmaßen von der bestellten Länge geliefert:

a) ±50 mm oder

b) $^{+100}_{\ \ 0}$ mm, wenn bestimmte Mindestlängen gefordert werden.

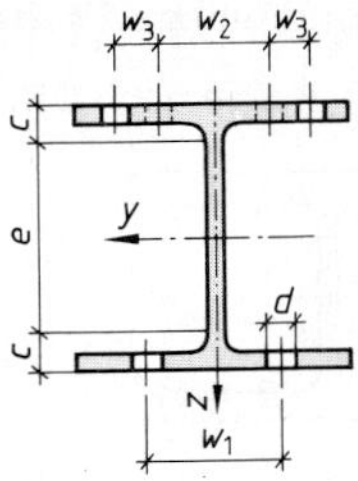


| $S_y = \frac{1}{2} W_{pl,y}$ cm³ | $s_y$ cm | $S_f$ cm³ | $A_{Steg}$ cm² | $i_{zg}$ cm | $I_T$ cm⁴ | $\frac{I_\omega}{1000}$ cm⁶ | $U$ m²/m | Maße nach DIN 997 in mm: Größt-Ø $d$ | Anreißmaße $w_{1,2}$ | $w_3$ | $c$ | $e$ | Kurzzeichen[1] IPBL HE-A |
|---|---|---|---|---|---|---|---|---|---|---|---|---|---|
| 41,5 | 8,41 | 39,5 | 4,40 | 2,66 | 5,24 | 2,58 | 0,561 | 13 | 56 | – | 20 | 56 | **100** |
| 59,7 | 10,1 | 56,3 | 5,30 | 3,21 | 5,99 | 6,47 | 0,677 | 17 | 66 | – | 20 | 74 | **120** |
| 86,7 | 11,9 | 80,9 | 6,85 | 3,76 | 8,13 | 15,06 | 0,794 | 21 | 76 | – | 20,5 | 92 | **140** |
| 123 | 13,6 | 114 | 8,58 | 4,26 | 12,2 | 31,41 | 0,906 | 23 | 86 | – | 24 | 104 | **160** |
| 162 | 15,5 | 151 | 9,69 | 4,82 | 14,8 | 60,21 | 1,02 | 25 | 100 | – | 24,5 | 122 | **180** |
| 215 | 17,2 | 200 | 11,7 | 5,32 | 21,0 | 108,0 | 1,14 | 25 | 110 | – | 28 | 134 | **200** |
| 284 | 19,0 | 264 | 13,9 | 5,88 | 28,5 | 193,3 | 1,26 | 25 | 120 | – | 29 | 152 | 220 |
| 372 | 20,9 | 347 | 16,4 | 6,40 | 41,6 | 328,5 | 1,37 | 25 | 94 | 35 | 33 | 164 | **240** |
| 460 | 22,7 | 431 | 17,8 | 6,91 | 52,4 | 516,4 | 1,48 | 25 | 100 | 40 | 36,5 | 177 | **260** |
| 556 | 24,6 | 518 | 20,6 | 7,46 | 62,1 | 785,4 | 1,60 | 25 | 110 | 45 | 37 | 196 | 280 |
| 692 | 26,4 | 646 | 23,5 | 7,98 | 85,2 | 1200 | 1,72 | 28 | 120 | 45 | 41 | 208 | **300** |
| 814 | 28,2 | 757 | 26,5 | 7,99 | 108 | 1512 | 1,76 | 28 | 120 | 45 | 42,5 | 225 | 320 |
| 925 | 29,9 | 855 | 29,8 | 7,99 | 127 | 1824 | 1,79 | 28 | 120 | 45 | 43,5 | 243 | **340** |
| 1040 | 31,7 | 959 | 33,3 | 7,98 | 149 | 2177 | 1,83 | 28 | 120 | 45 | 44,5 | 261 | **360** |
| 1280 | 35,2 | 1160 | 40,8 | 7,94 | 189 | 2942 | 1,91 | 28 | 120 | 45 | 46 | 298 | **400** |
| 1610 | 39,6 | 1440 | 48,2 | 7,93 | 244 | 4148 | 2,01 | 28 | 120 | 45 | 48 | 344 | **450** |
| 1970 | 44,1 | 1750 | 56,0 | 7,91 | 309 | 5643 | 2,11 | 28 | 120 | 45 | 50 | 390 | **500** |
| 2310 | 48,4 | 2010 | 64,5 | 7,86 | 352 | 7189 | 2,21 | 28 | 120 | 45 | 51 | 438 | 550 |
| 2680 | 52,8 | 2290 | 73,5 | 7,82 | 398 | 8978 | 2,31 | 28 | 120 | 45 | 52 | 486 | **600** |
| 3070 | 57,1 | 2590 | 82,9 | 7,77 | 448 | 11030 | 2,41 | 28 | 120 | 45 | 53 | 534 | 650 |
| 3520 | 61,2 | 2900 | 96,1 | 7,70 | 514 | 13350 | 2,50 | 28 | 120 | 45 | 54 | 582 | **700** |
| 4350 | 69,8 | 3500 | 114 | 7,58 | 597 | 18290 | 2,70 | 28 | 130 | 40 | 58 | 674 | **800** |
| 5410 | 78,1 | 4220 | 138 | 7,49 | 737 | 24960 | 2,90 | 28 | 130 | 40 | 60 | 770 | 900 |
| 6410 | 86,4 | 4860 | *158* | 7,41 | 822 | 32070 | 3,10 | 28 | 130 | 40 | 61 | 868 | **1000** |

**Nicht genormt** (nach dem Walzprogramm der ARBED)

| | | | | | | | | | | | | | |
|---|---|---|---|---|---|---|---|---|---|---|---|---|---|
| 7899 | 88,2 | 6345 | 158 | 10,2 | 1021 | 76030 | 3,50 | | | | 61 | 868 | **HL** 1000 A |
| 9026 | 88,6 | 7331 | 173 | 11,6 | 1268 | 112000 | 3,70 | | | | 62 | 868 | **HX** 1000 A |

[1]) Von den mit gleichen Zahlen bezeichneten IPS-Trägern nach DIN 1025 Teil 2 (S. 678) abgeleitete Profile. Trägerbezeichnung entspricht nicht der Trägerhöhe.

## Warmgewalzte breite I-Träger, verstärkte Ausführung

**IPBv-Reihe** nach DIN 1025 Teil 4 (3.94).

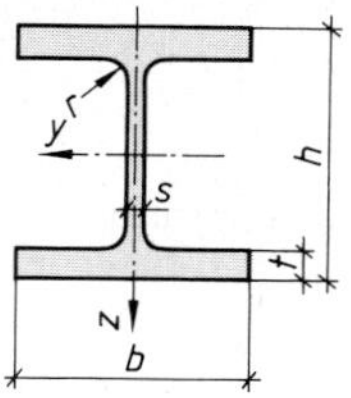


Diese Reihe entspricht der Euronorm 53–62 (HE-M). Träger mit parallelen Flanschflächen, deren Stege und Flansche d i c k e r und deren Höhen *h* damit g r ö ß e r als die der IPB-Reihe nach DIN 1025 Teil 2 sind.

Bezeichnung eines Trägers dieser Reihe aus einem Stahl mit dem Kurznamen S235JR nach DIN EN 10025 mit dem Kurzzeichen IPBv 360:

I-Profil DIN 1025 – S235JR – IPBv 360

Das Kurzzeichen HE 360 M nach Euronorm 53–62 entspricht IPBv 360.

| Kurzzeichen[1]) IPBv HE-M | Maße in mm *h* | *b* | *s* | *t* | *r* | *A* cm² | *G* kg/m | für Biegung um die *y*-Achse $I_y$ cm⁴ | $W_y$ cm³ | $i_y$ cm | *z*-Achse $I_z$ cm⁴ | $W_z$ cm³ | $i_z$ = min *i* cm |
|---|---|---|---|---|---|---|---|---|---|---|---|---|---|
| **100** | 120 | 106 | 12 | 20 | 12 | **53,2** | 41,8 | 1140 | **190** | 4,63 | 399 | 75,3 | **2,74** |
| **120** | 140 | 126 | 12,5 | 21 | 12 | **66,4** | 52,1 | 2020 | **288** | 5,51 | 703 | 112 | **3,25** |
| **140** | 160 | 146 | 13 | 22 | 12 | **80,6** | 63,2 | 3290 | **411** | 6,39 | 1140 | 157 | **3,77** |
| **160** | 180 | 166 | 14 | 23 | 15 | **97,1** | 76,2 | 5100 | **566** | 7,25 | 1760 | 212 | **4,26** |
| **180** | 200 | 186 | 14,5 | 24 | 15 | **113** | 88,9 | 7480 | **748** | 8,13 | 2580 | 277 | **4,77** |
| **200** | 220 | 206 | 15 | 25 | 18 | **131** | 103 | 10640 | **967** | 9,00 | 3650 | 354 | **5,27** |
| 220 | 240 | 226 | 15,5 | 26 | 18 | 149 | 117 | 14600 | 1220 | 9,89 | 5010 | 444 | 5,79 |
| **240** | 270 | 248 | 18 | 32 | 21 | **200** | 157 | 24290 | **1800** | 11,0 | 8150 | 657 | **6,39** |
| **260** | 290 | 268 | 18 | 32,5 | 24 | **220** | 172 | 31310 | **2160** | 11,9 | 10450 | 780 | **6,90** |
| 280 | 310 | 288 | 18,5 | 33 | 24 | 240 | 189 | 39550 | 2550 | 12,8 | 13160 | 914 | 7,40 |
| **300** | 340 | 310 | 21 | 39 | 27 | **303** | 238 | 59200 | **3480** | 14,0 | 19400 | 1250 | **8,00** |
| 320/305 | 320 | 305 | 16 | 29 | 27 | 225 | 177 | 40950 | 2560 | 13,5 | 13740 | 901 | 7,81 |
| 320 | 359 | 309 | 21 | 40 | 27 | 312 | 245 | 68130 | 3800 | 14,8 | 19710 | 1280 | 7,95 |
| **340** | 377 | 309 | 21 | 40 | 27 | **316** | 248 | 76370 | **4050** | 15,6 | 19710 | 1280 | **7,90** |
| **360** | 395 | 308 | 21 | 40 | 27 | **319** | 250 | 84870 | **4300** | 16,3 | 19520 | 1270 | **7,83** |
| **400** | 432 | 307 | 21 | 40 | 27 | **326** | 256 | 104100 | **4820** | 17,9 | 19330 | 1260 | **7,70** |
| **450** | 478 | 307 | 21 | 40 | 27 | **335** | 263 | 131500 | **5500** | 19,8 | 19340 | 1260 | **7,59** |
| **500** | 524 | 306 | 21 | 40 | 27 | **344** | 270 | 161900 | **6180** | 21,7 | 19150 | 1250 | **7,46** |
| 550 | 572 | 306 | 21 | 40 | 27 | 354 | 278 | 198000 | 6920 | 23,6 | 19160 | 1250 | 7,35 |
| **600** | 620 | 305 | 21 | 40 | 27 | **364** | 285 | 237400 | **7660** | 25,6 | 18970 | 1240 | **7,22** |
| 650 | 668 | 305 | 21 | 40 | 27 | 374 | 293 | 281700 | 8430 | 27,5 | 18980 | 1240 | 7,13 |
| **700** | 716 | 304 | 21 | 40 | 27 | **383** | 301 | 329300 | **9200** | 29,3 | 18800 | 1240 | **7,01** |
| **800** | 814 | 303 | 21 | 40 | 30 | **404** | 317 | 442600 | **10870** | 33,1 | 18630 | 1230 | **6,79** |
| 900 | 910 | 302 | 21 | 40 | 30 | 424 | 333 | 570400 | 12540 | 36,7 | 18450 | 1220 | 6,60 |
| **1000** | 1008 | 302 | 21 | 40 | 30 | **444** | 349 | 722300 | **14330** | 40,3 | 18460 | 1220 | **6,45** |
| **I-Träger mit besonders breiten Flanschen**, verstärkte Ausführung | | | | | | | | | | | | | |
| **HL** 1000 M | 1008 | 402 | 21 | 40 | 30 | 524 | 412 | 909800 | 18050 | 41,7 | 43410 | 2160 | 9,10 |
| **HX** 1000 M | 1008 | 453 | 21 | 40 | 30 | 565 | 444 | 1005400 | 19950 | 42,2 | 62070 | 2740 | 10,5 |

**Fett** gedruckte Profile sind zur bevorzugten Anwendung empfohlen (DStV-Profilliste).

Anmerkungen sinngemäß wie auf S. 676/677.

Werkstoff vorzugsweise aus Stahlsorten nach DIN EN 10025; er ist in der Bezeichnung anzugeben.

Die gewünschte Nennlänge ist bei Bestellung anzugeben. Die Profile werden mit folgenden Grenzabmaßen von der bestellten Länge geliefert:

a) ±50 mm oder

b) $^{+100}_{\ \ 0}$ mm, wenn bestimmte Mindestlängen gefordert werden.

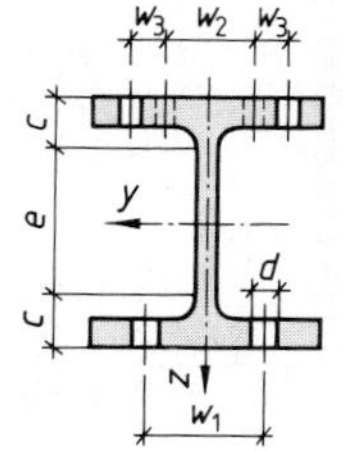


| $S_y = \frac{1}{2} W_{pl,y}$ cm³ | $s_y$ cm | $S_f$ cm³ | $A_{Steg}$ cm² | $i_{zg}$ cm | $I_T$ cm⁴ | $\frac{I_\omega}{1000}$ cm⁶ | $U$ m²/m | Maße nach DIN 997 in mm: Größt-Ø $d$²) | Anreißmaße $w_{1,2}$ | $w_3$ | $c$ | $e$ | Kurzzeichen¹) IPBv HE-M |
|---|---|---|---|---|---|---|---|---|---|---|---|---|---|
| 118 | 9,69 | 113 | 12,0 | 2,90 | 68,2 | 9,93 | 0,619 | 13 | 60 | – | 32 | 56 | **100** |
| 175 | 11,5 | 167 | 14,9 | 3,45 | 91,7 | 24,79 | 0,738 | 17 | 68 | – | 33 | 74 | **120** |
| 247 | 13,3 | 233 | 17,9 | 4,00 | 120 | 54,33 | 0,857 | 21 | 76 | – | 34 | 92 | **140** |
| 337 | 15,1 | 318 | 22,0 | 4,52 | 162 | 108,1 | 0,970 | 23 | 86 | – | 38 | 104 | **160** |
| 442 | 16,9 | 415 | 25,5 | 5,08 | 203 | 199,3 | 1,09 | 25 | 100 | – | 39 | 122 | **180** |
| 568 | 18,7 | 534 | 29,3 | 5,61 | 259 | 346,3 | 1,20 | 25 | 110 | – | 43 | 134 | **200** |
| 710 | 20,6 | 665 | 33,2 | 6,16 | 315 | 572,7 | 1,32 | 25 | 120 | – | 44 | 152 | 220 |
| 1060 | 22,9 | 998 | 42,8 | 6,78 | 628 | 1152 | 1,46 | 25 \| 23 | 100 | 35 | 53 | 164 | **240** |
| 1260 | 24,8 | 1190 | 46,4 | 7,31 | 719 | 1728 | 1,57 | 25 | 110 | 40 | 56,5 | 177 | **260** |
| 1480 | 26,7 | 1390 | 51,2 | 7,86 | 807 | 2520 | 1,69 | 25 | 116 | 45 | 57 | 196 | 280 |
| 2040 | 29,0 | 1930 | 63,2 | 8,47 | 1408 | 4386 | 1,83 | 25 | 120 | 50 | 66 | 208 | **300** |
| 1460 | 28,0 | 1380 | 46,6 | 8,29 | 598 | 2903 | 1,78 | 28 | 120 | 50 | 56 | 208 | 320\|305 |
| 2220 | 30,7 | 2080 | 67,0 | 8,43 | 1501 | 5004 | 1,87 | 28 | 126 | 47 | 67 | 225 | 320 |
| 2360 | 32,4 | 2200 | 70,8 | 8,41 | 1506 | 5584 | 1,90 | 28 | 126 | 47 | 67 | 243 | **340** |
| 2490 | 34,0 | 2320 | 74,6 | 8,36 | 1507 | 6137 | 1,93 | 28 | 126 | 47 | 67 | 261 | **360** |
| 2790 | 37,4 | 2550 | 82,8 | 8,29 | 1515 | 7410 | 2,00 | 28 | 126 | 47 | 67 | 298 | **400** |
| 3170 | 41,5 | 2850 | 92,0 | 8,23 | 1529 | 9251 | 2,10 | 28 | 126 | 47 | 67 | 344 | **450** |
| 3550 | 45,7 | 3150 | 102 | 8,15 | 1539 | 11190 | 2,18 | 28 | 130 | 45 | 67 | 390 | **500** |
| 3970 | 49,9 | 3460 | 112 | 8,09 | 1554 | 13520 | 2,28 | 28 | 130 | 45 | 67 | 438 | 550 |
| 4390 | 54,1 | 3770 | 122 | 8,01 | 1564 | 15910 | 2,37 | 28 | 130 | 45 | 67 | 486 | **600** |
| 4830 | 58,3 | 4080 | 132 | 7,95 | 1579 | 18650 | 2,47 | 28 | 130 | 45 | 67 | 534 | 650 |
| 5270 | 62,5 | 4380 | 142 | 7,87 | 1589 | 21400 | 2,56 | 28 | 130 | 42 | 67 | 582 | **700** |
| 6240 | 70,9 | 5050 | 163 | 7,72 | 1646 | 27780 | 2,75 | 28 | 132 | 42 | 70 | 674 | **800** |
| 7220 | 79,0 | 5660 | 183 | 7,60 | 1671 | 34750 | 2,93 | 28 | 132 | 42 | 70 | 770 | 900 |
| 8280 | 87,2 | 6310 | *203* | 7,50 | 1701 | 43010 | 3,13 | 28 | 132 | 42 | 70 | 868 | **1000** |
| **Nicht genormt** (nach dem Walzprogramm der ARBED) | | | | | | | | | | | | | |
| 10220 | 89,0 | 8242 | 203 | 10,3 | 2128 | 101500 | 3,53 | | | | 70 | 868 | **HL** 1000 M |
| 11210 | 89,7 | 9230 | 203 | 11,8 | 2346 | 145200 | 3,73 | | | | 70 | 868 | **HX** 1000 M |

¹) Von den mit gleichen Zahlen bezeichneten IPB-Trägern nach DIN 1025-2 (S. 678) abgeleitete Profile. Trägerbezeichnung entspricht nicht der Trägerhöhe.

²) s. S. 677 Fußnote ¹³).

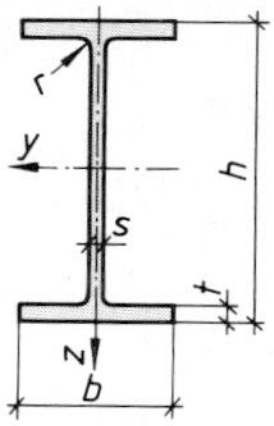


## Warmgewalzte mittelbreite I-Träger

**IPE-Reihe** nach DIN 1025 Teil 5 (3.94).

Diese Reihe entspricht der Euronorm 19–57.

Bezeichnung eines I-Trägers aus einem Stahl mit dem Kurznamen S235JR nach DIN EN 10025 mit dem Kurzzeichen IPE 360:

I-Profil DIN 1025 – S235JR – IPE 360

| Kurzzeichen | Maße in mm | | | | | | | für Biegung um die | | | | | |
|---|---|---|---|---|---|---|---|---|---|---|---|---|---|
| | | | | | | | | *y*-Achse | | | *z*-Achse | | |
| IPE | *h* | *b* | *s* | *t* | *r* | *A* cm² | *G* kg/m | $I_y$ cm⁴ | $W_y$ cm³ | $i_y$ cm | $I_z$ cm⁴ | $W_z$ cm³ | $i_z$ = min *i* cm |
| 80 | 80 | 46 | 3,8 | 5,2 | 5 | 7,64 | 6,00 | 80,1 | 20,0 | 3,24 | 8,49 | 3,69 | 1,05 |
| 100 | 100 | 55 | 4,1 | 5,7 | 7 | 10,3 | 8,10 | 171 | 34,2 | 4,07 | 15,9 | 5,79 | 1,24 |
| **120** | 120 | 64 | 4,4 | 6,3 | 7 | **13,2** | 10,4 | 318 | **53,0** | 4,90 | 27,7 | 8,65 | **1,45** |
| **140** | 140 | 73 | 4,7 | 6,9 | 7 | **16,4** | 12,9 | 541 | **77,3** | 5,74 | 44,9 | 12,3 | **1,65** |
| **160** | 160 | 82 | 5,0 | 7,4 | 9 | **20,1** | 15,8 | 869 | **109** | 6,58 | 68,3 | 16,7 | **1,84** |
| **180** | 180 | 91 | 5,3 | 8,0 | 9 | **23,9** | 18,8 | 1320 | **146** | 7,42 | 101 | 22,2 | **2,05** |
| **200** | 200 | 100 | 5,6 | 8,5 | 12 | **28,5** | 22,4 | 1940 | **194** | 8,26 | 142 | 28,5 | **2,24** |
| 220 | 220 | 110 | 5,9 | 9,2 | 12 | 33,4 | 26,2 | 2770 | 252 | 9,11 | 205 | 37,3 | 2,48 |
| **240** | 240 | 120 | 6,2 | 9,8 | 15 | **39,1** | 30,7 | 3890 | **324** | 9,97 | 284 | 47,3 | **2,69** |
| **270** | 270 | 135 | 6,6 | 10,2 | 15 | **45,9** | 36,1 | 5790 | **429** | 11,2 | 420 | 62,2 | **3,02** |
| **300** | 300 | 150 | 7,1 | 10,7 | 15 | **53,8** | 42,2 | 8360 | **557** | 12,5 | 604 | 80,5 | **3,35** |
| **330** | 330 | 160 | 7,5 | 11,5 | 18 | **62,6** | 49,1 | 11770 | **713** | 13,7 | 788 | 98,5 | **3,55** |
| **360** | 360 | 170 | 8,0 | 12,7 | 18 | **72,7** | 57,1 | 16270 | **904** | 15,0 | 1040 | 123 | **3,79** |
| **400** | 400 | 180 | 8,6 | 13,5 | 21 | **84,5** | 66,3 | 23130 | **1160** | 16,5 | 1320 | 146 | **3,95** |
| **450** | 450 | 190 | 9,4 | 14,6 | 21 | **98,8** | 77,6 | 33740 | **1500** | 18,5 | 1680 | 176 | **4,12** |
| **500** | 500 | 200 | 10,2 | 16,0 | 21 | **116** | 90,7 | 48200 | **1930** | 20,4 | 2140 | 214 | **4,31** |
| 550 | 550 | 210 | 11,1 | 17,2 | 24 | 134 | 106 | 67120 | 2440 | 22,3 | 2670 | 254 | 4,45 |
| **600** | 600 | 220 | 12,0 | 19,0 | 24 | **156** | 122 | 92080 | **3070** | 24,3 | 3390 | 308 | **4,66** |
| **IPEo IPEv** | **Mittelbreite I-Träger (nicht genormt)** | | | | | | | | | | | | |
| **180o** | 182 | 92 | 6,0 | 9,0 | 9 | **27,1** | 21,3 | 1510 | **165** | 7,45 | 117 | 25,5 | **2,08** |
| **200o** | 202 | 102 | 6,2 | 9,5 | 12 | **32,0** | 25,1 | 2210 | **219** | 8,32 | 169 | 33,1 | **2,30** |
| 220o | 222 | 112 | 6,6 | 10,2 | 12 | 37,4 | 29,4 | 3130 | 282 | 9,16 | 240 | 42,8 | 2,53 |
| **240o** | 242 | 122 | 7,0 | 10,8 | 15 | **43,7** | 34,3 | 4370 | **361** | 10,0 | 329 | 53,9 | **2,74** |
| **270o** | 274 | 136 | 7,5 | 12,2 | 15 | **53,8** | 42,3 | 6950 | **507** | 11,4 | 514 | 75,5 | **3,09** |
| **300o** | 304 | 152 | 8,0 | 12,7 | 15 | **62,8** | 49,3 | 9990 | **658** | 12,6 | 746 | 98,1 | **3,45** |
| **330o** | 334 | 162 | 8,5 | 13,5 | 18 | **72,6** | 57,0 | 13910 | **833** | 13,8 | 960 | 119 | **3,64** |
| **360o** | 364 | 172 | 9,2 | 14,7 | 18 | **84,1** | 66,0 | 19050 | **1050** | 15,1 | 1250 | 146 | **3,86** |
| **400o** | 404 | 182 | 9,7 | 15,5 | 21 | **96,4** | 75,7 | 26750 | **1320** | 16,7 | 1560 | 172 | **4,03** |
| **400v** | 408 | 182 | 10,6 | 17,5 | 21 | **107** | 84,0 | 30140 | **1480** | 16,8 | 1770 | 194 | **4,06** |
| **450o** | 456 | 192 | 11,0 | 17,6 | 21 | **118** | 92,4 | 40920 | **1790** | 18,7 | 2090 | 217 | **4,21** |
| **450v** | 460 | 194 | 12,4 | 19,6 | 21 | **132** | 104 | 46200 | **2010** | 18,7 | 2400 | 247 | **4,26** |
| **500o** | 506 | 202 | 12,0 | 19,0 | 21 | **137** | 107 | 57780 | **2280** | 20,6 | 2620 | 260 | **4,38** |
| **500v** | 514 | 204 | 14,2 | 23,0 | 21 | **164** | 129 | 70720 | **2750** | 20,8 | 3270 | 321 | **4,46** |
| 550o | 556 | 212 | 12,7 | 20,2 | 24 | 156 | 123 | 79160 | 2850 | 22,5 | 3220 | 304 | 4,55 |
| 550v | 566 | 216 | 17,1 | 25,2 | 24 | 202 | 159 | 102300 | 3620 | 22,5 | 4260 | 395 | 4,59 |
| **600o** | 610 | 224 | 15,0 | 24,0 | 24 | **197** | 154 | 118300 | **3880** | 24,5 | 4520 | 404 | **4,79** |
| **600v** | 618 | 228 | 18,0 | 28,0 | 24 | **234** | 184 | 141600 | **4580** | 24,6 | 5570 | 489 | **4,88** |

**Fett** gedruckte Profile sind zur bevorzugten Anwendung empfohlen (DStV-Profilliste).

Werkstoff vorzugsweise aus Stahlsorten nach DIN EN 10025; er ist in der Bezeichnung anzugeben.

Die gewünschte Nennlänge ist bei Bestellung anzugeben. Die Profile werden mit folgenden Grenzabmaßen von der bestellten Länge geliefert:

a) ±50 mm oder

b) $^{+100}_{0}$ mm, wenn bestimmte Mindestlängen gefordert werden.

Anmerkungen sinngemäß wie auf S. 676/677.

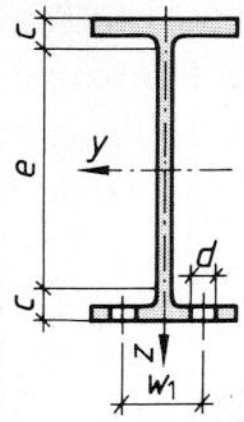


| $S_y = \frac{1}{2} W_{pl,y}$ cm³ | $s_y$ cm | $S_f$ cm³ | $A_{Steg}$ cm² | $i_{zg}$ cm | $I_T$ cm⁴ | $\frac{I_\omega}{1000}$ cm⁶ | $U$ m²/m | Maße nach DIN 997 in mm: Größt-∅ $d$[1]) | Anreißmaß $w_1$ | $c$ | $e$ | Kurzzeichen **IPE** |
|---|---|---|---|---|---|---|---|---|---|---|---|---|
| 11,6 | 6,90 | 9,92 | 2,84 | 1,18 | 0,698 | 0,118 | 0,328 | 6,4 | 26 | 10,5 | 59 | 80 |
| 19,7 | 8,68 | 16,9 | 3,87 | 1,40 | 1,20 | 0,351 | 0,400 | 8,4 | 30 | 13 | 74 | 100 |
| 30,4 | 10,5 | 25,6 | 5,00 | 1,63 | 1,74 | 0,890 | 0,475 | 8,4 | 36 | 13,5 | 93 | **120** |
| 44,2 | 12,3 | 36,8 | 6,26 | 1,87 | 2,45 | 1,98 | 0,551 | 11 | 40 | 14 | 112 | **140** |
| 61,9 | 14,0 | 51,8 | 7,63 | 2,08 | 3,60 | 3,96 | 0,623 | 13+) | 44 | 16,5 | 127 | **160** |
| 83,2 | 15,8 | 69,1 | 9,12 | 2,32 | 4,79 | 7,43 | 0,698 | 13 | 50 | 17 | 146 | **180** |
| 110 | 17,6 | 92,6 | 10,7 | 2,52 | 6,98 | 12,99 | 0,768 | 13 | 56 | 20,5 | 159 | **200** |
| 143 | 19,4 | 119 | 12,4 | 2,79 | 9,07 | 22,67 | 0,848 | 17 | 60 | 21,5 | 177 | 220 |
| 183 | 21,2 | 155 | 14,3 | 3,03 | 12,9 | 37,39 | 0,922 | 17 | 68 | 25 | 190 | **240** |
| 242 | 23,9 | 202 | 17,1 | 3,41 | 15,9 | 70,58 | 1,04 | 21 \| 17 | 72 | 25,5 | 219 | **270** |
| 314 | 26,6 | 259 | 20,5 | 3,79 | 20,1 | 125,9 | 1,16 | 23 | 80 | 26 | 248 | **300** |
| 402 | 29,3 | 333 | 23,9 | 4,02 | 28,1 | 199,1 | 1,25 | 25 \| 23 | 86 | 29,5 | 271 | **330** |
| 510 | 31,9 | 420 | 27,8 | 4,29 | 37,3 | 313,6 | 1,35 | 25 | 90 | 31 | 298 | **360** |
| 654 | 35,4 | 536 | 33,2 | 4,49 | 51,1 | 490,0 | 1,47 | 28 \| 25 | 96 | 34,5 | 331 | **400** |
| 851 | 39,7 | 682 | 40,9 | 4,72 | 66,9 | 791,0 | 1,61 | 28 | 106 | 36 | 378 | **450** |
| 1100 | 43,9 | 866 | 49,4 | 4,96 | 89,3 | 1249 | 1,74 | 28 | 110 | 37 | 426 | **500** |
| 1390 | 48,2 | 1090 | 59,1 | 5,16 | 123 | 1884 | 1,88 | 28 | 120 | 41,5 | 467 | 550 |
| 1760 | 52,4 | 1360 | 69,7 | 5,41 | 165 | 2846 | 2,01 | 28 | 120 | 43 | 514 | **600** |
| **Mittelbreite I-Träger (nicht genormt)** | | | | | | | | | | | | **IPEo IPEv** |
| 94,6 | 15,9 | 78,6 | 10,4 | 2,35 | 6,76 | 8,74 | 0,705 | 13 | 50 | 18 | 146 | **180o** |
| 125 | 17,7 | 105 | 11,9 | 2,59 | 9,45 | 15,57 | 0,779 | 13 | 56 | 21,5 | 159 | **200o** |
| 161 | 19,5 | 135 | 14,0 | 2,85 | 12,3 | 26,79 | 0,858 | 17 | 62 | 22,5 | 177 | 220o |
| 205 | 21,3 | 173 | 16,2 | 3,09 | 17,2 | 43,68 | 0,932 | 17 | 68 | 26 | 190 | **240o** |
| 287 | 24,2 | 242 | 19,6 | 3,47 | 24,9 | 87,64 | 1,051 | 21 \| 17 | 72 | 27,5 | 219 | **270o** |
| 372 | 26,9 | 310 | 23,3 | 3,88 | 31,1 | 157,7 | 1,174 | 23 | 80 | 28 | 248 | **300o** |
| 471 | 29,5 | 393 | 27,2 | 4,10 | 42,2 | 245,7 | 1,268 | 25 \| 23 | 86 | 31,5 | 271 | **330o** |
| 593 | 32,1 | 491 | 32,1 | 4,36 | 55,8 | 380,3 | 1,367 | 25 | 90 | 33 | 298 | **360o** |
| 751 | 35,6 | 618 | 37,7 | 4,57 | 73,1 | 587,6 | 1,481 | 28 \| 25 | 98 | 36,5 | 331 | **400o** |
| 841 | 35,8 | 695 | 41,4 | 4,60 | 99,0 | 670,3 | 1,487 | 28 \| 25 | 98 | 38,5 | 331 | **400v** |
| 1020 | 40,0 | 826 | 48,2 | 4,81 | 109 | 957,6 | 1,622 | 28 | 106 | 39 | 378 | **450o** |
| 1150 | 40,2 | 928 | 54,6 | 4,88 | 150 | 1156 | 1,635 | 28 | 106 | 41 | 378 | **450v** |
| 1310 | 44,2 | 1030 | 58,4 | 5,04 | 143 | 1548 | 1,760 | 28 | 110 | 40 | 426 | **500o** |
| 1580 | 44,6 | 1260 | 69,7 | 5,13 | 243 | 1961 | 1,780 | 28 | 110 | 44 | 426 | **500v** |
| 1630 | 48,5 | 1280 | 68,0 | 5,25 | 188 | 2302 | 1,893 | 28 | 120 | 44,5 | 467 | 550o |
| 2100 | 48,7 | 1640 | 92,5 | 5,34 | 380 | 3095 | 1,921 | 28 | 120 | 49,5 | 467 | 550v |
| 2240 | 52,9 | 1740 | 87,9 | 5,56 | 318 | 3860 | 2,045 | 28 | 120 | 48 | 514 | **600o** |
| 2660 | 53,2 | 2070 | 106 | 5,66 | 512 | 4813 | 2,071 | 28 | 120 | 52 | 514 | **600v** |

[1]) und +) s. S. 677 Fußnoten [13]) und +).

## Warmgewalzter rundkantiger U-Stahl

Stabstahl und Formstahl nach DIN 1026 (10.63)

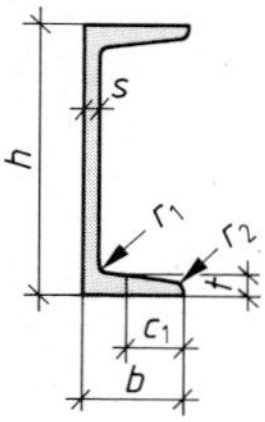


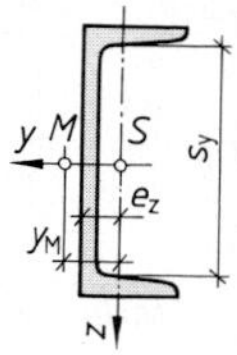


$c_1 = \frac{b}{2}$ bei $h \leqq 300$ mm

$c_1 = \frac{b-s}{2}$ bei $h > 300$ mm

Neigung der inneren Flanschflächen
8% bei $h \leqq 300$ mm
5% bei $h > 300$ mm

Diese Norm gilt bevorzugt für Stahlsorten nach DIN EN 10025 (s. Taf. 2). Die Stahlsorte ist bei der Betellung anzugeben.

Bezeichnung eines U-Stahls mit $h = 300$ mm aus S235JR nach DIN EN 10025:

U 300 DIN 1026 – S235JR oder
U 300 DIN 1026 – 1.0037

| Kurzzeichen | Maße in mm | | | | | | | für Biegung um die | | | | | | [1]) | [2]) |
|---|---|---|---|---|---|---|---|---|---|---|---|---|---|---|---|
| | | | | | | | | y-Achse | | | z-Achse | | | | |
| | $h$ | $b$ | $s$ | $t = r_1$ | $r_2$ | $A$ | $G$ | $I_y$ | $W_y$ | $i_y$ | $I_z$ | $W_z$ | $i_z = \min i$ | $e_z$ | $y_M$ |
| U | | | | | | cm² | kg/m | cm⁴ | cm³ | cm | cm⁴ | cm³ | cm | cm | cm |
| 30 × 15 | 30 | 15 | 4 | 4,5 | 2 | 2,21 | 1,74 | 2,53 | 1,69 | 1,07 | 0,38 | 0,39 | 0,42 | 0,52 | 0,[illegible] |
| 30 | 30 | 33 | 5 | 7 | 3,5 | 5,44 | 4,27 | 6,39 | 4,26 | 1,08 | 5,33 | 2,68 | 0,99 | 1,31 | 2,[illegible] |
| 40 × 20 | 40 | 20 | 5 | 5,5[3]) | 2,5 | 3,66 | 2,87 | 7,58 | 3,79 | 1,44 | 1,14 | 0,86 | 0,56 | 0,67 | 1,[illegible] |
| 40 | 40 | 35 | 5 | 7 | 3,5 | 6,21 | 4,87 | 14,1 | 7,05 | 1,50 | 6,68 | 3,08 | 1,04 | 1,33 | 2,[illegible] |
| 50 × 25 | 50 | 25 | 5 | 6 | 3 | 4,92 | 3,86 | 16,8 | 6,73 | 1,85 | 2,49 | 1,48 | 0,71 | 0,81 | 1,[illegible] |
| 50 | 50 | 38 | 5 | 7 | 3,5 | 7,12 | 5,59 | 26,4 | 10,6 | 1,92 | 9,12 | 3,75 | 1,13 | 1,37 | 2,[illegible] |
| 60 | 60 | 30 | 6 | 6 | 3 | 6,46 | 5,07 | 31,6 | 10,5 | 2,21 | 4,51 | 2,16 | 0,84 | 0,91 | 1,[illegible] |
| 65 | 65 | 42 | 5,5 | 7,5 | 4 | 9,03 | 7,09 | 57,5 | 17,7 | 2,52 | 14,1 | 5,07 | 1,25 | 1,42 | 2,[illegible] |
| **80** | 80 | 45 | 6 | 8 | 4 | **11,0** | 8,64 | 106 | **26,5** | 3,10 | 19,4 | 6,36 | **1,33** | 1,45 | 2,[illegible] |
| **100** | 100 | 50 | 6 | 8,5 | 4,5 | **13,5** | 10,6 | 206 | **41,2** | 3,91 | 29,3 | 8,49 | **1,47** | 1,55 | 2,[illegible] |
| **120** | 120 | 55 | 7 | 9 | 4,5 | **17,0** | 13,4 | 364 | **60,7** | 4,62 | 43,2 | 11,1 | **1,59** | 1,60 | 3,[illegible] |
| **140** | 140 | 60 | 7 | 10 | 5 | **20,4** | 16,0 | 605 | **86,4** | 5,45 | 62,7 | 14,8 | **1,75** | 1,75 | 3,[illegible] |
| **160** | 160 | 65 | 7,5 | 10,5 | 5,5 | **24,0** | 18,8 | 925 | **116** | 6,21 | 85,3 | 18,3 | **1,89** | 1,84 | 3,[illegible] |
| **180** | 180 | 70 | 8 | 11 | 5,5 | **28,0** | 22,0 | 1350 | **150** | 6,95 | 114 | 22,4 | **2,02** | 1,92 | 3,[illegible] |
| **200** | 200 | 75 | 8,5 | 11,5 | 6 | **32,2** | 25,3 | 1910 | **191** | 7,70 | 148 | 27,0 | **2,14** | 2,01 | 3,[illegible] |
| 220 | 220 | 80 | 9 | 12,5 | 6,5 | 37,4 | 29,4 | 2690 | 245 | 8,48 | 197 | 33,6 | 2,30 | 2,14 | 4,[illegible] |
| **240** | 240 | 85 | 9,5 | 13 | 6,5 | **42,3** | 33,2 | 3600 | **300** | 9,22 | 248 | 39,6 | **2,42** | 2,23 | 4,[illegible] |
| **260** | 260 | 90 | 10 | 14 | 7 | **48,3** | 37,9 | 4820 | **371** | 9,99 | 317 | 47,7 | **2,56** | 2,36 | 4,[illegible] |
| 280 | 280 | 95 | 10 | 15 | 7,5 | 53,3 | 41,8 | 6280 | 448 | 10,9 | 399 | 57,2 | 2,74 | 2,53 | 5,[illegible] |
| **300** | 300 | 100 | 10 | 16 | 8 | **58,8** | 46,2 | 8030 | **535** | 11,7 | 495 | 67,8 | **2,90** | 2,70 | 5,[illegible] |
| 320 | 320 | 100 | 14 | 17,5 | 8,75 | 75,8 | 59,5 | 10870 | 679 | 12,1 | 597 | 80,6 | 2,81 | 2,60 | 4,[illegible] |
| **350** | 350 | 100 | 14 | 16 | 8 | **77,3** | 60,6 | 12840 | **734** | 12,9 | 570 | 75,0 | **2,72** | 2,40 | 4,[illegible] |
| 380 | 380 | 102 | 13,5 | 16 | 8 | 80,4 | 63,1 | 15760 | 829 | 14,0 | 615 | 78,7 | 2,77 | 2,38 | 4,[illegible] |
| **400** | 400 | 110 | 14 | 18 | 9 | **91,5** | 71,8 | 20350 | **1020** | 14,9 | 846 | 102 | **3,04** | 2,65 | 5,[illegible] |

**Fett** gedruckte Profile sind zur bevorzugten Verwendung empfohlen (DStV-Profilliste).

[1]) $e_z$ = Abstand der $z$-Achse von der Stegaußenkante.

[2]) $y_M$ = Abstand des Schubmittelpunktes $M$ von der $z$-Achse.

[3]) Bei U 40 × 20 ist $t = 5{,}5$ mm, $r_1 = 5$ mm.

Lieferart:
Bei Bestellung nach Gewicht darf die Länge zwischen 3000 und 15000 mm schwanken. Zul. Maßabweichung bei Längen ≦15000 mm: Bei Bestellung in Festlänge ±50 mm; bei Bestellung in Genaulänge zwischen ±50 und ±5 mm, zu bevorzugen ±25, ±10, ±5 mm.

Bestellbeispiel:
200 Stäbe U 300 DIN 1026 – S235JR in Festlänge 6000

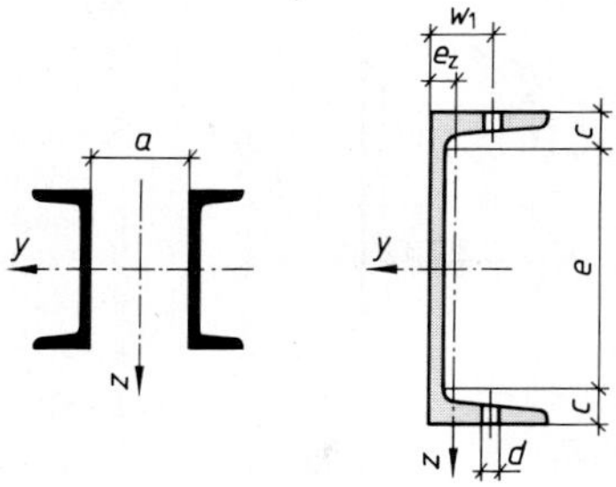


| $S_y = \frac{1}{2} W_{pl,y}$ | $s_y$ | $S_f$ | $A_{Steg}$ | $I_T$ | $I_\omega$ | $U$ | $a$ [4]) | Maße nach DIN 997 in mm: Größt-Ø $d$ | Anreißmaß $w_1$ | $c$ | $e$ | Kurzzeichen |
|---|---|---|---|---|---|---|---|---|---|---|---|---|
| cm³ | cm | cm³ | cm² | cm⁴ | cm⁶ | m²/m | mm | | | | | U |
| – | – | – | *1,02* | 0,165 | 0,408 | 0,103 | 9 | 4,3 | 10 | 9 | 12 | 30 × 15 |
| – | – | – | 1,15 | 0,912 | 4,36 | 0,174 | – | 8,4 | 20 | 14,5 | 14 | 30 |
| – | – | – | *1,73* | 0,363 | 2,12 | 0,142 | 13 | 6,4 | 11 | 11 | 18 | 40 × 20 |
| – | – | – | 1,65 | 1,00 | 11,9 | 0,199 | – | 8,4 | 20 | 14,5 | 11 | 40 |
| – | – | – | 2,20 | 0,878 | 8,25 | 0,181 | 18 | 8,4 | 16 | 12,5 | 25 | 50 × 25 |
| – | – | – | 2,15 | 1,12 | 27,8 | 0,232 | 4 | 11 | 20 | 15 | 20 | 50 |
| – | – | – | *3,24* | 0,939 | 21,9 | 0,215 | 23 | 8,4 | 18 | 12,5 | 35 | 60 |
| – | – | – | 3,16 | 1,61 | 77,3 | 0,273 | 15 | 11 | 25 | 16 | 33 | 65 |
| 15,9 | 6,65 | 14,3 | 4,32 | 2,16 | 168 | 0,312 | 27 | 13 +) | 25 | 17 | 46 | **80** |
| 24,5 | 8,42 | 21,4 | 5,49 | 2,81 | 414 | 0,372 | 41 | 13 | 30 | 18 | 64 | **100** |
| 36,3 | 10,0 | 30,4 | *7,77* | 4,15 | 900 | 0,434 | 55 | 17 \| 13 | 30 | 19 | 82 | **120** |
| 51,4 | 11,8 | 43,0 | 9,10 | 5,68 | 1800 | 0,489 | 68 | 17 | 35 | 21 | 98 | **140** |
| 68,8 | 13,3 | 56,4 | *11,2* | 7,39 | 3260 | 0,546 | 82 | 21 \| 17 | 35 | 22,5 | 115 | **160** |
| 89,6 | 15,1 | 71,9 | *13,5* | 9,55 | 5570 | 0,611 | 94 | 21 | 40 | 23,5 | 133 | **180** |
| 114 | 16,8 | 89,8 | *16,0* | 11,9 | 9070 | 0,661 | 108 | 23 \| 21 | 40 | 24,5 | 151 | **200** |
| 146 | 18,5 | 115 | *18,7* | 16,0 | 14600 | 0,718 | 120 | 23 | 45 | 26,5 | 167 | 220 |
| 179 | 20,1 | 139 | *21,6* | 19,7 | 22100 | 0,775 | 133 | 25 \| 23 | 45 | 28 | 184 | **240** |
| 221 | 21,8 | 171 | *24,6* | 25,5 | 33300 | 0,834 | 146 | 25 | 50 | 30 | 200 | **260** |
| 266 | 23,6 | 208 | *26,5* | 31,0 | 48500 | 0,890 | 159 | 25 | 50 | 32 | 216 | 280 |
| 316 | 25,4 | 249 | *28,4* | 37,4 | 69100 | 0,950 | 172 | 28 | 55 | 34 | 232 | **300** |
| 413 | 26,3 | 307 | *42,4* | 66,7 | 96100 | 0,982 | 181 | 28 | 58 | 37 | 246 | 320 |
| 459 | 28,6 | 320 | *46,8* | 61,2 | 114000 | 1,05 | 204 | 28 | 58 | 34 | 282 | **350** |
| 507 | 31,1 | 342 | *49,1* | 59,1 | 146000 | 1,11 | 227 | 28 | 60 | 33,5 | 313 | 380 |
| 618 | 32,9 | 434 | *53,5* | 81,6 | 221000 | 1,18 | 239 | 28 | 60 | 38 | 324 | **400** |

[4]) $a$ = Stegabstand zweier U-Profile, für die das Flächenmoment 2. Grades für die $y$-Achse und $z$-Achse gleich groß und gleich $2I_y$ wird (Angaben nicht genormt).

Weitere Anmerkungen sinngemäß wie auf S. 676/677.

**Warmgewalzter gleichschenkliger rundkantiger Winkel-Stahl**
nach DIN 1028 (3.94), Fortsetzung s. folgende Seiten.

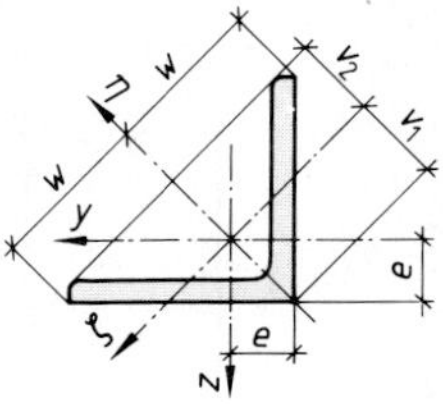


Werkstoff vorzugsweise aus Stahlsorten nach DIN EN 10025; er ist in der Bezeichnung anzugeben.
Bezeichnung eines gleichschenkligen Winkels aus Stahl S235JO nach DIN EN 10025:

Winkel DIN 1028 – S235JO – 80 × 8

Die gewünschte Nennlänge ist bei Bestellung anzugeben. Die Grenzabmaße der bestellten Länge betragen:
a) ±100 mm oder
b) $^{+200}_{0}$ mm, wenn eine Mindestlänge gefordert wird. Bei der Bestellung können kleinere Grenzabmaße vereinbart werden.

| Kurzzeichen | Maße in mm | | | | | | | Randabstände | | | |
|---|---|---|---|---|---|---|---|---|---|---|---|
| | $a$ | $s$ | $r_1$ | $r_2$ | $A$ | $G$ | $U$ | $e$ | $w$ | $v_1$ | $v_2$ |
| L $a$×$s$ | | | | | cm² | kg/m | m²/m | cm | cm | cm | cm |
| **20 × 3** | 20 | 3 | 3,5 | 2 | **1,12** | 0,88 | 0,077 | 0,60 | 1,41 | 0,85 | 0,70 |
| **25 × 3** | 25 | 3 | 3,5 | 2 | **1,42** | 1,12 | 0,097 | 0,73 | 1,77 | 1,03 | 0,87 |
| 25 × 4 | | 4 | | | 1,85 | 1,45 | | 0,76 | | 1,08 | 0,89 |
| **30 × 3** | | 3 | | | **1,74** | 1,36 | | 0,84 | | 1,18 | 1,04 |
| 30 × 4 | 30 | 4 | 5 | 2,5 | 2,27 | 1,78 | 0,116 | 0,88 | 2,12 | 1,24 | 1,05 |
| *30 × 5* | | *5* | | | *2,78* | *2,18* | | *0,92* | | *1,30* | *1,07* |
| **35 × 4** | 35 | 4 | 5 | 2,5 | **2,67** | 2,1 | 0,136 | 1,00 | 2,47 | 1,41 | 1,24 |
| 35 × 5 | | 5 | | | 3,28 | 2,57 | | 1,04 | | 1,47 | 1,25 |
| **40 × 4** | 40 | 4 | 6 | 3 | **3,08** | 2,42 | 0,155 | 1,12 | 2,83 | 1,58 | 1,40 |
| 40 × 5 | | 5 | | | **3,79** | 2,97 | | 1,16 | | 1,64 | 1,42 |
| 45 × 4 | 45 | 4 | 7 | 3,5 | 3,49 | 2,74 | 0,174 | 1,23 | 3,18 | 1,75 | 1,57 |
| **45 × 5** | | 5 | | | **4,3** | 3,38 | | 1,28 | | 1,81 | 1,58 |
| **50 × 5** | | 5 | | | **4,8** | 3,77 | | 1,40 | | 1,98 | 1,76 |
| 50 × 6 | 50 | 6 | 7 | 3,5 | 5,69 | 4,47 | 0,194 | 1,45 | 3,54 | 2,04 | 1,77 |
| 50 × 7 | | 7 | | | 6,56 | 5,15 | | 1,49 | | 2,11 | 1,78 |
| *55 × 6* | *55* | *6* | *8* | *4* | *6,31* | *4,95* | *0,213* | *1,56* | *3,89* | *2,21* | *1,94* |
| 60 × 5 | | 5 | | | 5,82 | 4,57 | | 1,64 | | 2,32 | 2,11 |
| **60 × 6** | 60 | 6 | 8 | 4 | **6,91** | 5,42 | 0,233 | 1,69 | 4,24 | 2,39 | 2,11 |
| 60 × 8 | | 8 | | | 9,03 | 7,09 | | 1,77 | | 2,50 | 2,14 |
| 65 × 7 | 65 | 7 | 9 | 4,5 | 8,7 | 6,83 | 0,252 | 1,85 | 4,60 | 2,62 | 2,29 |
| *70 × 6* | | *6* | | | *8,13* | *6,38* | | *1,93* | | *2,73* | *2,46* |
| **70 × 7** | 70 | 7 | 9 | 4,5 | **9,4** | 7,38 | 0,272 | 1,97 | 4,95 | 2,79 | 2,47 |
| 70 × 9 | | 9 | | | 11,9 | 9,34 | | 2,05 | | 2,90 | 2,50 |
| 75 × 7 | 75 | 7 | 10 | 5 | 10,1 | 7,94 | 0,291 | 2,09 | 5,30 | 2,95 | 2,63 |
| 75 × 8 | | 8 | | | 11,5 | 9,03 | | 2,13 | | 3,01 | 2,65 |
| 80 × 6 | | 6 | | | 9,35 | 7,34 | | 2,17 | | 3,07 | 2,80 |
| **80 × 8** | 80 | 8 | 10 | 5 | **12,3** | 9,66 | 0,311 | 2,26 | 5,66 | 3,20 | 2,82 |
| 80 × 10 | | 10 | | | 15,1 | 11,9 | | 2,34 | | 3,31 | 2,85 |
| 90 × 7 | 90 | 7 | 11 | 5,5 | 12,2 | 9,61 | 0,351 | 2,45 | 6,36 | 3,47 | 3,16 |
| **90 × 9** | | 9 | | | **15,5** | 12,2 | | 2,54 | | 3,59 | 3,18 |
| 100 × 8 | | 8 | | | 15,5 | 12,2 | | 2,74 | | 3,87 | 3,52 |
| **100 × 10** | 100 | 10 | 12 | 6 | **19,2** | 15,1 | 0,390 | 2,82 | 7,07 | 3,99 | 3,54 |
| 100 × 12 | | 12 | | | 22,7 | 17,8 | | 2,90 | | 4,10 | 3,57 |
| **110 × 10** | 110 | 10 | 12 | 6 | **21,2** | 16,6 | 0,430 | 3,07 | 7,78 | 4,34 | 3,89 |
| 120 × 10 | | 10 | | | 23,2 | 18,2 | | 3,31 | | 4,69 | 4,22 |
| **120** × *11* | 120 | *11* | 13 | 6,5 | *25,4* | *19,9* | 0.469 | *3,36* | 8,49 | *4,75* | *4,24* |
| **120 × 12** | | 12 | | | **27,5** | 21,6 | | 3,40 | | 4,80 | 4,26 |

**Fett** gedruckte Winkel sind zu bevorzugen.

Für jeden Abstand $a_1$ (s. Bild) wird $I_z$ größer als $I_y$. L mit größter Schenkeldicke $s$ sind für einteilige Knickstäbe unwirtschaftlich. Der nächstgrößere Winkel mit kleinerer Schenkeldicke hat bei geringerem Metergewicht größere Tragfähigkeit.

Für Schrauben mit $\varnothing < d$ können die gleichen Anreißmaße $w$ angewendet werden. Für $a \leqq 100$ mm eine Lochreihe, für $a \geqq 110$ mm zwei Lochreihen mit versetzten Bohrungen.

Andere Loch-$\varnothing$ sowie -abstände nach DIN 999 (10.70) s. nächste Seite.

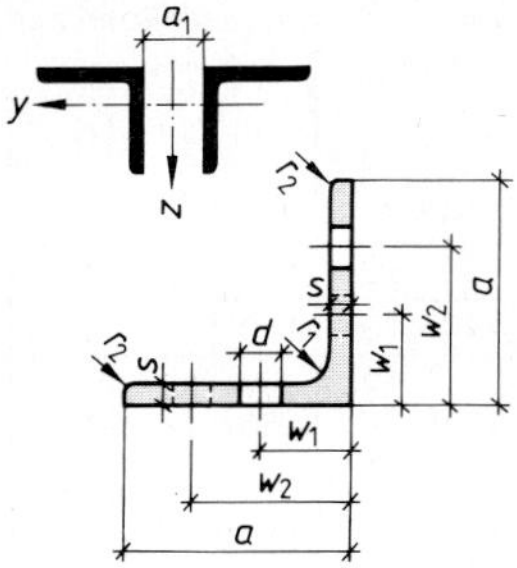


Anmerkungen sinngemäß wie auf S. 676/677.

| für Biegung um die y-Achse = z-Achse | | | η-Achse | | ζ-Achse | | | | Maße nach DIN 997 | | | Kurzzeichen |
|---|---|---|---|---|---|---|---|---|---|---|---|---|
| $I_y$ | $W_y$ | $i_y$ | $I_\eta$ | $i_\eta$ | $I_\zeta$ | $W_\zeta$ | $i_\zeta$ = min $i$ | $I_{yz}$ [2]) | $d$ | $w_1$ | $w_2$ | |
| cm⁴ | cm³ | cm | cm⁴ | cm | cm⁴ | cm³ | cm | cm⁴ | mm | mm | mm | L $a \times s$ |
| 0,39 | 0,28 | 0,59 | 0,62 | 0,74 | 0,15 | 0,18 | **0,37** | 0,23 | 4,3 | 12 | – | **20 × 3** |
| 0,79 | 0,45 | 0,75 | 1,27 | 0,95 | 0,31 | 0,30 | **0,47** | 0,48 | 6,4 | 15 | – | **25 × 3** |
| 1,01 | 0,58 | 0,74 | 1,61 | 0,93 | 0,40 | 0,37 | 0,47 | 0,60 | | | | **25** × 4 |
| 1,41 | 0,65 | 0,90 | 2,24 | 1,14 | 0,57 | 0,48 | **0,57** | 0,84 | | | | **30 × 3** |
| 1,81 | 0,86 | 0,89 | 2,85 | 1,12 | 0,76 | 0,61 | 0,58 | 1,05 | 8,4 | 17 | – | **30** × 4 |
| *2,16* | *1,04* | *0,88* | *3,41* | *1,11* | *0,91* | *0,70* | *0,57* | *1,25* | | | | **30** × *5* |
| 2,96 | 1,18 | 1,05 | 4,68 | 1,33 | 1,24 | 0,88 | **0,68** | 1,72 | 11 | 18 | – | **35 × 4** |
| 3,56 | 1,45 | 1,04 | 5,63 | 1,31 | 1,49 | 1,10 | 0,67 | 2,07 | | | | **35** × 5 |
| 4,48 | 1,55 | 1,21 | 7,09 | 1,52 | 1,86 | 1,18 | **0,78** | 2,62 | 11 | 22 | – | **40 × 4** |
| 5,43 | 1,91 | 1,20 | 8,64 | 1,51 | 2,22 | 1,35 | 0,77 | 3,21 | | | | **40** × 5 |
| 6,43 | 1,97 | 1,36 | 10,2 | 1,71 | 2,68 | 1,53 | 0,88 | 3,75 | 13 | 25 | – | **45** × 4 |
| 7,83 | 2,43 | 1,35 | 12,4 | 1,70 | 3,25 | 1,80 | **0,87** | 4,58 | | | | **45 × 5** |
| 11,0 | 3,05 | 1,51 | 17,4 | 1,90 | 4,59 | 2,32 | **0,98** | 6,41 | | | | **50 × 5** |
| 12,8 | 3,61 | 1,50 | 20,4 | 1,89 | 5,24 | 2,57 | 0,96 | 7,56 | 13 | 30 | – | **50** × 6 |
| 14,6 | 4,15 | 1,49 | 23,1 | 1,88 | 6,02 | 2,85 | 0,96 | 8,58 | | | | **50** × 7 |
| *17,3* | *4,40* | *1,66* | *27,4* | *2,08* | *7,24* | *3,28* | *1,07* | *10,1* | *17* | *30* | – | *55 × 6* |
| 19,4 | 4,45 | 1,82 | 30,7 | 2,30 | 8,03 | 3,46 | 1,17 | 11,3 | | | | **60** × 5 |
| 22,8 | 5,29 | 1,82 | 36,1 | 2,29 | 9,43 | 3,95 | **1,17** | 13,4 | 17 | 35 | – | **60 × 6** |
| 29,1 | 6,88 | 1,80 | 46,1 | 2,26 | 12,1 | 4,84 | 1,16 | 17,0 | | | | **60** × 8 |
| 33,4 | 7,18 | 1,96 | 53,0 | 2,47 | 13,8 | 5,27 | 1,26 | 19,6 | 21 | 35 | – | 65 × 7 |
| *36,9* | *7,27* | *2,13* | *58,5* | *2,68* | *15,3* | *5,60* | *1,37* | *21,6* | | | | **70** × *6* |
| 42,4 | 8,43 | 2,12 | 67,1 | 2,67 | 17,6 | 6,31 | **1,37** | 24,8 | 21 | 40 | – | **70 × 7** |
| 52,6 | 10,6 | 2,10 | 83,1 | 2,64 | 22,0 | 7,59 | 1,36 | 30,6 | | | | **70** × 9 |
| 52,4 | 9,67 | 2,28 | 83,6 | 2,88 | 21,1 | 7,15 | 1,45 | 31,3 | 23 | 40 | – | 75 × 7 |
| 58,9 | 11,0 | 2,26 | 93,3 | 2,85 | 24,4 | 8,11 | 1,46 | 34,5 | | | | 75 × 8 |
| 55,8 | 9,57 | 2,44 | 88,5 | 3,08 | 23,1 | 7,54 | 1,57 | 32,7 | | | | **80** × 6 |
| 72,3 | 12,6 | 2,42 | 115 | 3,06 | 29,6 | 9,25 | **1,55** | 42,7 | 23 | 45 | – | **80 × 8** |
| 87,5 | 15,5 | 2,41 | 139 | 3,03 | 35,9 | 10,9 | 1,54 | 51,6 | | | | **80** × 10 |
| 92,6 | 14,1 | 2,75 | 147 | 3,46 | 38,3 | 11,0 | 1,77 | 54,3 | 25 | 50 | – | **90** × 7 |
| 116 | 18,0 | 2,74 | 184 | 3,45 | 47,8 | 13,3 | **1,76** | 68,2 | | | | **90 × 9** |
| 145 | 19,9 | 3,06 | 230 | 3,85 | 59,9 | 15,5 | 1,96 | 85,1 | | | | **100** × 8 |
| 177 | 24,7 | 3,04 | 280 | 3,82 | 73,3 | 18,4 | **1,95** | 104 | 25 | 55 | – | **100 × 10** |
| 207 | 29,2 | 3,02 | 328 | 3,80 | 86,2 | 21,0 | 1,95 | 121 | | | | **100** × 12 |
| 239 | 30,1 | 3,36 | 379 | 4,23 | 98,6 | 22,7 | **2,16** | 140 | 25 | 45 | 70 | **110 × 10** |
| 313 | 36,0 | 3,67 | 497 | 4,63 | 129 | 27,5 | 2,36 | 184 | | | | **120** × 10 |
| *341* | *39,5* | *3,66* | *541* | *4,62* | *140* | *29,5* | *2,35* | *201* | 25 | 50 | 80 | **120** × *11* |
| 368 | 42,7 | 3,65 | 584 | 4,60 | 152 | 31,6 | **2,35** | 216 | | | | **120 × 12** |

*Kursiv* gedruckte Winkel sind möglichst zu vermeiden.

[2]) Zentrifugalmoment; Angaben nicht genormt.

| Kurzzeichen | Maße in mm | | | | | | | Randabstände | | | |
|---|---|---|---|---|---|---|---|---|---|---|---|
| | $a$ | $s$ | $r_1$ | $r_2$ | $A$ | $G$ | $U$ | $e$ | $w$ | $v_1$ | $v_2$ |
| L $a \times s$ | | | | | cm² | kg/m | m²/m | cm | cm | cm | cm |
| 130 × 12 | 130 | 12 | 14 | 7 | 30 | 23,6 | 0,508 | 3,64 | 9,19 | 5,15 | 4,60 |
| 140 × 13 | 140 | 13 | 15 | 7,5 | 35 | 27,5 | 0,547 | 3,92 | 9,90 | 5,54 | 4,96 |
| **150** × 12<br>*14*<br>**15** | 150 | 12<br>*14*<br>15 | 16 | 8 | 34,8<br>*40,3*<br>**43** | 27,3<br>*31,6*<br>33,8 | 0,586 | 4,12<br>*4,21*<br>4,25 | 10,6 | 5,83<br>*5,95*<br>6,01 | 529<br>*5,31*<br>5,33 |
| 160 × 15<br>*17* | 160 | 15<br>*17* | 17 | 8,5 | 46,1<br>*51,8* | 36,2<br>*40,7* | 0,625 | 4,49<br>*4,57* | 11,3 | 6,35<br>*6,46* | 5,67<br>*5,70* |
| **180** × 16<br>**18** | 180 | 16<br>18 | 18 | 9 | 55,4<br>**61,9** | 43,5<br>48,6 | 0,705 | 5,02<br>5,10 | 12,7 | 7,11<br>7,22 | 6,39<br>6,41 |
| **200** × 16<br>*18*<br>**20**<br>24 | 200 | 16<br>*18*<br>20<br>24 | 18 | 9 | 61,8<br>*69,1*<br>**76,3**<br>90,6 | 48,5<br>*54,3*<br>59,9<br>71,1 | 0,785 | 5,52<br>*5,60*<br>5,68<br>5,84 | 14,1 | 7,80<br>*7,92*<br>8,04<br>8,26 | 7,09<br>*7,12*<br>7,15<br>7,21 |

**Fett** gedruckte Winkel sind zu bevorzugen.

## Lochabstände in gleichschenkligen Winkelstählen in mm nach DIN 999 (10.70)

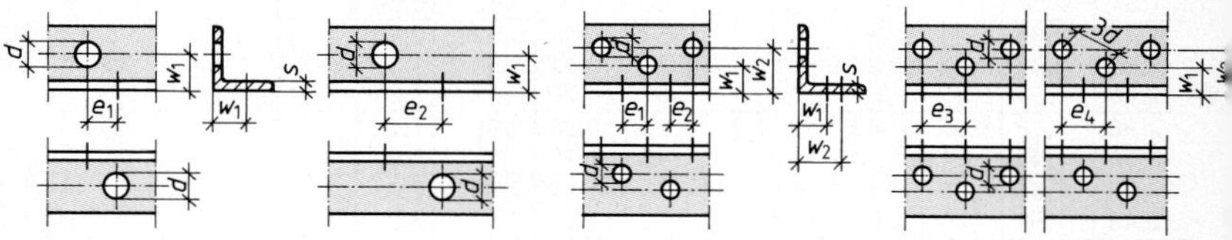

| L $a \times s$ | $d$ [1]) | $e_1$ | $e_2$ |
|---|---|---|---|
| 20 3 | 4,3 | 12 | 19 |
| 25 × 3<br>4 | 6,4 | 15<br>16 | 24 |
| 30 × 3<br>4<br>5 | 8,4 | 12<br>14<br>15 | 26 |
| 35 × 4<br>5 | 11 | 15<br>16 | 32 |
| 40 × 4<br>5 | 11 | 13<br>14 | 33 |
| 45 × 4<br>5 | 13 | 15<br>16 | 38 |
| 50 × 5<br>6<br>7 | 13 | 0<br>8<br>11 | 42 |
| 50 × 5<br>6<br>7 | 11 | 0 | 38 |
| 55 × 6 | 17<br>13 | 20<br>8 | 48<br>42 |

| L $a \times s$ | $d$ [1]) | $e_1$ | $e_2$ |
|---|---|---|---|
| 60 × 5<br>6<br>8 | 17 | 6<br>10<br>15 | 52 |
| 60 × 5<br>6<br>8 | 13 | 0 | 45 |
| 65 × 7 | 21<br>17<br>13 | 27<br>13<br>0 | 62<br>52<br>45 |
| 70 × 6<br>7<br>9 | 21 | 18<br>20<br>24 | 62 |
| 70 × 6<br>7<br>9 | 17 | 0<br>0<br>7 | 55 |
| 70 × 6<br>7<br>9 | 13 | 0 | 48 |

| L $a \times s$ | $d$ [1]) | $e_1$ | $e_2$ |
|---|---|---|---|
| 75 × 7<br>8 | 23 | 26<br>28 | 65 |
| 75 × 7<br>8 | 21 | 20<br>22 | 62 |
| 75 × 7<br>8 | 17 | 0 | 55 |
| 80 × 6<br>8<br>10 | 23 | 19<br>23 | 69 |
| 80 × 6<br>8<br>10 | 21 | 0<br>10<br>16 | 65 |
| 80 × 6<br>8<br>10 | 17 | 0 | 58 |
| 90 × 7<br>9 | 25 | 22 | 75 |
| 90 × 7<br>9 | 23 | 0 | 72 |
| 90 × 7<br>9 | 21 | 0 | 69 |

[1]) Für Niete und Schrauben mit noch kleinerem als dem hier angegebenen Durchmesser können die gleichen Anreißmaße und Lochabstände angewendet werden.

| für Biegung um die | | | | | | | | | Maße nach DIN 997 | | | Kurzzeichen |
|---|---|---|---|---|---|---|---|---|---|---|---|---|
| *y-Achse* = *z*-Achse | | | *η*-Achse | | *ζ*-Achse | | | | | | | |
| $I_y$ | $W_y$ | $i_y$ | $I_\eta$ | $i_\eta$ | $I_\alpha$ | $W_\xi$ | $i_\xi$ = min *i* | $I_{yz}$ | *d* | $w_1$ ²) | $w_2$ | |
| cm⁴ | cm³ | cm | cm⁴ | cm | cm⁴ | cm³ | cm | cm⁴ | mm | mm | mm | ∟ *a*×*s* |
| 472 | 50,4 | 3,97 | 750 | 5,00 | 194 | 37,7 | 2,54 | 278 | 25 | 50 | 90 | 130×12 |
| 638 | 63,3 | 4,27 | 1010 | 5,38 | 262 | 47,3 | 2,74 | 376 | 28 | 55 | 95 | 140×13 |
| 737<br>*845*<br>898 | 67,7<br>*78,2*<br>83,5 | 4,60<br>*4,58*<br>4,57 | 1170<br>*1340*<br>1430 | 5,80<br>*5,77*<br>5,76 | 303<br>*347*<br>370 | 52,0<br>*58,3*<br>61,6 | 2,95<br>*2,94*<br>**2,93** | 434<br>*498*<br>528 | 28 | 60 | 105 | 12<br>**150**× *14*<br>**15** |
| 1100<br>*1230* | 95,6<br>*108* | 4,88<br>*4,86* | 1750<br>*1950* | 6,15<br>*6,13* | 453<br>*506* | 71,3<br>*78,3* | 3,14<br>*3,13* | 647<br>*724* | 28 | 60 | 115 | 160× *14*<br>*17* |
| 1680<br>1870 | 130<br>145 | 5,51<br>5,49 | 2690<br>2970 | 6,96<br>6,93 | 679<br>757 | 95,5<br>105 | 3,50<br>**3,49** | 1000<br>1110 | 28 | 60<br>60 65 | 135 | **180**×16<br>**18** |
| 2340<br>*2600*<br>2850<br>3330 | 162<br>*181*<br>199<br>235 | 6,15<br>*6,13*<br>6,11<br>6,06 | 3740<br>*4150*<br>4540<br>5280 | 7,78<br>*7,75*<br>7,72<br>7,64 | 943<br>*1050*<br>1160<br>1380 | 121<br>*133*<br>144<br>167 | 3,91<br>*390*<br>**3,89**<br>3,90 | 1400<br>1550<br>1690<br>1950 | 28 | 65<br><br><br>65 70 | 150 | 16<br>**200**× *18*<br>**20**<br>24 |

*Kursiv* gedruckte Winkel sind möglichst zu vermeiden.
*s* = Schenkeldicke, *d* = Lochdurchmesser in mm

Haben die Löcher in beiden Schenkeln mindestens den Abstand

- $e_1$, so lassen sich die Niete mit Rücksicht auf den Döpper- und Kopf-∅ schlagen;
- $e_2$, so braucht bei Zugstäben nur ein Loch abgezogen zu werden;
- $e_3$, so ist der Abstand 3*d* gewahrt, und bei Zugstäben brauchen nur zwei Löcher abgezogen zu werden;
- $e_4$, so ist der Abstand 3*d* gewahrt.

Anreißmaße $w_1$ und $w_2$ nach DIN 997 s. S. 689 und 691.

| ∟ *a*×*s* | *d* ¹) | $e_1$ | $e_2$ | $e_3$ | $e_4$ |
|---|---|---|---|---|---|
| 8<br>10<br>12 | 25 | 0<br>10<br>18 | 79 | – | – |
| 8<br>100×10<br>12 | 23 | 0 | 75 | – | – |
| 8<br>10<br>12 | 21 | 0 | 72 | – | – |
| 110×10 | 25<br>23<br>21 | 32<br>23<br>16 | 88<br>84<br>80 | 71<br>65<br>58 | 71<br>65<br>58 |
| 10<br>11<br>12 | 25 | 26<br>28 | 93 | 69 | 69 |
| 10<br>120×11<br>12 | 23 | 14<br>17 | 89 | 63 | 63 |
| 10<br>11<br>12 | 21 | 0 | 85 | 56 | 56 |

| ∟ *a*×*s* | *d* ¹) | $e_1$ | $e_2$ | $e_3$ | $e_4$ |
|---|---|---|---|---|---|
| 130×12 | 25<br>23<br>21 | 24<br>17<br>0 | 99<br>94<br>90 | 64<br>57<br>49 | 64<br>57<br>49 |
| 140×13 | 28<br>25<br>23<br>21 | 30<br>20<br>0<br>0 | 107<br>101<br>100<br>92 | 74<br>64<br>57<br>49 | 74<br>64<br>57<br>49 |
| 12<br>14<br>15 | 28 | 17<br>22<br>25 | 112 | 71 | 71 |
| 12<br>150×14<br>15 | 25 | 0<br>0<br>10 | 106 | 60 | 60 |
| 12<br>14<br>15 | 23 | 0 | 101 | 53 | 53 |
| 15<br>17 | 28 | 25<br>28 | 117 | 64 | 64 |
| 160×15<br>17 | 25 | 10<br>18 | 111 | 59 | 51 |
| 15<br>17 | 23 | 0 | 106 | 56 | 42 |

| ∟ *a*×*s* | *d* ¹) | $e_1$ | $e_2$ | $e_3$ | $e_4$ |
|---|---|---|---|---|---|
| 16<br>18 | 28 | 26<br>30 | 127 | 71 | 38 |
| 180×16<br>18 | 25 | 15<br>20 | 119 | 67 | 0 |
| 16<br>18 | 23 | 0 | 114 | 55 | 0 |
| 16<br>18<br>20<br>24 | 28 | 13<br>20<br>25<br>32 | 133 | 75 | 0 |
| 16<br>200×18<br>20<br>24 | 25 | 0<br>0<br>10<br>22 | 125 | 70 | 0 |
| 16<br>18<br>20<br>24 | 23 | 0 | 120 | 67 | 0 |

²) s. links, Fußnote ¹).

## Warmgewalzter ungleichschenkliger rundkantiger Winkel-Stahl

nach DIN 1029 (3.94). Fortsetzung s. folgende Seiten.

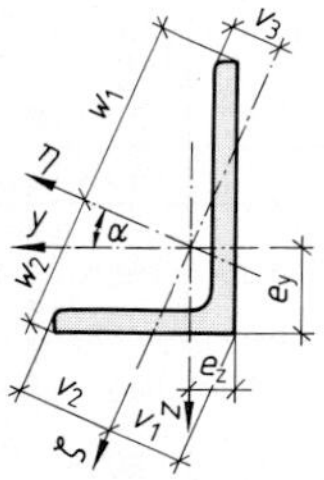


Werkstoff vorzugsweise aus Stahlsorten nach DIN EN 10025; er ist in der Bezeichnung anzugeben.

Bezeichnung eines ungleichschenkligen Winkels aus Stahl S235JO nach DIN EN 10025 von Schenkellänge $a = 80$ mm, Schenkellänge $b = 40$ mm und Schenkeldicke $s = 6$ mm:

Winkel DIN 1029 – S235JO – 80 × 40 × 6

Die gewünschte Nennlänge ist bei Bestellung anzugeben. Die Grenzabmaße der bestellten Länge betragen

a) ±100 mm oder

b) $^{+200}_{\ \ 0}$ mm, wenn eine Mindestlänge gefordert wird.

Bei der Bestellung können kleinere Grenzabmaße vereinbart werden.

| Kurzzeichen L a×b×s | Maße in mm $r_1$ | $r_2$ | $a_1$ | $A$ cm² | $G$ kg/m | $U$ m²/m | Randabstände $e_y$ cm | $e_z$ cm | $w_1$ cm | $w_2$ cm | $v_1$ cm | $v_2$ cm | $v_3$ cm | Lage der ζ-Achse tan α |
|---|---|---|---|---|---|---|---|---|---|---|---|---|---|---|
| **30 × 20 × 3** | 3,5 | 2 | 5,2 | **1,42** | 1,11 | 0,097 | 0,99 | 0,50 | 2,04 | 1,51 | 0,86 | 1,04 | 0,56 | 0,431 |
| **30 × 20 × 4** | 3,5 | 2 | 4,2 | **1,85** | 1,45 | 0,097 | 1,03 | 0,54 | 2,02 | 1,52 | 0,91 | 1,03 | 0,58 | 0,423 |
| **40 × 20 × 3** | 3,5 | 2 | 14,6 | **1,72** | 1,35 | 0,117 | 1,43 | 0,44 | 2,61 | 1,77 | 0,79 | 1,19 | 0,46 | 0,259 |
| **40 × 20 × 4** | 3,5 | 2 | 13,8 | **2,25** | 1,77 | 0,117 | 1,47 | 0,48 | 2,57 | 1,80 | 0,83 | 1,18 | 0,50 | 0,252 |
| 40 × 25 × 4 | 4 | 2 | 8,7 | 2,46 | 1,93 | 0,127 | 1,36 | 0,62 | 2,69 | 1,90 | 1,10 | 1,35 | 0,68 | 0,381 |
| 45 × 30 × 3 | 4,5 | 2 | 9,0 | 2,19 | 1,72 | 0,146 | 1,43 | 0,70 | 3,09 | 2,23 | 1,21 | 1,59 | 0,80 | 0,436 |
| **45 × 30 × 4** | 4,5 | 2 | 8,0 | **2,87** | 2,25 | 0,146 | 1,48 | 0,74 | 3,07 | 2,26 | 1,27 | 1,58 | 0,83 | 0,436 |
| **45 × 30 × 5** | 4,5 | 2 | 7,2 | **3,53** | 2,77 | 0,146 | 1,52 | 0,78 | 3,05 | 2,27 | 1,32 | 1,58 | 0,85 | 0,430 |
| **50 × 30 × 4** | 4,5 | 2 | 13,1 | **3,07** | 2,41 | 0,156 | 1,68 | 0,70 | 3,36 | 2,35 | 1,24 | 1,67 | 0,78 | 0,356 |
| **50 × 30 × 5** | 4,5 | 2 | 12,2 | **3,78** | 2,96 | 0,156 | 1,73 | 0,74 | 3,33 | 2,38 | 1,28 | 1,66 | 0,80 | 0,353 |
| 50 × 40 × 4 | 4 | 2 | – | 3,46 | 2,71 | 0,177 | 1,52 | 1,03 | 3,50 | 2,85 | 1,67 | 1,84 | 1,26 | 0,629 |
| **50 × 40 × 5** | 4 | 2 | – | **4,27** | 3,35 | 0,177 | 1,56 | 1,07 | 3,49 | 2,88 | 1,73 | 1,84 | 1,27 | 0,625 |
| **60 × 30 × 5** | 6 | 3 | 21,4 | **4,29** | 3,37 | 0,175 | 2,15 | 0,68 | 3,90 | 2,67 | 1,20 | 1,77 | 0,72 | 0,256 |
| **60 × 40 × 5** | 6 | 3 | 11,2 | **4,79** | 3,76 | 0,195 | 1,96 | 0,97 | 4,08 | 3,01 | 1,68 | 2,09 | 1,10 | 0,437 |
| **60 × 40 × 6** | 6 | 3 | 10,2 | **5,68** | 4,46 | 0,195 | 2,00 | 1,01 | 4,06 | 3,02 | 1,72 | 2,08 | 1,12 | 0,433 |
| 60 × 40 × 7 | 6 | 3 | 9,2 | 6,55 | 5,14 | 0,195 | 2,04 | 1,05 | 4,04 | 3,03 | 1,77 | 2,07 | 1,14 | 0,429 |
| **65 × 50 × 5** | 6 | 3 | 3,6 | **5,54** | 4,35 | 0,224 | 1,99 | 1,25 | 4,52 | 3,61 | 2,08 | 2,38 | 1,50 | 0,583 |
| 65 × 50 × 7 | 6 | 3 | 1,8 | 7,60 | 5,97 | 0,224 | 2,07 | 1,33 | 4,50 | 3,62 | 2,19 | 2,37 | 1,52 | 0,574 |
| 65 × 50 × 9 | 6 | 3 | – | 9,58 | 7,52 | 0,224 | 2,15 | 1,41 | 4,48 | 3,63 | 2,28 | 2,36 | 1,57 | 0,567 |
| **70 × 50 × 6** | 6 | 3 | 8,4 | **6,88** | 5,40 | 0,235 | 2,24 | 1,25 | 4,82 | 3,68 | 2,20 | 2,52 | 1,42 | 0,497 |
| **75 × 50 × 7** | 6,5 | 3,5 | 13,0 | **8,30** | 6,51 | 0,244 | 2,48 | 1,25 | 5,10 | 3,77 | 2,13 | 2,63 | 1,38 | 0,433 |
| 75 × 50 × 9 | 6,5 | 3,5 | 11,0 | 10,5 | 8,23 | 0,244 | 2,56 | 1,32 | 5,06 | 3,80 | 2,22 | 2,62 | 1,44 | 0,427 |
| **75 × 55 × 5** | 7 | 3,5 | 8,4 | **6,30** | 4,95 | 0,254 | 2,31 | 1,33 | 5,19 | 4,00 | 2,27 | 2,71 | 1,58 | 0,530 |
| **75 × 55 × 7** | 7 | 3,5 | 6,6 | **8,66** | 6,80 | 0,254 | 2,40 | 1,41 | 5,16 | 4,02 | 2,37 | 2,70 | 1,62 | 0,525 |
| 75 × 55 × 9 | 7 | 3,5 | 5,0 | 10,9 | 8,59 | 0,254 | 2,47 | 1,48 | 5,14 | 4,04 | 2,46 | 2,70 | 1,66 | 0,518 |

**Fett** gedruckte Winkel sind zu bevorzugen; die anderen sollten für Neukonstruktionen nicht mehr verwendet werden.

Der Hinweis auf unwirtschaftliche Knickstäbe am Kopf der gleichschenkligen Winkel gilt auch für ungleichschenklige Winkel.

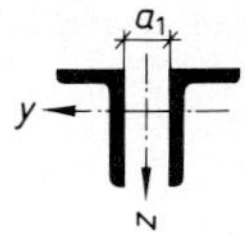


$a_1$ = Abstand zweier **L**-Profile, für den das Flächenmoment 2. Grades für die $y$-Achse und $z$-Achse gleich groß und gleich $2I_y$ wird (Angaben nicht genormt).

Für Schrauben mit $\varnothing < d_1$ bzw. $d_2$ können die gleichen Anreißmaße $w_1$, $w_2$ bzw. $w_3$ angewendet werden. Andere Lochdurchmesser sowie Lochabstände nach DIN 998 (10.70) s. S. 696/697.

Anmerkungen sinngemäß wie auf S. 676/677.

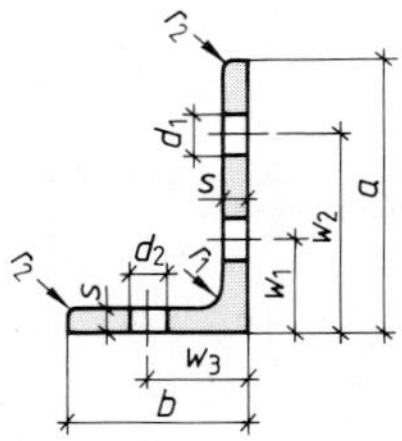


| für Biegung um die *y*-Achse | | | *z*-Achse | | | *η*-Achse | | *ζ*-Achse | | | Maße nach DIN 997 in mm | | | | Kurzzeichen |
|---|---|---|---|---|---|---|---|---|---|---|---|---|---|---|---|
| $I_y$ | $W_y$ | $i_y$ | $I_z$ | $W_z$ | $i_z$ | $I_\eta$ | $i_\eta$ | $I_\zeta$ | $i_\zeta =$ min $i$ | $I_{yz}$ ²) | $d_1$ | $d_2$ ¹) | $w_1$ | $w_3$ ¹) | **L** $a \times b \times s$ |
| cm⁴ | cm³ | cm | cm⁴ | cm³ | cm | cm⁴ | cm | cm⁴ | cm | cm⁴ | | | | | |
| 1,25 | 0,62 | 0,94 | 0,44 | 0,29 | 0,56 | 1,43 | 1,00 | 0,25 | **0,42** | 0,43 | 8,4 | 4,3 | 17 | 12 | **30 × 20 × 3** |
| 1,59 | 0,81 | 0,93 | 0,55 | 0,38 | 0,55 | 1,81 | 0,99 | 0,33 | **0,42** | 0,53 | | | | | **30 × 20 × 4** |
| 2,79 | 1,08 | 1,27 | 0,47 | 0,30 | 0,52 | 2,96 | 1,31 | 0,30 | **0,42** | 0,65 | 11 | 4,3 | 22 | 12 | **40 × 20 × 3** |
| 3,59 | 1,42 | 1,26 | 0,60 | 0,39 | 0,52 | 3,79 | 1,30 | 0,39 | **0,42** | 0,81 | | | | | **40 × 20 × 4** |
| 3,89 | 1,47 | 1,26 | 1,16 | 0,62 | 0,69 | 4,35 | 1,33 | 0,70 | 0,53 | 1,21 | 11 | 6,4 | 22 | 15 | 40 × 25 × 4 |
| 4,47 | 1,46 | 1,43 | 1,60 | 0,70 | 0,86 | 5,15 | 1,53 | 0,93 | 0,65 | 1,54 | 13 | 8,4 | 25 | 17 | 45 × 30 × 3 |
| 5,78 | 1,91 | 1,42 | 2,05 | 0,91 | 0,85 | 6,65 | 1,52 | 1,18 | **0,64** | 2,00 | | | | | **45 × 30 × 4** |
| 6,99 | 2,35 | 1,41 | 2,47 | 1,11 | 0,84 | 8,02 | 1,51 | 1,44 | **0,64** | 2,39 | | | | | **45 × 30 × 5** |
| 7,71 | 2,33 | 1,59 | 2,09 | 0,91 | 0,82 | 8,53 | 1,67 | 1,27 | **0,64** | 2,30 | 13 | 8,4 | 30 | 17 | **50 × 30 × 4** |
| 9,41 | 2,88 | 1,58 | 2,54 | 1,12 | 0,82 | 10,4 | 1,66 | 1,56 | **0,64** | 2,77 | | | | | **50 × 30 × 5** |
| 8,54 | 2,47 | 1,57 | 4,86 | 1,64 | 1,19 | 10,9 | 1,78 | 2,46 | 0,84 | 3,82 | 13 | 11 | 30 | 22 | 50 × 40 × 4 |
| 10,4 | 3,02 | 1,56 | 5,89 | 2,01 | 1,18 | 13,3 | 1,76 | 3,02 | **0,84** | 4,60 | | | | | **50 × 40 × 5** |
| 15,6 | 4,04 | 1,90 | 2,60 | 1,12 | 0,78 | 16,5 | 1,96 | 1,69 | **0,63** | 3,56 | 17 | 8,4 | 35 | 17 | **60 × 30 × 5** |
| 17,2 | 4,25 | 1,89 | 6,11 | 2,02 | 1,13 | 19,8 | 2,03 | 3,50 | **0,86** | 5,98 | 17 | 11 | 35 | 22 | **60 × 40 × 5** |
| 20,1 | 5,03 | 1,88 | 7,12 | 2,38 | 1,12 | 23,1 | 2,02 | 4,12 | **0,85** | 6,92 | | | | | **60 × 40 × 6** |
| 23,0 | 5,79 | 1,87 | 8,07 | 2,74 | 1,11 | 26,3 | 2,00 | 4,73 | 0,85 | 7,81 | | | | | 60 × 40 × 7 |
| 23,1 | 5,11 | 2,04 | 11,9 | 3,18 | 1,47 | 28,8 | 2,28 | 6,2[illegible] | **1,06** | 9,80 | 21 | 13 | 35 | 30 | **65 × 50 × 5** |
| 31,0 | 6,99 | 2,02 | 15,8 | 4,31 | 1,44 | 38,4 | 2,25 | 8,37 | 1,05 | 13,0 | | | | | 65 × 50 × 7 |
| 38,2 | 8,77 | 2,00 | 19,4 | 5,39 | 1,42 | 47,0 | 2,22 | 10,5 | 1,05 | 15,7 | | | | | 65 × 50 × 9 |
| 33,5 | 7,04 | 2,21 | 14,3 | 3,81 | 1,44 | 39,9 | 2,41 | 7,94 | **1,07** | 12,7 | 21 | 13 | 40 | 30 | **70 × 50 × 6** |
| 46,4 | 9,24 | 2,36 | 16,5 | 4,39 | 1,41 | 53,3 | 2,53 | 9,56 | **1,07** | 16,0 | 23 | 13 | 40 | 30 | **75 × 50 × 7** |
| 57,4 | 11,6 | 2,34 | 20,2 | 5,49 | 1,39 | 65,7 | 2,50 | 11,9 | 1,07 | 19,4 | | | | | 75 × 50 × 9 |
| 35,5 | 6,84 | 2,37 | 16,2 | 3,89 | 1,60 | 43,1 | 2,61 | 8,68 | **1,17** | 14,2 | 23 | 17 / 17 13 | 40 | 30 | **75 × 55 × 5** |
| 47,9 | 9,39 | 2,35 | 21,8 | 5,32 | 1,59 | 57,9 | 2,59 | 11,8 | **1,17** | 19,0 | | | | | **75 × 55 × 7** |
| 59,4 | 11,8 | 2,33 | 26,8 | 6,66 | 1,57 | 71,3 | 2,55 | 14,8 | 1,16 | 23,1 | | | | | 75 × 55 × 9 |

¹) Bei 2 Werten gelten für HV-Verbindungen das größere $w_3$ und der kleinere $d_2$. Ist dieser noch mit einem • gekennzeichnet, dann gilt er für alle Schrauben und der größere $d_2$ nur für Niete.

²) Zentrifugalmoment; Angaben nicht genormt.

| Kurzzeichen ∟ $a \times b \times s$ | Maße in mm $r_1$ | $r_2$ | $a_1$ | $A$ cm² | $G$ kg/m | $U$ m²/m | Randabstände $e_y$ cm | $e_z$ cm | $w_1$ cm | $w_2$ cm | $v_1$ cm | $v_2$ cm | $v_3$ cm | Lage der ζ-Achse tan |
|---|---|---|---|---|---|---|---|---|---|---|---|---|---|---|
| **80 × 40 × 6** | 7 | 3,5 | 29,0 | **6,89** | 5,41 | 0,234 | 2,85 | 0,88 | 5,21 | 3,53 | 1,55 | 2,42 | 0,89 | 0,25 |
| **8** | | | 27,2 | **9,01** | 7,07 | | 2,94 | 0,95 | 5,15 | 3,57 | 1,65 | 2,38 | 1,04 | 0,25 |
| **80 × 60 × 7** | 8 | 4 | 5,7 | **9,38** | 7,36 | 0,274 | 2,51 | 1,52 | 5,55 | 4,42 | 2,70 | 2,92 | 1,68 | 0,54 |
| **80 × 65 × 8** | 8 | 4 | – | **11,0** | 8,66 | 0,283 | 2,47 | 1,73 | 5,59 | 4,65 | 2,79 | 2,94 | 2,05 | 0,64 |
| 10 | | | – | 13,6 | 10,7 | | 2,55 | 1,81 | 5,56 | 4,68 | 2,90 | 2,95 | 2,11 | 0,64 |
| **90 × 60 × 6** | 7 | 3,5 | 17,8 | **8,69** | 6,82 | 0,294 | 2,89 | 1,41 | 6,14 | 4,50 | 2,46 | 3,16 | 1,60 | 0,44 |
| **8** | | | 16,0 | **11,4** | 8,96 | | 2,97 | 1,49 | 6,11 | 4,54 | 2,56 | 3,15 | 1,69 | 0,43 |
| **100 × 50 × 6** | 9 | 4,5 | 37,6 | **8,73** | 6,85 | 0,292 | 3,49 | 1,04 | 6,50 | 4,39 | 1,91 | 2,98 | 1,15 | 0,26 |
| **8** | | | 35,4 | **11,5** | 8,99 | | 3,59 | 1,13 | 6,48 | 4,44 | 2,00 | 2,95 | 1,18 | 0,25 |
| **10** | | | 33,8 | **14,1** | 11,1 | | 3,67 | 1,20 | 6,43 | 4,49 | 2,08 | 2,91 | 1,22 | 0,25 |
| **100 × 65 × 7** | 10 | 5 | 21,8 | **11,2** | 8,77 | 0,321 | 3,23 | 1,51 | 6,83 | 4,91 | 2,66 | 3,48 | 1,73 | 0,41 |
| **9** | | | 19,8 | **14,2** | 11,1 | | 3,32 | 1,59 | 6,78 | 4,94 | 2,76 | 3,46 | 1,78 | 0,41 |
| 11 | | | 17,8 | 17,1 | 13,4 | | 3,40 | 1,67 | 6,74 | 4,97 | 2,85 | 3,45 | 1,83 | 0,41 |
| **100 × 75 ×** 7 | 10 | 5 | 8,8 | 11,9 | 9,32 | 0,341 | 3,06 | 1,83 | 6,96 | 5,42 | 3,10 | 3,61 | 2,18 | 0,55 |
| **9** | | | 7,0 | **15,1** | 11,8 | | 3,15 | 1,91 | 6,91 | 5,45 | 3,22 | 3,63 | 2,22 | 0,54 |
| 11 | | | 5,2 | 18,2 | 14,3 | | 3,23 | 1,99 | 6,87 | 5,49 | 3,32 | 3,65 | 2,27 | 0,54 |
| **120 × 80 × 8** | 11 | 5,5 | 24,0 | **15,5** | 12,2 | 0,391 | 3,83 | 1,87 | 8,23 | 5,99 | 3,27 | 4,20 | 2,16 | 0,44 |
| **10** | | | 22,2 | **19,1** | 15,0 | | 3,92 | 1,95 | 8,18 | 6,03 | 3,37 | 4,19 | 2,19 | 0,43 |
| **12** | | | 20,2 | **22,7** | 17,8 | | 4,00 | 2,03 | 8,14 | 6,06 | 3,46 | 4,18 | 2,25 | 0,43 |
| **130 × 65 × 8** | 11 | 5,5 | 48,6 | **15,1** | 11,9 | 0,381 | 4,56 | 1,37 | 8,50 | 5,71 | 2,49 | 3,86 | 1,47 | 0,26 |
| **10** | | | 46,8 | **18,6** | 14,6 | | 4,65 | 1,45 | 8,43 | 5,76 | 2,58 | 3,82 | 1,54 | 0,25 |
| 12 | | | 44,6 | 22,1 | 17,3 | | 4,74 | 1,53 | 8,37 | 5,81 | 2,66 | 3,80 | 1,60 | 0,25 |
| 130 × 90 × 12 | 12 | 6 | 18,6 | 25,1 | 19,7 | 0,430 | 4,24 | 2,26 | 8,88 | 6,72 | 3,85 | 4,60 | 2,56 | 0,46 |
| **150 × 75 × 9** | 10,5 | 5,5 | 56,4 | **19,5** | 15,3 | 0,441 | 5,28 | 1,57 | 9,79 | 6,62 | 2,90 | 4,46 | 1,72 | 0,26 |
| **11** | | | 54,4 | **23,6** | 18,6 | | 5,37 | 1,65 | 9,73 | 6,66 | 2,97 | 4,44 | 1,77 | 0,26 |
| **150 × 100 × 10** | 13 | 6,5 | 29,8 | **24,2** | 19,0 | 0,489 | 4,80 | 2,34 | 10,3 | 7,50 | 4,10 | 5,25 | 2,68 | 0,44 |
| **12** | | | 28,0 | **28,7** | 22,6 | | 4,89 | 2,42 | 10,2 | 7,53 | 4,19 | 5,24 | 2,73 | 0,43 |
| 14 | | | 26,2 | 33,2 | 26,1 | | 4,97 | 2,50 | 10,2 | 7,56 | 4,28 | 5,23 | 2,77 | 0,43 |
| 160 × 80 × 12 | 13 | 6,5 | 57,9 | 27,5 | 21,6 | 0,469 | 5,72 | 1,77 | 10,4 | 7,10 | 3,15 | 4,75 | 1,89 | 0,25 |
| **180 × 90 × 10** | 14 | 7 | 69,0 | **26,2** | 20,6 | 0,528 | 6,28 | 1,85 | 11,8 | 7,89 | 3,38 | 5,42 | 2,00 | 0,26 |
| 12 | | | 67,0 | 31,2 | 24,5 | | 6,37 | 1,93 | 11,7 | 7,95 | 3,48 | 5,38 | 2,07 | 0,26 |
| **200 × 100 × 10** | 15 | 7,5 | 77,4 | **29,2** | 23,0 | 0,587 | 6,93 | 2,01 | 13,2 | 8,76 | 3,75 | 5,98 | 2,22 | 0,26 |
| **12** | | | 75,2 | **34,8** | 27,3 | | 7,03 | 2,10 | 13,1 | 8,82 | 3,84 | 5,95 | 2,26 | 0,26 |
| **14** | | | 73,0 | **40,3** | 31,6 | | 7,12 | 2,18 | 13,0 | 8,88 | 3,93 | 5,92 | 2,32 | 0,26 |

**Fett** gedruckte Winkel sind zu bevorzugen; die anderen sollten für Neukonstruktionen nicht mehr verwendet werden.

| | für Biegung um die | | | | | | | | | | | Maße nach DIN 997 in mm | | | | | Kurzzeichen |
|---|---|---|---|---|---|---|---|---|---|---|---|---|---|---|---|---|---|
| *y*-Achse | | | *z*-Achse | | | *η*-Achse | | *ζ*-Achse | | | | | | | | | |
| | $W_y$ | $i_y$ | $I_z$ | $W_z$ | $i_z$ | $I_\eta$ | $i_\eta$ | $I_\zeta$ | $i_\zeta$ = min *i* | $I_{yz}$ | $d_1$ | $d_2$ [1]) | $w_1$ | $w_2$ | $w_3$ [1]) | |
| ⁴ | cm³ | cm | cm⁴ | cm³ | cm | cm⁴ | cm | cm⁴ | cm | cm⁴ | | | | | | ∟ *a*×*b*×*s* |
| ,9 | 8,73 | 2,55 | 7,59 | 2,44 | 1,05 | 47,6 | 2,63 | 4,90 | **0,84** | 10,4 | 23 | 11 | 45 | – | 22 | **80 × 40 × 6** |
| ,6 | 11,4 | 2,53 | 9,68 | 3,18 | 1,04 | 60,9 | 2,60 | 6,41 | **0,84** | 12,9 | | | | | | **8** |
| ,0 | 10,7 | 2,51 | 28,4 | 6,34 | 1,74 | 72,0 | 2,77 | 15,4 | **1,28** | 23,8 | 23 | 17 | 45 | – | 35 | **80 × 60 × 7** |
| ,1 | 12,3 | 2,49 | 40,1 | 8,41 | 1,91 | 88,0 | 2,82 | 20,3 | **1,36** | 30,8 | 23 | 21 | 45 | – | 35 | **80 × 65 × 8** |
| ,2 | 15,1 | 2,46 | 48,3 | 10,3 | 1,89 | 106 | 2,79 | 24,8 | 1,35 | 36,7 | | 21 \| 17 | | | | 10 |
| ,7 | 11,7 | 2,87 | 25,8 | 5,61 | 1,72 | 82,8 | 3,09 | 14,6 | **1,30** | 25,2 | 25 | 17 | 50 | – | 35 | **90 × 60 × 6** |
| ,5 | 15,4 | 2,85 | 33,0 | 7,31 | 1,70 | 107 | 3,06 | 19,0 | **1,29** | 32,1 | | | | | | **8** |
| ,7 | 13,8 | 3,20 | 15,3 | 3,86 | 1,32 | 95,2 | 3,30 | 9,78 | **1,06** | 21,0 | 25 | 13 | 55 | – | 30 | **100 × 50 × 6** |
| 16 | 18,0 | 3,18 | 19,5 | 5,04 | 1,31 | 123 | 3,28 | 12,6 | **1,05** | 26,7 | | | | | | **8** |
| 41 | 22,2 | 3,16 | 23,4 | 6,17 | 1,29 | 149 | 3,25 | 15,5 | **1,04** | 31,5 | | 13 [+]) | | | | **10** |
| 13 | 16,6 | 3,17 | 37,6 | 7,54 | 1,84 | 128 | 3,39 | 21,6 | **1,39** | 38,2 | 25 | 21 | 55 | – | 35 | **100 × 65 × 7** |
| 41 | 21,0 | 3,15 | 46,7 | 9,52 | 1,82 | 160 | 3,36 | 27,2 | **1,39** | 47,1 | | 21 \| 17 | | | | **9** |
| 67 | 25,3 | 3,13 | 55,1 | 11,4 | 1,80 | 190 | 3,34 | 32,6 | 1,38 | 55,0 | | 21 \| 17 | | | 35 \| 37 | 11 |
| 18 | 17,0 | 3,15 | 56,9 | 10,0 | 2,19 | 145 | 3,49 | 30,1 | 1,59 | 48,5 | 25 | 23 | 55 | – | 40 | 100 × 75 × 7 |
| 48 | 21,5 | 3,13 | 71,0 | 12,7 | 2,17 | 181 | 3,47 | 37,8 | **1,59** | 60,5 | | | | | | **9** |
| 76 | 25,9 | 3,11 | 84,0 | 15,3 | 2,15 | 214 | 3,44 | 45,4 | 1,58 | 71,0 | | 23 \| 21 | | | | 11 |
| 26 | 27,6 | 3,82 | 80,8 | 13,2 | 2,29 | 261 | 4,10 | 45,8 | **1,72** | 79,4 | 25 | 23 | 50 | 80 | 45 | **120 × 80 × 8** |
| 76 | 34,1 | 3,80 | 98,1 | 16,2 | 2,27 | 318 | 4,07 | 56,1 | **1,71** | 96,1 | | | | | | **10** |
| 23 | 40,4 | 3,77 | 114 | 19,1 | 2,25 | 371 | 4,04 | 66,1 | **1,71** | 111 | | | | | | **12** |
| 63 | 31,1 | 4,17 | 44,8 | 8,72 | 1,72 | 280 | 4,31 | 28,6 | **1,38** | 61,6 | 25 | 21 \| 17 | 50 | 90 | 35 | **130 × 65 × 8** |
| 21 | 38,4 | 4,15 | 54,2 | 10,7 | 1,71 | 340 | 4,27 | 35,0 | **1,37** | 74,1 | | 21 \| 17• | | | 35 \| 36 | **10** |
| 76 | 45,5 | 4,12 | 63,0 | 12,7 | 1,69 | 397 | 4,24 | 41,2 | 1,37 | 85,4 | | 21 \| 17• | | | 35 \| 38 | 12 |
| 20 | 48,0 | 4,09 | 165 | 24,4 | 2,56 | 492 | 4,43 | 92,6 | 1,92 | 154 | 25 | 25 | 50 | 90 | 50 | 130 × 90 × 12 |
| 55 | 46,8 | 4,83 | 78,3 | 13,2 | 2,00 | 484 | 4,98 | 50,0 | **1,60** | 107 | 28 | 23 | 60 | 105 | 40 | **150 × 75 × 9** |
| 45 | 56,6 | 4,80 | 93,0 | 15,9 | 1,98 | 578 | 4,95 | 59,8 | **1,59** | 127 | | 23 \| 21 | | | | **11** |
| 52 | 54,1 | 4,78 | 198 | 25,8 | 2,86 | 637 | 5,13 | 112 | **2,15** | 194 | 28 | 25 | 60 | 105 | 55 | **150 × 100 × 10** |
| 50 | 64,2 | 4,76 | 232 | 30,6 | 2,84 | 749 | 5,10 | 132 | **2,15** | 227 | | | | | | **12** |
| 44 | 74,1 | 4,73 | 264 | 35,2 | 2,82 | 856 | 5,07 | 152 | 2,14 | 257 | | | | | | 14 |
| 20 | 70,0 | 5,11 | 122 | 19,6 | 2,10 | 763 | 5,26 | 78,9 | 1,69 | 166 | 28 | 23 | 60 | 115 | 45 | 160 × 80 × 12 |
| 80 | 75,1 | 5,80 | 151 | 21,2 | 2,40 | 934 | 5,97 | 97,4 | **1,93** | 205 | 28 | 25 | 60 | 135 | 50 | **180 × 90 × 10** |
| 40 | 89,3 | 5,77 | 177 | 25,1 | 2,38 | 1100 | 5,94 | 114 | 1,92 | 241 | | | | | | 12 |
| 20 | 93,2 | 6,46 | 210 | 26,3 | 2,68 | 1300 | 6,66 | 133 | **2,14** | 289 | 28 | 25 | 65 | 150 | 55 | **200 × 100 × 10** |
| 40 | 111 | 6,43 | 247 | 31,3 | 2,67 | 1530 | 6,63 | 158 | **2,13** | 338 | | | | | | **12** |
| 50 | 128 | 6,41 | 282 | 36,1 | 2,65 | 1760 | 6,60 | 181 | **2,12** | 385 | | | | | | **14** |

[1]) s. S. 693, Fußnote [1]).

[+]) Genormte Schrauben für HV-Verbindungen sind hier nicht anwendbar.

**Lochabstände in ungleichschenkligen Winkelstählen.** Auszug aus DIN 998 (10.70), Maße in mm. Anreißmaße $w_1$, $w_2$, $w_3$ nach DIN 997 s. S. 693 und 695.

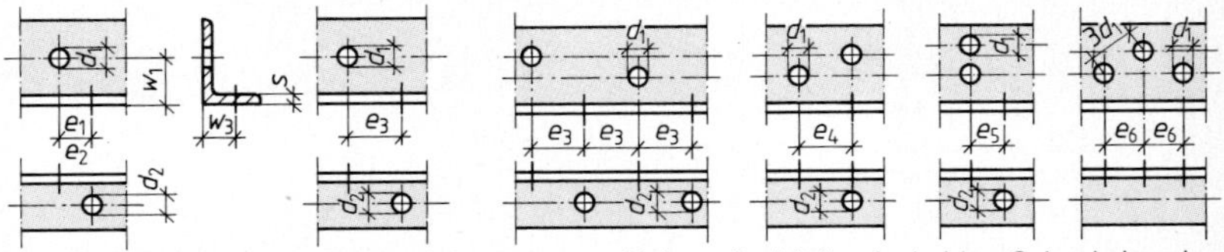


$s$ = Schenkeldicke; $d_1$, $d_2$ = Lochdurchmesser. Haben die Löcher in beiden Schenkeln mindestens den Abstand

– $e_1$ ($e_2$), so läßt sich mit Rücksicht auf den Döpper- und Niet-∅ der Niet im kleinen (großen) Schenkel schlagen, wenn der Niet im großen (kleinen) Schenkel bereits sitzt;
– $e_3$, so braucht in Zugstäben nur ein Loch abgezogen zu werden;
– $e_4$ ($e_5$), so ist der Abstand 3 $d_1$ gewahrt, und in Zugstäben brauchen nur zwei Löcher abgezogen zu werden;
– $e_6$, so ist der Abstand 3 $d_1$ gewahrt.

| L | $s$ | $d_1$ | $d_2$ | $e_1$ | $e_2$ | $e_3$ |
|---|---|---|---|---|---|---|
| 30 × 20 | 3<br>4 | 8,4 | 4,3 | 10<br>11 | 0 | 17 |
| 40 × 20 | 3<br>4 | 11 | 4,3 | 12<br>13 | 0 | 18 |
| 45 × 30 | 3<br>4<br>5 | 13 | 8,4 | 16<br>17<br>18 | 0 | 29 |
| 50 × 30 | 5 | 13 | 8,4 | 18 | 0 | 30 |
| 50 × 40 | 4<br>5 | 13 | 11 | 18<br>19 | 0 | 36 |
| | 4<br>5 | 11 | | 13<br>14 | | |
| 60 × 30 | 5 | 17<br>13 | 8,4 | 22<br>18 | 0 | 31 |
| 60 × 40 | 5<br>6<br>7 | 17 | 11 | 20<br>21<br>22 | 0 | 38 |
| | 5<br>6<br>7 | 13 | | 16<br>17<br>18 | | |
| 65 × 50 | 5<br>7<br>9 | 21 | 13 | 19<br>22<br>24 | 13<br>18<br>21 | 44 |
| | 5<br>7<br>9 | 17 | | 13<br>16<br>19 | 0<br>0<br>11 | |
| | 5<br>7<br>9 | 21 | 11 | 14<br>18<br>20 | 10<br>15<br>19 | 40 |
| | 5<br>7<br>9 | 17 | | 0<br>11<br>15 | 0<br>0<br>8 | |
| 75 × 50 | 7<br>9 | 23 | 13 | 24<br>26 | 9<br>15 | 45 |
| | 7<br>9 | 21 | | 22<br>24 | 0<br>10 | |
| | 7<br>9 | 17 | | 16<br>19 | 0 | |
| | 7<br>9 | 23 | 11 | 20<br>22 | 0<br>13 | 41 |
| | 7<br>9 | 21 | | 18<br>20 | 0 | |
| | 7<br>9 | 17 | | 11<br>15 | | |
| 75 × 55 | 5<br>7<br>9 | 23 | 17 | 26<br>28<br>30 | 13<br>18<br>22 | 52 |
| | 5<br>7<br>9 | 21 | | 24<br>26<br>28 | 0<br>13<br>17 | |
| | 5<br>7<br>9 | 17 | | 19<br>22<br>24 | 0 | |
| | 5<br>7<br>9 | 23 | 13 | 21<br>24<br>26 | 0<br>11<br>16 | 45 |
| | 5<br>7<br>9 | 21 | | 19<br>22<br>24 | 0<br>0<br>11 | |
| | 5<br>7<br>9 | 17 | | 13<br>16<br>19 | 0 | |
| 80 × 40 | 6<br>8 | 23 | 11 | 27<br>28 | 0 | 40 |
| | 6<br>8 | 21 | | 26<br>27 | | |
| | 6<br>8 | 17 | | 21<br>23 | | |
| 80 × 65 | 8<br>10 | 23 | 21 | 30<br>32 | 16<br>21 | 62 |
| | 8<br>10 | 21 | | 29<br>31 | 9<br>16 | |
| | 8<br>10 | 23 | 17 | 23<br>26 | 0<br>13 | 55 |
| | 8<br>10 | 21 | | 21<br>24 | 0 | |
| 90 × 60 | 6<br>8 | 25 | 17 | 24<br>27 | 0 | 57 |
| | 6<br>8 | 23 | | 21<br>23 | | |
| | 6<br>8 | 21 | | 18<br>21 | | |
| | 6<br>8 | 25 | 13 | 18<br>22 | | 49 |
| | 6<br>8 | 23 | | 14<br>18 | | |
| | 6<br>8 | 21 | | 10<br>16 | | |
| 100 × 50 | 6<br>8<br>10 | 25 | 13 | 26<br>28<br>30 | 0 | 49 |
| | 6<br>8<br>10 | 23 | | 22<br>25<br>27 | | |
| | 6<br>8<br>10 | 21 | | 20<br>23<br>25 | | |
| 100 × 65 | 7<br>9<br>11 | 25 | 21 | 32<br>34<br>36 | 0 | 65 |
| | 7<br>9<br>11 | 23 | | 29<br>31<br>33 | | |
| | 7<br>9<br>11 | 21 | | 27<br>30<br>32 | | |
| | 7<br>9<br>11 | 25 | 17 | 25<br>28<br>30 | 0 | 63 |
| | 7<br>9<br>11 | 23 | | 22<br>25<br>27 | | |
| | 7<br>9<br>11 | 21 | | 20<br>23<br>25 | | |
| 100 × 75 | 7<br>9<br>11 | 25 | 23 | 30<br>32<br>34 | 0 | 70 |
| | 7<br>9<br>11 | 23 | | 26<br>29<br>31 | | |
| | 7<br>9<br>11 | 21 | | 24<br>27<br>29 | | |
| | 7<br>9<br>11 | 25 | 21 | 26<br>29<br>31 | 0 | 67 |
| | 7<br>9<br>11 | 23 | | 23<br>26<br>28 | | |
| | 7<br>9<br>11 | 21 | | 20<br>26 | | |

| L | $s$ | $d_1$ | $d_2$ | $e_1$ | $e_2$ | $e_3$ | $e_4$ | $e_6$ |
|---|---|---|---|---|---|---|---|---|
| | 8<br>10<br>12 | 25 | | 24<br>27<br>30 | 14<br>20<br>24 | | 69 | 69 |
| | 8<br>10<br>12 | 23 | 23 | 19<br>23<br>26 | 0<br>10<br>17 | 80 | 63 | 63 |
| 120<br>×<br>80 | 8<br>10<br>12 | 21 | | 16<br>21<br>24 | 0<br>0<br>10 | | 56 | 56 |
| | 8<br>10<br>12 | 25 | | 19<br>23<br>26 | 10<br>17<br>21 | | 69 | 69 |
| | 8<br>10<br>12 | 23 | 21 | 14<br>19<br>23 | 0<br>0<br>14 | 76 | 63 | 63 |
| | 8<br>10<br>12 | 21 | | 10<br>16<br>20 | 0 | | 56 | 56 |
| | 8<br>10<br>12 | 25 | | 33<br>35<br>37 | 10<br>17<br>21 | | 64 | 64 |
| 30<br>×<br>65 | 8<br>10<br>12 | 23 | 21 | 30<br>32<br>34 | 0<br>0<br>14 | 76 | 57 | 57 |
| | 8<br>10<br>12 | 21 | | 29<br>31<br>32 | 0 | | 49 | 49 |

| L | $s$ | $d_1$ | $d_2$ | $e_1$ | $e_2$ | $e_3$ | $e_4$ | $e_6$ |
|---|---|---|---|---|---|---|---|---|
| | 8<br>10<br>12 | 25 | | 27<br>29<br>31 | 0<br>0<br>13 | | 64 | 64 |
| 130<br>×<br>65 | 8<br>10<br>12 | 23 | 17 | 23<br>26<br>28 | 0 | 68 | 57 | 57 |
| | 8<br>10<br>12 | 21 | | 21<br>24<br>26 | 0 | | 49 | 49 |
| 130<br>×<br>90 | 12 | 25<br>23 | 25 | 28<br>24 | 28<br>22 | 88 | 64<br>57 | 57 |
| | 12 | 25<br>23 | 23 | 22<br>17 | 19<br>17 | 84 | 64<br>57 | 64<br>57 |
| | 9<br>11 | 28 | | 34<br>36 | | | 71 | 71 |
| 150<br>×<br>75 | 9<br>11 | 25 | 23 | 32<br>34 | 0 | 85 | 60 | 60 |
| | 9<br>11 | 23 | | 29<br>31 | | | 53 | 53 |
| | 10<br>12<br>14 | 28 | | 15<br>20<br>25 | 0<br>13<br>20 | | 71 | 71 |
| | 10<br>12<br>14 | 25 | 25 | 10<br>18<br>22 | 0 | 93 | 60 | 60 |
| 150<br>×<br>100 | 10<br>12<br>14 | 28 | | 0<br>10<br>17 | 0<br>0<br>13 | | 71 | 71 |
| | 10<br>12<br>14 | 25 | 23 | 0<br>0<br>14 | 0 | 89 | 60 | 60 |

| L | $s$ | $d_1$ | $d_2$ | $e_1$ | $e_2$ | $e_3$ | $e_4$ | $e_5$ | $e_6$ |
|---|---|---|---|---|---|---|---|---|---|
| | | 28 | | 31 | | | 64 | | 64 |
| | 12 | 25 | 23 | 30 | 0 | 89 | 51 | – | 51 |
| 160<br>×<br>80 | | 23 | | 26 | | | 42 | | 42 |
| | | 28 | | 28 | | | 64 | | 64 |
| | 12 | 25 | 21 | 24 | 0 | 86 | 51 | – | 51 |
| | | 23 | | 23 | | | 42 | | 42 |
| | 10<br>12 | 28 | | 27<br>30 | 0<br>13 | | 53 | – | 38 |
| | 10<br>12 | 25 | 25 | 24<br>28 | 0 | 100 | 49 | 79 | 0 |
| 180<br>×<br>90 | 10<br>12 | 23 | | 20<br>24 | | | 47 | | |
| | 10<br>12 | 28 | | 20<br>24 | | | 53 | – | 38 |
| | 10<br>12 | 25 | 23 | 17<br>22 | 0 | 96 | 49 | 76 | 0 |
| | 10<br>12 | 23 | | 10<br>17 | | | 47 | | |
| | 10<br>12<br>14 | 28 | | 15<br>20<br>25 | | | 55 | | |
| | 10<br>12<br>14 | 25 | 25 | 10<br>18<br>22 | 0 | 105 | 52 | 82 | |
| 200<br>×<br>100 | 10<br>12<br>14 | 28 | | 0<br>10<br>17 | | | 55 | | 0 |
| | 10<br>12<br>14 | 25 | 23 | 0<br>0<br>14 | 0 | 100 | 52 | 78 | |

**Warmgewalzter Breitflachstahl** nach DIN 59200 (10.75)

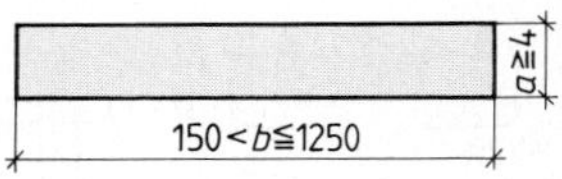


Werkstoff: Stahl nach DIN EN 10025.

Bezeichnung für Breitflachstahl von 10 mm Dicke, 200 mm Breite in Herstellängen ohne Angabe eines Längenbereichs, aus Stahl S235JRG2 (Werkstoffnummer 1.0038) nach DIN EN 10025:

Breitflachstahl DIN 59200 – 10 × 200 – S235JRG2

oder

BrFl DIN 59200 – 10 × 200 – 1.0038

Lieferart:
Bei Bestellung nach Gewicht darf die Länge zwischen 2000 und 12000 mm schwanken. Zulässige Maßabweichung bei Bestellung in Genaulänge: +200 mm; nach Vereinbarung kleinere Maßabweichungen, zu bevorzugen sind +50, +25 mm.

**Dicke:** Die zu bevorzugenden Nenndicken $a$ sind:
5, 6, 8, 10, 12, 15, 20, 25, 30, 40, 50, 60, 80 mm.

**Breite:** Die zu bevorzugenden Nennbreiten $b$ sind:
160, 180, 200, 220, 240, 250, 260, 280, 300, 320, 340, 350, 360, 380, 400, 450, 500, 550, 600, 650, 700, 750, 800, 900, 1000, 1100, 1200 mm.

## **Warmgewalzter gleichschenkliger T-Stahl mit gerundeten Kanten und Übergängen** nach DIN EN 10055:1995-12

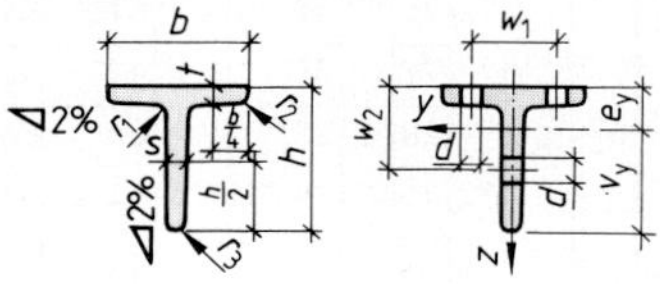


Werkstoff vorzugsweise aus Stahlsorten nach DIN EN 10025; er ist in der Bezeichnung anzugeben.

Bezeichnung eines warmgewalzten gleichschenkligen rundkantigen T-Stahls mit $h = 40$ mm aus einem Stahl S235JR nach DIN 10025:

T-Profil EN 10055 – T40 – Stahl EN 10025 – S235JR

Die gewünschte Nennlänge ist bei Bestellung anzugeben.

Übliches Grenzabmaß ±100 mm. Eingeschränkte Grenzabmaße ±50, ±25, ±10 mm.

Auf Vereinbarung bei der Bestellung können die Gesamtspannen für die Grenzabmaße ganz auf die Plusseite oder ganz auf die Minusseite gelegt werden.

| Kurzzeichen | Maße in mm | | | | | | | für Biegung um die y-Achse | | | für Biegung um die z-Achse | | | Maße in mm nach DIN 997 | | |
|---|---|---|---|---|---|---|---|---|---|---|---|---|---|---|---|---|
| T | $h$ | $b$ | $s=t=r_1$ | $A$ cm² | $G$ kg/m | $U$ m²/m | $e_y$ cm | $I_y$ cm⁴ | $W_y$¹) cm³ | $i_y$²) cm | $I_z$ cm⁴ | $W_z$ cm³ | $i_z$²) cm | Größt-∅ $d$ | Anreißmaße $w_1$ | Anreißmaße $w_2$ |
| **30** | 30 | 30 | 4 | **2,26** | 1,77 | 0,114 | 0,85 | 1,72 | **0,80** | 0,87 | 0,87 | 0,58 | **0,62** | 4,3 | 17 | 17 |
| **35** | 35 | 35 | 4,5 | **2,97** | 2,33 | 0,133 | 0,99 | 3,10 | **1,23** | 1,04 | 1,57 | 0,90 | **0,73** | 4,3 | 19 | 19 |
| **40** | 40 | 40 | 5 | **3,77** | 2,96 | 0,153 | 1,12 | 5,28 | **1,84** | 1,18 | 2,58 | 1,29 | **0,83** | 6,4 | 21 | 22 |
| **50** | 50 | 50 | 6 | **5,66** | 4,44 | 0,191 | 1,39 | 12,1 | **3,36** | 1,46 | 6,06 | 2,42 | **1,03** | 6,4 | 30 | 30 |
| **60** | 60 | 60 | 7 | **7,94** | 6,23 | 0,229 | 1,66 | 23,8 | **5,48** | 1,73 | 12,2 | 4,07 | **1,24** | 8,4 | 34 | 35 |
| **70** | 70 | 70 | 8 | **10,6** | 8,32 | 0,268 | 1,94 | 44,5 | **8,79** | 2,05 | 22,1 | 6,32 | **1,44** | 11 | 38 | 40 |
| **80** | 80 | 80 | 9 | **13,6** | 10,7 | 0,307 | 2,22 | 73,7 | **12,8** | 2,33 | 37,0 | 9,25 | **1,65** | 11 | 45 | 45 |
| **100** | 100 | 100 | 11 | **20,9** | 16,4 | 0,383 | 2,74 | 179 | **24,6** | 2,92 | 88,3 | 17,7 | **2,05** | 13 | 60 | 60 |
| **120** | 120 | 120 | 13 | **29,6** | 23,2 | 0,459 | 3,28 | 366 | **42,0** | 3,51 | 178 | 29,7 | **2,45** | 17 | 70 | 70 |
| **140** | 140 | 140 | 15 | **39,9** | 31,3 | 0,537 | 3,80 | 660 | **64,7** | 4,07 | 330 | 47,2 | **2,88** | 21 | 80 | 75 |

¹) $W_y = I_y / v_y$ ²) **Fett** gedruckte Werte sind min $i$.

## **Warmgewalzter rundkantiger breitfüßiger T-Stahl.** Nicht genormt

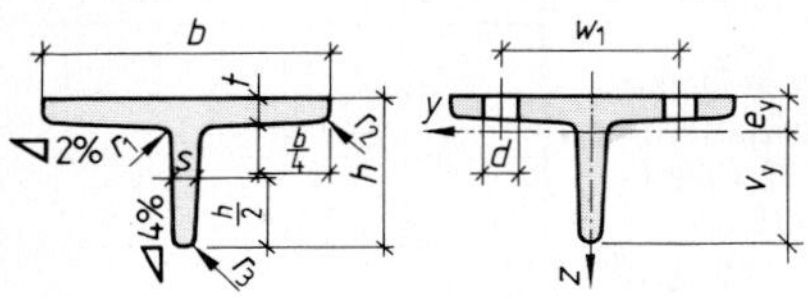


Diese Profilreihe (früher DIN 1024) wurde in DIN EN 10055 gestrichen. Vor ihrer Verwendung ist die Lieferbarkeit zu prüfen.

| Kurzzeichen | Maße in mm | | | | | | | für Biegung um die y-Achse | | | für Biegung um die z-Achse | | | Maße in mm nach DIN 997 | | |
|---|---|---|---|---|---|---|---|---|---|---|---|---|---|---|---|---|
| TB | $h$ | $b$ | $s=t=r_1$ | $A$ cm² | $G$ kg/m | $U$ m²/m | $e_y$ cm | $I_y$ cm⁴ | $W_y$¹) cm³ | $i_y$²) cm | $I_z$ cm⁴ | $W_z$ cm³ | $i_z$²) cm | Größt-∅ $d$ | Anreißmaße $w_1$ | Anreißmaße $w_2$ |
| **30** | 30 | 60 | 5,5 | **4,64** | 3,64 | 0,171 | 0,67 | 2,58 | **1,11** | **0,75** | 8,62 | 2,87 | 1,36 | 8.4 | 34 | – |
| **35** | 35 | 70 | 6 | **5,94** | 4,66 | 0,201 | 0,77 | 4,49 | **1,65** | **0,87** | 15,1 | 4,31 | 1,59 | 11 | 37 | – |
| **40** | 40 | 80 | 7 | **7,91** | 6,21 | 0,233 | 0,88 | 7,81 | **2,50** | **0,99** | 28,5 | 7,13 | 1,90 | 11 | 45 | – |
| **50** | 50 | 100 | 8,5 | **12,0** | 9,42 | 0,287 | 1,09 | 18,7 | **4,78** | **1,25** | 67,2 | 13,5 | 2,38 | 13 | 55 | – |
| **60** | 60 | 120 | 10 | **17,0** | 13,4 | 0,345 | 1,30 | 38,0 | **8,09** | **1,49** | 137 | 22,8 | 2,84 | 17 | 65 | – |

¹) $W_y = I_y / v_y$ ²) **Fett** gedruckte Werte sind min $i$.

## Halbierte I-Träger

Bezeichnungen und Maße $b$, $s$, $t$, $r$, $r_1$ und $r_2$ s. die entsprechenden Tafeln der Walzprofile.

$e_y$ Abstand der $y$-Achse von der Flansch-Kante

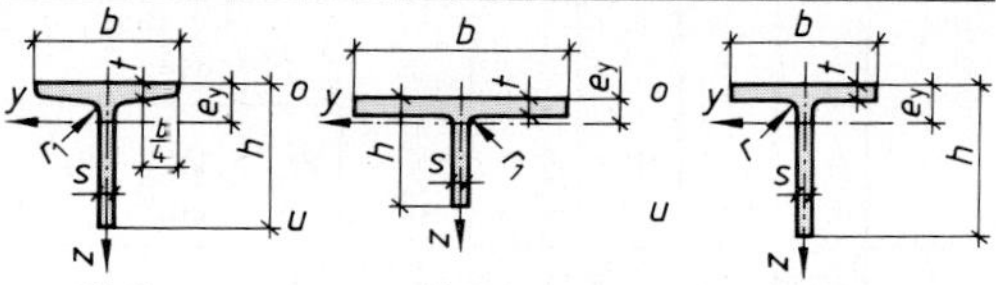

½ I     ½ IPB     ½ IPE

| Kurz-zei-chen | $h$ mm | $e_y$ cm | $A$ cm² | $G$ kg/m | für Biegung um die $y$-Achse: $I_y$ cm⁴ | [1]) $W_{yu}$ cm³ | [1]) $W_{yo}$ cm³ | *) $i_y$ cm | $z$-Achse: $I_z$ cm⁴ | $W_z$ cm³ | *) $i_z$ cm | $I_T$ cm⁴ | [2]) $i_p$ cm | [3]) $i_M$ cm |
|---|---|---|---|---|---|---|---|---|---|---|---|---|---|---|
| **½ IPE** | **Halbierte mittelbreite I-Träger** mit parallelen Flanschflächen, nach DIN 1025, T 5 | | | | | | | | | | | | | |
| **140** | 70 | 1,62 | **8,21** | 6,45 | 33,0 | **6,14** | 20,4 | 2,01 | 22,4 | 6,15 | **1,65** | 1,22 | 2,60 | 2,90 |
| **160** | 80 | 1,84 | **10,0** | 7,89 | 52,9 | **8,57** | 28,8 | 2,29 | 34,1 | 8,34 | **1,84** | 1,80 | 2,94 | 3,29 |
| **180** | 90 | 2,05 | **12,0** | 9,40 | 80,3 | **11,5** | 39,1 | 2,59 | 50,4 | 11,1 | **2,05** | 2,39 | 3,30 | 3,69 |
| **200** | 100 | 2,25 | **14,2** | 11,2 | 117 | **15,1** | 51,9 | 2,87 | 71,2 | 14,2 | **2,24** | 3,48 | 3,64 | 4,07 |
| **220** | 110 | 2,45 | **16,7** | 13,1 | 165 | **19,3** | 67,6 | 3,15 | 102 | 18,6 | **2,48** | 4,52 | 4,01 | 4,47 |
| **240** | 120 | 2,63 | **19,6** | 15,4 | 227 | **24,3** | 86,6 | 3,41 | 142 | 23,6 | **2,69** | 6,42 | 4,34 | 4,84 |
| **270** | 135 | 2,97 | **23,0** | 18,0 | 346 | **32,8** | 117 | 3,88 | 210 | 31,1 | **3,02** | 7,95 | 4,92 | 5,50 |
| **300** | 150 | 3,32 | **26,9** | 21,1 | 509 | **43,6** | 153 | 4,35 | 302 | 40,3 | **3,35** | 10,0 | 5,49 | 6,16 |
| **330** | 165 | 3,65 | **31,3** | 24,6 | 717 | **55,8** | 196 | 4,78 | 394 | 49,3 | **3,55** | 14,0 | 5,96 | 6,70 |
| **360** | 180 | 3,99 | **36,4** | 28,5 | 992 | **70,8** | 249 | 5,22 | 522 | 61,4 | **3,79** | 18,6 | 6,45 | 7,27 |
| **400** | 200 | 4,52 | **42,2** | 33,2 | 1450 | **93,7** | 320 | 5,86 | 659 | 73,2 | **3,95** | 25,5 | 7,06 | 8,05 |
| **450** | 225 | 5,28 | **49,4** | 38,8 | 2220 | **129** | 420 | 6,70 | 838 | 88,2 | **4,12** | 33,4 | 7,86 | 9,08 |
| **500** | 250 | 6,01 | **57,8** | 45,3 | 3260 | **172** | 543 | 7,52 | 1070 | 107 | **4,31** | 44,5 | 8,66 | 10,1 |
| **550** | 275 | 6,77 | **67,2** | 52,8 | 4670 | **225** | 690 | 8,33 | 1330 | 127 | **4,45** | 61,5 | 9,45 | 11,1 |
| **600** | 300 | 7,48 | **78,0** | 61,2 | 6500 | **288** | 868 | 9,13 | 1690 | 154 | **4,66** | 82,5 | 10,2 | 12,2 |
| **½ IPEo** **½ IPEv** | **Halbierte mittelbreite I-Träger, verstärkte Ausführung,** nicht genormt | | | | | | | | | | | | | |
| **180o** | 91 | 2,12 | **13,5** | 10,6 | 92,3 | **13,2** | 43,6 | 2,61 | 58,6 | 12,7 | **2,08** | 3,36 | 3,34 | 3,73 |
| **200o** | 101 | 2,30 | **16,0** | 12,6 | 132 | **17,0** | 57,6 | 2,88 | 84,4 | 16,6 | **2,30** | 4,71 | 3,68 | 4,11 |
| **220o** | 111 | 2,51 | **18,7** | 14,7 | 188 | **21,9** | 74,8 | 3,17 | 120 | 21,4 | **2,53** | 6,12 | 4,06 | 4,52 |
| **240o** | 121 | 2,71 | **21,9** | 17,2 | 259 | **27,6** | 95,5 | 3,44 | 164 | 26,9 | **2,74** | 8,57 | 4,40 | 4,91 |
| **270o** | 137 | 3,02 | **26,9** | 21,1 | 407 | **38,1** | 134 | 3,89 | 257 | 37,7 | **3,09** | 12,4 | 4,96 | 5,52 |
| **300o** | 152 | 3,36 | **31,4** | 24,7 | 594 | **50,2** | 177 | 4,35 | 373 | 49,1 | **3,45** | 15,5 | 5,55 | 6,18 |
| **330o** | 167 | 3,72 | **36,3** | 28,5 | 835 | **64,3** | 225 | 4,79 | 480 | 59,3 | **3,64** | 21,0 | 6,02 | 6,74 |
| **360o** | 182 | 4,10 | **42,1** | 33,0 | 1160 | **82,5** | 234 | 5,26 | 626 | 72,7 | **3,86** | 27,8 | 6,52 | 7,34 |
| **400o** | 202 | 4,61 | **48,2** | 37,8 | 1670 | **107** | 331 | 5,88 | 782 | 85,9 | **4,03** | 36,5 | 7,13 | 8,10 |
| **400v** | 204 | 4,69 | **53,5** | 42,0 | 1860 | **119** | 397 | 5,90 | 883 | 97,0 | **4,06** | 49,4 | 7,16 | 8,12 |
| **450o** | 228 | 5,41 | **58,8** | 46,2 | 2670 | **153** | 493 | 6,73 | 1040 | 109 | **4,21** | 54,4 | 7,94 | 9,14 |
| **450v** | 230 | 5,57 | **66,0** | 51,8 | 3040 | **174** | 546 | 6,79 | 1200 | 124 | **4,26** | 74,6 | 8,01 | 9,23 |
| **500o** | 253 | 6,19 | **68,4** | 53,7 | 3920 | **205** | 633 | 7,57 | 1310 | 130 | **4,38** | 71,5 | 8,74 | 10,2 |
| **500v** | 257 | 6,39 | **82,0** | 64,4 | 4770 | **247** | 747 | 7,63 | 1640 | 160 | **4,46** | 121 | 8,84 | 10,3 |
| **550o** | 278 | 6,89 | **78,0** | 61,3 | 5460 | **261** | 793 | 8,36 | 1610 | 152 | **4,55** | 93,5 | 9,52 | 11,2 |
| **550v** | 283 | 7,48 | **101** | 79,3 | 7400 | **355** | 989 | 8,56 | 2130 | 197 | **4,59** | 189 | 9,71 | 11,5 |
| **600o** | 305 | 7,78 | **98,4** | 77,3 | 8350 | **368** | 1070 | 9,21 | 2260 | 202 | **4,79** | 159 | 10,4 | 12,3 |
| **600v** | 309 | 8,13 | **117** | 91,8 | 10160 | **446** | 1250 | 9,32 | 2780 | 244 | **4,88** | 255 | 10,5 | 12,5 |

*) **Fettgedruckte Werte** sind min $i$.

[1]) $W_{yu}$, $W_{yo}$ auf den unteren bzw. oberen Querschnittsrand bezogenes Widerstandsmoment.

[2]) $i_p = \sqrt{i_y^2 + i_z^2}$ auf den Schwerpunkt bezogener polarer Trägheitsradius.

[3]) $i_M = \sqrt{i_p^2 + z_M^2}$ mit $z_M = e_y - t/2$ auf den Schubmittelpunkt bezogener polarer Trägheitsradius.

Alle I-Träger können nicht nur in der Stegmitte, sondern auch an anderen Stegstellen geteilt werden. Es entstehen dann mehr oder weniger hochstegige oder breitfüßige T-Stähle. Auch können zwischen die halbierten I-Träger Stegbleche eingeschweißt werden.

Fortsetzung s. folgende Seiten

| Kurzzeichen | $h$ mm | $e_y$ cm | $A$ cm² | $G$ kg/m | für Biegung um die *y*-Achse: $I_y$ cm⁴ | $W_{yu}$ cm³ | $W_{yo}$ cm³ | *) $i_y$ cm | *z*-Achse: $I_z$ cm⁴ | $W_z$ cm³ | *) $i_z$ cm | $I_T$ cm⁴ | $i_p$ cm | $i_M$ cm |
|---|---|---|---|---|---|---|---|---|---|---|---|---|---|---|
| **1/2 I** | **Halbierte I-Träger** nach DIN 1025 T1 | | | | | | | | | | | | | |
| **140** | 70 | 1,79 | **9,15** | 7,20 | 37,9 | **7,26** | 21,2 | 2,03 | 17,6 | 5,35 | **1,40** | 2,15 | 2,47 | 2,82 |
| **160** | 80 | 2,04 | **11,4** | 8,95 | 62,2 | **10,5** | 30,5 | 2,34 | 27,4 | 7,40 | **1,55** | 3,27 | 2,81 | 3,21 |
| **180** | 90 | 2,30 | **14,0** | 11,0 | 99,7 | **14,9** | 43,3 | 2,65 | 40,7 | 9,90 | **1,71** | 4,77 | 3,15 | 3,62 |
| **200** | 100 | 2,56 | **16,7** | 13,1 | 144 | **19,4** | 56,3 | 2,94 | 58,2 | 12,9 | **1,87** | 6,72 | 3,48 | 4,02 |
| **220** | 110 | 2,83 | **19,8** | 15,5 | 208 | **25,4** | 73,5 | 3,24 | 81,0 | 16,6 | **2,02** | 9,26 | 3,82 | 4,42 |
| **240** | 120 | 3,09 | **23,0** | 18,1 | 289 | **32,5** | 93,5 | 3,54 | 110 | 20,8 | **2,20** | 12,4 | 4,17 | 4,83 |
| **260** | 130 | 3,37 | **26,7** | 20,9 | 396 | **41,1** | 118 | 3,85 | 144 | 25,4 | **2,32** | 16,7 | 4,49 | 5,23 |
| **280** | 140 | 3,66 | **30,5** | 23,9 | 528 | **51,1** | 144 | 4,16 | 182 | 30,5 | **2,45** | 22,0 | 4,83 | 5,63 |
| **300** | 150 | 3,96 | **34,5** | 27,1 | 691 | **62,6** | 174 | 4,47 | 225 | 36,0 | **2,56** | 28,3 | 5,15 | 6,04 |
| **320** | 160 | 4,26 | **38,9** | 30,5 | 888 | **75,7** | 208 | 4,78 | 277 | 42,3 | **2,67** | 36,1 | 5,48 | 6,44 |
| **340** | 170 | 4,56 | **43,3** | 34,0 | 1130 | **90,6** | 248 | 5,10 | 336 | 49,1 | **2,80** | 45,0 | 5,82 | 6,87 |
| **360** | 180 | 4,86 | **48,5** | 38,1 | 1420 | **108** | 292 | 5,40 | 408 | 57,1 | **2,90** | 57,2 | 6,13 | 7,26 |
| **400** | 200 | 5,46 | **58,9** | 46,2 | 2140 | **147** | 392 | 6,02 | 578 | 74,6 | **3,13** | 84,6 | 6,79 | 8,08 |
| **450** | 225 | 6,21 | **73,4** | 57,6 | 3400 | **209** | 548 | 6,80 | 861 | 101 | **3,43** | 133 | 7,62 | 9,11 |
| **500** | 250 | 6,96 | **89,7** | 70,4 | 5150 | **286** | 740 | 7,58 | 1240 | 134 | **3,72** | 200 | 8,44 | 10,1 |
| **1/2 IPB** | 1/2 **HE-B Halbierte Breitflanschträger** mit parallelen Flanschflächen nach DIN 1025 T2 | | | | | | | | | | | | | |
| **140** | 70 | 1,29 | **21,5** | 16,9 | 53,5 | **9,36** | 41,6 | **1,58** | 275 | 39,3 | 3,58 | 10,0 | 3,91 | 3,97 |
| **160** | 80 | 1,48 | **27,1** | 21,3 | 91,3 | **14,0** | 61,9 | **1,83** | 445 | 55,6 | 4,05 | 15,6 | 4,44 | 4,52 |
| **180** | 90 | 1,62 | **32,6** | 25,6 | 139 | **18,9** | 86,0 | **2,07** | 681 | 75,7 | 4,57 | 21,0 | 5,02 | 5,10 |
| **200** | 100 | 1,77 | **39,0** | 30,6 | 204 | **24,8** | 115 | **2,29** | 1000 | 100 | 5,07 | 29,6 | 5,56 | 5,65 |
| **220** | 110 | 1,92 | **45,5** | 35,7 | 289 | **31,8** | 151 | **2,52** | 1420 | 129 | 5,59 | 38,2 | 6,13 | 6,23 |
| **240** | 120 | 2,06 | **53,0** | 41,6 | 397 | **40,0** | 193 | **2,74** | 1960 | 163 | 6,08 | 51,2 | 6,67 | 6,78 |
| **260** | 130 | 2,17 | **59,2** | 46,5 | 512 | **47,3** | 236 | **2,94** | 2570 | 197 | 6,58 | 61,8 | 7,21 | 7,33 |
| **280** | 140 | 2,32 | **65,7** | 51,6 | 673 | **57,7** | 290 | **3,20** | 3300 | 236 | 7,09 | 71,7 | 7,78 | 7,90 |
| **300** | 150 | 2,47 | **74,5** | 58,5 | 871 | **69,5** | 353 | **3,42** | 4280 | 285 | 7,58 | 92,4 | 8,31 | 8,45 |
| **320** | 160 | 2,68 | **80,7** | 63,3 | 1100 | **82,3** | 409 | **3,69** | 4620 | 308 | 7,57 | 112 | 8,42 | 8,58 |
| **340** | 170 | 2,91 | **85,4** | 67,1 | 1360 | **96,7** | 468 | **3,99** | 4840 | 323 | 7,53 | 128 | 8,52 | 8,72 |
| **360** | 180 | 3,15 | **90,3** | 70,9 | 1670 | **113** | 531 | **4,30** | 5070 | 338 | 7,49 | 146 | 8,64 | 8,87 |
| **400** | 200 | 3,66 | **98,9** | 77,6 | 2440 | **149** | 666 | **4,96** | 5410 | 361 | 7,40 | 178 | 8,91 | 9,24 |
| **450** | 225 | 4,23 | **109** | 85,6 | 3570 | **195** | 843 | **5,72** | 5860 | 391 | 7,33 | 220 | 9,30 | 9,75 |
| **500** | 250 | 4,82 | **119** | 93,7 | 5020 | **249** | 1040 | **6,49** | 6310 | 421 | 7,27 | 269 | 9,75 | 10,3 |
| **550** | 275 | 5,49 | **127** | 99,7 | 6830 | **311** | 1240 | 7,33 | 6540 | 436 | **7,17** | 300 | 10,3 | 11,0 |
| **600** | 300 | 6,20 | **135** | 106 | 9060 | **381** | 1460 | 8,19 | 6770 | 451 | **7,08** | 333 | 10,8 | 11,8 |
| **650** | 325 | 6,94 | **143** | 112 | 11750 | **459** | 1690 | 9,06 | 6990 | 466 | **6,99** | 369 | 11,4 | 12,6 |
| **700** | 350 | 7,82 | **153** | 120 | 15280 | **562** | 1950 | 9,99 | 7220 | 481 | **6,87** | 415 | 12,1 | 13,6 |
| **800** | 400 | 9,39 | **167** | 131 | 23000 | **751** | 2450 | 11,7 | 7450 | 497 | **6,68** | 472 | 13,5 | 15,6 |
| **900** | 450 | 11,1 | **186** | 146 | 33770 | **996** | 3040 | 13,5 | 7910 | 527 | **6,53** | 568 | 15,0 | 17,7 |
| **1000** | 500 | 12,9 | **200** | 157 | 46560 | **1250** | 3620 | 15,3 | 8140 | 543 | **6,38** | 626 | 16,5 | 19,9 |

*) **Fettgedruckte Werte** sind min *i*.

Anmerkungen s. vorige Seite

| urz-<br>ei-<br>hen | | | | | für Biegung um die<br>y-Achse | | | | z-Achse | | | | | |
|---|---|---|---|---|---|---|---|---|---|---|---|---|---|---|
| | $h$<br>mm | $e_y$<br>cm | $A$<br>cm² | $G$<br>kg/m | $I_y$<br>cm⁴ | $W_{yu}$<br>cm³ | $W_{yo}$<br>cm³ | *)<br>$i_y$<br>cm | $I_z$<br>cm⁴ | $W_z$<br>cm³ | *)<br>$i_z$<br>cm | $I_T$<br>cm⁴ | $i_p$<br>cm | $i_M$<br>cm |
| $^1/_2$ IPBl | **$^1/_2$ HE-A Halbierte breite I-Träger, leichte Ausführung**, nach DIN 1025T3 | | | | | | | | | | | | | |
| **140** | 66,5 | 1,13 | **15,7** | 12,3 | 37,5 | **6,79** | 33,3 | **1,55** | 195 | 27,8 | 3,52 | 4,06 | 3,84 | 3,91 |
| **160** | 76,0 | 1,28 | **19,4** | 15,2 | 61,5 | **9,72** | 48,1 | **1,78** | 308 | 38,5 | 3,98 | 6,08 | 4,36 | 4,44 |
| **180** | 85,5 | 1,37 | **22,6** | 17,8 | 89,1 | **12,4** | 65,0 | **1,98** | 462 | 51,4 | 4,52 | 7,39 | 4,94 | 5,02 |
| **200** | 95,0 | 1,52 | **26,9** | 21,1 | 133 | **16,6** | 87,3 | **2,22** | 668 | 66,8 | 4,98 | 10,5 | 5,45 | 5,55 |
| **220** | 105 | 1,66 | **32,2** | 25,3 | 194 | **21,9** | 116 | **2,45** | 977 | 88,8 | 5,51 | 14,2 | 6,03 | 6,14 |
| **240** | 115 | 1,81 | **38,4** | 30,2 | 273 | **28,2** | 151 | **2,67** | 1380 | 115 | 6,00 | 20,7 | 6,57 | 6,68 |
| **260** | 125 | 1,91 | **43,4** | 34,1 | 355 | **33,5** | 186 | **2,86** | 1830 | 141 | 6,50 | 26,2 | 7,10 | 7,22 |
| **280** | 135 | 2,06 | **48,6** | 38,2 | 477 | **41,8** | 231 | **3,13** | 2380 | 170 | 7,00 | 31,0 | 7,67 | 7,80 |
| **300** | 145 | 2,21 | **56,3** | 44,2 | 630 | **51,2** | 285 | **3,35** | 3150 | 210 | 7,49 | 42,5 | 8,20 | 8,34 |
| **320** | 155 | 2,41 | **62,2** | 48,8 | 808 | **61,7** | 335 | **3,60** | 3490 | 233 | 7,49 | 53,9 | 8,32 | 8,47 |
| **340** | 165 | 2,64 | **66,7** | 52,4 | 1020 | **73,5** | 387 | **3,91** | 3720 | 248 | 7,46 | 63,5 | 8,42 | 8,62 |
| **360** | 175 | 2,87 | **71,4** | 56,0 | 1270 | **86,7** | 442 | **4,22** | 3940 | 263 | 7,43 | 74,3 | 8,54 | 8,77 |
| **400** | 195 | 3,39 | **79,5** | 62,4 | 1890 | **118** | 559 | **4,88** | 4280 | 285 | 7,34 | 94,4 | 8,81 | 9,14 |
| **450** | 220 | 3,94 | **89,0** | 69,9 | 2820 | **156** | 715 | **5,62** | 4730 | 316 | 7,29 | 122 | 9,21 | 9,65 |
| **500** | 245 | 4,51 | **98,8** | 77,5 | 4020 | **201** | 891 | **6,38** | 5180 | 346 | 7,24 | 154 | 9,65 | 10,2 |
| **550** | 270 | 5,17 | **106** | 83,1 | 5530 | **253** | 1070 | 7,23 | 5410 | 361 | **7,15** | 176 | 10,2 | 10,9 |
| **600** | 295 | 5,87 | **113** | 88,9 | 7400 | **313** | 1260 | 8,08 | 5640 | 376 | **7,05** | 199 | 10,7 | 11,7 |
| **650** | 320 | 6,61 | **121** | 94,8 | 9670 | **381** | 1460 | 8,95 | 5860 | 391 | **6,97** | 224 | 11,3 | 12,5 |
| **700** | 345 | 7,50 | **130** | 102 | 12740 | **472** | 1700 | 9,89 | 6090 | 406 | **6,84** | 256 | 12,0 | 13,5 |
| **800** | 395 | 9,06 | **143** | 112 | 19330 | **635** | 2130 | 11,6 | 6320 | 421 | **6,65** | 298 | 13,4 | 15,4 |
| **900** | 445 | 10,8 | **160** | 126 | 28710 | **851** | 2670 | 13,4 | 6770 | 452 | **6,50** | 368 | 14,9 | 17,5 |
| **000** | 495 | 12,5 | **173** | 136 | 39840 | **1080** | 3180 | 15,2 | 7000 | 467 | **6,35** | 410 | 16,4 | 19,8 |
| $^1/_2$ IPBv | **$^1/_2$ HE-M Halbierte breite I-Träger, verstärkte Ausführung**, nach DIN 1025T4 | | | | | | | | | | | | | |
| **140** | 80 | 1,87 | **40,3** | 31,6 | 132 | **21,5** | 70,6 | **1,81** | 572 | 78,4 | 3,77 | 59,7 | 4,18 | 4,25 |
| **160** | 90 | 2,05 | **48,5** | 38,1 | 205 | **29,5** | 99,9 | **2,05** | 879 | 106 | 4,26 | 80,8 | 4,73 | 4,81 |
| **180** | 100 | 2,20 | **56,6** | 44,5 | 296 | **37,9** | 134 | **2,29** | 1290 | 139 | 4,77 | 101 | 5,29 | 5,39 |
| **200** | 110 | 2,35 | **65,6** | 51,5 | 413 | **47,8** | 176 | **2,51** | 1830 | 177 | 5,27 | 129 | 5,84 | 5,94 |
| **220** | 120 | 2,50 | **74,7** | 58,7 | 561 | **59,1** | 224 | **2,74** | 2510 | 222 | 5,79 | 157 | 6,41 | 6,52 |
| **240** | 135 | 2,89 | **99,8** | 78,3 | 918 | **86,5** | 317 | **3,03** | 4080 | 329 | 6,39 | 313 | 7,07 | 7,19 |
| **260** | 145 | 3,01 | **110** | 86,2 | 1160 | **101** | 384 | **3,24** | 5220 | 390 | 6,90 | 358 | 7,62 | 7,75 |
| **280** | 155 | 3,15 | **120** | 94,3 | 1460 | **119** | 464 | **3,49** | 6580 | 457 | 7,40 | 402 | 8,18 | 8,32 |
| **300** | 170 | 3,55 | **152** | 119 | 2170 | **161** | 612 | **3,78** | 9700 | 626 | 8,00 | 702 | 8,85 | 8,99 |
| **320/305** | 160 | 3,00 | **113** | 88,3 | 1450 | **111** | 483 | **3,59** | 6870 | 450 | 7,81 | 299 | 8,60 | 8,73 |
| **320** | 179,5 | 3,74 | **156** | 122 | 2550 | **179** | 682 | **4,04** | 9850 | 638 | 7,95 | 748 | 8,92 | 9,08 |
| **340** | 188,5 | 3,91 | **158** | 124 | 2950 | **198** | 754 | **4,32** | 9860 | 638 | 7,90 | 751 | 9,01 | 9,21 |
| **360** | 197,5 | 4,10 | **159** | 125 | 3390 | **217** | 827 | **4,61** | 9760 | 634 | 7,83 | 752 | 9,08 | 9,32 |
| **400** | 216 | 4,50 | **163** | 128 | 4430 | **259** | 985 | **5,22** | 9670 | 630 | 7,70 | 755 | 9,30 | 9,63 |
| **450** | 239 | 5,03 | **168** | 132 | 6000 | **318** | 1190 | **5,98** | 9670 | 630 | 7,59 | 762 | 9,66 | 10,1 |
| **500** | 262 | 5,59 | **172** | 135 | 7880 | **382** | 1410 | **6,76** | 9580 | 626 | 7,46 | 767 | 10,1 | 10,7 |
| **550** | 286 | 6,22 | **177** | 139 | 10210 | **456** | 1640 | 7,59 | 9580 | 626 | **7,35** | 775 | 10,6 | 11,4 |
| **600** | 310 | 6,88 | **182** | 143 | 12920 | **536** | 1880 | 8,43 | 9490 | 622 | **7,22** | 780 | 11,1 | 12,1 |
| **650** | 334 | 7,56 | **187** | 147 | 16070 | **622** | 2130 | 9,27 | 9490 | 622 | **7,13** | 787 | 11,7 | 13,0 |
| **700** | 358 | 8,28 | **192** | 150 | 19650 | **714** | 2370 | 10,1 | 9400 | 618 | **7,01** | 793 | 12,3 | 13,8 |
| **800** | 407 | 9,81 | **202** | 159 | 28430 | **920** | 2900 | 11,9 | 9310 | 615 | **6,79** | 821 | 13,7 | 15,7 |
| **900** | 455 | 11,4 | **212** | 166 | 39050 | **1150** | 3420 | 13,6 | 9230 | 611 | **6,60** | 833 | 15,1 | 17,8 |
| **000** | 504 | 13,1 | **222** | 174 | 52170 | **1400** | 3980 | 15,3 | 9230 | 611 | **6,45** | 849 | 16,6 | 20,0 |

) **Fettgedruckte Werte** sind min *i*.

**Hohlprofile für den Stahlbau** nach DIN 59410 (5.74) (Auszug)

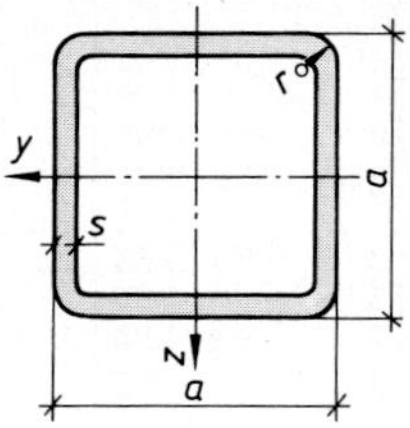


Bezeichnung eines quadratischen Hohlprofils mit den Seitenlängen $a = 80$ mm und der Wanddicke $s = 4{,}5$ mm aus einem Stahl S235JRH nach DIN EN 10210 bzw. der Werkstoffnummer 1.0039:

Hohlprofil 80 × 80 × 4,5 DIN 59410 – S235JRH

oder

Hohlprofil 80 × 80 × 4,5 DIN 59410 – 1.0039

Lieferart: Bei Bestellung nach Gewicht darf die Länge im vereinbarten Bereich der Herstellänge zwischen 6000 und 16000 mm schwanken. Zul. Maßabweichung bei Längen ≧2000 mm: Bei Bestellung in Festlänge +500 mm; bei Bestellung in Genaulänge ±10 – 0 mm bei $l \leqq 6000$ mm bzw. +15 – 0 mm bei $l > 6000$ mm.

**Warmgefertigte quadratische Stahl-Hohlprofile**

| Nennmaß $a$[1]) mm | $s$ mm | $A$ cm² | $G$ kg/m | $U$ m²/m | für Biegung um die[2]) $y$-Achse = $z$-Achse: $I_y$ cm⁴ | $W_y$ cm³ | $i_y$ cm | für die Verdrehung[2]): $I_T$ cm⁴ | $W_T$ cm³ |
|---|---|---|---|---|---|---|---|---|---|
| **40** | 2,9 | **4,23** | 3,32 | 0,155 | 9,66 | **4,83** | 1,51 | 15,0 | 7,97 |
| | 4,0 | **5,62** | 4,41 | 0,153 | 12,1 | **6,05** | 1,47 | 19,0 | 10,3 |
| **50** | 2,9 | **5,39** | 4,23 | 0,195 | 19,8 | **7,94** | 1,92 | 30,7 | 12,9 |
| | 4,0 | **7,22** | 5,67 | 0,193 | 25,4 | **10,1** | 1,87 | 39,5 | 16,9 |
| **60** | 2,9 | **6,55** | 5,14 | 0,235 | 35,5 | **11,8** | 2,33 | 54,5 | 18,9 |
| | 4,0 | **8,82** | 6,93 | 0,233 | 45,9 | **15,3** | 2,28 | 71,2 | 25,1 |
| | 5,0 | **10,8** | 8,47 | 0,231 | 54,1 | **18,0** | 2,24 | 84,5 | 30,2 |
| **70** | 3,2 | **8,46** | 6,64 | 0,275 | 62,7 | **17,9** | 2,72 | 96,3 | 28,5 |
| | 4,0 | **10,4** | 8,18 | 0,273 | 75,3 | **21,5** | 2,69 | 116 | 34,8 |
| | 5,0 | **12,8** | 10,0 | 0,271 | 89,6 | **25,6** | 2,65 | 139 | 42,2 |
| **80** | 3,6 | **10,9** | 8,55 | 0,314 | 106 | **26,4** | 3,11 | 162 | 42,0 |
| | 4,5 | **13,4** | 10,5 | 0,312 | 127 | **31,7** | 3,08 | 196 | 51,3 |
| | 5,6 | **16,4** | 12,9 | 0,310 | 151 | **37,6** | 3,03 | 234 | 61,9 |
| **90** | 3,6 | **12,3** | 9,68 | 0,354 | 153 | **34,0** | 3,52 | 234 | 53,7 |
| | 4,5 | **15,2** | 11,9 | 0,352 | 185 | **41,0** | 3,48 | 284 | 65,8 |
| | 5,6 | **18,6** | 14,6 | 0,350 | 220 | **49,0** | 3,44 | 341 | 79,7 |
| **100** | 4,0 | **15,2** | 12,0 | 0,393 | 233 | **46,6** | 3,91 | 357 | 73,7 |
| | 5,0 | **18,8** | 14,7 | 0,391 | 281 | **56,3** | 3,87 | 433 | 90,2 |
| | 6,3 | **23,3** | 18,3 | 0,389 | 339 | **67,8** | 3,82 | 525 | 111 |
| **120** | 4,5 | **20,5** | 16,1 | 0,469 | 452 | **75,3** | 4,70 | 702 | 120 |
| | 5,6 | **25,1** | 19,7 | 0,467 | 544 | **90,6** | 4,65 | 852 | 146 |
| | 6,3 | **28,0** | 22,0 | 0,465 | 598 | **99,7** | 4,62 | 942 | 163 |
| **140** | 5,6 | **29,6** | 23,3 | 0,547 | 885 | **126** | 5,47 | 1380 | 202 |
| | 7,1 | **37,0** | 29,0 | 0,543 | 1080 | **154** | 5,40 | 1690 | 250 |
| | 8,8 | **45,0** | 35,3 | 0,539 | 1280 | **182** | 5,33 | 2030 | 302 |
| **160** | 6,3 | **37,7** | 29,6 | 0,618 | 1460 | **183** | 6,23 | 2330 | 297 |
| | 8,0 | **47,0** | 36,9 | 0,613 | 1780 | **222** | 6,15 | 2880 | 368 |
| | 10,0 | **57,4** | 45,1 | 0,606 | 2100 | **263** | 6,05 | 3470 | 446 |
| **180** | 6,3 | **42,8** | 33,6 | 0,698 | 2120 | **236** | 7,05 | 3360 | 379 |
| | 8,0 | **53,4** | 41,9 | 0,693 | 2590 | **288** | 6,97 | 4160 | 471 |
| | 10,0 | **65,4** | 51,4 | 0,686 | 3090 | **343** | 6,87 | 5040 | 574 |
| **200** | 6,3 | **47,8** | 37,5 | 0,778 | 2960 | **296** | 7,86 | 4660 | 472 |
| | 8,0 | **59,8** | 46,9 | 0,773 | 3620 | **362** | 7,78 | 5780 | 588 |
| | 10,0 | **73,4** | 57,6 | 0,766 | 4340 | **434** | 7,69 | 7020 | 718 |
| **220** | 6,3 | **52,8** | 41,5 | 0,858 | 3980 | **362** | 8,68 | 6250 | 574 |
| | 8,0 | **66,2** | 52,0 | 0,853 | 4890 | **445** | 8,60 | 7770 | 717 |
| | 10,0 | **81,4** | 63,9 | 0,846 | 5890 | **535** | 8,50 | 9470 | 878 |
| **260** | 7,1 | **70,5** | 55,4 | 1,02 | 7450 | **573** | 10,3 | 11660 | 907 |
| | 8,8 | **86,4** | 67,8 | 1,01 | 8980 | **691** | 10,2 | 14200 | 1110 |
| | 11,0 | **106** | 83,6 | 1,00 | 10830 | **833** | 10,1 | 17350 | 1360 |

[1]) Die Lieferbarkeit von Hohlprofilen mit $a \geqq 280$ mm ist beim Hersteller zu erfragen.
[2]) Die stat. Werte wurden mit folgender Rundung $r$ in Abhängigkeit von der Seitenlänge $a$ errechnet: $1{,}0 \cdot s$ bei $a \leqq 100$ mm, $1{,}4 \cdot s$ bei $100 < a \leqq 140$ mm, $2{,}0 \cdot s$ bei $a > 140$ mm.

Werkstoff aus unlegierten Baustählen und aus Feinkornbaustählen nach DIN EN 10210.

Bezeichnung eines rechteckigen Hohlprofils mit den Seitenlängen $a = 100$ mm und $b = 60$ mm sowie der Wanddicke $s = 5{,}6$ mm aus einem Stahl S355NLH nach DIN EN 10210 bzw. der Werkstoff-Nummer 1.0549:

Hohlprofil 100 × 60 × 5,6 DIN 59410 – S355NLH
oder
Hohlprofil 100 × 60 × 5,6 DIN 59 410 – 1.0549

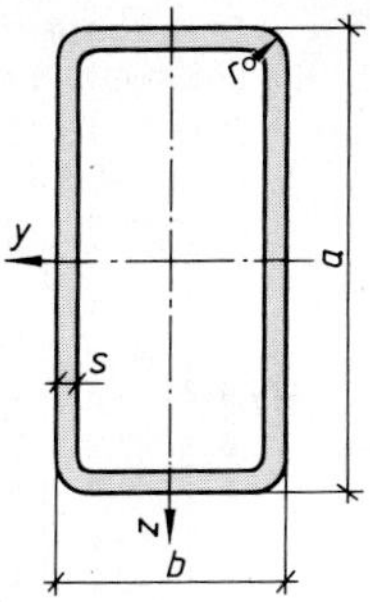


**Warmgefertigte rechteckige Stahl-Hohlprofile**

| Nennmaße | | | | | für Biegung um die²) y-Achse | | | z-Achse | | | für die Verdrehung²) | |
|---|---|---|---|---|---|---|---|---|---|---|---|---|
| $a \times b$¹) | $s$ | $A$ | $G$ | $U$ | $I_y$ | $W_y$ | $i_y$ | $I_z$ | $W_z$ | $i_z =$ min $i$ | $I_T$ | $W_T$ |
| mm | mm | cm² | kg/m | m²/m | cm⁴ | cm³ | cm | cm⁴ | cm³ | cm | cm⁴ | cm³ |
| **50 × 30** | 2,9 | **4,23** | 3,32 | 0,155 | 13,4 | **5,36** | 1,78 | 5,88 | 3,92 | **1,18** | 12,9 | 7,39 |
| | 4,0 | **5,62** | 4,41 | 0,153 | 16,9 | **6,75** | 1,73 | 7,25 | 4,83 | **1,14** | 16,2 | 9,54 |
| **60 × 40** | 2,9 | **5,39** | 4,23 | 0,195 | 26,0 | **8,67** | 2,20 | 13,7 | 6,83 | **1,59** | 28,0 | 12,3 |
| | 4,0 | **7,22** | 5,67 | 0,193 | 33,3 | **11,1** | 2,15 | 17,3 | 8,65 | **1,55** | 35,9 | 16,1 |
| **70 × 40** | 2,9 | **5,97** | 4,69 | 0,215 | 38,1 | **10,9** | 2,53 | 15,7 | 7,83 | **1,62** | 34,9 | 14,4 |
| | 4,0 | **8,02** | 6,30 | 0,213 | 49,2 | **14,1** | 2,48 | 19,9 | 9,95 | **1,58** | 44,9 | 19,0 |
| **80 × 40** | 2,9 | **6,55** | 5,14 | 0,235 | 53,1 | **13,3** | 2,85 | 17,7 | 8,83 | **1,64** | 42,0 | 16,6 |
| | 4,0 | **8,82** | 6,93 | 0,233 | 69,0 | **17,3** | 2,80 | 22,5 | 11,3 | **1,60** | 54,2 | 21,9 |
| | 5,0 | **10,8** | 8,47 | 0,231 | 81,7 | **20,4** | 2,75 | 26,2 | 13,1 | **1,56** | 63,6 | 26,2 |
| **90 × 50** | 3,2 | **8,46** | 6,64 | 0,275 | 89,7 | **19,9** | 3,26 | 35,5 | 14,2 | **2,05** | 79,8 | 26,0 |
| | 4,0 | **10,4** | 8,18 | 0,273 | 108 | **24,0** | 3,22 | 42,3 | 16,9 | **2,02** | 95,9 | 31,6 |
| | 5,0 | **12,8** | 10,0 | 0,271 | 129 | **28,7** | 3,18 | 49,9 | 19,9 | **1,98** | 114 | 38,2 |
| **100 × 50** | 3,6 | **10,2** | 7,98 | 0,294 | 129 | **25,8** | 3,56 | 42,9 | 17,2 | **2,05** | 102 | 32,2 |
| | 4,5 | **12,5** | 9,83 | 0,292 | 155 | **31,0** | 3,52 | 50,9 | 20,4 | **2,02** | 122 | 39,1 |
| | 5,6 | **15,3** | 12,0 | 0,290 | 184 | **36,8** | 3,47 | 59,4 | 23,8 | **1,97** | 144 | 46,9 |
| **100 × 60** | 3,6 | **10,9** | 8,55 | 0,314 | 146 | **29,1** | 3,66 | 65,2 | 21,7 | **2,45** | 141 | 39,1 |
| | 4,5 | **13,4** | 10,5 | 0,312 | 176 | **35,1** | 3,62 | 77,9 | 26,0 | **2,41** | 169 | 47,7 |
| | 5,6 | **16,4** | 12,9 | 0,310 | 209 | **41,8** | 3,57 | 91,8 | 30,6 | **2,37** | 201 | 57,4 |
| **120 × 60** | 4,0 | **13,5** | 10,6 | 0,350 | 247 | **41,1** | 4,27 | 82,7 | 27,6 | **2,47** | 199 | 51,9 |
| | 5,0 | **16,6** | 13,0 | 0,348 | 296 | **49,3** | 4,22 | 98,2 | 32,7 | **2,43** | 239 | 63,1 |
| | 6,3 | **20,5** | 16,1 | 0,345 | 354 | **59,0** | 4,16 | 116 | 38,6 | **2,38** | 286 | 76,6 |
| **140 × 80** | 4,0 | **16,7** | 13,1 | 0,430 | 438 | **62,5** | 5,12 | 183 | 45,7 | **3,31** | 408 | 82,6 |
| | 5,0 | **20,6** | 16,2 | 0,428 | 529 | **75,6** | 5,07 | 220 | 55,0 | **3,27** | 496 | 101 |
| | 6,3 | **25,5** | 20,0 | 0,425 | 639 | **91,3** | 5,01 | 263 | 65,8 | **3,21** | 601 | 124 |
| **160 × 90** | 4,5 | **21,2** | 16,6 | 0,485 | 715 | **89,4** | 5,81 | 293 | 65,1 | **3,72** | 672 | 119 |
| | 5,6 | **25,9** | 20,4 | 0,481 | 858 | **107** | 5,75 | 350 | 77,7 | **3,67** | 814 | 145 |
| | 7,1 | **32,2** | 25,3 | 0,476 | 1030 | **129** | 5,67 | 418 | 92,9 | **3,60** | 991 | 179 |
| **180 × 100** | 5,6 | **29,3** | 23,0 | 0,541 | 1240 | **137** | 6,50 | 496 | 99,1 | **4,11** | 1150 | 184 |
| | 7,1 | **36,4** | 28,6 | 0,536 | 1500 | **167** | 6,41 | 597 | 119 | **4,05** | 1410 | 227 |
| | 8,8 | **44,2** | 34,7 | 0,530 | 1760 | **196** | 6,32 | 696 | 139 | **3,97** | 1680 | 272 |
| **200 × 120** | 6,3 | **37,7** | 29,6 | 0,618 | 2010 | **201** | 7,30 | 910 | 152 | **4,91** | 2030 | 277 |
| | 8,0 | **47,0** | 36,9 | 0,613 | 2440 | **244** | 7,21 | 1100 | 183 | **4,84** | 2490 | 342 |
| | 10,0 | **57,4** | 45,1 | 0,606 | 2890 | **289** | 7,10 | 1290 | 216 | **4,75** | 2990 | 414 |
| **220 × 120** | 6,3 | **40,2** | 31,6 | 0,658 | 2540 | **231** | 7,95 | 992 | 165 | **4,97** | 2320 | 305 |
| | 8,0 | **50,2** | 39,4 | 0,653 | 3100 | **281** | 7,85 | 1200 | 200 | **4,89** | 2850 | 378 |
| | 10,0 | **61,4** | 48,2 | 0,646 | 3680 | **335** | 7,74 | 1410 | 236 | **4,80** | 3420 | 458 |
| **260 × 140** | 6,3 | **47,8** | 37,5 | 0,778 | 4260 | **328** | 9,44 | 1630 | 233 | **5,85** | 3800 | 426 |
| | 8,0 | **59,8** | 46,9 | 0,773 | 5220 | **402** | 9,35 | 1990 | 284 | **5,77** | 4700 | 530 |
| | 10,0 | **73,4** | 57,6 | 0,766 | 6260 | **481** | 9,23 | 2370 | 339 | **5,68** | 5690 | 646 |
| **260 × 180** | 6,3 | **52,8** | 41,5 | 0,858 | 5070 | **390** | 9,80 | 2880 | 320 | **7,39** | 5820 | 554 |
| | 8,0 | **66,2** | 52,0 | 0,853 | 6240 | **480** | 9,71 | 3540 | 393 | **7,31** | 7220 | 692 |
| | 10,0 | **81,4** | 63,9 | 0,846 | 7510 | **578** | 9,60 | 4240 | 472 | **7,22** | 8790 | 846 |

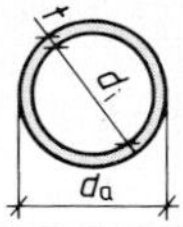


**Stahlrohre** nach DIN 2448 und DIN 2458 (Auswahl aus Reihe 1)

DIN 2448 (2.81) Nahtlose Stahlrohre
DIN 2458 (2.81) Geschweißte Stahlrohre

| Kurzzeichen Ro $d_a \times t$ | | $d_i$ mm | $A$ cm² | $G$ kg/m | $I = \frac{1}{2} I_T$ cm⁴ | $W = \frac{1}{2} W_T$ cm³ | $i$ cm |
|---|---|---|---|---|---|---|---|
| | **2,3** | 37,8 | **2,90** | 2,27 | 5,84 | **2,76** | 1,42 |
| **42,4** × | **2,6** | 37,2 | **3,25** | 2,55 | 6,46 | **3.05** | 1,41 |
| | 8,8 | 24,8 | 9,29 | 7,29 | 14,0 | 6,61 | 1,23 |
| | **2,3** | 43,7 | **3,32** | 2,61 | 8,81 | **3,65** | 1,63 |
| **48,3** × | **2,6** | 43,1 | **3,73** | 2,93 | 9,78 | **4,05** | 1,62 |
| | 8,8 | 30,7 | 10,9 | 8,57 | 22,3 | 9,26 | 1,43 |
| | **2,3** | 55,7 | **4,19** | 3,29 | 17,7 | **5,85** | 2,05 |
| **60,3** × | **2,9** | 54,5 | **5,23** | 4,11 | 21,6 | **7,16** | 2,03 |
| | 10 | 40,3 | 15,8 | 12,4 | 52,0 | 17,2 | 1,81 |
| | **2,6** | 70,9 | **6,00** | 4,71 | 40,6 | **10,7** | 2,60 |
| **76,1** × | **2,9** | 70,3 | **6,67** | 5,24 | 44,7 | **11,8** | 2,59 |
| | 10 | 56,1 | 20,8 | 16,3 | 116 | 30,5 | 2,36 |
| | **2,9** | 83,1 | **7,84** | 6,15 | 72,5 | **16,3** | 3,04 |
| **88,9** × | **3,2** | 82,5 | **8,62** | 6,76 | 79,2 | **17,8** | 3,03 |
| | 10 | 68,9 | 24,8 | 19,5 | 196 | 44,1 | 2,81 |
| | **2,9** | 95,8 | **8,99** | 7,06 | 110 | **21,6** | 3,49 |
| **101,6**¹) × | **3,6** | 94,4 | **11,1** | 8,70 | 133 | **26,2** | 3,47 |
| | 10 | 81,6 | 28,8 | 22,6 | 305 | 60,1 | 3,26 |
| | **3,2** | 107,9 | **11,2** | 8,77 | 172 | **30,2** | 3,93 |
| **114,3** × | **3,6** | 107,1 | **12,5** | 9,83 | 192 | **33,6** | 3,92 |
| | 11 | 92,3 | 35,7 | 28,0 | 482 | 84,3 | 3,67 |
| | **3,6** | 132,5 | **15,4** | 12,1 | 357 | **51,1** | 4,81 |
| **139,7** × | **4** | 131,7 | **17,1** | 13,4 | 393 | **56,2** | 4,80 |
| | 11 | 117,7 | 44,5 | 34,9 | 928 | 133 | 4,57 |
| | **4** | 160,3 | **20,6** | 16,2 | 697 | **82,8** | 5,81 |
| **168,3** × | **4,5** | 159,3 | **23,2** | 18,2 | 777 | **92,4** | 5,79 |
| | 11 | 146,3 | 54,4 | 42,7 | 1690 | 201 | 5,57 |
| | **4,5** | 210,1 | **30,3** | 23,8 | 1750 | **159** | 7,59 |
| **219,1** × | **6,3** | 206,5 | **42,1** | 33,1 | 2390 | **218** | 7,53 |
| | 12,5 | 194,1 | 81,1 | 63,7 | 4340 | 397 | 7,32 |
| | **5** | 263,0 | **42,1** | 33,0 | 3780 | **277** | 9,48 |
| **273** × | **6,3** | 260,4 | **52,8** | 41,4 | 4700 | **344** | 9,43 |
| | 12,5 | 248,0 | 102 | 80,3 | 8700 | 637 | 9,22 |
| | **5,6** | 312,7 | **56,0** | 44,0 | 7090 | **438** | 11,3 |
| **323,9** × | **7,1** | 309,7 | **70,7** | 55,5 | 8870 | **548** | 11,2 |
| | 12,5 | 298,9 | 122 | 96,0 | 14850 | 917 | 11,0 |
| | **5,6** | 344,4 | **61,6** | 48,3 | 9430 | **530** | 12,4 |
| **355,6** × | **8** | 339,6 | **87,4** | 68,6 | 13200 | **742** | 12,3 |
| | 12,5 | 330,6 | 135 | 106 | 19850 | 1120 | 12,1 |
| | **6,3** | 393,8 | **79,2** | 62,2 | 15850 | **780** | 14,1 |
| **406,4** × | **8,8** | 388,8 | **110** | 86,3 | 21730 | **1070** | 14,1 |
| | 12,5 | 381,4 | 155 | 121 | 30030 | 1480 | 13,9 |
| | **6,3** | 444,4 | **89,2** | 70,0 | 22650 | **991** | 15,9 |
| **457** × | **10** | 437,0 | **140** | 110 | 35090 | **1540** | 15,8 |
| | 12,5 | 432,0 | 175 | 137 | 43140 | 1890 | 15,7 |
| | **6,3** | 495,4 | **99,3** | 77,9 | 31250 | **1230** | 17,7 |
| **508** × | **11** | 486,0 | **172** | 135 | 53060 | **2090** | 17,6 |
| | 16 | 476,0 | 247 | 194 | 74910 | 2950 | 17,4 |

**Bemerkungen**

Die Tafel enthält eine Auswahl von Rohr-Außendurchmessern $d_a$ aus der meist verwendeten Reihe 1.

Die Wanddicken sind nach folgender Reihe abgestuft:

1,6 1,8 2 2,3 2,6 2,9 3,2 3,6 4 4,5 5 5,6 6,3 7,1 8 8,8 10 11 12,5 14,2 16 17,5 20 22,2 25 28 30 mm und dicker.

Zu jedem Außendurchmesser $d_a$ sind 3 Wanddicken $t$ angegeben: Normalwanddicke nach DIN 2458 (Fettdruck), Normalwanddicke (= kleinste Wanddicke) nach DIN 2448 (Fettdruck), größte Wanddicke nach DIN 2458.

Nahtlose Rohre werden auch in größeren, geschweißte Rohre in kleineren Wanddicken hergestellt. Rohre mit Normalwanddicke sind in der Regel ab Lager lieferbar.

Die Querschnittswerte für nicht angegebene Wanddicken errechnen sich mit $d_i = d_a - 2t$ zu

$$A = \frac{\pi}{4}(d_a^2 - d_i^2)$$

$$I = \frac{\pi}{64}(d_a^4 - d_i^4)$$

$$W = 2I/d_a; \quad i = \sqrt{I/A}$$

Torsionskennwerte:
$I_T = 2I \quad W_T = 2W$

Werkstoff:
Unlegierte Baustähle und Feinkornbaustähle nach DIN EN 10210.

Bezeichnung eines geschweißten Stahlrohres von 273 mm Außendurchmesser und 6,3 mm Wanddicke aus Stahl S355JOH:

Rohr DIN 2458 – S355JOH – 273 × 6,3

¹) nach Reihe 2

## **Warmgewalzter rundkantiger ℸ-Stahl** nach DIN 1027 (10.63x)

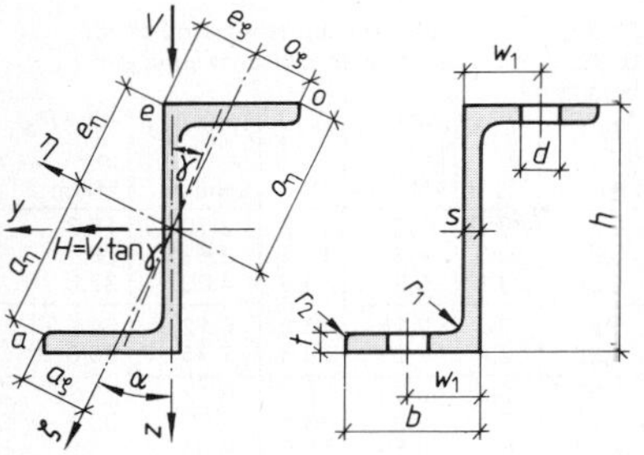


Bezeichnung eines ℸ-Stahles mit $h=$ 100 mm aus einem Stahl mit dem Kurznamen S235JRG1 bzw. der Werkstoffnummer 1.0036 nach DIN EN 10025:

Z100 DIN 1027 – S235JRG1 oder
Z100 DIN 1027 – 1.0036

Lieferart: Bei Bestellung nach Gewicht darf die Länge zwischen 3000 und 15000 mm schwanken. Zul. Maßabweichung bei Längen ≦15000 mm: Bei Bestellung in Festlänge ±100 mm; bei Bestellung in Genaulänge zwischen ±100 und ±5 mm, zu bevorzugen ±50, ±25, ±10, ±5 mm.

Bestellbeispiel:
100 t Z100 DIN 1027 – S235JRG1

| Kurzzeichen | Maße in mm | | | | | | | | Achslage | Koordinaten der Punkte *a*, *e* und *o* | | | | | | DIN 997 | |
|---|---|---|---|---|---|---|---|---|---|---|---|---|---|---|---|---|---|
| ℸ | $h$ | $b$ | $s$ | $t=r_1$ | $r_2$ | $A$ cm² | $G$ kg/m | $U$ m²/m | $\tan\alpha$ | $o_\eta$ cm | $o_\zeta$ cm | $e_\eta$ cm | $e_\zeta$ cm | $a_\eta$ cm | $a_\zeta$ cm | $d$[1]) mm | $w_1$ mm |
| **30** | 30 | 38 | 4 | 4,5 | 2,5 | **4,32** | 3,39 | 0,198 | 1,655 | 3,86 | 0,58 | 0,61 | 1,39 | 3,54 | 0,87 | 11 | 20 |
| **40** | 40 | 40 | 4,5 | 5 | 2,5 | **5,43** | 4,26 | 0,225 | 1,181 | 4,17 | 0,91 | 1,12 | 1,67 | 3,82 | 1,19 | 11 | 22 |
| **50** | 50 | 43 | 5 | 5,5 | 3 | **6,77** | 5,31 | 0,253 | 0,939 | 4,60 | 1,24 | 1,65 | 1,89 | 4,21 | 1,49 | 11 | 25 |
| **60** | 60 | 45 | 5 | 6 | 3 | **7,91** | 6,21 | 0,282 | 0,779 | 4,98 | 1,51 | 2,21 | 2,04 | 4,56 | 1,76 | 13 | 25 |
| **80** | 80 | 50 | 6 | 7 | 3,5 | **11,1** | 8,71 | 0,339 | 0,588 | 5,83 | 2,02 | 3,30 | 2,29 | 5,35 | 2,25 | 13 | 30 |
| **100** | 100 | 55 | 6,5 | 8 | 4 | **14,5** | 11,4 | 0,397 | 0,492 | 6,77 | 2,43 | 4,34 | 2,50 | 6,24 | 2,65 | 17 | 30 |
| **120** | 120 | 60 | 7 | 9 | 4,5 | **18,2** | 14,3 | 0,454 | 0,433 | 7,75 | 2,80 | 5,37 | 2,70 | 7,16 | 3,02 | 17 | 35 |
| **140** | 140 | 65 | 8 | 10 | 5 | **22,9** | 18,0 | 0,511 | 0,385 | 8,72 | 3,18 | 6,39 | 2,89 | 8,08 | 3,39 | 17 | 35 |
| **160** | 160 | 70 | 8,5 | 11 | 5,5 | **27,5** | 21,6 | 0,569 | 0,357 | 9,74 | 3,51 | 7,39 | 3,09 | 9,04 | 3,72 | 21 \| 17 | 35 |
| *180* | *180* | *75* | *9,5* | *12* | *6* | *33,3* | *26,1* | *0,626* | *0,329* | *10,7* | *3,86* | *8,40* | *3,27* | *9,99* | *4,08* | *23 \| 21* | *40* |
| *200* | *200* | *80* | *10* | *13* | *6,5* | *38,7* | *30,4* | *0,683* | *0,313* | *11,8* | *4,17* | *9,39* | *3,47* | *11,0* | *4,39* | *23* | *45* |

| Kurzzeichen | für Biegung um die y-Achse | | | z-Achse | | | η-Achse | | | ζ-Achse | | | Zentrifugalmoment | bei lotrechter Belastung *V* und bei Verhinderung seitlicher Ausbiegung durch *H* | | freier Ausbiegung zur Seite |
|---|---|---|---|---|---|---|---|---|---|---|---|---|---|---|---|---|
| ℸ | $I_y$ cm⁴ | $W_y$ cm³ | $i_y$ cm | $I_z$ cm⁴ | $W_z$ cm³ | $i_z$ cm | $I_\eta$ cm⁴ | $W_\eta$ cm³ | $i_\eta$ cm | $I_\zeta$ cm⁴ | $W_\zeta$ cm³ | $i_\zeta=\min i$ cm | $I_{yz}$ cm⁴ | $W_y$ cm³ | $H/V=\tan\gamma$ | $W$ cm³ |
| **30** | 5,96 | **3,97** | 1,17 | 13,7 | 3,80 | 1,78 | 18,1 | 4,69 | 2,04 | 1,54 | 1,11 | **0,60** | 7,35 | 3,97 | 1,227 | **1,26** |
| **40** | 13,5 | **6,75** | 1,58 | 17,6 | 4,66 | 1,80 | 28,0 | 6,72 | 2,27 | 3,05 | 1,83 | **0,75** | 12,2 | 6,75 | 0,913 | **2,26** |
| **50** | 26,3 | **10,5** | 1,97 | 23,8 | 5,88 | 1,88 | 44,9 | 9,76 | 2,57 | 5,23 | 2,76 | **0,88** | 19,6 | 10,5 | 0,752 | **3,64** |
| **60** | 44,7 | **14,9** | 2,38 | 30,1 | 7,09 | 1,95 | 67,2 | 13,5 | 2,81 | 7,60 | 3,73 | **0,98** | 28,8 | 14,9 | 0,647 | **5,24** |
| **80** | 109 | **27,3** | 3,13 | 47,4 | 10,1 | 2,07 | 142 | 24,4 | 3,58 | 14,7 | 6,44 | **1,15** | 55,6 | 27,3 | 0,509 | **10,1** |
| **100** | 222 | **44,4** | 3,91 | 72,5 | 14,0 | 2,24 | 270 | 39,8 | 4,31 | 24,6 | 9,26 | **1,30** | 97,2 | 44,4 | 0,438 | **16,8** |
| **120** | 402 | **67,0** | 4,70 | 106 | 18,8 | 2,42 | 470 | 60,6 | 5,08 | 37,7 | 12,5 | **1,44** | 158 | 67,0 | 0,392 | **25,6** |
| **140** | 676 | **96,6** | 5,43 | 148 | 24,3 | 2,54 | 768 | 88,0 | 5,79 | 56,4 | 16,6 | **1,57** | 239 | 96,6 | 0,353 | **38,0** |
| **160** | 1060 | **132** | 6,20 | 204 | 31,0 | 2,72 | 1180 | 121 | 6,57 | 79,5 | 21,4 | **1,70** | 349 | 132 | 0,330 | **52,9** |
| *180* | *1600* | *178* | *6,92* | *270* | *38,4* | *2,84* | *1760* | *164* | *7,26* | *110* | *27,0* | *1,82* | *490* | *178* | *0,307* | *72,4* |
| *200* | *2300* | *230* | *7,71* | *357* | *47,6* | *3,04* | *2510* | *213* | *8,06* | *147* | *33,4* | *1,95* | *674* | *230* | *0,293* | *94,1* |

*Kursiv* gedruckte Profile möglichst vermeiden, da geplant ist, sie bei der nächsten Ausgabe der Norm zu streichen.

[1]) s. S. 677, Fußnote [13]). Anmerkungen und Werkstoff sinngemäß wie S. 676/677.

## Trapezprofile (nicht genormt)

Auszug aus dem Prüfbescheid für HOESCH – Stahltrapezprofile

| Maßgebende Querschnittswerte | | | | | Aufnehmbare Tragfähigkeitswerte [1]) | | | | | |
|---|---|---|---|---|---|---|---|---|---|---|
| | | | | | Feldmoment und Endauflagerkraft | | Elastisch aufnehmbare Schnittgrößen an Zwischenauflagern | | | |
| Profil | $t_N$ [2]) in mm | $A_g$ [3]) in $cm^2/m$ | $I_{ef}$ in $cm^4/m$ | $L_{gr}$ [4]) in m | $M_{dF}$ in kNm/m | $R_{A,T}$ in kN/m | $M_d^0$ in kNm/m | $C$ [5]) | max $M_B$ in kNm/m | max $R_B$ in kN/m |
| **E 40** 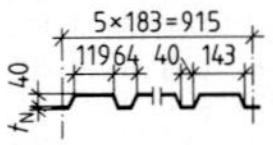 | 0,75 | 9,41 | 21,6 | 1,20 | 2,57 | 8,50 | 3,32 | 11,2 | 2,70 | 15,3 |
| | 0,88 | 11,1 | 27,7 | 2,70 | 3,31 | 16,0 | 4,32 | 12,4 | 3,63 | 26,5 |
| | 1,00 | 12,7 | 35,2 | 3,90 | 4,04 | 23,1 | 5,24 | 13,5 | 4,50 | 37,0 |
| | 1,25 | 16,0 | 44,1 | 5,10 | 5,51 | 37,7 | 7,16 | 15,9 | 6,12 | 58,8 |
| | 1,50 | 19,4 | 52,9 | 6,20 | 6,98 | 52,4 | 9,07 | 18,3 | 7,74 | 80,6 |
| **E 85** 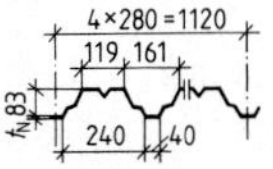 | 0,75 | 9,30 | 91,0 | 3,50 | 6,03 | 9,40 | 6,12 | 10,6 | 6,12 | 21,3 |
| | 0,88 | 11,0 | 108 | 4,93 | 8,12 | 13,1 | 7,97 | 13,5 | 7,97 | 30,7 |
| | 1,00 | 12,6 | 123 | 5,63 | 9,23 | 16,4 | 9,59 | 15,6 | 9,59 | 38,9 |
| | 1,25 | 15,9 | 155 | 7,10 | 11,6 | 21,6 | 12,0 | 18,5 | 12,0 | 51,9 |
| | 1,50 | 19,2 | 187 | 8,57 | 14,0 | 26,0 | 14,4 | 20,3 | 14,4 | 62,6 |
| **E 106** *) 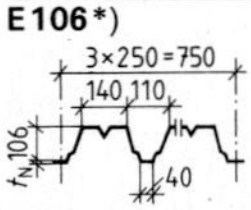 | 0,75 | 11,7 | 185 | 5,50 | 9,37 | 12,1 | 7,65 | 11,0 | 6,75 | 22,8 |
| | 0,88 | 13,8 | 218 | 8,75 | 11,7 | 17,7 | 9,30 | 11,9 | 9,00 | 27,2 |
| | 1,00 | 15,8 | 250 | 10,0 | 13,8 | 23,6 | 11,0 | 13,5 | 11,0 | 33,2 |
| | 1,25 | 19,9 | 315 | 12,6 | 17,5 | 34,5 | 15,8 | 18,4 | 15,8 | 51,5 |
| | 1,50 | 24,0 | 380 | 15,2 | 21,1 | 41,5 | 21,6 | 24,6 | 21,6 | 77,6 |
| **E 160** *) 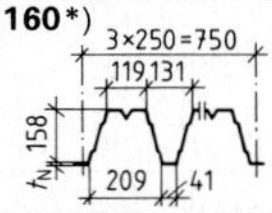 | 0,75 | 13,9 | 458 | 7,75 | 13,2 | 11,4 | 13,6 | 7,23 | 9,92 | 25,5 |
| | 0,88 | 16,5 | 542 | 10,0 | 17,5 | 17,0 | 17,0 | 9,00 | 13,2 | 36,5 |
| | 1,00 | 18,8 | 619 | 11,4 | 22,1 | 22,3 | 20,9 | 10,8 | 18,0 | 46,2 |
| | 1,25 | 23,8 | 780 | 14,4 | 27,8 | 28,1 | 26,3 | 12,1 | 22,8 | 58,2 |
| | 1,50 | 28,7 | 942 | 17,4 | 33,6 | 33,8 | 31,7 | 13,3 | 27,3 | 70,2 |

*) Auch als Akustikprofil 106 A bzw. 160 A mit gelochten Stegen lieferbar; verminderte Tragfähigkeit. min $b_B = 120$ mm.

[1]) Die Zahlenangaben gelten unter folgenden Voraussetzungen: Trapezprofile in Positivlage (Längsstoß unten), nach unten gerichtete und andrückende Flächenbelastung ohne Normalkraft, Endauflagerbreite einschl. Profilüberstand $b_A + \ddot{u} = 40$ mm, Zwischenauflagerbreite $b_B = 60$ mm. Bei anderen Voraussetzungen s. Prüfbescheid.

[2]) Nennblechdicke einschl. Verzinkung. $t_N > 1$ mm i. allg. für lokal auftretende Mehrbeanspruchung. Bei Decken $t_N = 0{,}75$ mm nur als verlorene Schalung.

[3]) Nicht reduzierter Querschnitt. Mit $A_g$ in $cm^2/m$ wird das Blechgewicht in $kN/m^2$ angenähert $g \approx (0{,}83 A_g + 0{,}35)/100$.

[4]) Maximal zulässige Stützweite bei Decken und Dächern für Einfeldträger; bei Mehrfeldträgern ist $L_{gr}$ um 25% größer.

[5]) $kN^{(\varepsilon-1)/\varepsilon} \cdot m^{-1}$. $\varepsilon$ s. unten.

**Nachweis der Tragsicherheit** für Belastung ohne Normalkraft ⊥ Profiltafelebene (Positivlage)

Die Schnitt- und Auflagergrößen müssen mit den $\gamma$-fachen Lasten bestimmt werden.
$\gamma = 1{,}7$ für den Tragsicherheitsnachweis;
$\gamma = 1{,}3$ für den Gebrauchsfähigkeitsnachweis.

Wird der Tragfähigkeitsnachweis nach der Elastizitätstheorie geführt, ist damit auch der Gebrauchsfähigkeitsnachweis erbracht. – Nachweise nach dem Traglastverfahren s. Prüfbescheid.

| | |
|---|---|
| Endauflagerkraft: | $R_A \leqq R_{A,T}$; Endauflagerbreite einschl. Profilüberstand $b_A + \ddot{u} = 40$ mm. |
| Feldmoment: | $M_F \leqq M_{dF}$. |
| Zwischenauflagerkraft: | $R_B \leqq \max R_B$; Auflagerbreite $b_B = 60$ mm. |
| Stützmoment: | $\max M_B \geqq M_B \leqq M_d^0 - (R_B/C)^{\varepsilon}$<br>$\varepsilon = 1$ für Profil E 40; $\varepsilon = 2$ für die anderen Profile. |

Maximale Lieferlänge je nach Profil 18 oder 24 m.
Berechnung und Durchbildung gemäß Prüfbescheid und DIN 18807 T3 [15].

| Schubfeldwerte für Normalbefestigung[6]) und $L_S \geqq \min L_S$ | | | | | | | | | | |
|---|---|---|---|---|---|---|---|---|---|---|
| | | | zul $T_3 = G_S/750$ in kN/m [10]) | | | | zul $F_t$ [11]) | | | Profil |
| | | | | $G_S = 10^4/(K_1 + K_2/L_S)$ | | | Einleitungslänge $a$ | | | |
| $\min L_S$[7]) in m | zul $T_1$ in kN/m | zul $T_2$[8]) in kN/m | $L_G$[9]) in m | $K_1$ in m/kN | $K_2$ in $m^2$/kN | $K_3$ | $\geqq 130$ mm in kN/Rippe | $\geqq 280$ mm in kN/Rippe | $t_N$ in mm | |
| 1,90 | 2,04 | 2,86 | 1,90 | 0,234 | 10,2 | 0,17 | 6,50 | 10,0 | 0,75 | E 40 |
| 1,70 | 2,62 | 4,35 | 1,70 | 0,198 | 6,71 | 0,18 | 7,70 | 11,8 | 0,88 | |
| 1,60 | 3,21 | 6,07 | 1,60 | 0,173 | 4,80 | 0,19 | 8,80 | 13,5 | 1,00 | |
| 1,50 | 4,54 | 10,8 | 1,50 | 0,137 | 2,69 | 0,22 | 11,1 | 17,0 | 1,25 | |
| 1,30 | 6,01 | 17,3 | 1,30 | 0,114 | 1,69 | 0,24 | 13,4 | 20,6 | 1,50 | |
| 3,00 | 1,77 | 3,14 | 3,00 | 0,229 | 18,0 | 0,42 | 9,00 | 11,0 | 0,75 | E 85 |
| 2,70 | 2,27 | 4,78 | 2,70 | 0,193 | 11,8 | 0,45 | 10,6 | 13,0 | 0,88 | |
| 2,60 | 2,78 | 6,67 | 2,60 | 0,169 | 8,48 | 0,48 | 12,2 | 14,8 | 1,00 | |
| 2,30 | 3,93 | 11,9 | 2,30 | 0,134 | 4,75 | 0,54 | 15,3 | 18,7 | 1,25 | |
| 2,10 | 5,21 | 19,0 | 2,10 | 0,111 | 2,97 | 0,60 | 18,5 | 22,6 | 1,50 | |
| 4,20 | 1,67 | 1,57 | 5,70 | 0,285 | 46,6 | 0,40 | 9,00 | 12,0 | 0,75 | E 106 |
| 3,80 | 2,15 | 2,39 | 5,10 | 0,241 | 30,6 | 0,43 | 10,6 | 14,2 | 0,88 | |
| 3,60 | 2,63 | 3,34 | 4,50 | 0,211 | 21,9 | 0,46 | 12,2 | 16,2 | 1,00 | |
| 3,20 | 3,72 | 5,95 | 3,60 | 0,167 | 12,3 | 0,52 | 15,3 | 20,5 | 1,25 | |
| 2,90 | 4,93 | 9,52 | 3,00 | 0,139 | 7,69 | 0,57 | 18,5 | 24,7 | 1,50 | |
| 5,00 | 1,60 | 1,73 | 8,60 | 0,343 | 68,3 | 0,69 | 9,00 | 12,0 | 0,75 | E 160 |
| 4,60 | 2,06 | 2,64 | 7,30 | 0,290 | 44,9 | 0,76 | 10,6 | 14,2 | 0,88 | |
| 4,30 | 2,51 | 3,69 | 6,40 | 0,254 | 32,1 | 0,81 | 12,2 | 16,2 | 1,00 | |
| 3,80 | 3,56 | 6,57 | 5,10 | 0,201 | 18,0 | 0,91 | 15,3 | 20,5 | 1,25 | |
| 3,50 | 4,72 | 10,5 | 4,30 | 0,167 | 11,3 | 1,00 | 18,5 | 24,7 | 1,50 | |

[6]) 1 Befestigung je anliegendem Gurt. (Schubfeldwerte für Sonderbefestigungen s. Prüfbescheid).
[7]) Schubfeldlänge $L_S$, immer in Profilierrichtung gemessen. Bei $L_S < \min L_S$ müssen die zulässigen Schubflüsse reduziert werden.
[8]) Nur bei Dächern mit bituminös verklebtem Dachaufbau zu berücksichtigen.
[9]) Für $L_S > L_G$ wird $T_3$ nicht maßgebend.
[10]) $G_S$ = Ideeller Schubmodul
[11]) Einzellast je Rippe für die Einleitung in Trapezprofile in Spannrichtung ohne Lasteinleitungsträger. Einleitungslänge $a$ = Abstand des letzten Verbindungsmittels vom Blechrand.

Der **Durchbiegungsnachweis** erfolgt mit $I_{ef}$ und $E = 2{,}1 \cdot 10^5$ N/mm².

Dächer unter Vollast: mit oberseitiger Abdichtung (Warmdach) $f_{voll} \leqq l/300$, sonst $f_{voll} \leqq l/150$.

Geschoßdecken mit $l > 3{,}0$ m unter Verkehrslast im untersuchten Feld:

Mit ausbetonierten Rippen $f_p \leqq l/300$, sonst $f_p \leqq l/500$.

**Schubfeld-Nachweise** erfolgen unabhängig von den Vertikallasten.

Mittlerer Schubfluß: $T = V/b$

mit $V$ = Querkraft unter einfachen Lasten und $b$ = Länge der Schubfelder in Richtung der Querkraft

Es muß sein: $T \leqq$ zul $T_i$ mit $i = 1$ bis 3 (s. Tafel).

Die vertikalen Auflager-Kontaktkräfte $R_S = K_3 \cdot \gamma \cdot T$ belasten die Stege der Profiltafeln und die Verbindungsmittel zusätzlich und sind dabei zu berücksichtigen.

Weitere Nachweise, z. B. Verbindungsmittel, Wirkung und Durchleitung von Normalkräften, Stabilitätsnachweise und Einzellasten s. [15] und Prüfbescheid.

## **Kranschienen** nach DIN 536 T1 (9.91) und T2 (12.74)

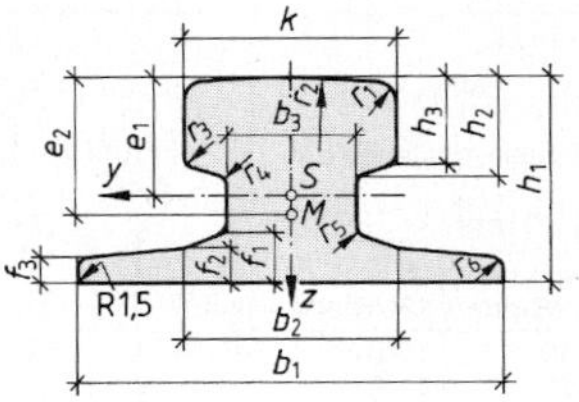


**Form A** (mit Flußflansch)

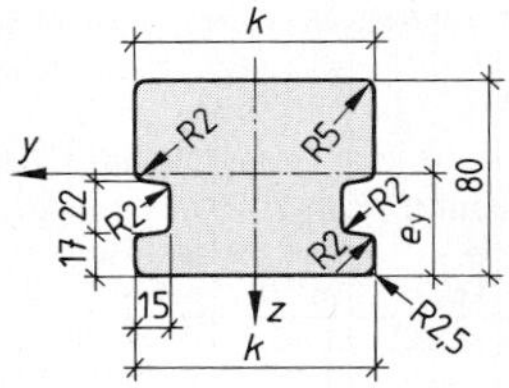


**Form F** (flach)
für spurkranzlose Laufräder

Bezeichnung einer Kranschiene:

Form A mit Kopfbreite $k=100$ mm
aus Stahl mit $f_{u,k} \geq 690$ N/mm²:
Kranschiene DIN 536 – A 100 – 690

Form F mit Kopfbreite $k=100$ mm:
Kranschiene F100 DIN 536

Werkstoff: Stahl mit Zugfestigkeit $f_{u,k} \geq 690$ N/mm²,
bei A 75, A 100, A 120 und A 150 auch $f_{u,k} \geq 880$ N/mm².

| Kurz- | Maße in mm | | | | | | | | | | | | | | | |
|---|---|---|---|---|---|---|---|---|---|---|---|---|---|---|---|---|
| zeichen | $k$ | $b_1$ | $b_2$ | $b_3$ | $f_1$ | $f_2$ | $f_3$ | $h_1$ | $h_2$ | $h_3$ | $r_1$ | $r_2$ | $r_3$ | $r_4$ | $r_5$ | $r_6$ |
| **A 45** | 45 | 125 | 54 | 24 | 14,5 | 11 | 8 | 55 | 24 | 20 | 4 | 400 | 3 | 4 | 5 | 4 |
| **A 55** | 55 | 150 | 66 | 31 | 17,5 | 12,5 | 9 | 65 | 28,5 | 25 | 5 | 400 | 5 | 5 | 6 | 5 |
| **A 65** | 65 | 175 | 78 | 38 | 20 | 14 | 10 | 75 | 34 | 30 | 6 | 400 | 5 | 5 | 6 | 5 |
| **A 75** | 75 | 200 | 90 | 45 | 22 | 15,4 | 11 | 85 | 39,5 | 35 | 8 | 500 | 6 | 6 | 8 | 6 |
| **A100** | 100 | 200 | 100 | 60 | 23 | 16,5 | 12 | 95 | 45,5 | 40 | 10 | 500 | 6 | 6 | 8 | 6 |
| **A120** | 120 | 220 | 120 | 72 | 30 | 20 | 14 | 105 | 55,5 | 47,5 | 10 | 600 | 6 | 10 | 10 | 6 |
| **A150** | 150 | 220 | – | 80 | 31,5 | – | 14 | 150 | 64,5 | 50 | 10 | 800 | 10 | 30 | 30 | 6 |
| **F100** | 100 | – | – | – | – | – | – | – | – | – | 5 | – | – | – | – | – |
| **F120** | 120 | – | – | – | – | – | – | – | – | – | 5 | – | – | – | – | – |

| Kurz- | | Stabstatische Querschnittswerte | | | | | | | | | |
|---|---|---|---|---|---|---|---|---|---|---|---|
| zeichen | Gewicht kg/m | $e_1$ cm | $e_2$ cm | $A$ cm² | $A_y$ cm² | $A_z$ cm² | $I_x$ cm⁴ | $I_y$ cm⁴ | $I_z$ cm⁴ | $S_y$ cm³ | $S_z$ cm³ |
| **A 45** | 22,1 | 3,33 | 4,24 | 28,2 | 17,0 | 9,6 | 39 | 90 | 170 | 22,88 | 26,12 |
| **A 55** | 31,8 | 3,90 | 4,91 | 40,5 | 24,8 | 14,6 | 88 | 178 | 337 | 38,45 | 48,64 |
| **A 65** | 43,1 | 4,47 | 5,61 | 54,9 | 33,7 | 20,2 | 173 | 319 | 606 | 60,18 | 69,22 |
| **A 75** | 56,2 | 5,04 | 6,29 | 71,6 | 44,1 | 26,9 | 311 | 531 | 1011 | 88,41 | 102,09 |
| **A100** | 74,3 | 5,29 | 6,27 | 94,7 | 65,8 | 41,6 | 666 | 856 | 1345 | 128,78 | 141,58 |
| **A120** | 100,0 | 5,79 | 6,53 | 127,4 | 97,1 | 58,5 | 1302 | 1361 | 2350 | 187,23 | 222,35 |
| **A150** | 150,3 | 7,73 | 8,48 | 191,4 | 153,6 | 107,1 | 2928 | 4373 | 3605 | 412,00 | 342,60 |
| **F100** | 57,5 | 4,09 | – | 73,2 | – | – | – | 414 | 541 | – | – |
| **F120** | 70,1 | 4,07 | – | 89,2 | – | – | – | 499 | 962 | – | – |

$A$ Querschnittsfläche, $A_y$ und $A_z$ Schubflächen, $I_x$ Flächenmoment 2. Grades für Torsion ($I_T$), $S_y$ und $S_z$ Statische Momente der durch die Hauptachsen begrenzten Querschnittsteile bezogen auf diese Hauptachsen

## **Zulässiger Raddruck des Laufkrans** in N nach DIN 15070 (12.77):

$$R \leq \text{zul}\, p \cdot c_2 \cdot c_3 \cdot d_1 \cdot (k - 2r_1) \quad \text{mit} \quad R = (\min R + 2 \max R)/3$$

$k$ = Kopfbreite und $r_1$ = Rundungshalbmesser der Kranschiene in mm; $d_1$ = Laufraddurchmesser in mm; zul $p$ = zulässige Pressung in N/mm² (s. Tafel 7).

**Tafel 6 Betriebsdauer-Beiwert $c_3$**

| | Betriebsdauer des Fahrantriebs (bezogen auf 1 Stunde) | | | | |
|---|---|---|---|---|---|
| | ≦16% | 17 bis 25% | 26 bis 40% | 41 bis 63% | >63% |
| $c_3$ = | 1,25 | 1,12 | 1 | 0,9 | 0,8 |

**Beiwert $c_2$**

$c_2 \approx 1/(0{,}803 + 0{,}0169\, n^{0,7})$
mit Laufrad-Drehzahl $n$ in min⁻¹

**Tafel 7 Zulässige Laufradpressung zul $p$**

| Werkstoffzugfestigkeit $f_{u,k}$ des Laufrads | in N/mm² | ≦330 | 410 | 490 | 590 | ≧740 |
|---|---|---|---|---|---|---|
| Zulässige Laufradpressung zul $p$ | in N/mm² | 2,8 | 3,6 | 4,5 | 5,6 | 7,0 |

# 2 Bemessung und Konstruktion der Stahlbauten
nach DIN 18800 T1 [6] und der Anpassungsrichtlinie (11.91)

Zur Bemessung und Konstruktion von Stahlbauten stehen zwei Regelwerke zur Verfügung:

- DIN 18800 (11.90) [6 bis 9]. Diese Norm liegt diesem Buch zugrunde.
- Vornorm DIN V ENV 1993 Teil 1-1 (4.93), Eurocode 3. Der Regelungsgegenstand des EC 3 entspricht weitgehend DIN 18800 (11.90). Die probeweise Anwendung war zeitlich befristet, jedoch werden einzelne Regelungen, die DIN 18800 ergänzen oder erläutern können, mit entsprechenden Hinweisen übernommen.

## 2.1 Einwirkungen, Widerstandsgrößen, Nachweise

**Einwirkungen**

Bemessungswert der Einwirkung

$$\mathbf{F}_d = \gamma_F \cdot \psi \cdot \mathbf{F}_k \quad (9)$$

$\mathbf{F}_k$ ch(k)arakteristischer Wert der Einwirkung = Wert der einschlägigen Lastnorm DIN 1055
$\gamma_F$ Teilsicherheitsbeiwert
$\psi$ Kombinationsbeiwert

Mit den ständigen ($G$), veränderlichen ($Q$) und außergewöhnlichen ($F_A$) Einwirkungen sind Einwirkungskombinationen zu bilden (Tafel 8).

Einwirkungen $Q_i$ können aus mehreren Einzeleinwirkungen bestehen; z. B. gelten die Lastkombinationen $(s+w/2)$ und $(s/2+w)$ ebenso wie die Summe aller vertikalen Verkehrslasten nach DIN 1055 T3 als jeweils **eine** Einwirkung $Q_i$. Die Beanspruchungen vergrößernde, wahrscheinliche Baugrundbewegungen sind den ständigen, Temperaturänderungen den veränderlichen Einwirkungen zuzuordnen.

Relativ kleine Beanspruchungen

Bei lokal geringen Beanspruchungen (z. B. Stöße im Bereich der Momentennullpunkte oder bei kleinen Normalkräften in Fachwerkstäben) sind ggf. additive Zuschläge zu den Beanspruchungen vorzusehen.

**Tafel 8 Teilsicherheits- und Kombinationsbeiwerte $\gamma_F$ und $\psi$; Einwirkungskombinationen** nach DIN 18800 T1 [6], 7.2.2

| | | | $\gamma_F$ bzw. $(\gamma_F \cdot \psi)$ für die Einwirkungskombinationen | | |
|---|---|---|---|---|---|
| | | | 1 | 2 | 3 |
| 1 | Ständige Einwirkungen[2]) | $G_d = \gamma_F \cdot G_k$ | 1,35 (1,0)[1]) | 1,35 (1,0)[1]) | 1,0 |
| 2 | Berücksichtigung jeweils **einer** ungünstig wirkenden veränderlichen Einwirkung $Q_i$ | $Q_{i,d} = \gamma_F \cdot Q_{i,k}$ | – | 1,50 | – |
| 3 | Berücksichtigung **aller** ungünstig wirkenden veränderlichen Einwirkungen | $Q_{i,d} = (\gamma_F \cdot \psi) \cdot Q_{i,k}$ | 1,35 | – | 0,9 |
| 4 | **Eine** außergewöhnliche Einwirkung | $F_{A,d} = \gamma_F \cdot F_{A,k}$ | – | – | 1,0 |

[1]) Klammerwerte, wenn die ständigen Einwirkungen die Beanspruchungen aus veränderlichen Einwirkungen verringern (z. B. bei Windsog).
Wenn die Einwirkung Erddruck $F_E$ die Beanspruchung aus veränderlichen Einwirkungen verringert, gilt dafür $\gamma_F = 0{,}6$.
[2]) Wenn ständige Einwirkungen bereichsweise günstig und ungünstig wirken, sind zusätzliche Grundkombinationen zu bilden. In ihnen ist anstelle von $\gamma_F = 1{,}35$ zu setzen:
Im Teilbereich mit ungünstiger Wirkung $\gamma_F = 1{,}1$, in dem mit günstiger Wirkung $\gamma_F = 0{,}9$. (Nicht erforderlich bei Durchlaufträgern und Rahmen.)

Fortsetzung s. nächste Seite

**Widerstandsgrößen**

Bemessungswert der Widerstandsgrößen $\mathbf{M}_d = \mathbf{M}_k/\gamma_M$ (10)

$\gamma_M = 1{,}1$ für die Berechnung der Bemessungswerte der Festigkeiten (Gl. 19 und 20) und der Steifigkeiten beim Tragsicherheitsnachweis, jedoch

$\gamma_M = 1{,}0$ – für die Steifigkeiten, wenn kein Nachweis des Biege- oder Biegedrillknickens erforderlich ist, oder wenn $\gamma_M = 1{,}1$ die Beanspruchungen verringert
– beim Nachweis der Gebrauchstauglichkeit.

Die charakteristischen Werte der Steifigkeiten $(E \cdot I)_k$ sind aus den Nennwerten der Querschnitte und $E$ bzw. $G$ aus Tafel 4 zu berechnen.

**Nachweise**

Mit den Beanspruchungen $S_d$ aus den Einwirkungen $\mathbf{F}_d$ nach Gl. (9) und den Beanspruchbarkeiten $R_d$ aus den Widerstandsgrößen $\mathbf{M}_d$ nach Gl. (10) muß sein

$$S_d/R_d \leqq 1$$

Abweichend von vorstehendem Nachweis darf auch mit den $\gamma_M (=1{,}1)$-fachen Beanspruchungswerten der Einwirkungen gerechnet werden; für die Bemessungswerte des Widerstandes sind dann die charakteristischen Werte (z. B. $(E \cdot I)_k$, $f_{y,k}$) zu verwenden.

**Tafel 9 Nachweisverfahren, Bezeichnungen** nach DIN 18800 T1 [6], Tab. 11

| | Nachweisverfahren | Berechnung der Beanspruchungen $S_d$ nach | Berechnung der Beanspruchbarkeiten $R_d$ nach |
|---|---|---|---|
| 1 | Elastisch-Elastisch | Elastizitätstheorie | Elastizitätstheorie |
| 2 | Elastisch-Plastisch | Elastizitätstheorie | Plastizitätstheorie |
| 3 | Plastisch-Plastisch | Plastizitätstheorie | Plastizitätstheorie |

## 2.2 Nachweis der Tragsicherheit

### 2.2.1 Grundlagen

Die Tragsicherheit ist nach einem der drei Verfahren aus Tafel 9 nachzuweisen.

**Imperfektionen**

Für alle durch Druckkräfte beanspruchten Stäbe, die am verformten Stabwerk Stabdrehwinkel aufweisen können, sind Vorverdrehungen der Stabachsen so anzusetzen, daß sie sich am ungünstigsten auf die jeweils betrachtete Beanspruchung auswirken (Bild 2 und Abschn. 3.1).

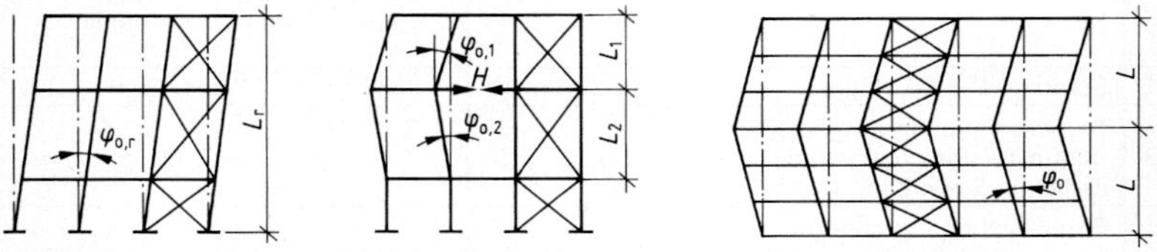


**a) Aussteifung,** $n=4$ **b) Anschlußkraft H,** $n=4$ **c) Dachverband** $n=6$

**Bild 2 Beispiele für Imperfektionen**

Stabdrehwinkel:

$$\varphi_0 = \frac{1}{400} \cdot r_1 \cdot r_2 \quad (11)$$

Hierin ist: $r_1 = \sqrt{5/L}$ jedoch $r_1 \leqq 1$.
$L$ = Länge des vorverdrehten Stabes in m
$r_2 = (1 + \sqrt{1/n})/2$ mit $n$ = Anzahl der voneinander unabhängigen Ursachen, die zu einem imperfekten stat. System führen (z. B. Zahl der normalkraftbeanspruchten Stiele in einem Stockwerk eines Rahmens, ohne die Stiele mit $N < 0{,}25 \max N$)

Wirken auf das Tragwerk oder seine stabilisierenden Bauteile Horizontallasten, deren Summe $\leqq 1/400$ der ungünstig beanspruchenden Vertikallasten ist, ist $\varphi_0$ aus Gl. (11) zu verdoppeln.

**Lochschwächungen**

Keine Berücksichtigung von Lochschwächungen

- bei Berechnung von Formänderungen, Stütz- und Schnittgrößen
- im Druckbereich und bei Schub, wenn das Lochspiel $\Delta d \leqq 1$ mm ist, oder, bei $\Delta d > 1$ mm, wenn Tragwerksverformungen (z. B. durch Zusammenquetschen des Lochspiels) nicht begrenzt werden müssen.
- in zugbeanspruchten Querschnittsteilen, wenn

$$\frac{A_{Brutto}}{A_{Netto}} \leqq \begin{cases} 1{,}2 \text{ für S235} \\ 1{,}1 \text{ für S355} \end{cases} \qquad (12)$$

In allen anderen Fällen sind Löcher für Verbindungsmittel und andere Querschnittsöffnungen von der Bruttofläche abzuziehen. Bei Löchern für Senkschrauben ist die Senkung zu berücksichtigen.
Bei versetzten Löchern ist außer dem Schnitt senkrecht zur Bauteillängsachse auch ein Schnitt längs einer Diagonalen oder Zick-Zack-Linie zu untersuchen (Bild 3); der kleinere Nettoquerschnitt ist maßgebend. Nach EC3 ist für jeden schrägen Zwischenraum in der Lochkette ein zusätzlicher Flächenanteil $s^2 \cdot t/(4\,p)$ abzuziehen.

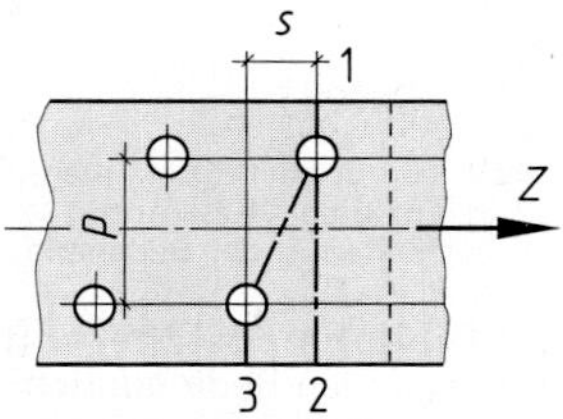


**Bild 3 Schnittführung bei versetzen Bohrungen**
1-2: senkrecht zur Bauteillängsachse,
1-3: diagonal oder im Zick-Zack

Der von den Lochschwächungen verursachte Versatz der Querschnittsschwerachsen darf außer Ansatz bleiben, wenn in zugbeanspruchten Querschnittsteilen die Beanspruchbarkeiten mit der Streckgrenze berechnet werden; näherungsweise Berücksichtigung der Lochschwächungen s. Tafel 10.

**Tafel 10 Querschnittswerte bei näherungsweiser Berücksichtigung von Löchern für Verbindungsmittel**

| Zeile | Schnittgröße | Spannungsart | Maßgebende Querschnittswerte zur Ermittlung der Spannungen aus: *N* und *V* | *M*$_B$ und *M*$_T$ |
|---|---|---|---|---|
| 1 | Längskraft *N* | Druck | $A$ | |
| 2 | | Zug | $A - \Delta A$ | |
| 3 | Biegemoment *M*$_B$ | Druck | | $W_D = I/z_D$ |
| 4 | | Zug | | $W_Z = (I - \Delta I)/z_Z$ |
| 5 | Längskraft *N* und Biegemoment *M*$_B$ | Druck | $A$ | $W_D = I/z_D$ |
| 6 | | Zug | $A - \Delta A$ | $W_Z = (I - \Delta I)/z_Z$ |
| 7 | Querkraft *V* | Schub | $A_{Steg}$, $S$, $I$, $t$ | |
| 8 | Torsionsmoment *M*$_T$ | | | [1]) |

Tafel nur anwenden, wenn Beanspruchbarkeiten mit Streckgrenze berechnet werden.

$A$ Fläche des ungelochten Querschnittes
$\Delta A$ Summe aller abzuziehenden Lochflächen, die in derjenigen Rißlinie liegen, die den kleinsten Wert $A - \Delta A$ ergibt
$A_{Steg}$ Querkraftfläche, die bei näherungsweiser Berechnung der Schubspannungen infolge Querkraft zu deren Aufnahme geeignet ist; $t$ = Dicke des Querschnittsteils
$S$ Flächenmoment 1. Grades (statisches Moment) von ungelochten Querschnittsteilen[2])
$I$ Flächenmoment 2. Grades (Trägheitsmoment) des ungelochten Querschnittes
$\Delta I$ Summe der $I$ der in ungünstigste Rißlinie fallenden Löcher im Biegezugbereich[2])
$z_D$, $z_Z$ Abstand der Randfaser am Druckrand bzw. Zugrand[2])
$W_D$, $W_Z$ Maßgebendes Widerstandsmoment für die Randdruck- bzw. Randzugspannung

[1]) Querschnittswerte des ungelochten Querschnittes
[2]) bezogen auf die Schwerachse des ungelochten Querschnittes

Wird der Schwerachsenversatz berücksichtigt, darf die Grenzzugkraft bei S235 und S355 auch mit der Zugfestigkeit $f_{u,k}$ nach Gl. (13) berechnet werden; bei anderen Stählen gilt dies jedoch nur bei gebohrten Löchern.

$$\boldsymbol{N_{R,d} = A_{Netto} \cdot f_{u,k}/(1{,}25 \cdot \gamma_M)} \qquad (13)$$

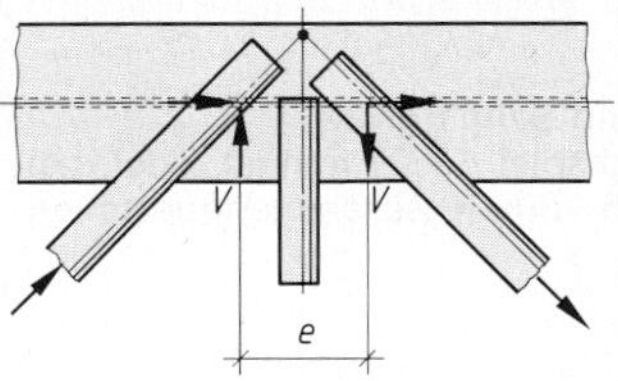


**Bild 4 Berücksichtigung planmäßiger Außermittigkeiten in der Bildebene**

**Planmäßige Außermittigkeiten** sind zu berücksichtigen, z. B. Bild 4, jedoch nicht, wenn bei Fachwerkgurten mit über die Länge veränderlichen Querschnitten die gemittelte Schwerachse der Einzelquerschnitte in die Systemlinie des Gurtes gelegt wird.

**Tragwerksverformungen** sind zu berücksichtigen, wenn sie zur Vergrößerung der Beanspruchungen führen (Theorie II. Ordnung). Sie brauchen nicht berücksichtigt zu werden (Theorie I. Ordnung), wenn Biegeknick- und Biegedrillknicknachweise nicht erforderlich sind.

Die Biegeknicksicherheit braucht nicht nachgewiesen zu werden, wenn eine der folgenden Bedingungen erfüllt ist:

1. Normalkräfte des Systems $N \leqq 0{,}1\, N_{Ki,d}$ (14)
2. Bezogene Schlankheitsgrade $\bar{\lambda}_K \leqq 0{,}3\sqrt{f_{y,d} \cdot A/N}$ (14a)
3. $s_K \cdot \sqrt{N/(E \cdot I)_d} \leqq 1$ (14b)

Biegedrillknicken ist nicht nachzuweisen bei

1. Stäben mit Hohlquerschnitten mit oder ohne Druckkraft
2. Biegung um die $z$-Achse von Stäben mit I-Querschnitt, mit/ohne Druckkraft
3. Biegung um die $y$-Achse ohne Druckkraft von Stäben mit I-förmigem, zur Stegachse symmetrischem Querschnitt, deren Druckgurt im Abstand $c$ seitlich unverschieblich gehalten ist:

$c \leqq 0{,}5\, \lambda_a \cdot i_{z,g} \cdot M_{pl,y,d}/\max|M_y|$ (15)

$i_{z,g}$ s. Gl. (50) und Profiltafeln; statt dessen darf auch $i_z$ eingesetzt werden.

Weitere ausführliche Angaben hierzu s. Abschn. 3.2.2.

**Schlupf in Verbindungen** ist zu berücksichtigen, wenn er nicht offenbar vernachlässigt werden darf (wie z. B. in Fachwerkträgern, die nicht der Stabilisierung dienen).

Schlupf von Schraubenverbindungen = Nennlochspiel $\Delta d$

**Betriebsfestigkeit** braucht nicht nachgewiesen zu werden,
wenn als veränderliche Einwirkungen nur Schnee, Temperatur, Verkehrslasten nach DIN 1055 T3, Abschn. 1.4 und Windlasten ohne periodische Anfachung des Bauwerks auftreten,
oder wenn $\Delta\sigma < 26$ N/mm² (16)
oder wenn die Zahl der Spannungsspiele $n < 5 \cdot 10^6 (26/\Delta\sigma)^3$ (17).

## 2.2.2 Detailregelungen nach DIN 18800 T1 und DIN 18801

### a) Ausmittige Anschlüsse von Zugstäben

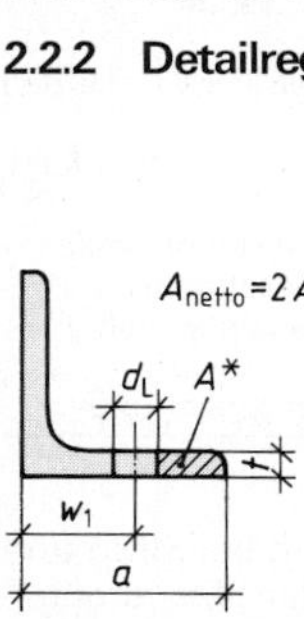


**Bild 5 Anschluß eines Winkels durch nur 1 Schraube**

**Mehrere Anschlußschrauben**: Bei einem Winkelquerschnitt mit $\geqq 2$ Schrauben in Kraftrichtung hintereinander oder Flankenkehlnähten mit Länge $l_w \geqq$ Schenkelbreite darf die Ausmittigkeit infolge unmittelbaren Anschlusses eines Schenkels unberücksichtigt bleiben, wenn $\boldsymbol{\sigma \leqq 0{,}8\, \sigma_{R,d}}$ ist.

**Nur eine Anschlußschraube**: Der Tragsicherheitsnachweis ist mit dem doppelten Wert des kleineren Teils des Nettoquerschnitts zu führen. Bei einem Winkelanschluß nach Bild 5 wird z. B.

$\boldsymbol{\sigma = N/A_{Netto}}$ mit $A^* \approx t \cdot (a - w_1 - d_L/2)$

**b) Auf Biegung beanspruchte vollwandige Tragwerksteile**

Stützweite bei unmittelbarer Lagerung auf Mauerwerk oder Beton:

$l = 1{,}05\,w \geqq w + 120$ mm mit $w$ = Lichtweite

Auflagerkräfte von Durchlaufträgern mit $\geqq 3$ Feldern:
Wie für Träger auf 2 Stützen, falls min $l \geqq 0{,}8$ max $l$ ist.

**Steifenlose Krafteinleitungen in I-förmige Querschnitte** (Bild 6)

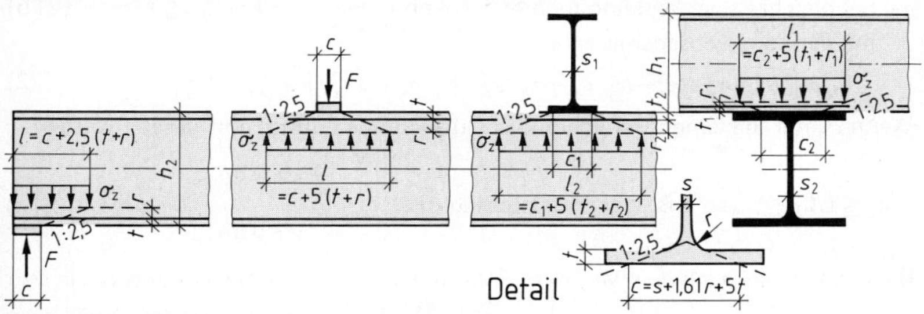


**Bild 6 Rippenlose Lasteinteilung bei I-Profilen**

Wenn die Betriebsfestigkeit nicht maßgebend und der Träger gegen Verdrehen und seitliches Ausweichen gesichert ist, wird die einleitbare Grenzkraft bei geschweißten Profilen mit einer Stegschlankheit $h/s \leqq 60$ sowie bei Walzprofilen wie folgt berechnet:

a) $\sigma_x$ und $\sigma_z$ mit unterschiedlichen Vorzeichen und $|\sigma_x| > 0{,}5 f_{y,k}$:

$$F_{R,d} = s \cdot l \cdot f_{y,k} (1{,}25 - 0{,}5 \cdot |\sigma_x| / f_{y,k}) / \gamma_M \quad (18)$$

b) Für alle anderen Fälle:

$$F_{R,d} = s \cdot l \cdot f_{y,k} / \gamma_M \quad (18a)$$

Hierin bedeuten:

$\sigma_x$ Normalspannung im Träger in der maßgebenden Faser aus Biegung und/oder Normalkraft
$\sigma_z$ Normalspannung aus der lokalen Lasteinleitung in der maßgebenden Faser
$s$ Stegdicke des Trägers
$l$ Mittragende Länge nach Bild 6; bei geschweißten Trägern ist die Schweißnahtdicke $a$ anstelle von $r$ zu setzen.

Im Bereich der Krafteinleitung braucht die Vergleichsspannung $\sigma_V$ nach Gl. (22) nicht nachgewiesen zu werden.

Bei $h/s > 60$ ist zusätzlich die Beulsicherheit mit Gl. (83) nachzuweisen.

### 2.2.3 Tragsicherheitsnachweis nach dem Verfahren Elastisch-Elastisch

Die Beanspruchungen und Beanspruchbarkeiten sind nach der Elastizitätstheorie zu berechnen (Taf. 9, Z. 1); das System muß im stabilen Gleichgewicht sein.

**a) Nachweis ausreichender Bauteildicke**

Die Dicke der Querschnittsteile muß entweder den Grenzwerten grenz $(b/t)$ bzw. grenz $(d/t)$ nach Tafel 11 bzw. Bild 7 genügen, oder es ist ausreichende Beulsicherheit nach Abschn. 4 nachzuweisen.

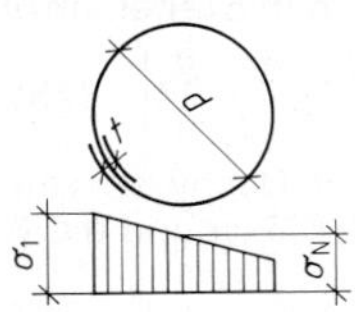

$$\text{grenz}\,(d/t) = \left(90 - 20\frac{\sigma_N}{\sigma_1}\right) \cdot \frac{240}{\sigma_1 \cdot \gamma_M}$$

**Bild 7 Grenzwerte grenz $(d/t)$ für Kreiszylinderquerschnitte für volles Mittragen unter Druckspannungen $\sigma_x$ beim Tragsicherheitsnachweis nach dem Verfahren Elastisch-Elastisch**

$\sigma_1$ = Größtwert der Druckspannungen in $N/mm^2$
$\sigma_N$ = Druckspannungsanteil aus Normalkraft in $N/mm^2$

**b) Sicherheit gegen Fließen**

Grenznormalspannung: $\sigma_{R,d} = f_{y,d} = f_{y,k}/\gamma_M$ mit $\gamma_M = 1{,}1$ (19)

Grenzschubspannung: $\tau_{R,d} = f_{y,d}/\sqrt{3}$ (20)

Die **Nachweise** lauten

– für $\sigma_x$, $\sigma_y$, $\sigma_z$: $\sigma/\sigma_{R,d} \leqq 1$ (21)

– für $\tau_{xy}$, $\tau_{xz}$, $\tau_{yz}$: $\tau/\tau_{R,d} \leqq 1$ (21 a)

– bei gleichzeitiger Wirkung mehrerer Spannungen: $\sigma_V/\sigma_{R,d} \leqq 1$ (21 b)

mit der Vergleichsspannung $\sigma_V$

$$\sigma_V = \sqrt{\sigma_x^2 + \sigma_y^2 + \sigma_z^2 - \sigma_x \cdot \sigma_y - \sigma_x \cdot \sigma_z - \sigma_y \cdot \sigma_z + 3\tau_{xy}^2 + 3\tau_{xz}^2 + 3\tau_{yz}^2} \qquad (22)$$

Wenn $\sigma_V$ nur in kleinen Bereichen des Querschnitts auftritt, darf gesetzt werden:

$$\sigma_V \leqq 1{,}1\,\sigma_{R,d}, \quad \text{so z.B. wenn gleichzeitig gilt} \quad \begin{cases} \left|\dfrac{N}{A} + \dfrac{M_y}{I_y} z\right| \leqq 0{,}8\,\sigma_{R,d} \\ \left|\dfrac{N}{A} - \dfrac{M_z}{I_z} y\right| \leqq 0{,}8\,\sigma_{R,d} \end{cases} \qquad (21\,c)$$

Beim Nachweis nach dem Verfahren Elastisch-Elastisch dürfen $\sigma_{R,d}$ und $\tau_{R,d}$ in den Gln. (21, 21 a, b) um 10% erhöht werden, wenn

– Biegeknicken und Biegedrillknicken nicht nachzuweisen sind (s. Abschn. 2.2.1),

– die Bedingungen von Tafel 11 und Bild 7 eingehalten sind,

– kein Gebrauch von den Gln. (21 c) und (24) gemacht wird.

**Spannungen in Stäben infolge Normalkraft und/oder Biegung**

$$\sigma_x = \left|\frac{N}{A} + \frac{M_y}{I_y} z - \frac{M_z}{I_z} y\right| \qquad (23)$$

Besondere Regelungen für Zugstäbe s. Abschn. 2.2.1 und 2.2.2.

Für Stäbe mit doppeltsymmetrischem **I-Querschnitt,** die die Bedingungen der Tafel 12, Zeile 1 erfüllen, darf $\sigma_x$ nach Gl. (24) berechnet werden:

$$\sigma_x = \left|\frac{N}{A} \pm \frac{M_y}{\alpha^*_{pl,y} \cdot W_y} \pm \frac{M_z}{\alpha^*_{pl,z} \cdot W_z}\right| \qquad (24)$$

$\alpha^*_{pl}$ der jeweilige plast. Formbeiwert $\alpha_{pl}$, jedoch $\alpha_{pl} \leqq 1{,}25$; $\alpha_{pl}$ s. Gl. (1). Für I-förmige Walzprofile gilt vereinfacht $\alpha^*_{pl,y} = 1{,}14$ und $\alpha^*_{pl,z} = 1{,}25$.

Werden bei **Stäben mit Winkelprofil** schenkelparallele Querschnittsachsen anstelle der Trägheitshauptachsen benutzt, ist $\sigma_x$ um 30% zu erhöhen.

**Spannungen in Stäben infolge von Querkräften**

$$\tau = \left|\frac{V_z \cdot S_y}{I_y \cdot t} \pm \frac{V_y \cdot S_z}{I_z \cdot t}\right| \qquad (25)$$

Vereinfachter Nachweis von $\tau$ für Stäbe mit I-förmigem Querschnitt, bei denen $A_{Gurt}/A_{Steg} \geqq 0{,}6$ ist und die Wirkungslinie von $V_z$ mit dem Steg zusammenfällt.

$$\tau = \left|\frac{V_z}{A_{Steg}}\right| \qquad (26)$$

Bei der Berechnung von $A_{Steg}$ darf die Steghöhe $h_{Steg}$ gleich dem Abstand der Gurtschwerlinien gesetzt werden.

**Beispiel** Nachweis ausreichender Bauteildicke für den Flansch einer Stütze aus HE300A – S355 mit den Bemessungsgrößen $N_d = 1890$ kN, $M_{y,d} = 70$ kNm, $M_{z,d} = 32$ kNm.

An der Kante: $\sigma_1 = 1890/112 + 7000/1260 + 3200/421 = 16{,}88 + 5{,}56 + 7{,}60$

$\sigma_1 = 30{,}04\ \text{kN/cm}^2 = 300{,}4\ \text{N/mm}^2 < 360/1{,}1 = 327{,}3\ \text{N/mm}^2 = \sigma_{R,d}$

An der Rundung: $\sigma_2 = 16{,}88 + 5{,}56 + 3200\ (0{,}85/2 + 2{,}7)/6310 = 24{,}02\ \text{kN/cm}^2$

$\psi = 24{,}02/30{,}04 = 0{,}8$; $k_\sigma = 0{,}57 - 0{,}21 \cdot 0{,}8 + 0{,}07 \cdot 0{,}8^2 = 0{,}447$

$\text{grenz}\,(b/t) = 305\sqrt{0{,}447/(300{,}4 \cdot 1{,}1)} = 11{,}2$

$> b/t = (30 - 0{,}85 - 2 \cdot 2{,}7)/(2 \cdot 1{,}4) = 8{,}48$

Bei Walzprofilen aus S235 ist die Bedingung für grenz $(b/t)$ fast immer erfüllt.

**Tafel 11 Grenzwerte grenz($b/t$) für ein- und beidseitig gelagerte Plattenstreifen für volles Mittragen unter Druckspannungen $\sigma_x$ beim Tragsicherheitsnachweis nach dem Verfahren Elastisch-Elastisch mit zugehörigen Beulwerten $k_\sigma$**
nach DIN 18800 T1 [6], Tab. 12 u. 13
$\sigma_1$ = Größtwert der Druckspannungen $\sigma_x$ in N/mm²

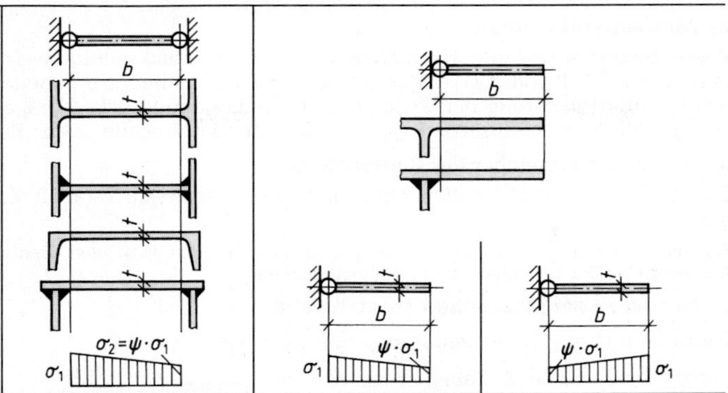


| $\psi$ | $k_\sigma$ | $k_\sigma$ | $k_\sigma$ |
|---|---|---|---|
| 1 | 4 | 0,43 | 0,43 |
| $1 > \psi > 0$ | $\frac{8,2}{\psi + 1,05}$ | $\frac{0,578}{\psi + 0,34}$ | $0,57 - 0,21 \cdot \psi + 0,07 \cdot \psi^2$ |
| 0 | 7,81 | 1.70 | 0,57 |
| $0 > \psi > -1$ | $7,81 - 6,29 \cdot \psi + 9,78 \cdot \psi^2$ | $1,70 - 5 \cdot \psi + 17,1 \cdot \psi^2$ | $0,57 - 0,21 \cdot \psi + 0,07 \cdot \psi^2$ |
| −1 | 23,9 | 23,8 | 0,85 |
| | **grenz($b/t$)[1]** | **grenz($b/t$)** | |
| $0 < \psi \leqq 1$ | $(1 - 0,278\,\psi - 0,025\,\psi^2) \cdot 420,4 \cdot \sqrt{k_\sigma/(\sigma_1 \cdot \gamma_M)}$ | $305 \cdot \sqrt{\frac{k_\sigma}{\sigma_1 \cdot \gamma_M}}$ | |
| $\psi \leqq 0$ | $420,4 \cdot \sqrt{k_\sigma/(\sigma_1 \cdot \gamma_M)}$ | | |

Vereinfachend kann $\sigma_1 \cdot \gamma_M = f_{y,k}$ gesetzt werden. $f_{y,k}$ s. Tafel 4.

[1]) Bei gleichzeitiger Wirkung von $\sigma_x$ und $\tau$ ist ein Beulsicherheitsnachweis erforderlich, wenn
$b/t > 0,64 \sqrt{k_\sigma \cdot E/f_{y,k}}$ (27)

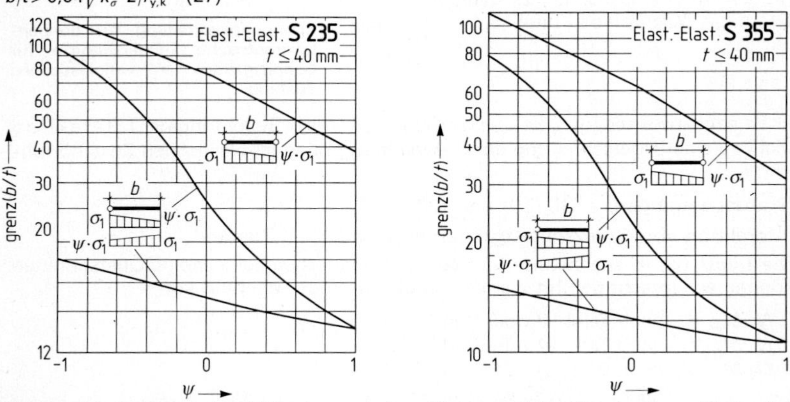


**Bild 8 Diagramm zu Tafel 11** mit $\sigma_1 = f_{y,k}/\gamma_M$. Wenn $\sigma_1$ kleiner ist als dieser Wert, wird grenz ($b/t$) größer

## 2.2.4 Tragsicherheitsnachweis nach dem Verfahren Elastisch-Plastisch

Die Beanspruchungen sind nach der Elastizitätstheorie, die Beanspruchbarkeiten unter Ausnutzung plastischer Tragfähigkeiten zu berechnen (Taf. 9, Z. 2); das System muß im stabilen Gleichgewicht sein.

### a) Momentenumlagerung

Wenn Biegeknicken und Biegedrillknicken nicht berücksichtigt werden müssen (s. Abschn. 2.2.1 und 3.2), dürfen die nach Elastizitätstheorie ermittelten Stützmomente unter Beachtung der Gleichgewichtsbedingungen um $\leqq 15\%$ abgemindert oder erhöht werden. Zusätzlich gilt für Verbindungen Abschn. 2.2.5, Punkt d).

### b) Nachweis ausreichender Bauteildicke

Die Dicke der Querschnittsteile muß den Grenzwerten nach Tafel 12, Zeile 1 genügen.

Für die Bereiche des Tragwerks, in denen die Schnittgrößen den Bedingungen des Abschnitts 2.2.3 entsprechen, ist Tafel 11 maßgebend.

### c) Nachweis der plastischen Tragfähigkeit

**Grenzschnittgrößen im vollplastischen Zustand**

Berechnung s. Bild 9. Dabei ist $\alpha_{pl} \cdot W$ das plastische Widerstandsmoment

$$W_{pl} = S_o + S_u \qquad (28)$$

mit $S_o$ bzw. $S_u$ = Flächenmoment 1. Grades über bzw. unter der Flächenhalbierenden des Querschnitts.

Bei doppeltsymmetrischen Profilen ist

$$W_{pl,y} = 2\,S_y \quad \text{bzw.} \quad W_{pl,z} = 2\,S_z \qquad (28\,a,\,b)$$

$S_y$ für Walzprofile s. Profiltafeln!

$W_{pl,y}$ und $W_{pl,z}$ sind i. allg. auf den Wert $1{,}25 \cdot W_{el}$ zu begrenzen!

$\alpha_{pl}$ nach Gl. (1) sowie Grenzschnittgrößen im vollplastischen Zustand für I-förmige Walzprofile s. Tafel 15.

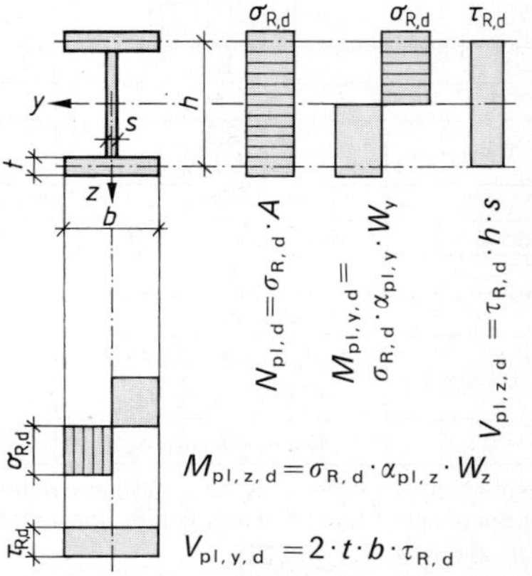


**Bild 9** Spannungsverteilung für doppeltsymmetrische I-Querschnitte für Schnittgrößen im vollplastischen Zustand

Es ist nachzuweisen, daß die Beanspruchungen unter Beachtung der Interaktion nicht zu einer Überschreitung der Grenzschnittgrößen im plastischen Zustand führen:

**Grenzspannungen:** s. Gl. (19) und (20).

**Interaktion von Grenzschnittgrößen im plastischen Zustand**

Die Tragsicherheitsnachweise für Stäbe mit doppelsymmetrischen I-Querschnitten können vereinfacht geführt werden bei gleichzeitiger Wirkung von

$N, M_y, V_z$ nach Tafel 13 oder Bild 11
$N, M_z, V_y$ nach Tafel 14 oder Bild 12
$N, M_y, M_z$ nach Gl. (29), (30) oder Bild 13,
falls $V_{z,d} \leqq 0{,}33\, V_{pl,z,d}$ und $V_{y,d} \leqq 0{,}25\, V_{pl,y,d}$ ist.

Die Interaktion für andere Querschnittsformen s. [38].

**Tafel 12 Grenzwerte grenz($b/t$) und grenz($d/t$) für volles Mitwirken von Querschnittsteilen unter Druckspannungen $\sigma_x$ beim Tragsicherheitsnachweis nach dem Verfahren Elastisch-Plastisch und Plastisch-Plastisch** n. [6], Tab. 15. $f_{y,k}$ in N/mm²

| Zeile | Nachweis-Verfahren | Plattenstreifen | | | Kreiszylinder |
|---|---|---|---|---|---|
| | | 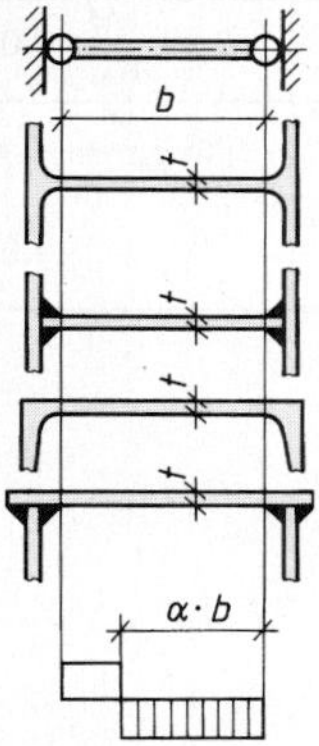 | 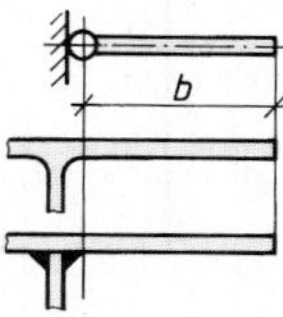 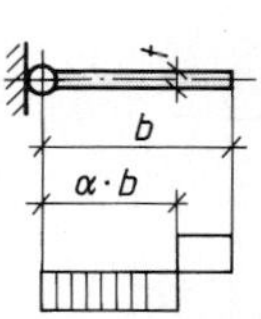 | 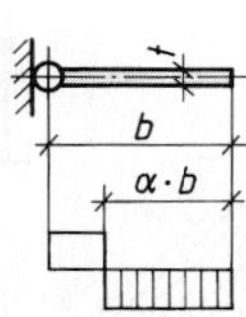 | $d$ und $t$ s. Bild 7 |
| | | grenz($b/t$) | grenz($b/t$) | grenz($b/t$) | grenz($d/t$) |
| 1 | Elast.-Plast. | $\frac{37}{\alpha}\cdot\sqrt{\frac{240}{f_{y,k}}}$ | $\frac{11}{\alpha\cdot\sqrt{\alpha}}\cdot\sqrt{\frac{240}{f_{y,k}}}$ | $\frac{11}{\alpha}\cdot\sqrt{\frac{240}{f_{y,k}}}$ | $70\cdot\frac{240}{f_{y,k}}$ |
| 1 | Elast.-Plast. | $\frac{32}{\alpha}\cdot\sqrt{\frac{240}{f_{y,k}}}$ | $\frac{9}{\alpha\cdot\sqrt{\alpha}}\cdot\sqrt{\frac{240}{f_{y,k}}}$ | $\frac{9}{\alpha}\cdot\sqrt{\frac{240}{f_{y,k}}}$ | $50\cdot\frac{240}{f_{y,k}}$ |

Druckspannungen sind durch Schraffur gekennzeichnet.

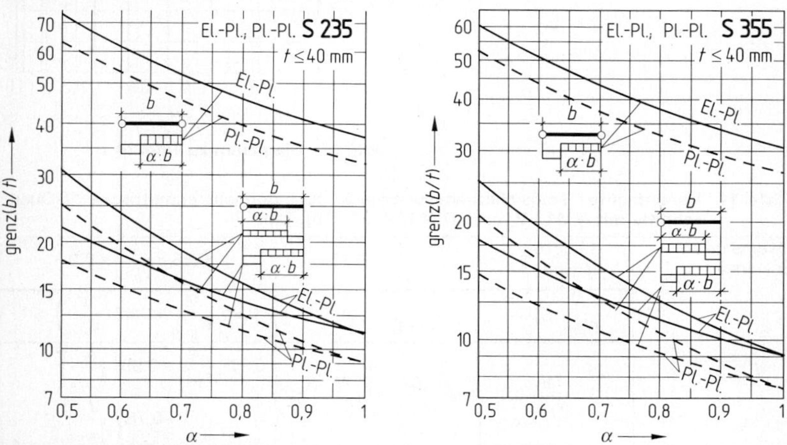


**Bild 10 Diagramm zur Tafel 12**

**Tafel 13 Vereinfachte Tragsicherheitsnachweise für doppeltsymmetrische I-Querschnitte mit $N$, $M_y$, $V_z$** nach DIN 18800 T1 [6], Tab. 16

| Momente um $y$-Achse | Gültigkeitsbereich | $\frac{V}{V_{pl,d}} \leqq 0{,}33$ | $0{,}33 < \frac{V}{V_{pl,d}} \leqq 0{,}9$ |
|---|---|---|---|
| z, y — y, z | $\frac{N}{N_{pl,d}} \leqq 0{,}1$ | $\frac{M}{M_{pl,d}} \leqq 1$ | $0{,}88 \frac{M}{M_{pl,d}} + 0{,}37 \frac{V}{V_{pl,d}} \leqq 1$ |
| | $0{,}1 < \frac{N}{N_{pl,d}} \leqq 1$ | $0{,}9 \frac{M}{M_{pl,d}} + \frac{N}{N_{pl,d}} \leqq 1$ | $0{,}8 \frac{M}{M_{pl,d}} + 0{,}89 \frac{N}{N_{pl,d}} + 0{,}33 \frac{V}{V_{pl,d}} \leqq 1$ |

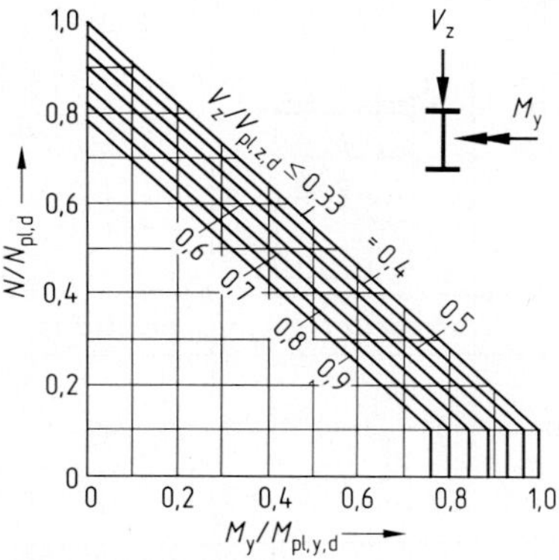


**Bild 11 Diagramm zu Tafel 13**

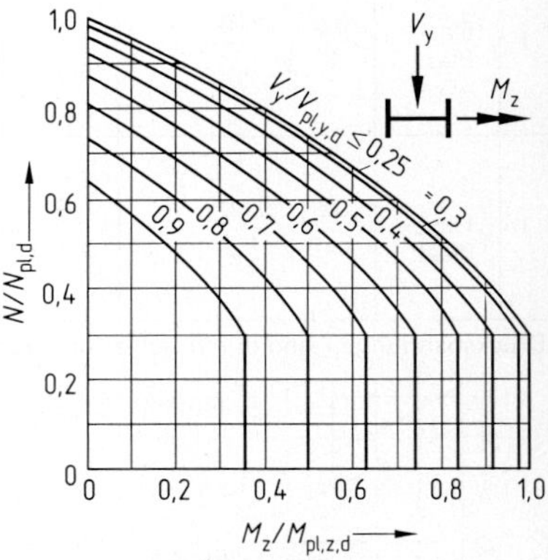


**Bild 12 Diagramm zu Tafel 14**

**Tafel 14 Vereinfachte Tragsicherheitsnachweise für doppeltsymmetrische I-Querschnitte mit $N$, $M_z$, $V_y$** nach DIN 18800 T1 [6], Tab. 17

| Momente um $z$-Achse | Gültigkeitsbereich | $\frac{V}{V_{pl,d}} \leqq 0{,}25$ | $0{,}25 < \frac{V}{V_{pl,d}} \leqq 0{,}9$ |
|---|---|---|---|
| y, z — z, y | $\frac{N}{N_{pl,d}} \leqq 0{,}3$ | $\frac{M}{M_{pl,d}} \leqq 1$ | $0{,}95 \frac{M}{M_{pl,d}} + 0{,}82 \left(\frac{V}{V_{pl,d}}\right)^2 \leqq 1$ |
| | $0{,}3 < \frac{N}{N_{pl,d}} \leqq 1$ | $0{,}91 \frac{M}{M_{pl,d}} + \left(\frac{N}{N_{pl,d}}\right)^2 \leqq 1$ | $0{,}87 \frac{M}{M_{pl,d}} + 0{,}95 \left(\frac{N}{N_{pl,d}}\right)^2 + 0{,}75 \left(\frac{V}{V_{pl,d}}\right)^2 \leqq 1$ |

Es ist $M_{pl,z,d} = 1{,}25 \cdot \sigma_{R,d} \cdot W_z$ (für Walzprofile $= M^*_{pl,z,d}$ aus Taf. 15)

Mit $M_y^* = M_{pl,y,d} \cdot [1-(N/N_{pl,d})^{1,2}]$;

$M_{pl,z,d} = 1{,}25\sigma_{R,d} \cdot W_z = M^*_{pl,z,d}$

$c_1 = (N/N_{pl,d})^{2,6}$

und $c_2 = (1-c_1)^{-N_{pl,d}/N}$

gilt für $M_y \leqq M_y^*$:

$$M_z/M_{pl,z,d} + c_1 + c_2 \cdot (M_y/M_{pl,y,d})^{2,3} \leqq 1 \quad (29)$$

für $M_y > M_y^*$:

$$\frac{1}{40}\left(\frac{M_z}{M_{pl,z,d}} - \frac{M_z^*}{M_{pl,z,d}}\right) + \left(\frac{N}{N_{pl,d}}\right)^{1,2} + \frac{M_y}{M_{pl,y,d}} \leqq 1 \quad (30)$$

$M_z^*/M_{pl,z,d}$ ergibt sich aus Gl. (29) bei Einsetzen von $M_y^*/M_{pl,y,d}$.

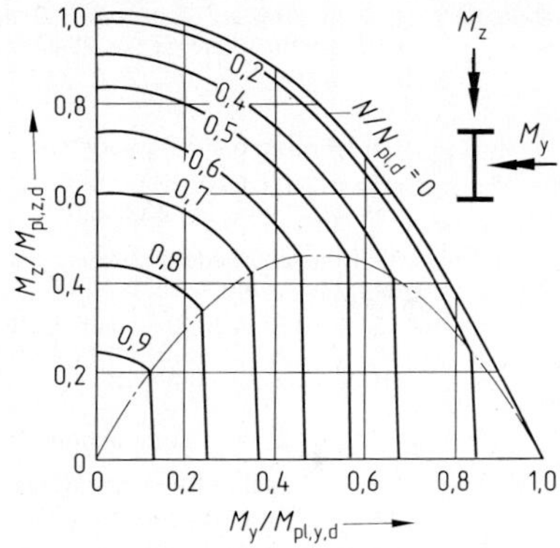


**Bild 13** **Interaktion für $N$, $M_y$, $M_z$ für doppeltsymmetrische I-Querschnitte**

## 2.2.5 Tragsicherheitsnachweis nach dem Verfahren Plastisch-Plastisch

Nachweisverfahren s. Tafel 9, Zeile 3.

a) Es ist nachzuweisen, daß das System im stabilen Gleichgewicht ist.

b) **Grenzschnittgrößen** im plastischen Zustand und **Interaktion** wie beim Verfahren Elastisch-Plastisch (Abschn. 2.2.4).

c) Die **Dicke der Querschnittsteile** muß im Bereich der Fließgelenke Taf. 12, Zeile 2 genügen.

Für die Bereiche des Tragwerks, in denen die Schnittgrößen nicht größer sind als die Grenzschnittgrößen im plastischen Zustand nach dem Verfahren Elastisch-Plastisch, gilt Abschn. 2.2.4, Punkt b).

d) Für **Verbindungen** ist die Auswirkung eines oberen Grenzwertes der Streckgrenze $\sigma_{R,d}^{oben} = 1{,}3\,\sigma_{R,d}$ nachzuweisen, oder sie müssen die 1,25fachen Grenzschnittgrößen im plastischen Zustand der durch sie verbundenen Teile konstanten Querschnitts aufnehmen. Diese Erhöhungen bleiben unberücksichtigt beim Lochleibungsnachweis der Schrauben und bei Schweißnähten mit nachgewiesener Güte nach Taf. 49, Zeilen 1 bis 4.

Es dürfen nicht verwendet werden:

Einschnittige ungestützte Verbindungen mit einer Schraube in Kraftrichtung; Schweißnähte im Bereich von Fließgelenken n. Taf. 49, Zeilen 5, 6, 10, 12 und 15 bei Beanspruchung durch $\sigma_\perp$ und $\tau_\perp$.

e) **Vereinfachte Bemessung von Durchlaufträgern** nach DIN 18801 [11], 6.1.2.3

Biegemomente des Durchlaufträgers:

| | | | |
|---|---|---|---|
| Endfelder | $\boldsymbol{M_E = q \cdot l^2/11}$ | (31) | $q$ und $l$ des jeweiligen Feldes einsetzen. |
| Innenfelder | $\boldsymbol{M_I = q \cdot l^2/16}$ | (32) | |
| Innenstützen | $\boldsymbol{M_s = -q \cdot l^2/16}$ | (33) | $q$ und $l$ des angrenzenden Feldes einsetzen, das den größeren Wert liefert. |

Der Tragsicherheitsnachweis erfolgt mit den **elastischen** Querschnittswerten nach Abschn. 2.2.3.

**Bedingungen:** Träger mit doppelt-symmetrischem Querschnitt; Belastung mit feldweise konstanter Gleichstreckenlast $q \geqq 0$; min $l \geqq 0{,}8$ max $l$; Nachweis des Biegedrillknickens; Mindestdicken nach Tafel 12, Zeile 2.

**Beispiel 1** Durchlaufträger über zwei Felder mit je $L=6{,}0$ m und $E \cdot I=$const.; gleichmäßig verteilte Streckenlast $G=20$ kN/m, $Q=11$ kN/m.

$$G_d=1{,}35 \cdot 20=27{,}0 \text{ kN/m}$$
$$Q_d=1{,}50 \cdot 11=16{,}5 \text{ kN/m}$$
$$G_d+Q_d \quad =43{,}5 \text{ kN/m}$$

Berechnung der Biegemomente mit Hilfe der Tafeln aus dem BZ-Abschn. Statik:

$\max M_F=(0{,}070 \cdot 27+0{,}096 \cdot 16.5) \cdot 6{,}0^2=125{,}1$ kNm
$\min M_B=-0{,}125 \cdot 43{,}5 \cdot 6{,}0^2 \quad =-195{,}8$ kNm

a) Tragsicherheitsnachweis nach dem Verfahren Elastisch-Plastisch mit Momentenumlagerung $-15\%$:

$M_B=-0{,}85 \cdot 195{,}8=-166{,}4$ kNm; $\quad V_A=43{,}5 \cdot 6{,}0/2-166{,}4/6{,}0=102{,}8$ kN
$M_F=102{,}8^2/(2 \cdot 43{,}5)=121{,}4$ kNm $<\max M_F$; $\quad V_{B,l}=102{,}8-43{,}5 \cdot 6{,}0=158{,}2$ kN
HE 260 A–S235: $M_B/M_{pl,y,d}=166{,}4/201=0{,}8279$ ($M_{pl,y,d}$, $V_{pl,z,d}$ s. Taf. 15)
$V_{B,l}/V_{pl,z,d}=158{,}2/224=0{,}7063$
Interaktion (Taf. 13): $0{,}88 \cdot 0{,}8279+0{,}37 \cdot 0{,}7063=0{,}99<1$

b) Vereinfachte Bemessung nach Abschn. 2.2.5e:

$M_E=43{,}5 \cdot 6{,}0^2/11=142{,}4$ kNm

HE 240 A–S235: $\sigma=M_E/W_{el,y}=14\,240/675=21{,}1$ kN/cm²
$<\sigma_{R,d}=24/1{,}1=21{,}8$ kN/cm²

**Beispiel 2** Interaktion für den Querschnitt HE 300 B–S235 mit den Schnittgrößen $N=1000$ kN, $M_y=250$ kNm, $M_z=80$ kNm, $V_z=80$ kN, $V_y=30$ kN. Vollplastische Schnittgrößen s. Taf. 15.

$N/N_{pl,d} \quad =1000/3253=0{,}3074$
$M_y/M_{pl,y,d}=250/408=0{,}6127$; $\quad M_z/M^*_{pl,z,d}=80/156=0{,}5128$
$V_y/V_{pl,y,d} \quad =30/1436=0{,}02<0{,}25$; $\quad V_z/V_{pl,z,d}=80/389=0{,}206<0{,}33$

Die Interaktion nach Bild 13 ist zulässig.

$M^*_y=408\ (1-0{,}3074^{1,2})=308{,}9$ kNm $>M_y$; es ist Gl. (29) maßgebend
$c_1 \ =0{,}3074^{2,6}=0{,}0466$; $\quad c_2=(1-0{,}0466)^{-1/0{,}3074}=1{,}168$

Interaktion mit Gl. (29): $0{,}5128+0{,}0466+1{,}168 \cdot 0{,}6127^{2,3}=0{,}9379<1$

**Tafel 15 Schnittgrößen der I-förmigen Walzprofile aus St 37 im vollplastischen Zustand** (Bemessungswerte)

| Profil Nr. | $N_{pl,d}$ in kN | $\alpha_{pl,y}$ | $M_{pl,y,d}$ in kNm | $V_{pl,z,d}$ in kN | $\alpha_{pl,z}$ | $M_{pl,z,d}$ in kNm | $M^*_{pl,z,d}$ in kNm | $V_{pl,y,d}$ in kN |
|---|---|---|---|---|---|---|---|---|
| **HE–B; IPB** | | | | | | | | |
| **100** | 568 | 1,159 | 22,7 | 68,0 | *1,537* | *11,2* | 9,12 | 252 |
| **120** | 742 | 1,147 | 36,0 | 89,2 | *1,530* | *17,7* | 14,4 | 333 |
| **140** | 937 | 1,138 | 53,5 | 113 | *1,525* | *26,1* | 21,4 | 423 |
| **160** | 1184 | 1,136 | 77,2 | 148 | *1,528* | *37,1* | 30,3 | 524 |
| **180** | 1424 | 1,131 | 105 | 178 | *1,526* | *50,4* | 41,3 | 635 |
| **200** | 1704 | 1,128 | 140 | 210 | *1,527* | *66,7* | 54,6 | 756 |
| **220** | 1986 | 1,124 | 180 | 244 | *1,523* | *85,9* | 70,5 | 887 |
| **240** | 2313 | 1,122 | 230 | 281 | *1,525* | *109* | 89,2 | 1028 |
| **260** | 2583 | 1,118 | 280 | 305 | *1,525* | *131* | 108 | 1146 |
| **280** | 2867 | 1,115 | 335 | 347 | *1,524* | *157* | 128 | 1270 |
| **300** | 3253 | 1,114 | 408 | 389 | *1,524* | *190* | 156 | 1436 |
| **320** | 3519 | 1,116 | 469 | 434 | *1,525* | *205* | 168 | 1549 |
| **340** | 3729 | 1,117 | 525 | 481 | *1,526* | *215* | 176 | 1625 |
| **360** | 3940 | 1,118 | 585 | 531 | *1,527* | *225* | 184 | 1701 |
| **400** | 4316 | 1,121 | 705 | 639 | *1,531* | *241* | 197 | 1814 |
| **450** | 4756 | 1,121 | 869 | 748 | *1,533* | *261* | 213 | 1965 |
| **500** | 5206 | 1,123 | 1050 | 862 | *1,535* | *282* | 230 | 2116 |
| **550** | 5544 | 1,125 | 1220 | 984 | *1,538* | *293* | 238 | 2192 |
| **600** | 5891 | 1,127 | 1402 | 1113 | *1,542* | *303* | 246 | 2267 |
| **650** | 6247 | 1,130 | 1597 | 1248 | *1,546* | *314* | 254 | 2343 |
| **700** | 6685 | 1,135 | 1817 | 1431 | *1,553* | *326* | 263 | 2419 |
| **800** | 7292 | 1,139 | 2232 | 1690 | *1,563* | *339* | 271 | 2494 |
| **900** | 8101 | 1,146 | 2746 | 2015 | *1,573* | *362* | 287 | 2645 |
| **1000** | 8727 | 1,152 | 3241 | 2308 | *1,582* | *374* | 296 | 2721 |

Tafel 15, Fortsetzung

| Profil Nr. | $N_{pl,d}$ in kN | $\alpha_{pl,y}$ | $M_{pl,y,d}$ in kNm | $V_{pl,z,d}$ in kN | $\alpha_{pl,z}$ | $M_{pl,z,d}$ in kNm | $M^*_{pl,z,d}$ in kNm | $V_{pl,y,d}$ in kN |
|---|---|---|---|---|---|---|---|---|
| **HE–A; IPBl** | | | | | | | | |
| **100** | 463 | 1,141 | 18,1 | 55,4 | *1,537* | *8,98* | 7,30 | 202 |
| **120** | 553 | 1,124 | 26,1 | 66,8 | *1,530* | *12,8* | 10,5 | 242 |
| **140** | 686 | 1,116 | 37,9 | 86,3 | *1,525* | *18,5* | 15,2 | 300 |
| **160** | 846 | 1,114 | 53,5 | 108 | *1,529* | *25,7* | 21,0 | 363 |
| **180** | 987 | 1,106 | 70,9 | 122 | *1,524* | *34,1* | 28,0 | 431 |
| **200** | 1174 | 1,105 | 93,7 | 147 | *1,525* | *44,5* | 36,4 | 504 |
| **220** | 1404 | 1,103 | 124 | 175 | *1,523* | *59,0* | 48,5 | 610 |
| **240** | 1677 | 1,103 | 162 | 206 | *1,524* | *76,7* | 62,9 | 726 |
| **260** | 1894 | 1,100 | 201 | 224 | *1,525* | *93,9* | 76,9 | 819 |
| **280** | 2122 | 1,098 | 243 | 259 | *1,523* | *113* | 92,8 | 917 |
| **300** | 2455 | 1,098 | 302 | 296 | *1,524* | *140* | 115 | 1058 |
| **320** | 2714 | 1,101 | 355 | 334 | *1,524* | *155* | 127 | 1171 |
| **340** | 2913 | 1,103 | 404 | 375 | *1,525* | *165* | 135 | 1247 |
| **360** | 3116 | 1,104 | 456 | 419 | *1,526* | *175* | 143 | 1323 |
| **400** | 3469 | 1,109 | 559 | 514 | *1,529* | *190* | 156 | 1436 |
| **450** | 3884 | 1,110 | 702 | 607 | *1,530* | *211* | 172 | 1587 |
| **500** | 4309 | 1,112 | 861 | 706 | *1,532* | *231* | 188 | 1738 |
| **550** | 4621 | 1,115 | 1008 | 812 | *1,535* | *242* | 197 | 1814 |
| **600** | 4942 | 1,118 | 1167 | 925 | *1,538* | *252* | 205 | 1890 |
| **650** | 5271 | 1,121 | 1339 | 1044 | *1,541* | *263* | 213 | 1965 |
| **700** | 5684 | 1,127 | 1534 | 1211 | *1,548* | *274* | 221 | 2041 |
| **800** | 6236 | 1,133 | 1898 | 1440 | *1,557* | *286* | 230 | 2116 |
| **900** | 6993 | 1,140 | 2359 | 1733 | *1,566* | *309* | 246 | 2267 |
| **1000** | 7567 | 1,146 | 2798 | 1993 | *1,574* | *321* | 255 | 2343 |
| **HE-M; IPBv** | | | | | | | | |
| **100** | 1162 | 1,238 | 51,4 | 151 | *1,545* | *25,4* | 20,5 | 534 |
| **120** | 1449 | 1,217 | 76,5 | 187 | *1,538* | *37,4* | 30,4 | 667 |
| **140** | 1758 | 1,200 | 108 | 226 | *1,534* | *52,5* | 42,8 | 809 |
| **160** | 2117 | 1,191 | 147 | 277 | *1,536* | *71,0* | 57,8 | 962 |
| **180** | 2472 | 1,181 | 193 | 321 | *1,533* | *92,8* | 75,7 | 1125 |
| **200** | 2865 | 1,173 | 248 | 368 | *1,532* | *119* | 96,7 | 1297 |
| **220** | 3260 | 1,166 | 310 | 418 | *1,530* | *148* | 121 | 1480 |
| **240** | 4355 | 1,176 | 462 | 540 | *1,530* | *219* | 179 | 1999 |
| **260** | 4791 | 1,169 | 551 | 584 | *1,529* | *260* | 213 | 2194 |
| **280** | 5241 | 1,163 | 647 | 646 | *1,528* | *305* | 249 | 2394 |
| **300** | 6613 | 1,171 | 890 | 796 | *1,528* | *417* | 341 | 3046 |
| **320/ 305** | 4911 | 1,143 | 638 | 587 | *1,526* | *300* | 246 | 2228 |
| **320** | 6807 | 1,169 | 968 | 844 | *1,529* | *426* | 348 | 3114 |
| **340** | 6890 | 1,164 | 1029 | 891 | *1,530* | *426* | 348 | 3114 |
| **360** | 6956 | 1,161 | 1089 | 939 | *1,532* | *424* | 346 | 3104 |
| **400** | 7108 | 1,156 | 1215 | 1037 | *1,535* | *422* | 344 | 3094 |
| **450** | 7318 | 1,151 | 1382 | 1159 | *1,539* | *423* | 344 | 3094 |
| **500** | 7512 | 1,148 | 1548 | 1280 | *1,543* | *422* | 341 | 3084 |
| **550** | 7732 | 1,146 | 1731 | 1407 | *1,547* | *423* | 341 | 3084 |
| **600** | 7935 | 1,145 | 1914 | 1534 | *1,552* | *421* | 339 | 3074 |
| **650** | 8153 | 1,145 | 2107 | 1662 | *1,555* | *422* | 340 | 3074 |
| **700** | 8356 | 1,146 | 2299 | 1789 | *1,559* | *421* | 337 | 3064 |
| **800** | 8821 | 1,148 | 2725 | 2047 | *1,569* | *421* | 335 | 3053 |
| **900** | 9242 | 1,152 | 3151 | 2301 | *1,578* | *421* | 333 | 3043 |
| **1000** | 9692 | 1,156 | 3615 | 2561 | *1,587* | *423* | 333 | 3043 |

**Tafel 15,** Fortsetzung

| Profil Nr. | $N_{pl,d}$ in kN | $\alpha_{pl,y}$ | $M_{pl,y,d}$ in kNm | $V_{pl,z,d}$ in kN | $\alpha_{pl,z}$ | $M_{pl,z,d}$ in kNm | $M^*_{pl,z,d}$ in kNm | $V_{pl,y,d}$ in kN |
|---|---|---|---|---|---|---|---|---|
| **IPE** | | | | | | | | |
| **80** | 167 | 1,159 | 5,07 | 35,8 | *1,576* | *1,27* | 1,01 | 60,3 |
| **100** | 225 | 1,152 | 8,60 | 48,7 | *1,580* | *2,00* | 1,58 | 79,0 |
| **120** | 288 | 1,147 | 13,2 | 63,0 | *1,571* | *2,96* | 2,36 | 102 |
| **140** | 358 | 1,143 | 19,3 | 78,8 | *1,563* | *4,20* | 3,36 | 127 |
| **160** | 438 | 1,139 | 27,0 | 96,1 | *1,567* | *5,69* | 4,54 | 153 |
| **180** | 523 | 1,138 | 36,3 | 115 | *1,561* | *7,55* | 6,04 | 183 |
| **200** | 621 | 1,135 | 48,1 | 135 | *1,567* | *9,74* | 7,76 | 214 |
| **220** | 728 | 1,133 | 62,3 | 157 | *1,560* | *12,7* | 10,2 | 255 |
| **240** | 854 | 1,130 | 80,0 | 180 | *1,564* | *16,1* | 12,9 | 296 |
| **270** | 1003 | 1,128 | 106 | 216 | *1,559* | *21,2* | 17,0 | 347 |
| **300** | 1174 | 1,128 | 137 | 259 | *1,556* | *27,3* | 22,0 | 404 |
| **330** | 1366 | 1,128 | 176 | 301 | *1,560* | *33,5* | 26,9 | 464 |
| **360** | 1587 | 1,128 | 222 | 350 | *1,556* | *41,7* | 33,5 | 544 |
| **400** | 1843 | 1,131 | 285 | 419 | *1,564* | *50,0* | 39,9 | 612 |
| **450** | 2156 | 1,135 | 371 | 516 | *1,567* | *60,3* | 48,1 | 699 |
| **500** | 2520 | 1,138 | 479 | 622 | *1,568* | *73,3* | 58,4 | 806 |
| **550** | 2932 | 1,142 | 608 | 745 | *1,577* | *87,4* | 69,3 | 910 |
| **600** | 3404 | 1,144 | 766 | 878 | *1,577* | *106* | 84,0 | 1053 |
| **IPE o/v** | | | | | | | | |
| **180o** | 591 | 1,144 | 41,3 | 131 | *1,565* | *8,71* | 6,95 | 209 |
| **200o** | 697 | 1,139 | 54,4 | 150 | *1,568* | *11,3* | 9,03 | 244 |
| **220o** | 816 | 1,138 | 70,1 | 176 | *1,562* | *14,6* | 11,7 | 288 |
| **240o** | 954 | 1,136 | 89,5 | 204 | *1,567* | *18,4* | 14,7 | 332 |
| **270o** | 1175 | 1,133 | 125 | 247 | *1,559* | *25,7* | 20,6 | 418 |
| **300o** | 1371 | 1,131 | 162 | 294 | *1,555* | *33,3* | 26,8 | 486 |
| **330o** | 1584 | 1,132 | 206 | 343 | *1,560* | *40,4* | 32,3 | 551 |
| **360o** | 1836 | 1,133 | 259 | 405 | *1,560* | *49,5* | 39,7 | 637 |
| **400o** | 2103 | 1,135 | 328 | 475 | *1,565* | *58,7* | 46,9 | 711 |
| **400v** | 2335 | 1,138 | 367 | 521 | *1,566* | *66,3* | 52,9 | 802 |
| **450o** | 2568 | 1,140 | 446 | 607 | *1,570* | *74,4* | 59,2 | 851 |
| **450v** | 2880 | 1,146 | 502 | 688 | *1,575* | *84,9* | 67,4 | 958 |
| **500o** | 2983 | 1,144 | 570 | 736 | *1,574* | *89,1* | 70,8 | 967 |
| **500v** | 3580 | 1,151 | 691 | 878 | *1,580* | *111* | 87,5 | 1182 |
| **550o** | 3406 | 1,146 | 712 | 857 | *1,580* | *105* | 83,0 | 1079 |
| **550v** | 4407 | 1,163 | 917 | 1165 | *1,601* | *138* | 108 | 1371 |
| **600o** | 4294 | 1,153 | 976 | 1107 | *1,586* | *140* | 110 | 1354 |
| **600v** | 5101 | 1,162 | 1162 | 1338 | *1,597* | *170* | 133 | 1608 |

Wenn das Nachweisverfahren Elastisch-Elastisch angewendet wird und wenn die in den Abschnitten 2.2.1 und 2.2.3 genannten Bedingungen für die Erhöhung von $\sigma_{R,d}$ erfüllt sind, dürfen die Tafelwerte um 10% erhöht werden.

Für Walzprofile aus S355 sind die Tafelwerte mit 1,5 zu multiplizieren.

Die Grenzschnittgrößen sind nach Bild 9 und den Gln. (19), (20), (28a und b) berechnet; dabei wurden abweichend von den Angaben der Profiltafeln Querschnittswerte mit größerer Stellenzahl verwendet.

$M_{pl,z,d} = 2 S_z \cdot \sigma_{R,d}$; *kursiv* gedruckte Werte nur zulässig beim Tragsicherheitsnachweis nach der Plastizitätstheorie bei Einfeldträgern und Durchlaufträgern mit über die gesamte Länge gleichbleibendem Querschnitt.

$M^*_{pl,z,d}$ mit $\alpha^*_{pl,z} = 1{,}25$ beschränkt auf $1{,}25\, M_{el,z} = 1{,}25\, W_z \cdot \sigma_{R,d}$

## 2.3 Nachweis der Lagesicherheit

Die Nachweise sind als Tragsicherheitsnachweise mit $\gamma_F$ und $\gamma_M$ aus Abschn. 2.1 in der Regel nur für Lagerfugen zu führen. Evtl. nach Theorie II. Ordnung ermittelte Schnittkräfte gelten auch für den Lagesicherheitsnachweis; beim Verfahren Plast.-Plast. sind Zwischenzustände zu berücksichtigen, ebenso auch, wenn alle oder einige Einwirkungen noch nicht ihren Bemessungswert erreicht haben.

### 2.3.1 Gleiten

Es muß sein:

Gleitkraft $V_d \leqq$ Grenzgleitkraft $V_{R,d}$ bzw. $\boldsymbol{V_d/V_{R,d} \leqq 1}$

Bei der Berechnung der Grenzgleitkraft dürfen Reibwiderstand und Scherwiderstand mechanischer Schubsicherungen als gleichzeitig wirkend angesetzt werden:

$$\boldsymbol{V_{R,d} = \mu_d \cdot N_{z,d}/1{,}5 + V_{a,R,d}} \quad (34)$$

$N_{z,d}$ result. Druckkraft normal zur Lagerfuge
$\mu_d$ Reibungszahl in der Fuge (Bem.-wert):
$\mu_d = 0{,}2$ für Stahl/Stahl;
$\mu_d = 0{,}5$ für Stahl/Beton und Beton/Beton;
$\mu_d = 0$ bei dynamischen Einwirkungen
$V_{a,R,d}$ Grenzabscherkraft der mechanischen Schubsicherung

### 2.3.2 Abheben

$$\boldsymbol{Z_d/Z_{A,R,d} \leqq 1} \quad (35)$$

$Z_d$ Zugkraft normal zur Lagerfuge
$Z_{A,R,d}$ Grenzwert des Widerstands der Verankerung

Bei unverankerter Lagerfuge darf keine abhebende Kraftkomponente rechtwinklig zur Lagerfuge auftreten.

### 2.3.3 Umkippen

Die Kräfte in der Lagerfuge sind bei einer konstant angenommenen Pressung $\sigma$ in einer Teilfläche der Fuge mit den Gleichgewichtsbedingungen zu ermitteln (Bild 14). Es muß sein:

Ankerzugkraft $\boldsymbol{Z_A \leqq Z_{A,R,d}}$ (36) und $\boldsymbol{\sigma \leqq \sigma_{R,d}}$ (37)

Für Beton ist $\sigma_{R,d} = \beta_R/1{,}3$ mit $\beta_R$ nach DIN 1045 (7.88).

**Beispiel** (Bild 14) Die charakteristischen Werte der Einwirkungen ($H$ wird nicht betrachtet) sind:

Ständige Einwirkung: $N_{g,k} = 40$ kN; $M_{g,k} = 0$
Verkehrslast: $N_{p,k} = 100$ kN; $M_{p,k} = 30$ kNm
Wind: $N_{w,k} = 0$; $M_{w,k} = 80$ kNm

Ankerzugkraft $Z_A$ ($\Sigma M = 0$ um $D$):
Ständ. Einwirkung mit $\gamma_F = 1{,}0$ (Tafel 8, Fußn. 1):
$Z_{A,d} = -1{,}0 \cdot 40 \cdot 0{,}4/0{,}8 = -20$ kN
Wind mit $\gamma_F = 1{,}5$ (Taf. 8, Z. 2):
$Z_{A,d} = 1{,}5 \cdot 80/0{,}8 = 150$ kN
max $Z_{A,d} = 130$ kN

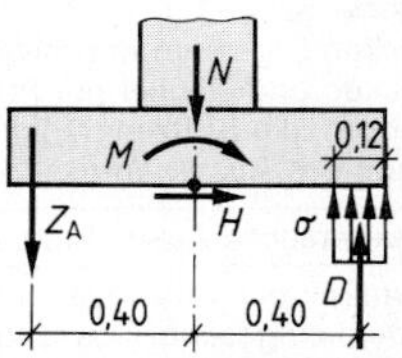

**Bild 14** **Kraftwirkung in der Lagerfuge**

2 Zuganker M 22–4,6 mit $N_{R,d} = 2 \cdot 75{,}4 = 150{,}8$ kN (Taf. 66)
Nachweis: $130/150{,}8 = 0{,}862 < 1$

Druckkraft $D$ ($\Sigma M = 0$ um $Z_A$):

| | | |
|---|---|---|
| Ständ. Einwirkung mit $\gamma_F = 1{,}35$: | $D_d = 1{,}35 \cdot 40 \cdot 0{,}4/0{,}8$ | 27,0 kN |
| Verkehrslast mit $\gamma_F \cdot \psi = 1{,}35$: | $D_d = 1{,}35\,(100 \cdot 0{,}4 + 30)/0{,}8$ | = 118,1 kN |
| Wind mit $\gamma_F \cdot \psi = 1{,}35$: | $D_d = 1{,}35 \cdot 80/0{,}8$ | = 135,0 kN |
| | | max $D_d = 280{,}1$ kN |

**Beispiel, Forts.** Beton B 15 mit $\beta_R = 10{,}5$ N/mm²; $\sigma_{R,d} = 10{,}5/1{,}3 = 8{,}08$ N/mm² $= 0{,}808$ kN/cm².
Mit der Breite des Stützenfußes $b = 30$ cm ist $\sigma = 280{,}1/(12 \cdot 30) = 0{,}778$ kN/cm².
Nachweis: $0{,}778/0{,}808 = 0{,}963 < 1$

### 2.3.4 Lagerteile und Gelenke

**Berührungsdruck nach den Formeln von Hertz**

Walze gegen Ebene $$\sigma_H = 0{,}418 \sqrt{\frac{F \cdot E}{l \cdot r}} \quad (38)$$

Vollkugel gegen Hohlkugel $$\sigma_H = 0{,}388 \sqrt[3]{F \cdot E^2 \left(\frac{1}{r_1} - \frac{1}{r_2}\right)^2} \quad (39)$$

Vollkugel gegen Ebene $$\sigma_H = 0{,}388 \sqrt[3]{\frac{F \cdot E^2}{r^2}} \quad (40)$$

$F$ Auflagerkraft
$E$ Elastizitätsmodul
$\sigma_{H,k}$ s. Taf. 4
$r, r_1, r_2$ Walzen- bzw. Kugelhalbmesser
$l$ tragende Länge der Walze

## 2.4 Nachweis der Gebrauchstauglichkeit

Er ist in der Regel ein Nachweis der Größe der Verformungen; Querschnittswerte ohne Lochabzug, Steifigkeiten $E \cdot I/\gamma_M$ (i. allg. mit $\gamma_M = 1{,}0$). Die Einwirkungskombinationen sind zu vereinbaren. Es sind anzusetzen: $\gamma_F = 1{,}0$ und $\psi = 0{,}9$; kann der Verlust der Gebrauchstauglichkeit eine Gefahr für Leib und Leben bedeuten, gelten $\gamma_F$, $\psi$ und $\gamma_M$ nach Abschn. 2.1. Beim Verfahren Plast.-Plast. ist das plastische Verhalten zu berücksichtigen.

Maximale Durchbiegung: $\partial_{max} = \partial_G + \partial_Q - \partial_0$

mit

$\partial_G$ = Verformung des Trägers unter ständiger Last unmittelbar nach Aufbringen der Last
$\partial_Q$ = Verformung infolge veränderlicher Lasten und der zeitabhängigen Verformungen aus ständiger Last
$\partial_0$ = Vorkrümmung des Trägers im unbelasteten Zustand (Überhöhung)

Im Eurocode 3 (4.93) werden folgende Grenzwerte empfohlen (die Länge von Kragträgern ist mit der doppelten Bauteillänge anzusetzen):

| **Lotrechte Verformungen** | $\partial_{max} \leqq$ | $\partial_Q \leqq$ |
|---|---|---|
| Dächer generell | $L/200$ | $L/250$ |
| Decken allgemein und begehbare Dächer | $L/250$ | $L/300$ |
| Decken und Dächer mit Putz oder anderen spröden Deckschichten | $L/250$ | $L/350$ |
| Decken, die Stützen tragen | $L/400$ | $L/500$ |
| Wenn das Aussehen des Gebäudes beeinträchtigt wird | $L/250$ | – |
| **Waagerechte Auslenkungen** am oberen Ende der Stützen | | |
| Portalrahmen ohne Krangerüst | $h/150$ | |
| andere eingeschossige Gebäude | $h/300$ | |
| Mehrgeschossige Gebäude: In jedem Stockwerk | $h/300$ | |
| Im gesamten Tragwerk | $h_{ges}/500$ | |
| **Berücksichtigung dynamischer Auswirkungen** bei Tragwerken für öffentliche Bauten | Eigenfrequenz | $\partial_G + \partial_Q$ [1]) |
| regelmäßig begangene Decken (Wohnungen, Büros u. ä.) | $\geqq 3$ Hz | $\leqq 28$ mm |
| Decken mit rhythm. Einwirkungen (z. B. Turnhallen, Tanzsäle) | $\geqq 5$ Hz | $\leqq 10$ mm |

[1]) Unter Verwendung der häufigsten Kombination berechnet. Diese Grenzwerte dürfen bei Nachweis hoher Dämpfungswerte überschritten werden.

## 3 Knicken von Stäben und Stabwerken nach DIN 18800 Teil 2

Die Stabquerschnitte werden nach Tafel 17 den Knickspannungslinien zugeordnet. Falls die Dicke der Querschnittsteile nicht Tafel 11 oder 12 entspricht, sind für diese dünnwandigen Teile Nachweise unter Berücksichtigung des Zusammenwirkens von Knicken und Beulen zu führen (s. Normblatt [7]).
Die Berechnung erfolgt entweder nach Theorie II. Ordnung (Berücksichtigung der Verformungen) nach Abschn. 3.1, oder mit vereinfachten Tragsicherheitsnachweisen nach Abschn. 3.2.
In Stabilitätsnachweisen sind Normalkräfte $N$ als **Druckkräfte positiv** einzusetzen.

### 3.1 Berechnung nach Theorie II. Ordnung

Anwendung, wenn Theorie I. Ordnung nicht zulässig ist (s. Abschn. 2.2.1); hierbei Ansatz von **Ersatzimperfektionen** nach Tafel 16:

1. Vorkrümmung von Stäben: Stich $w_0$ ($\perp$ y-Achse) oder $v_0$ ($\perp$ z-Achse) für den Nachweis des Biegeknickens; Stich $0.5 \cdot v_0$ für Biegedrillknicken
2. Vorverdrehung $\varphi_0$ der Stabsehne

Ersatzimperfektionen sind entsprechend der Verformungsfigur beim Knicken anzusetzen (Bild 15). An ihrer Stelle können Ersatzbelastungen eingeführt werden (Bild 16). Der Schlupf von SL- und SLV-Verbindungen ist zusätzlich zu berücksichtigen. Der Tragsicherheitsnachweis ist nach einem der Verfahren aus Tafel 9 entsprechend Abschn. 2.2 zu führen. Die Verformungen sind mit dem Bemessungswert der Steifigkeit $(E \cdot I)_d = (E \cdot I)/\gamma_M$ mit $\gamma_M = 1{,}1$ zu berechnen.
Ein Beispiel s.S. 734.

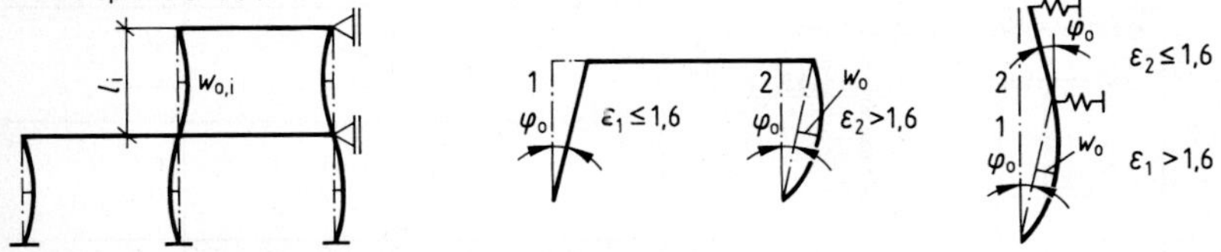


**Bild 15 Beispiele für Vorkrümmung und Vorverdrehung**

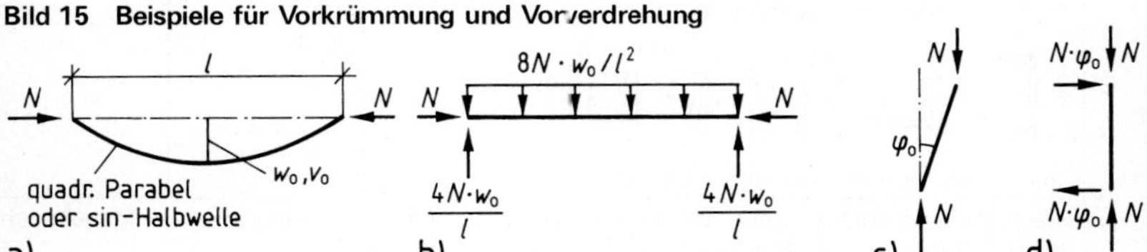


**Bild 16 a) Vorkrümmung des Stabes mit b) Ersatzbelastung bei quadratischer Parabel, c) Vorverdrehung $\varphi_0$ eines Stabes mit d) Ersatzbelastung**

**Tafel 16 Imperfektionen beim Stabilitätsnachweis** nach [7], Tab. 3 und Element (205)

| | Einteilige Stäbe mit Querschnitten gemäß den Knickspannungslinien a | b | c | d | Mehrteilige Stäbe beim Nachweis nach Abschn. 3.3 |
|---|---|---|---|---|---|
| Stich der Vorkrümmung $w_0$, $v_0$ [1]) | $l/300$ | $l/250$ | $l/200$ | $l/150$ | $l/500$ |
| Vorverdrehung $\varphi_0$ [2]) | $r_1 \cdot r_2/200$ [3]) | | | | $r_1 \cdot r_2/400$ [3]) |

Bei Berechnung nach dem Verfahren Elast.-Elast brauchen bei den einteiligen Stäben nur 2/3 der Tafelwerte angesetzt zu werden.
[1]) Bei Stäben mit $\varepsilon > 1{,}6$ ($\varepsilon$ n. Gl. 6) sind $w_0$ bzw. $v_0$ zusätzlich zu $\varphi_0$ anzusetzen (Bild 15). $w_0$ bzw. $v_0$ entfallen, wenn nach Theorie I. Ordnung gerechnet werden darf (s. Abschn. 2.2.1). Beim Biegedrillknicknachweis genügt der alleinige Ansatz von $0{,}5 v_0$.
[2]) Für Stäbe, die am verformten Tragwerk Stabdrehwinkel aufweisen.
[3]) $r_1$ und $r_2$ s. bei Gl. (11). Mögliche Abminderung von $r_1$ bei mehrgeschossigen Rahmen s. Normblatt

**Tafel 17 Zuordnung der Querschnitte zu den Knickspannungslinien** nach DIN 18800 T2 [7], Tab. 5

| | Querschnitt | | Ausweichen ⊥ zur Achse | Knickspannungslinie |
|---|---|---|---|---|
| 1 | Hohlprofile 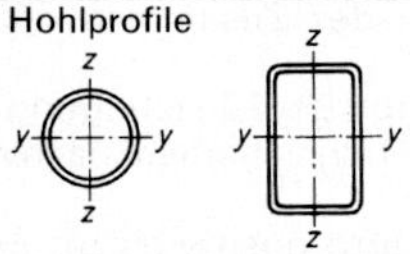 | warm gefertigt | $y-y$<br>$z-z$ | a |
| | | kalt gefertigt | $y-y$<br>$z-z$ | b |
| 2 | geschweißte Kastenquerschnitte 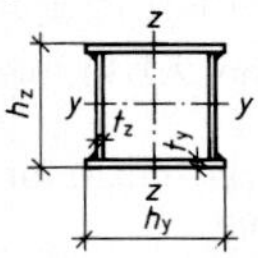 | | $y-y$<br>$z-z$ | b |
| | | dicke Schweißnaht ($a \geqq \min t$) und<br>$h_y/t_y < 30$<br>$h_z/t_z < 30$ | $y-y$<br>$z-z$ | c |
| 3 | gewalzte I-Profile 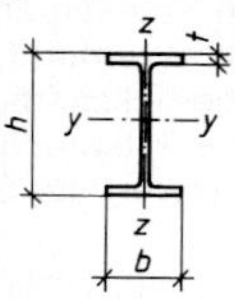 | $h/b > 1{,}2$; $t \leqq 40$ mm | $y-y$<br>$z-z$ | a<br>b |
| | | $h/b > 1{,}2$; $40 < t \leqq 80$ mm<br>$h/b \leqq 1{,}2$; $t \leqq 80$ mm | $y-y$<br>$z-z$ | b<br>c |
| | | $t > 80$ mm | $y-y$<br>$z-z$ | d |
| 4 | geschweißte I-Querschnitte 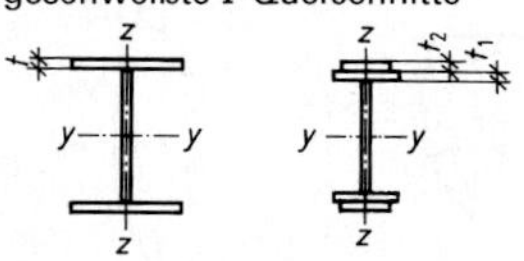 | $t_i \leqq 40$ mm | $y-y$<br>$z-z$ | b<br>c |
| | | $t_i > 40$ mm | $y-y$<br>$z-z$ | c<br>d |
| 5 | U-, L-, T- und Vollquerschnitte 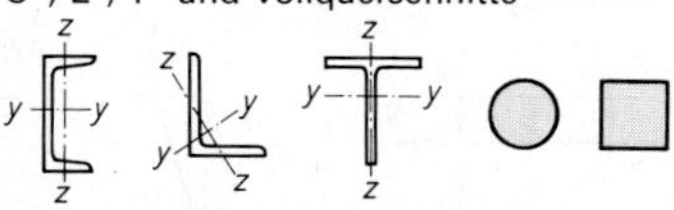 und mehrteilige Stäbe nach Abschnitt 3.3 | | $y-y$<br>$z-z$ | c |
| 6 | Hier nicht aufgeführte Profile sind sinngemäß einzuordnen. Die Einordnung soll dabei nach den möglichen Eigenspannungen und Blechdicken erfolgen. | | | |

## 3.2 Vereinfachte Nachweise für einteilige Stäbe

**Geltungsbereich:** Einzelstäbe und aus einem Gesamtsystem mit zugehöriger Knicklänge herausgelöste Stäbe. Biegeknicken und Biegedrillknicken werden getrennt untersucht. Bei druckbeanspruchten Querschnittsteilen dürfen die Grenzwerte grenz $(b/t)$ und grenz $(d/t)$ (s. Abschn. 2.2) nicht überschritten werden.

**Biegeknicken:** Momente nach Theorie I. Ordnung ohne Ansatz von Imperfektionen.

**Biegedrillknicken:** Stabendmomente erf. nach Theorie II. Ordnung, Feldmomente mit diesen Stabendmomenten nach Theorie I. Ordnung. Nachweis erforderlich, wenn die Bedingungen aus Abschn. 2.2.1 nicht erfüllt sind oder wenn $\bar{\lambda}_M > 0{,}4$ ist.

### 3.2.1 Planmäßig mittiger Druck (N)

**a) Biegeknicken**

$$\frac{N}{\varkappa \cdot N_{pl,d}} \leqq 1 \quad (41)$$

$N_{pl,d}$ s. Tafel 15 und Bild 9;
$\varkappa = \min(\varkappa_y;\ \varkappa_z)$ aus Tafel 18, abhängig von $\bar{\lambda}_K$ nach Gl. (5).

Grenzdruckkräfte $N_{R,d}$ für Breitflanschprofile s. Tafel 19.

Bei veränderlichen Querschnitten und/oder Normalkräften ist Gl. (41) für alle maßgebenden Querschnitte mit den zugehörigen Schnittgrößen, Querschnittswerten und zugehörigem $N_{Ki}$ nachzuweisen; dabei müssen folgende Bedingungen erfüllt sein:

$$\eta_{Ki} = N_{Ki,d}/N \geqq 1{,}2 \quad (42) \qquad \text{und} \qquad \min M_{pl} \geqq 0{,}05 \max M_{pl} \quad (43)$$

Biegesteif angeschlossene Fachwerkfüllstäbe aus einem Einzelwinkel dürfen mit Gl. (41) ohne Einfluß der Exzentrizität mit einem erhöhten bezogenen Schlankheitsgrad $\bar{\lambda}'_K$ nach Tafel 20 nachgewiesen werden.

**b) Biegedrillknicken**

Der Nachweis erfolgt mit Gl. (41). $\varkappa$ ist für Ausweichen $\perp$ zur z-Achse dem Schlankheitsgrad $\bar{\lambda}_K = \lambda_{Vi}/\lambda_a$ mit $\lambda_{Vi}$ aus Gl. (44) zuzuordnen.

$$\lambda_{Vi} = \frac{\beta \cdot s}{i_z} \sqrt{\frac{c^2 + i_M^2}{2c^2} \left\{1 + \sqrt{1 - \frac{4c^2\,[i_p^2 + 0{,}093\,(\beta^2/\beta_0^2 - 1)\, z_M^2]}{(c^2 + i_M^2)^2}}\right\}} \qquad (44)$$

mit

$I_T = \frac{1}{3} \sum b_i \cdot t_i^3$ Torsionsflächenmoment 2. Grades in $cm^4$ (für Walzprofile s. Profiltafeln) (45)

$I_\omega$ auf den Schubmittelpunkt M bezogener Wölbwiderstand in $cm^6$ (s. Bild 17; für Walzprofile s. Profiltafeln)

$i_p$, $i_M$, $z_M$ s. Fußnoten 2 und 3 in der Profiltafel der halbierten I-Träger und Bild 17.

$s$ Netzlänge des Stabes in cm; $s_0$ = Abstand der Stabanschlüsse an den Stabenden in cm

$\beta$ Einspannungswert für Biegung ($\beta = 1$: frei drehbare Lagerung; $\beta = 0{,}5$: volle Einspannung).

$\beta_0$ Kennwert für Verwölbung ($\beta_0 = 1$: freie Verwölbung; $\beta_0 = 0.5$: Wölbbehinderung der Endstirnflächen).

$$c = \sqrt{\frac{I_\omega\,(\beta \cdot s)^2/(\beta_0 \cdot s_0)^2 + 0{,}039\,(\beta \cdot s)^2\, I_T}{I_z}} \quad \text{Drehradius des Querschnitts in cm} \qquad (46)$$

Bei punkt- und doppelsymmetrischen Querschnitten wird für $i_p > c$:

$$\lambda_{Vi} = \frac{\beta \cdot s}{i_z} \cdot \frac{i_p}{c} \qquad (44\,a)$$

Für T-Profile (Bild 17) ist in der Regel Biegedrillknicken maßgebend.

Für Einzelwinkel (Bild 17) wird Biegedrillknicken maßgebend, wenn $s \lesseqgtr b^2/t$ ist; Gl. (44) vereinfacht sich näherungsweise zu

$$\lambda_{Vi} \approx \left(\frac{b}{t} - 0{,}34\right) \cdot \left[4{,}93 + 0{,}32 \left(\frac{s}{b} \cdot \frac{t}{b}\right)^2\right] \qquad (44\,b)$$

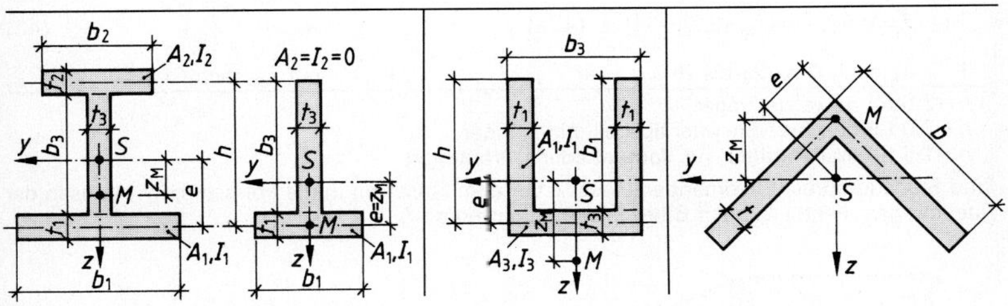


S Schwerpunkt M Schubmittelpunkt

| | | | |
|---|---|---|---|
| $z_M =$ | $[e \cdot I_1 - (h - e)\, I_2]/I_z$ | $e + I_1 \cdot h/I_z$ | $(e - t/2)\sqrt{2}$ |
| $I_\omega =$ | $I_1 \cdot I_2 \cdot h^2/(I_1 + I_2)$ | $h^2\,(I_1^2 + 2I_1 \cdot I_3)/(3I_z)$ | 0 |
| $I_T =$ | $(b_1 \cdot t_1^3 + b_2 \cdot t_2^3 + b_3 \cdot t_3^3)/3$ | $(2b \cdot t_1^3 + b_3 \cdot t_3^3)/3$ | $t^3\,(2b - t)/3$ |

$I_1$, $I_2$, $I_3$ Auf die Symmetrieachse (z-Achse) bezogenes Flächenmoment 2. Grades einer Teilfläche

**Bild 17 Torsionskennwerte einfachsymmetrischer Querschnitte**

**Tafel 18 Abminderungsfaktoren $\varkappa$ für den Biegeknicknachweis; Parameter $\alpha$ zur Berechnung von $\varkappa$.**
**Abminderungsfaktoren $\varkappa_M$ für Biegemomente beim Biegedrillknicknachweis**

| $\bar{\lambda}_K$ | $\varkappa$ für die Knickspannungslinien | | | | $\varkappa_M$ für die Systemfaktoren $n$ [1]) | | |
|---|---|---|---|---|---|---|---|
| $\bar{\lambda}_M$ | a | b | c | d | 1,5 | 2,0 | 2,5 |
| 0,2 | 1,0000 | 1,0000 | 1,0000 | 1,0000 | 1,0000 | 1,0000 | 1,0000 |
| 0,3 | 0,9775 | 0,9641 | 0,9491 | 0,9235 | 1,0000 | 1,0000 | 1,0000 |
| 0,4 | 0,9528 | 0,9261 | 0,8973 | 0,8504 | 1,0000 | 1,0000 | 1,0000 |
| 0,5 | 0,9243 | 0,8842 | 0,8430 | 0,7793 | 0,9245 | 0,9701 | 0,9878 |
| 0,6 | 0,8900 | 0,8371 | 0,7854 | 0,7100 | 0,8778 | 0,9409 | 0,9705 |
| 0,7 | 0,8477 | 0,7837 | 0,7247 | 0,6431 | 0,8215 | 0,8980 | 0,9398 |
| 0,8 | 0,7957 | 0,7245 | 0,6622 | 0,5797 | 0,7591 | 0,8423 | 0,8928 |
| 0,9 | 0,7339 | 0,6612 | 0,5998 | 0,5208 | 0,6942 | 0,7771 | 0,8306 |
| 1,0 | 0,6656 | 0,5970 | 0,5399 | 0,4671 | 0,6300 | 0,7071 | 0,7579 |
| 1,1 | 0,5960 | 0,5352 | 0,4842 | 0,4189 | 0,5688 | 0,6370 | 0,6813 |
| 1,2 | 0,5300 | 0,4781 | 0,4338 | 0,3762 | 0,5122 | 0,5704 | 0,6067 |
| 1,3 | 0,4703 | 0,4269 | 0,3888 | 0,3385 | 0,4608 | 0,5092 | 0,5379 |
| 1,4 | 0,4179 | 0,3817 | 0,3492 | 0,3055 | 0,4147 | 0,4545 | 0,4766 |
| 1,5 | 0,3724 | 0,3422 | 0,3145 | 0,2766 | 0,3738 | 0,4061 | 0,4230 |
| 1,6 | 0,3332 | 0,3079 | 0,2842 | 0,2512 | 0,3377 | 0,3639 | 0,3766 |
| 1,7 | 0,2994 | 0,2781 | 0,2577 | 0,2289 | 0,3058 | 0,3270 | 0,3367 |
| 1,8 | 0,2702 | 0,2521 | 0,2345 | 0,2093 | 0,2777 | 0,2949 | 0,3023 |
| 1,9 | 0,2449 | 0,2294 | 0,2141 | 0,1920 | 0,2530 | 0,2670 | 0,2727 |
| 2,0 | 0,2229 | 0,2095 | 0,1962 | 0,1766 | 0,2311 | 0,2425 | 0,2469 |
| 2,1 | 0,2036 | 0,1920 | 0,1803 | 0,1630 | 0,2118 | 0,2211 | 0,2246 |
| 2,2 | 0,1867 | 0,1765 | 0,1662 | 0,1508 | 0,1946 | 0,2023 | 0,2050 |
| 2,3 | 0,1717 | 0,1628 | 0,1537 | 0,1399 | 0,1793 | 0,1857 | 0,1879 |
| 2,4 | 0,1585 | 0,1506 | 0,1425 | 0,1302 | 0,1657 | 0,1711 | 0,1727 |
| 2,5 | 0,1467 | 0,1397 | 0,1325 | 0,1214 | 0,1535 | 0,1580 | 0,1593 |
| 2,6 | 0,1362 | 0,1299 | 0,1234 | 0,1134 | 0,1426 | 0,1463 | 0,1474 |
| 2,7 | 0,1267 | 0,1211 | 0,1153 | 0,1062 | 0,1327 | 0,1359 | 0,1368 |
| 2,8 | 0,1182 | 0,1132 | 0,1079 | 0,0997 | 0,1238 | 0,1265 | 0,1273 |
| 2,9 | 0,1105 | 0,1060 | 0,1012 | 0,0937 | 0,1158 | 0,1181 | 0,1187 |
| 3,0 | 0,1036 | 0,0994 | 0,0951 | 0,0882 | 0,1084 | 0,1104 | 0,1109 |
| $\alpha=$ | 0,21 | 0,34 | 0,49 | 0,76 | | | |

Es ist:

Für $\bar{\lambda}_K \leqq 0{,}2$: $\varkappa = 1$

$\bar{\lambda}_K > 0{,}2$: $$\varkappa = \frac{1}{k + \sqrt{k^2 - \bar{\lambda}_K^2}} \qquad (47)$$

$$\text{mit } k = 0{,}5\,[1 + \alpha(\bar{\lambda}_K - 0{,}2) + \bar{\lambda}_K^2] \qquad (47\,a)$$

$\bar{\lambda}_K$ nach Gln. (2) bis (5)

Es ist:

Für $\bar{\lambda}_M \leqq 0{,}4$: $\varkappa_M = 1$

$\bar{\lambda}_M > 0{,}4$:

$$\varkappa_M = \left(\frac{1}{1 + \bar{\lambda}_M^{2n}}\right)^{1/n} \qquad (48)$$

mit $\bar{\lambda}_M$ nach Gl. (8)

[1]) $n = 2{,}5$ für gewalzte Träger
$n = 2{,}0$ für geschweißte oder ausgeklinkte Träger
$n = 1{,}5$ für Wabenträger; für Voutenträger s. Normblatt

Sind Stabendmomente vorhanden, so ist $n$ vor dem Einsetzen in die Formeln bzw. Ablesen der Tafel mit dem Faktor $k_n$ nach Bild 18 zu multiplizieren

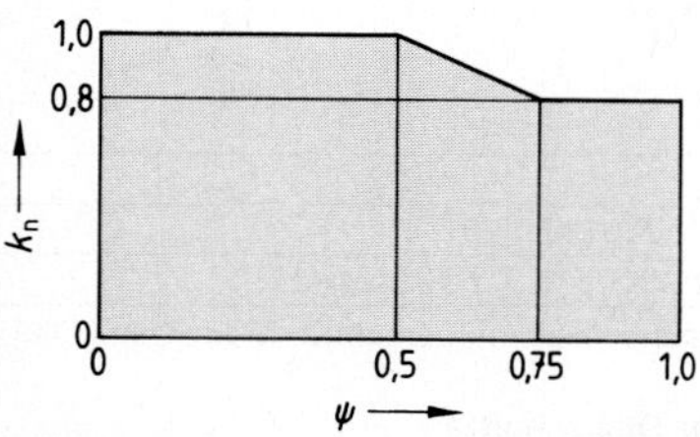

**Bild 18 Faktor $k_n$ für den Trägerbeiwert $n$**

**Tafel 19 Grenz-Druckkräfte $N_{R,d} = \varkappa \cdot N_{pl,c}$ von planmäßig mittig gedrückten Stäben aus einem Breitflanschträger aus S235** in kN (Bemessungswerte)

| IPB HE–B | Knicklänge $s_K$ in m 3,00 | 3,50 | 4,00 | 4,50 | 5,00 | 5,50 | 6,00 | 6,50 | 7,00 | 7,50 | 8,00 |
|---|---|---|---|---|---|---|---|---|---|---|---|
| **100** | 227 | 181 | 147 | 121 | 101 | 85,0 | 72,8 | 63,0 | 55,0 | *48,4* | *43,0* |
| **120** | 377 | 311 | 257 | 214 | 181 | 154 | 132 | 115 | 101 | 89,0 | 79,2 |
| **140** | 561 | 478 | 405 | 344 | 294 | 252 | 219 | 191 | 168 | 149 | 133 |
| **160** | 786 | 688 | 597 | 516 | 446 | 387 | 338 | 297 | 263 | 234 | 209 |
| **180** | 1026 | 921 | 818 | 721 | 633 | 557 | 490 | 434 | 386 | 345 | 309 |
| **200** | 1300 | 1188 | 1075 | 964 | 860 | 765 | 681 | 607 | 543 | 487 | 439 |
| **240** | 1910 | 1790 | 1665 | 1537 | 1410 | 1286 | 1169 | 1060 | 962 | 874 | 795 |
| **260** | 2192 | 2071 | 1945 | 1815 | 1683 | 1551 | 1424 | 1304 | 1192 | 1089 | 996 |
| **300** | 2874 | 2748 | 2616 | 2479 | 2337 | 2193 | 2048 | 1906 | 1768 | 1637 | 1514 |
| **340** | 3289 | 3143 | 2991 | 2832 | 2669 | 2502 | 2335 | 2171 | 2013 | 1862 | 1722 |
| **360** | 3471 | 3316 | 3154 | 2985 | 2811 | 2634 | 2457 | 2283 | 2116 | 1957 | 1808 |
| **400** | 3933 | 3798 | 3651 | 3490 | 3314 | 3126 | 2928 | 2726 | 2526 | 2333 | 2149 |
| **450** | 4327 | 4177 | 4012 | 3832 | 3635 | 3425 | 3204 | 2980 | 2758 | 2544 | 2342 |
| **500** | 4728 | 4561 | 4379 | 4179 | 3960 | 3727 | 3483 | 3235 | 2991 | 2756 | 2536 |
| **600** | 5321 | 5124 | 4907 | 4670 | 4411 | 4136 | 3850 | 3562 | 3282 | 3015 | 2766 |
| **IPBl** | **(HE–A) Breitflanschträger, leichte Ausführung** | | | | | | | | | | |
| **100** | 183 | 146 | 118 | 96,7 | 80,6 | 68,2 | 58,3 | 50,4 | *44,0* | *38,8* | *34,4* |
| **120** | 277 | 228 | 188 | 157 | 132 | 112 | 96,6 | 83,9 | 73,5 | 64,9 | 57,7 |
| **140** | 404 | 343 | 290 | 246 | 209 | 180 | 156 | 136 | 120 | 106 | 94,5 |
| **160** | 555 | 484 | 419 | 361 | 312 | 270 | 236 | 207 | 183 | 162 | 145 |
| **180** | 707 | 633 | 561 | 493 | 433 | 380 | 335 | 296 | 263 | 235 | 211 |
| **200** | 889 | 810 | 731 | 653 | 581 | 516 | 459 | 408 | 365 | 327 | 295 |
| **240** | 1377 | 1289 | 1197 | 1103 | 1009 | 919 | 834 | 756 | 685 | 621 | 565 |
| **260** | 1600 | 1511 | 1417 | 1320 | 1221 | 1124 | 1030 | 942 | 860 | 785 | 717 |
| **300** | 2162 | 2065 | 1964 | 1859 | 1751 | 1640 | 1530 | 1421 | 1317 | 1218 | 1125 |
| **340** | 2563 | 2448 | 2328 | 2202 | 2073 | 1942 | 1810 | 1681 | 1557 | 1440 | 1330 |
| **360** | 2739 | 2615 | 2485 | 2351 | 2212 | 2070 | 1929 | 1791 | 1658 | 1532 | 1415 |
| **400** | 3157 | 3047 | 2927 | 2796 | 2653 | 2499 | 2339 | 2175 | 2013 | 1857 | 1710 |
| **450** | 3529 | 3405 | 3270 | 3121 | 2959 | 2786 | 2604 | 2420 | 2238 | 2063 | 1898 |
| **500** | 3911 | 3772 | 3619 | 3453 | 3271 | 3076 | 2873 | 2667 | 2465 | 2270 | 2088 |
| **600** | 4460 | 4292 | 4111 | 3911 | 3693 | 3460 | 3219 | 2977 | 2742 | 2518 | 2309 |
| **IPBv** | **(HE–M) Breitflanschträger, verstärkte Ausführung** | | | | | | | | | | |
| **100** | 516 | 416 | 340 | 281 | 235 | 199 | 171 | 148 | 129 | 114 | *101* |
| **120** | 789 | 658 | 549 | 461 | 390 | 334 | 288 | 251 | 220 | 195 | 173 |
| **140** | 1102 | 950 | 813 | 695 | 596 | 515 | 447 | 392 | 345 | 306 | 274 |
| **160** | 1457 | 1290 | 1130 | 984 | 856 | 747 | 655 | 577 | 511 | 455 | 408 |
| **180** | 1827 | 1654 | 1480 | 1314 | 1162 | 1026 | 908 | 806 | 718 | 643 | 578 |
| **200** | 2229 | 2051 | 1868 | 1687 | 1513 | 1354 | 1210 | 1083 | 971 | 874 | 789 |
| **240** | 3659 | 3448 | 3227 | 2999 | 2769 | 2543 | 2326 | 2122 | 1934 | 1763 | 1609 |
| **260** | 4124 | 3914 | 3694 | 3466 | 3232 | 2998 | 2768 | 2548 | 2340 | 2148 | 1971 |
| **300** | 5922 | 5682 | 5433 | 5173 | 4905 | 4629 | 4350 | 4072 | 3800 | 3537 | 3288 |
| **340** | 6357 | 6162 | 5952 | 5722 | 5473 | 5204 | 4918 | 4620 | 4318 | 4020 | 3730 |
| **360** | 6407 | 6207 | 5991 | 5756 | 5500 | 5223 | 4930 | 4626 | 4319 | 4015 | 3722 |
| **400** | 6529 | 6320 | 6094 | 5846 | 5577 | 5287 | 4981 | 4664 | 4345 | 4032 | 3731 |
| **450** | 6703 | 6483 | 6245 | 5984 | 5699 | 5394 | 5071 | 4739 | 4406 | 4081 | 3771 |
| **500** | 6857 | 6626 | 6373 | 6097 | 5796 | 5472 | 5132 | 4784 | 4438 | 4102 | 3783 |
| **600** | 7197 | 6940 | 6659 | 6350 | 6014 | 5654 | 5279 | 4898 | 4524 | 4166 | 3830 |

Bei *kursiv* gedruckten Werten ist $\bar{\lambda}_K > 3$.

Bei der Berechnung wurden abweichend von den Angaben der Profiltafeln Querschnittswerte mit größerer Stellenzahl verwendet.

**Beispiel** Stütze HE200A – S235 mit $N_d = 700$ kN, $s_{Ky} = 7{,}00$ m, $s_{Kz} = 4{,}00$ m; $A = 53{,}8$ cm², $h/b = 190/200 < 1{,}2$; $N_{pl,d} = 1174$ kN (Taf. 15).

| Knicken ⊥ y-Achse | Knicken ⊥ z-Achse | nach |
|---|---|---|
| $\bar{\lambda}_{K,y} = 700/(8{,}28 \cdot 92{,}93) = 0{,}9097 > 0{,}2$ | $\bar{\lambda}_{K,z} = 400/(4{,}98 \cdot 92{,}93) = 0{,}8643 > 0{,}2$ | Gl. (5) |
| Knickspannungslinie b; $\alpha = 0{,}34$ | Knickspannungslinie c; $\alpha = 0{,}49$ | Taf. 17 |
| $k = 0{,}5 \cdot [1 + 0{,}34 \cdot (0{,}9097 - 0{,}2) + 0{,}9097^2]$ | $k = 0{,}5 \cdot [1 + 0{,}49 \cdot (0{,}8643 - 0{,}2) + 0{,}8643^2]$ | Gl. (47a) |
| $k = 1{,}0344$ | $k = 1{,}0363$ | |
| $\varkappa_y = 1/(1{,}0344 + \sqrt{1{,}0344^2 - 0{,}9097^2})$ | $\varkappa_z = 1/(1{,}0363 + \sqrt{1{,}0363^2 - 0{,}8643^2})$ | Gl. (47) |
| $\varkappa_y = 0{,}6549$ | $\varkappa_z = 0{,}6219 = \min \varkappa$ | |
| | $700/(0{,}6219 \cdot 1174) = 0{,}9587 < 1$ | Gl. (41) |

Für I-förmige Profile braucht Biegedrillknicken bei mittigem Druck nicht nachgewiesen zu werden.

**Tafel 20** **Bezogener Schlankheitsgrad $\bar{\lambda}'_K$ bei biegesteif angeschlossenem einteiligen Winkelprofil bei Vernachlässigung der Exzentrizität** nach DIN 18800 T2 [7], Tab. 16
$\bar{\lambda}_K = l/(i_1 \cdot \lambda_a)$ mit $l$ = Systemlänge; $i_1 = \min i$ des Winkelquerschnitts

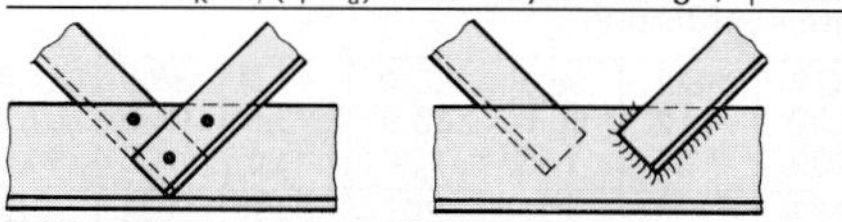

| | 1 | 2 |
|---|---|---|
| 1 | $0 < \bar{\lambda}_K \leq \sqrt{2}$ | $\bar{\lambda}'_K = 0{,}35 + 0{,}753\,\bar{\lambda}_K$ |
| 2 | $\sqrt{2} < \bar{\lambda}_K \leq 3{,}0$ | $\bar{\lambda}'_K = 0{,}50 + 0{,}646\,\bar{\lambda}_K$ |

**Beispiel** zu Taf. 20: L90 × 9 – S235, min $i = 1{,}76$ cm, $A = 15{,}5$ cm², $N_{pl,d} = 15{,}5 \cdot 24/1{,}1 = 338$ kN.
Systemlänge $l = 160$ cm, $N_d = 150$ kN.

$$\bar{\lambda}_K = \frac{160}{1{,}76 \cdot 92{,}93} = 0{,}9783 < \sqrt{2} \quad \text{nach Gl. (5)}$$

$\bar{\lambda}'_K = 0{,}35 + 0{,}753 \cdot 0{,}9783 = 1{,}0866$ (Taf. 20); Knicksp.linie c; $\varkappa = 0{,}4914$ (Taf. 18)

$$\frac{150}{0{,}4914 \cdot 338} = 0{,}9031 < 1 \quad \text{nach Gl. (41)}$$

$l = 160$ cm $> b^2/t = 9{,}0^2/0{,}9 = 90$ cm, daher Biegedrillknicken nicht maßgebend.

## 3.2.2 Einachsige Biegung ohne Normalkraft ($M_y$)

Nachweise entfallen bei ausreichender Behinderung der Träger-Verformungen oder wenn die Voraussetzungen für Biegedrillknicken gem. Abschn. 2.2.1 erfüllt sind.

### a) Behinderung der Verformung

Behinderung der seitlichen Verschiebung:

Ausreichende Behinderung durch ständig am Druckgurt anschließendes Mauerwerk nach DIN 1053 s. Bild 19.

Wenn an Träger Trapezprofile (oder andere Bekleidungen) angeschlossen sind, gilt die Anschlußstelle in Trapezblechebene als unverschieblich (gebundene Drehachse), wenn die Größe des auf den Träger entfallenden Anteils der Schubsteifigkeit $S$ des Trapezblechs (s. Profiltafel) bei Befestigung in jeder Rippe ist:

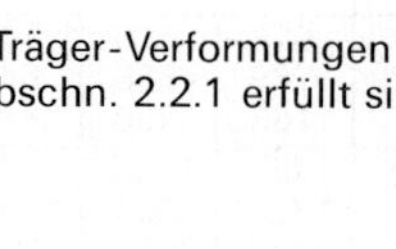


**Bild 19 Aussteifung durch Mauerwerk**

$$S \geqq (E \cdot I_\omega \cdot \pi^2/l^2 + G \cdot I_T + 0{,}25\,E \cdot I_z \cdot \pi^2 \cdot h^2/l^2) \cdot 70/h^2 \quad (49)$$

Behinderung der Verdrehung:

Siehe Normblatt [7] und [31]. Mit Trapezblechen verbundene IPE-Profile mit $h \leqq 200$ mm gelten ohne Nachweis als gegen Biegedrillknicken gesichert.

## b) Nachweis des Druckgurtes als Druckstab

Bei I-Trägern mit zur z-Achse symmetrischem Querschnitt muß sein:

$$\bar{\lambda} \leqq 0{,}5\,\frac{M_{\mathrm{pl,y,d}}}{M_{\mathrm{y}}} \quad \text{mit} \quad \bar{\lambda} = \frac{c \cdot k_{\mathrm{c}}}{i_{\mathrm{z,g}} \cdot \lambda_{\mathrm{a}}} \qquad (50)$$

$c$ Abstand der seitlich unverschieblich gehaltenen Punkte des Druckgurts
$i_{z,g}$ Trägheitsradius um die Stegachse des Druckgurt-Querschnitts nach Bild 20
$k_c$ Beiwert für den Verlauf der Druckkraft im Druckgurt nach Tafel 21

Ist Bedingung (50) nicht erfüllt, kann folgender Nachweis geführt werden:

$$\frac{0{,}843 \cdot \max|M_{\mathrm{y}}|}{\varkappa \cdot M_{\mathrm{pl,y,d}}} \leqq 1 \qquad (51)$$

$\varkappa$ aus Tafel 18 für $\bar{\lambda}$ aus Gl. (50).

Hierbei gilt: Knickspannungslinie **d** für geschweißte Träger mit Lasten $q_z$ am Obergurt; zusätzlich gilt mit der größten Trägerhöhe h und der Druckgurtdicke $t$ (s. Bild 20) die Bedingung:
$h/t \leqq 44 \cdot \sqrt{240/f_{\mathrm{y,k}}}$
Knickspannungslinie **c** in den übrigen Fällen.

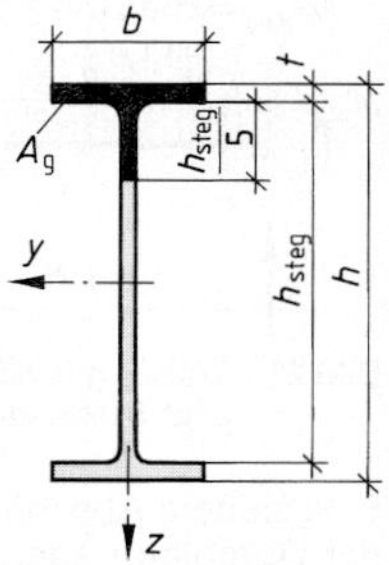


**Bild 20 Druckgurt**

**Tafel 21 Druckkraftbeiwerte $k_c$**
nach DIN 18800 T2 [7], Tab. 8

| | Normalkraftverlauf | $k_c$ |
|---|---|---|
| 1 | max $N$ | 1,00 |
| 2 | max $N$ | 0,94 |
| 3 | max $N$ | 0,86 |
| 4 | max $N$ $\psi$·max $N$ $-1 \leq \psi \leq 1$ | $\frac{1}{1{,}33 - 0{,}33\,\psi}$ |

**Tafel 22 Momentenbeiwerte $\zeta$**
nach DIN 18800 T2 [7], Tab. 10

| | Momentenverlauf | $\zeta$ |
|---|---|---|
| 1 | max $M$ | 1,00 |
| 2 | max $M$ | 1,12 |
| 3 | max $M$ | 1,35 |
| 4 | max $M$ $\psi$·max $M$ $-1 \leq \psi \leq 1$ | $1{,}77 - 0{,}77\,\psi$ |

Beispiel s.S. 751.

## c) Biegedrillknicknachweis,

falls für I-Träger die Gln. (50) und (51) nicht erfüllt sind, sowie für U- und C-Profile ohne planmäßige Torsion:

$$\frac{\max|M_{\mathrm{y}}|}{\varkappa_{\mathrm{M}} \cdot M_{\mathrm{pl,y,d}}} \leqq 1 \qquad (52)$$

$\varkappa_M$ aus Tafel 18 mit $\bar{\lambda}_{\mathrm{M}} = \sqrt{M_{\mathrm{pl,y}}/M_{\mathrm{Ki,y}}}$
$M_{pl,y}$ und $M_{Ki,y}$ müssen beide entweder ihre charakteristischen oder ihre Bemessungswerte sein.

Charakteristische Werte für das **Biegedrillknickmoment $M_{Ki,y}$** bei Wirkung von $M_y$ ohne Normalkräfte für frei drehbar gelagerte Einfeldträger mit Gabellagerung der Stabenden und gleichbleibendem doppelsymmetrischem Querschnitt:

1. Träger mit Momentenverlauf nach Tafel 22

$$M_{\mathrm{Ki,y}} = \zeta \cdot \frac{\pi^2 \cdot E \cdot I_{\mathrm{z}}}{l^2} \cdot \left(\sqrt{c^2 + 0{,}25\,z_{\mathrm{p}}^2} + 0{,}5\,z_{\mathrm{p}}\right) \qquad (53)$$

$\zeta$ Momentenbeiwert nach Tafel 22
$c$ nach Gl. (46) mit $\beta = \beta_0 = 1$
$z_p$ Abstand der Querbelastung vom Schwerpunkt, auf der Biegezugseite positiv.

Bei Trägerhöhen $h \leqq 60$ cm darf mit den Bezeichnungen in Bild 20 gesetzt werden:

$$\boldsymbol{M}_{\mathrm{Ki,y}} = \frac{\mathbf{1{,}32}\, \boldsymbol{b} \cdot \boldsymbol{t} (\boldsymbol{E} \cdot \boldsymbol{I}_{\mathrm{y}})}{\boldsymbol{l} \cdot \boldsymbol{h}^2} \qquad (53\,\mathrm{a})$$

Beispiel s. S. 735.

2. Träger mit Streckenlast und Stabendmomenten [35] (Bild 21)

$$\boldsymbol{M}_{\mathrm{Ki,y}} = \max |\boldsymbol{M}_{\mathrm{y}}| \cdot \frac{\pi^2 \cdot \boldsymbol{E} \cdot \boldsymbol{I}_{\mathrm{z}}}{\boldsymbol{G}_1} \cdot \left(\boldsymbol{G}_2 \pm \sqrt{\boldsymbol{G}_2^2 + \boldsymbol{G}_1 \cdot \boldsymbol{G}_3}\right) \qquad (53\,\mathrm{b})$$

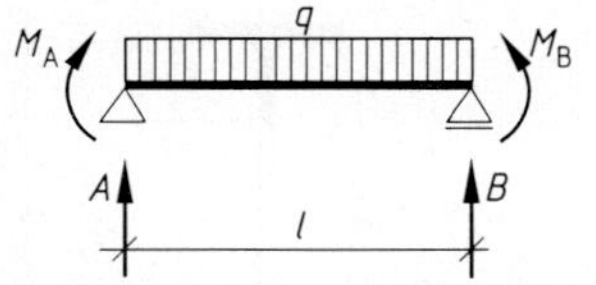


mit $G_1 = \left(\frac{M_A + M_B}{2} + \frac{q \cdot l^2}{9{,}2}\right)^2$; es muß sein: $M_A/M_B \geqq 0$

$$G_2 = \frac{q \cdot z_p}{2\pi^2}; \quad G_3 = \frac{c^2}{l^4}$$

**Bild 21 Träger mit Streckenlast und Stabendmomenten**

$c$ und $z_p$ wie bei Gl. (53).
Bei der Berechnung von $\varkappa_M$ ist Bild 18 zu beachten.

Eine sichere Abschätzung der Tragfähigkeit von Durchlaufträgern erhält man, wenn der Durchlaufträger in eine Kette von gabelgelagerten Einfeldträgern mit Stabendmomenten (= Stützmomenten) zerlegt wird und für alle Felder – unter Beachtung der feldweise wechselnden veränderlichen Einwirkungen – mit Gl. (53b) die Nachweise nach Gl. (52) geführt werden.

Genauere Nachweise hierfür s. Literatur.

**Beispiel** (Bild 21) Träger IPBl 400 mit $I_z = 8560$ cm$^4$, $I_\omega = 2942 \cdot 10^3$ cm$^6$, $I_T = 189$ cm$^4$, $M_{pl,y,d} = 559$ kNm (Taf. 15), $l = 5{,}20$ m.

$M_A = 0$, $M_B = -295$ kNm, $q_d = 175$ kN/m, $z_p = -19{,}5$ cm $= -0{,}195$ m

$V_A = 175 \cdot 5{,}20/2 - 295/5{,}20 = 398{,}3$ kN; $\max M = 398{,}3^2/(2 \cdot 175) = 453{,}2$ kNm

$$c^2 = \frac{2942000 + 0{,}039 \cdot 520^2 \cdot 189}{8560} = 576{,}5\ \mathrm{cm}^2 = 0{,}05765\ \mathrm{m}^2 \quad \text{Gl. (46)}$$

$$G_1 = \left(\frac{0 - 295}{2} + \frac{175 \cdot 5{,}2^2}{9{,}2}\right)^2 = 134{,}6 \cdot 10^3\ \mathrm{kN^2\,m^2}$$

$$G_2 = \frac{175 \cdot (-0{,}195)}{2 \cdot \pi^2} = -1{,}729\ \mathrm{kN}$$

$$G_3 = \frac{0{,}05765}{5{,}2^4} = 0{,}07885 \cdot 10^{-3}\ \mathrm{m}^{-2}$$

$$M_{Ki,y} = 453{,}2 \cdot \frac{\pi^2 \cdot 2{,}1 \cdot 10^8 \cdot 8560 \cdot 10^{-8}}{134{,}6 \cdot 10^3} \cdot \left(-1{,}729 \pm \sqrt{(-1{,}729)^2 + 134{,}6 \cdot 10^3 \cdot 0{,}07885 \cdot 10^{-3}}\right)$$

$M_{Ki,y} = 1170$ kNm $\qquad M_{Ki,y,d} = 1170/1{,}1 = 1064$ kNm

$\bar{\lambda}_M = \sqrt{559/1064} = 0{,}7248$; $\psi = M_A/M_B = 0$; $k_n = 1 \quad n = 1 \cdot 2{,}5 = 2{,}5$

$$\varkappa_M = \left(\frac{1}{1 + 0{,}7248^{2 \cdot 2{,}5}}\right)^{1/2{,}5} = 0{,}9296 \quad \text{Gl. (49)}$$

$$\frac{453{,}2}{0{,}9296 \cdot 559} = 0{,}8721 < 1 \quad \text{Gl. (52)}$$

## 3.2.3 Einachsige Biegung mit Normalkraft (*N*, *M*)

*N* darf vernachlässigt werden, wenn $N/(\varkappa \cdot N_{pl,d}) < 0{,}1$ ist; die Nachweise sind dann nach Abschn. 3.2.2 zu führen.

### a) Biegeknicken

Vereinfachter Nachweis

Für den beidseitig gelenkig gelagerten Stab mit Querbelastung durch Strecken- oder Einzellast darf der Nachweis mit Gl. (41) geführt werden, wenn zur Berechnung von $\varkappa$ der Parameter *k* von Gl. (47a) ersetzt wird durch

$$k = 0{,}5\,[1 + \alpha(\bar{\lambda}_K - 0{,}2) + \bar{\lambda}_K^2 + (M/M_{pl,d})/(N/N_{pl,d})] \quad (54)$$

Sind *A* und/oder *N* veränderlich, sind die Hinweise in Abschn. 3.2.1 und die Gln. (42) und (43) zu beachten.

Ersatzstabverfahren

$$\frac{N}{\varkappa \cdot N_{pl,d}} + \frac{\beta_m \cdot M}{M_{pl,d}} + \Delta n \leqq 1 \qquad (55)$$

$\varkappa$ Abminderungsfaktor aus Tafel 18 für die maßgebende Knickspannungslinie entsprechend $\bar{\lambda}_K$ nach Gl. (5) für Ausweichen **in** der Momentenebene

$\beta_m$ Momentenbeiwert nach Tafel 23, Spalte 2
$\beta_m < 1$ nur bei unverschieblicher Lagerung der Stabenden, konstantem Querschnitt, konstanter Druckkraft ohne Querlasten.

$M = \max|M|$ nach Theorie I. Ordnung ohne Ansatz von Imperfektionen

$$\Delta n = \frac{N}{\varkappa \cdot N_{pl,d}}\left(1 - \frac{N}{\varkappa \cdot N_{pl,d}}\right) \cdot \varkappa^2 \cdot \bar{\lambda}_K^2, \text{ jedoch } \Delta n \leqq 0{,}1 \qquad (56)$$

vereinfacht: $\Delta n = (\varkappa \cdot \bar{\lambda}_K/2)^2$ oder $\Delta n = 0{,}1$ (56a)

Bei doppeltsymmetrischen Querschnitten, bei denen $A_{Steg} \geqq 0{,}18\,A$ sowie $N/N_{pl} > 0{,}2$ ist, darf $M_{pl,d}$ in Gl. (55) durch $1{,}1\,M_{pl,d}$ ersetzt werden.

**Tafel 23 Momentenbeiwerte $\beta_m$ und $\beta_M$** nach [7], Tab. 11

| | 1 | 2 | 3 |
|---|---|---|---|
| | Momentenverlauf | $\beta_m$ für Biegeknicken | $\beta_M$ für Biegedrillknicken |
| 1 | Stabendmomente 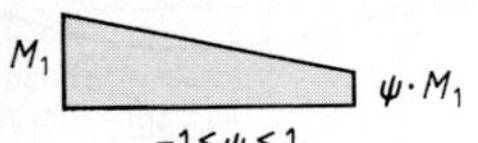  $-1 \leq \psi \leq 1$ | $\beta_{m,\psi} = 0{,}66 + 0{,}44\,\psi$<br>jedoch $\beta_{m,\psi} \geqq 1 - \frac{1}{\eta_{Ki}}$<br>und $\beta_{m,\psi} \geqq 0{,}44$<br>$\eta_{Ki}$ nach Gl. (7) | $\beta_{M,\psi} = 1{,}8 - 0{,}7\,\psi$ |
| 2 | Momente aus Querlast 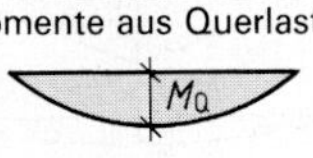  | $\beta_{m,Q} = 1{,}0$ | $\beta_{M,Q} = 1{,}3$ |
| | 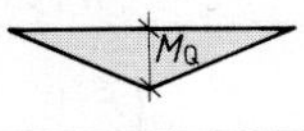  | | $\beta_{M,Q} = 1{,}4$ |
| 3 | Momente aus Querlasten mit Stabendmomenten 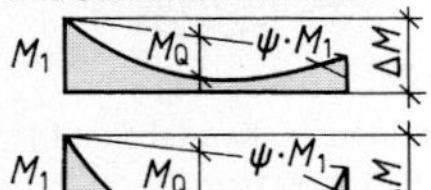  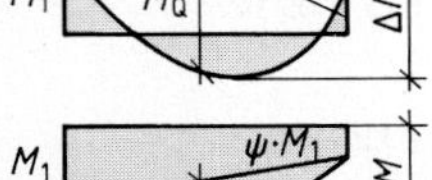  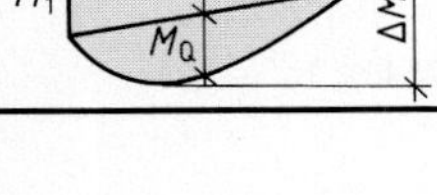  | $\psi \leqq 0{,}77$: $\beta_m = 1{,}0$<br><br>$\psi > 0{,}77$:<br>$\beta_m = \frac{M_Q + \lvert M_1\rvert \cdot \beta_{m,\psi}}{M_Q + \lvert M_1\rvert}$ | $\beta_M = \beta_{M,\psi} + \frac{M_Q}{\Delta M}(\beta_{M,Q} - \beta_{M,\psi})$<br><br>$M_Q = \lvert\max M\rvert$ nur aus Querlast<br>$\Delta M$:<br>Bei nicht durchschlagendem Momentenverlauf:<br>$\Delta M = \lvert\max M\rvert$<br>Bei durchschlagendem Momentenverlauf:<br>$\Delta M = \lvert\max M\rvert + \lvert\min M\rvert$ |

Bei veränderlichen Querschnitten und/oder Normalkräften muß Gl. (55) für alle maßgebenden Querschnitte mit den zugehörigen Schnittgrößen. Querschnittswerten und zugehörigem $N_{Ki}$ bei Beachtung von Gl. (42) und (43) nachgewiesen werden.

Der Einfluß von Querkräften kann durch Reduktion der vollplastischen Schnittgrößen mittels der Tafeln 13 und 14 berücksichtigt werden.

Bei der Bemessung biegesteifer Verbindungen ist $M_{pl,d}$ anstelle von vorh $M$ zu berücksichtigen, oder es ist das Biegemoment nach Th.II.O. zugrunde zu legen.
An druckbeanspruchte Stäbe angeschlossene Stabschnitte ohne Druckkräfte (z. B. Rahmenriegel) sind bei gleich großer Streckgrenze nach Gl. (57) nachzuweisen:

$(M/M_{pl,d})/(1-1{,}15/\eta_{Ki}) \leqq 1$ (57) mit $\eta_{Ki} = N_{Ki,d}/N > 1{,}15$

**b) Biegedrillknicken**

Für Stäbe ohne planmäßige Torsion mit konstanter Normalkraft, einfach- oder doppeltsymmetrischem I-Querschnitt, deren Abmessungsverhältnisse den Walzprofilen entsprechen, sowie für U- und C-Profile gilt

$$\frac{N}{\varkappa_z \cdot N_{pl,d}} + \frac{M_y}{\varkappa_M \cdot M_{pl,y,d}} k_y \leqq 1 \quad (58)$$

$\varkappa_z$ nach Tafel 18 mit $\bar{\lambda}_{K,z}$ nach Gl. (5); darin ist $N_{Ki}$ entweder die kleinste Verzweigungslast für Ausweichen ⊥ z-Achse, oder die Drillknicklast.
$k_y = 1 - a_y \cdot N/(\varkappa_z \cdot N_{pl,d})$, jedoch $k_y \leqq 1$, mit $a_y = 0{,}15\,\bar{\lambda}_{K,z} \cdot \beta_{M,y} - 0{,}15$, jedoch $a_y \leqq 0{,}9$
$\beta_{M,y}$ Momentenbeiwert $\beta_M$ nach Tafel 23, Spalte 3 zur Erfassung der Form von $M_y$
$\varkappa_M$ nach Tafel 18 in Abhängigkeit von $\bar{\lambda}_M$ nach Gl. (8); $M_{Ki,y}$ s. Gl. (53)

**Beispiel** (Bild 22) Stab HE 200 B – S235, Balken auf zwei Stützen mit Gabellagerung.
$I_y = 5700\ cm^4$, $I_z = 2000\ cm^4$, $i_y = 8{,}54$ cm, $I_\omega = 171\,100\ cm^6$, $I_T = 59{,}3\ cm^4$
$N_{pl,d} = 1704$ kN, $M_{pl,y,d} = 140$ kNm, $V_{pl,z,d} = 210$ kN nach Taf. 15
$h/b < 1{,}2$: Knickspannungslinie b für Ausweichen ⊥ y-Achse (Taf. 17);
$\alpha = 0{,}34$ (Taf. 18). KSL c für Ausw. ⊥ z-Achse; $\alpha = 0{,}49$.

Ständige Einwirkung:
$F_{g,k} = 20$ kN; $F_{g,d} = 1{,}35 \cdot 20 = 27$ kN (Taf. 8)
Veränderliche Einwirkung:
$F_{p,k} = 10$ kN; $F_{p,d} = 1{,}50 \cdot 1 \cdot 10 = 15$ kN
$F_d = 42$ kN
Ständige Einwirkung:
$N_{g,k} = 205$ kN; $N_{g,d} = 1{,}35 \cdot 205 = 277$ kN
Veränderliche Einwirkung:
$N_{p,k} = 160$ kN; $N_{p,d} = 1{,}50 \cdot 1 \cdot 160 = 240$ kN
$N_d = 517$ kN

$N/N_{pl,d} = 517/1704 = 0{,}3034 > 0{,}2$;
$M/M_{pl,y,d} = 52{,}5/140 = 0{,}3750$
$V/V_{pl,z,d} = 42/(2 \cdot 210) = 0{,}1 < 0{,}33$:
Reduktion von $M_{pl,y}$ nicht erforderlich.

Der Biegeknick-Nachweis wird nach 3 verschiedenen Verfahren durchgeführt.

1. Nachweis nach Theorie II. Ordnung, Verfahren Elastisch-Plastisch.

$w_0 = 500/250 = 0{,}02$ m (Taf. 16)

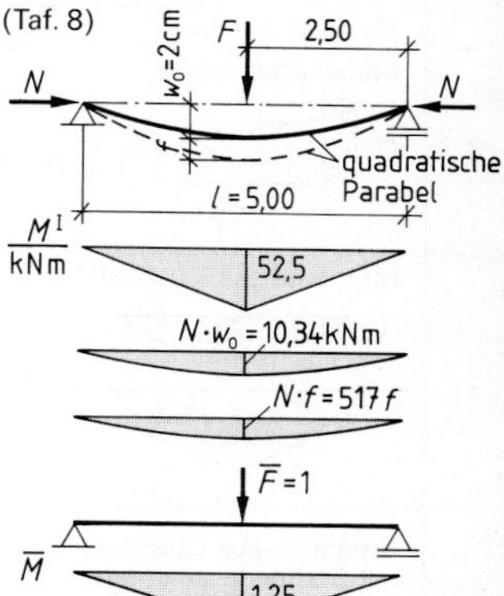

**Bild 22**

Mit Bild 22 läßt sich $f$ aus der Arbeitsgleichung berechnen (s. Kapitel Statik):

$f \cdot (E \cdot I_y)/\gamma_M = 5{,}0 \cdot 52{,}5 \cdot 1{,}25/3 + 5{,}0 \cdot 1{,}25\,(10{,}34 + 517 f) \cdot 5/12$
$f \cdot 2{,}1 \cdot 10^8 \cdot 5700 \cdot 10^{-8}/1{,}1 = 109{,}4 + 26{,}9 + 1346\,f$
$f(10882 - 1346) = 136{,}3$; $f = 0{,}0143$ m

In Trägermitte ist: $M_y^{II} = 52{,}5 + 10{,}34 + 517 \cdot 0{,}0143 = 70{,}23$ kNm;

Nachweis nach Taf. 13:

$0{,}9 \cdot 70{,}23/140 + 517/1704 = 0{,}4515 + 0{,}3034 = 0{,}7549 < 1$

**Beispiel,** Forts.

2. Vereinfachter Nachweis

$\bar{\lambda}_{K,y} = 500/(8{,}54 \cdot 92{,}93) = 0{,}6300$ Gl. (5);

$k = 0{,}5 \cdot [1 + 0{,}34(0{,}6300 - 0{,}2) + 0{,}6300^2 + 0{,}3750/0{,}3034] = 1{,}3895$ Gl. (54)

$\varkappa = 1/(1{,}3895 + \sqrt{1{,}3895^2 - 0{,}6300^2}) = 0{,}3805$ Gl. (47)

Nachweis nach Gl. (41): $(N/N_{pl,d})/\varkappa = 0{,}3034/0{,}3805 = 0{,}7973 < 1$

3. Ersatzstabverfahren

$\bar{\lambda}_{K,y} = 0{,}6300$; $\varkappa = 0{,}8217$ Taf. 18, KSL b

$\Delta n = (0{,}8217 \cdot 0{,}6300/2)^2 = 0{,}067 < 0{,}1$ n. Gl. (56a); $\beta_{m,Q} = 1$ nach Taf. 23.

$A_{Steg}/A = 16{,}7/78{,}1 = 0{,}214 > 0.18$

Nachweis nach Gl. (55):

$0{,}3034/0{,}8217 + 1 \cdot 52{,}5/(1{,}1 \cdot 140) + 0{,}067 = 0{,}3692 + 0{,}3409 + 0{,}067$
$= 0{,}7771 < 1$

4. Biegedrillknicken

$N_{Ki,z} = \pi^2 \cdot E \cdot I_z/s_K^2 = \pi^2 \cdot 21\,000 \cdot 2000/500^2 = 1658$ kN;

$\bar{\lambda}_{K,z} = \sqrt{1704 \cdot 1{,}1/1658} = 1{,}0633$ Gl. (5); $\varkappa_z = 0{,}5041$ Taf. 18, KSL c

$\beta = \beta_0 = 1$; $c^2 = (171\,100 + 0{,}039 \cdot 500^2 \cdot 59{,}3)/2000 = 374{,}6$ cm² Gl. (46)

Lasteinleitung auf dem Ober-(Druck-)Gurt: $z_p = -10$ cm

$M_{Ki,y} = 1{,}35 \cdot 1658 \cdot (\sqrt{374{,}6 + 0{,}25 \cdot 10^2} - 0{,}5 \cdot 10)/100 = 335{,}5$ kNm Gl. (53)

$\bar{\lambda}_M = \sqrt{140/(335{,}5/1{,}1)} = 0{,}6775$ Gl. (8);

$\varkappa_M = [1/(1 + \bar{\lambda}_M^{2 \cdot 2{,}5})]^{1/2{,}5} = 0{,}9480$ Taf. 18

Nachweis nach Gl. (58):

$\beta_{M,y} = 1{,}4$ Taf. 23; $a_y = 0{,}15 \cdot 1{,}0633 \cdot 1{,}4 - 0{,}15 = 0{,}0733 < 0{,}9$

$k_y = 1 - 0{,}0733 \cdot 517/(0{,}5041 \cdot 1704) = 0{,}9559 < 1$

$0{,}3034/0{,}5041 + 0{,}3750 \cdot 0{,}9559/0{,}9480 = 0{,}6019 + 0{,}3781 = 0{,}9800 < 1$

### 3.2.4 Zweiachsige Biegung mit oder ohne Normalkraft ($M_y$, $M_z$, $N$)

Die im Abschn. 3.2.3 gemachten Angaben über veränderliche Querschnitte und Normalkräfte, Berücksichtigung von Querkräften, biegesteife Verbindungen sowie Stababschnitte ohne Druckkräfte sind sinngemäß anzuwenden.

#### a) Biegeknicken

Nachweismethode 1:

$$\frac{N}{\varkappa \cdot N_{pl,d}} + \frac{M_y}{M_{pl,y,d}} k_y + \frac{M_z}{M_{pl,z,d}} k_z \leqq 1 \qquad (59)$$

$\varkappa = \min(\varkappa_y, \varkappa_z)$ nach Tafel 18

$M_y$, $M_z$ max $|M|$ nach Theorie 1. Ordnung ohne Ansatz von Imperfektionen

$\beta_{M,y}$, $\beta_{M,z}$ nach Taf. 23, Spalte 3 zur Erfassung der Form von $M_y$ bzw. $M_z$

$\alpha_{pl,y}$, $\alpha_{pl,z}$ n. Gl. (1); die Begrenzung auf $\alpha_{pl} \leqq 1{,}25$ ist hier nicht anzuwenden!

$k_y = 1 - a_y \cdot N/(\varkappa_y \cdot N_{pl,d})$, jedoch $k_y \leqq 1{,}5$

$a_y = \bar{\lambda}_{K,y}(2\beta_{M,y} - 4) + (\alpha_{pl,y} - 1)$, jedoch $a_y \leqq 0{,}8$

$k_z = 1 - a_z \cdot N/(\varkappa_z \cdot N_{pl,d})$, jedoch $k_z \leqq 1{,}5$

$a_z = \bar{\lambda}_{K,z}(2\beta_{M,z} - 4) + (\alpha_{pl,z} - 1)$, jedoch $a_z \leqq 0{,}8$

$M_{pl,z,d}$ nach Tafel 15 ohne Begrenzung auf 1,25 $M_{el}$!

Nachweismethode 2:

$$\frac{N}{\varkappa \cdot N_{pl,d}} + \frac{\beta_{m,y} \cdot M_y}{M_{pl,y,d}} k_y + \frac{\beta_{m,z} \cdot M_z}{M_{pl,z,d}} k_z + \Delta n \leqq 1 \qquad (60)$$

$\varkappa$ min ($\varkappa_y$, $\varkappa_z$); Abminderungsfaktor der maßg. Knickspannungslinie n. Taf. 18

$\beta_{m,y}$, $\beta_{m,z}$ Momentenbeiwerte $\beta_m$ nach Taf. 23, Spalte 2 zur Erfassung der Form von $M_y$ bzw. $M_z$

$M_{pl} \leqq 1{,}25\, M_{el}$

Für $\varkappa_y < \varkappa_z$: $k_y = 1$, $k_z = c_z$ mit
$\varkappa_y = \varkappa_z$: $k_y = 1$, $k_z = 1$ $c_z = 1/c_y = (1 - \bar{\lambda}_{K,y}^2 \cdot N/N_{pl,d})/(1 - \bar{\lambda}_{K,z}^2 \cdot N/N_{pl,d})$
$\varkappa_y > \varkappa_z$: $k_y = c_y$, $k_z = 1$

$\Delta n$ wie bei Gl. (55); es ist das zu $\varkappa$ gehörige $\bar{\lambda}_K$ einzusetzen.

**b) Biegedrillknicken**

Für Stäbe mit konstanter Normalkraft, ohne Torsion, mit doppelt- oder einfachsymmetrischem I-Querschnitt, deren Abmessungen denen der Walzprofile entsprechen:

$$\frac{N}{\varkappa_z \cdot N_{pl,d}} + \frac{M_y}{\varkappa_M \cdot M_{pl,y,d}} k_y + \frac{M_z}{M_{pl,z,d}} k_z \leqq 1 \quad (61)$$

$k_y$ wie Gl.(58); Näherung: $k_y = 1$
$k_z$ wie Gl.(59); Näherung: $k_z = 1{,}5$
Übrige Größen s. Abschn. 3.2.2, 3.2.3 und bei Gl. (59).

## 3.3 Mehrteilige, einfeldrige Stäbe

### 3.3.1 Ausweichen rechtwinklig zur Stoffachse

Die Stäbe sind wie einteilige Stäbe nach Abschn. 3.2.1 oder 3.2.3 zu berechnen; für $N$ und $M_y$ gilt das nur, wenn $M_z = 0$ ist. Übereck gestellte Winkel (Bild 23) brauchen nur für Ausweichen ⊥ zur Stoffachse mit $\lambda_{K,y} = s_{K,y}/i_y$ nachgewiesen zu werden; im Fall zweier verschiedener Knicklängen gilt für $s_{K,y}$ deren arithmetisches Mittel. Bei ungleichschenkligen Winkeln (Bild 23b) ist $i_y = i_0/1{,}15$; $i_0$ bezieht sich auf die zum langen Schenkel parallele Achse.

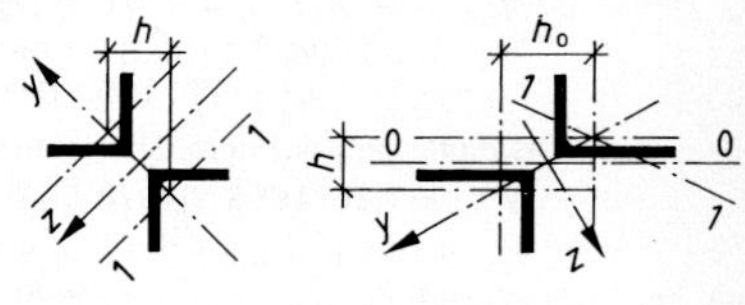


**Bild 23 Übereck gestellte Winkel**

### 3.3.2 Ausweichen rechtwinklig zur stofffreien Achse

Bei Querschnitten mit zwei stofffreien Achsen (Bild 24) gilt das folgende sinngemäß für beide Achsen.

**a) Schnittgrößen des Gesamtstabes** (Bild 25):

Sie sind unter Beachtung der Randbedingungen zu ermitteln; bei einem mittig gedrückten Stab mit gelenkiger, unverschieblicher Lagerung dürfen die Gln. (62) bis (67) angewendet werden.

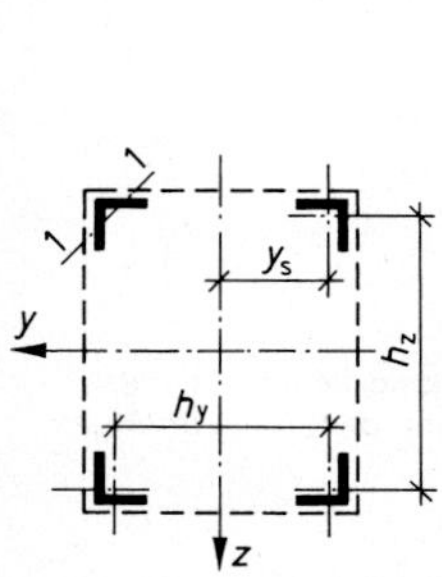


**Bild 24 Querschnitt mit 2 stofffreien Achsen**

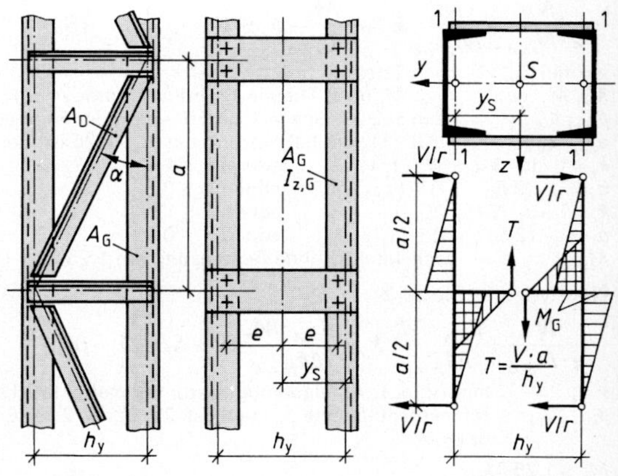


**Bild 25 Bezeichnungen**

In Stabmitte $\boldsymbol{M_z = \dfrac{N \cdot v_0}{1 - \dfrac{N}{N_{Ki,z,d}}}}$ (62)

$v_0$ s. Tafel 16.

$$N_{Ki,z,d} = \frac{1}{\dfrac{l^2}{\pi^2 \cdot (E \cdot I_z^*)_d} + \dfrac{1}{S_{z,d}^*}} \quad (63)$$

Rechenwert $I_z^*$ für das Flächenmoment 2. Grades des Gesamtquerschnitts:
bei Rahmenstäben: $I_z^* = \sum (A_G \cdot y_S^2 + \eta \cdot I_{z,G})$ (64)
bei Gitterstäben: $I_z^* = \sum (A_G \cdot y_S^2)$ (64a)

$I_{z,G}$ Flächenmoment 2. Grades eines Gurtquerschnitts um seine zur stofffreien Achse parallele Schwerachse.

$\eta$ Korrekturwert für Rahmenstäbe:
$\eta = 1$ für $\lambda_{K,z} \leqq 75$; $\eta = 2 - \lambda_{K,z}/75$ für $75 < \lambda_{K,z} \leqq 150$; $\eta = 0$ für $\lambda_{K,z} > 150$

$\lambda_{K,z} = s_{K,z}/\sqrt{I_z/A}$ Schlankheitsgrad des Rahmenstabes ohne Querkraftverformungen

$I_z$ aus Gl. (64) mit $\eta = 1$; Flächenmoment 2. Grades des Gesamtquerschnitts um die stofffreie Achse bei Annahme schubstarrer Verbindung der Gurte.

Bemessungswert der Schubsteifigkeit des Ersatzstabes:
bei Rahmenstäben: $S_{z,d}^* = 2\pi^2 \cdot (E \cdot I_{z,G}/\gamma_M)/a^2$
bei Gitterstäben: $S_{z,d}^* = m \cdot (E \cdot A_D/\gamma_M) \cdot \cos\alpha \cdot \sin^2\alpha$
$m$ = Anzahl der zur stofffreien Achse rechtwinkligen Verbände

Am Stabende: $\boldsymbol{\max V_y = \pi \cdot M_z/l}$ (65)

Verlauf von $M$ und $V$ über die Stablänge:

$M_z(x) = M_z \cdot \sin(\pi \cdot x/l)$ (66)

$V_y(x) = \max V_y \cdot \cos(\pi \cdot x/l)$ (67)

### b) Einzelstäbe von Gitter- und Rahmenstäben

Kraft des meistbeanspruchten Gurtes:

$\boldsymbol{N_G = \dfrac{N}{r} \pm \dfrac{M_z}{W_z^*} A_G}$ (68)

$W_z^* = I_z^*/y_S$
$r$ Anzahl der einzelnen Gurte.
$s_{K,1} = a$ Knicklänge des Gurtabschnitts s. Bild 25.
$s_{K,1}$ für Gitterstäbe mit 2 stofffreien Achsen s. Normblatt.

Mit $N_G$ und $\lambda_{K1} = s_{K,1}/i_1$ ist der Gurtabschnitt nach Abschn. 3.2.1 nachzuweisen.

**Füllstäbe** von Gitterstäben sind unter Annahme beidseitiger gelenkiger Lagerung für ihre Normalkräfte infolge $V_y$ nach Gl. (65) entspr. Abschn. 3.2.1 nachzuweisen. Knicklänge s. Abschn. 3.4.

### c) Einzelfelder von Rahmenstäben

Das zwischen zwei Bindeblechen liegende Einzelfeld, das max $V_y$ nach Gl. (72) aus der Berechnung des Gesamtsystems erhält, ist mit folgenden Schnittgrößen nachzuweisen (Bild 25):

Stabendmoment $\boldsymbol{M_G = \dfrac{\max V_y}{r} \cdot \dfrac{a}{2}}$ (69)

Querkraft $\boldsymbol{V_G = \max V_y / r}$
Normalkraft $\boldsymbol{N_G = \dfrac{N}{r} \pm \dfrac{M_z(x_B)}{W_z^*} A_G}$ (70)

$M_z(x_B)$ Moment des Gesamtsystems an der Längskoordinate $x_B$ des Bindeblechs nach Gl. (66).

### d) Bindebleche

Anordnung der Bindebleche an den Stabenden sowie mindestens in den Drittelspunkten der Stablänge; ihre Lichtabstände sollen gleich groß sein. Es muß sein:

$a/i_1 \leqq 70.$ (71)

Die in einem Bindeblech bei $m$ Verbänden wirkende Schubkraft $T' = V \cdot a/(m \cdot h_y)$ erzeugt im Schwerpunkt des Bindeblechanschlusses das Moment $M = T' \cdot e$. Für $T'$ und $M$ sind das Bindeblech und sein Anschluß nachzuweisen (Bild 25).

## 3.4 Knicklänge von Stäben und Rahmenstielen

$s_K = \beta_K \cdot l$ mit $\beta_K$ = Knicklängenbeiwert und $l$ = Stablänge

### 3.4.1 Fachwerke

Die Stabkräfte dürfen unter Annahme gelenkiger Knotenpunkte ohne Berücksichtigung von Nebenspannungen berechnet werden. Druckstäbe können nach Abschn. 3.2 bzw. 3.3 mit folgenden Knicklängen nachgewiesen werden:

Knicken in Fachwerkebene:
Für Gurte: $s_K = l$ (Netzlänge);
für Füllstäbe: $s_K = 0{,}9\,l$

Knicken ⊥ Fachwerkebene:
Für Gurte: $s_K$ = Abstand der unverschieblich (z. B. durch Pfetten im Zusammenwirken mit Verbänden) unverschieblich gehaltenen Punkte.
für Füllstäbe: $s_K = l$

Fachwerkstäbe, die durch einen anderen Fachwerkstab gestützt werden:
Knicken in Fachwerkebene: $s_K = l$ (Netzlänge)
Knicken ⊥ Fachwerkebene: $s_K$ nach Tafel 25.

An der Kreuzungsstelle müssen beide Fachwerkstäbe unmittelbar oder über ein Knotenblech miteinander verbunden werden; wenn beide Stäbe durchlaufen, ist deren Verbindung für eine rechtwinklig zur Fachwerkebene wirkende Kraft von 10% der größeren Druckkraft zu bemessen.

Auf $N_1$ bezogene Knicklängenbeiwerte $\beta_K$ für Druckstäbe mit veränderlicher Normalkraft bei konstantem Querschnitt s. Tafel 24. Weitere Angaben s. Abschn. 3.2.1, [7] und [35].

**Tafel 24 Knicklängenbeiwerte $\beta_K$ für Druckstäbe mit gleichbleibendem Querschnitt und veränderlicher Normalkraft**

| Zeile | Normalkraftverteilung | Lagerungsbedingungen der Stabenden   | 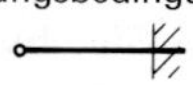 | 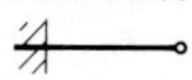 | 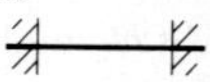 |
|---|---|---|---|---|---|
| 1 | 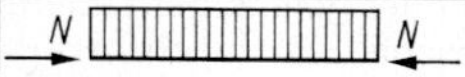 N, N | 1 | 0,7 | 0,7 | 0,5 |
| 2 | 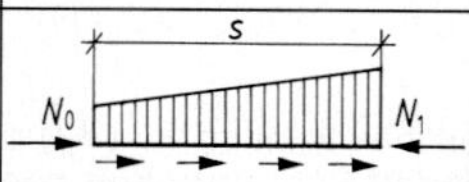 s, $N_0$, $N_1$ | $\sqrt{\frac{1+0{,}88\frac{N_0}{N_1}}{1{,}88}}$ | $\sqrt{\frac{1+1{,}65\frac{N_0}{N_1}}{5{,}42}}$ | $\sqrt{\frac{1+0{,}51\frac{N_0}{N_1}}{3{,}09}}$ | $\sqrt{\frac{1+0{,}93\frac{N_0}{N_1}}{7{,}72}}$ |
| 3 | 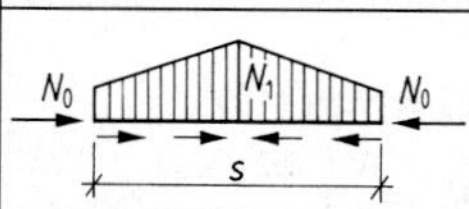 $N_0$, $N_1$, $N_0$, s | $\sqrt{\frac{1+2{,}18\frac{N_0}{N_1}}{3{,}18}}$ * | 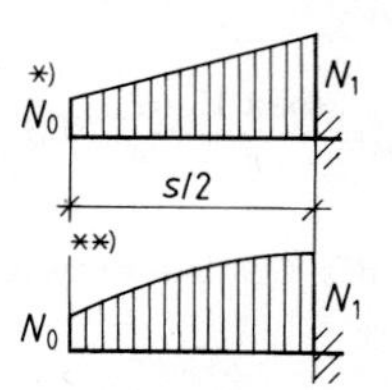 *) $N_0$, $N_1$, s/2; **) $N_0$, $N_1$ | | $\sqrt{\frac{1+0{,}93\frac{N_0}{N_1}}{7{,}72}}$ |
| 4 | 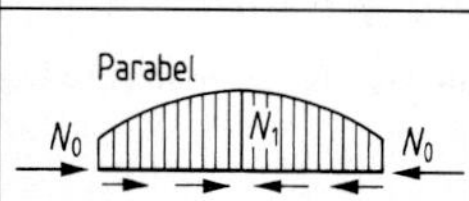 Parabel, $N_0$, $N_1$, $N_0$ | $\sqrt{\frac{1+1{,}09\frac{N_0}{N_1}}{2{,}09}}$ ** | | | $\sqrt{\frac{1+0{,}35\frac{N_0}{N_1}}{5{,}40}}$ |
| 5 | 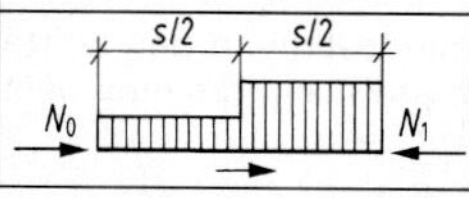 s/2, s/2, $N_0$, $N_1$ | $0{,}75+0{,}25\frac{N_0}{N_1}$ | – | – | – |

Die Zeilen 2, 3 und 4 gelten auch, wenn $N_0$ eine Zugkraft ist mit $N_0 \leqq 0{,}2 \cdot |N_1|$; in den Formeln ist dann + durch – zu ersetzen. Die Formeln *) und **) gelten auch für den einseitig eingespannten Stab. Für s ist dann die doppelte Stablänge einzusetzen.

**Tafel 25 Knicklängen von Fachwerkstäben mit konstanten Querschnitten für das Ausweichen rechtwinklig zur Fachwerkebene**

| | 1 | 2 | 3 |
|---|---|---|---|
| 1 | 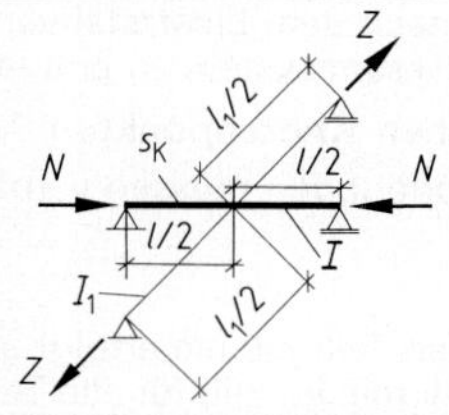 | $s_K = l\sqrt{\dfrac{1-\frac{3}{4}\frac{Z\cdot l}{N\cdot l_1}}{1+\frac{I_1\cdot l^3}{I\cdot l_1^3}}}$<br>jedoch $s_K \ge 0{,}5\, l$ | |
| 2 | 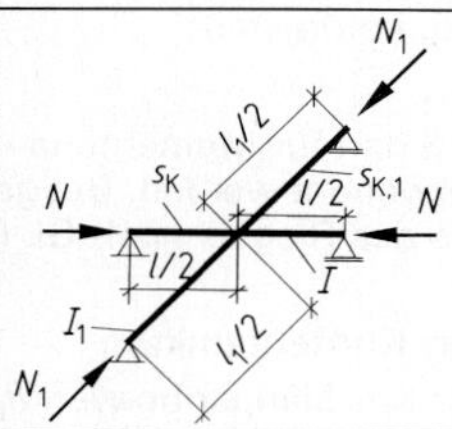 | $s_K = l\sqrt{\dfrac{1+\frac{N_1\cdot l}{N\cdot l_1}}{1+\frac{I_1\cdot l^3}{I\cdot l_1^3}}}$<br>jedoch $s_K \ge 0{,}5\, l$ | $s_{K,1} = l_1\sqrt{\dfrac{1+\frac{N\cdot l_1}{N_1\cdot l}}{1+\frac{I\cdot l_1^3}{I_1\cdot l^3}}}$<br>jedoch $s_{K,1} \ge 0{,}5\, l_1$ |
| 3 | 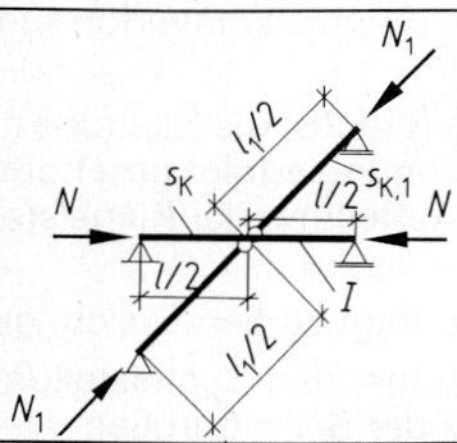 | durchlaufender Druckstab<br>$s_K = l\sqrt{1+\frac{\pi^2}{12}\cdot\frac{N_1\cdot l}{N\cdot l_1}}$ | gelenkig angeschlossener Druckstab<br>$s_{K,1} = 0{,}5\, l_1$<br>wenn<br>$(E\cdot I)_d \ge \frac{N_1\cdot l^3}{\pi^2\cdot l_1}\left(\frac{\pi^2}{12}+\frac{N\cdot l_1}{N_1\cdot l}\right)$ |
| 4 | 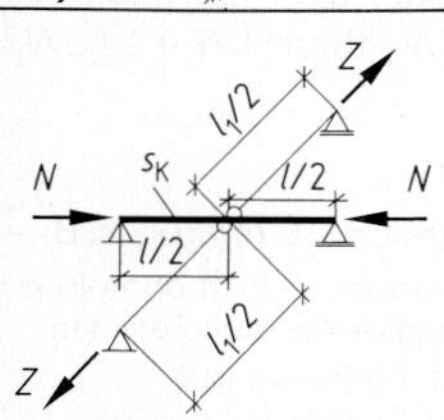 | $s_K = l\sqrt{1-0{,}75\,\frac{Z\cdot l}{N\cdot l_1}}$<br>jedoch $s_K \ge 0{,}5\, l$ | |
| 5 | 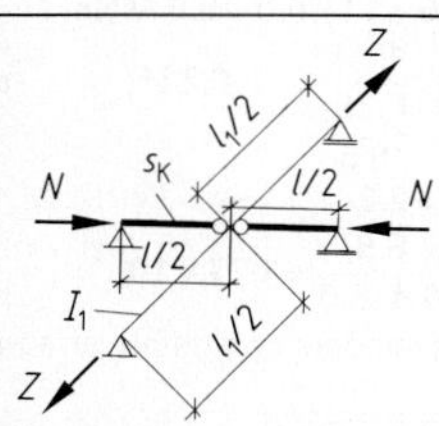 | $s_K = 0{,}5\, l$<br>wenn $\frac{N\cdot l_1}{Z\cdot l} \le 1$<br>oder wenn gilt<br>$(E\cdot I_1)_d \ge \frac{3Z\cdot l_1^2}{4\pi^2}\left(\frac{N\cdot l_1}{Z\cdot l}-1\right)$ | |
| 6 | 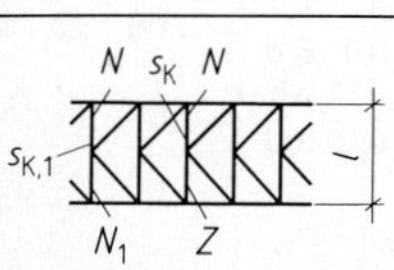 | $s_K = l\left(0{,}75-0{,}25\left\|\frac{Z}{N}\right\|\right)$<br>jedoch $s_K \ge 0{,}5\, l$ | $s_{K,1} = l\left(0{,}75+0{,}25\,\frac{N_1}{N}\right)$<br>$N_1 < N$ |

### 3.4.2 Rahmen

Mit $\eta_{Ki}$ nach Gl. (7) erfolgt die Berechnung für

$\eta_{Ki} \geqq 10$ nach Theorie I. Ordnung

$\eta_{Ki} < 10$ nach Theorie II. Ordnung oder vereinfacht nach dem Ersatzstabverfahren entsprechend Abschnitt 3.2; $s_K$ ist am Gesamtsystem zu ermitteln.

**a) Rahmen und Durchlaufträger mit unverschieblichen Knotenpunkten**

Das System muß unverschieblich, die Normalkraftverformungen müssen vernachlässigbar sein. Kriterien s. Normblatt.

**Berechnung von $s_K$** näherungsweise nach Bild 27.

Die Aufteilung der Riegelsteifigkeiten auf die einstieligen Teilsysteme erfolgt iterativ, bis $\eta_{Ki}$ in allen Teilsystemen möglichst gleich groß ist. min $\eta_{Ki}$ gilt für alle Teilsysteme; daher ist $\beta$ für den Stiel j im Teilsystem r noch zu korrigieren:

$$\beta_j = \beta_r \sqrt{\eta_{Ki,r}/\min \eta_{Ki}} \qquad (72)$$

Beim Biegeknicknachweis der Stiele nach Abschn. 3.2.3 darf für Momentenanteile aus Querlast auf den Riegeln $\beta_m$ aus Tafel 23, Zeile 2 verwendet werden. Bei geringen Druckkräften im Riegel darf max $M$ beim Nachweis des Riegels nach Gl. (57) mit dem Faktor $(1 - 0{,}8/\eta_{Ki})$ abgemindert werden.

**b) Rahmen und Durchlaufträger mit verschieblichen Knotenpunkten**

Beim Nachweis nach dem Ersatzstabverfahren kann der Knicklängenbeiwert $\beta_K$ für den mit $F$ belasteten Stiel nach Tafel 26 ermittelt werden (Normalkraftverformungen vernachlässigt).

Angenäherte Berechnung anderer Rahmenformen nach Bild 28; die Stielfüße müssen gleich hoch und gleichartig gelagert sein. Die Berechnung erfolgt geschoßweise, ebenso die eventuelle Zerlegung in Teilsysteme mit Aufteilung der Riegelsteifigkeiten auf das jeweils obere und untere Geschoß.

Vorhandene Pendelstützen sind bei allen Verfahren wie folgt zu berücksichtigen:

- Ansatz von Horizontalkräften der Pendelstützen infolge ihrer Schiefstellung $\varphi_0$ (Taf. 16 und Bild 16d) bei der Berechnung der Schnittgrößen.
- Bei der Ermittlung von $\eta_{Ki}$ und $\beta_j$ nach Bild 28 ist $\Sigma N_j$ durch $\Sigma N_j + \Sigma l_S \cdot N_i/l_i$ zu ersetzen.

$N_i$, $l_i$ Druckkraft und Länge der einzelnen Pendelstützen
$l_S$ Stockwerkhöhe

Für die Berechnung von Knicklängen gibt es umfangreiche Literatur, z. B. [35].

**Beispiel 1** (Bild 26) Die Knicklängen der Stiele des verschieblichen Rahmens, jedoch ohne Belastung der Pendelstütze, sind mit Hilfe von Bild 28 näherungsweise zu berechnen.

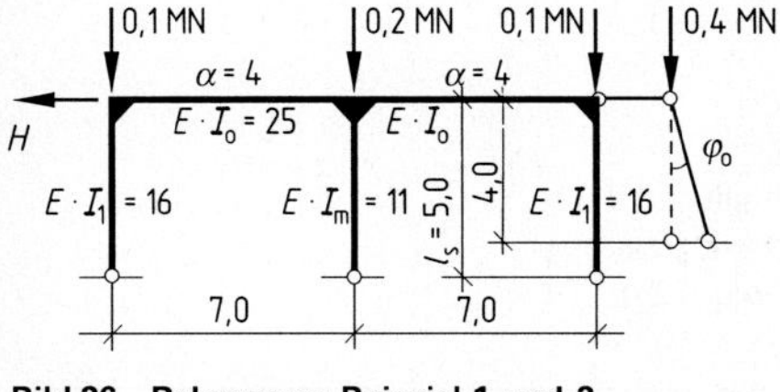


**Bild 26 Rahmen zu Beispiel 1 und 2**

$N = 2 \cdot 0{,}1 + 0{,}2 = 0{,}4$ MN

$E \cdot K_S = (2 \cdot 16 + 11)/5{,}0 = 8{,}6$ MNm

$c_0 = \dfrac{1}{1 + \dfrac{2 \cdot 4 \cdot 25/7{,}0}{8{,}6}} = 0{,}231; \qquad c_u = 1$

Bild 28: $\beta = 2{,}2$

$\eta_{Ki} = \left(\dfrac{\pi}{2{,}2}\right)^2 \cdot \dfrac{8{,}6}{0{,}4 \cdot 5{,}0} = 8{,}77 < 10$

Berechnung mit dem Ersatzstabverfahren ist erforderlich.

$\beta_1 = 2{,}2 \cdot \sqrt{\dfrac{0{,}4 \cdot 16/5{,}0}{0{,}1 \cdot 8{,}6}} = 2{,}68 \quad (2{,}79)$

$\beta_m = 2{,}2 \cdot \sqrt{\dfrac{0{,}4 \cdot 11/5{,}0}{0{,}2 \cdot 8{,}6}} = 1{,}57 \quad (1{,}64)$

Klammerwerte aus der Berechnung nach Tafel 26.

$s_{K1} = 2{,}68 \cdot 5{,}0 = 13{,}4$ m $\qquad s_{Km} = 1{,}57 \cdot 5{,}0 = 7{,}85$ m

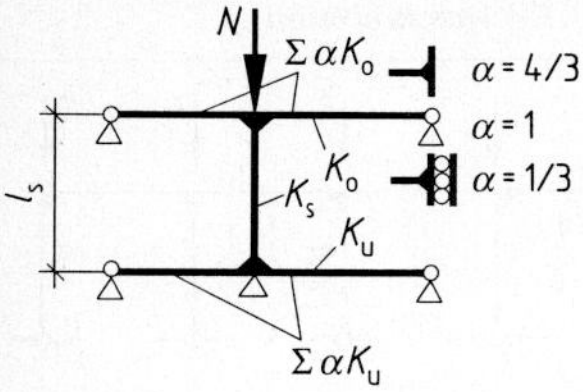


$$c_o = \frac{1}{1 + \frac{\Sigma \alpha K_o}{K_S}}, \quad c_u = \frac{1}{1 + \frac{\Sigma \alpha K_u}{K_S}}$$

$\beta$ aus Diagramm

$$\eta_{Ki} = \frac{N_{Ki}}{N} = \left(\frac{\pi}{\beta}\right)^2 \frac{EK_S}{Nl_S}$$

$$s_K = \beta l_S$$

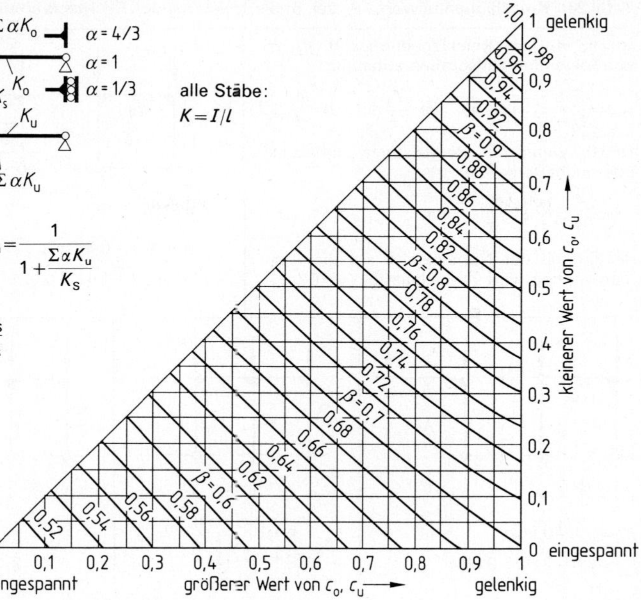


Sonderfälle

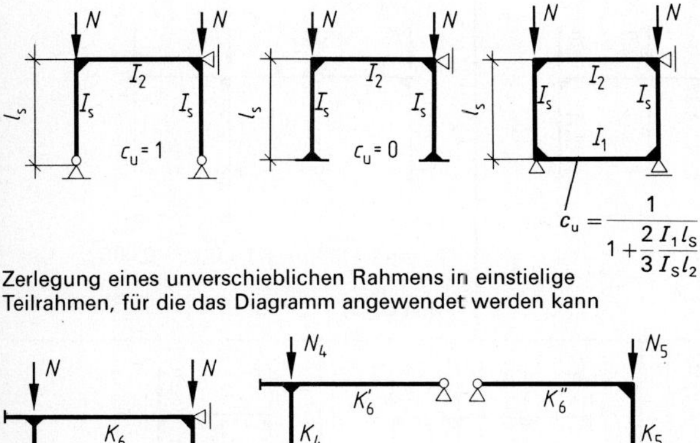


$$c_u = \frac{1}{1 + \frac{2}{3}\frac{I_1 l_S}{I_S l_2}}$$

für alle drei Fälle

$$c_o = \frac{1}{1 + \frac{2}{3}\frac{I_2 l_S}{I_S l_2}}$$

$$s_K = \beta l_S$$

$$\eta_{Ki} = \frac{\left(\frac{\pi}{\beta l_S}\right)^2 EI_S}{N}$$

Zerlegung eines unverschieblichen Rahmens in einstielige Teilrahmen, für die das Diagramm angewendet werden kann

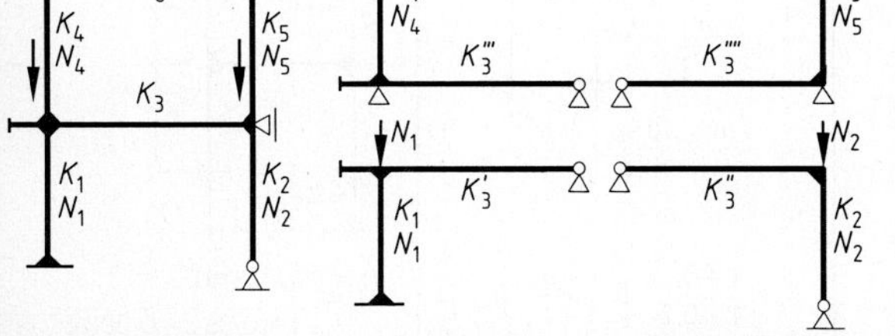


$K'_6 + K''_6 = K_6$

$K'_3 + K''_3 + K'''_3 + K''''_3 = K_3$

(Aufteilung von $K_3$ und $K_6$ beliebig)

**Bild 27 Diagramm zur Bestimmung des Verzweigungslastfaktors $\eta_{Ki}$ und der Knicklänge $s_K$ für Stiele unverschieblicher Rahmen mit $\varepsilon_{Riegel} \leqq 0{,}3$**

# Tafel 26 Knicklängenbeiwerte $\beta_K$ der Stiele freistehender Rechteckrahmen

$s_K = \beta_K \cdot h$. Der Knicklängenbeiwert $\beta_K$ ist von folgenden Hilfsgrößen abhängig:

$$c = \frac{I \cdot b}{I_0 \cdot h} \leqq 10\ (\leqq 5) \qquad m = \frac{F_1}{F} \leqq 1 \qquad n = \frac{F_2}{F} \leqq 2$$

($n = 0$, wenn die Pendelstütze unbelastet oder nicht vorhanden ist).

$$p = \frac{F_m}{F} \qquad t = \frac{I_m}{I};$$

der Einfluß der Normalkräfte auf die Rahmenwirkung wird vernachlässigt ($\alpha = 0$).

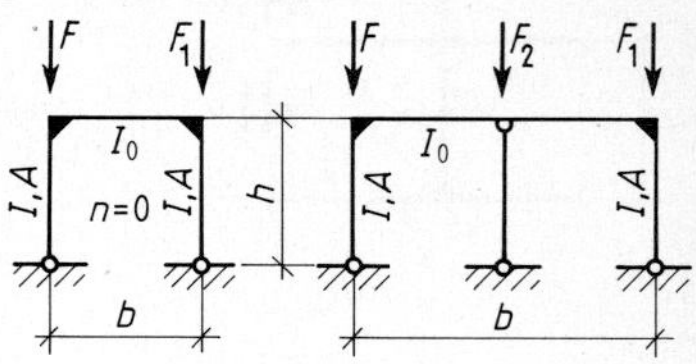


$$\beta_K = \sqrt{1 + 0{,}48\,n} \cdot \sqrt{\tfrac{1}{2}(1+m)} \cdot \sqrt{4 + 1{,}4\,c + 0{,}02\,c^2}$$

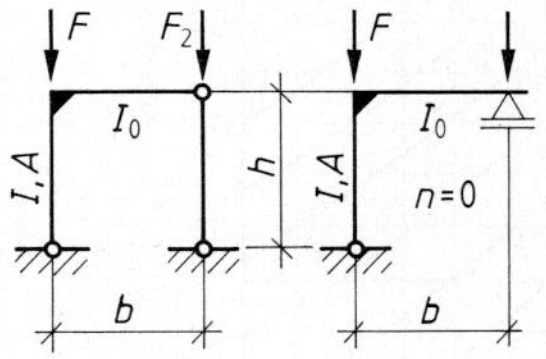


$$\beta_K = \sqrt{1 + 0{,}96\,n} \cdot \sqrt{4 + 2{,}8\,c + 0{,}08\,c^2}$$

(mit $c \leqq 5$)

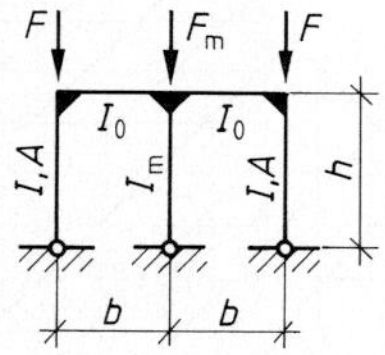


$$\beta_K = \frac{6 + 1{,}2\,c}{3 + 0{,}1\,c}\sqrt{\frac{2+p}{2+t}} \leqq 6$$

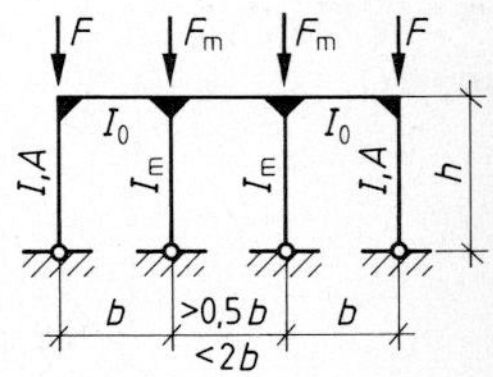


$$\beta_K = \frac{6 + 1{,}2\,c}{3 + 0{,}1\,c}\sqrt{\frac{1+p}{1+t}} \leqq 6$$

$$\beta_m = \beta_K \sqrt{t/p}$$

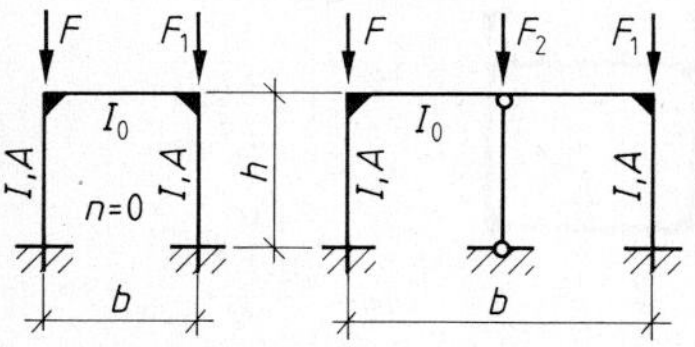


$$\beta_K = \sqrt{1 + 0{,}43\,n} \cdot \sqrt{\tfrac{1}{2}(1+m)} \cdot \sqrt{1 + 0{,}35\,c - 0{,}017\,c^2}$$

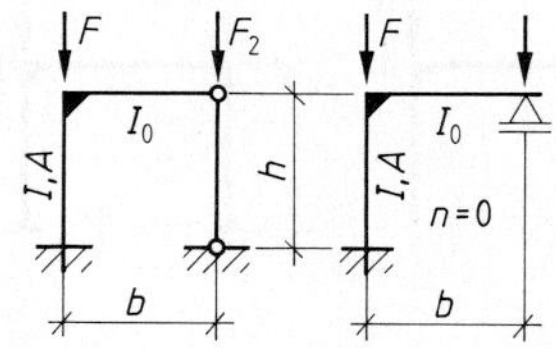


$$\beta_K = \sqrt{1 + 0{,}86\,n} \cdot \sqrt{1 + 0{,}7\,c - 0{,}068\,c^2}$$

(mit $c \leqq 5$)

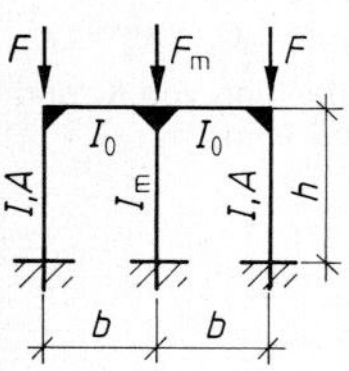


$$\beta_K = \frac{1 + 0{,}4\,c}{1 + 0{,}2\,c}\sqrt{\frac{2+p}{2+t}} \leqq 3$$

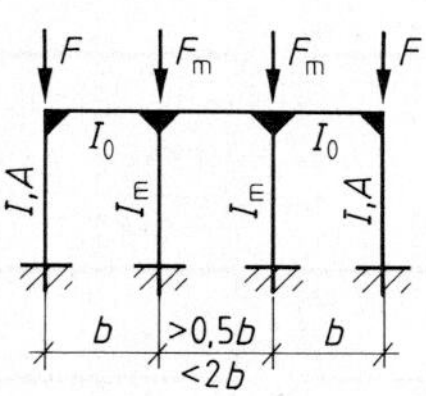


$$\beta_K = \frac{1 + 0{,}4\,c}{1 + 0{,}2\,c}\sqrt{\frac{1+p}{1+t}} \leqq 3$$

$$\beta_m = \beta_K \sqrt{t/p}$$

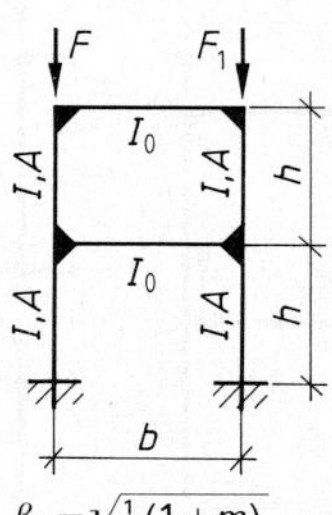


$$\beta_K = \sqrt{\tfrac{1}{2}(1+m)} \cdot \sqrt{1 + 0{,}89\,c - 0{,}003\,c^3}$$

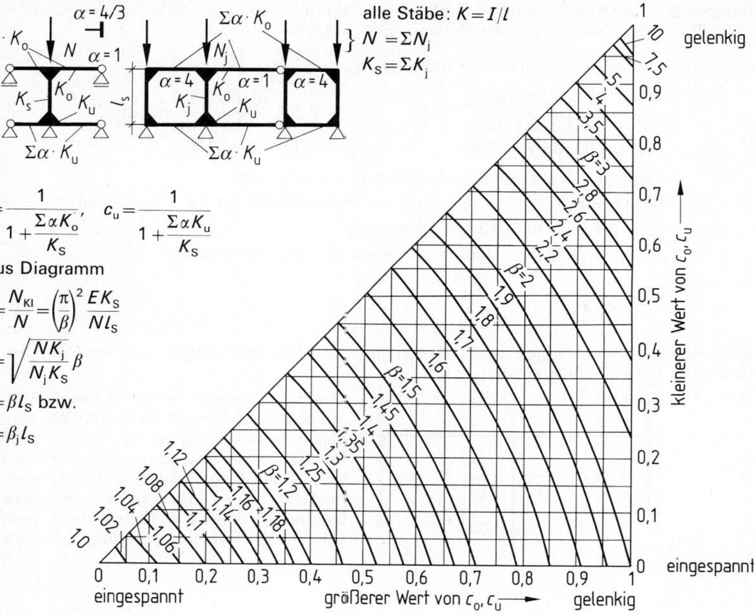


alle Stäbe: $K = I/l$

$N = \Sigma N_j$, $K_S = \Sigma K_j$

$$c_o = \frac{1}{1 + \frac{\Sigma\alpha K_o}{K_S}}, \quad c_u = \frac{1}{1 + \frac{\Sigma\alpha K_u}{K_S}}$$

$\beta$ aus Diagramm

$$\eta_{Ki} = \frac{N_{Ki}}{N} = \left(\frac{\pi}{\beta}\right)^2 \frac{EK_S}{N l_S}$$

$$\beta_j = \sqrt{\frac{N K_j}{N_j K_S}}\,\beta$$

$s_K = \beta l_S$ bzw.

$s_{Kj} = \beta_j l_S$

Sonderfälle

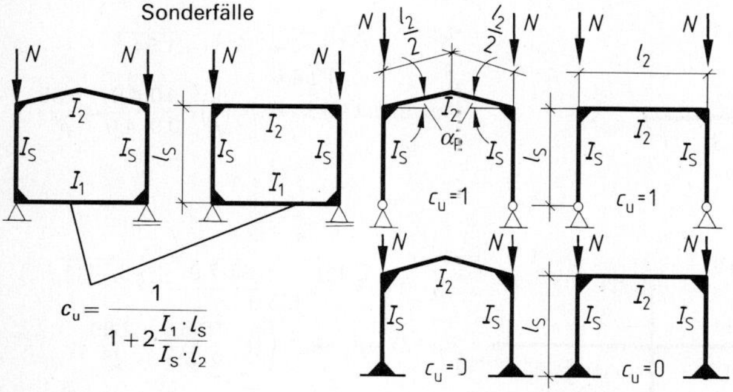


$$c_u = \frac{1}{1 + 2\frac{I_1 \cdot l_S}{I_S \cdot l_2}}$$

für alle sechs Fälle

$$c_o = \frac{1}{1 + 2\frac{I_2 \cdot l_S}{I_S \cdot l_2}}$$

$s_K = \beta l_S$

$$\eta_{Ki} = \frac{N_{Ki}}{N} = \frac{\left(\frac{\pi}{\beta l_S}\right)^2 E I_S}{N}$$

unabhängig von $\alpha_R$

Mehrgeschossiger Rahmen: die Formeln für $c_o$, $c_u$ sind zu ersetzen durch

betrachtetes Stockwerk

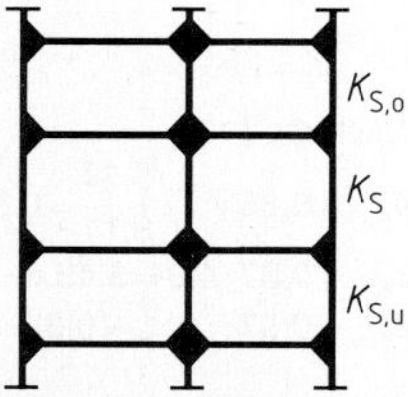


$$c_o = \frac{1}{1 + \frac{\Sigma\alpha K_o}{K_S + K_{S,o}}}$$

$$c_u = \frac{1}{1 + \frac{\Sigma\alpha K_u}{K_S + K_{S,u}}}$$

**Bild 28 Diagramm zur Bestimmung des Verzweigungslastfaktors $\eta_{Ki}$ und der Knicklänge $s_K$ für Stiele verschieblicher Rahmen mit $\varepsilon_{Riegel} \leqq 0{,}3$**

**Beispiel 2** (Bild 26) Die Knicklängen sind mit Berücksichtigung der Pendelstütze zu berechnen.
Aus Beispiel 1 übernommen: $E \cdot K_S = 8{,}6$ MNm; $\beta = 2{,}2$

$$N = 0{,}4 + 0{,}4 \cdot 5{,}0/4{,}0 = 0{,}9 \text{ MN}; \quad \eta_{Ki} = \left(\frac{\pi}{2{,}2}\right)^2 \cdot \frac{8{,}6}{0{,}9 \cdot 5{,}0} = 3{,}90$$

$$\beta_1 = 2{,}2 \cdot \sqrt{\frac{0{,}9 \cdot 16/5{,}0}{0{,}1 \cdot 8{,}6}} = 4{,}03 \qquad \beta_m = 2{,}2 \cdot \sqrt{\frac{0{,}9 \cdot 11/5{,}0}{0{,}2 \cdot 8{,}6}} = 2{,}36$$

$$s_{K1} = 4{,}03 \cdot 5{,}0 = 20{,}1 \text{ m} \qquad s_{Km} = 2{,}36 \cdot 5{,}0 = 11{,}8 \text{ m}$$

Horizontalkraft aus Schiefstellung der Pendelstütze:
Mit $r_1 = 1$ und $r_2 = (1 + \sqrt{1/3})/2 = 0{,}789$ wird nach Taf. 16: $\varphi_0 = 0{,}789/200 = 1/254$
$H = 0{,}4/254 = 0{,}0016$ MN (Bild 16d).
$H$ ist zusätzlich zu den übrigen Einwirkungen anzusetzen.

**Beispiel 3** (Bild 29) Die Knicklängen der Stiele des unverschieblichen Rahmens sind mit Hilfe des Bildes 27 zu berechnen.

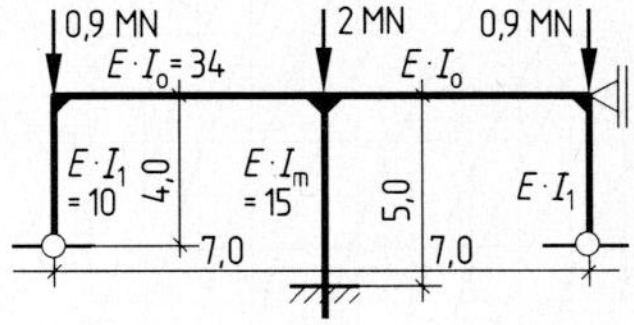


Das Rahmensystem wird in einstielige Teilsysteme zerlegt. Wegen der Symmetrie von System und Belastung genügt es, zwei Stiele zu betrachten. Die Steifigkeit des Riegels wird auf die beiden Teilsysteme aufgeteilt; der Teilungsfaktor $\xi$ wird so lange verändert, bis $\eta_{Ki}$ in beiden Systemen angenähert gleich groß ist. Die iterative Berechnung erfolgt tabellarisch.

Teilsystem 1:

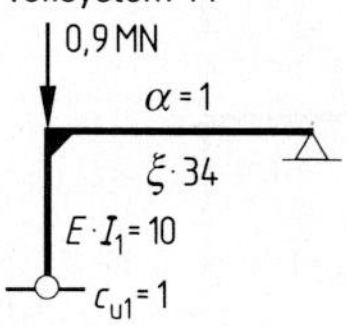


$$c_{01} = \frac{1}{1 + \dfrac{1 \cdot 1 \cdot \xi \cdot 34/7{,}0}{10/4{,}0}} = \frac{1}{1 + 1{,}94\,\xi}$$

Aus Bild 27 $\rightarrow \beta_1 \rightarrow \eta_{Ki} = \left(\frac{\pi}{\beta}\right)^2 \cdot \frac{10/4{,}0}{0{,}9 \cdot 4{,}0} = \frac{6{,}85}{\beta^2}$

Teilsystem 2:

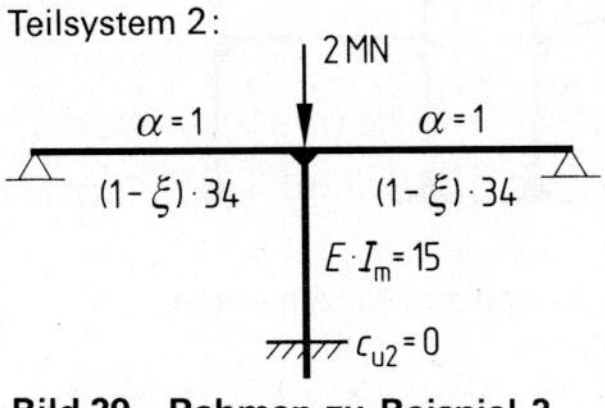


$$c_{02} = \frac{1}{1 + \dfrac{2 \cdot 1 \cdot (1-\xi)\,34/7{,}0}{15/5{,}0}} = \frac{1}{1 + 3{,}24\,(1-\xi)}$$

Bild 27 $\rightarrow \beta_2 \rightarrow \eta_{Ki} = \left(\frac{\pi}{\beta}\right)^2 \cdot \frac{15/5{,}0}{2 \cdot 5{,}0} = \frac{2{,}96}{\beta^2}$

**Bild 29 Rahmen zu Beispiel 3**

| $\xi$ | Teilsystem 1 | | | Teilsystem 2 | | |
|---|---|---|---|---|---|---|
| | $c_{01}$ | $\beta_1$ | $\eta_{Ki,1}$ | $c_{02}$ | $\beta_2$ | $\eta_{Ki,2}$ |
| 0,5 | 0,508 | 0,843 | 9,64 | 0,382 | 0,58 | **8,80** |
| 0,3 | 0,632 | 0,883 | **8,79** | 0,306 | 0,562 | 9,37 |
| 0,4 | 0,563 | 0,861 | 9,24 | 0,340 | 0,57 | **9,11** |

Nach Gl. (72):

$$\beta_{K,1} = 0{,}861 \cdot \sqrt{\frac{9{,}24}{9{,}11}} = 0{,}87$$

$$s_{K,1} = 0{,}87 \cdot 4{,}0 = 3{,}48 \text{ m}$$

$$\beta_{K,m} = 0{,}57; \quad s_{K,m} = 0{,}57 \cdot 5{,}0 = 2{,}85 \text{ m}$$

# 4 Plattenbeulen nach DIN 18800 T3 [8]

## a) Definitionen

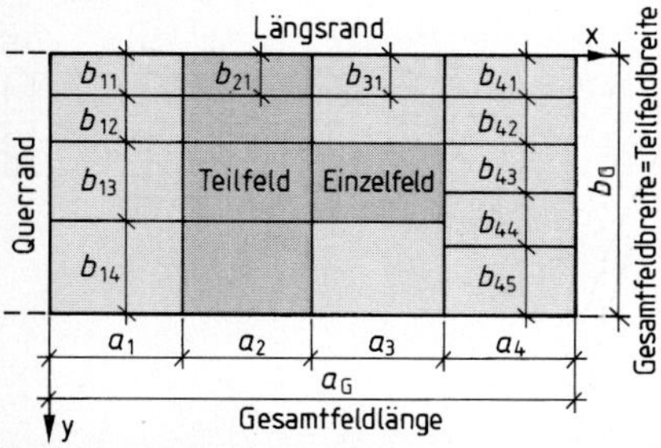


**Bild 30 Definition der Beulfelder**
Gesamtfeld = Feld $a_G \cdot b_G$
Teilfelder = Felder $a_i \cdot b_G$
Einzelfelder = Felder $a_i \cdot b_{ik}$

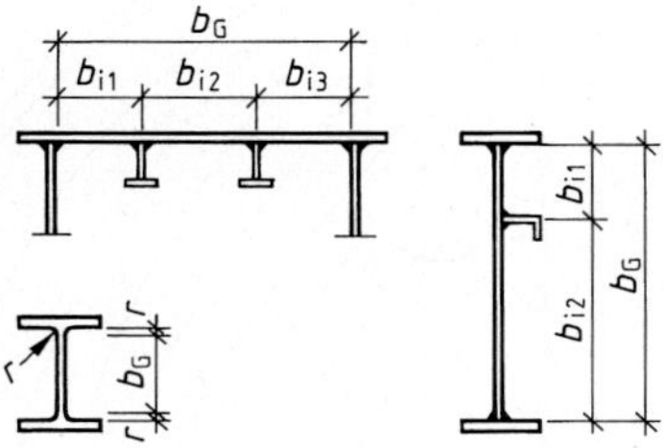


**Bild 31 Maßgebende Querrandlänge $b_G$**

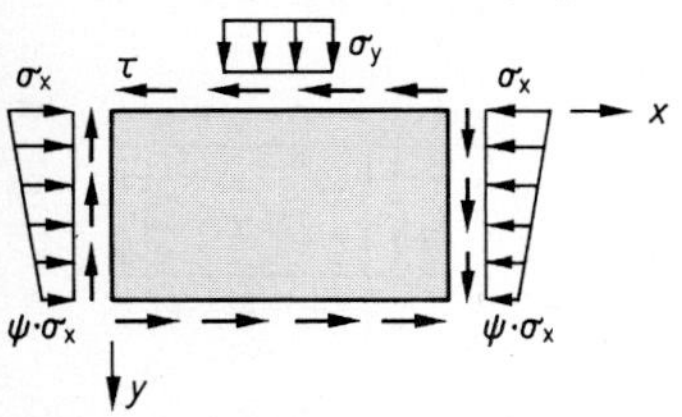


**Bild 32 Spannungen im Beulfeld**

Es bedeuten:

$a$ Längsrandlänge, $b$ Querrandlänge eines Beulfeldes, $\alpha = a/b$ Seitenverhältnis

$\mu =$ 0,3 Querdehnzahl, $f_{y,k}$ Streckgrenze des Plattenwerkstoffs (s. Tafel 4)

$t$ Plattendicke

$\sigma_1$ größte Drucknormalspannung am Rand des untersuchten Beulfeldes (positiv)

$\sigma_2$ Normalspannung am anderen Beulfeldrand (als Zugspannung negativ)

$\psi = \sigma_2/\sigma_1$ Randspannungsverhältnis

$\boldsymbol{\tau = Q/(b_G \cdot t)}$ über die Breite $b_G$ oder $b_{ik}$ konstant angenommene Schubspannung

## b) Spannungen infolge Einwirkungen

Sie sind mit den Bemessungswerten der Einwirkungen und mit den geometrisch vorhandenen Querschnittsflächen nach Abschn. 2.2.3 zu ermitteln.

Sind $\sigma_x$ oder $\tau$ bei gleichbleibenden Plattenkennwerten über die Beulfeldlänge $a$ veränderlich, sind in der Regel Nachweise mit den einander zugeordneten Spannungen (max $\sigma_x$, $\tau$) und (max $\tau$, $\sigma_x$) zu führen. Diese Spannungszustände sind in der Regel konstant über die Länge $a$ anzunehmen.

Treten max $\sigma_x$ oder max $\tau$ an Querrändern auf, dürfen anstelle der Größtwerte die Spannungen in Beulfeldmitte benutzt werden, jedoch nicht weniger als die Spannungswerte im Abstand $b/2$ vom Querrand mit dem jeweiligen Größtwert und nicht weniger als der Mittelwert der über der Beulfeldlänge $a$ vorh. Spannungen.

Bei über die Beulfeldlänge veränderlichen Plattenkennwerten sind zusätzliche Nachweise mit den Plattenkennwerten und den Spannungen an den Querrändern und an den Stellen der Veränderungen zu führen.

## 4.1 Beulsicherheitsnachweise

### 4.1.1 Vereinfachte Nachweise

**Ohne Nachweise** bleiben

- Stege von Walzprofilen mit den Bedingungen nach Tafel 27.
- Platten, deren Ausbeulen durch angrenzende Bauteile verhindert wird.
- Durch $\sigma_x$ und $\tau$ beanspruchte, unversteifte Platten mit gedrungenen Querschnitten, für die $b/t \leqq 0{,}64\sqrt{k_{\sigma x} \cdot E/f_{y,k}}$ ist.

**Tafel 27 Stege von Walzprofilen ohne Beulsicherheitsnachweis bei Beanspruchung durch $\sigma_x$ und $\tau$**

| Profil | $f_{y,k}$ in N/mm² | $\psi = \sigma_2/\sigma_1$ |
|---|---|---|
| I, U | $\leqq 360$ | beliebig |
| HE-A, HE-B, | 240 | $\leqq 0{,}7$ |
| HE-M, IPE | 360 | $\leqq 0{,}4$ |

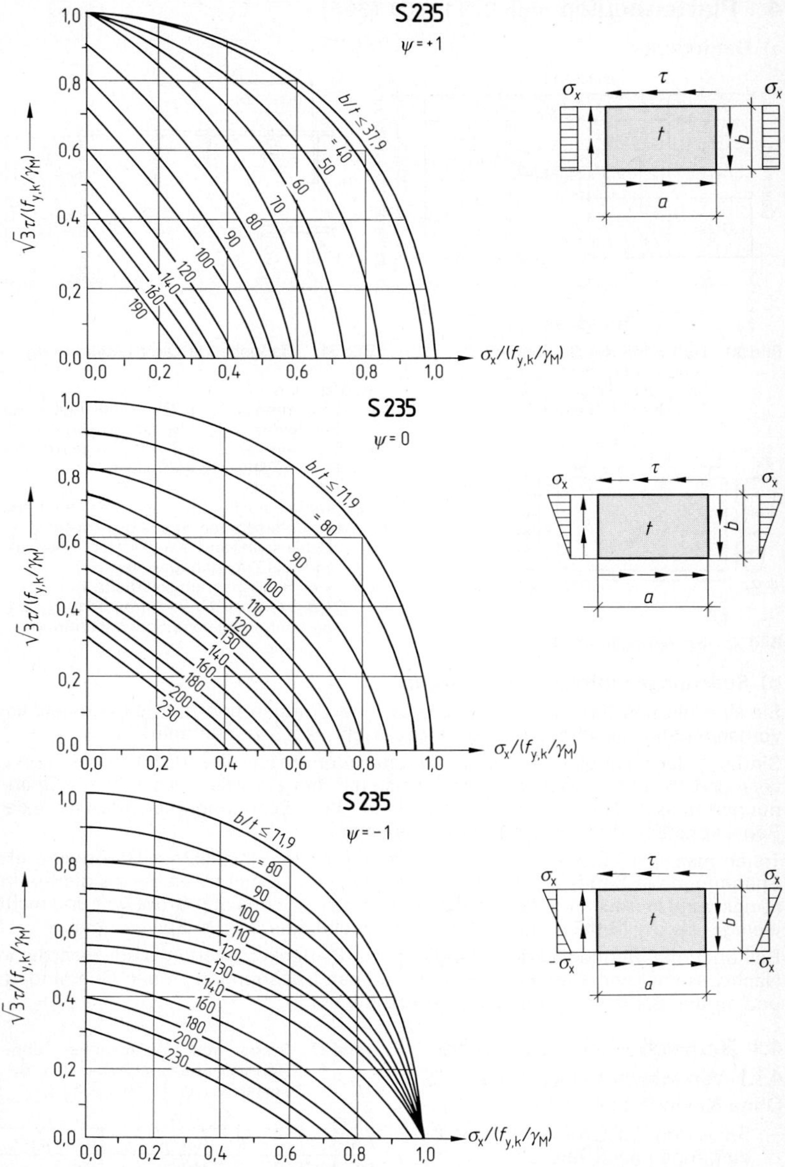


**Bild 33 Beulsicherheitsnachweis für unversteifte Platten aus Stahl S235 (S355) bei Beanspruchung durch $\sigma_x$ und $\tau$ durch Nachweis von grenz$(b/t)$**

[1]) Voraussetzungen: $\sigma_y = 0$, $\gamma_M = 1{,}1$, $\alpha = a/b \geqq 1$; kein knickstabähnliches Verhalten, kein Beulknicken. Der Nachweis mit dem vorhandenen $\alpha$ kann günstiger sein.

**Bild 33**, Fortsetzung

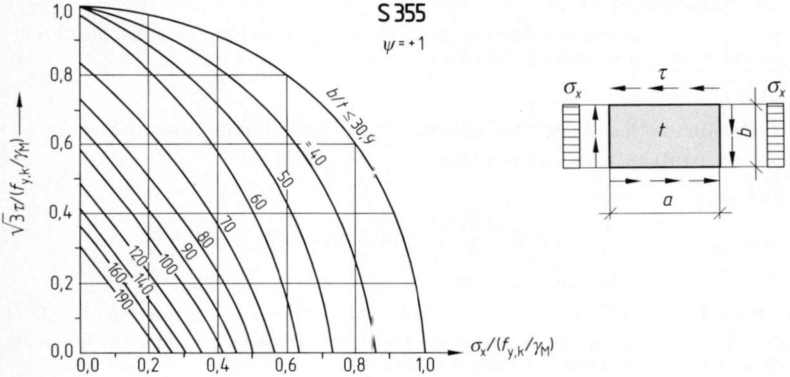


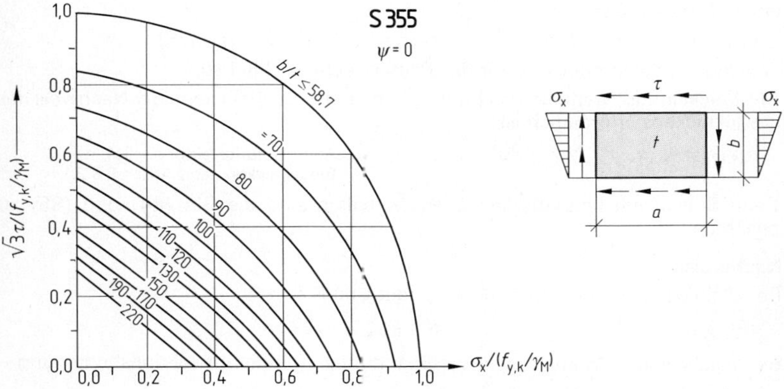


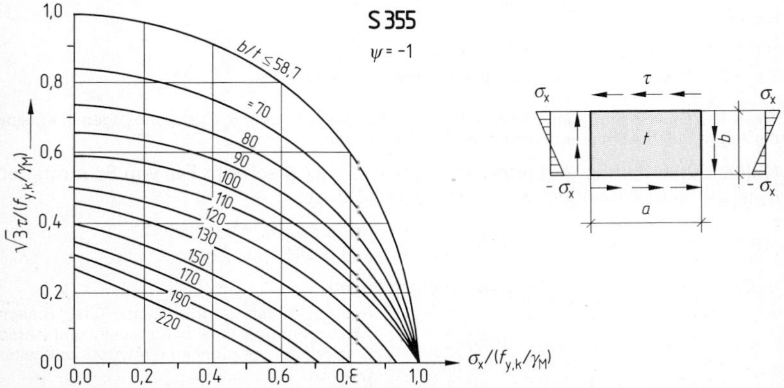

Nachweis durch Einhalten von $b/t$-Werten

$$b/t \leqq \text{grenz}(b/t) \quad (73)$$

grenz $(b/t)$ für unversteifte allseitig gelagerte Teil- und Gesamtfelder bei gleichzeitiger Wirkung von $\sigma_x$ und $\tau$ s. Bild 33.

### 4.1.2 Nachweise

Nachfolgende Nachweise beschränken sich auf unversteifte Gesamtfelder.

Es sind der Reihe nach zu berechnen:

Bezugsspannung

$$\sigma_e = \frac{\pi^2 \cdot E}{12(1-\mu^2)} \left(\frac{t}{b}\right)^2 = 18{,}98 \left(\frac{100\,t}{b}\right)^2 \quad \text{in N/mm}^2 \quad (74)$$

Ideale Einzelbeulspannungen:

$$\sigma_{xPi} = k_{\sigma x} \cdot \sigma_e \quad (75) \qquad \sigma_{yPi} = k_{\sigma y} \cdot \sigma_e \quad (76) \qquad \tau_{Pi} = k_\tau \cdot \sigma_e \quad (77)$$

Beulwerte $k$ bei alleiniger Wirkung von Randspannungen $\sigma_x$, $\sigma_y$ oder $\tau$ s. Tafeln 28, 29 und 11. Für ausgesteifte Platten s. [30].

Grenzbeulspannungen:

Ohne Knickeinfluß:

$$\sigma_{P,R,d} = \varkappa \cdot f_{y,k}/\gamma_M \quad (78) \qquad \tau_{P,R,d} = \varkappa_\tau \cdot f_{y,k}/(\sqrt{3} \cdot \gamma_M) \quad (79)$$

Abminderungsfaktoren $\varkappa$, $\varkappa_\tau$ für das Plattenbeulen s. Tafel 30.

Mit Knickeinfluß, wenn für das Bauteil, in dem das Beulfeld liegt, der Nachweis des Biegeknickens erforderlich ist:

$$\sigma_{xP,R,d} = \varkappa_K \cdot \varkappa_x \cdot f_{y,k}/\gamma_M \quad (80)$$

$\varkappa_K$ Abminderungsfaktor für das Biegeknicken nach Abschn. 3.2.1

Beim Beulen mit knickstabähnlichem Verhalten sind die Gln. (84) und (85) zu beachten.

### Nachweise

Bei alleiniger Wirkung von $\sigma_x$ oder $\sigma_y$ oder $\tau$ muß sein:

$$\sigma/\sigma_{P,R,d} \leqq 1 \quad (81) \qquad \tau/\tau_{P,R,d} \leqq 1 \quad (82)$$

Bei gleichzeitiger Wirkung mehrerer Spannungen gilt die Interaktionsbedingung

$$\left(\frac{|\sigma_x|}{\sigma_{xP,R,d}}\right)^{e_1} + \left(\frac{|\sigma_y|}{\sigma_{yP,R,d}}\right)^{e_2} - V\left(\frac{|\sigma_x \cdot \sigma_y|}{\sigma_{xP,R,d} \cdot \sigma_{yP,R,d}}\right) + \left(\frac{\tau}{\tau_{P,R,d}}\right)^{e_3} \leqq 1 \quad (83)$$

Hierin bedeuten:

$e_1 = 1 + \varkappa_x^4$; $e_2 = 1 + \varkappa_y^4$; $e_3 = 1 + \varkappa_x \cdot \varkappa_y \cdot \varkappa_\tau^2$

$V = (\varkappa_x \cdot \varkappa_y)^6$ wenn $\sigma_x$ und $\sigma_y$ Druckspannungen sind, sonst $V = \frac{\sigma_x \cdot \sigma_y}{|\sigma_x \cdot \sigma_y|}$.

Wenn einzelne Spannungen nicht vorhanden oder wenn $\sigma_x$ oder $\sigma_y$ Zugspannungen sind, sind die zugehörigen Abminderungsfaktoren $\varkappa = 1$ zu setzen.

**Knickstabähnliches Verhalten** nicht ausgesteifter Bleche im Fall von Spannungen $\sigma_x$ ist zu berücksichtigen, wenn Gl. (84) erfüllt ist:

$$\varrho = \frac{\Lambda - \sigma_{Pi}/\sigma_{Ki}}{\Lambda - 1} \geqq 0 \quad (84)$$

mit $\sigma_{Pi}/\sigma_{Ki} = k_\sigma \cdot \alpha^2$, jedoch $\geqq 1$
und $\Lambda = \bar{\lambda}_P^2 + 0{,}5$, jedoch $2 \leqq \Lambda \leqq 4$

In Gl. (78) ist dann an Stelle von $\varkappa$ einzusetzen:

$$\varkappa_{PK} = (1 - \varrho^2)\,\varkappa + \varrho^2 \cdot \varkappa_K \quad (85)$$

mit $\varkappa$ nach Tafel 30 und $\varkappa_K$ aus Tafel 18 nach Knickspannungslinie b für einen gedachten Stab mit dem bezogenen Plattenschlankheitsgrad $\bar{\lambda}_P$.

**Tafel 28 Beulwerte $k$ für unversteifte Beulfelder**

| 1 | Belastung | | Ideale Beulspannung | Gültigkeitsbereich | Beulwert |
|---|---|---|---|---|---|
| 2 | Geradlinig verteilte Druckspannungen $0 \leqq \psi \leqq 1$ | 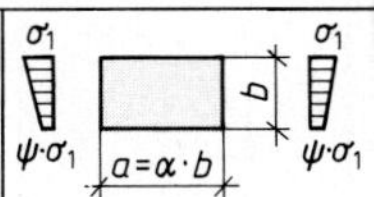 | $\sigma_{xPi} = k_\sigma \cdot \sigma_e$ | $\alpha \geqq 1$ | $k_\sigma = \dfrac{8{,}4}{\psi + 1{,}1}$ |
| | | | | $\alpha < 1$ | $k_\sigma = \left(\alpha + \dfrac{1}{\alpha}\right)^2 \cdot \dfrac{2{,}1}{\psi + 1{,}1}$ |
| 3 | Geradlinig verteilte Druck- und Zugspannungen mit überwiegendem Druck $-1 < \psi < 0$ | 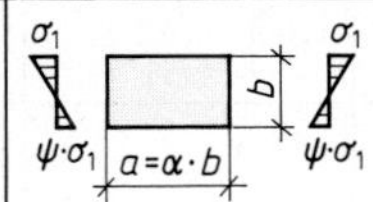 | $\sigma_{xPi} = k_\sigma \cdot \sigma_e$ | | $k_\sigma = (1 + \psi) \cdot k' - \psi \cdot k'' + 10\psi \cdot (1 + \psi)$, worin $k'$ den Beulwert für $\psi = 0$ (nach Reihe 2) und $k''$ den Beulwert für $\psi = -1$ (nach Reihe 4) bedeuten |
| 4 | Geradlinig verteilte Druck- und Zugspannungen mit gegengleichen Randwerten $\psi = -1$ oder mit überwiegendem Zug [1]) $\psi < -1$ | 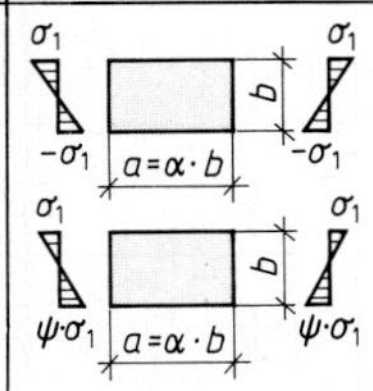 | $\sigma_{xPi} = k_\sigma \cdot \sigma_e$ | $\alpha \geqq \dfrac{2}{3}$ | $k_\sigma = 23{,}9$ |
| | | | | $\alpha < \dfrac{2}{3}$ | $k_\sigma = 15{,}87 + \dfrac{1{,}87}{\alpha^2} + 8{,}6\alpha^2$ |
| 5 | Gleichmäßig verteilte Schubspannungen | 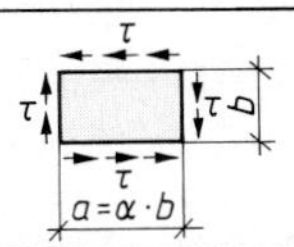 | $\tau_{Pi} = k_\tau \cdot \sigma_e$ | $\alpha \geqq 1$ | $k_\tau = 5{,}34 + \dfrac{4{,}00}{\alpha^2}$ |
| | | | | $\alpha < 1$ | $k_\tau = 4{,}00 + \dfrac{5{,}34}{\alpha^2}$ |

[1]) Bei der Berechnung des Seitenverhältnisses $\alpha$ und der Eulerspannung ist hier $b$ durch den ideellen Wert $b_i = 2b_D$ zu ersetzen, wobei $b_D < 0{,}5b$ die Breite der Druckzone ist. Dies ist jedoch nicht zulässig für die Berechnung des Beulwertes $k_\tau$ gleichzeitig wirkender Schubspannungen und der Bezugspannung $\sigma_e$ zur Ermittlung der Beulspannung $\tau_{Ki}$.

**Tafel 29 Beulwerte $k_{\sigma,y}$ für eine Einzellast in der Mitte des oberen Blechrandes** [36]

| $c/a$ | Seitenverhältnis $\alpha = a/b_G$ | | | | | | | | | | | |
|---|---|---|---|---|---|---|---|---|---|---|---|---|
| | 0,7 | 0,8 | 0,9 | 1,0 | 1,25 | 1,50 | 1,75 | 2,00 | 2,5 | 3,0 | 3,5 | 4,0 |
| 0,0 | 6,42 | 4,91 | 3,92 | 3,23 | 2,23 | 1,70 | 1,39 | 1,17 | 0,90 | 0,73 | 0,61 | 0,52 |
| 0,2 | 6,65 | 5,09 | 4,06 | 3,35 | 2,32 | 1,79 | 1,48 | 1,27 | 1,02 | 0,86 | 0,76 | 0,68 |
| 0,4 | 7,28 | 5,57 | 4,45 | 3,67 | 2,55 | 1,99 | 1,66 | 1,45 | 1,21 | 1,06 | 0,97 | 0,91 |
| 0,6 | 8,35 | 6,40 | 5,11 | 4,22 | 2,94 | 2,30 | 1,94 | 1,72 | 1,47 | 1,33 | 1,25 | 1,19 |
| 0,8 | 9,93 | 7,61 | 6,07 | 5,02 | 3,50 | 2,75 | 2,34 | 2,08 | 1,80 | 1,65 | 1,57 | 1,51 |
| 1,0 | 12,1 | 9,23 | 7,36 | 6,08 | 4,25 | 3,35 | 2,85 | 2,55 | 2,21 | 2,03 | 1,92 | 1,84 |

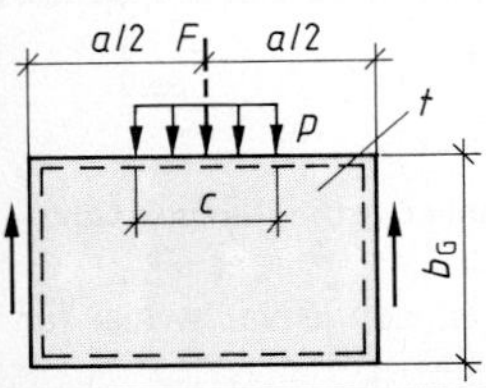


In den Beulsicherheitsnachweisen ist $\sigma_y = F/(a \cdot t)$

**Tafel 30 Abminderungsfaktoren $\varkappa$ (=bezogene Tragbeulspannungen) bei alleiniger Wirkung von $\sigma_x$, $\sigma_y$ oder $\tau$** nach DIN 18800 T3 [8], Tab. 1

| | Beulfeld | Lagerung | Beanspruchung | bezogener Schlankheitsgrad | Abminderungsfaktor |
|---|---|---|---|---|---|
| 1 | Einzelfeld | allseitig gelagert | Normalspannungen $\sigma$ mit dem Randspannungsverhältnis $\psi_T \leqq 1$ *) | $\bar{\lambda}_P = \sqrt{\frac{f_{y,k}}{\sigma_{Pi}}}$ | $\varkappa = c\left(\frac{1}{\bar{\lambda}_P} - \frac{0{,}22}{\bar{\lambda}_P^2}\right) \leqq 1$ mit $c = 1{,}25 - 0{,}12\,\psi_T \leqq 1{,}25$ |
| 2 | | allseitig gelagert | Schubspannungen $\tau$ | $\bar{\lambda}_P = \sqrt{\frac{f_{y,k}}{\tau_{Pi} \cdot \sqrt{3}}}$ | $\varkappa_\tau = \frac{0{,}84}{\bar{\lambda}_P} \leqq 1$ |
| 3 | Teil- und Gesamtfeld | allseitig gelagert | Normalspannungen $\sigma$ mit dem Randspannungsverhältnis $\psi \leqq 1$ | $\bar{\lambda}_P = \sqrt{\frac{f_{y,k}}{\sigma_{Pi}}}$ | $\varkappa = c\left(\frac{1}{\bar{\lambda}_P} - \frac{0{,}22}{\bar{\lambda}_P^2}\right) \leqq 1$ mit $c = 1{,}25 - 0{,}25\,\psi \leqq 1{,}25$ |
| 4 | | dreiseitig gelagert | Normalspannungen $\sigma$ | $\bar{\lambda}_P = \sqrt{\frac{f_{y,k}}{\sigma_{Pi}}}$ **) | $\varkappa = \frac{1}{\bar{\lambda}_P^2 + 0{,}51} \leqq 1$ |
| 5 | | dreiseitig gelagert | konstante Randverschiebung $u$ [1]) | $\bar{\lambda}_P = \sqrt{\frac{f_{y,k}}{\sigma_{Pi}}}$ **) | $\varkappa = \frac{0{,}7}{\bar{\lambda}_P} \leqq 1$ |
| 6 | | allseitig gelagert, ohne Längssteifen | Schubspannungen $\tau$ | $\bar{\lambda}_P = \sqrt{\frac{f_{y,k}}{\tau_{Pi} \cdot \sqrt{3}}}$ | $\varkappa_\tau = \frac{0{,}84}{\bar{\lambda}_P} \leqq 1$ |
| 7 | | allseitig gelagert, mit Längssteifen | Schubspannungen $\tau$ | $\bar{\lambda}_P = \sqrt{\frac{f_{y,k}}{\tau_{Pi} \cdot \sqrt{3}}}$ | $\varkappa_\tau = \frac{0{,}84}{\bar{\lambda}_P} \leqq 1$ für $\bar{\lambda}_P \leqq 1{,}38$; $\varkappa_\tau = \frac{1{,}16}{\bar{\lambda}_P^2}$ für $\bar{\lambda}_P > 1{,}38$ |

*) Bei Einzelfeldern ist $\psi_T$ das Randspannungsverhältnis des Teilfeldes, in dem das Einzelfeld liegt. **) Zur Ermittlung von $\sigma_{Pi}$ ist der Beulwert $\min k_\sigma(\alpha)$ für $\psi = 1$ einzusetzen.
[1]) Nur für Flansche symmetrischer I-Profile mit Biegung um die $y$-Achse.

## 4.2 Quersteifen

$I_Q$ Flächenmoment 2. Grades einer Quersteife, berechnet mit der wirksamen Gurtbreite $a'$ (Bild 34)

$a' = (a'_i + a'_k)/2$ (86) einem Steifensteg zugeordnete wirksame Gurtbreite

mit $a'_i = 0{,}605\,t \cdot \lambda_a (1 - 0{,}133\,t \cdot \lambda_a / a_i)$, jedoch $a'_i \leqq a_i$ und $a'_i \leqq b_G/3$; $\lambda_a$ s. Gl. (4)

Unter alleiniger Wirkung von Spannungen $\sigma_x$ kann die Steife bei beliebigen Randbedingungen vereinfacht nach dem Verfahren Elast.-Elast. nach Theorie I. Ordnung mit einer auf der Länge $b_G$ konstanten Querlast $q$ nachgewiesen werden:

$$q = \pi \cdot \sigma_m \cdot (w_0 + w_{el})/4 \quad (87) \quad \text{mit}$$

$$\sigma_m = \frac{\sigma_x \cdot t \cdot (1+\psi)}{2 \cdot \sigma_{Pi}/\sigma_{Ki}} \cdot \left(\frac{1}{a_1} + \frac{1}{a_2}\right) \quad (88)$$

$\sigma_{Pi}/\sigma_{Ki}$ s. bei Gl. (84); $\psi$ = Randspannungsverhältnis, jedoch $\psi \geqq 0$
$a_1, a_2$ Längen der angrenzenden Teilfelder
$w_0 = b_G/300$, jedoch $w_0 \leqq \min a_i/300$ und $w_0 \leqq 10$ mm
$w_{el}$ elast. Durchbiegung; sie ist iterativ zu berechnen oder mit ihrem Größtwert grenz $w_{el} = b_G/300$ einzusetzen.

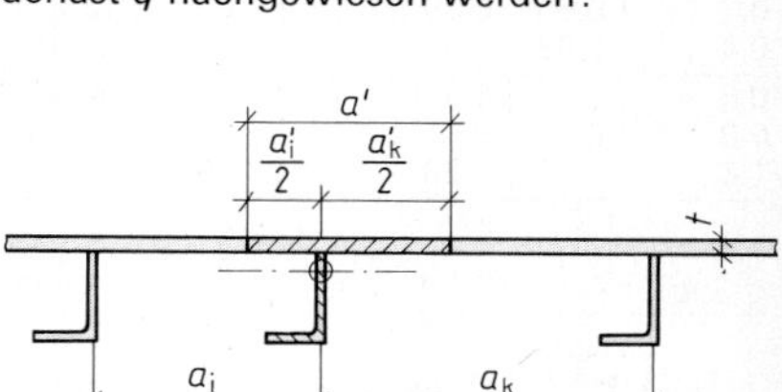


**Bild 34 Wirksame Gurtbreiten von Quersteifen**

**Nachweise für Endquersteifen,** wenn für sie $V > b_G \cdot t \cdot \tau_{Pi}$ ist, sowie Nachweise für Schubspannungen $\tau$ oder planmäßige Quersteifenbelastung s. [8].

**Beispiel** (Bild 35) Für das Stegblech-Endfeld aus S235 ist für die angegebenen Schnittgrößen unter Bemessungslasten die Beulsicherheit nachzuweisen.

$\sigma_x = 200\,300 \cdot 55/707\,700 = 15{,}57\ \text{kN/cm}^2$; $\quad \tau = 706{,}6/(1{,}2 \cdot 110) = 5{,}35\ \text{kN/cm}^2$

$\psi \ = -1$; $\quad \alpha = a_G/b_G = 350/110 = 3{,}18$

nach Gl. (74) $\quad \sigma_e \ = 18\,980 \cdot (1{,}2/110)^2 = 2{,}259\ \text{kN/cm}^2$

Alleinige Wirkung von $\sigma_x$:

nach Taf. 28, Z.4: $\quad k_{\sigma x} = 23{,}9$

nach Gl. (75): $\quad \sigma_{xPi} = 23{,}9 \cdot 2{,}259 = 53{,}98\ \text{kN/cm}^2$

Aus Taf. 30, Z. 3: $\quad \bar{\lambda}_P = \sqrt{24/53{,}98} = 0{,}6668$;

$c = 1{,}25 - 0{,}25\,(-1) = 1{,}5 > 1{,}25$; $\quad c = 1{,}25$

$\varkappa_x = 1{,}25\,(1/0{,}6668 - 0{,}22/0{,}6668^2) = 1{,}256 > 1$; $\quad \varkappa_x = 1$

nach Gl. (78): $\quad \sigma_{xP,R,d} = 1 \cdot 24/1{,}1 = 21{,}82\ \text{kN/cm}^2$

nach Gl. (81): $\quad \sigma_x/\sigma_{xP,R,d} = 15{,}57/21{,}82 = 0{,}7136 < 1$

nach Gl. (84): $\quad \Lambda = 0{,}6668^2 + 0{,}5 = 0{,}9446 < 2$; $\quad \Lambda = 2$

$\sigma_{Pi}/\sigma_{Ki} = 23{,}9 \cdot 3{,}18^2 = 242$; $\quad \varrho = (2-242)/(2-1) \ll 0$

Es liegt kein knickstabähnliches Verhalten vor.

Alleinige Wirkung von $\tau$:

Aus Taf. 28, Z.5: $\quad k_\tau = 5{,}34 + 4{,}00/3{,}18^2 = 5{,}74$

nach Gl. (77): $\quad \tau_{Pi} = 5{,}74 \cdot 2{,}259 = 12{,}96\ \text{kN/cm}^2$

Aus Taf. 30, Z.6: $\quad \bar{\lambda}_P = \sqrt{24/(12{,}96 \cdot \sqrt{3})} = 1{,}034$; $\quad \varkappa_\tau = 0{,}84/1{,}034 = 0{,}812 < 1$

nach Gl. (79): $\quad \tau_{P,R,d} = 0{,}812 \cdot 24/(1{,}1 \cdot \sqrt{3}) = 10{,}23\ \text{kN/cm}^2$

nach Gl. (82): $\quad \tau/\tau_{P,R,d} = 5{,}35/10{,}23 = 0{,}5230 < 1$

Gemeinsame Wirkung von $\sigma_x$ und $\tau$ ($\sigma_y = 0$):

nach Gl. (83): $\quad e_1 = 1 + 1^4 = 2$; $\quad e_3 = 1 + 1 \cdot 1 \cdot 0{,}812^2 = 1{,}6593$

$0{,}7136^2 + 0 - 0 + 0{,}5230^{1{,}6593} = 0{,}5092 + 0{,}3411 = 0{,}8503 < 1$

Vereinfachter Nachweis mit grenz $(b/t)$:

$\sigma_x/(f_{y,k}/\gamma_M) = 15{,}57/(24/1{,}1) = 0{,}7136$

$\sqrt{3}\,\tau/(f_{y,k}/\gamma_M) = \sqrt{3} \cdot 5{,}35/(24/1{,}1) = 0{,}425$; $\psi = -1$

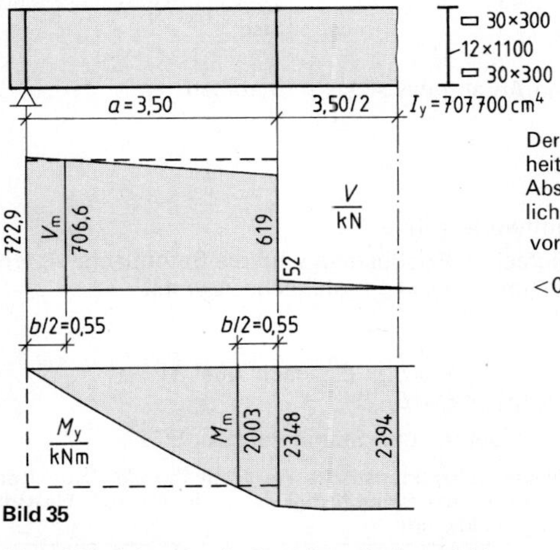


**Bild 35**

Bild 33: grenz$(b/t) \approx 104 > b/t = 1100/12 = 91{,}7$

Der obige Beulsicherheitsnachweis wäre nach Abschn. 4.1.1 nicht erforderlich gewesen:

vorh $(b/t) = 91{,}67$

$< 0{,}64 \cdot \sqrt{\dfrac{23{,}9 \cdot 21\,000}{24{,}0}} = 92{,}55$

Biegedrillknicknachweis des Trägers im Innenfeld.

max $M = 2394$ kNm; Abstand der seitlich unverschieblich gehaltenen Punkte des Druckgurts $c = 350$ cm.

Nach Taf. 21: $\quad k_c \approx 1{,}00$

$S_y = 1{,}2 \cdot 55^2/2 + 3 \cdot 30 \cdot 56{,}5 = 6900\ \text{cm}^3$ $\quad M_{pl,y,d} = 2 \cdot 6900 \cdot 24/1{,}1 = 301\,090\ \text{kNcm}$

Für den Druckgurt nach Bild 20: $\quad A_{Gurt} = 3 \cdot 30 + 1{,}2 \cdot 110/5 = 116{,}4\ \text{cm}^2$

$I_{z,Gurt} \approx 3 \cdot 30^3/12 = 6750\ \text{cm}^4$; $\quad i_{z,g} = \sqrt{6750/116{,}4} = 7{,}62\ \text{cm}$

Nach Gl. (50): $\bar{\lambda} = 350 \cdot 1{,}00/(7{,}62 \cdot 92{,}93) = 0{,}494 < 0{,}5 \cdot 301\,090/239\,400 = 0{,}629$

# 5 Verbundtragwerke

Dieser Abschnitt basiert auf DIN V ENV 1994 Teil 1-1, Eurocode 4 (EC4): „Bemessung und Konstruktion von Verbundtragwerken aus Stahl und Beton" [2] mit der zugehörigen Richtlinie zu seiner Anwendung [25].
Der Regelungsgegenstand des EC4 entspricht weitgehend DIN 18806 T1 [12] und den „Richtlinien für Bemessung und Ausführung von Stahlverbundträgern" [27], die beide ebenfalls angewendet, jedoch nicht mit EC4 „gemischt" werden dürfen.

Es werden behandelt: Verbundträger und mittig belastete Stützen aus Normalbeton in unverschieblichen Tragwerken des Hochbaus. – Andere Fälle sowie Verbunddecken mit Profilblechen und Fertigteilen s. Normblatt.

## 5.1 Grundlagen

### 5.1.1 Formelzeichen

| | |
|---|---|
| $f_{ck}$, $f_{sk}$, $f_{yp}$ | Charakteristischer Wert der Betondruckfestigkeit, der Streckgrenze des Betonstahls, der Streckgrenze der Profilbleche |
| $m$ | Beiwert für Verbunddecken |
| $n$ | Reduktionszahl |
| $P_R$ | Dübeltragfähigkeit |
| $P_{Rd}$ | Bemessungswert der Dübeltragfähigkeit (Grenzscherkraft eines Dübels) |
| $\delta$ | Stahlanteil bei Verbundstützen; Verformung |

**Indizes**

| | |
|---|---|
| c | Druck; Beton; Verbundquerschnitt |
| cs | Schwinden des Betons |
| eff | wirksam |
| e | wirksam (mit Ziffer) |
| f | Flansch; volltragfähig; vorne |
| p | profiliertes Stahlblech |
| r | reduziert |
| s | Betonstahl |
| t | Zug; dehnbar; quer; oben |
| ten | Zug (Zugbeanspruchung) |
| u | Versagenszustand |
| v | vertikal; bezogen auf Schubverbindung |
| w | Steg |

Weitere Formelzeichen am Anfang des Abschn. Stahlbau.

### 5.1.2 Werkstoffe

**Beton**

Charakteristische Werkstoffwerte s. Tafel 31.

Reduktionszahlen: Bei einfachen Hochbauten wird die Betonfläche $A_c$ rechnerisch ersetzt durch eine äquivalente wirksame Stahlfläche $A_c/n$ mit

$$\boldsymbol{n = E_a / E'_c} \qquad (89)$$

Kurzzeitbelastung: $E'_c = E_{cm}$; $E_{cm}$ nach Tafel 31.
Langzeitbelastung (Kriechen): $E'_c = E_{cm}/3$

**Betonstahl** s. BZ-Abschnitt Beton- und Stahlbetonbau, EC2.

**Tafel 31 Betonfestigkeitsklassen, charakteristische Werte für Zylinder-Druckfestigkeit $f_{ck}$, Zugfestigkeit $f_{ct}$, Bemessungsschubfestigkeit $\tau_{Rd}$ in N/mm², Elastizitätsmodul (Sekantenmodul) $E_{cm}$ in kN/mm²**

| Betonfestigkeitsklasse | (12) | (16) | C20/25 | C25/30 | C30/37 | C35/45 | C40/50 | C45/55 | C50/60 |
|---|---|---|---|---|---|---|---|---|---|
| $f_{ck}$ | 12 | 16 | 20 | 25 | 30 | 35 | 40 | 45 | 50 |
| $f_{ctm}$ | 1,6 | 1,9 | 2,2 | 2,6 | 2,9 | 3,2 | 3,5 | 3,8 | 4,1 |
| $\tau_{Rd}$ | 0,206 | 0,227 | 0,244 | 0,263 | 0,280 | 0,294 | 0,308 | 0,320 | 0,332 |
| $E_{cm}$ | 26 | 27,5 | 29 | 30,5 | 32 | 33,5 | 35 | 36 | 37 |

Die Spalten (12) und (16) dienen zur Beurteilung von Betonen mit einem Alter von weniger als 28 Tagen.

**Baustahl** (Taf. 32)

Für 40 mm$<t\leqq$100 mm sind die Tafelwerte um 20 N/mm² zu ermäßigen. $f_{y,k}$ ist hier abweichend von DIN 18800 festgelegt!

**Tafel 32 Charakteristische Werte der Streckgrenze $f_{y,k}$ und der Zugfestigkeit $f_{u,k}$ in N/mm² für Baustahl nach EN 10025 für Nenndicke $t\leqq$40 mm**

| Stahl | S235 | S275 | S355 |
|---|---|---|---|
| Streckgrenze $f_{y,k}$ | 235 | 275 | 355 |
| Zugfestigkeit $f_{u,k}$ | 360 | 430 | 510 |

Die Werkstoffkennwerte $E$, $G$ und $\alpha_T$ s. Tafel 4.

**Profilbleche für Verbunddecken**

Stahlsorten nach Tafel 4; weitere Werkstoffe s. Normblatt.
Blechdicke $t\geqq$0,75 mm, außer bei Verwendung als verlorene Schalung. Die charakteristischen Werte der Streckgrenze $f_{yp}$ entsprechen der Stahlbezeichnung.

### 5.1.3 Einwirkungen, Teilsicherheitsbeiwerte

Bemessungswerte der Einwirkungen, Teilsicherheitsbeiwerte $\gamma_F$, Kombinationsbeiwerte $\psi$ sowie Einwirkungskombinationen s. Abschn. 2.1.

Teilsicherheitsbeiwerte $\gamma_M$ der Widerstandsgrößen s. Tafel 33.

Beim Nachweis der Tragfähigkeit dürfen Beanspruchungen aus Temperatur und aus dem Schwinden des Betons vernachlässigt werden.

Ein Ermüdungsnachweis ist nur erforderlich bei Beanspruchung durch
- Hebevorrichtungen, Aufzüge oder Radlasten,
- Maschinenschwingungen,
- windinduzierte Schwingungen,
- rhythmische Bewegungen von Personengruppen.

**Tafel 33 Teilsicherheitsbeiwerte $\gamma_M$ für Tragfähigkeiten und Werkstoffeigenschaften**

| Kombination | Baustahl $\gamma_a$ | Beton $\gamma_c$ | Betonstahl $\gamma_s$ | profiliertes Stahlblech $\gamma_{ap}$ | Dübel; Reibungsverbund $\gamma_v$ |
|---|---|---|---|---|---|
| grundlegend | 1,10 | 1,5 | 1,15 | 1,10 | 1,25 |
| außergewöhnlich (ausgenommen Erdbeben) | 1,0 | 1,3 | 1,0 | 1,0 | 1,0 |

### 5.1.4 Berechnungsgrundlagen

Stahlquerschnitte werden in vier Klassen eingestuft; alle nachfolgenden Berechnungsverfahren sind beschränkt auf die Querschnittsklassen 1 und 2; für die Klassen 3 und 4 bestehen abweichende Regelungen (s. EC4).

Klasse 1: Diese Querschnitte können plastische Gelenke mit ausreichendem Rotationsvermögen für eine plastische Berechnung des Systems ausbilden (entspricht dem Verfahren plastisch-plastisch nach DIN 18800).

Klasse 2: Diese Querschnitte können bei eingeschränktem Rotationsvermögen die volle plastische Querschnittstragfähigkeit entwickeln (Verfahren elastisch-plastisch nach DIN 18800).

Die Einstufung in die jeweils ungünstigste Klasse hängt von den Abmessungen gedrückter Teile des Stahlquerschnitts ab (Tafel 34). Wird der Kammerbeton berücksichtigt, muß er in Längsrichtung in Kombination mit Bügeln oder Betonstahlmatten bewehrt werden und mit angeschweißten Bügeln oder mit Steckhaken $\Phi\geqq$6 mm oder mit Kopfbolzendübeln $\Phi\geqq$10 mm angeschlossen sein; Längsabstände $\leqq$400 mm.

**Grenzspannungen**

Baustahl $\sigma_{a,Rd}=f_{yk}/\gamma_a$ (90)

Beton $\sigma_{c,Rd}=0{,}85\,f_{ck}/\gamma_c$ (91) Teilsicherheitsbeiwerte $\gamma$ s. Tafel 33.

Betonstahl $\sigma_{s,Rd}=f_{sk}/\gamma_s$ (92)

**Tafel 34 grenz($c/t_f$) und grenz($d/t_w$) für Stahlverbundträger der Klassen 1 und 2**

| Querschnitts-klasse | Querschnitts-typ | druckbeanspruchte Flansche ohne Kammerbeton | druckbeanspruchte Flansche mit Kammerbeton | Stegteile | |
|---|---|---|---|---|---|
| | | 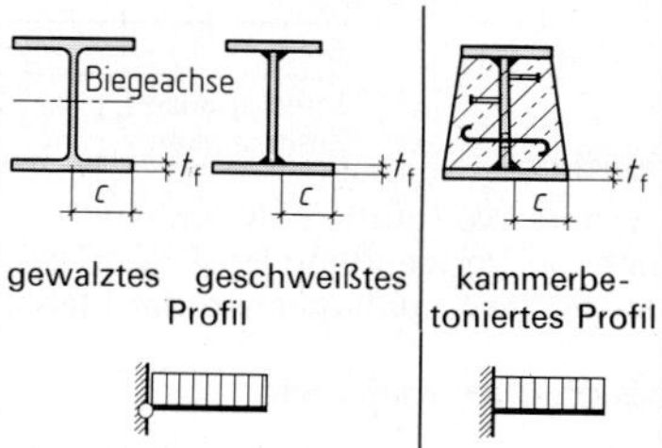 gewalztes geschweißtes Profil | kammerbetoniertes Profil | 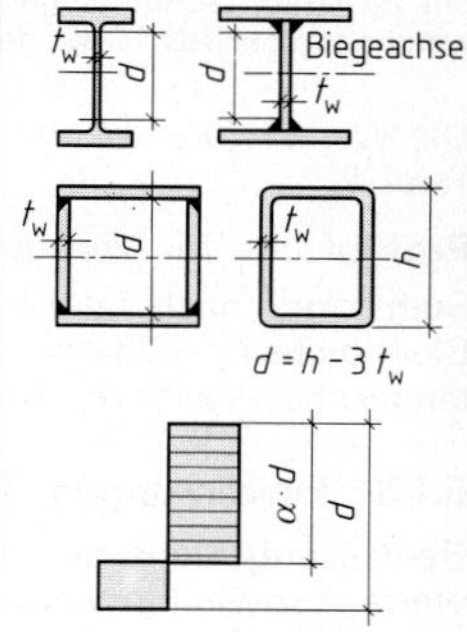 $d = h - 3\,t_w$ | |
| | | | | $\alpha \leqq 0{,}5$ | $\alpha > 0{,}5$ |
| | | grenz $c/t_f$ | | grenz $d/t_w$ | |
| 1 | gewalzt | $10\varepsilon$ | $10\varepsilon$ | $36\varepsilon/\alpha$ | $396\varepsilon/(13\alpha-1)$ |
| | geschweißt | $9\varepsilon$ | $9\varepsilon$ | | |
| 2 | gewalzt | $11\varepsilon$ | $15\varepsilon$ | $41{,}5\varepsilon/\alpha$ | $456\varepsilon/(13\alpha-1)$ |
| | geschweißt | $10\varepsilon$ | $14\varepsilon$ | | |

$\varepsilon = \sqrt{235/f_{y,k}}$ mit $f_{y,k}$ nach Tafel 32 in N/mm². Druckspannungen sind schraffiert. Wenn $d/t_w > 69\varepsilon$ und bei kammerbetonierten Trägern $d/t_w > 124\varepsilon$ ist, sind an den Auflagern Quersteifen anzuordnen. Werden diese Grenzen nicht überschritten, ist kein Schubbeulnachweis erforderlich.

## 5.2 Verbundträger

Für Verbundträger (Bild 36) sind folgende Nachweise zu führen:
- Querschnittstragfähigkeit in kritischen Schnitten
- Biegedrillknicken
- Schubbeulen und Einknicken der Flansche (s. Fußnote zu Tafel 34)
- Längsschubtragfähigkeit in der Verbundfuge bzw. im Betongurt
- Nachweis der Gebrauchstauglichkeit

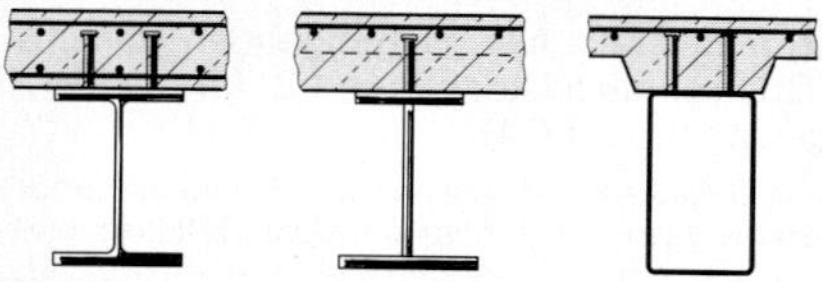

**Bild 36 Typische Verbundträgerquerschnitte**

Kritische Schnitte sind:
- Stellen extremaler Biegemomente
- Angriffspunkte von Einzellasten und Auflagerpunkte
- Stellen mit Querschnittssprüngen, die nicht durch Rißbildung im Betongurt hervorgerufen werden.

Beim Nachweis der Längsschubtragfähigkeit wird die maßgebende kritische Länge $L_{cr}$ durch zwei benachbarte kritische Schnitte begrenzt.

### 5.2.1 Tragfähigkeit der Trägerquerschnitte

Soll der Kammerbeton in Rechnung gestellt werden, sind [2] und [25] zu beachten. Profilbleche im Druckbereich dürfen nicht berücksichtigt werden.

**Mittragende Breite des Betongurts** $b_e = l_0/8 < b$

$b_{eff} = b_{e1} + b_{e2}$ (Bild 37b) $l_0$ Nullpunktabstand, nach Bild 37a.

**Plastische Momententragfähigkeit $M_{pl,Rd}$ bei vollständiger Verdübelung**

Wenn die Betonplatte im Biegedruckbereich liegt, hängt $M_{pl,Rd}$ von der Lage der Biegenullinie ab (Bild 38, a bis c).

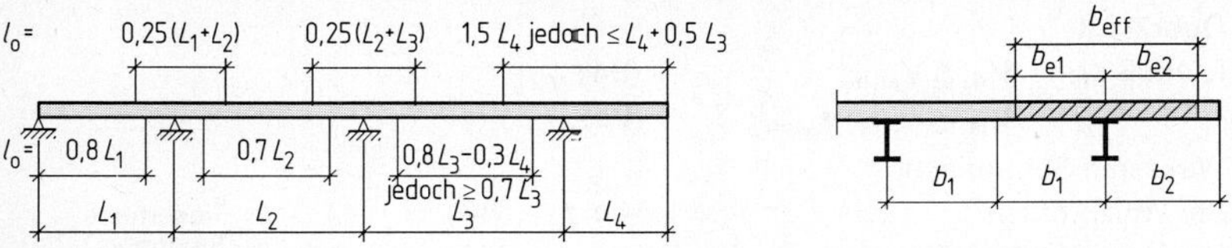


a) Äquivalente Stützweiten $l_0$ b) Mittragende Gurtbreite $b_{eff}$

**Bild 37 Berechnung der mittragenden Gurtbreite**

Im Biegezugbereich ist die Betonplatte als gerissen anzusehen. $M_{pl,Rd}$ wird berechnet mit dem Baustahlquerschnitt und mit dem in der mittragenden Betonplatte vorhandenen und in der Druckzone verankerten Betonstahl $A_s$ (Bild 38d).

Grenzspannungen s. Abschn. 5.1.4; $\gamma_M$ nach Tafel 33.

Es muß sein: $\boldsymbol{M_{Sd} \leqq M_{pl,Rd}}$ (93)

$$Z_a = A_a \cdot \sigma_{a,Rd}$$
$$x = \frac{Z_a}{b_{eff} \cdot \sigma_{c,Rd}}; \quad x \leqq h_c$$
$$D_c = x \cdot b_{eff} \cdot \sigma_{c,Rd}$$
$$M_{pl,Rd} = Z_a \left(h_{a,d} - \frac{x}{2}\right)$$

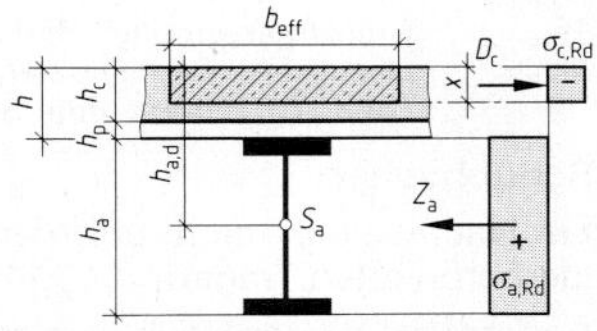


a) Plastische Nullinie in der Betonplatte

$$Z_a = A_a \cdot \sigma_{a,Rd}$$
$$D_c = b_{eff} \cdot h_c \cdot \sigma_{c,Rd}$$
$$x = h + \frac{Z_a - D_c}{2 b_f \cdot \sigma_{a,Rd}}; \quad x \leqq h + t_f$$
$$D_a = 2 b_f \cdot \sigma_{a,Rd} (x - h)$$
$$M_{pl,Rd} = Z_a \left(h_{a,d} - \frac{h_c}{2}\right) - D_a \cdot \frac{x+h}{2}$$

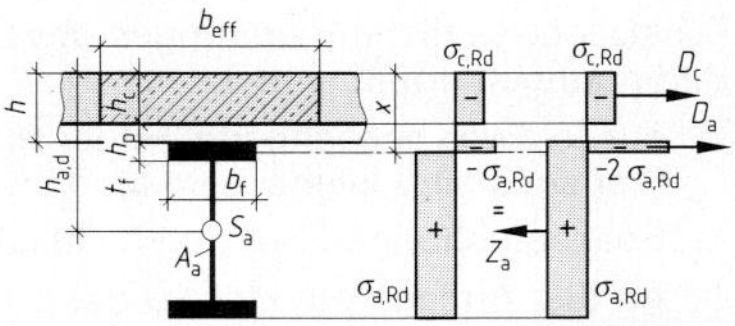


b) Plastische Nullinie im Trägerflansch

$$Z_a = A_a \cdot \sigma_{a,Rd}$$
$$D_c = b_{eff} \cdot h_c \cdot \sigma_{c,Rd}$$
$$D_{a,f} = 2 b_f \cdot t_f \cdot \sigma_{a,Rd}$$
$$x = h + t_f + \frac{Z_a - D_c - D_{a,f}}{2 t_w \cdot \sigma_{a,Rd}}; \quad x \geqq h + t_f$$
$$D_{a,w} = 2 t_w \cdot \sigma_{a,Rd} (x - h - t_f)$$
$$M_{pl,Rd} = Z_a \left(h_{a,d} - \frac{h_c}{2}\right) - D_{a,f} \frac{2h + t_f}{2} - D_{a,w} \frac{x + h + t_f}{2}$$

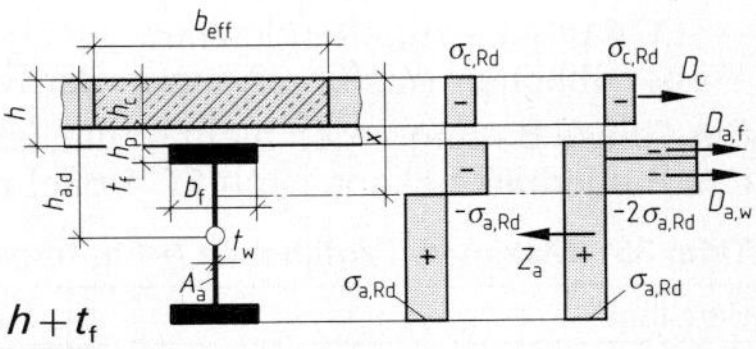


c) Plastische Nullinie im Trägersteg

$$Z_s = A_s \cdot \sigma_{s,Rd}$$
$$h_d = \frac{Z_s}{t_w \cdot \sigma_{a,Rd}}; \quad h_d \leqq h_w$$
$$M_{pl,Rd} = -M_{pl,a} - Z_s \left(z - \frac{h_d}{4}\right)$$

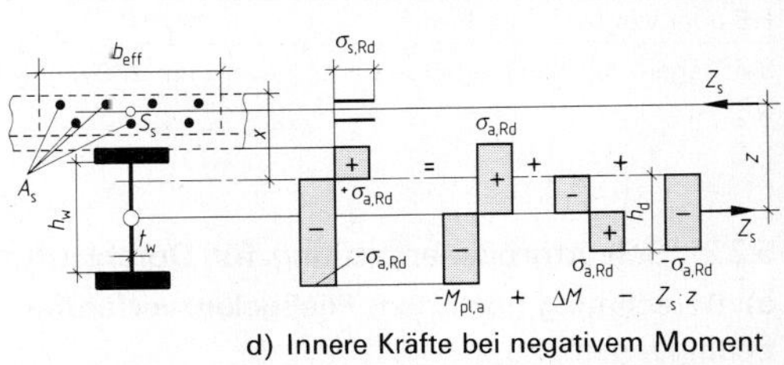


d) Innere Kräfte bei negativem Moment

**Bild 38 Berechnung der plastischen Grenzmomente für Verbundquerschnitte bei vollständiger Verdübelung**

**Querkraft**

Es muß sein $\boldsymbol{V_{Sd} \leqq V_{pl,Rd}}$ (94)

$\boldsymbol{V_{pl,Rd} = A_v \cdot \sigma_{a,Rd}/\sqrt{3}}$ (95)

Wirksame Schubfläche:

Bei Walzprofilen $A_v = 1{,}04 h \cdot t_w$ (96)

Bei geschweißten Trägern $A_v = \Sigma d \cdot t_w$ (97)

*h* Trägerhöhe
*d* Steghöhe

**Biegung und Querkraft**

Wenn $V_{Sd} > 0{,}5\, V_{pl,Rd}$ ist, muß das Grenzmoment $M_{Rd}$ abgemindert werden:

$$\boldsymbol{M_{Sd} \leqq M_{f,Rd} + (M_{Rd} - M_{f,Rd}) \cdot \left[1 - \left(\frac{2 V_{Sd}}{V_{pl,Rd}} - 1\right)^2\right]} \quad (98)$$

$M_{Sd}$, $V_{Sd}$ Bemessungswerte für Moment und Querkraft
$V_{pl,Rd}$ nach Gl. (95)
$M_{Rd}$ Grenzmoment nach Bild 38
$M_{f,Rd}$ plastisches Grenzmoment des wirksamen Querschnitts zur Berechnung von $M_{Rd}$ (Bild 38), jedoch ohne Berücksichtigung des Steges: $A_a = A - A_v$

**Schubbeulen**

Ein Nachweis ist nicht erforderlich, wenn für den Trägersteg $d/t_w \leqq 69\varepsilon$, bei kammerbetonierten Trägern $d/t_w \leqq 124\varepsilon$ ist (s. Tafel 34).

Andernfalls ist der Nachweis entsprechend dem Normblatt zu führen.

**Biegedrillknicken bei Durchlaufträgern**

Zusätzliche seitliche Halterungen des Druckgurtes sind entbehrlich, wenn folgende Bedingungen erfüllt sind:

– Für je zwei benachbarte Felder muß sein $\max L \leqq 1{,}2 \min L$. Die Länge eines Kragarms muß kleiner sein als 15% der Stützweite des benachbarten Feldes.
– Beanspruchungen nur durch Gleichstreckenlasten mit $G_d > 0{,}4\,(G_d + Q_d)$
– An den Auflagerpunkten ist der Steg ausgesteift und der Untergurt seitlich gehalten.
– Die Profilhöhen der Stahlträger dürfen die Maße nach Tafel 35 nicht überschreiten.
– EC4 gibt einzuhaltende Werte für Dübelabstände und Betonplattenmaße an, die bei üblichen Ausführungen in der Regel erfüllt sind.

Sind diese Bedingungen nicht erfüllt, ist das Grenzmoment unter Berücksichtigung des Biegedrillknickens nach EC4 nachzuweisen.

**Tafel 35 Maximale Profilhöhen *h* für Träger beim Biegedrillknicknachweis in mm**

| Baustahl | S235 | S275 | S355 |
|---|---|---|---|
| IPE oder vergleichbare Profile | ≦600 | ≦550 | ≦400 |
| HE oder vergleichbare Profile | ≦800 | ≦700 | ≦650 |

Bei Trägern mit Kammerbeton darf *h* jeweils um 200 mm größer sein.

## 5.2.2 Schnittgrößenermittlung für Durchlaufträger

### a) Berechnung nach dem Fließgelenkverfahren I. Ordnung

Bedingungen:

– Der Baustahlquerschnitt muß symmetrisch zur Stegachse sein und im Bereich von Fließgelenken der Klasse 1, sonst der Klasse 2 angehören.

– Für je zwei benachbarte Felder muß sein $\max L \leqq 1{,}5 \min L$. Wenn $\max L > 1{,}2 \min L$ ist, muß die Sicherheit gegen Biegedrillknicken nachgewiesen werden.
– Für das Endfeld muß sein $L_1 \leqq 1{,}15 L_2$.
– Der Druckflansch muß im Bereich von Fließgelenken seitlich gehalten sein.
– Die Abmessungen des Stahlträgers und ggf. stabilisierende Bauteile müssen Biegedrillknicken ausschließen.
– Es darf nur Betonstahl hoher Duktilität verwendet werden.

Bei konzentriert auftretenden Lasten siehe Normblatt.

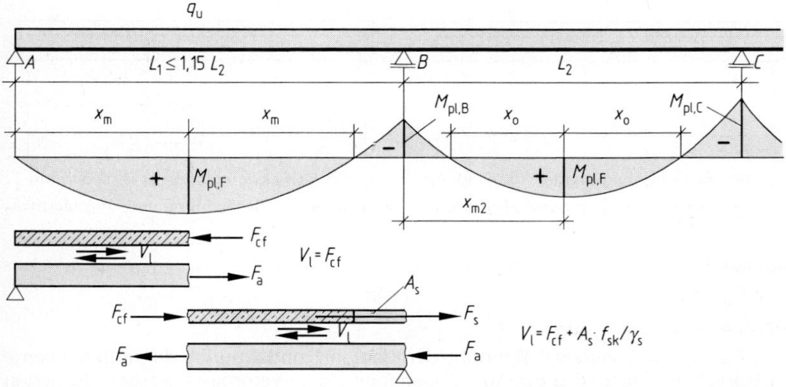


**Bild 39 Berechnung von Durchlaufträgern nach dem Fließgelenkverfahren I. Ordnung mit vollständiger Verdübelung**

Im Versagenszustand (Bild 39) sind bei vollständiger Verdübelung sowohl an den Innenstützen als auch in den Feldbereichen die jeweiligen plastischen Grenzmomente – ggf. um den Einfluß der Querkräfte reduziert – erreicht.

In einem **Innenfeld**:

$$\mathbf{x_m} = \frac{L}{1+\sqrt{1-\frac{M_{pl,r}-M_{pl,l}}{M_{pl,F}-M_{pl,l}}}} \quad (99) \qquad \mathbf{q_u} = 2(M_{pl,F}-M_{pl,l})/x_m^2 \quad (100)$$

$$\mathbf{x_0} = \sqrt{2 M_{pl,F}/q_u} \quad (101)$$

Es muß sein

$$\mathbf{q_d} \leqq \mathbf{q_u} \quad (102)$$

Die plastischen Grenzmomente werden nach Abschn. 5.2.1 berechnet und sind mit ihrem Vorzeichen einzusetzen.

Es ist: $M_{pl,l}$, $M_{pl,r}$ plastische Momententragfähigkeit am linken/rechten Stabende (Stützmoment) nach Bild 38d
$M_{pl,F}$ ($\equiv M_{pl,Rd}$) plastische Momententragfähigkeit im Feld (Bild 38a–c)

Im **Endfeld**: In den Gleichungen (99) und (100) ist das Stützmoment am frei drehbaren Auflager = 0 zu setzen.

Beim **Balken** auf zwei Stützen wird mit $M_{pl,l} = M_{pl,r} = 0$:

$$\mathbf{x_m} = L/2 \quad \text{und} \quad \mathbf{q_u} = 8 M_{pl,F}/L^2 \quad (103),\ (104)$$

## b) Elastische Tragwerksberechnung

Bei der elastischen Tragwerksberechnung mit den Bemessungslasten unter Berücksichtigung der wechselnden Lastanordnungen darf die Biegesteifigkeit des Verbundträgers alternativ nach zwei Verfahren angesetzt werden:

**Ohne** Berücksichtigung der Rißbildung nach Bild 40a,
**mit** Berücksichtigung der Rißbildung nach Bild 40b.

$I_1$ Betonquerschnittsteile mit Zugspannungen werden als ungerissen angenommen
$I_2$ berechnet mit dem Stahl- und Betonstahlquerschnitt; Beton unter Zugspannungen wird nicht berücksichtigt.

Bei der Berechnung der Flächenmomente 2. Grades $I$ des ideellen Stahlquerschnitts sind die Betonflächen durch die Reduktionszahl $n$ Gl. (89) zu dividieren.

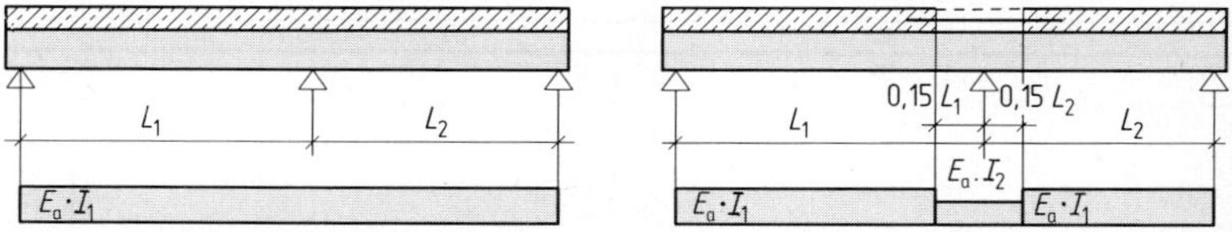


a) ohne Berücksichtigung der Rissebildung b) mit Berücksichtigung der Rissebildung

**Bild 40 Anzusetzende Biegesteifigkeiten bei der elastischen Berechnung von Durchlaufträgern**

An jeder Stelle des Tragwerks muß sein

$$M_{Sd} \leqq M_{pl,Rd} \qquad (105)$$

### Momentenumlagerung

Bei Trägern mit konstanter Bauhöhe der Klassen 1 und 2 dürfen die Stützmomente entsprechend Tafel 36 prozentual abgemindert oder vergrößert werden; für jeden Lastfall müssen die Schnittgrößen mit den Lasten im Gleichgewicht stehen.

**Tafel 36 Maximal zulässige Momentenumlagerungen von elastisch ermittelten Stützmomenten**

| Querschnittsklasse im negativen Momentenbereich | 1 | 2 |
|---|---|---|
| elast. Berechnung **ohne** Berücksichtigung der Rißbildung | −40% bis +10% | −30% bis +10% |
| elast. Berechnung **mit** Berücksichtigung der Rißbildung | −25% bis +20% | −15% bis +20% |

## 5.2.3 Tragfähigkeit der Verbundmittel

### a) Bolzendübel in Vollbetonplatten

$$P_{Rd} = 0{,}2\,\pi d^2 \cdot f_u / \gamma_v \qquad (106\,a)$$

bzw.

$$P_{Rd} = 0{,}29\,\alpha \cdot d^2 \cdot \sqrt{f_{ck} \cdot E_{cm}} / \gamma_v \qquad (106\,b)$$

Der kleinere Wert ist maßgebend

$d \leqq 22$ mm Schaftdurchmesser des Dübels
$f_u \leqq 500$ N/mm² Zugfestigkeit des Bolzenmaterials; üblich $f_u = 450$ N/mm²
$f_{ck}$, $E_{cm}$ s. Tafel 31
$\alpha = 0{,}2\,(h/d + 1)$, jedoch $\leqq 1$ mit $3 \leqq h/d \leqq 4$ und Gesamtlänge des Bolzens $h$
$\gamma_v$ s. Tafel 33

### b) Kopfbolzendübel bei Profilblechen

$P_{Rd}$ nach Gl. (106a, b) ist mit einem Beiwert $k$ zu multiplizieren.

Blechrippen parallel zur Trägerachse (Bild 41):

$$k_L = 0{,}6\,b_0 / h_p\,(h/h_p - 1) \leqq 1 \qquad (107)$$

Größte rechnerische Dübellänge $h \leqq h_p + 75$ mm

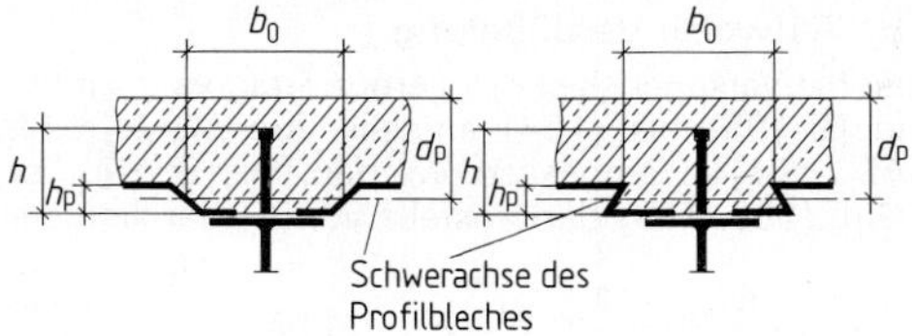


**Bild 41**
**Profilbleche mit Rippen parallel zum Träger**

Blechrippen quer zur Trägerachse:

$$\boldsymbol{k_t = \frac{0{,}7\, b_0}{\sqrt{N_r} \cdot h_p} \left(\frac{h}{h_p} - 1\right)} \qquad (108)$$

$N_r \leqq 2$ Anzahl der Bolzendübel/Rippe; $h_p < 85$ mm, $b_0 \leqq h_p$, $d \leqq 20$ mm.

grenz $k_t = 0{,}85$ für $N_r = 1$ und grenz $k_t = 0{,}7$ für $N_r = 2$, wenn die Dübel durch das Blech mit $t \leqq 1{,}0$ mm geschweißt werden.

Bei vorgelochten Profilblechen ist grenz $k_t$ um 0,1 zu vermindern; $d = 19$ u. 22 mm.

**c) Andere Dübelformen s. EC4.**

### 5.2.4 Längsschubkräfte in der Verbundfuge

Kopfbolzen- und Bolzendübel

Schaftdurchmesser: $d = 19$ bzw. 22 mm (DIN 32500 T3); Länge: $h \geqq 3d$

Achsabstände in Kraftrichtung: $5d \leqq e_l \leqq 6h_c$, jedoch $\leqq 800$ mm
quer zur Kraftrichtung: $e_t \geqq 2{,}5d$ bei Vollbetonplatten, sonst $\geqq 4d$
Lichter Abstand zur Gurtkante: $e_r \geqq 20$ mm
Weitere Maße s. Bild 42.

Die nachfolgende Berechnung gilt für Träger, deren Tragfähigkeit plastisch ermittelt wurde (Abschn. 5.2.2a). Bei elastischer Berechnung (Abschn. 5.2.2b) sind die Längsschubkräfte aus den Querkräften in einer elastischen Berechnung zu ermitteln und die elastischen Querschnittseigenschaften der Biegebemessung zugrunde zu legen.

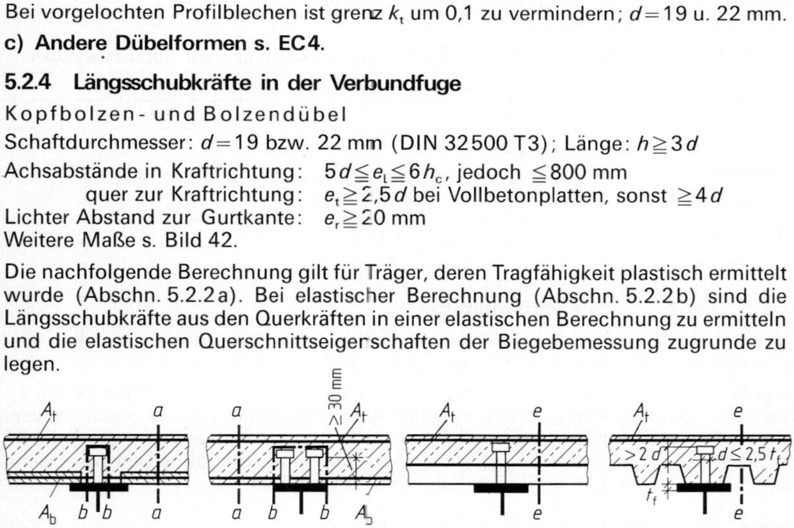


**Bild 42 Typische Schnitte bei Längsschubversagen des Betongurts; Maße für Kopfbolzendübel**

**a) Vollständige Verdübelung** (Bild 39)

Längsschubkraft zwischen einem gelenkigen Auflager und dem benachbarten maximalen Feldmoment:

$$\boldsymbol{V_l = F_{cf} = A_a \cdot \sigma_{a,Rd}} \qquad (109\,a)$$

oder

$$\boldsymbol{F_{cf} = A_c \cdot \sigma_{c,Rd}} \qquad (109\,b)$$

$A_a$ Baustahlquerschnitt
$A_c = b_{eff} \cdot h_c$ Querschnittsfläche des mittragenden Betongurts ohne Kammerbeton
$\sigma_{a,Rd}$, $\sigma_{c,Rd}$, $\sigma_{s,Rd}$ Grenzspannungen s. Abschn. 5.1.4.

Der kleinere Wert von $F_{cf}$ ist maßgebend.

Längsschubkraft zwischen dem maximalen Feldmoment und dem benachbarten Zwischenauflager:

$$\boldsymbol{V_l = F_{cf} + A_s \cdot \sigma_{s,Rd}} \qquad (110)$$

$A_s$ anrechenbare Querschnittsfläche der Längsbewehrung des Betongurts am Zwischenauflager
$F_{cf}$ nach Gl. (109)

Anzahl der Dübel im betrachteten Trägerabschnitt: $N_f = F_{cf}/P_{Rd}$ (111)

**b) Teilweise Verdübelung**

Ist die Versagenslast des Verbundträgers $q_u$ größer als die Bemessungslast $q_d$, kann in Gl. (99) bis (104) anstelle von $M_{pl,F}$ ($\equiv M_{pl,Rd}$) iterativ ein reduzierter Wert $M_{Sd} < M_{pl,Rd}$ eingesetzt werden, bis $q_u \approx q_d$ ist; Gl. (102) muß erfüllt sein. In Gln. (109, 110) darf anstelle von $F_{cf}$ der kleinere Wert $F_c$ eingesetzt werden:

$$F_c = \frac{M_{Sd} - M_{a pl,Rd}}{M_{pl,Rd} - M_{a pl,Rd}} \cdot F_{cf} \quad (112)$$

$M_{a pl,Rd}$ plastisches Grenzmoment des Baustahlquerschnitts allein
$M_{pl,Rd}$ plastisches Grenzmoment des Verbundquerschnitts bei vollständiger Verdübelung

Dübelanzahl im betrachteten Trägerabschnitt: $N = F_c / P_{Rd}$ (113)

**Voraussetzung** für die Anwendung der teilweisen Verdübelung sind duktile Verbundmittel; ferner darf der Verdübelungsgrad

$$\eta_v = N/N_f = F_c/F_{cf} \quad (114)$$

die Grenzwerte nach Tafel 37 nicht unterschreiten.
Mindest-Verdübelungsgrad bei Profilblech-Verbunddecken s. EC4.

**Tafel 37 Grenzwerte für Verdübelungsgrad $\eta_v$ und Abmessungen der Kopfbolzendübel**

| Kopfbolzendübel | Trägerquerschnitt | Mindest-Verdübelungsgrad $\eta_v$[1]) |
|---|---|---|
| 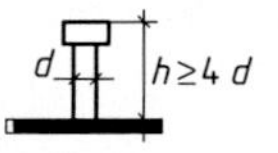  16 mm $\leq d \leq$ 22 mm | doppelsymmetrisch | $\geq (0{,}25 + 0{,}03\,L)$, jedoch $0{,}4 \leq \eta_v \leq 1$ |
| | 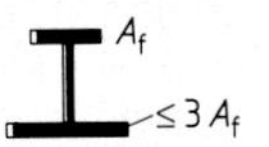  | $\geq (0{,}4 + 0{,}03\,L)$, jedoch $\eta_v \leq 1$ |

Anforderungen bei Profilblechverbunddecken s. EC4.

[1]) Stützweite $L$ in m

### 5.2.5 Verteilung der Verbundmittel

Die Dübel sind im allg. entsprechend dem in elastischer Rechnung ermittelten Verlauf der Bemessungsschubkraft über die Länge $L_{cr}$ zu verteilen.

Bei Querschnitten der Klasse 1 und 2 dürfen Kopfbolzendübel über die Länge $L_{cr}$ zwischen zwei kritischen Schnitten **äquidistant** angeordnet werden, wenn der Verdübelungsgrad – mit $L_{cr}$ statt mit $L$ berechnet – den Bedingungen der Tafel 37 genügt. Falls $M_{pl,Rd} > 2{,}5\,M_{a,pl,Rd}$ ist, sind zur Ermittlung der Dübelzahl zusätzliche Schnitte zwischen den kritischen Schnitten zu untersuchen.

### 5.2.6 Längsschubbeanspruchung im Betongurt

Der Bemessungswert der Längsschubkraft $v_{Sd}$ je Längeneinheit darf die Längsschubtragfähigkeit $v_{Rd}$ in maßgebenden Schnitten (Bild 42) nicht überschreiten:

$$v_{Sd} \leq v_{Rd} \quad (115)$$

$v_{Sd}$ ist aus der für den Grenzzustand der Tragfähigkeit erforderlichen Dübelanzahl zu berechnen. Für $v_{Rd}$ ist der kleinere Wert aus Gl. (116) maßgebend:

$$v_{Rd} = 2{,}5\,A_{cv} \cdot \tau_{Rd} + A_e \cdot \sigma_{s,Rd} + v_{pd} \quad (116a)$$

oder

$$v_{Rd} = 0{,}2\,A_{cv} \cdot \sigma_{c,Rd} \quad (116b)$$

$\tau_{Rd} = 0{,}09\sqrt[3]{f_{ck}}$ in N/mm² Grundwert der Bemessungsschubfestigkeit (Tafel 31)

$\sigma_{s,Rd}$, $\sigma_{c,Rd}$ s. Abschn. 5.1.4

$A_{cv}$ mittlere Querschnittsfläche je Längeneinheit des Trägers, die für das jeweils betrachtete Schubversagen maßgebend ist (Bild 42). Der Beton in Rippen von Profilblechen, die senkrecht zum Träger verlaufen, darf in Gl. (116a) berücksichtigt werden.

$A_e$ Gesamtquerschnittsfläche je Längeneinheit der senkrecht zum Träger verlaufenden Bewehrung (einschl. vorhandener Plattenbewehrung), die die jeweils betrachtete Schnittebene (Bild 42) kreuzt.

Für senkrecht zur Trägerachse ungestoßen durchlaufende Profilbleche ist ein Traganteil auf $v_{Rd}$ anrechenbar:

$$\boldsymbol{v_{pd} = A_p \cdot f_{yp} / \gamma_{ap}} \quad (117)$$

$A_p$ Querschnittsfläche des Profilblechs je Längeneinheit
$f_{yp}$ Streckgrenze des Profilblechs

$v_{pd}$ für auf dem Träger gestoßene Profilbleche mit durchgeschweißten Dübeln s. EC4.

Die rechnerisch erforderliche Querbewehrung ist so zu verankern, daß sie entsprechend EC2 bis zur Streckgrenze beansprucht werden kann. Die Verankerung darf mit Schlaufen erfolgen, die die Dübel umfassen.

### 5.2.7 Nachweis der Gebrauchstauglichkeit

Die Nachweise erfolgen in elastischer Berechnung unter Gebrauchslasten mit den Teilsicherheitsbeiwerten nach Abschn. 2.4.

#### a) Nachweis der Durchbiegung

Empfohlene Grenzwerte der Durchbiegung s. Abschn. 2.4.

Die gesamte Durchbiegung setzt sich zusammen aus der Durchbiegung $\delta_a$ infolge der Lasten, die auf den Stahlträger allein einwirken, und $\delta_c$ aus Einwirkungen auf den Verbundträger.

Zur Berechnung der Steifigkeiten des Verbundträgers sind die Querschnittswerte der Betonplatte durch $n$ aus Gl. (89) zu dividieren. Für den Anteil aus ständigen Einwirkungen ist $E_c'$ für Langzeitbelastung zu verwenden.

Bei Tragwerken ohne Eigengewichtsverbund darf die Nachgiebigkeit der Verbundfuge vernachlässigt werden, wenn der Verdübelungsgrad $N/N_f \geqq 0{,}5$ und bei senkrecht zum Träger verlaufenden Profilblechen $h_p \leqq 80$ mm ist. Andernfalls ist $\delta_c$ auf den Wert $\delta$ zu vergrößern:

$$\delta = \delta_c \cdot [1 + k_v \cdot (1 - N/N_f) \cdot (\delta_a/\delta_c - 1)] \quad (118)$$

$\delta_a$ Durchbiegung bei Ansatz der Steifigkeiten des Stahlträgers allein
$\delta_c$ Durchbiegung bei Ansatz der Steifigkeiten des Verbundträgers ohne Nachgiebigkeit der Verbundfuge
$N/N_f \geqq 0{,}4$ Verdübelungsgrad gem. Gl. (114)
$k_v = 0{,}5$ bei Trägern mit, $k_v = 0{,}3$ bei Trägern ohne Eigengewichtsverbund

Wenn die Betonzugspannung an einer Innenstütze eines Durchlaufträgers $\sigma_{ct} > 0{,}15 f_{ck}$ ist, muß die Rißbildung berücksichtigt werden. Statt des genaueren Nachweises nach [2] darf das Stützmoment mit $f_1$ multipliziert werden, wobei die beiderseitigen Feldmomente entsprechend zu vergrößern sind:

$$\boldsymbol{f_1 = \left(\frac{E_a \cdot I_1}{E_a \cdot I_2}\right)^{-0{,}35} \geqq 0{,}6} \quad (119)$$

$E_a \cdot I_1$, $E_a \cdot I_2$ s. Abschn. 5.2.2 b.

Schwinden braucht in der Regel nicht berücksichtigt zu werden.

#### b) Rißbildung im Betongurt

Wird kein Nachweis der Rißbreitenbeschränkung nach [2] geführt, soll im Bereich negativer Biegemomente innerhalb der mittragenden Breite $b_{eff}$ eine Längsbewehrung angeordnet werden mit mindestens

0,4% der Betonfläche bei Trägern mit Eigengewichtsverbund

0,2% bei Trägern ohne Eigengewichtsverbund.

Diese Bewehrung soll über eine Länge von 25% der an die Innenstütze anschließenden Stützweiten bzw. über 50% der Länge eines Kragarms geführt werden.

Bei Bauteilen der Umweltklasse 1 (s. EC2 im BZ-Abschn. Stahlbeton) braucht kein Nachweis geführt zu werden. In anderen Fällen ist zusätzlich auch die Zwangsbeanspruchung in statisch unbestimmten Systemen infolge Schwindens zu berücksichtigen.

## 5.3 Verbundstützen

Dieser Abschnitt gilt für planmäßig mittig beanspruchte Verbundstützen in seitensteifen Tragwerken. Bei Beanspruchung durch $N$ und $M$ siehe EC4.

### 5.3.1 Normalkrafttragfähigkeit

Voraussetzung für die Anwendung des vereinfachten Bemessungsverfahrens:

- Doppelsymmetrischer, konstanter Verbundquerschnitt
- Die Bedingungen nach Bild 43 und Tafel 38 müssen erfüllt sein
- $0{,}003A_c \leqq A_s \leqq 0{,}04A_c$ rechnerisch berücksichtigte Längsbewehrung; wird $A_s$ nicht in Rechnung gestellt, ist eine konstruktive Bewehrung anzuordnen (s. EC4)

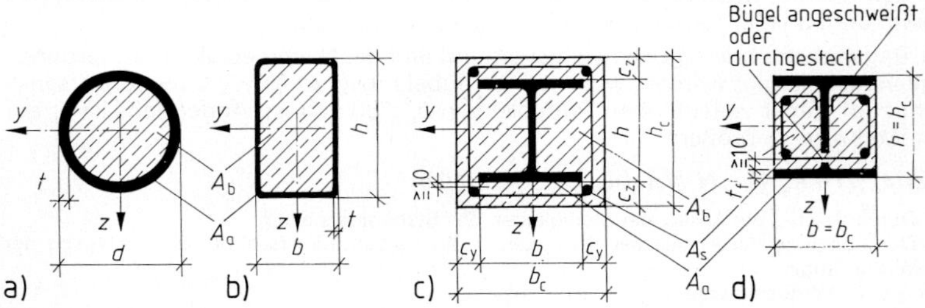


**Bild 43**

Es muß sein:

$$N_{Sd} \leqq \kappa \cdot N_{pl,Rd} \tag{120}$$

$$N_{pl,Rd} = A_a \cdot f_y/\gamma_{Ma} + A_c \cdot k_c \cdot f_{ck}/\gamma_c + A_s \cdot f_{sk}/\gamma_s \tag{121}$$

Bei betongefüllten **Rundrohren** mit $\bar{\lambda} \leqq 0{,}5$ darf angesetzt werden:

$$N_{pl,Rd} = A_a \cdot \eta_{20} \frac{f_y}{\gamma_{Ma}} + A_c \frac{f_{ck}}{\gamma_c}\left(1 + \eta_{10} \frac{t}{d} \cdot \frac{f_y}{f_{ck}}\right) + A_s \cdot \frac{f_{sk}}{\gamma_s} \tag{122}$$

$\gamma_{Ma} = \gamma_a$, $\gamma_c$, $\gamma_s$ s. Tafel 33
$k_c$ $= 0{,}85$; bei betongefüllten Hohlprofilen ist $k_c = 1$
$\eta_{10} = 4{,}9 - 18{,}5\bar{\lambda} + 17\bar{\lambda}^2$, jedoch $\geqq 0$
$\eta_{20} = 0{,}75 + 0{,}5\bar{\lambda}$, jedoch $\leqq 1$

$\delta = \dfrac{A_a \cdot f_y/\gamma_a}{N_{pl,Rd}}$ Querschnittsparameter. Es muß sein: $0{,}2 \leqq \delta \leqq 0{,}9$

$(E \cdot I)_{eff} = E_a \cdot I_a + 0{,}8\,E_{cm} \cdot I_c/\gamma_c + E_s \cdot I_s$ Wirksame Biegesteifigkeit

$\gamma_c = 1{,}35$ Sicherheitsbeiwert für die Steifigkeit

Falls $\bar{\lambda} > \lim \bar{\lambda}$ (Tafel 38), ist $E_{cm}$ mit $(1-0{,}5\,N_{G,Sd}/N_{Sd})$ zu multiplizieren. $N_{G,Sd}$ ist der ständig wirkende Anteil der Bemessungsnormalkraft $N_{Sd}$.

$N_{cr} = \pi^2 \cdot (E \cdot I)_{eff}/s_K^2$ kritische Normalkraft (ideelle Knicklast)

$\bar{\lambda} = \sqrt{N_{pl,R}/N_{cr}}$ bezogener Schlankheitsgrad; es muß sein: $\bar{\lambda} \leqq 2{,}0$

$N_{pl,R}$ aus Gl. (121) bzw. (122) mit $\gamma_{Ma} = \gamma_c = \gamma_s = 1$

$\varkappa$ Abminderungsfaktor aus Tafel 18 ($\alpha$ s. Tafel 38)

**Tafel 38 Abmessungen und Rechenwerte für Verbundstützen**

| | | Querschnitte nach Bild 43 | | | |
|---|---|---|---|---|---|
| | | a | b | c | d |
| Seitenverhältnis nach [12] | | | $0{,}2 \leqq h/b \leqq 5$ | | |
| Wanddicke und rechnerisch berücksichtigte Betondeckung der Stahlprofile | $\varepsilon = \sqrt{\frac{235}{f_y}}$ | $d/t \leqq 90\varepsilon^2$ | $h/t \leqq 52\varepsilon$ | $40 \leqq c_z \leqq 0{,}3h$<br>$c_z \geqq b/6$<br>$40 \leqq c_y \leqq 0{,}4b$ | $b/t_f \leqq 44\varepsilon$ |
| Maßg. Knickspannungskurve; Beiwert $\alpha$ bei Knicken um die | $y$-Achse | a; $\alpha = 0{,}21$ | | b; $\alpha = 0{,}34$ | |
| | $z$-Achse | | | c; $\alpha = 0{,}49$ | |
| Grenzschlankheit zur Berücksichtigung von Schwinden und Kriechen | | $\lim \bar{\lambda} = 0{,}8/(1-\delta)$ | | $\lim \bar{\lambda} = 0{,}8$ | |

## 5.3.2 Schub zwischen Stahlprofil und Betonteil

In den Endbereichen der Stützen ist die Einleitung der Lasten bzw. Schnittgrößen aus angrenzenden Bauteilen in das Stahlprofil und in den Betonteil nachzuweisen, ohne daß nennenswerter Schlupf auftritt. Die Lasteinleitungslänge sollte den zweifachen Wert der zugehörigen Außenabmessungen des Querschnitts nicht überschreiten. Die Schubtragfähigkeit der Verbundfuge zwischen Stahlprofil und Beton kann sichergestellt werden durch:

a) Einhalten von Verbundspannungen $\tau_v$. Grenzwerte von $\tau_v$ s. Tafel 39.

b) Mechanische Verbundmittel und bei Kopfbolzendübeln am Steg ggf. zusätzlich Aktivierung von Reibungskräften (Bild 44).

$P_{Rd}$ nach Gl. (106).

$\mu = 0{,}5$ für $t_f \geqq 10$ mm; $\mu = 0{,}55$ für $t_f \geqq 15$ mm.

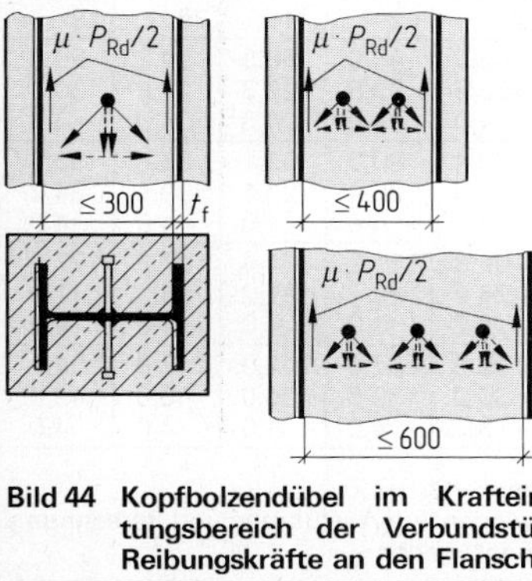


**Bild 44 Kopfbolzendübel im Krafteinleitungsbereich der Verbundstütze; Reibungskräfte an den Flanschen**

**Tafel 39 Grenzwerte der Verbundspannungen im Lasteinleitungsbereich**

| | Querschnitte nach Bild 43 | | | |
|---|---|---|---|---|
| | a, b | c | d<br>Flansch | Steg |
| $\tau_v$ in N/mm² $\leqq$ | 0,4 | 0,6 | 0,2 | 0 |

# 6 Kranbahnen nach DIN 4132 [3]

## 6.1 Einwirkungen

Belastungsvorschriften nach DIN 4132 siehe BZ-Abschnitt Lastannahmen.

Genormte Tragfähigkeiten der Krane in t:

0,125; 0,16; 0,2; 0,25; 0,32; 0,4; 0,5; 0,63; 0,8; 1,0 sowie das 10-fache, 100-fache und 1000-fache dieser Werte.

Bezeichnungen der Kransysteme: EFF; EFL; WFF; WFL.

W Laufradpaar durch mechanische oder elektrische **W**elle gekoppelt
**E** **E**inzelantrieb des Laufradpaares
**F** **F**estlager } des Laufradpaars hinsichtlich seitlicher Verschiebung
**L** **L**oslager

Beispiele für die Einstufung von Kranarten in Hubklassen und Beanspruchungsgruppen s. [4].

Radlasten und Abmessungen eines 2-Träger-Brückenkrans mit Elektroseilzug s. Bild 45 sowie die Tafeln 40 und 41. Für andere Kranarten s. [28] und [29].

**Tafel 40 Maße zu Bild 45**

| Traglast in t | Maße in mm | | | | |
|---|---|---|---|---|---|
| | *b* | *g* | *h* | *k* | *d* |
| 5 | 200 | 750 | 300 | 550 | 300 |
| 10 | 250 | 800 | 400 | 700 | 350 |
| 16 | 260 | 900 | 600 | 900 | 400 |
| 20 | 300 | 1350 | 1000 | 1100 | 500 |

Weitere Maße und Anmerkung s. Taf. 41.

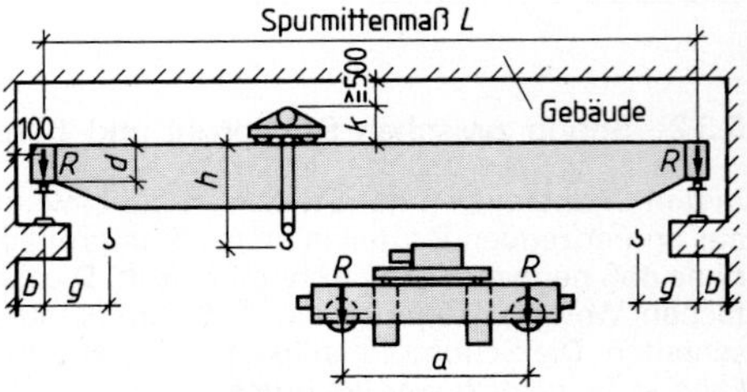


**Bild 45 Zweiträger-Brückenlaufkran**

**Tafel 41 Radlasten *R* und Radabstand *a* für Zweiträger-Brückenlaufkran** mit Elektroseilzug, Hubklasse H2, Beanspruchungsgruppe B3 nach [29]

| Traglast in t | | Spannweite *L* des Laufkrans in m | | | | | | | | |
|---|---|---|---|---|---|---|---|---|---|---|
| | | 12 | 14 | 16 | 18 | 20 | 22 | 24 | 26 | 28 |
| 5 | max *R* in kN | 36,0 | 37,0 | 38,0 | 40,5 | 42,5 | 48,0 | 50,5 | 54,2 | 59,8 |
| | min *R* in kN | 8,5 | 11,0 | 12,5 | 14,0 | 15,5 | 19,8 | 22,3 | 24,9 | 30,1 |
| | *a* in m | 2,0 | 2,5 | 3,2 | 3,2 | 4,0 | 4,0 | 4,0 | 4,0 | 4,0 |
| 10 | max *R* in kN | 62,0 | 65,0 | 66,0 | 71,4 | 73,4 | 80,0 | 82,1 | 85,8 | 90,4 |
| | min *R* in kN | 14,0 | 15,0 | 15,5 | 20,1 | 21,6 | 25,4 | 27,1 | 30,5 | 34,2 |
| | *a* in m | 2,0 | 2,5 | 2,5 | 3,2 | 4,0 | 4,0 | 4,0 | 4,0 | 4,0 |
| 16 | max *R* in kN | 95,0 | 98,0 | 100,2 | 103,4 | 106,3 | 111,2 | 114,4 | 117,9 | 127,2 |
| | min *R* in kN | 20,0 | 21,5 | 22,2 | 24,1 | 26,2 | 28,7 | 31,2 | 34,3 | 41,9 |
| | *a* in m | 2,5 | 3,2 | 3,2 | 3,2 | 3,2 | 4,0 | 4,0 | 4,0 | 4,0 |
| 20 | max *R* in kN | 115,0 | 118,0 | 122,0 | 129,0 | 132,0 | 137,0 | 142,0 | 147,0 | 153,0 |
| | min *R* in kN | 23,0 | 24,0 | 25,5 | 27,0 | 30,0 | 32,0 | 36,0 | 40,0 | 49,0 |
| | *a* in m | 3,2 | 3,2 | 3,2 | 3,2 | 3,2 | 4,0 | 4,0 | 4,0 | 4,0 |

Lastangaben ohne Eigenlast-, Hublast- und Schwingbeiwerte.
Die Angaben der Tafel sind nur für Vorplanungen anzuwenden; zur Ausführung und Berechnung sind die Konstruktionsmaße und Lasten vom Bauherrn anzugeben.

## 6.1.1 Lotrechte Einwirkungen auf die Kranbahn

Der Kranbahnträger wird neben den ständigen Einwirkungen durch das wandernde Lastenpaar der Kranlaufräder belastet. An der Stelle $x$ im Feldbereich des Trägers tritt das größte Biegemoment $M(x)$ auf, wenn die größere der Einzellasten $P_1$ über dieser Stelle steht.

Beim **Einfeldträger** ist die Funktion der Momentenhüllkurve (Bild 46)

$$M(x) = A \cdot x = (P_1 + P_2) \cdot x \cdot [(1 - c/l) - x/l], \quad x \leqq l/2$$

mit $c = \dfrac{P_2 \cdot a}{P_1 + P_2}$

Rückt $P_1$ bis $x_M$ vor, tritt hier das größte Biegemoment im ganzen Träger auf:

$$\max M_p = \frac{(P_1 + P_2) \cdot l}{4} \left(1 - \frac{c}{l}\right)^2,$$

jedoch (123)

$$\max M_p \geqq \frac{P_1 \cdot l}{4}$$

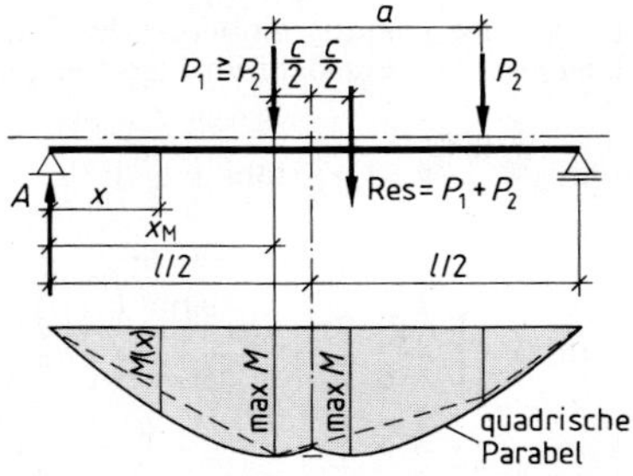


**Bild 46 Einfeldträger unter wanderndem Lastenpaar.**
Momentenhüllkurve und Laststellung für größtes Biegemoment

Auflagerlasten und Biegemomente des 2-feldrigen **Durchlaufträgers** mit $E \cdot I = \text{const}$ für ein Lastenpaar gleicher Größe ($P_1 = P_2$) s. Tafel 42 mit den jeweils maßgebenden Laststellungen entsprechend Bild 47.

Auflagerlasten und Biegemomente infolge eines Lastenpaares unterschiedlicher Größe s. [37].

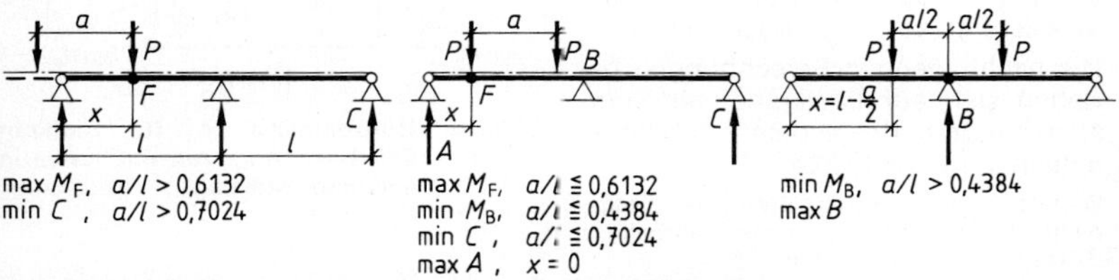


**Bild 47 Zweifeldträger unter wanderndem gleichen Lastenpaar.**
Maßgebende Laststellungen für Auflagerlasten und Biegemomente

**Tafel 42 Auflagerlasten und Biegemomente des 2-Feld-Trägers mit $E \cdot I = \text{const}$ unter einem wandernden Paar gleich großer Lasten $P$** (Bild 47)

| $a/l$ | $M_F/(P \cdot l)$ | $x_F/l$ | $M_B/(P \cdot l)$ | $x_B/l$ | max $A/P$ | min $C/P$ | $x_{\min C}/l$ | max $B/P$ |
|---|---|---|---|---|---|---|---|---|
| 0 | 0,4149 | 0,4323 | −0,1925 | 0,5774 | 2,0000 | −0,1925 | 0,5774 | 2,0000 |
| 0,1 | 0,3692 | 0,4119 | −0,1903 | 0,5252 | 1,8753 | −0,1903 | 0,5252 | 1,9926 |
| 0,2 | 0,3281 | 0,3934 | −0,1839 | 0,4686 | 1,7520 | −0,1839 | 0,4686 | 1,9710 |
| 0,3 | 0,2916 | 0,3772 | −0,1733 | 0,4075 | 1,6317 | −0,1733 | 0,4075 | 1,9359 |
| 0,4 | 0,2597 | 0,3637 | −0,1589 | 0,3416 | 1,5160 | −0,1589 | 0,3416 | 1,8880 |
| 0,4384 | 0,2487 | 0,3594 | −0,1524 | 0,3149 | 1,4731 | −0,1524 | 0,3149 | 1,8664 |
| 0,5 | 0,2325 | 0,3536 | −0,1641 | 0,7500 | 1,4063 | −0,1409 | 0,2704 | 1,8281 |
| 0,6 | 0,2100 | 0,3479 | −0,1785 | 0,7000 | 1,3040 | −0,1200 | 0,1933 | 1,7570 |
| 0,6132 | 0,2074 | 0,3476 | −0,1800 | 0,6934 | 1,2911 | −0,1171 | 0,1826 | 1,7468 |
| 0,7 | 0,2074 | 0,4323 | −0,1877 | 0,6500 | 1,2107 | −0,0968 | 0,1092 | 1,6754 |
| 0,7024 | 0,2074 | 0,4323 | −0,1878 | 0,6488 | 1,2086 | −0,0962 | 0,1070 | 1,6733 |
| 0,8 | 0,2074 | 0,4323 | −0,1920 | 0,6000 | 1,1280 | −0,0962 | 0,5774 | 1,5840 |
| 0,9 | 0,2074 | 0,4323 | −0,1918 | 0,5500 | 1,0572 | −0,0962 | 0,5774 | 1,4836 |
| 1 | 0,2074 | 0,4323 | −0,1875 | 0,5000 | 1,0000 | −0,0962 | 0,5774 | 1,3750 |

$x$ ist der Abstand der maßgebenden Last des Lastenpaares vom linken Auflager

**Spannungen aus der Radlasteinleitung.** Zur Berechnung von $\bar{\sigma}_z$ (z. B. im Trägersteg) im Abstand $h$ unter Oberkante der um 25% der Schienenkopfhöhe abgefahrenen Kranschiene darf die Radlast in Längsrichtung auf $2h+50$ mm verteilt werden.

Schubspannung: $\bar{\tau}_{zx}=0{,}2\bar{\sigma}_z$

Ein auf den Lastgurt einwirkendes Torsionsmoment $M_{x,\mathrm{Gurt}}$ (z. B. aus exzentrischem Lastangriff) verursacht im Steg mit Dicke $t_s$ die Biegespannung [34]

$$\bar{\sigma}_{z,B}=\frac{6}{t_s^2}\cdot M_{x,\mathrm{Gurt}}\cdot\frac{\lambda}{2}\cdot\tanh\left(\frac{\lambda\cdot a}{2}\right) \qquad (124)$$

$$\text{mit } \lambda=\sqrt{\frac{2{,}98\,t_s^3}{a\cdot I_T}\cdot\frac{\sinh^2\left(\frac{\pi\cdot b}{a}\right)}{\sinh\left(\frac{2\pi\cdot b}{a}\right)-\frac{2\pi\cdot b}{a}}} \qquad (125)$$

$a$ Quersteifenabstand
$b$ Stegblechhöhe
$I_T=I_{T,\mathrm{Gurt}}+I_{T,\mathrm{Schiene}}$ St. Venantscher Torsionswiderstand
$I_{T,\mathrm{Schiene}}$ Bei nicht schubfester Befestigung ist $I_{T,\mathrm{Schiene}}=0$ zu setzen

### 6.1.2 Waagerechte Einwirkungen quer zur Kranbahn

Der Angriff der horizontalen Einwirkungen $H_S$ und $H_M$ wird in der Aufstandsfläche der Laufräder (Schienenoberkante) angenommen; dadurch entstehen im Kranbahnträger Torsionsmomente, die beim Spannungsnachweis und beim Biegedrillknicknachweis berücksichtigt werden müssen [35].

Die nachfolgenden Berechnungen beziehen sich auf Laufkrane mit Spurkranzführung. Bei anderen Führungsmitteln s. [4] und [29].

Weitere Angaben hierzu sowie über waagerechte Einwirkungen längs der Fahrbahn s. BZ-Abschn. Lastannahmen.

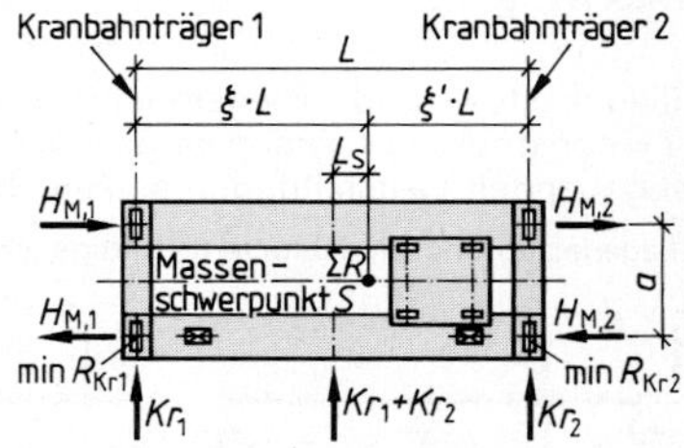

**Bild 48 Horizontallast $H_M$ für Laufkran EFF beim Anfahren mit Katze in äußerster Stellung**

**Massenkräfte aus Antrieben** (Bild 48)

$$\boldsymbol{H_{M,1}=\frac{\xi'}{a}(Kr_1+Kr_2)\cdot L_s} \quad \text{und} \quad \boldsymbol{H_{M,2}=\frac{\xi}{a}(Kr_1+Kr_2)\cdot L_s} \qquad (126)$$

Darin ist:

$\xi'=\sum\min R/\sum R$ Summe aller Radlasten auf dem minderbelasteten Kranbahnträger bezogen auf die Summe aller Radlasten ($\sum\max R+\sum\min R$) einschließlich Hublast, aber ohne Schwingbeiwert

$\xi=1-\xi'$

$L_s=(\xi-0{,}5)\cdot L$

$(Kr_1+Kr_2)=1{,}5\cdot0{,}2\cdot\min(R_{Kr1}+R_{Kr2})$ Summe der Antriebskräfte

$\min(R_{Kr1}+R_{Kr2})$ Summe der kleinsten Radlasten $\min R$ der angetriebenen Räder, ohne Schwingbeiwert, ohne Hublastanteil.

Gl. (126) für System E darf näherungsweise auch beim System W angewendet werden.

Wenn $H_M$ in einem bestimmten Kranbahnbereich regelmäßig wiederholt auftritt, bildet $H_M$ zusammen mit den lotrechten Einwirkungen aus den Kranlaufrädern **eine** Einwirkung.

## Kräfte aus Schräglauf

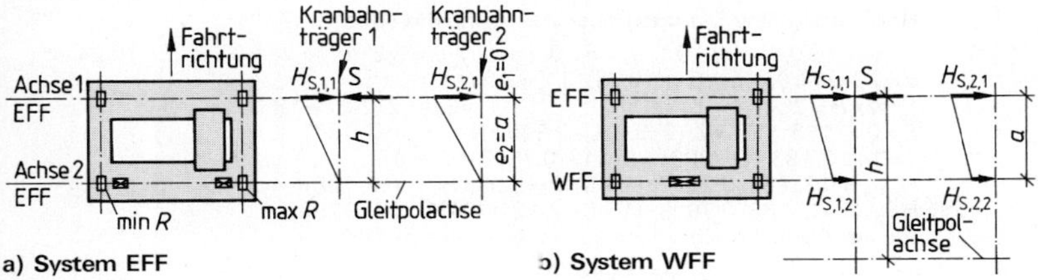


**Bild 49 Schräglaufkraft *S* und Horizontallasten $H_S$ des Brückenkrans**

Schräglaufkraft *S* am Führungselement (Spurkranz) der in Fahrtrichtung vorderen Kranräder (Bild 49):

$$\boldsymbol{S}=\boldsymbol{f}\cdot\sum \boldsymbol{R}\cdot\left(1-\frac{\sum \boldsymbol{e}_i}{\boldsymbol{n}\cdot \boldsymbol{h}}\right) \qquad (127)$$

$n$ Zahl der Laufradpaare

*S* erzeugt in der Aufstandfläche der Kranlaufräder Horizontalkräfte $H_S$:

$$\boldsymbol{H}_{\mathbf{s},1,i}=\boldsymbol{f}\cdot\sum \boldsymbol{R}\,\frac{\xi'}{\boldsymbol{n}}\left(1-\frac{\boldsymbol{e}_i}{\boldsymbol{h}}\right) \qquad (128)$$

$$\xi=\frac{\sum \max R}{\sum R} \quad \text{und} \quad \xi'=1-\xi$$

$$\boldsymbol{H}_{\mathbf{s},2,i}=\boldsymbol{f}\cdot\sum \boldsymbol{R}\,\frac{\xi}{\boldsymbol{n}}\left(1-\frac{\boldsymbol{e}_i}{\boldsymbol{h}}\right) \qquad (128\text{a})$$

mit

$f=0{,}3\,(1-e^{-0{,}25\alpha})$ Kraftschlußbeiwert, abhängig vom Schräglaufwinkel $\alpha$ in ‰; es wird zweckmäßig mit $\max f=0{,}3$ gerechnet (s. unten).

$\sum R=\sum \max R+\sum \min R$; $\sum \max R$ bzw. $\sum \min R$: Summe der Radlasten auf dem mehr/minderbelasteten Kranbahnträger einschl. Hublast, ohne Schwingbeiwert

$e_i=$ Abstand des Radpaares i vom anlaufenden Führungsmittel

$h=(m\cdot\xi\cdot\xi'\cdot L^2+\sum e_i^2)/\sum e_i$ Gleitpolabstand

$m=$ Anzahl der drehzahlgekoppelten Laufradpaare beim System W; beim System E ist $m=0$.

*S* und $H_S$ wirken gleichzeitig und können auch in umgekehrter Richtung wirken.

### Überlagerung von $H_M$ und $H_S$

Die gleichzeitige Wirkung von $H_M$, *S* und $H_S$ wird bei Bildung von Einwirkungskombinationen näherungsweise durch einen Zuschlag von 10% zu *S* und $H_S$ berücksichtigt; dieser Zuschlag entfällt, wenn mit $\max f=0{,}3$ gerechnet wird.

**Beispiel** 2-Träger-Brückenkran, System EFF, Traglast 10 t, Spurmittenmaß $L=18$ m, Kranbahnstützweite $l=6{,}4$ m.

Nach Taf. 41: $\max R=71{,}4$ kN; $\min R=20{,}1$ kN; Radabstand $a=3{,}2$ m.

**Biegemomente und Auflagerlasten des Kranbahnträgers infolge Verkehrslast**

$P_1=P_2=\max R=71{,}4$ kN; $c=a/2=1{,}6$ m; $a/l=3{,}2/6{,}4=0{,}5$

Einfeldträger (Bild 46):
$\max M=2\cdot 71{,}4\cdot 6{,}4\cdot(1-1{,}6/6{,}4)^2/4=128{,}5$ kNm
$>71{,}4\cdot 6{,}4/4=114{,}2$ kNm (Gl. 123)
$\max A=71{,}4\cdot[1+(6{,}4-3{,}2)/6{,}4]=107{,}1$ kN

Durchlaufträger über 2 Felder (Bild 47): Nach Tafel 42 ist
$\max A=1{,}4063\cdot 71{,}4=100{,}4$ kN; $\min A=-0{,}1409\cdot 71{,}4=-10{,}1$ kN
$\max B=1{,}8281\cdot 71{,}4=130{,}5$ kN; $\min M_B=-0{,}1641\cdot 71{,}4\cdot 6{,}4=-75{,}0$ kNm
$\max M_{Feld}=0{,}2325\cdot 71{,}4\cdot 6{,}4=106{,}2$ kNm an der Stelle $x_F=0{,}3536\cdot 6{,}4=2{,}263$ m
Das bei $x_F$ auftretende und bei der Betriebsfestigkeitsuntersuchung benötigte kleinste Feldmoment ist
$\min M_F=\min A\cdot x_F=-10{,}1\cdot 2{,}263=-22{,}9$ kNm.

**Beispiel** Forts. Die Größen infolge Verkehrslast sind mit dem Schwingbeiwert zu multiplizieren, die Größen aus Ständiger Last sind zu addieren.

**Horizontale Einwirkungen quer zur Kranbahn** (Bild 49a)

$f = \max f = 0{,}3$; $e_1 = 0$; $e_2 = a = 3{,}2\,\text{m}$; $\sum e_i = 3{,}2\,\text{m}$; $\sum e_i^2 = 0 + 3{,}2^2 = 10{,}24\,\text{m}^2$

$n = 2$; $m = 0$; $h = (0 + 10{,}24)/3{,}2 = 3{,}2\,\text{m}$

$\sum \max R = 2 \cdot 71{,}4 = 142{,}8\,\text{kN}$; $\sum R = 142{,}8 + 2 \cdot 20{,}1 = 183\,\text{kN}$

$S = 0{,}3 \cdot 183 \cdot [1 - 3{,}2/(2 \cdot 3{,}2)] = 27{,}45\,\text{kN}$ (Gl. 127)

$\xi = 142{,}8/183 = 0{,}7803$; $\xi' = 1 - 0{,}7803 = 0{,}2197$

$H_{S,1,1} = 0{,}3 \cdot 183 \cdot 0{,}2197 \cdot (1 - 0)/2 = 6{,}03\,\text{kN}$ (Gl. 128)

$H_{S,2,1} = 0{,}3 \cdot 183 \cdot 0{,}7803 \cdot (1 - 0)/2 = 21{,}42\,\text{kN}$ (Gl. 128a)

Die am Kranbahnträger 1 wirkende resultierende Kraft ist

$S - H_{S,1,1} = 27{,}45 - 6{,}03 = 21{,}42\,\text{kN}$

Die Berechnung von $H_M$ erübrigt sich, wenn der Kran nicht wiederholt in einem bestimmten Kranbahnbereich arbeitet. $S$ und $H_S$ brauchen zur Berücksichtigung des Zusammenwirkens mit $H_M$ nicht um 10% erhöht zu werden, weil mit $\max f = 0{,}3$ gerechnet wurde.

## 6.2 Nachweise

**Nachweise der Tragsicherheit, Lagesicherheit, Gebrauchstauglichkeit** sind nach DIN 18800 T1 (s. Abschn. 2) durchzuführen.

**Stabilitätsnachweise** Nach DIN 18800 T2 und T3 (s. Abschn. 3 und 4)

**Betriebsfestigkeitsuntersuchung**
Für Bauteile und Verbindungsmittel ist sie für Ständige Einwirkungen sowie Einwirkungen aus Kranlaufrädern mit Schwingbeiwert (Abschn. 3.1.1) ggf. zusammen mit $H_M$ (s. Abschn. 3.1.2) durchzuführen.

Teilsicherheitsbeiwerte $\gamma_F = \gamma_M = 1{,}0$.

Beanspruchungsgruppe der Kranbahn ist i. allg. gleich der des einzeln verkehrenden Laufkrans; beim Zusammenwirken von 2 Kranen die um 2 Stufen, bei 3 Kranen die um 3 Stufen ermäßigte Beanspruchungsgruppe des Krans mit der niedrigsten Gruppe.

Spannungsverhältnis

$$\varkappa_\sigma = \frac{\sigma_u}{\max \sigma_o}, \quad \varkappa_\tau = \frac{\tau_u}{\max \tau_o} \qquad (129)$$

$\max \sigma_o$, $\max \tau_o$ die dem Betrag nach größte Spannung (Oberspannung);

für $\sigma_u$, $\tau_u$ ist die Unterspannung einzusetzen, die das algebraisch kleinste $\varkappa$ ergibt.

Es muß sein

$$\max{}^{\sigma}_{\tau} \leq \text{zul}{}^{\sigma}_{\tau}\,\text{Be} \qquad (130)$$

Beanspruchbarkeiten $\text{zul}\,\sigma_{\text{Be},\varkappa=-1}$ für $\varkappa = -1$ aus Tafel 43 können nach Tafel 44 für beliebige $\varkappa$-Werte umgerechnet werden (DIN 4132 enthält ausführliche Tabellen). Maßgebende Kerbfälle s. Tafel 45; anstelle der jeweils vorliegenden Kerbfälle ist Kerbfall W0 zu untersuchen, wenn dessen Beanspruchbarkeiten niedriger sind.

**Tafel 43 Beanspruchbarkeiten zul $\sigma_{\text{Be},\varkappa=-1}$ für Spannungsverhältnisse $\varkappa = -1$ in N/mm²**

| Beanspruchungsgruppe | **S235** | | | **S355** | | | **S235** und **S355**[1]) | | | | |
|---|---|---|---|---|---|---|---|---|---|---|---|
| | W0 | W1 | W2 | W0 | W1 | W2 | K0 | K1 | K2 | K3 | K4 |
| **B1** | 285,4 | 228,3 | 199,8 | 388,4 | 308,9 | 247,2 | [475,2] | [424,2] | (356,4) | 254,6 | 152,7 |
| **B2** | 240,0 | 192,0 | 168,0 | 313,0 | 249,0 | 199,2 | [336,0] | (300,0) | (252,0) | 180,0 | 108,0 |
| **B3** | 201,8 | 161,4 | 141,3 | 252,2 | 200,6 | 160,5 | (237,6) | (212,1) | 178,2 | 127,3 | 76,4 |
| **B4** | 169,7 | 135,8 | 118,8 | 203,2 | 161,7 | 129,3 | 168,0 | 150,0 | 126,0 | 90,0 | 54,0 |
| **B5** | 142,7 | 114,2 | 99,9 | 163,8 | 130,3 | 104,2 | 118,8 | 106,1 | 89,1 | 63,6 | 38,2 |
| **B6** | 120,0 | 96,0 | 84,0 | 132,0 | 105,0 | 84,0 | 84,0 | 75,0 | 63,0 | 45,0 | 27,0 |

( ): zul $\sigma_{\text{Be}}$ des Kerbfalles W0 ist überschritten bei S235; [ ]: zul $\sigma_{\text{Be}}$ des Kerbfalles W0 ist überschritten bei S235 und S355

[1]) s. Fußnote [1]) bei Tafel 44

Zusätzliche Bedingung bei Verkehr von mehreren Kranen

$$\sum\left(\frac{\max^{\sigma}_{\tau}}{\text{zul}^{\sigma}_{\tau}\text{Be}}\right)^k + \left(\frac{\max^{\sigma}_{\tau}}{\text{zul}^{\sigma}_{\tau}\text{Be}}\right)^k \leqq 1 \quad (131)$$

Einzelkrane *i* — Krane gemeinsam

Es bedeuten

unter dem Summenzeichen

$\max^{\sigma}_{\tau}$ Höchstspannung infolge des Einzelkrans *i*

$\text{zul}^{\sigma}_{\tau}\text{Be}$ Beanspruchbarkeit der Beanspruchungsgruppe für den Einzelkran *i*

beim letzten Ausdruck

$\max^{\sigma}_{\tau}$ Höchstspannung aus mehreren Kranen gemeinsam

$\text{zul}^{\sigma}_{\tau}\text{Be}$ Beanspruchbarkeit der Beanspruchungsgruppe für mehrere Krane

$k = 6{,}635$ (5,366) für die Kerbfälle W0 bis W2 bei S235 (S355)

$k = 3{,}323$ für die Kerbfälle K0 bis K4

Bei der Überfahrt eines Krans sind einzelne Kranräder oder Radgruppen in Gl. (131) je für sich wie Einzelkrane *i* zu berücksichtigen, wenn zwischen 2 aufeinanderfolgenden Spannungshöchstwerten die zum Größtwert gehörige Mittelspannung unterschritten wird.

**Tafel 44 Umrechnung der Beanspruchbarkeiten[1]) für beliebige Spannungsverhältnisse $\varkappa$**

| | | max $\sigma_0$ ist eine Zugspannung | max $\sigma_0$ ist eine Druckspannung |
|---|---|---|---|
| Wechselbereich $-1<\varkappa<0$ | | $\text{zul}\,\sigma_{\text{Be,Z},\varkappa<0} = \frac{145}{3-2\varkappa}\cdot \text{zul}\,\sigma_{\text{Be},-1}$ | $\text{zul}\,\sigma_{\text{Be,D},\varkappa<0} = \frac{2}{1-\varkappa}\cdot \text{zul}\,\sigma_{\text{Be},-1}$ |
| $\varkappa=0$ | | $\text{zul}\,\sigma_{\text{Be,Z},0} = \frac{5}{3}\cdot \text{zul}\,\sigma_{\text{Be},-1}$ | $\text{zul}\,\sigma_{\text{Be,D},0} = 2\cdot \text{zul}\,\sigma_{\text{Be},-1}$ |
| Schwellbereich $0<\varkappa<+1$ | | $\text{zul}\,\sigma_{\text{Be,Z},\varkappa>0} = \frac{\text{zul}\,\sigma_{\text{Be,Z},0}}{1-\left(1-\frac{\text{zul}\,\sigma_{\text{Be,Z},0}}{\text{zul}\,\sigma_{\text{Be,Z},+1}}\right)\cdot\varkappa}$ | $\text{zul}\,\sigma_{\text{Be,D},\varkappa>0} = \frac{\text{zul}\,\sigma_{\text{Be,D},0}}{1-\left(1-\frac{\text{zul}\,\sigma_{\text{Be,D},0}}{\text{zul}\,\sigma_{\text{Be,D},+1}}\right)\cdot\varkappa}$ |
| $\varkappa=+1$ | S235 | $\text{zul}\,\sigma_{\text{Be,Z},+1} =$ 277,5 N/mm² | $\text{zul}\,\sigma_{\text{Be,D},+1} =$ 333,0 N/mm² |
| | S355 | 390,0 N/mm² | 468,0 N/mm² |
| Schubspannung | Bauteil | $\text{zul}\,\tau_{\text{Be},\varkappa} = \text{zul}\,\sigma_{\text{Be,Z},\varkappa}/\sqrt{3}$ mit $\text{zul}\,\sigma_{\text{Be,Z},\varkappa}$ nach Kerbfall W0 | |
| | Schweißnaht[2]) | $\text{zul}\,\tau_{\text{Be},\varkappa} = \text{zul}\,\sigma_{\text{Be,Z},\varkappa}/\sqrt{2}$ mit $\text{zul}\,\sigma_{\text{Be,Z},\varkappa}$ nach Kerbfall K0 (nach W0), wenn niedriger) | |
| Niete und Paßschrauben | | $\text{zul}\,\tau_{\text{Be},\varkappa} = 0{,}8\cdot\text{zul}\,\sigma_{\text{Be,Z},\varkappa}$; $\text{zul}\,\sigma_{\text{l,Be},\varkappa} = 2{,}0\cdot\text{zul}\,\sigma_{\text{Be,Z},\varkappa}$ } mit $\text{zul}\,\sigma_{\text{Be,Z},\varkappa}$ nach Kerbfall W2 | Für einschnittige, ungestützte Verbindungen sind vorstehende Werte auf 75% abzumindern |

[1]) Die Beanspruchbarkeiten sind zu begrenzen auf $\text{zul}\,\sigma_{\text{Be}} \leqq 160$ (240) N/mm² bei S235 (S355). Darüber hinausgehende Werte von $\text{zul}\,\sigma_{\text{Be}}$ sind nur verwendbar,
- wenn Zwängungsspannungen berücksichtigt werden, z. B. bei der Radlasteinleitung in die Krahnbahnträger oder bei Fachwerk-Kranbahnträgern
- bei Anwendung der Gl. (131)

[2]) Für Kehlnähte ist $\text{zul}\,\tau_{\text{Be},\varkappa}$ mit dem Faktor 0,6 abzumindern. Für $\varkappa \geqq 0$ darf gerechnet werden mit

$$\text{zul}\,\sigma_{\text{Be},\varkappa>0} = \frac{0{,}6\cdot\text{zul}\,\sigma_{\text{Be,Z},0}/\sqrt{2}}{1-\left(1-\frac{0{,}6\cdot\text{zul}\,\sigma_{\text{Be,Z},0}}{\text{zul}\,\sigma_{\text{Be,Z},+1}}\right)\cdot\varkappa}$$

mit $\text{zul}\,\sigma_{\text{Be,Z},0}$ nach Kerbfall K0 (nach W0, wenn niedriger).

**Tafel 45** **Kerbfälle für Bauteile, geschraubte, genietete und geschweißte Verbindungen** [1]).
Fortsetzung auf den nachfolgenden Seiten

| Ordnungs-Nummer | Beschreibung und Darstellung | |
|---|---|---|
| **Kerbfall W 0 und Kerbfall W 1** | | |
| W 01 | *Teile* mit normaler Oberflächenbeschaffenheit und mit Seitenflächen als Walzkanten oder durch Sägeschnitte, wenn überlagerte geometrische Kerbwirkungen nicht vorhanden oder bei der Spannungsermittlung berücksichtigt sind, z.B. bei Ausschnitten. Brenngeschnittene Flächen müssen mindestens die Güte DIN 2310-12A nach DIN 2310 T3 (11.87) haben. | 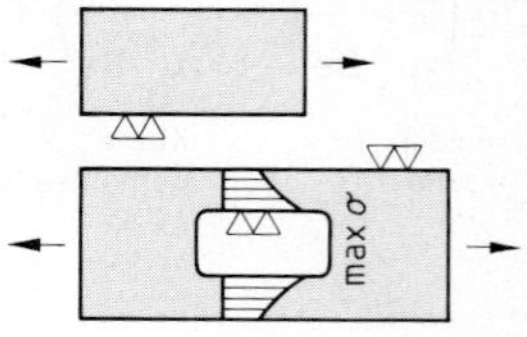  |
| W 11 | *Teile* mit Scherenschnitt- oder mit Brennschnittflächen mit mindestens Güte DIN 2310-23A nach DIN 2310 T3 (11.87), wenn überlagerte geometrische Kerbwirkungen nicht vorhanden oder bei der Spannungsermittlung berücksichtigt sind, z.B. bei Ausschnitten. | 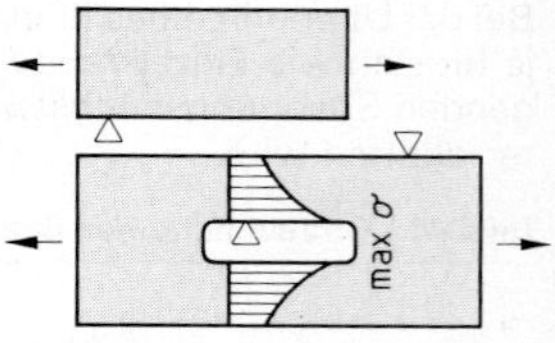  |
| W 12 | *Gelochte Teile* auch mit Nieten und Schrauben bei Beanspruchung der Niete und Schrauben bis höchstens 20%, der hochfesten Schrauben in GV-Verbindungen bis 100% der zulässigen Werte.<br>Für einschnittige Verbindungen gelten die Einschränkungen der Kerbfälle W 22 und W 23 auch hier. | 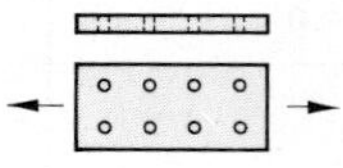 |
| W 13 | *Stegansatz* von Walzprofilen bei Angriff von Radlasten | 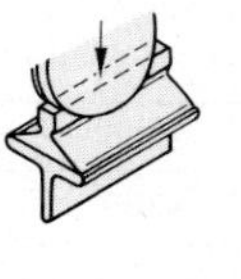 |
| **Kerbfall W 2** – Nietung, Paßschrauben nach DIN 7968, SLP- und GVP-Verbindungen | | |
| W 21 | *Gelochte Teile* bei zweischnittigem Niet- oder Schraubenanschluß | 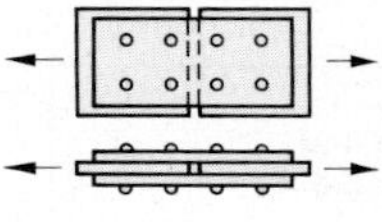 |
| W 22 | *Gelochte Teile* bei einschnittigem, aber gestütztem Niet- oder Schraubenanschluß; die Stützung darf nur für die Breite $b \leqq 15\,t$ angenommen werden. | 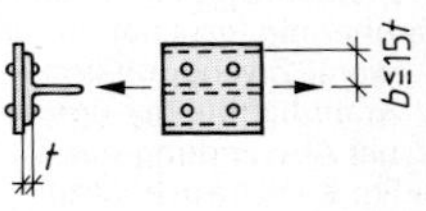  |

[1]) Durch *Kursivdruck* ist angegeben, ob die Schweißnaht, das durch Schweißung beeinflußte durchlaufende Teil oder beide in den jeweiligen Kerbfall eingeordnet sind. Für Schweißnaht oder Teil ergeben sich ggf. unterschiedliche Kerbfälle.

| Ordnungs-Nummer | Beschreibung und Darstellung | |
|---|---|---|
| **Kerbfall W2** ... | | |
| W 23 | *Gelochte Teile* bei einschnittigem, aber nicht gestütztem Niet- oder Schraubenanschluß mit Nachweis der außermittigen Kraftwirkungen | 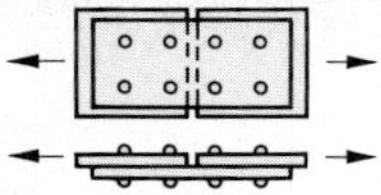 |
| **Kerbfall K 0** – Geringe Kerbwirkung | | |
| 011 | Mit *Stumpfnaht*-Sondergüte quer zur Kraftrichtung *verbundene Teile* | 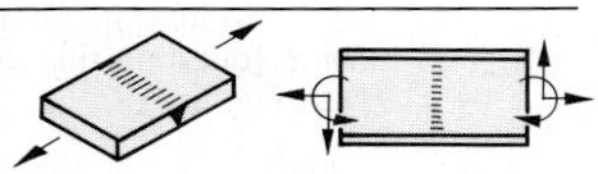 |
| 012 | Mit *Stumpfnaht*-Sondergüte quer zur Kraftrichtung *verbundene Teile* verschiedener Dicken mit unsymmetrischem Stoß und Schräge ≦1 : 4 oder mit symmetrischem Stoß und Schräge ≦1 : 3 | 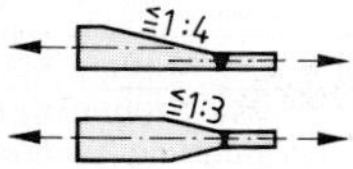 |
| 021 | Mit *Stumpfnaht*-Normalgüte, *HV-Naht* oder *K-Naht* längs zur Kraftrichtung *verbundene Teile* | 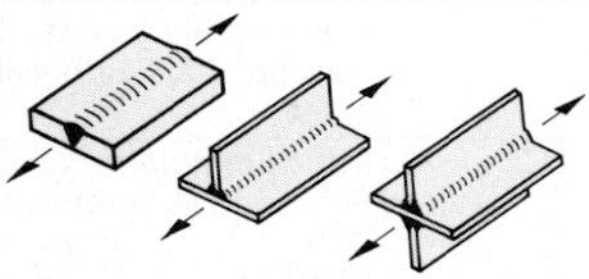 |
| 022 | Mit *Stumpfnaht*-Normalgüte *verbundene Stegbleche* und *Gurtprofile* aus Form- und Stabstahl | 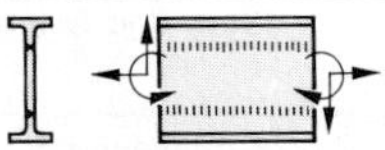 |
| **Kerbfall K 1** – Mäßige Kerbwirkung | | |
| 111 | Mit *Stumpfnaht*-Normalgüte quer zur Kraftrichtung *verbundene Teile* | 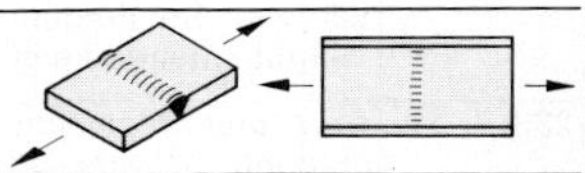 |
| 112 | Mit *Stumpfnaht*-Normalgüte quer zur Kraftrichtung *verbundene Teile* verschiedener Dicken mit unsymmetrischem Stoß und Schräge ≦1 : 4 oder mit symmetrischem Stoß und Schräge ≦1 : 3 | 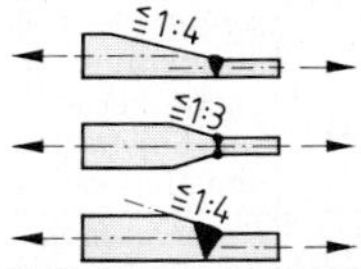 |
| 123 | Mit *DHY-Naht mit Doppelkehlnaht, HY-Naht mit Kehlnaht, Doppelkehlnaht* oder *Kehlnaht* längs zur Kraftrichtung *verbundene Teile* | 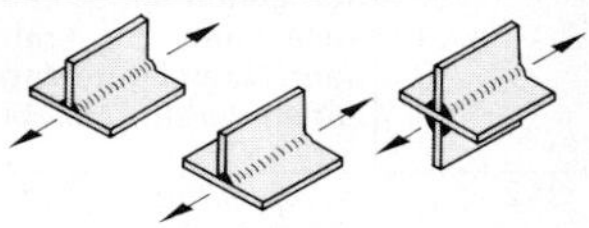 |
| 131 | *Durchlaufendes Teil,* an das quer zur Kraftrichtung Teile mit durchlaufender K-Naht angeschweißt sind. | 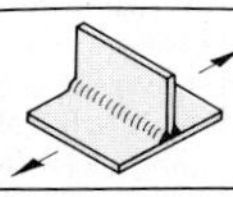 |
| 151 | Mit *K-Naht* quer zur Kraftrichtung *verbundene Teile*[2]) | 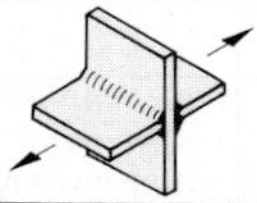 |

[2]) Auf Freiheit von Lamellenrissen ist bei den in Dickenrichtung beanspruchten Bauteilen besonders zu achten.

| Ordnungs-Nummer | Beschreibung und Darstellung | |
|---|---|---|
| **Kerbfall K1** ... | | |
| 152 | *K-Naht* in Anschlüssen mit Biegung | 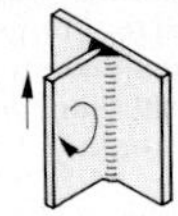 |
| 153 | *K-Naht* zwischen Gurt und Steg bei Angriff von Einzellasten. Druck und Zug quer zur Naht (gilt nur für Querbeanspruchung der Naht) | 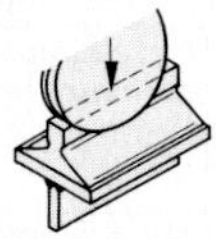 |
| **Kerbfall K 2** – Mittlere Kerbwirkung | | |
| 211 | Mit *Stumpfnaht*-Normalgüte quer zur Kraftrichtung *verbundene Teile* aus Form- oder Stabstahl außer Flachstahl. (Beim Tragsicherheitsnachweis ist DIN 18801 (9.83), Abschn. 7.2.4 zu beachten.) | 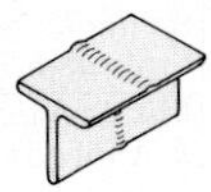 |
| 212 | Mit *Stumpfnaht*-Normalgüte quer zur Kraftrichtung *verbundene Teile* verschiedener Dicken mit unsymmetrischem Stoß und Schräge ≦1:3 oder mit symmetrischem Stoß und Schräge ≦1:2 | 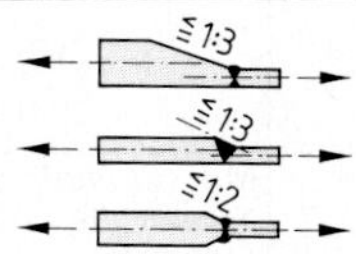  |
| 231 | *Durchlaufendes Teil,* an das quer zur Kraftrichtung Teile mit durchlaufender Doppelkehlnaht-Sondergüte angeschweißt sind. Nahtübergänge kerbfrei. | 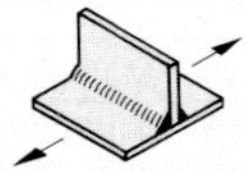 |
| 233 | *Gurt- und Stegbleche,* an die quer zur Kraftrichtung Schotte oder Steifen mit abgeschnittenen Ecken mit Doppelkehlnaht-Sondergüte angeschweißt sind. Nahtübergänge kerbfrei.<br>Die Einstufung in den Kerbfall gilt nur für den Bereich der Querkehlnähte. | 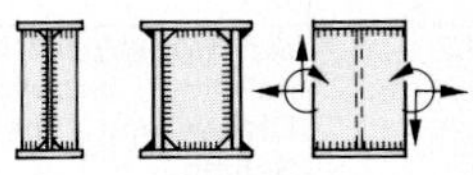 |
| 241 | *Durchlaufendes Teil,* an dessen Kante an den Enden abgeschrägte oder ausgerundete Teile längs zur Kraftrichtung mit Stumpfnaht-Normalgüte angeschweißt sind. Nahtenden kerbfrei bearbeitet. | 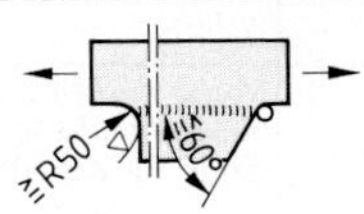  |
| 242 | *Durchlaufendes Teil,* an das an den Enden abgeschrägte oder ausgerundete Teile oder Steifen längs zur Kraftrichtung angeschweißt sind. Die Endnähte sind im Bereich ≧5 *t* als K-Naht ausgeführt. Nahtübergänge kerbfrei. | 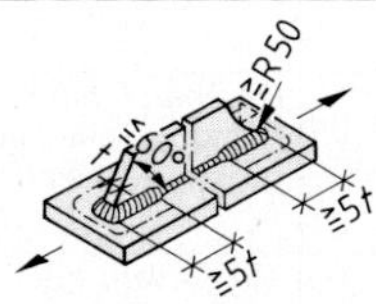  |
| 244 | *Durchlaufendes Teil,* auf das ein am Ende mit Neigung ≦1:3 abgeschrägtes Gurtblech aufgeschweißt ist. Die Endnähte sind im Bereich ≧5 *t* in Kehlnaht-Sondergüte mit $a_w = 0{,}5\,t$ ausgeführt. Nahtübergänge kerbfrei. | 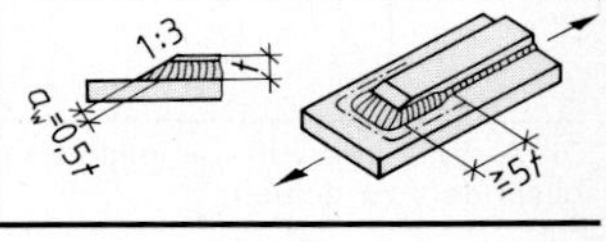  |

| Ordnungs-Nummer | Beschreibung und Darstellung | |
|---|---|---|
| **Kerbfall K 3** – Starke Kerbwirkung | | |
| 311 | Mit einseitig auf Wurzelunterlage geschweißter *Stumpfnaht* quer zur Kraftrichtung *verbundene Teile* |  |
| 312 | Mit *Stumpfnaht*-Normalgüte quer zur Kraftrichtung *verbundene Teile* verschiedener Dicken mit unsymmetrischem Stoß und Schräge ≦1 : 2, mit unsymmetrischem Stoß ohne Schräge mit Dickenunterschieden ≦3 mm oder mit symmetrischem Stoß ohne Schräge | 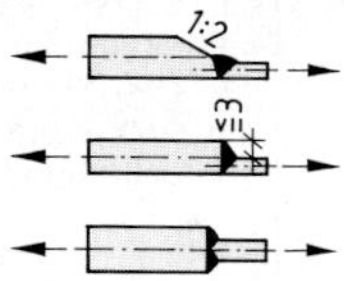  |
| 313 | *Stumpfnaht*-Normalgüte und *durchlaufendes Teil,* beide quer zur Kraftrichtung, z.B. an Kreuzungsstellen von Gurtblechen mit Querschnittsverbreiterungen, die durch Stumpfnaht-Normalgüte angeschweißt sind. Nahtenden kerbfrei bearbeitet. | 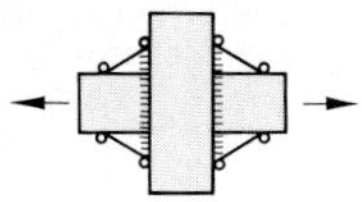 |
| 331 | *Durchlaufendes Teil,* an das quer zur Kraftrichtung Teile mit durchlaufender Doppelkehlnaht angeschweißt sind | 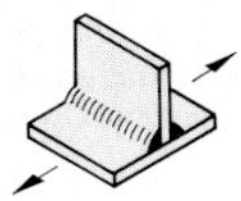 |
| 333 | *Gurt- und Stegbleche,* an die quer zur Kraftrichtung Schotte oder Steifen mit ununterbrochener Doppelkehlnaht angeschweißt sind. Die Einordnung in den Kerbfall gilt nur für den Bereich der Querkehlnähte. | 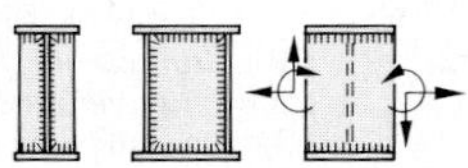 |
| 341 | *Durchlaufendes Teil,* an dessen Kante an den Enden abgeschrägte Teile längs zur Kraftrichtung mit Kehlnaht oder Doppelkehlnaht angeschweißt sind. Nahtenden kerbfrei bearbeitet. | 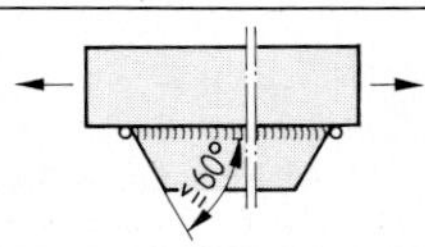  |
| 342 | *Durchlaufendes Teil,* auf das an den Enden abgeschrägte Teile oder Steifen längs zur Kraftrichtung mit Doppelkehlnaht angeschweißt sind. Die Endnähte sind im Bereich ≧5 $t$ kerbfrei bearbeitet. | 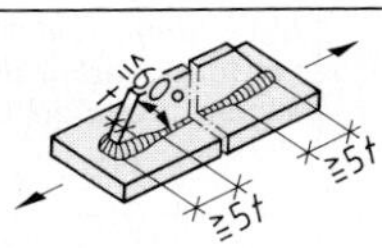  |
| 343 | *Durchlaufendes Teil,* mit dem ein an den Enden abgeschrägtes oder ausgerundetes und durchgestecktes Blech verschweißt ist. Die Endnähte sind im Bereich ≧5 $t$ als Doppel HY-Naht mit Doppelkehlnaht ausgeführt und kerbfrei bearbeitet. | 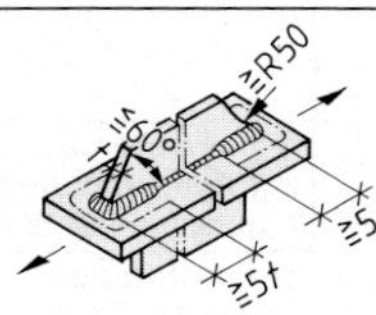  |
| 344 | *Durchlaufendes Teil,* an das ein Gurtblech mit $t_0 \leqq 1{,}5\,t_u$ aufgeschweißt ist. Die Endnähte sind im Bereich ≧5 $t_0$ als Kehlnaht-Sondergüte ausgeführt. | 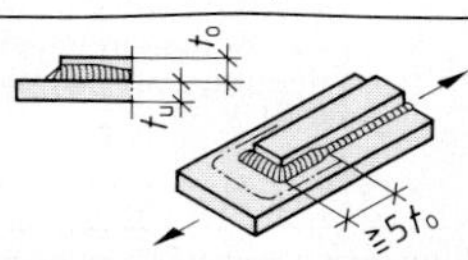  |

| Ordnungs-Nummer | Beschreibung und Darstellung | |
|---|---|---|
| **Kerbfall K3** ... | | |
| 346 | *Durchlaufendes Teil,* an das *Längssteifen* mit unterbrochener Doppelkehlnaht oder durch Ausschnittsschweißung mit Doppelkehlnaht angeschweißt sind. Die Einordnung in den Kerbfall gilt nur für die Bereiche der kurzen Nahtabschnitte zwischen den Endnähten; für diese siehe Ordnungs-Nummer 242, 342 oder 442, je nach Ausbildung. | 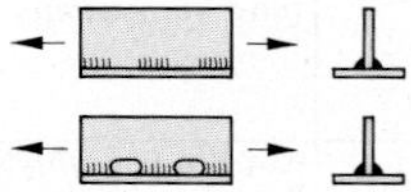 |
| 351 | Mit *DHY-Naht mit Doppelkehlnaht* quer zur Kraftrichtung *verbundene Teile* | 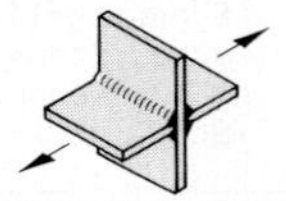 |
| 352 | *DHY-Naht mit Doppelkehlnaht* in Anschlüssen mit Biegung | 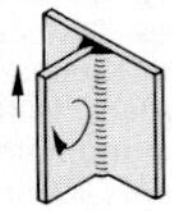 |
| 353 | *DHY-Naht mit Doppelkehlnaht* zwischen Gurt und Steg bei Angriff von Einzellasten in Stegebene Druck und Zug quer zur Naht (gilt nur für Querbeanspruchung der Naht) | 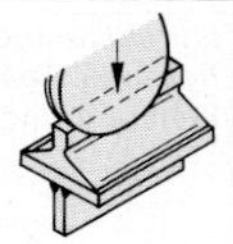 |
| **Kerbfall K4** – Besonders starke Kerbwirkung [2]) | | |
| 412 | Mit *Stumpfnaht*-Normalgüte quer zur Kraftrichtung *verbundene Teile* verschiedener Dicken mit unsymmetrischem Stoß, ohne Schräge, gestützt. | 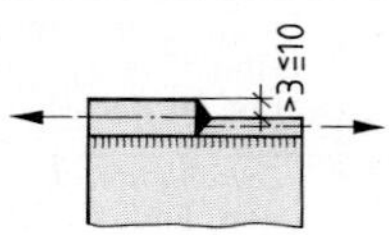  |
| | Nichtgestützte Stöße bei Berücksichtigung der Außermittigkeit | 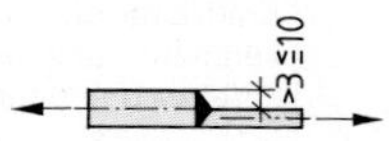  |
| 413 | Mit *Stumpfnaht*-Normalgüte quer zur Kraftrichtung *verbundene Teile* an Kreuzungsstellen, z.B. von Gurtblechen | 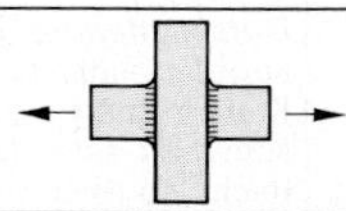 |
| 433 | *Gurt- und Stegbleche,* an die Schotte mit ununterbrochener einseitiger Kehlnaht quer zur Kraftrichtung angeschweißt sind | 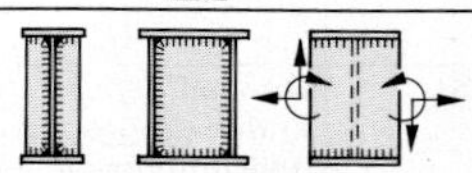 |
| 441 | *Durchlaufendes Teil,* an dessen Kante längs zur Kraftrichtung rechtwinklig endende Teile angeschweißt sind | 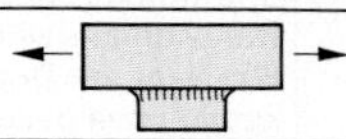 |
| 442 | *Durchlaufendes Teil,* auf das rechtwinklig endende Teile, z.B. Steifen oder Knaggen zur Schienenbefestigung, längs zur Kraftrichtung mit Doppelkehlnaht aufgeschweißt sind | 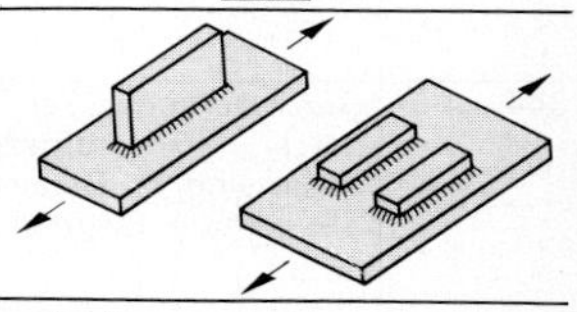 |

[2]) Bauformen mit noch ungünstigeren Kerbfällen sind unzulässig.

| Ordnungs-Nummer | Beschreibung und Darstellung | |
|---|---|---|
| **Kerbfall K 4** – Besonders starke Kerbwirkung (Fortsetzung) | | |
| 443 | *Durchlaufendes Teil,* mit dem ein rechtwinkliges durchgestecktes Blech mit Doppelkehlnaht verschweißt ist | 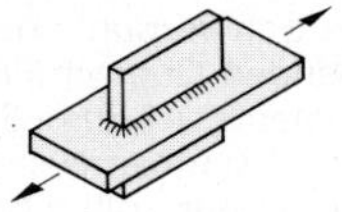 |
| 444 | *Durchlaufendes Teil,* auf dem ein mit umlaufender Kehlnaht aufgeschweißtes Gurtblech endet | 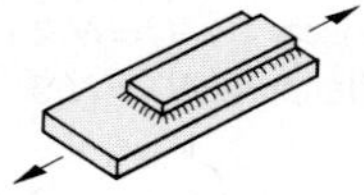 |
| 446 | *Durchlaufende Teile,* zwischen denen Bindebleche mit Kehlnaht oder Stumpfnaht-Normalgüte eingeschweißt sind | 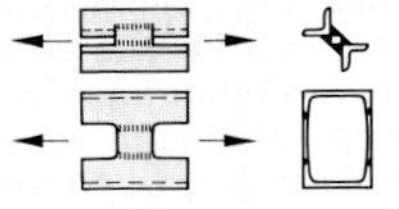 |
| 447 | *Durchlaufende Teile,* auf die *Stäbe* mit Kehlnähten ringsumlaufend aufgeschweißt sind | 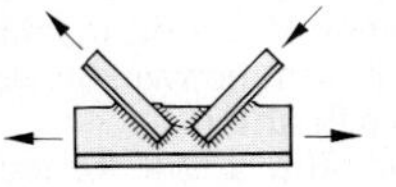 |
| 448 | *Stäbe aus Rohren,* die mit Kehlnähten ringsumlaufend verschweißt sind | 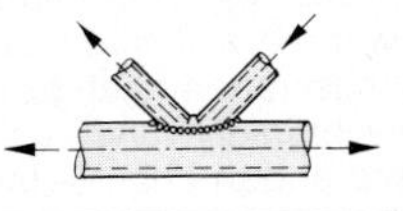 |
| 449 | *Stoßlaschen,* die auf Teile von $t_u \geqq t_0$ mit Stirn- und Flankenkehlnähten aufgeschweißt sind | 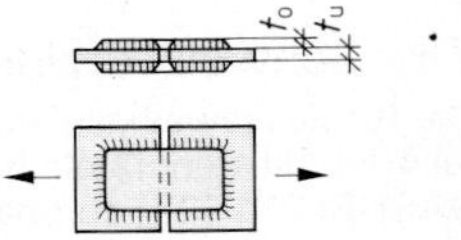<br> |
| 451 | Durch *Doppelkehlnaht* oder *HV-Naht* auf Wurzelunterlage quer zur Kraftrichtung *verbundene Teile* (Kreuzstoß) | 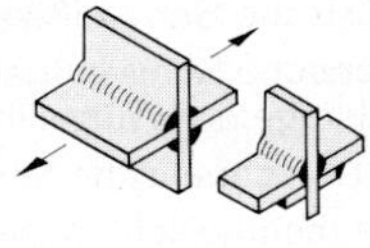 |
| 452 | Durch *Doppelkehlnaht*-Anschluß mit Biegung angeschlossenes Teil | 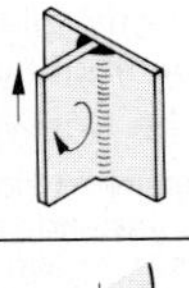 |
| 453 | *Doppelkehlnaht* zwischen Gurt und Steg bei Angriff von Einzellasten in Stegebene Druck und Zug quer zur Naht (gilt nur für Querbeanspruchung der Naht) |  |

# 7 Verbindungen

**Allgemeines.** Die Beanspruchung der Verbindungen wird aus den Schnittgrößenanteilen des jeweiligen Querschnittsteils bestimmt.

Fällt der Schwerpunkt der Verbindungsmittel nicht mit der Schwerachse des anzuschließenden Querschnittsteils zusammen, ist die Exzentrizität zu berücksichtigen; Ausnahmen s. Abschn. 2.2.2.a und Tafel 47.

Bei doppeltsymmetrischen I-Profilen dürfen die Verbindungen vereinfacht mit folgenden Schnittgrößen berechnet werden, wenn auch die Flansche für $N_Z$ und $N_D$ nachgewiesen werden:

Zugflansch: $\boldsymbol{N_Z = N/2 + M_y/h_F}$ (132)

Druckflansch: $\boldsymbol{N_D = N/2 - M_y/h_F}$ (133) $h_F$ = Schwerpunktabstand der Flansche.

Steg: $\boldsymbol{V_{St} = V_z}$ (134)

**Zusammenwirken verschiedener Verbindungsmittel** in einem Anschluß oder Stoß darf angenommen werden für

- Niete und Paßschrauben
- GVP-Verbindungen und Schweißnähte
- Schweißnähte in einem oder beiden Gurten und Niete oder Paßschrauben in allen übrigen Querschnittsteilen bei vorwiegender Beanspruchung durch $M_y$.

Die Grenzschnittgrößen ergeben sich durch Addition der Grenzschnittgrößen der einzelnen Verbindungsmittel.

Kein Zusammenwirken von SL- oder SLV-Verbindungen mit Paßschrauben oder Schweißnähten.

Druckkräfte ⊥ zur Kontaktfuge dürfen bei Berücksichtigung von Verformungen, Toleranzen und evtl. Klaffen der Fuge vollständig durch **Kontakt** übertragen werden, wenn die Sicherheit der gegenseitigen Lage der Bauteile ohne den Ansatz von Reibungskräften nachgewiesen wird. Es ist $\sigma_{R,d,Fuge} = \sigma_{R,d,Bauteil}$.

Eingeschränkte Verwendung und zusätzliche Nachweise von Verbindungsmitteln bei Anwendung der Verfahren Elastisch-Plastisch mit Momentenumlagerung bzw. Plastisch-Plastisch s. Abschn. 2.2.4 und 2.2.5.

## 7.1 Schweißverbindungen

Die für das jeweilige Bauteil geeignete Stahlgütegruppe der Stahlsorten nach Tafel 4 ist mit den Tafeln 50 bis 53 zu wählen. Bei Fertigung und Konstruktion ist DASt-Ri 014 [22] zu beachten; Nahtanhäufungen und Kerben sind zu vermeiden.

### 7.1.1 Abmessungen der Schweißnähte

**Rechnerische Schweißnahtdicke** $\boldsymbol{a}$ s. Tafel 49.

**Rechnerische Schweißnahtlänge** $\boldsymbol{l}$ ist ihre geometrische Länge, bei Kehlnähten ist sie die Länge der Wurzellinie.

Kleinste rechnerische Kehlnahtlänge: $\boldsymbol{l \geqq 6\,a}$, jedoch $l \geqq 30$ mm.

Größte rechnerische Nahtlänge einer Flankenkehlnaht in unmittelbaren Laschen- und Stabanschlüssen: $\boldsymbol{l \leqq 150\,a}$, jedoch ist eine obere Begrenzung von $l$ nicht erforderlich bei kontinuierlicher Krafteinleitung über die Anschlußlänge, wie z.B. bei Querkraftübertragung vom Trägersteg zur Stirnplatte.

**Rechnerische Schweißnahtfläche**: $\boldsymbol{A_w = \sum(a \cdot l)}$ (135)

Die Summe erstreckt sich über die Nähte, die einwandfrei ausgeführt werden können und die vorzugsweise imstande sind, die Schnittgrößen zu übertragen, z.B.:

- bei Längskraft alle Nähte mit gleicher Steifigkeit der Anschlußebene
- bei Querkraft nur die Stegnähte von I-, U- und ähnl. Profilen.

Für Kehlnähte ist $A_w$ konzentriert in der Wurzellinie anzunehmen.

Wird die Nahtlänge $\Sigma l$ nach Taf. 47 bestimmt, dürfen Ausmittigkeiten des Anschlusses unberücksichtigt bleiben.

### 7.1.2 Schweißnahtspannungen und Nachweise

**Nachweis für Stumpf- und Kehlnähte:**

$$\sigma_{w,v}/\sigma_{w,R,d} \leqq 1 \qquad (136)$$

mit dem Vergleichswert

$$\sigma_{w,v} = \sqrt{\sigma_{\perp}^2 + \tau_{\perp}^2 + \tau_{\parallel}^2} \qquad (137)$$

Die in Gl. (137) einzusetzenden einzelnen Schweißnahtspannungen (Bild 50) errechnen sich aus folgenden Gleichungen bei der Einwirkung

– einer Normalkraft $N$ oder einer Querkraft $V$

$$\left.\begin{matrix}\sigma_{\perp}\\ \tau_{\perp}\\ \tau_{\parallel}\end{matrix}\right\} = \frac{F}{A_w} \qquad (138)$$

– eines Biegemoments $M$

$$\sigma_{\perp} = M \cdot z / I_w \qquad (139)$$

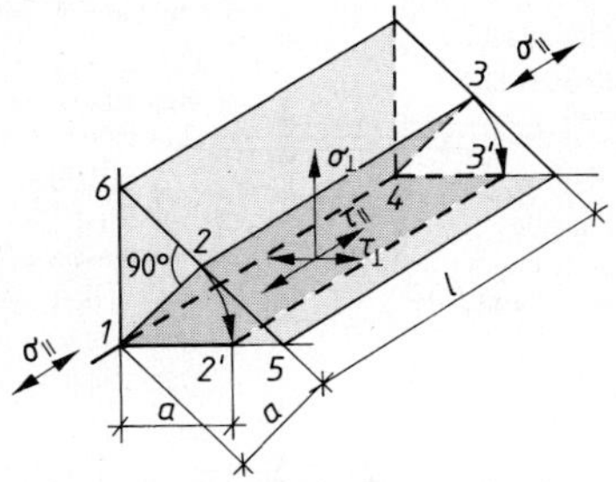


**Bild 50** **Schweißnahtspannungen in Kehlnähten**

In Längsnähten von Biegeträgern ist die Schweißnahtschubspannung

$$\tau_{\parallel} = \frac{V \cdot S}{I \cdot \sum a} \qquad (140)$$

Gl. (140) ist bei unterbrochenen Nähten mit $(e+l)/l$ zu multiplizieren.

Es bedeuten:

$I$ Flächenmoment 2. Grades des Gesamtquerschnitts
$I_w$ Flächenmoment 2. Grades des Schweißnahtquerschnitts
$S$ Flächenmoment 1. Grades der angeschlossenen Querschnittsteilflächen
$e$ Nahtfreie Länge bei unterbrochenen Nähten ($l$ = Nahtlänge)

$\sigma_{\parallel}$ bleibt unberücksichtigt.

**Grenzschweißnahtspannungen** für alle Nähte:

$$\sigma_{w,R,d} = \alpha_w \cdot f_{y,k} / \gamma_M \qquad (141)$$

$f_{y,k}$ aus Tafel 4, Zeile 1 oder 3 für $t \leqq 40$ mm;
$\alpha_w$ aus Tafel 46.

Bei **Stumpfstößen von Formstählen** aus S235JR und S235JRG1 mit Erzeugnisdicke $t > 16$ mm ist bei Zugbeanspruchung $\alpha_w = 0{,}55$ zu setzen.

Längsnähte in Hohlkehlen von Walzprofilen aus unberuhigt vergossenen Stählen sind unzulässig.

Kehlnähte ohne weitere Nachweise s. Tafel 48.

**Tafel 46** **$\alpha_w$-Werte für Grenzschweißnahtspannungen** nach DIN 18800 T1 [6] Tab. 21

| | Nähte nach Tafel 49 | Nahtgüte | Beanspruchungsart | S235 | S355 S355N |
|---|---|---|---|---|---|
| 1 | | alle Nahtgüten | Druck | 1,0¹) | 1,0¹) |
| 2 | Zeile 1 bis 4 | Nahtgüte nachgewiesen | Zug | | |
| 3 | | Nahtgüte nicht nachgewiesen | | 0,95 | 0,80 |
| 4 | Zeile 5 bis 15 | alle Nahtgüten | Druck, Zug | | |
| 5 | Zeile 1 bis 15 | | Schub | | |

¹) Diese Nähte brauchen im allgemeinen rechnerisch nicht nachgewiesen zu werden, da der Bauteilwiderstand maßgebend ist. – Werden die Schnittgrößen nach dem Nachweisverfahren Elastisch-Plastisch mit Umlagerung von Momenten oder nach dem Nachweisverfahren Plastisch-Plastisch ermittelt, darf der Nachweis mit einem oberen Grenzwert der Streckgrenze entfallen.

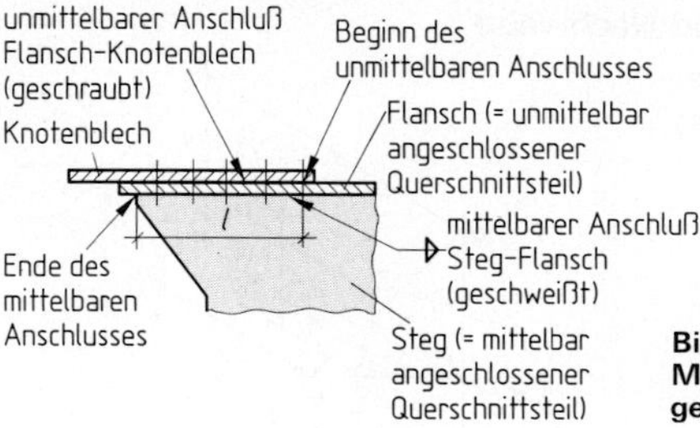


**Bild 51**
**Mittelbarer Anschluß bei zusammengesetzten Querschnitten**

Die Schweißverbindung zwischen mittelbar und unmittelbar angeschlossenen Querschnittsteilen zusammengesetzter Querschnitte ist nachzuweisen (Bild 51), sofern die Teile innerhalb des Anschlußbereichs zur Aufnahme der Schnittgrößen erforderlich sind.

Einige Besonderheiten der Abmessungen und Ausführung von Stumpfnähten siehe Bild 52, von Kehlnähten siehe Bild 54. Beim Eckstoß ist die Schweißverbindung zur Beseitigung der Terrassenbruchneigung so auszuführen, daß die Schweißnaht möglichst die volle Dicke **beider** Teile anschließt [1], [22] (Bild 53).

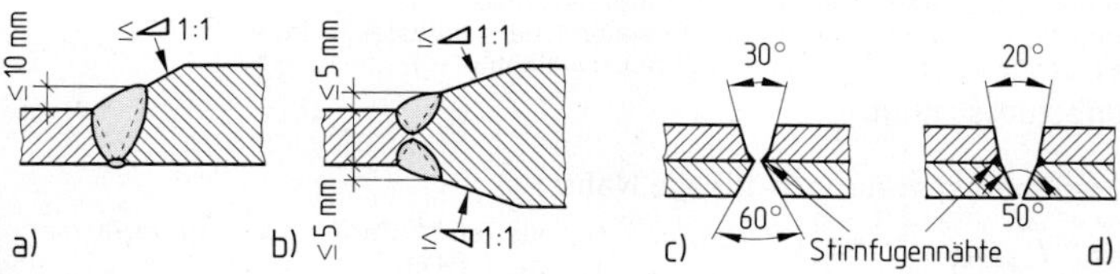


Verbindung von Teilen verschiedener Dicke

Nahtvorbereitung eines Stumpfstoßes aufeinanderliegender Gurtplatten

**Bild 52 Stumpfstöße von Querschnittsteilen**

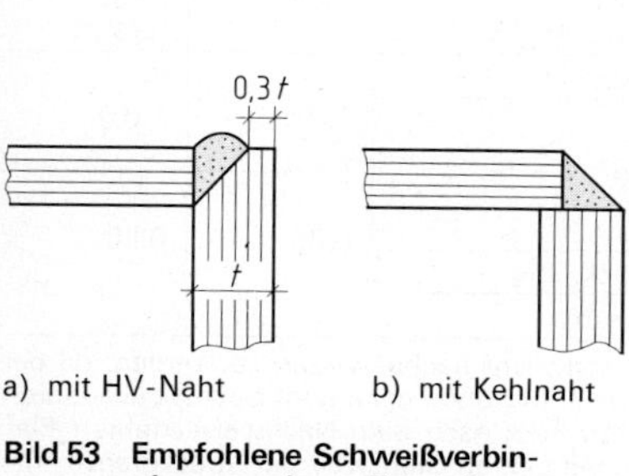


a) mit HV-Naht

b) mit Kehlnaht

**Bild 53 Empfohlene Schweißverbindung an einem Eckstoß**

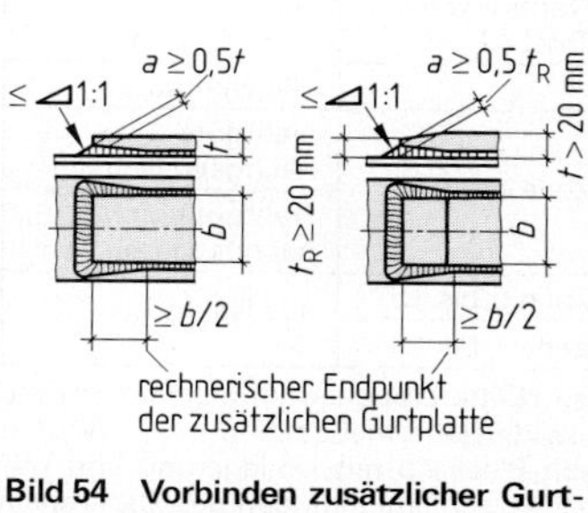


**Bild 54 Vorbinden zusätzlicher Gurtplatten**

**Tafel 47 Rechnerische Schweißnahtlängen $\Sigma l$ bei unmittelbaren Stabanschlüssen** (nach [6], Tab. 20

Kehlnaht oder HV-Naht bei geschlitztem Winkelprofil

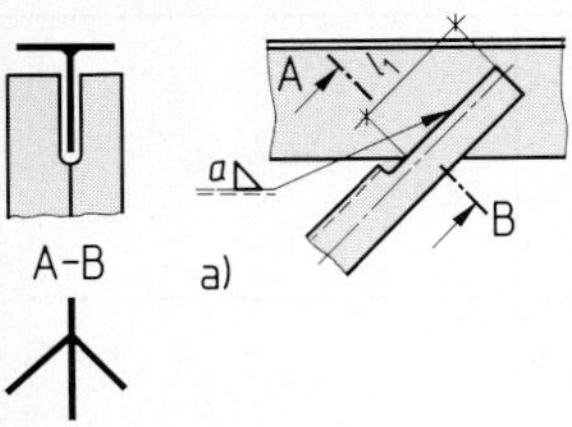


$\Sigma l = 2l_1$

Flankenkehlnähte

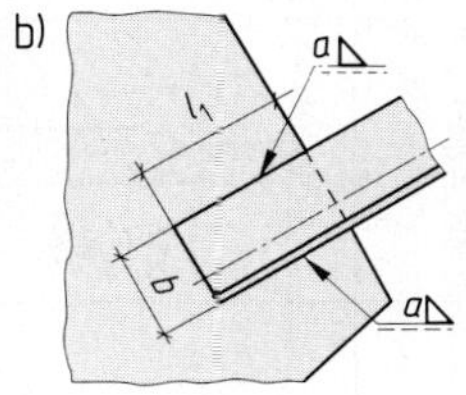


$\Sigma l = 2l_1$

Stirn- und Flankenkehlnähte

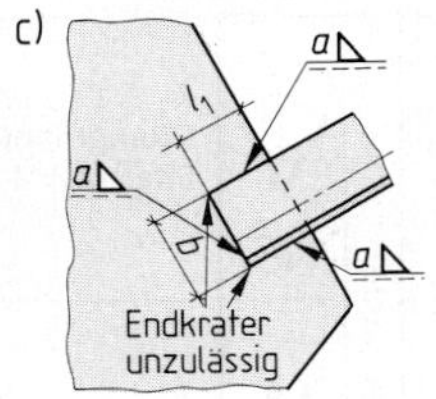


$\Sigma l = b + 2l_1$

Ringsum laufende Kehlnaht mit Schwerachse

näher zur kürzeren Naht

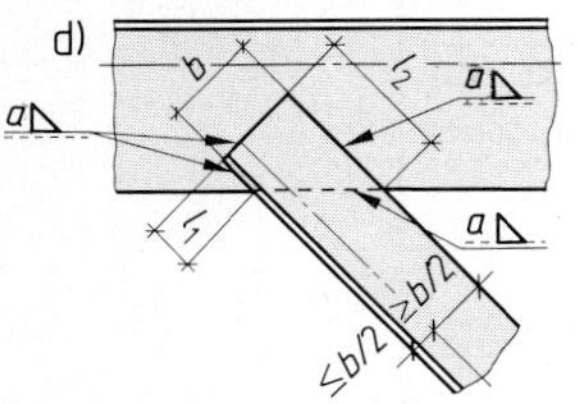


$\Sigma l = 2l_1 + 2b$

näher zur längeren Naht

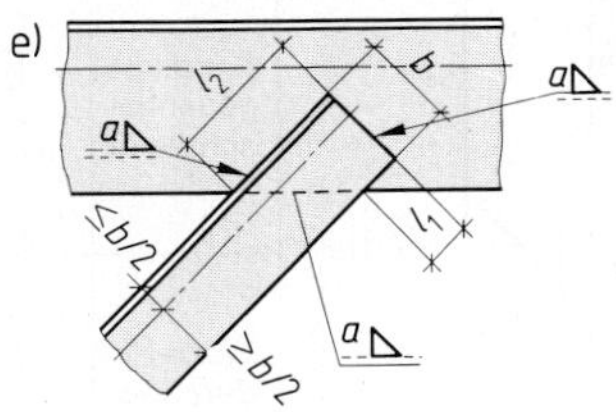


$\Sigma l = l_1 + l_2 + 2b$

Wenn $\Sigma l$ nach dieser Tafel bestimmt wird, dürfen die Momente aus den Außermittigkeiten des Schweißnahtschwerpunktes zur Stabachse unberücksichtigt bleiben.

**Tafel 48 Kehlnahtdicken ohne weiteren Nachweis am Trägeranschluß oder -querstoß**

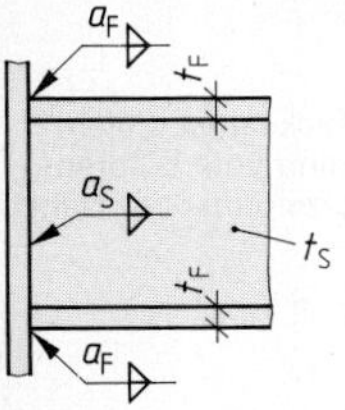


| Werkstoff | Nahtdicken |
|---|---|
| S235 | $a_F \geqq 0{,}5\ t_F$<br>$a_S \geqq 0{,}5\ t_S$ |
| S355<br>S355N | $a_F = 0{,}7\ t_F$<br>$a_S = 0{,}7\ _S$ |

**Tafel 49 Rechnerische Schweißnahtdicken *a*** nach DIN 18800 T1 [6], Tab. 19
**Symbolische Darstellung der Schweißnähte** nach DIN EN 22553 (8.94)

| Zeile | 1 | | | | 2 | 3 |
|---|---|---|---|---|---|---|
| | Nahtart[1]), Symbole | | | | Bild | Rechnerische Nahtdicke $a$ |
| 1 | Durch- oder gegengeschweißte Nähte | V | Stumpfnaht (Beispiel V-Naht) | | 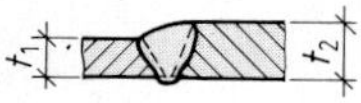 | $a = t_1$ wenn $t_1 \leq t_2$ |
| 2 | | K | D(oppel)-HV-Naht (K-Naht) | | 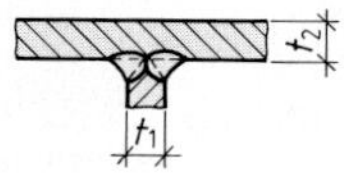 | $a = t_1$ |
| 3 | |  | HV-Naht | Kapplage gegengeschweißt | 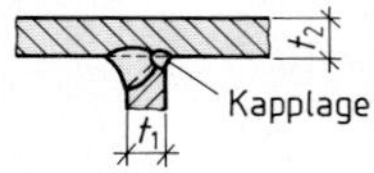  | |
| 4 | | | | Wurzel durchgeschweißt | 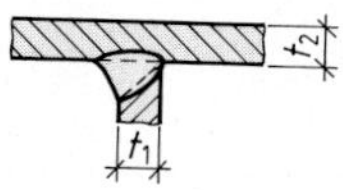 | |
| 5 | Nicht durchgeschweißte Nähte |  | HY-Naht mit Kehlnaht[2]) | | 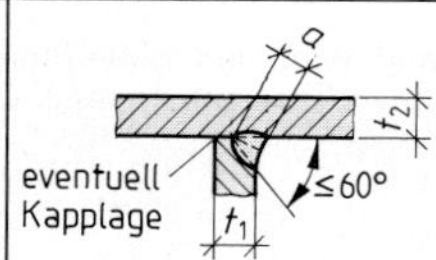  | Die Nahtdicke $a$ ist gleich dem Abstand vom theoretischen Wurzelpunkt zur Nahtoberfläche |
| 6 | | | HY-Naht[2]) | | 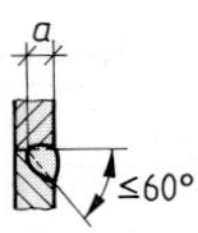  | |
| 7 | |  | D(oppel)HY-Naht mit Doppelkehlnaht[2]) | | 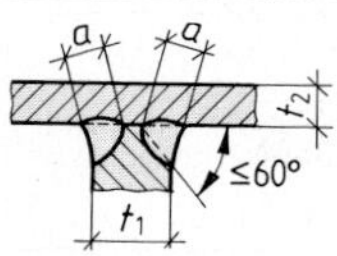  | |
| 8 | | | D(oppel)HY-Naht[2]) | | 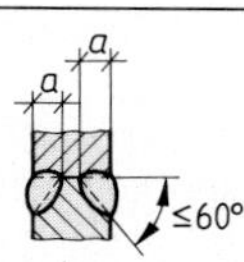  | |

Fortsetzung s. nächste Seite

**Tafel 49,** Fortsetzung

| Zeile 1 | | | | 2 | 3 | |
|---|---|---|---|---|---|---|
| | Nahtart[1]), Symbole | | | Bild | Rechnerische Nahtdicke $a$ | |
| 9 | Nicht d. Nähte |  | Doppel I-Naht ohne Nahtvorbereitung (Vollmech. Naht) | 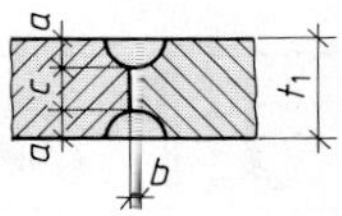  | Nahtdicke $a$ mit Verfahrensprüfung festlegen<br>Spalt $b$ ist verfahrensabhängig<br>UP-Schweißung: $b=0$ | |
| 10 | Kehlnähte |  | Kehlnaht | 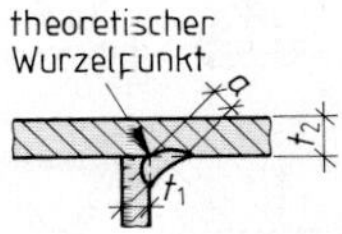  | Nahtdicke $a$ ist gleich der bis zum theoretischen Wurzelpunkt gem. Höhe des einschreibbaren gleichschenkligen Dreiecks | Empfohlene Grenzwerte für $a$ bei $t \geqq 3$ mm:<br>min $a$ $\geqq 2$ mm $\geqq \sqrt{\max t} - 0{,}5$<br>max $a$ $\leqq 0{,}7$ min $t$<br>($a$ und $t$ in mm) |
| 11 | Kehlnähte |  | Doppelkehlnaht | 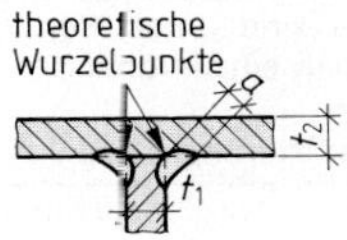  | | |
| 12 | Kehlnähte |  | Kehlnaht mit tiefem Einbrand | 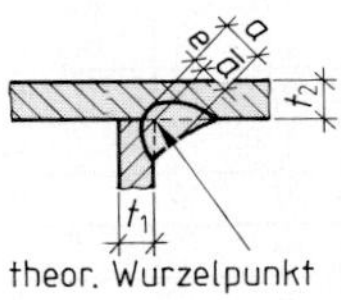  | $a=\bar{a}+e$<br>$\bar{a}$: entspricht Nahtdicke $a$ nach Zeile 10 und 11<br>$e$: aus Verfahrensprüfung (s. DIN 18800 T7, (5.83) Abschn. 3.4.3.2 a) | |
| 13 | Kehlnähte |  | Doppelkehlnaht mit tiefem Einbrand | 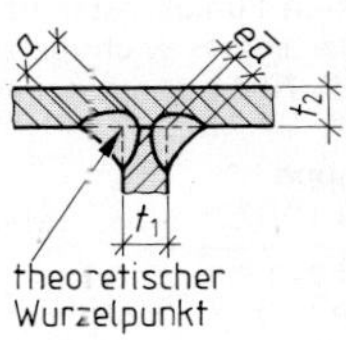  | | |
| 14 | |  | Dreiblechnaht Steilflankennaht | 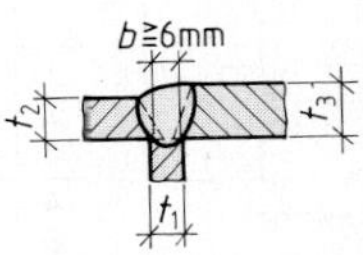  | Kraftübertragung von $t_2$ nach $t_3$ | $a=t_2$ für $t_2<t_3$ |
| 15 | | | | | Kraftübertragung von $t_1$ nach $t_2$ und $t_3$ | $a=b$ |

[1]) Ausführung nach [10], Abschnitt 3.4.3.

[2]) Bei Nähten nach Zeilen 5 bis 8 mit einem Öffnungswinkel $<45°$ ist das rechnerische $a$-Maß um 2 mm zu vermindern oder durch eine Verfahrensprüfung festzulegen. Ausgenommen hiervon sind Nähte, die in Position $w$ (Wannenposition) und $h$ (Horizontalposition) mit Schutzgasschweißung ausgeführt werden.

## Wahl der Stahlgütegruppen für geschweißte Stahlbauten
nach DASt-Richtlinie 009 [21]

**Tafel 50 Beispiele für die Klassifizierung der Bauteile nach ihrem Spannungszustand**

| Spannungszustand | Bauteile | ferner |
|---|---|---|
| niedrig | 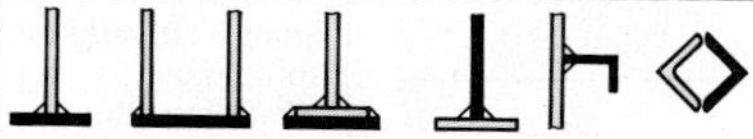 | Aussteifungen, Schotte, Verbände; spannungsarm geglühte Bauteile des Spannungszustandes „mittel" |
| mittel |  | Knotenbleche an Zuggurten; spannungsarm geglühte Bauteile des Spannungszustandes „hoch" |
| hoch | 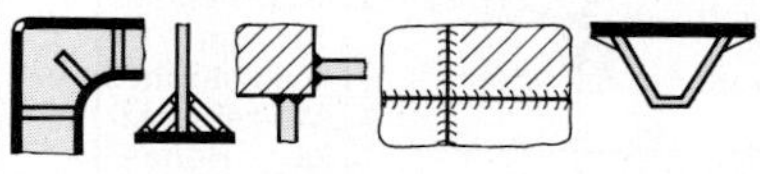 | Bauteile im Bereich von schroffen Querschnittsübergängen, Spannungsspitzen, konzentrierten Krafteinleitungen, räumlichen Zugspannungszuständen |

Die zu klassifizierenden Bauteile sind durch Schwärzung oder Schraffur gekennzeichnet. Gleichwertige Fälle sind sinngemäß einzuordnen.

**Tafel 51 Bestimmung der Klassifizierungsstufen**

| Spannungszustand (s. Tafel 50) | Bedeutung des Bauteils[1]) | Beanspruchung bei Gebrauchslast: Druck, angenommene tiefste Temperatur bis −10° C | Druck, von −10° C bis −30° C | Zug, bis −10° C | Zug, von −10° C bis −30° C |
|---|---|---|---|---|---|
| hoch | 1. Ordnung | IV | III | II | I |
| | 2. Ordnung | V | IV | III | II |
| mittel | 1. Ordnung | V | IV | III | II |
| | 2. Ordnung | V | V | IV | III |
| niedrig | 1. Ordnung | V | V | IV | III |
| | 2. Ordnung | V | V | V | IV |

[1]) 1. Ordnung: Bauteile, von deren Funktionsfähigkeit der Bestand oder der Verwendungszweck des Gesamttragwerks oder seiner wichtigsten Teile abhängen oder bei denen zul $\sigma$ langzeitig und ständig zu mehr als 70% ausgenutzt ist. Die übrigen sind Bauteile 2. Ordnung.

**Tafel 52 Wahl der Stahlgütegruppe**
für Stähle nach DIN EN 10025

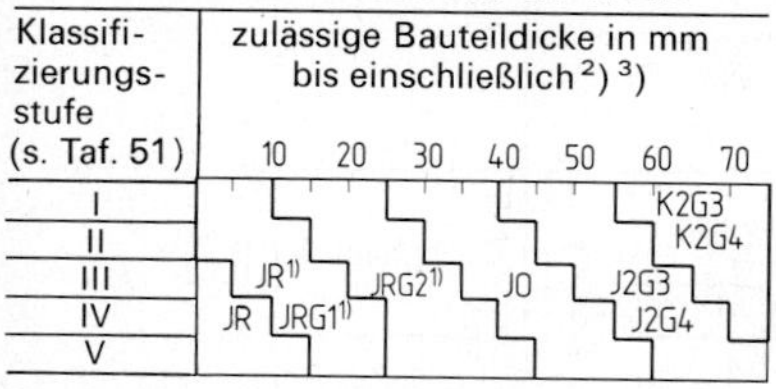


[1]) Mit zus. Prüfung der Kerbschlagarbeit

[2]) Bauteildicken sind nur in dem Rahmen zulässig, wie die Fachnormen dies ausweisen.

[3]) Der in Fachnormen zusätzlich geforderte Sprödbruchnachweis (Aufschweißbiegeversuch) ist ab den dort genannten Grenzwanddicken zu führen.

**Tafel 53 Grenzwerte min(*r*/*t*) für das Schweißen in kaltgeformten Bereichen** nach DIN 18800 T1 [6], Tab. 9

| | max $t$ in mm | min $(r/t)$ | |
|---|---|---|---|
| 1 | 50 | 10 | 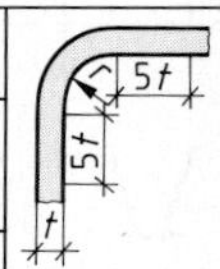 |
| 2 | 24 | 3 | |
| 3 | 12 | 2 | |
| 4 | 8 | 1,5 | |
| 5 | 4*) | 1 | *) 6 mm |
| 6 | <4*) | 1 | bei S235J2G3 |

Zwischen den Zeilen 1 bis 5 darf linear interpoliert werden.
Im Anwendungsbereich der DIN 18809 gelten strengere Bedingungen.

## Tafel 54 **Symbolische Darstellung von Schweißnähten** Beispiele nach DIN EN 22553 (8.94)

| Benennung | Darstellung erläuternd | Darstellung symbolisch |
|---|---|---|
| **V-Naht** mit Gegenlage Nahtlänge = Stoßlänge | Obere Werkstückfläche  | 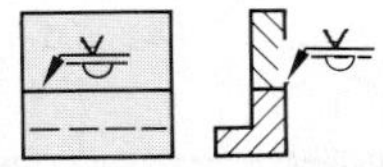 |
| **D(oppel)-V-Naht (X-Naht)** Gewölbte Oberfläche, Nahtlänge = Stoßlänge; | 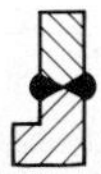 | 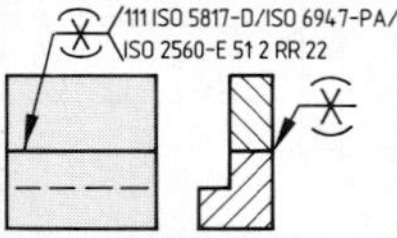 |
| hergestellt durch Lichtbogenhandschweißen (Kennzahl 111) – gef. Bewertungsgruppe D nach ISO 5817 – Wannenposition PA nach ISO 6947 – umhüllte Stabelektrode ISO 2560–E512RR22 | | |
| **HV-Naht** mit Gegennaht und beidseitig ebener Oberfläche, Nahtlänge = 800 mm ≠ Stoßlänge |  | 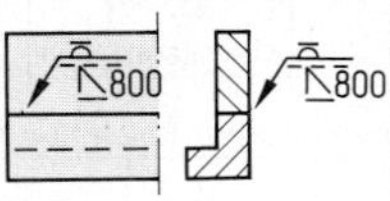 |
| | Bem.: Die Pfeillinie weist gegen die schräge Fugenflanke | |
| **D(oppel)-HV-Naht (K-Naht)** Montagenaht, Nahtlänge = Stoßlänge |  | 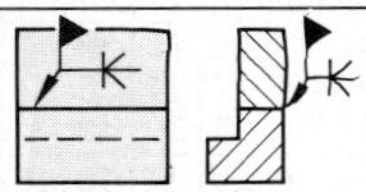 |
| | Bem.: Die Pfeillinie weist gegen die schräge Fugenflanke | |
| **U-Naht** mit ebener Oberfläche auf der oberen Werkstückfläche; Nahtlänge = Stoßlänge |  | 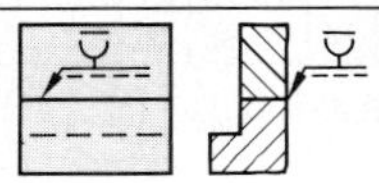 |
| **Y-Naht** Nahtdicke $s = 6$ mm, Nahtlänge = Stoßlänge | 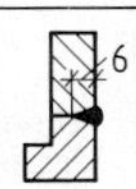 | 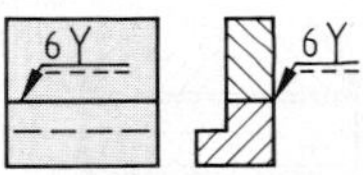 |

| Benennung | Darstellung erläuternd | Darstellung symbolisch |
|---|---|---|
| **Kehlnähte** einseitig, auf der Pfeilseite mit hohler Oberfläche $a = 4$ mm, auf der Gegenseite $a = 6$ mm Nahtlänge 60 mm | 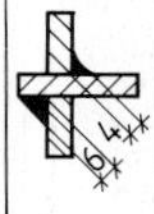 | 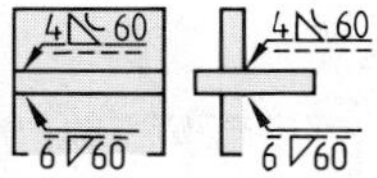 |
| **Doppel-Kehlnaht** mit verschiedenen Nahtdicken, $a_1 = 8$ mm, $a_2 = 5$ mm, Montagenähte; die Bezugsangabe für Gruppen gleicher Nähte kann nahe dem Schriftfeld unter dem angegebenen Buchstaben erläutert werden | 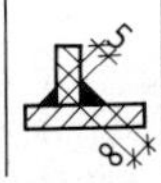 | 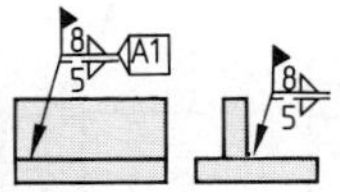 |

| | erläuternd | symbolisch |
|---|---|---|
| **Doppel-Kehlnaht** unterbrochen, gegenüberliegend; $n = 3$ Nähte, Nahtdicke $a = 4$ mm, Nahtlänge je 70 mm, Zwischenraum $e = 50$ mm | 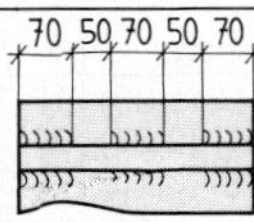 | 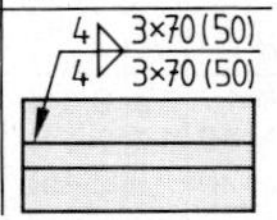 |
| **Doppel-Kehlnaht** unterbrochen, versetzt mit Vormaß $v = 50$ mm, $a = 4$ mm | 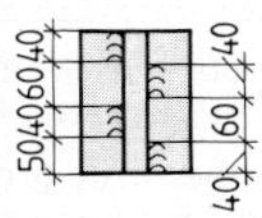 | 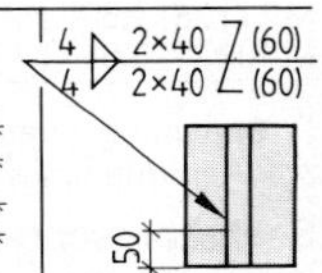 |
| **Kehlnaht** ringsumverlaufend $a = 5$ mm | 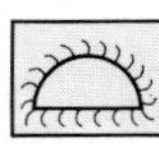 | 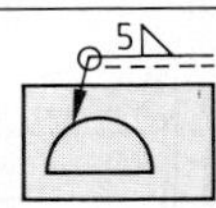 |

Die Seite des Stoßes, auf die die Pfeillinie weist, ist die Pfeilseite, die andere Seite ist die Gegenseite. Bei unsymmetrischen Nähten muß der Pfeil auf das Teil zeigen, an dem die Nahtvorbereitung vorgenommen wird. Befindet sich die Naht (Nahtoberseite) auf der Pfeilseite des Stoßes, wird das Symbol auf der Seite der Bezugs-Vollinie angeordnet; befindet sich die Naht auf der Gegenseite, wird das Symbol auf der Seite der Bezugs-Strichlinie angeordnet, gleichgültig, ob die Strichlinie oberhalb oder unterhalb der Vollinie gezeichnet ist. Bei symmetrischen Nähten entfällt die Bezugs-Strichlinie.

Die Nahtdicke wird vor dem Symbol angegeben. Bei Kehlnähten wird der Nahtdicke $a$ der Buchstabe a vorangesetzt; bei Stumpfnähten ist die Nahtdicke nur dann anzugeben, wenn der Querschnitt nicht voll durchgeschweißt wird (z. B. Y-Naht). Die Nahtlänge (hinter dem Symbol) ist nur anzugeben, wenn die Naht nicht durchgehend über die gesamte Länge des Werkstücks verläuft.

## 7.2 Verbindungen mit Schrauben

**Sechskant-Paßschrauben** nach DIN 7968 (10.89) | **Sechskantschrauben** (rohe Schrauben) nach DIN 7990 (10.89)

**für Stahlkonstruktionen**

Festigkeitsklassen nach DIN EN 20898-1 (4.92):

5.6 | 4.6, 5.6

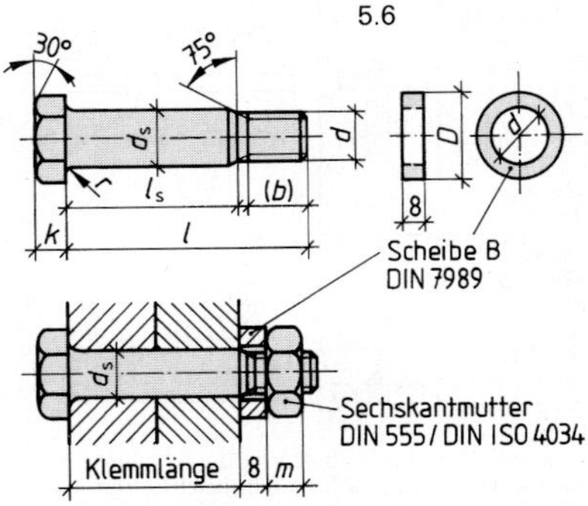


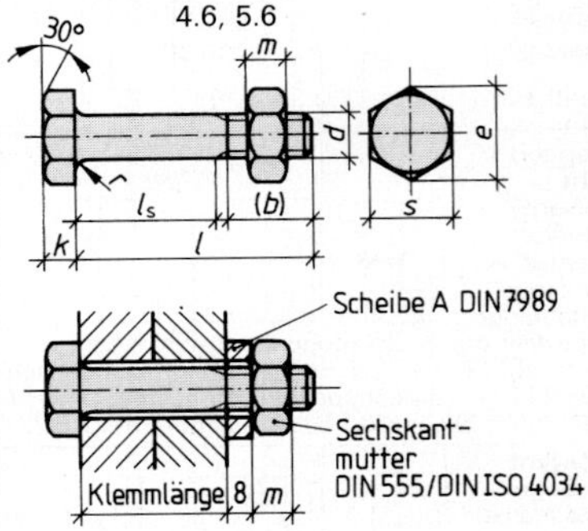


Längenmaße in mm, Querschnitte in $cm^2$. Klammerwerte für Paßschrauben

| $d$ | $d_s$ | Querschnitt $A_{Sp}$[1] | Querschnitt Schaft | $b$ | $k$ | $m$ | $e$ min | $s$ | Länge $l$ von | Länge $l$ bis | Scheiben DIN 7989 $d$ | Scheiben DIN 7989 $D$ |
|---|---|---|---|---|---|---|---|---|---|---|---|---|
| M12 | 13 | 0,843 | 1,13 (1,33) | 17,75 (17,12) | 8 | 10 | 19,85 | 18 | 30 | 120 | 13,5 | 24 |
| M16 | 17 | 1,57 | 2,01 (2,27) | 21 (20,5) | 10 | 13 | 26,17 | 24 | 35 | 150 (160) | 17,5 | 30 |
| M20 | 21 | 2,45 | 3,14 (3,46) | 23,5 (23,75) | 13 | 16 | 32,95 | 30 | 40 | 175 (180) | 21,5 | 36 |
| M22 | 23 | 3,03 | 3,80 (4,15) | 25,5 (25,75) | 14 | 18 | 37,29 | 34 | 40 (45) | 200 | 24 | 40 |
| M24 | 25 | 3,53 | 4,52 (4,91) | 26,0 (26,5) | 15 | 19 | 39,55 | 36 | 45 (50) | 200 | 26 | 44 |
| M27 | 28 | 4,59 | 5,73 (6,16) | 29 (29,5) | 17 | 22 | 45,20 | 41 | 60 | 200 | 29 | 50 |
| M30 | 31 | 5,61 | 7,07 (7,55) | 30,5 (31,25) | 19 | 24 | 50,85 | 46 | 80 (70) | 200 | 32 | 56 |

[1]) Spannungsquerschnitt nach DIN 267 Teil 3 (8.83): $A_{Sp} = \frac{\pi}{4}\left(\frac{d_{Fl} + d_K}{2}\right)^2$ mit $d_{Fl}$ = Flanken- und $d_K$ = Kerndurchmesser des Gewindes.

**Sechskantschrauben mit großen Schlüsselweiten** DIN 6914 (10.89) – HV-Schrauben in Stahlkonstruktionen

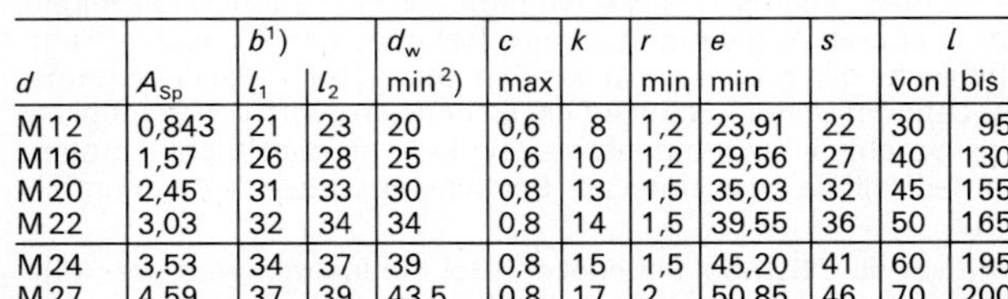


Festigkeitsklasse 10.9 nach DIN EN 20898-1

| $d$ | $A_{Sp}$ | $b$[1]) $l_1$ | $b$[1]) $l_2$ | $d_w$ min[2]) | $c$ max | $k$ | $r$ min | $e$ min | $s$ | $l$ von | $l$ bis | $m$ | Scheiben $t$ | Scheiben $d$ | Scheiben $D$ |
|---|---|---|---|---|---|---|---|---|---|---|---|---|---|---|---|
| M12 | 0,843 | 21 | 23 | 20 | 0,6 | 8 | 1,2 | 23,91 | 22 | 30 | 95 | 10 | 3 | 13 | 24 |
| M16 | 1,57 | 26 | 28 | 25 | 0,6 | 10 | 1,2 | 29,56 | 27 | 40 | 130 | 13 | 4 | 17 | 30 |
| M20 | 2,45 | 31 | 33 | 30 | 0,8 | 13 | 1,5 | 35,03 | 32 | 45 | 155 | 16 | 4 | 21 | 37 |
| M22 | 3,03 | 32 | 34 | 34 | 0,8 | 14 | 1,5 | 39,55 | 36 | 50 | 165 | 18 | 4 | 23 | 39 |
| M24 | 3,53 | 34 | 37 | 39 | 0,8 | 15 | 1,5 | 45,20 | 41 | 60 | 195 | 19 | 4 | 25 | 44 |
| M27 | 4,59 | 37 | 39 | 43,5 | 0,8 | 17 | 2 | 50,85 | 46 | 70 | 200 | 22 | 5 | 28 | 50 |
| M30 | 5,61 | 40 | 42 | 47,5 | 0,8 | 19 | 2 | 55,37 | 50 | 75 | 200 | 24 | 5 | 31 | 56 |
| M36 | 8,17 | 48 | 50 | 57 | 0,8 | 23 | 2 | 66,44 | 60 | 85 | 200 | 29 | 6 | 37 | 66 |

[1]) Schaftlängenbereiche $l_1$ und $l_2$ s. DIN 6914.

[2]) Größtmaß $d_w \leqq$ Istmaß $s$.

**Sechskant-Paßschrauben, hochfest, mit großen Schlüsselweiten für Stahlkonstruktionen** nach DIN 7999 (12.83)

Sie sind für GVP- oder SLP-Verbindungen bestimmt. Sie dürfen nur mit Sechskantmuttern nach DIN 6915 und mit Scheiben nach DIN 6916, 6917 oder 6918 verwendet werden.

Festigkeitsklasse 10.9 nach DIN EN 20898-1

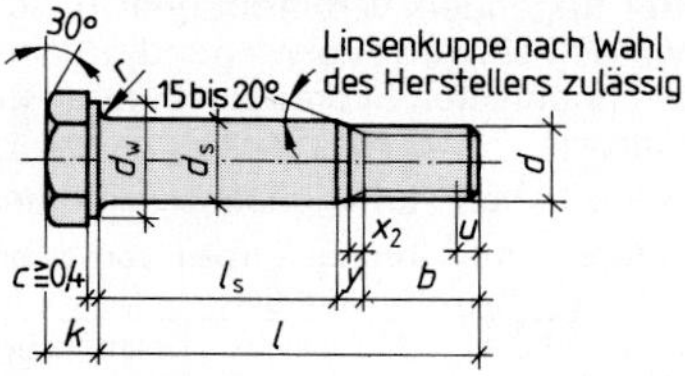


| Gewinde *d* | M 12 | M 16 | M 20 | M 22 | M 24 | M 27 | M 30 | Bemerkung |
|---|---|---|---|---|---|---|---|---|
| $d_s$ b11 | 13 | 17 | 21 | 23 | 25 | 28 | 31 | Nennlängen *l* je nach Durchmesser 40 bis 200 mm. |
| *b* | 18,5 | 22 | 26 | 28 | 29,5 | 32,5 | 35 | |
| *r* min. | 0,8 | 0,8 | 1,2 | 1,2 | 1,2 | 1,5 | 1,5 | |
| $d_w$ min. | 19 | 25 | 32 | 34 | 39 | 43,5 | 47,5 | Übrige Maße wie Schrauben nach DIN 6914 |
| *s* | 21 | 27 | 34 | 36 | 41 | 46 | 50 | |
| *e* min. | 22,78 | 29,56 | 37,29 | 39,55 | 45,20 | 50,85 | 55,37 | |

## Niete

Halbrundniete nach DIN 124 (5.93) und Senkniete nach DIN 302 (5.93) aus den Stahlsorten USt 36 und RSt 38 nach DIN 17111 s. Normblätter!

**Tafel 55 Zuordnung der Loch- und Schraubendurchmesser**

| Loch-∅ $d_L$ [1]) | **8,4** | **11** | **13** | 15 | **17** | 19 | **21** | **23** | **25** | **28** | **31** | 34 | **37** |
|---|---|---|---|---|---|---|---|---|---|---|---|---|---|
| Gewinde-∅ [2]) | **M8** | **M10** | **M12** | M14 | **M16** | M18 | **M20** | **M22** | **M24** | **M27** | **M30** | M33 | **M36** |

[1]) Maßgebend für die Ausführung der Paßschrauben und ihre Berechnung auf Abscheren und Lochleibungsdruck.
Ferner maßgebend für die Ausführung der Schrauben nach DIN 7990 und DIN 6914 mit Lochspiel $\Delta d = 1$ mm. Bei Schrauben mit $\Delta d = 2$ mm ist der Lochdurchmesser um 1 mm größer. Der jeweils ausgeführte Lochdurchmesser ist für die Berechnung der Querschnittsschwächung maßgebend.

[2]) = Schaft-∅ der rohen Schrauben. Maßgebend für die Berechnung der Schrauben mit ≦ 2 mm Lochspiel.

**Tafel 56 Symbol für eingebaute Schraube** nach DIN ISO 5261 (2.83)

| Schraube | Darstellung in der Zeichenebene senkrecht zur Achse | | | Darstellung in der Zeichenebene parallel zur Achse | |
|---|---|---|---|---|---|
| | nicht gesenkt | Senkung auf der Vorderseite | Senkung auf der Rückseite | nicht gesenkt | Senkung auf einer Seite |
| in der Werkstatt eingebaut |  |  |  | 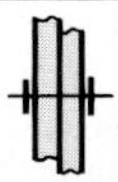 | 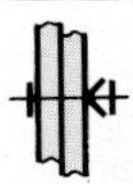 |
| auf der Baustelle eingebaut |  |  |  | 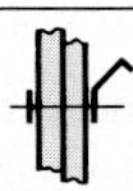 | 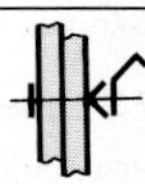 |
| auf der Baustelle gebohrt und eingebaut |  |  |  | 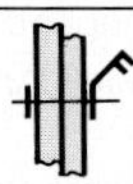 |  |

Die Symbole für Löcher sind ohne Punkt in der Mitte auszuführen; der Durchmesser der Löcher wird in der Nähe des Symbols angegeben. Die Bezeichnung der Schrauben soll mit ihren DIN-Bezeichnungen übereinstimmen. Die Bezeichnung von Löchern oder Schrauben, die auf eine Gruppe gleicher Verbindungselemente bezogen ist, braucht nur an einem äußeren Element (mit Hinweispfeil) angebracht zu werden; in diesem Fall soll die Anzahl der Löcher oder Schrauben, die die Gruppe bilden, vor der Bezeichnung eingetragen werden (z. B. 10 M 16 DIN 7990).

## 7.2.1 Ausführung der Schraubenverbindungen

Bei tragenden Verbindungen in Scher-/Lochleibungsverbindungen darf das Gewinde bei n i c h t vorwiegend ruhender Belastung nicht in das Bauteil hineinragen; bei hochfesten Schrauben können unter der Mutter 2 Unterlegscheiben erforderlich werden.

Bei schiefen Auflageflächen sind keilförmige Unterlegscheiben notwendig.

**Tafel 57 Ausführungsformen von Schraubenverbindungen**

| | Nennlochspiel $\Delta d = d_L - d_{Sch}$ in mm | nicht planmäßig vorgespannt | planmäßig[2]) vorgespannt ohne gleitfeste Reibfläche | planmäßig[2]) vorgespannt mit[3]) gleitfester Reibfläche |
|---|---|---|---|---|
| 1 | $0{,}3 < \Delta d \leqq 2{,}0$[1]) | SL | SLV | GV |
| 2 | $\Delta d \leqq 0{,}3$ | SLP | SLVP | GVP |

[1]) $\Delta d \leqq 1$ mm in geschraubten Endanschlüssen zusätzlicher Gurtplatten, bei Senkschrauben im Bauteil mit dem Senkkopf oder wenn Verformungen begrenzt werden müssen.
[2]) Vorspannkraft $F_v$ s. Tafel 66
[3]) Behandlung der Reibflächen und Vorspannverfahren s. [10], 3.3.3

SL Scher-Lochleibungsverbindungen
SLP Scher-Lochleibungs-Paßverbindungen
SLV planmäßig vorgespannte Scher-Lochleibungsverbindungen
SLVP planmäßig vorgespannte Scher-Lochleibungs-Paßverbindungen
GV gleitfeste planmäßig vorgespannte Verbindungen
GVP gleitfeste planmäßig vorgespannte Paßverbindungen

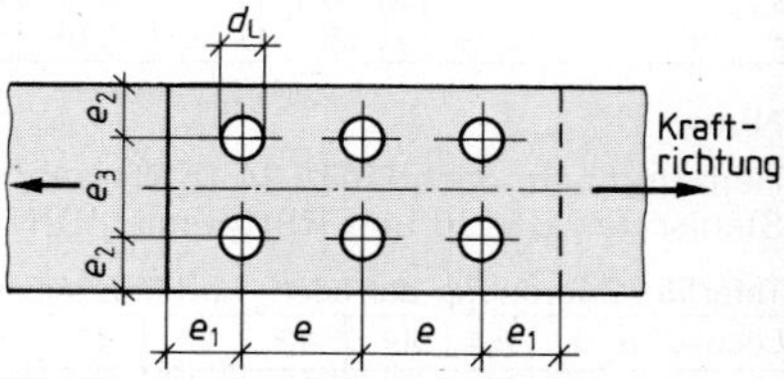


**Bild 55 Rand- und Lochabstände**

**Tafel 58 Rand- und Lochabstände von Schrauben und Nieten** nach DIN 18800 T1, Tab. 7

| **Randabstände** | | |
|---|---|---|
| Kleinster Randabstand | in Kraftrichtung $e_1$ | $1{,}2\,d_L$ |
| | ⊥ Kraftrichtung $e_2$ | $1{,}2\,d_L$ |
| Größter Randabstand | ∥ und ⊥ zur Kraftrichtung $e_1$ bzw. $e_2$ | $3\,d_L$ oder $6\,t$ |

Am freien, durch die Profilform versteiften Rand darf der Randabstand $8\,t$ betragen:

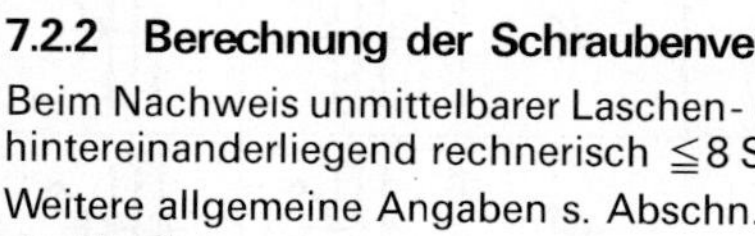


| **Lochabstände** | | |
|---|---|---|
| Kleinster Lochabstand | in Kraftrichtung $e$ | $2{,}2\,d_L$ |
| | ⊥ Kraftrichtung $e_3$ | $2{,}4\,d_L$ |
| Größter Lochabstand $e$ bzw. $e_3$ | Zur Sicherung gegen lokales Beulen | $6\,d_L$ oder $12\,t$ |
| | wenn lokale Beulgefahr nicht besteht*) | $10\,d_L$ oder $20\,t$ |

*) In Anschlüssen mit >2 Lochreihen ∥ und ⊥ zur Kraftrichtung brauchen $e$ bzw. $e_3$ nur für die äußeren Lochreihen eingehalten zu werden; $e$ und $e_3$ dürfen vergrößert werden, wenn durch besondere Maßnahmen ein ausreichender Korrosionsschutz sichergestellt ist.

Bei gestanzten Löchern sind die kleinsten Randabstände $1{,}5\,d_L$, die kleinsten Lochabstände $3{,}0\,d_L$. Bei den vom Lochdurchmesser $d_L$ und der Dicke $t$ des dünnsten außenliegenden Teiles abhängigen Werten ist der kleinere maßgebend.

## 7.2.2 Berechnung der Schraubenverbindungen

Beim Nachweis unmittelbarer Laschen- und Stabanschlüsse dürfen in Kraftrichtung hintereinanderliegend rechnerisch ≦8 Schrauben berücksichtigt werden.

Weitere allgemeine Angaben s. Abschn. 7!

**a) Abscheren**

**Grenzabscherkraft** für eine Scherfuge $V_{a,R,d} = A \cdot \alpha_a \cdot f_{u,b,k} / \gamma_M$ (142)

mit $\alpha_a = 0{,}60$ für Schrauben der Festigkeitsklasse 4.6, 5.6 und 8.8
$\alpha_a = 0{,}55$ für Schrauben der Festigkeitsklasse 10.9
$\alpha_a = 0{,}44$ für Schrauben 10.9, wenn der Gewindeteil in der Scherfuge liegt
$f_{u,b,k}$ Zugfestigkeit des Schraubenwerkstoffs s. Tafel 65
$\gamma_M = 1{,}1$, jedoch $\gamma_M = 1{,}25$ bei einschnittigen ungestützten Verbindungen

Für den Abscherquerschnitt $A$ ist einzusetzen:

- Schaftquerschnitt $A_{Sch} = d_{Sch}^2 \cdot \pi/4$, wenn der glatte Teil des Schafts in der Scherfuge liegt;
- Spannungsquerschnitt $A_{Sp}$, wenn der Gewindeteil in der Scherfuge liegt ($A_{Sp}$ s. Tafel 66).

$V_{a,R,d}$ s. Tafel 65.

Mit der je Schraube und je Scherfuge vorhandenen Abscherkraft $V_a$ muß sein

$$\boldsymbol{V_a/V_{a,R,d} \leqq 1} \qquad (143)$$

Die Grenzabscherkräfte dürfen innerhalb eines Anschlusses addiert werden.

**Betriebsfestigkeit**

Es gilt Abschn. 2.2.1, jedoch sind an Stelle von Gl. (16) und (17) zu setzen:

$$\boldsymbol{\Delta\tau_a = \max\tau_a - \min\tau_a \leqq 46\ \mathrm{N/mm^2}} \qquad (144)$$ Scherspannungsschwingbreite im Schaftquerschnitt

$$\boldsymbol{n \leqq 10^8 \cdot (46/\Delta\tau_a)^5} \qquad (145)$$

Das Gewinde darf nicht in die zu verbindenden Teile hineinragen.

**b) Lochleibung**

Für Blechdicken $t \geqq 3$ mm ist die **Grenzlochleibungskraft**

$$\boldsymbol{V_{l,R,d} = t \cdot d_{Sch} \cdot \alpha_l \cdot f_{y,k}/\gamma_M} \qquad (146)$$

$f_{y,k}$ Streckgrenze des Bauteil-Werkstoffs s. Tafel 4.

$\alpha_l$ ist mit den Gleichungen aus Tafel 59 zu berechnen; dabei sind $e_1/d_L$ und $e/d_L$ rechnerisch auf die Werte der Spalte 1 zu begrenzen.

$V_{l,R,d}$ für gebräuchliche Rand- und Lochabstände s. Tafel 68.

Mit der je Schraube an einer Lochwandung vorhandenen Lochleibungskraft $V_l$ muß sein:

$$\boldsymbol{V_l/V_{l,R,d} \leqq 1} \qquad (147)$$

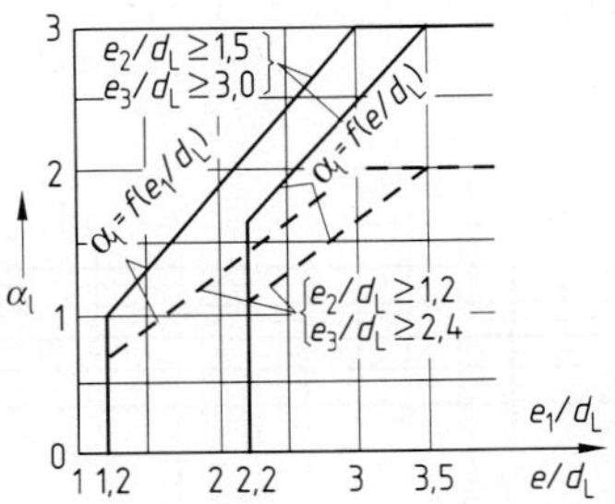


**Bild 56** **Lochleibungsbeiwerte $\alpha_l$ nach Tafel 59**

**Tafel 59** **Beiwerte $\alpha_L$** nach [6], Element (805)

| 1 | 2 | 3 |
|---|---|---|
| Rechnerischer Höchstwert | Gültigkeitsbereich | |
| | $e_2 \geqq 1{,}5\,d_L$ und $e_3 \geqq 3{,}0\,d_L$ | $e_2 = 1{,}2\,d_L$ und $e_3 = 2{,}4\,d_L$ |
| Randabstand $e_1/d_L \leqq 3{,}0$ | $\alpha_l = 1{,}1\,e_1/d_L - 0{,}3 \leqq 3{,}0$ | $\alpha_l = 0{,}73\,e_1/d_L - 0{,}20 \leqq 2{,}0$ |
| Lochabstand $e/d_L \leqq 3{,}5$ | $\alpha_l = 1{,}08\,e/d_L - 0{,}77 \leqq 3{,}0$ | $\alpha_l = 0{,}72\,e/d_L - 0{,}51 \leqq 2{,}0$ |

Für Zwischenwerte von $e_2$ und $e_3$ darf – getrennt für $e_2$ und $e_3$ – linear interpoliert werden. Maßgebend ist der kleinere der beiden Werte von $\alpha_l$.

Besondere Regelungen

Wenn im Nettoquerschnitt des Bauteils $\sigma < \sigma_{R,d}$ ist, darf bei GV- und GVP-Verbindungen in Gl. (146) anstelle von $\alpha_l$ eingesetzt werden:

$\alpha_l + 0{,}5$, jedoch höchstens 3,0.

Für einschnittige, ungestützte Verbindungen mit nur einer Schraube in Kraftrichtung muß sein:

$e_1 \geqq 2\,d_L$; $e_2 \geqq 1{,}5\,d_L$ und anstelle von Gl. (147) gilt: $V_l/V_{l,R,d} \leqq 1/1{,}2$.

**c) Beanspruchbarkeit einer Verbindung**

Für jede einzelne Schraube sind zu berechnen:

- Die Summe der $V_{a,R,d}$,
- die Summe der für die maßgebenden Rand- und Lochabstände für eine Kraftrichtung ermittelten $V_{l,R,d}$ und
- die entsprechende Summe für die entgegengesetzte Kraftrichtung.

Der Kleinstwert ist die Beanspruchbarkeit der betrachteten Schraube. Die Beanspruchbarkeit der ganzen Verbindung ist die Summe der Beanspruchbarkeiten der einzelnen Schrauben.

Mit der vereinfachenden Annahme gleichmäßiger Aufteilung der Anschlußkraft auf die einzelnen Schrauben liegt man gegenüber obigem Rechnungsgang auf der sicheren Seite. Maßgebend ist dann die Schraube mit der kleinsten Beanspruchbarkeit.

Erhöhung der Schraubenzahl bei mittelbarem Stoß oder Anschluß s. Bild 57.

Wenn beim Nachweisverfahren Plastisch-Plastisch

- Schrauben 8.8 und 10.9 in SL-Verbindungen mit $\Delta d > 1$ mm verwendet werden
- und die Beanspruchbarkeit der Verbindung kleiner ist als die der anzuschließenden Querschnitte
- und $V_a/V_{a,R,d} > 0{,}5$ ist.

muß für alle Schrauben der Verbindung die Bedingung erfüllt sein:

$$\boldsymbol{V_l/V_{l,R,d} \geqq V_a/V_{a,R,d}} \qquad (148)$$

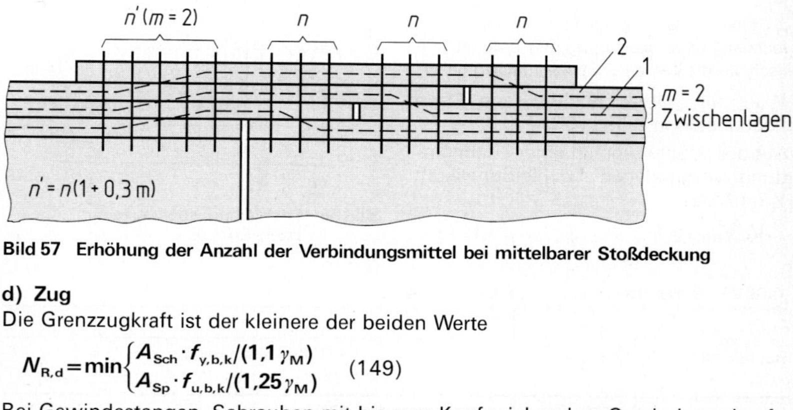


**Bild 57 Erhöhung der Anzahl der Verbindungsmittel bei mittelbarer Stoßdeckung**

**d) Zug**

Die Grenzzugkraft ist der kleinere der beiden Werte

$$\boldsymbol{N_{R,d} = \min\begin{cases} A_{Sch} \cdot f_{y,b,k}/(1{,}1\,\gamma_M) \\ A_{Sp} \cdot f_{u,b,k}/(1{,}25\,\gamma_M) \end{cases}} \qquad (149)$$

Bei Gewindestangen, Schrauben mit bis zum Kopf reichendem Gewinde und aufgeschweißten Gewindebolzen ist $A_{Sp}$ anstelle von $A_{Sch}$ einzusetzen.
Es muß für die in der Schraube vorhandene Zugkraft $N$ sein:

$$\boldsymbol{N/N_{R,d} \leqq 1} \qquad (150)$$

$f_{y,b,k}$, $f_{u,b,k}$ und Grenzzugkräfte $N_{R,d}$ s. Tafel 66.

**Betriebsfestigkeit**

In die Gln. (16) und (17) ist für $\Delta\sigma$ die Spannungsschwingbreite der Schraubenkraft im Spannungsquerschnitt $A_{Sp}$ einzusetzen. Gl. (16) ist im allg. nur mit planmäßig vorgespannten Schrauben erfüllbar.

**e) Zug und Abscheren**

$$\boldsymbol{\left(\frac{N}{N_{R,d}}\right)^2 + \left(\frac{V_a}{V_{a,R,d}}\right)^2 \leqq 1} \qquad (151)$$

Für $N_{R,d}$ ist der in der Scherfuge liegende Querschnitt zugrunde zu legen. Gl. (151) gilt als erfüllt, wenn $N/N_{R,d}$ oder $V_a/V_{a,R,d} < 0{,}25$ ist.

## f) Nachweis der Gebrauchstauglichkeit für GV- und GVP-Verbindungen

Grenzgleitkraft

$$V_{g,R,d} = \mu \cdot F_v (1 - N/F_v)/(1{,}15\,\gamma_M) \quad (152)$$

$V_{g,R,d}$ für $N = 0$ s. Tafel 67.

$\mu = 0{,}5$ Reibungszahl nach Vorbehandlung der Reibflächen entspr. [10]
$F_v$ Vorspannkraft s. Tafel 66
$N$ die auf die Schraube entfallende Zugkraft für den Gebrauchstauglichkeitsnachweis
$\gamma_M = 1{,}0$

Mit der im Gebrauchstauglichkeitsnachweis auf eine Schraube in einer Scherfuge entfallenden Kraft $V_g$ muß sein

$$V_g / V_{g,R,d} \leqq 1 \quad (153)$$

## g) Berechnung der Schrauben eines Stegstoßes

Bei über die Stegblechhöhe $h_{Steg}$ gleichbleibender Blechdicke $t_{Steg}$ wirken im Schwerpunkt des symmetrischen Schraubenbildes die Schnittgrößen

$$N_S = t_{Steg} \cdot h_{Steg} (\sigma_o + \sigma_u)/2 \quad (154) \qquad V_S = V_z \quad (155)$$

$$M_S = t_{Steg} \cdot h_{Steg}^2 (\sigma_u - \sigma_o)/12 + V_z \cdot a \quad \text{oder} \quad M_S = M_y \cdot I_{Steg}/I + V_z \cdot a \quad (156)$$

Mit den Komponenten

$$\max V_{b,h} = M_S \cdot \max z / I_p + N_S / n \quad (157)$$

$$\max V_{b,v} = M_S \cdot \max x / I_p + V_z / n \quad (158)$$

wird die größte Schraubenkraft

$$\max V_b = \sqrt{\max V_{b,h}^2 + \max V_{b,v}^2} \quad (159)$$

$\sigma_o (\sigma_u)$ Spannungen am oberen (unteren) Rand des Stegblechs an der Stoßstelle
$M_y$, $V_z$ Biegemoment und Querkraft an der Stoßstelle
$a$ waagerechter Abstand des Schraubenschwerpunkts von der Stoßstelle
$I_p = \sum_1^n x_i^2 + \sum_1^n z_i^2$ polares Flächenmoment 2. Grades für das Schraubenbild, bezogen auf dessen Schwerpunkt
$x_i$ ($z_i$) Abszisse (Ordinate) der Schrauben, bezogen auf den Schraubenschwerpunkt
$n$ Anzahl der Schrauben im Anschluß
$h_1$ Abstand zwischen der oberen und unteren Schraubenreihe

Bei gleichmäßigem, hohem und schmalem Schraubenbild ($\max x \ll \max z$) vereinfachen sich die Gln. (157) und (158) zu

$$\max V_{b,h} = M_S \cdot f / h_1 + N_S / n \quad (157\,a) \qquad \max V_{b,v} = V_z / n \quad (158\,a)$$

Beiwert $f$ s. Tafel 60.

**Tafel 60 $f$-Werte zur Berechnung des Stegblechstoßes**

| Bohrungen | einreihig | zweireihig | | dreireihig | | vierreihig | |
|---|---|---|---|---|---|---|---|
| größte Schrauben-zahl in **einer** Reihe | 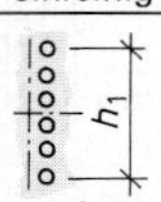 | 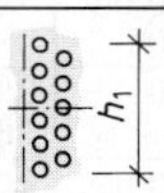 | 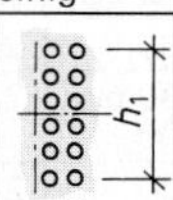 | 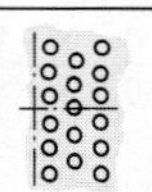 | 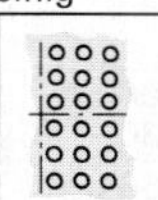 | 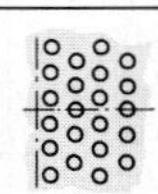 | 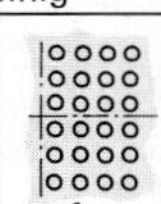 |
| $n_1$ | $f_1$ | $f_{2v}$ | $f_{2p}$ | $f_{3v}$ | $f_{3p}$ | $f_{4v}$ | $f_{4p}$ |
| 2 | 1,0000 | 1,0000 | 0,5000 | 0,5000 | 0,3333 | 0,5000 | 0,2500 |
| 3 | 1,0000 | 0,8000 | 0,5000 | 0,4444 | 0,3333 | 0,4000 | 0,2500 |
| 4 | 0,9000 | 0,6429 | 0,4500 | 0,3750 | 0,3000 | 0,3214 | 0,2250 |
| 5 | 0,8000 | 0,5333 | 0,4000 | 0,3200 | 0,2667 | 0,2667 | 0,2000 |
| 6 | 0,7143 | 0,4545 | 0,3571 | 0,2778 | 0,2381 | 0,2273 | 0,1786 |
| 7 | 0,6429 | 0,3956 | 0,3214 | 0,2449 | 0,2143 | 0,1978 | 0,1607 |
| 8 | 0,5833 | 0,3500 | 0,2917 | 0,2188 | 0,1944 | 0,1750 | 0,1458 |
| 9 | 0,5333 | 0,3137 | 0,2667 | 0,1975 | 0,1778 | 0,1569 | 0,1333 |
| 10 | 0,4909 | 0,2842 | 0,2455 | 0,1800 | 0,1636 | 0,1421 | 0,1227 |
| Formeln für $f$-Werte $f =$ | $\frac{6(n_1-1)}{n_1(n_1+1)}$ | $\frac{6(n_1-1)}{n_1(2n_1-1)}$ | $\frac{3(n_1-1)}{n_1(n_1+1)}$ | $\frac{2(n_1-1)}{n_1^2}$ | $\frac{2(n_1-1)}{n_1(n_1+1)}$ | $\frac{3(n_1-1)}{n_1(2n_1-1)}$ | $\frac{1{,}5(n_1-1)}{n_1(n_1+1)}$ |

### 7.2.3 **Typisierte Verbindungen** nach [26] und [33]

#### a) Querkraftbeanspruchte Trägeranschlüsse mit Winkeln

**Tafel 61 Abmessungen der Anschlußwinkel; Schrauben in SL-Verbindung**

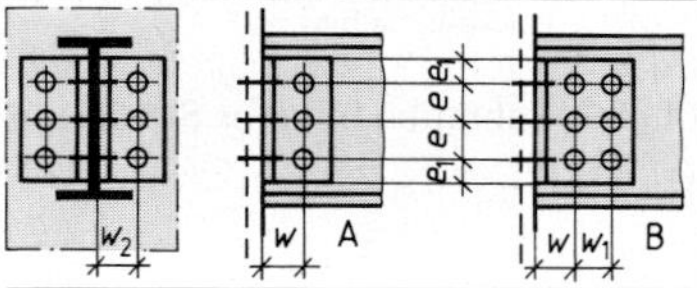


| Ein- oder zweireihiger Steganschluß mit Schrauben nach DIN 7990 | Winkel, Schraubenbild, Schraubendurchmesser | | | Maße in mm | | | | |
|---|---|---|---|---|---|---|---|---|
| | | | | $w$ | $w_1$ | $w_2$ | $e_1$ | $e$ |
| | L90 × 9 | A | M16 | 50 | – | 50 | 35 | 50 |
| | L100 × 10 | A | M20 | 60 | – | 60 | 40 | 70 |
| | L120 × 12 | A | M24 | 70 | – | 70 | 50 | 80 |
| | L150 × 75 × 9 | B | M16 | 50 | 60 | 50 | 35 | 50 |
| | L180 × 90 × 12 | B | M20 | 60 | 70 | 60 | 40 | 70 |
| | L200 × 100 × 12 | B | M24 | 70 | 80 | 60 | 50 | 80 |

#### b) Biegesteife Stirnplatten-Anschlüsse mit GV-Verbindungen – 10.9

Die Berechnung des elastischen Grenzbiegemoments $M_{el,y,Rd}$ des Anschlusses erfolgt nach [26] und [40]. Ausführliche Tragfähigkeitstafeln s. [33]. Die Anwendung der Tafel 62 setzt die Ausführung nach Tafel 63 und Bild 58 voraus.

Bündige Stirnplatten weisen größere Verformungen auf. die bei der Ermittlung von Schnittgrößen und Knicklängen zu berücksichtigen sind; sie sollten in diesen Fällen möglichst vermieden werden.

Nachweis der Gebrauchstauglichkeit nach [40]:

$$\boldsymbol{M_{y,Sd}} \leqq \begin{cases} \boldsymbol{M_{el,y,Rd}} \\ \boldsymbol{1{,}35 n^* \cdot F_v \cdot h_S} \end{cases} \qquad (160)$$

$F_v$ Schraubenvorspannkraft s. Tafel 66

$h_S$ Abstand der Druckflanschmitte vom Schwerpunkt der Schrauben am Zugflansch (Bild 58)

$n^*$ zu berücksichtigende Anzahl der Schrauben am Zugflansch (Bild 58):
Bei bündiger Stirnplatte: $n^* = 2$ bei $n = 2$; $n^* = 3{,}6$ bei $n = 4$.
Bei überstehender Stirnplatte ist $n^*$ zu verdoppeln auf $n^* = 4$ bzw. 7,2.

$M_{y,Sd}$ Bemessungsmoment am Anschluß mit $\gamma_F$ und $\psi$ nach Tafel 8.

Die Querkraft $V_z$ wird nur von den Schrauben am Druckflansch aufgenommen. Der Nachweis des Trägersteges erfolgt nach Gl. (26).

**Tafel 62 Profilhöhe von Trägern aus S235 zum Anschluß des elast. Grenzbiegemoments $M_{el,y,d} = W_y \cdot \sigma_{R,d}$[1]) mit biegesteifen Stirnplatten**

| Schrauben-∅ $d$ | IPE-Profile | | | HE-A (IPBI)-Profile | | | HE-B (IPB)-Profile | |
|---|---|---|---|---|---|---|---|---|
| |  |  |  |  | 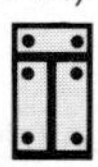 | 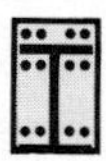 | 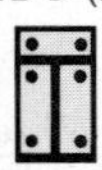 | 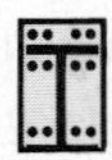 |
| M16 –10.9 | 120 bis 160 | – | 200 bis 300 | 120 bis 160 | 120 bis 200 | – | 120 bis 160 | – |
| M20 –10.9 | 180 bis 220 | 300 bis 330 | 330 | 180 bis 200 | 220 | 300 bis 360 | 180 | 240 bis 300 |
| M24 –10.9 | 240 bis 270 | 360 bis 450 | 360 bis 450 | 220 | 240 bis 280 | 400 bis 500 | 200 bis 220 | 320 bis 400 |
| M27 –10.9 | 300 | 500 | 500 bis 550 | 240 bis 280 | 300 bis 320 | 550 bis 700 | 240 bis 260 | 450 bis 600 |
| M30 –10.9 | 330 bis 360 | 550 bis 600 | 600 | 300 bis 320 | 340 bis 360 | 800 bis 1000 | 280 bis 300 | 650 bis 800 |

Das zulässige Anschlußmoment bündiger Stirnplatten ist vom Vorzeichen unabhängig.
Der überstehende Teil von Stirnplatten muß auf der Biegezugseite liegen; liegt er in der Biegedruckzone oder werden kleinere als in der Tafel angegebene Schrauben ausgeführt, sind die dann verminderten elastischen Grenzmomente der Anschlüsse den „Typisierten Verbindungen im Stahlhochbau" bzw. [33] zu entnehmen.

[1]) Das plastische Grenzbiegemoment $M_{pl,y,d}$ kann mit biegesteifen Stirnplatten nicht angeschlossen werden.

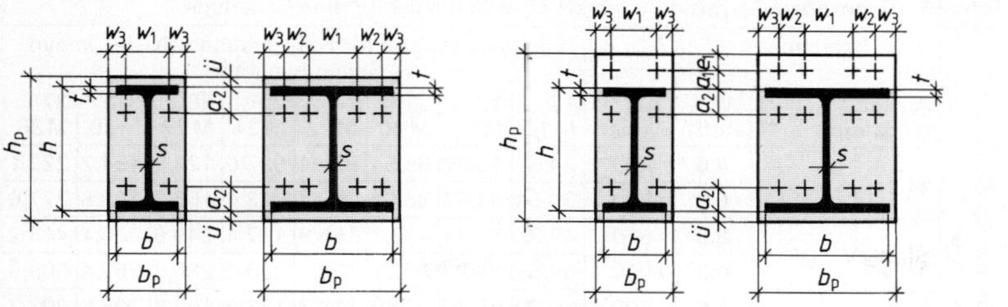


**Bild 58** **Bemaßung bündiger und überstehender Stirnplatten mit $n=2$ bzw. $n=4$ senkrechten Schraubenreihen**

**Tafel 63** **Mindestmaße für die Stirnplatten aus S235JRG2 oder S235J2G3 in mm** (s. Bild 58)

| Schrauben-∅ $d$ | Schraubenlochbild[1]) | | | | | Plattendicke $t_P$ | | | |
|---|---|---|---|---|---|---|---|---|---|
| | $a_1$ | $e_1$ | [2]) $w_1$ | $w_2$ | $w_3$ |  |  |  | 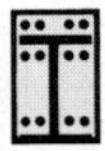 |
| M16–10.9 | 30 | 25 | 70 | 40 | 25 | 25 | 20 | 25 | – |
| M20–10.9 | 40 | 30 | 90 | 45 | 30 | 30 | 20 | 35 | 25 |
| M24–10.9 | 50 | 35 | 110 | 55 | 35 | 35 | 25 | 40 | 30 |
| M27–10.9 | 60 | 40 | 130 | 65 | 40 | 45 | 30 | 50 | 35 |
| M30–10.9 | 60 | 45 | 130 | 70 | 45 | 45 | 30 | 50 | 35 |

[1]) Die aus den Mindestmaßen $w_1$, $w_2$, $w_3$ berechnete Plattenbreite $b_P$ muß mindestens in Flanschbreite $b$ ausgeführt werden.
[2]) Für $s>10$ mm ist $w_1$ um 10 mm zu vergrößern. Beim Anschluß an eine Stütze ist zusätzlich die Anmerkung zu Tafel 64 zu beachten. Bei 2 Schraubenreihen und ausreichender Plattenbreite $b_P$ ist $w_1 \approx b/2$ zu wählen.

## Weitere Maße für die Stirnplatten:

$a_2 = a_1 + t - 1$ (auf volle 5 mm aufrunden)

$ü = 10$ mm für $h \leqq 200$ ($<200$ bei IPB)

$ü = 20$ mm für $200 < h < 400$ ($200 \leqq h < 400$ bei IPB)

$ü = 30$ mm für $h \geqq 400$

**Kehlnähte zwischen Träger und Stirnplatte** (auf volle mm aufrunden) s. Tafel 48.

Nach [26] kann man $a_s$ ggfs. außerhalb eines begrenzten Stegbereichs der Zugzone vermindern.

## Stützenflanschdicke bei Stirnplattenanschlüssen

**Tafel 64** **Mindestdicke $t_f$ der Stützenflansche bei Stirnplattenanschlüssen in Rahmenkonstruktionen**

| Anschlußart | Stirnplatte bündig $n=2$ | Stirnplatte bündig $n=4$ | Stirnplatte überstehend $n=2$ | Stirnplatte überstehend $n=4$ |
|---|---|---|---|---|
| rippenlos | 1,0$d$ | 1,3$d$ | 1,1$d$ | 1,4$d$ |
| ausgesteift | 1,0$d$ | 1,25$d$ | 0,8$d$ | 1,0$d$ |

Es muß sein $t_f \geqq 0{,}5\,t_P$. Wegen Stegdicke $s$ und Rundungsradius $r$ des Stützenprofils muß sein $w_1 \gtrsim 2r + s + 1{,}87\,d$.

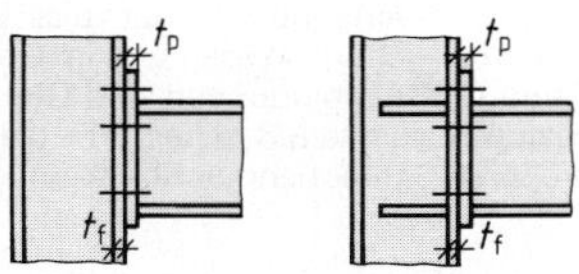


a) rippenlos  b) ausgesteift

**Bild 59** **Stirnplattenanschluß an Stütze**

Reicht die Dicke $t_f$ des Stützenflanschs bei ausgesteiftem Anschluß nicht aus, sind unter den Schrauben im Zugbereich auf der Innenseite der Flansche möglichst große Futter mit Dicke $t_{Fu} = t_P$ anzuordnen.

Ein Beispiel s. am Ende des Abschnitts.

**Tafel 65 Grenzabscherkraft $V_{a,R,d}$** in kN einer Schraube für **eine** Scherfuge

| | Schrauben- Ausführungsform | Werkstoff | $f_{u,b,k}$ in N/mm² | 13 M12 | 17 M16 | 21 M20 | 23 M22 | 25 M24 | 28 M27 | 31 M30 | 37 M36 |
|---|---|---|---|---|---|---|---|---|---|---|---|
| | | | | Lochdurchmesser für Paßschrauben (Niete) in mm, Schraubengröße | | | | | | | |
| Glatter Teil des Schafts in der Scherfuge | **SL** | **4.6** | 400 | 24,68 | 43,87 | 68,54 | 82,94 | 98,70 | 124,9 | 154,2 | 222,1 |
| | | **5.6** | 500 | 30,84 | 54,84 | 85,68 | 103,7 | 123,4 | 156,2 | 192,8 | 277,6 |
| | **SL, SLV, GV** | **8.8** | 800 | 49,35 | 87,74 | 137,1 | 165,9 | 197,4 | 249,8 | 308,4 | 444,2 |
| | | **10.9** | 1000 | 56,55 | 100,5 | 157,1 | 190,1 | 226,2 | 286,3 | 353,4 | 508,9 |
| | **SLP** | **5.6** | 500 | 36,20 | 61,90 | 94,46 | 113,3 | 133,9 | 167,9 | 205,8 | 293,2 |
| | **SLP, SLVP, GVP** | **8.8** | 800 | 57,92 | 99,05 | 151,1 | 181,3 | 214,2 | 268,7 | 329,4 | 469,2 |
| | | **10.9** | 1000 | 66,37 | 113,5 | 173,2 | 207,7 | 245,4 | 307,9 | 377,4 | 537,6 |
| Gewinde in der Scherfuge | **SL** | **4.6** | 400 | 18,39 | 34,18 | 53,41 | 66,20 | 76,91 | 100,2 | 122,3 | 178,2 |
| | | **5.6** | 500 | 22,98 | 42,73 | 66,76 | 82,75 | 96,14 | 125,3 | 152,9 | 222,7 |
| | **SL, SLV, GV** | **8.8** | 800 | 36,77 | 68,36 | 106,8 | 132,4 | 153,8 | 200,5 | 244,6 | 356,4 |
| | | **10.9** | 1000 | 33,71 | 62,67 | 97,92 | 121,4 | 141,0 | 183,8 | 224,2 | 326,7 |

Die Grenzabscherkräfte dürfen innerhalb eines Anschlusses addiert werden.

**Tafel 66 Grenzzugkraft $N_{R,d}$** in kN für eine Schraube; **Vorspannkraft $F_V$** in kN

| Schrauben- Ausführungsform | Werkstoff | $f_{u,b,k}$ in N/mm² | $f_{y,b,k}$ in N/mm² | M12 | M16 | M20 | M22 | M24 | M27 | M30 | M36 |
|---|---|---|---|---|---|---|---|---|---|---|---|
| | | | | Schraubengröße | | | | | | | |
| **SL** | **4.6** | 400 | 240 | 22,43 | 39,88 | 62,31 | 75,40 | 89,73 | 113,6 | 140,2 | 201,9 |
| | **5.6** | 500 | 300 | 28,04 | 49,85 | 77,89 | 94,25 | 112,2 | 142,0 | 175,3 | 252,4 |
| **SLV, GV,** (SL)[1] | **8.8** | 800 | 640 | 49,03 | 91,15 | 142,4 | 176,5 | 205,1 | 267,3 | 326,2 | 475,2 |
| | **10.9** | 1000 | 900 | 61,28 | 113,9 | 178,0 | 220,7 | 256,4 | 334,1 | 407,7 | 594,0 |
| **SLP** | **5.6** | 500 | 300 | 30,64 | 56,28 | 85,87 | 103,0 | 121,7 | 152,7 | 187,1 | 266,6 |
| **SLVP, GVP,** (SLP)[1] | **8.8** | 800 | 640 | 49,03 | 91,15 | 142,4 | 176,5 | 205,1 | 267,3 | 326,2 | 475,2 |
| | **10.9** | 1000 | 900 | 61,28 | 113,9 | 178,0 | 220,7 | 256,4 | 334,1 | 407,7 | 594,0 |
| Vorspannkraft $F_V$ in kN für die Festigkeitsklasse 10.9[2]) | | | | 50 | 100 | 160 | 190 | 220 | 290 | 350 | 510 |
| Spannungsquerschnitt $A_{Sp}$ in cm²[3]) | | | | 0,843 | 1,567 | 2,448 | 3,034 | 3,525 | 4,594 | 5,606 | 8,167 |

Wenn $N > 0{,}25 N_{R,d}$ ist, muß die Interaktion mit Abscheren n. Gl. (151) nachgewiesen werden.

[1]) SL- bzw. SLP-Verbindungen nur zulässig, wenn Verformungen (Klaffen) im Tragsicherheitsnachweis berücksichtigt werden und im Gebrauchszustand in Kauf genommen werden können. Bei GV- und GVP-Verbindungen sind Gln. (152) und (153) zu beachten.

[2]) Für Festigkeitsklasse 8.8 gelten 70% dieser Werte.

[3]) Bei größeren Schraubendurchmessern ist $A_{Sp} \approx 0{,}005\, d^{2{,}064}$ in cm² mit $d$ in mm.

**Tafel 67 Grenzgleitkraft $V_{g,R,d}$ in kN von GV- und GVP-Verbindungen für eine Scherfuge beim Gebrauchstauglichkeitsnachweis** bei der Schraubenzugkraft $N = 0$

| Festigkeitsklasse der Schrauben | M12 | M16 | M20 | M22 | M24 | M27 | M30 | M36 |
|---|---|---|---|---|---|---|---|---|
| | Schraubengröße | | | | | | | |
| 10.9 | 21,74 | 43,48 | 69,57 | 82,61 | 95,65 | 126,1 | 152,2 | 221,7 |

Für die Festigkeitsklasse 8.8 gelten 70% der Tafelwerte.

**Tafel 68 Grenzlochleibungskraft $V_{L,R,d}$** in kN/cm je 1 cm Werkstoffdicke für gebräuchliche Lochabstände $e$ oder Randabstände $e_1$

| Bauteil-Werkstoff | Beiwert $\alpha_L$ | Schrauben- Abstand $e/d_L \geqq$ | Randabst. $e_1/d_L \geqq$ | Ausführungsform | 13 M 12 | 17 M 16 | 21 M 20 | 23 M 22 | 25 M 24 | 28 M 27 | 31 M 30 | 37 M 36 |
|---|---|---|---|---|---|---|---|---|---|---|---|---|
| S235 | 1,9 | 2,5 | **2,0** | **SL, SLV, GV** | 49,75 | 66,33 | 82,91 | 91,20 | 99,49 | 111,9 | 124,4 | 149,2 |
| | | | | **SLP, SLVP, GVP** | 53,89 | 70,47 | 87,05 | 95,35 | 103,6 | 116,1 | 128,5 | 153,4 |
| | 2,47 | **3,0** | 2,52 | **SL, SLV, GV** | 64,67 | 86,23 | 107,8 | 118,6 | 129,3 | 145,5 | 161,7 | 194,0 |
| | | | | **SLP, SLVP, GVP** | 70,06 | 91,61 | 113,2 | 123,9 | 134,7 | 150,9 | 167,1 | 199,4 |
| | 3,0 (=max) | **3,5** | 3,0 | **SL, SLV, GV** | 78,55 | 104,7 | 130,9 | 144,0 | 157,1 | 176,7 | 196,4 | 235,6 |
| | | | | **SLP, SLVP, GVP** | 85,09 | 111,3 | 137,5 | 150,5 | 163,6 | 183,3 | 202,9 | 242,2 |
| S355 S355N [1] | 1,9 | 2,5 | **2,0** | **SL, SLV, GV** | 74,62 | 99,49 | 124,4 | 136,8 | 149,2 | 167,9 | 186,5 | 223,9 |
| | | | | **SLP, SLVP, GVP** | 80,84 | 105,7 | 130,6 | 143,0 | 155,5 | 174,1 | 192,8 | 230,1 |
| | 2,47 | **3,0** | 2,52 | **SL, SLV, GV** | 97,00 | 129,3 | 161,7 | 177,8 | 194,0 | 218,3 | 242,5 | 291,0 |
| | | | | **SLP, SLVP, GVP** | 105,1 | 137,4 | 169,8 | 185,9 | 202,1 | 226,3 | 250,6 | 299,1 |
| | 3,0 (=max) | **3,5** | 3,0 | **SL, SLV, GV** | 117,3 | 157,1 | 196,4 | 216,0 | 235,6 | 265,1 | 294,5 | 353,5 |
| | | | | **SLP, SLVP, GVP** | 127,6 | 166,9 | 206,2 | 225,8 | 245,5 | 274,9 | 304,4 | 363,3 |

Die Tafelwerte sind mit der maßgebenden Bauteildicke min $\Sigma t$ (in cm) zu multiplizieren.

Die Tafel gilt für: $e_2/d_L \geqq 1{,}5$ und $e_3/d_L \geqq 3{,}0$, Blechdicke 3 mm $\leqq t \leqq$ 40 mm, glatter Teil des Schafts in der Lochleibung.

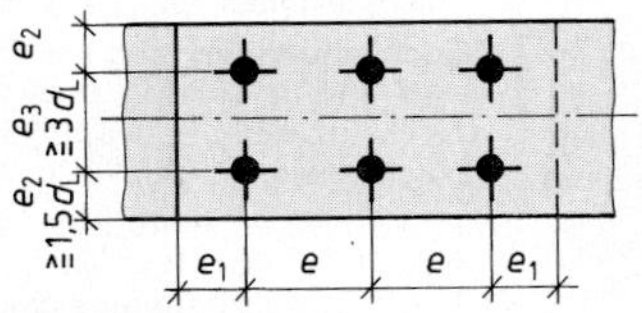


Die Grenzlochleibungskräfte dürfen innerhalb einer Verbindung addiert werden, wenn die einzelnen Schraubenkräfte beim Nachweis auf Abscheren berücksichtigt werden.

[1]) Festigkeitsklasse der Schrauben mindestens 5.6.

**Beispiel** (Bild 60) Stegblechstoß des Vollwandträgers vom Beispiel in Abschn. 4.

An der Stoßstelle ($x = 2{,}95$ m) unter Bemessungslasten vorhandene Schnittgrößen:

$M_{y,d} = 2003$ kNm, $V_z = 635{,}3$ kN, $N = 0$

Stoß des Stegblechs 12 × 1100 mit Stoßdeckungslaschen 2 Bl 8 und $n = 2 \cdot 12 = 24$ Schrauben M 22 – 4.6 in SL-Verbindung; Loch-∅ $d_L = 23$ mm.

$\sigma_u = -\sigma_o = 200\,300 \cdot 55/707\,700 = 15{,}57$ kN/cm²; $N_S = 0$ nach Gl. (154)

$M_S = 1{,}2 \cdot 110^2\,[15{,}57 - (-15{,}57)]/12 + 635{,}3 \cdot 8{,}75 = 43\,230$ kN cm Gl. (156)

$h_1 = 99$ cm; $f_{2p} = \dfrac{3(12-1)}{12(12+1)} = 0{,}2115$ n. Tafel 60.

Fortsetzung s. nächste Seite

**Beispiel** Forts.

max $V_{b,h} = 43230 \cdot 0{,}2115/99 = 92{,}36$ kN  Gl. (157a)

max $V_{b,v} = 635{,}3/24 = 26{,}47$ kN  Gl. (158a)

max $V_b = \sqrt{92{,}36^2 + 26{,}47^2} = 96{,}08$ kN  Gl. (159)

Für die 2schnittige Schraube ist

$V_a = 96{,}08/2 = 48{,}04$ kN

$V_a/V_{a,R,d} = 48{,}04/82{,}94 = 0{,}579 < 1$  Gl. (143) und Tafel 65

Für die obere Schraube neben dem Stegstoß werden wegen ihrer schräg gerichteten Kraft in Tafel 59 für $e_1$ und $e_2$ bzw. $e_3$ und $e$ jeweils gleiche Kleinstwerte eingesetzt:

$e_1 = e_2 = 45$ mm $> 1{,}5 \cdot 23 = 34{,}5$ mm;

$e = e_3 = 80$ mm $> 3 \cdot 23 = 69$ mm

Maßgebend ist Spalte 2 der Tafel 59:

$\alpha_l = 1{,}1 \cdot 45/23 - 0{,}3 = 1{,}852$ (maßgebend);

$\alpha_l = 1{,}08 \cdot 80/23 - 0{,}77 = 2{,}987$

min $t = t_{Steg} = 1{,}2$ cm;

$V_{l,R,d} = 1{,}2 \cdot 2{,}2 \cdot 1{,}852 \cdot 24/1{,}1 = 106{,}7$ kN  Gl. (146)

$V_l/V_{l,R,d} = 96{,}08/106{,}7 = 0{,}9007 < 1$  Gl. (147)

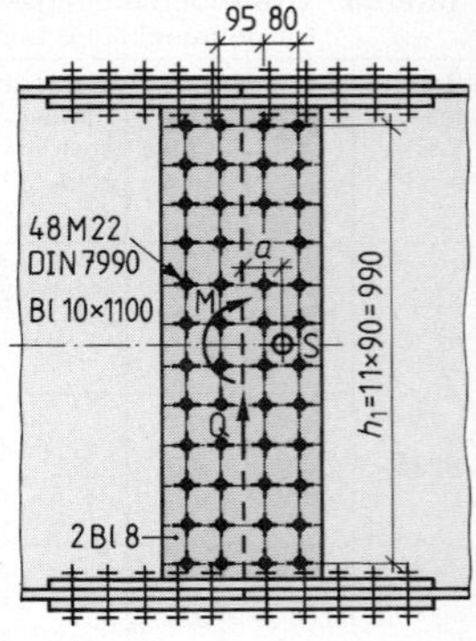


**Bild 60**

**Beispiel** (Bild 61) Nachweis der Schrauben M 20 – 4.6 in SL-Verbindung mit $\Delta d = 2$ mm im Trägersteg des IPE 360 für die Anschlußgrößen $M = N = 0$; $C = V_d = 300$ kN.

Nach Gl. (156): $M_S = 0 + 300 \cdot 9{,}5 = 2850$ kNcm

$\Sigma x_i^2 = 8 \cdot 3{,}5^2 \quad = \; 98 \text{ cm}^2$

$\Sigma z_i^2 = 4 \cdot 3{,}5^2 + 4 \cdot 10{,}5^2 = 490 \text{ cm}^2$

$I_p = 588 \text{ cm}^2$

Nach Gl. (157) bis (159):

max $V_{b,h} = 2850 \cdot 10{,}5/588 = 50{,}89$ kN

max $V_{b,v} = 2850 \cdot 3{,}5/588 + 300/8 = 54{,}46$ kN

max $V_b = \sqrt{50{,}89^2 + 54{,}46^2} = 74{,}54$ kN

Abscheren der 2schnittigen Schraube: $V_a = 74{,}54/2 = 37{,}27$ kN

nach Tafel 65: $V_{a,R,d} = 68{,}54$ kN

Nachweis nach Gl. (143): $37{,}27/68{,}54 = 0{,}544 < 1$

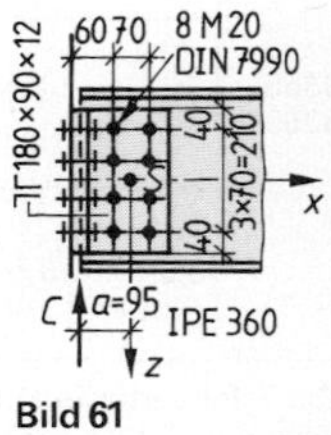


**Bild 61**

Lochleibung. Im Steg des Trägers mit $s = 0{,}8$ cm Dicke:

$e_2/d_L = e_1/d_L = 57/22 = 2{,}59 \approx 2{,}52$; $e/d_L = 70/22 = 3{,}18 > 3{,}0$

Nach Taf. 68: $V_{l,R,d} = 0{,}8 \cdot 107{,}8 = 86{,}24$ kN

Nachweis nach Gl. (147): $74{,}54/86{,}24 = 0{,}864 < 1$

Im Winkel: $e_1/d = 40/22 = 1{,}82$; nach Taf. 59: $\alpha_l = 1{,}1 \cdot 1{,}82 - 0{,}3 = 1{,}70$

Nach Gl. (146): $V_{l,R,d} = 2 \cdot 1{,}2 \cdot 2{,}0 \cdot 1{,}70 \cdot 24/1{,}1 = 178$ kN $> 86{,}24$ kN

Ein Nachweis erübrigt sich.

**Beispiel** (Bild 62) Ein Träger HE 260 A-S235 ist für sein elastisches Grenzmoment mit Stirnplatte und Schrauben in GV-Verbindung an eine Stütze HE 340 B anzuschrauben.

Nach Tafel 62 wird eine überstehende Stirnplatte mit 2reihig angeordneten Schrauben HV M 24 – 10.9 gewählt.

Plattendicke nach Tafel 63: $t_P = 25$ mm

Das Stützenprofil IPB 340 ergibt n. Tafel 64

$w_1 \geqq 2 \cdot 27 + 12 + 1{,}87 \cdot 24 = 111$ mm $> 110$ mm nach Tafel 63.

Mindestplattenbreite:

$b_P \geqq w_1 + 2 \cdot w_3 = 111 + 2 \cdot 35 = 181$ mm

Ausgeführt wird

$b_P = b = 260$ mm und $w_1 = b/2 = 130$ mm

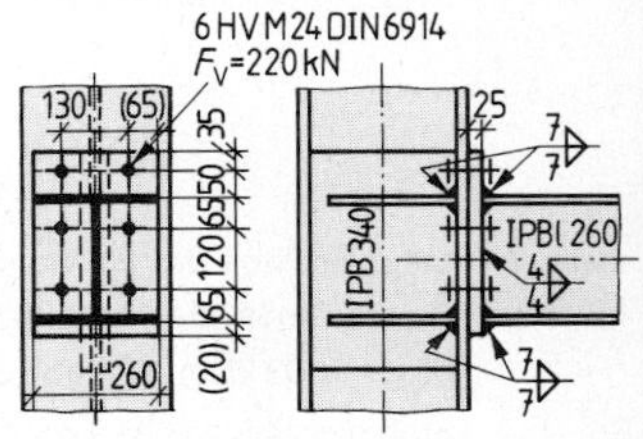


**Bild 62**

Wegen der reichlichen Plattenbreite wird $w_3$ vergrößert auf $w_3 = 65$ mm $> 35$ mm (Tafel 63). Die übrigen Maße entsprechen Tafel 63.

Flanschnähte: $a_w = 7$ mm $> t/2 = 12{,}5/2 = 6{,}25$ mm

Stegnähte: $a_w = 4$ mm $> s/2 = 7{,}5/2 = 3{,}75$ mm

Bei ausgesteifter Stütze ist die Mindestdicke des Stützenflanschs nach Tafel 64 $t \geqq 0{,}8 d = 0{,}8 \cdot 24 = 19{,}2$ mm $<$ vorh $t = 21{,}5$ mm.

# Holzbau nach DIN 1052 T1,T2 (4.83) und DIN 1052 T1/A1, T2/A1 (96)

Bearbeitet von Prof. Dr.-Ing. Helmuth Neuhaus

## Inhalt (Holzbau nach DIN 1052)





Fortsetzung s. nächste Seite

## Technische Baubestimmungen

| | | | |
|---|---|---|---|
| DIN 1052 | T1 | (04.88) | Holzbauwerke; Berechnung und Ausführung |
| | T2 | (04.88) | – ; Mechanische Verbindungen |
| | T3 | (04.88) | – ; Holzhäuser in Tafelbauart; Berechnung und Ausführung |
| | T1/A1 | (96) | – ; Berechnung und Ausführung; Änderung 1 |
| | T2/A1 | (96) | – ; Mechanische Verbindungen; Änderung 1 |
| | T3/A1 | (96) | – ; Holzhäuser in Tafelbauart, Berechnung und Ausführung; Änderung 1 |
| DIN 1074 | | (05.91) | Holzbrücken |
| DIN 4074 | T1 | (09.89) | Sortierung von Nadelholz nach der Tragfähigkeit; Nadelschnittholz |
| | T2 | (12.58) | Bauholz für Holzbauteile; Gütebed. für Baurundholz (Nadelholz) |
| DIN 4102 | T4 | (03.94) | Brandverhalten von Baustoffen und Bauteilen; Zusammenstellung und Anwendung klassifizierter Baustoffe, Bau- und Sonderbauteile |
| DIN 18334 | | (12.92) | VOB Verdingungsordnung für Bauleistungen; Teil C: Allgemeine Technische Vertragsbedingungen für Bauleistungen (ATV); Zimmer- und Holzbauarbeiten |
| DIN 68705 | T3 | (12.81) | Sperrholz; Bau-Furniersperrholz |
| | T5 | (10.80) | – ; Bau-Furniersperrholz aus Buche |
| DIN 68754 | T1 | (02.76) | Harte und mittelharte Holzfaserplatten für das Bauwesen; Holzwerkstoffklasse 20 |
| DIN 68763 | | (09.90) | Spanplatten; Flachpreßplatten für das Bauwesen; Begriffe, Anforderungen, Prüfung, Überwachung |
| DIN 68800 | T2 | (01.84) | Holzschutz im Hochbau; Vorbeugende bauliche Maßnahmen |
| DIN E 68800 | T2 | (12.94) | Holzschutz; Vorbeugende bauliche Maßnahmen |
| | T3 | (04.90) | – ; Vorbeugender chemischer Holzschutz (teilweise ersetzt durch DIN EN 335 T1 und T2, DIN EN 350 T1 und T2, DIN EN 460) |
| | T5 | (05.78) | – im Hochbau; Vorbeugender chemischer Schutz von Holzwerkstoffen |
| DIN E 68800 | T5 | (01.90) | – ; Vorbeugender chemischer Schutz von Holzwerkstoffen |
| DIN EN 335 | T1 | (09.92) | Dauerhaftigkeit von Holz und Holzprodukten; Definition der Gefährdungsklassen für einen biologischen Befall; Teil 1: Allgemeines; Deutsche Fassung EN 335-1: 1992 |
| | T2 | (10.92) | – ; – ; Teil 2: Anwendung bei Vollholz; Deutsche Fassung EN 335-2: 1992 |
| DIN EN 350 | T1 | (10.94) | Dauerhaftigkeit von Holz und Holzprodukten; Natürliche Dauerhaftigkeit von Vollholz; Teil 1: Grundsätze für die Prüfung und Klassifikation der natürlichen Dauerhaftigkeit von Holz; Deutsche Fassung EN 350-1: 1994 |
| | T2 | (10.94) | – ; – ; Teil 2: Leitfaden für die natürliche Dauerhaftigkeit und Tränkbarkeit von ausgewählten Holzarten von besonderer Bedeutung in Europa; Deutsche Fassung EN 350-2: 1994 |
| DIN EN 460 | | (10.94) | Dauerhaftigkeit von Holz und Holzprodukten; Natürliche Dauerhaftigkeit von Vollholz; Leitfaden für die Anforderungen an die Dauerhaftigkeit von Holz für die Anwendung in den Gefährdungsklassen; Deutsche Fassung EN 460: 1994 |

## Weiterführende Literatur


[1] *Andresen, K.; Scheer, C.*: Ingenieurholzbau, Beispiele, Berechnung und Konstruktion. Düsseldorf: Holzwirtschaftlicher Verlag der Arbeitsgemeinschaft Holz, 1985

[2] *Brüninghoff, H.; Cyron, G.; Ehlbeck, J.; Franz, J.; Heimeshoff, B.; Milbrandt, E.; Möhler, K.; Radović, B.; Scheer, C.; Schulze, H.; Steck, G.*: Holzbauwerke. Ausführliche Erläuterung zu DIN 1052 T1 bis 3, Ausg. Apr. 1988. Berlin/Köln und Wiesbaden/Berlin: Beuth, Bauverlag, 1989

[3] *Brüninghoff, H.; Schmidt, K.*: Verbände und Abstützungen. Teil 2. In: Informationsdienst Holz. Arbeitsgemeinschaft Holz. Düsseldorf: 1989

[4] *Cziesielski, E.; Friedmann, M.; Schelling, W.*: Holzbau, statische Berechnungen. Düsseldorf: Holzwirtschaftlicher Verlag der Arbeitsgemeinschaft Holz, 1988

[5] *Dröge, G.*: Grundzüge des Holzbaus. Berlin: Ernst & Sohn.
Bd 1: Konstruktionselemente. 2. Aufl., 1993
Bd 2: Holztragwerke und Holzbauten. 2. Aufl., 1995

[6] *Ehlbeck, J. (Hrsg.); Steck, G. (Hrsg.)*: Ingenieurholzbau in Forschung und Praxis, Karl Möhler gewidmet. Karlsruhe: Bruder, 1982

[7] *Ehlbeck, J.; Görlacher, R.; Werner, H.*: Empfehlungen zum einheitlichen genaueren Querzugnachweis für Anschlüsse mit mechanischen Verbindungsmitteln. Bauen mit Holz (1991), S. 825–828

[8] *Fritzen, K.; Hemmer, K.; Hinkes, F.-J.; Kessel, M.; König, H.; Kuhlenkamp, D.; Speich, M.; Steinmetz, D.*: Holzbau-Praxis. Hinweise für die Ausführung nach DIN 1052. Bund Deutscher Zimmermeister (Hrsg.). Karlsruhe: Bruder, 1991

[9] *Göggel, M.*: Bemessung im Holzbau
Bd 1: Grundlagen, Holz als Baustoff, Festigkeitsberechnungen und Konstruktion der Tragglieder. 3. Aufl., 1987
Bd 2: Verbindungen und Verbindungsmittel. 3. Aufl., 1989. Wiesbaden/Berlin: Bauverlag

[10] *Götz, K.-H.; Hoor, D.; Möhler, K.; Natterer, J.*: Holzbau-Atlas. München: Institut für internationale Architektur-Dokumentation GmbH, 1980

[11] *v. Halász, R. (Hrsg.); Scheer, C. (Hrsg.)*: Holzbau-Taschenbuch
Bd. 1: Grundlagen, Entwurf, Bemessung und Konstruktionen. 9. Aufl., 1996
Bd. 2: DIN 1052 und Erläuterungen, Formeln, Tabellen, Nomogramme. 8. Aufl., 1989
Bd. 3: Bemessungsbeispiele nach DIN 1052. 8. Aufl., 1991. Berlin: Wilhelm Ernst & Sohn

[12] *Heimeshoff, B.*: Probleme der Stabilitätstheorie und Spannungstheorie II. Ordnung im Holzbau. In: Holzbau-Statik-Aktuell, Folge 9. Arbeitsgemeinschaft Holz. Düsseldorf: 1987

[13] *Hempel, G.*: 100 Statikbeispiele aus dem Holzbau. 9. Aufl. Karlsruhe: Bruder, 1988

[14] Informationsdienst Holz:
Berichte über Berechnungen, Konstruktionen, Planungen, in mehreren Heften.
Holzbau-Statik-Aktuell, Schriftenreihe. holzbau handbuch. Düsseldorf: Arbeitsgemeinschaft Holz

[14a] *Kordina, K.; Meyer-Ottens, C.*: Holz-Brandschutz-Handbuch. 2. Aufl. München: Deutsche Gesellschaft für Holzforschung, 1994

[15] *Natterer, J.; Herzog, Th.; Volz, M.*: Holzbau Atlas Zwei. München: Institut für internationale Architektur-Dokumentation (Hrsg.), Düsseldorf: Arbeitsgemeinschaft Holz (Hrsg.): 1991

[16] *Neuhaus, H.*: Lehrbuch des Ingenieurholzbaus. Stuttgart: B.G. Teubner, 1994

[17] *Scheer, C.; Kolberg, R.; Muszala, W.*: Der Holzbau. Material, Konstruktion, Detail. 3. Aufl. Leinfelden-Echterdingen: Alexander Koch, 1993

[18] *Werner, G.; Steck, G.*: Holzbau. 4. Aufl. Teil 1: Grundlagen 1991; Teil 2: Dach- und Hallentragwerke, 1993. Düsseldorf: Werner

[18a] *Werner, G.; Zimmer, K.*: Berlin: Springer, 1996.
Teil 1: Grundlagen DIN 1052/Eurocode 5
Teil 2: Dach- und Hallentragwerke nach DIN und Eurocode


**Fachzeitschriften**


[19] bauen mit holz. Karlsruhe: Bruder

[20] Holz als Roh- und Werkstoff. Berlin: Springer

[21] Mikado. Augsburg: WEKA Baufach

# 1 Zulässige Spannungen

**Tafel 1a Zulässige Spannungen für Vollholz in $MN/m^2$ im Lastfall H**
nach DIN 1052 T1/A1 (96), Tab. 16[1]) [2])

| Zeile | Art der Beanspruchung | Vollholz (Nadelhölzer)[8]) Fichte, Kiefer, Tanne, Lärche, Douglasie, Southern Pine, Western Hemlock, Yellow Cedar Sortierklasse nach DIN 4074 T1[3]) | | | | | Vollholz (Laubhölzer) Holzartgruppe, mittlere Güte[4]) | | |
|---|---|---|---|---|---|---|---|---|---|
| | | | | | | | Eiche Buche Teak Keruing (Yang) | Afzelia Merbau Angélique (Basralocus) | Azobé (Bongossi) Greenheart |
| | | S7/MS7 | S10/MS10 | S13 | MS13 | MS17 | A | B | C |
| 1 | Biegung zul $\sigma_B$ | 7 | 10 | 13 | 15 | 17 | 11 | 17 | 25 |
| 2 | Zug zul $\sigma_{Z\parallel}$ | 0[5]) | 7 | 9 | 10 | 12 | 10 | 10 | 15 |
| 3 | Zug zul $\sigma_{Z\perp}$ | 0[5]) | 0,05 | 0,05 | 0,05 | 0,05 | 0,05 | 0,05 | 0,05 |
| 4 | Druck zul $\sigma_{D\parallel}$ | 6 | 8,5 | 11 | 11 | 12 | 10 | 13 | 20 |
| 5a | Druck zul $\sigma_{D\perp}$ | 2 | 2 | 2 | 2,5 | 2,5 | 3 | 4 | 8 |
| 5b | | 2,5[6]) | 2,5[6]) | 2,5[6]) | 3[6]) | 3[6]) | 4[6]) | – | – |
| 6 | Abscheren zul $\tau_a$ | 0,9 | 0,9 | 0,9 | 1 | 1 | 1 | 1,4 | 2 |
| 7 | Schub aus Querkraft zul $\tau_Q$ | 0,9 | 0,9 | 0,9 | 1 | 1 | 1 | 1,4 | 2 |
| 8 | Torsion[7]) zul $\tau_T$ | 0 | 1 | 1 | 1 | 1 | 1,6 | 1,6 | 2 |

Fußnoten s. S. 799

**Tafel 1b Zulässige Spannungen für Brettschichtholz in $MN/m^2$ im Lastfall H**
nach DIN 1052 T1/A1 (96), Tab. 17[1])

| | Art der Beanspruchung | Brettschichtholz aus Holzarten (Nadelhölzer) der Tafel 1a, Spalte 2 | | | |
|---|---|---|---|---|---|
| | | BS 11 | BS 14 | BS 16 | BS 18 |
| | | Sortierklasse der Lamellen nach DIN 4074 T1 | | | |
| | | S 10/MS 10 | S 13 | MS 13 | MS 17 |
| 1 | Biegung zul $\sigma_B$ | 11 | 14 | 16 | 18 |
| 2 | Zug ∥ zul $\sigma_{Z\parallel}$ | 8,5 | 10,5 | 11 | 13 |
| 3 | Zug ⊥ zul $\sigma_{Z\perp}$ | 0,2 | 0,2 | 0,2 | 0,2 |
| 4 | Druck ∥ zul $\sigma_{D\parallel}$ | 8,5 | 11 | 11,5 | 13 |
| 5a | Druck ⊥ zul $\sigma_{D\perp}$ | 2,5 | 2,5 | 2,5 | 2,5 |
| 5b | | 3[2]) | 3[2]) | 3[2]) | 3[2]) |
| 6 | Abscheren zul $\tau_a$ | 0,9 | 0,9 | 1 | 1 |
| 7 | Schub aus Querkraft zul $\tau_Q$ | 1,2 | 1,2 | 1,3 | 1,5 |
| 8 | Torsion[3]) zul $\tau_T$ | 1,6 | 1,6 | 1,6 | 1,6 |

Fußnoten s. S. 799

**Fußnoten zu Tafel 1a**

[1]) Zulässige Erhöhungen und erforderliche Ermäßigungen s. Tafel 5

[2]) Bei Sparren, Pfetten und Deckenbalken aus Kanthölzern oder Bohlen dürfen in der Regel die zulässigen Spannungen der Sortierklasse S13 nicht angewendet werden.

[3]) Den Sortierklassen S7, S10 und S13 entsprechen die Güteklassen III, II bzw. I von DIN 4074 T2.

[4]) Mindestens Sortierklasse S10 im Sinne von DIN 4074 T1 bzw. Güteklasse II im Sinne von DIN 4074 T2.

[5]) Für MS 7 gilt: zul $\sigma_{Z\parallel} = 4$ MN/m², zul $\sigma_{Z\perp} = 0{,}05$ MN/m².

[6]) Bei Anwendung dieser Werte ist mit größeren Eindrückungen zu rechnen, die erforderlichenfalls konstruktiv zu berücksichtigen sind. Bei Anschlüssen mit verschiedenen Verbindungsmitteln dürfen diese Werte nicht angewendet werden.

[7]) Für Kastenquerschnitte sind die Werte nach Zeile 7 einzuhalten.

[8]) Die botanischen Namen der Nadelhölzer sind in DIN 1052 T1/A1, Tab. 15, angeführt.

**Fußnoten zu Tafel 1b**

[1]) Zulässige Erhöhungen und erforderliche Ermäßigungen s. Tafel 5.

[2]) Bei Anwendung dieser Werte ist mit größeren Eindrückungen zu rechnen, die erforderlichenfalls konstruktiv zu berücksichtigen sind. Bei Anschlüssen mit verschiedenen Verbindungsmitteln dürfen diese Werte nicht angewendet werden.

[3]) Für Kastenquerschnitte sind die Werte nach Zeile 7 einzuhalten.

**Zul. Druckspannungen bei Kraftrichtung schräg zur Faserrichtung** (s. Bild 1) nach Gl. (1)

$$\text{zul}\,\sigma_{D\sphericalangle} = \text{zul}\,\sigma_{D\parallel} - (\text{zul}\,\sigma_{D\parallel} - \text{zul}\,\sigma_{D\perp})\sin\alpha \quad (1)$$

können für ausgewählte Holzarten auch Tafel 2 entnommen werden. Über zul. Erhöhungen und erf. Ermäßigungen s. Tafel 5.

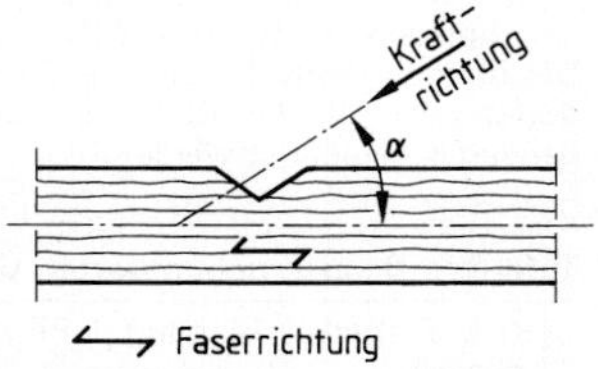


**Bild 1 Winkel α zwischen Kraft- und Faserrichtung**

**Tafel 2 Zul. Druckspannungen in MN/m² bei schrägem Kraftangriff für ausgewählte Holzarten, Lastfall H**

| Holzart | α: Winkel zwischen Kraft- und Faserrichtung in ° | | | | | | | | | |
|---|---|---|---|---|---|---|---|---|---|---|
| | 0 | 10 | 20 | 30 | 40 | 50 | 60 | 70 | 80 | 90 |
| Nadelholz, S 10/MS 10 | 8,5 | 7,4 | 6,3 | 5,2 | 4,3 | 3,5 | 2,9 | 2,4 | 2,1 | 2,0 |
| BS-Holz, BS 11 | 8,5 | 7,5 | 6,4 | 5,5 | 4,6 | 3,9 | 3,3 | 2,9 | 2,6 | 2,5 |
| BS-Holz, BS 14 | 11 | 9,5 | 8,1 | 6,8 | 5,5 | 4,5 | 3,6 | 3,0 | 2,6 | 2,5 |

**Überstand *ü* von Trägern und Schwellen bei Druck ⊥ Faserrichtung.** Der Überstand *ü* in Faserrichtung nach Bild 2 muß einseitig und beidseitig betragen:

$ü \geqq 100$ mm bei $h > 60$ mm

$ü \geqq 75$ mm bei $h \leqq 60$ mm

$a \geqq 150$ mm zwischen zwei Druckflächen

$$k_{D\perp} = \sqrt[4]{\frac{150}{l}} \leqq 1{,}8 \quad (l \text{ in mm}) \quad (2)$$

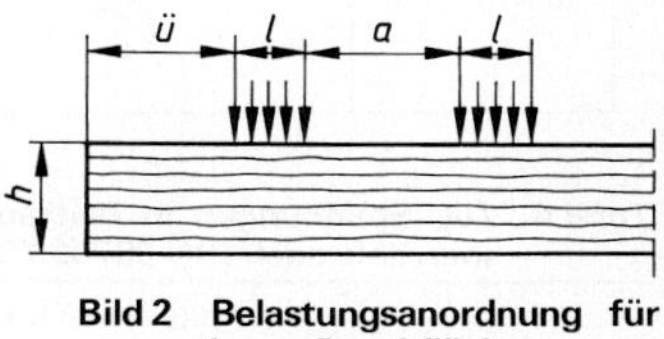


**Bild 2 Belastungsanordnung für kurze Druckflächen**

Über zul. Erhöhungen und erf. Ermäßigungen der zul. Druckspannung ⊥ Faser nach Tafel 1 a bzw. 1 b, Zeile 5a, mit dem Faktor $k_{D\perp}$ nach Gl. (2) s. Tafel 5.

**Tafel 3 Zulässige Spannungen für Holzwerkstoffe in MN/m², Lastfall H**
nach DIN 1052 T1, Tab. 6[1])

| Zeile | Art der Beanspruchung (PE: Plattenebene) | Bau-Furniersperrholz nach DIN 68705 T3 und T5[2]) [3]) parallel zur Faserrichtung der Deckfurniere, Lagenanzahl 3 | parallel, Lagenanzahl ≧5 | senkrecht zur Faserrichtung der Deckfurniere, Lagenanzahl 3 | senkrecht, Lagenanzahl ≧5 | Flachpreßplatten nach DIN 68763, Plattennenndicken in mm: bis 13 | >13 bis 20 | >20 bis 25 | >25 bis 32 | >32 bis 40 | >40 bis 50 |
|---|---|---|---|---|---|---|---|---|---|---|---|
| 1 | Biegung ⊥ PE zul $\sigma_{Bxy}$ | 13 | | 5 | | 4,5 | 4,0 | 3,5 | 3,0 | 2,5 | 2,0 |
| 2 | Biegung in PE zul $\sigma_{Bxz}$ | 9 | | 6 | | 3,4 | 3,0 | 2,5 | 2,0 | 1,6 | 1,4 |
| 3 | Zug in PE zul $\sigma_{Zx}$ | 8 | | 4 | | 2,5 | 2,25 | 2,0 | 1,75 | 1,5 | 1,25 |
| 4 | Druck in PE zul $\sigma_{Dx}$ | 8 | | 4 | | 3,0 | 2,75 | 2,5 | 2,25 | 2,0 | 1,75 |
| 5 | Druck ⊥ PE zul $\sigma_{Dz}$ | 3 [4,5] | | 3 [4,5] | | 2,5 | 2,5 | 2,5 | 2,0 | 1,5 | |
| 6 | Abscheren[4]) [5]) in PE zul $\tau_{zx}$ | 0,9 [1,2] | | 0,9 [1,2] | | 0,4 | | | 0,3 | | |
| 7 | Abscheren[5]) ⊥ PE zul $\tau_{yx}$ | 1,8 [3] | 3 [4] | 1,8 [3] | 3 [4] | 1,8 | | | 1,2 | | |
| 8 | Lochleibungsdruck[6]) zul $\sigma_L$ | 8 | | 4 | | 6,0 | | | | | |

[1]) zul. Erhöhungen und erf. Ermäßigungen s. Tafel 5

[2]) Die Werte in [ ] gelten für Bau-Furniersperrholz aus Buche nach DIN 68705T5. Die übrigen Werte für die zul. Spannungen dürfen nach DIN 68705T5 mit Sicherheitsbeiwert 3 berechnet werden.

[3]) zul. Spannungen in Plattenebene bei schrägem Kraftangriff s. Tafel 4

[4]) und in Leimfugen

[5]) auch für Schub aus Querkraft

[6]) für Bolzen und Stabdübel, für ≧5lagiges Bau-Furniersperrholz aus Buche nach DIN 68705T5 ist zul $\sigma_L = 2 \cdot$ zul $\sigma_{Dx}$

**Tafel 3a Beanspruchungsarten von Bau-Furniersperrholz der Tafel 3**

| | (PE: Plattenebene) | Biegung ⊥ PE | Biegung in PE | Zug/Druck in PE |
|---|---|---|---|---|
| 1 | parallel zur Faserrichtung der Deckfurniere | 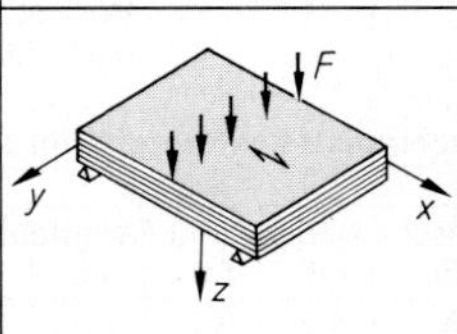  | 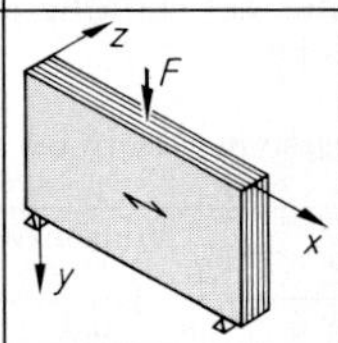  | 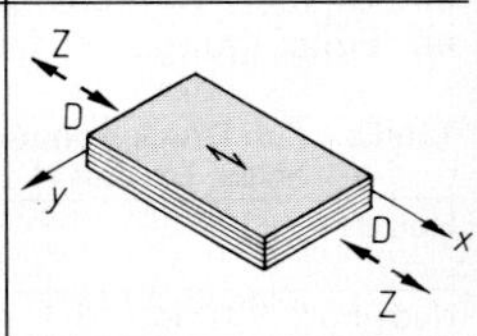  |
| 2 | rechtwinklig zur Faserrichtung der Deckfurniere | 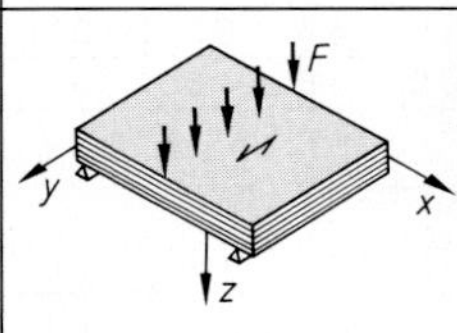  | 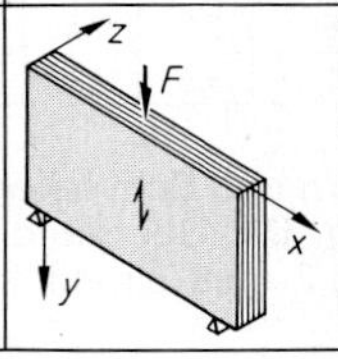  | 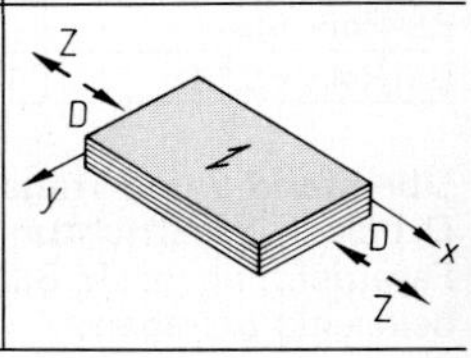  |

**Tafel 4 Zul. Spannungen in Plattenebene bei schrägem Kraftangriff für Bau-Furniersperrholz nach DIN 68705 T3 in MN/m², Lastfall H[1]) [2])**

| | α: Winkel zwischen Kraft- und Faserrichtung der Deckfurniere in ° 0 | 10 | 20 | 30 | 40 | 50 | 60 | 70 | 80 | 90 |
|---|---|---|---|---|---|---|---|---|---|---|
| zul $\sigma_{Z,D}$ | 8,0 | 6,0 | 4,0 | 2,0 | 2,0 | 2,0 | 2,0 | 2,7 | 3,3 | 4,0 |

[1]) Zwischenwerte dürfen geradlinig interpoliert werden.

[2]) zul. Erhöhungen und erf. Ermäßigungen s. Tafel 5.

**Tafel 5 Zul. Erhöhungen und erf. Ermäßigungen von zul. Spannungen** nach DIN 1052 T1, 5.1 und 5.2

| Zeile | (BSH Brettschichtholz) | zul. Spannungen von Voll- und BSH in Tafel 1 a, 1 b und 2 | | zul. Spannungen von Holzwerkstoffen in Tafel 3 und 4 | |
|---|---|---|---|---|---|
| **Erhöhungen** | | Erhöhung um | Spannungsart | Erhöhung um | Spannungsart |
| 1 | **Lastfall HZ** | 25% | alle | 25% | alle |
| 2 | **Transportzustand** | 50% | alle | 50% | alle |
| 3 | **Montagezustand** | 50% | alle | 50% | alle |
| 4 | **waagerechte Stoßlasten** nach DIN 1055 T3 | 100% | alle | 100% | alle |
| 5 | **Erdbebenlasten** nach DIN 4149 T1 | 100% | alle | 100% | alle |
| 6 | bei **Durchlaufträgern ohne Gelenke** über Innenstützen | 10%[1]) | zul $\sigma_B$ | | |
| 7 | bei **Rundhölzern** in Bereichen ohne Schwächung der Randzone | 20% | zul $\sigma_B$<br>zul $\sigma_{D\parallel}$ | | |
| 8 | bei durchlaufenden oder auskragenden **Biegebalken** aus NH und LH, Gr. A, in Bereichen, die mind. 1,50 m vom Stirnende entfernt liegen | auf 1,2 MN/m² | zul $\tau_Q$ | | |
| 9 | bei **Druckflächen $\perp$ Faserrichtung** mit einer Länge $l$ in Faserrichtung $<150$ mm, s. Bild 2 | $k_{D\perp}$[2]) nach Gl. (2) | zul $\sigma_{D\perp}$[4]) | | |
| **Ermäßigungen** | | Ermäßigung um | Spannungsart | Ermäßigung um | Spannungsart |
| 10 | bei **genagelten Zugstößen oder -anschlüssen** für diejenigen Stoß- und Anschlußteile, die nicht für die 1,5fache anteilige Zugkraft bemessen sind | 20% | zul $\sigma_{Z\parallel}$ | | |
| 11 | bei **Druckflächen $\perp$ Faserrichtung**, wenn die Überstände nach Bild 2 unterschritten werden | $k_{D\perp}=0{,}8$ | zul $\sigma_{D\perp}$ | | |
| 12 | bei **Bauteilen, die der Witterung allseitig ausgesetzt** sind oder bei denen mit einer Gleichgewichtsfeuchte >18% zu rechnen ist, nicht bei Gerüsten | $^1/_6$[3]) | alle | | |
| 13 | bei **Bauteilen u. Gerüsten, die dauernd im Wasser stehen,** bei Gerüsten aus Hölzern, die zum Zeitpunkt der Belastung noch nicht halbtrocken sind (DIN 4074) | $^1/_3$[3]) | alle | | |
| 14 | bei folgenden **Platten, in denen eine Feuchte >18%** über mehrere Wochen zu erwarten ist:<br>– Bau-Furniersperrholzplatten BFU100G | | | $^1/_4$ | alle |
| | – Flachpreßplatten V 100G | | | $^1/_3$ | alle |

[1]) Gilt nicht bei Sparren von Kehlbalkenbindern mit verschieblichen Kehlbalken.
[2]) Überstand $\ddot{u}$ nach Bild 2 beachten.
[3]) Gilt nicht für LH, Gr. C, und nicht für Fliegende Bauten mit Schutzanstrich, der in Abständen von höchstens zwei Jahren zu erneuern ist.
[4]) in Tafel 1 a, b: nur Zeile 5a

**Zulässige Spannungen für Stahlteile**
1. Für Bauteile aus Stahl gilt DIN 18800T1. 2. Bei fehlendem Gütenachweis gilt für gerade Bauteile aus Flach- und Rundstahl im Lastfall H und HZ: zul $\sigma_{B,Z} \leqq 110$ MN/m², im Kernquerschnitt der Rundstähle: zul $\sigma_z \leqq 100$ MN/m².

**Zulässige Spannungen für Aluminiumteile** nach DIN 4113 T1

**Korrosionsschutz für Teile aus Stahl und Aluminium**
für Stahl nach DIN 55928, für Aluminium nach DIN 4113.

## 2 Materialkennwerte

**Tafel 6a Rechenwerte für Elastizitäts-, Schub- und Torsionsmoduln in MN/m² für Vollholz (Holzfeuchte ≦ 20%)** nach DIN 1052 T1/A1 (96), Tab. 15[1])

| Zeile | Holzart | Sortierklasse nach DIN 4074 T1 [2]) | Elastizitätsmodul parallel zur Faserrichtung $E_{\parallel}$ | Elastizitätsmodul rechtwinklig zur Faserrichtung $E_{\perp}$ | Schubmodul $G$ | Torsionsmodul $G_T$ |
|---|---|---|---|---|---|---|
| 1 | Fichte, Kiefer, Tanne, Lärche, Douglasie, Southern Pine, Western Hemlock, Yellow Cedar | S 7/MS 7 | 8000 | 250 | 500 | 333 |
| | | S 10/MS 10 | 10000[3]) [4]) | 300 | 500 | 333 |
| | | S 13 | 10500[3]) [4]) | 350 | 500 | 333 |
| | | MS 13 | 11500[3]) | 350 | 550 | 367 |
| | | MS 17 | 12500[3]) | 400 | 600 | 400 |
| 2 | Laubhölzer der Gruppe | | | | | |
| | A Eiche, Buche, Teak, Keruing (Yang) | mittlere Güte[5]) | 12500 | 600 | 1000 | 667 |
| | B Afzelia, Merbau, Angélique (Basralocus) | mittlere Güte[5]) | 13000 | 800 | 1000 | 667 |
| | C Azobé (Bongossi), Greenheart | mittlere Güte[5]) | 17000[6]) | 1200[6]) | 1000[6]) | 667[6]) |

[1]) erforderliche Ermäßigungen s. Tafel 9
[2]) Sortierklassen S 7, S 10 und S 13 ≙ Güteklassen III, II bzw. I von DIN 4074 T2.
[3]) Für Holz, das mit einer Holzfeuchte ≤ 15% eingebaut wird, dürfen die Werte um 10% für Durchbiegungsberechnungen erhöht werden.
[4]) Für Baurundholz: $E_{\parallel} = 12000$ MN/m².
[5]) Mind. Sortierklasse S 10 ≙ DIN 4074 T1 bzw. Güteklasse II ≙ DIN 4074 T2.
[6]) Diese Werte gelten unabhängig von der Holzfeuchte.

**Tafel 6b Rechenwerte für Elastizitäts-, Schub- und Torsionsmoduln in MN/m² für Brettschichtholz (Holzfeuchte ≦ 20%)** nach DIN 1052 T1/A1 (96), Tab. 15

| Zeile | Art der Beanspruchung | | BS 11 | BS 14 | BS 16 | BS 18 |
|---|---|---|---|---|---|---|
| 1 | Biegung | $E_{\parallel}$ | 11000 | 11000[1]) | 12000[1]) | 13000[1]) |
| 2 | Zug/Druck ∥ | $E_{\parallel}$ | 11000 | 12000 | 13000 | 14000 |
| 3 | Zug/Druck ⊥ | $E_{\perp}$ | 350 | 400 | 400 | 450 |
| 4 | Schubmodul | $G$ | 550 | 600 | 650 | 700 |
| 5 | Torsionsmodul | $G_T$ | 550 | 600 | 650 | 700 |

[1]) Wenn bei Biegeträgern die Lamellen in den äußeren Sechsteln der Zug- und Druckzone der zugehörigen Sortierklasse nach Tafel 1 b, im übrigen Bereich der nächstniedrigen Sortierklasse entsprechen, darf ein um 1000 MN/m² erhöhter $E$-Modul in Rechnung gestellt werden.

**Tafel 7 Rechenwerte für Elastizitäts- und Schubmoduln für Bau-Furniersperrholz der DIN 68705 T3 und T5 in MN/m²** nach DIN 1052 T1, Tab. 2[1])

| Zeile | Beanspruchungsart (PE: Plattenebene) | Elastizitätsmodul $E$[2]) [3]) [4]) parallel ∥ zur Faserrichtung der Deckfurniere, Lagenanzahl 3 | parallel ∥, Lagenanzahl ≧ 5 | rechtwinklig ⊥, Lagenanzahl 3 | rechtwinklig ⊥, Lagenanzahl ≧ 5 | Schubmodul $G$[2]) [3]) [5]) ∥ und ⊥, Lagenanzahl ≧ 3 |
|---|---|---|---|---|---|---|
| 1 | Biegung ⊥ PE | 8000 | 5500 | 400 | 1500 | 250 [400] |
| 2 | Biegung, Druck, Zug in PE | 4500 | | 1000 | 2500 | 500 [700] |

[1]) erf. Ermäßigungen s. Tafel 9.
[2]) Größere Werte dürfen verwendet werden, wenn durch Prüfzeugnis nachgewiesen.
[3]) Bei Platten aus Okoumé und Pappel Werte um $^1/_5$ abmindern.
[4]) Für Platten aus Buche gelten die Werte des Beiblatts 1 zu DIN 68705 T5.
[5]) Werte in [ ] gelten für Platten aus Buche nach DIN 68705 T5.

**Tafel 8 Rechenwerte für Elastizitäts- und Schubmoduln für Flachpreßplatten der DIN 68763 in MN/m² nach DIN 1052 T1, Tab. 3[1])**

| Zeile | Beanspruchungsart (PE: Plattenebene) | | Elastizitätsmodul $E$[2]) | | | | | | Schubmodul $G$[2]) | | | | | |
|---|---|---|---|---|---|---|---|---|---|---|---|---|---|---|
| | | | Plattennenndicke in mm | | | | | | Plattennenndicke in mm | | | | | |
| | | | bis 13 | >13 bis 20 | >20 bis 25 | >25 bis 32 | >32 bis 40 | >40 bis 50 | bis 13 | >13 bis 20 | >20 bis 25 | >25 bis 32 | >32 bis 40 | >40 bis 50 |
| 1 | Biegung | ⊥ PE | 3200 | 2800 | 2400 | 2000 | 1600 | 1200 | 200 | | | 100 | | |
| 2 | Biegung | in PE | 2200 | 1900 | 1600 | 1300 | 1000 | 800 | 1100 | 1000 | 850 | 700 | 550 | 450 |
| 3 | Druck, Zug | in PE | 2200 | 2000 | 1700 | 1400 | 1100 | 900 | – | | | | | |

[1]) erf. Ermäßigungen s. Tafel 9.
[2]) Größere Werte dürfen verwendet werden, wenn durch Prüfzeugnis nachgewiesen.

**Tafel 9 Erforderliche Ermäßigungen von Elastizitäts-, Schub- und Torsionsmoduln** nach DIN 1052 T1, 4.1.2

| Zeile | | Voll- u. Brettschichtholz nach Tafel 6 | | Holzwerkstoffe nach Tafel 7 und 8 | |
|---|---|---|---|---|---|
| | | Ermäßigung um | Materialkennwert | Ermäßigung um | Materialkennwert |
| 1 | bei **Bauteilen, die der Witterung allseitig** ausgesetzt sind oder bei denen mit einer vorübergehenden Durchfeuchtung zu rechnen ist | $^1/_6$[1]) | alle | | |
| 2 | bei **dauernder Durchfeuchtung**, z. B. dauernd im Wasser befindlichen Bauteilen | $^1/_4$[1]) | alle | | |
| 3 | bei folgenden **Platten, in denen eine Feuchte >18%** über mehrere Wochen zu erwarten ist<br>– Bau-Furniersperrholzplatten BFU 100 G<br>– Flachpreßplatten V 100 G | | | <br><br>$^1/_4$<br>$^1/_3$ | <br><br>alle<br>alle |

[1]) keine Abminderung notwendig für Laubholz, Gr. C.

**Tafel 10 Feuchte (Gleichgewichtsfeuchte) von Holz und Holzwerkstoffen, die sich im fertigen Bauwerk nach einer gewissen Zeitspanne im Mittel einstellt**

| | | |
|---|---|---|
| 1 | bei allseitig geschlossenen Bauwerken | |
| | mit Heizung | 9±3 in % |
| | ohne Heizung | 12±3 in % |
| 2 | bei überdeckten, offenen Bauwerken | 15±3 in % |
| 3 | bei Konstruktionen, die der Witterung allseitig ausgesetzt sind | 18±6 in % |

**Beispiel Berechnung einer Schwindverformung** Kantholz
$b/h = 18/20$ cm,
NH $\alpha_s = 0{,}24\%$

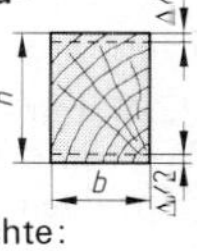


– Holzfeuchte beim Einbau: $u_1 = 30\%$
– zu erwartende Gleichgewichtsfeuchte: i. Bauwerk: $u_2 = 12\%$
– Rechenwert der Klaffung Δ:

$$\Delta = (u_1 - u_2) \cdot \alpha_s \cdot h = (30-12) \cdot \frac{0{,}24}{100} \cdot 20 = 0{,}86 \text{ cm} = 8{,}6 \text{ mm}$$

$\Delta/2 = 4{,}3$ mm an Ober- und Unterkante
– bei Einbau von trockenem Holz $u_1 = 20\%$ beträgt $\Delta/2 = 1{,}9$ mm
– gleichzeitig tritt eine Schwindverformung über $b$ auf, Berechnung sinngemäß

**Tafel 11 Rechenwerte der Schwind- und Quellmaße in %** nach DIN 1052T1, Tab. 4[1])[2])[3])

| | Baustoff | für Änderung der Holzfeuchte um 1% |
|---|---|---|
| 1 | Fichte, Kiefer, Tanne, Lärche, Douglasie, S. Pine, W. Hemlock, Brettschichtholz, Eiche | 0,24[4]) |
| 2 | Buche, Keruing, Angelique, Greenheart | 0,3[4]) |
| 3 | Teak, Afzelia, Merbau | 0,2[4]) |
| 4 | Azobé (Bongossi) | 0,36[4]) |
| 5 | Bau-Furniersperrholz | 0,020[5]) |
| 6 | Flachpreßplatten | 0,035[5]) |

[1]) unterhalb des Fasersättigungsbereiches
[2]) halbe Werte bei behindertem Quellen/Schwinden
[3]) in Faserrichtung (im Mittel 0,01%) nur in Sonderfällen
[4]) ⊥ zur Faserrichtung (Mittel aus tangent./radial)
[5]) in Plattenebene, ⊥ Plattenebene vernachlässigbar

**Einfluß von Temperaturänderungen** darf bei Holz und Holzwerkstoffen in Holzkonstruktionen vernachlässigt werden.

**Tafel 12 Wärmeausdehnungskoeffizienten von Holz**[1]) nach *Christoph/Brettel*

| in Faserrichtung | in Radialrichtung | in Tangentialrichtung |
|---|---|---|
| 2,5 bis $5{,}0 \cdot 10^{-6} K^{-1}$ | 25 bis $45 \cdot 10^{-6} K^{-1}$ | 45 bis $60 \cdot 10^{-6} K^{-1}$ |

[1]) Richtwerte, nur bei bes. Verhältnissen und sehr hohen Anforderungen berücksichtigen.

**Berücksichtigung von Kriechverformungen für $g/q > 0{,}5$.** Beim Durchbiegenachweis sowie bei Verdrehungsberechnungen ist die Kriechverformung infolge ständiger Last zu berücksichtigen, wenn die ständige Last $g$ mehr als 50% der Gesamtlast $q$ beträgt. Die Kriechverformung darf bei auf Biegung beanspruchten Bauteilen proportional zur elastischen Verformung angenommen werden, z.B. für die

$$f_\varphi = \varphi \cdot f_{el} \qquad (3) \qquad\qquad \varphi = \frac{1}{\eta_k} - 1 \qquad (4)$$

Durchbiegung nach Gl. (3). Die Kriechzahl $\varphi$ darf für Einfeldträger (und sinngemäß bei anderen Tragsystemen) nach Gl. (4) berechnet werden. Für Bauteile aus Holz und Bau-Furniersperrholz ist $\eta_k$ nach Gl. (5)

$$\eta_k = \frac{3}{2} - \frac{g}{q} \quad \text{für } u \leqq 18\% \qquad (5) \qquad\qquad \eta_k = \frac{5}{3} - \frac{4}{3} \cdot \frac{g}{q} \quad \text{für } u > 18\% \qquad (6)$$

und (6) je nach Gleichgewichtsfeuchte $u$ einzusetzen. Für Flachpreßplatten sind die 2fachen $\varphi$-Werte anzunehmen, sofern ihre Holzfeuchte nicht ständig unter 15% liegt.

Bei Dächern ist der Anteil der Schneelast von $0{,}5 \cdot (s_0 - 0{,}75) \cdot s/s_0$ für $s_0 > 0{,}75$ kN/m² als ständig wirkend anzusetzen mit $s$, $s_0$ als Rechenwert der Schneelast bzw. Regelschneelast in kN/m² nach DIN 1055 T5. Bei Wohnhausdächern, ausgenommen Flachdächer, dürfen Kriechverformungen für den Durchbiegungsnachweis vernachlässigt werden (Beispiel s. Abschn. 3.4.12).

# 3 Allgemeine Bemessungsregeln

## 3.1 Lastannahmen

**Hauptlasten** (H): ständige Lasten, Verkehrslasten (einschl. Schnee-, ohne Windlasten), freie Massenkräfte von Maschinen, Seitenlasten auf Aussteifungskonstruktionen, soweit sie aus Hauptlasten entstehen

**Zusatzlasten** (Z): Windlasten, Bremskräfte, waagerechte Seitenkräfte (z.B. von Kranen), Zwängungen aus Temperatur- und Feuchteänderungen, Seitenlasten auf Aussteifungskonstruktionen, soweit sie aus Zusatzlasten entstehen

**Sonderlasten** (S): waagerechte Stoßlasten, Erdbebenlasten

**Lastfälle:** H Summe der Hauptlasten, HZ Summe der Haupt- und Zusatzlasten. Wird ein Bauteil außer von seiner Eigenlast nur durch Zusatzlasten beansprucht, so gilt die größte davon als Hauptlast. Die Einzellast (Mannlast) nach DIN 1055T3 ist stets Zusatzlast.

## 3.2 Mindestquerschnitte, Querschnittsschwächungen

**Tafel 13 Mindestquerschnitte von tragenden Einzelquerschnitten aus Holz und Holzwerkstoffen** nach DIN 1052T1, 6.3[1])

| | Vollholz[2])[3])<br>*d* Dicke<br>*A* Querschnittsfläche | Brettschichtholz, Einzelbrett | Bau-Furniersperrholzplatten aus ≧5 Lagen[4]) | Flachpreßplatten |
|---|---|---|---|---|
| 1 | $d \geqq 24$ mm, $A \geqq 14$ cm² | $d \geqq 6$ mm (gehobelt) | $d \geqq 6$ mm | $d \geqq 8$ mm |

Fußnoten s. nächste Seite

Fußnoten zu Tafel 13

[1]) Mindestdicken bei Tafeln siehe DIN 1052 T1, 11.1.1.
[2]) Soweit die Verbindungsmittel kein größeres Mindestmaß erfordern.
[3]) Für Lattungen $A \geqq 11\ cm^2$.
[4]) Zu Aussteifungszwecken aus $\geqq 3$ Lagen.

**Querschnittsschwächungen** sind beim Spannungsnachweis folgender Holzbauteile zu berücksichtigen:

- in Zugstäben,
- in der Zugzone von auf Biegung beanspruchten Bauteilen,
- in Druckstäben und in der Druckzone von auf Biegung beanspruchten Bauteilen nur dann, wenn
  - die geschwächte Stelle nicht satt ausgefüllt ist oder
  - der ausfüllende Baustoff einen geringeren Elastizitätsmodul als der geschwächte Baustoff aufweist.

Alle Querschnittsschwächungen, die rechtwinklig zur Kraftrichtung in einer Reihe nebeneinander liegen, sind beim Spannungsnachweis zu berücksichtigen. Liegen mehrere Querschnittsschwächungen in einem Holzstab in Faserrichtung hintereinander, so sind sie nur einmal in Rechnung zu stellen. Bei versetzt zur Faserrichtung angeordneten Querschnittsschwächungen dürfen die Schwächungen nur einmal berücksichtigt werden, wenn der lichte Abstand $>15$ cm beträgt, oder wenn bei stabförmigen Verbindungsmitteln wie Stabdübel, Paßbolzen, Bolzen, Nägel oder Holzschrauben ein lichter Abstand $\geqq 4d$ vorliegt. Bei kleineren lichten Abständen sind mehr Querschnittsschwächungen in Rechnung zu stellen.

Querschnittsschwächungen durch Verbindungsmittel und Keilzinkungen können Tafel 14 entnommen werden.

**Tafel 14 Querschnittsschwächungen durch Verbindungsmittel und Keilzinkungen** nach DIN 1052 T1, 6.4.[1])

| Verbindungsmittel | Stabdübel, Paßbolzen | Bolzen | Nägel[2]) nicht vorgebohrt[3]) | Nägel[2]) vorgebohrt[4]) | Holzschrauben | Dübel besonderer Bauart[5]) Mittelholz | Dübel besonderer Bauart[5]) Seitenholz | Keilzinkung [6]) [7]) |
|---|---|---|---|---|---|---|---|---|
| Fehlfläche | $d_{st} \cdot b$ | $(d_b + 1\ mm) \cdot b$ | $d_n \cdot b$ nur bei $d_n >$ 4,2 mm | $d_n \cdot b$ | $d_s \cdot b$ | $2 \cdot \Delta A + (d_b + 1\ mm) \cdot b_2$ | $\Delta A + (d_b + 1\ mm) \cdot b_1$ | $\upsilon \cdot A = \frac{b}{t} \cdot A$ |
| Erläuterungen | 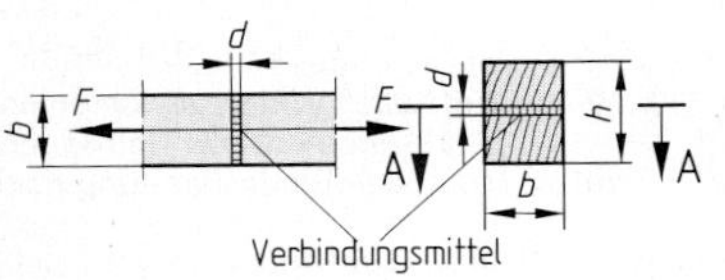  Schnitt A–A | | | Querschnitt | | 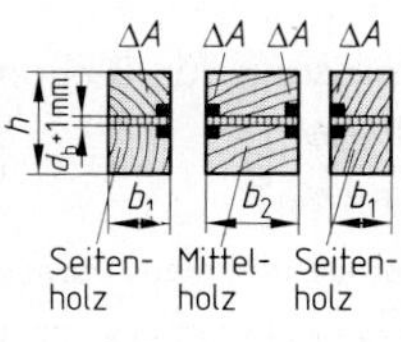  Querschnitt, getrennt | | 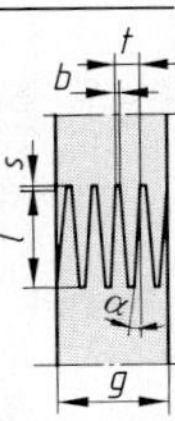  |

[1]) nach DIN 4074 T1 zulässige Baumkanten brauchen nicht berücksichtigt zu werden
[2]) bei sich überschneidenden Nägeln mit $d_n > 4{,}2$ mm sollten beide Nagelschwächungen berücksichtigt werden
[3]) bei Douglasie ist abweichend vom Text der DIN 1052 T2 gemäß Einführungserlaß bei allen $d_n$ vorzubohren
[4]) gilt stets bei vorgebohrten Nägeln in Bau-Furniersperrholz
[5]) Dübelfehlfläche $\Delta A$ und zugehöriger Bolzendurchmesser $d_b$ s. Tafel 74
[6]) Verschwächungsgrad $\nu$ s. *Neuhaus* [16]; im allgemeinen wird beim Spannungsnachweis von Vollstößen mit $\nu = 0{,}20$ gerechnet, s. auch Abschn. 3.10.2
[7]) Keilzinkungen der Einzelbretter dürfen bei Brettschichtholz vernachlässigt werden

## 3.3 Bemessungsregeln für Zugstäbe

**Mittiger Zug**

$$\frac{N/A_n}{\text{zul}\ \sigma_{z\parallel}} \leqq 1 \quad (7)$$

**Ausmittiger Zug** (Zug und Biegung)

$$\frac{N/A_n}{\text{zul}\ \sigma_{z\parallel}} + \frac{M/W_n}{\text{zul}\ \sigma_B} \leqq 1 \quad (8)$$

$N$ größte Zugkraft
$M$ mit $N$ auftretendes Moment
$A_n$ nutzbare Querschnittsfläche (Nettoquerschnitt)
$W_n$ nutzbares Widerstandsmoment (Widerstandsmoment des Nettoquerschnitts)
zul $\sigma_{z\parallel}$ und zul $\sigma_B$ zulässige Spannungen für Zug und Biegung nach Tafel 1 a, b bzw. 3

**Stöße und Anschlüsse** sind in der Regel symmetrisch zu den Stabachsen auszuführen. Einseitig beanspruchte Holz- und Holzwerkstoffteile sind für die 1,5fache anteilige Zugkraft zu bemessen (s. Bild 3), die Verbindungsmittel nur für die anteiligen Kräfte.

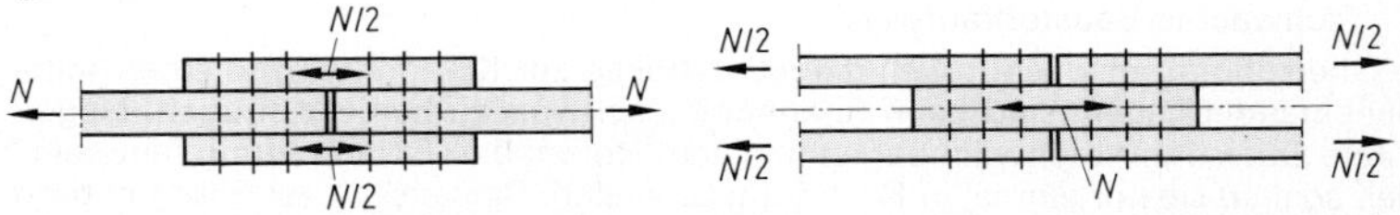


a) Bemessung der außenliegenden Laschen für $1{,}5 \cdot N/2$, des Stabes für $1{,}0 \cdot N$

b) Bemessung der innenliegenden Lasche für $1{,}0 \cdot N$, der Stäbe für $1{,}5 \cdot N/2$

**Bild 3 Beispiele für die Bemessung von Zugstößen**

**Beispiel Bemessung eines Zugstabes, mittiger Zug**

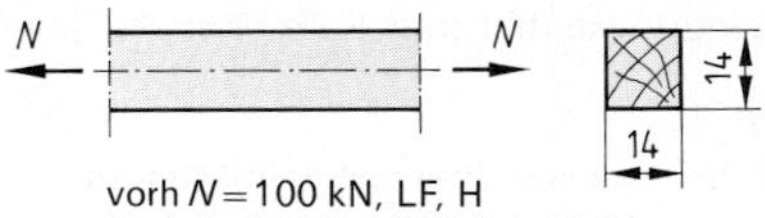


vorh $N = 100$ kN, LF, H
Nadelholz, $b/h = 14/14$ cm, S 10
zul $\sigma_{z\parallel} = 7{,}0$ MN/m² n. Tafel 1 a
$= 0{,}70$ kN/cm²

Querschnittsschwächung des Zugstabes durch einen Dübelanschluß, hier nicht dargestellt:

$A_n = 157{,}6$ cm²

$$\frac{100/157{,}6}{0{,}70} = 0{,}91 < 1$$

## 3.4 Bemessungsregeln für Biegeträger aus Voll- und Brettschichtholz

### 3.4.1 Bemessung für Biegung

einaxial $$\frac{M/W_n}{\text{zul}\ \sigma_B} \leqq 1 \quad (9)$$

$M$ auftretendes Moment
$W_n$ nutzbares Widerstandsmoment (Widerstandsmoment des Nettoquerschnitts)
zul $\sigma_B$ zulässige Biegespannung nach Tafel 1 a, b

**Beispiel Bemessung eines Parallelträgers aus Brettschichtholz** (s. auch Tafel 17)

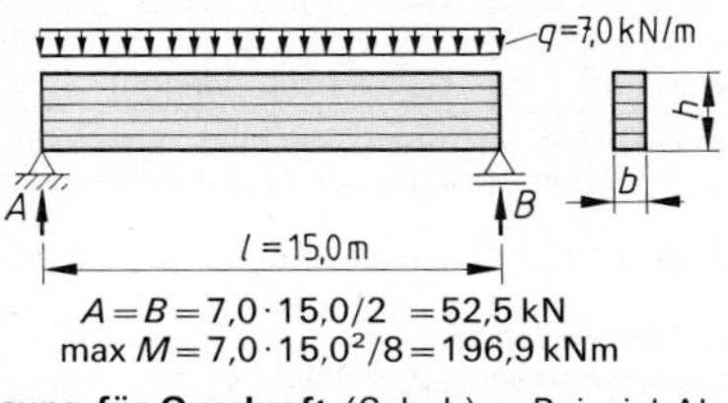


$A = B = 7{,}0 \cdot 15{,}0/2 = 52{,}5$ kN
max $M = 7{,}0 \cdot 15{,}0^2/8 = 196{,}9$ kNm

Brettschichtträger $b/h = 16/90$ cm, BS 14
LF, H, zul $\sigma_B = 14$ MN/m² n. Tafel 1 b
$= 1{,}4$ kN/cm²

$W_n = 16 \cdot 90^2/6$
$= 21\,600$ cm³

$$\frac{19690/21600}{1{,}4} = 0{,}65 < 1$$

**Bemessung für Querkraft** (Schub) s. Beispiel Abschn. 3.4.2, **Durchbiegungsnachweis und Überhöhung** s. Beispiel Abschn. 3.4.12, **Stabilisierung** gegen seitliches Ausweichen (Kippen) s. Beispiel Abschn. 3.4.13, **Aussteifungsverband** s. Beispiel Abschn. 3.6.4

### 3.4.2 Bemessung für Querkraft (Schub)

Die zu einer Querkraft $Q$ gehörenden Schubspannungen $\tau$ werden allgemein nach Gl. (10) berechnet:

$$\tau = \frac{Q \cdot S}{I \cdot b} \quad (10)$$

$S$ Flächenmoment 1. Grades
$I$ Flächenmoment 2. Grades
$b$ Dicke des Querschnittes

Bei einem Rechteckquerschnitt beträgt die größte Schubspannung:

$$\max \tau = 1{,}5 \cdot Q/(b \cdot h) \quad (11)$$

Die vorhandene Schubspannung darf die zulässige nicht überschreiten:

$$\frac{\text{vorh } \tau}{\text{zul } \tau} \leqq 1 \quad (12)$$

**Beispiel** **Bemessung für Querkraft,** s. auch Beispiel Abschn. 3.4.1 (Fortführung)

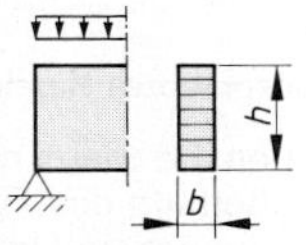


Brettschichtträger
$b/h = 16/90$ cm, BS 14
zul $\tau_Q = 1{,}2$ MN/m$^2 = 0{,}12$ kN/cm$^2$
max $Q$ im Beispiel an den Auflagern:
max $Q = A = B = 52{,}5$ kN

$$\frac{1{,}5 \cdot 52{,}5/(16 \cdot 90)}{0{,}12} = 0{,}46 < 1$$

**Abminderung der Querkraft an End- und Zwischenauflagern.** Beim Nachweis der Schubspannungen oder Schubverbindungsmittel darf die Querkraft im Bereich von End- und Zwischenauflagern abgemindert werden, wenn (s. Bild 4)

- die Auflagerung am unteren Trägerrand,
- der Lastangriff am oberen Trägerrand,
- keine Ausklinkungen und keine Durchbrüche im Bereich der Auflager angeordnet sind.

Maßgebend ist dann

- bei Gleichlast (nach Bild 4): $Q_q$ im Abstand von $h/2$ vom Auflagerrand
- bei Einzellast (nach Bild 4): wenn $F$ im Abstand von $a < 2h$ von Auflagermitte angreift, der Querkraftanteil, der mit $a_0 = 2h$ ermittelt und im Verhältnis $a/(2h)$ abgemindert wird.

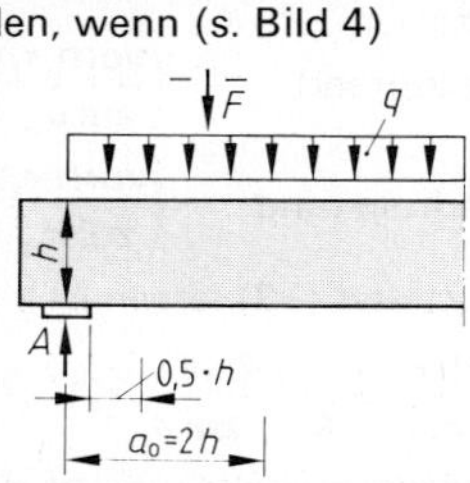


**Bild 4 Abminderungsbereiche für die Querkraft am Endauflager**

### 3.4.3 Bemessung für Torsion

Die zu einem Torsionsmoment $M_T$ gehörenden Tangentialspannungen $\tau_T$ werden vereinfacht nach der Elastizitätstheorie isotroper Werkstoffe berechnet (Saint-Venantsche Torsion):

$$\max \tau_T = \frac{M_T}{W_T}. \quad (13)$$

Für das Torsionswiderstandsmoment gilt bei Rechteckquerschnitten

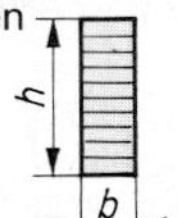


$$W_T = \frac{h \cdot b^2}{3\,\eta} \quad (14)$$

mit $\eta$ nach Tafel 15.

**Tafel 15** **$\eta$-Werte nach** *Möhler/Hemmer*

| $h/b$ | $\eta$ | $h/b$ | $\eta$ |
|---|---|---|---|
| 1 | 1,609 | 6 | 1,117 |
| 1,5 | 1,433 | 7 | 1,099 |
| 2 | 1,356 | 8 | 1,086 |
| 3 | 1,247 | 9 | 1,075 |
| 4 | 1,183 | 10 | 1,067 |
| 5 | 1,144 | 12 | 1,055 |

Zwischenwerte geradlinig einschalten

Die vorhandene Torsionsspannung vorh $\tau_T$ darf die zulässige nicht überschreiten:

$$\frac{\text{vorh } \tau_T}{\text{zul } \tau_T} \leqq 1 \quad (15)$$

### 3.4.4 Bemessung für Torsion und Querkraft

Bei gleichzeitiger Wirkung von Torsion und Querkraft ist Gl. (16) einzuhalten.

$$\frac{\text{vorh}\,\tau_T}{\text{zul}\,\tau_T} + \left(\frac{\text{vorh}\,\tau_Q}{\text{zul}\,\tau_Q}\right)^m \leqq 1 \qquad (16)$$

$m = 1$ für Laubholz
$m = 2$ für Nadelholz
$\tau_T$ Schubspannungen aus Torsion
$\tau_Q$ Schubspannungen aus Querkraft

### 3.4.5 Spannungskombination bei Brettschichtträgern

**Spannungen am geneigten Trägerrand.** Verläuft bei Biegeträgern aus Brettschichtholz die Faserrichtung nicht parallel zum Trägerrand (s. z. B. Satteldachträger in Tafel 17, 18, 19), so treten zusätzlich zu den Längsspannungen $\sigma_\parallel$ noch Querspannungen $\sigma_\perp$ und Schubspannungen $\tau$ auf, s. Bild 5. Für die Spannungskombination am Biegezugrand ist Gl. (17), am Biegedruckrand Gl. (18) einzuhalten. Für $\gamma \leqq 3°$ braucht die Spannungskombination bei druckbeanspruchten Rändern nicht berücksichtigt werden. Bei Satteldachträgern ist die größte außerhalb des Firstbereiches auftretende Längsspannung $\sigma_\parallel$ zu berücksichtigen. Im Nenner sind in Gl. (17) und (18) die entsprechenden zul. Spannungen für Brettschichtholz der jeweils verwendeten Sortierklasse, mindestens jedoch der Sortierklasse S 13 nach Tafel 1 b einzusetzen.

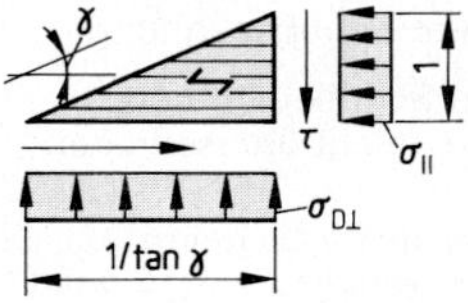


$$\sigma_\parallel = \frac{F}{A_n} \pm \frac{M}{W_n}$$

$$\tau = \sigma_\parallel \cdot \tan\gamma$$

$$\sigma_{D\perp} = \sigma_\parallel \cdot \tan^2\gamma$$

$\gamma$ Winkel zwischen Trägerrand und Faserrichtung

**Bild 5 Druckbeanspruchtes Randelement**

**Biegezugrand**

$$\left(\frac{\text{vorh}\,\sigma_\parallel}{\text{zul}\,\sigma_B}\right)^2 + \left(\frac{\text{vorh}\,\sigma_{Z\perp}}{1{,}25 \cdot \text{zul}\,\sigma_{Z\perp}}\right)^2 + \left(\frac{\text{vorh}\,\tau}{1{,}33 \cdot \text{zul}\,\tau_Q}\right)^2 \leqq 1 \qquad (17)$$

**Biegedruckrand**

$$\left(\frac{\text{vorh}\,\sigma_\parallel}{\text{zul}\,\sigma_B}\right)^2 + \left(\frac{\text{vorh}\,\sigma_{D\perp}}{\text{zul}\,\sigma_{D\perp}}\right)^2 + \left(\frac{\text{vorh}\,\tau}{2{,}66 \cdot \text{zul}\,\tau_Q}\right)^2 \leqq 1 \qquad (18)$$

Gl. (17) und (18) lassen sich nach [2] rechnerisch vereinfachen zu Gl. (19).

$$\frac{\text{vorh}\,\sigma_B}{\text{zul}\,\sigma_{B(\alpha)}} = \frac{M/W}{k_{Z,D} \cdot \text{zul}\,\sigma_B} \leqq 1 \qquad (19)$$

zul $\sigma_B$ zulässige Biegespannung
$k_{Z,D}$ Beiwerte für Biegezug- bzw. Biegedruckrand nach Tafel 16

**Tafel 16 Beiwerte $k_{Z,D}$ der Gl. (19) für Brettschichtholz BS 11 und BS 14 in Abhängigkeit von der Neigung $\gamma$ des Trägerrandes¹)**

| $\gamma$ in° | 1 | 2 | 3 | 4 | 5 | 6 | 7 | 8 | 9 | 10 | 11 | 12 | 13 | 14 | 15 | 16 | 17 | 18 | 19 | 20 |
|---|---|---|---|---|---|---|---|---|---|---|---|---|---|---|---|---|---|---|---|---|
| **Beiwert $k_Z$ für den Biegezugrand ²)** | | | | | | | | | | | | | | | | | | | | |
| 1 | 0,98 | 0,92 | 0,85 | 0,76 | 0,67 | 0,59 | 0,52 | 0,45 | 0,40 | 0,35 | 0,31 | 0,27 | 0,24 | 0,22 | 0,19 | 0,17 | 0,16 | 0,14 | 0,13 | 0,12 |
| **Beiwert $k_D$ für den Biegedruckrand** | | | | | | | | | | | | | | | | | | | | |
| 2 | 1,0 | | | 0,93 | 0,89 | 0,85 | 0,81 | 0,77 | 0,73 | 0,69 | 0,65 | 0,62 | 0,59 | 0,56 | 0,53 | 0,50 | 0,47 | 0,45 | 0,43 | 0,41 |

¹) Zwischenwerte können geradlinig interpoliert werden

²) es wird empfohlen, die Neigung $\gamma$ bei Biegezugrändern möglichst „klein" auszuführen, um den Anteil der Querzugspannungen zu mindern.

**Beispiel** **Nachweis der Spannungskombination bei einem Satteldachträger** s. Beispiel Abschn. 3.4.6 (Fortführung); oberer, druckbeanspruchter Rand, Dachneigung $\gamma = 5°$, größte Längsspannung an der Stelle $\bar{x}$, s. auch Bild 5:

**Nachweis nach Gl. (18):**

vorh $\sigma_\parallel = M_{\bar{x}}/W_{\bar{x}} = 1{,}01$ kN/cm²
vorh $\tau = 1{,}01 \cdot \tan\gamma = 0{,}088$ kN/cm²
vorh $\sigma_{D\perp} = 1{,}01 \cdot \tan^2\gamma = 0{,}0077$ kN/cm²

$$\left(\frac{1{,}01}{1{,}4}\right)^2 + \left(\frac{0{,}0077}{0{,}25}\right)^2 + \left(\frac{0{,}088}{2{,}66 \cdot 0{,}09}\right)^2 = 0{,}52 + 0{,}001 + 0{,}14 = 0{,}66 < 1$$

**Nachweis nach Gl. (19):**

$$\frac{27\,281/27\,075}{0{,}89 \cdot 1{,}4} = 0{,}81 < 1$$

## 3.4.6 Biegeträger aus Brettschichtholz mit geraden Trägerkanten

**Tafel 17** **Biegeträger aus Brettschichtholz mit geraden Trägerkanten und Rechteckquerschnitt**

| | | | |
|---|---|---|---|
| 1 | 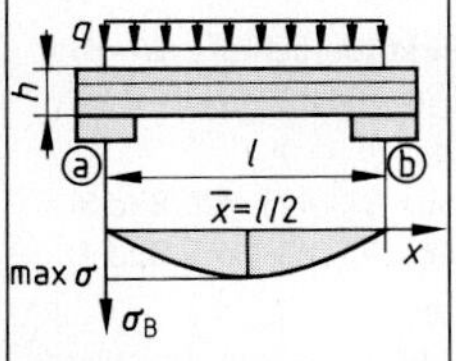  **Parallelträger** (Beispiel: s. Abschn. 3.4.1) | 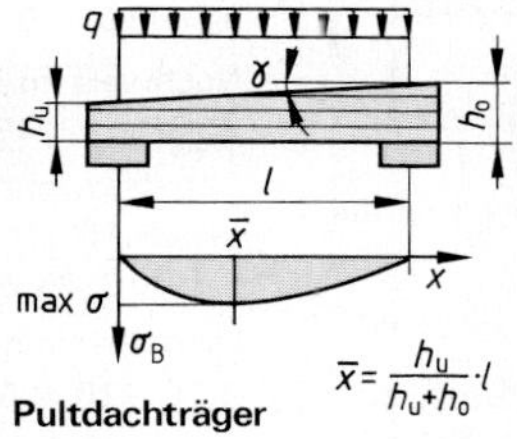  **Pultdachträger** | 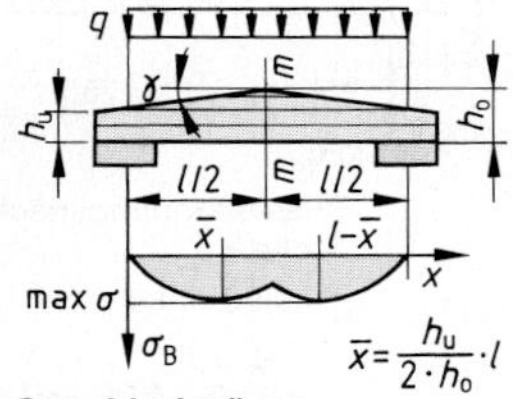  **Satteldachträger mit geradem Untergurt** |
| **Biegespannungsnachweis** | | | |
| 2 | $\frac{\max M/W}{\text{zul}\,\sigma_B} \leqq 1$ (20) | $\frac{M_{\bar{x}}/W_{\bar{x}}}{\text{zul}\,\sigma_B} \leqq 1$ (25) | $\frac{M_{\bar{x}}/W_{\bar{x}}}{\text{zul}\,\sigma_B} \leqq 1$ (31) |
| **Schubspannungsnachweis** | | | |
| 3 | $\frac{1{,}5\,Q_a/A}{\text{zul}\,\tau_Q} \leqq 1$ (21) | $\frac{1{,}5\,Q_u/A_u}{\text{zul}\,\tau_Q} \leqq 1$ (26) | $\frac{1{,}5\,Q_u/A_u}{\text{zul}\,\tau_Q} \leqq 1$ (32) |
| **Nachweis der Spannungskombination am geneigten Trägerrand an der Stelle $\bar{x}$** | | | |
| 4 | – | $\left(\frac{\text{vorh}\,\sigma_\parallel}{\text{zul}\,\sigma_B}\right)^2 + \left(\frac{\text{vorh}\,\sigma_{D\perp}}{\text{zul}\,\sigma_{D\perp}}\right)^2 + \left(\frac{\text{vorh}\,\tau}{2{,}66\cdot\text{zul}\,\tau_Q}\right)^2 \leqq 1$ (27) oder nach Gl. (19) | $\left(\frac{\text{vorh}\,\sigma_\parallel}{\text{zul}\,\sigma_B}\right)^2 + \left(\frac{\text{vorh}\,\sigma_{D\perp}}{\text{zul}\,\sigma_{D\perp}}\right)^2 + \left(\frac{\text{vorh}\,\tau}{2{,}66\cdot\text{zul}\,\tau_Q}\right)^2 \leqq 1$ (33) oder nach Gl. (19) |
| **Durchbiegungsnachweis ($k_M$ und $k_\tau$ s. Bild 13 und 14), Kriechverformungen s. Tafel 28** | | | |
| 5 | $\frac{f_M+f_\tau}{\text{zul}\,f} \leqq 1$ (22) | $\frac{f_M+f_\tau}{\text{zul}\,f} \leqq 1$ (28) | $\frac{f_M+f_\tau}{\text{zul}\,f} \leqq 1$ (34) |
| | $f_M = \frac{5\,q\cdot l^4}{384\,E_\parallel\,I}$ (23) | $f_M = \frac{5\,q\cdot l^4}{384\,E_\parallel\,I_u}\cdot k_M$ (29) | $f_M = \frac{5\,q\cdot l^4}{384\,E_\parallel\cdot I_u}\cdot k_M$ (35) |
| | $f_\tau = 1{,}2\,\frac{q\cdot l^2}{8\,G\cdot A}$ (24) | $f_\tau = 1{,}2\,\frac{q\cdot l^2}{8\,G\cdot A_u}\cdot k_\tau$ (30) | $f_\tau = 1{,}2\,\frac{q\cdot l^2}{8\,G\cdot A_u}\cdot k_\tau$ (36) |
| **Nachweis im Firstquerschnitt $m-m$ ($\varkappa_L$ und $\varkappa_q$ nach Gl. (42) oder Gl. (43) oder Bild 7 und 8)** | | | |
| 6 | – <br> – | – <br> – | $\frac{\varkappa_L\cdot M/W_m}{\text{zul}\,\sigma_B} \leqq 1$ (37) <br> $\frac{\varkappa_q\cdot M/W_m}{\text{zul}\,\sigma_{Z\perp}} \leqq 1$ (38) |

Kriechverformungen nach Abschn. 2 und Tafel 28; Überhöhungen nach Abschn. 3.4.12; Stabilisierung nach Abschn. 3.4.13

**Beispiel** **Bemessung eines Satteldachträgers mit geradem Untergurt** (s. Tafel 17, 18)

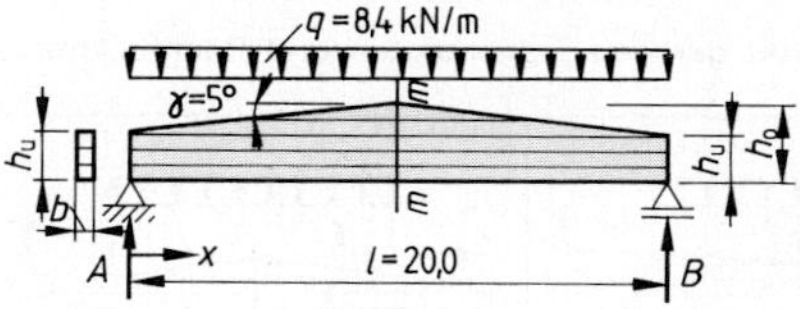


Brettschichtholz, $b/h_u = 18/60$ cm, BS 14 LFH, zul $\sigma_B = 14$ MN/m² = 1,4 kN/cm²

zul $\sigma_{Z\perp} = 0{,}2$ MN/m² = 0,02 kN/cm²

max $M = 420$ kNm; max $A = B = 84$ kN

$h_0 = 0{,}60 + 10{,}0 \cdot \tan\gamma = 1{,}47$ m

**Nachweis im Firstquerschnitt *m—m***

$W_m = 18{,}0 \cdot 147^2/6 = 64827$ cm³

$\gamma = 5°$; $r_m = \infty$; $h_m/r_m = 0$

$\varkappa_L = 1{,}16$ aus Gl. (42), od. Bild 8

$\varkappa_q = 0{,}0175$ aus Gl. (43), od. Bild 7

Längsspannungen:

$$\frac{1{,}16 \cdot 42000/64827}{1{,}4} = 0{,}54 < 1$$

Querspannungen (hier: Querzug, s. Bild 6):

$$\frac{0{,}0175 \cdot 42000/64827}{0{,}02} = 0{,}57 < 1$$

**Biegespannungsnachweis an der Stelle $\bar{x}$:**

$$\bar{x} = \frac{0{,}60 \cdot 20{,}0}{2 \cdot 1{,}47} = 4{,}08 \text{ m}$$

$h_{\bar{x}} = 0{,}60 + 4{,}08 \cdot \tan\gamma \simeq 0{,}95$ m

$M_{\bar{x}} = 84{,}0 \cdot 4{,}08 - 8{,}40 \cdot 4{,}08^2/2 = 272{,}81$ kNm

$W_{\bar{x}} = 18{,}0 \cdot 95{,}0^2/6 = 27075$ cm³

$$\frac{27281/27075}{1{,}4} = 0{,}72 < 1$$

**Bemessung für Querkraft (Schub)** nach Abschn. 3.4.2, Nachweis der **Spannungskombination** s. Beispiel Abschn. 3.4.5 (Fortführung), **Durchbiegungsnachweis und Überhöhung** nach Abschn. 3.4.12, **Stabilisierung** nach Abschn. 3.4.13

## 3.4.7 Gekrümmte Träger und Satteldachträger aus Brettschichtholz

Der Nachweis der maximalen Quer- und Längsspannungen max $\sigma_\perp$ und max $\sigma_\parallel$ infolge Moment

- im gekrümmten Bereich von Trägern mit konstanter Höhe $h$ und
- im Firstquerschnitt $m-m$ von Satteldachträgern (s. Tafel 17, 18)

kann für $\gamma \leqq 20°$ bei Rechteckquerschnitten wie folgt geführt werden:

**Längsspannung**

$$\frac{\varkappa_L \cdot M/W_m}{\text{zul } \sigma_B} \leqq 1 \qquad (39)$$

**Querzugspannung**

$$\frac{\varkappa_q \cdot M/W_m}{\text{zul } \sigma_{Z\perp}} \leqq 1 \qquad (40)$$

**Querdruckspannung**

$$\frac{\varkappa_q \cdot M/W_m}{\text{zul } \sigma_{D\perp}} \leqq 1 \qquad (41)$$

Die Beiwerte $\varkappa_L$ und $\varkappa_q$ lassen sich nach Gl. (42), (43) und Tafel 18 ermitteln, sie können auch den Bildern 7 und 8 entnommen werden.

$$\varkappa_L = A_L + B_L\left(\frac{h_m}{r_m}\right) + C_L\left(\frac{h_m}{r_m}\right)^2 + D_L\left(\frac{h_m}{r_m}\right)^3 \quad (42) \qquad \varkappa_q = A_q + B_q\left(\frac{h_m}{r_m}\right) + C_q\left(\frac{h_m}{r_m}\right)^2 \quad (43)$$

Die maximalen Längsspannungen treten am inneren bzw. unteren Trägerrand auf. Die Querspannungen sind (s. auch Bild 6):

- Querzugspannungen, wenn die innere bzw. untere Randfaser gezogen wird,
- Querdruckspannungen, wenn die innere bzw. untere Randfaser gedrückt wird.

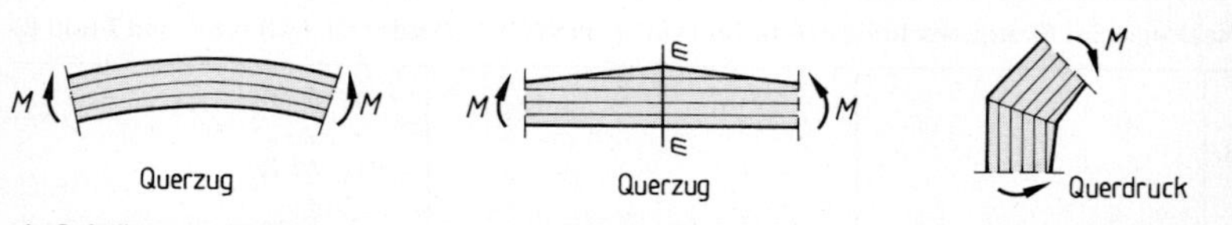


**a) Gekrümmter Träger** **b) Satteldachträger** **c) Rahmenecke**

**Bild 6** **Beispiele für Querzug- und Querdruckbeanspruchungen**

**Tafel 18 Beiwerte zur Berechnung von $\varkappa_L$ und $\varkappa_q$ für Träger mit Rechteckquerschnitt nach Gl. (42), (43) für $\gamma \leqq 20°$ nach DIN 1052 T1, 8.2.3**

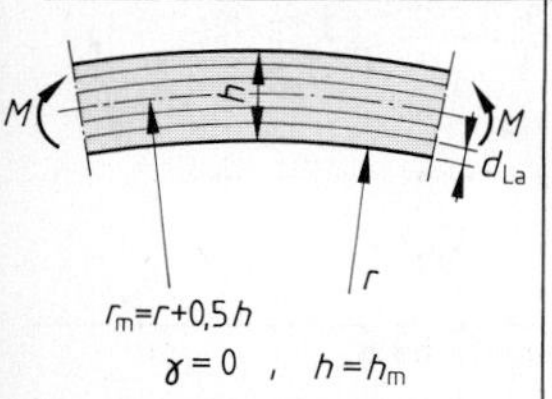


gekrümmter Träger mit konstanter Höhe

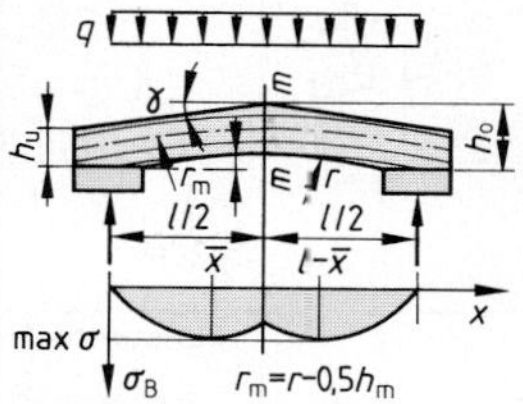


Satteldachträger mit gekrümmtem Untergurt ¹)

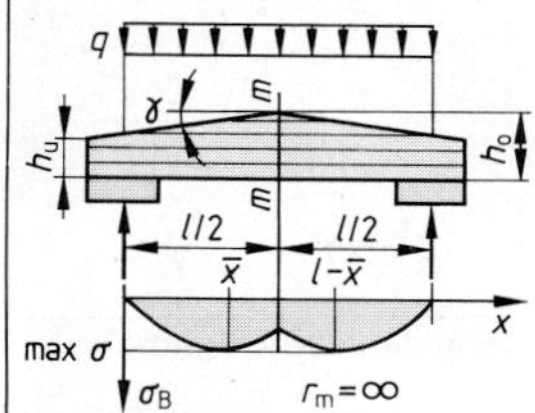


Satteldachträger mit geradem Untergurt

| | a | b, c | |
|---|---|---|---|
| $A_q$ | 0 | $0,2 \cdot \tan\gamma$ | Quer-spannungen |
| $B_q$ | 0,25 | $0,25 - 1,5 \cdot \tan\gamma + 2,6 \cdot \tan^2\gamma$ | |
| $C_q$ | 0 | $2,1 \cdot \tan\gamma - 4 \cdot \tan^2\gamma$ | |
| $A_L$ | 1,0 | $1,0 + 1,4 \cdot \tan\gamma + 5,4 \cdot \tan^2\gamma$ | Längs-spannungen |
| $B_L$ | 0,35 | $0,35 - 8 \cdot \tan\gamma$ | |
| $C_L$ | 0,6 | $0,6 + 8,3 \cdot \tan\gamma - 7,8 \cdot \tan^2\gamma$ | |
| $D_L$ | 0 | $6 \cdot \tan^2\gamma$ | |

¹) über Geometrie s. Tafel 19

Die $\varkappa_q$ und $\varkappa_L$-Werte nach Bild 7 und 8 gelten nur für Träger mit Rechteckquerschnitt. Bei anderen Trägerquerschnitten können die $\varkappa_q$- und $\varkappa_L$-Werte wesentlich zur ungünstigen Seite abweichen.

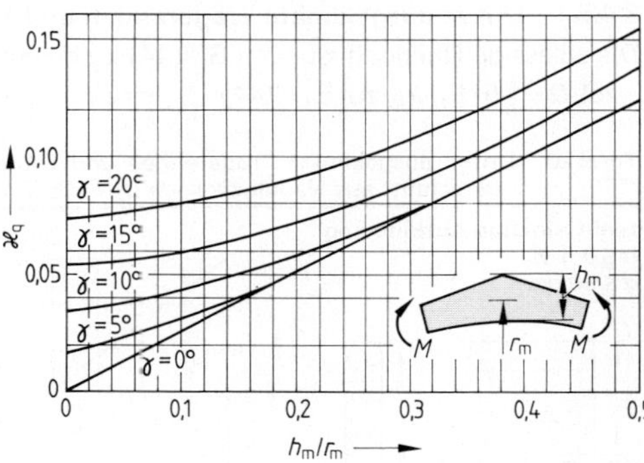


**Bild 7**
**$\varkappa_q$ bei Satteldachträgern im Firstquerschnitt** nach *Möhler*

Die Längsspannungen am äußeren bzw. oberen Trägerrand dürfen mit $\varkappa_L = 1,0$ berechnet werden.

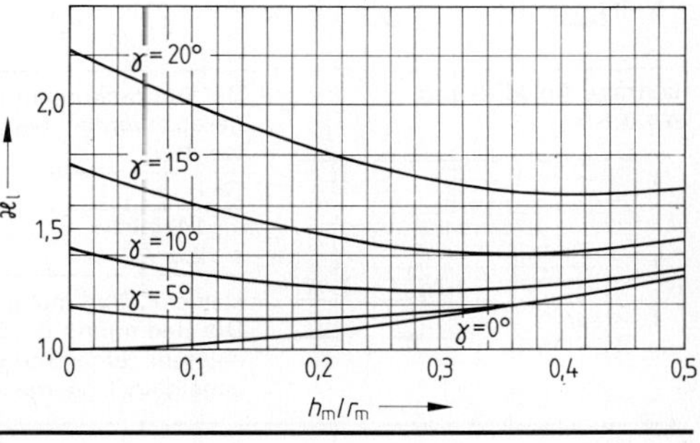


**Bild 8**
**$\varkappa_L$ bei Satteldachträgern im Firstquerschnitt** nach *Möhler*

**Tafel 19 Geometrie von Satteldachträgern mit gekrümmtem Untergurt**

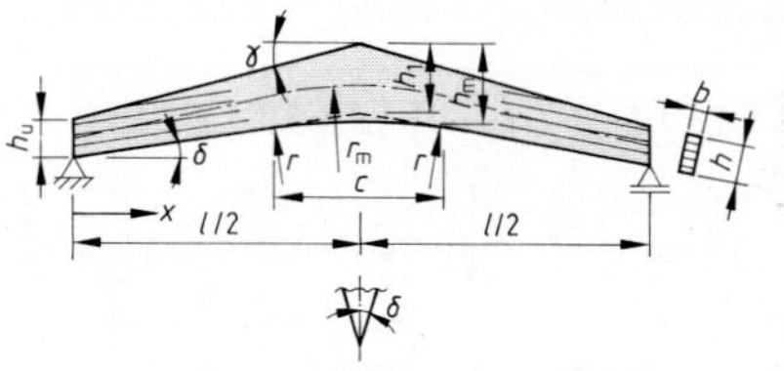


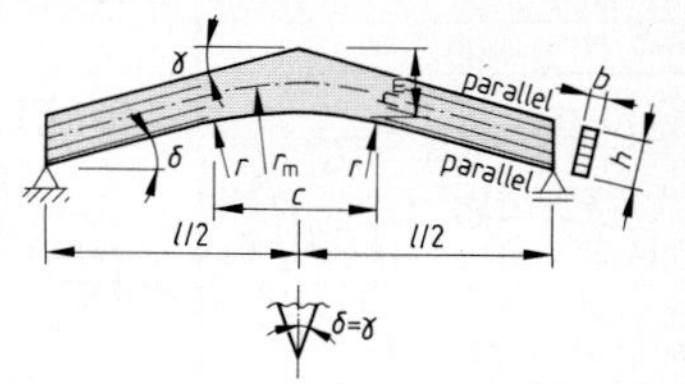


| **veränderliche Trägerhöhe *h*** | **konstante Trägerhöhe *h*** |
|---|---|
| $\varphi=\gamma-\delta;\ r=\dfrac{c}{2\cdot\sin\delta}$ | $\gamma=\delta;\ r=\dfrac{c}{2\cdot\sin\delta}$ |
| $h_1=h_u+\dfrac{l}{2}\cdot(\tan\gamma-\tan\delta)$ | $h_m=\dfrac{c}{2}\cdot\tan\delta+h/\cos\delta-r(1-\cos\delta)$ |
| $h_m=h_1+\dfrac{c}{2}\cdot\tan\delta-r(1-\cos\delta)$ | $r_m=r+h_m/2$ |
| $r_m=r+h_m/2$ | |

Bei Satteldachträgern können die Querzugspannungen verringert werden, wenn der Firstsattel „lose" durch leichte Nagelung anstatt Leimfuge aufgebracht wird.

## 3.4.8 Ausklinkungen und Zapfen bei Biegeträgern mit Rechteckquerschnitt aus Nadelholz

### 3.4.8.1 Unten ausgeklinkte Trägerenden und Träger mit Zapfen nach Tafel 20

Die zulässige Querkraft ist nach Gl. (44) zu berechnen.

$$\text{zul}\ Q=\tfrac{2}{3}\,b\cdot h_1\cdot k_A\cdot\text{zul}\ \tau_Q \quad (44)$$

mit zul $\tau_Q$ nach Tafel 1 a, b und $k_A$ nach Tafel 20

**Tafel 20 Unten ausgeklinkte Trägerenden und Zapfen bei Biegeträgern mit Rechteckquerschnitt aus Nadelholz** nach DIN 1052T1, Bild 6

**rechtwinklige Ausklinkung**
**$a\leqq 0{,}5\cdot h$**
**$a\leqq 50$ cm**

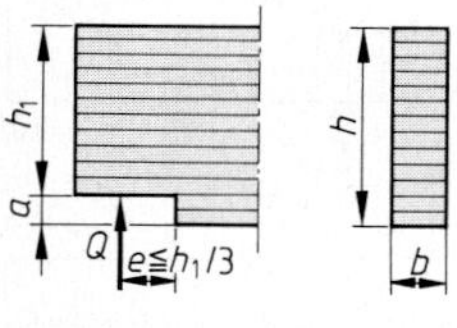


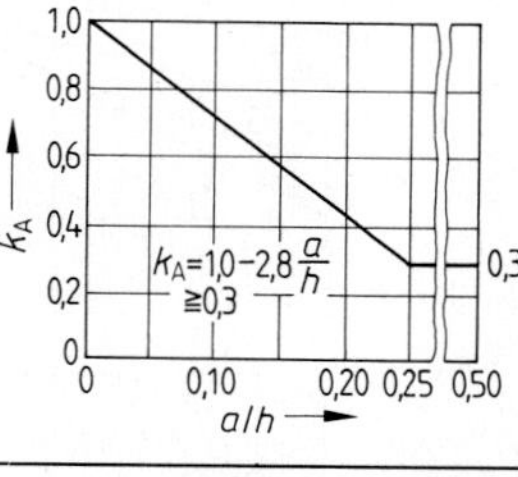


**Zapfen, $a\leqq h/3$**

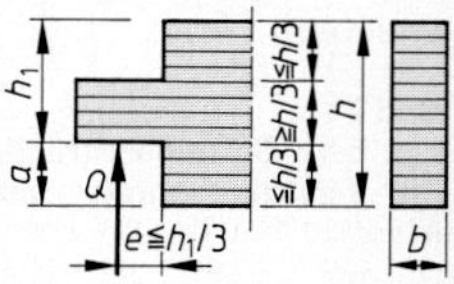


Träger mit Zapfen dürfen für $h\leqq 30$ cm nach Gl. (44) berechnet werden, dabei ist $h_1=(2/3)\cdot h$ zu setzen.

**schräge Ausklinkung**
**$a\leqq 0{,}5h$**

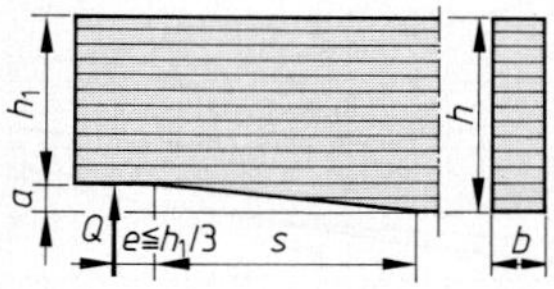


Bei Ausklinkungen mit geneigtem Trägerrand darf $k_A=1$ gesetzt werden, wenn folgende Bedingungen eingehalten werden:

| Gk I | Gk II |
|---|---|
| $s\geqq 14\cdot a$ bzw. $s\geqq 2{,}5\cdot h$ | $s\geqq 10\cdot a$ bzw. $s\geqq 2{,}5\cdot h$ |

kleinerer Wert maßgebend.
Die Bedingung $a\leqq 50$ cm gilt für Ausklinkungen mit geneigtem Trägerrand nicht. Die Spannungskombination am geneigten Trägerrand nach Abschn. 3.4.5 ist zu beachten.

### 3.4.8.2 Oben ausgeklinkte oder abgeschrägte Trägerenden nach Tafel 21

Die zulässige Querkraft ist nach Gl. (45) zu berechnen. Folgende Bedingungen sind einzuhalten:

$$\text{zul } Q = \tfrac{2}{3} b \cdot \left( h - \frac{a}{h_1} e \right) \cdot \text{zul } \tau_Q \quad (45)$$

$a \leqq 0{,}5\,h$ für $h > 30$ cm

$a \leqq 0{,}7\,h$ für $h \leqq 30$ cm

**Tafel 21 Oben ausgeklinkte oder abgeschrägte Trägerenden bei Biegeträgern mit Rechteckquerschnitt aus Nadelholz** nach DIN 1052T1, Bild 7

| **rechtwinklige Ausklinkung** | **Abschrägung** |
|---|---|
| 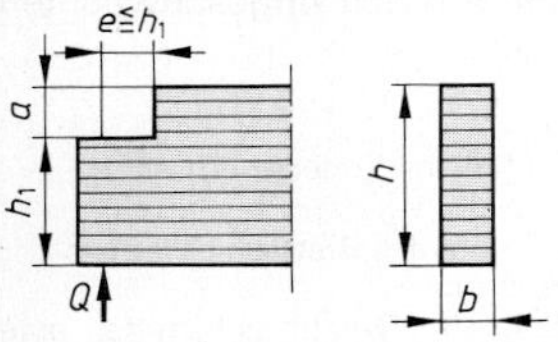 | 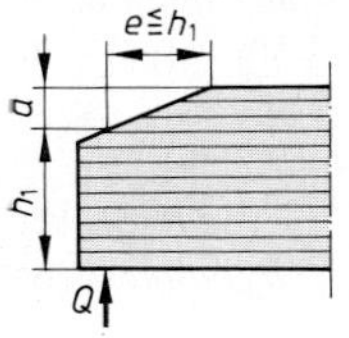 |



### 3.4.8.3 Unten ausgeklinkte Trägerenden mit Verstärkung nach Tafel 22

Die unten rechtwinklig ausgeklinkten Trägerenden dürfen durch beidseitig aufgeleimte Laschen aus Bau-Furniersperrholz aus mindestens fünf Lagen nach DIN 68705 T5 der Klasse 100 verstärkt werden.

Die zulässige Querkraft ist nach Gl. (46) zu berechnen.

$$\text{zul } Q = \tfrac{2}{3} b \cdot h_1 \cdot \text{zul } \tau_Q \quad (46)$$

**Tafel 22 Unten rechtwinklig ausgeklinkte Trägerenden mit Verstärkung bei Biegeträgern mit Rechteckquerschnitt aus Nadelholz[1])** nach DIN 1052T1, Bild 6b und [2]

**Beidseitig aufgeleimte Verstärkungslaschen, $a \leqq h/2$, $a \leqq 50$ cm**

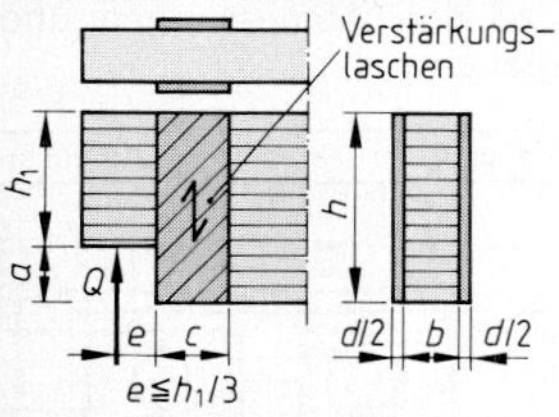



Die Breite $c$ der Verstärkungslaschen muß der Bedingung $0{,}25a \leqq c \leqq 0{,}50a$ genügen.

Die Verstärkung ist näherungsweise für die Zugkraft nach Gl. (47) zu bemessen.

$$Z = 1{,}3 \cdot Q\,[3 \cdot (a/h)^2 - 2 \cdot (a/h)^3] \quad (47)$$

Die Zugspannung in der Verstärkung beträgt

$$\sigma_{Z\parallel} = \frac{Z}{c \cdot d} \leqq \text{zul } \sigma^*_{Z\parallel} \quad (48)$$

Die Scherspannung in der Leimfläche beträgt

$$\tau_a = \frac{Z}{2a \cdot c} \leqq \text{zul } \tau^*_a \quad (49)$$

zulässige Spannungen:

zul $\sigma^*_{Z\parallel} = 4{,}0$ MN/m² zul $\tau^*_a = 0{,}25$ MN/m²

[1]) Verleimung nur mit Resorcinharzleim, Nagelpreßleimung nach DIN 1052 zulässig.

## 3.4.9 Durchbrüche bei Biegeträgern mit Rechteckquerschnitt aus Brettschichtholz

Durchbrüche sind Öffnungen mit einer lichten Abmessung $d > 50$ mm nach Bild 9, sie sollen möglichst symmetrisch zur Trägerachse angeordnet werden.

Für Durchbrüche mit und ohne Verstärkung sind folgende Abmessungen und Abstände einzuhalten, s. auch Bild 9:

| | | | | | |
|---|---|---|---|---|---|
| $l_v \geqq h$ | $l_z \geqq h$ | $a \leqq h$ | $h_{ro} \geqq 0{,}3h$ | $h_{ru} \geqq 0{,}3h$ | $h_d \leqq 0{,}4h$ |
| $l_A \geqq h/2$ | $l_F \geqq h/2$ von größeren Einzellasten | | $l_o \geqq h/2$ von Auflagermitte | | $r \geqq 15$ mm |

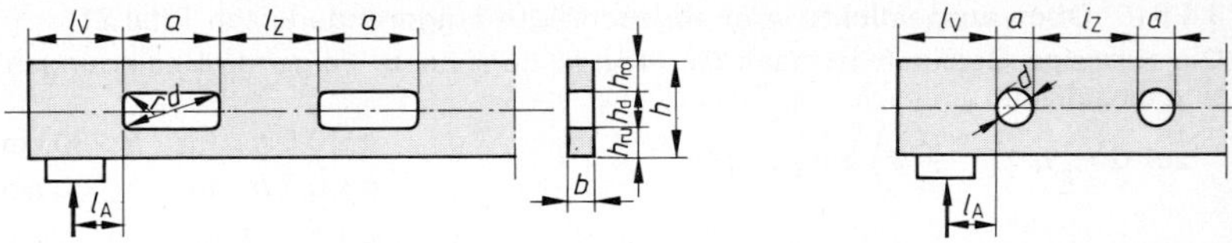

**Bild 9 Abmessungen und Anordnung von Durchbrüchen** nach DIN 1052 T1, Bild 8

Durchbrüche müssen verstärkt werden, wenn die größte lichte Abmessung $d$ die Gl. (50) oder (51) erfüllt. Dabei ist $\tau_Q$ die vorhandene auf den ungeschwächten Querschnitt bezogene Schubspannung in Durchbruchsmitte.

$$\boldsymbol{d > 100 - 42 \cdot \tau_Q} \quad \text{in mm} \quad (50)$$

$$\boldsymbol{d > (0{,}1 - 0{,}042 \cdot \tau_Q) \cdot h} \quad \text{in mm} \quad (51)$$

$\tau_Q = \dfrac{1{,}5 \cdot Q}{h \cdot b}$ in MN/m² (oder in N/mm²)

$h, b$ Höhe, Breite des Brettschichtholzträgers in mm

$Q$ Querkraft in Durchbruchsmitte, eine Abminderung nach Abschn. 3.4.2 ist nicht zulässig.

Verstärkungen dürfen durch aufgeleimte Bau-Furniersperrholzplatten, Klasse 100, nach DIN 68705 T5 gem. Bild 10 erfolgen. Die Gesamtdicke der Verstärkung $t$ (je Seite $t/2$) berechnet sich aus Gl. (52)

$$\boldsymbol{t \geqq (0{,}15 + 0{,}4 \cdot \tau_Q) \cdot b} \quad \text{in mm}$$
$$\textbf{jedoch} \geqq \mathbf{20\ mm} \quad (52)$$

$\tau_Q$ vorhandene Schubspannung in MN/m² in Durchbruchsmitte

$b$ Trägerbreite in mm

Die Faserrichtung des Deckfurniers ist parallel zur Faserrichtung der Trägerlamellen anzuordnen. Verleimung mit Resorcinharzleim, Nagelpreßleimung nach DIN 1052 zulässig.

Für Durchbrüche mit Verstärkung sind zusätzlich zu den Abmessungen und Abständen nach Bild 9 diejenigen nach Bild 10 einzuhalten:

| $a_1 \geqq 0{,}25 \cdot a$ | $a_1 \geqq h_1$ | $h_1 \geqq 0{,}25 h_d$ | $h_1 \geqq 0{,}1\, h$ | $b \leqq 220$ mm |
|---|---|---|---|---|

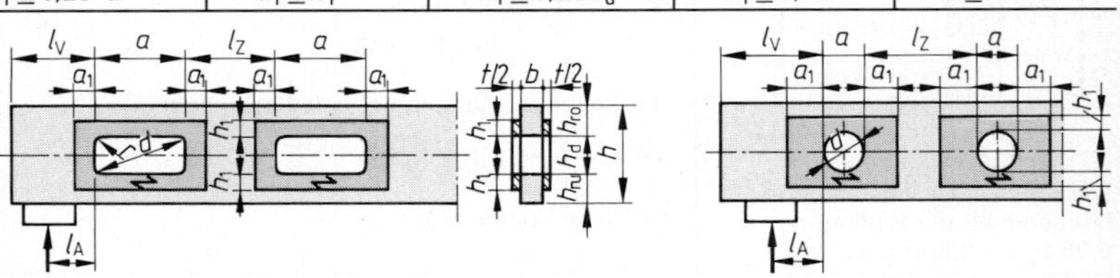

**Bild 10 Abmessungen und Anordnung der Verstärkungen** nach DIN 1052 T1, Bild 9

## 3.4.10 Biegeträger als zusammengesetzter Querschnitt mit nachgiebig verbundenen Querschnittsteilen

Bei der Bemessung ist die Nachgiebigkeit der Verbindungsmittel zu berücksichtigen; für doppelt symmetrische Querschnitte s. Tafel 23, für einfach-symmetrische Querschnitte Tafel 24.

Werden die Abstände der Verbindungsmittel (s. Tafel 23 und 24) analog zur Querkraftlinie abgestuft und erfüllen die maximalen Abstände die Gl. (87), so darf in den Gl. (55) und (72). (73) der jeweilige Abstand nach Gl. (88) eingesetzt werden.

$\max e'_{1,3} \leqq 4 \cdot \min e'_{1,3}$ (87) $\qquad \bar{e}'_{1,3} = 0{,}75 \cdot \min e'_{1,3} + 0{,}25 \cdot \max e'_{1,3}$ (88)

**Tafel 23 Bemessung von Biegeträgern mit doppelt-symmetrischem Querschnitt und nachgiebig verbundenen Querschnittsteilen** nach DIN 1052 T1, 8.3 [1])

Entsprechendes gilt auch für Typ 2 nach Tafel 25

1

**Typ 1**

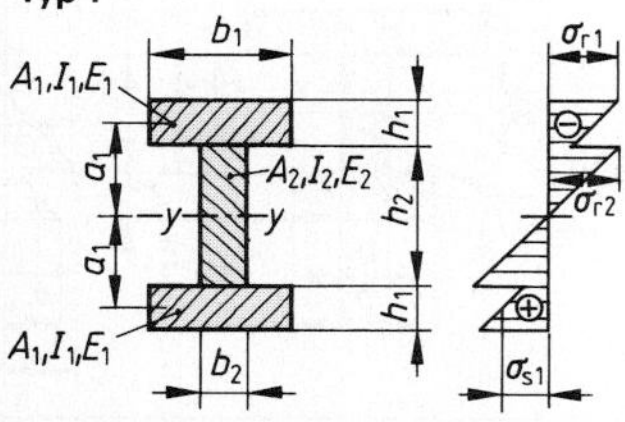


**Typ 3**

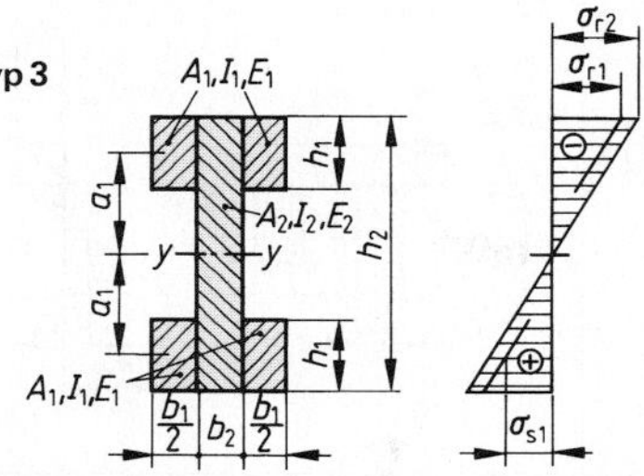


**wirksames Flächenmoment 2. Grades [2])**

2

$$\text{ef}\, I = \sum_{i=1}^{3} (n_i \cdot I_i + \gamma_i \cdot n_i \cdot A_i \cdot a_i^2) \quad (53)$$

mit $a_2 = 0$

**Abminderungswerte [3])**

3

$$\gamma = \gamma_1 = \frac{1}{1+k_1}; \quad \gamma_2 = 1 \quad (54)$$

$$k = k_1 = \frac{\pi^2 \cdot E_1 \cdot A_1 \cdot e_1'}{l^2 \cdot C_1} \quad (55)$$

**Schwerpunktspannung $\sigma_{si}$; Randspannung $\sigma_{ri}$**

4

$$\sigma_{s1} = +\frac{M}{\text{ef}\, I} \cdot \gamma \cdot a_1 \cdot \frac{A_1}{A_{1n}} \cdot n_1 \quad (56)$$

$$\sigma_{r1} = \pm \frac{M}{\text{ef}\, I} \left( \gamma \cdot a_1 \cdot \frac{A_1}{A_{1n}} + \frac{h_1}{2} \cdot \frac{I_1}{I_{1n}} \right) n_1 \quad (57)$$

$$\sigma_{r2} = \pm \frac{M}{\text{ef}\, I} \left( \frac{h_2}{2} \cdot \frac{I_2}{I_{2n}} \right) n_2 \quad (58)$$

$$\frac{\sigma_{s1}}{\text{zul}\, \sigma_{Z\parallel}} \leqq 1 \quad (59) \qquad \frac{\sigma_{ri}}{\text{zul}\, \sigma_B} \leqq 1 \quad (60)$$

**Schubfluß in den Anschlußfugen der Gurte**

5

$$\text{ef}\, t_1 = \frac{\max Q}{\text{ef}\, I} \cdot \gamma_1 \cdot n_1 \cdot S_1 \quad (61)$$

**erf. Abstand der Verbindungsmittel [4])**

6

$$\text{erf}\, e_1' = \frac{\text{zul}\, N_1}{\text{ef}\, t_1} \quad (62)$$

**Schubspannung in der Ebene $y-y$**

7

$$\max \tau = \frac{\max Q}{b_2 \cdot \text{ef}\, I} \cdot (\gamma_1 \cdot n_1 \cdot S_1 + n_2 S_2) \quad (64)$$

$$\frac{\max \tau}{\text{zul}\, \tau_Q} \leqq 1 \quad (66)$$

**Stabilisierung nach Abschn. 3.4.13**

Bezeichnungen

| | |
|---|---|
| $M$ | Biegemoment, hier: positiv |
| $I_i$, $I_{in}$ | Flächemomente 2. Grades der ungeschwächten bzw. geschwächten Querschnittsteile |
| $A_i$, $A_{in}$ | Querschnittsflächen, ungeschwächt bzw. geschwächt |
| $E_i$ | Elastizitätsmoduln der einzelnen Querschnittsteile |
| $E_V$ | beliebiger Vergleichs-$E$-Modul |
| $n_i$ | $E_i/E_V$ |
| $e_1'$ | mittlere Abstände der in eine Reihe geschobenen Verbindungsmittel, mit denen die Gurte an den Steg angeschlossen sind, s. Bild 11 |
| $C_1$ | Verschiebungsmoduln der Verbindungsmittel nach Tafel 25 |
| $l$ | maßgebende Stützweite; 0,8 · $l$ bei Durchlaufträgern, 2 · $l_K$ bei Kragträgern mit $l_K$ als Kraglänge |
| zul $N_1$ | zul. Belastung der Verbindungsmittel |
| max $Q$ | größte Querkraft |

**Flächenmoment 1. Grades der Gurte**

bezogen auf $y-y$:

$S_1 = b_1 \cdot h_1 \cdot a_1$ (63)

**Flächenmoment 1. Grades des halben Stegteils**

bezogen auf $y-y$

$S_2 = b_2 \cdot h_2^2/8$ (65)

**Durchbiegungsnachweis führen mit:**

ef $I$ aus Gl. (53) u. $E_V$; in Gl. (55) ist max $C_1$ einzusetzen: entweder der 1,25fache Wert aus Tafel 25 oder der Wert aus Tafel 76

[1]) Über den Beulnachweis bei Vollwandträgern mit I- oder Kastenquerschnitt und Stegen aus Holzwerkstoffplatten s. Abschn. 3.4.11

[2]) Darf bei geschwächten Querschnittsteilen auf die Schwerachsen der ungeschwächten Querschnittsteile bezogen werden.

[3]) Bei der Berechnung der $k$-Werte sind für $E$- und $C$-Moduln Ermäßigungen nach Tafel 9 nicht zu berücksichtigen (Witterung, Durchfeuchtung).

[4]) Verbindungsmittel i. allg. gleichmäßig über Trägerlänge anordnen, bei Abstufung der Abstände analog der Querkraftlinie s. Gl. (87), (88).

**Tafel 24 Bemessung von Biegeträgern mit einfach-symmetrischem Querschnitt und nachgiebig verbundenen Querschnittsteilen** nach DIN 1052 T1, 8.3 [1]) [2])

1

**Typ 4**

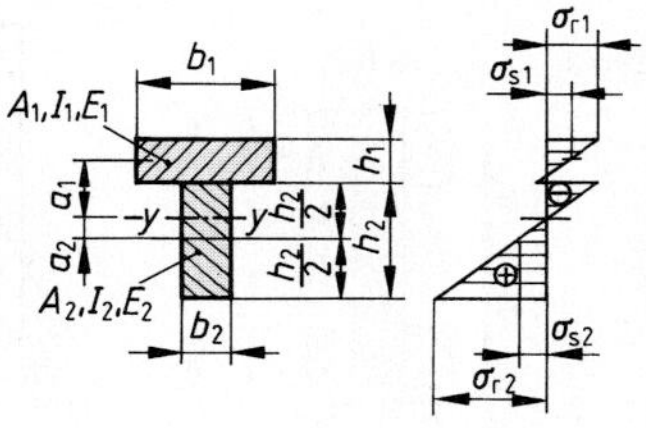


**Typ 5**

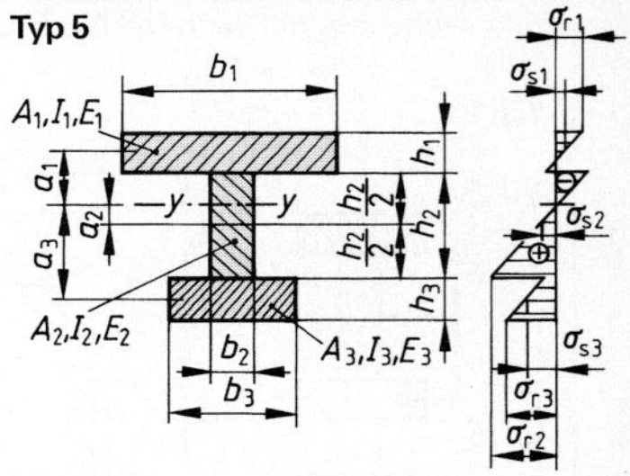


| | Typ 4 | Typ 5 |
|---|---|---|
| | **wirksames Flächenmoment 2. Grades [3])** | |
| 2 | $\text{ef}\, I = \sum_{i=1}^{3} (n_i \cdot I_i + \gamma_i \cdot n_i \cdot A_i \cdot a_i^2);\quad \gamma_2 = 1$ (67) | |
| | **Abstand $a_2$** | |
| 3 | $a_2 = \frac{1}{2} \frac{\gamma_1 \cdot n_1 \cdot A_1 (h_1 + h_2)}{(\gamma_1 \cdot n_1 \cdot A_1 + n_2 \cdot A_2)}$ (68) | $a_2 = \frac{1}{2} \frac{\gamma_1 \cdot n_1 \cdot A_1 (h_1 + h_2) - \gamma_3 \cdot n_3 \cdot A_3 (h_2 + h_3)}{(\gamma_1 \cdot n_1 \cdot A_1 + n_2 \cdot A_2 + \gamma_3 \cdot n_3 \cdot A_3)}$ (69) |
| | **Abminderungswerte [4])** | |
| 4 | $\gamma_1 = \frac{1}{1 + k_1};\quad \gamma_2 = 1$ (70)<br>$k_1 = \frac{\pi^2 \cdot E_1 \cdot A_1 \cdot e_1'}{l^2 \cdot C_1}$ (72) | $\gamma_{1,3} = \frac{1}{1 + k_{1,3}};\quad \gamma_2 = 1$ (71)<br>$k_{1,3} = \frac{\pi^2 \cdot E_{1,3} \cdot A_{1,3} \cdot e_{1,3}'}{l^2 \cdot C_{1,3}}$ (73) |
| | **Schwerpunktspannung $\sigma_{si}$, Randspannung $\sigma_{ri}$** | |
| 5 | $\sigma_{si} = \pm \frac{M}{\text{ef}\, I} \cdot \gamma_i \cdot a_i \cdot \frac{A_i}{A_{in}} \cdot n_i$ (74)<br>$\sigma_{ri} = \pm \frac{M}{\text{ef}\, I} \cdot \left( \gamma_i \cdot a_i \cdot \frac{A_i}{A_{in}} + \frac{h_i}{2} \cdot \frac{I_i}{I_{in}} \right) \cdot n_i$ (76) | $\frac{\sigma_{si}}{\text{zul}\, \sigma_{Z\parallel}} \leqq 1$ in den gezogenen Querschnittsteilen (75)<br>$\frac{\sigma_{ri}}{\text{zul}\, \sigma_B} \leqq 1$ (77) |
| | **Flächenmoment 1. Grades der Gurte bezogen auf $y-y$** | |
| 6 | $S_1 = b_1 \cdot h_1 \cdot a_1$ (78) | $S_{1,3} = b_{1,3} \cdot h_{1,3} \cdot a_{1,3}$ (79) |
| | **Flächenmoment 1. Grades des halben Stegteils bezogen auf $y-y$** | |
| 7 | $S_2 = b_2 \cdot \left( \frac{h_2}{2} - a_2 \right)^2 / 2$ (80) | |
| | **Schubfluß in den Anschlußfugen der Gurte** | |
| 8 | $\text{ef}\, t_1 = \frac{\max Q}{\text{ef}\, I} \cdot \gamma_1 \cdot n_1 \cdot S_1$ (81) | $\text{ef}\, t_{1,3} = \frac{\max Q}{\text{ef}\, I} \cdot \gamma_{1,3} \cdot n_{1,3} \cdot S_{1,3}$ (82) |
| | **erforderlicher Abstand der Verbindungsmittel [5])** | |
| 9 | $\text{erf}\, e_1' = \frac{\text{zul}\, N_1}{\text{ef}\, t_1}$ (83) | $\text{erf}\, e_{1,3}' = \frac{\text{zul}\, N_{1,3}}{\text{ef}\, t_{1,3}}$ (84) |
| | **Schubspannung in der Ebene $y-y$** | |
| 10 | $\max \tau = \frac{\max Q}{b_2 \cdot \text{ef}\, I} \cdot (\gamma_1 \cdot n_1 \cdot S_1 + n_2 \cdot S_2)$ (85) | $\frac{\max \tau}{\text{zul}\, \tau_Q} \leqq 1$ (86) |
| | **Durchbiegungsnachweis führen mit** | |
| 11 | ef $I$ aus Gl. (67) u. $E_V$; in Gl. (72), (73) ist max $C$ einzusetzen: entweder der 1,25fache Wert aus Tafel 25 oder der Wert aus Tafel 76 | |

[1]) Bezeichnungen s. Tafel 23, Stabilisierung nach Abschn. 3.4.13.
[2]), [3]), [4]) und [5]): siehe Fußnoten [1]), [2]), [3]) und [4]) zur Tafel 23.

**Tafel 25 Querschnittstypen und Rechenwerte für Verschiebungsmoduln $C$ in N/mm** nach DIN 1052 T1, Tab. 8

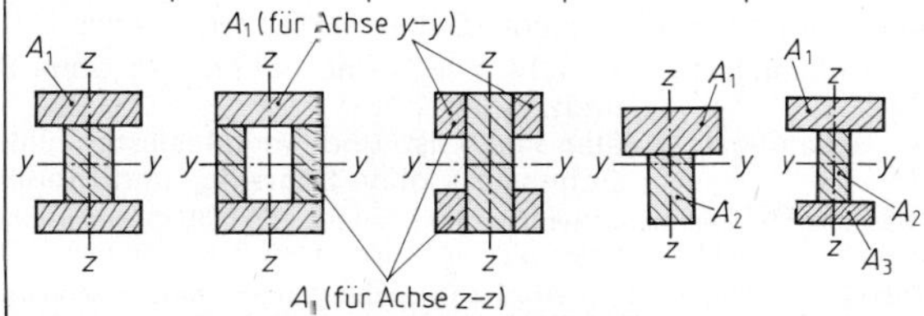


| für Biegung bzw. Knickung maßgebende Schwerachse | Verbindungsmittel | | Typ 1 | 2 | 3 | 4 | 5 |
|---|---|---|---|---|---|---|---|
| $y-y$ | Nagel | 1schnittig | 600 | 600 | 900 | 600 | 600 |
| | | 2schnittig | 700 | 700 | 900 je Fuge | | 700 |
| $z-z$ | | 1schnittig | | 900 | 600 | – | – |
| | | 2schnittig | – | 900 je Fuge | 700 | | |
| $y-y$ und $z-z$ | Dübel nach DIN 1052 T2 s. Abschn. 4.5 | | 15000<br>22500 für zul. Belastung¹)<br>30000 | | ≦16 kN<br>>16 bis 30 kN<br>>30 kN | | |
| $y-y$ und $z-z$ | Paßbolzen Stabdübel | | 0,7 · zul $N$ je Fuge mit zul $N$ = zul. Belastung in N je Anschlußfuge²) | | | | |

¹) Als zul. Belastung sind die Werte je Dübel für den Lastfall H maßgebend.
²) Für Laubholz, Gruppe C: 1,0 · zul $N$.

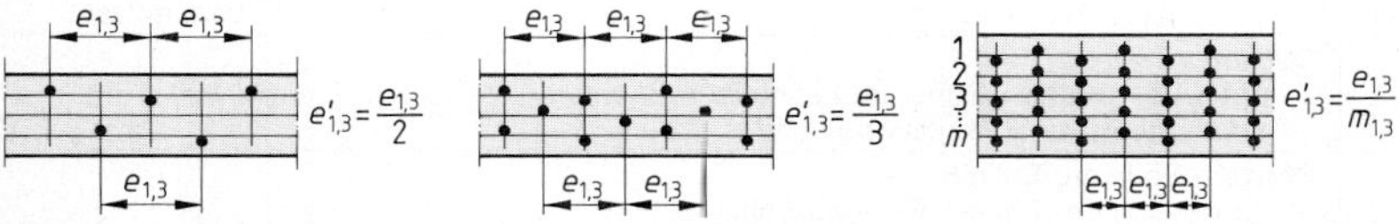


**Bild 11 Maßgebender Abstand $e'_{1,3}$ bei mehrreihiger Anordnung der Verbindungsmittel**

## 3.4.11 Fachwerkträger und Vollwandträger mit Plattenstegen

Bei parallelgurtigen oder trapezförmigen Fachwerkträgern mit nachgiebigen Stabanschlüssen sind die Biegespannungen in den Gurten nachzuweisen, wenn die Gurthöhe > 1/7 Trägerhöhe beträgt.

Vollwandträger mit Stegen aus Bau-Furniersperrholz- oder Flachpreßplatten müssen unter Berücksichtigung der verschiedenen $E$-Moduln der Steg- und Gurtwerkstoffe berechnet werden. Bei nachgiebigem Anschluß s. Abschn. 3.4.10.

Wird kein genauerer Beulnachweis geführt, ist für annähernd gleichmäßig belastete verleimte Vollwandträger die folgende Bedingung zu erfüllen:

$$\frac{h_{sL}}{b_s} \begin{cases} \leqq 50 & \text{bei Plattenstegen aus Flachpreßplatten nach DIN 68763} \\ \leqq 35 & \text{bei Plattenstegen aus mindestens 5-lagigen Bau-Furniersperrholzplatten nach DIN 68705 T3 od. T5.} \end{cases}$$

$h_{sL}$ lichte Höhe des Plattensteges
$h_{sg}$ Mittenabstand der Gurtquerschnittsflächen
$b_s$ Dicke des Plattensteges

Bei genagelten Trägern ist $h_{sL}$ durch $h_{sg}$ zu ersetzen, s. Bild 12.

Mindestens im Auflager- und Einleitungsbereich von Einzellasten sind Aussteifungen erforderlich. Bei Trägerhöhen $h > 50$ cm sollte der Steifenabstand ≦3fache Trägerhöhe $h$ sein.

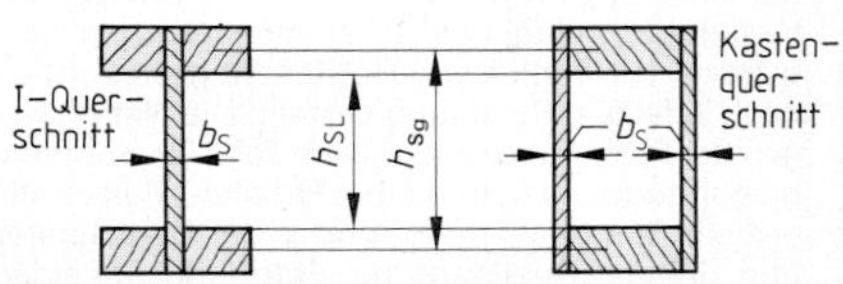


**Bild 12 Vollwandträger mit Plattenstegen**

### 3.4.12 Durchbiegungen und Überhöhungen

**Durchbiegungen.** Zur Sicherung insbesondere der Gebrauchsfähigkeit von Konstruktionen und Bauteilen sind Grenzwerte für die Durchbiegungen aus Verkehrs- und Gesamtlast einzuhalten. Dabei wird unterschieden:

- Verkehrslasten: einschl. Wind- und Schneelast, ohne Schwing- und Stoßbeiwert,
- Gesamtlast: ständige Last und Verkehrslasten einschließlich Wind- und Schneelast, ohne Schwing- und Stoßbeiwert.

Die zulässigen rechnerischen Durchbiegungen von biegebeanspruchten Trägern sind Tafel 26 zu entnehmen. Bei bestimmten biegebeanspruchten Bauteilen gelten die Werte der Tafel 27.

**Tafel 26 Zulässige rechnerische Durchbiegungen von biegebeanspruchten Trägern** nach DIN 1052 T1, Tab. 9 [1])

| 1 | Trägerart | | mit Überhöhung Verkehrslast | mit Überhöhung Gesamtlast | ohne Überhöhung Gesamtlast |
|---|---|---|---|---|---|
| 2 | BSH-Träger, Vollwandträger, zusammengesetz. Träger | | $l/300$ | $l/200$ | $l/300$ |
| 3 | Fachwerkträger [2]) | bei Näherungsberechnung | $l/600$ | $l/400$ | $l/600$ |
| | | bei genauer Berechnung | $l/300$ | $l/200$ | $l/300$ |

[1]) Durchbiegung von Aussteifungskonstruktionen s. Abschn. 3.6
[2]) Einschließlich einsinnig verbretteter Vollwandträger

**Tafel 27 Zulässige rechnerische Durchbiegungen bestimmter biegebeanspruchter Bauteile** nach DIN 1052 T1, 8.5

| 1 | biegebeanspruchte Bauteile | Gesamtlast |
|---|---|---|
| 2 | **Decken**<br>– unter/über Wohn-, Büro- und ähnlichen Räumen<br>– unter Fabrik- und Werkstatträumen | $l/300$ |
| 3 | **Pfetten, Sparren, Balken**<br>– im Bereich des oberen Raumabschlusses von Wohn-, Büro- und ähnlichen Räumen | $l/300$ |
| 4 | **Pfetten, Sparren, allgemein** | $l/200$ |
| 5 | **Balken von Stalldecken, Scheunen** und dergleichen | $l/200$ |
| 6 | **biegebeanspruchte Träger im landwirtschaftlichen Bauwesen**<br>– Vollwand- und Fachwerkträger ohne Überhöhung<br>– Näherungsberechnung von Fachwerkträgern ohne Überhöhung | $l/200$<br>$l/400$ |
| 7 | **Stützen, Riegel in Außenwänden** geschlossener Gebäude<br>– unter horizontaler Last, z. B. Windlast | $l/200$ |
| 8 | **Dach-** und unmittelbar belastete **Deckenschalungen**[1]),<br>**obere Dach- und Deckenbeplankungen**[1]),<br>– unter Eigenlast und Einzellast 1 kN (Mannlast) | $l/200$; $\leqq 1{,}0$ cm<br>$l/200$; $\leqq 1{,}0$ cm<br>$l/100$; $\leqq 2{,}0$ cm |
| 9 | bei **Kragenden** von auskragenden Bauteilen dürfen bezogen auf die Kraglänge die Werte der Tafel 26 um 100% überschritten werden | |

[1]) Der Durchbiegungsanteil aus Schubverformung darf vernachlässigt werden

**Berechnung der Durchbiegung.** Bei der Berechnung darf der ungeschwächte Querschnitt eingesetzt werden. Die vorhandenen rechnerischen Durchbiegungen setzen sich i. a. aus folgenden Anteilen zusammen: aus **Biegemoment $f_M$**, aus **Schub (Querkraft) $f_\tau$**, aus **Kriechen $f_\varphi$**, aus der **Nachgiebigkeit der Verbindungen und Verbindungsmittel** sowie aus der **Holzfeuchtigkeit**. Tafel 28 gibt einen Überblick über die Berücksichtigung der Durchbiegungsanteile $f_M$, $f_\tau$ und $f_\varphi$ bei Biegeträgern mit verschiedenen Querschnittsformen; der Einfluß der Nachgiebigkeit von Verbindungsmitteln bei zusammengesetzten Querschnitten kann nach Tafel 23 und 24 ermittelt werden, der Einfluß der Holzfeuchtigkeit wird durch erf. Ermäßigungen der Materialkennwerte nach Tafel 9 in Rechnung gestellt. Die **Näherungs- und genaue Berechnung** der Durchbiegungen bei **Fachwerkträgern** kann Tafel 29 entnommen werden. Die Gl. zur Berechnung der Durchbiegungsanteile $f_M$ und $f_\tau$ bei **Parallel-, Pult- und Satteldachträgern** sind in Tafel 17 zusammengestellt; die Beiwerte $k_M$ und $k_\tau$ zur Berechnung der Durchbiegungsanteile aus Biegemoment und Schub (Querkraft) bei Pult- und Satteldachträgern können aus den Bildern 13 und 14 ermittelt werden.

**Tafel 28 Rechnerische Durchbiegung unter Gesamtlast bei Biegeträgern mit verschiedenen Trägerformen [1] [2] [4]**

| rechnerische Gesamtdurchbiegung | Vollholzträger mit Rechteckquerschnitt | Brettschichtholzträger mit Rechteckquerschnitt und Spannweitenverhältnis $\sim l/h \geqq 15$ | $\sim l/h < 15$ [3] | Pult- und Satteldachträger mit Rechteckquerschnitt | Vollwandträger mit Vollholz- oder Plattenstegen Beispiel: |
|---|---|---|---|---|---|
| | 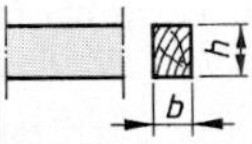 | 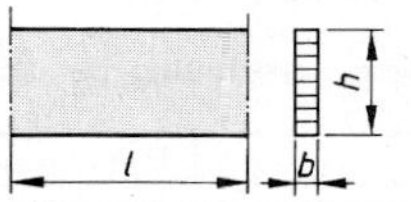 | | 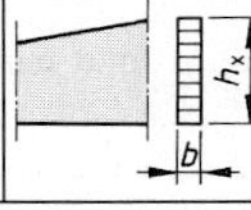 | 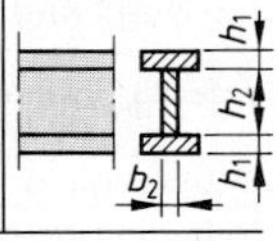 |
| **für $g/q \leqq 0{,}5$ (ohne Kriechverformung), $q = g + p$** | | | | | |
| 1 $f_{ges} =$ | $f_{Mq}$ (89) | | $f_{Mq} + f_{\tau q}$ (90) | | |
| **für $g/q > 0{,}5$ (mit Kriechverformung) $q = g + p$** | | | | | |
| 2 $f_{ges} =$ | $f_{Mg}(1+\varphi) + f_{Mp}$ (91) | | $(f_{Mg} + f_{\tau g}) \cdot (1+\varphi) + (f_{Mp} + f_{\tau p})$ (92) | | |

[1]) Hierin bedeuten
$f_M$, $f_\tau$ Durchbiegungsanteile infolge Biegemoment M bzw. Schub (Querkraft) $\tau$
$q$, $g$, $p$ Gesamtlast, ständige Last, Verkehrslast
$\varphi$ Kriechzahl nach Gl. (4)
$l/h$ Spannweitenverhältnis: Stützweite $l$/Trägerhöhe $h$
[2]) Über die Durchbiegungsberechnung von Fachwerken s. Tafel 29
[3]) Empfehlung nach [2]
[4]) die rechnerische Durchbiegung unter Verkehrslast allein ist i.a. zusätzlich nachzuweisen

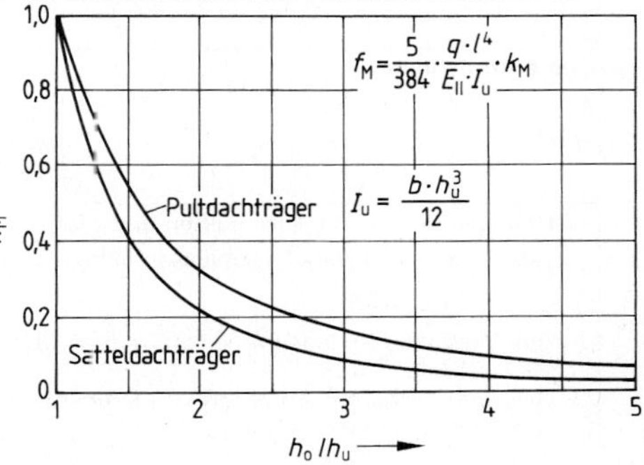


**Bild 13**
**$k_M$-Werte zur Berechnung von Durchbiegungen aus Biegemomenten für Träger mit Rechteckquerschnitt**

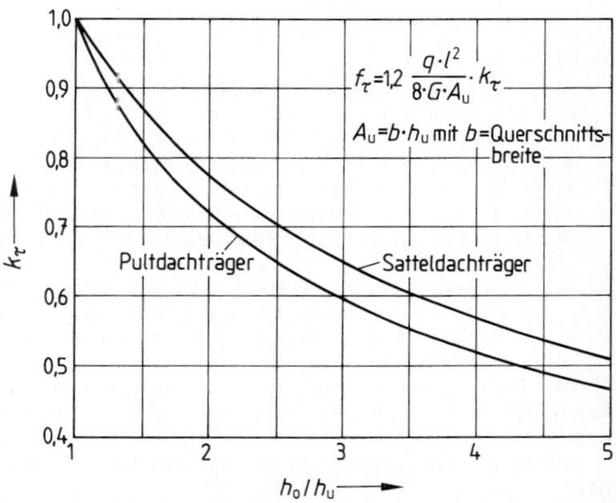


**Bild 14**
**$k_\tau$-Werte zur Berechnung von Schubdurchsenkungen für Träger mit Rechteckquerschnitt**

Für Vollwandträger auf zwei Stützen mit gleichbleibendem Querschnitt darf die Schubverformung in Balkenmitte näherungsweise nach Gl. (93) berechnet werden. Dies gilt auch

$$\max f_\tau = \frac{q \cdot l^2}{8 \cdot G \cdot A_{Steg}} \quad (93)$$

$G$ Schubmodul des Stegmaterials
$A_{Steg}$ Stegfläche
$q$ Belastung
$l$ Stützweite

für Durchlaufträger mit $l$ als gesamter Feldweite des betrachteten Feldes.

**Tafel 29 Näherungs- und genauere Berechnung der Durchbiegung bei Fachwerkträgern nach [2][1] [2] [3]**

| | Durchbiegung | Erläuterungen |
|---|---|---|
| **Näherungsberechnung** | | |
| | allgemein | |
| | $f = \sum_{i=1}^{n} \frac{N_i \cdot \bar{N}_i}{E_\parallel \cdot A_i} \cdot s_i \quad (94)$ | nur über die Gurtstäbe des Fachwerkes aufsummieren |
| 1 | bei parallelgurtigen Fachwerkträgern | |
| | **Beispiel**<br>Einfeldträger, in Feldmitte:<br>$f = \frac{5}{384} \cdot \frac{q \cdot l^4}{E_\parallel \cdot I} \quad (95)$ | $I = \sum_{i=1}^{n} A_i \cdot a_i^2$ 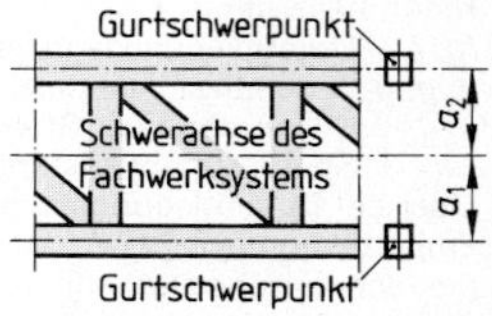<br>$A_i$ ungeschwächte Gurt-Querschnittsflächen |
| **genauere Berechnung** | | |
| | $f = \sum_{i=1}^{n} \left( \frac{N_i}{E_\parallel \cdot A_i} \cdot s_i + \Delta_i \right) \bar{N}_i \quad (96)$ | über sämtliche Stäbe des Fachwerkes (Gurt- und Füllstäbe) einschl. Verschiebungen aller Anschlüsse und Stöße aufsummieren |
| | Verschiebungen $\Delta_i$ von Anschlüssen und Stößen | |
| 2 | – bei **Dübel- und Nagelanschlüssen** mit gleicher Ausbildung an beiden Stabenden:<br>$\Delta_i = \frac{2 \cdot N_i}{n \cdot C} \quad (97)$<br>– bei **Versätzen** für jeden Anschluß und bei **Bolzenverbindungen:**<br>$\Delta_i = 1{,}5$ mm (98)<br>– bei **unmittelbarem Anschluß von Druckpfosten** durch Kontakt je Stabende (senkrecht zur Faserrichtung)<br>$\Delta_i = \frac{N_i \cdot h_g}{2 \cdot E_\perp \cdot A_i} \quad (99)$ | |



[1]) Hierin bedeuten

$N_i$ Stabkräfte aus äußerer Belastung mit Vorzeichen (–) für Druck und (+) für Zug
$\bar{N}_i$ Stabkräfte aus einer virtuellen Last „1", die an der Stelle der zu berechnenden Durchbiegung angreift, mit Vorzeichen (–) für Druck und (+) für Zug
$s_i$ Netzlinien-Längen der einzelnen Stäbe
$E_\parallel$; $E_\perp$ Elastizitätsmoduln nach Tafel 6 mit erf. Ermäßigungen nach Tafel 9
$A_i$ ungeschwächte Querschnittsflächen der einzelnen Stäbe
$\Delta_i$ Verschiebungen aus Anschlüssen und Stößen infolge Nachgiebigkeit der Verbindungsmittel
$a_i$ Abstände der Gurtschwerpunkte von der Schwerachse des Fachwerkes
$n$ Anzahl der Verbindungsmittel (Dübel oder Nägel) je Anschluß oder Stoß
$C$ Verschiebungsmoduln der Verbindungsmittel (Dübel oder Nägel) nach Tafel 76
$h_g$ Gurthöhe

[2]) Verschiebungen aus Schwindverformungen sind zu berücksichtigen, wenn die Einbau-Holzfeuchtigkeit wesentlich über der zu erwartenden Gleichgewichtsholzfeuchtigkeit nach Tafel 10 liegt

[3]) bei hohen Dauerlasten sind Kriechverformungen sinngemäß nach Abschn. 2 zu berücksichtigen.

**Überhöhungen.** Brettschichtholzträger, zusammengesetzte Biegebauteile und Fachwerkträger sind in der Regel parabelförmig zu überhöhen. Die Mindestwerte der Überhöhungen der Gesamtsysteme sind Tafel 30 zu entnehmen.

**Tafel 30 Mindestwerte der Überhöhungen für Brettschichtträger, zusammengesetzte Biegebauteile und Fachwerkträger** nach DIN 1052 T1, 8.5.5

| | bei Berechnung der Überhöhung[1] [2] | ohne Berechnung der Überhöhung[2] | | |
|---|---|---|---|---|
| 1 | | allgemein | bei Verwendung von halbtrockenem oder frischem Holz | bei Kragträgern |
| 2 | rechnerische Durchbiegung aus Gesamtlast mit Kriechverformungen | $l/300$ | $l/200$ | $l/150$ |

[1]) Bei Konstruktionen mit nachgiebigen Verbindungsmitteln soll der Einfluß der Nachgiebigkeit berücksichtigt werden
[2]) Bei Rahmen ist sinngemäß zu verfahren

**Beispiel rechnerische Durchbiegung und Überhöhung eines Parallelträgers aus Brettschichtholz,** s. Beispiel Abschn. 3.4.1 (Fortführung), s. auch Tafel 17.

zul. $f = l/300 = 1500/300 = 5{,}0$ cm (im Beispiel)

$I = 16 \cdot 90^3/12 = 972000$ cm$^4$

$E = 12000$ MN/m$^2$ $= 1200$ kN/cm$^2$ (BS14, Lamellen S13)

$G = 600$ MN/m$^2$ $= 60$ kN/cm$^2$ (BS14, Lamellen S13)

**Aufteilung Gesamtlast**

(im Beispiel): $q = g + p$

$g = 0{,}55 \cdot q = 0{,}55 \cdot 7{,}0 = 3{,}85$ kN/m

$p = 0{,}45 \cdot q = 0{,}45 \cdot 7{,}0 = 3{,}15$ kN/m

**Spannweitenverhältnis**

$l/h = 15{,}0/0{,}90 = 16{,}7 > 15$

$f_\tau$ braucht nicht berücksichtigt zu werden,
hier: $f_\tau$ wird i.d. Beispiel jedoch weiter verfolgt, um den Rechengang aufzuzeigen

**Anteile aus Biegemoment**

$$f_{Mg} = \frac{5 \cdot 0{,}0385 \cdot 1500^4}{384 \cdot 1200 \cdot 972000} = 2{,}18 \text{ cm}$$

$$f_{Mp} = 2{,}18 \cdot 3{,}15/3{,}85 = 1{,}78 \text{ cm}$$

**Anteile aus Schubverformung**

$$f_{\tau g} = 1{,}2 \cdot \frac{0{,}0385 \cdot 1500^2}{8 \cdot 60 \cdot 16 \cdot 90} = 0{,}15 \text{ cm}$$

$$f_{\tau p} = 0{,}15 \cdot 3{,}15/3{,}85 = 0{,}12 \text{ cm}$$

**Kriechzahl**

$g/q = 0{,}55 > 0{,}5$; $u \leqq 18\%$

$\eta_K = 1{,}5 - 0{,}55 = 0{,}95$

$$\varphi = \frac{1}{0{,}95} - 1 = 0{,}05$$

**Gesamtdurchbiegung**

$$f_{ges} = f_g + f_\varphi + f_p = (f_{Mg} + f_{\tau g}) \cdot (1 + \varphi) + (f_{Mp} + f_{\tau p})$$

$$\frac{(2{,}18 + 0{,}15) \cdot (1 + 0{,}05) + (1{,}78 + 0{,}12)}{5{,}0} = \frac{4{,}4}{5{,}0} = 0{,}88 < 1$$

**Überhöhung**

parabelförmig, max $ü$ in Feldmitte, gewählt:
max $ü = 7{,}0$ cm $>$ min $ü = 4{,}4$ cm (rechn. Durchbiegung)

### 3.4.13 Stabilisierung biegebeanspruchter Bauteile

Biegebeanspruchte Bauteile müssen gegen seitliches Ausweichen gesichert sein.

#### 3.4.13.1 Träger mit Rechteckquerschnitt

Sind Träger mit Rechteckquerschnitt $b/h$ nach Bild 15 im Abstand $a$ seitlich praktisch unverschieblich festgehalten, so darf der Nachweis einer ausreichenden Kippstabilität nach Gl. (100) geführt werden, wobei ein konstantes Biegemoment $M$ über die Länge $a$ angenommen wird.

$$\frac{M/W}{k_B \cdot 1{,}1 \cdot \text{zul}\,\sigma_B} \leqq 1 \qquad (100)$$

mit dem Kippbeiwert $k_B$ (101)

$k_B = 1$ für $\lambda_B \leqq 0{,}75$
$k_B = 1{,}56 - 0{,}75 \cdot \lambda_B$ für $0{,}75 \leqq \lambda_B \leqq 1{,}4$
$k_B = 1/\lambda_B^2$ für $\lambda_B > 1{,}4$

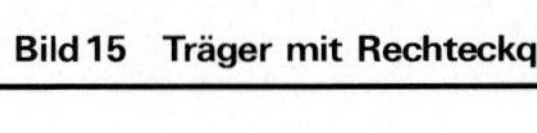

**Bild 15 Träger mit Rechteckquerschnitt**

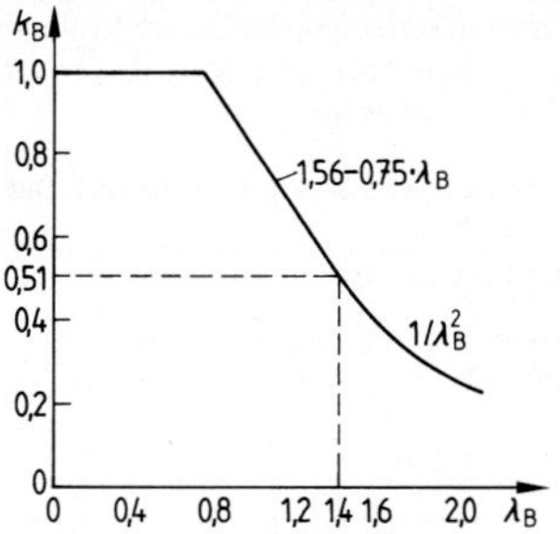


**Bild 16 Kippbeiwert $k_B$ in Abhängigkeit vom Kippschlankheitsgrad $\lambda_B$**

und dem Kippschlankheitsgrad $\lambda_B$

$$\lambda_B = \sqrt{\frac{a \cdot h \cdot \gamma_1 \cdot \text{zul}\,\sigma_B}{\pi \cdot b^2 \cdot \sqrt{E_{\parallel} \cdot G_T}}} \qquad (102)$$

Als Lasterhöhungsbeiwert ist für beide Lastfälle H und HZ $\gamma_1 = 2{,}0$ einzusetzen. Der Kippbeiwert $k_B$ nach Gl. (101) kann auch Tafel 31 oder Bild 16 entnommen werden.

**Tafel 31 Kippbeiwert $k_B$ nach Gl. (101)**

| $\lambda_B$ | Kippbeiwert $k_B$ bei einem Kippschlankheitsgrad $\lambda_B$ von | | | | | | | | | | $\lambda_B$ |
|---|---|---|---|---|---|---|---|---|---|---|---|
| | 0,00 | 0,01 | 0,02 | 0,03 | 0,04 | 0,05 | 0,06 | 0,07 | 0,08 | 0,09 | |
| $\leqq 0{,}75$ | 1,000 | | | | | | | | | | $\leqq 0{,}75$ |
| 0,70 | 1,000 | 1,000 | 1,000 | 1,000 | 1,000 | 1,000 | 0,990 | 0,983 | 0,975 | 0,968 | 0,70 |
| 0,80 | 0,960 | 0,953 | 0,945 | 0,938 | 0,930 | 0,923 | 0,915 | 0,908 | 0,900 | 0,893 | 0,80 |
| 0,90 | 0,885 | 0,878 | 0,870 | 0,863 | 0,855 | 0,848 | 0,840 | 0,833 | 0,825 | 0,818 | 0,90 |
| 1,00 | 0,810 | 0,803 | 0,795 | 0,788 | 0,780 | 0,773 | 0,765 | 0,758 | 0,750 | 0,743 | 1,00 |
| 1,10 | 0,735 | 0,728 | 0,720 | 0,713 | 0,705 | 0,698 | 0,690 | 0,683 | 0,675 | 0,668 | 1,10 |
| 1,20 | 0,660 | 0,653 | 0,645 | 0,638 | 0,630 | 0,623 | 0,615 | 0,608 | 0,600 | 0,593 | 1,20 |
| 1,30 | 0,585 | 0,578 | 0,570 | 0,563 | 0,555 | 0,548 | 0,540 | 0,533 | 0,525 | 0,518 | 1,30 |
| 1,40 | 0,510 | 0,503 | 0,496 | 0,489 | 0,482 | 0,476 | 0,469 | 0,463 | 0,457 | 0,450 | 1,40 |
| 1,50 | 0,444 | 0,439 | 0,433 | 0,427 | 0,422 | 0,416 | 0,411 | 0,406 | 0,401 | 0,396 | 1,50 |
| 1,60 | 0,391 | 0,386 | 0,381 | 0,376 | 0,372 | 0,367 | 0,363 | 0,359 | 0,354 | 0,350 | 1,60 |
| 1,70 | 0,346 | 0,342 | 0,338 | 0,334 | 0,330 | 0,327 | 0,323 | 0,319 | 0,316 | 0,312 | 1,70 |
| 1,80 | 0,309 | 0,305 | 0,302 | 0,299 | 0,295 | 0,292 | 0,289 | 0,286 | 0,283 | 0,280 | 1,80 |
| 1,90 | 0,277 | 0,274 | 0,271 | 0,269 | 0,266 | 0,263 | 0,260 | 0,258 | 0,255 | 0,253 | 1,90 |
| 2,00 | 0,250 | 0,248 | 0,245 | 0,243 | 0,240 | 0,238 | 0,236 | 0,233 | 0,231 | 0,229 | 2,00 |

**Beispiel** **Stabilisierung eines Parallelträgers aus Brettschichtholz,** s. Beispiel Abschn. 3.4.1 (Fortführung)

**vorh. Aussteifungsabstand**

$a = 5{,}0$ m (Abstützung gegen Aussteifungsverband s. Beispiel Abschn. 3.6.4)

**Kippschlankheitsgrad**

$\sqrt{E_{\parallel} \cdot G_T} = \sqrt{1200 \cdot 60} = 268{,}3$ kN/cm²

$$\lambda_B = \sqrt{\frac{500 \cdot 90 \cdot 2{,}0 \cdot 1{,}4}{\pi \cdot 16^2 \cdot 268{,}3}} = 0{,}76$$

**Kippbeiwert**

$k_B = 1{,}56 - 0{,}75 \cdot 0{,}76 = 0{,}990$
oder aus Tafel 31

**Nachweis der Kippstabilität**

$$\frac{19690/21\,600}{0{,}990 \cdot 1{,}1 \cdot 1{,}4} = 0{,}60 < 1$$

### 3.4.13.2 Vollwandträger mit I- oder Kastenquerschnitt

**Tafel 32 Nachweise gegen seitliches Ausweichen[1])**

| Vollwandträger mit | Nachweis kann entfallen für | vereinfachter Nachweis für | genauer Nachweis |
|---|---|---|---|
| I- oder Kastenquerschnitt | $i \geqq a/40$ | $i < a/40$ nach Gl. (103) | s. Fachliteratur[2]) |

[1]) $a$ = Abstand der seitlich unverschieblich gehaltenen Punkte des Druckgurtes
[2]) z. B. *Brüninghoff/Schmidt* [3]

$$\frac{\text{vorh}\,\sigma_s}{k_s \cdot \text{zul}\,\sigma_K} \leqq 1 \qquad (103)$$

$\sigma_s$ Schwerpunktspannung des gedrückten Querschnittsteiles
$\sigma_K$ nach Gl. (105) mit $\lambda = a/i$
$k_S$ Knickzahl $\omega$ für $\lambda = 40$ (Tafel 36 bis 39)
$i$ Trägheitsradius des Gurtquerschnittes

## 3.5 Bemessungsregeln für Druckstäbe

### 3.5.1 Knicklängen, Knickzahlen und Schlankheitsgrade

Der Einfluß der Nachgiebigkeit der Verbindungen auf die Knicklänge ist erforderlichenfalls zu berücksichtigen. Über Einzelabstützungen (Queraussteifungen) zur Unterteilung der Knicklänge s. Abschn. 3.7.

**Tafel 33 Maßgebende Knicklänge $s_K$** nach DIN 1052 T1, 9.1[1])

| | **Kehlbalkendach** | **Fachwerk** | **Rahmen mit Fachwerkriegel** | **Zwei- und Dreigelenkbogen** |
|---|---|---|---|---|
| Tragwerksebene | 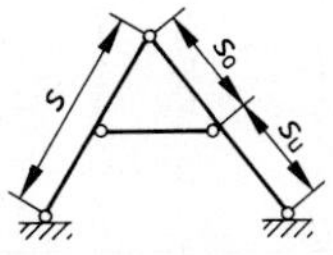 | 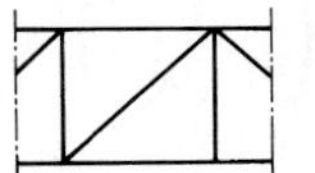 $s$ = Länge Netzlinie | 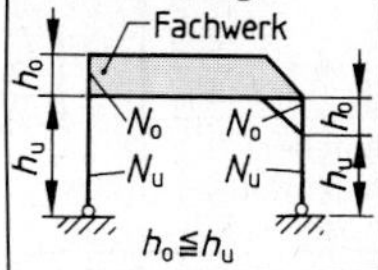 | 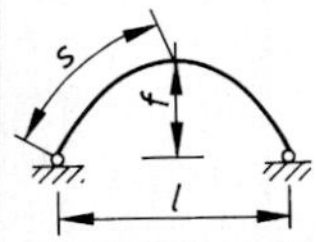 |
| ∥ (in) | verschieblich: $s_k = 0{,}8 \cdot s$ für $0{,}3\,s < s_u < 0{,}7\,s$ andernfalls $s_K = s$ | Füllstab: angeschlossen mit – Versatz, Bolzen, Dübel + 1 Bolzen: $s_K = s$ – Nägel, Dü + ≧ 2 Bo, and.: $s_K = 0{,}8\,s$ | $s_K = 2 \cdot h_u \cdot \left(1 + 0{,}35 \frac{h_o}{h_u}\right)$ Nachweis so führen, als ob die größere der beiden Stabkräfte $N_o$ und $N_u$ über $h = h_o + h_u$ auftreten würde. | $0{,}15 \leqq f/l \leqq 0{,}5$ und wenig veränderl. Querschnitt: $s_K = 1{,}25 \cdot s$ mit $s$ als halbe Bogenlänge, Knicknachweis für Druckkraft im Viertelspunkt |
| | unverschieblich: $s_K = s_u$ und $s_K = s_o$ | Gurtstab: $s_K = s$ | | |
| ⊥ (aus) | $s_K = a$ | Füllstab: $s_K = s$ | $s_K = a$ | $s_K = a$ |
| | | Gurtstab: $s_K = a$ | | |

[1]) $a$ Abstand der Queraussteifungen

**Tafel 34 Maßgebende Knicklänge $s_K$** nach DIN 1052 T1, 9.1 [1]) [2])

| Tragwerksebene (in) | ⊥ (aus) |
|---|---|
| **Symmetrischer Zwei- und Dreigelenkrahmen**[4]) | **Fachwerkrahmen** |
| 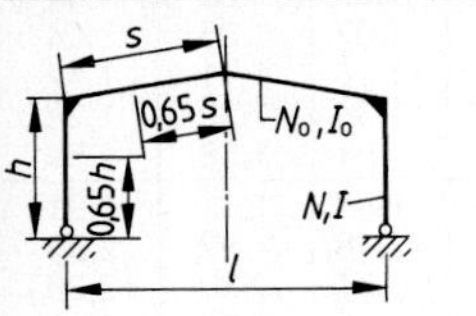 $c = \frac{I \cdot 2\,s}{I_o \cdot h}$; $k_R = \frac{I_o \cdot N}{I \cdot N_o}$; $N$, $N_o$: mittlere Stabkraft des Stieles/Riegels<br>Stiel: $s_K = 2\,h \cdot \sqrt{1 + 0{,}4\,c}$<br>Riegel: $s_K = 2\,h \cdot \sqrt{1 + 0{,}4\,c} \cdot \sqrt{k_R}$<br>Nachweis bei veränderlichem $I$, $I_o$:<br>– Knicklängen:<br>– $I$, $I_o$ bei 0,65 $h$ bzw. 0,65 $s$<br>– Stabilitätsnachweis:<br>– $i$, $A$ bei 0,65 $h$ bzw. 0,65 $s$<br>– $W$ an der Stelle von max $M$<br>– max $N$, max $M$ des Rahmenteiles | 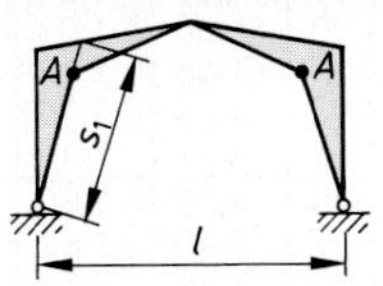 wenn Punkt $A$ seitlich nicht gehalten:<br>$s_{k,\text{Stiel}} = s_1$ [3])<br>in allen anderen Fällen $s_K = a$ |

[1]) $a$ Abstand der Queraussteifungen
[2]) weitere Knicklängen s. *Heimeshoff* [12]
[3]) Ansatz einer zusätzlichen Seitenkraft in $A$ von 1/100 der max. Stabkraft in $A$
[4]) Nach [2] sollte bei weitgespannten Rahmen, z.B. $l > 40$ m, die Knicklänge der Stiele auch unter Berücksichtigung der Riegellängskraft bestimmt werden, hierüber s. *Heimeshoff* [12]

**Tafel 35 Maßgebende Knicklängen $s_K$ nach *Heimeshoff* [12], [2] und [11] [1])**

| | Eingespannte Stütze | Elastisch eingespannte Stütze | Eingespannte Stütze mit angehängten Pendelstützen | Elastisch eingespannte Stütze mit angehängten Pendelstützen |
|---|---|---|---|---|
| 1 |  | 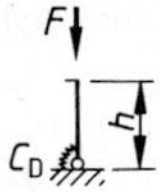 | 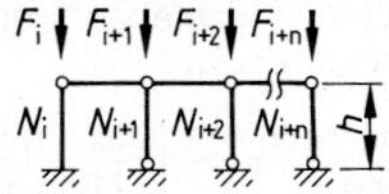 | 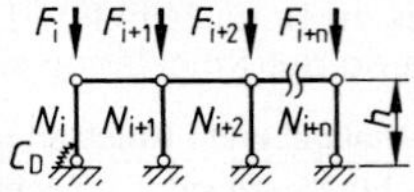 |
| 2 | $2\cdot h$ | $h\cdot\sqrt{4+\frac{\pi^2\cdot E\cdot I}{h\cdot C_D}}$<br>Drehfeder-konstante $C_D$ s. Abschn. 4.7 | $h\cdot\sqrt{4\cdot\left(1+\frac{\sum_{k=i+1}^{i+n} N_k}{N_i}\right)}$ | $h\cdot\sqrt{\left(4+\frac{\pi^2\cdot E\cdot I}{h\cdot C_D}\right)\cdot\left(1+\frac{\sum_{k=i+1}^{i+n} N_k}{N_i}\right)}$ |

[1]) Weitere Knicklängen s. Kapitel Stahlbau

**Tafel 36 Knickzahlen $\omega$ nach DIN 1052 T1, Tab. 10 [1])**

| Schlankheitsgrad $\lambda$ | Vollholz aus Nadelhölzern nach Tafel 1 a Spalte 2 s. auch Tafel 37<br>S 7/MS 7 bis MS 17 | Brettschichtholz aus Nadelhölzern nach Tafel 1 b, s. auch Tafel 38 u. 39<br>BS 14, BS 16, BS 18 | BS 11 | Vollholz aus Laubhölzern nach Tafel 1 a<br>Gruppe<br>A | B | C | Flachpreßplatten nach DIN 68763<br>Plattendicke in mm<br>≦25 | >25 | Baufurniersperrholzplatten nach DIN 68705 T3 und T5 ‖ zur Faserrichtung der Deckfurniere<br>Lagenanzahl<br>3 | ≧5 |
|---|---|---|---|---|---|---|---|---|---|---|
| 0 | 1,00 | 1,00 | 1,00 | 1,00 | 1,00 | 1,00 | 1,00 | 1,00 | 1,00 | 1,00 |
| 10 | 1,04 | 1,00 | 1,00 | 1,04 | 1,03 | 1,03 | 1,03 | 1,02 | 1,02 | 1,01 |
| 20 | 1,08 | 1,00 | 1,00 | 1,08 | 1,08 | 1,07 | 1,07 | 1,07 | 1,05 | 1,04 |
| 30 | 1,15 | 1,00 | 1,00 | 1,15 | 1,15 | 1,15 | 1,15 | 1,16 | 1,11 | 1,12 |
| 40 | 1,26 | 1,03 | 1,03 | 1,25 | 1,27 | 1,29 | 1,28 | 1,34 | 1,22 | 1,28 |
| 50 | 1,42 | 1,13 | 1,11 | 1,40 | 1,45 | 1,50 | 1,49 | 1,61 | 1,38 | 1,54 |
| 60 | 1,62 | 1,28 | 1,25 | 1,59 | 1,69 | 1,79 | 1,78 | 1,99 | 1,61 | 1,91 |
| 70 | 1,88 | 1,51 | 1,45 | 1,83 | 2,00 | 2,17 | 2,15 | 2,48 | 1,92 | 2,53 |
| 80 | 2,20 | 1,92 | 1,75 | 2,13 | 2,38 | 2,67 | 2,60 | 3,24 | 2,30 | 3,30 |
| 90 | 2,58 | 2,43 | 2,22 | 2,48 | 2,87 | 3,38 | 3,22 | 4,10 | 2,87 | 4,18 |
| 100 | 3,00 | 3,00 | 2,74 | 2,88 | 3,55 | 4,17 | 3,98 | 5,07 | 3,55 | 5,16 |
| 110 | 3,63 | 3,63 | 3,32 | 3,43 | 4,29 | 5,05 | 4,82 | 6,13 | 4,29 | 6,24 |
| 120 | 4,32 | 4,32 | 3,95 | 4,09 | 5,11 | 6,01 | 5,73 | 7,30 | 5,11 | 7,43 |
| 130 | 5,07 | 5,07 | 4,63 | 4,79 | 5,99 | 7,05 | 6,73 | 8,56 | 5,99 | 8,72 |
| 140 | 5,88 | 5,88 | 5,37 | 5,56 | 6,95 | 8,18 | 7,80 | 9,93 | 6,95 | 10,11 |
| 150 | 6,75 | 6,75 | 6,17 | 6,38 | 7,98 | 9,39 | 8,96 | 11,40 | 7,98 | 11,61 |
| 160 | 7,68 | 7,68 | 7,02 | 7,26 | 9,08 | 10,68 | 10,19 | 12,97 | 9,08 | 13,20 |
| 170 | 8,67 | 8,67 | 7,92 | 8,20 | 10,25 | 12,06 | 11,50 | 14,64 | 10,25 | 14,91 |
| 180 | 9,72 | 9,72 | 8,88 | 9,19 | 11,49 | 13,52 | 12,90 | 16,41 | 11,49 | 16,71 |
| 190 | 10,83 | 10,83 | 9,89 | 10,24 | 12,80 | 15,06 | 14,37 | 18,29 | 12,80 | 18,62 |
| 200 | 12,00 | 12,00 | 10,96 | 11,35 | 14,18 | 16,69 | 15,92 | 20,26 | 14,18 | 20,63 |
| 210 | 13,23 | 13,23 | 12,08 | 12,51 | 15,64 | 18,40 | 17,55 | 22,34 | 15,64 | 22,75 |
| 220 | 14,52 | 14,52 | 13,26 | 13,73 | 17,16 | 20,19 | 19,27 | 24,52 | 17,16 | 24,97 |
| 230 | 15,87 | 15,87 | 14,50 | 15,01 | 18,76 | 22,07 | 21,06 | 26,80 | 18,76 | 27,29 |
| 240 | 17,28 | 17,28 | 15,78 | 16,34 | 20,43 | 24,03 | 22,93 | 29,18 | 20,43 | 29,71 |
| 250 | 18,75 | 18,75 | 17,13 | 17,73 | 22,16 | 26,08 | 24,88 | 31,66 | 22,16 | 32,24 |

[1]) Zwischenwerte dürfen geradlinig interpoliert werden

**Tafel 37 Knickzahlen $\omega$ für Vollholz aus Nadelhölzern Sortierklasse S 7/MS 7 bis MS 17**[1])

| $\lambda$ | 0 | 1 | 2 | 3 | 4 | 5 | 6 | 7 | 8 | 9 | $\lambda$ |
|---|---|---|---|---|---|---|---|---|---|---|---|
| 0 | 1,00 | 1,00 | 1,01 | 1,01 | 1,02 | 1,02 | 1,02 | 1,03 | 1,03 | 1,04 | 0 |
| 10 | 1,04 | 1,04 | 1,05 | 1,05 | 1,06 | 1,06 | 1,06 | 1,07 | 1,07 | 1,08 | 10 |
| 20 | 1,08 | 1,09 | 1,09 | 1,10 | 1,11 | 1,11 | 1,12 | 1,13 | 1,13 | 1,14 | 20 |
| 30 | 1,15 | 1,16 | 1,17 | 1,18 | 1,19 | 1,20 | 1,21 | 1,22 | 1,24 | 1,25 | 30 |
| 40 | 1,26 | 1,27 | 1,29 | 1,30 | 1,32 | 1,33 | 1,35 | 1,36 | 1,38 | 1,40 | 40 |
| 50 | 1,42 | 1,44 | 1,46 | 1,48 | 1,50 | 1,52 | 1,54 | 1,56 | 1,58 | 1,60 | 50 |
| 60 | 1,62 | 1,64 | 1,67 | 1,69 | 1,72 | 1,74 | 1,77 | 1,80 | 1,82 | 1,85 | 60 |
| 70 | 1,88 | 1,91 | 1,94 | 1,97 | 2,00 | 2,03 | 2,06 | 2,10 | 2,13 | 2,16 | 70 |
| 80 | 2,20 | 2,23 | 2,27 | 2,31 | 2,35 | 2,38 | 2,42 | 2,46 | 2,50 | 2,54 | 80 |
| 90 | 2,58 | 2,62 | 2,66 | 2,70 | 2,74 | 2,78 | 2,82 | 2,87 | 2,91 | 2,95 | 90 |
| 100 | 3,00 | 3,06 | 3,12 | 3,18 | 3,24 | 3,31 | 3,37 | 3,44 | 3,50 | 3,57 | 100 |
| 110 | 3,63 | 3,70 | 3,76 | 3,83 | 3,90 | 3,97 | 4,04 | 4,11 | 4,18 | 4,25 | 110 |
| 120 | 4,32 | 4,39 | 4,46 | 4,54 | 4,61 | 4,68 | 4,76 | 4,84 | 4,92 | 4,99 | 120 |
| 130 | 5,07 | 5,15 | 5,23 | 5,31 | 5,39 | 5,47 | 5,55 | 5,63 | 5,71 | 5,80 | 130 |
| 140 | 5,88 | 5,96 | 6,05 | 6,13 | 6,22 | 6,31 | 6,39 | 6,48 | 6,57 | 6,66 | 140 |
| 150 | 6,75 | 6,84 | 6,93 | 7,02 | 7,11 | 7,21 | 7,30 | 7,39 | 7,49 | 7,58 | 150 |
| 160 | 7,68 | 7,78 | 7,87 | 7,97 | 8,07 | 8,17 | 8,27 | 8,37 | 8,47 | 8,57 | 160 |
| 170 | 8,67 | 8,77 | 8,88 | 8,98 | 9,08 | 9,19 | 9,29 | 9,40 | 9,51 | 9,61 | 170 |
| 180 | 9,72 | 9,83 | 9,94 | 10,05 | 10,16 | 10,27 | 10,38 | 10,49 | 10,60 | 10,72 | 180 |
| 190 | 10,83 | 10,94 | 11,06 | 11,17 | 11,29 | 11,41 | 11,52 | 11,64 | 11,76 | 11,88 | 190 |
| 200 | 12,00 | 12,12 | 12,24 | 12,36 | 12,48 | 12,61 | 12,73 | 12,85 | 12,98 | 13,10 | 200 |

[1]) entspricht Tafel 36, Spalte 2

**Tafel 38 Knickzahlen $\omega$ für Brettschichtholz BS 14, BS 16 und BS 18 nach Tafel 1 b**[1])

| $\lambda$ | 0 | 1 | 2 | 3 | 4 | 5 | 6 | 7 | 8 | 9 | $\lambda$ |
|---|---|---|---|---|---|---|---|---|---|---|---|
| 0 | 1.00 | | | | | | | | | | 0 |
| 10 | | | | | | | | | | | 10 |
| 20 | | | | | | | | | | | 20 |
| 30 | 1,00 | 1,00 | 1,01 | 1,01 | 1,01 | 1,02 | 1,02 | 1,02 | 1,02 | 1,03 | 30 |
| 40 | 1,03 | 1,04 | 1,05 | 1,06 | 1,07 | 1,08 | 1,09 | 1,10 | 1,11 | 1,12 | 40 |
| 50 | 1,13 | 1,15 | 1,16 | 1,18 | 1,19 | 1,21 | 1,22 | 1,24 | 1,25 | 1,27 | 50 |
| 60 | 1,28 | 1,30 | 1,33 | 1,35 | 1,37 | 1,40 | 1,42 | 1,44 | 1,46 | 1,49 | 60 |
| 70 | 1,51 | 1,55 | 1,59 | 1,63 | 1,67 | 1,72 | 1,76 | 1,80 | 1,84 | 1,88 | 70 |
| 80 | 1,92 | 1,97 | 2,02 | 2,07 | 2,12 | 2,18 | 2,23 | 2,28 | 2,33 | 2,38 | 80 |
| 90 | 2,43 | 2,49 | 2,54 | 2,60 | 2,66 | 2,72 | 2,77 | 2,83 | 2,89 | 2,94 | 90 |
| 100 | 3,00 | 3,06 | 3,12 | 3,18 | 3,24 | 3,31 | 3,37 | 3,44 | 3,50 | 3,57 | 100 |
| 110 | 3,63 | 3,70 | 3,76 | 3,83 | 3,90 | 3,97 | 4,04 | 4,11 | 4,18 | 4,25 | 110 |
| 120 | 4,32 | 4,39 | 4,46 | 4,54 | 4,61 | 4,68 | 4,76 | 4,84 | 4,92 | 4,99 | 120 |
| 130 | 5,07 | 5,15 | 5,23 | 5,31 | 5,39 | 5,47 | 5,55 | 5,63 | 5,71 | 5,80 | 130 |
| 140 | 5,88 | 5,96 | 6,05 | 6,13 | 6,22 | 6,31 | 6,39 | 6,48 | 6,57 | 6,66 | 140 |
| 150 | 6,75 | 6,84 | 6,93 | 7,02 | 7,11 | 7,21 | 7,30 | 7,39 | 7,49 | 7,58 | 150 |
| 160 | 7,68 | 7,78 | 7,87 | 7,97 | 8,07 | 8,17 | 8,27 | 8,37 | 8,47 | 8,57 | 160 |
| 170 | 8,67 | 8,77 | 8,88 | 8,98 | 9,08 | 9,19 | 9,29 | 9,40 | 9,51 | 9,61 | 170 |
| 180 | 9,72 | 9,83 | 9,94 | 10,05 | 10,16 | 10,27 | 10,38 | 10,49 | 10,60 | 10,72 | 180 |
| 190 | 10,83 | 10,94 | 11,06 | 11,17 | 11,29 | 11,41 | 11,52 | 11,64 | 11,76 | 11,88 | 190 |
| 200 | 12,00 | 12,12 | 12,24 | 12,36 | 12,48 | 12,61 | 12,73 | 12,85 | 12,98 | 13,10 | 200 |

[1]) entspricht Tafel 36, Spalte 3, Zwischenwerte sind geradlinig interpoliert,

**Schlankheitsgrad $\lambda$** nach DIN 1052 T1, 9.2

$\leqq$ 150 bei einteiligen Druckstäben
$\leqq$ 175 bei zusammengesetzten nicht verleimten Druckstäben
$\leqq$ 200 bei Verbandstäben sowie Zugstäben mit geringer Druckkraft aus Zusatzlast
$\leqq$ 200 bei Fliegenden Bauten nach DIN 4112 (vorwiegend ruhende Lasten).
$\leqq$ 250 bei Zeltstangen zur Minderung des freien Durchhanges der Zeltplane.

**Tafel 39 Knickzahlen $\omega$ für Brettschichtholz BS 11 nach Tafel 1 b**[1])

| $\lambda$ | 0 | 1 | 2 | 3 | 4 | 5 | 6 | 7 | 8 | 9 | $\lambda$ |
|---|---|---|---|---|---|---|---|---|---|---|---|
| 0 | | | | | | | | | | | 0 |
| 10 | | | | | 1,00 | | | | | | 10 |
| 20 | | | | | | | | | | | 20 |
| 30 | 1,00 | 1,00 | 1,01 | 1,01 | 1,01 | 1,02 | 1,02 | 1,02 | 1,02 | 1,03 | 30 |
| 40 | 1,03 | 1,04 | 1,05 | 1,05 | 1,06 | 1,07 | 1,08 | 1,09 | 1,09 | 1,10 | 40 |
| 50 | 1,11 | 1,12 | 1,14 | 1,15 | 1,17 | 1,18 | 1,19 | 1,21 | 1,22 | 1,24 | 50 |
| 60 | 1,25 | 1,27 | 1,29 | 1,31 | 1,33 | 1,35 | 1,37 | 1,39 | 1,41 | 1,43 | 60 |
| 70 | 1,45 | 1,48 | 1,51 | 1,54 | 1,57 | 1,60 | 1,63 | 1,66 | 1,69 | 1,72 | 70 |
| 80 | 1,75 | 1,80 | 1,84 | 1,89 | 1,94 | 1,99 | 2,03 | 2,08 | 2,13 | 2,17 | 80 |
| 90 | 2,22 | 2,27 | 2,32 | 2,38 | 2,43 | 2,48 | 2,53 | 2,58 | 2,64 | 2,69 | 90 |
| 100 | 2.74 | 2,80 | 2,86 | 2,91 | 2,97 | 3,03 | 3,09 | 3,15 | 3,20 | 3,26 | 100 |
| 110 | 3,32 | 3,38 | 3,45 | 3,51 | 3,57 | 3,64 | 3,70 | 3,76 | 3,82 | 3,89 | 110 |
| 120 | 3,95 | 4,02 | 4,09 | 4,15 | 4,22 | 4,29 | 4,36 | 4,43 | 4,49 | 4,56 | 120 |
| 130 | 4,63 | 4,70 | 4,78 | 4,85 | 4,93 | 5,00 | 5,07 | 5,15 | 5,22 | 5,30 | 130 |
| 140 | 5,37 | 5,45 | 5,53 | 5,61 | 5,69 | 5,77 | 5,85 | 5,93 | 6,01 | 6,09 | 140 |
| 150 | 6,17 | 6,26 | 6,34 | 6,43 | 6,51 | 6,60 | 6,68 | 6,77 | 6,85 | 6,94 | 150 |
| 160 | 7,02 | 7,11 | 7,20 | 7,29 | 7,38 | 7,47 | 7,56 | 7,65 | 7,74 | 7,83 | 160 |
| 170 | 7,92 | 8,02 | 8,11 | 8,21 | 8,30 | 8,39 | 8,50 | 8,59 | 8,69 | 8,78 | 170 |
| 180 | 8,88 | 8,98 | 9,08 | 9,18 | 9,28 | 9,39 | 9,49 | 9,59 | 9,69 | 9,79 | 180 |
| 190 | 9,89 | 10,00 | 10,10 | 10,21 | 10,32 | 10,43 | 10,53 | 10,64 | 10,75 | 10,85 | 190 |
| 200 | 10,96 | 11,07 | 11,18 | 11,30 | 11,41 | 11,52 | 11,63 | 11,74 | 11,86 | 11,97 | 200 |

[1]) entspricht Tafel 36, Spalte 4, Zwischenwerte sind geradlinig interpoliert

## 3.5.2 Knicknachweis für einteilige Stäbe (mittiger Druck)

$$\frac{N/A}{\text{zul}\,\sigma_K} \leqq 1 \qquad (104)$$

$$\text{zul}\,\sigma_K = \frac{\text{zul}\,\sigma_{D\parallel}}{\omega} \qquad (105)$$

$N$ größte im Stab auftretende Druckkraft
$A$ ungeschwächter Stabquerschnitt
$\omega$ die von $\lambda$ abhängige Knickzahl nach Tafel 36 bis 39
$\lambda$ maßgebender Schlankheitsgrad des Stabes, d. h. der größere Wert von $\lambda_y = s_{Ky}/i_y$ und $\lambda_z = s_{Kz}/i_z$, wobei $s_{Ky}$ und $s_{Kz}$ die Knicklängen für Ausknicken $\perp$ zu den Schwerachsen bzw. $i_y$ und $i_z$ die zugeordneten Trägheitsradien sind.

**allgemein:**
Knicklänge $s_K$ n. Tafel 33 bis 35
Trägheitsradius $i = \sqrt{I/A}$ (106)

**für Rechteckquerschnitt:**
$i_y = 0{,}289 \cdot h$
$i_z = 0{,}289 \cdot b$

**Beispiel Knicknachweis eines einteiligen Druckstabes**

Pendelstütze, mittiger Druck
Brettschichtholz $b/h =$ 16/32 cm, BS 14, LFH,
zul $\sigma_{D\parallel} = 11$ MN/m² n. Tafel 1 b
$= 1{,}1$ kN/cm²
$A = 16 \cdot 32 = 512$ cm²

Das Eigengewicht der Pendelstütze ist im Verhältnis zur Kraft $F$ sehr klein und wird hier vernachlässigt.

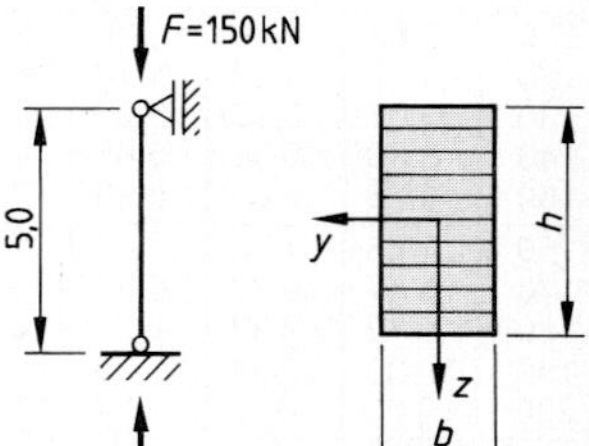


**Knicken um die $y$-Achse**

$s_{Ky} = 1{,}0 \cdot 5{,}0 = 5{,}0$ m
(gelenkige Lagerung)
$\lambda_y = 500/(0{,}289 \cdot 32) = 54$
$< 150 = \text{zul}\,\lambda$
$\omega_y = 1{,}19$ nach Tafel 38
zul $\sigma_K = 1{,}1/1{,}19 = 0{,}92$ kN/cm²

$$\frac{150/(16 \cdot 32)}{0{,}92} = 0{,}32 < 1$$

**Knicken um die $z$-Achse**

$s_{Kz} = 1{,}0 \cdot 5{,}0 = 5{,}0$ m
(gelenkige Lagerung)
$\lambda = 500/(0{,}289 \cdot 16) = 108$
$< 150 = \text{zul}\,\lambda$
$\omega_z = 3{,}50$ nach Tafel 38
zul $\sigma_K = 1{,}1/3{,}50 = 0{,}31$ kN/cm²

$$\frac{150/(16 \cdot 32)}{0{,}31} = 0{,}95 < 1$$

## 3.5.3 Knicknachweis für mehrteilige Stäbe (mittiger Druck)

Es wird unterschieden zwischen nicht gespreizten Druckstäben (kontinuierlich verleimt oder mit kontinuierlicher, nachgiebiger Verbindung nach Tafel 40) und gespreizten Druckstäben (Rahmen- und Gitterstäbe nach Tafel 41).

**Knicknachweis zusammengesetzter, kontinuierlich verleimter Stäbe.** Bei verleimten Stäben mit Querschnittstypen nach Tafel 40 darf das Flächenmoment 2. Grades $I = I_{starr}$ mit $\gamma_i = 1$ und der Schlankheitsgrad $\lambda = \lambda_{starr}$ berechnet werden. Der Knicknachweis erfolgt sinngemäß nach Tafel 40.

**Tafel 40 Bemessung zusammengesetzter, nicht gespreizter Druckstäbe mit kontinuierlicher, nachgiebiger Verbindung** nach DIN 1052 T1, 9.3.3[1])

| | | Typ 1 | Typ 2 | Typ 3 | Typ 4 | Typ 5 |
|---|---|---|---|---|---|---|
| 1 | für Knickung maßgebende Schwerachse | 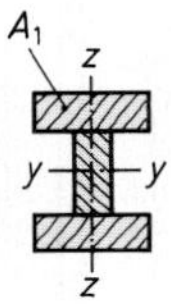 | 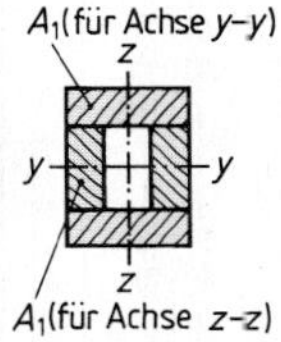 | 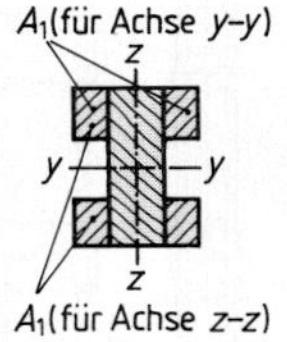 | 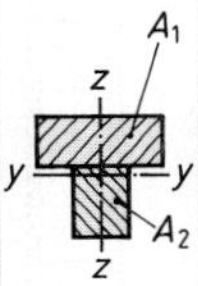 | 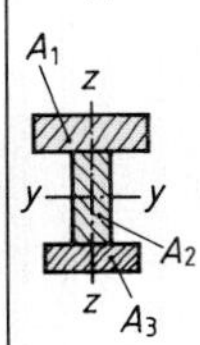 |
| **Wirksames Flächenmoment 2. Grades ef $I$** | | | | | | |
| 2 | $y-y$ | ef $I_y$ nach Gl. (53) oder (67), Tafel 23, 24, anstelle von $l$ ist $s_K$ zu setzen | | | | |
| | $z-z$ | $I_z = \sum_{i=1}^{n} I_{zi}$ (107) | ef $I_z$ nach Gl. (53), Tafel 23, anstelle von $l$ ist $s_K$ zu setzen | | $I_z = \sum_{i=1}^{n} I_{zi}$ (108) | |
| **wirksamer Schlankheitsgrad ef $\lambda$, Trägheitsradius ef $i$, zugehörige Knickzahl ef $\omega$** | | | | | | |
| 3 | $y-y$ | ef $\lambda_y = s_{Ky}/\text{ef}\, i_y$ (109) | ef $i_y = \sqrt{\text{ef}\, I_y/\bar{A}}$ (110) | ef $\omega_y$ nach Tafel 36 bis 39 | | |
| | $z-z$ | ef $\lambda_z = s_{Kz}/\text{ef}\, i_z$ (111) | ef $i_z = \sqrt{\text{ef}\, I_z/\bar{A}}$ (112) | ef $\omega_z$ nach Tafel 36 bis 39 | | |
| **Knicknachweis für alle Querschnittsteile** | | | | | | |
| 4 | $y-y$ | $\frac{N \cdot n_i/\bar{A}}{zul\, \sigma_K} \leq 1$ (113) | $\bar{A} = \sum_{i=1}^{3} n_i \cdot A_i$ (114) | $zul\, \sigma_K = \frac{zul\, \sigma_{D\parallel}}{ef\, \omega_y}$ (115) | | |
| | $z-z$ | $\frac{N \cdot n_i/\bar{A}}{zul\, \sigma_K} \leq 1$ (116) | $\bar{A} = \sum_{i=1}^{3} n_i \cdot A_i$ (117) | $zul\, \sigma_K = \frac{zul\, \sigma_{D\parallel}}{ef\, \omega_z}$ (118) | | |
| **über die Stablänge angenommene Querkraft $Q_i$** | | | | | | |
| 5 | | $Q_i = \frac{ef\, \omega \cdot N}{60}$ (119) | $Q_i$ darf mit ef $\lambda/60 \leq 0{,}5$ abgemindert werden, wenn ef $\lambda < 60$ ist. | | | |
| **Schubfluß ef $t$, erforderlicher Abstand $e'_{1,3}$ der Verbindungsmittel** | | | | | | |
| 6 | ef $t$ nach Gl. (61), (81), (82) | $e'_{1,3}$ nach Gl. (62), (83), (84) | Tafel 23, 24 | | | |

[1]) Hierin bedeuten:
$I_{zi}$ $I$ des Einzelstabes, bezogen auf die Schwerachse $z-z$ der Querschnittsfläche
ef $\omega$ die dem wirksamen Schlankheitsgrad ef $\lambda$ zugehörige Knickzahl nach Tafel 36 bis 39
$N$ die größte vorhandene Druckkraft des Stabes
Weitere Bezeichnungen s. Tafel 23

Bei **ausmittigen Druck** (Druck- und Biegung) sind die Nachweise nach Abschn. 3.5.4 zu führen. **Rahmen- und Gitterstäbe** nach Tafel 41 sollen in der Regel nur durch zentrische Lasten beansprucht werden, ⊥ zur stofffreien Achse dürfen sie nur aus Wind- oder sonstigen Zusatzlasten belastet werden.

**Tafel 41 Bemessung mehrteiliger gespreizter Druckstäbe (Rahmen- und Gitterstäbe)** nach DIN 1052 T1, 9.3.3.3[1])

| | | Rahmenstäbe | Gitterstäbe | |
|---|---|---|---|---|
| 1 | | 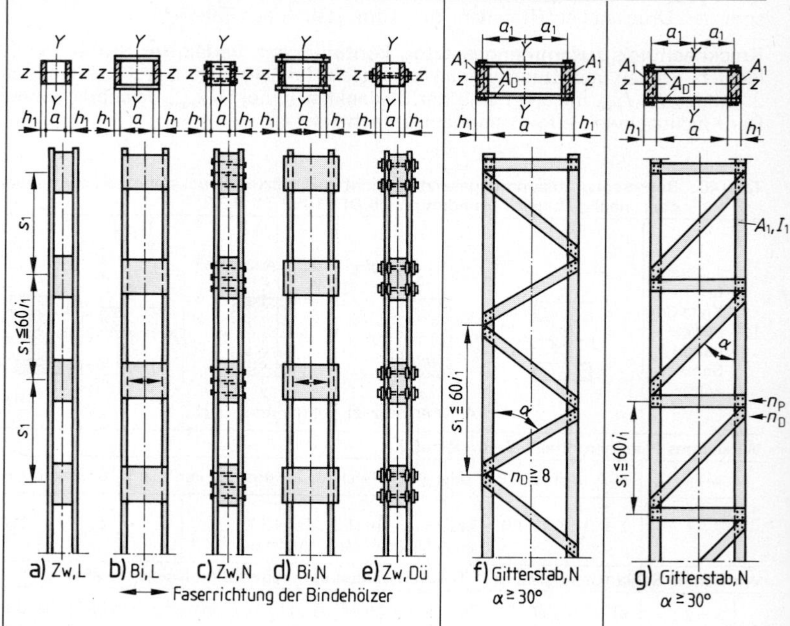  | | |
| | | (Zw = Zwischenholz; Bi = Bindeholz; L = verleimt; N = genagelt; Dü = gedübelt) | | |
| **Flächenmoment 2. Grades $I$** | | | | |
| 2 | y–y | $I_y=\sum_{i=1}^{2}(I_{yi}+a_1^2\cdot A_i)$ (120) | $a_1=0{,}5\cdot(a+h_1)$ (121) | |
| | z–z | $I_z=\sum_{i=1}^{2} I_{zi}$ (122) | | |
| **wirksamer Schlankheitsgrad ef $\lambda$, Trägheitsradius $i$, zugehörige Knickzahl ef $\omega$** | | | | |
| 3 | y–y | $\text{ef}\,\lambda_y=\sqrt{\lambda_y^2+\frac{m}{2}\cdot c\cdot\lambda_1^2}$ (123) | ef $\lambda_y$ nach Gl. (132) | ef $\lambda_y$ nach Gl. (133) |
| | z–z | $\lambda_z=s_{Kz}/i_z$ (124) $i_z=\sqrt{I_z/A}$ (125) | $\omega_z$ nach Tafel 36 bis 39 | |
| **Knicknachweis** | | | | |
| 4 | y–y | $\frac{N/A}{\text{zul}\,\sigma_K}\leq 1$ (126) $A=\sum_{i=1}^{2} A_i$ (127) | $\text{zul}\,\sigma_K=\frac{\text{zul}\,\sigma_{D\parallel}}{\text{ef}\,\omega_y}$ (128) | |
| | z–z | $\frac{N/A}{\text{zul}\,\sigma_K}\leq 1$ (129) $A=\sum_{i=1}^{2} A_i$ (130) | $\text{zul}\,\sigma_K=\frac{\text{zul}\,\sigma_{D\parallel}}{\omega_z}$ (131) | |
| 5 | $\text{ef}\,\lambda=\sqrt{\lambda_y^2+\frac{m}{2}\cdot\frac{4\,\pi^2 EA_1}{a_1\,n_D\,C_D\sin 2\alpha}}$ (132) | $\text{ef}\,\lambda=\sqrt{\lambda_y^2+\frac{m}{2}\cdot\frac{4\,\pi^2\cdot EA_1}{a_1\cdot\sin 2\alpha}\left(\frac{1}{n_D\cdot C_D}+\frac{\sin^2\alpha}{n_P\cdot C_P}\right)}$ (133) | | |

Fußnoten s. S. 829 oben

Fußnoten zu Tafel 41

[1]) Hierin bedeuten:

$\lambda_y$ — $s_{Ky}/i_y$ der rechnerische Schlankheitsgrad des Gesamtquerschnittes, der Trägheitsradius $i_y$ wird dabei aus dem vollen Flächenmoment 2. Grades $I_{y,starr}$ des Gesamtquerschnitts, bezogen auf die Schwerachse $y-y$, ermittelt

$\lambda_1 = s_1/i_1$ — ($\lambda_1 \leqq 60$; $s_1 \leqq s_{Ky}/3$) der Schlankheitsgrad des Einzelstabes für die zur Schwerachse $y-y$ parallelen Schwerachse; als freie Knicklänge $s_1$ des Einzelstabes ist der Mittenabstand der Querverbindungen zugrunde zu legen; für Achsenabstände der Querverbindungen $s_1 < 30 \cdot i_1$ ist beim Knicknachweis $\lambda_1 = 30$ in Gl. (123) einzusetzen

$c$ — Faktor je nach Ausbildung der Querverbindungen gemäß Tafel 42

$m$ — Anzahl der Einzelstäbe

$A_1$ — der Querschnitt eines Einzelstabes

$C_{D,P}$ — Verschiebungsmodul der verwendeten Verbindungsmittel nach Tafel 25

$n_{D,P}$ — Gesamtzahl der Verbindungsmittel, mit denen die Gesamtstabkraft der Streben bzw. Pfosten angeschlossen ist

$\alpha$ — Strebenneigungswinkel

**Tafel 42 Faktor *c* für Rahmenstäbe** der Tafel 41 nach DIN 1052 T1, Tab. 11

| 1 | Art der Querverbindung | Verbindungsmittel | Faktor $c$ |
|---|---|---|---|
| 2 | Zwischenhölzer[1]) | Leim | 1,0 |
| | | Dübel | 2,5 |
| | | Nägel, Holzschrauben, Stabdübel, Klammern | 3,0 |
| 3 | Bindehölzer | Leim | 3,0 |
| | | Nägel, Holzschrauben Klammern | 4,5 |

[1]) $c = 3{,}0$ für Bolzen bei Gerüsten und fliegenden Bauten. Dabei muß ein Nachziehen der Bolzen möglich sein.
Alle anderen verbolzten mehrteiligen Druckstäbe sind so zu berechnen, als bestünden sie aus nicht zusammenwirkenden Einzelstäben.

**Bauliche Ausbildung und Berechnung der Querverbindungen bei Rahmen- und Gitterstäben nach Tafel 41.** Unter Spreizung wird das Verhältnis lichter Abstand $a$/Einzelstabdicke $h_1$ verstanden. Bei großen Spreizungen sind Gitterstäbe den Rahmenstäben mit Bindehölzern vorzuziehen.

Alle Zwischen- und Bindehölzer, die Ausfachungen sowie deren Anschlüsse sind für die Querkraft $Q_i$ nach Gl. (119), Tafel 40 zu bemessen. Bei Rahmenstäben mit Zwischenhölzern (übliche Spreizung $a/h_1 \leqq 3$) und bei Rahmenstäben mit Bindehölzern (Spreizung $3 < a/h_1 \leqq 6$) entfällt auf eine Querverbindung eine Schubkraft $T$, die nach Gl. (134) berechnet werden kann.

$$T = \frac{f\,Q_i\,s_1}{2a_1} \quad (134)$$

$f = 1{,}0$ beim zweiteiligen Stab
$f = 0{,}5$ beim dreiteiligen Stab
$f = 0{,}4$ bzw. $0{,}3$ beim vierteiligen Stab

Die Aufnahme des Biegemomentes aus der Schubkraft $T$ braucht bei Zwischenhölzern nur bei einer Spreizung $a/h_1 > 2$ nachgewiesen zu werden.

Jede einzelne Querverbindung ist durch mind. 2 Dübel oder 4 Nägel je Einzelstab anzuschließen. Bei verleimten Zwischenhölzern: Länge eines Zwischenholzes $l_z \geqq 2a$; Felderanzahl bei Rahmenstäben $n \geqq 3$, Querverbindungen mindestens in den Stabdrittelspunkten anordnen.

### 3.5.4 Stabilitätsnachweis bei ausmittigem Druck (Druck und Biegung)

Zunächst **gewöhnlichen Spannungsnachweis** nach Gl. (135) führen, danach **Stabilitätsnachweis** nach Gl. (136) mit zul $\sigma_K$ nach Gl. (105), dabei ist für $\omega$ stets der größte Wert ohne Rücksicht auf die Richtung der Ausbiegung und $k_B$ nach Gl. (101) oder Tafel 31 einzusetzen.

$$\frac{N/A_n}{\text{zul}\,\sigma_{D\parallel}} + \frac{M/W_n}{\text{zul}\,\sigma_B} \leqq 1 \quad (135) \qquad \frac{N/A}{\text{zul}\,\sigma_K} + \frac{M/W}{k_B \cdot 1{,}1 \cdot \text{zul}\,\sigma_B} \leqq 1 \quad (136)$$

## 3.5.5 Tragsicherheitsnachweis nach Spannungstheorie II. Ordnung

Der Tragsicherheitsnachweis nach Spannungstheorie II. Ordnung darf anstelle der Knicksicherheitsnachweise (Stabilitätsnachweise nach Abschn. 3.5.2 bis 3.5.4) bei Tragsystemen angewandt werden, die in ihrer Ebene nicht durch Verbände, Scheiben oder dgl. mehr ausgesteift sind, z. B. bei Rahmensystemen nach Bild 17. Der Tragwerksplaner entscheidet den Einsatz eines der beiden Verfahren; bei den meisten Holzbauwerken liefern die Knicksicherheitsnachweise (Ersatzstabverfahren) ausreichende und wirtschaftliche Ergebnisse, der Tragsicherheitsnachweis nach Spannungstheorie II. Ordnung sollte z. B. bei den Stabilitätsproblemen eingesetzt werden, die durch das Ersatzstabverfahren nur unzureichend erfaßt werden.

Der Nachweis ausreichender Tragsicherheit ist erbracht, wenn die Bedingungen in der Tafel 43 eingehalten werden. Die Schnittgrößen nach Spannungstheorie II. Ordnung sind unter $\gamma_1$- bzw. $\gamma_2$-fachen Lasten zu ermitteln; dabei sind die Vorverformungen planmäßig gerader Holzbauteile (baupraktisch unvermeidbare Imperfektionen) nach Tafel 44, die Nachgiebigkeit von Verbindungsmitteln und Kriechverformungen zu berücksichtigen. Die Federsteifigkeiten nachgiebiger Anschlüsse, z. B. Drehfederkonstanten $C_d$ nach Tafel 77, sind mit dem 0,8fachen Werten der Verschiebungsmoduln nach Tafel 76 zu berechnen, während Biege-, Dehn- und Schubsteifigkeiten mit den Elastizitäts- und Schubmoduln nach Tafel 6 bis 8 zu ermitteln sind. Die Kriechverformung aus Dauerlast, sinngemäß nach Abschn. 2 berechnet, darf zur Vorverformung aus ungewollter Ausmitte $e$ und ungewollter Schrägstellung $\psi$ addiert werden. Die Durchbiegungsnachweise dürfen für den Gebrauchszustand nach Theorie I. Ordnung geführt werden. Die Schnittkraftermittlung nach Spannungstheorie II. Ordnung kann z. B. nach *Scheer/Bauer*, Bd. 2 [11] oder rechnergestützt mit geeigneter Software vorgenommen werden. Hierüber s. auch *Heimeshoff* [12].

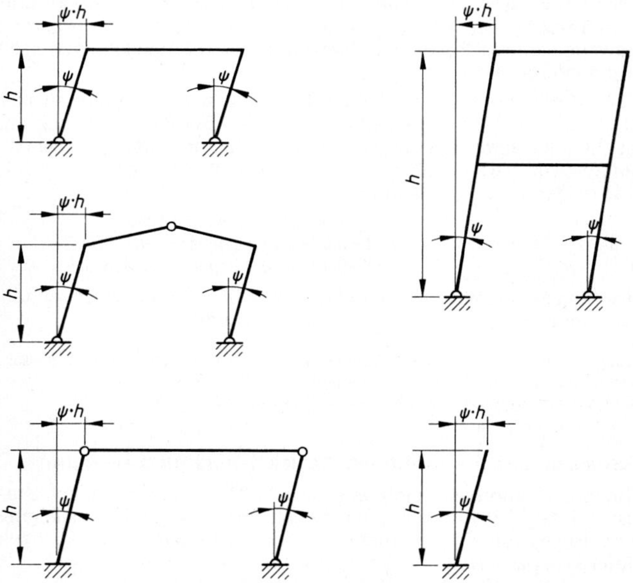


**Bild 17 Ungewollte Schrägstellung der Stiele bei Rahmentragwerken, Einzelstützen und Stützenreihen nach DIN 1052 T1, Bild 25**

**Tafel 43 Tragsicherheitsnachweis nach Spannungstheorie II. Ordnung der DIN 1052 T1, 9.6**

**Spannungen**

| Normal- und Biegespannungen | Schubspannungen |
|---|---|
| $\frac{N^{II}/A}{\gamma_1 \cdot \text{zul}\,\sigma_{D\parallel}} + \frac{M^{II}/W}{\gamma_1 \cdot \text{zul}\,\sigma_B} \leqq 1$ (137) | $\frac{\tau_Q^{II}}{\gamma_1 \cdot \text{zul}\,\tau_Q} \leqq 1$ (138) |

| Verbindungsmittel | Verformungen | Schlankheit |
|---|---|---|
| $\frac{F^{II}}{\gamma_1 \cdot \text{zul}\,F} \leqq 1$ (139) | $\frac{f^{II}(\gamma_2)}{f^{II}(\gamma_1)} \leqq 4{,}5$ (140) | $\frac{\min i}{\text{vorh}\, i} \leqq 1$ (141) |

| | |
|---|---|
| $N^{II}$ | Normalkräfte nach Spannungstheorie II. Ordnung (unter $\gamma_1$-fachen Lasten), |
| $M^{II}$ | Biegemomente nach Spannungstheorie II. Ordnung (unter $\gamma_1$-fachen Lasten), |
| $A$ | Querschnitt des Stabes, |
| $W$ | Widerstandsmoment des Stabes, |
| zul $\sigma_{D\parallel}$; zul $\sigma_B$; zul $\tau_Q$ | zulässige Druck-, Biege- und Schubspannung nach Tafel 1 a, b bzw. 3 |
| $\tau_Q^{II}$ | Schubspannungen nach Spannungstheorie II. Ordnung (unter $\gamma_1$-fachen Lasten), |
| $\gamma_1$, $\gamma_2$ | Lasterhöhungsbeiwerte für beide Lastfälle H und HZ, $\gamma_1 = 2{,}0$; $\gamma_2 = 3{,}0$, |
| $F^{II}$ | Belastung der Verbindungsmittel nach Spannungstheorie II. Ordnung (unter $\gamma_1$-fachen Lasten), |
| zul $F$ | zulässige Belastung der Verbindungsmittel, |
| $f^{II}$ | maßgebende Verformung unter $\gamma_2$-fachen Lasten bzw. entsprechende Verformung unter $\gamma_1$-fachen Lasten; als maßgebende Verformungen gelten i.a. die Höchstwerte von Horizontalverschiebungen und Durchbiegungen, |
| min $i$ | Mindest-Trägheitsradius des Einzelstabes in Tragwerksebene bezogen auf die Stablänge $l$<br>min $i \geqq l/150$ bei Einzelstäben,<br>$\geqq l/175$ bei zusammengesetzten, nicht verleimten Stäben,<br>$\geqq l/200$ bei Verbandsstäben und bei Zugstäben mit geringfügigen Kräften aus Zusatzlasten |
| vorh $i$ | vorhandener Trägheitsradius des Stabes |

**Tafel 44 Vorverformungen für Tragsicherheitsnachweis nach Spannungstheorie II. Ordnung der DIN 1052 T1, 9.6**

| **Planmäßig gerade Druckstäbe** mit | | **Rahmentragwerke, Einzelstützen und Stützenreihen**, s. Bild 17 |
|---|---|---|
| planmäßig **mittiger** Belastung | planmäßig **ausmittiger** Belastung | |
| **rechnerische (ungewollte) Ausmitte *e* in Stabmitte** | | **ungewollte Schrägstellung $\psi$** |
| $e = \eta \cdot k \cdot s/i$ (142)<br>mit $\eta = 0{,}003$ für Brettschichtholz<br>$= 0{,}006$ für Vollholz[2]) | $e = \eta \cdot k \cdot s/i$ (143)<br>$e$ berücksichtigen für $M/N < 20 \cdot e$[1])<br>$e$ vernachlässigen für $M/N \geqq 20 \cdot e$ | $\psi = \pm \frac{1}{100 \cdot \sqrt{h}}$ (144)<br>$\psi$ berücksichtigen für $M/N < \frac{1}{5}\sqrt{h}$<br>$\psi$ vernachlässigen für $M/N \geqq \frac{1}{5}\sqrt{h}$ |

| | |
|---|---|
| $e$ | ungewollte Ausmitte der Stabachse bei unbelastetem Stab (wahlweise eine sinus- oder parabelförmige Vorkrümmung der Stabachse) |
| $s$ | Netzlänge des Stabes |
| $i$, $k$ | Trägheitsradius bzw. Kernweite des Querschnitts, bei zusammengesetzten Stäben ohne Berücksichtigung etwaiger Nachgiebigkeiten der Verbindungsmittel |
| $\eta$ | Vorkrümmungsbeiwert |
| $\psi$ | rechnerische Abweichung von der Sollage des Stieles (ungewollte Schrägstellung) |
| $h$ | Stiel- oder Stützenhöhe in m, bei mehrgeschossigen Rahmen die gesamte Trägerhöhe |
| $M/N$ | planmäßige Ausmitte eines Druckstabes, der durch eine Normalkraft $N$ und ein Biegemoment $M$ belastet wird |

[1]) rechnerische Ausmitte $e$ ist bei planmäßig ausmittig gedrückten Stäben zusätzlich zur planmäßigen Ausmitte $M/N$ zu berücksichtigen

[2]) Vollholz aus Nadelholz Sortierklassen S 10/MS 10 bis MS 17 und Vollholz aus Laubholz mittlerer Güte

## 3.6 Aussteifung von Druckgurten biegebeanspruchter Bauteile

Biegeträger sowie Druckgurte von Fachwerkträgern müssen gegen seitliches Ausweichen gesichert sein. Bei Biegeträgern ist der Nachweis nach Abschn. 3.4.13, bei Fachwerkträgern der Nachweis für den gedrückten Gurt nach Abschn. 3.5 zu führen.

Aussteifungskonstruktionen wie Aussteifungsverbände (s. Abschn. 3.6), -scheiben (s. Abschn. 3.8) und -träger sind anzuordnen, wenn keine Einzelabstützungen gegen feste Punkte oder durch Stäbe (s. Abschn. 3.7), Halbrahmen und dgl. mehr vorgenommen werden.

### 3.6.1 Druckgurte von Fachwerkträgern

Zur Bemessung der Aussteifungskonstruktion ist eine gleichmäßig verteilte Seitenlast nach beiden Richtungen wirkend

$$q_s = \frac{m \cdot N_{Gurt}}{30 \cdot l} \quad (145)$$

rechtwinklig zur Trägerebene anzusetzen. Hierin bedeuten:

$m$ Anzahl der auszusteifenden Fachwerk-Druckgurte
$N_{Gurt}$ mittlere Gurtkraft für den ungünstigsten Lastfall
$l$ Stützweite der Aussteifungskonstruktion

Horizontale Durchbiegungsbeschränkung der Aussteifungskonstruktion: zul $f \leqq l/1000$. Durchbiegungsnachweis kann entfallen, wenn Verhältnis Höhe/Spannweite der Aussteifungskonstruktion $\geqq 1/6$ ist.

Bild 18 zeigt als Beispiel einen Aussteifungsverband. Aus $q_s$ können die Lasten $H_i$, aus diesen die Stabkräfte des Verbandes berechnet werden.

Ansicht der Fachwerke

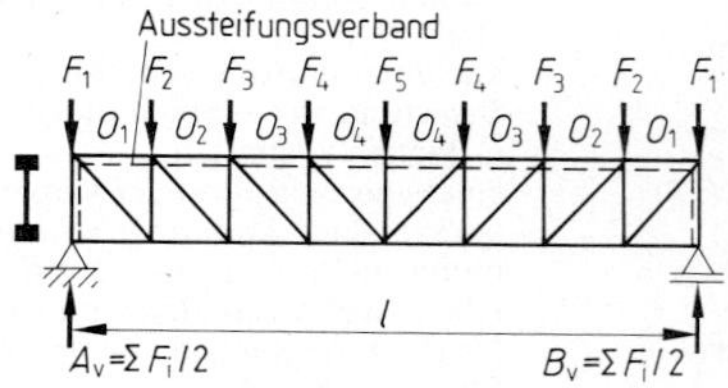


Draufsicht auf Aussteifungsverband

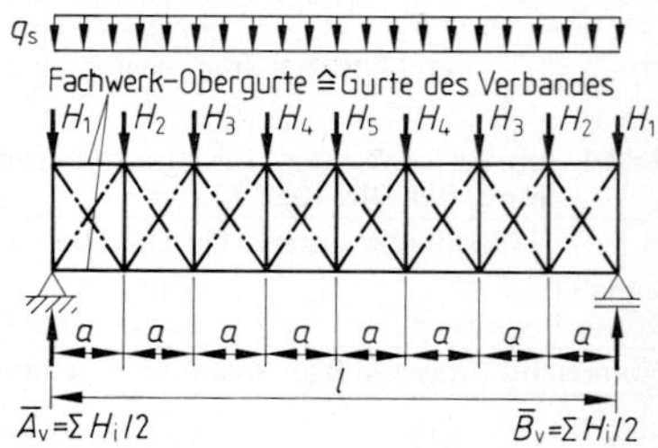


**Bild 18 Fachwerkträger**

### 3.6.2 Biegeträger mit Rechteckquerschnitt

Zur Bemessung der Aussteifungskonstruktion ist bei einem Verhältnis $h/b \leqq 10$ eine gleichmäßig verteilte Seitenlast nach beiden Richtungen wirkend

$$q_s = \frac{m \cdot \max M}{350 \cdot l \cdot b} \quad (146)$$

rechtwinklig zur Trägerebene anzusetzen. Hierin bedeuten:

Ansicht der Brettschichtträger

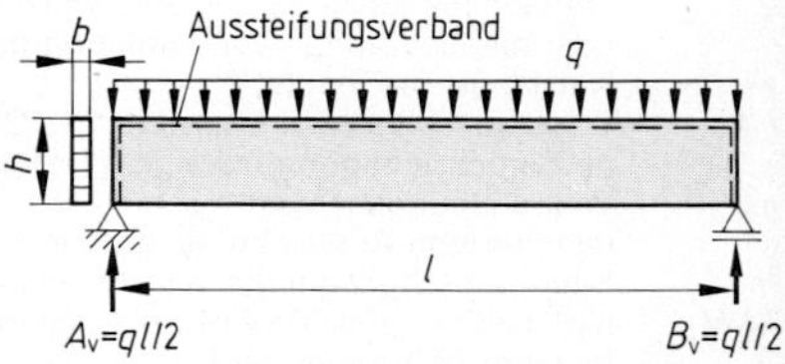


**Bild 19 Brettschichtträger**

$m$ Anzahl der auszusteifenden Träger
$\max M$ max. Biegemoment des Einzelträgers aus senkrechter Belastung
$l$ Stützweite der Aussteifungskonstruktion
$b, h$ Trägerbreite bzw. -höhe

Für $h/b > 10$ gilt Gl. (146) nicht, es ist der genaue Nachweis z. B. nach *Brüninghoff/Schmidt* [3] zu führen. Horizontale Durchbiegungsbeschränkung der Aussteifungskonstruktion: zul $f \leqq l/1000$. Der Durchbiegungsnachweis kann entfallen, wenn Verhältnis Höhe/Spannweite der Aussteifungskonstruktion $\geqq 1/6$. Bild 19 zeigt als Beispiel einen Brettschichtträger mit Aussteifungsverband, dieser kann Bild 18 entnommen werden.

### 3.6.3 Aussteifungskonstruktionen mit Wind- und Seitenlast

Für Bauteile (z. B. Verbände u. Scheiben), die zur Aussteifung von Druckgurten von Fachwerk- oder Biegeträgern und gleichzeitig zur Aufnahme von Windlasten herangezogen werden, sind die Wirkungen aus Seitenlast $q_s$ (s. Abschn. 3.6.1 und 3.6.2) und der Windlast $w$ nach Tafel 45 zu überlagern. Die Zuordnung zu den Lastfällen H oder HZ kann Tafel 46 entnommen werden.

**Tafel 45 Lastannahmen für Aussteifungskonstruktionen im Überlagerungsfall Wind- und Seitenlast** nach DIN 1052 T1, 10.2.4 [1])

| 1 | Stützweite $l$ der Aussteifungskonstruktion | Lastannahmen aus Seitenlast $q_s$ und Windlast $w$ | |
|---|---|---|---|
| 2 | $l \leqq 30$ m | $q_s + \frac{w}{2}$ | (147) |
| 3 | 30 m $< l <$ 40 m | $q_s + \frac{w}{2}\left(1 + \frac{l-30}{10}\right)$ | (148) |
| 4 | $l \geqq 40$ m | $q_s + w$ | (149) |

**Tafel 46 Lastfälle für Aussteifungskonstruktionen** nach DIN 1052 T1, 10.2.4 [1])

| 1 | Belastung der Aussteifungskonstruktion | Lastfall |
|---|---|---|
| 2 | $q_s$ aus LF H | LF H |
| 3 | $q_s$ aus LF HZ | LF HZ |
| 4 | $w$ | LF H [2])<br>LF HZ [3]) |
| 5 | $q_s + w$ [4]) | LF HZ |

[1]) für die einzelnen Tragteile der Aussteifungskonstruktion ist der maßgebende Fall aus Tafel 46 jeweils getrennt zu ermitteln

[2]) für Tragteile, die nur als Teil der Aussteifungskonstruktionen belastet werden, z. B. Diagonalen, nach *W. Gerold*

[3]) für Tragteile mit weiteren Lasten (Binder, Pfetten u. dgl.), nach *W. Gerold*

[4]) nach Tafel 45

### 3.6.4 Anzahl und Abstand von Aussteifungskonstruktionen

Bei Gebäudelängen $> 25$ m sind mindestens zwei Aussteifungskonstruktionen anzuordnen. Der lichte Abstand der Aussteifungskonstruktionen sollte $\leqq 25$ m sein.

**Beispiel Berechnung der Seitenlast $q_s$ und Überlagerungslast $q$ für einen Aussteifungsverband zwischen Brettschichtträgern,** s. auch Beispiel Abschnitt 3.4.1 (Fortführung)

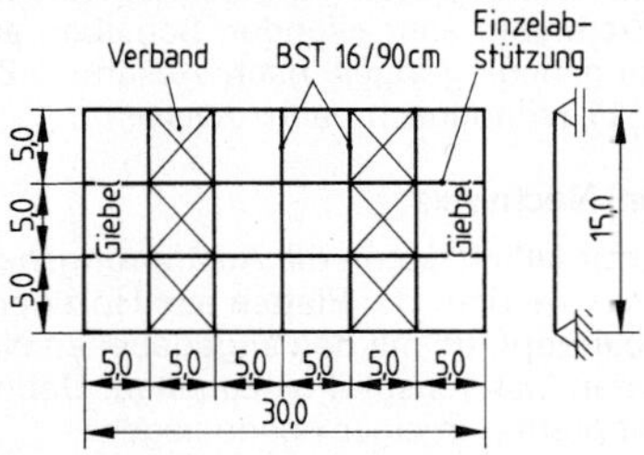


Draufsicht auf Lageplan der Binder und Verbände eines Flachdaches

**vorh. Aussteifungsabstand $a$**
in der Ebene der Binder-Druckgurte:
(s. Beispiel Abschn. 3.4.13)

$a = 5{,}0$ m
≙ Abstand der Verbandspfosten
≙ Abstand der Einzelabstützungen in Binderbereichen ohne Verband

Anzahl auszusteifender BST-Druckgurte:
$m = 5$ (in Giebelwänden keine BST).

Anzahl der Aussteifungsverbände:
$n = 2$, lichter Abstand $l_w = 10{,}0\,\text{m} < 25\,\text{m}$

**Seitenlast $q_s$** (für 1 Verband)

$$q_s = \frac{5/2 \cdot 196{,}9}{350 \cdot 15{,}0 \cdot 0{,}16} = 0{,}59\ \text{kN/m}$$

**anteilige Windlast $w$** auf Giebelwand (hier nicht gesondert berechnet)

$w = 1{,}2$ kN/m

**Überlagerungslast $q$**

Stützweite $l$ des Aussteifungsverbandes

$l = 15{,}0\,\text{m} < 30\,\text{m}$
$q = 0{,}59 + 1{,}2/2 = 1{,}19$ kN/m

**Einzelabstützungen** sind für die anteilige Windlast $w$ und die anteilige Seitenlast $q_s$ zu bemessen, wenn ein Ausgleich der inneren Kräfte möglich ist, mindestens jedoch für Lasten nach Tafel 47.

## 3.7 Einzelabstützungen

sind Bauteile, die ein Druckglied zur Unterteilung der Knicklänge in Zwischenpunkten abstützen (s. Abschn. 3.5.1). Sie werden auch zur Abstützung der Druckgurte biegebeanspruchter Bauteile eingesetzt (s. Abschn. 3.6).

Die anzunehmenden Stützeinzellasten dieser Einzelabstützungen sind Tafel 47 zu entnehmen. Werden mehrere Druckglieder durch solche Einzelabstützungen abgestützt, sind sie für die jeweilige Summe $K$ zu bemessen, s. Bild 20. Anschlüsse der Stützeinzellasten sind zug- und druckfest vorzunehmen.

**Tafel 47 Stützeinzellasten für Einzelabstützungen, die Druckglieder abstützen** nach DIN 1052 T1, 10.5 [1])

| | | | |
|---|---|---|---|
| 1 | Bauteile zur Unterteilung der Knicklänge | Stützeinzellasten $K$, abzustützende Druckglieder aus | |
| | | Vollholz | Brettschichtholz |
| 2 | in Zwischenpunkten | $K = N/50$ (150) | $K = N/100$ (151) |
| 3 | gegen Aussteifungsverbände | anteilige Seitenlast $q_s$, $\geqq N/50$ | anteilige Seitenlast $q_s$, $\geqq N/100$ |

[1]) $N$ größte Stabkraft (ohne Knickzahl) der an die Abstützung angrenzenden Druckstäbe

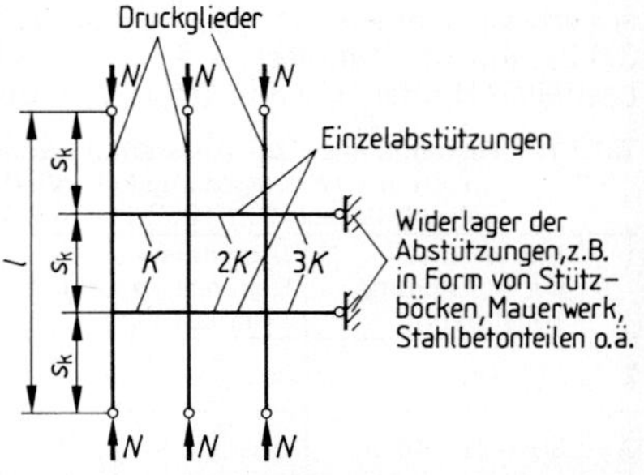


**Bild 20 Einzelabstützungen von Druckgliedern** nach DIN 1052 T1, Bild 27

## 3.8 Scheiben

Scheiben dürfen zur Aufnahme und Weiterleitung von vorwiegend ruhenden Lasten einschl. Windlasten und Erdbebenkräften in Scheibenebene beansprucht werden. Scheiben bestehen aus:

- Holztafeln, Stützweite $l_s < 30$ m oder
- Platten aus Holzwerkstoffen, die mit der Unterkonstruktion (z. B. Träger, Binder mit Sparrenpfetten) kraftschlüssig zu einer Scheibe verbunden werden.

Eine Berechnung von Scheiben aus Holzwerkstoffplatten ist nicht erforderlich, wenn die Ausführungsbedingungen des Abschn. 3.8.1 eingehalten werden. Damit können die meisten in der Praxis auftretenden aussteifenden Scheiben ausgelegt werden. Scheiben, die den Ausführungsbedingungen nach Abschn. 3.8.1 nicht entsprechen, sind nach DIN 1052 T1, 11 rechnerisch nachzuweisen.

### 3.8.1 Scheiben ohne rechnerischen Nachweis

Ein rechnerischer Nachweis ist nicht erforderlich, wenn die Ausführungsbedingungen der Tafel 48 und Bild 21 eingehalten werden. Die Platten aus Holzwerkstoffen sind auf jedem Binder und auf jeder Sparrenpfette mit den angegebenen Nägeln zu befestigen. Der erforderliche Nagelabstand ist konstant einzuhalten. Dabei sollten die Oberkanten der Binder und Sparrenpfetten in einer Ebene liegen.

Die Breite der Sparrenpfetten am Scheibenrand ist $\geqq 1{,}5$fach so breit wie die innenliegenden Sparrenpfetten auszuführen. Sind $\parallel$ zur Spannrichtung $l_s$ mehr als zwei nicht unterstützte Stöße vorhanden (s. Bild 21), so ist die Scheibenstützweite auf $l_s \leqq 12{,}50$ m zu mindern.

Die rechnerische Durchbiegung der Holzwerkstoffplatten infolge vertikaler Flächenlast $(g+s)$ oder $(g+p)$ muß $\leqq l/400$ sein. Spannungen aus Scheibenwirkung in den Platten und der zugehörigen Unterkonstruktion dürfen beim Nachweis $\perp$ zur Scheibenebene vernachlässigt werden.

**Tafel 48 Ausführungsbedingungen für Scheiben ohne rechnerischen Nachweis** nach DIN 1052 T1, Tab. 12

| | Gleichmäßig verteilte Horizontallast $q_h$ | Scheibenstützweite $l_s$ | Mindestdicken der Platten[1]) | | Erforderlicher Nagelabstand $e$ für Nageldurchmesser 3,4 mm[2]) bei einer Scheibenhöhe $h_s$ | | | |
|---|---|---|---|---|---|---|---|---|
| 1 | | | Flachpreßplatten | Bau-Furniersperrholz | $\geqq 0{,}25\, l_s$ | $\geqq 0{,}50\, l_s$ | $\geqq 0{,}75\, l_s$ | $1{,}0\, l_s$ |
| | in kN/m | in m | in mm | in mm | in mm | in mm | in mm | in mm |
| 2 | $\leqq 2{,}5$ | $\leqq 25$ | 19 | 12 | 60 | 120 | 180 | 200 |
| 3 | $\leqq 3{,}5$ | $\leqq 30$ | 22 | 12 | 40 | 90 | 130 | 180 |

[1]) Kleinste Seitenlänge der Platten $\geqq 1{,}0$ m

[2]) Bei Verwendung anderer Nageldurchmesser bis 4,2 mm ist der erforderliche Nagelabstand $e$ im Verhältnis der zulässigen Nagelbelastungen umzurechenen; der Nagelabstand darf 200 mm nicht überschreiten.

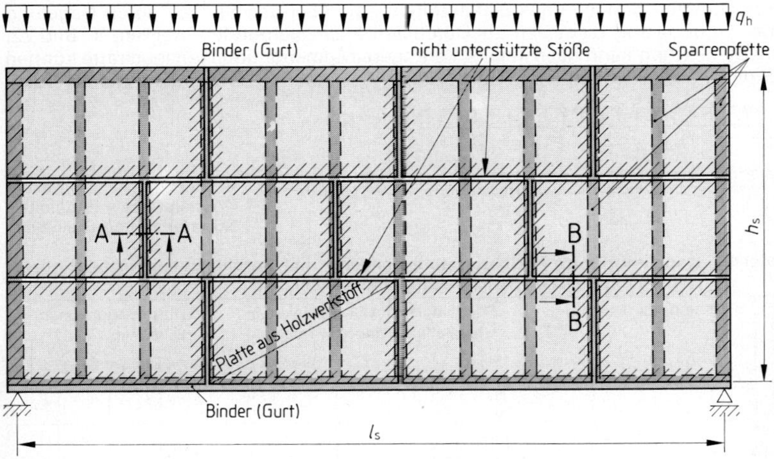


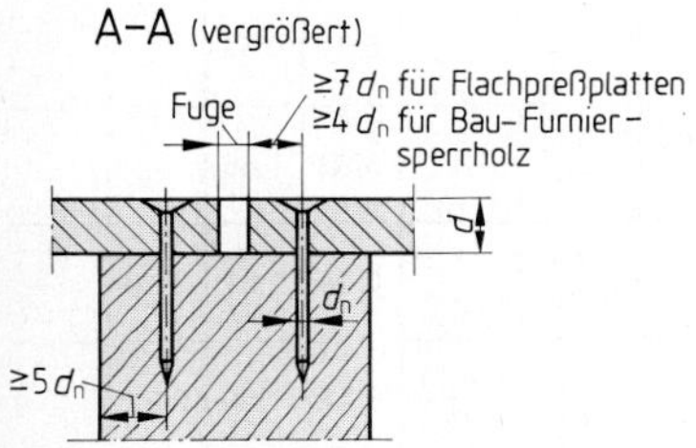


**Unterstützter Plattenstoß in Lastrichtung**

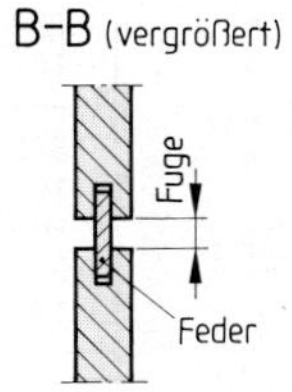


**Nicht unterstützter Plattenstoß parallel zur Spannrichtung**

**Bild 21 Aussteifende Scheibe aus Holzwerkstoffplatten** nach DIN 1051 T1, Bild 26

## 3.9 Sparrenpfetten

Sparrenpfetten tragen i. allg. die Dachhaut und liegen auf Bindern. Bei geneigten Dächern werden sie auf Doppelbiegung beansprucht.

### 3.9.1 Einfeld- und Durchlaufpfetten

Einfeldpfetten werden i. allg. nur bei kleineren Stützweiten und in Sonderbauweisen verwandt. Bei Durchlaufpfetten ohne Gelenke wird die Anzahl der zu überspannenden Felder durch die Lieferlängen beschränkt. Zul. Erhöhung der Biegespannung über Innenstützen nach Tafel 5. Die Durchbiegung von Durchlaufträgern ist bei gleichem Lastfall und gleicher Stützweite geringer als bei Einfeldträgern.

### 3.9.2 Gelenkpfetten (Gerberträger)

Die Momente und Auflagerkräfte können bei gleicher Stützweite und Gleichlast dem Kapitel Statik, Abschn. 6, S. 346 entnommen werden. Dabei ist die Lage der Momentgelenke bezüglich des Momentenausgleiches (Stütz-, Feldmomente) günstig gewählt worden. Die Ausbildung einer kinematischen Kette sollte vermieden werden. Im Bereich von Verbänden sollten keine Gelenke liegen.

### 3.9.3 Koppelpfetten (Koppelträger)

Koppelpfetten bestehen aus Einfeldträgern, die über den Stützen durch Nagelung oder Verdübelung biegesteif zu Durchlaufträgern verbunden werden, s. Bild 22. Die Bemessung kann nach Tafel 49 erfolgen, Momente und Auflagerkräfte können für gleiche Stützweiten dem Kapitel Statik, Abschn. 6, S. 348 entnommen werden.

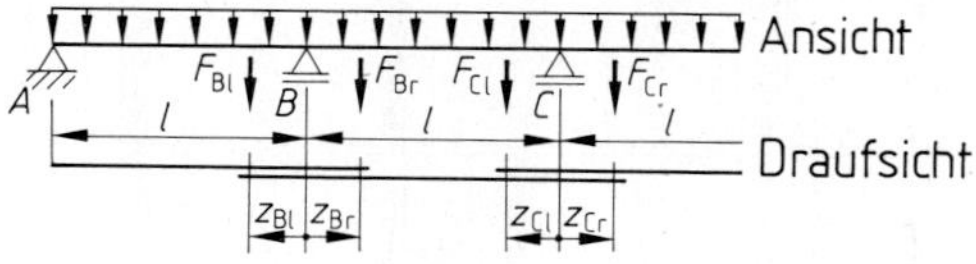


**Bild 22**
**Koppelpfette mit gleicher Stützweite und Gleichlast**

**Tafel 49 Kopplungskräfte *F*, Übergreifungslängen *z* und Durchbiegungen *f* bei Koppelträgern mit gleichen Stützweiten *l* und Gleichlast *q***

| Felderanzahl | Belastungsfall | Kopplungskräfte $F$ = Tafelwert $\cdot q \cdot l$<br>Übergreifungslänge $z$ = Tafelwert $\cdot l$ | | | | | Durchbiegungen in Feldmitte[1])<br>$f$ = Tafelwert $\cdot \frac{q \cdot l^4}{I}$ | | | |
|---|---|---|---|---|---|---|---|---|---|---|
| | | $F_{Bl}$<br>$z_{Bl}$ | $F_{Br}$<br>$z_{Br}$ | $F_{Cl}$<br>$z_{Cl}$ | $F_{Cr}$<br>$z_{Cr}$ | $F_{DL}$<br>$z_{Dl}$ | $k_1$ | $k_2$ | $k_3$ | $k_4$ |
| 2 | 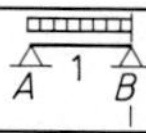 | 0,625<br>0,10 | 0,625<br>0,10 | | | | 5,21 | | | |
| 3 | 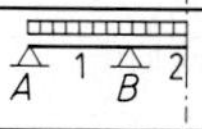 | 0,250<br>0,10 | 0,420<br>0,18 | | | | 6,77 | 0,52 | | |
| 4 | 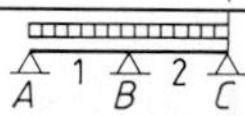 Symmetrieebene | 0,360<br>0,10 | 0,442<br>0,16 | 0,354<br>0,10 | 0,354<br>0,10 | | 6,32 | 1,86 | | |
| 5 | 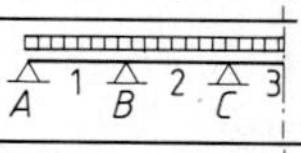 | 0,330<br>0,10 | 0,425<br>0,17 | 0,460<br>0,10 | 0,330<br>0,10 | | 6,44 | 1,51 | 3,16 | |
| 6 | 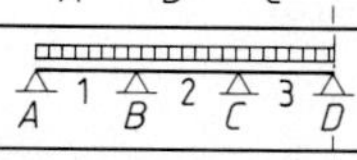 | 0,340<br>0,10 | 0,423<br>0,17 | 0,430<br>0,10 | 0,340<br>0,10 | 0,430<br>0,10 | 6,41 | 1,60 | 2,81 | |
| ≧7 | 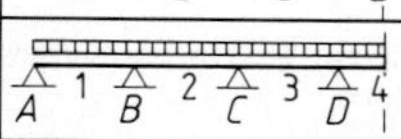 | 0,340<br>0,10 | 0,423<br>0,17 | 0,430<br>0,10 | 0,340<br>0,10 | 0,430<br>0,10 | 6,42 | 1,58 | 2,90 | 2,46 |

[1]) $q$ in kN/m; $l$ in m; $I$ in cm$^4$; $f$ in cm; $E$ = 10000 MN/m$^2$, für andere $E$-Moduln ist $f$ sinngemäß umzurechnen

## 3.10 Rahmenecken aus Brettschichtholz

Rahmenecken sind gegen seitliches Ausweichen aus der Binderebene zu stabilisieren. Bei negativen Eckmomenten können Abstützungen des auf Druck beanspruchten Untergurtes z. B. durch Kopfbänder erforderlich werden. Eine geeignete, gabelgelagerte Rahmenfußkonstruktion stellt eine weitere Stabilisierungsmaßnahme dar.

### 3.10.1 Rahmenecken mit Dübelanschluß (Dübelkreis) nach *Heimeshoff*

Stabdübel als Verbindungsmittel sind den Dübeln besonderer Bauart vorzuziehen. Zusammenhang der Schnittgrößen von Stiel und Riegel:

$$N_R = N_S \cdot \sin\gamma + Q_S \cdot \cos\gamma \qquad (152)$$

$$Q_R = Q_S \cdot \sin\gamma - N_S \cdot \cos\gamma \qquad (153)$$

Dübelbelastung $D$ bei 2 Dübelkreisen aus

Moment $M$: $$|D_M| = \frac{|M| \cdot r_1}{n_1 \cdot r_1^2 + n_2 \cdot r_2^2} \qquad (154)$$

Längskraft $N_R$: $$|D_{NR}| = |N_R|/(n_1 + n_2) \qquad (155)$$

$N_S$: $$|D_{NS}| = |N_S|/(n_1 + n_2) \qquad (156)$$

Querkraft $Q_R$: $$|D_{QR}| = |Q_R|/(n_1 + n_2) \qquad (157)$$

$Q_S$: $$|D_{QS}| = |Q_S|/(n_1 + n_2) \qquad (158)$$

Maßgebende Dübelbelastung bezogen auf den

Riegel $$\tilde{D}_R = D_{QR} + \sqrt{D_M^2 - D_{NR}^2} \leqq \text{zul}\, D \qquad (159)$$

Stiel $$\tilde{D}_S = D_{QS} + \sqrt{D_M^2 - D_{NS}^2} \leqq \text{zul}\, D \qquad (160)$$

Querkraftbeanspruchung im

Riegel $$Q_{Ri} = Q_M + Q_R/2 \qquad (161)$$

Stiel $$Q_{St} = -Q_M + Q_S/2 \qquad (162)$$

mit $$Q_M = \frac{M}{\pi} \cdot \frac{n_1 \cdot r_1 + n_2 \cdot r_2}{n_1 \cdot r_1^2 + n_2 \cdot r_2^2} \qquad (163)$$

Schubspannung im

Riegel $$\frac{1{,}5 \cdot Q_{Ri}/A_{Ri}}{\text{zul}\, \tau_a} \leqq 1 \qquad (164)$$

Stiel $$\frac{1{,}5 \cdot Q_{St}/A_{St}}{\text{zul}\, \tau_a} \leqq 1 \qquad (165)$$

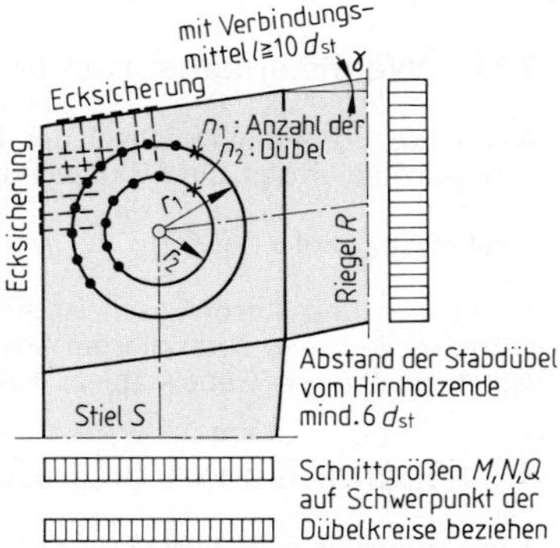


**Bild 23 Rahmenecke mit Dübelanschluß (2 Dübelkreise)**

Bei Anordnung von 2 Dübelkreisen ist die zul. Belastung der Stabdübel um 15% abzumindern. Andernfalls ist eine Ecksicherung durch Schraubnägel oder Schrauben je in Stiel und Riegel mit

$$N_D = n_1 \cdot |D_M|/12 \qquad (166)$$

vorzusehen.

### 3.10.2 Rahmenecken mit Kleinzinkenverbindungen nach *Heimeshoff*

Spannungsnachweis bei negativem Eckmoment mit Gl. (167) führen, $N$ und $M$ sind auf die Stellen $B$ zu beziehen. Die Querschnittswerte sind mit Rücksicht auf die Keilzinkungen um 20% abzumindern. Größere positive Eckmomente sind zu vermeiden, andernfalls ist zul $\sigma_{D\measuredangle}$ höchstens zu 20% auszunutzen.

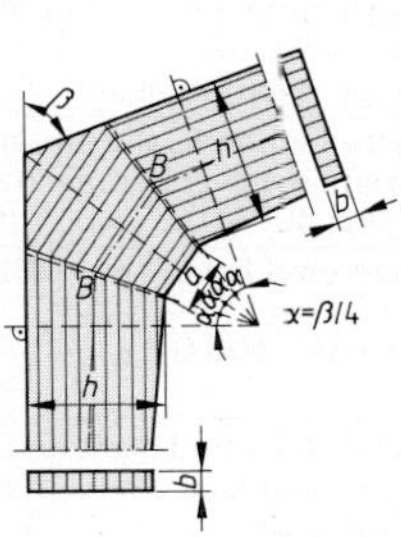


**Bild 24 Rahmenecke mit zwei Zinkungen**

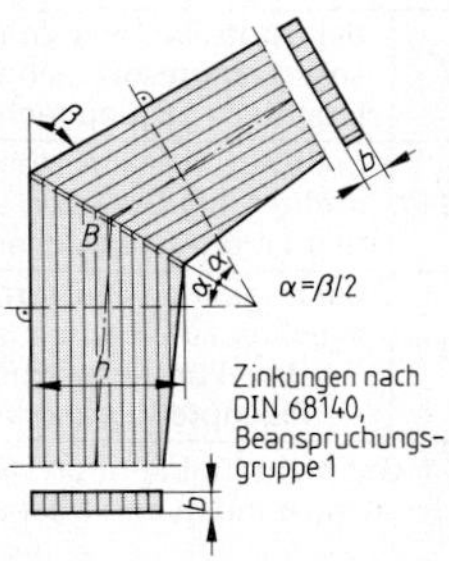


**Bild 25 Rahmenecke mit einer Zinkung**

$$\frac{N/\bar{A}}{\text{zul}\,\sigma_K}+\frac{M/\bar{W}}{k_B\cdot 1{,}1\cdot \text{zul}\,\sigma_B}\leqq 1 \quad (167)$$

$$\text{zul}\,\sigma_K=\frac{\text{zul}\,\sigma_{D*}}{\omega} \quad (168) \quad \text{nach Gl. (105)}$$

$\text{zul}\,\sigma_{D*}$ nach Gl. (1) für Nadelholz S10
$k_B$ nach Gl. (101)
$\bar{A}$ $=0{,}8\cdot b\cdot h$
$\bar{W}$ $=0{,}8\cdot b\cdot h^2/6$
$\text{zul}\,\sigma_B \mathrel{\hat{=}} \text{zul}\,\sigma_{D*}$ für den Druckbereich

Geknickte dachförmige Brettschichtträger dürfen in Feldmitte nicht durch Keilzinkenverbindungen gestoßen werden, da hier i. allg. positive Momente auftreten.

### 3.10.3 Rahmenecken mit gekrümmten Lamellen

Die Bemessung kann wie für gekrümmte Träger nach Abschn. 3.4.7 vorgenommen werden, jedoch treten bei Rahmenecken i. allg. negative Eckmomente auf.

## 3.11 Wechselbeanspruchte Bauteile

Wenn der Vorzeichenwechsel der Beanspruchung nicht allein aus Wind- und Schneelasten erfolgt, sind Bauteile nach Gl. (169) zu bemesssen.

$$\text{zul}\,\sigma'=k_W\cdot \text{zul}\,\sigma \quad (169) \qquad \text{mit} \quad k_W=1-0{,}25\,\frac{\min|\sigma|}{\max|\sigma|} \quad (170)$$

Bei Stößen und Anschlüssen ist sinngemäß zu verfahren. Wechselbeanspruchte Holzbauteile liegen nach diesem Abschn. demnach nur vor, wenn z.B. bewegliche Verkehrslasten wie Gabelstapler-, Fahrzeug- und Kranlasten auftreten.

# 4 Mechanische Verbindungsmittel

## 4.1 Zulässige Erhöhungen und erforderliche Ermäßigungen

**Tafel 50 Zulässige Erhöhungen und erforderliche Ermäßigungen von zulässigen Belastungen der Verbindungsmittel des Abschn. 4** nach DIN 1052 T2, 3

| | | zul. Belastung im LFH um |
|---|---|---|
| **Erhöhungen** | | |
| 1 | **Lastfall HZ** | 25% |
| 2 | **Transportzustand** | 25% |
| 3 | **Montagezustand** | 25% |
| 4 | **waagerechte Stoßlasten** nach DIN 1055 T3 | 100% |
| 5 | **Erdbebenlasten** nach DIN 4149 T1 | 100% |
| 6 | **Windsogspitzen** nach DIN 1055 T4 | 80% |
| **Ermäßigungen** | | |
| 7 | bei **Bauteilen** aus Voll- u. Brettschichtholz, **die der Witterung allseitig ausgesetzt** sind oder bei denen mit einer Gleichgewichtsfeuchte >18% zu rechnen ist, nicht bei Gerüsten | 1/6 [1]) |
| 8 | bei **Bauteilen** aus Voll- u. Brettschichtholz, **die dauernd im Wasser stehen**, bei Gerüsten aus Hölzern, die zum Zeitpunkt der Belastung noch nicht halbtrocken sind (DIN 4074) | 1/3 [1]) |
| 9 | bei folgenden **Platten, in denen eine Feuchte >18%** über mehrere Wochen zu erwarten ist:<br>– Bau-Furniersperrholzplatten BFU 100 G<br>– Flachpreßplatten V 100 G | <br><br>1/4<br>1/3 |

[1]) Gilt nicht für Laubholz, Gr. C nach Tafel 1 und nicht für Fliegende Bauten mit Schutzanstrich, der in Abständen von höchstens zwei Jahren zu erneuern ist.

**Verbindungsmittel in Hirnholz** dürfen nicht als tragend in Rechnung gestellt werden, Ausnahme: Einlaßdübel Typ A nach Abschn. 4.5.3.

## 4.2 Bolzen-, Paßbolzen- und Stabdübelverbindungen

**Tragende Bolzen** dürfen bei Beanspruchung auf Abscheren in Dauerbauten nur dann herangezogen werden, wenn besondere Maßnahmen einen Schlupf verhindern (z. B. trockene Hölzer beim Einbau). Bei Fliegenden Bauten, Gerüsten und untergeordneten Bauten/Bauteilen sind tragende Bolzenverbindungen zulässig. Tragende Bolzen müssen Scheiben nach Tafel 71 besitzen, wenn keine Stahllaschen verwendet werden.

**Stabdübel- und Paßbolzenverbindungen** sind in allen Bauten/Bauteilen zulässig. Paßbolzen sind Stabdübel mit Kopf/Mutter, bei ihnen genügen Scheiben nach DIN 436 oder DIN 440.

**Heftbolzen** werden nur zur Lagesicherung eingesetzt, sie übertragen keine Beanspruchungen, bei ihnen genügen Scheiben nach DIN 436 oder DIN 440.

**Tafel 51 Zul. Durchmesser, Anzahl und Scherflächen von Bolzen, Stabdübel und Paßbolzen** nach DIN 1052 T2, 5 [1])

| | Durchmesser in mm min | max | Anzahl min | Scherflächen min | Bohrloch-durchmesser | Mindestabstände nach Bild/Tafel |
|---|---|---|---|---|---|---|
| Bolzen | $d_b = 12$ | $d_b$, $d_{st} \leqq 30$ | $n \geqq 2$ [2]) | $m \geqq 2$ | $d_b + 1$ mm | 26/53 |
| Stabdübel | $d_{st} = 8$ | | $n \geqq 2$ [1]) | $m \geqq 4$ | $d_{st}$ | 27/53 |
| Paßbolzen | | | $n \geqq 2$ [1]) [2]) | $m \geqq 2$ | | |

[1]) In Stößen und Anschlüssen: $n > 6$ Stabdübel oder Paßbolzen in Kraftrichtung hintereinander vermeiden. Für $6 < n \leqq 12$ wirksame Anzahl ef $n = 6 + 0{,}666\,(n - 6)$ annehmen; $n > 12$ hintereinander nicht in Rechnung stellen

[2]) Bei gelenkigen Anschlüssen ist ein Bolzen oder ein Paßbolzen ausreichend, wenn er nur bis zu $0{,}5 \cdot \text{zul}\,N$ beansprucht und lagegesichert ist

### Zulässige Belastung *N* eines Bolzens, Paßbolzens oder Stabdübels im Lastfall *H*

Unabhängig von der Sortierklasse des Holzes gilt im Lastfall *H* Gl. (171) für Kraftangriff ∥ zur Faserrichtung; bei Winkel zwischen Kraft- und Faserrichtung $0° < \alpha \leqq 90°$ ist zul $N_{st,b}$ mit $\eta$ nach Gl. (172) abzumindern.

$$\text{zul}\,N_{st,b} = \text{zul}\,\sigma_L \cdot a \cdot d_{st,b} \leqq B \cdot d_{st,b}^2 \qquad (171)$$

$$\eta_{st} = \eta_b = 1 - \alpha/360 \qquad (172)$$

zul *N* in N
zul $\sigma_L$ zul. mittl. Lochleibungsspannung des Holzes nach Tafel 52 bzw. des Holzwerkstoffes nach Tafel 3, Zeile 8 in $MN/m^2$
*a* Holzdicke in mm
$d_{st,b}$ Durchmesser des Stabdübels, Paßbolzens, Bolzens in mm
*B* Festwert nach Tafel 52

Bei Verbindungen von Voll- oder Brettschichtholz mit Stahlteilen darf zul $N_{st,b}$ nach Gl. (171) um 25% erhöht werden, dabei ist die Lochleibungsspannung im Stahl nachzuweisen. Weitere zul. Erhöhungen und erf. Ermäßigungen nach Tafel 50

**Tafel 52 Werte für zul $\sigma_L$ und *B* nach Gl. (171) in $MN/m^2$** nach DIN 1052 T2, Tab. 10

| NH[1]) BSH[1]) LH[1]) | nach Tafel 1 a, b | einschnittig NH BSH | LH A | LH B | LH C | zweischnittig Mittelholz NH, BSH | LH A | LH B | LH C | Seitenholz NH, BSH | LH A | LH B | LH C |
|---|---|---|---|---|---|---|---|---|---|---|---|---|---|
| Bolzen | zul $\sigma_L$ | 4,0 | 5,0 | 6,1 | 9,4 | 8,5 | 10,0 | 13,0 | 20,0 | 5,5 | 6,5 | 8,4 | 13,0 |
| | B | 17,0 | 20,0 | 24,0 | 30,0 | 38,0 | 45,0 | 52,0 | 65,0 | 26,0 | 30,0 | 34,0 | 42,0 |
| Stabdübel, Paßbolzen | zul $\sigma_L$ | 4,0 | 5,0 | 6,1 | 9,4 | 8,5 | 10,0 | 13,0 | 20,0 | 5,5 | 6,5 | 8,4 | 13,0 |
| | B | 23,0 | 27,0 | 30,0 | 36,0 | 51,0 | 60,0 | 65,0 | 80,0 | 33,0 | 39,0 | 42,0 | 52,0 |

[1]) NH (Nadelholz), BSH (Brettschichtholz), LH (Laubholz, Gruppe A, B, C)

**Beispiel** **Berechnung der zul. Belastung $N$ von 4 Stabdübeln ∅ 16 mm,** einschnittig, LF HZ, Winkel Kraft-Faserrichtung $\alpha = 45°$, kleinste Holzdicke $a = 100$ mm, Nadelholz,

**für 1 Stabdübel ∅ 16 mm:**

$\text{zul}\,N_{st} = 4{,}0 \cdot 100 \cdot 16 = 6400$ N

$\leqq 23{,}0 \cdot 16^2 = 5888$ N

maßgebend: $\text{zul}\,N_{st} = 5888$ N

LF HZ: zul. Erhöhung um 25%

$\alpha = 45°$: erf. Abminderung

$\eta_{st} = 1 - 45/360 = 0{,}875$

**für 4 Stabdübel ∅ 16 mm:**

$\text{zul}\,N_{st} = 4 \cdot 1{,}25 \cdot 0{,}875 \cdot 5888 = 25760 \text{ N} \cong 25{,}8$ kN

## Mindestabstände von Bolzen, Paßbolzen oder Stabdübeln

**Tafel 53** **Mindestabstände von tragenden Bolzen, Paßbolzen oder Stabdübeln** nach DIN 1052 T2, Tab. 9

| | | Mindestabstände[1]) ∥ Kraftrichtung bei Stabdübeln, Paßbolzen | Mindestabstände[1]) ∥ Kraftrichtung bei Bolzen |
|---|---|---|---|
| untereinander | ∥ Faserrichtung | $5\,d_{st}$ | $7\,d_b$, ≧100 mm |
| | ⊥ Faserrichtung | $3\,d_{st}$ | $5\,d_b$ |
| vom beanspruchten Rand | ∥ Faserrichtung | $6\,d_{st}$ | $7\,d_b$, ≧100 mm |
| | ⊥ Faserrichtung | $3\,d_{st}$ | $4\,d_b$ |
| vom unbeanspruchten Rand | ∥ Faserrichtung | $3\,d_{st}$ | $3\,d_b$ |
| | ⊥ Faserrichtung | $3\,d_{st}$ | $3\,d_b$ |

[1]) bei Schräganschlüssen Zwischenwerte geradlinig einschalten

Stabdübel und Paßbolzen, die in Faserrichtung hintereinander liegen, sind um $d_{st}/2$ gegenüber der Rißlinie zu versetzen, wenn der Abstand untereinander in Faserrichtung $< 8\,d_{st}$ ist.

Beim Anschluß von Stäben an Biegeträger (oder ähnliche Anschlüsse) müssen in den Biegeträgern Randabstände in Faserrichtung von Hirnholzende nach Bild 26 und 27 eingehalten werden.

Für den rechtwinklig zur Faserrichtung beanspruchten Stab z. B. nach Bild 26 oder 27 ist im allgemeinen ein **Querzugnachweis** nach Abschn. 4.8 zu führen. Der Nachweis kann entfallen, wenn der rechtwinklig zur Faserrichtung beanspruchte Stab eine Höhe $h \leqq 30$ cm besitzt und der Anschlußschwerpunkt $S$ aller Verbindungsmittel in der Stabachse oder darüber liegt.

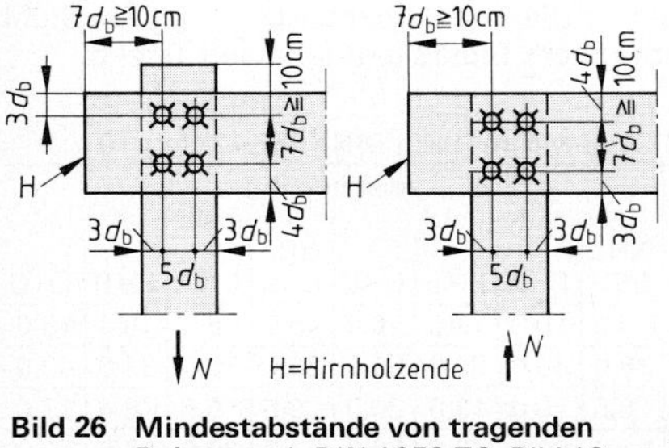


**Bild 26** **Mindestabstände von tragenden Bolzen** nach DIN 1052 T2, Bild 12

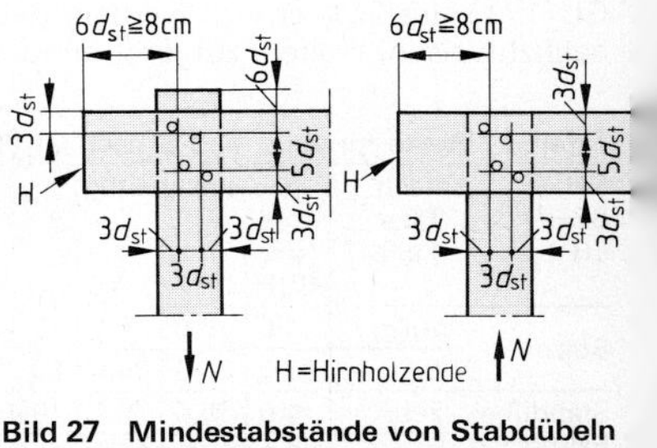


**Bild 27** **Mindestabstände von Stabdübeln und Paßbolzen** nach DIN 1052 T2, Bild 11

## 4.3 Nagelverbindungen von Holz und Holzwerkstoffen

In Nagelverbindungen können runde Drahtstifte, Form B nach DIN 1151 und runde Maschinenstifte nach DIN 1143 sowie Sondernägel (z. B. Schraub- oder Rillennägel mit Eignungsnachweis) verwandt werden.

### 4.3.1 Beanspruchung rechtwinklig zur Nagellängsachse (Abscheren)

**Zulässige Nagelbelastung $N_1$ im Lastfall $H$.** Die zulässige Belastung im Lastfall $H$ ist für Nadelholz nach Tafel 1 a, b unabhängig von der Sortierklasse bei Beanspruchung senkrecht zur Nagellängsachse ohne Rücksicht auf den Faserverlauf des Holzes für eine Scherfläche nach Gl. (173) zu berechnen.

$$\text{zul } N_1 = 500 \cdot d_n^2/(10 + d_n) \quad \text{in N} \quad (173) \qquad d_n \text{ Nageldurchmesser in mm}$$

Zul. Erhöhungen von zul $N_1$ nach Gl. (173) können die Tafel 54 entnommen werden. Weitere zul. Erhöhungen und erf. Ermäßigungen nach Tafel 50.

**Tafel 54 Zul. Erhöhungen von zul $N_1$ nach Gl. (173) bei Nagelverbindungen von Holz und Holzwerkstoffen** nach DIN 1052 T2, 6.2

| 1 | NH Nadelholz<br>LH Laubholz<br>BSH Brettschichtholz | zul. $\bar{N}_1$ = Tafelwert · zul $N_1$ bei Verbindungen von | | | | | | | |
|---|---|---|---|---|---|---|---|---|---|
| | | Nadel- und Brettschichtholz nach Tafel 1 a, b mit | | | | Laubholz[1] nach Tafel 1 a mit | | | BFU[2] [3] mit |
| | | NH/BSH | BFU[2] | BFU[3] | FPP[4] | LH | BFU[3] | FPP[4] | FPP[4] |
| 2 | nicht vorgebohrt | 1,0 | 1,0 | 1,2 | 1,0 | – | – | – | 1,0 |
| 3 | vorgebohrt[5] | 1,25 | 1,25 | 1,5 | 1,25 | 1,5 | 1,5 | 1,25 | 1,25 |

1) Runde Drahtstifte sind mit etwa $0{,}9 \cdot d_n$ vorzubohren
2) Bau-Furniersperrholz nach DIN 68705 T3
3) Bau-Furniersperrholz nach DIN 68705 T5, mind. sieben Lagen
4) Flachpreßplatten nach DIN 68763 und Holzfaserplatten nach DIN 68754 T1, wenn die Nagelspitze $\geqq 2d_n$ in NH, BSH, LH oder BFU eindringt,
5) Mit etwa $0{,}9\,d_n$ auf erf. Nagellänge nach Tafel 58 vorbohren, jedoch für Sondernägel Klasse II, III in einschnittigen Verbindungen Einschlagtiefe $s \geqq 12\,d_n$

Die zul. Nagelbelastungen sowie Mindestholzdicken und -einschlagtiefen für runde Drahtstifte können auch Tafel 56a, für Sondernägel Tafel 56b und für Sondernägel mit außenliegenden Stahlblechen Tafel 57 entnommen werden.

### Mindestanzahl von Nägeln und Mindestholzdicken

In jeder zur Kraftübertragung herangezogenen Fuge sind mind. 4 Nagelscherflächen erforderlich, Ausnahmen: Befestigung von Schalungen, Trag- und Konterlatten, Windrispen sowie Befestigung von Sparren, Pfetten und dgl. mehr auf Bindern, Rähmen oder Querriegeln an Rahmenhölzern.

**Tafel 55 Mindestholzdicken $a$ für Nagelverbindungen bei Holz und Holzwerkstoffen**

| 1 | $d_n$ Nageldurchmesser in mm | allgemein | Laubholz und Laubholz mit BFU[1] | Bau-Furniersperrholz nach DIN 68705 T3 u. T5[4] | Flachpreßplatten nach DIN 68763, mittelharte Holzfaserplatten[4] | harte Holzfaserplatten nach DIN 68 754[4] |
|---|---|---|---|---|---|---|
| 2 | nicht vorgebohrt | $a \geqq d_n(3+0{,}8\,d_n)$<br>$\geqq 24$ mm | – | für $d_n \leqq 4{,}2$ mm<br>$a \geqq 3\,d_n$ | $a \geqq 4{,}5\,d_n$[3] | $a \geqq 2\,d_n$ |
| 3 | vorgebohrt | für $d_n \geqq 4{,}2$ mm<br>$a \geqq 6\,d_n$[2] | $a \geqq 6\,d_n$[2] | für $d_n > 4{,}2$ mm<br>$a \geqq 4\,d_n$ | | |

1) Bau-Furniersperrholz nach DIN 68705 T5, mind. sieben Lagen
2) Bei geringeren Holzdicken gilt: zul $N_1 \cdot a/(6\,d_n)$
3) Für $d_n \leqq 4{,}2$ mm gilt: $3\,d_n \leqq a < 4{,}5\,d_n$, wenn zul $N_1 \cdot a/(4{,}5\,d_n)$ abgemindert
4) die Mindestdicken für Bau-Furniersperrholz $d \geqq 6$ mm und für Flachpreßplatten $d \geqq 8$ mm nach Tafel 13 sind stets einzuhalten

**Tafel 56 Runde Drahtstifte und Sondernägel in Nagelverbindungen von Nadelholz, Brettschichtholz und Laubholz; Holzdicken, Einschlagtiefen und zulässige Belastungen je Nagel und Scherfläche (Abscheren) im Lastfall H** nach DIN 1052 T2, 6.2
Fußnoten s. unten und S. 843 oben

**a) runde Drahtstife nach DIN 1151**

| Nagelgröße[1]) $d_n$ in 1/10 mm mal $l_n$ in mm | Mindestholzdicke $a$[2]) in mm bei Nagellöchern ohne Vorbohrung | Mindestholzdicke $a$[2]) in mm bei Nagellöchern mit Vorbohrung | Mindesteinschlagtiefe $s$[3]) in mm einschnittig | Mindesteinschlagtiefe $s$[3]) in mm mehrschnittig | zul. Nagelbelastung $N_1$ in N für eine Scherfläche bei **Nadel**[7]) **und Brettschichtholz** nach Tafel 1 a, b ohne Vorbohrung | **Nadel**[7]) **und Brettschichtholz** nach Tafel 1 a, b mit Vorbohrung | **Laubholz** nach Tafel 1 a stets vorgebohrt |
|---|---|---|---|---|---|---|---|
| 18 × 35[4]) | 24<br>20[6]) | | 22 | 15 | 135 | 170 | 205 |
| 20 × 40[4])<br>45[5]) | 24<br>20[6]) | | 24 | 16 | 165 | 210 | 250 |
| 22 × 45<br>50[4]) | 24<br>20[6]) | | 27 | 18 | 200 | 250 | 300 |
| 25 × 55[4])<br>60[4]) | 24<br>20[6]) | | 30 | 20 | 250 | 310 | 375 |
| 28 × 65[4]) | 24<br>20[6]) | | 34 | 23 | 305 | 380 | 460 |
| 31 × 65<br>70[4])<br>80[4]) | 24<br>20[6]) | | 38 | 25 | 365 | 460 | 550 |
| 34 × 80<br>90[4]) | 24<br>22[6]) | | 41 | 27 | 430 | 540 | 650 |
| 38 × 100 | 24 | | 46 | 30 | 525 | 655 | 785 |
| 42 × 100<br>110<br>120 | 26 | | 51 | 34 | 620 | 775 | 930 |
| 46 × 130 | 30 | 28 | 56 | 37 | 725 | 905 | 1090 |
| 55 × 140<br>160 | 40 | 35 | 66 | 44 | 975 | 1220 | 1465 |
| 60 × 180 | 50 | 35 | 72 | 48 | 1125 | 1405 | 1690 |
| 70 × 210 | 60 | 45 | 84 | 56 | 1440 | 1800 | 2160 |
| 76 × 230<br>260 | 70 | 45 | 92 | 62 | 1640 | 2050 | 2460 |
| 88 × 260 | 90 | 55 | 106 | 70 | 2060 | 2570 | 3090 |

**b) Sondernägel der Tragfähigkeitsklassen I, II und III** nach DIN 1052 T2, 6.2

| $d_n$ in mm[8]) | Mindestholzdicke ohne Vorbohrung | Mindestholzdicke mit Vorbohrung | Einschlagtiefe einschnittig | Einschlagtiefe mehrschnittig | Nadel- und Brettschichtholz ohne Vorbohrung | Nadel- und Brettschichtholz mit Vorbohrung | Laubholz stets vorgebohrt |
|---|---|---|---|---|---|---|---|
| 2,5 | 24<br>20[6]) | | I: 30<br>II/III: 20[9]) | 20 | 250 | 310[10]) | 375[10]) |
| 2,9 | 24<br>20[6]) | | I: 35<br>II/III: 23[9]) | 23 | 325 | 405[10]) | 490[10]) |
| 3,1 | 24<br>20[6]) | | I: 38<br>II/III: 25[9]) | 25 | 365 | 460[10]) | 550[10]) |
| 4,0 | 24 | | I: 48<br>II/III: 32[9]) | 32 | 570 | 715[10]) | 860[10]) |
| 5,1 | 36 | 30 | I: 61<br>II/III: 41[9]) | 41 | 860 | 1075[10]) | 1290[10]) |
| 6,0 | 50 | 35 | I: 72<br>II/III: 48[9]) | 48 | 1125 | 1405[10]) | 1690[10]) |

[1]) nur die in DIN 1151 nach DIN 1143 angegebenen Nageldurchmesser und Längen.
[2]) s. auch Tafel 55 [3]) s. auch Tafel 58
[4]) und als runder Maschinenstift nach DIN 1143 T1 [5]) bis [10]) s. S. 843

**Fußnoten zu Tafel 56,** Fortsetzung

5) nur als runder Maschinenstift nach DIN 1143 T1

6) Mindestholzdicke bei Schalungen; bei gehobelten Schalungen können die Werte um 2 mm verringert werden nach [2]

7) Bei Douglasie stets vorbohren gemäß Einführungserlaß zu DIN 1052, abweichend vom Normtext für alle Nageldurchmesser $d_n$

8) Nagellängen gemäß Einstufungsschein

9) bei Sondernägeln der Tragfähigkeitsklasse II und III darf nur der profilierte Schafteil $l_g$ in Rechnung gestellt werden

10) für Sondernägel der Tragfähigkeitsklasse II und III muß bei vorgebohrten, einschnittigen Verbindungen eine Mindesteinschlagtiefe $s = 12\,d_n$ eingehalten werden, d. h. wie bei Sondernägeln der Tragfähigkeitsklasse I

**Tafel 57 Sondernägel in Nagelverbindungen von Nadelholz, Brettschichtholz und Laubholz mit außenliegenden Stahlblechen (Dicken ≧ 2 mm); Holzdicken, Einschlagtiefen und zulässige Belastungen je Nagel und Scherfläche (Abscheren) im Lastfall H** nach DIN 1052 T2, 7[1])

| Nagelnenn-durchmesser $d_n$[8]) | Mindestholzdicke $a$ bei Nagellöchern | | Mindesteinschlag-tiefe $s$ einschnittig Tragfähigkeitsklasse | | zul. Nagelbelastung $N_1$ für eine Scherfläche bei **Nadel**[7])**- und Brettschichtholz** nach Tafel 1 a, b | | **Laubholz** nach Tafel 1 a |
|---|---|---|---|---|---|---|---|
| | ohne Vorbohrung | mit Vorbohrung | I | II, III[9]) | ohne Vorbohrung | mit[10]) Vorbohrung | stets vorgebohrt[10]) |
| in mm | in mm | in mm | in mm | in mm | in N | in N | in N |
| 2,5 | 24<br>20[6]) | | 30 | 20 | 310 | 390 | 470 |
| 2,9 | 24<br>20[6]) | | 35 | 23 | 405 | 510 | 610 |
| 3,1 | 24<br>20[6]) | | 38 | 25 | 460 | 575 | 690 |
| 4,0 | 24 | | 48 | 32 | 715 | 895 | 1070 |
| 5,1 | 36 | 30 | 61 | 41 | 1075 | 1345 | 1615 |
| 6,0 | 50 | 35 | 72 | 48 | 1405 | 1760 | 2110 |

1) Fußnoten 6) bis 10) s. entsprechende Fußnoten zur Tafel 56

## Ein- und mehrschnittige Nagelverbindungen, Einschlagtiefen

**Tafel 58 Einschlagtiefe $s$[1])[2]) und zulässige Nagelbelastung zul $N_1$ für runde Draht- und Maschinenstifte (DN) sowie Sondernägel (SN) der Tragfähigkeitsklassen I, II, III**

| | | Einschlagtiefe $s$ | zul. Nagelbelastung |
|---|---|---|---|
| einschnittig | DN, SN I | $s \geqq 12\,d_n$ | zul $N_1$ |
| | | $6\,d_n \leqq s_w < 12\,d_n$ | zul $N_1 \cdot s_w/12\,d_n$ |
| | | $s < 6\,d_n$ | 0 |
| | SN II, III | $s \geqq 8\,d_n$ | zul $N_1$ |
| | | $4\,d_n \leqq s_w < 8\,d_n$ | zul $N_1 \cdot s_w/8\,d_n$ |
| | | $s < 4\,d_n$ | 0 |
| $m$-schnittig | DN, SN I, II, III | $s \geqq 8\,d_n$ | $m \cdot$ zul $N_1$ |
| | | $4\,d_n \leqq s_w < 8\,d_n$ | $[(m-1) + s_w/8\,d_n] \cdot$ zul $N_1$ |
| | | $s < 4\,d_n$ | $(m-1) \cdot$ zul $N_1$ |

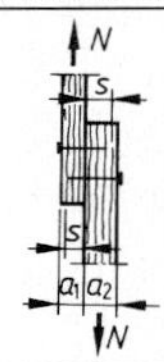


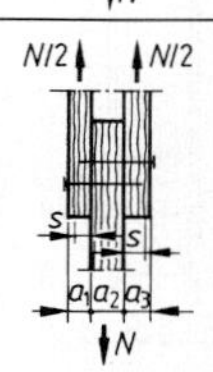


1) $s$ = Solltiefe, $s_w$ = tatsächliche Tiefe, bei Sondernägel II und III nur profilierter Schaftteil $l_g$

2) Bei runden Draht- und Maschinenstiften sowie bei Sondernägeln der Tragfähigkeitsklasse I sind zwei- und mehrschnittige Verbindungen von beiden Seiten zu nageln

**Nagelanzahl in Stößen und Anschlüssen.** Die wirksame Anzahl ef $n$ der Nägel ist in Stößen und Anschlüssen bei mehr als 10 Nägel hintereinander nach Gl. (174) anzunehmen.

$$\text{ef}\, n = 10 + 0{,}666 \cdot (n - 10) \quad (174)$$

$n$ Anzahl der hintereinanderliegenden Nägel

$n > 30$ Nägel hintereinander dürfen als tragend nicht in Rechnung gestellt werden.

## Mindest- und maximale Nagelabstände

**Tafel 59 Mindestnagelabstände bei Holz[1] [2] [3]**

| Werte in ( ) gelten für $d_n > 4{,}2$ mm | Lage zur Faserrichtung | Nagelabstände parallel der Kraftrichtung: nicht vorgebohrt | vorgebohrt |
|---|---|---|---|
| untereinander | ∥ | $10\,d_n$ ($12\,d_n$) | $5\,d_n$ |
| | ⊥ | $5\,d_n$ | |
| vom beanspruchten Rand | ∥ | $15\,d_n$ | $10\,d_n$ |
| | ⊥ | $7\,d_n$ ($10\,d_n$) | $5\,d_n$ |
| vom unbeanspruchten Rand | ∥ | | |
| | ⊥ | $5\,d_n$ | $3\,d_n$ |

[1]) Im dünnsten Holz, Nägel versetzt anordnen
[2]) s. Bild 28a, b
[3]) bei Douglasie für alle Nageldurchmesser $d_n$ vorbohren gemäß Einführungserlaß zu DIN 1052, abweichend vom Normtext

Bei biegesteifen Stößen und bei der Stoßdeckung von Koppelträgern gelten alle Ränder als beansprucht, dabei sind die Werte nach Tafel 59 ungeachtet der Kraftrichtung nur auf die Faserrichtung des Holzes zu beziehen.

**Tafel 60 Mindestnagelabstände bei Holzwerkstoffplatten[1])**

| | untereinander | vom beanspr. Rand | vom unbeanspr. Rand |
|---|---|---|---|
| Bau-Furniersperrholz | | $4\,d_n$ | $2{,}5\,d_n$ |
| Flachpreßplatten | | | |
| mittelharte Holzfaserplatten | $5\,d_n$ | $7\,d_n$ | $3\,d_n$ |
| harte Holzfaserplatten | | $7{,}5\,d_n$ | |

[1]) Soweit nicht die Nagelabstände im Holz nach Tafel 59 maßgebend werden.

**Tafel 61 Maximale Nagelabstände[1])**

| | Lage zur Faserrichtung | Nagelabstände bei Holz | Holzwerkstoffplatten |
|---|---|---|---|
| untereinander | ∥ | $40\,d_n$ | $40\,d_n$ [2]) |
| | ⊥ | $20\,d_n$ | $40\,d_n$ [2]) |

[1]) Auch bei Heftnägeln
[2]) Bei Platten mit nur aussteifender Funktion: $80\,d_n$

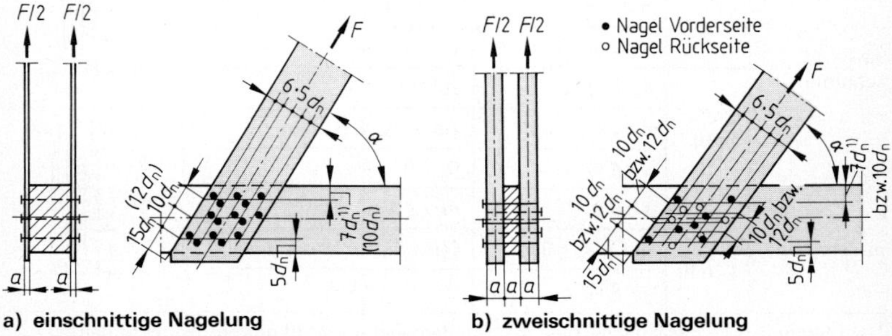


**Bild 28 Mindestnagelabstände nicht vorgebohrter Nägel**
[1]) bei $\alpha < 30°$: $5\,d_n$ ($7\,d_n$)

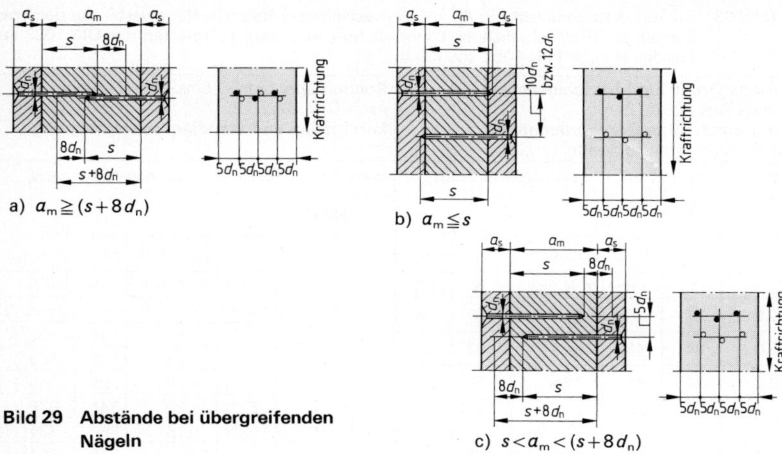


**Bild 29 Abstände bei übergreifenden Nägeln**

### 4.3.2 Beanspruchung in Richtung der Nagellängsachse (Herausziehen)

Die zulässige Belastung auf Herausziehen im Lastfall H ist nach Gl. (175)

$$\text{zul}\, N_z = B_z \cdot d_n \cdot s_w \quad \text{in N} \qquad (175)$$

$B_Z$ Festwert nach Tafel 62
$d_n$ Nageldurchmesser in mm (glatter Schaft bei Sondernägeln)
$s_w$ wirksame Einschlagtiefe in mm einschl. Nagelspitze nach Tafel 62

zu berechnen. Sie kann für Nägel und Sondernägel auch der Tafel 63 entnommen werden.

Über Beanspruchungsart, Einschlagtiefen und erf. Ermäßigungen s. Tafel 62.

**Tafel 62 Nagelbeanspruchung auf Herausziehen: Beanspruchungsart, Mindest- und maximale Einschlagtiefen, Werte $B_z$ nach Gl. (175)**

| 1 | | Beanspruchungs-art | Einschlagtiefen Mindest- | maximal in Rechnung zu stellen | Werte $B_z$ nach Gl.(175) in MN/m² |
|---|---|---|---|---|---|
| 2 | runde Draht- und Maschinenstifte¹) | nur kurzfristig (z. B. Windsog-kräfte) | $12 d_n$ | $20 d_n$ | 1,3⁶) |
| 3 | Sondernägel²) ³) Tragfähigkeitsklasse I | | | $l_g$ ⁵) | 1,8 |
| 4 | Sondernägel²) ³) ⁴) Tragfähigkeitsklasse II | kurzfristig und ständig | $8 d_n$ | | 2,5 |
| 5 | Sondernägel²) ³) ⁴) Tragfähigkeitsklasse III | | | | 3,2 |

¹) zul $N_z$ abmindern auf 2/3, wenn in halbtrockenes oder frisches Holz eingeschlagen, auch dann, wenn Holz nachtrocknen kann. Gilt nicht für Laubhölzer, Gr. C.
²) zul $N_z$ abmindern auf 2/3, wenn in frisches Holz eingeschlagen und Holzfeuchte im Fasersättigungsbereich bleibt. Gilt nicht, wenn Nachtrocknung möglich und nicht für Laubhölzer, Gr. C.
³) Vorgebohrte Sondernägel dürfen auf Herausziehen nicht in Rechnung gestellt werden.
⁴) Mindestdicken von Holzwerkstoffplatten $\geqq 12$ mm beim Anschluß von Platten an Holz, wenn zul. Belastung nach Gl. (175) berechnet, bei Plattendicken $< 12$ mm max. $N_z \leqq 150$ N wegen der Kopfdurchziehgefahr in Rechnung stellen
⁵) Länge des profilierten Schaftteiles.
⁶) Im Anschluß von Koppelpfetten mit $B_z = 0{,}8$ MN/m², wenn infolge Dachneigung ständig auf Herausziehen beansprucht bis Dachneigung $\gamma \leqq 30°$.

**Tafel 63** **Zulässige Nagelbelastung $N_z$ auf Herausziehen je Nagel in Nagelverbindungen von Nadelholz, Brettschichtholz, Laubholz und Holzwerkstoffplatten der DIN 1052 im Lastfall H** nach DIN 1052 T2, 6.3 für [1])

**runde Draht- und Maschinenstifte** nach DIN 1052 T2 **nur kurzfristige Beanspruchung** z. B. durch Windsogkräfte

| Nagel-durchmesser [2]) $d_n$ | Einschlagtiefe[4]) min $s_w$ (12 $d_n$) | max $s_w$ (20 $d_n$) | zul. Nagelbelastung $N_z$ je mm Einschlagtiefe | bei min $s_w$ | bei max $s_w$ |
|---|---|---|---|---|---|
| in mm | in mm | in mm | in N/mm | in N | in N |
| 1,8 | 22 | 36 | 2,34 | 51 | 84 |
| 2,0 | 24 | 40 | 2,60 | 62 | 104 |
| 2,2 | 27 | 44 | 2,86 | 77 | 126 |
| 2,5 | 30 | 50 | 3,25 | 98 | 163 |
| 2,8 | 34 | 56 | 3,64 | 124 | 204 |
| 3,1 | 37 | 62 | 4,03 | 149 | 250 |
| 3,4 | 41 | 68 | 4,42 | 181 | 301 |
| 3,8 | 46 | 76 | 4,94 | 227 | 375 |
| 4,2 | 51 | 84 | 5,46 | 278 | 459 |
| 4,6 | 55 | 92 | 5,98 | 329 | 550 |
| 5,5 | 66 | 110 | 7,15 | 472 | 787 |
| 6,0 | 72 | 120 | 7,80 | 562 | 936 |
| 7,0 | 84 | 140 | 9,10 | 764 | 1274 |
| 7,6 | 91 | 152 | 9,88 | 899 | 1502 |
| 8,8 | 106 | 176 | 11,44 | 1213 | 2013 |

**Sondernägel** gemäß Einstufungsschein nach DIN 1052 T2 **kurzfristige und ständige Beanspruchung**

| Nagel-durchmesser [3]) $d_n$ | Einschlagtiefe[4]) min $s_w$ [5]) | max $s_w$ (20 $d_n$) | zul. Nagelbelastung $N_z$ je mm Einschlagtiefe | bei min $s_w$ | bei max $s_w$ |
|---|---|---|---|---|---|
| in mm | in mm | in mm | in N/mm | in N | in N |
| **Tragfähigkeitsklasse I** (nur kurzfristige Beanspruch.) | | | | | |
| 2,5 | 30 | 50[6]) | 4,50 | 135 | 225[7]) |
| 2,9 | 35 | 58[6]) | 5,22 | 183 | 303[7]) |
| 3,1 | 37 | 62[6]) | 5,58 | 206 | 346[7]) |
| 4,0 | 48 | 80[6]) | 7,20 | 346 | 576[7]) |
| 5,1 | 61 | 102[6]) | 9,18 | 560 | 734[7]) [8]) |
| 6,0 | 72 | 120[6]) | 10,8 | 778 | 864[7]) [8]) |
| **Tragfähigkeitsklasse II** | | | | | |
| 2,5 | 20 | 50[6]) | 6,25 | 125 | 313[7]) |
| 2,9 | 23 | 58[6]) | 7,25 | 167 | 421[7]) |
| 3,1 | 25 | 62[6]) | 7,75 | 194 | 481[7]) |
| 4,0 | 32 | 80[6]) | 10,00 | 320 | 800[7]) |
| 5,1 | 41 | 102[6]) | 12,75 | 523 | 1020[7]) [8]) |
| 6,0 | 48 | 120[6]) | 15,00 | 720 | 1200[7]) [8]) |
| **Tragfähigkeitsklasse III** | | | | | |
| 2,5 | 20 | 50[6]) | 8,00 | 160 | 400[7]) |
| 2,9 | 23 | 58[6]) | 9,28 | 213 | 538[7]) |
| 3,1 | 25 | 62[6]) | 9,92 | 248 | 615[7]) |
| 4,0 | 32 | 80[6]) | 12,80 | 410 | 1024[7]) |
| 5,1 | 41 | 102[6]) | 16,32 | 669 | 1306[7]) [8]) |
| 6,0 | 48 | 120[6]) | 19,20 | 922 | 1536[7]) [8]) |

[1]) s. auch Fußnoten [1]) bis [4]) der Tafel 62
[2]) Nagellängen s. Tafel 56
[3]) Nagellängen bzw. Länge des profilierten Schaftteiles $l_g$ gemäß Einstufungsschein
[4]) min $s_w$: Mindesteinschlagtiefe; max $s_w$: maximal in Rechnung zu stellende Einschlagtiefe
[5]) Tragfähigkeitsklasse I: min $s_w = 12\, d_n$, Tragfähigkeitsklasse II, III: min $s_w = 8\, d_n$
[6]) jedoch höchstens $\leqq l_g$; $l_g$ als Länge der profilierten Schafteiles gemäß Einstufungsschein
[7]) jedoch höchstens zul $N_z$ für $l_g$
[8]) zul $N_z$ für $l_g = 80$ mm

## 4.3.3 Kombinierte Nagelbeanspruchung

Bei gleichzeitiger Beanspruchung auf Abscheren und Herausziehen gilt Gl. (176).

$$\left(\frac{\text{vorh } N_1}{\text{zul } N_1}\right)^m + \left(\frac{\text{vorh } N_z}{\text{zul } N_z}\right)^m \leqq 1 \qquad (176)$$

$N_1$ Nagelbeanspruchung auf Abscheren nach Abschn. 4.3.1
$N_z$ Nagelbeanspruchung auf Herausziehen nach Abschn. 4.3.2
$m$ Potenzexponent nach Tafel 64

**Tafel 64** **Potenzexponenten $m$ in Gl. (176)**

| 1 | | runde Draht- und Maschinenstifte | | Sondernägel mit Tragfähigkeitsklasse | | |
|---|---|---|---|---|---|---|
| | | allgemein | bei Koppelpfettenanschlüssen | I | II | III |
| 2 | m | 1 | 1,5 | 1 | 2 | 2 |

## 4.3.4 Nagelung von Stahlblechformteilen mit bauaufsichtlicher Zulassung oder Typenprüfung

Die in Abschn. 4.3.4 angeführten Stahlblechformteile dürfen nur zur Verbindung von Holzbauteilen aus Nadelvollholz mind. der Sortierklasse S 10 oder aus Brettschichtholz in Tragwerken mit vorwiegend ruhenden Lasten verwandt werden. Die Stahlblechformteile müssen den Korrosionsschutz nach DIN 1052 T2, Tab. 1, besitzen.

### 4.3.4.1 Sparrenpfettenanker mit Typenprüfung

**Tafel 65 Zul. Zugkräfte für 1 Paar *Bilo*-Sparrenpfettenanker mit einreihiger Nagelung im Lastfall H**[1]) [2]) [3]) [4]) (Geltungsdauer bis 30.09.94)

| Höhe $h$ (Typ) in mm | Bilo-kammnägel, Tragfähigkeitsklasse III | Nagelanzahl je Schenkel | zul $F$ in kN für 1 Ankerpaar bei kleinerer Holzdicke $b$ in cm $b=6$ | 7 | 8 | 9 | 10 |
|---|---|---|---|---|---|---|---|
| 170 | $d_n =$ 4 mm $l_n \geqq$ 40 mm | 3 | 3,6 | | | | |
| 210 | | 4 | 4,5 | 5,1 | | | |
| 250 | | 5 | – | 6,1 | 6,7 | | |
| 290 | | 6 | – | 7,1 | 8,1 | 8,2 | |
| 330 | | 7 | – | 8,0 | 9,1 | 9,8 | |
| 370 | | 8 | – | 8,9 | 10,2 | 11,2 | |
| 410 | | 9 | – | 9,8 | 11,2 | 12,6 | 13,0 |

[1]) Stets paarweise nach Bild 30 anordnen (symmetrisch, möglichst über Eck).
[2]) Nur auf Zug beanspruchen, Zusatzbeanspruchungen (Verdrehen, Biegung u. dgl. mehr) ausschließen.
[3]) Achsabstand $e \geqq 50$ cm zum nächsten Ankerpaar.
[4]) Kann wegen des Nagelrandabstandes nur ein Teil der Bilo-Kammnägel eingeschlagen werden, so gilt die zu dieser Nagelanzahl gehörende Zugkraft.

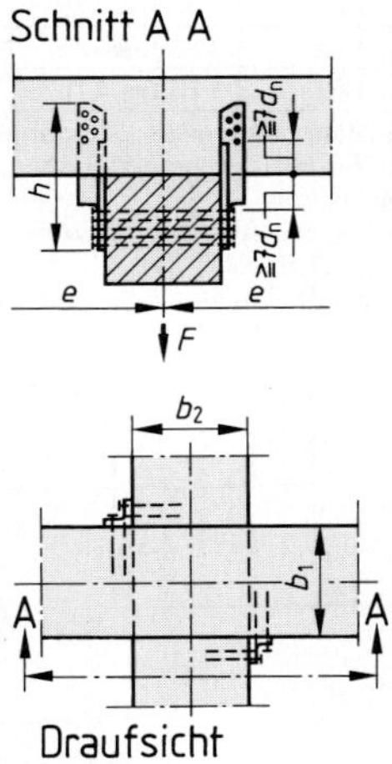


**Bild 30**
**Paarweise, diagonale Anordnung von *Bilo*-Sparrenpfettenankern**

**Tafel 65a Zul. Zugkräfte für 1 Paar *GH*-Sparrenpfettenanker RL (2-reihig) bei diagonaler Anordnung (Geltungsdauer bis 31.07.97)**[1]) [2])

| Ankertyp ≙ Höhe $h_s$ in mm | Trägerhöhen $H_{1,2}$ in mm | Nagelanzahl je Anker in Stück | Holzbreiten[5]) $B_{1,2}$ | Zulässige Zugkraft $F_z$ in kN[3]) für 1 Ankerpaar – im Lastfall H – NH | im Lastfall H – BS-Holz | im Lastfall HZ – NH | im Lastfall HZ – BS-Holz |
|---|---|---|---|---|---|---|---|
| **Holzbreite $B_{1,2}>38$ mm, Rillennägel 4,0 × 40 mm, mit reduzierten Holzbreiten** | | | | | | | |
| 170 RL | 95 bis 375 | 4+5 | | 2,5 | 4,0 | 3,1 | 4,7 |
| 210 RL | 115 bis 475 | 4+6[4]) | $B_{1,2} \geqq s$ | 2,9 | 4,0 | 3,3 | 5,0 |
| 210 RL | 115 bis 475 | 6+7 | | 3,3 | 5,5 | 4,2 | 6,9 |
| **Holzbreite $B_{1,2}>48$ mm, Rillennägel 4,0 × 50 mm, mit reduzierten Holzbreiten** | | | | | | | |
| 170 RL | 95 bis 375 | 4+5 | | 3,2 | 4,0 | 4,0 | 4,7 |
| 210 RL | 115 bis 475 | 4+5[4]) | $B_{1,2} \geqq s$ | 3,8 | 4,0 | 4,1 | 5,0 |
| 210 RL | 115 bis 475 | 6+7 | | 4,2 | 6,1 | 5,3 | 7,0 |

Fortsetzung und Fußnoten s. nächste Seite

**Tafel 65a**, Fortsetzung

| Ankertyp ≙ Höhe $h_s$ in mm | Trägerhöhen $H_{1,2}$ in mm | Nagelanzahl je Anker in Stück | Holzbreiten[5]) $B_{1,2}$ | Zulässige Zugkraft $F_z$ in kN[3]) für 1 Ankerpaar | | | |
|---|---|---|---|---|---|---|---|
| | | | | im Lastfall H | | im Lastfall HZ | |
| | | | | NH | BS-Holz | NH | BS-Holz |
| **Holzbreite $B_{1,2}>76$ mm, Rillennägel 4,0 × 40 mm, mit empfohlenen Mindestholzbreiten** | | | | | | | |
| 170 RL | 95 bis 375 | 4+5 | | 3,6 | 4,0 | 4,4 | 4,7 |
| 210 RL | 115 bis 475 | 4+6[4]) | $B_{1,2} \geqq 2 \cdot s$ | 4,0 | 4,0 | 4,7 | 5,0 |
| 210 RL | 115 bis 475 | 6+7 | | 4,8 | 6,1 | 5,9 | 7,0 |
| **Holzbreite $B_{1,2}>96$ mm, Rillennägel 4,0 × 50 mm, mit empfohlenen Mindestholzbreiten** | | | | | | | |
| 170 RL | 95 bis 375 | 4+5 | | 4,0 | 4,0 | 4,7 | 4,7 |
| 210 RL | 115 bis 475 | 4+5[4]) | $B_{1,2} \geqq 2 \cdot s$ | 4,0 | 4,0 | 5,0 | 5,0 |
| 210 RL | 115 bis 475 | 6+7 | | 6,0 | 6,1 | 7,0 | 7,0 |

[1]) Stets paarweise in diagonaler Anordnung und symmetrisch nach Bild 30a anordnen.
[2]) Nur auf Zug beanspruchen, Zusatzbeanspruchungen (aus Verdrehen oder aus Seitenkräften) vermeiden.
[3]) Für den Abhebenachweis mit Berücksichtigung der Windsogspitzen nach DIN 1055 T4 gilt: $F_{\text{Trag}} = 1{,}8 \cdot \text{zul } F_z$ (H).
[4]) Bei Teilausnagelung sind die äußersten Nagellöcher zu verwenden.
[5]) $s$ ≙ Nageleinschlagtiefe

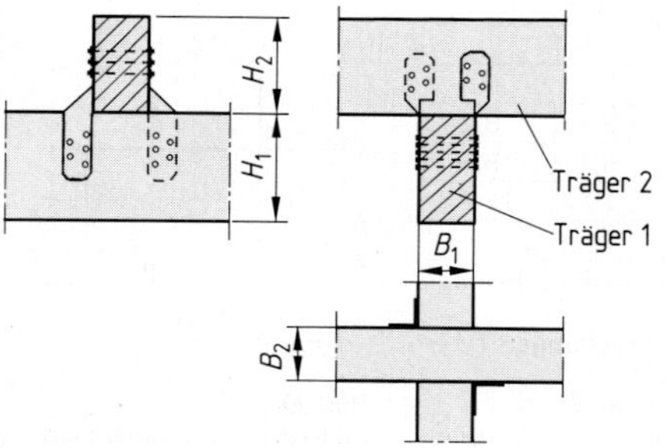


**Bild 30a**
**Paarweise, diagonale Anordnung von *GH*-Sparrenpfettenankern RL**

## 4.3.4.2 Balkenschuhe mit bauaufsichtlicher Zulassung

**Tafel 66 Abmessungen und zul. Belastungen von Balkenschuhen nach Bild 31**[1]) [2])

| Abmessungen in mm | | | Nägel $d_n \times l_n$ in mm × mm | Nagelanzahl | | $A_w$ in cm² | Formfaktor $c$[3]) | zul. Belastung in kN | | |
|---|---|---|---|---|---|---|---|---|---|---|
| $B \times H$ | $A$ | $H'$ | | $n_H$ | $n_N$ | | | $F_1$[4]) in Richtung der Symmetrieachse | $F_2$[3]) [4]) rechtwinklig zur Symmetrieachse | $F_{z\perp}$[5]) Querzug im Hauptträger |
| ***Bilo*-Balkenschuhe mit *Bilo*-Kamm-Nägeln der Tragfähigkeitsklasse II und III** (Zulassungsbescheid Z-9.1-80, Geltungsdauer bis 31.05.95) | | | | | | | | | | |
| 60 × 100 | 130 | 92 | 4,0 × 40 | 16 | 8 | 44,8 | | 5,7 | $2{,}3 \cdot H/H_N$ | $1{,}79 \cdot f$[5]) |
| 80 × 120 | 150 | 112 | 4,0 × 50 | 20 | 10 | 66,2 | | 7,2 | $2{,}9 \cdot H/H_N$ | $2{,}65 \cdot f$ |
| 100 × 140 | 170 | 132 | | 24 | 12 | 75,8 | 0,4 | 8,6 | $3{,}4 \cdot H/H_N$ | $3{,}03 \cdot f$ |
| 120 × 160 | 200 | 152 | | 26 | 14 | 88,3 | | 10,0 | $4{,}0 \cdot H/H_N$ | $3{,}53 \cdot f$ |
| 140 × 180 | 220 | 172 | 4,0 × 60 | 30 | 16 | 97,9 | | 11,4 | $4{,}6 \cdot H/H_N$ | $3{,}92 \cdot f$ |
| 180 × 200 | 260 | 192 | | 38 | 20 | 115,2 | | 14,3 | $5{,}7 \cdot H/H_N$ | $4{,}61 \cdot f$ |
| 100 × 320 | 180 | 312 | | 62 | 30 | 76,8 | – | 21,5 | – | $3{,}07 \cdot f$ |

Fortsetzung und Fußnoten s. S. 849

**Tafel 66**, Fortsetzung

| Abmessungen in mm $B \times H$ | $A$ | $H'$ | Nägel $d_n \times l_n$ in mm × mm | Nagelanzahl $n_H$ | $n_N$ | $A_w$ in $cm^2$ | Formfaktor $c$ 3) | zul. Belastung in kN: $F_1$ 4) in Richtung der Symmetrieachse | $F_2$ 3) 4) rechtwinklig zur Symmetrieachse | $F_{z\perp}$ 5) Querzug im Hauptträger |
|---|---|---|---|---|---|---|---|---|---|---|
| ***BMF*-Balkenschuhe mit *BMF*-Kammnägeln der Tragfähigkeitsklasse II und III** (Zulassungsbescheid Z-9.1-255, Geltungsdauer bis 31.05.99) | | | | | | | | | | |
| 60 × 100 | 133 | 92,5 | 4,0 × 40 | 16 | 8 | 44,8 | 0,4 | 5,7 | $2{,}3 \cdot H/H_N$ | $1{,}79 \cdot f$ 5) |
| 60 × 130 | 139 | 122,5 | | 20 | 10 | 46,7 | – | 7,2 | – | $1{,}87 \cdot f$ |
| 70 × 125 | 149 | 117,5 | | | | 50,5 | 0,4 | | $2{,}9 \cdot H/H_N$ | $2{,}02 \cdot f$ |
| 76 × 122 | 155 | 114,5 | | | | 52,8 | | | | $2{,}11 \cdot f$ |
| 80 × 120 | 159 | 112,5 | | | | 54,3 | | | | $2{,}17 \cdot f$ |
| 60 × 160 | 140 | 152,5 | | 24 | 12 | 47,5 | – | 8,6 | – | $1{,}90 \cdot f$ |
| 76 × 152 | 156 | 144,5 | | | | 53,6 | | | | $2{,}14 \cdot f$ |
| 80 × 150 | 160 | 142,5 | 4,0 × 50 | | | 69,6 | | | | $2{,}78 \cdot f$ |
| 100 × 140 | 180 | 132,5 | | | | 79,2 | 0,4 | | $3{,}4 \cdot H/H_N$ | $3{,}17 \cdot f$ |
| 60 × 190 | 144 | 180,0 | 4,0 × 40 | | 14 | 49,0 | – | 10,0 | – | $1{,}96 \cdot f$ |
| 80 × 180 | 164 | 170,0 | | | | 56,6 | | | – | $2{,}26 \cdot f$ |
| 100 × 170 | 184 | 160,0 | 4,0 × 50 | | | 81,1 | 0,4 | | $4{,}0 \cdot H/H_N$ | $3{,}24 \cdot f$ |
| 120 × 160 | 204 | 150,0 | | | | 90,7 | | | | $3{,}63 \cdot f$ |
| 80 × 210 | 164 | 200,5 | 4,0 × 40 | 30 | 16 | 56,2 | – | 11,4 | – | $2{,}25 \cdot f$ |
| 100 × 200 | 184 | 190,5 | 4,0 × 50 | | | 80,6 | | | | $3{,}22 \cdot f$ |
| 120 × 190 | 204 | 180,5 | | | | 90,2 | 0,4 | | $4{,}6 \cdot H/H_N$ | $3{,}61 \cdot f$ |
| 140 × 180 | 224 | 170,5 | | | | 99,8 | | | | $3{,}99 \cdot f$ |
| ***GH*-Balkenschuhe Typ *GH 04* mit *H*-Ankernägeln der Tragfähigkeitsklasse II und III** 6) (Zulassungsbescheid Z-9.1-65, Geltungsdauer bis 31.08.99) | | | | | | | | | | |
| 80 × 100 | 158 | 92 | 4,0 × 50 | 14 | 8 | 68,2 | 0,4 | 5,7 | $2{,}3 \cdot H/H_N$ | $2{,}73 \cdot f$ |
| 80 × 140 | 158 | 132 | | 22 | 12 | | | 8,6 | $3{,}4 \cdot H/H_N$ | |
| 100 × 120 | 184 | 112 | | 18 | 10 | 80,6 | | 7,2 | $2{,}9 \cdot H/H_N$ | $3{,}22 \cdot f$ |
| 100 × 160 | 184 | 152 | | 26 | 14 | | | 10,0 | $4{,}0 \cdot H/H_N$ | |
| 120 × 140 | 204 | 132 | 4,0 × 60 | 22 | 12 | 90,2 | | 8,6 | $3{,}4 \cdot H/H_N$ | $3{,}61 \cdot f$ |
| 120 × 180 | 204 | 172 | | 30 | 16 | | | 11,4 | $4{,}6 \cdot H/H_N$ | |
| 140 × 160 | 224 | 152 | | 26 | 14 | 99,8 | | 10,0 | $4{,}0 \cdot H/H_N$ | $3{,}99 \cdot f$ |

1) nur Nadelholz ≧ S10 oder BS-Holz, s. auch Gl. (177) bis (180)
2) Korrosionsschutz nach DIN 1052 T2, Tab. 1; Balkenschuhe aus nichtrostendem Stahl dürfen in chlorhaltiger und chlorwasserstoffhaltiger Atmosphäre nicht verwendet werden.
3) Balkenschuhe, für die kein $c$-Faktor oder keine zul. Belastung $F_2$ angegeben ist, dürfen rechtwinklig zu ihrer Systemachse nicht belastet werden.
4) bei gleichzeitiger Belastung in Richtung und rechtwinklig zu der Systemachse des Balkenschuhs ist ein Nachweis nach Gl. (179) zu führen.
5) Geometriefaktor $f$ s. Gl. (181), Nachweis kann für $a/H_H \geqq 0{,}7$ entfallen.
6) weitere *GH*-Balkenschuhe Typ *GH 05* und Typ *GH 04*/Kombi s. Zulassungsbescheid

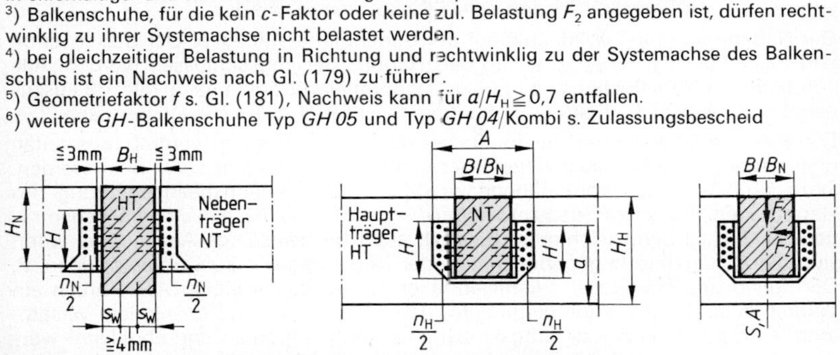


**Bild 31** Abmessungen und Belastung von Balkenschuhanschlüssen

**Tafel 67 Breite und Höhe von Haupt- und Nebenträgern bei Balkenschuhanschlüssen**

| | Breite | | Höhe |
|---|---|---|---|
| Hauptträger | $B_H \geqq 2 \cdot s_w + 4$ mm<br>$B_H \geqq B_N$ | bei zweiseitigem Anschluß<br>bei einseitigem Anschluß | $H_H$: Mindestrandabstand des obersten Nagels beachten |
| Nebenträger | $B_N = B$, mindestens: $B_N = B - 3$ mm beim Einbau | | $H_N \geqq H' + 20$ mm |

Die zulässige Belastung eines Balkenschuhs kann nach Gl. (177) bis (180) berechnet oder auch Tafel 66 entnommen werden, s. auch Bild 31 und Tafel 67.

Bei Balkenschuhen dürfen nur Sondernägel der Tragfähigkeitsklassen II und III mit Einstufungsschein nach DIN 1052 T2, 6.1, verwendet werden, für Balkenschuhe aus nichtrostendem Stahl nur Sondernägel aus nichtrostendem Stahl.

Beanspruchung in Richtung der Symmetrieachse:

$$\mathbf{zul}\ \boldsymbol{F_1 = n_N \cdot}\mathbf{zul}\ \boldsymbol{N_1} \quad (177)$$

Beanspruchung rechtwinklig zur Symmetrieachse:

$$\mathbf{zul}\ \boldsymbol{F_2 = c \cdot}\mathbf{zul}\ \boldsymbol{F_1 \cdot H/H_N} \quad (178)$$

Bei gleichzeitiger Beanspruchung in Richtung der Symmetrieachse und rechtwinklig dazu:

$$\left(\frac{\text{vorh}\ F_1}{\text{zul}\ F_1}\right)^2 + \left(\frac{\text{vorh}\ F_2}{\text{zul}\ F_2}\right)^2 \leqq 1 \quad (179)$$

Die Komponente der Auflagerkraft des Nebenträgers, die im Hauptträger Querzug erzeugt, darf zul $F_{z\perp}$ nicht überschreiten, wenn kein genauerer Nachweis geführt wird:

$$\mathbf{zul}\ \boldsymbol{F_{z\perp} = 0{,}04 \cdot A_w \cdot f} \quad \text{in kN} \quad (180)$$

Der Nachweis nach Gl. (180) darf für $a/H_H \geqq 0{,}7$ entfallen.

$$\boldsymbol{f \cong 1/(1 - 0{,}93 \cdot a/H_H)} \quad \text{nach } \textit{Gerold} \quad (181)$$

mit (s. Tafel 66):

| | | | |
|---|---|---|---|
| $n_N$ | Anzahl der Nägel im Nebenträger | $H_N$ | Nebenträgerhöhe |
| zul $N_1$ | zul. Belastung eines Nagels ⊥ zur Schaftrichtung nach Tafel 57 | $c$ | Formfaktor |
| $H$ | Höhe des Balkenschuhs | $f$ | Geometriefaktor nach Gl. (181) |
| | | $A_w$ | Wert aus Tafel 66 |
| | | $s_w$ | Einschlagtiefe |

Der Mindest-Achsabstand $l$ der Balkenschuhe am Hauptträger beträgt $l \geqq A + 100$ mm. Wird Gl. (180) maßgebend, beträgt $l \geqq A + 200$ mm und am Trägerende $l \geqq (A + 300\ \text{mm})/2$. $A$ kann Tafel 66 entnommen werden.

Der Nebenträger muß vollflächig auf der Bodenplatte aufliegen. Der Balkenschuh darf nicht über Zwischenhölzer an den Hauptträger angeschlossen werden. Alle vorhandenen Nagellöcher sind mit den zugeordneten Nägeln nach Tafel 66 auszunageln. Die Kippsicherheit des Nebenträgers ist für $H_N > 1{,}5H$ nachzuweisen.

Die Balkenschuhe dürfen nur für Balkenschuhanschlüsse an verdrehungssteifen oder gegen Verdrehen ausreichend gesicherten Hauptträgern verwendet werden. Dazu kann wie folgt vorgegangen werden: 1. Die Torsionsbeanspruchung des Hauptträgers durch das Versatzmoment $M_V = F_N \cdot B_H/2$ ist bei einseitigem Nebenträgeranschluß zu berücksichtigen; dies gilt auch für beidseitige Anschlüsse, wenn sich die Auflagerkräfte gegenüberliegender Nebenträger >20% unterscheiden. 2. Der Torsionsnachweis zu 1. kann entfallen, wenn konstruktive Maßnahmen ein Verdrehen der Konstruktion verhindern; dabei müssen die Kräfte aus dem Versatzmoment durch eine Aussteifungskonstruktion aufgenommen und abgeleitet werden können.

**Beispiel** **Anschluß von zwei gegenüberliegenden Nebenträgern an einen Hauptträger mit Balkenschuhen**

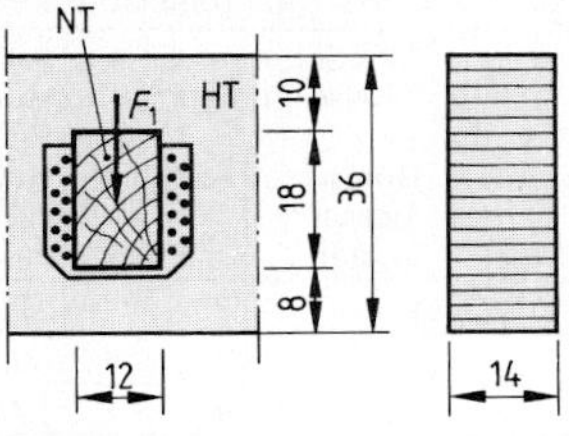


$B_H = 14\text{ cm} \geqq 2 \cdot 6{,}0 + 0{,}4 = 12{,}4\text{ cm}$
$H_N = 18\text{ cm} \geqq 15{,}2 + 2{,}0 = 17{,}2\text{ cm}$
$H_N = 18\text{ cm} < 1{,}5 \cdot 16{,}0 = 24\text{ cm}$

Auflagerkraft je Nebenträger:
vorh $F_1 = 8{,}0$ kN, LFH
Hauptträger: 14/36 cm, BS 14
Nebenträger: 12/18 cm, NH S10
gewählt:
Bilo-Balkenschuh 120 × 160,
Kamm-Nägel 4,0 × 60
$a = H' + 8\text{ cm} = 15{,}2 + 8 = 23{,}2\text{ cm}$
(s. Tafel 66)
$a/H_H = 23{,}2/36 = 0{,}64 < 0{,}7$
$f = 1/(1 - 0{,}93 \cdot 0{,}64) = 2{,}47$
zul $F_{z\perp} = 0{,}04 \cdot 88{,}3 \cdot 2{,}47 =$
$= 3{,}53 \cdot 2{,}47 = 8{,}7$ kN (maßgebend)
zul $F_1 = 14 \cdot 0{,}715 = 10{,}0$ kN
$\frac{8{,}0}{8{,}7} = 0{,}92 < 1$

### 4.3.4.3 Balkenanschluß mit bauaufsichtlicher Zulassung

*GH*-Integralverbinder sind nach Bild 31 a anzuordnen, weitere Festlegungen und die zulässigen Belastungen können Tafel 67 a entnommen werden. Beim Anschluß von Nebenträger an Hauptträger sind die Verhältnisse der Gl. (181 a) einzuhalten, die Verhältnisse der Gl. (181 b) sind unzulässig, s. auch Bild 31 a.

Einzuhalten sind:

$$\frac{a_N}{H_N} \geqq 0{,}7 \quad \text{und} \quad \frac{a_H}{H_H} \geqq 0{,}7 \qquad (181\text{ a})$$

unzulässig sind:

$$\frac{a_N}{H_N} < 0{,}7 \quad \text{und} \quad \frac{a_H}{H_H} < 0{,}7 \qquad (181\text{ b})$$

$H_H$ Höhe des Hauptträgers
$H_N$ Höhe des Nebenträgers
$a_H$ Abstand des obersten Nagels von der Trägerunterkante im Hauptträger, s. Bild 31 a
$a_N$ Abstand des untersten Stabdübels von der Trägeroberkante im Nebenträger, s. Bild 31 a

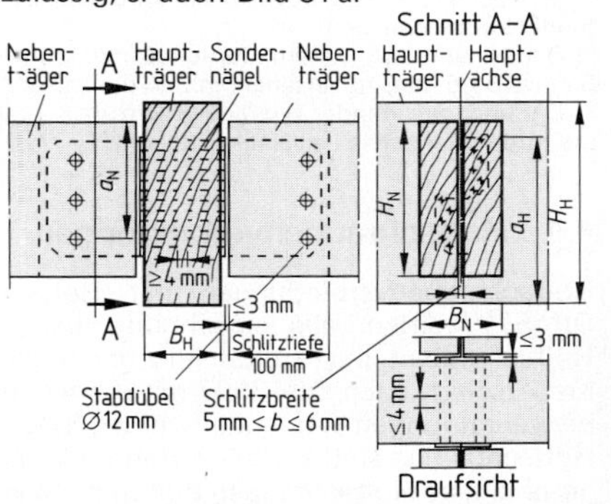


**Bild 31 a Anordnung und Bezeichnungen bei *GH*-Integralverbindern; am Beispiel des Typ I**

*GH*-Integralverbinder dürfen nur für Anschlüsse an verdrehungssteife oder gegen Verdrehen ausreichend gesicherte Hauptträger verwendet werden. Die Integralverbinder dürfen nur in Richtung der Hauptachse nach Bild 31 a belastet werden.

Beim einseitigen Anschluß von Integralverbindern muß das Versatzmoment $M_V = F_N \cdot B_H/2$, das den Hauptträger auf Torsion beansprucht, bei der Bemessung des Hauptträgers berücksichtigt werden. Es kann auch durch geeignete konstruktive Maßnahmen, z.B. Aussteifungskonstruktionen, aufgenommen werden. Das Versatzmoment ist bei zweiseitigen Anschlüssen zu berücksichtigen, bei denen sich die Auflagerkräfte $F_N$ einander gegenüberliegender Nebenträger um > 20% unterscheiden.

Korrosionsschutz der *GH*-Integralverbinder nach DIN 1052 T 2, Tafel 1. Integralverbinder aus nichtrostendem Stahl dürfen in chlorhaltiger und chlorwasserhaltiger Atmosphäre, wie z.B. über gechlortem Wasser in Schwimmhallen, nicht verwendet werden.

**Tafel 67a** ***GH*-Integralverbinder zur Verbindung von Nadelvollholz, mind. S10, und Brettschichtholz; Abmessungen und zulässige Belastungen in Richtung der Hauptachse im Lastfall *H*;** Zulassungsbescheid Z-9.1-263 (gültig bis 30.09.98)

| *GH*-Integralverbinder | | Höhe des Nebenträgers¹) | Sondernägel im Hauptträger²) ³) | | Stabdübel im Nebenträger⁸) | | zul. Belastung in Richtung der Hauptachse |
|---|---|---|---|---|---|---|---|
| Typ | Höhe $H$ in mm | $H_N$ in mm | Größe $d_n \times l_n$⁴) in mm × mm | Anzahl⁵) in Stück | Durchmesser⁶) in mm | Anzahl⁷) in Stück | zul. $F_N$ in kN |
| 0 | 80 | 120⁹) | | 8 | | 2 | 2,5 |
| I | 120 | 160 bis 200 | $4{,}0 \times l_n$, $l_n \geqq 50$ mm | 12 | | 3 | 5,0 |
| II | 160 | 200 bis 240 | | 16 | 12 | 4 | 7,5 |
| III | 200 | 240 bis 280 | $4{,}0 \times l_n$, $l_n \geqq 60$ mm | 20 | | 5 | 11,0 |
| IV | 240 | 280 bis 320 | | 24 | | 6 | 15,0 |

¹) Die Breite $B_N$ des Nebenträgers muß mindestens 60 mm betragen.
²) Die Breite $B_H$ des Hauptträgers muß mindestens sein:
– bei beidseitiger Anordnung von Integralverbindern: $B_H \geqq 2 \cdot s + 4$ mm
– bei einseitiger Anordnung von Integralverbindern: $B_H \geqq B_N$
³) Die Höhe $H_H$ des Hauptträgers ist unter Berücksichtigung der Mindestrandabstände der Nägel festzulegen.
⁴) Nur Sondernägel der Tragfähigkeitsklasse III mit Eignungsnachweis „Nagelverbindungen mit Stahlblechen und Stahlteilen".
⁵) Alle vorhandenen Nagellöcher sind auszunageln.
⁶) Bohrlochdurchmesser im Nebenträger mit Nenndurchmesser der Stabdübel von 12 mm.
⁷) Im Nebenträger sind ebensoviele Stabdübel anzuordnen wie Stabdübellöcher im Integralverbinder vorhanden sind.
⁸) Der Nebenträger ist am Stirnende mittig mit einem Schlitz, Tiefe: $l = 100$ mm, Breite $b$: 5 mm $\leqq b \leqq$ 6 mm, zu versehen, in den der Integralverbinder eingelassen wird, s. Bild 31a
⁹) Der Integralverbinder Typ 0 ist so einzubauen, daß der Schwerpunkt des Stabdübelanschlusses in der Stabachse des Nebenträgers ($H_N = 120$ mm) liegt.

## 4.4 Holzschraubenverbindungen

Holzschraubenverbindungen mit Holzschrauben nach DIN 96, DIN 97 und DIN 571 werden i.allg. einschnittig ausgeführt. Nach [2] können auch Halbrund-Holzschrauben mit Kreuzschlitz nach DIN 7996 und Senk-Holzschrauben mit Kreuzzschlitz nach DIN 7997 mit $d_s = 4$ mm, 5 mm und 6 mm als tragende Schraubenverbindungen verwendet werden. Die zu verbindenden Teile sind vorzubohren. Holzschrauben sind stets von Hand oder maschinell einzudrehen; in das Holz eingeschlagene Holzschrauben dürfen nicht als tragend in Rechnung gestellt werden. Über zul. Erhöhungen und erf. Ermäßigungen s. Tafel 50.

**Beanspruchung rechtwinklig zur Schraubenachse (Abscheren).** Die zulässige Belastung im Lastfall H ist für Nadel- und Laubholz nach Tafel 1a, b sowie für Bau-Furniersperrholz nach DIN 68705 T3 u. T5 aus Gl. (182) für Kraftangriff in Faserrichtung zu errechnen, beim Aufschrauben von Stahlteilen auf Holz gilt Gl. (183).

$$\text{zul } N = 4 \cdot a_1 \cdot d_s \leqq 17\, d_s^2 \text{ in N} \qquad (182)$$

$$\text{zul } N = 1{,}25 \cdot 17 \cdot d_s^2 \text{ in N} \qquad (183)$$

$a_1$ Holz- bzw. Bau-Furniersperrholzdicke in mm des anzuschließenden Teiles
$d_s$ Nenndurchmesser in mm

Für Holzschrauben $d_s < 10$ mm gilt zul $N$ auch für Kraftangriff ⊥ oder schräg zur Faserrichtung, für $d_s \geqq 10$ mm ist zul $N$ nach Gl. (172) abzumindern.

Gl. (182) gilt auch, wenn Flachpreßplatten und mittelharte Holzfaserplatten von $a \geqq 6$ mm sowie harte Holzfaserplatten von $a \geqq 4$ mm auf Holz aufgeschraubt werden. Dabei muß die Länge des glatten Schaftes $\geqq a$ der Platten sein. Über weitere Festlegungen s. Tafel 68.

**Tafel 68 Nenndurchmesser, Scherflächen, Abstände, Vorbohren, Einschraubtiefen von Holzschrauben in Nadel-/Laubholz und Bau-Furniersperrholzplatten**
nach DIN 1052 T2, 9

| Nenndurchmesser min. | Scherflächen min.[1]) | Abstände min. | Abstände max.[2]) | | Vorbohren der zu verbindenden Teile | Einschraubtiefen $s$: $s_w$ = tatsächliche Tiefe | Einschraubtiefen $s$: zul $N$ |
|---|---|---|---|---|---|---|---|
| $d_s$ $\geqq 4$ mm | für $d_s$ $<10$ mm: 4 | wie vorgebohrte Nägel | in Faserri. d. Holzes, Holzwerkstoffplatten $40\,d_s$ | $\perp$ Faserrichtung des Holzes $20\,d_s$ | glatter Schaft: $d_s$ | $s \geqq 8\,d_s$ | zul$N$ |
| | für $d_s$ $\geqq 10$ mm: 2 | | | | Gewindeteil: $0{,}7 \cdot d_s$ | $4\,d_s \leqq s_w < 8\,d_s$ | zul$N \cdot s_w/8\,d_s$ |
| | | | | | | $s < 4\,d_s$ | 0 |

[1]) Gilt nicht für die Befestigung von Einzeltragteilen, von denen mind. vier zum Anschluß eines Bauteils zusammenwirken (z. B. Kreuzungspunkt v. Lattenrosten, Abhänger für untergehängte Decken).
[2]) gilt auch für Heftschrauben

**Beanspruchung in Richtung der Schraubenachse (Herausziehen).** Die zulässige Belastung im Lastfall H ist bei Vorbohrung für trockenes Holz ($u < 20\%$) unabhängig von der Holzfeuchte beim Einschrauben aus Gl. (184) zu errechnen.

$$\text{zul}\,N_z = 3 \cdot s_g \cdot d_s \quad \text{in N} \quad (184)$$

$s_g$ Einschraubtiefe in mm des Gewindeteiles im Holz mit der Dicke $a_2$ (s. Bild 32), Einschraubtiefen nur von $4\,d_s \leqq s_g \leqq 12\,d_s$ in Rechnung stellen.

Beträgt die Holzwerkstoffplatten-Dicke $a_1 < 12$ mm beim Anschluß an Holz, so ist wegen der Kopfdurchziehgefahr zul $N_z \leqq 150$ N zu setzen.

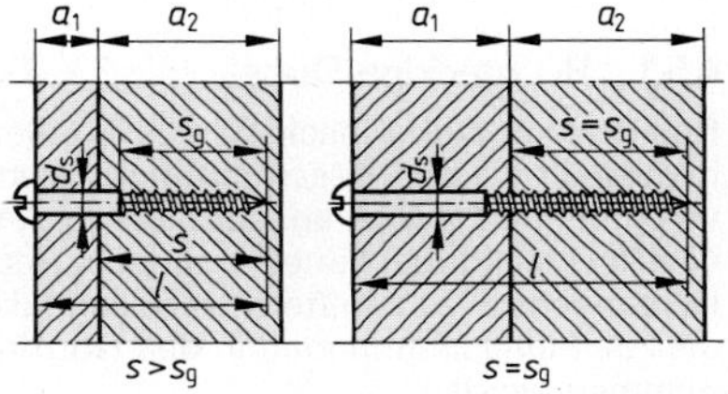


**Bild 32 Holzdicken und Einschraubtiefen bei Holzschrauben**

**Kombinierte Holzschraubenbeanspruchung.** Bei gleichzeitiger Beanspruchung auf Abscheren und Herausziehen gilt Gl. (176) mit $m = 2$.

## 4.5 Dübelverbindungen

Als Dübel werden folgende Verbindungsmittel bezeichnet:

- rechteckige Dübel nach Abschnitt 4.5.1,
- Dübel besonderer Bauart nach Abschnitt 4.5.2.

(Stabdübelverbindungen werden in Abschnitt 4.2 geregelt.)
Die Anwendung von Dübeln kann Tafel 69 entnommen werden. Über zul. Erhöhungen und erf. Ermäßigungen s. Tafel 50.

Alle Dübelverbindungen müssen durch nachspannbare Schraubenbolzen aus Stahl zusammengehalten werden, jeder einzelne Dübel ist durch einen Bolzen zu sichern. Bei Dübel-∅ bzw. -seitenlängen von mindestens 130 mm sind an den Enden der Außenhölzer oder -laschen zusätzliche Klemmbolzen (Schraubenbolzen) anzuordnen, wenn $n \geqq 2$ Dübel in Kraftrichtung hintereinander liegen, s. Bild 33.

Alle Bolzen sind so anzuziehen, daß die notwendigen Unterlegscheiben geringfügig (etwa 1 mm) in das Holz eingedrückt werden. Bei bestimmten Dübeln bes. Bauart dürfen die Bolzen auch durch Holzschrauben oder Sondernägel ersetzt werden (s. Abschn. 4.5.2).

**Tafel 69 Anwendungsbereiche von Dübeln für Verbindungen von Nadel- und Brettschichtholz, mind. der Sortierklasse S10/MS10, sowie von Laubholz (nach Tafel 1a, b)**

| rechteckige Dübel | Dübel besonderer Bauart, Dübeltyp A – E nach Tafel 74 | | | Nadelholz (NH), Laubholz (LH), Brettschichtholz (BSH) | | |
|---|---|---|---|---|---|---|
| Einlaßdübel aus Hartholz oder Stahl | | A Einlaßdübel System *Appel* | B Einlaßdübel aus Eichenholz System *Kübler* | C Einpreßdübel System *Bilo Bulldog* | D Einpreßdübel System *Bilo Geka* | E Einlaß-Einpreßdübel, System *Siemens Bauunion* |
| Verbindungen von | | | | | | |
| NH, BSH | zweiseitig[1]) | NH, BSH | NH, BSH | NH, BSH | NH, BSH | NH, BSH |
| LH | | LH | LH | – | – | – |
| – | | in Hirnholz von BSH | – | – | – | – |
| Stahlteilen[3]) mit NH, BSH, LH | einseitig[2]) | Stahlteilen mit NH, BSH, LH | – | Stahlteilen mit NH, BSH[4]) | Stahlteilen mit NH, BSH[4]) | Stahlteilen mit NH, BSH |

[1]) Dübel bes. Bauart: zweiseitige Verbinder zur Verbindung Holz/Holz.
[2]) Dübel bes. Bauart: einseitige Verbinder zur Verbindung Holz/Stahl.
[3]) Nur bei Flachstahldübel, s. Abschnitt 4.5.1.
[4]) einseitige Dübel Typ C und D auch zur Verbindung Holz/Holz

### 4.5.1 Rechteckige Dübel

Rechteckige Dübel nach Bild 34 können aus trockenem Hartholz oder aus Stahl hergestellt werden. Faserrichtung hölzerner Dübel ist parallel zu den Fasern der zu verbindenden Hölzer anzuordnen. In Anschlüssen oder Stößen dürfen höchstens vier Rechteckdübel hintereinander in Rechnung gestellt werden. Die zul. Belastung ist rechnerisch zu ermitteln. Dazu kann die zul. Leibungsspannung im Holz Tafel 70, die zul. Scherspannungen in den Holzdübeln und im Holz Tafel 1 a, b, Zeile 6, entnommen werden.

Die Bolzen (s. Bild 34) werden zur Aufnahme des Kippmomentes benötigt, sie sind beidseitig mit Unterlegscheiben aus Stahl nach Tafel 71 einzubauen.

**Tafel 70 Zul. Leibungsspannungen in MN/m² ∥ zur Faser im Lastfall H** nach DIN 1052 T2, Tab. 2

| Verhältnis $l_d/t_d$ (Bild 34) | Anzahl der in Kraftrichtung hintereinanderliegenden Dübel | | | |
|---|---|---|---|---|
| | 1 und 2 sowie in verdübelten Balken | | 3 und 4 | |
| | Nadelhölzer[1]) | Laubhölzer[1]) | Nadelhölzer[1]) | Laubhölzer[1]) |
| ≧5 | 8,5 | 10,0 | 7,5 | 9,0 |
| $3 \leqq l_d/t_d < 5$ | 4,0 | 5,0 | 3,5 | 4,5 |

[1]) Hölzer nach Tafel 1 a, b

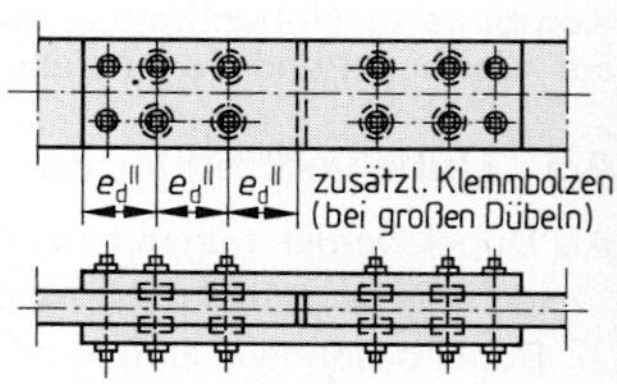


**Bild 33 Bolzenanordnung bei Dübelverbindungen** nach DIN 1052 T2, Bild 1

**Tafel 71 Scheibenmaße für Dübel- und tragende Bolzenverbindungen in mm** nach DIN 1052 T2, Tab. 3

| Bolzen-∅ | M12 | M16 | M20 | M24 |
|---|---|---|---|---|
| Scheibendicke | 6 | | 8 | |
| Scheibenaußen-∅ | 58 | 68 | 80 | 105 |
| Seitenlänge bei quadrat. Scheibe | 50 | 60 | 70 | 95 |

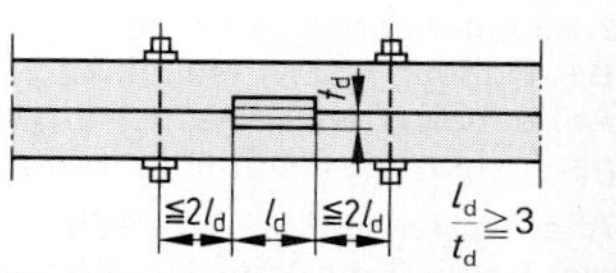


**Bild 34 Anordnung eines rechteckigen Holzdübels** nach DIN 1052 T2, Bild 2

**Flachstahldübel,** die auf durchgehende Stahlbleche oder -profile geschweißt (nur Flankenkehlnähte zulässig) oder aus dem vollen Material herausgearbeitet sind (z. B. Stützenverankerungen), können auch bei $l_d/t_d < 5$ mit den Werten der Tafel 70 Zeile 1 berechnet werden, wenn durch ausreichende Laschendicke (Flachstahl $\geqq 10$ mm oder U-Profil) und ausreichende Sicherung durch Bolzen ein Kippen der Dübel verhindert wird. Dabei sind bei einer Dübelbreite von mehr als 18 cm die Bolzen zweireihig anzuordnen.

### 4.5.2 Dübel besonderer Bauart

#### Zulässige Belastungen

Die zulässige Belastung im Lastfall H kann für $n \leqq 2$ in Kraftrichtung hintereinanderliegende Dübel je nach Neigung Kraft zur Faserrichtung Tafel 74 entnommen werden. Liegen in Stößen und Anschlüssen mehr als zwei Dübel in Kraftrichtung hintereinander, so ist die wirksame Anzahl ef $n$ nach Gl. (185) zu ermitteln, sie kann auch Tafel 72 entnommen werden. $n > 10$ Dübel hintereinander dürfen nicht in Rechnung gestellt werden.

$$\text{ef } n = 2 + \left(1 - \frac{n}{20}\right) \cdot (n-2) \qquad (185)$$

$n$ Anzahl der hintereinanderliegenden Dübel $2 < n \leqq 10$

**Tafel 72 Wirksame Anzahl ef $n$ von in Kraftrichtung hintereinanderliegenden Dübeln ($n>2$) nach Gl. (185)**

| Anzahl $n$ der hintereinanderliegenden Dübel | 3 | 4 | 5 | 6 | 7 | 8 | 9 | 10 |
|---|---|---|---|---|---|---|---|---|
| Wirksame Dübelanzahl ef $n$ | 2,85 | 3,6 | 4,25 | 4,8 | 5,25 | 5,6 | 5,85 | 6,0 |

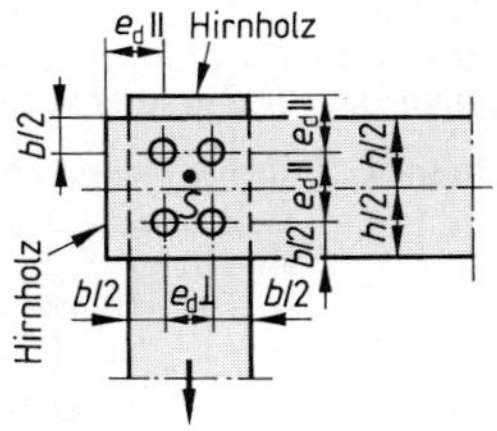


**Bild 35 Mindestdübelabstände bei Queranschlüssen** nach DIN 1052 T 2, Bild 10

**Dübelabstände und Vorholzlängen.** Mindestdübelabstände und -vorholzlängen sind Tafel 73 zu entnehmen.

Der Dübelendabstand in Faserrichtung (Vorholzlänge) darf auf $0{,}5 \cdot e_d \parallel$ herabgesetzt werden, wenn der Rand unbeansprucht ist.

**Tafel 73 Mindestabstände der Dübel** nach DIN 1052 T 2, Tab. 8 und Bild 9

| Anordnung der Dübel | nicht gegeneinander versetzt | gegeneinander versetzt[1] |
|---|---|---|
| $d_d$, $h_d$, $e_d \parallel$, $e_d \perp$, $b$ sind Werte aus Tafel 74<br>Einschnittiefe $t_d$ des Dübels | 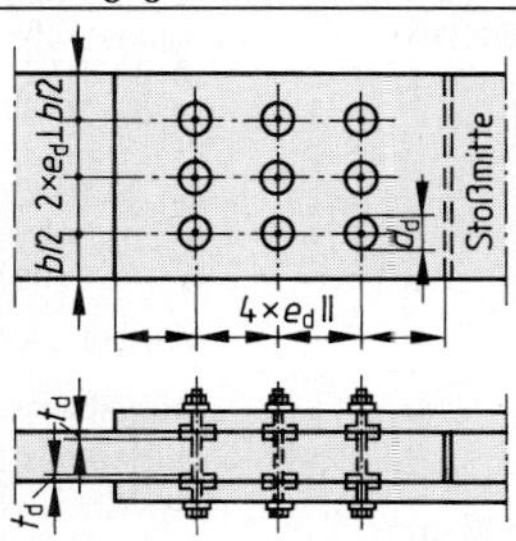 | 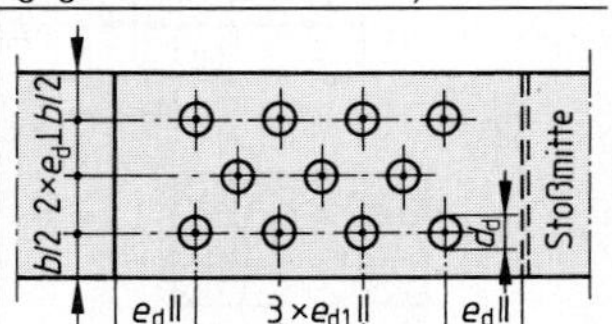 |



| Dübel-Typ | zweiseitige Dübel | einseitige Dübel |
|---|---|---|
| A | $\cong h_d/2$ | $h_d/2$ |
| B | $\cong h_d/2$ | – |
| C | $\cong h_d/2$ | $\cong h_d$ |
| D | $\cong h_d/2$ | $\cong h_d$ |
| E | $\cong h_d/2$ | $h_d/2$ |

**Mindestabstand**

| | nicht gegeneinander versetzt | gegeneinander versetzt[1] | | |
|---|---|---|---|---|
| $e_d \perp$ zwischen benachbarten Dübelreihen | $d_d + t_d$ | $d_d + t_d$ | $d_d$ | $0{,}5\,(d_d + t_d)$ |
| $e_d \parallel$ und $e_{d_1} \parallel$ parallel zur Faserrichtung | $e_d \parallel$ | $e_d \parallel$ | $1{,}1\,e_d \parallel$ | $1{,}8\,e_d \parallel$ |
| von der Holzkante | $b/2$ | | | |

[1]) Zwischenwerte geradlinig einschalten

Bei **Queranschlüssen** nach Bild 35 gelten auch die Mindestdübelabstände $e_d \perp$ nach Tafel 73. Hierbei ist erforderlichenfalls ein **Querzugnachweis** nach Abschn. 4.8 in dem Stab zu führen, der rechtwinklig zur Faserrichtung beansprucht wird. Auf diesen Nachweis kann verzichtet werden, wenn die Höhe des querbeanspruchten Holzes $h \leqq 300$ mm ist und der Anschlußschwerpunkt $S$ in der Stabachse oder darüber liegt.

**Querschnittsschwächungen** durch Dübel sind in Tafel 74 als Dübelfehlflächen $\Delta A$ angegeben, sie sind zusätzlich zur gesamten Schwächung durch Bohrlöcher für die Verbolzung bzw. Sechskant-Holzschrauben (oder Schraubnägel) zu berücksichtigen.

Bei zweiseitigen Einlaßdübeln Typ A (Appel) mit $d_d \leqq 95$ mm und zweiseitigen, runden Einpreßdübeln Typ C (Bulldog) mit $d_d \leqq 95$ mm dürfen die Bolzen M 12 und M 16 durch eine Sechskantholzschraube nach DIN 571 gleichen ∅ mit einer Einschraubtiefe in das BS-Holz von $s \geqq 120$ mm ersetzt werden, wenn Vollholz oder BS-Holz an BS-Holz angeschlossen wird, s. Bild 36. Die Bolzen dürfen auch durch eine gleichwertige Sondernägelverbindung ersetzt werden.

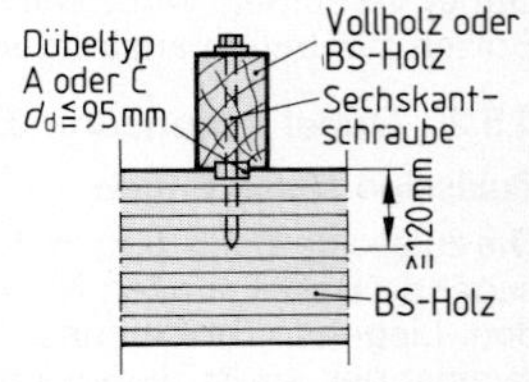


**Bild 36 Sechskantschraube anstelle Bolzen bei bestimmten Dübeln Typ A und C für Anschluß von Voll- und BS-Holz an BS-Holz**

**Beispiel Dübelverbindung eines Zugstoßes mit Ringkeildübel Typ A**

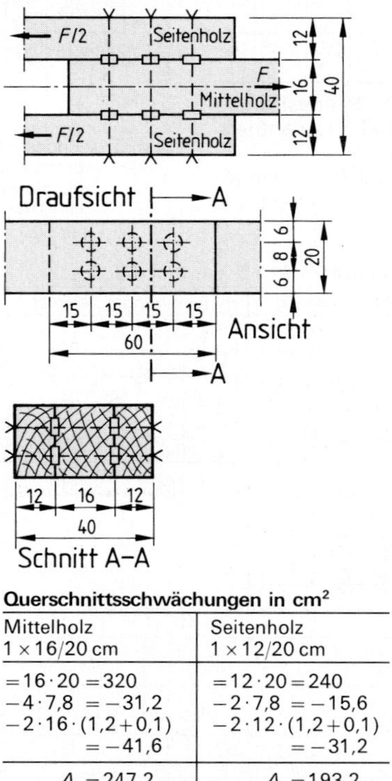


2 Seitenhölzer 2 × 12/20 cm
1 Mittelholz 1 × 16/20 cm
2 × 6 = 12 Dübel Typ A, ∅ 65,
mit 6 Bolzen M12,
U.S., 58/6

**Kanthölzer**, Nadelholz S10

**Belastung:** $F = 120$ kN, LFH,

Gewählt: 2 × 6 = 12 Dübel Typ A, ∅ 65, zweiseitig, $\Delta A = 7{,}8$ cm²,

**Mindestabstände:** (s. Tafel 73, 74)

$e_d \parallel = 14$ cm $< 15$ cm

$e_d \perp = 6{,}5 + 3{,}0/2 = 8$ cm $\leqq 8$ cm

$b/2 = 10/2 = 5$ cm $< 6$ cm

$b/a = 10/4$ cm $< 20/12$ cm für Seitenholz

$= 10/6$ cm $< 20/16$ cm für Mittelholz (beidseitige Dübelanordnung)

**Winkel α Kraft-Faserrichtung:** $\alpha = 0°$

**Dübelbemessung:**

zul $N$ eines Dübels:
zul $N_1 = 11{,}5$ kN

wirksame Anzahl ef $n$ für 3 Dübel hintereinander:
ef $n = 2 + (1 - \frac{3}{20}) \cdot (3 - 2) = 2{,}85$

zul $N$ aller 12 Dübel:
zul $N_{12} = 4 \cdot 2{,}85 \cdot 11{,}5 = 131{,}1$ kN

$120/131{,}1 = 0{,}92 < 1$

Spannungsnachweise der Hölzer nicht dargestellt.

**Querschnittsschwächungen in cm²**

| | Mittelholz 1 × 16/20 cm | Seitenholz 1 × 12/20 cm |
|---|---|---|
| $A_n$ | $= 16 \cdot 20 = 320$ | $= 12 \cdot 20 = 240$ |
| ($\Delta A$) | $- 4 \cdot 7{,}8 = -31{,}2$ | $- 2 \cdot 7{,}8 = -15{,}6$ |
| (Bolzen) | $- 2 \cdot 16 \cdot (1{,}2 + 0{,}1) = -41{,}6$ | $- 2 \cdot 12 \cdot (1{,}2 + 0{,}1) = -31{,}2$ |
| | $A_n = 247{,}2$ | $A_n = 193{,}2$ |

[illegible] und zul. Belastungen eines Dübels im Lastfall H bei $n \geqq 2$ in Kraftrichtung hintereinanderliegenden Dübeln nach DIN 1052 T2, Tab. 4, 6 und 7 [1])

| 1 | | 2 | 3 | 4 | 5 | 6 | 7 | 8 | 9 | 10 | 11 | 12 | 13 | 14 | 15 |
|---|---|---|---|---|---|---|---|---|---|---|---|---|---|---|---|
| Dübelform **System** | | Abmessungen der | | | | Verbolzung | | | Mindestabmessungen der Hölzer bei einer Dübelreihe und Neigung der Kraft- zur Faserrichtung (bei beidseitiger Dübelanordnung Mindestholzdicke $a \geqq 6$ cm für Dübel mit $d_d < 80$ mm, $a \geqq 8$ cm für Dübel mit $d_d \geqq 80$ mm) | | Mindestdübelabstand u. -vorholzlänge bei einer Dübelreihe | Mindestdübelabstand zweier benachbarter Dübelreihen | zul. Belastung eines Dübels im Lastfall H bei Neigung der Kraft- zur Faserrichtung | | |
| | | Außen-∅ bzw. Seitenlänge $d_d$ | Höhe $h_d$ | Dicke $s$ | Dübel-Fehlfläche $\Delta A$ | Sechskantschrauben nach DIN 601 Bl. 1 $d_b$ | runde Scheiben Durchmesser/Dicke $d_s$ | Vierkantscheiben Seitenlänge/Dicke | 0 bis 30° $b/a$ | >30 bis 90° $b/a$ | $e_d \parallel$ | $e_d \perp$ [2]) | 0 bis 30° | >30 bis 60° | >60 bis 90° |
| | | | | | | | | | | | | | Anzahl der in der Kraftrichtung hintereinander liegenden Dübel | | |
| | | | | | | | | | | | | | 1 od. 2 | 1 od. 2 | 1 od. 2 |
| | | in mm | | | cm² | in mm | | | in cm | | in cm | in cm | in kN | | |
| Einlaßdübel Typ A Ringkeildübel *Appel* | ein- und zweiseitig | 65 | 30 | 5 | 7,8 | M12 | 58/6 | 50/6 | 10/4 | 11/4 | 14 | 8,0 | 11,5 | 10,0 | 9,0 |
| | | 80 | | 6 | 10,1 | | | | 11/5 | 13/5 | 18 | 9,5 | 14,0 | 12,5 | 11,0 |
| | | 95 | | | 12,3 | | | | 12/6 | 15/6 | 22 | 11,0 | 17,0 | 14,5 | 12,5 |
| | | 126 | | | 17,0 | | | | 16/6 | 20/6 | 25 | 14,1 | 20,0 | 17,0 | 14,0 |
| | | 128 | 45 | 8 | 25,9 | | | | 16/6 | 20/6 | 30 | 15,0 | 28,0 | 23,5 | 19,0 |
| | | 160 | | 10 | 32,2 | | | | 20/10 | 24/10 | 34 | 18,2 | 34,0 | 27,5 | 21,5 |
| | | 190 | | | 39,9 | M16 | 68/6 | 60/6 | 23/10 | 28/10 | 43 | 21,2 | 48,0 | 38,5 | 29,0 |
| Rundholzdübel Typ B, *Kübler* | zweiseitig | 66 | 32 | – | 8,2 | M12 | 58/6 | 50/6 | 10/4 od. 9/6 | 10/4 od. 9/6 | 13 | 8,2 | 11,0 | 9,0 | 9,0 |
| | | 100 | 40 | – | 16,8 | | | | 13/6 | 16/6 | 20 | 12,0 | 18,0 | 15,5 | 13,5 |
| Einpreßdübel Typ C, *Bilo* *Bulldog* | zweiseitig | 48 | 12,5 | 1,00 | 0,9 | M12 | 58/6 | 50/6 | 10/4 od. 8/6 | 10/4 | 12 | 5,4 | 5,0 | 4,5 | 4,5 |
| | | 62 | 16 | 1,20 | 2,0 | | | | 10/4 od. 9/6 | 11/4 | | 7,0 | 7,0 | 6,5 | 6,0 |
| | | 75 | 19,5 | 1,25 | 2,6 | M16 | 68/6 | 60/6 | 10/5 | 12/5 | 14 | 8,4 | 9,0 | 8,5 | 8,0 |
| | | 95 | 24 | 1,35 | 4,7 | | | | 12/5 | 14/5 | | 10,6 | 12,0 | 11,0 | 10,5 |
| | | 117 | 29,5 | 1,50 | 6,9 | M20 | 80/8 | 70/8 | 15/8 | 18/8 | 17 | 13,2 | 16,0 | 15,0 | 14,0 |
| | | 140 [4]) | 31 | 1,65 | 8,7 | M24 | 105/8 | 95/8 | 17/8 | 20/10 | 20 | 15,5 | 22,0 | 20,0 | 18,5 |
| | | 165 [4]) | 32 | 1,80 | 11,0 | M24 | 105/8 | 95/8 | 19/8 | 23/10 | 23 | 18,0 | 30,0 | 27,0 | 24,0 |
| rund | einseitig | 48 | 6,6 | 1,00 | 0,9 | M12 | 58/6 | 50/6 | 10/4 od. 8/6 | 10/4 | 12 | 5,4 | 5,0 | 4,5 | 4,5 |
| | | 62 | 8,7 | 1,20 | 2,0 | | | | 10/4 od. 9/6 | 11/4 | | 7,0 | 7,0 | 6,5 | 6,0 |
| | | 75 | 10,3 | 1,25 | 2,6 | M16 | 68/6 | 60/6 | 10/5 | 12/5 | 14 | 8,4 | 9,0 | 8,5 | 8,0 |
| | | 95 | 12,8 | 1,35 | 4,7 | | | | 12/5 | 14/5 | | 10,6 | 12,0 | 11,0 | 10,5 |
| | | 117 | 16,0 | 1,50 | 6,9 | M20 | 80/8 | 70/8 | 15/8 | 18/8 | 17 | 13,2 | 16,0 | 15,0 | 14,0 |
| | | 140 [3]) | – | – | 8,7 | M24 | 105/8 | 95/8 | 17/8 | 20/10 | 20 | 15,5 | 22,0 | 20,0 | 18,5 |
| | | 165 [3]) | – | – | 11,0 | | | | 19/8 | 23/10 | 23 | 18,0 | 30,0 | 27,0 | 24,0 |
| quadratisch | zweiseitig | 100/100 | 16 | 1,35 | 2,7 | M20 | 80/8 | 70/8 | 13/6 | 16/6 | 17 | 10,8 | 17,0 | 15,5 | 14,5 |
| | | 130/130 | 20 | 1,50 | 4,5 | M24 | 105/8 | 95/8 | 16/6 | 19/8 | 20 | 14,0 | 23,0 | 21,0 | 19,0 |
| Einpreßdübel Typ D *Bilo* *Geka* | zweiseitig | 50 | 27 | 3 | 2,8 | M12 | 58/6 | 50/6 | 10/4 od. 8/6 | 10/4 od. 9/6 | 12 | 6,2 | 8,0 | 7,5 | 7,0 |
| | | 65 | | | 3,6 | M16 | 68/6 | 60/6 | 10/4 od. 9/6 | 11/4 od. 10/6 | 14 | 7,7 | 11,5 | 11,0 | 10,0 |
| | | 85 | | | 4,6 | M20 | 80/8 | 70/8 | 11/5 | 13/5 | 17 | 9,7 | 17,0 | 16,0 | 14,5 |
| | | 95 | | | 5,6 | M24 | 105/8 | 95/8 | 12/6 | 14/6 | 20 | 10,7 | 21,0 | 19,5 | 17,5 |
| | | 115 | | | 7,0 | M24 | 105/8 | 95/8 | 14/6 | 17/6 | 23 | 12,7 | 27,0 | 24,5 | 21,5 |
| | einseitig | 50 | 15 | 3 | 3,4 | M12 | 58/6 | 50/6 | 10/4 od. 8/6 | 10/4 od. 9/6 | 12 | 6,2 | 8,0 | 7,5 | 7,0 |
| | | 65 | | | 4,5 | M16 | 68/6 | 60/6 | 10/4 od. 9/6 | 11/4 od. 10/6 | 14 | 7,7 | 11,5 | 11,0 | 10,0 |
| | | 85 | | | 5,5 | M20 | 80/8 | 70/8 | 11/5 | 13/5 | 17 | 9,7 | 17,0 | 16,0 | 14,5 |
| | | 95 | | | 6,9 | M24 | 105/8 | 95/8 | 12/6 | 14/6 | 20 | 10,7 | 21,0 | 19,5 | 17,5 |
| | | 115 | | | 8,6 | M24 | 105/8 | 95/8 | 14/6 | 17/6 | 23 | 12,7 | 27,0 | 24,5 | 21,5 |
| Einlaß-Einpreßdübel, Typ E *Siemens-Bauunion* | zweiseitig | 55 | 30 | 3,5 | 3,9 | M12 | 58/6 | 50/6 | 10/4 od. 8/6 | 10/4 od. 9/6 | 12 | 6,7 | 10,0 | 9,5 | 9,0 |
| | | 80 | 37 | 5 | 7,9 | | | | 11/5 | 12/5 | 15 | 9,4 | 15,0 | 13,5 | 12,0 |
| | einseitig | 55 | 15 | 3,5 | 3,9 | M12 | 58/6 | 50/6 | 10/4 od. 8/6 | 10/4 od. 9/6 | 12 | 6,7 | 10,0 | 9,5 | 9,0 |
| | | 80 | 18,5 | 5 | 7,9 | | | | 11/5 | 12/5 | 15 | 9,4 | 15,0 | 13,5 | 12,0 |

[1]) Weiteres s. DIN 1052 T2. [2]) $e_d \perp = d_d + t_d$, andere $e_d \perp$ s. Tafel 73 wird nicht hergestellt: [3]) *Bulld.*/*Bilo*, [4]) *Bilo*

### 4.5.3 Einlaßdübel Dübeltyp A in Hirnholzflächen von Brettschichtholz

Einlaßdübel dürfen auch in rechtwinklig oder schräg ($\varphi \geqq 45°$) zur Faserrichtung verlaufenden Hirnholzflächen von Brettschichtholz eingebaut und zur Übertragung von Auflagerkräften herangezogen werden, Mindestabstände und zul. Belastungen nach Bild 37 und Tafel 75. Die Dübel sind mittig zur Trägerbreite anzuordnen. Im lastaufnehmenden Träger, der rechtwinklig zur Faserrichtung beansprucht wird, ist erforderlichenfalls ein **Querzugnachweis** nach Abschn. 4.8 zu führen. Auf einen Querzugnachweis kann verzichtet werden, wenn die Höhe des querbeanspruchten Holzes $h \leqq 30$ cm ist und der Anschlußschwerpunkt $S$ in der Stabachse oder darüber liegt.

**Tafel 75 Zul. Belastung und Mindestabstände für Einlaßdübel Dübeltyp A[1]) in rechtwinklig oder schräg ($\varphi \geqq 45°$) zur Faserrichtung liegenden Hirnholzflächen von Brettschichtholz im Lastfall H** nach DIN 1052 T2, Tab. 5

| Außen-∅ $d_d$ | Mindestbreite des Trägers 2 nach Bild 37 $b$ | Mindestrandabstand $v_d$ | zul. Belastung eines Dübels bei 1 oder 2 Dü. hintereinander | zul. Belastung eines Dübels bei 3, 4 oder 5 Dü. hintereinander |
|---|---|---|---|---|
| in mm | in cm | in cm | in kN | in kN |
| 65 | 11 | 5,5 | 6,0 | 7,2 |
| 80 | 13 | 6,5 | 7,3 | 8,7 |
| 95 | 15 | 7,5 | 8,5 | 10,2 |
| 126 | 20 | 10,0 | 11,4 | 13,7 |

[1]) s. auch Tafel 74

[2]) oder auch Rundstahl ∅ 24 bis 40 mm, $l \geqq 90$ mm

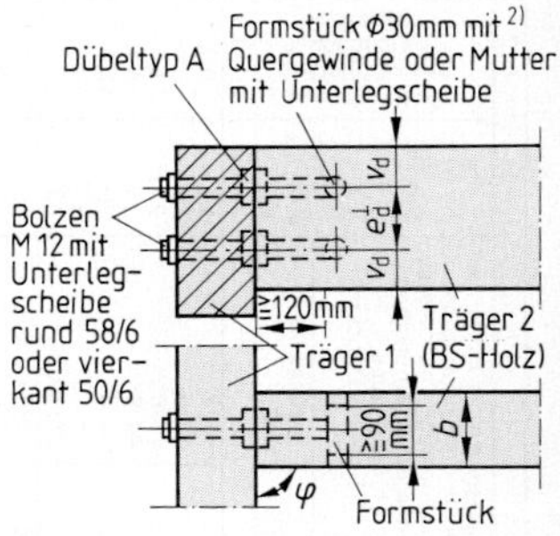


**Bild 37 Hirnholzanschluß bei Brettschichtholz (BS-Holz)** nach DIN 1052 T2, Bild 5

## 4.6 Verschiebungswerte für Durchbiegungsberechnungen

Die in Tafel 76 angegebenen Verschiebungsmoduln bzw. rechnerischen Verschiebungen dürfen für die Berechnung von Durchbiegungen und Überhöhungen nachgiebig zusammengesetzter biegebeanspruchter Bauteile und für die Berechnung der Verschiebungen von Stößen und Anschlüssen mit mechanischen Verbindungsmitteln unter den Lasteinwirkungen im LF H und HZ verwandt werden, mindestens jedoch die 1,25fachen Werte der Tafel 25. Die Verschiebung $v$ nach Tafel 76 ist im Verhältnis vorhandener zu zulässiger Belastung zu erhöhen, wenn die rechnerische Belastung einer Verbindung größer als die zulässige Belastung im LF H ist (z. B. LF HZ). Eine entsprechende Abminderung von $v$ bei geringerer Belastung ist zulässig.

**Tafel 76 Rechenwerte für Verschiebungsmoduln $C$ in N/mm sowie für die Verschiebungen $v$ in mm bei zul $N$ von Verbindungsmitteln in Anschlüssen und Stößen** nach DIN 1052 T2, Tab. 13

| Verbindungsmittel | | Art der Verbindung | | Verschiebungsmodul $C$[1]) in N/mm | Verschiebung $v$ bei zul $N$ in mm |
|---|---|---|---|---|---|
| 1 | Einlaß- und Einpreßdübel | Dübelverbindungen | – | 1,0 · zul $N$ | 1,0 |
| 2 | Stabdübel und Paßbolzen | Verbindungen in Nadelholz, auch mit Bau-Furniersperrholz und Flachpreßplatten | – | 1,2 · zul $N$ | 0,80 |
| 3 | | Verbindungen in Laubholz | – | 1,5 · zul $N$ | 0,67 |
| 4 | | Verbindungen von Brettschichtholz mit Stahlteilen | Löcher im Stahlteil vorgebohrt | 0,70 · zul $N$ | 1,4 |

Fortsetzung und Fußnoten s. nächste Seite

**Tafel 76,** Fortsetzung

| Verbindungsmittel | | Art der Verbindung | | Verschiebungsmodul $C$ [1]) in N/mm | Verschiebung $v$ bei zul$N$ in mm |
|---|---|---|---|---|---|
| 5 | Nägel | Einschnittige Verbindungen in Nadelholz | Nagellöcher nicht vorgebohrt [2]) | $5{,}0 \cdot \frac{\text{zul}N}{d_n}$ | $0{,}20 \cdot d_n$ |
| 6 | | | Nagellöcher vorgebohrt | $10 \cdot \frac{\text{zul}N}{d_n}$ | $0{,}10 \cdot d_n$ |
| 7 | | Mehrschnittige Verbindungen in Nadelholz | Nagellöcher nicht vorgebohrt oder vorgebohrt | $10 \cdot \frac{\text{zul}N}{d_n}$ | $0{,}10 \cdot d_n$ |
| 8 | | Ein- und mehrschnittige Verbindungen von Bau-Furniersperrholz mit Nadelholz [2]) | – | $5{,}0 \cdot \frac{\text{zul}N}{d_n}$ | $0{,}20 \cdot d_n$ |
| 9 | | Einschnittige Verbindungen von Flachpreß- und Holzfaserplatten mit Nadelholz [2]) | – | $6{,}7 \cdot \frac{\text{zul}N}{d_n}$ | $0{,}15 \cdot d_n$ |
| 10 | | Einschnittige Verbindungen von Stahlteilen mit Nadelholz | Nagellöcher im Holz nicht vorgebohrt [2]) | $5{,}0 \cdot \frac{\text{zul}N}{d_n}$ | $0{,}20 \cdot d_n$ |
| 11 | | | Nagellöcher im Holz vorgebohrt | $10 \cdot \frac{\text{zul}N}{d_n}$ | $0{,}10 \cdot d_n$ |
| 12 | | Mehrschnittige Verbindungen von Stahlteilen mit Nadelholz | Nagellöcher im Holz vorgebohrt [2]) | $20 \cdot \frac{\text{zul}N}{d_n}$ | $0{,}05 \cdot d_n$ |
| 13 | Klammern | Verbindungen in Nadelholz | Winkel zwischen Holzfaserrichtung und Klammerrücken $\geqq 30°$ [2]) | $2{,}5 \cdot \frac{\text{zul}N}{d_n}$ | $0{,}40 \cdot d_n$ |
| 14 | | | Winkel zwischen Holzfaserrichtung und Klammerrücken $< 30°$ | $1{,}4 \cdot \frac{\text{zul}N}{d_n}$ | $0{,}70 \cdot d_n$ |
| 15 | | Verbindungen von Holzwerkstoffen mit Nadelholz | – | $6{,}2 \cdot \frac{\text{zul}N}{d_n}$ | $0{,}16 \cdot d_n$ |
| 16 | Holzschrauben | Einschnittige Verbindungen in Nadelholz | – | $10 \cdot \frac{\text{zul}N}{d_s} \leqq 1{,}25 \cdot \text{zul}N$ | $0{,}10 \cdot d_s \leqq 0{,}8$ |
| 17 | | Einschnittige Verbindungen von Holzwerkstoffen mit Nadelholz | – | $12{,}5 \cdot \frac{\text{zul}N}{d_s} \leqq 1{,}25 \cdot \text{zul}N$ | $0{,}08 \cdot d_s \leqq 0{,}8$ |
| 18 | | Einschnittige Verbindungen von Stahlteilen mit Nadelholz | Löcher im Stahlteil vorgebohrt mit $d_s + 1$ mm | $0{,}70 \cdot \text{zul}N$ | 1,4 |

[1]) Für zul$N$ ist die zulässige Belastung in N im Lastfall H einzusetzen. Dabei sind alle maßgebenden Abminderungen und Erhöhungen zu berücksichtigen, z. B. sind gegebenenfalls Feuchteeinwirkungen und der Winkel zwischen Kraft- und Faserrichtung zu beachten, ebenso die Abminderung bei mehreren in Kraftrichtung hintereinanderliegenden Verbindungsmitteln, die Erhöhung bei Vorbohren der Nagellöcher und dergleichen.

[2]) Die Werte dieser Zeile gelten auch, wenn die Nagel- oder Klammerverbindungen bei einer Holzfeuchte von mehr als 20% (halbtrocken oder frisch) hergestellt werden und die Gleichgewichtsfeuchte im Gebrauchszustand höchstens 18% beträgt. Ist eine höhere Gleichgewichtsfeuchte zu erwarten, so ist bei Nagelverbindungen $C = 10 \cdot \frac{\text{zul}\,N}{d_n}$ und $v = 0{,}10 \cdot d_n$ anzusetzen.

## 4.7 Drehfederkonstanten

**Tafel 77 Berechnung für verschiedene Anschlüsse** nach *Heimeshoff* u. *Franz/Scheer* in [6] [1])

| | Anschluß: allgemein | Binder-Stütze | Stütze-Fundament | Rahmenecke (Dübelkreis) |
|---|---|---|---|---|
| 1 | 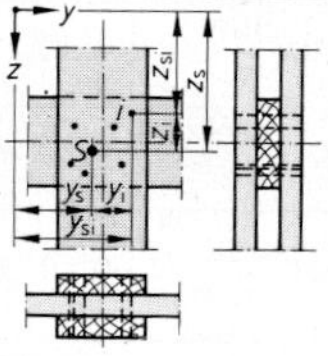 | 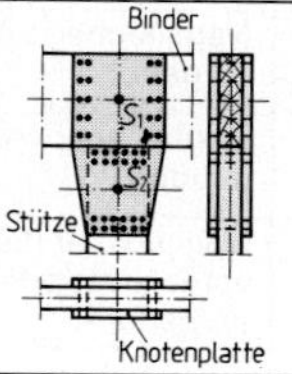 | 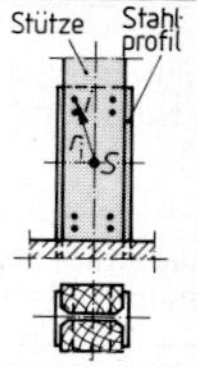 | 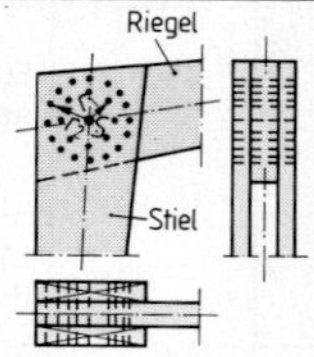 |
| 2 | $c_d = \sum_{i=1}^{n} C_i \cdot r_i^2;\ r_i^2 = y_i^2 + z_i^2$ Schwerpunkt $S$ des Anschlusses: $y_S = \frac{\sum_{i=1}^{n} C_i \cdot y_{si}}{\sum_{i=1}^{n} C_i}$ $z_S = \frac{\sum_{i=1}^{n} C_i \cdot z_{si}}{\sum_{i=1}^{n} C_i}$ | $c_d = \frac{c_{d1} \cdot c_{d2}}{c_{d1} + c_{d2}}$ $c_{d1,2} = C \cdot \sum_{i=1}^{n} r_i^2$ $r_i^2 = \sum_{i=1}^{n} (y_i^2 + z_i^2)$ $c_{d1}$ Drehfederkonstante Binder-Knotenplatte $c_{d1}$ Drehfederkonstante Stütze-Knotenplatte | $c_d = C \cdot \sum_{i=1}^{n} r_i^2$ $r_i^2 = \sum_{i=1}^{n} (y_i^2 + z_i^2)$ | Ein Dübelkreis: $c_{d1} = C \cdot n_1 \cdot r_i^2$ Zwei Dübelkreise: $c_{d2} = C \cdot (n_1 \cdot r_1^2 + n_2 \cdot r_2^2)$ $n_{1,2}$ Anzahl der Dübel im jeweiligen Dübelkreis |
| | | Voraussetzungen: $C$ = konstant, $y_S = 0$, $z_S = 0$, symmetrische Anordnung der Verbindungsmittel, beidseitig gleiche Ausführung | | |

[1]) Die Federsteifigkeiten nachgiebiger Anschlüsse sind mit den 0,8fachen Werten der Verschiebungsmoduln $C$ nach Tafel 76 zu ermitteln. Über genauere Festlegungen s. z.B. *Neuhaus* [16]

## 4.8 Querzugnachweis bei Anschlüssen

Der Querzugnachweis für Anschlüsse mit mechanischen Verbindungsmitteln an Bauteile aus Voll- und Brettschichtholz kann nach Empfehlungen von *Ehlbeck/Görlacher/Werner* [7] nach Tafel 78 und Bild 38 geführt werden; in DIN 1052 werden keine Angaben über einen Querzugnachweis gemacht. Der Querzugnachweis nach Tafel 78 gilt nicht für Anschlüsse mit Nagelplatten.

Die zulässige Querzuglast zul $F_{z\perp}$ eines Queranschlusses an Bauteile aus Voll- und Brettschichtholz mit mechanischen Verbindungsmitteln nach Abschn. 4 kann nach Gl. (186) berechnet werden, erforderliche Bezeichnungen und Größen nach Bild 38 und Tafel 78.

$$\textbf{zul}\, F_{z\perp} = \textbf{zul}\, \sigma_{z\perp} \cdot \textbf{ef}\, A \cdot f_1(a/H) \cdot f_2(h_1/h_i) \cdot f_3(W_m/a) \cdot f_4(VM) \quad \text{in N} \qquad (186)$$

Der Querzugnachweis wird im allgemeinen für $a/H > 0{,}7$ nicht maßgebend, Anschlüsse mit $a/H < 0{,}2$ sollten nach den oben angegebenen Empfehlungen nicht ausgeführt werden. Da die zulässige Querzuglast zul $F_{z\perp}$ nach Gl. (186) mit wachsendem Verhältnis $a/H$ größer wird, sollten Queranschlüsse nach Bild 38 einen möglichst großen Abstand $a$ vom beanspruchten Rand des lastaufnehmenden Stabes aufweisen.

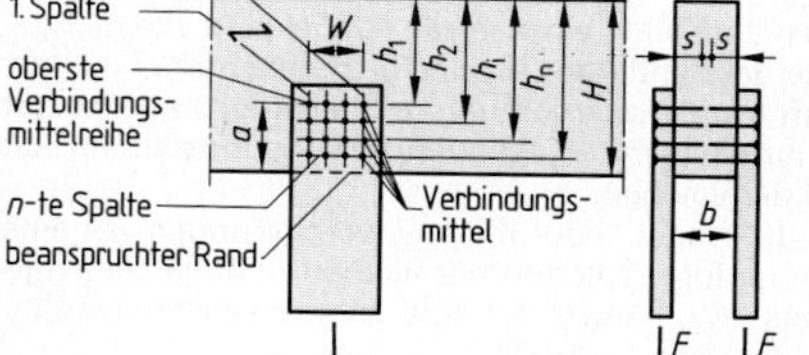


**Bild 38**
**Queranschluß mit mechanischen Verbindungsmitteln** nach *Ehlbeck/Görlacher/Werner* [7]

$H$ Trägerhöhe  $b$ Trägerbreite
$a$ Abstand der obersten Verbindungsmittelreihe vom beanspruchten Rand
$h_i$ Abstand der $i$-ten Verbindungsmittelreihe vom unbeanspruchten Rand
$W$ Abstand der äußersten Verbindungsmittel einer Reihe (für eine Spalte ist $W = 0$)

**Tafel 78 Berechnungsgrößen für die zulässige Querzuglast zul $F_{z\perp}$ der Gl. (186)** nach *Ehlbeck/Görlacher/Werner* [7], s. Bild 38[1] [2] [3]

| | |
|---|---|
| | **wirksame Anschlußfläche ef $A$** in $mm^2$ |
| 1 | $\text{ef}\,A = \text{ef}\,W \cdot \text{ef}\,b$ |
| | **wirksame Anschlußbreite ef $W$** (ideelle Ausdehnung der querzugbeanspr. Fläche in Trägerlängsrichtung) |
| 2 | für $W_s < (0{,}8 \cdot H - a)$: $\text{ef}\,W = \sqrt{W^2 + (C \cdot H)^2}$<br>$\geqq (0{,}8 \cdot H - a)$: $\text{ef}\,W = C \cdot H \cdot \left[1 + (m-1) \cdot \frac{W}{W+a}\right]$ mit $C = \frac{4}{3}\sqrt{a/H \cdot (1 - a/H)^3}$ |
| | **wirksame Anschlußtiefe ef $b$** (ideelle Ausdehnung der querzugbeanspr. Fläche in Trägerquerrichtung) |
| 3 | bei einseitiger Anordnung der Verbindungsmittel gilt für:<br>– Nägel, Holzschrauben: $\text{ef}\,b = s \leqq 12\,d_{n,s}$ und $\leqq b$<br>– Nägel bei Stahlblechformteilen: $\text{ef}\,b = s \leqq 15\,d_n$ und $\leqq b$<br>– Stabdübel, Bolzen: $\text{ef}\,b = 6 \cdot d_{st,b}$ und $\leqq b$<br>– Dübel besonderer Bauart: $\text{ef}\,b = 5$ cm und $\leqq b$<br>bei zweiseitiger Anordnung der Verbindungsmittel:<br>– die Werte für einseitige Anordnung können verdoppelt werden, jedoch: $\text{ef}\,b \leqq b$ |
| | **zulässige Querzugspannung zul $\sigma_{z\perp}$** in $N/mm^2$ (mit ef$A$ in $mm^2$) |
| 4 | für Vollholz: $\text{zul}\,\sigma_{z\perp} = 2{,}00 \cdot (\text{ef}\,A)^{-0{,}2}$ ist ef$A < 10000$ $mm^2$, ist trotzdem<br>für Brettschichtholz: $\text{zul}\,\sigma_{z\perp} = 3{,}33 \cdot (\text{ef}\,A)^{-0{,}2}$ ef$A = 10000$ $mm^2$ in Zeile 4 einzusetzen |
| | **Faktor $f_1(a/H)$**, berücksichtigt die Lage der am stärksten querzuggefährdeten Fuge bez. der Trägerhöhe |
| 5 | $f_1(a/H) = \frac{1}{1 - 3 \cdot (a/H)^2 + 2\,(a/H)^3}$ |
| | **Faktor $f_2(h_1/h_i)$**, berücksichtigt den Einfluß mehrerer Verbindungsmittelreihen |
| 6 | $f_2(h_1/h_i) = \frac{n}{\sum_{i=1}^{i=n} (h_1/h_i)^2}$ |
| | **Faktor $f_3(W_m/a)$**, berücksichtigt den Einfluß einer weiteren benachbarten Verbindungsmittelgruppe |
| 7 | $f_3(W_m/a) = 1 + \frac{W_m}{W_m + a}$ z. B. die beiden Schenkel eines Balkenschuhanschlusses |
| | **Faktor $f_4$(VM)**, berücksichtigt den Einfluß des Verbindungsmitteltyps |
| 8 | $f_4(\text{VM}) = 1{,}0$ für stiftförmige Verbindungsmittel $= 1{,}1$ für Dübel besonderer Bauart |
| | **Bezeichnungen**, s. Bild 38 |
| 9 | $H$ Trägerhöhe<br>$b$ Trägerbreite<br>$a$ Abstand der obersten Verbindungsmittelreihe vom beanspruchten Rand<br>$h_i$ Abstand der $i$-ten Verbindungsmittelreihe vom unbeanspruchten Rand<br>$W$ Abstand der äußersten Verbindungsmittel einer Reihe (für eine Spalte ist $W = 0$)<br>$W_m$ Abstand der Schwerpunkte zweier benachbarter Verbindungsmittelgruppen, die zu einem Queranschluß gehören<br>$s$ Einschlagtiefe der Nägel<br>$d_n$ Nagelnenndurchmesser<br>$d_s$ Holzschraubennenndurchmesser<br>$d_{st}$ Stabdübeldurchmesser<br>$d_b$ Bolzendurchmesser<br>$n$ Anzahl der Verbindungsmittelreihen<br>$m$ Anzahl der Verbindungsmittelspalten<br>$W_s$ Abstand von zwei in einer Verbindungsmittelreihe unmittelbar nebeneinanderliegenden Verbindungsmitteln (Abstand der Spalten) |

[1]) für Queranschlüsse an Bauteile aus Voll- und Brettschichtholz mit mechanischen Verbindungsmitteln nach Abschn. 4 (für Anschlüsse mit Nagelplatten gilt ein gesonderter Querzugnachweis)

[2]) bei $a/H > 0{,}7$ wird der Querzugnachweis im allgemeinen nicht maßgebend

[3]) bei $a/H < 0{,}2$ sollte ein Anschluß nicht ausgeführt werden

# 5 Versätze

**Tafel 79 Einschnittiefen $t_v$, Vorholzlängen $l_v$ und Ausmitten $e$[1]) bei Versätzen**

| | Versätze | genauere Berechnung | Näherungsberechnung für Nadelholz S 10 |
|---|---|---|---|
| **Stirnversatz** | | | |
| 1 | 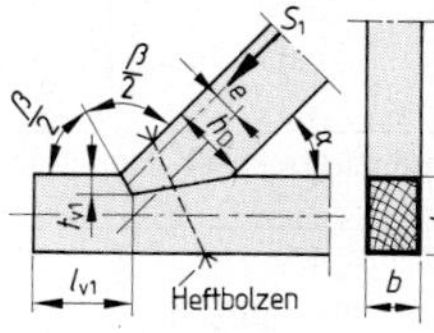 | $t_{v1}=\dfrac{S_1\cdot\cos^2(\alpha/2)}{b\cdot \mathrm{zul}\,\sigma_{D\measuredangle\alpha/2}}$ <br> $l_{v1}=\dfrac{S_1\cdot\cos\alpha}{b\cdot\mathrm{zul}\,\tau_a}$ [3]) <br> $e=0{,}5\,(h_D-t_{v1})$ | $t_{v1}\cong\dfrac{S_1}{0{,}7\cdot b}$ [2]) |
| **Brustversatz** | | | |
| 2 | 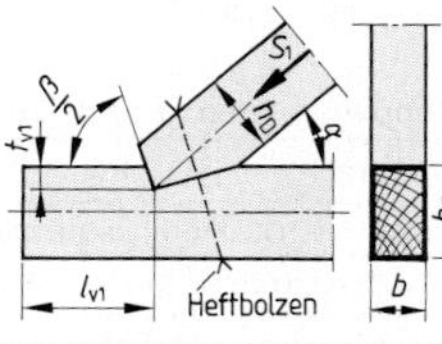 | $t_{v1}=\dfrac{S_1\cdot\cos^2(\alpha/2)}{b\cdot \mathrm{zul}\,\sigma_{D\measuredangle\alpha/2}}$ <br> $l_{v1}=\dfrac{S_1\cdot\cos\alpha}{b\cdot\mathrm{zul}\,\tau_a}$ [3]) <br> $e\cong 0$ | $t_{v1}\cong\dfrac{S_1}{0{,}7\cdot b}$ [2]) |
| **Fersenversatz** | | | |
| 3 | 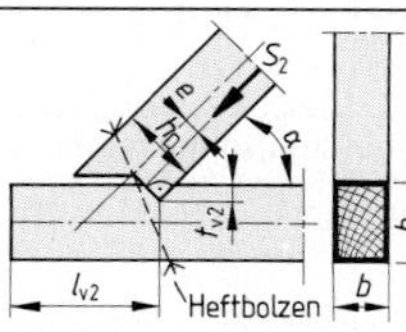 | $t_{v2}=\dfrac{S_2\cdot\cos\alpha}{b\cdot \mathrm{zul}\,\sigma_{D\measuredangle\alpha}}$ <br> $l_{v2}=\dfrac{S_2\cdot\cos\alpha}{b\cdot\mathrm{zul}\,\tau_a}$ [3]) <br> $e=0{,}5\left(h_D-\dfrac{t_{v2}}{\cos\alpha}\right)$ | $t_{v2}\cong\dfrac{S_2}{0{,}56\cdot b}$ [2]) |
| **Stirn-Fersenversatz (doppelter Versatz)** | | | |
| 4 | 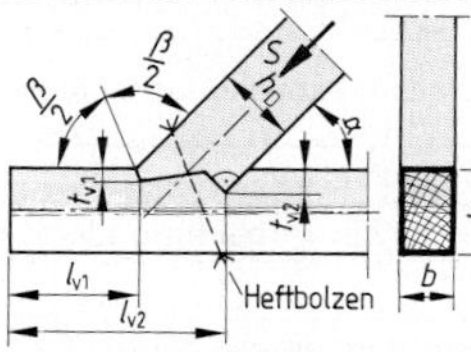 | $S=S_1+S_2$[4]) <br> $l_{v2}=\dfrac{S\cdot\cos\alpha}{b\cdot\mathrm{zul}\,\tau_a}$ [3]) <br> $l_{v1}$ [3]) [4]) <br> $e\cong 0$ | $t_{v2}\cong\dfrac{S}{1{,}12\cdot b}$ [2]) <br> $t_{v1}\leqq 0{,}8\cdot t_{v2}$ <br> $\leqq t_{v2}-1{,}0$ cm |

**zulässige Einschnittiefen nach DIN 1052 T2**

5

**einseitiger Versatz**

| $\alpha$ | $\leqq 50°$ | 51° | 52° | 53° | 54° | 55° | 56° | 57° | 58° | 59° | $\geqq 60°$ |
|---|---|---|---|---|---|---|---|---|---|---|---|
| zul $t_v$ | 0,250 $h$ | 0,242 $h$ | 0,233 $h$ | 0,225 $h$ | 0,217 $h$ | 0,209 $h$ | 0,200 $h$ | 0,192 $h$ | 0,184 $h$ | 0,175 $h$ | 0,167 $h$ |

$\alpha$ Anschlußwinkel
$h$ Höhe des eingeschnittenen Holzes, entspricht in den Zeilen 1 bis 4 der Höhe $h_G$
$t_v$ Einschnittiefe

[1]) Ausmitten nach *Heimeshoff*
[2]) $S$ in kN; $t_v$, $b$ in cm
[3]) Vorholzlängen $l_v$: 20 cm $\leqq l_v \leqq 8\cdot t_v$, Empfehlung nach *Heimeshoff*
[4]) s. Zeile 1 bzw. 3 (Stirn- bzw. Fersenversatz)

**zweiseitiger Versatz**

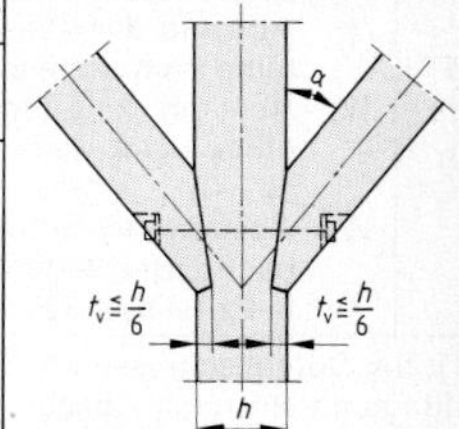


unabhängig vom Anschlußwinkel

Stirn- und Fersenversatz können mit Tafel 80 nach $S = c \cdot t_v \cdot b$ bemessen werden.

**Tafel 80** **Werte $c$ in kN/cm² für Stirn- ($S_1$) und Fersenversatz ($S_2$) bei $\alpha = 10°$ bis $60°$ für Nadelholz, S10/MS10**

| $\alpha$ | 10° | 15° | 20° | 25° | 30° | 35° | 40° | 45° | 50° | 55° | 60° |
|---|---|---|---|---|---|---|---|---|---|---|---|
| $S_1$ | 0,799 | 0,778 | 0,760 | 0,744 | 0,731 | 0,720 | 0,711 | 0,704 | 0,700 | 0,699 | 0,700 |
| $S_2$ | 0,749 | 0,706 | 0,668 | 0,635 | 0,606 | 0,583 | 0,564 | 0,552 | 0,548 | 0,554 | 0,574 |

# 6 Holzbauteile der Feuerwiderstandsklasse F30-B und F60-B nach DIN 4102 T4 (03.94), Auszug

Die Angaben dieses Abschnitts gelten nur für die Brandschutzbemessung. Im allg. sind alle Holzbauteile und Verbindungen dieses Abschn. 6 zunächst nach DIN 1052 T1 und T2 infolge statischer Beanspruchungen („kalte Bemessung") zu bemessen, s. vorherige Abschnitte. Werden Holzbauteile und Verbindungen für die Feuerwiderstandsklassen F30-B bzw. F60-B ausgelegt, sind die Festlegungen dieses Abschn. 6 zusätzlich einzuhalten („heiße Bemessung"). Weitere Festlegungen und Beispiele s. DIN 4102 T4, Abschn. 5 und *Kordina/Meyer-Ottens* [14a].

## 6.1 Feuerwiderstandsklassen F30-B und F60-B unbekleideter Holzbalken und -stützen aus Voll- und Brettschichtholz

Die Mindestabmessungen unbekleideter Holzbalken und -stützen F30-B aus Nadelvollholz können Tafel 82 entnommen werden. Die Werte der Tafel 82 gelten auch für Vollholz aus Buche; für Vollholz aus Laubhölzern (außer Buche) mit einer Rohdichte $\varrho > 600$ kg/m³ dürfen alle Werte der Tafel 82 mit 0,8 multipliziert werden, dies sind die Laubhölzer (außer Buche) der Tafel 1a.

Die Mindestabmessungen unbekleideter Holzbalken und -stützen F30-B und F60-B aus Brettschichtholz können Tafel 83 bis 86 entnommen werden.

Die Angaben in den Tafeln 82 bis 86 gelten für Holzbalken mit Rechteckquerschnitt unter Biegebeanspruchung oder unter Biegebeanspruchung mit Längskraft und für Holzstützen nach DIN 1052 T1 mindestens der Sortierklasse S10/MS10 mit 3seitiger und 4seitiger Brandbeanspruchung. Die Angaben gelten nur für Holzbalken ohne Aussparungen (Zapfen- und Bolzenlöcher sind keine Aussparungen) und nur für Holzstützen ohne Aussparungen, Ausfräsungen, Stöße und dgl. mehr. Die Mindestanforderungen dieser Details sind in Abschn. 6.5 für die hier angeführten Verbindungsmittel dargestellt, weitere Angaben s. DIN 4102 T4, 5.8 und [14a].

Eine maximal 3seitige Brandbeanspruchung liegt bei Holzbalken vor, wenn deren Oberseite nach DIN 4102 T4, 5.5.1.2, abgedeckt ist; sie liegt bei Holzstützen vor, wenn deren vierte Seite nach DIN 4102 T4, 5.6.1.1, abgedeckt ist. Eine 4seitige Brandbeanspruchung liegt vor, wenn die Anforderungen für 3seitige Brandbeanspruchung nicht eingehalten werden oder wenn die Ober- bzw. vierte Seite freiliegt.

Bei Holzbalken und -stützen, bei denen die Bemessung auf Schub- bzw. Scherspannungen nach DIN 1052 T1, s. Abschn. 3.4.2, maßgebend ist (und nicht die Nachweise auf Biegung oder Biegung mit Längskraft bzw. Druck mit Biegung), muß Gl. (187) eingehalten werden.

$$\frac{\alpha_Q \cdot b \cdot h}{1{,}5 \cdot b(t_f) \cdot h(t_f)} \leqq 1 \qquad (187)$$

$\alpha_Q$ Ausnutzungsgrad der Schub- bzw. Scherspannungen nach DIN 1052 T1 $= \dfrac{\text{vorh}\,\tau_Q}{\text{zul}\,\tau_Q}$ bzw. $= \dfrac{\text{vorh}\,\tau_a}{\text{zul}\,\tau_a}$

$b(t_f)$; $h(t_f)$ Breite bzw. Höhe des Restquerschnitts in Abhängigkeit von der Abbrandgeschwindigkeit $v$ nach Tafel 81

$b, h$ Breite bzw. Höhe in mm des gewählten Querschnitts der statischen Berechnung

**Tafel 81 Berechnung der Breite $b(t_f)$ und Höhe $h(t_f)$ des Restquerschnitts in Abhängigkeit von der Abbrandgeschwindigkeit $v$** nach DIN 4102 T4, 5.5.2.4

| **Abbrandgeschwindigkeit $v$** | |
|---|---|
| Vollholz: $v=0{,}8$ mm/min | Brettschichtholz: $v=0{,}7$ mm/min |
| **Breite $b(t_f)$ und Höhe $h(t_f)$ des Restquerschnitts** [1]) | |
| bei 3seitiger Brandbeanspruchung:<br>$b(t_f)=b-2v\cdot t_f$ $\quad h(t_f)=h-v\cdot t_f$ | bei 4seitiger Brandbeanspruchung:<br>$b(t_f)=b-2v\cdot t_f$ $\quad h(t_f)=h-2v\cdot t_f$ |

[1]) Hierin bedeuten
$b$, $h$ Breite bzw. Höhe in mm des gewählten Querschnitts der statischen Berechnung
$t_f$ Feuerwiderstandsdauer in min

**Tafel 82 Mindestbreite $b$ unbekleideter Stützen und Balken aus Nadelvollholz mit einem Seitenverhältnis $h/b=1{,}0$ und 2,0 bei 3seitiger und 4seitiger Brandbeanspruchung für F30-B** nach DIN 4102 T4, Tab. 74 und 75[2]) [3]) [4])

| Zeile | Brand-beanspruchung | Statische Beanspruchung Druck $\frac{\sigma_{D\parallel}}{\text{zul}\,\sigma_k}$ | Biegung $\frac{\sigma_B}{\text{zul}\,\sigma_B^*}$ [1]) | Mindestbreite $b$ in mm bei einem Seitenverhältnis $h/b$ 1,0 und einem **Abstützungsabstand** $s$ bzw. einer **Knicklänge** $s_k$ in m | | | | | 2,0 | | | | |
|---|---|---|---|---|---|---|---|---|---|---|---|---|---|
| | | | | 2,0 | 3,0 | 4,0 | 5,0 | 6,0 | 2,0 | 3,0 | 4,0 | 5,0 | 6,0 |
| 1 | | 1,0 | 0 | 163 | 181 | 194 | 203 | 206 | 151 | 169 | 182 | 190 | 185 |
| 2 | | 0,8 | 0 | 144 | 159 | 168 | 171 | 171 | 135 | 149 | 157 | 157 | 157 |
| 3 | | | 0,2 | 155 | 171 | 182 | 188 | 188 | 144 | 159 | 168 | 173 | 173 |
| 4 | 3seitig | 0,6 | 0 | 127 | 136 | 143 | 143 | 143 | 120 | 130 | 132 | 132 | 132 |
| 5 | 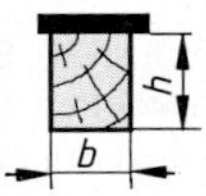 | | 0,4 | 148 | 160 | 168 | 171 | 171 | 135 | 147 | 154 | 154 | 154 |
| 6 | | 0,4 | 0 | 110 | 117 | 117 | 117 | 117 | 104 | 110 | 110 | 110 | 110 |
| 7 | | | 0,6 | 139 | 148 | 153 | 153 | 153 | 125 | 134 | 137 | 137 | 139 |
| 8 | | 0,2 | 0 | 91 | 93 | 93 | 93 | 93 | 87 | 88 | 88 | 88 | 88 |
| 9 | | | 0,8 | 128 | 133 | 135 | 135 | 135 | 113 | 118 | 122 | 125 | 128 |
| 10 | | 0 | 0,2 | 80 | 80 | 80 | 80 | 83 | 80 | 80 | 80 | 80 | 83 |
| 11 | | | 1,0 | 114 | 114 | 114 | 114 | 114 | 96 | 103 | 109 | 114 | 120 |
| 12 | | 1,0 | 0 | 187 | 204 | 219 | 229 | 237 | 161 | 179 | 193 | 202 | 204 |
| 13 | | 0,8 | 0 | 164 | 179 | 189 | 196 | 196 | 143 | 158 | 167 | 170 | 170 |
| 14 | | | 0,2 | 182 | 197 | 209 | 217 | 222 | 154 | 170 | 180 | 187 | 187 |
| 15 | 4seitig | 0,6 | 0 | 143 | 155 | 161 | 161 | 161 | 126 | 137 | 142 | 142 | 142 |
| 16 | 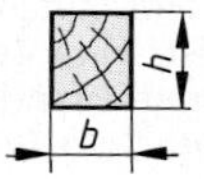 | | 0,4 | 177 | 189 | 198 | 204 | 205 | 146 | 159 | 167 | 169 | 169 |
| 17 | | 0,4 | 0 | 123 | 131 | 133 | 133 | 133 | 110 | 116 | 116 | 116 | 116 |
| 18 | | | 0,6 | 172 | 180 | 186 | 190 | 190 | 138 | 147 | 152 | 152 | 152 |
| 19 | | 0,2 | 0 | 102 | 105 | 105 | 105 | 105 | 91 | 92 | 92 | 92 | 92 |
| 20 | | | 0,8 | 166 | 171 | 174 | 175 | 175 | 127 | 132 | 134 | 135 | 138 |
| 21 | | 0 | 0,2 | 86 | 86 | 86 | 86 | 87 | 80 | 80 | 80 | 82 | 84 |
| 22 | | | 1,0 | 160 | 160 | 160 | 160 | 160 | 113 | 113 | 118 | 123 | 128 |

[1]) $\text{zul}\,\sigma_B^*=1{,}1\cdot k_B\cdot \text{zul}\,\sigma_B$ mit $1{,}1\cdot k_B\leq 1{,}0$, s. Gl. (101)

[2]) gilt für Vollholz aus Nadelhölzern und aus Buche der Tafel 1 a; für Vollholz aus Laubhölzern (außer Buche) mit einer Rohdichte $\varrho>600$ kg/m³ dürfen alle Werte dieser Tafel mit 0,8 multipliziert werden, dies sind die Laubhölzer (außer Buche) der Tafel 1 a

[3]) die Auflagertiefe von Balken auf Beton oder auf Mauerwerk muß bei der Feuerwiderstandsklasse F30 $\geqq$ 40 mm sein

[4]) bei Balken, bei denen die Bemessung auf Schub- bzw. Scherspannungen nach DIN 1052 T1 maßgebend ist (und nicht die Nachweise auf Biegung oder Biegung mit Längskraft), muß Gl. (187) eingehalten werden

**Tafel 83 Mindestbreite *b* unbekleideter Stützen und Balken aus Brettschichtholz der Tafel 1 b mit einem Seitenverhältnis $h/b$ = 1,0; 2,0; 4,0 und 6,0 bei 3seitiger Brandbeanspruchung für F30-B** nach DIN 4102 T4, Tab. 76 und 77[2] [3] [4]

| Zeile | Brandbeanspruchung | Statische Beanspruchung Druck $\frac{\sigma_{D\parallel}}{\text{zul}\,\sigma_k}$ | Biegung $\frac{\sigma_B}{\text{zul}\,\sigma_B^*}$ [1] | Mindestbreite *b* in mm bei einem Seitenverhältnis $h/b$ 1,0 und einem **Abstützungsabstand** *s* bzw. einer **Knicklänge** $s_k$ in m | | | | | 2,0 | | | | |
|---|---|---|---|---|---|---|---|---|---|---|---|---|---|
| | | | | 2,0 | 3,0 | 4,0 | 5,0 | 6,0 | 2,0 | 3,0 | 4,0 | 5,0 | 6,0 |
| 1 | | 1,0 | 0 | 148 | 168 | 169 | 169 | 169 | 139 | 158 | 158 | 158 | 158 |
| 2 | | 0,8 | 0 | 132 | 146 | 146 | 146 | 146 | 124 | 134 | 134 | 134 | 134 |
| 3 | | | 0,2 | 141 | 157 | 157 | 157 | 157 | 132 | 147 | 147 | 147 | 147 |
| 4 | | 0,6 | 0 | 116 | 119 | 119 | 119 | 119 | 110 | 110 | 110 | 110 | 110 |
| 5 | | | 0,4 | 134 | 146 | 146 | 146 | 146 | 124 | 131 | 131 | 131 | 131 |
| 6 | | 0,4 | 0 | 100 | 100 | 100 | 100 | 100 | 95 | 95 | 95 | 95 | 95 |
| 7 | | | 0,6 | 125 | 131 | 131 | 131 | 131 | 114 | 116 | 116 | 116 | 118 |
| 8 | | 0,2 | 0 | 80 | 80 | 80 | 80 | 83 | 80 | 80 | 80 | 80 | 83 |
| 9 | | | 0,8 | 115 | 116 | 116 | 116 | 116 | 102 | 102 | 104 | 108 | 111 |
| 10 | | 0 | 0,2 | 80 | 80 | 80 | 80 | 83 | 80 | 80 | 80 | 80 | 83 |
| 11 | 3seitig | | 1,0 | 100 | 100 | 100 | 100 | 100 | 84 | 90 | 95 | 100 | 105 |
| | 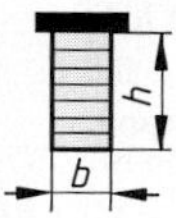 | | | bei einem Seitenverhältnis $h/b$ 4,0 und einem **Abstützungsabstand** *s* bzw. einer **Knicklänge** $s_k$ in m | | | | | 6,0 | | | | |
| | | | | 2,0 | 3,0 | 4,0 | 5,0 | 6,0 | 2,0 | 3,0 | 4,0 | 5,0 | 6,0 |
| 12 | | 1,0 | 0 | 135 | 153 | 153 | 153 | 153 | 134 | 151 | 151 | 151 | 151 |
| 13 | | 0,8 | 0 | 121 | 128 | 128 | 128 | 128 | 120 | 126 | 126 | 126 | 126 |
| 14 | | | 0,2 | 127 | 142 | 142 | 142 | 142 | 127 | 143 | 143 | 143 | 143 |
| 15 | | 0,6 | 0 | 107 | 107 | 107 | 107 | 107 | 106 | 106 | 106 | 106 | 106 |
| 16 | | | 0,4 | 119 | 128 | 128 | 130 | 134 | 121 | 132 | 135 | 139 | 142 |
| 17 | | 0,4 | 0 | 92 | 92 | 92 | 92 | 92 | 91 | 91 | 91 | 91 | 91 |
| 18 | | | 0,6 | 111 | 117 | 121 | 126 | 132 | 114 | 124 | 132 | 139 | 143 |
| 19 | | 0,2 | 0 | 80 | 80 | 80 | 80 | 83 | 80 | 80 | 80 | 80 | 83 |
| 20 | | | 0,8 | 102 | 109 | 116 | 123 | 130 | 107 | 119 | 130 | 138 | 145 |
| 21 | | 0 | 0,2 | 80 | 80 | 80 | 80 | 83 | 80 | 80 | 80 | 80 | 83 |
| 22 | | | 1,0 | 92 | 102 | 111 | 120 | 129 | 101 | 115 | 128 | 138 | 146 |

[1]) zul $\sigma_B^* = 1{,}1 \cdot k_B \cdot$ zul $\sigma_B$ mit $1{,}1 \cdot k_B \leq 1{,}0$, s. Gl. (101)

[2]) die Kippaussteifung von biegebeanspruchten Bauteilen muß für die geforderte Feuerwiderstandsklasse ausgeführt werden; andernfalls muß das Seitenverhältnis $h/b \leqq 3{,}0$ sein; über die Bemessung der Kippsteifen s. Tafel 82 bis 86, ihrer Anschlüsse s. Abschn. 6.5

[3]) die Auflagertiefe von Balken auf Beton oder auf Mauerwerk muß bei der Feuerwiderstandsklasse F30 $\geqq$ 40 mm und bei F60 $\geqq$ 80 mm sein, hierüber s. auch Abschn. 6.5

[4]) bei Balken, bei denen die Bemessung auf Schub- bzw. Scherspannungen nach DIN 1052 T1 maßgebend ist (und nicht die Nachweise auf Biegung oder Biegung mit Längskraft bzw. Druck mit Biegung), muß Gl. (187) eingehalten werden

**Tafel 84** **Mindestbreite *b* unbekleideter Stützen und Balken aus Brettschichtholz der Tafel 1 b mit einem Seitenverhältnis *h*/*b* = 1,0; 2,0; 4,0 und 6,0 bei 4seitiger Brandbeanspruchung für F30-B** nach DIN 4102 T4, Tab. 78 und 79[2] [3] [4]

| Zeile | Brandbeanspruchung | Statische Beanspruchung Druck $\frac{\sigma_{D\parallel}}{\text{zul}\,\sigma_k}$ | Biegung $\frac{\sigma_B}{\text{zul}\,\sigma_B^*}$ [1] | Mindestbreite *b* in mm bei einem Seitenverhältnis *h*/*b* 1,0 und einem **Abstützungsabstand** *s* bzw. einer **Knicklänge** $s_k$ in m | | | | | *h*/*b* 2,0 | | | | |
|---|---|---|---|---|---|---|---|---|---|---|---|---|---|
| | | | | 2,0 | 3,0 | 4,0 | 5,0 | 6,0 | 2,0 | 3,0 | 4,0 | 5,0 | 6,0 |
| 1 | 4seitig | 1,0 | 0 | 169 | 188 | 202 | 202 | 202 | 147 | 167 | 168 | 168 | 168 |
| 2 | | 0,8 | 0 | 148 | 164 | 164 | 164 | 164 | 131 | 145 | 145 | 145 | 145 |
| 3 | | | 0,2 | 164 | 180 | 190 | 190 | 190 | 140 | 157 | 157 | 157 | 157 |
| 4 | | 0,6 | 0 | 130 | 139 | 139 | 139 | 139 | 116 | 118 | 118 | 118 | 118 |
| 5 | | | 0,4 | 158 | 171 | 173 | 173 | 173 | 133 | 145 | 145 | 145 | 145 |
| 6 | | 0,4 | 0 | 112 | 112 | 112 | 112 | 112 | 100 | 100 | 100 | 100 | 100 |
| 7 | | | 0,6 | 153 | 162 | 162 | 162 | 162 | 125 | 130 | 130 | 130 | 130 |
| 8 | | 0,2 | 0 | 90 | 90 | 90 | 90 | 90 | 80 | 80 | 80 | 80 | 83 |
| 9 | | | 0,8 | 147 | 151 | 151 | 151 | 151 | 114 | 115 | 115 | 116 | 119 |
| 10 | | 0 | 0,2 | 80 | 80 | 80 | 80 | 83 | 80 | 80 | 80 | 80 | 83 |
| 11 | | | 1,0 | 140 | 140 | 140 | 140 | 140 | 99 | 99 | 103 | 108 | 112 |
| | 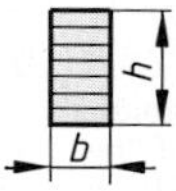 | | | bei einem Seitenverhältnis *h*/*b* 4,0 und einem **Abstützungsabstand** *s* bzw. einer **Knicklänge** $s_k$ in m | | | | | *h*/*b* 6,0 | | | | |
| | | | | 2,0 | 3,0 | 4,0 | 5,0 | 6,0 | 2,0 | 3,0 | 4,0 | 5,0 | 6,0 |
| 12 | | 1,0 | 0 | 139 | 157 | 157 | 157 | 157 | 136 | 154 | 154 | 154 | 154 |
| 13 | | 0,8 | 0 | 124 | 134 | 134 | 134 | 134 | 122 | 130 | 130 | 130 | 130 |
| 14 | | | 0,2 | 131 | 146 | 146 | 146 | 146 | 130 | 145 | 145 | 145 | 145 |
| 15 | | 0,6 | 0 | 110 | 110 | 110 | 110 | 110 | 108 | 108 | 108 | 108 | 108 |
| 16 | | | 0,4 | 123 | 133 | 133 | 134 | 137 | 123 | 135 | 137 | 142 | 145 |
| 17 | | 0,4 | 0 | 95 | 95 | 95 | 95 | 95 | 93 | 93 | 93 | 93 | 93 |
| 18 | | | 0,6 | 114 | 121 | 125 | 129 | 135 | 116 | 127 | 134 | 141 | 146 |
| 19 | | 0,2 | 0 | 80 | 80 | 80 | 80 | 83 | 80 | 80 | 80 | 80 | 83 |
| 20 | | | 0,8 | 105 | 112 | 119 | 126 | 133 | 109 | 121 | 132 | 140 | 147 |
| 21 | | 0 | 0,2 | 80 | 80 | 80 | 80 | 83 | 80 | 80 | 80 | 80 | 83 |
| 22 | | | 1,0 | 95 | 105 | 114 | 123 | 131 | 103 | 117 | 130 | 140 | 148 |

[1] [2] [3] [4] s. Fußnoten zu Tafel 83

**Tafel 85** **Mindestbreite *b* unbekleideter Stützen und Balken aus Brettschichtholz der Tafel 1 b mit einem Seitenverhältnis $h/b = 1{,}0;\ 2{,}0;\ 4{,}0$ und 6,0 bei 3seitiger Brandbeanspruchung für F60-B** nach DIN 4102 T4, Tab. 80 und 81 [2]) [3]) [4])

| Zeile | Brandbeanspruchung | Statische Beanspruchung: Druck $\frac{\sigma_{D\parallel}}{\text{zul}\ \sigma_k}$ | Biegung $\frac{\sigma_B}{\text{zul}\ \sigma_B^*}$ [1]) | Mindestbreite *b* in mm bei einem Seitenverhältnis *h*/*b* 1,0 und einem **Abstützungsabstand** *s* bzw. einer **Knicklänge** $s_k$ in m: 2,0 | 3,0 | 4,0 | 5,0 | 6,0 | *h*/*b* 2,0: 2,0 | 3,0 | 4,0 | 5,0 | 6,0 |
|---|---|---|---|---|---|---|---|---|---|---|---|---|---|
| 1 | 3seitig | 1,0 | 0 | 230 | 259 | 284 | 307 | 324 | 214 | 243 | 269 | 290 | 306 |
| 2 | | 0,8 | 0 | 207 | 233 | 255 | 272 | 282 | 194 | 220 | 242 | 257 | 258 |
| 3 | | | 0,2 | 224 | 249 | 272 | 291 | 305 | 206 | 232 | 255 | 273 | 284 |
| 4 | | 0,6 | 0 | 187 | 209 | 226 | 236 | 236 | 177 | 199 | 214 | 219 | 219 |
| 5 | | | 0,4 | 217 | 239 | 258 | 272 | 281 | 198 | 221 | 239 | 252 | 252 |
| 6 | | 0,4 | 0 | 167 | 184 | 195 | 195 | 195 | 159 | 176 | 184 | 184 | 184 |
| 7 | | | 0,6 | 210 | 226 | 241 | 251 | 251 | 188 | 206 | 220 | 226 | 226 |
| 8 | | 0,2 | 0 | 145 | 155 | 156 | 156 | 156 | 139 | 149 | 149 | 149 | 149 |
| 9 | | | 0,8 | 201 | 211 | 220 | 223 | 223 | 176 | 188 | 196 | 196 | 197 |
| 10 | | 0 | 0,2 | 120 | 120 | 120 | 120 | 121 | 120 | 120 | 121 | 124 | 127 |
| 11 | | | 1,0 | 189 | 189 | 189 | 189 | 189 | 156 | 158 | 164 | 170 | 176 |
| | 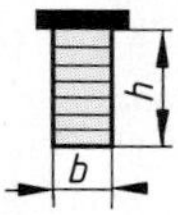 | | | bei einem Seitenverhältnis *h*/*b* 4,0 und einem **Abstützungsabstand** *s* bzw. einer **Knicklänge** $s_k$ in m: 2,0 | 3,0 | 4,0 | 5,0 | 6,0 | *h*/*b* 6,0: 2,0 | 3,0 | 4,0 | 5,0 | 6,0 |
| 12 | | 1,0 | 0 | 207 | 236 | 262 | 282 | 298 | 205 | 234 | 259 | 280 | 295 |
| 13 | | 0,8 | 0 | 189 | 215 | 236 | 250 | 250 | 187 | 213 | 234 | 248 | 248 |
| 14 | | | 0,2 | 199 | 225 | 248 | 265 | 273 | 198 | 225 | 248 | 266 | 275 |
| 15 | | 0,6 | 0 | 173 | 194 | 209 | 212 | 212 | 171 | 193 | 208 | 209 | 209 |
| 16 | | | 0,4 | 190 | 213 | 233 | 247 | 247 | 190 | 215 | 236 | 251 | 257 |
| 17 | | 0,4 | 0 | 156 | 172 | 179 | 179 | 179 | 155 | 171 | 177 | 177 | 177 |
| 18 | | | 0,6 | 180 | 201 | 216 | 225 | 228 | 183 | 205 | 223 | 237 | 244 |
| 19 | | 0,2 | 0 | 137 | 146 | 146 | 146 | 146 | 136 | 145 | 145 | 145 | 145 |
| 20 | | | 0,8 | 170 | 186 | 199 | 206 | 213 | 176 | 195 | 211 | 224 | 235 |
| 21 | | 0 | 0,2 | 120 | 125 | 130 | 135 | 139 | 125 | 132 | 138 | 143 | 146 |
| 22 | | | 1,0 | 158 | 170 | 181 | 191 | 201 | 168 | 184 | 200 | 214 | 228 |

[1]) $\text{zul}\ \sigma_B^* = 1{,}1 \cdot k_B \cdot \text{zul}\ \sigma_B$ mit $1{,}1 \cdot k_B \leq 1{,}0$, s. Gl. (101)

[2]) die Kippaussteifung von biegebeanspruchten Bauteilen muß für die geforderte Feuerwiderstandsklasse ausgeführt werden; andernfalls muß das Seitenverhältnis $h/b \leqq 3{,}0$ sein; über die Bemessung der Kippsteifen s. Tafel 82 bis 86, ihrer Anschlüsse s. Abschn. 6.5

[3]) die Auflagertiefe von Balken auf Beton oder auf Mauerwerk muß bei der Feuerwiderstandsklasse F30 ≧ 40 mm und bei F60 ≧ 80 mm sein, hierüber s. auch Abschn. 6.5

[4]) bei Balken, bei denen die Bemessung auf Schub- bzw. Scherspannungen nach DIN 1052 T1 maßgebend ist (und nicht die Nachweise auf Biegung oder Biegung mit Längskraft bzw. Druck mit Biegung), muß Gl. (187) eingehalten werden

**Tafel 86** **Mindestbreite $b$ unbekleideter Stützen und Balken aus Brettschichtholz der Tafel 1 b mit einem Seitenverhältnis $h/b = 1{,}0$; 2,0; 4,0 und 6,0 bei 4seitiger Brandbeanspruchung für F60-B** nach DIN 4102 T4, Tab. 82 und 83[2] [3] [4]

| Zeile | Brandbeanspruchung | Statische Beanspruchung Druck $\frac{\sigma_{D\parallel}}{\text{zul } \sigma_k}$ | Biegung $\frac{\sigma_B}{\text{zul } \sigma_B^*}$ [1] | Mindestbreite $b$ in mm bei einem Seitenverhältnis $h/b$ 1,0 und einem **Abstützungsabstand** $s$ bzw. einer **Knicklänge** $s_k$ in m 2,0 | 3,0 | 4,0 | 5,0 | 6,0 | $h/b$ 2,0: 2,0 | 3,0 | 4,0 | 5,0 | 6,0 |
|---|---|---|---|---|---|---|---|---|---|---|---|---|---|
| 1 | | 1,0 | 0 | 269 | 296 | 320 | 342 | 362 | 228 | 257 | 283 | 305 | 323 |
| 2 | | 0,8 | 0 | 238 | 262 | 284 | 302 | 317 | 206 | 232 | 254 | 271 | 280 |
| 3 | | | 0,2 | 268 | 291 | 311 | 330 | 347 | 222 | 248 | 271 | 289 | 303 |
| 4 | | 0,6 | 0 | 211 | 232 | 250 | 264 | 267 | 186 | 208 | 225 | 235 | 235 |
| 5 | | | 0,4 | 268 | 285 | 302 | 318 | 330 | 216 | 237 | 257 | 271 | 279 |
| 6 | | 0,4 | 0 | 186 | 204 | 217 | 221 | 221 | 166 | 184 | 195 | 195 | 195 |
| 7 | | | 0,6 | 268 | 280 | 292 | 303 | 312 | 208 | 225 | 240 | 250 | 250 |
| 8 | | 0,2 | 0 | 159 | 172 | 176 | 176 | 176 | 144 | 155 | 156 | 156 | 156 |
| 9 | | | 0,8 | 267 | 274 | 281 | 287 | 291 | 199 | 210 | 219 | 222 | 222 |
| 10 | | 0 | 0,2 | 146 | 146 | 146 | 146 | 146 | 120 | 120 | 124 | 128 | 131 |
| 11 | 4seitig | | 1,0 | 267 | 267 | 267 | 267 | 267 | 188 | 188 | 188 | 188 | 192 |
| | 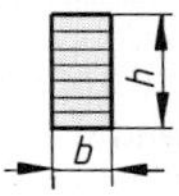 | | | bei einem Seitenverhältnis $h/b$ 4,0 und einem **Abstützungsabstand** $s$ bzw. einer **Knicklänge** $s_k$ in m 2,0 | 3,0 | 4,0 | 5,0 | 6,0 | $h/b$ 6,0: 2,0 | 3,0 | 4,0 | 5,0 | 6,0 |
| 12 | | 1,0 | 0 | 213 | 242 | 268 | 290 | 306 | 209 | 238 | 264 | 285 | 300 |
| 13 | | 0,8 | 0 | 194 | 220 | 241 | 257 | 258 | 190 | 216 | 237 | 252 | 252 |
| 14 | | | 0,2 | 206 | 232 | 255 | 272 | 285 | 202 | 229 | 252 | 270 | 283 |
| 15 | | 0,6 | 0 | 176 | 198 | 214 | 219 | 219 | 174 | 195 | 211 | 214 | 214 |
| 16 | | | 0,4 | 197 | 220 | 239 | 254 | 257 | 194 | 219 | 240 | 256 | 263 |
| 17 | | 0,4 | 0 | 159 | 176 | 184 | 184 | 184 | 157 | 173 | 181 | 178 | 178 |
| 18 | | | 0,6 | 187 | 207 | 223 | 234 | 236 | 187 | 209 | 227 | 242 | 248 |
| 19 | | 0,2 | 0 | 139 | 149 | 149 | 149 | 149 | 137 | 147 | 147 | 147 | 147 |
| 20 | | | 0,8 | 176 | 192 | 205 | 213 | 219 | 179 | 199 | 215 | 228 | 238 |
| 21 | | 0 | 0,2 | 121 | 127 | 132 | 137 | 141 | 126 | 133 | 140 | 145 | 148 |
| 22 | | | 1,0 | 164 | 175 | 186 | 196 | 206 | 171 | 188 | 202 | 217 | 230 |

[1] [2] [3] [4] s. Fußnoten zu Tafel 83

## 6.2 Feuerwiderstandsklassen F30-B und F60-B unbekleideter Holz-Zugglieder aus Voll- und Brettschichtholz

Die Mindestabmessungen unbekleideter Zugglieder F30-B und F60-B aus Nadelvoll- und Brettschichtholz können Tafel 87 entnommen werden. Die Werte der Tafel 87 gelten auch für Vollholz aus Buche; für Vollholz aus Laubhölzern (außer Buche) mit einer Rohdichte $\varrho > 600$ kg/m$^3$ dürfen alle Werte der Tafel 87 mit 0,8 multipliziert werden; dies sind die Laubhölzer (außer Buche) der Tafel 1 a.

Die Angaben der Tafel 87 gelten für Holz-Zugglieder mit Rechteckquerschnitt unter reiner Zugbeanspruchung oder unter Zug- und Biegebeanspruchung nach DIN 1052 T1 mindestens der Sortierklasse S 10/MS 10; sie gelten für Zugglieder ohne Aussparungen, Ausfräsungen, Stöße, Anschlüsse und dgl. mehr. Die Mindestanforderungen dieser Details sind in Abschn. 6.5 für die hier angeführten Verbindungsmittel dargestellt, weitere Angaben s. DIN 4102 T4, 5.8 und [14a].

**Tafel 87 Mindestbreite *b* unbekleideter Zugglieder aus Nadelvoll- und Brettschichtholz mit einem Seitenverhältnis $h/b = 1{,}0$ und 2,0 bei 3seitiger und 4seitiger Brandbeanspruchung für F30-B und F60-B** nach DIN 4102 T4, Tab. 85

| Zeile | Statische Beanspruchung | | Nadelholz | | | | | | | | | | | |
|---|---|---|---|---|---|---|---|---|---|---|---|---|---|---|
| | | | Vollholz[2]) F30-B | | | | Brettschichtholz F30-B | | | | Brettschichtholz F60-B | | | |
| | Zug | Biegung | Mindestbreite *b* in mm | | | | | | | | | | | |
| | | | Brandbeanspruchung | | | | | | | | | | | |
| | $\frac{\sigma_{Z\parallel}}{\text{zul}\,\sigma_{Z\parallel}}$ | $\frac{\sigma_B}{\text{zul}\,\sigma_B^*}$ [1]) | 3seitig | | 4seitig | | 3seitig | | 4seitig | | 3seitig | | 4seitig | |
| | | | Seitenverhältnis *h/b* | | | | Seitenverhältnis *h/b* | | | | Seitenverhältnis *h/b* | | | |
| | | | 1,0 | 2,0 | 1,0 | 2,0 | 1,0 | 2,0 | 1,0 | 2,0 | 1,0 | 2,0 | 1,0 | 2,0 |
| 1 | 1,0 | 0 | 89 | 80 | 110 | 88 | 80 | 80 | 96 | 80 | 149 | 134 | 188 | 149 |
| 2 | 0,8 | 0 | 81 | 80 | 99 | 80 | 80 | 80 | 87 | 80 | 135 | 123 | 168 | 134 |
| 3 | | 0,2 | 96 | 97 | 123 | 103 | 84 | 85 | 107 | 90 | 158 | 151 | 208 | 163 |
| 4 | 0,6 | 0 | 80 | 80 | 89 | 80 | 80 | 80 | 80 | 80 | 123 | 120 | 149 | 122 |
| 5 | | 0,4 | 102 | 105 | 133 | 112 | 89 | 92 | 117 | 98 | 167 | 159 | 225 | 173 |
| 6 | 0,4 | 0 | 80 | 80 | 80 | 80 | 80 | 80 | 80 | 80 | 120 | 120 | 134 | 120 |
| 7 | | 0,6 | 106 | 111 | 143 | 118 | 93 | 97 | 125 | 103 | 175 | 166 | 240 | 180 |
| 8 | 0,2 | 0 | 80 | 80 | 80 | 80 | 80 | 80 | 80 | 80 | 120 | 120 | 120 | 120 |
| 9 | | 0,8 | 110 | 116 | 151 | 124 | 96 | 101 | 132 | 108 | 182 | 171 | 254 | 186 |
| 10 | 0 | 0,2 | 80 | 81 | 87 | 84 | 80 | 80 | 80 | 80 | 121 | 127 | 146 | 131 |
| 11 | | 1,0 | 114 | 120 | 160 | 128 | 100 | 105 | 140 | 112 | 189 | 176 | 267 | 192 |

[1]) $\text{zul}\,\sigma_B^* = 1{,}1 \cdot k_B \cdot \text{zul}\,\sigma_B$ mit $1{,}1 \cdot k_B \leq 1{,}0$, s. Gl. (101)

[2]) gilt für Vollholz aus Nadelhölzern und aus Buche der Tafel 1 a; für Vollholz aus Laubhölzern (außer Buche) mit einer Rohdichte $\varrho > 600$ kg/m³ dürfen alle Werte dieser Tafel mit 0,8 multipliziert werden, dies sind die Laubhölzer (außer Buche) der Tafel 1 a

## 6.3 Feuerwiderstandsklassen F30-B und F60-B unbekleideter Holzbalken aus Brettschichtholz mit Durchbrüchen (Öffnungen)

Die Angaben der Tafeln 83 bis 86 gelten auch für unbekleidete Holzbalken aus Brettschichtholz mit Durchbrüchen (Öffnungen) bis zu einem Normalkraftanteil von 20%, wenn die Abmessungen und Anordnungen für Verstärkungen des Bildes 10, Abschn. 3.4.9, und die Gl. (188) für die Gesamtverstärkungsdicke *t* in mm (je Seite *t*/2) eingehalten werden.

$$t \geqq (0{,}15 + 0{,}4 \cdot \tau_Q) \cdot b \quad \text{in mm} \qquad (188)$$

**jedoch $\geqq 40$ mm**

$\tau_Q$ vorhandene Schubspannung in MN/m² in Durchbruchsmitte

$b$ Trägerbreite in mm

Durchbrüche in unbekleideten Holzbalken aus Brettschichtholz der Feuerwiderstandsdauer F30-B und F60-B sind demnach stets zu verstärken. Die Verstärkungen sind aus Bau-Furniersperrholz aus Buche BFU-BU 100 nach DIN 68705 T5 herzustellen, weitere Angaben zur Verstärkung s. Abschn. 3.4.9.

## 6.4 Feuerwiderstandsklassen F30-B und F60-B von Holzbalkendecken mit vollständig freiliegenden, 3seitig dem Feuer ausgesetzten Holzbalken

Der Aufbau und die Mindestabmessungen von Holzbalkendecken F30-B und F60-B mit vollständig freiliegenden Holzbalken und 3seitiger Brandbeanspruchung sind in Tafel 88 dargestellt. Die Angaben gelten für Holzbalkendecken, die nach

DIN 1052 T1 beansprucht sind, mit Holzbalken mindestens der Sortierklasse S 10/MS 10. Weitere Holzbalkendecken s. DIN 4102 T4, 5.3 und [14 a].

**Tafel 88 Holzbalkendecken F30-B und F60-B mit 3seitig dem Feuer ausgesetzten Holzbalken mit schwimmendem Estrich oder schwimmendem Fußboden** nach DIN 4102 T4, Tab. 62[1])

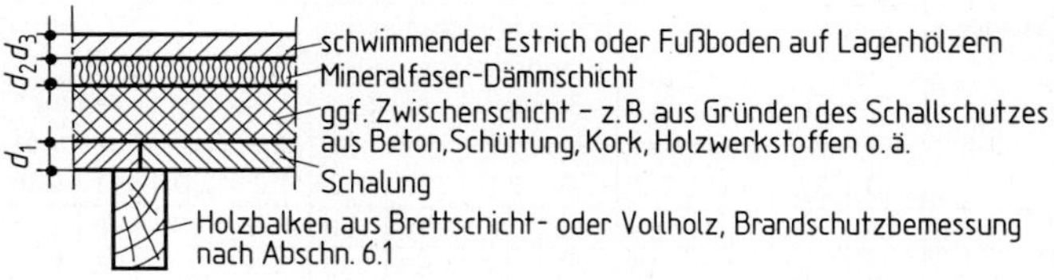


| Zeile | Schalung[1]) Mindestdicke bei Verwendung von | | Mineralfaser-Dämmschicht mit $\varrho \geq 30$ kg/m³ | Fußboden[3]) Mindestdicke bei Verwendung von | | Feuer-widerstands-klasse-Benennung |
|---|---|---|---|---|---|---|
| | Holzwerkstoff-platten mit $\varrho \geq 600$ kg/m³ | Brettern oder Bohlen | Mindestdicke | Holzwerkstoff-platten mit $\varrho \geq 600$ kg/m³ | Brettern, gespundet | |
| | $d_1$ in mm | $d_1$[2]) in mm | $d_2$ in mm | $d_3$ in mm | $d_3$ in mm | |
| 1 | 25 | 28 | 15 | 16 | 21 | F30-B |
| 2 | 19 + 16[4]) | 22 + 16[4]) | 15 | 16 | 21 | |
| 3 | 45 | 50 | 30 | 25 | 28 | F60-B |
| 4 | 35 + 19[4]) | 40 + 19[4]) | 30 | 25 | 28 | |

[1]) als Schalungen dürfen verwendet werden: Bau-Furniersperrholzplatten nach DIN 68 705 T3 und T5, Spanplatten nach DIN 68 763 und gespundete Bretter aus Nadelholz nach DIN 4072; alle Platten und Schalungen müssen eine geschlossene Fläche bilden

[2]) mit Dicken $d_D \geqq d_1$ nach DIN 4102 T4, Bild 47

[3]) anstelle der hier angegebenen Fußböden dürfen auch schwimmende Estriche oder schwimmende Fußböden mit folgenden Mindestdicken verwendet werden:

– Estrich aus Mörtel, Gips oder Asphalt:
  $d_3 \geqq 20$ mm für F30-B und F60-B
– Fußboden aus Holzwerkstoffplatten, Brettern oder Parkett:
  $d_3 \geqq 16$ mm für F30-B
  $\geqq 25$ mm für F60-B

[4]) die erste Zahl gilt für die tragende Schulung; die zweite Zahl gilt für eine zusätzliche, raumseitige Bretterschalung mit einer Dicke $d_D \geqq d_1$ nach DIN 4102 T4, Bild 47

## 6.5 Feuerwiderstandsklassen F30-B und F60-B von Verbindungen

Die Angaben dieses Abschnittes gelten nur für mechanische Verbindungen zwischen Holzbauteilen nach Abschn. 4 in den Verbindungs-, Anschluß- und Stoßbereichen, die anzuschließenden Bauteile sind nach den Abschn. 6.1 bis 6.4 zu bemessen.

Die Angaben gelten nur für auf Druck, Zug oder Abscheren beanspruchte Verbindungen, deren Kräfte symmetrisch übertragen werden, z. B. nach Bild 39 in einer zweischnittigen Verbindung (sie gelten z. B. nicht für einschnittige Verbindungen). Die Angaben gelten ebenfalls nicht für Verbindungen mit Verbindungsmitteln, die in Axialrichtung beansprucht werden. Über weitere Angaben s. DIN 4102 T4, 5.8 und *Kordina/Meyer-Ottens* [14 a].

## 6.5.1 Allgemeine Regeln zum Schutz der Verbindungsmittel bei den Feuerwiderstandsklassen F30-B und F60-B (Holzabmessungen)

Tragende Verbindungen und Verbindungen zur Lagesicherung müssen für die Feuerwiderstandsklassen F30-B und F60-B durch die in Tafel 89 angegebenen Randabstände und Seitenhölzer geschützt werden, sofern im folgenden keine Zusatzangaben gemacht werden.

Wenn Verbindungsmittel durch eingeleimte Holzscheiben, Pfropfen oder Decklaschen für die Feuerwiderstandsklassen F30-B und F60-B geschützt werden, sind die Maßangaben der Tafel 90 einzuhalten. Werden innenliegende Stahl- und Stahlblechformteile durch Holz mit der Dicke $c_f$ nach Tafel 90 überdeckt, gelten sie als brandschutztechnisch ausreichend bekleidet.

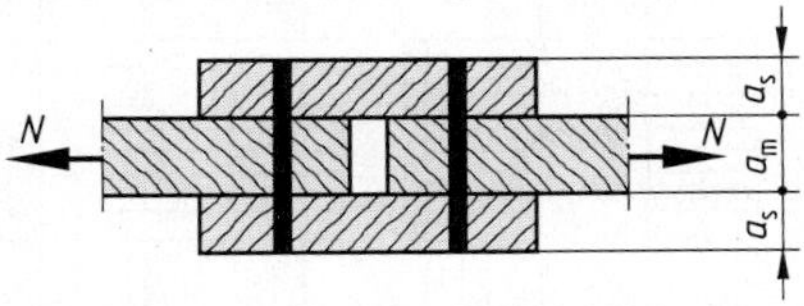


**Bild 39 Symmetrische Verbindung rechtwinklig zur Kraftrichtung; Darstellung von Stabdübeln ohne Überstand** nach DIN 4102 T4, Bild 50

**Tafel 89 Schutz der Verbindungsmittel durch Randabstände und Seitenhölzer bei den Feuerwiderstandsklassen F30-B und F60-B für tragende Verbindungen und Verbindungen zur Lagesicherung** nach DIN 4102 T4, 5.8.2.1 [1]) [2])

| **Randabstände *e* der Verbindungsmittel und Seitenholzdicken *a*** | |
|---|---|
| 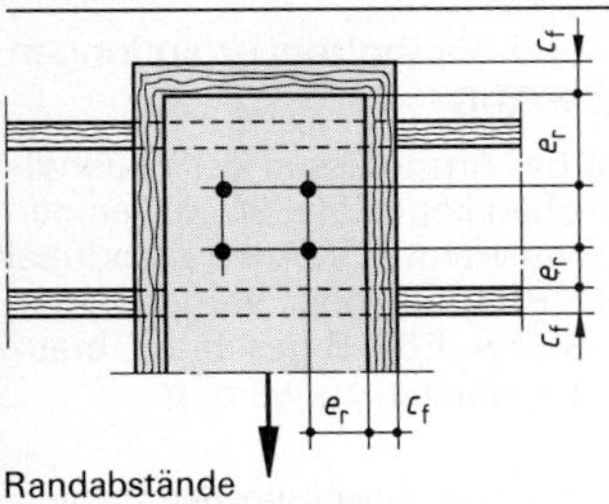<br>Randabstände | Randabstände der Verbindungsmittel vom beanspruchten und unbeanspruchten Rand: [3]) [4])<br>min $e_{r,f} = e_r + c_f$ in mm<br>$e_r$ Randabstand (∥ oder ⊥ zur Kraftrichtung) nach Abschn. 4<br>$c_f$ $= 10$ mm für F30<br>$= 30$ mm für F60 |
| 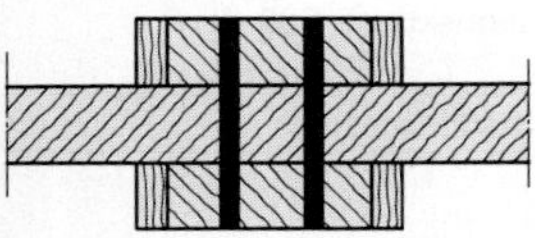<br>Beispiel: Stabdübel ohne Überstand<br>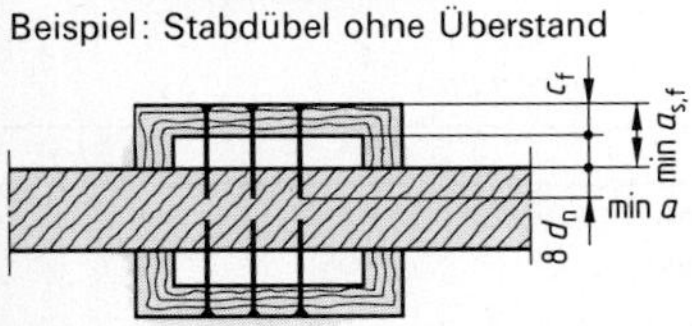<br>Beispiel: Nägel | **Mindestseitenholzdicke:** [5])<br>min $a_{s,f} = 50$ mm für F30<br>$= 100$ mm für F60<br>für Verbindungen mit Mindestholzdicken min $a$ nach Abschn. 4 ist für das Seitenholz zusätzlich einzuhalten:<br>min $a_{s,f} = \min a + c_f$ in mm |

[1]) einzuhaltende Holzabmessungen

[2]) Bei Rändern, die gegenüber Brandeinwirkung geschützt sind, gelten die Randabstände nach Abschn. 4

[3]) für Stabdübel und Bolzen mit einem Durchmesser $d_{st,b} \geqq 20$ mm genügt für F30 der Randabstand nach Abschn. 4.2 und für F60 eine Vergrößerung um 20 mm

[4]) der Randabstand von Verbindungsmitteln, die zur Befestigung von Decklaschen dienen, muß mindestens $c_f$ betragen

[5]) Mindestseitenholzdicken dürfen unter Einbeziehung der Scheiben- bzw. Laschendicke nachgewiesen werden

**Tafel 90** **Schutz der Verbindungsmittel durch eingeleimte Holzscheiben, Pfropfen und vorgeheftete Decklaschen bei den Feuerwiderstandsklassen F30-B und F60-B** nach DIN 4102 T4, 5.8.2.3[1] [2] [3] [4]

**Eingeleimte Holzscheiben, eingeleimte Pfropfen und vorgeheftete Decklaschen**

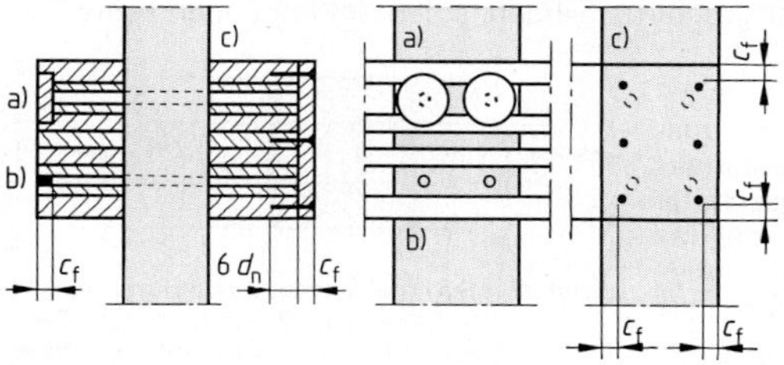


$c_f = 10$ mm für F30
$= 30$ mm für F60

a) eingeleimte Holzscheibe
b) eingeleimte Pfropfen
c) vorgeheftete Decklasche (Abdeckung)

[1]) die Randabstände und Seitenholzdicken der Tafel 89 sind einzuhalten
[2]) Verbindungsmittel zur Befestigung von Decklaschen müssen einen Randabstand von mindestens $c_f$ besitzen
[3]) die Einschlagtiefe von Nägeln zur Befestigung von Decklaschen muß $s \geqq 6\,d_n$ betragen; je 150 $cm^2$ Decklasche ist ein Befestigungsmittel anzuordnen
[4]) werden innenliegende Stahl- und Stahlblechformteile durch Holz mit der Dicke $c_f$ überdeckt, gelten sie als brandschutztechnisch ausreichend bekleidet

## 6.5.2 Zulässige Belastungen von Stabdübel- und Paßbolzenverbindungen der Feuerwiderstandsklassen F30-B und F60-B

Die zulässige Belastung **ungeschützter Stabdübel** bei Anschlüssen der Feuerwiderstandsklasse F30-B mit innenliegenden Stahlblechen kann Tafel 91, diejenigen bei Anschlüssen ohne Stahlbleche Tafel 92 entnommen werden. Werden Stabdübel nach Tafel 90 mit eingeleimten Holzscheiben oder Pfropfen oder vorgehefteten Decklaschen für die Feuerwiderstandsklassen F30-B bzw. F60-B geschützt, brauchen die Bedingungen der Tafeln 91 und 92 nicht eingehalten zu werden.

**Tafel 91** **Zulässige Belastung von ungeschützten Stabdübeln mit innenliegenden Stahlblechen in Stabdübelanschlüssen der Feuerwiderstandsklasse F30-B** nach DIN 4102 T4, 5.8.4[1] [2] [3] [4]

**zulässige Belastung zul $N_f$ je Stabdübel** (mit innenliegenden Stahlblechen)

$$\text{zul}\,N_f \leqq 1{,}25 \cdot \text{zul}\,\sigma_l \cdot (a_s - 30 \cdot v) \cdot d_{st} \cdot 1{,}25 \cdot \eta \cdot \left(1 - \frac{\alpha}{360}\right)$$

$v = 0{,}8$ mm/min für Vollholz
$= 0{,}7$ mm/min für Brettschichtholz

$$\eta = \frac{(d_{st}/a_s)}{\min(d_{st}/a_s)} \leqq 1$$

**Abminderung von zul $N_f$ mit $\eta$**

| nicht erforderlich, wenn | erforderlich, wenn |
|---|---|
| – Mindestlänge der Stabdübel eingehalten[5]) für Stabdübel ohne Überstand: $l_{st} = 2 \cdot a_s + a_m \geqq 120$ mm; für Stabdübel mit Überstand $l_{st} = 2 \cdot a_s + a_m + 2 \cdot ü \geqq 200$ mm<br>– Verhältnis $d_{st}/a_s \geqq \min(d_{st}/a_s)$ | – Verhältnis $d_{st}/a_s < \min(d_{st}/a_s)$<br>vorzunehmende Abminderung $\text{zul}\,\bar{N}_f = \text{zul}\,N_f \dfrac{d_{st}/a_s}{\min(d_{st}/a_s)}$ |

$$\min(d_{st}/a_s) = 0{,}08\left(1 + \left[\frac{110}{l'_{st}}\right]^4\right) \cdot \left(1 - \frac{\alpha}{360}\right)$$

Fußnoten s. nächste Seite

Fußnoten zu Tafel 91

[1]) Hierin bedeuten

$a_s$, $a_m$ Breiten des Seitenholzes bzw. innen iegenden Stahlblechs nach Bild 40 (bzw. des Mittelholzes nach Bild 41)
$d_{st}$ Durchmesser des Stabdübels
$l_{st}$ Länge des Stabdübels
$l'_{st}$ $= l_{st}$ für Stabdübel ohne Überstand
$= 0{,}6 \cdot l_{st}$ für Stabdübel mit Überstand
$ü$ Überstand der Stabdübel, $ü \leqq 20$ mm
$\alpha$ Winkel zwischen Kraftangriff und Faserrichtung des Mitten- oder Seitenholzes ($\alpha \leqq 90°$)
$v$ Abbrandgeschwindigkeit
zul $\sigma_l$ zulässige Lochleibungsspannung nach Abschn. 4.2

[2]) die Bedingungen der Tafel 89 sind stets einzuhalten

[3]) Werden Stabdübel mit eingeleimten Holzscheiben oder Pfropfen oder vorgehefteten Decklaschen nach Tafel 90 für die Feuerwiderstandsdauer F30-B bzw. F60-B geschützt, brauchen die Bedingungen der Tafel 91 nicht eingehalten werden

[4]) Paßbolzenverbindungen mit ungeschützten Schraubenbolzen dürfen nur mit maximal 25% der entsprechenden zulässigen Stabdübelbelastungen beansprucht werden

[5]) eine Fase von $\leqq 5$ mm am Stabdübelende gilt nicht als Überstand

**Tafel 92 Zulässige Belastung von ungeschützten Stabdübeln (ohne Stahlbleche) in Stabdübelanschlüssen der Feuerwiderstandsklasse F30-B**
nach DIN 4102 T4, 5.8.4[1]) [2]) [3]) [4])

**zulässige Belastung zul $N_f$ je Stabdübel** (ohne Stahlbleche)

$$\text{zul}\,N_f \leqq 1{,}25 \cdot \text{zul}\,\sigma_l \cdot (a_s - 30 \cdot v) \cdot d_{st} \cdot \eta \cdot \left(1 - \frac{\alpha}{360}\right)$$

$v = 0{,}8$ mm/min für Vollholz
$= 0{,}7$ mm/min für Brettschichtholz $\qquad \eta = \dfrac{(d_{st}/a_s)}{\min(d_{st}/a_s)} \leqq 1$

**Abminderung von zul $N_f$ mit $\eta$**

nicht erforderlich, wenn

- Mindestlänge der Stabdübel eingehalten[5])
  für Stabdübel ohne Überstand:
  $l_{st} = 2 \cdot a_s + a_m \geqq 120$ mm
  für Stabdübel mit Überstand:
  $l_{st} = 2 \cdot a_s + a_m + 2 \cdot ü \geqq 200$ mm
- Verhältnis
  $d_{st}/a_s \geqq \min(d_{st}/a_s)$

erforderlich, wenn

- Verhältnis
  $d_{st}/a_s < \min(d_{st}/a_s)$
  vorzunehmende Abminderung:
  $\text{zul}\,\bar{N}_f = \text{zul}\,N_f \cdot \dfrac{d_{st}/a_s}{\min(d_{st}/a_s)}$

$$\min(d_{st}/a_s) = 0{,}16 \cdot \sqrt{a_m/a_s} \cdot \left(1 + \left[\frac{110}{l'_{st}}\right]^4\right) \cdot \left(1 - \frac{\alpha}{360}\right)$$

[1]) [2]) [3]) [4]) [5]) s. Fußnoten der Tafel 91 und Bild 41; Fußnote [3]) gilt sinngemäß für Tafel 92

**Paßbolzenverbindungen** mit ungeschützten Schraubenbolzen dürfen nur mit maximal 25% der entsprechenden zulässigen Stabdübelbelastungen der Tafeln 91 und 92 beansprucht werden.
Bei mit Stabdübeln verdübelten Balken der Feuerwiderstandsklassen F30-B und F60-B sind nur die Holzabmessungen der Tafel 89 einzuhalten.

**Beispiele** für Mindestabmessungen von Stabdübelverbindungen bei Anschlüssen der Feuerwiderstandsklasse F30-B sind in den Bildern 40 und 41 dargestellt; Beispiele der Feuerwiderstandsklasse F60-B können DIN 4102 T4, 5.8.11, entnommen werden.

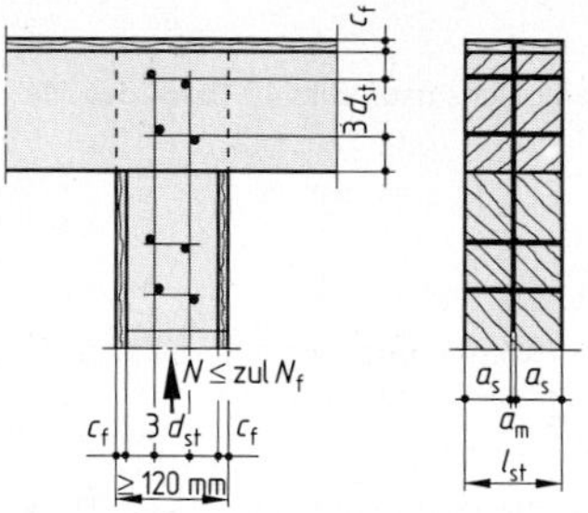


**Bild 40 Mindestabmessungen für Stabdübelverbindungen mit innenliegenden Stahlblechen bei Anschlüssen der Feuerwiderstandsklasse F30-B (Beispiele; Stabdübel ohne Überstand)** nach DIN 4102 T4, Bild 60

Blechbreite bei bündiger Anordnung (ungeschützt) $a_s \geq 50$ mm $a_m \geq 2$ mm $c_f \geq 10$ mm $l_{st} \geq 120$ mm
$d_{st}$ nach rechtsstehender Zusammenstellung

| Seitenholzdicke $a_s$ in mm | Stabdübeldurchmesser $d_{st}$ in mm |
|---|---|
| 60 und 80 | 8 |
| 100 | 10 |
| 120 und 140 | 12 |
| 160 und 180 | 16 |
| 200 und 220 | 20 |

Seitenholzdicken $a_s$ und zugehörige Stabdübeldurchmesser $d_{st}$ unter Berücksichtigung von Vorzugsmaßen für $N \leq \text{zul}\,N$

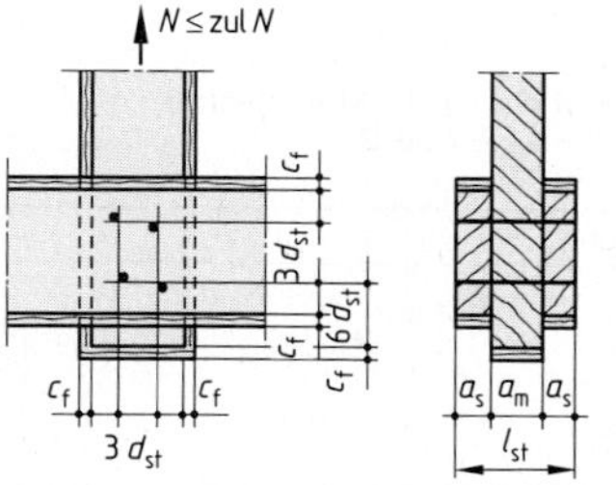


**Bild 41 Mindestabmessungen für Stabdübelverbindungen ohne Stahlbleche bei Anschlüssen der Feuerwiderstandsklasse F30-B (Beispiele; Stabdübel ohne Überstand)** nach DIN 4102 T4, Bild 62

$a_s \geq 50$ mm $c_f \geq 10$ mm $l_{st} \geq 120$ mm
$d_{st}$ in Abhängigkeit von $a_s$ und $a_m$ nach untenstehenden Zusammenstellungen

| Seitenholzdicke $a_s$ in mm | Mittelholzdicke $a_m$ in mm | | | | | | | | |
|---|---|---|---|---|---|---|---|---|---|
| | 40 | 60 | 80 | 100 | 120 | 140 | 160 | 180 | 200 |
| 60 | 10 | 12 | | | | | | | |
| 80 | 10 | 12 | 16 | | | | | | |
| 100 | | 16 | 16 | 20 | 20 | 20 | | | |
| 120 | | 16 | 16 | 20 | 20 | 24 | 24 | 24 | 28 |
| 140 | | | 20 | 20 | 24 | 24 | 28 | 28 | 28 |
| 160 | | | 20 | 24 | 24 | 28 | 28 | 28 | 32 |
| 180 | | | | 24 | 24 | 28 | 28 | 32 | 32 |
| 200 | | | | 24 | 28 | 28 | 32 | 32 | 36 |

Erforderliche Stabdübeldurchmesser $d_{st}$ (Vorzugsmaße) in Abhängigkeit von den Holzdicken $a_s$ und $a_m$ für $\alpha = 0°$, bei denen eine Abminderung der maximal zulässigen Belastung zul $N$ nicht erforderlich ist.

| Seitenholzdicke $a_s$ in mm | Mittelholzdicke $a_m$ in mm | | | | | | | | |
|---|---|---|---|---|---|---|---|---|---|
| | 40 | 60 | 80 | 100 | 120 | 140 | 160 | 180 | 200 |
| 60 | 8 | 10 | | | | | | | |
| 80 | 8 | 10 | 12 | 12 | | | | | |
| 100 | | 10 | 12 | 16 | 16 | 16 | 16 | 20 | 20 |
| 120 | | 12 | 12 | 16 | 16 | 16 | 20 | 20 | 20 |
| 140 | | | 16 | 16 | 16 | 20 | 20 | 20 | 24 |
| 160 | | | 16 | 16 | 20 | 20 | 20 | 24 | 24 |
| 180 | | | | 20 | 20 | 20 | 24 | 24 | 24 |
| 200 | | | | 20 | 20 | 24 | 24 | 24 | 28 |

Erforderliche Stabdübeldurchmesser $d_{st}$ (Vorzugsmaße) in Abhängigkeit von den Holzdicken $a_s$ und $a_m$ für $\alpha = 90°$, bei denen eine Abminderung der maximal zulässigen Belastung zul $N$ nicht erforderlich ist.

### 6.5.3 Zulässige Belastungen von Bolzenverbindungen der Feuerwiderstandsklassen F30-B und F60-B

Die zulässige Belastung ungeschützter Bolzen bei Anschlüssen der Feuerwiderstandsklasse F30-B kann Tafel 93 entnommen werden. Werden Bolzen nach Tafel 90 mit eingeleimten Holzscheiben oder vorgehefteten Decklaschen für die Feuerwiderstandsklassen F30-B bzw. F60-B geschützt, brauchen die Bedingungen der Tafel 93 nicht eingehalten zu werden.

**Tafel 93 Zulässige Belastung ungeschützter Bolzen in Bolzenanschlüssen der Feuerwiderstandsklasse F30-B** nach DIN 4102 T4, 5.8.5[1]) [2]) [3])

| **Zulässige Belastung zul $N_f$ je Bolzen** | |
|---|---|
| ohne zusätzliche Sondernägel: | zul $N_f \leqq 0{,}25 \cdot$ zul $N_b$ |
| mit zusätzlichen, ungeschützten Sondernägeln: | zul $N_f =$ zul $N_b$ |

unter folgenden Bedingungen, wenn
- die Einschlagtiefe der Sondernägel ins Mittelholz $s \geqq 8\,d_n$ beträgt,
- mindestens die Hälfte der Sondernägel, die bei einem Anschluß nur mit Sondernägeln allein erforderlich wären, angeordnet werden,
  jedoch: mindestens 4 Sondernägel bei 1 Bolzen und
  mindestens 6 Sondernägel bei 2 Bolzen erforderlich

[1]) Hierin bedeuten:
$d_n$ Durchmesser des Sondernagels (glatter Schaftteil)
zul $N_b$ zulässige Bolzenbelastung nach Abschn. 4.2
[2]) die Bedingungen der Tafel 89 sind stets einzuhalten
[3]) Werden Bolzen mit eingeleimten Holzscheiben oder vorgehefteten Decklaschen nach Tafel 90 für die Feuerwiderstandsklassen F30-B bzw. F60-B geschützt, brauchen die Bedingungen der Tafel 93 nicht eingehalten zu werden.

## 6.5.4 Zulässige Belastungen von Dübelverbindungen mit Dübeln besonderer Bauart der Feuerwiderstandsklasse F30-B und F60-B

Die zulässige Belastung von Dübeln besonderer Bauart mit ungeschützten Schraubenbolzen (bzw. Sechskant- oder Sechskantholzschrauben) bei Anschlüssen der Feuerwiderstandsklasse F30-B kann Tafel 94 entnommen werden. Werden bei Dübeln besonderer Bauart die Schraubenbolzen (bzw. Sechskant- oder Sechskantholzschrauben) nach Tafel 90 mit eingeleimten Holzscheiben oder Pfropfen oder vorgehefteten Decklaschen für die Feuerwiderstandsklassen F30-B bzw. F60-B geschützt, brauchen die Bedingungen der Tafel 94 nicht eingehalten werden.

Bei mit Dübeln besonderer Bauart verdübelten Balken der Feuerwiderstandsklassen F30-B bzw. F60-B sind nur die Holzabmessungen der Tafel 89 einzuhalten.

**Tafel 94 Zulässige Belastung von Dübelverbindungen mit Dübel besonderer Bauart und ungeschützten Schraubenbolzen[1]) bei Anschlüssen der Feuerwiderstandsklasse F30-B** nach DIN 4102 T4, 5.8.3[2]) [3]) [4])

| **Zulässige Belastung zul $N_f$ je Dübel** | |
|---|---|
| ohne zusätzliche Sondernägel[5]): | zul $N_f \leqq 0{,}25 \cdot$ zul $N_D \cdot a_s/\min a_{s,f} \leqq 0{,}5 \cdot$ zul $N_D$ |
| Mindestseitenholzdicke: | $\min a_{s,f} = \min a + 10$ mm |
| mit zusätzlichen, ungeschützten Sondernägeln: | zul $N_f =$ zul $N_D$ |

unter folgenden Bedingungen, wenn
- die Einschlagtiefe der Sondernägel ins Mittelholz $s \geqq 8\,d_n$ beträgt,
- mindestens die Hälfte der Sondernägel, die bei einem Anschluß nur mit Sondernägeln allein erforderlich wären, angeordnet werden,
  jedoch: mindestens 4 Sondernägel bei 1 Dübel besonderer Bauart und
  mindestens 6 Sondernägel bei 2 Dübeln besonderer Bauart

[1]) oder ungeschützten Sechskantschrauben oder ungeschützten Sechskantholzschrauben
[2]) Hierin bedeuten:
min $a$ Mindestholzdicke bei Dübeln besonderer Bauart nach Abschn. 4.5.2, Tafel 74
$a_s$ Seitenholzdicke nach Bild 42
$d_n$ Durchmesser des Sondernagels (glatter Schaftteil)
zul $N_D$ zulässige Belastung des Dübels besonderer Bauart nach Abschn. 4.5.2, Tafel 74
[3]) die Bedingungen der Tafel 89 sind stets einzuhalten
[4]) Werden bei Dübeln besonderer Bauart die Schraubenbolzen (bzw. Sechskantschrauben oder Sechskantholzschrauben) nach Tafel 90 mit eingeleimten Holzscheiben oder Pfropfen oder vorgehefteten Decklaschen für die Feuerwiderstandsklassen F30-B bzw. F60-B geschützt, brauchen die Bedingungen der Tafel 94 nicht eingehalten werden
[5]) bei Anordnung von Klemmbolzen nach Abschn. 4.5, Bild 33, darf zul $N = 0{,}5 \cdot$ zul $N_D$ in Rechnung gestellt werden

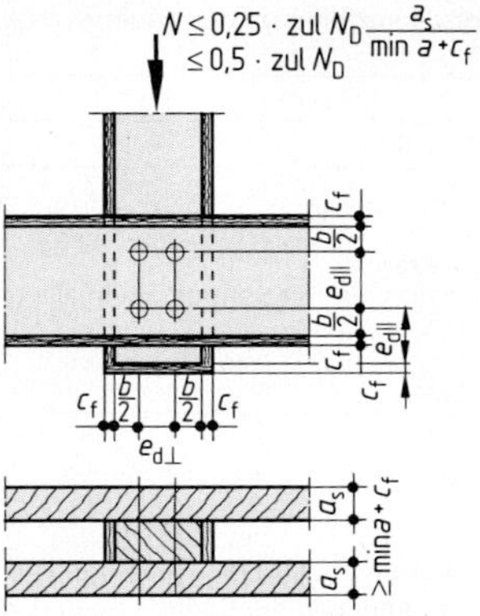


Beispiele für Mindestabmessungen von Dübelverbindungen mit Dübeln besonderer Bauart und ungeschützten Schraubenbolzen der Feuerwiderstandsklasse F30-B sind in Bild 42 dargestellt.

$c_f = 10$ mm

$e_{d\perp}$, $e_{d\parallel}$, $b$ und min $a$ sowie zul $N_D$ nach Abschn. 4.5.2

**Bild 42**
**Mindestabmessungen und zulässige Belastung für Dübelverbindungen mit Dübeln besonderer Bauart und ungeschützten Schraubenbolzen (ohne zusätzliche Sondernägel) bei Anschlüssen der Feuerwiderstandsklasse F30-B (Beispiel)** nach DIN 4102 T4, Bild 59

## 6.5.5 Zulässige Belastungen von Nagelverbindungen der Feuerwiderstandsklasse F30-B und F60-B

Die zulässige Belastung ungeschützter Nägel bei Anschlüssen der Feuerwiderstandsklasse F30-B mit und ohne innenliegenden Stahlblechen kann Tafel 95 entnommen werden. Werden Nägel mit vorgehefteten Decklaschen nach Tafel 90 für die Feuerwiderstandsklassen F30-B bzw. F60-B geschützt, brauchen die Bedingungen der Tafel 95 nicht eingehalten werden, s. auch Bild 44.

**Tafel 95 Zulässige Belastung von ungeschützten Nägeln bei Anschlüssen der Feuerwiderstandsklasse F30-B** [1] [2] [3] [5]

| | |
|---|---|
| **Nagelanschluß ohne innenliegende Stahlbleche** | |
| Zulässige Belastung zul $N_f$ je Nagel: | zul $N_f$ = zul $N_1$ |
| unter der Bedingung: | – Einschlagtiefe $s \geqq 8\,d_n$ |
| Abminderung von zul $N_f$ je Nagel [4] | |
| nicht erforderlich, wenn<br>– Verhältnis $d_n/a_s \geqq \min(d_n/a_s)$ | erforderlich, wenn<br>– Verhältnis $d_n/a_s < \min(d_n/a_s)$<br>vorzunehmende Abminderung:<br>$\text{zul}\,\overline{N}_f = \text{zul}\,N_f \cdot \dfrac{d_n/a_s}{\min(d_n/a_s)}$ |
| $\min(d_n/a_s) = 0{,}05 \cdot \left(1 + \left[\dfrac{110}{l_n}\right]^4\right)$ | |
| **Nagelanschluß mit innenliegenden Stahlblechen** | |
| zulässige Belastung zul $N_f$ je Nagel: | zul $N_f$ = zul $N_1$ |
| unter den Bedingungen | – Nagellänge $l_n \geqq 90$ mm<br>– Stahlbleche nach DIN 4102 T4, 5.8.7 |

[1]) Hierin bedeuten:
$a_s$ Seitenholzbreite nach Bild 43 bzw. 44
$d_n$ Nageldurchmesser
$l_n$ Nagellänge
zul $N_1$ zulässige Belastung des Nagels auf Abscheren nach Abschn. 4.3.1
[2]) die Bedingungen der Tafel 89 sind stets einzuhalten
[3]) werden Nägel mit vorgehefteten Decklaschen nach Tafel 90 für die Feuerwiderstandsklassen F30-B bzw. F60-B geschützt, brauchen die Bedingungen der Tafel 95 nicht eingehalten werden, als Beispiel s. Bild 44
[4]) für Sondernägel genügt es, nur die Bedingung $s \geqq 8\,d_n$ einzuhalten
[5]) bei Nagelverbindungen zur Lagesicherung der Feuerwiderstandsklassen F30-B bzw. F60-B sind nur die Holzabmess. der Tafel 89 und zusätzlich eine Einschlagtiefe $s \geqq 8\,d_n$ einzuhalten

Beispiele für Mindestabmessungen von Nagelverbindungen ohne innenliegende Stahlbleche mit ungeschützten Nägeln der Feuerwiderstandsklasse F30-B sind in Bild 43, derartige mit geschützten Nägeln der Feuerwiderstandsklasse F60-B in Bild 44 dargestellt.

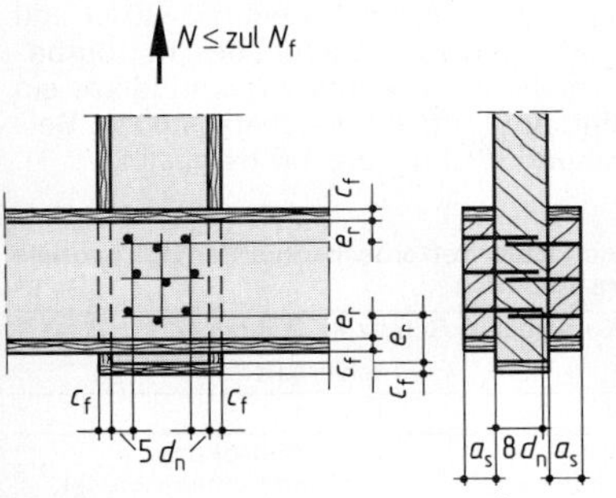


$a_s \geq 50$ mm
$a_s \geq \min a + c_f$
$c_f = 10$ mm
$d_n$ nach untenstehender Zusammenstellung
Einschlagtiefe: $8\,d_n$

| $a_s$ in mm | Mindest-Nagelgröße $d_n \times l_s$ |
|---|---|
| 60 | $46 \times 130$ |
| 80 | $55 \times 140$ |
| 100 | $60 \times 180$ |
| 120 | $70 \times 210$ |
| 160 | $88 \times 260$ |

Seitenholzdicken $a_s$ und zugehörige Mindest-Nagelgrößen unter Berücksichtigung von Vorzugsmaßen für $N \leq \text{zul}\, N_f$

**Bild 43 Mindestabmessungen für Nagelverbindungen ohne innenliegende Stahlbleche mit ungeschützten Nägeln bei Anschlüssen der Feuerwiderstandsklasse F30-B (Beispiel)** nach DIN 4102 T4, Bild 66

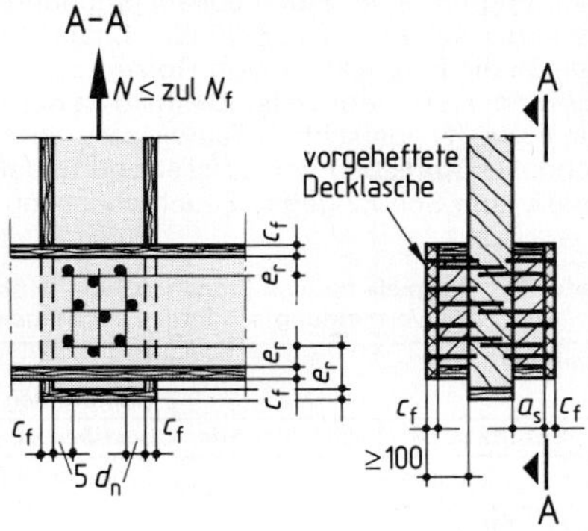


$a_s \geq 100$ mm – Laschendicke
$\geq \min a$
$c_f = 30$ mm
} bei Schutz der Nägel durch Holzlaschen

**Bild 44 Mindestabmessungen für Nagelverbindungen ohne innenliegende Stahlbleche mit geschützten Nägeln bei Anschlüssen der Feuerwiderstandsklasse F60-B (Beispiel; s. auch Tafel 89)** nach DIN 4102 T4, Bild 67

### Nagelverbindungen zur Lagesicherung

Bei Nagelverbindungen zur Lagesicherung, z. B. bei Auflagern, Kontaktstößen und dgl. mehr der Feuerwiderstandsklassen F30-B bzw. F60-B sind nur die Holzabmessungen der Tafel 89 und zusätzlich eine Einschlagtiefe $s \geqq 8\,d_n$ einzuhalten.

## 7 Holzschutz

Neben der Auswahl geeigneter Holzarten sind für einen wirksamen Holzschutz baulich (konstruktive), in vielen Fällen chemische und gegebenenfalls Oberflächen-Schutzmaßnahmen notwendig. Von diesen drei Schutzmaßnahmen ist der bauliche Holzschutz der weitaus wichtigste; der chemische Holzschutz und der Oberflächenschutz sind oft notwendige Schutzmaßnahmen, die den baulichen Holzschutz ergänzen.

## 7.1 Baulicher (konstruktiver) Holzschutz

Der bauliche Holzschutz beinhaltet vorbeugende konstruktive Maßnahmen zur Vermeidung erhöhter Feuchtebeanspruchungen von Holzbauteilen und daraus resultierender Schäden. Die Schutzmaßnahmen richten sich vornehmlich gegen Pilzbefall, da die Entwicklung von Holzpilzen i. allg. nur in halbtrockenem ($u > 20\%$) und frischem Holz möglich ist. Deshalb ist das Eindringen von Feuchte, bes. in tropfbarer Form (Niederschlag, Tauwasser), sowie stehende Feuchte zu verhindern, ein schnelles Abfließen von Wasser und ungehinderte Luftzufuhr sicherzustellen. Beispiele zum Schutz gegen Feuchtebeanspruchung sind in Tafel 96 dargestellt.

**Tafel 96 Beispiele baulich (konstruktiven) Holzschutzes wetterbeanspruchter Holzbauteile zur Vermeidung erhöhter Feuchtebeanspruchung**

| Beispiel | Konstruktive Schutzmaßnahme empfohlen | Konstruktive Schutzmaßnahme fehlerhaft |
|---|---|---|
| **1. Schutz waagerecht liegender Oberflächen** | | |
| 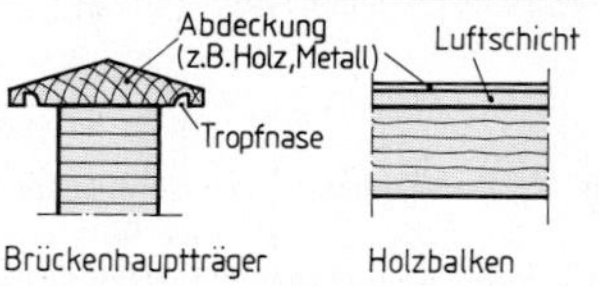 | mit Abdeckung:<br>– Niederschlagswasser fließt ab,<br>– keine stehende Feuchte im zu schützenden Teil,<br>– mit Tropfnase | ohne Abdeckung:<br>– Niederschlagswasser bleibt stehen,<br>– stehende Feuchte,<br>– Pilzbefall, Holzzerstörung wahrscheinlich |
| **2. Schutz von Hirnholzflächen** | | |
| 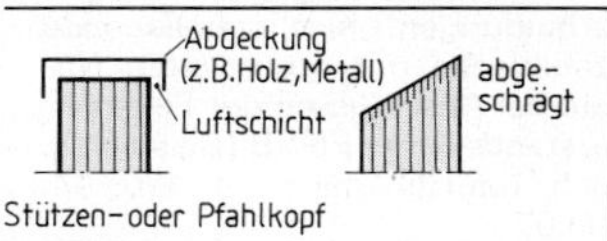 | mit Abdeckung oder abgeschrägt:<br>– s. Anmerk. 1. Beispiel, abgeschrägt zusätzlich:<br>– mit porenfüllendem mehrmaligen Anstrich | ohne Abdeckung oder gerade abgeschnitten:<br>– s. Anmerk. 1. Beispiel |
| **3. Schutz von Stützenfüßen** | | |
| 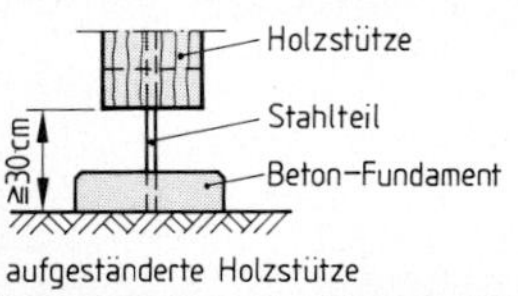 | aufgeständert:<br>– weitgehend spritzwassergeschützt,<br>– keine aufsteigende Feuchte,<br>– Stahlteile i.d. Holz einlassen u. abdecken | direkte Auflagerung auf Betonfundament:<br>– nicht spritzwassergeschützt,<br>– stehende Feuchte in Hirnholz/Sperrschicht<br>– Pilzbefall, Holzzerstörung |
| **4. Schutz vorspringender Bauteile** | | |
| 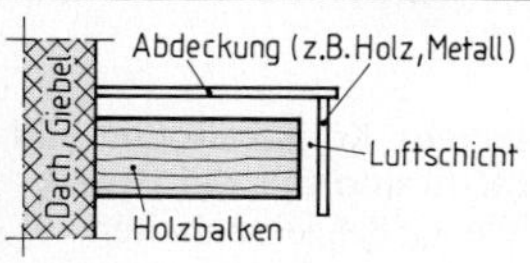 | mit Abdeckung der waagerechten Oberfläche und des Hirnholzes<br>– s. Anmerkung zu 1. und 2. Beispiel | ohne Abdeckungen<br>– s. Anmerkung zu 1. und 2. Beispiel |

## 7.2 Chemischer Holzschutz nach DIN 68800 T3 (04.90)

Der chemische Holzschutz beinhaltet vorbeugende Schutzmaßnahmen für Holzbauteile, die der Gefahr von Bauschäden durch Insekten und/oder Pilze sowie durch Auswaschungen und Moderfäule ausgesetzt sind.

**Tragende und/oder aussteifende Holzbauteile** müssen einen vorbeugenden chemischen Schutz durch geeignete, zugelassene Holzschutzmittel mit Prüfzeichen erhalten, Ausnahmen s. Tafel 98; hingegen ist bei **nichttragenden, nicht maßhaltigen Hölzern** ohne statische Funktion i. allg. ein chemischer Schutz entbehrlich, dieser ist nur im Einzelfall zu vereinbaren. Die chemischen Holzschutzmaßnahmen richten sich nach der Zuordnung zu einer Gefährdungsklasse, s. Tafel 97. Schutzmaßnahmen sind nicht erforderlich in der Gefährdungsklasse 0, oder wenn in anderen Gefährdungsklassen die Bedingungen der Tafel 98 eingehalten werden.

**Tafel 97 Gefährdungsklassen, Zuordnung von Holzbauteilen zu Gefährdungsklassen, Anforderungen an Holzschutzmittel sowie Prüfprädikate für tragende/aussteifende Holzbauteile** nach DIN 68800 T3, Tab. 1, 2 und 3[1]), s. auch S. 880

| Gefährdungsklasse | 0 | 1 | 2 | 3 | 4 |
|---|---|---|---|---|---|
| **a) Gefährdungsklassen** | | | | | |
| Beanspruchungen | Innen verbautes Holz, ständig trocken | | Holz, das weder dem Erdkontakt noch direkt der Witterung oder Auswaschung ausgesetzt ist, vorübergehende Befeuchtung möglich | Holz der Witterung oder Kondensation ausgesetzt, aber nicht in Erdkontakt | Holz in dauerndem Erdkontakt oder ständiger starker Befeuchtung ausgesetzt[2]) |
| Gefährdung durch Insekten | nein[3]) | ja | ja | ja | ja |
| Pilze | nein | nein | ja | ja | ja |
| Auswaschung | nein | nein | nein | ja | ja |
| Moderfäule | nein | nein | nein | nein | ja |
| **b) Zuordnung von Holzbauteilen zu Gefährdungsklassen** | | | | | |
| | Holzbauteile, die durch Niederschläge, Spritzwasser oder dgl. **nicht** beansprucht werden | | | Holzbauteile, die durch Niederschläge, Spritzwasser und dgl. beansprucht werden | |
| Anwendungsbereiche | wie Gefährdungsklasse 1 unter Berücksichtigung von Tafel 98, Gefährdungsklasse 1 | Innenbauteile bei einer mittleren rel. Luftfeuchte bis 70% und gleichartig beanspruchte Bauteile[4]) | Innenbauteile bei einer mittleren rel. Luftfeuchte über 70% und gleichartig beanspruchte Bauteile | Außenbauteile mit Wetterbeanspruchung ohne ständigen Erd- und/oder Wasserkontakt | Holzteile mit ständigem Erd- und/oder Süßwasserkontakt[2]), auch bei Ummantelung |
| | | | Innenbauteile in Naßbereichen, Holzteile wasserabweisend abgedeckt | Innenbauteile in Naßräumen | |
| | | | Außenbauteile ohne unmittelbare Wetterbeanspruchung | | |
| **c) Anforderungen an Holzschutzmittel, Prüfprädikate** | | | | | |
| Anforderungen | keine Holzschutzmittel erforderlich | insektenvorbeugend | insektenvorbeugend, pilzwidrig | insektenvorbeugend, pilzwidrig, witterungsbeständig | insektenvorbeugend, pilzwidrig, witterungsbeständig, moderfäulewidrig |
| Prüfprädikate | – | Iv | Iv, P | Iv, P, W | Iv, P, W, E |

[1]) vorbeugender chemischer Schutz von Holzwerkstoffen wird in DIN 68800 T5 geregelt
[2]) besondere Bedingungen gelten für Kühltürme sowie Holz im Meerwasser
[3]) vgl. Tafel 98
[4]) Holzfeuchte $u < 20\%$ sichergestellt

**Tafel 98 Nicht erforderliche chemische Holzschutzmaßnahmen in den einzelnen Gefährdungsklassen** nach DIN 68800 T3, 2.2

| Gefährdungsklasse | Holzschutzmaßnahmen nicht erforderlich, wenn in den einzelnen Gefährdungsklassen folgende Hölzer verwendet werden: |
|---|---|
| 0 | – |
| 1 | Farbkernhölzer mit einem Splintholzanteil <10%, oder Holz in Räumen mit üblichem Wohnklima oder vergleichbaren Räumen verbaut und<br>– gegen Insektenbefall allseitig durch eine geschlossene Bekleidung abgedeckt oder<br>– Holz zum Raum hin so offen angeordnet ist, daß es kontrollierbar bleibt |
| 2 | splintfreie Farbkernhölzer der Resistenzklasse 1, 2 oder 3 nach DIN 68364 |
| 3 | splintfreie Farbkernhölzer der Resistenzklasse 1 oder 2 nach DIN 68364 |
| 4 | splintfreie Farbkernhölzer der Resistenzklasse 1 nach DIN 68364 |

## 7.3 Oberflächenschutz nach Informationsdienst Holz und *Willeitner* in [11], Bd. 1

Oberflächenbehandlungen (Anstriche) wetterbeanspruchter Holzbauteile zielen auf dekorative Gestaltung und Schutz vor Verfärbung, Verschmutzung, Feuchte und Pilzbefall. In der Regel sind der chemische Holzschutz und geeignete, aufeinander abgestimmte Oberflächenbehandlungen vorzunehmen.

Die Oberflächenbehandlung besteht aus einem Grundier-, einem od. mehreren Zwischen- und einem Deckanstrich mit z.B. pigmentierten Lasuren (offenporig) oder deckenden Alkydharz-Lackfarben. Die Anstriche sind je nach Bewitterung nach 1 bis 2 Jahren und danach in weiteren Zeitabständen zu wiederholen. Helle Anstriche eignen sich wegen der stärkeren Reflektion besser als dunklere.

# 8 Sortiermerkmale und -klassen für Nadelschnittholz nach DIN 4074 T1

DIN 4074 T1 unterscheidet eine **visuelle und maschinelle Sortierung**. Die maschinelle Sortierung darf nur mit geeigneten und geprüften Sortiermaschinen vorgenommen werden, während die visuelle Sortierung nur erfahrene Fachleute durchführen können. Sortierklassen und -merkmale für Nadelschnittholz sind in Tafel 99 und 100 zusammengestellt.

Weitere Anforderungen an Nadelschnittholz sind:

**Tafel 99 Sortierklassen bei visueller und maschineller Sortierung von Nadelschnittholz** nach DIN 4074 T1

| Sortierklassen[1]) bei visueller Sortierung | Sortierklassen[1]) bei maschineller Sortierung | Bezeichnung der Tragfähigkeit des Schnittholzes | entspricht den Güteklassen der DIN 1052 (04.88) |
|---|---|---|---|
| S 7 | MS 7 | gering | III |
| S 10 | MS 10 | üblich | II |
| S 13 | MS 13 | überdurchschnittlich | I |
| – | MS 17 | besonders hoch | – |

[1]) die Ziffern der Sortierklassen 7, 10, 13 und 17 entsprechen den jeweils zulässigen Biegespannungen für Nadelholz nach Tafel 1a (außer MS 13)

– **Maßhaltigkeit**
  Abweichungen von den vorgesehenen Querschnittsmaßen nach unten sind, bezogen auf eine mittlere Holzfeuchte von 30%, zulässig bis 3% bei 10% der Menge (bei maschineller Sortierung gelten z.T. geringere Abweichungen)

– **Toleranzen**
  Bei nachträglicher Inspektion einer Lieferung sortierten Holzes sind ungünstige Abweichungen von den geforderten Grenzwerten zulässig bis 10% bei 10% der Menge

– **Kennzeichnung**
  Schnitthölzer der Sortierklassen S 13, MS 7 bis MS 17 sind dauerhaft, eindeutig und deutlich mit vorgeschriebenem Text zu kennzeichnen.

**Tafel 100 Sortierkriterien für Kanthölzer aus Nadelholz bei visueller Sortierung** nach DIN 4074 T1[1])

| | Sortiermerkmale | Sortierklassen[2]) S7 | S10 | S13 |
|---|---|---|---|---|
| **Baumkante** | | | | |
| 1<br>1 | 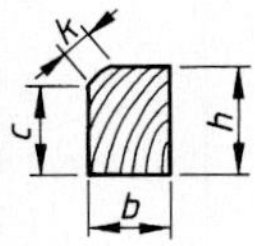<br>$k$ Breite der Baumkante<br>$K = k/h$, bezogen auf die größere Querschnittsseite<br>$c$ verbleibende Sägekante<br>$b/h$ rechnerischer Querschnitt | $c > 0$, alle vier Seiten müssen durchgehend von Schneidwerkzeugen gestreift sein | $K \leqq 1/3$<br>je Querschnittsseite: $c/h$ und $c/b \geqq 1/3$ | $K \leqq 1/8$<br>je Querschnittsseite $c/h$ und $c/b \geqq 2/3$ |
| **Äste** oder Astlöcher (einschl. Astrinde) | | | | |
| 2 | 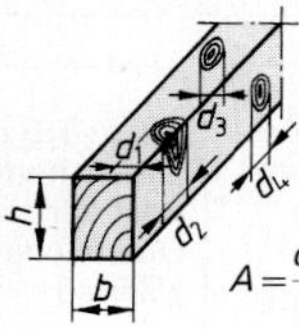<br>$d$ kleinste sichtbare Durchmesser der Äste<br>$A$ Ästigkeit, maßgebend ist der größte Ast<br>$A = \frac{d_1}{b}$ oder $A = \frac{d_2}{h}$ oder<br>$A = \frac{d_3}{b}$ oder $A = \frac{d_4}{h}$ | $A \leqq 3/5$ | $A \leqq 2/5$<br>$\leqq 70$ mm | $A \leqq 1/5$<br>$\leqq 50$ mm |
| **Jahrringbreite** (als mittlere Jahrringbreite nach DIN 52181) | | | | |
| 3 | 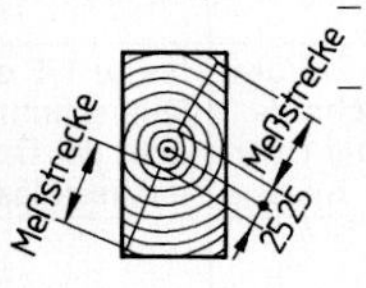<br>– gemessen in radialer Richtung,<br>– bei Querschnitten mit Mark bleibt ein Bereich von 25 mm, ausgehend von der Markröhre, außer Betracht | – | allgemein: $\leqq 6$ mm<br>bei Douglasie: $\leqq 8$ mm | allgemein: $\leqq 4$ mm<br>bei Douglasie: $\leqq 6$ mm |
| **Faserneigung** | | | | |
| 4 | 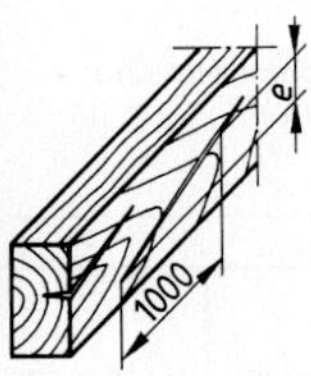<br>$e$ Abweichung der Fasern auf 1000 mm Länge,<br>– örtliche Faserabweichungen z. B. durch Äste bleiben unberücksichtigt,<br>– gemessen wird nach Jahrringverlauf, Schwindrissen od. mit geeignetem Ritzgerät | $e \leqq 200$ mm/m | $e \leqq 120$ mm/m | $e \leqq 70$ mm/m |
| **Risse**[3])[4]) | | | | |
| 5 |  **Frostriß**  **Blitzriß**<br>**Ringschäle** (ein Riß längs Jahrringe) | nicht zulässig | nicht zulässig | nicht zulässig |
| | radiale Schwindrisse (Trockenrisse) | zulässig | zulässig | zulässig |

Fortsetzung und Fußnoten s. nächste Seiten

**Tafel 100,** Fortsetzung

| | Sortiermerkmale | Sortierklassen²) S7 | S10 | S13 |
|---|---|---|---|---|
| | **Krümmung**⁵) | | | |
| 6 | Längskrümmung<br>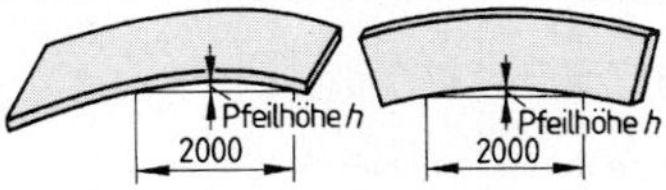<br>Pfeilhöhe h — Pfeilhöhe h an derStelle der größten Verformung bezogen auf 2000 mm Meßlänge<br>Verdrehung:<br>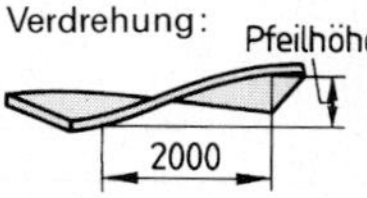 | ≦15 mm/2 m | ≦8 mm/2 m | ≦5 mm/2 m |
| | **Druckholz** | | | |
| 7 | – wird im lebenden Baum als Reaktion auf äußere Beanspruchung gebildet,<br>– ist durch eine Struktur gekennzeichnet, die vom üblichen Holz verschieden ist,<br>– kann erhebliche Krümmung des Schnittholzes verursachen | bis zu 3/5 des Querschnitts oder der Oberfläche zulässig | bis zu 2/5 des Querschnitts oder der Oberfläche zulässig | bis zu 1/5 des Querschnitts oder der Oberfläche zulässig |
| | **Verfärbungen** (als Veränderung der natürlichen Holzfarbe) | | | |
| 8 | **Bläue** entsteht durch Bläuepilze, diese leben von Inhaltsstoffen, nicht von Zellwänden, keine Festigkeitsminderungen | zulässig | zulässig | zulässig |
| | **braune und rote Streifen** entstehen durch Pilzbefall, keine Festigkeitsminderung, solange sie nagelfest sind (Härte) | bis zu 3/5 des Querschnitts oder der Oberfläche zulässig | bis zu 2/5 des Querschnitts oder der Oberfläche zulässig | bis zu 1/5 des Querschnitts oder der Oberfläche zulässig |
| | **Rot- und Weißfäule** entstehen durch holzzerstörende Pilze, erkennbar durch fleckige Verfärbung und reduzierte Oberflächenhärte | nicht zulässig | nicht zulässig | nicht zulässig |
| | **Insektenfraß** | | | |
| 9 | – stehende Bäume und frisches Rundholz können von Frischholzinsekten befallen werden,<br>– Befall ist an den Fraßgängen (Bohrlöchern) auf der Holzoberfläche erkennbar | Fraßgänge bis 2 mm Durchmesser von Frischholzinsekten zulässig | | |
| | **Mistelbefall** | | | |
| 10 | – Misteln sind Halbschmarotzerpflanzen, die auf Bäumen wachsen,<br>– ihre Senkerwurzeln (-löcher, ca. 5 mm Durchmesser) verursachen meist eine enge Durchlöcherung des Holzes | nicht zulässig | nicht zulässig | nicht zulässig |

¹) Sortierkriterien für Bohlen, Bretter und Latten sowie zusätzliche Sortierkriterien bei maschineller Sortierung s. DIN 4074 T1,

²) die Sortierklassen S7, S10, S13 entsprechen den früheren und in DIN 1052 (04.88) angeführten Güteklassen III, II, I,

³) Blitz- und Frostrisse entstehen am stehenden Baum; an einer Nachdunkelung des angrenzenden Holzes und Frostrisse zusätzlich an einer örtlichen Krümmung der Jahrringe erkennbar

⁴) übliche Schwindrisse (Trockenrisse) beeinträchtigen die Tragfähigkeit nicht

⁵) Krümmung ist vorwiegend von der Holzfeuchte abhängig, bei frischem Schnittholz i.a. nicht zu erkennen, größtes Ausmaß bei getrocknetem Holz

# 9 Konstruktionsbeispiele

Die in diesem Abschnitt angeführten Beispiele sind gebräuchliche Konstruktionen des Ingenieurholzbaus. Querschnitte und Verbindungen/Verbindungsmittel sind in jedem Fall statisch und erforderlichenfalls brandschutztechnisch nachzuweisen; in einigen Fällen bestimmen bauphysikalische Erfordernisse die Querschnittsabmessungen. Derartige Konstruktionen sind bereits mehrfach in der o.a. Fachliteratur dargestellt worden; eine eingehendere Beschreibung der folgenden Beispiele kann u.a. *Neuhaus* [16] entnommen werden.

## 9.1 Auflager von Balken und Bindern

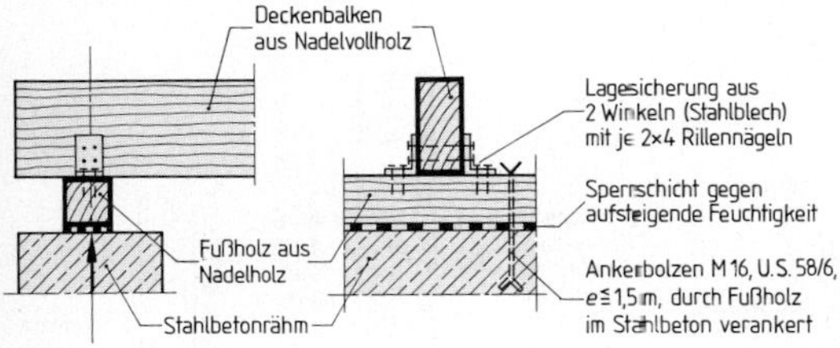


**Bild 45**
**Auflager eines Deckenbalkens aus Nadelvollholz; Beispiel**

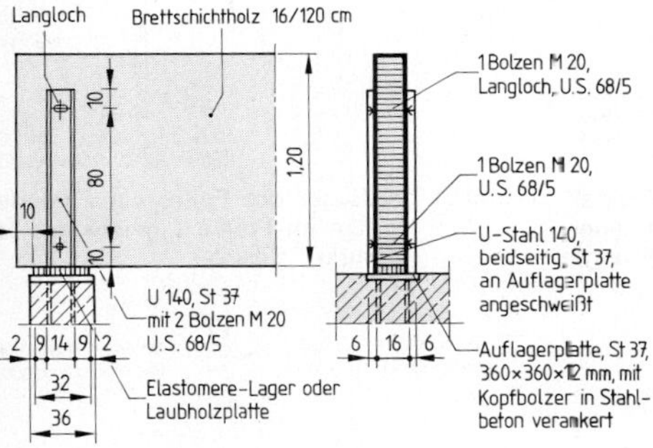


**Bild 46**
**Auflager eines Parallelträgers aus Brettschichtholz; Beispiel; Ausbildung eines Gabellagers durch beidseitigen U-Stahl, angeschweißt auf Auflagerplatte**

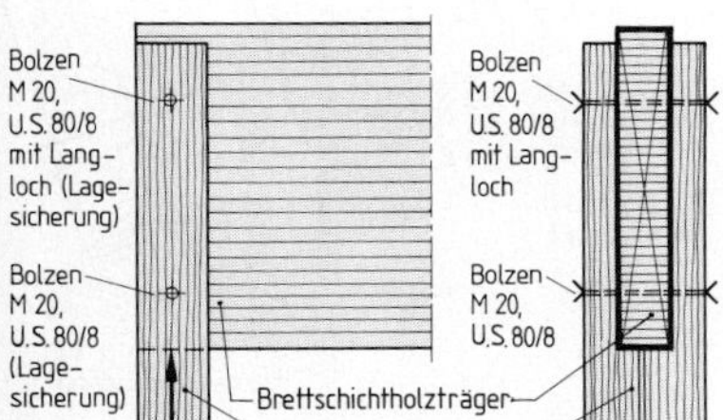


**Bild 47** **Auflager eines Brettschichtholzträgers auf eine zweiteilige Holzstütze; Beispiel; Ausbildung eines Gabellagers durch beidseitige Holzstege**

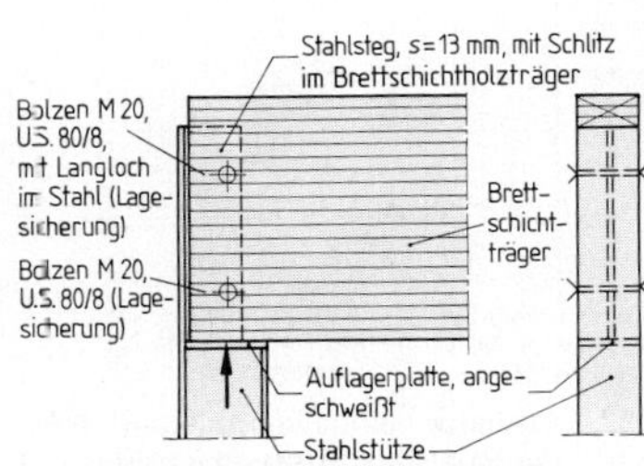


**Bild 48** **Auflager eines Brettschichtholzträgers auf eine Stahlstütze; Beispiel; Ausbildung einer Gabellagerung durch innenliegenden Stahlsteg**

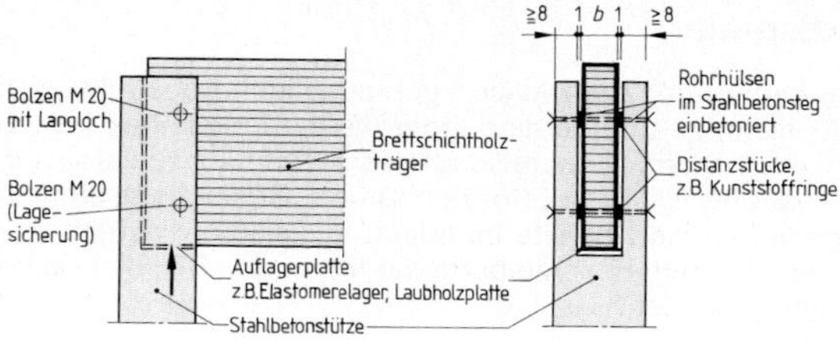


**Bild 49 Auflager eines Brettschichtholzträgers auf eine Stahlbetonstütze; Beispiel; Ausbildung einer Gabellagerung durch beidseitige Stahlbetonstege**

## 9.2 Auflager von Holzstützen, Rahmen und Bögen

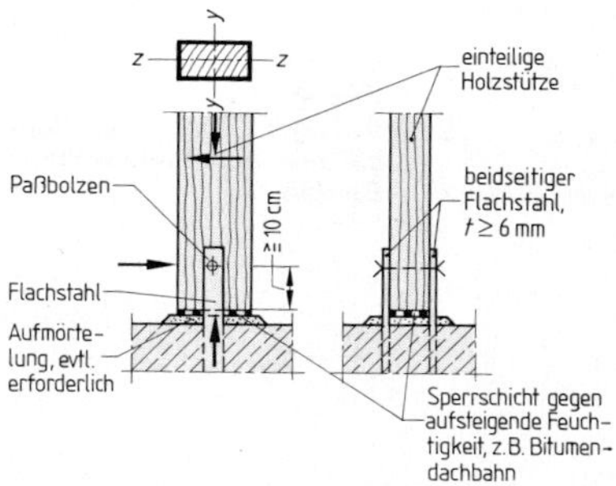


**Bild 50 Auflager des Fußes einer Pendelstütze im allseits geschlossenen Bauwerk (gelenkige Lagerung); Beispiel**

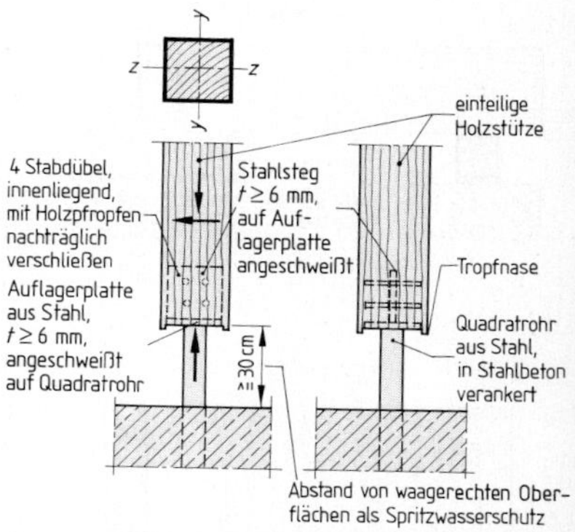


**Bild 51 Auflager des Fußes einer Pendelstütze im Freien („gelenkige" Lagerung); Beispiel**

**Bild 52 Auflager eines einteiligen Rahmenstiels aus Brettschichtholz mit Stahlschuh bei kleinerer bis mittlerer Stützweite in allseits geschlossenen Bauwerken (gelenkige Lagerung); Beispiel; Stahlteile $t \geqq 8$ mm**

**Bild 53 Bogen- oder Rahmenauflager als Stahlschuh mit Kippleiste bei großen Stützweiten (Stahlgelenk) in allseits geschlossenen Bauwerken; Beispiel; weitere Stahlteile $t \geqq 10$ mm**

# 9.3 Verbandsanschlüsse

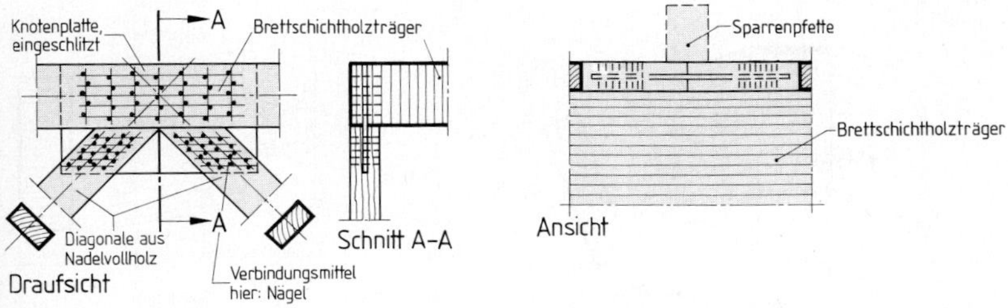


**Bild 54 Anschluß von Diagonalen aus Nadelvollholz an einen Brettschichtholzträger mit eingeschlitzter Knotenplatte und Verbindungsmitteln (mittiger Anschluß); Beispiel**

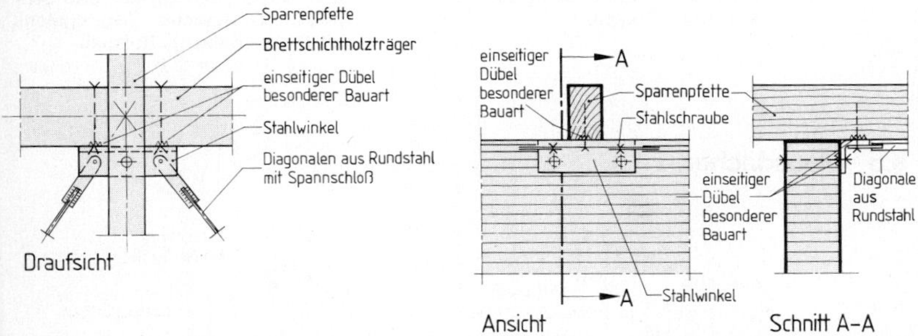


**Bild 55 Anschluß von Stahldiagonalen an einen Brettschichtholzträger mit Stahlwinkel, Schrauben und einseitigen Dübeln besonderer Bauart (mittiger Anschluß); Beispiel**

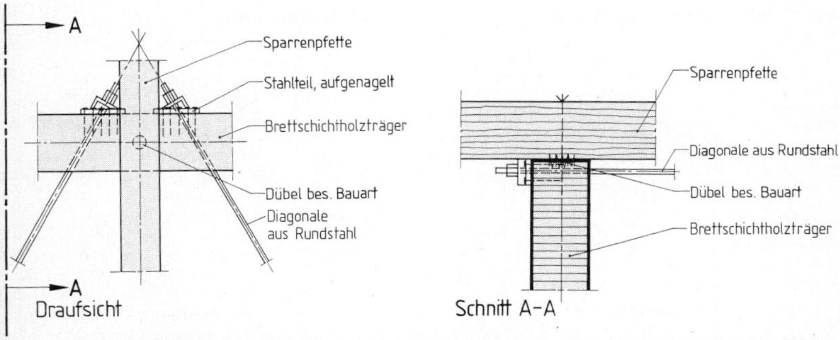


**Bild 56 Anschluß von Stahldiagonalen, die durch einen Brettschichtholzträger durchgeführt werden (ausmittiger Anschluß); Beispiel**

## 9.4 Firstgelenke von Bögen und Rahmen

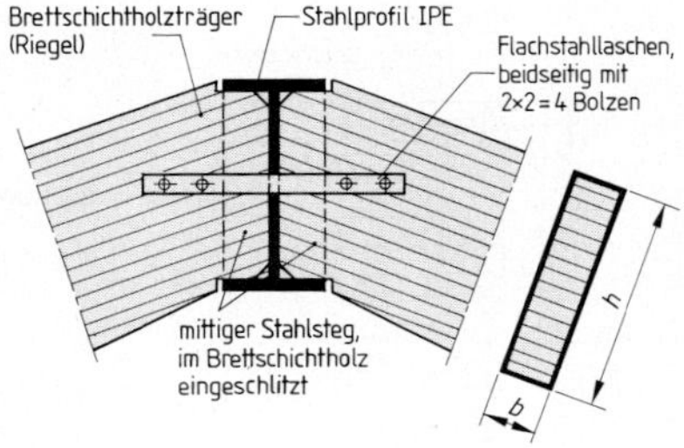


Bild 57 Firstgelenk bei Dreigelenkrahmen mit kleiner bis mittlerer Stützweite (Stahlprofil); Beispiel

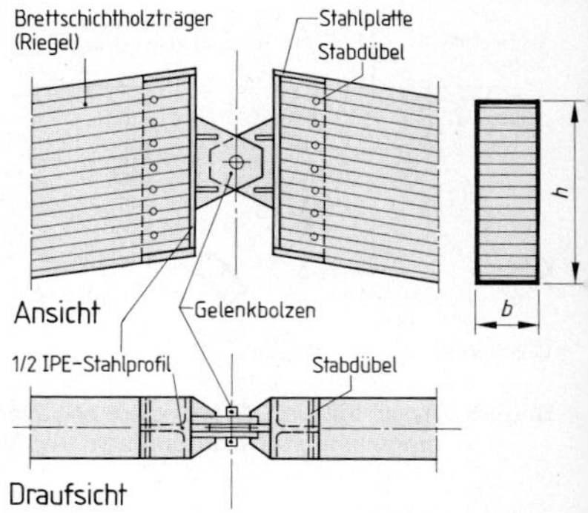


Bild 58 Firstgelenk bei Dreigelenkrahmen oder Bögen m,it großer und sehr großer Stützweite (Stahlgelenk mit Gelenkbolzen); Beispiel

## 9.5 Hausdächer

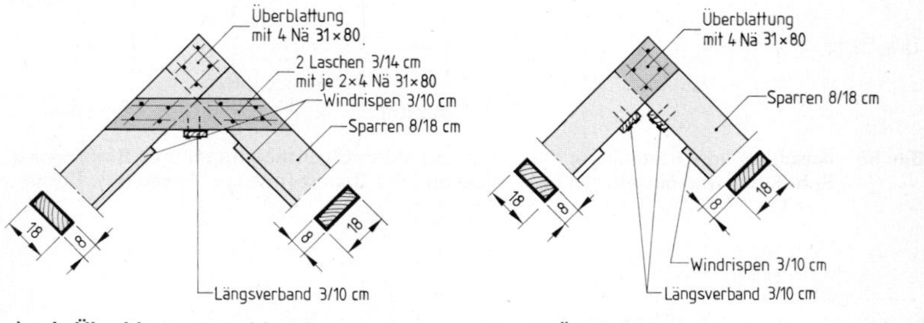


a) mit Überblattung und Laschen

b) mit Überblattung

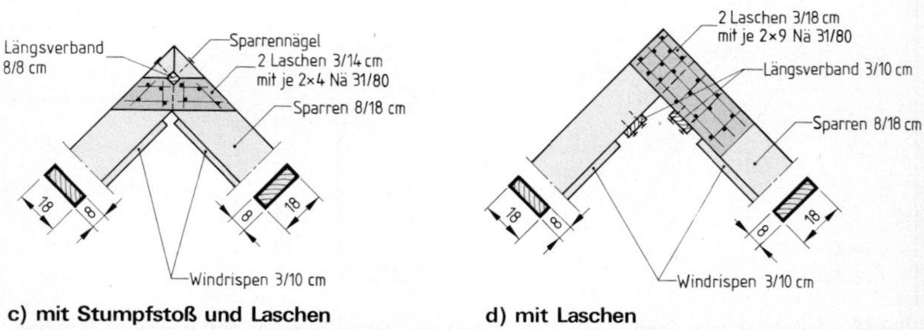


c) mit Stumpfstoß und Laschen

d) mit Laschen

Bild 59 Firstpunktausbildungen bei Sparren-, Kehlbalken- und Pfettendächern; Beispiele;

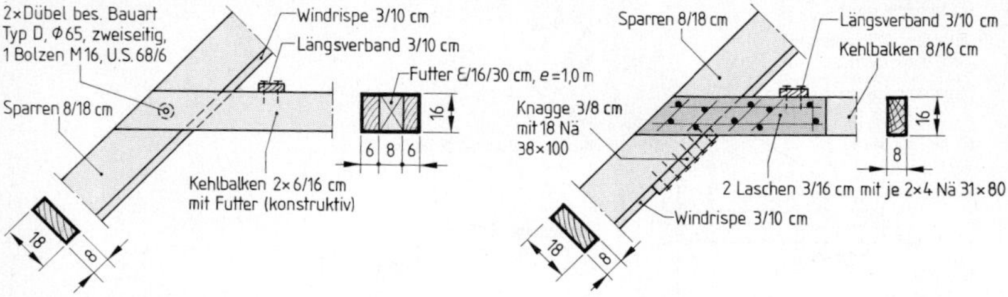


**a) mit Dübeln besonderer Bauart** **b) mit Knagge und Laschen**

**Bild 60 Kehlbalkenanschlüsse an Sparren; Beispiele;**

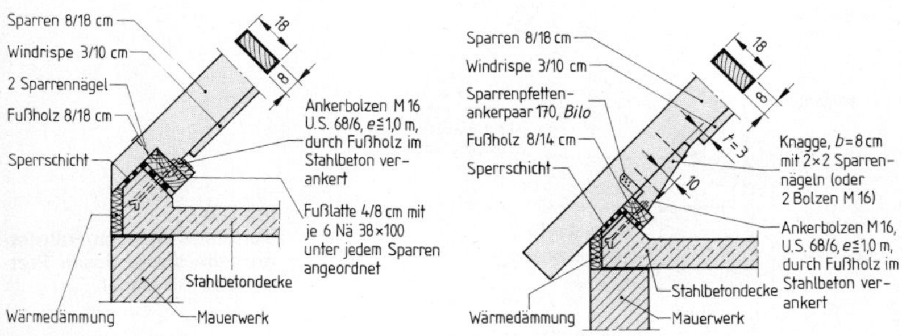


**a) mit Fußlatte** **b) mit Knagge**

**Bild 61 Fußpunktausbildung von Sparren bei Sparren- und Kehlbalkendächern; Beispiele;**

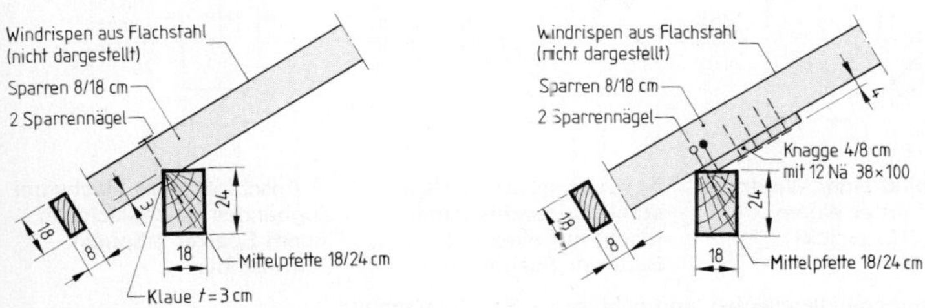


**a) mit Klaue** **b) mit untergenagelter Knagge**

**Bild 62 Anschlüsse Sparren/Mittelpfette bei Pfettendächern; Beispiele;**

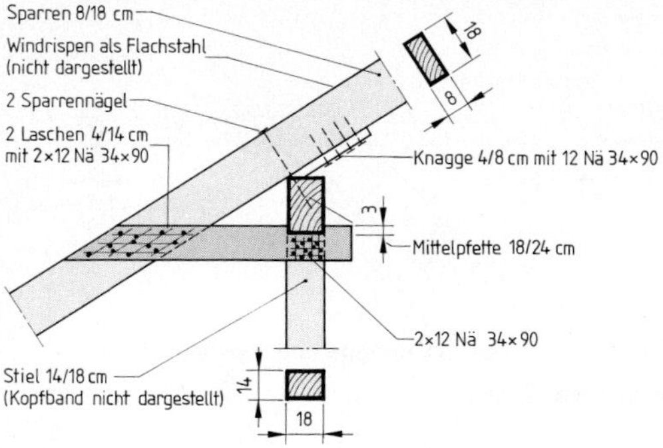


**Bild 63**
**Anschluß Sparren/Mittelpfette/Stiel beim strebenlosen Pfettendach; Beispiel**

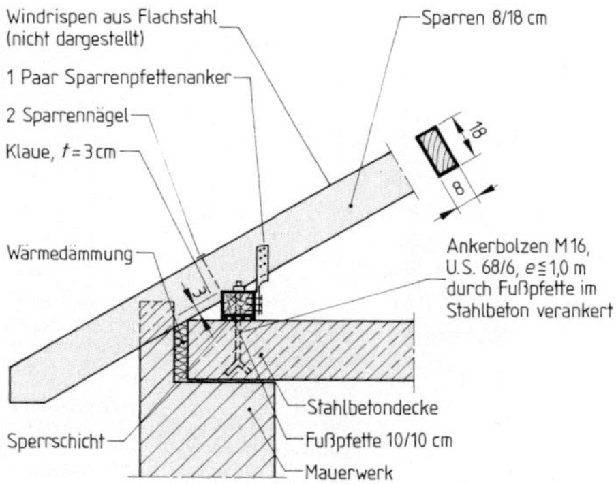


**Bild 64**
**Anschluß Sparren/Fußpfette beim strebenlosen Pfettendach; Beispiel**

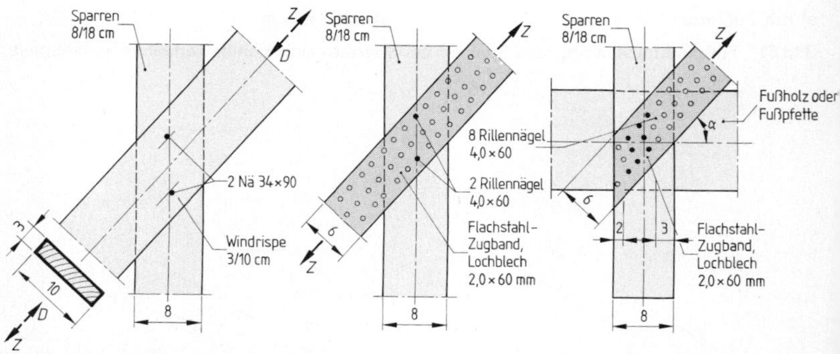


**a) Anschluß einer Windrispe aus Holz unter einem Sparren (Untersicht),**

**b) Anschluß eines Flachstahl-Zugbandes (Lochblech) auf einem Sparren (Draufsicht),**

**c) Anschluß eines Flachstahl-Zugbandes (Lochblech) an einem Sparrenfußpunkt (Draufsicht)**

**○ vorhandene Nagellöcher im Lochblech („Windrispenband")**
**● ausgenagelte Nagellöcher im Lochblech („Windrispenband")**

**Bild 65 Anschlüsse von Windrispen; Beispiele;**

# 10 Tafeln

**Tafel 101 Tragfähigkeit einteiliger Rundholzstützen aus Nadelholz, S10, mittiger Druck, beidseitig gelenkige Lagerung, Lastfall H[1]) (Fußnoten s. Tafel 102)**

| *d* | max *N* in kN bei einer Knicklänge $s_K$ in m | | | | | | | | | | | |
|---|---|---|---|---|---|---|---|---|---|---|---|---|
| in cm | 2,00 | 2,50 | 3,00 | 3,50 | 4,00 | 4,50 | 5,00 | 5,50 | 6,00 | 6,50 | 7,00 | 8,00 |
| 10 | 36,4 | 26,6 | 18,5 | 13,6 | 10,4 | 8,2 | 6,7 | 5,5 | 4,6 | – | – | – |
| 12 | 64,3 | 49,7 | 38,4 | 28,2 | 21,6 | 17,0 | 13,8 | 11,4 | 9,6 | 8,1 | 7,1 | – |
| 14 | 101 | 81,8 | 65,2 | 52,3 | 40,1 | 31,7 | 25,7 | 21,2 | 17,9 | 15,2 | 13,1 | 10,0 |
| 16 | 144 | 121 | 101 | 82,7 | 68,4 | 54,0 | 43,8 | 36,1 | 30,4 | 25,9 | 22,3 | 17,0 |
| 18 | 196 | 169 | 145 | 122 | 102 | 86,4 | 70,0 | 57,8 | 48,5 | 41,4 | 35,6 | 27,4 |
| 20 | 254 | 226 | 198 | 170 | 146 | 124 | 107 | 88,2 | 74,2 | 63,2 | 54,5 | 41,6[2]) |
| 22 | 320 | 289 | 256 | 227 | 198 | 171 | 148 | 129 | 108 | 92,5 | 79,6 | 61,1 |
| 24 | 391 | 360 | 325 | 290 | 258 | 227 | 199 | 174 | 154 | 131 | 113 | 86,3 |
| 26 | 467 | 435 | 401 | 361 | 326 | 291 | 258 | 228 | 203 | 181 | 156 | 119 |
| 28 | 552 | 519 | 483 | 442 | 403 | 363 | 327 | 292 | 261 | 234 | 209 | 160 |
| 30 | 638 | 611 | 572 | 530 | 484 | 445 | 403 | 364 | 328 | 294 | 266 | 211 |

Für Rundholz mit ungeschwächter Randzone ist: zul $\sigma_D \| = 1{,}2 \cdot 8{,}5 = 10{,}2$ MN/m², s. Tafel 5

**Tafel 102 Tragfähigkeit einteiliger quadratischer Holzstützen aus Nadelholz, S10, mittiger Druck, beidseitig gelenkige Lagerung, Lastfall H[1])**

| *d* | max *N* in kN bei einer Knicklänge $s_K$ in m | | | | | | | | | | | |
|---|---|---|---|---|---|---|---|---|---|---|---|---|
| in cm | 2,00 | 2,50 | 3,00 | 3,50 | 4,00 | 4,50 | 5,00 | 5,50 | 6,00 | 6,50 | 7,00 | 8,00 |
| 10 | 45,7 | 34,8 | 26,3 | 19,3 | 14,8 | 11,7 | 9,4 | 7,8 | 6,6 | 5,6 | 4,8 | – |
| 12 | 78,0 | 62,8 | 50,0 | 39,9 | 30,5 | 24,1 | 19,5 | 16,1 | 13,6 | 11,6 | 9,9 | 7,6 |
| 14 | 118 | 100 | 83,0 | 68,3 | 56,5 | 44,8 | 36,3 | 30,0 | 25,2 | 21,4 | 18,5 | 14,2 |
| 16 | 166 | 145 | 125 | 106 | 89,2 | 75,3 | 62,0 | 51,2 | 43,0 | 36,6 | 31,6 | 24,2 |
| 18 | 222 | 200 | 175 | 152 | 131 | 113 | 97,3 | 82,0 | 68,9 | 58,8 | 50,6 | 38,8[2]) |
| 20 | 283 | 260 | 233 | 209 | 183 | 160 | 139 | 122 | 105 | 89,2 | 77,1 | 59,1 |
| 22 | 353 | 329 | 301 | 271 | 243 | 215 | 191 | 169 | 149 | 131 | 113 | 86,6 |
| 24 | 429 | 405 | 377 | 342 | 311 | 281 | 252 | 226 | 201 | 179 | 160 | 122 |
| 26 | 510 | 487 | 460 | 423 | 388 | 355 | 321 | 292 | 261 | 235 | 212 | 169 |
| 28 | 600 | 574 | 546 | 513 | 473 | 436 | 401 | 366 | 332 | 302 | 272 | 226 |
| 30 | 695 | 671 | 638 | 607 | 567 | 523 | 484 | 447 | 411 | 377 | 345 | 285 |

[1]) erf. Ermäßigungen der Tragfähigkeit bei Feuchtigkeitseinwirkungen s. Tafel 5.
[2]) Die Werte oberhalb der Stufenlinie gehören zu Schlankheitsgraden $\lambda > 150$.

**Tafel 103 Kanthölzer und Balken aus Nadelholz, Querschnittsmaße und statische Werte nach DIN 4070 T1 (1.58) und T2 (10.63)**

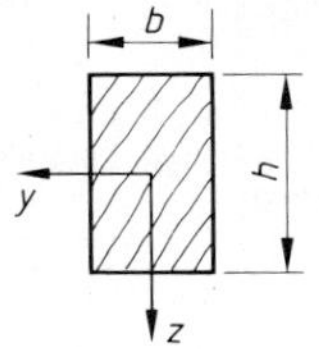


| $b/h$ in cm/cm | $A$ in cm² | $G$ in N/m | $W_y$ in cm³ | $I_y$ in cm⁴ | $W_z$ in cm³ | $I_z$ in cm⁴ | $i_y$ in cm | $i_z$ in cm |
|---|---|---|---|---|---|---|---|---|
| 6/6* | 36 | 21,6 | 36 | 108 | 36 | 108 | 1,73 | 1,73 |
| 6/8* | 48 | 28,8 | 64 | 256 | 48 | 144 | 2,31 | 1,73 |
| **6/10** | 60 | 36,0 | 100 | 500 | 60 | 180 | 2,89 | 1,73 |
| **6/12*** | 72 | 43,2 | 144 | 864 | 72 | 216 | 3,46 | 1,73 |
| **6/14** | 84 | 50,4 | 196 | 1372 | 84 | 252 | 4,04 | 1,73 |
| **6/16** | 96 | 57,6 | 256 | 2048 | 96 | 288 | 4,62 | 1,73 |
| **6/18** | 108 | 64,8 | 324 | 2916 | 108 | 324 | 5,20 | 1,73 |
| **6/20** | 120 | 72,0 | 400 | 4000 | 120 | 360 | 5,77 | 1,73 |
| **6/22** | 132 | 79,2 | 484 | 5324 | 132 | 396 | 6,35 | 1,73 |
| **6/24** | 144 | 86,4 | 576 | 6912 | 144 | 432 | 6,93 | 1,73 |
| **6/26** | 156 | 93,6 | 676 | 8788 | 156 | 468 | 7,51 | 1,73 |
| **7/12** | 84 | 50,4 | 168 | 1008 | 98 | 343 | 3,46 | 2,02 |
| **7/14** | 98 | 58,8 | 229 | 1601 | 114 | 400 | 4,04 | 2,02 |
| **7/16** | 112 | 67,2 | 299 | 2389 | 131 | 457 | 4,62 | 2,02 |
| **7/18** | 126 | 75,6 | 378 | 3402 | 147 | 515 | 5,20 | 2,02 |
| **7/20** | 140 | 84,0 | 467 | 4667 | 163 | 572 | 5,77 | 2,02 |
| 7/22 | 154 | 92,4 | 565 | 6211 | 180 | 629 | 6,35 | 2,02 |
| 7/24 | 168 | 100,8 | 672 | 8064 | 196 | 686 | 6,93 | 2,02 |
| 7/26 | 182 | 109,2 | 789 | 10253 | 212 | 743 | 7,51 | 2,02 |
| 8/8* | 64 | 38,4 | 85 | 341 | 85 | 341 | 2,31 | 2,31 |
| **8/10*** | 80 | 48,0 | 133 | 667 | 107 | 427 | 2,89 | 2,31 |
| 8/12* | 96 | 57,6 | 192 | 1152 | 128 | 512 | 3,46 | 2,31 |
| **8/14** | 112 | 67,2 | 261 | 1829 | 149 | 597 | 4,04 | 2,31 |
| **8/16*** | 128 | 76,8 | 341 | 2731 | 171 | 683 | 4,62 | 2,31 |
| **8/18** | 144 | 86,4 | 432 | 3888 | 192 | 768 | 5,20 | 2,31 |
| **8/20** | 160 | 96,0 | 533 | 5333 | 213 | 853 | 5,77 | 2,31 |
| **8/22** | 176 | 105,6 | 645 | 7099 | 235 | 939 | 6,35 | 2,31 |
| **8/24** | 192 | 115,2 | 768 | 9216 | 256 | 1024 | 6,92 | 2,31 |
| **8/26** | 208 | 124,8 | 901 | 11717 | 277 | 1109 | 7,51 | 2,31 |
| **9/9** | 81 | 48,6 | 121 | 547 | 121 | 547 | 2,60 | 2,60 |
| **9/10** | 90 | 54,0 | 150 | 750 | 135 | 608 | 2,89 | 2,60 |
| **9/16** | 144 | 86,4 | 384 | 3072 | 216 | 972 | 4,62 | 2,60 |
| **9/18** | 162 | 97,2 | 486 | 4374 | 243 | 1094 | 5,20 | 2,60 |
| **9/20** | 180 | 108,0 | 600 | 6000 | 270 | 1215 | 5,77 | 2,60 |
| **9/22** | 198 | 118,8 | 726 | 7986 | 297 | 1337 | 6,35 | 2,60 |
| **9/24** | 216 | 129,6 | 864 | 10368 | 324 | 1458 | 6,93 | 2,60 |
| **9/26** | 234 | 140,4 | 1014 | 13182 | 351 | 1580 | 7,51 | 2,60 |
| **10/10*** | 100 | 60,0 | 167 | 833 | 167 | 833 | 2,89 | 2,89 |
| **10/12*** | 120 | 72,0 | 240 | 1440 | 200 | 1000 | 3,46 | 2,89 |
| 10/14 | 140 | 84,0 | 327 | 2287 | 233 | 1167 | 4,04 | 2,89 |
| 10/16 | 160 | 96,0 | 427 | 3413 | 267 | 1333 | 4,62 | 2,89 |
| **10/18** | 180 | 108,0 | 540 | 4860 | 300 | 1500 | 5,20 | 2,89 |
| **10/20*** | 200 | 120,0 | 667 | 6667 | 333 | 1667 | 5,77 | 2,89 |
| **10/22*** | 220 | 132,0 | 807 | 8873 | 367 | 1833 | 6,35 | 2,89 |
| **10/24** | 240 | 144,0 | 960 | 11520 | 400 | 2000 | 6,93 | 2,89 |
| **10/26** | 260 | 156,0 | 1127 | 14647 | 433 | 2167 | 7,51 | 2,89 |

**Tafel 103,** Fortsetzung

| *b*/*h* in cm/cm | $A$ in $cm^2$ | $G$ in N/m | $W_y$ in $cm^3$ | $I_y$ in $cm^4$ | $W_z$ in $cm^3$ | $I_z$ in $cm^4$ | $i_y$ in cm | $i_z$ in cm |
|---|---|---|---|---|---|---|---|---|
| **12/12*** | 144 | 86,4 | 288 | 1728 | 288 | 1728 | 3,46 | 3,46 |
| **12/14*** | 168 | 100,8 | 392 | 2744 | 336 | 2016 | 4,04 | 3,46 |
| **12/16*** | 192 | 115,2 | 512 | 4096 | 384 | 2304 | 4,62 | 3,46 |
| 12/18 | 216 | 129,6 | 648 | 5832 | 432 | 2592 | 5,20 | 3,46 |
| 12/20* | 240 | 144,0 | 800 | 8000 | 480 | 2880 | 5,77 | 3,46 |
| **12/22** | 264 | 158,4 | 968 | 10648 | 528 | 3168 | 6,35 | 3,46 |
| **12/24** | 288 | 172,8 | 1152 | 13824 | 576 | 3456 | 6,93 | 3,46 |
| 12/26 | 312 | 187,2 | 1352 | 17576 | 624 | 3744 | 7,51 | 3,46 |
| **14/14*** | 196 | 117,6 | 457 | 3201 | 457 | 3201 | 4,04 | 4,04 |
| **14/16*** | 224 | 134,4 | 597 | 4779 | 523 | 3659 | 4,62 | 4,04 |
| **14/18** | 252 | 151,2 | 756 | 6804 | 588 | 4116 | 5,20 | 4,04 |
| **14/20** | 280 | 168,0 | 933 | 9333 | 653 | 4573 | 5,77 | 4,04 |
| **14/22** | 308 | 184,8 | 1129 | 12423 | 719 | 5031 | 6,35 | 4,04 |
| 14/24 | 336 | 201,6 | 1344 | 16128 | 784 | 5488 | 6,93 | 4,04 |
| 14/26 | 364 | 218,4 | 1577 | 20505 | 849 | 5945 | 7,51 | 4,04 |
| 14/28 | 392 | 235,2 | 1829 | 25611 | 915 | 6403 | 8,08 | 4,04 |
| **16/16*** | 256 | 153,6 | 683 | 5461 | 683 | 5461 | 4,62 | 4,62 |
| **16/18*** | 288 | 172,8 | 864 | 7776 | 768 | 6144 | 5,20 | 4,62 |
| **16/20*** | 320 | 192,0 | 1067 | 10667 | 853 | 6827 | 5,77 | 4,62 |
| **16/22** | 352 | 211,2 | 1291 | 14197 | 939 | 7509 | 6,35 | 4,62 |
| 16/24 | 384 | 230,4 | 1536 | 18432 | 1024 | 8192 | 6,93 | 4,62 |
| 16/26 | 416 | 249,6 | 1803 | 23435 | 1109 | 8875 | 7,51 | 4,62 |
| 16/28 | 448 | 268,8 | 2091 | 29269 | 1195 | 9557 | 8,08 | 4,62 |
| 16/30 | 480 | 288,0 | 2400 | 36000 | 1280 | 10240 | 8,66 | 4,62 |
| **18/18** | 324 | 194,4 | 972 | 8748 | 972 | 8748 | 5,20 | 5,20 |
| **18/20** | 360 | 216,0 | 1200 | 12000 | 1080 | 9720 | 5,77 | 5,20 |
| **18/22*** | 396 | 237,6 | 1452 | 15972 | 1188 | 10692 | 6,35 | 5,20 |
| 18/24 | 432 | 259,2 | 1728 | 20736 | 1296 | 11664 | 6,93 | 5,20 |
| 18/26 | 468 | 280,8 | 2028 | 26364 | 1404 | 12636 | 7,51 | 5,20 |
| 18/28 | 504 | 302,4 | 2352 | 32928 | 1512 | 13608 | 8,08 | 5,20 |
| 18/30 | 540 | 324,0 | 2700 | 40500 | 1620 | 14580 | 8,66 | 5,20 |
| **20/20*** | 400 | 240,0 | 1333 | 13333 | 1333 | 13333 | 5,77 | 5,77 |
| **20/22** | 440 | 264,0 | 1613 | 17747 | 1467 | 14667 | 6,35 | 5,77 |
| **20/24*** | 480 | 288,0 | 1920 | 23040 | 1600 | 16000 | 6,93 | 5,77 |
| 20/26 | 520 | 312,0 | 2253 | 29293 | 1733 | 17333 | 7,51 | 5,77 |
| 20/28 | 560 | 336,0 | 2613 | 36587 | 1867 | 18667 | 8,08 | 5,77 |
| 20/30 | 600 | 360,0 | 3000 | 45000 | 2000 | 20000 | 8,66 | 5,77 |
| **22/22** | 484 | 290,4 | 1775 | 19521 | 1775 | 19521 | 6,35 | 6,35 |
| **22/24** | 528 | 316,8 | 2112 | 25344 | 1936 | 21296 | 6,93 | 6,35 |
| **22/26** | 572 | 343,2 | 2479 | 32223 | 2097 | 23071 | 7,51 | 6,35 |
| 22/28 | 616 | 369,6 | 2875 | 40245 | 2259 | 24845 | 8,08 | 6,35 |
| 22/30 | 660 | 396,0 | 3300 | 49500 | 2420 | 26620 | 8,66 | 6,35 |
| **24/24** | 576 | 345,6 | 2304 | 27648 | 2304 | 27648 | 6,93 | 6,93 |
| **24/26** | 624 | 374,4 | 2704 | 35152 | 2496 | 29952 | 7,51 | 6,93 |
| **24/28** | 672 | 403,2 | 3136 | 43904 | 2688 | 32256 | 8,08 | 6,93 |
| 24/30 | 720 | 432,0 | 3600 | 54000 | 2880 | 34560 | 8,66 | 6,93 |
| **26/26*** | 676 | 405,6 | 2929 | 38081 | 2929 | 38081 | 7,51 | 7,51 |
| **26/28** | 728 | 436,8 | 3397 | 47563 | 3155 | 41011 | 8,08 | 7,51 |
| 26/30 | 780 | 468,0 | 3900 | 58500 | 3380 | 43940 | 8,66 | 7,51 |
| **28/28** | 784 | 470,4 | 3659 | 51221 | 3659 | 51221 | 8,08 | 8,08 |
| **28/30** | 840 | 504,0 | 4200 | 63000 | 3920 | 54880 | 8,66 | 8,08 |
| **30/30** | 900 | 540,0 | 4500 | 67500 | 4500 | 67500 | 8,66 | 8,66 |

**Tafel 94** **Rechteckquerschnitte aus Brettschichtholz; Querschnittsmaße und statische Werte für $b = 10$ cm [1] [2])**

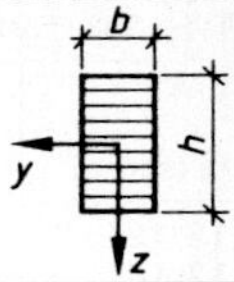


| $b/h$ cm/cm | $A$ cm² | $G$ [3]) kN/m | $W_y$ cm³ | $I_y$ cm⁴ | $i_y$ [4]) cm | $b/h$ cm/cm | $A$ cm² | $G$ [3]) kN/m | $W_y$ cm³ | $I_y$ cm⁴ | $i_y$ [4]) cm |
|---|---|---|---|---|---|---|---|---|---|---|---|
| 10/30 | 300 | 0,150 | 1500 | 22500 | 8,66 | 10/80 | 800 | 0,400 | 10670 | 426700 | 23,09 |
| 10/31 | 310 | 0,155 | 1602 | 24830 | 8,95 | 10/81 | 810 | 0,405 | 10940 | 442900 | 23,38 |
| 10/32 | 320 | 0,160 | 1707 | 27310 | 9,24 | 10/82 | 820 | 0,410 | 11210 | 459500 | 23,67 |
| 10/33 | 330 | 0,165 | 1815 | 29950 | 9,53 | 10/83 | 830 | 0,415 | 11480 | 476500 | 23,96 |
| 10/34 | 340 | 0,170 | 1927 | 32750 | 9,81 | 10/84 | 840 | 0,420 | 11760 | 493900 | 24,25 |
| 10/35 | 350 | 0,175 | 2042 | 35730 | 10,10 | 10/85 | 850 | 0,425 | 12040 | 511800 | 24,54 |
| 10/36 | 360 | 0,180 | 2160 | 38880 | 10,39 | 10/86 | 860 | 0,430 | 12330 | 530000 | 24,83 |
| 10/37 | 370 | 0,185 | 2282 | 42210 | 10,68 | 10/87 | 870 | 0,435 | 12620 | 548800 | 25,11 |
| 10/38 | 380 | 0,190 | 2407 | 45730 | 10,97 | 10/88 | 880 | 0,440 | 12910 | 567900 | 25,40 |
| 10/39 | 390 | 0,195 | 2535 | 49430 | 11,26 | 10/89 | 890 | 0,445 | 13200 | 587500 | 25,69 |
| 10/40 | 400 | 0,200 | 2667 | 53330 | 11,55 | 10/90 | 900 | 0,450 | 13500 | 607500 | 25,98 |
| 10/41 | 410 | 0,205 | 2802 | 57430 | 11,84 | 10/91 | 910 | 0,455 | 13800 | 628000 | 26,27 |
| 10/42 | 420 | 0,210 | 2940 | 61740 | 12,12 | 10/92 | 920 | 0,460 | 14110 | 648900 | 26,56 |
| 10/43 | 430 | 0,215 | 3082 | 66260 | 12,41 | 10/93 | 930 | 0,465 | 14420 | 670300 | 26,85 |
| 10/44 | 440 | 0,220 | 3227 | 70990 | 12,70 | 10/94 | 940 | 0,470 | 14730 | 692200 | 27,13 |
| 10/45 | 450 | 0,225 | 3375 | 75940 | 12,99 | 10/95 | 950 | 0,475 | 15040 | 714500 | 27,42 |
| 10/46 | 460 | 0,230 | 3527 | 81110 | 13,28 | 10/96 | 960 | 0,480 | 15360 | 737300 | 27,71 |
| 10/47 | 470 | 0,235 | 3682 | 86520 | 13,57 | 10/97 | 970 | 0,485 | 15680 | 760600 | 28,00 |
| 10/48 | 480 | 0,240 | 3840 | 92160 | 13,86 | 10/98 | 980 | 0,490 | 16010 | 784300 | 28,29 |
| 10/49 | 490 | 0,245 | 4002 | 98040 | 14,14 | 10/99 | 990 | 0,495 | 16340 | 808600 | 28,58 |
| 10/50 | 500 | 0,250 | 4167 | 104200 | 14,43 | 10/100 | 1000 | 0,500 | 16670 | 833300 | 28,87 |
| 10/51 | 510 | 0,255 | 4335 | 110500 | 14,72 | 10/101 | 1010 | 0,505 | 17000 | 858600 | 29,16 |
| 10/52 | 520 | 0,260 | 4507 | 117200 | 15,01 | 10/102 | 1020 | 0,510 | 17340 | 884300 | 29,44 |
| 10/53 | 530 | 0,265 | 4682 | 124100 | 15,30 | 10/103 | 1030 | 0,515 | 17680 | 910600 | 29,73 |
| 10/54 | 540 | 0,270 | 4860 | 131200 | 15,59 | 10/104 | 1040 | 0,520 | 18030 | 937400 | 30,02 |
| 10/55 | 550 | 0,275 | 5042 | 138600 | 15,88 | 10/105 | 1050 | 0,525 | 18380 | 964700 | 30,31 |
| 10/56 | 560 | 0,280 | 5227 | 146300 | 16,17 | 10/106 | 1060 | 0,530 | 18730 | 992500 | 30,60 |
| 10/57 | 570 | 0,285 | 5415 | 154300 | 16,45 | 10/107 | 1070 | 0,535 | 19080 | 1021000 | 30,89 |
| 10/58 | 580 | 0,290 | 5607 | 162600 | 16,74 | 10/108 | 1080 | 0,540 | 19440 | 1050000 | 31,18 |
| 10/59 | 590 | 0,295 | 5802 | 171100 | 17,03 | 10/109 | 1090 | 0,545 | 19800 | 1079000 | 31,47 |
| 10/60 | 600 | 0,300 | 6000 | 180000 | 17,32 | 10/110 | 1100 | 0,550 | 20170 | 1109000 | 31,75 |
| 10/61 | 610 | 0,305 | 6202 | 189200 | 17,61 | 10/111 | 1110 | 0,555 | 20540 | 1140000 | 32,04 |
| 10/62 | 620 | 0,310 | 6407 | 198600 | 17,90 | 10/112 | 1120 | 0,560 | 20910 | 1171000 | 32,33 |
| 10/63 | 630 | 0,315 | 6615 | 208400 | 18,19 | 10/113 | 1130 | 0,565 | 21280 | 1202000 | 32,62 |
| 10/64 | 640 | 0,320 | 6827 | 218500 | 18,47 | 10/114 | 1140 | 0,570 | 21660 | 1235000 | 32,91 |
| 10/65 | 650 | 0,325 | 7042 | 228900 | 18,76 | 10/115 | 1150 | 0,575 | 22040 | 1267000 | 33,20 |
| 10/66 | 660 | 0,330 | 7260 | 239600 | 19.05 | 10/116 | 1160 | 0,580 | 22430 | 1301000 | 33,49 |
| 10/67 | 670 | 0,335 | 7482 | 250600 | 19,34 | 10/117 | 1170 | 0,585 | 22820 | 1335000 | 33,77 |
| 10/68 | 680 | 0,340 | 7707 | 262000 | 19,63 | 10/118 | 1180 | 0,590 | 23210 | 1369000 | 34,06 |
| 10/69 | 690 | 0,345 | 7935 | 273800 | 19,92 | 10/119 | 1190 | 0,595 | 23600 | 1404000 | 34,35 |
| 10/70 | 700 | 0,350 | 8167 | 285800 | 20,21 | 10/120 | 1200 | 0,600 | 24000 | 1440000 | 34,64 |
| 10/71 | 710 | 0,355 | 8402 | 298300 | 20,50 | 10/121 | 1210 | 0,605 | 24400 | 1476000 | 34,93 |
| 10/72 | 720 | 0,360 | 8640 | 311000 | 20,78 | 10/122 | 1220 | 0,610 | 24810 | 1513000 | 35,22 |
| 10/73 | 730 | 0,365 | 8882 | 324200 | 21,07 | 10/123 | 1230 | 0,615 | 25220 | 1551000 | 35,51 |
| 10/74 | 740 | 0,370 | 9127 | 337700 | 21,36 | 10/124 | 1240 | 0,620 | 25630 | 1589000 | 35,80 |
| 10/75 | 750 | 0,375 | 9375 | 351600 | 21,65 | 10/125 | 1250 | 0,625 | 26040 | 1628000 | 36,08 |
| 10/76 | 760 | 0,380 | 9627 | 365800 | 21,94 | 10/126 | 1260 | 0,630 | 26460 | 1667000 | 36,37 |
| 10/77 | 770 | 0,385 | 9882 | 380400 | 22,23 | 10/127 | 1270 | 0,635 | 26880 | 1707000 | 36,66 |
| 10/78 | 780 | 0,390 | 10140 | 395500 | 22,52 | 10/128 | 1280 | 0,640 | 27310 | 1748000 | 36,95 |
| 10/79 | 790 | 0,395 | 10400 | 410900 | 22,80 | 10/129 | 1290 | 0,645 | 27740 | 1789000 | 37,24 |

[1]) im Regelfall sollte $h/b \leq 10$ betragen

[2]) für andere Querschnittsbreiten $b \neq 10$ cm: $\eta = b/b_{\text{Tafel}}$; $A, G, W_y, I_y = \eta \cdot$ Tafelwert
$i_y$ = Tafelwert
$i_z = \eta \cdot 0{,}28867 \cdot 10{,}0$

**Beispiel** für $b/h = 14/80$ cm: $\eta = 14/10 = 1{,}4$

$A = 1{,}4 \cdot 800 = 1120$ cm² $\quad W_y = 1{,}4 \cdot 10670 = 14940$ cm³

$G = 1{,}4 \cdot 0{,}400 = 0{,}56$ kN/m $\quad I_y = 1{,}4 \cdot 426700 = 597400$ cm⁴

$i_y = 23{,}09$ cm $\quad i_z = 1{,}4 \cdot 0{,}28867 \cdot 10 = 4{,}04$ cm

[3]) Wichte $\gamma = 5{,}0$ kN/m³ [4]) $i_z = 0{,}28867 \cdot 10 = 2{,}89$ cm

**Tafel 105 Rundhölzer, Querschnittsmaße und statische Werte**

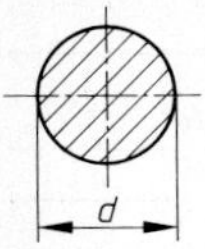


*d* ist in Stammitte bei entrindetem Holz gemessen. Die Eigenlast *G* gilt für halbtrockenes Kiefernholz ($\gamma = 6{,}5$ kN/m³). Es ist bei Tanne und Fichte mit 0,85, bei Buche mit 1,15, bei Eiche mit 1,3 zu vervielfachen.

max $s_K$ für max $\lambda = 150$

| *d* in cm | *U* in cm | *A* in cm² | *G* in N/m | *I* in cm⁴ | *W* in cm³ | *i* in cm | max $s_K$ in m |
|---|---|---|---|---|---|---|---|
| 10 | 31,4 | 78,5 | 51,1 | 491 | 98,2 | 2,50 | 3,75 |
| 12 | 37,7 | 113 | 73,5 | 1020 | 170 | 3,00 | 4,50 |
| 14 | 44,0 | 154 | 100 | 1890 | 269 | 3,50 | 5,25 |
| 16 | 50,3 | 201 | 131 | 3220 | 402 | 4,00 | 6,00 |
| 18 | 56,5 | 254 | 165 | 5150 | 573 | 4,50 | 6,75 |
| 20 | 62,8 | 314 | 204 | 7850 | 785 | 5,00 | 7,50 |
| 22 | 69,1 | 380 | 247 | 11500 | 1050 | 5,50 | 8,25 |
| 24 | 75,4 | 452 | 294 | 16290 | 1360 | 6,00 | 9,00 |
| 26 | 81,7 | 531 | 345 | 22430 | 1730 | 6,50 | 9,75 |
| 28 | 88,0 | 616 | 400 | 30170 | 2160 | 7,00 | 10,50 |
| 30 | 94,2 | 707 | 459 | 39760 | 2650 | 7,50 | 11,25 |

**Tafel 106 Dachlatten aus Nadelholz, Querschnittsmaße und statische Werte nach DIN 4070 T1 (1.58)**

| *b*/*h* in mm/mm | *A* in cm² | *G* in N/m | $W_y$ in cm³ | $I_y$ in cm⁴ | $W_z$ in cm³ | $I_z$ in cm⁴ | $i_y$ in cm | $i_z$ in cm |
|---|---|---|---|---|---|---|---|---|
| 24/48 * | 11,5 | 6,9 | 9,2 | 22,1 | 4,57 | 5,5 | 1,39 | 0,69 |
| 30/50 * | 15,0 | 9,0 | 12,5 | 31,3 | 7,5 | 11,3 | 1,45 | 0,87 |
| 40/60 * | 24,0 | 14,4 | 24,0 | 72,0 | 16,0 | 32,0 | 1,73 | 1,16 |

**Tafel 107 Ungehobelte Bretter und Bohlen aus Nadelholz, Maße¹) nach DIN 4071 T1 (4.77)**

| | | | | | | | | | | | | |
|---|---|---|---|---|---|---|---|---|---|---|---|---|
| Dicken in mm | Bretter | 16 | 18 | 22 | 24 | 28 | 38 | | | | | |
| | Bohlen | 44 | 48 | 50 | 63 | 70 | 75 | | | | | |
| Breiten in mm | Bretter²) und Bohlen²) | 75 | 80 | 100 | 115 | 120 | 125 | 140 | 150 | 160 | 175 | 180 |
| | | 200 | 220 | 225 | 240 | 250 | 260 | 275 | 280 | 300 | | |
| Längen in mm | Bretter und Bohlen | von 1500, Stufung 250<br>bis 6000, Stufung 300 | | | | | | | | | | |

¹) gelten für eine Holzfeuchtigkeit von 14 bis 20%
²) parallel besäumt

**Tafel 108 Vorschlag für Vorzugsquerschnitte von Konstruktionsvollholz (KVH)**
nach Tafel 109 (Verwendungsbereich: Hausbau) ¹) ²)

| Dicke in cm | Breite in cm | | | | | |
|---|---|---|---|---|---|---|
| | 12 | 14 | 16 | 18 | 20 | 24 |
| 6 | ● | ● | ● | ● | ● | ● |
| 8 | ● | ● | ● | | ● | ● |
| 10 | ● | | | | ● | |
| 12 | ● | | | | ● | ● |

¹) auf Querschnitte mit Dicken von mehr als 12 cm wird aus Gründen der technischen Trocknung verzichtet
²) Tabelle ist als Orientierungshilfe anzusehen

**Tafel 109 Vereinbarung über Konstruktionsvollholz (KVH) aus Nadelholz (Fichte und Tanne [1]) [2]) [3]) [4])**

| Sortiermerkmale | KVH-Si sichtbarer Bereich | KVH-NSi nicht sichtbarer Bereich |
|---|---|---|
| Holzfeuchte | 15% ± 3% | |
| Einschnittart | kernfrei bei Dicken ≤ 100 mm<br>kerngetrennt bei Dicken > 100 mm | kerngetrennt |
| Baumkante | nicht zulässig | schräg gemessen ≤ 10% der kleineren Querschnittsseite |
| Maßhaltigkeit des Querschnitts | ± 1 mm | |
| Ästigkeit | $A \leq 2/5$ und ≤ 70 mm | |
| Rindeneinschluß | nicht zulässig | nach DIN 4074 T1, S 10 |
| Risse, radiale Schwindrisse (Trockenrisse) | Rißbreite $b \leq 2\%$ der jeweiligen Querschnittsseite | nach DIN 4074 T1, S 10 |
| Harzgallen | Breite $b \leq 5$ mm | – |
| Verfärbungen | nicht zulässig | zulässig |
| Verdrehungen [5]) | – | – |
| Längskrümmung | bei kernfreiem Einschnitt ≤ 4 mm/2 m<br>bei kerngetrenntem Einschnitt ≤ 8 mm/2 m | |
| Bearbeitung der Enden | rechtwinklig gekappt | |
| Oberflächenbeschaffenheit | gehobelt und gefast | |

[1]) Vereinbarung zwischen: Vereinigung Deutscher Sägewerksverbände e.V. (VDS) und Bund Deutscher Zimmermeister (BDZ) im Zentralverband des Deutschen Baugewerbes e.V.

[2]) wenn nicht ausdrücklich anders festgelegt, gelten mindestens die Anforderungen nach DIN 4074 T1

[3]) Keilzinkungen sind zugelassen, Näheres regelt DIN 1052 T1

[4]) höhere Anforderungen, als in dieser Vereinbarung festgelegt, können zwischen Besteller und Lieferanten ergänzend vereinbart werden

[5]) kein Maß definiert, da bei Einhaltung aller anderen Kriterien keine untolerierbaren Verdrehungen zu erwarten sind

# Holzbau nach Eurocode 5 (EC 5)

DIN V ENV 1995 T1-1 (06.94) und NAD (02.95)

Bearbeitet von Prof. Dr.-Ing. Helmuth Neuhaus

## Inhalt

## Technische Baubestimmungen

### Normen

DIN V ENV 1995 T1-1 (06.94) Eurocode 5: Entwurf, Berechnung und Bemessung von Holzbauwerken; Allgemeine Bemessungsregeln, Bemessungsregeln für den Hochbau; Deutsche Fassung ENV 1995-1-1: 1993

Weitere Normen sind im Abschn. „Holzbau nach DIN 1052 T1 und T2" angeführt.

### Richtlinien

Nationales Anwendungsdokument (NAD): Richtlinie (02.95) zur Anwendung von DIN V ENV 1995 Teil 1-1: Eurocode 5: Entwurf, Berechnung und Bemessung von Holzbauwerken. Teil 1-1: Allgemeine Bemessungsregeln, Bemessungsregeln für den Hochbau. Berlin, Köln: Beuth, 1995.

## Weiterführende Literatur


[1] bis [21] sind im Kapitel „Holzbau nach DIN 1052 T1 und T2" angeführt

[22] *Aune, P.*: Schub und Torsion. Abschn. B4. In: STEP 1 [27]

[23] *Biermann, M.*; *Brüninghoff, H.*; *Jacobs, H.*; *Wiegand, T.*: Eurocode 5, Holzbauwerke, Beispiele. Folge 2. In: Informationsdienst Holz. holzbau handbuch. Reihe 2, Tragwerksplanung. Düsseldorf: Arbeitsgemeinschaft Holz, 1995

[24] *Blaß, H.J.*: Knicklängen. Abschn. B7. In: STEP 1 [27]

[25] *Blaß, H.J.*: Verbindungen mit Einlaßdübeln. Abschn. C9. In: STEP 1 [27]

[26] *Blaß, H.J.*: Verbindungen mit Einpreßdübeln. Abschn. C10. In: STEP 1 [27]

[27] *Blaß, H.J.* (Hrsg.); *Görlacher, R.* (Hrsg.); *Steck, G.* (Hrsg.): STEP 1, Holzbauwerke. Bemessung und Baustoffe nach Eurocode 5. In: Informationsdienst Holz. Arbeitsgemeinschaft Holz (Hrsg.): Düsseldorf: Fachverlag Holz, 1995

[28] *Blaß, H.J.* (Hrsg.); *Görlacher, R.* (Hrsg.); *Steck, G.* (Hrsg.): STEP 2, Holzbauwerke. Bauteile, Konstruktionen, Details nach Eurocode 5. In: Informationsdienst Holz. Arbeitsgemeinschaft Holz (Hrsg.): Düsseldorf: Fachverlag Holz, 1995

[29] *Blaß, H.J.* (Hrsg.); *Görlacher, R.* (Hrsg.); *Steck, G.* (Hrsg.): STEP 3, Holzbauwerke. Grundlagen, Entwicklungen, Ergänzungen zum Eurocode 5. In: Informationsdienst Holz. Arbeitsgemeinschaft Holz (Hrsg.): Düsseldorf: Fachverlag Holz, 1995

[30] *Brüninghoff, H.*: Aussteifung – Bemessung. Abschn. B15. In: STEP 1 [27]

[31] *Colling, F.*: STEP 5, Holzbauwerke. EDV-Hilfe in Excel 5.0, Bemessung nach Eurocode 5. Regelnachweise. Düsseldorf und Karlsruhe: Fachverlag Holz und Bruder, 1995

[32] *Colling, F.*; *Wagner, G.*; *Winter, S.*: Eurocode 5, Holzbauwerke, Bemessungsgrundlagen und Beispiele. Folge 1. In: Informationsdienst Holz. holzbau handbuch. Reihe 2, Tragwerksplanung. Düsseldorf: Arbeitsgemeinschaft Holz, 1995

[33] *Colling, F.*; *Wagner, G.*; *Winter, S.*: Eurocode 5, Holzbauwerke, Bemessungsgrundlagen und Beispiele. Anhang 1: EDV-Hilfen für die Bemessung nach EC5 (Excel 5.0). In: Informationsdienst Holz. holzbau handbuch. Reihe 2, Tragwerksplanung. Düsseldorf: Arbeitsgemeinschaft Holz, 1995

[34] *Crubile, Ph.*; *Ehlbeck, J.*; *Brüninghoff, H.*; *Larsen, H.*; *Sunley, J.*: Eurocode 5. Deutsche Entwurfsfassung. Kommission der Europäischen Gemeinschaften (KEG): 1987

[35] *Ehlbeck, J.*; *Görlacher, R.*: Querzugbeanspruchungen bei Anschlüssen. Abschn. C2. In: STEP 1 [27]

[36] *Ehlbeck, J.*; *Larsen, H.J.*: Grundlagen der Bemessung von Verbindungen im Holzbau nach dem Eurocode 5 (ENV 1995-1-1, Nov. 1992). bauen mit holz 95 (1993), S. 821 ff

[37] *Ehlbeck, J.*; *Kromer, M.*: Zimmermannsmäßige Holzverbindungen. Abschn. C12. In: STEP 1 [27]

[38] *Ehlbeck, J.*; *Kürth, J.*: Pultdachträger, gekrümmte Träger und Satteldachträger. Abschn. B8. In: STEP 1 [27]

[39] *Kessel, M.H.*: Fachwerkbinder. Abschn. B12. In: STEP 1 [27]

[40] *Kessel, M.H.*: Ebene Rahmen und Bögen. Abschn. B14. In: STEP 1 [27]

[41] *Kreuzinger, H.*; *Mohr, B.*: Schwingungsprobleme nach Eurocode 5 bei Wohnungsdecken. Forschungsbericht der Deutschen Gesellschaft für Holzforschung, München

[42] STEP 4, Holzbauwerke. Eurocode 5 (DIN V ENV 1995-1-1), Nationales Anwendungsdokument (NAD). Düsseldorf und Karlsruhe: Fachverlag Holz und Bruder, 1995

# Vorbemerkungen

Der Eurocode 5 „Entwurf, Berechnung und Bemessung von Holzbauwerken – Teil 1-1, Allgemeine Bemessungsregeln, Bemessungsregeln für den Hochbau" wird zunächst als DIN V ENV 1995-1-1 (Vornorm des Eurocode 5) für die vorläufige probeweise Anwendung veröffentlicht. In den folgenden Abschnitten steht für die offizielle Bezeichnung „ENV 1995-1-1" gleichbedeutend die Bezeichnung „EC5 T1-1".

Die Anwendung der ENV 1995-1-1 gilt nur in Verbindung mit der „Richtlinie zur Anwendung von DIN V ENV 1995-1-1", diese Richtlinie ist das Nationale Anwendungsdokument für Deutschland (NAD). In den folgenden Abschnitten sind die erforderlichen Teile aus dem NAD berücksichtigt, die Herkunft der wesentlichen Teile ist jeweils gekennzeichnet.

ENV 1995-1-1 darf nur als Ganzes angewendet werden. ENV 1995-1-1 darf mit DIN-Normen, insbesondere der DIN 1052, und anderen Regelwerken nur dann verknüpft werden, wenn dies im NAD ausdrücklich gestattet wird. Die wesentlichen dieser DIN-Normen sind in den folgenden Abschnitten berücksichtigt.

ENV 1995-1-1 ist bisher in einigen Bundesländern bauaufsichtlich eingeführt worden. Er kann alternativ zur DIN 1052 angewendet werden.

# Formelzeichen im EC 5

## Hauptzeiger

| | |
|---|---|
| $A$ | Außergew. Einwirkung |
| $A$ | Fläche |
| $C$ | Fester Wert in Grenzzuständen der Gebrauchstauglichkeit |
| $E$ | Beanspruchung, Lastauswirkung |
| $E$ | Elastizitätsmodul |
| $F$ | Einwirkung |
| $G$ | Ständige Einwirkung |
| $I$ | Flächenmoment 2. Grades |
| $K$ | Verschiebungsmodul |
| $L$ | Länge |
| $M$ | Biegemoment |
| $N$ | Normalkraft, Längskraft |
| $Q$ | Veränderliche Einwirkung |
| $R$ | Beanspruchbarkeit |
| $S$ | Schnittgrößen und -kräfte |
| $V$ | Querkraft |
| $V$ | Volumen |
| $W$ | Widerstandsmoment |
| $X$ | Wert einer Baustoffeigenschaft |
| $a$ | Abstand |
| $b$ | Breite |
| $d$ | Durchmesser |
| $e$ | Ausmitte, Exzentrizität |
| $f$ | Festigkeit (eines Baustoffes) |
| $h$ | Höhe |
| $i$ | Trägheitsradius |
| $k$ | Koeffizient; Faktor (stets mit Fußzeiger) |
| $l$ | Länge; Spann-, Stützweite |
| $m$ | Masse |
| $r$ | Radius |
| $s$ | Abstand |
| $t$ | Dicke |
| $u, v, w$ | Komponenten der Verschiebung eines Punktes |
| $x, y, z$ | Koordinaten |

| | |
|---|---|
| $\alpha$ | Winkel; Verhältnis |
| $\beta$ | Winkel; Verhältnis |
| $\gamma$ | Teilsicherheitsbeiwerte |
| $\gamma_G$ | für ständige Einwirkungen |
| $\gamma_M$ | für Baustoffeigenschaften |
| $\gamma_G$ | für veränd. Einwirkungen |
| $\lambda$ | Schlankheitsgrad |
| $\Phi$ | Verdrehung |
| $\varrho$ | Rohdichte |
| $\sigma$ | Normal-, Längsspannung |
| $\tau$ | Schubspannung |
| $\psi$ | Beiwerte zur Bestimmung repräsentativer Werte veränderlicher Einwirkungen |
| $\psi_0$ | für Kombinationswerte |
| $\psi_1$ | für häufige Werte |
| $\psi_2$ | für quasi-ständige Werte |

## Fußzeiger

| | |
|---|---|
| ap | First |
| c | Druck |
| cr | Kritisch |
| crit | Kritisch |
| d | Bemessungswert |
| def | Deformation, Verformung |
| dis | Verteilung |
| dst | Destabilisierend |
| ef | Wirksam, effektiv |
| ext | Äußere(r) |
| f | Gurt, Flansch |
| fin | End- |
| h | Lochleibung |
| in | Innerer |
| ind | Indirekt |
| inf | Unterer |
| inst | Anfangs- |
| k | Charakteristisch |
| l | Niedrig |
| ls | Lastverteilung |
| m | Material; Biegung |
| max | Größt- |
| min | Kleinst- |
| mod | Modifizierend |
| nom | Nominell, Nenn- |
| q | Veränderl. Einwirkung |
| Q | Veränderl. Einwirkung |
| ser | Gebrauchstauglichkeit |
| stb | Stabilisierend |
| sup | Oberer |
| t | Zug- |
| ten | Zug- |
| tor | Torsion |
| u | Bruch |
| v | Scher-, Schub- |
| vol | Volumen |
| w | Steg |
| x, y, z | Koordinaten |
| $\alpha$ | Winkel zwischen Kraft- (oder Spannungs-) und Faserrichtung |
| 0, 90 | Entsprechende Richtungen in bezug zur Faserrichtung |
| 05 | Entsprechendes Fraktil eines charakteristischen Wertes (5%-Fraktil) |

# 1 Baustoffeigenschaften

## 1.1 Festigkeits-, Steifigkeits- und Rohdichtekennwerte

**Tafel 1 Vollholz aus Nadelhölzern; charakteristische Festigkeits- und Steifigkeitskennwerte in N/mm² und charakteristische Rohdichte-Kennwerte in kg/m³**
nach NAD, Tab. 3.2-1

Die Kennwerte gelten für Vollholz aus Nadelhölzern der Holzarten:
Fichte, Kiefer, Tanne, Lärche, Douglasie, Southern Pine, Western Hemlock, Yellow Cedar
(Die botanischen Namen sind im NAD; Tab. 3.2-1 angeführt)

| | Sortierklasse nach DIN 4074 T1 | | | | |
|---|---|---|---|---|---|
| | S 7/MS 7[1]) | S 10/MS 10[1]) | S 13 | MS 13[1]) | MS 17[1]) |
| **Festigkeitskennwerte** | | | | | |
| Biegung $f_{m,k}$ | 16 | 24 | 30 | 35 | 40 |
| Zug ∥ Faser $f_{t,0,k}$ | 0[2]) | 14 | 18 | 21 | 24 |
| Zug ⊥ Faser $f_{t,90,k}$ | 0[3]) | 0,2 | 0,2 | 0,2 | 0,2 |
| Druck ∥ Faser $f_{c,0,k}$ | 17 | 21 | 23 | 25 | 26 |
| Druck ⊥ Faser $f_{c,90,k}$ | 4 | 5 | 5 | 5 | 6 |
| Schub, Torsion $f_{v,k}$ | 1,8 | 2,5 | 2,5 | 3,0 | 3,5 |
| **Steifigkeitskennwerte** | | | | | |
| $E$-Modul ∥ Faser $E_{0,mean}$ | 8000 | 11000 | 12000 | 13000 | 14000 |
| $E$-Modul ∥ Faser $E_{0,05}$ | 5400 | 7400 | 8000 | 8700 | 9400 |
| $E$-Modul ⊥ Faser $E_{90,mean}$ | 270 | 370 | 400 | 430 | 470 |
| $E$-Modul ⊥ Faser $E_{90,05}$ | 180 | 250 | 270 | 290 | 310 |
| Schub-Modul $G_{mean}$ | 500 | 690 | 750 | 810 | 880 |
| Schub-Modul $G_{05}$ | 330 | 460 | 500 | 540 | 590 |
| **Rohdichtekennwerte** | | | | | |
| Rohdichte $\varrho_k$ | 350 | 380 | 380 | 400 | 420 |

[1]) die Verfügbarkeit maschinell sortierten Holzes ist sicherzustellen
[2]) für MS 7 gilt 10 N/mm²
[3]) für MS 7 gilt 0,2 N/mm²

**Tafel 2 Brettschichtholz; charakteristische Festigkeits- und Steifigkeitskennwerte in N/mm² und charakteristische Rohdichte-Kennwerte in kg/m³**
nach NAD, Tab. 3.3-1

Die Kennwerte gelten für Brettschichtholz aus Nadelholz der Holzarten nach Tafel 1

| | Brettschichtholz-Festigkeitsklassen[1]) | | | | | | |
|---|---|---|---|---|---|---|---|
| | BS 11 | BS 14 | | BS 16 | | BS 18 | |
| | | k[2]) | h[3]) | k[2]) | h[3]) | k[2]) | h[3]) |
| **Festigkeitskennwerte**[4]) [5]) | | | | | | | |
| Biegung $f_{m,g,k}$ | 24 | 28 | | 32 | | 36 | |
| Zug ∥ Faser $f_{t,0,g,k}$ | 17 | 17,5 | 20,5 | 18,5 | 23 | 23,5 | 25 |
| Zug ⊥ Faser $f_{t,90,g,k}$ | 0,45 | 0,45 | | 0,45 | | 0,45 | |
| Druck ∥ Faser $f_{c,0,g,k}$ | 24 | 27,5 | 29 | 28 | 31 | 30,5 | 32 |
| Druck ⊥ Faser $f_{c,90,g,k}$ | 5,5 | 5,5 | | 5,5 | | 6,5 | |
| Schub, Torsion $f_{v,g,k}$ | 2,7 | 2,7 | | 2,7 | | 3,2 | |

Fortsetzung und Fußnoten s. nächste Seite

**Tafel 2**, Fortsetzung

Die Kennwerte gelten für Brettschichtholz aus Nadelholz der Holzarten nach Tafel 1

| | Brettschichtholz-Festigkeitsklassen[1] | | | | | | |
|---|---|---|---|---|---|---|---|
| | BS 11 | BS 14 | | BS 16 | | BS 18 | |
| | | k[2] | h[3] | k[2] | h[3] | k[2] | h[3] |
| **Steifigkeitskennwerte**[4] | | | | | | | |
| $E$-Modul ∥ Faser $E_{0,g,mean}$ | 11500 | 12500 | | 13500 | | 14500 | |
| $E$-Modul ∥ Faser $E_{0,g,05}$ | 9200 | 10000 | | 10800 | | 11600 | |
| $E$-Modul ⊥ Faser $E_{90,g,mean}$ | 380 | 420 | | 450 | | 480 | |
| $E$-Modul ⊥ Faser $E_{90,g,05}$ | 300 | 340 | | 360 | | 380 | |
| Schub-Modul $G_{g,mean}$ | 720 | 780 | | 840 | | 900 | |
| Schub-Modul $G_{g,05}$ | 580 | 620 | | 670 | | 720 | |
| **Rohdichtekennwerte**[4] | | | | | | | |
| Rohdichte $\varrho_{g,k}$ | 410 | 410 | | 410 | 430 | 430 | 450 |

[1]) der (Standard-) Lamellenaufbau der einzelnen Brettschichtholz-Festigkeitsklassen ist in Tafel 3 angeführt

[2]) Kombiniertes Brettschichtholz unter Verwendung von Lamellen aus zwei unterschiedlichen Sortier- bzw. Festigkeitsklassen

[3]) Homogenes Brettschichtholz unter Verwendung von Lamellen einer Festigkeitsklasse

[4]) Fußzeiger g Brettschichtholz

[5]) bei der Bemessung von Keilzinkenverbindungen ist die Querschnittsschwächung an der Stelle von Universal-Keilzinkenverbindungen durch eine Abminderung der jeweiligen charakteristischen Festigkeitswerte um 20% zu berücksichtigen; bei Brettschichtholz der Festigkeitsklassen BS14, BS16 und BS18 sind hierzu die Werte der jeweils nächst niedrigen Festigkeitsklasse in Rechnung zu stellen

**Tafel 3 Lamellenaufbau („Standardaufbau") von Brettschichtholz in Übereinstimmung mit Tafel 2** nach NAD, Tab. B.1-1[1])

| Sortierklasse der Lamellen nach DIN 4074 T1 | Brettschichtholz-Festigkeitsklassen | | | | | | |
|---|---|---|---|---|---|---|---|
| | BS 11 | BS 14 | | BS 16 | | BS 18 | |
| | | k | h | k | h | k | h |
| äußere Lamellen[2]) | S 10 | S 13 | S 13 | MS 13 | MS 13 | MS 17 | MS 17 |
| innere Lamellen | S 10 | S 10 | S 13 | MS 10 | MS 13 | MS 13 | MS 17 |

[1]) Brettschichtholz mit einem Lamellenaufbau, der von Tafel 3 abweicht, ist nach NAD, Anhang B.2, auszuführen

[2]) 1/6 der Trägerhöhe auf beiden Seiten, mindestens jedoch zwei Lamellen

**Tafel 4 Bau-Furniersperrholz BFU nach DIN 68705 T3; charakteristische Festigkeits- und Steifigkeitskennwerte in N/mm² und charakteristische Rohdichtekennwerte in kg/m³** nach NAD, Tab. 3.4-1 und Abschn. 3.4.1.2 [5])

| | | Bau-Furniersperrholz BFU nach DIN 68705 T3 parallel zur Faserrichtung der Deckfurniere | Bau-Furniersperrholz BFU nach DIN 68705 T3 rechtwinklig zur Faserrichtung der Deckfurniere |
|---|---|---|---|
| **Plattenbeanspruchung** | | | |
| Biegung | $f_{m,k}$ | 32 | 12 |
| Abscheren [1]) | $f_{v,k}$ [3]) | 2,5 | 2,5 |
| Biege-*E*-Modul | $E_{m,mean}$ | 5500 (8000) [2]) | 1500 (400) [2]) |
| Biege-*E*-Modul | $E_{m,05}$ | 4400 (6400) [2]) | 1200 (320) [2]) |
| Schubmodul | $G_{mean}$ | 250 | 250 |
| Schubmodul | $G_{05}$ | 200 | 200 |
| **Scheibenbeanspruchung** | | | |
| Biegung | $f_{m,k}$ | 22 | 14 |
| Zug | $f_{t,k}$ | 18 | 9 |
| Druck | $f_{c,k}$ | 18 | 9 |
| Abscheren | $f_{v,k}$ [4]) | 8 (5) [2]) | 8 (5) [2]) |
| Biege-*E*-Modul | $E_{m,mean}$ | 4500 | 2500 (1000) [2]) |
| Biege-*E*-Modul | $E_{m,05}$ | 3600 | 2000 (800) [2]) |
| Zug-*E*-Modul | $E_{t,mean}$ | 4500 | 2500 (1000) [2]) |
| Zug-*E*-Modul | $E_{t,05}$ | 3600 | 2000 (800) [2]) |
| Druck-*E*-Modul | $E_{c,mean}$ | 4500 | 2500 (1000) [2]) |
| Druck-*E*-Modul | $E_{c,05}$ | 3600 | 2000 (800) [2]) |
| Schubmodul [1]) | $G_{mean}$ | 500 | 500 |
| Schubmodul [1]) | $G_{05}$ | 400 | 400 |
| **Rohdichtekennwerte** | | | |
| Rohdichte | $\rho_k$ | 400 | 400 |

[1]) die Scher- bzw. Schubbeanspruchung ∥ zur Plattenebene wird auch als „rolling shear" bezeichnet
[2]) die Werte in Klammern ( ) gelten für Furniersperrholz mit nur drei Lagen
[3]) in EC5 T1-1 wird der zugehörige Bemessungswert mit $f_{v,90,d}$ bezeichnet
[4]) in EC5 T1-1 wird der zugehörige Bemessungswert mit $f_{v,0,d}$ bezeichnet
[5]) über Einsatz von Bau-Furniersperrholz, Plattentypen und Nutzungsklassen s. Tafeln 8 und 9

**Tafel 5 Bau-Furniersperrholz aus Buche BFU-BU nach DIN 68705 T5; charakteristische Festigkeits- und Steifigkeitskennwerte in N/mm² und charakteristische Rohdichtekennwerte in kg/m³** nach NAD, Tab. 3.4-2 und Abschn. 3.4.1.2 [6])

| | Bau-Furniersperrholz aus Buche BFU-BU nach DIN 68705 T5 [5]) zur Faserrichtung der Deckfurniere | | | | | | | | | |
|---|---|---|---|---|---|---|---|---|---|---|
| | parallel | | | | | rechtwinklig | | | | |
| Klasse | 1 | 2 | 3 | 4 | 5 | 1 | 2 | 3 | 4 | 5 |
| **Plattenbeanspruchung** | | | | | | | | | | |
| Biegung $f_{m,k}$ | 40 | 45 | 51 | 58 | 66 | 38 | 33 | 27 | 18 | 11 |
| Abscheren $f_{v,k}$ [1]) [3]) | 3,5 | | | | | | | | | |
| Biege-$E$-Modul $E_{m,mean}$ | 5900 | 6600 | 7400 | 8700 | 9600 | 4000 | 3800 | 2850 | 1500 | 650 |
| $E_{m,05}$ | 4720 | 5280 | 5920 | 6960 | 7680 | 3200 | 3040 | 2280 | 1200 | 520 |
| Schubmodul $G_{mean}$ | 400 | | | | | | | | | |
| $G_{05}$ | 320 | | | | | | | | | |
| **Scheibenbeanspruchung** | | | | | | | | | | |
| Biegung $f_{m,k}$ | 29 | 36 | 36 | 43 | 36 | 31 | 29 | 24 | 20 | 24 |
| Zug $f_{t,k}$ | 29 | 36 | 36 | 43 | 36 | 31 | 29 | 24 | 20 | 24 |
| Druck $f_{c,k}$ | 21 | 26 | 26 | 31 | 26 | 22 | 21 | 17 | 14 | 17 |
| Abscheren $f_{v,k}$ [2]) [4]) | 11 (8) | | | | | | | | | |
| Biege-$E$-Modul $E_{m,mean}$ | 4400 | 5500 | 5500 | 6600 | 5500 | 4700 | 4400 | 3650 | 3000 | 3700 |
| $E_{m,05}$ | 3520 | 4400 | 4400 | 5280 | 4400 | 3760 | 3520 | 2920 | 2400 | 2960 |
| Zug-$E$-Modul $E_{t,mean}$ | 4400 | 5500 | 5500 | 6600 | 5500 | 4700 | 4400 | 3650 | 3000 | 3700 |
| $E_{t,05}$ | 3520 | 4400 | 4400 | 5280 | 4400 | 3760 | 3520 | 2920 | 2400 | 2960 |
| Druck-$E$-Modul $E_{c,mean}$ | 4400 | 5500 | 5500 | 6600 | 5500 | 4700 | 4400 | 3650 | 3000 | 3700 |
| $E_{c,05}$ | 3520 | 4400 | 4400 | 5280 | 4400 | 3760 | 3520 | 2920 | 2400 | 2960 |
| Schubmodul $G_{mean}$ | 700 | | | | | | | | | |
| $G_{05}$ | 560 | | | | | | | | | |
| **Rohdichtekennwerte** | | | | | | | | | | |
| Rohdichte $\varrho_k$ | 600 | | | | | | | | | |

[1]) die Scher- bzw. Schubbeanspruchung ∥ zur Plattenebene wird auch als „rolling shear" bezeichnet
[2]) die Werte in Klammern ( ) gelten für Furniersperrholz mit nur drei Lagen
[3]) in EC5 T1-1 wird der zugehörige Bemessungswert mit $f_{v,90,d}$ bezeichnet
[4]) in EC5 T1-1 wird der zugehörige Bemessungswert mit $f_{v,0,d}$ bezeichnet
[5]) für beliebig aufgebautes Bau-Furniersperrholz aus Buche BFU-BU nach DIN 68705 T5 s. NAD, Tab. 3.4-2
[6]) über Einsatz von Bau-Furniersperrholz, Plattentypen und Nutzungsklassen s. Tafeln 8 und 9

**Tafel 6 Flachpreßplatten nach DIN 68763; charakteristische Festigkeits- und Steifigkeitskennwerte in N/mm² und charakteristische Rohdichtekennwerte in kg/m³** nach NAD, Tab. 3.4-3 und Abschn. 3.4.2.2 [4])

| | | Flachpreßplatten nach DIN 68763 Plattendicke in mm | | | | | |
|---|---|---|---|---|---|---|---|
| | | ≤13 | >13 bis 20 | >20 bis 25 | >25 bis 32 | >32 bis 40 | >40 bis 50 |
| **Plattenbeanspruchung** | | | | | | | |
| Biegung | $f_{m,k}$ | 15,0 | 13,3 | 11,7 | 10,0 | 8,3 | 6,7 |
| Abscheren | $f_{v,k}$ [1]) [2]) | 1,6 | | | 1,2 | | |
| Biege-$E$-Modul | $E_{m,mean}$ | 3750 | 3300 | 2800 | 2550 | 1900 | 1400 |
| | $E_{m,05}$ | 3375 | 2970 | 2520 | 2295 | 1710 | 1260 |
| Schubmodul | $G_{mean}$ | 200 | | | 100 | | |
| | $G_{05}$ | 180 | | | 90 | | |
| **Scheibenbeanspruchung** | | | | | | | |
| Biegung | $f_{m,k}$ | 11,4 | 10,0 | 8,4 | 7,0 | 6,0 | 5,0 |
| Zug | $f_{t,k}$ | 10,0 | 9,0 | 8,0 | 7,0 | 6,0 | 5,0 |
| Druck | $f_{c,k}$ | 12,0 | 11,0 | 10,0 | 9,0 | 8,0 | 7,0 |
| Abscheren | $f_{v,k}$ [3]) | 7,2 | | | 4,8 | | |
| Biege-$E$-Modul | $E_{m,mean}$ | 2200 | 1900 | 1600 | 1300 | 1000 | 800 |
| | $E_{m,05}$ | 1980 | 1710 | 1440 | 1170 | 900 | 720 |
| Zug-$E$-Modul | $E_{t,mean}$ | 2200 | 2000 | 1700 | 1400 | 1100 | 900 |
| | $E_{t,05}$ | 1980 | 1800 | 1530 | 1260 | 990 | 810 |
| Druck-$E$-Modul | $E_{c,mean}$ | 2200 | 2000 | 1700 | 1400 | 1100 | 900 |
| | $E_{c,05}$ | 1980 | 1800 | 1530 | 1260 | 990 | 810 |
| Schubmodul | $G_{mean}$ | 1100 | 1000 | 850 | 700 | 550 | 450 |
| | $G_{05}$ | 990 | 900 | 765 | 630 | 495 | 405 |
| **Rohdichtekennwerte** | | | | | | | |
| Rohdichte | $\varrho_k$ | 650 | 600 | 550 | 550 | 500 | 500 |

[1]) die Scher- bzw. Schubbeanspruchung ∥ zur Plattenebene wird auch als „rolling shear" bezeichnet
[2]) in EC5 T1-1 wird der zugehörige Bemessungswert mit $f_{v,90,d}$ bezeichnet
[3]) in EC5 T1-1 wird der zugehörige Bemessungswert mit $f_{v,0,d}$ bezeichnet
[4]) über Einsatz von Flachpreßplatten, Plattentypen und Nutzungsklassen s. Tafeln 8 und 9

**Tafel 7 Harte und mittelharte Holzfaserplatten nach DIN 68754 T1; charakteristische Festigkeits- und Steifigkeitskennwerte in N/mm² und charakteristische Rohdichtekennwerte in kg/m³** nach NAD, Tab. 3.4-4 und Abschn. 3.4.3.2

| | | Holzfaserplatten nach DIN 68754 T1 [1]) | | |
|---|---|---|---|---|
| | | hart | | mittelhart |
| | | Plattendicke in mm | | |
| | | ≤4 | >4 | 10 |
| **Plattenbeanspruchung** | | | | |
| Biegung | $f_{m,k}$ | 33 | 25 | 10 |
| Abscheren [2]) | $f_{v,k}$ [3]) | 2 | 2 | 1,5 |
| Biege-$E$-Modul | $E_{m,mean}$<br>$E_{m,05}$ | 4700<br>4230 | 4100<br>3690 | 1750<br>1575 |
| Schubmodul | $G_{mean}$<br>$G_{05}$ | 200<br>180 | 200<br>180 | 100<br>90 |
| **Scheibenbeanspruchung** | | | | |
| Biegung | $f_{m,k}$ | 22 | 16 | 8 |
| Zug | $f_{t,k}$ | 20 | 16 | 8 |
| Druck | $f_{c,k}$ | 20 | 16 | 8 |
| Abscheren | $f_{v,k}$ [4]) | 7,5 | 7,5 | 4 |
| Biege-$E$-Modul | $E_{m,mean}$<br>$E_{m,05}$ | 2500<br>2250 | 2000<br>1800 | 1000<br>900 |
| Zug-$E$-Modul | $E_{t,mean}$<br>$E_{t,05}$ | 2500<br>2250 | 2000<br>1800 | 1000<br>900 |
| Druck-$E$-Modul | $E_{c,mean}$<br>$E_{c,05}$ | 2500<br>2250 | 2000<br>1800 | 1000<br>900 |
| Schubmodul | $G_{mean}$<br>$G_{05}$ | 1250<br>1125 | 1000<br>900 | 500<br>450 |
| **Rohdichtekennwerte** | | | | |
| Rohdichte | $\varrho_k$ | 900 | 850 | 600 |

[1]) über Einsatz von Holzfaserplatten, Plattentypen und Nutzungsklasse s. Tafeln 8 und 9
[2]) die Scher- bzw. Schubbeanspruchung ‖ zur Plattenebene wird auch als „rolling shear" bezeichnet
[3]) in EC5 T1-1 wird der zugehörige Bemessungswert mit $f_{v,90,d}$ bezeichnet
[4]) in EC5 T1-1 wird der zugehörige Bemessungswert mit $f_{v,0,d}$ bezeichnet

## 1.2 Nutzungsklassen

**Tafel 8 Nutzungsklassen** nach EC5 T1-1, 3.1.5 [1])

| Nutzungsklasse | mittlere Gleichgewichtsfeuchte $u$ in (Nadel-) Hölzern | Umgebungsklima | Beispiele für Umgebungsklima |
|---|---|---|---|
| 1 | ≤12% | $T=20$ °C, $\varphi=65\%$ [2]) | beheizte Innenräume |
| 2 | ≤20% | $T=20$ °C, $\varphi=85\%$ [2]) | überdachte Tragwerke |
| 3 | >20% | Klimabedingungen, die zu höheren Hozfeuchten als Nutzungsklasse 2 führen [3]) | frei der Witterung ausgesetzt |

[1]) über den Einsatz von Bauholz und Holzwerkstoffplatten s. Tafel 9
[2]) die nur für einige Wochen pro Jahr überschritten wird
[3]) nur in Ausnahmefällen werden überdachte Tragwerke in die Nutzungsklasse 3 eingestuft

**Tafel 9 Einsatz von Bauholz und Holzwerkstoffplatten in den einzelnen Nutzungsklassen** nach NAD, 3.2, 3.3 und 3.4 [4])

| Baustoff | Nutzungsklasse 1 | Nutzungsklasse 2 | Nutzungsklasse 3 |
|---|---|---|---|
| Vollholz und Brettschichtholz | ja | ja | ja |
| Bau-Furniersperrholz BFU und BFU-BU nach DIN 68705 T3 und T5 | | | |
| Plattentyp BFU 100G | ja | ja | ja [1]) |
| BFU 100 | ja | ja | nein |
| BFU 20 [2]) | ja | nein | nein |
| Flachpreßplatten nach DIN 68763 | | | |
| Plattentyp FP-V100G | ja | ja | nein |
| FP-V100 | ja | ja | nein |
| FP-V20 [2]) | ja | nein | nein |
| Harte und mittelharte Holzfaserplatten nach DIN 68754 T1 | | | |
| Plattentyp HFH 20 [3]) | ja | nein | nein |
| HFM 20 [3]) | ja | nein | nein |

[1]) Höchstwert der Feuchte im Gebrauchszustand $u_{max} = 21\%$
[2]) nur für Holztafeln und Deckenschalungen im Sinne von DIN 1052 T1 verwenden
[3]) nur für Holzhäuser nach DIN 1052 T3 verwenden
[4]) die Nutzungsklassen sind in Tafel 8 angeführt

## 1.3 Klassen der Lasteinwirkungsdauer

**Tafel 10 Klassen der Lasteinwirkungsdauer** nach EC5 T1-1, Tab. 3.1.6 [1])

| Klasse | Größenordnung der akkumulierenden Dauer der charakteristischen Lasteinwirkung | Beispiele für Lasten |
|---|---|---|
| ständig | länger als 10 Jahre | Eigenlast |
| lang | 6 Monate bis 10 Jahre | Nutzlasten in Lagerhallen |
| mittel | 1 Woche bis 6 Monate | Verkehrslasten |
| kurz | kürzer als 1 Woche | Schnee [2]) und Wind |
| sehr kurz | | außergewöhnliche Einwirkungen |

[1]) s. auch Ergänzungen nach NAD in Tafel 11
[2]) in Gegenden, in denen über längere Zeiträume hohe Schneelasten auftreten, sollten ein Teil der Schneelast als zur Lasteinwirkungsklasse mittel gehörend angesehen werden, hierüber s. Tafel 11

**Tafel 11 Klassen der Lasteinwirkungsdauer, Ergänzungen** nach NAD, Tab. 3.1-1

| **Einwirkungen** | **Klasse** |
|---|---|
| **Lotrechte Verkehrslasten nach DIN 1055 T3** | |
| Lotrechte, gleichmäßig verteilte Lasten für Dächer, Decken und Treppen (wenn nicht im folgenden anders eingestuft) | mittel |
| – Dächer, waagerechte oder bis 1 : 20 geneigte, bei zeitweiligem Aufenthalt von Personen, | kurz |
| – Decken | |
| – Fertigteildecken mit geringerer Tragfähigkeit während des Einbauzustandes, die mit Transportgefäßen für Beton befahren werden | kurz |
| – Spitzböden, die aufgrund ihrer Querschnittsmaße nur bedingt begehbar sind | lang |
| – Lagerräume | lang |
| – Werkstätten und Fabriken mit schwerem Betrieb | Entscheidung im Einzelfall |

Fortsetzung s. nächste Seite

**Tafel 11,** Fortsetzung

| **Einwirkungen** | **Klasse** |
|---|---|
| Lotrechte Einzelverkehrslasten für Dächer | kurz |
| Lotrechte Verkehrslasten für befahrene Decken | kurz |
| Hubschrauberlandeplätze auf Dachdecken | mittel |
| Lotrechte Pendelkräfte | mittel |
| **Waagerechte Verkehrslasten nach DIN 1055 T3** | |
| Horizontallast an Brüstungen und Geländern in Holmhöhe | kurz |
| Horizontallasten zur Erzielung einer ausreichenden Längs- und Quersteifigkeit | entsprechend den zugehörigen lotrechten Lasten |
| Bremskräfte und Horizontallasten von Kranen und Kranbahnen | kurz |
| Horizontalstöße auf Stützen und Wände | sehr kurz |
| Waagerechte Pendelkräfte | mittel |
| Horizontallasten für Hubschrauberlandeplätze auf Dachdecken<br>– für den Überrollschutz<br>– übrige Horizontallasten | <br>sehr kurz<br>kurz |
| **Windlasten bei nicht schwingungsanfälligen Bauwerken nach DIN 1055 T4** | kurz |
| **Schneelast und Eislast nach DIN 1055 T5**<br>– Regelschneelast $s_0 \leq 2{,}0$ kN/m²<br>– Regelschneelast $s_0 > 2{,}0$ kN/m² | <br>kurz<br>mittel |

## 1.4 Modifikationsfaktoren

**Tafel 12 Werte des Modifikationsfaktors $k_{mod}$** nach EC5 T1-1, Tab. 3.1.7 und NAD, 3.1.7 [1]) [3])

| Baustoff/<br>Klasse der Lasteinwirkungsdauer | Nutzungsklasse 1 | Nutzungsklasse 2 | Nutzungsklasse 3 |
|---|---|---|---|
| Vollholz und Brettschichtholz, Bau-Furniersperrholz BFU und BFU-BU nach DIN 68705 T3 und T5 [2]) | | | |
| ständig | 0,60 | 0,60 | 0,50 |
| lang | 0,70 | 0,70 | 0,55 |
| mittel | 0,80 | 0,80 | 0,65 |
| kurz | 0,90 | 0,90 | 0,70 |
| sehr kurz | 1,10 | 1,10 | 0,90 |
| Flachpreßplatten nach DIN 68763 [2]) | | | |
| ständig | 0,30 | 0,20 | – |
| lang | 0,45 | 0,30 | – |
| mittel | 0,65 | 0,45 | – |
| kurz | 0,85 | 0,60 | – |
| sehr kurz | 1,10 | 0,80 | – |
| Harte und mittelharte Holzfaserplatten nach DIN 68754 T1 [2]) | | | |
| ständig | 0,20 | – | – |
| lang | 0,40 | – | – |
| mittel | 0,60 | – | – |
| kurz | 0,80 | – | – |
| sehr kurz | 1,10 | – | – |

[1]) bei Lastfallkombinationen aus Einwirkungen, die zu verschiedenen Klassen der Lasteinwirkungsdauer gehören, sollte $k_{mod}$ für die Einwirkung mit kürzester Dauer gewählt werden, z. B. für ständige Last und Kurzzeitbelastung sollte $k_{mod}$ für die Kurzzeitbelastung verwendet werden
[2]) über den Einsatz von Holzwerkstoffplatten in den Nutzungsklassen s. Tafel 9
[3]) die Nutzungsklassen sind in Tafel 8 angeführt.

# 2 Grundlagen der Berechnung und Bemessung

Ein Tragwerk ist nach EC 5 so zu bemessen und auszubilden, daß es die während der vorgesehenen Nutzungsdauer geforderten Gebrauchseigenschaften mit annehmbarer Wahrscheinlichkeit behält, den Einwirkungen und Einflüssen, die während seiner Ausführung und Nutzung auftreten können, mit angemessener Zuverlässigkeit standhält und eine angemessene Dauerhaftigkeit im Verhältnis zu seinen Unterhaltungskosten aufweist.

Das Bemessungskonzept beruht auf der Grundlage von Grenzzuständen; die Bemessung von Tragwerken erfolgt gegen eindeutig definierte Grenzzustände, von denen zwei festgelegt worden sind: der Grenzzustand der Tragfähigkeit und der Grenzzustand der Gebrauchstauglichkeit. Bei Überschreiten der Grenzzustände erfüllt ein Tragwerk die angenommenen Entwurfsanforderungen nicht länger.

Die Bemessung von Tragwerken erfolgt mit der Methode der Teilsicherheitsbeiwerte. Dazu werden auf der Seite der Einwirkungen (Beanspruchungen) und auf der Seite der Tragfähigkeit (Beanspruchbarkeit) jeweils Bemessungswerte ermittelt; die Bemessungswerte für die Einwirkungen werden durch Erhöhen der charakteristischen Werte der Einwirkungen mit Teilsicherheitsbeiwerten und für die Tragfähigkeit durch Teilen der charakteristischen Werte der Tragfähigkeit durch entsprechende Teilsicherheitsbeiwerte bestimmt. Darüber hinaus werden die Einflüsse verschiedener Lastkombinationen, der Beanspruchungsdauer und des Umgebungsklimas jeweils getrennt berücksichtigt.

In den maßgebenden Bemessungssituationen ist sicherzustellen, daß die Grenzzustände nicht überschritten werden; beispielsweise darf der Bemessungswert einer Schnittgröße den zugehörigen Bemessungswert der Beanspruchbarkeit (oder Bauteilwiderstand) nicht überschreiten.

Ziel dieser Methode ist eine niedrige Versagenswahrscheinlichkeit, d.h. die Wahrscheinlichkeit, daß die Einwirkungen größer sind als die Tragfähigkeit eines Tragwerks, ist sehr gering.

Die Methode der Teilsicherheitsbeiwerte unterscheidet sich im Prinzip wenig von der bisher in deutschen Normen verwendeten Methode mit zulässigen Spannungen und zulässigen Belastungen; wesentlicher Unterschied: bei der Methode der zulässigen Spannungen wird ein globaler Sicherheitsbeiwert für die Tragfähigkeit, bei der Teilsicherheitsbeiwertmethode werden Sicherheitsbeiwerte für die Einwirkung und für die Tragfähigkeit eingesetzt.

Der Vorteil des neuen Bemessungskonzeptes der Eurocodes liegt in der Bestimmung und Verknüpfung der wesentlichen Einflußgrößen mit Hilfe der Wahrscheinlichkeitstheorie sowie im Aufstellen globaler Sicherheitsanforderungen, so daß die Zuverlässigkeit von Bauwerken baustoffübergreifend (z. B. für Stahlbeton, Stahl, Holz, Mauerwerk) auf dem gleichen Sicherheitsniveau liegt.

## 2.1 Grenzzustände

### 2.1.1 Grenzzustände der Tragfähigkeit

Grenzzustände der Tragfähigkeit sind Zustände, die die Sicherheit von Menschen gefährden können, z.B. Bruch oder Verlust der Stabilität oder Verlust des Gleichgewichts eines Bauwerkes oder seiner Teile. Der Nachweis eines Grenzzustandes der Tragfähigkeit ist in allgemeiner Form nach Gl. (1) zu führen.

$$\boldsymbol{S}_d \leq \boldsymbol{R}_d \quad (1)$$

$S_d$ Bemessungswert der Beanspruchung (einer Schnittgröße), z.B. Spannung, aus einer Einwirkung oder aus Kombinationen von Einwirkungen

$R_d$ Bemessungswert des Widerstandes eines Bauteils (Beanspruchbarkeit)

### 2.1.2 Grenzzustände der Gebrauchstauglichkeit

Grenzzustände der Gebrauchstauglichkeit sind Zustände, bei deren Überschreiten die festgelegten Bedingungen der Gebrauchstauglichkeit nicht mehr erfüllt sind, z. B. wenn zu große Verformungen oder Durchbiegungen die planmäßige Nutzung oder das Erscheinungsbild eines Tragwerks beeinträchtigen oder Schäden an nachgeordneten Bauteilen verursachen, oder wenn Schwingungen Unbehagen bei Menschen oder Schäden am Bauwerk verursachen. Der Nachweis eines Grenzzustandes der Gebrauchstauglichkeit ist in allgemeiner Form nach Gl. (2) zu führen.

$$E_d \leq C_d \quad (2)$$

$E_d$ Bemessungswert der Lastauswirkungen, z. B. Durchbiegung

$C_d$ maßgebender Nennwert, z. B. Grenzwert der Durchbiegung

## 2.2 Bemessungssituationen

Die Bemessungssituationen sind in Tafel 13 dargestellt. In den folgenden Abschnitten werden im wesentlichen ständige und vorübergehende Bemessungssituationen behandelt. Die außergewöhnliche Situation kann EC5 T1-1 entnommen werden.

**Tafel 13 Bemessungssituationen** nach EC5 T1-1, 2.2.1.2

| Bemessungssituationen | Beispiele |
|---|---|
| ständige | normale Nutzungsbedingungen des Tragwerkes |
| vorübergehende | Bauzustände, Instandsetzung |
| außergewöhnliche | Anprall von Fahrzeugen, Explosionen |

## 2.3 Einwirkungen

Die Eurocodes unterscheiden zwei Arten von Einwirkungen: die Kräfte (Lasten) und die Zwängungen; sie werden noch hinsichtlich ihrer zeitlichen und räumlichen Veränderlichkeit eingeteilt. Diese Begriffe der Einwirkungen sind in Tafel 14 näher erläutert. Die Klassen der Lasteinwirkungsdauer nach EC5 T1-1 sind in Tafel 10, die zugehörigen Ergänzungen nach NAD in Tafel 11 dargestellt.

**Tafel 14 Einwirkungen nach Eurocode; Begriffe und Einteilung nach der zeitlichen Veränderlichkeit** nach EC5 T1-1, 2.2.2.1 [1]

| **Einwirkungen *F*** | | |
|---|---|---|
| | Art der Einwirkung | Beispiele |
| – direkte | Kraft (Last) | wirkt auf ein Tragwerk |
| – indirekte | Zwang | Temperatur, Setzungen |
| **Einteilung der Einwirkungen nach ihrer zeitlichen Veränderlichkeit** | | |
| | Dauer der Einwirkung | Beispiele |
| ständige Einwirkungen *G* | ständig | Eigenlasten von Tragwerken, Ausrüstungen, feste Einbauten |
| veränderliche Einwirkungen *Q* | lang<br>mittel<br>kurz<br>sehr kurz | Nutzlasten in Lagerhäusern<br>Verkehrslasten auf Decken<br>Windlasten, Schneelasten<br>Einwirkungen sehr kurzer Dauer |
| außergewöhnliche Einwirkungen *A* | | Explosionen, Anprall von Fahrzeugen, Erdbeben |

[1]) die Klassen der Lasteinwirkungsdauer sind in Tafel 10 dargestellt.

### 2.3.1 Charakteristische Werte der Einwirkungen

Als charakteristische Werte der Einwirkungen $F_k$ ($G_k$, $Q_k$) gelten nach NAD, 2.2.2.2, grundsätzlich die Werte der DIN-Normen, insbesondere die Werte der Normenreihe DIN 1055, und gegebenenfalls der bauaufsichtlichen Ergänzungen und Richtlinien.

Einwirkungen, die nicht oder nicht vollständig in Normen oder anderen bauaufsichtlichen Bestimmungen angegeben sind, bedürfen der Festlegung ihrer charakteristischen Werte in Absprache mit der zuständigen Bauaufsichtsbehörde.

### 2.3.2 Bemessungswerte der Einwirkungen

Die Bemessungswerte der Einwirkungen ($G_d$, $Q_d$) werden nach Gl. (3) und (4) errechnet, dazu werden die charakteristischen Werte der Einwirkungen ($G_k$, $Q_k$) mit Teilsicherheitsbeiwerten ($\gamma_G$, $\gamma_Q$) multipliziert, um das festgelegte Sicherheitsniveau zu erreichen. Die Teilsicherheitsbeiwerte für Grenzzustände der Tragfähigkeit können Tafel 15, diejenigen für Grenzzustände der Gebrauchstauglichkeit Tafel 16 entnommen werden.

$$\boldsymbol{G_d = \gamma_G G_k} \quad (3)$$

$$\boldsymbol{Q_d = \gamma_Q Q_k} \quad (4)$$

$G_d$, $Q_d$ Bemessungswerte ständiger bzw. veränderlicher Einwirkungen

$G_k$, $Q_k$ Charakteristische Werte ständiger bzw. veränderlicher Einwirkungen

$\gamma_G$, $\gamma_Q$ Teilsicherheitsbeiwerte für ständige bzw. veränderliche Einwirkungen nach Tafel 15 und 16

## 2.4 Teilsicherheitsbeiwerte

### 2.4.1 Teilsicherheitsbeiwerte für Grenzzustände der Tragfähigkeit

Die Teilsicherheitsbeiwerte für ständige und vorübergehende Bemessungssituationen sind in Tafel 15 zusammengestellt; für außergewöhnliche Bemessungssituationen s. EC5 T1-1, 2.3.3.1. Reduzierte Teilsicherheitsbeiwerte für untergeordnete Bauwerke nach EC5 T1-1, Tab. 2.3.3.1 dürfen nach NAD nicht angewendet werden.

**Tafel 15 Teilsicherheitsbeiwerte $\gamma_F$ der Grenzzustände der Tragfähigkeit für Einwirkungen in Tragwerken bei ständigen und vorübergehenden Bemessungssituationen** nach EC5 T1-1, Tab. 2.3.3.1 [1])

| | Ständige Einwirkungen $\gamma_G$ | Führende veränderliche Einwirkung $\gamma_Q$ | Begleitende veränderliche Einwirkungen $\gamma_Q$ |
|---|---|---|---|
| Normale Teilsicherheitsbeiwerte | | | |
| günstige Auswirkung $\gamma_{F,inf}$ | 1,0 | [2]) | [2]) |
| ungünstige Auswirkung | 1,35 | 1,5 | 1,5 |

[1]) nach NAD, 2.3.3.1, dürfen die reduzierten Teilsicherheitsbeiwerte nach EC5 T1-1, Tab. 2.3.3.1 nicht angewendet werden,

[2]) im Normalfall für Hochbautragwerke $\gamma_{Q,inf} = 0$

### 2.4.2 Teilsicherheitsbeiwerte für Grenzzustände der Gebrauchstauglichkeit

Beim Nachweis der Gebrauchstauglichkeit wird nicht mit erhöhten Werten der Einwirkungen gerechnet, da dieser Nachweis für Gebrauchslasten geführt wird. Die Teilsicherheitsbeiwerte für Grenzzustände der Gebrauchstauglichkeit $\gamma_G$ und $\gamma_Q$ sind nach Tafel 16 gleich Eins.

**Tafel 16 Teilsicherheitsbeiwerte $\gamma_F$ der Grenzzustände der Gebrauchstauglichkeit für Einwirkungen in Tragwerken** nach EC5 T1-1, 4.1

| | Ständige Einwirkungen $\gamma_G$ | Führende veränderliche Einwirkung $\gamma_Q$ | Begleitende veränderliche Einwirkungen $\gamma_Q$ |
|---|---|---|---|
| Teilsicherheitsbeiwerte | 1,0 | 1,0 | 1,0 |

## 2.5 Bemessungswerte der Beanspruchungen; Kombinationen von Einwirkungen

Beanspruchungen ($E$) sind Reaktionen des Tragwerks auf die Einwirkungen, z. B. innere Kräfte und Momente, Spannungen und Verformungen (wie Durchbiegungen). Die Bemessungswerte der Beanspruchungen ($E_d$) werden aus den Bemessungswerten der Einwirkungen und den geometrischen Größen eines Tragwerks (z. B. Spannweite) bestimmt.

Zur Tragwerksbemessung werden Schnittgrößen ermittelt, die aus verschiedenen Lastfällen (z. B. Eigengewicht, Nutzlast, Schnee, Wind) berechnet werden. Die maßgebenden Beanspruchungen sind aus verschiedenen Lastfallkombinationen zusammenzustellen.

### 2.5.1 Kombinationen von Einwirkungen bei Grenzzuständen der Tragfähigkeit

Bei Grenzzuständen der Tragfähigkeit sind die Bemessungswerte der Beanspruchungen ($E_d$) für jeden Lastfall mit den Kombinationsregeln der Tafel 17 zu bestimmen; dabei können neben der Grundkombination auch die beiden vereinfachten Kombinationen angewendet werden, bei denen diejenige vereinfachte Kombination maßgebend ist, die den ungünstigeren Wert ergibt.

**Tafel 17 Kombinationsregeln für Grenzzustände der Tragfähigkeit für ständige und vorübergehende Bemessungssituationen** nach EC5 T1-1, 2.3.2.2 u. 2.3.3.1 [1])

**Grundkombination**

$$\sum \gamma_{G,j} G_{k,j} + \gamma_{Q1} Q_{k,1} + \sum_{i>1} \gamma_{Q,i} \psi_{0,i} Q_{k,i}$$

**vereinfachte Kombinationen:** [2])

– für die ungünstigste veränderliche Einwirkung:

$$\sum \gamma_{G,j} G_{k,j} + 1{,}5 Q_{k,1}$$

(1. vereinfachte Kombination)

– für sämtliche ungünstigsten veränderlichen Einwirkungen:

$$\sum \gamma_{G,j} G_{k,j} + 1{,}35 \sum_{i \geq 1} Q_{k,i}$$

(2. vereinfachte Kombination)

[1]) Hierin bedeuten:
- $G_{k,j}$ charakteristische Werte der ständigen Einwirkungen
- $Q_{k,1}$ charakteristischer Wert einer der veränderlichen Einwirkungen
- $Q_{k,i}$ charakteristische Werte der weiteren veränderlichen Einwirkungen
- $\gamma_{G,j}$ Teilsicherheitsbeiwerte für ständige Einwirkungen nach Tafel 15
- $\gamma_{Q,i}$ Teilsicherheitsbeiwerte für veränderliche Einwirkungen nach Tafel 15
- $\psi_{0,i}$ Kombinationsbeiwerte nach Tafel 18

[2]) der jeweils ungünstigere Wert ist maßgebend

**Tafel 18 Kombinationen von Einwirkungen; Kombinationsbeiwerte $\psi_0$, $\psi_1$, $\psi_2$ [1]) für veränderliche Einwirkungen** nach NAD, Tab. 2.2-1

| Einwirkung | $\psi_0$ | $\psi_1$ | $\psi_2$ |
|---|---|---|---|
| Verkehrslast auf Decken: | | | |
| – Wohn-, Büroräume; Verkaufsräume bis 50 m²; Flure; Balkone; Räume in Krankenhäusern | 0,7 | 0,5 | 0,3 |
| – Versammlungsräume; Garagen und Parkhäuser; Turnhallen; Tribünen; Flure in Lehrgebäuden; Büchereien; Archive | 0,8 | 0,8 | 0,5 |
| – Ausstellungs- und Verkaufsräume; Geschäfts- und Warenhäuser | 0,8 | 0,8 | 0,8 |
| Windlasten | 0,6 | 0,5 | 0 |
| Schneelasten | 0,7 | 0,2 | 0 |
| alle anderen Einwirkungen | 0,8 | 0,7 | 0,5 |

[1]) Hierin bedeuten:
- $\psi_0$ Kombinationsbeiwert
- $\psi_1$ häufiger Wert
- $\psi_2$ quasiständiger Wert

Bei Anwendung der Grundkombination nach Tafel 17 ermöglichen die Kombinationsbeiwerte nach Tafel 18 eine Reduzierung von Einwirkungen und den daraus resultierenden Schnittgrößen, da ein gleichzeitiges Auftreten aller Einwirkungen mit ihren vollen charakteristischen Werten statistisch unwahrscheinlich ist. Bei der Grundkombination werden alle ständigen Einwirkungen und eine veränderliche Einwirkung stets ohne Kombinationsbeiwert $\psi_0$ gebildet, eine Reduzierung ist erst ab der zweiten veränderlichen Einwirkung möglich.

Es ist Aufgabe des Tragwerksplaners, die kritischen Lastfallkombinationen zu finden. Der betragsmäßig größte Bemessungswert einer Beanspruchung wird grundsätzlich unter Berücksichtigung aller ungünstigen Einwirkungen einer Lastfallkombination ermittelt. Da die Beanspruchbarkeit von Holz oder einer Holzverbindung auch von der Lasteinwirkungsdauer ($k_{mod}$ nach Tafel 12) abhängt, kann für den Nachweis der Tragfähigkeit eine Lastfallkombination mit einem geringeren als dem betragsmäßig größten Bemessungswert der Beanspruchung maßgebend werden. Deshalb sind die erforderlichen Nachweise für Grenzzustände der Tragfähigkeit grundsätzlich für alle Lastfallkombinationen zu führen.

### 2.5.2 Kombinationen von Einwirkungen bei Grenzzuständen der Gebrauchstauglichkeit

Bei Grenzzuständen der Gebrauchstauglichkeit sind die Bemessungswerte der Beanspruchungen ($E_d$) für jeden Lastfall mit den Kombinationsregeln der Tafel 19 zu bestimmen. Die zugehörigen Kombinationsbeiwerte $\psi_1$ können Tafel 18 entnommen werden.

**Tafel 19 Kombinationsregeln für Grenzzustände der Gebrauchstauglichkeit** nach EC5 T1-1, 4.1 [1])

| Kombination |
|---|
| $\sum G_{k,j} + Q_{k,1} + \sum_{i>1} \psi_{1,i} Q_{k,i}$ |

[1]) Hierin bedeuten:
- $G_{k,j}$ charakteristische Werte der ständigen Einwirkungen
- $Q_{k,1}$ charakteristischer Wert einer der veränderlichen Einwirkungen
- $Q_{k,i}$ charakteristische Werte der weiteren veränderlichen Einwirkungen
- $\psi_{1,i}$ Kombinationsbeiwerte nach Tafel 18

## 2.6 Bemessungswerte der Baustoffeigenschaften

### 2.6.1 Charakteristische Werte der Baustoffeigenschaften

Eine Baustoffeigenschaft (z. B. Festigkeit) wird durch einen charakteristischen Wert $X_k$ angegeben, der einem Fraktilwert (z. B. 5%-Fraktile) einer statistischen Verteilung der betrachteten Baustoffeigenschaft oder in bestimmten Fällen einem Nennwert entspricht.

Charakteristische Werte der Baustoffeigenschaften sind die Festigkeits-, Steifigkeits- und Rohdichtekennwerte, die für Nadelvollholz, Brettschichtholz und Holzwerkstoffe in Abschn. 1.1 dargestellt sind.

### 2.6.2 Bemessungswerte der Baustoffeigenschaften

Der Bemessungswert $X_d$ einer Baustoffeigenschaft wird im allgemeinen nach Gl. (5) berechnet, dazu müssen die charakteristischen Werte $X_k$ der Baustoffeigenschaften modifiziert, d. h. mit $k_{mod}$ multipliziert werden, um den unterschiedlichen Einfluß der Lasteinwirkungsdauer und der Holzfeuchte auf die Baustoffeigenschaft bei der Bemessung von Holzbauteilen zu berücksichtigen.

$$X_d = k_{mod} \cdot X_k / \gamma_M \quad (5)$$

$X_d$ Bemessungswert der Baustoffeigenschaft

$X_k$ charakteristischer Wert der Baustoffeigenschaft nach Abschn. 1.1

$k_{mod}$ Modifikationsfaktor nach Tafel 12, berücksichtigt den Einfluß der Lasteinwirkungsdauer und der Holzfeuchte

$\gamma_M$ Teilsicherheitsbeiwert für die Baustoffeigenschaft nach Tafel 20

**Tafel 20 Teilsicherheitsbeiwerte $\gamma_M$ für Baustoffe** nach EC5 T1-1, Tab. 2.3.3.2

| **Grenzzustände der Tragfähigkeit** | $\gamma_M$ |
|---|---|
| Grundkombinationen: | |
| Holz und Holzwerkstoffe | 1,3 |
| Stahl in Verbindungen | 1,1 |
| Außergewöhnliche Kombinationen: | 1,0 |
| **Grenzzustände der Gebrauchstauglichkeit** | 1,0 |

## 2.7 Querschnittsmaße und -ermittlung

### 2.7.1 Nennabmessungen, Wirksamer Querschnitt

Die geometrischen Größen eines Tragwerks werden durch ihre Nennwerte gekennzeichnet. Im allgemeinen gilt $a_{nom} = a_d$ (dies sind die geplanten Abmessungen und Querschnittsmaße). Bei Bauholz sind die Nennabmessungen nach EC5 T1-1, 3.2.3, auf eine Holzfeuchte von $u = 20\%$ bezogen, bei Brettschichtholz nach EC5 T1-1, 3.3.3, auf $u = 12\%$.

Der wirksame Querschnitt und die geometrischen Eigenschaften eines tragenden Bauteils sind mit den Nennabmessungen zu berechnen, über die Berücksichtigung von Querschnittschwächungen s. Abschn. 2.7.3. Für Bauholz (Vollholz) muß nach NAD die Maßhaltigkeit der vorgesehenen Querschnittsmaße die Anforderungen nach DIN 4074 T1 erfüllen; danach bezieht sich der Sollquerschnitt auf eine mittlere Holzfeuchte $u = 30\%$. Für Brettschichtholz gelten die Anforderungen der DIN 4074 T1 sinngemäß.

### 2.7.2 Mindestquerschnitte

Mindestquerschnitte für tragende Bauteile sind in Tafel 21 zusammengestellt.

**Tafel 21 Mindestquerschnitte für tragende einteilige Einzelquerschnitte** nach NAD, 3.2.3 und 3.3.1

| Bauteil aus | Mindestquerschnittsfläche $A$ in cm$^2$ | Mindestdicke $d$ in mm |
|---|---|---|
| Vollholz[1]) | | |
| – allgemein | 14 | 24 |
| – Lattungen | 11 | 24 |
| Brettschichtholz | | |
| – Einzelbrett | | 6 |

[1]) soweit die Verbindungsmittel kein größeres Maß erfordern

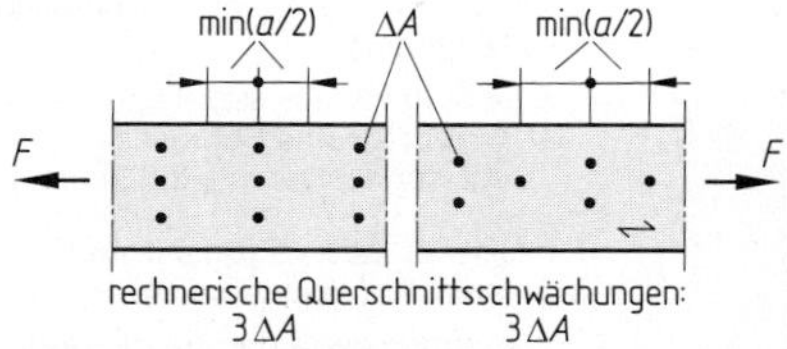


**Bild 1 Ermittlung von Querschnittsschwächungen; Beispiele;** Mindestabstand der Verbindungsmittel min $a$, Querschnittsschwächung $\Delta A$

### 2.7.3 Querschnittsschwächungen

Querschnittsschwächungen in tragenden Bauteilen sind rechnerisch wie folgt zu berücksichtigen (Ausnahmen hiervon sind unten angeführt):

– Der wirksame Querschnitt eines Tragwerksteiles wird bei Verbindungen mit mehreren Verbindungsmitteln unter Berücksichtigung aller Querschnittsschwächungen bestimmt, die innerhalb eines Bereiches um diesen Querschnitt mit einem Abstand von weniger als dem halben Mindestabstand der Verbindungsmittel in Holzfaserrichtung auftreten. Bild 1 zeigt hierzu Beispiele.

In folgenden Ausnahmen brauchen Querschnittsschwächungen nicht berücksichtigt zu werden:

- bei nicht-vorgebohrten Nagellöchern mit einem Durchmesser bis zu 6 mm,
- bei symmetrisch angeordneten Bolzen-, Stabdübel-, Schrauben- und Nagellöchern in Druckstäben,
- bei Löchern in der Druckzone von Bauteilen, wenn das ausfüllende Material der Löcher eine größere Steifigkeit besitzt als die des Holzes.

# 3 Grenzzustände der Tragfähigkeit

## 3.1 Nachweis der Tragfähigkeit für Zugstäbe

### 3.1.1 Zug in Faserrichtung

Bei mittigem Zug parallel zur Faserrichtung ist Gl. (6) einzuhalten.

$$\frac{\sigma_{t,0,d}}{f_{t,0,d}}=\frac{F_{t,d}/A_n}{f_{t,0,d}}\leq 1 \quad (6)$$

$F_{t,d}$ Bemessungswert der mittigen Zugkraft
$A_n$ wirksame Querschnittsfläche (Nettoquerschnitt)
$f_{t,0,d}$ Bemessungswert der Zugfestigkeit in Faserrichtung, s. Gl. (5)

**Beispiel** **Bemessung eines Zugstabes, mittiger Zug**; Umgebungsklima: beheizter Innenraum

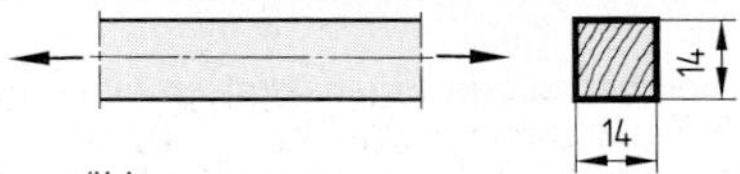


gewählt:
Nadel-Vollholz, S 10, $b/h=14/14$ cm

Charakteristischer Festigkeitskennwert nach Tafel 1

$f_{t,0,k}=14$ N/mm² $=1,4$ kN/cm²

Querschnittsschwächung des Zugstabes durch einen Dübelanschluß, hier nicht dargestellt

$A_n=157,6$ cm²

Charakteristische Werte der Einwirkungen (Zugkraft)

$G_k=50,0$ kN aus ständiger Last
$Q_k=50,0$ kN aus Schneelast
(Regelschneelast $s_0\leq 2,0$ kN/m²)

**1.) Lastfall „ständige Last und Schneelast" (maßgebend)**

Bemessungswerte der Einwirkungen (Zugkraft) nach Tafel 17

$F_{t,d}=1,35\cdot G_k+1,5\cdot Q_k$
$=1,35\cdot 50,0+1,5\cdot 50,0$
$=67,5+75,0=142,5$ kN

Nutzungsklasse 1 nach Tafel 8
Lasteinwirkungsdauer nach Tafel 10 und 11

„ständig" für ständige Last (Eigenlast)
„kurz" für Schneelast
(Regelschneelast $s_0\leq 2,0$ kN/m²),

Modifikationsfaktor nach Tafel 12

$k_{mod}=0,6$ für ständige Last
$k_{mod}=0,9$ für Schneelast (maßgebend)

Teilsicherheitsbeiwert für Baustoffe nach Tafel 20

$\gamma_M=1,3$

Bemessungswert der Baustoffeigenschaft nach Gl. (5)

$f_{t,0,d}=0,9\cdot 1,4/1,3=0,97$ kN/cm²

Nachweis der Tragfähigkeit nach Gl. (6)

$$\frac{142,5/157,6}{0,9\cdot 1,4/1,3}=\frac{0,90}{0,97}=0,93\leq 1$$

**2.) Lastfall „ständige Last" (nicht maßgebend)** (nicht angeführte Größen wie im Lastfall „ständige Last und Schneelast")

Bemessungswert der Einwirkung (Zugkraft)

$F_{t,d}=1,35\cdot 50,0=67,5$ kN

Lasteinwirkungsdauer nach Tafel 10

„ständig" für ständige Last (Eigenlast)

Modifikationsfaktor nach Tafel 12

$k_{mod}=0,6$ für ständige Last

Bemessungswert der Baustoffeigenschaft nach Gl. (5)

$f_{t,0,d}=0,60\cdot 1,4/1,3=0,65$ kN/cm²

Nachweis der Tragfähigkeit nach Gl. (6)

$$\frac{67,5/157,6}{0,65}=0,66\leq 1$$

### 3.1.2 Zug rechtwinklig zur Faserrichtung

Dieser Nachweis setzt ein Holzvolumen voraus, das gleichförmig durch Querzugspannungen $\sigma_{t,90}$ beansprucht ist. Derartig gleichförmig beanspruchte Volumen kommen in der Praxis jedoch kaum vor. Der Nachweis erfolgt getrennt für Voll- und Brettschichtholz nach Gl. (7).

für Vollholz

$$\frac{\sigma_{t,90,d}}{f_{t,90,d}} \leq 1 \qquad (7a)$$

für Brettschichtholz

$$\frac{\sigma_{t,90,d}}{f_{t,90,d} \cdot (V_0/V)^{0,2}} \leq 1 \qquad (7b)$$

$f_{t,90,d}$ Bemessungswert der Zugfestigkeit ⊥ Faser nach Tafel 1 bzw. 2

$V_0$ Bezugsvolumen von 0,01 m³

$V$ gleichmäßig durch $\sigma_{t,90}$ (Querzugspannungen) beanspruchtes Volumen in m³

Der Nachweis der Querzugspannungen bei gekrümmten Trägern und bei Satteldachträgern ist in Abschn. 3.3.10 dargestellt.

### 3.1.3 Anschlüsse und Stöße bei Zugstäben

Anschlüsse und Stöße sind in der Regel symmetrisch zu den Stabachsen auszuführen. Wenn kein genauerer Nachweis geführt wird, dürfen nach NAD, Anhang D.3, in Anschlüssen und Stößen einseitig beanspruchte Holz- und Holzwerkstoff-Bauteile für die 1,5fache anteilige Zugkraft bemessen werden, die Verbindungsmittel nur für die anteiligen Kräfte; Beispiele s. Bild 2.

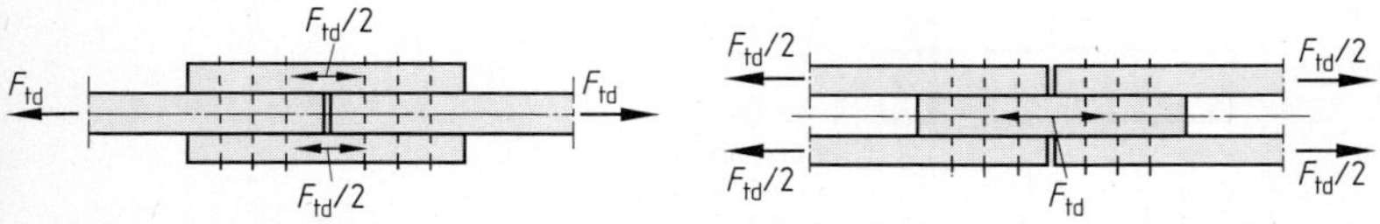


a) Bemessung der außenliegenden Laschen für $1{,}5 \cdot F_{t,d}/2$, des Stabes für $1{,}0 \cdot F_{t,d}$

b) Bemessung der innenliegenden Lasche für $1{,}0 \cdot F_{t,d}$, der Stäbe für $1{,}5 \cdot F_{t,d}/2$

**Bild 2 Beispiele für die Bemessung von Zugstößen mit Laschen**

## 3.2 Nachweis der Tragfähigkeit für Druckstäbe

### 3.2.1 Druck in Faserrichtung (Knicken nicht maßgebend)

Bei mittigem Druck in Faserrichtung ist Gl. (8) einzuhalten. Wird das Knicken maßgebend, sind die Knicknachweise nach Abschn. 3.2.4 zu führen.

$$\frac{\sigma_{c,0,d}}{f_{c,0,d}} = \frac{F_{c,d}/A_n}{f_{c,0,d}} \leq 1 \qquad (8)$$

$F_{c,d}$ Bemessungswert der mittigen Druckkraft

$A_n$ wirksame Querschnittsfläche (Nettoquerschnitt)

$f_{c,0,d}$ Bemessungswert der Druckfestigkeit

### 3.2.2 Druck rechtwinklig zur Faserrichtung

Bei Druckbeanspruchung rechtwinklig zur Faserrichtung ist Gl. (9) einzuhalten. Mit dem Faktor $k_{c,90}$ nach Tafel 22 kann der Bemessungswert der Druckfestigkeit bei kurzen Druckflächen ($l < 150$ mm) nach Bild 3 erhöht werden.

$$\frac{\sigma_{c,90,d}}{k_{c,90} \cdot f_{c,90,d}} = \frac{F_{c,d}/A}{k_{c,90} \cdot f_{c,90,d}} \leq 1 \qquad (9)$$

$F_{c,d}$ Bemessungswert der Druckkraft

$A$ Druckfläche ⊥ zur Faserrichtung

$k_{c,90}$ Faktor bei Druckflächen mit einer Länge in Faserrichtung $l \leq 150$ mm nach Tafel 22

$f_{c,90,d}$ Bemessungswert der Druckfestigkeit ⊥ zur Faserrichtung

**Tafel 22 Werte für den Faktor $k_{c,90}$ bei kleinen Druckflächen ⊥ zur Faserrichtung** nach EC 5 T1-1, Tab. 5.1.5 [1])

| Länge $l$ der Druckfläche in Faserrichtung | $l_1 \leq 150$ mm | $l_1 > 150$ mm | |
|---|---|---|---|
| | | $a \geq 100$ mm | $a < 100$ mm |
| $l \geq 150$ mm | 1 | 1 | 1 |
| 150 mm $> l \geq 15$ mm | 1 | $1+\frac{150-l}{170}$ | $1+\frac{a\cdot(150-l)}{17000}$ |
| $l < 15$ mm | 1 | 1,8 | $1+a/125$ |

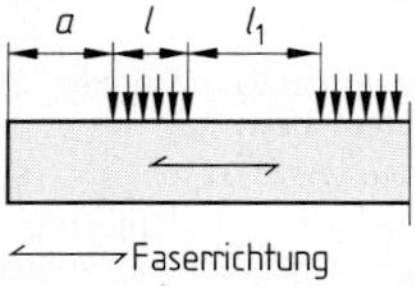


**Bild 3 Druck rechtwinklig zur Faserrichtung** nach EC 5 T1-1, Bild 5.1.5a

[1]) Hierin bedeuten, s. Bild 3:
$a$ Überstand (Abstand)
$l$ Länge der Druckfläche in Faserrichtung in mm
$l_1$ Abstand der Druckfläche zur benachbarten Druckfläche

**Beispiel Bemessung einer Druckfläche rechtwinklig zur Faserrichtung, Anschluß eines Druckpfostens an ein Gurtholz über Flächenpressung;** Umgebungsklima: überdachtes Tragwerk

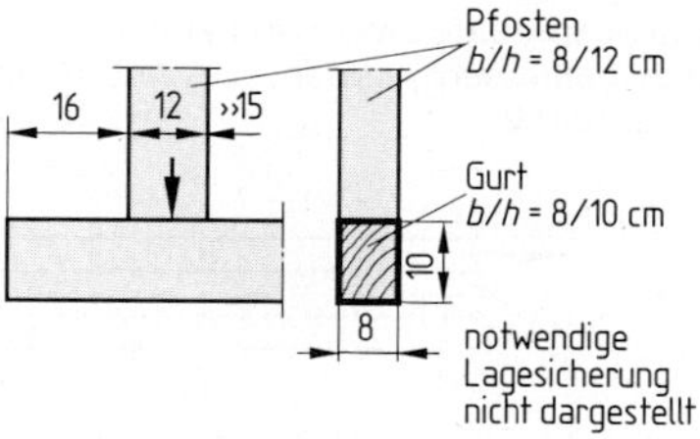


gewählt:

Pfosten:

Nadel-Vollholz, S 10, $b/h = 8/12$ cm

Gurt:

Nadel-Vollholz, S 10, $b/h = 8/10$ cm

Länge der Druckfläche in Faserrichtung

$l = h_{Pf} = 12 \text{ cm} < 15 \text{ cm}$

Druckfläche rechtwinklig zur Faserrichtung zwischen Pfosten und Gurt

$A = b_{Gu} \cdot l = 8 \cdot 12 = 96 \text{ cm}^2$

Überstand

$a = 16 \text{ cm} > 10 \text{ cm}$

Abstand zur benachbarten Druckfläche

$l_1 > 15$ cm

Charakteristischer Festigkeitskennwert nach Tafel 1

$f_{c,90,k} = 5 \text{ N/mm}^2 = 0{,}5 \text{ kN/cm}^2$

Charakteristischer Wert der Einwirkung (Druckkraft)

$G_k = F_{c,k} = 15{,}0$ kN aus ständiger Last

**1. Lastfall „ständige Last"**

Bemessungswert der Einwirkung (Druckkraft) nach Tafel 17

$F_{c,d} = 1{,}35 \cdot G_k = 1{,}35 \cdot 15{,}0$
$= 20{,}25$ kN

Nutzungsklasse 2 nach Tafel 8

Lasteinwirkungsdauer nach Tafel 10

„ständig" für ständige Last (Eigenlast)

Modifikationsfaktor nach Tafel 12

$k_{mod} = 0{,}6$ für ständige Last

Teilsicherheitsbeiwert für Baustoffe nach Tafel 20

$\gamma_M = 1{,}3$

Bemessungswert der Baustoffeigenschaft nach Gl. (5)

$f_{c,90,d} = 0{,}6 \cdot 0{,}5/1{,}3 = 0{,}23 \text{ kN/cm}^2$

Faktor $k_{c,90}$ nach Tafel 22

$k_{c,90} = 1 + (150-120)/170$
$= 1{,}18$

Nachweis der Tragfähigkeit nach Gl. (9)

$$\frac{20{,}25/96}{1{,}18 \cdot 0{,}6 \cdot 0{,}5/1{,}3} = \frac{0{,}21}{1{,}18 \cdot 0{,}23} = 0{,}77 \leq 1$$

### 3.2.3 Druck unter einem Winkel $\alpha$ zur Faserrichtung

Bei Druckspannungen unter einem Winkel $\alpha$ („schräg") zur Faserrichtung nach Bild 4 ist Gl. (10) einzuhalten. Der Faktor $k_{c,\alpha}$ ist nach Gl. (11) zu berechnen, er kann auch für Voll- und Brettschichtholz und ausgewählte Winkel der Tafel 23 entnommen werden.

$$\frac{\sigma_{c,\alpha,d}}{k_{c,\alpha} \cdot f_{c,0,d}} \leq 1 \qquad (10)$$

$$k_{c,\alpha} = \frac{1}{\dfrac{f_{c,0,d}}{f_{c,90,d}} \sin^2 \alpha + \cos^2 \alpha} \qquad (11)$$

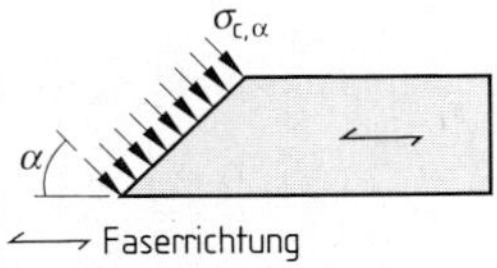


**Bild 4 Spannungen unter einem Winkel $\alpha$ zur Faserrichtung** nach EC 5 T1-1, Bild 5.1.5b

$f_{c,0,d}$ Bemessungswert der Druckfestigkeit in Faserrichtung

$f_{c,90,d}$ Bemessungswert der Druckfestigkeit ⊥ zur Faserrichtung

$k_{c,\alpha}$ Faktor bei Druck unter einem Winkel $\alpha$ („schräg") zur Faserrichtung nach Gl. (11) oder Tafel 23

**Tafel 23 Faktor $k_{c,\alpha}$ für Voll- und Brettschichtholz in Abhängigkeit von der Sortierklasse und dem Winkel $\alpha$** nach Gl. (11)

| Sortierklasse | Winkel $\alpha$ zur Faserrichtung in ° | | | | | | | | | | | | |
|---|---|---|---|---|---|---|---|---|---|---|---|---|---|
| | 0 | 5 | 10 | 15 | 20 | 30 | 40 | 45 | 50 | 60 | 70 | 80 | 90 |
| **Nadel-Vollholz** nach Tafel 1 | | | | | | | | | | | | | |
| S 7/ MS 7 | 1,0 | 0,976 | 0,911 | 0,821 | 0,725 | 0,552 | 0,427 | 0,381 | 0,344 | 0,291 | 0,258 | 0,241 | 0,235 |
| S 10/ MS 10 | 1,0 | 0,976 | 0,912 | 0,823 | 0,728 | 0,556 | 0,431 | 0,385 | 0,347 | 0,294 | 0,261 | 0,244 | 0,238 |
| S 13 | 1,0 | 0,973 | 0,902 | 0,806 | 0,704 | 0,526 | 0,402 | 0,357 | 0,321 | 0,270 | 0,239 | 0,223 | 0,217 |
| MS 13 | 1,0 | 0,971 | 0,892 | 0,789 | 0,681 | 0,500 | 0,377 | 0,333 | 0,299 | 0,250 | 0,221 | 0,205 | 0,200 |
| MS 17 | 1,0 | 0,975 | 0,909 | 0,817 | 0,719 | 0,545 | 0,421 | 0,375 | 0,338 | 0,286 | 0,254 | 0,236 | 0,231 |
| **Brettschichtholz** nach Tafel 2 | | | | | | | | | | | | | |
| BS 11 | 1,0 | 0,975 | 0,908 | 0,816 | 0,718 | 0,543 | 0,418 | 0,373 | 0,336 | 0,284 | 0,252 | 0,235 | 0,229 |
| BS 14k | 1,0 | 0,971 | 0,892 | 0,789 | 0,681 | 0,500 | 0,377 | 0,333 | 0,299 | 0,250 | 0,221 | 0,205 | 0,200 |
| BS 14h | 1,0 | 0,969 | 0,886 | 0,777 | 0,667 | 0,484 | 0,362 | 0,319 | 0,285 | 0,238 | 0,210 | 0,194 | 0,190 |
| BS 16k | 1,0 | 0,970 | 0,890 | 0,785 | 0,676 | 0,494 | 0,372 | 0,328 | 0,294 | 0,246 | 0,217 | 0,201 | 0,196 |
| BS 16h | 1,0 | 0,966 | 0,877 | 0,763 | 0,648 | 0,463 | 0,343 | 0,301 | 0,269 | 0,223 | 0,196 | 0,182 | 0,177 |
| BS 18k | 1,0 | 0,973 | 0,900 | 0,802 | 0,698 | 0,520 | 0,396 | 0,351 | 0,316 | 0,265 | 0,235 | 0,218 | 0,213 |
| BS 18h | 1,0 | 0,971 | 0,894 | 0,792 | 0,685 | 0,505 | 0,382 | 0,338 | 0,303 | 0,254 | 0,224 | 0,208 | 0,203 |

### 3.2.4 Druckstäbe, mittiger Druck (Knicken maßgebend)

Beim Knicknachweis für Stäbe unter mittigem Druck sind die Gl. (12) und Gl. (13) einzuhalten, jeweils für Knicken um die y- bzw. z-Achse; sie gelten für bezogene Schlankheitsgrade $\lambda_{rel} > 0{,}5$ ($\lambda > 30$). Für gedrungene Stäbe mit $\lambda_{rel} \leq 0{,}5$ ($\lambda \leq 30$) entfällt ein Knicknachweis, bei diesen Stäben ist der gewöhnliche Spannungsnachweis zu führen.

für bezogene Schlankheitsgrade $\lambda_{rel} > 0{,}5$ ($\lambda > 30$) gilt:

$$\frac{\sigma_{c,0,d}}{k_{c,y} \cdot f_{c,0,d}} = \frac{F_{c,d}/A}{k_{c,y} \cdot f_{c,0,d}} \leq 1 \quad (12) \qquad \frac{\sigma_{c,0,d}}{k_{c,z} \cdot f_{c,0,d}} = \frac{F_{c,d}/A}{k_{c,z} \cdot f_{c,0,d}} \leq 1 \quad (13)$$

| | |
|---|---|
| $A$ | Querschnittsfläche |
| $f_{c,0,d}$ | Bemessungswert der Druckfestigkeit in Faserrichtung |
| $F_{c,d}$ | Bemessungswert der Druckkraft |
| $k_c$ | Knickbeiwert nach Tafel 24 oder Tafel 26 bzw. 27 |
| $\sigma_{c,0,d}$ | Bemessungswert der Druckspannungen in Faserrichtung |

Die Knickbeiwerte $k_c$, die bezogenen Schlankheitsgrade $\lambda_{rel}$ und die Schlankheitsgrade $\lambda$ sind nach Tafel 24 zu berechnen. Die Knickbeiwerte $k_c$ können auch für Voll- und Brettschichtholz Tafel 26 oder 27 entnommen werden. Knicklängen verschiedener Tragsysteme sind in Abschn. 3.2.6, Tafel 28 dargestellt.

**Tafel 24 Berechnung des Knickbeiwertes $k_c$, des bezogenen Schlankheitsgrades $\lambda_{rel}$ und des Schlankheitsgrades $\lambda$** nach EC 5 T1-1, 5.2.1 [1])

| | Knicken um die y-Achse | Knicken um die z-Achse |
|---|---|---|
| **Knickbeiwert $k_c$,** s. auch Tafel 26 oder 27 | | |
| 1 | $k_{c,y} = \frac{1}{k_y + \sqrt{k_y^2 - \lambda_{rel,y}^2}}$ mit $k_y = 0{,}5 \cdot [1 + \beta_c \cdot (\lambda_{rel,y} - 0{,}5) + \lambda_{rel,y}^2]$ | $k_{c,z} = \frac{1}{k_z + \sqrt{k_z^2 - \lambda_{rel,z}^2}}$ mit $k_z = 0{,}5 \cdot [1 + \beta_c \cdot (\lambda_{rel,z} - 0{,}5) + \lambda_{rel,z}^2]$ |
| **bezogener Schlankheitsgrad $\lambda_{rel}$, kritische Spannung $\sigma_{c,crit}$, Schlankheitsgrad $\lambda$** | | |
| 2 | $\lambda_{rel,y} = \sqrt{\frac{f_{c,0,k}}{\sigma_{c,crit,y}}}$ $\sigma_{c,crit,y} = \frac{\pi^2 \cdot E_{0,05}}{\lambda_y^2}$ $\lambda_y = l_{ef,y}/i_y$ | $\lambda_{rel,z} = \sqrt{\frac{f_{c,0,k}}{\sigma_{c,crit,z}}}$ $\sigma_{c,crit,z} = \frac{\pi^2 \cdot E_{0,05}}{\lambda_z^2}$ $\lambda_z = l_{ef,z}/i_z$ |
| 3 | **Faktor $\beta_c$** | $\beta_c = 0{,}2$ für Vollholz<br>$= 0{,}1$ für Brettschichtholz |

[1]) Hierin bedeuten:

| | |
|---|---|
| $E_{0,05}$ | E-modul parallel zur Faserrichtung (5%-Fraktile) |
| $f_{c,0,k}$ | Charakteristischer Wert der Druckfestigkeit in Faserrichtung |
| $i_y$; $i_z$ | zu den y- bzw. z-Achsen zugeordnete Trägheitsradien |
| $l_{ef,y}$; $l_{ef,z}$ | Knicklängen der Tragsysteme für das Ausknicken um die y- bzw. z-Achse, Beispiele s. Abschn. 3.2.6 |

**Beispiel** **Knicknachweis eines einteiligen Druckstabes, mittiger Druck;**
Umgebungsklima: beheizter Innenraum

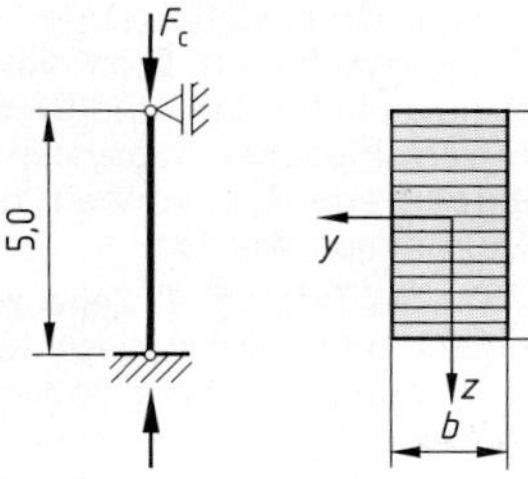


Pendelstütze, mittiger Druck
Brettschichtholz BS 14k, $b/h = 16/32$ cm

Charakteristischer Festigkeitskennwert nach Tafel 2

$f_{c,0,g,k} = 27{,}5\ \text{N/mm}^2 = 2{,}75\ \text{kN/cm}^2$

Charakteristischer Steifigkeitskennwert nach Tafel 2

$E_{0,g,05} = 10000\ \text{N/mm}^2 = 1000\ \text{kN/cm}^2$

Charakteristischer Wert der Einwirkungen (Druckkraft)

$F_{c,k} = G_K = 133{,}3$ kN aus ständiger Last

Das Eigengewicht der Pendelstütze ist im Vergleich zur Druckkraft $F_{c,k}$ sehr klein und wird vernachlässigt.

**1.) Lastfall „ständige Last"**

Bemessungswert der Einwirkungen (Druckkraft) nach Tafel 17

$F_{c,d} = 1{,}35 \cdot 133{,}3 = 180$ kN

Nutzungsklasse 1 nach Tafel 8
Lasteinwirkungsdauer nach Tafel 10

„ständig" für ständige Last (Eigenlast)

Modifikationsfaktor nach Tafel 12

$k_{mod} = 0{,}6$ für ständige Last

Teilsicherheitsbeiwert für Baustoffe nach Tafel 20

$\gamma_M = 1{,}3$

Bemessungswert der Baustoffeigenschaft nach Gl. (5)

$f_{c,0,g,d} = 0{,}6 \cdot 2{,}75/1{,}3 = 1{,}27\ \text{kN/cm}^2$

**Knicken um die y-Achse**

Knicklänge nach Tafel 28, Zeile 2 (Pendelstütze)

$l_{ef,y} = 1{,}0 \cdot 5{,}0 = 5{,}0\ \text{m} = 500\ \text{cm}$

Stabschlankheit nach Tafel 24

$\lambda_y = 500/(0{,}289 \cdot 32) = 54$

Kritische Spannung nach Tafel 24

$$\sigma_{c,crit,y} = \frac{\pi^2 \cdot 1000}{54^2} = 3{,}38\ \text{kN/cm}^2$$

Bezogener Schlankheitsgrad nach Tafel 24

$\lambda_{rel,y} = \sqrt{2{,}75/3{,}38} = 0{,}90$

Knickbeiwert $k_{c,y}$ nach Tafel 24 oder aus Tafel 27

$$k_y = 0{,}5 \cdot [1 + 0{,}1 \cdot (0{,}90 - 0{,}5) + 0{,}90^2] = 0{,}925$$

$$k_{c,y} = 1/(0{,}925 + \sqrt{0{,}925^2 - 0{,}90^2}) = 0{,}878$$

Nachweis der Tragfähigkeit nach Gl. (12)

$$\frac{180/(16 \cdot 32)}{0{,}878 \cdot 1{,}27} = 0{,}32 \leq 1$$

**Knicken um die z-Achse**

Knicklänge nach Tafel 28, Zeile 2 (Pendelstütze)

$l_{ef,z} = 1{,}0 \cdot 5{,}0 = 5{,}0\ \text{m} = 500\ \text{cm}$

Stabschlankheit nach Tafel 24

$\lambda_z = 500/(0{,}289 \cdot 16) = 108$

Kritische Spannung nach Tafel 24

$$\sigma_{c,crit,z} = \frac{\pi^2 \cdot 1000}{108^2} = 0{,}846\ \text{kN/cm}^2$$

Bezogener Schlankheitsgrad nach Tafel 24

$\lambda_{rel,z} = \sqrt{2{,}75/0{,}846} = 1{,}80$

Knickbeiwert $k_{c,y}$ nach Tafel 24 oder aus Tafel 27

$$k_z = 0{,}5 \cdot [1 + 0{,}1 \cdot (1{,}80 - 0{,}5) + 1{,}80^2] = 2{,}185$$

$$k_{c,z} = 1/(2{,}185 + \sqrt{2{,}185^2 - 1{,}80^2}) = 0{,}292$$

Nachweis der Tragfähigkeit nach Gl. (13)

$$\frac{180/(16 \cdot 32)}{0{,}292 \cdot 1{,}27} = 0{,}95 \leq 1$$

## 3.2.5 Druckstäbe mit ausmittigem Druck (Druck und Biegung) (Knicken maßgebend)

Der Stabilitätsnachweis für ausmittig beanspruchte Druckstäbe (Druck und Biegung) ist nach den Gleichungen der Tafel 25, 1. Zeile zu führen. Die Knickbeiwerte $k_c$ können nach Tafel 24 berechnet werden, sie sind auch für Voll- und Brettschichtholz in Tafel 26 und 27 angeführt. Knicklängen verschiedener Tragsysteme sind in Abschnitt 3.2.6, Tafel 28 dargestellt. Die Kippbeiwerte $k_{crit}$ können nach Abschn. 3.3.8, Tafel 31 berechnet oder Tafel 32 entnommen werden.

Bei Druck und Doppelbiegung sind die Nachweise der Tafel 25, 1. Zeile, zu führen; bei Druck und einfacher (einaxialer) Biegebeanspruchung wird in diesen Gleichungen nur die jeweilig vorhandene Biegebeanspruchung um die y- oder z-Achse berücksichtigt.

Für gedrungene Stäbe mit bezogenen Schlankheitsgraden $\lambda_{rel} \leq 0{,}5$ ($\lambda \leq 30$) entfällt der Stabilitätsnachweis, in diesen Fällen sind die Bedingungen der Tafel 25, 4. Zeile, einzuhalten.

**Tafel 25 Stabilitätsnachweis für ausmittig beanspruchte Druckstäbe (Druck und Biegung)** nach EC 5 T1-1, 5.2.1 und NAD, 5.2.1 [1]) [2])

| | |
|---|---|
| **für bezogene Schlankheitsgrade $\lambda_{rel} > 0{,}5$ ($\lambda > 30$)** | |
| 1 | Knicken um die y-Achse: $\frac{\sigma_{c,0,d}}{k_{c,y} \cdot f_{c,0,d}} + \frac{\sigma_{m,y,d}}{k_{crit,y} \cdot f_{m,y,d}} + k_m \cdot \frac{\sigma_{m,z,d}}{k_{crit,z} \cdot f_{m,z,d}} \leq 1$<br>Knicken um die z-Achse: $\frac{\sigma_{c,0,d}}{k_{c,z} \cdot f_{c,0,d}} + k_m \cdot \frac{\sigma_{m,y,d}}{k_{crit,y} \cdot f_{m,y,d}} + \frac{\sigma_{m,z,d}}{k_{crit,z} \cdot f_{m,z,d}} \leq 1$ |
| 2 | Faktor $k_m$ — $k_m = 0{,}7$ für Rechteckquerschnitte; $= 1{,}0$ für andere Querschnitte |
| | Bemessungswerte der Druckspannungen $\sigma_{c,0,d}$ und Biegespannungen $\sigma_{m,d}$ |
| 3 | $\sigma_{c,0,d} = \frac{F_{c,d}}{A}$ $\quad \sigma_{m,y,d} = \frac{M_{y,d}}{W_y}$ $\quad \sigma_{m,z,d} = \frac{M_{z,d}}{W_z}$ |
| **für bezogene Schlankheitsgrade $\lambda_{rel} \leq 0{,}5$ ($\lambda \leq 30$),** s. auch Abschn. 3.3.4 | |
| 4 | $\left(\frac{\sigma_{c,0,d}}{f_{c,0,d}}\right)^2 + \frac{\sigma_{m,y,d}}{f_{m,y,d}} + k_m \frac{\sigma_{m,z,d}}{f_{m,z,d}} \leq 1$ $\quad \left(\frac{\sigma_{c,0,d}}{f_{c,0,d}}\right)^2 + k_m \frac{\sigma_{m,y,d}}{f_{m,y,d}} + \frac{\sigma_{m,z,d}}{f_{m,z,d}} \leq 1$ |

[1]) Hierin bedeuten:

| | |
|---|---|
| $A$ | Querschnittsfläche |
| $f_{c,0,d}$ | Bemessungswert der Druckfestigkeit in Faserrichtung |
| $f_{m,y,d}$; $f_{m,z,d}$ | Bemessungswerte der Biegefestigkeit |
| $F_{c,d}$ | Bemessungswert der Druckkraft |
| $M_{y,d}$; $M_{z,d}$ | Bemessungswerte der Biegemomente um die y- bzw. z-Achse |
| $\sigma_{c,0,d}$ | Bemessungswert der Druckspannungen in Faserrichtung |
| $\sigma_{m,y,d}$, $\sigma_{m,z,d}$ | Bemessungswerte der Biegespannungen um die y- bzw. z-Achse |
| $W_y$; $W_z$ | Widerstandsmomente um die y- bzw. z-Achse |

[2]) Weitere Bezeichnungen s. Tafel 24

## 3.2.6 Knickbeiwerte und Knicklängen

Die **Knickbeiwerte $k_c$** für Voll- und Brettschichtholz können Tafel 26 oder 27 entnommen werden. (Die Knickbeiwerte $k_c$ sind vergleichbar mit den $1/\omega$-Werten der DIN 1052, jedoch auf anderer Grundlage ermittelt.)

**Tafel 26 Knickbeiwerte $k_c$ für Vollholz aus Nadelhölzern der Tafel 1** nach EC 5 T1-1, 5.2.1 [1])

| Schlankheitsgrad $\lambda$ | Sortierklassen nach DIN 4074 T1 S 7/MS 7 | S 10/MS 10 | S 13 | MS 13 | MS 17 |
|---|---|---|---|---|---|
| 30 | 1,00 | 1,000 | 1,00 | 1,00 | 1,00 |
| 40 | 0,925 | 0,941 | 0,939 | 0,939 | 0,944 |
| 50 | 0,816 | 0,849 | 0,845 | 0,845 | 0,856 |
| 60 | 0,669 | 0,715 | 0,709 | 0,710 | 0,726 |
| 70 | 0,531 | 0,577 | 0,571 | 0,571 | 0,588 |
| 80 | 0,423 | 0,463 | 0,458 | 0,458 | 0,473 |
| 90 | 0,342 | 0,376 | 0,372 | 0,372 | 0,385 |
| 100 | 0,282 | 0,310 | 0,307 | 0,307 | 0,318 |
| 110 | 0,236 | 0,260 | 0,257 | 0,257 | 0,266 |
| 120 | 0,200 | 0,221 | 0,218 | 0,218 | 0,226 |
| 130 | 0,172 | 0,189 | 0,187 | 0,187 | 0,194 |
| 140 | 0,149 | 0,164 | 0,162 | 0,162 | 0,168 |
| 150 | 0,130 | 0,144 | 0,142 | 0,142 | 0,148 |
| 160 | 0,115 | 0,127 | 0,126 | 0,126 | 0,130 |
| 170 | 0,102 | 0,113 | 0,112 | 0,112 | 0,116 |
| 180 | 0,0915 | 0,101 | 0,0999 | 0,100 | 0,104 |
| 190 | 0,0823 | 0,0911 | 0,0899 | 0,0900 | 0,0934 |
| 200 | 0,0745 | 0,0824 | 0,0814 | 0,0814 | 0,0845 |
| 210 | 0,0677 | 0,0750 | 0,0740 | 0,0740 | 0,0769 |
| 220 | 0,0618 | 0,0684 | 0,0676 | 0,0676 | 0,0702 |
| 230 | 0,0567 | 0,0628 | 0,0620 | 0,0620 | 0,0643 |
| 240 | 0,0522 | 0,0577 | 0,0570 | 0,0570 | 0,0592 |
| 250 | 0,0481 | 0,0533 | 0,0526 | 0,0527 | 0,0547 |

**Tafel 27 Knickbeiwerte $k_c$ für Brettschichtholz der Tafel 2** nach EC 5 T1-1, 5.2.1 [1])

| Schlankheitsgrad $\lambda$ | BS 11 | BS 14 | | BS 16 | | BS 18 | |
|---|---|---|---|---|---|---|---|
| | | k | h | k | h | k | h |
| 30 | 1,000 | 1,000 | 1,000 | 1,000 | 1,000 | 1,000 | 1,000 |
| 40 | 0,975 | 0,971 | 0,967 | 0,975 | 0,968 | 0,975 | 0,971 |
| 50 | 0,925 | 0,915 | 0,904 | 0,927 | 0,906 | 0,924 | 0,915 |
| 60 | 0,821 | 0,799 | 0,774 | 0,824 | 0,779 | 0,818 | 0,797 |
| 70 | 0,671 | 0,644 | 0,616 | 0,675 | 0,622 | 0,667 | 0,642 |
| 80 | 0,536 | 0,512 | 0,488 | 0,539 | 0,492 | 0,533 | 0,510 |
| 90 | 0,433 | 0,412 | 0,392 | 0,435 | 0,396 | 0,430 | 0,411 |
| 100 | 0,355 | 0,338 | 0,321 | 0,357 | 0,324 | 0,352 | 0,337 |
| 110 | 0,296 | 0,281 | 0,267 | 0,298 | 0,270 | 0,294 | 0,280 |
| 120 | 0,250 | 0,238 | 0,226 | 0,252 | 0,228 | 0,248 | 0,237 |
| 130 | 0,214 | 0,203 | 0,193 | 0,215 | 0,195 | 0,212 | 0,203 |
| 140 | 0,185 | 0,176 | 0,167 | 0,186 | 0,169 | 0,184 | 0,175 |
| 150 | 0,162 | 0,154 | 0,146 | 0,163 | 0,147 | 0,161 | 0,153 |
| 160 | 0,143 | 0,135 | 0,129 | 0,143 | 0,130 | 0,142 | 0,135 |
| 170 | 0,127 | 0,120 | 0,114 | 0,127 | 0,115 | 0,126 | 0,120 |
| 180 | 0,113 | 0,107 | 0,102 | 0,114 | 0,103 | 0,112 | 0,107 |
| 190 | 0,102 | 0,0966 | 0,0917 | 0,102 | 0,0926 | 0,101 | 0,0963 |
| 200 | 0,0919 | 0,0873 | 0,0828 | 0,0925 | 0,0837 | 0,0912 | 0,0870 |
| 210 | 0,0835 | 0,0793 | 0,0752 | 0,0840 | 0,0760 | 0,0829 | 0,0790 |
| 220 | 0,0762 | 0,0723 | 0,0686 | 0,0767 | 0,0693 | 0,0756 | 0,0721 |
| 230 | 0,0698 | 0,0662 | 0,0628 | 0,0702 | 0,0635 | 0,0692 | 0,0660 |
| 240 | 0,0642 | 0,0609 | 0,0578 | 0,0645 | 0,0584 | 0,0637 | 0,0607 |
| 250 | 0,0592 | 0,0562 | 0,0533 | 0,0595 | 0,0538 | 0,0587 | 0,0560 |

[1]) die Berechnung der Schlankheitsgrade $\lambda$ und der Knickbeiwerte $k_c$ kann auch nach Tafel 24 vorgenommen werden

Die **Knicklängen $l_{ef}$** üblicher Holztragwerke sind in Tafel 28 dargestellt; weitere Knicklängen können u.a. *Heimeshoff* [12], *Neuhaus* [16], *Werner/Steck* [18] und den Tafeln 33 bis 35 des Abschn. „Holzbau nach DIN 1052" entnommen werden.

**Tafel 28 Knicklängen $l_{ef}$ (Ersatzknicklängen) für übliche Holztragwerke** nach *Euler, Blaß* [24] und EC 5 T1-1, 5.4.1.4[1]) [2])

| | Tragwerk und Knicklänge $l_{ef}$ |
|---|---|
| 1 | **Eingespannter Stab (Stütze), *Euler*fall 1**<br>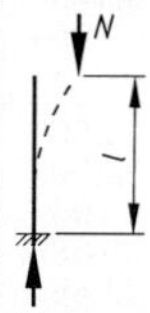<br>$l_{ef} = 2\cdot l$ |
| 2 | **Pendelstab (-stütze), *Euler*fall 2**<br>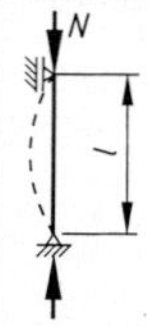<br>$l_{ef} = 1\cdot l$ |
| 3 | **Unten eingespannter Stab (Stütze) mit gelenkiger Lagerung oben, *Euler*fall 3**<br>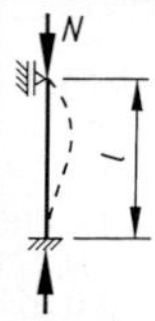<br>$l_{ef} = 0{,}707\cdot l$ |
| 4 | **Beidseitig eingespannter Stab (Stütze), *Euler*fall 4**<br>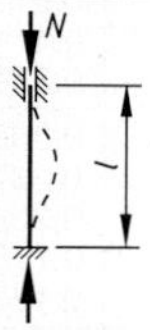<br>$l_{ef} = 0{,}5\cdot l$ |
| 5 | **Nachgiebig eingespannter Stab (Stütze)** [3]) [4])<br>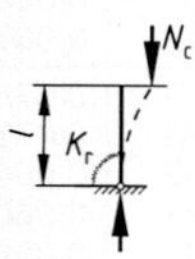<br>$l_{ef} = l\cdot\sqrt{4+\frac{\pi^2\cdot EI}{l\cdot K_r}}$ |
| 6 | **Stützenreihe mit nachgiebig eingespannter Stütze, an die mit durchlaufendem Riegel Pendelstützen angeschlossen sind** [3]) [4])<br>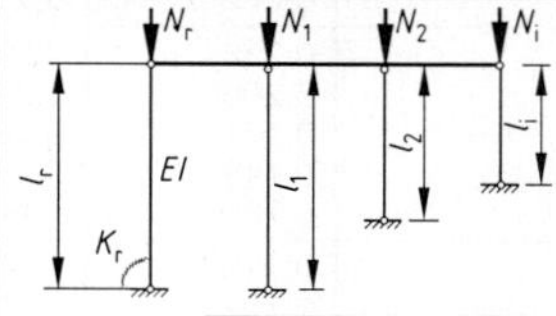<br>$l_{ef} = l_r\cdot\pi\cdot\sqrt{\frac{5+4\cdot\alpha}{12}+\frac{(1+\alpha)\cdot EI}{l_r\cdot K_r}}$<br>$\alpha = \frac{l_r}{N_r}\cdot\sum\frac{N_i}{l_i}$ |
| 7 | **Zwei- oder Dreigelenkbögen**<br>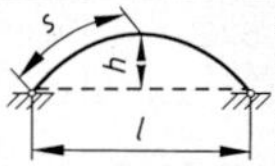<br>$l_{ef} = 1{,}25\cdot s$ für $0{,}15 \leq h/l \leq 0{,}5$ und praktisch konstantem Querschnitt |
| 8 | **Zwei- und Dreigelenkrahmen mit nachgiebigen Rahmenecken** (Stielneigung $\leq 15°$) [3]) [4]) [5]) [6])<br>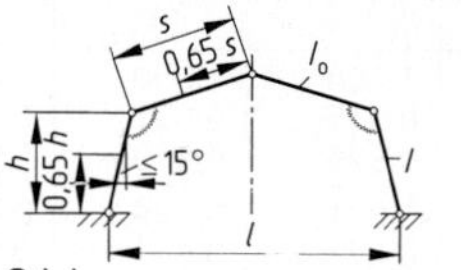<br>Stiele:<br>$l_{ef} = h\cdot\sqrt{4+3{,}2\cdot\frac{I\cdot s}{I_0\cdot h}+10\cdot\frac{EI}{h\cdot K_r}}$<br>Riegel:<br>$l_{ef} = h\cdot\sqrt{4+3{,}2\,\frac{I\cdot s}{I_0\cdot h}+10\cdot\frac{EI}{h\cdot K_r}}\cdot\sqrt{\frac{I_0\cdot N}{I\cdot N_0}}$ |
| 9 | **Rahmen mit V-förmigen Stützen**<br>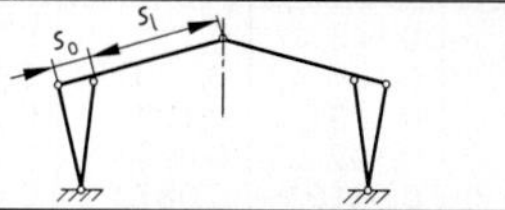<br>Riegel:<br>$l_{ef} = 2\cdot s_l + 0{,}7\cdot s_0$ |
| 10 | **Rahmen mit Fachwerkriegeln**<br>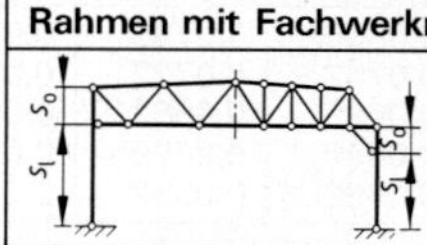<br>Stiele:<br>$l_{ef} = 2\cdot s_l + 0{,}7\cdot s_0$ |

Fortsetzung s. nächste Seite

**Tafel 28,** Fortsetzung

| | **Fachwerkbinder** | |
|---|---|---|
| 11 | $s$ Länge der Systemlinie<br>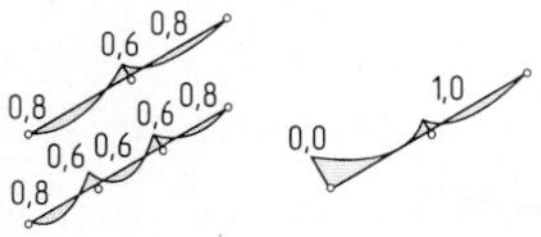<br><br>**Beim vereinfachten Knicknachweis** nach Abschn. 3.6.2 dürfen folgende Werte für die wirksame Knicklänge $l_{ef}$ angenommen werden:<br>– **für Einfeldstäbe ohne Endeinspannung und**<br>– **für durchlaufende Stäbe ohne Querlasten**<br>$l_{ef}=1{,}0\cdot s$ | – **für querbelastete, durchlaufende Stäbe**<br>– mit unwesentlichen Endmomenten:<br>– im Endfeld: $l_{ef}=0{,}8\cdot s$<br>– im Innenfeld: $l_{ef}=0{,}6\cdot s$<br>– im Knoten: $l_{ef}=0{,}6\cdot s$ der größeren anschließenden Systemlinie<br>– mit wesentlichen Endmomenten:<br>– im Feld mit Endmoment: $l_{ef}=0$ (kein Ausknicken)<br>– im vorletzten Feld: $l_{ef}=1{,}0\cdot s$<br>– übrige Felder und Knoten: wie für Stäbe mit nur unwesentlichen Endmomenten |

[1]) Knicklängen gelten für das Ausknicken in der Tragwerksebene (Zeichenebene)

[2]) Das Knicken aus der Tragwerksebene ist stets gesondert nachzuweisen; als Knicklänge $l_{ef}$ gilt hier im allgemeinen der Abstand $a$ von Queraussteifungen, die Tragwerkspunkte seitlich unverschieblich halten

[3]) Knicklängen bei Tragsystemen mit nachgiebigen Verbindungen gelten nur für die Fälle, bei denen die elastische Knicklast durch die Nachgiebigkeit um nicht mehr als etwa 20% abgemindert wird

[4]) Die Berechnung der Drehfedersteifigkeit $K_r$ kann sinngemäß nach Tafel 77 des Abschn. „Holzbau nach DIN 1052" erfolgen

[5]) sind die Flächenmomente 2. Grades veränderlich, kann sinngemäß nach Tafel 34 des Abschn. „Holzbau nach DIN 1052" verfahren werden

[6]) Bei weitgespannten Rahmen, z. B. $l > 40$ m, wird empfohlen, die Knicklänge der Stiele auch unter Berücksichtigung der Riegellängskraft zu bestimmen, hierüber s. [2] und *Heimeshoff* [12]

## 3.3 Nachweis der Tragfähigkeit für Biegeträger

### 3.3.1 Einfache (einaxiale) Biegung

Für einfache Biegung sind die Gleichungen (14a) oder (14b) einzuhalten, je nach Biegebeanspruchung um die Querschnittshauptachsen, s. Bild 5.

bei Biegebeanspruchung um die y-Achse:

$$\frac{\sigma_{m,y,d}}{f_{m,y,d}}=\frac{M_{y,d}/W_{y,n}}{f_{m,y,d}}\leq 1 \quad (14a)$$

bei Biegebeanspruchung um die z-Achse:

$$\frac{\sigma_{m,z,d}}{f_{m,z,d}}=\frac{M_{z,d}/W_{z,n}}{f_{m,z,d}}\leq 1 \quad (14b)$$

$\sigma_{m,y,d}$; $\sigma_{m,z,d}$ Bemessungswerte der Biegespannungen um die y- oder z-Achse

$f_{m,y,d}$; $f_{m,z,d}$ Bemessungswerte der Biegefestigkeit

$M_{y,d}$; $M_{z,d}$ Biegemomente um die y- oder z-Achse

$W_{y,n}$; $W_{z,n}$ nutzbare Widerstandsmomente oder Widerstandsmomente des Nettoquerschnitts

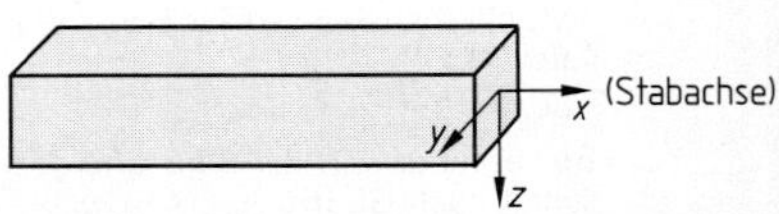


**Bild 5 Koordinatensystem der Stabstatik**

Der **Nachweis der Kippstabilität** ist nach Abschn. 3.3.8 zu führen.

**Beispiel** **Bemessung eines Parallelträgers aus Brettschichtholz**; Nachweis für Biegung; Umgebungsklima: beheizter Innenraum

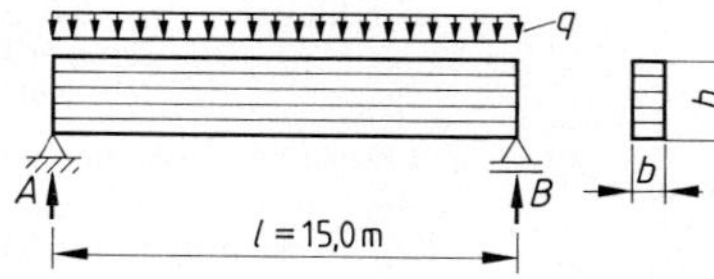


Brettschichtholz BS 14k, $b/h = 16/90$ cm

Charakteristischer Festigkeitskennwert nach Tafel 2

$f_{m,g,k} = 28{,}0\ N/mm^2 = 2{,}8\ kN/cm^2$

Nutzbares Widerstandsmoment

$W_y = W_{y,n} = 16 \cdot 90^2/6 = 21\,600\ cm^3$

Charakteristische Werte der Einwirkungen (senkrechte, gleichmäßige Linienlasten)

$g_k = 3{,}25$ kN/m aus ständiger Last
$s_k = 3{,}75$ kN/m aus Schneelast
(Regelschneelast $s_0 \leq 2{,}0\ kN/m^2$)

**1) Lastfall „ständige Last und Schneelast" (maßgebend)**

Bemessungswert der Einwirkungen nach Tafel 17

$q_d = 1{,}35 \cdot 3{,}25 + 1{,}5 \cdot 3{,}75$
$= 4{,}4 + 5{,}6 = 10{,}0$ kN/m

Bemessungswerte der Beanspruchungen

$A_d = B_d = 10{,}0 \cdot 15{,}0/2 = 75$ kN
$\max M_{y,d} = 10{,}0 \cdot 15{,}0^2/8 = 281{,}3$ kNm

Nutzungsklasse 1 nach Tafel 8
Lasteinwirkungsdauer nach Tafel 10 und 11

„ständig" für ständige Last (Eigenlast)
„kurz" für Schneelast
(Regelschneelast $s_0 \leq 2{,}0\ kN/m^2$),

Modifikationsfaktor nach Tafel 12

$k_{mod} = 0{,}6$ für ständige Last
$k_{mod} = 0{,}9$ für Schneelast (maßgebend)

Teilsicherheitsbeiwert für Baustoffe nach Tafel 20

$\gamma_M = 1{,}3$

Bemessungswert der Baustoffeigenschaft nach Gl. (5)

$f_{m,g,d} = 0{,}90 \cdot 2{,}80/1{,}3 = 1{,}94\ kN/cm^2$

Nachweis der Tragfähigkeit nach Gl. (14a)

$$\frac{28130/21\,600}{1{,}94} = 0{,}67 \leq 1$$

**2) Lastfall „ständige Last" (nicht maßgebend)**
(nicht angeführte Größen wie im Lastfall „ständige Last und Schneelast")

Bemessungswert der Einwirkung

$q_d = 1{,}35 \cdot 3{,}25 = 4{,}4$ kN/m

Bemessungswerte der Beanspruchungen

$A_d = B_d = 4{,}4 \cdot 15{,}0/2 = 33{,}0$ kN
$\max M_{y,d} = 4{,}4 \cdot 15{,}0^2/8 = 123{,}8$ kNm

Lasteinwirkungsdauer nach Tafel 10

„ständig" für ständige Last (Eigenlast)

Modifikationsfaktor nach Tafel 12

$k_{mod} = 0{,}6$ für ständige Last

Bemessungswert der Baustoffeigenschaft nach Gl. (5)

$f_{m,g,d} = 0{,}60 \cdot 2{,}80/1{,}3 = 1{,}29\ kN/cm^2$

Nachweis der Tragfähigkeit nach Gl. (14a)

$$\frac{12380/21\,600}{1{,}29} = 0{,}44 \leq 1$$

**Weitere Nachweise:**

Nachweis für Querkraft (Schub) s. Beispiel Abschn. 3.3.5
Nachweis der Kippstabilität s. Beispiel Abschn. 3.3.8

Nachweis der Gebrauchstauglichkeit (Durchbiegung) s. Beispiel Abschn. 4.1.1

### 3.3.2 Zweiaxiale Biegung (Doppelbiegung)

Bei Doppelbiegung sind die Gl. (15a) und (15b) einzuhalten. Bei der Bemessung von Biegeträgern mit Rechteckquerschnitt darf eine der beiden gleichzeitig auftretenden Biegespannungen über den Faktor $k_m$ um 30% verkleinert werden.

$$k_m \frac{\sigma_{m,y,d}}{f_{m,y,d}} + \frac{\sigma_{m,z,d}}{f_{m,z,d}} \leq 1 \quad (15a)$$

$$\frac{\sigma_{m,y,d}}{f_{m,y,d}} + k_m \frac{\sigma_{m,z,d}}{f_{m,z,d}} \leq 1 \quad (15b)$$

Bezeichnungen s. Gl. (14a) und (14b)

$k_m = 0{,}7$ für Rechteckquerschnitte

$= 1{,}0$ für andere Querschnittsformen

Der **Nachweis der Kippstabilität** ist nach Abschn. 3.3.8 zu führen.

**Beispiel** **Bemessung einer Mittelpfette aus Brettschichtholz** (nur Biegung), Umgebungsklima: überdachtes Tragwerk

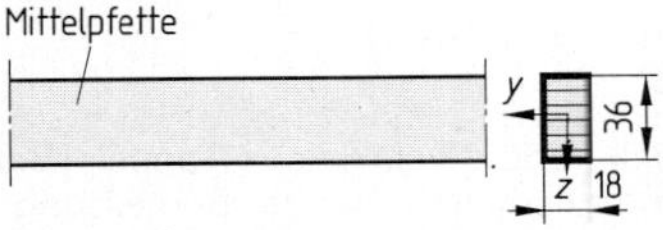


Brettschichtholz BS 18k, $b/h = 18/36$ cm

Charakteristischer Festigkeitskennwert nach Tafel 2

$f_{m,g,k} = 36{,}0$ N/mm² $= 3{,}6$ kN/cm²

Nutzbare Widerstandsmomente

$W_y = W_{y,n} = 18 \cdot 36^2/6 = 3888$ cm³
$W_z = W_{z,n} = 36 \cdot 18^2/6 = 1944$ cm³

**1.) Lastfall „ständige Last, Schnee und Wind" (maßgebend)**

weitere Lastfallkombinationen sind in diesem Beispiel nicht bemessungsbestimmend, wie Berechnungen ergaben

Bemessungswerte der Beanspruchungen (Doppelbiegung), hier nicht gesondert errechnet

$M_{y,d} = 78{,}0$ kNm
$M_{z,d} = \ \ 8{,}5$ kNm

Nutzungsklasse 2 nach Tafel 8
Lasteinwirkungsdauer nach Tafel 10

„ständig" für ständige Last (Eigenlast)
„kurz" für Schnee- und Windlast

Modifikationsfaktor nach Tafel 12

$k_{mod} = 0{,}6$ für ständige Last
$k_{mod} = 0{,}9$ für Schnee- und Windlast (maßgebend)

Teilsicherheitsbeiwert für Baustoffe nach Tafel 20

$\gamma_M = 1{,}3$

Bemessungswert der Baustoffeigenschaft nach Gl. (5)

$f_{m,g,d} = f_{m,y,d} = f_{m,z,d}$

$f_{m,g,d} = 0{,}90 \cdot 3{,}6/1{,}3 = 2{,}49$ kN/cm²

Nachweis der Tragfähigkeit nach Gl. (15a) und (15b)

$$0{,}7 \cdot \frac{7800/3888}{2{,}49} + \frac{850/1944}{2{,}49} =$$

$$0{,}7 \cdot 0{,}81 + 0{,}18 = 0{,}75 \leq 1$$

$$\frac{7800/3888}{2{,}49} + 0{,}7 \cdot \frac{850/1944}{2{,}49} =$$

$$0{,}81 + 0{,}7 \cdot 0{,}18 = 0{,}94 \leq 1$$

**Weitere Nachweise** nicht dargestellt, z. B. Nachweis für Querkraft (Schub) nach Abschn. 3.3.5
Nachweis der Kippstabilität nach Abschn. 3.3.8

### 3.3.3 Zug und Biegung (ausmittiger Zug)

Beim gleichzeitigen Auftreten von Zug- und zweiaxialer (Doppel-)Biegebeanspruchung sind Gl. (16a) und Gl. (16b) einzuhalten. Bei der Bemessung von Biegeträgern mit Rechteckquerschnitt darf eine der beiden gleichzeitig auftretenden Biegespannungen über den Faktor $k_m$ um 30% verkleinert werden. Liegen Zug- und einfache (einaxiale) Biegebeanspruchung vor, wird in den Gl. (16a) und Gl. (16b) nur die jeweilig vorhandene Biegebeanspruchung um die y- oder z-Achse berücksichtigt.

$$\frac{\sigma_{t,0,d}}{f_{t,0,d}}+\frac{\sigma_{m,y,d}}{f_{m,y,d}}+k_m\frac{\sigma_{m,z,d}}{f_{m,z,d}}\leq 1 \quad (16a) \qquad \frac{\sigma_{t,0,d}}{f_{t,0,d}}+k_m\frac{\sigma_{m,y,d}}{f_{m,y,d}}+\frac{\sigma_{m,z,d}}{f_{m,z,d}}\leq 1 \quad (16b)$$

$\sigma_{m,y,d}$; $\sigma_{m,z,d}$ Bemessungswerte der Biegespannungen um die y- oder z-Achse
$\sigma_{t,0,d}$ Bemessungswert der Zugspannung
$f_{m,y,d}$; $f_{m,z,d}$ Bemessungswerte der Biegefestigkeit
$f_{t,0,d}$ Bemessungswert der Zugfestigkeit
$k_m$ =0,7 für Rechteckquerschnitte
=1,0 für andere Querschnittsformen
weitere Bezeichnungen s. Gl. (14a) und (14b)

Der **Nachweis der Kippstabilität** ist nach Abschn. 3.3.8 zu führen.

### 3.3.4 Druck und Biegung (ausmittiger Druck) (Knicken nicht maßgebend)

Beim gleichzeitigen Auftreten von Druck- und zweiaxialer (Doppel-)Biegebeanspruchung sind Gl. (17a) und Gl. (17b) einzuhalten. Bei der Bemessung von Biegeträgern mit Rechteckquerschnitt darf eine der beiden gleichzeitig auftretenden Biegespannungen über den Faktor $k_m$ um 30% verkleinert werden. Liegen Druck- und einfache (einaxiale) Biegebeanspruchung vor, wird in den Gl. (17a) und Gl. (17b) nur die jeweilig vorhandene Biegebeanspruchung um die y- oder z-Achse berücksichtigt.

$$\left(\frac{\sigma_{c,0,d}}{f_{c,0,d}}\right)^2+\frac{\sigma_{m,y,d}}{f_{m,y,d}}+k_m\frac{\sigma_{m,z,d}}{f_{m,z,d}}\leq 1 \quad (17a) \qquad \left(\frac{\sigma_{c,0,d}}{f_{c,0,d}}\right)^2+k_m\frac{\sigma_{m,y,d}}{f_{m,y,d}}+\frac{\sigma_{m,z,d}}{f_{m,z,d}}\leq 1 \quad (17b)$$

$\sigma_{m,y,d}$; $\sigma_{m,z,d}$ Bemessungswerte der Biegespannungen um die y- oder z-Achse
$\sigma_{c,0,d}$ Bemessungswert der Druckspannung
$f_{m,y,d}$; $f_{m,z,d}$ Bemessungswerte der Biegefestigkeit
$f_{c,0,d}$ Bemessungswert der Druckfestigkeit
$k_m$ =0,7 für Rechteckquerschnitte
=1,0 für andere Querschnittsformen
weitere Bezeichnungen s. Gl. (14a) und (14b)

Der **Nachweis der Knick- und Kippstabilität** ist nach Abschn. 3.2.5 zu führen.

### 3.3.5 Schub

Bei Schubbeanspruchung ist Gl. (18) einzuhalten. Die zu einer Querkraft $Q$ gehörenden Schubspannungen $\tau$ werden allgemein nach Gl. (19) berechnet. Bei einem Rechteckquerschnitt kann die größte Schubspannung nach Gl. (20) ermittelt werden.

$$\frac{\tau_d}{f_{v,d}}\leq 1 \quad (18)$$

allgemein:

$$\tau=\frac{Q\cdot S}{I\cdot b} \quad (19)$$

für einen Rechteckquerschnitt gilt:

$$\max\tau=\frac{1{,}5\cdot Q}{b\cdot h} \quad (20)$$

$\tau_d$ Bemessungswert der Schubbeanspruchung
$f_{v,d}$ Bemessungswert der Schubfestigkeit
$S$ Flächenmoment 1. Grades
$I$ Flächenmoment 2. Grades
$b$ Querschnittsbreite
$h$ Querschnittshöhe
$Q$ maßgebende Querkraft

**Beispiel** **Bemessung eines Parallelträgers aus Brettschichtholz; Nachweis für Schub;** s. auch Beispiel Abschn. 3.3.1 (Fortführung)

Brettschichtträger BS 14k, $b/h = 16/90$ cm

Charakteristischer Festigkeitskennwert nach Tafel 2

$f_{v,k} = 2{,}7\ N/mm^2 = 0{,}27\ kN/cm^2$

**Maßgebender Lastfall „ständige Last und Schneelast"**

Bemessungswerte der Beanspruchungen

$A_d = B_d = 75$ kN

max. Querkraft $Q$ im Beispiel an den Auflagern

$Q_d = 75$ kN

Bemessungswert der Baustoffeigenschaft nach Gl. (5)

$f_{v,d} = 0{,}9 \cdot 0{,}27/1{,}3 = 0{,}19\ kN/cm^2$

Nachweis der Tragfähigkeit nach Gl. (18) und (20)

$$\frac{1{,}5 \cdot 75{,}0/(16 \cdot 90)}{0{,}19} = 0{,}41 \leq 1$$

## Abgeminderte Querkraft bei Einzellasten

Tritt am Biegeträgerende (Endauflager) eine Einzellast $F$ auf, so kann der Beitrag dieser Einzellast $F$ zur gesamten Querkraft entsprechend der Einflußlinie nach Bild 6 abgemindert werden, wenn $F$ innerhalb eines Bereiches von $2h$ vom Endauflager angreift. Dabei muß der Träger entsprechend Bild 6 am unteren Rand aufgelagert und die Einzellast $F$ am oberen Trägerrand angreifen.

Die abgeminderte Querkraft $Q_{v,red}$ errechnet sich allgemein nach Gl. (21). Für Einfeldträger kann die abgeminderte Querkraft nach Gl. (22) berechnet werden.

$$Q_{v,red} = k_F \cdot V \qquad (21)$$

für Einfeldträger mit $a \leq 2h$ gilt:

$$Q_{v,red} = \left(\frac{1}{2h} - \frac{1}{l}\right) \cdot a \cdot F \qquad (22)$$

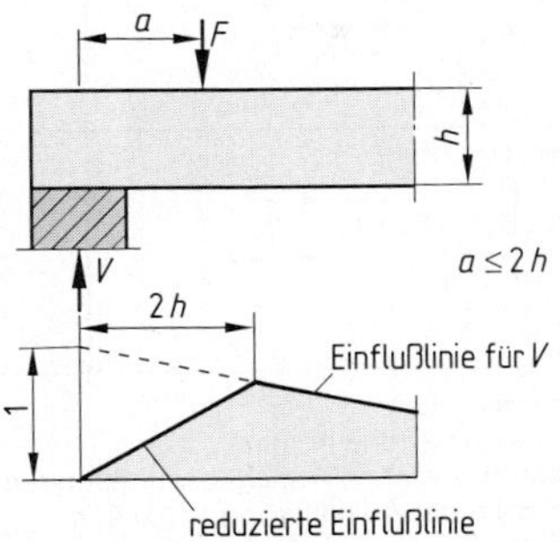


**Bild 6** **Reduzierte Einflußlinie für Einzellasten** nach EC 5 T1-1, Bild 5.1.7.1

$V$ Auflagerkraft infolge Einzellast $F$ nach Bild 6
$k_F$ Abminderungsfaktor für Einzellasten
$h$ Trägerhöhe nach Bild 6
$a$ Abstand der Einzellast $F$ von Auflagermitte
$l$ Stützweite bei Einfeldträgern

### 3.3.6 Ausgeklinkte Biegeträger

Bei Trägern, die an ihren Enden ausgeklinkt sind, ist Gl. (23) einzuhalten. Die Schubspannungen $\tau_d$ sind dabei mit einer wirksamen (reduzierten) Höhe $h_e$ zu berechnen. Die Faktoren $k_v$ für unten „schräg", unten „rechtwinklig" und für oben ausgeklinkte Trägerenden können Tafel 29 entnommen werden.

$$\frac{\tau_d}{k_v \cdot f_{v,d}} = \frac{1{,}5 \cdot V_d/(b \cdot h_e)}{k_v \cdot f_{v,d}} \qquad (23)$$

$V_d$ Bemessungswert der Auflagerkraft am Trägerende
$b$ Trägerbreite
$h_e$ Trägerhöhe an der Ausklinkung
$k_v$ Faktor je nach Ausklinkungsform, s. Tafel 29
$f_{v,d}$ Bemessungswert der Schubfestigkeit

**Tafel 29 Faktor $k_v$ der Gl. (23) für unten und oben ausgeklinkte Trägerenden** nach EC 5 T1-1, Gl. (5.1.7.2b–d) und NAD, 5.1.7.2[1])

| Ausklinkungsform | Bedingungen | Faktor $k_v$ |
|---|---|---|
| Ausklinkung „unten schräg" 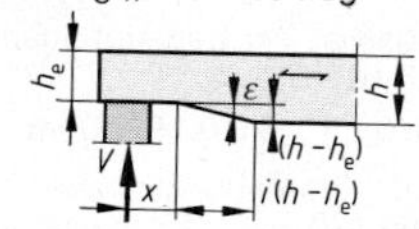 | $h_e \geq 0{,}5\,h$<br>$x \leq 0{,}4\,h$ | $k_v = \min \begin{cases} 1 \\ \dfrac{k_n\left(1 + \dfrac{1{,}1 \cdot i^{1{,}5}}{\sqrt{h}}\right)}{\sqrt{h}\left(\sqrt{\alpha(1-\alpha)} + 0{,}8\,\dfrac{x}{h}\sqrt{\dfrac{1}{\alpha} - \alpha^2}\right)} \end{cases}$ |
| Ausklinkung „unten rechtwinklig" 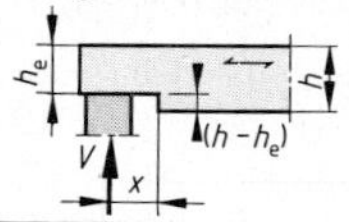 | $h_e \geq 0{,}5\,h$<br>$x \leq 0{,}4\,h$ | $k_v = \min \begin{cases} 1 \\ \dfrac{k_n}{\sqrt{h}\left(\sqrt{\alpha(1-\alpha)} + 0{,}8\,\dfrac{x}{h}\sqrt{\dfrac{1}{\alpha} - \alpha^2}\right)} \end{cases}$ |
| Ausklinkung „oben" 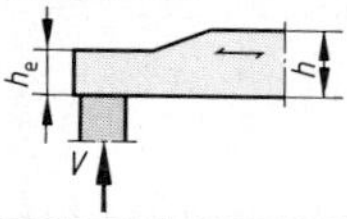 | | $k_v = 1$ |

[1]) Hierin bedeuten:
- $h$ Querschnittshöhe in mm
- $x$ Abstand zwischen Auflagerresultierenden und Ecke der Ausklinkung, $x \leqq 0{,}4 \cdot h$
- $\alpha$ $= h_e/h \geq 0{,}5$
- $i$ Steigung des Anschnittes, $i = 1/\tan\varepsilon$
- $\varepsilon$ Winkel des Anschnitts
- $k_n$ Faktor, Maß für die Bruchenergie, $k_n = 5{,}0$ für Vollholz, $k_n = 6{,}5$ für Brettschichtholz

## 3.3.7 Torsion

Bei Torsionsbeanspruchung ist Gl. (24) einzuhalten. Die zum Torsionsmoment $T$ gehörenden Torsionsspannungen $\tau_{tor}$ können nach Gl. (25) berechnet werden (Elastizitätstheorie isotroper Werkstoffe, *Saint-Venant*sche Torsion). Das Torsionswiderstandsmoment $W_T$ für Rechteckquerschnitte kann nach Gl. (26) ermittelt werden.

für Rechteckquerschnitte gilt:

$$\frac{\tau_{tor,d}}{f_{v,d}} \leq 1 \quad (24) \qquad \max \tau_{tor,d} = \frac{T_d}{W_T} \quad (25) \qquad W_T = \frac{h \cdot b^2}{3\eta} \quad (26)$$

- $\tau_{tor,d}$ Bemessungswert der Torsionsspannungen
- $f_{v,d}$ Bemessungswert der Schubfestigkeit
- $T_d$ Bemessungswert des Torsionsmomentes
- $W_T$ Torsionswiderstandsmoment
- $\eta$ Wert nach Tafel 30

**Tafel 30 $\eta$-Werte der Gl. (26) für die Berechnung des Torsionswiderstandsmomentes $W_T$ bei Rechteckquerschnitten** nach *Möhler/Hemmer*[1]) [2])

| $h/b$ | 1 | 1,5 | 2 | 3 | 4 | 5 | 6 | 7 | 8 | 9 | 10 | 12 |
|---|---|---|---|---|---|---|---|---|---|---|---|---|
| $\eta$ | 1,609 | 1,433 | 1,356 | 1,247 | 1,183 | 1,144 | 1,117 | 1,099 | 1,086 | 1,075 | 1,067 | 1,055 |

[1]) Zwischenwerte können geradlinig eingeschaltet werden
[2]) $h$, $b$ Querschnittshöhe bzw. -breite des Rechteckquerschnitts

### Kombination von Querkraft und Torsion

EC 5 T1-1 regelt nicht die gleichzeitige Beanspruchung eines Querschnitts auf Querkraft (Schub) und Torsion. *Aune* [22] empfiehlt, bei dieser kombinierten Beanspruchung Gl. (27) nach *Möhler/Hemmer* einzuhalten.

$$\frac{\tau_{tor,d}}{f_{v,d}} + \left(\frac{\tau_{v,d}}{f_{v,d}}\right)^2 \leq 1 \quad (27)$$

## 3.3.8 Kippen von Biegeträgern

Biegebeanspruchte Bauteile müssen gegen Kippen (seitliches Ausweichen und gleichzeitige Verdrehung) gesichert sein.

Beim Nachweis der Kippstabilität ist Gl. (28) einzuhalten. Die Berechnung des Faktor $k_{crit}$ (Kippbeiwert), des bezogenen Schlankheitsgrades $\lambda_{rel,m}$ (Kippschlankheitsgrades) und der kritischen Biegespannung $\sigma_{m,crit}$ ist in Tafel 31 angegeben. Der

**Tafel 31 Berechnung des Faktors $k_{crit}$ (Kippbeiwert), des bezogenen Schlankheitsgrades $\lambda_{rel,m}$ (Kippschlankheitsgrad) und der kritischen Biegespannung $\sigma_{m,crit}$** nach EC 5 T1-1, 5.2.2 und NAD, 5.2.2[1]) [2])

| | |
|---|---|
| 1 | Biegeträger mit seitlicher Vorkrümmung: $$k_{crit} = \begin{cases} 1 & \text{für } \lambda_{rel,m} \leq 0{,}75 \\ 1{,}56 - 0{,}75 \cdot \lambda_{rel,m} & \text{für } 0{,}75 < \lambda_{rel,m} \leq 1{,}4 \\ 1/\lambda_{rel,m}^2 & \text{für } 1{,}4 < \lambda_{rel,m} \end{cases}$$ mit dem bezogenen Schlankheitsgrad (Kippschlankheitsgrad) $$\lambda_{rel,m} = \sqrt{f_{m,k}/\sigma_{m,crit}}$$ der kritischen Biegespannung für Biegeträger mit Rechteckquerschnitt: $$\sigma_{m,crit} = \frac{\pi \cdot b^2 \cdot E_{0,05}}{l_{ef} \cdot h} \sqrt{\frac{G_{mean}}{E_{0,mean}}}$$ |
| 2 | Biegeträger,<br>– bei dem eine seitliche Verschiebung des gedrückten Randes über die ganze Länge verhindert wird, und<br>– der an den Auflagern eine Gabellagerung besitzt: $k_{crit} = 1$ |

[1]) Hierin bedeuten:

$k_{crit}$ Faktor (Kippbeiwert) zur Berücksichtigung der verringerten Tragfähigkeit infolge Kippens
$\lambda_{rel,m}$ bezogener Schlankheitsgrad (Kippschlankheitsgrad)
$\sigma_{m,crit}$ kritische Biegespannung
$f_{m,k}$ charakteristische Biegefestigkeit
$b$ Trägerbreite
$h$ Trägerhöhe
$l_{ef}$ wirksame Trägerlänge nach Tafel 33
$G_{mean}$ Schubmodul
$E_{0,mean}$ Elastizitätsmodul in Faserrichtung, Mittelwert
$E_{0,05}$ Elastizitätsmodul in Faserrichtung, bezogen auf die 5% Fraktile

[2]) der Faktor $k_{crit}$ (Kippbeiwert) kann auch Tafel 32 entnommen werden

**Tafel 32 Kippbeiwert $k_{crit}$** nach EC 5 T1-1, Gl (5.2.2c–e)

| $\lambda_{rel,m}$ | Kippschlankheitsgrad $\lambda_{rel,m}$ | | | | | | | | | |
|---|---|---|---|---|---|---|---|---|---|---|
| | 0,00 | 0,01 | 0,02 | 0,03 | 0,04 | 0,05 | 0,06 | 0,07 | 0,08 | 0,09 |
| ≤0,75 | 1,000 | | | | | | | | | |
| 0,70 | 1,000 | 1,000 | 1,000 | 1,000 | 1,000 | 1,000 | 0,990 | 0,983 | 0,975 | 0,968 |
| 0,80 | 0,960 | 0,953 | 0,945 | 0,938 | 0,930 | 0,923 | 0,915 | 0,908 | 0,900 | 0,893 |
| 0,90 | 0,885 | 0,878 | 0,870 | 0,863 | 0,855 | 0,848 | 0,840 | 0,833 | 0,825 | 0,818 |
| 1,00 | 0,810 | 0,803 | 0,795 | 0,788 | 0,730 | 0,773 | 0,765 | 0,758 | 0,750 | 0,743 |
| 1,10 | 0,735 | 0,728 | 0,720 | 0,713 | 0,705 | 0,698 | 0,690 | 0,683 | 0,675 | 0,668 |
| 1,20 | 0,660 | 0,653 | 0,645 | 0,638 | 0,630 | 0,623 | 0,615 | 0,608 | 0,600 | 0,593 |
| 1,30 | 0,585 | 0,578 | 0,570 | 0,563 | 0,555 | 0,548 | 0,540 | 0,533 | 0,525 | 0,518 |
| 1,40 | 0,510 | 0,503 | 0,496 | 0,489 | 0,482 | 0,476 | 0,469 | 0,463 | 0,457 | 0,450 |
| 1,50 | 0,444 | 0,439 | 0,433 | 0,427 | 0,422 | 0,416 | 0,411 | 0,406 | 0,401 | 0,396 |
| 1,60 | 0,391 | 0,386 | 0,381 | 0,376 | 0,372 | 0,367 | 0,363 | 0,359 | 0,354 | 0,350 |
| 1,70 | 0,346 | 0,342 | 0,338 | 0,334 | 0,330 | 0,327 | 0,323 | 0,319 | 0,316 | 0,312 |
| 1,80 | 0,309 | 0,305 | 0,302 | 0,299 | 0,295 | 0,292 | 0,289 | 0,286 | 0,283 | 0,280 |
| 1,90 | 0,277 | 0,274 | 0,271 | 0,269 | 0,266 | 0,263 | 0,260 | 0,258 | 0,255 | 0,253 |
| 2,00 | 0,250 | 0,248 | 0,245 | 0,243 | 0,240 | 0,238 | 0,236 | 0,233 | 0,231 | 0,229 |

Faktor $k_{crit}$ (Kippbeiwert) kann auch Tafel 32 entnommen werden, wenn der Kippschlankheitsgrad $\lambda_{rel,m}$ bekannt ist. Der Faktor $k_{crit}$ (Kippbeiwert) berücksichtigt die verminderte Tragfähigkeit des Biegeträgers infolge Kippens.

$$\frac{\sigma_{m,d}}{k_{crit} \cdot f_{m,d}} \leq 1 \qquad (28)$$

$\sigma_{m,d}$ Bemessungswert der Biegespannungen
$f_{m,d}$ Bemessungswert der Biegefestigkeit
$k_{crit}$ Faktor (Kippbeiwert) nach Tafel 31 oder Tafel 32

**Tafel 33** **Verhältnisse $l_{ef}/l$ (wirksame Trägerlänge/Trägerlänge) für Träger mit Rechteckquerschnitt bei verschiedenen Lagerungen und Lastanordnungen** nach EC 5 Entwurf [34], Bild 5.1.6[1])

| | Lastanordnung, Lagerung | Lastangriff über die Trägerhöhe oben | in der Mitte | unten |
|---|---|---|---|---|
| 1 | 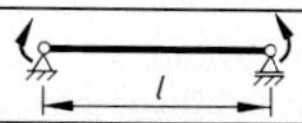 | | 1 | |
| 2 | 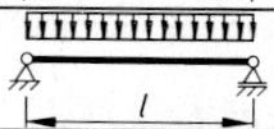 | 0,95 | 0,9 | 0,85 |
| 3 | 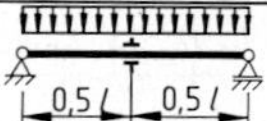 [3]) | 0,4 | 0,4 | 0,35 |
| 4 | 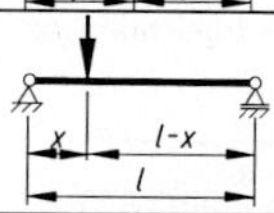 | $0{,}8/\alpha^2$) | $0{,}75/\alpha^2$) | $0{,}7/\alpha^2$) |
| 5 | 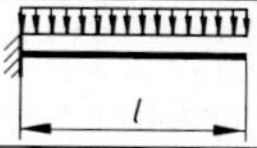 | | 1,2 | |
| 6 | 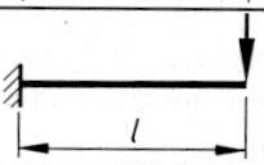 | | 1,7 | |

[1]) An den Auflagerpunkten werden Gabellager vorausgesetzt

[2]) $\alpha = 1{,}35 - 1{,}4 \cdot \frac{x}{l} \cdot \left(\frac{l-x}{l}\right)$

[3]) ǂ bezeichnet einen Bereich, in dem eine seitliche Verschiebung des oberen Balkenrandes (aber nicht eine vertikale Verschiebung oder eine Verdrehung) behindert wird

**Beispiel** **Nachweis der Kippstabilität** s. auch Beispiel Abschn. 3.3.1 (Fortführung)

Brettschichtholz BS 14k, $b/h = 16/90$ cm

Charakteristischer Festigkeitskennwert nach Tafel 2

$$f_{m,g,k} = 28{,}0 \text{ N/mm}^2 = 2{,}8 \text{ kN/cm}^2$$

Charakteristische Steifigkeitskennwerte nach Tafel 2

$$E_{0,g,mean} = 12\,500 \text{ N/mm}^2 = 1250 \text{ kN/cm}^2$$

$$E_{0,g,05} = 10\,000 \text{ N/mm}^2 = 1000 \text{ kN/cm}^2$$

$$G_{g,mean} = 780 \text{ N/mm}^2 = 78 \text{ kN/cm}^2$$

**Seitliche Abstützung des Parallelträgers**

Gabellagerung an beiden Auflagern, der Träger wird in Trägermitte am Obergurtrand durch eine Aussteifungskonstruktion seitlich unverschieblich gehalten:

wirksame Trägerlänge nach Tafel 33 Lastangriff „oben"

$$l_{ef} = 0{,}4 \cdot l = 0{,}4 \cdot 15{,}0 = 6{,}00 \text{ m}$$

**Maßgebender Lastfall „ständige Last und Schneelast"** (nicht angeführte Größen s. Beispiel Abschn. 3.3.1)

Bemessungswert der Beanspruchung (Biegung)

$$\max M_{y,d} = 281{,}3 \text{ kNm}$$

Bemessungswert der Baustoffeigenschaft

$$f_{m,g,d} = 1{,}94 \text{ kN/cm}^2$$

Kritische Biegespannung nach Tafel 31

$$\sigma_{m,crit} = \frac{\pi \cdot 16^2 \cdot 1000}{600 \cdot 90} \cdot \sqrt{\frac{78}{1250}} = 3{,}72 \text{ kN/cm}^2$$

Bezogener Schlankheitsgrad (Kippschlankheitsgrad) nach Tafel 31

$$\lambda_{rel,m} = \sqrt{2{,}8/3{,}72} = 0{,}87$$

Faktor $k_{crit}$ (Kippbeiwert) nach Tafel 31 oder aus Tafel 32

$$k_{crit} = 1{,}56 - 0{,}75 \cdot 0{,}87 = 0{,}908$$

Nachweis der Kippstabilität

$$\frac{28130/21\,600}{0{,}908 \cdot 1{,}94} = 0{,}74 \leq 1$$

### 3.3.9 Pultdachträger

Beim Nachweis der Biegespannungen von Pultdachträgern mit Faserrichtung parallel zu einer der Trägerkanten und einem Faseranschnittswinkel $\alpha \leq 10°$ sind die Gleichungen der Tafel 34 einzuhalten, dabei wird zwischen der faserparallelen Trägerkante und der geneigten Trägerkante (mit einem Faseranschnittswinkel $\alpha$) unterschieden.

Die Spannungskombination am geneigten (angeschnittenen) Rand (gleichzeitiges Auftreten von Längs-, Quer- und Schubspannungen) wird durch eine Abminderung der Biegespannungen mit dem Faktor $k_{m,\alpha}$ berücksichtigt.

**Tafel 34 Nachweis der Tragfähigkeit (Biegespannungen) von Pultdachträgern** nach EC 5 T1-1, 5.2.3[1] [2]

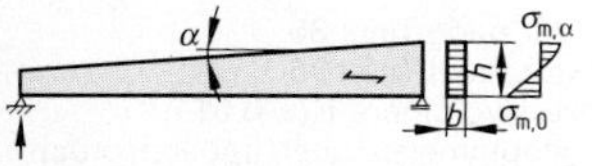


**Faserparalleler Trägerrand**

| Nachweis der Tragfähigkeit | Biegerandspannungen für $\alpha \leq 10°$ |
|---|---|
| $\frac{\sigma_{m,0,d}}{f_{m,d}} \leq 1$ | $\sigma_{m,0,d} = (1 + 4 \cdot \tan^2 \alpha) \frac{6 \cdot M_d}{b \cdot h^2}$ |

**Geneigter (angeschnittener) Trägerrand mit Faseranschnittswinkel $\alpha \leq 10°$**

| Nachweis der Tragfähigkeit | Biegerandspannungen für $\alpha \leq 10°$ |
|---|---|
| $\frac{\sigma_{m,\alpha,d}}{k_{m,\alpha} \cdot f_{m,d}} \leq 1$ | $\sigma_{m,\alpha,d} = (1 - 4 \cdot \tan^2 \alpha) \frac{6 \cdot M_d}{b \cdot h^2}$ |
| Faktor $k_{m,\alpha}$ für den Fall, daß der geneigte Rand ein Biegezugrand ist | Faktor $k_{m,\alpha}$ für den Fall, daß der geneigte Rand ein Biegedruckrand ist |
| $k_{m,\alpha} = \frac{1}{\frac{f_{m,d}}{f_{t,90,d}} \cdot \sin^2 \alpha + \cos^2 \alpha}$ | $k_{m,\alpha} = \frac{1}{\frac{f_{m,d}}{f_{c,90,d}} \cdot \sin^2 \alpha + \cos^2 \alpha}$ |

**Beispiel: Pultdachträger mit Rechteckquerschnitt und konstanter Gleichlast $q$**

maximale Biegespannungen an der Trägerstelle:

$$\bar{x} = \frac{h_s}{h_s + h_{ap}} \cdot l$$

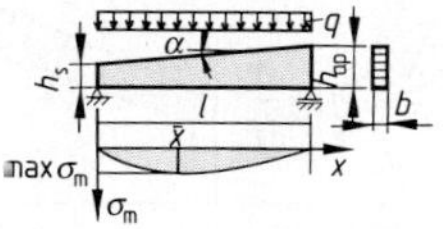


[1]) Über weitere Nachweise der Tragfähigkeit wie Schub, Kippen und dgl. mehr s. entsprechende Abschnitte

[2]) Hierin bedeuten:

| | | | |
|---|---|---|---|
| $\sigma_{m,0,d}$; $\sigma_{m,\alpha,d}$ | Bemessungswerte der Biegespannungen an der faserparallelen Trägerkante bzw. an der geneigten Trägerkante | $M_d$ | Bemessungswert des Biegemomentes |
| $f_{m,d}$ | Bemessungswert der Biegefestigkeit | $b$, $h$ | Querschnittsbreite bzw. -höhe |
| | | $\bar{x}$ | Trägerstelle mit der größten Biegespannung |

### 3.3.10 Gekrümmte Träger und Satteldachträger

Der Nachweis der Biegespannungen (Längsspannungen) und Zugspannungen rechtwiklig zur Faserrichtung (Querzugspannungen) im Firstquerschnitt von gekrümmten Trägern und Satteldachträgern ist nach Gl. (29) und Gl. (30) zu führen. Die hierzu notwendigen Größen einschließlich der Berechnung des querzugbeanspruchten Volumens können Tafel 35 entnommen werden. Geometrische Größen von Satteldachträgern sind in Tafel 36 dargestellt.

Biegespannung im Firstquerschnitt:

$$\frac{\sigma_{m,d}}{k_r \cdot f_{m,d}} \leq 1 \qquad (29)$$

$\sigma_{m,d}$ Bemessungswert der Biegespannungen

$\sigma_{t,90,d}$ Bemessungswert der Zugspannungen rechtwinklig zur Faserrichtung

$f_{m,d}$ Bemessungswert der Biegefestigkeit

$f_{t,90,d}$ Bemessungswert der Zugfestigkeit rechtwinklig zur Faserrichtung

größte Zugspannung rechtwinklig zur Faserrichtung im Firstquerschnitt:

$$\frac{\sigma_{t,90,d}}{k_{dis} \cdot (V_0/V)^{0,2} \cdot f_{t,90,d}} \leq 1 \qquad (30)$$

$k_r$ Faktor nach Tafel 35

$k_{dis}$ Faktor nach Tafel 35

$V_0$ Bezugsvolumen, $V_0 = 0{,}01$ m³

$V$ angenommenes querzugbeanspruchtes Volumen des Firstbereiches in m³, Berechnung nach Tafel 35

Bei Satteldachträgern mit geraden und gekrümmten Untergurten sind die Gleichungen der Tafel 34 (Pultdachträger) für gerade Trägerbereiche mit angeschnittener Faser anzuwenden.

**Tafel 35 Gekrümmte Träger und Satteldachträger; Berechnung der Biegespannungen und Zugspannungen rechtwinklig zur Faserrichtung (Querzugspannungen) im Firstquerschnitt sowie des querzugbeanspruchten Volumens** nach EC 5 T1-1, 5.2.4[1]) [2])

| **Gekrümmter Träger mit konstanter Querschnittshöhe** | **Satteldachträger mit gekrümmtem Untergurt** | **Satteldachträger mit geradem Untergurt** |
|---|---|---|
| 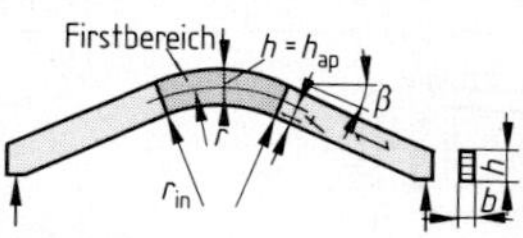  | 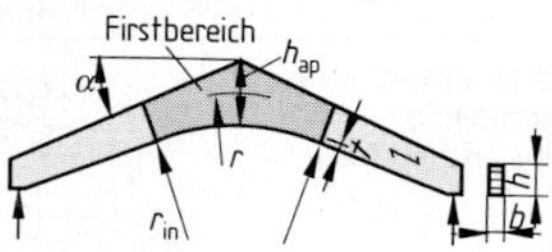  | 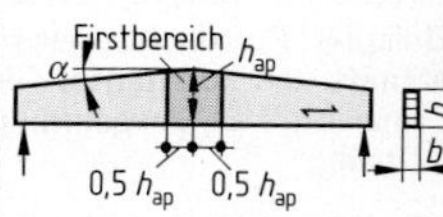  |
| **Bemessungswert der Biegespannungen im Firstquerschnitt** | | |
| | $\sigma_{m,d} = k_l \cdot \frac{6 \cdot M_{ap,d}}{b \cdot h_{ap}^2}$ | |
| Faktor $k_l$, berücksichtigt die erhöhten Biegespannungen im Firstquerschnitt | | |
| $1 + 0{,}35 \cdot \left(\frac{h_{ap}}{r}\right) + 0{,}6 \cdot \left(\frac{h_{ap}}{r}\right)^2$ | $k_1 + k_2 \cdot \left(\frac{h_{ap}}{r}\right) + k_3 \cdot \left(\frac{h_{ap}}{r}\right)^2 + k_4 \cdot \left(\frac{h_{ap}}{r}\right)^3$<br>$k_1 = 1 + 1{,}4 \cdot \tan\alpha + 5{,}4 \cdot \tan^2\alpha$<br>$k_2 = 0{,}35 - 8 \cdot \tan\alpha$<br>$k_3 = 0{,}6 + 8{,}3 \cdot \tan\alpha - 7{,}8 \cdot \tan^2\alpha$<br>$k_4 = 6 \cdot \tan^2\alpha$ | $1 + 1{,}4 \cdot \tan\alpha + 5{,}4 \cdot \tan^2\alpha$ |
| Faktor $k_r$, berücksichtigt die Festigkeitsabnahme infolge des Biegens der Lamellen bei der Herstellung | | |
| | 1 für $r_{in}/t \geq 240$<br>$0{,}76 + 0{,}001 \cdot r_{in}/t$ für $r_{in}/t < 240$ | 1 |

Fortsetzung s. nächste Seite

**Tafel 35,** Fortsetzung

| **Gekrümmter Träger mit konstanter Querschnittshöhe** | **Satteldachträger mit gekrümmtem Untergurt** | **Satteldachträger mit geradem Untergurt** |
|---|---|---|
| 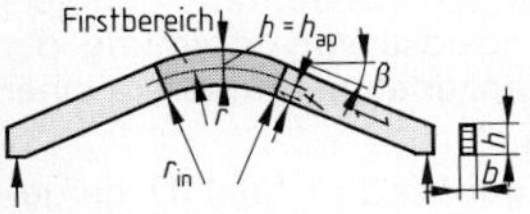 | 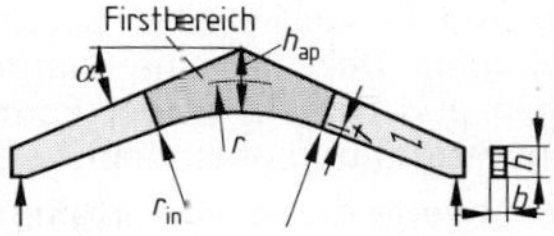 | 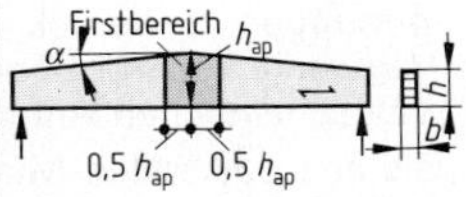 |
| **Bemessungswert der Zugspannung rechtwinklig zur Faserrichtung (Querzugspannungen) im Firstquerschnitt infolge Momentenbeanspruchung** | | |
| $\sigma_{t,90,d} = k_p \dfrac{6 \cdot M_{ap,d}}{b \cdot h_{ap}^2}$ | | |
| Faktor $k_p$ zur Berechnung der größten Querzugspannungen im Firstquerschnitt | | |
| $0{,}25 \cdot \left(\dfrac{h_{ap}}{r}\right)$ | $k_5 + k_6 \cdot \left(\dfrac{h_{ap}}{r}\right) + k_7 \cdot \left(\dfrac{h_{ap}}{r}\right)^2$<br>$k_5 = 0{,}2 \cdot \tan\alpha$<br>$k_6 = 0{,}25 - 1{,}5 \cdot \tan\alpha + 2{,}6 \cdot \tan^2\alpha$<br>$k_7 = 2{,}1 \cdot \tan\alpha - 4 \cdot \tan^2\alpha$ | $0{,}2 \cdot \tan\alpha$ |
| Faktor $k_{dis}$, berücksichtigt die Verteilung der Querzugspannungen im Firstquerschnitt | | |
| 1,4 | 1,7 | 1,4 |
| **Angenommenes querzugbeanspruchtes Volumen $V$ des Firstbereiches in m³** nach *Ehlbeck/Kürth* [38] [3]) | | |
| $V = \dfrac{\beta \cdot \pi}{180} \cdot b \cdot (h_{ap}^2 + 2 \cdot r_{in} \cdot h_{ap})$<br>jedoch höchstens $2 \cdot V_b/3$ | $V = b\left[\sin\alpha \cdot \cos\alpha \cdot (r_{in} + h_{ap})^2 - r_{in}^2 \cdot \dfrac{\pi \cdot \alpha}{180}\right]$<br>jedoch höchstens $2 \cdot V_b/3$ | $V = b \cdot h_{ap}^2 \cdot \left(1 - \dfrac{\tan\alpha}{4}\right)$<br>jedoch höchstens $2 \cdot V_b/3$ |

[1]) Über weitere Nachweise der Tragfähigkeit wie Schub, Kippen und dgl. mehr s. entsprechende Abschnitte
[2]) Bei Satteldachträgern mit geraden und gekrümmten Untergurten sind die Gleichungen der Tafel 34 für gerade Trägerbereiche mit angeschnittener Faser anzuwenden
[3]) $V_b$ Gesamtvolumen des Trägers

**Tafel 36 Geometrie von Satteldachträgern [1])**

| Satteldachträger mit gekrümmtem Untergurt | Satteldachträger mit geradem Untergurt |
|---|---|
| 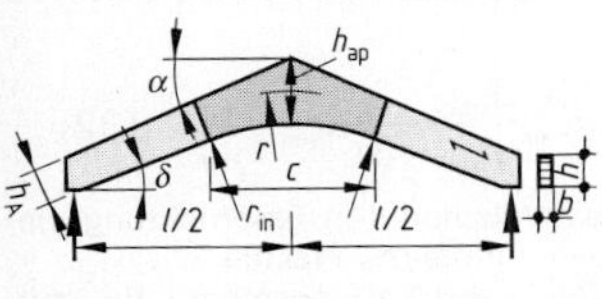 | 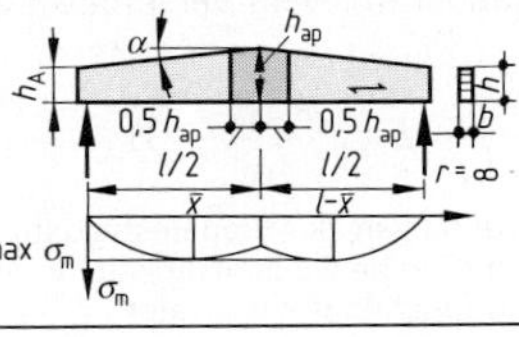 |
| $r_{in} = \dfrac{c}{2 \cdot \sin\delta}$<br>$h_{ap} = h_A + \dfrac{l}{2} \cdot (\tan\alpha - \tan\delta) + r_{in}(\cos\delta + \sin\delta \cdot \tan\delta - 1)$<br>$r = r_{in} + 0{,}5 \cdot h_{ap}$ | $h_{ap} = h_A + \dfrac{l}{2} \cdot \tan\alpha$<br>$\bar{x} = \dfrac{h_A}{2 \cdot h_{ap}} \cdot l$ |

[1]) Hierin bedeuten:
$\bar{x}$ Trägerstelle mit der größten Biegespannung (außerhalb des Firstquerschnitts)

## 3.4 Nachweis der Tragfähigkeit nach Spannungstheorie II. Ordnung

Beim Nachweis der Tragfähigkeit von ebenen Rahmen und Bögen nach der Spannungstheorie II. Ordnung sind die zusätzlichen Spannungen aus auftretenden Verformungen zu berücksichtigen. Dazu ist eine spannungslose Vorverformung der Tragwerke (ebene Rahmen und Bögen) in der Form anzunehmen, daß sie einer wahrscheinlichen Anfangsverformung entspricht.

Die anzusetzenden Mindestwerte dieser Vorverformungen sind in Tafel 37 dargestellt. Dies sind eine ungewollte Schrägstellung der Stiele unter einem Winkel $\Phi$ des unbelasteten Tragwerks und eine sinusförmige Vorkrümmung der Stabachsen zwischen den Knoten mit einer ungewollten Ausmitte $e$ in Stabmitte. Bild 7 zeigt Beispiele für spannungslose Vorverformungen eines Rahmens und Bogens.

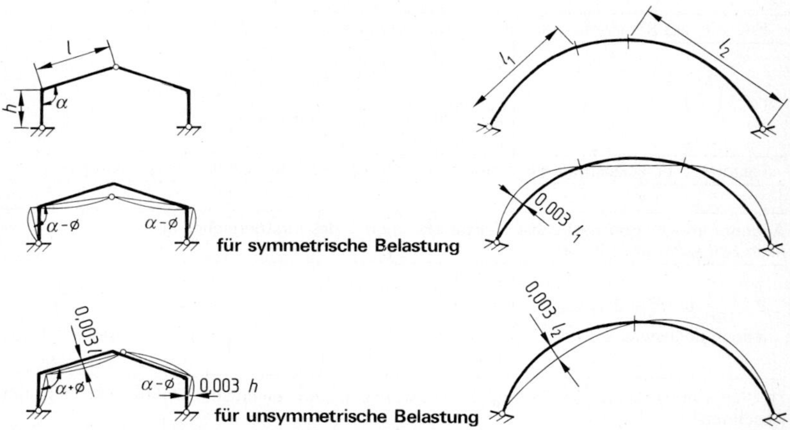


**Bild 7 Beispiele für angenommene spannungslose Vorverformungen eines Rahmens und Bogens** nach EC 5 T1-1, Bild 5.4.4

Nach NAD, 5.4.4, sind die Bemessungswerte der Einwirkungen anzusetzen. Die Berechnung der Verformungen ist mit dem Elastizitätsmodul $E$ nach Gl. (31) vorzunehmen. Das Kriechen ist grundsätzlich zu berücksichtigen. Die Nachgiebigkeit der Verbindungen ist mit dem Verschiebungsmodul $K$ der Gl. (32) nach NAD, 5.4.4, zu berechnen.

$$E = E_{0,05} \cdot \frac{f_{m,d}}{f_{m,k}} = E_{0,05} \cdot \frac{k_{mod}}{\gamma_M} \quad (31)$$

$$K = \frac{2}{3} \cdot K_{ser} \cdot \frac{f_{m,d}}{f_{m,k}} = \frac{2}{3} \cdot K_{ser} \cdot \frac{k_{mod}}{\gamma_M} \quad (32)$$

$f_{m,d}$ Bemessungswert der Biegefestigkeit
$f_{m,k}$ Charakteristische Biegefestigkeit
$k_{mod}$ Modifikationsfaktor nach Tafel 12
$\gamma_M$ Teilsicherheitsbeiwert nach Tafel 20
$E_{0,05}$ Elastizitätsmodul in Faserrichtung, bezogen auf die 5%-Fraktile
$K_{ser}$ Anfangsverschiebungsmodul für stiftförmige Verbindungsmittel nach Tafel 44

**Tafel 37 Mindestwerte der anzusetzenden Vorverformungen von Tragwerken (ebene Rahmen und Bögen) beim Nachweis mit der Spannungstheorie II. Ordnung** nach EC 5 T1-1, 5.4.4

| | |
|---|---|
| Ungewollte Schrägstellung der Stiele, Winkel $\Phi$ in Bogenmaß | $\Phi = 0{,}005$ für $h \leq 5$ m<br>$\Phi = 0{,}005 \cdot \sqrt{5/h}$ für $h > 5$ m<br>$h$ Tragwerkshöhe bzw. Stablänge in m |
| Ungewollte Ausmitte $e$ in Stabmitte | $e = 0{,}003 \cdot l$ $l$ Stablänge |

Ebene Rahmen und Bögen können alternativ auch mit den Nachweisen der Tragfähigkeit für Biege- und Druckstäbe (Knicken) nach den Abschn. 3.2 und 3.3 bemessen werden. Die Entscheidung des Nachweisverfahrens trifft der Tragwerksplaner. Hierüber s. auch Abschn. „Holzbau nach DIN 1052, Abschn. 3.5.5". Über die Bemessung von ebenen Rahmen und Bögen nach Spannungstheorie II. Ordnung berichtet *Kessel* [40].

## 3.5 Aussteifungen

Tragwerke müssen ausreichend ausgesteift sein, so daß ein Versagen oder übermäßige Verformungen verhindert werden. Druckstäbe erhalten oft zwischen ihren Auflagern zusätzliche Aussteifungen (z. B. Einzelabstützungen) gegen seitliches Ausweichen, um das Ausknicken zu verhindern. Biegeträger mit schlanken Querschnitten werden ebenso in vielen Fällen am Druckgurtrand an mehreren Stellen (oder kontinuierlich) seitlich praktisch unverschieblich (z. B. durch Aussteifungskonstruktionen) gehalten, um das Kippen auszuschließen.

### 3.5.1 Einzelabstützungen

Beim Nachweis notwendiger Einzelabstützungen von Druckstäben und von Druckgurten bei Biegeträgern sind mindestens die in Tafel 38 angeführten Stützeinzellasten $F_d$ und Federsteifigkeiten $C$ anzusetzen; dabei sollten die angegebenen größten ungewollten Ausmitten $e$ (spannungslose Vorkrümmungen) zwischen den Einzelabstützungen nicht überschritten werden. Beispiele von Druckstäben mit Einzelabstützungen zeigt Bild 8.

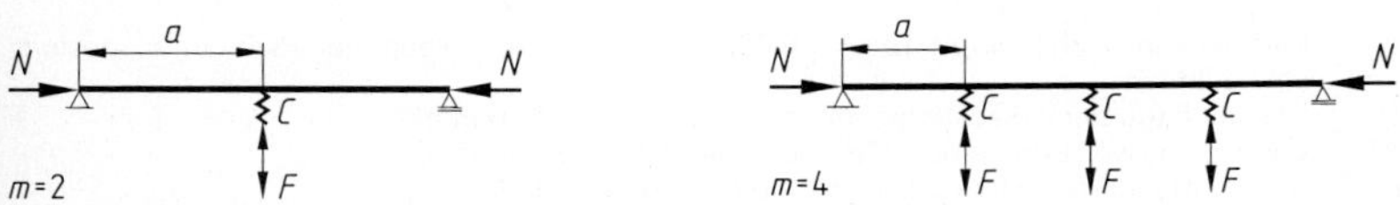


**Bild 8 Druckstäbe mit Einzelabstützungen (Beispiele)** nach EC 5 T1-1, Bild 5.4.5.2

**Tafel 38 Stützeinzellast $F_d$ und Federsteifigkeit $C$ von Einzelabstützungen** nach EC 5 T1-1, 5.4.5.2[1] [2])

| | |
|---|---|
| **Mindest-Bemessungswert $F_d$ der Stützeinzellast** | $F_d = N_d/50$ für Vollholz<br>$F_d = N_d/80$ für Brettschichtholz |
| Bemessungswert der Normalkraft $N_d$ | für einen Druckstab: $N_d$ aus mittlerer Druckkraft<br>für einen Biegeträger mit Rechteckquerschnitt (Druckgurt): $N_d = (1 - k_{crit}) \cdot M_d/h$ |
| **Mindest-Federsteifigkeit $C$ der Einzelabstützung** | $C = k_s \cdot \frac{\pi^2 \cdot EI}{a^3}$ mit $E = E_{0,05} \cdot \frac{f_{m,d}}{f_{m,k}} = E_{0,05} \cdot \frac{k_{mod}}{\gamma_M}$ und $k_s = 2 \cdot \left(1 + \cos \frac{\pi}{m}\right)$ |
| **größte ungewollte Ausmitte $e$ (spannungslose Vorkrümmung) zwischen den Einzelabstützungen** | bei Brettschichtholzstäben $e = a/500$<br>bei anderen Stäben $e = a/300$ |

[1]) Hierin bedeuten:

- $a$ Abstand der Einzelabstützungen
- $E_{0,05}$ Elastizitätsmodul parallel zur Faserrichtung, bezogen auf die 5%-Fraktile
- $EI$ Biegesteifigkeit des Druckstabes in Richtung der Einzelabstützung
- $f_{m,d}$ Bemessungswert der Biegefestigkeit
- $f_{m,k}$ charakteristische Biegefestigkeit
- $h$ Trägerhöhe
- $k_{crit}$ Kippbeiwert nach Tafel 31 bzw. Tafel 32, hierbei ist der Biegeträger als nicht ausgesteift anzunehmen
- $k_{mod}$ Modifikationsfaktor nach Tafel 12
- $m$ Anzahl der Felder mit der Länge $a$
- $M_d$ Bemessungswert des größten Biegemomentes im Biegeträger
- $\gamma_M$ Teilsicherheitsbeiwert nach Tafel 20

[2]) s. auch Bild 8

### 3.5.2 Aussteifung von Biegeträgern und Fachwerkträgern

Wird die seitliche Aussteifung (Abstützung) der Druckgurte von Biegeträgern oder Fachwerkträgern an (einer oder) mehreren Stellen erforderlich, ist die Aussteifungskonstruktion (z. B. ein Verband) für eine Gleichstreckenlast $q_d$ nach Tafel 39 zu bemessen. Weitere auftretende horizontale Einwirkungen (z. B. Windlast) auf die Aussteifungskonstruktion sind dieser Gleichstreckenlast $q_d$ zu überlagern.

Die rechnerische horizontale Durchbiegung $u$ der Aussteifungskonstruktion sollte die in Tafel 39 angeführten Höchstwerte nicht überschreiten. Bild 9 zeigt Biege- oder Fachwerkträger mit seitlichen Abstützungen.

Über die Bemessung von Aussteifungskonstruktionen berichtet *Brüninghoff* [30].

**Tafel 39 Bemessung von Aussteifungskonstruktionen zwischen Biege- oder Fachwerkträgern** nach EC 5 T1-1, 5.4.5.3[1]) [2])

| | | |
|---|---|---|
| **Gleichstreckenlast $q_d$ für die Aussteifungskonstruktion** | $q_d = k_l \cdot \frac{n \cdot N_d}{30 \cdot l}$ | $k_l = \min \begin{cases} 1 \\ \sqrt{15/l} \end{cases}$ |
| Bemessungswert der Druckkraft $N_d$ | für ein Bauteil allgemein: | $N_d$ aus mittlerer Druckkraft |
| | für einen Biegeträger mit Rechteckquerschnitt (Druckgurt): | $N_d = (1 - k_{crit}) \cdot M_d/h$ |
| **Höchstwerte der rechnerischen horizontalen Durchbiegung $u$ der Aussteifungskonstruktion** | $u_{qd} \leq l/700$ | Durchbiegung allein aus $q_d$ |
| | $u_{ges} \leq l/500$ | Gesamtdurchbiegung aus $q_d$ und anderen äußeren Einwirkungen |

[1]) Hierin bedeuten:

$h$ Trägerhöhe

$k_{crit}$ Kippbeiwert nach Tafel 31 bzw. Tafel 32, hierbei ist der Biegeträger als nicht ausgesteift anzunehmen

$l$ Gesamtlänge der auszusteifenden Biege- oder Fachwerkträger

$M_d$ Bemessungswert des größten Biegemomentes im Biegeträger

$n$ Anzahl der auszusteifenden Biege- oder Fachwerkträger

[2]) s. auch Bild 9

**Bild 9 Biege- oder Fachwerkträger mit seitlichen Abstützungen (Draufsicht); Beispiel,** nach EC 5 T1-1, Bild 5.4.5.3

## 3.6 Fachwerke

### 3.6.1 Ausführlicher Nachweis

Wird ein ausführlicher Nachweis geführt, sind Fachwerkbinder als Rahmentragwerke zu berechnen. Bei der Ermittlung der Stabkräfte und -momente sind die Verformungen der Stäbe und Verbindungen, der Einfluß von Auflagerausmitten und die Steifigkeit der Unterkonstruktion zu berücksichtigen. Liegen bei Füllstäben (Diagonale, Vertikale) die Systemlinien nicht in den Stabachsen, ist der Einfluß dieser Ausmitte bei der Bemessung der Füllstäbe in Rechnung zu stellen.

Bei der Bemessung der Fachwerkbauteile sind die Steifigkeitswerte nach Abschn. 1 und die Verschiebungen der Verbindungen nach Abschn. 4.2 zugrunde zu legen.

Verbindungen dürfen im allgemeinen als gelenkig angenommen werden. Verschiebungen in Verbindungen dürfen vernachlässigt werden, wenn dadurch die Verteilung der Stabkräfte und -momente nicht wesentlich beeinflußt wird. Verbindungen dürfen als drehsteif angenommen werden, wenn eine Verdrehung in der Verbindung die Verteilung der Stabkräfte und -momente nicht wesentlich beeinflussen würde.

Werden Nachweise der Tragfähigkeit mit der Spannungstheorie II. Ordnung geführt, sind die Steifigkeitswerte der Stäbe durch den Teilsicherheitsbeiwert $\gamma_M$ zu teilen.

Bei der Bemessung von Druckstäben ist als Knicklänge für das Knicken in der Fachwerkebene im allgemeinen der Abstand zwischen zwei benachbarten Wendepunkten der Knickbiegelinie anzunehmen.

Über die Bemessung von Fachwerkbindern berichtet *Kessel* [39].

### 3.6.2 Vereinfachter Nachweis

Ein vereinfachter Nachweis darf bei Fachwerkbindern (alternativ zum ausführlichen Nachweis nach Abschn. 3.6.1) geführt werden, wenn die Bedingungen der Tafel 40 eingehalten werden. Die Stabnormalkräfte sind mit einem Fachwerkmodell, das gelenkige Verbindungen zugrunde legt, zu ermitteln.

**Tafel 40 Vereinfachter Nachweis bei Fachwerkbindern; Aufbau und einzuhaltende Bedingungen** nach EC 5 T1-1, 5.4.1.3[1]) [2]) [3])

| Aufbau von Fachwerkbindern | Fachwerke, die nur aus Dreiecken aufgebaut sind; Beispiele |
|---|---|
| 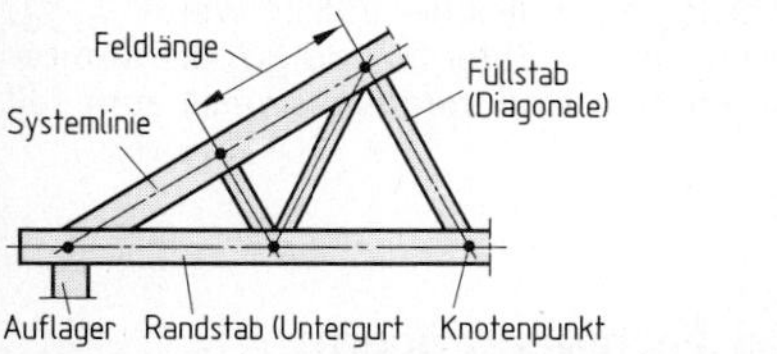  | 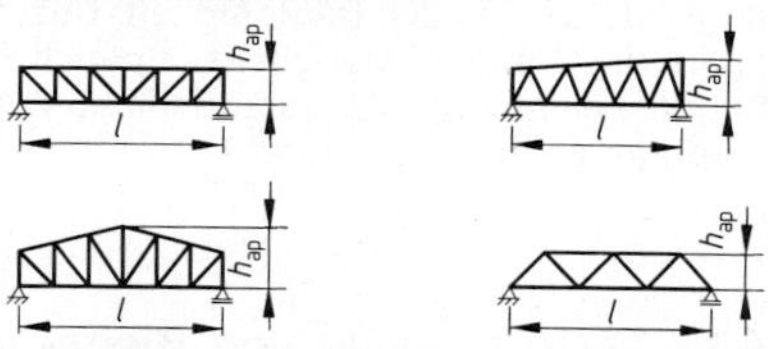  |

**Einzuhaltende Bedingungen für den vereinfachten Nachweis**

- Fachwerke dürfen nur aus Dreiecken aufgebaut sein,
- der äußere Winkel zwischen zwei Randstäben beträgt stets mindestens 180°,
- ein Teil der Auflagerfläche liegt unterhalb des Auflagerknotenpunktes,
- die Höhe des Fachwerkbinders $h_{ap}$ muß sein
  größer als 15% seiner Spannweite $l$ — $h_{ap}/l > 0{,}15$
  und
  größer als das 10fache der größten Gurthöhe $h_{max}$ — $h_{ap}/h_{max} > 10$

[1]) Hierin bedeuten:
$h_{ap}$ Höhe des Fachwerkbinders (Firsthöhe)
$h_{max}$ größte Gurthöhe
$l$ Spannweite des Fachwerkbinders

[2]) als Randstäbe werden die Ober- und Untergurtstäbe bezeichnet

[3]) als Füllstäbe werden die Diagonalen und Vertikalen bezeichnet, die innen zwischen den Ober- und Untergurtstäben liegen

Bei Einfeldstäben sind auftretende Biegemomente unter der Annahme gelenkiger Auflager zu bestimmen. Bei durchlaufenden Stäben sind auftretende Biegemomente unter Annahme des durchlaufenden Stabes als Durchlaufträger mit unverschieblichen, gelenkigen Auflagern zu ermitteln. Die Einflüsse der Durchbiegung in den Knotenpunkten sowie der teilweisen Einspannung in den Verbindungen ist durch eine Abminderung der Biegemomente in den Knoten um 10% zu berücksichtigen. Die Feldmomente sind unter Berücksichtigung der reduzierten Auflagermomente zu berechnen.

Die Knicklänge von Druckstäben in Fachwerkbindern, die nur aus Dreiecken aufgebaut sind, ist nach Tafel 28 für Knicken in der Fachwerkebene zu bestimmen. Die Normalkräfte in den Druckstäben und Verbindungen sind bei der Bemessung um 10% zu erhöhen. Das Knicken aus der Fachwerkebene ist ebenfalls zu untersuchen.

# 4 Nachweis der Gebrauchstauglichkeit

Der Nachweis der Gebrauchstauglichkeit eines Tragwerkes soll sicherstellen, daß keine Verformungen (z. B. Durchbiegungen) oder Schwingungen auftreten, die Schäden z. B. an nachgeordneten Bauteilen verursachen, die die Nutzung, die Funktion sowie das Erscheinungsbild eines Tragwerks beeinträchtigen oder die bei Menschen Unbehagen erzeugen.

Da das Überschreiten von Grenzwerten der Gebrauchstauglichkeit im allgemeinen keine Risiken für die Sicherheit von Menschen beinhaltet (im Gegensatz zum Überschreiten von Grenzwerten der Tragfähigkeit) und meist nur geringe wirtschaftliche Folgen hat, wird die globale Sicherheit bei der Gebrauchstauglichkeit niedriger angesetzt als bei der Tragfähigkeit. Dazu werden die Teilsicherheitsbeiwerte $\gamma_Q$, $\gamma_G$, $\gamma_M$ für die Gebrauchstauglichkeit gleich Eins gesetzt, s. Tafel 16 und 20; die Kombinationsbeiwerte $\psi_1$ für veränderliche Einwirkungen sind vergleichsweise zum Teil niedriger als für $\psi_0$, s. Tafel 18.

## 4.1 Verformungen von Biege- und Fachwerkträgern

Verformungsnachweise (z. B. Durchbiegungsnachweise) sind nur in den Fällen zu führen, in denen der Tragwerksplaner es für angebracht hält, die Verformungen eines Tragwerks zu begrenzen. Verformungsnachweise sind demnach nicht zwingend vorgeschrieben.

Eine Begrenzung der Durchbiegung eines Bauteils oder Tragwerks kann notwendig werden, um Schäden an nachgeordneten Bauteilen (z. B. Bekleidungen, Fenster, Putz, Türen, Trennwände) zu vermeiden, um die Nutzung und Funktion eines Bauwerks auf Dauer sicherzustellen (z. B. ungehinderter Wasserabfluß auf Flachdächern) oder um das Erscheinungsbild eines Bauteils zu gewährleisten (z. B. Vermeiden einer störenden sichtbaren Durchbiegung oder eines unebenen Fußbodens).

### 4.1.1 Berechnung von Durchbiegungen

Die Berechnung der unterschiedlichen Anteile der Durchbiegung eines Biegeträgers ist in Tafel 41 dargestellt. Die elastischen Anfangsdurchbiegungen $u_{inst}$ aus Biegemoment und Schub (Querkraft) können nach der klassischen Biegetheorie (z. B. aus gebrauchsfertigen Formeln) oder mit der Arbeitsgleichung bestimmt werden, hierüber s. Abschn. „Statik", Abschn. „Holzbau nach DIN 1052, 3.4.12" und die angegebene Fachliteratur.

Die Kriechverformungen sind beim Nachweis der Endverformungen $u_{fin}$ stets zu berechnen, sie werden mit dem Beiwert $k_{def}$ (Deformationsfaktor) nach Tafel 42 in Rechnung gestellt. Der Deformationsfaktor $k_{def}$ berücksichtigt die Verformungszunahme eines Holzbauteils mit der Zeit infolge Kriech- und Feuchteeinfluß. Bei Lastkombinationen aus Einwirkungen, die zu verschiedenen Klassen der Lasteinwirkungsdauer gehören, sind die Durchbiegungsanteile aus verschiedenen Einwirkungen mit den jeweils entsprechenden Werten für $k_{def}$ zu berechnen.

Grenzwerte der Durchbiegungen können Tafel 43 entnommen werden.

**Tafel 41 Berechnung der Durchbiegung eines Biegeträgers** nach EC 5 T1-1, 4.1 und 4.3.1 [1])

**Anteile der Durchbiegung**

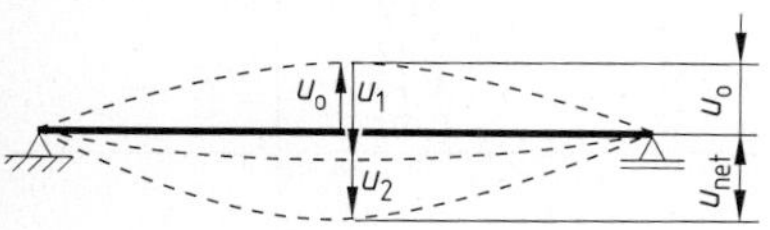


$u_0$ Überhöhung im lastfreien Zustand, falls vorhanden
$u_1$ Durchbiegung aus ständiger Einwirkung
$u_2$ Durchbiegung aus veränderlicher Einwirkung
$u_{net}$ Gesamtdurchbiegung bezogen auf eine Gerade, die die Auflager eines Trägers verbindet

**Gesamtdurchbiegung $u_{net}$**

$$u_{net} = u_1 + u_2 - u_0$$

**Elastische Anfangsdurchbiegung $u_{inst}$ [2])**

| | Durchbiegung | Berechnung der Einwirkungen mit | Berechnung der Steifigkeiten mit |
|---|---|---|---|
| aus ständiger Last | $u_{1,inst}$ | $\sum G_{k,j}$ | $E_{0,mean}$ $G_{mean}$ |
| aus veränderlicher Last | $u_{2,inst}$ | $Q_{k,1} + \sum_{i>1} \psi_{1,i} \cdot Q_{k,i}$ | $E_{0,mean}$ $G_{mean}$ |

**Enddurchbiegung $u_{fin}$**

| | |
|---|---|
| aus ständiger Last | $u_{1,fin} = u_{1,inst} \cdot (1 + k_{def,1})$ |
| aus veränderlicher Last | $u_{2,fin} = u_{2,inst} \cdot (1 + k_{def,2})$ |
| aus Gesamtlast | $u_{net,fin} = u_{1,fin} + u_{2,fin} - u_0$ |

[1]) Hierin bedeuten:

$E_{0,mean}$ mittlerer Elastizitätsmodul parallel zur Faserrichtung
$G_{mean}$ mittlerer Schubmodul
$k_{def}$ Beiwert (Deformationsfaktor) zur Berücksichtigung der Verformungszunahme eines Holzbauteils mit der Zeit infolge Kriech- und Feuchteeinfluß nach Tafel 42

[2]) Die elastische Anfangsdurchbiegung $u_{inst}$ aus Biegemoment und Schub (Querkraft) kann nach der klassischen Biegetheorie (z. B. aus gebrauchsfertigen Tafeln) oder mit der Arbeitsgleichung bestimmt werden

Die **Überhöhung $u_0$** eines Trägers im lastfreien Zustand ist nicht vorgeschrieben; es wird jedoch empfohlen, Biegeträger mit einer parabelförmigen Überhöhung herzustellen, wenn dies möglich ist. Wird eine Überhöhung $u_0$ aufgebracht, darf sie auf die Gesamtdurchbiegung $u_{net}$ angerechnet werden, s. Tafel 41.

**Tafel 42 Werte des Beiwertes $k_{def}$ (Deformationsfaktor) für Vollholz, Brettschichtholz, Holzwerkstoffe und Verbindungen** nach EC 5 T1-1, Tab. 4.1 und NAD, 4.1[1])

| Baustoff/Klasse der Lasteneinwirkungsdauer[1]) | Nutzungsklasse 1 | Nutzungsklasse 2 | Nutzungsklasse 3 |
|---|---|---|---|
| Vollholz[2]) und Brettschichtholz | | | |
| ständig | 0,60 | 0,80 | 2,00 |
| lang | 0,50 | 0,50 | 1,50 |
| mittel | 0,25 | 0,25 | 0,75 |
| kurz | 0,00 | 0,00 | 0,30 |
| Bau-Furniersperrholz nach DIN 68705 T3 und T5[3]) | | | |
| ständig | 0,80 | 1,00 | 2,50 |
| lang | 0,50 | 0,60 | 1,80 |
| mittel | 0,25 | 0,30 | 0,90 |
| kurz | 0,00 | 0,00 | 0,40 |
| Flachpreßplatten nach DIN 68763[3]) | | | |
| ständig | 2,25 | 3,00 | – |
| lang | 1,50 | 2,00 | – |
| mittel | 0,75 | 1,00 | – |
| kurz | 0,00 | 0,40 | – |
| Harte und mittelharte Holzfaserplatten nach DIN 68754 T1[3]) | | | |
| ständig | 3,00 | – | – |
| lang | 2,00 | – | – |
| mittel | 1,00 | – | – |
| kurz | 0,35 | – | – |

[1]) bei Lastkombinationen aus Einwirkungen, die zu verschiedenen Klassen der Lasteinwirkungsdauer gehören, sind die Durchbiegungsanteile aus verschiedenen Einwirkungen mit den jeweils entsprechenden Werten für $k_{def}$ zu berechnen

[2]) bei Vollholz, das beim Einbau eine Holzfeuchte nahe dem Fasersättigungsbereich aufweist und im eingebauten Zustand austrocknen kann, sollten die Werte für $k_{def}$ um 1,0 erhöht werden

[3]) über den Einsatz von Holzwerkstoffplatten in den Nutzungsklassen s. Tafel 9

**Beispiel Bemessung eines Parallelträgers aus Brettschichtholz; Nachweis der Gebrauchstauglichkeit;** s. auch Beispiel Abschn. 3.3.1 (Fortführung)

Brettschichtholz BS 14k, $b/h = 16/90$ cm
Stützweite $l = 15{,}0$ m
Parabelförmige Überhöhung wird aufgebracht:
Stichmaß in Feldmitte $u_0 = 4{,}0$ cm

Charakteristischer Wert des Elastizitätsmoduls nach Tafel 2

$$E_{0,g,mean} = 12500 \text{ N/mm}^2 = 1250 \text{ kN/cm}^2$$

Flächenmoment 2. Grades

$$I_y = 16 \cdot 90^3/12 = 972000 \text{ cm}^4$$

Charakteristische Werte der Einwirkungen

$g_k = 3{,}25$ kN/m aus ständiger Last
$s_k = 3{,}75$ kN/m aus Schneelast

Bemessungswerte der Einwirkungen nach Tafel 19 oder Tafel 41

$g_d = 3{,}25$ kN/m aus ständiger Last
$s_d = 3{,}75$ kN/m aus Schneelast

Nutzungsklasse 1 nach Tafel 8
Lasteinwirkungsdauer nach Tafel 10 und 11

„ständig" für ständige Last (Eigenlast)
„kurz" für Schneelast
(Regelschneelast $s_0 \leq 2{,}0$ kN/m²),

Beiwert $k_{def}$ (Deformationsfaktor) nach Tafel 42

$k_{def,g} = 0{,}6$ für ständige Last
$k_{def,s} = 0{,}0$ für Schneelast

**1) Elastische Anfangsdurchbiegungen**

Elastische Anfangsdurchbiegung aus ständiger Einwirkung

$$u_{1,inst} = \frac{5}{384} \cdot \frac{0{,}0325 \cdot 1500^4}{1250 \cdot 972000} = 1{,}76 \text{ cm}$$

Elastische Anfangsdurchbiegung aus veränderlicher Einwirkung (Schneelast)

$$u_{2,inst} = 1{,}76 \cdot 3{,}75/3{,}25 = 2{,}03 \text{ cm}$$

Fortsetzung s. nächste Seite

**Beispiel Forts.**

**2) Durchbiegungsnachweis für elastische Anfangsdurchbiegung aus veränderlicher Einwirkung (Schneelast)**

Grenzwert nach Tafel 43

$u_{2,inst,max} \leq l/300 = 1500/300 = 5,0$ cm

Durchbiegungsnachweis für elastische Anfangsdurchbiegung aus Schneelast

$$\frac{u_{2,inst}}{u_{2,inst,max}} = \frac{2,03}{5,0} = 0,41 \leq 1$$

**3) Durchbiegungsnachweis für Enddurchbiegung aus veränderlicher Einwirkung (Schneelast)**

Enddurchbiegung aus Schneelast nach Tafel 41

$u_{2,fin} = 2,03 \cdot (1 + 0,0) = 2,03$ cm

Grenzwert nach Tafel 43

$u_{2,fin,max} \leq l/200 = 1500/200 = 7,5$ cm

Durchbiegungsnachweis für Enddurchbiegung aus Schneelast

$$\frac{u_{2,fin}}{u_{2,fin,max}} = \frac{2,03}{7,5} = 0,27 \leq 1$$

**4) Durchbiegungsnachweis für Enddurchbiegung aus Gesamtlast**

Enddurchbiegung aus ständiger Einwirkung nach Tafel 41

$u_{1,fin} = 1,76 \cdot (1 + 0,6) = 2,82$ cm

Enddurchbiegung aus Gesamtlast nach Tafel 41

$u_{net,fin} = 2,82 + 2,03 - 4,0 = 0,85$ cm

Grenzwert nach Tafel 43

$u_{net,fin,max} \leq l/200 = 1500/200 = 7,5$ cm

Durchbiegungsnachweis für Enddurchbiegung aus Gesamtlast

$$\frac{u_{net,fin}}{u_{net,fin,max}} = \frac{0,85}{7,5} = 0,11 \leq 1$$

### 4.1.2 Grenzwerte der Durchbiegungen

Grenzwerte der Durchbiegungen sind in Tafel 43 angegeben. Sie stellen nur Empfehlungen dar, die in den Fällen, in denen es angebracht erscheint, eingehalten werden können, falls nicht besondere Bedingungen andere Anforderungen verlangen.

**Tafel 43 Grenzwerte der Durchbiegungen für Biegeträger; Empfehlungen** nach EC 5 T1, 4.3.1 und 4.3.2[1])

| **Biegeträger** | | |
|---|---|---|
| | allgemein | Kragträger |
| elastische Anfangsdurchbiegung aus veränderlichen Einwirkungen | $u_{2,inst} \leq l/300$ | $u_{2,inst} \leq l/150$ |
| Enddurchbiegung aus veränderlichen Einwirkungen | $u_{2,fin} \leq l/200$ | $u_{2,fin} \leq l/100$ |
| Gesamtdurchbiegung | $u_{net,fin} \leq l/200$ | $u_{net,fin} \leq l/100$ |
| **Fachwerkträger** | | |
| Es gelten die gleichen Grenzwerte der Durchbiegung wie für Biegeträger, sie beziehen sich auf die gesamte Spannweite der Fachwerkträger und auch auf die Stäbe zwischen den Knotenpunkten. | | |

[1]) Hierin bedeuten:
$l$ Spannweite des Biegeträgers bzw. Länge des Kragträgers
$u$ Durchbiegungen nach Tafel 41

## 4.2 Verschiebungen von Verbindungen

Die elastische Anfangsverschiebung $u_{inst}$ und die Endverschiebung $u_{fin}$ in Verbindungen mit stiftförmigen Verbindungsmitteln können nach Tafel 44 berechnet werden. Die auf ein Verbindungsmittel wirkende Kraft ist aus Gebrauchslasten zu ermitteln. Der Anfangsverschiebungsmodul $K_{ser}$ kann nach Tafel 45 berechnet werden.

**Tafel 44 Berechnung der Verschiebungen in Verbindungen mit stiftförmigen Verbindungsmitteln** nach EC 5 T1-1, 4.2[1])

| Verbindung mit Stabdübeln, Schrauben, Nägeln oder Klammern | Verbindung mit Bolzen |
|---|---|
| **Elastische Anfangsverschiebung $u_{inst}$ unter Gebrauchslast** | |
| $u_{inst} = F_d / K_{ser}$ | $u_{inst} = F_d / K_{ser} + 1$ mm [2]) |
| **Endverschiebung $u_{fin}$** | |
| $u_{fin} = u_{inst} \cdot (1 + k_{def})$ | $u_{fin} = u_{inst} \cdot (1 + k_{def}) + 1$ mm [2]) |
| **Endverschiebung $u_{fin}$** zwischen Bauteilen mit unterschiedlichen Kriecheigenschaften $k_{def,1,2}$ | |
| $u_{fin} = u_{inst} \cdot \sqrt{(1 + k_{def,1}) \cdot (1 + k_{def,2})}$ | |

[1]) Hierin bedeuten:

$F_d$ Bemessungswert der Kraft (aus Gebrauchslast), die auf das Verbindungsmittel wirkt

$K_{ser}$ Anfangsverschiebungsmodul für stiftförmige Verbindungsmittel nach Tafel 45

$k_{def}$ Beiwert (Deformationsfaktor) nach Tafel 42

[2]) Bei Bolzenverbindungen ist für $K_{ser}$ der entsprechende Wert für Stabdübel einzusetzen

**Tafel 45 Werte des Anfangsverschiebungsmoduls $K_{ser}$ pro Scherfläche und Verbindungsmittel in N/mm für stiftförmige Verbindungsmittel** nach EC 5 T1-1, Tab. 4.2[1])

| Art des Verbindungsmittels | $K_{ser}$ für Verbindungen Holz-Holz, Holzwerkstoff-Holz, Stahl-Holz |
|---|---|
| Stabdübel, Schrauben, Nägel (vorgebohrt) | $\varrho_k^{1,5} \cdot d/20$ |
| Nägel (nicht vorgebohrt) | $\varrho_k^{1,5} \cdot d^{0,8}/25$ |
| Klammern | $\varrho_k^{1,5} \cdot d^{0,8}/60$ |

[1]) Hierin bedeuten

$\varrho_k$ Charakteristische Rohdichtekennwerte in kg/m$^3$, bei unterschiedlichen charakteristischen Rohdichtekennwerten $\varrho_{k,1}$ und $\varrho_{k,2}$ der miteinander verbundenen Bauteile sollte für $\varrho_k$ gesetzt werden: $\varrho_k = \sqrt{\varrho_{k,1} \cdot \varrho_{k,2}}$

$d$ Durchmesser des stiftförmigen Verbindungsmittels in mm

## 4.3 Schwingungen

Die Gebrauchstauglichkeit von Bauwerken oder Bauwerksteilen ist auch bei Schwingungen sicherzustellen, die durch häufig zu erwartende Einwirkungen (z. B. Gehen auf Decken, Maschinen) verursachen werden. Bei diesen Tragwerksschwingungen dürfen weder die Funktion der Bauwerke bzw. Bauwerksteile beeinträchtigt noch beim Menschen unangenehmes Unbehagen hervorrufen werden.

Nachweise der Gebrauchstauglichkeit für bestimmte Wohnungsdecken (Holzbalkendecken) sind in Abschn. 4.3.1 dargestellt. Tragwerksschwingungen durch Maschinen und andere Betriebseinrichtungen bedürfen besonderer Nachweise und konstruktiver Maßnahmen, hierüber s. auch EC 5 T1-1, 4.4.2.

### 4.3.1 Schwingungen bei Wohnungsdecken

Der Nachweis der Gebrauchstauglichkeit für rechteckige, einfeldrige, allseits gelenkig gelagerte Wohnungsdecken mit einer Eigenfrequenz $f_1 > 8$ Hz gilt als erbracht, wenn die beiden Nachweise der Tafel 46, der Nachweis der Durchbiegung mit einer statischen Einzellast und der Nachweis der Impuls-Geschwindigkeitsreaktion (Schwingungsgeschwindigkeit) der Decke, eingehalten werden. Bei diesen Nachweisen werden Rechenwerte von Einwirkungen als Ersatzlasten angesetzt, die die wirklich vorhandenen dynamischen Einwirkungen näherungsweise berücksichtigen. Die Berechnungen sind für die unbelastete Decke (nur Eigenlast und andere ständige Einwirkungen aus Gebrauchslasten) vorzunehmen.

Die Nachweise der Tafel 46 gelten nur für Wohnungsdecken mit üblichen alltäglichen dynamischen Beanspruchungen wie Gehen (und Laufen von Kindern). Dynamische Beanspruchungen aus Turnen und Tanzen bedürfen gesonderter Nachweise.

Für Wohnungsdecken mit einer Eigenfrequenz $f_1 \leq 8$ Hz gilt Tafel 46 nicht, in diesen Fällen sind besondere Untersuchungen durchzuführen. Bei Wohnungsdecken mit höherem Eigengewicht und Eigenfrequenzen $f_1 \leq 8$ sowie Zweifeldträgern s. *Colling* [31], *Colling/Wagner/Winter* [32] und *Kreuzinger/Mohr* [41].

Der Nachweis der Gebrauchstauglichkeit für Verformungen (z. B. Durchbiegungen) ist unabhängig von dem für Schwingungen zu führen.

**Tafel 46 Nachweis der Gebrauchstauglichkeit (Schwingungen) für bestimmte Wohnungsdecken (Holzbalkendecken) mit einer Eigenfrequenz $f_1 > 8$ Hz** nach EC 5 T1-1, 4.4.3[1]) [2]) [3])

| | |
|---|---|
| **Nachweis der größten vertikalen Durchbiegung *u*** für eine konzentrierte vertikale statische Last $F = 1$ kN an ungünstiger Stelle der Holzbalkendecke | |
| $u/F \leq 1{,}5$ mm/kN | |
| **Nachweis der Impuls-Geschwindigkeitsreaktion** $v$ | |
| $\frac{v}{v_{max}} \leq 1$ | Grenzwert $v_{max}$<br>$v_{max} \leq 100^{(f_1 \cdot \zeta - 1)}$ in m/(Ns²) |
| **Rechteckige Holzbalkendecke, an allen vier Rändern gelenkig gelagert** | |
| Eigenfrequenz $f_1$<br>$f_1 = \frac{\pi}{2 \cdot l^2} \sqrt{\frac{(EI)_l}{m}}$ in Hz | Geschwindigkeitsreaktion $v$<br>$v = \frac{4 \cdot (0{,}4 + 0{,}6 \cdot n_{40})}{(m \cdot b \cdot l + 200)}$ in m/(Ns²) |
| Anzahl der Schwingungen 1. Ordnung für $f < 40$ Hz<br>$n_{40} = \left\{ \left( \left( \frac{40}{f_1} \right)^2 - 1 \right) \cdot \left( \frac{b}{l} \right)^4 \cdot \frac{(EI)_l}{(EI)_b} \right\}^{0,25}$ | |

[1]) Hierin bedeuten:

- $b$ Breite der Decke in m
- $(EI)_l$ äquivalente Plattenbiegesteifigkeit in Nm²/m um eine Achse rechtwinklig zur Richtung der Holzbalken
- $(EI)_b$ äquivalente Plattenbiegesteifigkeit in Nm²/m um eine Achse in Richtung der Holzbalken mit $(EI)_b < (EI)_l$
- $l$ Spannweite der Decke in m
- $m$ Masse der Holzbalkendecke pro Flächeneinheit in kg/m²
- $v$ Impuls-Geschwindigkeitsreaktion, d. h. der maximale Anfangswert der vertikalen Schwingungsgeschwindigkeitsamplitude der Decke infolge eines aufgebrachten idealen Einheitsimpulses von 1 Ns
- $\zeta$ modaler Dämpfungsgrad, $\zeta = 0{,}01$, wenn keine geeigneten anderen Werte vorliegen

[2]) Die Berechnungen sind für die unbelastete Decke (nur Eigenlast und andere ständige Einwirkungen) vorzunehmen

[3]) Die Nachweise gelten nur für Wohnungsdecken mit üblichen alltäglichen dynamischen Beanspruchungen wie Gehen (und Laufen von Kindern). Dynamische Beanspruchungen aus Turnen und Tanzen bedürfen gesonderter Nachweise

# 5 Verbindungen

## 5.1 Allgemeine Regeln für Verbindungsmitteln

### Nachgiebigkeit von Verbindungsmittel

Werden in einer Verbindung mehrere Verbindungsmittelarten zur Lastabtragung eingesetzt, sind die unterschiedlichen Nachgiebigkeiten der Verbindungsmittel zu berücksichtigen. Leime und mechanische Verbindungsmittel sind wegen ihres sehr unterschiedlichen Last-Verformungsverhaltens nicht als gleichzeitig wirkend anzunehmen. Es wird empfohlen, in Verbindungen nur eine Verbindungsmittelart zu verwenden, wenn dies möglich ist.

**Wechselnde Beanspruchungen**

Bei der Bemessung ist zu beachten, daß die charakteristische Tragfähigkeit einer Verbindung unter Lasteinwirkungen langer und mittlerer Dauer oft reduziert wird, wenn die Richtungen dieser Lasteinwirkungen wechseln. Wechselnde Beanspruchungen in Verbindungen zwischen Zugkräften $F_t$ und Druckkräften $F_c$ sind so zu berücksichtigen, daß die Verbindungen für den jeweils größeren Bemessungswert aus Gl. (33) ausgelegt werden.

$$F_d = \max \begin{cases} F_{t,d} + 0{,}5 \cdot F_{c,d} \\ F_{c,d} + 0{,}5 \cdot F_{t,d} \end{cases} \quad (33)$$

**Querzugspannungsnachweis**

Die Querzugspannungen in Verbindungen sind zu berücksichtigen, wenn eine Kraft unter einem Winkel zur Holzfaserrichtung angreift. Näheres zum Querzugnachweis in Anschlüssen ist in Abschn. 5.6 dargestellt.

**Anfangsverschiebungsmodul $K_u$** (im Grenzzustand der Tragfähigkeit)

Der Anfangsverschiebungsmodul $K_u$ pro Scherfläche und Verbindungsmittel ist bei stiftförmigen Verbindungsmitteln für den Nachweis im Grenzzustand der Tragfähigkeit nach Gl. (34) anzunehmen.

$$K_u = 2 \cdot K_{ser}/3 \quad (34)$$

$K_{ser}$ Anfangsverschiebungsmodul nach Tafel 45

## 5.2 Tragfähigkeit stiftförmiger Verbindungsmittel auf Abscheren (rechtwinklig zur Längsachse)

Der Bemessungswert der Tragfähigkeit $R_d$ stiftförmiger Verbindungsmittel in Bolzen-, Stabdübel-, Nägel-, Holzschrauben- und Klammerverbindungen, die auf Abscheren beansprucht werden, wird mit einheitlichen Grundgleichungen ermittelt. Dabei wird nach ein- und zweischnittigen Verbindungen zwischen Holz-Holz, Holzwerkstoff-Holz und Stahlblech-Holz sowie nach mehrschnittigen Verbindungen unterschieden.

Bei der Berechnung von $R_d$ mit diesen Grundgleichungen, die in den Abschn. 5.2.1 bis 5.2.3 dargestellt sind, werden die unterschiedlichen Bruchursachen berücksichtigt. Da die charakteristischen Rohdichten $\varrho_k$ der verwendeten Hölzer u.a. in diese Grundgleichungen eingehen, können die besseren Eigenschaften höherwertiger Hölzer berücksichtigt und öfter günstigere Tragfähigkeiten erzielt werden.

**Bemessungswerte der Lochleibungsfestigkeit $f_{h,1,d}$ und $f_{h,2,d}$ und des Fließmomentes $M_{y,d}$**

Die Bemessungswerte der Lochleibungsfestigkeit $f_{h,1,d}$ und $f_{h,2,d}$ der zu verbindenden Teile sind nach Gl. (35a, b), die Bemessungswerte des Fließmomentes $M_{y,d}$ eines stiftförmigen Verbindungsmittels nach Gl. (36) zu berechnen.

$$f_{h,1,d} = \frac{k_{mod,1} \cdot f_{h,1,k}}{\gamma_{M,Holz}} \quad (35a) \qquad f_{h,2,d} = \frac{k_{mod,2} \cdot f_{h,2,k}}{\gamma_{M,Holz}} \quad (35b) \qquad M_{y,d} = \frac{M_{y,k}}{\gamma_{M,Stahl}} \quad (36)$$

$f_{h,1,d}$, $f_{h,2,d}$ Bemessungswerte der Lochleibungsfestigkeit

$f_{h,1,k}$, $f_{h,2,k}$ Charakteristische Lochleibungsfestigkeit des Holzes oder des Holzwerkstoffes je nach stiftförmigem Verbindungsmittel, s. Abschn. 5.3 bis 5.5

$k_{mod}$ Modifikationsfaktor nach Tafel 12

$\gamma_M$ Teilsicherheitsbeiwerte für Baustoffe nach Tafel 20

$M_{y,d}$ Bemessungswert des Fließmomentes eines stiftförmigen Verbindungsmittels

$M_{y,k}$ Charakteristischer Wert des Fließmomentes eines stiftförmigen Verbindungsmittels, s. Abschn. 5.3 bis 5.5

## 5.2.1 Ein- und zweischnittige Holz-Holz- und Holzwerkstoff-Holz-Verbindungen

Die Grundgleichungen zur Ermittlung von $R_d$ sind in den Tafeln 47 und 48 dargestellt. Als Bemessungswert der Tragfähigkeit $R_d$ ist der kleinste Wert anzunehmen, der aus den in einer Tafel angegebenen Gleichungen zu berechnen ist. Die komplizierte Berechnung wird durch rechnergestützte Bemessungshilfen, z. B. nach *Colling* [31], [33], sehr vereinfacht.

**Tafel 47 Bemessungswerte der Tragfähigkeit $R_d$ eines einschnittig auf Abscheren beanspruchten stiftförmigen Verbindungsmittels pro Scherfuge und Verbindungsmittel in Holz-Holz- und Holzwerkstoff-Holz-Verbindungen**
nach EC5 T1-1, Gl. (6.2.1a–f) und Bild 6.2.1a–f[1] [2])

| | Bruchursachen | $R_d$ [3]) |
|---|---|---|
| 1 | 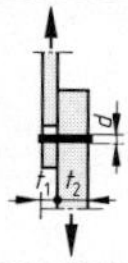 | $f_{h,1,d} \cdot t_1 \cdot d$ |
| 2 | 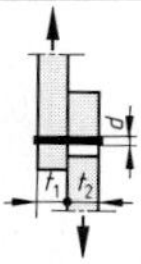 | $f_{h,1,d} \cdot t_2 \cdot d \cdot \beta$ |
| 3 | 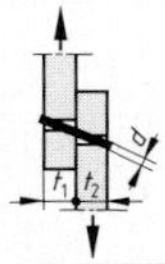 | $\frac{f_{h,1,d} \cdot t_1 \cdot d}{1+\beta} \cdot \left[\sqrt{\beta + 2 \cdot \beta^2 \cdot \left[1 + \frac{t_2}{t_1} + \left(\frac{t_2}{t_1}\right)^2\right] + \beta^3 \cdot \left(\frac{t_2}{t_1}\right)^2} - \beta \cdot \left(1 + \frac{t_2}{t_1}\right)\right]$ |
| 4 | 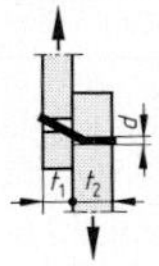 | $1{,}1 \cdot \frac{f_{h,1,d} \cdot t_1 \cdot d}{2+\beta} \cdot \left[\sqrt{2 \cdot \beta \cdot (1+\beta) + \frac{4 \cdot \beta \cdot (2+\beta) \cdot M_{y,d}}{f_{h,1,d} \cdot d \cdot t_1^2}} - \beta\right]$ |
| 5 | 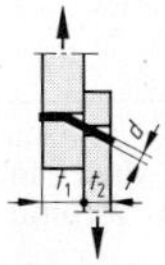 | $1{,}1 \cdot \frac{f_{h,1,d} \cdot t_2 \cdot d}{1+2 \cdot \beta} \left[\sqrt{2 \cdot \beta^2 \cdot (1+\beta) + \frac{4 \cdot \beta \cdot (1+2 \cdot \beta) \cdot M_{y,d}}{f_{h,1,d} \cdot d \cdot t_2^2}} - \beta\right]$ |
| 6 | 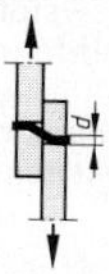 | $1{,}1 \cdot \sqrt{\frac{2 \cdot \beta}{1+\beta}} \cdot \sqrt{2 \cdot M_{y,d} \cdot f_{h,1,d} \cdot d}$ |

[1]) Hierin bedeuten:

$d$ Durchmesser des stiftförmigen Verbindungsmittels

$f_{h,1,d}$ Bemessungswert der Lochleibungsfestigkeit im Holzteil der Dicke $t_1$ nach Gl. (35a)

$f_{h,2,d}$ Bemessungswert der Lochleibungsfestigkeit im Holzteil der Dicke $t_2$ nach Gl. (35b)

$M_{y,d}$ Bemessungswert des Fließmomentes des stiftförmigen Verbindungsmittels nach Gl. (36)

$t_1$, $t_2$ Holz- bzw. Holzwerkstoffdicken oder Eindringtiefe des stiftförmigen Verbindungsmittels

$\beta$ Verhältnis der Bemessungswerte der Lochleibungsfestigkeiten in $t_2$ und $t_1$ $= f_{h,2,d}/f_{h,1,d}$

[2]) gilt für Bolzen, Stabdübel, Nägel, Holzschrauben und Klammern

[3]) als Bemessungswert der Tragfähigkeit $R_d$ ist der kleinste Wert anzunehmen, der aus den angegebenen sechs Gleichungen zu berechnen ist

**Tafel 48 Bemessungswerte der Tragfähigkeit $R_d$ eines zweischnittig auf Abscheren beanspruchten stiftförmigen Verbindungsmittels pro Scherfuge und Verbindungsmittel in Holz-Holz- und Holzwerkstoff-Holz-Verbindungen**
nach EC5 T1-1, Gl. (6.2.1g–k) und Bild 6.2.1g–k[1]) [2])

| | Bruchursachen | $R_d$ [3]) |
|---|---|---|
| 1 | 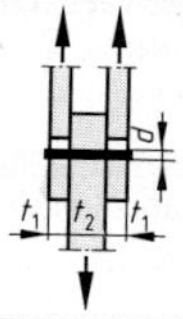 | $f_{h,1,d} \cdot t_1 \cdot d$ |
| 2 | 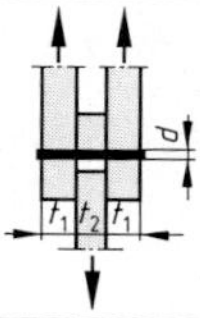 | $0{,}5 \cdot f_{h,1,d} \cdot t_2 \cdot d \cdot \beta$ |
| 3 | 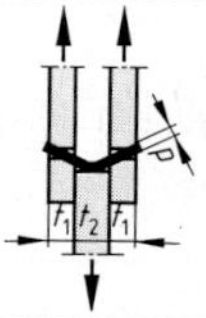 | $1{,}1 \cdot \frac{f_{h,1,d} \cdot t_1 \cdot d}{2+\beta} \cdot \left[\sqrt{2 \cdot \beta \cdot (1+\beta) + \frac{4 \cdot \beta \cdot (2+\beta) \cdot M_{y,d}}{f_{h,1,d} \cdot d \cdot t_1^2}} - \beta\right]$ |
| 4 | 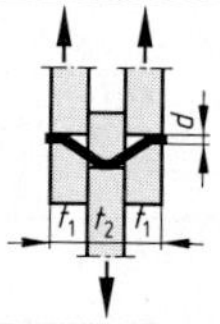 | $1{,}1 \cdot \sqrt{\frac{2 \cdot \beta}{1+\beta}} \cdot \sqrt{2 \cdot M_{y,d} \cdot f_{h,1,d} \cdot d}$ |

[1]) Hierin bedeuten:

$d$ Durchmesser des stiftförmigen Verbindungsmittels

$f_{h,1,d}$ Bemessungswert der Lochleibungsfestigkeit im Holzteil mit der Dicke $t_1$ nach Gl. (35a)

$f_{h,2,d}$ Bemessungswert der Lochleibungsfestigkeit im Holzteil mit der Dicke $t_2$ nach Gl. (35b)

$M_{y,d}$ Bemessungswert des Fließmomentes des stiftförmigen Verbindungsmittels nach Gl. (36)

$t_1$, $t_2$ Holz- bzw. Holzwerkstoffdicken oder Eindringtiefe des stiftförmigen Verbindungsmittels

$\beta$ Verhältnis der Bemessungswerte der Lochleibungsfestigkeiten in $t_2$ und $t_1$ $= f_{h,2,d}/f_{h,1,d}$

[2]) gilt für Bolzen, Stabdübel, Nägel, Holzschrauben und Klammern

[3]) als Bemessungswert der Tragfähigkeit $R_d$ ist der kleinste Wert anzunehmen, der aus den angegebenen vier Gleichungen zu berechnen ist

## 5.2.2 Ein- und zweischnittige Stahlblech-Holz-Verbindungen

Die Grundgleichungen zur Ermittlung von $R_d$ sind in den Tafeln 49 bis 51 dargestellt. Als Bemessungswert der Tragfähigkeit $R_d$ ist der kleinste Wert anzunehmen, der aus den in einer Tafel angegebenen Gleichungen, auch getrennt nach dünnen oder dicken Stahlblechen, zu berechnen ist. Die komplizierte Berechnung wird durch rechnergestützte Bemessungshilfen, z. B. nach *Colling* [31], [33], sehr vereinfacht.

Die Tragfähigkeit der Stahlbleche ist ebenfalls zu überprüfen.

**Tafel 49 Bemessungswerte der Tragfähigkeit $R_d$ eines einschnittig auf Abscheren beanspruchten stiftförmigen Verbindungsmittels pro Scherfuge und Verbindungsmittel in Stahlblech-Holz-Verbindungen**
nach EC5 T1-1, Gl. (6.2.2a–d), Bild 6.2.2a–d und *Ehlbeck/Larsen* [36] [1]) [2]) [3])

| | Bruchursachen | $R_d$ [4]) |
|---|---|---|
| **Dünne Stahlbleche mit $t \leq 0{,}5 \cdot d$** [3]) | | |
| 1 | 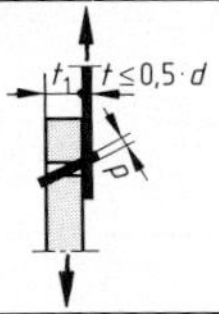 | $(\sqrt{2}-1) \cdot f_{h,1,d} \cdot t_1 \cdot d$ |
| 2 | 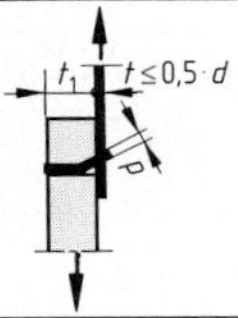 | $1{,}1 \cdot \sqrt{2 \cdot M_{y,d} \cdot f_{h,1,d} \cdot d}$ |
| **Dicke Stahlbleche mit $t \geq d$** [3]) | | |
| 3 | 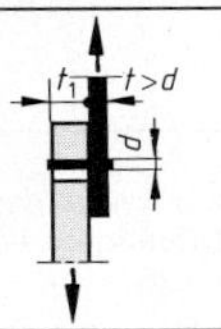 | $f_{h,1,d} \cdot t_1 \cdot d$ [5]) |
| 4 | 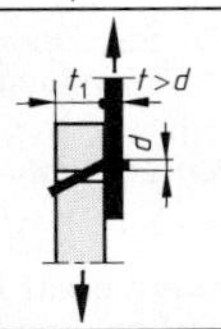 | $1{,}1 \cdot f_{h,1,d} \cdot t_1 \cdot d \cdot \left[\sqrt{2 + \frac{4 \cdot M_{y,d}}{f_{h,1,d} \cdot d \cdot t_1^2}} - 1\right]$ |
| 5 | 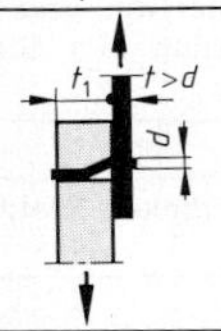 | $1{,}5 \cdot \sqrt{2 \cdot M_{y,d} \cdot f_{h,1,d} \cdot d}$ |

[1]) Hierin bedeuten:

$d$ Durchmesser des stiftförmigen Verbindungsmittels

$f_{h,1,d}$ Bemessungswert der Lochleibungsfestigkeit im Holzteil der Dicke $t_1$ nach Gl. (35a)

$M_{y,d}$ Bemessungswert des Fließmomentes des stiftförmigen Verbindungsmittels nach Gl. (36)

$t$ Blechdicke

$t_1$ Holzdicke oder Eindringtiefe des stiftförmigen Verbindungsmittels

[2]) gilt für Bolzen, Stabdübel, Nägel, Holzschrauben und Klammern

[3]) für Blechdicken $0{,}5 \cdot d < t < d$ darf zwischen den Werten, die aus den angegebenen Gleichungen für dünne und dicke Bleche berechnet worden sind, geradlinig interpoliert werden

[4]) als Bemessungswert der Tragfähigkeit $R_d$ ist der kleinste Wert anzunehmen, der aus den zwei angegebenen Gleichungen für dünne Stahlbleche oder den drei Gleichungen für dicke Stahlbleche zu berechnen ist

[5]) Empfehlung nach *Ehlbeck/Larsen* [36]

**Tafel 50 Bemessungswerte der Tragfähigkeit $R_d$ eines zweischnittig auf Abscheren beanspruchten stiftförmigen Verbindungsmittels pro Scherfuge und Verbindungsmittel in Stahlblech-Holz-Verbindungen mit einem Mittelteil aus Stahl** nach EC5 T1-1, Gl. (6.2.2e–g) und Bild 6.2.2e–g [1]) [2])

| | Bruchursachen | $R_d$ [3]) |
|---|---|---|
| 1 | 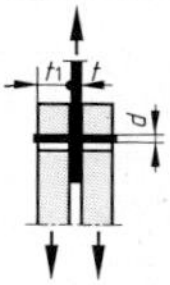 | $f_{h,1,d} \cdot t_1 \cdot d$ |
| 2 | 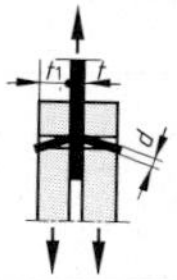 | $1{,}1 \cdot f_{h,1,d} \cdot t_1 \cdot d \cdot \left[\sqrt{2 + \frac{4 \cdot M_{y,d}}{f_{h,1,d} \cdot d \cdot t_1^2}} - 1\right]$ |
| 3 | 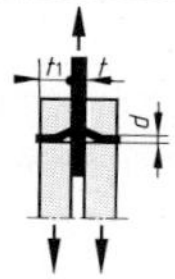 | $1{,}5 \cdot \sqrt{2 \cdot M_{y,d} \cdot f_{h,1,d} \cdot d}$ |

[1]) Hierin bedeuten:

$d$ Durchmesser des stiftförmigen Verbindungsmittels

$f_{h,1,d}$ Bemessungswert der Lochleibungsfestigkeit im Holzteil der Dicke $t_1$ nach Gl. (35a)

$M_{y,d}$ Bemessungswert des Fließmomentes des stiftförmigen Verbindungsmittels nach Gl. (36)

$t$ Blechdicke

$t_1$ Holzdicke oder Eindringtiefe des stiftförmigen Verbindungsmittels

[2]) gilt für Bolzen, Stabdübel, Nägel, Holzschrauben und Klammern

[3]) als Bemessungswert der Tragfähigkeit $R_d$ ist der kleinste Wert anzunehmen, der aus den angegebenen drei Gleichungen zu berechnen ist

**Tafel 51 Bemessungswerte der Tragfähigkeit $R_d$ eines zweischnittig auf Abscheren beanspruchten stiftförmigen Verbindungsmittels pro Scherfuge und Verbindungsmittel in Stahlblech-Holz-Verbindungen mit Seitenteilen aus Stahlblechen** nach EC5 T1-1, Gl. (6.2.2h–l) und Bild 6.2.2h–l [1]) [2])

| Bruchursachen | $R_d$ [4]) | Bruchursachen | $R_d$ [4]) |
|---|---|---|---|
| **Seitenteile aus dünnen Stahlblechen mit $t \leq 0{,}5 \cdot d$** [3]) | | **Seitenteile aus dicken Stahlblechen mit $t \geq d$** [3]) | |
| 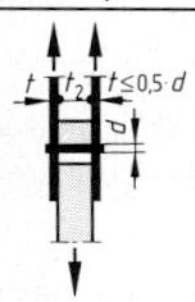 | $0{,}5 \cdot f_{h,2,d} \cdot t_2 \cdot d$ | 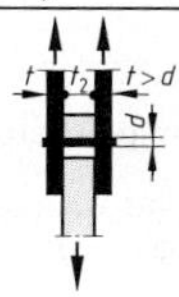 | $0{,}5 \cdot f_{h,2,d} \cdot t_2 \cdot d$ |
| 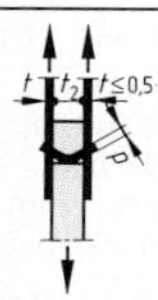 | $1{,}1 \cdot \sqrt{2 \cdot M_{y,d} \cdot f_{h,2,d} \cdot d}$ | 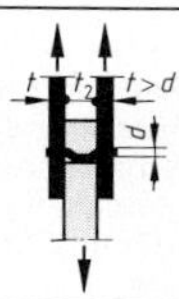 | $1{,}5 \cdot \sqrt{2 \cdot M_{y,d} \cdot f_{h,2,d} \cdot d}$ |

Fußnoten s. nächste Seite

Fußnoten zu Tafel 51

1) Hierin bedeuten:

$d$ Durchmesser des stiftförmigen Verbindungsmittels
$f_{h,2,d}$ Bemessungswert der Lochleibungsfestigkeit in $t_2$ nach Gl. (35b)
$M_{y,d}$ Bemessungswert des Fließmomentes des stiftförmigen Verbindungsmittels nach Gl. (36)
$t$ Blechdicke
$t_2$ Holzdicke oder Eindringtiefe des stiftförmigen Verbindungsmittels

2) gilt für Bolzen, Stabdübel, Nägel, Holzschrauben und Klammern

3) für Blechdicken $0{,}5 \cdot d < t < d$ darf zwischen den Werten, die aus den angegebenen Gleichungen für dünne und dicke Bleche berechnet worden sind, geradlinig interpoliert werden

4) als Bemessungswert der Tragfähigkeit $R_d$ ist der kleinste Wert anzunehmen, der aus den zwei angegebenen Gleichungen für dünne Stahlbleche oder den zwei Gleichungen für dicke Stahlbleche zu berechnen ist

### 5.2.3 Mehrschnittige Verbindungen

Die Gesamttragfähigkeit mehrschnittiger Verbindungen ist als Summe der Mindesttragfähigkeit aller Scherfugen zu bestimmen; jede Scherfuge ist als Teil einer Reihe zweischnittiger Verbindungen anzunehmen. Ein Beispiel zur Berechnung einer vierschnittigen Verbindung ist in Tafel 52 dargestellt.

**Tafel 52 Berechnung einer mehrschnittigen Verbindung mit stiftförmigen Verbindungsmittel (Beispiel)** nach EC5 T1-1, 6.2.3

**Beispiel Vierschnittige Stahlblech-Holz-Verbindung mit zwei innenliegenden dünnen Stahlblechen $t \leq 0{,}5 \cdot d$**

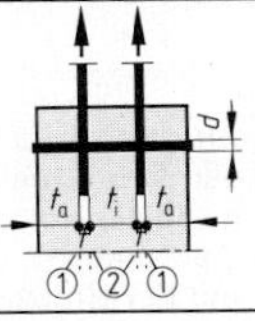


Maßgebender Bemessungswert der Tragfähigkeit $R_{st,d}$ des stiftförmigen Verbindungsmittels

$$R_{st,d} = 2 \cdot R_{1,d,min} + 2 \cdot R_{2,d,min}$$

Maßgebender Bemessungswert der Tragfähigkeit $R_{1,d}$ in Scherfuge 1 ist der kleinste Wert aus Tafel 50.

Die Scherfuge 1 wird als Teil einer zweischnittigen Stahlblech-Holz-Verbindung mit einem Mittelteil aus Stahlblech angesehen.

Maßgebender Bemessungswert der Tragfähigkeit $R_{2,d}$ in Scherfuge 2 ist der kleinste Wert aus Tafel 51, 1. und 2. Zeile.

Die Scherfuge 2 wird als Teil einer zweischnittigen Stahlblech-Holz-Verbindung mit zwei Seitenteilen aus dünnen Stahlblechen $t \leq 0{,}5 \cdot d$ angesehen.

## 5.3 Nagelverbindungen

Als **glattschaftige Nägel** dürfen nach NAD, 6.1, runde Draht- und Maschinenstifte, die der DIN 1052 T2 entsprechen, eingesetzt werden; das sind runde Drahtstifte der Form B nach DIN 1151 aus Stahl und runde Maschinenstifte nach DIN 1143 T1. Zusätzlich zu den Maßen nach DIN 1151 muß der Kopfdurchmesser mindestens das 1,8fache des Nagelnenndurchmessers $d_n$ betragen. Die Länge der Nagelspitze darf nicht größer als $2 \cdot d_n$ sein.

**Sondernägel** (z. B. Schraub- oder Rillennägel) dürfen nach NAD, 6.1, verwendet werden, wenn sie DIN 1052 T2, Abschn. 6.1, Bild 13, entsprechen und in eine Tragfähigkeitsklasse eingestuft sind. Die Kopffläche von Sondernägeln muß mindestens $2{,}5 \cdot d_n^2$ betragen. Als Durchmesser ist bei Sondernägeln der Nagelnenndurchmesser $d_n$ des glattschaftigen Teils einzusetzen.

Die Abmessungen runder Draht- und Maschinenstifte und Sondernägel sind im Abschn. „Holzbau nach DIN 1052", Tafel 56 und 57, dargestellt.

## 5.3.1 Beanspruchung rechtwinklig zur Nagellängsachse (Abscheren)

### Bemessungswerte der Tragfähigkeit $R_d$ auf Abscheren

Die Bemessungswerte der Tragfähigkeit $R_d$ auf Abscheren von Nägeln sind nach den Gleichungen des Abschn. 5.2, Tafel 47 bis 51 zu berechnen, sie gelten für Nägel mit einem Nageldurchmesser $d \leq 8$ mm und unabhängig vom Winkel $\alpha$ Kraft-zur-Faserrichtung. In diesen Gleichungen sind die Formelzeichen $t_1$ und $t_2$ für Nagelverbindungen nach den Definitionen der Tafel 53 einzusetzen.

Die charakteristischen Werte der Lochleibungsfestigkeit $f_{h,k}$ für glattschaftige Nägel und Sondernägel in Nagelverbindungen sind in Tafel 54, die des Fließmomentes $M_{y,k}$ dieser Nägel in Tafel 55 angegeben. Zur Berechnung dieser charakteristischen Werte $f_{h,k}$ sind als rechnerische Nageldurchmesser $d$ bei runden Draht- und Maschinenstiften sowie bei Sondernägeln die Nagelnenndurchmesser $d_n$ des glattschaftigen Teils, bei quadratischen Nägeln die Seitenabmessung des Nagelquerschnitts

**Tafel 53 Definitionen der Formelzeichen $t_1$ und $t_2$ in Nagelverbindungen** nach EC5 T1-1, 6.3.1.1 und Bild 6.3.1.1 [1]) [2])

| **Einschnittige Verbindung** | **Zweischnittige Verbindung** |
|---|---|
| 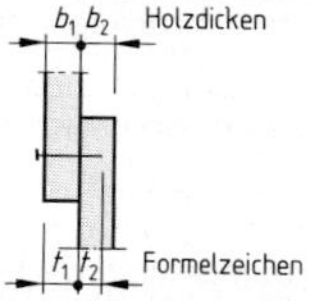 | 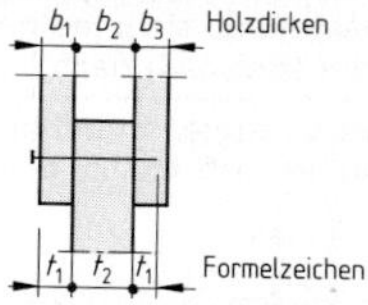 |
| $t_1$ Holzdicke auf der dem Nagelkopf zugewandten Seite (hier: Holzdicke $b_1$) | $t_1$ der kleinere Wert aus der: – Holzdicke auf der dem Nagelkopf zugewandten Seite (hier: Holzdicke $b_1$) – Einschlagtiefe des Nagels (hier: im Holz mit der Holzdicke $b_3$) |
| $t_2$ Einschlagtiefe des Nagels (hier: im Holz mit der Holzdicke $b_2$) | $t_2$ Dicke des Mittelholzes (hier: Holzdicke $b_2$) |



[1]) zur Berechnung der Bemessungswerte der Tragfähigkeit $R_d$ in den Gleichungen der Tafeln 47 bis 51

[2]) die Definitionen für $t_1$ und $t_2$ sind stets zu beachten, andernfalls werden fehlerhafte Bemessungswerte der Tragfähigkeit $R_d$ ermittelt

**Tafel 54 Charakteristische Werte der Lochleibungsfestigkeit $f_{h,k}$ in N/mm² für glattschaftige Nägel und Sondernägel in Holz-Holz- und Holzwerkstoff-Holz-Nagelverbindungen (Abscheren)** nach EC5 T1-1, 6.3.1.2, 6.3.1.3 und NAD, 6.3.1.2 [1]) [2]) [3]) [4])

| Baustoffe | | $f_{h,k}$ |
|---|---|---|
| **Vollholz** nach Tafel 1 und **Brettschichtholz** nach Tafel 2 | nicht vorgebohrt | $0{,}082 \cdot \varrho_k \cdot d^{-0,3}$ |
| | vorgebohrt [5]) | $0{,}082 \cdot (1 - 0{,}01 \cdot d) \cdot \varrho_k$ |
| **Bau-Furniersperrholz** nach Tafel 4 und 5 | | $0{,}11 \cdot \varrho_k \cdot d^{-0,3}$ |
| **Harte und mittelharte Holzfaserplatten** nach Tafel 7 | | $30 \cdot d^{-0,3} \cdot t^{0,6}$ |

[1]) Hierin bedeuten:

$d$ Nageldurchmesser in mm, bei Sondernägeln der Durchmesser des glattschaftigen Teils, bei quadratischen Nägeln die Seitenabmessung des Nagelquerschnitts

$t$ Plattendicke in mm

$\varrho_k$ Charakteristische Rohdichte in kg/m³

[2]) gilt für Nägel mit einem Nageldurchmesser $d \leq 8$ mm

[3]) gilt für alle Winkel zur Faserrichtung

[4]) für Spanplatten (Flachpreßplatten) liegen derzeit keine Werte für $f_{h,k}$ vor

[5]) bei Bauholz mit charakt. Rohdichte von $\varrho_k \geq 500$ kg/m³ sind die Nagellöcher vorzubohren; bei Douglasien-Holz ist nach NAD, 6.3.1.2, stets über die ganze Nagellänge vorzubohren

**Tafel 55** **Charakteristische Werte des Fließmomentes $M_{y,k}$ in Nmm für glattschaftige Nägel und Sondernägel in Holz-Holz- und Holzwerkstoff-Holz-Nagelverbindungen (Abscheren)** nach EC5 T1-1, 6.3.1.2 und NAD, 6.3.1.2[1]) [2])

| Nagelform | $M_{y,k}$ |
|---|---|
| Runde Nägel | $180 \cdot d^{2,6}$ |
| Quadratische Nägel | $270 \cdot d^{2,6}$ |

[1]) Hierin bedeuten:
*d* Nageldurchmesser in mm, bei Sondernägeln der Durchmesser des glattschaftigen Teils, bei quadratischen Nägeln die Seitenabmessung des Nagelquerschnitts

[2]) gilt für Nägel mit einem Nageldurchmesser $d \leq 8$ mm

**Tafel 56** **Mindesteinschlagtiefen $l$ von glattschaftigen Nägeln und Sondernägeln bei Beanspruchung auf Abscheren in Holz-Holz- und Holz-Holzwerkstoff-Verbindungen** nach EC5 T1-1, 6.3.1.2 und 6.3.1.3[1])

| Nagelart | Einschlagtiefe $l$ |
|---|---|
| Glattschaftige Nägel | $l \geq 8 \cdot d$ |
| Rillen- und Schraubnägel[2]) | $l \geq 6 \cdot d$ |

[1]) Hierin bedeuten:
*d* Nageldurchmesser in mm, bei Sondernägeln der Durchmesser des glattschaftigen Teils, bei quadratischen Nägeln die Seitenabmessung des Nagelquerschnitts

[2]) bei Rillen- und Schraubnägeln darf nur der profilierte Schaftteil in Rechnung gestellt werden

**Tafel 57** **Mindest-Holzdicken $t$ bei Nagelverbindungen ohne Vorbohren und Mindest-Einschlagtiefen $l$ von Nägeln bei Beanspruchungen rechtwinklig zur Nagellängsachse (Abscheren)** nach EC5 T1-1, 6.3.1.2 für gebräuchliche Nageldurchmesser $d$

| Nageldurchmesser $d$ in mm | Mindest-Holzdicken bei Nagelverbindungen ohne Vorbohren[3]) $t$ in mm | | | | | | Mindest-Einschlagtiefen $l$ in mm | | Nageldurchmesser $d$ in mm |
|---|---|---|---|---|---|---|---|---|---|
| | Vollholz aus Nadelhölzern nach Tafel 1 | | | Brettschichtholz nach Tafel 2 | | | | | |
| | S 10 MS 10 S 13 | MS 13 | MS 17 | BS 11 BS 14k BS 14h BS 16k | BS 16h BS 18k | BS 18h | Glattschaftige Nägel | Rillen- und Schraubnägel | |
| 1,8 | 12,6[1]) | | | | | | 14,4 | – | 1,8 |
| 2,0 | 14,0[1]) | | | | | | 16,0 | – | 2,0 |
| 2,2 | 15,4[1]) | | | | | | 17,6 | – | 2,2 |
| 2,5 | 17,5[1]) | | | | | | 20,0 | 15,0 | 2,5 |
| 2,8 | 19,6[1]) | | | | | | 22,4 | – | 2,8 |
| 2,9 | 20,3[1]) | | | | | | – | 17,4 | 2,9 |
| 3,1 | 21,7[1]) | | | | | | 24,8 | 18,6 | 3,1 |
| 3,4 | 23,8[1]) | | | | | | 27,2 | – | 3,4 |
| 3,8 | 26,6 | | | | | | 30,4 | – | 3,8 |
| 4,0 | 28,0 | | | | | | – | 24,0 | 4,0 |
| 4,2 | 29,4 | | | | | | 33,6 | – | 4,2 |
| 4,6 | 32,2 [2]) | | | | | 33,5 | 36,8 | – | 4,6 |
| 5,1 | 35,7 | 36,3 | 38,1 | 37,2 | 39,0 | 40,8 | – | 30,6 | 5,1 |
| 5,5 | 39,4 | 41,5 | 43,6 | 42,5 | 44,6 | 46,7 | 44,0 | – | 5,5 |
| 6,0 | 45,6 | 48,0 | 50,4 | 49,2 | 51,6 | 54,0 | 48,0 | 36,0 | 6,0 |
| 7,0 | 58,0 | 61,0 | 64,1 | 62,5 | 65,6 | 68,6 | 56,0 | – | 7,0 |
| 7,6 | 65,4 | 68,8 | 72,2 | 70,5 | 74,0 | 77,4 | 60,8 | – | 7,6 |

[1]) Mindestholzdicken für tragende einteilige Einzelquerschnitte nach Tafel 21 sind zu beachten

[2]) bei den Werten unterhalb der Stufenlinie wird Gl. (37b) maßgebend

[3]) bei Nagelverbindungen von Bauholz mit einer charakteristischen Rohdichte $\varrho_k \geq 500$ kg/m$^3$ ist stets vorzubohren

einzusetzen. Die Bemessungswerte der Lochleibungsfestigkeit $f_{h,d}$ sind nach Gl. (35a, b), die des Fließmomentes $M_{y,d}$ nach Gl. (36) zu berechnen.

**Mindestanzahl von Nägeln**

Eine Nagelverbindung, bei der die Nägel rechtwinklig zur Nagellängsachse (Abscheren) beansprucht werden, sollte in der Regel mindestens zwei Nägel enthalten.

**Mindest-Einschlagtiefen von Nägeln**

Die Mindesteinschlagtiefen von glattschaftigen Nägeln und Sondernägeln bei Beanspruchung rechtwinklig zur Nagellängsachse (Abscheren) sind in Tafel 56 dargestellt. Sie sind für gebräuchliche Nägel auch in Tafel 57 zusammengestellt.

**Mindest-Holzdicken bei Nagelverbindungen ohne Vorbohrung**

Bei Nagelverbindungen ohne Vorbohrung sind die Mindest-Holzdicken $t$ nach Gl. (37) einzuhalten, sie können auch für gebräuchliche Nägel Tafel 57 entnommen werden.

$$t = \max. \begin{cases} 7 \cdot d & (37a) \\ (13 \cdot d - 30) \cdot \varrho_k / 400 & (37b) \end{cases}$$

$d$ Nageldurchmesser in mm,
$\varrho_k$ Charakteristische Rohdichte in $kg/m^3$

Bei tragenden einteiligen Einzelquerschnitten sind die Mindest-Holzdicken nach Tafel 21 zu beachten.

**Mindestabstände von Nägeln**

Die Mindestabstände von Nägeln sind in Tafel 58 dargestellt, die zugehörigen Bezeichnungen sind in Bild 10 näher erläutert. Danach werden unterschieden:

$a_1$ ist der Abstand der Nägel untereinander in Faserrichtung,
$a_2$ ist der Abstand der Nägel untereinander rechtwinklig zur Faserrichtung,
$a_3$ ist der Abstand vom Stabende (Endabstand),
$a_4$ ist der Abstand vom Rand (Randabstand).

**Tafel 58** **Mindestabstände von Nägeln** nach EC5 T1-1, 6.3.1.2 bis 6.3.1.4, Tab. 6.3.1.2 und NAD, 6.3.1.2[1]) [2]) [5])

| Abstände | Lage | nicht vorgebohrte Nagellöcher | | vorgebohrte Nagellöcher |
|---|---|---|---|---|
| | | $\varrho_k \leq 420$ kg/m³ und Brettschichtholz[3]) | $420 < \varrho_k < 500$ kg/m³ | |
| **in Holz-Holz-Verbindungen** | | | | |
| $a_1$ | untereinander in Faserrichtung | für $d < 5$ mm: $(5 + 5 \cdot \lvert\cos\alpha\rvert) \cdot d$<br>für $d \geq 5$ mm: $(5 + 7 \cdot \lvert\cos\alpha\rvert) \cdot d$ | $(7 + 8 \cdot \lvert\cos\alpha\rvert) \cdot d$ | $(4 + 3 \cdot \lvert\cos\alpha\rvert) \cdot d$ [4]) |
| $a_2$ | untereinander rechtwinklig zur Faserrichtung | $5 \cdot d$ | $7 \cdot d$ | $(3 + \lvert\sin\alpha\rvert) \cdot d$ |
| $a_{3,t}$ | vom belasteten Ende | $(10 + 5 \cdot \cos\alpha) \cdot d$ | $(15 + 5 \cdot \cos\alpha) \cdot d$ | $(7 + 5 \cdot \cos\alpha) \cdot d$ |
| $a_{3,c}$ | vom unbelasteten Ende | $10 \cdot d$ | $15 \cdot d$ | $7 \cdot d$ |
| $a_{4,t}$ | vom belasteten Rand | $(5 + 5 \cdot \sin\alpha) \cdot d$ | $(7 + 5 \cdot \sin\alpha) \cdot d$ | $(3 + 4 \cdot \sin\alpha) \cdot d$ |
| $a_{4,c}$ | vom unbelasteten Rand | $5 \cdot d$ | $7 \cdot d$ | $3 \cdot d$ |

Fortsetzung und Fußnoten s. nächste Seite

**Tafel 58** Fortsetzung

| | |
|---|---|
| **in Bausperrholz-Holz-Verbindungen** | |
| für Bau-Furniersperrholz:<br>es gelten die 0,85fachen Tafelwerte für Holz-Holz-Verbindungen, jedoch als Mindestrandabstände: | |
| vom belasteten Rand: | $a_{4,t} = (3 + 4 \cdot \sin\alpha) \cdot d$ |
| vom unbelasteten Rand | $a_{4,c} = 3 \cdot d$ |
| **in Stahlblech-Holz-Verbindungen** | |
| es gelten die 0,70fachen Tafelwerte für Holz-Holz-Verbindungen | |

[1]) Hierin bedeuten:

$d$ Nageldurchmesser in mm, bei Sondernägeln der Durchmesser des glattschaftigen Teils, bei quadratischen Nägeln die Seitenabmessung des Nagelquerschnitts,

$\alpha$ Winkel zwischen Kraft- und Faserrichtung nach Bild 10

$\varrho_k$ Charakteristische Rohdichte in kg/m³

[2]) die Bezeichnungen sind in Bild 10 definiert

[3]) für Brettschichtholz darf nach NAD, 6.3.1.2, zur Bestimmung der Nagelabstände eine Rohdichte $\varrho_k \leq 420$ kg/m³ angenommen werden unabhängig von der wirklich vorhandenen Rohdichte

[4]) der Mindestnagelabstand $a_1$ darf bis auf $(4 + |\cos\alpha|) \cdot d$ verringert werden, wenn die Lochleibungsfestigkeit $f_{h,k}$ mit dem Faktor $\sqrt{a_1/(4 + 3 \cdot |\cos\alpha|) \cdot d}$ abgemindert wird

[5]) die Mindest-Nagelabstände gelten auch für Nägel, die in Schaftrichtung (Herausziehen) beansprucht werden

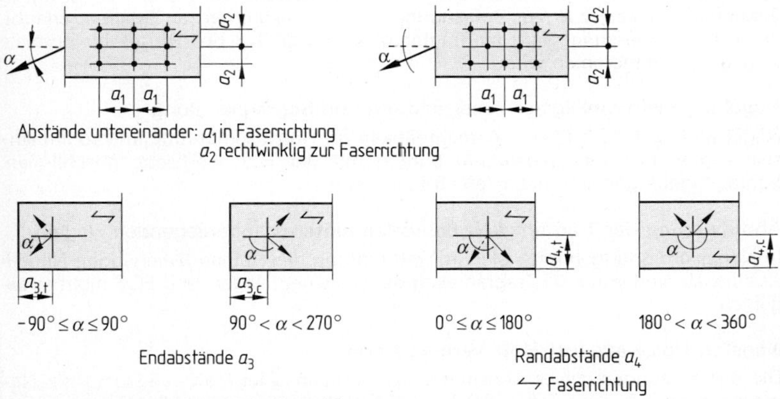


$a_1$ Abstände untereinander in Faserrichtung
$a_2$ Abstände untereinander rechtwinklig zur Faserrichtung
$a_{3,t}$ Abstände vom belasteten Ende
$a_{3,c}$ Abstände vom unbelasteten Ende
$a_{4,t}$ Abstände vom belasteten Rand
$a_{4,c}$ Abstände vom unbelasteten Rand
$\alpha$ Winkel zwischen Kraft- und Faserrichtung

**Bild 10 Definitionen der Verbindungsmittelabstände** nach EC5 T1-1, Bild 6.3.1.2a

Ein Endabstand gilt als belastet, wenn die Nagelkraft eine Komponente in Richtung des Stabendes (Hirnholz) besitzt. Andernfalls gilt das Stabende als unbelastet. Randabstände gelten in gleicher Weise als belastet oder unbelastet.

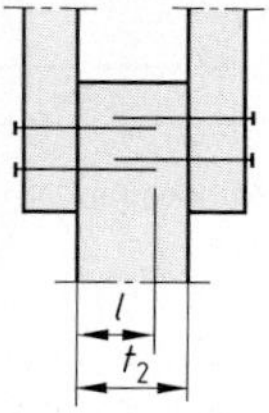

**Bild 11**
**Übergreifende Nägel** nach EC5 T1-1, Bild 6.3.1.2b

**Übergreifende Nägel**

Werden Nägel von beiden Seiten in nicht vorgebohrte Nagellöcher eingeschlagen, sind übergreifende Nägel im Mittelholz erlaubt, wenn die Bedingung der Gl. (38) eingehalten wird, s. Bild 11.

$$(t_2 - l) > 4 \cdot d \quad (38)$$

$d$ Nageldurchmesser
$l$ Einschlagtiefe des Nagels nach Bild 11
$t_2$ Holzdicke des Mittelteils nach Bild 11

**Vorgebohrte Nagellöcher**

Die Nagellöcher sind in Nagelverbindungen von Bauholz mit einer charakteristischen Rohdichte $\varrho_k \geq 500\ \text{kg/m}^3$ vorzubohren. Nagelverbindungen in Douglasien-Holz sind nach NAD, 6.3.1.2, stets über die ganze Nagellänge vorzubohren. Der Durchmesser von vorgebohrten Nagellöchern sollte nach NAD, 7.4, etwa $0{,}9 \cdot d$ betragen.

**Nägel im Hirnholz**

Nägel in Hirnholz sollten in der Regel nicht zur Kraftübertragung auf Abscheren beansprucht werden. Eine planmäßige Kraftübertragung auf Abscheren ist nur in Sekundärbauteilen, z. B. zur Befestigung von Gesimsbrettern an Sparren, erlaubt, wenn der Bemessungswert der Tragfähigkeit nur zu 1/3 des Wertes für normale Nagelung angenommen wird.

**Nagelung rechtwinklig zur Faserrichtung und Schrägnagelung**

Nägel sind nach EC5 T1-1, 7.4, rechtwinklig zur Holzfaserrichtung und so tief einzuschlagen, daß die Nagelköpfe bündig mit der Holzoberfläche abschließen. Schrägnagelungen sind nach Tafel 59 auszuführen.

**Abminderung der Tragfähigkeit bei vielen hintereinanderliegenden Nägeln**

In Nagelverbindungen mit vielen in Kraftrichtung hintereinanderliegenden Nägeln ist eine Abminderung der Tragfähigkeit der einzelnen Nägel nach EC5 nicht erforderlich.

**Nägel in Holzwerkstoff-Holz-Verbindungen**

Die Bestimmungen dieses Abschnittes gelten ebenso für Holzwerkstoff-Holz-Nagelverbindungen, nach NAD, 6.3.1.3, für Nägel mit einem Nagelkopfdurchmesser von $\geq 1{,}8 \cdot d$. Die Mindest-Nagelabstände sind Tafel 58 zu entnehmen. Für Stifte ohne Kopf oder Nägel mit ovaler Kopfform sind die Bemessungswerte der Tragfähigkeit für Verbindungen mit harten und mittelharten Holzfaserplatten auf die Hälfte zu reduzieren. Für Flachpreßplatten liegen derzeit keine Werte der charakteristischen Lochleibungsfestigkeit vor.

**Nägel in Stahlblech-Holz-Verbindungen**

Die Bemessungswerte der Tragfähigkeit von Nägeln in Stahlblech-Holz-Verbindungen sind nach den Tafeln 49 bis 51 zu berechnen. Die Mindest-Nagelabstände sind Tafel 58 zu entnehmen. Bei Stahlblech-Holz-Verbindungen darf nach NAD, 7.4, der Lochdurchmesser im Stahlblech bis zu 1 mm größer sein als der Nenndurchmesser.

## 5.3.2 Beanspruchung in Nagel-Schaftrichtung (Herausziehen)

### Bemessungswerte des Ausziehwiderstandes $R_d$

Die Bemessungswerte des Ausziehwiderstandes $R_d$ von Nägeln, die auf Herausziehen beansprucht werden, sind bei Nagelung rechtwinklig zur Holzfaserrichtung und bei Schrägnagelung nach den Gleichungen der Tafel 59 zu berechnen; als Bemessungswert $R_d$ ist der kleinste Wert anzunehmen, der aus den in der Tafel angegebenen Gleichungen ermittelt werden kann.

Die Bemessungswerte der Ausziehparameter $f_{1,d}$ und $f_{2,d}$ sind sinngemäß nach Gl. (35 a, b) zu berechnen. Die charakteristischen Werte der Ausziehparameter $f_{1,k}$ und $f_{2,k}$ für glattschaftige Nägel und Sondernägel in auf Herausziehen beanspruchten Nagelverbindungen sind in Tafel 60 angegeben.

Bei Rillen- und Schraubnägel ist nur der profilierte Schaftteil zur Kraftübertragung in Schaftrichtung (Herausziehen) in Rechnung zu stellen.

**Tafel 59 Bemessungswerte des Ausziehwiderstandes $R_d$ von Nägeln, die in Schaftrichtung (auf Herausziehen) beansprucht werden,** nach EC5 T1-1, Gl. (6.3.2a–c) und NAD, 6.3.2[1] [2] [3])

| **Nagelung rechtwinklig zur Faserrichtung** | **Schrägnagelung** |
|---|---|
| 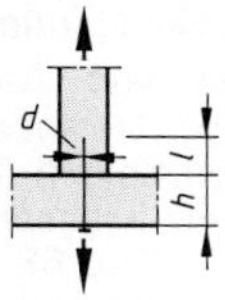  | 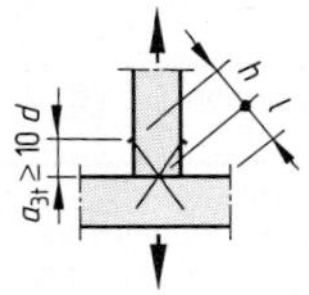  |
| **Für alle Nägel** (berücksichtigt das Herausziehen des Nagels aus dem Holzteil)[4]) | $f_{1,d} \cdot d \cdot l$ |
| **Für glattschaftige Nägel** (berücksichtigt das Kopfdurchziehen)[5]) | $f_{1,d} \cdot d \cdot h + f_{2,d} \cdot d^2$ |
| **Für Rillen- und Schraubnägel** (berücksichtigt das Kopfdurchziehen) | $f_{2,d} \cdot d^2$ |

[1]) Hierin bedeuten:

*d* Nageldurchmesser in mm, bei Sondernägeln der Durchmesser des glattschaftigen Teils, bei quadratischen Nägeln die Seitenabmessung des Nagelquerschnitts

$f_{1,d}$; $f_{2,d}$ Bemessungswerte der Ausziehparameter, berechnet nach Gl. (35 a, b)

*l* Einschlagtiefe des Nagels auf Herausziehen, s. auch Mindest-Einschlagtiefen nach Tafel 61

*h* Holzdicke

[2]) gelten für die im Tafelkopf angegebene Nagelung rechtwinklig zur Faserrichtung und für Schrägnagelung

[3]) Glattschaftige Nägel, die in Schaftrichtung auf Herausziehen beansprucht werden, dürfen nicht zur Kraftübertragung für ständige oder langandauernde Lasteinwirkungen eingesetzt werden

[4]) für Rillen- und Schraubnägel ist nur der profilierte Schaftteil zur Kraftübertragung auf Herausziehen in Rechnung zu stellen

[5]) die Gleichung darf nach NAD, 6.3.2, vernachlässigt werden, wenn glattschaftige Nägel mit einem Mindestkopfdurchmesser von $1{,}8 \cdot d$ verwendet werden

### Mindestanzahl von Nägeln

Eine Nagelverbindung, bei der die Nägel in Schaftrichtung (Herausziehen) beansprucht werden, sollte in der Regel mindestens zwei Nägel enthalten.

**Tafel 60 Charakteristische Werte $f_{1,k}$ und $f_{2,k}$ des Ausziehparameters in N/mm² für glattschaftige Nägel und Sondernägel** nach EC5 T1-1, 6.3.2 und NAD, 6.3.2[1]) [2])

| | | $f_{1,k}$ | $f_{2,k}$ |
|---|---|---|---|
| Glattschaftige Nägel | | $(18 \cdot 10^{-6}) \cdot \varrho_k^2$ | $(300 \cdot 10^{-6}) \cdot \varrho_k^2$ |
| Sondernägel[3]) [4]) | Tragfähigkeitsklasse I | $(28 \cdot 10^{-6}) \cdot \varrho_k^2$ | $(600 \cdot 10^{-6}) \cdot \varrho_k^2$ |
| | Tragfähigkeitsklasse II | $(40 \cdot 10^{-6}) \cdot \varrho_k^2$ | $(600 \cdot 10^{-6}) \cdot \varrho_k^2$ |
| | Tragfähigkeitsklasse III | $(50 \cdot 10^{-6}) \cdot \varrho_k^2$ | $(600 \cdot 10^{-6}) \cdot \varrho_k^2$ |

[1]) Hierin bedeuten: $\varrho_k$ Charakteristische Rohdichte in kg/m³
[2]) die Werte für $f_{1,k}$ und $f_{1,k}$ sind auf 2/3 abzumindern, wenn Vollholz beim Einbau eine Holzfeuchte nahe dem Fasersättigungsbereich ($u \cong 30\%$) besitzt und im eingebauten Zustand austrocknen kann
[3]) Tragfähigkeitsklassen für Sondernägel nach DIN 1052 T2
[4]) Sondernägel in vorgebohrten Nagellöchern dürfen nach NAD, 6.3.2, zur Kraftübertragung auf Herausziehen ohne gesonderten Nachweis nicht in Rechnung gestellt werden

**Tafel 61 Mindesteinschlagtiefen $l$ von glattschaftigen Nägeln und Sondernägeln bei Beanspruchung in Schaftrichtung (Herausziehen)** nach EC5 T1-1, 6.3.2[1])

| Nagelart | Einschlagtiefe $l$ |
|---|---|
| Glattschaftige Nägel | $l \geq 12 \cdot d$ |
| Rillen- und Schraubennägel | $l \geq 8 \cdot d$ |

[1]) Hierin bedeuten:
$d$ Nageldurchmesser, bei Sondernägeln der Durchmesser des glattschaftigen Teils

## Mindest-Einschlagtiefen

Die Mindest-Einschlagtiefen $l$ bei Nägeln, die in Schaftrichtung (Herausziehen) belastet werden, sind in Tafel 61 angegeben.

## Mindest-Nagelabstände

Die Abstände von Nägeln, die in Schaftrichtung (Herausziehen) beansprucht werden, sollten den Abständen auf Abscheren beanspruchter Nägel entsprechen, s. Tafel 58 und Bild 10. Bei Schrägnagelungen muß der Mindestabstand zum beanspruchten Rand $a_{3,t} \geq 10 \cdot d$ betragen, s. Tafel 59.

## Glattschaftige Nägel auf Herausziehen

Glattschaftige Nägel, die in Schaftrichtung auf Herausziehen beansprucht werden, dürfen nicht zur Kraftübertragung für ständige oder langandauernde Lasteinwirkungen eingesetzt werden.

## Vorgebohrte Sondernägel auf Herausziehen

Sondernägel in vorgebohrten Nagellöchern dürfen nach NAD, 6.3.2, zur Kraftübertragung auf Herausziehen ohne gesonderten Nachweis nicht in Rechnung gestellt werden.

## Nägel auf Herausziehen in Vollholz mit hoher Holzfeuchte

Wenn Vollholz beim Einbau eine Holzfeuchte nahe dem Fasersättigungsbereich ($u \cong 30\%$) besitzt und im eingebauten Zustand austrocknen kann, sind die Bemessungswerte des Ausziehwiderstandes $R_d$ von Nägeln, die auf Herausziehen beansprucht werden, abzumindern; dazu werden die charakteristischen Werte $f_{1,k}$ und $f_{2,k}$ der Ausziehparameter nach Tafel 60 auf 2/3 verkleinert.

## Nägel in Hirnholz auf Herausziehen

Nägel in Hirnholz dürfen in der Regel nicht zur Kraftübertragung in Schaftrichtung (Herausziehen) beansprucht werden.

## Anschluß von Holzwerkstoffplatten an Holz

Beim Anschluß von Holzwerkstoffplatten an Holz müssen die Platten nach NAD, 6.3.2, mindestens 12 mm dick sein, wenn Nägel in Schaftrichtung (Herausziehen) beansprucht werden.

### 5.3.3 Kombinierte Beanspruchung in Nagelverbindungen (auf Abscheren und Herausziehen)

Bei Nagelverbindungen, die durch Einwirkungen rechtwinklig zur Nagellängsachse (Abscheren) des Nagels $F_{la}$ und in Schaftrichtung (Herausziehen) $F_{ax}$ beansprucht werden, ist Gl. (39) einzuhalten. Für glattschaftige Nägel sowie für Rillen- und Schraubnagel gelten unterschiedliche Potenzexponenten nach Tafel 62. Die Bemessungswerte der Tragfähigkeit $R_{la,d}$ auf Abscheren und des Ausziehwiderstandes

$$\left(\frac{F_{la,d}}{R_{la,d}}\right)^n + \left(\frac{F_{ax,d}}{R_{ax,d}}\right)^n \leq 1 \quad (39)$$

$F_{la,d}$ Bemessungswert der Einwirkungen rechtwinklig zur Nagellängsachse (Abscheren)

$F_{ax,d}$ Bemessungswert der Einwirkungen in Schaftrichtung des Nagels (Herausziehen)

$R_{la,d}$ Bemessungswert der Tragfähigkeit rechtwinklig zur Nagellängsachse (Abscheren)

$R_{ax,d}$ Bemessungswert des Ausziehwiderstandes in Schaftrichtung des Nagels (Herausziehen)

$n$ Potenzexponent nach Tafel 62

**Tafel 62 Potenzexponenten $n$ der Gl. (39) für kombinierte Beanspruchungen in Verbindungen** nach EC5 T1-1, 6.3.3 und 6.7.3

| Verbindungsmittel | Potenzexponent $n$ |
|---|---|
| Glattschaftige Nägel | 1 |
| Rillen- und Schraubnägel | 2 |
| Holzschrauben | 2 |

$R_{ax,d}$ sind wie bei alleiniger Beanspruchung nach Abschn. 5.3.1 und 5.3.2 zu ermitteln.

## 5.4 Bolzen- und Stabdübelverbindungen

**Bolzen** sind stiftförmige Verbindungsmittel aus Stahl mit Kopf, Mutter und beidseitigen Unterlegscheiben; der Stahl muß den Festigkeitsklassen der Tafel 63 entsprechen. Die Bohrlochdurchmesser von Bolzen in den Holzteilen dürfen bis zu 1 mm größer sein als der Bolzendurchmesser. Bolzen dürfen planmäßig auf Abscheren und in Bolzenschaftrichtung beansprucht werden.

**Paßbolzen** sind Bolzen, die in ein Bohrloch mit gleichem Durchmesser wie der Bolzendurchmesser getrieben werden. Sie besitzen die Tragfähigkeit von Stabdübeln und können wie Stabdübel bemessen werden.

**Stabdübel** sind zylindrische Stifte aus Stahl mit überwiegend glatter Oberfläche; der Stahl muß den Festigkeitswerten der Tafel 63 entsprechen. Die Bohrlochdurchmesser von Stabdübeln in den Holzteilen dürfen nicht größer als der Stabdübeldurchmesser sein. Stabdübel dürfen nur auf Abscheren beansprucht werden.

Stabdübelverbindungen sind steifer als vergleichbare Bolzenverbindungen. Deshalb wird empfohlen, Stabdübelverbindungen dann bevorzugt einzusetzen, wenn höhere Steifigkeit und bessere Formbeständigkeit gefordert sind.

**Tafel 63 Charakteristische Werte der Zugfestigkeit des Stahls $f_{u,k}$ in N/mm² von Bolzen und Stabdübeln** nach NAD, Tab. 6.1-2 und Tab. 6.1-1

| Bolzen | | Stabdübel | |
|---|---|---|---|
| Festigkeitsklasse nach EN 20898 T1 | Charakteristische Festigkeitswerte $f_{u,k}$ | Nennstahlgüte nach EN 10025 | Charakteristische Festigkeitswerte $f_{u,k}$ |
| 3.6 | 300 | S 235 | 360 |
| 4.6 und 4.8 | 400 | S 275 | 430 |
| 5.6 und 5.8 | 500 | S 355 | 510 |

## 5.4.1 Beanspruchung von Bolzen und Stabdübeln rechtwinklig zur Längsachse (Abscheren) in Holz-Holz-, Holzwerkstoff-Holz- und Stahlblech-Holz-Verbindungen

### Bemessungswerte der Tragfähigkeit $R_d$ auf Abscheren

Die Bemessungswerte der Tragfähigkeit $R_d$ auf Abscheren von Bolzen und Stabdübeln sind nach den Gleichungen des Abschn. 5.2, Tafel 47 bis 51 zu berechnen, sie sind abhängig vom Winkel $\alpha$ Kraft- zur Faserrichtung.

Die charakteristischen Festigkeitswerte $f_{u,k}$ für Bolzen und Stabdübel sind in Tafel 63 zusammengestellt. Die charakteristischen Werte der Lochleibungsfestigkeit $f_{h,k}$ und die des Fließmomentes $M_{y,k}$ für Bolzen und Stabdübel sind in Tafel 64 angegeben. Die Bemessungswerte der Lochleibungsfestigkeit $f_{h,d}$ sind nach Gl. (35a, b), die des Fließmomentes $M_{y,d}$ nach Gl. (36) zu berechnen.

### Wirksame Anzahl mehrerer Bolzen oder Stabdübel in einer Reihe

Liegen mehr als sechs Bolzen oder sechs Stabdübel in Kraftrichtung hintereinander, ist die Tragfähigkeit jedes weiteren Bolzens oder Stabdübels um 1/3 abzumindern. Die wirksame Anzahl $n_{ef}$ kann demnach für $n$ Bolzen oder für $n$ Stabdübel nach Gl. (40) errechnet werden.

$$n_{ef} = 6 + 2 \cdot (n - 6)/3 \quad (40)$$

$n$ Anzahl der in Kraftrichtung hintereinanderliegenden Bolzen oder Stabdübel, $n > 6$

$n_{ef}$ wirksame Anzahl für $n$ in einer Verbindungsmittelreihe hintereinanderliegenden Bolzen oder Stabdübel

**Tafel 64 Charakteristische Werte der Lochleibungsfestigkeit $f_{h,k}$ in N/mm² und des Fließmomentes $M_{y,k}$ in Nmm für Bolzen und Stabdübel in Holz-Holz- und Holzwerkstoff-Holz-Verbindungen (Abscheren)** nach EC5 T1-1, 6.5.1.2 und 6.6[1] [2])

| | | | |
|---|---|---|---|
| **Lochleibungsfestigkeit $f_{h,k}$ in N/mm² für Bolzen und Stabdübel in** | | | |
| **Vollholz und Brettschichtholz** nach Tafel 1 und Tafel 2 | | | |
| 1 | für eine Belastung in Faserrichtung $\alpha = 0°$ | | $f_{h,0,k} = 0{,}082 \cdot (1 - 0{,}01 \cdot d) \cdot \varrho_k$ |
| 2 | für eine Belastung unter einem Winkel $\alpha$ zur Faserrichtung | | $f_{h,\alpha,k} = \dfrac{f_{h,0,k}}{k_{90} \cdot \sin^2\alpha + \cos^2\alpha}$ |
| | mit den Beiwerten $k_{90}$ | für Nadelhölzer | $k_{90} = 1{,}35 + 0{,}015 \cdot d$ |
| | | für Laubhölzer | $k_{90} = 0{,}90 + 0{,}015 \cdot d$ |
| **Bausperrholz** (Bau-Furniersperrholz nach Tafel 4 und Tafel 5) | | | |
| 3 | unabhängig vom Winkel $\alpha$ zwischen Kraft- und Faserrichtung der Deckfurniere | | $f_{h,k} = 0{,}11 \cdot (1 - 0{,}01 \cdot d) \cdot \varrho_k$ |
| **Fließmoment $M_{y,k}$ in Nmm** | | | |
| 4 | für runde Bolzen und Stabdübel | | $M_{y,k} = 0{,}8 \cdot f_{u,k} \cdot d^3/6$ |

[1]) Hierin bedeuten:

$d$ Bolzen- oder Stabdübeldurchmesser in mm

$f_{u,k}$ Charakteristischer Wert der Zugfestigkeit des Stahls nach Tafel 63

$\alpha$ Winkel zwischen Kraft- und Faserrichtung

$\varrho_k$ Charakteristischer Wert der Rohdichte in kg/m³

[2]) für Bolzen mit einem Durchmesser $d \leq 30$ mm und für Stabdübel mit einem Durchmesser $d \geq 6$ mm

### Mindestabstände von Bolzen und Stabdübeln

Die Mindestabstände von Bolzen sind in Tafel 65, diejenigen von Stabdübeln in Tafel 66 dargestellt. Die zugehörigen Bezeichnungen sind in Bild 10 näher erläutert.

**Tafel 65 Mindestabstände von Bolzen** nach EC5 T1-1, Tab. 6.5.1.2 und NAD, 6.5.1.2[1]) [2])

| **Abstände, Bezeichn.** | **Lage** | **Winkel α Kraft zur Faserrichtung** | **Mindestabstände von Bolzen** |
|---|---|---|---|
| $a_1$ | untereinander in Faserrichtung | | $(4+3\cdot\lvert\cos\alpha\rvert)\cdot d$ [3]) |
| $a_2$ | untereinander rechtwinklig zur Faserrichtung | | $4\cdot d$ |
| $a_{3,t}$ | vom belasteten Ende | $-90° \leq \alpha < 90°$ | $7\cdot d$, mind. 80 mm |
| $a_{3,c}$ | vom unbelasteten Ende | $150° \leq \alpha \leq 210°$ | $4\cdot d$ |
| $a_{3,c}$ | | $90° < \alpha < 150°$<br>$210° < \alpha < 270°$ | $(1+6\cdot\lvert\sin\alpha\rvert)\cdot d$, mind. $4\cdot d$ |
| $a_{4,t}$ | vom belasteten Rand | $0° \leq \alpha \leq 180°$ | $(2+2\cdot\sin\alpha)\cdot d$, mind. $3\cdot d$ |
| $a_{4,c}$ | vom unbelasteten Rand | für alle anderen Werte von $\alpha$ | $3\cdot d$ |

[1]) Hierin bedeuten:
$d$ Bolzendurchmesser $\alpha$ Winkel zwischen Kraft- und Faserrichtung nach Bild 10
[2]) die Bezeichnungen sind in Bild 10 definiert
[3]) der Mindestabstand $a_1$ darf bis auf $(4+\lvert\cos\alpha\rvert)\cdot d$ verringert werden, wenn die Lochleibungsfestigkeit $f_{h,0,k}$ mit dem Faktor $\sqrt{a_1/(4+3\cdot\lvert\cos\alpha\rvert)\cdot d}$ abgemindert wird

## Unterlegscheiben von Bolzen

Die erforderlichen Unterlegscheiben unter Kopf und Mutter von Bolzen sind mit einer Seitenlänge (quadratische Scheiben) oder einem Durchmesser (runde Scheiben) von mindestens $3\cdot d$ und einer Dicke von mindestens $0{,}3\cdot d$ anzuordnen mit $d$ als Bolzendurchmesser. Die Unterlegscheiben sind mit voller Kontaktfläche zu montieren.

## Anziehen von Bolzenverbindungen

Bolzen sind derart anzuziehen, daß die verbundenen Holzteile eng aneinanderliegen. Nach Erreichen der Ausgleichsfeuchte des Holzes sind Bolzen in den Fällen nachzuziehen, bei denen dies zur Sicherstellung der Tragfähigkeit und der Steifigkeit der Konstruktion erforderlich ist.

**Tafel 66 Mindestabstände von Stabdübeln** nach EC5 T1-1, Tab. 6.6a und NAD, 6.6[1]) [2])

| **Abstände, Bezeichn.** | **Lage** | **Winkel α zwischen Kraft zur Faserrichtung** | **Mindestabstände von Stabdübeln** |
|---|---|---|---|
| $a_1$ | untereinander in Faserrichtung | | $(3+4\cdot\lvert\cos\alpha\rvert)\cdot d$ [3]) |
| $a_2$ | untereinander rechtwinklig zur Faserrichtung | | $3\cdot d$ |
| $a_{3,t}$ | vom belasteten Ende | $-90° \leq \alpha \leqq 90°$ | $7\cdot d$, mind. 80 mm |
| $a_{3,c}$ | vom unbelasteten Ende | $150° \leq \alpha \leq 210°$ | $3\cdot d$ |
| $a_{3,c}$ | | $90° < \alpha < 150°$<br>$210° < \alpha < 270°$ | $a_{3,t}\cdot\lvert\sin\alpha\rvert$, mind. $3\cdot d$ |
| $a_{4,t}$ | vom belasteten Rand | $0° \leq \alpha \leq 180°$ | $(2+2\cdot\sin\alpha)\cdot d$, mind. $3\cdot d$ |
| $a_{4,c}$ | vom unbelasteten Rand | für alle anderen Werte von $\alpha$ | $3\cdot d$ |

[1]) Hierin bedeuten:
$d$ Stabdübeldurchmesser $\alpha$ Winkel zwischen Kraft- und Faserrichtung
[2]) die Bezeichnungen sind in Bild 10 definiert
[3]) der Mindestabstand $a_1$ darf bis auf $(3+2\cdot\lvert\cos\alpha\rvert)\cdot d$ verringert werden, wenn die Lochleibungsfestigkeit $f_{h,0,k}$ mit dem Faktor $\sqrt{a_1/(3+4\cdot\lvert\cos\alpha\rvert)\cdot d}$ abgemindert wird

## Stabdübeldurchmesser

Die Durchmesser von Stabdübeln müssen $d \geq 6$ mm sein. Die zulässigen Toleranzen der Durchmesser $d$ betragen $-0{,}0/+0{,}1$ mm. Die Bohrlochdurchmesser von Stabdübeln in den Holzteilen sollten nicht größer als der Stabdübeldurchmesser sein.

## Stahlblech-Holz-Verbindungen mit Bolzen oder Stabdübel

Der Lochdurchmesser im Stahlblech darf nach NAD, 7.4, bis zu 1 mm größer sein als der Nenndurchmesser der Bolzen oder Stabdübel.

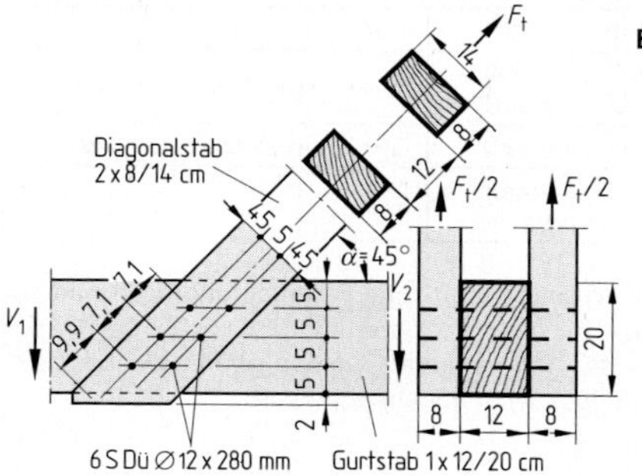


**Beispiel** **Bemessung einer Verbindung mit Stabdübeln, Anschluß einer Zug-Diagonalen an einen Gurt**

Umgebungsklima: überdachtes Tragwerk

Nadel-Vollholz, S 10, für Gurt- und Diagonalstab

Charakteristischer Rohdichtekennwert nach Tafel 1

$\varrho_k = 380$ kg/m³

Stabdübel ∅12 mm, Nennstahlgüte S 235

Charakteristischer Festigkeitswert nach Tafel 63

$f_{u,k} = 360$ N/mm²

Charakteristische Werte der Einwirkungen (Zugkraft)

$G_k = 18{,}0$ kN aus ständiger Last
$Q_k = 21{,}0$ kN aus Schneelast

Winkel $\alpha$ zwischen Kraft- und Faserrichtung

Gurtstab: $\alpha = 45°$
Diagonalstab $\alpha = 0°$

**Abstände der Stabdübel** nach Tafel 66

Diagonalstab: $\alpha = 0°$ (Fußzeiger D)

$\min a_{1,D} = (3 + 4 \cdot |\cos 0°|) \cdot 12 = 84$ mm

zulässige Abminderung:

$\min a_{1,D,\text{abgem.}} = (3 + 2 \cdot |\cos 0°|) \cdot 12 = 60$ mm

$\text{vorh}\, a_{1,D} = 5{,}0/\sin 45° = 71$ mm $> \min a_{1,D,\text{abgem.}} = 60$ mm

$\text{vorh}\, a_{2,D} = 50$ mm $> \min a_{2,D} = 3 \cdot 12 = 36$ mm

$\text{vorh}\, a_{3,t,D} = (5{,}0 + 2{,}0)/\sin 45 = 99$ mm $> \min a_{3,t,D} = 7 \cdot 12 = 84$ mm

$\text{vorh}\, a_{4,c,D} = 45$ mm $> \min a_{4,c,D} = 3 \cdot 12 = 36$ mm

Gurtstab: $\alpha = 45°$ (Fußzeiger G)

$\min a_{1,G} = (3 + 4 \cdot |\cos 45°|) \cdot 12 = 70$ mm

$\text{vorh}\, a_{1,G} = 5{,}0/\sin 45° = 71$ mm $> \min a_{1,G} = 70$ mm

$\text{vorh}\, a_{2,G} = 50$ mm $> \min a_{2,G} = 3 \cdot 12 = 36$ mm

$\min a_{4,t,G} = (2 + 2 \sin 45°) \cdot 12 = 41$ mm

$\text{vorh}\, a_{4,t,G} = 50$ mm $> \min a_{4,t,G} = 41$ mm

$\text{vorh}\, a_{4,c,G} = 50$ mm $> \min a_{4,c,D} = 3 \cdot 12 = 36$ mm

**1) Lastfall „ständige Last und Schneelast"**

Bemessungswerte der Einwirkungen (Zugkraft) nach Tafel 17

$F_{t,d} = 1{,}35 \cdot 18{,}0 + 1{,}5 \cdot 21{,}0 = 24{,}3 + 31{,}5 = 55{,}8$ kN

Nutzungsklasse 2, s. Tafel 8

Lasteinwirkungsdauer nach Tafel 10 und 11

„ständig" für ständige Last (Eigenlast)
„kurz" für Schneelast
(Regelschneelast $s_0 \leq 2{,}0$ kN/m²),

Modifikationsfaktor nach Tafel 12

$k_{mod} = 0{,}6$ für ständige Last
$k_{mod} = 0{,}9$ für Schneelast (maßgebend)

**1a) Bemessungswerte der Lochleibungsfestigkeit**

**Diagonalstab:** $\alpha = 0°$, (Stab 1)

Charakteristische Lochleibungsfestigkeit nach Tafel 64

$f_{h,0,k} = 0{,}082 \cdot (1 - 0{,}01 \cdot 12) \cdot 380 = 27{,}42$ N/mm²

Abgeminderte charakteristische Lochleibungsfestigkeit, da min $a_{1,D}$ abgemindert wurde, s. oben, nach Tafel 66

vorh $a_{1,D} = 71$ mm, Abminderungsfaktor

$\sqrt{71/(3+4\cdot|\cos 0°|)\cdot 12} = \sqrt{71/84}$
$= 0{,}919$

$f_{h,0,k,abgemin.} = 0{,}919 \cdot 27{,}42 = 25{,}20$ N/mm²

Bemessungswert der Lochleibungsfestigkeit nach Gl. (35a)

$f_{h,1,d} = 0{,}9 \cdot 25{,}20/1{,}3 = 17{,}45$ N/mm²

**Gurtstab:** $\alpha = 45°$. (Stab 2)

Charakteristische Lochleibungsfestigkeit nach Tafel 64

$k_{90} = 1{,}35 + 0{,}015 \cdot 12 = 1{,}53$

$f_{h,0,k} = 0{,}082 \cdot (1 - 0{,}01 \cdot 12) \cdot 380 = 27{,}42$ N/mm²

$f_{h,45,k} = 27{,}42/(1{,}53 \cdot \sin^2 45° + \cos^2 45°) = 27{,}42/1{,}265 = 21{,}68$ N/mm²

Bemessungswert der Lochleibungsfestigkeit nach Gl. (35b)

$f_{h,2,d} = 0{,}9 \cdot 21{,}68/1{,}3 = 15{,}01$ N/mm²

**1b) Bemessungswert des Fließmomentes**

Charakteristischer Wert des Fließmomentes nach Tafel 64

$M_{y,k} = 0{,}8 \cdot 360 \cdot 12^3/6 = 82\,944$ Nmm

Teilsicherheitsbeiwert für Stahl in Verbindungen nach Tafel 20

$\gamma_M = 1{,}1$

Bemessungswert des Fließmomentes nach Gl. (36)

$M_{y,d} = 82\,944/1{,}1 = 75\,404$ Nmm

**1c) Bemessungswert der Tragfähigkeit eines Stabdübels nach Tafel 48**

Holz-Holz-Verbindung, zweischnittig auf Abscheren, pro Scherfuge

$\beta = 15{,}01/17{,}45 = 0{,}86$

$R_{d,(1)} = 17{,}45 \cdot 80 \cdot 12 = 16\,752$ N $= 16{,}75$ kN

$R_{d,(2)} = 0{,}5 \cdot 17{,}45 \cdot 120 \cdot 12 \cdot 0{,}86 = 10\,805$ N $= 10{,}80$ kN

$$R_{d,(3)} = 1{,}1 \cdot \frac{17{,}45 \cdot 80 \cdot 12}{2+0{,}86} \cdot \left[\sqrt{2 \cdot 0{,}86 \cdot (1+0{,}86) + \frac{4 \cdot 0{,}86 \cdot (2+0{,}86) \cdot 75\,404}{17{,}45 \cdot 12 \cdot 80^2}} - 0{,}86\right]$$

$= 6941$ N $= 6{,}94$ kN

$$R_{d,(4)} = 1{,}1 \cdot \sqrt{\frac{2 \cdot 0{,}86}{1+0{,}86}} \cdot \sqrt{2 \cdot 75\,404 \cdot 17{,}45 \cdot 12}$$

$= 5944$ N $= 5{,}94$ kN (maßgebend)

**1d) Nachweis der Tragfähigkeit**

Bemessungswert der Tragfähigkeit der Stabdübelverbindung

$2 \cdot 6 = 12$ Scherfugen

$R_{st,d} = 12 \cdot 5{,}94 = 71{,}3$ kN

$$\frac{F_{t,d}}{R_{st,d}} = \frac{55{,}8}{71{,}3} = 0{,}78 \leq 1$$

**2) Lastfall „ständige Last"**

hier: nicht maßgebend
Nachweis nicht dargestellt

**3) Querzugnachweis**

s. Beispiel Abschn. 5.6 (Fortführung)

### 5.4.2 Beanspruchung von Bolzen in Richtung der Bolzenschaftrichtung

**Bemessungswert der Zugfestigkeit des Bolzens**

Wird ein Bolzen in Richtung seiner Längsachse (Bolzenschaftrichtung) auf Zug beansprucht, darf der Bemessungswert der Zugfestigkeit des Bolzenmaterials im maßgebenden Querschnitt nicht überschritten werden. Der Nachweis kann nach ENV 1993-1-1 oder nach DIN 18800 T1 geführt werden.

**Bemessungswert der Querdruckfestigkeit des Holzes unter der Unterlegscheibe**

Wird ein Bolzen in Richtung seiner Längsachse (Bolzenschaftrichtung) auf Zug belastet, werden die Holzoberflächen unter den beidseitigen Unterlegscheiben auf Querdruck beansprucht. Bei dieser Druckbeanspruchung rechtwinklig zur Faserrichtung ist Gl. (41) einzuhalten. Da die querdruckbeanspruchte Holzfläche unter den Unterlegscheiben „klein" ist, darf die um dem Faktor 1,8 erhöhte Querdruckfestigkeit in Rechnung gestellt werden.

$$\frac{\sigma_{c,90,d}}{1{,}8 \cdot f_{c,90,d}} = \frac{F_{c,d}/A}{1{,}8 \cdot f_{c,90,d}} \leq 1 \quad (41)$$

$A$ Querdruckbeanspruchte Holzfläche unter der Unterlegscheibe

$F_{c,d}$ Bemessungswert der Druckkraft unter den Unterlegscheiben aus der Beanspruchung in Bolzenschaftrichtung

$f_{c,90,d}$ Bemessungswert der Druckfestigkeit rechtwinklig zur Faserrichtung (Querdruckfestigkeit)

**Unterlegscheiben**

Die Unterlegscheiben sind ausreichend dick auszulegen, um eine gleichmäßige Querdruckverteilung in den Holzoberflächen unter den Unterlegscheiben sicherzustellen. Die Mindestabmessungen der Unterlegscheiben nach Abschn. 5.4.1 sind stets einzuhalten.

## 5.5 Holzschraubenverbindungen

In Holzschraubenverbindungen dürfen nach NAD, 6.1, Halbrund-Holzschrauben mit Schlitz nach DIN 96 und Senk-Holzschrauben mit Schlitz nach DIN 97, beide mindestens mit einem Nenndurchmesser $d=4$ mm, sowie Sechskant-Holzschrauben nach DIN 571 eingesetzt werden. Andere Schraubentypen bedürfen nach NAD, 6.1, einer bauaufsichtlichen Zustimmung.

Holzschrauben werden überwiegend in einschnittigen Stahlblech-Holz-, Holzwerkstoff-Holz- und auch in Holz-Holz-Verbindungen eingesetzt.

### 5.5.1 Beanspruchung von Holzschrauben rechtwinklig zur Schraubenlängsachse (Abscheren)

**Holzschrauben mit einem Durchmesser 4 mm$\leq d<$8 mm**

Holzschrauben mit einem Durchmesser 4 mm$\leq d<$8 mm werden bei Beanspruchung rechtwinklig zur Schraubenlängsachse (Abscheren) **wie Nägel nach Abschn. 5.3.1** ausgelegt.

**Holzschrauben mit einem Durchmesser $d\geq$8 mm**

Holzschrauben mit einem Durchmesser $d\geq$8 mm werden bei Beanspruchung rechtwinklig zur Schraubenlängsachse (Abscheren) **wie Bolzen oder Stabdübel nach Abschn. 5.4.1** ausgelegt.

**Tafel 67 Rechnerisch anzusetzende Durchmesser von Holzschrauben** nach EC 5 T1-1, 6.7.1 [1]) [2]) [3])

| | | |
|---|---|---|
| **zur Berechnung der Tragfähigkeit $R_d$ auf Abscheren** nach den Tafeln 47 bis 51 | $d$ als Durchmesser des glatten Schaftes | |
| **zur Berechnung des Fließmomentes $M_{y,k}$** nach den Tafeln 55 oder 64 [4]) | für $l<(l_{ef}+4\cdot d)$ | $d_{ef}=0{,}9\cdot d$ |
| | für $l\geq(l_{ef}+4\cdot d)$ | $d_{ef}=1{,}0\cdot d$ |

[1]) Hierin bedeuten:

$d$ Durchmesser des glatten Schaftes (Vollschaft) der Holzschraube

$d_{ef}$ wirksamer, in Rechnung zu stellender Durchmesser des glatten Schaftes der Holzschraube

$l$ Einschraubtiefe der Holzschraube, d. h. die Länge des Schraubenteils im Holzteil mit der Schraubenspitze, Mindesteinschraubtiefe $l_{min}\geq 4\cdot d$

$l_{ef}$ wirksame Einschraubtiefe (Gewindelänge)

[2]) die Bezeichnungen sind in Bild 12 näher erläutert

[3]) die Länge des glatten Schaftes $l_{Schaft}$ muß mindestens der Holzdicke des Holzteils unter dem Schraubenkopf entsprechen

[4]) unter der Voraussetzung, daß der Kerndurchmesser der Holzschraube $\geq 0{,}7\cdot d$ beträgt

### Charakteristischer Wert der Zugfestigkeit des Stahles von Holzschrauben

Der charakteristische Wert der Zugfestigkeit des Stahles $f_{u,k}$ ist nach NAD, 6.1, mit $f_{u,k} = 300$ N/mm² anzusetzen.

### Rechnerisch anzusetzender Durchmesser von Holzschrauben

Zur Berechnung der Tragfähigkeit $R_d$ auf Abscheren nach den Tafeln 47 bis 51 und zur Berechnung des charakteristischen Wertes des Fließmomentes $M_{y,k}$ nach Tafel 55 oder 64 sind die in Tafel 67 angegebenen Durchmesser $d$ in Rechnung zu stellen, s. auch Bild 12.

### Mindest-Durchmesser von Holzschrauben

Der Mindestdurchmesser von Holzschrauben muß nach NAD, 6.1, $d = 4$ mm betragen.

### Mindest-Einschraubtiefe von Holzschrauben

Bei Holzschrauben muß die Einschraubtiefe $l$ mindestens $4 \cdot d$ betragen, dabei ist $l$ die Länge des Schraubenteils im Holzteil mit der Schraubenspitze, s. Bild 12. Die Länge des glatten Schaftes $l_{Schaft}$ muß mindestens der Holzdicke des Holzteils unter dem Schraubenkopf entsprechen, $l_{Schaft} \geq a_1$.

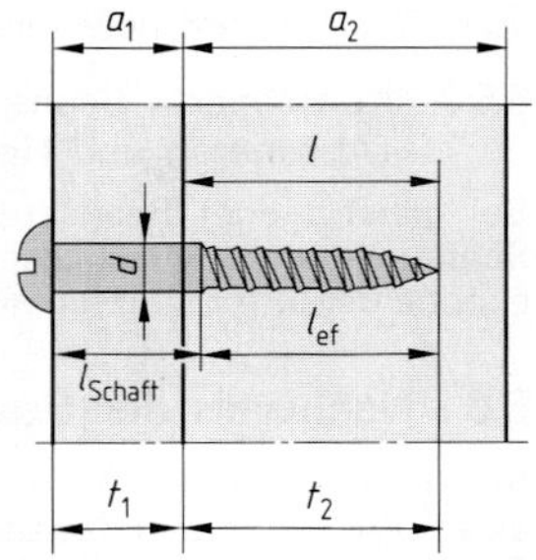


**Bild 12**
**Schraubenverbindungen, Bezeichnungen;** Voraussetzungen: $d \geq 4$ mm, $l_{Schaft} \geq a_1$, $l_{min} \geq 4 \cdot d$

### Vorbohren der Holzschrauben

Holzschrauben mit einem Durchmesser $d > 5$ mm sind stets in vorgebohrte Löcher einzudrehen (einzuschrauben). Das Führungsloch des glatten Schaftes ist auf der Länge des glatten Schaftes $l_{Schaft}$ mit dem Durchmesser $d$ des glatten Schaftes und das Führungsloch des Gewindeteils mit etwa $0{,}7 \cdot d$ vorzubohren.

## 5.5.2 Beanspruchung von Holzschrauben in Schraubenschaftrichtung (Herausziehen)

### Bemessungswert der Tragfähigkeit auf Herausziehen $R_d$

Der Bemessungswert der Tragfähigkeit auf Herausziehen $R_d$ von Holzschrauben, die rechtwinklig zur Faserrichtung eingeschraubt werden, ist nach Tafel 68 zu berechnen. Dabei werden der Bemessungswert des Ausziehwiderstandes $R_d$ und der

**Tafel 68 Bemessungswerte des Ausziehwiderstandes $R_d$ (Herausziehen) in N und der Schraubentragfähigkeit $R_d$ (Zug) in N sowie charakteristischer Schraubenausziehparameter $f_{3,k}$ in N/mm** nach EC 5 T1-1, 6.7.2 und NAD, 6.7.2[1]) [2])

| | |
|---|---|
| Bemessungswert des Ausziehwiderstandes | $R_d = f_{3,d} \cdot (l_{ef} - d)$ |
| Bemessungswert der Schraubentragfähigkeit (Zug im Stahl) | $R_d = \dfrac{75 \cdot \pi \cdot (0{,}9 \cdot d)^2}{\gamma_M}$ |
| Charakteristischer Schraubenausziehparameter | $f_{3,k} = (1{,}5 + 0{,}6 \cdot d) \cdot \sqrt{\varrho_k}$ |

[1]) Hierin bedeuten:
- $d$ Durchmesser des glatten Schaftes einer Holzschraube in mm
- $f_{3,d}$ Bemessungswert des Schraubenausziehparameters in N/mm nach Gl. (35)
- $l_{ef}$ Gewindelänge im Holzteil mit der Schraubenspitze in mm
- $\varrho_k$ Charakt. Wert der Rohdichte in kg/m³
- $\gamma_M$ Teilsicherheitsbeiwert für Stahl in Verbindungen nach Tafel 20, $\gamma_M = 1{,}1$

[2]) als Bemessungswert der Tragfähigkeit auf Herausziehen $R_d$ ist der kleinere der beiden Werte anzunehmen, der aus den beiden Gleichungen für $R_d$ zu berechnen ist

Bemessungswert der Schraubentragfähigkeit $R_d$ (Zug im Stahl) untersucht. Der kleinere Wert von $R_d$, der aus den beiden Gleichungen für $R_d$ berechnet werden kann, ist als Bemessungswert anzunehmen.

Der Bemessungswert des Schraubenausziehparameters $f_{3,d}$ ist sinngemäß nach Gl. (35) zu ermitteln.

**Einschraubtiefen und Mindestabstände von Holzschrauben auf Herausziehen**

Die Einschraubtiefen und Mindestabstände von Holzschrauben auf Herausziehen sind wie bei Holzschrauben einzuhalten, die rechtwinklig zu ihrer Schraubenlängsachse (Abscheren) beansprucht werden, s. Abschn. 5.5.1.

### 5.5.3 Kombinierte Beanspruchung von Holzschrauben (Abscheren und Herausziehen)

Bei gleichzeitiger Beanspruchung von Holzschrauben rechtwinklig zur und in Schraubenlängsachse (Abscheren und Herausziehen) ist Gl. (39) mit dem Potenzexponenten *n* für Holzschrauben nach Tafel 62 einzuhalten.

## 5.6 Nachweis der Querzugspannungen

In Verbindungen mit mechanischen Verbindungsmitteln, in denen eine Kraft unter einem Winkel $\alpha$ zur Holzfaserrichtung eingeleitet wird, treten im lastaufnehmenden Stab in der Regel neben Längs- und Schubspannungen gleichzeitig Zugspannungen quer zur Faserrichtung des Holzes (Querzugspannungen) auf, als Beispiel s. Bild 13.

Die Tragfähigkeit derartiger Queranschlüsse wird neben dem Biegewiderstand der mechanischen Verbindungsmittel und der Lochleibungsfestigkeit des Holzes auch durch die Querzugspannungen begrenzt. Diese Queranschlüsse bedürfen eines Querzugnachweises.

**Vereinfachter Querzugnachweis**

Der Querzugnachweis des EC 5 T1-1, 6.1, wird als „vereinfachter Schubspannungsnachweis des Restquerschnitts $b_e \cdot t$" nach Gl. (42) geführt unter der Voraussetzung, daß die Bedingung $b_e > 0{,}5 \cdot h$ nach Bild 13 eingehalten wird. Für $b_e \leq 0{,}5 \cdot h$ ist stets ein genauerer Querzugnachweis zu führen.

$$\boldsymbol{V_d \leq 2 \cdot f_{v,d} \cdot b_e \cdot t/3} \quad (42)$$

$f_{v,d}$ Bemessungswert der Scherfestigkeit des Holzes

$t$ Dicke des querbeanspruchten (lastaufnehmenden) Holzes

$V_d$ Bemessungswert der Querkraft, die im Bauteil der Dicke $t$ durch die Verbindungsmittel erzeugt wird, s. Bild 13 ($V_1 + V_2 = F \cdot \sin\alpha$)

$b_e$ Abstand der vom beanspruchten Holzrand am weitesten entfernt angeordneten Verbindungsmittel, s. Bild 13

$\alpha$ Winkel Kraft-zur-Faserrichtung

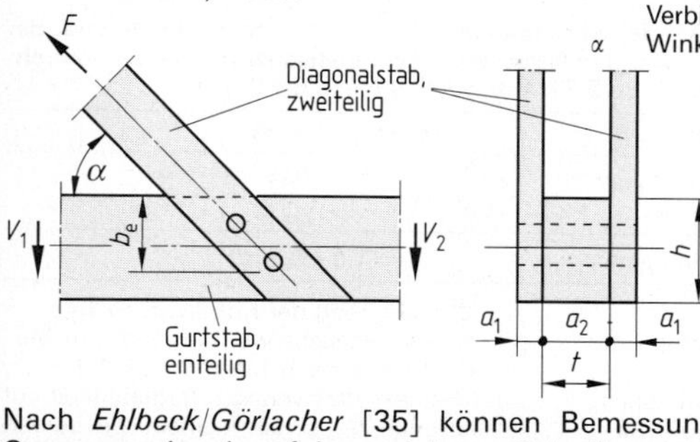


**Bild 13**
**Vereinfachter Querzugnachweis, Bezeichnungen** nach EC 5 T1-1, Bild 6.1; Anschluß einer Kraft *F* unter einem Winkel $\alpha$ zur Faserrichtung im lastaufnehmenden, querzugbeanspruchten Gurtstab

Nach *Ehlbeck/Görlacher* [35] können Bemessungen mit diesem vereinfachten Querzugnachweis auf der unsicheren Seite liegen, deshalb sind oft genauere Querzugnachweise erforderlich.

#### Genauerer Querzugnachweis

Ein genauerer Querzugnachweis wird im EC 5 T1-1 derzeit nicht angegeben. Da beim oben angeführten vereinfachten Querzugnachweis bestimmte Einflüsse nicht berücksichtigt werden, sind in vielen Fällen genauere Querzugnachweise sinnvoll, hierüber berichten *Ehlbeck/Görlacher* [35].

**Beispiel** **Bemessung einer Verbindung mit Stabdübeln, Anschluß einer Zug-Diagonalen an einen Gurt; vereinfachter Querzugnachweis,** s. auch Beispiel Abschn. 5.4.1 (Fortführung)

Nadel-Vollholz S10

Charakteristische Schubfestigkeit nach Tafel 1

$f_{v,k} = 2{,}5\ \text{N/mm}^2$

Geometrische Größen, s. auch Bild 13

Abstand $b_e = 15{,}0$ cm
Gurtdicke $t = 12{,}0$ cm
Gurthöhe $h = 20{,}0$ cm

Voraussetzung für den vereinfachten Querzugnachweis nach Gl. (42)

$b_e = 15\ \text{cm} > 0{,}5 \cdot h = 0{,}5 \cdot 20{,}0 = 10{,}0\ \text{cm}$

Voraussetzung erfüllt

**1) Lastfall „ständige Last und Schnee"**

(nicht angeführte Größen s. Abschn. 5.4.1)

Bemessungswert der Schubfestigkeit nach Gl. (5)

$f_{v,d} = 0{,}9 \cdot 2{,}5/1{,}3 = 1{,}73\ \text{N/mm}^2 = 0{,}173\ \text{kN/cm}^2$

Bemessungswert der Querkraft nach Gl. (42)

$V_d = 2 \cdot 0{,}173 \cdot 15{,}0 \cdot 12{,}0/3 = 20{,}8$ kN

Querzugnachweis für den Gurt

$F_d \cdot \sin\alpha = 2 \cdot V_d$

$F_d = 2 \cdot 20{,}8/0{,}707 = 58{,}8$ kN

$$\frac{F_{t,d}}{F_d} = \frac{55{,}8}{58{,}8} = 0{,}95 \leq 1$$

**2) Lastfall „ständige Last"**

hier: nicht maßgebend, Nachweis nicht dargestellt

**3) Genauerer Querzugnachweis**

Da Bemessungen mit dem vereinfachten Querzeugnachweis auf der unsicheren Seite liegen können, sind genauere Querzeugnachweise in vielen Fällen sinnvoll, s. *Ehlbeck/Görlacher* [35]

# 6 Anwendung von Regelungen aus DIN-Normen

#### Übergang vom Nachweiskonzept des Eurocodes auf das Bemessungskonzept der DIN-Normen

Werden Baugrund oder Bauteile nicht nach dem Nachweiskonzept des Eurocodes bemessen, ist der Übergang auf das dafür jeweils zugrunde gelegte Bemessungskonzept zu berücksichtigen, z. B. nach DIN-Normen. Dabei dürfen nach NAD, Abschn. 1.3, die nach EC 5 T1-1 ermittelten Bemessungswerte der Schnittgrößen für den Tragfähigkeitsnachweis durch $\gamma_F = 1{,}4$ dividiert werden.

In folgenden Fällen dürfen nach NAD, Abschn. 1.3 und Anhang D, die angegebenen Regelungen aus DIN-Normen angewendet werden.

## 6.1 Anwendung von Regelungen aus DIN 1052 T1 und T2

### 6.1.1 Schwind- und Quellverhalten

Zur Berechnung des Schwind- und Quellverhaltens von Holz und Holzwerkstoffen dürfen die Rechenwerte der Schwind- und Quellmaße nach Abschn. „Holzbau nach DIN 1052 T1 und T2", Tafel 11, verwendet werden.

### 6.1.2 Durchbrüche bei Biegeträgern aus Brettschichtholz

Durchbrüche bei Biegeträgern aus Brettschichtholz dürfen nach Abschn. „Holzbau nach DIN 1052 T1 und T2", 3.4.9, ausgelegt werden.

### 6.1.3 Wechselbeanspruchte Bauteile

Für wechselbeanspruchte Bauteile gelten die Regelungen nach Abschn. „Holzbau nach DIN 1052 T1 und T2", 3.11. Hierbei sind nach NAD, Anhang D.2, anstelle der zulässigen Spannungen die Bemessungswerte der Beanspruchbarkeit und anstelle der Spannungen min $|\sigma|$ und max $|\sigma|$ die Bemessungswerte der Beanspruchungen einzusetzen.

### 6.1.4 Scheiben mit vereinfachtem rechnerischen Nachweis

Scheiben, die den Anforderungen nach Abschn. „Holzbau nach DIN 1052 T1 und T2", 3.8.1, entsprechen, bedürfen keines Nachweises nach EC 5 T1-1.

### 6.1.5 Dübelverbindungen mit Dübeln besonderer Bauart

Dübelverbindungen mit Dübeln besonderer Bauart sind derzeit nicht im EC 5 T1-1 geregelt. Deshalb dürfen die Regelungen nach Abschn. „Holzbau nach DIN 1052 T1 und T2", 4.5.2, angewendet werden.

Über Verbindungen mit Einlaß- und Einpreßdübeln nach EC 5 T1-1 berichtet *Blaß* [25], [26].

### 6.1.6 Versätze

Für die Ausführung von Versätzen dürfen die Regelungen nach Abschn. „Holzbau nach DIN 1052 T1 und T2", 5, angewendet werden. Über die Bemessung zimmermannsmäßiger Holzverbindungen berichten *Ehlbeck/Kromer* [37].

## 6.2 Anwendung von Regelungen aus DIN 4102 T4

Die Gebrauchsspannung, die bei brandschutztechnischen Nachweisen von Bauteilen nach DIN 4102 T4 als Eingangswert erforderlich ist, darf ermittelt werden, indem die Bemessungsspannung $\sigma_d$ durch $\gamma_F = 1{,}4$ dividiert wird.

# Mauerwerk und Putz

Bearbeitet von Prof. Dr.-Ing. Walther Mann

## Inhalt



## Weiterführende Literatur


*Cziesielski*: Lehrbuch der Hochbaukonstruktionen, 2. Aufl. B.G. Teubner 1993

*Mann*: Grundlagen der vereinfachten und der genaueren Bemessung von Mauerwerk nach DIN 1053-1, Mauerwerk-Kalender 1997

*Mann*: Zahlenbeispiele zur Bemessung von druck- und schubbeanspruchten, gemauerten Wänden nach DIN 1053-1, Mauerwerk-Kalender 1997

*Reeh* u.a.: DIN 1053 Teil 1, Rezeptmauerwerk, Berechnung und Ausführung, Beton-Verlag 1990

DGfM, Deutsche Gesellschaft für Mauerwerksbau, Bonn: Verschiedene Merkblätter zum Mauerwerksbau

*Wesche*: Baustoffe für tragende Bauteile, Bd. 2, Bauverlag 1981

*Schubert* und *Wesche*: Verformung und Rißsicherheit von Mauerwerk, Mauerwerk-Kalender 1988

*Pfefferkorn*: Dachdecken und Mauerwerk. Verlagsges. R. Müller 1980

*Schild* und *Oswald*: Mauerwerkswände u. Putz. Aachener Bausachverständigentage 1989. Bauverlag 1989

*Mann* und *Zahn*: Bewehrung von Mauerwerk zur Rissesicherung und Lastabtragung. Mauerwerk-Kalender 1990

*Mann* und *Zahn*: Bewehrtes Mauerwerk — ein Leitfaden für die Praxis, N.V. Bekaert S.A. 1991

Mauerwerk-Atlas, Deutsche Gesellschaft für Mauerwerk, Bonn.

Kalksandstein, Planung, Konstruktion, Ausführung. KS-Information Hannover

*Weber, H.*: Das Porenbetonhandbuch, Bauverlag Wiesbaden

# 1 Maßordnung im Hochbau nach DIN 4172 (7.55)

**Tafel 1 Baunormzahlen**

| Reihen vorzugsweise für | | | | | | | | |
|---|---|---|---|---|---|---|---|---|
| den Rohbau | | | | Einzelmaße | den Ausbau | | | |
| a | b | c | d | e | f | g | h | i |
| 25 | $\frac{25}{2}$ | $\frac{25}{3}$ | $\frac{25}{4}$ | $\frac{25}{10}=\frac{5}{2}$ | 5 | 2×5 | 4×5 | 5×5 |
| | | | | 2,5 | | | | |
| | | | $6\frac{1}{4}$ | 5 | 5 | | | |
| | | | | 7,5 | | | | |
| | | $8\frac{1}{3}$ | | 10 | 10 | 10 | | |
| | $12\frac{1}{2}$ | | $12\frac{1}{2}$ | 12,5 | | | | |
| | | | | 15 | 15 | | | |
| | | $16\frac{2}{3}$ | | 17,5 | | | | |
| | | | $18\frac{3}{4}$ | 20 | 20 | 20 | 20 | |
| | | | | 22,5 | | | | |
| 25 | 25 | 25 | 25 | 25 | 25 | | | 25 |
| | | | | 27,5 | | | | |
| | | | $31\frac{1}{4}$ | 30 | 30 | 30 | | |
| | | $33\frac{1}{3}$ | | 32,5 | | | | |
| | | | | 35 | 35 | | | |
| | $37\frac{1}{2}$ | | $37\frac{1}{2}$ | 37,5 | | | | |
| | | $41\frac{2}{3}$ | | 40 | 40 | 40 | 40 | |
| | | | $43\frac{3}{4}$ | 42,5 | | | | |
| | | | | 45 | 45 | | | |
| | | | | 47,5 | | | | |
| 50 | 50 | 50 | 50 | 50 | 50 | 50 | | 50 |

**Tafel 2 Kleinmaße** nach DIN 323 Bl.1 (8.74)

| | | | | | | | | | | |
|---|---|---|---|---|---|---|---|---|---|---|
| in cm | 2,5 | 2 | 1,6 | 1,25 | 1 | | | | | |
| in mm | 8 | 6,3 | 5 | 4 | 3,2 | 2,5 | 2 | 1,6 | 1,25 | 1 |

**Baunormzahlen** sind die Zahlen für Baurichtmaße und die daraus abgeleiteten Einzel-, Rohbau- und Ausbaumaße. Sie sind anzuwenden, wenn nicht besondere Gründe dies verbieten.

**Baurichtmaße** (s. Tafel 1) sind die theoretischen Grundlagen für die Baumaße der Praxis. Sie sind nötig, um alle Bauteile planmäßig zu verbinden.

**Nennmaße** sind Maße, die die Bauten haben sollen. Sie sind bei Bauarten ohne Fugen gleich den Baurichtmaßen. Bei Bauarten mit Fugen ergeben sie sich aus den Baurichtmaßen durch Abzug oder Zuschlag des Fugenanteils.

**Fugen und Verband.** Bauteile (Mauersteine, Bauplatten usw.) sind so zu bemessen, daß ihre Baurichtmaße im Verband Baunormzahlen sind. Verbandsregeln, Verarbeitungsfugen und Toleranzen sind dabei zu beachten.

**Tafel 3 Beispiele von Steinmaßen** in cm

| | Baurichtmaß | Fuge | Nennmaß |
|---|---|---|---|
| Steinlänge | 25 | 1 | 24 |
| Steinbreite | 25/2 | 1 | 11,5 |
| Steinhöhe | 25/3 | 1,23 | 7,1 |
| | 25/4 | 1,05 | 5,2 |

z.B. Betonbau Wanddicke: Richtmaß = 25 cm, Nennmaß = 25 cm
Raumbreite: Richtmaß = 400 cm, Nennmaß = 400 cm

Mauerwerk Wanddicke: Richtmaß = 25 cm, Nennmaß = 24 cm
Raumbreite: Richtmaß = 400 cm, Nennmaß = 401 cm

# 2 Mauersteine

Nach der **Materialart** werden unterschieden:

Mauerziegel DIN 105-1 und -2 (8.89), -3, -4 und -5 (5.84)
Kalksandsteine DIN 106-1 (9.80), -2 (11.80)
Gasbetonsteine DIN 4165 (12.86) (Neu: Porenbetonsteine)
Leichtbetonsteine DIN 18151 (9.87) und DIN 18152 (4.87)
Normalbetonsteine DIN 18153 (9.89)

Nach der **Steinart** werden unterschieden:

Mauersteine mit Höhen ≦113 mm
- Vollsteine, Lochanteil einschl. Grifflöcher ≦15%
- Lochsteine, Lochanteil einschl. Grifflöcher >15%

Mauerblöcke mit Höhen >113, vorwiegend mit 238 mm
- Vollblöcke, Lochanteil einschl. Grifflöcher ≦15%
- Vollblöcke mit Schlitzen, Schlitzanteil einschl. Grifflöcher ≦10%
- Hohlblöcke mit Kammern
- Planblöcke für Dünnbettvermauerung

## Steinmaße

Für **Steine mit vermörtelten Stoßfugen** können die Maße der Tafel 4 miteinander kombiniert werden.

**Tafel 4 Steinmaße in mm mit vermörtelter Stoßfuge**[1])

| Länge[2]) [3]) | Breite | Höhe[3]) |
|---|---|---|
| 240 | 115 | 52 |
| 300 | 175 | 71 |
| 365 | 240 | 113 |
| 490 | 300 | 175 |
| | 365 | 238 |

[1]) für einige Steinsorten auch abweichende Maße, u. a. größere Längen
[2]) **Steine mit Knirschvermauerung** sind 5 mm länger und haben an den Stirnseiten Mörteltaschen
**Steine mit Nut- und Federsystem** (Verzahnung an den Stirnseiten) sind 7 bis 9 mm länger. Die Stoßfugen bleiben unvermörtelt
[3]) **Plansteine** für Dünnbettvermauerung sind je 9 mm länger und höher

**Tafel 5 Format-Kurzzeichen (Beispiele)**

| Format-Kurzzeichen | Maße in mm bzw. | | |
|---|---|---|---|
| | *l* | *b* | *h* |
| 1 DF (Dünnformat) | 240 | 115 | 52 |
| NF (Normalformat) | 240 | 115 | 71 |
| 2 DF | 240 | 115 | 113 |
| 3 DF | 240 | 175 | 113 |
| 4 DF | 240 | 240 | 113 |
| 5 DF | 240 | 300 | 113 |
| 6 DF | 240 | 365 | 113 |
| 8 DF | 240 | 240 | 238 |
| 10 DF | 240 | 300 | 238 |
| 12 DF | 240 | 365 | 238 |
| 15 DF | 365 | 300 | 238 |
| 18 DF | 365 | 365 | 238 |
| 16 DF | 490 | 240 | 238 |
| 20 DF | 490 | 300 | 238 |

**Steinformate** werden als Vielfache des Dünnformats angegeben. Beispiele praxisüblicher Formate enthält Tafel 5. Die Steinbreite entspricht immer der Wanddicke. Wo Längen und Breiten austauschbar sind, ist dem Kurzzeichen die Steinbreite hinzuzufügen.

Z. B.: 10 DF (240) entspricht Steinformat 300 × 240 × 238

**Tafel 6 Planungsmaße für Mauerwerk**

| Kopfzahl | Längenmaße[1]) in m | | | Schichten | Höhenmaße in m bei Steindicken in mm | | | | | |
|---|---|---|---|---|---|---|---|---|---|---|
| | *A* | Ö | *V* | | 52 | 71 | 113 | 155 | 175 | 238 |
| 1 | 0,115 | 0,135 | 0,125 | 1 | 0,0625 | 0,0833 | 0,125 | 0,1666 | 0,1875 | 0,250 |
| 2 | 0,240 | 0,260 | 0,250 | 2 | 0,1250 | 0,1667 | 0,250 | 0,3334 | 0,3750 | 0,500 |
| 3 | 0,365 | 0,385 | 0,375 | 3 | 0,1875 | 0,2500 | 0,375 | 0,5000 | 0,5625 | 0,750 |
| 4 | 0,490 | 0,510 | 0,500 | 4 | 0,2500 | 0,3333 | 0,500 | 0,6666 | 0,7500 | 1,000 |
| 5 | 0,615 | 0,635 | 0,625 | 5 | 0,3125 | 0,4167 | 0,625 | 0,8334 | 0,9375 | 1,250 |
| 6 | 0,740 | 0,760 | 0,750 | 6 | 0,3750 | 0,5000 | 0,750 | 1,0000 | 1,1250 | 1,500 |
| 7 | 0,865 | 0,885 | 0,875 | 7 | 0,4375 | 0,5833 | 0,875 | 1,1666 | 1,3125 | 1,750 |
| 8 | 0,990 | 1,010 | 1,000 | 8 | 0,5000 | 0,6667 | 1,000 | 1,3334 | 1,5000 | 2,000 |
| 9 | 1,115 | 1,135 | 1,125 | 9 | 0,5625 | 0,7500 | 1,125 | 1,5000 | 1,6875 | 2,250 |
| 10 | 1,240 | 1,260 | 1,250 | 10 | 0,6240 | 0,8333 | 1,250 | 1,6666 | 1,8750 | 2,500 |
| 11 | 1,365 | 1,385 | 1,375 | 11 | 0,6875 | 0,9175 | 1,375 | 1,8334 | 2,0625 | 2,750 |
| 12 | 1,490 | 1,510 | 1,500 | 12 | 0,7500 | 1,0000 | 1,500 | 2,0000 | 2,2500 | 3,000 |
| 13 | 1,615 | 1,635 | 1,625 | 13 | 0,8125 | 1,0833 | 1,625 | 2,1666 | 2,4375 | 3,250 |
| 14 | 1,740 | 1,760 | 1,750 | 14 | 0,8750 | 1,1667 | 1,750 | 2,3334 | 2,6250 | 3,500 |
| 15 | 1,865 | 1,885 | 1,875 | 15 | 0,9375 | 1,2500 | 1,875 | 2,5000 | 2,8125 | 3,750 |
| 16 | 1,990 | 2,010 | 2,000 | 16 | 1,0000 | 1,3333 | 2,000 | 2,6666 | 3,0000 | 4,000 |
| 17 | 2,115 | 2,135 | 2,125 | 17 | 1,0625 | 1,4167 | 2,125 | 2,8334 | 3,1875 | 4,250 |
| 18 | 2,240 | 2,260 | 2,250 | 18 | 1,1250 | 1,5000 | 2,250 | 3,0000 | 3,3750 | 4,500 |
| 19 | 2,365 | 2,385 | 2,375 | 19 | 1,1875 | 1,5833 | 2,375 | 3,1666 | 3,5625 | 4,750 |
| 20 | 2,490 | 2,510 | 2,500 | 20 | 1,2500 | 1,6667 | 2,500 | 3,3334 | 3,7500 | 5,000 |

[1]) *A* = Außenmaße, Ö = Öffnungsmaße, *V* = Vorsprungsmaße

**Tafel 7 Rohdichten und Festigkeiten handelsüblicher genormter Mauersteine[1])**

| Steinart | Rohdichteklasse in kg/dm³ | Festigkeitsklasse in N/mm² 2 | 4 | 6 | 8 | 12 | 20 | 28 | 36 | 48 | 60 |
|---|---|---|---|---|---|---|---|---|---|---|---|
| | 0,6 | | | × | | | | | | | |
| Mauerziegel DIN 105 | 0,7 | | × | × | | | | | | | |
| | 0,8 | | × | × | × | × | | | | | |
| Mz Vollziegel | 0,9 | | | × | × | × | | | | | |
| HLz Hochlochziegel | 1,0 | | | × | × | × | × | | | | |
| VMz Vormauer-Vollziegel | 1,2 | | | | | × | × | | | | |
| VHLz Vormauer-Hochlochziegel | 1,4 | | | | | × | × | × | | | |
| KMz Vollklinker | 1,6 | | | | | × | × | × | | | × |
| KHLz Hochlochklinker | 1,8 | | | | | × | × | × | × | × | × |
| HLzW Leichthochlochziegel[2]) | 2,0 | | | | | × | × | × | × | | × |
| | 2,2 | | | | | | | × | | | × |
| | 0,7 | | × | × | | | | | | | |
| Kalksandsteine DIN 106 | 0,8 | | × | × | | | | | | | |
| KS Vollsteine, Vollblöcke | 0,9 | | × | × | | | | | | | |
| KSL Lochsteine, Hohlblöcke | 1,2 | | | | × | × | × | | | | |
| KS Vm Vormauersteine | 1,4 | | | | | × | × | | | | |
| KS Vb Verblender | 1,6 | | | | | × | × | × | | | |
| | 1,8 | | | | | × | × | × | × | | |
| | 2,0 | | | | | × | × | × | × | | |
| Porenbetonsteine DIN 4165 | 0,4 | × | | | | | | | | | |
| (alte Bezeichnung: Gasbeton- | 0,5 | × | | | | | | | | | |
| steine) | 0,6 | | × | | | | | | | | |
| PB Blocksteine (früher G) | 0,7 | | × | × | | | | | | | |
| PP Plansteine (früher GP) | 0,8 | | × | × | × | | | | | | |
| | 0,9 | | | | × | | | | | | |
| | 0,5 | × | | | | | | | | | |
| | 0,6 | × | | | | | | | | | |
| Leichtbeton-Hohlblöcke DIN 18151 | 0,7 | × | × | | | | | | | | |
| 1 K Hbl bis 6 K Hbl | 0,8 | × | × | × | | | | | | | |
| nK = Anzahl der Kammern | 0,9 | × | × | × | × | | | | | | |
| | 1,0 | × | × | × | × | | | | | | |
| | 1,2 | | × | × | × | | | | | | |
| | 1,4 | | × | × | × | | | | | | |
| | 0,6 | × | | | | | | | | | |
| | 0,7 | × | × | | | | | | | | |
| | 0,8 | × | × | × | | | | | | | |
| | 0,9 | × | × | × | × | | | | | | |
| Leichtbeton-Vollsteine DIN 18152 | 1,0 | × | × | × | × | | | | | | |
| V Vollsteine | 1,2 | × | × | × | × | | | | | | |
| | 1,4 | | × | × | × | | | | | | |
| | 1,6 | | | × | × | × | | | | | |
| | 1,8 | | | × | × | × | | | | | |
| | 2,0 | | | × | × | × | | | | | |
| | 0,5 | × | | | | | | | | | |
| Leichtbeton-Vollblöcke DIN 18152 | 0,6 | × | | | | | | | | | |
| Vbl Vollblöcke | 0,7 | × | × | | | | | | | | |
| Vbl S Vollblöcke, geschlitzt | 0,8 | | × | × | | | | | | | |
| Vbl S-W Vollblöcke, geschlitzt[2]) | 0,9 | | × | × | | | | | | | |
| | 1,0 | | × | × | × | | | | | | |
| | 1,2 | | × | | | | | | | | |
| | 1,4 | | | × | × | | | | | | |
| Steine aus Normalbeton DIN 18153 | 1,6 | | | × | × | × | | | | | |
| Hbn Hohlblocksteine | 1,8 | | | × | × | × | | | | | |
| | 2,0 | | | × | × | × | | | | | |
| | 2,2 | | | × | × | × | | | | | |
| | 2,4 | | | × | × | × | | | | | |

Fußnoten und Anmerkungen s. S. 969

Fußnoten zu Tafel 7

[1]) genormte Steine oder Steine mit bauaufsichtlicher Zulassung

[2]) mit zusätzlichen Anforderungen an die Wärmedämmung

Auf Anfrage sind auch weitergehende Zuordnungen erhältlich
Die Zuordnung der einzelnen Steinarten sowie der Eigenlast von Mauerwerk zur Steinrohdichte ist im Abschn. Lastannahmen, in den Tafeln 5a und 5b (s. S. 241) enthalten

**Tafel 8 Baustoffbedarf (Steine und Mörtel) für Maurerarbeiten**

| Steinformat | | Maße in cm Länge Breite Höhe | Anzahl der Schicht. je 1 m Höhe | Wanddicke in cm | je $m^2$ Wand Steine Stück | je $m^2$ Wand Mörtel Liter | je $m^3$ Mauerwerk Steine Stück | je $m^3$ Mauerwerk Mörtel Liter |
|---|---|---|---|---|---|---|---|---|
| Lochsteine (für Vollsteine bis zu 10% Mörtel weniger) | DF | 24 × 11,5 × 5,2 | 16 | 11,5 | 66 | 29 | 573 | 242 |
| | | | | 24 | 132 | 68 | 550 | 284 |
| | | | | 36,5 | 198 | 109 | 541 | 300 |
| | NF | 24 × 11,5 × 7,1 | 12 | 11,5 | 50 | 26 | 428 | 225 |
| | | | | 24 | 99 | 64 | 412 | 265 |
| | | | | 36,5 | 148 | 101 | 406 | 276 |
| | 2DF | 24 × 11,5 × 11,3 | 8 | 11,5 | 33 | 19 | 286 | 163 |
| | | | | 24 | 66 | 49 | 275 | 204 |
| | | | | 36,5 | 99 | 80 | 271 | 220 |
| | 3DF | 24 × 17,5 × 11,3 | 8 | 17,5 | 33 | 28 | 188 | 160 |
| | | | | 24 | 45 | 42 | 185 | 175 |
| | 4DF | 24 × 24 × 11,3 | 8 | 24 | 33 | 39 | 137 | 164 |
| | 8DF | 24 × 24 × 23,8 | 4 | 24 | 16 | 20 | 69 | 99 |
| Block- und Hohlblocksteine | | 49,5 × 17,5 × 23,8 | 4 | 17,5 | 8 | 16 | 46 | 84 |
| | | 49,5 × 24 × 23,8 | 4 | 24 | 8 | 22 | 33 | 86 |
| | | 49,5 × 30 × 23,8 | 4 | 30 | 8 | 26 | 27 | 88 |
| | | 37 × 24 × 23,8 | 4 | 24 | 12 | 26 | 50 | 110 |
| | | 37 × 30 × 23,8 | 4 | 30 | 12 | 32 | 42 | 105 |
| | | 24,5 × 36,5 × 23,8 | 4 | 36,5 | 16 | 36 | 45 | 100 |

# 3 Mauerwerk, Berechnung und Ausführung

nach DIN 1053-1 (1996)

Mauerwerk kann nach dem vereinfachten Verfahren nach Abschn. 3.2 oder nach dem genaueren Verfahren nach Abschn. 3.3 (in Anlehnung an DIN 1053-1, Abschn. 6 bzw. 7) berechnet werden.

Beim vereinfachten Verfahren wird die Druckfestigkeit des Mauerwerks durch die Grundwerte $\sigma_0$ der zulässigen Druckspannungen charakterisiert. Sie sind in den Tafeln 16a bis c in Abhängigkeit von der Steinfestigkeit, der Mörtelart und Mörtelgruppe festgelegt. Der Spannungsnachweis erfolgt für den Gebrauchszustand.

Beim genaueren Verfahren ist nachzuweisen, daß die $\gamma$-fachen Lasten im Bruchzustand aufnehmbar sind.

## 3.1 Baustoffe

### 3.1.1 Mauermörtel

**Normalmörtel** sind Baustellenmörtel oder Werkmörtel mit Trockenrohdichten $\geqq 1{,}5$ kg/dm$^3$ und Zusammensetzungen nach Tafel 9.

**Tafel 9 Mischungsverhältnisse für Normalmörtel in Raumteilen**

| | Mörtelgruppe | I | | | | II | | | | IIa | | III | IIIa²) |
|---|---|---|---|---|---|---|---|---|---|---|---|---|---|
| Luft- und Wasserkalk | Kalkteig | 1 | | | | 1,5 | | | | | | | |
| | Kalkhydrat | | 1 | | | | 2 | | | 1 | | | |
| Hydraulischer Kalk | | | | 1 | | | | 2 | | | | | |
| Hochhydraulischer Kalk, PM-Binder | | | | | 1 | | | | 1 | | 2 | | |
| Zement | | | | | | 1 | 1 | 1 | | 1 | 1 | 1 | 1 |
| Natursand¹) | | 4 | 3 | 3 | 4,5 | 8 | 8 | 8 | 3 | 6 | 8 | 4 | 4 |

¹) Die Werte des Sandanteils beziehen sich auf den lagerfeuchten Zustand.
²) Die gegenüber der Gruppe III größere Festigkeit (s. Tafel 10,) soll nicht durch mehr Bindemittel, sondern durch Auswahl geeigneter Sande erreicht werden.

Einschränkungen für den Einsatz der Mörtelgruppen:

MGr I ist nicht zulässig für
- Gewölbe, Kellermauerwerk (mit Ausnahme bei der Instandsetzung von altem Mauerwerk) und Außenschalen zweischaliger Außenwände
- mehr als zwei Vollgeschosse
- Wanddicken <240 mm (bei zweischaligen Außenwänden Innenschale maßgebend)
- Mauerwerk EM

MGr II und IIa nicht zulässig für Gewölbe

MGr III und IIIa nicht zulässig für das Vermauern von Außenschalen (Ausnahme bewehrte Bereiche und nachträgliches Verfugen).

**Tafel 10 Anforderungen an Normalmörtel im Alter von 28 Tagen**

| Mörtelgruppe | Güteprüfung min $\beta_D$ in N/mm² | Eignungsprüfung min $\beta_D$ in N/mm² | Eignungsprüfung min $\beta_{HS}$¹) in N/mm² |
|---|---|---|---|
| I | – | – | – |
| II | 2,5 | 3,5 | 0,10 |
| IIa | 5 | 7 | 0,20 |
| III | 10 | 14 | 0,25 |
| IIIa | 20 | 25 | 0,30 |

¹) Haftscherfestigkeit

Eignungsprüfungen für Normalmörtel sind erforderlich:
- für Werkmörtel aller Gruppen
- für Baustellenmörtel IIIa
- für Baustellenmörtel II, IIa und III, die von Tafel 9 abweichen
- wenn Zusatzstoffe oder Zusatzmittel verwendet werden
- wenn Brauchbarkeit des Zuschlags nachzuweisen ist
- bei Bauwerken mit mehr als 6 Vollgeschossen

Dabei sind die Anforderungen der Tafel 10 zu erfüllen.

**Leichtmörtel** sind Werk-Trocken- oder Werk-Frischmörtel mit einer Trockenrohdichte <1,5 kg/dm³, die stets einer Eignungsprüfung bedürfen. Einteilung in die Gruppen LM 21 und LM 36. Anforderungen nach Tafel 11 (Auszug aus Tabelle A3 der Norm).

Leichtmörtel sind nicht zulässig für Gewölbe und der Witterung ausgesetztes Sichtmauerwerk.

**Tafel 11 Anforderungen an Leichtmörtel im Alter von 28 Tagen**

| | | Eignungsprüfung | | Güteprüfung | |
|---|---|---|---|---|---|
| | | LM 21 | LM 36 | LM 21 | LM 36 |
| Druckfestigkeit | in N/mm² | ≧7 | ≧7 | ≧5 | ≧5 |
| Querdehnungsmodul $E_q$ | in N/mm² | ≧7,5·10³ | >15·10³ | ¹) | ¹) |
| Haftscherfestigkeit | in N/mm² | ≧0,20 | ≧0,20 | – | – |
| Trockenrohdichte | in kg/dm³ | ≦0,7 | ≦1,0 | ²) | ²) |

¹) Trockenrohdichte als Ersatzprüfung
²) Abweichung von der Eignungsprüfung ≦ ±10%

**Dünnbettmörtel** sind Werk-Trockenmörtel mit Größtkorn 1 mm. Sie werden der Mörtelgruppe III zugeordnet und bedürfen stets einer Eignungsprüfung. Anforderungen auszugsweise nach Tafel 12.

Dünnbettmörtel dürfen nur für Plansteine verwendet werden. Nicht zulässig für Gewölbe.

**Tafel 12 Anforderungen an Dünnbettmörtel im Alter von 28 Tagen**

| | | Eignungsprüfung | Güteprüfung |
|---|---|---|---|
| Druckfestigkeit | in N/mm² | $\geqq 14$ | $\geqq 10$ |
| Druckfestigkeit bei Feuchtlagerung | in N/mm² | 70% vom Istwert der ersten Zeile | |
| Verarbeitbarkeitszeit | in h | $\geqq 4$ | – |
| Korrigierbarkeitszeit | in min | $\geqq 7$ | – |

### 3.1.2 Mauersteine

Es dürfen nur genormte Steine oder solche mit bauaufsichtlicher Zulassung verwendet werden. Bei letzteren Auflagen für die Anwendung im Zulassungsbescheid beachten! (s. Abschn. 2)

## 3.2 Berechnung nach dem vereinfachten Verfahren

### 3.2.1 Voraussetzungen für die Anwendung des vereinfachten Verfahrens

Der Standsicherheitsnachweis nach dem vereinfachten Verfahren ist zulässig für

- Gebäudehöhe über Gelände $\leqq 20$ m (bei geneigten Dächern Mittel aus First- und Traufhöhe)
- Deckenstützweite $l \leqq 6{,}0$ m (für zweiachsig gespannte Decken ist $l$ die kürzere Stützweite). $l > 6{,}0$ m möglich mit Zentrierleisten.
- Bedingungen nach Tafel 13
- Keine größeren horizontalen Lasten oder Exzentrizitäten außer Wind und Erddruck.

**Tafel 13 Voraussetzungen für die Anwendung des vereinfachten Verfahrens**

| | Innenwände | | einschalige Außenwände | | Tragschale zweischaliger Außenwände und zweischalige Haustrennwände | | |
|---|---|---|---|---|---|---|---|
| Wanddicke $d$ in mm | $\geqq 115$ $< 240$ | $\geqq 240$ | $\geqq 175$ 1) $< 240$ | $\geqq 240$ | $\geqq 115$ 2) $< 175$ 2) | $\geqq 175$ $< 240$ | $\geqq 240$ |
| lichte Wandhöhe in m | $\leqq 2{,}75$ | – | $\leqq 2{,}75$ | $\leqq 12 \cdot d$ | $\leqq 2{,}75$ | | $\leqq 12 \cdot d$ |
| Verkehrslast in kN/m² | $\leqq 5$ | | | | $\leqq 3$ 3) | $\leqq 5$ | |

1) Bei eingeschossigen Garagen und vergleichbaren Bauwerken, die nicht zum dauernden Aufenthalt von Menschen vorgesehen sind, auch $d \geqq 115$ mm zulässig.

2) Geschoßanzahl maximal zwei Vollgeschosse zuzüglich ausgebautes Dachgeschoß; aussteifende Querwände im Abstand $\leqq 4{,}50$ m bzw. Randabstand von einer Öffnung $\leqq 2{,}0$ m.

3) Einschließlich Zuschlag für nichttragende innere Trennwände.

### 3.2.2 Auflagerkräfte

Für die Auflagerkräfte von Decken und Balken ist Durchlaufwirkung bei der ersten Innenstütze zu berücksichtigen. Bei anderen Innenstützen dann, wenn Verhältnis der angrenzenden Stützweiten $< 0{,}7$. Tragende Wände parallel zur Spannrichtung einachsig gespannter Decken sind mit einem Deckenstreifen angemessener Breite zu belasten. Auflagerkräfte aus zweiachsig gespannten Decken nach DIN 1045.

### 3.2.3 Knotenmomente

Sie bleiben in Wänden, die als Innenauflager von durchlaufenden Decken dienen, unberücksichtigt. Für Wände, die als einseitiges Endauflager von Decken dienen, werden sie ohne Nachweis durch den Faktor $k_3$ nach Abschn. 3.2.9.1 berücksichtigt.

### 3.2.4 Wind

Windlast rechtwinklig zur Wandebene darf bei Decken mit Scheibenwirkung oder bei statisch nachgewiesenen Ringbalken im Abstand der zulässige Geschoßhöhen (Tafel 13) vernachlässigt werden.

### 3.2.5 Räumliche Steifigkeit

Auf einen rechnerischen Nachweis darf verzichtet werden, wenn die Geschoßdecken Scheiben sind oder wenn statisch nachgewiesene Ringbalken (s. Abschn. 3.4.6) vorliegen und wenn in Längs- und Querrichtung offensichtlich ausreichend aussteifende Wände vorhanden sind, die ohne Versprünge bis auf die Fundamente geleitet sind.

Bestehen Zweifel über die vertikale und horizontale Gebäudeaussteifung, so ist ein rechnerischer Nachweis erforderlich. Dabei sind Lotabweichungen des Systems und ggf. Formänderungen der Bauteile zu berücksichtigen. Verfahren s. Abschn. 2.3 Beton- und Stahlbetonbau nach DIN 1045.

### 3.2.6 Formänderungen und Zwängungen

**Tafel 14 Verformungskennwerte für Kriechen, Schwinden, Temperaturänderung sowie Elastizitätsmoduln**

| Mauersteinart | Endwert der Feuchtedehnung (Schwinden, chemisches Quellen) [1] | | Endkriechzahl | | Wärmedehnungskoeffizient | | Elastizitätsmodul | |
|---|---|---|---|---|---|---|---|---|
| | $\varepsilon_{f\infty}$ [1] | | $\varphi_{\infty}$ [2] | | $\alpha_T$ | | $E$ [3] | |
| | Rechenwert | Wertebereich | Rechenwert | Wertebereich | Rechenwert | Wertebereich | Rechenwert | Wertebereich |
| | in mm/m | | | | in $10^{-6}$/K | | in MN/m² | |
| 1 | 2 | 3 | 4 | 5 | 6 | 7 | 8 | 9 |
| Mauerziegel | 0 | +0,3 bis −0,2 | 1,0 | 0,5 bis 1,5 | 6 | 5 bis 7 | $3500 \cdot \sigma_0$ | 3000 bis $4000 \cdot \sigma_0$ |
| Kalksandsteine [4] | −0,2 | −0,1 bis −0,3 | 1,5 | 1,0 bis 2,0 | 8 | 7 bis 9 | $3000 \cdot \sigma_0$ | 2500 bis $4000 \cdot \sigma_0$ |
| Leichtbetonsteine | −0,4 | −0,2 bis −0,5 | 2,0 | 1,5 bis 2,5 | 10 [5] | 8 bis 12 | $5000 \cdot \sigma_0$ | 4000 bis $5500 \cdot \sigma_0$ |
| Betonsteine | −0,2 | −0,1 bis −0,3 | 1,0 | – | 10 | 8 bis 12 | $7500 \cdot \sigma_0$ | 6500 bis $8500 \cdot \sigma_0$ |
| Porenbetonsteine | −0,2 | +0,1 bis −0,3 | 1,5 | 1,0 bis 2,5 | 8 | 7 bis 9 | $2500 \cdot \sigma_0$ | 2000 bis $3000 \cdot \sigma_0$ |

[1]) Verkürzung (Schwinden): Vorzeichen minus; Verlängerung (chemisches Quellen): Vorzeichen plus

[2]) $\varphi_{\infty} = \varepsilon_{k\infty}/\varepsilon_{el}$; $\varepsilon_{k\infty}$ = Endkriechdehnung, $\varepsilon_{el} = \sigma/E$

[3]) $E$ = Sekantenmodul aus Gesamtdehnung bei etwa 1/3 der Mauerwerkdruckfestigkeit; Grundwert $\sigma_0$ nach Tafeln 16a bis c.

[4]) Gilt auch für Hüttensteine

[5]) Für Blähton gilt $\alpha_T = 8 \cdot 10^{-6}$/K

Verformungskennwerte für Mauerwerk mit Normalmörtel s. Tafel 14. Sie dürfen auch für Mauerwerk mit Dünnbett- und Leichtmörtel angewendet werden. Zur Berechnung der Knotenmomente nach Abschn. 3.3.1 darf vereinfachend $E_M = 3000\ \sigma_0$ angenommen werden.

Der Wertebereich gibt den üblichen Streubereich an. Er kann in Ausnahmefällen größer sein. Sofern in den Steinnormen der Nachweis anderer Streubereiche gefordert wird, gelten diese als Wertebereiche.

Durch konstruktive Maßnahmen (Wärmedämmung, Baustoffauswahl, Fugen u.a.) ist sicherzustellen, daß Zwängungen die Standsicherheit und Gebrauchsfähigkeit nicht unzulässig beeinträchtigen. So ist z. B. bei weitgespannten Dachdecken ohne Auflast Rißschäden an Deckenkanten durch Fugen, Zentrierleisten, Kantennut, Ausbildung der Außenhaut o. ä. entgegenzuwirken.

### 3.2.7 Aussteifung der Wände, Öffnungen in Wänden und mittragende Breiten

Zur Aussteifung von tragenden Wänden dienen horizontal gehaltene Deckenscheiben, aussteifende Querwände oder andere ausreichend steife Bauteile. Mindestmaße der aussteifenden Wände nach Bild 1. Unabhängig davon ist das Bauwerk als Ganzes auszusteifen.

Bei großen Öffnungen (Höhe $<0{,}25 \cdot$ Geschoßhöhe, Breite $<0{,}25 \cdot$ Wandbreite, Fläche $<0{,}10 \cdot$ Wandfläche) sind benachbarte Wandteile als 3- oder 2seitig gehalten anzusehen.

Als zusammengesetzte Querschnitte gelten nur Querschnitte aus Steinen gleicher Art, Höhe und Festigkeit, die gleichzeitig im Verband mit gleichem Mörtel gemauert sind, ohne Brüstungs- und Sturzmauerwerk. Mitwirkende Breite nach Elastizitätstheorie, vereinfacht beidseits je 1/4 der über dem untersuchten Schnitt liegenden Höhe des zusammengesetzten Querschnitts.

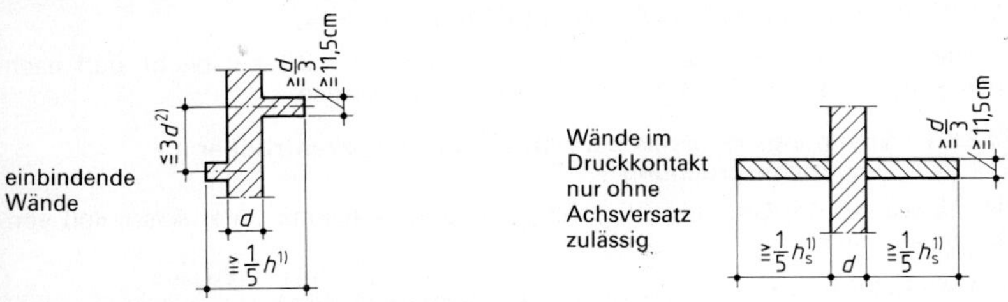


**Bild 1 Aussteifung der Wände, Mindestmaße der Aussteifungen**

[1)] $\geqq \frac{1}{5} h_1$, wenn in aussteifender Wand Türöffnung mit lichter Höhe $h_1$.
[2)] Wenn Wandabstand größer, ist Wand einseitig ausgesteift. Dann Halterung nur unverschieblich bei zug- und druckfester Verbindung.

### 3.2.8 Knicklängen

$$\boldsymbol{h_K = \beta \cdot h_s} \quad (1)$$

#### a) Zweiseitig gehaltene Wände

Allgemein $\beta = 1{,}0$.

Für flächig aufgelagerte Massivdecken, auch für Stahlbetonbalken- und -rippendecken mit Zwischenbauteilen und Auflagerung durch Randbalken, kann gesetzt werden:

$\beta = 0{,}75$ für $d \leqq 175$ mm
$\beta = 0{,}90$ für $175 < d \leqq 250$ mm
$\beta = 1{,}00$ für $d > 250$ mm
oder $\beta$ nach Abschn. 3.3.2

$\beta < 1{,}0$ jedoch nur zulässig, wenn Horizontallast senkrecht zur Wandfläche $\leqq$ Windlast und Mindestauflagertiefe $a$ auf Wanddicke $d$:
$d \geqq 240$ mm $\quad a \geqq 175$ mm
$d < 240$ mm $\quad a = d$

## b) Drei- und vierseitig gehaltene Wände

**Tafel 15 Faktor $\beta$ zur Bestimmung der Knicklänge von drei- und vierseitig gehaltenen Wänden**

| dreiseitig gehaltene Wand | | | | | | vierseitig gehaltene Wand | | | |
|---|---|---|---|---|---|---|---|---|---|
| Wanddicke in mm | | | $b'$ in m | $\beta$ | $b$ in m | Wanddicke in mm | | | |
| 240 | 175 | 115 | | | | 115 | 175 | 240 | 300 |
| | | | 0,65 | 0,35 | 2,00 | | | | |
| | | | 0,75 | 0,40 | 2,25 | | | | |
| | | | 0,85 | 0,45 | 2,50 | | | | |
| | | | 0,95 | 0,50 | 2,80 | | | | |
| | | | 1,05 | 0,55 | 3,10 | | | | |
| | | | 1,15 | 0,60 | 3,40 | $b \leqq$ 3,45 m | | | |
| | | | 1,25 | 0,65 | 3,80 | | | | |
| | | | 1,40 | 0,70 | 4,30 | | | | |
| | | $b' \leqq$ 1,75 m | 1,60 | 0,75 | 4,80 | | $b \leqq 5{,}25$ m | | |
| | | | 1,85 | 0,80 | 5,60 | | | | |
| | $b' \leqq 2{,}60$ m | | 2,20 | 0,85 | 6,60 | | | $b \leqq 7{,}20$ m | |
| $b' \leqq 3{,}60$ m | | | 2,80 | 0,90 | 8,40 | | | | $b \leqq 9{,}00$ m |

$\beta$ nach Tafel 15 und Bild 2, wenn Geschoßhöhe $h_s \leqq 3{,}50$ m. Ein Faktor $\beta$ ungünstiger als bei einer zweiseitig gehaltenen Wand braucht nicht angesetzt zu werden. Ist $b > 30\,d$ bei vierseitig bzw. $b > 15\,d$ bei dreiseitig gehaltenen Wänden, so gelten diese als zweiseitig gehalten. Bei vertikalen Schlitzen oder Nischen im mittleren Wanddrittel ist für $d$ die Restwanddicke anzusetzen oder ein freier Rand anzunehmen. Ist, unabhängig von der Lage, die Restwanddicke kleiner als $d/2$ oder als 11,5 cm, so ist ein freier Rand anzunehmen. Bei Öffnungen mit lichter Höhe $> 1/4$ Geschoßhöhe oder lichter Breite $> 1/4$ der Wandbreite oder Gesamtfläche $> 1/10$ der Wandfläche gelten die Wandteile zwischen Öffnung und aussteifender Wand als dreiseitig, die Wandteile zwischen den Öffnungen als zweiseitig gehalten.

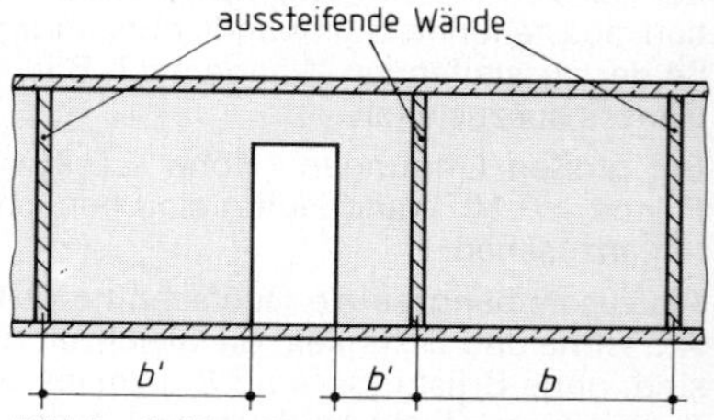


**Bild 2 Größen $b$ und $b'$ zu Tafel 15**

### 3.2.9 Bemessung nach dem vereinfachten Verfahren

Mauerwerk, das den Voraussetzungen nach Abschn. 3.2.1 entspricht, darf nach dem folgenden vereinfachten Verfahren bemessen werden.

#### 3.2.9.1 Spannungsnachweis bei zentrischer und exzentrischer Druckbeanspruchung

Nachweis auf der Grundlage linearer Spannungsverteilung unter Ausschluß von Zugspannungen.

$$\text{vorh}\,\sigma_D \leqq \text{zul}\,\sigma_D = k \cdot \sigma_0 \quad (2)$$

$\sigma_0$ = Grundwert nach Tafel 16a bis c
$k$ = Abminderungsfaktor

$k = k_1 \cdot k_2$ für Wände als Zwischenauflager
$k = k_1 \cdot k_2$ oder $k = k_1 \cdot k_3$ für Wände als einseitiges Endauflager, der kleinere Wert ist maßgebend
$k_1 = 1{,}0$ für Wände
$k_1 = 1{,}0$ für kurze Wände (Querschnitt weniger als 1000 cm$^2$) ohne Aussparungen, aus ungeteilten Steinen oder aus geteilten Steinen mit Lochanteil $< 35\%$
$k_1 = 0{,}8$ für alle anderen Pfeiler und kurzen Wände mit Querschnitt weniger als 1000 cm$^2$. Aussparungen sind zu berücksichtigen. Querschnitte $< 400$ cm$^2$ sind als tragende Teile unzulässig.
$k_2 = 1{,}0$ für $h_K/d \leqq 10$
$k_2 = \dfrac{25 - h_K/d}{15}$ für $10 < h_K/d < 25$; Schlankheiten $h_k/d > 25$ sind unzulässig.
$k_3 = 1{,}0$ für $l \leqq 4{,}20$ m
$k_3 = 1{,}7 - l/6$ für $4{,}20 \leqq l \leqq 6{,}00$ m  $l$ = Deckenstützweite nach Abschn. 3.2.1
$k_3 = 1{,}0$ bei Einbau von Zentrierleisten unabhängig von $l$
$k_3 = 0{,}5$ für Decken über dem obersten Geschoß

Bei Wandbreite $b < 2{,}0$ m, $d < 175$ mm und $h_K/d > 12$ ist zusätzlich eine Einzellast $H = 0{,}5$ KN in halber Geschoßhöhe anzusetzen. Für diesen Lastfall gilt vorh$\sigma_D \leqq 1{,}33$ zul$\sigma_D$.

**Tafel 16 a Grundwerte $\sigma_0$ der zulässigen Druckspannungen für Mauerwerk mit Normalmörtel in MN/m²**

| Mörtelgruppe | Grundwerte $\sigma_0$ bei Steinfestigkeitsklasse | | | | | | | | | |
|---|---|---|---|---|---|---|---|---|---|---|
| | 2 | 4 | 6 | 8 | 12 | 20 | 28 | 36 | 48 | 60 |
| I | 0,3 | 0,4 | 0,5 | 0,6 | 0,8 | 1,0 | – | – | – | – |
| II | 0,5 | 0,7 | 0,9 | 1,0 | 1,2 | 1,6 | 1,8 | – | – | – |
| IIa | 0,5[1] | 0,8 | 1,0 | 1,2 | 1,6 | 1,9 | 2,3 | – | – | – |
| III | – | 0,9 | 1,2 | 1,4 | 1,8 | 2,4 | 3,0 | 3,5 | 4,0 | 4,5 |
| IIIa | – | – | – | – | 1,9 | 3,0 | 3,5 | 4,0 | 4,5 | 5,0 |

[1] $\sigma_D = 0{,}6$ MN/m² bei Außenwänden mit Dicken $d = 300$ mm. Diese Erhöhung gilt jedoch nicht für den Nachweis der Auflagerpressung nach Abschn. 3.3.2.3.

**Tafel 16 b Grundwerte $\sigma_0$ der zulässigen Druckspannungen für Mauerwerk mit Dünnbett- und Leichtmörtel in MN/m²**

| Mörtel | | Grundwerte $\sigma_0$ bei Steinfestigkeitsklasse | | | | | | |
|---|---|---|---|---|---|---|---|---|
| | | 2 | 4 | 6 | 8 | 12 | 20 | 28 |
| Dünnbettmörtel[1] | | 0,6 | 1,0 | 1,4 | 1,8 | 2,0 | 2,9 | 3,4 |
| Leichtmörtel | LM 21 | 0,5[2] | 0,7[4] | 0,7 | 0,8 | 0,9 | 0,9 | 0,9 |
| | LM 36 | 0,5[2][3] | 0,8[5] | 0,9 | 1,0 | 1,1 | 1,1 | 1,1 |

[1] Verwendung nur bei Gasbeton-Plansteinen nach DIN 4165 und bei Kalksand-Plansteinen. Die Werte gelten für Vollsteine. Für Kalksand-Lochsteine und Kalksand-Hohlblocksteine nach DIN 106-1 gelten die entsprechenden Werte der Tafel 15 bei Mörtelgruppe III bis Steinfestigkeitsklasse 20.
[2] Für Mauerwerk mit Mauerziegeln nach DIN 105-1 bis -4 gilt $\sigma_0 = 0{,}4$ MN/m².
[3] $\sigma_0 = 0{,}6$ MN/m² bei Außenwänden mit Dicken $\geqq 300$ mm. Diese Erhöhung gilt jedoch nicht für den Nachweis der Auflagerpressung nach Abschn. 3.3.2.3.
[4] Für Kalksandsteine nach DIN 106-1 der Rohdichteklasse $\geqq 0{,}9$ und Mauerziegel nach DIN 105-1 bis -4 gilt $\sigma_0 = 0{,}5$ MN/m².
[5] Für Mauerwerk mit den in [4] genannten Mauersteinen gilt $\sigma_0 = 0{,}7$ MN/m².

**Tafel 16 c Grundwerte $\sigma_0$ der zulässigen Druckspannungen für Mauerwerk nach Eignungsprüfung (EM)**

| Nennfestigkeit $\beta_M$ in N/mm² | 1,0 bis 9,0 | 11,0 und 13,0 | 16,0 bis 25,0 |
|---|---|---|---|
| $\sigma_0$ in MN/m² [1] | 0,35 $\beta_M$ | 0,32 $\beta_M$ | 0,30 $\beta_M$ |

[1] $\sigma_0$ abrunden auf 0,01 MN/m²

Im Falle ausmittiger Last dürfen sich die Fugen rechnerisch nur bis zum Schwerpunkt öffnen. Das gilt sowohl bei Ausmitte in Richtung der Wandebene (Scheibenbeanspruchung) als auch senkrecht dazu (Plattenbeanspruchung). Bei Scheibenbeanspruchung durch Wind ist zusätzlich $\varepsilon_R \leqq 10^{-4}$ nach Bild 3 nachzuweisen. Hierzu darf $E = 3000 \cdot \sigma_0$ angenommen werden.

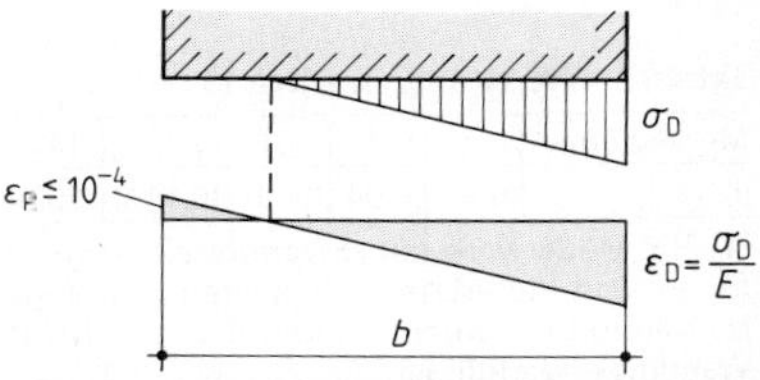


**Bild 3 Zulässige rechnerische Randdehnungen bei Scheiben**

### 3.2.9.2 Knicksicherheit

Sie wird im vereinfachten Verfahren mit dem Faktor $k_2$ berücksichtigt. Für Horizontallasten $>$ Windlast oder Vertikallasten mit größerer Exzentrizität ist Knicknachweis nach Abschn. 3.3.3.2 erforderlich. Ein Versatz der Wandachsen gilt dann nicht als größere Exzentrizität, wenn der Querschnitt der dickeren Wand den der dünneren Wand umschreibt.

### 3.2.9.3 Auflagerpressung

Druckausbreitung unter Einzellasten unter 60°. Die Auflagerpressung unter Einzellasten darf gleichmäßig verteilt mit $1{,}3 \cdot \sigma_0$ angenommen werden, wenn in halber Wandhöhe die Mauerwerksspannung $<$ zul $\sigma_D$ nach Gl. (2) ist.

Bei Teilflächenpressung rechtwinklig zur Wandebene muß $\sigma_D \leqq 1{,}3 \cdot \sigma_0$ sein. Ist die Einzellast $F \geqq 3$ kN, so ist zusätzlich die Schubspannung in den Lagerfugen der belasteten Steine nachzuweisen. Bei Loch- und Kammersteinen ist die Druckkraft auf mindestens 2 Stege zu übertragen.

### 3.2.9.4 Zug- und Biegezugspannungen

Sie dürfen in tragenden Wänden rechtwinklig zur Lagerfuge nicht in Rechnung gestellt werden. Zug- und Biegezugspannungen parallel zur Lagerfuge in Wandrichtung:

$$\text{zul}\,\sigma_Z = 0{,}4 \cdot \sigma_{0\,HS} + 0{,}12 \cdot \sigma_D \leqq \max \sigma_Z \qquad (3)$$

$\sigma_Z$ Zug- und Biegespannung parallel zur Lagerfurche — $\sigma_{0\,HS}$ nach Tafel 17
$\sigma_D$ zugehörige Druckspannung rechtwinklig zur Lagerfuge — $\max \sigma_Z$ nach Tafel 18

### 3.2.9.5 Schubnachweis

Falls Schubnachweis erforderlich, darf für Rechteckquerschnitte (keine zusammengesetzten Querschnitte) unter Scheibenschub vereinfacht angesetzt werden:

$$\tau = \frac{c \cdot Q}{A} \leqq \text{zul}\,\tau \qquad (4) \qquad\qquad \text{zul}\,\tau = \sigma_{0\,HS} + 0{,}2 \cdot \sigma_{Dm} \leqq \max \tau$$

$Q$ Querkraft
$A$ überdrückte Querschnittsfläche
$c$ Faktor zur Berücksichtigung der $\tau$-Verteilung über den Querschnitt. Für hohe Wände $H/L \geq 2$ gilt $c = 1{,}5$; für Wände $H/L \leq 1$ gilt $c = 1{,}0$; dazwischen interpolieren.
$\sigma_{0HS}$ s. Tafel 17
$\sigma_{Dm}$ mittlere zugehörige Druckspannung rechtwinklig zur Lagerfuge im ungerissenen Querschnitt A
$\max \tau$ $= 0{,}010 \cdot \beta_{N\,St}$ für Hohlblocksteine
$= 0{,}012 \cdot \beta_{N\,St}$ für Hohllochsteine und Steine mit Grifföffnungen oder -löchern
$= 0{,}014 \cdot \beta_{N\,St}$ für Vollsteine ohne Grifföffnungen oder -löcher
$\beta_{N\,St}$ Nennwert der Steindruckfestigkeit (Steinfestigkeitsklasse)

**Tafel 17 Werte $\sigma_{0\,HS}$ in MN/m²**

| Mörtelgruppe | I | II | IIa | III | IIIa |
|---|---|---|---|---|---|
| $\sigma_{0HS}$ | 0,01 | 0,04 | 0,09²) | 0,11³) | 0,13 |

¹) Für Mauerwerk mit unvermörtelten Stoßfugen sind die Werte zu halbieren. Stoßfuge ist vermörtelt, wenn mindestens die halbe Wanddicke verfüllt ist.
²) Dieser Wert gilt auch für Leichtmörtel.
³) Dieser Wert gilt auch für Dünnbettmörtel.

**Tafel 18 Werte $\max \sigma_z$ in MN/m²**

| Steinfestigkeitsklasse | 2 | 4 | 6 | 8 | 12 | 20 | ≧28 |
|---|---|---|---|---|---|---|---|
| $\max \sigma_Z$ | 0,01 | 0,02 | 0,04 | 0,05 | 0,10 | 0,15 | 0,20 |

## 3.3 Berechnung nach dem genaueren Verfahren

Das genauere Berechnungsverfahren darf auf einzelne Bauteile, einzelne Geschosse oder ganze Bauwerke angewendet werden. Wird im folgenden nichts anderes gesagt, gelten die Regeln für das vereinfachte Verfahren nach Abschn. 3.2.

### 3.3.1 Knoten- und Wandmomente

Der Einfluß der Decken-Auflagerdrehwinkel auf die Ausmitte der Lasteintragung in die Wände ist zu berücksichtigen.

**a) Rahmenrechnung.** Zulässige Annahmen: ungerissene Querschnitte, elastisches Materialverhalten, $E_M = 3000\,\sigma_0$, Hälfte der Verkehrslast wie ständige Last. Die so ermittelten Knotenmomente dürfen auf 2/3 ihres Wertes ermäßigt werden.

Vereinfachtes Rechenverfahrens s. „Mann: Grundlagen der vereinfachten und der genaueren Bemessung von Mauerwerk nach DIN 1053-1, Mauerwerkskalender 1997.

**b) Vereinfachte Berechnung** nach Bild 4 zulässig für $p \leqq 5$ kN/m²

Ausmitten $e$ der Deckenauflagerkräfte wie Bild 4

$M_D = A_D \cdot e_D$ ist voll in den Wandkopf einzuleiten

$M_Z = A_Z \cdot e_Z$ ist je zur Hälfte in Wandkopf und Wandfuß einzuleiten

$N_0$ aus oberen Geschossen zentrisch

Bei zweiachsig gespannten Decken mit $l_1 : l_2 \geqq 1:2$ kann mit $e = 0{,}05\, l_1 \cdot 2/3$ gerechnet werden.

Ist (vorwiegend bei Dachdecken) $e = f(N_0 + A) > 1/3d$, so darf $e = 1/3d$ angenommen werden. In diesem Falle ist Rißschäden vorzubeugen, z.B. durch Fugen, Zentrierleisten, Kantennut, Rißüberdeckung.

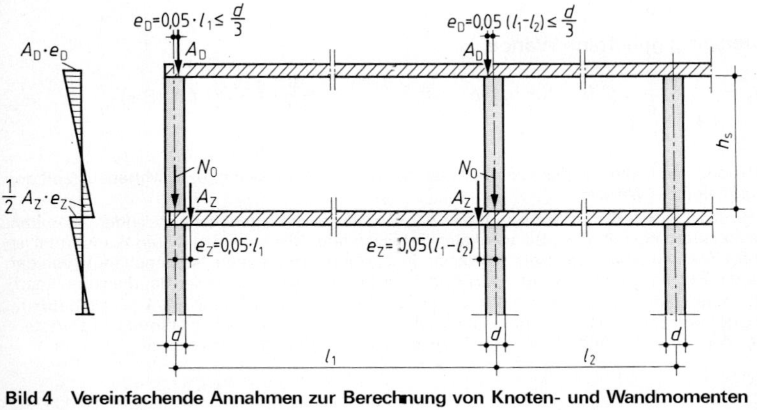


**Bild 4 Vereinfachende Annahmen zur Berechnung von Knoten- und Wandmomenten**

**Wandmomente.** Momentenverlauf aus Vertikallasten s. Bild 4. Momente aus Horizontallasten können zwischen den Grenzfällen Volleinspannung und gelenkige Lagerung umgelagert werden, wobei die klaffende Fuge höchstens bis zum Wandschwerpunkt entstehen darf.

Momente aus Windlast dürfen bis zu einer Höhe von 20 m vernachlässigt werden, wenn $d \geqq 24$ cm und $h_s \leqq 3{,}0$ m.

### 3.3.2 Knicklängen $h_K$

**a) frei stehende Wände**

$$h_K = 2 \cdot h_s \sqrt{\frac{1+2N_0/N_u}{3}} \quad (5)$$

**b) zweiseitig gehaltene Wände**

$$h_K = \beta \cdot h_s \quad (6)$$

$N_0$ Längskraft am Wandkopf $\quad N_u$ Längskraft am Wandfuß $\quad h_s$ lichte Geschoßhöhe

$\beta = 1$ wenn Decken nicht flächig aufgelagert (s. Tafel 19) oder $e$ in Knotenanschnitt $> d/3$ oder $e$ in Wandmitte $= d/3$; $e$ = planmäßige Ausmitte der Last

$\beta = 1 - 0{,}15 \cdot \frac{E_b I_b}{E_{mw} I_{mw}} \cdot h_s \cdot \left(\frac{1}{l_1} + \frac{1}{l_2}\right) \geqq 0{,}75$ wenn Bedingungen nach Tafel 19 eingehalten

$E_{mw}$ nach Tafel 14

$l_1$ und $l_2$ = angrenzende Deckenstützweiten, bei Außenwänden $1/l_2 = 0$

$\beta = 0{,}75$ für Wanddicken $\leqq 17{,}5$ cm, wenn Bedingungen nach Tafel 19 eingehalten.

**Tafel 19 Reduzierte Knicklänge zweiseitig gehaltener Wände mit flächig aufgelagerten Massivdecken und erforderliche Tiefe des Deckenauflagers**

| Wanddicke $d$ in cm | $<24$ | $\geqq 24$ $\leqq 30$ | $>30$ |
|---|---|---|---|
| Erforderliche Auflagertiefe $a$ der Decke auf der Wand | $d$ | $\geqq \frac{3}{4} d$ | $\geqq \frac{2}{3} d$ |

| Planmäßige Ausmitte $e$¹) der Last in halber Geschoßhöhe (für alle Wanddicken) | $\leqq \frac{d}{6}$ | $\frac{d}{3}$ |
|---|---|---|
| Reduzierte Knicklänge $h_K$²) | $\beta \cdot h_s$ | $1{,}0\, h_s$ |

¹) Ausmitte ohne $f_1$ und $f_2$ nach Abschn. 3.3.3.2, jedoch gegebenenfalls infolge Wind.
²) Zwischenwerte dürfen geradlinig eingeschaltet werden.

**c) dreiseitig gehaltene Wände** (mit einem freien vertikalen Rand)

$$h_K = \frac{1}{1+\left(\frac{\beta \cdot h_s}{3b}\right)} \cdot \beta \cdot h_s \geqq 0{,}3 \cdot h_s \quad (7)$$

**d) vierseitig gehaltene Wände**

$$h_K = \frac{1}{1+\left(\frac{\beta \cdot h_s}{b}\right)} \cdot \beta \cdot h_s \quad \text{für } h_s \leqq b \quad (8) \qquad h_K = \frac{b}{2} \quad \text{für } h > b \quad (8a)$$

$b$ Abstand des freien Randes von der Mitte der aussteifenden Wand, bzw. Mittenabstand der aussteifenden Wände.

zu c) und d): Ist $b > 30d$ bei vierseitig bzw. $b > 15d$ bei dreiseitig gehaltenen Wänden, so gelten diese als zweiseitig gehalten. Bei vertikalen Schlitzen oder Nischen im mittleren Wanddrittel ist für $d$ die Restwanddicke anzusetzen oder ein freier Rand anzunehmen. Ist, unabhängig von der Lage, die Restwanddicke kleiner als $d/2$ oder als 11,5 cm, so ist ein freier Rand anzunehmen. Bei Öffnungen mit lichter Höhe $> 1/4$ Geschoßhöhe oder lichter Breite $> 1/4$ der Wandbreite oder Gesamtfläche $> 1/10$ der Wandfläche gelten die Wandteile zwischen Öffnung und aussteifender Wand als dreiseitig, die Wandteile zwischen den Öffnungen als zweiseitig gehalten.

### 3.3.3 Bemessung im genaueren Verfahren

#### 3.3.3.1 Tragfähigkeit bei zentrischer und exzentrischer Druckbeanspruchung

Die Tragfähigkeit der Wand ist für den ungünstigsten der Schnitte I Wandkopf, II halbe Wandhöhe, III Wandfuß, auf der Grundlage linearer Spannungsverteilung und ebenbleibender Querschnitte nachzuweisen.

**Zentrische Beanspruchung**

$\gamma \cdot \mathbf{vorh}\,\sigma \leqq \beta_R$ (9)

$\beta_R$ Rechenwert der Druckfestigkeit. Es gilt $\beta_R = 2{,}67\,\sigma_0$, mit $\sigma_0$ nach Tafel 16a bis c.
$\gamma$ Sicherheitsbeiwert nach Tafel 20.

**Exzentrische Beanspruchung**: Im Bruchzustand darf die Kantenpressung den Wert 1,33 $\beta_R$, die mittlere Spannung den Wert 1,0 $\beta_R$ nicht überschreiten.

**Tafel 20 Sicherheitsbeiwerte**

| | |
|---|---|
| Wand | $\gamma_W = 2{,}0$ |
| Pfeiler[1]) | $\gamma_P = 2{,}5$[2]) |

[1]) Pfeiler = kurze Wände mit Querschnitt weniger als 1000 cm², jedoch mehr als 400 cm².
[2]) Für Pfeiler aus ungetrennten Steinen oder aus getrennten Steinen mit Lochanteil < 35% gilt $\gamma_P = 2{,}0$.

Querschnitte < 400 cm² sind als tragende Teile unzulässig.

Klaffende Fugen aus planmäßiger Exzentrizität $e$ sind höchstens bis zum Schwerpunkt des Gesamtquerschnitts zulässig. Bei Abweichung vom Rechteckquerschnitt ist außerdem 1,5fache Kippsicherheit nachzuweisen. Bei Scheibenbeanspruchung ist zusätzlich der Nachweis für $\varepsilon_R \leqq 10^{-4}$ gem. Bild 3 erforderlich.

### 3.3.3.2 Knicksicherheit

Die Knicksicherheit kann näherungsweise durch Bemessung der Wand in halber Wandhöhe (Schnitt II) nachgewiesen werden mit

$$\mathbf{Gesamtexzentrizität} = e_{II} + f_1 + f_2$$

$e_{II}$ planmäßige Exzentrizität durch Wandmomente
$f_1 = h_K/300$ = ungewollte Ausmitte
$f_2$ = Stabauslenkung

Näherungsweise kann gesetzt werden

$$f_1 + f_2 = f = \bar{\lambda}\frac{1+m}{1800}\cdot h_K \quad (10)$$

$m = \frac{6\cdot e_{II}}{d}$ $\bar{\lambda} = \frac{h_K}{d}$ $\bar{\lambda} > 25$ nicht zulässig

Zusatzforderung für zweiseitig gehaltene Wände mit $\bar{\lambda} > 12$ und Wandbreite $b < 2{,}0$ m: Horizontalkraft $H = 0{,}5$ kN zusätzlich als Linienlast über ganze Wandbreite verteilt in halber Wandhöhe ansetzen. Dafür Sicherheit $\gamma = \beta_R/\text{vorh}\,\sigma \geqq 1{,}5$ erforderlich. Dieser Nachweis darf entfallen, wenn

$$\bar{\lambda} \leqq 20 - 1000\,\frac{H}{A\cdot\beta_R}$$

mit $A$ = Wandquerschnitt $b \cdot d$

**Beispiel** System wie Bild 4 mit $l_1 = 4{,}80$ m, $l_2 = 3{,}0$ m, $h_s = 2{,}60$ m
$B25$; $d_b = 16$ cm, $M2{,}5$; $d_m = 24$ cm, Steinrohdichte = 1,40 g/cm³
Gesucht: Bemessung der ersten Innenwand im 3. Geschoß von oben.

| | |
|---|---|
| Decke + Putz + $p$ = 7,0 kN/m² | = 35,7 kN/m |
| Wand + Putz | $G_W$ = 10,8 kN/m |
| je Geschoß, erste Innenwand | $N_0$ = 46,5 kN/m |
| | $N_I$ = 128,7 kN/m |

$$e_I = \frac{0{,}5\cdot 35{,}7\cdot 0{,}05\,(4{,}8-3{,}0)}{2\cdot 46{,}5+35{,}7} = 0{,}012\text{ m} < d/6$$

$e_{III} \cong -e_I$ $\quad e_{II} = (e_I + e_{III})\cdot 0{,}5 \cong 0$

$$\beta = 1{,}0 - 0{,}15\cdot\frac{30000\cdot 0{,}16^3}{1000\cdot 2{,}5\cdot 0{,}24^3}\cdot 2{,}60\cdot\left(\frac{1}{4{,}8}+\frac{1}{3{,}0}\right) = 0{,}25 < 0{,}75 \rightarrow \beta = 0{,}75$$

$h_K = 0{,}75\cdot 2{,}60 = 1{,}95$ m $\quad \bar{\lambda} = \frac{1{,}95}{0{,}24} = 8{,}1 < 25$

$$e_{II} + f = 0 + \frac{1{,}95^2}{0{,}24\cdot 1800}\cdot(1+0) = 0{,}009\text{ m} < e_I = 0{,}012\text{ m}$$

Schnitt I maßgebend, ungerissener Querschnitt

$$\sigma_I = 2{,}0 \cdot \frac{128{,}7}{0{,}24} \cdot \left(1 + \frac{0{,}012 \cdot 6}{0{,}24}\right) = 1073\,(1 + 0{,}3) = 1394 \text{ kN/m}^2$$

gewählt: M 2,5; $\beta_M = 2{,}5$; $\sigma_0 = 0{,}35 \cdot 2{,}5 = 0{,}88$ MN/m²

$\beta_R = 2{,}67 \cdot 0{,}88 = 2{,}35$ MN/m²

Mittig: $1{,}073 < 2{,}35$ MN/m²; Kantenpressung: $1{,}394 < 1{,}33 \cdot 2{,}35$ MN/m²

oder RM mit Stein 4, MGr. IIa:

$\sigma_0 = 0{,}8$ MN/m²; $\beta_R = 2{,}67 \cdot 0{,}8 = 2{,}1$ MN/m²

Mittig: $1{,}073 < 2{,}1$ MN/m²; Kantenpressung: $1{,}394 < 1{,}33 \cdot 2{,}1$ MN/m²

### 3.3.3.3 Einzellasten und Teilflächenpressung

Druckverteilung im Mauerwerk unter 60°.

Teilflächenpressung $\sigma_1$ in Fläche $A_1$ gemäß Bild 5 für mittige und ausmittige Belastung zulässig mit

$$A_1 \leqq 2 \cdot d^2 \qquad e \leqq \frac{d}{6}$$

$$\sigma_1 = \frac{\beta_R}{\gamma}\left(1 + 0{,}1 \cdot \frac{a_1}{l_1}\right) \leqq 1{,}5 \cdot \frac{\beta_R}{\gamma} \quad (11)$$

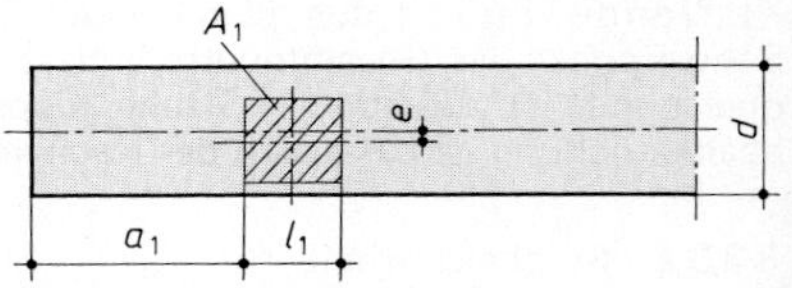


**Bild 5 Teilflächenpressungen**

Bei Teilflächenpressung senkrecht zur Wandebene muß $\sigma \leqq 0{,}5\,\beta_R$ sein. Ist die Einzellast $> 3$ kN, so ist zusätzlich die Schubspannung in den Lagerfugen der belasteten Einzelsteine nachzuweisen.

### 3.3.3.4 Zug- und Biegezugspannungen

In tragenden Wänden dürfen Zug- und Biegezugspannungen rechtwinklig zur Lagerfuge nicht in Rechnung gestellt werden. Zug- und Biegezugspannungen $\sigma_z$ parallel zur Lagerfuge in Wandrichtung:

$$\text{zul}\,\sigma_z \leqq \frac{1}{\gamma}\,(\beta_{RHS} + \mu \cdot \sigma_d)\,\frac{ü}{h} \quad (12) \qquad\qquad \text{zul}\,\sigma_z \leqq \frac{\beta_{Rz}}{2\gamma} \leqq 0{,}3 \text{ MN/m}^2 \quad (13)$$

der kleinere Wert ist maßgebend.

### 3.3.3.5 Schubnachweis

Rechnerisch klaffende Teile der Fugen sind nicht in Rechnung zu stellen. Es gilt:

Scheibenschub: $\gamma \cdot \tau \leqq \beta_{RHS} + \bar{\mu} \cdot \sigma_d \leqq 0{,}45 \cdot \beta_{Rz} \cdot \sqrt{1 + \sigma_d/\beta_{Rz}}$ (14a)

Plattenschub: $\gamma \cdot \tau \leqq \beta_{RHS} + \mu \cdot \sigma_d$ (14b)

In Gl. (12) bis (14) bedeuten

- $\sigma_z$ Zugspannungg parallel zur Lagerfuge
- $\sigma_d$ Druckspannung rechtwinklig zur Lagerfuge
- $\beta_{RHS}$ Rechenwert der Haftscherfestigkeit. Es gilt $\beta_{RHS} = 2{,}0 \cdot \sigma_{0HS}$ nach Abschn. 3.2.9.5.
- $\beta_{Rz}$ Rechenwert der Steinzugfestigkeit, Tafel 21
- $\mu$ Reibungsbeiwert = 0,6
- $\bar{\mu}$ abgeminderter Reibungsbeiwert = 0,4 für alle Mörtelgruppen
- $h$ Steinhöhe
- $ü$ Überbindemaß im Steinverband, Soll $\geqq 0{,}4 \cdot h \geqq 4{,}5$ cm
- $\gamma$ Sicherheitsbeiwert nach Tafel 20

**Tafel 21 Rechenwerte $\beta_{Rz}$ der Steinzugfestigkeit**

| | $\beta_{Rz}$ |
|---|---|
| Hohlblocksteine | $0{,}025\,\beta_{NSt}$[1]) |
| Hochlochziegel, Lochsteine und Vollsteine mit Grifföffnungen | $0{,}033\,\beta_{NSt}$ |
| Vollsteine ohne Grifföffnungen | $0{,}040\,\beta_{NSt}$ |

[1]) $\beta_{NSt}$ = Nennwert der Steindruckfestigkeit (Steindruckfestigkeitsklasse)

## 3.4 Bauteile und Konstruktionsdetails

### 3.4.1 Tragende Wände und Pfeiler

Wände mit mehr als Eigenlast aus einem Geschoß sind stets tragende Wände. Mindestdicke 115 mm.

Aussteifende Wände gelten immer als tragende Wände. Pfeiler sind kurze Wände mit einem Querschnitt $A < 1000\ \text{cm}^2$. Mindestquerschnitt $400\ \text{cm}^2$.

### 3.4.2 Kellerwände

Nachweis auf Erddruck darf entfallen, wenn

- $h_s \leqq 2{,}60$ m $d \geqq 240$ mm
- Kellerdecke = Scheibe
- $h_e \leqq h_s$, Gelände horizontal, $p \leqq 5\ \text{kN/m}^2$
- $\max N_0 \geqq N_0 \geqq \min N_0$

mit $\max N_0 = 0{,}45 \cdot d \cdot \sigma_0$
$\min N_0$ nach Tafel 22

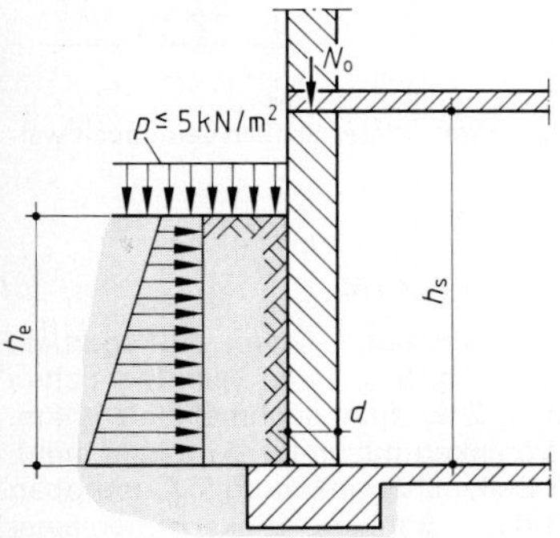


**Bild 6 Lastannahmen für Kellerwände**

**Tafel 22 Min $N_0$ für Kellerwände ohne rechnerischen Nachweis in kN/m**

| Wanddicke $d$ in mm | $\min N_0$ bei einer Höhe der Anschüttung $h_e$ 1,0 m | 1,5 m | 2,0 m | 2,5 m |
|---|---|---|---|---|
| 240 | 6 | 20 | 45 | 75 |
| 300 | 3 | 15 | 30 | 50 |
| 365 | 0 | 10 | 25 | 40 |
| 490 | 0 | 5 | 15 | 30 |

Zwischenwerte sind geradlinig zu interpolieren.

Anstelle des Nachweises von $N_0$ darf nachgewiesen werden:

$$\frac{d \cdot \beta_R}{3\gamma} \geqq N_1 \geqq \min N \quad (15) \qquad \text{mit} \quad \min N = \frac{\varrho_e \cdot h_s \cdot h_e^2}{20\,d} \quad (16)$$

$N_1$ = Normalkraft in halber Anschütthöhe $h_e$; $\beta_R = 2{,}67 \cdot \sigma_0$; $\gamma$ nach Tafel 20.

Für ausgesteifte Kellerwände mit zweiachsiger Lastabtragung gilt mit $b$ = Achsabstand der Aussteifungen:

$$b \leqq h_s: \quad N_0 \geqq 1/2 \min N_0 \quad \text{bzw.} \quad N_1 \geqq 1/2 \min N \quad (17\text{a})$$

$$b \geqq 2h_s: \quad N_0 \geqq \min N_0 \quad \text{bzw.} \quad N_1 \geqq \min N \quad (17\text{b})$$

Zwischenwerte geradlinig interpolieren

## 3.4.3 Nichttragende Wände

Bei nichttragenden Außenwänden als Ausfachungen von Fachwerk-, Skelett- und Schottensystemen darf auf einen statischen Nachweis verzichtet werden, wenn

– die Wände vierseitig gehalten sind
– Normalmörtel Mörtelgruppe IIa verwendet wird
– die Bedingungen nach Tafel 23 erfüllt sind.

Für nichttragende Innenwände ohne Windbelastung gilt DIN 4103-1.

**Tafel 23 Größte zulässige Ausfachungsfläche von nichttragenden Außenwänden ohne rechnerischen Nachweis in m²**

| Höhe der Ausfachungsfläche über Gelände | Verhältnis $\varepsilon$ der größeren zur kleineren Stützweite | Größte zul. Ausfachungsfläche in m²¹) bei einer Wanddicke in mm von | | | |
|---|---|---|---|---|---|
| | | 115²) | 175 | 240 | 300 |
| 0 bis 8 m | 1,0 | 12 | 20 | 36 | 50 |
| | $\geqq 2{,}0$³) | 8 | 14 | 25 | 33 |
| 8 bis 20 m | 1,0 | 8 | 13 | 23 | 35 |
| | $\geqq 2{,}0$³) | 5 | 9 | 16 | 23 |
| 20 bis 100 m | 1,0 | 6 | 9 | 16 | 25 |
| | $\geqq 2{,}0$³) | 4 | 6 | 12 | 17 |

¹) für $1{,}0 \leqq \varepsilon \leqq 2{,}0$ darf geradlinig interpoliert werden
²) für Steine $\geqq 12$ dürfen die Werte dieser Spalte um 1/3 vergrößert werden
³) für Steine $\geqq 20$ und gleichzeitig $\varepsilon = h/l \geqq 2{,}0$ dürfen die Werte dieser Spalten verdoppelt werden.

## 3.4.4 Anschluß der Wände an Decken und Dachstuhl

Bei Massivdecken Anschluß durch Reibung ausreichend, wenn Auflagertiefe $\geqq 100$ mm. Bei anderen Decken Zuganker, die nur in belasteten Wandbereichen angeordnet werden dürfen. Abstand allgemein $\leqq 2$ m, in Ausnahmefällen $\leqq 4$ m. Bei Wänden parallel zur Deckenspannrichtung Verankerungsbreite $\geqq 1$ m und mind. 2 Deckenrippen, bei Holzbalkendecken mind. 3 Balken. Verankerung in Querrippen ist möglich. Werden mit den Umfassungswänden verankerte Balken über einer Innenwand gestoßen, so sind sie hier zugfest miteinander zu verbinden.

Giebelwände sind durch Querwände oder Pfeilervorlagen auszusteifen oder kraftschlüssig mit dem Dachstuhl zu verbinden.

## 3.4.5 Ringanker

In alle Außenwände und in die Querwände, die der Abtragung horizontaler Lasten dienen, sind Ringanker zu legen

a) bei Bauten mit mehr als 2 Vollgeschossen oder Längen $> 18$ m
b) bei Wänden mit vielen oder besonders großen Öffnungen, besonders dann, wenn die Summe der Öffnungsbreiten 60% der Wandlänge oder bei Fensterbreiten von mehr als 2/3 der Geschoßhöhe 40% der Wandlänge übersteigt.
c) wenn die Baugrundverhältnisse es erfordern.

Anordnung in jeder Deckenlage oder unmittelbar darunter. Stahlbetonringanker sind mit mind. 2 durchlaufenden Stäben zu bewehren, die eine Zugkraft von 30 kN aufnehmen können. Stöße nach DIN 1045. Ringanker aus bewehrtem Mauerwerk sind gleichartig zu bewehren. Zum Ringanker parallel liegende durchlaufende Bewehrungen dürfen angerechnet werden, wenn sie in Decken oder Fensterstürzen einen Abstand von $\leqq 50$ cm von der Mittelebene der Wand bzw. der Decke haben.

### 3.4.6 Ringbalken

Bei Decken ohne Scheibenwirkung oder bei Anordnung von Gleitschichten unter den Deckenauflagern ist die horizontale Aussteifung der Wände durch Ringbalken sicherzustellen. Sie wie auch ihre Anschlüsse an die aussteifenden Wände sind für eine horizontale Last von 1/100 der vertikalen Last der Wände und ggfs. aus Wind zu bemessen. Bei Ringbalken unter Gleitschichten sind außerdem die Zugkräfte aus der verbleibenden Reibung zu berücksichtigen.

### 3.4.7 Schlitze und Aussparungen

Sie dürfen bei der Bemessung unberücksichtigt bleiben, wenn sie Tafel 24 entsprechen. Sie sind auch dann ohne Nachweis zulässig, wenn die Querschnittsschwächung, bezogen auf 1 m Wandlänge, nicht mehr als 6% beträgt und die Wand nicht drei- oder vierseitig gehalten gerechnet ist. Restwanddicke nach Tafel 24, 7. Zeile und Mindestabstand nach Tafel 24, 8. Zeile sind einzuhalten.

Alle übrigen Schlitze und Aussparungen sind bei der Bemessung zu berücksichtigen.

**Tafel 24 Ohne Nachweis zulässige Schlitze und Aussparungen in tragenden Wänden**

| | | | Wanddicke in mm | | | | |
|---|---|---|---|---|---|---|---|
| | | | ≧115 | ≧175 | ≧240 | ≧300 | ≧365 |
| Schlitztiefe horizontaler und schräger nachträglich hergestellter Schlitze in mm 1) | | Schlitzlänge unbeschränkt 3) | – | 0 | ≦15 | ≦20 | ≦20 |
| | | Schlitzlänge $l \leqq 1{,}25$ m 2) | – | ≦25 | ≦25 | ≦30 | ≦30 |
| Vertikale Schlitze und Aussparungen nachträglich hergestellt | Schlitztiefe in mm 4) | | ≦10 | ≦30 | ≦30 | ≦30 | ≦30 |
| | Einzelschlitzbreite in mm 5) | | ≦100 | ≦100 | ≦150 | ≦200 | ≦200 |
| | Abstand der Schlitze und Aussparungen von Öffnungen in mm | | ≧115 | | | | |
| Vertikale Schlitze und Aussparungen in gemauertem Verband | Schlitzbreite in mm 5) | | – | ≦260 | ≦385 | ≦385 | ≦385 |
| | Restwanddicke in mm | | – | ≧115 | ≧115 | ≧175 | ≧240 |
| | Mindestabstand der Schlitze und Aussparungen | von Öffnungen | ≧2fache Schlitzbreite bzw. ≧365 mm | | | | |
| | | untereinander | ≧Schlitzbreite | | | | |

1) Horizontale und schräge Schlitze sind nur zulässig in einem Bereich ≦0,4 m ober- oder unterhalb der Rohdecke sowie jeweils an einer Wandseite. Sie sind nicht zulässig bei Langlochziegeln.

2) Mindestabstand in Längsrichtung von Öffnungen ≧490 mm, vom nächsten Horizontalschlitz zweifache Schlitzlänge.

3) Die Tiefe darf um 10 mm erhöht werden, wenn Werkzeuge verwendet werden, mit denen die Tiefe genau eingehalten werden kann. Bei Verwendung solcher Werkzeuge dürfen auch in Wänden ≧240 mm gegenüberliegende Schlitze mit jeweils 10 mm Tiefe ausgeführt werden.

4) Schlitze, die bis maximal 1 m über den Fußboden reichen, dürfen bei Wanddicken ≧240 mm bis 80 mm Tiefe und 120 mm Breite ausgeführt werden.

5) Die Gesamtbreite von Schlitzen nach der 4. und 6. Zeile darf je 2 m Wandlänge die Maße in der 6. Zeile nicht überschreiten. Bei geringeren Wandlängen als 2 m sind die Werte in der 6. Zeile proportional zur Wandlänge zu verringern.

### 3.4.8 Außenwände

#### 3.4.8.1 Einschalige Außenwände

Geputzte Außenwände bewohnter Räume sollen mind. 240 mm dick sein.

Einschaliges Verblendmauerwerk muß den Mindestmaßen des Bildes 7 entsprechen. Alle Fugen sind hohlraumfrei zu vermörteln. Die Verblendung gehört zum tragenden Querschnitt. Für die zulässige Beanspruchung ist die niedrigste Steinfestigkeitsklasse im Querschnitt maßgebend. Fugen der Sichtflächen mit Fugenglattstrich oder 15 mm tief auskratzen und verfugen.

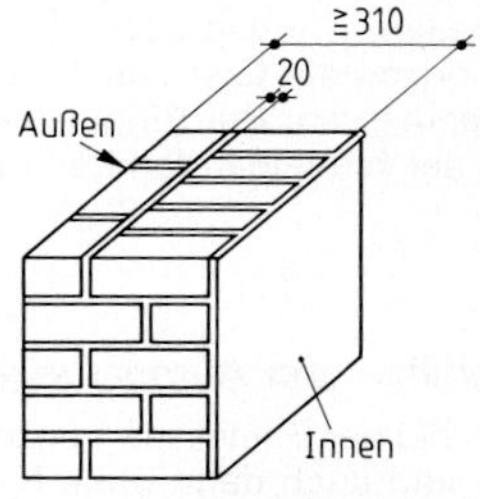

**Bild 7 Einschaliges Verblendmauerwerk**

#### 3.4.8.2 Zweischalige Außenwände

**Allgemeines**

a) Nur die Innenschale darf belastet werden. Mindestmaße nach Abschn. 3.4.1. Für den vereinfachten Nachweis ist Abschn. 3.2.1 zu beachten.

b) Mindestdicke der Außenschale 90 mm. Sie soll auf ganzer Länge vollflächig aufgelagert oder es muß jeder Einzelstein abgefangen sein (Konsolen).

c) Außenschalen von 115 mm Dicke sollen in Höhen von 12 m abgefangen werden. Für eine maximale Abfanghöhe von 2 Geschossen ist ein Auflagerüberstand von ≦40 mm, bei größerer Höhe von 25 mm zulässig.

d) Außenschalen <115 mm Dicke dürfen nicht höher als 20 m über Gelände geführt werden. Abfangungen in Höhen von 6 m. Bei Gebäuden bis zu 2 Vollgeschossen darf ein Giebeldreieck ≦4 m Höhe ohne zusätzliche Abfangung ausgeführt werden. Auflagerüberstand ≦15 mm.

e) Mindestanzahl und Durchmesser von Drahtankern aus nichtrostendem Stahl nach Tafel 25. Form und Maße nach Bild 8. Vertikaler Abstand der Anker ≦500 mm, horizontaler Abstand ≦750 mm. An allen freien Rändern (Öffnungen, Gebäudeecken, Dehnungsfugen, oberer Schalenrand) zusätzlich drei Anker je m Randlänge.

f) Feuchtigkeitssperre nach Bild 9 an Fußpunkten, über Fenstern und Türen sowie im Bereich von Sohlbänken.

**Tafel 25 Mindestanzahl und Durchmesser von Drahtankern je m² Wandfläche**

| | | Drahtanker | |
|---|---|---|---|
| | | Mindestanzahl | Durchmesser |
| 1 | mindestens, sofern nicht Zeilen 2 und 3 maßgebend | 5 | 3 |
| 2 | Wandbereich höher als 12 m über Gelände oder Abstand der Mauerwerksschalen über 70 bis 120 mm | 5 | 4 |
| 3 | Abstand der Mauerwerksschalen über 120 bis 150 mm | 7 oder 5 | 4 oder 5 |

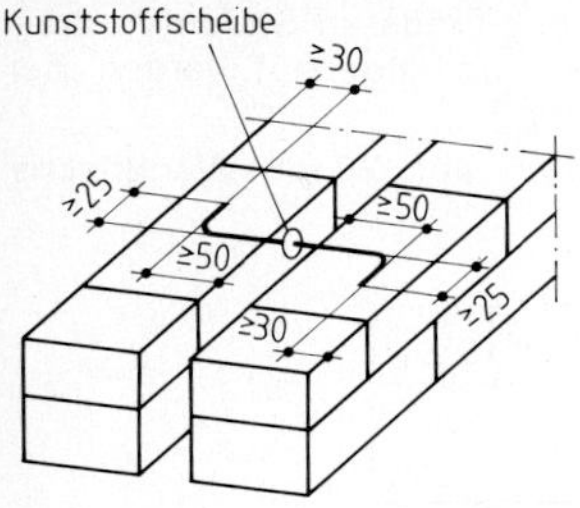


**Bild 8** **Drahtanker für zweischaliges Mauerwerk für Außenwände**

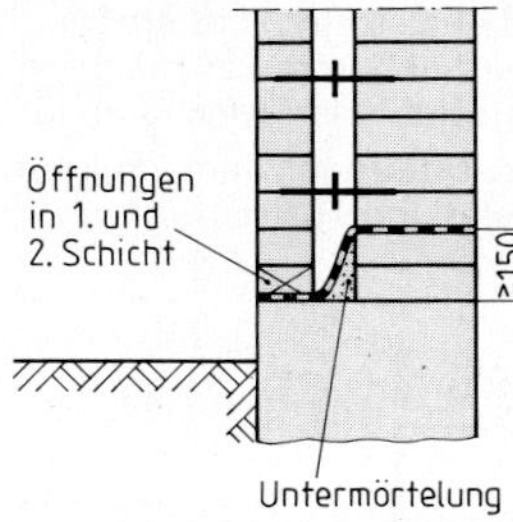


**Bild 9** **Fußpunktausführung bei zweischaligem Verblendmauerwerk (Prinzipskizze)**

## Zweischalige Außenwände mit Luftschicht

Maße nach Bild 10a. Luftschicht darf 40 mm sein, wenn der Mörtel auf mind. einer Seite abgestrichen wird.

Lüftungsöffnungen unten und oben je 7500 mm² je 20 m² Wandfläche (Fenster und Türen eingerechnet). Beginn der Luftschicht ≧100 mm über Erdgleiche.

Vertikale Dehnungsfugen anordnen. Abstände je nach Klima (Temperatur, Feuchte), Steinart und Farbe.

Richtwerte:

max $L$ = 8,0 m bei KS und

max $L$ = 10 bs 12 m bei MZ.

Horizontale Fugen unter Abfangungen und Auskragungen.

Mauerschalen an Berührungspunkten (z. B. Fenster) durch Sperrschicht trennen.

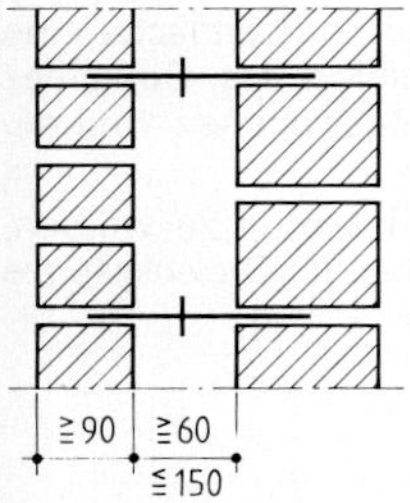


**Bild 10a** **Außenwand mit Luftschicht**

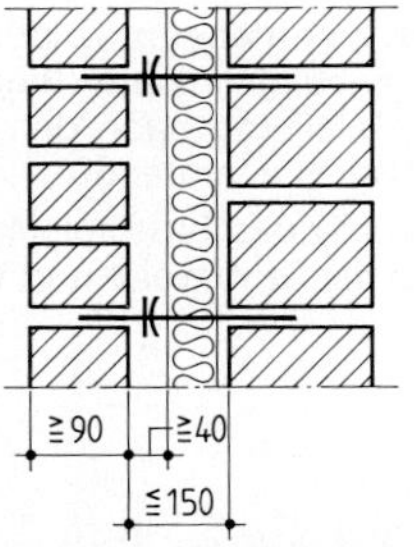


**Bild 10b** **Außenwand mit Luftschicht und Wärmedämmung**

## Zweischalige Außenwände mit Luftschicht und Wärmedämmung

Maße nach Bild 10b. Luftschicht darf nicht durch Unebenheiten der Dämmschicht eingeengt werden. Für Luftschichtdicken <40 mm gelten die Anforderungen an zweischalige Außenwände mit Kerndämmung.

## Zweischalige Außenwand mit Kerndämmung

Maße nach Bild 10c. Außenschale ≧115 mm. Bei glasierten oder beschichteten Steinen ist die Frostwiderstandsfähigkeit der Steine unter verstärkter Beanspruchung nachzuweisen.

Nur dauerhaft wasserabweisende, genormte oder bauaufsichtlich zugelassene „Kerndämmstoffe" dürfen verwendet werden.

Mineralfaserdämmstoffe dicht stoßen. Hartschaumplatten müssen Stufenfalz oder Nut und Feder haben oder zweilagig mit versetzten Fugen eingebaut werden. Bei losen Dämmstoffen oder Ortschaum lückenlose Füllung.

Entwässerungsöffnungen am Fußpunkt $\geqq 5000\,mm^2$ auf $20\,m^2$ Wandfläche (einschl. Fenster und Türen).

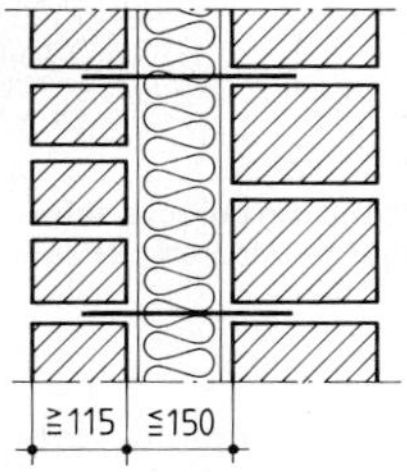


**Bild 10 c Außenwand mit Kerndämmung**

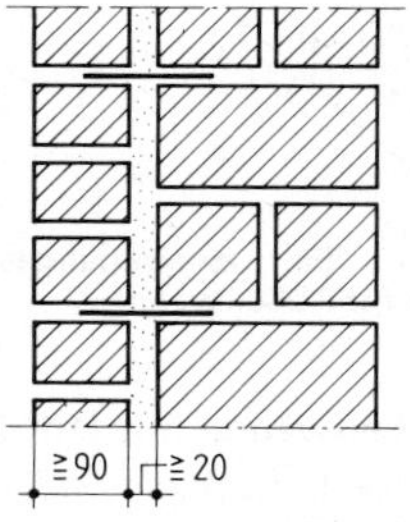


**Bild 10 d Außenwand mit Putzsperre**

**Zweischalige Außenwände mit Putzschicht**

Putzschicht auf Außenseite der Innenschale. Außenschale dicht dagegen (Fingerspalt), s. Bild 10d.

Für Drahtanker genügt abweichend von Tafel 25 Dicke von 3 mm. Entwässerungsöffnungen wie Wand mit Kerndämmung.

## 3.4.9 Gewölbewirkung

Vorausgesetzt, daß sich neben und oberhalb des Trägers und der Lastfläche eine Gewölbewirkung ausbilden kann (keine Öffnungen, Aufnahme des Gewölbeschubs), darf die Belastung nach den Bildern 11 und 12 angenommen werden. Verteilung von Einzellasten unter 60°.

Einzellasten außerhalb des Lastdreiecks brauchen nur berücksichtigt zu werden, wenn sie innerhalb der Stützweite und weniger als 250 mm über der Dreiecksspitze liegen.

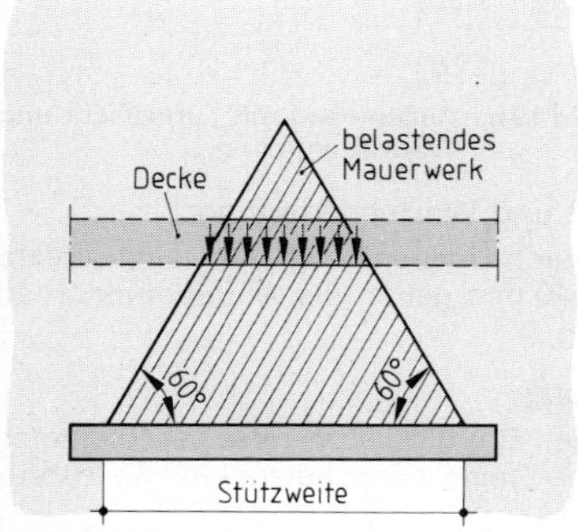


**Bild 11 Deckenlast über Wandöffnungen bei Gewölbewirkung**

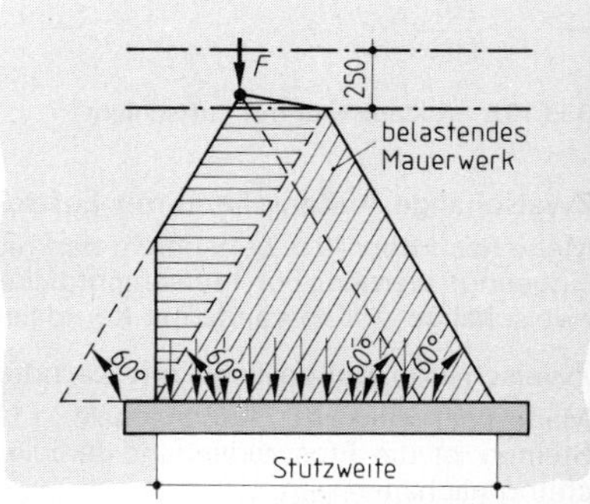


**Bild 12 Einzellast über Wandöffnungen bei Gewölbewirkung**

### 3.4.10 Ausführung

**Vermauerung mit Stoßfugenvermörtelung**

Übliche Fugendicken bei Normalmörtel: Stoßfuge 10 mm, Lagerfuge 12 mm. Mit Dünnbettmörtel muß die Fugendicke 1 bis 3 mm betragen.

Steine mit Mörteltaschen: entweder die Steine knirsch (Fugendicke ≦5 mm) verlegen und Mörteltaschen verfüllen (Bild 13) oder die Steinflanken vermörteln (Bild 14). Bei nicht knirsch verlegten Steinen mit Stoßfugen >5 mm müssen die Stoßfugen auf beiden Wandseiten vermörtelt sein.

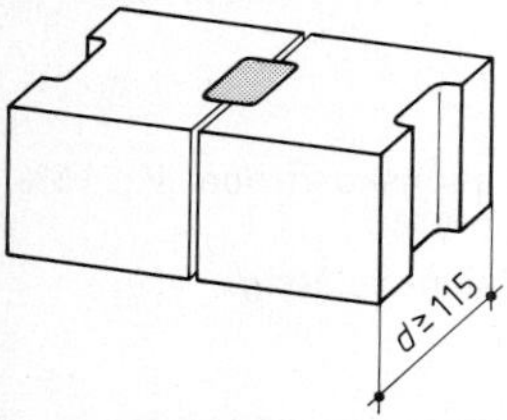


**Bild 13 Steine mit Mörteltaschen, Knirschverlegung**

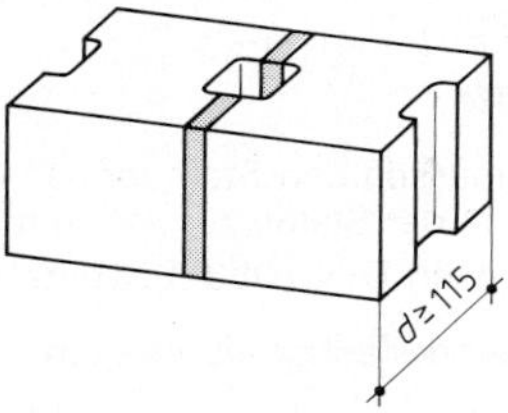


**Bild 14 Steine mit Mörteltaschen, Steinflanken vermörtelt**

**Vermauerung ohne Stoßfugenvermörtelung**

Hierzu geeignete Steine mit glatter Stirnfläche oder mit Nut- und Federsystem sind knirsch zu verlegen (Bild 15). Bei nicht knirsch verlegten Steinen mit Fugendicken >5 mm müssen die Fugen auf beiden Wandseiten vermörtelt sein.

Die Anforderungen an Schlagregenschutz, Wärmeschutz, Schallschutz und Brandschutz sind zu beachten.

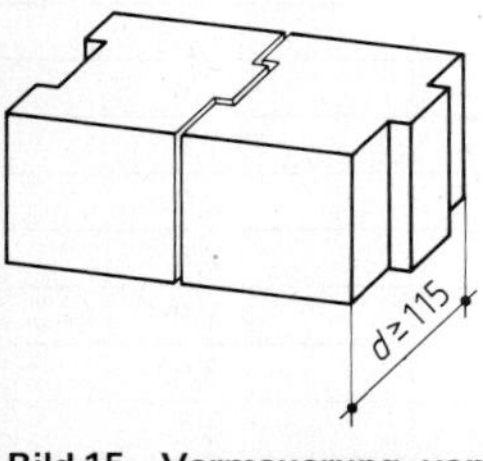


**Bild 15 Vermauerung von Steinen ohne Stoßfugenvermörtelung (Prinzipskizze)**

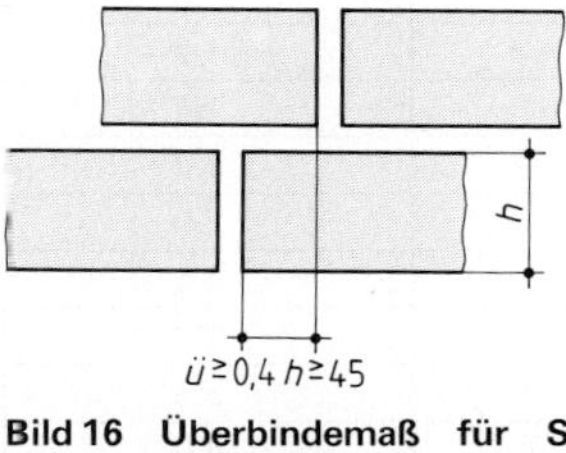


**Bild 16 Überbindemaß für Stoß- und Längsfugen**

**Verband:** Die Stoß- und Längsfugen übereinanderliegender Schichten müssen gemäß Bild 16 versetzt sein. Steine einer Schicht sollen gleich hoch sein. In Schichten mit Längsfugen dürfen die Steine nicht höher als breit sein.

### 3.4.11 Güteprüfungen

Bei Mörteln der Gruppe III a ist an jeweils 3 Prismen aus 3 verschiedenen Mörtelmischungen je Geschoß, aber mindestens je 10 $m^3$ Mörtel, die Druckfestigkeit nachzuweisen.

Bei Gebäuden mit mehr als 6 gemauerten Vollgeschossen ist die geschoßweise Prüfung, mindestens aber je 20 $m^3$ Mörtel, auch bei Normalmörteln der Gruppen II, II a und III erforderlich. Bei den obersten 3 Geschossen kann darauf verzichtet werden.

# 4 Mauerwerk nach Eignungsprüfung Mauerwerksfestigkeitsklassen nach DIN 1053-2 (1996)

## 4.1 Begriffe

Mauerwerksfestigkeitsklassen sind klassifizierte Druckfestigkeiten von Mauerwerk. Die Einstufung erfolgt aufgrund von Eignungsprüfungen nach DIN 1053-2.

*Hinweis* Die neue Fassung von DIN 1053-2 (1996) enthält die Regeln für die Eignungsprüfungen und für die Einstufung. Die Regeln für das genauere Berechnungsverfahren von Mauerwerk, die bisher in diesem Normteil enthalten waren, sind nun in DIN 1053-1 aufgenommen (s. oben Abschn. 3.3).

## 4.2 Baustoffe

Mauersteine müssen den Steinnormen entsprechen. Variationskoeffizient $V \leqq 15\%$. Kennzeichnung der Steine zusätzlich mit den Buchstaben EM.

Mauermörtel nach DIN 1053-1. Mörtel der Gruppe I ist nicht zulässig.

## 4.3 Mauerwerksfestigkeitsklassen

Für die Einstufung des Mauerwerks EM aufgrund von Eignungsprüfungen gelten die Anforderungen nach Tafel 26. Die Ergebnisse sind in einem Einstufungsschein festgelegt. Er hat eine Gültigkeit von 5 Jahren.

**Tafel 26 Anforderungen an die Mauerwerksdruckfestigkeit von Mauerwerk** nach Eignungsprüfung (EM)

| 1 | 2 | 3 | 4 |
|---|---|---|---|
| Mauerwerks-festigkeitsklasse | Nennfestigkeit des Mauerwerks | Mindestdruckfestigkeit | |
| | | kleinster Einzelwert | Mittelwert |
| M | $\beta_M$[1]) in N/mm² | $\beta_{MN}$ in N/mm² | $\beta_{MS}$ in N/mm² |
| 1 | 1,0 | 1,0 | 1,2 |
| 1,2 | 1,2 | 1,2 | 1,4 |
| 1,4 | 1,4 | 1,4 | 1,6 |
| 1,7 | 1,7 | 1,7 | 2,0 |
| 2 | 2,0 | 2,0 | 2,4 |
| 2,5 | 2,5 | 2,5 | 2,9 |
| 3 | 3,0 | 3,0 | 3,5 |
| 3,5 | 3,5 | 3,5 | 4,1 |
| 4 | 4,0 | 4,0 | 4,7 |
| 4,5 | 4,5 | 4,5 | 5,3 |
| 5 | 5,0 | 5,0 | 5,9 |
| 5,5 | 5,5 | 5,5 | 6,5 |
| 6 | 6,0 | 6,0 | 7,0 |
| 7 | 7,0 | 7,0 | 8,2 |
| 9 | 9,0 | 9,0 | 10,6 |
| 11 | 11,0 | 11,0 | 12,9 |
| 13 | 13,0 | 13,0 | 15,3 |
| 16 | 16,0 | 16,0 | 18,8 |
| 20 | 20,0 | 20,0 | 23,5 |
| 25 | 25,0 | 25,0 | 29,4 |

[1]) Der Nennfestigkeit liegt das 5%-Quantil als Grundgesamtheit zugrunde.

# 5 Bewehrtes Mauerwerk, Berechnung und Ausführung
nach DIN 1053-3 (2.90)

## 5.1 Baustoffe

### 5.1.1 Mauersteine

Zulässig sind alle genormten Mauersteine, jedoch mit den Einschränkungen:
- Lochanteil ≦35%; (Aussparungen bei Formsteinen zählen nicht mit)
- Stege zwischen nicht kreisförmigen Löchern dürfen nicht gegeneinander versetzt sein

sowie Steine mit bauaufsichtlicher Zulassung.

### 5.1.2 Mauermörtel

Bereiche mit Bewehrung: Mörtel der Gruppe III oder III a

Bereiche ohne Bewehrung: Alle Mörtel nach DIN 1053-1 mit Ausnahme von MGr I.

### 5.1.3 Bewehrung

Gerippter Betonstahl nach DIN 488-1. In Fugen ∅≦8 mm, in Aussparungen (Formsteine) ∅≦14 mm, größere ∅ nur in betonverfüllten Aussparungen. Außerdem Bewehrung nach Zulassung, z.B. Fugenbewehrung mit Murfor-Bewehrungselementen der Bekaert S.A. gemäß Tafel 27, die zum Korrosionsschutz mit Duplex-Beschichtung überzogen sind.

**Tafel 27 Murfor-Bewehrungsträger als Beispiel einer Mauerwerksbewehrung nach Zulassung**

| Murfor-Abmessungen $a$ in mm 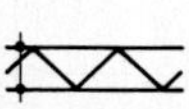 | $b$ in mm 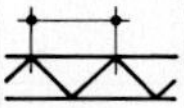 | Nenndurchmesser $d_1$ in mm  | Nennquerschnitt $A_s$ in cm² ● + ● | Diagonaldraht-∅ $d_2$ in mm  | Nenngewicht $G$ in kg/m | Anwendung |
|---|---|---|---|---|---|---|
| 50 | 406 | 5 | 2 × 0,196 | 3,75 | 0,397 | für tragende Bauteile in bewehrtem Mauerwerk |
| 100 | 406 | 5 | ↓ | ↓ | 0,405 | |
| 150 | 406 | 5 | ↓ | ↓ | 0,416 | |
| 180 | 406 | 5 | ↓ | ↓ | 0,430 | |

## 5.2 Bemessung von bewehrtem Mauerwerk

### 5.2.1 Allgemeine Regeln

Bemessung erfolgt im wesentlichen nach DIN 1045 mit spezifischen Abweichungen und Ergänzungen.

Biegeschlankheit $l/h \leqq 20$; statische Nutzhöhe $h \leqq l/2$.

## 5.2.2 Bemessung auf Biegung

Rechenwert der Druckfestigkeit $\beta_R$:

- Biegedruck in Lochrichtung der Steine: $\beta_R = 2{,}67 \cdot \sigma_0$, mit $\sigma_0$ nach Tafeln 16a bis c (Abschn. 3.2.9.1)
- Biegedruck quer zur Lochrichtung der Steine: Abminderung $\bar{\beta}_R = \frac{1}{2} \cdot \beta_R$, Voraussetzung: Stoßfugen voll vermörtelt.

Die Bemessung erfolgt analog zu Stahlbeton mit $k_h$-Verfahren.

- Nachweis der Drucktragfähigkeit: $k_h \geqq k_h^*$
- Nachweis der erforderlichen Bewehrung über die Beiwerte $k_S$
- Grenzwerte $k_h^*$ und Beiwerte $k_S$ sind in Tafel 28 in Abhängigkeit von $\beta_R$ und den $k_h$-Werten angegeben.

**Tafel 28 Bemessungstafel für Biegung**

| | $\beta_R$ in MN/m² | | | | | | | | | | | $k_s$ | | $k_x$ | $k_z$ |
|---|---|---|---|---|---|---|---|---|---|---|---|---|---|---|---|
| | 0,7 | 1,0 | 1,5 | 2,0 | 3,0 | 4,0 | 6,0 | 8,0 | 10,0 | 12,0 | 17,5 | BSt 420 | BSt 500 | | |
| $k_h$ | 39,1 | 32,7 | 26,7 | 23,1 | 18,9 | 16,4 | 13,4 | 11,6 | 10,3 | 9,44 | 7,82 | 4,3 | 3,6 | 0,08 | 0,97 |
| | 20,9 | 17,5 | 14,3 | 12,4 | 10,1 | 8,75 | 7,14 | 6,19 | 5,53 | 5,05 | 4,18 | 4,4 | 3,7 | 0,16 | 0,95 |
| | 15,1 | 12,7 | 10,3 | 8,95 | 7,31 | 6,33 | 5,17 | 4,47 | 4,00 | 3,65 | 3,03 | 4,5 | 3,8 | 0,22 | 0,92 |
| | 12,5 | 10,4 | 8,52 | 7,38 | 6,03 | 5,22 | 4,26 | 3,69 | 3,30 | 3,01 | 2,49 | 4,6 | 3,9 | 0,28 | 0,90 |
| | 11,1 | 9,28 | 7,57 | 6,56 | 5,36 | 4,64 | 3,79 | 3,28 | 2,93 | 2,68 | 2,22 | 4,8 | 4,0 | 0,32 | 0,87 |
| | 10,2 | 8,56 | 6,99 | 6,05 | 4,94 | 4,28 | 3,49 | 3,03 | 2,71 | 2,47 | 2,05 | 4,9 | 4,1 | 0,36 | 0,85 |
| | 9,63 | 8,06 | 6,58 | 5,70 | 4,65 | 4,03 | 3,29 | 2,85 | 2,55 | 2,33 | 1,93 | 5,0 | 4,2 | 0,40 | 0,83 |
| | 9,21 | 7,71 | 6,29 | 5,45 | 4,45 | 3,85 | 3,15 | 2,72 | 2,44 | 2,22 | 1,84 | 5,1 | 4,3 | 0,45 | 0,81 |
| | 8,89 | 7,43 | 6,07 | 5,26 | 4,29 | 3,72 | 3,03 | 2,63 | 2,35 | 2,15 | 1,78 | 5,2 | 4,4 | 0,49 | 0,80 |
| $k_h^*$ | 8,60 | 7,19 | 5,87 | 5,09 | 4,15 | 3,60 | 2,94 | 2,54 | 2,27 | 2,08 | 1,72 | 5,4 | 4,5 | 0,54 | 0,78 |

Biegemoment $M$ ohne Normalkraft

$$k_h = \frac{h\,[\text{cm}]}{\sqrt{\dfrac{M\,[\text{kNm}]}{b\,[\text{m}]}}} \geqq k_h^* \qquad A_s\,[\text{cm}^2] = k_s \cdot \frac{M_s\,[\text{kNm}]}{h\,[\text{cm}]}$$

$$k_h = \frac{h\,[\text{cm}]}{\sqrt{\dfrac{M_s\,[\text{kNm}]}{b\,[\text{m}]}}} \geqq k_h^*$$

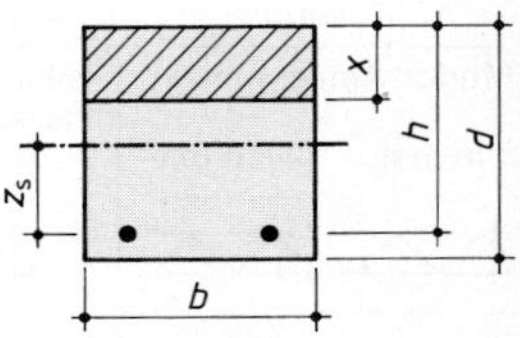


Biegemoment $M$ und Normalkraft $N$ (Druck $= -$)

$$A_s\,[\text{cm}^2] = k_z \cdot \frac{M_s\,[\text{kNm}]}{h\,[\text{cm}]} + \frac{N\,[\text{kN}]}{\beta_s/\gamma\,[\text{kN/cm}^2]}$$

$$M_s = M - N \cdot z_s$$

$\beta_s/\gamma = 24{,}0$ kN/cm² für BSt420
$28{,}6$ kN/cm² für BSt500

## 5.2.3 Nachweis der Knicksicherheit

Der Nachweis der Knicksicherheit erfolgt im mittleren Wanddrittel.

- $h_k/d \leqq 20$: zusätzliche Ausmitte $f = \frac{h_k}{46} - \frac{d}{8}$
- $20 < h_k/d \leq 25$: Nachweis nach DIN 1045
- $h_k/d > 25$: unzulässig

mit $h_k/d$ = Knicklänge/Dicke der Wand

### 5.2.4 Bemessung auf Scheibenschub

Die Schubkraft wirkt parallel zur Wandebene.

Nachweis der Schubspannung $\tau$ in Höhe der Null-Linie und im Abstand 0,5 $h$ von der Auflagerkante. Es ist nachzuweisen, daß die aufnehmbaren Werte von $\tau$ nach DIN 1053-1, Abschn. 3.3.3.5, Gl. (14), eingehalten sind. Dabei darf die rechnerische Normalspannung 0 in der Lagerfuge angenommen werden zu:

$$\sigma = \frac{2\,F_A}{b \cdot l}$$

$F_A$ Auflagerkraft
$b$ Querschnittsbreite
$l$ Stützweite des Trägers

### 5.2.5 Bemessung auf Plattenschub

Die Schubkraft wirkt senkrecht zur Wandebene.

Bemessung nach DIN 1045 mit dem Grenzwert $\tau_{011} = 0{,}0115\,\beta_R$.

Hierbei $\beta_R = 2{,}67\,\sigma_0$ sowohl für Biegedruck in Lochrichtung als auch senkrecht zur Lochrichtung der Steine.

Zusätzliche Bewehrungsregeln: Biegezugbewehrung ungestaffelt über volle Stützweite (Bogenmodell); Schubbewehrung rechnerisch nicht anzusetzen.

## 5.3 Bewehrungsregeln

**Grundsatz**: Es gelten singemäß die Regeln für Stahlbeton. Mindestbewehrung:

a) Horizontale Bewehrung in Lagerfugen oder Aussparungen: mindestens 4 Stäbe ∅ 6 je stgdm

b) Vertikale Bewehrung als Hauptbewehrung in Aussparungen und Sonderverbänden:
   $\mu_H = A_S/A_M \geqq 0{,}1\%$
   zugehörige Querbewehrung:
   Für $\mu_H \leqq 0{,}5\%$: $\mu_Q = 0$
   $\mu_H \geqq 0{,}6\%$: $\mu_Q = 0{,}2\,\mu_H$
   dazwischen interpolieren.

c) durchgehend ummauerte Aussparungen (wandartige Aussparungen):
   $\mu_H \geqq 0{,}1\%$
   $\mu_Q \geqq 0{,}2\,\mu_H$

Maximale Stabstände in plattenartig beanspruchten Bauteilen:
   Hauptbewehrung: $a_H \leqq 250$ mm
   Querbewehrung: $a_Q \leqq 375$ mm
   Mindestabstand der Stäbe nach DIN 1045

## 5.4 Verankerung der Bewehrung

**Grundsatz:** Es gelten sinngemäß die Regeln für Stahlbeton. Bei Einbettung in Mörtel gelten folgende Grundwerte der Verbundspannungen $\tau_1$:

| Mörtelgruppe | Grundwerte der Verbundspannungen $\tau_1$ | |
|---|---|---|
| | in der Lagerfuge | in Formsteinen und Aussparungen |
| III | $\tau_1 = 0{,}35$ MN/m² | $\tau_1 = 1{,}0$ MN/m² |
| IIIa | $\tau_1 = 0{,}70$ MN/m² | $\tau_1 = 1{,}4$ MN/m² |

## 5.5 Korrosionsschutz der Bewehrung

Ungeschützte Bewehrung nur bei trockenem Raumklima, z.B. in Innenwänden. In allen anderen Fällen, z.B. bei Außenwänden: Einbettung in betonverfüllte Aussparungen mit Betonüberdeckung nach DIN 1045 oder besonderer Korrosionsschutz erforderlich, z.B. Feuerverzinkung, Kunststoff-Beschichtung, Duplex-Beschichtung (s. Zulassung für Murfor). Einbettung in Zementmörtel nicht ausreichend.

## 5.6 Ausführungsregeln

**Grundsatz:** Es gilt DIN 1053-1.

- Mindestdicke bewehrter Wände: $d = 115$ mm;
- Lagerfugen: vollfugig, maximal 20 mm dick;
- Stoßfugen: bei horizontaler Spannrichtung vollfugig, bei vertikaler Spannrichtung vollfugig oder knirsch verlegt,
- Bewehrung in Mörtel: allseitig eingebettet, kein Überdeckungsmaß vorgeschrieben;
- Bewehrung in Beton: Überdeckung nach DIN 1045;
- Abstand Bewehrung zur Wandoberfläche: mindestens 30 mm.
- Verfüllen von vertikalen Aussparungen: bei kleinen Aussparungen bis zu 135/135 mm in jeder Steinlage. Bei größeren Aussparungen nach jedem m Wandhöhe.

## 5.7 Bewehrung von Mauerwerk zur konstruktiven Rissesicherung

Risse, die nicht die Standsicherheit der Wände beeinträchtigen, können dennoch unangenehm sein. Übliche Ursachen: Schwindverkürzung der Wände, Durchbiegung der Decken, Temperaturänderungen der Konstruktion. Zur Rissesicherung kann Bewehrung in die Lagerfugen eingelegt werden. Hierfür ist DIN 1053-3 nicht verbindlich, jedoch Anhaltspunkt. Insbesondere sind die Regeln für Korrosionsschutz hier nicht verbindlich. Die Hersteller von Bewehrungselementen haben Empfehlungen entwickelt.

**Beispiel** Empfehlung für Murfor-Bewehrungsgitter 2 ∅ 5 mm in den Lagerfugen zur Rissesicherung gegen Schwindspannungen und Deckendurchbiegung: vertikaler Abstand der Gitter im unteren Wandbereich $\Delta h = 25$ cm, darüber $\Delta h = 50$ cm.

Siehe hierzu auch die Empfehlungen und Bemessungsansätze, die in der angegebenen weiterführenden Literatur enthalten sind.

# 6 Mauerwerk nach Eurocode 6

Der Eurocode EC 6 für Mauerwerk wird zusammen mit einem Nationalen Anwendungsdokument (NAD) als ENV 1996-1-1 bauaufsichtlich eingeführt werden und damit zur Erprobung neben den vorhandenen DIN-Vorschriften zur Verfügung stehen. Bei Redaktionsschluß waren die Arbeiten daran noch nicht beendet. Deshalb können im folgenden nur einige Hinweise gegeben werden.

Wesentliche Änderungen gegenüber DIN 1053-1:

- Die Bemessung von Mauerwerk erfolgt nach dem für alle Eurocodes gültigen Bemessungskonzept. Mit Hilfe von Teilsicherheitsbeiwerten wird der Grenzzustand der Tragfähigkeit nachgewiesen.
- Die Spannungsverteilung im Bruchzustand darf als rechteckiger Spannungsblock angenommen werden. Dadurch ergibt sich eine Erhöhung der Traglast von bis zu 33% gegenüber linearer Spannungsverteilung.
- Ermittlung der Knotenmomente über ein vereinfachtes Rahmensystem. Hiermit
- Nachweis der Wand an Wandkopf und an Wandfuß.
- Knicksicherheit durch Nachweis der Wand im ungünstigsten Schnitt im mittleren Fünftel der Wandhöhe. Der Abminderungsfaktor für die Traglast ist aus Kurven, Tabellen oder Formeln in Abhängigkeit von der Wandschlankheit und von der Exzentrizität der Last zu entnehmen. Dabei sind die planmäßigen Exzentrizitäten, die ungewollte Ausmitte sowie Verformungen infolge Kriechen zu berücksichtigen.

*Hinweis* Die im EC 6 enthaltenen Regeln für bewehrtes, vorgespanntes und umschlossenes Mauerwerk werden im NAD nicht für die Anwendung in Deutschland übernommen. Für bewehrtes Mauerwerk gilt daher ausschließlich DIN 1053-3.

Es ist vorgesehen, ein vereinfachtes Berechnungsverfahren als weiteren Teil von EC 6 zu erarbeiten. Es wird vergleichbar mit dem vereinfachten Berechnungsverfahren nach DIN 1053-1 sein. Bei Redaktionsschluß waren diese Arbeiten noch nicht abgeschlossen.

# 7 Putz, Baustoffe und Ausführung

nach DIN 18550-1 (1.85), -2 (1.85), -3 (3.91), -4 (8.93)

**Putze** können mehrlagig (aus einer oder mehreren Lagen Unterputz und einer Lage Oberputz) oder einlagig sein.

**Unterputze** bestehen immer aus Mörteln mit mineralischen Bindemitteln.

**Oberputze** können mineralisch gebunden oder Kunstharzputze sein.

**Spritzbewurf** ist keine Lage, sondern eine Vorbehandlung des Putzgrunds.

**Putzsystem** ist die Gesamtheit aus Unter- und Oberputz. Es werden Putzsysteme für Außenputze und Innenputze nach den Tafeln 33 bis 36 unterschieden.

**Mineralische Putze** bestehen aus mineralischen Bindemitteln und mineralischen oder organischen Zuschlägen. Beide Zuschlagarten können dichtes oder poriges Gefüge haben. Die Mörtel können Baustellen- oder Werkmörtel sein. Putzmörtel werden in die Mörtelgruppen PI bis PV mit Untergruppen gemäß Tafel 32 Spalte 2, eingeteilt. Für die Mörtelgruppen werden Mindestfestigkeiten nach Tafel 29 verlangt. Für den Zuschlag werden Korngruppen nach Tafel 30 empfohlen. Der Massenanteil an Körnung 0 bis 0,25 mm soll 10 bis 30% sein. Mörtel nach Tafel 32 gelten ohne Nachweis als bewährte Mörtel, abweichende Zusammensetzungen bedürfen einer Eignungsprüfung.

**Wärmedämmputzsystem** ist ein Putzsystem aus aufeinander abgestimmten, wärmedämmendem Unterputz und wasserabweisendem Oberputz. Der wärmedämmende Unterputz ist aus Mörteln mit mineralischen Bindemitteln und expandiertem Polystrol (EPS) als überwiegendem Zuschlag, der wasserabweisende Oberputz aus Werk-Trockenmörteln nach DIN 18557 herzustellen.

Die Wärmeleitfähigkeit $\lambda_{10,tr}$ des Festmörtels darf bei Prüfung nach DIN 18550-3, Abschn. 6.4.3 die Werte der Tafel 31 für die jeweilige Wärmeleitfähigkeitsgruppe nicht überschreiten.

**Kunstharzputze** bestehen aus organischen Bindemitteln (Polymerisatharze als Dispersionen oder Lösungen) und aus Zuschlägen mit überwiegendem Kornanteil >0,25 mm. Sie erfordern immer einen Grundanstrich und können auf Beton ohne, sonst nur mit einem mineralischen Unterputz (Mörtelgr. P II oder P III) hergestellt werden. Beschichtungsstoffe für Kunstharzputze werden in den Typen **P Org 1** (für Außen- und Innenputz) und **P Org 2** (nur für Innenputz) als Werkmörtel geliefert und unterliegen der Überwachungspflicht.

**Putzdicke,** Angabe als mittlere Dicke und Mindestdicke (an einzelnen Stellen) in mm: Außenputz 20/15, Innenputz 15/10, einlagiger Innenputz aus Werktrockenmörtel 10/5, einlagiger wasserabweisender Putz aus Werkmörtel 15/10, Wärmedämmputz mind. 20.

**Putzgrundvorbehandlung.** Putzgrund normal saugend: keine Vorbehandlung, schwach saugend: warzenförmiger Spritzbewurf, stark saugend: vornässen und volldeckender Spritzbewurf, unterschiedliche Wandbaustoffe: volldeckender Spritzbewurf, Beton: Spritzbewurf P III

**Wichtigste Putzregel**: Die Festigkeit soll vom Putzgrund bis zum Oberputz abnehmen oder gleich bleiben (Ausnahmen Kellerwandaußenputz und Sockelputz).

**Tafel 29 Mindestdruckfestigkeit für Putzmörtel**

| Putzmörtelgruppe | Mindestdruckfestigkeit in N/mm² |
|---|---|
| P I a, b | keine Anforderungen |
| P I c | 1,0 |
| P II | 2,5 |
| P III | 10 |
| P IV a, b, c | 2,0 |
| P IV d | keine Anforderungen |
| P V | 2,0 |

**Tafel 30 Empfohlene Korngruppen für Putzsande**

| Mörtel für | Lieferkörnung nach DIN 4226 T1 in mm bei | |
|---|---|---|
| | Außenputz | Innenputz |
| Spritzbewurf[1]) | 0/4 oder 0/8 | 0/4 |
| Unterputz | 0/2 oder 0/4 | 0/2 oder 0/4 |
| Oberputz | nach Putzweise | 0/1 oder 0/2 |

[1]) Anteil an Grobkorn möglichst groß

**Tafel 31 Wärmeleitfähigkeitsgruppen**

| Gruppe | Anforderungen an die Wärmeleitfähigkeit $\lambda_{10,tr}$ in W/(m·K) max. |
|---|---|
| 060 | 0,057 |
| 070 | 0,066 |
| 080 | 0,075 |
| 090 | 0,085 |
| 100 | 0,094 |

**Tafel 32 Putzmörtelgruppen und Mischungsverhältnisse in Raumteilen**

| Zeile | Mörtelgruppe | | Mörtelart | Baukalke DIN 1060-1: Luftkalk Wasserkalk – Kalkteig | Baukalke DIN 1060-1: Luftkalk Wasserkalk – Kalkhydrat | Baukalke DIN 1060-1: Hydraulischer Kalk | Baukalke DIN 1060-1: Hochhydraulischer Kalk | Putz- und Mauerbinder DIN 4211 | Zement DIN 1164-1 | Baugipse ohne werksseitig beigegebene Zusätze DIN 1168-1: Stuckgips | Baugipse ohne werksseitig beigegebene Zusätze DIN 1168-1: Putzgips | Anhydritbinder DIN 4208 | Sand [1]) |
|---|---|---|---|---|---|---|---|---|---|---|---|---|---|
| | | | Schüttdichte in kg/dm³ | 1,25 [2]) | 0,5 | 0,8 | 1,0 | 1,0 | 1,2 | 0,9 | 0,9 | 1,0 | 1,3 [3]) |
| 1 | P I | a | Luftkalkmörtel | 1,0 [4]) | | | | | | | | | 3,5 bis 4,5 |
| 2 | P I | a | Luftkalkmörtel | | 1,0 [4]) | | | | | | | | 3,0 bis 4,0 |
| 3 | P I | b | Wasserkalkmörtel | 1,0 | | | | | | | | | 3,5 bis 4,5 |
| 4 | P I | b | Wasserkalkmörtel | | 1,0 | | | | | | | | 3,0 bis 4,0 |
| 5 | P I | c | Mörtel mit hydraulischem Kalk | | | 1,0 | | | | | | | 3,0 bis 4,0 |
| 6 | P II | a | Mörtel mit hochhydraulischem Kalk oder Mörtel mit Putz- u. Mauerbinder | | | | 1,0 oder 1,0 | | | | | | 3,0 bis 4,0 |
| 7 | P II | b | Kalkzementmörtel | 1,5 oder 2,0 | | | | | 1,0 | | | | 9,0 bis 11,0 |
| 8 | P III | a | Zementmörtel mit Zusatz von Kalkhydrat | | ≦0,5 | | | | 2,0 | | | | 6,0 bis 8,0 |
| 9 | P III | b | Zementmörtel | | | | | | 1,0 | | | | 3,0 bis 4,0 |
| 10 | P IV | a | Gipsmörtel | | | | | | | 1,0 [5]) | | | – |
| 11 | P IV | b | Gipssandmörtel | | | | | | | 1,0 [5] oder 1,0 [5]) | | | 1,0 bis 3,0 |
| 12 | P IV | c | Gipskalkmörtel | 1,0 oder 1,0 | | | | | | 0,5 bis 1,0 oder 1,0 bis 2,0 | | | 3,0 bis 4,0 |
| 13 | P IV | d | Kalkgipsmörtel | 1,0 oder 1,0 | | | | | | 0,1 bis 0,2 oder 0,2 bis 0,5 | | | 3,0 bis 4,0 |
| 14 | P V | a | Anhydritmörtel | | | | | | | | | 1,0 | ≦2,5 |
| 15 | P V | b | Anhydritkalkmörtel | 1,0 oder 1,5 | | | | | | | | 3,0 | 12,0 |

1) Die Werte dieser Tabelle gelten nur für mineralische Zuschläge mit dichtem Gefüge. 2) Wasseranteil = 65% der Teigmasse.
3) mit 2 bis 5% Feuchtigkeit. 4) Ein begrenzter Zementzusatz ist zulässig.
5) Um die Geschmeidigkeit zu verbessern, kann Weißkalk in geringen Mengen, zur Regelung der Versteifungszeiten können Verzögerer zugesetzt werden.

**Tafel 33 Putzsysteme für Außenputze**

| Zeile | Anforderung bzw. Putzanwendung | Mörtelgruppe bzw. Beschichtungsstoff-Typ für | | Zusatzmittel [2]) |
|---|---|---|---|---|
| | | Unterputz | Oberputz [1]) | |
| 1 | ohne besondere Anforderung | – | P I | |
| 2 | | P I | P I | |
| 3 | | – | P II | |
| 4 | | P II | P I | |
| 5 | | P II | P II | |
| 6 | | P II | P Org 1 | |
| 7 | | – | P Org 1 [3]) | |
| 8 | | – | P III | |
| 9 | wasserhemmend | P I | P I | erforderlich |
| 10 | | – | P Ic | erforderlich |
| 11 | | – | P II | |
| 12 | | P II | P I | |
| 13 | | P II | P II | |
| 14 | | P II | P Org 1 | |
| 15 | | – | P Org 1 [3]) | |
| 16 | | – | P III [3]) | |
| 17 | wasserabweisend [5]) | P Ic | P I | erforderlich |
| 18 | | P II | P I | erforderlich |
| 19 | | – | P Ic [4]) | erforderlich |
| 20 | | – | P II [4]) | |
| 21 | | P II | P II | erforderlich |
| 22 | | P II | P Org 1 | |
| 23 | | – | P Org 1 [3]) | |
| 24 | | – | P III [3]) | |
| 25 | erhöhte Festigkeit | – | P II | |
| 26 | | P II | P II | |
| 27 | | P II | P Org 1 | |
| 28 | | – | P Org 1 [3]) | |
| 29 | | – | P III | |
| 30 | Kellerwand-Außenputz | – | P III | |
| 31 | Außensockelputz | – | P III | |
| 32 | | P III | P III | |
| 33 | | P III | P Org 1 | |
| 34 | | – | P Org 1 [3]) | |

[1]) Oberputze können mit abschließender Oberflächengestaltung oder ohne diese ausgeführt werden (z.B. bei zu beschichtenden Flächen).

[2]) Eignungsnachweis erforderlich (s. DIN 18550-1 (1.85), Abschn. 3.4).

[3]) Nur bei Beton mit geschlossenem Gefüge als Putzgrund.

[4]) Nur mit Eignungsnachweis am Putzsystem zulässig.

[5]) wasserabweisender Putz muß folgende Anforderungen erfüllen:
Wasseraufnahmekoeffizient
$w \leqq 0{,}5$ kg/(m² · h^0,5)
diffusionsäquivalente Luftschichtdicke
$s_d \leqq 2{,}0$ m
$w \cdot s_d \leqq 0{,}2$ kg/(m · h^0,5)

**Tafel 34 Putzsysteme für Außendeckenputze**

| Zeile | Mörtelgruppe bzw. Beschichtungsstoff-Typ bei Decken ohne bzw. mit Putzträger | | |
|---|---|---|---|
| | Einbettung des Putzträgers | Unterputz | Oberputz |
| 1 | – | P II | P I |
| 2 | P II | P II | P I |
| 3 | – | P II | P II |
| 4 | P II | P II | P II |
| 5 | – | P II | P IV¹) |
| 6 | P II | P II | P IV¹) |
| 7 | – | P II | P Org 1 |
| 8 | P II | P II | P Org 1 |
| 9 | – | – | P III |
| 10 | – | P III | P III |
| 11 | P III | P III | P II |
| 12 | P III | P II | P II |
| 13 | – | P III | P Org 1 |
| 14 | P III | P III | P Org 1 |
| 15 | P III | P II | P Org 1 |
| 16 | – | – | P IV¹) |
| 17 | P IV¹) | – | P IV¹) |
| 18 | – | P IV¹) | P IV¹) |
| 19 | P IV¹) | P IV¹) | P IV¹) |
| 20 | – | – | P Org 1²) |

¹) Nur an feuchtigkeitsgeschützten Flächen.
²) Nur bei Beton mit geschlossenem Gefüge als Putzgrund.

**Tafel 35 Putzsysteme für Innenwandputze**

| Zeile | Anforderungen bzw. Putzanwendung | Mörtelgruppe bzw. Beschichtungsstoff-Typ für | |
|---|---|---|---|
| | | Unterputz | Oberputz¹) |
| 1 | | – | P I a, b |
| 2 | nur geringe | P I a, b | P I a, b |
| 3 | Beanspruchung | P II | P I a, b, P IVd |
| 4 | | P IV | P I a, b, P IVd |
| 5 | | – | P Ic |
| 6 | | P Ic | P Ic |
| 7 | | – | P II |
| 8 | übliche Bean- | P II | P Ic, P II, P IVa, b, c, P V, P Org 1, P Org 2 |
| 9 | spruchung²) | – | P III |
| 10 | z.B. | P III | P Ic, P II, P III, P Org 1, P Org 2 |
| 11 | durch Anstriche | – | P IVa, b, c |
| 12 | und Tapeten | P IVa, b, c | P IVa, b, c, P Org 1, P Org 2 |
| 13 | | – | P V |
| 14 | | P V | P V, P Org 1, P Org 2 |
| 15 | | – | P Org 1, Org 2³) |
| 16 | | – | P I |
| 17 | | P I | P I |
| 18 | | – | P I |
| 19 | Feuchträume⁴) | P II | P I, P II, P Org 1 |
| 20 | | – | P III |
| 21 | | P III | P II, P III, P Org 1 |
| 22 | | – | P Org 1³) |

¹) Bei mehreren genannten Mörtelgruppen ist jeweils nur eine als Oberputz zu verwenden.
²) Schließt die Anwendung bei geringer Beanspruchung ein. Die Zeilen 7 bis 15, jedoch ohne Oberputz aus Mörtelgruppe P I, sind auch als Innenputz mit erhöhter Abriebfestigkeit, z.B. in Schulen, geeignet.
³) Nur bei Beton mit geschlossenem Gefüge als Putzgrund.
⁴) Hierzu zählen nicht häusliche Küchen und Bäder.

**Tafel 36 Putzsysteme für Innendeckenputze**[5]

| Zeile | Anforderungen bzw. Putzanwendung | Mörtelgruppe bzw. Beschichtungsstoff-Typ für | |
|---|---|---|---|
| | | Unterputz | Oberputz[1] |
| 1 | nur geringe Beanspruchung | – | P Ia, b |
| 2 | | P Ia, b | P Ia, b |
| 3 | | P II | P Ia, b, P IVd |
| 4 | | P IV | P Ia, b, P IVd |
| 5 | übliche Beanspruchung[2] z.B. durch Anstriche und Tapeten | – | P Ic |
| 6 | | P Ic | P Ic |
| 7 | | – | P II |
| 8 | | P II | P Ic, P II, P IVa, b, c, P Org 1, P Org 2 |
| 9 | | – | P IVa, b, c |
| 10 | | P IVa, b, c | P IVa, b, c, P Org 1, P Org 2 |
| 11 | | – | P V |
| 12 | | P V | P V, P Org 1, P Org 2 |
| 13 | | – | P Org 1[3], P Org 2[3] |
| 14 | Feuchträume[4] | – | P I |
| 15 | | P I | P I |
| 16 | | – | P II |
| 17 | | P II | P I, P II, P Org 1 |
| 18 | | – | P III |
| 19 | | P III | P II, P III, P Org 1 |
| 20 | | – | P Org 1[3] |

[1]) Bei mehreren genannten Mörtelgruppen ist jeweils nur eine als Oberputz zu verwenden.
[2]) Schließt die Anwendung bei geringer Beanspruchung ein.
[3]) Nur bei Beton mit schlossenem Gefüge als Putzgrund.
[4]) Hierzu zählen nicht häusliche Küchen und Bäder.
[5]) Bei Innendeckenputzen auf Putzträgern ist gegebenenfalls der Putzträger vor dem Aufbringen des Unterputzes in Mörtel einzubetten. Als Mörtel ist Mörtel mindestens gleicher Festigkeit wie für den Unterputz zu verwenden.

# Räumliche Aussteifung von Geschoßbauten

Bearbeitet von Prof. Dr.-Ing. Gerhard Haße

## Inhalt

## Literatur

[1] *Bornscheuer, F.W.*: Systematische Darstellung des Biege- und Verdrehvorganges unter besonderer Berücksichtigung der Wölbkrafttorsion. Stahlbau **21** H. 1, 1 – 9

[2] *König, G.*; *Liphardt, S.*: Hochhäuser aus Stahlbeton. Betonkalender 1990. Verlag Ernst & Sohn

[3] *Kollbrunner, C.F.*; *Hajdin, N.*: Dünnwandige Stäbe. Springer-Verlag 1972

[4] *Pflüger, A.*: Beitrag zur Ermittlung der Schubspannungen in mehrzelligen Hohlquerschnitten. Ing.-Archiv **8** (1937) 25

[5] *Wlassow, W.S.*: Dünnwandige elastische Stäbe. VEB Verlag für Bauwesen

# 1 Grundlagen

## 1.1 Problem

Die vertikalen Bauteile eines Geschoßbaus werden im allg. durch Längskraft und Biegung beansprucht. Bei den Längskräften handelt es sich überwiegend um Druckkräfte, so daß bei Eintreffen der weiteren Kriterien (Abschn. 6) der Bruchsicherheitsnachweis nach der Elastizitätstheorie II. Ordnung geführt werden muß. Die Frage der Fesselung der einzelnen Bauteile (Aussteifung) spielt dabei eine wichtige Rolle.

Die Konstruktion des Geschoßbaus besteht i.w. aus den sich in der Horizontalen erstreckenden Decken und Balken und den vertikal orientierten Wänden und Stützen. Zwei typische Tragwerksarten sind zu unterscheiden:

(1) Wände (in Plattenrichtung) und Stützen können durch die Geschoßdecken als horizontal gefesselt betrachtet werden,

(2) Wände (in Plattenrichtung) und Stützen bilden in biegesteifem Anschluß an das Balken-Decken-System ein rahmenartiges Tragwerk zur Aufnahme horizontaler Kräfte.

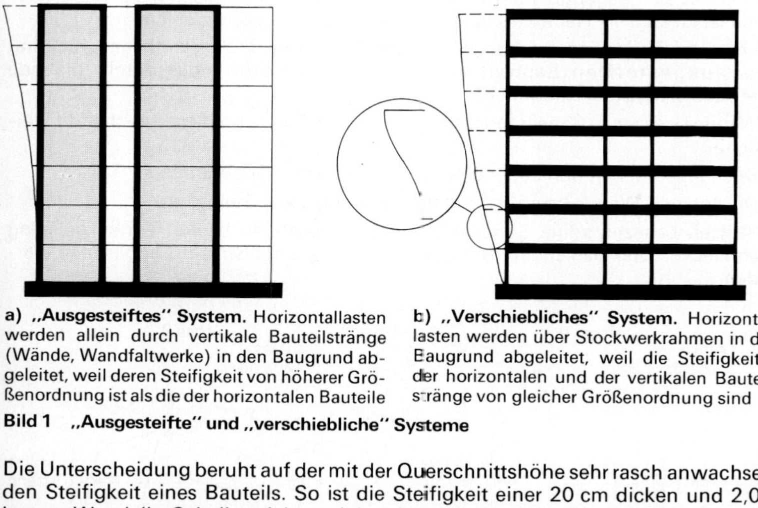

a) **„Ausgesteiftes" System.** Horizontallasten werden allein durch vertikale Bauteilstränge (Wände, Wandfaltwerke) in den Baugrund abgeleitet, weil deren Steifigkeit von höherer Größenordnung ist als die der horizontalen Bauteile

b) **„Verschiebliches" System.** Horizontallasten werden über Stockwerkrahmen in den Baugrund abgeleitet, weil die Steifigkeiten der horizontalen und der vertikalen Bauteilstränge von gleicher Größenordnung sind

**Bild 1 „Ausgesteifte" und „verschiebliche" Systeme**

Die Unterscheidung beruht auf der mit der Querschnittshöhe sehr rasch anwachsenden Steifigkeit eines Bauteils. So ist die Steifigkeit einer 20 cm dicken und 2,0 m langen Wand (in Scheibenrichtung) bereits mehr als 60mal so groß wie die einer Stütze mit dem Querschnitt $40 \times 40$ cm$^2$ und 100mal so groß wie ihre eigene Steifigkeit in Plattenrichtung. Bei gemischter Verwendung von Wänden und Stützen spielt die Steifigkeit der Stützen und der Wände in ihrer Plattenrichtung keine nennenswerte Rolle gegenüber der Wandsteifigkeit in Scheibenrichtung. Werden daher die Geschoßdecken durch ein System von Wandscheiben horizontal gefesselt, so bilden sie ihrerseits dank ihrer großen horizontalen Steifigkeit ein System von Fesseln für die Wandplatten und Stützen.

**Ein Hochbau ist ausgesteift, wenn jede einzelne Geschoßdecke des Gebäudes gegen Verschieben in zwei verschiedenen horizontalen Richtungen und gegen Verdrehen gefesselt ist. Bei geraden Wänden ist dies dann gegeben, wenn mindestens drei aussteifende Wände vorhanden sind, deren Wandquerschnittsmittellinien sich im Grundriß nicht in einem Punkt (einschließlich eines unendlich weit entfernten) schneiden.**

In diesem Abschnitt wird die Berechnung der Linien-Normalkräfte in den Wänden ausgesteifter Geschoßbauten behandelt, die zur Aussteifung im oben erklärten Sinne herangezogen werden sollen. Grundsätzlich sind dies alle tragfähigen Wände eines Gebäudes.

## 1.2 Tragwerksmodell

In der Massivbauweise versteht man unter Aussteifungen großflächige steife Bauelemente wie Decken und Wände. Deckenscheiben sorgen für die horizontale Formerhaltung der Geschoßquerschnitte; mit den Decken schubfest verbundene Wandscheiben oder – bei zusammenhängenden Wandzügen – Wandfaltwerke bilden die vertikale Aussteifung. Eine beliebige Deckenscheibe in einem gut ausgesteiften Gebäude ist gegen Verschieben (Translation) in beiden Horizontalrichtungen *Y* und *Z* und gegen Verdrehen (Rotation) um die vertikale Bauwerksachse *X* durch die vertikal aussteifenden Bauteile elastisch gefesselt.

In einem „nicht ausgesteiften" Gebäude müssen aus Stützen und Balken gebildete Stockwerkrahmen die auf das Gebäude einwirkenden Horizontalkräfte aufnehmen. Da sie sich gegenüber horizontalem Kraftangriff verhältnismäßig „weich" verhalten ist im allg. ein Nachweis nach Theorie II. Ordnung erforderlich.

Aus diesen Überlegungen ergibt sich für den Nachweis der Gesamtbeanspruchung eines ausgesteiften Bauwerks ein Tragwerksmodell, das durch folgende Eigenschaften gekennzeichnet ist:

- Wände besitzen in Scheibenrichtung eine ihrem Querschnitt entsprechende Steifigkeit,
- Decken werden in Scheibenrichtung unendlich steif angenommen,
- Decken und Wände besitzen in Plattenrichtung keine Steifigkeit,
- Stützen besitzen keine Steifigkeit und können als an beiden Enden gelenkig an Decken und Balken angeschlossene Stäbe (Pendelstützen) angesehen werden.

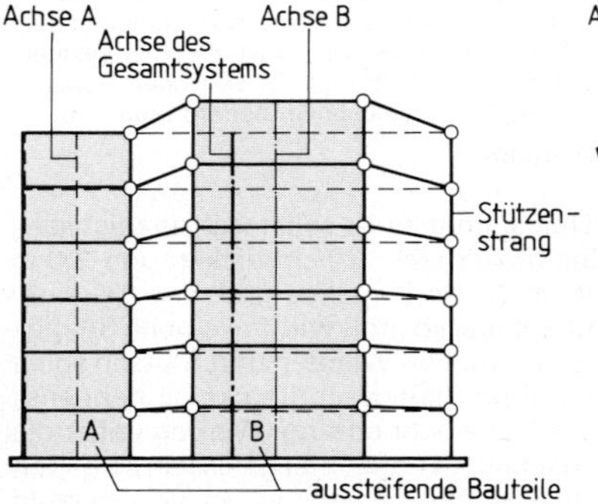


**Bild 2 Verformung bei Längskraft in Bauteil B**

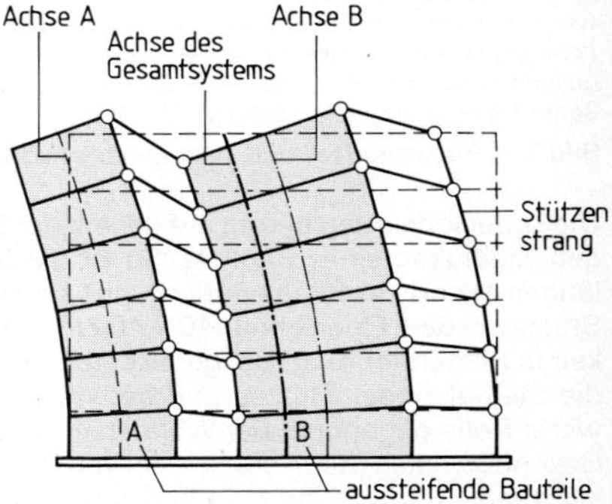


**Bild 3 Verformung bei Biegebeanspruchung**

Die Bilder 2 und 3 zeigen das grundsätzliche Verformungsverhalten eines solchen Modells unter Längskraft- bzw. Biegebeanspruchung. Der symbolisch gelenkige Anschluß der Decken an die Wände und Wandfaltwerke drückt aus, daß die Decken in Plattenrichtung biegeweich sind und keine nenneswerte Verdübelungswirkung zwischen solchen Wandbauteilen herstellen, die ausschließlich über die Geschoßdecken miteinander verbunden sind. Hinsichtlich reiner Längsverformungen beeinflussen sich solche nicht unmittelbar verbundenen Wandbauteile daher nicht. So dehnt sich das mittig längs belastete Bauteil B in Bild 2, ohne daß Bauteil A oder der Stützenstrang davon betroffen werden. In der Querrichtung sind die einzelnen Wandbauteile durch die steifen Deckenscheiben in der Weise gekoppelt, daß sich ihre relative Lage im Grundriß nicht verändern kann: die Wandbauteile verformen sich parallel.

Das mechanische Verhalten eines solchen Tragwerks ist das eines Bündels einzelner Stäbe (Teilstäbe), das als Gesamtstab einen in das Fundament oder eine steife Kellergeschoßbasis eingespannten Kragträger bildet.

Das Verhältnis von Kraglänge zu Querschnittsausdehnung überschreitet beim einzelnen Teilstab schon bei kleinen Geschoßzahlen die Grenze zum schlanken Stab, so daß bei der Berechnung der Längsspannungen und Verformungen infolge Biegung mit der Bernoulli-Hypothese gearbeitet werden darf (Querschnitte bleiben bei der Verformung eben und senkrecht zur Stabachse). Für den Beanspruchungsfall der Torsion ist diese Annahme allerdings sinnvoll zu erweitern (Abschn. 2).

Nach den bisherigen Überlegungen sind die Teilquerschnitte (Querschnitte eines Teilstabs) dort begrenzt, wo der Zusammenhang mit benachbarten Wandbauteilen nur noch über die schubweiche Verbindung der Geschoßdecke besteht, d.h. wo die Verbindung zu den übrigen Wänden geschoßhoch unterbrochen ist. Das läßt die Frage offen, welche Bedeutung vertikale Öffnungsketten wie übereinanderliegende Tür-, Fenster- und sonstige Öffnungen in diesem Zusammenhang haben. Hier ist von Fall zu Fall zu beurteilen, ob die Schubsteifigkeit der verbleibenden Verbindungen zwischen den Stabteilen (Stürze, Brüstungen) groß genug ist, um das „Ebenbleiben" des Querschnitts über die Öffnung hinweg nicht entscheidend zu stören. Wird die Öffnung aber in den Teilstabquerschnitt einbezogen, dann ist die Öffnungsumgebung, insbesondere der Sturz oder die Brüstung entsprechend zu bemessen. In Mauerwerksbauten ist eine Teilquerschnittsabgrenzung über Öffnungsketten hinweg im allg. nicht zulässig.

## 1.3 Querschnittstypen

Allgemein tritt Torsion gleichzeitig in zweierlei Gestalt auf, nämlich als reine oder St.-Venant-Torsion und als Wölbkrafttorsion. Die Anteile beider Torsionsformen sind durch die folgende Differentialgleichung miteinander verknüpft.

$$\vartheta''' - \frac{\varkappa^2}{H^2} \cdot \vartheta' = -\frac{M_T}{W}$$

| | |
|---|---|
| $\varkappa$ | Torsionseigenwert (s. unten) |
| $\vartheta$ | Querschnittsdrehung in $x$-Richtung |
| $H$ | Gebäudehöhe |
| $M_T$ | Torsionsmoment |
| $W = E \cdot A_{\omega\omega}$ | Wölbkrafttorsionssteifigkeit |
| $E$ | Elastizitätsmodul |
| $A_{\omega\omega}$ | Flächenbimoment 2. Grades |

Die Lösung der Differentialgleichung liefert die Torsionsmomentenanteile $M_{Tr}$ (Reine Torsion) und $Q_w$ (Wölbkrafttorsion), die sich zum Gesamttorsionsmoment ergänzen ($M_T = M_{Tr} + V_\omega$). Unter bestimmten Verhältnissen von Querschnittsgestalt und Bauwerkshöhe dominiert aber eine der beiden Torsionsformen so stark, daß die andere jeweils vernachlässigt werden kann. Das maßgebende Kriterium ist der Torsionseigenwert:

**Erscheinungsformen der Torsion**

$$\varkappa = H \cdot \sqrt{T/W} \quad \begin{array}{lll} \text{(a)} & \varkappa \leqq 0{,}5 & \text{Wölbkrafttorsion dominiert} \\ \text{(b)} & 0{,}5 < \varkappa \leqq 10 & \text{gemischte Torsion} \\ \text{(c)} & \varkappa > 10 & \text{reine Torsion dominiert} \end{array}$$

$h$ Bauwerkshöhe
$T = G \cdot I_T$ Reine Torsionssteifigkeit
$W = E \cdot A_{\omega\omega}$ Wölbkrafttorsionssteifigkeit

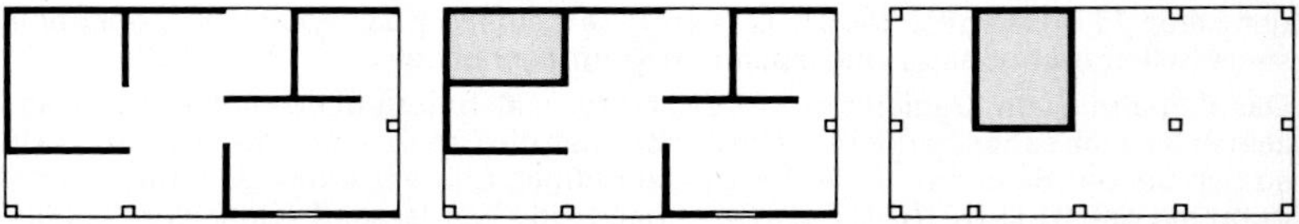

**a) drillweiche, offene Teilquerschnitte** **b) drillsteifer, geschlossener und drillweiche, offene Teilquerschnitte** **c) System mit drillsteifem geschlossenem Teilquerschnitt**

**Bild 4 Querschnittstypen**

Die Schwierigkeit der Spannungsberechnung hängt sehr davon ab, mit welchem Stabtyp man es zu tun hat. Sie gestaltet sich verhältnismäßig einfach in den Fällen (a) und (c) und wird aufwendig im Fall (b). Bei „offenen" Querschnitten (Bild 4a) ist im allg. die Bedingung (a) erfüllt und der Anteil der reinen Torsion kann vernachlässigt werden. Auf diesen Fall bezieht sich das hier gezeigte Verfahren der Spannungsermittlung.

## 1.4 Längsspannungsermittlung bei $\varkappa \leqq 0{,}5$

Die Längsspannungen in einem prismatischen Stab mit unregelmäßigem homogenem Querschnitt erhält man allgemein aus der Beziehung:

**Berechnung der Längsspannungen**

Längsspannung

$$\sigma_k = \frac{N_i}{A_i} + {}^{iM}\vec{d}_k^{\,T} \cdot {}^{M}\bar{A}^{-1} \cdot {}^{M}\vec{S}_\sigma$$

Linienlängskraft

$$n_k = {}^{i}t_j \cdot \left[\frac{N_i}{A_i} + {}^{iM}\vec{d}_k^{\,T} \cdot {}^{M}\bar{A}^{-1} \cdot {}^{M}\vec{S}_\sigma\right]$$

| | |
|---|---|
| $i$ | Teilquerschnitts-Nr. |
| $j$ | Wand-Nr. innerhalb $i$ |
| $k$ | Punkt-Nr. innerhalb $i$ |
| $\sigma_k$ | Längsspannung im Punkt $k$ |
| $n_k$ | Linienlängskraft im Punkt $k$ |
| ${}^{iM}\vec{d}_k$ | Einheitsverschiebungen, auf Schubmittelpunkt bezogen |
| ${}^{iM}\vec{d}_k^{\,T}$ | -, transponiert |
| $A_i$ | Fläche des Teilquerschnitts $i$ |
| ${}^{M}\bar{A}$ | Matrix der Querschnittswerte, auf Schubmittelpunkt bezogen |
| ${}^{M}\bar{A}^{-1}$ | -, invertiert |
| $N_i$ | Längskraft im Teilquerschnitt $i$ |
| ${}^{M}\vec{S}_\sigma$ | Längsspannungen verursachende statische Schnittmomente, auf Schubmittelpunkt bezogen |

Die Berechnung der Längsspannungen (bzw. Linienlängskräfte) im Wandskelett erfordert demnach Vorarbeiten: Berechnung der Querschnittswerte, Berechnung der Normalkräfte für jeden Teilstab und die Berechnung der übrigen Schnittkraftgrößen für den Gesamtstab (s. Abschn. 4). Bild 5 beschreibt den ganzen Arbeitsgang.

Abgrenzen und Bezeichnen ($i = 1, \dots n$) der Teilquerschnitte

**Abschnitte 1, 2, 3**

Einrichten lokaler Koordinatensysteme $^{i}(x, y, z)$ für die Teilquerschnitte und eines globalen Koordinatensystems ($X, Y, Z$) für den Gesamtquerschnitt

**Abschnitt 2**

Berechnen der Einheitsverschiebungen $^{i}\boldsymbol{\alpha}$ in den Teilquerschnitten $i = 1 \dots n$

**Abschnitt 2**

Berechnen der Querschnittswerte $^{i}\bar{A}$ der Teilquerschnitte und $S$-Normierung der Teilquerschnittswerte ($^{iS}\bar{A}$)

**Abschnitt 3.1**

Berechnen der Gesamtquerschnittswerte $\bar{A}$ und $\boldsymbol{M}$-Normierung ($^{M}\bar{A}$)

**Abschnitt 3.2**

Berechnen der Längskräfte $N_i$ in den Teilquerschnitten, der Biegemomente $M_Y$, $M_Z$ und des auf den Schubmittelpunkt bezogenen Wölbbimoments $^{M}M_W$ im Gesamtquerschnitt

**Abschnitt 4**

Berechnen der Längsspannungen $\sigma_k$ bzw. der Linienlängskräfte $n_k$ in den Wandquerschnittspunkten $k$

**Abschnitte 1.4 und 5**

Prüfen der Gesamtstabilität und der Zulässigkeit der Rechenannahmen unter dem Gesichtspunkt der höchstzulässigen Zugspannungen

**Abschnitt 6**

**Bild 5 Ablauf der Längsspannungsberechnung**

# 2 Koordinatensysteme, Einheitsverschiebungen

## 2.1 Koordinatensysteme

Für jeden Teilstab $i$ wird ein lokales kartesisches Koordinatensystem ($^{i}x$, $^{i}y$, $^{i}z$) eingeführt, dessen Ursprung und Richtung beliebig gewählt werden dürfen. Die $^{i}x$-Achse des Systems bildet die Längsachse des Teilquerschnitts $i$ und gleichzeitig seine lokale Drillbezugsachse. Ihr Ursprung fällt mit der Einspannstelle des Kragträgers zusammen. Außer diesem Ursystem besteht ein zweites Koordinatensystem ($^{iS}x$, $^{iS}y$, $^{iS}z$), dessen $x$-Achse $^{iS}x$ mit der biegeneutralen Faser des Stabes $i$ zusammenfällt.

Weiter wird ein globales kartesisches Koordinatensystem ($X$, $Y$, $Z$) beliebig festgelegt, mit dessen Hilfe der „Gesamtquerschnitt" zusammengestellt wird. Auch für den Gesamtquerschnitt wird ein weiteres, parallel versetztes Koordinatensystem ($^{M}X$, $^{M}Y$, $^{M}Z$) verwendet, dessen $X$-Achse $^{M}X$ mit der Drillruheachse des Gebäudes zusammenfällt.

**Lokale Systeme (Teilstab i)**

**Bezugssystem i1:** ${}^iy$, ${}^iz$, willkürlich gewähltes kartesisches Koordinatensystem mit dem Ursprung $O_i$,

**Bezugssystem i2:** ${}^{is}y$, ${}^{is}z$, zu (i1) paralleles System mit dem Ursprung im Biegeruhepunkt (Schwerpunkt) $S_i$ des Teilquerschnitts.

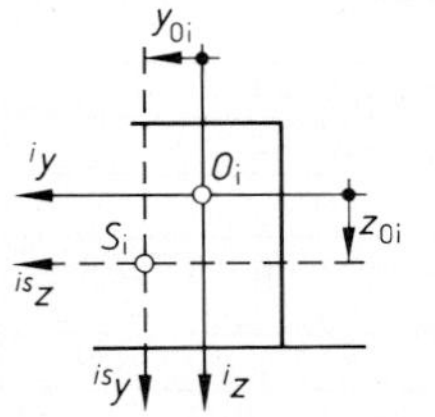


**Bild 6 Lokale Koordinatensysteme für Teilquerschnitt „i"**

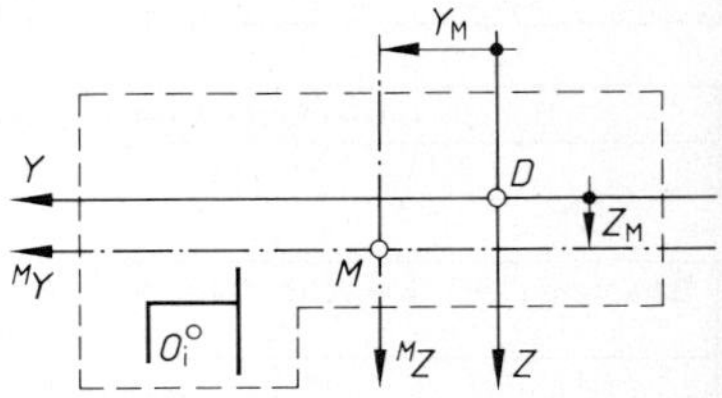


**Bild 7 Globale Koordinatensysteme für Gesamtquerschnitt (Stabbündel)**

**Globale Systeme (Gesamtstab)**

**Bezugssystem 1:** $Y$, $Z$, willkürlich gewähltes kartesisches Koordinatensystem mit dem Ursprung im Gesamtdrehpunkt $D$.

**Bezugssystem 2:** ${}^MY$, ${}^MZ$, parallel zu (1) mit dem Ursprung im Gesamtschubmittelpunkt $M$.

## 2.2 Einheitsverschiebungen

Unter Wirkung der Schnittkraftzustände ($N_i$, $M_z$, $M_y$, $M_\omega$; Abschn. 4) verformt sich die Stabachse des Teilstabs $i$. An der Stelle ${}^ix$ stellen sich die vier Verrückungen ein:

| | |
|---|---|
| $v_s$ | Verschiebung in Richtung ${}^ix$, |
| $\psi_z = v'_y$ | Verdrehung in Richtung ${}^iz$, |
| $\psi_y = -v'_z$ | Verdrehung in Richtung ${}^iy$, |
| $\vartheta'$ | Drillung in Richtung ${}^ix$. |

Auf der Grundlage der Bernoulli-Hypothese (Querschnitte bleiben bei der Verformung eben und senkrecht zur Stabachse) verschiebt sich ein Punkt $P({}^iy, {}^iz)$ auf dem Querschnittsskelett (Wandquerschnitts-Mittellinie) aufgrund der Achspunktverrückungen $v_x = 1$, $v'_y = -1$ und $v'_z = -1$ um die Wege $u_x$, $u_y$ und $u_z$ in $x$-Richtung:

$$u_x = u\,(y_x = 1) \quad = 1,$$
$$u_y = u\,(v'_y = -1) = {}^iy,$$
$$u_z = u\,(v'_z = -1) = {}^iz.$$

Dies sind die Einheitsverschiebungen eines Punktes auf dem Querschnittsskelett infolge Längsdehnung und Biegung.

Die Einheitsverschiebung infolge Wölbdrillung ergibt sich aus der Verallgemeinerung der Bernoulli-Hypothese:

> **Die Neigung eines Querschnittselements in Wandrichtung bleibt bei Verformung (einschließlich Drillverformung) senkrecht zu den Stabfasern dieses Elements (Bild 8).**

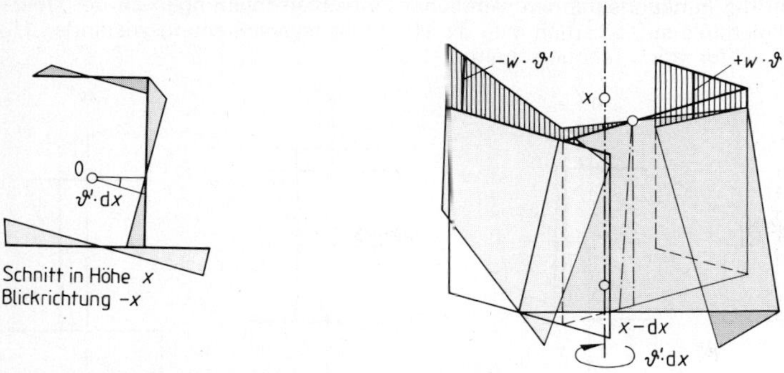


**Bild 8 Verwindung eines Stabelements infolge $\vartheta' \cdot dx$**

Daraus folgt (Bild 9):

$$u_\vartheta = u(\vartheta' = -1) = {}^i\omega,$$

$$\text{mit} \quad {}^i\omega = \int_{s=0}^{s} r \cdot ds = \int_{s=0}^{s} ({}^iy \cdot dz - {}^iz \cdot dy) = \int_{s=0}^{s} ({}^iy \cdot \cos\gamma + {}^iz \cdot \sin\gamma) \cdot ds$$

Die Integration zur Berechnung der Einheitsverwölbung ${}^i\omega$ beginnt an einer beliebigen Stelle $s=0$ auf dem Wandskelett (Bild 8), zweckmäßigerweise an einem Skelettknoten.

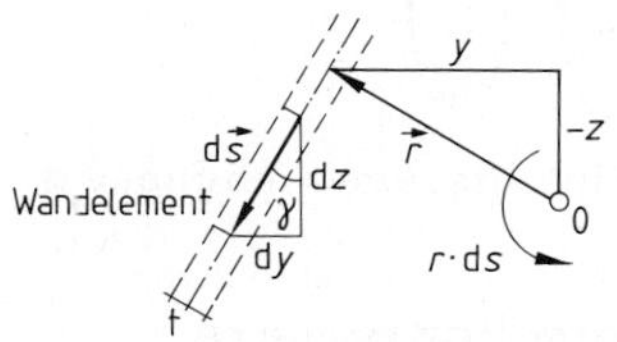


**Bild 9 Einheitsverwölbung $d\omega = \vec{r} \times d\vec{s}$**

Für einen geradlinigen Wandabschnitt $j$ mit der Länge $s_j$, dem Anfangsknoten $j, a$ und dem Endknoten $j, e$ ergibt sich ${}^i\omega_{j,e}$ aus dem im vorangehenden Berechnungsschritt gewonnenen ${}^i\omega_{j,a}$ wie folgt:

**Berechnung der Einheitsverwölbung $w$**

$${}^i\omega_{j,e} = {}^i\omega_{j,a} + {}^iy_{j,a} \cdot {}^iz_{j,e} - {}^iz_{j,a} \cdot {}^iy_{j,e}$$

- ${}^i\omega_{j,a}$ Einheitsverwölbung am Abschnittsanfang. Die Berechnung beginnt am Segmentpunkt $s=0$ mit ${}^i\omega_{j,a}=0$
- ${}^iy_{j,a}$ $y$-Wert am Abschnittsanfang
- ${}^iz_{j,a}$ $z$-Wert am Abschnittsanfang
- ${}^i\omega_{j,e}$ Einheitsverwölbung am Abschnittsende. Das Ergebnis ist der Anfangswert des anschließenden Wandabschnitts bzw. der anschließenden Wandabschnitte, wenn mehrere Segmente vom erreichten Knoten ausgehen.
- ${}^iy_{j,e}$ $y$-Wert am Abschnittsende
- ${}^iz_{j,e}$ $z$-Wert am Abschnittsende

Mit diesen „Übertragungsverfahren" kann die Funktion $\omega$ im gesamten Querschnittsskelett in einfacher Weise aufgestellt werden.

Trägt man die Funktionsgraphen sämtlicher Einheitverschiebungen an der Querschnittsskelettlinie auf, so erhält man die vier Einheitsverschiebungszustände „1", „$y$", „$z$", „$\omega$" für jeden Teilquerschnitt $i$:

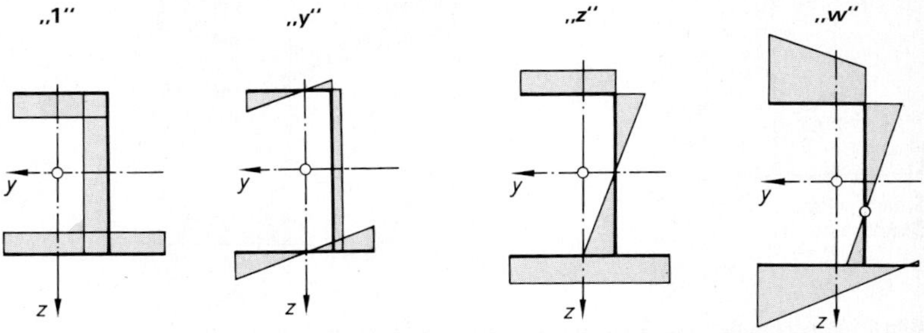


**a) Verschiebungszustand $u_x(v_x=1)$**
**b) Verschiebungszustand $u_y(-v_z'=1)$**
**c) Verschiebungszustand $u_z(-v_y'=1)$**
**d) Verschiebungszustand $u_\vartheta(-\vartheta'=1)$**

**Bild 10 Einheitsverschiebungszustände am Teilquerschnitt *i***

Die Einheitsverschiebungszustände sind Grundlage der Querschnittswerteermittlung. Die Einheitsverschiebungen eines Punktes auf dem Querschnittsskelett werden zweckmäßig zusammengefaßt zu dem Tupel

$$^{i}\vec{a} = {}^{i}\begin{pmatrix} 1 \\ y \\ z \\ \omega \end{pmatrix} = \begin{pmatrix} 1 \\ ^{i}y \\ ^{i}z \\ ^{i}\omega \end{pmatrix},$$

den wir Einheitsverschiebungsvektor nennen.

# 3 Querschnittswerte

## 3.1 Querschnittswerte des Teilquerschnitts *i*

### 3.1.1 Urquerschnittswerte

Allgemein gilt für die Berechnung der Querschnittswerte:

$$\bar{A}_i = \int_{(A)} {}^{i}\vec{a} \cdot {}^{i}\vec{a}^{T} \cdot \mathrm{d}A,$$

so daß sich die Querschnittswertematrix ergibt:

$$\bar{A}_\mathrm{i} = \begin{pmatrix} \int 1 \cdot 1 \cdot \mathrm{d}A & \int 1 \cdot y \cdot \mathrm{d}A & \int 1 \cdot z \cdot \mathrm{d}A & \int 1 \cdot \omega \cdot \mathrm{d}A \\ \int y \cdot 1 \cdot \mathrm{d}A & \int y \cdot y \cdot \mathrm{d}A & \int y \cdot z \cdot \mathrm{d}A & \int y \cdot \omega \cdot \mathrm{d}A \\ \int z \cdot 1 \cdot \mathrm{d}A & \int z \cdot y \cdot \mathrm{d}A & \int z \cdot z \cdot \mathrm{d}A & \int z \cdot \omega \cdot \mathrm{d}A \\ \int \omega \cdot 1 \cdot \mathrm{d}A & \int \omega \cdot y \cdot \mathrm{d}A & \int \omega \cdot z \cdot \mathrm{d}A & \int \omega \cdot \omega \cdot \mathrm{d}A \end{pmatrix}_{(A_\mathrm{i})}$$

$$= \begin{pmatrix} A & A_\mathrm{y} & A_\mathrm{z} & A_\omega \\ A_\mathrm{y} & A_\mathrm{yy} & A_\mathrm{yz} & A_{\mathrm{y}\omega} \\ A_\mathrm{z} & A_\mathrm{zy} & A_\mathrm{zz} & A_{\mathrm{z}\omega} \\ A_\omega & A_{\omega\mathrm{y}} & A_{\omega\mathrm{z}} & A_{\omega\omega} \end{pmatrix}_\mathrm{i}$$

Ein beliebig herausgegriffenes Matrixelement $A_{pq,i}$ (z.B. $p=y$, $q=z$: $A_{yz,i}$) setzt sich aus den Beiträgen aller Wandabschnitte $j$ zusammen, aus denen sich der Teilquerschnitt $i$ aufbaut:

$$A_{pq,i}=\sum_{(j)} t_j \cdot \int_{(s_j)} p \cdot q \cdot \mathrm{d}s, \quad \text{z.B. } A_{y\omega,i}=\sum_{(j)} t_j \int_{(s_j)} y \cdot \omega \cdot \mathrm{d}s.$$

$\int p \cdot q \cdot \mathrm{d}s$ ist darin bei geraden Wandabschnitten stets ein Produktintegral aus zwei linearen Funktionen $p$ und $q$ über die Wandabschnittslänge $s_j$. Man berechnet es allgemein mit der Formel

$$A_{pq,j}=(2p_{j,a}\,q_{j,a}+p_{j,a}\,q_{j,e}+p_{j,e}\,q_{j,a}+2p_{j,e}\,q_{j,e})\cdot A_j/6.$$

wobei die Teilfläche

$$A_j=t_j \cdot s_j=t_j \cdot \sqrt{(y_{j,e}-y_{j,a})^2+(z_{j,e}-z_{j,a})^2}$$

ist. Selbstverständlich gilt $A_{pq,j}=A_{qp,j}$.
Für die Flächenmomente und das Flächenbimoment 1. Grades ($p=1$ bzw. $q=1$) vereinfacht sich die Formel. Dasselbe gilt für den Fall $p=q$. Tafel 1 zeigt die Querschnittswerteberechnung im Zusammenhang:

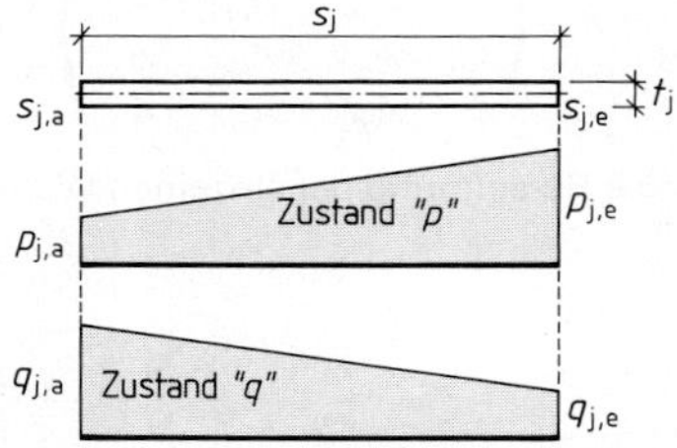


**Bild 11 Beitrag des Wandabschnitts $j$ zum Produktintegral $A_{pq}$**

**Tafel 1 Querschnittswerteberechnung für Teilquerschnitt $j$**

| | |
|---|---|
| $A_{pq,i}=\sum_{(j)} A_{pq,j}$ | Summe über alle Wandabschnitte im Teilquerschnitt $i$ |
| $A_j$ | $t_j \cdot \sqrt{(y_{j,e}-y_{j,a})^2+(z_{j,e}-z_{j,a})^2}$ |
| $A_{y,j}$ | $(y_{j,a}+y_{j,e})\cdot A_j/2$ |
| $A_{z,j}$ | $(z_{j,a}+z_{j,e})\cdot A_j/2$ |
| $A_{w,j}$ | $(w_{j,a}+w_{j,e})\cdot A_j/2$ |
| $A_{yy,j}$ | $(y_{j,a}^2+y_{j,a}\cdot y_{j,e}+y_{j,e}^2)\cdot A_j/3$ |
| $A_{yz,j}$ | $(2y_{j,a}\cdot z_{j,a}+y_{j,a}\cdot z_{j,e}+y_{j,e}\cdot z_{j,a}+2y_{j,e}\cdot z_{j,e})\cdot A_j/6$ |
| $A_{zz,j}$ | $(z_{j,a}^2+z_{j,a}\cdot z_{j,e}+z_{j,e}^2)\cdot A_j/3$ |
| $A_{y\omega,j}$ | $A_{y\omega,j}$ $(2y_{j,a}\cdot\omega_{j,a}+y_{j,a}\cdot\omega_{j,e}+y_{j,e}\cdot\omega_{j,a}+2y_{j,e}\cdot\omega_{j,e})\cdot A_j/6$ |
| $A_{z\omega,j}$ | $A_{z\omega,j}$ $(2z_{j,a}\cdot\omega_{j,a}+z_{j,a}\cdot\omega_{j,e}+z_{j,e}\cdot\omega_{j,a}+2z_{j,e}\cdot\omega_{j,e})\cdot A_j/6$ |
| $A_{\omega\omega,j}$ | $A_{\omega\omega,j}$ $(\omega_{j,a}^2+\omega_{j,a}\cdot\omega_{j,e}+\omega_{j,e}^2\cdot A_j/3$ |

### 3.1.2 *S*-Normierung

Um die Bildung der Gesamtquerschnittswerte und die Spannungsberechnung zu erleichtern, werden die Nebenelemente der ersten Zeile und Spalte der Querschnittswertematrix ($A_{y,i}$, $A_{z,i}$, $A_{\omega,j}$) durch Parallelverschieben der Einheitsverschiebungshorizonte um die zunächst unbekannten Größen ${}^i y_0$, ${}^i z_0$ und ${}^i\omega_0$ eliminiert. Bezüglich ${}^i y$ und ${}^i z$ entspricht dies einer Verlegung des Koordinatenursprungs von $O_i$ in den Biegeruhepunkt (Schwerpunkt) $S_i$, bezüglich ${}^i\omega$ bedeutet es eine Veränderung der Lage des anfangs willkürlich gewählten Nullpunkts der Einheitsverwölbung. Zur Transformation dienst die Matrix $\bar{\Psi}_i$:

$$\bar{\Psi}_i=\begin{pmatrix} 1 & 0 & 0 & 0 \\ -{}^i y_0 & 1 & 0 & 0 \\ -{}^i z_0 & 0 & 1 & 0 \\ -{}^i\omega_0 & 0 & 0 & 1 \end{pmatrix}: \qquad {}^{iS}\vec{a}=\bar{\Psi}_i \cdot {}^i\vec{a} \quad \text{und} \quad {}^s\bar{A}_i=\bar{\Psi}_i \cdot \bar{A}_i \cdot \bar{\Psi}_i^{\mathrm{T}}.$$

Dabei ergeben sich je ein neuer Satz Einheitsverschiebungen und Querschnittswerte

$$ {}^{iS}\vec{a} = \begin{pmatrix} 1 \\ {}^{iS}y \\ {}^{iS}z \\ {}^{iS}\omega \end{pmatrix} \quad \text{und} $$

$$ {}^{S}\bar{A}_i = \begin{pmatrix} A & 0 & 0 & 0 \\ 0 & {}^{S}A_{yy} & {}^{S}A_{yz} & {}^{S}A_{y\omega} \\ 0 & {}^{S}A_{yz} & {}^{S}A_{zz} & {}^{S}A_{z\omega} \\ 0 & {}^{S}A_{y\omega} & {}^{S}A_{z\omega} & {}^{S}A_{\omega\omega} \end{pmatrix}_i . $$

**Tafel 2 Biegeruhepunktstransformation**

| | |
|---|---|
| ${}^{i}y_0$ | $A_{y,i}/A_i$ |
| ${}^{i}z_0$ | $A_{z,i}/A_i$ |
| ${}^{i}\omega_0$ | $A_{\omega,i}/A_i$ |
| ${}^{iS}y$ | ${}^{i}y - {}^{i}y_0$ |
| ${}^{iS}z$ | ${}^{i}z - {}^{i}z_0$ |
| ${}^{iS}\omega$ | ${}^{i}\omega - {}^{i}\omega_0$ |
| ${}^{S}A_{yy,i}$ | $A_{yy,i} - A_{y,i} \cdot A_{y,i}/A_i$ |
| ${}^{S}A_{yz,i}$ | $A_{yz,i} - A_{y,i} \cdot A_{z,i}/A_i$ |
| ${}^{S}A_{zz,i}$ | $A_{zz,i} - A_{z,i} \cdot A_{z,i}/A_i$ |
| ${}^{S}A_{y\omega,i}$ | $A_{y\omega,i} - A_{y,i} \cdot A_{\omega,i}/A_i$ |
| ${}^{S}A_{z\omega,i}$ | $A_{z\omega,i} - A_{z,i} \cdot A_{\omega,i}/A_i$ |
| ${}^{S}A_{\omega\omega,i}$ | $A_{\omega\omega,i} - A_{\omega,i} \cdot A_{\omega,i}/A_i$ |

Die Berechnung der einzelnen Werte zeigt die Tafel 2.

## 3.2 Querschnittswerte des Gesamtquerschnitts

### 3.2.1 Urquerschnittswerte

Die „Urquerschnittswerte" des Stabbündels werden mit dem beliebig gewählten globalen Koordinatensystem mit dem Ursprung $D$ berechnet. Für die „Querschnittsmontage" müssen die Koordinatensysteme der verschiedenen Teilquerschnitte parallel zum festgelegten globalen Koordinatensystem ausgerichtet und auf den gemeinsamen Drehpunkt $D$ bezogen werden. Außerdem werden die Querschnittswerte jetzt auf die Gruppe der Flächenmomente 2. Grades reduziert, da eine Gesamtquerschnittsfläche nicht definiert ist.

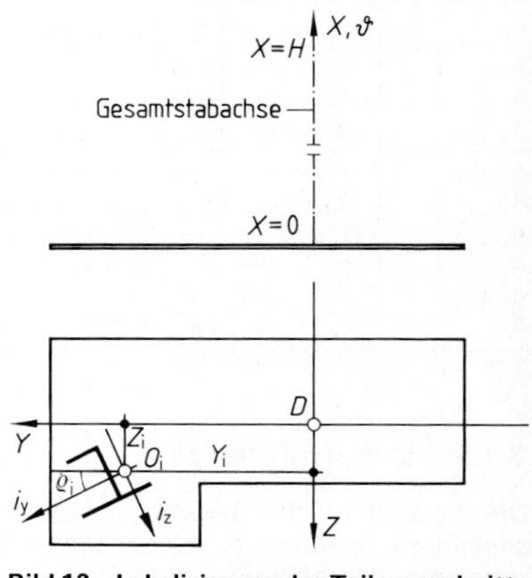


**Bild 12 Lokalisierung des Teilquerschnitts im Gesamtquerschnitt**

Ausrichten und Drehpunkt-Transformation werden mit Hilfe der Transformationsmatrix $\bar{\Gamma}_i$ durchgeführt:

$$ \bar{\Gamma}_i = \begin{pmatrix} 0 & \cos\varrho_i & -\sin\varrho_i & 0 \\ 0 & \sin\varrho_i & \cos\varrho_i & 0 \\ 0 & -Z_i & Y_i & 1 \end{pmatrix} : \quad {}^{iD}\vec{a} = \bar{\Gamma}_i \cdot {}^{iS}\vec{a} \quad \text{und} \quad {}^{D}\bar{A}_i = \bar{\Gamma}_i \cdot {}^{S}\bar{A}_i \cdot \bar{\Gamma}_i^{T}. $$

Dabei ergeben sich die Einheitsverschiebungen

$$ {}^{iD}\vec{a} = \begin{pmatrix} {}^{iD}y \\ {}^{iD}z \\ {}^{iD}\omega \end{pmatrix} $$

und die Querschnittswerte

$$^{D}\bar{A}_{\mathrm{i}}=\begin{pmatrix} ^{D}A_{y y, \mathrm{i}} & ^{D}A_{y z, \mathrm{i}} & ^{D}A_{y \omega, \mathrm{i}} \\ ^{D}A_{y z, \mathrm{i}} & ^{D}A_{z z, \mathrm{i}} & ^{D}A_{z \omega, \mathrm{i}} \\ ^{D}A_{y \omega, \mathrm{i}} & ^{D}A_{z \omega, \mathrm{i}} & ^{D}A_{\omega \omega, \mathrm{i}} \end{pmatrix}$$

Die folgende Tafel 3 zeigt die im einzelnen durchzuführenden Rechengänge:

**Tafel 3**

**Ausrichten des Teilquerschnitts *i***

| | $\cdot \cos 2\rho_{\mathrm{i}}/2$ + | $\cdot \sin 2\rho_{\mathrm{i}}/2$ + | $\cdot 1/2$ | $\rho_{\mathrm{i}}=0$ |
|---|---|---|---|---|
| $^{D}A_{YY,\mathrm{i}}$ | $^{S}A_{yy,\mathrm{i}}-{}^{S}A_{zz,\mathrm{i}}$ | $-2\,{}^{S}A_{yz,\mathrm{i}}$ | $^{S}A_{yy,\mathrm{i}}+{}^{S}A_{zz,\mathrm{i}}$ | $^{S}A_{yy,\mathrm{i}}$ |
| $^{D}A_{YZ,\mathrm{i}}$ | $2\,{}^{S}A_{yz,\mathrm{i}}$ | $^{S}A_{yy,\mathrm{i}}-{}^{S}A_{zz,\mathrm{i}}$ | $0$ | $^{S}A_{yz,\mathrm{i}}$ |
| $^{D}A_{ZZ,\mathrm{i}}$ | $-({}^{S}A_{yy,\mathrm{i}}-{}^{S}A_{zz,\mathrm{i}})$ | $2\,{}^{S}A_{yz,\mathrm{i}}$ | $^{S}A_{yy,\mathrm{i}}+{}^{S}A_{zz,\mathrm{i}}$ | $^{S}A_{zz,\mathrm{i}}$ |

**Teilquerschnitt *i* auf Drehpunkt *D* beziehen und ausrichten**

| | $\cdot \cos \rho_{\mathrm{i}}$ + | $\cdot \sin \rho_{\mathrm{i}}$ + | $\cdot Z_{\mathrm{i}}$ + | $\cdot Y_{\mathrm{i}}$ + | $\cdot 1$ | $\rho_{\mathrm{i}}=0$ |
|---|---|---|---|---|---|---|
| $^{iD}y$ | $^{iS}y$ | $-{}^{iS}z$ | | | | $^{iS}y$ |
| $^{iD}z$ | $^{iS}z$ | $^{iS}y$ | | | | $^{iS}z$ |
| $^{iD}\omega$ | | | $-{}^{iS}y$ | $^{iS}z$ | $^{iS}\omega$ | wie vor |
| $^{*}A_{YW,\mathrm{i}}$ | | | $-{}^{S}A_{yy,\mathrm{i}}$ | $^{S}A_{yz,\mathrm{i}}$ | $^{S}A_{y\omega,\mathrm{i}}$ | wie vor |
| $^{*}A_{ZW,\mathrm{i}}$ | | | $-{}^{S}A_{yz,\mathrm{i}}$ | $^{S}A_{zz,\mathrm{i}}$ | $^{S}A_{z\omega,\mathrm{i}}$ | wie vor |
| $^{*}A_{WW,\mathrm{i}}$ | | | $-{}^{S}A_{y\omega,\mathrm{i}}$ | $^{S}A_{z\omega,\mathrm{i}}$ | $^{S}A_{\omega\omega,\mathrm{i}}$ | wie vor |
| $^{D}A_{YW,\mathrm{i}}$ | $^{*}A_{Y\omega,\mathrm{i}}$ | $-{}^{*}A_{Z\omega,\mathrm{i}}$ | | | | $^{*}A_{Y\omega,\mathrm{i}}$ |
| $^{D}A_{ZW,\mathrm{i}}$ | $^{*}A_{Z\omega,\mathrm{i}}$ | $^{*}A_{Y\omega,\mathrm{i}}$ | | | | $^{*}A_{Z\omega,\mathrm{i}}$ |
| $^{D}A_{WW,\mathrm{i}}$ | | | $-{}^{*}A_{Y\omega,\mathrm{i}}$ | $^{*}A_{Z\omega,\mathrm{i}}$ | $^{*}A_{\omega\omega,\mathrm{i}}$ | wie vor |

Die Summe aller Teilquerschnittswerte ergibt die Gesamtquerschnittswerte:

$$\bar{A}=\sum_{(i)}{}^{D}\bar{A}_{\mathrm{i}}=\sum_{(i)}\bar{\Gamma}_{\mathrm{i}}\cdot{}^{S}\bar{A}_{\mathrm{i}}\cdot\bar{\Gamma}_{\mathrm{i}}^{\mathrm{T}}=\begin{pmatrix} A_{YY} & A_{YZ} & A_{Y\omega} \\ A_{YZ} & A_{ZZ} & A_{Z\omega} \\ A_{Y\omega} & A_{Z\omega} & A_{\omega\omega} \end{pmatrix}$$

### 3.2.2 *M*-Normierung der Gesamtquerschnittswerte

Bei der *M*-Normierung werden die Matrix-Elemente $A_{YW}$ und $A_{ZW}$ eliminiert und damit Biegung und Drillung entkoppelt. Mit den im *D*-System definierten Schubmittelpunktskoordinaten $Y_M$ und $Z_M$ wird die Transformation mithilfe der Transformationsmatrix $\boldsymbol{\Theta}$ durchgeführt:

$$\bar{\Theta}=\begin{pmatrix} 1 & 0 & 0 \\ 0 & 1 & 0 \\ Z_{\mathrm{M}} & -Y_{\mathrm{M}} & 1 \end{pmatrix}: \quad {}^{iM}\vec{a}=\bar{\Theta}\cdot{}^{iD}\vec{a} \quad \text{und} \quad {}^{M}\bar{A}=\bar{\Theta}\cdot\bar{A}\cdot\bar{\Theta}^{\mathrm{T}}.$$

Das Bezugssystem hat nun im Schubmittelpunkt *M* seinen Ursprung und die Einheitsverschiebungen $^{iM}\boldsymbol{a}$ beziehen sich jetzt auf die durch *M* verlaufende Stabachse, die Drillruheachse oder natürliche Drillachse. Die Änderungen wirken sich dabei nur auf die Einheitsverwölbung $^{iM}w$ aus:

$$^{iM}\vec{a}=\begin{pmatrix} ^{iS}y \\ ^{iS}z \\ ^{iM}\omega \end{pmatrix} \quad \text{und} \quad {}^{M}\bar{A}=\begin{pmatrix} A_{YY} & A_{YZ} & 0 \\ A_{YZ} & A_{ZZ} & 0 \\ 0 & 0 & ^{M}A_{\omega\omega} \end{pmatrix}$$

Die Ergebnisse der Transformation sind in Tafel 4 zusammengestellt.

**Tafel 4 Schubmittelpunktstransformation**

| | |
|---|---|
| $D$ | $A_{YY} \cdot A_{ZZ} - A_{YZ}^2$ |
| $Y_M$ | $\dfrac{A_{YY} \cdot A_{Z\omega} - A_{YZ} \cdot A_{Y\omega}}{D}$ |
| $Z_M$ | $\dfrac{A_{YZ} \cdot A_{Z\omega} - A_{ZZ} \cdot A_{Y\omega}}{D}$ |
| ${}^{iM}\omega$ | ${}^{iD}\omega + Z_M \cdot {}^{iS}y - Y_M \cdot {}^{iS}z$ |
| ${}^{M}A_{\omega\omega}$ | $A_{\omega\omega} - \dfrac{A_{YY} \cdot A_{Z\omega}^2 + A_{ZZ} \cdot A_{Y\omega}^2 - 2A_{YZ} \cdot A_{Y\omega} \cdot A_{Z\omega}}{D}$ |

### 3.2.3 *H*-Transformation der Gesamtquerschnittswerte

Die Transformation der Querschnittswerte in die Hauptbiegerichtungen $\varphi_H$ ist im Hinblick auf die Spannungsermittlung weder nötig noch zweckmäßig. Die Hauptflächenmomente können jedoch zur Abschätzung der Gesamtstabilität von Interesse sein. Die Transformation wird mit der Transformationsmatrix $\boldsymbol{\Phi}$ durchgeführt:

$$\bar{\Phi} = \begin{pmatrix} \cos\varphi_H & \sin\varphi_H & 0 \\ -\sin\varphi_H & \cos\varphi_H & 0 \\ 0 & 0 & 1 \end{pmatrix}: \quad {}^{iHM}\vec{a} = \bar{\Phi} \cdot {}^{iM}\vec{a} \quad \text{und} \quad {}^{HM}\bar{A} = \bar{\Phi} \cdot {}^{M}\bar{A} \cdot \bar{\Phi}^{T}.$$

Als Ergebnis erhalten wir:

$$ {}^{iHM}\vec{a} = \begin{pmatrix} {}^{iH}y \\ {}^{iH}z \\ {}^{iM}\omega \end{pmatrix} \quad \text{und} \quad {}^{HM}\bar{A} = \begin{pmatrix} {}^{H}A_{YY} & 0 & 0 \\ 0 & {}^{H}A_{ZZ} & 0 \\ 0 & 0 & {}^{M}A_{\omega\omega} \end{pmatrix}.$$

Die Einzelrechnungen sind in Tafel 5 zusammengestellt:

**Tafel 5 Hauptachsentransformation**

| $\boldsymbol{A_{YY} \neq A_{ZZ}}$ | $\boldsymbol{A_{YY} = A_{ZZ}}$ |
|---|---|
| $-\dfrac{\pi}{4} < \varphi_H < \dfrac{\pi}{4}$ | $\varphi_H = \pm\dfrac{\pi}{4}$ |
| $\tan 2\varphi_H = \dfrac{2A_{YZ}}{A_{YY} - A_{ZZ}}$ | |
| ${}^{H}A_{YY} = \dfrac{A_{YY} + A_{ZZ}}{2} + \dfrac{A_{YY} - A_{ZZ}}{2} \cdot \sqrt{1 + \tan^2 2\varphi_H}$<br>${}^{H}A_{ZZ} = \dfrac{A_{YY} + A_{ZZ}}{2} - \dfrac{A_{YY} - A_{ZZ}}{2} \cdot \sqrt{1 + \tan^2 2\varphi_H}$ | ${}^{H}A_{YY} = A_{YY} + A_{YZ}$<br>${}^{H}A_{ZZ} = A_{ZZ} - A_{YZ}$ |

# 4 Schnittkraftgrößen

## 4.1 Schnittkraftgrößen infolge Querlast

Die Berechnung der Schnittkräfte im „Gesamtstab" unterscheidet sich nicht von der Schnittkraftberechnung des Kragarms als Einzelstab. Bei der Spannungsberechnung müssen die Schnittkräfte auf dasselbe Koordinatensystem bezogen sein wie die Querschnittswerte. Zweckmäßigerweise wird daher zunächst die Querschnittswerteberechnung (Abschn. 3) durchgeführt, um der Schnittkraftberechnung unmittelbar die Drillruheachse als Stabachse zugrunde legen zu können. Anderenfalls müssen die Querschnittswerte und/oder die Schnittkraftgrößen auf das gewählte System transformiert werden.

$$^{M}\vec{V} = \int_{H}^{X} {^{M}\bar{r}_{q}} \cdot \vec{q} \cdot \mathrm{d}X \qquad\qquad ^{M}\vec{M} = -\int_{H}^{X} {^{M}\vec{V}} \cdot \mathrm{d}X$$

Darin bedeuten:

$$\vec{q} = \begin{pmatrix} q_Y \\ q_Z \end{pmatrix}$$

Belastung in Richtung $Y$ bzw. $Z$

$$^{M}\bar{r}_{q} = \begin{pmatrix} 1 & 0 \\ 0 & 1 \\ -{^{M}Z_{q}} & {^{M}Y_{q}} \end{pmatrix}$$

Lastausmitte bezogen auf das zugrunde gelegte Koordinatensystem, vorzugsweise das $M$-System

$$M\vec{V} = \begin{pmatrix} Q_Y \\ Q_Z \\ {^{M}V_{\omega}} \end{pmatrix}$$

Querkräfte in Richtung $Y$ bzw. $Z$ und Wölbtorsionsmoment

$$^{M}\vec{M} = \begin{pmatrix} -M_Z \\ M_Y \\ -{^{M}M_{\omega}} \end{pmatrix}$$

Biegemomente um die $Z$- bzw. $Y$-Achse und Wölbbimoment

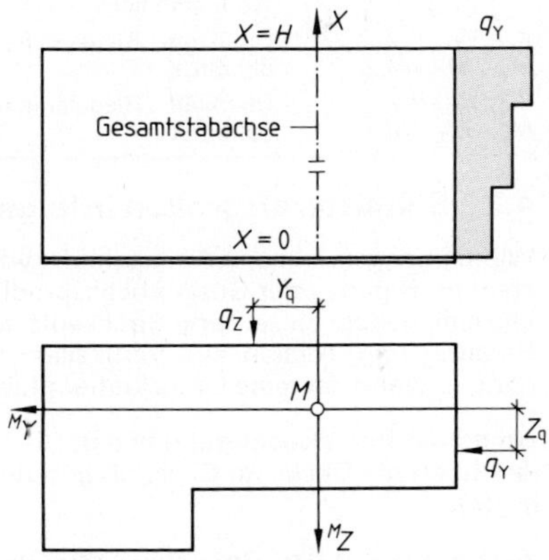


**Bild 13 Belastungsbeispiel am Schubmittelpunkts-Koordinatensystem**

Für die praktische Berechnung gilt:

**Tafel 6 Schnittkraftgrößen $V$ und $M$ infolge Querlasten**

| | |
|---|---|
| $V_Y = -\int_{H}^{X} q_Y \cdot \mathrm{d}X + \sum_{H}^{X} F_Y$ | $-M_Z = \int_{H}^{X} V_Y \cdot \mathrm{d}X$ |
| $V_Z = -\int_{H}^{X} q_Z \cdot \mathrm{d}X + \sum_{H}^{X} F_Z$ | $M_Y = \int_{H}^{X} V_Z \cdot \mathrm{d}X$ |
| $V_Z = -\int_{H}^{X} (q_Z \cdot Y_q - q_Y \cdot Z_q) \cdot \mathrm{d}X$ $+\int_{H}^{X} (F_Z \cdot Y_F - F_Y \cdot Z_F)$ | $-M_W = \int_{H}^{X} V_Z \cdot \mathrm{d}X$ |

Im allg. sind die Lastausmitten $Y_q$ und $Z_q$ der Streckenlast mindestens abschnittweise konstant und Einzellasten treten nicht auf.
Dann gilt für $X_1 > X_2$:

$$V_{\omega 2} = V_{Z2} \cdot Y_{q2} - V_{Y2} \cdot Z_{q2} \qquad -M_{\omega 2} = -M_{\omega 1} + M_{Y2} \cdot Y_{q2} + M_{Z2} \cdot Z_{q2}$$

Fortsetzung s. nächste Seite

**Tafel 6,** Fortsetzung

| | |
|---|---|
| $\int\limits_H^X, \sum\limits_H^X$ | Integral, Summe über den Bereich $H$ bis $X$ |
| $q_Y, Z_q$<br>$q_Z, Y_q$ | Streckenquerlasten in den Richtungen $Y$ und $Z$ in Abständen $Z_q$ bzw. $Y_q$ von der Stabachse |
| $F_Y, Z_F$<br>$F_Z, Y_F$ | Einzelquerlasten in den Richtungen $Y$ und $Z$ in Abständen $Z_F$ bzw. $Y_F$ von der Stabachse |
| $\vec{V} = \begin{pmatrix} V_Y \\ V_Z \\ V_\omega \end{pmatrix}$ | Querkraft im Stabbündel in Richtung $Y$<br>Querkraft im Stabbündel in Richtung $Z$<br>Wölbtorsionsmoment |
| $\vec{M} = \begin{pmatrix} -M_Z \\ M_Y \\ -M_\omega \end{pmatrix}$ | Biegemoment im Stabbündel in Richtung $Z$<br>Biegemoment im Stabbündel in Richtung $Y$<br>Wölbbimoment |
| $V_{Y1}, V_{Z1}, V_{\omega 1}$<br>$M_{Y1}, M_{Z1}, M_{\omega 1}$ | Querkräfte, Biegemomente und Wölbbimoment im Stabbündel im Schnitt $X_1$ |
| $V_{Y2}, V_{Z2}, V_{\omega 2}$<br>$M_{Y2}, M_{Z2}, M_{\omega 2}$ | Querkräfte, Biegemomente und Wölbbimoment im Stabbündel im Schnitt $X_2$ |

## 4.2 Schnittkraftgrößen infolge Längslast

Wandeigengewicht und Auflagekräfte von Decken und Balken ergeben die Längslasten. Im Rahmen der Gesamtbeanspruchungen interessieren in die Wandmittelfläche eingeleitete Einzel- und Streckenlasten in Richtung „$x$" ($F_x$, $q_x$). Im allg. können Biegung und Torsion aus Vertikallasten im Gesamtstab unbeachtet bleiben; es genügt, wenn der reine Längskrafteinfluß ($N_i = \int\limits_{(i)} q_x \cdot ds + \sum\limits_{(i)} F_x$) bei der Spannungsermittlung Berücksichtigung findet. Die genauere Berechnung erfaßt die Verteilung der durch die Decke im Geschoß $g$ in der Wandskelettlinie eingeleiteten Längslast $q_{xg}(s)$:

**Tafel 7 Schnittkraftgrößen $N_i$ und $M$ infolge Längslast**

$$F_{gi} = \int\limits_{(ig)} q_{xg} \cdot ds + \sum\limits_{(ig)} F_{xg}; \qquad N_i = \sum\limits_H^x F_{gi} \qquad \vec{M}_{Lg} = \int\limits_{(g)} {}^{iM}\vec{d} \cdot q_{xg} \cdot ds + \sum\limits_{(g)} {}^{iM}\vec{d}_F \cdot F_{xg}; \qquad \vec{M} = \sum\limits_H^x \vec{M}_{Lg}$$

| | |
|---|---|
| $\int\limits_{(ig)}, \sum\limits_{(ig)}$ | Integral, Summe über Geschoß $g$ im Teilstab $i$ |
| $\int\limits_{(g)}, \sum\limits_{(g)}$ | Integral, Summe über Geschoß $g$ im Gesamtstab |
| $\int\limits_H^X, \sum\limits_H^X$ | Integral, Summe über Stababschnitt $H-X$ |
| ${}^{iM}\vec{d}$ | Auf den Schubmittelpunkt bezogene Einheitsverschiebungen (s. Abschn. 3.2). Die Produktintegrale können mit Hilfe Abschn. 11, S. 304 Kapitel „Statik" berechnet werden. |
| ${}^{iM}\vec{d}_F$ | Auf den Schubmittelpunkt bezogene Einheitsverschiebungen am Aufpunkt von $F$ |
| $q_{xg}$ | Streckenlängslast im Schnitt $g$ des Teilstabs $i$ |
| $F_{xg}$ | Einzellängslast im Schnitt $g$ des Teilstabs $i$ |
| $F_{gi}$ | Resultierende Längslast im Schnitt $g$ des Teilstabs $i$ |
| $\vec{M}_{Lg} = \begin{pmatrix} -M_{ZLg} \\ M_{YLg} \\ -M_{\omega Lg} \end{pmatrix}$ | Lastmoment in Richtung $Z$ } im Schnitt $g$<br>Lastmoment in Richtung $Y$ } im Schnitt $g$<br>Lastbimoment |
| | Längskraft im Teilstab $i$ |
| $\vec{M} = \begin{pmatrix} -M_Z \\ M_Y \\ -M_\omega \end{pmatrix}$ | Biegemoment im Stabbündel in Richtung $Z$<br>Biegemoment im Stabbündel in Richtung $Y$<br>Wölbbimoment |

# 5 Längsspannungen

Man berechnet die Längsspannungen am besten im $M$-System (Abschn. 3). In diesem Bezugssystem müssen die Koordinaten der Querschnittspunkte, für die die Spannungsermittlung durchgeführt werden soll, lediglich der $S$-Normierung unterworfen, nicht aber auf das schiefe Hauptachsensystem bezogen werden. Die Ergebnisse der Querschnittswerte- und Schnittkraftgrößenrechnung müssen für das $M$-System vorliegen.

Längsspannung bzw. Linienlängskraft werden mithilfe der in Abschnitt 1.4 angegebenen Beziehungen berechnet. Die darin auftretende Inverse der Querschnittswertematrix ${}^{M}\boldsymbol{A}$ lautet mit der Determinante

$$D = {}^{D}A_{YY} \cdot {}^{D}A_{ZZ} - {}^{D}A_{YZ}^{2}: \qquad {}^{M}\bar{A}^{-1} = \begin{pmatrix} \frac{{}^{D}A_{ZZ}}{D} & -\frac{{}^{D}A_{YZ}}{D} & 0 \\ -\frac{{}^{D}A_{YZ}}{D} & \frac{{}^{D}A_{YY}}{D} & 0 \\ 0 & 0 & \frac{1}{{}^{M}A_{\omega\omega}} \end{pmatrix}$$

Damit ergibt sich die Linienlängskraft wie folgt:

**Linienlängskraft im Punkt *k* im Wandabschnitt *j* des Teilquerschnitts *i***

$$n_k = \left[\frac{N_i}{A_i} - \frac{{}^{D}A_{ZZ} \cdot {}^{D}M_Z + {}^{D}A_{YZ} \cdot {}^{D}M_Y}{D} \cdot {}^{iD}y_k \right.$$

$$\left. + \frac{{}^{D}A_{YZ} \cdot {}^{D}M_Z + {}^{D}A_{YY} \cdot {}^{D}M_Y}{D} \cdot {}^{iD}z_k - \frac{{}^{M}M_\omega}{{}^{M}A_{\omega\omega}} \cdot {}^{iM}\omega_k \right] \cdot {}^{i}t_j$$

| | |
|---|---|
| $n_k$ | Linienlängskraft im Punkt $k$ im Wandabschnitt $j$ des Teilquerschnitts $i$ |
| $N_i$ | Längskraft im Teilquerschnitt $i$ |
| ${}^{D}M_Y$ | Biegemoment in Richtung $Y$ im $D$- bzw. $M$-System |
| ${}^{D}M_Z$ | Biegemoment in Richtung $Z$ im $D$- bzw. $M$-System |
| ${}^{M}M_\omega$ | Wölbbimoment im $M$-System |
| $A_i$ | Querschnittsfläche des Teilquerschnitts $i$ |
| ${}^{D}A_{YY}$, ${}^{D}A_{YZ}$, ${}^{D}A_{ZZ}$ | Flächenmomente 2. Grades im $D$- bzw. $M$-System |
| ${}^{M}A_{\omega\omega}$ | Flächenbimoment 2. Grades (Wölbflächenmoment) im $M$-System |
| ${}^{iD}y_k$, ${}^{iD}z_k$ | Einheitsverschiebungen (Koordinaten) des Punktes $k$ im $D$- bzw. $M$-System |
| ${}^{iM}\omega_k$ | Einheitsverwölbung im $M$-System |
| ${}^{i}t_j$ | Dicke des Wandabschnitts $j$ bei $k$ |

# 6 Gesamtstabilität

Als Ganzes betrachtet ist ein Geschoßbau ein Druckstab, genauer ein Druckstabbündel, da er im allg. aus einer größeren Anzahl nicht zusammenhängender Wandfaltwerke besteht, die durch die Geschoßdecken gebündelt werden. Schlanke Druckstäbe müssen nach der Elastizitätstheorie II. Ordnung untersucht werden, d.h. es muß ein Knick- und ggf. ein Biegedrillknicknachweis geführt werden. Bei gedrungenen Druckstäben genügt dagegen ein vereinfachter Nachweis. Bei offensichtlich fehlender Knickgefahr kann er ganz entfallen. Welcher Nachweis für einen Geschoßbau zu führen ist, richtet sich nach folgenden Kriterien:

(1) Ein Nachweis der Beanspruchungen aus Horizontallasten und nach Theorie II. Ordnung kann völlig entfallen bei Gebäuden mit bis zu sechs Stockwerken, wenn die aussteifenden Wände von Außenwand zu Außenwand durchgehen (DIN 1053, sinngemäß auf Beton- und Stahlbetonbauten anwendbar).

(2) Ein Biegenachweis nach Theorie II. Ordnung kann entfallen, solange die folgende Bedingung erfüllt ist (DIN 1045, 15.8.1):

**Kriterium für Biegeknicknachweis**

$$\alpha = H \cdot \sqrt{\sum V / \min B} \quad \begin{matrix} \leqq 0{,}6 & \text{für} \quad n \geqq 4 \\ \leqq 0{,}2 + 0{,}1 \cdot n & \text{für} \quad n < 4 \end{matrix}$$

| | |
|---|---|
| $\alpha$ | Labilitätszahl der Biegung |
| $H$ | Gebäudehöhe über Einspannstelle (Fundament oder steifes Kellergeschoß) |
| $n$ | Anzahl der Geschosse |
| $\sum V$ | Summe aller Vertikallasten |
| $\min B = E \cdot \min I$ | $= E \cdot \mathrm{Min}\{{}^{H}A_{YY}, {}^{H}A_{ZZ}\}$ Steifigkeit des Gebäudequerschnitts im Zustand I nach der Elastizitätstheorie. Zustand I kann nur dann als gegeben angesehen werden, wenn die Biegezugspannungen in den aussteifenden Bauteilen die Größenordnung von $\beta_{WS}/10$ nicht überschreiten. Ist ein Gebäude durch Deckenfugen in mehrere Abschnitte geteilt, so ist der Nachweis für jeden Abschnitt zu führen. |
| $E$ | Elastizitätsmodul |
| $\min I$ | kleinstes Flächenmoment 2. Grades |
| ${}^{H}A_{YY}, {}^{H}A_{ZZ}$ | Hauptflächenmomente 2. Grades (Abschn. 3) |

(3) Ein Torsionsnachweis nach Theorie II. Ordnung (Drillknicknachweis) kann entfallen, solange die folgende Bedingung (Brandt, Beton- und Stahlbetonbau 7/76 und 3/77) erfüllt ist:

**Kriterium für Drillknicknachweis**

$$\left.\begin{matrix} \varkappa \leqq 10\colon \; \alpha_T = \varphi \cdot H \cdot \sqrt{\dfrac{\sum V}{W} \cdot \left(\dfrac{d^2}{12} + c^2\right)} \\ \varkappa > 10\colon \; \alpha_T = 2{,}28 \cdot \sqrt{\dfrac{\sum V}{W} \cdot \left(\dfrac{d^2}{12} + c^2\right)} \end{matrix}\right\} \quad \begin{matrix} \alpha_T \leqq 0{,}6 & \text{für} \quad n \geqq 4 \\ \alpha_T \leqq 0{,}2 + 0{,}1 \cdot n & \text{für} \quad n < 4 \end{matrix}$$

| | |
|---|---|
| $\alpha_T$ | Labilitätszahl der Verdrillung |
| $\varkappa = H \cdot \sqrt{T/W}$ | Torsionseigenwert |
| $H$ | Gebäudehöhe über Einspannstelle |
| $T = G \cdot I_T$ | Torsionssteifigkeit (St.-Venant-Torsion) |
| $W = E \cdot {}^{M}A_{\omega\omega}$ | Wölbtorsionssteifigkeit |
| $G$ | Schubmodul |
| $I_T$ | Torsionsflächenmoment 2. Grades |
| $E$ | Elastizitätsmodul |
| ${}^{M}A_{\omega\omega}$ | Wölbtorsionsflächenmoment |
| $\sum V$ | Summe aller vertikalen Lasten |
| $\varphi$ | Beiwert in Abhängigkeit von $\varkappa$ nach folgender Tabelle |

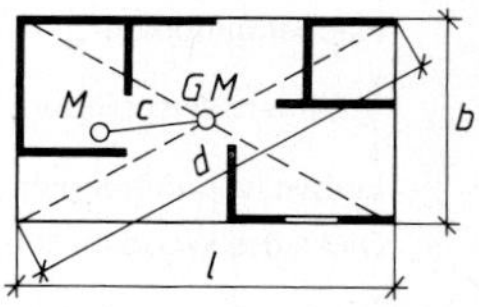


$GM$ = Geometrischer Mittelpunkt; $M$ = Schubmittelpunkt

**Bild 14 Größen *l*, *b*, *d*, *c***

| $\varkappa$ | 0 | 0,5 | 1,0 | 2 | 3 | 4 | 5 | 6 | 7 | 8 | 9 | 10 | >10 |
|---|---|---|---|---|---|---|---|---|---|---|---|---|---|
| $\varphi$ | 1,00 | 0,96 | 0,85 | 0,64 | 0,51 | 0,42 | 0,36 | 0,31 | 0,28 | 0,25 | 0,22 | 0,20 | $\varphi \cdot H = 2{,}28$ |

| | |
|---|---|
| $d = \sqrt{l^2 + b^2}$ | Diagonale des rechteckigen Grundrisses |
| $c$ | Abstand des Schubmittelpunkts vom Grundrißmittelpunkt als angenommener Wirkungspunkt der resultierenden Vertikallast (s. Bild 14). |

Zur Ermittlung der Lage des Schubmittelpunkts s. Abschn. 3.

# 7 Beispiel

## 7.1 System und Belastung

**Konstruktion**

**Wanddicke:** $t = 20$ cm

**Gebäudehöhe über Einspannstelle:**

$H = 10 \cdot 3{,}00 = 30$ m

**Belastung**

**Lastfall 1:**

In Richtung $Z$: $q = 1{,}5$ kN/m²

$q_Z = 1{,}5 \cdot 11{,}0 = 16{,}5$ kN/m

**Lastfall 2:**

In Richtung $Y$: $q = 1{,}5$ kN/m²:

$q_Y = 1{,}5 \cdot 8{,}0 = 12{,}0$ kN/m

**Lastfall 3:**

Vertikale Last je Geschoß:

Wandabschnitt 1–2:
$q_x = -2{,}0$ kN/m

Punkt 7:
$F_x = -15{,}0$ kN

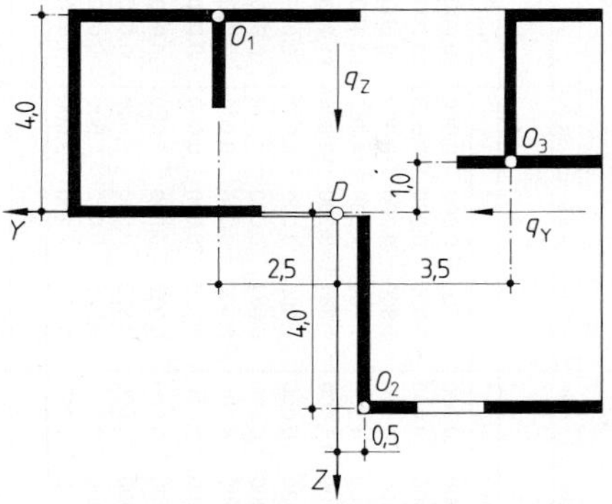


**Bild 15** Anordnung der Teilquerschnitte

## 7.2 Querschnittswerte und Einheitsverschiebungen

### 7.2.1 Lokale Koordinatensysteme

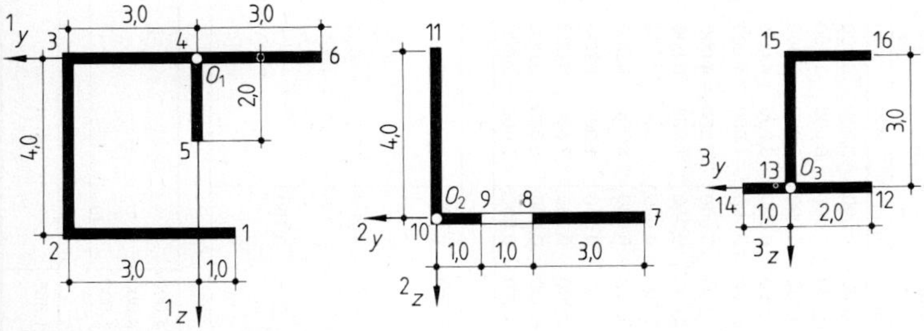


**Bild 16** Teilquerschnitte

### 7.2.2 Berechnung der Querschnittswerte

Die Querschnittswerte werden mit Hilfe eines Tabellenkalkulationsprogramms berechnet (Tafeln 8 und 9). Die Tabellenrechnung kann natürlich auch von Hand erfolgen. Allerdings ist der Aufwand bei größeren Systemen nicht unbeträchtlich. Man wird daher die Benutzung von Rechenprogrammen, die auch für programmierbaren Taschenrechner existieren, vorziehen.

**Tafel 8 Querschnittswerte-Berechnung** (Erläuterungen s. S. 1019)

| 1 | 2 | 3 | 4 | 5 | 6 | 7 | 8 | 9 | 10 | 11 | 12 | 13 | 14 | 15 | 16 | 17 | 18 | 19 | 20 | 21 |
|---|---|---|---|---|---|---|---|---|---|---|---|---|---|---|---|---|---|---|---|---|
| | | | | | $j,a$ | | | $j,e$ | | | | | | | | | | | | |
| $i$ | $j$ | $k$ | $t$ | $y$ | $z$ | $\omega$ | $y$ | $z$ | $\omega$ | $A$ | $A_y$ | $A_z$ | $A_\omega$ | $A_{yy}$ | $A_{yz}$ | $A_{zz}$ | $A_{y\omega}$ | $A_{z\omega}$ | $A_{\omega\omega}$ | Zeile |
| | | | in m | in m | in m | in $m^2$ | in m | in m | in $m^2$ | in $m^2$ | in $m^3$ | in $m^3$ | in $m^4$ | in $m^4$ | in $m^4$ | in $m^4$ | in $m^5$ | in $m^5$ | in $m^6$ | |
| 1 | 4 | 6 | 0,200 | 0,000 | 0,000 | 0,000 | −3,000 | 0,000 | 0,000 | 0,600 | −0,900 | 0,000 | 0,000 | 1,800 | 0,000 | 0,000 | 0,000 | 0,000 | 0,000 | 1 |
| 1 | 4 | 5 | 0,200 | 0,000 | 0,000 | 0,000 | 0,000 | 2,000 | 0,000 | 0,400 | 0,000 | 0,400 | 0,000 | 0,000 | 0,000 | 0,533 | 0,000 | 0,000 | 0,000 | 2 |
| 1 | 4 | 3 | 0,200 | 0,000 | 0,000 | 0,000 | 3,000 | 0,000 | 0,000 | 0,600 | 0,900 | 0,000 | 0,000 | 1,800 | 0,000 | 0,000 | 0,000 | 0,000 | 0,000 | 3 |
| 1 | 3 | 2 | 0,200 | 3,000 | 0,000 | 0,000 | 3,000 | 4,000 | 12,000 | 0,800 | 2,400 | 1,600 | 4,800 | 7,200 | 4,800 | 4,267 | 14,400 | 12,800 | 38,400 | 4 |
| 1 | 2 | 1 | 0,200 | 3,000 | 4,000 | 12,000 | −1,000 | 4,000 | 28,000 | 0,800 | 0,800 | 3,200 | 16,000 | 1,867 | 3,200 | 12,800 | 11,733 | 64,000 | 337,067 | 5 |
| 2 | 10 | 11 | 0,200 | 0,000 | 0,000 | 0,000 | 0,000 | −4,000 | 0,000 | 0,800 | 0,000 | −1,600 | 0,000 | 0,000 | 0,000 | 4,267 | 0,000 | 0,000 | 0,000 | 6 |
| 2 | 10 | 9 | 0,200 | 0,000 | 0,000 | 0,000 | −1,000 | 0,000 | 0,000 | 0,200 | −0,100 | 0,000 | 0,000 | 0,067 | 0,000 | 0,000 | 0,000 | 0,000 | 0,000 | 7 |
| 2 | 9 | 8 | 0,000 | −1,000 | 0,000 | 0,000 | −2,000 | 0,000 | 0,000 | 0,000 | 0,000 | 0,000 | 0,000 | 0,000 | 0,000 | 0,000 | 0,000 | 0,000 | 0,000 | 8 |
| 2 | 8 | 7 | 0,200 | −2,000 | 0,000 | 0,000 | −5,000 | 0,000 | 0,000 | 0,600 | −2,100 | 0,000 | 0,000 | 7,800 | 0,000 | 0,000 | 0,000 | 0,000 | 0,000 | 9 |
| 3 | 13 | 14 | 0,200 | 0,000 | 0,000 | 0,000 | 1,000 | 0,000 | 0,000 | 0,200 | 0,100 | 0,000 | 0,000 | 0,067 | 0,000 | 0,000 | 0,000 | 0,000 | 0,000 | 10 |
| 3 | 13 | 12 | 0,200 | 0,000 | 0,000 | 0,000 | −2,000 | 0,000 | 0,000 | 0,400 | −0,400 | 0,000 | 0,000 | 0,533 | 0,000 | 0,000 | 0,000 | 0,000 | 0,000 | 11 |
| 3 | 13 | 15 | 0,200 | 0,000 | 0,000 | 0,000 | 0,000 | −3,000 | 0,000 | 0,600 | 0,000 | −0,900 | 0,000 | 0,000 | 0,000 | 1.800 | 0,000 | 0,000 | 0,000 | 12 |
| 3 | 15 | 16 | 0,200 | 0,000 | −3,000 | 0,000 | −2,000 | −3,000 | −6,000 | 0,400 | −0,400 | −1,200 | −1,200 | 0,533 | 1,200 | 3,600 | 1,600 | 3,600 | 4,800 | 13 |
| ***S*-Normierung** | | | | | | | | | | | | | | | | | | | | |
| 1 | | | | 1,000 | 1,625 | 6,500 | | | | 3,200 | 3,200 | 5,200 | 20,800 | 12,667 | 8,000 | 17,600 | 26,133 | 76,800 | 375,467 | 14 |
| | | | | | | | | | | | | | | −3,200 | −5,200 | −8,450 | −20,800 | −33,800 | −135,200 | 15 |
| | | | | | | | | | | | | | | 9,467 | 2,800 | 9,150 | 5,333 | 43,000 | 240,267 | 16 |
| 2 | | | | −1,375 | −1,000 | 0,000 | | | | 1,600 | −2,200 | −1,600 | 0,000 | 7,867 | 0,000 | 4,267 | 0,000 | 0,000 | 0,000 | 17 |
| | | | | | | | | | | | | | | −3,025 | −2,200 | −1,600 | 0,000 | 0,000 | 0,000 | 18 |
| | | | | | | | | | | | | | | 4,842 | −2,200 | 2,667 | 0,000 | 0,000 | 0,000 | 19 |
| 3 | | | | −0,438 | −1,313 | −0,750 | | | | 1,600 | −0,700 | −2,100 | −1,200 | 1,133 | 1,200 | 5,400 | 1,600 | 3,600 | 4,800 | 20 |
| | | | | | | | | | | | | | | −0,306 | −0,919 | −2,756 | −0,525 | −1,575 | −0,900 | 21 |
| | | | | | | | | | | | | | | 0,827 | 0,281 | 2,644 | 1,075 | 2,025 | 3,900 | 22 |
| **Gesamtquerschnitt** | | | | | | | | | | | | | | | | | | | | |
| 1 | | | | 2,500 | −4,000 | | | | | | | | | 9,467 | 2,800 | 9,150 | 50,200 | 77,075 | 762,587 | 23 |
| 2 | | | | −0,500 | 4,000 | | | | | | | | | 4,842 | −2,200 | 2,667 | −18,267 | 7,467 | 69,333 | 24 |
| 3 | | | | −3,500 | −1,000 | | | | | | | | | 0,827 | 0,281 | 2,644 | 0,918 | −6,947 | 23,119 | 25 |
| ***M*-Normierung** | | | | | | | | | | | | | | | | | | | | |
| | | | | 5,252 | −1,865 | | | | | | | | | | | | 32,851 | 77,595 | −468,813 | 26 |
| | | | | | | | | | $D = 218,0878$ | | | | | 15,135 | 0,881 | 14,460 | | | 386,227 | 27 |

**Bedeutung der Inhalte von Tafel 8,** Fortsetzung s. S. 1020

| Spalte | | Inhalt | Berechnung |
|---|---|---|---|
| **Zeilen 1 bis 13 (Wandabschnittswerte)** | | | |
| 1 | i | Index des Teilquerschnitts | |
| 2 | *j, a* | Anfangspunkt des Wandabschnitts *j* | |
| 3 | *j, e* | Endpunkt des Wandabschnitts *j* | |
| 4 | *t* | Wanddicke im Abschnitt *j* | Urdatum |
| | | Einheitsverschiebungen infolge | |
| 5 | *j, a y* | $\psi_z = 1$ in Punkt *j, a* | *y* im $O_i$-System |
| 6 | *j, a z* | $\psi_y = -1$ in Punkt *j, a* | *z* im $O_i$-System |
| 7 | *j, a ω* | $\vartheta = 1$ in Punkt *j, a* | $\omega$ im $O_i$-System (1. Punkt 0, Folgepunkte von je) |
| 8 | *j, e y* | Einheitsverschiebungen | *y* im $O_i$-System |
| 9 | *j, e z* | entsprechend 5 bis 7 | *z* im $O_i$-System |
| 10 | *j, e ω* | in Punkt *j, e* | $\omega_{ja} + y_{ja} \cdot z_{je} - z_{ja} \cdot y_{je}$ |
| 11 | $A$ | Querschnittsfläche des Wandabschnitts *j* | $t_j \cdot \sqrt{(y_{je} - y_{ja})^2 + (z_{je} - z_{ja})^2}$ |
| 12 | $A_y$ | Flächenmomente 1. Grades | $(y_{ja} + y_{je}) \cdot A_j/2$ |
| 13 | $A_z$ | des Wandabschnitts *j* | $(z_{ja} + z_{je}) \cdot A_j/2$ |
| 14 | $A_\omega$ | | $(y_{ja} + y_{je}) \cdot A_j/2$ |
| 15 | $A_{yy}$ | Flächenmomente 2. Grades des Wandabschnitts *j* | $(y_{ja}^2 + y_{ja} \cdot y_{je} + y_{je}^2) \cdot A_j/3$ |
| 16 | $A_{yz}$ | | $(2 \cdot y_{ja} + z_{ja} + y_{ja} \cdot z_{je} + y_{je} \cdot z_{ja} + 2 \cdot y_{je} \cdot z_{je}) \cdot A_j/6$ |
| 17 | $A_{zz}$ | | $(z_{ja}^2 + z_{ja} \cdot z_{je} + z_{je}^2) \cdot A_j/3$ |
| 18 | $A_{y\omega}$ | | $(2 \cdot y_{ja} \cdot \omega_{ja} + y_{ja} \cdot \omega_{je} + y_{je} \cdot \omega_{ja} + 2 \cdot y_{je} \cdot \omega_{je}) \cdot A_j/6$ |
| 19 | $A_{z\omega}$ | | $(2 \cdot z_{ja} \cdot \omega_{ja} + z_{ja} \cdot \omega_{je} + z_{je} \cdot \omega_{ja} + 2 \cdot z_{je} \cdot \omega_{je}) \cdot A_j/6$ |
| 20 | $A_{\omega\omega}$ | | $(\omega_{ja}^2 + \omega_{ja} \cdot \omega_{je} + \omega_{je}^2) \cdot A_j/3$ |
| 21 | Zeile | Zeilen-Nr. | |
| **Zeilen 14, 17, 20:** | | | |
| 11 | $A$ | Summen der Wandabschnittswerte | Spaltensummen über |
| ⋮ | ⋮ | $= O_i$-Querschnittswerte $A_i$ bis $A_{\omega\omega i}$ | Teilquerschnitte 1, 2, 3 |
| 20 | $A_{\omega\omega}$ | der Teilquerschnitte 1, 2, 3 | |
| 5 | *j, a y* | Normierungsdifferenzen | $A_{yi}/A_i$ |
| 6 | *j, a z* | der Einheitsverschiebungen | $A_{zi}/A_i$ |
| 7 | *j, a ω* | der Teilquerschnitte 1, 2, 3 | $A_{\omega i}^2/A_i$ |
| **Zeilen 15, 18, 21:** | | | |
| 15 | $A_{yy}$ | Normierungsdifferenzen für | $-A_{yi}^2/A_i$ |
| 16 | $A_{yz}$ | S-Normierung der Querschnittswerte | $-A_{yi} \cdot A_{zi}/A_i$ |
| 17 | $A_{zz}$ | Teilquerschnitte 1, 2, 3 | $-A_{zi}^2/A_i$ |
| 18 | $A_{y\omega}$ | | $-A_{yi} \cdot A_{\omega i}/A_i$ |
| 19 | $A_{z\omega}$ | | $-A_{zi} \cdot A_{\omega i}/A_i$ |
| 20 | $A_{\omega\omega}$ | | $-A_{\omega i}^2/A_i$ |
| **Zeilen 16, 19, 22:** | | | |
| 15 | $A_{yy}$ | Normierte Querschnittswerte | Zeile [16] = Zeile [14] + Zeile [15] |
| ⋮ | | $A_{yyi}$ bis $A_{\omega\omega i}$ | Zeile [19] = Zeile [17] + Zeile [18] |
| 20 | $A_{\omega\omega}$ | der Teilquerschnitte 1, 2, 3 | Zeile [22] = Zeile [20] + Zeile [21] |
| **Zeilen 23 bis 25:** | | | |
| 5 | *j, a y* | $= Y_i$ Koordinaten der $O_i$-Punkte | Urdatum |
| 6 | *j, a z* | $= Z_i$ im globalen *D*-System | Urdatum |
| 15 | $A_{yy}$ | $= A_{YYi}$ Flächenmomente 2. Grades der Teilquerschnitte im *D*-System | Übertrag Zeilen 16, 19 bzw. 21 |
| 16 | $A_{yz}$ | $= A_{YZi}$ | |
| 17 | $A_{zz}$ | $= A_{ZZi}$ | |
| 19 | $A_{y\omega}$ | $= A_{Y\omega i}$ | ${}^SA_{yzi} \cdot Y_i - {}^SA_{yyi} \cdot Z_i + {}^SA_{y\omega i}$ |
| 20 | $A_{z\omega}$ | $= A_{Z\omega i}$ | ${}^SA_{zzi} \cdot Y_i - {}^SA_{yzi} \cdot Z_i + {}^SA_{z\omega i}$ |
| 21 | $A_{\omega\omega}$ | $= A_{\omega\omega i}$ | $(A_{Z\omega i} + {}^SA_{z\omega i}) \cdot Y_i - (A_{Y\omega i} + {}^SA_{y\omega i}) \cdot Z_i + {}^SA_{\omega\omega i}$ |

**Bedeutung der Inhalte von Tafel 8**, Fortsetzung

| Spalte | Inhalt | | Berechnung |
|---|---|---|---|
| Zeile 26: | | | |
| 15 $A_{yy}$ | $=A_{YY}$ | Flächenmomente 2. Grades des Gesamtquerschnitts im *D*-System | Summe der Zeilen 23 bis 25 |
| 16 $A_{yz}$ | $=A_{YZ}$ | | |
| 17 $A_{zz}$ | $=A_{ZZ}$ | | |
| 18 $A_{y\omega}$ | $=A_{Y\omega}$ | | |
| 19 $A_{z\omega}$ | $=A_{Z\omega}$ | | |
| 20 $A_{\omega\omega}$ | $=A_{\omega\omega}$ | | $-(A_{Y\omega}^2 \cdot A_{ZZ}+A_{z\omega}^2 \cdot A_{YY} - 2A_{YZ} \cdot A_{Y\omega} \cdot A_{Z\omega})/D$ |
| Zeile 27: | | | |
| 5 $j, \boldsymbol{a}y$ | $=Y_M$ | Koordinaten des Schubmittelpunktes im *D*-System | $(A_{YY} \cdot A_{Z\omega} - A_{YZ} \cdot A_{Y\omega})/D$ |
| 6 $j, \boldsymbol{a}z$ | $=Z_M$ | | $(A_{YZ} \cdot A_{Z\omega} - A_{ZZ} \cdot A_{Y\omega})/D$ |
| 15 $A_{yy}$ | $={}^MA_{YY}$ | Flächenmomente 2. Grades des Gesamtquerschnitts im *M*-System | Übertrag Zeile 26 |
| 16 $A_{yz}$ | $={}^MA_{YZ}$ | | |
| 17 $A_{zz}$ | $={}^MA_{ZZ}$ | | |
| 20 $A_{\omega\omega}$ | $={}^MA_{\omega\omega}$ | | $A_{\omega\omega} - \frac{A_{YY} \cdot A_{Z\omega} - A_{YZ} \cdot A_{Y\omega}}{D}$ |

$D = A_{YY} \cdot A_{ZZ} - A_{YZ}^2$

## 7.2.3 Normierte Einheitsverschiebungen

**Tafel 9 Normierte Einheitsverschiebungen**

| 1 | 2 | 3 | 4 | 5 | 6 | 7 | 8 |
|---|---|---|---|---|---|---|---|
| $i$ | $k$ | ${}^iy$ | ${}^iz$ | ${}^i\omega$ | ${}^{iS}y$ | ${}^{iS}z$ | ${}^{iM}\omega$ |
| | | in m | in m | in m² | in m | in m | in m² |
| 1 | 1 | −1,000 | 4,000 | 28,000 | −2,000 | 2,375 | 10,692 |
| 1 | 2 | 3,000 | 4,000 | 12,000 | 2,000 | 2,375 | 3,234 |
| 1 | 3 | 3,000 | 0,000 | 0,000 | 2,000 | −1,625 | 2,243 |
| 1 | 4 | 0,000 | 0,000 | 0,000 | −1,000 | −1,625 | −4,163 |
| 1 | 5 | 0,000 | 2,000 | 0,000 | −1,000 | 0,375 | −9,667 |
| 1 | 6 | −3,000 | 0,000 | 0,000 | −4,000 | −1,625 | −10,569 |
| 2 | 7 | −5,000 | 0,000 | 0,000 | −3,625 | 1,000 | 15,507 |
| 2 | 8 | −2,000 | 0,000 | 0,000 | −0,625 | 1,000 | −2,087 |
| 2 | 9 | −1,000 | 0,000 | 0,000 | 0,375 | 1,000 | −7,952 |
| 2 | 10 | 0,000 | 0,000 | 0,000 | 1,375 | 1,000 | −13,816 |
| 2 | 11 | 0,000 | −4,000 | 0,000 | 1,375 | −3,000 | 9,193 |
| 3 | 12 | −2,000 | 0,000 | 0,000 | −1,563 | 1,313 | −9,386 |
| 3 | 13 | 0,000 | 0,000 | 0,000 | 0,438 | 1,313 | −11,116 |
| 3 | 14 | 1,000 | 0,000 | 0,000 | 1,438 | 1,313 | −11,980 |
| 3 | 15 | 0,000 | −3,000 | 0,000 | 0,438 | −1,688 | 15,141 |
| 3 | 16 | −2,000 | −3,000 | −6,000 | −1,563 | −1,688 | 10,871 |

Es ergibt sich beispielsweise für Punkt 9 im Teilquerschnitt 2:

„Urwerte" nach Tafel 8:

$${}^2y_9 = -1{,}000\ \text{m};\quad {}^2z_9 = 0{,}000\ \text{m};\quad {}^2\omega_9 = 0{,}000\ \text{m}$$

S-Normierung (Abschn. 3.1.2 und Tafel 8):

$${}^{2S}y_9 = -1{,}000 - (-1{,}375) = 0{,}375\ \text{m}$$
$${}^{2S}z_9 = 0{,}000 - (-1{,}000) = 1{,}000\ \text{m}$$
$${}^{2S}\omega_9 = 0{,}000 - 0{,}000 = 0{,}000\ \text{m}^2$$

D-Transformation (Abschn. 3.2.1 und Tafel 8):

$${}^{2D}\omega_9 = 0{,}000 - 0{,}375 \cdot 4{,}000 + 1{,}000 \cdot (-0{,}500) = -2{,}000\ \text{m}^2$$

M-Normierung (Abschn. 3.2.2 und Tafel 8):

$${}^{2M}\omega_9 = -2{,}000 + (-1{,}865) \cdot 0{,}375 - 5{,}252 \cdot 1{,}000 = -7{,}952\ \text{m}^2$$

## 7.3 Schnittkraftgrößen

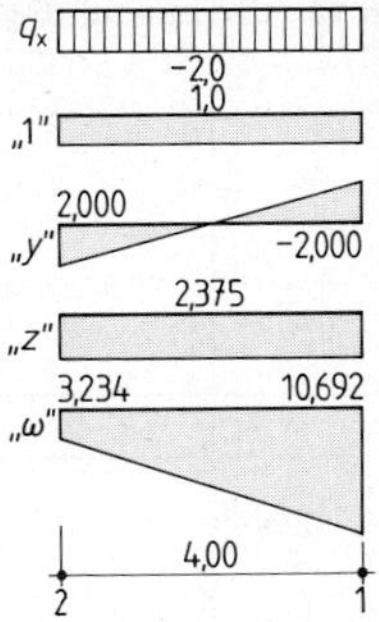


**Bild 17 Berechnung der Schnittkraftgrößen infolge $q_x$**

### 7.3.1 Lastfall 1 ($q_Z = 16{,}5$ kN/m)

$N_1 = N_2 = N_3 = 0$

$-{}^{D}M_Z =$ 0 kNm

${}^{D}M_Y = -16{,}5 \cdot 30{,}0^2/2 =$ −7425 kNm

$-{}^{M}M_\omega = (-7425) \cdot (-5{,}252) =$ 38996 kNm²

### 7.3.2 Lastfall 2 ($q_Y = 12{,}0$ kN/m)

$N_1 = N_2 = N_3 = 0$

$-{}^{D}M_Z = -12{,}0 \cdot 30{,}0^2/2$ −5400 kNm

${}^{D}M_Y =$ 0 kNm

${}^{M}M_\omega = 5400 \cdot 1{,}865 =$ 10071 kNm²

### 7.3.3 Lastfall 3 (s. S. 1017)

(Einheitsverschiebungen nach Tafel 9)

Je Geschoß:

$N_{1g} = -2{,}0 \cdot 4{,}0 =$ −8,0 kN/Geschoß

$N_{2g} =$ −15,0 kN/Geschoß

$-{}^{D}M_{Zg} = 0 - 15{,}0 \cdot (-3{,}625) =$ 54,375 kNm/Geschoß

${}^{D}M_{Yg} = -2{,}0 \cdot 2{,}375 \cdot 4{,}0 - 15{,}0 \cdot 1{,}000 =$ −34,000 kNm/Geschoß

$$-{}^{M}M_{\omega g} = -2{,}0 \cdot \frac{3{,}234 + 10{,}692}{2} \cdot 4{,}0 - 15{,}0 \cdot 15{,}507 = -288{,}309 \text{ kNm}^2$$

$N_1 = 10 \cdot (-8{,}0) =$ −80,0 kN

$N_2 = 10 \cdot (-15{,}0) =$ −150,0 kN

$-{}^{D}M_Z = 10 \cdot 54{,}375 =$ 544 kNm

${}^{D}M_Y = 10 \cdot (-34{,}000) =$ −340 kNm

$-{}^{M}M_\omega = 10 \cdot (-288{,}309) =$ −2883 kNm²

## 7.4 Längsspannungen

Die Längsspannungen werden entsprechend Abschn. 5 berechnet. Die Linienlängskraft geht durch Multiplikation der Spannungen mit der Wanddicke aus diesen hervor ($n_k = \sigma_k \cdot {}^{i}t_j$).

Die Spannungen im Teilquerschnitt 2 aus Lastfall 1 erhält man beispielsweise zu:

$$\sigma_k = \frac{0}{1{,}600} - \frac{14{,}460 \cdot 0 + 0{,}881 \cdot (-7425)}{218{,}0878} \cdot {}^{2D}y_k + \frac{0{,}881 \cdot 0 + 15{,}135 \cdot (-7425)}{218{,}0878} \cdot {}^{2D}z_k - \frac{-38996}{386{,}227} \cdot {}^{2M}\omega_k$$

$$\sigma_k = 29{,}886 \cdot {}^{2D}y_k - 513{,}425 \cdot {}^{2D}z_k + 100{,}967 \cdot {}^{2M}\omega_k$$

Für Punkt 9 des Teilquerschnitts 2 erhält man daraus:

$$\sigma_9 = 29{,}886 \cdot 0{,}375 - 513{,}425 \cdot 1{,}000 + 100{,}967 \cdot (-7{,}952) = -1307 \text{ kN/m}^2$$

**Tafel 10 Längsspannungen**

| | Lastfall 1 | Lastfall 2 | Lastfall 3 |
|---|---|---|---|
| $N_1$ | 0 | 0 | −80 |
| $N_2$ | 0 | 0 | −150 |
| $N_3$ | 0 | 0 | 0 |
| $-M_Z$ | 0 | −5400 | 544 |
| $M_Y$ | −7425 | 0 | −340 |
| $-{}^{M}M_{\omega}$ | −38996 | −10071 | −2883 |
| $i$ $k$ | | $\sigma$ in kN/m² | |
| 1 1 | −204 | 1047 | −241 |
| 1 2 | −837 | −580 | −36 |
| 1 3 | 1124 | −693 | 75 |
| 1 4 | 387 | 214 | 11 |
| 1 5 | −1199 | 114 | 0 |
| 1 6 | −350 | 1121 | −54 |
| 2 7 | 942 | 1724 | −371 |
| 2 8 | −745 | 191 | −127 |
| 2 9 | −1307 | −320 | −46 |
| 2 10 | −1869 | −831 | 35 |
| 2 11 | 2515 | −318 | −34 |
| 3 12 | −1671 | 343 | −22 |
| 3 13 | −1786 | −418 | 66 |
| 3 14 | −1843 | −798 | 109 |
| 3 15 | 2411 | 201 | −53 |
| 3 16 | 1920 | 806 | −96 |

Der Verlauf der Längsspannungen $\sigma$ [kN/m²] für die drei betrachteten Lastfälle ist in Bild 18 über den Wandmittellinien aufgetragen.

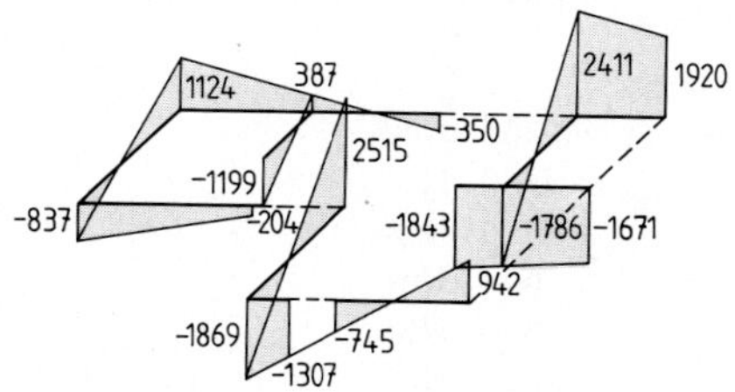


**a) Lastfall 1** ($q_z = 16{,}5$ kN/m)

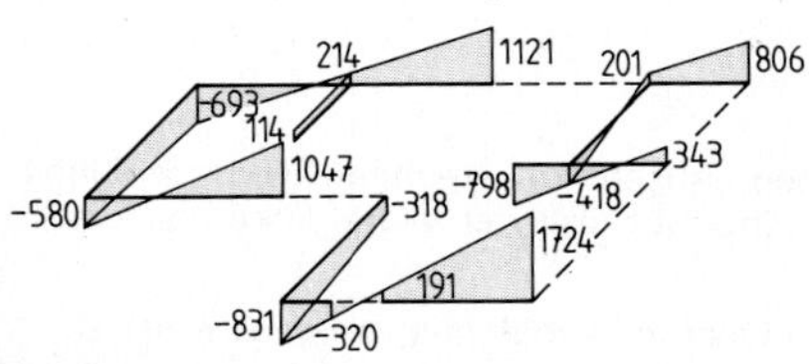


**b) Lastfall 2** ($q_y = 12{,}0$ kN/m)

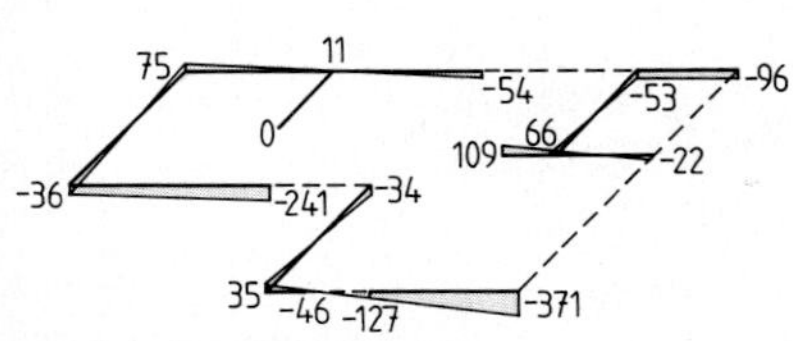


**c) Lastfall 3** s. S. 1017)

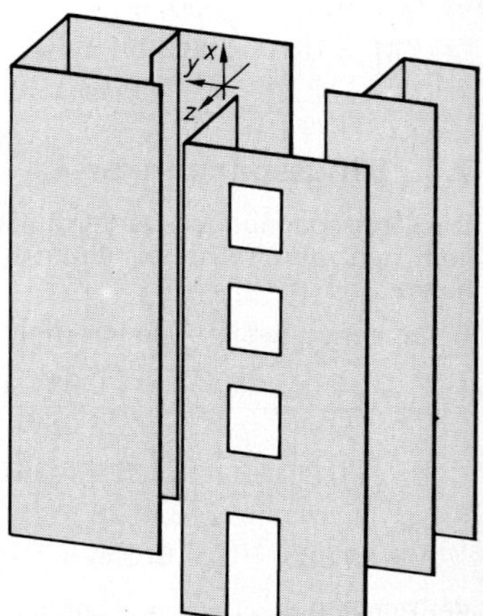


**Bild 18 Längsspannungszustand $\sigma$ in kN/cm²**

# 8 Vereinfachte Berechnungsverfahren in Sonderfällen

In vielen Fällen können vereinfachte Berechnungsverfahren angewandt werden:

**Schnittkraftermittlung**

(L1) das Gebäude läßt sich in Höhenabschnitte so einteilen, daß die kontinuierliche Achsbelastung innerhalb eines Abschnitts konstant ist und etwa vorhandene Einzellasten (z. B. über die Deckenränder eingeleitete Windlasten) in den Abschnittsgrenzpunkten angreifen.

(L2) die Lastwirkungsflächen sind eben und parallel zur Gebäude-$X$-Achse.

**Querschnittswerte- und Spannungsermittlung**

(Q1) die Teilquerschnitte des Gebäudequerschnitts sind torsionsweich.

(Q2) der Gebäudequerschnitt und die Belastung sind doppelt symmetrisch.

(Q3) die Gebäudeaussteifung ist „statisch bestimmt" (d.h. die Deckenscheiben sind durch 3 gerade Wände oder durch eine gerade Wand und einen aus zwei geraden Wänden zusammengesetzen Querschnitt gefesselt).

(Q4) die Querschnittsverhältnisse bleiben über die Gebäudehöhe gleich.

In den folgenden Abschnitten werden die vereinfachten Berechnungsverfahren für die wichtigsten Kombinationen der aufgezählten Sonderfälle behandelt.

## 8.1 Schnittkraftzustände bei Abschnittsgleichlast und Einzellasten

**Bezeichnungen** (s. auch Bilder 19 und 20)

| | |
|---|---|
| $q_{Y,\lambda}$, $q_{Z,\lambda}$ | Gleichlasten in $Y$- und $Z$-Richtung im Gebäudeabschnitt $\lambda$ |
| $q_{\omega,\lambda}$ | Torsionsgleichlast im Gebäudeabschnitt $\lambda$, bezogen auf $D$ |
| $F_{Y,\lambda}$, $F_{Z,\lambda}$ | Einzellasten in $Y$- und $Z$-Richtung im Abschnittsgrenzpunkt $\lambda$ |
| $F_{\omega,\lambda}$ | Torsionseinzellast im Abschnittsgrenzpunkt $\lambda$, bezogen auf $D$ |
| $Y_{q,\lambda}$, $Z_{q,\lambda}$ | Lage der Gleichlastwirkungsebenen im Basiskoordinatensystem |
| $Y_{F,\lambda}$, $Z_{F,\lambda}$ | Lage der Einzellastwirkungslinien im Basiskoordinatensystem |
| $V_Y$, $V_Z$, $M_Y$, $M_Z$ | Querkräfte und Biegemomente im Gesamtquerschnitt |
| $V_\omega$, $M_\omega$ | Torsions- und Wölbbimoment im Gesamtquerschnitt, auf $D$ bezogen |
| ${}^M M_Y$, ${}^M M_Z$, ${}^M M_W$ | Auf den Schubmittelpunkt $M$ bezogene Biegemomente und Wölbbimoment im Gesamtquerschnitt |
| ${}^S V_{Y,i}$, ${}^S V_{Z,i}$, ${}^S M_{Y,i}$, ${}^S M_{Z,i}$ | Auf den Biegeruhepunkt (Schwerpunkt) bezogene Schnittkräfte des Teilquerschnitts $i$ |
| $N_i$ | Längskraft in der Biegeruheachse des Teilquerschnitts $i$ |
| ${}^M\vec{M}$ | Momententupel (Tafel 6) |

Bei den Querlasten im Hochbau handelt es sich hauptsächlich um die über die Gebäudehöhe gestaffelte Gleichlast aus Wind, die entweder als auf die Bauwerksachse wirkende Linienlast oder als resultierende Einzellasten der Deckenrandlasten angesetzt wird (Bild 19).

In diesem Fall berechnet man die Schnittkräfte vorteilhaft rekursiv. An jeder Laststufe und bei jedem Einzellastangriffspunkt wird ein Achsabschnittspunkt $\lambda$ eingerichtet. Die Abschnittsgrenzpunkte werden von der Kragarmspitze beginnend mit $0, 1, 2 \dots l$ durchnumeriert, die Abschnittsnumerierung beginnt bei 1 (s. Bild 19).

Im allg. wird die Spur der Lastwirkungsflächen in $Y$- und $Z$-Richtung nicht mit der Gebäudeachse zusammenfallen, so daß sich auch Torsionsmomente einstellen. Bild 20 zeigt die Abschnittssituation.

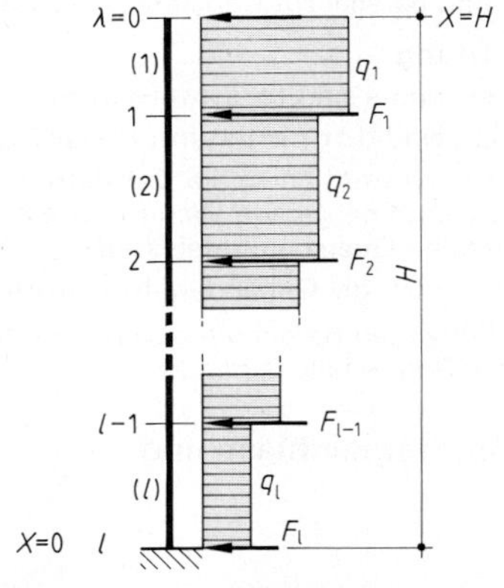


**Bild 19** **Kragarm mit Abschnittsgleichlasten und Einzellasten**

**Torsionslast**

$$q_{\omega,\lambda} = Y_{q,\lambda} \cdot q_{Z,\lambda} - Z_{q,\lambda} \cdot q_{Y,\lambda}$$
$$F_{\omega,\lambda} = Y_{F,\lambda} \cdot F_{Z,\lambda} - Z_{F,\lambda} \cdot F_{Y,\lambda}$$

**Schnittkräfte bei Punkt *O* (*X* = H)**

$$V_{Y,0} = F_{Y,0};\; V_{Z,0} = F_{Z,0};\; V_{\omega,0} = F_{\omega,0};$$
$$M_{Y,0} = M_{Z,0} = 0;\; M_{\omega,0} = 0$$

In Bild 21 sind die am Abschnitt $\lambda$ angreifenden Schnittkräfte dargestellt. Die Schnittkräfte im Schnitt $\lambda$ ergeben sich mit den Abschnittslasten nach Bild 20:

$$V_{Y,\lambda} = V_{Y,\lambda-1} + q_{Y,\lambda} \cdot \Delta X_\lambda + F_{Y,\lambda}$$
$$V_{Z,\lambda} = V_{Z,\lambda-1} + q_{Z,\lambda} \cdot \Delta X_\lambda + F_{Z,\lambda}$$
$$M_{Y,\lambda} = M_{Y,\lambda-1} - V_{Z,\lambda-1} \cdot \Delta X_\lambda - q_{Z,\lambda} \cdot \Delta X_\lambda^2/2$$
$$M_{Z,\lambda} = M_{Z,\lambda-1} + V_{Y,\lambda-1} \cdot \Delta X_\lambda + q_{Y,\lambda} \cdot \Delta X_\lambda^2/2$$
$$M_{\omega,\lambda} = V_{\omega,\lambda-1} + q_{\omega,\lambda} \cdot \Delta X_\lambda + F_{\omega,\lambda}$$
$$M_{\omega,\lambda} = M_{\omega,\lambda-1} + F_{\omega,\lambda-1} \cdot \Delta X_\lambda + q_{\omega,\lambda} \cdot \Delta X_\lambda^2/2$$

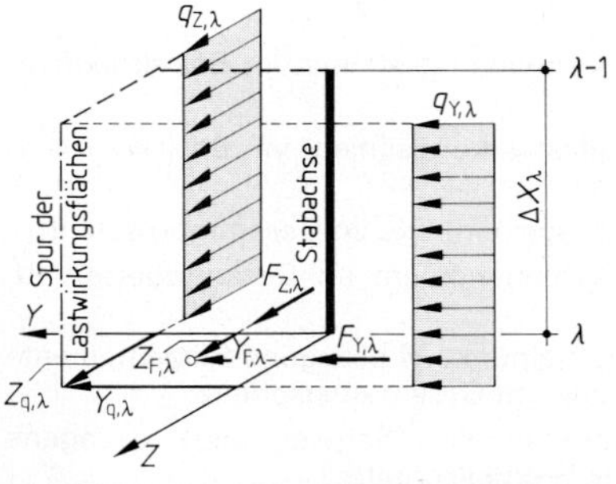


**Bild 20** **Stababschnitt $\lambda$ mit außerhalb der Achse angreifenden Gleich- und Einzellasten**

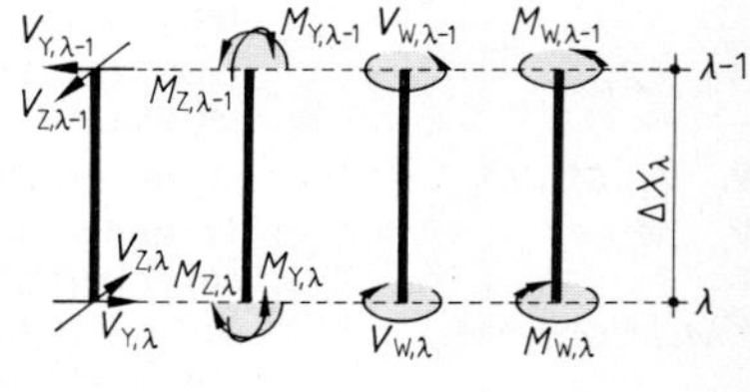


**Bild 21** **Schnittkräfte am Stababschnitt $\lambda$**

Der Rekursionsprozeß endet mit der Ermittlung der Schnittkräfte bei $\lambda = l$.

Im Falle (L2) und (Q4) gilt auch:

$$M_{\omega,\lambda} = M_{\omega,\lambda-1} + Y_q \cdot M_{Y,\lambda} + Z_q \cdot M_{Z,\lambda}$$

## 8.2 Gebäudequerschnitte mit torsionsweichen Teilquerschnitten

**Bezeichnungen**

| | |
|---|---|
| $A_i$ | Querschnittsfläche des Teilquerschnitts $i$ |
| ${}^{S}A_{yy,i}$, ${}^{S}A_{yz,i}$, ${}^{S}A_{zz,i}$ | Auf den Biegeruhepunkt $S_i$ bezogene Flächenmomente 2. Grades des Teilquerschnitts $i$ |
| $Y_i$, $Z_i$ | Koordinaten des Schubmittelpunktes $M_i$ des Teilquerschnitts $i$ im Basiskoordinatensystem |
| $Y_M$, $Z_M$ | Koordinaten des Gesamtschubmittelpunktes im Basiskoordinatensystem ($D$) |
| ${}^{M}Y_i = Y_i - Y_M$<br>${}^{M}Z_i = Z_i - Z_M$ | Koordinaten des Teilquerschnitts-Schubmittelpunkts $M_i$ im $M$-Koordinatensystem |
| ${}^{iS}y$, ${}^{iS}z$ | Einheitsverschiebung eines Punktes des Teilquerschnitts $i$ infolge Biegung, bezogen auf den Biegeruhepunkt (auf den „Teilquerschnitts-Schwerpunkt" $S_i$ bezogene Koordinaten des Punktes) |
| ${}^{iS}\omega = Y_i \cdot {}^{iS}z - Z_i \cdot {}^{iS}y$ | Einheitsverwölbung eines Punktes des Teilquerschnitts $i$, bezogen auf $M$ |
| $\vec{a}_k$ | Einheitsverschiebungstupel, transponiert: $(y, z, \omega)$ |
| $A_{YY}$, $A_{ZZ}$, $A_{\omega\omega}$ | Flächenmomente des Gesamtquerschnitts, auf $M$ bezogen |
| ${}^{M}\bar{A}$ | Matrix der Flächenmomente 2. Grades, auf $M$ bezogen (Abschn. 3.2.2) |
| $\sigma$ | Längsspannung im Punkt $y$, $z$ des Teilquerschnitts $i$ |

Bei Querschnittsbündeln mit wölbfreien Teilquerschnitten vereinfacht sich die Berechnung der Teilquerschnittswerte, weil deren Wölbflächenmoment verschwindet. Näherungsweise kann man dies auch bei Teilquerschnitten mit offensichtlich geringer Wölbsteifigkeit annehmen. Für solche Teilquerschnitte sind daher nur die auf den Biegeruhepunkt $S_i$ bezogenen Querschnittswerte

$$A_i,\quad {}^{S}A_{yy,i} = I_{z,i},\quad {}^{S}A_{yz,i} = I_{yz,i},\quad {}^{S}A_{zz,i} = I_{y,i}$$

zu berechnen. Die globalen Koordinaten der Drillruhepunkte der Teilquerschnitte $i$ sind $Y_i$, $Z_i$; das globale Koordinatensystem wird dabei nach zweckmäßig gewählten Kriterien frei festgelegt.

**Ermittlung der auf $D$ bezogenen Gesamtquerschnittswerte**

$$A_{YY} = \sum_{(i)} {}^{S}A_{yy,i}$$

$$A_{YZ} = \sum_{(i)} {}^{S}A_{yz,i}$$

$$A_{ZZ} = \sum_{(i)} {}^{S}A_{zz,i}$$

$$A_{Y\omega} = \sum_{(i)} (Y_i \cdot {}^{S}A_{yz,i} - Z_i \cdot {}^{S}A_{yy,i})$$

$$A_{Z\omega} = \sum_{(i)} (Y_i \cdot {}^{S}A_{zz,i} - Z_i \cdot {}^{S}A_{yz,i})$$

$$A_{\omega\omega} = \sum_{(i)} (Y_i^2 \cdot {}^{S}A_{zz,i} - 2 \cdot Y_i \cdot Z_i \cdot A_{yz,i} + Z_i^2 \cdot {}^{S}A_{yy,i})$$

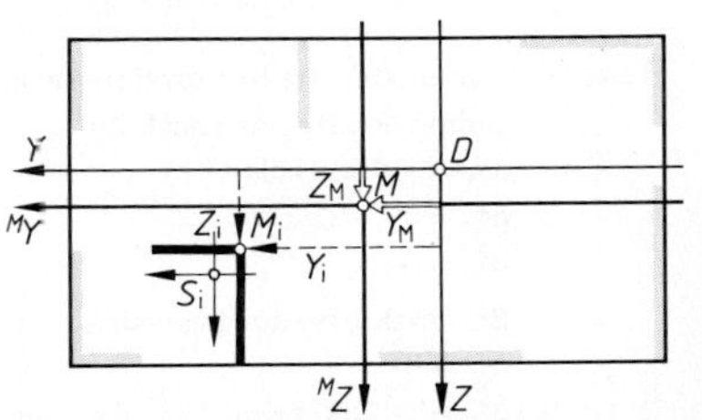


**Bild 22 Querschnitt mit wölbfreien Teilquerschnitten**

Zur Berechnung der auf $M$ normierten Querschnittswerte und der Längsspannungen berechnet man ferner die Determinante

$$D = A_{YY} \cdot A_{ZZ} - A_{YZ}^2$$

**Ermittlung von $Y_M$ und $Z_m$ und des auf $M$ bezogenen Wölbflächenmoments** (nach Tafel 4, S. 1012)

$$Y_M = \frac{A_{YY} \cdot A_{Z\omega} - A_{YZ} \cdot A_{Y\omega}}{D}; \qquad Z_M = \frac{A_{YZ} \cdot A_{Z\omega} - A_{ZZ} \cdot A_{Y\omega}}{D};$$

$$^M A_{\omega\omega} = A_{\omega\omega} = \frac{A_{YY} \cdot A_{Z\omega}^2 - 2 \cdot A_{YZ} \cdot A_{Z\omega} \cdot A_{ZZ} \cdot A_{Y\omega}^2}{D}$$

**Ermittlung der Schnittkräfte und der Längsspannungen**

Nach der Ermittlung der Querschnittswerte einschließlich der Lage des Schubmittelpunktes $M$ berechnet man die Schnittkräfte nach Abschn. 8.1, wobei die Drillmomente $V_{\omega,j}$ und die Wölbbimomente $M_{\omega,j}$ zweckmäßigerweise sofort auf die Drillruheachse $M$ bezogen werden. Die Längsspannungen berechnet man dann aus

$$\sigma = \frac{N_i}{A_i} + {}^{iS}d_k^T \cdot {}^M\bar{A}^{-1} \cdot {}^M\vec{M}$$

$$= \frac{N_i}{A_i} + ({}^{iS}y,\ {}^{iS}z,\ {}^{iM}\omega) \begin{pmatrix} A_{ZZ}/D & -A_{YZ}/D & 0 \\ -A_{YZ}/D & A_{YY}/D & 0 \\ 0 & 0 & 1/{}^M A_{\omega\omega} \end{pmatrix} \cdot \begin{pmatrix} -{}^M M_Z \\ {}^M M_Y \\ -{}^M M_\omega \end{pmatrix}$$

oder

$$\sigma = \frac{N_i}{A_i} - \frac{A_{ZZ} \cdot M_Z + A_{YZ} \cdot M_Y}{D} \cdot {}^{iS}y + \frac{A_{YZ} \cdot M_Z + A_{YY} M_Y}{D} \cdot {}^{iS}z - \frac{{}^M M_\omega}{{}^M A_\omega} \cdot {}^{iM}\omega$$

oder mit ${}^{iM}\omega = {}^M Y_i \cdot {}^{iS}z - {}^M Z_i \cdot {}^{iS}y$

$$\sigma = \frac{N_i}{A_i} - \left[\frac{A_{ZZ} \cdot M_Z + A_{YZ} \cdot M_Y}{D} - \frac{{}^M M_\omega}{{}^M A_{\omega\omega}} \cdot {}^M Z_i\right] \cdot {}^{iS}y$$
$$+ \left[\frac{A_{YZ} \cdot M_Z + A_{YY} \cdot M_Y}{D} - \frac{{}^M M_\omega}{{}^M A_{\omega\omega}} \cdot {}^M Y_i\right] \cdot {}^{iS}z$$

wobei die Schnittkräfte des jeweiligen Schnittes $j$ einzusetzen sind.
Sind die Voraussetzungen (L2) und (Q4) erfüllt, gilt:

$$\sigma = \frac{N_i}{A_i} - \left[\left(\frac{A_{ZZ}}{D} - \frac{Z_M}{{}^M A_{\omega\omega}} \cdot {}^M Z_i\right) \cdot M_Z + \left(\frac{A_{YZ}}{D} - \frac{Y_M}{{}^M A_{\omega\omega}} \cdot {}^M Z_i\right) \cdot M_Y\right] \cdot {}^{iS}y$$
$$+ \left[\left(\frac{A_{YZ}}{D} - \frac{Z_M}{{}^M A_{\omega\omega}} \cdot {}^M Y_i\right) \cdot M_Z + \left(\frac{A_{YY}}{D} - \frac{Y_M}{{}^M A_{\omega\omega}} \cdot {}^M Y_i\right) \cdot M_Y\right] \cdot {}^{iS}z$$

**Beispiel „Querschnitte mit torsionsweichen Teilquerschnitten"**

**Schnittkräfte aus Lastfall 1**

$M_Y = \pm 4500$ kNm
$M_Z = 0$
$M_\omega = 0$

**Schnittkräfte aus Lastfall 2**

$M_Y = 0$
$M_Z = \pm 3000$ kNm
$M_\omega = 0$

**Querschnittswerte**

Teilquerschnitte 1 bis 5

${}^S A_{yy,1...5} = {}^S A_{yz,1...5} = \mathbf{0}$;
${}^S A_{zz,1...5} = 0{,}18 \cdot 5{,}0^3/12 = \mathbf{1{,}875\ m^2}$

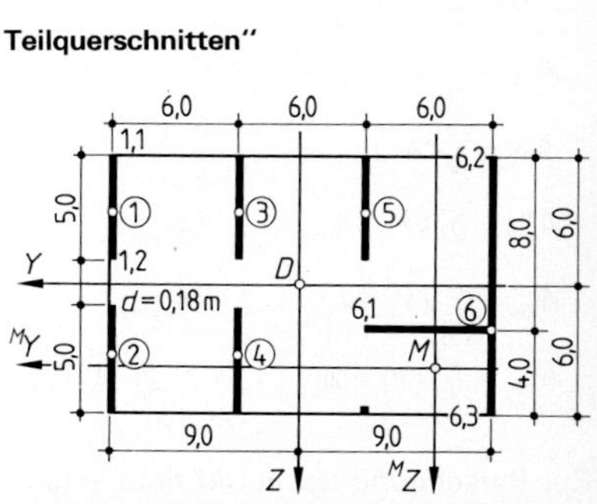


**Bild 23** **Querschnitt zu Beispiel für torsionsweiche Teilquerschnitte**

**Beispiel,** Forts. Teilquerschnitt 6

$A_6 = 0{,}18 \cdot 6{,}0 + 0{,}18 \cdot 12{,}0 = 1{,}080 + 2{,}160 = \mathbf{3{,}240\ m^2}$

a) bezogen auf $M_6$

$A_{y,6} = (6{,}0/2) \cdot 1{,}080 = \mathbf{3{,}240\ m^3}$

$A_{z,6} = (4{,}0 - 12{,}0/2) \cdot 2{,}160 = \mathbf{-4{,}320\ m^3}$

$A_{yy,6} = 6{,}0^2/3 \cdot 1{,}080 = \mathbf{12{,}960\ m^4}$

$A_{yz,6} = 0$

$A_{zz,6} = 12{,}0^2/12 \cdot 2{,}160 + (12{,}0/2 - 4{,}0)^2 \cdot 2{,}160 = \mathbf{34{,}560\ m^4}$

b) bezogen auf $S_6$

$y_{0,6} = 3{,}240/3{,}240 = \mathbf{1{,}000\ m}$

$z_{0,6} = -4{,}320/3{,}240 = \mathbf{-1{,}333\ m}$

${}^SA_{yy,6} = 12{,}960 - 3{,}240^2/3{,}240 = \mathbf{9{,}720\ m^4}$

${}^SA_{yz,6} = 0 - 3{,}240 \cdot (-4{,}320)/3{,}240 = \mathbf{4{,}320\ m^4}$

${}^SA_{zz,6} = 34{,}560 - (-4{,}320)^2/3{,}240 = \mathbf{28{,}800\ m^4}$

Gesamtquerschnittswerte

| $i$ | ${}^SA_{yy,i}$ | ${}^SA_{yz,i}$ | ${}^SA_{zz,i}$ | $Y_i$ | $Z_i$ | $A_{Y\omega,i}$ | $A_{Z\omega,i}$ | $A_{\omega\omega,i}$ |
|---|---|---|---|---|---|---|---|---|
| | Rechenergebnisse von oben | | | Schubmittelpunktslagen im $D$-Koordinatensystem | | $Y_i \cdot {}^SA_{yz,i} - Z_i \cdot {}^SA_{yy,i}$ | $Y_i \cdot {}^SA_{zz,i} - Z_i \cdot {}^SA_{yz,i}$ | $Y_i^2 \cdot {}^SA_{zz,i} + Z_i^2 \cdot {}^SA_{yy,i} - 2 \cdot Y_i \cdot Z_i \cdot {}^SA_{yz,i}$ |
| 1 | 0 | 0 | 1,875 | 9,0 | 3,5 | 0 | 16,875 | 151,875 |
| 2 | 0 | 0 | 1,875 | 9,0 | 3,5 | 0 | 16,875 | 151,875 |
| 3 | 0 | 0 | 1,875 | 3,0 | −3,5 | 0 | 5,625 | 16,875 |
| 4 | 0 | 0 | 1,875 | 3,0 | 3,5 | 0 | 5,625 | 16,875 |
| 5 | 0 | 0 | 1,875 | −3,0 | −3,5 | 0 | −5,625 | 16,875 |
| 6 | 9,720 | 4,320 | 28,800 | −9,0 | 2,0 | −58,320 | −267,840 | 2527,200 |
| $\sum$ | 9,720 | 4,320 | 38,175 | | | −58,320 | −228,465 | 2881,575 |
| | $A_{YY}$ | $A_{YZ}$ | $A_{ZZ}$ | | | $A_{Y\omega}$ | $A_{Z\omega}$ | $A_{\omega\omega}$ |

$D = 9{,}720 \cdot 38{,}175 - 4{,}320^2 = \mathbf{335{,}220\ m^8}$

$$Y_M = \frac{9{,}720(-228{,}465) - 4{,}320 \cdot (-58{,}320)}{335{,}220} = \mathbf{-5{,}873\ m}$$

$$Z_M = \frac{4{,}320(-228{,}465) - 38{,}175 \cdot (-58{,}320)}{335{,}220} = \mathbf{3{,}697\ m}$$

$${}^MA_{\omega\omega} = 2881{,}575 - \frac{9{,}720 - (-228{,}465)^2 - 2 \cdot 4{,}320 \cdot (-58{,}320) \cdot (-228{,}465) + 38{,}175 \cdot (-58{,}320)^2}{335{,}220}$$

$$= 2881{,}575 - 1557{,}394 = \mathbf{1324{,}2\ m^6}$$

Spannungen infolge Lastfall 1 ($M_Y$):

$$\sigma = \left[-\left(\frac{4{,}320}{335{,}220} - \frac{(-5{,}873)}{1324{,}2} \cdot {}^MZ_i\right) \cdot {}^{iS}y + \left(\frac{9{,}720}{335{,}220} - \frac{(-5{,}873)}{1324{,}2} \cdot {}^MY_i\right) \cdot {}^{iS}z\right] \cdot 10^{-3} \cdot M_Y$$

$$\sigma = [-(12{,}887 + 4{,}435 \cdot {}^MZ_i) \cdot {}^{iS}y + (28{,}996 + 4{,}435 \cdot {}^MY_i) \cdot {}^{iS}z] \cdot 10^{-3} \cdot M_Y$$

Spannungen infolge Lastfall 2 ($M_Z$):

$$\sigma = \left[-\left(\frac{38{,}175}{335{,}220} - \frac{3{,}697}{1324{,}2} \cdot {}^MZ_i\right) \cdot {}^{iS}y + \left(\frac{4{,}320}{335{,}220} - \frac{3{,}697}{1324{,}2} \cdot {}^MY_i\right) \cdot {}^{iS}z\right] \cdot 10^{-3} \cdot M_Z$$

$$\sigma = [-(113{,}880 - 2{,}792 \cdot {}^MZ_i) \cdot {}^{iS}y + (12{,}887 - 2{,}792 \cdot {}^MY_i) \cdot {}^{iS}z] \cdot 10^{-3} \cdot M_Y$$

**Beispiel,** Forts. **Spannungen im Teilquerschnitt 1**

Infolge Lastfall 1

$$\sigma=[-(12{,}887+4{,}435\cdot(-3{,}5-3{,}697)\cdot{}^{iS}y$$
$$+(28{,}996+4{,}435\cdot(9{,}0+5{,}873))\cdot{}^{iS}z]\cdot 10^{-3}\cdot M_Y$$
$$=(19{,}0\cdot{}^{iS}y+95{,}0\cdot{}^{iS}z)\cdot 10^{-3}\cdot 4500$$

$$\sigma_{1,1}=(19{,}0\cdot 0+95{,}0\cdot(-2{,}5))\cdot 10^{-3}\cdot 4500=\mathbf{-1068\ kN/m^2}$$

$$\sigma_{1,2}=(19{,}0\cdot 0+95{,}0\cdot(2{,}5))\cdot 10^{-3}\cdot 4500 = \mathbf{1068\ kN/m^2}$$

Infolge Lastfall 2

$$\sigma=[-(113{,}880-2{,}792\cdot(-3{,}5-3{,}697))\cdot{}^{iS}y$$
$$+(12{,}887-2{,}792\cdot(9{,}0+5{,}873))\cdot{}^{iS}z]\cdot 10^{-3}\cdot M_Z$$
$$=(-134{,}0\cdot{}^{iS}y+28{,}6\cdot{}^{iS}z)\cdot 10^{-3}\cdot 3000$$

$$\sigma_{1,1}=(-134{,}0\cdot 0+28{,}6\cdot(-2{,}5))\cdot 10^{-3}\cdot 3000= \mathbf{215\ kN/m^2}$$

$$\sigma_{1,2}=(-134{,}0\cdot 0+28{,}6\cdot 2{,}5)\cdot 10^{-3}\cdot 3000 = \mathbf{-215\ kN/m^2}$$

**Spannungen im Teilquerschnitt 6**

Infolge Lastfall 1

$$\sigma=[-(12{,}887+4{,}435\cdot(2{,}0-3{,}697))\cdot{}^{iS}y$$
$$+(28{,}996+4{,}435\cdot(-9{,}0+5{,}873))\cdot{}^{iS}z]\cdot 10^{-3}\cdot M_Y$$
$$=(5{,}36\cdot{}^{iS}y+15{,}13\cdot{}^{iS}z)\cdot 10^{-3}\cdot 4500$$

$$\sigma_{6,1}=(5{,}36\cdot(6{,}0-1{,}0)+15{,}13\cdot(0+1{,}333))\cdot 10^{-3}\cdot 4500 = \mathbf{-30\ kN/m^2}$$

$$\sigma_{6,2}=(5{,}36\cdot(0-1{,}0)+15{,}13\cdot(-8{,}0+1{,}333))\cdot 10^{-3}\cdot 4500= \mathbf{-430\ kN/m^2}$$

$$\sigma_{6,3}=(5{,}36\cdot(0-1{,}0)+15{,}13\cdot(4{,}0+1{,}333))\cdot 10^{-3}\cdot 4500 = \mathbf{387\ kN/m^2}$$

Infolge Lastfall 2

$$\sigma=[-(113{,}880-2{,}792\cdot(2{,}0-3{,}697))\cdot{}^{iS}y+(12{,}887-2{,}792$$
$$\cdot(-9{,}0+5{,}873))\cdot{}^{iS}z]\cdot 10^{-3}\cdot M_Z=(-118{,}6\cdot{}^{iS}y+21{,}6\cdot{}^{iS}z)\cdot 10^{-3}\cdot 3000$$

$$\sigma_{6,1}=(118{,}6\cdot(6{,}0-1{,}0)+21{,}6\cdot(0+1{,}333))\cdot 10^{-3}\cdot 4500 = \mathbf{-1693\ kN/m^2}$$

$$\sigma_{6,2}=(118{,}6\cdot(0-1{,}0)+21{,}6\cdot(-8{,}0+1{,}333))\cdot 10^{-3}\cdot 4500= \mathbf{-77\ kN/m^2}$$

$$\sigma_{6,3}=(118{,}6\cdot(0-1{,}0)+21{,}6\cdot(4{,}0+1{,}333))\cdot 10^{-3}\cdot 4500 = \mathbf{702\ kN/m^2}$$

## 8.3 Doppeltsymmetrische Querschnitte und Belastungen

**Bezeichnungen** (s. Abschn. 8.2)

Sind die Querschnittsstruktur und die Belastung bezüglich zweier orthogonaler Achsen – vorzugsweise $Y$ und $Z$ – symmetrisch, dann kann keine Torsionsbeanspruchung auftreten.

**Querschnittswerte**

Nach der Berechnung der Querschnittswerte der Teilquerschnitte

$$A_i,\ {}^{S}A_{YY,i}=I_{Z,i},\ {}^{S}A_{ZZ,i}=I_{Y,i}$$

berechnet man die Gesamtquerschnittswerte

$$A_{YY}=\sum {}^{S}A_{YY,i} \quad \text{und} \quad A_{ZZ}=\sum {}^{S}A_{ZZ,i}$$

**Anteilige Schnittkräfte in den Teilquerschnitten**

Auf den Teilquerschnitt $i$ entfallen folgende Anteile der Gesamtschnittkräfte

$$^{S}V_{Y,i}=\frac{^{S}A_{YY,i}}{A_{YY}}V_Y;\quad ^{S}V_{Z,i}=\frac{^{S}A_{ZZ,i}}{A_{ZZ}}V_Z;\quad ^{S}M_{Z,i}=\frac{^{S}A_{YY,i}}{A_{YY}}M_Z\quad ^{S}M_{Y,i}=\frac{^{S}A_{ZZ,i}}{A_{ZZ}}M_Y$$

**Längsspannungen**

Die Längsspannungen können mit den anteiligen Biegemomenten und den entsprechenden Querschnittswerten der Teilquerschnitte berechnet werden; sie lassen sich aber auch ohne den Umweg über die Teilquerschnitts-Schnittkräfte berechnen:

$$\sigma=\frac{N_i}{A_i}-\frac{M_Z}{A_{ZZ}}\cdot{}^{iS}y+\frac{M_Y}{A_{YY}}\cdot{}^{iS}z$$

## 8.4 Statisch bestimmte Gebäudeaussteifung

Eine statisch bestimmte Gebäudeaussteifung liegt vor, wenn das Bauwerk durch genau 3 Wandscheiben (Bild 24) ausgesteift ist; zwei davon dürfen an einer Kante miteinander verbunden sein und so einen abgewinkelten, T-förmigen oder gekreuzten Querschnitt bilden. Die Scheibenebenen dürfen sich nicht in einer Spur schneiden und nicht parallel angeordnet sein.

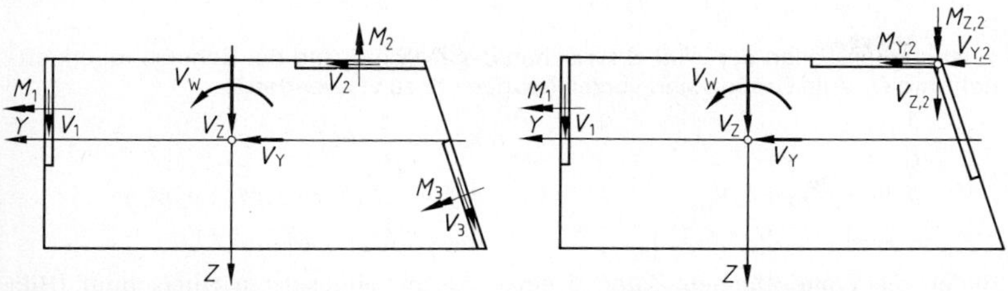


**a) getrennte Wandscheiben *2* und *3*** **b) winkelartige Wandscheiben *2* und *3***

**Bild 24 Statisch bestimmte Aussteifung; Berechnung durch Anwenden der Äquivalenzbedingung**

Aus den Schnittkräften des Gesamtquerschnitts kann man zunächst mit Hilfe der Äquivalenzbedingung die in Scheibenrichtung orientierten Querkräfte in den Teilquerschnitten berechnen:

$$\sum V_{Y,i} = V_Y$$

$$\sum V_{Z,i} = V_Z$$

$$\sum (Y_i \cdot V_{Z,i} - Z_i \cdot V_{Y,i}) = V_\omega$$

$Y_i$ und $Z_i$ sind darin die Koordinaten der Schubmittelpunkte der Teilquerschnitte *i*. Das Gesamtbiegemoment verteilt sich wie die Querkraft auf die einzelnen Wandscheiben

$$M_i = \frac{V_i}{V} \cdot M$$

Mit Hilfe der folgenden Formeln läßt sich der Rechenablauf zur Bestimmung der Schnittkräfte in den einzelnen Wandscheiben formalisieren. Der *X*-Achse des globalen Koordinatensystems ist dabei in die Spur der Scheiben *2* und *3* zu legen (Bild 25).

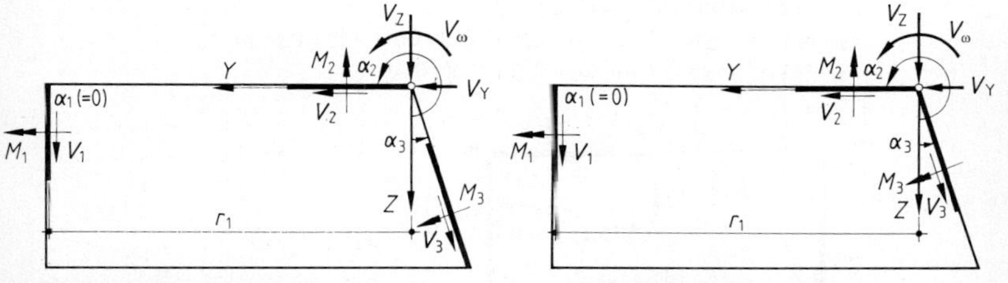


**a) Wandscheiben *2* und 3 bilden selbständige Querschnitte** **b) Scheiben *2* und *3* bilden einen Querschnitt**

**Bild 25 Statisch bestimmte Gebäudeaussteifung; formalisierte Berechnung**

$$\varrho = \cos\alpha_2 \sin\alpha_3 - \sin\alpha_2 \cos\alpha_3$$

$$\beta_1 = \frac{\cos\alpha_1}{r_1}; \quad \gamma_1 = \frac{\sin\alpha_1}{r_1};$$

$$\beta_2 = \frac{\cos\alpha_2}{\varrho}; \quad \gamma_2 = \frac{\sin\alpha_2}{\varrho}; \quad \delta_2 = \gamma_1 \beta_2 - \beta_1 \gamma_2$$

$$\beta_3 = \frac{\cos\alpha_3}{\varrho}; \quad \gamma_3 = \frac{\sin\alpha_3}{\varrho}; \quad \delta_3 = \gamma_1 \beta_3 - \beta_1 \gamma_3$$

$\alpha_i$ ist in allen Fällen der Winkel zwischen der $Z$-Achse und der Scheibenquerkraftrichtung $Q_i$. Alle Größen sind vorzeichengerecht zu verwenden!

$$V_1 = \frac{1}{r_1} V_\omega \qquad M_1 = -\frac{1}{r_1} \cdot M_\omega$$

$$V_2 = \beta_3 V_Y + \gamma_3 V_Z + \delta_3 V_\omega \qquad M_2 = -(\beta_3 M_Z - \gamma_3 M_Y + \delta_3 M_\omega)$$

$$V_3 = -(\beta_2 V_Y + \gamma_2 V_Z + \delta_2 V_\omega) \qquad M_3 = \beta_2 M_Z - \gamma_2 M_Y + \delta_2 M_\omega$$

Bilden die Wandscheiben *2* und *3* einen zusammengesetzten Querschnitt (Bild 22b), so sind die entsprechenden Schnittkräfte vektoriell zu addieren:

$$\vec{V}_2 = \begin{pmatrix} V_{y2} \\ V_{z2} \end{pmatrix} = V_2 \begin{pmatrix} -\sin\alpha_2 \\ \cos\alpha_2 \end{pmatrix}; \quad \vec{V}_3 = \begin{pmatrix} V_{y3} \\ V_{z3} \end{pmatrix} = V_3 \begin{pmatrix} -\sin\alpha_3 \\ \cos\alpha_3 \end{pmatrix};$$

$$\rightarrow \vec{V}_{2+3} = \begin{pmatrix} V_{y2+3} \\ V_{z2+3} \end{pmatrix} = \begin{pmatrix} V_{y2} + V_{y3} \\ V_{z2} + V_{z3} \end{pmatrix};$$

$$\vec{M}_2 = \begin{pmatrix} M_{y2} \\ M_{z2} \end{pmatrix} = M_2 \begin{pmatrix} \cos\alpha_2 \\ \sin\alpha_2 \end{pmatrix}; \quad \vec{M}_3 = \begin{pmatrix} M_{y3} \\ M_{z3} \end{pmatrix} = M_3 \begin{pmatrix} \cos\alpha_3 \\ \sin\alpha_3 \end{pmatrix};$$

$$\rightarrow \vec{M}_{2+3} = \begin{pmatrix} M_{y2+3} \\ M_{z2+3} \end{pmatrix} = \begin{pmatrix} M_{y2} + M_{y3} \\ M_{z2} + M_{z3} \end{pmatrix}$$

Die Spannungsermittlung kann an den Teilquerschnitten *1, 2, 3* bzw. *1* und *2+3* wie bei Einzelquerschnitten durchgeführt werden. Die Scheiben *2* und *3* können auch T-förmig verbunden sein oder sich im Querschnitt kreuzen.

**Beispiel** Die globalen Schnittgrößen $V_Y$, $V_Z$, $V_W = 0$, $M_Y$, $M_Z$ und $M_W = 0$ seien für den Querschnitt in Höhe $x$ bezogen auf den Schnittpunkt der Lastwirkungslinien berechnet.

Umrechnung auf den Ursprung im Schnittpunkt $\bar{O}$ der Wandquerschnitte *2* und *3*

$V_Y \rightarrow V_Y \qquad M_Z \rightarrow M_Z$

$V_Z \rightarrow V_Z \qquad M_Y \rightarrow M_Y$

$V_\omega \rightarrow 10 \cdot V_Z - 5 \cdot V_Y; \quad M_\omega \rightarrow -10 \cdot M_Y - 5 \cdot M_Z$

$\alpha_1 = \alpha_3 = 0°; \ \alpha_2 = -90°; \ r_1 = 20 \text{ m}; \ \varrho = 0 \cdot 0 - (-1) \cdot 1 = 1;$

$\beta_1 = 1/20 = 0{,}05 \text{ m}^{-1}; \ \gamma_1 = 0/20 = 0 \text{ m}^{-1}$

$\beta_2 = 0/1 = 0; \ \gamma_2 = -1/1 = -1; \ \delta_2 = 0 \cdot 0 - 0{,}05 \cdot (-1) = 0{,}05 \text{ m}^{-1};$

$\beta_3 = 1/1 = 1; \ \gamma_3 = 0/1 = 0; \ \delta_3 = 0 \cdot 1 - 0{,}05 \cdot 0 = 0.$

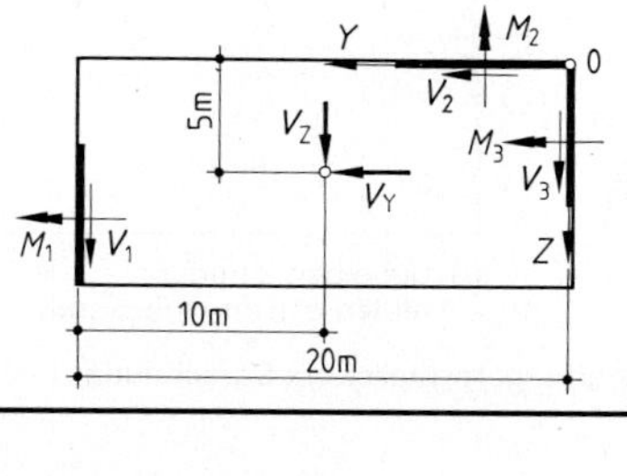


**Bild 26**
**Beispiele zu „Statisch bestimmte Bauwerksaussteifung"**

**Beispiel,** Forts.

$$V_1 = \frac{1}{20}(10 \cdot V_Z - 5 \cdot V_Y) = \quad \mathbf{0{,}5 \cdot V_Z - 0{,}25 \cdot V_Y}$$

$$V_2 = 1 \cdot V_Y + 0 \cdot V_Z + 0 \cdot V_\omega = V_Y + 0 \cdot (10 \cdot V_Z - 5 \cdot V_Y) = \mathbf{Q_Y}$$

$$V_3 = -(0 \cdot V_Y + (-1) \cdot V_Z + 0{,}05 \cdot V_\omega) = V_Z - 0{,}05 \cdot (10 \cdot V_Z - 5 \cdot V_Y) = \quad \mathbf{0{,}5 \cdot V_Z + 0{,}25 \cdot V_Y}$$

$$M_1 = -\frac{1}{20}(-10 \cdot M_Y - 5 \cdot M_Z) = \quad \mathbf{0.5 \cdot M_Y + 0{,}25 \cdot M_Z}$$

$$M_2 = -(1 \cdot M_Z - 0 \cdot M_Y + 0 \cdot M_\omega) = \quad \mathbf{-M_Z}$$

$$M_3 = 0 \cdot M_Z - (-1) \cdot M_Y + 0{,}05 \cdot M_\omega = M_Y + 0{,}05 \cdot (-10 \cdot M_Y - 5 \cdot M_Z) = \quad \mathbf{0{,}5 \cdot M_Y - 0{,}25 \cdot M_Z}$$

Da die Teilquerschnitte *2* und *3* zusammenhängen, gilt in diesem Fall:

$$\vec{V}_{2+3} = \begin{pmatrix} V_{y2+3} \\ V_{z2+3} \end{pmatrix} = \begin{pmatrix} V_Y \\ 0{,}5 \cdot Q_Z + 0{,}25 \cdot Q_Y \end{pmatrix}$$

$$\vec{M}_{2+3} = \begin{pmatrix} M_{y2+3} \\ -M_{z2+3} \end{pmatrix} = \begin{pmatrix} 0{,}5 \cdot M_Y - 0{,}25 \cdot M_Z \\ M_Z \end{pmatrix}.$$

Mit diesen Schnittgrößen werden die Spannungen in den Querschnitten *1* und *2+3* nach dem üblichen Verfahren der Festigkeitslehre berechnet (s. Abschn. Statik und Festigkeitslehre).

# 9 Problem bei nicht vernachlässigbarer St. Venantscher Torsion

Überschreitet der Eigenwert $\varkappa$ (s. Abschn. 1.3) den Wert 0,5, wird der Einfluß der St. Venantschen (reinen) Torsion bedeutender, bei $\varkappa > 10$ ist er dominierend. Im letzteren Fall spielt zwar die Wölbkrafttorsion keine erhebliche Rolle, d.h. es gibt keinen nennenswerten Längsspannungsbeitrag aus Torsion, zur Berechnung der torsionsbedingten Schubspannungen müssen aber die Querschnittswerte ermittelt werden, weil die Kenntnis der Lage der Drillruheachse (Schubmittelpunktsachse) zur Berechnung des Torsionsmomentes erforderlich ist. Die Querschnittswerte werden aber auch zur Ermittlung des Eigenwertes $\varkappa$ selbst benötigt.

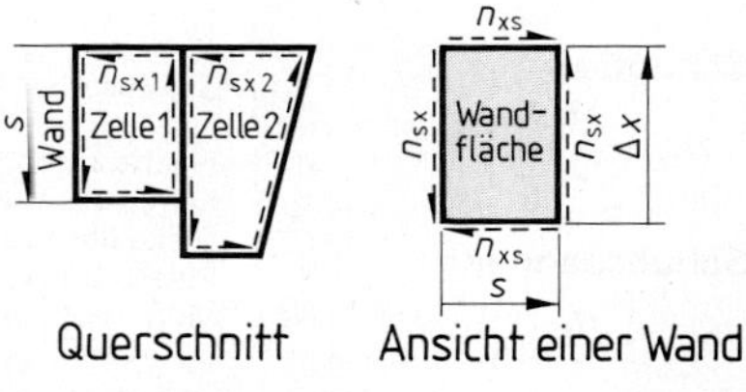


**Bild 27**
**Zellengruppe und umlaufender Schubfluß**

Die St. Venantsche Torsion erlangt im allgemeinen dann Bedeutung, wenn der Grundriß zellenartige Querschnittsformen (Hohlquerschnitte, geschlossene Querschnitte) enthält; sie wächst mit zunehmender umschlossener Fläche dieser Querschnitte. Die St. Venantsche Torsion überwiegt vor allem dann, wenn eine einzige Zelle oder eine zusammenhängende Zellengruppe in einem kernartigen Grundrißbereich (z.B. Fahrstuhlschächte) vorhanden ist und andere davon entfernte Aussteifungselemente (Wände) fehlen.

In Zellwänden treten neben den Schubspannungen infolge Biegung und Wölbkrafttorsion auch „umlaufende Schubflüsse" $n_{xs}$ auf.

## 9.1 Einheitsverwölbungen

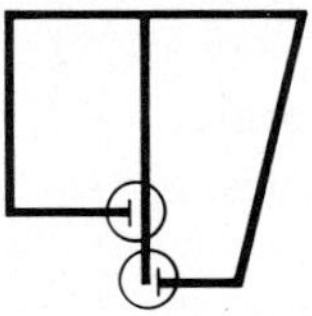

Bild 28 **Zellenöffnung zur Berechnung der Einheitsverwölbung**

Zellenartige Querschnitte können sich nicht frei verwölben. Durch geeignete Wandschnitte entstehen offene Querschnitte, deren Verwölbung nach Abschn. 2.2 berechnet wird. An der Schnittstelle der Zelle $k$ ergibt sich dabei ein Verwölbungssprung, der durch parallelogrammartige Schubverzerrung der Zellenwandscheiben wieder aufgehoben wird.

Die Einheitsverwölbung am Ende des Zellen-Wandabschnitts $j$ ist

$$\omega_{j,e} = \omega_{j,a} + y_{j,a} z_{j,e} - z_{j,a} y_{j,e} - \gamma_j^* s_j$$

mit

$\omega_{j,e}$ Einheitsverwölbung im Endpunkt des Wandabschnitts $j$,
$\omega_{j,a}$ Einheitsverwölbung im Anfangspunkt des Wandabschnitts $j$,
$y_{j,a}$, $z_{j,a}$ Koordinaten des Anfangspunkts des Wandabschnitts $j$,
$y_{j,e}$, $z_{j,e}$ Koordinaten des Endpunkts des Wandabschnitts $j$,
$\gamma_j^*$ Einheitsschubverzerrung des Wandabschnitts $j$.

### 9.1.1 Einheitsverzerrung und Schubfluß einzelliger Querschnitte

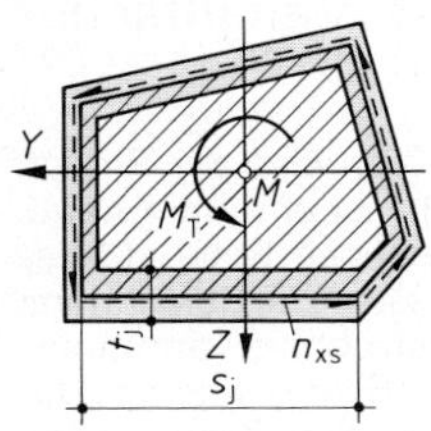


Bild 29 **Einzelliger Querschnitt**

**Torsionsflächenmoment**

$$I_T = \frac{4A_m^2}{\sum\limits_{(j)} (s_j/t'_j)} \left[+\tfrac{1}{3}\sum_{(j)} (s_j t_j'^3)\right]$$

[ ] enthalten den Beitrag des „offenen Querschnitts"; er ist im allg. vernachlässigbar klein.

**Einheitsschubverzerrung des Wandabschnitts $j$**

$$\gamma_j^* = \frac{I_T}{2A_m} \cdot \frac{1}{t'_j}$$

**Schubfluß**

$$n_{xs} = \frac{M_T}{2A_m}$$

**Schubspannung**

$$\tau_{xs,j} = \frac{n_{xs}}{t_j}$$

$\sum\limits_{(j)}$ Summe über alle Wandabschnitte der Zelle,
$A_m$ Fläche zwischen den Zellenwand-Mittellinien,
$s_j$ Länge des Wandabschnitts $j$,
$t_j$ Dicke des Wandabschnitts $j$,
$t'_j$ Ideelle Dicke des Wandabschnitts $j$ (Abschn. 9.1.3),
$M_T = {}^M M_T$, auf den Schubmittelpunkt bezogenes Torsionsmoment.

### 9.1.2 Einheitsverzerrung und Schubfluß mehrzelliger Querschnitte

Bei einer Gruppe zusammenhängender Zellen umläuft jede Teilzelle $k$ ein eigener Schubfluß $n_k$. In benachbarten Teilzellen gemeinsamen Trennwänden überlagern sich die Schubflüsse der beteiligten Zellen (je nach Aufteilung des Zellensystems können es zwei und mehr sein):

$$n_{xs,j} = \sum_{(k)} \pm n_{k,j},$$

wobei sich das Vorzeichen ($\pm$) danach richtet, ob die Orientierung von $n_{k,j}$ mit der Orientierung des Verwölbungszuwachses $\Delta\omega_j$ übereinstimmt (+) oder nicht (−).

Anders als beim einzelligen Querschnitt beeinflussen wegen der gemeinsamen Wände mehrere Zellenschubflüsse das Gesamtmaß des Schubverzerrungssprunges an der Zellenauftrennung. Die Schubflußwerte folgen deshalb aus der Lösung des Gleichungssystems

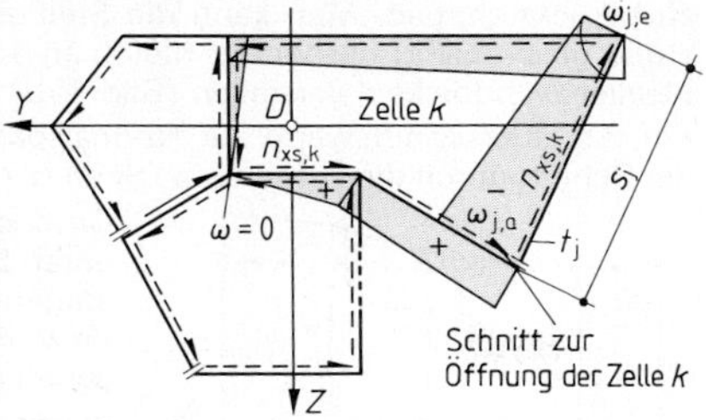


**Bild 30 Mehrzelliger Querschnitt**

$$\begin{pmatrix} g_{11} \cdots g_{1l} \cdots g_{1n_z} \\ \cdots \\ g_{k1} \cdots g_{kl} \cdots g_{kn_z} \\ \cdots \\ g_{n_z1} \cdots g_{n_zl} \cdots g_{n_zn_z} \end{pmatrix} \cdot \begin{pmatrix} \Gamma_1 \\ \cdots \\ \Gamma_k \\ \cdots \\ \Gamma_{n_z} \end{pmatrix} = - \begin{pmatrix} \Delta\omega_1 \\ \cdots \\ \Delta\omega_k \\ \cdots \\ \Delta\omega_{n_z} \end{pmatrix} = -2 \begin{pmatrix} A_{m1} \\ \cdots \\ A_{mk} \\ \cdots \\ A_{mn_z} \end{pmatrix}$$

| **Torsionsflächenmoment** | **Zellen-Schubfluß** | **Wand-Schubfluß** |
|---|---|---|
| $I_T = 2\sum\limits_{(k)} A_{mk}\Gamma_k$ | $n_k = \dfrac{M_T}{I_T}\Gamma_k$ | $n_{xs,j} = \sum\limits_{(k)} \pm n_{k,j}$, |

$n_z$ Anzahl der Zellen in der Gruppe,

$g_{kl} = \sum\limits_{(j=k\wedge l)} (\pm)\, s_j/t_j$ Elastizitätsbeiwerte zur Berechnung des bezogenen Schubflusses $\Gamma_k$

$j = k \wedge l$ als Laufbereich der Summe bedeutet, daß alle Wandabschnitte einzubeziehen sind, in denen sowohl $n_k$ als auch $n_l$ auftreten. Das Vorzeichen ist im Falle $k = l$ stets +, im Fall $k \neq l$ richtet es sich danach, ob die Schubflüsse $n_k$ und $n_l$ dieselbe (+) oder entgegengesetzte Orientierung (−) haben.

$\Gamma_k = n_k^*/G$ auf den Schubmodul bezogener Einheitsschubfluß. Der Schubmodul $G$ wird als konstant im gesamten Gebäudequerschnitt vorausgesetzt.

$\Delta\omega_k$ Einheitsverwölbungssprung an der Schnittstelle der Zelle $k$,

$A_{mk}$ Fläche zwischen den Wandmittellinien der Zelle $k$,

$n_k^*$ Einheitsschubfluß in Zelle $k$,

$n_{xs,j}$ Schubfluß in Wandabschnitt $j$,

### 9.1.3 Ideelle Wanddicke

Bei der Berechnung der Einheitsverwölbungen nach Abschn. 2.2 wurden die Wandscheiben als schubstarr angesehen. Gebäudegrundrisse die geschlossene Teilquerschnitte enthalten, wären unter dieser Voraussetzung wölbfrei! Bei großen Torsionseigenwerten $\varkappa > 10$ ist diese Annahme weitgehend gerechtfertigt. Der Längsspannungsbeitrag der Torsion wird unter diesen Umständen völlig unterdrückt.

In der Regel ist die Schubelastizität der Wandscheiben zu beachten. Bei nicht durchbrochenen Wänden gilt für die Schubverzerrung $\gamma = n_{xs}/(G\,t)$ mit dem Schubmodul $G$ und der Wanddicke $t$. Bei durchbrochenen Wänden (Bild 31a) ist die geringere Schubsteifigkeit im Bereich der Öffnungskette

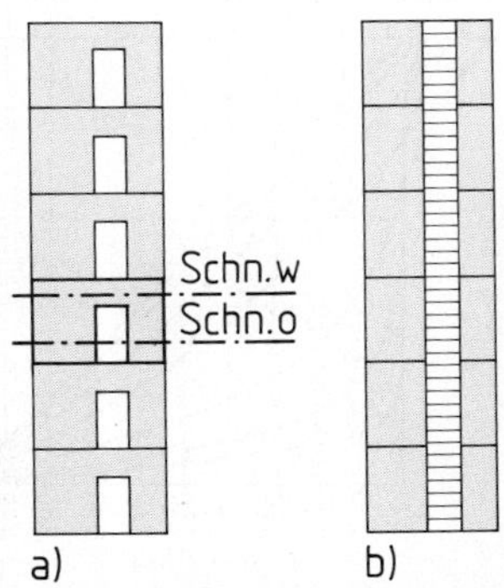


**Bild 31 Zellenwand mit Öffnungskette**

zu berücksichtigen. Man kann die Steifigkeit der Stürze oft durch eine über die Höhe gleichmäßig gespannte Membran aus demselben Material mit (geringerer) ideeller Wanddicke $t'$ darstellen (Bild 31 b).

Für die Querschnittswerte zur Normalspannungsermittlung ist selbstverständlich der Schnitt durch die Öffnungen (Schn o, $t=0$) maßgebend.

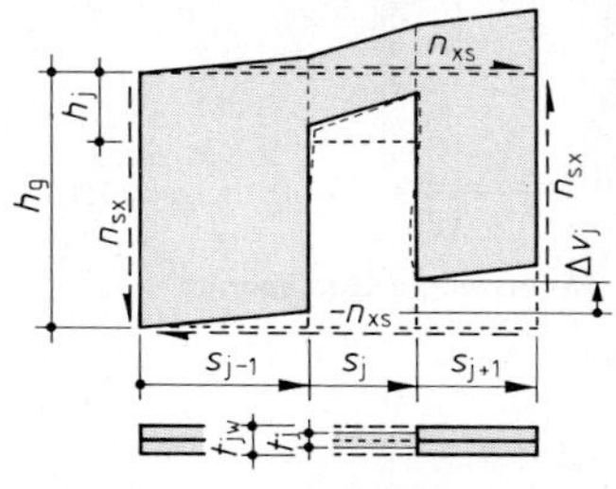


**Bild 32 Wandstück mit Öffnung**

Grundsätzlich sind die ideellen Wanddicken unter Einbeziehung der gesamten Öffnungsumgebung so zu bemessen, daß der idealisierte Verzerrungszustand mit dem realen möglichst genau übereinstimmt.

Bei gedrungenen Restwandflächen im Riegelabschnitt ($j$) und seitlich davon ($j-1$), ($j+1$) kann man sich auf den Schubverformungsanteil beschränken und die Schubkraft gleichmäßig über die Abschnittsflächen verteilt annehmen (das entspricht unendlich steifen Gurten längs der Öffnungsränder). In diesem Fall ergibt sich:

$$t_j' = t_{j\omega} \cdot h_j \cdot / h_g$$

## 9.2 Querschnittswerte

Für die Berechnung der Querschnittswerte zur Normalspannungsermittlung und den auf Längsfaserdehnung beruhenden Formänderungen gilt Abschn. 3. Dabei sind die Einheitsverwölbungen nach Abschn. 9.1 zu verwenden.

## 9.3 Schnittkraftgrößen

Die Berechnung der Schnittkraftgrößen $V_Y$, $V_Z$, $M_T$, $M_Y$ und $M_Z$ erfolgt nach Abschn. 4 bzw. 8.1. Das Torsionsmoment $M_T$ ersetzt die früher verwendete Größe $V_\omega$, die nicht mehr mit dem Gesamttorsionsmoment gleichgesetzt werden darf, wenn St. Venantsche Torsion und Wölbkrafttorsion gleichzeitig auftreten.

Die Funktionen der der Torsions-Schnittkraftgrößen:

$M_{Tr}$ St. Venantsches Torsionsmoment (Anteil der „reinen" Torsion),

$V_\omega$ Wölbtorsionsmoment (Anteil der Wölbkrafttorsion),

$M_\omega$ Wölbbimoment.

müssen durch Lösen der Torsions-Differentialgleichung (Abschn. 1.3) gewonnen werden. Bei über die Höhe wechselnden Querschnitten ist dies ein aufwendigerer Prozeß. Für gleichbleibenden Querschnitt aus einheitlichem Material ($E$, $G$) und

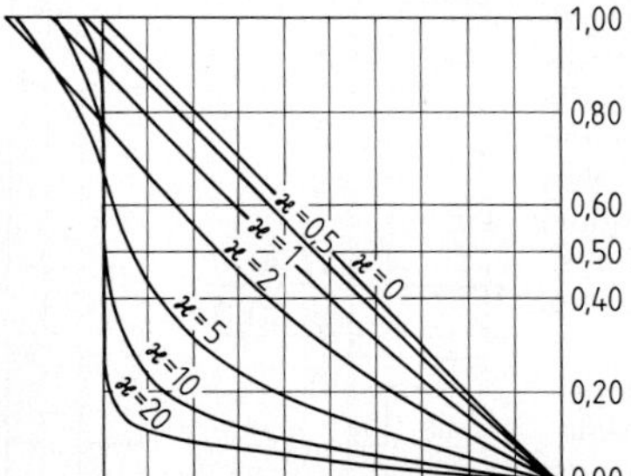


**Bild 33 Wölbtorsionsmoment in Abhängigkeit von ϰ**

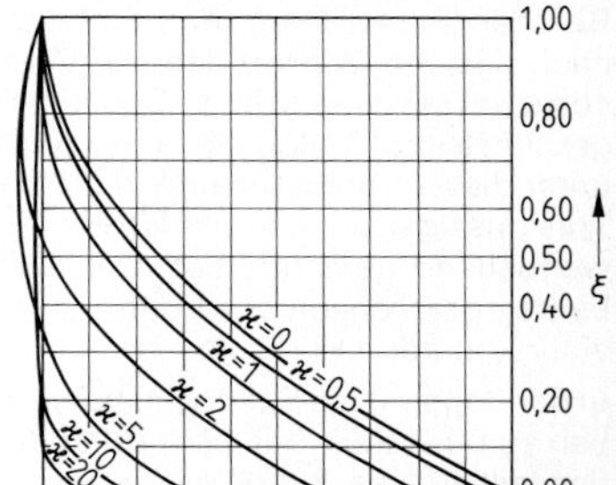


**Bild 34 Wölbbimoment in Abhängigkeit von ϰ**

abschnittweise linearem Verlauf des Gesamttorsionsmoments $M_T$ wird in diesem Abschnitt der Lösungsweg angegeben.

Die Bilder 33 und 34 zeigen den charakteristischen Verlauf von Wölbtorsionsmoment und Wölbbimoment in Abhängigkeit von $\varkappa$ für den Fall einer ausmittigen Gleichlast über die Gebäudehöhe.

Bei unstetigem, abschnittweise linearem Torsionsmomentenverlauf wird der Stab von oben beginnend in Höhenabschnitte $\lambda = (1) \ldots (l)$ eingeteilt, in denen das Torsionsmoment jeweils geradlinig verläuft (das entspricht gegebenenfalls mehreren Abschnitten mit konstanter Belastung unterschiedlicher Größe). Im Abschnitt $\lambda$ gilt:

**Wölbtorsionsmoment** $\quad {}^{\lambda}V_{\omega} = -\dfrac{T}{2\varkappa H}(C_{2\lambda} e^{\varkappa\xi} - C_{3\lambda} e^{\varkappa(1-\xi)})$

**Reines Torsionsmoment** $\quad {}^{\lambda}M_{T_r} = {}^{\lambda}M_T - {}^{\lambda}V_{\omega}$

**Wölbtorsionsmoment** $\quad {}^{\lambda}M_{\omega} = \dfrac{T}{2\varkappa^2}(C_{2\lambda} e^{\varkappa\xi} + C_{3\lambda} e^{(1-\xi)} + 2\mu_{2\lambda})$

**Verdrehung** $\quad \vartheta = \dfrac{1}{2\varkappa^2}[C_{1\lambda} + C_{2\lambda}(e^{\varkappa\xi} - 1) + C_{3\lambda}(e^{\varkappa(1-\xi)} - 1)] + \mu_{1\lambda}\xi + \frac{1}{2}\mu_{2\lambda}\xi^2$

Darin bedeuten:

$C_{1\lambda} = C'_{1\lambda} + (e^{-\varkappa} - 1)\mu_{\omega l}; \quad C_{2\lambda} = C'_{2\lambda} + e^{-\varkappa}\mu_{\omega l}; \quad C_{3\lambda} = C'_{3\lambda} + \mu_{\omega l}$

mit dem Parameter

$\mu_{\omega l} = \dfrac{H^2 M_{\omega l}}{W}$; $\quad M_{\omega l}$ ist das Wölbbimoment an der Einspannstelle (bei $\xi = 0$).

$\mu_{\omega l}$ wird gemäß Tafel 11 bestimmt.

Tafel 11 enthält das Berechnungsschema für den Wölbeinspannungs-Parameter $\mu_{\omega l}$ für den Fall eines gleichbleibenden Gebäudequerschnitts. Bei veränderlichem Querschnitt ist das Verfahren etwas aufwendiger.

**Tafel 11 Berechnung des Wölbeinspannungsparameters $\mu_{\omega l}$ bei gleichbleibendem Gebäudequerschnitt**

Die Übertragungsrechnung beginnt im Punkt $l$ an der Einspannstelle $\xi = \xi_l = 0$.

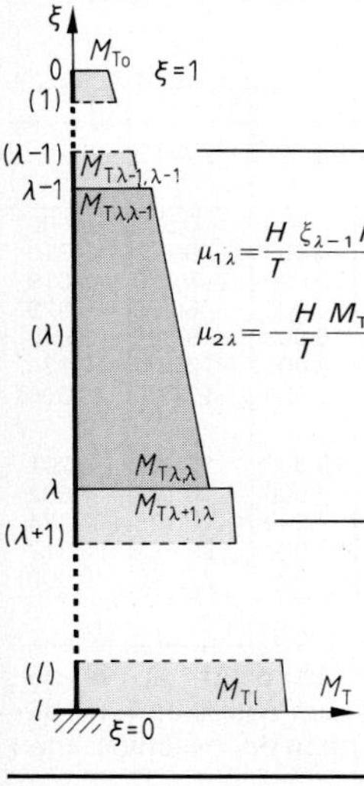


| | |
|---|---|
| | $\mu_{\omega l} = -\dfrac{e^{\varkappa} C'_{21} + C'_{31} + 2\mu_{21}}{e^{\varkappa} + e^{-\varkappa}}$ |
| $\mu_{1\lambda} = \dfrac{H}{T}\,\dfrac{\xi_{\lambda-1} M_{T\lambda,\lambda} - \xi_{\lambda} M_{T\lambda,\lambda-1}}{\xi_{\lambda-1} - \xi_{\lambda}}$<br>$\mu_{2\lambda} = -\dfrac{H}{T}\,\dfrac{M_{T\lambda,\lambda} - M_{T\lambda,\lambda-1}}{\xi_{\lambda-1} - \xi_{\lambda}}$ | $\Delta\mu_{1\lambda} = \mu_{1\lambda+1} - \mu_{1\lambda}; \quad \Delta\mu_{2\lambda} = \mu_{2\lambda+1} - \mu_{2\lambda}$<br>$C'_{2\lambda} = C'_{2\lambda+1} + \varkappa e^{-\varkappa\xi_\lambda}\Delta\mu_{1\lambda} + (1 + \varkappa\xi_\lambda) e^{-\varkappa\xi_\lambda}\Delta\mu_{2\lambda}$<br>$C'_{3\lambda} = C'_{3\lambda+1} - \varkappa e^{-\varkappa(1-\xi_\lambda)}\Delta\mu_{1\lambda} + (1 - \varkappa\xi_\lambda) e^{-\varkappa(1-\xi_\lambda)}\Delta\mu_{2\lambda}$<br>Nur erforderlich, wenn Verdrehung $\vartheta$ berechnet werden soll:<br>$C'_{1\lambda} = C'_{1\lambda+1} + (2\varkappa^2\xi_\lambda + \varkappa(e^{-\varkappa\xi_\lambda} - e^{-\varkappa(1-\xi_\lambda)}))\Delta\mu_{1\lambda} + (\varkappa^2\xi_\lambda^2 + (1 + \varkappa\xi_\lambda)(e^{-\varkappa\xi_\lambda} - 1) + (1 - \varkappa\xi_\lambda)(e^{-\varkappa(1-\xi_\lambda)} - 1))\Delta\mu_{2\lambda}$ |
| | $C'_{2l} = -(\varkappa\mu_{1l} + \mu_{2l})$<br>$C'_{3l} = e^{-\varkappa}(\varkappa\mu_{1l} - \mu_{2l})$<br>Nur erforderlich, wenn Verdrehung $\vartheta$ berechnet werden soll:<br>$C'_{1l} = (e^{-\varkappa} - 1)(\varkappa\mu_{1l} - \mu_{2l})$ |

## 9.4 Beispiel zur Berechnung der Torsions-Querschnittswerte und -Schnittgrößen

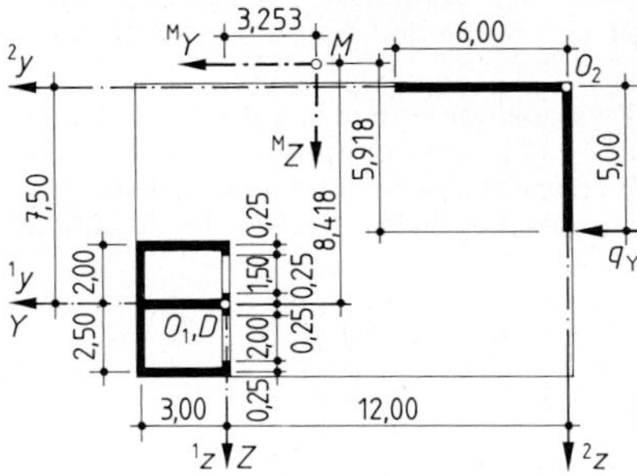


Trennwand im Fahrstuhlschacht: $d = 15$ cm,
andere Wände: $d = 20$ cm
Sturzhöhe/Geschoßhöhe: 1,00/3,00 (m)
Gebäudehöhe: 20,0 m

**Bild 35 Gebäudegrundriß**

Bild 35 zeigt den Grundriß des in $Y$-Richtung windbelasteten Gebäudes. Die Lastfunktion über die Gebäudehöhe ist in Bild 37 (linkes Teilbild) dargestellt.

Zunächst sind die Querschnittswerte zu ermitteln, wobei zu beachten ist, daß die Einheitsverwölbungen im geschlossenen Teilquerschnitt 1 nach den Regeln für geschlossene Querschnitte zu bestimmen sind.

Die einzelnen Berechnungsschritte sind demnach:

- Ermittlung der Einheitsverwölbungen,
- Berechnung der Querschnittswerte,
- Berechnung der Schnittkraftgrößen.

### 9.4.1 Einheitsverwölbungen

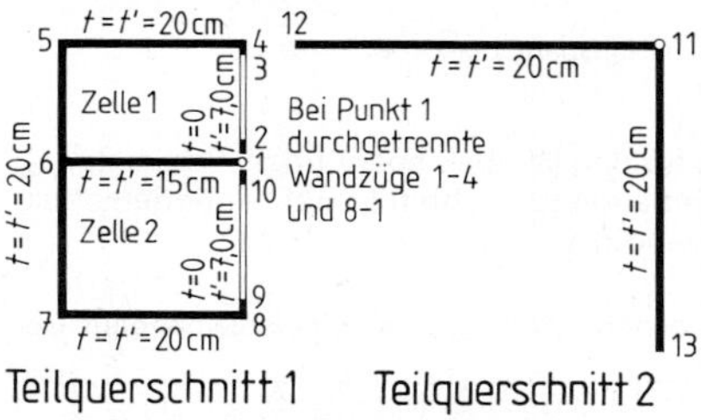


**Bild 36 Punktbezeichnungen für Querschnittswerte-Berechnung**

Lediglich für den zweizelligen Teilquerschnitt 1 ändert sich der Berechnungsgang gegenüber dem Vorgehen nach Abschn. 2.2. Für diesen Teilquerschnitt wird die Berechnung in Tafel 12 durchgeführt; im übrigen wird auf das Beispiel in Abschn. 7 verwiesen.

**Tafel 12 Einheitsverwölbungen des Teilquerschnitts 1**

| 1 | 2 | 3 | 4 | 5 | 6,1 | 6,2 | 7,1 | 7,2 | 8 | 9 | 10 |
|---|---|---|---|---|---|---|---|---|---|---|---|
| Pkt. Nr. $i$ | $y$ | $z$ | $s$ | $t'$ | $\Delta\omega_0$ Zelle 1 | Zelle 2 | $s/t'$ Zelle 1 | v Zelle 2 | $\omega_0$ | $\sum s/t'$ | $\omega$ |
| 1,0 | 0,00 | 0,00 | 0,25 | 0,20 | 0,00 | | 1,250 | | 0,000 | 0,000 | 0,000 |
| 2 | 0,00 | −0,25 | 1,50 | 0,07 | 0,00 | | 21,429 | | 0,000 | −0,310 | −0,310 |
| 3 | 0,00 | −1,75 | 0,25 | 0,20 | 0,00 | | 1,250 | | 0,000 | −5,619 | −5,619 |
| 4 | 0,00 | −2,00 | 3,00 | 0,20 | 6,00 | | 15,000 | | 0,000 | −5,929 | −5,929 |
| 5 | 3,00 | −2,00 | 2,00 | 0,20 | 6,00 | | 10,000 | | 6,000 | −9,646 | −3,646 |
| 6 | 3,00 | 0,00 | 3,00 | 0,15 | 0,00 | | 20,000 (−) | 20,000 | 12,000 | −12,124 | −0,124 |
| 1,1 | 0,00 | 0,00 | | | | | | | 12,000 | −12,000 | (0,000) |
| (6) | Daten s. 6 − 1,1 | | 2,50 | 0,20 | | 7,50 | | 12,500 | | | |
| 7 | 3,00 | 2,50 | 3,00 | 0,20 | | 7,50 | | 15,000 | 19,500 | −15,299 | 4,201 |
| 8 | 0,00 | 2,50 | 0,25 | 0,20 | | 0,00 | | 1,250 | 27,000 | −19,108 | 7,892 |
| 9 | 0,00 | 2,25 | 2,00 | 0,07 | | 0,00 | | 28,571 | 27,000 | −19,426 | 7,574 |
| 10 | 0,00 | 0,25 | 0,25 | 0,20 | | 0,00 | | 1,250 | 27,000 | −26,683 | 0,317 |
| 1,2 | 0,00 | 0,00 | | | | | | | 27,000 | −27,000 | (0,000) |
| $\sum$ | | | | | 12,00 | 15,00 | 68,929 | 78,571 | | | |

Der Teilquerschnitt 1 besitzt 2 Zellen. Zelle 1 wird aus dem Wandzug 1,0 − 2 − 3 − 4 − 5 − 6 − 1,1 (oberer Tabellenteil) gebildet und Zelle 2 aus dem Wandzug 1,1 − 6 − 7 − 8 − 9 − 10 − 1,2 (unterer Tabellenteil). Durch das Auftrennen der geschlossenen

Wandzüge am Punkt 1 zur Bildung des „statisch bestimmten Hauptsystems" entstehen dort zunächst 3 Wandenden: 1,0, 1,1, 1,2. Die Verwölbung des nun offenen Querschnitts erzeugt dort Verwölbungsklaffungen von 12,000 m² zwischen 1,0 und 1,1 der Zelle 1 und 15000 m² zwischen 1,1 und 1,2 der Zelle 2. Diese Klaffungen werden durch die entgegengesetzten Schubverzerrungen der Zellenwandflächen wieder aufgehoben. Die dafür erforderlichen bezogenen Einheitsschubflüsse $\Gamma_1$ und $\Gamma_2$ werden als Lösung des Gleichungssystems:

$$68{,}929\,\Gamma_1 - 20{,}000\,\Gamma_2 = -12{,}000 \qquad -20{,}000\,\Gamma_1 + 78{,}571\,\Gamma_2 = -15{,}000$$

Die Koeffizienten $g_{11} \cdot g_{22}$ und „Belastungsglieder" erhält man aus den Spaltensummen 7,1 und 7,2 bzw. 6,1 und 6.2. Der Koeffizient $g_{12}$ ergibt sich als $\sum s/t'$ über die gemeinsamen Zellenwände, im vorliegenden Fall ist dies der Wandabschnitt 1,1 – 6. Das Vorzeichen ist negativ, weil $\Gamma_1$ und $\Gamma_2$ entgegengesetzt gerichtet sind.

Die Lösung für die Einheitsschubflüsse lautet

$$\Gamma_1 = -0{,}2478\ \text{m}^2 \quad \text{und} \quad \Gamma_2 = -0{,}2540\ \text{m}^2.$$

Die Einheitsschubverzerrungen können nun als Summenlinie der mit den entsprechenden Einheitsschubflüssen multiplizierten Wandverzerrungen $s/t'$ (Spalte 7) über die Zellenwandzüge berechnet werden (Spalte 9). Mit der Einheitsverwölbung des offenen Querschnitts (Spalte 8) überlagert ergeben sich die Einheitsverwölbungen des geschlossenen Querschnitts (Spalte 10).

### 9.4.2 Querschnittswerte

Nach der Berechnung der Einheitsverwölbungen des Teilquerschnitts 1 läuft die Berechnung der Querschnittswerte nach dem in Abschn. 7.2.2 gezeigten Schema ab. Zusätzlich ist aber das Torsionsflächenmoment $I_T$ gemäß Abschn. 9.1.2 zu bestimmen. Vernachlässigt man den Anteil des offenen Querschnitts, so ergibt sich dafür

$$I_T = 2 \cdot (2{,}00 \cdot 3{,}00 \cdot (-0{,}2478) + 2{,}50 \cdot 3{,}00 \cdot (-0{,}2540)) = 6{,}784\ \text{m}^4.$$

In der weiteren Berechnung wird der „offene Anteil" berücksichtigt:

$$I_T = 6{,}847\ \text{m}^4.$$

Die übrigen auf den Schubmittelpunkt bezogenen Querschnittswerte ergeben sich wie folgt:

$$A_1 = 2{,}75\ \text{m}^2;\ A_2 = 2{,}20\ \text{m}^2$$

$$A_{YY} = 11{,}8207\ \text{m}^4;\ A_{YZ} = -4{,}00097\ \text{m}^4;\ A_{ZZ} = 13{,}5678\ \text{m}^4;\ A_{\omega\omega} = 851{,}16\ \text{m}^6;$$

Bezogen auf den Punkt 1 des Teilquerschnitts 1 erhält man die Schubmittelpunktskoordinaten zu

$$Y_M = 3{,}253\ \text{m};\ Z_M = -8{,}418\ \text{m}.$$

Mit den Materialkennwerten $E = 30000\ \text{MN/m}^2$ und $G = 12000\ \text{MN/m}^2$ erhält man die Torsionssteifigkeiten zu

$$T = 12000 \cdot 6{,}847 = 82159\ \text{MN m}^2 \quad \text{und}$$
$$W = 30000 \cdot 851{,}16 = 25534781\ \text{MN m}^4$$

Mit der Gebäudehöhe von 20 m ergibt sich der Eigenwert $\varkappa$ zu

$$\varkappa = 20{,}0\sqrt{82159/25534781} = 1{,}134464$$

### 9.4.3 Torsions-Schnittkraftgrößen

Die Berechnung der Querkräfte und Biegemomente unterscheidet sich nicht von der nach Abschn. 4 bzw. 8.1. Das gilt auch für das Torsionsmoment mit der Maßgabe, daß $V_\omega$ durch $M_T$ zu ersetzen ist. Für die Berechnung von $V_\omega$, $M_{Tr}$ und $M_\omega$ gilt hier Abschn. 9.2.

Würde man beim vorliegenden Problem vollständig nach Abschn. 8.1 verfahren, so erhielt man als Ergebnis für $V_\omega$ den Funktionsverlauf von $M_T$ in Bild 37 und für $M_\omega$ den von $M_{\omega 0}$.

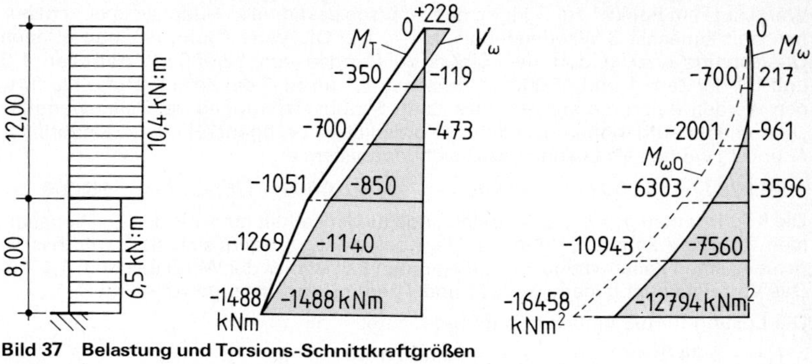


**Bild 37 Belastung und Torsions-Schnittkraftgrößen**

Die Belastung besteht aus einem 8,0 m hohen unteren Abschnitt mit $q_Y = 6{,}5$ kN/m und einem 12,0 m hohen oberen Abschnitt mit $q_Y = 10{,}4$ kN/m. In jedem Abschnitt folgt daraus ein linearer $M_T$-Verlauf. Wegen der Unstetigkeit bei $\xi = 0{,}4$ ($\varkappa = 8{,}0$ m) ist die Stablänge für die Berechnung der Torsionsschnittgrößen ebenfalls in zwei Abschnitte einzuteilen, einen oberen ($\lambda = 1$) und einen unteren ($\lambda = 2$).

**Tafel 13 Berechnung der Integrationskonstanten der Torsionsfunktionen**

| 1 | 2 | 3 | 4 | 5 | 6 | 7 | 8 | 9 | 10 | 11 | 12 |
|---|---|---|---|---|---|---|---|---|---|---|---|
| $\lambda$ | $(\lambda)$ | $\xi$ | $M_T$ | $\mu_1$ | $\mu_2$ | $e^{-\varkappa\xi}$ | $e^{-\varkappa(1-\xi)}$ | $C_2'$ | $C_3'$ | $C_2$ | $C_3$ |
| 0 | | 0 | 0,0 | | | | | | | | |
| | 1 | | | −0,4262 | 0,4262 | 0,6352 | 0,5063 | 0,0431 | −0,2988 | −0,1573 | −0,3632 |
| 1 | | 0,4 | −1050,5<br>−1050,5 | | | | | | | | |
| | 2 | | | −0,3623 | 0,2664 | 1,0000 | 0,3216 | 0,1446 | −0,2178 | −0,0558 | −0,2823 |
| 2 | | 1 | −1488,2 | | | | | | | | |

$$\mu_{wL} = -\frac{e^{1,134464} \cdot 0{,}0431 + (-0{,}2988) + 2 \cdot 0{,}4262}{e^{1,134464} + e^{-1,134464}} = -0{,}20042$$

**Bereich 1 (oben):**

$${}^1V_\omega = -82159/(2 \cdot 1{,}134464 \cdot 20{,}0)\,(-0{,}1573\,e^{\varkappa\xi} + 0{,}3632\,e^{\varkappa(1-\xi)})$$

$${}^1M_{Tr} = {}^1M_T - {}^1V_\omega$$

$${}^1M_\omega = 82159/(2 \cdot 1{,}134464^2)\,(-0{,}1573\,e^{\varkappa\xi} + 0{,}3632\,e^{\varkappa(1-\xi)})$$

**Bereich 2 (unten):**

$${}^2V_\omega = -82159/(2 \cdot 1{,}134464 \cdot 20{,}0)\,(-0{,}0588\,e^{\varkappa\xi} + 0{,}2823\,e^{\varkappa(1-\xi)})$$

$${}^2M_{Tr} = {}^2M_T - {}^2V_\omega$$

$${}^2M_\omega = 82159/(2 \cdot 1{,}134464^2)\,(-0{,}0588\,e^{\varkappa\xi} - 0{,}2823\,e^{\varkappa(1-\xi)})$$

# Geotechnik

Bearbeitet von Prof. Dr.-Ing. Helmut Dieler

## Inhalt



Fortsetzung s. nächste Seite

# Technische Baubestimmungen

**Stand der Normung:** Die europäische Norm der Geotechnik, EN V 1997-1 (EC7), wurde am 25.5.1993 von CEN als vorläufige Norm für die probeweise Anwendung herausgegeben (deutsche Fassung: 1995). Sie ist gemäß nationalem Vorwort in Deutschland nur in Verbindung mit DIN V 1054-100 (4.96) sowie den Berechnungsnormen nach dem Konzept mit Teilsicherheitsbeiwerten, jeweils gekennzeichnet durch Teil 100 (s. u.), zu verwenden, mit denen EC 7 integriert und modifiziert wird. In einer Übergangszeit gelten alte und neue Normen nebeneinander. Im Rahmen der europäischen Harmonisierung wurden auch Normenentwürfe für den Spezialtiefbau erarbeitet (s. u.).

**Grundsätzliche Normen**

| | |
|---|---|
| DIN V 1054-100 | Sicherheitsnachweise im Erd- und Grundbau (4.96)[1] |
| DIN 1054 | Baugrund; Zulässige Belastung des Baugrundes (11.76) mit Beiblatt (11.76) |
| DIN 1055 | Lastannahmen für Bauten, T2: Bodenkenngrößen (2.76) |
| DIN 1080 | Begriffe, Formelzeichen und Einheiten im Bauingenieurwesen, T6: Bodenmechanik und Grundbau (3.80) |
| DIN V ENV 1997-1 | Eurocode 7 (EC7): Entwurf, Berechnung und Bemessung in der Geotechnik, Allgemeine Regeln (4.96)[1] |

**Baugrunderkundung**

| | |
|---|---|
| DIN 4020 | Geotechnische Untersuchungen für bautechnische Zwecke mit Bbl. 1 (10.90) |
| DIN 4021 | Baugrund; Erkundung durch Schürfe, Bohrungen sowie Entnahme von Proben (10.90) |
| DIN 4022 | Benennen und Beschreiben von Boden und Fels, T1 (9.87); T2 (3.81); T3 (5.82) |
| DIN 4023 | Baugrund und Wasserbohrungen; Zeichnerische Darstellung der Ergebnisse (3.84) |
| DIN 4094 | Baugrund; Erkunden durch Sondierungen (12.90) |
| DIN 4096 | Baugrund; Flügelsondierung, Maße des Gerätes, Arbeitsweise, Auswertung (5.80) |
| DIN 18196 | Bodenklassifikation für bautechnische Zwecke (10.88) |

**Berechnungsnormen**

| | |
|---|---|
| DIN 4017 | T1 (8.79) Grundbruchberechnung von lotrecht, mittig belasteten Flachgründungen mit Bbl. 1 (8.79) |
| | T2 (8.79) Grundbruchberechnung von schräg und außermittig belasteten Flachgründungen mit Bbl. (8.79) |
| | E (12.88) Berechnung des Grundbruchwiderstandes von Flachgründungen |
| DIN 4018 | Berechnung des Sohldruckes unter Flachgründungen (9.74) mit Bbl. 1 (5.81) |
| DIN 4019 | T1 (4.79) Setzungsberechnung bei lotrechter mittiger Belastung mit Bbl. 1 (4.75) |
| | T2 (2.81) Setzungsberechnung bei schräg und außermittig wirkender Belastung mit Bbl. 1 (2.81) |

[1]) EC 7 und „Normenpaket-100" (s. u.) sind als Vornormen keine technischen Baubestimmungen.

| | |
|---|---|
| DIN 4084 | Gelände- und Böschungsbruchberechnungen (7.81) mit Bbl. 1 (7.81) und Bbl. 2 (9.83) |
| DIN 4085 | Berechnung des Erddruckes für starre Stützwände und Widerlager mit Bbl. 1 (2.87) und Bbl. 2 (6.89) |
| DIN V 4017–100 | Berechnung des Grundbruchwiderstandes von Flachgründungen (4.96) |
| DIN V 4019–100 | Setzungsberechnungen (4.96) |
| DIN V 4084–100 | Böschungs- und Geländebruchberechnungen (4.96) |
| DIN V 4085–100 | Berechnung des Erddruckes (4.96) |
| DIN V 4126–100 | Berechnung von Schlitzwänden (4.96) |

**Gründungselemente und Gründungsverfahren**

| | |
|---|---|
| DIN 4014 | Bohrpfähle; Herstellung, Bemessung und Tragverhalten (3.90) |
| DIN 4026 | Rammpfähle; Herstellung, Bemessung und zulässige Belastung mit Bbl. (8.75) |
| DIN 4093 | Einpressungen in Untergrund und Bauwerke; Richtlinie für Planung und Bauausführung (9.87) |
| DIN 4107 | Setzungsbeobachtungen an entstehenden und fertigen Bauwerken (7.69) |
| DIN 4123 | Gebäudesicherungen im Bereich von Ausschachtungen, Gründungen und Unterfangungen (5.72) |
| DIN 4124 | Baugruben und Gräben; Böschungen, Arbeitsraumbreiten, Verbau (8.81) |
| DIN 4125 | Verpreßanker; Kurzzeitanker und Daueranker; Bemessung, Ausführung und Prüfung (11.90) |
| DIN 4126 | Ortbetonschlitzwände; Konstruktion und Ausführung (8.86) |
| DIN 4127 | Schlitzwandtone für stützende Flüssigkeiten (8.86) |
| DIN 4128 | Verpreßpfähle (Ortbeton- u. Verbundpfähle) mit kleinem Durchmesser (4.83) |
| E DIN EN 1536 | Ausführung von besonderen geotechnischen Arbeiten (Spezialtiefbau) – Bohrpfähle (10.94) |
| E DIN EN 1537 | – Verpreßanker (10.94) |
| E DIN EN 1538 | – Schlitzwände (10.94) |

**Schutz der Bauwerke gegen Wasserangriff**

| | |
|---|---|
| DIN 4030 | Beurteilung betonangreifender Wässer, Böden und Gase<br>T1 Grundlagen und Grenzwerte (6.91)<br>T2 Entnahme und Analyse von Wasser- und Bodenproben (6.91) |
| DIN 4095 | Dränung zum Schutz baulicher Anlagen; Planung, Bemessung, Ausführung (6.90) |
| DIN 18195 | T1 bis T10 Bauwerksabdichtungen (8.83) |

**Schutz der Bauwerke gegen Erschütterungen**

| | |
|---|---|
| DIN 4024 | Maschinenfundamente<br>– T1 Elast. Stützkonstruktionen für Maschinen mit rotierenden Massen (4.88)<br>– T2 Steife (starre) Stützkonstruktionen für Maschinen mit periodischer Erregung (4.88) |
| DIN 4025 | Fundamente für Amboß-Hämmer, Hinweise für die Bemessung und Ausführung (10.58) |
| DIN 4149 | Bauten in deutschen Erdbebengebieten mit Bbl. (4.81) |
| DIN 4150 | T1 Vornorm (9.75) Erschütterungen im Bauwesen; Grundsätze, Vorermittlung und Messung von Schwingungsgrößen<br>T2 –, Einwirkungen auf Menschen in Gebäuden (12.92)<br>T3 –, Einwirkungen auf bauliche Anlagen (5.80) |

**Untersuchung von Bodenproben (Versuchsnormen)**

| | |
|---|---|
| DIN 18121 | T1 Wassergehalt, Bestimmung durch Ofentrocknung (4.76)<br>T2 Wassergehalt, Bestimmung durch Schnellverfahren (9.89) |
| DIN 18122 | T1 Zustandsgrenzen (Konsistenzgrenzen), Bestimmung der Fließ- und Ausrollgrenze (4.76)<br>T2 –, Bestimmung der Schrumpfgrenze (2.87) |
| DIN 18123 | Bestimmung der Korngrößenverteilung (4.83) |
| DIN 18124 | Bestimmung der Korndichte (9 89) |
| DIN 18125 | T1 Bestimmung der Dichte des Bodens, Labormethoden (5.86)<br>T2 –, Feldmethoden (5.86) |
| DIN 18126 | Bestimmung der Dichte nicht bindiger Böden bei lockerster und dichtester Lagerung (9.89) |
| DIN 18127 | Proctor-Versuch (2.93) |
| DIN 18128 | Bestimmung des Glühverlustes (11.90) |
| DIN 18129 | Kalkgehaltsbestimmung (12.90) |

| | |
|---|---|
| DIN 18130 | T1 Bestimmung des Wasserdurchlässigkeitsbeiwertes; Laborversuche (11.89)<br>T2 Bestimmung der Wasserdurchlässigkeit im Felde (i. Vorber.) |
| DIN 18132 | E (7.93) Bestimmung des Wasseraufnahmevermögens |
| DIN 18134 | Plattendruckversuch (1,93) |
| DIN 18135 | Eindimensionaler Kompressionsversuch (i. Vorber.) |
| DIN 18136 | Bestimmung der einaxialen Druckfestigkeit (3.87) |
| DIN 18137 | T1 Bestimmung der Scherfestigkeit, Begriffe und grundsätzliche Versuchsbedingungen (8.90)<br>T2 –, Dreiaxialversuch (12.90)<br>T3 –, Direkter Scherversuch (i. Vorber.) |

**Allgemeine Techn. Vertragsbedingungen (ATV)**

| | |
|---|---|
| DIN 18300 | Erdarbeiten (6.96) |
| DIN 18301 | Bohrarbeiten (6.96) |
| DIN 18303 | Verbauarbeiten (9.88) |
| DIN 18304 | Rammarbeiten (12.92) |

**Empfehlungen** mit normativem Charakter, herausgegeben von der Deutschen Gesellschaft für Erd- und Grundbau e.V.

| | |
|---|---|
| EAB | Empfehlungen des Arbeitskreises „Baugruben", 3. Aufl. Berlin: Wilhelm Ernst & Sohn, 1994 |
| EAU | Empfehlungen des Arbeitsausschusses „Ufereinfassungen", 8. Aufl. Berlin: Wilhelm Ernst & Sohn, 1990 |
| DGEG | Böschungsempfehlungen, 1962 |
| DGEG | Empfehlungen für die Anlage und Ausbildung von Bermen, Geotechnik, S. 225, 1989 |
| GDA | Empfehlungen des Arbeitskreises Geotechnik der Deponien und Altlasten. Berlin: Wilhelm Ernst & Sohn, 1990 |
| ETB | Empfehlungen des Arbeitskreises Tunnelbau. Berlin: W. Ernst & Sohn, 1995 |
| EVB | Empfehlungen, Verformung des Baugrundes bei baulichen Anlagen. Berlin: Ernst & Sohn, 1993 |
| AK5 | Empfehlungen des Arbeitskreises 5: Statisch axiale Probebelastungen, Geotechnik **16** (1993), H. 3, S. 124 bis 136<br>–: Dynamische Pfahlprüfungen, Geotechnik **14** (1991), H. 3, S. 139 bis 153<br>–: Statische Probebelastungen quer zur Pfahlachse, Geotechnik **17**, H. 2, S. 104 bis 112 |

# Weiterführende Literatur


[1] Grundbautaschenbuch (GBT): 3. Aufl. Teil 1: 1980, Teil 2: 1982 und Teil 3: 1987, Berlin: Wilhelm Ernst & Sohn

[2] – 4. Aufl. Teil 1: 1990, Teil 2: 1991, Berlin: Wilhelm Ernst & Sohn

[3] *Weissenbach, A.*: Baugruben, Teil 2. Berlin: Wilhelm Ernst & Sohn, 1975

[4] *Türke, H.*: Statik im Erdbau, 2. Aufl., Berlin: Wilhelm Ernst & Sohn, 1990

[5] *Simmer, K.*: Grundbau 1, 19. Aufl. Grundbau 2, 17. Aufl. Stuttgart: B.G. Teubner 1994

[6] *Floss, R.*: ZTVE-StB 76, Kommentar, Bonn–Bad Godesberg: Kirschbaum, 1979

[7] *Hilmer, K.*: Dränung zum Schutz baulicher Anlagen: Planung, Bemessung und Ausführung; Kommentar zur DIN 4095, Geotechnik **13** (1990), H. 4

[8] *Franke, E.*: Ruhedruck in kohäsionslosen Böden. Die Bautechnik **51** (1974)

[9] *Kany, M.*: Berechnung von Flächengründungen, Bd. 1 u. 2, Berlin, München, Düsseldorf: Wilhelm Ernst & Sohn, 1974

[10] *Wölfer, K.-H.*: Elastisch gebettete Balken und Platten, Zylinderschalen, 4. Aufl., Wiesbaden und Berlin: Bauverlag GmbH, 1978

[11] *Smoltczyk, U.*: Die Einspannung im beliebig geschichteten Baugrund. Der Bauingenieur **38**, H. 10, S. 388 (1963)

[12] *Titze, E.*: Über den seitlichen Bodenwiderstand bei Pfahlgründungen, Bauingenieur-Praxis, H. 77. Berlin: Wilhelm Ernst & Sohn, 1970

[13] *Sherif, G.*: Elastisch eingespannte Bauwerke, Tafeln zur Berechnung nach dem Bettungsmodulverfahren mit variablen Bettungsmoduln, Berlin, München, Düsseldorf: Wilhelm Ernst & Sohn, 1974

[14] *Ranke, A., Ostermayer, H.*: Beitrag zur Stabilitätsuntersuchung mehrfach verankerter Baugrubenumschließungen. Die Bautechnik **45**, H. 10, S. 341 (1968)

[15] *Fischer, K.*: Beispiele zur Bodenmechanik, Berlin, München: Wilhelm Ernst & Sohn, 1965

[16] *Franke, E.*: „Pfähle", Abschn. 33 im Grundbautschenbuch (GBT), Teil 3, 4. Aufl.: Berlin: Wilhelm Ernst & Sohn, 1992

# 1 Geotechnische Kategorien

**Nach DIN V 1054-100** (4.96) können die Mindestanforderungen an Umfang und Qualität geotechnischer Untersuchungen, Berechnungen und Überwachungsarbeiten nach drei geotechnischen Kategorien (GK) abgestuft werden. Sie richten sich nach der zu erwartenden Reaktion von Boden und Fels, nach dem geotechnischen Schwierigkeitsgrad des Tragwerkes und seinen Einflüssen auf die Umgebung.

**Tafel 1 Einstufung von Erd- und Grundbauwerken bzw. geotechn. Baumaßnahmen in geotechnische Kategorien** nach DIN 4020 (10.90) und DIN V 1054-100 (4.96)

| Geotechn. Kategorie | Geotechn. Risiko | Einstufungskriterien und Klassifizierungsmerkmale | Einschaltung von Sachverständigen |
|---|---|---|---|
| GK 1 | gering | wenn Standsicherheit und Gebrauchstauglichkeit sowie die geotechn. Auswirkungen aufgrund gesicherter Erfahrungen beurteilt werden können | im Zweifelsfall erforderlich |
| GK 2 | normal | wenn Grenzzustände durch rechnerische Nachweise zu untersuchen sind. | im Regelfall hinzuziehen |
| GK 3 | hoch | wenn Bauobjekte mit schwieriger Konstruktion und/oder schwierigem Baugrund vertiefte geotechnische Kenntnisse und Erfahrungen verlangen. | zwingend erforderlich |

**Tafel 2 Beispiele für die Zuordnung von Erd- und Grundbauwerken zu geotechnischen Kategorien** nach DIN V-1054-100 (Auswahl)

| | |
|---|---|
| GK 1 | Gründungen bei angenähert waagerechtem Verlauf der Schichtgrenzen; Baugruben und Gräben, die nach DIN 4124 hergestellt werden, Normverbau nach DIN 4124, Stützung durch Grabenverbaugeräte, Stützbauwerke bis 1,5 m Höhe bei waagerechtem, unbelastetem Gelände |
| GK 2 | Kurzzeitanker nach DIN 4125; Pfähle mit Beanspruchung quer zur Pfahlachse |
| GK 3 | Daueranker nach DIN 4125; Zugpfähle mit Neigung <45°; Pfahlgründungen bzw. Verankerungen mit Schwell-, Wechsel- und dynamischer Beanspruchung, sofern keine Erfahrungen vorliegen (sonst GK 2); Stützbauwerke mit dichtangrenzenden, verschiebungsempfindlichen Bauwerken und bei gespanntem Grundwasserspiegel, ferner, wenn zur Bemessung Erdbebenkräfte maßgebend sind |

Die Einordnung in eine geotechnische Kategorie erfolgt ggf. zu Beginn der Arbeiten vorläufig. Eine Änderung ist aufgrund der Befunde möglich und ggf. notwendig.

# 2 Geotechnische Untersuchungen

**Nach DIN V 1054-100** (4.96) sollte die geotechnische Untersuchung alle für die jeweilige Baumaßnahme und die davon betroffene Umgebung maßgebenden Einwirkungen, Baugrund- und Grundwassereigenschaften beschreiben und die erforderlichen Bodenkenngrößen liefern oder überprüfen.

**Art und Umfang** der dafür erforderlichen geotechnischen Untersuchungen werden in DIN 4020 (10.90) für GK 1 bis 3 mit gegenüber Tafel 1 erweiterten Klassifizierungsmerkmalen festgelegt.

Maßgebend für die Einstufung in GK 1 bis 3 ist jeweils das Klassifizierungsmerkmal, das den größten Schwierigkeitsgrad beschreibt. Sie ist später aufgrund der Ergebnisse der geotechnischen Untersuchungen zu überprüfen und ggf. zu berichtigen.

**Geotechnische Kategorie 1 (GK1)** liegt vor

a) bei einfachen baulichen Anlagen

**Beispiele** Setzungsunempfindliche Bauwerke mit Stützenlasten bis 250 kN und Streifenlasten bis 100 kN, Stützmauern und Baugrubenwände $h \leqq 2{,}0$ m ohne hohe Geländeauflasten, Gründungsplatten, die ohne Berechnung nach empirischen Regeln bemessen werden, Gräben $h \leqq 2{,}0$ m über dem Grundwasser,

b) bei waagerechtem oder schwach geneigtem Gelände, wenn die Baugrundverhältnisse nach gesicherten örtlichen Erfahrungen und geologischen Bedingungen als tragfähig und setzungsarm bekannt sind,

c) wenn das Grundwasser unterhalb der Aushubsohle liegt oder durch örtliche Bauerfahrung nachgewiesen ist, daß der Aushub unter dem Grundwasserspiegel oder ein späterer Grundwasseranstieg ohne schädliche Auswirkungen bleiben,

d) wenn das Bauwerk gegen die örtliche Seismizität unempfindlich ist,

e) wenn die Umgebung (Nachbargebäude, Verkehrswege, Leitungen usw.) durch das Bauwerk selbst oder die dafür erforderlichen Bauarbeiten nicht beeinträchtigt oder gefährdet werden kann,

f) wenn schädliche oder erschwerende äußere Einflüsse, wie benachbarte offene Gewässer, Böschungen, Auslaugungen, Erdfälle nicht zu erwarten sind.

**Mindestanforderungen** an die Baugrunderkundung und -untersuchung **bei GK1**.

- Einholen von Informationen über die allgemeinen Baugrundverhältnisse und die örtlichen Bauerfahrungen der Nachbarschaft.
- Erkunden der Bodenarten bzw. Gesteinsarten und ihrer Schichtung, z. B. durch Schürfe, Kleinbohrungen und Sondierungen.
- Abschätzen der Grundwasserverhältnisse vor und während der Bauausführung.
- Besichtigung der ausgehobenen Baugrube.

Art und Umfang dieser geotechn. Untersuchungen müssen eine Bestätigung der Verhältnisse nach den Aufzählungen b) bis f) ermöglichen.

**Geotechnische Kategorie 2 (GK2)** liegt vor, wenn die baulichen Anlagen und geotechnischen Gegebenheiten nicht in die geotechnische Kategorie 1 eingeordnet werden können, und sie wegen ihres Schwierigkeitsgrades nicht in die Kategorie 3 eingeordnet werden müssen.

**Mindestanforderungen** an die Baugrunderkundung und -untersuchung **bei GK 2**. Es sind immer direkte Aufschlüsse erforderlich. Die für Beurteilung und Berechnungen notwendigen Bodenkenngrößen müssen versuchstechnisch bestimmt oder mit Hilfe von Korrelationen abgeschätzt werden (s. S. 1048).

Direkte Aufschlüsse[1]) sind natürliche oder künstliche Aufschlüsse, in der Regel Bohrungen, die eine Besichtigung von Boden oder Fels, die Entnahme von Boden- oder Felsproben sowie die Durchführung von Feldversuchen ermöglichen, z. B. auch Schürfe.

**Geotechnische Kategorie 3 (GK 3)** liegt vor

a) bei baulichen Anlagen wie Bauwerke mit besonders hohen Lasten, tiefe Baugruben (z. B. Tiefgaragen), Staudämme sowie Deiche und andere Bauwerke, die durch hohe Wasserdrücke $\Delta h > 2$ m belastet werden, Einrichtungen zur vorübergehenden oder dauernden Grundwasserabsenkung, die damit ein Risiko für benachbarte Bauten bewirken, Flugplatzbefestigungen, Hohlraumbauten, weitgespannte Brücken, Schleusen und Siele, Maschinenfundamente mit hohen dynamischen Lasten, kerntechnische Anlagen, Offshore-Bauten, Chemiewerke und Anlagen mit gefährlichen chemischen Stoffen, Deponien aller Art mit Ausnahme nicht kontaminierter Boden- und Felsaushübe, hohe Türme, Antennen, Schornsteine, Großwindanlagen,

[1]) Anordnung nach Tafel 3

b) bei besonders schwierigen Baugrundverhältnissen, z. B. geologisch junge Ablagerungen mit regelloser Schichtung, rutschgefährdete Böschungen, geologisch wechselhafte Formationen, quell- und schrumpffähige Böden,
c) bei gespanntem oder artesischem Grundwasser, wenn beim Ausfall der Entlastungsanlagen hydraulischer Grundbruch möglich ist,
d) bei Erdbeben,
e) wenn von der baulichen Anlage oder der Bauausführung besondere Gefährdungen auf die Umgebung ausgehen oder die Bauwerke selbst durch sonstige Einflüsse einer besonderen Gefährdung hinsichtlich Standsicherheit und eventuell auch Betriebssicherheit unterliegen,
f) in Bergsenkungsgebieten, Gebieten mit Erdfällen, bei unkontrolliert geschütteten Geländeauffüllungen.

**Mindestanforderungen** an die Baugrunderkundung und -untersuchung **bei GK3**.

Es ist zu prüfen, ob über den für GK2 erforderlichen Umfang hinaus weitere Untersuchungen erforderlich sind, die sich aus den besonderen Abmessungen, Eigenschaften und Beanspruchungen des Objektes oder aus Sonderfragen des Baugrundes, des Grundwassers oder der Umgebung ergeben (z. B. Pumpversuche, Proberammungen, Dichtigkeitsprüfungen).
Die Rechenwerte werden unter Einschaltung eines Sachverständigen festgelegt.

## Anordnung der Aufschlüsse

**Tafel 3 Anzahl oder Rasterabstände $a$ direkter Aufschlüsse in Böden,** Richtwerte nach DIN 4020 (10.90) in Abhängigkeit vom Bauwerkstyp

| | | |
|---|---|---|
| Kleinflächige oder einfache Bauwerke bei einfachem Baugrund: mind. 1 direkter Aufschluß | Hoch- und Ingenieurbauten: Rasterabstand $a = 20$ bis 40 m | Großflächige Bauwerke: Rasterabstand $a \leqq 60$ m |
| Linienbauwerke (z. B. Landverkehrswege, Leitungen, Stützmauern): $a = 50$ bis 200 m | Sonderbauwerke (z. B. Brükken, Schornsteine, Maschinenfundamente): 2 bis 4 Aufschlüsse/Fundament | Staumauern, -dämme und Wehre: $a = 25$ bis 75 m in charakteristischen Schnitten |

**Tafel 4 Aufschlußtiefe $z_a$ ab Bauwerksunterkante oder Aushubsohle in Böden,** Richtwerte nach DIN 4020 (10.90) in Abhängigkeit vom Bauwerkstyp

| | | |
|---|---|---|
| Hoch- und Ingenieurbauten: $z_a \geqq 3{,}0 \cdot b_F$ oder $z_a \geqq 6{,}0$ m<br>$b_F$ kleinere Fundamentabmessung | Plattengründungen sowie mehrere Gründungskörper mit Überschneidung des Einflusses: $z_a \geqq 1{,}5\, b_B$<br>$b_B$ kleinere Bauwerksabmessung | Dämme: $0{,}8 \cdot h < z_a < 1{,}2 \cdot h$ [1]) oder $z_a \geqq 6{,}0$ m<br>Einschnitte: $z_a \geqq 2{,}0$ m oder $z_a \geqq 0{,}4 h$ |
| Landverkehrswege: $z_a \geqq 2{,}0$ m unter Aushubsohle.<br>Kanäle u. Leitungen: $z_a \geqq 2{,}0$ m unter Aushubsohle $z_a \geqq 1{,}5$ m $b_{Ah}$ [2]) | Baugruben: $z_a \geqq 0{,}4 h$ oder $z_a \geqq$ Einbindetiefe des Verbaus + 2,0 m | Pfähle: $z_a \geqq 1{,}0\, b_G$ [3]) oder $z_a \geqq 3 \cdot D_F$<br>$D_F$ Pfahldurchmesser |

[1]) $h$ Dammhöhe bzw. Einschnittiefe oder Baugrubentiefe
[2]) $b_{Ah}$ Aushubbreite
[3]) $b_G$ kleinere Seite des die Pfahlgründung umschließenden Rechteckes

Bei Alternativangaben gilt jeweils der größere Wert der Aufschlußtiefe $z_a$

Für die **Durchführung der Untersuchungen und Darstellung der Ergebnisse** gelten:

**DIN 4021** Baugrund; Erkundung durch Schürfe und Bohrungen sowie Entnahme von Proben (10.90).

Sie regelt das Bohrverfahren, die Probenahme und die im Bohrloch ggf. auszuführenden Versuche und Messungen.

**DIN 4022** Benennen und Beschreiben von Boden und Fels;
T1 (9.87) Schichtenverzeichnis für Bohrungen ohne durchgehende Gewinnung von gekernten Proben
T2 (3.81) Schichtenverzeichnis für Bohrungen im Fels (Festgestein)
T3 (5.82) Schichtenverzeichnis für Bohrungen mit durchgehender Gewinnung von gekernten Proben im Boden (Lockergestein)

Sie regelt die Benennung und Beschreibung von Boden und Fels für die Protokollierung der Ergebnisse direkter Aufschlüsse.

**DIN 4023** Baugrund- und Wasserbohrungen; Zeichnerische Darstellung der Ergebnisse (3.84)

Die Aufschlußpunkte sind in einem Lageplan, die Ergebnisse maßstäblich und höhengerecht in Schnitten 1:100 (Säulen) mit Symbolen und Kurzzeichen der DIN 4023 darzustellen und ggf. durch Gruppensymbole nach DIN 18196 (s. S. 1053) zu ergänzen.

**Tafel 5** **Bodenarten** nach DIN 4022 **und Darstellung** nach DIN 4023

| Benennung | Feinstkorn oder Ton | Schluff | Sand | Kies | Steine und Blöcke |
|---|---|---|---|---|---|
| Korngrößenbereich in mm | <0,002 | 0,002 bis 0,06 | >0,06 bis 2 | >2 bis 63 | >63 |
| Kurzzeichen | T | U | S | G | X und Y |
| Symbol | 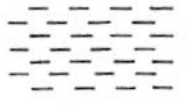 |  |  | 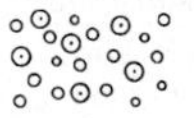 |  |

Bei **gemischten Bodenarten** ist das Kurzzeichen des Hauptanteils in Großbuchstaben voranzustellen, die der Nebenanteile in der Reihenfolge ihrer Bedeutung anzufügen.

**Beispiel** schluffig, toniger Sand: S, u, t

**DIN 4094** Erkunden durch Sondierungen (12.90)

Sie regelt die indirekten Aufschlüsse des Bodens durch Ramm- (DPL; DPH), Standard- (SPT) und Drucksondierungen (CPT) (Einsatzmöglichkeiten, Durchführung der Sondierungen, Messung und Darstellung, Einflüsse auf Sondierergebnisse). Sie enthält auch Hinweise zur Auswertung (s. Bild 1 bis 4 als Auswahl).

**Tafel 6** **Umrechnungsfaktoren zwischen dem Sondierspitzendruck $q_s$ in MN/m² der Drucksonde und der Schlagzahl $N_{30}$ (Schlagzahl je 30 cm Eindringtiefe) beim Standard Penetrations Test (SPT)**

| Bodenart | Fein- Mittelsand oder leicht schluffiger Sand | Sand oder Sand mit etwas Kies | Weitgestufter Sand | Sandiger Kies oder Kies |
|---|---|---|---|---|
| $q_s/N_{30}$ in MN/m² | 0,3 bis 0,4 | 0,5 bis 0,6 | 0,5 bis 1,0 | 0,8 bis 1,0 |

Berechnung des spannungsunabhängigen Steifemoduls nach *Ohde* (s. DIN 4094, Beiblatt 1)

$$E_s = v \cdot p_a \left( \frac{\sigma_ü + 0{,}5\,\Delta\sigma_z}{p_a} \right)^w \quad (1)$$

$v$ Steifebeiwert (dimensionslos) aus Bild 3 u. 4
$w$ Steifeexponent (dimensionslose, vom Boden abh. Konstante, s. Bild 3 und 4)
$\left.\begin{array}{l}\sigma_ü = \gamma(d+z) \\ \Delta\sigma_z = i_1 \cdot \sigma_1\end{array}\right\}$ s. Bild 19a auf S. 1087
$p_a$ atmosphärischer Druck (1 bar ≙ 100 KN/m²)

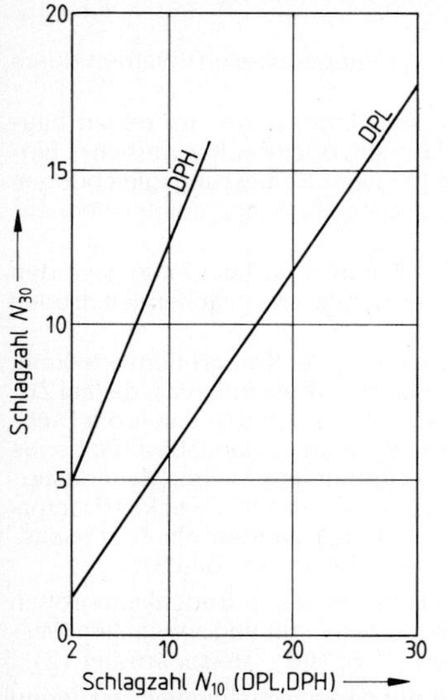


**Bild 1** **Vergleich, zwischen den Schlagzahlen von Rammsondierungen in leicht plastischen und mittelplastischen Tonen (TL, TM)**

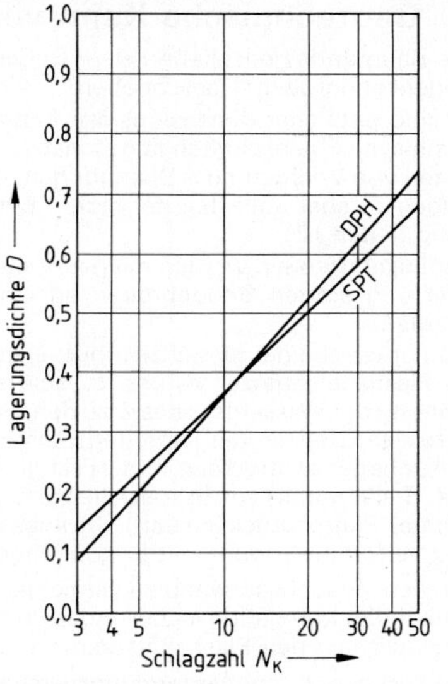


**Bild 2** **Zusammenhang zwischen den Schlagzahlen und der Lagerungsdichte bei weitgespannten Sand-Kies-Gemischen (GW)**

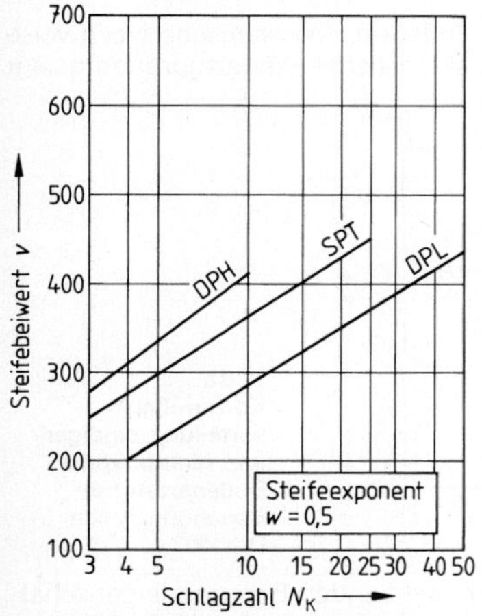


**Bild 3** **Zusammenhang zwischen den Schlagzahlen und dem Steifebeiwert in enggestuften Sanden (SE) über Grundwasser**

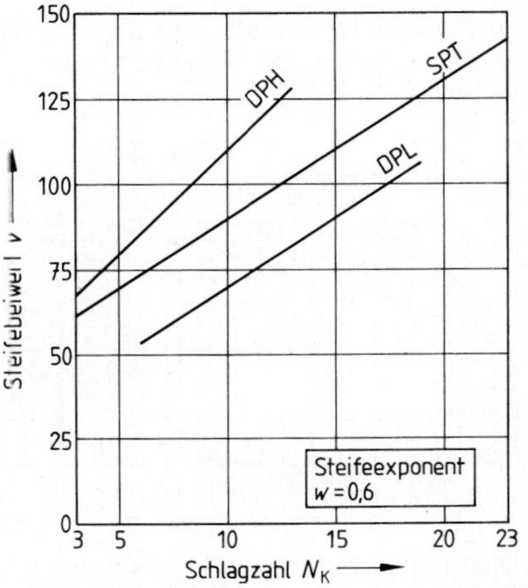


**Bild 4** **Zusammenhang zwischen den Schlagzahlen und dem Steifebeiwert *v* in leicht plastischen und mittelplastischen Tonen (TL, TM) über Grundwasser**

In Bild 1 bis 4 bedeuten:

DPH Schwere Rammsonde
DPL Leichte Rammsonde
SPT Standard-Penetration-Test
$N_K$ Schlagzahlen
$N_{30}$ bei SPT je 30 cm
$N_{10}$ bei DPL oder DPH je 10 cm

# 3 Geotechnische Kennwerte[1])

Die Baugrundeigenschaften einer Bodenschicht (Homogenbereich) werden durch Bodenkenngrößen[2]) beschrieben.

Es sind entweder dimensionslose Kenngrößen, sog. Indexwerte, mit denen bautechnische Eigenschaften abgeschätzt werden können, oder Rechenwerte mit Einheiten von Wichten oder Spannungen, die unmittelbar in Bemessungsgleichungen eingehen, aber auch bei der rechn. Ermittlung anderer Bodenparameter Verwendung finden [2].

Bodenkenngrößen werden mit genormten Laborversuchen (s. Tafel 7) an gestörten oder ungestörten Bodenproben oder mit Feldversuchen an anstehenden Böden ermittelt.

Man unterscheidet Klassifizierungsversuche (Ermittlung der Korngrößenverteilung, der Plastizitätsgrenzen $w_L$ und $w_p$, sowie der organischen Bestandteile), die bei Zuordnung des Wassergehaltes $w$ zu den Plastizitätsgrenzen (s. Bild 6) sowie der Dichte zu den Grenzen der Lagerungsdichte (s. Tafel 10) auch zustandsbeschreibende Versuche genannt werden, ferner Festigkeits- und Verformungsversuche (Scherfestigkeit, Steifemodul) sowie spezielle Versuche für erdbautechnische Zwecke (Proctor-Dichte, Plattendruckversuch). In kohäsionslosen Böden werden die Festigkeits- und Verformungswerte mit Sondierungen festgelegt (Beispiel s. Bild 3).

Um den Versuchsaufwand zu vermeiden, lassen sich bestimmte Bodenkenngrößen auch durch Korrelation insbesondere mit der Korngrößenverteilung sowie dem Wassergehalt und den Plastizitätsgrenzen bestimmen [2, S. 166] (Beisp. s. Tafel 12).

Auf Festigkeits- und Verformungsversuche kann nur dann verzichtet werden, wenn für bestimmte Hauptbodenarten statistisch zuverlässige Aussagen vorliegen.

Die Bodenkenngrößen einer Schicht streuen mehr oder weniger je nach ihrer geologischen Entstehung. Die Untersuchung einer einzelnen Probe ist daher nicht ausreichend [2].

DIN V 1054-100 (4.96) trägt dem Rechnung, indem für rechnerische Nachweise vorsichtig geschätzte Mittelwerte als sog. charakteristische Werte zugrunde gelegt werden (s. S. 1051).

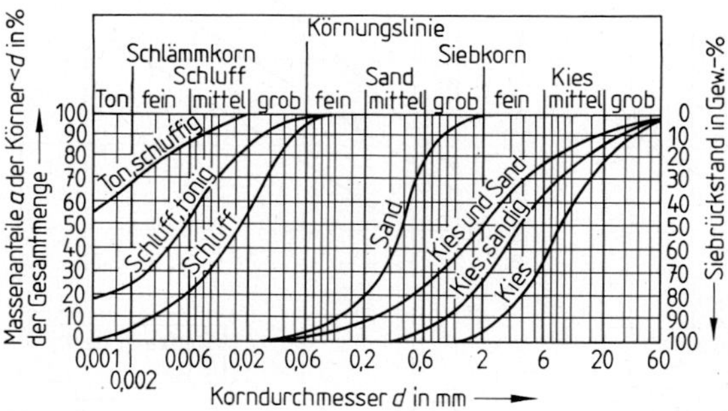


**Bild 5 Korngrößenverteilung bindiger und nichtbindiger Bodenarten mit Benennung** nach DIN 4022

Die für die Planung von Flächengründungen maßgebenden Baugrundeigenschaften sind die Lagerungsdichte $I_d$ bzw. $D$ von nicht bindigen Böden (Tafel 10) und die Konsistenz $I_c$ von bindigen Böden (Tafel 7, Zeile 2), mit denen deren Zusammendrückbarkeit und Scherfestigkeit abgeschätzt werden kann.

Für die Ermittlung der zulässigen Bodenpressung aus Tafeln oder Diagrammen wird mindestens entweder mitteldichte Lagerung (Tafel 11) oder steife Konsistenz (Bild 6) vorausgesetzt (Fortsetzung s. S. 1052).

Bezeichnung nach [1]) ENV 1997-1 [2]) DIN V 1054-100

**Tafel 7 Bodeneigenschaften, Bezeichnung, Formelzeichen und Einheiten der Bodenkenngrößen** nach DIN 1080, **T6**, Fortsetzung s. S. 1050

| | Bezeichnung | Formelz. | Einheit | Formelmäßiger Zusammenhang | Prüfnorm | Erklärung der Formelzeichen, Anwendung |
|---|---|---|---|---|---|---|
| 1 | Wassergehalt | $w$ | [1] | $w = \frac{m_w}{m_d}$ | DIN 18121 Teil 1 (4.76) Teil 2 (9.89) | $m$ Masse in g oder t<br>$m_w$ des Porenwassers<br>$m_d$ der trockenen Probe |
| 2 | Konsistenzzahl | $I_c$ | [1] | $I_c = \frac{w_L - w}{w_L - w_p}$ | DIN 18122 Teil 1 (4.76) | $w_L$ Fließgrenze[1]<br>$w_p$ Ausrollgrenze[1]<br>(s. Bild 6, S. 1052)<br>Klassifikation |
| 3 | Plastizitätszahl | $I_p$ | [1] | $I_p = w_L - w_p$ | wie 2 | s. 2 |
| 4 | Ungleichförmigkeitszahl | $U$ | [1] | $U = d_{60}/d_{10}$ | DIN 18123 (4.83) | $d_{60}$, $d_{10}$: Korngröße bei 60% u. 10% Siebdurchgang in mm[2] |
| 5 | Krümmungszahl | $C_c$ | [1] | $C_c = \frac{(d_{30})^2}{d_{10} \cdot d_{60}}$ | wie 4 | $d_{60}$, $d_{30}$, $d_{10}$: Korngröße bei 60%, 30% und 10% Siebdurchgang in mm[3] |
| 6 | Korndichte | $\varrho_s$ | t/m³<br>g/cm³ | $\varrho_s = \frac{m_d}{V_k}$ | DIN 18124 (9.89) | $m_d$ Masse der trockenen Probe in g<br>$V_k$ Volumen der Einzelbestandteile in cm³ |
| 7 | Dichte des feuchten Bodens | $\varrho$ | t/m³<br>g/cm³ | $\varrho = \frac{m_f}{V}$ | DIN 18125 Teil 1 (5.86) | $m_f$ Masse der feuchten Probe in t oder g<br>$V$ Volumen der Probe in m³ oder cm³ |
| 8 | Trockendichte | $\varrho_d$ | t/m³ | $\varrho_d = \frac{m_d}{V} = \frac{\varrho}{1+w}$ | wie 7 | s. 6, 7 und 1<br>Bezugsgröße für 12 |
| 9 | Wichte des Bodens:<br>feucht<br>unter Auftrieb<br>wassergesättigt | <br>$\gamma$<br>$\gamma'$<br>$\gamma_r$ | kN/m³ | $\gamma = (1-n) \cdot (1+w)\,\gamma_s$<br>$\gamma' = (1-n) \cdot (\gamma_s - \gamma_w)$<br>$\gamma_r = (1-n) \cdot \gamma_s + n\gamma_w$ | wie 7 | $\gamma_s$ Kornwichte (Hilfsgröße)<br>$\gamma_w$ Wichte des Wassers<br>$n$ Porenanteil (Porenvol., bez. auf Gesamtvol.)<br>$n = n_w + n_a$<br>$n_w$ vgl. 25<br>$n_a$ Anteil luftgef. Poren[1] |
| 10 | Lagerungsdichte | $D$ | [1] | $D = \frac{\max n - n}{\max n - \min n}$ | DIN 18126 (9.89) | max $n$ bei lockerster Lagerung[1]<br>min $n$ bei dichtester Lagerung[1]<br>} nur für grobk. Böden |
| 11 | Bezogene Lagerungsdichte | $I_D$ | [1] | $I_D = \frac{\max e - e}{\max e - \min e}$<br>$e = \frac{n}{1-n}$ | wie 10 | $e$ Porenzahl (Porenvol., bez. auf Feststoffvolumen)[1]<br>max $e$ bei lockerster Lagerung[1]<br>min $e$ bei dichtester Lagerung[1]<br>} nur für grobk. Böden |
| 12 | Verdichtungsgrad (Proctordichte) | $D_{Pr}$ | [1] | $D_{Pr} = \frac{\varrho_d}{\varrho_{Pr}}$ | DIN 18127 (2.93) | $\varrho_{Pr}$ einfache Proctordichte in t/m³ |
| 13 | Optimaler Wassergehalt | $w_{Pr}$ | [1] | – | wie 12 | Wassergehalt bei $\varrho_{Pr}$ nach dem einfachen Verdichtungsversuch |
| 14 | Verformungsmodul | $E_v$ | kN/m²<br>(MN/m²) | $E_v = 1{,}5 \cdot r \frac{\Delta\sigma_0}{\Delta s}$ | DIN 18134 (1.93) | $r$ Radius der Lastplatte<br>$\Delta$ Differenzwerte[4]<br>$\Delta\sigma_0$ der Spannung<br>$\Delta s$ der Setzung |

[1]) Verhältnisgröße
[2]) Maß der Steilheit der Körnungslinie
[3]) gibt Verlauf zw. $d_{10}$ und $d_{60}$ an
[4]) im Mittelbereich 0,3 bis 0,7 von max $\sigma_0$

**Tafel 7**, Fortsetzung

| | Bezeichnung | Formelz. | Einheit | Formelmäßiger Zusammenhang | Prüfnorm | Erklärung der Formelzeichen, Anwendung |
|---|---|---|---|---|---|---|
| 15 | Einachsige Druckfestigkeit des ungestörten Bodens | $q_u$ | kN/m² | $q_u = \max \sigma$ | DIN 18136 (3.87) | $\max \sigma$ Höchstwert der einachsigen Druckspannung bei unbehinderter Seitendehnung, Korrelationsgröße |
| 16 | Innerer Reibungswinkel des dränierten (entwässerten) Bodens | $\varphi'$ | ° | – | DIN 18137 Teil 1 (8.90) Teil 2 (12.90) Teil 3 i. Vorber. | $\varphi'$; $c'$ zur Berechnung der Endstandsicherheit. $\tau_f = c' + \sigma' \cdot \tan \sigma'$ (s. Bild 8). $\tau_f$ Maximalwert der Scherfestigkeit $\sigma'$ effektive Spannung |
| 17 | des undränierten Bodens | $\varphi_u$ | ° | – | wie 16 | $\sigma' = \sigma - u$ $\sigma$ totale Spannung $u$ Porenwasserdruck |
| 18 | Kohäsion des dränierten Bodens | $c'$ | kN/m² | – | wie 16 | $\sigma' = \sigma$ bei $u = o$ $\varphi_u$; $c_u$ zur Berechnung der Anfangsstandsicherheit mit: |
| 19 | des undränierten Bodens | $c_u$ | kN/m² | – | wie 16 | $\tau_{fu} = c_u + \sigma \cdot \tan \sigma_u$ |
| 20 | Steifemodul | $E_s$ | kN/m² | $E_s = \frac{d\sigma}{d\varepsilon}$ | DIN 18135 i. Vorber. | $d\varepsilon$ auf die Höhe des Volumenelementes bezogene Zusammendrückung |
| 21 | Durchlässigkeitsbeiwert | $k$ | m/s | $k = \frac{v}{I} = \frac{Q}{A \cdot t} \cdot \frac{\Delta l}{\Delta h_w}$ | DIN 18130 Teil 1 (11.89) Teil 2 i. Vorber. | Filtergeschwindigkeit $v = k \cdot I$ in m/s $I$ hydraulisches Gefälle[1]) $A$ = Querschnittsfläche d. Pr. |
| 22 | Bettungsmodul | $k_s$ | kN/m³ | $k_s = \sigma_0 / s$ | wie 14 | $\sigma_0$ Sohlnormalspannung $s$ Setzung (Endwert) |
| 23 | Kapillare Steighöhe | $h_k$ | m | – | ungenormt | $u = h_K \cdot \varrho_w$ Kapillardruck bei scheinbarer Kohäsiom |
| 24 | Schrumpfgrenze | $w_s$ | [1]) | $w_s = \left(\frac{V_d}{m_d} - \frac{1}{\varrho_s}\right) \varrho_w$ | DIN 18122 Teil 2 (2.87) | $V_d$ Volumen des trockenen Probekörpers in cm³ $\varrho_w$ Dichte des Wassers in g/cm³ |
| 25 | Sättigungszahl | $S_r$ | [1]) | $S_r = \frac{n_w}{n} = \frac{e_w}{e}$ | DIN 18132 E (7.93) | $n$ Porenvol.[1]) bezogen auf Gesamtvolumen $n_w$ Anteil der wassergefüllten Poren[1]) |
| 26 | Glühverlust | $V_{gl}$ | [1]) | $V_{gl} = \frac{m_d - m_g}{m_d}$ | DIN 18128 (11.90) | Verhältnis des Gewichtsverlustes beim Glühen (Org.-Substanz zur Trockenmasse $m_d$) |
| 27 | Aktivitätszahl | $I_A$ | [1]) | $I_A = \frac{I_p}{m_T / m_d}$ | wie 2 und 6 | $m_T$ Masse der Tonfraktion (tr.) $m_d$ Gesamtmasse in g oder t |
| 28 | Liquiditätszahl | $I_L$ | [1]) | $I_L = \frac{w - w_p}{I_p} = 1 - I_c$ | wie 2 | s. 2 und 3 |
| 29 | Kalkgehalt | $V_{Ca}$ | [1]) | $V_{Ca} = \frac{m_{Ca}}{m_d}$ | DIN 18129 | $m_{Ca}$ Massenanteil an Gesamt-Karbonaten in g oder t $m_d$ s. 27 |
| 30 | Wasseraufnahmevermögen | $W_A$ | [1]) | $W_A = \frac{m_{Wg}}{m_d}$ | DIN 18132 E (7.93) | $m_{Wg}$ Grenzwert der im Versuch aufgesaugten Masse des Wassers in g $m_d$ Masse des getrockneten Bodens in g |

[1]) Verhältnisgröße

**Tafel 8 Bodenkenngrößen nichtbindiger Böden** (Rechenwerte nach DIN 1055, T2, EAU, DIN 4017 sowie charakteristische Werte nach DIN V 1054-100[1]))

| Bodenart | Kurzzeichen nach DIN 18196 | Lagerung | DIN 1055 Teil 2 DIN V 1054-100 Wichte feucht cal[2]) $\gamma$ in $kN/m^3$ | DIN 1055 Teil 2 DIN V 1054-100 Reibungswinkel[3]) in ° | EAU 1990 Wichte feucht cal[2]) $\gamma$ in $kN/m^3$ | EAU 1990 Reibungswinkel[1]) in ° | DIN 4017 (8.79) Reibungswinkel in ° |
|---|---|---|---|---|---|---|---|
| Sand, schwach schluffiger Sand, Kies-Sand, eng gestuft | SE sowie SU mit U≦6 | locker | 17 | 30 | 18 | 30 | 32,5 |
| | | mitteldicht | 18 | 32,5 | 19 | 32,5 | 35 |
| | | dicht | 19 | 35 | – | – | 37,5 |
| Kies, Geröll, Steine, mit geringem Sandanteil, eng gestuft | GE | locker | 17 | 32,5 (32) | | | |
| | | mitteldicht | 18 | 35 (36) | 16 (Kies ohne Sand) | 37,5 | – |
| | | dicht | 19 | 37,5 (40) | | | |
| Sand, Kies-Sand, Kies, weit oder intermittierend gestuft | SW, SI, SU, GW, GI mit 6<U≦15 | locker | 18 | 30 | | | 32,5 |
| | | mitteldicht | 19 | 32,5 (34) | – | – | 35 |
| | | dicht | 20 | 35 (38) | | | 37,5 |
| Sand, Kies-Sand, Kies, schwach schluffiger Kies, weit oder intermittierend gestuft | SW, SI, SU, GW, GI mit U>15 sowie GU | locker | 18 | 30 | | | |
| | | mitteldicht | 20 | 32,5 (34) | – | – | – |
| | | dicht | 22 | 35 (38) | | | |

**Tafel 9 Bodenkenngrößen bindiger Böden und organischer Böden** (Rechenwerte nach DIN 1055, T2, sowie charakteristische Werte nach DIN V 1054-100[1]))

| 1 | 2 | 3 | 4 | 5 | 6 | 7 | 8 |
|---|---|---|---|---|---|---|---|
| Bodenart | Kurzzeichen nach DIN 18196 | Konsistenzbereich | Wichte über Wasser cal $\gamma$ in $kN/m^3$ | Wichte unter Wasser cal $\gamma'$ in $kN/m^3$ | Reibungswinkel cal $\varphi'$ in Grad | Kohäsion cal $c'$ in $kN/m^3$ | Kohäsion cal[2]) $c_u$ in $kN/m^3$ |
| Anorganische bindige Böden mit ausgeprägt plastischen Eigenschaften ($w_L$>50%) | TA | weich | 18,0 | 8,0 | 17,5 (*) | 0 (*) | 15 (*) |
| | | steif | 19,0 | 9,0 | 17,5 (*) | 10 (*) | 35 (*) |
| | | halbfest | 20,0 | 10,0 | 17,5 (*) | 25 (*) | 75 (*) |
| Anorganische bindige Böden mit mittelplastischen Eigenschaften (50%≧$w_L$≧35%) | TM und UM | weich | 19,0 | 9,0 | 22,5 (20) | 0 | 5 |
| | | steif | 19,5 | 9,5 | 22,5 (20) | 5 | 25 |
| | | halbfest | 20,5 | 10,5 | 22,5 (20) | 10 | 60 |
| Anorganische bindige Böden mit leicht plastischen Eigenschaften ($w_L$<335%) | TL und UL | weich | 20,0 | 10,0 | 27,5 (27) | 0 | 0 |
| | | steif | 20,5 | 10,5 | 27,5 (27) | 2 | 15 |
| | | halbfest | 21,0 | 11,0 | 27,5 (27) | 5 | 40 |
| Organischer Ton, organischer Schluff | OT und OU | weich | 14,0 | 4,0 | 15 (*) | 0 (*) | 10 (5) |
| | | steif | 17,0 | 7,0 | 15 (*) | 0 (*) | 20 (15) |
| Torf ohne Vorbelastung | HN und HZ | | 11,0 | 1,0 | 15 (*) | 2 (*) | 10 (5) |
| Torf unter mäßiger Vorbelastung | | | 13,0 | 3,0 | 15 (*) | 5 (*) | 20 |

[1]) Soweit die Werte der DIN V 1054-100 gegenüber DIN 1055 abweichen, sind sie in Klammern beigefügt; (*) n. DIN V 1054-100 nur anhand von Versuchen zu ermitteln.
[2]) cal = Rechenwert s. DIN 1080 Teil 1.
[3]) Für runde Kornform, bei eckiger Kornform 2,5° mehr.

Die Scherbeiwerte werden bei Sicherheitsnachweisen der DIN 1054 (s. S. 1059), der Steifemodul bei Setzungsberechnung nach DIN 4019 verwendet (s. S. 1085).

Eingangswert in die Tafeln für Spitzendruck und Mantelreibung von Pfahlgründungen (s. S. 1092) ist die undränierte Kohäsion $c_u$ bindiger Böden (Tafel 7, Zeile 19), die wiederum durch Korrelation mit der Konsistenz $I_c$ bestimmt werden kann (Tafel 12).

**Tafel 10 Lagerungszustand**[1] **nichtbindiger Böden** nach DIN 1054 (11.76)

| Lagerung | sehr locker | locker | mitteldicht[2] | dicht |
|---|---|---|---|---|
| gleichförmig $U \leqq 3$ | $D < 0{,}15$ | $0{,}15 \leqq D < 0{,}3$ | $0{,}3 \leqq D \leqq 0{,}5$<br>$D_{pr} \geqq 95\%$ | $D > 0{,}5$<br>$D_{pr} \geqq 98\%$ |
| ungleichförmig $U > 3$ | $D < 0{,}2$ | $0{,}2 \leqq D < 0{,}45$ | $0{,}45 \leqq D \leqq 0{,}65$ | $D > 0{,}65$ |
| Spitzenwiderstand der Drucksonde in MN/m² | $q_s < 2{,}5$ | 2,5 bis 7,5 | 7,5 bis 15 | 15 bis 25 |

[1]) s. Tafel 7, Zeile 10
[2]) Mindestlagerung für tragfähigen Boden nach DIN 1054 (11.76)

**Tafel 11 Kriterien für mitteldichte und dichte Lagerung (Voraussetzungen für die Anwendung der zulässigen Bodenpressungen nach Tafel 26 sowie für die Erhöhung der Tafelwerte um 50%)**

| Bodengruppe nach DIN 18196 | $U$ | $D$ | $D_{Pr}$ | $q_s$ MN/m² *) |
|---|---|---|---|---|
| SE, GE, SU, GU, GT | $\leqq 3$ | $\geqq 0{,}3$<br>$(\geqq 0{,}5)$ | $\geqq 95\%$<br>$(\geqq 98\%)$ | $\geqq 7{,}5$<br>$(\geqq 15)$ |
| SE, SW, SI, GE, GW, GT, SU, GU | $> 3$ | $\geqq 0{,}45$<br>$(\geqq 0{,}65)$ | $\geqq 98\%$<br>$(\geqq 100\%)$ | $\geqq 7{,}5$<br>$(\geqq 15)$ |

Die angegebenen Mindestwerte entsprechen etwa einer mitteldichten Lagerung, die in Klammern gesetzten Werte etwa einer dichten Lagerung (s. Tafel 10).
*) Spitzendruck $q_s$ von Drucksondierungen nach DIN 4094

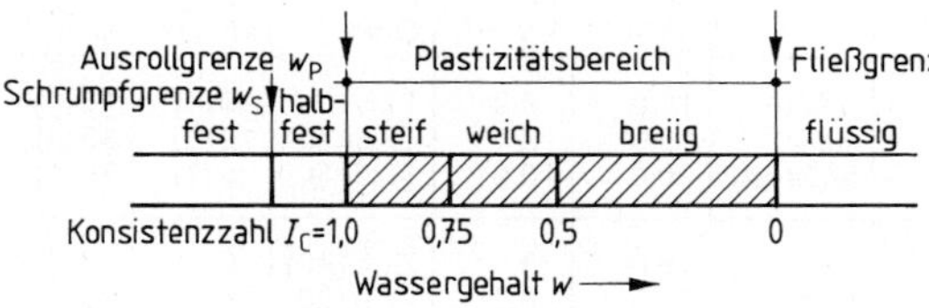


**Bild 6**
**Konsistenz bindiger Böden** nach DIN 18122

**Bestimmung der Konsistenzbereiche** (Bild 6) im Feldversuch nach DIN 4022 T1:

Steif: Boden läßt sich schwer kneten, aber in der Hand zu 3 mm dicken Röllchen ausrollen, ohne zu reißen oder zu zerbröckeln.

Halbfest: Boden reißt bei dem o. Rollversuch, läßt sich aber noch auf Grund ausreichender Feuchtigkeit erneut zu einem Klumpen formen.

Fest (hart): Boden läßt sich nicht mehr kneten, sondern nur zerbrechen.

**Tafel 12 Näherungsweiser Zusammenhang zwischen Scherfestigkeit $c_u$ und Konsistenz $I_c$**[1]

| | | | | |
|---|---|---|---|---|
| $c_u$ in MN/m² | 0 | 0,025 | 0,1 | 0,2 |
| $I_c$ | 0,5 | 0,5 | 1 | 1 |

[1]) s. Tafel 7, Zeile 2 u. Tafel 40 (S. 1076)

# 4 Bodenklassifikation für bautechnische Zwecke

nach DIN 18196 (10.88)

**Zweck:** Zusammenfassung von Bodenarten in Bodengruppen mit annähernd gleichem stofflichen Aufbau mit Hilfe von zwei Kennbuchstaben für die Beurteilung ihrer bautechnischen Eigenschaften und Eignung (s. Tafel 17 auf S. 1055ff.).

Der erste Buchstabe bezeichnet die Hauptbodenart, der zweite wichtige bautechnische Eigenschaften und zwar

- bei den feinkörnigen den Grad der Plastizität
- bei den gemischtkörnigen die Art der feinkörnigen Beimengung
- bei den grobkörnigen die Form der Körnungslinie.

Mit Hilfe der Kennbuchstaben werden die Bodenarten auf Tafel 17 in 29 Gruppen eingeteilt. Die Spalten 10 bis 21 dieser Tafel enthalten Angaben über die bautechnischen Eigenschaften und die bautechnische Eignung der jeweiligen Gruppe. Diese Angaben, die mit großer Wahrscheinlichkeit zu erwarten sind, stellen keine Klassifizierungsmerkmale dar. Sie sind lediglich als Information gedacht.

Das Erkennen der Böden nach DIN 4022 wird durch DIN 18196 nicht ersetzt.

Wenn eine eindeutige Einordnung nach den Erkennungsmerkmalen oder Beispielen der Spalten 8 und 9 in Tafel 17 nicht möglich ist, können zur genaueren Einordnung Laborversuche ausgeführt werden (Korngrößenverteilung, Wassergehalte $w$, $w_L$ und $w_p$, Glühverluste und Kalkgehalt) und auf dieser Grundlage die Kennbuchstaben mit den Tafeln 13 bis 16 in Verbindung mit Bild 7 festgelegt werden.

**Tafel 13** **Hauptgruppen** nach den Hauptbestandteilen

| Hauptbestandteile | Kurzzeichen | Massenanteil des Korns ≦2 mm |
|---|---|---|
| Kieskorn (**G**rant) | **G** | bis 60% |
| **S**andkorn | **S** | über 60% |

**Tafel 14** **Unterteilung grobkörniger Böden** in Abhängigkeit von der Ungleichförmigkeitszahl $U$ und der Krümmungszahl $C_c$

| Benennung | Kurzzeichen | $U$ | $C_c$ |
|---|---|---|---|
| **e**nggestuft | **E** | <6 | beliebig |
| **w**eitgestuft | **W** | ≧6 | 1 bis 3 |
| **i**ntermittierend gestuft | **I** | ≧6 | <1 oder >3 |

**Tafel 15** **Unterteilung gemischtkörniger Böden** nach dem Massenanteil des Feinkorns

| Benennung | Kurzzeichen | Massenanteil des Feinkorns ≦0,06 mm |
|---|---|---|
| gering | **U** oder **T** | 5 bis 15% |
| hoch | **Ū*** oder **T̄*** | über 15 bis 40% |

Statt des Querbalkens über **Ū** oder **T̄** darf auch das nachgestellte *-Symbol benutzt werden **U*** oder **T***

**Tafel 16** **Einstufung feinkörniger Böden** in Abhängigkeit vom Wassergehalt an der Fließgrenze $w_L$

| Benennung | Kurzzeichen | $w_L$ Massenanteil |
|---|---|---|
| **l**eicht plastisch | **L** | kleiner 35% |
| **m**ittelplastisch | **M** | 35 bis 50% |
| **a**usgeprägt plastisch | **A** | über 50% |

a) Bei **grobkörnigen Böden** (95% Massenanteil >0,06 mm) ist der erste Kennbuchstabe (Hauptbestandteil) an Hand der Kornverteilung aus Tafel 13, der zweite an Hand der Ungleichförmigkeits- und Krümmungszahl (s. S. 1049) aus Tafel 14 zu bestimmen (Beispiele: GW, SW, SE, GI, SI).

b) Bei **gemischtkörnigen Böden** (5 bis 40% Massenanteil ≦0,06 mm) ist der erste Kennbuchstabe wie unter a), der zweite anhand der Kornverteilung aus Tafel 15 zu bestimmen, wobei die endgültige Einordnung in die Untergruppe an Hand der Zustandsgrenzen $w_L$ und $I_p$ nach Bild 7 erfolgt (s. Anmerkung unten).

c) Bei **feinkörnigen Böden** (über 40% Massenanteil $\leqq$0,06 mm) werden die Hauptbestandteile Ton und Schluff (erster Kennbuchstabe T oder U) anhand der Fließgrenze $w_L$ und Plastizitätszahl $I_p$ (s. S. 1049) in Bild 7 über oder unterhalb der A-Linie bestimmt, wobei der zweite Kennbuchstabe auch an Hand der Fließgrenze aus Tafel 16 entnommen werden kann (Beispiele: TL, TM).

d) Bezüglich organischer und organogener Böden vgl. Tafel 17 auf S. 1055.

*Anmerkung* DIN 18196 unterscheidet Schluff und Ton nicht mehr nach Korngrößen. Maßgebend dafür sind die plastischen Eigenschaften. Ob sich eine Bodenart bautechnisch mehr als Schluff oder Ton verhält, ergibt sich aus Bild 7.

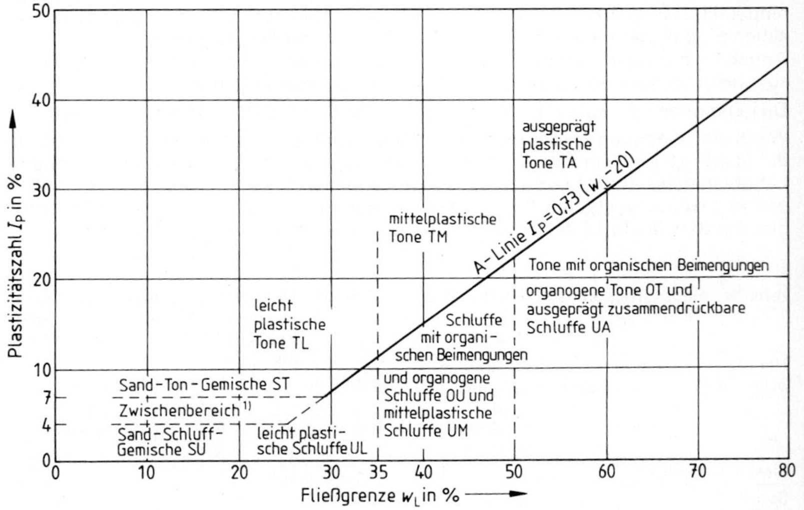


**Bild 7 Plastizitätsdiagramm** nach DIN 18196

[1]) Die Plastizitätszahl von Böden mit niedriger Fließgrenze ist versuchsmäßig nur ungenau zu ermitteln. In den Zwischenbereich fallende Böden müssen daher nach anderen Verfahren, z.B. nach DIN 4022 Teil 1 (9.87), Abschn. 8.5 bis 8.9, dem Ton- und Schluffbereich zugeordnet werden.

**Legende zu Tafel 17: Bedeutung der qualitativen und wertenden Angaben**

| Spalte 10 | | Spalte 11 | | Spalten 12 bis 15 | | Spalten 16 bis 21 | |
|---|---|---|---|---|---|---|---|
| -- | sehr gering | -- | sehr schlecht | -- | sehr groß | -- | ungeeignet |
| - | gering | - | schlecht | - | groß | - | weniger geeignet |
| -0 | mäßig | -0 | mäßig | -0 | groß bis mittel | -0 | mäßig geeignet |
| 0 | mittel | 0 | mittel | 0 | mittel | 0 | brauchbar |
| +0 | groß bis klein | +0 | gut bis mittel | +0 | gering bis mittel | +0 | geeignet |
| + | groß | + | gut | + | sehr gering | + | gut geeignet |
| ++ | sehr groß | + | sehr gut | ++ | vernachlässigbar klein | ++ | sehr gut geeignet |

*Anmerkung* Es ist zu beachten, daß bestimmte in Tafel 17, Spalte 9, genannte Beispiele für Bodenarten, wie Mutterboden, Mudden, Geschiebemergel, Geschiebelehm entsprechend ihrer stofflichen Zusammensetzung gegebenenfalls verschiedenen Bodengruppen zugehören können.

## Tafel 17 Bodenklassifikation für bautechnische Zwecke

| Sp. | 1 | 2 | 3 | 4 | 5 | 6 | 7 | 8 | 9 | 10 | 11 | 12 | 13 | 14 | 15 | 16 | 17 | 18 | 19 | 20 | 21 |
|---|---|---|---|---|---|---|---|---|---|---|---|---|---|---|---|---|---|---|---|---|---|
| | Definition und Benennung | | | | | | | | Anmerkungen[1] | | | | | | | | | | | | |
| | | | | | | | | Erkennungsmerkmale unter anderem für Zeilen 16 bis 21: | | Bautechnische Eigenschaften | | | | | | Bautechnische Eignung als | | | | | |
| Zeile | Hauptgruppen | Korngrößen-Massenanteil Korndurchmesser ≤ 0,06 mm | Korngrößen-Massenanteil ≤ 2 mm | Lage zur A-Linie (siehe Bild 7) | | Gruppen | Kurzzeichen Gruppensymbol[2] | Trockenfestigkeit / Reaktion beim Schüttelversuch / Plastizität beim Knetversuch | Beispiele | Scherfestigkeit | Verdichtungsfähigkeit | Zusammendrückbarkeit | Durchlässigkeit | Witterungs- und Erosionsempfindlichkeit | Frostempfindlichkeit | Baugrund für Gründungen | Baustoff für Erd- und Baustraßen | Baustoff für Straßen- und Bahndämme | Baustoff für Erd-Staudämme Dichtung | Baustoff für Erd-Staudämme Stützkörper | Baustoff für Dränagen |
| 1 | Grobkörnige Böden | kleiner 5 % | bis 60 % | – | Kies (Grant) | enggestufte Kiese | GE | Steile Körnungslinie infolge Vorherrschens eines Korngrößenbereichs | Fluß- und Strandkies Terrassenschotter | + | + 0 | + + | – – | + + | + + | + | – | + | – – | + | + + |
| 2 | | | | | | weitgestufte Kies-Sand-Gemische | GW | über mehrere Korngrößenbereiche kontinuierlich verlaufende Körnungslinie | | + + | + + | + + | – 0 | – | – – | + + | + + | + + | – – | + + | + 0 |
| 3 | | | | | | intermittierend gestufte Kies-Sand-Gemische | GI | meist treppenartig verlaufende Körnungslinie infolge Fehlens eines oder mehrerer Korngrößenbereiche | vulkanische Schlacke | + + | + | + + | – | 0 | + + | + + | + | + + | – – | + + | + 0 |
| 4 | | | über 60 % | – | Sand | enggestufte Sande | SE | steile Körnungslinie infolge Vorherrschens eines Korngrößenbereiches | Dünen- und Flugsand Fließsand Berliner Sand Beckensand Tertiärsand | + | + 0 | + + | – | – | + + | + | – – | + 0 | – – | 0 | + |
| 5 | | | | | | weitgestufte Sand-Kies-Gemische | SW | über mehrere Korngrößenbereiche kontinuierlich verlaufende Körnungslinie | Moränensand Terrassensand Granitgrus | + + | + + | + + | – 0 | + 0 | + + | + + | + | + | – – | + | + 0 |
| 6 | | | | | | intermittierend gestufte Sand-Kies-Gemische | SI | meist treppenartig verlaufende Körnungslinie infolge Fehlens eines oder mehrerer Korngrößenbereiche | | + | + | + + | – 0 | + 0 | + + | + + | 0 | + | – – | + | + 0 |

Fortsetzung s. nächste Seiten, Fußnoten und Tafellegenden s. S. 1058 und 1054.

**Tafel 17,** Fortsetzung

| Sp. | 1 | 2 | 3 | 4 | 5 | 6 | 7 | 8 | | | 9 | 10 | 11 | 12 | 13 | 14 | 15 | 16 | 17 | 18 | 19 | 20 | 21 |
|---|---|---|---|---|---|---|---|---|---|---|---|---|---|---|---|---|---|---|---|---|---|---|---|
| | Definition und Benennung | | | | | | | Erkennungsmerkmale unter anderem für Zeilen 16 bis 21: | | | Anmerkungen [1]) | | | | | | | | | | | | |
| | | | | | | | | | | | Beispiele | Bautechnische Eigenschaften | | | | | | Bautechnische Eignung als | | | | | |
| Zeile | Hauptgruppen | Korngrößen-Massenanteil Korndurchmesser ≤ 0,06 mm | Korngrößen-Massenanteil ≤ 2 mm | Lage zur A-Linie (siehe Bild 7) | Gruppen | | Kurzzeichen Gruppensymbol [2]) | Trockenfestigkeit | Reaktion beim Schüttelversuch | Plastizität beim Knetversuch | | Scherfestigkeit | Verdichtungsfähigkeit | Zusammendrückbarkeit | Durchlässigkeit | Witterungs- und Erosionempfindlichkeit | Frostempfindlichkeit | Baugrund für Gründungen | Baustoff für Erd- und Baustraßen | Baustoff für Straßen- und Bahndämme | Baustoff für Erd-Staudämme Dichtung | Baustoff für Erd-Staudämme Stützkörper | Baustoff für Dränagen |
| 7 | Gemischtkörnige Böden | 5 bis 40 % | bis 60 % | – | Kies-Schluff-Gemische | 5 bis 15 % ≤ 0,06 mm | GU | weit oder intermittierend gestufte Körnungslinie Feinkornanteil ist schluffig | | | Moränenkies | + + | + | + + | 0 | + 0 | – 0 | + + | + + | + | – | + | – |
| 8 | | | | | | über 15 bis 40 % ≤ 0,06 mm | GŪ• | | | | Verwitterungskies | + | + 0 | + | + | – 0 | – – | + | + 0 | – 0 | + 0 | – | – – |
| 9 | | | | | Kies-Ton-Gemische | 5 bis 15 % ≤ 0,06 mm | GT | weit oder intermittierend gestufte Körnungslinie Feinkornanteil ist tonig | | | Hangschutt | + | + | + | + 0 | + 0 | – 0 | + + | + + | + | – 0 | + 0 | – |
| 10 | | | | | | über 15 bis 40 % ≤ 0,06 mm | GT̄• | | | | Geschiebelehm | + 0 | 0 | + 0 | + + | + 0 | – | + 0 | + 0 | + 0 | + | – – | – – |
| 11 | | | über 60 % | – | Sand-Schluff-Gemische | 5 bis 15 % ≤ 0,06 mm | SU | weit oder intermittierend gestufte Körnungslinie Feinkornanteil ist schluffig | | | Tertiärsand | + + | + | + | 0 | 0 | 0 | + + | 0 | + 0 | 0 | – 0 | – |
| 12 | | | | | | über 15 bis 40 % ≤ 0,06 mm | SŪ• | | | | Auelehm Sandlöß | + | 0 | + 0 | + | – | – – | 0 | – 0 | – 0 | + 0 | – – | – – |
| 13 | | | | | Sand-Ton-Gemische | 5 bis 15 % ≤ 0,06 mm | ST | weit oder intermittierend gestufte Körnungslinie Feinkornanteil ist tonig | | | Terrassensand Schleichsand | + | + 0 | + 0 | + 0 | 0 | – 0 | + | + | + 0 | 0 | – | – – |
| 14 | | | | | | über 15 bis 40 % ≤ 0,06 mm | ST̄• | | | | Geschiebelehm Geschiebemergel | + 0 | – 0 | + 0 | + + | – 0 | – | 0 | 0 | 0 | + | – – | – – |

Fortsetzung siehe nächste Seiten

**Tafel 17,** Fortsetzung

| Sp. | 1 | 2 | 3 | 4 | 5 | 6 | 7 | 8 | | | 9 | 10 | 11 | 12 | 13 | 14 | 15 | 16 | 17 | 18 | 19 | 20 | 21 |
|---|---|---|---|---|---|---|---|---|---|---|---|---|---|---|---|---|---|---|---|---|---|---|---|
| | Definition und Benennung | | | | | | | Erkennungsmerkmale unter anderem für Zeilen 16 bis 21: | | | Anmerkungen [1] | | | | | | | | | | | | |
| | | | | | | | | | | | Beispiele | Bautechnische Eigenschaften | | | | | | Bautechnische Eignung als | | | | | |
| Zeile | Hauptgruppen | Korngrößen-Massenanteil Korn-durch-messer ≤0,06 mm | Korngrößen-Massenanteil ≤2 mm | Lage zur A-Line (siehe Bild 7) | | Gruppen | Kurzzeichen Gruppensymbol [2]) | Trocken-festigkeit | Reaktion beim Schüttel-versuch | Plastizität beim Knet-versuch | | Scherfestigkeit | Verdichtungsfähigkeit | Zusammendrückbarkeit | Durchlässigkeit | Witterungs- und Erosionsempfindlichkeit | Frostempfindlichkeit | Baugrund für Gründungen | Baustoff für Erd- und Baustraßen | Baustoff für Straßen- und Bahndämme | Baustoff für Erd-Staudämme Dichtung | Baustoff für Erd-Staudämme Stützkörper | Baustoff für Dränagen |
| 15 | Feinkörnige Böden | über 40 % | – | $I_P \leq 4\%$ oder unterhalb der A-Linie | Schluff | leicht plastische Schluffe $w_L < 35$ % | UL | niedrige | schnelle | keine bis leichte | Löß Hochflutlehm | –0 | –0 | +0 | +0 | – – | – – | +0 | – – | –0 | 0 | – – | – – |
| 16 | | | | | | mittelplastische Schluffe $35\% \leq w_L \leq 50\%$ | UM | niedrige bis mittlere | langsame | leicht bis mittlere | Seeton beckenschluff | –0 | – | –0 | + | – | – – | 0 | – | –0 | +0 | – – | – – |
| 17 | | | | | | ausgeprägt zusammen-drückbarer Schluff $w_L > 50$ % | UA | hohe | keine bis langsame | mittlere bis aus-geprägte | vulkanische Böden Bimsböden | – | – | – | ++ | –0 | –0 | –0 | – | – | –0 | – – | – – |
| 18 | | | | $I_P \geq 7\%$ und oberhalb der A-Linie | Ton | leicht plastische Tone $w_L < 35$ % | TL | mittlere bis hohe | keine bis langsame | leichte | Geschiebe-mergel Bänderton | –0 | –0 | 0 | + | – | – – | 0 | – | –0 | ++ | – – | – – |
| 19 | | | | | | mittel-plastische $35\% \leq w_L \leq 50\%$ Tone | TM | hohe | keine | mittlere | Lößlehm Beckenton Keuperton Seeton | – | – | –0 | ++ | –0 | –0 | 0 | – | –0 | + | – – | – – |
| 20 | | | | | | ausgeprägte plastische Tone $w_L > 50$ % | TA | sehr hohe | keine | keine geprägte | Tarras Lauen-burger Ton, Beckenton | – – | – – | – – | ++ | 0 | +0 | –0 | – – | – | – | – – | – – |
| 21 | organogene [3]) und Böden mit organischen Beimengungen | über 40 % | – | $I_P \geq 7\%$ und unter-halb der A-Linie | nicht brenn- oder nicht schwelbar | Schluffe mit organischen Bei-mengungen u. organogene [3]) Schuffe $35\% \leq w_L \leq 50\%$ | OU | mittlere | langsame bis sehr schnelle | mittlere | Seekreide Kieselgur Mutterboden | –0 | – | –0 | +0 | – – | – – | – – | – – | – – | – | – – | – – |
| 22 | | | | | | Tone mit organischen Bei-mengungen u. organogene [3]) Tone $w_L > 50$ % | OT | hohe | keine | aus-geprägte | Schlick Klei, tertiäre Kohletone | – – | – – | – | ++ | –0 | –0 | – – | – – | – – | – | – – | – – |
| 23 | | über 40 % | | – | | grob- bis gemischtkörnige Böden mit Beimengungen humoser Art | OH | Beimengungen pflanzlicher Art, meist dunkle Färbung, Modergeruch, Glüh-verlust bis etwa 20% Massenanteil | | | Mutter-boden Paläoboden | 0 | –0 | –0 | 0 | +0 | –0 | – | 0 | – | – – | – – | — |
| 24 | | | | | | grob- bis gemischtkörnige Böden mit kalkigen, kieseligen Bildungen | OK | Beimengungen nicht pflanzlicher Art, meist helle Färbung, leichtes Gewicht, große Porosität | | | Kalk-Tuffsand Wiesenkalk | + | 0 | –0 | –0 | 0 | +0 | –0 | 0 | –0 | – – | – – | – – |

Fortsetzung siehe nächste Seiten

**Tafel 17,** Fortsetzung

| Sp. | 1 | 2 | 3 | 4 | 5 | 6 | 7 | 8 | | | 9 | 10 | 11 | 12 | 13 | 14 | 15 | 16 | 17 | 18 | 19 | 20 | 21 |
|---|---|---|---|---|---|---|---|---|---|---|---|---|---|---|---|---|---|---|---|---|---|---|---|
| | Definition und Benennung | | | | | | | Erkennungsmerkmale unter anderem für Zeilen 16 bis 21: | | | Anmerkungen [1] | | | | | | | | | | | | |
| | | | | | | | | | | | | Bautechnische Eigenschaften | | | | | | Bautechnische Eignung als | | | | | |
| Zeile | Hauptgruppen | Korngrößen-Massenanteil Korndurchmesser ≤ 0,06 mm | Korngrößen-Massenanteil ≤ 2 mm | Lage zur A-Line (siehe Bild 7) | Gruppen | | Kurzzeichen Gruppensymbol [2] | Trockenfestigkeit | Reaktion beim Schüttelversuch | Plastizität beim Knetversuch | Beispiele | Scherfestigkeit | Verdichtungsfähigkeit | Zusammendrückbarkeit | Durchlässigkeit | Witterungs- und Erosionsempfindlichkeit | Frostempfindlichkeit | Baugrund für Gründungen | Baustoff für Erd- und Baustraßen | Baustoff für Straßen- und Bahndämme | Baustoff für Erd-Staudämme Dichtung | Baustoff für Erd-Staudämme Stützkörper | Baustoff für Dränagen |
| 25 | organische Böden | – | | – | brenn- oder schwelbar | nicht bis mäßig zersetzte Torfe (Humus) | HN | an Ort und Stelle aufgewachsene Humusbildungen | Zersetzungsgrad 1 bis 5, faserig, holzreich, hellbraun bis braun | | Niedermoortorf Hoormoortorf Bruchwaldtorf | – | –– | –– | 0 | + 0 | – | –– | –– | –– | –– | –– | –– |
| 26 | | | | | | zersetzte Torfe | HZ | | Zersetzungsgrad 6 bis 10, schwarzbraun bis schwarz | | | –– | –– | –– | + 0 | – | –– | –– | –– | –– | –– | –– | –– |
| 27 | | | | | | Schlamme als Sammelbegriff für Faulschlamm, Mudde, Gyttja, Dy und Sapropel | F | unter Wasser abgesetzte (sedimentäre) Schlamme aus Pflanzenresten, Kot und Mikroorganismen, oft von Sand, Ton und Kalk durchsetzt, blauschwarz oder grünlich bis gelbbraun, gelegentlich dunkelgraubraun bis blauschwarz, federnd, weichschwammig | | | Mudde Faulschlamm | –– | –– | –– | + 0 | – | –– | –– | –– | –– | –– | –– | –– |
| 28 | Auffüllung | – | | – | Auffüllung aus natürlichen Böden; jeweiliges Gruppensymbol in eckigen Klammern | | [ ] | – | | | | – | | | | | | | | | | | |
| 29 | | | | | Auffüllung aus Fremdstoffen | | A | | | | Müll, Schlacke Bauschutt Industrieabfall | | | | | | | | | | | | |

1) Die Spalten 10 bis 21 enthalten als grobe Leitlinie Hinweise auf bautechnische Eigenschaften und auf die bautechnische Eignung nebst Beispielen in Spalte 9. Diese Angaben sind keine normativen Festlegungen.

2) Der Querbalken für die Kurzzeichen U und T oder das danebengestellte *-Symbol darf entfallen.

3) Unter Mitwirkung von Organismen gebildete Böden.

# 5 Sicherheitsnachweise im Erd- und Grundbau

## 5.1 Nachweis des Gesamtsicherheitsgrades mit globalen Sicherheiten nach DIN 1054 (11.76)

In einer nicht festgelegten Übergangszeit können die Sicherheitsnachweise anstelle der durch die EN V 1997-1 mit zugehörigem NAD probeweise eingeführten Partialsicherheiten wie bisher mit den bewährten Sicherheitsgraden der DIN 1054 (11.76) in Verbindung mit Lastfällen (Tafel 18 und 19) geführt werden.

**Tafel 18 Erforderliche Sicherheiten**

| Lastfall | 1 | 2 | 3 | |
|---|---|---|---|---|
| Fundamentgleiten $\eta_g$ | 1,5 | 1,35 | 1,2 | DIN 1054 (11.76) |
| Grundbruch $\eta_p$ | 2,0 | 1,5 | 1,3 | DIN 1054 (11.76) |
| Auftrieb $\eta_a$ | 1,1 | 1,1 | 1,05 | DIN 1054 (11.76) |
| Geländebruch $\eta$ | 1,4 | 1,3 | 1,2 | DIN 4084 (7.81) |
| Dammgleiten $\eta_g$ | 1,3 | 1,25 | 1,2 | Vorschlag [4] |
| Hydraulischer Grundbruch | 3 | 2,5 | 2 | Vorschlag [4] |
| Druckpfähle | 2 | 1,75 | 1,5 | DIN 10.54 (11.76) |

**Tafel 19 Lastfälle nach DIN 1054** (11.76)

| | |
|---|---|
| Lastfall 1 | Ständige Lasten und regelmäßig auftretende Verkehrslasten, auch Wind. (Normalfall) |
| Lastfall 2 | Außer den Lasten des Lastfalls 1, gleichzeitig aber nicht regelmäßig auftretende große Verkehrslasten und Belastungen während der Bauzeit. (Ungünstiger Fall) |
| Lastfall 3 | Außer den Lasten des Lastfalls 2, gleichzeitig mögliche außerplanmäßige Lasten, z. B. durch Ausfall von Betriebs- und Sicherheitsvorrichtungen oder bei Unfällen. (Außergewöhnlicher Fall) |

Untersucht werden die Grenzzustände der Tragfähigkeit des Bodens auf ebenen, spiralförmigen und kreiszylindrischen Gleitfugen, die im Grenzzustand „aufreißen" (Beispiel, s. Bild 8).

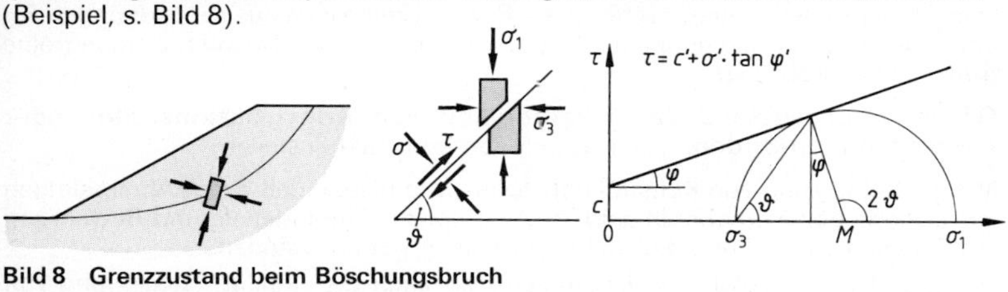


**Bild 8 Grenzzustand beim Böschungsbruch**

## 5.2 Nachweis der Sicherheiten mit Teilsicherheitsbeiwerten nach DIN V 1054-100 und EN V 1997-1 (EC 7)

Nachzuweisen sind die Sicherheiten gegen den Grenzzustand der Tragfähigkeit (GZ 1) und den Grenzzustand der Gebrauchstauglichkeit (GZ 2).

**GZ 1.** Er beschreibt den Zustand, bei dem das Bauwerk vollständig versagt.

**GZ 2.** Er beschreibt den Zustand, bei dem das Bauwerk unbrauchbar wird, ohne daß seine Standsicherheit verlorengeht.

Die Sicherheitsnachweise werden mit Ungleichungen geführt, in denen Bemessungswerte für einwirkende und widerstehende Größen gegenübergestellt werden, z. B.

| | | |
|---|---|---|
| $S_d \leq R_d$ | $R_d$ | Bemessungswert des Widerstandes (z. B. Materialfestigkeit, wie Streckgrenze des Stahls) |
| | $S_d$ | Bemessungswert der Einwirkungen (z. B. Bemessungswert der Ankerkraft) |

Die Bemessungswerte von Einwirkungen werden durch Multiplikation und die Bemessungswerte von Widerständen durch Division der charakteristischen Werte mit Teilsicherheitsbeiwerten (Tafel 20, 21 und 24) ermittelt.

Die Teilsicherheitsbeiwerte sollen zufällige Abweichungen der streuenden Basisvariablen abdecken. Sie sind in DIN V 1054-100 nach Lastfällen abgestuft.

Der charakteristische Wert ist auf der sicheren Seite vom Mittelwert der geotechnischen Größe zu wählen. Der Abstand gegenüber dem Mittelwert kann bei ausreichender Datenbasis und gleichmäßigem Baugrund klein, muß aber bei mangelhafter Datenbasis und und gleichmäßigem Baugrund groß angenommen werden (DIN V 1054-100).

Die Sicherheit ist nachgewiesen, wenn die Ungleichungen für Grenzzustände mit Bemessungswerten (Bemessungssituation) nicht verletzt sind.

In der Abgrenzung der Grenzzustände als auch im Ansatz der Teilsicherheitsbeiwerte unterscheiden sich DIN V 1054-100 und EC 7 z. T. erheblich.

### 5.2.1 **Sicherheitsnachweise** nach DIN V 1054-100

DIN V 1054-100 unterteilt den Grenzzustand 1 (GZ 1) bezüglich der möglichen Art des Versagens wie folgt:

**GZ 1 A Grenzzustand der Lage.** Er beschreibt das Versagen von Bauwerk und/oder Boden durch Verlust des Gleichgewichtes (Nachweis der Lagesicherheit).

Mit Teilsicherheitsbeiwerten für GZ 1 A werden z. B. die Sonderfälle der Sicherheit trogartiger Gründungskörper gegen Auftrieb ermittelt, wenn außer der Eigenlast keine anderen Bemessungswerte, wie z. B. Zugwiderstände aus Verankerungen $R_{zd}$ und/oder der Vertikalkomponente der Erddrucklast $E_{Vd}$ berücksichtigt werden (reine Aufschwimmprobleme).

**GZ 1 B Grenzzustand der Tragfähigkeit von Konstruktionsteilen oder des stützenden Bodens** (Bemessung von Konstruktionsteilen).

Mit der Bemessung von Konstruktionsteilen wird belegt, daß deren Abmessungen ausreichend gewählt worden sind; z. B. Sohlbreite, Einbindetiefe und Bewehrung von Fundamenten; Einbindetiefe und Profile von Spundwänden.

Damit ist GZ 1 B sowohl für die „äußere" als auch die „innere" Bemessung von Konstruktionsteilen und Bauwerken maßgebend. (Äußere und innere statische Tragfähigkeit.) Um dem gerecht zu werden, wurden für den GZ 1 B auf der einwirkenden Seite die Teilsicherheitsbeiwerte aus dem konstruktiven Ingenieurbau übernommen.

Erdstatische Nachweise im GZ 1 B sind z. B.: Gleitsicherheitsnachweis, Grundbruchnachweis, Ermittlung von Erddruck und Erdwiderstand. Darüber hinaus richten sich die Nachweise nach den werkstoffspezifischen Normen.

Dabei werden der Sohlschub- (Gleiten) und Sohldruckwiderstand (Grundbruch) sowie der Erdwiderstand zunächst mit den charakteristischen Werten der Scherfestigkeit ($\varphi_K$; $c'_K$) ermittelt und anschließend mit Teilsicherheitsbeiwerten abgemindert (s. Tafel 21).

**GZ 1 C Grenzzustand der Gesamttragfähigkeit des Bodens.** Er beschreibt das Versagen des Bodens, ggf. einschließlich der auf ihm oder in ihm befindlichen Bauwerke, durch Bruch.

Der Nachweis der Gesamttragfähigkeit belegt, daß Erd- und Baukörper als Ganzes standsicher sind[1]). Als erdstatische Verfahren kommen u.a. in Frage: Gelände- und

**Tafel 20 Teilsicherheitsbeiwerte für Einwirkungen** nach DIN V 1054-100 (4.96)

| GZ | Einwirkungen | Formelzeichen | Lastfalle (LF) 1 | 2 | 3 |
|---|---|---|---|---|---|
| 1A | ständige Einwirkungen, ungünstig | $\gamma_{G\,sup}$ | 1,00 | 1,00 | 1,00 |
| | ständige Einwirkungen, günstig | $\gamma_{G\,inf}$ | 0,90 | 0,90 | 0,95 |
| | Flüssigkeitsdruck | $\gamma_F$ | 1,00 | 1,00 | 1,00 |
| | veränderliche Einwirkungen, ungünstig | $\gamma_{Q\,sup}$ | 1,05 | 1,00 | 1,00 |
| 1B | ständige Einwirkungen, ungünstig | $\gamma_{G\,sup}$ | 1,35 | 1,20 | 1,00 |
| | ständige Einwirkungen, günstig | $\gamma_{G\,inf}$ | 1,00 | 1,00 | 1,00 |
| | Flüssigkeitsdruck | $\gamma_F$ | 1,35 | 1,20 | 1,00 |
| | veränderliche Einwirkungen, ungünstig | $\gamma_{Q\,sup}$ | 1,50 | 1,30 | 1,00 |
| | Seitendruck, ständig | $\gamma_H$ | 1,35 | 1,20 | 1,00 |
| | Mantelreibung, ständig | $\gamma_M$ | 1,35 | 1,20 | 1,00 |
| | Erddruck, ständig | $\gamma_{Eg}$ | 1,35 | 1,20 | 1,00 |
| | Erddruck, veränderlich, ungünstig | $\gamma_{Eq}$ | 1,50 | 1,30 | 1,00 |
| | Erdruhedruck, ständig | $\gamma_{E0g}$ | 1,20 | 1,10 | 1,00 |
| | Erdruhedruck, veränderlich, ungünstig | $\gamma_{E0q}$ | 1,35 | 1,20 | 1,00 |
| 1C | ständige Einwirkungen | $\gamma_G$ | 1,00 | 1,00 | 1,00 |
| | Flüssigkeitsdruck | $\gamma_F$ | 1,00 | 1,00 | 1,00 |
| | veränderliche Einwirkungen, ungünstig | $\gamma_{Q\,sup}$ | 1,30 | 1,20 | 1,10 |
| | Seitendruck, ständig | $\gamma_H$ | 1,00 | 1,00 | 1,00 |
| | Mantelreibung, ständig | $\gamma_M$ | 1,00 | 1,00 | 1,00 |
| | Erddruck, ständig | über Scherparameter mit Teilsicherheits- | | | |
| | Erddruck, veränderlich, ungünstig | beiwerten nach Tafel 21 | | | |
| 2 | 1,00 für ständige Einwirkungen, günstig oder ungünstig<br>1,00 für veränderliche Einwirkungen, ungünstig | | | | |

**Tafel 21 Teilsicherheitsbeiwerte für Bodenwiderstände** nach DIN V 1054-100 (4.96)

| GZ | Widerstand | Formelzeichen | Lastfälle (Lastkombinationen) 1 | 2 | 3 |
|---|---|---|---|---|---|
| 1B | Erdwiderstand | $\gamma_{Ep}$ | 1,40 | 1,30 | 1,20 |
| | Sohlschubwiderstand (Gleiten) | $\gamma_{St}$ | 1,50 | 1,35 | 1,20 |
| | Sohldruckwiderstand (Grundbruch) | $\gamma_S$ | 1,40 | 1,30 | 1,20 |
| | Einzelpfähle (Druck und Zug, axial) | $\gamma_P$ | 1,40 | 1,20 | 1,10 |
| | Verpreßanker | $\gamma_A$ | 1,10 | 1,10 | 1,10 |
| | Bodennägel | $\gamma_N$ | 1,20 | 1,10 | 1,05 |
| | Flexible Bewehrungselemente | $\gamma_B$ | 1,40 | 1,30 | 1,20 |
| 1C | Reibungswert ($\tan\varphi$) | $\gamma_\varphi$ | 1,25 | 1,15 | 1,10 |
| | Kohäsion, dränierter Boden | $\gamma_c$ | 1,60 | 1,50 | 1,40 |
| | Scherfestigkeit, undränierter Boden | $\gamma_{cu}$ | 1,40 | 1,30 | 1,20 |
| | Einzelpfähle (Druck und Zug, axial) | $\gamma_P$ | 1,60 | 1,40 | 1,20 |
| | Verpreßanker | $\gamma_A$ | 1,30 | 1,20 | 1,10 |
| | Bodennägel | $\gamma_N$ | 1,30 | 1,20 | 1,10 |
| | Flexible Bewehrungselemente | $\gamma_B$ | 1,40 | 1,30 | 1,20 |

[1]) Die Einführung von GZ 1 A und 1 C wurde erforderlich, weil die in GZ 1 B übernommenen Teilsicherheitsbeiwerte des konstruktiven Ingenieurbaus, die alle möglichen Unsicherheiten, z. B. im statischen System, in der Schnittgrößenermittlung und in der Herstellung abdecken, für die im Grenzzustand GZ 1 A und C allein zu berücksichtigende Streuung der Eigengewichte zu hoch sind.

Böschungsbruchnachweis, Nachweis der Standsicherheit der tiefen Gleitfuge sowie der Grundbruchnachweis von Einzel- und Streifenfundamenten, die als Trägerrostfundamente oder durch einen steifen Oberbau zu Fundamentgruppen verbunden sind und über die gesamte Grundfläche des Bauwerkes als einheitlicher Gründungskörper wirken.

*Anmerkung* GZ 1 C ist auch bei verankerten oder verdübelten Gleitkörpern maßgebend. Übergänge zwischen GZ 1 A, GZ 1 B und GZ 1 C sind möglich, z. B. Auftrieb mit Ankerbruch.

**Übergangs- und Sonderfälle des Grenzzustandes GZ1.** Übergänge zwischen den Grenzzuständen 1 A, 1 B und 1 C sind auf einen dieser Fälle zurückzuführen oder gesondert nachzuweisen. Dazu gehören: Auftrieb einer verankerten Sohle (1 A, 1 B, 1 C s. o.); Gleiten eines verankerten Tragkörpers (1 B, 1 C); Bruch von Bauteilen an einer Böschung (1 B, 1 C); Grundbruch mit gleichzeitigem Bruch des Bauwerkes (1 B, 1 C); Kippen schlanker Bauwerke (1 A, 1 C).

Durch Zurückführen auf die Fälle 1 A, 1 B oder 1 C erübrigen sich die jeweiligen beiden anderen Nachweise nur, wenn dies ausdrücklich begründet ist. Die Wechselwirkung von Baugrund und Bauwerk ist soweit wie möglich auf getrennte Nachweise nach GZ1 A, 1 B, 1 C und GZ2 zurückzuführen. In Sonderfällen sind Kombinationen dieser Grenzzustände zu verfolgen.

**Grenzzustand der Gebrauchstauglichkeit GZ2** nach DIN V-1054-100 (4.96)

Der Grenzzustand der Gebrauchstauglichkeit ist erreicht (GZ2), wenn Einwirkungen das Bauwerk unbrauchbar machen, ohne daß seine Tragfähigkeit verlorengeht.

**Nachweis der Gebrauchstauglichkeit GZ2.** Er wird wie folgt geführt: Bei Flachgründungen durch Beschränkung der Exzentrizität der resultierenden Einwirkungen (S. 1084), ferner bei Flach- und Pfahlgründungen mit Hilfe festgelegter Grenzwerte von Setzungsdifferenzen (S. 1085 u. S. 1092) und schließlich bei Flach- und Pfahlgründungen sowie Stützbauwerken durch den Nachweis, daß das Bauwerk unter Gebrauchslast bei Inanspruchnahme von Erdwiderstand keine unzuträgliche Verschiebung erleidet (S. 1084).

*Anmerkung* Im Grenzzustand GZ2 betragen die Teilsicherheitsbeiwerte für Einwirkungen stets $\gamma = 1$, d. h. es wird praktisch wie mit charakteristischen Werten gerechnet.

**Einwirkungskombinationen** nach DIN V 1054-100 (4.96)

Einwirkungs-Kombinationen (EK) sind Zusammenstellungen der an den Grenzzuständen des Bauwerks beteiligten, gleichzeitig möglichen Einwirkungen nach Ursache, Größe, Richtung und Häufigkeit.

Es werden unterschieden:

**1. Regel-Kombination (EK 1).** Ständige sowie während der Funktionszeit des Bauwerks regelmäßig auftretende veränderliche Einwirkungen. Sie entspricht der „persistent/transient situation" in Tabelle 9.2 EN V 1991-1 (Situation: dauernd oder vorübergehend).

**2. Seltene Kombination (EK 2).** Außer den Einwirkungen der Regel-Kombination seltene oder einmalige planmäßige Einwirkungen.

**3. Außergewöhnliche Kombination (EK 3).** Außer den Einwirkungen der Regelkombination eine gleichzeitig mögliche außergewöhnliche Einwirkung, insbesondere bei Katastrophen oder Unfällen. Sie entspricht der „accidental situation" nach EN V 1991-1 (Unfallsituation).

**Sicherheitsklassen** nach DIN V 1054-100 (4.96)

Sicherheitsklassen (SK) berücksichtigen den unterschiedlichen Sicherheitsanspruch bei den Widerständen in Abhängigkeit von Dauer und Häufigkeit der maßgebenden Einwirkungen.

**Tafel 22 Sicherheitsklassen für Widerstände (SK)** nach DIN V 1054-100 (4.96)

| | |
|---|---|
| SK1 | Auf die Funktionszeit des Bauwerkes angelegte Zustände. |
| SK2 | Bauzustände bei der Herstellung oder Reparatur des Bauwerkes und Bauzustände durch Baumaßnahmen neben dem Bauwerk. |
| SK3 | Während der Funktionszeit einmalig oder voraussichtlich nie auftretende Zustände. |

**Lastfälle** nach DIN V 1054-100 (4.96)

Die bisher gebräuchlichen Lastfälle (LF) ergeben sich aus den Einwirkungs-Kombinationen in Verbindung mit den Sicherheitsklassen.

**Tafel 23 Lastfälle (LF)** nach DIN V 1054-100 (4.96)

| | |
|---|---|
| LF1 | Regel-Kombination in Verbindung mit Zustand der Sicherheitsklasse 1 (SK 1) |
| LF2 | Seltene Kombination in Verbindung mit Zustand der Sicherheitsklasse 1 (SK 1) oder Regelkombination in Verbindung mit Zustand der Sicherheitsklasse 2 (SK 2) |
| LF3 | Außergewöhnliche Kombination in Verbindung mit Zustand der Sicherheitsklasse 2 (SK 2) oder seltene Kombination in Verbindung mit Zustand der Sicherheitsklasse 3 (SK 3) |

Die auf die Lastfälle bezogenen Teilsicherheitsbeiwerte für Einwirkungen sind in Tafel 20, für Widerstände in Tafel 21 zusammengestellt.

## 5.2.2 Sicherheitsnachweise nach EN V 1997-1

### 5.2.2.1 Grenzzustände der Tragfähigkeit

**Fall A:** Er betrifft nur den Grenzzustand des Aufschwimmens. (Diesbezüglich vergleichbar mit GZ1A der DIN V 1054-100.)

**Fall B:** Er erfaßt nur den Bruch des Baustoffes und ist deshalb immer dann maßgebend, wenn ein Konstruktionsteil hinsichtlich seiner inneren Tragfähigkeit bemessen werden soll.

**Fall C:** Er erfaßt alle Nachweise, die den Bruch des Bodens betreffen. Dazu gehören der Böschungs- und Geländebruch, der Nachweis der Standsicherheit der tiefen Gleitfuge, ferner der Nachweis der Sicherheit gegen Gleiten und der Grundbruchnachweis. Er ist also immer dann maßgebend, wenn der Boden versagt, im Gegensatz zur DIN V 1054-100, egal, ob mit oder ohne eingebettete Bauwerks- und Konstruktionsteile.

**Beispiel** Die Einbindetiefe einer Spundwand wird mit Teilsicherheitsbeiwerten nach Fall C, der Widerstandsmoment der Bohlen und der Ankerstahlquerschnitt mit solchen nach Fall B bestimmt.

### 5.2.2.2 Ansatz der Teilsicherheitsbeiwerte

Indizes zur Unterscheidung der einzelnen Sicherheitsbeiwerte fehlen im Gegensatz zur DIN V 1054-100.

Bei den Einwirkungen entsprechen die Teilsicherheitsbeiwerte den Regelungen der DIN V 1054-100 für den Regelfall. Eine weitere Abstufung nach Lastfällen ist nicht gegeben. Bei Bauwerken für vorübergehende Situationen dürfen jedoch nach EC 7 günstigere Werte angenommen werden, „wenn dies auf der Grundlage der möglichen Folgen gerechtfertigt ist", was in DIN V 1054-100 als Lastfall 2 geregelt ist. Jedoch darf nach EC 7 wie im Lastfall 3 der DIN V 1054-100 bei außergewöhnlichen Einwirkungen, insbesondere bei Unfällen oder Katastrophen, der Teilsicherheitsbeiwert $\gamma_E = \gamma_G = \gamma_Q = 1{,}0$ gesetzt werden.

Bei den Bodenwiderständen werden die Teilsicherheitsbeiwerte im Fall C auf die Scherfestigkeit bezogen ($\tan \varphi_d = \tan \varphi_K/1{,}25$ und $c_d = c'_K/1{,}60$). Eine Herabsetzung der Teilsicherheitsbeiwerte für Bauzustände, Unfallsituationen oder Katastrophenfälle ist nicht vorgesehen.

**Tafel 24 Teilsicherheitsbeiwerte für Grenzzustände der Tragfähigkeit für ständige und vorübergehende Situationen** nach DIN EN V 1997-1

| Fall | Einwirkungen | | | Bodenkenngrößen | | | |
|---|---|---|---|---|---|---|---|
| | ständige | | veränderliche | $\tan \varphi$ | $c'$ | $c_u$ | $q_u$ [1]) |
| | ungünstig | günstig | ungünstig | | | | |
| A | [1,00] | [0,95] | [1,50] | [1,1] | [1,3] | [1,2] | [1,2] |
| B | [1,35] | [1,00] | [1,50] | [1,0] | [1,0] | [1,0] | [1,0] |
| C | [1,00] | [1,00] | [1,30] | [1,25] | [1,6] | [1,4] | [1,4] |

[1]) Druckfestigkeit von Boden und Fels

*Hinweis* EC 7 und DIN V 1054-100 sind als Vornormen weder Teil des deutschen Normenwerkes und entsprechend auch keine Technischen Baubestimmungen. Im Vorwort zum NAD werden EC 7-1 und die nationalen Anhänge, d.h. DIN V 1054-100, zur probeweisen Anwendung empfohlen. Die Überprüfung der Berechnungsergebnisse hinsichtlich unwirtschaftlicher Abmessungen der Bauteile als auch einer deutlichen Unterbemessung anhand gültiger technischer Baubestimmungen wird empfohlen.

Ferner: EC 7 gilt in Deutschland nur in Verbindung mit dem NAD. Nationale Anwendungsdokumente sind DIN V 1054-100 und die übrigen durch -100 gekennzeichneten Berechnungsnormen. EC 7 allein anzuwenden ist dadurch nicht möglich.

Die endgültige Einführung von EN 1997-1 als gültige Technische Baubestimmung ist nach CEN für das Jahr 2000 beabsichtigt. Nationale Normen sollen erst nach einer Übergangsfrist von fünf Jahren zurückgezogen werden.

Bis dahin wird es für den Entwurf und die Bemessung in der Geotechnik die Möglichkeit geben, nach zwei verschiedenen Konzepten zu verfahren, einmal nach dem alten Berechnungskonzept mit globalen Sicherheitsbeiwerten oder dem neuen europäischen mit Teilsicherheitsbeiwerten, geregelt durch das NAD und die DIN-Vornormen. Eine Vermengung beider Konzepte bei einem Bauvorhaben ist nicht vorgesehen.

# 6 Flach- und Flächengründungen

## 6.1 Schutzanforderungen nach DIN 1054

**Wahl der Gründungstiefe.** Nach alter und neuer Norm gilt als frostfreie Tiefe in der Regel 0,8 m. Bei der Wahl der Gründungstiefe sind auch Schrumpfen und Quellen toniger Böden (Schrumpftiefe neben dem Bauwerk in längeren Trockenperioden) und schädliche Einflusse aus der Vegetation (z.B. Wasserentzug durch tiefreichende Baumwurzeln mit der Gefahr ungleichmäßiger Setzungen) zu berücksichtigen.

**Schutz des Baugrundes.** Er muß nach alter und neuer Norm gegen Erosion (Auswaschen) oder Verringerung seiner Festigkeit durch strömendes Wasser (Einwirkung von Strömungsdruck) sowie gegen Einwirkungen der Witterung (Aufweichen und Auffrieren bindiger Böden) und des laufenden, ggf. späteren Baubetriebes gesichert sein.

## 6.2 Geotechnische Bemessung nach DIN 1054 (11.76) und DIN V 1054-100 (4.96)

### 6.2.1 Nachweis der Tragfähigkeit

Die zulässige Belastung des Baugrundes ist bei lotrechter Belastung begrenzt durch die für das Bauwerk erträglichen Setzungen bzw. Setzungsunterschiede und durch die Grundbruchsicherheit unter Beachtung der Ausmittigkeit und Neigung der Resultierenden sowie der Belastungsgeschwindigkeit. Bei Schrägbelastung muß außerdem eine ausreichende Sicherheit gegen Gleiten vorhanden sein (DIN 1054 (11.76), Abschn. 4).

***Erklärung*** *Grundbruch tritt ein, wenn ein Gründungskörper so stark belastet wird, daß sich unter ihm im Baugrund Gleitbereiche bilden, in denen der Widerstand des Bodens überwunden wird.*

Nachgewiesen wird die Grundbruchsicherheit im herkömmlichen Sicherheitskonzept mit Bemessungsgleichungen der DIN 4017 T1 und T2 (8.79) und globalen Sicherheitswerten der DIN 1054 (11.76), im neuen Sicherheitskonzept probeweise mit solchen der DIN V 4017-100 oder EC 7 mit Teilsicherheitsbeiwerten für GZ 1 B der DIN V 1054-100 oder 1 C der EC 7.

Der Nachweis der Gleitsicherheit erfolgt mit Bemessungsgleichungen und globalen Sicherheitsbeiwerten der DIN 1054 (11.76) oder probeweise mit solchen der DIN V 1054-100 oder EC 7 mit Teilsicherheitsbeiwerten für GZ 1 B oder 1 C.

Im Regelfall kann die zulässige Belastung des Baugrundes auch mit Hilfe von Tabellen- oder Diagrammwerten nach Abschnitt 6.2.3 ermittelt werden, wobei eine Grundbruchberechnung entfällt.

Zusätzlich ist bei außermittiger Belastung die Kippsicherheit durch die nachfolgende Forderung a) sicherzustellen. Die Forderung b) soll nach den Erläuterungen der DIN 1054 (Beiblatt 11.76) gewährleisten, daß insbesondere die Standsicherheit von Stützmauern unter Erddruck als ständige Last (L.F. 1) nicht durch Kriechverformungen des Baugrundes beeinträchtigt werden.

Nach DIN V 1054-100 ist der Nachweis der zulässigen Lage der Resultierenden kein Kippnachweis, sondern ein Gebrauchstauglichkeitsnachweis im GZ 2 (Erl. s. S. 1084).

## Zulässige Lage der Resultierenden

Die Exzentrizität der resultierenden Einwirkung $V$ oder $R_v$ darf höchstens so groß werden, daß

a) infolge der Gesamtbelastung die Gründungssohle des Fundaments bis zu ihrem Schwerpunkt durch Druck belastet bleibt (2. Kernweite, s. Bild 10), d. h. $e \leqq a/3$ bzw. $\leqq b/3$. Für Kreisfundamente gilt $e \leqq 0{,}59\,r$

b) infolge ständiger Einwirkungen keine klaffende Fuge auftritt (1. Kernweite), d. h. $e \leqq a/6$ bzw. $\leqq b/6$. Für Kreisfundamente gilt $e \leqq 0{,}25\,r$.

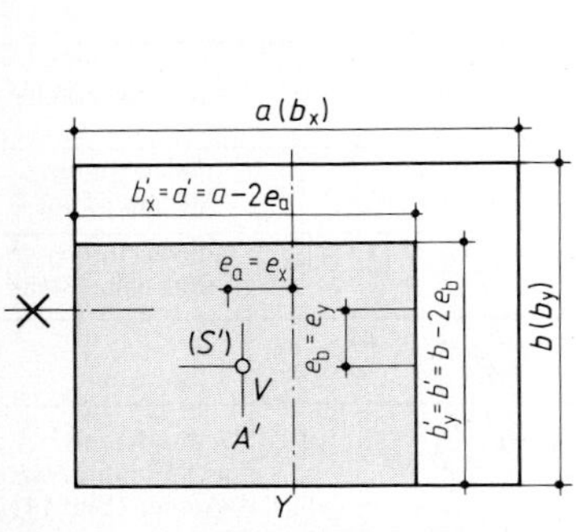


**Bild 9** **Teilfläche $A'$ für doppelte Ausmittigkeit von $V$**

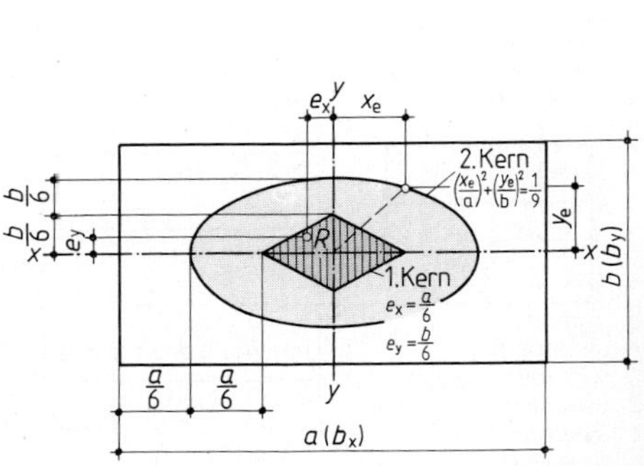


**Bild 10** **Kernflächen eines rechteckigen Fundamentes** nach DIN 1054

### 6.2.2 Lasten

Nach DIN 1054 (11.76) wird der Baugrund durch ständige Lasten (u.a. Eigenlasten des Bauwerks, ständig wirkende Erddrücke, Erdlasten und Wasserdrücke) sowie durch Verkehrslasten beansprucht (Lasten nach DIN 1055, T3, und DIN 1072, wechselnde Erd- und Wasserdrücke, Eisdruck). Lastfälle (LF) s. Tafel 19.

Nach DIN V 1054 sind die Gründungslasten von Fundamenten für die Bemessung mit den Teilsicherheitsbeiwerten und den Einwirkungskombinationen für GZ 1 B nach DIN V ENV 1991-1, zum Nachweis der Gebrauchstauglichkeit mit solchen der DIN V EN 1991-1 für GZ 2 zu ermitteln.

Nach DIN 1054 (11.76) darf bei der Bestimmung der resultierenden Einwirkung V auch die lotrechte Komponente $E_v$ des aktiven Erddrucks als Widerstand gegen Kippmomente berücksichtigt werden.

Nach DIN V 1054-100 (4.96) sind solche günstig wirkenden Schubkomponenten des Erddruckes wie folgt zu berücksichtigen:

- Bei zugbelasteten Blockfundamenten und trogartigen Bauwerken unter Auftrieb mit $0{,}5 E_{ad} \cdot \tan \delta_d$ ($E_{ad}$ Bemessungswert der aktiven Erddrucklast, $\delta_d$ Bemessungswert des Erddruckneigungswinkels, s. S. 1099).
- Bei stark exzentrisch belasteten Blockfundamenten (insbesondere Mastfundamenten) sowie bei Gewichts- und Winkelstützwänden kann der volle Bemessungswert angesetzt werden.

Die Einrechnung von Stoßbeiwerten bei der Bemessung von Gründungskörpern ist nach beiden Normenausgaben nur dann erforderlich, wenn die Stoßbelastung unmittelbar auf den Gründungskörper einwirkt, wie etwa bei unmittelbar befahrenen Kranbahnbalken.

Erdbebeneinwirkungen (LF3) dürfen nach DIN V 1054-100 (4.96) 4.3.2, vereinfacht als an denselben Stellen wie Eigengewichte und proportional zu diesen wirkenden Horizontallasten angesetzt werden.

Beim Entwurf des Gründungskörpers darf die Sohldruckverteilung vereinfacht als geradlinig begrenzt angenommen werden (Tafel 25).

**Tafel 25 Berechnung der geradlinig begrenzten Sohlnormalspannung $\sigma_{vorh}$ von biegesteifen Fundamenten**

| Belastung | Lage von $V = R_v$ (vgl. Bild 9 bis 11) | Größe und Verteilung des rechnerischen Sohldruckes | | |
|---|---|---|---|---|
| mittig | $e_x = 0$ $u = b/2$ [2]) <br> $e_y = 0$ | $\sigma_{0_m} = \frac{F}{A} = \frac{V}{a \cdot b}$ | (2) | rechteckförmig |
| einfach außermittig (einachsige Momentenwirkung) | $e_x \leqq b/6$ <br> $e_y = 0$ | $\max\limits_{\min} \sigma_0 = \frac{R_v}{a \cdot b}\left(1 \pm \frac{6 \cdot e}{b}\right)$ | (3) | trapezförmig |
| 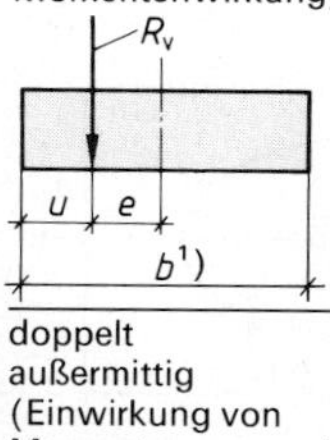 | $e_x = b/6$ <br> $u = b/3$ <br> $e_y = 0$ | $\max \sigma_0 = \frac{2 \cdot R_v}{a \cdot b}$ | (4) | dreieckförmig über volle Breite |
| | $b/6 < e_x \leqq b/3$ <br> $e_y = 0$ | $\max \sigma_0 = \frac{2 \cdot R_v}{3 \cdot u \cdot a}$ | (5) | dreieckförmig, klaffende Fuge |
| | $e_x = b/3$ <br> $u = b/6$ | $\max \sigma_0 = \frac{4 \cdot R_v}{a \cdot b}$ | (6) | dreieckförmig, über halbe Breite |
| doppelt außermittig (Einwirkung von Momenten um zwei Hauptachsen, s. Bild 9) | $e_x \neq 0$ $e_y \neq 0$ innerhalb des 1. Kerns | $\max \sigma_0 = \frac{F}{A} \pm \frac{M_x}{W_x} \pm \frac{M_y}{W_y}$ | (7) | |
| | $e_x \neq 0$ $e_y \neq 0$ innerhalb des 2. Kerns (Bild 11) | $\max \sigma_0 = \mu \frac{R_v}{a \cdot b}$ | (8) | $\mu$ aus Nomogramm von *Hülsdunker* (Bild 11) |

[1]) bzw. $a$ s. Bild 10

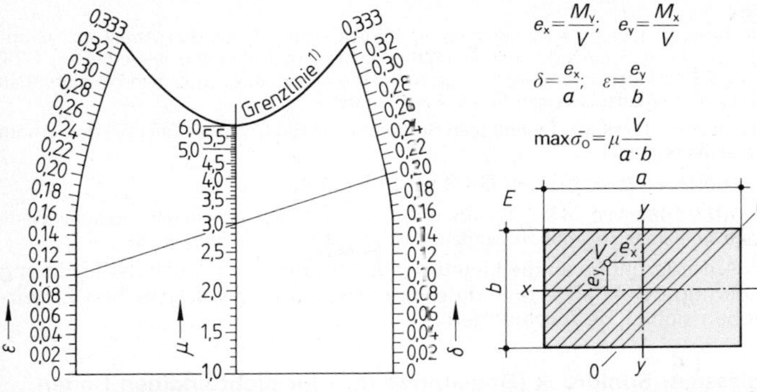


**Bild 11** **Maximale Sohlnormalspannung $\sigma_{0E}$ unter der Ecke *E* bei doppelter Ausmittigkeit** (nach *Hülsdünker*)

Solange die Ablesegerade die Grenzlinie nicht schneidet, ist mindestens die halbe Grundfläche an der Lastabtragung beteiligt. Bezüglich der Nullinie des Sohldruckkörpers s. [1], T2, S. 54ff.

Bei Platten- und Trägerrostgründungen sowie bei Streifenfundamenten mit Einzellasten in Längsrichtung soll nach DIN V 1054-100 (4.96) bei der Sohldruckverteilung die Wechselwirkung von Gründungen und Baugrund berücksichtigt werden. Rechenverfahren s. [9], [10], [13]

*Anmerkung* Die Wechselwirkung steifer Bauwerke mit relativ weichem Untergrund wird durch einen über die Sohlfläche konstanten Bettungsmodul nicht immer ausreichend erfaßt.

### 6.2.3 **Bemessung mit zulässigen Sohldrücken** der DIN 1054 (11.76) sowie DIN V 1054-100 (4.96)

Wenn nach beiden Normenausgaben

a) die maßgebenden Eigenschaften des Bodens (Lagerungsdichte gemäß Tafel 11 oder mindestens steife Konsistenz) aufgrund von Baugrunderkundungen zuverlässig eingeschätzt werden können (s. S. 1052), ferner
b) der Baugrund bis zu einer Tiefe von $2b$ ($b$ = Fundamentbreite) unter der Gründungssohle nicht schlechter wird, die Gebäudeoberfläche und Schichtgrenzen annähernd waagerecht verlaufen und
c) das Fundament nicht überwiegend oder regelmäßig dynamisch beansprucht wird und zusätzlich nach DIN V 1054-100 in bindigen Schichten kein nennenswerter Porenwasserüberdruck entsteht, sowie
d) eine ausreichende Sicherheit gegen Gleiten nachgewiesen ist und LF1 vorliegt,

kann als Ersatz für die Nachweise der Grundbruchsicherheit und der zulässigen Setzungen angesetzt werden

a) bei **mittigem Lastangriff** (mittiger Einwirkung) auf die Fundamentsohle

DIN 1054 (11.76) $\quad \textbf{vorh}\,\sigma_0 = V/A = V/b_x \cdot b_y \leq \textbf{zul}\,\sigma_0$ (9)

DIN V 1054-100 (4.96) $\quad \sigma_{\text{vorh}} \leq \sigma_{\text{zul}}$ (10)

wobei zul$\sigma$ in Gl. (9) aus den Tafeln 26 und 27 entnommen wird, ggf. erhöht oder abgemindert.

b) bei **exzentrischer Einwirkung** (außermittiger Lastangriff) auf die Fundament-Sohlfläche wird nur derjenige Teil $A'$ von ihr angesetzt, für den die Resultierende der Einwirkungen im Schwerpunkt steht (Bild 9), d.h.

$$\boldsymbol{A' = b'_x \cdot b'_y = (b_x - 2e_x)(b_y - 2e_y)} \quad (11)$$

In Gl. (10) sind

$\sigma_{vorh}$ Bemessungswert für den einwirkenden Sohldruck, ermittelt für den Anteil aus Gründungslasten mit den Einwirkungskombinationen und Teilsicherheitsbeiwerten für GZ 2 nach DIN V ENV 1991-1, ermittelt für den Anteil aus grundbauspezifischen Einwirkungen mit den Teilsicherheitsbeiwerten für GZ 2 nach Tafel 20.

$\sigma_{zul}$ Bemessungswert für den aufnehmbaren Sohldruck aus Bild 12 oder Tafel 27, ggf. erhöht oder abgemindert.

Die Teilsicherheitsbeiwerte für den GZ 2 sind gleich 1,0.

*Anmerkung* DIN V 1054-100 (4.96) konnte die alten Tafelwerte als charakteristische Werte übernehmen, da sie bereits so ermittelt wurden, daß der GZ1 ausgeschlossen ist.

Auch in den Anforderungen an die Lagerungsdichte sowie bezüglich der Erhöhung oder Abminderung der Tafelwerte und der Berücksichtigung waagerechter Einwirkungen ergeben sich keine Änderungen.

### 6.2.3.1 Zulässiger Sohldruck (Bodenpressung) für nichtbindigen Boden

**Erforderliche Lagerungsdichte** für den Ansatz der Tafelwerte

Beide Normenausgaben setzen mindestens mitteldicht gelagerten Baugrund voraus. Dieser ist vorhanden, wenn die in Tafel 11 (S. 1052) angegebenen Bedingungen eingehalten werden.

Nach DIN 1054 (11.76) sind gewachsene Sand- und Kiesablagerungen in der Regel ausreichend dicht gelagert. Liegen diesbezüglich keine örtlichen Erfahrungen vor, kann der Nachweis durch Sondierungen erbracht werden (S. 1047).

Ähnlich wie bei nichtbindigem kann die Tragfähigkeit von gemischtkörnigem Boden mit geringem Feinkornanteil bis 15% beurteilt werden (SU, GU, GT, s. S. 1053).

**Setzungen**

Nach DIN 1054 (11.76) können Bodenpressungen der Tabelle 1 der Tafel 26 zu Setzungen führen, die bei Fundamentbreiten bis 1,5 m ein Maß von 1 cm, bei breiteren Fundamenten ein Maß von 2 cm nicht übersteigen.

In Bild 12 kann $\sigma_{zul}$ in Abhängigkeit von den Setzungen abgelesen werden.

Die Setzungsbeträge beziehen sich auf alleinstehende Fundamente und können sich bei gegenseitiger Beeinflussung vergrößern. Eine nennenswerte gegenseitige Beeinflussung tritt nur auf, wenn der lichte Abstand benachbarter Fundamente kleiner als die vierfache Fundamentbreite ist.

**Tafel 26 Zulässige mittlere Bodenpressungen in kN/m² für Streifenfundamente auf nichtbindigen und schwach feinkörnigen Böden (Bodengruppe GE, GW, GI, SE, SW, SI, GU, GT, SU, ST)** nach DIN 1054 (11.76)

| DIN 1054 | | Tabelle 1 | | | | | | Tabelle 2 | | | |
|---|---|---|---|---|---|---|---|---|---|---|---|
| Bauwerk | | setzungsempfindlich | | | | | | setzungsunempfindlich | | | |
| Breite des Streifenfundaments $b$ bzw. $b'$ in m | | 0,5 | 1 | 1,5 | 2 | 2,5 | 3 | 0,5 | 1 | 1,5 | 2 |
| Einbindetiefe $t$ in m | 0,5 | 200 | 300 | 330 | 280 | 250 | 220 | 200 | 300 | 400 | 500 |
| | 1 | 270 | 370 | 360 | 310 | 270 | 240 | 270 | 370 | 470 | 570 |
| | 1,5 | 340 | 440 | 390 | 340 | 290 | 260 | 340 | 440 | 540 | 640 |
| | 2 | 400 | 500 | 420 | 360 | 310 | 280 | 400 | 500 | 600 | 700 |
| bei kleinen Bauwerken | | 150<br>mit Breiten ≧0,3 m und Gründungstiefen ≧0,3 m | | | | | | | | | |

Verkantungen außermittig belasteter Fundamente müssen erforderlichenfalls nachgewiesen werden (s. S. 1088).

Die angegebenen Bemessungswerte dürfen überschritten werden, wenn die Grenzzustände der Tragfähigkeit und der Gebrauchstauglichkeit (s. S. 1073) rechnerisch nachgewiesen werden. Diese Nachweise sind auch dann zu führen, wenn die Voraussetzungen für die Anwendung der Tabellenwerte nicht gegeben sind.

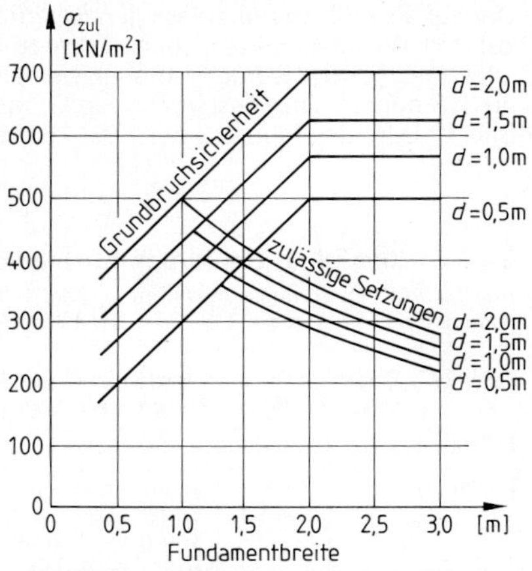


**Bild 12 Bemessungswerte $\sigma_{zul}$ für zulässige Sohldrücke bei Streifenfundamenten auf nichtbindigem, mitteldicht gelagertem Boden in Abhängigkeit von der Breite *b* nach DIN V 1054-100 (4.96) bzw. *b'* und der Einbindetiefe *d***

### Erhöhung der Werte von Tafel 26 und Bild 12

Wenn $b \geqq 0{,}5$ m und $d \geqq 0{,}5$ ist:

a) Um 20% bei Rechteckfundamenten, wenn $a/b < 2$, sowie bei Kreisfundamenten; die auf der Grundlage des Grundbruchs ermittelten Werte jedoch nur dann, wenn die Einbindetiefe $d \geqq 0{,}6 \cdot b$ bzw. $b'$ ist, d.h. die Werte der Tabelle 2 und die der beiden ersten Spalten der Tabelle 1 der Tafel 26 sowie die mit dem Hinweis auf die Grundbruchsicherheit gekennzeichneten Bemessungswerte von Bild 12.

b) Um 50% bei nachgewiesener dichter Lagerung der Tafel 11 bis $d = 2b$, jedoch $\geqq 2$ m unter Gründungssohle.

### Abminderung der Werte von Tafel 26 und Bild 12

Die dort angegebenen Bemessungswerte gelten nur für den Abstand zwischen Gründungssohle und Grundwasser, der mindestens so groß ist wie *b* bzw. *b'*, sonst gilt:

a) Liegt der Grundwasserspiegel in Höhe der Gründungssohle, ist der Tafelwert um 40% zu vermindern.

b) Ist der Abstand zur Gründungssohle $< b$ bzw. $b'$, darf zwischen dem um 40% abgeminderten und dem vollen Tafelwert entsprechend dem tatsächlichen Abstand interpoliert werden.

c) Liegt der Grundwasserspiegel über der Gründungssohle, reicht die Abminderung um 40% aus, wenn $d > 0{,}8$ m und $b < d$ ist, sonst ist der Grundbruchnachweis nach DIN V 1054-100 (4.96) für GZ1B zu führen.

### Berücksichtigung waagerechter Einwirkungen

Fundamente mit waagerechten Einwirkungen dürfen nur dann mit Gl. (9) bemessen werden, wenn die Einbindetiefe $d \geqq 1{,}4 \cdot b' \cdot \tan\delta_s$ oder mit Gl. (10), wenn $\tan\delta_s = H/V \leqq 0{,}2$ ist. Dann sind die Werte der Tafel 26 bzw. von Bild 12 mit dem Faktor $(1 - H/V)$ abzumindern, wenn *H* parallel zur langen Fundamentseite *a* wirkt und $a/b > 2$ ist, in allen anderen Fällen mit dem Faktor $(1 - H/V)^2$.

Die auf Grundlage der zulässigen Setzungen angegebenen Bemessungswerte $\sigma_{zul}$ auf Bild 12, entsprechend auch die Werte nach Tabelle 1 von Tafel 26, dürfen unverändert verwendet werden, solange sie nicht größer sind als die herabgesetzten, auf der Grundlage einer ausreichenden Grundbruchsicherheit angegebenen Werte auf Bild 12 oder der Tabelle 2 der Tafel 26. Maßgebend ist stets der kleinere Wert.

### 6.2.3.2 Zulässiger Sohldruck für bindigen Baugrund ($I_p \geqq 10\%$)

*Anmerkung* Die Bemessungswerte $\sigma_{zul}$ der Bilder C2 bis C5 der DIN V 1054-100 (4.96) entsprechen den Werten der Tafel 27 (DIN 1054 (11.76)).

**Tafel 27 Zulässige mittlere Bodenpressung für Streifenfundamente bei bindigem und gemischtkörnigem Baugrund in kN/m²**

| DIN1054 | | Tabelle 3 | Tabelle 4 | | | Tabelle 5 | | | Tabelle 6 | | |
|---|---|---|---|---|---|---|---|---|---|---|---|
| Bodenart | | reiner Schluff | gemischtkörniger Boden, der Korngrößen vom Ton- bis in den Sand-, Kies- oder Steinbereich enthält | | | tonig-schluffiger Boden | | | fetter Ton | | |
| Bodengruppe | | UL | SŪ, ST, ST̄, GŪ, GT̄ | | | UM, TL, TM | | | TA | | |
| Konsistenz[2]) | | steif bis halbfest | steif | halbfest | fest | steif | halbfest | fest | steif | halbfest | fest |
| Einbindetiefe[1]) in m | 0,5 | 130 | 150 | 220 | 330 | 120 | 170 | 280 | 90 | 140 | 200 |
| | 1 | 180 | 180 | 280 | 380 | 140 | 210 | 320 | 110 | 180 | 240 |
| | 1,5 | 220 | 220 | 330 | 440 | 160 | 250 | 360 | 130 | 210 | 270 |
| | 2 | 250 | 250 | 370 | 500 | 180 | 280 | 400 | 150 | 230 | 300 |

[1]) Zwischenwerte können geradlinig eingeschaltet werden.
[2]) Erkennen der Konsistenzbereiche s. S. 1052.

**Voraussetzungen für den Regelfall bei der Benutzung von Tafel 27**

1. Bindiger Boden mindestens von steifem Zustand ($I_c \geqq 0{,}75$).
2. Verhältnis $H$: $V \leqq 0{,}25$ (DIN 1054 (11.76)); $\leq 0{,}20$ (DIN V 1054-100 (4.96))
3. Allmähliche Lastaufbringung bei steifer Konsistenz, bei schneller Belastung oder weicher Konsistenz Nachweis der zul. Bodenpressung mit Setzungs- und Grundbruchuntersuchungen.
4. Verträglichkeit der Setzungen von 2 bis 4 cm für das Bauwerk.
5. Fundamentbreiten $< 5{,}0$ m.

**Erhöhung der Tafelwerte** (Tabelle 3 bis 6, Tafel 27) bei Rechteckfundamenten mit einem Seitenverhältnis $a/b < 2$ und bei Kreisfundamenten um 20%.

**Abminderung der Tafelwerte** (Tabelle 3 bis 6, Tafel 27) bei Fundamentbreiten zwischen 2 und 5 m um 10% der Tafelwerte je m zusätzlicher Fundamentbreite. Bei noch breiteren Fundamenten müssen nach DIN V 1054-100 (4.96) in jedem Fall die Grenzzustände GZ1 und GZ2 nachgewiesen werden.

### 6.2.3.3 **Zulässiger Sohldruck** nach DIN 1054 (11.76) sowie **Bemessungswerte $\sigma_{zul}$ für Flachgründungen auf Fels** nach DIN V 1054-100 (4.96) und EN V 1997-1 (EC7)

Nach DIN V 1054-100 (4.96) und EN V 1197-1 (EC7) dürfen für quadratische Fundamente auf weichen und gebrächen Formationen (mürbem und kleinstückigen Fels) mit geschlossenen Kluftstrukturen sowie Sedimentgesteinen mit Poren-

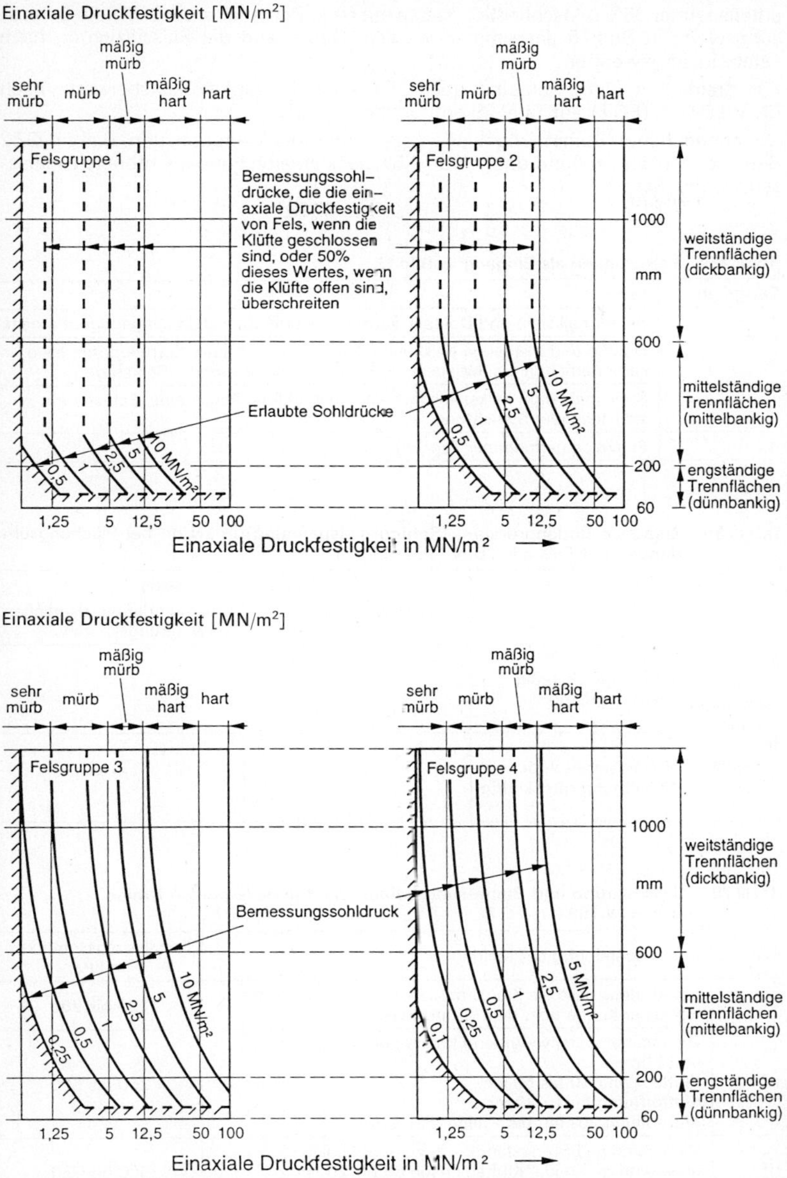


**Bild 13** **Bemessungswerte $\sigma_{zul}$ für quadratische Einzelfundamente auf Fels** nach DIN V 1054-100 (4.96) und EN V 1997 (EC7)

Fälle in den gestrichelten Bereichen müssen einzeln untersucht werden.

anteilen unter 35% (einschließlich Kreide mit einer Porosität unter 35%) die Bemessungswerte in Bild 13 entnommen werden. Dabei wird die Klassifizierung nach Tafel 28a angewendet.

Für Kreide mit einer Porosität über 35% können Tragfähigkeitsbeiwerte nach EN V 1997-1 (EC7) auf Tafel 29 entnommen werden.

Die angegebenen Bemessungswerte gelten unter der Voraussetzung, daß im GZ2 Setzungen in der Größenordnung von 0,5% der kleineren Fundamentbreite zugelassen werden können.

**Tafel 28a Felsgruppen als Eingang in Bild 13**

| Felsgruppe | Felsart |
|---|---|
| 1 | Reiner Kalkstein und Dolomit, karbonathaltiger Sandstein mit geringer Porosität |
| 2 | Oolithe und mergelige Kalksteine, Sandsteine mit guter Kornbindung, feste karbonathaltige Schluffsteine, Schiefer mit flachliegender Schichtung |
| 3 | Stark mergelige Kalksteine, schwach gebundene Sandsteine, Schiefer mit steilstehender Schichtung |
| 4 | Schwach gebundener Ton- und Schluffsteine |

**Tafel 28b Zulässige Bodenpressung (Sohlnormalspannung) in kN/m² bei Flächengründungen auf Fels** nach DIN 1054 (11.76)

| | | Zustand des Gesteins | |
|---|---|---|---|
| | | nicht brüchig, nicht oder nur wenig angewittert | brüchig oder mit deutlichen Verwitterungsspuren |
| Lagerungszustand des Gesteins | Fels in gleichmäßig festem Verband | 4000 | 1500 |
| | Fels in wechselnder Schichtung oder klüftig | 2000 | 1000 |

**Tafel 29 Klassifikation und Bemessungssohldrücke für stark poröse Kreide** nach EN V 1997-1 (EC7)

| Typ | Kurzbeschreibung der Kreide | Bemessungssohldruck in kPa |
|---|---|---|
| V | Strukturlose gestörte Kreide mit Einschlüssen aus fester, trockener Kreide über dem Grundwasser | 125 bis 250 |
| IV | Dichtständige, teilverwitterte Kreide mit Schichtfugen und Klüften. Kluftabstand 10 bis 60 mm, Kluftöffnung bis zu 20 mm, Kluftfüllung aus mürber Kreide und Geröll | 250 bis 500 |
| III | Dichtständige bis engständige bzw. dünnbankige unverwitterte Kreide. Kluftabstände 60 bis 200 mm, Kluftweite bis 3 mm, teilweise mit Geröll gefüllt | 500 bis 750 |
| II | Mittelständig-bankige mittelharte (mürbe) Kreide, Kluftabstand größer als 200 mm oder kompakt | 750 bis 1000 |
| I | wie Typ II, aber hart (mäßig mürb) und spröd | 1000 bis 1500 |

**Beispiel 1** **Bemessung des Einzelfundamentes einer Stütze mittels zulässigem Sohldruck** nach DIN V 1054-100 (4.96)

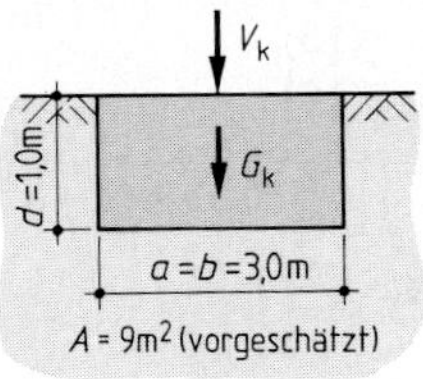


**Gründungslasten** (Schnittkräfte auf OK. Fundament) aus ungünstigster Kombination der Einwirkungen nach EN V 1991-1 (Abs. 9.5.2) für den Nachweis der Gebrauchstauglichkeit:

| | |
|---|---|
| Ständig, vertikal | $V_{GK}=1000$ kN |
| Veränderl., vertikal | $V_{QK}=500$ kN |
| Eigengew. Fundament | $V_{GK}=225$ kN |
| | $\Sigma V_k=1725$ kN |

**Baugrund**: Bodengruppe WL, steif

**Bemessungswert des einwirkenden Sohldruckes $\sigma_{vorh}$**
Zu berechnen mit Teilsicherheitsbeiwerten für Grenzzustände der Gebrauchstauglichkeit GZ 2, die nach EN V 1991-1:1994, Abs. 9.5.3, mit $\gamma_G=\gamma_Q=1{,}0$ anzunehmen sind.

$N_d=1225\cdot 1{,}0+500\cdot 1{,}0=1725$ kN $\quad \sigma_{vorh}=N_d/A=191{,}7$ kN/m²

**Bemessungswert des aufnehmbaren Sohldruckes $\sigma_{zul}$**
Grundwert aus Tafel 27, Tabelle 3: $\sigma_{zul}=180$ kN/m²
Erhöhung für Rechteckfundament $a/b<2$ um 20%:

$\sigma_{zul}=180\cdot 1{,}2=216$ kN/m²

Abminderung für $a=b>2$ m um 10% des Tafelwertes je m zusätzlicher Breite $\Delta b$:

$\Delta b=3{,}0-2{,}0=1{,}0$ m Abminderungsfaktor $u=1{,}0-0{,}1=0{,}9$

$\sigma_{zul}=216\cdot 0{,}9=194{,}4$ kN/m²

**Nachweis**
$\sigma_{vorh}=191{,}7$ kN/m² $<\sigma_{zul}=194{,}4$ kN/m²
Damit ist die Sicherheit gegen GZ1B nachgewiesen. Bezüglich der möglichen Setzungen s. S. 1069.

## 6.2.4 Geotechnische Bemessung mit Sicherheitsnachweisen

Wenn die Tabellenwerte der zulässigen Bodenpressung nach Abschnitt 6.2.3 überschritten werden oder die dafür erforderliche Einstufung als Regelfall nicht in Frage kommt, ist die zulässige Belastung des Baugrundes mit dem Nachweis ausreichender Grundbruchsicherheit und ggf. Gleitsicherheit zu ermitteln.

Zusätzlich ist nachzuweisen, daß die Grenzwerte von Setzungsdifferenzen nicht überschritten werden, und ggf., daß die Lage der Resultierenden zulässig ist. Letztere Nachweise fallen nach DIN V 1054-100 in GZ 2.

### 6.2.4.1 Berechnung der Grundbruchsicherheit nach DIN 4017 (8.79) mit globalen Sicherheitswerten der DIN 1054 (11.76)

Die Sicherheit ist mit den herkömmlichen Sicherheitsgraden nach einem der folgenden Ansätze nachzuweisen:

1) Bezugsgröße Last: $\quad \mathbf{zul}\,V=V_b/\mathbf{erf}\,\eta_p\geq \mathbf{vorh}\,V \quad (12)$

2) Bezugsgröße Scherbeiwerte: $\quad V_b\geq \mathbf{zul}\,V \quad (13)$

zul $V$ Zulässige lotrechte Komponente der angreifenden Lasten (s. Bild 13 u. 14)
$V_b$ Lotrechte Komponente der Grundbruchlast, berechnet nach Gl. (15) oder (17)

Im Fall 1) $\eta_p$ aus Tafel 18
Im Fall 2) wird $V_b$ mit den nach Gl. (14) und (15) abgeminderten Scherbeiwerten berechnet. Werte für die Sicherheitsbeiwerte sind Tafel 33 zu entnehmen.

$\tan \mathrm{zul}\,\varphi=\tan\varphi/\eta_r \quad (14) \qquad \mathrm{zul}\,c=c/\eta_c \quad (15)$

**Berechnung der Grundbruchlast $V_b$** (eingesetzt in Gl. (12) oder (13))

a) für **lotrecht, mittig belastete Flachgründungen** (T1), Bild 13, mit:

$$V_b = b \cdot a \cdot \sigma_{0f} \qquad (15)$$

$$\sigma_{0f} = b \cdot a(\underbrace{c \cdot N_c \cdot \nu_c}_{\text{Einfluß der Kohäsion}} + \underbrace{\gamma_1 \cdot d \cdot N_d \cdot \nu_d}_{\text{Gründungstiefe}} + \underbrace{\gamma_2 \cdot b \cdot N_b \cdot \nu_b}_{\text{Gründungsbreite}}) \qquad (16)$$

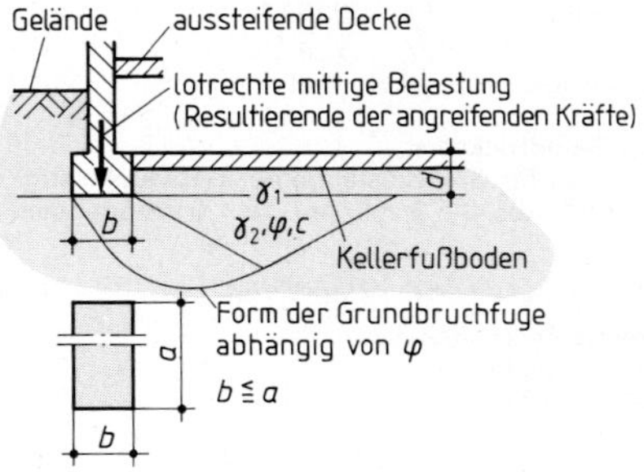


**Bild 13**
**Grundbruch unter einem lotrecht und mittig belasteten Gründungskörper bei einheitlicher Schichtung im Bereich des Gleitkörpers**

b) für **schräg und außermittig belastete Flachgründungen** (T2), Bild 14, mit:

$$V_b = A' \cdot \sigma_{0f} = a' \cdot b' \cdot \sigma_{0f} \qquad (17)$$

$$\sigma_{0f} = a' \cdot b'(\underbrace{c \cdot N_c \cdot \varkappa_c \cdot \nu'_c}_{\text{Einfluß der Kohäsion}} + \underbrace{\gamma_1 \cdot d \cdot N_d \cdot \varkappa_d \cdot \nu'_d}_{\text{Gründungstiefe}} + \underbrace{\varkappa_2 \cdot b' \cdot N_b \cdot \gamma_b \cdot \nu'_b}_{\text{Gründungsbreite}}) \qquad (18)$$

Es bedeuten:

- $V_b$ Lotrechte Bruchlast (Grundbruchwiderstand)
- $b$, $a$ Breite und Länge bzw. Durchmesser des Gründungskörpers in m ($b < a$)
- $\sigma_{0f}$ mittlere Bodenspannung in der Gründungsfuge beim Grundbruch in kN/m²
- $c$ Kohäsion des Bodens in kN/m²
- $N$ Tragfähigkeitswerte aus Tafel 31 abhängig von $\varphi$
- $\nu$ Formbeiwerte aus Tafel 32 abhängig von $a$ und $b$
- $\gamma_1$ ($\gamma_2$) Wichte des feuchten Bodens ober- (unter-)halb der Gründungssohle in kN/m³
- $d$ geringste Gründungstiefe unter Geländeoberfläche bzw. Kellerfußboden in m
- $a'$ größere Seite der rechnerischen Grundfläche $A'$ — vgl. Bild 9 auf S. 1065
- $b'$ kleinere Seite der rechnerischen Grundfläche $A'$ — vgl. Bild 9 auf S. 1065
- $\nu'_c$; $\nu'_d$; $\nu'_b$ / $\nu_c$; $\nu_d$; $\nu_b$ Formbeiwerte aus Tafel 32 abhängig von $a$ und $b$ bzw. $a'$ und $b'$
- $\varkappa_c$; $\varkappa_d$; $\varkappa_b$ Neigungsbeiwerte aus Tafel 34 bis 37 abhängig von der Bodenart

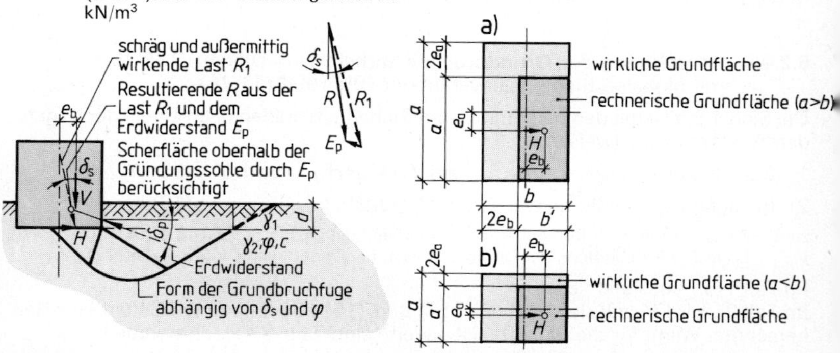


**Bild 14 Grundbruch unter einem schräg und außermittig belasteten Fundament**

**Tafel 31 Tragfähigkeitsbeiwerte $N$**

| $\varphi$ | 0° | 5° | 10° | 15° | 20° | 22,5° | 25° | 27,5° | 30° | 32,5° | 35° | 37,5° | 40° | 42,5° |
|---|---|---|---|---|---|---|---|---|---|---|---|---|---|---|
| $N_c$ | 5,0 | 6,5 | 8,5 | 11,0 | 15,0 | 17,5 | 20,5 | 25 | 30 | 37 | 46 | 58 | 75 | 99 |
| $N_d$ | 1,0 | 1,5 | 2,5 | 4,0 | 6,5 | 8,0 | 10,5 | 14 | 18 | 25 | 33 | 46 | 64 | 92 |
| $N_b$ | 0 | 0 | 0,5 | 1,0 | 2,0 | 3,0 | 4,5 | 7 | 10 | 15 | 23 | 34 | 53 | 83 |

**Tafel 32 Formbeiwerte $\nu$** [1])

| Grundriß-form | $\nu_c$ ($\varphi \neq 0$) | $\nu_c$ ($\varphi = 0$) | $\nu_d$ | $\nu_b$ |
|---|---|---|---|---|
| Streifen | 1,0 | 1,0 | 1,0 | 1,0 |
| Rechteck | $\frac{\nu_d \cdot N_d - 1}{N_d - 1}$ (19) | $1{,}0 + 0{,}2\frac{b}{a}$ (20) | $1 + \frac{b}{a}\sin\varphi$ (21) | $1 - 0{,}3\frac{b}{a}$ (22) |
| Quadrat/Kreis | $\frac{\nu_d \cdot N_d - 1}{N_d - 1}$ (23) | 1,2 | $1 + \sin\varphi$ (24) | 0,7 |

[1]) Bei außermittiger Belastung tritt an Stelle von $a$ und $b$ $a'$ und $b'$

**Tafel 33 Mindestwerte für $\eta_p$, $\eta_r$ und $\eta_c$**

| Lastfall nach DIN 1054 | $\eta_p$ | $\eta_r$ | $\eta_c$ |
|---|---|---|---|
| 1 | 2,0 | 1,25 | 2,00 |
| 2 | 1,5 | 1,15 | 1,50 |
| 3 | 1,3 | 1,10 | 1,30 |

**Tafel 34 Neigungsbeiwerte für nicht bindige Böden ($\varphi \neq 0$; $c = 0$)**

| Richtung von $H$ | $\varkappa_d =$ | $\varkappa_b =$ |
|---|---|---|
| parallel $b'$ | $(1 - 0{,}7 \cdot \tan\delta_s)^3$ (25) | $(1 - \tan\delta_s)^3$ (26) |
| parallel $a'$ | $1 - \tan\delta_s$ (27) [1]) | $1 - \tan\delta_s$ (28) [1]) |

[1]) gültig für $a'/b' > 2$, andernfalls gelten Werte des Falls $H$ parallel $b'$. $\varkappa_c$ entfällt.

Daraus ergeben sich für Streifenfundamente ($H$ parallel zu $b'$) folgende Größen:

**Tafel 35 Neigungsbeiwerte für Streifen auf nicht bindigem Boden ($\varphi \neq 0$; $c = 0$)** mit außermittig geneigten Lasten parallel zu $b'$ in kN/m

| $\delta_s$ | 5° | 10° | 15° | 20° | 25° | 30° | 35° | 40° | 45° |
|---|---|---|---|---|---|---|---|---|---|
| $\varkappa_d$ | 0,827 | 0,674 | 0,536 | 0,413 | 0,306 | 0,212 | 0,133 | 0,070 | 0,027 |
| $\varkappa_b$ | 0,760 | 0,559 | 0,392 | 0,257 | 0,152 | 0,075 | 0,027 | 0,004 | 0 |

**Tafel 36 Neigungsbeiwerte für konsolidierte bindige Böden ($\varphi \neq 0$; $c \neq 0$)**

| Richtung von $H$ | $\varkappa_c =$ | $\varkappa_d =$ | $\varkappa_b =$ |
|---|---|---|---|
| parallel $b'$ | $\varkappa_d - \frac{1 - \varkappa_d}{N_d - 1}$ (29) | $\left(1 - 0{,}7\frac{H_b}{V_b + A' \cdot c \cdot \cot\varphi}\right)^3$ (30) | $\left(1 - \frac{H_b}{V_b + A' \cdot c \cdot \cot\varphi}\right)^3$ (31) |
| parallel $a'$ | $\varkappa_d - \frac{1 - \varkappa_d}{N_d - 1}$ (32) [2]) | $1 - \frac{H_b}{V_b + A' \cdot c \cdot \cot\varphi}$ (33) | |

[2]) gültig für $a'/b' \leqq 2$ (s. auch DIN 1054; Abs. 4.2.1.4)

In die Berechnung der $\varkappa_d$- und $\varkappa_b$-Werte muß die zunächst unbekannte Bruchlast $H_b$ und $V_b$ geschätzt werden. Dies geschieht, indem die tatsächliche Belastung mit der jeweils geforderten Sicherheit $\eta_p$ nach Tafel 18 oder 33 (s. oben) multipliziert wird (Probierverfahren). Ergibt sich in der Berechnung nach Gl. (24) eine andere Sicherheit als die geforderte, so muß die Berechnung bir zur Übereinstimmung wiederholt werden.

**Tafel 37 Neigungsbeiwerte für unkonsolidierte Böden ($\varphi=0$; $c_u>0$ als Anfangsfestigkeit)**

| | | |
|---|---|---|
| $\varkappa_c=0{,}5+0{,}5\sqrt{1-\frac{H_b}{A' c_u}}$ mit $\frac{H_b}{A' \cdot c_u} \leqq 1$ (34) | $\varkappa_d=1{,}0$ | $\varkappa_b$ entfällt |

Diese Werte gelten für die Anfangsstandsicherheit bindiger Böden, insbesondere Tone, mit sogenannter Nullreibung (s. Tafel 40) für $H$ parallel $b'$ und $a'$.

**Tafel 38 Böschungsbeiwerte für Streifen von Bauten an Hängen**

| Bezeichnungen | $\omega_d$ | $\omega_b$ |
|---|---|---|
| 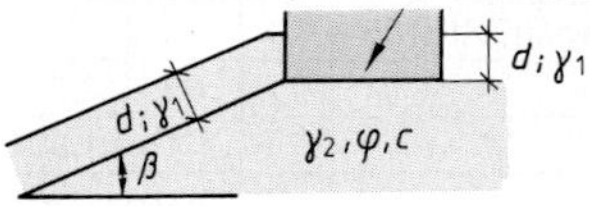  | $(1-0{,}89 \tan \beta)^2$ (35) nach *Weiß* (1976) | $(1-0{,}79 \cdot \tan \beta)^2$ (36) |

Böschungsbeiwerte werden als zusätzliche Faktoren in die entsprechenden Glieder der Gl. (16) oder (18) eingesetzt, wobei für die Streifen $\nu=1$ wird. Ihre Größen ergeben sich aus Tafel 39. Bedingung: Böschungen müssen nach DIN 4084 (Abschn. 10.3.3) ausreichend standsicher sein.

**Tafel 39 Größen von Böschungsbeiwerten für Streifen auf nichtbindigen Böden ($\varphi \neq 0$; $c=0$)** nach den Formeln von Tafel 38

| $\beta$ | 5° | 10° | 15° | 20° | 25° | 30° | 35° |
|---|---|---|---|---|---|---|---|
| $\omega_d$ | 0,84 | 0,71 | 0,58 | 0,46 | 0,34 | 0,24 | 0,14 |
| $\omega_b$ | 0,87 | 0,74 | 0,62 | 0,51 | 0,40 | 0,30 | 0,20 |

**Tafel 40 Erfahrungswerte für die Kohäsion von Tonen** nach *Terzaghi* (Eingang in Tafel 37)

| Konsistenz | $c_u$ in kN/m² | Konsistenz | $c_u$ in kN/m² |
|---|---|---|---|
| breiig | 12,5 | steif | 50 bis 100 |
| sehr weich | 12,5 bis 25 | halbfest | 100 bis 200 |
| weich | 25 bis 50 | hart | 200 |

**Tafel 41 Erfahrungswerte für mittlere Reibungswinkel $\varphi$ nicht bindiger Böden** nach DIN 4017, T1 (Eingangswert in Tafel 31)

| Lagerung | locker | mitteldicht | dicht |
|---|---|---|---|
| Rechenwert cal $\varphi$ | 32,5° | 35° | 37,5° |

### 6.2.4.2 **Berechnung der Grundbruchsicherheit** nach DIN V 4017-100 (4.96) mit Teilsicherheitsbeiwerten nach DIN V 1054-100 (4.96)

Eine ausreichende Sicherheit gegen Grundbruch ist eingehalten, wenn nach DIN V 1054-100 für GZ 1 B und GZ 1 C die Bedingung

$$\boldsymbol{N_d \leq R_{nd}} \quad (38)$$

erfüllt ist. In Gl. (38) bedeuten:

$N_d$ Bemessungswert der rechtwinklig zur Schlfläche gerichteten Komponente der Resultierenden, berechnet aus der ungünstigsten Kombination vertikaler und horizontaler Einwirkungen, wobei ggf. der Bemessungswert des Erdwiderstandes als günstige Einwirkung berücksichtigt wird.

$R_{nd}$ Bemessungswert des Sohldruckwiderstandes, der nach DIN V 4017-100 berechnet wird, wobei die Neigung der Resultierenden der Einwirkungen zur Sohlfläche und ihre Exzentrizität zu berücksichtigen sind.

Hinweis: Da der Nachweis im Sinne von $\sum V = 0$ auf die Sohlfläche bezogen ist, sind alle oberhalb der Sohlfläche angreifenden Schnittkräfte Einwirkungen (Eigenlast des Gründungskörpers, Lasten aus Erddruck, Sohlwasser- und seitlicher Wasserdruck sowie sonstige Horizontallasten am Gründungskörper, erforderlichenfalls zusätzliche Massenkräfte wie Strömungskraft, Erdbebenkraft und dynamische Lasten).

Bei Einzel- und Streifenfundamenten sind die Bemessungswerte der einwirkenden Größen mit Teilsicherheitsbeiwerten für GZ 1 B, bei Untersuchungen der Gesamtstandsicherheit, d.h. der über die gesamte Grundbruchfläche des Bauwerkes als Einheit wirkenden Fundamenten mit Teilsicherheitsbeiwerten für GZ 1 C der Tafel 20 zu berechnen (s. S. 1061).

Die einwirkenden Erddrücke werden mit charakteristischen Scherparametern tan $\varphi_K$; $c_K$ ermittelt und anschließend durch Multiplikation mit $\gamma_{G\,sup} = 1{,}35$ bzw. $\gamma_{Q\,sup} = 1{,}50$ in Bemessungswerte umgewandelt.

Bei der Ermittlung des Wasserdruckes werden die charakteristischen Werte der Spiegelhöhen durch additive Sicherheitselemente zur sicheren Seite erhöht.

Da Einwirkungen und Widerstände getrennt zu behandeln sind, ist die Einwirkung von $E_p$ wie bei der Berechnung nach DIN 4017 (8.79), s. Bild 14, oder hier als $E_{pd}$ in die Resultierende der Einwirkungen aus formalen Gründen ohne weiteres nicht möglich. Die bisherigen Vorschläge sehen vor, einen Teil der einwirkenden waagerechten Bemessungslast gegen den abgeminderten Erdwiderstand aufzurechnen und dann erst die Resultierende der verbleibenden Einwirkungen zu ermitteln, oder $E_{pvd}$ wie eine günstig ständige Einwirkung mit $\gamma_{Q\,inf} = 1{,}0$ anzusetzen.

**Berechnung des Sohldruckwiderstandes $R_{nd}$** (Grundbruchwiderstand $Q_d$) nach (eingesetzt in Gl. 38)

Der Bemessungswert $Q_d$ ergibt sich nach DIN V 4017-100 (4.96) unter Berücksichtigung der Neigung und Exzentrizität für die geotechnische Bemessung von Einzel- und Streifenfundamenten im GZ1B aus

$$\boldsymbol{Q_d = a' \cdot b' \cdot \sigma_d}\text{ [1]} \quad (39)$$

$$\boldsymbol{\sigma_d = \underbrace{c_d \cdot N_c}_{\text{Kohäsion}} + \underbrace{\gamma_{1d} \cdot d \cdot N_d}_{\text{Gründungstiefe}} + \underbrace{\gamma_{2d} \cdot b' \cdot N_b}_{\text{Gründungsbreite}}} \quad (40)$$

Einfluß Kohäsion, Gründungstiefe, Gründungsbreite

**Hinweis** In DIN V 4017-100 wird der Grundbruchwiderstand abweichend von DIN V 1054-100 mit $Q_d$ bezeichnet. Da er für GZ1B aus den charakteristischen Werten der Scherparameter und anschließender Abminderung mit dem Teilsicherheitsbeiwert $\gamma_s$ der Tafel 21, GZ 1 B, zu berechnen ist, werden in Gl. (41) für die Bemessungswerte $c_d$ und $\gamma_d$ die charakteristischen Werte $c_k$ und $\gamma_k$ gesetzt.

$$\boldsymbol{\sigma_d = (c_k \cdot N_c + \gamma_{1k} \cdot d \cdot N_d + \gamma_{2k} \cdot b' \cdot N_b)/\gamma_s} \quad (41)$$

Benennung der charakteristischen Werte s. S. 1074

[1]) Bei mittiger Belastung: $a' = a$; $b' = b$

Zur Ermittlung des Bemessungswertes des Grundbruchwiderstandes $Q_d$ ist mit dem effektiven Scherparameter $\varphi'$ und $c'$ zu rechnen. Bei bindigem Boden ist zu entscheiden, ob die Scherparameter des undränierten Bodens ($\varphi_u$, $c_u$) und/oder des dränierten Bodens ($\varphi'$, $c'$) zugrunde zu legen sind.

**Hinweis** Für den Nachweis der Gesamtstandsicherheit mehrerer untereinander verbundener Gründungskörper wird $Q$ mit den Bemessungswerten des Reibungswertes $\tan \varphi/\gamma_\varphi$ und der Kohäsion $c/\gamma_c$ ermittelt, d.h. durch Division mit den Teilsicherheitswerten für GZ 1 C.

Außermittig belastete Streifen- und Einzelfundamente sind wie mittig belastete Fundamente mit einer rechnerischen Breite $b'$ bzw. rechnerischen Länge $a'$ zu berechnen (bezüglich der Ermittlung von $a'$ bzw. $b'$ s. S. 1065). Bei Streifenfundamenten wird $a'$ bzw. $a = 1{,}0$ m

In Gl. (41) sind

$$\boldsymbol{N_c = N_{c0} \cdot \nu_c \cdot \varkappa_c \cdot \lambda_c \cdot \xi_c} \quad (42)$$

$$\boldsymbol{N_d = N_{d0} \cdot \nu_d \cdot \varkappa_d \cdot \lambda_d \cdot \xi_d} \quad (43)$$

$$\boldsymbol{N_b = N_{b0} \cdot \nu_b \cdot \varkappa_b \cdot \lambda_b \cdot \xi_b} \quad (44)$$

$\boldsymbol{N_{c0}; N_{d0}; N_{b0}}$ sind **Tragfähigkeitsbeiwerte** für den Einfluß der Kohäsion, der seitlichen Auflast und der Gründungsbreite. Sie hängen vom Reibungswinkel $\varphi$ ab

$$\boldsymbol{N_{d0} = \tan^2(45 + \varphi'_d/2) \cdot e^{\pi \cdot \tan \varphi' d}} \quad (45)$$

$$\boldsymbol{N_{b0} = (N_{d0} - 1) \cdot \tan \varphi'_d} \quad (46)$$

$$\boldsymbol{N_{c0} = (N_{d0} - 1)/\tan \varphi'_d} \quad (47)$$

Gl. (45) bis (47) entsprechen DIN 4017 T1 (8.79). Da der Rechenwert $\varphi$ ein charakteristischer Bodenkennwert ist, können die Tragfähigkeitsbeiwerte anstelle einer Berechnung mit Gl. (45) bis (47) aus Tafel 31 mit Eingangswert $\varphi$ entnommen werden.

Ferner sind:

| | |
|---|---|
| $\nu_c; \nu_d; \nu_b$ | Formbeiwerk aus Tafel 42 |
| $\varkappa_c; \varkappa_d; \varkappa_b$ | Lastneigungsbeiwerte aus Tafel 43 und 44 |
| $\lambda_c; \lambda_d; \lambda_b$ | Geländeneigungsbeiwerte aus Tafel 45 |
| $\xi_c = \xi_d = \xi_b = e^{0{,}045 \cdot \alpha \cdot \tan \varphi'}$ | Sohlneigungsbeiwerte ($\alpha$ Neigungswinkel der Gründungssohle, s. Bild 16) |

Bei fehlender Außermittigkeit der Last, bei waagerechter Geländeoberfläche und waagerechter Sohle werden:

$$\varkappa_c = \varkappa_d = \varkappa_b = 1 \qquad \lambda_c = \lambda_d = \lambda_b = 1 \qquad \xi_c = \xi_d = \xi_b = 1$$

**Tafel 42 Formbeiwerte**

| Grundrißform | $\nu_c$ ($\varphi' \neq 0$) | $\nu_c$ ($\varphi' = 0$) | $\nu_d$ | $\nu_b$ |
|---|---|---|---|---|
| Streifen | 1,0 | 1,0 | 1,0 | 1,0 |
| Rechteck | $(\nu_d \cdot N_{d0} - 1)/(N_{d0} - 1)$ (48) | $1 + 0{,}2 \cdot a/b$ (49) | $1 + b/a \cdot \sin \varphi'$ (50) | $1 - 0{,}3 \cdot b/a$ (51) |
| Quadrat/Kreis | $(\nu_d \cdot N_{d0} - 1)/(N_{d0} - 1)$ (52) | 1,2 | $1 + \sin \varphi'$ (53) | 0,7 |

Die Gleichungen gelten unter der Voraussetzung, daß $a > b$ bzw. $a' > b'$ ist.

**Tafel 43 Lastneigungsbeiwerte für den Fall $\varphi' > 0$; $c' \geq 0$**

| Richtung v. $H$ | $\varkappa_d$ | $\varkappa_b$ | $\varkappa_c$ |
|---|---|---|---|
| parallel $b$; $b'$ | $(1-0{,}7\tan\delta)^3$ (54) | $(1-\tan\delta)^3$ (55) | $(\varkappa_d \cdot N_{d0}-1)/(N_{d0}-1)$ (56) |
| parallel $a$; $a'$ (s. Bild 9) | wenn $a'/b' \geq 2$; bzw. $d/b \geq 2$ und $d/b = 1$ | | |
| | $1-\tan\delta$ (57) | $1-\tan\delta$ (58) | entfällt |
| | wenn $d/b = 0$ (keine Einbindehefe) | | |
| | $(1-\tan\delta)^2$ (59) | $(1-\tan\delta)^2$ (60) | $(\varkappa_d \cdot N_{d0}-1)/(N_{d0}-1)$ (61) |
| mit $\tan\delta = H/(V+A'+c'+\cot\varphi')$ (62) | | | |

Voraussetzungen für die Benutzung der Tafel 43:
a) Im Fall $c' \geq 0$ muß $\delta < \varphi'$ sein b) im Fall $\alpha = 0$ ($\alpha$ = Neigung der Gründungssohle) ist $|\delta|$ einzusetzen c) im Fall $\alpha > 0$ muß $\delta > 0$ sein (Definition nach Bild 16).

**Tafel 44 Lastneigungsbeiwerte für den Fall $\varphi = 0$; $c_u > 0$**

| Richtung von $H$ | $\varkappa_d$ | $\varkappa_b$ | $\varkappa_c$ |
|---|---|---|---|
| parallel $b$; $b'$ | 1 | entfällt | $0{,}5+0{,}5\sqrt{1-H/(A' \cdot c_u)}$ (63) |
| parallel $a$; $a'$ | wie parallel $b$; $b'$ | | |

Diese Formeln gelten für die Anfangsstandsicherheit von bindigen Böden, insbesondere Tonen mit sog. Nullreibung

**Tafel 45 Geländeneigungsbeiwerte**

| Fall | $\lambda_b$ | $\lambda_d$ | $\lambda_c$ |
|---|---|---|---|
| $\varphi'_d > 0$; $c' \geq 0$ | $(1-0{,}5\tan\beta)^6$ (64) | $(1-\tan\beta)^{1,9}$ (65) | $(N_{d0} \cdot e^{-0{,}0349\beta \cdot \tan\varphi'}-1)/(N_{d0}-1)$ (66) |
| $\varphi'_d = 0$; $c_u > 0$ | entfällt | entfällt | $1-0{,}4\tan\beta$ (67) |

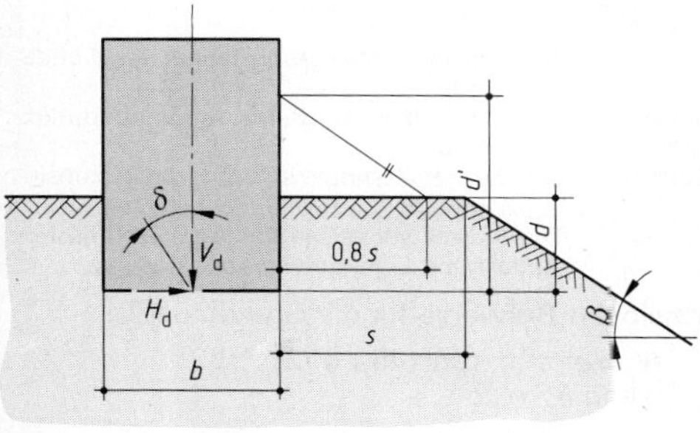


**Bild 15 Berücksichtigung einer Berme**

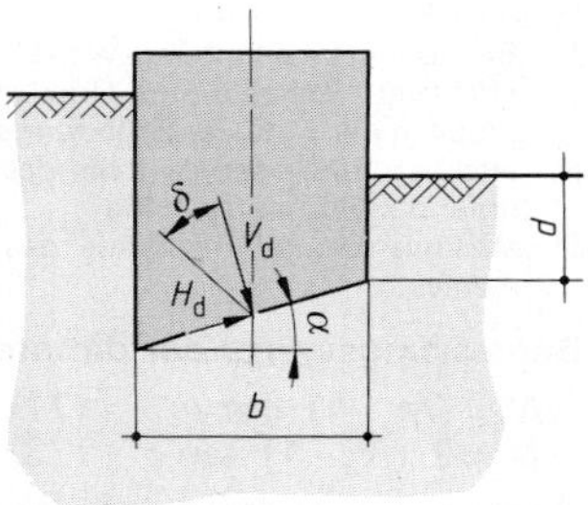


**Bild 16 Formelzeichen bei der Berücksichtigung einer geneigten Sohle**

**Berücksichtigung einer Bermenbreite.** Es ist der Tragfähigkeitsnachweis nach Gl. (40) mit einer Ersatzeinbindetiefe $d'$ nach Gleichung (68) zu führen (s. Bild 15).

$$d' = d + 0{,}8 \cdot s \cdot \tan\beta \quad (68)$$

Eine Vergleichsrechnung mit $\beta = 0$ und $d' = d$ ist erforderlich. Der kleinere Wert für den Grundbruchwiderstand ist maßgebend.

**Durchstanzen.** Wenn der Baugrund aus gesättigtem bindigen Boden und einer kohäsionslosen Deckschicht besteht (Bild 17), deren Dicke geringer ist als die zweifache Fundamentbreite *b*, dann muß der Bemessungswert des Grundbruchwiderstands nach der Durchstanzbedingung ermittelt werden. Dabei darf zur Ermittlung der Ersatzfundamentfläche auf der bindigen Schicht in der körnigen Deckschicht unter der Fundamentfläche ein Lastverteilungswinkel von 7° gegen die Lotrechte angesetzt werden. Mit dieser Ersatzfläche ist der Grundbruchnachweis unter Berücksichtigung des Gewichts der Deckschicht als Einwirkung und deren Dicke bei der Einbindetiefe mit den Bodenkenngrößen der unterlagernden Schicht zu führen.

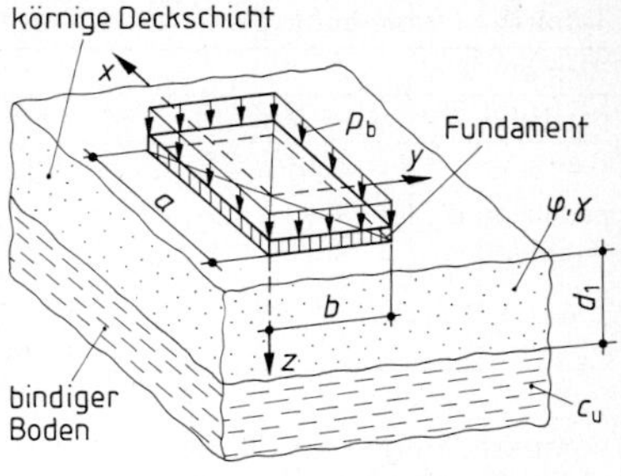


**Bild 17 Fundament auf geschichtetem Untergrund (Durchstanzen)**

### 6.2.4.3 Berechnung der Bemessungsgrundbruchlast nach EN V 1997-1 (EC7)

Die Bemessungswerte für Baugrundkennwerte $X_d$ werden im Gegensatz zu DIN V 4017-100 mit

$$\boldsymbol{X_d = X_k/\gamma_m} \quad (69)$$

ermittelt.

Nach Ziffer 2.4.2 ENV 1997-1 gilt für den Nachweis des Grenzzustandes Versagen durch Grundbruch der Fall C, für den in der Tabelle 2.1 folgende Teilsicherheitsbeiwerte festgelegt (s. Tafel 24) sind

$\gamma_\phi = 1{,}25$

$\gamma_c = 1{,}6$

Nach B3 im Anhang B der ENV 1997-1 gilt für dränierte Bedingungen

$$\boldsymbol{R/A' = c' \cdot N_c \cdot s_c \cdot i_c + q' \cdot N_q \cdot s_q \cdot i_q + 0{,}5 \cdot \gamma' \cdot B' \cdot N_\gamma \cdot s_\gamma \cdot i_\gamma} \quad (70)$$

In dieser Beziehung sind:

- $\delta$ Bemessungssohlreibungswinkel
- $q'$ effektiver Bemessungs-Überlagerungsdruck in der Kote der Gründungssohle
- $\gamma'$ effektive Bemessungswichte des Bodens unter der Gründungssohle
- $B'$ effektive Bemessungsbreite des Fundamentes
- $L'$ effektive Bemessungslänge des Fundamentes
- $A' = B' \cdot L'$ effektive Bemessungsgründungsfläche
- *s, i* die Bemessungswerte der dimensionslosen Form- und Neigungsbeiwerte

Die Indizes verweisen auf Anteile Kohäsion, Auflast und Eigengewicht des Bodens.

**Bemessungswerte der dimensionslosen Beiwerte** für die Grundbruchlast

$$\boldsymbol{N_c = (N_q - 1) \cdot \cot \phi'} \quad (71) \qquad \boldsymbol{N_q = e^{\pi \cdot \tan \phi'} \cdot \tan^2(45 + \phi'/2)} \quad (72)$$

$$\boldsymbol{N_\gamma = 2 \cdot (N_q - 1) \cdot \tan \phi'} \quad (73) \qquad \text{wenn } \delta \geq \varphi'/2$$

**Bemessungswerte der dimensionslosen Beiwerte** für die

Neigung der Resultierenden infolge Horizontallast *H* parallel zu *L'*

$$i_q = i_y = 1 - H/(V + A' \cdot c' \cot \phi') \quad (74)$$

$$i_c = (i_q \cdot N_q - 1)/(N_q - 1) \quad (75)$$

Neigung der Resultierenden infolge Horizontallast *H* parallel zu *B'*

$$i_q = (1 - 0{,}7\,H/(V + A' \cdot c' \cot \phi'))^3 \quad (76)$$

$$i_y = (1 - H/(V + A' \cdot c' \cot \phi'))^3 \quad (77)$$

$$i_c = (i_q \cdot N_q - 1)/(N_q - 1) \quad (78)$$

Zusätzlich zu berücksichtigen sind die Einflüsse der Gründungstiefe, der Neigung der Sohlfläche und die Geländeneigung.

Bei fehlender Ausmittigkeit werden $i_q = i_c = i_r = 1$.

**Bemessungswerte der dimensionslosen Beiwerte** für die Grundrißform:

| | | |
|---|---|---|
| $s_y = 1 - 0{,}3(B'/L')$ | (79) | für rechteckigen Grundriß |
| $s_y = 0{,}7$ | | für quadratischen oder kreisrunden Grundriß |
| $s_c = (s_q \cdot N_q - 1)/(N_q - 1)$ | (80) | für rechteckigen, quadratischen oder kreisrunden Grundriß |
| $s_q = 1 + (B'/L')\sin\phi'$ | (81) | für rechteckigen Grundriß |
| $s_q = 1 + \sin\phi'$ | (82) | für quadratischen oder kreisrunden Grundriß |

**Beispiel 2 Nachweis der Grundbruchsicherheit GZ1B nach DIN V 1054-100 (4.96)**

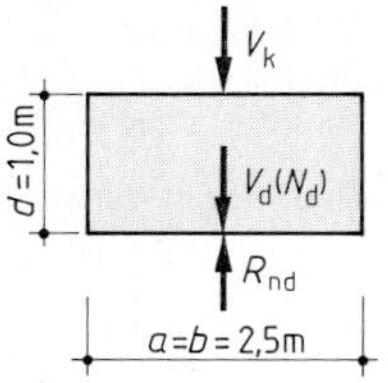


*Einwirkungen* wie im Beispiel 1 (S. 1073)

*Fundamentfläche* $A = 2{,}5 \times 2{,}5$ m gegenüber Beispiel 1 verkleinert

*Baugrund:* aus Bodengruppe UL, steif wie im Beispiel 1

*Charakteristische geot. Größen* aus Tafel 9:

$\gamma_{1k} = \gamma_{2k} = 20{,}5$ kN/m³ $\quad \varphi'_k = 27{,}5°$ $\quad c'_k = 2$ kN/m²

Eine ausreichende Sicherheit ist eingehalten, wenn

$V_d \leq R_{nd}$

**Bemessungswert der Einwirkungen $V_d$ ($N_d$)**

Der Teilsicherheitsbeiwert für die Umwandlung der charakteristischen Einwirkungen (s. Bsp. 1) in Bemessungswerte betragen sowohl nach EN-1991-1, Tab. 9.2 (Situation P/T) als auch nach Tafel 20 (DIN 1054-100) für GZ1B.

$\gamma_{G\,sup} = 1{,}35$ für ständige Einwirkungen, ungünstig

$\gamma_{Q\,sup} = 1{,}50$ für veränderliche Einwirkungen, ungünstig

$V_d = 1156 \cdot 1{,}35 + 500 \cdot 1{,}5 = 2310{,}6$ kN

**Bemessungswert des Sohldruckwiderstandes $Q_d$**
nach DIN V 4017-100 (4.96) mit

$Q_d = a' \cdot b' \cdot \sigma_d \qquad a' = a \qquad b' = b$

$\sigma_d = c_d \cdot N_c + \gamma_{1d} \cdot d \cdot N_d + \gamma_{2d} \cdot b \cdot N_b$ (vgl. Gl. (40) auf S. 1077)

*Tragfähigkeitsbeiwerte und Formbeiwerte.* Wegen fehlender Lastaußermittigkeit, waagerechtem Gelände und waagerechter Sohle werden die Lastneigungs-, Sohlneigungs- und Geländeneigungsbeiwerte gleich 1.

Die Rechenwerte sind die charakteristischen Größen. Damit sind

$N_{d0} = \tan^2(45 + \varphi'/2) \cdot e^{\pi \tan\varphi'} = \tan^2(45 + 27{,}5/2) \cdot e^{\pi \tan(27{,}5)} = 13{,}94$

$N_{b0} = (N_{d0} - 1) \cdot \tan\varphi' = (13{,}94 - 1)\, 0{,}521 = 6{,}74$

$N_{c0} = (N_{d0} - 1)/\tan\varphi' = (13{,}94 - 1)/0{,}521 = 24{,}86$

$\nu_d = 1 + \sin\varphi' = 1 + \sin(27{,}5) = 1{,}46$

$\nu_b = 0{,}7$

$\nu_c = (u_d \cdot N_{d0} - 1)/(N_{d0} - 1) = (1{,}46 \cdot 1\,3;94 - 1)/(13{,}94 - 1) = 1{,}50$

$N_c = 24{,}86 \cdot 1{,}50 = 37{,}29$

$N_d = 13{,}94 \cdot 1{,}46 = 20{,}35$

$N_b = 6{,}74 \cdot 0{,}7 = 4{,}72$

$\sigma_d = 2{,}0 \cdot 37{,}29 + 20{,}5 \cdot 1{,}0 \cdot 20{,}35 + 20{,}5 \cdot 2{,}5 \cdot 4{,}72 = 733{,}65$ kN/m²

$Q_d = a \cdot b \cdot \sigma_d = 2{,}5 \times 2{,}5 \cdot 733{,}65 = 4585{,}3$ kN

Fortsetzung s. nächste Seite

**Beispiel 2,** **Sohldruckwiderstand $R_{nd}$.** Der Teilsicherheitsbeitrag $\gamma_s$ für den Sohldruckwiderstand (Grundbruch) beträgt nach Tafel 21 (DIN V 1054-100) $\gamma_s = 1{,}4$. Damit wird

$R_{nd} = Q_d/\gamma_s = 4585{,}3/1{,}4 = 3275{,}2$ kN

**Sicherheitsnachweis.** $R_{nd} - V_d = 3275{,}2 - 2310{,}6 = 964{,}6 \text{ kN} > 0$
oder $V_d = 2310{,}6 < R_{nd} = 3275{,}2$ kN

Damit ist eine ausreichende Sicherheit gegen GZ1B nachgewiesen.

Bei der Berechnung des einwirkenden Sohldruckes (Bodenpressung) für die Ermittlung der Bemessungsschnittgrößen des Fundamentes wird die Gesamtbelastung bzw. der Bemessungswert $V_d$ um den Eigengewichtsanteil bzw. den Bemessungswert des Eigengewichtsanteils des Fundamentes reduziert.

$$\sigma_{0d} = \frac{N_d - G_d}{A} = \frac{2310{,}6 - 150 \cdot 1{,}35}{2{,}5 \times 2{,}5} = 337{,}3 \text{ kN/m}^2$$

**Beispiel 3** **Nachweis der Grundbruchsicherheit nach EN V 1997-1 (EC)**

Fundament Gründungslasten und Baugrund wie im Beispiel 2

$V_d \leq R_d$

Für die **Ermittlung von $R_d$** werden die geotechnischen, charakteristischen Größen durch Division mit den Teilsicherheitsbeiwerten

$\gamma_\varphi = 1{,}25 \qquad \gamma_c = 1{,}6$ (Tafel 24)

in Bemessungswerte umgewandelt

$\varphi_d = \arctan(\tan\varphi'/\gamma_\varphi) = \arctan(\tan(27{,}5)/1{,}25) = 22{,}6°$

$c_d = c'/\gamma_c = 2{,}0/1{,}6 = 1{,}25 \text{ kN/m}^2$

**Bemessungswerte der dimensionslosen Beiwerte für die Grundbruchlast**

$N_q = e^{\pi \tan\varphi'} \cdot \tan^2(45 + \varphi'/2) = e^{\pi \tan(22{,}6)} \cdot \tan^2(45 + 22{,}6/2) = 8{,}31$

$N_c = (N_q - 1) \cot\varphi' = (8{,}31 - 1) \cot(22{,}6) = 17{,}56$

$N_\gamma = 2(N_q - 1) \tan\varphi' = 2(8{,}31 - 1) \tan(22{,}6) = 6{,}09$, wenn $\delta \geq \varphi'/2$
(rauhe Sohlfläche)

**Bemessungswerte für die dimensionslosen Beiwerte der Grundrißform**

$s_q = 1 + \sin\varphi' = 1 + \sin(22{,}6) = 1{,}38 \qquad s_\gamma = 0{,}7$

$s_c = (s_q \cdot N_q - 1)/(N_q - 1) = (1{,}38 \cdot 8{,}31 - 1)/(8{,}31 - 1) = 1{,}43$

**Effektiver Überlagerungsdruck $q'$**

$q' = q = \gamma \cdot d = 20{,}5 \cdot 1{,}0 = 20{,}5 \text{ kN/m}^2$

eingesetzt in Gl. $R_d/A = c' \cdot N_c \cdot s_c \cdot i_c + q N_q s_q \cdot i_q + 0{,}5\,\gamma \cdot B \cdot N_\gamma \cdot s_\gamma \cdot i_\gamma$

$i_q = i_\gamma = i_c = 1$ (s. Beispiel 2) wegen fehlender Ausmittigkeit.

$R_d = 2{,}5 \cdot 2{,}5(1{,}25 \cdot 17{,}56 \cdot 1{,}43 \cdot 1{,}0 + 20{,}5 \cdot 8{,}31 \cdot 1{,}38 \cdot 1{,}0 +$
$0{,}5 \cdot 20{,}5 \cdot 2{,}5 \cdot 6{,}09 \cdot 0{,}7 \cdot 1{,}0) = 2{,}5 \cdot 2{,}5 \cdot 369{,}9 = 2312{,}4$ kN

**Bemessungsgrundbruchlast**

Nach Tafel 24 gilt für den Fall C

$\gamma_q = 1{,}0$ für ständige Einwirkungen, ungünstig

$\gamma_q = 1{,}3$ für veränderliche Einwirkungen

$V_d = 1150 \cdot 1{,}0 + 500 \cdot 1{,}3 = 1800$ kN

**Nachweis**

$V_d \leq R_d \qquad 1800 < 2312{,}4$ kN

Mit der erfüllten Ungleichung ist eine ausreichende Sicherheit zum Grenzzustand Grundbruch nachgewiesen.

**Tafel 46 Teilsicherheitsbeiwerte für Einwirkungen im GZ1** (nach DIN V 1054-100)

| | | | | | |
|---|---|---|---|---|---|
| | ständige Einwirkungen, ungünstig | $\gamma_{G\,sup}$ | 1,35 | 1,20 | 1,00 |
| GZ 1 B | ständige Einwirkungen, günstig | $\gamma_{G\,inf}$ | 1,00 | 1,00 | 1,00 |
| | veränderliche Einwirkungen, ungünstig | $\gamma_{Q\,suo}$ | 1,50 | 1,30 | 1,00 |

**Beispiel 4 Gleitsicherheit einer Stützmauer im GZ1B** (Ansatz der Teilsicherheitsbeiwerte)

Hinweise: Die senkrecht zur Fundamentsohle gerichteten Einwirkungen einschließlich Erdauflast $G_E$ sind wie beim Nachweis der Grundbruchsicherheit als ungünstig wirkende Einwirkungen zu betrachten (Tafel 47). Der Sohlschubwiderstand $R_h$ wird mit dem charakteristischen Wert für den Sohlreibungswinkel $\delta_{sk}=\varphi$ berechnet und durch Division mit dem Teilsicherheitsbeiwert $\gamma_{St}=1{,}50$ (s. Tafel 21) in den Bemessungswert $R_{hd}$ umgewandelt. Wenn vor dem Wandfuß ein Erdwiderstand berücksichtigt wird, ist dieser als günstige ständige Einwirkung mit dem Teilsicherheitsbeiwert $\gamma_{G\,inf}=1{,}00$ anzusetzen.

Nachweisbedingung im GZ 1 B: $T_d \leq R_{td}$

$E_{ahd}(b)+\Delta E_{ahd}(b)-(E_{prtd}) \leq R_{td}$ (89) $\Rightarrow$ $b$ mit

$E_{agd}=1{,}35\ E_{ag}(\varphi_{1K};\gamma_{1K};\beta)$ $\quad\Delta E_{agd}=1{,}35\cdot\Delta E_{ag}$

$E_{apd}=1{,}50\ E_{ap}(\varphi_{1K};p_K;\beta)$ $\quad\Delta E_{apd}=1{,}50\ \Delta E_{ap}$.

$E_{ad}=E_{agd}+E_{apd}$ $\quad\Delta E_{ad}=\Delta E_{agd}+\Delta E_{apd}$

$G_{Ed}=1{,}35\cdot\gamma_{1K}\cdot V_E$ $\quad G_{Wd}=1{,}35\cdot\gamma_{bk}\cdot V_W$

$$R_{td}=\frac{1}{1{,}50}\left(E_{avd}(b)+\Delta E_{avd}(b)+G_{Ed}(b)+G_{Wd}(b)\right]\tan\delta_{sk} \quad (90)$$

$$\left(E_{prtd}=1{,}0\frac{1}{2}E_p(\varphi_{1K};\gamma_{1K};\delta_p)\right) \quad (91)$$

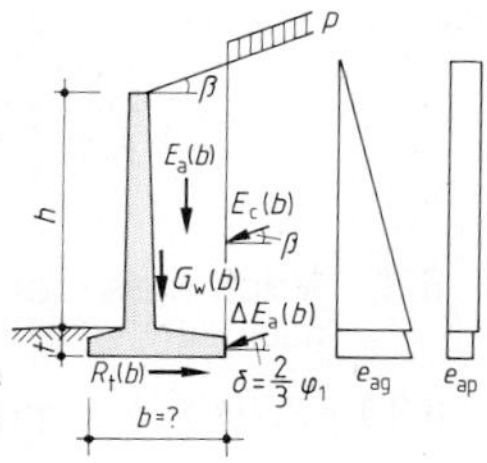


**Sonderfall: Auftriebsicherheit** nach DIN 1054 (11.76)

$$\frac{G}{F_A}\geqq\eta_a \quad \text{oder} \quad \frac{G}{\eta_a}+\frac{E_{a_v}}{\eta+\Delta\eta_a}\geqq F_a \quad (92)$$

$G$ Summe der Eigenlasten über der Gründungssohle
$F_A$ Resultierender der Auftriebskräfte
$\Delta\alpha_a=0{,}3$ im Lastfall 1 und 2
$=0{,}15$ im Lastfall 3

## 6.2.4.4 Berechnung der Gleitsicherheit mit globalen Sicherheitswerten der DIN 1054 (11.76)

$$\frac{H_a+E_{pr}}{H}\geqq \text{erf}\,\eta_a \quad (83)$$

$E_{pr}$ Teil der Erdwiderstandskraft
$H$ Resultierender der horizontalen Aktionskraft (bei zweiachsiger Beanspruchung $H=\sqrt{H_x^2+H_y^2}$)
$H_s$ Sohlwiderstandkraft (bei konsolidierten Böden[1]): $H_s=V\cdot\tan\delta_{sf}$
$\delta_{sf}$ Sohlreibungswinkel (im Grenzzustand), $\delta_{sf}=\varphi'$ bei Ortbetonfundamenten
$\delta_{sf}=2/3\,\varphi'$ bei Fertigteilfundamenten
$\eta_g$ Erforderliche Gleitsicherheit nach Tafel 18 (s. S. 1059)

Der volle Erdwiderstand darf nur herangezogen werden, falls die Fundamentverschiebung zur Mobilisierung von $E_p$ ungefährlich und $D>3$ ist. In den meisten Fällen ist $E_{pr}={}^1/_2E_p$ zu vertreten. Bei vorübergehender Abgrabung, wie Leitungsverlegung im Bereich des Erddruckteils, ist Zusatznachweis $E_{pr}=0$ für Lastfall 2 (s. Tafel 19, S. 1059) zu führen.

[1]) Bei rascher Beanspruchung eines wassergesättigten bindigen Bodens gilt: $H_s=A\cdot c_u$ bzw. $A'\cdot c_u$.

### 6.2.4.5 Berechnung der Gleitsicherheit mit Teilsicherheitsbeiwerten

**Tafel 47 Bemessungsgleichungen** (s. Beispiel 4)

| | | | |
|---|---|---|---|
| DIN V 1054-100 (4.96) | $T_d \leq R_{td}$ (84)<br>$T_d = T_{Gd} + T_{Qd} + E_{ptd}$ (85) | EN V 1997-1 | $H_d \leq S_d + E_{pd}$ (86)<br>$S_d = V_d \cdot \tan \delta_d$ (87)<br>$= A \cdot c_u$ (88) |

**Bedeutung der Bemessungswerte in Tafel 46:**

$T_d$ Bemessungswert der Einwirkungen in Richtung des Gleitens (Teilsicherheitsbeiwerte s. Tafel 46)

$E_{ptd}$; $E_{pd}$ Bemessungswert der sohlparallelen Komponente des Erdwiderstandes als günstige ständige Einwirkung ($\gamma_{G\,inf} = 1{,}00$)

$R_{td}$; $S_d$ Bemessungswert des Sohlschubwiderstandes, berechnet nach DIN V 1054-100 mit den charakteristischen Werten $R_{tk} = N_K \cdot \tan \delta_{sk}$ oder $R_{tk} = A \cdot c_{uk}$ bei rascher Beanspruchung eines gesättigten bindigen Bodens, umgewandelt in $R_{td}$ durch Division mit $\gamma_{st}$ (Tafel 21)
$N_d$ wird berechnet aus der ungünstigsten Kombination senkrechter und waagerechter Einwirkungen mit Teilsicherheitsbeiwerten wie bei der Grundbruchsicherheit, d.h. $\gamma_{G\,sup} = 1{,}35$ (Tafel 47). Bei Ortbetonfundamenten ist $\delta_{sk} = \varphi$, bei vorgefertigten Fundamenten $\delta_{sk} = (2/3)\,\varphi$

## 6.3 Nachweis der Gebrauchstauglichkeit (GZ 2)
nach DIN V 1054-100

### 6.3.1 Zulässige Lage der Resultierenden

Für die Exzentrizität der resultierenden Einwirkung gelten in GZ 2 die gleichen Einschränkungen wie bisher in DIN 1054 (11.76) für die Gesamtlast (s. S. 1065).

*Erläuterung*: Nach DIN V 1054-100 (4.96) ist der Nachweis der zulässigen Lage der Resultierenden nicht mehr ein Nachweis der Sicherheit gegen Kippen (s. S. 1065), da ein solches Versagen immer durch Grundbruch eintritt. Weil lediglich nachgewiesen werden muß, daß die zu erwartende Schiefstellung hinreichend klein ist, handelt es sich nur noch um einen Nachweis der Gebrauchstauglichkeit (GZ 2). Dagegen ist bei Gründungen auf Fels wie bisher ein Nachweis gegen Kippen als GZ 1 B zu führen.

Da die Bemessungswerte in GZ 2 mit dem Teilsicherheitsbeiwert 1,0 ermittelt werden, besteht in der Regel zwischen dem bisherigen Nachweis und dem Nachweis nach dem neuen Sicherheitskonzept praktisch kein Unterschied.

In den entsprechenden Nachweisen sind die Bemessungswerte mit Teilsicherheitsbeiwerten gleich 1,00 anzusetzen.

### 6.3.2 Verschiebungen

Es ist nachzuweisen, daß das Bauwerk unter Gebrauchslast bei Inanspruchnahme von Erdwiderstand keine unzuträglichen Verschiebungen erleidet. Wird beim Nachweis der Gleitsicherheit nach 6.2.4.5 der Erdwiderstand nur mit 50% seines charakteristischen Wertes angesetzt, darf bei mindestens mitteldicht gelagerten nichtbindigen Böden bzw. mindestens steifen bindigen Böden in der Regel auf einen Nachweis der Gebrauchstauglichkeit verzichtet werden.

**Beispiel 4,** (Forts.) **Nachweis der zulässigen Lage der Resultierenden**

Nachweisbedingung in GZ 2:

$$M_{G\,Ed}(b) + M_{GWd}(b) + M_{Ead}(b) + M_{\Delta Ead} \leq R_{vd}(b) \cdot \frac{b}{6} \Rightarrow b$$

mit $E_{ad} = 1{,}00 \cdot E_{ag}(\varphi_{1\,K}, \gamma_{1\,K}, \beta)$ $\quad \Delta E_{ad} = 1{,}00\,\Delta E_{ag}(\varphi_{1\,K}, p_K, \delta_a)$

$G_{Ed} = 1{,}00\,\gamma_{1\,K} \cdot V_E$ $\quad G_{Wa} = 1{,}00\,\gamma_{bk} \cdot V_W$

$R_{vd} = E_{avd}(b) + \Delta E_{avd}(b) + G_{Ed}(b) + G_{Wd}(b)$

### 6.3.3 Setzungsnachweis

Der Setzungsnachweis ist auf der Grundlage der DIN 4019 zuführen (6.4.1). Die Bemessungswerte des einwirkenden Sohldruckes sind mit den Teilsicherheitsbeiwerten für GZ2, d.h. $\gamma_G = \gamma_Q = 1{,}0$ zu ermitteln.

**Beispiel 2** (Fortsetzung) Setzungsberechnung

$$\sigma_{0d} = \frac{N_d}{A} = \frac{1150 \cdot 1{,}0 + 500 \cdot 1{,}0}{2{,}5 \times 2{,}5} = 264\ \mathrm{kN/m^2}$$

$$s = \frac{\sigma_{0d} \cdot b \cdot f}{E_m} \alpha = \frac{264 \cdot 2{,}5 \cdot 0{,}638}{9000} 0{,}66 = 0{,}03\ \mathrm{m} \mathrel{\hat=} 3\ \mathrm{cm}$$

$b = 2{,}5$ m
$f = 0{,}638$ aus Tafel 50
für $a/b = 1{,}0$ und $z/b = 2{,}0$
$d = 2/3 = 0{,}66$ aus Tafel 47
$E_m = 9000\ \mathrm{kN/m^2}$ (Schätzwert)

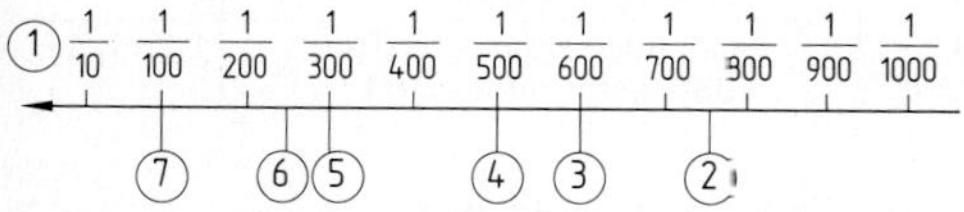


a) Anhaltswerte

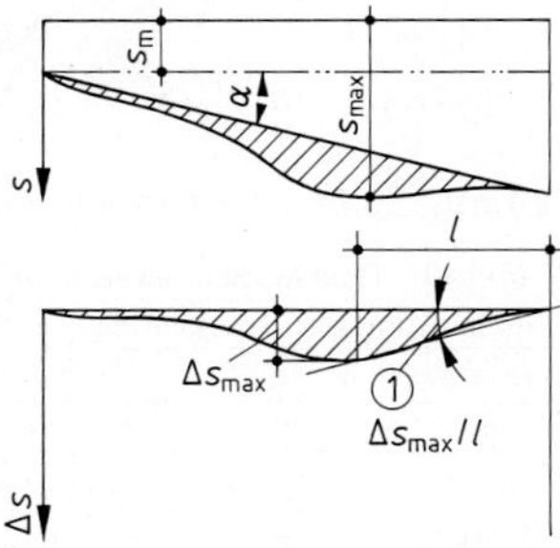


b) Beispiel für eine Winkelverdrehung

① Winkelverdrehung
② Grenze für setzungsempfindliche Maschinen
③ Schadensgrenze für Rahmen mit Ausfachung
④ Sicherheitsgrenze zur Vermeidung jeglicher Risse
⑤ Grenze für erste Risse in tragenden Wänden; Schwierigkeiten bei ausladenden Kränen
⑥ Augenscheinliche Schiefstellung hoher starrer Bauwerke
⑦ Erhebliche Risse in tragenden Wänden; Sicherheitsgrenze für Ziegelwände $h/l < 1/4$; Schadensgrenze für Hochbauten allgemein

**Bild 17a Schadenskriterien für Winkelverdrehungen infolge lotrechter Verschiebungen bei Muldenlagerung nach DIN 4019 V-100 (2.96)**

## 6.4 Berechnung der Setzungen und Verkantungen

(Nachweis des Grenzzustandes der Gebrauchstauglichkeit)

### 6.4.1 Setzungsberechnung bei lotrechter, mittiger Belastung nach DIN 4019 T1 mit Beiblatt (4.79)

**a) mit direkten Setzungsformeln**

$$S = \frac{\sigma'_0 \cdot b \cdot f}{E_m} \quad (93) \qquad S = \frac{\sigma'_0 \cdot b \cdot f \cdot \varkappa}{E_s}$$

$\sigma'_0 = \sigma_0 - \gamma \cdot d$ Verminderte Sohlpressung (vgl. Bild 17)
$f$ Setzungsbeiwert
$f_{(S,0)}$ aus Tafel 50 für den kennzeichnenden Punkt (s. Bild 18) eines rechteckigen biegesteifen Fundamentes[1])
$f_{(S,A)}$ aus Bild 16 für den Eckpunkt einer schlaffen Rechtecklast
$E_S$ Mittlerer Steifenmodul (s. Bild 18d)
$E_m$ $= E_S/\varkappa$ (94).
$\varkappa$ Mittlerer Korrekturbeiwert (Tafel 47)

[1]) Zum Ausgleich der ungleichmäßigen Druckverteilung unter starren Fundamenten benötigt man den kennzeichnenden Punkt

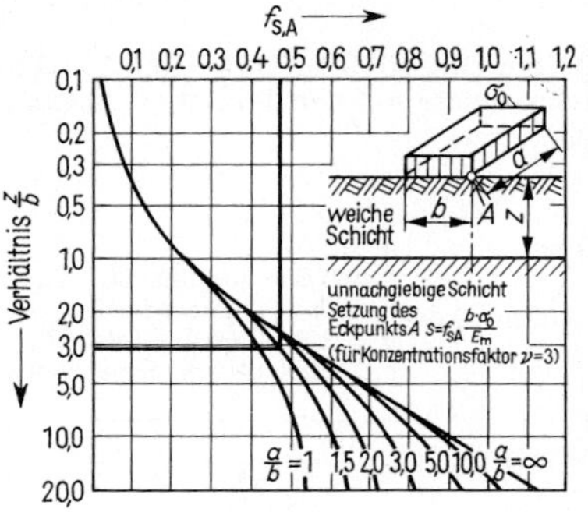


**Bild 18 Setzungsbeiwerte einer schlaffen Rechtecklast für einen Eckpunkt**

**Tafel 47 Mittlere Korrekturbeiwerte** nach DIN 4019 T1

| Bodenart | $\varkappa \approx$ |
|---|---|
| Sand und Schluff | 2/3 |
| einfach verdichteter und leicht überverdichteter Ton (nicht od. leicht vorbelastet) | 1 |
| stark überverdichteter Ton (stark geol. vorbelastet) | 1/2 bis 1 |

**b) mit Spannungsformeln** nach dem Schema von Bild 19.

**Tafel 48 Tabellenberechnung bei Verwendung von Drucksetzungslinien**

| Berechnung der Druckverteilung im Baugrund nach Bild 19a | | | | | | |
|---|---|---|---|---|---|---|
| Ordinate | $z$ | $\sigma_{\ddot{u}} = \gamma(d+z)$ | $z/b$ | $i$ | $\sigma_1 = i \cdot \sigma'_0$ | $\sigma_{\ddot{u}} + \sigma_1$ |
| in m | in m | in kN/m² | – | – | in kN/m² | in kN/m² |

| Ermittlung der Einheitssetzung u. Berechnung der Gesamtsetzung nach Bild 19e | | | | | |
|---|---|---|---|---|---|
| Ordinate | $z$ | $s'_{z2}$ | $s'_{\ddot{u}}$ | $s'_1 = s'_2 - s'_{\ddot{u}}$ | $\sum \Delta s'_1$ |
| in m | in m | in % | in % | in % | in m |

$i$ Einflußwerte für lotrechte Spannungen unter dem charakteristischen Punkt aus Tafel 49, unter dem Eckpunkt einer schlaffen Rechtecklast aus Bild 20

$s'_1$ Maßgebende spezifische Setzung (s. Bild 19e)

Bei Berechnungsverfahren b) wird vom Kompressionsversuch ausgegangen.

Die in der Berechnung berücksichtigten Schichten sind soweit in Teilschichten zu unterteilen, daß die Spannungslinien einigermaßen stetig verlaufen.

Der für die Setzung einer Teilschicht maßgebende Druck ist die Differenz zwischen der Belastung vor Beginn (i.d.R. die Eigenlast des Bodens) und nach Vollendung der Baumaßnahmen (s. Bild 19). Aus dem Produkt der Höhe der Teilschichten mit den zugehörigen Einheitssetzungen ergibt sich die Setzung der Teilschicht als Inhalt der Setzungsfläche $\Delta A_1$. Die Summe dieser Setzungen der Teilschichten ergibt die gesamte rechn. Konsolidationssetzung cal $s$.

Statt der unmittelbaren Verwendung der Drucksetzungslinie kann für den in Betracht kommenden Druckbereich auch mit einem unveränderlichen Steifemodul $E_s$ gerechnet werden, indem die linear oder halblogarithmisch aufgetragene Drucksetzungslinie in diesem Druckbereich durch eine Gerade ersetzt wird (s. Bild 19d) oder geschätzte Werte verwendet werden. Die Teilsetzung jeder Schicht ist dann gleich der zugehörigen Spannungsfläche $\Delta A$, geteilt durch den mittleren Steifemodul $E_s$ dieser Schicht. Die Summe der Setzungen der Teilschichten ergibt die gesamte rechn. Konsolidationssetzung cal $s$ (s. Bild 19b).

**Grenztiefe.** Nach DIN 4019, Abschn. 1.8, kann die in Rechnung gestellte Schichtdicke $d_s$ mit $d_s/b=2$ (s. Bild 19) bei Einzelgründungen und mit $d_s/b=1$ bei Plattengründungen begrenzt werden.

**Zeitlicher Verlauf der Setzungen.** Ist $t_1$ die Setzungszeit eines Versuchskörpers von der Höhe $h_1$, so ergibt sich die Setzungszeit $t_2$ einer Schicht von der Höhe $h_2$ unter einem Bauwerk zu $t_2 = t_1 (h_2/h_1)^2$ (94).

**Setzungsbeobachtungen.** Es gilt DIN 4107 (7.69)

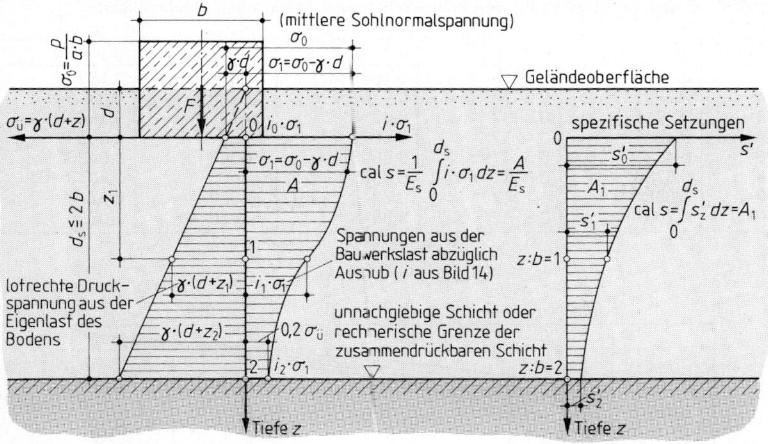


**a) Druckverteilung im Baugrund aus Eigenlast des Bodens und Bauwerkslast**

**b) Verteilung der spezifischen Setzungen aus a) und e)**

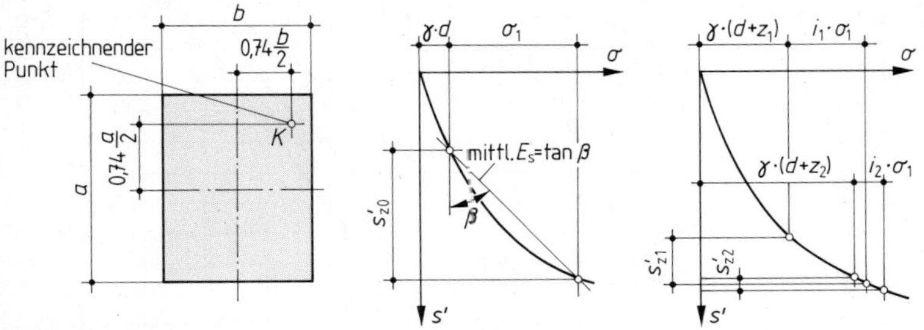


**c) Lage des kennzeichnenden Punktes**

**d) Drucksetzungslinie mit Bestimmung des mittleren Steifemoduls $E_S$**

**e) Drucksetzungslinie mit Ermittlung der spezifischen Setzungen für die Punkte 1 und 2**

**Bild 19** **Schema einer allgemeinen Setzungsberechnung für eine einheitliche Schicht**

**Tafel 49** **Einflußwerte für die lotrechten Spannungen unter dem kennzeichnenden Punkt einer Rechtecklast** nach *Kany* [9]

| *z/b* | *a/b* | | | | | | |
|---|---|---|---|---|---|---|---|
| | 1,0 | 1,5 | 2,0 | 3,0 | 5,0 | 10,0 | ∞ |
| 0,05 | 0,9811 | 0,9819 | 0,9884 | 0,9894 | 0,9895 | 0,9897 | 0,9896 |
| 0,10 | 0,8984 | 0,9280 | 0,9372 | 0,9425 | 0,9443 | 0,9447 | 0,9447 |
| 0,15 | 0,7898 | 0,8351 | 0,8623 | 0,8755 | 0,8824 | 0,8830 | 0,8839 |
| 0,20 | 0,6947 | 0,7570 | 0,7883 | 0,8127 | 0,8335 | 0,8262 | 0,8264 |
| 0,30 | 0,5566 | 0,6213 | 0,6628 | 0,7053 | 0,7301 | 0,7376 | 0,7387 |
| 0,50 | 0,4088 | 0,4622 | 0,5032 | 0,5550 | 0,6032 | 0,6264 | 0,6299 |
| 0,70 | 0,3249 | 0,3706 | 0,4041 | 0,4527 | 0,5066 | 0,5473 | 0,5552 |
| 1,00 | 0,2342 | 0,2786 | 0,3078 | 0,3488 | 0,4008 | 0,4504 | 0,4674 |
| 1,50 | 0,1438 | 0,1830 | 0,2098 | 0,2387 | 0,2779 | 0,3303 | 0,3604 |
| 2,00 | 0,0939 | 0,1279 | 0,1475 | 0,1749 | 0,2057 | 0,2479 | 0,2883 |
| 3,00 | 0,0473 | 0,0672 | 0,0823 | 0,1043 | 0,1280 | 0,1575 | 0,2025 |

**Tafel 50 Setzungsbeiwerte für den kennzeichnenden Punkt einer Rechtecklast** nach *Kany* [9]

| $z/b$ | $a/b=1{,}0$ | $a/b=1{,}5$ | $a/b=2{,}0$ | $a/b=3{,}0$ | $a/b=5{,}0$ |
|---|---|---|---|---|---|
| 0,2 | 0,1764 | 0,1816 | 0,1842 | 0,1865 | 0,1870 |
| 0,4 | 0,2891 | 0,3072 | 0,3203 | 0,3288 | 0,3340 |
| 0,6 | 0,3711 | 0,3997 | 0,4213 | 0,4401 | 0,4545 |
| 0,8 | 0,4361 | 0,4737 | 0,5023 | 0,5307 | 0,5563 |
| 1,0 | 0,4881 | 0,5347 | 0,5693 | 0,6066 | 0,6430 |
| 1,5 | 0,5796 | 0,6472 | 0,6963 | 0,7505 | 0,8073 |
| 2,0 | 0,6381 | 0,7242 | 0,7848 | 0,8530 | 0,9280 |
| 3,0 | 0,7031 | 0,8192 | 0,8948 | 0,9860 | 1,0890 |

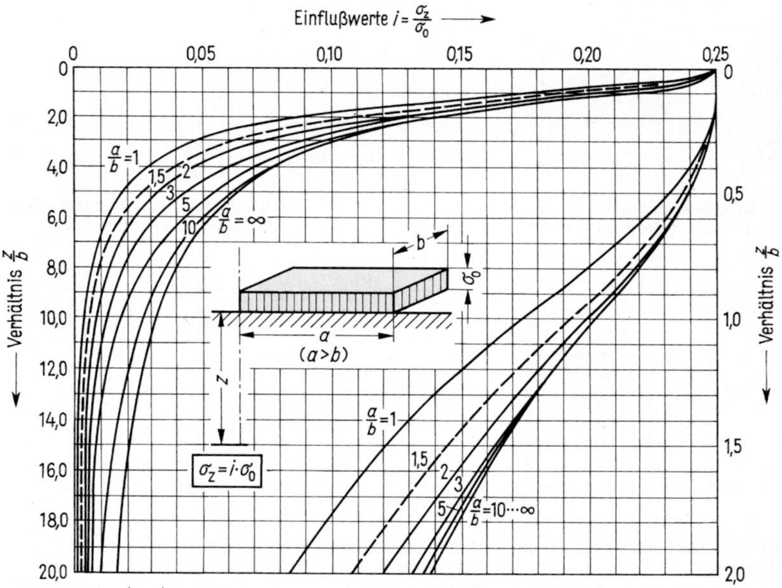


$\frac{\sigma_z}{\sigma_0}=f\left(\frac{z}{b};\frac{a}{b}\right)\qquad \sigma_z=i\cdot\sigma_0$

$\sigma_0$ Sohlnormalspannung

$\sigma_z$ Gesuchte Bodenspannung in der Tiefe $z$

**Bild 20 Einflußwerte für die lotrechten Spannungen unter dem Eckpunkt einer schlaffen Rechtecklast** nach *Steinbrenner*

Um die Spannungen unter einem beliebigen Punkt zu erhalten, sind die Spannungsanteile aus vier Teilrechteckflächen unter diesem Punkt zu superponieren

## 6.4.2 Setzungsberechnung bei schräg und außermittig wirkender Belastung (Verkantung) nach DIN 4019 T2 (2.81)

**Ermittlung der Schiefstellung eines rechteckigen Gründungskörpers** durch Überlagerung der Ergebnisse von Gl. (95), (96) und (97)

$$s=s_m\pm\Delta s \qquad (95)$$

$s$ Gesamtsetzung der Eck- oder Randpunkte

$s_m$ Setzungsanteil aus mittiger Last (nach Gl. 93)

$\Delta s$ Setzungsanteil der Eck- oder Randpunkte aus $V\cdot e_a=M_y$ oder $V\cdot e_b=M_x$

$$\Delta s = \frac{2 \cdot V \cdot e_a}{a^2 \cdot E_m} f_s(s, \Delta s) \quad (96) \quad \text{für ein Moment um die } y\text{-Achse (Bild 21)}$$

$$\Delta s = \frac{2 \cdot V \cdot e_b}{b^2 \cdot E_m} f_s(s, \Delta s) \quad (97) \quad \text{für ein Moment um die } x\text{-Achse (Bild 22)}$$

**Ermittlung der Schiefstellung von Gründungsstreifen oder kreisförmigen Gründungskörpern** mit geschlossenen Formeln:

$$\tan \alpha = \frac{12 \cdot M}{\pi \cdot b^2 E_m} \quad (98) \quad \text{für Gründungsstreifen } (e \leqq b/4)$$

$$\tan \alpha = \frac{9M}{16 \cdot r^3 \cdot E_m} \quad (99) \quad \text{für Kreisplatten und flächengleiche Quadrate } \left(e \leqq \frac{r}{3}\right)$$

Für die Berechnung der Verkantung auf geschichtetem Baugrund s. [15].

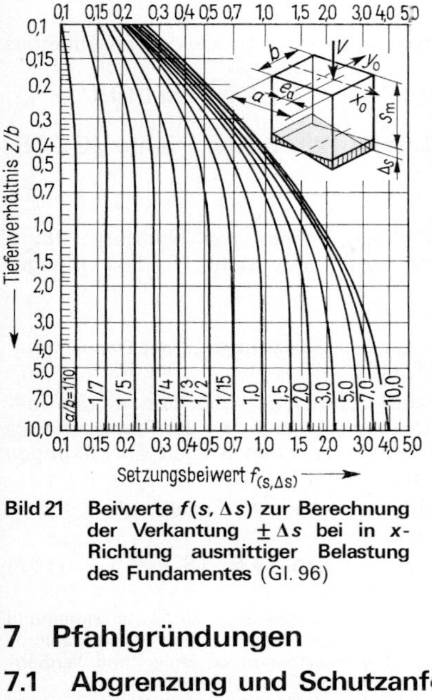


Bild 21 **Beiwerte $f(s, \Delta s)$ zur Berechnung der Verkantung $\pm \Delta s$ bei in $x$-Richtung ausmittiger Belastung des Fundamentes** (Gl. 96)

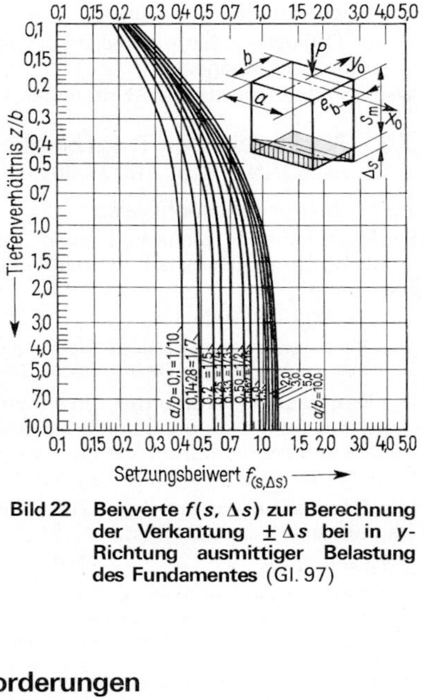


Bild 22 **Beiwerte $f(s, \Delta s)$ zur Berechnung der Verkantung $\pm \Delta s$ bei in $y$-Richtung ausmittiger Belastung des Fundamentes** (Gl. 97)

# 7 Pfahlgründungen

## 7.1 Abgrenzung und Schutzanforderungen

nach DIN V 1054-100 (4.96)

Dieser Abschnitt bezieht sich auf Bohrpfähle, Verdrängungs- sowie auf Verpreßpfähle mit kleinerem Durchmesser. Er gilt nicht für pfahlähnliche Gründungselemente, wie z. B. Betonrüttelsäulen, Brunnengründungen oder im Düsenstrahlverfahren hergestellte Säulen.

Für die sachgemäße Herstellung gelten DIN 4014 (Bohrpfähle), DIN 4026 (Verdrängungspfähle) und DIN 4128 (Verpreßpfähle mit kleinerem Durchmesser).

Bei der Wahl des Herstellungsverfahrens sind Zustand und Abstand benachbarter, vorhandener baulicher Anlagen insbesondere hinsichtlich Verformungs- und Erschüttungsempfindlichkeit (s. DIN 4150) zu beachten.

*Anmerkung* Die Durchführung eines Beweissicherungsverfahrens wird empfohlen.

## 7.2 **Untersuchungen** nach DIN V 1054-100 (4.96)

Über DIN 4020 hinaus sind folgende Untersuchungen erforderlich:

- Untersuchung des Grundwassers und des Bodens auf betonangreifende (DIN 4030) und/oder stahlkorrosionsfördernde Stoffe (DIN 50929-3) sowie des Bodens auf Ramm- und Bohrhindernisse, ferner
- für mit Suspensionsstützung hergestellte Bohrpfähle die Untersuchung des Grundwassers und des Bodens auf Eigenschaften, welche die Stabilität einer stützenden Flüssigkeit beeinträchtigen können,
- für Verdrängungspfähle die Untersuchung, ob ggf. durch den Ramm- oder Rüttelvorgang die Scherfestigkeit der Böden beeinträchtigt wird (Porenwasserüberdruck mit Herabsetzung der Scherfestigkeit bzw. bleibender Festigkeitsverlust in sensitiven bindigen Böden) insbesondere bei der Beurteilung der Auswirkung der Maßnahme auf benachbarte bauliche Anlagen; des weiteren, ob bei den gegebenen Baugrundfestigkeiten die Pfähle überhaupt auf planmäßige Tiefe gebracht werden können,
- für Ortbetonpfähle, ob die anstehenden Böden den Druck des Frischbetons aufnehmen können.

Weitere bauartspezifischen Unterlagen s. DIN 4014, DIN 4026 und DIN 4128.

## 7.3 Nachweis der Tragfähigkeit axial belasteter Pfähle (GZ 1B)
nach DIN V 1054-100 (4.96)

### 7.3.1 Sicherheitsnachweise

Eine ausreichende Sicherheit gegen das Versagen eines axial belasteten Pfahls durch Bruch des Bodens in der Umgebung der Pfahlgründung (GZ 1B) ist gegeben, wenn

$$S_{1d} \leq R_{1d} \qquad (100)$$

$R_{1d}$ Bemessungswert des axialen Widerstandes („äußere Tragfähigkeit") } des Einzelpfahls
$S_{1d}$ Bemessungswert der Einwirkungen (Gründungslasten) } im GZ 1B

Die **Bemessungswerte der Einwirkungen** aus dem Bauwerk sind mit den Teilsicherheitsbeiwerten der Tafel 20 zu ermitteln. Die Eigenlasten der Pfähle und die Aushubentlastung dürfen vernachlässigt werden. Zu den axialen Einwirkungen zählt als Sonderfall auch die negative Mantelreibung (s. 7.3.4).

Der **Bemessungswert des axialen Widerstandes** des Einzelpfahls („äußere Tragfähigkeit") im GZ 1B ist

$$R_{1d} = \eta \cdot R_{1k} / \gamma_P \qquad (101)$$

$$R_{1k} = R_{bk}(S_1) + R_{sk}(S_1) \qquad (102)$$

$R_{bk}$ Pfahlfußwiderstand (base resistance)
$R_{sk}$ Pfahlmantelwiderstand (shaft resistance)
$s_1$ Setzung oder Pfahlkopfverschiebung im GZ 1B
$\gamma_P$ Teilsicherheitsbeiwert aus Tafel 21, gemeinsam für Fuß- und Mantelreibung ($\gamma_P = 1{,}4$ im LF1)

$\eta = \eta_N + \eta_Z$
$\eta_N$ Anpassungsfaktor zur Berücksichtigung der Anzahl der durchgeführten Pfahlprobebelastungen an Bohr- und Verdrängungspfählen (Tafel 51)
$\eta_Z$ Anpassungsfaktor für Wechsel- bzw. Zugschwellbelastung (Tafel 52).

Axiale Pfahlwiderstände sind durch eine Widerstands-Setzungs-Linie zu beschreiben. Die Widerstands-Setzungslinie sollte aufgrund von statischen Probebelastungen oder von Erfahrungen mit vergleichbaren Probebelastungen festgelegt werden (7.3.2). Wenn solche nicht vorliegen, darf der axiale charakteristische Pfahlwiderstand mit Erfahrungswerten nach 7.3.3 bestimmt werden.

### 7.3.2 Axiale Pfahlwiderstände aus Pfahlprobebelastungen

Die Widerstandssetzungslinie ist mit charakteristischen Werten für $R_k$ (s) ohne Zu- und Abschläge aufzutragen. Aus dem charakteristischen Pfahlwiderstand $R_k$ ist der Bemessungswiderstand $R_d$ nach Gl. (101) zu bestimmen. Dabei dürfen Anpassungsfaktoren $\eta$ verwendet werden (Tafel 51).

Für den Fall, daß bei der Probebelastung von Druckpfählen der GZ 1B aus der Widerstands-Setzungs-Linie nicht zu erkennen ist oder erst bei Setzungen größer als

$$s_1 = 0{,}1\, D_F \qquad (103)$$

eintritt, ist anzusetzen:

$$R_{1k} = R(0{,}1 \cdot D_F) \qquad (104)$$

$D_F$ Pfahlfußdurchmesser

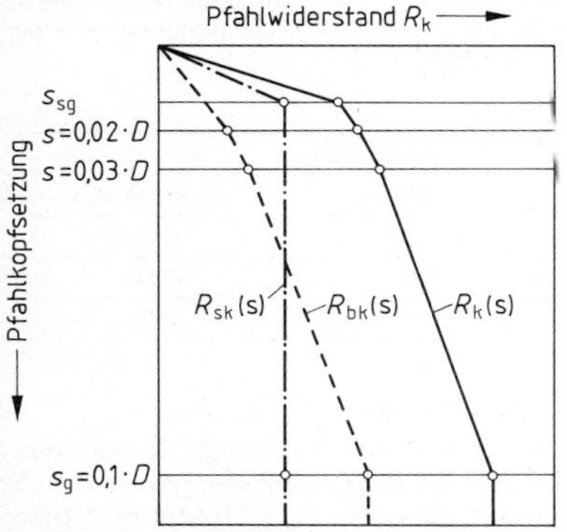


**Bild 23** **Elemente einer charakteristischen Widerstands-Setzungs-Linie.**

**Tafel 51** **Anpassungsfaktor $\eta_N$ zur Berücksichtigung der Anzahl der durchgeführten Pfahlprobebelastungen an Bohr- oder Verdrängungspfählen**

| N | Probebelastungen | $\eta_N$ Druck | $\eta_N$ Zug |
|---|---|---|---|
| 1 | | 1,00 | 1,00 |
| 2 | $R_{mittel}$ | 1,10 | 1,00 |
| | $R_{min}$ | 1,20 | 1,00 |
| ≥3 | $R_{mittel}$ | 1,15 | 1,10 |
| | $R_{min}$ | 1,35 | 1,20 |

**Tafel 52** **Anpassungsfaktoren $\eta_Z$ für Wechsel- bzw. Zugschwellbelastung auf Verpreßpfähle für Schwellastanteile >25% von $S_d$**

| Lastwechselzahl $n$ | Anpassungsfaktor $\eta_Z$ |
|---|---|
| 1 | 1,0 |
| bis 100 | 0,8 |
| bis 10000 | 0,7 |
| ≥1 Mio. | 0,4 |

### 7.3.3 Axiale Pfahlwiderstände aus Erfahrungswerten

DIN V 1054-100 (4.96) übernimmt die bisherigen Erfahrungswerte der DIN 4014, DIN 4026 und DIN 4128 wie folgt:

**a) Axiale Pfahlwiderstände von Bohrpfählen**

werden aus rechnerisch ermittelten Widerstands-Setzungs-Linien (Bild 23) auf der Grundlage von Tafelwerten ermittelt. Unterschieden wird zwischen dem setzungsabhängigen Fußwiderstand $R_b(s)$ und Mantelwiderstand $R_s(s)$

Bei der Konstruktion der Widerstands-Setzungs-Linie werden statt Bruchwerten $s_t$ Grenzsetzungen verwendet, von denen an im Bild 23 die Widerstands-Setzungs-Linien für $R_{bk}(s)$ und $R_{sk}(s)$ senkrecht verlaufen.

Für $R_{bk}(s_1 = s_g)$ gilt eine Grenzsetzung

$$s_g = 0{,}1 \cdot D \quad \text{bzw.} \quad s_g = 0{,}1\, D_F \qquad (105)$$

mit $D$ Pfahlschaft ∅ und $D_F$ Pfahlfuß ∅. Für $R_{sk}$ eingesetzt in MN gilt im Bruchzustand eine Grenzsetzung

$$s_{sg} = 0{,}5 \cdot R_{sk}(s_{sg}) + 0{,}5 \leq 3\ \text{cm} \qquad (106)$$

Bis zu der Grenzsetzung $s_{sg}$ nach Gl. (106) ist mit einem linearen Verlauf des Pfahlmantelwiderstandes zu rechnen.

Der charakteristische axiale Pfahlwiderstand ist dann:

$$R_k(s) = R_{bk}(s) + R_{sk}(s) = A_b \cdot q_{bk} + \sum_i q_{sik} \cdot A_{si} \qquad (107)$$

$A_b$ Nennwert der Pfahlfußfläche
$A_{si}$ Nennwert der Pfahlmantelfläche in der Schicht $i$
$q_{bk}$ Charakteristischer Wert der Pfahlspitzendruckspannung nach Tafel 53
$q_{sik}$ Charakteristischer Wert der Pfahlmantelreibungsspannung in der Schicht $i$ nach Tafel 54

**Tafel 53 Pfahlspitzendruck $q_{bk}$ in Abhängigkeit vom Verhältnis $s/D$**

| | | für nichtbindigen Boden $q_{ck}$ in MN/m² *) | | | | für bindigen Boden $c_{uk}$ in MN/m² *) | |
|---|---|---|---|---|---|---|---|
| | | 10 | 15 | 20 | 25 | 0,1 | 0,2 |
| | 0,02∅ | 0,7 | 1,05 | 1,4 | 1,75 | 0,35 | 0,9 |
| Setzung | 0,03∅ | 0,9 | 1,35 | 1,8 | 2,25 | 0,45 | 1,1 |
| | 0,10∅ ($\hat{=} s_g$) | 2,0 | 3,0 | 3,5 | 4,0 | 0,8 | 1,5 |

*) $q_{ck}$ = Sondierwiderstand der Drucksonde; $c_u$ = Kohäsion des undrainierten Bodens; s. S. 1050, Zeile 19, sowie Tafel 40 auf S. 1076 und Tafel 12 auf S. 1052. Zwischenwerte linear einschalten.

**Tafel 54 Pfahlmantelreibung $q_{sk}$**

a) in nichtbindigem Boden

| $q_{ck}$ in MN/m² *) | $q_{sk}$ in MN/m² |
|---|---|
| 5 | 0,04 |
| 10 | 0,08 |
| ≧15 | 0,12 |

b) in bindigem Boden

| $c_u$ in MN/m² | $q_{sk}$ in MN/m² |
|---|---|
| 0,025 | 0,025 |
| 0,1 | 0,04 |
| ≧0,2 | 0,06 |

*) Zwischenwerte dürfen linear interpoliert werden

Bei Bohrpfählen mit Fußverbreiterung sind die Werte auf 75% abzumindern.

Voraussetzung ist, daß die Pfähle mindestens 2,5 m in eine tragfähige Schicht einbinden, ferner, daß die Mächtigkeit der tragfähigen Schicht nicht weniger als 3 × ∅, mindestens 1,5 m beträgt und in diesem Bereich $q_{ck} \geq 10$ MN/m² bzw. $c_{uk} \geq 0{,}1$ MN/m² nachgewiesen ist und sie verrohrt oder unverrohrt unter Verwendung einer Stützflüssigkeit hergestellt werden. Wenn die genannte Mächtigkeit der tragfähigen Schicht unterschritten ist, ist Nachweis gegen Durchstanzen zu führen.

Ersatzweise darf der Spitzenwiderstand der Drucksonde $q_{ck}$ in MN/m² für den Eingang in die Tafeln 53 u. 54 aus Sondierergebnissen der schweren Rammsonde nach DIN 4094 mit $q_{ck} \approx N_{10}$ ($N_{10}$ Schläge je cm Eindringung) abgeleitet werden. Für die Umrechnung der Sondierungen nach dem Standard-Penetration Test (SPT) gilt Tafel 6 auf S. 1046. Die undränierte Kohäsion des Eingangswertes in die Tafeln 53 u. 54 kann nach Tafeln 12 u. 40 abgeschätzt werden.

**Tafel 55 Bruchwerte (GZ 1B) für Pfahlspitzendruck $q_{b1k}$ und Pfahlmantelreibung $q_{s1k}$ in Fels in Abhängigkeit von der einaxialen Druckfestigkeit $q_{uk}$**

| $q_{uk}$ in MN/m² | $q_{b1k}$ in MN/m² | $q_{s1k}$ in MN/m² |
|---|---|---|
| 0,5 | 1,5 | 0,08 |
| 5,0 | 5,0 | 0,5 |
| 20 | 10,0 | 0,5 |

Zwischenwerte dürfen geradlinig interpoliert werden

**Tafel 56 Charakteristische Pfahlwiderstände $R_{2k}$ (GZ2) von gerammten Verdrängungspfählen mit quadratischem Querschnitt aus Stahlbeton**

| Einbindetiefe in den tragfähigen Boden in m | $R_{2k}$ in kN Seitenlänge $a_s$ ¹) in cm | | | | |
|---|---|---|---|---|---|
| | 20 | 25 | 30 | 35 | 40 |
| 3 | 200 | 250 | 350 | 450 | 550 |
| 4 | 250 | 350 | 450 | 600 | 700 |
| 5 | – | 400 | 550 | 700 | 850 |
| 6 | – | – | 650 | 800 | 1000 |

¹) Gilt auch für annähernd quadratische Querschnitte, wobei für $a_s$ die mittlere Seitenlänge einzusetzen ist.

**b) Axiale Pfahlwiderstände von gerammten Verdrängungspfählen**
(Fertigpfähle aus Holz, Stahl und Beton nach DIN 4026)

– für GZ 1B mit charakteristischen Werten aus Tafel 57, wobei $R_{1k}$ nach Gl. (102) berechnet wird. Dabei kann auf den Nachweis für GZ2 verzichtet werden.
– für GZ2 aus der Tafel 56, in der $R_{2k}$ unmittelbar entnommen wird, wobei der Nachweis für GZ 1B nicht erforderlich bzw. gleichzeitig mit abgedeckt ist.

Die beiden Tafeln sollten innerhalb einer Berechnung nicht miteinander vermischt werden. Für beide Verfahren kann davon ausgegangen werden, daß in GZ 2 Setzungen von 1 bis 2 cm eintreten können

Anforderung an den Untergrund zur Anwendung der Tafeln 56 u. 57

$D \geq 0{,}4$ für $U < 3$ bzw. $D \geq 0{,}55$ für $U \geq 3$ bzw. $q_{ck} \geq 10$ MN/m²

$I \approx 1{,}0$ bzw. $c_{uk} \geq 100$ kN/m²

**Tafel 57 Charakteristische Werte für Pfahlspitzendruck $q_{b1k}$ und Pfahlmantelreibung $q_{s1k}$ für den GZ 1B**

| Bodenart | Bereich unter OF der tragfähigen Schicht [4]) in m | mittlere Mantelreibungsspannungen (für abgewickelten Umfang) $q_{s1k}$ in kN/m² | | | | Pfahlspitzendruckspannungen (umrissener Umfang des Pfahlfußes) $q_{b1k}$ in MN/m² | | | |
|---|---|---|---|---|---|---|---|---|---|
| | | Holzpfähle | Stahlbetonpfähle | Stahlrohrpfähle Kastenpfähle offen | Stahlträgerprofile | Holzpfähle | Stahlbetonpfähle | Stahlrohrpfähle[3]) Kastenpfähle offen | Stahlträgerprofile[2]) |
| nichtbindige Böden | bis 5 | 20 bis 45 | 20 bis 45 | 20 bis 35 | 20 bis 30 | 2 bis 3,5 | 2 bis 5 | 1,5 bis 4 | 1,5 bis 3 |
| | 5 bis 10 | 40 bis 65 | 40 bis 65 | 35 bis 55 | 30 bis 50 | | 3,5 bis 6,5 | 3 bis 6 | 2,5 bis 5 |
| | >10 | | 60 | 50 bis 75 | 40 bis 75 | 3 bis 7,5 | 4 bis 8 | 3,5 bis 7,5 | 3 bis 6 |
| bindige Böden[5]) $I_C = 0{,}5$ bis 0,75 | | 5 bis 20 | | | | – | | | |
| $I_C = 0{,}75$ bis 1 | | 20 bis 45 | | | | 0 bis 2 | | | |
| Geschiebemergel halbfest bis fest[4]) | bis 5 | | 50 bis 80 | 40 bis 70 | 30 bis 50 | | 2 bis 6 | 1,5 bis 5 | 1,5 bis 4 |
| | 5 bis 10 | | | 60 bis 90 | 40 bis 70 | | 5 bis 9 | 4 bis 9 | 3 bis 7,5 |
| | >10 | | 80 bis 100 | 80 bis 100 | 50 bis 80 | | 8 bis 10 | 8 bis 10 | 6 bis 9 |

[1]) Für Kastenweiten oder Rohrdurchmesser ≤ 500 mm

[2]) Für Profilweiten ≤ 350 mm; bei höheren Profilen Stege einschweißen

[3]) Für Stahlkastenpfähle mit geschlossenem Fuß siehe Stahlbetonpfähle

[4]) Für $q_{s1k}$ ist das die Pfahllänge, für $q_{b1k}$ die Einbindetiefe in die tragfähige Schicht

[5]) $I_C$ nach DIN 18122

Sofern für Geschiebemergel die Konsistenzzahl $I_C$ wegen zu hohem Überkornanteils nicht mehr nach DIN 18122 und DIN 4022-T1 bestimmt werden kann, ist sie auf der Grundlage örtlicher Erfahrungen einzuschätzen.

*Anmerkung zur Tafel 57* Ihre Anwendung ist auf Pfähle mit Durchmessern, Seitenlängen oder Profilweiten ≤ 0,5 m beschränkt. Voraussetzung: Drucksondierergebnisse $q_{ck} \approx 7{,}5$ MN/m² für den unteren Tabellenwert und $q_{ck} \approx 15$ MN/m² für den oberen Tabellenwert für nichtbindige Böden. Für bindige Böden gilt die Konsistenzbeschreibung in der Tafel selbst.

### c) Pfahlwiderstände von Verpreßpfählen

**Begriffe** nach DIN 4128 (Ortbeton- und Verbundpfähle mit kleinem Durchmesser)

**Verpreßpfahl** bewirkt Kraftübertragung zum umgebenden Baugrund vorwiegend über Mantelreibung durch Verpressen mit Beton oder Zementmörtel.

**Ortbetonpfahl** hat durchgehende Längsbewehrung nach DIN 1045 aus Betonstahl, **Verbundpfahl** durchgehendes, vorgefertigtes Tragglied aus Stahlbeton oder Stahl (runder Vollstab, Rohr oder Profilstahl).

**Anwendungsbereich:** Schaft ∅ < 300 mm, bei Ortbetonpfähle mind. 150 mm, bei Verbundpfählen mind. 100 mm.

**Tafel 58 Mindestmaße der Betondeckung der Bewehrung bzw. des Stahltraggliedes**

| Zeile | Betonangriff nach DIN 4040 | Betondeckung[1]) in mm |
|---|---|---|
| 1 | nicht angreifend | 30 |
| 2 | nicht angreifend, jedoch mit einem Sulfatgehalt, der nach DIN 4030 als schwach angreifend klassifiziert ist | 30[2]) |
| 3 | schwach angreifend | 35 |
| 4 | stark angreifend | 45 |

[1]) bei Verwendung von Zementmörtel und bei Pfählen für vorübergehende Zwecke Abminderung um 10 mm zulässig
[2]) HS-Zement erforderlich

**Tafel 59 Charakteristische Werte für die Pfahlmantelreibung $q_{s1k}$ bei Verpreßpfählen**

| Bodenart | $q_{s1k}$ in MN/m² |
|---|---|
| Mittel- und Grobkies[1]) | 0,20 |
| Sand und Kiessand[1]) | 0,15 |
| bindiger Boden[2]) | 0,10 |

[1]) $D \geq 0{,}4$ bzw. $q_{ck} \geq 10$ MN/m²
[2]) $I_c \simeq 1{,}0$ bzw. $c_{uk} \geq 100$ KN/m²

**Nachweis der äußeren Tragfähigkeit.** Krafteintragungslänge der Verpreßpfähle in ausreichend tragfähigen Baugrund $\geqq 3{,}0$ m, in Fels oder felsähnlichen Boden $\geqq 0{,}5$ m. Falls im Ausnahmefall keine Probebelastungen ausgeführt werden, darf der charakteristische Pfahlwiderstand $R_{1k}$ im GZ 1B nach Gl. (108) mit den Werten der Tafel 59 für Druck- und Zugpfähle ermittelt werden.

$$\boldsymbol{R_{1k} = R_{s1k} = \sum_i q_{si1k} \cdot A_{si}} \quad (108)$$ Erklärung der Formelzeichen: s. Gl. (107) auf S. 1092

Der Bemessungswert ist nach Gl. (101) zu ermitteln. Anpassungsfaktoren $\eta_z$ infolge zyklischer Belastung sind der Tafel 52 zu entnehmen, $\eta_N$ ist $=1$ zu verwenden.

### 7.3.4 Sonderfall: Einwirkung (Pfahllast) aus negativer Mantelreibung

infolge Setzungen des Bodens[1]). Auf die abgewickelte Mantelfläche wird als ständige Einwirkung angesetzt:

$$\boldsymbol{q_{sk} = -\sigma_z \cdot k_0 \cdot \tan \varphi'_k} \quad (109\,a) \qquad \boldsymbol{-q_{sk} = -c_{uk}} \quad (109\,b)$$

$\sigma_z = \gamma \cdot z$ vertikale Spannung in der Tiefe $z$
$\gamma$ Charakteristischer Wert der Wichte des Bodens der Schicht mit negativer Manatelreibung
$z$ Tiefe unter Gelände
$k_0$ Charakteristischer Beiwert für den Ruhedruck (s. S. 1099)
$\varphi'$ Charakteristischer Wert des Winkels der inneren Reibung
$\gamma_M$ Teilsicherheitsbeiwert bei Berechnung nach DIN V 1054-100 (4.96)

**Beispiel** Sandschicht über Torf

*Anmerkung* Negative Mantelreibung kann schon bei Relativverschiebungen von wenigen Millimetern zwischen Pfahl und Boden auftreten.

Nach **DIN V 1054-100 (4.96)** kann ein GZ 1B durch Versagen des Bodens in der Pfahlumgebung infolge negativer Mantelreibung nicht eintreten. Jedoch ist GZ 1B (Bauteilversagen) durch Bruch im Pfahlbaustoff in Höhe des neutralen Punktes, unterhalb dessen positive Mantelreibung und der Pfahlspitzendruck wirken, nachzuweisen. Die Setzungen eines Pfahl aus negativer Mantelreibung und ihre Auswirkungen auf das Tragwerk sind in GZ2 und erforderlichenfalls auch in GZ 1B nachzuweisen (s. S. 1095).

## 7.4 Nachweis der Tragfähigkeit axial belasteter Pfähle

nach DIN 1054 (11.76)

Der zulässige Pfahlwiderstand zul $Q$ ist aus der Widerstandssetzungslinie gemäß Bild 23 nach der im Einzelfall zulässigen Setzung $s$ zu ermitteln, d.h. zul $\boldsymbol{Q = Q(s)}$ (1. Nachweis), wobei die Sicherheitsbeiwerte von Tafel 18 gegenüber der auf Bild 23 definierten fiktiven Grenzlast $Q_g$ eingehalten werden müssen, d.h. zul $\boldsymbol{Q = Q_g/\eta}$ (2. Nachweis).

[1]) Sie führen ferner bei Schrägpfählen zu einer Biegebeanspruchung

## 7.5 Nachweis der Gebrauchstauglichkeit (GZ2) axial belasteter Pfähle nach DIN V 1054-100 (4.96)

Eine ausreichende Sicherheit gegen den Verlust der Gebrauchstauglicheit (GZ2) wird eingehalten, wenn

$\boldsymbol{S_{2d} \leq R_{2d}}$ (110) mit $\boldsymbol{R_{2d} = R_{2k}}$ (111)

$S_{2d}$ Bemessungswert der Einwirkungen im GZ2. Er entspricht mit Teilsicherheitsbeiwerten von 1,0 für ständige und veränderliche Einwirkungen (Tafel 20) den charakteristischen Einwirkungen $S_k$.

$R_{2d}$ Bemessungswert des Pfahlwiderstandes im GZ2. Er entspricht mit Teilsicherheitsbeiwerten von 1,0 (Tafel 20) den charakteristischen Widerständen $R_{2k}$ ($R_{2d} = R_{2k}$).

Der charakteristische Wert $R_{2k}$ des axial belasteten Einzelpfahls (GZ2) ist unter Berücksichtigung bzw. Vorgabe eines charakteristischen Wertes für die zulässige Setzung $s_{2k}$ oder unter Vorgabe eines charakteristischen Widerstandes $R_{2k}$ mit einer zugehörigen Streuung $s_{2k}$ der Setzungen, d.h. aufgrund vorgegebener zulässiger Setzungsunterschiede aus der charakteristischen Pfahlwiderstands-Setzungs-Linien (Bild 23) zu bestimmen. Für den Nachweis im GZ2 für Pfahlgruppen s. DIN 1054 V-100 (1.96) Abschn. 5.6.1.

*Hinweis*: Der Nachweis im GZ 2 ist nur zu führen, wenn die Verformung für das Gesamtwerk von Bedeutung ist.

## 7.6 Nachweis der Tragfähigkeit (GZ1) und Gebrauchstauglichkeit (GZ2) quer zur Achse belasteter Pfähle

Der Nachweis der Sicherheit gegen Bauteilversagen (GZ 1B) ist mit dem Bemessungswert der horizontalen Einwirkungen und dem Bemessungswert des Bettungsmoduls

$\boldsymbol{k_{sd} = k_{sk}}$ (112) $k_{sk}$ Charakteristischer Bettungsmodul

zu führen.

Er kann aus Probebelastungsergebnissen zurückgerechnet, oder wenn es nur auf die Ermittlung der Schnittgrößen ankommt, für die beteiligten Bodenschichten nach der Gleichung

$\boldsymbol{k_{sk} = E_{sk}/D}$ (113)

angesetzt werden.

$E_{sk}$ Charakteristischer Wert des Steifemoduls

$D$ Pfahl ∅, solange $D \leq 1$ m ist.

Bei $D \geq 1$ m wird rechnerisch weiter nur 1 m angesetzt.

Bei stoßartigen horizontalen Einwirkungen im Sinne von Anprall-Lasten darf $k_{sk}$ auf dreifache Größe des bei statischen Einwirkungen verwendeten Wertes erhöht werden. Zur Bettungsmodulverteilung in der Pfahlgruppe s. Anhang G der DIN V 1054-100 (4.96).

Der Anwendungsbereich der Gl. (8) ist durch eine rechnerische maximale charakteristische Horizontalverschiebung von entweder 2 cm oder 0,03$D$ begrenzt; kleinerer Wert ist maßgebend. Der Bemessungswert der Einwirkungen auf den Boden aus der Normalspannung zwischen Pfahl und Boden darf näherungsweise den Bemessungswert der ebenen Erdwiderstandsspannung nicht überschreiten ($e_{phd} = e_{phk}$).

Berechnungsverfahren s. [11]. [12], [13].

Durch den Nachweis der Gebrauchstauglichkeit ist sicherzustellen, daß die einwirkende Querbelastung mit für den Gebrauchszustand vertraglichen Verschiebungen bzw. Verdrehungen bzw. Verkantungen der Pfahlgruppe aufgenommen werden kann. Auch bezüglich der Verteilung der Querbelastung in Höhe der Pfahlköpfe bei erzwungener gleicher Kopfverschiebung s. Anhang G.

## 7.7 Nachweis der Pfahltragfähigkeit nach EN V 1197-1 (EC7)

Für den Grenzzustand der Tragfähigkeit ist folgende Ungleichung zu erfüllen

$$F_{cd} \leq R_{cd} \quad (114)$$

$F_{cd}$ Bemessungswert des Grenzzustandes der axialen Pfahldruckkraft (Einwirkung)

$R_{cd}$ Summe aller Komponenten der Bemessungswiderstände im Grenzzustand der Pfahlgründung gegen axiale Lasten

Die damit nachzuweisende „äußere Pfahltragfähigkeit" wird im EC7 mit Teilsicherheitsbeiwerten für den Fall 1 C bestimmt (Tafel 24).

### 7.7.1 Druckpfahlwiderstände aus Pfahlprobebelastungen

$$R_{ck} = \frac{R_{cm}}{\xi} \quad (115)$$

$R_{ck}$ Charakteristischer Druckpfahlwiderstand

$R_{cm}$ Gemessene Werte der Pfahlwiderstände von ein oder mehreren Probebelastungen

$\xi$ Faktor, abhängig von der Anzahl der Probebelastungen aus Tafel 60

Zur Ableitung des Grenzzustandes des Bemessungswiderstandes der Tragfähigkeit sollte $R_{ck}$ nach Gl. (115) in Fußwiderstand $R_{bk}$ und Mantelwiderstand $R_{sk}$ unterteilt werden

$$R_{ck} = R_{bk} + R_{sk} \quad (116)$$

wobei das Verhältnis dieser Anteile aus den Ergebnissen der Probebelastung abgeleitet wird (entweder durch Messungen oder Abschätzung nach 7.6.3.3 von EC7).

Mit Teilsicherheitsbeiwerten der Tafel 61 ermittelt sich dann der Bemessungswert der Tragfähigkeit zu

$$R_{cd} = \frac{R_{bk}}{\gamma_b} + \frac{R_{sk}}{\gamma_s} \quad (117)$$

Sofern Fuß- und Mantelwiderstand nicht getrennt gemessen worden sind, ist

$$R_{cd} = \frac{R_{ck}}{\gamma_t} \quad (118)$$

**Tafel 60 Faktor $\xi$ zur Ermittlung von $R_{ck}$ abhängig von der Anzahl der Probebelastungen**

| Anzahl der Probebelastungen | 1 | 2 | >2 |
|---|---|---|---|
| a) $\xi$ bezogen auf den Mittelwert von $R_{cm}$ | 1,5 | 1,35 | 1,3 |
| b) $\xi$ bezogen auf den Kleinstwert von $R_{cm}$ | 1,5 | 1,25 | 1,1 |

**Tafel 61 Teilsicherheitsbeiwerte $\gamma_b$ (Fußwiderstand), $\gamma_s$ (Mantelwiderstand) und $\gamma_t$ (Gesamtwiderstand)**

| Teilsicherheitsbeiwerte | $\gamma_b$ | $\gamma_s$ | $\gamma_t$ |
|---|---|---|---|
| Ramm-/Verdrängungspfähle | 1,3 | 1,3 | 1,3 |
| Bohrpfähle | 1,6 | 1,3 | 1,5 |
| mit durchgehender Schnecke gebohrte Pfähle | 1,45 | 1,3 | 1,4 |

### 7.7.2 Druckpfahlwiderstände aus Baugrund-Untersuchungsergebnissen (Erfahrungswerte)

Es gilt Gl. (117), wobei

$$R_{bk} = q_{bk} \cdot A_b \quad (119a)$$

$$R_{sk} = \Sigma q_{ski} \cdot A_{si} \quad (119b)$$

$q_{bk}$ Charakteristischer Wert des Pfahlspitzendruckes

$q_{ski}$ der Pfahlmantelreibung in der Schicht $i$

$A_{si}$ Nennwert der Pfahlmantelfläche in der Schicht $i$

Konkrete Tafelwerte wie bei DIN V 1054-100 werden in EC7 nicht angegeben. Die Werte $q_{bk}$ und $q_{sk}$ sind aus der Korrelation mit Pfahlprobebelastungen abzuleiten. Vor Eingang in Gl. (117) sind sie wie beim Vorgehen mit Probebelastung $q_{bk}$ und $q_{sk}$ sinngemäß durch den Faktor 1,5 der Tafel 60 zu dividieren.

# 8 Erddruck und Stützbauwerke

## 8.1 Berechnung des Erddrucks nach DIN 4085 mit Beibl. 1 (2.87) und Beibl. 2 (6.89)

**Tafel 62 Erddruck- und Erdwiderstandsformeln für ebene Gleitflächen**

| | | | **infolge Bodeneigenlast (index g)** | |
|---|---|---|---|---|
| | | | allgemein | Sonderfall $\alpha=\beta=\delta=0$ |
| aktiv | horizontal | Erddruck-beiwert[1]) $K_{agh}$ | $K_{agh}=\dfrac{\cos^2(\text{cal}\,\varphi'+\alpha)}{\cos^2\alpha\left[1+\sqrt{\dfrac{\sin(\text{cal}\,\varphi'+\delta_a)\cdot\sin(\text{cal}\,\varphi'-\beta)}{\cos(\alpha-\delta_a)\cdot\cos(\alpha+\beta)}}\right]^2}$ (120) | $K_{agh}=\tan^2(45°-\text{cal}\,\varphi'/2)$ (121) |
| aktiv | horizontal | Erddruck-ordinate $e_{agh}$ | $e_{agh}=\text{cal}\,\gamma\cdot h\cdot K_{agh}$ (122) | |
| aktiv | horizontal | resultierender Erddruck $E_{agh}$ | $E_{agh}=\dfrac{h^2}{2}\,\text{cal}\,\gamma\cdot K_{agh}$ (123) | |
| aktiv | vert. | resultierender Erddruck $E_{agv}$ | $E_{agv}=E_{agh}\cdot\tan(\delta_a-\alpha)$ (124) | |
| | horizontal | Erddruck-beiwert[1]) $K_{pgh}$ | $K_{pgh}=\dfrac{\cos^2(\text{cal}\,\varphi'-\alpha)}{\cos^2\alpha\left[1-\sqrt{\dfrac{\sin(\text{cal}\,\varphi'-\delta_p)\cdot\sin(\text{cal}\,\varphi'+\beta)}{\cos(\alpha-\delta_p)\cdot\cos(\alpha+\beta)}}\right]^2}$ (125) | $K_{pgh}=\tan^2(45°+\text{cal}\,\varphi'/2)$ (126) |
| | horizontal | Erddruck-ordinate $e_{pgh}$ | $e_{pgh}=\text{cal}\,\gamma\cdot h\cdot K_{pgh}$ (127) | |
| | horizontal | resultierender Erddruck $E_{pgh}$ | $E_{pgh}=\dfrac{h^2}{2}\,\text{cal}\,\gamma\cdot K_{pgh}$ (128) | |
| | vert. | resultierender Erddruck $E_{pgv}$ | $E_{pgv}=E_{pgh}\cdot\tan(\delta_p-\alpha)$ (129) | |

| | | | **infolge Kohäsion[2]) (index c)** | |
|---|---|---|---|---|
| | | | allgemein | Sonderfall $\alpha=\beta=\delta=0$ |
| aktiv | horizontal | Erddruck-beiwert[1]) $K_{ach}$ | $K_{ach}=\dfrac{2\cdot\cos\text{cal}\,\varphi'\cdot\cos\beta\cdot(1-\tan\alpha\cdot\tan\beta)\cdot\cos(\alpha-\delta_a)}{1+\sin(\text{cal}\,\varphi'+\delta_a-\alpha-\beta)}$ (130) | $K_{ac}=K_{ach}=2\cdot\tan(45°-\text{cal}\,\varphi'/2)$ (131)<br>für $\text{cal}\,\varphi'=\text{cal}\,\varphi_u=0$<br>wird $K_{ach}=2$ |
| aktiv | horizontal | Erddruck-ordinate $e_{ach}$ | $e_{ach}=-c\cdot K_{ach}$ (132) | $e_{ach}=-2\cdot c\sqrt{K_{agh}}$[3]) (133) |
| aktiv | horizontal | resultierender Erddruck $E_{ach}$ | $E_{ach}=-h\cdot\text{cal}\,c'\cdot K_{ach}$ (134) | $E_{ach}=-2\cdot c\sqrt{K_{agh}}\cdot h$[3]) (135) |
| | horizontal | Erddruck-beiwert[1]) $K_{pch}$ | $K_{pch}=\dfrac{2\cdot\cos\text{cal}\,\varphi'\cdot\cos\beta\cdot(1-\tan\alpha\cdot\tan\beta)\cdot\cos(\alpha-\delta_p)}{1-\sin(\text{cal}\,\varphi'-\delta_p-\alpha+\beta)}$ (137 | $K_{pc}=K_{pch}=2\cdot\tan(45°+\text{cal}\,\varphi'/2)$<br>für $\text{cal}\,\varphi'=\text{cal}\,\varphi_u=0$<br>wird $K_{pch}=2$ (136) |
| | horizontal | Erddruck-ordinate $e_{pch}$ | $e_{pch}=+c\cdot K_{pch}$ (138) | $e_{pch}=+2\cdot c\sqrt{K_{pgh}}$[3]) (139) |
| | horizontal | resultierender Erddruck $E_{pch}$ | $E_{pch}=+h\cdot\text{cal}\,c'\cdot K_{pch}$ (140) | $E_{pch}=+2\cdot c\sqrt{K_{pgh}}\cdot h$[3]) (141) |
| | vert. | resultierender Erddruck $E_{pch}$ | $E_{pcv}=E_{pch}\cdot\tan(\delta_p-\alpha)$ (142) | |

[1]) Einzusetzende Vorzeichen s. Bild 24

[2]) Sie verkleinert die aktive und vergrößert die passive Erddrucklast. Hinsichtlich Ansatz s. DIN 1055 T2 sowie E2 und E3 der EAU

[3]) Ungenormt, Fehler bei $\varphi\leqq 30°$ und $\delta_a\leqq 2/3\varphi$ ist $\leqq 3\%$

**Bedeutung der Indizes** in Tafel 62

| | | | | | |
|---|---|---|---|---|---|
| a | aktiv | g | aus Bodeneigenlast | h | horizontal |
| p | passiv | v | vertikal | c | aus Kohäsion |

**Bedeutung der Formelzeichen** in Tafel 62

| | |
|---|---|
| $E$ | Erddrucklast, bezogen auf die Wandlänge in kN/m |
| $K$ | Erddruckbeiwert |
| cal $\gamma$ | jeweils in Betracht kommender Rechenwert der Wichte des Bodens in kN/m³ |
| $h$ | in der Lotrechten gemessene Höhe der Wand, auf die die Erddrucklast wirkt, bzw. die Tiefe h des Erddruckes $e_{agh}$ und $e_{pgh}$ in m |
| $\alpha$ | Neigungswinkel der Wand in ° |
| $\beta$ | Neigungswinkel der Geländeoberfläche in ° |
| $\delta$ | Wandreibungswinkel in ° |
| cal $\varphi'$ | Rechenwert des inneren Reibungswinkels des dränierten (entwässerten) Bodens in ° |

Die Winkel sind mit ihren Vorzeichen in die Gleichungen einzusetzen (s. Bild 24).

| | | |
|---|---|---|
| cal $c'$ | Rechenwert der Kohäsion des entwässerten Bodens | s. Tafel 9 auf S. 1051 |
| cal $c_u$ | Rechenwert der Kohäsion des nicht entwässerten Bodens | |

**Tafel 63 Gültigkeitsbereich der Formeln für aktiven Erddruck** in Tafel 62

| | Wandneigung $\alpha$ | Geländeneigung $\beta$ |
|---|---|---|
| $\delta_a \geqq 0°$ | $+20° \geqq \alpha > 10°$ | $0° \leqq \beta \leqq \text{cal}\,\varphi'$ |
| | $+10° \geqq \alpha \geqq \min\alpha$ | $-\text{cal}\,\varphi \leqq \beta \leqq \varphi'$ |
| $\delta_a < 0°$ | $+20° \geqq \alpha \geqq \min\alpha$ | $-\text{cal}\,\varphi' \leqq \beta \leqq \frac{2}{3}\,\text{cal}\,\varphi'$ |

Der Grenzwinkel min $\alpha$ ergibt sich aus:

$$\min\tan\alpha = \frac{\cos(\text{cal}\,\varphi')}{\sin(\text{cal}\,\varphi') + \sqrt{\dfrac{\sin(\text{cal}\,\varphi'+\beta)}{\sin(\text{cal}\,\varphi'-\beta)}}} \qquad (143)$$

**Gültigkeitsbereich der Formeln für passiven Erddruck** in Tafel 62:

- bis cal $\varphi' \leqq 30°$ bei Wandflächen aus Beton oder Stahl,
- bis cal $\varphi' \leqq 35°$ bei verzahnten Wandflächen.

In den anderen Fällen ist mit gekrümmten oder gebrochenen Gleitflächen zu rechnen.

**Tafel 64 Maximale Wandreibungswinkel** n. DIN 4085

| Wand-beschaffenheit | ebene Gleitfläche | gekrümmte Gleitfläche |
|---|---|---|
| verzahnt | $\delta = \frac{2}{3}\,\text{cal}\,\varphi'$ | $\delta \leqq \text{cal}\,\varphi'$ |
| rauh[1]) | $\delta = \frac{2}{3}\,\text{cal}\,\varphi'$ | $27{,}5° \geqq \delta \leqq \text{cal}\,\varphi' - 2{,}5°$ |
| weniger rauh | $\delta = \frac{1}{3}\,\text{cal}\,\varphi'$ | $\delta = \frac{1}{2}\,\text{cal}\,\varphi'$ |
| glatt | $\delta = 0$ | $\delta = 0$ |

[1]) Im allgemeinen können unbehandelte Oberflächen von Stahl, Beton und Holz als rauh angesehen werden

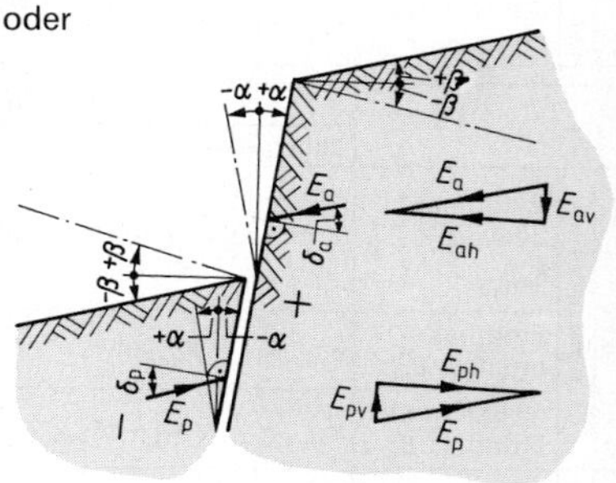


**Bild 24 Vorzeichenregeln für die Berechnung des aktiven und passiven Erddruckes**

**Berechnung von Erddrucklasten außerhalb des Gültigkeitsbereiches der Formeln** nach Tafel 62

**a) Aktiver Erddruck**

Mit gekrümmten oder gebrochenen Gleitflächen ([3], S. 221), ferner für nichtbindige Böden mit der Culmannschen *E*-Linie (Bild 31), für bindige Böden mit der Culmann-/Schmidtschen *E*-Linie.

**b) Passiver Erddruck** bei $\varphi > 30°$ (s.o.) bzw. $> 35°$ mit Erdwiderstandsbeiwert für gekrümmte Gleitflächen nach *Caquot/Kérisel* auf Tafel 68 (S. 1106).

Erdwiderstandsbeiwerte nach dem Gleitschema von *Streck* auf Tafel 69 u.a. für den Sonderfall des Erdwiderstandes vor Bohlträgern (siehe S. 1127).

## 8.2 Zwischenwerte des Erddrucks

### 8.2.1 Erdruhedruck

Mit Erdruhedruck muß bei unverschieblichen Bauwerken nach Bild 33 und ferner auch noch bei kleinen Verdrehungen bis zu einem Tangenswert von 0,00005 entsprechend einem horizontalen Verschiebungsweg von 1/20000 der Wandhöhe gerechnet werden.

Bei **waagerechtem Gelände** ($\alpha=\beta=0$) darf die Erdruhedrucklast näherungsweise als horizontal angreifend nach Gl. (144) angesetzt werden.

$$E_{og}=E_{ogh}=\tfrac{1}{2}h^2 \text{cal}\,\gamma\cdot k_{og} \quad (144) \qquad k_{og}=1-\sin \text{cal}\,\varphi' \quad (145)$$

Bei **ansteigendem Gelände** ($\alpha=0;\ \beta\neq0$) kann die Kraftrichtung parallel zur Geländeoberfläche angenommen werden, sofern bei verzahnter, rauher oder weniger rauher Wand die in Tafel 64 genannten Wandreibungswinkel nicht überschritten werden. Im Grenzfall $\delta=\beta=\text{cal}\,\varphi'$ erhält man für eine unendliche Ausdehnung der Böschung $k_{og}=\cos \text{cal}\,\varphi'$. Im Falle $0<\beta<\text{cal}\,\varphi'$ kann näherungsweise geradlinig in Abhängigkeit von der Geländeneigung $\beta$ interpoliert werden (s. Tafel 70). Für $\alpha\neq0$; $\beta=0$ s. [8]. Die **Kohäsion** bleibt unberücksichtigt, da sie im Ruhezustand nicht wirksam werden kann. **Geländeauflasten** können bei $\beta=0$ mit Formeln für den elastischen Halbraum berücksichtigt werden (s. [2], S. 237 u. S. 348 sowie EAB, EB 23), bei unbegrenzter Flächenlast mit $e_0=p\cdot k_0$ (s. S. 1126).

### 8.2.2 Erhöhter aktiver Erddruck

Reichen die Bewegungen der Wand nicht aus, um aktiven Erddruck auszulösen, oder werden sie durch Maßnahmen verhindert, ist **erhöhter aktiver Erddruck** anzusetzen, der größer als der aktive Erddruck, aber kleiner als der Erdruhedruck ist (s. EB 8 und 22 der EAB auf S. 1124). Der Bemessungsdruck darf auch in eine flächengleiche Lastfigur (s. Abschn. Baugruben) umgewandelt werden, jedoch getrennt für Bodeneigengewicht und Bauwerkslasten. Im allg. ist der Mittelwert $E_h=0{,}50\,(E_{oh}+E_{ah})$ ausreichend.

### 8.2.3 Verminderter passiver Erddruck

Durch Einführung eines Sicherheitsbeiwertes werden die zu erwartenden Bewegungen der Wand verringert. In die Berechnung wird dafür ein verminderter passiver Erddruck eingeführt. Hierzu s. S. 1126 unten.

### 8.2.4 Verdichtungserddruck

Bei starker Verdichtung des hinterfüllten Bodens kann es erforderlich sein, Verdichtungserddruck anzusetzen, der größer ist als der Erdruhedruck (s. Beiblatt 1).

## 8.3 Bemessungserddruck nach DIN V 1054-100 (4.96) mit Teilsicherheitsbeiwerten

Der Bemessungswert des aktiven Erddruckes ist für GZ 1 B mit den charakteristischen Werten der Scherparameter und Wandreibungswinkel zu ermitteln und anschließend mit den Teilsicherheitsbeiwerten $\gamma_E$ der Tafel 20 zu multiplizieren.

Der Bemessungswert des passiven Erddruckes wird entsprechend ermittelt und als Bodenwiderstand mit dem Teilsicherheitsbeiwert der Tafel 22 dividiert.

*Anmerkung* Der Ruhedruck wird mit den charakteristischen Größen berechnet, da er sich nicht auf einen Grenzzustand bezieht. Erhöhter aktiver Erddruck ist entsprechend zu berechnen.

## 8.4 Spannungsbilder für den Erddruck aus Bodeneigengewicht und Geländeauflasten

Eine **Änderung der Wichte** ergibt in der Erddruckfigur einen **Knick**, eine **Änderung des Reibungswinkels** einen **Sprung**. Die **Verkehrslast** vergrößert den Erddruck um den konstanten Wert $p\cdot K_{agh}$ über die Gesamthöhe des Bauwerkes (Bild 25). Eine

**Linienlast** bewirkt eine dreieckförmige Ausweitung der Erddruckfigur (Bild 28). Soweit keine Versuchsergebnisse vorliegen, sind die für den Erddruck maßgebenden Kenngrößen in den Tafeln 8 und 9 (S. 1051) zusammengestellt.

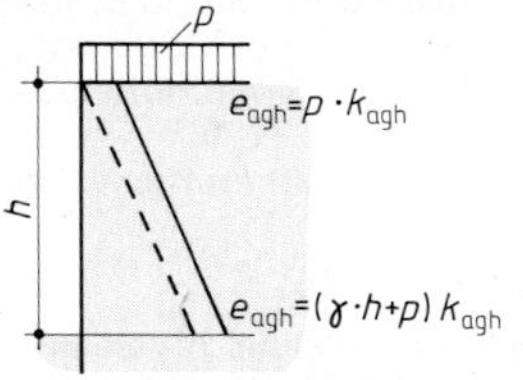


**Bild 25** Hydrostatische Erddruckverteilung bei gleichmäßiger Geländeauflast

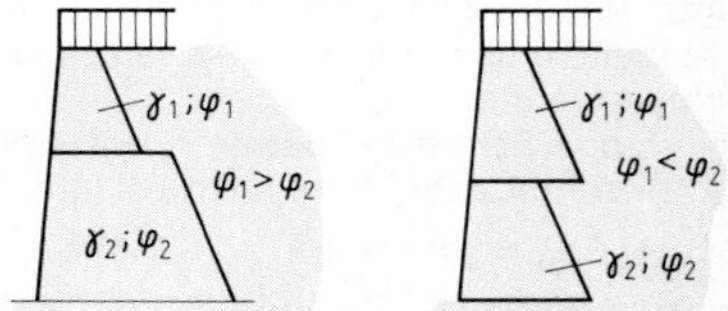


**Bild 26** Auswirkung des Reibungswinkels

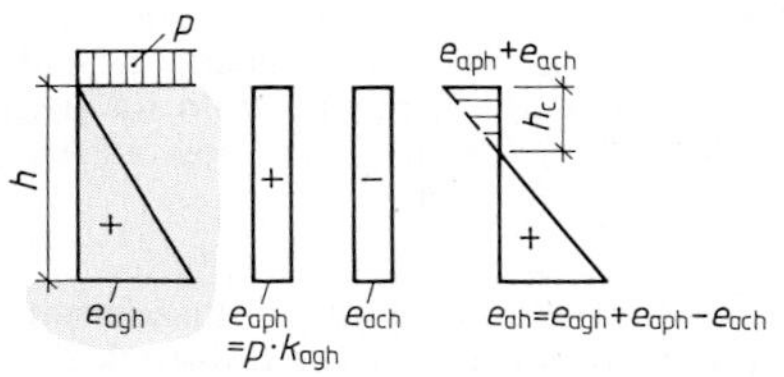


**Bild 27** Berücksichtigung der Kohäsion

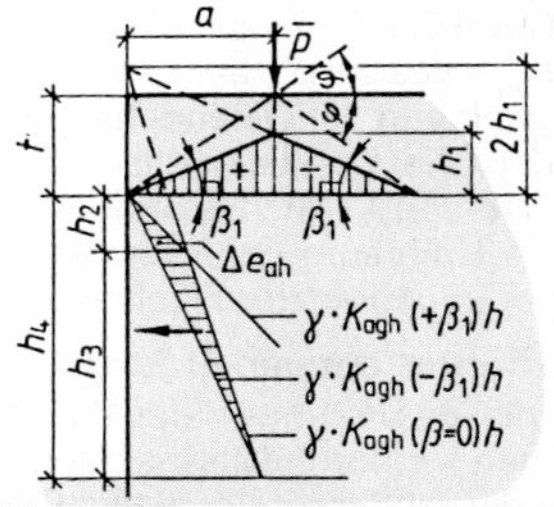


**Bild 28** Erddruck infolge einer kleinen Linienlast nach Jenne

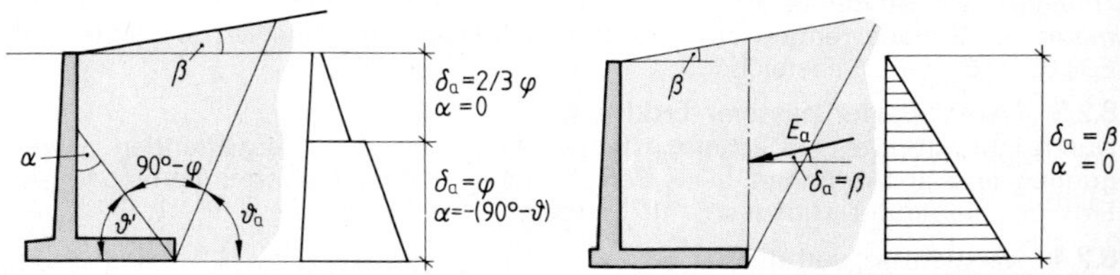


**a) Stützmauer mit kurzem Schenkel** **b) Stützmauer mit langem Schenkel**

**Bild 29** Erddruck auf eine Winkelstützmauer

Voraussetzung für Fall b): Die unter $\vartheta'$ geneigte vordere Gleitfläche schneidet die Geländeoberfläche

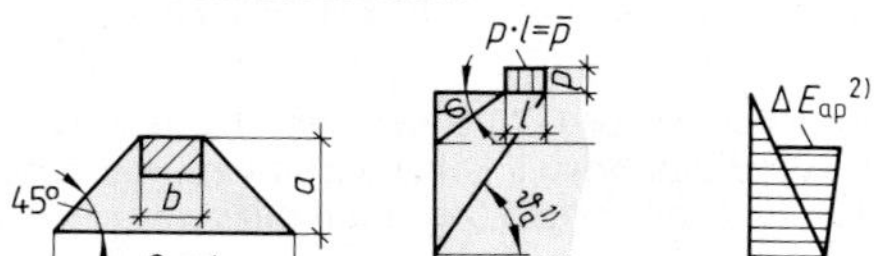


**a) rechnerische Angriffsbreite einer Punktlast** **b) rechnerische Angriffshöhe der Last** **c) dreieckförmige Verteilung der Erddruckspannung**

**Bild 30** Druckverteilung bei Einzel- und Linienlasten

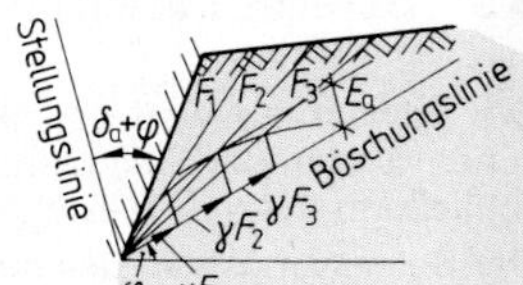


**Bild 31** **Erddruckermittlung** nach *Culman*

---

[1]) für $\alpha = 0 \quad \tan\vartheta_a = \tan\varphi + \sqrt{(1 + \tan^2\varphi)\dfrac{\tan\varphi - \tan\beta}{\tan\varphi + \tan\delta_a}}$ (146)

[2]) $\Delta E_{a\bar{p}} \cong \dfrac{\sin(\vartheta_a - \varphi)}{\cos(\vartheta_a - \varphi - \delta_a)} \cdot \bar{P} \quad \bar{p} = p \cdot l$ (s. Bild 30 b u. c) (147)

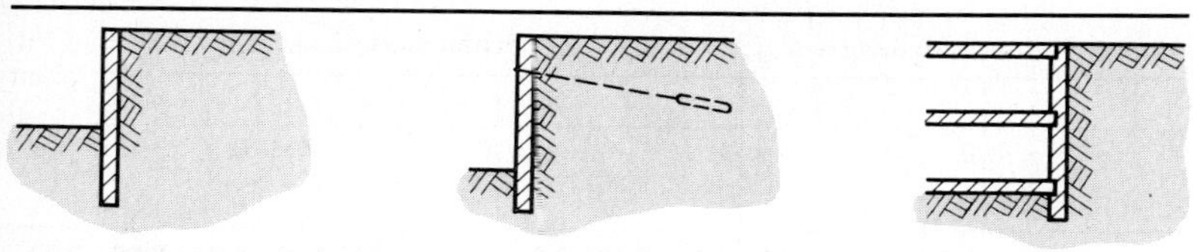

a) Im Boden eingespannte Spundwand oder Ortbetonwand

b) Rückverankerte Spundwand oder Ortbetonwand

c) In ein Bauwerk einbezogene Spundwand oder Ortbetonwand

d) Gegen eine Baugrubenwand betoniertes Bauwerk

e) Schwergewichtsmauer

f) Winkelstützmauer

**Bild 32** In der Regel für aktiven Erddruck zu bemessende Bauwerke (n. DIN 4085, Bbl. 1)

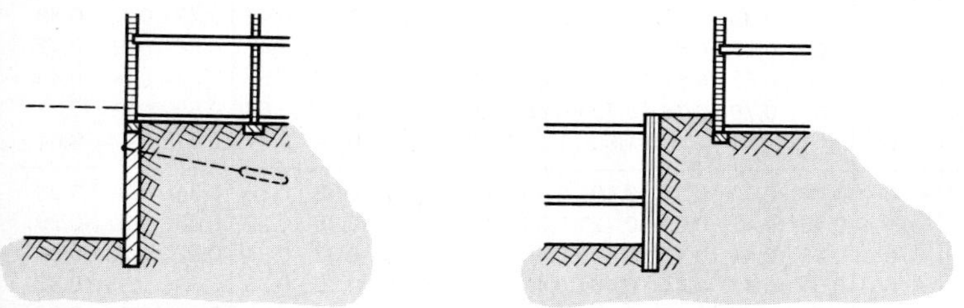

a) Unterfangungswand

b) Spundwand oder Ortbetonwand

**Bild 33** In der Regel für erhöhten Erddruck zu bemessende Bauwerke (n. DIN 4085, Bbl. 1)

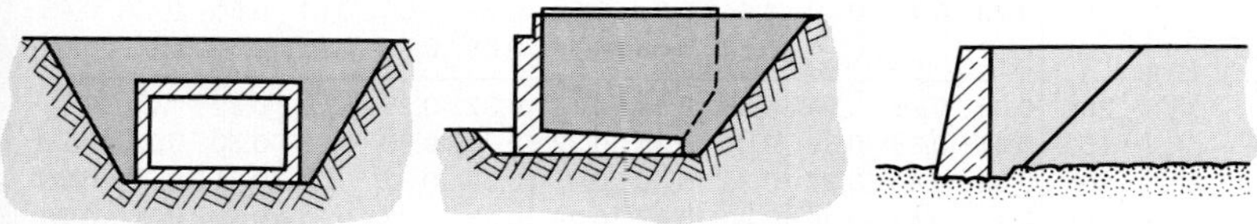

a) Tunnelbauwerk in abgeböschter Baugrube

b) Widerlagerbauwerk

c) Stützmauer auf Fels

**Bild 34** In der Regel für Erdruhedruck zu bemessende Bauwerke (nach DIN 4085, Bbl. 1)

## 8.5 Erddruck- und Erdwiderstandsbeiwerte

**Tafel 65** Erddruckbeiwerte für den Sonderfall $\alpha=0$ und $\beta=0$

| | $\delta=$ \ $\varphi°=$ | 10 | 12,5 | 15 | 17,5 | 20 | 22,5 | 25 | 27,5 | 30 | 32,5 | 35 | 37,5 | 40 | 45 |
|---|---|---|---|---|---|---|---|---|---|---|---|---|---|---|---|
| $K_a$ | 0 | 0,70 | 0,64 | 0,59 | 0,54 | 0,49 | 0,45 | 0,41 | 0,37 | 0,33 | 0,30 | 0,27 | 0,24 | 0,22 | 0,17 |
| $K_{ah}$ | $+\frac{2}{3}\varphi$ | 0,65 | 0,58 | 0,52 | 0,47 | 0,43 | 0,38 | 0,35 | 0,31 | 0,28 | 0,25 | 0,22 | 0,20 | 0,18 | 0,14 |
| $K_p$ | 0 | 1,42 | 1,55 | 1,70 | 1,86 | 2,04 | 2,24 | 2,46 | 2,72 | 3,00 | 3,32 | 3,69 | 4,11 | 4,60 | 5,83 |
| $K_{ph}$[1]) | $-\frac{2}{3}\varphi$ | 1,61 | 1,83 | 2,12 | 2,41 | 2,79 | 3,30 | 3,89 | 4,65 | 5,74 | 7,10 | 9,23 | 12,07 | 16,53 | 39,93 |
| $K_0$ | 0 | 0,83 | 0,78 | 0,74 | 0,70 | 0,66 | 0,62 | 0,58 | 0,54 | 0,50 | 0,46 | 0,43 | 0,39 | 0,36 | 0,29 |

[1]) s. Gültigkeitsbereich auf S. 1098

**Tafel 66 Erddruckbeiwerte $K_{agh}$ für ebene Gleitflächen** nach *Blum*, s. a. S. 1098

| | $\varphi=$ | 17,5° | | | 20° | | | 22,5° | | | 25° | | |
|---|---|---|---|---|---|---|---|---|---|---|---|---|---|
| $\alpha=$ | $\delta_a=$ / $\beta=$ | 0 | $\frac{1}{3}\varphi$ | $\frac{2}{3}\varphi$ | 0 | $\frac{1}{3}\varphi$ | $\frac{2}{3}\varphi$ | 0 | $\frac{1}{3}\varphi$ | $\frac{2}{3}\varphi$ | 0 | $\frac{1}{3}\varphi$ | $\frac{2}{3}\varphi$ |
| | −20° | 0,50 | 0,45 | 0,40 | 0,47 | 0,42 | 0,37 | 0,44 | 0,39 | 0,35 | 0,42 | 0,36 | 0,32 |
| | −15° | 0,53 | 0,48 | 0,43 | 0,50 | 0,45 | 0,40 | 0,47 | 0,42 | 0,37 | 0,44 | 0,39 | 0,34 |
| | −10° | 0,57 | 0,51 | 0,47 | 0,53 | 0,48 | 0,43 | 0,50 | 0,45 | 0,40 | 0,47 | 0,42 | 0,37 |
| | − 5° | 0,60 | 0,55 | 0,51 | 0,57 | 0,51 | 0,47 | 0,53 | 0,48 | 0,43 | 0,50 | 0,45 | 0,40 |
| −20° | 0° | 0,65 | 0,60 | 0,55 | 0,61 | 0,56 | 0,51 | 0,57 | 0,52 | 0,47 | 0,53 | 0,48 | 0,43 |
| | 5° | 0,70 | 0,65 | 0,61 | 0,66 | 0,61 | 0,56 | 0,61 | 0,56 | 0,52 | 0,57 | 0,52 | 0,47 |
| | 10° | 0,78 | 0,73 | 0,69 | 0,72 | 0,67 | 0,63 | 0,67 | 0,62 | 0,57 | 0,62 | 0,57 | 0,52 |
| | 15° | 0,90 | 0,87 | 0,84 | 0,82 | 0,77 | 0,74 | 0,75 | 0,70 | 0,66 | 0,69 | 0,64 | 0,59 |
| | 20° | | | | 1,13 | 1,13 | 1,13 | 0,88 | 0,84 | 0,81 | 0,78 | 0,74 | 0,70 |
| | −20° | 0,47 | 0,43 | 0,39 | 0,44 | 0,40 | 0,36 | 0,41 | 0,37 | 0,33 | 0,38 | 0,34 | 0,30 |
| | −15° | 0,50 | 0,45 | 0,42 | 0,46 | 0,42 | 0,38 | 0,43 | 0,39 | 0,35 | 0,40 | 0,36 | 0,32 |
| | −10° | 0,53 | 0,48 | 0,45 | 0,49 | 0,44 | 0,41 | 0,45 | 0,41 | 0,37 | 0,42 | 0,38 | 0,34 |
| | − 5° | 0,56 | 0,51 | 0,48 | 0,52 | 0,47 | 0,44 | 0,48 | 0,44 | 0,40 | 0,44 | 0,40 | 0,37 |
| −10° | 0° | 0,59 | 0,55 | 0,52 | 0,55 | 0,51 | 0,47 | 0,51 | 0,47 | 0,43 | 0,47 | 0,43 | 0,39 |
| | 5° | 0,64 | 0,60 | 0,57 | 0,59 | 0,55 | 0,51 | 0,55 | 0,50 | 0,47 | 0,50 | 0,46 | 0,42 |
| | 10° | 0,70 | 0,67 | 0,64 | 0,64 | 0,61 | 0,57 | 0,59 | 0,55 | 0,52 | 0,54 | 0,50 | 0,46 |
| | 15° | 0,81 | 0,79 | 0,76 | 0,73 | 0,69 | 0,66 | 0,65 | 0,62 | 0,58 | 0,59 | 0,55 | 0,52 |
| | 20° | | | | 1,00 | 1,00 | 1,00 | 0,77 | 0,74 | 0,71 | 0,67 | 0,64 | 0,61 |
| | −20° | 0,44 | 0,40 | 0,37 | 0,40 | 0,36 | 0,34 | 0,37 | 0,33 | 0,30 | 0,34 | 0,30 | 0,28 |
| | −15° | 0,46 | 0,42 | 0,39 | 0,42 | 0,38 | 0,35 | 0,38 | 0,35 | 0,32 | 0,35 | 0,32 | 0,29 |
| | −10° | 0,48 | 0,44 | 0,41 | 0,44 | 0,40 | 0,37 | 0,40 | 0,37 | 0,34 | 0,37 | 0,33 | 0,31 |
| | − 5° | 0,51 | 0,47 | 0,44 | 0,46 | 0,43 | 0,40 | 0,42 | 0,39 | 0,36 | 0,39 | 0,35 | 0,32 |
| 0° | 0° | 0,54 | 0,50 | 0,47 | 0,49 | 0,45 | 0,43 | 0,45 | 0,41 | 0,38 | 0,41 | 0,37 | 0,35 |
| | 5° | 0,58 | 0,54 | 0,52 | 0,52 | 0,49 | 0,46 | 0,48 | 0,44 | 0,41 | 0,43 | 0,40 | 0,37 |
| | 10° | 0,63 | 0,60 | 0,58 | 0,57 | 0,54 | 0,51 | 0,51 | 0,48 | 0,45 | 0,46 | 0,43 | 0,40 |
| | 15° | 0,73 | 0,71 | 0,69 | 0,64 | 0,61 | 0,59 | 0,57 | 0,54 | 0,51 | 0,50 | 0,47 | 0,45 |
| | 20° | | | | 0,88 | 0,88 | 0,88 | 0,66 | 0,64 | 0,62 | 0,57 | 0,55 | 0,52 |
| | −20° | 0,39 | 0,36 | 0,34 | 0,35 | 0,33 | 0,30 | 0,32 | 0,29 | 0,27 | 0,29 | 0,26 | 0,24 |
| | −15° | 0,41 | 0,38 | 0,35 | 0,37 | 0,34 | 0,32 | 0,33 | 0,30 | 0,28 | 0,30 | 0,27 | 0,25 |
| | −10° | 0,43 | 0,40 | 0,37 | 0,39 | 0,36 | 0,33 | 0,35 | 0,32 | 0,30 | 0,31 | 0,28 | 0,26 |
| | 5° | 0,45 | 0,42 | 0,40 | 0,40 | 0,37 | 0,35 | 0,36 | 0,33 | 0,31 | 0,32 | 0,30 | 0,28 |
| 10° | 0° | 0,48 | 0,45 | 0,42 | 0,43 | 0,40 | 0,37 | 0,38 | 0,35 | 0,33 | 0,34 | 0,31 | 0,29 |
| | 5° | 0,51 | 0,48 | 0,46 | 0,45 | 0,43 | 0,40 | 0,40 | 0,38 | 0,36 | 0,36 | 0,33 | 0,31 |
| | 10° | 0,56 | 0,53 | 0,51 | 0,49 | 0,47 | 0,44 | 0,43 | 0,41 | 0,39 | 0,38 | 0,36 | 0,34 |
| | 15° | 0,65 | 0,63 | 0,61 | 0,55 | 0,53 | 0,51 | 0,48 | 0,46 | 0,44 | 0,42 | 0,39 | 0,38 |
| | 20° | | | | 0,77 | 0,77 | 0,77 | 0,56 | 0,55 | 0,53 | 0,47 | 0,45 | 0,44 |
| | −20° | 0,34 | 0,32 | 0,30 | 0,30 | 0,28 | 0,26 | 0,26 | 0,24 | 0,23 | 0,23 | 0,21 | 0,20 |
| | −15° | 0,36 | 0,33 | 0,31 | 0,31 | 0,29 | 0,27 | 0,27 | 0,25 | 0,24 | 0,24 | 0,22 | 0,21 |
| | −10° | 0,37 | 0,34 | 0,33 | 0,33 | 0,30 | 0,28 | 0,28 | 0,26 | 0,25 | 0,25 | 0,23 | 0,22 |
| | − 5° | 0,39 | 0,36 | 0,34 | 0,34 | 0,32 | 0,30 | 0,30 | 0,28 | 0,26 | 0,26 | 0,33 | 0,22 |
| 20° | 0° | 0,41 | 0,38 | 0,37 | 0,36 | 0,33 | 0,32 | 0,31 | 0,29 | 0,27 | 0,27 | 0,25 | 0,24 |
| | 5° | 0,44 | 0,41 | 0,40 | 0,38 | 0,36 | 0,34 | 0,33 | 0,31 | 0,29 | 0,28 | 0,27 | 0,25 |
| | 10° | 0,48 | 0,48 | 0,44 | 0,41 | 0,39 | 0,37 | 0,35 | 0,33 | 0,32 | 0,30 | 0,29 | 0,27 |
| | 15° | 0,56 | 0,54 | 0,53 | 0,46 | 0,45 | 0,43 | 0,39 | 0,37 | 0,36 | 0,33 | 0,31 | 0,30 |
| | 20° | | | | 0,66 | 0,66 | 0,66 | 0,46 | 0,45 | 0,44 | 0,38 | 0,36 | 0,35 |

**Tafel 66,** Fortsetzung

| 27,5° | | | 30,0° | | | 32,5° | | | 35,0° | | | 40° | | |
|---|---|---|---|---|---|---|---|---|---|---|---|---|---|---|
| 0 | $\frac{1}{3}\varphi$ | $\frac{2}{3}\varphi$ | 0 | $\frac{1}{3}\varphi$ | $\frac{2}{3}\varphi$ | 0 | $\frac{1}{3}\varphi$ | $\frac{2}{3}\varphi$ | 0 | $\frac{1}{3}\varphi$ | $\frac{2}{3}\varphi$ | 0 | $\frac{1}{3}\varphi$ | $\frac{2}{3}\varphi$ |
| 0,39 | 0,34 | 0,30 | 0,37 | 0,32 | 0,27 | 0,34 | 0,30 | 0,25 | 0,32 | 0,28 | 0,24 | 0,28 | 0,24 | 0,20 |
| 0,42 | 0,36 | 0,32 | 0,39 | 0,34 | 0,30 | 0,37 | 0,32 | 0,27 | 0,34 | 0,29 | 0,25 | 0,30 | 0,26 | 0,21 |
| 0,44 | 0,39 | 0,34 | 0,41 | 0,36 | 0,32 | 0,39 | 0,34 | 0,29 | 0,36 | 0,31 | 0,27 | 0,32 | 0,27 | 0,23 |
| 0,47 | 0,42 | 0,37 | 0,44 | 0,39 | 0,34 | 0,41 | 0,36 | 0,31 | 0,38 | 0,33 | 0,29 | 0,33 | 0,29 | 0,24 |
| 0,50 | 0,45 | 0,40 | 0,47 | 0,41 | 0,37 | 0,44 | 0,38 | 0,34 | 0,41 | 0,36 | 0,31 | 0,35 | 0,31 | 0,26 |
| 0,54 | 0,48 | 0,43 | 0,50 | 0,45 | 0,40 | 0,47 | 0,41 | 0,36 | 0,43 | 0,38 | 0,33 | 0,37 | 0,32 | 0,28 |
| 0,58 | 0,52 | 0,48 | 0,54 | 0,48 | 0,43 | 0,50 | 0,45 | 0,40 | 0,46 | 0,41 | 0,36 | 0,40 | 0,35 | 0,30 |
| 0,63 | 0,58 | 0,53 | 0,58 | 0,53 | 0,48 | 0,54 | 0,49 | 0,44 | 0,50 | 0,44 | 0,40 | 0,42 | 0,37 | 0,33 |
| 0,71 | 0,66 | 0,61 | 0,65 | 0,59 | 0,55 | 0,59 | 0,54 | 0,49 | 0,54 | 0,49 | 0,44 | 0,45 | 0,40 | 0,36 |
| 0,35 | 0,31 | 0,28 | 0,33 | 0,29 | 0,26 | 0,30 | 0,27 | 0,24 | 0,28 | 0,24 | 0,22 | 0,24 | 0,21 | 0,18 |
| 0,37 | 0,33 | 0,30 | 0,34 | 0,30 | 0,27 | 0,32 | 0,28 | 0,25 | 0,29 | 0,26 | 0,23 | 0,25 | 0,22 | 0,19 |
| 0,39 | 0,35 | 0,31 | 0,36 | 0,32 | 0,29 | 0,33 | 0,30 | 0,26 | 0,31 | 0,27 | 0,24 | 0,26 | 0,23 | 0,20 |
| 0,41 | 0,37 | 0,33 | 0,38 | 0,34 | 0,31 | 0,35 | 0,31 | 0,28 | 0,32 | 0,29 | 0,25 | 0,27 | 0,24 | 0,21 |
| 0,43 | 0,39 | 0,36 | 0,40 | 0,36 | 0,33 | 0,37 | 0,33 | 0,30 | 0,34 | 0,30 | 0,27 | 0,28 | 0,25 | 0,22 |
| 0,46 | 0,42 | 0,39 | 0,42 | 0,38 | 0,35 | 0,39 | 0,35 | 0,32 | 0,36 | 0,32 | 0,29 | 0,30 | 0,26 | 0,24 |
| 0,50 | 0,45 | 0,42 | 0,45 | 0,41 | 0,38 | 0,41 | 0,38 | 0,34 | 0,38 | 0,34 | 0,31 | 0,31 | 0,28 | 0,25 |
| 0,54 | 0,50 | 0,46 | 0,49 | 0,45 | 0,42 | 0,45 | 0,41 | 0,37 | 0,40 | 0,37 | 0,33 | 0,33 | 0,30 | 0,27 |
| 0,60 | 0,56 | 0,53 | 0,54 | 0,50 | 0,47 | 0,49 | 0,45 | 0,41 | 0,44 | 0,40 | 0,37 | 0,35 | 0,32 | 0,29 |
| 0,31 | 0,28 | 0,25 | 0,28 | 0,25 | 0,23 | 0,25 | 0,23 | 0,21 | 0,23 | 0,21 | 0,19 | 0,19 | 0,17 | 0,15 |
| 0,32 | 0,29 | 0,26 | 0,29 | 0,26 | 0,24 | 0,26 | 0,24 | 0,22 | 0,24 | 0,21 | 0,19 | 0,19 | 0,17 | 0,16 |
| 0,33 | 0,30 | 0,28 | 0,30 | 0,27 | 0,25 | 0,28 | 0,25 | 0,23 | 0,25 | 0,22 | 0,20 | 0,20 | 0,18 | 0,16 |
| 0,35 | 0,32 | 0,29 | 0,32 | 0,29 | 0,26 | 0,29 | 0,26 | 0,24 | 0,26 | 0,23 | 0,21 | 0,21 | 0,19 | 0,17 |
| 0,37 | 0,34 | 0,31 | 0,33 | 0,30 | 0,28 | 0,30 | 0,27 | 0,25 | 0,27 | 0,25 | 0,22 | 0,22 | 0,20 | 0,18 |
| 0,39 | 0,36 | 0,33 | 0,35 | 0,32 | 0,30 | 0,32 | 0,29 | 0,27 | 0,28 | 0,26 | 0,24 | 0,23 | 0,21 | 0,19 |
| 0,42 | 0,38 | 0,36 | 0,37 | 0,34 | 0,32 | 0,34 | 0,31 | 0,28 | 0,30 | 0,27 | 0,25 | 0,24 | 0,22 | 0,20 |
| 0,45 | 0,42 | 0,39 | 0,40 | 0,37 | 0,35 | 0,36 | 0,33 | 0,31 | 0,32 | 0,29 | 0,27 | 0,25 | 0,23 | 0,21 |
| 0,50 | 0,47 | 0,45 | 0,44 | 0,41 | 0,39 | 0,39 | 0,36 | 0,34 | 0,34 | 0,32 | 0,30 | 0,27 | 0,24 | 0,23 |
| 0,26 | 0,23 | 0,22 | 0,23 | 0,21 | 0,19 | 0,20 | 0,18 | 0,17 | 0,18 | 0,16 | 0,15 | 0,14 | 0,13 | 0,12 |
| 0,27 | 0,24 | 0,22 | 0,24 | 0,22 | 0,20 | 0,21 | 0,19 | 0,18 | 0,19 | 0,17 | 0,16 | 0,14 | 0,13 | 0,12 |
| 0,28 | 0,25 | 0,23 | 0,25 | 0,22 | 0,21 | 0,22 | 0,20 | 0,18 | 0,19 | 0,17 | 0,16 | 0,15 | 0,13 | 0,12 |
| 0,29 | 0,26 | 0,25 | 0,25 | 0,23 | 0,22 | 0,23 | 0,21 | 0,19 | 0,20 | 0,18 | 0,17 | 0,15 | 0,14 | 0,13 |
| 0,30 | 0,28 | 0,26 | 0,27 | 0,25 | 0,23 | 0,23 | 0,22 | 0,20 | 0,21 | 0,19 | 0,18 | 0,16 | 0,14 | 0,13 |
| 0,32 | 0,29 | 0,28 | 0,28 | 0,26 | 0,24 | 0,25 | 0,23 | 0,21 | 0,21 | 0,20 | 0,18 | 0,16 | 0,15 | 0,14 |
| 0,34 | 0,31 | 0,30 | 0,30 | 0,27 | 0,26 | 0,26 | 0,24 | 0,22 | 0,23 | 0,21 | 0,19 | 0,17 | 0,16 | 0,14 |
| 0,36 | 0,34 | 0,32 | 0,32 | 0,30 | 0,28 | 0,28 | 0,26 | 0,24 | 0,24 | 0,22 | 0,21 | 0,18 | 0,16 | 0,15 |
| 0,41 | 0,38 | 0,37 | 0,35 | 0,33 | 0,31 | 0,30 | 0,28 | 0,26 | 0,26 | 0,24 | 0,23 | 0,19 | 0,17 | 0,16 |
| 0,20 | 0,19 | 0,17 | 0,17 | 0,16 | 0,15 | 0,15 | 0,14 | 0,13 | 0,13 | 0,12 | 0,11 | 0,09 | 0,08 | 0,08 |
| 0,21 | 0,19 | 0,18 | 0,18 | 0,17 | 0,16 | 0,15 | 0,14 | 0,13 | 0,13 | 0,12 | 0,11 | 0,09 | 0,09 | 0,08 |
| 0,21 | 0,20 | 0,19 | 0,19 | 0,17 | 0,16 | 0,16 | 0,15 | 0,14 | 0,13 | 0,12 | 0,12 | 0,09 | 0,09 | 0,08 |
| 0,22 | 0,21 | 0,19 | 0,19 | 0,18 | 0,17 | 0,16 | 0,15 | 0,14 | 0,14 | 0,13 | 0,12 | 0,10 | 0,09 | 0,09 |
| 0,23 | 0,22 | 0,20 | 0,20 | 0,19 | 0,17 | 0,17 | 0,16 | 0,15 | 0,14 | 0,13 | 0,13 | 0,10 | 0,09 | 0,09 |
| 0,24 | 0,23 | 0,22 | 0,21 | 0,19 | 0,18 | 0,18 | 0,16 | 0,16 | 0,15 | 0,14 | 0,13 | 0,10 | 0,10 | 0,09 |
| 0,26 | 0,24 | 0,23 | 0,22 | 0,21 | 0,19 | 0,19 | 0,17 | 0,16 | 0,16 | 0,15 | 0,14 | 0,11 | 0,10 | 0,09 |
| 0,28 | 0,26 | 0,25 | 0,24 | 0,22 | 0,21 | 0,20 | 0,19 | 0,18 | 0,16 | 0,15 | 0,15 | 0,11 | 0,10 | 0,10 |
| 0,31 | 0,30 | 0,28 | 0,26 | 0,24 | 0,23 | 0,21 | 0,20 | 0,19 | 0,18 | 0,17 | 0,16 | 0,12 | 0,11 | 0,10 |

**Tafel 67 Erdwiderstandsbeiwerte $K_{pgh}$ für ebene Gleitflächen** nach *Blum*, s. a. S. 1098

| | $\varphi=$ | 17,5° | | | 20° | | | 22,5° | | | 25° | | |
|---|---|---|---|---|---|---|---|---|---|---|---|---|---|
| $\alpha=$ | $\delta_p=$ / $\beta=$ | 0 | $-\frac{1}{3}\varphi$ | $-\frac{2}{3}\varphi$ | 0 | $-\frac{1}{3}\varphi$ | $-\frac{2}{3}\varphi$ | 0 | $-\frac{1}{3}\varphi$ | $-\frac{2}{3}\varphi$ | 0 | $-\frac{1}{3}\varphi$ | $-\frac{2}{3}\varphi$ |
| | −20° | | | | 0,67 | 0,67 | 0,67 | 0,86 | 0,90 | 0,93 | 0,95 | 1,01 | 1,08 |
| | −15° | 0,94 | 0,98 | 1,01 | 1,03 | 1,10 | 1,16 | 1,11 | 1,21 | 1,30 | 1,19 | 1,32 | 1,45 |
| | −10° | 1,17 | 1,26 | 1,35 | 1,25 | 1,37 | 1,49 | 1,33 | 1,49 | 1,66 | 1,41 | 1,62 | 1,85 |
| | − 5° | 1,36 | 1,51 | 1,65 | 1,45 | 1,64 | 1,83 | 1,54 | 1,78 | 2,04 | 1,64 | 1,94 | 2,28 |
| −20° | 0° | 1,54 | 1,75 | 1,96 | 1,64 | 1,91 | 2,19 | 1,75 | 2,09 | 2,45 | 1,87 | 2,29 | 2,76 |
| | 5° | 1,72 | 2,00 | 2,29 | 1,84 | 2,19 | 2,58 | 1,97 | 2,41 | 2,92 | 2,11 | 2,66 | 3,32 |
| | 10° | 1,90 | 2,25 | 2,64 | 2,04 | 2,50 | 3,01 | 2,20 | 2,77 | 3,45 | 2,38 | 3,09 | 3,98 |
| | 15° | 2,09 | 2,53 | 3,04 | 2,26 | 2,83 | 3,50 | 2,45 | 3,17 | 4,07 | 2,66 | 3,57 | 4,77 |
| | 20° | 2,28 | 2,84 | 3,48 | 2,49 | 3,20 | 4,08 | 2,72 | 3,63 | 4,82 | 2,98 | 4,13 | 5,75 |
| | −20° | | | | 0,77 | 0,77 | 0,77 | 0,99 | 1,04 | 1,08 | 1,10 | 1,18 | 1,26 |
| | −15° | 1,05 | 1,09 | 1,13 | 1,16 | 1,23 | 1,30 | 1,26 | 1,37 | 1,48 | 1,36 | 1,52 | 1,68 |
| | −20° | 1,29 | 1,39 | 1,48 | 1,39 | 1,53 | 1,67 | 1,49 | 1,68 | 1,88 | 1,61 | 1,85 | 2,12 |
| | − 5° | 1,49 | 1,65 | 1,81 | 1,60 | 1,81 | 2,04 | 1,72 | 2,00 | 2,31 | 1,86 | 2,22 | 2,63 |
| −10° | 0° | 1,68 | 1,91 | 2,15 | 1,82 | 2,11 | 2,44 | 1,96 | 2,35 | 2,79 | 2,12 | 2,62 | 3,21 |
| | 5° | 1,88 | 2,18 | 2,52 | 2,04 | 2,44 | 2,90 | 2,21 | 2,73 | 3,35 | 2,41 | 3,07 | 3,91 |
| | 10° | 2,08 | 2,48 | 2,94 | 2,27 | 2,80 | 3,42 | 2,49 | 3,16 | 4,02 | 2,73 | 3,60 | 4,78 |
| | 15° | 2,30 | 2,81 | 3,42 | 2,53 | 3,20 | 4,05 | 2,79 | 3,67 | 4,85 | 3,08 | 4,23 | 5,89 |
| | 20° | 2,54 | 3,19 | 3,99 | 2,82 | 3,68 | 4,82 | 3,13 | 4,28 | 5,90 | 3,50 | 5,01 | 7,35 |
| | −20° | | | | 0,89 | 0,89 | 0,89 | 1,14 | 1,19 | 1,24 | 1,28 | 1,37 | 1,47 |
| | −15° | 1,17 | 1,21 | 1,26 | 1,30 | 1,39 | 1,47 | 1,43 | 1,56 | 1,70 | 1,57 | 1,76 | 1,96 |
| | −10° | 1,42 | 1,53 | 1,65 | 1,55 | 1,71 | 1,88 | 1,69 | 1,92 | 2,17 | 1,85 | 2,15 | 2,50 |
| | − 5° | 1,64 | 1,83 | 2,02 | 1,79 | 2,04 | 2,32 | 1,96 | 2,30 | 2,68 | 2,14 | 2,59 | 3,13 |
| 0° | 0° | 1,86 | 2,13 | 2,42 | 2,04 | 2,40 | 2,81 | 2,24 | 2,72 | 3,30 | 2,46 | 3,09 | 3,91 |
| | 5° | 2,09 | 2,45 | 2,87 | 2,30 | 2,79 | 3,39 | 2,55 | 3,20 | 4,04 | 2,82 | 3,69 | 4,89 |
| | 10° | 2,33 | 2,82 | 3,40 | 2,60 | 3,25 | 4,09 | 2,89 | 3,78 | 4,99 | 3,24 | 4,42 | 6,19 |
| | 15° | 2,60 | 3,25 | 4,05 | 2,93 | 3,80 | 4,98 | 3,30 | 4,49 | 6,24 | 3,72 | 5,34 | 8.00 |
| | 20° | 2,91 | 3,76 | 4,87 | 3,31 | 4,48 | 6,16 | 3,78 | 5,39 | 7,99 | 4,32 | 6,57 | 10,68 |
| | −20° | | | | 1,00 | 1,00 | 1,00 | 1,30 | 1,37 | 1,44 | 1,48 | 1,61 | 1,74 |
| | −15° | 1,30 | 1,35 | 1,41 | 1,47 | 1,57 | 1,68 | 1,64 | 1,80 | 1,99 | 1,82 | 2,07 | 2,35 |
| | −10° | 1,58 | 1,72 | 1,86 | 1,76 | 1,96 | 2,18 | 1,95 | 2,23 | 2,57 | 2,16 | 2,56 | 3,05 |
| | − 5° | 1,84 | 2,06 | 2,31 | 2,04 | 2,36 | 2,73 | 2,27 | 2,71 | 3,25 | 2,53 | 3,13 | 3,93 |
| 10° | 0° | 2,10 | 2,43 | 2,82 | 2,35 | 2,81 | 3,38 | 2,63 | 3,26 | 4,11 | 2,95 | 3,82 | 5,08 |
| | 5° | 2,38 | 2,85 | 3,42 | 2,69 | 3,34 | 4,19 | 3,04 | 3,94 | 5,23 | 3,44 | 4,70 | 6,68 |
| | 10° | 2,70 | 3,35 | 4,18 | 3,08 | 3,99 | 5,27 | 3,52 | 4,80 | 6,80 | 4,04 | 5,85 | 9,04 |
| | 15° | 3,07 | 3,96 | 5,18 | 3,54 | 4,82 | 6,76 | 4,11 | 5,95 | 9,12 | 4,79 | 7,45 | 12,85 |
| | 20° | 3,52 | 4,75 | 6,57 | 4,13 | 5,94 | 8,99 | 4,87 | 7,56 | 12,89 | 5,78 | 9,85 | 19,76 |
| | −20° | | | | 1,13 | 1,13 | 1,13 | 1,50 | 1,59 | 1,68 | 1,75 | 1,91 | 2,10 |
| | −15° | 1,45 | 1,52 | 1,60 | 1,68 | 1,81 | 1,96 | 1,91 | 2,13 | 2,39 | 2,17 | 2,50 | 2,92 |
| | −10° | 1,79 | 1,96 | 2,15 | 2,03 | 2,30 | 2,60 | 2,30 | 2,69 | 3,18 | 2,61 | 3,18 | 3,95 |
| | − 5° | 2,11 | 2,40 | 2,74 | 2,39 | 2,82 | 3,36 | 2,73 | 3,35 | 4,20 | 3,11 | 4,00 | 5,35 |
| 20° | 0° | 2,44 | 2,90 | 3,46 | 2,80 | 3,46 | 3,34 | 3,22 | 4,17 | 5,59 | 3,71 | 5,09 | 7,41 |
| | 5° | 2,83 | 3,49 | 4,37 | 3,28 | 4,25 | 5,69 | 3,81 | 5,25 | 7,64 | 4,46 | 6,58 | 10,72 |
| | 10° | 3,28 | 4,25 | 5,65 | 3,86 | 5,32 | 7,69 | 4,57 | 6,77 | 10,97 | 5,45 | 8,82 | 16,74 |
| | 15° | 3,85 | 5,28 | 7,54 | 4,62 | 6,84 | 10,96 | 5,59 | 9,08 | 17,13 | 6,82 | 12,48 | 30,00 |
| | 20° | 4,60 | 6,77 | 10,67 | 5,66 | 9,20 | 17,13 | 7.04 | 13,00 | 31,17 | 8,88 | 19,37 | 71,54 |

**Tafel 67**, Fortsetzung

| 27,5° | | | 30,0° | | | 32,5° | | | 35,0° | | | 40° | | |
|---|---|---|---|---|---|---|---|---|---|---|---|---|---|---|
| 0 | $-\frac{1}{3}\varphi$ | $-\frac{2}{3}\varphi$ | 0 | $-\frac{1}{3}\varphi$ | $-\frac{2}{3}\varphi$ | 0 | $-\frac{1}{3}\varphi$ | $-\frac{2}{3}\varphi$ | 0 | $-\frac{1}{3}\varphi$ | $-\frac{2}{3}\varphi$ | 0 | $-\frac{1}{3}\varphi$ | $-\frac{2}{3}\varphi$ |
| 1,02 | 1,12 | 1,22 | 1,10 | 1,24 | 1,38 | 1,17 | 1,35 | 1,54 | 1,25 | 1,48 | 1,74 | 1,41 | 1,77 | 2,21 |
| 1,26 | 1,44 | 1,62 | 1,34 | 1,57 | 1,81 | 1,43 | 1,71 | 2,03 | 1,52 | 1,87 | 2,29 | 1,72 | 2,25 | 2,96 |
| 1,50 | 1,77 | 2,06 | 1,60 | 1,93 | 2,31 | 1,70 | 2,11 | 2,61 | 1,81 | 2,32 | 2,96 | 2,05 | 2,81 | 3,90 |
| 1,74 | 2,12 | 2,56 | 1,86 | 2,33 | 2,89 | 1,98 | 2,56 | 3,29 | 2,12 | 2,82 | 3,77 | 2,42 | 3,48 | 5,12 |
| 2,00 | 2,51 | 3,13 | 2,14 | 2,77 | 3,58 | 2,29 | 3,07 | 4,12 | 2,45 | 3,42 | 4,80 | 2,84 | 4,29 | 6,75 |
| 2,27 | 2,95 | 3,81 | 2,44 | 3,28 | 4,42 | 2,63 | 3,67 | 5,17 | 2,83 | 4,12 | 6,12 | 3,31 | 5,30 | 9,00 |
| 2,57 | 3,45 | 4,63 | 2,77 | 3,88 | 5,45 | 3,01 | 4,38 | 6,50 | 3,26 | 4,98 | 7,87 | 3,87 | 6,58 | 12,25 |
| 2,89 | 4,04 | 5,65 | 3,15 | 4,59 | 6,78 | 3,44 | 5,25 | 8,27 | 3,76 | 6,05 | 10,29 | 4,53 | 8,26 | 17,25 |
| 3,26 | 4,73 | 6,95 | 3,58 | 5,45 | 8,55 | 3,94 | 6,34 | 10,72 | 4,34 | 7,43 | 13,80 | 5,34 | 10,56 | 25,57 |
| 1,20 | 1,32 | 1,45 | 1,30 | 1,47 | 1,65 | 1,41 | 1,63 | 1,89 | 1,52 | 1,81 | 2,16 | 1,76 | 2,23 | 2,88 |
| 1,47 | 1,68 | 1,90 | 1,58 | 1,85 | 2,16 | 1,70 | 2,05 | 2,47 | 1,83 | 2,28 | 2,85 | 2,12 | 2,83 | 3,88 |
| 1,73 | 2,05 | 2,42 | 1,86 | 2,27 | 2,76 | 2,01 | 2,52 | 3,19 | 2,16 | 2,82 | 3,71 | 2,53 | 3,56 | 5,21 |
| 2,00 | 2,46 | 3,01 | 2,16 | 2,74 | 3,49 | 2,34 | 3,07 | 4,07 | 2,54 | 3,46 | 4,82 | 2,99 | 4,45 | 7,06 |
| 2,30 | 2,93 | 3,73 | 2,50 | 3,29 | 4,38 | 2,71 | 3,72 | 5,21 | 2,96 | 4,23 | 6,29 | 3,53 | 5,60 | 9,75 |
| 2,63 | 3,47 | 4,62 | 2,87 | 3,94 | 5,53 | 3,14 | 4,51 | 6,72 | 3,44 | 5,20 | 8,33 | 4,18 | 7,11 | 13,88 |
| 2,99 | 4,12 | 5,76 | 3,29 | 4,74 | 7,05 | 3,63 | 5,51 | 8,81 | 4,02 | 6,45 | 11,30 | 4,97 | 9,18 | 20,80 |
| 3,41 | 4,91 | 7,27 | 3,79 | 5,74 | 9,16 | 4,22 | 6,79 | 11,87 | 4,71 | 8,12 | 15,93 | 5,96 | 12,16 | 33,83 |
| 3,91 | 5,91 | 9,36 | 4,38 | 7,05 | 12,26 | 4,93 | 8,52 | 16,67 | 5,58 | 10,46 | 23,85 | 7,25 | 16,76 | 63,49 |
| 1,41 | 1,56 | 1,72 | 1,55 | 1,76 | 2,00 | 1,69 | 1,98 | 2,34 | 1,85 | 2,24 | 2,74 | 2,20 | 2,87 | 3,89 |
| 1,71 | 1,97 | 2,27 | 1,87 | 2,22 | 2,64 | 2,04 | 2,50 | 3,10 | 2,22 | 2,83 | 3,68 | 2,66 | 3,68 | 5,40 |
| 2,02 | 2,42 | 2,91 | 2,20 | 2,73 | 3,43 | 2,41 | 3,10 | 4,08 | 2,64 | 3,54 | 4,92 | 3,19 | 4,71 | 7,61 |
| 2,35 | 2,93 | 3,70 | 2,58 | 3,34 | 4,42 | 2,83 | 3,83 | 5,37 | 3,12 | 4,42 | 6,64 | 3,83 | 6,06 | 11,01 |
| 2,72 | 3,54 | 4,70 | 3,00 | 4,08 | 5,74 | 3,32 | 4,74 | 7,15 | 3,69 | 5,56 | 9,15 | 4,60 | 7,93 | 16,73 |
| 3,14 | 4,28 | 6,02 | 3,49 | 5,01 | 7,56 | 3,90 | 5,92 | 9,77 | 4,37 | 7,09 | 13,06 | 5,57 | 10,62 | 27,53 |
| 3,63 | 5,21 | 7,85 | 4,08 | 6,22 | 10,25 | 4,61 | 7,51 | 13,88 | 5,23 | 9,22 | 19,78 | 6,84 | 14,78 | 52,24 |
| 4,22 | 6,44 | 10,56 | 4,81 | 7,87 | 14,49 | 5,50 | 9,78 | 21,01 | 6,33 | 12,41 | 32,99 | 8,57 | 21,85 | |
| 4,96 | 8,13 | 14,87 | 5,74 | 10,25 | 21,96 | 6,67 | 13,22 | 35,37 | 7,82 | 17,58 | 65,65 | 11,06 | 35,60 | |
| 1,66 | 1,86 | 2,08 | 1,85 | 2,14 | 2,49 | 2,06 | 2,46 | 2,99 | 2,29 | 2,84 | 3,64 | 2,82 | 3,83 | 5,66 |
| 2,02 | 2,37 | 2,80 | 2,25 | 2,72 | 3,36 | 2,49 | 3,14 | 4,09 | 2,77 | 3,65 | 5,07 | 3,44 | 5,05 | 8,42 |
| 2,40 | 2,95 | 3,68 | 2,68 | 3,42 | 4,50 | 2,98 | 3,99 | 5,61 | 3,34 | 4,69 | 7,16 | 4,21 | 6,72 | 13,05 |
| 2,83 | 3,65 | 4,83 | 3,17 | 4,28 | 6,07 | 3,56 | 5,07 | 7,82 | 4,01 | 6,08 | 10,43 | 5,16 | 9,14 | 21,84 |
| 3,32 | 4,52 | 6,43 | 3,76 | 5,40 | 8,37 | 4,26 | 6,53 | 11,30 | 4,86 | 8,03 | 16,05 | 6,41 | 12,89 | 42,05 |
| 3,92 | 5,66 | 8,79 | 4,48 | 6,92 | 12,02 | 5,14 | 8,61 | 17,35 | 5,95 | 10,93 | 27,14 | 8,11 | 19,27 | |
| 4,65 | 7,24 | 12,55 | 5,40 | 9,12 | 18,45 | 6,30 | 11,77 | 29,59 | 7,41 | 15,66 | 54,67 | 10,56 | 31,73 | |
| 5,61 | 9,54 | 19,27 | 6,63 | 12,54 | 31,78 | 7,90 | 17,06 | 61,40 | 9,51 | 24,31 | | 14,38 | 62,28 | |
| 6,92 | 13,22 | 33,60 | 8,37 | 18,45 | 68,31 | 10,25 | 27,21 | | 12,75 | 43,47 | | 20,96 | | |
| 2,00 | 2,26 | 2,60 | 2,27 | 2,67 | 3,23 | 2,57 | 3,16 | 4,06 | 2,91 | 3,77 | 5,23 | 3,75 | 5,49 | 9,55 |
| 2,46 | 2,95 | 3,62 | 2,78 | 3,49 | 4,57 | 3,16 | 4,17 | 5,90 | 3,59 | 5,03 | 7,88 | 4,70 | 7,64 | 16,45 |
| 2,97 | 3,77 | 5,01 | 3,38 | 4,53 | 6,51 | 3,86 | 5,51 | 8,78 | 4,43 | 6,79 | 12,45 | 5,93 | 10,98 | 32,36 |
| 3,57 | 4,84 | 7,02 | 4,10 | 5,94 | 9,58 | 4,74 | 7,40 | 13,80 | 5,51 | 9,42 | 21,49 | 7,60 | 16,67 | 84,74 |
| 4,30 | 6,30 | 10,24 | 5,02 | 7,96 | 15,00 | 5,89 | 10,28 | 23,96 | 6,96 | 13,70 | 44,05 | 10,02 | 27,81 | |
| 5,25 | 8,44 | 16,01 | 6,24 | 11,10 | 26,27 | 7,46 | 15,11 | 50,50 | 9,03 | 21,54 | | 13,77 | 55,26 | |
| 6,55 | 11,84 | 28,32 | 7,96 | 16,53 | 57,28 | 9,79 | 24,38 | | 12,22 | 38,97 | | 20,27 | | |
| 8,43 | 17,96 | 64,32 | 10,57 | 27,58 | | 13,51 | 46,80 | | 17,68 | 94,01 | | 33,44 | | 40,71 |
| 11,41 | 31,26 | | 15,00 | 57,28 | | 20,32 | | | 28,63 | | 75,13 | 68,74 | | 18,92 |

**Tafel 68 Erdwiderstandsbeiwerte $K_{pgh}$ für gekrümmte Gleitflächen** (nach *Caquot-Kerisel*) **für $\alpha=\beta=0$**

| $\varphi°$ | 10 | 12,5 | 15 | 17,5 | 20 | 22,5 | 25 | 27,5 | 30 | 32,5 | 35 | 37,5 | 40 | 42,5 | 45 |
|---|---|---|---|---|---|---|---|---|---|---|---|---|---|---|---|
| $\delta_p°=-\varphi°$ | 1,62 | 1,85 | 2,12 | 2,44 | 2,83 | 3,30 | 3,89 | 4,63 | 5,56 | 6,77 | 8,36 | 10,49 | 13,44 | 17,61 | 23,71 |
| $\delta_p°=-\frac{2}{3}\varphi°$ | 1,59 | 1,80 | 2,05 | 2,36 | 2,71 | 3,15 | 3,68 | 4,35 | 5,17 | 6,22 | 7,59 | 9,36 | 11,74 | 15,03 | 19,66 |

**Tafel 69 Erdwiderstandsbeiwerte $K_{ph}$ nach dem Gleitschema von** *Streck*

| $\delta_p$ | $\varphi$ | | | | | | | | | | | |
|---|---|---|---|---|---|---|---|---|---|---|---|---|
| | 15° | 17,5° | 20° | 22,5° | 25° | 27,5° | 30° | 32,5° | 35° | 37,5° | 40° | 42,5° |
| 0° | 1,70 | 1,86 | 2,04 | 2,24 | 2,46 | 2,72 | 3,00 | 3,32 | 3,69 | 4,11 | 4,60 | 5,16 |
| − 2,5° | 1,79 | 1,95 | 2,17 | 2,39 | 2,63 | 2,90 | 3,23 | 3,60 | 4,00 | 4,48 | 5,04 | 5,69 |
| − 5° | 1,87 | 2,05 | 2,28 | 2,51 | 2,79 | 3,08 | 3,45 | 3,86 | 4,31 | 4,85 | 5,48 | 6,22 |
| − 7,5° | 1,94 | 2,14 | 2,38 | 2,64 | 2,94 | 3,26 | 3,66 | 4,11 | 4,61 | 5,22 | 5,92 | 6,75 |
| −10° | 2,01 | 2,22 | 2,48 | 2,75 | 3,08 | 3,43 | 3,87 | 4,35 | 4,91 | 5,59 | 6,36 | 7,28 |
| −12,5° | 2,11 | 2,30 | 2,58 | 2,87 | 3,22 | 3,60 | 4,07 | 4,59 | 5,21 | 5,95 | 6,80 | 7,82 |
| −15° | | 2,38 | 2,67 | 2,98 | 3,35 | 3,76 | 4,27 | 4,83 | 5,50 | 6,31 | 7,24 | 8,38 |
| −17,5° | | | 2,77 | 3,09 | 3,48 | 3,92 | 4,46 | 5,07 | 5,80 | 6,67 | 7,69 | 8,95 |
| −20° | | | | 3,23 | 3,62 | 4,08 | 4,66 | 5,31 | 6,10 | 7,03 | 8,15 | 9,53 |
| −22,5° | | | | | 3,81 | 4,27 | 4,86 | 5,56 | 6,41 | 7,41 | 8,62 | 10,10 |
| −25° | | | | | | 4,51 | 5,11 | 5,84 | 6,72 | 7,82 | 9,12 | 10,70 |
| −27,5° | | | | | | | 5,46 | 6,15 | 7,12 | 8,27 | 9,64 | 11,40 |

Hinweis Wenn im Grenzzustand eine überwiegend parallele Verschiebung erwartet wird, sind Erdwiderstandsbeiwerte $K_{pt}$ bei Translation zu verwenden, s. [1], Teil 1, S. 369

**Tafel 70 Erdruhedruckbeiwerte $K_o$ für $\alpha=0$ sowie $\beta=0$ und $\beta\neq0$**

| | 20° | 25° | 27,5° | 30° | 32,5° | 35° | 37,5° |
|---|---|---|---|---|---|---|---|
| $\beta=0$ | 0,66 | 0,58 | 0,54 | 0,50 | 0,46 | 0,43 | 0,39 |
| $\beta=\frac{1}{3}\varphi$ | 0,75 | 0,69 | 0,65 | 0,62 | 0,59 | 0,56 | 0,52 |
| $\beta=\frac{2}{3}\varphi$ | 0,85 | 0,80 | 0,77 | 0,75 | 0,71 | 0,69 | 0,66 |
| $\beta=\varphi$ | 0,94 | 0,91 | 0,89 | 0,87 | 0,84 | 0,82 | 0,79 |

**Tafel 71 Gleitflächenwinkel $\vartheta_a$ für $\alpha=\beta=0$**

| $\delta$ \ $\varphi°$ | 15° | 17,5° | 20° | 22,5° | 25° | 27,5° | 30° | 32,5° | 35° | 37,5° | 40° |
|---|---|---|---|---|---|---|---|---|---|---|---|
| 0 | 52,5 | 53,8 | 55,0 | 56,3 | 57,5 | 58,8 | 60,0 | 61,3 | 62,5 | 63,8 | 65,0 |
| $+\frac{1}{3}\varphi$ | 49,4 | 50,8 | 52,5 | 53,6 | 55,0 | 56,4 | 57,8 | 59,2 | 60,6 | 62,0 | 63,3 |
| $+\frac{2}{3}\varphi$ | 47,0 | 48,5 | 50,0 | 51,5 | 53,0 | 54,5 | 56,0 | 57,5 | 58,9 | 60,4 | 61,9 |

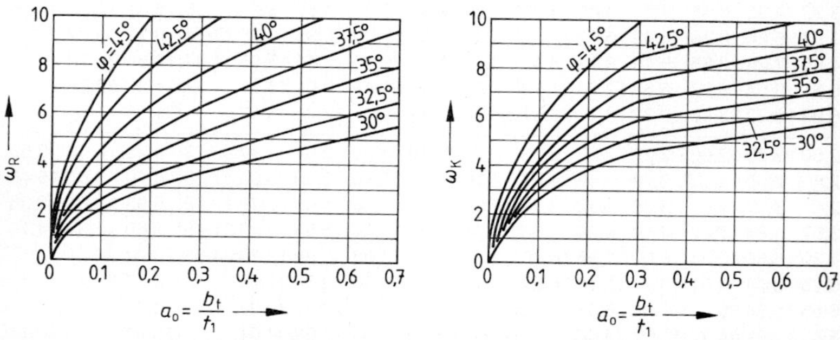


**Bild 35 Erdwiderstandsbeiwerte $\omega_R$ und $\omega_K$ für Einzelbruchfiguren** nach *Weißenbach*

# 9 Verankerungen

**Schutzanforderungen** nach DIN V 1054-100 (4.96)

- Die Dauerhaftigkeit der Verpreßanker ist durch sachgemäße Herstellung nach DIN 4125 sicherzustellen.
- Abstand und Zustand benachbarter baulicher Anlagen sind bei der Anordnung und Festlegung der Länge von Verankerungen zu beachten und dafür ihre Abmessungen, Konstruktion und die Festigkeit der Gründungskörper sowie die Sohldrücke im Einflußbereich der Verpreßkörper zu erkunden.
- Über DIN 4020 hinausgehend sind Boden und Grundwasser auf betonangreifende nach DIN 4030 und/oder stahlkorrosionsfördernde Stoffe nach DIN 50929-3 zu untersuchen.

*Anmerkung* Eine Beweissicherung der Nachbarbebauung wird empfohlen.
Die Zuordnung geotechnischer Kategorien findet sich auf S. 1043.

**Größe und Verteilung des Erddruckes** verankerter Baugrubenwände nach EB 42

Man erhält eine vom klassischen Erddruck abweichende Erddruckermittlung nur dann, wenn die Anker bei aktivem Erddruck auf wenigstens 80%, bei höherem als der aktive Erddruck auf 100% der errechneten Kräfte festgelegt werden.

Bei der Festlegung auf wesentlich geringere Kräfte ist die Verteilung des Erddruckes weitgehend vom Zusammenwirken von Nutz- und Bauwerklasten, von Bodenart, Steifigkeit der Wand, Länge und Dehnung der Anker, Nachgiebigkeiten des Fußauflagers u.a. abhängig und nicht mehr eindeutig bestimmbar.

Bei näherungsweisem Ansatz einer rechteckigen Lastfigur des Erddruckes (s. Bild 61) kann auf die bei ausgesteiften Baugruben geforderte rechnerische Vergrößerung der Quer- und Auflagerkräfte (s. S. 1123) verzichtet werden. Eine Abminderung der mit dem Erddruckrechteck ermittelten Biegemomente ist dann jedoch nicht mehr zulässig.

**Ermittlung der Ankerkräfte**

Allen Zuggliedern (Verankerungen) einer gleichartigen Gruppe bzw. Verankerungslage werden nach DIN V 1054-100 (4.96) gleich große Einwirkungen (Kräfte) zugewiesen. Für den darin enthaltenen Einzelanker ergibt sich die Ankerkraft als Auflagerreaktion aus dem statischen Nachweis des verankerten Bauwerkes, indem der Ankerabstand so gewählt wird, daß vorh $F_A$ aufgrund von Erfahrungen in etwa zul $F_A$ aus den späteren Zugversuchen (Eignungs- und Abnahmeprüfungen) entspricht. Vorab festgelegt wird ferner die Ankerlänge, der Neigungswinkel $\alpha$ der Anker ($\alpha$ in der Regel = 15%, wenn die örtlichen Verhältnisse keine stärkere Neigung erfordern) sowie der Durchmesser, d. h. die Querschnittsfläche des Stahlzuggliedes und dafür die Nachweise der Tragfähigkeit entweder nach DIN 4125 (11.90) oder nach DIN V 1054-100 (4.96) in Verbindung mit DIN 4125 geführt.

**Nachweise der Tragfähigkeit** nach DIN 4125 (11.90)

a) Indirekte Bestimmung der Ankerlänge mit dem **Nachweis der Standsicherheit der tiefen Gleitfuge** (Nachweis des Tragfähigkeitsverlustes infolge Verschiebungen und/oder Verdrehungen der Verankerungen).

Sie wird bei einfacher Verankerung nach dem Verfahren von Kranz untersucht, wobei nach EAU E10 in der Mitte der rechnerischen Krafteintragsstrecke eine Ersatzwand angesetzt wird (s. Bild 36).

Die Ankerlänge wird für den Fall $\eta = 1{,}5$ bestimmt (Tafel 72)

$$\eta = \frac{\text{mögl. } F_{Ah}}{\text{vorh } F_{Ah}} \geq 1{,}5 \quad (148)$$

graphisch nach Bild 36 oder analytisch mit Gl. (151)

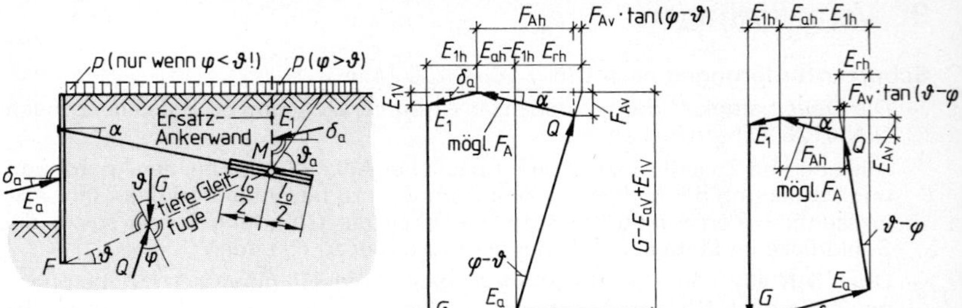


**Bild 36**
**Nachweis der tiefen Gleitfuge bei rückwärtigen Verankerungen**

Aus $\Sigma H = 0$ (Bild 36) mit

$$\text{mögl. } F_{\mathrm{Ah}} = \frac{E_{\mathrm{ah}} + E_{\mathrm{rh}} - E_{1\mathrm{h}}}{1 + \tan\alpha \cdot \tan(\varphi - \vartheta)} \quad (149)$$

und

$$f_{\mathrm{A}} = \frac{1}{1 + \tan\alpha \cdot \tan(\varphi - \vartheta)} \quad (150)$$

ergibt sich

$$\text{mögl. } F_{\mathrm{Ah}} = f_{\mathrm{A}} (E_{\mathrm{ah}} + E_{\mathrm{rh}} - E_{1\mathrm{h}}) \quad (151)$$

Bei mehrfacher Verankerung wird die Standsicherheit nach [14] bestimmt.

Bei Wänden mit erhöhten aktiven Erddruck oder Ruhedruck ist der Bruchzustand des Bodens zugrunde zu legen, d.h. die Erddruckkräfte und Ankerkräfte sind bei dem Nachweis der tiefen Gleitfuge aus dem Grenzzustand des aktiven Erddruckes zu ermitteln.

Fußpunkt der tiefen Gleitfläche ist bei freier Auflagerung die Höhe von U.K. Wand bzw. Bohlträger, bei Einspannung der Querkraftnullpunkt im Einspannungsbereich.

Ferner ist nach EB 45 der Nachweis der Geländebruchsicherheit auf kreisförmigen Kreisflächen nach DIN 4084 zu führen (s. S. 1111), bei aktivem Erddruck mit der Sicherheit für den Lastfall 2, bei erhöhtem Erddruck oder Ruhedruck (s. S. 1099) für Lastfall 1 (s. S. 1059).

b) Zulässige Ankerkraft für das Stahlzugglied (Tragfähigkeitsverlust durch Bauteilversagen des Ankermaterials)

$$\textbf{zul } \boldsymbol{F = F_s / \eta_s} \quad (152) \qquad \boldsymbol{F_s = A_s \cdot \beta_s} \quad (153)$$

$A_s$ Querschnittsfläche des Stahlzuggliedes
$\beta_s$ Streckgrenze des für das Zugglied verwendeten Stahls
$\eta_s$ Sicherheitsbeiwert aus Tafel 72

**Tafel 72 Sicherheitsbeiwerte $\eta_K$ und $\eta_S$**

| 1 | 2 | 3 | 4 | 5 |
|---|---|---|---|---|
| Lastfall nach DIN 1054 | Verpreßkörper: $\eta_K$ | | Stahlzugglied: $\eta_S$ | |
| | Regelfall | Erdruhedruck | Regelfall | Erdruhedruck |
| 1 | 1,50 | 1,33 | 1,75 | 1,33 |
| 2 | 1,33 | 1,25 | 1,50 | 1,25 |
| 3 | 1,25 | 1,20 | 1,33 | 1,20 |

c) Zulässige Ankerkraft für den Verpreßkörper aus Eignungs- und Abnahmeprüfungen (Tragfähigkeitsverlust des Bodens in der Ankerumgebung).

Auf eine **Eignungsprüfung** darf bei Kurzzeitankern verzichtet werden, wenn eine solche schon in einem anderen vergleichbaren Baugrund ausgeführt worden ist. Sonst ist sie auf jeder Baustelle an mindestens drei Verpreßankern dort auszuführen, wo die ungünstigsten Ergebnisse zu erwarten sind (Darstellung Bild 38). Jeder Verpreßanker ist einer **Abnahmeprüfung** zu unterziehen. Ausgehend von einer Vorlast $F_i$ sind die Anker mit den Zwischenstufen von Bild 37, jedoch höchstens bis $F_P \leqq 0{,}9\,F_S$ zu belasten. Bei Daueranlkern ist die Eignungsprüfung unter Aufsicht eines sachverständigen Instituts durchzuführen.

**Tafel 73 Beobachtungszeiten und zulässige Verschiebungen unter der Prüfkraft $F_P$ bei Eignungs- und Abnahmeprüfungen von Kurzzeitankern (Bild 37 u. 38)**

| | Nichtbindiger Boden und Fels | | Bindiger Boden | |
|---|---|---|---|---|
| | Beobach-tungszeit $\Delta t = t_2 - t_1$ min | Verschiebung $\Delta s = s_2 - s_1$ mm | Beobach-tungszeit $\Delta t = t_2 - t_1$ min | Verschiebung $\Delta s = s_2 - s_1$ mm |
| Eignungsprüfung mit $F_P = \eta_K \cdot F_W$ | 5 bis 15 | $\leqq 0{,}5$ ($k_s \leqq 1{,}0$) | 5 bis 30 | $\leqq 0{,}8$ ($k_s \leqq 1{,}0$) |
| | oder Nachweis $k_s \leqq 2{,}0$ mm für $t_1 \leqq \Delta t \leqq 10\,t_1$ | | | |
| Abnahmeprüfung mit $F_P = 1{,}25 \cdot F_W \leqq 0{,}9\,F_S$ | 2 bis 5 | $\leqq 0{,}2$ ($k_s \leqq 0{,}5$) | 5 bis 15 | $\leqq 0{,}25$ ($k_s \leqq 0{,}5$) |
| | oder Nachweis $k_s \leqq 1{,}0$ mm für $t_1 \leqq \Delta t \leqq 10\,t_1$ | | | |

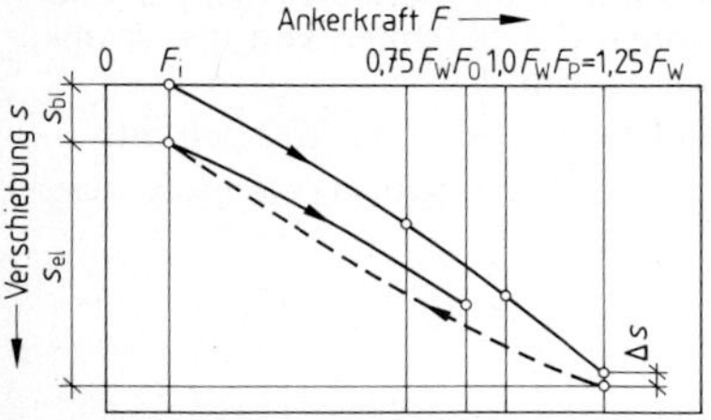


**Bild 37 Kraftverschiebungslinie einer Abnahmeprüfung**

**Tafel 74 Koordinaten der Punkte *R* und *S* nach Bild 38**

| Punkt | Verschiebungs-achse $s_{el}$ | Kraftachse $F$ |
|---|---|---|
| $R$ | 0 | $0{,}15\,F_P + F_i$ |
| $S$ | $0{,}6\,F_P \cdot \dfrac{l_{fs}}{E \cdot A_S}$ | $0{,}75\,F_P + F_i$ |

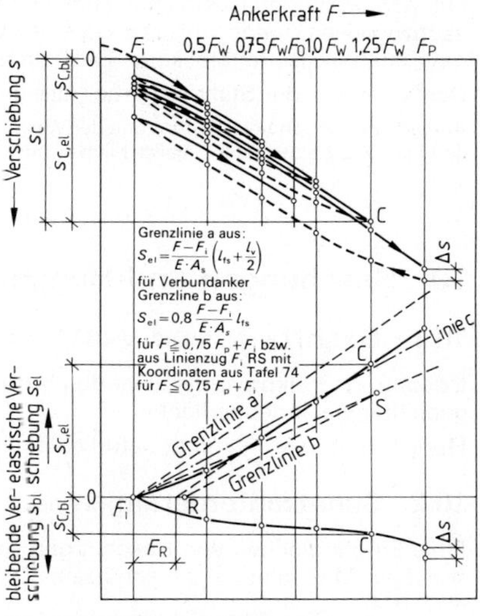


**Bild 38 Kraftverschiebungslinie einer Eignungsprüfung**

## Nachweise der Tragfähigkeit (GZ 1B) nach DIN V 1054-100 (4.96)

Für den Einzelverpreßanker ist eine ausreichende Sicherheit gegen Versagen durch Bruch des Bodens eingehalten, wenn für den GZ 1B die Bedingung

$$\boldsymbol{S_{1d} \leqq R_{1d}} \qquad (154)$$

erfüllt ist.

$S_{1d}$ Bemessungswert der Einwirkung. Bei Berechnung von GZ 1B mit den Teilsicherheitsbeiwerten nach Tafel 20 ergeben sich die Kräfte in den Verankerungen als Auflagerreaktion.

$R_{1d}$ Bemessungswert der Ankerwiderstände

**Bemessungswert der Ankerwiderstände $R_{1d}$** gegen Herausziehen im GZ 1 B

$$R_{1d} = R_{1k}/\gamma_A \qquad (155)$$

$R_{1k}$ Charakteristischer Widerstand des Verpreßkörpers gegen Herausziehen
$\gamma_A$ Teilsicherheitsbeiwert nach Tafel 21 für GZ 1 B

Der charakteristische Widerstand des Verpreßkörpers $R_{1k}$ gegen Herausziehen aus dem Boden (GZ 1 B) ist durch Probebelastung auf der Grundlage von Eignungsversuchen zu ermitteln und für jeden Anker durch Abnahmeversuche nach DIN 4125 zu prüfen.

Der charakteristische Ankerwiderstand $R_{1k}$ entspricht der Grenzkraft des Verpreßkörpers, d.h. der Kraft, die im Zugversuch das Kriechmaß $K_s = 2{,}0$ m erzeugt. Im übrigen gelten alle Regelungen zu den Ankerprüfungen nach DIN 4125.

Sofern die Bauart der Verankerungen, Abmessungen und Baugrundverhältnisse vergleichbar sind, dürfen nach DIN V 1054-100 (4.96), Abschn. 7.3.7, die Ergebnisse von Eignungsprüfungen auf vergleichbare Verhältnisse übertragen werden.

**Bemessungswert des Bauteilwiderstandes des Einzelankers** (zulässige Ankerkraft für das Stahlzugglied)

$$R_{1d} = F_{sk}/1{,}35 \qquad (156)$$

$$F_{sk} = A_s \cdot \beta_{sk} \qquad (157)$$

$A_s$ Querschnitt des Stahlzuggliedes
$\beta_{sk}$ Charakteristischer Wert der Nennstreckgrenze des für das Zugglied verwendeten Stahls

Für Verankerungen ist eine ausreichende **Gebrauchstauglichkeit (GZ2)** nur dann nachzuweisen, wenn unzulässige Verformungen des gesamten von der Verankerung erfaßten Bodenblocks (s. EAB) zu erwarten sind.

Der Nachweis der Standsicherheit der tiefen Gleitfuge wird im GZ2 geführt.

*Anmerkung* Auch beim Aufbringen der Vorspannlast von Einzelankern in Zwischenbauzuständen kann GZ2 bzw. GZ 1C maßgeblich werden.

# 10 Böschungen und Hänge

## 10.1 Begriffe nach DIN V 4084-100 (4.96)

**Böschung:** Erdkörper mit einer durch Abtrag oder Auffüllen künstlich hergestellter geneigter Geländeoberfläche

**Hang:** Erdkörper mit einer natürlich entstandenen geneigten Geländeoberfläche.

## 10.2 Schutzanforderungen nach DIN V 1054-100

Freie Erdoberflächen von Böschungen sind gegen Erosion durch Begrünung oder sonstige Maßnahmen zu schützen. Zuordnung zu geotechnischen Kategorien s. S. 1044.

## 10.3 Sicherheitsnachweise gegen Grenzzustände der Tragfähigkeit

### 10.3.1 Spreizversagen von Böschungen

Nach DIN V 1054-100 (4.96) dürfen im Grenzzustand die aufnehmbaren Spreizschubkräfte von Böschungen nicht überschritten werden. Insbesondere ist bei geneigten Sohlflächen von geschütteten Böschungen, in denen Dichtungslagen aus bindigen Mineralstoffen und/oder Geokunststoffen eingebracht werden, der Nachweis gegen Überschreiten der aufnehmbaren Spreizschubkräfte (Böschungsgleiten) zu führen.

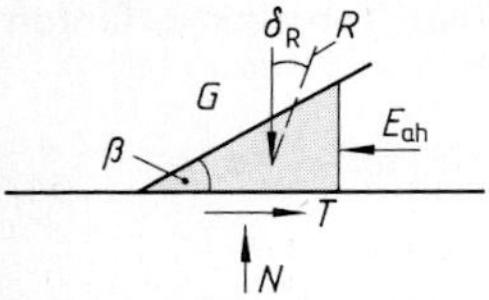


Bild 39 **Reaktionskräfte an der Sohle**

$$\eta = \frac{\tan\varphi}{\tan\delta_R} = \frac{\tan\varphi}{K_{ah}\cdot\tan\beta} \qquad (158)$$

mit $K_{ah}$ für $\delta_a = 0$

Erf. Sicherheit $\eta$ s. S. 1059

## 10.3.2 Böschungsgrundbruch

Nach DIN V 1054-100 (4.96) ist bei Böschungen von Schüttungen auf wenig scherfestem Untergrund stets die Sicherheit gegen Versagen auf tiefliegenden Gleitflächen (GZ 1C) zu untersuchen, wobei je nach Bodenschichtung und sonstigen Randbedingungen (z. B. Geokunststoffe in der Sohlfläche von Dämmen) nach DIN 4017-100 oder nach DIN 4084-100 (s. Abschn. 10.3.3) zu verfahren ist.

**Zeichnerisches Verfahren,** wenn die Grundbruchgleichung nicht anwendbar ist

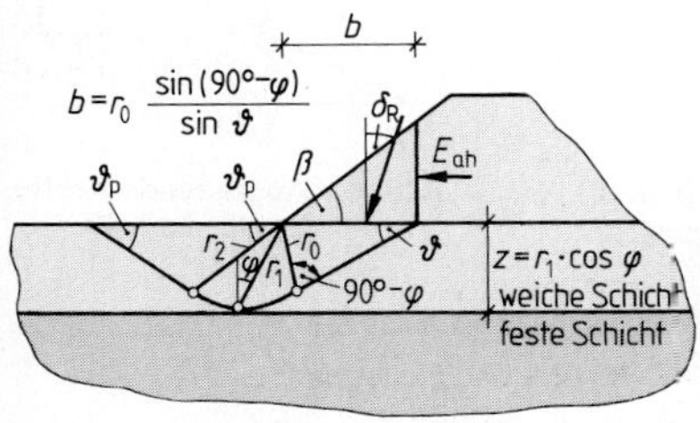


**Bild 40a Grundbruchgleitlinie unter einem Damm bei begrenzter Tiefe der weichen Schicht des Untergrundes**

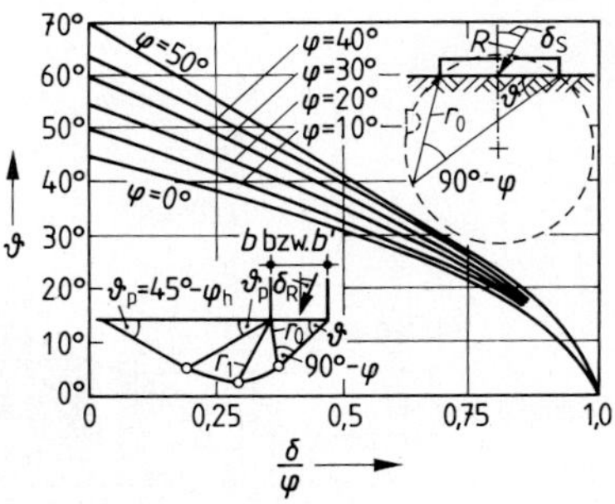


**Bild 40b Gleitliniendreieck und Diagramm zur Bestimmung des Abgangswinkels** nach DIN 4017, T2, Beibl. (8.79)

**Spiralradien**

$$r_0 = b\,\frac{\sin\vartheta}{\sin(90° - \varphi)} \quad (159); \qquad r_1 = r_0 \cdot e^{\vartheta\cdot\tan\varphi} \quad (160\,a); \qquad r_2 = r_0\cdot e^{(\vartheta+\vartheta_p)\tan\varphi} \quad (160\,b)$$

Weiteres Berechnungsverfahren s. [4], S. 108

## 10.3.3 Gelände- und Böschungsbruch

Der Nachweis ist nach DIN 4084 (7.8') oder nach DIN V 4084-100 (4.96) zu führen.

Der Sicherheitsnachweis muß mit dem ungünstigsten Gleitkreis geführt werden, der durch Variation auf systematischem Weg oder durch Probieren zu finden ist.

### 10.3.3.1 Gelände- und Böschungsbruchberechnungen nach DIN 4084 (7.81) mit Beibl. 1 (7.81) und Beibl. 2 (9.83)

**1) Sonderfall für gerade, unbelastete Böschungen aus nichtbindigen Böden**

nicht durchströmt

$$\eta = \frac{\tan\varphi}{\tan\beta} \qquad (161)$$

durchströmt (parallel zur Böschung)

$$\eta = \frac{\gamma'}{\gamma' + \gamma_w}\cdot\frac{\tan\varphi}{\tan\beta} \qquad (162)$$

**2) Berechnung der Böschungsbruchsicherheit nach dem Lamellenverfahren** (Bild 41, 42 und Tafel 75) mit der vereinfachten Formel von *Bishop* (1954)

$$\eta = \frac{r \cdot \sum_i T_i + \sum M_s}{r \cdot \sum_i G_i \cdot \sin \vartheta_i + \sum M} \qquad (163) \qquad T_i = \frac{[G_i - (u_i + \Delta u_i) \cdot b_i] \tan \varphi_i + c_i \cdot b_i}{\cos \vartheta_i + \frac{1}{\eta^{1)}} \tan \varphi_i \cdot \sin \vartheta_i} \qquad (164)$$

| | |
|---|---|
| $\eta$ | Gelände- oder Böschungsbruchsicherheit aus Tafel 76 (unten) |
| $G_i$ | Eigenlast der Lamelle in kN/m |
| $M$ | Momente der in $G$ nicht enthaltenen Lasten und Kräfte um 0 in kNm/m |
| $M_s$ | Momente von in $T_i$ nicht berücksichtigten Schnittkräften in kNm/m |
| $T_i$ | für die einz. Lamellen vorh. widerst. tangentiale Kraft des Bodens in kN/m |
| $u_i$ | Porenwasserdruck für die einzelnen Lamellen in kN/m² (s. Bild 46) |
| $\Delta u_i$ | Porenwasserüberdruck infolge Konsolidation in kN/m² |
| $\eta$[1]) | Auf der rechten Seite von Gl. (163) muß man $\eta$ schätzen und mit dem berechneten Sicherheitsbeiwert $\eta$ vergleichen. Bei stärkerer Abweichung ist die Berechnung mit dem ermittelten Wert als neuem Schätzwert zu wiederholen. |

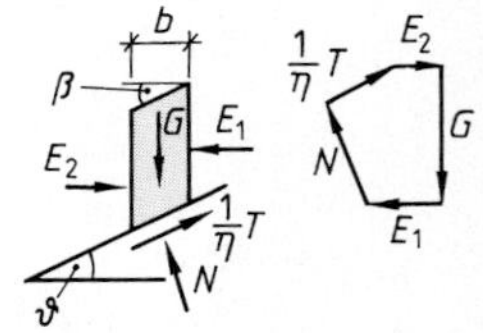


**Bild 41 Angreifende Kräfte an der Lamelle**

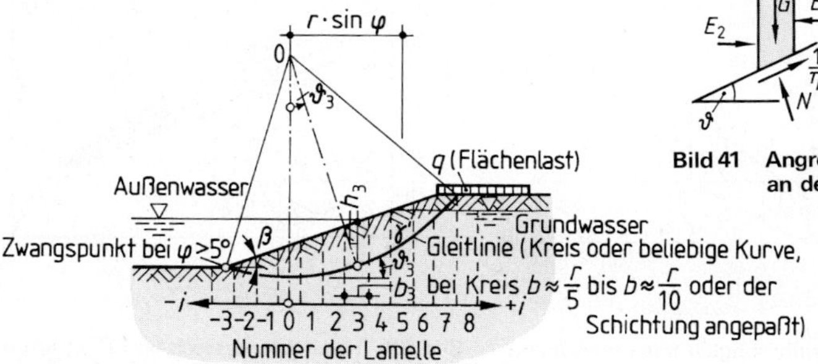


**Bild 42 Gleitlinie bei dem Lamellenverfahren** nach DIN 4084

**Tafel 75 Berechnungstabelle für Gleichung (163) und (164)** nach DIN 4084, Beibl. 2 (9.83)

| 1 | 2 | 3 | 4 | 5 | 6 |
|---|---|---|---|---|---|
| Nr. der Lamelle<br>– | Nr. der Bodenschicht<br>– | Schicht-höhe<br>in m | Wichte der Schicht<br>in kN/m³ | Lamellen-breite $b_i$<br>in m | Lamellen-eigenlast<br>in kN/m |

| 7 | 8 | 9 | 10 | 11 | 12 | 13 | 14 |
|---|---|---|---|---|---|---|---|
| Verkehrs-last d. Lam.<br>in kN/m | $G_i$ = (6) + (7)<br>in kN/m | $\vartheta_i$<br>in ° | $G_i \cdot \sin \vartheta_i$<br>in kN/m | $\varphi_i$<br>in ° | $c_i$<br>in kN/m² | $u_i$<br>in kN/m² | $T_i$ für d. gew. Wert $\eta$[1])<br>in kN/m |

[1]) s. Tafel 76

## 3) Ansatz der Wasserdrucklasten

a) Porenwasserdruck $u$ auf die Gleitfläche bei verfeinerten Berechnungen aus dem Strömungsnetz auf Bild 46

b) Ansatz der Wasserlasten als Lamellenkräfte $G_w$ unterhalb der Sickerlinie nach Bild 44. Daraus

$$G' + G_w = G_r \text{ (gesättigt } \gamma_r) \qquad (165)$$

Der radial gerichtete Sohlwasserdruck $U$ ergibt kein Moment.

c) Ansatz der Strömungskraft $S_w$ nach Bild 43

$$S_w = \Sigma G_w \cdot \sin \varepsilon_s = \gamma_w \cdot A_w \cdot \sin \varepsilon_s \qquad (166)$$

$A_w$ durchströmter Querschnitt

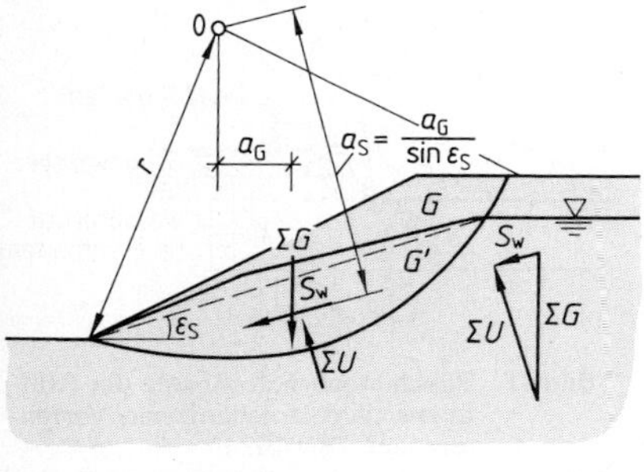


**Bild 43** **Ansatz der Strömungskraft in $\Sigma M$ der Gl. (163) sowie zur Ermittlung von $R$ im lamellenfreien Verfahren (5)**

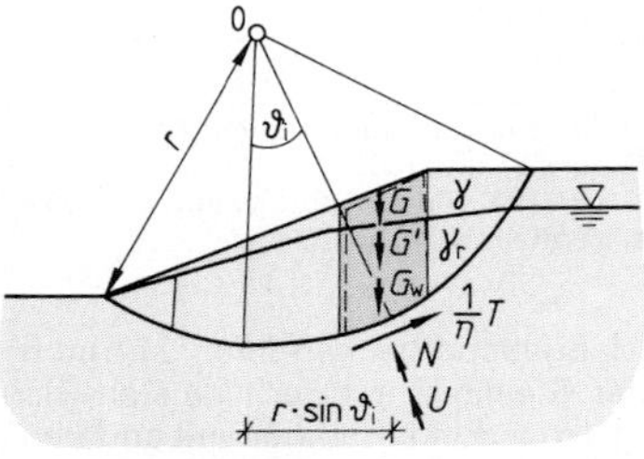


**Bild 44** **Ansatz des Porenwasserdruckes** in Gl. (164)

Für **einfache Fälle** kann die Sicherheit bei Böden mit Reibung und Kohäsion auch nach Diagrammen von *Schultze* und *Janbu* berechnet werden (Bild 45).

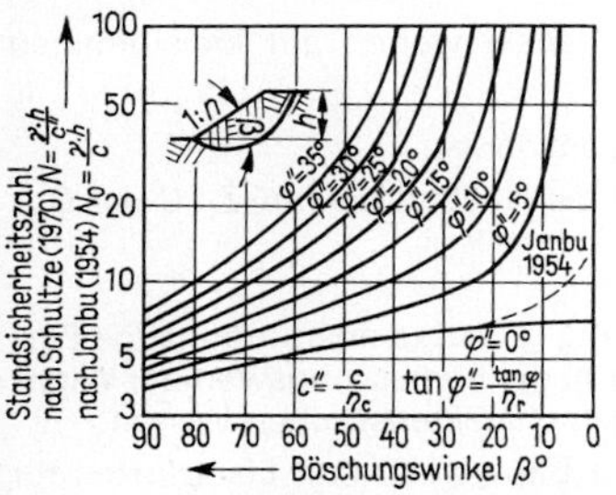


**Bild 45** **Diagramm zur Bestimmung des zulässigen Böschungswinkels** nach *Janbu/Schultze*

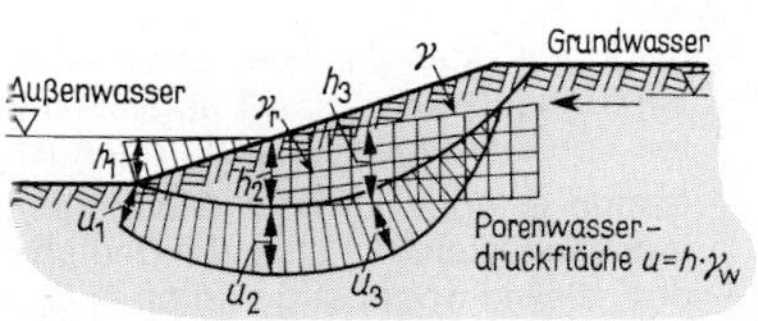


**Bild 46** **Strömungsnetz, Wasser- und Porenwasserdruck** nach DIN 4084

**4) Berechnung der Geländebruchsicherheit** nach DIN 4084 (7.81) bei Stützbauwerken. Er wird als Sonderfall des Böschungsbruches wie dieser bei der Wahl der Gleitflächen und Berechnung der Standsicherheit behandelt, wobei der ungünstigste Gleitkreis den Fußpunkt der Stützwand schneidet. S. Beispiel 1 in Beibl. 2 (9.83).

**5) Berechnung der Böschungsbruchsicherheit nach dem lamellenfreien Verfahren** von *Borowicka*

Neben dem Lamellenverfahren empfiehlt DIN 4084 insbesondere zur überschläglichen Berechnung bei probeweise angenommenen kreisförmigen Gleitlinien und höchstens zwei Bodenschichten das **lamellenfreie Verfahren** mit der längsbezogenen Kraft $F_c$ aus der Kohäsion:

$F_c = l \cdot c \cdot \eta_r/\eta_c \cdot \cot\varphi$ in KN/m.

Diese in der Winkelhalbierenden angreifende Kraft wird mit der Resultierenden der äußeren Lasten $R$ zur Gesamtresultierenden $R_c$ zusammengefaßt, der Winkel $\varphi_0$ wird gemessen. Damit beträgt die Sicherheit für die Reibung (Bild 47) $\eta_r = \tan\varphi/\tan\varphi_0$.

**Tafel 76 Sicherheiten** nach DIN 4084 (7.81)

| Lastfall | $\eta$[1]) | $\eta_r$[2]) | $\eta_r/\eta_c$[3]) |
|---|---|---|---|
| 1 | 1,4 | 1,3 | 0,75 |
| 2 | 1,3 | 1,2 | |
| 3 | 1,2 | 1,1 | |

[1]) für Berechnungsverfahren (2)
[2]) für (1) und (5)
[3]) für (5), jedoch nur, wenn $c > 20$ kN/m², andernfalls $\eta_r = \eta_c = 1{,}0$

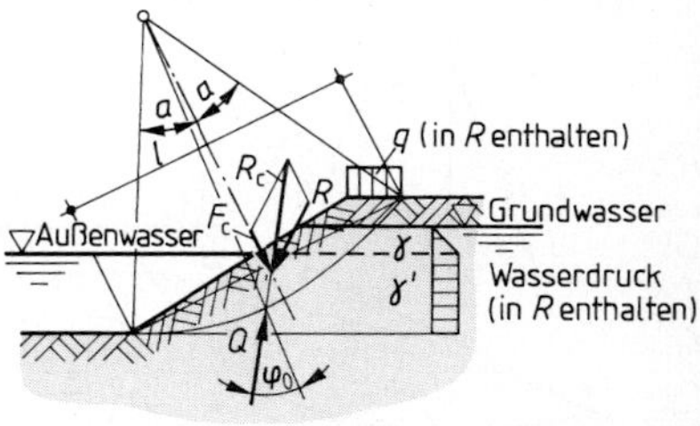


**Bild 47 Böschungsbruch, Ansatz der Kräfte bei dem lamellenfreien Verfahren** nach DIN 4084

Maßgebend bei Verfahren 2) und 5) ist der Gleitkreis mit der kleinsten Sicherheit, der durch Iteration mit anderen angenommenen Gleitkreisen (Fußpunkt s. Bild 42) gefunden wird.

## 10.3.3.2 Böschungs- und Geländebruchberechnungen nach DIN V 4084-100 (4.96):

Berechnung nach dem Konzept mit Teilsicherheitsbeiwerten auf kreisförmigen Gleitlinien

**Bemessungswerte** für Einwirkungen und Widerstände

Nach DIN V 1054-100 (4.96), Ziff. 11.6.7, sind die Nachweise im GZ 1C der Gesamttragfähigkeit des Bodens zu führen.

Einwirkungen sind

- die Eigenlasten des Gleitkörpers, die als ständig günstige oder ungünstige Einwirkung jeweils mit $\gamma = 1$ angesetzt werden, d. h. der Bemessungswert der Wichten von ständigen Einwirkungen ist gleich den charakteristischen Werten,
- Lasten in oder auf dem Gleitkörper, z. B. von Bauwerken und Ersatzlasten für Verkehrslasten, die als veränderliche Einwirkungen nur insoweit angesetzt werden, als sie ungünstig wirken ($\gamma_{Qsup} = 1{,}3$ für LF1), sowie
- Wasserdrucklasten (Flüssigkeitsdruck auf die Gleitflächen (s. S. 1113) ebenfalls $\gamma = 1{,}0$.

Der Erddruck wird, wenn er ständig oder nur veränderlich ungünstig einwirkt, über Scherparameter mit Teilsicherheitsbeiwerten der Tafel 21 berechnet und angesetzt.

Widerstände sind die Scherwiderstände des Bodens in der Gleitfläche aus Reibung und Kohäsion, deren Bemessungswerte mit den durch Teilsicherheitsbeiwerten (Tafel 21) dividierten charakteristischen Werten der Scherparameter und Wichten ermittelt werden.

**Berechnung nach dem Lamellenverfahren** (vgl. Bild 42)

Nach der allgemeinen Gl. (167) für den Grenzzustand der Tragfähigkeit

$$R_M - S_M \geqq 0 \qquad (167)$$

$R_M$ Resultierender Widerstand aus Momenten um den Gleitkreismittelpunkt (Bemessungswert)

$S_M$ Resultierende Einwirkung aus Momenten von einwirkenden Größen (Bemessungswerte)

wird der Nachweis in der Schreibweise

$$\frac{R_M}{S_M} = f \geqq 1 \qquad (168)$$

geführt und dabei Einwirkungen $S_M$ und Widerstände $R_M$ wie folgt berechnet:

$$S_M = r \sum_i (G_i + P_{vi}) \cdot \sin \vartheta_i + M_s \qquad (169)$$

$$R_M = r \sum_i \frac{(G_i + P_{vi} - u_i \cdot b_i) \cdot \tan \varphi_i + c_i \cdot b_i}{\cos \vartheta_i + (1/f) \cdot \tan \varphi_i \cdot \sin \vartheta_i} \qquad (170)$$

$R_M$ wird mit einem angenommenen Wert $f$ nach Gl. (170), $S_M$ nach Gl. (169) berechnet und in Gl. (168) eingesetzt. Mit dem so erhaltenen verbesserten Wert $f$ wird Gl. (168) so lange erneut berechnet, bis die in der Iteration aufeinanderfolgenden Werte von $f$ auf 1% übereinstimmen.

$G_i$ Bemessungswert der Eigenlast der Lamelle in kN/m

$P_{vi}$ Bemessungswert der Last auf eine Lamelle in kN/m

$u_i$ Bemessungswert des Porenwasserdruckes auf eine Lamelle in kN/m²

$\varphi_i$ Bemessungswert des inneren Reibungswinkels längs der äußeren Gleitfläche einer Lamelle in Grad

$c_i$ Bemessungswert der Kohäsion in der Gleitfläche einer Lamelle in kN/m²

$b_i$ Breite einer Lamelle in m

$\vartheta_i$ Neigungswinkel der Gleitlinie gegen die Waagerechte in der Schwerelinie einer Lamelle in Grad

$M_s$ Momente von äußeren Wirkungen (Bemessungswerte)

Die Berechnung der Gl. (169) und (170) kann sinngemäß mit der Berechnungstabelle Tafel 75 erfolgen.

## 10.4 Grenzzustandsnachweise für Dämme

### Dammgleiten

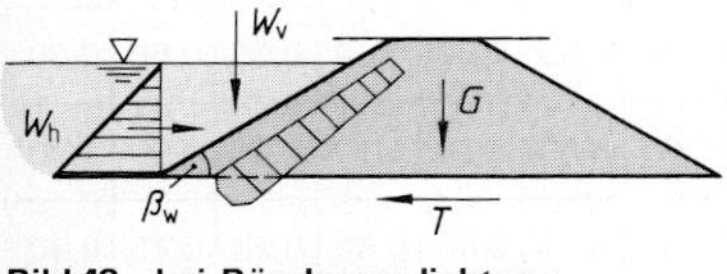


**Bild 48 bei Böschungsdichtung**

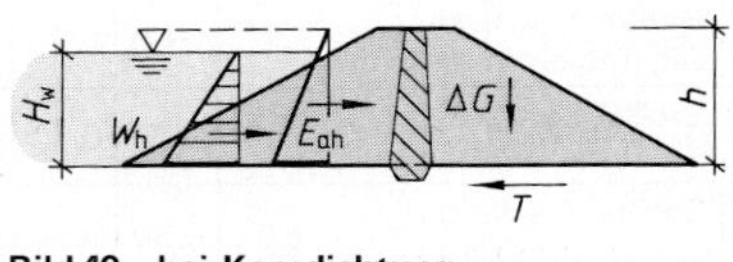


**Bild 49 bei Kerndichtung**

$$\eta = \frac{\max T}{\text{vorh } T} = \frac{(G + W_v) \tan \varphi}{W_h} \qquad (171)$$

$$W_h = \gamma_w \cdot \frac{H_w^2}{2} \qquad (172)$$

$$W_v = \gamma_w \cdot \frac{H_w^2}{2} \cot \beta_w \qquad (173)$$

$$\eta = \frac{\max T}{W_h + E_{ah}} \qquad (174)$$

$$= \frac{\Delta G \cdot \tan \varphi}{W_h + E_{ah}} \qquad (175)$$

In Gl. (171) und (175) ist $\varphi$ der Reibungswinkel des Untergrundes

# 11 Baugruben

## 11.1 Baugruben und Gräben, Böschungen, Arbeitsraumbreiten, Verbau nach DIN 4124 (8.81)

In mindestens steifen bindigen Böden bis zur **Baugrubentiefe**

$t < 1{,}25$ m ohne Verbau, falls die Neigung der anschließenden Geländeoberfläche bei nicht bindigen Böden (Korn-∅ 0,06 mm < 15 Gew.-%) < 1:10, bei bindigen Böden < 1:2 ist. Bei Grabentiefen

$t = 1{,}25$ bis 1,75 m abgeböschte oder teilweise gesicherte Gräben (vgl. Bild 43 bis 45). Bei

$t > 1{,}75$ m geschlossener Verbau.

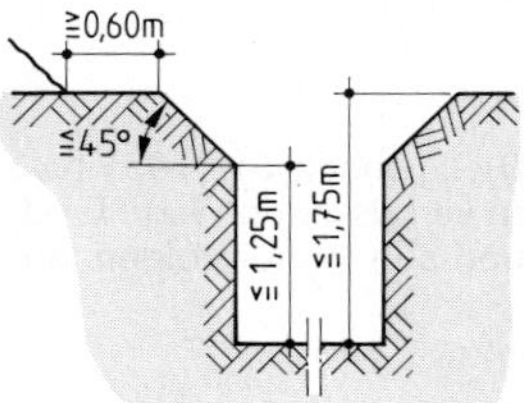


**Bild 50 Graben mit abgeböschten Kanten**

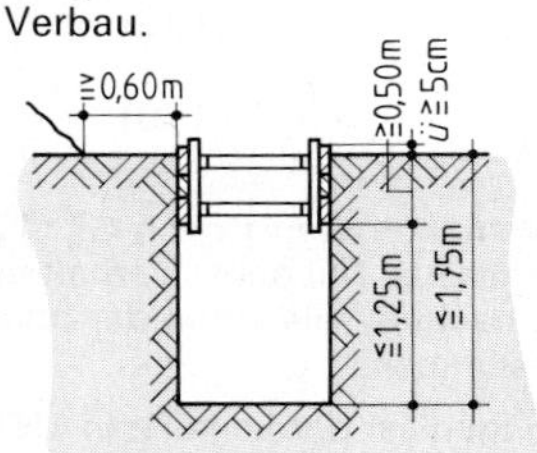


**Bild 51 Teilweise gesicherter Graben**

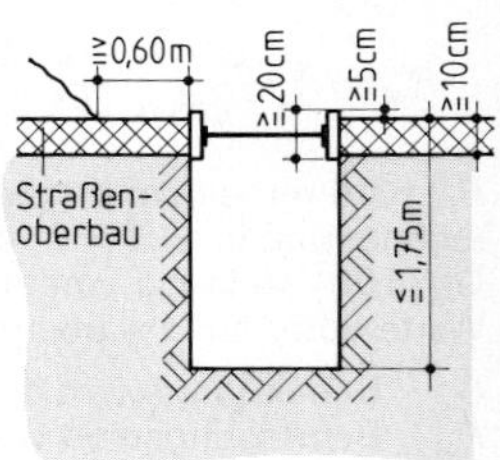


**Bild 52 Graben mit Saumbohle**

Zulässige **Böschungswinkel** ohne rechnerische Nachweise der Standsicherheit (s. S. 1111) bis zu $h = 5{,}0$ m, bei einer begrenzten Geländeneigung wie bei unverbauten Baugruben $t < 1{,}25$ m sowie bei einem Mindestabstand der Verkehrslasten nach Tafel 79 für

a) nicht bindigen oder weichen bindigen Boden $\beta = 45°$
b) steifen oder halbfesten[1]) bindigen Boden $\beta = 60°$
c) Fels $\beta = 80°$

**Tafel 77 Waagerechter Normverbau**

| Brusthölzer (Rundholzsteifen) | | 8 × 16 cm (∅10 cm) | | | | | 12 × 16 cm (∅12 cm) | | | | |
|---|---|---|---|---|---|---|---|---|---|---|---|
| Bemessungsgröße | | Bohlendicke *s* | | | | | Bohlendicke *s* | | | | |
| | | 5 cm | 6 cm | | | 7 cm | 5 cm | 6 cm | | | 7 cm |
| 1 | Größte Wandhöhe $h$ in m | 3,00 | 3,00 | 4,00 | 5,00 | 5,00 | 3,00 | 3,00 | 4,00 | 5,00 | 5,00 |
| 2 | Größte Stützweite $l_1$ der Bohlen in m | 1,90 | 2,10 | 2,00 | 1,90 | 2,10 | 1,90 | 2,10 | 2,00 | 1,90 | 2,10 |
| 3 | Größte Kraglänge $l_2$ der Bohlen in m | 0,50 | 0,50 | 0,50 | 0,50 | 0,50 | 0,50 | 0,50 | 0,50 | 0,50 | 0,50 |
| 4 | Größte Stützweite $l_3$ der Brusthölzer in m | 0,70 | 0,70 | 0,65 | 0,60 | 0,60 | 1,10 | 1,10 | 1,00 | 0,90 | 0,90 |
| 5 | Größte Kraglänge $l_4$ der Brusthölzer in m | 0,30 | 0,30 | 0,30 | 0,30 | 0,30 | 0,40 | 0,40 | 0,40 | 0,40 | 0,40 |
| 6 | Größte Kraglänge $l_u$ der Brusthölzer in m | 0,60 | 0,60 | 0,55 | 0,50 | 0,50 | 0,80 | 0,80 | 0,75 | 0,70 | 0,70 |
| 7 | Größte Knicklänge $s_k$ von Rundholzsteifen in m | 1,65 | 1,55 | 1,50 | 1,45 | 1,35 | 1,95 | 1,85 | 1,80 | 1,75 | 1,65 |
| 8 | Größte Steifenkraft $F$ in kN | 31 | 34 | 37 | 40 | 43 | 49 | 54 | 57 | 59 | 64 |

[1]) Handversuche zum Erkennen der Konsistenz s. S. 1052

Bei waagerechter Geländeoberfläche, nicht bindigem oder steifem bis halbfestem bindigem Boden, fehlenden Gebäudelasten und Regelabständen der Verkehrslasten nach Tafel 79 kann im Kanalgraben Normverbau nach Tafel 77 und 78 eingebracht werden.

**Tafel 78 Senkrechter Normverbau**

| | Gurthölzer (Rundholzsteifen) | 16 × 16 cm (∅12 cm) | | | | | 20 × 20 cm (∅14 cm) | | | | |
|---|---|---|---|---|---|---|---|---|---|---|---|
| | Bemessungsgröße | Bohlendicke *s* | | | | | Bohlendicke *s* | | | | |
| | | 5 cm | 6 cm | | | 7 cm | 5 cm | 6 cm | | | 7 cm |
| 1 | Größte Wandhöhe $h$ in m | 3,00 | 3,00 | 4,00 | 5,00 | 5,00 | 3,00 | 3,00 | 4,00 | 5,00 | 5,00 |
| 2 | Größte Kraglänge $l_0$ der Bohlen in m | 0,50 | 0,60 | 0,60 | 0,60 | 0,70 | 0,50 | 0,60 | 0,60 | 0,60 | 0,70 |
| 3 | Größte Stützweite $l_1$ der Bohlen in m | 1,60 | 1,80 | 1,80 | 1,80 | 2,00 | 1,60 | 1,80 | 1,80 | 1,80 | 2,00 |
| 4 | Größte Kraglänge $l_u$ der Bohlen in m | 1,00 | 1,20 | 1,20 | 1,20 | 1,40 | 1,00 | 1,20 | 1,20 | 1,20 | 1,40 |
| 5 | Größte Stützweite $l_2$ der Gurthölzer in m | 1,80 | 1,50 | 1,30 | 1,20 | 1,15 | 2,50 | 2,00 | 1,80 | 1,70 | 1,60 |
| 6 | Größte Kraglänge $l_3$ der Gurthölzer in m | 0,90 | 0,75 | 0,65 | 0,60 | 0,55 | 1,25 | 1,00 | 0,90 | 0,85 | 0,80 |
| 7 | Größte Knicklänge $s_k$ von Holzsteifen in m | 1,70 | 1,40 | 1,20 | 1,00 | 0,85 | 2,00 | 1,70 | 1,40 | 1,10 | 0,90 |
| 8 | Größte Steifenkraft $F$ in kN | 56 | 70 | 75 | 84 | 89 | 78 | 93 | 104 | 119 | 124 |

Anstelle von Holzbohlen und Gurten dürfen auch Kanaldielen mit Stahlprofilen gleichen Widerstandsmomentes, anstelle von Holzsteifen auch andere Steifen mit gleicher zulässiger Steifenkraft $F$ verwendet werden.

**Tafel 79 Mindestabstand $a$ in m von Verkehrslasten**

| | ① | ② | ③ | ④ |
|---|---|---|---|---|
| Nicht verbaute Wände | ≧1,0 | ≧2,0 | ≧1,0 | ≧2,0 |
| Waagerechter Normverbau | ≧0,6 | ≧1,0 | ≧0,6 | ≧1,0 |
| Senkrechter Normverbau | ≧0,6 | ≧0,6 | ≧0,0 | ≧1,0 |

$a$ lichter Abstand zwischen Böschungskante bzw. Hinterkante des Normverbaus und der Aufstandsfläche von

① nach StVZO allgemein zugelassenen Straßenfahrzeugen
② schweren Straßenfahrzeugen, z.B. Straßenrollern und Schwertransportfahrzeugen,
③ nach StVZO zugelassenen Baufahrzeugen sowie Baggern und Hebezeugen bis 12 t im Einsatz
④ von schweren Baufahrzeugen sowie Baggern und Hebezeugen von 12 bis 18 t im Einsatz

Für Straßenfahrzeuge nach ① und ② ist kein Mindestabstand erforderlich, falls Maßnahmen nach DIN 4021, Ziffer 6 und 7, wie Verdoppelung der Bohlen und Verringerung der Stützweiten, getroffen werden.

**Tafel 80 Grabenbreiten ohne betretbaren Arbeitsraum**

| Regelverlegetiefe | <0,70 m | >0,7 m bis 0,90 m | >0,9 m bis 1,0 m | >1,0 m bis 1,2 |
|---|---|---|---|---|
| Lichte Grabenbreite | 0,30 m | 0,40 m | 0,50 m | 0,60 m |

**Tafel 81 Grabenbreiten in m mit betretbarem Arbeitsraum**

| Baugruben-sicherung | Äußerer Leitungs- bzw. Rohrschaft-durchmesser $d$ in m | Lichte Graben-breite in m |
|---|---|---|
| Verbau | $d<0{,}40$ | $b=d+0{,}40$ |
| | $0{,}4<d\leqq 0{,}8$ | $b=d+0{,}70$ |
| | $0{,}8<d\leqq 1{,}40$ | $b=d+0{,}85$ |
| | $d>1{,}4$ | $b=d+1{,}00$ |
| Geböscht $\beta\leqq 60°$ | $d<0{,}40$ | $b=d+0{,}40$ |
| | $0{,}4<d>1{,}40$ | $b=d+0{,}40$ |
| $\beta>60°$ | $d<0{,}40$ | $b=d+0{,}40$ |
| | $0{,}4<d>1{,}40$ | $b=d+0{,}70$ |

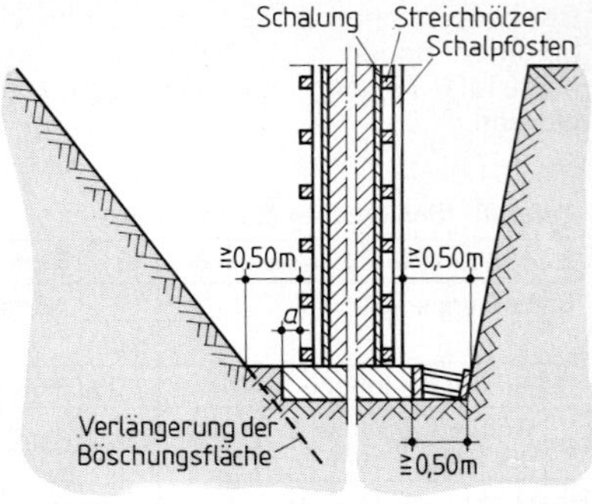


**Bild 53 Arbeitsraumbreiten**

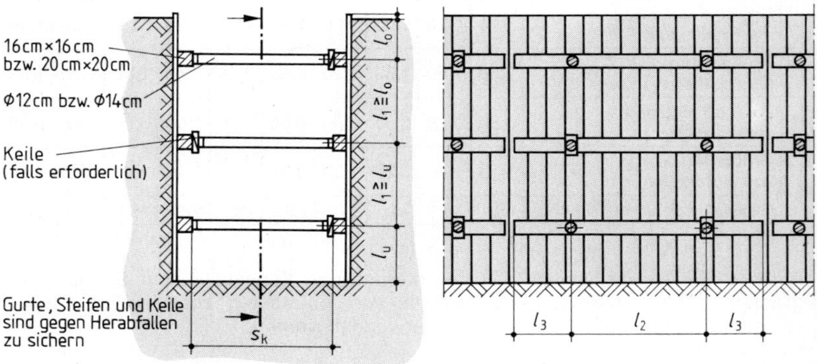


**Bild 54 Senkrechter Normverbau**

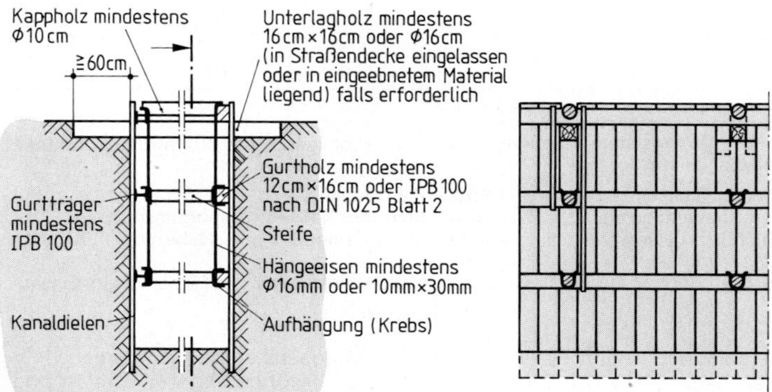


**Bild 55 Senkrechter Verbau mit Kanaldielen (Beispiel)**

## Verbauarten nach DIN 4124

Entsprechend den Anforderungen der Baugrube: Spundwände, Trägerbohlwände aus gerammten oder in Bohrlöchern eingebrachten Stahlträgern mit waagerecht gespannter Ausfachung aus Holz, Beton, Spritzbeton oder Stahl. Massive Bauarten, wie Schlitzwände und Pfahlwände, wenn schädliche Auswirkungen durch Mitziehen des Bodens und Erschütterungen beim Rammen insbesondere unvermeidliche Bewegungen von Wand und Boden zu befürchten sind, ferner Verfestigung des Bodens durch Injektionen oder Vereisung.

## 11.2 Berechnung, Bemessung und Konstruktion von Baugrubenumschließungen nach EAB (Auswahl) [1])

### 11.2.1 Berechnungslastfälle nach EAB (EB 24)

**H** Summe der Hauptlasten (Regelfall)
**HZ** Summe der Haupt- und Zusatzlasten (Sonderfall)

**Hauptlasten (H)** sind:

a) Eigenlasten der Baugrubenkonstruktion, ggf. unter Berücksichtigung von Hilfsbrücken und Baugrubenabdeckungen sowie von
b) unmittelbar wirksamen Nutzlasten
c) Erddruck aus Bodeneigenlast, Bauwerks- und Nutzlasten, ggf. unter Berücksichtigung der Kohäsion
d) Wasserdruck

**Zusatzlasten (Z)** sind

a) Bremskräfte und
b) selten auftretende Lasten sowie unwahrscheinliche oder selten auftretende Kombinationen von Lastgrößen und Lastangriffspunkten, wie z. B. ungewöhnliche Wasserstände, Temperatureinwirkungen, z. B. auf Stahlstreifen aus I-Profilen ohne Knickschaltung oder bei schmalen Baugruben in frostgefährdeten Böden

**Außerplanmäßige Lasten** in Ausnahmefällen, die unter normalen Umständen nicht auftreten, z. B. durch Überspannung von Ankern, Anprall von Baugeräten, Ausfall von Betriebs- und Sicherungsvorkehrungen, Ausfall besonders gefährdeter Tragglieder. Im allgemeinen genügt es, den Standsicherheitsnachweis für den Lastfall H zu erbringen. Zugehörige zulässige Spannungen s. S. 1133.

### 11.2.2 Berechnung des aktiven Erddruckes

**Wahl der Bodenkenngrößen.** Wenn keine Versuchsergebnisse oder Bodenkenngrößen aufgrund örtlicher Erfahrungen von früheren Bodenuntersuchungen vorliegen, darf mit den Größen der Tafel 8 und 9 (S. 1051) gerechnet werden.

Dabei ist nach DIN 1055, T2, Abschn. 5.2, bei der Ermittlung des Erddruckes aus der Eigenlast nicht bindiger Böden lockere Lagerung und aus Auflasten mitteldichte Lagerung anzunehmen, dichte Lagerung nur aufgrund von Druck- und Rammsondierungen. Wenn keine Ergebnisse von Feld- oder Laborversuchen vorliegen, ist nach Abschn. 6.2 für bindige Böden die jeweils ungünstigste Annahme zugrunde zu legen.

**Ansatz des Wandreibungswinkels** [EB 4]. Sofern die Vertikalkräfte einwandfrei in den Untergrund abgeleitet werden können (S. 1128), i. a. $\gamma_a = +2{,}3\varphi$, davon abweichend bei Schlitzwänden $\delta_a = +1/2\varphi$. Läßt sich $\Sigma V = 0$ nicht anders nachweisen, z. B. bei Hilfsbrücken und starker Neigung der Verankerung, so ist ein kleinerer oder negativer Wandreibungswinkel, höchstens jedoch $\delta_a = -2/3\varphi'$ bzw. $\delta_a = -1/2\varphi'$ bei Schlitzwänden einzuführen.

[1]) Die Anpassung der EAB an das neue Sicherheitskonzept steht noch aus. In Vorbereitung sind EAB-100, die voraussichtlich in 9.96 erscheinen werden

**Ansatz eines Mindesterddruckes bei Böden mit Kohäsion** [EB4]. Bei durchgehend bindigen sowie bei wechselnden Bodenschichten ist die Erddrucklast einmal a) mit den jeweils gewählten Scherfestigkeiten und zum anderen b) mit den gewählten Scherfestigkeiten im Bereich der nicht bindigen und mit einem Mindesterddruckbeiwert $K_{agh} = 0{,}20$ im Bereich der bindigen Schichten (Mindesterddruck s. Bild 56) zu ermitteln. Der ungünstigste Lastansatz ist maßgebend.

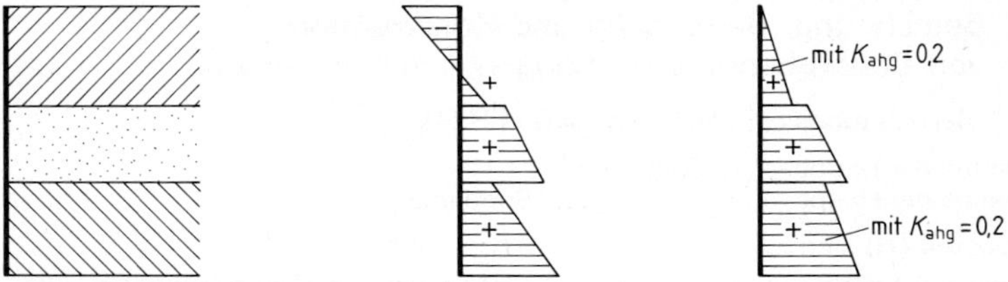


**a) Bodenschichtung** **b) Erddruck entsprechend a)** **c) Erddruck entsprechend b)**

**Bild 56a Ermittlung der aktiven Erddrucklast bei teilweise bindigen Bodenschichten**

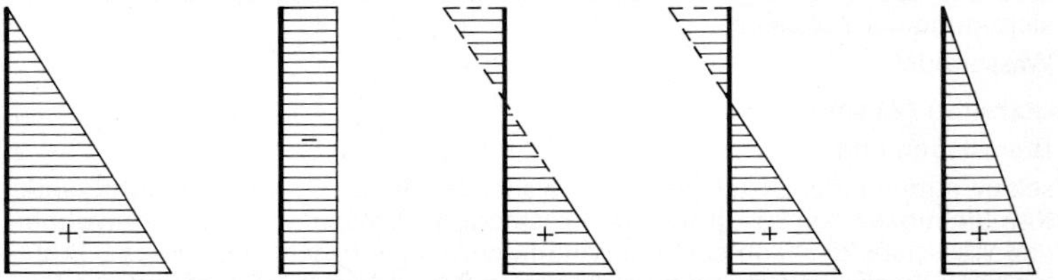

**a) Erddruck aus Bodeneigengewicht** **b) Erddruck infolge von Kohäsion** **c) Erddrucklast bei gestützten Baugrubenwänden** **d) Erddrucklast bei nicht gestützten Baugrubenwänden** **e) Mindest-Erddrucklast**

**Bild 56b Ermittlung der aktiven Erddrucklast bei bindigem Boden**

Ist eine Umlagerung des Erddruckes nicht zu erwarten, müssen die rechnerischen Zugspannungen außer Ansatz bleiben (Bild d).

**Ansatz von erhöhtem Erddruck (EB8)** bei ausgesteiften Spund- und Trägerbohlwänden nur dann, wenn bei geringem Abstand der Unterstützung die Steifen der Spundwände mit mehr als 30% und die Steifen der Trägerbohlwände mit mehr als 60% vorgespannt werden. Bei ausgesteiften Ortbetonwänden ist generell erhöhter Erddruck anzusetzen.

**Ansatz von Nutzlasten in Form von Ersatzlasten**

**a) bei Straßenverkehr** (EB 55) nach Bild 57 und 58

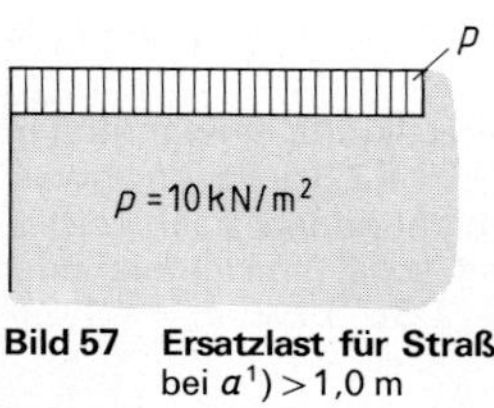


**Bild 57 Ersatzlast für Straßenverkehr** bei $a$[1]) > 1,0 m

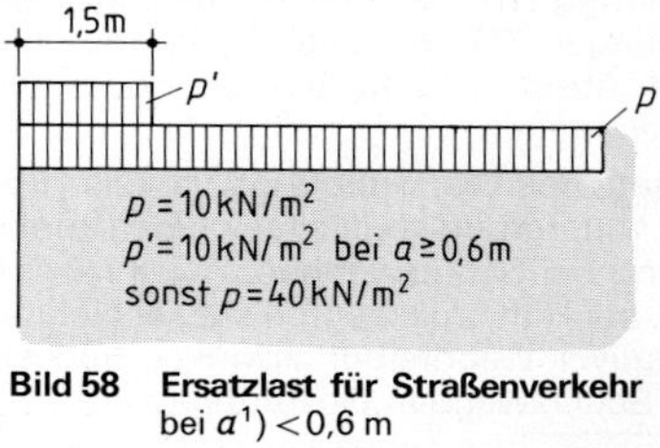


**Bild 58 Ersatzlast für Straßenverkehr** bei $a$[1]) < 0,6 m

[1]) α Abstand zwischen der Aufstandsfläche der Räder und der Hinterkante der Baugrube

**Voraussetzung für den Ansatz der Ersatzlasten** gemäß Bild 57 und 58:

Fahrbahndecke $d > 15$ cm sowie Achslasten im zulässigen Bereich der Straßenverkehrszulassung vom 16. 7. 86, sonst Ansatz von Einzellasten.

Wird gegen die Baugrubenwand ein Schrammbord abgestützt, so ist darauf ein waagerechter Seitenstoß nach DIN 1072 anzusetzen.

**b) bei Schienenverkehr** (EB 55)

Die Nutz- und Ersatzlasten sind nach den Vorschriften der jeweiligen Verkehrsbetriebe anzusetzen. Bei Straßenbahnen genügt eine unbegrenzte Flächenlast $p = 10$ kN/m² entsprechend Bild 57, wenn der Abstand zwischen Schwellendecke und Baugrubenwand $\geq 0{,}6$ m beträgt. Ggf. sind Fliehkräfte und Seitenstoß zu berücksichtigen.

**c) bei Baustellenverkehr** (EB 56)

Für Lasten im Rahmen der Straßenverkehrszulassung gelten die Bilder 57 und 58, auch dann, wenn ein Straßenbelag fehlt.

**d) bei Stapellasten** (EB 56)

wird eine unbegrenzte Flächenlast $p = 10$ kN/m², wie in Bild 57 dargestellt, angesetzt.

**e) bei Bagger und Hebezeugen** (EB 57) nach Bild 59

1. Wenn die folgenden Abstände eingehalten werden, genügt der Ansatz einer unbegrenzten Flächenlast von 10 kN/m² entsprechend Bild 57.

   1,5 m bei $G = 10$ t    3,5 m bei $G = 50$ t
   2,5 m bei $G = 30$ t    4,5 m bei $G = 70$ t

2. Sonst sind Ersatzlasten nach Bild 59 in Verbindung mit Tafel 82 anzusetzen.

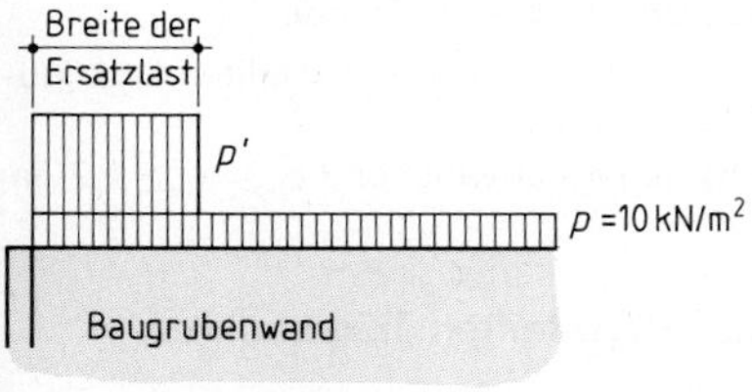


**Bild 59 Ersatzlast für Bagger und Hebezeuge**

**Tafel 82 Größe und Breite der Streifenlast *p'* in Bild 59 in Abhängigkeit von Gesamtgewicht *G***

| Gesamtgewicht des Gerätes | Zusätzliche Streifenlast *p'* | | Breite der Streifenlast *p'* |
|---|---|---|---|
| | Kein Abstand | Abstand 0,60 m | |
| 10 t | 50 kN/m² | 20 kN/m² | 1,50 m |
| 30 t | 110 kN/m² | 40 kN/m² | 2,00 m |
| 50 t | 140 kN/m² | 50 kN/m² | 2,50 m |
| 70 t | 150 kN/m² | 60 kN/m² | 3,00 m |

### 11.2.3 Lastfiguren für gestützte Trägerbohlwände nach EB 69

Wenn a) die Geländeoberfläche waagerecht, b) der Boden mindestens mitteldicht oder steif ist, c) die Steifen zumindestens kraftschlüssig verkeilt oder Verpreßanker auf mindestens 80% der für den nächsten Bauzustand errechneten Kraft vorgespannt werden und d) unter der einzubauenden Stützung nicht tiefer als $1/3\,h$ der verbleibenden Restmächtigkeit $h$ des Aushubs abgebaggert wird, können die in Bild 60 dargestellten Lastfiguren verwendet werden.

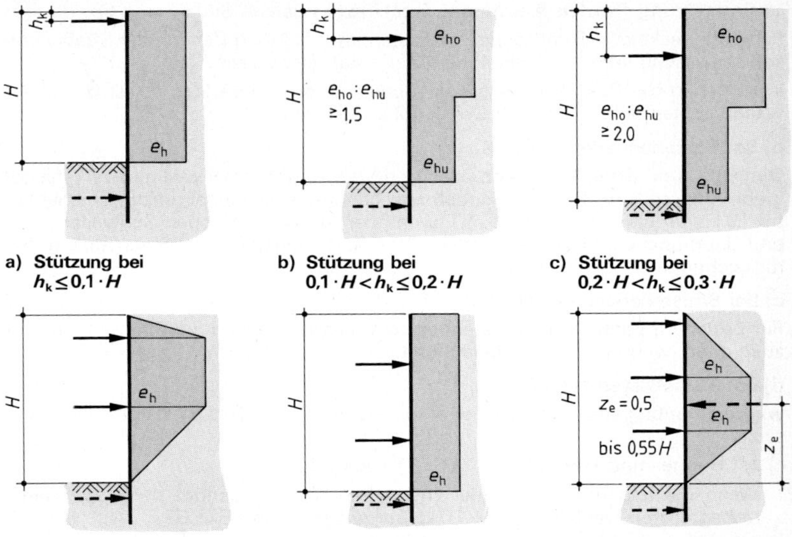


a) Stützung bei $h_k \leq 0{,}1 \cdot H$

b) Stützung bei $0{,}1 \cdot H < h_k \leq 0{,}2 \cdot H$

c) Stützung bei $0{,}2 \cdot H < h_k \leq 0{,}3 \cdot H$

d) Mittlere Anordnung der Stützungen

e) Tiefe Anordnung der Stützungen

f) Dreimal gestützte Wand

**Bild 60 Lastfiguren für gestützte Trägerbohlwände** nach EB 69 (Auswahl)

### 11.2.4 Lastfiguren für gestützte Spund- und Ortbetonwände

Für die Stützungsfälle a) bis c) von Bild 60 können die dort dargestellten Lastfiguren mit folgenden Änderungen verwendet werden:

Anstelle von $H$ tritt $H'$ (s. Bild 62); im Fall b) beträgt abweichend $e_{ho} : e_{hu} \geq 1{,}2$; im Fall c) $e_{ho} : e_{hu} \geq 1{,}5$.

### 11.2.5 Vereinfachter Erddruckansatz bei ausgesteiften Trägerbohl-, Spund- und Ortbetonwänden

Unter den Voraussetzungen a) bis c) von Abschnitt 11.2.3 kann als vereinfachter Lastfall ein flächengleiches Rechteck mit $e_h = \Sigma E_{ah}/H$ bei Trägerbohl- und

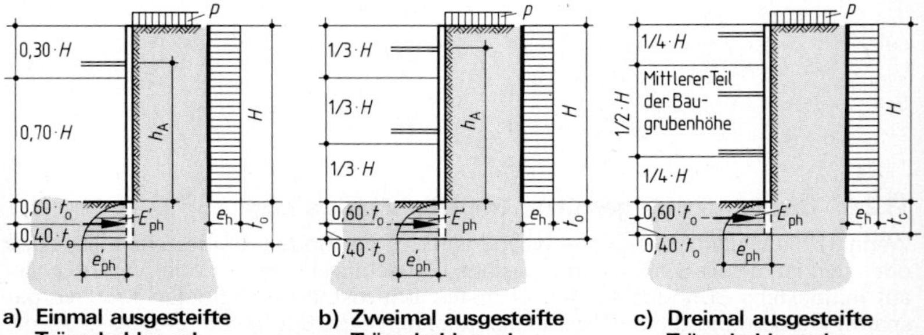


a) Einmal ausgesteifte Trägerbohlwand

b) Zweimal ausgesteifte Trägerbohlwand

c) Dreimal ausgesteifte Trägerbohlwand

**Bild 61 Rechteckförmiger Erddruckansatz bei ausgesteiften Trägerbohlwänden**

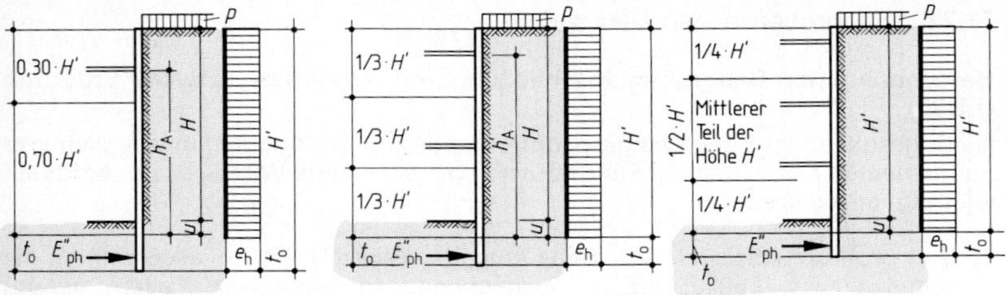


**Bild 62 Rechteckförmiger Erddruckansatz bei ausgesteiften Spund- und Ortbetonwänden**

$e_h = \Sigma E_{ah}/H'$ bei Spund- und Ortbetonwänden angesetzt werden (Bilder 61 und 62).

Auflasten aus Linien- oder Streifenlasten sowie Wasserdruck dürfen nicht in das Lastbild für Bodeneigengewicht einbezogen, sondern müssen als zusätzliche Rechteckfigur (Bild 65c) angesetzt werden.

Bei **ausgesteiften Wänden** ist der mit dem Ansatz des **vereinfachten Lastbildes** verbundene Fehler bei der Schnittkraftermittlung wie folgt zu korrigieren:

**1) bei einfacher Abstützung** nach Tafel 83

**Tafel 83 Korrektur der Schnittkräfte von einmal gestützten Baugrubenwänden** nach EAB (EB 13 und EB 17)

| | Auflagerkraft | Feldmoment | Lastfigur zweckmäßig bis |
|---|---|---|---|
| Trägerbohlwände | $A' = (H/h_A)\ A$ (176) | $M'_F = (h_A/H)\ M_F$ (177) | $h_A \geqq 0{,}7\ H$ |
| Spund- und Ortbetonwände | $A' = \sqrt{H'/h'_A} \cdot A$ (178) | $M'_F = \sqrt{h'_A/H'}\ M_F$ (179) | $h'_A \geqq 0{,}7\ H'$ |

Die Abminderung eines Kragmomentes am Kopf der Wand ist nicht zulässig. Bei Steifen oberhalb der Geländeoberfläche ist eine Umrechnung der Auflagerkräfte nicht vorzunehmen.
Bei Trägerbohlwänden ist $h_A$ der Abstand von der Abstützung bis zur Baugrubensohle. $H$ ist die Gesamttiefe der Baugrube.

**2) bei zweifacher Abstützung gilt:**

Wenn die untere Abstützung $B$ im unteren Drittel von $H'$ bei Spund- oder von $H$ bei Trägerbohlwänden liegt, wird das obere Auflager $A$ wie in Tafel 83 korrigiert (Bezeichnungen s. Bild 61 b bzw. 62b).

Wenn die untere Stützkraft $B$ im mittleren Drittel von $H'$ bzw. $H$ liegt, wird bei Spundwänden $B' = 1{,}15\ B$ und bei Trägerbohlwänden $B' = 1{,}30\ B$.

Eine Abminderung der Biegemomente ist nicht zulässig.

**3) bei drei- oder mehrfacher Abstützung gilt:**

Wenn die Abstützungen im mittleren Teil der Höhe $H'$ bzw. $H$ liegen (s. Bild 62c), werden alle Stützkräfte bei Spundwänden mit dem Faktor 1,15 und bei Trägerbohlwänden mit dem Faktor 1,30 verbessert (EB 13), jedoch nicht bei Rückbauzuständen. Ein Kragmoment am Kopf darf um 20% abgemindert werden.

Bei **rückwärts verankerten Wänden** kann auf die rechnerische Vergrößerung der Quer- und Auflagerkräfte verzichtet werden (EB 42, s. S. 1107).

## 11.2.6 Baugruben neben Bauwerken

### Berechnung der Baugrubenumschließung mit erhöhtem aktivem Erddruck (EB 22)

Nicht gestützte, im Boden eingespannte Wände sind im Austrahlungsbereich von Fundamenten nicht zulässig. Für gestützte oder verankerte Wände ist der Erddruck wie folgt anzusetzen:

1. **Bei großem Abstand der Bebauung** (s. Bild 63) ist im allgemeinen der Mittelwert $E_h = 0{,}50\,(E_{oh} + E_{ah})$ ausreichend. In einfachen Fällen genügt $E_h = 0{,}25\,E_{oh} + 0{,}75\,E_{ah}$. In schwierigen Fällen ist $E_h = 0{,}75\,E_{oh} + 0{,}25\,E_{ah}$ anzusetzen.

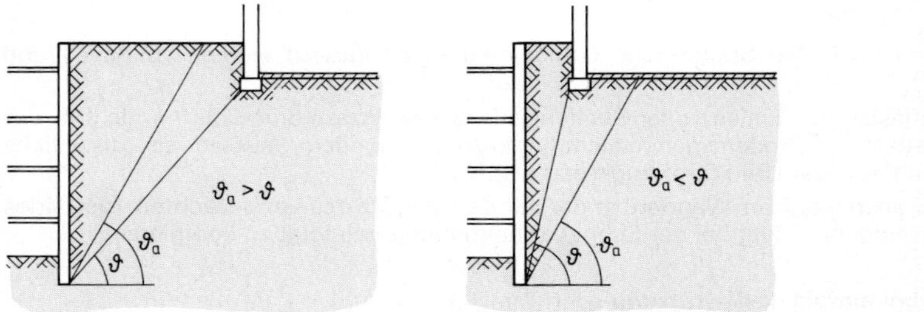


**a) Großer Abstand der Bebauung** **b) Kleiner Abstand der Bebauung**

**Bild 63 Abstand zwischen Baugrubenwand und Bebauung**

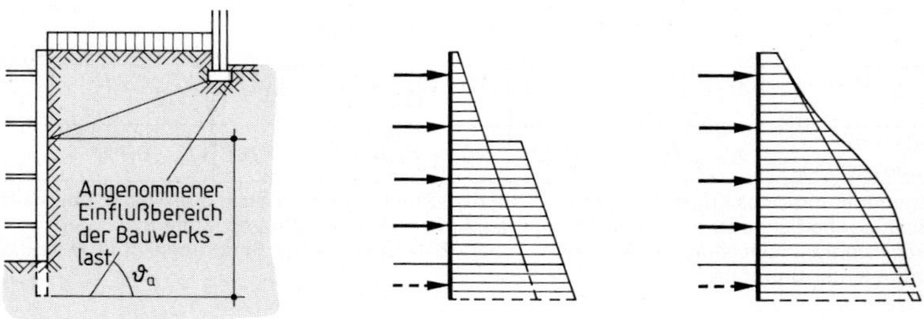


**a) Baugrube, Bauwerk und Lastausbreitung**

**b) Aktiver Erddruck aus Bodeneigengewicht, Nutzlast und Bauwerkslast**

**c) Erdruhedruck aus Bodeneigengewicht, Nutzlast und Bauwerkslast**

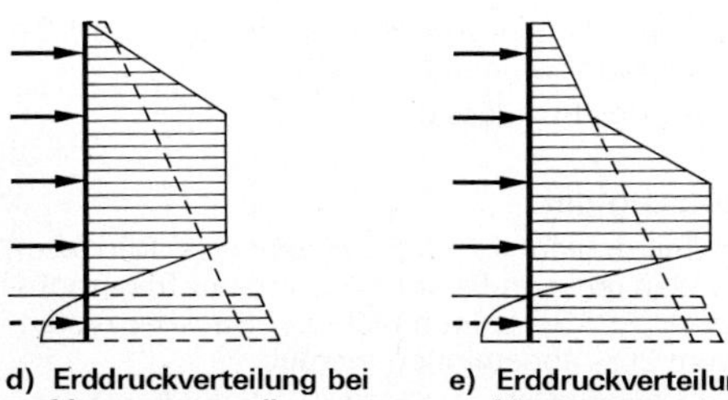

**d) Erddruckverteilung bei Vorspannung aller Stützungen**

**e) Erddruckverteilung bei Vorspannung der beiden unteren Stützungen**

**Bild 64**
**Verteilung eines erhöhten aktiven Erddruckes unter Berücksichtigung einer Bauwerkslast bei großem Abstand zwischen Baugrubenwand und Bauwerk (Beispiel für eine im Boden frei aufgelagerte Trägerbohlwand)**

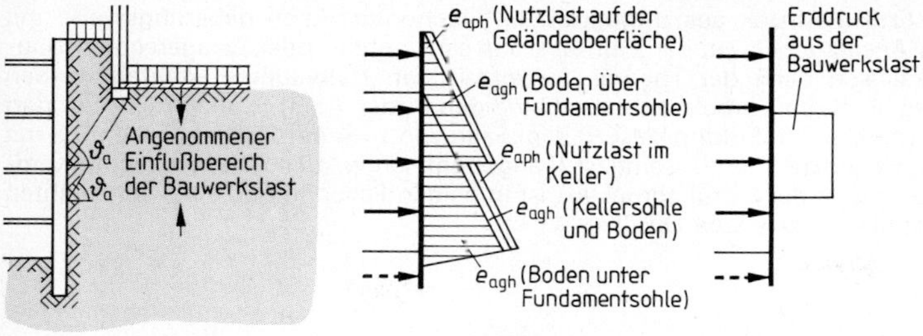


**a) Baugrube, Bauwerk und Lastausbreitung**

**b) Nicht umgelagerter Erddruck aus Bodeneigengewicht und Nutzlast**

**c) Erddruck aus der Bauwerkslast als Rechteck**

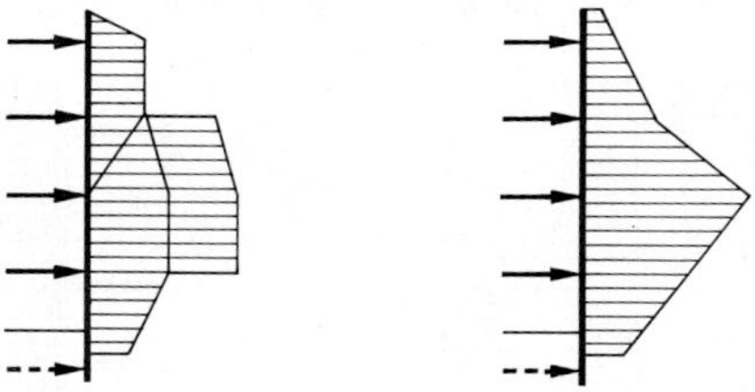

**Bild 65**
**Verteilung des aktiven Erddruckes unter Berücksichtigung des Einflusses einer Bauwerkslast bei geringem Abstand zwischen Baugrubenwand und Bauwerk (Beispiel für eine im Boden frei aufgelagerte Spundwand oder Ortbetonwand)**

**d) Gesamterddruck in einer Lastfigur mit Lastsprung**

**e) Gesamterddruck in einer Lastfigur ohne Lastsprung**

2. **Bei kleinem Abstand der Bebauung** (s. Bild 63) gilt:

   a) $E_h = 0{,}25\,E_{ogh} + 0{,}75\,E_{ah} + E_{ap'h}$ in einfachen Fällen (180)

   b) $E_h = 0{,}50\,E_{ogh} + 0{,}50\,E_{ah} + E_{ap'h}$ im Normalfall (181)

   c) $E_h = 0{,}75\,E_{ogh} + 0{,}25\,E_{ah} + E_{ap'h}$ in schwierigen Fällen (182)

   Bezüglich der Ermittlung der aktiven Erddrucklast s. Bild 64 u. 65, der Erdruhedrucklast $E_{ogh}$ s. Bild 66.

3. Es kann angenommen werden, daß in ähnlicher Weise eine Erddruckumlagerung auftritt wie beim aktiven Erddruck. Der Bemessungserddruck darf daher ebenfalls in eine einfache Lastfigur umgewandelt werden, deren Knickpunkte oder Lastsprünge im Bereich der Auflagerpunkte liegen.

4. Bei **Trägerbohlwänden** ist der Nachweis $\Sigma H = 0$ zu führen. (s. 11.2.10) Der unterhalb der Baugrube wirkende Erddruck ist dazu im gleichen Verhältnis (s. 1. u. 2. oben) zusammenzusetzen. Reicht der Einfluß der Bauwerkslast bis unter die Baugrubensohle, so ist dies zu berücksichtigen.

5. Zur Verringerung der Fußverschiebung ist bei nichtbindigen oder zumindest steifen bindigen Böden im Fall von Trägerbohlwänden $\eta_p = 3{,}0$, im Fall von Spund- und Ortbetonwänden $\eta_p = 2{,}0$ gegen den Grenzzustand einzuhalten.

   Es ist ferner nachzuweisen, daß die Vertikalkomponente des Bemessungserddruckes mit einer mindestens 2,0fachen Sicherheit in den Untergrund abgeleitet werden kann und daß die dabei auftretenden Setzungen keine schädlichen Auswirkungen auf das Bauwerk haben.

6. Der **Erdruhedruck aus unbegrenzter Flächenlast** kann näherungsweise mit dem Ansatz $e_o = k_o \cdot p$, der Erddruck aus senkrechten oder waagerechten Bauwerkslasten nach der Theorie des elastischen Halbraumes ermittelt werden (i. allg. $\nu = 4$, bei vorbelasteten und bindigen Böden $\nu = 3$). Näherungsweise darf die waagerechte Erddrucklast $E_{oph}$ im Falle von $\nu = 4$ mit 25%, im Falle $\nu = 3$ mit 30% der senkrechten Gesamtlast $P$ angenommen werden. Die senkrechte Komponente $E_{opv}$ der Erdruhedrucklast ist in beiden Fällen mit 50% der senkrechten Gesamtlast anzusetzen (EB 23).

## 11.2.7 **Lastbilder des Erdruhedruckes** nach EAB (EB 23)

Er ist dreieckförmig verteilt nach Bild 66 a) anzusetzen. Falls sich die Wand bei mindestens zwei Abstützungen unten gegen das Erdreich stützt, darf er von der untersten Abstützung ab als konstant angesehen werden (s. Bild 66 b).

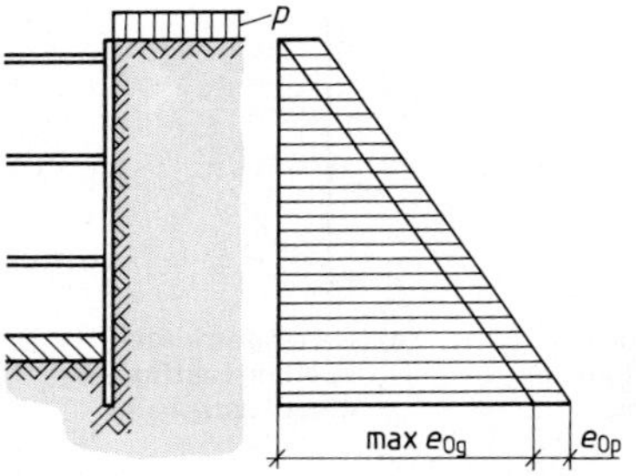


**a) Erddruckverteilung bei unnachgiebiger Stützung des Wandfußes**

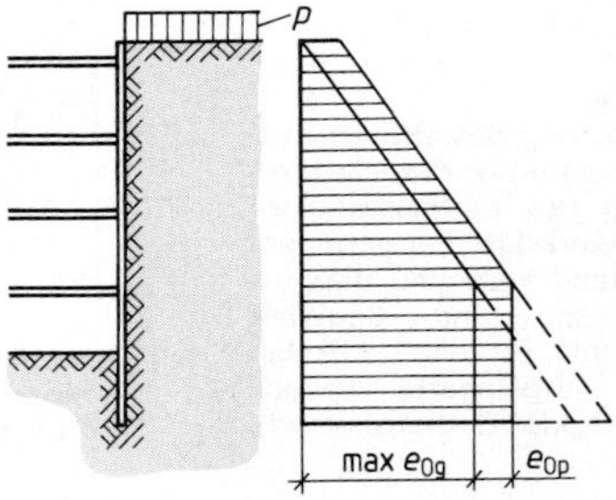


**b) Erddruckverteilung bei nachgiebiger Stützung des Wandfußes**

**Bild 66 Lastbilder für Spund- und Ortbetonwände bei Ansatz des Erdruhedruckes**

## 11.2.8 Berechnung des Erdwiderstandes bei Spund- und Ortbetonwänden

**a) Bei im Boden frei aufgelagerten Spund- und Pfahlwänden (EB 13)** kann, falls die Bedingung $V = 0$ dies zuläßt (s. S. 1128), der Wandreibungswinkel bei gekrümmten Gleitflächen mit $\delta_p = -\varphi$ angesetzt werden. Ebene Gleitflächen dürfen nur zugrunde gelegt werden, wenn die Geländeoberfläche nicht ansteigt sowie $\varphi \leq 35°$ und $\delta_p = -2/3\,\varphi$ sind. Im Falle von Schlitzwänden sind die Wandreibungswinkel bei gekrümmten Gleitflächen auf $\delta_p = -1/2$ uns bei ebenen Gleitflächen auf $\delta_p = -1/3\,\varphi$ herabzusetzen. Für die Aufnahme der Auflagerkräfte im Boden ist mindestens die Sicherheit $\eta = 1{,}5$ nachzuweisen oder mit $K_{ph}/1{,}5$ zu rechnen. Bei der Ermittlung der Schnittgrößen darf bei $D > 0{,}3$ und $I_c \geq 0{,}75$ die Sicherheit auf $\eta = 1{,}2$ herabgesetzt werden.

**b) Bei Fußeinspannung von Spund- und Ortbetonwänden (EB 26)**

mit dem Lastansatz nach *Blum* mit $k_{ph}/1{,}5$. Die theoretische Einbindetiefe $t_1$ ist zur Aufnahme der Ersatzkraft $C_h$ um $\Delta t = 0{,}2\,t_1$ zu vergrößern. Bei der Ermittlung der Schnittgrößen darf bei gestützten Wänden die 1,5fache Sicherheit auf $\eta = 1{,}2$ herabgesetzt werden.

### 11.2.9 **Berechnung des Erdwiderstandes vor Bohlträgern** nach *Weißenbach* [3]

Für den Lastansatz nach *Blum* ist der Erdwiderstand mit ideellen Erdwiderstandsbeiwerten $\omega_{pn}$ für zwei Fälle a) und b) wie vor einer durchgehenden Wand zu berechnen (s. S. 1129).

a) **Falls die Wirkungen des Erdwiderstandes sich nicht überschneiden,** ist

$$\omega_{ph} = \frac{2E_{ph}}{\gamma \cdot a_t\, t_1^2} \qquad (183)$$

$a_t$ Bohlträgerabstand
$t_1$ geschätzte Einbindetiefe unter Baugrubensohle
$b_t$ Bohlträgerbreite

$$E_{ph} = E_{pgh} + E_{pch} \quad (184)$$

$E_{pgh} = \frac{1}{2}\gamma \cdot \omega_R \cdot t_1^3$ für Reibungsböden
$E_{pch} = 2 \cdot c \cdot \omega_k \cdot t_1^2$ für Kohäsionsböden

$\omega_R$; $\omega_k$ aus Bild 35 mit geschätzten Eingangswerten $b_t/t_1$ sowie mit $\varphi$.

Bei kohäsionslosen Böden wird $\omega_{ph} = \dfrac{\omega_R \cdot t_1}{a_t}$ (185)

b) **Falls die Wirkungen des Erdwiderstandes vor benachbarten Bohlträgern sich überschneiden**, wird $\omega_{ph}$ unmittelbar aus Gl. (186) berechnet.

$$\omega_{ph} = \frac{b_t}{a_t} k_{ph}(\delta_p \neq 0) + \frac{a_t - b_t}{a_t} k_{ph}(\delta_p = 0) + \frac{4 \cdot c}{\gamma \cdot t_1}\sqrt{k_{ph}(\delta_p \neq 0)} \qquad (186)$$

Bei Böden mit $\varphi \leqq 30°$ ist $-\delta_p = -(\varphi - 2{,}5°)$, mit $\varphi \geqq 30°$ ist $-\delta_p = -27{,}5°$ unter Verwendung von Erdwiderstandsbeiwerten nach dem Gleitschema von *Streck* (s. S. 1106) anzusetzen.

Bei kohäsionslosen Böden entfällt das 3 Glied in Gl. (186).

Für die weitere Berechnung von $K'_{rh}$ mit den nach a) und b) berechneten ideellen Erdwiderstandsbeiwerten ist der kleinste Wert $\omega_{ph}$ maßgebend. Dieser ist nach EB 14 mit $\eta_p = 2{,}0$ abzumindern.

$$\omega'_{ph} = \frac{\omega_{ph}}{\eta_p} \qquad (187)$$

$$K'_{rh} = f_w \cdot \omega'_{ph} \qquad (188)$$

$f_w$ Korrekturbeiwert (näherungsweise = 1, bezüglich zutreffender Werte siehe Tafel 84 oder *Weißenbach*[1]))
$K'_{rh}$ in den Rechenverfahren für Spundwände nach Blum benötigter Erdwiderstandsbeiwert (s. Erkl. d. Formelzeichen von Tafel 85 u. 86, S. 1130).

Ergibt sich in der Berechnung nach Blum eine andere Einbindetiefe $t_1$ als die geschätzte, ist die Berechnung bis zur Übereinstimmung zu wiederholen. Ferner ist ein Standsicherheitsnachweis nach Gl. (189), s. S. 1128 zu führen.

**Tafel 84 Korrekturbeiwert $f_w$ für die Berechnung des Erdwiderstandsbeiwertes $K_{rh}$ bei der Berechnung von Trägerhohlwänden** nach *Weißenbach*

| Bodenart | Fall a) keine Überschneidung | Fall b) bei Überschneidung, |
|---|---|---|
| Trockener Sand oder Kies<br>Sand oder Kies unter Wasser | 0,85 | 0,95 |
| Feuchter Sand oder Kies | 0,90 | 1,00 |
| Leicht bindiger Boden[1]) | 0,95 | 1,05 |
| Stark bindiger Boden[2]) | 1,00 | 1,10 |

[1]) Erdwiderstand aus Kohäsion wenigstens ein Viertel
[2]) Wenigstens die Hälfte des ges. Erdwiderstandes

[1]) s. [3], Teil III, 1977, S. 36, 37 und 87

## 11.2.10 Standsicherheitsnachweis von Trägerbohl-, Spund- und Ortbetonwänden

$\Sigma H = 0$ Bei Trägerbohlwänden ist stets der Nachweis $\Sigma H = 0$ mit Gl. (189) zu führen.

$$\eta = E_{p1}/(B + \Delta E_{ah}) \geqq 1{,}5 \quad \text{(EB 15)} \qquad (189)$$

$B$ Auflagerkraft des Bohlträgers bei freier Auflagerung aus der Schnittgrößenermittlung. Sie ist bei Einspannung gleich dem rechnerisch nach dem Lastansatz von Blum erforderlichen Erdwiderstand von der Baugrubensohle bis zum theoretischen Auflagerpunkt oder dem Erdwiderstand aus $E_{ph}$, der näherungsweise um die Hälfte der errechneten Ersatzkraft $C_h$ verringert wird.

$\Delta E_{ah}$ Differenzbetrag des Erddruckes bei freier Auflagerung zwischen Baugrubensohle und Unterkante Bohlträger, bei Einspannung bis zum theoretischen Auflagerpunkt.

$E_{p1}$ Erdwiderstand vor einer durchgehenden Wand (kN/m) mit $\delta_p = -\varphi$ für gekrümmte Gleitflächen (s. Tafel 68 auf S. 1106 u. [3], S. 209).

Damit wird nachgewiesen, daß bei der Berechnung der Trägerbohlwände unterhalb der Baugrubensohle vernachlässigte Erddruck zusammen mit der Auflagerkraft aus dem Bohlträger von dem gesamten zur Verfügung stehenden Erdwiderstand mit einer Sicherheit $\eta > 1{,}5$ aufgenommen wird (s. Bild 67).

$\Sigma V = 0$. Bei **freier Auflagerung** von Trägerbohlwänden, Spund- und Ortbetonwänden und Baugrubentiefen $\leqq 10$ m beträgt die erforderliche Einbindetiefe $t = 1{,}5$ m ohne besonderen Nachweis. Der Nachweis $\Sigma V = 0$ ist ferner nicht erforderlich, wenn als Vertikalkräfte nur $G$ und $E_{\alpha v}$ abgetragen werden, sonst:

$$\eta_v = T_g/(E_{\alpha v} + G + P) \geqq 1{,}5 \quad \text{(EB 9)} \qquad (190)$$

$G$ Eigengewicht der Wand.

$P$ Zus. vertikale Belastungen, z. B. aus Überbauten und vertikalen Ankerkraftkomponenten.

$T_g$ Grenztragfähigkeit der Wand, bei geraammten Bohrträgern nach DIN V1054-100, S. 1093, bei einbetoniertem Bohlträgerfuß nach DIN V1054-100, S. 1091.

Bei **eingespannten Wänden** ist das Gleichgewicht der Vertikalkräfte mit

$$E_{\alpha v} + G + C_v \geqq E_{rv} \quad \text{(EB 9)} \qquad (191)$$

nachzuweisen. $E_{\alpha v}$ aus dem Lastansatz von Blum bei entsprechender Wahl des Wandreibungswinkels. Ansatz der Gegenkraft $C_v$ am theoretischen Fußpunkt höchstens mit $\delta_p = +\frac{1}{3}\varphi$. Beim Überwiegen der nach unten gerichteten Vertikalkräfte ist der Nachweis wie bei freier Auflagerung unter Einbeziehung der nach oben gerichteten Gegenkraft am theoretischen Fußpunkt zu führen. Läßt sich damit das Gleichgewicht der Vertikalkräfte nicht nachweisen, ist der positive Wandreibungswinkel für den aktiven Erddruck zu verringern (s. Bild 68).

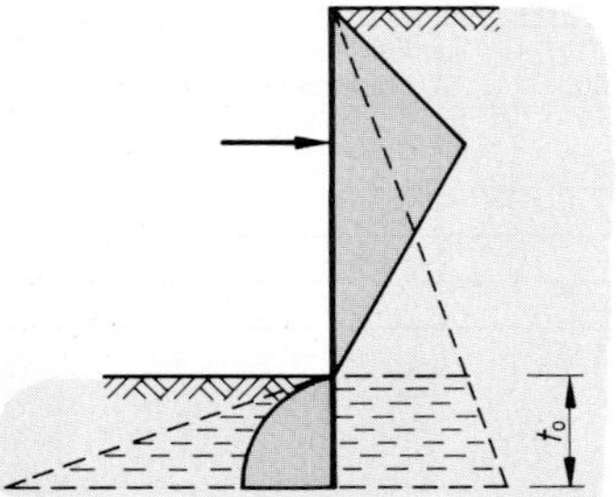


**Bild 67** **Nachweis $\Sigma H = 0$ bei Trägerbohlwänden** nach EAB

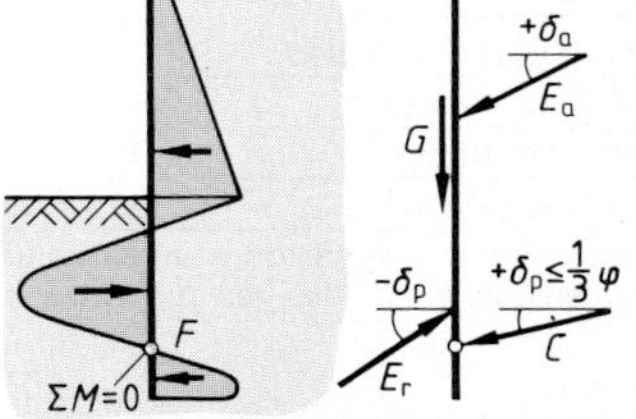


**Bild 68** **Nachweis $\Sigma V = 0$ bei eingespannten Trägerbohlwänden** nach [3]

## 11.2.11 Berechnung der Einbindetiefen und Schnittkräfte von Spund- und Trägerbohlwänden nach *Blum*

Bei gleichmäßigem Boden ($\gamma$ und $\varphi$) unterhalb des Belastungsnullpunktes $u$ – bei Spundwänden – oder unterhalb der Baugrubensohle – bei Trägerbohlwänden[1]) – kann die Einbindetiefe von freistehenden eingespannten Wänden (Bild 70) oder von einmal gestützten Wänden mit freier Fußauflagerung (Bild 73) bzw. im Boden eingespannt bei Ansatz einer dreieckförmigen Erdwiderstandsfigur mit **Nomogrammen von *Blum*** (Bild 69, 71 u. 72) und die Schnittkräfte mit den Gleichungen der Tafel 85 und 86 ermittelt werden, im Fall d) auf Bild 60 mit Nomogramm von *Hoffmann*[2]), im Fall f) mit den Methoden der Stabstatik, für Verbau aus Stahl auch mit Traglastverfahren.

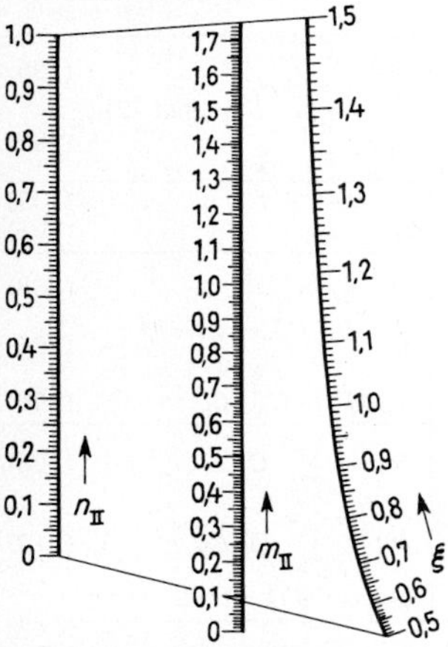


**Bild 69** **Nomogramm zur Berechnung frei stehender, im Boden eingespannter Spundwände** nach *Blum*

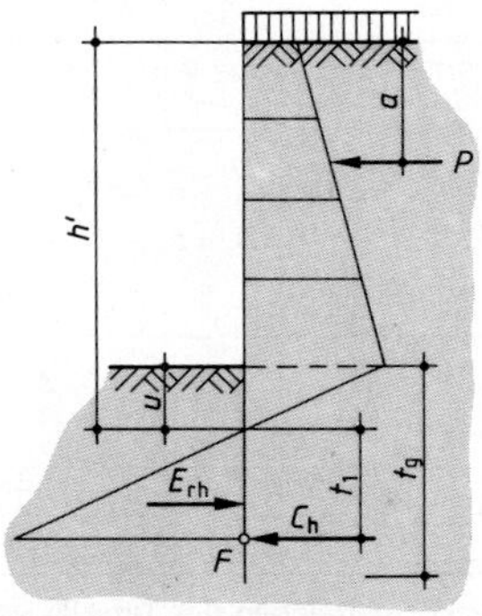


**Bild 70** **Freistehende, im Boden eingespannte Wand**

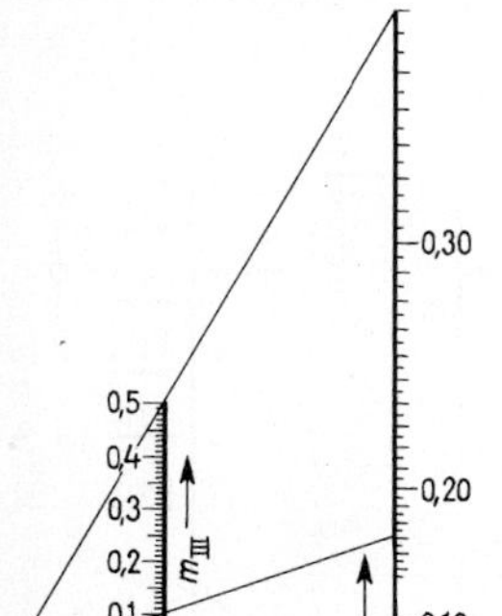


**Bild 71** **Nomogramm zur Berechnung einmal gestützter und im Boden frei gelagerter Spundwände** nach *Blum*

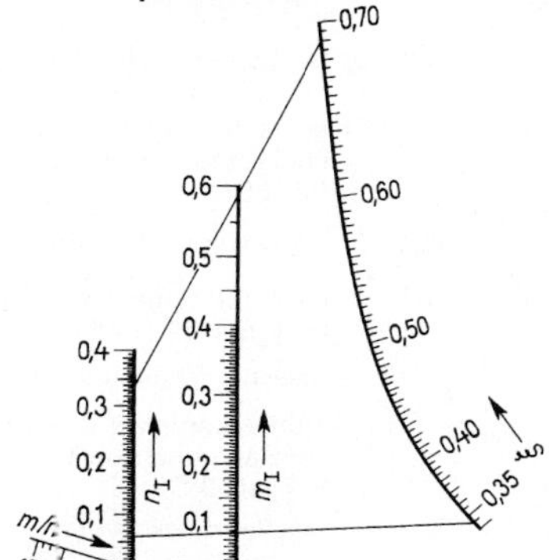


**Bild 72** **Nomogramm zur Berechnung einmal gestützter und im Boden eingespannter Spundwände** nach *Blum*

[1]) sonst: Graphische Ermittlung der Einbindetiefe und Schnittkräfte

[2]) Hoffmann, H.: Nomografische Berechnung doppelt verankerter Bohlwerke. In: Die Bautechnik **35** (1958) H 2, Wilhelm Ernst & Sohn, Berlin

**Tafel 85 Einbindetiefe und Maximalmoment freistehender eingespannter Wände** nach *Blum* (Bild 70)

| | | |
|---|---|---|
| Eingangswerte in Bild 69 | $m_{II} = \frac{6}{\gamma \cdot K'_{rh} \cdot h'^2} \sum P \quad n_{II} = \frac{6}{\gamma \cdot K'_{rh} \cdot h'^3} \sum P \cdot a$ | (192) |
| Einbindetiefe unter Baugrubensohle | $t_g = u + 1{,}2 \cdot t_1 \quad t_1 = \zeta \cdot h'$ | (193) |
| max $M$ in Tiefe $x_m$ unter $u$ | $x_m = \sqrt{2 \cdot \sum P / \gamma \cdot k'_{rh}}$<br>$\max M = h' \cdot \sum P - \sum Pa + 0{,}9428 (\sum P)^{3/2} \cdot (\gamma k'_{rh})^{-1/2}$ | (194) |

**Tafel 86 Einbindetiefen und Schnittkräfte einmal gestützter Baugrubenwände** nach *Blum*

| | Freie Bodenauflagerung (s. Bild 73) | | Im Boden eingespannt | |
|---|---|---|---|---|
| Eingangswerte in Bild 71 und 72 | $m_{III} = \frac{6 \cdot M_e}{\gamma \cdot K'_{rh} \cdot h'^3_A}$<br>(Bild 71) | (195) | $m_I = \frac{6 \cdot M_e}{\gamma \cdot K'_{rh} \cdot h'^3_A}$<br>$n_I = \frac{6 \cdot N_e}{\gamma \cdot K'_{rh} \cdot h'^5_A}$ (Bild 72) | (196)<br>(197) |
| Einbindetiefe unter Baugrubensohle | $t_g = u + t_o$<br>$t_o = \xi \cdot h'_A$ | (198)<br>(200) | $t_g \cong u + 1{,}2 \cdot t_1$<br>$t_1 = \xi \cdot h'_A$ | (199)<br>(201) |
| Auflagerkräfte | $U_h = \frac{M_e}{h'_A + \frac{2}{3} t_o}$<br>$A_h = E_{ah} - U_h$ | (202)<br>(204) | $U_h = \frac{1}{2} \gamma \cdot K'_{rh} \cdot t_1^2$<br>$C_h = \frac{U_h \cdot (h'_A + \frac{2}{3} t_1) - M_e}{h'_A + t_1}$<br>$A_h = E_{ah} - U_h + C_h$ | (203)<br>(205)<br>(206) |
| Momente | $M_A = \sum_{a_i=0}^{a_i=h_k} Q_i \cdot \Delta a_i$<br>$M_F = \sum_{a_i=x_F}^{a_i=-h_k} Q_i \cdot \Delta a_i$<br>$a_i = x_F$ bei $Q = 0$ | (207)<br>(209) | $M_A = \sum_{a_i=0}^{a_i=-h_k} Q_i \cdot \Delta a_i$<br>$M_F = \sum_{a_i=k_F}^{a_i=-h_k} Q_i \cdot \Delta a_i$<br>$a_i = x_F$ bei $Q = 0$ | (208)<br>(210) |

**Erklärung der Formelzeichen der Tafel 85 und 86**

$M_e$ Summe der Momente der Erddruckkräfte $E_{ah}$ um den Unterstützungspunkt $A$ (Lastfigur beliebig)

$M_e = \sum_{a_i=h'_A}^{a_i=-h_k} E_{ahi} \cdot a_i$ bei Lastfigur nach Bild 73 (EAU)

$M_e = E_{ah} (h'_A - \frac{1}{2} H')$ bei rechteckiger Lastfigur nach Bild 62a (EAB)

$M_e = E_{ah} (h'_A - z_e)$ bei Lastfigur nach Bild 60

$N_e = \sum_{a_i=0}^{a_i=h'_A} E_{ahi} \cdot a_i^3$ bei Lastfigur nach Bild 73 (EAU)

$N_e = \frac{1}{4} e_{ahu} \cdot h'^4_A$ bei rechteckiger Lastfigur nach Bild 61 (EAB)

$u = \frac{e_{ahu} - e_{pch}}{\gamma \cdot K'_{rh}}$ Belastungsnullpunkt

$e_{ahu} - e_{pch}$ Erddruckordinate in der Höhe der Baugrubensohle[1])

$e_{pch}$ s. Tafel 62

$K'_{rh} = K'_{ph} - K_{ah}$ Res. Erddruckbeiwert

$K'_{ph} = \frac{K_{ph}}{\eta}$ (EAB)[2])

$\eta = 2$ für Trägerbohlwände

$\eta = 1{,}5$ für Spundwände

$K'_{ph} = K_{ph}$ (EAU) mit Sicherheitsbeiwerten für die Scherparameter cal $c_u = c_u/1{,}3$; cal $c' = c'/1{,}3$; cal $\tan \varphi = \tan \varphi / 1{,}1$

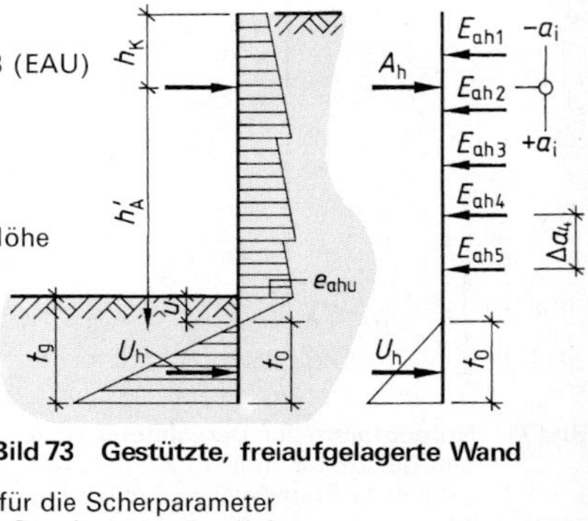

**Bild 73 Gestützte, freiaufgelagerte Wand**

[1]) Bei Schichtwechsel in Höhe der Baugrubensohle gilt die untere Erddruckordinate

[2]) Bezüglich der Sicherheit bei der Ermittlung der Schnittkraft s. 11.2.8

## 11.2.12 Spannungsnachweis für Bohlträger

$$\text{vorh}\ \sigma = \frac{M \cdot a_t}{W} + \frac{N \cdot a_t}{A} \leqq \text{zul}\ \sigma^{1)} \qquad (211)$$

$$\text{vorh}\ \tau = \frac{Q \cdot a_t}{A_{\text{Steg}}} \leqq \text{zul}\ \tau \qquad (212)$$

Wenn vorh $\tau > 0{,}5$ zul $\tau$ Nachweis der Vergleichsspannungen im Steg erforderlich

$$\sigma_v = \sqrt{\sigma_1^2 + 3 \cdot \tau_1^2} \leqq \text{zul}\ \sigma_v \qquad (213)$$

$$\sigma_1 = \frac{M \cdot_t}{W} \cdot \frac{h - 2c}{h} \qquad (214)$$

$M$ in kNm/m
$N$ in kN/m
$a_t$ Achsabstand der Bohlträger in m
$h$ Trägerhöhe
$c$ Flanschdicke

## 11.2.13 Spannungsnachweis für Spundwände

**a)** mit

$$\frac{P}{A} + \frac{M}{W} \leqq \text{zul}\ \sigma^{2)} \qquad (215) \qquad\qquad \omega \frac{P}{A} + 0{,}9 \frac{M}{W} \leqq \text{zul}\ \sigma \qquad (216)$$

Größter Wert ist maßgebend, oder

**b)** nach **EAU (E44)** bei vorwiegender Biegebeanspruchung:

$$\frac{P}{A} + \frac{\max M}{W} + \frac{P \cdot f}{W} \leqq \text{zul}\ \sigma.^{2)} \qquad (217)$$

In Gl. (216) und (217) bedeuten

zul $\sigma$ zulässige Spundwandspannung nach E20, Abschn. 8.2.4 der EAU in MN/m² (s. Tafel 87)
$P$ Auflast in der Spundwandachse in MN,
max $M$ Größtmoment der Spundwand infolge waagerechter Belastung in MNm,
$f$ größte Durchbiegung der Spundwand infolge waagerechter Belastung in m,
$A$ Querschnitt der Spundwand in m²,
$W$ Widerstandsmoment der Spundwand in m³.

**Tafel 87 Zulässige Spannungen für Spundwände** nach EAU (1990) in MN/m²

| | Stahl | | | Stahlbeton | Holz |
|---|---|---|---|---|---|
| Spundwandstähle | St Sp 37 | St Sp 45 | St Sp S | | |
| Stähle nach DIN 17100 | R St 37-2 u. St 37-3 | – | St 52-3 | | |
| Lastfall 1 | 160 | 180 | 240 | DIN 1045 | DIN 1052 |
| Lastfall 2 | Zuschlag: +15% zu den Spannungen nach Lastfall 1 [1]) | | | | |
| Lastfall 3 | Zuschlag; +30% zu den Spannungen nach Lastfall 1 | | | | |

[1]) Bei vorübergehenden ungünstigen Bauzuständen können im Einvernehmen mit der Bauaufsichtsbehörde höhere Spannungen zugelassen werden.

[2]) s. Fußnote S. 1133

**Lastfälle (LF)** nach EAU (E 18)

**LF 1:** Erddruck und Wasserüberdruck aus häufig auftretenden Außen- und Innenwasserständen, Erddruckeinflüsse aus normalen Nutzlasten, Kranbahnen und Pfahllasten, unmittelbar einwirkende Auflasten aus Eigengewicht und normaler Nutzlast.

**LF 2:** wie LF 1, jedoch mit außergewöhnlichem Wasserüberdruck, z. B. nach Überflutung, mit Sogeinfluß vorbeifahrender Schiffe, Erddruckeinflüsse außergewöhnlicher örtlicher Auflasten, Trossenzug und Schiffsstoß, vorübergehende ungünstige Belastungen im Bauzustand.

**LF 3:** wie LF 2, jedoch unter Berücksichtigung aller nur erdenklichen Umstände, z. B. restloser Ausfall einer Entwässerungsanlage u. dgl.

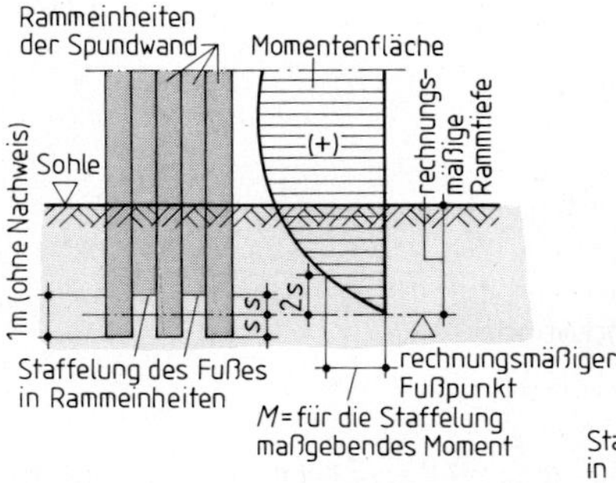


**Bild 74** **Staffelung des Spundwandfußes bei frei aufgelagerter Wand**

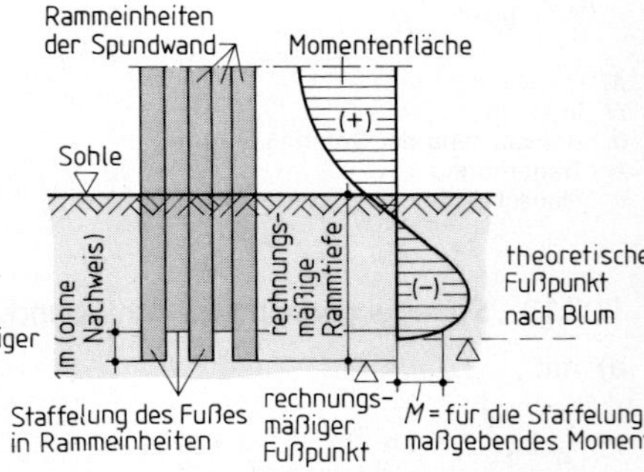


**Bild 75** **Staffelung des Spundwandfußes bei eingespannter Wand**

**Tafelprofile**

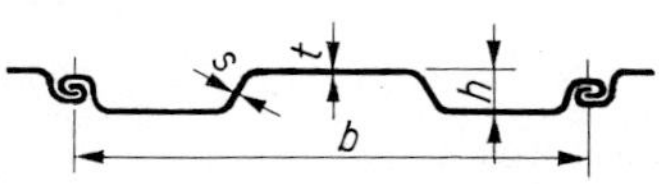


**Leichtprofile**

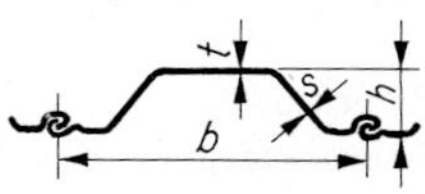


**Kanaldielen HKD 400 und HKD 400/6**

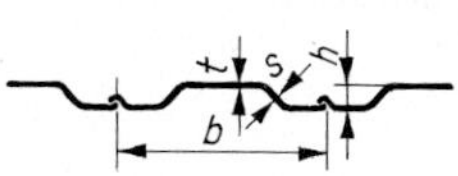


**Kanaldielen HKD 700/6 und HKD 700/8**

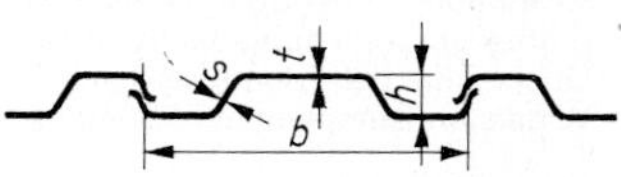


**Bild 76** **Benennung der Querschnitte von Tafel- und Leichtprofilen sowie Kanaldielen**

**System Larssen**

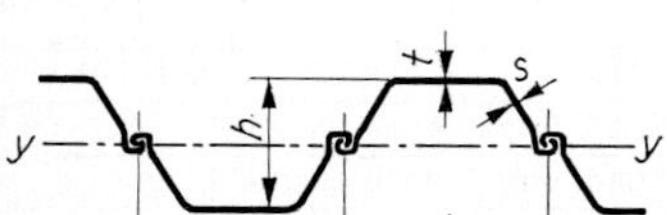


**System HOESCH**

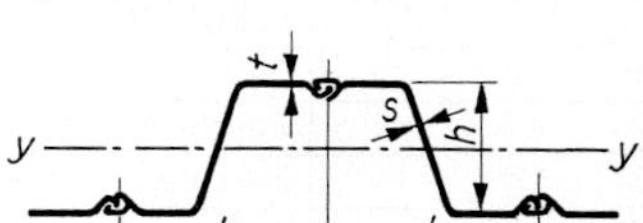


**Bild 77** **Benennung der Spundwandquerschnitte**

**Tafel 88 Zulässige Spannungen für Bauteile aus Stahl**
nach DIN 4124 (8.81)[1]) und DIN 18800 T1 (3.81)[1])

**a) Zulässige Spannungen im Lastfall H (Hauptlasten)**

| Art der Beanspruchung | Stahlgüte | | |
|---|---|---|---|
| | St 37 (S 235)<br>StSp 37 | StSp 45 | St 52 (S 355)<br>StSpS |
| Druck,<br>wenn Nachweis auf Knicken und Kippen nach DIN 4114 erforderlich ist | 140 N/mm² | 160 N/mm² | 210 N/mm² |
| Zug allgemein sowie Biegedruck:<br>a) bei Bohlträgern mit der Verbohlung hinter den rückwärtigen Flanschen und nicht ausreichender Sicherung gegen Verdrehen der Flansche | 160 N/mm² | 180 N/mm² | 240 N/mm² |
| b) bei Gurten und bei Trägern von Hilfsbrücken ohne ausreichende Stegaussteifung | 160 N/mm² | 180 N/mm² | 240 N/mm² |
| Biegezug allgemein sowie Biegedruck:<br>a) bei Spundwänden | 180 N/mm² | 204 N/mm² | 270 N/mm² |
| b) bei Bohlträgern mit der Verbohlung hinter den vorderen Flanschen | 180 N/mm² | 204 N/mm² | 270 N/mm² |
| c) bei Gurten und bei Trägern von Hilfsbrücken mit ausreichender Stegaussteifung | 180 N/mm² | 204 N/mm² | 270 N/mm² |
| Schub | 104 N/mm² | 117 N/mm² | 156 N/mm² |
| Vergleichsspannung | 192 N/mm² | 216 N/mm² | 288 N/mm² |

**b) Zulässige Spannungen im Lastfall HZ (Haupt- und Zusatzlasten)**

| | | | |
|---|---|---|---|
| Druck,<br>wenn Nachweis auf Knicken und Kippen nach DIN 4114 erforderlich ist | 160 N/mm² | 180 N/mm² | 240 N/mm² |
| Zug allgemein sowie Biegedruck:<br>a) bei Bohlträgern mit der Verbohlung hinter den rückwärtigen Flanschen und nicht ausreichender Sicherung gegen Verdrehen der Flansche | 180 N/mm² | 204 N/mm² | 270 N/mm² |
| b) bei Gurten und bei Trägern von Hilfsbrücken ohne ausreichende Stegaussteifung | 180 N/mm² | 204 N/mm² | 270 N/mm² |
| Biegezug allgemein sowie Biegedruck:<br>a) bei Spundwänden | 192 N/mm² | 216 N/mm² | 288 N/mm² |
| b) bei Bohlträgern mit der Verbohlung hinter den vorderen Flanschen | 192 N/mm² | 216 N/mm² | 288 N/mm² |
| c) bei Gurten und bei Trägern von Hilfsbrücken mit ausreichender Stegaussteifung | 192 N/mm² | 216 N/mm² | 288 N/mm² |
| Schub | 111 N/mm² | 124 N/mm² | 166 N/mm² |
| Vergleichsspannung | 204 N/mm² | 230 N/mm² | 306 N/mm² |

Beim Prüfen, Überspannen oder Lösen von Steifen oder Ankern dürfen die Biegedruck-, Biegezug- und Vergleichsspannungen bis zu 90% der Streckgrenze erreichen.

Zu den zulässigen Spannungen für Anschlüsse s. DIN 18800 Teil 1 „Stahlbauten; Bemessung und Konstruktion", März 1981.

[1]) Bis zur Anpassung der EAB an das neue Sicherheitskonzept muß bei dem Spannungsnachweis an Stelle der neuen DIN 18800 (11.90) mit Sicherheitsbeiwerten die herkömmliche Stahlbaunorm mit Lastfall H und HZ Verwendung finden.

**Tafel 89 Zulässige Spannungen für Verbauteile aus Holz**
nach DIN 4124 (8.81) und DIN 1052, T1 (4.88)

| Art der Beanspruchung | Europäisches Nadelholz | | | Eiche und Buche mittlerer Güte |
|---|---|---|---|---|
| | Güteklasse III[1]) | Güteklasse II | Güteklasse I | |
| Biegung bei Schnittholz im allgemeinen: | | | | |
| a) bei Ansatz des Erddruckes als Rechteck über die ganze Höhe der Baugrubenwand | 8,4 N/mm² | 12,0 N/mm² | 15,6 N/mm² | 13,2 N/mm² |
| b) bei Ansatz des Erddruckes mit einer wirklichkeitsnahen Lastfigur | 10,5 N/mm² | 15,0 N/mm² | 19,5 N/mm² | 16,5 N/mm² |
| c) bei Baugrubenabdeckungen und bei Abdeckbohlen von Hilfsbrücken | – | 12,0 N/mm² | 15,6 N/mm² | 13,2 N/mm² |
| Biegung bei Schnittholz über Innenstützen: | | | | |
| a) bei Ansatz des Erddruckes als Rechteck über die ganze Höhe der Baugrubenwand | – | 13,2 N/mm² | 17,2 N/mm² | 14,5 N/mm² |
| b) bei Ansatz des Erddruckes mit einer wirklichkeitsnahen Lastfigur | – | 16,5 N/mm² | 21,5 N/mm² | 18,2 N/mm² |
| c) bei Baugrubenabdeckungen und bei Abdeckbohlen von Hilfsbrücken | – | 13,2 N/mm² | 17,2 N/mm² | 14,5 N/mm² |
| Biegung bei Rundholz ohne Schwächung der Randzone: | | | | |
| a) bei Ansatz des Erddruckes als Rechteck über die ganze Höhe der Baugrubenwand | 10,1 N/mm² | 14,4 N/mm² | 18,7 N/mm² | 15,9 N/mm² |
| b) bei Ansatz des Erddruckes mit einer wirklichkeitsnahen Lastfigur | 12,6 N/mm² | 18,0 N/mm² | 23,4 N/mm² | 19,8 N/mm² |
| c) bei Steifen | – | 14,4 N/mm² | 18,7 N/mm² | 15,9 N/mm² |
| Druck in Faserrichtung: | | | | |
| a) bei Schnittholz | – | 8,5 N/mm² | 11,0 N/mm² | 10,0 N/mm² |
| b) bei Rundholz ohne Schwächung der Randzone | – | 10,2 N/mm² | 13,2 N/mm² | 12,0 N/mm² |
| Druck rechtwinklig zur Faserrichtung: | | | | |
| a) mit weniger als 10 cm Überstand | – | 4,0 N/mm² | 4,0 N/mm² | 6,4 N/mm² |
| b) mit 10 cm oder mehr Überstand | – | 5,0 N/mm² | 5,0 N/mm² | 8,0 N/mm² |
| Abscheren in Faserrichtung: | – | 1,1 N/mm² | 1,1 N/mm² | 1,2 N/mm² |

[1]) Nur bei Ausfachungen von Trägerbohlwänden zulässig

Die angegebenen zulässigen Spannungen setzen die Verwendung von neuen oder neuwertigen Hölzern voraus.

Die angegebenen zulässigen Spannungen gelten für den Lastfall H (Hauptlasten). Im Lastfall HZ (Haupt- und Zusatzlasten) dürfen die angegebenen zulässigen Spannungen um 25% erhöht werden. Zur Definition der Lastfälle H und HZ s. Berechnungslastfälle auf S. 1119.

Die beim Prüfen, Überspannen oder Lösen von Steifen oder Ankern auftretenden Spannungen brauchen nicht nachgewiesen zu werden.

## 11.3 Spundwandprofile

**Tafel 90 Tafel- und Leichtprofile, Kanaldielen der Hoesch-Hüttenwerke AG sowie Union-Flachprofile** (Querschnittbenennung s. S. 1132)

| Profil | Abmessungen | | | | Umfang | Fläche | Eigenlast | | Flächenmoment 2. Grades | Widerstandsmoment | Trägheitsradius |
|---|---|---|---|---|---|---|---|---|---|---|---|
| | *b* | *h* | *t* | *s* | | | | | *J* | *W* | *i* |
| | in mm | | | | in cm/m Wand | in $cm^2/m$ Wand | in kg/m Bohle | in $kg/m^2$ Wand | in $cm^4/m$ Wand | in $cm^3/m$ Wand | in cm |
| **Tafelprofile** | | | | | | | | | | | |
| HT 45 | 1000 | 90 | 4,5 | 4,5 | 227 | 57,3 | 45 | 45 | 716 | 159 | 3,50 |
| HT 50 | 1000 | 90 | 5 | 5 | 227 | 63,7 | 50 | 50 | 788 | 175 | 3,50 |
| HT 60 | 1000 | 90 | 6 | 6 | 227 | 76,4 | 60 | 60 | 936 | 308 | 3,50 |
| HT 70 | 1000 | 90 | 7 | 7 | 227 | 89,2 | 70 | 70 | 1090 | 240 | 3,50 |
| **Leichtprofile** | | | | | | | | | | | |
| HL 1 | 450 | 80 | 4,5 | 4,5 | 230 | 57,3 | 20,2 | 45 | 560 | 140 | 3,13 |
| HL 2 | 600 | 130 | 6 | 6 | 238 | 80,3 | 37,8 | 63 | 2200 | 338 | 5,23 |
| **Kanaldielen** | | | | | | | | | | | |
| HKD 400 | 400 | 50 | 5 | 5 | 240 | 58,6 | 18,4 | 46 | 212 | 85 | 1,90 |
| HKD 400/6 | 400 | 50 | 6 | 6 | 240 | 70,4 | 22,1 | 55 | 254 | 102 | 1,90 |
| HKD 700/6 | 650 | 90 | 6 | 6 | 260 | 78,4 | 40 | 61 | 985 | 210 | 3,56 |
| HKD 700/8 | 650 | 92 | 8 | 8 | 260 | 104 | 53 | 82 | 1320 | 287 | 3,56 |
| **Union-Flachprofile** | | | | | | | | | | | |
| FL 9 | 400 | 86 | 9 | – | 215 | 172 | 54 | 135 | 500 | 120 | 1,71 |
| FL 12 | 400 | 86 | 12 | – | 215 | 194 | 61 | 152 | 500 | 120 | 1,61 |

**Tafel 91 Spundwandnormalprofile System Larssen und Hoesch**

| Profil | Abmessungen | | | | Umfang | Fläche | Eigenlast | | Flächenmoment 2. Grades | Widerstandsmoment | Trägheitsradius |
|---|---|---|---|---|---|---|---|---|---|---|---|
| | *b* | *h* | *t* | *s* | Abwicklg. | Stahl | | | *J* | *W* | *i* |
| | in mm | | | | in cm/m Wand | in $cm^2/m$ Wand | in kg/m Bohle | in $kg/m^2$ Wand | in $cm^4/m$ Wand | in $cm^3/m$ Wand | in cm |
| **Larssen** | | | | | | | | | | | |
| 20 | 500 | 220 | 7 | 6 | 250 | 101 | 39,5 | 79 | 6600 | 600 | 8,08 |
| 21 | 500 | 220 | 8,2 | 8 | 250 | 121 | 47,5 | 95 | 7700 | 700 | 7,98 |
| 22 | 500 | 340 | 10 | 9 | 280 | 155 | 61 | 122 | 21250 | 1250 | 11,70 |
| 23 | 500 | 420 | 11,5 | 10 | 315 | 197 | 77,5 | 155 | 42000 | 2000 | 14,60 |
| 24 | 500 | 420 | 15,6 | 10 | 315 | 223 | 87,5 | 175 | 52500 | 2500 | 15,30 |
| 25 | 500 | 420 | 20 | 11,5 | 311 | 262 | 103 | 206 | 63840 | 3040 | 15,61 |
| 31 | 450 | 150 | 9,5 | 9,5 | 230 | 127 | 45 | 100 | 3450 | 460 | 5,21 |
| 32 | 450 | 250 | 10,5 | 10,5 | 250 | 155 | 54,9 | 122 | 10600 | 850 | 8,26 |
| III | 400 | 247 | 14,2 | 9,2 | 285 | 197 | 62 | 155 | 16670 | 1350 | 9,18 |
| 42 | 500 | 210 | 10 | 10 | 245 | 155 | 61 | 122 | 8930 | 850 | 7,59 |
| 43 | 500 | 420 | 12 | 12 | 280 | 212 | 83 | 166 | 34900 | 1660 | 12,80 |
| 45 | 500 | 410 | 14 | 14 | 287 | 254 | 99,5 | 199 | 39200 | 1910 | 12,40 |
| 420 | 708 | 750 | 10 | 10 | 345 | 220 | 61 | 173 | 146300 | 3900 | 25,80 |
| 430 | 708 | 750 | 12 | 12 | 396 | 299 | 83 | 235 | 241800 | 6450 | 28,40 |
| 450 | 708 | 770 | 14 | 14 | 405 | 358 | 99,5 | 281 | 287700 | 7500 | 28,30 |
| **Hoesch** | | | | | | | | | | | |
| 95 | 525 | 190 | 8 | 8 | 240 | 121 | 49,9 | 95 | 7130 | 750 | 7,68 |
| 116 | 525 | 250 | 9,3 | 9 | 253 | 148 | 60,9 | 116 | 15000 | 1200 | 10,10 |
| 122 | 525 | 190 | 11 | 10,7 | 240 | 155 | 64,1 | 122 | 8930 | 940 | 7,59 |
| 134 | 525 | 300 | 10 | 9,5 | 274 | 171 | 70,4 | 134 | 25500 | 1700 | 12,20 |
| 155 | 525 | 300 | 12,8 | 9,8 | 267 | 197 | 81,4 | 155 | 30000 | 2000 | 12,30 |
| 175 | 525 | 340 | 14 | 10 | 299 | 223 | 91,9 | 175 | 44200 | 2600 | 14,10 |
| 215 | 525 | 340 | 18,8 | 12 | 291 | 274 | 113 | 215 | 53550 | 3150 | 14,00 |

**Tafel 92 Spundwandprofile System ARBED, Vertrieb Krupp**

| Profil | Abmessungen *b* in mm | *h* in mm | *t* in mm | *s* in mm | Umfang in cm/m Wd | Stahlquerschnitt in $cm^2/m$ Wd | Eigenlast in kg/m EB | in $kg/m^2$ | Flächenmoment 2. Grades in $cm^4/m$ Wand | Widerstandsmoment in $cm^3/m$ Wand | Trägheitsradius cm |
|---|---|---|---|---|---|---|---|---|---|---|---|
| **U-Profile, ARBED, Vertrieb Krupp** | | | | | | | | | | | |
| PU 6 | 600 | 226 | 7,5 | 6,4 | 234 | 96 | 45,3 | 75,5 | 6720 | 600 | 8,37 |
| PU 8 | 600 | 280 | 8,0 | 8,0 | 245 | 116 | 54,5 | 90,8 | 11610 | 830 | 10,01 |
| BU 9 | 600 | 270 | 9,5 | 9,5 | 247 | 137 | 64,7 | 108 | 12160 | 900 | 9,41 |
| BU 9,4 | 600 | 270 | 10,0 | 10,0 | 247 | 143 | 67,1 | 112 | 12740 | 940 | 9,45 |
| PU 12 | 600 | 360 | 9,8 | 9,0 | 258 | 140 | 65,9 | 110 | 21550 | 1200 | 12,41 |
| PU 16 | 600 | 380 | 12,0 | 9,0 | 269 | 159 | 74,7 | 125 | 30520 | 1600 | 13,85 |
| PU 20 | 600 | 400 | 12.4 | 9,7 | 287 | 180 | 84,7 | 141 | 39880 | 2000 | 14,88 |
| PU 25 | 600 | 452 | 14,2 | 10,0 | 296 | 200 | 94,1 | 157 | 56500 | 2500 | 16,81 |
| PU 32 | 600 | 452 | 19,5 | 11,0 | 296 | 243 | 114,6 | 191 | 72260 | 3200 | 17,24 |
| **Z-Profile, ARBED, Vertrieb Krupp** | | | | | | | | | | | |
| BZ 7 | 550 | 190 | 8,0 | 8,0 | 235 | 118 | 51,0 | 93 | 7170 | 760 | 7,79 |
| BZ 8,6 | 550 | 193 | 9,5 | 9,5 | 235 | 136 | 58,8 | 107 | 8310 | 860 | 7,81 |
| BZ 12 | 500 | 243 | 8,5 | 8,5 | 273 | 143 | 56,1 | 112 | 14520 | 1200 | 10,10 |
| BZ 12,1 | 575 | 261 | 9,5 | 9,5 | 251 | 143 | 64,4 | 112 | 15780 | 1210 | 10,50 |
| BZ 16,4 | 500 | 300 | 9,5 | 9,5 | 288 | 164 | 64,4 | 129 | 24580 | 1640 | 12,20 |
| BZ 17 | 500 | 300 | 10,0 | 9,5 | 288 | 167 | 65,4 | 131 | 25080 | 1670 | 12,30 |
| BZ 20,7 | 575 | 325 | 13,2 | 10,0 | 271 | 187 | 84,6 | 147 | 33580 | 2070 | 13,40 |
| BZ 26 | 500 | 350 | 13,2 | 10,0 | 312 | 216 | 84,6 | 169 | 45320 | 2600 | 14,50 |
| BZ 32 | 500 | 352 | 19,0 | 11,5 | 311 | 265 | 103,9 | 208 | 56220 | 3200 | 14,60 |
| BZ 37 | 500 | 350 | 20,0 | 12,0 | 323 | 298 | 117,0 | 234 | 63880 | 3650 | 14,60 |
| BZ 42 | 500 | 354 | 24,0 | 14,0 | 324 | 345 | 135,3 | 271 | 73920 | 4200 | 14,70 |

**Tafel 93 Leichtprofile Krupp**

| | | | | | | | | | | | |
|---|---|---|---|---|---|---|---|---|---|---|---|
| KL 1 | 450 | 80 | 4,5 | 4,5 | 230 | 57 | 20,2 | 45 | 560 | 140 | 3,13 |
| KL 2/4. | 600 | 130 | 4,5 | 4,5 | 238 | 60 | 28,4 | 47 | 1650 | 254 | 5,24 |
| KL 2 | 600 | 130 | 6,0 | 6,0 | 238 | 80 | 37,8 | 63 | 2200 | 338 | 5,23 |
| KL 2/7 | 600 | 131 | 7,0 | 7,0 | 239 | 96 | 45,0 | 75 | 2560 | 388 | 5,18 |

**Tafel 94 Kanaldielen Krupp**

| | | | | | | | | | | | |
|---|---|---|---|---|---|---|---|---|---|---|---|
| KD III | 375 | 38 | 5,5 | 5,5 | 240 | 68 | 20,0 | 53 | 134 | 70 | 1,41 |
| KD III S | 375 | 40 | 6,5 | 6,5 | 240 | 79 | 23,3 | 62 | 150 | 80 | 1,38 |
| KD VI L | 600 | 80 | 6,0 | 6,0 | 250 | 80 | 37,5 | 62 | 726 | 182 | 3,01 |
| KD VI | 600 | 80 | 8,0 | 8,0 | 250 | 106 | 50,0 | 83 | 968 | 242 | 3,02 |
| KD 800 | 800 | 100 | 8,0 | 8,0 | 237 | 93 | 59,0 | 73 | 1364 | 273 | 3,83 |

## 11.4 Gebäudesicherungen im Bereich von Ausschachtungen, Gründungen und Unterfangungen nach DIN 4123 (5.72)

Der Baugrund ist bis an die Wände bestehender Fundamente durch schmale Schürfgruben auf ausreichende Tragfähigkeit sowie Grund- und Schichtenwasserführung zu erkunden. Ferner sind Art, Abmessung, Zustand und Gründungstiefe der bestehenden Fundamente und die von diesen eingeleiteten Kräfte, besonders waagerechte Kräfte festzustellen.
Vor Baubeginn werden Beweissicherungsverfahren empfohlen. Besonders bei ungenügendem Verbund von Wänden sind Sicherungsmaßnahmen erforderlich.

Bestehende Gründungen werden gegen Grundbruch durch Einhalten der Aushubgrenzen von Bild 80 und der Aushubabschnitte nach Bild 79 gesichert. Gleiche Gründungstiefe wie die der bestehenden Fundamente erforderlich. Diese sind zu unterfangen, wenn neue Fundamente tiefer als bestehende herabgeführt werden. Die Gründungssohlen dürfen nicht aufgelockert oder aufgeweicht sein. Abschnitte mit höchster Belastung müssen zuerst unterfangen werden. Kraftschluß z.B. durch großflächige Stahldoppelkeile, hydraulische Anpressung und dgl. Die neuen Fundamente sind gleichzeitig mit der Unterfangung herzustellen.

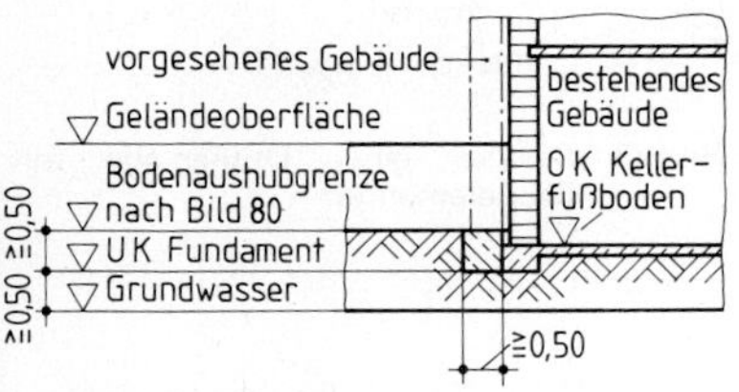


**Bild 78** **Aushubgrenzen** nach DIN 4123

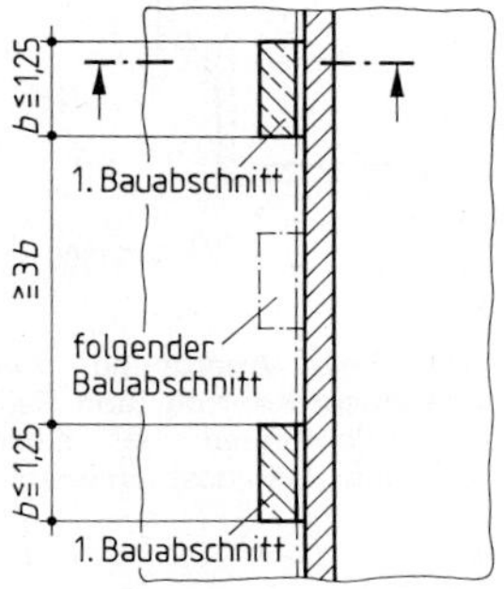


**Bild 79** **Aushubabschnitte** nach DIN 4123

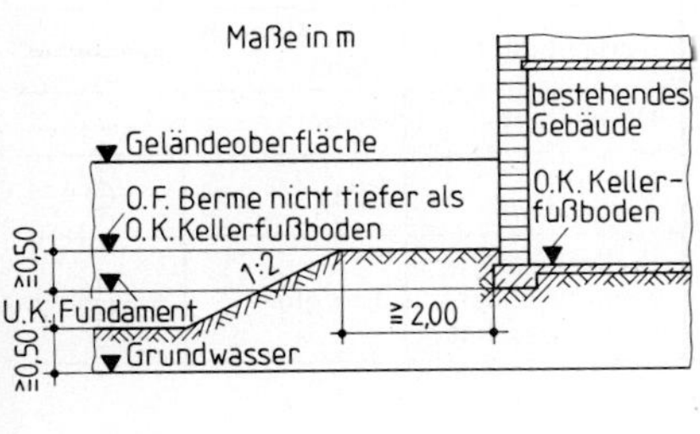


**Bild 80** **Bodenaushubgrenzen**

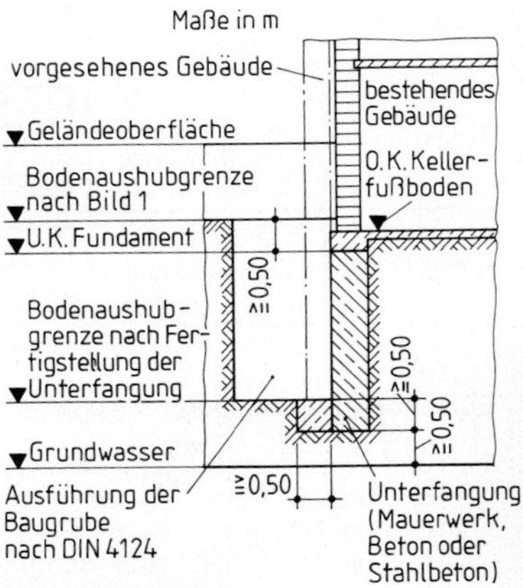


**Bild 81** **Unterfangung**

# 12 Dränung zum Schutz baulicher Anlagen nach DIN 4095 (6.90)

Dränung ist die Entwässerung des Bodens durch Dränschicht und Dränleitung (Bild 82), um das Entstehen von drückendem Wasser zu vermeiden.

**Planung:** Die Dränanlage ist in den Entwässerungsplan aufzunehmen. Dränschicht und Dränleitung müssen alle erdberührten Wände erfassen. Die Dränleitung ist entlang der Außenfundamente anzuordnen (Bild 83). Die Auflagerung auf Fundamentvorsprüngen ist unzulässig. Bei unregelmäßigen Grundrissen ist ein größerer Abstand von den Streifenfundamenten zulässig.

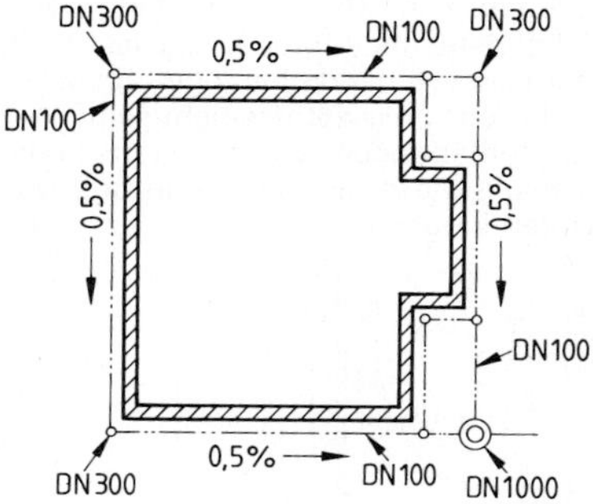


**Bild 82** Beispiel einer Anordnung von Dränleitungen, Kontroll- und Reinigungseinrichtungen bei einer Ringdränung (Mindestabmessungen)

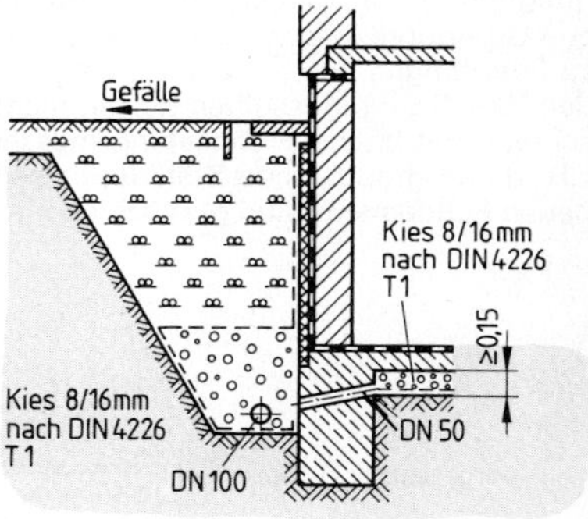


**Bild 83** Beispiel einer Dränanlage mit Dränelementen

**Tafel 95** Angaben über Bauteile und Zeichen (Sinnbilder)

| Bauteil | Art | Zeichen |
|---|---|---|
| Filterschicht | Sand | |
| | Geotextil | - - - - - - |
| Sickerschicht | Kies | |
| | Einzelelement (z. B. Dränstein, -platte) | |
| Dränschicht | Kiessand | |
| | Verbundelement (z. B. Dränmatte) | |

| Bauteil | Art | Zeichen |
|---|---|---|
| Trennschicht | z. B. Folie | |
| Abdichtung | z. B. Anstrich, Bahn | |
| Dränleitung | Rohr | |
| Spülrohr Kontrollrohr | Rohr | |
| Spülschacht Kontrollschacht, Übergabeschacht | Fertigteil | |

**Einschätzung der Durchlässigkeit von Böden** nach DIN 18130, T1:

| | | | |
|---|---|---|---|
| $k < 10^{-8}$ | m/s | sehr schwach | durchlässig |
| $10^{-8}$ bis $10^{-6}$ | m/s | schwach | durchlässig |
| $> 10^{-6}$ bis $10^{-4}$ | m/s | durchlässig | |
| $> 10^{-4}$ bis $10^{-2}$ | m/s | stark durchlässig | |
| $> 10^{-2}$ | m/s | sehr stark durchlässig | |

Die Rohrsohle ist am Hochpunkt mindestens 0,2 m unter Oberfläche Rohbodenplatte (OFR) anzuordnen (Bild 84). Der Rohrgraben darf nicht unter die Fundamentsohlen geführt werden (notfalls Vertiefung der Fundamente oder Verlegung der Dränrohre außerhalb ihres Druckausbreitungsbereiches).

Kontrollrohre (DN 300) sind bei Richtungswechsel sowie im Abstand von höchstens 20 m, Spül-, Kontroll- und Sammelschächte (DN 1000) an Hoch- und Tiefpunkten sowie im Abstand von höchstens 60 m anzuordnen. Die Darstellung erfolgt mit Sinnbildern der Tafel 95. Für die Bemessung unterscheidet DIN 4095 den Regelfall (Einstufung nach Tafel 96) für den kein besonderer Nachweis erforderlich ist (Ausführungsempfehlung mit Dicken s. Bild 84), sowie den Einzelnachweis im Sonderfall.

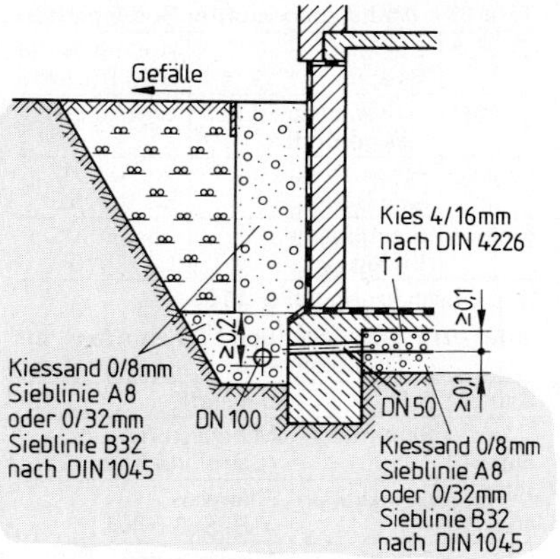


**Bild 84** **Beispiel einer Dränanlage mit mineralischer Dränschicht**

Im Regelfall ist für den Wasserabfluß bei nichtmineralischen, verformbaren Dränelementen mit Abflußspenden nach Tafel 97 zu rechnen.

**Tafel 96** **Bedingungen vor Wänden und unter Bodenplatten für die Einstufung als Regelfall**

| | |
|---|---|
| **Richtwerte vor Wänden** | |
| Einflußgröße | Richtwert |
| Gelände | eben bis leicht geneigt |
| Durchlässigkeit des Bodens | schwach durchlässig |
| Einbautiefe | bis 3 m |
| Gebäudehöhe | bis 15 m |
| Länge der Dränleitung zwischen Hochpunkt mit Tiefpunkt | bis 60 m |
| **Richtwerte unter Bodenplatten** | |
| Einflußgröße | Richtwert |
| Durchlässigkeit des Bodens | schwach durchlässig |
| Bebaute Fläche | bis 200 m² |

**Tafel 97** **Abflußspende zu der Bemessung nichtmineralischer, verformbarer Dränelemente**

| Lage | Abflußspende |
|---|---|
| vor Wänden | 0,30 l/(s·m) |
| auf Decken | 0,03 l/(s·m²) |
| unter Bodenplatten | 0,005 l/(s·m²) |

**Tafel 98** **Abflußspende vor Wänden**

| Bereich | Bodenart und Bodenwasser Beispiel | Abflußspende $q$ in l/(s·m) |
|---|---|---|
| gering | sehr schwach durchlässige Böden*) ohne Stauwasser kein Oberflächenwasser | unter 0,05 |
| mittel | schwach durchlässige Böden*) mit Sickerwasser kein Oberflächenwasser | von 0,05 bis 0,10 |
| groß | Böden mit Schichtwasser oder Stauwasser wenig Oberflächenwasser | über 0,10 bis 0,30 |

*) s. Einschätzung auf S. 1138

Im Sonderfall sind folgende Untersuchungen auszuführen: Geländeaufnahme, Bodenprofilaufnahme, Ermittlung des Wasseranfalls, statischer Nachweis der Dränschichten und Dränleitungen, hydraulische Bemessung aller Dränelemente, Bemessung der Sickeranlage, Auswirkung auf Bodenwasserhaushalt, Vorfluter, Nachbarbebauung.

Die Abflußspende für die Bemessung der flächigen Dränelemente darf nach den Tafeln 98 und 99 geschätzt werden.

**Tafel 99 Abflußspende unter Bodenplatten**

| Bereich | Bodenart Beispiel | Abflußspende $q'$ in l/(s·m²) |
|---|---|---|
| gering | sehr schwach durchlässige Böden*) | unter 0,001 |
| mittel | schwach durchlässige Böden*) | von 0,001 bis 0,005 |
| groß | durchlässige Böden*) | über 0,005 bis 0,010 |

*) s. Einschätzung auf S. 1138

**Tafel 101 Beispiele von Baustoffen für Dränelemente**

| Bauteil | Art | Baustoff |
|---|---|---|
| Filterschicht | Schüttung | Mineralstoffe (Sand und Kiessand) |
| | Geotextilien | Filtervlies (z. B. Spinnvlies) |
| Sickerschicht | Schüttung | Mineralstoffe (Kiessand und Kies) |
| | Einzelelemente | Dränsteine (z. B. aus haufwerksporigem Beton) Dränplatten (z. B. aus Schaumkunststoff) Geotextilien (z. B. aus Spinnvlies) |
| Dränschicht | Schüttungen | Kornabgestufte Mineralstoffe Mineralstoffgemische (Kiessand, z. B. Körnung 0/8 mm, Sieblinie A2 nach DIN 1043 oder Körnung 0,32 mm Sieblinie B32 nach DIN 1045) |
| | Einzelelemente | Dränsteine (z. B. aus haufwerksporigen Beton ggf. ohne Filtervlies) Dränplatten (z. B. aus Schaumkunststoff, ggf. ohne Filtervlies |
| | Verbundelemente | Dränmatten aus Kunststoff z. B. aus Höckerprofilen mit Spinnvlies, Wirrgelege mit Nadelvlies, Gitterstrukturen mit Spinnvlies |
| Dränrohr | gewellt oder glatt | Beton, Faserzement Kunststoff, Steinzeug, Ton mit Muffen |
| | gelocht oder geschlitzt | allseitig (Vollsickerrohr) seitlich und oben (Teilsickerrohr) |
| | mit Filtereigenschaften | Kunststoffrohre mit Ummantelung Achse auf haufwerksporigen Beton |

**Tafel 100 Beispiele für die Ausführung mit Geotextilien** nach [7]

| |
|---|
| wirksame Öffnungsweite $<0{,}10$ mm |
| Naue SECUTEX 351-4 |
| Polyfelt TS 700 |
| Hoechst TREVIRA SPUNBOND 13/150, 11/360 |
| Rhone-Poulenc BIDIM B3, B4 |
| Heidelberger Vlies HV 7220 |
| wirksame Öffnungsweite $0{,}10 \leq D_W \leq 0{,}12$ mm |
| Naue SECUTEX 151-1 |
| Polyfelt TS 500, TS 600 |
| Hoechst TREVIRA SPUNBOND 11/300 |
| Rhone-Poulenc BIDIM B1 |
| wirksame Öffnungsweite $D_W \geq 0{,}13$ mm |
| Polyfelt TS 22 |
| Hoechst TREVIRA SPUNBOND 11/180 |
| Rhone-Poulenc BIDIM B2 |
| Heidelberger Vlies HV 7270 |

Für die hydraulische Bemessung der Sickerschicht gilt $q' = k \cdot i \cdot d$, wobei für die Bemessung vor der Wand $i = 1$ ist, bei Decken deren Gefällen. Die erforderliche Nennweite der Dränage ergibt sich aus Bild 85.

**Bauausführung:** Dränageleitungen werden i. d. R. am Tiefpunkt beginnend geradlinig zwischen den Kontrolleinrichtungen auf einem stabilen Rohrleitungsplanum verlegt. Sie sind gegen Lageveränderungen zu sichern, z. B. durch beidseitigen Einbau der Sickerschicht. Die erste Lage bis 0,15 m über Rohrscheitel ist von Hand leicht zu verdichten. Darüber darf ein Verdichtungsgerät eingesetzt werden.

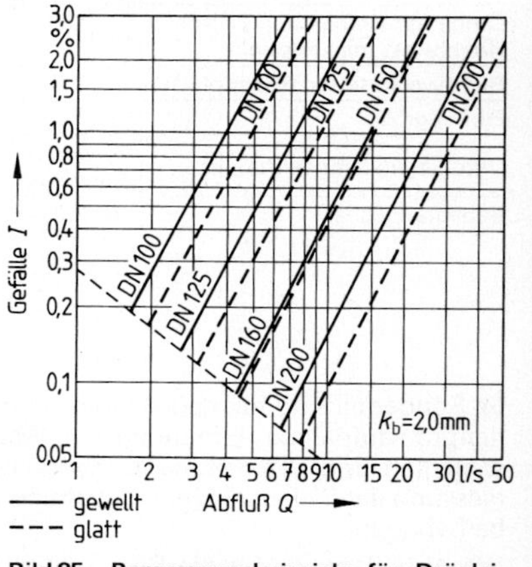


**Bild 85 Bemessungsbeispiele für Dränleitungen**

# 13 Erdbau nach DIN 18300 (6.96) und ZTVE – StB 94

## 13.1 Boden- und Felsklassen

Sie gelten nur für das Lösen, Laden, Fördern, Einbauen und Verdichten von Boden und Fels.

Die ZTVE-StB76 ergänzen DIN 18300 durch Bodengruppen.

**Tafel 102 Bodenklassen** nach DIN 18300, ZTVE und [6]

| Klasse nach | Bezeichnung | Körnung, Plastizität und Konsistenz | Gruppe DIN 18196 |
|---|---|---|---|
| 1 | Oberboden Mutterboden | Oberste Schicht des Bodens, die neben anorganischen Stoffen, z. B. Kies-, Sand-, Schluff- und Tongemische, auch Humus und Bodenlebewesen enthält. | – |
| 2 | Fließende Bodenarten | Bindige und gemischtkörnige stark bindige Bodenarten von flüssiger bis breiiger Beschaffenheit, die das Wasser schwer abgeben ($I_c < 0{,}5$), ferner wasserhaltige organische Böden | (1) HN, HZ, F (2) OU, OT, OH, OK, SŪ, ST̄, GŪ, GT̄ bei $I_c < 0{,}5$ |
| 3 | Leicht lösbare Bodenarten | Nicht- bis schwachbindige Sande, Kiese und Sand-Kies-Gemische mit ≦15 Gew.-% Beimengungen an Schluff und Ton (Korngröße < 0,06 mm) und mit ≦30 Gew.-% Steinen von > 63 mm Korngröße bis zu 0,01 m³ Rauminhalt[1]). Organische Bodenarten mit geringem Wassergehalt (z. B. feste Torfe). | GE, GW, GI, SE, SW, SI, GU, SU, GT, ST sowie HN im Trockenen |
| 4 | Mittelschwer lösbare Bodenarten | Gemische von Sand, Kies, Schluff und Ton mit > 15 Gew.-% Korngröße < 0,06 mm. Bindige Bodenarten von leichter bis mittlerer Plastizität, die je nach Wassergehalt weich bis fest sind und höchstens 30 Gew.-% Steine von über 63 mm Korngröße bis zu 0,01 m³ Rauminhalt[1]) enthalten. | GŪ, SŪ, GT̄, ST̄, UL, UM, TL, TM, OU |
| 5 | Schwer lösbare, Bodenarten | Bodenarten nach 3 und 4, jedoch mit > 30 Gew.-% Steinen von > 63 mm Korngröße bis zu 0,01 m³ Rauminhalt[1]). Nichtbindige und bindige Bodenarten mit < 30 Gew.-% Steinen von über 0,01 m³ bis 0,1 m³ Rauminhalt[2]). Ausgeprägte plastische Tone, die je nach Wassergehalt weich bis fest sind. | wie 3 und 4, sowie TA |
| 6 | Leicht lösbarer Fels und vergleichbare Bodenarten | Felsarten, die einen inneren, mineralisch gebundenen Zusammenhalt haben, jedoch stark klüftig, brüchig, bröckelig, schiefrig, weich oder verwittert sind, sowie vergleichbare verfestigte nichtbindige und bindige Bodenarten. Nichtbindige und bindige Bodenarten mit > 30 Gew.-% Steinen von über 0,01 m³ bis 0,1 m³ Rauminhalt[2]), entfestigt, zersetzt [6].[4]) | eng/dicht[3]) < 1,0 m [6] säulig, plattig, schiefrig[5]) [6] s. Tafel 103 |
| 7 | Schwer lösbarer Fels | Felsarten, die einen inneren, mineralisch gebundenen Zusammenhalt und hohe Gefügefestigkeit haben und die nur wenig klüftig oder verwittert sind. Festgelagerter, unverwitterter Tonschiefer, Nagelfluhschichten, Schlackenhalden der Hüttenwerke und dergleichen. Steine von über 0,1 m³ Rauminhalt, unverwittert angewittert [6].[4]) | weit[3]) > 1,0 m [6] blockig, würfelig, quaderig – bankig[5]) [6] |

[1]) entspricht einer Kugel mit ∅ bis 0,30 m
[2]) entspricht einer Kugel mit ∅ von rund 0,30 m bis 0,6 m
[3]) Abstand der Trennflächen
[4]) Verwitterungsgrad
[5]) Raumteile (s. Bild 86)

(zu 3) bis 5): s. Tafel 103 auf S. 1142)

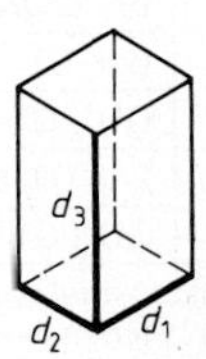


| | | |
|---|---|---|
| säulig | $\frac{d_1}{d_3}; \frac{d_2}{d_3}$ | < 1:5 |
| blockig | | 1:2 bis 1:5 |
| würfelig | | 1:2 bis 2:1 |
| quaderig-bankig | | 2:1 bis 5:1 |
| plattig-schiefrig | | > 5:1 |

**Bild 86 Geometrische Einteilung der durch Trennflächen begrenzten Raumteile vom Fels** nach [6]

**Tafel 103 Zuordnung der Merkmale des Verwitterungszustands und Trennflächengefüges zu den Felsklassen 6 und 7** nach [6]

| Merkmal | Klasse 6 | Klasse 7 |
|---|---|---|
| Verwitterungsgrad | entfestigt<br>zersetzt | unverwittert (frisch)<br>angewittert |
| Einfallrichtung der Trennflächen | söhlig, flach<br>geneigt, steil | söhlig, flach<br>geneigt, steil |
| Abstand der Trennflächen | eng/dicht<br>$<1{,}0$ m | weit<br>$>1{,}0$ m |
| Raumteile (s. Bild 86) | säulig<br>plattig-schiefrig | blockig, würfelig<br>quaderig-bankig |

## 13.2 Frostempfindlichkeitsklassen nach ZTVE

**Tafel 104 Klassifikation der Frostempfindlichkeit von Bodenarten** (ZTVE-StB 76, Tabelle 2)

| | Frostempfindlichkeit | Kurzzeichen nach DIN 18186 |
|---|---|---|
| F1 | nicht frostempfindlich | GW, GI, GE, SW, SI, SE |
| F2 | gering bis mittel frostempfindlich | TA, OT, OH, OK, TM, ST, GT, SU, GU[1]) |
| F3 | sehr frostempfindlich | TL, UL, UM, OU, $S\bar{T}$, $G\bar{T}$, $S\bar{U}$, $G\bar{U}$ |

[1]) Zu F1, wenn Körnungskriterien nach Abschn. 2.3.3.2 der ZTVE-StB 76 nicht erfüllt sind.

## 13.3 Klassifizierung kontaminierter Böden

Der Handlungsbedarf für eine Bodensanierung ist nach Tafel 14 im Abschn. Abfallwirtschaft einzuschätzen. Dabei werden die von einem chemischen Labor ermittelten chem. Inhaltsstoffe des Bodens mit den Werten eines Standard- oder Referenzbodens verglichen, bei dem noch keine Sanierung erforderlich ist.

## 13.4 Verdichtung

**Tafel 105 Anforderungen an das 10%-Mindestquantil*) für den Verdichtungsgrad $D_{Pr}$ bei grobkörnigen Böden**

| | Bereich | Bodengruppen | $D_{Pr}$ in % |
|---|---|---|---|
| 1 | Planum bis 1,0 m Tiefe bei Dämmen und 0,5 m Tiefe bei Einschnitten | GW, GI, GE<br>SW, SI, SE | 100 |
| 2 | 1,0 m unter Planum bis Dammsohle | GW, GI, GE,<br>SW, SI, SE | 98 |

**Tafel 106 Anforderungen an das 10%-Mindestquantil*) für den Verdichtungsgrad $D_{Pr}$ bei gemischt- und feinkörnigen Böden**

| | Bereich | Bodengruppen | $D_{Pr}$ in % |
|---|---|---|---|
| 1 | Planum bis 0,5 m Tiefe | GU, GT, SU, ST | 100 |
| | | GU*, GT*, SU*, ST*, U, T, OK, OU, OT | 97 |
| 2 | 0,5 m unter Planum bis Dammsohle | GU, GT, SU, ST, OH, OK | 97 |
| | | GU*, GT*, SU*, ST*, U, T, OU, OT | 95 |

*) Das Mindestquantil ist das kleinste zugelassene Quantil (früher: Fraktile), unter dem nicht mehr als der vorgegebene Anteil von Merkmalswerten (z. B. für den Verdichtungsgrad) der Verteilung zugelassen ist (s. auch Abschnitt 14.1.2 und TP BF-StB, Teil E1).

**Tafel 107 Erforderlicher Verformungsmodul des Erdplanums als zusätzliche Anforderung zu den Werten der Tafel 105 und 106, Zeile 1**

| Zeile | Untergrund bzw. Unterbau | Tragschicht | Bauklasse | erf $E_{v2}$ |
|---|---|---|---|---|
| 1 | frostsicher | ohne | I bis IV | 120 |
| 2 | | | V | 100 |
| 3 | frost-empfindlich | ungebunden (meist Frostschutzschicht) oder gebunden (ohne Frostschutzschicht) | I bis V | 45 |

Läßt sich der erforderliche Verformungsmodul auf dem Planum durch Verdichten nicht erreichen, ist entweder (1) der Untergrund bzw. Unterbau zu verbessern oder zu verfestigen oder (2) die Dicke der ungebundenen Tragschicht zu vergrößern. Die Maßnahmen sind in der Leistungsbeschreibung anzugeben.

Bei Böden und Felsschüttungen, bei denen die Ermittlung der Dichte schwierig oder nicht möglich ist, kann als Hilfskriterium der Verformungsmodul $E_{v2}$ oder $E_{v1}$ für das Überprüfen der nach Tafel 105 u. 106 vorgeschriebenen Verdichtungsanforderungen herangezogen werden (ZTVE-StB 76, Tabelle 6 und 7).

**Tafel 108 Richtwerte für die Zuordnung von Verdichtungsgrad $D_{Pr}$ und Verformungsmodul $E_{v2}$ bei grobkörnigen Bodenarten**

| Bodenart | GW–GI | | | GE–SE–SW–SI | | |
|---|---|---|---|---|---|---|
| $D_{Pr}$ in % $\geqq$ | 100 | 98 | 97 | 100 | 98 | 97 |
| $E_{v2}$ in MN/m² $\geqq$ | 100 | 80 | 70 | 80 | 70 | 60 |

**Tafel 109 Richtwerte für den Verhältniswert $E_{v2}/E_{v1}$ in Abhängigkeit vom Verdichtungsgrad**

| Verdichtungsgrad $D_{Pr}$ in % | $\geq 100$ | $\geq 98$ | $\geq 97$ |
|---|---|---|---|
| Verhältniswert $E_{v2}/E_{v1}$ | $\leq 2{,}3$ | $\leq 2{,}5$ | $\leq 2{,}6$ |

**Tafel 110 Wahl der Schütthöhen beim Verdichten von Leitungsgräben oder engen Baugruben**

| 1 | Ort | Geräte | Schütthöhe (in cm) bei den Bodengruppen | | |
|---|---|---|---|---|---|
| | | | GW, GE, GI SW, SE, SI | GU, GT, SU, ST, GU* GT*, SU*, ST* | U, T, OH, OU, OT, OK |
| 2 | Leitungszone und enge Baugrube | leichte Verdichtungsgeräte | 20 bis 30 | 15 bis 25 | 10 bis 20 |
| 3 | oberhalb der Leitungszone | mittlere und schwere Verdichtungsgeräte | 30 bis 50 | 20 bis 40 | 20 bis 30 |

**Tafel 111 Mindestanzahl der Eigenüberwachungsprüfungen**

| Zeile | Bereich | Mindestanzahl |
|---|---|---|
| 1 | Planum | 3 je 4000 m² |
| 2 | Unterbau | 3 je 5000 m² |
| 3 | Untergrund | 3 je 5000 m² |
| 4 | Bauwerkshinterfüllung | 3 je 500 m³ |
| 5 | Bauwerksüberschüttung | 3 innerhalb des ersten Meters der Überschüttung |
| 6 | Leitungsgraben | 3 je 150 m Länge pro m Grabentiefe |
| 7 | bei kommunalen Straßen und bei abschnittsweisem Bauen | 1 je 2000 m² mindestens aber je 100 m |

**Tafel 112 Zusammenhang zwischen Radeinsenkungs- und Verformungsmodul $E_{v2}$ bei einer statistischen Sicherheit von 95%** nach [6]

| $E_{v2}$-Modul in MN/m² | $s$ in mm | $s_{95}$ in mm |
|---|---|---|
| 30 | $3{,}0 \leq s \leq 22{,}2$ | 8,1 |
| 45 | $2{,}0 \leq s \leq 14{,}7$ | 5,4 |
| 60 | $1{,}3 \leq s \leq 9{,}7$ | 3,6 |
| 120 | $0{,}2 \leq s \leq 1{,}9$ | 0,7 |

**Tafel 113 Auflockerungsfaktor beim Wiedereinbau der Böden in %** nach [4]

| Boden, Fels | Ton | Lehm, Sand | Kiessand | Kies | Tonstein, Mergelstein | Kalkstein Sandstein, Granit u.a. |
|---|---|---|---|---|---|---|
| nach dem Lösen | +20 bis +30 | +15 bis +25 | +20 bis +25 | +25 bis +30 | +25 bis +30 | +35 bis +60 |
| nach dem Verdichten | + 2 bis −10 | − 5 bis −15 | − 5 bis −15 | + 8 bis 0 | + 2 bis +15 | +10 bis +35 |

Es bedeuten: + Auflockerung, − Überverdichtung

# Wasserwirtschaft

Bearbeitet von Prof. Dipl.-Ing. Hubert Achten und Prof. Dr.-Ing. Ernst Biener

## Inhalt

# Literatur


[1] *Franke, P.G.*: Hydraulik für Bauingenieure, Berlin 1974
[2] *Timm, J.*: Hydromechanisches Berechnen. 2. Aufl. Stuttgart 1970
[3] *Schmidt, M.*: Gerinnehydraulik. Wiesbaden 1957
[4] *Herth, W., Arndts, E.*: Theorie und Praxis der Grundwasserabsenkung. Berlin 1985
[5] *Bretschneider, H.* u.a.: Taschenbuch der Wasserwirtschaft. 5. Aufl. Hamburg 1971
[6] *Garbrecht, G.*: Erfahrungswerte über die zulässigen Strömungsgeschwindigkeiten in Flüssen und Kanälen. Wasser und Boden **5** (1961) 163 bis 170
[7] ATV-Arbeitsblatt A 127. Hennef 12.88
[8] ATV-Arbeitsblatt A 110. Hennef 8.88
[9] ATV-Arbeitsblatt A 118. Hennef 7.77
[10] *Pecher, R.*: Die praktische Bemessung von... Korresp. Abwasser **20** (1973) S. 29
[11] ATV-Arbeitsblatt A 128. Hennef 4.92
[12] *Boës, M.*: Anordnung u. Bemessung der Luftzufuhr von belüfteten Sandfängen KA 7/90, S. 785–788
[13] ATV-Arbeitsblatt A 117. Hennef 11.77
[14] *Malpricht, E.*: Entwurf und Betrieb von Regenrückhaltebecken. Berichte der ATV Nr. 29. St. Augustin 1973
[15] *Mutschmann/Stimmelmayer*: Taschenbuch der Wasserversorgung. 11. Aufl. Stuttgart 1995
[16] *Press/Schröder*: Hydromechanik im Wasserbau. Berlin-München 1966
[17] *Indlekofer, H.*: Leistungsberechnung naturnaher und natürlicher Gewässer, Landschaftswasserbau, Bd. 3. TU Wien 1982
[18] *Imhoff, K.*: Taschenbuch der Stadtentwässerung. 25. Aufl. München 1979
[19] ATV (Hrsg.): Lehr- u. Handbuch der Abwassertechnik. Bd. I–IV. 3. Aufl. Berlin 1982–84
[20] *Hosang/Bischof*: Abwassertechnik. 10. Aufl. Stuttgart 1993
[21] Anl. z. VwV-Kläranlagen, GABl., Baden-Württemberg 1984, S. 49
[22] ATV Fachausschuß 2.5, Absetzverfahren, Stellungnahme in Korrespondenz Abwasser, KA 3/88, S. 263/274 und KA 6/88, S. 611, sowie E. Billmeier KA 3/88, S. 253/262
[23] *Billmeier, E.*: Verbesserung der Feststoffretention in Nachklärbecken, KA, 1993
[24] ATV-Kurs D/2 Schlammbehandlung... 1983
[25] ATV Arbeitsgruppe 1.3.2 Behandlung des Regenabflusses beim Trennverfahren. Korresp. Abwasser (1980) H. 1
[26] *Londong*: Ein Beitrag zur Bemessung belüfteter Sandfänge KA 1/88, S. 51–56
[27] *Wolf, P.*: Weitergehende Stickstoffelimination in Tropfkörpern. KA 6/87, S. 645–649
[28] ATV-Arbeitsblatt A 135. Hennef 3.89
[29] *v.d. Emde et al.*: Bemessung von Belebungsanlagen zur Nitrifikation/Denitrifikation. Inst. f. Siedlungsw. w. TU Braunschweig 1989, H 47
[30] *Böhnke, B.*: Bemessung der Stickstoffelimination in der Abwasserreinigung, Ergebnisse eines Erfahrungsaustausches der Hochschulen. Korrespondenz Abwasser **36** 9/89
[31] DVWK Merkblatt 220/1991
[32] ATV-Arbeitsblatt A 138. Hennef 1.90
[33] Ri StWag. Forschungsges. f. Straßen und Verkehrswesen, Köln 1982
[34] Trinkwasserschutzgebiete, DVGW Arb. Bl. W101, W102, W103, Bonn 1975, Wirtschaft und Verlagsgesellschaft Gas und Wasser GmbH
[35] Richtlinien für Heilquellenschutzgebiete. LAWA, Gütersloh (Flöttmann) 1979.
[36] *H. Resch, G.A. Steinmann*, Hinweise zur prakt. Handhabung d. Bemess. v. Nachklärbekken. A 131 KA 9/91, S. 1166–1177
[37] Klärschlammverordnung (AbfKlärV); BGBl. Nr. 21/92 v. 28.4.92
[38] *Reimann, D.O.*: Klärschlammentsorgung. Beiheft zu Müll und Abfall; Nr. 28. Berlin 1989
[39] Düngemittel-Anwendungs-Verordnung (Entwurf v. 26.3.91)
[40] VDLUFA: Nähr- und Schadstoffgehalte in Klär- und Flußschlämmen, Müll und Müllkomposten; Datensammlung und Bewertung; VDLUFA-Projekt 1985
[41] ATV-Arbeitsgr. 1.2.6 Überlastungshäufigkeit von Kanalnetzen. KA 8/89, S. 909 u. 910
[42] *Lindner*: Mitt. Leichtweiß-Inst. TH Braunschweig, H 25, 1982
[43] ATV-Arbeitsblatt A 111. Hennef 2.94

# 1 Allgemeines

**Tafel 1 Physikalische Kennwerte des Wassers**

| Temperatur $T$ | Dichte | Wichte | kinematische Viskosität[3] | spez. Wärmekapazität[1] | Wärmeleitfähigkeit | Siededruck | Elastizität |
|---|---|---|---|---|---|---|---|
| | $\varrho_W$ | $\gamma_W$ | $\nu_W$ | $c$ | $\lambda_W$ | $p_S$ | $E_W$[5] |
| °C | kg/m³ | kN/m³ | m²/s | kJ/(kg·K) | W/(m·K) | kN/m² | kN/m² |
| 0 | 999,8[4] | 9,8047[2] | $1{,}78 \cdot 10^{-6}$ | 4,2058 | 0,552 | 0,61 | $1{,}9308 \cdot 10^6$ |
| 10 | 999,6 | 9,8027 | $\mathbf{1{,}30 \cdot 10^{-6}}$ | 4,1908 | 0,578 | 1,23 | $2{,}0271 \cdot 10^6$ |
| 20 | 998,2 | 9,7890 | $1{,}00 \cdot 10^{-6}$ | 4,1811 | 0,598 | 2,33 | $2{,}0646 \cdot 10^6$ |
| 30 | 995,6 | 9,7635 | $8{,}06 \cdot 10^{-7}$ | 4,1765 | – | 4,24 | – |
| 40 | 992,2 | 9,7302 | $6{,}57 \cdot 10^{-7}$ | 4,1774 | 0,628 | 7,37 | – |
| 50 | 988,0 | 9,6890 | $5{,}50 \cdot 10^{-7}$ | 4,1836 | 0,641 | 12,33 | – |
| 60 | 983,2 | 9,6419 | $4{,}78 \cdot 10^{-7}$ | – | 0,651 | 19,91 | – |
| 80 | 971,8 | 9,5301 | $3{,}66 \cdot 10^{-7}$ | – | 0,669 | 47,33 | – |
| 100 | 958,3 | 9,3977 | $2{,}94 \cdot 10^{-7}$ | – | 0,682 | 101,30 | – |

[1]) Bei atmosphärischem Druck [2]) Ostseewasser ca. 0,7% und Nordseewasser ca. 2,6% mehr
[3]) dynamische Viskosität $\eta_W = \nu_W \cdot \varrho$ in kg/(m·s) [4]) Eis 916,7 kg/m³
[5]) $E_W$-Werte gültig für $0{,}1 < p < 25$ kN/m²

**Verdampfungswärme** steigt annähernd linear von 2257 kJ/kg bei 100 °C auf 2500 kJ/kg bei 0 °C (1 kJ ≙ 1000 Ws) **Schmelzwärme** 331 kJ/kg bei 0 °C

**Volumenänderung**

– infolge Temperaturänderung: $\Delta V = \alpha \cdot V \cdot \Delta T$; $\alpha = 1{,}8 \cdot 10^{-4}$/K; (K ≙ °C)
– infolge Druckänderung: $\Delta V = (-1/E_W)\, V \cdot \Delta p$

**Druckwellenfortpflanzungsgeschwindigkeit $a$** in m/s

– in Rohrleitungen $a = \sqrt{(g/\gamma_W)/[1/E_W + d/(s \cdot E_r)]}$
– im freien Wasser $a = \sqrt{(E_W \cdot g/\gamma_W)}$

$g$ 9,80665 m/s² Fallbeschleunigung $E_r$ $E$-Modul des Rohrmaterials in kN/m²
$d$ Rohrdurchmesser; $s$ Rohrwandstärke in m $E_W$, $\gamma_W$ und $\varrho_W$ s. Tafel 1

**Kapillare Steighöhe $s$** in mm

– zwischen Platten im Abstand $a$(mm): $s \approx 15/a$
– in Röhren mit lichter Weite $d$(mm): $s \approx d/30$

**Tafel 2 Höhe des Kapillarsaumes über dem Grundwasser in cm (praktische Werte)**

| Geröll | kiesiger Sand | Sand | lehmiger Sand | sandiger Lehm | Schluff | Lehm | Ton |
|---|---|---|---|---|---|---|---|
| 0 bis 1 | 5 bis 10 | 10 bis 20 | 40 bis 50 | 50 bis 60 | 50 bis 100 | 30 bis 50 | > 500 |

# 2 Hydrostatik DIN 4044 (7.80) Hydromechanik im Wasserbau, Begriffe

**Formelzeichen und Einheiten** (s. a. Bild 2)

$A$ gedrückte Flächen in m²
$D$ Kraftangriffspunkt
$S$ Flächenschwerpunkt
$I$ Flächenträgheitsmoment in bezug auf die Schwerachse durch $S$ in m⁴

$p$ Wasserdruck in kN/m²
es gilt $1\ \text{bar} = 10\ \dfrac{\text{N}}{\text{cm}^2} = 100\ \dfrac{\text{kN}}{\text{m}^2}$
$z$ Höhe der Wassersäule in m

In der Wassertiefe $z$ wirkt der Wasserdruck

$$\boldsymbol{p_i = \varrho_w\, g \cdot z_i = \gamma_w \cdot z_i} \quad (\varrho_W, \gamma_W \text{ s. Tafel 1})$$

In der praktischen Anwendung wird im Normalfall mit $\gamma_W = 10$ kN/m³ gerechnet. Der Wasserdruck ist stets senkrecht auf das gedrückte Flächenelement gerichtet; bei Mantelflächen von Kreiszylindern verläuft die Wirkungslinie der Resultierenden durch den Mittelpunkt bzw. die Mittellinie.

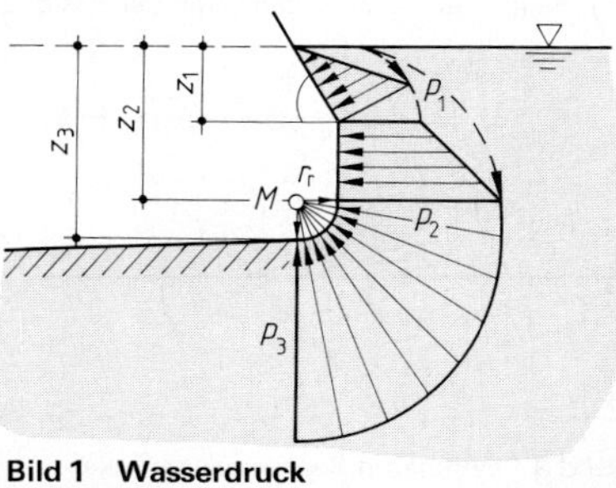


**Bild 1 Wasserdruck**

## 2.1 Wasserdruck auf beliebig geneigte ebene Flächen

Die Größe der resultierenden Wasserdruckkraft $F_W$ beträgt

$$F_W = p_s \cdot A = \gamma_W \cdot z_s \cdot A = \gamma_W \cdot V$$

mit

$p_s$ = Wasserdruck im Flächenschwerpunkt
$A$ = Inhalt der gedrückten Fläche
$z_s$ = Wassertiefe über dem Flächenschwerpunkt
$V$ = Inhalt des Wasserkörpers über der gedrückten Fläche

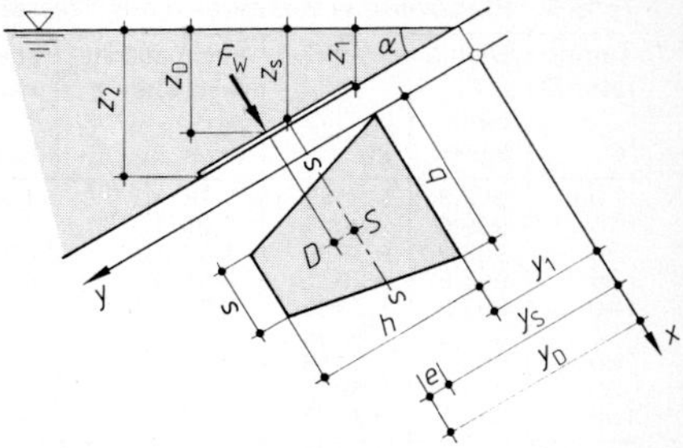


**Bild 2 Resultierender Wasserdruck auf eine ebene Fläche**

Der Angriffspunkt $D$ der resultierenden Wasserdruckkraft heißt Druckmittelpunkt. Bei einfachsymmetrischen Druckflächen hat $D$ vom Flächenschwerpunkt $S$ den Abstand

$$e = \frac{I_s}{A \cdot y_s}$$

$I_s$ Trägheitsmoment der gedrückten Fläche um die Schwerachse $s-s$
$y_s$ in der Flächenebene gemessener Abstand des Flächenschwerpunktes von der Wasserlinie

**Tafel 3 Wasserdruckkräfte, Schwerpunktabstände, Kraftangriffspunkte**

| gedrückte Fläche | $F_W$ | $y_s$ [1] | $e$ |
|---|---|---|---|
| 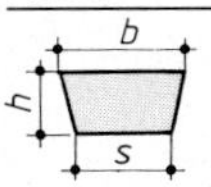 | $\gamma_W \cdot \sin\alpha \cdot h \left[ y_1 \left( \frac{b+s}{2} \right) + h \left( \frac{b+2s}{6} \right) \right]$ | $y_1 + \frac{h}{3} \cdot \frac{b+2s}{b+s}$ | $\frac{h^2}{18} \cdot \frac{(b+s)^2 + 2b \cdot s}{y_s (b+s)^2}$ |
| 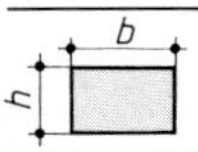 | $\gamma_W \cdot \sin\alpha \cdot b \cdot h \left( y_1 + \frac{h}{2} \right)$ | $y_1 + \frac{h}{2}$ | $\frac{h^2}{12 \cdot y_s}$ |
| 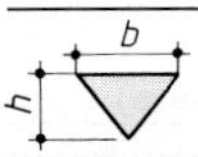 | $\frac{1}{2} \gamma_W \cdot \sin\alpha \cdot b \cdot h \left( y_1 + \frac{h}{3} \right)$ [2] | $y_1 + \frac{h}{3}$ [2] | $\frac{h^2}{18 \cdot y_s}$ |
| 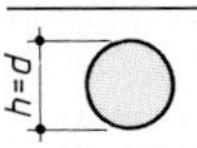 | $\gamma_W \cdot \sin\alpha \cdot r^2 \pi (y_1 + r)$ | $y_1 + r$ | $\frac{r^2}{4 \cdot y_s}$ |
| 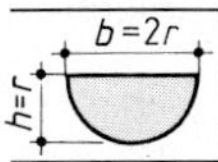 | $\frac{1}{2} \gamma_W \cdot \sin\alpha \cdot r^2 \cdot \pi (y_1 + 0{,}4244 r)$ | $y_1 + 0{,}4244 r$ | $\frac{r^2}{14{,}3 \cdot y_s}$ |

[1]) $y_1$ s. Bild 2
[2]) Beim Dreieck mit unten liegender Basis: $2/3 h$ statt $h/3$

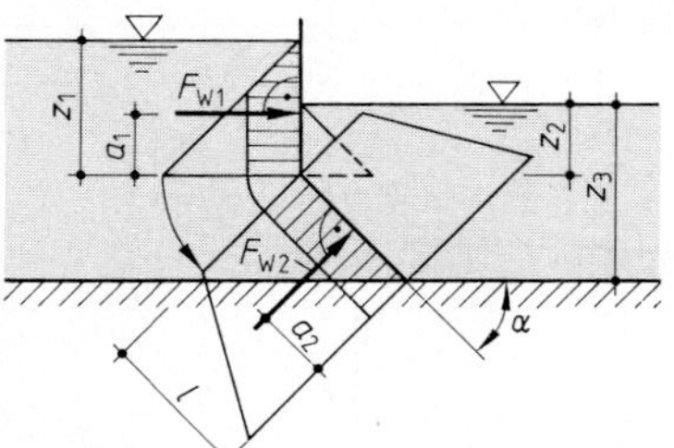


**Bild 3 Wirksame Restwasserdrücke**

Entgegengerichtete Wasserdruckpressungen heben einander auf. $F_W$ ergibt sich durch Subtraktion gegenüber liegender Wasserdruckfiguren. In Bild 3 z.B. ergeben sich die folgenden wirksamen Wasserdruckkräfte.

$F_{W1} = \gamma_W (z_1^2 - z_2^2)/2$ je m Breite

$a_1 \;= 1/3\,[(z_1^2 + z_1 \cdot z_2 + z_2^2)/(z_1 + z_2)]$

$F_{W2} = \gamma_W (z_1 - z_2) \cdot l$ je m Breite

$a_2 \;= l/2 = (z_3 - z_2)/(2 \cdot \sin\alpha)$

## 2.2 Wasserdruck auf einfach gekrümmte Flächen

**Ermittlung durch Aufteilung in a) Horizontalkraft und b) Vertikalkraft**

a) Horizontalkraft = Inhalt des Wasserdruckdreieckes. $F_{WH} \approx 5 z_1^2$ kN/m Breite

b) Vertikalkraft = Inhalt des Wasserdruckkörpers begrenzt durch die benetzte Wandfläche, die Lotrechte durch den Fußpunkt und die Horizontale in Höhe des Wasserspiegels.

Wird Wasser abgeschnitten ⇒ Auflast; wird „Körper" abgeschnitten ⇒ Auftrieb.

**Tafel 4 Wasserdruckkräfte auf Walzenwehr und Segment je m Breite**

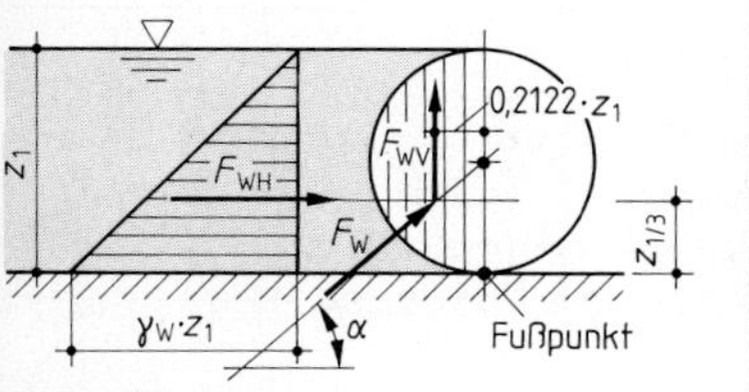


**Walzenwehr**

$F_{WH} = \gamma_W z_1^2/2$

Auftrieb $F_{WV} = \gamma_W \cdot z_1^2 \cdot \pi/8$

$F_W = \sqrt{F_{WH}^2 + F_{WV}^2} = \frac{1}{2}\gamma_W z_1^2 \sqrt{1 + \pi^2/16}$
$\approx 6{,}36\, z_1^2$

$\tan\alpha = F_{WV}/F_{WH} = \pi/4; \quad \alpha = 38{,}15°$

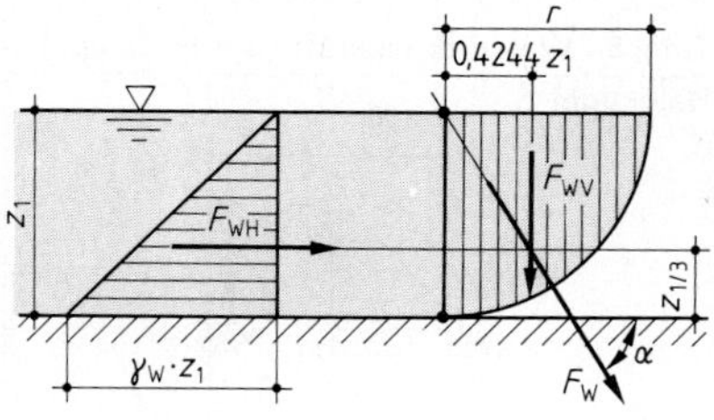


**Segment**

$F_{WH} = \gamma_W z_1^2/2 \approx 5 z_1^2$

Auflast $F_{WV} = -\gamma_W z_1^2 \pi/4 \approx -7{,}85\, z_1^2$

$F_W = \frac{1}{2}\gamma_W \cdot z_1^2 \cdot \sqrt{1 + \pi^2/4} \approx 9{,}31\, z_1^2$

$\tan\alpha = -\pi/2; \quad \alpha = -57{,}52°$

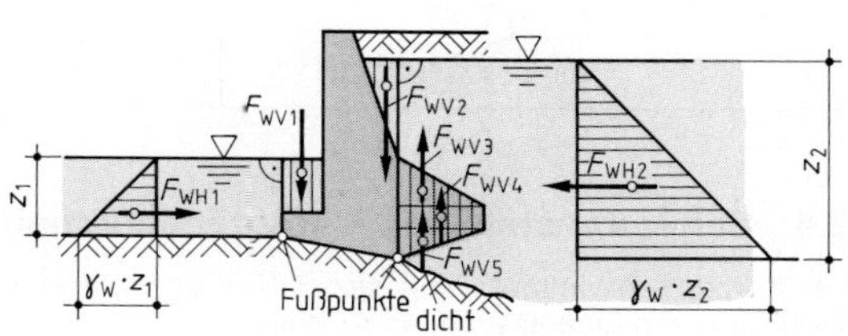


**Bild 4**
**Wasserdruckkräfte auf Stützmauer auf dichtem Untergrund** (Beispiel)

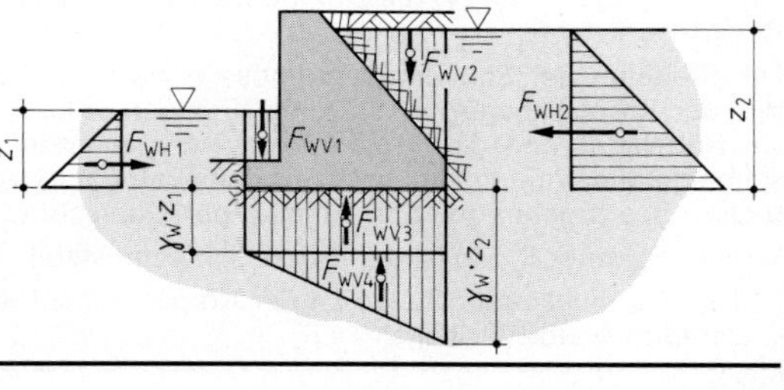


**Bild 5**
**Wasserdruckkräfte auf Stützmauer auf durchlässigem Untergrund** (Beispiel)

## 2.3 Wasserdruck auf doppelt gekrümmte Flächen

**Ermittlung durch Aufteilung in a) Horizontal- und b) Vertikalkraft**

a) Horizontalkraft = Wasserdruck auf die horizontale Projektion des Körpers auf eine vertikale Wand;

b) Vertikalkraft kann Auftrieb und/oder Auflast sein.

Auftrieb = Gewicht des verdrängten Wassers;

Auflast = Gewicht desjenigen Wasserkörpers, der durch die benetzte Fläche und ihre vertikale Projektion auf den Wasserspiegel begrenzt wird.

In beiden Fällen gilt $F = V \cdot \gamma_W$.

**Tafel 5 Wasserdruckkräfte auf Halbkugel und Halbrohr mit Viertelkugel**

| | |
|---|---|
| **Halbkugel**<br>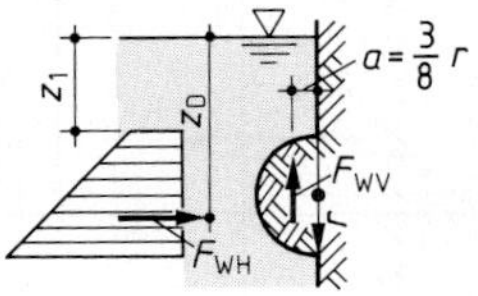 | $\alpha = 90°$; $y_1 = z_1$<br>$F_{WH} = \gamma_W \cdot r^2 \cdot \pi (z_1 + r)$<br>$z_D = z_1 + r + r^2/[4(z_1 + r)]$<br>$F_{WV} = \gamma_W \cdot 2 \cdot \pi \cdot r^3/3 \approx 20{,}94 \cdot r^3$ |
| **Halbrohr mit Viertelkugel**<br>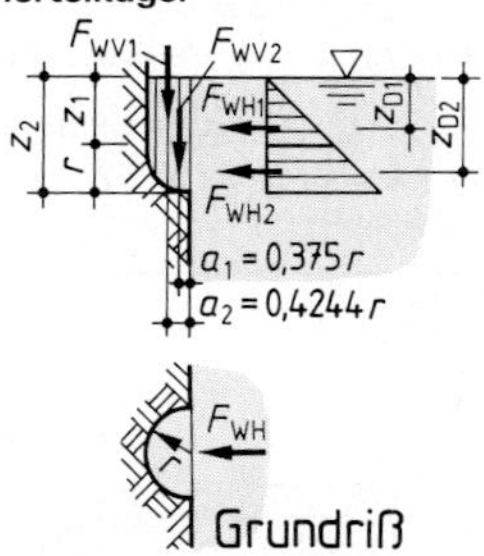 | $F_{WH1} = \gamma_W \cdot 2r \cdot z_1^2/2 \approx 10r \cdot z_1^2$; $z_{D1} = 2 \cdot z_1/3$<br>$F_{WH2} = \frac{1}{2}\gamma_W \cdot r^2 \cdot \pi (z_1 + 0{,}4244r)$<br>$z_{D2} = z_1 + 0{,}4244r + r^2/[14{,}3(z_1 + 0{,}4244r)]$<br>$F_{WV1} = \frac{1}{2}\gamma_W r^2 \cdot \pi \cdot z_1 \approx 15{,}71 \cdot r^2 \cdot z_1$<br>$F_{WV2} = \gamma_W \pi \cdot r^3/3 \approx 10{,}47 r^3$ |





## 2.4 Schwimmstabilität – Kentersicherheit

Ein Körper schwimmt, wenn sich Gleichgewicht einstellen kann zwischen den Vertikalkräften Eigenlast $G$ und Auftrieb $F_A$.

Aus der Gleichung

$$G = F_A \quad \text{bzw.} \quad G = V \cdot \gamma_W$$

läßt sich wegen $V = f(z_T)$ die Eintauchtiefe $z_T$ des schwimmenden Körpers ermitteln. Beispiel s. Tafel 6.

Die Stabilität der Schwimmlage eines schwimmenden Körpers hängt davon ab, wie der Körperschwerpunkt $S_K$, der Schwerpunkt $S_V$ des verdrängten Volumens (in Ruhelage) und das Metazentrum $M$ zueinander liegen (im Metazentrum $M$ schneidet die Wirkungslinie der Auftriebskraft $F_A$ im geneigten Zustand die Symmetrielinie des zugehörigen Schwimmkörper-Querschnittes):

- liegt $S_K$ unter $S_V$, so ist der Körper schwimmstabil;
- liegt $S_K$ nicht unter $S_V$, so ist der Körper nur schwimmstabil, wenn das Metazentrum $M$ über $S_K$ liegt.

Die Höhe des Metazentrums $M$ über dem Körperschwerpunkt $S_K$, die metazentrische Höhe, beträgt

$$\boldsymbol{h_m = (I_{min}/V) - e} \quad \begin{cases} > 0\text{: Schwimmlage ist stabil;} \\ = 0\text{: Schwimmlage ist indifferent (z. B. Kugel, Walze);} \\ < 0\text{: Schwimmlage ist instabil.} \end{cases}$$

Hierbei ist

$I_{min}$ das kleinste Flächenträgheitsmoment der Schnittfläche von Schwimmkörper und Wasserspiegel

$V$ das Volumen der verdrängten Flüssigkeit

$e$ die Höhe des Körperschwerpunktes $S_K$ über dem Schwerpunkt $S_V$ des Verdrängungsvolumen in Ruhelage (positiv, wenn $S_K$ oberhalb von $S_V$).

**Tafel 6 Eintauchtiefe und metazentrische Höhe eines Senkkastens**

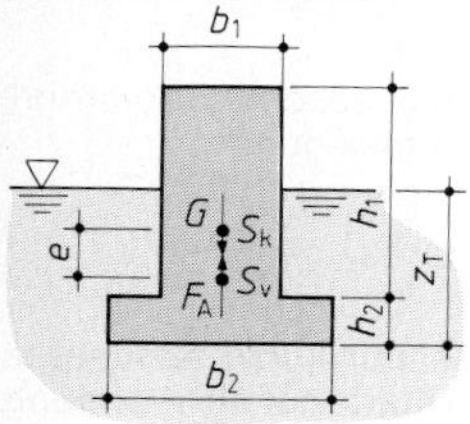


geg.: $b_1 = 4{,}00$ m $h_1 = 8{,}00$ m
$b_2 = 6{,}00$ m $h_2 = 2{,}00$ m

Länge $L = 15{,}00$ m

Eigenlast $G = 4800$ kN;

ges.: Eintauchtiefe $z_T$;

**Rechnung**

erf $V = G/\gamma_W = 480\ m^3$;

$480 = (b_2 h_2 + b_1 (z_T - h_2))\, L$

liefert $z_T = 7{,}00$ m;

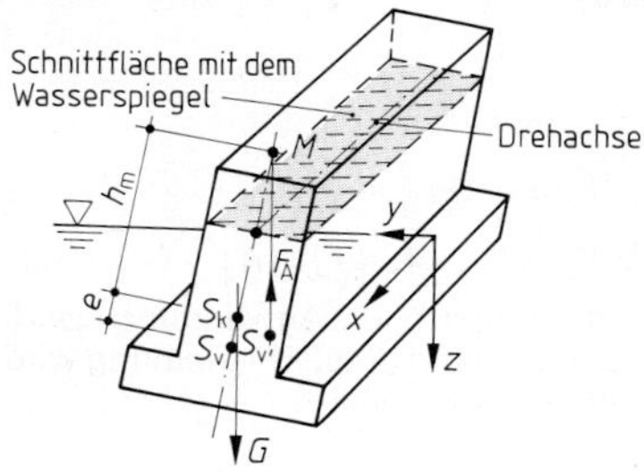


geg.: $e = 0{,}50$ m;
ansonsten wie links angeg.;

ges.: $h_m$:

**Rechnung**

$I_{min} = L\, b_1^3/12 = 80{,}00\ m^4$

$V = 4800/10 = 480\ m^3$

$h_m = 80{,}00/480{,}00 - 0{,}5 = -0{,}33$ m;

die Schwimmlage ist instabil; der Senkkasten ist nicht kentersicher;

# 3 Hydrodynamik

**Formelzeichen und Einheiten**

| | | |
|---|---|---|
| $Q$ | Abfluß, Durchfluß<br>in Tafeln für Rohrleitungen | $m^3/s$<br>l/s |
| $A$ | Abfluß- bzw. Durchflußquerschnitt, benetzt | $m^2$ |
| $l_u$ | benetzter Umfang (U) | m |
| $r_{hy} = A/l_u$ | hydraulischer Radius (R)<br>(für Kreisprofile gilt $r_{hy} = d/4$) | m |
| $v$ | mittlere Fließgeschwindigkeit | |
| $C$ | Geschwindigkeitsbeiwert | m/s |
| $k_{St}$ | Rauhheit nach Strickler, Tafel 31 | $m^{1/2}/s$<br>$m^{1/3}/s$ |
| $I_E = h_v/L$ | Energieliniengefälle | |
| $p_w$ | Wasserdruck | $kN/m^2$ |
| $k/d$ | relative Rauheit | – |
| $h_d$ | $= p_d/(\varrho \cdot g)$ hydr. Druckhöhe | m |
| $h_v$ | Verlusthöhe | m |
| $L$ | Leitungs- bzw. Gerinnelänge | m |
| $\lambda$ | Widerstandsbeiwert | – |
| $d$ bzw. $d_{hy}$ | Rohrdurchmesser | m |
| $Re = v \cdot d/\nu_w$ | Reynolds-Zahl | – |
| $\nu_w$ | kinematische Viskosität (für Wasser von 10 °C und Abwasser von 12 °C $\nu_w = 1{,}31 \cdot 10^{-6}$) s. Tafel 1 | $m^2/s$ |
| $k_i$, $k_b$, $k$ | Rauhheit s. Tafeln 8 bis 10 | mm |

**Vereinfachungen.** $\gamma_W = \varrho \cdot g = 10\,\text{kN/m}^3$; Wasser sei inkompressibel (gleichbleibende Dichte); keine temperaturbedingten Volumenänderungen.

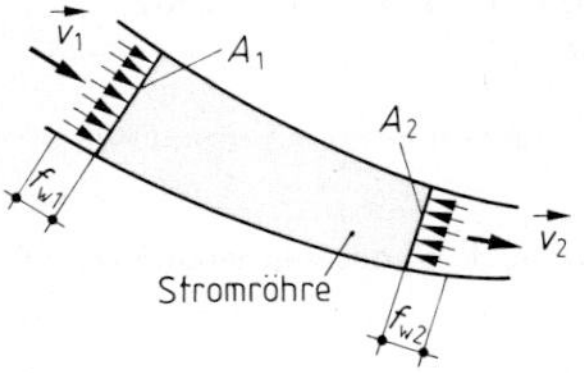


**Bild 6**

## Grundlagen

**Impulssatz.** Impuls = Masse · Geschwindigkeit = Kraft · Zeit; keine Reibkräfte zwischen Flüssigkeit und Wandung.

Bei stationärer Strömung ist der mit der Flüssigkeit in ein abgegrenztes Raumgebiet durch dessen Kontrollfläche $A_1$ in der Zeiteinheit eintretende Impuls (austretenden Impuls negativ rechnen) mit den auf das Gebiet wirkenden Kräften im Gleichgewicht.

Damit gilt z. B. für die gedachte Stromröhre von Bild 6 die Vektorgleichung

$$\sum \vec{F}_w = \varrho \cdot Q\,(\vec{v}_1 - \vec{v}_2) \qquad (1)$$

$$\sum \vec{F}_w = \vec{f}_{w1} \cdot A_1 - \vec{f}_{w2} \cdot A_2 \qquad (2) \quad \text{mit} \quad \vec{f}_{wi} = \gamma_w \cdot z_i$$

Bei der praktischen Anwendung des Impulssatzes werden nur kurze Abschnitte der Leitung betrachtet. Die Reibung wird vernachlässigt. Die Kräfte auf die Wandung werden aber wirksam.

**Tafel 7 Kraft auf Rohrwiderlager**

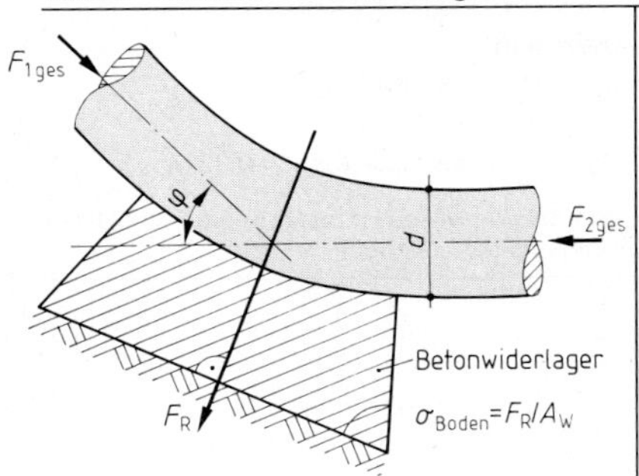


Anmerkung In der Wasserversorgung gilt $v \approx 1$ m/s und $z_s \ll z_{wü}$. Dann können die dynamischen Kräfte gegenüber den statischen vernachlässigt werden und es gilt näherungsweise $F_{ges} \approx z_{wü} \cdot \gamma_w \cdot A$; „Prüfdruck 15 bar" bedeutet $p_w = 1500\,\text{kN/m}^2$.

liegender Krümmer

geg. $Q = 15{,}00\,\text{m}^3/\text{s}$; $d = 1{,}50$ m

$z_{wü} = 8{,}00$ m Wassersäule (Überdruck);

ges. result. Kraft $F_R$;

**Rechnung**

a) statische Kräfte

$F_{w1} = F_{w2} = F_w = p_{ws} \cdot A = (z_{wü} + z_s)\,\gamma_w \cdot A$

liefert mit $z_s = d/2 = 0{,}75$ m

und $A = \pi\, d^2/4 = 1{,}77\,\text{m}^2$

die Druckkraft $F_w = 154{,}63$ kN;

b) dynamische Kräfte

$v_1 = v_2 = v = 15{,}00/1{,}77 = 8{,}49$ m/s;

$\varrho \cdot Q \cdot v = 127{,}35$ kN;

c) insgesamt

$F_{ges} = 154{,}63 + 127{,}35 = 281{,}98$ kN;

$F_R = 2 \cdot F_{ges} \cdot \sin \frac{\varphi}{2} = 215{,}82$ kN

Die an Krümmern, T-Stücken und Rohrenden von Muffenleitungen erforderlichen Betonwiderlager müssen mit dem Prüfdruck als Innendruck und dem Rohraußendurchmesser so dimensioniert werden, daß der von ihnen infolge $F_R$ auf den Boden ausgeübte Druck die zulässige Bodenpressung nicht übersteigt.

DVGW-Merkblätter GW310/1 (7.1971) und GW310/2 (3.1973)

$F_R = z_{wü} \cdot \gamma_w \cdot d_a^2 \cdot \pi/4$ bzw.
$F_R = f_w \cdot d_a^2 \cdot \pi/4$
$\gamma_w = \varrho_w \cdot g$

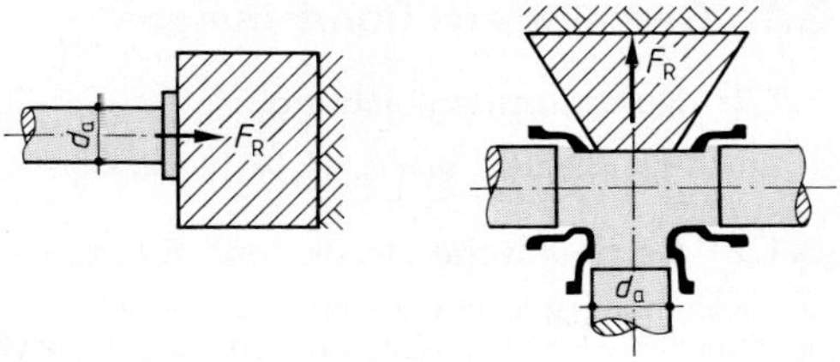


**Bild 7 Rohrwiderlager**

Im offenen Gerinne heißt die allgemeine Form des Impulssatzes **Stützkraftsatz.**

**Stützkraft** $\boldsymbol{S = F_{w1} + \varrho \cdot Q \cdot v_1 = F_{w2} + \varrho \cdot Q \cdot v_2 = \text{const}}$ (3)

und mit den Abmessungen nach Bild 8

$$\gamma_w \frac{(h_1 + h_w)^2}{2} b_2 + \varrho \cdot Q \cdot v_1 = \gamma_w \frac{h_2^2}{2} \cdot b_2 + \varrho \cdot Q \cdot v_2 \qquad (4)$$

Beachte die Schnittführung ①: Der Druck auf die Stirnflächen geht mit ein, aber $v_1 = Q/(h_1 \cdot b_1)$.

Mit glatter Sohle ($h_w = 0$) und mit $b_1 = b_2$ ergeben sich die **konjugierten Wechselsprungtiefen** aus

$$h_1 = -\frac{h_2}{2} + \sqrt{\frac{h_2^2}{4} + \frac{2 h_2 \cdot v_2^2}{g}} \qquad (5)$$

Die Indizes 1 und 2 sind vertauschbar. Es ist $2h_2 \cdot v_2^2/g = 2h_{gr}^3/h_2 = 2h_2^2 \cdot F_{r2}^2$ mit der Froude-Zahl

$$\boldsymbol{Fr = \frac{v}{\sqrt{gh}} = \frac{v}{\sqrt{g \cdot A/b}}}$$

$$\boldsymbol{h_1/h_2 = \sqrt{1/4 + 2Fr_2^2} - 0{,}5}$$

Im teilgefüllten Kreisquerschnitt ist $F_w = \gamma_w z_s A$ bzw. mit den Werten des Abschn. 1.4 im Kapitel Mathematik

$F_w = \gamma_w e \cdot A$

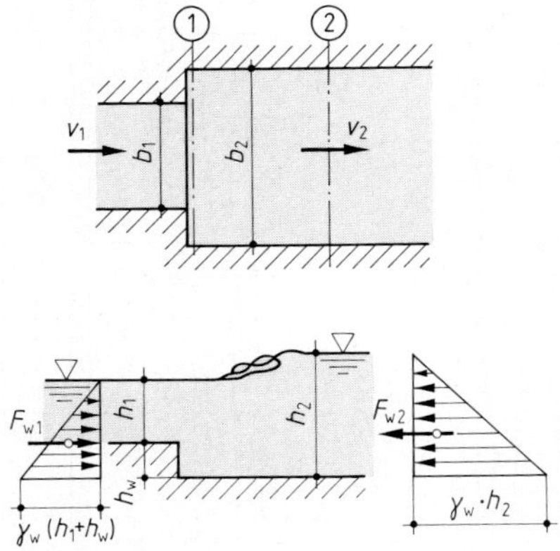


**Bild 8 Impulssatz**

Die Lösung von Gl. (4) führt auf eine kubische Gleichung, die entweder mit den bekannten Standardverfahren oder iterativ nach Newton gelöst werden kann.

**Beispiel** $b_1 = 40{,}0$ m: $b_2 = 55{,}0$ m; $h_2 = 4{,}5$ m; $Q = 500$ m³/s; $h_w = 0{,}5$ m; Nach Abschn. 3.3.3 ist Durchfluß ohne Fließwechsel festgestellt worden.

**Lösung** Durch Umformen von Gl. (4) ergibt sich $f(h_1)$ wie folgt:

$$f(h_1) = h_1^3 + 2h_w \cdot h_1^2 + (h_w^2 - 2v_2^2 \cdot h_2/g - h_2^2) \cdot h_1 + 2Q^2/(g \cdot b_1 \cdot b_2) = 0 \qquad (6)$$

und $f'(h_1) = 3h_1^2 + 4 \cdot h_w \cdot h_1 + h_w^2 - 2v_2^2 \cdot h_2/g - h_2^2$ (7)

Nach Newton findet man aus dem geschätzten Wert $h_1^*$ den verbesserten Wert $h_1^{**}$ wie folgt: $h_1^{**} = h_1^* - f(h_1^*)/f'(h_1^*)$.

Erste Schätzung: $h_1^* = h_2 - 2h_w = 4{,}5 - 2 \cdot 0{,}5 = 3{,}5$ m;

$v_2 = Q/A_2 = Q/b_2 \cdot h_2 = 500/(55{,}0 \cdot 4{,}5) = 2{,}02$ m/s

mit Gl. (6) und (7) wird:

$f(h^*) = 3 \cdot 3{,}5^2 + 4 \cdot 0{,}5 \cdot 3{,}50 + (0{,}5^2 - 2 \cdot 2{,}02^2 \cdot 4{,}5/9{,}81 - 4{,}5^2) = 20{,}01$

$f(h^*) = 3{,}5^3 + 2 \cdot 0{,}5 \cdot 3{,}5^2 + (-23{,}743) \cdot 3{,}5 + 2 \cdot 500^2/(9{,}81 \cdot 40 \cdot 55) = -4{,}81$;

$h^{**} = 3{,}5 - (-4{,}81/20{,}01) = 3{,}74$ m; $h^{***} = 3{,}71$ m; $v = 500/(3{,}71 \cdot 40) = 3{,}37$ m/s.

## 3.1 Geschlossene Rohrleitungen

### 3.1.1 Kontinuitätsgleichung

$Q = A \cdot v$ daraus $v_1 = v_2 \cdot A_2/A_1$; bei kreisförmigen Rohren $v_1 = v_2 \cdot d_2^2/d_1^2$

### 3.1.2 Bernoullische Druck- und Energiegleichung

Die Kontinuitätsgleichung dient der Berechnung der Lage der Drucklinie in voll gefüllten Leitungen, die der Wasserspiegellage in offenen Gerinnen entspricht (Energieverluste nach 3.1.3).

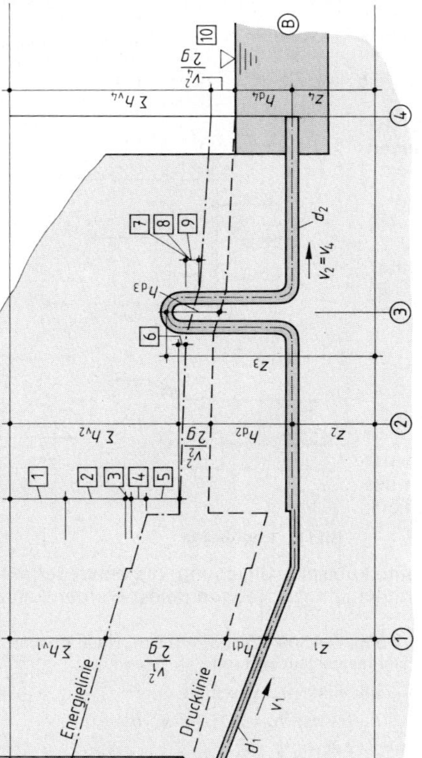


**Bild 9 Druck- und Energielinienverlauf**

Für alle Schnitte gilt

$$h_E = z_i + h_{di} + (v_i^2/2g) + \sum h_{vi}$$

Ⓐ, Ⓑ = große Becken ohne Geschwindigkeit. Bei Ⓐ liegen die Energielinie und die Drucklinie im Wasserspiegel. Bei Ausfluß ins Freie würde die Drucklinie bei Ⓑ in der Rohrachse am Auslauf enden. Hier endet sie im Wasserspiegel. $h_{d3}$ ist negativ (Unterdruck), weil die Drucklinie unter der Rohrachse liegt.

Allgemein gilt für die Druckhöhe

$h_d = p_d/(\varrho \cdot g) \approx p_d/10$ in m

mit $p$ kN/m² Wasserdruck im Rohr.

1 Eintrittsverlust
2 Reibungsverlust bis Mitte Krümmer
3 Krümmungsverlust (hier für 22,5°)
4 Reibungsverlust bis zur Erweiterung
5 Erweiterungsverlust
6 Reibungsverlust bis zum Krümmer
7 1 × 90° Krümmerverlust + Reibungsverlust senkr. Rohr zw. den Krümmern
8 2 × 90° Krümmerverlust + Reibung über die Bogenlänge
9 wie 7; Anm.: Die Rohrlängen werden über die Krümmer durchgerechnet; $v_2 = v_3 = v_4$ wegen $d = \text{const.} = d_2$
10 Austrittsverlust s. Abschn. 3.1.3.10

Bohrt man z.B. die Leitung in Bild 9a von oben an, so würde in einem aufgesetzten Rohr im Schnitt ② das Wasser um das Maß $h_{d2}$ über die Rohrachse bis zur Drucklinie ansteigen, während bei einer Bohrung von unten im Schnitt ③ in einem angesetzten U-Rohr der Wasserstand im freien Schenkel um das Maß des Unterdrucks $h_{d3}$ absinken würde.

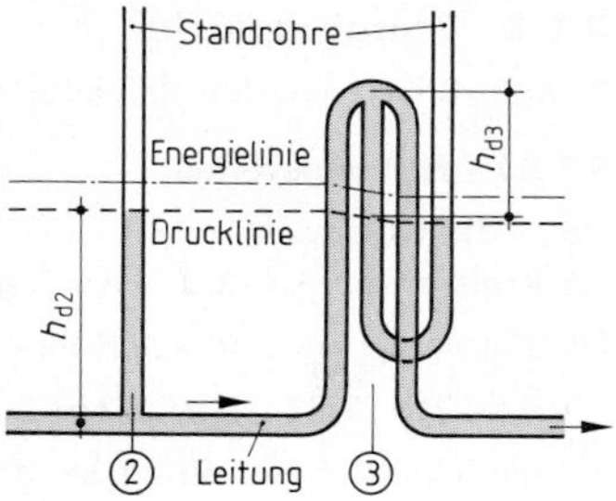


Bild 9a

Bei gegebener Rohrgeometrie sind entweder Energie- bzw. Wasserspiegellage oder der Durchfluß gegeben oder gesucht.

Nach dem Satz von der Erhaltung der Energie bleibt $h_E$ immer gleich. Im Becken Ⓐ, Bild 9, ist $v=0$, also liegt die Energielinie im Wasserspiegel $h_E=42{,}0$. Im Schnitt ④ am Rohrende liegt die Energiehöhe $v_4^2/2g$ über dem Wasserspiegel und um die $\sum$-Verluste unter 42,0. Beim Austritt geht $v_4^2/2g$ verloren, wenn im Becken Ⓑ $v=0$ ist (dann Wasserspiegel = E-Linie).

Gibt es hinter dem Austritt eine Geschwindigkeit, dann liegt bei ④ die Energielinie um den Austrittsverlust, der vermutlich ein Erweiterungsverlust (Abschn. 3.1.3.3) ist, höher als die E-Linie im weiterführenden Gerinne.

**Beispiel 4** **Gegeben:** System u. Bild 9. Wasserspiegel A oben +42,00, B unten +36,00, Rohrachse ④ +34,00, Rohrachse ③ +38,00, $d_1=200$ mm, $d_2=d_3=d_4=300$ mm, $\sum L_1=4{,}20$ m, $\sum_2^4 L_i=8{,}20$ m, Krümmer 1 mit 22,5°, $r/d=2$, sowie 4 Krümmer 90°, $k=0{,}1$ mm, $\nu=1{,}31\cdot10^{-6}$.

**Gesucht** Wassermenge $Q$, Druck in der Rohrachse bei ③ mit $\Delta L=3{,}50$ m vor dem Rohrende.

**Lösung** $h_E=h_{E4}=42{,}00=36{,}0+v_4^2/2g+\sum$ Verluste, wobei $z_4+h_{d4}=36{,}00$.
Verluste mit $v_1$: $(\zeta_E+\sum L_1\cdot\lambda_1/d_1+\zeta_{kr})\cdot v_1^2/2g$
Verluste mit $v_2=v_3=v_4$: $(\zeta_{ERW}+4\zeta_{kr}+\sum L_2\cdot\lambda_2/d_2)\cdot v_4^2/2g$.
nach Abschn. 3.1.3.2: $\zeta_E=0{,}5$; nach 3.1.3.6 $\zeta_{kr90°}=0{,}3$;
$\zeta_{kr22,5}=0{,}3\cdot22{,}5/90=0{,}075$; nach 3.1.3.3 $\zeta_{ERW}=1{,}0(1-0{,}3^2/0{,}2^2)^2=1{,}563$;
nach Bild 10 mit $d_1/k=200/0{,}1=2000\rightarrow\lambda_1\approx0{,}017$; mit $d_2/k=3000\rightarrow\lambda_2\approx0{,}016$

Mit Hilfe der Kontinuitätsgleichung wird die Geschwindigkeit $v_1$ ersetzt durch $v_4$:
$A_1\cdot v_1=A_4\cdot v_4=Q$; $v_1=v_4\cdot d_4^2/d_1^2=2{,}25\,v_4$; $v_1^2=5{,}063\,v_4^2$; $42{,}0=36{,}0+v_4^2/2g+$
$+[(0{,}5+0{,}017\cdot4{,}20/0{,}2+0{,}075)\cdot5{,}063+(1{,}563+0{,}016\cdot8{,}2/0{,}3+4\cdot0{,}3)]\,v_4^2/2g$;

$v_4=\sqrt{(42-36)\cdot2g/(1+7{,}919)}=3{,}63$ m/s; $v_1=3{,}63\cdot2{,}25=8{,}17$ m/s
Kontrolle von $\lambda$: $R_{e_1}=8{,}17\cdot0{,}2/1{,}31\cdot10^{-6}=1{,}25\cdot10^6\rightarrow\lambda=0{,}017$ s.o.
$R_{e_2}=3{,}63\cdot0{,}3/1{,}31\cdot10^{-6}=8{,}32\cdot10^5\rightarrow\lambda=0{,}016$ s.o.
$Q=A\cdot v=0{,}1^2\cdot\pi\cdot8{,}17=0{,}15^2\cdot\pi\cdot3{,}63=0{,}257$ m³/s;
Die Druckhöhe $h_{d3}$ ist 42,0 abzüglich der Verluste, $v_3^2/2g$ und der Achshöhe 38,0.
Verluste: $[(0{,}5+0{,}017\cdot4{,}2/0{,}2+0{,}075)\cdot5{,}063+1{,}563$
$+0{,}016\cdot(8{,}3-3{,}5)/0{,}3+2\cdot0{,}3]\cdot3{,}63^2/19{,}62=7{,}138\cdot0{,}672=4{,}79$ m;
$h_{d3}=42{,}0-4{,}79-0{,}67-38{,}0=-1{,}46$ m $\hat{=}$ 14,60 kN/m² Unterdruck.
oder von B her gerechnet, mit den Verlusten $(7{,}919-7{,}138)\cdot0{,}672=0{,}53$ m:
$h_{d3}=36{,}0+0{,}53-38{,}0=1{,}47$ m mit 36,0 = Austrittsdruck am Rohrende = Wasserstand B.

Bei offenen Gerinnen beginnt man mit einer bekannten Energiehöhe (z.B. an einer Strecke mit stat. gleichförmigem Abfluß, s. Abschn. 3.2.2, wo $h$ meist iterativ ermittelt wird, oder an einer Engstelle mit Fließwechsel, s. Abschn. 3.2.1, wo sich $h$ als $h_{gr}$ einstellt) und ermittelt von dort aus bei strömendem Abfluß gegen und bei schießendem Abfluß mit der Fließrichtung die Energieverluste und damit das neue $h_E$. Die zugehörige Wassertiefe erhält man wieder iterativ.
(geg. $h_E=h+v^2/2g\pm$ Verluste $\Rightarrow$ neues $h_E$: Abzügl. $v^2/2g$ = neuer Wasserspiegel).

### 3.1.3 Energieverluste

Energieverluste werden als Verlusthöhe $\boldsymbol{h_v = \zeta \cdot v^2/2g}$ in m dargestellt.

#### 3.1.3.1 Reibungsverlust

Nach de Chezy ist $v = C\sqrt{r_{hy} \cdot I}$ in m/s, mit $C = \sqrt{8g/\lambda}$ wird nach Weißbach **für Kreisrohre** $\boldsymbol{h_{vr} = (\lambda \cdot L/d)(v^2/2g)}$ in m, $\xi_r = \lambda \cdot L/d$ $\lambda$ s. Bild 10.

Fließformel für kreisförmige Rohre im turbulenten Bereich

$$v = \{-2 \lg [2{,}51 \cdot \nu/(d \cdot \sqrt{2g \cdot I \cdot d}) + k/(3{,}71 \cdot d)]\} \cdot \sqrt{2g \cdot I \cdot d} \quad \text{in m/s}$$

Für nicht kreisförmige Rohre steht statt $d \Rightarrow 4\, r_{hy} = 4A/l_{uhy}$

Bei Teilfüllung gilt $v_T/v_V = (r_{hyT}/r_{hyV})^{0{,}625}$ $\nu$ s. Tafel 1

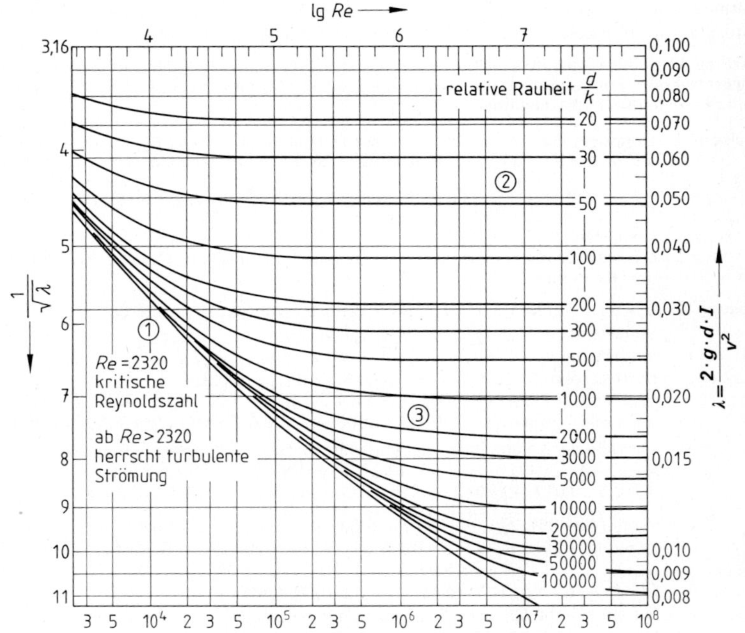


① hydraulisch glatt ② rauher Bereich ③ Übergangsbereich

$$\lambda_0 = \left[2 \lg \frac{Re \cdot \sqrt{\lambda_0}}{2{,}51}\right]^{-2} \qquad \lambda = \left[2 \lg \frac{3{,}71 \cdot d}{k}\right]^{-2} \qquad \lambda = \left[-2 \lg \left(\frac{2{,}51}{Re\sqrt{\lambda}} + \frac{k}{3{,}71\, d}\right)\right]^{-2}$$

Iterative Lösung der Gleichung mit $\sqrt{\lambda} = 0{,}14$ in der Klammer als erste Näherung

**Bild 10 Moody-Diagramm: Widerstandsbeiwerte λ nach Prandtl-Colebrook**

| **Tafel 8 Integrale Rauheiten für Wasserleitungen** nach DVGW Arb. Bl. W 302 | $k_i$ in mm |
|---|---|
| Fern- u. Zubringerleitungen, gestreckte Linienführung, Stahl- oder Gußrohre mit Zementmörtel oder Bitu-Auskleidung oder Spannbeton oder AZ-Rohre | 0,1 |
| Hauptleitungen wie vor oder Stahl bzw. Guß-Rohre ohne Ablagerungen | 0,4 |
| Neue Netze | 1,0 |

**Tafel 9 Pauschal-Werte für die betriebliche Rauheit $k_b$ in mm nach ATV-A110 [8]**

| $k_b$ | Anwendung für | Bem. |
|---|---|---|
| 0,25 | Drosselstrecken [1]), Druckrohrleitungen [1, 2]), Düker [1]) und Reliningstrecken ohne Schächte | alle DN |
| 0,50 | Transportkanäle mit Schächten gem. [3]) | alle DN |
| 0,75 | Sammelkanäle und -leitungen gem. [3])<br>dto. mit angeformten Schächten gem. [4])<br>Transportkanäle gem. [5]) bzw. mit angeformten Schächten [4]) | bis DN 1000<br>alle DN<br>alle DN |
| 1,50 | Sammelkanäle und -leitungen gem. [5])<br>Mauerwerkskanäle, Ortbetonkanäle, Kanäle aus nicht genormten Rohren ohne bes. Nachweis der Wandrauheit | alle DN<br>alle DN |

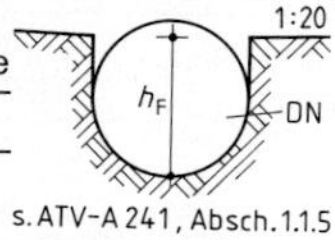


[1]) Ohne Einlauf-, Auslauf- und Krümmungsverluste [2]) Ohne Drucknetze [3]) $DN \leq 500$: $h_F = DN$; $DN > 500$: $h_{2Q_t} \leq h_F \geq 500$ [4]) Fertigteile, s. ATV-A241.8.1.2.3 [5]) $h_F$ ca. $\leq DN/2$

**Tafel 10 Rauheiten für verschiedene Rohrwandungen**

| | $k$ in mm |
|---|---|
| Gezogene Rohre, Glas, Kupfer, Messing | 0,001 |
| Neue geschweißte Blechrohre | 0,04 bis 0,1 mm |
| Genietete Blechrohre | 1,0 bis 9,0 mm |
| Rohre mit Zementmörtel-Auskleidung geschleudert | 0,03 bis 0,4 mm |
| Angerostete Rohre | 0,15 bis 1,0 mm |
| Stark verkrustete Leitungen | 2,0 bis 4,0 mm |
| Neue PVC- und PE-Rohre | 0,002 bis 0,01 mm |
| Asbest-Zement-Rohre und Leitungen | 0,025 bis 0,10 mm |
| Steinzeug-Rohre und Leitungen | 0,05 bis 0,16 mm |
| Holzrohre | 0,3 bis 1,0 mm |
| Schleuderbeton-Rohre | 0,1 bis 0,8 mm |
| Spannbeton-Rohre | 0,04 bis 0,25 mm |
| Holzgeschalte Stollen, gehobelt oder rauh | 1,0 bis 10,0 mm |
| Dränrohre aus Ton (DIN 1185) | 0,7 mm |
| Gewellte Kunststoff-Dränrohre (DIN 1185) | 2,0 mm |

### 3.1.3.2 Eintrittsverluste $h_v = \zeta \cdot v^2/2g$

**Tafel 11 Eintrittsverlustbeiwerte $\zeta$**

| | | 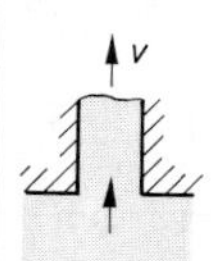 | 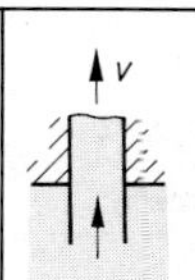 | 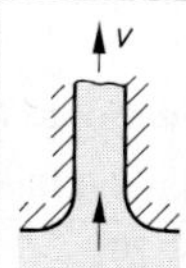 | 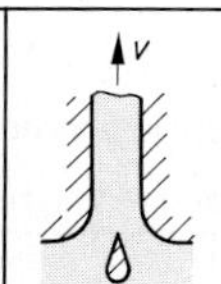 | 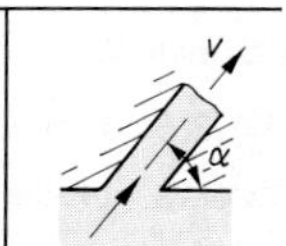 | | |
|---|---|---|---|---|---|---|---|---|
| | | | | | | 45° | 60° | 75° |
| Einlauf-Kante | scharf | 0,5 | 1 bis 3 | – | – | 0,8 | 0,7 | 0,6 |
| | gebrochen | 0,25 | 0,55 | 0,05 | 0,06 bis 0,1 | | – | |

### 3.1.3.3 Erweiterungsverluste $h_v = \zeta \cdot v_2^2/2g$

**Tafel 12 Erweiterungsverlustbeiwerte $\zeta$**

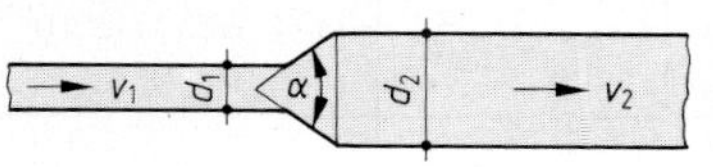

| $d_1/d_2$ | 8° | 16° | 20° | 24° | $30° \leq \alpha \leq 90°$ |
|---|---|---|---|---|---|
| 0,5 | 1,3 | 2,7 | 3,6 | 5,3 | 9,0 bis 10,8 |
| 0,6 | 0,44 | 0,95 | 1,16 | 1,86 | 3,16 bis 3,79 |
| 0,7 | 0,15 | 0,33 | 0,43 | 0,64 | 1,08 bis 1,30 |
| 0,8 | 0,04 | 0,10 | 0,13 | 0,19 | 0,32 bis 0,38 |
| 0,9 | 0,01 | 0,02 | 0,02 | 0,03 | 0,06 bis 0,07 |

allgemein: $\zeta = (1{,}0 \text{ bis } 1{,}2)(1 - A_2/A_1)^2$

### 3.1.3.4 Einschnürungsverluste $h_v = \zeta \cdot v_2^2/2g$

**Tafel 13 Einschnürungsverlustbeiwert $\zeta$**

| $d_2/d_1$ | 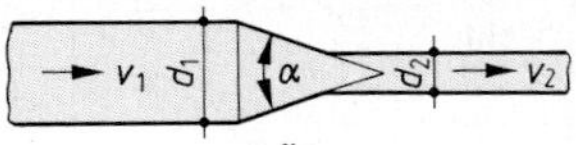  α: 8° | α: 20° | 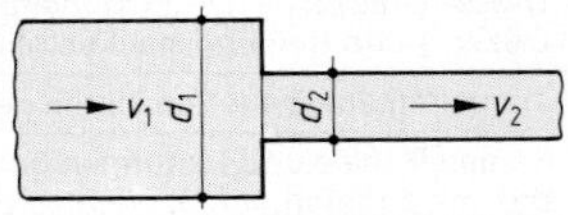  |
|---|---|---|---|
| 0,5 | | | 0,23 bis 0,28 |
| 0,6 | | | 0,16 bis 0,20 |
| 0,7 | 0 | 0,04 | 0,10 bis 0,13 |
| 0,8 | | | 0,05 bis 0,06 |
| 0,9 | | | 0,01 bis 0,02 |
| | | | allgemein: $\zeta = (0{,}4 \text{ bis } 0{,}5) \cdot (1 - A_2/A_1)^2$ |

### 3.1.3.5 Verlustbeiwerte von Mengenmeßgeräten $h_v = \zeta \cdot v_2^2/2g$

**Tafel 14 Verlustbeiwerte $\zeta$ bei Mengenmeßgeräten**

| | | a) Kurzventurirohr 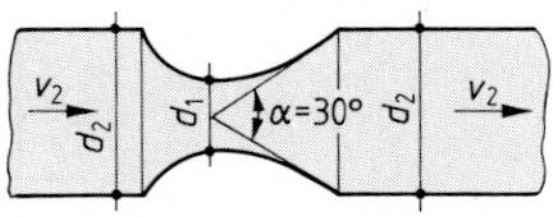  | b) Normblende 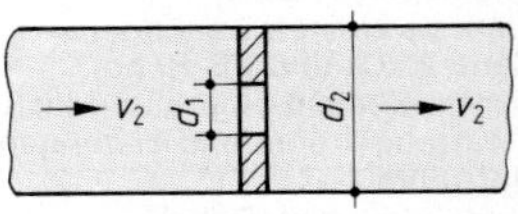  |
|---|---|---|---|
| | 0,3 | 21 | 300 |
| | 0,4 | 6 | 85 |
| | 0,5 | 2 | 30 |
| $d_1/d_2$ | 0,6 | 0,7 | 12 |
| | 0,7 | 0,3 | 4,5 |
| | 0,8 | 0,2 | 2 |

**Normale Wasserzähler $\zeta \approx 10$**

### 3.1.3.6 Kreisrohrkrümmerverluste $h_v = \left(\zeta + \frac{\lambda \cdot l}{d}\right) \cdot v^2/2g$

**Tafel 15 Verlustbeiwerte $\zeta$ bei Rohrkrümmern**

| (Im Krümmer wirkt zusätzlich der Reibungsverlust) | $r/d$ | $Re = 2 \cdot 10^5$, $\alpha = 90°$, hydraulisch glatt | rauh | $\alpha \neq 90°$ | $Re \geqq 2 \cdot 10^5$ und $r/d > 1{,}5$ nach [1]. |
|---|---|---|---|---|---|
| 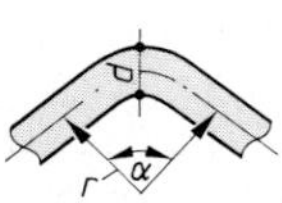  | 1 | 0,21 | 0,51 | für alle $Re$ gilt $\zeta = \zeta_{90°} \cdot \frac{\alpha}{90°}$ | $\zeta = \sqrt{\frac{d}{r}} \cdot [0{,}20 + 2{,}25 \cdot 10^5 \cdot (k/d)^2]$ mit $k$ nach Tafel 10 |
| | 2 | 0,14 | 0,30 | | |
| | 4 | 0,10 | 0,23 | | |
| | 6 | 0,08 | 0,17 | | |
| | 10 | 0,10 | 0,19 | | |

Bei zusammengesetzten Krümmern und Rohrbögen wird der $\zeta$-Wert des einfachen Krümmers

| 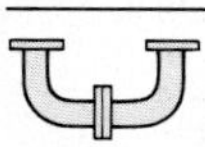 | 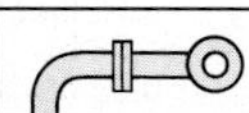 | 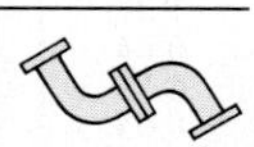 |
|---|---|---|
| verdoppelt | verdreifacht | vervierfacht |

| Dehnungsausgleicher | | $\zeta$ |
|---|---|---|
| Wellrohr-ausgleicher | mit Leitrohr | 0,3 |
| | ohne Leitrohr | 2,0 |
| Glattrohr-Lyrabogen | | 0,6 bis 0,8 |
| Faltenrohr-Lyrabogen | | 1,3 bis 1,6 |
| Wellrohr-Lyrabogen | | 3,2 bis 4,0 |

### 3.1.3.7 Kreisrohrkniestückverluste $h_v = \left(\zeta + \frac{\lambda \cdot l}{d}\right) v^2/2g$

**Tafel 16 Verlustbeiwerte $\zeta$ bei Kreisrohrkniestücken**

| Im Kniestück wirkt zusätzlich der Reibungsverlust | 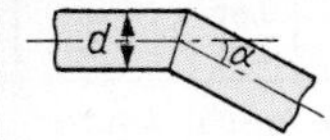 | | 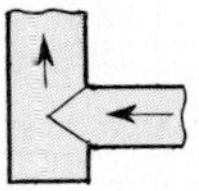 | 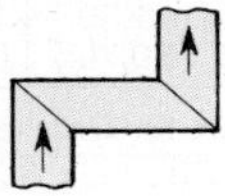 | 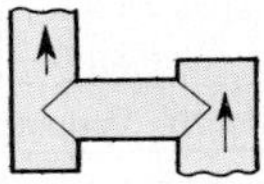 |
|---|---|---|---|---|---|
| | glatt | rauh | | | |
| α 5° | 0,014 | 0,02 | | | |
| 15° | 0,04 | 0,06 | | | |
| 30° | 0,12 | 0,17 | 2,5 | 3,0 | 5 |
| 45° | 0,25 | 0,33 | | | |
| 60° | 0,47 | 0,60 | | | |
| 90° | 1,15 | 1,30 | | | |



### 3.1.3.8 Stromtrennungs- und -vereinigungsverluste

Alle Durchmesser sind gleich

$h_{va} = \zeta_a \cdot v^2/2g$; $h_{vd} = \zeta_d \cdot v^2/2g$; $Q = Q_a + Q_d$; $v = Q/(\pi d^2/4)$

**Tafel 17 Verlustbeiwerte $\zeta$ bei Stromtrennung und -vereinigung**

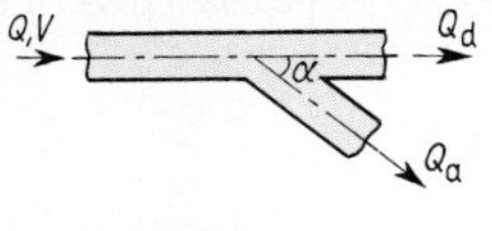


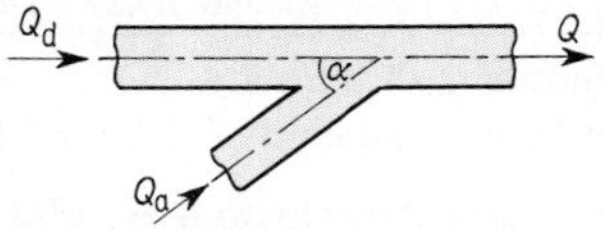


| $Q_a/Q$ | Stromtrennung, Verzweigungswinkel α 90° $\zeta_a$ | 90° $\zeta_d$ | 45° $\zeta_a$ | 45° $\zeta_d$ | Stromvereinigung, Verzweigungswinkel α 90° $\zeta_a$ | 90° $\zeta_d$ | 45° $\zeta_a$ | 45° $\zeta_d$ | $Q_d/Q$ |
|---|---|---|---|---|---|---|---|---|---|
| 0 | 0,95 | 0,04 | 0,90 | 0,04 | −1,20 | 0,04 | −0,92 | 0,04 | 1 |
| 0,2 | 0,88 | −0,08 | 0,68 | −0,06 | −0,40 | 0,17 | −0,38 | 0,17 | 0,8 |
| 0,4 | 0,89 | −0,05 | 0,50 | −0,04 | 0,08 | 0,30 | 0 | 0,19 | 0,6 |
| 0,6 | 0,95 | 0,07 | 0,38 | 0,07 | 0,47 | 0,41 | 0,22 | 0,09 | 0,4 |
| 0,8 | 1,10 | 0,21 | 0,35 | 0,20 | 0,72 | 0,51 | 0,37 | −0,17 | 0,2 |
| 1 | 1,28 | 0,35 | 0,48 | 0,33 | 0,91 | 0,60 | 0,37 | −0,54 | 0 |

Die Durchdringungskanten sind mit $d/10$ ausgerundet. Bei stärkerer Ausrundung sind die Verluste bis zu 30% geringer.

### 3.1.3.9 Armaturenverluste $h_v = \zeta \cdot v^2/2g$

$v$ gilt für den vollen Rohrquerschnitt (Nennweite DN)

**Klappe**, vollgeöffnet $\zeta = 0{,}2$

**Tafel 18 Verlustbeiwerte $\zeta$ für Stahl-, Oval- und Flachschieber**

| Nennweite DN | 50 | 100 | 200 | 300 | 400 | 500 | 600 bis 1200 |
|---|---|---|---|---|---|---|---|
| Stahlschieber nach Stradtmann | 0,45 | | | 0,60 | | | |
| Ovalschieber aus Guß (VAG) | – | 0,2 | 0,15 | 0,12 | 0,10 | 0,09 | 0,08 |
| Flachschieber aus Guß (VAG) | – | 0,11 | 0,08 | 0,07 | 0,06 | 0,05 | 0,045 |

**Tafel 19 Rückschlagklappen aus Guß, ohne Hebel und Gewicht nach VAG.**
Mit Hebel und Gewicht steigen die Werte auf ein Mehrfaches

| DN | | 50 | 200 | 300 | 500 | 600 | 700 | 800 | 1000 | 1200 |
|---|---|---|---|---|---|---|---|---|---|---|
| | $v=1$ m/s | 3,05 | 2,95 | 2,90 | 2,85 | 2,70 | 2,55 | 2,40 | 2,30 | 2,25 |
| $\zeta$ bei | $v=2$ m/s | 1,35 | 1,30 | 1,20 | 1,15 | 1,05 | 0,95 | 0,85 | 0,80 | 0,75 |
| | $v=3$ m/s | 0,86 | 0,76 | 0,71 | 0,66 | 0,61 | 0,54 | 0,46 | 0,41 | 0,36 |

**Tafel 20 Verlustbeiwert für Drosseln** $d=$ Durchmesser der Anschlußstutzen

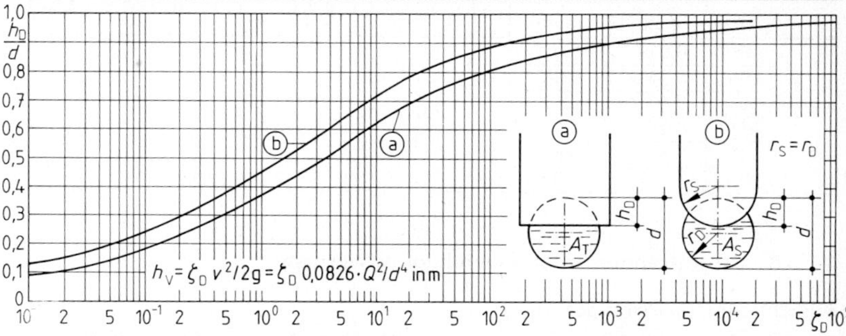


| $h_D/d$ | 0,0 | 0,05 | 0,1 | 0,15 | 0,20 | 0,25 | 0,30 | 0,35 | 0,40 | 0,45 |
|---|---|---|---|---|---|---|---|---|---|---|
| $A_s/r_D^2$ | 3,142 | 3,100 | 3,024 | 2,928 | 2,815 | 2,688 | 2,551 | 2,403 | 2,247 | 2,083 |
| $h_D/d$ | 0,50 | 0,55 | 0,60 | 0,65 | 0,70 | 0,75 | 0,80 | 0,85 | 0,90 | 0,95 |
| $A_s/r_D^2$ | 1,913 | 1,737 | 1,556 | 1,371 | 1,182 | 0,990 | 0,795 | 0,598 | 0,399 | 0,064 |

**Ringschieber** $\zeta=1{,}2$ bis 2

**Fußventile** mit Saugkorb $\zeta=1{,}1$ bis 2,5 je nach Bauart.

### 3.1.3.10 Austrittsverluste $h_v=\zeta\cdot v^2/2g$

Austritt in ein großes Becken $\zeta=1{,}0$. Beim Austritt in ein weiterführendes größeres Gerinne wird $\zeta$ wie ein Erweiterungsverlust berechnet. Beim Austritt ins Freie ist $\zeta=0$, die Energielinie liegt $v^2/2g$ über der Rohrachse; so kommt z. B. beim Auftreffen auf eine Platte $v^2/2g$ voll zur Wirkung.

## 3.1.4 Tafeln zur Rohrleitungsberechnung nach Prandtl-Colebrook

Bei der hydraulischen Berechnung von Wasserversorgungs- und Abwasserkanalnetzen berücksichtigt man nur die Reibungsverluste. Man benutzt Tafelwerke, z. B. von Lautrich für Rohre mit Innendurchmesser = Nennweite, auch von den Steinzeug- oder Betonrohrverbänden bzw., bei anderen Lichtweiten als die Nennweite, spezielle Tabellen für z. B. Kunststoffrohre oder duktile Gußrohre mit und ohne Zementmörtelauskleidung. Für gelegentliche Berechnungen genügen die nachfolgenden Tafeln 21 bis 27. Sie gelten für den Übergangsbereich mit

$$Q=d^2\pi/4\{-2\lg[2{,}51\,\nu/(d\cdot\sqrt{2g\cdot I\cdot d})+k/(3{,}71\cdot d)]\}\cdot\sqrt{2g\cdot I\cdot d}\quad \text{in m}^3/\text{s}$$

mit $\nu_{Ta}=1{,}31\cdot 10^{-6}$

bei abweichendem $\nu$ gilt mit Index Ta $\Rightarrow$ Tafel

$$v=v_{Ta}(\nu/\nu_{Ta});\ Q=Q_{Ta}(\nu/\nu_{Ta});\ I=I_{Ta}(\nu/\nu_{Ta})^2;\ \text{bzw. } v_{Ta}=v(\nu_{Ta}/\nu)\ \text{usw.}$$

Durchfluß und Geschwindigkeit von Eiprofilen mit $b:h=2:3$ und Maulprofilen mit $b:h=2:1{,}5$ nach DIN 4263 (4.91) können aus den Kreistafelwerten mit $b$ als Durchmesser wie folgt umgerechnet werden.

$$\mathbf{Q_{Ei}=1{,}602\,Q_{Kreis};\ v_{Ei}=1{,}096\,v_{Kreis};\ Q_{Maul}=0{,}683\,Q_{Kreis};\ v_{Maul}=0{,}902\,v_{Kreis}}$$

**Tafel 21 Bemessung von Kreisprofilen mit voller Füllung $k_i = 0{,}1$ mm** s. Abschn. 3.1.3.1. DVGW-Arb. Bl. W302 (8.91) Lichtw. d. wälzisol. Rohre < DN

**Wasserversorgung, Fern- oder Zubringerleitungen.** $v$ in m/s
Ablesebeispiel: Geg.: $Q = 120$ l/s DN 400 ①–·–·→ $I_E = 2{,}14$‰, $v = 1{,}0$ m/s

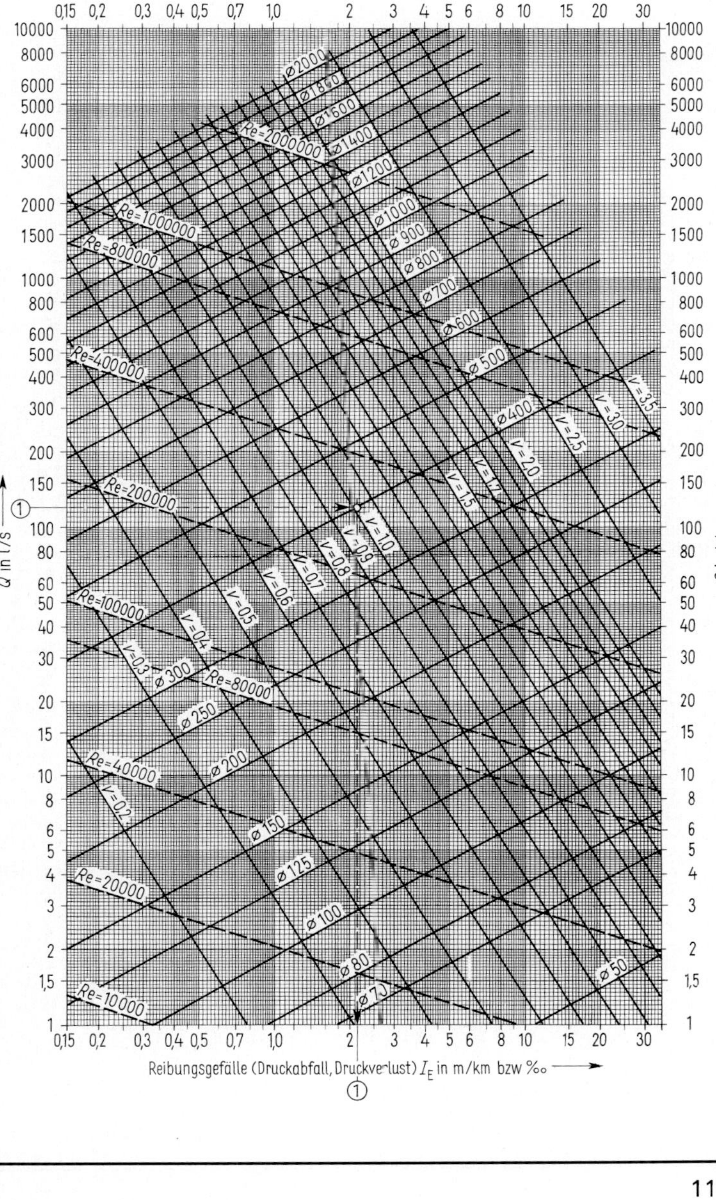

**Tafel 22** **Bemessung von Kreisprofilen mit voller Füllung $k_i = 0{,}4$ mm** s. Abschn. 3.1.3.1. DVGW-Arb. Bl. W302 Lichtweite = DN

**Wasserversorgung, Hauptleitungen ohne Auskleidung** $v$ in m/s
Ablesebeispiel: Geg.: $Q = 120$ l/s, DN 400, ①–·–·→ $I_E = 2{,}4$‰, $v = 0{,}9$ m/s

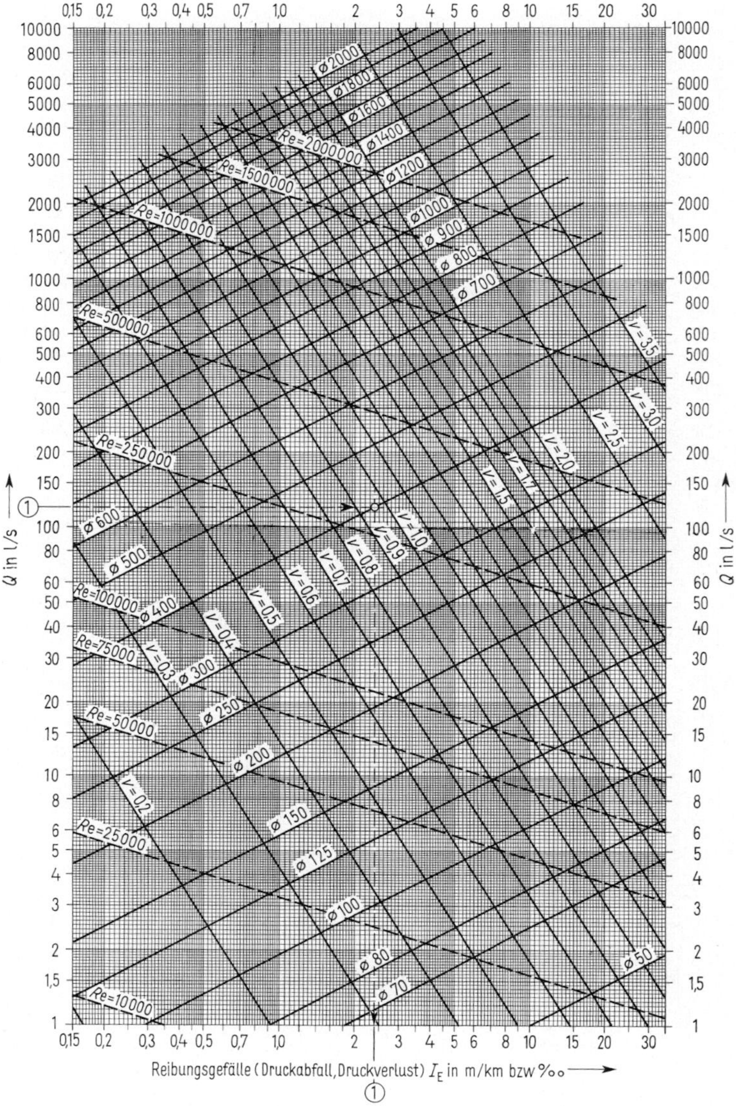

**Tafel 23 Bemessung von Kreisprofilen mit voller Füllung $k_i$=1,0 mm** s. Abschn. 3.1.3.1. Lichtweite = DN, nach DVGW-Arb. Bl. W302 für

**Wasserversorgung, neue Netze** $v$ in m/s

Ablesebeispiel: Geg.: $Q$ = 2150 l/s, DN 1000, $I_E$ = 7,6‰, $v$ = 2,74 m/s

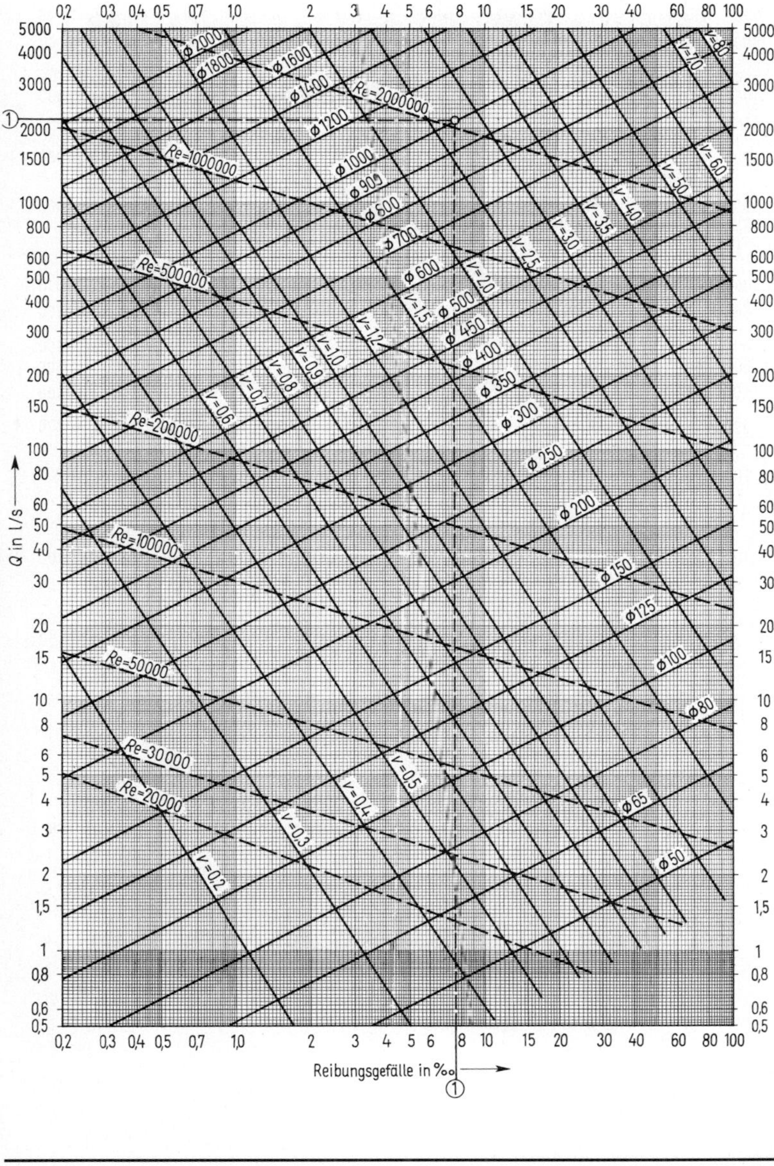

**Tafel 24 Bemessung von Kreisprofilen mit voller Füllung $k_b = 0{,}25$ mm** ATV-Arb. Bl. A110

s. Tafel 9 für **Abwasserkanäle ohne Schächte, Drosselstrecken, Druckrohrleitungen, Düker, Reliningstrecken**

Ablesebeispiel: Geg.: $Q = 1350$ l/s, DN 700, ① –·–·→ $I_E = I_S = 14{,}2$‰, $v = 3{,}51$ m/s

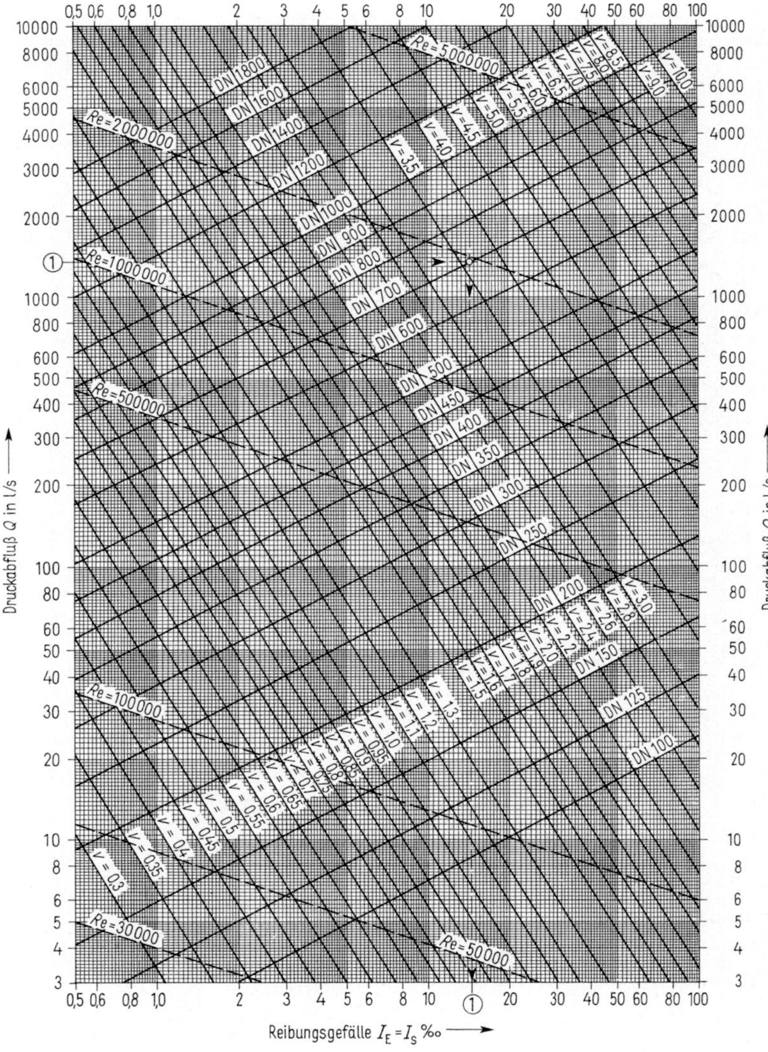

**Tafel 25 Bemessung von Kreisprofilen mit voller Füllung $k_b = 0{,}5$ mm** ATV-Arb. Bl. A110, s. Tafel 9

**Transportkanäle m. Schächten** n. A241, Abschn. 1.1.5
Ablesebeispiel: Geg.: $Q = 1200$ l/s. DN 700; ①–·–·→ $I_E = I_S = 13$‰, $v = 3{,}1$ m/s

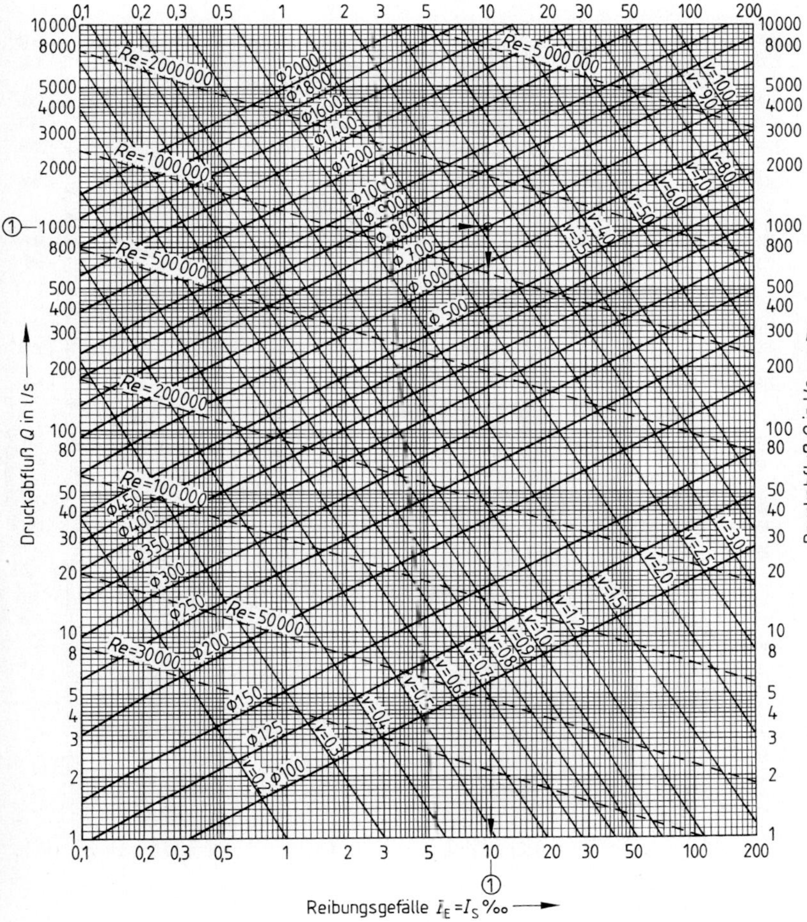

**Tafel 26 Bemessung von Kreisprofilen mit voller Füllung $k_b$=0,75 mm** ATV-Arb. Bl. A110, s. Tafel 9

**Sammelkanäle bis DN1000 mit Schächten** nach A241, Abschn. 1.1.5

**Transportkanäle mit Schächten** nach Bild 8, A110, oder angeformten Schächten
Ablesebeispiel: Geg.: $Q$=1004 l/s, DN700; ①–·–·→ $I_E = I_S$ = 10‰, $v$ = 2,6 m/s

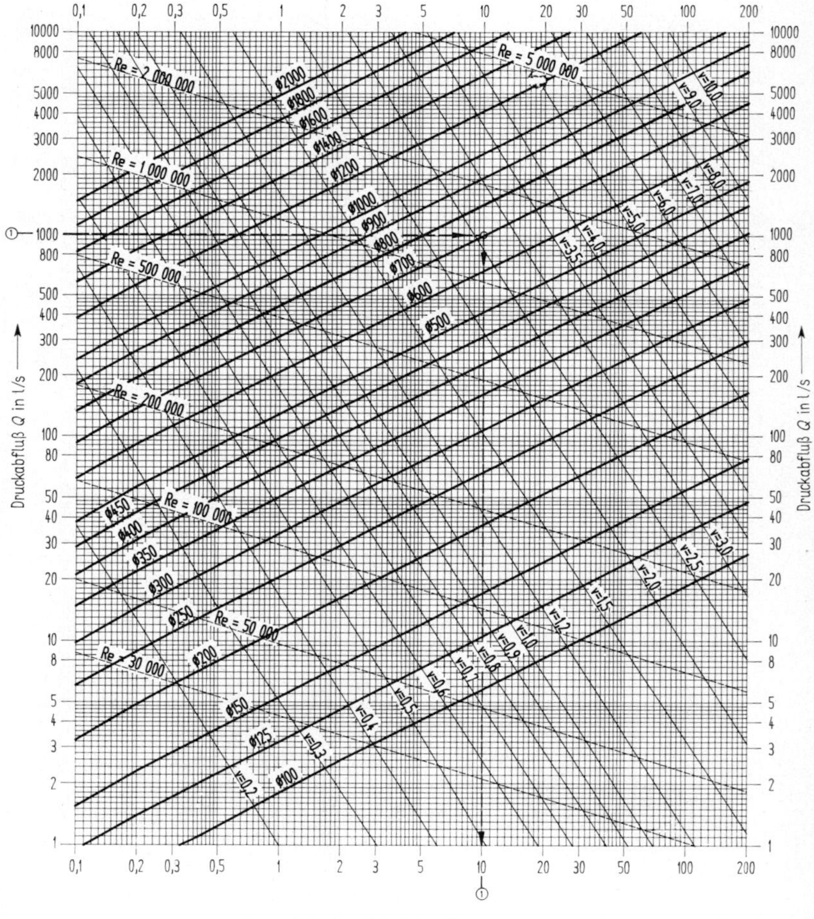

**Tafel 27 Bemessung von Kreisprofilen mit voller Füllung $k_b = 1{,}5$ mm** ATV-Arb. Bl. A110
**Sammelkanäle mit Sonderschächten nach Bild 8, A110, Kanäle a. Mauerwerk und Ortbeton** s. Tafel 9
Ablesebeispiel: Geg.: $Q = 2150$ l/s, DN1000, ①–·–·→ $I_E = 8{,}4$‰, $v = 2{,}75$ m/s

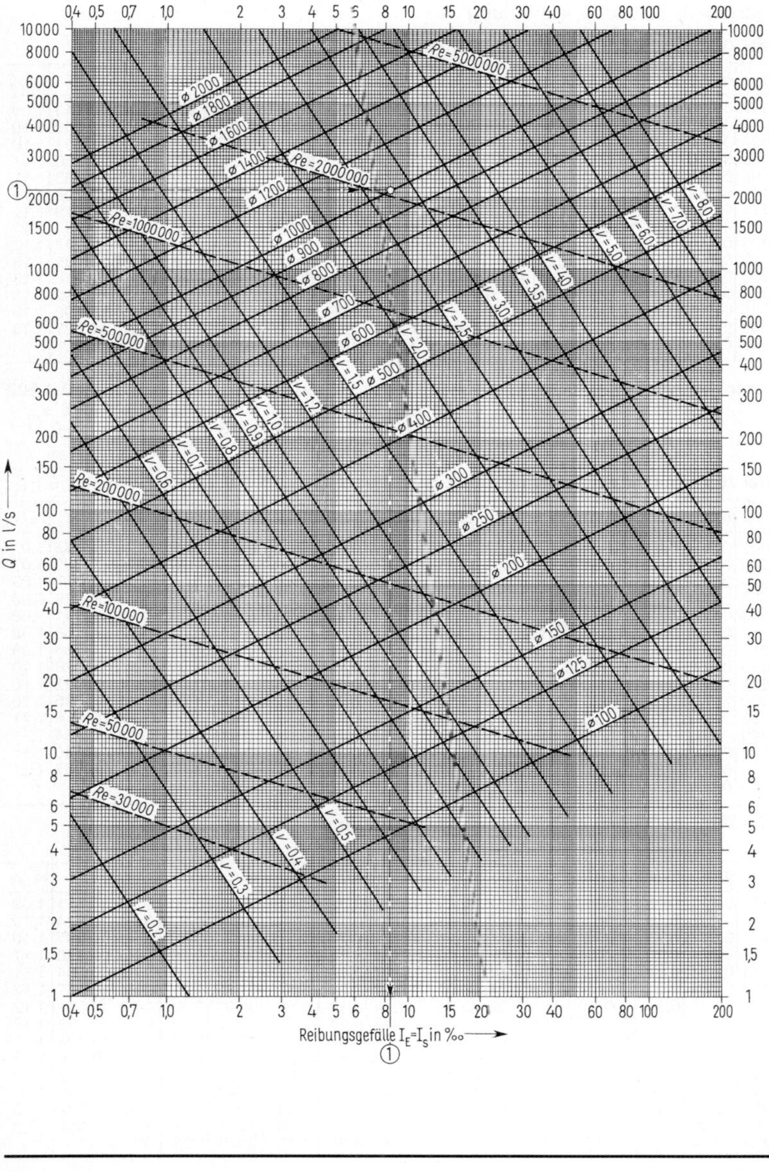

## Teilfüllung – Füllungskurven

Berechnung der rel. Füllhöhen mit

$$\frac{Q_T}{Q_v}=\frac{A_T}{A_v}\left(\frac{R_T}{R_v}\right)^{5/8} \quad \text{bzw.} \quad \frac{v_T}{v_v}=\left(\frac{R_T}{R_v}\right)^{5/8}$$

(Indizes für **T**eil- und **V**ollfüllung)

Die Teilfüllungskurven werden nach A 110 (8,88) bei $Q_T/Q_V=1{,}0$ abgebrochen, um die Gefahr des „Vollschlagens" zu berücksichtigen.
*h* senkrecht zur Rohrachse

**Tafel 28a Teilfüllung in Rohren mit Kreisprofil**

| $Q_T/Q_v$ | $h/d$ | $v_T/v_v$ | $Q_T/Q_v$ | $h/d$ | $v_T/v_v$ | $Q_T/Q_v$ | $h/d$ | $v_T/v_v$ | $Q_T/Q_v$ | $h/d$ | $v_T/v_v$ | $Q_T/Q_v$ | $h/d$ | $v_T/v_v$ |
|---|---|---|---|---|---|---|---|---|---|---|---|---|---|---|
| 0,001 | 0,023 | 0,17 | 0,060 | 0,163 | 0,57 | 0,17 | 0,276 | 0,76 | 0,44 | 0,464 | 0,97 | 0,74 | 0,643 | 1,09 |
| 0,002 | 0,032 | 0,21 | 0,065 | 0,170 | 0,58 | 0,18 | 0,285 | 0,77 | 0,46 | 0,476 | 0,98 | 0,76 | 0,655 | 1,10 |
| 0,004 | 0,044 | 0,26 | 0,070 | 0,176 | 0,59 | 0,19 | 0,293 | 0,78 | 0,48 | 0,488 | 0,99 | 0,78 | 0,667 | 1,10 |
| 0,006 | 0,053 | 0,29 | 0,075 | 0,182 | 0,60 | 0,20 | 0,301 | 0,79 | 0,50 | 0,500 | 1,00 | 0,80 | 0,680 | 1,11 |
| 0,008 | 0,061 | 0,32 | 0,080 | 0,188 | 0,61 | 0,22 | 0,316 | 0,81 | 0,52 | 0,512 | 1,01 | 0,82 | 0,693 | 1,11 |
| 0,010 | 0,068 | 0,34 | 0,085 | 0,194 | 0,62 | 0,24 | 0,331 | 0,83 | 0,54 | 0,524 | 1,02 | 0,84 | 0,706 | 1,11 |
| 0,015 | 0,083 | 0,38 | 0,090 | 0,200 | 0,63 | 0,26 | 0,346 | 0,85 | 0,56 | 0,536 | 1,03 | 0,86 | 0,719 | 1,12 |
| 0,020 | 0,085 | 0,41 | 0,095 | 0,205 | 0,64 | 0,28 | 0,360 | 0,86 | 0,58 | 0,547 | 1,04 | 0,88 | 0,733 | 1,12 |
| 0,025 | 0,106 | 0,44 | 0,100 | 0,211 | 0,65 | 0,30 | 0,374 | 0,88 | 0,60 | 0,559 | 1,04 | 0,90 | 0,747 | 1,12 |
| 0,030 | 0,116 | 0,46 | 0,110 | 0,221 | 0,67 | 0,32 | 0,387 | 0,89 | 0,62 | 0,571 | 1,05 | 0,92 | 0,761 | 1,13 |
| 0,035 | 0,125 | 0,48 | 0,120 | 0,231 | 0,69 | 0,34 | 0,401 | 0,91 | 0,64 | 0,583 | 1,06 | 0,94 | 0,776 | 1,13 |
| 0,040 | 0,134 | 0,50 | 0,130 | 0,241 | 0,70 | 0,36 | 0,414 | 0,92 | 0,66 | 0,595 | 1,07 | 0,96 | 0,792 | 1,13 |
| 0,045 | 0,141 | 0,52 | 0,140 | 0,250 | 0,72 | 0,38 | 0,426 | 0,93 | 0,68 | 0,607 | 1,07 | 0,98 | 0,809 | 1,13 |
| 0,050 | 0,149 | 0,54 | 0,150 | 0,259 | 0,73 | 0,40 | 0,439 | 0,95 | 0,70 | 0,619 | 1,08 | 1,00 | 0,827 | 1,13 |
| 0,055 | 0,156 | 0,55 | 0,160 | 0,268 | 0,74 | 0,42 | 0,451 | 0,96 | 0,72 | 0,631 | 1,08 | | | |

**Beispiel 1** Ei 500/700, $Q_v=480$ l/s; $k_b=0{,}25$; ges.: $I$ erf u. $v$: $Q_{Kr}=Q_{Ei}/1{,}602=480/1{,}602=300$ l/s → Tafel 21 DN 500 $I_{erf}=4{,}15‰$, $v_{Kr}=1{,}52$ m/s → $v_{Ei}=1{,}096\ v_{Kr}=1{,}67$ m/s; Teilfüllung bei 144 l/s: $Q_T/Q_v=144/480=0{,}3$ → Tafel 24: $h/H=0{,}41$ → $h_T=0{,}41 \cdot 0{,}70=0{,}29$ m, $v_T/v_v=0{,}89$, $v_T=0{,}89 \cdot 1{,}67=1{,}49$ m/s

**Tafel 28b Teilfüllung in Rohren mit Eiprofil: *b*:*H*=2:3=*d*:1,5 *d*** Form s. Abschn. 5.1

| $Q_T/Q_v$ | $h/H$ | $v_T/v_v$ | $Q_T/Q_v$ | $h/H$ | $v_T/v_v$ | $Q_T/Q_v$ | $h/H$ | $v_T/v_v$ | $Q_T/Q_v$ | $h/H$ | $v_T/v_v$ | $Q_T/Q_v$ | $h/H$ | $v_T/v_v$ |
|---|---|---|---|---|---|---|---|---|---|---|---|---|---|---|
| 0,001 | 0,023 | 0,20 | 0,060 | 0,177 | 0,61 | 0,17 | 0,306 | 0,78 | 0,44 | 0,511 | 0,96 | 0,74 | 0,693 | 1,07 |
| 0,002 | 0,032 | 0,24 | 0,065 | 0,185 | 0,62 | 0,18 | 0,315 | 0,79 | 0,46 | 0,524 | 0,97 | 0,76 | 0,705 | 1,07 |
| 0,004 | 0,044 | 0,30 | 0,070 | 0,192 | 0,63 | 0,19 | 0,324 | 0,80 | 0,48 | 0,536 | 0,98 | 0,78 | 0,717 | 1,08 |
| 0,006 | 0,054 | 0,33 | 0,075 | 0,199 | 0,64 | 0,20 | 0,333 | 0,81 | 0,50 | 0,549 | 0,99 | 0,80 | 0,729 | 1,08 |
| 0,008 | 0,062 | 0,36 | 0,080 | 0,206 | 0,65 | 0,22 | 0,350 | 0,83 | 0,52 | 0,562 | 1,00 | 0,82 | 0,741 | 1,09 |
| 0,010 | 0,070 | 0,38 | 0,085 | 0,212 | 0,66 | 0,24 | 0,367 | 0,84 | 0,54 | 0,574 | 1,01 | 0,84 | 0,753 | 1,09 |
| 0,015 | 0,086 | 0,43 | 0,090 | 0,219 | 0,67 | 0,26 | 0,383 | 0,86 | 0,56 | 0,586 | 1,01 | 0,86 | 0,766 | 1,09 |
| 0,020 | 0,100 | 0,46 | 0,095 | 0,225 | 0,68 | 0,28 | 0,399 | 0,87 | 0,58 | 0,598 | 1,02 | 0,88 | 0,779 | 1,10 |
| 0,025 | 0,112 | 0,49 | 0,100 | 0,231 | 0,69 | 0,30 | 0,414 | 0,89 | 0,60 | 0,610 | 1,03 | 0,90 | 0,792 | 1,10 |
| 0,030 | 0,123 | 0,51 | 0,110 | 0,243 | 0,70 | 0,32 | 0,428 | 0,90 | 0,62 | 0,622 | 1,03 | 0,92 | 0,805 | 1,10 |
| 0,035 | 0,134 | 0,53 | 0,120 | 0,255 | 0,72 | 0,34 | 0,443 | 0,91 | 0,64 | 0,634 | 1,04 | 0,94 | 0,819 | 1,11 |
| 0,040 | 0,143 | 0,55 | 0,130 | 0,265 | 0,73 | 0,36 | 0,457 | 0,92 | 0,66 | 0,646 | 1,05 | 0,96 | 0,834 | 1,11 |
| 0,045 | 0,152 | 0,57 | 0,140 | 0,276 | 0,75 | 0,38 | 0,470 | 0,93 | 0,68 | 0,658 | 1,05 | 0,98 | 0,850 | 1,11 |
| 0,050 | 0,161 | 0,58 | 0,150 | 0,286 | 0,76 | 0,40 | 0,484 | 0,94 | 0,70 | 0,670 | 1,06 | 1,00 | 0,867 | 1,11 |
| 0,055 | 0,169 | 0,60 | 0,160 | 0,296 | 0,77 | 0,42 | 0,498 | 0,95 | 0,72 | 0,682 | 1,06 | | | |

**Tafel 28c Teilfüllung in Rohren mit Maulprofil: *b*:*H*=2:1,5=*d*:0,75 *d***
Form s. Abschn. 5.1

| $Q_T/Q_v$ | $h/H$ | $v_T/v_v$ | $Q_T/Q_v$ | $h/H$ | $v_T/v_v$ | $Q_T/Q_v$ | $h/H$ | $v_T/v_v$ | $Q_T/Q_v$ | $h/H$ | $v_T/v_v$ | $Q_T/Q_v$ | $h/H$ | $v_T/v_v$ |
|---|---|---|---|---|---|---|---|---|---|---|---|---|---|---|
| 0,001 | 0,021 | 0,15 | 0,060 | 0,149 | 0,52 | 0,17 | 0,251 | 0,72 | 0,44 | 0,428 | 0,96 | 0,74 | 0,611 | 1,09 |
| 0,002 | 0,030 | 0,19 | 0,065 | 0,155 | 0,53 | 0,18 | 0,257 | 0,74 | 0,46 | 0,440 | 0,97 | 0,76 | 0,624 | 1,10 |
| 0,004 | 0,041 | 0,23 | 0,070 | 0,160 | 0,55 | 0,19 | 0,265 | 0,75 | 0,48 | 0,452 | 0,98 | 0,78 | 0,637 | 1,10 |
| 0,006 | 0,050 | 0,26 | 0,075 | 0,166 | 0,56 | 0,20 | 0,272 | 0,76 | 0,50 | 0,464 | 0,99 | 0,80 | 0,650 | 1,11 |
| 0,008 | 0,057 | 0,28 | 0,080 | 0,171 | 0,57 | 0,22 | 0,287 | 0,78 | 0,52 | 0,477 | 1,00 | 0,82 | 0,664 | 1,11 |
| 0,010 | 0,064 | 0,30 | 0,085 | 0,176 | 0,58 | 0,24 | 0,300 | 0,80 | 0,54 | 0,489 | 1,01 | 0,84 | 0,677 | 1,12 |
| 0,015 | 0,077 | 0,34 | 0,090 | 0,181 | 0,59 | 0,26 | 0,314 | 0,82 | 0,56 | 0,501 | 1,02 | 0,86 | 0,691 | 1,12 |
| 0,020 | 0,088 | 0,37 | 0,095 | 0,186 | 0,60 | 0,28 | 0,328 | 0,84 | 0,58 | 0,513 | 1,03 | 0,88 | 0,706 | 1,12 |
| 0,025 | 0,098 | 0,40 | 0,100 | 0,191 | 0,61 | 0,30 | 0,341 | 0,86 | 0,60 | 0,525 | 1,04 | 0,90 | 0,721 | 1,13 |
| 0,030 | 0,107 | 0,42 | 0,110 | 0,200 | 0,63 | 0,32 | 0,353 | 0,88 | 0,62 | 0,537 | 1,05 | 0,92 | 0,736 | 1,13 |
| 0,035 | 0,115 | 0,44 | 0,120 | 0,209 | 0,65 | 0,34 | 0,366 | 0,89 | 0,64 | 0,549 | 1,06 | 0,94 | 0,752 | 1,13 |
| 0,040 | 0,123 | 0,46 | 0,130 | 0,218 | 0,67 | 0,36 | 0,379 | 0,91 | 0,66 | 0,561 | 1,06 | 0,96 | 0,769 | 1,13 |
| 0,045 | 0,130 | 0,47 | 0,140 | 0,226 | 0,68 | 0,38 | 0,391 | 0,92 | 0,68 | 0,574 | 1,07 | 0,98 | 0,787 | 1,13 |
| 0,050 | 0,136 | 0,49 | 0,150 | 0,234 | 0,70 | 0,40 | 0,404 | 0,93 | 0,70 | 0,586 | 1,08 | 1,00 | 0,807 | 1,13 |
| 0,055 | 0,143 | 0,51 | 0,160 | 0,242 | 0,71 | 0,42 | 0,416 | 0,95 | 0,72 | 0,598 | 1,08 | | | |

## 3.2 Stationärer Abfluß in offenen Gerinnen

Alle Betrachtungen gelten für einen zeitlich konstanten Abfluß $\mathrm{d}Q/\mathrm{d}t=0$

Der Fließzustand wird durch die dimensionslose Froude-Zahl charakterisiert:

allgemein: $\boldsymbol{Fr=v/\sqrt{g\cdot A/b}}$ — $A$ Fließquerschnitt, $b$ Spiegelbreite

Rechteckquerschnitt $\boldsymbol{Fr=v/\sqrt{g\cdot h}}$

Ein Beispiel für instationären Abfluß s. Abschn. 3.2.4

### 3.2.1 Fließzustand und theoretische Grenztiefe

Man unterscheidet

**a) Wasserbewegung strömend** $v<v_{gr}$; $h>h_{gr}$; $Fr<1$

Alle störenden Einflüsse [(Wehre, Verschlechterung der Rauheit $k_{st}$, geringeres Gefälle ⇒ Staukurven): (Abstürze, Verbesserung der Rauheit $k_{st}$, größeres Gefälle ⇒ Senkungskurven)] pflanzen sich gegen die Strömung (nach oberhalb) fort.

Größere Energiehöhe über der Gerinnesohle $H=h+v^2/2g$ ergibt eine größere Wassertiefe. Man rechnet von einer bekannten Energiehöhe ausgehend gegen die Strömungsrichtung. Nach DIN 4044: $H=h_E$

**b) Wasserbewegung schießend** $v>v_{gr}$; $h<h_{gr}$; $Fr>1$. Störungen pflanzen sich in Strömungsrichtung fort. Eine Abnahme der Energiehöhe ergibt eine größere Wassertiefe. Man rechnet in Strömungsrichtung.

**c) Fließwechsel** $h=h_{gr}$; $Fr=1$. Die Energiehöhe wird ein Minimum: $H=H_{min}$; für gegeb. $H$ wird $Q=Q_{gr}=Q_{max}$. Ein Fließwechsel tritt immer dort auf, wo sich die Energiehöhe frei einstellen kann (z.B. Absturzkanten ohne Rückstau), oder an Einschnürungen, wenn $H_{min}$ für die am weitesten unterhalb liegende Engstelle eine höhere Lage der Energiehöhe ergibt als sie im nichteingeschnürten Querschnitt unterhalb vorhanden ist.

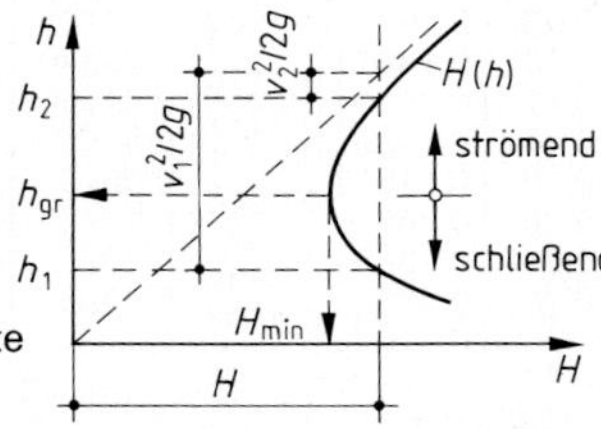

**Bild 11** ***H*-Linie für *Q*=const.**

**Extremalprinzip.** Allgemein gilt mit $b=$ Spiegelbreite

$$\boldsymbol{Q_{gr}=\sqrt{\frac{A^3\cdot g}{\alpha\cdot b}}} \quad (8) \qquad \boldsymbol{v_{gr}=\sqrt{\frac{A\cdot g}{\alpha\cdot b}}} \quad (9)$$

$\alpha\geqq 1$ berücksichtigt die Geschwindigkeitsverteilung.
In allen offenen regelmäßigen Gerinnen ist $\alpha=1{,}0$ bis $1{,}1$.

Es wird $Q_{max}=Q_{gr}\cdot\sqrt{1/\alpha}$. Im folgenden wird $\alpha=1{,}0$ gesetzt. In beliebig geformten Querschnitten ermittelt man $h_{gr}$ für ein gegebenes $Q$, indem man entweder die Gleichung $H=h+Q^2/(A^2\cdot 2g)$ für verschiedene Höhen $h$ graphisch auswertet (s. Bild 11 $H$-Linie), und $h_{gr}$ bei $H_{min}$ abgreift oder in Gl. (8) $h$ variiert, bis $Q_{gr}=Q$ gegeben. (Zielwertsuche)

**Grenztiefe und Abfluß $Q_{max}$ für geometrisch geformte Querschnitte**

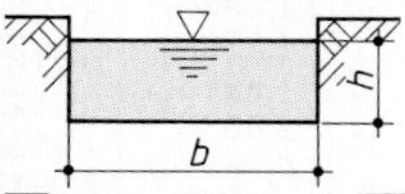

**Bild 12 Rechteck**

$$\boldsymbol{h_{gr}=\sqrt[3]{Q^2/(b^2\cdot g)}};\quad \boldsymbol{H_{min}=3/2\,h_{gr}}$$

$$\boldsymbol{v_{gr}=\sqrt{g\cdot h_{gr}}};\quad \boldsymbol{Q_{gr}=1{,}705\,b\cdot H_{min}^{1{,}5}}$$

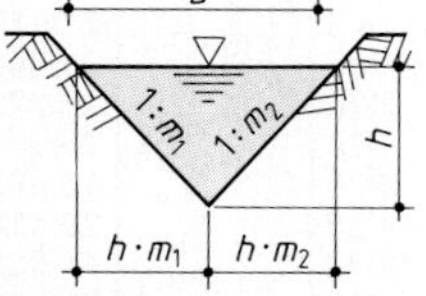

**Bild 13 Dreieck**

$$\boldsymbol{h_{gr}=\sqrt[5]{\frac{2Q^2}{g\cdot m^2}}};\quad \boldsymbol{H_{min}=5/4\,h_{gr}};$$

$$\boldsymbol{v_{gr}=\sqrt{g\cdot h_{gr}/2}}$$

$$\boldsymbol{Q_{gr}=1{,}268\,m\cdot H_{min}^{2,5}};\quad m=0{,}5(m_1+m_2)$$

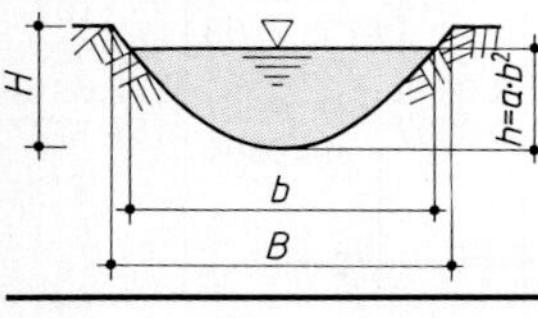

**Bild 14 Parabel**

$$\boldsymbol{h_{gr}=\sqrt[4]{\frac{27a\cdot Q^2}{8g}}};\quad \boldsymbol{H_{min}=4/3\,h_{gr}};$$

$$\boldsymbol{v_{gr}=\sqrt{2g\cdot h_{gr}/3}}\quad \boldsymbol{a=4H/B^2}$$

$$\boldsymbol{Q_{gr}=1{,}705\,h_{gr}^2/\sqrt{a}};\quad \boldsymbol{\alpha=4ah}$$

$$\boldsymbol{u_{hy}=2h[\sqrt{1+\alpha^{-1}}+\alpha^{-1}\ln(\sqrt{\alpha}+\sqrt{1+\alpha})]}$$

Für Kreis- und Trapezquerschnitte lassen sich die Extremwerte $H_{min}$ und $Q_{gr}$ nicht explizit angeben. Lösungshilfen bieten die Tafeln 25 und 26.

a) Für gegebenes $Q$ ermittelt man mit den Querschnittswerten $s$ und $m$ bzw. $d$ den Wert von $\beta$. Damit gilt Tafel 29: $h_{gr} = d \cdot \eta$ und $H_{min} = d\varrho$. Tafel 30 gibt $H_{min} = \eta \cdot s/m$ und $h_{gr} = H_{min} \cdot \varrho$.

b) Für gegebenes $h_{gr}$ gibt $\eta$ beim Kreis sofort $\varrho$ und $\beta$, d.h. $H_{min}$ und $Q_{gr}$. Beim Trapezprofil führen Gl. (8) und Gl. (9) von der Vorseite schneller zum Ziel. $H_{min} = h_{gr} + v_{gr}^2/2g$.

c) Für gegebenes $H_{min}/d = \varrho$ geben $\eta$ und $\beta$ beim Kreis $h_{gr}$ und $Q_{gr} = \beta d^{2,5}$, während beim Trapez $\eta = m \cdot H_{min}/s$ zu $h_{gr} = \varrho \cdot H_{min}$ und $Q_{gr} = \beta s (s/m)^{1,5}/0,2258$ führt.

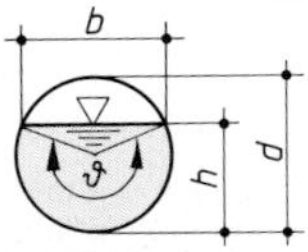


Bild 15 Kreis

Im folgenden ist $\vartheta \mathrel{\hat{=}} \vartheta_{gr}$; $\boldsymbol{h \mathrel{\hat{=}} h_{gr} = d \cdot \sin^2(\vartheta/4)}$

$\vartheta = 4 \arcsin \sqrt{h/d}$; $A = (\text{arc}\,\vartheta - \sin\vartheta)\, d^2/8$;

$u_{hy} = (\text{arc}\,\vartheta)\, d/2$; $b = d \cdot \sin(\vartheta/2)$.

$$\boldsymbol{Q_{gr} = 0{,}1384\, (\text{arc}\,\vartheta - \sin\vartheta)^{1,5} \cdot d^{2,5}/[\sin(\vartheta/2)]^{0,5}; \quad v_{gr} = (g \cdot A/b)^{0,5}}$$

$$\boldsymbol{H_{min} = h_{gr} + 0{,}5\, A/b = h_{gr} + d(\text{arc}\,\vartheta - \sin\vartheta)/[16 \sin(\vartheta/2)]}$$

**Tafel 29** $\boldsymbol{h_{gr}; H_{min}; Q_{gr}}$ **für Kreisprofile;** $\boldsymbol{\eta = h_{gr}/d;\ \varrho = H_{min}/d;\ \beta = Q_{gr}/d^{2,5}}$

| $\eta$ | $\varrho$ | $\Delta$ | $\beta$ | $\Delta$ | $\eta$ | $\varrho$ | $\Delta$ | $\beta$ | $\Delta$ |
|---|---|---|---|---|---|---|---|---|---|
| 0,01 | 0,0133 | 0,0134 | 0,00034 | 0,00102 | 0,35 | 0,4784 | 0,0713 | 0,3888 | 0,1140 |
| 0,02 | 0,0267 | 0,0134 | 0,00136 | 0,00169 | 0,40 | 0,5497 | 0,1466 | 0,5028 | 0,2680 |
| 0,03 | 0,0401 | 0,0133 | 0,00305 | 0,00236 | 0,50 | 0,6963 | 0,1548 | 0,7708 | 0,3213 |
| 0,04 | 0,0534 | 0,0134 | 0,00541 | 0,00299 | 0,60 | 0,8511 | 0,1693 | 1,0921 | 0,3801 |
| 0,05 | 0,0668 | 0,0135 | 0,00840 | 0,00373 | 0,70 | 1,0204 | 0,2006 | 1,4722 | 0,4636 |
| 0,06 | 0,0803 | 0,0268 | 0,01213 | 0,00934 | 0,80 | 1,2210 | 0,1272 | 1,9358 | 0,2887 |
| 0,08 | 0,1071 | 0,0270 | 0,02147 | 0,01193 | 0,85 | 1,3482 | 0,1722 | 2,2245 | 0,3731 |
| 0,10 | 0,1341 | 0,0270 | 0,03340 | 0,01450 | 0,90 | 1,5204 | 0,3137 | 2,5976 | 0,6123 |
| 0,12 | 0,1611 | 0,0271 | 0,04790 | 0,01710 | 0,95 | 1,8341 | 0,2768 | 3,2099 | 0,4736 |
| 0,14 | 0,1882 | 0,0271 | 0,06500 | 0,0195 | 0,97 | 2,1109 | 0,2649 | 3,6835 | 0,4070 |
| 0,16 | 0,2153 | 0,0546 | 0,0845 | 0,0465 | 0,98 | 2,3758 | 0,5843 | 4,0905 | 0,7841 |
| 0,20 | 0,2699 | 0,0687 | 0,1310 | 0,0715 | 0,99 | 2,9600 | 0,8171 | 4,8746 | 0,9246 |
| 0,25 | 0,3386 | 0,0695 | 0,2025 | 0,0861 | 0,995 | 3,7771 | 0,3283 | 5,7992 | 0,3327 |
| 0,30 | 0,4081 | 0,0703 | 0,2886 | 0,1002 | 0,996 | 4,1054 | | 6,1319 | |

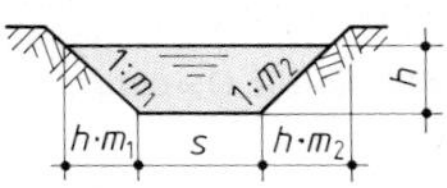


Bild 16 Trapez

$m = 0{,}5(m_1 + m_2)$; $A = s \cdot h + m \cdot h^2$; $u_{hy} \simeq s + 2h\sqrt{1 + m^2}$

$$\boldsymbol{H_{min} = \frac{5m \cdot h_{gr} + 3s}{4m \cdot h_{gr} + 2s} \cdot h_{gr}; \quad Q_{gr} = \sqrt{9{,}81 \cdot h_{gr}^3 \cdot \frac{(m \cdot h_{gr} + s)^3}{2m \cdot h_{gr} + s}}}$$

$$\boldsymbol{v_{gr} = \sqrt{g \cdot h_{gr}} \cdot \sqrt{\frac{m \cdot h_{gr} + s}{2m \cdot h_{gr} + s}}}$$

**Tafel 30** $\boldsymbol{h_{gr}; H_{min}; Q_{gr}}$ **im Trapezprofil** nach Flierl

$\boldsymbol{\eta = m \cdot H_{min}/s;\ \varrho = h_{gr}/H_{min};\ \beta = 0{,}2258\, Q_{gr}/[s(s/m)^{1,5}]}$

| $\eta$ | $\varrho$ | $\Delta$ | $\beta$ | $\Delta$ | $\eta$ | $\varrho$ | $\Delta$ | $\beta$ | $\Delta$ |
|---|---|---|---|---|---|---|---|---|---|
| 0,00 | 0,6667 | 0,0071 | Rechteck | 0,0044 | 1,3 | 0,7492 | 0,0024 | 1,0978 | 0,1757 |
| 0,05 | 0,6738 | 0,0033 | 0,0044 | 0,0039 | 1,4 | 0,7516 | 0,0060 | 1,2735 | 0,6181 |
| 0,075 | 0,6771 | 0,0031 | 0,0083 | 0,0047 | 1,7 | 0,7576 | 0,0047 | 1,8916 | 0,7623 |
| 0,10 | 0,6802 | 0,0060 | 0,0130 | 0,0116 | 2,0 | 0,7623 | 0,0068 | 2,6539 | 1,6158 |
| 0,15 | 0,6862 | 0,0054 | 0,0246 | 0,0145 | 2,5 | 0,7683 | 0,0043 | 4,2697 | 2,0819 |
| 0,20 | 0,6916 | 0,0051 | 0,0391 | 0,0172 | 3,0 | 0,7726 | 0,0033 | 6,3516 | 2,5848 |
| 0,25 | 0,6967 | 0,0046 | 0,0563 | 0,0199 | 3,5 | 0,7759 | 0,0026 | 8,9364 | 3,1223 |
| 0,30 | 0,7013 | 0,0082 | 0,0762 | 0,0480 | 4,0 | 0,7785 | 0,0038 | 12,0587 | 7,9847 |
| 0,40 | 0,7095 | 0,0070 | 0,1242 | 0,0590 | 5,0 | 0,7823 | 0,0026 | 20,0434 | 10,5024 |
| 0,50 | 0,7165 | 0,0061 | 0,1832 | 0,0704 | 6,0 | 0,7849 | 0,0035 | 30,5458 | 29,4182 |
| 0,60 | 0,7226 | 0,0053 | 0,2536 | 0,0821 | 8,0 | 0,7884 | 0,0022 | 59,9640 | 41,9251 |
| 0,70 | 0,7279 | 0,0046 | 0,3357 | 0,0942 | 10,0 | 0,7906 | 0,0018 | 101,8891 | 72,1107 |
| 0,80 | 0,7325 | 0,0042 | 0,4299 | 0,1069 | 12,5 | 0,7924 | 0,0012 | 173,9998 | 96,2826 |
| 0,90 | 0,7367 | 0,0036 | 0,5368 | 0,1198 | 15,0 | 0,7936 | 0,0009 | 270,2824 | 122,6813 |
| 1,00 | 0,7403 | 0,0033 | 0,6566 | 0,1331 | 17,0 | 0,7945 | 0,0007 | 392,9637 | 151,1327 |
| 1,10 | 0,7436 | 0,0029 | 0,7897 | 0,1470 | 20,0 | 0,7952 | | 544,0964 | |
| 1,20 | 0,7465 | 0,0027 | 0,9367 | 0,1611 | ⋮ | ⋮ | | ⋮ | |
| | | | | | ∞ | 0,8000 | | ∞ (Dreieck) | |

### 3.2.2 Stationär gleichförmiger Abfluß, Fließformel, s. auch Abschn. 3.1.2

**Kriterien**

$dv/ds = 0$; d.h. $v_1 = v_2$; $h_1 = h_2 = h_n$; $I_s = I_w = I_E$:

#### 3.2.2.1 Fließformel nach Gauckler-Manning-Strickler

$$Q = A \cdot v \text{ in m}^3/\text{s} \qquad (10)$$

$$v = k_{St} \cdot r_{hy}^{2/3} \cdot I^{1/2} \text{ in m/s} \qquad (11)$$

$r_{hy} = A/l_u$ $(R = A/U)$ $\quad I_s = \Delta h_s / l = \tan \varepsilon$

Bei Gefällen $> 14\%$ mit $I_s = \sin \varepsilon$ rechnen.

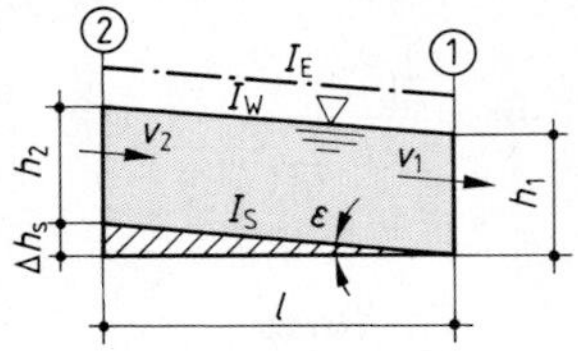


**Bild 17 Stat. gleichförm. Abfluß**

**Für Profile mit unterschiedlichen Rauheiten ermittelt man eine Durchschnittsrauheit $k_{Stm}$** nach Einstein

$$k_{Stm} = \left[ \sum_{(i)} \frac{l_{ui}}{l_{u\,ges} \cdot k_{Sti}^{1,5}} \right]^{-2/3} \text{ in m}^{1/3}/\text{s} \qquad (12)$$

**Beispiel** Gegeben Profil s. Bild 18; $I_s = 1‰$
① = Rasen; $k_{St1} = 40$;
② = Bongossiwand, $k_{St2} = 25$;
③ = Kiessohle, $k_{St3} = 35$

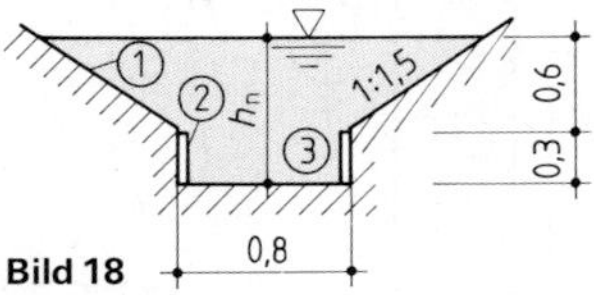


**Bild 18**

**Lösung** $l_{u1} = 2 \cdot 0{,}6 \cdot \sqrt{1 + 1{,}5^2} = 2{,}16$; $l_{u2} = 2 \cdot 0{,}3$; $l_{u3} = 0{,}8$; $l_{u\,ges} = 3{,}56$ m

$$k_{Stm} = \left[ \frac{2{,}16}{3{,}56 \cdot 40^{1,5}} + \frac{0{,}6}{3{,}56 \cdot 25^{1,5}} + \frac{0{,}3}{3{,}56 \cdot 35^{1,5}} \right]^{-2/3} = 35$$

$A = 0{,}8(0{,}3 + 0{,}6) + 1{,}5 \cdot 0{,}6^2 = 1{,}26$ m²; $l_{u\,ges} = 3{,}56$ m; $\quad r_{hy} = 1{,}26/3{,}56 = 0{,}354$ m

Abfluß: $Q = A \cdot v = 1{,}26 \cdot 35 \cdot 0{,}354^{2/3} \cdot 0{,}001^{1/2} = 1{,}26 \cdot 0{,}554 = 0{,}698$ m³/s

**Stark gegliederte Profile werden in unabhängige Einzelquerschnitte aufgeteilt**

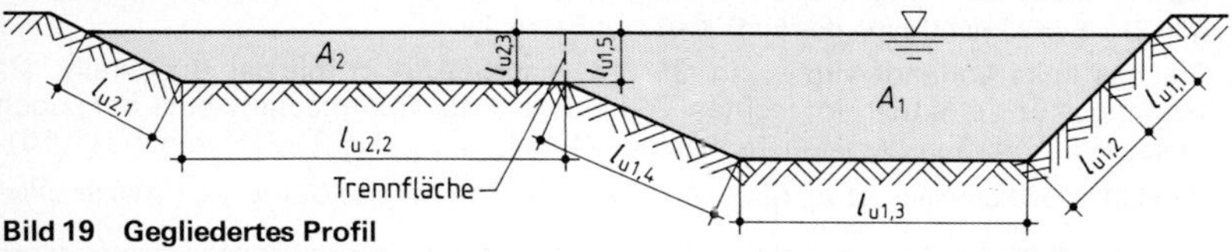


**Bild 19 Gegliedertes Profil**

In der Regel wird die Trennfläche nur für den Flußschlauch zum Umfang gerechnet (d.h. $l_{u2,3} = 0$). Für $l_{u1,5}$ wird das $k_{St}$ des Mittelwasserbettes (hier $k_{St1,2}$ bis $k_{St1,4}$) angesetzt.

$$Q = Q_1 + Q_2 = A_1 \cdot k_{St1} \cdot r_{hy1}^{2/3} \cdot I_1^{1/2} + A_2 \cdot k_{St2} \cdot r_{hy2}^{2/3} \cdot I_2^{1/2} \qquad (13)$$

**Naturnaher Gewässerausbau [17]**

**a) Kompakte Querschnitte mit längslaufendem Bewuchs.** Profile wie im Bild 18 oder Bild 20.
Es wird eine Durchschnittsrauheit (s.o.) ermittelt, in die $l_{uB}$ mit $k_{StB} = 25$ bis 30 eingeht. Der Abfluß im Bereich $\Delta A$ wird in der Regel vernachlässigt.
Bei Profilen wie in Bild 19 wird die Trennfläche von beiden Seiten mit $k_{StB} = 25$ bis 30 eingesetzt, wenn dort ein Bewuchs durchläuft. ($Q_2$ mit $l_{u2,3}$).

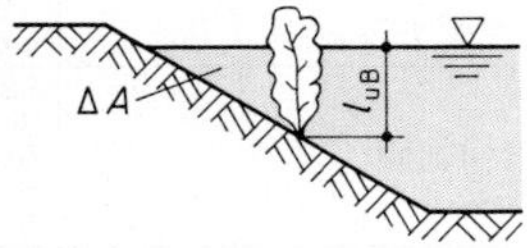


**Bild 20 Einfluß von Bewuchs**

**b) Vorlandprofile mit einzelstehendem Bewuchs.** Das Profil wird in unabhängige Einzelquerschnitte unterteilt. Das Hauptgerinne wird nach a) berechnet. Die Trennfläche würde links z. B. mit $k_{StB} = 25$ und rechts mit $k_{St} = 40$ angesetzt (Bild 21).

Für die Vorländer muß der Einfluß der Vegetation auf das $k_{St}$, das durchaus wiederum ein $k_{Stm}$ nach Gl. (12) sein kann, berücksichtigt werden.
Strickler-Beiwerte bei Bewuchs:

$$k_{StB} = k_{St}(1 + 0{,}051\, k_{St}^2 \cdot m_v \cdot r_{hy}^{1/3})^{-1/2} \text{ in m}^{1/3}/\text{s} \qquad (14)$$

Hierin geht die hydraulisch wirksame Bestockungsdichte $m_v$ ein.

$$m_v = \frac{\sum_{(i)} c_{w,i} \cdot A_{p,i}}{l_G \cdot \sum_{(i)} l_{ui}} \qquad (15)$$

$A_{p,i}$ Anströmfläche der einzelnen Gehölze im Querschnitt $= d_{pi} \cdot h_{pi}$
$c_{w,i}$ Widerstandsbeiwert (1,0 bis 1,2)
$l_{ui}$ Benetzter Umfang im jeweiligen Teilquerschnitt
$l_G$ Länge des betrachteten Gerinneabschnittes (z.B. 30 bis 100 m)

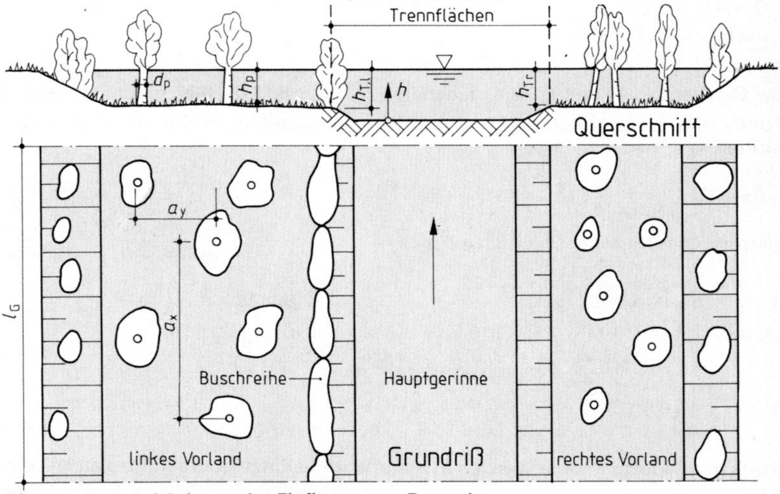


**Bild 21 Berücksichtigung des Einflusses von Bewuchs**

Für das linke Vorland wird $k_{St}$ in Gl. (14) nach Gl. (12) mit der Buschreihe als Umfangsstück ermittelt. Im rechten Vorland geht die Trennfläche weder in $l_u$ noch in $k_{St}$ ein. Abfluß in der $i$-ten Teilfläche $\boldsymbol{Q_i = A_i \cdot k_{St,B,i} \cdot r_{hy,i}^{2/3} \cdot I_i^{1/2}}$ in m³/s (16)

**Tafel 31 Rauheitsbeiwert $k_{St}$ (nach Strickler in m$^{1/3}$/s)** (diverse Quellen, s.a. Kapitel „Verkehrswesen", Abschn. 1.7.2)

| Art des Gerinnes | Wandbeschaffenheit | $k_{St}$ |
|---|---|---|
| Natürliche Flußbetten | feste, regelmäßige Sohle<br>mäßig Geschiebe oder verkrautet<br>stark geschiebeführend | 40<br>30 bis 35<br>28 |
| Bewachsenes Vorland | Buschwerk bis Rasen | 15 bis 25 |
| Wildbäche | grobes Geröll (kopfgroße Steine) in Ruhe<br>grobes Geröll in Bewegung | 25 bis 28<br>19 bis 22 |
| Erdkanäle | fester Sand mit etwas Ton oder Schotter<br>Sohle Sand u. Kies, Böschungen gepflastert<br>Grobkies etwa 50/100/150 mm<br>scholliger Lehm<br>Sand, Lehm oder Kies, stark bewachsen | 50<br>45 bis 50<br>35<br>30<br>20 bis 25 |
| Gemauerte Kanäle | Ziegelmauerwerk, auch Klinker, gut gefugt<br>Mauerwerk normal<br>Grobes Bruchsteinmauerwerk und Pflaster | 75<br>60<br>50 |
| Betonkanäle | Stahlschalung oder Zementglattstrich<br>Holzschalung, ohne Verputz<br>Alter Beton, saubere Flächen<br>Ungleichmäßige Betonflächen | 90 bis 95<br>65 bis 70<br>60<br>50 |
| Einzelne Wandformen | Buschreihen parallel zur Strömung<br>Bongossi-Flechtzäune<br>Stahlspundwände (nur grober Anhaltswert)<br>Wellblechwände (Armco-Thyssen) | 25 bis 30<br>25<br>30 bis 50<br>50 bis 55 |

$\boldsymbol{k_{St} = 81{,}22 / k_b^{1/6}}$ in m$^{1/3}$/s $\quad \boldsymbol{k_b = 2{,}87 \cdot 10^{11} / k_{St}^{\ 6}}$ in mm

#### 3.2.2.2 Fließformel nach dem universellen Fließgesetz

In zunehmendem Maße gewinnt heute, auch unter dem Aspekt verstärkten EDV-Einsatzes, dieses Rechenverfahren an Bedeutung [31].

An die Stelle von Gl. (11) tritt Gl. (17) mit 8 g = 78,48

$$v_m = [78{,}48 \cdot r_{hy} \cdot I/(\lambda_w + \lambda_p)]^{0,5} \quad \text{in m/s} \qquad (17)$$

mit

$$\lambda_w = 1/[2{,}343 - 3\,\lg(k_s/r_{hy})]^2 \qquad (18)$$

hierin ist die Kornrauheit nach [31] $k_s = d_{90}$ in m (19)

Die Gerinnesohlenunebenheit wird grob berücksichtigt nach *Kamphuis* und *van Rijn* durch

$$k_s = 2{,}5 \text{ bis } 3{,}0\, d_{90} \quad \text{in m} \qquad (20)$$

**Tafel 32 Einzelrauheiten $k_s$ nach dem universellen Fließgesetz in m**

| Bereich | Material | Einzelrauheit $k_s$ |
|---|---|---|
| | Sand schlammig | 0,015 bis 0,03 |
| | Feinkies | 0,035 bis 0,05 |
| | Sand mit größeren Steinen | 0,07 bis 0,11 |
| | Kies | ≈0,08 |
| Hauptgerinne | Grobkies bis Schotter | 0,06 bis 0,20 |
| | schwere Steinschüttung | 0,20 bis 0,30 |
| | Sohlpflasterung | 0,03 bis 0,05 |
| | Grobe Steine und Fels | 0,50 bis 0,70 |
| | Fels | ≈0,8 |
| | Asphalt | 0,003 |
| | Rasen | 0,06 |
| | Steinschütt. 80/450 mit Gras | 0,3 |
| | Gras | 0,10 bis 0,35 |
| Vorland | Gras und Stauden | 0,13 bis 0,40 |
| | Rasengittersteine | 0,015 bis 0,03 |
| | Ackerboden | 0,02 bis 0,25 |
| | Acker mit Kulturen | 0,25 bis 0,8 |
| | Waldboden | 0,16 bis 0,32 |

Die folgende Tafel bietet Erfahrungswerte für die Fließgewässerrauheit:

**Tafel 33 Fließgewässerrauheit $k_s$ in m**

| Beschaffenheit | $k_s$ |
|---|---|
| ohne Unregelmäßigkeiten | 0,05 bis 0,25 |
| mit Unregelmäßigkeiten in der Sohle | 0,15 bis 0,35 |
| feste Sohle u. Unregelmäßigkeiten in Sohle u. Böschung | 0,30 bis 0,70 |
| Entwässerungsgräben und Bäche | 0,10 bis 0,35 |

Eine genaue Bestimmung des Rauheitsmaßes erreicht man durch die Bestimmung der Riffel- oder Dünenentwicklung (Transportkörper). Ihre Höhe wird als Formrauheit zusätzlich zur Kornrauheit angesetzt.

Der **Bewuchs** wird als **Kleinbewuchs** (Höhe im Verhältnis zur Wassertiefe klein) wie eine Wandrauheit (Tafel 32) berücksichtigt.

**Mittelbewuchs** wird sowohl durch- als auch überströmt. Durch vollständiges Umlegen wird er zu Kleinbewuchs (s.o.). Sonst wird er wie starrer **Großbewuchs** berücksichtigt, dessen Höhe größer oder gleich der Wassertiefe ist. Mit den Bezeichnungen von Bild 21 gilt: $\lambda_{p,i} = c_{w,i} \cdot 4 \cdot h_p \cdot d_{pi}/(a_x \cdot a_y)$ (21)

Die **Widerstandszahl $c_{wi}$** wird angenähert **zu 1,5** angenommen [42].

In **kompakten Querschnitten** mit längslaufendem Bewuchs, s. Bild 20, wird für $l_{uB}$ bei $\lambda$ ein $k_s = 0{,}4$ bis 1,0 m eingesetzt.

In **gegliederten Querschnitten** ohne Mittel oder Großbewuchs werden analog Bild 19 die Trennflächen nur dem Flußschlauch und mit dem $k_s$ der Sohle zugewiesen.

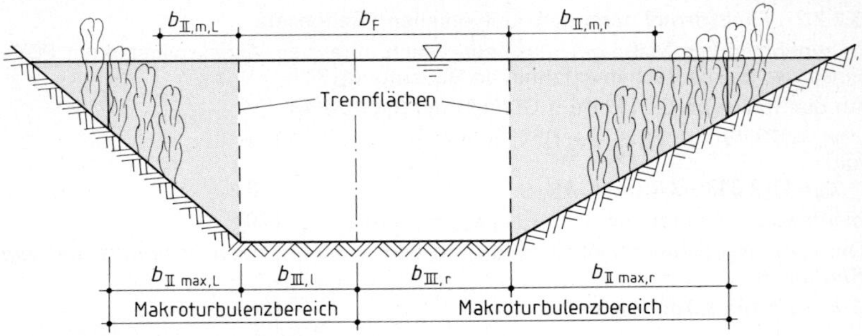


**Bild 22 Wirksame Breiten der Teilfläche**

Trennflächenrauheit $\mathbf{k_T = c \cdot b_{II,m} + 1{,}5 \cdot d_p}$ in m (22)

Bewuchsabhängiger Beiwert: $c = 1{,}2 - 0{,}3 \cdot B/1000 + 0{,}06 \cdot (B/1000)^{1,5}$ (23)
gültig für $B \leq 6000$

Bewuchsparameter $B = (a_x/d_p - 1)^2 \cdot (a_y/d_p)$ mit $0 \leq (a_y/d_p) \leq 10$ (24)

Es ist die mittlere Breite des Bereichs II: $b_{II,m} = A_{II}/h_T$ (25)

mit einer Begrenzung für lichten Bewuchs ($B \geq 16$) auf $b_{II,max} = b_{III}$ (26)

und für dichten Bewuchs ($B < 16$) auf $b_{II,max} = 0{,}25\,B^{0,5} \cdot b_{III}$ (27)

Bei symmetrischen Querschnitten ist $b_{III} = b_F/2$ sonst iterativ aus der Bedingung $b_{III,l}/\lambda_{T,l} \approx b_{III,r}/\lambda_{T,r}$. Dabei wird nach der ersten Versuchsrechnung verbessert mit $b_{III,l} = b_F \cdot \lambda_{T,l}/(\lambda_{T,l} + \lambda_{T,r})$ und $b_{III,r} = b_F - b_{III,l}$.

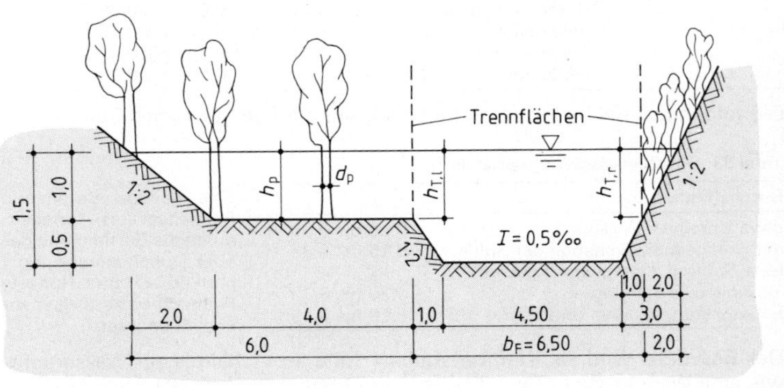


**Bild 23 Gerinne mit Bewuchs**

| | | | |
|---|---|---|---|
| Erlen | $d_p = 0{,}1$ m<br>$a_x = a_y = 2{,}0$ m | Weiden | $d_p = 0{,}03$ m<br>$a_x = 0{,}3$ m; $a_y = 0{,}2$ m |

| Größe | Vorland | Hauptgerinne | Böschung |
|---|---|---|---|
| $A$ | 5,00 m² | 9,25 m² | 1,00 m² |
| $l_u$ | 6,236 m | $6{,}736 + 2 \cdot 1{,}0 = 8{,}736$ m | 2,236 m |
| $r_{hy}$ | 0,802 m | mit Trennfl. 1,059 m<br>ohne Trennfl. 1,373 m | 0,447 m |
| $k_w$, $k_{so}$ | $k_w = 0{,}20$ m | $k_{so} = 0{,}03$ m | $k_w = 0{,}20$ m |

**Beispiel** Bestimmung der Rauheitsmaße für die Trennflächen

| Gegenstand | Trennfläche links | Trennfläche rechts |
|---|---|---|
| $B=(a_x/d_p-1)^2\cdot(a_y/d_p)$ | 3610 m. ($a_y/d_p=10$) | 540 |
| Schätzung: $b_{III}=b_F/2$ | 3,25 m | 3,25 |
| $b_{II,max}=b_{III,i}$ | **3,25** < 6 m | 3,25 > **2,0 m** |
| oder wenn $B<16$: $b_{II,max}=0{,}25\cdot B^{0,5}\cdot b_{III}$ | entfällt hier | |
| mittleres $b_{II,m}=A_{II}/h_T$ | **3,25** < 5,0 | 1,0 |
| $c=1{,}2-0{,}3B/1000+0{,}06\,(B/1000)^{1,5}$ | 0,528 | 1,062 |
| Trennfläche: | | |
| $k_T=c\cdot b_{II,m}+1{,}5\cdot d_p$ | 1,866 m | 1,107 m |
| $\lambda_T=1/[2{,}343-2\lg(k_T/b_{III})]^2$ | 0,125 | 0,093 |
| Verbesserung: | | |
| $b_{III,l}=b_F\cdot\lambda_{T,l}/(\lambda_{T,l}+\lambda_{T,r})$ | 3,727 m | |
| $b_{III,r}=b_F-b_{III,l}$ | | 2,773 m |
| Verbesserung $b_{II,max}$ | **3,727** < 6 m | 2,772 > **2,0 m** |
| Verbesserung $b_{II,m}$ | 3,727 m | 1,0 m |
| Verbesserung $k_T$ | 2,118 m | 1,107 m |
| Verbesserung $\lambda_T$ | 0,125 | 0,101 |
| 2. Verbesserung $b_{III}$ | 3,595 m < 5 m | 2,905 m |
| 2. Verbesserung $b_{II,max}$ | **3,595** < 6 m | 2,905 > **2,0 m** |
| 2. Verbesserung $b_{II,m}$ | 3,595 m | 1,0 m |
| 2. Verbesserung $k_t$ | 2,048 m | 1,107 m |
| 2. Verbesserung $\lambda_T$ | 0,125 | 0,099 |
| 3. Verbesserung $b_{III}$ | 3,623 m | 2,877 m |
| Fehler: $\lvert b_{III,3}-b_{III,2}\rvert/b_{III,3}\le 0{,}01$? | 0,008 | 0,010 |
| hinreichend genau! damit $k_T$ | 2,05 m | 1,11 m |

Zur **Berechnung des Gesamtabflusses** muß zuerst der Abfluß im Hauptgerinne und anschließend in den Vorländern ermittelt werden. Voraus geht die **Berechnung der mittleren Fließgeschwindigkeit im Hauptgerinne, einem Querschnitt mit unterschiedlichen Rauheiten** nach folgendem **Ablaufschema:**

1. Schätzungen: Mittlere Rauheit und mittlerer hydraulischer Radius
   $k_{s,m}=\sum(l_{u,i}\cdot k_{s,i})/\sum l_{u,i}$; $\quad r_{hy,m}=\sum(l_{u,i}\cdot r_{hy,i})/\sum l_{u,i}$
2. Schätzung einer mittleren Geschwindigkeit $v_{m,\alpha}$ auf der Basis des mittleren hydraulischen Radius sowie der mittleren Rauheit
   $\lambda_m=1/[2{,}343-2\lg(k_{s,m}/r_{hy,m})]^2$; $\quad v_{m,\alpha}=(8\cdot g\cdot r_{hy,m}\cdot I/\lambda_m)^{0,5}$
3. Iterative Bestimmung der hydraulischen Radien für die Teilflächen
   3a: Als erste Annahme – α – für den jeweiligen hydraulischen Radius
   $r_{hy,i,\alpha}=r_{hy,Sohle}$ oder $b_{III,l}$ oder $b_{III,r}$
   3b: Berechnung – r – des hydraulischen Radius $r_{hy,i,r}$ mit
   $r_{hy,i,r}=v_{m,\alpha}^2/\{[2{,}343-2\lg(k_{s,i}/r_{hy,i,\alpha})]^2\cdot 8\cdot g\cdot I\}$
   3c: Neue Annahme für den hydraulischen Radius $r_{hy,i,\alpha}$
   $r_{hy,i,\alpha}=(2\,r_{hy,i,r}+r_{hy,i,\alpha})/3$
   3d: *Lösung* erreicht ($r_{hy,i}=r_{hy,i,\alpha}$), wenn eine ausreichende Genauigkeit gegeben ist, z. B. $\lvert r_{hy,i,\alpha}-r_{hy,i,r}\rvert/r_{hy,i,\alpha}\le 0{,}01$ – wenn nein, erneut 3b
4. Bestimmung der Teilflächen $A_i=r_{hy,i}\cdot l_{u,i}$
5. Bestimmung einer rechnerischen Geschwindigkeit aufgrund des Verhältnisses der Gesamtfläche zur Summe der Teilflächen
   $v_{m,r}=v_{m,\alpha}\cdot A_{gesamt}/\sum A_i$
6. Neue Annahme für die mittlere Geschwindigkeit $v_{m,\alpha}=(2\,v_{m,r}+v_{m,\alpha})/3$
7. *Ergebnis* für mittlere Geschwindigkeit erreicht ($v_m=v_{m,\alpha}$), wenn eine hinreichende Genauigkeit gegeben ist, z. B. $\lvert v_{m,\alpha}-v_{m,r}\rvert/v_{m,\alpha}\le 0{,}02$ sonst mit – neuem – $v_{m,\alpha}$ und dem jeweiligen $r_{hy,i,\alpha}$ der vorangegangenen Berechnung zurück nach 3b.
8. Bestimmung des Abflusses $Q=A_{gesamt}\cdot v_m$

**Beispiel** Bestimmung des Abflusses im Hauptgerinne

1. Schätzungen: Mittlere Rauheit und mittlerer hydraulischer Radius

$k_{s,m} = (k_{r,l} \cdot h_{T,l} + k_{so} \cdot l_{u,so} + k_{T,r} \cdot h_{T,r})/(h_{T,l} + l_{u,so} + h_{T,r})$
$= (2{,}05 \cdot 1{,}0 + 0{,}03 \cdot 6{,}736 + 1{,}11 \cdot 1{,}0)/(1{,}0 + 6{,}736 + 1{,}0) = 0{,}385$ m

$r_{hy,m} = (h_{T,l} \cdot b_{III,l} + l_{u,so} \cdot r_{hy,so} + h_{T,r} \cdot b_{III,r})/h_{T,l} + l_{u,so} + h_{T,r})$
$= (1{,}0 \cdot 3{,}63 + 6{,}736 \cdot 1{,}373 + 1{,}0 \cdot 2{,}87)/(1{,}0 + 6{,}736 + 1{,}0) = 1{,}803$ m

2. Schätzen einer mittleren Geschwindigkeit

$\lambda_m = 1/[2{,}343 - 2 \lg(0{,}385/1{,}803)]^2 = 0{,}0737$
$v_{m,a} = (8 \cdot 9{,}81 \cdot 1{,}803 \cdot 0{,}0005/0{,}0737)^{0{,}5} = 0{,}98$ m/s

3. Iterative Bestimmung der hydraulischen Radien

3.1 Linke Trennfläche (1. Annahme: $r_{hy,T,l} = b_{III,l}$)

$r_{hy,T,l} = 0{,}98^2/\{[2{,}343 - 2 \lg(2{,}05/3{,}63)]^2 \cdot 8 \cdot 9{,}81 \cdot 0{,}0005\} = 3{,}036$ m
$\Rightarrow$ für nächsten Versuch $r_{hy} = 3{,}234$ m $= (2 \cdot 3{,}036 + 3{,}63)/3$ geschätzt und statt 3,63 m eingesetzt
$\Rightarrow = 3{,}26$ m: hinreichende Übereinstimmung mit dem Schätzwert!

3.2 Rechte Trennfläche (1. Annahme: $r_{hy,T,r} = b_{III,r}$)

$r_{hy,T,r} = 0{,}98^2/\{[2{,}343 - 2 \lg(1{,}11/2{,}87)]^2 \cdot 8 \cdot 9{,}81 \cdot 0{,}0005\} = 2{,}438$ m
$\Rightarrow$ für nächsten Versuch $r_{hy} = 2{,}582$ m $\Rightarrow = 2{,}59$ m: hinreichende Übereinstimmung

3.3 Sohle (1. Annahme: $r_{hy,so} = r_{hy}$ im Hauptgerinne unter Berücksichtigung der Trennflächen

$r_{hy,so} = 0{,}98^2/\{[2{,}343 - 2 \lg(0{,}03/1{,}059)]^2 \cdot 8 \cdot 9{,}81 \cdot 0{,}0005\} = 0{,}827$ m
$\Rightarrow$ für nächsten Versuch $r_{hy} = 0{,}905$ m $\Rightarrow = 0{,}871$ m
$\Rightarrow$ für nächsten Versuch $r_{hy} = 0{,}882$ m $\Rightarrow = 0{,}88$ m: hinreichende Übereinstimmung

4. Bestimmung der Querschnittsteilflächen

$\sum A = A_{T,l} + A_{T,r} + A_{so} = \sum(r_{hy,i} \cdot l_{u,i}) = 3{,}26 \cdot 1{,}0 + 2{,}59 \cdot 1{,}0 + 0{,}88 \cdot 6{,}736 = 11{,}78$ m$^2$
weicht erheblich von der vorh. Fläche mit 9,25 m$^2$ ab

5. Rechnerische Geschwindigkeit:

$v_{m,r} = v_{m,a} \cdot A_{F,vorh}/\sum A = 0{,}98 \cdot 9{,}25/11{,}78 = 0{,}769$ m/s

6. Neue Annahme für die mittlere Geschwindigkeit:

$v_{m,a} = (2 \cdot 0{,}769 + 0{,}98)/3 = 0{,}84$ m/s

7. Überprüfung der Abweichung: Die neu geschätzte Geschwindigkeit weicht etwa 9% von der rechnerischen Geschwindigkeit ab, deshalb Wiederholung der Rechnung mit dem neuen Wert für $v_{m,a}$.
Die wiederholten Berechnungen führen zu folgenden Ergebnissen:

| | 1. Wiederholung | 2. Wiederholung |
|---|---|---|
| $r_{hy,T,l}$ | 2,70 m | 2,62 m$^2$ |
| $r_{hy,T,r}$ | 2,12 m | 2,06 m |
| $r_{hy,so}$ | 0,70 m | 0,674 m |
| $\sum A$ | 9,535 m$^2$ | 9,22 m$^2$ |
| $v_{m,r}$ | 0,815 m/s | 0,82 m/s |
| $v_{m,a}$ | 0,82 m/s | 0,82 m/s |
| | Abweichung ca. 3% | hinreichend genau |

8. Abfluß im Hauptgerinne $Q_F = v_m \cdot A_F = 0{,}82 \cdot 9{,}25 = 7{,}58$ m$^3$/s

9. Abflußbestimmung für

| | | Vorland | Böschung |
|---|---|---|---|
| Widerstandsbeiwert für Wandung | $\lambda_w = 1/[2{,}343 - 2 \lg(k_w/r_{hy})]^2$ | 0,0794 | 0,108 |
| Widerstandsbeiwert für Bewuchs | $\lambda_p = 1{,}5 \cdot 4 \cdot h_{p,m} \cdot d_p/(a_x \cdot a_y)$ | 0,15 | 1,50 |
| Mittlere Geschwindigkeit | $v_m = [8 \cdot g \cdot r_{hy} \cdot I/(\lambda_w + \lambda_p)]^{0,5}$ | 0,37 m/s | 0,10 m$^3$/s |
| Abfluß | $Q = v_m \cdot A$ | 1,85 m$^3$/s | 0,10 m$^3$/s |

10. Gesamtabfluß $Q = Q_F + Q_{Vorl} + Q_{Bö} = 7{,}58 + 1{,}85 + 0{,}10 = 9{,}53$ m$^3$/s $\approx 9{,}5$ m$^3$/s

### 3.2.3 Stationär verzögerter und beschleunigter Abfluß

Weichen Sohl- und Energieliniengefälle voneinander ab, z. B. weil Einzelverluste an Krümmern, an Querschnittsveränderungen im Grund- und Aufriß, die Wasserspiegellage gegenüber der Normalwassertiefe $h_n$ verändern, muß die Wassertiefe schrittweise (Tafel 34) oder mit Hilfe von Funktionswerten (Tafel 35) berechnet werden.

$h_n$ erhält man bei gegebenem $Q$ durch Iteration aus

$$Q = A \cdot k_{St} \cdot r_{hy}^{2/3} \cdot I_s^{1/2} \text{ in m}^3/\text{s} \tag{17}$$

Die Wasserspiegellage an Querschnittsänderungen im Aufriß ermittelt sich entweder nach dem Extremalprinzip (s. 3.3.2) oder mit dem Impulssatz (s. 3.3.3) oder mit den Wehrformeln (s. 3.3.5). Für Veränderungen im Grundriß gelten folgende Verluste.

#### 3.2.3.1 Einzelverluste für strömenden Abfluß

Es wird gegen die Fließrichtung gerechnet

$$h_o = h_u + \Delta h_w \tag{18}$$

**Verlustbeiwerte für gekrümmte Rechteckgerinne**

$$\text{Energieverlust } h_v = \zeta \cdot v_u^2/2g \tag{19}$$

Mit $I_E \approx I_s$ kann durch Probieren die Wasserspiegeldifferenz gefunden werden.

$$\Delta h_w = h_v + (1/A_u^2 - 1/A_o^2) \cdot Q^2/2g \tag{20}$$

**Beispiel** $B = 0{,}80$ m; $Q = 0{,}50$ m³/s;
$h_u = 0{,}50$ m; $r = 0{,}80$ m; $\beta = 90°$;
$r/B = 0{,}8/0{,}8 = 1$; $\zeta = 0{,}3$;
$h_v = 0{,}3 \cdot 0{,}5^2/((0{,}5 \cdot 0{,}8)^2 \cdot 19{,}62)$
$= 0{,}024$ m;
$\Delta h_w = 0{,}024 + (1/(0{,}5 \cdot 0{,}8)^2$
$- 1/(0{,}524 \cdot 0{,}8)^2) \cdot 0{,}5^2/19{,}62$
$= 0{,}024 + 0{,}007 = 0{,}031 > 0{,}024$ m
neue Schätzung: $\Delta h_w = 0{,}034$ m;
$h_o = 0{,}5 + 0{,}034 = 0{,}534$ m;
$\Delta h_w = 0{,}034 + (1/(0{,}5 \cdot 0{,}8)^2$
$- (1/(0{,}534 \cdot 0{,}8)^2) \cdot 0{,}5^2/19{,}62$
$= 0{,}0338 \approx 0{,}034$ m.

**Tafel 33 Verlustbeiwert ζ für gekrümmte Rechteckgerinne**

| $r/B$ | 0,5 | 0,75 | 1,0 | 1,5 | 2,0 |
|---|---|---|---|---|---|
| $\beta = 45°$ | 0,15 | 0,1 | 0,05 | | |
| 90° | 0,8 | 0,45 | 0,3 | 0,15 | 0,1 |
| 135° | 0,9 | 0,5 | 0,35 | 0,17 | 0,12 |
| 180° | 1,0 | 0,6 | 0,4 | 0,2 | 0,13 |

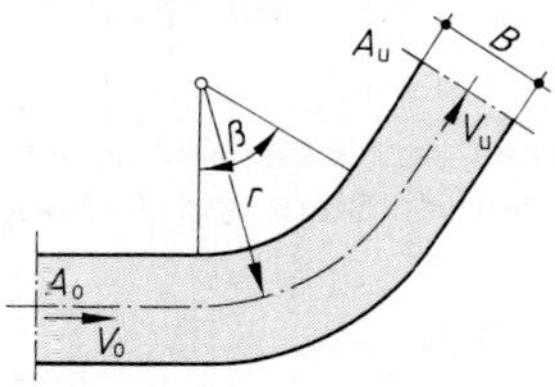


**Verlustbeiwerte für Querschnittsänderungen**

Hier wird in einem überschläglichen Ansatz mit $C_E$ = Eintritts- und $C_A$ = Austrittsverlustbeiwert iterativ ermittelt:

**Beispiel** $B_u = 1{,}0$ m; $B_o = 0{,}6$ m;
$Q = 0{,}5$ m³/s; $h_u = 0{,}6$ m;
$v_u = 0{,}5/1{,}0 \cdot 0{,}6 = 0{,}83$ m/s;
$v_u^2/2g = 0{,}035$ m; $C_A = 0{,}75$;
Erste Schätzung:
$v_o = 0{,}5/0{,}6 \cdot 0{,}6 = 1{,}39$ m/s;
$v_o^2/2g = 0{,}098$;
$\Delta h_w = (1 - 0{,}75) \cdot (0{,}035 - 0{,}098)$
$= -0{,}016$ m;
$h_o = 0{,}6 - 0{,}016 = 0{,}584$ m;
$v_o = 1{,}43$ m/s; $v_o^2/2g = 0{,}104$;
und $\Delta h_w = 0{,}25\ (0{,}035 - 0{,}104)$
$= -0{,}017$ m; $h_o = 0{,}583$ m;
$v_o = 1{,}43$ m/s

**Tafel 34 Verlustbeiwerte für Querschnittsänderungen**

| Ausbildung des Übergangs | $C_E$ | $C_A$ |
|---|---|---|
| Verwindungsstrecke | 0,10 | 0,20 |
| Gute Ausrundung am kleineren Querschnitt | 0,15 | 0,25 |
| Vereinfachte Verwindung | 0,20 | 0,30 |
| Geradlinige Verziehung | 0,30 | 0,50 |
| Scharfkantiger Übergang | >0,30 | 0,75 |

Verengung: $\Delta h_w = (1 + C_E) \cdot (v_u^2 - v_o^2)/2g$
Aufweitung: $\Delta h_w = (1 - C_A) \cdot (v_u^2 - v_o^2)/2g$

### 3.2.3.2 Berechnung der Stau- oder Senkungskurve

**Staukurve** $I_E > I_w;\ v_o > v_u \rightarrow \delta = 2/3$

**Senkungskurve** $I_E < I_w;\ v_o < v_u \rightarrow \delta = 1{,}0$

**Wasserspiegeländerung**

$$\Delta h_w = \frac{v_m^2 \cdot L}{r_{hym}^{4/3} \cdot k_{St}^2} + \delta \frac{v_u^2 - v_o^2}{2g} = h_r + \delta \cdot \Delta k_v \quad (21)$$

$A_m = 0{,}5\,(A_o + A_u);\quad v_m = Q/A_m;$

$l_{umm} = 0{,}5\,(l_{umo} + l_{umu})$

$r_{hym} = A_m/l_{um};\quad$ ab $I_s > 10\%$ für $l \rightarrow l/\cos\varepsilon$

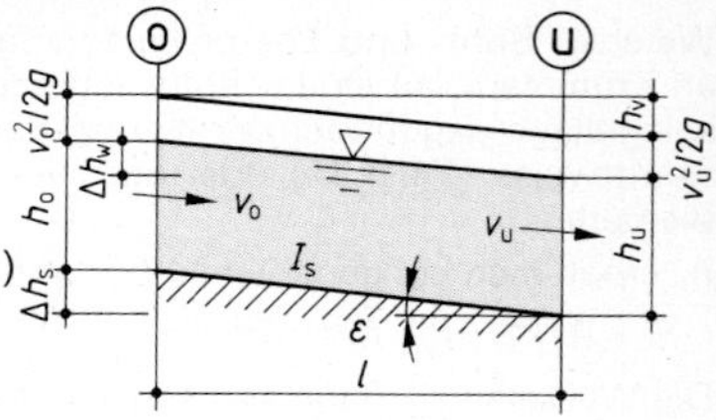


**Bild 24**

Die Berechnung der Wasserspiegellage erfolgt schrittweise (s. Tafelkopf). Ausgehend von einer bekannten Höhe schätzt man $\Delta h_w$ und prüft es mit der vorstehenden Gleichung. Ist der Rechenwert größer oder kleiner, wählt man $\Delta h_w$ erneut, bei strömendem Abfluß größer oder kleiner (bei Schießen kleiner oder größer). Bei Übereinstimmung geht man zum nächsten Profil (bei Strömen flußaufwärts). Für natürliche Flüsse ist es zweckmäßig, für jedes Profil $A$ und $U$ als Kurve $f$ (NN-Höhe) darzustellen. (Vorzeichen Spalte 17 beachten)

**Tafel 35 Berechnung der Wasserspiegellage**

| 1 | 2 | 3 | 4 | 5 | 6 | 7 | 8 | 9 | 10 | 11 | 12 | 13 | 14 | 15 | 16 | 17 | 18 | 19 |
|---|---|---|---|---|---|---|---|---|---|---|---|---|---|---|---|---|---|---|
| Nr. | Profil Station | $l$ | $\Delta h_w$ geschätzt | Wasserspiegel | Sohle | $h$ | $A$ | $A_m$ | $l_u$ | $l_{um}$ | $r_{hym}^{2/3}$ | $V_m = Q/A_m$ | $h_r = \left(\frac{⑬}{k_{St} \cdot ⑫}\right)^2 ③$ | $\frac{Q^2}{A^2 \cdot 2g} = \frac{v^2}{2g}$ | $\delta$ | $\delta \cdot \Delta k_v = \delta \frac{v_u^2 - v_o^2}{2g}$ | $\Delta h_w = h_r + \delta \Delta k_v$ | gerechneter Wasserspiegel |
| – | km | m | m | m+NN | m+NN | m | m² | m² | m | m | m^2/3 | m/s | m | m | – | m | m | m+NN |
| | | | | | | | | | | | | | | | | | | |
| | | | | | | | | | | | | | | | | | | |

Stark gegliederte (sog. Vorlandprofile) werden nach Naudascher berechnet; s. [2].

## Berechnungen von Stau- und Senkungskurven mit Hilfe von Funktionswerten

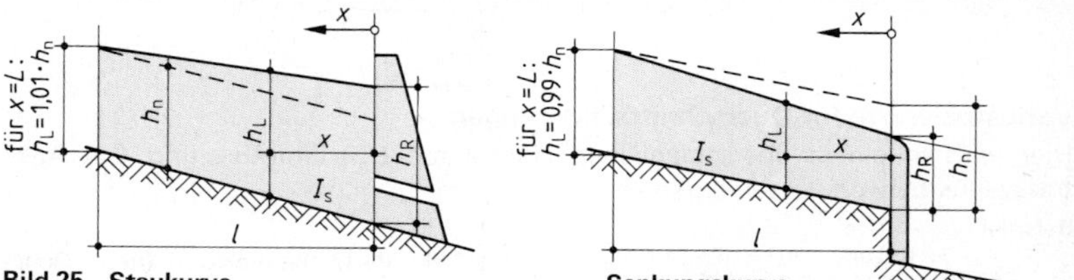


**Bild 25 Staukurve** **Senkungskurve**

$l$ Stauweite $\quad h_n$ Wassertiefe bei Normalabfluß, d.h., ohne Aufstau oder Absenkung

**Gleichung der Wasserspiegellinie**

$$x = \frac{h_n}{I_s}\{\eta_R - \eta_L - (1 - r)[\varphi(\eta_R) - \varphi(\eta_L)]\} \text{ in m,} \quad (22)$$

Es ist für Rechteckgerinne $r = h_{gr}^3/h_n^3;$

für Parabelgerinne $r = h_{gr}^4/h_n^4;\quad \eta_L = h_L/h_n;\quad \eta_R = h_R/h_n;$

Bei Staukurven darf der Einfluß der kinetischen Energie vernachlässigt werden.

Es gilt $\quad x = \frac{h_n}{I_s}[(\Phi_R) - (\Phi_L)]$ in m $\quad$ (23) $\qquad$ $\Phi$ und $\varphi$ s. Tafel 36

## Tafel 36 Funktionswerte für die Berechnung der Wasserspiegellage

### a) Staukurvenberechnung

| Rechteckprofile | | | | | | Parabelprofile | | | | | |
|---|---|---|---|---|---|---|---|---|---|---|---|
| $\eta$ | $\varphi$ | $\Phi$ | $\eta$ | $\varphi$ | $\Phi$ | $\eta$ | $\varphi$ | $\Phi$ | $\eta$ | $\varphi$ | $\Phi$ |
| 10,00 | 0,9116 | 9,0884 | 1,39 | 1,2166 | 0,1734 | 10,0 | 0,7857 | 9,2143 | 1,39 | 0,9268 | 0,4632 |
| 9,00 | 0,9131 | 8,0869 | 1,38 | 1,2228 | 0,1572 | 9,0 | 0,7859 | 8,2141 | 1,38 | 0,9305 | 0,4495 |
| 8,00 | 0,9147 | 7,0853 | 1,37 | 1,2291 | 0,1409 | 8,0 | 0,7861 | 7,2139 | 1,37 | 0,9344 | 0,4356 |
| 7,00 | 0,9171 | 6,0829 | 1,36 | 1,2355 | 0,1245 | 7,0 | 0,7864 | 6,2136 | 1,36 | 0,9385 | 0,4215 |
| 6,00 | 0,9206 | 5,0794 | 1,35 | 1,2422 | 0,1078 | 6,0 | 0,7869 | 5,2131 | 1,35 | 0,9427 | 0,4073 |
| 5,00 | 0,9270 | 4,0730 | 1,34 | 1,2491 | 0,0909 | 5,0 | 0,7881 | 4,2119 | 1,34 | 0,9471 | 0,3929 |
| 4,50 | 0,9317 | 3,5683 | 1,33 | 1,2564 | 0,0736 | 4,5 | 0,7891 | 3,7109 | 1,33 | 0,9517 | 0,3783 |
| 4,00 | 0,9384 | 3,0616 | 1,32 | 1,2639 | 0,0561 | 4,0 | 0,7906 | 3,2094 | 1,32 | 0,9565 | 0,3635 |
| 3,50 | 0,9481 | 2,5519 | 1,31 | 1,2718 | 0,0382 | 3,5 | 0,7932 | 2,7068 | 1,31 | 0,9615 | 0,3485 |
| 3,00 | 0,9633 | 2,0367 | 1,30 | 1,2800 | 0,0200 | 3,0 | 0,7978 | 2,2022 | 1,30 | 0,9668 | 0,3332 |
| 2,90 | 0,9674 | 1,9326 | 1,29 | 1,2885 | 0,0015 | 2,9 | 0,7991 | 2,1009 | 1,29 | 0,9723 | 0,3177 |
| 2,80 | 0,9719 | 1,8281 | 1,28 | 1,2974 | −0,0174 | 2,8 | 0,8007 | 1,9993 | 1,28 | 0,9781 | 0,3019 |
| 2,70 | 0,9769 | 1,7231 | 1,27 | 1,3067 | −0,0367 | 2,7 | 0,8025 | 1,8975 | 1,27 | 0,9842 | 0,2858 |
| 2,60 | 0,9826 | 1,6174 | 1,26 | 1,3165 | −0,0565 | 2,6 | 0,8045 | 1,7955 | 1,26 | 0,9906 | 0,2694 |
| 2,50 | 0,9890 | 1,5110 | 1,25 | 1,3267 | −0,0767 | 2,5 | 0,8070 | 1,6930 | 1,25 | 0,9973 | 0,2527 |
| 2,40 | 0,9963 | 1,4037 | 1,24 | 1,3375 | −0,0975 | 2,4 | 0,8098 | 1,5902 | 1,24 | 1,0045 | 0,2355 |
| 2,30 | 1,0047 | 1,2953 | 1,23 | 1,3488 | −0,1188 | 2,3 | 0,8132 | 1,4868 | 1,23 | 1,0121 | 0,2179 |
| 2,20 | 1,0143 | 1,1857 | 1,22 | 1,3607 | −0,1407 | 2,2 | 0,8173 | 1,3827 | 1,22 | 1,0200 | 0,2000 |
| 2,10 | 1,0255 | 1,0745 | 1,21 | 1,3733 | −0,1633 | 2,1 | 0,8222 | 1,2778 | 1,21 | 1,0285 | 0,1815 |
| 2,00 | 1,0387 | 0,9613 | 1,20 | 1,3867 | −0,1867 | 2,00 | 0,8282 | 1,1718 | 1,20 | 1,0375 | 0,1625 |
| 1,95 | 1,0462 | 0,9038 | 1,19 | 1,4009 | −0,2109 | 1,95 | 0,8317 | 1,1138 | 1,19 | 1,0471 | 0,1429 |
| 1,90 | 1,0543 | 0,8457 | 1,18 | 1,4159 | −0,2359 | 1,90 | 0,8357 | 1,0643 | 1,18 | 1,0574 | 0,1226 |
| 1,85 | 1,0634 | 0,7866 | 1,17 | 1,4320 | −0,2620 | 1,85 | 0,8401 | 1,0099 | 1,17 | 1,0685 | 0,1015 |
| 1,80 | 1,0731 | 0,7269 | 1,16 | 1,4492 | −0,2892 | 1,80 | 0,8450 | 0,9550 | 1,16 | 1,0803 | 0,0797 |
| 1,75 | 1,0840 | 0,6660 | 1,15 | 1,4677 | −0,3177 | 1,75 | 0,8506 | 0,8994 | 1,15 | 1,0932 | 0,0568 |
| 1,70 | 1,0961 | 0,6039 | 1,14 | 1,4877 | −0,3477 | 1,70 | 0,8570 | 0,8430 | 1,14 | 1,1071 | 0,0329 |
| 1,65 | 1,1096 | 0,5404 | 1,13 | 1,5093 | −0,3793 | 1,65 | 0,8643 | 0,7857 | 1,13 | 1,1223 | 0,0077 |
| 1,60 | 1,1248 | 0,4752 | 1,12 | 1,5329 | −0,4129 | 1,60 | 0,8727 | 0,7273 | 1,12 | 1,1389 | −0,0189 |
| 1,55 | 1,1421 | 0,4079 | 1,11 | 1,5589 | −0,4489 | 1,55 | 0,8824 | 0,6676 | 1,11 | 1,1571 | −0,0471 |
| 1,50 | 1,1617 | 0,3383 | 1,10 | 1,5875 | −0,4875 | 1,50 | 0,8938 | 0,6062 | 1,10 | 1,1776 | −0,0776 |
| 1,49 | 1,1660 | 0,3240 | 1,09 | 1,6195 | −0,5295 | 1,49 | 0,8963 | 0,5937 | 1,09 | 1,2005 | −0,1105 |
| 1,48 | 1,1704 | 0,3096 | 1,08 | 1,6555 | −0,5755 | 1,48 | 0,8988 | 0,5812 | 1,08 | 1,2264 | −0,1464 |
| 1,47 | 1,1749 | 0,2951 | 1,07 | 1,6969 | −0,6269 | 1,47 | 0,9015 | 0,5685 | 1,07 | 1,2563 | −0,1863 |
| 1,46 | 1,1796 | 0,2804 | 1,06 | 1,7451 | −0,6851 | 1,46 | 0,9043 | 0,5557 | 1,06 | 1,2913 | −0,2313 |
| 1,45 | 1,1844 | 0,2656 | 1,05 | 1,8027 | −0,7527 | 1,45 | 0,9072 | 0,5428 | 1,05 | 1,3333 | −0,2833 |
| 1,44 | 1,1893 | 0,2507 | 1,04 | 1,8738 | −0,8338 | 1,44 | 0,9101 | 0,5299 | 1,04 | 1,3855 | −0,3455 |
| 1,43 | 1,1944 | 0,2356 | 1,035 | 1,9167 | −0,8817 | 1,43 | 0,9132 | 0,5168 | 1,035 | 1,4170 | −0,3820 |
| 1,42 | 1,1997 | 0,2203 | 1,03 | 1,9665 | −0,9365 | 1,42 | 0,9164 | 0,5036 | 1,03 | 1,4537 | −0,4237 |
| 1,41 | 1,2052 | 0,2048 | 1,02 | 2,0983 | −1,0783 | 1,41 | 0,9198 | 0,4902 | 1,02 | 1,5514 | −0,5314 |
| 1,40 | 1,2108 | 0,1892 | 1,01 | 2,3261 | −1,3161 | 1,40 | 0,9232 | 0,4768 | 1,01 | 1,7210 | −0,7110 |

### b) Senkungskurve

| $\eta$ | Recht-eckprofil $\varphi$ | Parabel-profil $\varphi$ |
|---|---|---|
| 0,995 | 2,452 | 1,889 |
| 0,99 | 2,319 | 1,714 |
| 0,98 | 2,085 | 1,536 |
| 0,97 | 1,946 | 1,431 |
| 0,96 | 1,847 | 1,355 |
| 0,95 | 1,769 | 1,296 |
| 0,94 | 1,705 | 1,246 |
| 0,93 | 1,650 | 1,204 |
| 0,92 | 1,602 | 1,166 |
| 0,91 | 1,559 | 1,133 |
| 0,90 | 1,521 | 1,103 |
| 0,85 | 1,367 | 0,980 |
| 0,80 | 1,253 | 0,887 |
| 0,75 | 1,159 | 0,808 |
| 0,70 | 1,078 | 0,739 |
| 0,65 | 1,006 | 0,676 |
| 0,60 | 0,939 | 0,617 |
| 0,50 | 0,819 | 0,506 |
| 0,40 | 0,789 | 0,402 |

Die **Stauweite** $L$ ermittelt man mit:

– $\eta_L = 1{,}01$ bei Staukurven;

– $\eta_L = 0{,}99$ bei Senkungskurven.

**Beispiele**

**Staukurve, Rechteckprofil** $h_n = 2{,}00$ m, Aufstau 1,50 m, $I_s = 1$ ‰
Wie groß sind Stauweite und Wassertiefe im Abstand $x = 300$ m
$\eta_R = (2{,}0 + 1{,}5)/2{,}0 = 1{,}75$; Tafel 36a: $\Phi_R = 0{,}666$; für $\eta_L = 1{,}01$:
$\Phi_L = -1{,}3161$; $\Phi_L = 0{,}666 - 300 \cdot 0{,}001/2{,}0 = 0{,}516 \rightarrow \eta_L = 1{,}631$;
$h_L = 1{,}631 \cdot 2{,}0 = 3{,}26$ m; $L = [0{,}666 - (-1{,}3161)] \cdot 2{,}0/0{,}001 = 3964$ m

**Senkungskurve, Trapezprofil** $h_R = 1{,}6$ m; $s = 20{,}0$ m; $m = 2$, $I_s = 2$‰;
$h_n = 2{,}4$ m, $Q = 124\ m^3/s$
In welchem Abstand stellt sich die Wassertiefe $h_L = 1{,}90$ m ein?
Wassertiefe einer Parabel gleicher Fläche und gleicher Spiegelbreite $b$

$h_p = 3 \cdot A_{TR}/2 \cdot b$, Parabelparameter $a = h_p/b^2$; $h_{P,R} = 3 \cdot 37{,}12/2 \cdot 26{,}40 = 2{,}11$ m; $a = 2{,}11/26{,}4^2 = 0{,}003$; $h_{P,L} = 2{,}46$ m; $h_{P,n} = 3{,}02$ m;
$h_{PGr} = \sqrt[4]{27 \cdot 0{,}003 \cdot 124{,}0^2/(8\ 9{,}81)} = 2{,}00$ m; (Bild 14);
$\eta_R = h_{P,R}/h_{P,n} = 2{,}11/3{,}02 = 0{,}699$; Tafel 36b: $\varphi_R = 0{,}738$; $\eta_L = 0{,}815$;
$\varphi_L = 0{,}915$; $r = (h_{PGr}/h_{Pn})^4 = (2{,}0/3{,}02)^4 = 0{,}193$;

$$x = \frac{3{,}02}{0{,}002}\,[0{,}699 - 0{,}815 - (1 - 0{,}193)\,(0{,}738 - 0{,}915)] = 40{,}53\ \text{m};$$

### 3.2.4 Instationärer Abfluß in Ablaufrinnen von Klärbecken

Der Abfluß nimmt zu von Null auf $Q$ (s. Bild 26)

a) Horizontale Sohle und $h_{gr}$ am Ablauf:

$$h_o = h_{gr} \cdot \sqrt{3}$$

b) Horizontale Sohle und vom Unterwasser her bestimmte Ablauftiefe $h_u$

$$h_o = h_u \cdot \sqrt{2\,(h_{gr}/h_u)^3 + 1}$$

c) geneigte Sohle und beliebige Unterwassertiefe $h_u$, mit $h_u \geq h_{Gr}$

$$h_o = h_u \{\sqrt{2\,(h_{gr}/h_u)^3 + [1 - I \cdot l/(3 \cdot h_u)]^2} - 2 \cdot I \cdot l/(3 \cdot h_u)\}$$

Eventuelle Reibungseinflüsse können mit Bild 27 abgeschätzt werden.

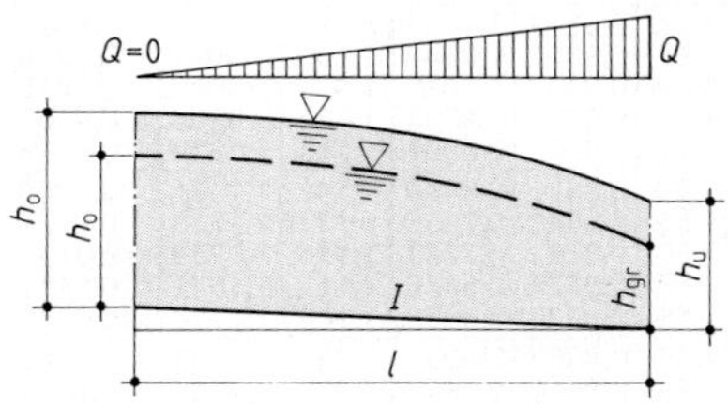


**Bild 26 Sammelrinnen an Klärbecken**

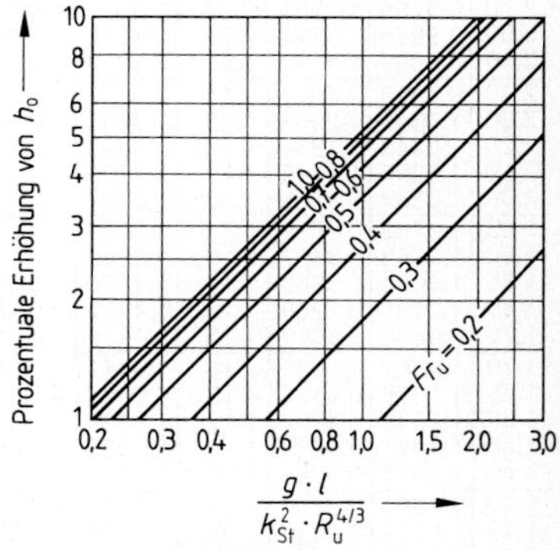


**Bild 27 Reibungseinfluß bei Sammelrinnen mit Rechteckquerschnitt ohne bzw. mit sehr geringem Gefälle**

## 3.3 Durchfluß an Wehren und Engstellen

### 3.3.1 Pfeilerstau nach Rehbock (strömender Durchfluß)

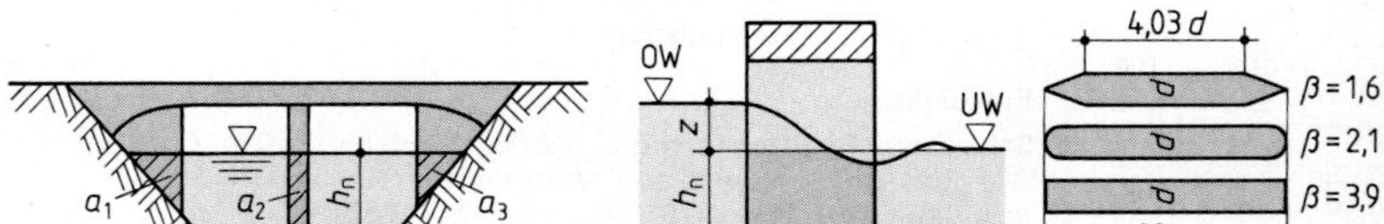


**Bild 28 Pfeilereinbauten**

$\sum a$ Querschnittsfläche der eintauchenden Verbauung im ungestauten Fluß mit $h = h_n$

$A$ Durchflußquerschnitt des ungestauten Flusses ohne Einbauten (mit $h_n$)

$\alpha = \sum a/A$ Verbauungsverhältnis

$v = Q/A$ mittlere Geschwindigkeit im Fluß ohne Einbauten

Die Formel von Rehbock gibt nur bei **strömendem Durchfluß** brauchbare Aufstauwerte. Strömender Abfluß herrscht bei

$$\alpha < [1/(0{,}97 + 21\,\omega)] - 0{,}13 \quad (24) \qquad \text{mit } \omega = v^2/(2g \cdot h_n)$$

Der **Aufstau $z$** beträgt dann

$$\boldsymbol{z = \alpha[\beta - \alpha(\beta - 1)] \cdot (0{,}4 + \alpha + 9\alpha^3)(1 + 2\omega)\, v^2/2g} \text{ in m} \qquad (25)$$

## 3.3.2 Durchfluß mit Fließwechsel (Extremalprinzip)

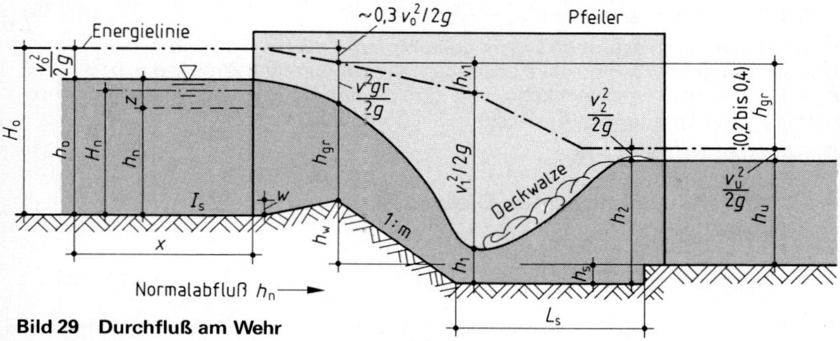


**Bild 29 Durchfluß am Wehr**

bei Durchfluß ohne Fließwechsel steht $h$ für $h_{gr}$ s. Abschn. 3.3.3

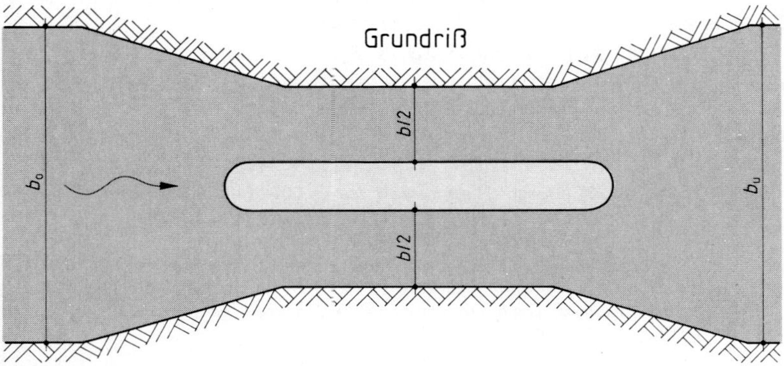


**Bild 30 Grundriß**

Die Ermittlung der Wasserspiegellage vor dem Wehr geht davon aus, daß in der am weitesten unterhalb gelegenen Engstelle ein Fließwechsel mit der Energiehöhe $H_{min} = h_{gr} + v_{gr}^2/2g$ auftritt. Nach Böss gilt:

**a) steiler Absturz,** d.h. $m < 4$: Ein Fließwechsel tritt auf bei

$$\boldsymbol{h_w \geqq h_w^* = h_{gr}\left(-3{,}97 + \sqrt{(n+5{,}47)^2 - 14{,}15}\right)} \text{ in m} \tag{26}$$

Hierin ist

$$n_o = h_u/h_{gr}; \quad n = -1 + \sqrt{n_0^2 - 2 + 2/n_o}$$

**b) flacher Absturz,** d. h. $m = 4$ bis 12. Fließwechsel bei

$$h_w \geqq h_w^* = n \cdot h_{gr} \tag{27}$$

Überschlägige Abschätzung: Fließwechsel tritt auf bei

$$\boldsymbol{h_w + h_{gr} + v_{gr}^2/2g = h_w + H_{min} \geqq h_u + v_u^2/2g + (0{,}2 \text{ bis } 0{,}4)\, h_{gr}} \tag{28}$$

Bei Einengungen ohne Absturz gilt mit dem **Extremalprinzip:**

Fließwechsel wenn $\boldsymbol{H_{min} = h_{gr} + v_{gr}^2/2g > H_n = h_n + v_n^2/2g}$. (29)

**Beachte** In $H_{min}$ geht nur die tatsächlich durchströmte Breite der Engstelle ein.

Die Oberwassertiefe $h_o$ ermittelt man nach Bernoulli aus

$$h_o + 0{,}7\,Q^2/(A_0^2 \cdot 2g) = w + H_{min} - x\,I_s \tag{30}$$

in der Regel durch schrittweise Annäherung mit $x \approx 3$ bis $4\,h_o$ und $h_o \approx w + H_{min}$. Die Gleichung hat zwei positive Lösungen. Bei strömendem Zufluß, d.h. $h_n > h_{gr}$ ist $h_o > h_{gr}$. Bei Schießen umgekehrt, aber ggf. ist eine Untersuchung mit dem Stützkraftsatz, Gl. (3), oder Gl. (4), Abschn. 3, erforderlich.

Der **Aufstau** ist $z = h_o - h_n$ (31)

### 3.3.3 Durchfluß ohne echten Fließwechsel

Fließwechsel tritt nicht auf bei

$\alpha > \dfrac{1}{0{,}97 + 21\,\omega} - 0{,}13$ (s. Abschn. 3.3.1) $\qquad h_w < h_w^*$ (s. Abschn. 3.3.2)

Mit den Bezeichnungen von Bild 29 lautet gemäß Gl. (4) die Bestimmungsgleichung für die **Wassertiefe *h***, die sich **anstelle von $h_{gr}$** in Bild 29 einstellt:

$$\varrho \cdot Q \cdot v + \gamma_w (h + h_w)^2 \cdot b_u/2 = \varrho \cdot Q \cdot v_u + \gamma_w \cdot h_u^2 \cdot b_u/2 \quad \text{Impulssatz} \tag{32}$$

Die Oberwassertiefe wird wie in Gl. (28) ermittelt.

$$h_0 + 0{,}7\,Q^2/(A_0^2 \cdot 2g) = w + h + v^2/2g - x \cdot I_s \tag{33}$$

Für den Aufstau gilt Gl. (31). Zur Lösung von Gl. (32), d.h. zur Ermittlung von $h$ auf der Absturzkante, dienen Gl. (6) und (7) Abschn. 3.

**Beispiel** OW = Trapez: $m = 3$; $s_0 = 60$ m; $w = 0{,}5$ m; s. Bild 35, Wehr: $b = 2 \cdot 20 = 40$ m; $m = 5$; UW: Rechteck: $b_u = 55$ m; $h_u = 4{,}5$ m; $Q = 500\ \text{m}^3/\text{s}$; $v_u = 2{,}02$ m/s; $h_w = 0{,}5$ m

1. Mit Gl. (26) Abfrage: Fließwechsel? $h_{gr} = \sqrt[3]{500^2/(40^2 \cdot 9{,}81)} = 2{,}52$ m;
$n_0 = 4{,}5/2{,}52 = 1{,}79$; $n = -1 + \sqrt{1{,}79^2 - 2 + 2/1{,}79} = 0{,}52$;
Gl. (27): $h_w^* = 0{,}52 \cdot 2{,}52 = 1{,}32$ m; $h_w < h_w^*$ kein Fließwechsel

2. Im Beispiel Abschn. 3 wird mit den oben angegebenen Werten nach Gl. (6) u. (7) die Wassertiefe $h$ über der Wehrschwelle zu $h = 3{,}71$ m mit $v = 3{,}37$ m/s ermittelt.

3. Die Oberwassertiefe $h_0$ ermittelt sich mit $x \cdot I_s \approx 0$ nach Gl. (33) wie folgt.
$h_0 + 0{,}7 \cdot 500^2/(19{,}62 \cdot A_0^2) =$
$= h_0 + 8919/A_0^2 = 0{,}5 + 3{,}71 + 3{,}37^2/19{,}62 = 4{,}79\ \text{m} = H_0$

1. Näherung: $h_0^* = 4{,}79$ m: $A_0^* = 60 \cdot 4{,}79 + 3 \cdot 4{,}79^2 = 356{,}2$ m.
$H_0^* = 4{,}79 + 8919/356{,}2^2 = 4{,}86 > 4{,}79$: 2. Näherung $h_0^{**} = H_0^* - v_0^{*2}/2g = 4{,}79 - 0{,}07$ $= 4{,}72$ m; $\rightarrow A_0^{**} = 350\ \text{m}^2$; $H_0^{**} = 4{,}72 + 8919/350^2 = 4{,}792 \approx 4{,}79$ m also $h_0 = 4{,}72$ m

4. Aufstau $z$: mit $h_n = 4{,}50$ wäre $z = 4{,}72 - 4{,}50 = 0{,}22$ m.

5. Zum Vergleich: Aufstau nach Rehbock nach Abschn. 3.3.1
$\sum a = (60-40) \cdot 4{,}5 + 3 \cdot 4{,}5^2 + 40 \cdot 0{,}50 = 170{,}75\ \text{m}^2$; $A = 60 \cdot 4{,}5 + 3 \cdot 4{,}5^2 = 330{,}75\ \text{m}^2$
$\alpha = 0{,}516$; $\omega = 500^2/(330{,}75^2 \cdot 19{,}62 \cdot 4{,}5) = 0{,}026$; $v^2/2g = \omega \cdot h_n = 0{,}116$;
$\alpha = 0{,}516 < [1/(0{,}97 + 21 \cdot 0{,}026)] - 0{,}13 = 0{,}53 \rightarrow$ strömender Durchfluß:
Aufstau mit $\beta = 2{,}1$; $z = 0{,}516\,[2{,}1 - 0{,}516\,(2{,}1-1)] \cdot (0{,}4 + 0{,}516 + 9 \cdot 0{,}516^3)$
$(1 + 2 \cdot 0{,}026) \cdot 0{,}116 = 0{,}21$ m

### 3.3.4 Tosbecken – Sturzbetten DIN V 19661, T2, (08.91)

Für eine Vordimensionierung genügen die nachstehenden Ansätze. In der Regel werden die Kosten für einen wasserbaulichen Modellversuch durch die Einsparungen bei der Ausführung bei weitem aufgewogen.

**Funktionsbedingungen** (s. Bild 29)

1. Beim Absturz soll ein Fließwechsel auftreten $h \leqq h_{gr}$ (s. Abschn. 3.3.2)

2. Es soll eine Wechselsprungwalze erzeugt werden, die im Tosbecken bleiben muß, das hierfür ausreichend lang und tief genug sein bzw. eine genügend hohe Endschwelle $h_s$ haben muß. $h_2$ = konjugierte **Wechselsprungtiefe** zu $h_1$, s. Bild 8

Alle Bemessungen gehen von $h_1$ aus:

$\boldsymbol{h_1 + v_1^2/2g + h_{v1} = H_{min} + h_w + h_s}$ mit $h_{v1} = 1{,}1\,\lambda \cdot v_1^2/2g$ nach Bild 31

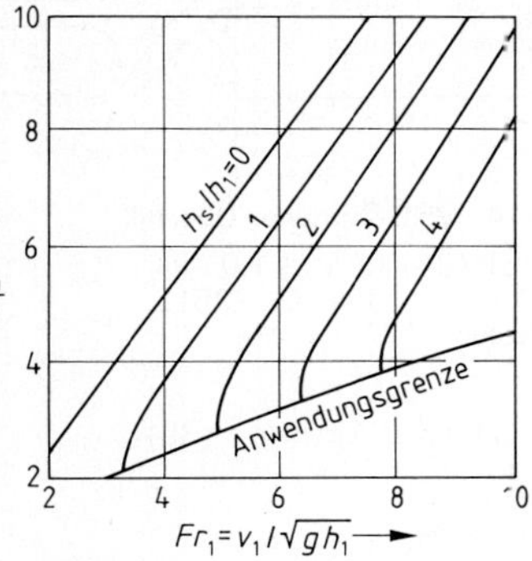


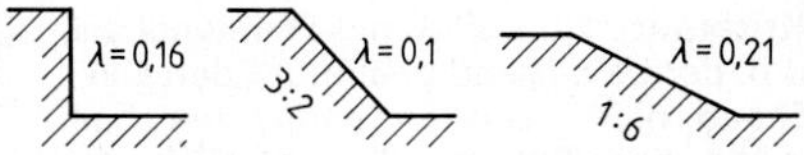


**Bild 31 Verlustbeiwerte für Schußböden**

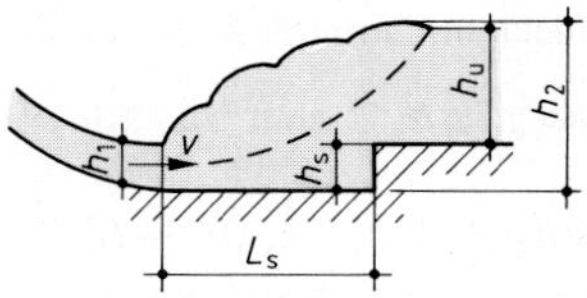


**Bild 32 Tosbecken mit Stufe $h_s$ und gleichbleibender Gerinnebreite [16]**

Für die gegebenen Werte von $h_u/h_1$ und $Fr_1$ wählt man die erforderliche Tosbekkentiefe $h_s$. **Faustwert:** $h_s = 1{,}05 \cdot h_2 - h_u + v_2^2/2g - v_u^2/2g$

**Beispiel** $h_u/h_1 = 5$, $Fr_1 = 4{,}5 \rightarrow h_s/h_1 = 0{,}63$

**Tosbeckenlänge** $\boldsymbol{L_s = 5\,(h_u + h_s)}$

Bei Tosbecken nach Bild 30 muß $Fr_2 < 1$ sein, d.h. im UW strömender Abfluß. Wenn man die UW-Tiefe beeinflussen kann, ist auch die Wahl anderer Verhältnisse $h_s/h_1$ möglich.

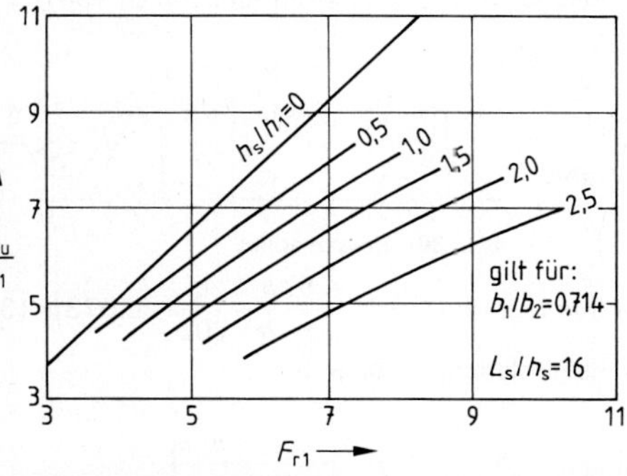


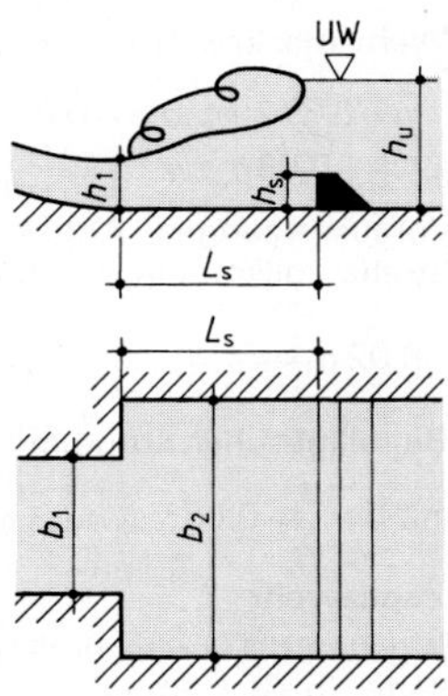


**Bild 33 Räumliches Tosbecken mit Endschwelle [16]**

Für Tosbecken nach Bild 33 ist $\boldsymbol{L_s = 16 \cdot h_s}$

**Beispiel** Geg.: $q = 6\ \text{m}^3/(\text{s}\cdot\text{m})$; $h_1 = 0{,}55$ m; $v_1 = 10{,}9$ m/s; $Fr = 4{,}7$; gewählt: $h_s/h_1 = 1$: nach Bild 33: zul. $h_u/h_1 = 5$; erf $h_u \geqq 5 \cdot 0{,}55 = 2{,}75$ m; erf $L_s = 16 \cdot h_s = 16 \cdot 0{,}55 = 8{,}80$ m

Der Wechselsprung kann auch bei Abflüssen $Q < Q_{max}$ aus dem Tosbecken ausgetragen werden. Dieses muß also für verschiedene $0 \leqq Q \leqq Q_{max}$ untersucht werden.

Bei Tosbecken nach Bild 31, links, muß die Tosbeckenlänge um das Maß $L_{sp}$ vergrößert werden:

**Sprungweite des Überfallstrahls $L_{sp}$** [31]

$\boldsymbol{L_{sp} = 4{,}3\,[h_{gr}/(h_w + h_s)]^{1/3} \cdot \sqrt{h_{gr}\,(h_w + h_s)}}$ in m

## 3.3.5 Wehre – Überfallwehr

### 3.3.5.1 Vollkommener Überfall

**Kriterium.** Durchfluß mit Fließwechsel, d.h. der UW-Stand beeinflußt den OW-Stand nicht. Das ist immer der Fall, wenn das Unterwasser tiefer als die Wehrkrone steht (s.a. Abschn. 3.5.2).

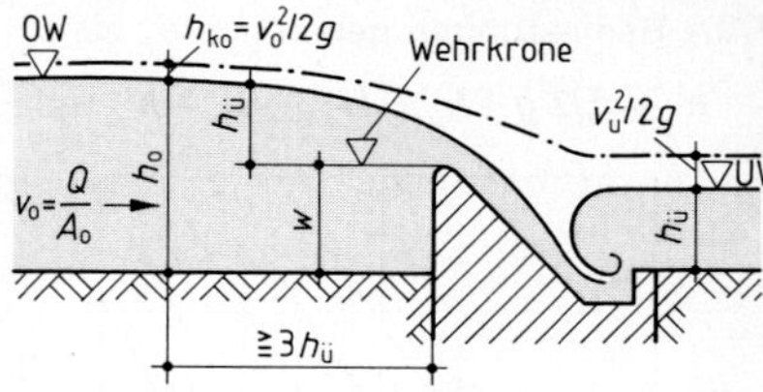


**Bild 34 Vollkommener Überfall**

Bei rechteckigen Durchflußquerschnitten gilt Gl. (34) für $v_o \leqq 1{,}0$ m/s. bzw. Gl. (35)

$$Q=\frac{2}{3}\mu b\sqrt{2g}\,h_ü^{3/2} \text{ in m}^3/\text{s} \quad (34) \quad \text{nach Poleni}$$

$$Q=\frac{2}{3}\mu b\sqrt{2g}\,[(h_ü+h_{ko})^{3/2}-h_{ko}^{3/2}] \quad \text{in m}^3/\text{s für } v_o>1{,}0\text{ m/s} \quad (35)$$

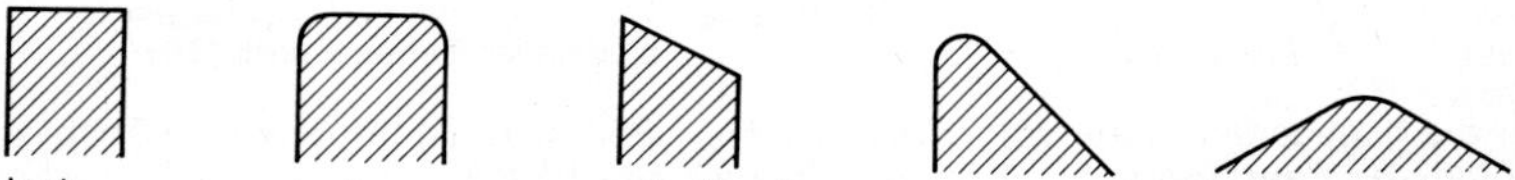

| | | | | |
|---|---|---|---|---|
| breit, scharfkantig, waagerecht $\mu=0{,}49$ bis 0,51 | breit waagerecht, Kanten abgerundet $\mu=0{,}50$ bis 0,55 | scharfkantig, schräg (s. 3.3.5.4) Überfallmessung) $\mu=0{,}64$ | gut abgerundeter Querschnitt $\mu=0{,}73$ bis 0,75 | dachförmig, gut abgerundet, $\mu<0{,}79$ |

**Bild 35 Kronenform und Überfallbeiwerte $\mu$**

**Wehr mit kreisförmiger oder elliptischer Krone** nach Rehbock mit Gl. (36)

$$\mu=0{,}312+\sqrt{0{,}3-0{,}01\,(5-h_ü/r)^2} +0{,}09\,h_ü/w \quad (36)$$

Voraussetzungen: Angeschmiegter Strahl, vollkommener Abfluß am Wehr,

$$0{,}02\text{ m}<r<w; \quad h_ü<r\left(6-\frac{20r}{w+3r}\right)$$

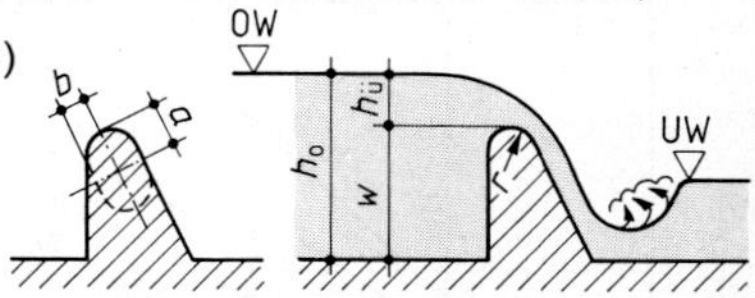


**Bild 36 Ersatzradien**

Bei elliptischer Krone mit Ersatzradius rechnen: $r=b\left(\frac{4{,}57\,b}{2a+b}+\frac{a}{20\,b}-0{,}573\right)$ (37)

mit $6>\frac{a}{b}>0{,}05$; wegen möglicher Strahlbelüftung $\mu \leq \mathbf{0{,}75}$

**Trapezwehr**

Es gelten die vorstehenden Überfallbeiwerte. In Gl. (38) wird wie in Gl. (34) für $v_o \geqq 1{,}0$ m/s die kinetische Energie im Zulauf vernachlässigt.

$$m=0{,}5\,(m_1+m_2); \quad h_{ko}=v_o^2/2\text{g}$$

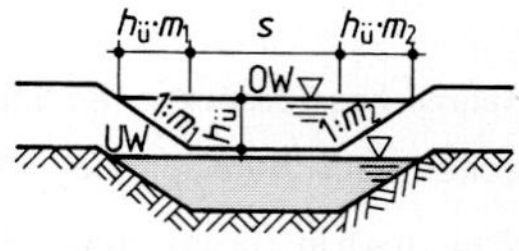


**Bild 37 Trapezwehr**

$$Q=\frac{2}{3}\cdot\mu\cdot\sqrt{2g}\cdot h_ü^{3/2}(s+4\cdot m\cdot h_ü/5) \text{ in m}^3/\text{s} \quad (38)$$

$$Q=\frac{2}{3}\cdot\mu\cdot\sqrt{2g}\cdot\left\{s[(h_ü+h_{ko})^{3/2}-h_{ko}^{3/2}] +\left(\frac{4}{5}\right)\cdot m[(h_ü+h_{ko})^{5/2}-\left(\frac{5}{2}\right)\cdot h_ü\cdot h_{ko}^{3/2}-h_{ko}^{5/2}]\right\} \text{ in m}^3/\text{s} \quad (39)$$

### 3.3.5.2 Unvollkommener Überfall – Grundwehr

Der Unterwasserspiegel steht höher als die Wehrkrone. Eine Beeinflussung des Oberwasserspiegels erfolgt erst, wenn der Beiwert $c$ nach Bild 39 kleiner als 1,0 wird. $\mu$-Werte wie Abschn. 3.3.5.1.

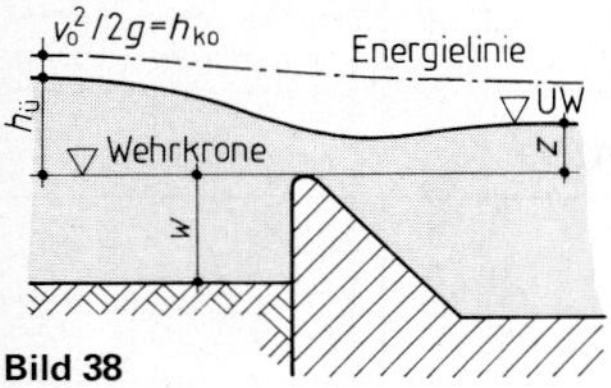


Bild 38

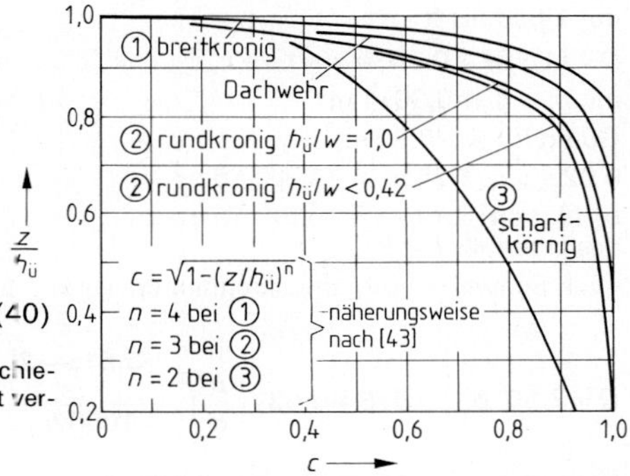


Bild 39 *c*-Werte für den unvollk. Überfall

$$Q = c \cdot \frac{2}{3} \mu b \sqrt{2g}\, h_ü^{3/2} \text{ in m}^3/\text{s} \qquad (40)$$

Ermittlung von $h_ü$ iterativ in dem für verschiedene $h_ü Q$ ermittelt und mit dem Sollwert verglichen wird.

### 3.3.5.3 Streichwehr

$$Q = \mu^* (2/3) \cdot \sqrt{2g} \cdot L\,[(h_{ü1} + h_{ü2})/2]^{1,5} \qquad (41)$$

mit $\mu^* = 0{,}95\, \mu_{normal}$ (s. Abschn. 3.3.5.1) (42)

$$L = Q / [\mu^* \cdot 1{,}044\, (h_{ü1} + h_{ü2})^{1,5}] \qquad (43)$$

Die Gln. gelten nur für $v_o' = Q_o/(b_o \cdot h_o')$ bzw. bei nicht rechteckigen Querschnitten mit $v_o' = Q_o/A_o' < 0{,}75\, v_{gr}$ d. h. sicher strömendem Zufluß an der Vorderkante der Wehrschwelle.

$Q_u$ und damit $Q = Q_o - Q_u$ sowie $h_u$ sind meist gegeben.

Mit dem $Q_u'$, das noch voll, d. h. ohne Überschlag weiterläuft, wird $w = h_u'$.

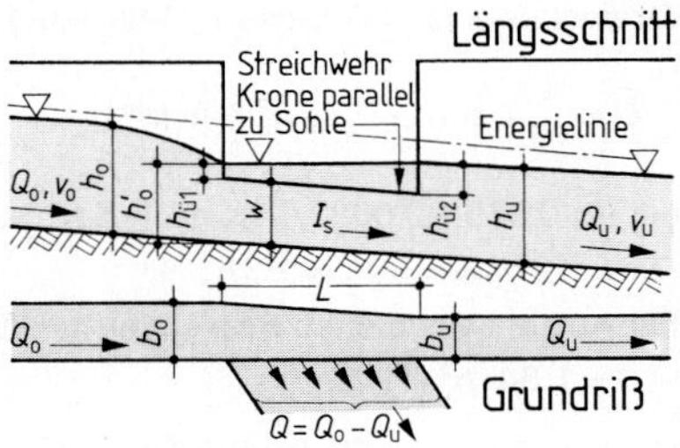


Bild 40 Streichwehr

**Lösungsweg** $h_u$ aus den Profilkennwerten des UW (evtl. auch Staukurvenberechnung). $h_o'$ aus:

$h_o'^3 - [\zeta \cdot 1{,}1 \cdot Q_u^2/(b_u^2 \cdot h_u^2 \cdot 2g) + h_u + \zeta \cdot h_v - I_s \cdot L]\, h_o'^2 + \zeta \cdot 1{,}1\, Q_o^2/(b_o^2 \cdot 2g) = f(h_o)$ und $3h_o'^2 - 2[\zeta \cdot 1{,}1 \cdot Q_u^2/(b_u^2 \cdot h_u^2 \cdot 2g) + h_u + \zeta \cdot h_v - I_s \cdot L]\, h_o' = f'(h_o')$;

(nach Newton, s. Abschn. 3); $\zeta \cdot h_v \approx I_s \cdot L$

Erster Schätzwert für $h_o' \approx h_u$ bzw. $w$; $\zeta$ aus Bild 41 mit $h_m \approx hü_2$

Mit dem ersten Wert für $h_o'$ Ermittlung von $L$ aus Gl. (43) und $h_v = L\,(v_o' + v_u)^2/(4 R_m^{4/3} \cdot k_s^2)$. Es muß $\zeta_o$ aus der Gl. $\zeta_o = (h_u - h_o')/(1{,}1\, v_o'^2/2g - 1{,}1\, v_u^2/2g - h_v + I_s \cdot L)$ mit $\zeta_{Tafel}$ übereinstimmen. Wenn nicht, bei $(h_u - h_o')$ das $h_o'$ so ändern, daß $\zeta_o \approx \zeta_{Tafel}$. Damit ermittelt man ggf. weitere Werte für $h_o'$ usw. Meistens reicht $\zeta \cdot h_v = I_s \cdot L$ aus.

Bei $b_o > b_u$ ist $\zeta = 1$.

**Überschlagsformel** $L = 0{,}8\, Q/h_{ü2}^{1,5}$ (44)

(gibt lange Wehre)

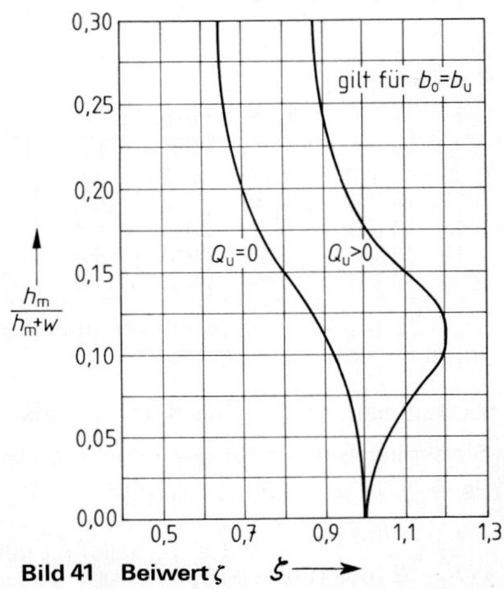


Bild 41 Beiwert $\zeta$

### 3.3.5.4 Meßwehre und Venturikanal

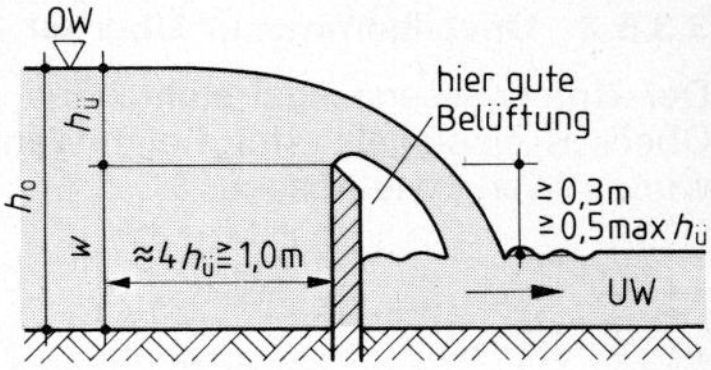


Bild 42

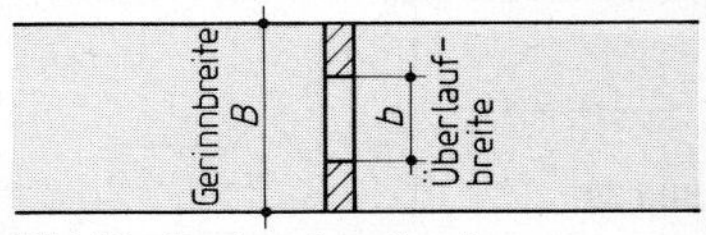


Bild 43 Rechteckmeßwehr

**Rechtecküberfall**

Nach Rehbock gilt:

a) Ohne seitliche Einschnürung des Überfalls $b=B$;

$$\boldsymbol{Q=(1{,}782+0{,}24\cdot h_e/w)\cdot b\cdot h_e^{1,5}} \text{ in m}^3/\text{s}$$

mit $h_e=h_ü+0{,}0011$ m (45)

Gültig für $w>0{,}30$ m;

$0{,}02\leqq h_e\leqq 1{,}25$ m, $h_e/w\leqq 0{,}65$

b) Mit seitlicher Einschnürung des Überfalls $b<B$

nach Schweizer. Ing. und Architektenverein

$$Q=2{,}95\cdot b\cdot\left[0{,}578+0{,}037\left(\frac{b}{B}\right)^2+\frac{3{,}615-3\left(\frac{b}{B}\right)^2}{1000\,h_ü+1{,}6}\right]\cdot\left[1+0{,}5\left(\frac{b}{B}\right)^4\cdot\left(\frac{h_ü}{h_o}\right)^2\right]\cdot h_ü^{1,5} \quad (46)$$

Gültig für $w\geqq 0{,}30$ m, $b/w\leqq 1$; $0{,}025\cdot B/b\leqq h_ü\leqq 0{,}80$ m

**Dreiecküberfall (Thomson-Meßwehr)**

$$Q=\frac{8}{15}\,\mu\tan\frac{\alpha}{2}\sqrt{2g}\,h_ü^{2,5} \text{ in m}^3/\text{s} \quad (47)$$

mit $\mu=0{,}565+0{,}0087/\sqrt{h_ü}$ nach Strickland

Für $B>8h_ü$, $\alpha=90°$, $w\geqq 3h_ü$

Für Abläufe aus breiten Becken mit $\alpha=90°$

$$Q=1{,}34\cdot h_ü^{2,48} \text{ in m}^3/\text{s} \quad (48)$$

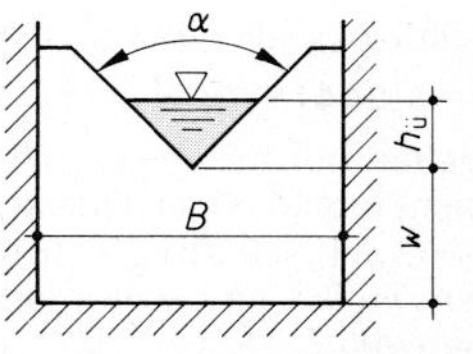


Bild 44 Dreieckmeßwehr

**Venturikanal mit Fließwechsel**

$$Q=\alpha\cdot\mu\cdot b\cdot h_o^{1,5} \text{ in m}^3/\text{s} \quad (49)$$

Tafel 37 [1]

| $b/B$ | $\mu$ | $h_u/h_o$ | $b/B$ | $\mu$ | $h_u/h_o$ |
|---|---|---|---|---|---|
| 0,25 | 1,729 | 0,561 | 0,50 | 1,813 | 0,754 |
| 0,30 | 1,740 | 0,607 | 0,55 | 1,840 | 0,784 |
| 0,35 | 1,754 | 0,649 | 0,60 | 1,872 | 0,812 |
| 0,40 | 1,770 | 0,687 | 0,65 | 1,909 | 0,839 |
| 0,45 | 1,790 | 0,722 | 0,70 | 1,954 | 0,865 |
| 0,50 | 1,813 | 0,754 | 0,75 | 2,009 | 0,889 |

$\alpha=0{,}95$ bis 1,0 je nach OW-seitiger Ausrundung i.M. $\alpha=0{,}97$

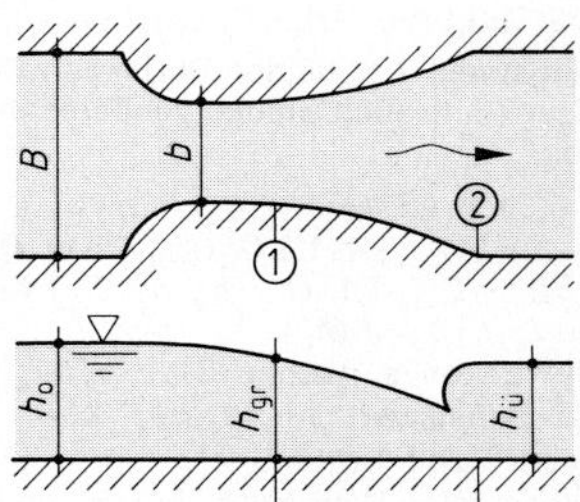


Bild 45 Venturikanal

Es **muß sein** $h_u\leqq h_o\cdot(h_u/h_o)_{\text{Tafel}}$, sonst Sohlsprung von ① nach ② anordnen.

Sinnvoller Bereich für die Einschnürung: $0{,}25\leqq b/B\leqq 0{,}75$

Es ist $\mu=\sqrt{g}\,[2\cdot(B/b)\cdot\cos(60°+\psi/3)]^{1,5}$ (50) mit $\psi=\arccos(b/B)$ (51);

$$\frac{h_u}{h_o}=\frac{\cos(60°+\psi/3)}{2\cdot\cos(60°-\psi/3)}\left[-1+\sqrt{1+64\,(B/b)\cdot\cos^3(60°-\psi/3)}\right] \quad (52)$$

### 3.3.5.5 Durchfluß an Schwellen

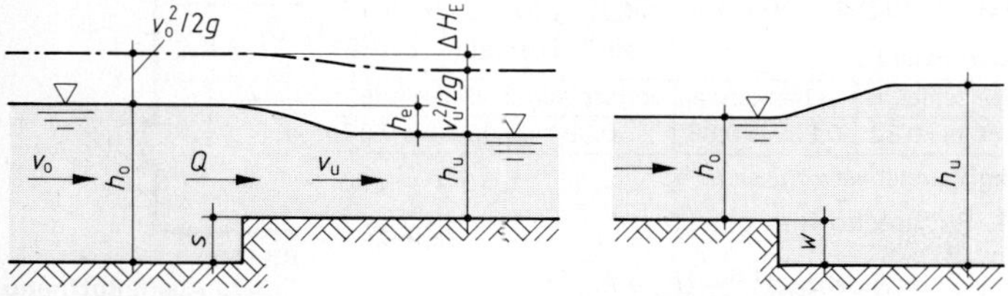


a) positive Schwelle    b) negative Schwelle

**Bild 46 Schwellen**

$$h_o^3-\left(s+h_u+\frac{(1+\xi)\cdot Q^2}{h_u^2\cdot b^2\cdot 2g}\right)\cdot h_o^2+\frac{Q^2}{b^2\cdot 2g}=h_o^3-c_1\cdot h_o^2+c_2=0=f(h_o) \qquad (53)$$

$3h_o^2-2c_1\cdot h_o=0=f'(h_o)$ (54); Iteration mit $h_{o1}=h_u+v_u^2/2g+s$; $h_{o2}=h_{o1}-\dfrac{f(h_{o1})}{f'(h_{o1})}$

$\xi=\alpha^2[1+2(1-\alpha\mp\beta)/F_{ro}^2]-1$ (55) bei pos. Schwelle mit: $\boldsymbol{h_u \geqq h_{Gr}}$

mit $\alpha=h_u/h_o$; $-\beta=-s/h_o$ (pos. Schwelle); $F_{ro}^2=Q^2/(b^2\cdot h_o^3\cdot g)$;
Bei der neg. Schwelle steht in $c_1$ statt $s\Rightarrow w$ und bei $\xi$ für $+\beta\Rightarrow+w/h_o$

### 3.3.5.6 Ausfluß unter Schützen

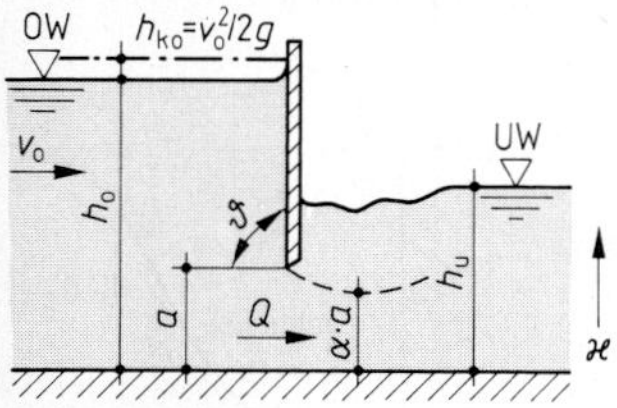


**Bild 47 Schütz**

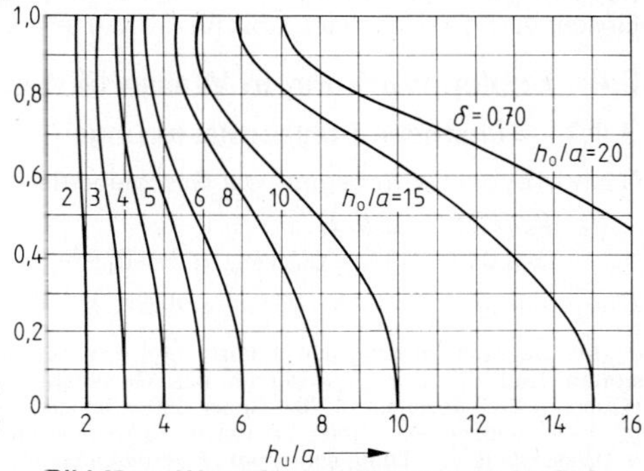


**Bild 48 $\varkappa$-Werte für unvollkommenen Ausfluß**

$$\boldsymbol{Q=\varkappa\cdot\mu\cdot a\cdot b\cdot\sqrt{2gh_o}} \text{ in m}^3\text{/s} \qquad (56)$$

$b$ = Öffnungsbreite

$\mu=\delta/\sqrt{1+\delta\cdot a/h_o}$

$\varkappa=1$: vollkommener Ausfluß, z. B. bei $h_u/a=5{,}9$ und $h_o/a=15$

$\delta\approx0{,}45$*) bei scharfkantigen Holzbalkentafeln mit $\vartheta=90°$
$\delta\approx0{,}59$*) bis 0,62 bei senkrechten scharfkantigen Schützen mit $\vartheta=90°$
$\delta\approx0{,}70$ bei $\vartheta=60°$ und bei $\vartheta=90°$ mit abgerundeter Ablösungskante
$\delta\approx0{,}75$ bei $\vartheta=45°$; $\delta\approx0{,}81$ bei $\vartheta=30°$

### 3.3.5.7 Tauchwandverluste

Aufstau vor der Tauchwand

$$\boldsymbol{h_v=[Q/(\mu\cdot b\cdot a\cdot\sqrt{2g})]^2} \text{ in m} \qquad (57)$$

$\mu=0{,}73$ bis 0,90; mit $h_v$ zunehmend; im Mittel $\approx0{,}85$

Bei einer exakteren Berechnung durch Iteration setzt man Erweiterungs- und Einschnürungsverluste an.

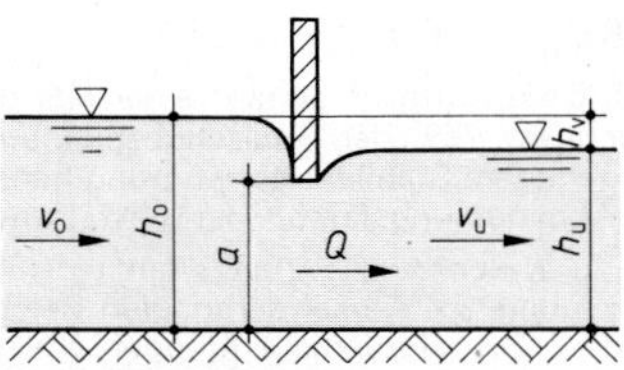


**Bild 49 Tauchwand**

*) aus Großversuch

## 3.3.6 Freier Ausfluß aus einer Öffnung über UW

a) $h_0/d$ bzw. $h_0/a \geqq 4$ $\quad Q=\alpha A \cdot \sqrt{2g(h_0+h_{k0})}$ in m³/s

nach Toricelli (58)

**Tafel 38 Ausflußzahl $\alpha$**

| Öffnung | sehr schlecht | scharfkantig | abgeschrägt | abgerundet |
|---|---|---|---|---|
| $\alpha$ | 0,66 bis 0,82 | 0,83 bis 0,86 | 0,89 | 0,96 bis 0,97 |

Für Rechtecköffnungen ist $\alpha \triangleq \mu$, siehe b)

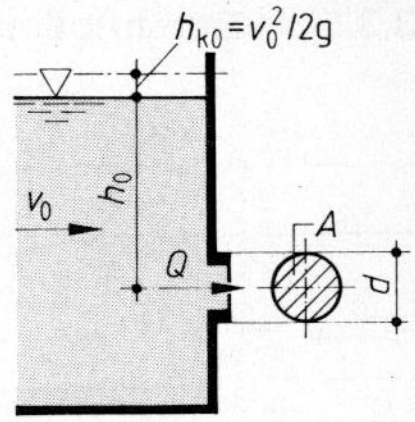


**Bild 50a**
**Runde Ausflußöffnung**

b) $h_0/a<4$, Rechtecköffnungen

$$Q=\frac{2}{3}\cdot\mu\cdot b\cdot\sqrt{2g}[(h_2+h_{k0})^{1,5}-(h_1+h_{k0})^{1,5}] \quad (59)$$

| $a/b$ | 0 | 0,5 | 1 | 1,5 | 2 |
|---|---|---|---|---|---|
| $\mu$ | 0,67 | 0,64 | 0,58 | 0,50 | 0,44 |

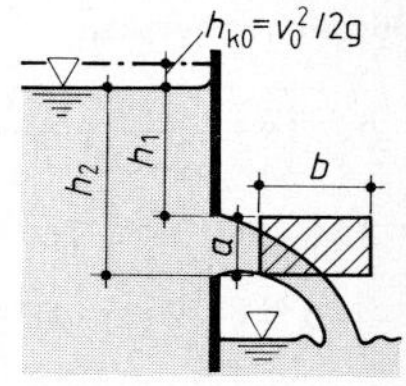


**Bild 50b**
**Rechtecköffnung**

## 3.3.7 Aufstau vor Rechen

$$z \approx 4(s/a)\cdot\delta\cdot\sin\alpha\cdot v_0^2/2g \quad \text{in m} \quad (60)$$
$$[0{,}125 \leqq s/a \leqq 1{,}0]$$

$a$ = li. Stababstand, $s$ = Stabdicke, $\delta$ Formbeiwert: $\delta=1$; $\delta=0{,}5$; $\alpha$ = Rechenneigung gegen die Sohle; $v_0$ = Zulaufgeschwindigkeit bezogen auf die Projektion der Rechenfläche in Fließrichtung in m/s.

Bei Verlegung des Rechens, z.B. um 40%, steigt $s/a$ auf $s/(1-0{,}4)a$ an. Evtl. Einschnürungsverlust nach Abschn. 3.1.3.4 ansetzen, s.a. [1].

# 3.4 Schleppwirkung in Wasserläufen

## 3.4.1 Künstliche Sohlabpflasterungen

Nach Meyer-Peter beginnt der Geschiebetrieb bei

$$R_s\cdot(k_{St}/k_r)^{3/2}\cdot\gamma_w\cdot h\cdot I_E$$
$$>0{,}047\cdot\gamma_s''\cdot d_m+0{,}25\,(\gamma_w/g)^{1/3}\cdot g_s''^{2/3} \quad (61)$$

$R_s=\frac{b}{l_u}$; $(k_{St}/k_r)^{2/3}\approx 1$ bei glatten Sohlen; $k_r=26/\sqrt[6]{d_m}$;

$d_m$ der Deckschicht $=d_{90}$ der Unterschicht, d.h. des ungestörten Bodens in m; $\gamma_s''$ = Wichte des Geschiebes $-\gamma_w$ (Quarz 1,65, Kalkstein 1,70, Gneis 2,0, Schiefer 1,8); $g_s''$ = Geschiebegewicht unter Wasser in kg/m Flußbreite/s; $h$ = Wassertiefe, $I_E$ = Energieliniengef.; $b$ = Spiegelbreite.

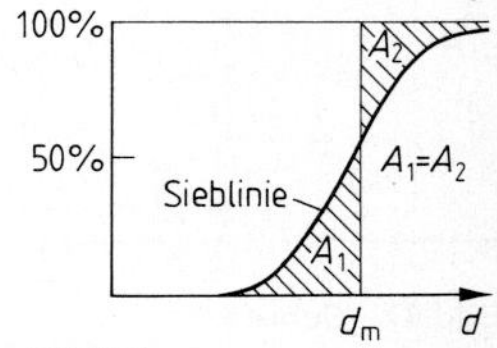


**Bild 51**
**Ermittlung von $d_m$**

Erforderliche Korndurchmesser für eine Abpflasterung der Sohle (mit 1,55-facher Sicherheit).

$$d_m \approx d_{50}=20\cdot(b/l_u)\cdot h\cdot I_E \quad \text{in m} \quad (62)$$

Schichtdicke $s$ bei einheitlichem Korn,

$$s=(2 \text{ bis } 3)\,d_{erf} \quad 0{,}9\,d_m \leqq d_{erf} \leqq 1{,}1\,d_m \quad (63)$$

Schichtdicke bei gemischtem Korn,

$$s=1{,}6\,d_{erf} \quad 0{,}6\,d_m \leqq d_{erf} \leqq 1{,}6\,d_m \quad (64)$$

Auf den Böschungen beträgt einerseits die Schubspannung nur etwa 75% der Sohlschubspannung, andererseits muß die geringere Stabilität der Körnung berücksichtigt werden. Der Abminderungsfaktor $K$ ist [nach Lane, ASCE, 1953] definiert zu $K=\cos\alpha\cdot\sqrt{1-(\tan^2\alpha/\tan^2\varphi)}$ (65) mit $\alpha$ = Böschungsneigung, $\varphi$ = Winkel der inneren Reibung unter Wasser n. Bild 52. Die erforderliche Korngröße wird damit:

$$d_{m\cdot\alpha}=d_m\cdot 0{,}75/K \quad (66)$$

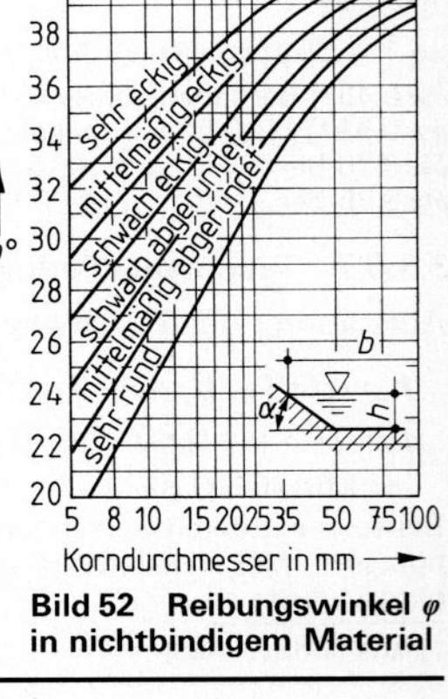


**Bild 52 Reibungswinkel $\varphi$ in nichtbindigem Material**

## 3.4.2 Grenzschleppspannung – Grenzgeschwindigkeit

Für den praktischen Gebrauch sind die Grenzschleppspannung $\tau_0$ oder die Grenzgeschwindigkeit $v_0$ nach DIN 19661, T2 (8.91), Sohlbauwerke in Tafel 39 angegeben. Es gilt $I_E^*$ **in ‰**

$$\tau = \varrho \cdot g \cdot h \cdot I_E \approx 10 \cdot h \cdot I_E^* \quad \text{in N/m}^2 \text{ bzw. Pa} \quad \text{bei } b \geq 30h \text{ (Näherung)} \qquad (67)$$

$$\tau \approx 10 \cdot (A/l_u) \cdot I_E^* \approx 10 \cdot r_{hy} \cdot I_E^* \quad \text{n N/m}^2 \text{ bzw. Pa} \quad \text{bei } b < 30h \qquad (68)$$

**Tafel 39 Grenzwerte für Schleppspannung $\tau_0$ und zul. Höchstgeschwindigkeit $v_0$**

| | Sohlenbeschaffenheit | $\tau_0$ in N/m² | $v_0$ in m/s |
|---|---|---|---|
| Einzelkorngefüge vorherrschend | Feinsand, Korngröße 0,063 bis 0,2 mm | 1,0 | 0,20 bis 0,35 |
| | Mittelsand, Korngröße 0,2 bis 0,63 mm | 2,0 | 0,35 bis 0,45 |
| | Grobsand, Korngröße 0,63 bis 1 mm | 3,0 | – |
| | Grobsand, Korngröße 1 bis 2 mm | 4,0 | – |
| | Grobsand, Korngröße 0,63 bis 2 mm | 6,0 | 0,45 bis 0,60 |
| | Kies-Sand-Gemisch, Korngröße 0,63 bis 6,3 mm festgelagert, langanhaltend überströmt | 9,0 | – |
| | Kies-Sand-Gemisch, Korngröße 0,63 bis 6,3 mm, festgelagert, vorübergehend überströmt | 12,0 | – |
| | Feinkies, Korngröße 2 bis 6,3 mm | – | 0,60 bis 0,80 |
| | Mittelkies, Korngröße 6,3 bis 20 mm | 15,0 | 0,80 bis 1,25 |
| | Grobkies, Korngröße 20 bis 63 mm | 45,0 | 1,25 bis 1,60 |
| | Steine, Korngröße 63 bis 100 mm | – | 1,60 bis 2,00 |
| | plattiges Geschiebe, 1 bis 2 cm hoch, 4 bis 6 cm lang | 50,0 | – |
| Boden wenig kolloidal | lehmiger Sand | 2,0 | – |
| | lehmhaltige Ablagerungen | 2,5 | – |
| | lockerer Schlamm | 2,5 | 0,10 bis 0,15 |
| | lehmiger Kies, langanhaltend überströmt | 15,0 | – |
| | lehmiger Kies, vorübergehend überströmt | 20,0 | – |
| Boden stark kolloidal | lockerer Lehm | 3,5 | 0,15 bis 0,20 |
| | festgelagerter sandiger Lehm | – | 0,40 bis 0,60 |
| | festgelagerter Lehm | 12,0 | 0,70 bis 1,00 |
| | Ton | 12,0 | – |
| | festgelagerter Schlamm | 12,0 | – |
| | fester Klei | – | 0,90 bis 1,30 |
| | Rasen verwachsen, langanhaltend überströmt | 15,0 | 1,5 |
| | Rasen verwachsen, vorübergehend überströmt | 30,0 | 2,0 |

Mit den Werten der Tafel 39 oder Bild 53, für nichtbindiges, und Bild 54 für bindiges Sohlenmaterial, kann man das zulässige Gefälle $I_{zu}^*$ bzw. $I_{zul}$ wie folgt ermitteln:

$$I_{zul}^* = \tau_0/(10 \cdot h) \quad \text{bzw.} \quad I_{zul}^* = \tau_0/(10 \cdot r_{hy}) \quad \text{und} \quad I_{zul} = v_0^2/(k_s^2 \cdot r_{hy}^{4/3}) \qquad (69)$$

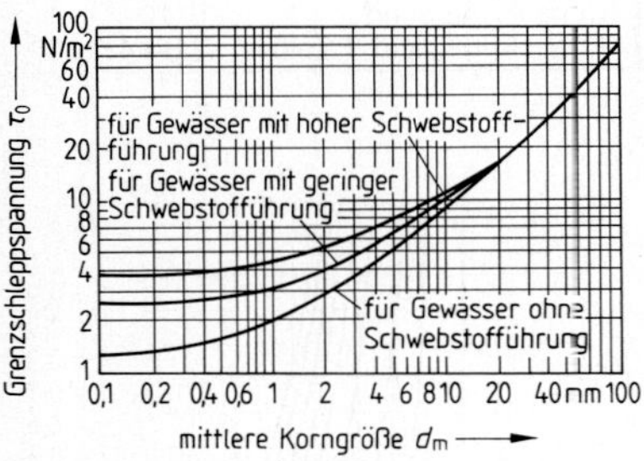


**Bild 53 Grenzschleppspannung für nichtbindige Sohlenmaterialien in Abhängigkeit von der mittleren Korngröße $d_m$**

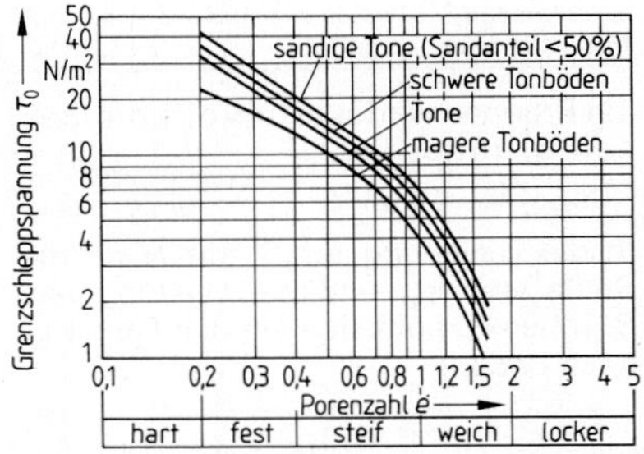


**Bild 54 Grenzschleppspannung für bindige Sohlenmaterialien in Abhängigkeit von der Porenzahl $e$**

Die Porenzahl $e = (V - V_s)/V_s$ ermittelt sich aus dem Gesamtvolumen $V$ der bindigen Bodenprobe und $V_s$ dem Feststoffvolumen derselben.

## 3.5 Grundwasserbewegung [4]

### 3.5.1 Freier Grundwasserspiegel

**Zulauf zum Einzelbrunnen** (70)

$$Q = [\pi \cdot k_f (h_{Gr}^2 - h^2)]/(\ln R - \ln r) \quad \text{in m}^3\text{/s}$$

**Fassungsvermögen eines Brunnens**

$$q = 2 \cdot \pi \cdot r \cdot h \cdot \sqrt{k_f}/15 \quad \text{in m}^3\text{/s} \qquad (71)$$

optimale Absenkung $s_{opt}$ bei: $Q = q \triangleq Q_{max}$

**Betriebsabsenkung bei der Wassergewinnung**

$s \leqq h_{Gr}/3$ bzw. $s \leqq 0{,}6$ bis $0{,}75\, s_{opt}$

nach Sichardt: $R = 3000 \cdot s \cdot \sqrt{k_f}$ in m; (72)

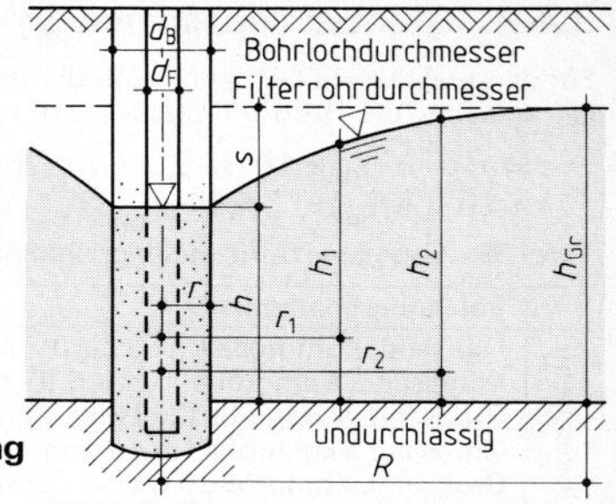


**Bild 55 Einzelbrunnen mit freiem Grundwasserspiegel**

$k_f$ = Durchlässigkeitsbeiwert m/s aus Pumpversuch mit verschiedenen $Q$ = const bis $s$ = const. Ablesungen an mindestens zwei Pegelbrunnen im Abstand $r_1$ und $r_2$, üblich 6 bis 12 Pegel: $k_f = Q(\ln r_2 - \ln r_1)/[(h_2^2 - h_1^2) \cdot \pi]$ in m/s

Ein besseres Bild von der Abhängigkeit von $k_f$ von der Größe der Absenkung $s$, vor allem bei unterschiedlich geschichteten Boden, gibt die graphische raumzeitliche Auswertung [4].

Aus der Kornverteilungskurve gilt nach Hazen und Beyer [4] bei mittlerer natürlicher Lagerungsdichte $k_f \approx 0{,}0116 \cdot U^{-0{,}201} \cdot d_{10}^2$ [m/s]; für $1 \leqq U \leqq 30$ mit $U = d_{60}/d_{10}$; ($d_{10}$ ist der Korndurchmesser in mm bei 10% Siebdurchgang;) bei dichtester Lagerung reduziert sich $k_f$ um 20%; bis zur lockersten Lagerung steigt $k_f$ um 20% bei $U=1$, um 40% bei $U=5$ und um 50% bei $U=15$ bis 30.

**Beachte bei Wasserversorgungsbrunnen:** Filtereintrittsmenge nach Truelsen wegen Verockerung $q_F \leqq 28{,}3/d_{WK}$ in m³/(m² · h) mit $d_{WK}$ in mm = größtes Filterkorn direkt am Filterrohr.

**Filterregel:** $d_F = (4 \text{ bis } 5)\, d_{80}$ für $U < 3$; $d_F = (4 \text{ bis } 5)\, d_{90}$ für $3 \leqq U \leqq 5$. Bei $U > 5$ wird aus der Probe so lange Grobkorn entfernt, bis $U \leqq 5$.

**Tafel 40 Einige grobe Anhaltswerte für $k_f$ in m/s verschiedener Bodenarten**

| Bodenart | $k_f$ | Bodenart | $k_f$ |
|---|---|---|---|
| Kies 4 bis 8 mm ohne Beimengung | $3{,}5 \cdot 10^{-2}$ | Dünensand (Nordsee) | $2 \cdot 10^{-4}$ |
| Kies 2 bis 4 mm ohne Beimengung | $2{,}5 \cdot 10^{-2}$ | teils feste Sande m. Fein- | 1 bis $1{,}5 \cdot 10^{-4}$ |
| Diluvialterrasse, Donau b. Straubing | $1{,}5 \cdot 10^{-2}$ | kiestonige Sande | $1 \cdot 10^{-4}$ |
| Grobkies mit Mittelkies u. Feinsand | $7{,}0 \cdot 10^{-3}$ | Grobkies mit Sand | $5 \cdot 10^{-3}$ |
| Mittelsand, Langen, Ffm | $1{,}5 \cdot 10^{-3}$ | Grob-, Mittelsand, Feinkies | 3 bis $4 \cdot 10^{-3}$ |

Ein Brunnen wird zum unvollkommenen Brunnen bei

$$h_{Gr} > H = h + s.$$

In die Gleichung für $Q$ tritt $H$ an die Stelle von $h_{Gr}$ und die Leistung des Brunnens erhöht sich um den Faktor $\varepsilon_B$ nach Bild 53

$$Q_{unv} = \varepsilon_B \cdot Q_{vollk} \qquad (73)$$

Bei undurchlässiger Brunnensohle verringert sich der Zufluß um den Faktor $m_s = 2h/(2h + r)$ (74)

Hierbei gilt ein unten verschlossenes Filterrohr mit Kiesunterschüttung noch als durchlässig.

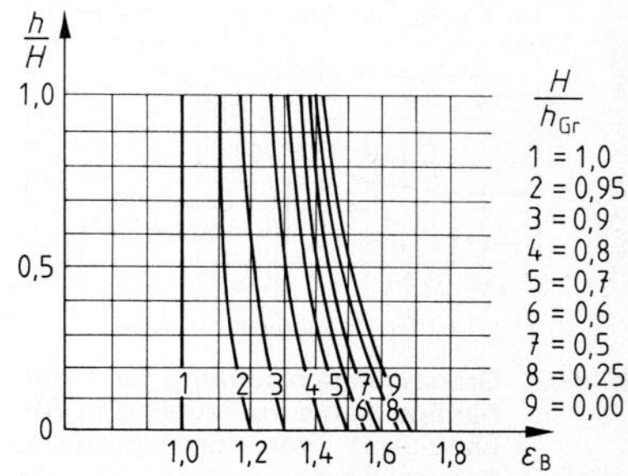


**Bild 56 Vergrößerungsfaktor $\varepsilon_B$ für einen unvollkommenen Brunnen nach Breitenöder**

Bei **Baugruben** [4] tritt in der Gleichung für $Q$ an die Stelle von $r$ der Ersatzradius $A \approx b[0{,}2(a/b)+0{,}4]$. [Für Kanalstrecken gilt $A \approx L/3$.]

$$\boldsymbol{Q = \pi \cdot k_f (h_{Gr}^2 - h^2)/(\ln \cdot R - \ln A)} \quad \text{in m}^3/\text{s} \qquad (75)$$

Die Absenktiefe $s$ reicht bis 50 cm unter die Baugrubensohle. Der Einzelbrunnen leistet weniger, da $h' < h$. Es muß sein: Anzahl der Brunnen $n = Q/q'$;

$$\boldsymbol{q' = 2 \cdot r \cdot \pi \cdot h' \cdot \sqrt{k_f}/15}; \quad \text{in m}^3/\text{s} \qquad (76)$$

ferner ${}_{\text{vorh}}h' \geqq h - s_{EB}$ (77)

mit $s_{EB} = h - \sqrt{h^2 - 1{,}5 \cdot q'[\ln(c/r)]/(\pi \cdot k_f)}$. (78)

Der Beiwert 1,5 gilt für Einzelbrunnenabstände $2c > 10 \cdot \pi \cdot r$. Sonst wird statt 1,5 der Wert 2 eingesetzt.

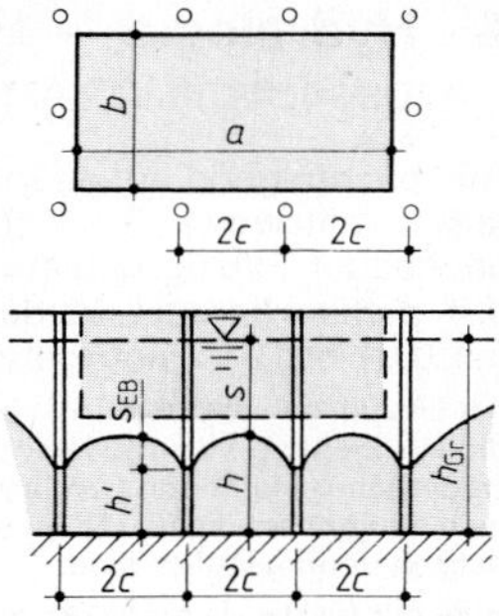


**Bild 57 Brunnenanordnung**

In der Regel wird aus der Zahl $n$ der Einzelbrunnen $q'$ und damit $h'$ ermittelt. Hierbei ist dann, wenn $h_{Gr} > H = s + s_{EB} + h'$ ist, (also unvollkommener Brunnen) bei zunehmender Brunnentiefe der Wasserandrang deutlich höher. Durch Proberechnung wird erreicht, daß einerseits $Q$ klein bleibt und andererseits $h'$ nicht zu klein bzw. $h$ zu groß wird. Die vorstehenden Gleichungen gelten nur für $\ln(R/A) \geqq 1$. Für den gespannten GW-Spiegel (s. unten) gilt analog

$$s_{EB} = \frac{1.5 \cdot q' \cdot \ln(c/r)}{\pi \cdot k_f \cdot 2m} \quad \text{in m} \qquad (79)$$

Zulauf zu einem **Sickerschlitz** von **einer** Seite her:

$\boldsymbol{q = k_f (h_{Gr}^2 - h^2)/2R'}$ in m³/s (80) je lfm mit $R' = (1500 \text{ bis } 2000)\, s\sqrt{k_f}$ in m (81)

### 3.5.2 Gespannter Grundwasserspiegel

**Zulauf zum Einzelbrunnen**

$$\boldsymbol{Q = 2\pi \cdot k_f \cdot m(h_{Gr} - h)/(\ln R - \ln r)} \quad \text{in m}^3/\text{s} \qquad (82)$$

**Fassungsvermögen des Brunnens**

$$\boldsymbol{q = 2\pi \cdot r \cdot m \cdot \sqrt{k_f}/15} \quad \text{in m/s} \qquad (83)$$

$k_f$ = aus Pumpversuchen: (84)

$k_f = Q(\ln \cdot r_2 - \ln \cdot r_1)/[2\pi \cdot m(h_2 - h_1)]$ in m/s

Zulauf zu einem **Sickerschlitz** je lfdm von **einer** Seite her:

$$\boldsymbol{q = k_f \cdot m(h_{Gr} - h)/R'} \quad \text{in m}^3/(\text{m} \cdot \text{s}) \qquad (85)$$

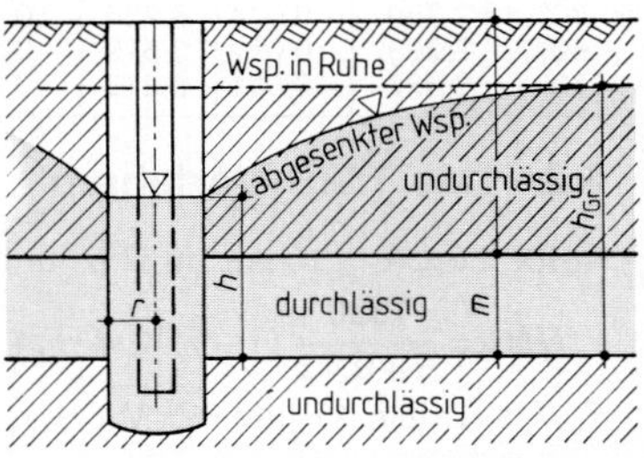


**Bild 58 Einzelbrunnen mit gespanntem Grundwasserspiegel**

### 3.5.3 Erforderliche Antriebsleistung für die Pumpe

$\boldsymbol{P_m = \varrho \cdot g \cdot h_{man} \cdot Q/\eta'}$ (86) in kW

Damit für Grundwasserpumpen

$\boldsymbol{\text{erf}\, P \approx 16 \cdot Q \cdot h_{man}}$ in kW (87)

$\boldsymbol{K_F = K_E \cdot P_m/(3600 \cdot Q)}$ (88) in DM/m³

$\varrho \cdot g \approx 10$;
$h_{man}$ = Höhenunterschied der Wasserspiegel (bzw. zum Austritt) zuzüglich Energieverlust (nach Abschn. 3.1.3) in m
$Q$ = Förderstrom der Pumpe in m³/s
$\eta'$ = Gesamtwirkungsgrad = $\eta_{Motor} \cdot \eta_p$
$\eta_{Motor} \approx 0{,}85$ bis 0,90
$\eta_p$ = 0,60 bis 0,80, i.M. 0,70 bei Reinwasserpumpen
$\eta_p \approx 0{,}35$ bis 0,70, i.M. 0,50 bei Abwasserpumpen
$K_E$ = Strompreis in DM/kWh
$K_F$ = Förderkosten in DM/m³.

erforderliche elektrische Arbeit für die Förderung eines Volumens $V$ in m³

$$\boldsymbol{W = P_m \cdot V/(3600 \cdot Q) = 10 \cdot h_{man}\, V/(\eta' \cdot 3600)} \quad \text{in kWh} \qquad (89)$$

# 4 Hydrologie – Hochwasserabflußspenden

DIN 4049 T1 (12.92) Hydrologie, Grundbegriffe, quantitativ

Alle nachfolgend aufgeführten Ansätze zur Ermittlung von $HHq$ ergeben bestenfalls Schätzwerte. Sie sollten nach Möglichkeit immer mit Hilfe der Daten benachbarter Einzugsgebiete „geeicht" werden. Die Formeln sollten vergleichend, d.h. parallel benutzt werden. Die Häufigkeit des Ereignisses $n$ wird üblicherweise mit 0,01 bis 0,02 angesetzt.

Ab Einzugsgebietgrößen $A_E$ von 100 bis 200 km² sind meist Pegelaufzeichnungen vorhanden, die zur Eichung von Niederschlags-Abflußmodellen unerläßlich sind und aus denen mit Hilfe statistischer Methoden $HHq$ ermittelt werden kann [2] [5]. Hierbei werden in der Regel Ganglinien gewonnen, die für die Bemessung der Gewässer besser geeignet und für die der Rückhaltebecken unumgänglich sind.

Allg. gilt für die Jährigkeit des Hochwassers:

$$HQ_x = HQ_{100} \cdot f_x \quad \text{bzw.} \quad HQ_{100} = HQ_x / f_x \quad \text{mit } f_x = 10^{(0{,}2962 \cdot \lg x - 0{,}5924)} \qquad (90)$$

## 4.1 Höchstabflußspende nach Wundt [5]

**Tafel 41 $c$- und $m$-Werte nach Wundt**

| | Ebene in ozeanischer Lage (I) | | Bergland in kontinentaler Lage (II) | |
|---|---|---|---|---|
| | log $c$ | $m$ | log $c$ | $m$ |
| 100% | 3,180 | −0,178 | 5,699 | −0,632 |
| 90% | 2,701 | −0,118 | 4,140 | −0,406 |
| 80% | 2,535 | −0,096 | 3,933 | −0,376 |
| 70% | 2,369 | −0,074 | 3,726 | −0,346 |
| 60% | 2,203 | −0,052 | 3,519 | −0,316 |
| 50% | 2,037 | −0,031 | 3,312 | −0,286 |

**Höchstabflußspende**

$$HHq = c \cdot A_E^m \text{ in l/(s·km}^2) \qquad (91)$$

$A_E$ Einzugsgebiet in km²

$c = 10^{\log c}$ und $m$ aus Tafel 41.

100% = absolute weltweit gemessene Spitzenwerte, für die man nicht bemessen wird. Für Bergland scheinen Werte um 90% in der Regel zutreffender zu sein.

Die Prozentzahlen geben die Wahrscheinlichkeit der Nichtüberschreitung an (nicht $n$).

## 4.2 Das TMP-Verfahren

ist für $0{,}5 \leqq A_E \leqq 15$ km² in USA und Südafrika erprobt:

$$HHq = \frac{1320}{B + 0{,}42}(1 - 1{,}73 \cdot f_i \cdot F_b + 1{,}45 \cdot B + 0{,}128 N) \text{ in l/(s·km}^2) \qquad (92)$$

$F_b$, $f_i$ s. Tafeln 41 und 42. Mit $r = r_{15,\,n=1}$ wird beim 30-Minuten-Regen:

$$N = (0{,}175 n^{-0{,}25} - 0{,}065) \cdot r \text{ in mm} \qquad (93)$$

$n$ = Häufigkeit (z.B. 0,01) 1/$a$; $B = T/60$ in h mit $T = 0{,}0195 \cdot K^{0{,}77}$ in min;
mit $K = \sqrt{L^3/H}$; $L$ = Länge des Wasserlaufs in m; $H$ = Höhenunterschied in m

**Tafel 42 Bodenbedeckungsfaktor $F_b$**

| Bodenbedeckung Art | Rückhaltebedingung | Bereich des Bodenbedeckungsfaktors $F_b$ |
|---|---|---|
| Dauerbedeckung (Wald und Grünland) | gut | 3,0 bis 7,5 |
| | mittel | 2,0 bis 3,0 |
| | schlecht | 1,2 bis 1,4 |
| dicht wachsende Gewächse | gut | 2,5 bis 3,0 |
| | mittel | 1,6 bis 2,0 |
| | schlecht | 1,1 bis 1,3 |
| in Furchen gepflanzte Gewächse | gut | 1,3 bis 1,5 |
| | mittel | 1,1 bis 1,3 |
| | schlecht | 1,0 bis 1,1 |

**Tafel 43 Infiltrationswerte $f_i$**

| Infiltration | Bereich für $f_i$ in cm/h |
|---|---|
| hoch | 1,25 bis 2,50 |
| mittel | 0,25 bis 1,25 |
| gering | 0,03 bis 0,25 |

## 4.3 Die rationale Methode [5]

gilt für kleine $A_E$ bis 50 ha

$$HHq = \psi \cdot 38\,(n^{-0{,}25} - 0{,}369) \cdot r/(T+9) \quad \text{in l/(s·ha)} \qquad (94)$$

$r$ = Regenspende des 15-Minuten-Regens mit $n=1$. In der Klammer ist $n$ = Häufigkeit des Ereignisses 1/a . $T$ = Regendauer wird wie bei Abschn. 4.2 ermittelt; $\psi$ = Abflußbeiwert nach Tafel 43.

**Tafel 44 Abflußbeiwerte $\psi$**

| Untergrund Vegetation | Sand Wald | Gras | ohne | Ton Wald | Gras | ohne | Fels |
|---|---|---|---|---|---|---|---|
| Gelände eben | 0,10 | 0,15 | 0,20 | 0,25 | 0,35 | 0,50 | 0,60 |
| hügelig | 0,15 | 0,22 | 0,30 | 0,40 | 0,55 | 0,65 | 0,70 |
| gebirgig | 0,25 | 0,30 | 0,40 | 0,60 | 0,77 | 0,80 | 0,80 |

# 5 Kanalisation nach DIN 4045 (12.85) Abwassertechnik , Begriffe

## 5.1 Querschnittsformen und -abmessungen nach DIN 4263 (4.91)

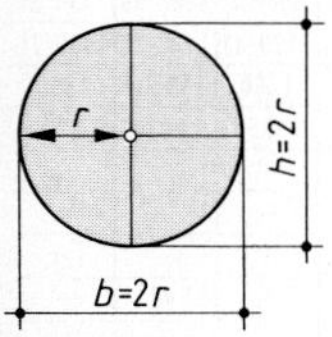


$F = 3{,}142\,r^2$
$U = 6{,}283\,r$
$R = 0{,}500\,r$

**Bild 59 Kreisform**

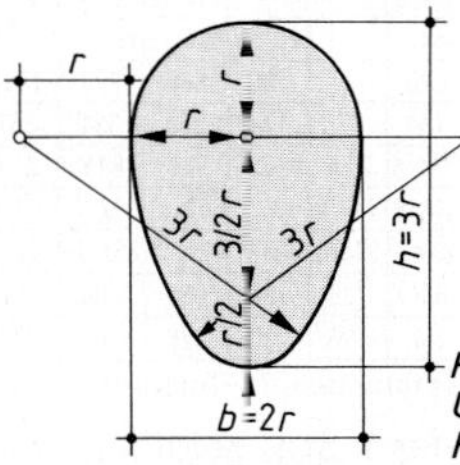


$F = 4{,}594\,r^2$
$U = 7{,}930\,r$
$R = 0{,}579\,r$

**Bild 60 Eiform**

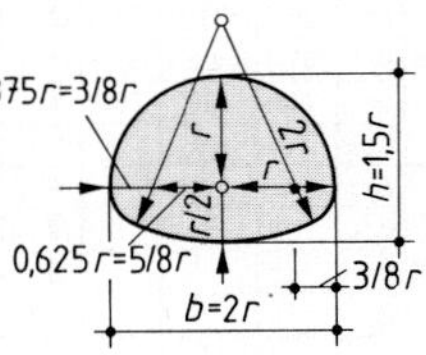


$F = 2{,}378\,r^2$
$U = 5{,}603\,r$
$R = 0{,}424\,r$

**Bild 61 Maulform**

Genormte Nennweiten DN = Durchmesser in cm.

Kreis: 15[1]), 20, 25, 30, 35, 40, 45, 50, 60, 70, 80[2]), 90, 100[3]), 120, 140, 160, 180, 200, 220, 240

Eiform: $b \times h$ cm: 50 × 75, 60 × 90[2]), 70 × 105[3]), 80 × 120, 90 × 135, 100 × 150, 120 × 180, 140 × 210, 160 × 240

Maulform: $b \times h$ cm: 160 × 120, 180 × 135, 200 × 150, 240 × 180, 280 × 210, 320 × 240

Armaturen (Absperrschieber, Klappen usw.) werden für alle Querschnittsformen hergestellt, ferner für folgende Rechteckformen:

$b:h = 2:3$ 60 × 90, 80 × 120, 100 × 150, 120 × 180, 140 × 210, 160 × 240
$b:h = 2:2$ Seitenlänge 20, 30, 40, 50, 60, 80, 100, 120, 140, 160, 180, 200, 220, 240, 260, 280, 300
$b:h = 2:1{,}5$ 100 × 75, 120 × 90, 140 × 105, 160 × 120, 180 × 135, 200 × 150, 240 × 180, 280 × 210, 320 × 240

## 5.2 Kanalisationsrohre und -schächte

Rohre für Entwässerungskanäle und -leitungen sind nach DIN 4033 (11.79) einzubauen. Damit erhalten sie eine rechnerisch erfaßbare Auflagerung, Einbettung und Überschüttung. DIN 4033 schreibt die Prüfung der Lage, Abs. 9.1 und der Wasserdichtheit vor. Die Tragfähigkeit der Rohrleitung muß vor dem Einbau statisch nachgewiesen werden. Hierfür sind nach DIN 4033, Abschn. 4.3, dem Rohrhersteller anzugeben: minimale und maximale Überdeckungshöhe, Bodenarten, Verkehrslast aus Straßen-, Eisenbahn- oder Flugverkehr, sonstige Auflasten (z. B. Schüttgüter), Grundwasserstände, innerer Überdruck und Unterdruck bei Druckrohrleitungen, Art und Form des Auflagers, Art der Verlegung bzw. des Einbaues als Graben- oder Dammleitung.

**Rohre und Formstücke** aus Steinzeug nach DIN EN 295, $T_1$ Anforderungen, $T_2$ Güteüberwachung, $T_3$ Prüfverfahren (11.91), $T_4$ Zubehörteile, $T_6$ Schächte, $T_7$ Vortriebsrohre werden in den Tragfähigkeitsklassen L (DN 600 bis 1200), 95 (DN 400 bis 1000), 120 (DN 200 bis 800), 160 (DN 200 bis 500) und 200 (DN 200 bis 350) angeboten.

[1]) Nur für Grundstücks-Anschlußkanäle, [2]) bekriechbar, [3]) kl. begehbarer Querschnitt.

Die Scheiteldruckkraft beträgt bei Kl. L, DN 600 = 48 kN/m, DN 700 bis 1200 = 60 kN/m und sonst = Tragfähigkeitsklasse × Nennweite/1000. Die deutsche Steinzeugindustrie biete eine **N**ormallastreihe, eine **H**ochlastreihe und Vorpreßrohre an. Dazu auf 2,4 bar Innendruck geprüfte Rohre. Verbindungssysteme nach DIN EN 295 (Steckmuffen K und S entspr. Verbindungssystem C. Steckmuffe L, Ver.F). Rohre nach DIN 1230 sind weitestgehend kompatibel mit DIN EN 295 bis auf DN 200 V, 300 V, 350 N, 400 N und 500 V, für die es Adapter gibt. $\gamma_R = \mathbf{22}$ kN/m³; $E_R = \mathbf{50000}$ N/mm²

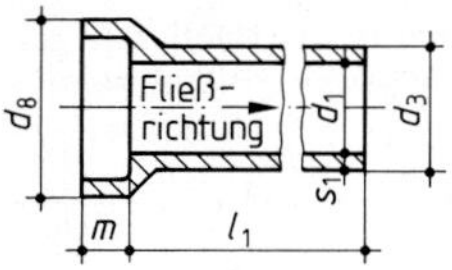

**Bild 62**

Kreisprofil $\sigma_R = 0{,}9 \cdot F_N \cdot (d_1 + s_1)/s_1^2 \cdot (3 \cdot d_1 + 5 \cdot s_1)/(3 \cdot d_1 + 3 \cdot s_1)$ in N/mm²

**Tafel 45 Mindestwerte der Scheiteldruckfestigkeit von Steinzeugrohren nach EN 295.** $F_N$ in kN/m; **Gewicht** in kg/m; **Abmessungen** und **Toleranzen** in mm

| | DN | 100 | 125 | 150 | 200 | 250 | 300 | 350 | 400 | 450 | 500 | 600 | 700 | 800 | 900 | 1000 | 1200 | 1400 |
|---|---|---|---|---|---|---|---|---|---|---|---|---|---|---|---|---|---|---|
| N | $F_N$¹) | 34 L | 34 L | 34 L | 32L/K | 40 K | 48 K | 56 K | 64K/S | – | 60K/S | 57 K | 60 K | 60 K | 60 K | 60 K | 60 K | 60 K |
| | $d_1$²) | 100/4 | 126/4 | 151/5 | 200/5 | 250/6 | 300/7 | 348/7 | 410/8 | – | 496/9 | 597/12 | 697/15 | 797/17 | 897/20 | 998/23 | 1198/28 | 1396/31 |
| | $d_3$²) | 131/3 | 159/3,5 | 186/4 | 242/5 | 296/6 | 351/7 | 417/7 | 484/8 | – | 581/9 | 687/12 | 790/15 | 895/17 | 1002/20 | 1109/23 | 1320/28 | 1550/31 |
| | $d_8$ | 200 | 230 | 260 | 330 | 390 | 460 | 525 | 620 | – | 730 | 860 | 970 | 1090 | 1240 | 1360 | 1600 | 1850 |
| | kg/m | 15 | 19 | 24 | 37 | 53 | 72 | 101 | 136 | – | 174 | 230 | 304 | 367 | 431 | 555 | 693 | 820 |
| H | $F_N$¹) | – | – | – | 48 K | 60 K | 72 K/S | 70 K | 80 K/S | 72 K | 80 K/S | 96 K | 84 K | 96 K | – | – | – | – |
| | $d_1$²) | – | – | – | 200/5 | 250/6 | 300/7 | 348/7 | 398/8 | 447/8 | 496/9 | 597/12 | 697/15 | 797/17 | – | – | – | – |
| | $d_3$²) | – | – | – | 251/5 | 318/6 | 374/7 | 430/7 | 490/8 | 548/8 | 607/9 | 721/12 | 831/15 | 941/17 | – | – | – | – |
| | $d_8$ | – | – | – | 370 | 440 | 510 | 570 | 650 | 720 | 790 | 930 | 1060 | 1190 | – | – | – | – |
| | kg/m | – | – | – | 48 | 75 | 100 | 116 | 152 | 196 | 230 | 326 | 405 | 473 | – | – | – | – |

¹) und Art der Dichtung (L, K oder S); ²) Durchmesser/± Toleranz

**Wasseraufnahme** nach DIN 4033 der 1 Std. gefüllten Leitung bei 5 m WS-Prüfdruck in 15 min je m² benetzte Innenfläche: 0,1 l/m². Einzelrohre nach EN 295 0,07 l/m², nach RAL 0,04 l/m².

**Betonrohre und -formstücke** nach DIN 4032 (1.81) haben in der Regel Kreis- oder Eiquerschnitte. Sie werden ohne oder mit Fuß, mit normaler Wanddicke, Formen K und KF, oder mit verstärkter Wanddicke, Formen KW und KFW, sowie als Eiquerschnitt mit der Form EF hergestellt. Ausführungen mit Muffe oder Falz werden durch Anfügen von – M und – F gekennzeichnet.

Die Baulänge $l_1$ in mm muß ein durch 500 ganzzahlig teilbares Maß sein. Sie beträgt für Betonrohre in der Regel 2000 mm, für Stahlbetonrohre mindestens 2500 mm.

**Bezeichnung**: z. B. kreisförmiges Rohr DIN 4032 K – M oder KW – M 800 × 2000 oder eiförmiges Rohr EF – M 600/900 × 1000 DIN 4032, oder Stahlbetonrohr, K – GM 1000 × 2500, DIN 4035

**Tafel 46 Scheiteldruckkräfte von kreisförmigen Betonrohren** $F_N$ in kN/m Baulänge, zul $Q_B$ in l/m²
$E_R = \mathbf{30000}$ N/mm²; $\gamma_R = \mathbf{24}$ kN/m³; $\sigma_{VR} = \mathbf{6{,}0}$ N/mm²

| DN = $d_1$ | | 100 | 150 | 200 | 250 | 300 | 400 | 500 | 600 | 700 | 800 | 900 | 1000 | 1200 | 1400 |
|---|---|---|---|---|---|---|---|---|---|---|---|---|---|---|---|
| K, KF | $F_N$ | 24 | 26 | 27 | 28 | 30 | 32 | 35 | 38 | 41 | 43 | | | | |
| | min $d_a$ | 144 | 198 | 252 | 310 | 380 | 490 | 600 | 720 | 840 | 950 | | | | |
| KW, KFW | $F_N$ | | | | | 50 | 63 | 80 | 98 | 111 | 125 | 138 | 152 | 181 | 207 |
| KW | min $d_a$ | | | | | 400 | 530 | 670 | 800 | 930 | 1060 | 1190 | 1320 | 1580 | 1840 |
| KFW | min $d_a$ | | | | | 400 | 500 | 640 | 770 | 900 | 1030 | 1160 | 1290 | 1540 | 1840 |
| K, KF: | zul $Q_B$ | 0,40 | | | | 0,30 | | | | 0,25 | | | | 0,20 | |
| KW, KFW: | zul $Q_B$ | | | | | 0,15 | | | | 0,13 | | | | 0,10 | |
| | zul $Q_{sB}$ | | | | | 0,15 | | | | 0,13 | | | | 0,10 | |

zul $Q$ = Wasserzugabe in l/m² der benetzten Innenfläche der Rohrleitung während der Prüfzeit von 15 min bei einem Prüfdruck von 0,5 bar, Vorfüllzeit: 24 Stunden.

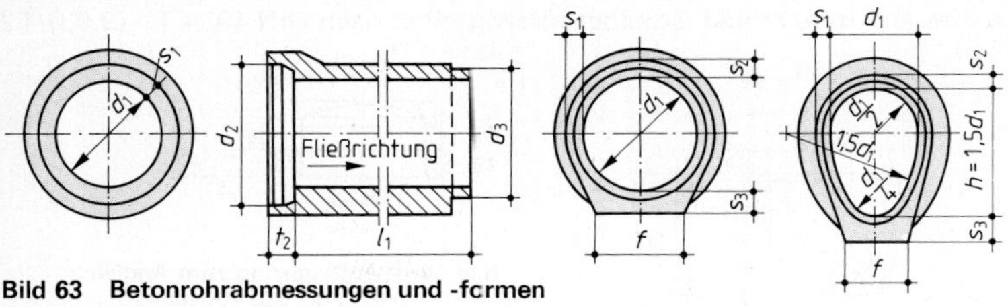


**Bild 63 Betonrohrabmessungen und -formen**

**Tafel 47 Betonrohre mit Eiquerschnitt, Scheiteldruckkräfte $F_N$** in kN/m Baulänge, **zul $Q_B$ und zul $Q_{SB}$** in l/m²

| DN | 500/750 | 600/900 | 700/1050 | 800/1200 | 900/1350 | 1000/1500 | 1200/1800 |
|---|---|---|---|---|---|---|---|
| $F_N$ | 61 | 69 | 75 | 77 | 80 | 83 | 86 |
| min $d_a$ | 628 | 748 | 868 | 988 | 1104 | 1220 | 1444 |
| zul $Q_B$ | 0,25 | | | | 0,20 | | |
| zul $Q_{SB}$ | 0,10 | | | | | | |

**Stahlbetonrohre** nach DIN 4035 (8.95), $E_R=30000$ N/mm²; $\gamma_R=25$ kN/m³ $\sigma_{VR}=6{,}0$ N/mm²

**Spannbetonrohre** nach DIN 4227 T1 (7.88) T1, A1, E (8.94), $E_R=39000$ N/mm²; $\gamma_R=25$ kN/m³

**Faserzementrohre und -formstücke** nach DIN 19850 T1 (2.91)
**$E_R=25000$ N/mm²; $\gamma_R=20$ kN/m³**

Tragfähigkeitsklassen A (Standardklasse) und B (schwere Klasse). Formstücke nur Klasse B. Rohrverbindung durch Überschiebmuffen mit Lippendichtung

**Tafel 48 Scheiteldruckkräfte von FZ-Leitungen $F_N$** in kN/m Baulänge und $\sigma_R$ in N/mm²

| $DN=d_1$ | | 150 | 200 | 250 | 300 | 400 | 500 | 600 | 700 | 800 | 900 | 1000 | 1100 | 1200 | 1300 | 1400 | 1500 |
|---|---|---|---|---|---|---|---|---|---|---|---|---|---|---|---|---|---|
| Kl. A | $F_N$ | | | 29 | 29 | 35 | 44 | 47 | 50 | 55 | 59 | 63 | 68 | 73 | 81 | 88 | 97 |
| | $d_a$ | | | 272 | 324 | 432 | 540 | 646 | 750 | 856 | 962 | 1068 | 1174 | 1282 | 1390 | 1496 | 1602 |
| | $\sigma_R$ | | | | | 44,1 | 45,9 | 45,2 | 46 | 46,8 | 46,6 | 45,2 | 45,7 | 44,2 | 43,7 | 45,2 | 45,9 |
| Kl. B | $F_N$ | 30 | 30 | 34 | 37 | 47 | 53 | 58 | 65 | 73 | 82 | 90 | 98 | 106 | 116 | 126 | 135 |
| | $d_a$ | 168 | 220 | 274 | 328 | 436 | 544 | 650 | 758 | 866 | 974 | 1082 | 1190 | 1298 | 1408 | 1516 | 1624 |
| | $\sigma_R$ | 55 | 58,5 | 57,4 | 54,9 | 50,6 | 48,5 | 49,7 | 45,8 | 46 | 46,8 | 45,9 | 46,1 | 46,3 | 44,8 | 45,8 | 46,3 |

**Wasserdichtheit.** Bei der Prüfung der Rohre mit einem Innendruck von 2 bar (Formteile mit 0,5 bar) und 15 min Dauer dürfen sich an den Außenflächen keine Tropfen bilden.

Rohrbezeichnung z. B. FZ = Rohr DIN 19850 B 250 × 4000 mit 4000 = Rohrlänge in mm, ab DN 200 auch $l=5000$ mm.

**Polyvinylchlorid-hart-Rohre, PVC–U, und Formstücke** mit Steckmuffen für Entwässerungskanäle nach DIN 19534 T1 (5.79) V (11.92) und T2 (8.79) V (11.92) sind genormt in den Nennweiten DN 100, 125, 150, 200, 250, 300, 400, 500, 600. Elastizitätsmodul $E_R=3600$ N/mm² (Kurzzeitwert) bzw. $E_R=1750$ N/mm² (Langzeitwert), Biegezugspannungsrechenwert vorläufig $\sigma_R \leqq 90$ N/mm² (Kurzzeitwert) und $\sigma_R \leqq 50$ N/mm² (Langzeitwert). $\gamma_R=13{,}8$ kN/m³

**Polyethylen-hart-Rohre, PE–HD,** nach DIN 19537 (T1 (10.83) und 2 (1.88)), T3 (11.90), DN 100, 125, 150, 250, 300, 400, bis 1000; 3 Nenndruckstufen PN 3,2–4–6 nach DIN 8074. Elastizitätsmodul $E_R=1000$ N/mm² (Kurzzeitwert) bzw. $E_R=150$ N/mm² (Langzeitwert), Biegezugspannung $\sigma_R=30$ N/mm² (Kurzzeitwert) bzw. $\sigma_R=14{,}4$ N/mm² (Langzeitwert). $\gamma_R=9{,}5$ kN/m³

## **Schächte aus Beton- und Stahlbetonfertigteilen** nach DIN 4034 T1 (9.93) T2 (10.90)

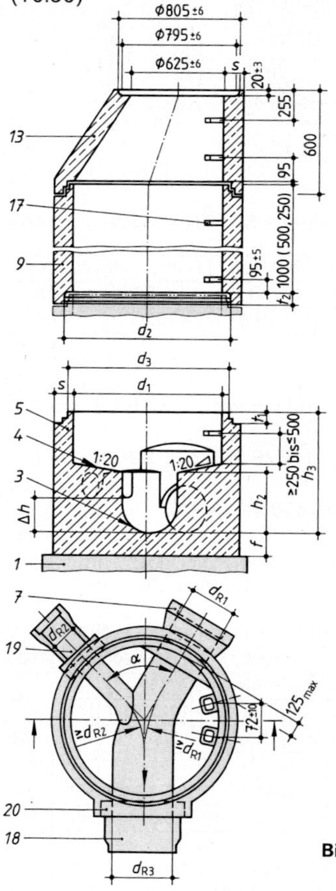


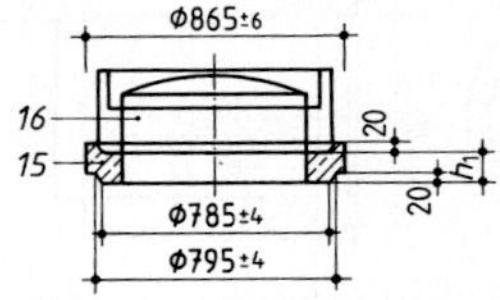


**Bild 64a Auflagerring zum Angleich**
$h_1 = 60$, 80, 100 mm

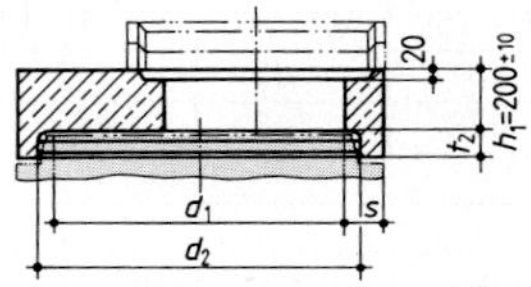


**Bild 64b Abdeckplatte**

*1* Sauberkeitsschicht
*2* Sohlplatte
*3* Gerinne
*4* Auftritt
*5* Schachtunterteil
*7* Anschlußstück (nachträgl. einbetoniert)
*9* Schachtring
*13* Schachthals (Konus)
*15* Auflagering
*16* Schachtabdeckung nach DIN 4271 T1 bis T3 oder DIN 19584 T1 und T2
*17* Steigeisen
*18* Gelenkstück SS
*19* Gelenkstück SM
*20* angeformte Muffe
*24* Dichtmittel aus Elastomeren nach DIN 4060

**Bild 64 Schacht aus Beton und Stahlbetonfertigteilen**
(Positions-Nummern entsprechen DIN 19549)

**Tafel 49 Maße für Schachtunterteile, Schachtringe und Schachthälse** nach DIN 4033

| DN | $d_1$ | $s$ [2]) min | $d_{R3}$ max | $h_2$ | $h_3$ min | $f$ min | $\frac{d_2}{d_3}$ | $\frac{t_1}{t_2}$ | $\frac{w}{s}$ |
|---|---|---|---|---|---|---|---|---|---|
| 1000 und 1200 | 1000±8 | 150 | 150 | 150 | 500 | 150 | $\frac{1113 \pm 1.0^{1)}}{1090 \pm 2{,}0^{1)}}$ | $\frac{65 \pm 2{,}0^{1)}}{70 \pm 1{,}0^{1)}}$ | $\frac{11{,}5 \pm 1{,}5^{1)}}{120^{1)}}$ |
| | | | 200 | 200 | 500 | | | | |
| | 1200±10 | 150 | 250 | 250 | 600 | | | | |
| | | | 300 | 300 | 700 | | | | |
| | | | 400 | 400 | 800 | | | | |
| | | | 500 | 500 | 900 | | | | |
| | | | 600 | 500 | 1000 | | | | |
| 1200 | 1200±10 | 150 | 700 | 500 | 1100 | | $\frac{1327 \pm 1{,}0}{1300 \pm 3{,}0}$ | $\frac{75 \pm 3{,}0}{80 \pm 1{,}0}$ | $\frac{13{,}5 \pm 2{,}0}{135}$ |
| | | | 800 | 500 | 1200 | | | | |
| 1500 | 1500±10 | 150 | 900 | 500 | 1300 | 200 | $\frac{1652 \pm 1{,}0}{1650 \pm 3{,}5}$ | $\frac{85 \pm 3{,}5}{90 \pm 1{,}5}$ | $\frac{16{,}0 \pm 2{,}5}{150}$ |
| | | | 1000 | 500 | 1400 | 200 | | | |

Maße in mm [1]) Angaben für Schacht DN 1000 [2]) für Schachtunterteile

Bei der Überprüfung auf Wasserdichtigkeit dürfen bei 0,5 bar Innendruck und 15 min Dauer nicht mehr als 0,07 l/m² benetzter Innenfläche aufgenommen werden, s. DIN 4032 u. 4033.

## 5.3 Standfestigkeit erdüberdeckter Rohrleitungen [7]

**Formelzeichen**

| Größe | Einheit | Benennung |
|---|---|---|
| $A$ | $m^2$, $mm^2$ | Fläche |
| $a, a'$ | 1, 1 | relative Ausladung, wirksame relative Ausladung |
| $a_F$ | 1 | Korrekturfaktor Verkehrslasten |
| $b$ | m | Grabenbreite in Höhe des Rohrscheitels |
| $b_{So}$ | m | Breite der Grabensohle |
| $b_D$ | m | Breite der Deformationsschicht |
| $c_h, c_v, c_v^*$ | 1 | Verformungsbeiwerte |
| $D_{Pr}$ | % | Verdichtungsgrad, % einfache Proctordichte |
| $d_a, d_i, d_m$ | m | Rohraußen(-innen)-durchmesser, mittlerer Rohrdurchm. |
| $d_D$ | m | Dicke der Deformationsschicht |
| $E_B, E_{1,2,3,4}$ | $N/mm^2$ | Verformungsmodul des Bodens bzw. in den Zonen 1, 2, 3, 4 |
| $E_D$ | $N/mm^2$ | Elastizitätsmodul der Deformationsschicht |
| $E_R$ | $N/mm^2$ | Elastizitätsmodul des Rohrwerkstoffes |
| $EZ$ | 1 | Einbauziffer |
| $F_A, F_E$ | kN | Kraftgröße, Hilfslasten |
| $F_N$, tot $F$ | kN/m | Scheiteldruckkraft, Gesamtbelastung |
| $f$ | 1 | Abminderungsfaktor |
| $h$ | m | Überdeckungshöhe |
| $h_w$ | m | Höhe des Wasserspiegels über Rohrscheitel |
| $I$ | $m^4/m$, $mm^4/mm$ | Flächenmoment zweiten Grades |
| $K_{1,2}, K^*$ | 1 | Erddruckverhältnis, Beiwert für den Bettungsreaktionsdruck |
| krit $q_v$ | $kN/m^2$ | kritische Beullast |
| krit $p_A$ | $kN/m^2$ | kritischer Außendruck |
| $M$ | kN m/m | Biegemoment |
| $N$ | kN/m | Normalkraft |
| $m, n$ | 1 | Momentenbeiwert, Normalkraftbeiwert |
| $p_i, p_F, p_v$ | $kN/m^2$ | Bodenspannungen infolge Verkehrslast |
| $p_E$ | $kN/m^2$ | Bodenspannung infolge Erdlast und Flächenlast |
| $p_O$ | $kN/m^2$ | Flächenlast, Überdruck allgemein |
| $p_f$ | 1 | Versagenswahrscheinlichkeit |
| $p_i$ | $kN/m^2$ | Innendruck |
| $p_a$ | $kN/m^2$ | äußerer Wasserdruck |
| $q_{h,v}$ | $kN/m^2$ | Bodenspannungen am Rohr |
| $q_h^*$ | $kN/m^2$ | horizontaler Bettungsreaktionsdruck |
| $r_A, r_E$ | m | Hilfsradien |
| $r_m$ | mm, m | mittlerer Radius $(d_i + d_a)/4$ |
| $S_{Bh}, S_{Bv}$ | $N/mm^2$ | Bettungssteifigkeit |
| $S_D, S_R$ | $N/mm^2$ | Steifigkeit der Deformationsschicht, Rohrsteifigkeit |
| $V_{RB}, V_S$ | 1 | Systemsteifigkeit, Steifigkeitsverhältnis |
| $s, s_{id}$ | mm | Wanddicke, ideelle Wanddicke |
| $W$ | $m^3/m$, $mm^3/mm$ | Widerstandsmoment |
| $\alpha$ | * | halber Auflagerwinkel Alpha |
| $\alpha_B$ | 1 | Abminderungsfaktoren |
| $\alpha_D$ | 1 | Durchschlagbeiwert |
| $\alpha_k$ | 1 | Korrekturfaktor für die Krümmung |
| $\Delta f$ | 1 | Hilfswert |
| $\beta$ | * | Böschungswinkel |
| $\gamma$ | 1 | Sicherheitsbeiwert |
| $\gamma_B, \gamma_R, \gamma_w$ | $kN/m^3$ | Wichte des Bodens, des Rohrwerkstoffes, des Wassers |
| $\Delta d_v$ | mm | Durchmesseränderung |
| $\delta$ | * | Wandreibungswinkel |
| $\delta_v$ | % | relative vertikale Durchmesseränderung |
| $\varepsilon_R$ | 1 | Rechenwert der Randfaserdehnungen |
| $\zeta$ | 1 | Korrekturfaktor für die horizontale Bettungssteifigkeit |
| $\varkappa_{90}, \varkappa_\beta$ | 1 | Abminderungsfaktor für eine Grabenlast nach der Silotheorie |
| $\varkappa_O, \varkappa_{O\beta}$ | 1 | Abminderungsfaktor für eine Flächenlast nach der Silotheorie |

Fortsetzung s. nächste Seite

**Formelzeichen,** Fortsetzung

| Größe | Einheit | Benennung |
|---|---|---|
| $\lambda_B$ | 1 | Konzentrationsfaktor im Boden neben dem Rohr |
| $\lambda_{HRG_o}$ | 1 | oberer Grenzwert des Konzentrationsfaktors über dem Rohr |
| $\lambda_{HRG_u}$ | 1 | unterer Grenzwert des Konzentrationsfaktors über dem Rohr |
| $\lambda_{R, RG}$, max $\lambda$ | 1 | Konzentrationsfaktor über dem Rohr |
| $\sigma$, $\sigma_R$ | N/mm² | Spannung, Biegezugspannung, Rechenwert |
| $\varphi$ | 1 | Stoßbeiwert |
| $\varphi'$ | * | innerer Reibungswinkel |

**Indizes**

h horizontal i innen q infolge äußerer Lasten w infolge Wasserfüllung
v vertikal a außen g infolge Eigengewicht

## 5.3.1 Grundlagen

Die mittlere vertikale Bodenspannung $p$ in der Ebene des Rohrscheitels ($p_E$ aus Überschüttung, $p_{Eo}$ aus Auflast und $p_v$ aus Verkehr) wird zunächst unabhängig vom Rohrmaterial ermittelt (Abschn. 5.3.3).

Da jedoch Rohr und umgebender Boden unterschiedliche Verformungsfähigkeiten besitzen, erfolgt eine Umlagerung dieser Spannungen auf Rohr und seitlichen Boden gemäß den Umlagerungs- bzw. Konzentrationsfaktoren $\lambda_R$ und $\lambda_B$ (Abschn. 5.3.4.2).

Mit diesen Belastungen können einerseits die resultierenden Scheiteldruckkräfte tot$F$ und andererseits die Schnittgrößen $M$ und $N$, Spannungen $\sigma$ und Dehnungen $\varepsilon$ über den Umfang des Rohres und ggf. die Verformung des Rohres berechnet werden (Abschn. 5.3.5).

Bei biegesteifen Rohren wird der Nachweis der Tragfähigkeit oder der Spannungen geführt. Bei biegeweichen Rohren sind der Verformungsnachweis, der Dehnungsnachweis (bei UP-GF) und der Stabilitätsnachweis maßgebend (Abschn. 5.3.6).

## 5.3.2 Boden-, Einbau- und Einbettungskennwerte

Die Belastung der Rohre hängt u.a. ab von ihrer Einbettung und dem Boden.

**Tafel 50 Bodengruppen**

| Boden-gruppe | Boden | Wichte $\gamma_B$ in kN/m³ | innere Reibung $\varphi'$ | Verformungsmodul $E_B$ in N/mm² bei Verdichtungsgrad $D_{Pr}$ in % 85 | 90 | 92 | 95 | 97 | 100 |
|---|---|---|---|---|---|---|---|---|---|
| G1 | Nichtbindige Böden, Kiese, Sande, Kies-Sand-Gemische (GE, GW, GI, SE, SW, SI) | 20 | 35° | 2 | 6 | 9 | 16 | 23 | 40 |
| G2 | Schwachbindige Böden (GU, GT, SU, ST) | 20 | 30° | 1,2 | 3 | 4 | 8 | 11 | 20 |
| G3 | Bindige Mischböden, Schluff, (bindiger Sand und Kies), bindiger, steiniger Verwitterungsboden (GŪ, GT̄, SŪ, ST̄, UL, UM) | 20 | 25° | 0,8 | 2 | 3 | 5 | 8 | 13 |
| G4 | Bindige Böden, Ton, Lehm (TL, TM, TA, OU, OT, OH, OK) | 20 | 20° | 0,6 | 1,5 | 2 | 4 | 6 | 10 |

Der Verformungsmodul $E_2$ des Bodens neben dem Rohr ergibt sich aus dem Wert von $E_{2,0}$ der Tafel 51 in der Form

$$\boldsymbol{E_2 = f \cdot \alpha_B \cdot E_{2,0}} \quad (95) \quad \text{mit} \quad \alpha_B = 1 - (4 - b/d_a) \cdot (1 - \alpha_{Bo})/3, \quad f = \frac{D_{Pr} - 75}{20} \leqq 1$$

und $\alpha_{Bo}$ nach Tafel 53.

$\alpha_B$ berücksichtigt die geringere Verdichtung neben dem Rohr in schmalen Gräben und $f$ berücksichtigt die Sackungen infolge Grundwasser.

**Tafel 51 Bodenkennwerte**

| Bodengruppe | Überschüttungsbedingungen A nach Tafel 52, Einbettungsbedingungen B nach Tafel 53: A1 B1 | | A2 und A3 B2 und B3 | | A4 B4 | |
|---|---|---|---|---|---|---|
| | $D_{Pr}$ in % | $E_1, E_{2,0}$ in N/mm² | $D_{Pr}$ in % | $E_1, E_{2,0}$ in N/mm² | $D_{Pr}$ in % | $E_1, E_{2,0}$ in N/mm² |
| G1 | 95 | 16 | 90 | 6 | 97 | 23 |
| G2 | 95 | 8 | 90 | 3 | 97 | 11 |
| G3 | 92 | 3 | 90 | 2 | 95 | 5 |
| G4 | 92 | 2 | 90 | 1,5 | — | — |

Der Zusammenhang zwischen Proctordichte $D_{Pr}$, Bodengruppe $G$ und Verformungsmodul $E_B$ wird beschrieben durch die Beziehung

$$E_B \approx \frac{2{,}74 \cdot 10^{-7}}{G} \cdot e^{0{,}188 D_{Pr}} \quad \text{in N/mm}^2 \qquad (96)$$

$D_{Pr}$ in % einsetzen (z.B. 92)
$G = 1, 2, 3$ oder 4

Bei gleichwertiger Verdichtung des Bodens neben und über dem Rohr kann $E_2 = E_1$ erreicht werden. $E_2$ darf nicht größer als $E_1$ (Tafel 51) angenommen werden, ausgenommen bei Bodenaustausch in der Leitungszone oder bei Einbettungsbedingung B4.
Gewachsene Böden mit $D_{Pr} = 90$ bis 97% für $E_3$. Bei Aushubwiederverfüllung nach DIN 4033 wird $E_3 = E_2$; wird der Aushub nur als Überschüttung eingebaut, wird $E_3 = E_1$. Im Damm ist meist $E_1 = E_2 = E_3$. Bei normalem Lockergestein wird $E_4 = 10 \cdot E_1$. Bei Felsuntergrund kann $E_4/E_1$ gegen $\infty$ gehen.

**Tafel 52 Überschüttungsbedingungen A1 bis A4**

| Fall | $K_1$ | $\delta$ | Einbauweise der Grabenverfüllung oberhalb der Leitungszone |
|---|---|---|---|
| A1 | 0,5 | $^2/_3\varphi'$ | Lagenweise gegen den gewachsenen Boden verdichtete Grabenverfüllung (ohne Nachweis der Proctordichte) |
| A2 | 0,5 | $^1/_3\varphi'$ | Senkrechter Verbau des Rohrgrabens mit Kanaldielen oder Leichtspundprofilen, die erst nach dem Verfüllen gezogen werden. Verbauplatten oder -geräte, die bei der Verfüllung des Grabens schrittweise gezogen werden. Unverdichtete Grabenverfüllung. Einspülen der Verfüllung (nur Bodengruppe G1) |
| A3 | 0,5 | 0 | Senkrechter Verbau des Rohrgrabens mit Spundwänden, Holzbohlen, Verbauplatten oder -geräten, die erst nach dem Verfüllen entfernt werden |
| A4 | 0,5 | $\varphi'$ | Lagenweise gegen den gewachsenen Boden verdichtete Grabenverfüllung mit Nachweis der erforderlichen Proctordichte nach ZTVE-StB, ausgenommen Bodengruppe G4 |

**Tafel 53 Einbettungsbedingungen für die Leitungszone und Abminderungsfaktoren**

| Fall | Abminderungsfaktor $\alpha_{Bo}$ | Einbauweise in der Leitungszone |
|---|---|---|
| B1 | $^2/_3$ | Lagenweise gegen den gewachsenen Boden bzw. lagenweise in der Dammschüttung verdichtete Einbettung (ohne Nachweis des Verdichtungsgrades) |
| B2 | $^1/_3$ | Senkrechter Verbau innerhalb der Leitungszone mit Kanaldielen oder Leichtspundprofilen, die erst nach dem Verfüllen gezogen werden. Verbauplatten und -geräte, unter der Voraussetzung, daß die Verdichtung des Bodens nach dem Ziehen des Verbaus sichergestellt ist. Einspülen der Einbettung (nur geeignet bei Böden der Gruppe G1) |
| B3 | 0 | Senkrechter Verbau innerhalb der Leitungszone mit Spundwänden und Verdichtung gegen den Verbau |
| B4 | 1 | Lagenweise gegen den gewachsenen Boden bzw. lagenweise in der Dammschüttung verdichtete Einbettung mit Nachweis der nach ZTVE-StB erforderlichen Proctordichte. (Nicht anwendbar bei Böden der Gruppe G4.) |

Die Leitungszone umfaßt Rohrauflager und Einbettung bis 30 cm über Rohrscheitel, bei Dammschüttungen seitlich bis mind. $1{,}5 \cdot d_a$ neben dem Rohr. Bei biegeweichen Rohren dürfen nur die Böden G1 und G2 eingebaut werden.

$E_1$ Überschüttung über dem Rohrscheitel

$E_2$ Leitungszone seitlich neben dem Rohr

$E_3$ anstehender Boden neben dem Graben bzw. eingebauter Boden neben der Leitungszone

$E_4$ Boden unter dem Rohr (Baugrund)

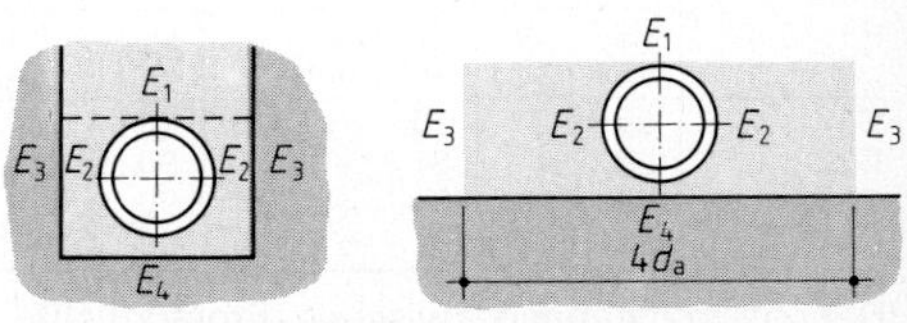


**a) Bezeichnung der Verformungsmoduln für die verschiedenen Bodenzonen**

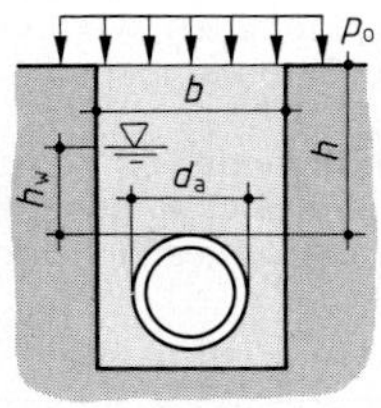


**b) Bezeichnungen allgemein (Verbau nicht dargestellt)**

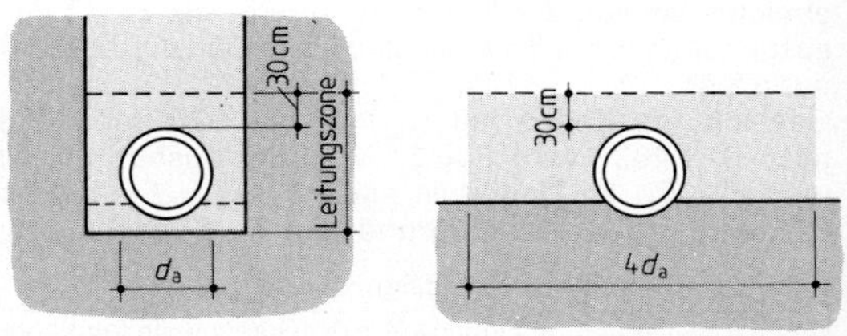


**c) Leitungszone im Graben bzw. bei Dammschüttungen**

**Bild 65 Rohrgraben**

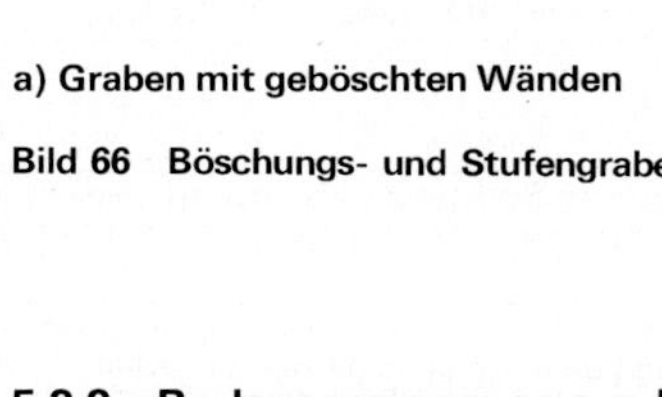


**a) Graben mit geböschten Wänden**

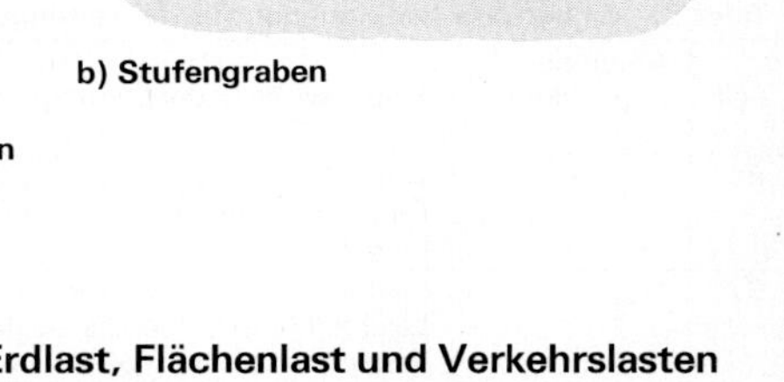


**b) Stufengraben**

**Bild 66 Böschungs- und Stufengraben**

### 5.3.3 Bodenspannungen aus Erdlast, Flächenlast und Verkehrslasten

#### 5.3.3.1 Mittlere Bodenspannungen infolge Überschüttung und Auflast

In Rohrscheitelhöhe betragen die mittleren vertikalen Bodenspannungen

– aus Überschüttung

$\boldsymbol{p_E = \varkappa_\beta \cdot \gamma_B \cdot h}$ in kN/m² (97)

mit $\varkappa_\beta = 1 - \beta^0/90° + \varkappa \cdot \beta^0/90°$

– aus Auf- bzw. Flächenlast

$\boldsymbol{p_{Eo} = \varkappa_{o\beta} \cdot p_o}$ in kN/m² (98)

mit $\varkappa_{o\beta} = 1 - \beta^0/90° + \varkappa_o \cdot \beta^0/90°$

Hierbei betragen die Abminderungsfaktoren nach der Silotheorie

– für Überschüttung $\varkappa = \dfrac{1 - e^{-2(h/b) \cdot K_1 \cdot \tan\delta}}{2(h/b) \cdot K_1 \cdot \tan\delta}$ (99) $K_1$ und $\delta$ s. Tafel 52

– für Auflast $\varkappa_0 = e^{-2(h/b) \cdot K_1 \cdot \tan\delta}$ (100)

**Tafel 54 Abminderungsfaktoren $\varkappa_o$ und $\varkappa$ für $\beta = 90°$**

| $h/b$ | | Boden G1 | | | Boden G2 | | | Boden G3 | | | Boden G4 | | |
|---|---|---|---|---|---|---|---|---|---|---|---|---|---|
| | | Fall A1 | Fall A2 | Fall A4 | Fall A1 | Fall A2 | Fall A4 | Fall A1 | Fall A2 | Fall A4 | Fall A1 | Fall A2 | Fall A4 |
| 0,5 | $\varkappa_0$ | 0,806 | 0,902 | 0,705 | 0,834 | 0,916 | 0,749 | 0,861 | 0,929 | 0,792 | 0,888 | 0,943 | 0,834 |
| | $\varkappa$ | 0,900 | 0,950 | 0,844 | 0,914 | 0,957 | 0,869 | 0,929 | 0,964 | 0,892 | 0,943 | 0,971 | 0,914 |
| 1,0 | $\varkappa_0$ | 0,650 | 0,813 | 0,496 | 0,695 | 0,838 | 0,561 | 0,741 | 0,864 | 0,627 | 0,789 | 0,890 | 0,695 |
| | $\varkappa$ | 0,812 | 0,904 | 0,719 | 0,838 | 0,917 | 0,760 | 0,864 | 0,930 | 0,799 | 0,890 | 0,944 | 0,838 |
| 1,5 | $\varkappa_0$ | 0,524 | 0,734 | 0,350 | 0,579 | 0,768 | 0,421 | 0,638 | 0,803 | 0,497 | 0,701 | 0,839 | 0,579 |
| | $\varkappa$ | 0,736 | 0,860 | 0,619 | 0,771 | 0,379 | 0,669 | 0,806 | 0,898 | 0,719 | 0,842 | 0,917 | 0,771 |
| 2,0 | $\varkappa_0$ | 0,422 | 0,662 | 0,246 | 0,483 | 0,703 | 0,315 | 0,549 | 0,746 | 0,394 | 0,623 | 0,792 | 0,483 |
| | $\varkappa$ | 0,670 | 0,819 | 0,538 | 0,710 | 0,843 | 0,593 | 0,752 | 0,867 | 0,650 | 0,796 | 0,892 | 0,710 |
| 2,5 | $\varkappa_0$ | 0,340 | 0,597 | 0,174 | 0,403 | 0,644 | 0,236 | 0,473 | 0,693 | 0,312 | 0,553 | 0,747 | 0,403 |
| | $\varkappa$ | 0,612 | 0,781 | 0,472 | 0,657 | 0,809 | 0,529 | 0,704 | 0,837 | 0,590 | 0,755 | 0,867 | 0,657 |
| 3,0 | $\varkappa_0$ | 0,274 | 0,538 | 0,122 | 0,336 | 0,589 | 0,177 | 0,407 | 0,644 | 0,247 | 0,491 | 0,704 | 0,336 |
| | $\varkappa$ | 0,561 | 0,745 | 0,418 | 0,608 | 0,777 | 0,475 | 0,660 | 0,809 | 0,538 | 0,716 | 0,843 | 0,608 |
| 3,5 | $\varkappa_0$ | 0,221 | 0,485 | 0,086 | 0,280 | 0,539 | 0,133 | 0,351 | 0,599 | 0,196 | 0,436 | 0,664 | 0,280 |
| | $\varkappa$ | 0,516 | 0,712 | 0,373 | 0,565 | 0,746 | 0,429 | 0,620 | 0,782 | 0,493 | 0,680 | 0,821 | 0,565 |
| 4,0 | $\varkappa_0$ | 0,178 | 0,438 | 0,061 | 0,233 | 0,494 | 0,099 | 0,302 | 0,557 | 0,155 | 0,388 | 0,627 | 0,233 |
| | $\varkappa$ | 0,476 | 0,681 | 0,335 | 0,527 | 0,717 | 0,390 | 0,583 | 0,757 | 0,453 | 0,646 | 0,799 | 0,527 |
| 5,0 | $\varkappa_0$ | 0,116 | 0,356 | 0,030 | 0,162 | 0,414 | 0,056 | 0,224 | 0,481 | 0,097 | 0,306 | 0,557 | 0,162 |
| | $\varkappa$ | 0,410 | 0,624 | 0,277 | 0,460 | 0,665 | 0,327 | 0,519 | 0,709 | 0,387 | 0,586 | 0,757 | 0,460 |
| 6,0 | $\varkappa_0$ | 0,075 | 0,290 | 0,015 | 0,113 | 0,347 | 0,031 | 0,166 | 0,415 | 0,061 | 0,241 | 0,496 | 0,113 |
| | $\varkappa$ | 0,357 | 0,573 | 0,234 | 0,406 | 0,6[illegible]7 | 0,280 | 0,464 | 0,665 | 0,336 | 0,534 | 0,719 | 0,406 |
| 7,0 | $\varkappa_0$ | 0,049 | 0,236 | 0,007 | 0,078 | 0,291 | 0,018 | 0,123 | 0,359 | 0,038 | 0,190 | 0,441 | 0,078 |
| | $\varkappa$ | 0,315 | 0,529 | 0,203 | 0,362 | 0,574 | 0,243 | 0,418 | 0,625 | 0,295 | 0,488 | 0,683 | 0,362 |

Für Überschüttungsbedingung A3 gilt bei allen Böden $\varkappa_0 = \varkappa = 1$.

Bei Damm-Schüttungen werden $\varkappa = 1$ und $\varkappa_o = 1$. Beim Stufengraben errechnet sich die Belastung des oberen Rohres als Mittelwert zweier Lastfälle mit der Überdeckung $h_1$, dabei wird $\varkappa$ einmal mit $h_1/b_1$ und zum anderen mit $h_1/b_2$ berechnet und dann gemittelt. Die Belastung des unteren Rohres entspricht der Summe aus $p_E$ nach Gl. (97) mit $h_3$, $h_3/b_3$ und $p_{Eo}$ nach Gl. (98) mit einer Auflast $p_o = p_E$, die man vorab nach Gl. (98) mit $h_2$ und $h_2/b_2$ ermittelt. (Bei Auflast: $p_o = p_E + p_{Eo}$).

### 5.3.3.2 Mittlere Bodenspannungen $p_V$ unter begrenzten Flächenlasten $p_o$

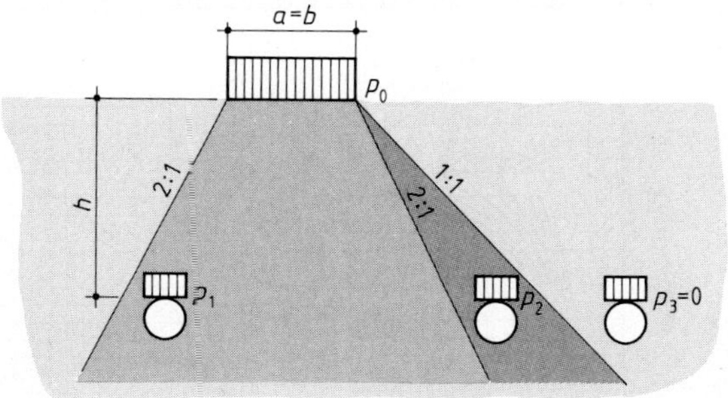


**Bild 67**
**Lastausbreitung begrenzter Flächenlasten**

Rohre werden unter begrenzten Flächenlasten je nach ihrer Lage in der jeweiligen Lastausbreitungszone (Bereich 2:1 oder Bereich zwischen 2:1 und 1:1 oder außerhalb von 1:1) wie folgt belastet:

Ansatz von $p$ in Abhängigkeit von der Rohrlage

**Flächenlasten**

$$p_1=\frac{a\cdot b\cdot p_0}{(a+h)\cdot(b+h)};\quad p_2=\frac{a\cdot b\cdot p_0}{(a+2h)\cdot(b+2h)};\quad p_3=0 \qquad (101\,\text{a, b, c})$$

**Streifenlasten**

$$p_1=\frac{a\cdot p_0}{a+h};\quad p_2=\frac{a\cdot p_0}{a+2h};\quad p_3=0 \qquad (102\,\text{a, b, c})$$

Lastaufstandsfläche $A=a\cdot b$. Bei Streifenlasten ist $b=L=1{,}0$ m gesetzt.

### 5.3.3.3 Bodenspannungen $p_V$ in der Rohrscheitelebene infolge Straßenverkehrslasten

Die auf das Rohr wirkenden vertikalen Bodenspannungen $p$ aus Straßenverkehrslasten für $h\geqq 0{,}5$ m und $d_m\leq 5{,}0$ m können Bild 68 entnommen oder nach Gl. (103) berechnet werden.

$$p=a_F\cdot p_F \text{ in kN/m}^2 \qquad (103\,\text{a})$$

mit der Ersatzlast

$$p_F=\frac{F_A}{\pi\cdot r_A^2}\cdot\left\{1-\left[\frac{1}{1+(r_A/h)^2}\right]^{3/2}\right\}+\frac{3F_E}{2\cdot\pi\cdot h^2}\left[\frac{1}{1+(r_E/h)^2}\right]^{5/2} \text{ in kN/m}^2 \qquad (103\,\text{b})$$

und

$$a_F=1-\frac{0{,}9}{0{,}9+(4h^2+h^6)/(1{,}1\cdot d_m^{2/3})} \qquad (103\,\text{c}) \quad \text{mit} \quad d_m=0{,}5(d_i+d_a) \quad \text{in m}$$

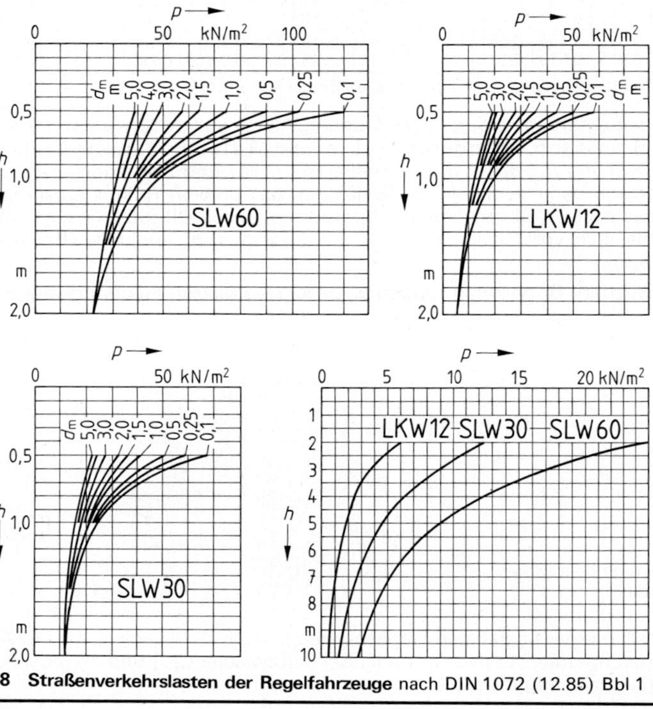


**Bild 68 Straßenverkehrslasten der Regelfahrzeuge** nach DIN 1072 (12.85) Bbl 1 (5.88)

$a_F$ ist ein Korrekturfaktor zur Berücksichtigung der Druckausbreitung über dem Rohrquerschnitt und der mittragenden Rohrlänge bei kleinen Überdekkungshöhen.

Die sich so ergebenden Spannungen sind mit dem Stoßbeiwert $\varphi$ nach Tafel 55 zu multiplizieren:

$$\boldsymbol{p_v = \varphi \cdot p} \quad (104)$$

**Tafel 55 Stoßbeiwert $\varphi$, Hilfslasten und Hilfsradien**

| Regelfahrzeug | Stoßbeiwert $\varphi$ | $F_A$ in kN | $F_E$ in kN | $r_A$ in m | $r_E$ in m |
|---|---|---|---|---|---|
| SLW60 | 1,2 | 100 | 500 | 0,25 | 1,82 |
| SLW30 | 1,4 | 50 | 250 | 0,18 | 1,82 |
| LKW12 | 1,5 | 40 | 80 | 0,15 | 2,26 |

Bei dem Sicherheitsnachweis gegen Versagen durch Dauerschwingverhalten darf in den Gln. (103a), (103b) und (103c) mit **($h$+0,3 m)** gerechnet werden. Außerdem dürfen (nach DIN 1072) die so ermittelten **$p_V$-Werte** mit **$\alpha = 0{,}5 + (10 - d_m)(\alpha_0 - 0{,}5)/10 \geqq 0{,}5$** abgemindert werden. SLW60: $\alpha_0 = 0{,}6$; SLW30: $\alpha_0 = 1{,}0$. Bei LKW12 als Ersatzlast für den Einbau im freien Feld erübrigt sich der Nachweis.

### 5.3.3.4 Bodenspannungen $p_v$ in der Rohrzone infolge Schienenverkehrslast

In Rohrscheitelhöhe betragen die auf das Rohr wirkenden vertikalen Bodenspannungen $p_V$ infolge Schienenverkehrslasten

$$\boldsymbol{p_V = \varphi \cdot p} \text{ in kN/m}^2 \quad (105)$$

$p$ s. Tafel 56

$$\varphi = 1{,}40 - 0{,}1\,(h - 0{,}50) \geqq 1{,}0 \quad (106)$$

**Tafel 56 Bodenspannungen infolge Schienenverkehrslasten**

| | | $h$ (bis OK Schwelle) in m | | | |
|---|---|---|---|---|---|
| | | 1,50 | 2,75 | 5,50 | ≧10,00 |
| $p$ in kN/m² | 1 Gleis | 48 | 39 | 20 | 10 |
| | ≧2 Gleise | 48 | 39 | 26 | 15 |

Zwischenwerte geradlinig interpolieren

### 5.3.3.5 Bodenspannungen $p_V$ in der Rohrscheitelebene infolge Flugzeuglasten

| Bemessungsflugzeug in t | Aufstandflächen der Hauptfahrwerke in m | Lastspannung in kN/m² |
|---|---|---|
| BFZ 90 | 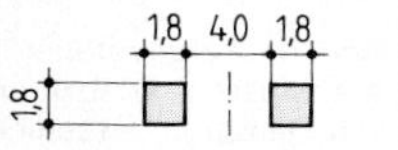 | 150 |
| BFZ 180 | 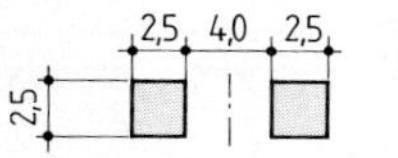 | 150 |
| BFZ 350 | 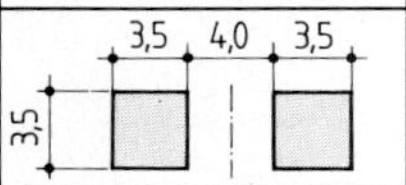 | 150 |
| BFZ 550 | 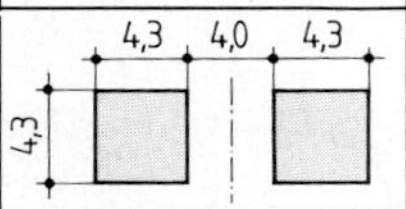 | 150 |
| BFZ 750 | 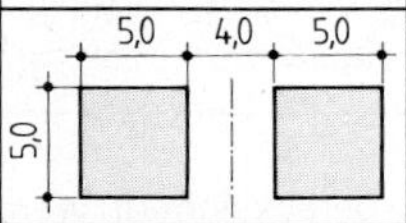 | 150 |



**Bild 69 Lastbilder der Bemessungsflugzeuge**

Die vertikalen Bodenspannungen $p_V$ über dem Rohr infolge Flugzeugverkehrslasten ergeben sich aus Bild 70.

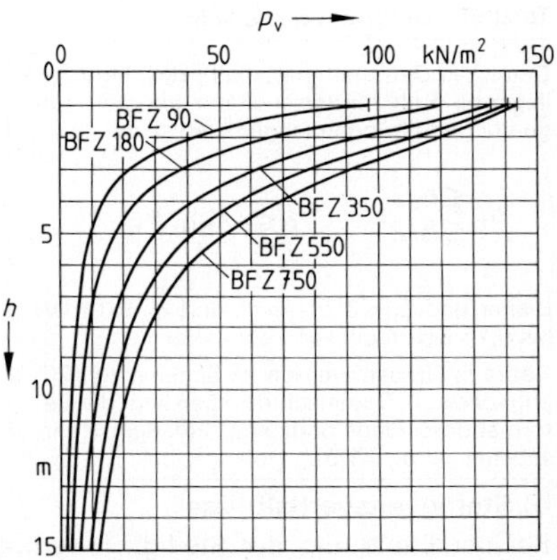


**Bild 70 Bodenspannung $p_v$ infolge von Flugzeugverkehrslasten**

### 5.3.4 Lastaufteilung

Die Verteilung der Bodenspannungen auf Rohr und seitlichen Boden in der Rohrleitungszone hängt ab vom Verhältnis $V_S$ der Steifigkeiten in der Rohrzone und in der Bodenzone. Das Steifigkeitsverhältnis $V_S$ hängt ab von der Rohrsteifigkeit $S_R$ (biegeweich oder biegesteif), der Rohrbettung und dem Vorhandensein einer möglichen Deformationsschicht. Die Steifigkeiten $S_{Bv}$ und $S_{Bh}$ der Bodenzonen hängen ab von der Bodenart, der Einbauweise und der relativen Grabenbreite.

#### 5.3.4.1 Steifigkeiten und Steifigkeitsverhältnisse

**a) Steifigkeiten**

Rohrsteifigkeit

$$S_R = E_R \cdot I / r_m^3 \quad (107) \quad \text{mit} \quad I = 1 \cdot s^3/12 \text{ in mm}^4$$

Vertikale Bodensteifigkeit

$$S_{Bv} = E_2/a \quad (108)$$

Horizontale Bodensteifigkeit

$$S_{Bh} = 0{,}6 \cdot \zeta \cdot E_2 \quad (109)$$

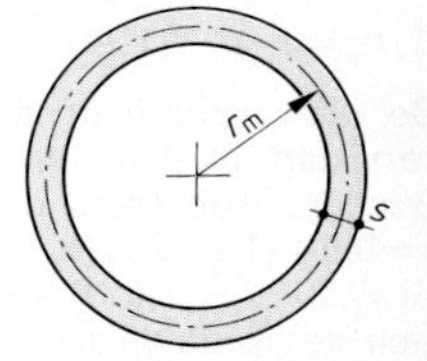


**Bild 71 Rohrquerschnitt**

Korrekturfaktor $\zeta$ zur Berücksichtigung der unterschiedlichen Verformungsmoduln $E_2$ und $E_3$

$$\zeta = 1{,}44/[\Delta f + (1{,}44 - \Delta f) \cdot E_2/E_3]$$

mit dem Hilfswert

$$\Delta f = \frac{b/d_a - 1}{1{,}154 + 0{,}444(b/d_a - 1)} \leqq 1{,}44$$

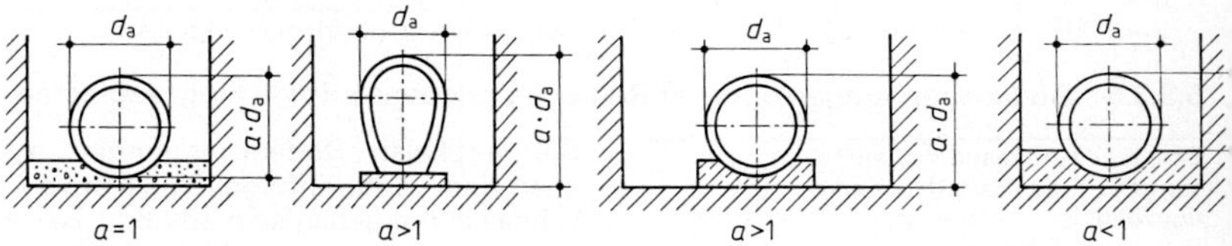


**Bild 71a Relative Ausladung α**

Steifigkeit der Deformationsschicht

$$S_D = E_D \cdot b_D / d_D \quad (110)$$

**Achtung:** Wegen aufgetretener Schäden empfiehlt die Steinzeug GmbH nicht mehr den Einsatz von Deformationsschichten.

**Tafel 57 Deformationsschicht**

Damit die Deformationsschicht das darunterliegende Rohr entlasten kann, müssen folgende Bedingungen eingehalten sein:

$$b_D \begin{matrix} \leqq b/2 \\ \leqq h/2 \end{matrix}; \qquad E_D \geqq 2 \lambda_{RG} \cdot p_E$$

Bisher galt $E_D \approx 0{,}2$ N/mm² und $d_D \approx 0{,}1$ DN bis 0,16 DN in ganzen Zentimeter.

Rohre in Gräben werden im Scheitel zu 120° abgedeckt. In Dammschüttungen liegt die Deformationsschicht horizontal auf dem Rohrscheitel mit $b_D = 1{,}5 d_a$.

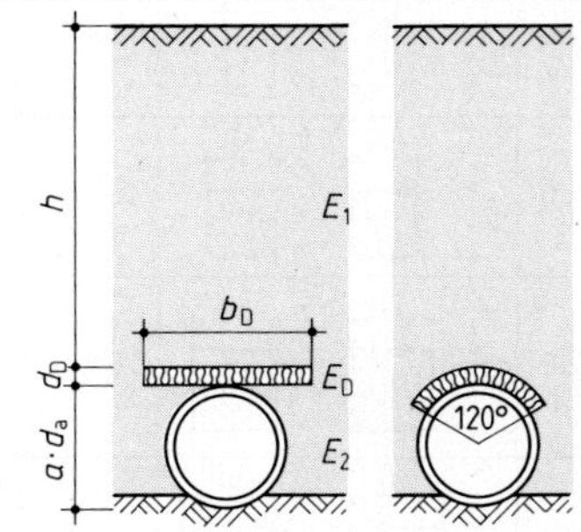


**b) Steifigkeitsverhältnisse**

Bei der Ermittlung der Steifigkeitsverhältnisse muß berücksichtigt werden, daß sich ein biegeweiches Rohr vertikal verformt und dadurch einen zusätzlichen horizontalen Bettungsreaktionsdruck $q_h^*$ erzeugt (s. Tafel 61).

Steifigkeitsverhältnis $V_{RB}$ horizontal:

$$V_{RB} = S_R / S_{Bh} \quad (111)$$

Steifigkeitsverhältnisse $V_S$ vertikal:

$$V_S = S_R / (|c_{v1}| \cdot S_{Bv}) \quad (112)$$ ohne Berücksichtigung des horizontalen Bettungsreaktionsdruckes

$$V_S = S_R / (|c_v^*| \cdot S_{Bv}) \quad (113)$$ mit Berücksichtigung des horizontalen Bettungsreaktionsdruckes

$$V_S = S_D / S_{Bv} \quad (114)$$ beim Vorhandensein einer Deformationsschicht *)

**Tafel 58 Verformungsbeiwerte**

| $2\alpha$ [1]) | $c_{v1}$ | $c_{v2}$ | $c_{h1}$ | $c_{h2}$ |
|---|---|---|---|---|
| 60° | −0,1053 | +0,0640 | +0,1026 | −0,0658 |
| 90° | −0,0966 | +0,0640 | +0,0956 | −0,0658 |
| 120° | −0,0893 | +0,0640 | +0,0891 | −0,0658 |
| 180° | −0,0833 | +0,0640 | +0,0833 | −0,0658 |

[1]) Auflagerwinkel s. Tafel 61

mit
- dem Verformungsbeiwert $c_v^* = c_{v1} + c_{v2} \cdot K^*$
- den Beiwerten $c_{v1}$ und $c_{v2}$ nach Tafel 58
- dem Erddruckverhältnis $K^* = c_{h1} / (V_{RB} - c_{h2})$
- den Beiwerten $c_{h1}$ und $c_{h2}$ nach Tafel 58

### 5.3.4.2 Konzentrationsfaktoren

Die Konzentrationsfaktoren $\lambda_R$ und $\lambda_B$ beschreiben die Aufteilung der ständigen Vertikallasten auf Rohr und Boden im Leitungsbereich für den breiten Graben ($b > 4\,d_a$) und Dammschüttung.

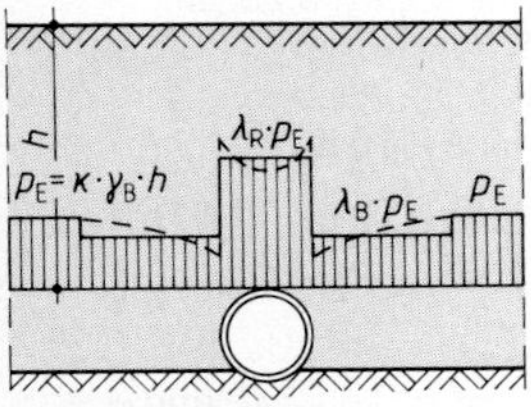


biegesteifes Rohr ohne Deformationsschicht

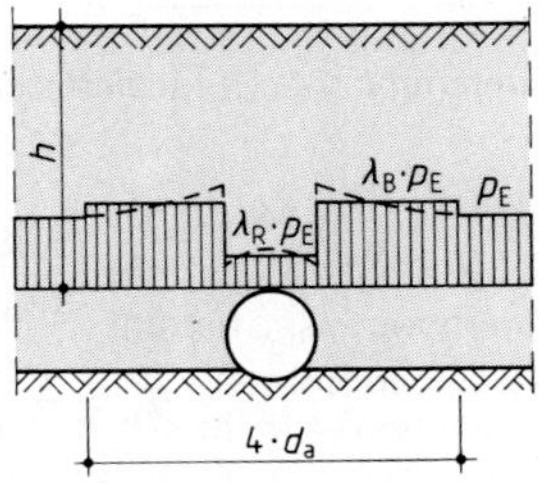


biegeweiches Rohr und Rohr mit Deformationsschicht*)

**Bild 72 Umlagerung der Bodenspannungen**

Die größtmögliche Rohrbelastung ergibt sich mit

$$\max\lambda = 1 + \frac{h/d_a}{\dfrac{3{,}5}{a'} + \dfrac{2{,}2 \cdot E_1}{(a' - 0{,}25) \cdot E_4} + \left(\dfrac{0{,}62}{a'} + \dfrac{1{,}6 \cdot E_1}{(a' - 0{,}25) \cdot E_4}\right) \dfrac{h}{d_a}} \quad (115a)$$

Mit der wirksamen relativen Ausladung ist $a' = a \cdot E_1 / E_2 > 0{,}25$ (115b)

$\max\lambda$ für die häufig auftretenden Sonderfälle $E_4/E_1 = 10$ und $E_4/E_1 = \infty$ kann Tafel 59 entnommen werden.

Bei biegesteifen Rohren ohne Deformationsschicht ($V_S > 100$) ist die Vertikalverformung in der Rohrzone gering. In diesem Fall gilt $\lambda_R = \max\lambda \leqq 4$ (116a)

Bei biegeweichen Rohren und Rohren mit Deformationsschicht*) ($V_S \leqq 100$) muß die Vertikalverformung in der Rohrzone berücksichtigt werden.

Bei biegeweichen Rohren ohne Deformationsschicht gilt

$$\lambda_R = \frac{\max\lambda \cdot V_S + a' \cdot 4 K_2 (\max\lambda - 1) / [3 \cdot (a' - 0{,}25)]}{V_S + a'(3 + K_2)(\max\lambda - 1) / [3 \cdot (a' - 0{,}25)]} \leqq 4 \quad (116b)$$

*) s. Vorseite

**Tafel 59 Maximaler Konzentrationsfaktor max $\lambda$**

| $h/d_a$ | $E_4/E_1=10$ | | | | | | | $E_4/E_1=\infty$ | | | | | | |
|---|---|---|---|---|---|---|---|---|---|---|---|---|---|---|
| | $a'=0{,}5$ | 0,75 | 1,0 | 1,5 | 2,0 | 2,5 | 3,0 | $a'=0{,}5$ | 0,75 | 1,0 | 1,5 | 2,0 | 2,5 | 3,0 |
| 2 | 1,175 | 1,263 | 1,351 | 1,526 | 1,702 | 1,877 | 2,053 | 1,196 | 1,294 | 1,392 | 1,588 | 1,784 | 1,980 | 2,176 |
| 4 | 1,279 | 1,419 | 1,559 | 1,838 | 2,117 | 2,397 | 2,676 | 1,323 | 1,484 | 1,645 | 1,968 | 2,290 | 2,613 | 2,935 |
| 6 | 1,348 | 1,522 | 1,696 | 2,044 | 2,392 | 2,740 | 3,088 | 1,411 | 1,616 | 1,822 | 2,233 | 2,644 | 3,055 | 3,466 |
| 8 | 1,397 | 1,595 | 1,794 | 2,190 | 2,587 | 2,984 | 3,381 | 1,476 | 1,714 | 1,952 | 2,429 | 2,905 | 3,381 | 3,857 |
| 10 | 1,433 | 1,650 | 1,867 | 2,300 | 2,733 | 3,166 | 3,600 | 1,526 | 1,789 | 2,053 | 2,579 | 3,105 | 3,632 | 4,000 |
| 15 | 1,494 | 1,741 | 1,987 | 2,481 | 2,975 | 3,469 | 3,962 | 1,612 | 1,918 | 2,224 | 2,837 | 3,449 | 4,000 | 4,000 |
| 20 | 1,531 | 1,796 | 2,062 | 2,592 | 3,123 | 3,654 | 4,000 | 1,667 | 2,000 | 2,333 | 3,000 | 3,667 | 4,000 | 4,000 |
| 25 | 1,556 | 1,834 | 2,112 | 2,667 | 3,223 | 3,779 | 4,000 | 1,704 | 2,056 | 2,408 | 3,113 | 3,817 | 4,000 | 4,000 |

**Tafel 60 Erddruckverhältnis $K_2$**

| Boden-gruppe | $K_2$ | |
|---|---|---|
| | $V_{RB}>0{,}1$ | $V_{RB}\leqq 0{,}1$ |
| G1 | 0,5 | 0,4 |
| G2 | 0,5 | 0,3 |
| G3 | 0,5 | 0,2 |
| G4 | 0,5 | 0,1 |
| Bettungs-reaktionsdruck | $q_h^*=0$ | $q_h^*>0$ |

Bei Rohren mit Deformationsschicht *), die die Bedingung der Tafel 57 erfüllt, gilt wegen $K_2=0$

$$\lambda_R=\frac{\max\lambda\cdot V_S}{V_S+a'\cdot\dfrac{\max\lambda-1}{a'-0{,}25}}\leqq 4 \qquad (116\,c)$$

und der wirksamen relativen Ausladung

$$a'=\frac{a\cdot d_a+d_D}{d_a}\cdot\frac{E_1}{E_2}\geqq 0{,}25$$

Bei Rohrgräben mit $b\leqq 4\,d_a$ reduziert sich $\lambda_R$ in der Form

$$\lambda_{RG}=\tfrac{1}{3}\left[(\lambda_R-1)\,\frac{b}{d_a}+(4-\lambda_R)\right]\begin{array}{ll}\leqq\lambda_{RGo}=4-0{,}15\,h & \text{für } h<10\text{ m}\\ \leqq\lambda_{RGo}=2{,}5 & \text{für } h\geqq 10\text{ m}\\ \geqq\lambda_{RGu} & \end{array} \qquad (117)$$

Der untere Grenzwert $\lambda_{RGu}$ beträgt

– bei biegeweichen Rohren ohne Deformationsschicht $\lambda_{RGu}=\dfrac{1-e^{-2(h/d_a)\cdot K_1\cdot\tan\delta}}{2(h/d_a)\cdot K_1\cdot\tan\delta}$

– bei Rohren mit Deformationsschicht *) $\lambda_{RGu}=\dfrac{1-e^{-2(h/d_D)\cdot K_1\cdot\tan\delta}}{2(h/d_D)\cdot K_1\cdot\tan\delta}$

$K_1$ und $\delta$ nach Tafel 52 für A4

Der Konzentrationsfaktor $\lambda_B$ für die vertikale Bodenbelastung neben dem Rohr beträgt

– bei Dammschüttung $\lambda_B=(4-\lambda_R)/3$ (118 a)

– im Graben $\lambda_B=(4-\lambda_{RG})/3$ (118 b)

Falls $\lambda_{RG}$ durch $\lambda_{RGo}$ oder $\lambda_{RGu}$ begrenzt wird, gilt

$$\lambda_B=(b/d_a-\lambda_{RGo,u})/(b/d_a-1) \qquad (74\,c)$$

### 5.3.4.3 Vertikale und horizontale Rohrbelastung

Vertikale Rohrbelastung aus ständigen Lasten und Verkehr

– bei Dammschüttung $q_v=\lambda_R(\gamma_B\cdot h+p_o)+p_V$ in kN/m² (119 a)

– im Graben $q_v=\lambda_{RG}(p_E+p_{Eo})+p_V$ in kN/m² (119 b)

Horizontale Rohrbelastung $q_h=K_2\cdot\lambda_B(p_E+p_{Eo})+K_2\cdot\gamma_B\cdot d_a/2$ in kN/m² (120)

(Horizontaler) Bettungsreaktionsdruck aus Verformung biegeweicher Rohre

$q_h^*=(q_v-q_h)\cdot K^*$ (121) ($K^*$ s. 5.3.4.1)

Rohraußendruck aus Wasser $p_a=\gamma_w\cdot(h_w+d_a/2)$ (122)

[1]) s. S. 1204

**Tafel 61 Lagerungsfälle**

| Lagerungsfall 1 (gilt für den Spannungsnachweis biegesteifer und biegeweicher Rohre) | Lagerungsfall 2 nur für biegesteife Rohre | Lagerungsfall 3 (gilt für die Verformungs- und Dehnungsnachweise biegeweicher Rohre) |
|---|---|---|
| Auflager im Boden 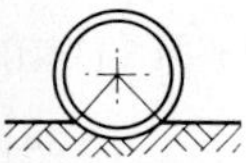 | Festes Auflager 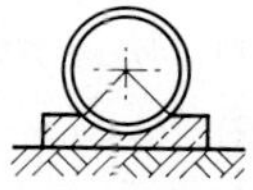 | Biegeweiche Rohre ringsum ausschließlich in Boden G1 oder G2 eingebettet. 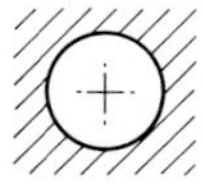 |
| $60° \leqq 2\alpha \leqq 120°$ 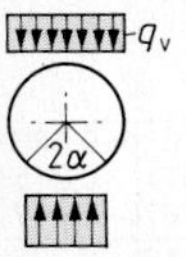  Vertikal gerichtete und rechteckförmig verteilte Reaktionen | $90° \leqq 2\alpha \leqq 180°$ 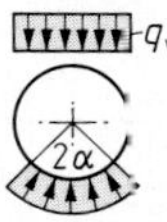  Radial gerichtete und rechteckförmig verteilte Reaktionen | 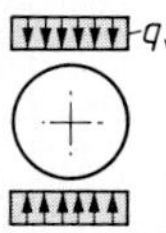  Vertikal gerichtete und rechteckförmig verteilte Reaktionen |
| 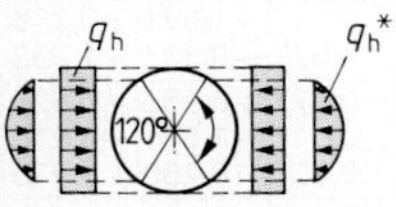  $q_h$ = Seitendruck aus vertikaler Erdlast; $q_h^*$ = Bettungsreaktionsdruck infolge Rohrverformung (parabelförmig) | 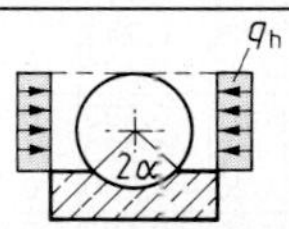  horizontal gerichteter Seitendruck $q_h$ aus vertikaler Erdlast rechteckförmig verteilt | 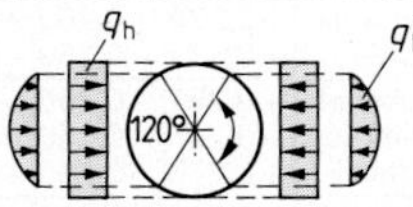  $q_h$ = Seitendruck aus vertikaler Erdlast; $q_h^*$ = Bettungsreaktionsdruck infolge Rohrverformung (parabelförmig) |

Bei kleinen Überdeckungshöhen im Verhältnis zum Rohrdurchmesser kann auch mit einem mit der Tiefe zunehmenden (trapezförmigen) Seitendruck gerechnet werden.

## 5.3.5 Resultierende Rohrlast, Schnittkräfte, Spannungen, Dehnungen und Verformungen des Rohres

Für den Nachweis von biegesteifen Rohren werden die resultierende Rohrlast oder die Spannungen gebraucht. Bei biegeweichen Rohren werden die Verformung, ggf. die Dehnung, die vertikale Gesamtlast und ggf. der äußere Wasserdruck benötigt.

### 5.3.5.1 Resultierende Rohrlast

Die resultierende Rohrlast beträgt $\mathbf{tot}\,F = q_v \cdot d_a$

### 5.3.5.2 Schnittkräfte

Für Kreisrohre mit konstanter Wanddicke können die Normalkraft $N$ in kN/m und das Biegemoment $M$ in kNm/m infolge

- Rohreigenlast
- vertikaler Gesamtbelastung $q_v$
- Seitendruck $q_h$
- horizontalem Bettungsreaktionsdruck $q_h^*$
- Wasserfüllung und
- Überdruck $p_i - p_a$

mit Hilfe der folgenden Beziehungen leicht berechnet werden, wobei für die Beiwerte $m$ und $n$ die Werte der Tafel 62 einzusetzen sind.

Vertikale Gesamtbelastung $q_v$

$$M_{qv} = m_{qv} \cdot q_v \cdot r_m^2 \quad \text{in} \quad \text{kNm/m} \qquad (123)$$

$$N_{qv} = n_{qv} \cdot q_v \cdot r_m \quad \text{in} \quad \text{kN/m} \qquad (124)$$

Horizontaler Reaktionsdruck $q_h^*$

$$M_{qh}^* = m_{qh}^* \cdot q_h^* \cdot r_m^2 \qquad (127)$$

$$N_{qh}^* = n_{qh}^* \cdot q_h^* \cdot r_m \qquad (128)$$

Wasserfüllung

$$M_w = m_w \cdot \gamma_w \cdot r_m^3 \qquad (131)$$

$$N_w = n_w \cdot \gamma_w \cdot r_m^2 \qquad (132)$$

Seitendruck $q_h$

$$M_{qh} = m_{qh} \cdot q_h \cdot r_m^2 \qquad (125)$$

$$N_{qh} = n_{qh} \cdot q_h \cdot r_m \qquad (126)$$

Eigenlasten

$$M_g = m_g \cdot \gamma_R \cdot s \cdot r_m^2 \qquad (129)$$

$$N_g = n_g \cdot \gamma_R \cdot s \cdot r_m \qquad (130)$$

Überdruck $p_e = p_i - p_a$

$$M_{pw} = p_e \cdot r_i \cdot r_a \left( \frac{1}{2} - \frac{r_i \cdot r_a}{r_a^2 - r_i^2} \cdot \ln \frac{r_a}{r_i} \right) \qquad (133)$$

$$N_{pw} = p_i \cdot r_i - p_a \cdot r_a \qquad (134)$$

**Tafel 62 Biegemomenten- und Normalkraftbeiwerte, *m* und *n***

| Lagerungsfall, $2\alpha$ | Schnittstelle | Biegemomentenbeiwerte | | | | | Normalkraftbeiwerte | | | | |
|---|---|---|---|---|---|---|---|---|---|---|---|
| | | $m_{qv}$ | $m_{qh}$ | $m_{qh}^*$ | $m_g$ | $m_w$ | $n_{qv}$ | $n_{qh}$ | $n_{qh}^*$ | $n_g$ | $n_w$ |
| III 180° | Scheitel | +0,250 | −0,250 | −0,181 | +0,345 | +0,172 | 0 | −1,000 | −0,577 | +0,167 | +0,583 |
| | Kämpfer | −0,250 | +0,250 | +0,208 | −0,393 | −0,196 | −1,000 | 0 | 0 | −1,571 | +0,215 |
| | Sohle | +0,250 | −0,250 | −0,181 | +0,441 | +0,220 | 0 | −1,000 | −0,577 | −0,167 | +1,417 |
| I 60° | Scheitel | +0,286 | −0,250 | −0,181 | +0,459 | +0,229 | 0,080 | −1,000 | −0,577 | +0,417 | +0,708 |
| | Kämpfer | −0,293 | +0,250 | +0,208 | −0,529 | −0,264 | −1,000 | 0 | 0 | −1,571 | +0,215 |
| | Sohle | +0,377 | −0,250 | −0,181 | +0,840 | +0,420 | 0,080 | −1,000 | −0,577 | −0,417 | +1,292 |
| I 90° | Scheitel | +0,274 | −0,250 | −0,181 | +0,419 | +0,210 | 0,053 | −1,000 | −0,577 | +0,333 | +0,667 |
| | Kämpfer | −0,279 | +0,250 | +0,208 | −0,485 | −0,243 | −1,000 | 0 | 0 | −1,571 | +0,215 |
| | Sohle | +0,314 | −0,250 | −0,181 | +0,642 | +0,321 | −0,053 | −1,000 | −0,577 | −0,333 | +1,333 |
| I 120° | Scheitel | +0,261 | −0,250 | −0,181 | +0,381 | +0,190 | 0,027 | −1,000 | −0,577 | +0,250 | +0,625 |
| | Kämpfer | −0,265 | +0,250 | +0,208 | −0,440 | −0,220 | −1,000 | 0 | 0 | −1,571 | +0,215 |
| | Sohle | +0,275 | −0,250 | −0,181 | +0,520 | +0,260 | −0,027 | −1,000 | −0,577 | −0,250 | +1,375 |
| II 90° | Scheitel | +0,266 | −0,245 | | +0,396 | +0,198 | +0,038 | −0,989 | | +0,285 | +0,643 |
| | Kämpfer | −0,271 | +0,244 | | −0,460 | −0,230 | −1,000 | 0 | | −1,571 | +0,215 |
| | Sohle | +0,277 | −0,224 | | +0,524 | +0,262 | −0,452 | −0,718 | | −1,587 | +0,707 |
| II 120° | Scheitel | +0,240 | −0,232 | | +0,314 | +0,157 | −0,020 | −0,960 | | +0,105 | +0,552 |
| | Kämpfer | −0,240 | +0,228 | | −0,362 | −0,181 | −1,000 | 0 | | −1,571 | +0,215 |
| | Sohle | +0,202 | −0,187 | | +0,291 | +0,145 | −0,558 | −0,540 | | −1,918 | +0,541 |
| II 180° | Scheitel | +0,163 | −0,163 | | +0,071 | +0,035 | −0,212 | −0,788 | | −0,500 | +0,250 |
| | Kämpfer | −0,125 | +0,125 | | 0 | 0 | −1,000 | 0 | | −1,571 | +0,215 |
| | Sohle | +0,087 | −0,087 | | −0,071 | −0,035 | −0,788 | −0,212 | | −2,642 | +0,179 |

Vorzeichen: Biegemomente: + Zug auf Rohrinnenseite, − Zug auf Rohraußenseite; Normalkraft: + Zug, − Druck

### 5.3.5.3 Spannungen und Dehnungen in Umfangsrichtung des Rohres

Mit diesen Schnittgrößen (in Scheitel, Kämpfer und Sohle) werden die zugehörigen Ringspannungen berechnet in der bekannten Form

$$\sigma_i = \frac{N}{A} + \frac{M}{W} \cdot \alpha_{ki} \quad \text{in N/mm}^2 \quad \text{und} \quad \sigma_a = \frac{N}{A} - \frac{M}{W} \cdot \alpha_{ka} \quad \text{in N/mm}^2$$

Die Korrekturfaktoren $\alpha_k$ zur Berücksichtigung der Krümmung der Randfasern betragen

$$\alpha_{ki} = 1 + \frac{s}{3 r_m} = \frac{3 \cdot d_i + 5s}{3 \cdot d_i + 3s}$$

$$\alpha_{ka} = 1 - \frac{s}{3 r_m} = \frac{3 \cdot d_i + s}{3 \cdot d_i + 3s}$$

Die Wandungsfläche $A$ beträgt $A = 1000 * s$ in mm$^2$/m und das Wandwiderstandsmoment $W$ beträgt $W = 1000 * s^2/6$ in mm$^3$/m.

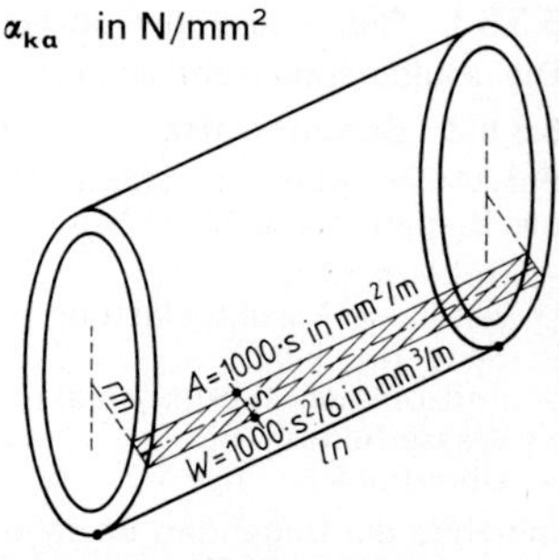


Bild 73 Querschnittswerte

Die zugehörigen Randfaserdehnungen ergeben sich zu

$$\varepsilon_{\mathrm{i}}=\frac{\sigma_{\mathrm{i}}}{E}=\frac{s}{2r_{\mathrm{m}}^{3}\cdot S_{\mathrm{R}}}\cdot\left(\frac{s\cdot N}{6}+M\cdot\alpha_{\mathrm{ki}}\right)\quad(135)$$

und

$$\varepsilon_{\mathrm{a}}=\frac{\sigma_{\mathrm{a}}}{E}=\frac{s}{2r_{\mathrm{m}}^{3}\cdot S_{\mathrm{R}}}\cdot\left(\frac{s\cdot N}{6}-M\cdot\alpha_{\mathrm{ka}}\right)\quad(136)$$

#### 5.3.5.4 Verformung

Entsprechend der Druckverteilung am Rohrumfang nach Lagerungstafel II ergibt sich die vertikale Durchmesseränderung biegeweicher Rohre in der Form

$$\Delta d_{\mathrm{v}}=c_{\mathrm{v}}^{*}\cdot\frac{q_{\mathrm{v}}-q_{\mathrm{h}}}{S_{\mathrm{R}}}\cdot 2\cdot r_{\mathrm{m}}\quad(137)$$

Die von $E_2$ abhängigen Größen sind hierfür neu zu berechnen, da $E_2$ hier nur mit 2/3 seines oben berechneten Wertes anzusetzen ist.

Kriecheffekte werden bei den Bodenarten OU, OT und OH der Bodengruppe G4 berücksichtigt, indem neben der Kurzzeitverformung auch eine Langzeitverformung berechnet wird, wobei $E_2$ und $E_3$ nur mit der Hälfte ihrer vorgesehenen Werte angesetzt werden.

Die relative vertikale Durchmesseränderung ergibt sich in der Form

$$\delta_{\mathrm{v}}=100\cdot\Delta d_{\mathrm{v}}/(2r_{\mathrm{m}})=100\cdot c_{\mathrm{v}}^{*}(q_{\mathrm{v}}-q_{\mathrm{h}})/S_{\mathrm{R}}\quad\text{in \%}\quad(138)$$

### 5.3.6 Bemessung

#### 5.3.6.1 Erforderliche Nachweise

Für die Bemessung biegesteifer Rohre (Steinzeugrohre, Beton- und Stahlbetonrohre, Faserzementrohre) ist der Spannungsnachweis oder der Tragfähigkeitsnachweis für die Druckverteilung nach Lagerungsfall I oder II zu führen.

Für die Bemessung biegeweicher Rohre (PE-HD, PVC-U, Stahl- und Gußeisenrohre-ZM) sind der Verformungsnachweis, der Dehnungsnachweis (nur für UP-GF) und der Stabilitätsnachweis maßgebend. Der Verformungs- und Dehnungsnachweis (Kurz- und Langzeit) ist mit Lagerungsfall III zu führen.

Für die Bemessung von Rohren mit nicht eindeutig biegesteifem oder biegeweichem Verhalten sind alle o. g. Nachweise zu führen.

#### 5.3.6.2 Tragfähigkeitsnachweis für biegesteife Rohre

Die vorhandene Gesamtbelastung des biegesteifen Rohres beträgt, wenn vereinfachend ohne Seitendruck, Wasserfüllung und Rohreigenlast gerechnet wird.

$$\mathrm{tot}\,F=q_{\mathrm{v}}\cdot d_{\mathrm{a}}\quad(139)$$

Die Bruchlast des eingebauten Rohres mit definierter Scheiteldruckkraft $F_{\mathrm{N}}$ (s. Abschn. 5.2) beträgt

$$F=F_{\mathrm{N}}\cdot EZ\quad(140)$$

wobei die Einbauziffer $EZ$ die erhöhte Tragfähigkeit des im Boden eingebetteten Rohres gegenüber der Tragfähigkeit im Scheiteldruckversuch berücksichtigt.

Die Einbauziffer beträgt

$EZ=2{,}1$ Betonrohre mit Eiquerschnitt (Form EF)

$EZ=1{,}07$ für Betonrohre mit kreisrundem Fuß (KF) bis DN 800 mit $s_2=s_3$, festes oder loses Auflagermaterial

$EZ=1{,}07\left(\frac{s_3}{s_2}\right)^2$ für wandverstärkte Betonrohre mit Kreisquerschnitt (KW und KFW) festes oder loses Auflagermaterial (s. Tafel 64)

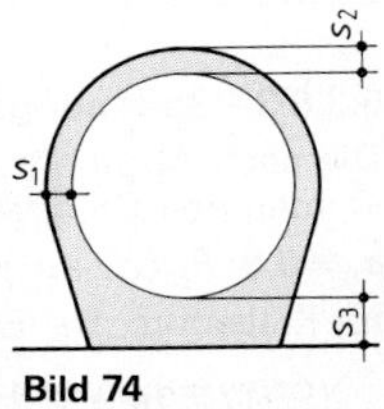


**Bild 74 Wandverstärktes Betonrohr**

*EZ* nach Tafel 63 für Betonrohre mit Kreisquerschnitt im Lagerungsfall I (Auflager im Boden) und II (festes Auflager).

Die vorhandene Sicherheit

$$\mathbf{vorh}\,\gamma = \frac{F}{\mathbf{tot}\,F} > \mathbf{erf}\,\gamma \quad (141)$$

muß mindestens der geforderten Sicherheit $\gamma$ gegen Bruch nach Tafel 66 entsprechen, die von der Sicherheitsklasse abhängt gemäß Tafel 65.

**Tafel 63 Einbauzahlen *EZ* für Betonrohre mit Kreisquerschnitt**

| Auflagerwinkel 2$\alpha$ | | 60° | 90° | 120° | 180° |
|---|---|---|---|---|---|
| Lagerungsfall | I Auflager im Boden | 1,59 | 1,91 | 2,18 | – |
| | II festes Auflager (z.B. Beton) | – | 2,17 | 2,50 | 3,69 |

**Tafel 64 Einbauziffern für wandverstärkte Betonrohre mit Kreisquerschnitt KFW**

| Nennweite DN in mm | KFW $s_2$ in mm | KFW $s_3$ in mm | Einbauziffer *EZ* | Nennweite DN in mm | KFW $s_2$ in mm | KFW $s_3$ in mm | Einbauziffer *EZ* |
|---|---|---|---|---|---|---|---|
| 300 | 50 | 65 | 1,81 | 1000 | 160 | 215 | 1,93 |
| 400 | 65 | 90 | 2,05 | (1100) | 175 | 240 | 2,01 |
| 500 | 85 | 110 | 1,79 | 1200 | 190 | 260 | 2,00 |
| 600 | 100 | 130 | 1,81 | (1300) | 205 | 280 | 2,00 |
| 700 | 115 | 150 | 1,82 | 1400 | 220 | 300 | 1,99 |
| 800 | 130 | 170 | 1,83 | 1500 | 235 | 320 | 1,98 |
| 900 | 145 | 195 | 1,94 | | | | |

**Tafel 65 Sicherheitsklasse**

| Klasse | Merkmale |
|---|---|
| A (Regelfall) | Gefährdung des Grundwassers, Beeinträchtigung der Nutzung, Versagen hat beachtliche wirtschaftliche Folgen |
| B (Sonderfall) | keine Grundwassergefährdung, keine Nutzungsbeeinträchtigung, geringe wirtschaftliche Folgen. |

**Tafel 66 Sicherheitsbeiwerte erf $\gamma$**

| Rohrwerkstoff | Versagen durch | Bruch | | Unstabilität | |
|---|---|---|---|---|---|
| | Sicherheitsklasse | A | B | A | B |
| Faserzement, Beton, Steinzeug | | 2,2 | 1,8 | | |
| Stahlbeton | | 1,75 | 1,4 | | |
| Polyethylen-hart (PE-HD) Polyvinylchlorid-hart (PVC-U) | | 2,5 | 2,0 | 2,5 | 2,0 |
| Stahl- und Gußeisen, beide mit Zementmörtelauskleidung | | 1,5 | 1,3 | | |
| ungesättigtes Polyester, glasfaserverstärkt (UP-GF) | | 2,0 | 1,75 | | |

### 5.3.6.3 Spannungs- und Dehnungsnachweis

Die nach Abschnitt 5.3.5.3 ermittelten Spannungen vorh$\sigma$ und Dehnungen vorh$\varepsilon$ werden den Grenzwerten $\sigma_R$ bzw. $\varepsilon_R$ gegenübergestellt $\varepsilon_R = \sigma_R / E_R$ mit

$\sigma_R = 0{,}9 \cdot F_N (d_1 + s_1)/s_1^2 \cdot (3 \cdot d_1 + 5 \cdot s_1)/(3 \cdot d_1 + 3 \cdot s_1)$

für Kreisrohre. Bei Eiprofilen steht 1,09 statt 0,9.

$$\mathbf{vorh}\,\gamma = \sigma_R / \mathbf{vorh}\,\sigma \geqq \mathbf{erf}\,\gamma_{Bruch} \quad (142) \qquad \text{erf}\,\gamma_{Bruch} \text{ nach Tafel 66}$$

$$\mathbf{vorh}\,\gamma = \varepsilon_R / \mathbf{vorh}\,\varepsilon \geqq \mathbf{erf}\,\gamma_{Bruch} \quad (143)$$

### 5.3.6.4 Verformungsnachweis für biegeweiche Rohre

Der Langzeitwert der bezogenen vertikalen Durchmesseränderung vorh $\delta_v$ darf

- allgemein 6%
- unter Gleisen der DB 2%

nicht überschreiten.

### 5.3.6.5 Stabilitätsnachweis für biegeweiche Rohre

Der kritische Wert der vertikalen Gesamtbelastung beträgt

$$\text{krit}\, q_v = 2\sqrt{S_R \cdot S_{Bh}}$$

Die zugehörige Sicherheit gegen Beulen beträgt

$$\gamma = \text{krit}\, q_v / \text{vorh}\, q_v \geqq \text{erf}\, \gamma_{\text{Instabilität}}$$

Der kritische Wert des äußeren Wasserdruckes beträgt

$$\text{krit}\, p_a = \alpha_D \cdot S_R$$

mit dem Durchschlagbeiwert $\alpha_D = f(V_{RB}, r_m/s)$ nach Bild 75.

Die zugehörige Sicherheit gegen Beulen beträgt

$$\gamma = \text{krit}\, p_a / \text{vorh}\, p_a \geqq \text{erf}\, \gamma_{\text{Instabilität}}$$

Bei Zusammenwirken von vertikaler Gesamtlast und äußerem Wasserdruck beträgt die vorhandene Sicherheit

$$\gamma = \frac{1}{\dfrac{\text{vorh}\, q_v}{\text{krit}\, q_v} + \dfrac{\text{vorh}\, p_a}{\text{krit}\, p_a}} \geqq \text{erf}\, \gamma_{\text{Instabilität}}$$

Bei der Berechnung von vorh $q_v$ ist hier der Auftrieb zu berücksichtigen.

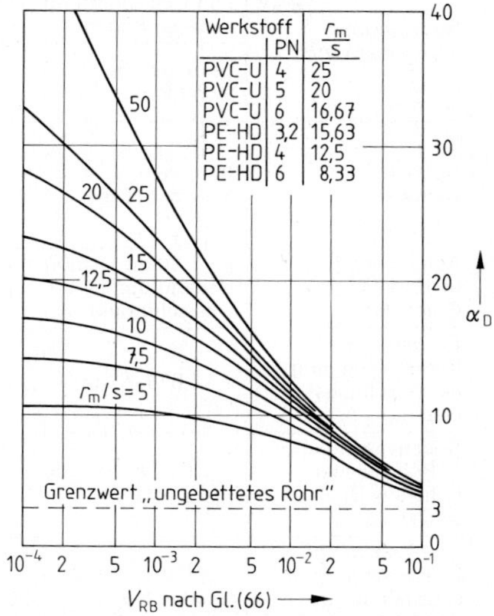


**Bild 75 Durchschlagbeiwert $\alpha_D$ für den kritischen äußeren Wasserdruck**

**Tafel 67 Zahlenbeispiel: Standfestigkeit erdüberdeckter Rohrleitungen**

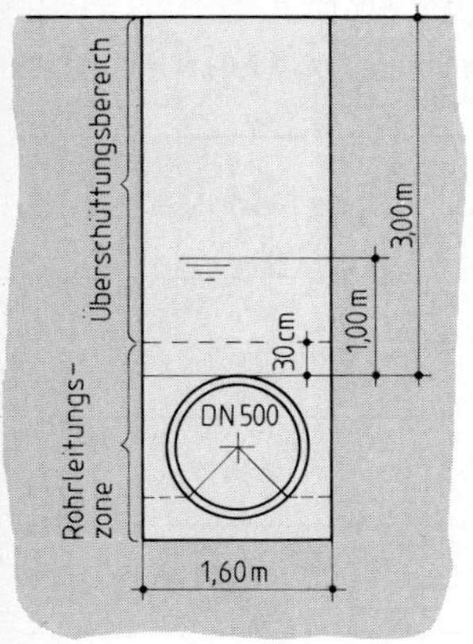


**gegeben:**

| | |
|---|---|
| Sicherheitsklasse: | A (nach A127) |
| Verkehrslasten: | SLW60 (nach DIN 1072) |
| Rohr: | Betonrohr KW-M DN500 (nach DIN 4032) |
| anstehender Boden: | bindiger Mischboden (ein Bodengutachten liegt nicht vor) |
| Überschüttung: | Aushub wieder einbauen |
| Leitungszone: | nichtbindiger Boden (Sand + Kies) |
| Ausführung: | Senkrechter Verbau mit Leichtspundprofilen über gesamte Höhe |
| Rohrauflager: | Sandbett; Auflagerwinkel $2\alpha = 90°$ |

**Rechnung:**

s. Tafel 68

**Ergebnis:**

vorhandene Bruchsicherheit vorh $\gamma = 2{,}7 > 2{,}2$ ($=$ erf $\gamma_{\text{Bruch}}$)

**Tafel 68 Zahlenrechnung zum Zahlenbeispiel**

| gesucht | Eingangsinformation | Gleichung Tafel, Bild, Abschn. | Ergebnis |
|---|---|---|---|
| Überschüttungs- und Einbettungsbedingungen | Ausführung nach Vorgabe | Tafeln 52, 53 | A2, $K_1 = 0{,}5$; $\delta = 1/3\varphi'$<br>B2, $\alpha_{Bo} = 1/3$ |
| Bodengruppe und -kennwerte | anstehender Boden und Überschüttung: bindiger Boden | Tafeln 50, 51 | G3, $D_{Pr} = 90\%$<br>$E_1 = E_{2.0} = 2$ N/mm$^2$<br>$\varphi' = 25°$, $\gamma_B = 20$ kN/m$^3$ |
| | Leitungszone: nichtbindiger Boden | Tafeln 50, 51 | G1, $D_{Pr} = 90\%$<br>$E_1 = E_{2.0} = 6$ N/mm$^2$<br>$\varphi' = 35°$, $\gamma_B = 20$ kN/m$^3$ |
| Rohrkennwerte | Betonrohr, KW-M DN 500 | Tafel 46 | $d_1 = 500$ mm;<br>$d_0 = 670$ mm;<br>$F_N = 80$ kN/m;<br>$\gamma_R = 24$ kN/m$^3$<br>$E_{R,L} = 30000$ N/mm$^2$ |
| Abminderungsfaktor $\varkappa$ für Grabenlast | $b = 1{,}60$ m; $h = 3{,}00$ m; Bodengruppe G3; Überschüttung: A3 | Tafel 54 | $\varkappa = 0{,}874$ |
| Beiwert $\varkappa_\beta$ zur Berücksichtigung der Böschungsneigung | $\varkappa = 0{,}874$, $\beta = 90°$ | Gl. (97) | $\varkappa_\beta = 0{,}874$ |
| Bodenspannung $p_E$ in Rohrscheitelhöhe aus Überschüttung | $\varkappa_\beta = 0{,}874$; $h = 3{,}00$ m;<br>$\gamma_B = 20$ kN/m$^3$ | Gl. (97) | $p_E = 52{,}4$ kN/m$^2$ |
| Bodenspannung $p$ über Rohr in Rohrscheitelhöhe aus Straßenverkehrslast | SLW60; $h = 3{,}00$ m;<br>$d_M = (d_1 + d_a)/2 = 0{,}585$ m | Bild 68 | $p = 17{,}4$ kN/m$^2$ |
| Stoßbeiwert $\varphi$ | SLW60 | Tafel 55 | $\varphi = 1{,}2$ |
| Bodenspannung $p_v$ in Rohrzone aus Straßenverkehr | $p = 17{,}4$ kN/m$^2$; $\varphi = 1{,}2$ | Gl. (104) | $p_v = 20{,}9$ kN/m$^2$ |
| Verformungsmodul $E_3$ des Bodens neben dem Rohr | Aushubwiederverfüllung $E_1$ | Abschn. 5.3.2 nach Tafel 51 ($E_3 = E_1$) | $E_3 = 2{,}0$ kN/m$^2$ |
| Verformungsmodul $E_3$ des anstehenden Bodens unter dem Rohr | Ausführungsart $E_1$ | Abschn. 5.3.2 nach Tafel 51 ($E_4 = 10E_1$) | $E_4 = 20$ kN/m$^2$ |
| Abminderungsfaktor $\alpha_B$ für geringere Verdichtung in schmalen Gräben | $\alpha_{Bo} = 1/3$;<br>$b/d_a = 1{,}60/0{,}76 = 2{,}39$ | Gl. (95)<br>Tafel 53 | $\alpha_B = 0{,}64$ |
| Abminderungsfaktor $f$ für Sackungen infolge Grundwasser | $D_{Pr} = 90\%$ | Gl. (95) | $f = 0{,}75$ |
| Wirksamer Verf.-modul $E_2$ des Bodens neben Rohr | $f = 0{,}75$; $\alpha_B = 0{,}64$;<br>$E_{2.0} = 6{,}0$ N/mm$^2$ | Gl. (95) | $E_2 = 2{,}9$ N/mm$^2$ |

Fortsetzung s. S. 1213

**Tafel 68,** Fortsetzung

| gesucht | Eingangsinformation | Gleichung Tafel, Bild, Abschn. | Ergebnis |
|---|---|---|---|
| Rohrwandträgheitsmoment $I_R$ je lfd. m | $s=85$ mm | Gl. (107) | $I=51\,177$ mm$^4$/mm |
| Rohrwandsteifigkeit $S_R$ | $E_R=30\,000$ N/mm$^2$<br>$I=51\,177$ mm$^4$/mm<br>$r_m=d_m/2=292{,}5$ mm | Gl. (107) | $S_R=61{,}35$ N/mm$^2$ |
| Ausladungszahl α | Ausführungsart und Rohrlagerung | Bild 71 a | $\alpha=1{,}0$ |
| Vertikale Bettungssteifigkeit $S_{Bv}$ | $E_2=2{,}9$ N/mm$^2$; $\alpha=1{,}0$ | Gl. (108) | $S_{Bv}=2{,}9$ N/mm$^2$ |
| Verformungsbeiwert $c_{v1}$ | $2\alpha=90°$ (Auflagewinkel) | Tafel 58 | $c_{v1}=-0{,}0966$ |
| Steifigkeitsverhältnis $V_s$ | $S_R=61{,}35$ N/mm$^2$<br>$S_{Bv}=2{,}9$ N/mm$^2$<br>$c_{v1}=-0{,}0966$ | Gl. (112) | $V_s=219$ |

wenn von Anfang an klar ist, daß der Fall „biegesteifes Rohr" vorliegt (wie z. B. bei Betonrohren), braucht $V_s>100$ nicht ausdrücklich nachgewiesen zu werden. Dann entfallen die letzten 6 Nachweise.

| | | | |
|---|---|---|---|
| wirksame relative Ausladung α' | $\alpha=1{,}0$;<br>$E_1/E_2=2{,}0/2{,}9=0{,}69$ | Gl. (115b) | $\alpha'=0{,}69$ |
| Konzentrationsfaktor max λ über der unverformten Rohrzone für $b/d_a=\infty$ | $E_4/E_1=10$;<br>$h/d_a=3{,}00/0{,}67=4{,}48$;<br>$\alpha'=0{,}69$ | Tafel 59 | max $\lambda=1{,}41$ |
| Konzentrationsfaktor $\lambda_R$ über der Rohrzone für $b/d_a=\infty$ | biegesteifes Rohr | Gl. (116a) | $\lambda_R=1{,}41$ |
| Konzentrationsfaktor $\lambda_{RG}$ über Rohr im Graben | $\lambda_R=1{,}41$;<br>$b=1{,}60$ m; $d_a=0{,}76$ m | Gl. (117) | $\lambda_{RG}=1{,}19$ |
| vertikale Gesamtbelastung $q_v$ in der Rohrzone | $\lambda_{RG}=1{,}19$; $p_E=52{,}4$ kN/m$^2$;<br>$p_v=20{,}9$ kN/m$^2$ | Gl. (119b) | $q_v=83{,}4$ kN/m$^2$ |
| resultierende Rohrlast tot $F$ je lfd. m | $q_v=83{,}4$ kN/m$^2$; $d_a=0{,}67$ m | Abschn. 5.3.5.1 | tot $F=55{,}9$ kN/m |
| Einbauzahl EZ | Einbauart (Vorgabe); $2=90°$ | Tafel 63 | $EZ=1{,}91$ |
| zulässige Last zul $F_N$ des eingebauten Rohres je lfd. m | $F_N=80$ kN/m; $EZ=1{,}91$ | Gl. (140) | zul $F_N=152{,}8$ kN/m |
| vorhandene Sicherheit vorh γ gegen Bruch | zul $F_N=152{,}8$ kN/m;<br>tot $F=55{,}9$ kN/m | Gl. (141) | vorh $\gamma=2{,}7$ |
| geforderte Sicherheit gef γ gegen Bruch | Sicherheitsklasse A;<br>Betonrohr; Bruch | Tafel 66 | gef $\gamma=2{,}2$ |

vorh $\gamma>$ gef $\gamma$, also geforderte Sicherheit vorhanden (s. Abschn. 5.3.6.2, Gl. (141)

## 5.4 Hydraulische Berechnung von Abwasserkanälen [9] [8]

### 5.4.1 Dimensionierungsrichtwerte

**Ausnutzung der Querschnitte** bis etwa $Q_T/Q_v = 0{,}9$. Aus betrieblichen Gründen sind folgende Mindestquerschnitte einzuhalten: Schmutzwasserkanal: DN 250; in begründeten Ausnahmen DN 200; Regen- oder Mischwasserkanal: DN 300; in begründeten Ausnahmen DN 250; Mindestfülltiefe 2 bis 3 cm bzw. 9% des Durchmessers

Mindestgeschwindigkeit etwa 0,6 m/s

bzw. zur Vermeidung von Ablagerungen: $I_{min} = 4{,}7 \cdot 10^{-3} \cdot DN^{-0{,}13}$ für DN ≧ 800 und $I_{min} = 1{,}6/DN$ für DN ≦ 800 [Schütz, K.A. 1985, S. 415]

Höchstgeschwindigkeit nach A118: 6 bis 8 m/s; je nach Rohrwerkstoff: Steinzeug 10 m/s; Beton nach DIN 4032 und Stahlbetonrohre nach DIN 4035 10 m/s Faserzement 4 m/s bzw. 5 m/s bei Schmutzwasser ltg.

Aber: Energiehöhe $v^2/2g$ beachten und ab $v = 3{,}5$ m/s durch Luftaufnahme größere Fülltiefe! (z. B. $v = 3{,}5$ m/s → $h/d = 0{,}5$; $v = 4{,}5$ m/s → durch Luftaufn. $h/d = 0{,}75$)

### 5.4.2 Trockenwetterabfluß $Q_t$ in l/s

**Trockenwetterabfluß** $$Q_t = Q_{sh} + Q_{sg} + Q_f = (1+m)\left(\frac{q_{sh} \cdot D \cdot A_{E1}}{1000} + q_{sg} \cdot A_{E2}\right) \text{ in l/s} \quad (144)$$

mit $A_E$ = Einzugsgebiete in ha und $D$ = Einwohnerdichte in E/ha.

#### 5.4.2.1 Häusliches Schmutzwasser $Q_{sh}$

In der Regel entspricht $Q_{sh}$ dem Wasserverbrauch, der örtlich stark schwankend ist. Für mittlere Verhältnisse, ohne wasserintensive Betriebe und einschl. der Zuwachsraten gilt Tafel 69. Für die Bemessung von Grundstücksentwässerungsanlagen gilt DIN 1986. Für Kläranlagen s. Abschn. 6.1.

**Tafel 69 Häusliches Schmutzwasser**

| Einwohner in Tausend | | <5 | 5 bis 10 | 10 bis 50 | 50 bis 250 | >250 |
|---|---|---|---|---|---|---|
| tägl. Schmutzwasseranfall $w_s$ in l/(E·d) | | 150 | 180 | 220 | 260 | 300 |
| spezifischer Spitzenabfluß | $\frac{1}{x} \cdot w_s$ | 1/8 | 1/10 | 1/12 | 1/14 | 1/16 |
| | $q_{sh}$ in l/(s·1000 E) | rd. 5,0 | | | | |

#### 5.4.2.2 Gewerbliches und industrielles Schmutzwasser $Q_{sg}$

Sonderverbraucher müssen getrennt erfaßt werden. Wenn Angaben fehlen, wird Tafel 70 empfohlen. Sie gilt ohne Kühlwasser. Eigene Brunnen etc. sind zu berücksichtigen.

**Tafel 70**

| Wasserverbrauch der Betriebe | gering | mittel | stark |
|---|---|---|---|
| Spende $q_{sg}$ in l/(s·ha) | **0,5** | 1,0 | 1,5 |

#### 5.4.2.3 Fremdwasser $Q_f$

**Fremdwasserzuschlag $m$** für Schmutzwasserkanäle 100% von $\sum Q_s$. Bei hohem Grundwasserstand bis zu 200%. Ein Fremdwasserzuschlag ist bei Regenentlastungen etc. zu beachten. $q_f = 0{,}05$ bis $0{,}15$ l/(s·ha).

### 5.4.3 Regenabfluß $Q_r$

Der Regenabfluß wird bestimmt durch die Regenspende, $r_{T,n}$ in l/(s·ha), die örtlich verschieden ist und sich mit der Regendauer $T$ [min] sowie der Häufigkeit des jährlichen Auftretens $n$ [1/a] ändert; ferner über $\psi$ durch die Geländebeschaffenheit (Neigung und Grad der Versiegelung)

$$Q_{r_{T,n}} = r_{T,n} \cdot A_{red} \quad (145) \qquad \text{bzw.} \qquad Q_r = r_{T,n} \cdot \psi \cdot A_E \text{ in l/s} \quad (146)$$

### 5.4.3.1 Regenspenden

Ab Jan. 1991 gibt es für die ehem. BRD einen Katalog der Regenspenden $r_{15,n=1}$, d.h. für den 15-min-Regen, der einmal im Jahr erreicht oder überschritten wird. Sonst gilt noch Bild 76, $r = 100$ l/(s·ha) entsprechend einem Niederschlag von 9 mm·10000 m² pro 15 min zu 60 sec. Beliebige Regen werden mit dem Zeitbeiwert φ wie folgt umgerechnet.

$$r_{x,n=y} = r_{i,n=k} \cdot \frac{\varphi_{x,n=y}}{\varphi_{i,n=k}} \quad \text{mit } \varphi \text{ nach Reinhold} \quad (147) \qquad \varphi = \frac{38}{T+9}(n^{-0.25} - 0{,}3684) \quad (148)$$

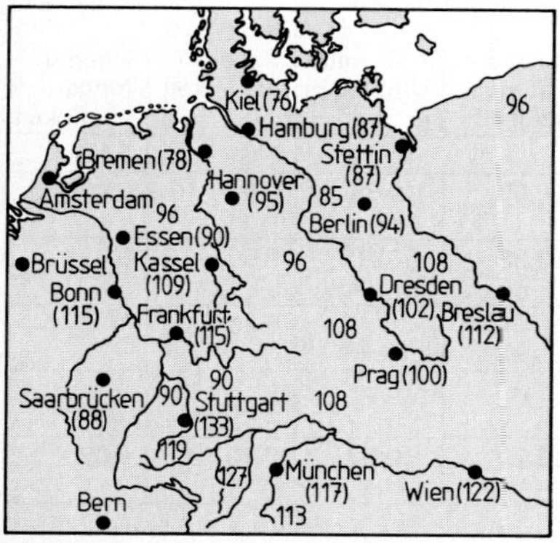


**Bild 76** Regenkarte nach Reinhold

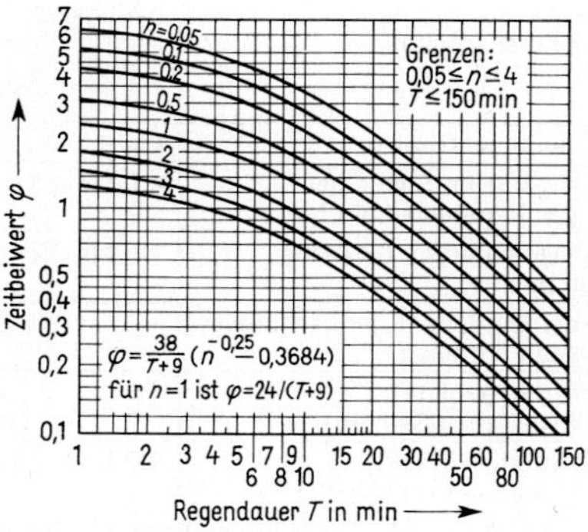


**Bild 77** Zeitbeiwertlinien nach Reinhold bezogen auf $r_{15}$

Die für die Bemessung einer Leitung **maßgebliche Regendauer *T*** ist gleich der Fließzeit $t_f$; $T = t_t$. Dabei wird eine Mindestregendauer zugrunde gelegt, bis zu der die Regenspende $r$ konstant gehalten wird. Erst bei $t_f > \min T$ wird $r$ mit dem Zeitbeiwert φ entsprechend der Fließzeit angepaßt. Üblich war $T = 15$ min, d.h. ein $r_{15}$. Heute gilt Tafel 71 nach [9].

**Tafel 71 Mindestregendauer min *T***

| Geländegruppe | 1 | | 2 | 3 | 4 | |
|---|---|---|---|---|---|---|
| Geländegefälle in % | <1 | | 1 bis 4 | 4 bis 10 | >10 | |
| Anteil der befestigten Flächen in % | ≦50 | >50 | >0 | | ≦50 | >50 |
| Mindestregendauer min $T$ in min | 15 | 10 | | | | 5 |
| Bemessungsregen | $r_{15}$ | $r_{10}$ | | | | $r_5$ |

**Die Bemessungsregenspende** wird bei Fließzeiten $t_f \leqq \min T$

und gewählter Häufigkeit $n$: $\quad r_{T,n} = r_{15,n=1} \cdot \varphi_{\min T,n}$ (149)

und bei Fließzeiten $t_f > \min T$: $\quad r_{t,n} = r_{T,n} \cdot (\min T + 9)/(t_f + 9)$ (150)

**Beispiel** $r_{15;1} = 100$ l/(s·ha); gewählt $T = 10$ min, $n = 0{,}5$

a) Fließzeit $t_f \leqq 10$ min: $r_{10;0,5} = 100 \cdot 38\,(0{,}5^{-0{,}25} - 0{,}3684)/(10+9) = 164{,}2$ l/(s·ha)

b) Fließzeit $t_f = 18$ min: $r_{18;0,5} = 164{,}2\,(10+9)/(18+9) = 115{,}5$ l/(s·ha)

Die **maßgebliche Regenhäufigkeit *n*** für die Bemessung der Kanäle nach A 118 [9] gemäß Tafel 72 wird zukünftig nach [41] durch die **Überstauhäufigkeit,** d.h. durch den Nachweis Wasserspiegel ≧ Geländeoberkante, ersetzt werden. Dabei wird zwischen der Dimensionierung von Neu- oder Umbauten und der tolerierbaren Überlastung bestehender Kanäle (Mindestleistungsfähigkeit) für jeden Schacht unterschieden. Der Nachweis erfolgt mit einer Vielzahl von gemessenen Regen (Langzeitsimulationen), zweckmäßig mit hydrodynamisch-instationären Berechnungsmodellen. Der Euro-Norm Entwurf DIN EN 752 T. 2 sieht Nachweise für eine Regenhäufigkeit (max. Vollfüllung) und für die rechnerische Überflutungshäufigkeit vor. Hierbei ist die Überflutung von Gebäuden etc. gemeint, die auch bei Wasserspiegellagen unter Gelände OK auftreten, aber auch durch konstruktive Maßnahmen (Rückstauverschlüsse, hohe Bordsteinkanten etc.) abgewendet werden kann.

**Tafel 72 Maßgebliche Regen- Überstau- und Überflutungshäufigkeiten *n*** in 1/*a*

| Art der Nutzung | A 118 | ATV A.Gr. 1.2.6 | | DIN EN 752 T.2 | |
|---|---|---|---|---|---|
| Angaben in 1/a; z. B. bedeutet $n \leqq 0{,}33$: in 1/0,33 = 3 Jahren einmal aufgetreten | Regenhäufigkeit | Überstauhäufigkeit | | | |
| | | Mindestleistungsfähigkeit | Neu- und Umbauten | Regenhäufigkeit | Überflutungshäufigkeit |
| ländliche Gebiete | – | – | – | 1,0 | 0,10 |
| allgemeine Baugebiete (Wohngebiete bei EN) | 1,0 bis 0,5 | ≦0,50 | ≦0,33 | 0,50 | 0,05 |
| Stadtzentrum, Gewerbe, Industrie | 1,0 bis 0,2 | ≦0,33 | ≦0,20 | 0,50 | 0,033 |
| bei EN: Überflutungsnachweis kann entfallen | – | – | – | 0,20 | – |
| Außengebiete (Straßen außerhalb)[1] | 1,0 | ≦1,0 | ≦0,5 | – | – |
| Unterführungen, U-Bahnen (mit Vorflut)[2] | 0,2 bis 0,05 | ≦0,20 | ≦0,10 | 0,10 | 0,02 |

[1]) bei A 118 (7.77) außerhalb bebauter Gebiete
[2]) bei A 118 (7.77)

### 5.4.3.2 Spitzenabflußbeiwerte $\psi_s$

Er gibt den spontan zum Abfluß kommenden Anteil des Niederschlages an. $\psi_s$ = Abflußspende $q_r$/Regenspende $r$. Er hängt nach ATV, A 118 (7.1977), ab vom:

Anteil der befestigten Flächen (%) (Dächer, Straßen, befestigte Gehwege, Höfe, Einfahrten etc.);

der mittleren Geländeneigung $I_g$ (%) ($\psi_s$ steigt mit $I_g$ an);

der Regenstärke und Regendauer (erfaßt durch die Regenhäufigkeit).

**Tafel 73 Spitzenabflußbeiwerte $\psi_s$ für einen $r_{15}$ von etwa 100 bis 130 l/(s·ha)**

| Anteil der befestigten Fläche | Gruppe 1 $I_g < 1\%$ | | Gruppe 2 $1\% \leqq I_g \leqq 4\%$ | | Gruppe 3 $4\% < I_g \leqq 10\%$ | | Gruppe 4 $I_g > 10\%$ | |
|---|---|---|---|---|---|---|---|---|
| in % | $n = 1{,}0$ | $n = 0{,}5$ | $n = 1{,}0$ | $n = 0{,}5$ | $n = 1{,}0$ | $n = 0{,}5$ | $n = 1{,}0$ | $n = 0{,}5$ |
| l/(s·ha) | 100 | 130 | 100 | 130 | 100 | 130 | 100 | 130 |
| 0 | 0,00 | 0,00 | 0,10 | 0,15 | 0,15 | 0,20 | 0,20 | 0,30 |
| 10 | 0,09 | 0,09 | 0,18 | 0,23 | 0,23 | 0,28 | 0,28 | 0,37 |
| 20 | 0,18 | 0,18 | 0,27 | 0,31 | 0,31 | 0,35 | 0,35 | 0,43 |
| 30 | 0,28 | 0,28 | 0,35 | 0,39 | 0,39 | 0,42 | 0,42 | 0,50 |
| 40 | 0,37 | 0,37 | 0,44 | 0,47 | 0,47 | 0,50 | 0,50 | 0,56 |
| 50 | 0,46 | 0,46 | 0,52 | 0,55 | 0,55 | 0,58 | 0,58 | 0,63 |
| 60 | 0,55 | 0,55 | 0,60 | 0,63 | 0,62 | 0,65 | 0,65 | 0,70 |
| 70 | 0,64 | 0,64 | 0,68 | 0,71 | 0,70 | 0,72 | 0,72 | 0,76 |
| 80 | 0,74 | 0,74 | 0,77 | 0,79 | 0,78 | 0,80 | 0,80 | 0,83 |
| 90 | 0,83 | 0,83 | 0,86 | 0,87 | 0,86 | 0,88 | 0,88 | 0,89 |
| 100 | 0,92 | 0,92 | 0,94 | 0,95 | 0,94 | 0,95 | 0,95 | 0,96 |

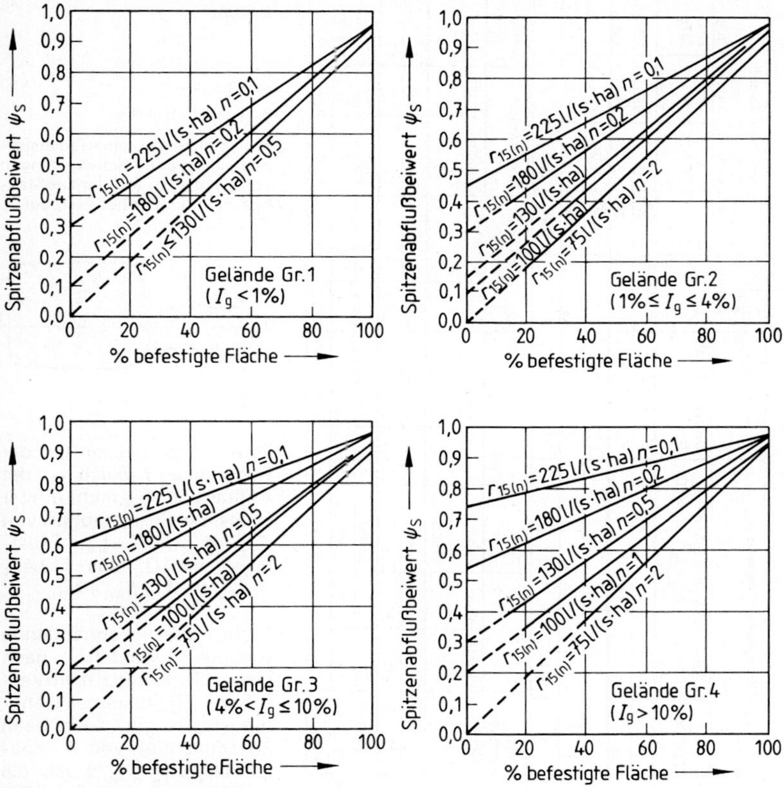


**Bild 78** **Spitzenabflußbeiwerte $\psi_s$**

Die relativ großen $\psi_s$ für wenig befestigte bzw. unbefestigte Gebiete gelten nur für 40 bis 70 m breite Streifen. Für größere Außengebiete gilt je nach Neigung $\psi_s = (0{,}05)$ bis 0,10 bis 0,20. Für bebaute Gebiete sei min $\psi_s = 0{,}35$.

## 5.4.4 Zeitbeiwertverfahren

Die Ermittlung des für die hydraulische Bemessung der Kanäle maßgeblichen Gesamtabflusses für regelmäßige Gebietsformen erfolgt, vor allem bei Neuplanungen, in Form von Listenrechnungen über Abflußspende und Einzugsflächen $A_E$ nach dem Zeitbeiwertverfahren: $Q_{ges} = Q_t + Q_r$ l/s. Der Trockenwetterabfluß wird nach Abschn. 5.4.2 ermittelt. Für den Regenabfluß gilt

$$\boldsymbol{Q_r = \varphi \cdot r_{15} \cdot \psi_s \cdot A_E = \varphi \cdot Q_{r15}} \quad \text{in l/s} \quad (151\,a)$$

$\varphi$ und $r_{15}$ werden nach Abschn. 5.4.3 ausgewählt.

**Tafel 74 Listenrechnung zum Zeitbeiwertverfahren**

| Leitung Nr. | Straßenname | Schacht Nr. | | Länge | Fläche $A_E$ | | | | Spitzenabflußbeiwert $\psi_s$ | | | | Einwohner | | Zufluß aus Fläche Nr. | Schmutzwasserabfluß | | | |
|---|---|---|---|---|---|---|---|---|---|---|---|---|---|---|---|---|---|---|---|
| | | | | | | Befestigung in % | | | | mittlere Geländeneigung | | | | | | häuslich | | gewerblich | |
| | | | | | Nr. | 40% | 50% | … | $I_g < 1\%$ | $1\% \leqq I_g \leqq 4\%$ | $4\% < I_g \leqq 10\%$ | $I_g > 10\%$ | Dichte $D$ | Anzahl | | einz. $Qh$ | zus. $\Sigma Qh$ | einz. $Qg$ | zus. $\Sigma Qg$ |
| – | – | von | bis | m | – | ha | ha | ha | – | – | – | – | E/ha | E | – | l/s | l/s | l/s | l/s |
| 1 | 2 | 3 | 4 | 5 | 6 | 7 | 8 | 9 | 10 | 11 | 12 | 13 | 14 | 15 | 16 | 17 | 18 | 19 | 20 |
| 1 | Große | 1 | 5 | 180 | 1 | | 1,28 | | | 0,52 | | | 200 | 256 | – | 1,28 | 1,28 | – | – |
| 2 | Kleine | 6 | 5 | 290 | 2 | 2,16 | | | | 0,44 | | | 80 | 173 | – | 0,87 | 0,87 | – | – |
| 1 | Große | 5 | 14 | 120 | 3 | | 0,48 | | | 0,52 | | | 200 | 96 | 1,2 | 0,48 | 2,63 | – | – |

| Fremdwasserabfluß | Trockenwetterabfluß | Zeitbeiwert | Regenabfluß $Q_{r15} = r_{15} \cdot \psi_s \cdot A_E$ | | | Fließzeit | | Mischwasserabfluß | Gefälle | | Profil | Rauheit | Vollfüllung | | $\frac{Q_{ges}}{Q_v}$ | Trockenwetter-Geschw. | Regenwetter | | Bemerkungen |
|---|---|---|---|---|---|---|---|---|---|---|---|---|---|---|---|---|---|---|---|
| $Q_f$ | $Q_t$ | $\varphi$ | einz. $Q_{r15}$ | $\Sigma Q_{r15}$ | max $Q_r = \varphi \cdot \Sigma Q_{r15}$ | einz. $t_f$ | zus. $\Sigma t_f$ | $Q_{ges}$ | Sohle $I_s$ | Wsp. $I_w$ | Form und Größe | $k_b$ | Leist. $Q_v$ | $v_v$ | | $v_t$ | Geschw. $v_m$ | Füllh. $h_m$ | |
| l/s | l/s | – | l/s | l/s | l/s | s | min | l/s | ‰ | ‰ | mm | mm | l/s | m/s | – | m/s | m/s | cm | |
| 21 | 22 | 23 | 24 | 25 | 26 | 27 | 28 | 29 | 30 | 31 | 32 | 33 | 34 | 35 | 36 | 37 | 38 | 39 | 40 |
| 0,13 | 1,41 | 1,26 | 67 | 67 | 84 | 94 | 1,56 | 85,4 | 21 | – | ∅300 | 1,5 | 142 | 2,0 | 0,60 | 0,68 | 2,08 | 17 | |
| 0,22 | 1,09 | 1,26 | 95 | 95 | 120 | 143 | 2,38 | 121,1 | 19 | – | ∅300 | 1,5 | 135 | 1,9 | 0,90 | 0,58 | 2,03 | 24 | Spülen |
| 0,05 | 3,03 | 1,26 | 25 | 187 | 236 | 50 | 3,22 | 239,0 | 15 | – | ∅500 | 1,5 | 464 | 2,4 | 0,52 | 0,72 | 2,38 | 26 | |

**Beispiel**

$T_{min} = 10$ min,

$r_{15,1} = 100$ l/(s · ha);

$q_f = 0,1$ l/(s · ha),

$q_{sh} = 0,005$ l/(s · E)

Bei unregelmäßigen Gebietsformen und großen Schwankungen von $I_g$ bzw. $\psi_s$ tritt der Größtabfluß nicht immer bei $T = t_f$ auf, s. Bild 79.

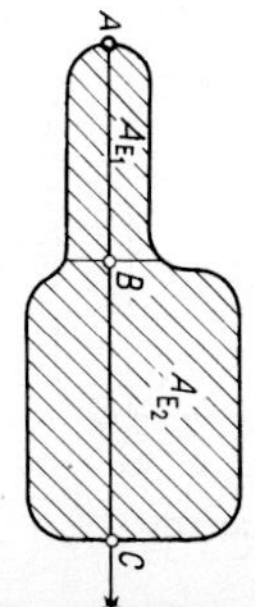


**Bild 79**

Es ist zu prüfen, ob mit der Regendauer $T$ gleich $t_{fBC}$ der Abfluß von $A_{E2}$ nicht größer ist als der Gesamtabfluß von $A_{E1} + A_{E2}$ mit $T = t_{fAC}$. Faustregel: max $Q_R$ aus $1/2 A_{E1} + A_{E2}$ mit $1/2\, t_{fAB} + t_{fBC}$.

Nicht zusammenhängende Gebiete werden nach dem Summenlinienverfahren [9] berechnet. Näherungsweise gilt, wenn beim Zusammenfluß von 2 Kanälen $Q_{r2} \leqq t_{f2} \cdot Q_{r1}/9$ ist, die Verbesserung: $Q_r = (Q_{r1} + Q_{r2} \cdot t_{f1}/t_{f2}) \cdot \varphi_1$. Der Index 1 steht für die kürzere Fließzeit. Im weiteren Verlauf der Rechnung werden $Q_r$ und $t_{f1}$ eingesetzt. $Q_{r1}$ und $Q_{r2}$ sind die Abflüsse aus dem 15-min-Regen. Bei $Q_{r2} > t_{f2} \cdot Q_{r1}/9$ wird mit $t_{f2}$ weiter gerechnet.

## 5.4.5 Zeitabflußfaktorverfahren

Bisher wurde mit konstantem $\psi_s$ gerechnet. Nach [10] kann auch mit veränderlichem Abflußbeiwert gerechnet werden. Der Zeitabflußfaktor $\varepsilon$, der an die Stelle von $\varphi$ tritt, berücksichtigt Geländeneigung und Regenhäufigkeit

$$\boldsymbol{Q_r = 100 \cdot \varepsilon_{(n)} \cdot \psi_s \cdot A_E} \quad \text{in l/s} \quad (151\,b)$$

max $Q$ wird wie beim Zeitbeiwertverfahren für $T = t_f$ ermittelt.

Fließzeiten kleiner als die Berechnungsregendauer sind in $\varepsilon$ berücksichtigt. Auch hier gilt: Nimmt $Q_r$ im Kanal ab, ist der größere Wert von oberhalb einzusetzen.

In der Listenrechnung (s. Abschn. 5.4.4) tritt an die Stelle der Spalten 23 bis 26 der untenstehende Ausschnitt.

**Tafel 75**

| Zeitabflußfaktor $\varepsilon$ | | | Regenabfluß: unvermindert (ohne $\varepsilon$) $Q_{r15} = r_{15}\ \psi_s\ A_E$ | | | | Regenabfluß: vermindert (mit $\varepsilon$) max. $Q_r = \sum(\varepsilon \cdot \Sigma Q_{r15})$ | | | |
|---|---|---|---|---|---|---|---|---|---|---|
| mittlere Geländeneigung | | | einzeln | zusammen $\Sigma Q_{r15}$ mittlere Geländeneigung | | | zusammen $\varepsilon \cdot \Sigma Q_{r15}$ mittlere Geländeneigung | | | zus. |
| $I_g$ <1% | 1% ≦ $I_g$ ≦10% | $I_g$ >10% | $Q_{r15}$ | $I_g$ <1% | 1% ≦ $I_g$ ≦10% | $I_g$ >10% | $I_g$ <1% | 1% ≦ $I_g$ ≦10% | $I_g$ >10% | max. $Q_r$ |
| [–] | [–] | [–] | [l/s] | [l/s] | [l/s] | [l/s] | [l/s] | [l/s] | [l/s] | [l/s] |
| 23 | 24 | 25 | 26 | 27 | 28 | 29 | 30 | 31 | 32 | 33 |

**Tafel 76 Zeitabflußfaktor $\varepsilon_{(n)}$ in Abhängigkeit von der Regenspende $r_{15(n)}$ bei 15 min Regendauer bzw. Regenhäufigkeit $n$ und der Neigung $I_g$ des Einzugsgebietes**

| Regendauer $T$ (min) | Gruppe 1 $I_g$<1% für $r_{15(n)}$ in l/(s · ha) | | | | Gruppe 2 und 3 1% ≦ $I_g$ ≦10% für $r_{15(n)}$ in l/(s · ha) | | | | Gruppe 4 $I_g$>10% für $r_{15(n)}$ in l/(s · ha) | | | |
|---|---|---|---|---|---|---|---|---|---|---|---|---|
| | 100 $n$=1 | 130 0,5 | 180 0,20 | 225 0,1 | 100 $n$=1 | 130 0,5 | 180 0,2 | 225 0,1 | 100 $n$=1 | 130 0,5 | 180 0,2 | 225 0,1 |
| 0 | 1,070 | 1,400 | 1,540 | 1,585 | 1,200 | 1,410 | 1,730 | 2,600 | 1,190 | 1,420 | 2,130 | 2,840 |
| 5 | 1,070 | 1,400 | 1,540 | 1,585 | 1,200 | 1,410 | 1,730 | 2,600 | 1,190 | 1,420 | 2,130 | 2,840 |
| 7 | 1,070 | 1,400 | 1,540 | 1,585 | 1,150 | 1,410 | 1,730 | 2,600 | 1,155 | 1,420 | 2,130 | 2,840 |
| 10 | 1,070 | 1,350 | 1,540 | 1,585 | 1,075 | 1,370 | 1,730 | 2,600 | 1,085 | 1,390 | 2,080 | 2,760 |
| 15 | 0,945 | 1,160 | 1,350 | 1,400 | 0,947 | 1,175 | 1,595 | 2,195 | 0,945 | 1,190 | 1,700 | 2,245 |
| 20 | 0,790 | 0,995 | 1,140 | 1,185 | 0,794 | 1,000 | 1,415 | 1,780 | 0,805 | 1,025 | 1,435 | 1,830 |
| 25 | 0,680 | 0,865 | 0,992 | 1,050 | 0,684 | 0,880 | 1,225 | 1,520 | 0,700 | 0,900 | 1,240 | 1,550 |
| 30 | 0,605 | 0,765 | 0,886 | 0,950 | 0,610 | 0,775 | 1,055 | 1,315 | 0,615 | 0,785 | 1,070 | 1,330 |
| 40 | 0,485 | 0,610 | 0,751 | 0,815 | 0,490 | 0,618 | 0,812 | 1,020 | 0,500 | 0,625 | 0,820 | 1,040 |
| 50 | 0,395 | 0,500 | 0,640 | 0,710 | 0,400 | 0,510 | 0,660 | 0,835 | 0,410 | 0,520 | 0,670 | 0,855 |
| 60 | 0,325 | 0,425 | 0,550 | 0,625 | 0,330 | 0,435 | 0,560 | 0,692 | 0,340 | 0,445 | 0,570 | 0,712 |
| 70 | 0,285 | 0,370 | 0,470 | 0,545 | 0,290 | 0,379 | 0,480 | 0,585 | 0,300 | 0,388 | 0,495 | 0,605 |
| 80 | 0,240 | 0,320 | 0,415 | 0,480 | 0,245 | 0,328 | 0,420 | 0,502 | 0,255 | 0,336 | 0,440 | 0,522 |
| 90 | 0,210 | 0,285 | 0,365 | 0,420 | 0,215 | 0,292 | 0,375 | 0,430 | 0,225 | 0,300 | 0,390 | 0,450 |
| 100 | 0,185 | 0,245 | 0,321 | 0,365 | 0,190 | 0,252 | 0,335 | 0,375 | 0,200 | 0,260 | 0,350 | 0,395 |
| 110 | 0,165 | 0,220 | 0,290 | 0,320 | 0,170 | 0,225 | 0,295 | 0,330 | 0,180 | 0,228 | 0,310 | 0,355 |
| 120 | 0,150 | 0,200 | 0,255 | 0,290 | 0,155 | 0,202 | 0,265 | 0,296 | 0,165 | 0,205 | 0,277 | 0,322 |

## 5.5 Regenentlastungen in Mischwasserkanälen [11]

Die Regenwasserbehandlung begrenzt den Regenabfluß zur Kläranlage, so daß deren Wirkungsgrad nicht unzulässig sinkt und die stoßweise Belastung des Gewässers in vertretbaren Grenzen bleibt. – Jedes Bauwerk muß ohne Bewertung der örtlichen Gewässersituation mindestens **Normalanforderungen** erfüllen. Hierbei wird für den „Bezugslastfall" (mit dem Schmutzabtrag von 600 kg CSB/(ha·a) und der Jahresniederschlagshöhe $h_{Na}=800$ mm sowie mit $\psi=0{,}70$ errechnet sich der *CSB* im RW-Abfluß $c_r=600/(0{,}7\cdot 800)=107$ mg/l, *CSB* im TW-Abfluß $c_t=600$ mg/l, *CSB* im KA-Ablaufe bei RW $c_K=70$ mg/l) ein Speichervolumen ermittelt, das die Entlastung in das Gewässer auf die zulässige *CSB*-Jahresfracht begrenzt. – Maßgebliche Kenngröße ist der chemische Sauerstoffbedarf *CSB*. Größere Verschmutzungen und stärkere Niederschläge führen zu Zuschlägen.

Mit den Indizes h für häuslich, g für gewerblich, i für industriell, f für Fremdwasser, 24 für den auf 24 Stunden verteilten und x für den auf x Stunden (s. Abschn. 5.4.2.1) verteilten Abfluß sowie $a_{g,i}$ (h) = Arbeitsstunden pro Tag (eine Schicht = 8 Stunden) und $b_{g,i}$ (d) = Produktionstage pro Jahr, ergibt sich der

**Trockenwetterabfluß** im **Tagesmittel**

$$Q_{t24}=Q_{s24}+Q_{f24}=(Q_{h24}+Q_{g24}+Q_{i24})+Q_{f24} \quad \text{(l/s)} \quad (152)$$

$$Q_{sx}=Q_{h24}\cdot 24/x+Q_{g24}\cdot 24\cdot 365/(a_g\cdot b_g)+24\cdot 365\cdot Q_{i24}/(a_i\cdot b_i) \quad \text{(l/s)} \quad (153)$$

**Tagesstundenmittel des Trockenwetterabflusses** $Q_{tx}=Q_{sx}+Q_{f24}$ (l/s) (154)

**Kritischer Regenabfluß** $Q_{rkrit}=r_{krit}\cdot A_u$ (l/s) (155)

kritische Regenabflußspende $7{,}5\leqq r_{krit}\leqq 15\cdot 120/(t_f+120)$ (l/s ha)(156)

$t_f$ in min = Fließzeit im Kanal bis zur jeweiligen Entlastung

**Kritischer Mischwasserabfluß** $Q_{krit}=Q_{tx}+Q_{rkrit}+\sum Q_{d,i}$ (l/s) (157)

$\sum Q_{d,i}$ = Summe aller von oberhalb dem jeweiligen Becken zufließenden Drosselabläufe

Für $Q_{krit}$ $A_u$ jeweils für das betrachtete Einzelbecken.

Fremdwasser $Q_{f24}$ wird aus Nachtmessungen in Misch- oder Trennsystemen ermittelt oder ersatzweise zu [0,03 bis 0,15 l/(s·ha)]·$A_u$ oder im Extremfall mit bis zu 100% $Q_{h24}$ angesetzt.

In Tafel 78 kann der mittlere Entlastungszufluß $Q_{re}$ nur für $q_r\leqq 2$ l/s ha näherungsweise ermittelt werden. Bei $q_r\geqq 2$ l/s ha sind Langzeitsimulationen erforderlich und der Ansatz:

$$Q_{re}=VQ_e/(T_e\cdot 3{,}6)+Q_{r24} \quad \text{in l/s} \quad (158)$$

$VQ_e$ in m³ in einem Jahr entlastete Mischwasserabflußsumme
$T_e$ in h in einem Jahr aufsummierte Entlastungsdauer

Mittlere Neigungsgruppe $NG_m=\sum(A_{E,i}\cdot N_{Gi})/\sum A_{E,i}$ (159)

Trockenwetterkonzentration des *CSB* $c_t=(Q_h\cdot c_h+Q_g\cdot c_g+Q_i\cdot c_i)/(Q_h+Q_g+Q_i+Q_f)$ (mg/l) (160)

Trockenwetterabflußspende $q_{t24}=Q_{t24}/A_u$ (l/s ha) (161)

Regenabflußspende $q_r=Q_{r24}/A_u$ (l/s ha) (162)

Weitere Begriffe sind der Tafel 78 zu entnehmen.

### 5.5.1 Regenüberläufe RÜ

RÜ begrenzen hohe Regenabflußspitzen. Stark verschmutzte gewerbliche und industrielle Abwässer sowie die Entleerungsabläufe aus RÜB sollen nur über RÜ entlastet werden, wenn $m_{RÜ}$ eingehalten wird. Hinter einem RÜ muß immer noch ein RÜB liegen. Der Mischwasserabfluß **$Q_{krit}$ muß in voller Höhe weitergeleitet werden**, bevor Wasser in den Vorfluter abgeschlagen wird. Es darf keine Entlastung in trockene Vorflutgräben stattfinden.

Das erforderliche Mindestmischverhältnis im Überlaufwasser

$$\boldsymbol{m_{RÜ} = (Q_d - Q_{t24})/Q_{t24}} \qquad \text{mit } Q_d \geq Q_{krit} \qquad (163)$$

wird mit einer *CSB*-Konzentration $c_t$ im Trockenwetterabfluß bei einem Drosselabfluß $Q_d$ beim Anspringen des RÜ eingehalten
in den Grenzen $7 \leqq m_{RÜ} \geqq (c_t - 180)/60$ mg/l) (164)

$Q_d$ sollte $\geqq 50$ l/s sein, i.d. Praxis häufig wesentlich kleiner. $A_u$ sollte $> 2$ ha betragen. Seitliche Einmündungen im RÜ-Bereich sind zu vermeiden. Der Einsatz von Tauchwänden ist anzustreben. Die Bemessung der Abschlagsleitung erfolgt für die Leistungsfähigkeit der bis OK Decke eingestauten Zulaufleitung. Die Nachrüstung zum RÜB soll durch einen Sohlabsturz berücksichtigt werden.

### 5.5.1.1 Zulaufleitung

Der Fließzustand soll bei $Q_{krit}$ sicher strömend sein. $v \leqq 0{,}75\, v_{gr}$ bzw. $Q \leqq 0{,}75\, Q_{gr}$. (Nachweis entfällt wenn OK-W $\geq$ OK-Rohr.) Länge der Beruhigungsstrecke $L_0 \geqq 20 \cdot d_0$

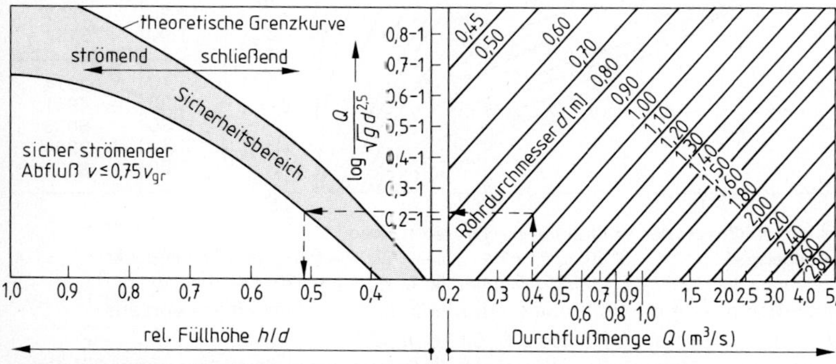


**Bild 80 Nachweis von sicher strömendem Abfluß** nach Wagner-Kallwass

**Ablesebeispiel** $Q_{krit} = 0{,}40$ m³/s → $d_0 = 0{,}90$ → $h/d = 0{,}51$, nach Tafel 28a ist $Q_T/Q_v = 0{,}52$. Hieraus wird die erforderliche Leistung der Zulaufleitung: $Q_v \leqq \max Q_{zu}/(Q_T/Q_v) \leqq 0{,}40/0{,}52 = 0{,}77$ m³/s und das zul. Gefälle nach Tafel 24 $I_s \leqq 1{,}55$‰ (evtl. $d_0$ variieren).

Bei $Q_t$ sei $v_{zu} \geqq 0{,}5$ m/s; die OK-Wehrschwelle $s_o \geqq 0{,}5\, d_o$ und über dem Bemessungs-HW des Vorfluters.

### 5.5.1.2 Drosselstrecke

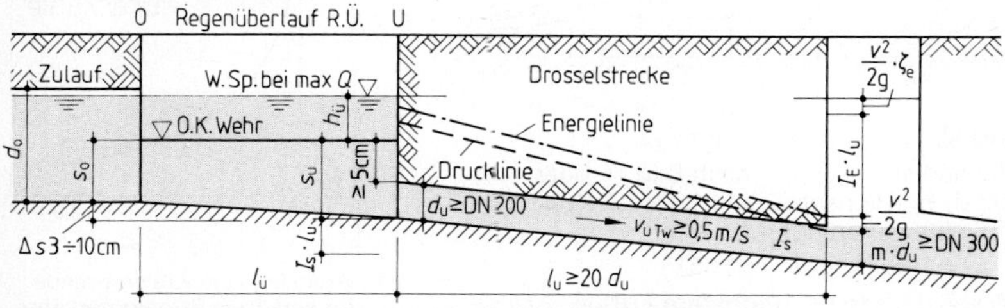


**Bild 81 Längsschnitt durch eine Regenentlastung mit Drosselstrecke**

DN 200 $\leqq d_u \leqq$ DN 500 bei freiem Ausfluß. Nachfolgende Ablaufleitung DN $\geqq d_u + 100$; Länge $l_u \geqq 20\, d_u$, Sohlgefälle $I_s$ nicht über 3‰; bei $Q_{tx}$ sei $v_u \geqq 0{,}5$ m/s. Man wählt $d_u$ für $I_s$ und ca. (0,4 bis 0,6) $Q_{krit}$; außerdem $\Delta s$ so, daß $Q_{tx}$ ohne Aufstau abfließt. $h_{E_o} + \Delta s \geqq h_{E_u}$. Nachweis der Vollfüllung der Drosselstrecke erforderlich. $\zeta$ für Drosselblenden s. Abschn. 3.1.3.9.

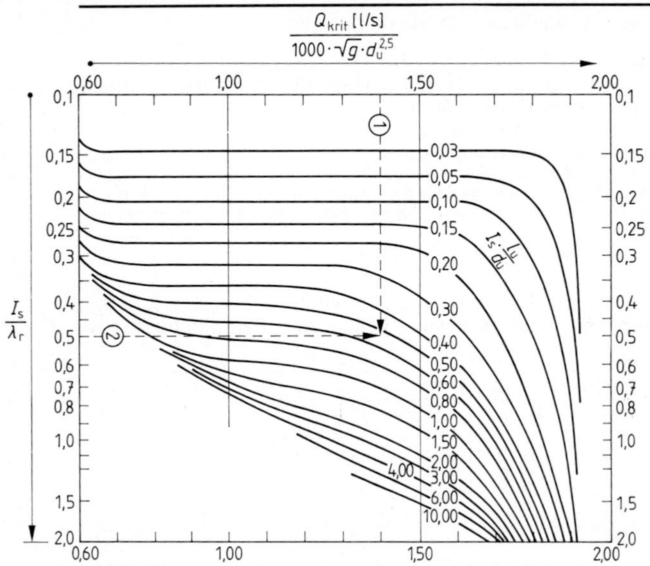


| $D_u$ in m | $1000\sqrt{g}\,d_u^{5/2}$ in $l$/s |
|---|---|
| 0,20 | 56,0 |
| 0,25 | 97,9 |
| 0,30 | 154,4 |
| 0,35 | 226,9 |
| 0,40 | 316,9 |
| 0,45 | 425,5 |
| 0,50 | 535,7 |
| 0,60 | 873 |
| 0,70 | 1284 |
| 0,80 | 1793 |
| 0,90 | 2407 |
| 1,00 | 3132 |
| 1,10 | 3974 |
| 1,20 | 4941 |
| 1,30 | 6035 |
| 1,40 | 7264 |
| 1,50 | 8631 |

**Bild 82 Nachweis der Vollfüllung der Drosselstrecke** [12]

**Ablesebeispiel** $Q_{krit}/(3130\cdot d_u^{2,5})=1,4$ —①→; $I_s/\lambda_r=0,5$ —②→ Schnittpunkt $I_s\cdot l_u/d_u=0,525$; also für alle $I_s\cdot l_u/d_u\geqq 0,525\rightarrow$ Vollfüllung

Man erhält das für die Vollfüllung erforderliche $l_u$ mit dem Ablesewert aus

$l_u=(I_s\cdot l_u/d_u)\cdot(d_u/I_s)$ also z. B. $0,525\cdot d_u/I_s$

Im zunehmenden Maße setzen sich mechanische Drosselsysteme durch. Empfohlen wird: Rohrdrossel >50 l/s, Wirbel- und Strahldrossel >30 l/s, Waagedrossel >10 l/s, Förderschnecken Q=>10 l/s, Kreiselpumpen Q=>20 l/s, geregelte Schieber ohne Grenze. Im Einzelfall mit Hersteller Rücksprache halten; starke Orientierung an Untergrenzen bedingt höhere Störanfälligkeit.

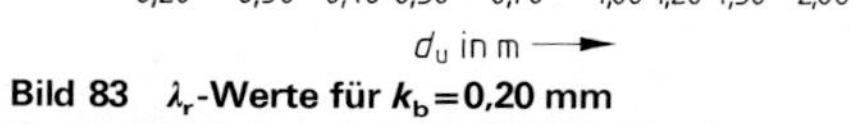


**Bild 83 $\lambda_r$-Werte für $k_b=0,20$ mm**

Bei anderen $k_b$ ggf. $\lambda_r$ nach Bild 10 oder mit $I_E$ und $v$ nach Tafel 21 bis 27 bzw. Tabellenwerten aus

$$\lambda_r=19,6\cdot I_e\cdot d/v^2 \quad (165)$$

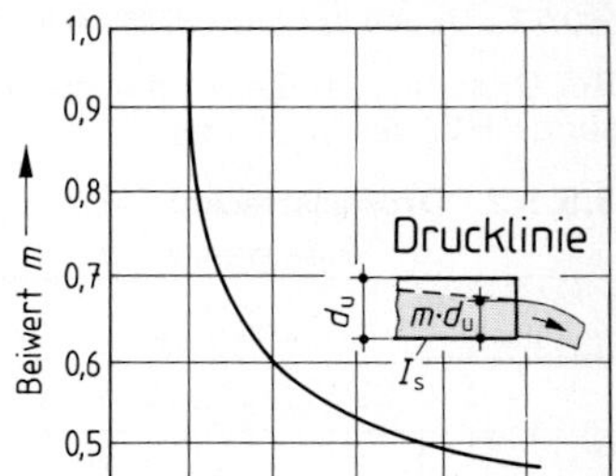


**Bild 84 Drucklinie am Kreisrohrende für eine freie Strahlunterkante**

### Trennschärfe bei höchstem Zufluß

Die Leistung $Q_d$ der Rohrdrosselstrecke bei max. $Q_{zu}$ wird mit $h_ü$ nach Abschn. 5.5.1.3

$$\max Q_d=\pi\frac{d_u^2}{4}\cdot\sqrt{\frac{(h_ü+s_u+I_s\cdot l_u-m\cdot d_u)\cdot 19,62}{1+\zeta_e+\lambda_r\cdot l_u/d_u}}\cdot 1000 \quad \text{in l/s} \quad (166)$$

Die Trennschärfe = max $Q_d/Q_{krit}$ soll $\leqq 1,2$ sein.

### 5.5.1.3 Überfallwehr

Die **erforderliche Wehrhöhe** $s_u$ für $Q_{krit}$ bei Vollfüllung ($m=1$) ist

$$s_u = m \cdot d_u + (1+\zeta_e) \cdot v_u^2/2g + (I_E - I_s)\, l_u; \quad (167) \quad (I_E \text{ nach Tafel 21 bis 27}).$$

Ergibt sich hieraus ein zu großes $\Delta s$, müssen entweder $s_0$ oder $d_u$ größer werden. Aber: $\Delta s \geqq 3$ bis 5, besser 10 cm.

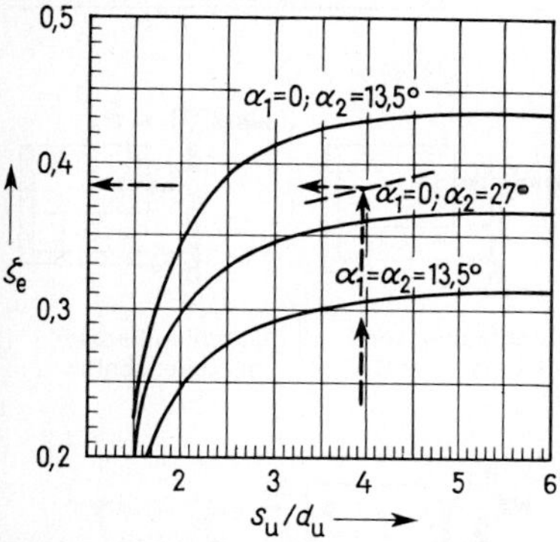


Bild 85 Einlaufbeiwert $\zeta_e$

$Q_ü = \max Q_{zu} - Q_{krit}$
Wählbar sind Wehrlänge $l_ü$ oder Überfallhöhe $h_ü$ je nach Örtlichkeit.

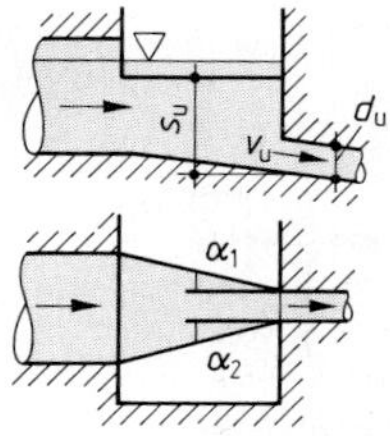


Bild 86

$$l_ü = Q_ü/(2950 \cdot c \cdot \mu \cdot h_ü^{1,5}); \quad \text{in m} \quad (168)$$

$$h_ü = [Q_ü/2950 \cdot c \cdot \mu \cdot l_ü)]^{2/3} \quad \text{in m} \quad (169)$$

mit $Q_ü$ in l/s

bei einseitigem Überfall $\mu \approx 0{,}6$;
bei beidseitigem Überfall $\mu \approx 0{,}50$

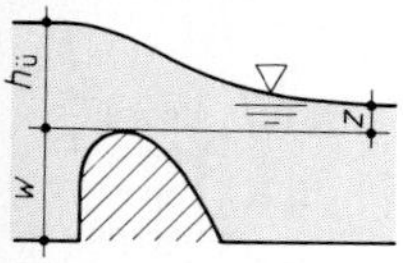


Bild 87

| Wehrform | $n$ |
|---|---|
| scharfkantig | 2 |
| rundkronig | 3 |
| rechteckig | 4 |

$$c = \sqrt{1-(z/h_ü)^n} \quad (170)$$

**Abminderungsbeiwerte $c$ für rückgestaute Überfälle** [42]

## 5.5.2 Regenüberlaufbecken RÜB [11]

1. **Becken im Hauptschluß HS**: Der Abfluß zur Kläranlage $Q_d = Q_{ab} + Q_t$ wird durch das Becken geführt.
2. **Becken im Nebenschluß NS**: $Q_d = Q_{ab} + Q_t$ werden am Becken vorbeigeführt, das bei $Q_{zu} > Q_{ab} + Q_t$ über ein Trennbauwerk TB beschickt wird. Beckenentleerung mit Pumpe vor das TB. Becken im qualifizierten Nebenschluß werden gezielt entleert.
3. **Fangbecken FB** nach 1. oder 2. speichern den Spülstoß. Sie werden nicht von der Überfallwassermenge durchflossen. Anwendung ist vorteilhaft, im wesentlichen für nicht vorentlastete Entwässerungsflächen, aber nur zulässig

a) wenn Fließzeit im Netz bis zum Becken $t_f \leqq$ **15** bis **20** min;
b) wenn die Abläufe oberhalb liegender Becken so gesteuert werden, daß sie erst bei leerem Fangbecken öffnen.

4. **Durchlaufbecken DB** nach 1. oder 2. besitzen einen Klärüberlauf (KÜ), der erst nach Beckenfüllung anspringt und den Durchlauf durch das Becken bis zum Erreichen von $h_{kü\,krit}$ auf maximal $Q_{krit}$ bei HS-Becken und auf $Q_{krit} - Q_s - Q_t$ bei NS-Becken beschränkt.
   Der Beckenüberlauf BÜ soll erst bei vollem Becken anspringen.
5. Verbundbecken werden bei Auftreten von FB **und** DB Verhältnissen eingesetzt. Der FB-Teil (FT) wird zuerst gefüllt und anschließend der durchströmte DB-Teil (KT).

**Tafel 77 Überfallwassermengen an den Entlastungsorganen**

| Bauwerk | Fangbecken FB | | Durchlaufbecken DB | |
|---|---|---|---|---|
| | Hauptschluß | Nebenschluß | Hauptschluß HS | Nebenschluß NS |
| $Q_{TB}$ | – | $Q_{zu}-Q_d$ | – | $Q_{zu}-Q_d$ |
| $Q_{Bü}$ | $Q_{zu}-Q_d$ | $Q_{zu}-Q_d$ | $Q_{zu}-Q_{Kü}-Q_d$ | $Q_{zu}-Q_{Kü}-Q_d$ |
| $Q_{Kü}$ | – | – | $\geqq Q_{krit}-Q_d$ | $\geqq Q_{krit}-Q_d$ |

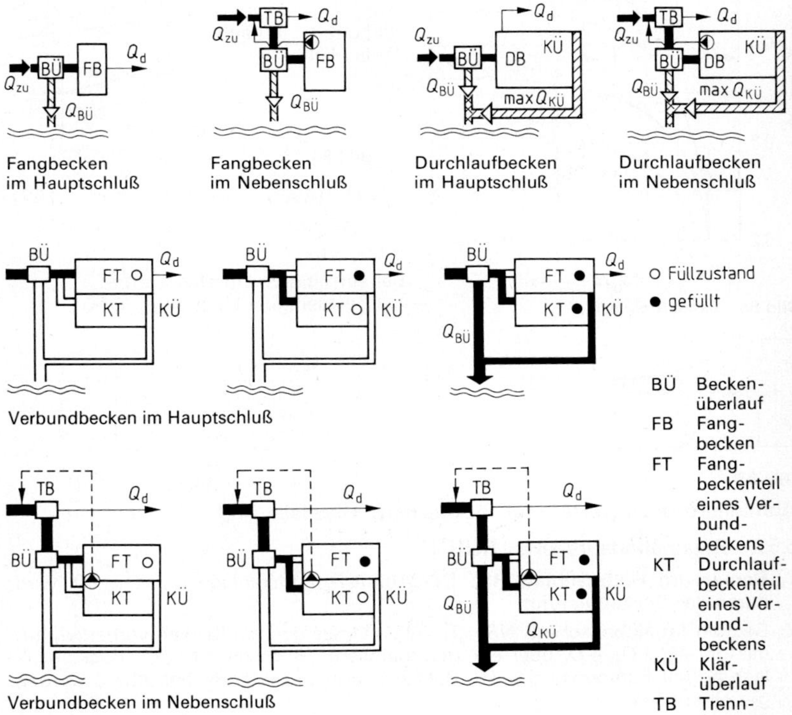


**Bild 88**

Die **Bemessung der RÜB** erfolgt bei $q_r \leq 2$ mit den Ansätzen nach 5.5 durch „Abarbeiten" der Tafel 78, die gleichzeitig ein Zahlenbeispiel mit folgenden Ansätzen enthält:

$X = 13{,}8$; $Q_f = 7{,}6$ l/s; $Q_{s24} = 11\,200$ EW $\cdot$ 180 l/$(E \cdot d)$/86400 $s = 23{,}5$ l/s; $Q_{sx} = 24 \cdot 23{,}46/13{,}8 = 40{,}8$ l/s; $Q_{tx} = 40{,}8 + 7{,}6 = 48{,}4$ l/s. Die ersten 10 Zeilen werden aufgrund von Messungen oder Berechnungen ermittelt. Nach der Berechnung des Volumens für das Gesamteinzugsgebiet werden die Beckenvolumen für die Einzelbecken ebenso bestimmt, wobei z. B. für das *n*te Becken $V_n$ für das gesamte oberhalb liegende Einzugsgebiet mit seinem $A_u$ bestimmt wird abzüglich oberhalb liegender Speichervolumen. Für $Q_{mn}$ steht das tatsächliche $Q_{dn}$ usw., als ob das *n*te Becken alleine für das ges. oberhalb liegende EG bemessen würde.

Jedes einzelne Becken muß ein Mindestspeichervolumen $V_{min} = A_u \cdot V_{smin}$ in m³ einhalten mit $V_{smin} = 3{,}60 + 3{,}84 \cdot q_r$ in m³/ha. Im allg. DB $\geqq 100$ m³, FB $\geqq 50$ m³. Andererseits sollte $V_s \leqq 40$ m³/ha als Gesamtspeichervolumen eingehalten werden.

**Tafel 78 Ermittlung des Volumens von Regenüberlaufbecken**

| | | | | | |
|---|---|---|---|---|---|
| 1. | Mittlere Jahresniederschlagshöhe | Deutscher Wetterdienst | $h_{Na}$ | 722 | mm |
| 2. | undurchlässige Gesamtfläche | 35 bis 100% d. bef. Fläche | $A_u$ | 66 | ha |
| 3. | längste Fließzeit im Gesamtgebiet | nur bedeuts. Flächen | $t_f$ | 37 | min |
| 4. | mittlere Geländeneigungsgruppe | $\sum(NG_i \cdot A_{E,i})/\sum(A_{E,i})$ | $NG_m$ | 1,26 | – |
| 5. | MW-Abfluß der Kläranlage | Biologie b. Regenwetter $2Q_{sx}+Q_{f24}$ oder $2(Q_{sx}+Q_{f24})$ | $Q_m$ | 98 | l/s |
| 6. | TW-Abfluß, 24-h-Tagesmittel | aus Misch- u. Trenngeb. $Q_{h24}+Q_{g24}+Q_{i24}+Q_{f24}$ | $Q_{t24}$ | 31 | l/s |
| 7. | mittlerer Fremdwasserzufluß | in $Q_{t24}$ enthalten | $Q_{f24}$ | 7,6 | l/s |
| 8. | TW-Abfluß, Tagesstundenmittel | aus Misch- u. Trenngeb. $24 \cdot Q_{h24}/x+24 \cdot 365 \cdot Q_{g24}/(a_g \cdot b_g)+24 \cdot 365 \cdot Q_{i24}/(a_i \cdot b_i)+Q_{f24}$ | $Q_{tx}$ | 48,4 | l/s |
| 9. | RW-Abfluß aus Trenngeb. | 100% $Q_{s24}$ aus Trenng. | $Q_{rT24}$ | 2,3 | l/s |
| 10. | *CSB*-Konzentration i. TW-Abfluß Jahresmittel incl. $Q_{f24}$ | $\dfrac{CSB\text{-Jahresfracht kg}}{31{,}54 \cdot Q_{t24}}$ | $c_t$ | 475 | mg/l |
| 11. | Regenabfluß, 24-h-Tagesmittel | $Q_m-Q_{t24}-Q_{rT24}$ | $Q_{r24}$ | 64,7 | l/s |
| 12. | Regenabflußspende | $Q_{r24}/A_u$; Soll $\leqq 2{,}0$ | $q_r$ | 0,98 | l/(s·ha) |
| 13. | Fließzeitabminderung | $0{,}5+50/(t_f+100) \geqq 0{,}885$ | $a_f$ | 0,885 | – |
| 14. | mittl. Entlastungszufluß für $q_r \leq 2$ | $a_f \cdot (3{,}0 \cdot A_u+3{,}2Q_{r24})$ | $Q_{re}$ | 358 | l/s |
| 15. | mittleres Mischverhältnis | $(Q_{re}+Q_{rT24})/Q_{t24}$ | $m_{RÜB}$ | 11,6 | – |
| 16. | $x_a$-Wert für Kanalablagerungen | $24Q_{t24}/Q_{tx}$ | $x_a$ | 15,4 | – |
| 17. | Einflußwert TW-Konzentration | $c_t/600$ mindestens 1,0 | $a_c$ | 1,0 | – |
| 18. | Einflußwert Jahresniederschl. | $-0{,}25 \leqq h_{NA}/800-1 \leqq +0{,}25$ | $a_h$ | –0,097 | – |
| 19. | Einflußwert Kanalablagerungen | aus A128, s. Bild 89 | $a_a$ | 0,372 | – |
| 20. | Bemessungskonzentration | $600(a_c+a_h+a_a)$ | $c_b$ | 765 | mg/l |
| 21. | rechn. Entlastungskonzentrat | $(107\,m_{RÜB}+c_b)/(m_{RÜB}+1)$ | $c_e$ | 159 | mg/l |
| 22. | zulässige Entlastungsrate | $3700/(c_e-70)$ | $e_o$ | 41,6 | % |
| 23. | spezifisches Speichervolumen | aus A128, s. Bild 90 | $V_s$ | 21,6 | m³/ha |
| 24. | spez. Mind. Speichervolumen | $\geq 3{,}60+3{,}84 \cdot q_r$ | min $V_s$ | 7,36 | m³/ha |
| 25. | erforderliches Gesamtvolumen | $V_s \cdot A_u$ | $V$ | 1426 | m³ |
| 26 | TW-Abflußspende, Gesamtgebiet | $Q_{t24}/A_u$ | $q_{t24}$ | 0,47 | l/(s·ha) |
| 27 | Auslastungswert der Kläranl. | $(Q_m-Q_{f24})/(Q_{tx}-Q_{f24})$ | $n$ | 2,22 | – |

Es ist immer zu prüfen, ob auch bei Einzelbecken folgende Kriterien eingehalten werden: Entleerungsdauer $= V_s/q_r \leqq 10$ bis 15 h; ferner $7 \leqq m_{RÜB} \geqq (c_t-180)/60$; $q_r(\text{RÜB}) \leqq 1{,}2\,q_r(\text{KA})$ mit $Q_{r24}=Q_d-Q_{t24}-Q_{rT24}$

Hierbei wird von oben nach unten jedes Becken mit dem gesamten bis dahin auf das Becken hin entwässernden EG bemessen. Es gilt ferner:

max. 5 RÜB in einer Reihe; max. 5 RÜ in einem Einzugsgebiet; RRB müssen $q_r \geqq 5$ l/(s·ha) einhalten; RRB-Volumen wird vernachlässigt. Wenn Bedingungen nicht eingehalten: Nachweisverfahren nach KA 8.90, Euler, Jakobi, Heinzelmann.

Auf das Gesamtspeichervolumen anrechenbar ist

1. vorhandenes RÜB-Volumen, wenn $q_{r\,vorhanden} \leqq 1{,}2 \cdot q_r$
2. bei RW aktivierbares Speichervolumen auf der Kläranlage
3. statisches Kanalvolumen $V_{Stat}$ in $\geqq$ DN 800 (oberhalb der horizontalen Verlängerung der tiefsten Überlaufschwelle), abgemindert zu $V_s=(V_{Stat}/A_u)/1{,}5$ in m³/ha. (170)

Bei freier Wahl der Beckenstandorte sind Verschmutzungsschwerpunkte zu suchen; Aufteilung in parallel geschaltete FB, meist teurer, aber effektiver für den Gewässerschutz. Beckensteuerung und Abrufschaltung bei Wahl der Drossel für zukünftigen Ausbau berücksichtigen. Trennbauwerk und Beckenüberlauf in einem Bauwerk Richtung Oberstrom anordnen.

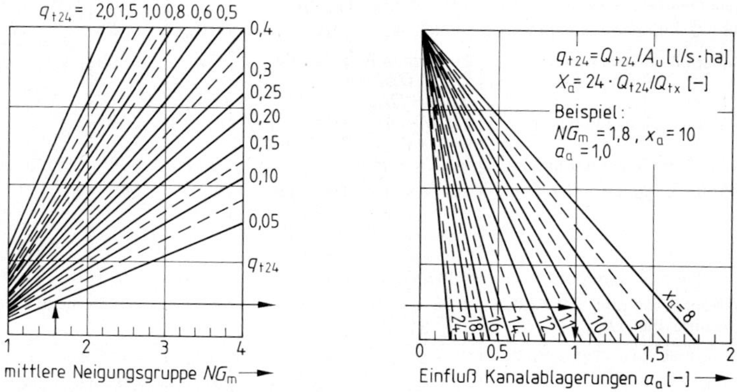


**Bild 89 Einfluß der Kanalablagerungen**

**Berechnungsformeln für den Einfluß der Kanalablagerungen**

$dI = 0{,}001 \cdot [1 + 2(NG_m - 1)]$ (171) $\tau = 430 \cdot q_{t24}^{0,45} \cdot dI$ (172)

$x_a = 24 \cdot Q_{t24}/Q_{tx}$ $a_a = (24/x_a)^2 \cdot (2 - \tau)/10$ aber: $a_a \geqq 0$ (173)

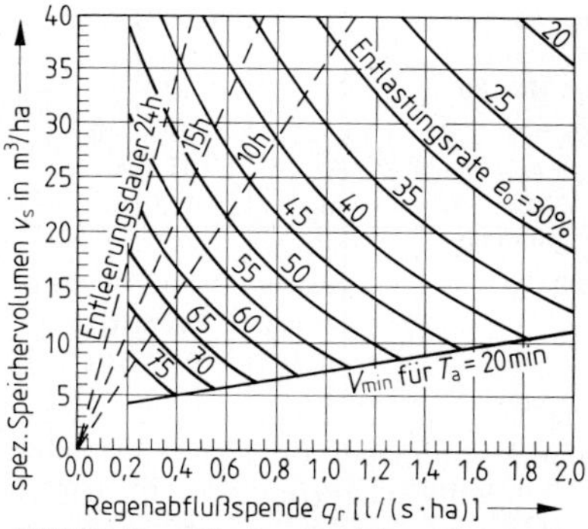


**Bild 90 Spezifisches Speichervolumen in Abhängigkeit von der Regenabflußspende und der zulässigen Entlastungsrate**

**Berechnungsformeln zur Ermittlung des spezifischen Speichervolumens $V_s$ [m³/ha] aus der Regenabflußspende $q_r$ [l/(s·ha)] und der zulässigen Jahresentlastungsrate $e_0$ [%]:**

$H_1 = (4000 + 25 q_r)/(0{,}551 + q_r)$

$H_2 = (36{,}8 + 13{,}5 q_r)/(0{,}5 + q_r)$

$V_s = H_1/(e_0 + 6) - H_2$

aber: $V_{s,\,min} \geqq 3{,}60 + 3{,}84 q_r$

Anwendungsbereich der letzten Formel:

$0{,}2 \leqq q_r \leqq 2{,}0$ l/(s·ha),

$25 \leqq e_0 \leqq 75\%$,

$V_{s,\,min} \leqq V_s \leqq 40$ m³/ha.

**Gestaltungsgrundsätze:** $v_{zu} \geqq 0{,}8$ m/s bei $Q_{tx}$; mit $Q_d = (\min Q_d + \max Q_d)/2$ sei $Q_d \geqq 2 Q_s + Q_f$.

Bei Neuanlagen: Weiterführende Kanäle für $(1+2) Q_s + Q_f$ auslegen.

**Beachte!** Durchlaufbecken Beckenlänge $l_B \geqq 2 \cdot$ Beckenbreite $b_B$. Bei Becken mit flacher Sohle soll das Längsgefälle 1 bis 2%, das Quergefälle $\geqq 3$ bis 5% betragen. Bei Wirbeljetreinigung in RÜB $I_S \geqq 1\%$ und im KS $\geqq 0{,}2$ bis 0,8%. Sohlgerinne im Hauptschlußbecken für $Q \geqq 3 Q_{sx} + Q_{f24}$ und $v \geqq 0{,}5$ m/s bemessen. Drossel $\varnothing \geqq$ DN 300, in Ausnahmefällen $\geqq$ DN 200. Bei Drosselblenden sei $A_{Drossel} \geqq 0{,}06$ m² und die Mindestöffnungshöhe 20 cm. Luftgeschwindigkeit in den Be- und Entlüftungen $v \leqq 10$ m/s. Die Luftmenge entspricht $\max Q_{zu}$.

**Hydraulische Nachweise am Durchlaufbecken DB**

Man gibt den Aufstau $h_{Kü}$ und $h_{Bü}$ zu je ca. 15 bis 30 cm vor und dimensioniert damit die Größe der KÜ-Drossel und $l_{Bü}$. Beachte: Mit der zulässigen Fließgeschwindigkeit im Becken $v_{hmax} \leqq 0{,}05$ m/s bei $r_{krit} = 30$ l/s ha ist $\max Q_{Kü} \leqq 1000 \cdot b_B \cdot h_{Bmax} \cdot v_{hmax}$ in l/s. Mit $\mu = 0{,}6$ und der Überfallänge $l_{Bü}$ wird $h_{Bü} = 0{,}0068(Q_{Bü}/l_{Bü})^{2/3}$ in m.

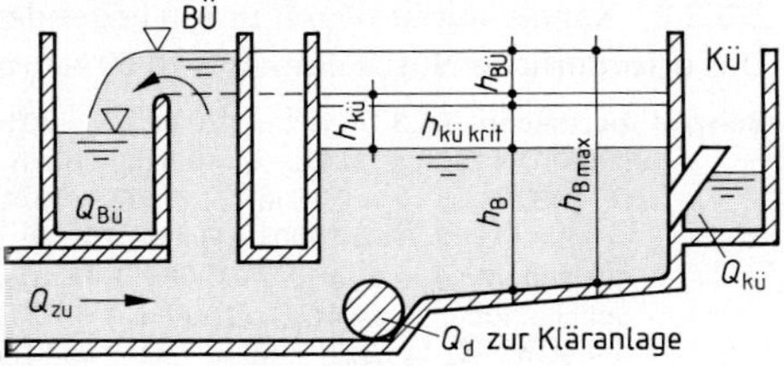


**Bild 91 Durchlaufbecken Längsschnitt**

**$Q$ in l/s** $V = l_B \cdot b_B \cdot h_B$ in m³ (174)

Damit können die Abmessungen des Klärüberlaufs festgelegt werden.

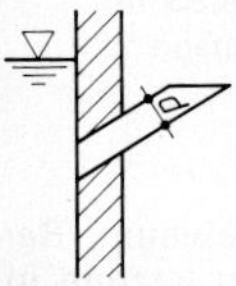


**Bild 92 Rohrablauf**

Bei Rohrauslässen wird die Fläche der Rohre

$$\sum A_{Rohr} = \max Q_{Kü}/(3500\sqrt{h_{Kü}+h_{Bü}}) \quad (175)$$

und Anzahl der Rohre DN 200

$$n \leqq \max Q_{Kü}/(110 \cdot \sqrt{h_{Kü}+h_{Bü}})$$

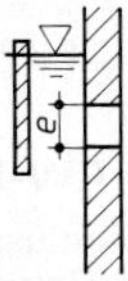


**Bild 93 Ablaufschlitz**

Die Höhe $e$ eines $l_{Kü}$ langen Schlitzes wird mit $\mu_{Kü} \approx 0{,}63$

$$e \approx \frac{\max Q_{Kü}}{2790 \cdot l_{Kü}\sqrt{h_{Bü}+h_{Kü}-0{,}5 \cdot e}} \quad (176)$$

$e \rightarrow$ iterativ durch Proberechnung (nicht mehr bei Neuanlagen)

**Nachweis von $h_{Kükrit}$ mit $v = (Q_{krit} - Q_d)/(1000 \cdot \text{Austrittsfläche})$**

$$h_{Kü\,krit} = (1 + \zeta_e + \lambda \cdot l_{Rohr}/d) \cdot v^2/2g \quad (177)$$

$$h_{Kü\,krit} \approx 0{,}08\,v^2$$

$$h_{Kü\,krit} = v^2/(\mu_{Kü}^2 \cdot 2g) + 0{,}5e \quad (178)$$

die Oberflächenbeschickung bei vollem Becken und $r_{krit} = 15$ l/s ha soll $q_A \leqq 10$ m/h sein. $q_A = 3{,}6 \cdot (Q_{krit} - Q_d)/(l_B \cdot b_B)$ in m/h (179)

**Beachte:** Je nach Beckenkonstruktion läuft bei HS-Becken das volle $Q_{krit}$ durch. Schwellenbeschickung einer Überlaufschwelle am Klärüberlauf $q_l \leqq 75$ m³/(m·h). Rohre des KÜ auf volle Breite des Beckens verteilen.

Schlitz: $Q_{Kü} = 1000 \cdot e \cdot l_{Kü} \cdot \mu_{Kü} \cdot \sqrt{2g(h_{Kü} - 0{,}5e)}$ (180)

Rohre: $Q_{Kü} \approx 3500 \cdot \sum A_{Rohr} \cdot \sqrt{h_{Kü}}$ (181)

## 5.5.3 Kanalstauräume SK

Es sollten Kreisrohre > DN 1500 oder Profile mit stark geneigter Sohle mit $v \geqq 0{,}8$ m/s und $h_T \geqq 0{,}05$ m bei $Q_t$ gewählt werden. Es sei die Schleppspannung $\tau = 2$ bis 3 aber immer $> 1{,}3$ N/m². Bei $v_{tw} < 0{,}5$ m/s Spülmöglichkeit vorsehen.

### 5.5.3.1 Kanalstauräume mit oben liegender Entlastung $SK_o$ (Regelfall)

Die Bemessung erfolgt wie bei RÜB. Als Nutzvolumen gilt der Kanalinhalt von der Drossel bis zur Horizontalen der Wehroberkante abzüglich des Volumens für den Abfluß $Q_d$. $A_E$ reicht bis zur Drossel.

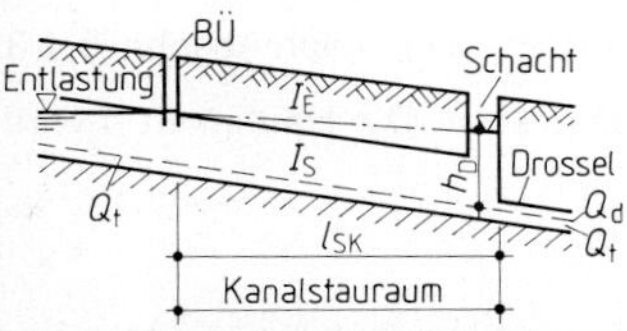


**Bild 94 Kanalstauraum mit oben liegender Entlastung $SK_o$**

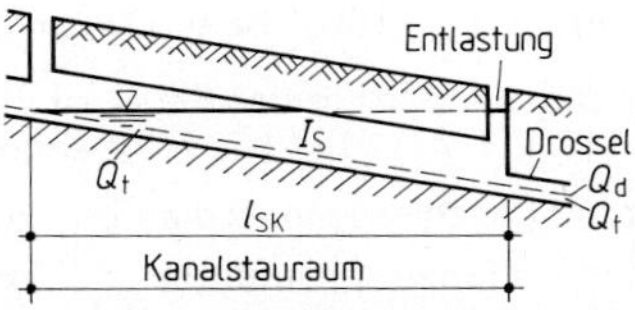


**Bild 95 Kanalstauraum mit unten liegender Entlastung $SK_u$**

#### 5.5.3.2 Kanalstauräume mit unten liegender Entlastung $SK_u$ (Bild 95)

Das **erforderliche Nutzvolumen** wird **50% größer als beim** normalen **RÜB**.

**Beispiel zu Abschn. 5.5.3** Geg.: $V = 120$ m³, $Q_t = 20$ l/s, max $Q_{zu} = 1250$ l/s; $Q_d = 60$ l/s; Stauraum: DN1500, $I_s = 4‰$; $k_b = 0{,}5$ mm, oben liegende Entlastung. Leistung DN1500: $Q_v = 4870$ l/s; $v_v = 2{,}76$ m/s; $Q_d/Q_v = 60/4870 = 0{,}012$; $v_T = 0{,}36 \cdot 2{,}76 = 0{,}99$ m/s $> 0{,}8$; $A_T = Q_T/(v_T \cdot 1000) =$ Fläche für $Q_d = 60/(0{,}99 \cdot 1000) = 0{,}06$ m,² Stauraumquerschnitt: $A_\phi - A_T = 1{,}77 - 0{,}06 = 1{,}71$ m²; $l_{SK} = 120/1{,}71 = 70{,}2$ m. Überfall Bü auf Scheitelhöhe. $l_{Bü} \approx 4 Q_{Bü}/(1000 \cdot d_0) = 4 \cdot (1259 - 60) \ / \ (1000 \cdot 1{,}50) = 3{,}11$ gew. $\approx 4{,}00$ m. $h_{Bü} = [Q_B/(2950 \cdot \mu \cdot l_ü)]^{2/3} = [1190/(2950 \cdot 0{,}6 \cdot 4{,}0)]^{2/3} = 0{,}30$ m. Nachweis der Drosselblende $d_D =$ DN 200 mit 4/8 Öffnung nach Abschn. 3.1.3.9, $\zeta = 2{,}06$; $A_D/A_0 = 0{,}61$, $\zeta_D = 0{,}61^2 \cdot 2{,}06 = 0{,}766$. Die Druckhöhe der Drossel $h_D$ ist $d_{SK} + (I_s - I_E) \cdot l_{SK}$; $I_E$ vernachlässigbar klein: $I_E = I_{Tafel}(Q/Q_T)^2$; n. Eternit/Ungertabellen $I_{min} = 0{,}13‰$, $Q_{Tafel} = 836$ l/s $\rightarrow I_E = 3{,}8 \cdot 10^{-6}$; $h_D = 1{,}50 + 0{,}004 \cdot 70{,}2 = 1{,}78$ m.
$v_D = \sqrt{2g(h_D - 2d_D/8)/(1 + \zeta_D)} = \sqrt{19{,}62(1{,}78 - 2 \cdot 0{,}2/8)/(1 + 0{,}76)} = 4{,}39$ m/s;
$Q_D = 1000\, v_D \cdot A_D = 1000 \cdot 4{,}39 \cdot 0{,}61 \cdot 0{,}2^2 \cdot \pi/4 = 84$ l/s $> 60$ l/s $\rightarrow$ ausreichend.

### 5.5.4 Regenklärbecken für RW-Leitungen im Trennsystem

Eine Behandlung entfällt bei Abflüssen aus überwiegenden Wohngebieten. Bei gemeinsamer Behandlung von Gewerbe- und Wohngebieten werden letztere in Abschn. 5.5.4.1 mit 10 l/(s·ha), in Abschn. 5.5.4.2 mit 5 m³/$ha_{red}$ berücksichtigt.

**5.5.4.1 Ständig gefüllte Regenklärbecken** werden in der Regel angeordnet, wenn der RW-Kanal bei Trockenwetter ständig oder zeitweilig Wasser führt. Sie besitzen einen Überlauf und einen Schlammabzug.

| | | |
|---|---|---|
| Bemessungszufluß | $Q_{bem} = r_{krit} \cdot A_{red} + Q_f$ in l/s (182) | $r_{krit} = 15$ l/(s·ha) |
| zul. Oberflächenbeschickung | $q_A \leqq 10$ m/h | |
| Nutzbare Beckentiefe | $h_B \approx 2{,}0$ m | |
| erf. Oberfläche | $A_0 = 3{,}6 \cdot Q_{bem}/q_A$ in m² (183) | |
| erf. Beckenvolumen | $V = A_0 \cdot h_B$ in m³ | $\geqq 50$ m³ (184) |

**5.5.4.2 Nicht ständig gefüllte Regenklärbecken** werden angeordnet, wenn der RW-Kanal bei Trockenwetter kein oder nur wenig Wasser führt. Konstruktive Ausbildung wie Fangbecken oder Durchlaufbecken in Mischsystemen s. Abschn. 5.5.2 und 5.5.3. Die Beckenfüllung wird vollständig in die Schmutzwasserkanalisation übernommen.

Volumen: $V = A_{red} \cdot 10\ \text{m}^3/\text{ha}_{red} + A_{red\,Wohn} \cdot 5\ \text{m}^3/\text{ha}_{red}$ (185)

## 5.6 Regenrückhaltebecken RRB [13]

Die Ermittlung der Beckeninhalte erfolgt über rechnerische Näherungsverfahren, denen die Untersuchungen von Reinhold zugrunde liegen. In Sonderfällen, insbesondere bei mehreren hintereinanderliegenden Becken und bei unregelmäßigen Einzugsgebieten, müssen Zu- und Ablaufganglinien gezeichnet werden, um die Beckeninhalte zu ermitteln [14].

$\boldsymbol{Q r_{T,n} = r_{T,n} \cdot A_{red}}$ (186) **bzw.** $\boldsymbol{Q r_{T,n} = r_{T,n} \cdot \psi \cdot A_E}$ in l/s (187) nach Abschn. 5.4.3.

Die Regendauer wird in der Regel zu $T = 15$ min angesetzt. Die Häufigkeit $n$ wird nach A117 (11.77) [13] wie folgt angenommen:

Becken mit geschlossenen Zuläufen $n = 0{,}5$ bis 0,2

Becken mit offenen Zuläufen $n = 0{,}1$

$n = 0{,}1$ hat sich weitestgehend in der Kanalisation durchgesetzt, besonders bei einem Abflußverhältnis $\eta = Q_{rab}/Q_{r15} \leqq 0{,}2$. Ab da nimmt die Sicherheit gegen

Überstauung weiter ab; bei $\eta < 0{,}008$ wird $T_m > 150$ min und überschreitet die Gültigkeitsgrenze für $\varphi$ nach Reinhold. (Bild 77. Beckenvolumen dann mit NA-Modellen ermitteln). In offenen Vorflutern ist $n$ bis 0,02 üblich.

$$Q_{rab} = 0{,}5\,({}_{min}Q_{rab} + {}_{max}Q_{rab}) \text{ in l/s} \quad (188)$$

**Beachte!** $Q_{rab}$ ist nur der Regenwasseranteil. Im Mischsystem leistet die Drossel $Q_d = Q_{rab} + Q_t$. Dann ist $Q_{rab} = ({}_{min}Q_d + {}_{max}Q_d) \cdot 0{,}5 - Q_t$ Bei Becken ohne konstanten Dauerzufluß ist $Q_{rab} = Q_d$.

[13] empfiehlt zwei Bemessungsdiagramme. Die größeren Volumen ergeben sich mit Bild 93 nach Annen und Londong. Das erforderliche Volumen ist

$$\boldsymbol{V = BR \cdot Q_{r15,\,n}/1000} \text{ in m}^3 \quad (189)$$

mit $r_{15,\,n} = r_{15,\,n=1} \cdot \varphi_{15,\,n}$ und

$$\varphi_{15,\,n} = 1{,}583\,n^{-0,25} - 0{,}583 \quad (190)$$

Bild 96 kann man den Bemessungswert $BR$ und die maßgebliche Regendauer $T_m$ für die Fließzeit im Einzugsgebiet $t_f$ und $\eta$ entnehmen.

$BR$ (etwas kleiner) und $T_m$ ergeben sich nach Pecher zu:

$$BR = [T_m \cdot \varphi_m - \eta\,(T_m + t_f) + t_f \cdot \eta^2/\varphi_m] \cdot 60 \text{ in s} \quad (191)$$

$$\eta = Q_{rab}/Qr_{15,n} \quad (192)$$

$$T_m = \frac{24}{\sqrt{a}} - 9 \text{ in min} \quad (193)$$

$$a = (24 \cdot \eta - t_t \cdot \eta^2)/9 \quad (194)$$

$$\varphi_m = \sqrt{a} = 24/(T_m + 9) \quad (195)$$

Bei hintereinanderliegender Becken muß das Beckenvolumen vergrößert werden [14].

a) Ablauf des oberen Beckens $Q'_{rab} < Q_{rab}$

$$\boldsymbol{V_{ges} = V + \bar{V}} \quad (196)$$

$$\boldsymbol{\bar{V} = 0{,}06\, Q'_{rab}[T_m + (1-\eta)\, t_f - t_b]} \text{ in m}^3 \quad (197)$$

mit $t_b$ Fließzeit vom oberen zum unteren (soeben zu bemessenden) Becken.

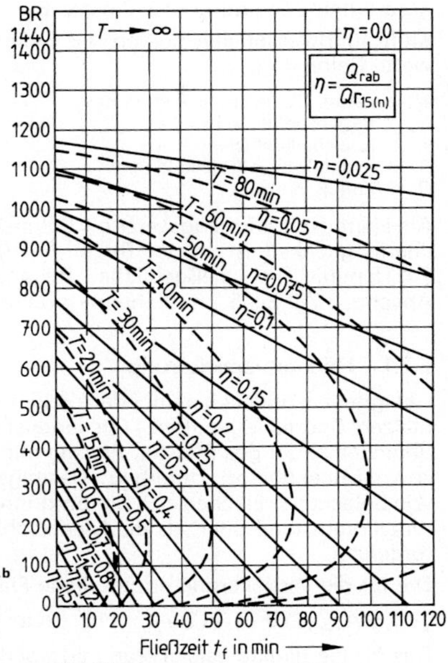


**Bild 96 Bemessung von RRB**
nach Annen und Londong

b) Ablauf des oberen Beckens $Q'_{rab} > Q_{rab}$: $\boldsymbol{V_{ges} = V + \bar{V} + V_z}$. (198)
Dieser Fall führt zu sehr großen Beckeninhalten und sollte vermieden werden.

$$\boldsymbol{V_z = 0{,}06\,(Q'_{rab} - Q_{rab}) \cdot [T_A - T_m - t_f(1-\eta)]} \text{ in m}^3 \quad (199) \quad \text{mit } T_A = T'_m/\eta' \quad (200)$$

$Q'$, $T'_m$, $\eta'$ Werte des oberen Beckens.

Bei der Auslegung der Becken sind die Entleerungszeiten $t_E$ zu beachten. Sie sollen zwischen 3 und 6 Stunden liegen (kürzere Zeit bei Großstädten, Industriegebieten, starker Geländeneigung); für $n \leqq 0{,}1$ darf $t_E$ größer werden.

$$t_E \approx (V + \bar{V} + V_z)/(3{,}6\,Q_{rab}) \text{ in h.} \quad (201)$$

## 5.7 Dezentrale Versickerung von Niederschlagswasser

Versickert wird nur nicht schädlich verunreinigtes Niederschlagswasser [32] von Dach und Terassenflächen von Wohn- und Bürogebäuden, die nicht durch Immissonen oder Lösungsvorgänge chemisch, physikalisch oder biologisch belastet sind. Für Niederschlagswässer von privaten und öffentlichen Verkehrsflächen gibt [33]

Planungshilfen. Zu beachten sind auch Trinkwasserschutzgebiete [34] und Heilquellenschutzgebiete [35].

Je flächenhafter die Versickerung stattfindet, desto besser kommen die reinigenden Wirkungen wie Filtration, Adsorption, Fällung, biologischer Abbau und Ionenaustausch (besonders) in der Deckschicht (belebte Bodenzone, d = 30 cm, $k_f = 10^{-4}$ bis $10^{-5}$ m/s) zum Tragen. Es eignen sich Lockergesteine wie relativ einkörnige, grobe Schluffe mit $k_f = 5 \cdot 10^{-6}$ m/s, Schluff-Sande $5 \cdot 10^{-6} - 5 \cdot 10^{-5}$ m/s, Feinsande $10^{-5} - 10^{-4}$ m/s, Mittel- bis Grobsand $8 \cdot 10^{-5} - 3 \cdot 10^{-3}$ m/s und sandige bis Mittelkiese $5 \cdot 10^{-4} - 5 \cdot 10^{-3}$ m/s zur Versickerung.

Beim hydraulischen Nachweis wird die Wirkung der luftgefüllten Poren in der ungesättigten Zone durch den Ansatz $k_{fu} = 0{,}5 \cdot k_f$ berücksichtigt.

Kluftgrundwasserleiter bergen die Gefahr schneller Durchleitung ohne nennenswerte Reinigung.

| | | | |
|---|---|---|---|
| $k_f$ | natürl. Durchläss.beiwert in m/s | $Q_s$ | Versickerungsrate in m³/s |
| $r_{T,n}$ | Regenspende in l/(s · ha) | $V_s$ | Speichervolumen in m³ |
| $s$ | Speicherkoeffizient | $A_{red}$ | angeschl. befestigte Fläche in m² |
| $I$ | hydraulisches Gefälle in m/m | $A_s$ | Versickerungsfläche in m² |
| $Q_z$ | Zufluß in m³/s | | |

Als Häufigkeit wird angesetzt $n = 0{,}2$ in 1/a. Die Regendauer in Fällen ohne Speichermöglichkeit ist in der Regel $T = 10$ min, bei großen flachen Flächen auch $T = 15$ min. Die maßgebliche Regendauer für die Speicherbemessung s. Abschn. 5.7.2 bis 5.7.4. Näherungsweise $T = 30$ min.

### 5.7.1 Flächenversickerung

Geeignet besonders bei unbedenklichen Hofflächen, Rettungszufahrten, Campingplätzen, Sportanlagen, Park- und ländlichen Wegen. Befestigung z. B. durch Rasengittersteine, poriges Pflaster, Pflaster mit durchlässigen Fugen, (alles im Sandbett) sowie Mineralbeton. Unterbau: Kiestragschicht. Für die gleichmäßige Überleitung von befestigten Flächen z. B. Tiefbordrinnen anordnen. In der Regel ist die Versickerungsintensität größer, als die Niederschlagsintensität, d. h. keine Speicherung erforderlich.

Die für die Versickerung erforderliche Fläche beträgt:

$$A_s = A_{red}/[(10^7 \cdot k_f)/(2 \cdot r_{T,n}) - 1] \quad \text{in m}^2 \qquad (202)$$

Das für die direkte Versickerung erforderliche $k_f$ ist mit $A_s = A_{red}$:

$$k_f = 4 \cdot 10^{-7}\, r_{T,n} \quad \text{in m/s} \qquad (203)$$

### 5.7.2 Muldenversickerung

Reicht die Versickerungsfläche nicht aus, so wird der Niederschlag z. B. in Mulden zwischengespeichert. Für $n = 0{,}2$, eine Regenreihe nach Reinhold (Abschn. 5.4.3.1), und $I = 1$ wird das erforderliche Muldenvolumen

$$V_s = 2{,}57 \cdot 10^{-4} (A_{red} + A_s)\, r_{15,1} \cdot T/(T+9) - A_s \cdot T \cdot 30 \cdot k_f \quad \text{in m}^3 \qquad (204)$$

mit der maßgeblichen Regendauer in min

$$T = [7{,}7 \cdot 10^{-5} (A_{red} + A_s) \cdot r_{15,1} / (A_s \cdot k_f)]^{0{,}5} - 9. \qquad (205)$$

Bei örtlich gemessenen Regenreihen steht $6 \cdot 10^{-6}\, r_{T,n}$ statt $2{,}57 \cdot 10^{-4} \cdot r_{15,n}/(T+9)$; $T$ ergibt sich aus $dV_s/dT = 0$, notfalls iterativ.

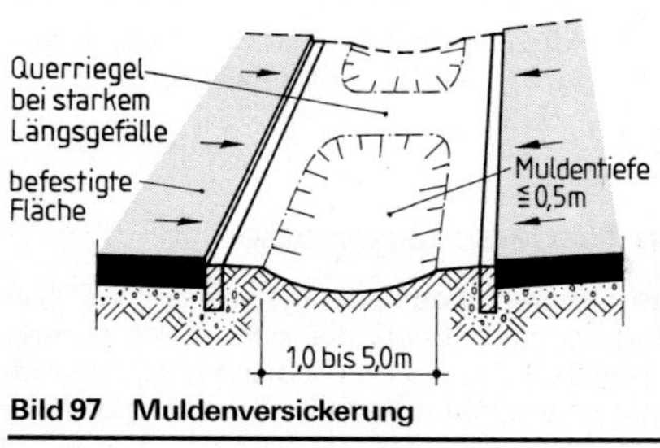


**Bild 97 Muldenversickerung**

### 5.7.3 Rigolen oder Rohrversickerung

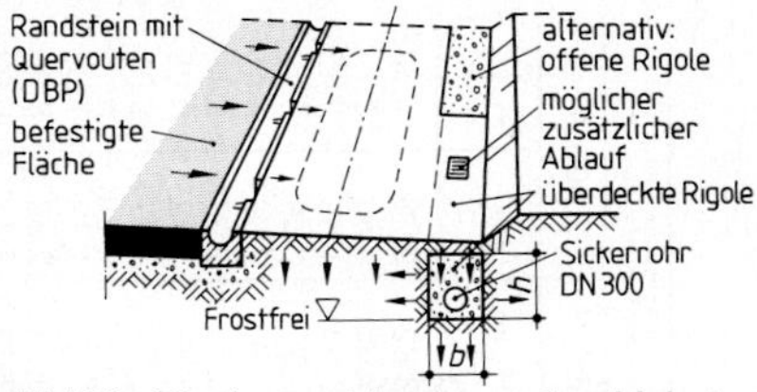


**Bild 98 Rigolenversickerung, kombiniert mit Rohrversickerung und Versikkerungsmulde**

Kiesgefüllte Gräben, Rigolen, werden von oben und/oder über eingelegte perforierte Rohre mit Wasser beschickt, das von dort nach Zwischenspeicherung versickert wird. Wegen der zu befürchtenden Verschlammung sollten die oberen 15 cm der Rigole etwas feinkörniger (grober Sand) abgedeckt werden der bei Bedarf abgeschält wird. Zwischen Sand und Kies liegt als Trennschicht z. B. eine PVC-Bodenarmierungsmatte, die das Abschälen begrenzt. Bei Rohrversickerung sollte ein Absetzraum für die absetzbaren Stoffe vorgeschaltet werden.

Die Versickerungsrate beträgt $Q_s = (b + h/2)\ L \cdot k_f/2$ in m³/s. (206)
$V_s = A_{red} \cdot 10^{-7}\ r_{T,n}\ T \cdot 60 - (b + h/2)\ L \cdot k_f \cdot T \cdot 30$ in m³. (207)
Der Speicherkoeffizient $s_k$ ist bei Rigolen gleich der Porenziffer $n_p$ (z. B. 30 – 40%). Bei der kombinierten Versickerung ist er mit $r_i$ und $r_a$ des Rohres
$s_k = [r_i^2 \cdot \pi + n_p(h \cdot b - r_a^2 \pi)]/(h \cdot b)$. (208)
Für Regenreihen nach Reinhold und $n = 0{,}2$ gilt $L = [2{,}57 \cdot 10^{-4} \cdot A_{red} \cdot r_{15,1}\ T/T + 9]/[b \cdot h \cdot s_k + (b + h/2) \cdot T \cdot k_f \cdot 30]$ in m, (209)
$T = \{9 \cdot b \cdot h \cdot s_k/[(b + h/2) \cdot 30 \cdot k_f]\}^{0,5}$ in min; (210)
für örtliche Regenreihen s. Abschn. 5.7.2

### 5.7.4 Schachtversickerung

Die Versickerungsfähigkeit ist durch Standardmaße der durchlässigen Brunnenringe (DIN 4034) begrenzt. Anwendung bei kleinen $A_{red}$. Vorschaltung eines Absetzschachtes sinnvoll. Regelmäßig halbjährliche Wartung (Laubfall) mit Reinigung oder Austausch der Vliesschicht.

Als wirksame Versickerungsfläche gilt ein Kreisring der Breite $z/2$ außen um das Rohr. Mit Tafel 80 wird nach Reinhold für $n = 0{,}2$ mit dem 15 min Regen $n = 1$, zwischen 80 (Extrapolation) und 200 l/s/ha, sowie $A_{red} = 100$ (Extrapolation) bis 400 m² bemessen. In diesen Bereichen kann geradlinig interpoliert werden. Der Einfluß von $L_s$ ist vernachlässigbar.

$V_{s\,max} = r_i^2 \cdot \pi \cdot z_{max}$ (211)

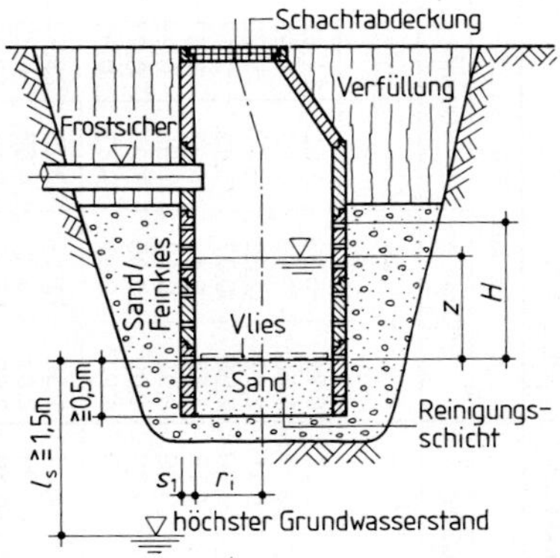


**Bild 99 Schachtversickerung**

### 5.7.5 Hinweise für die Anwendung von Versickerungsanlagen

Der Einsatz von Versickerungsanlagen ist in den Schutzzonen I u. II nicht tragbar. Sonst gilt die nebenstehende Tafel 79 mit:
*) nach DVGW-W 101
**) Bei Heilquellenschutzgebieten
1) in Einzelfällen in III A bzw. III: Abstand zur Fassung > 1 km und Abstandsgeschwindigkeit < 3 m/Tag; F = Flächenversickerung, bewachsen; M = Muldenversickerung, bewachsen; R = Rohr- und Rigolenversickerung; S = Schachtversickerung

**Tafel 79**

| Schutzzone | Untergrundbeschaffenheit*) | Art der Versickerung |
|---|---|---|
| IIIA<br>III**) | ungünstig<br>mittel<br>günstig | F M<br>F M R1)<br>F M R S1) |
| IIIB<br>IV**) | ungünstig<br>mittel<br>günstig | F M R1)<br>F M R1) S1)<br>F M R1) S1) |
| Außerhalb | jede | F M R S |

**Tafel 80 Erforderliche Sickerzonenhöhen als $f(r_{15,1}\ A_{red},\ DN)$**

| Schachtgröße | | DN 1000 | | | | DN 1200 | | | | DN 1500 | | | | DN 2000 | | | |
|---|---|---|---|---|---|---|---|---|---|---|---|---|---|---|---|---|---|
| $A_{red}$ | | 200 m² | | 400 m² | | 200 m² | | 400 m² | | 200 m² | | 400 m² | | 200 m² | | 400 m² | |
| | $k_f$ in m/s | $z_{max}$ in m | $Q_{s,max}$ in l/s | $z_{max}$ in m | $Q_{s,max}$ in l/s | $z_{max}$ in m | $Q_{s,max}$ in l/s | $z_{max}$ in m | $Q_{s,max}$ in l/s | $z_{max}$ in m | $Q_{s,max}$ in l/s | $z_{max}$ in m | $Q_{s,max}$ in l/s | $z_{max}$ in m | $Q_{x,max}$ in l/s | $z_{max}$ in m | $Q_{s,max}$ in l/s |
| $r_{15(1)}=100$ l/(s·ha) | $5\cdot10^{-3}$ | 0,86 | 5,77 | 1,47 | 11,95 | 0,74 | 5,33 | 1,32 | 11,32 | 0,58 | 4,63 | 1,08 | 9,96 | 0,40 | 3,82 | 0,76 | 7,93 |
| | $10^{-3}$ | 1,93 | 3,59 | 3,24 | 8,17 | 1,58 | 2,93 | 2,82 | 6,99 | 1,20 | 2,28 | 2,19 | 5,29 | 0,79 | 1,66 | 1,50 | 3,72 |
| | $5\cdot10^{-4}$ | 2,50 | 2,67 | 4,33 | 6,75 | 2,02 | 2,09 | 3,60 | 5,20 | 1,49 | 1,52 | 2,75 | 3,73 | 0,95 | 1,04 | 1,83 | 2,43 |
| | $10^{-4}$ | 3,89 | 1,12 | 6,94 | 3,20 | 2,98 | 0,77 | 5,49 | 2,17 | 2,08 | 0,49 | 3,96 | 1,33 | 1,26 | 0,30 | 2,46 | 0,73 |
| | $5\cdot10^{-5}$ | 4,43 | 0,70 | 8,06 | 2,13 | 3,33 | 0,46 | 6,23 | 1,37 | 2,28 | 0,28 | 4,38 | 0,79 | 1,35 | 0,16 | 2,66 | 0,41 |
| | $10^{-5}$ | 5,41 | 0,20 | 10,22 | 0,68 | 3,92 | 0,12 | 7,55 | 0,39 | 2,59 | 0,07 | 5,08 | 0,20 | 1,49* | 0,04 | 2,97* | 0,10 |
| | $5\cdot10^{-6}$ | 5,70 | 0,11 | 10,92 | 0,39 | 4,09* | 0,06 | 7,94 | 0,22 | 2,67* | 0,04 | 5,27* | 0,11 | 1,52* | 0,02 | 3,02* | 0,05 |
| | $10^{-6}$ | 6,06 | 0,02 | 11,97 | 0,09 | 4,24* | 0,01 | 8,43* | 0,05 | 2,73* | 0,01 | 5,44* | 0,02 | 1,54* | 0,01 | 3,07* | 0,01 |
| $r_{15(1)}=200$ l/(s·ha) | $5\cdot10^{-3}$ | 1,47 | 11,95 | 2,36 | 24,34 | 1,32 | 11,32 | 2,20 | 23,77 | 1,08 | 9,96 | 1,92 | 21,75 | 0,76 | 7,93 | 1,42 | 17,33 |
| | $10^{-3}$ | 3,24 | 8,17 | 5,40 | 20,08 | 2,82 | 6,99 | 4,66 | 16,23 | 2,19 | 5,29 | 3,90 | 12,99 | 1,50 | 3,72 | 2,80 | 8,90 |
| | $5\cdot10^{-4}$ | 4,33 | 6,75 | 6,98 | 16,19 | 3,60 | 5,20 | 6,15 | 13,33 | 2,75 | 3,73 | 4,92 | 9,61 | 1,83 | 2,43 | 3,42 | 6,03 |
| | $10^{-4}$ | 6,94 | 3,20 | 11,86 | 9,11 | 5,49 | 2,17 | 9,72 | 6,34 | 3,96 | 1,33 | 7,29 | 3,88 | 2,46 | 0,73 | 4,71 | 2,01 |
| | $5\cdot10^{-5}$ | 8,06 | 2,13 | 14,06 | 6,42 | 6,23 | 1,37 | 11,26 | 4,23 | 4,38 | 0,79 | 8,20 | 2,41 | 2,66 | 0,41 | 5,14 | 1,16 |
| | $10^{-5}$ | 10,22 | 0,68 | 18,82 | 2,33 | 7,55 | 0,39 | 14,23 | 1,35 | 5,08 | 0,20 | 9,80 | 0,68 | 2,97* | 0,10 | 5,84* | 0,29 |
| | $5\cdot10^{-6}$ | 10,92 | 0,39 | 20,48 | 1,39 | 7,94 | 0,22 | 15,19 | 0,77 | 5,27 | 0,11 | 10,27 | 0,37 | 3,02* | 0,04 | 6,00* | 0,15 |
| | $10^{-6}$ | 11,97* | 0,09 | 23,25 | 0,36 | 8,43* | 0,05 | 16,63* | 0,18 | 5,44 | 0,02 | 10,82 | 0,08 | 3,07* | 0,01 | 6,13* | 0,03 |

* = die Regendauer $T \geqq 150$ min.

**Beispiele** Geg.: Rigolen-Rohrversickerung, $A_{red}=2100\ m^2$; $k_f=6\cdot10^{-5}$ m/s

$b=1{,}20$ m; $h=1{,}40$ m; $r_{15,1}=90$ l/s/ha; $n=0{,}2$; Regenreihe n. Reinhold, Porenziffer $n_p=0{,}35$

Lösung: a) nur Rigole, $s_k=n_p=0{,}35$; $T=\{9\cdot1{,}2\cdot1{,}4\cdot0{,}35/[(1{,}20+1{,}4/2)\cdot30\cdot6\cdot10^{-5}]\}^{0{,}5}=39{,}3$ min; $L=[2{,}57\cdot10^{-4}\cdot2100\cdot90\cdot39{,}3/(39{,}3+9)]/[1{,}2\cdot1{,}4\cdot0{,}35+(1{,}2+1{,}4/2)\cdot39{,}3\cdot6\cdot10^{-5}\cdot30]=54{,}7$ m

Lösung: b) mit Sickerrohr DN 800; $s_1=7{,}5$ cm; $s_k=[0{,}4^2\pi+0{,}35\,(1{,}2\cdot1{,}4-(0{,}4+0{,}075)^2\cdot\pi)]/(1{,}2\cdot1{,}4)=0{,}5$;

$T=\{9\cdot1{,}2\cdot1{,}4\cdot0{,}5/[(1{,}2+0{,}7)\cdot30\cdot6\cdot10^{-5}]\}^{0{,}5}=47{,}0$ min;

$L=[2{,}57\cdot10^{-4}\cdot2100\cdot90\cdot47/56]/[1{,}2\cdot1{,}4\cdot0{,}5+(1{,}2+0{,}7)\cdot47{,}0\cdot6\cdot10^{-5}\cdot30]=40{,}7$ m

Geg.: Schachtversickerung: $A=140\ m^2$; $r_{15,1}=90$ l/s/ha; $k_f=5\cdot10^{-5}$ m/s Schacht DN 1000. $z_{s,max}$ für 100, 200 l/s/ha und 140 m²: $4{,}43-60\,(8{,}06-4{,}43)/200=3{,}34$; $8{,}06-60\,(11{,}04-8{,}06)/200=7{,}17$; extrapoliert auf 90 l/s/ha: $3{,}34-10\cdot(7{,}17-3{,}34)/100=2{,}96$ m. Erforderliche Schachttiefe: Zulaufsohle 1,0 m + 2,96 m + 0,5 m ca. 4,50 m. Soll-Grundwassertiefe unter Gelände mehr als 4,50 m + 1,0 m = 5,50 m.

# 6 Abwasserbehandlung

DIN 4045 (12.85) Abwassertechnik, Begriffe; ATV A106E (5.1993) Entwurf und Bauplanung von Abwasserbehandlungsanlagen.

Die nachfolgend aufgeführten Zahlenwerte sollen dem Praktiker und dem übenden Studenten einen schnellen Überblick über die gängigen Bemessungsparameter und Schritte geben. Die komplizierte Materie der Klärtechnik kann naturgemäß nur mit Hilfe der Literatur [18], [19], [20] sowie der einschlägigen DIN-Normen und ATV-Arbeitsblätter erarbeitet werden. Ablaufgrenzwerte s. Tafel 97.

## 6.1 Belastungswerte

### 6.1.1 Abwasseranfall

Sofern Messungen keine höheren Werte ergeben, gilt die Tafel 81 einschl. der Abwasserabflüsse aus kleingewerblichen Betrieben. Größere Industriebetriebe sind besonders zu erfassen. Abflüsse aus Gewerbe und Industriegebieten sind mit **0,5** l/(s · ha) anzusetzen.

**Tafel 81 Abwasseranfall** [21]

| Kläranlagen-anschlußwert | Schmutz-wasseranfall | durchschnittliche Spitzenbelastung | |
|---|---|---|---|
| in $E$ | in l/($E \cdot d$) | in l/($s \cdot E$) | $1/x$ |
| <5000 | 150 | 0,004 | 1/10 |
| 5000 bis 10000 | 180 | | 1/12 |
| 10000 bis 50000 | 210 | | 1/14 |
| >50000 | 240 | | 1/16 |

**Fremdwasser** darf nicht zur Kläranlage (KA) geleitet werden. Es ist im Kanal durch mehrere Nachtmessungen zu bestimmen. Für nicht erschlossene Gebiete gilt $\boldsymbol{q_f = 0{,}15}$ in l/(s · $ha_{red}$).

Bei Mischsystemen werden in der Regel $2\,Q_s + Q_f$ vollbiologisch behandelt. (Trennschärfe der Regenwasserbehandlung beachten.) Bei Trennsystemen werden $2\,Q_s$ hydraulisch in der KA berücksichtigt. Die hydraulische Berechnung der Anlagenteile erfolgt für:

a) jetzige Nachtwassermenge
b) jetzige Trockenwettermenge $Q_{t,\,jetzt}$
c) die spätere Trockenwettermenge $Q_{t,\,später}$ und
d) die spätere Regenwettermenge $Q_{r,\,später}$

### 6.1.2 Organische und chemische Verschmutzung

Bei vorhandenen Kläranlagen müssen die Abwassermengen und die Verschmutzungswerte mindestens über zwei Wochen als Tagesmischproben gemessen werden. Ferner mind. 7 Tagesganglinien als 2-Std-Mischproben in verschiedenen Jahreszeiten. Jahreszeitliche Schwankungen sind zu erfassen. Falls keine Messungen vorliegen, sollten mindestens die Tafelwerte angesetzt werden. ($TKN = NH_4\text{-}N +$ organ. $N$)

**Tafel 82 Abwasserverschmutzung als Frachten in $g/(E \cdot d)$**

| Vorklärung | $BSB_5$ | $CSB$ | $TS_0$**) | $TKN_0$*) | $P$ |
|---|---|---|---|---|---|
| ohne | 60 | 120 | 70 | 11 | 2,5 |
| 0,5 bis 1 h | 50 | 100 | 40 | 10 | 2,3 |
| 1,0 bis 1,5 h | 45 | 90 | 35 | 10 | 2,3 |
| >1,5 | 40 | 80 | 30 | 10 | 2,3 |

*) Frachten können sich im Zulauf des biologischen Teils bei Rückführung von Trübwasser, Filtrat oder Zentrat um bis über 20% erhöhen.
**) $TS_0$ = abfiltrierbare Stoffe, Membranfilter 0,45 µm.

## 6.2 Abwasserteiche für kommunales Abwasser

Abwasserteiche sind dem Stand der Technik entsprechende Reinigungsanlagen, die als Absetzteiche der Abscheidung absetzbarer Stoffe, als belüftete oder unbelüftete Abwasserteiche der vollbiologischen Klärung kommunalen Abwassers und als Schönungsteiche der Verbesserung des Ablaufes vollbiologischer Kläranlagen dienen. Dem Arbeitsblatt A 201 (12.86) können nachfolgende Anregungen für Bemessung und Konstruktion entnommen werden (Taf. 83).

**Tafel 83 Bemessungswerte Abwasserteiche**

| Eingangswerte: 60 g $BSB_5$/(E·d), 150 l Abwasser/(E·d)<br>Kenngröße | Dimension | Absetzteiche | unbelüftete Teiche | belüftete Teiche | Schönungsteiche |
|---|---|---|---|---|---|
| $t_R$ [1]) bei Trockenwetter | d | ≧1 | ≧20 | ≧5 | 1 bis 5 |
| $t_R$ [1]) der Nachklärung | d | | | ≧1 | |
| Spezifische Oberfläche $A_E$<br>Ablauf 35 mg/l[2]) $BSB_5$; 160 mg/l[3]) CSB<br>Ablauf 45 mg/l[2]) $BSB_5$; 180 mg/l[3]) CSB | <br>$m^2$/E<br>$m^2$/E | | <br>10<br>5[4]) | | |
| Zusätzlich bei Regenwasserbehandlung | $m^2$/E | | bis zu 5 | | |
| für teilnitrifizierten Ablauf | $m^2$/E | | ≥15 | zusätzliche Festbetteinrichtungen | |
| Spezifisches Volumen [5]) | $m^3$/E | 0,5 | | | |
| Raumbelastung $B_R$<br>Ablauf 35 mg/l $BSB_5$; 160 mg/l CSB | g $BSB_5$/($m^3$·d) | | | 30 | |
| Sauerstofflast $O_B$ | kg/kg | | | ≧1,5 | |
| Leistungsdichte $W_R$ | W/$m^3$ | | | 1 bis 3 | |
| Wassertiefe | m | ≥1,5 | 1 bis 1,5 | 1,5 bis 3,5 | 1 bis 2 |

[1]) $t_R$ = Volumen/$Q_d$ = Durchflußzeit [2]) 24-h-Mischprobe [3]) Stichprobe [4]) mit vorgeschaltetem Absetzteich [5]) einschl. 0,15 $m^3$/E Schlammraum

### Konstruktive Ausbildung

Alle Teicharten erhalten zweckmäßig je nach Art der Befestigung, bzw. der Standfestigkeit des Bodens, Böschungen, die ≤1 : 1,5 geneigt sind. Freibord etwa 0,3 m. Die Frage der Abdichtung ist örtlich mit der Wasserbehörde abzuklären.

Alle Zuläufe erhalten Prallwände und an allen Abläufen reichen Tauchwände 0,3 m unter den tiefsten und 0,2 m über den höchsten Stauspiegel.

Bei Absetzteichen ist u.U. eine ≤1 : 5 geneigte Rampe zur Reinigung vorzusehen. Unbelüftete Abwasserteiche werden entweder in 3 gleich große Einheiten oder im Verhältnis 0,5 : 0,25 : 0,25 aufgeteilt.

Bei belüfteten Abwasserteichen erfolgt die Volumenaufteilung in 2 oder 3 gleich große Einheiten.

Schönungsteiche mit $t_d > 2d$ werden in mehrere Einheiten aufgeteilt, von denen einzelne zur Begrenzung des Algenwachstums zeitweise außer Betrieb genommen werden können.

In allen Teichen ist bei Bedarf durch die Anordnung von Leitwänden eine gleichmäßige Durchströmung zu gewährleisten. Der Bereich der Wasserschwankungszone ist je nach Windeinwirkung und Böschungsmaterial, immer aber bei belüfteten Abwasserteichen durch Rasengittersteine oder Lebendverbau (Binsen, Schilf) besonders zu schützen.

Zur Regenwasserbehandlung wird zweckmäßig $Q_{krit}$ durch die Teiche geleitet. Durch Drosselung zwischen Becken I und II wird ein zusätzliches Regenüberlaufbeckenvolumen gemäß A 128 (s. Abschn. 5.5.2) für den Durchfluß $Q_{krit}$ geschaffen. Die am Beckenüberlauf abgeschlagene Wassermenge kann entweder direkt in den Vorfluter oder in das zweite Becken eingeleitet werden (s.a. A 201 10.89).

## 6.3 Mechanische Reinigung

### 6.3.1 Rechenanlagen

DIN 19554 T1 (4.77) Kläranlagen; Rechenbauwerk mit geradem Rechen
DIN 19554 T2 (8.78) Kläranlagen; Rechenbauwerk mit Bogenrechen
DIN 19554 T3 (12.84) Kläranlagen; Gegenstromrechen
DIN 19555 (2.63) Kläranlagen; Sicherheitstritt für Abwasserreinigungsanlagen
DIN 19556 (8.78) Kläranlagen; Rinne mit Absperrorgan

a) Rechenkammerbreite $\boldsymbol{b}$ in m so daß $\sum e = b_g$. Mit $\boldsymbol{e}$ = Spaltweite in m und $\boldsymbol{s}$ = Stabdicke in m wird $\boldsymbol{b} = \boldsymbol{b}_g + \boldsymbol{b}_g \cdot \boldsymbol{s}/\boldsymbol{e} - \boldsymbol{s}$ in m und die Stabanzahl $\boldsymbol{n} = \boldsymbol{b}_g/\boldsymbol{e} - \boldsymbol{1}$.

b) Geschwindigkeit $\boldsymbol{v}$ zwischen den Rechenstäben (0,8 bis 1,1 m/s). Mit einem Belegungsgrad $\eta$ (bei Maschinenreinigung etwa 0,8 bei 2 $Q_t$ und 0,6 bei 5 bis 6 $Q_t$, bei Handreinigung etwa 0,6), $\boldsymbol{h}$, Wassertiefe vor dem Rechen in m und $\boldsymbol{Q}$, Durchfluß in m³/s, wird $\boldsymbol{b} = \boldsymbol{Q}\,(\boldsymbol{e} + \boldsymbol{s})/(\boldsymbol{h} \cdot \boldsymbol{v} \cdot \boldsymbol{e} \cdot \boldsymbol{\eta}) - \boldsymbol{s}$ in m.

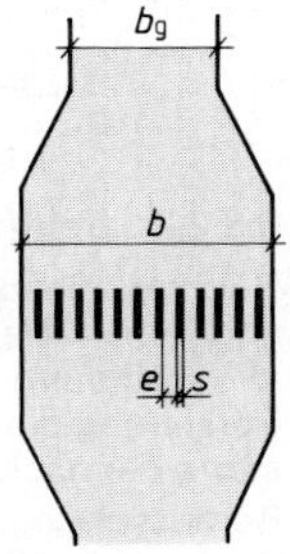


Bild 100

**Achtung:** Möglichst $v_t = Q_t/(h_t \cdot b) \geqq 0{,}5$ m/s wegen Sandablagerungen

| | roh | gepreßt |
|---|---|---|
| Rechengutanfall | 10 l/E/a | 4 l/E/a |
| Siebgutanfall | 30 l/E/a | 12 l/E/a |

**Beispiel** Rechteckgerinne, $b_g = 0{,}6$ m, $I_s = 0{,}003$; $k_{St} = 70$; $Q_r = 195$ l/s; $h_r = 0{,}30$ m, $Q_t = 100$ l/s: $h_t = 0{,}185$ m; $e = 0{,}015$ m; $s = 0{,}006$ m; $v = 1{,}05$ m/s; $\eta = 0{,}8$;
a) $b = 0{,}60 + 0{,}6 \cdot 0{,}006/0{,}015 - 0{,}006 = 0{,}834$ m $\approx 0{,}84$ m; $n = 0{,}60/0{,}015 - 1 = 39$; $v = 0{,}195/(0{,}30 \cdot 0{,}60 \cdot 0{,}8) = 1{,}35$ m/s! $v_t = 0{,}100/(0{,}185 \cdot 0{,}84) = 0{,}64$ m/s $> 0{,}5$ ms;
b) $b = 0{,}195\,(0{,}015 + 0{,}006)/(0{,}3 \cdot 1{,}05 \cdot 0{,}015 \cdot 0{,}8) - 0{,}006 = 1{,}074$ m, $v_t = 0{,}100/(0{,}185 \cdot 1{,}074) = 0{,}5$ m/s.

### 6.3.2 Sandfänge

DIN 19551 T 3 (8.78) Rechteckbecken als Sandfänge mit Saugräumer.

#### 6.3.2.1 Langsandfänge

**Bemessungsgrundlagen.** Die Oberflächenbeschickung $q_A$ muß den Werten in Tafel 84 (nach Kalbskopf s.a. [18]) entsprechen. Die Fließgeschwindigkeit soll bei **0,3 m/s** liegen. Der Sandsammelraum soll den Sandanfall etwa einer Woche **(0,04 bis 0,23 *l*/E/Wo.)** speichern.

**Tafel 84 max zul $q_A$** in m/h

| Sandkorndurchmesser | Sandabscheidegrad | | |
|---|---|---|---|
| | 100% | 90% | 80% |
| in mm | $q_A$ in m/h | | |
| 0,125 | 6 | 9,4 | 11 |
| 0,16 | 10 | 16 | 20 |
| 0,20 | 17 | 28 | 36 |
| 0,25 | 27 | 45 | 58 |

Die Einhaltung einer konstanten Geschwindigkeit von 0,3 m/s erreicht man z.B. durch einen parabelförmigen Querschnitt, $z = a \cdot x^2$, dessen Wassertiefe durch einen Venturikanal der Breite $\boldsymbol{b}_V$ gesteuert wird ($a = 0{,}16 \cdot {}_{max}h^3/{}_{max}Q^2$).

Im allgemeinen wählt man eine Sandfanglänge $L$ (zwischen 5 m und 30 m) und ein $q_A$. Damit ergeben sich mit $v = 0{,}3$ m/s die maximal zulässige Wassertiefe ${}_{max}h$ und die Venturikanalbreite $b_v$ in m.

$\boldsymbol{{}_{max}h = L \cdot q_A/1080}$ in m (212) $\boldsymbol{b_v = {}_{max}Q/(1{,}85 \cdot {}_{max}h^{1{,}5})}$ in m (213) s.a. Tafel 37

Der Sandanfall je Woche $\boldsymbol{V_{SW}}$ in m³/Wo bestimmt die Abmessungen des Sandsammelraumes

$\boldsymbol{h_S \cdot b_S = V_{SW}/L}$; mit $b_S \geq 20$ cm (214)

Breite des Sandfanges $\boldsymbol{B_p = 5 \cdot {}_{max}Q/{}_{max}h}$ (215) $\boldsymbol{B_{Tr} = {}_{max}Q/(0{,}15 \cdot {}_{max}h) - b_S}$ (216)

**Beispiel** 20000 E + EGW; ${}_{max}Q = 0{,}195$ m³/s, $q_A = 17$ m/h (100% Abscheidung des Korns 0,2 mm), $L = 30$ m, ${}_{max}h = 30 \cdot 17/1080 = 0{,}472$ m, $b_V = 0{,}195/(1{,}85 \cdot 0{,}472^{1,5}) = 0{,}325$ m
Wöchentlicher Sandanfall 20000 · 0,103 l/E/Wo. = 2060 l = 2,06 m³/Wo.
$b_s \cdot h_s = 2{,}06/30{,}0 = 0{,}069$ m², gewählt $b_s = 2 \cdot 0{,}25$ m, $h_s = 0{,}15$ m
Spiegelbreite des Parabelgerinnes: $B_p = 5 \cdot 0{,}195/0{,}472 = 2{,}07$ m, gewählt 2 Rinnen je 1,05 m breit.
Doppeltrapezquerschnitt: $B_{Tr} = 0{,}195/(0{,}15 \cdot 0{,}472) - 2 \cdot 0{,}25 = 2{,}25$ m, gewählt zweimal 1,15 m.

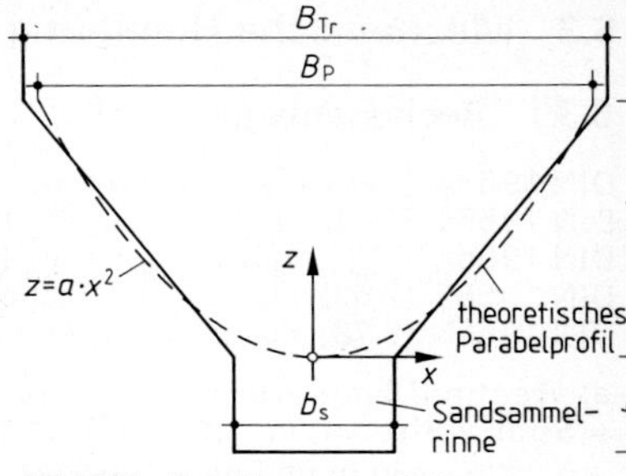


**Bild 101 Sandfangquerschnitt**

### 6.3.2.2 Belüftete Sandfänge

Belüftete Sandfänge werden zunehmend als sinnvollste Art der Sandrückhaltung angesehen. Darüber hinaus bieten sie bei einer reichlichen Bemessung (s. Beispiel) in Verbindung mit einer evtl. später anzubringenden Schlammrückführung aus der Vorklärung die Möglichkeit, als erste biologische Stufe eine stille Reserve zur Entlastung der nachfolgenden Stufen zu schaffen.

**Bemessungsgrundlagen** [26] [12]. Mit dem Regenwetterabfluß $Q_m$, der Durchflußzeit $\boldsymbol{t_R}$ 300 bis **600** s: erf Volumen $\boldsymbol{V = {}_{max}Q_m \cdot t_R}$ in m³ (217)

Längsgeschwindigkeit $\boldsymbol{v_L \leqq 0{,}2}$ m/s, $\boldsymbol{A = {}_{max}Q/v_L}$ = (m³/s)/(m/s) (218)

Bei einer Umwälzgeschwindigkeit $v_u = 0{,}25$ bis 0,30 m/s muß die Zahl der Umwälzungen $\boldsymbol{n_u \geqq 3}$ sein. $\boldsymbol{n_u = t_R \cdot v_u}$**/Umwälzweg *U*** (219) $U = 2\,(B + H - T)$

**Leistungsbedarf $\boldsymbol{W = 5}$ Wh/(Nm³·m Einblastiefe $\boldsymbol{h_e}$)**

Nach [12] soll die Nettoenergiedichte ca. 8 Watt/m³ betragen. Mit $h_e = H - T - 0{,}30$, bzw. $\geq 0{,}9$ $(H - T)$ wird $\boldsymbol{Q_L \leq 3{,}4A^{-0,5}}$ Nm³/(h · m³). (220). Die Gesamtluftmenge $V_L = Q_L \cdot V_{SF}$ wird zu $\frac{2}{3}$ in der ersten und zu $\frac{1}{3}$ in der zweiten Sandfanghälfte eingetragen.

**Tafel 85 Sandabscheidung nach Kalbskopf**

| Korngruppe in mm | Sandabscheidegrad in % mit $t_R$ in s |
|---|---|
| 0,125 bis 0,16 | $42{,}7 \cdot \lg t_R - 30$ |
| 0,16 bis 0,20 | $45{,}6 \cdot \lg t_R - 30$ |
| 0,20 bis 0,25 | $51{,}8 \cdot \lg t_R - 33$ |
| 0,25 bis 0,315 | $60 \cdot \lg t_R - 38$ |

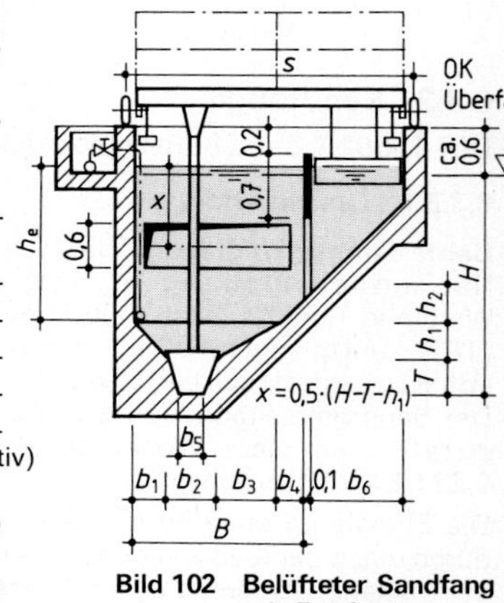


**Bild 102 Belüfteter Sandfang mit Fettfang**

**Spezifischer Luftbedarf je m³ Becken** [26] (alternativ)

feinblasige Belüftung

$Q_L = (0{,}63 + 0{,}52 \ln h_e)^{-0,62}$ Nm³/(m³ · h) (221)

grobblasige Belüftung

$Q_L = (0{,}07 + 0{,}76 \ln h_e)^{-1,33}$ Nm³/(m³ · h) (222)

**Tafel 86 Sandfangabmessungen** nach Passavant

| Typ | A in m² | B | H | T | S | $b_1$ | $b_2$ | $b_3$ | $b_4$ | $b_5$ | $b_6$ | $h_1$ | $h_2$ | L |
|---|---|---|---|---|---|---|---|---|---|---|---|---|---|---|
| | | in m | | | | | | | | | | | | |
| SFbS 2-1.4 | 2,0 | 1,4 | 1,90 | 0,3 | 2,3 | 0,3 | 0,4 | 0,55 | 0,15 | 0,3 | 0,5 | 0,35 | 0,1 | 10 bis 20 |
| SFbS 4-2.0 | 4,0 | 2,0 | 2,65 | 0,4 | 3,5 | 0,4 | 0,6 | 0,80 | 0,20 | 0,3 | 1,1 | 0,50 | 0,1 | 15 bis 25 |
| SFbS 6-2.4 | 6,0 | 2,4 | 3,30 | 0,5 | 4,3 | 0,6 | 0,6 | 1,00 | 0,20 | 0,4 | 1,5 | 0,55 | 0,2 | 15 bis 30 |
| SFbS 8-2.8 | 8,0 | 2,8 | 3,80 | 0,6 | 5,2 | 0,6 | 0,8 | 1,15 | 0,25 | 0,4 | 2,0 | 0,65 | 0,2 | 15 bis 35 |
| SFbS 10-3.2 | 10,0 | 3,2 | 4,20 | 0,7 | 6,0 | 0,7 | 0,9 | 1,25 | 0,35 | 0,5 | 2,4 | 0,75 | 0,3 | 15 bis 40 |
| SFbS 12-3.6 | 12,0 | 3,6 | 4,60 | 0,8 | 7,0 | 0,8 | 1,0 | 1,40 | 0,40 | 0,5 | 3,0 | 0,85 | 0,3 | 15 bis 40 |

**Beispiel** $Q_r = 0{,}195\ m^3/s$, gewählte Durchflußzeit $t_R = 600\ s$; erf. Volumen $V = 600 \cdot 0{,}195 = 117\ m^3$, gew. Sandf. Typ 6-2,4; erf. Länge $L = V/A = 117/6{,}0 = 19{,}5$; gew. 20 m. $h_e = 3{,}3 - 0{,}5 - 0{,}55 = 2{,}25$ m, nach [12] Belüftung: $Q_L = 3{,}4 \cdot 6{,}0^{-0{,}5} = 1{,}39\ Nm^3/(m^3 \cdot h)$; Gesamtmenge $V_L = 1{,}39 \cdot 6{,}0\ m^2 \cdot 20\ m = 167\ Nm^3/h$. Leistungsbedarf $W = 5 V_L \cdot h_e = 5 \cdot 167 \cdot 2{,}25 = 1879$ Wh/h. Nachweise: $v_L = 0{,}195/6{,}0 = 0{,}033\ m/s < 0{,}2$; Umwälzweg $U = 2(B + H - T) = 2(2{,}4 + 3{,}3 - 0{,}5) = 10{,}4$ m; $t_R = 6{,}0 \cdot 20{,}0/0{,}195 = 615$ s; Zahl der Umwälzungen: $n_u = t_R \cdot v_u / U = 615 \cdot 0{,}25/10{,}4 = 14{,}8 > 3$; Oberflächenbeschickung $q_A = 0{,}195 \cdot 3600/(2{,}4 \cdot 20{,}0) = 14{,}6\ m/h < 17$; Sandabscheidegrad: Korngruppe KG 0,125 – 0,16: $S_A = 42{,}7 \lg 615 - 30 = 89\%$; KG 0,16 – 0,20: $S_A = 45{,}6 \lg 615 - 30 = 97\%$. Bei Trockenwetter werden alle Korngruppen zu 100% abgeschieden.

Dieser Sandfang mit $TS_B = 2{,}5$ kg TS/m³ könnte als Belebungsbecken einer A-Stufe den $BSB_5$ um etwa 50% und den $CSB$ um etwa 45% senken (statt etwa 30% ohne Schlammrückführung).

## 6.3.3 Absetzbecken

DIN 19551 T 1 (12.75) Kläranlagen; Rechteckbecken mit Schildräumer
T 2 (11.75) Rechteckbecken mit Bandräumer
T 4 (05.84) (Entw.) Rechteckbecken mit Saugräumer
DIN 19552 T 1 (09.72) Kläranlagen; Rundbecken mit Schildräumer
T 2 (12.75) Rundbecken mit Saugräumer
T 3 (08.78) Rundbecken als Eindicker mit Zentralantrieb
DIN 19558 (9.90) Überfallwehr und Tauchwand

ATV, Arbeitsblatt A131 (2.91) Bemessung von einstufigen Belebungsanlagen mit Anschlußwerten ab 5000 Einwohnerwerten ATV, Arbeitsblatt A135 (03.89) Grundsätze für die Bemessung von Tropfkörpern und Tauchkörpern mit Anschlußwerten über 500 *EGW*. ATV, Arbeitsblatt A122 (6.91) Grundsätze für Bemessung, Bau und Betrieb von kleinen Kläranlagen mit aerober biologischer Reinigungsstufe für Anschlußwerte zwischen 50 und 500 Einwohnerwerten.

Nach [19] können gutgestaltete Absetzbecken entsprechend Tafel 87 für den Trockenwetterabfluß $Q_t$ bemessen werden. Es sollte jedoch folgendes beachtet werden:

**Tafel 87 erf. $t_R$ in h und zul. $q_A$ in m/h**

| | Vorklärbecken | | Nachklärbecken | | Zwischenklärbecken | |
|---|---|---|---|---|---|---|
| | $t_R$ | $q_A$ | $t_R$ | $q_A$ | $t_R$ | $q_A$ |
| mechanische Reinigung | 1,7 bis 2,5 | 1,5 bis 0,8 | – | – | – | – |
| chemische Fällung | 0,5 bis 0,8 | 4 bis 2,5 | 2 bis 3 | 1,5 bis 1,0 | 1 | >2,5 |
| Tropfkörperanlagen | 1,7 bis 2,5 | 1,5 bis 0,8 | 2 bis 3 | 1,5 bis 1,0 | 2,5 | >2 |
| Belebungsanlagen | 0,5 bis 1,0 | 4 bis 2,5 | 2,0 bis 3,5 | – | 1,5 | >2,5 |

### 6.3.3.1 Vorklärbecken

**Tafel 88 Leistung der Vorklärung**

| $t_R$ in h Trockenwetter | Rest $BSB_5$ $g/E/d$ |
|---|---|
| 0,5 bis 1,0 | 50 |
| 1,0 bis 1,5 | 45 |
| >1,5 | 40 |

Nach [18] soll, bei Wassertiefen um 2,0 m, $t_R = 1{,}5$ bis $2h$ und $q_A = 1{,}33$ bis 1,0 m/h betragen. Zu beachten ist jedoch Tafel 88 (A 131 und A 135) die eine deutliche Überschreitung von $t_R = 1{,}5$ h als unwirtschaftlich erscheinen läßt, insbesondere, da in [21] als mindest Rest-$BSB_5$ für beide Anlagentypen 45 $g/E/d$ vorgeschrieben ist. Mit Hinblick auf den Ablaufwert $NH_4 - N_{anorg} \leq 18$ mg/l (Denitrifikation) und auf eine biologische P-Elimination erscheint eher $t_R = 0{,}5$ h angemessen. Bei Tropfkörperanlagen mit Schlammrückführung aus der Trichterspitze des Nachklärbeckens ist für $Q_t$ der Wert $(1 + RV)\, Q_t$ anzusetzen.

Ablaufschwellenbeschickung $q_L \leqq 25$ bis $30\ m^3/(m \cdot h)$ bei $Q_t$. Vor dem Ablauf in $\geqq 0{,}3$ m Abstand eine Taucherwand mit $\geqq 0{,}2$ m Eintauchtiefe anordnen.

### 6.3.3.2 Nachklärbecken von Tropfkörpern

Nach A 135 gilt für $Q_t$ ein $t_R \geqq 2{,}5$ h und $q_A \leqq 1{,}0$ m/h. Bei Rückführung aus dem Ablauf ist für $Q_t$ der Wert $(1+RV)\ Q_t$ einzusetzen. Bei Regenwetter sollen $t_R \geqq 1{,}5$ h und die Horizontalgeschwindigkeit $\leqq 30$ m/h betragen. Die Überfallschwellenbeschickung bei $Q_{tw}$ sei $q_l \leqq 15\ m^3/(m \cdot h)$. Mindestwassertiefe 2,5 m. Nach den Bau- und Prüfgrundsätzen des IfB für Anschlußwerte bis etwa 50 $E$ sei $t_R = 3{,}5$ h und $q_A = 0{,}4$ m/h. Nach ATV A122 (6.91) für 50 bis 500 $E$ sei $t_R = 3{,}0$ bis 3,5 h und $q_A = 0{,}4 - 0{,}6$ m/h im Trichterbecken mit $h_{zyl.} \geqq 0{,}5$ m; $q_l \leqq 5\ m^3/(m \cdot h)$.

### 6.3.3.3 Nachklärbecken von Belebungsanlagen

Von wesentlicher Bedeutung für die Reinigungsleistung von Belebungsanlagen ist die Rückhaltung des leichten Flockenschlammes in der Nachklärung. Einem $g\,TS$ entsprechen 0,5 bis 1,0 g $BSB_5$, 1,0 bis 1,5 g $CSB$, 0,08 bis 0,10 g N und 0,01 g P (bzw. 0,03 g P bei bio-$P$ oder Fällung). Die unteren Werte gelten für $B_{TS} < 0{,}15$, die oberen für $B_{TS} < 0{,}3$ kg/(kg · d). Hierzu sind nach A 131 in Abhängigkeit vom Schlammindex $\boldsymbol{ISV}$ in l/kg n. Tafel 89 und vom Rücklaufverhältnis $\boldsymbol{RV = Q_{RS}/Q}$ die Flächenbeschickung $\boldsymbol{q_A}$ in m/h und die Tiefe des Nachklärbeckens $\boldsymbol{h_{ges}}$ zu ermitteln. Die spezifische Schlammvolumenraumbeschickung $\boldsymbol{q_{SR} = q_A \cdot VSV \cdot (1+RV)/h_{ges}}$ in l/(m³ · h) (223) mit $VSV = TS_B \cdot ISV$ in l/m³ (224).

**Tafel 89 Schlammindex $ISV$ in l/kg**

| | bei $B_{TS} > 0{,}05$ | bei $B_{TS} \leqq 0{,}05$ |
|---|---|---|
| Abwasser mit geringen organisch-gewerblichen Anteilen | 100 bis 150 | 75 bis 100 |
| Abwasser mit hohen organisch-gewerblichen Anteilen | 150 bis 180 | 100 bis 150 |

Für die A-Stufe beim AB-Verfahren $ISV = 60$ bis 100, und $RV = 0{,}8$ bis 1,2 wählen.

Die folgenden Bemessungsregeln gelten für: Beckenlängen bis ca. 60 m bzw. Durchm. bis ca. 60 m; $ISV \leqq 180$ ml/g; $VSV = ISV \cdot TS_B \leqq 600$ ml/l; $Q_{RS} \leqq 1{,}5\ Q_t$

Bemessen wird mit $Q_m$ für Regenwetter:

$$\boldsymbol{Q_m/A_{NB} = q_A \leqq q_{SV}/VSV \leqq q_{SV}/(TS_B \cdot ISV)} \text{ in m/h} \quad (225)$$

**Erforderliche Nachklärbeckenoberfläche:** $\boldsymbol{A_{NB} = Q_m/q_A}$ in m² (226)

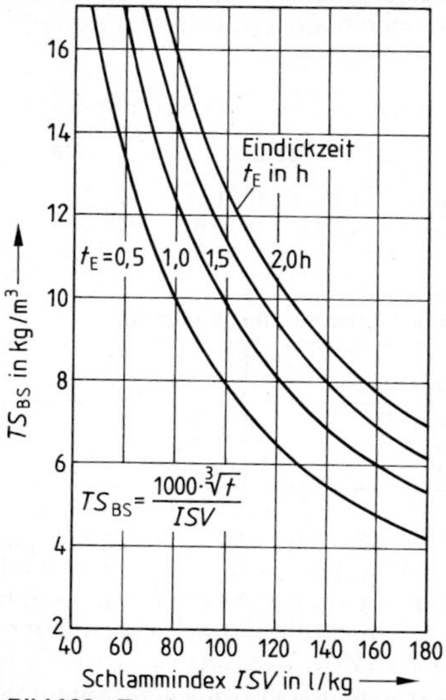


**Bild 103 Trockensubstanzgehalt im Räumvolumenstrom**

Zur Einhaltung einer Feststoffkonzentration $TS_E \leqq 20$ mg/l im Ablauf der Nachklärbecken gilt Tafel 90.

Als Vertikal durchströmte Becken gelten solche, bei denen die vertikale Komponente des Fließweges, gemessen von der Einlaufebene bis zum Ablauf mehr als die Hälfte der Horizontalkomponente beträgt (s. Bild 104).

**Tafel 90 Zulässige Schlammvolumenbeschickung $q_{SV}$ in l/(m² · h)**

| gewünschte Ablaufkonzentration $TS_E$ | horizontal durchströmt | vertikal durchströmt |
|---|---|---|
| $TS_E \leqq 20$ mg/l | 450 * | 600 * |
| max. zul. $q_A$ | 1,6 m/h * | 2,0 m/h |

* Billmeier empfiehlt bei Rundbecken mit Schildräumer eine Begrenzung auf 300, 450 und 1,2 m/h, bzw. $q_{SR} \leqq 190$ l/(m³ · h)

Die Grenzwerte von $q_A$ sind zu beachten. Bei horizontal durchströmten Rechteckbecken ist für die Störzone am Einlauf ein Zuschlag mit einer Länge etwa gleich der Beckentiefe zu machen.

Die **maßgebende Fläche $A_{NK}$** liegt **bei vertikal durchströmten Becken** in halber Höhe zwischen Einlaufebene und Auslauf.

**Tafel 91 Räumarmgrößen**

| Räumarmlänge | $a$ | zugehöriger Beckendurchmesser in m |
|---|---|---|
| $r$ | 1 | $\leqq 30$ |
| $1{,}5\,r$ | 1,25 | 25 bis 40 |
| $2r$ | 2 | $>40$ |

Das **Rücklaufverhältnis** $\boldsymbol{RV = Q/Q_{RS}}$ mit $Q_{RS}$ = Rücklaufschlammstrom in m³/h und die **Rücklaufschlammkonzentration** $\boldsymbol{TS_{RS}}$ in kg/m³ bestimmen die Schlammkonzentration $TS_B$ in kg/m³ im Belebungsbecken.

$$TS_B = RV \cdot TS_{RS}/(1+RV) \quad (227) \qquad RV = TS_B/(TS_{RS} - TS_B) \quad (228)$$

Das zur Einhaltung von $TS_B$ erforderliche RV sollte nach A 131, bei Trockenwetterzufluß $Q_t$ zu $\boldsymbol{RV \leqq 1{,}5}$ bzw. bei $Q_m \leqq 0{,}75$ gewählt und auch nicht sprunghaft gesteigert werden, um Turbulenzen zu vermeiden. Billmeier läßt ab ∅35 m bei $Q_m$ ein $RV \leqq 0{,}9$ zu.

Bei vertikal durchströmten Becken sind Werte von $RV \leqq 2$ möglich.

Die Ermittlung von $TS_{RS}$ hängt ab von der in der Nachklärung erreichbaren **Bodenschlammkonzentration** $\boldsymbol{TS_{BS}}$ in kg/m³

Näherungsweise ist $\boldsymbol{TS_{RS} \leqq x \cdot TS_{BS}}$ (229)

mit x = 0,7 bei horizontal durchströmten Becken mit Schildräumern, x = 0,5 bis 0,7 mit Saugräumern und x = 1,0 bei räumerlosen vertikal durchströmten Becken.

$TS_{BS}$ hängt nach Bild 103 von ISV und der **Eindickzeit** $\boldsymbol{t_E = t_{E1} + t_{E2}}$ in $h$ (230) auf der Beckensohle ab, die für horizontal durchströmte Rundbecken mit Schildräumer mit einer Räumerhöhe $h_R$ wie folgt ermittelt wird. (Für andere Beckenformen und Räumsysteme wird auf [22] verwiesen.)

$$t_{E1} = (h_4 - h_R)/RV \cdot q_A \text{ in h} \quad (231\,a)$$

$$t_{E2} = 1/(n_R \cdot a) \text{ in h} \quad (231\,b) \qquad \text{mit der **Räumfrequenz** } n_r = v_R/U \text{ in h}^{-1} \quad (232)$$

Hierin ist $v_R$ in m/h die Räumgeschwindigkeit (54 bis 144 m/h, d.h. 1,5 bis 4 cm/s) und $U$ der lichte Beckenumfang $U = 2 \cdot r \cdot \pi$ in m. $\boldsymbol{a}$ nach Tafel 91 berücksichtigt den Einfluß der Räumarmlänge auf die **geräumte Fläche.**

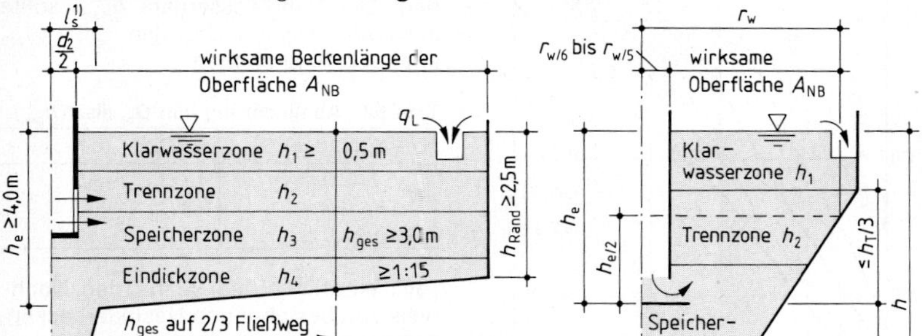


$$h_2 = 0{,}5 \cdot q_A(1+RV)/(1 - VSV/1000),$$
$$h_3 = q_{SV}(1+RV)/1111, \quad h_4 = q_{SV}(1+RV) \cdot t_E/c,$$
$$c = 300 \cdot t_E + 500 \text{ in l/m}^3, \quad 0{,}5 \leqq t_E \leqq 2{,}0 \text{ in h}$$

[1]) $l_S$ = Störzone $\geqq h_e$ nur bei Rechteckbecken.

**Bild 104 Tiefe von Rundbecken**

Beachte: bei biologischer Phosphatelimination $t_E \leqq 1{,}5\,h$, um $P$-Rücklösung zu vermeiden. Bei Anlagen mit Nitrifikation $t_E \leqq 1{,}5$ h, mit Denitrifikation $t_E \leqq 2{,}0\,(-2{,}5)^*$ h; $^* > 2{,}0$ h nur bei sehr weitgehender Nitri- und Denitrifikation (z.B. bio-Pelim oder $B_{TS} \leqq 0{,}05$).

Die erforderliche **mittlere Räumschildhöhe $h_R$** wird für durchgehende Schilde in Rundbecken

$$h_R = (0{,}65 - 0{,}23 \ln RV)(1+RV) \cdot q_{SV} \cdot 1{,}5 \cdot 10^{-3}/(a \cdot n_R)^{2/3} \text{ in m} \quad (233)$$

$a$ und $n_R$ so wählen, daß $h_R \leqq 0{,}5$ m bleibt. Sonst $h_4$ um $h_R - 0{,}50$ m vergrößern.

Die Gesamtnachklärbeckentiefe $h_{ges}$ nach Bild 104, $h_1+h_2+h_3+h_4$ muß mind. zu 3,00 m angesetzt werden. Am Einlauf soll die Beckentiefe $\geqq 4{,}0$ m betragen. Bei Trichterbecken gilt als wirksame Oberfläche $A_{NB}$ die Fläche in halber Höhe zwischen Ein- und Auslaufebene (Bild 104). Die mit $h_2$ bis $h_4$ mal $A_{NB}$ berechneten Volumen müssen im Trichter vorhanden sein.

Es ist immer nachzuweisen, ob mit dem gewählten RV (Pumpenauslegung) und dem nach Bild 103 ermittelten $TS_{BS}$ bzw. $TS_{RS}=0{,}7\cdot TS_{BS}$ nach Gl. (227) das gewünschte $TS_B$ auch eingehalten wird. Bei $RW$ darf $TS_B$ nicht unter 70% des Normalwertes absinken.

Zwischenklärbecken einer 1. Stufe (A-Stufe) können bei $Q_t$ mit $t_R\geqq 1{,}5$ h und $q_A\leqq 1{,}6$ m/h bemessen werden.

Die Ermittlung der erforderlichen Überfallschwellenlänge erfolgt mit $q_L\leqq 10\ \text{m}^3/(\text{m}\cdot\text{h})$ bei einseitigen Schwellen und $q_L\leqq 6\ \text{m}^3/(\text{m}\cdot\text{h})$ bei Ablaufrinnen mit beidseitiger Überfallkante. Aber nach Seyfried: Bei $ISV\leqq 100$: $q_L\leqq 5$ und bei $ISV>100$: $q_L\leqq 3\ \text{m}^3/(\text{h}\cdot\text{m})$.

**erf Schwellenlänge** $l_U = Q_m/q_L$ in m (234) mit $Q_m=2\,Q_s+Q_f$ oder $2\,Q_t$

In [36] wird auf das Zusammenwirken von Belebungsbecken BB und Nachklärbecken NB verwiesen. Über $TS_B$ hängt die Größe des BB von der Wirkung des NB ab. Nachfolgend die mathematische Darstellung dieser Zusammenhänge.

$$VSV = X\,1000\,RV\sqrt[3]{t_E}/(1+RV) \text{ in l/m}^3 \qquad q_{SR} = q_{SV}(1+RV)/h_{ges} \text{ in l/(m}^3\cdot\text{h)}$$
$$TS_B = VSV/ISV \text{ in kg/m}^3 \qquad t_{NB} = VSV(1+RV)/q_{SR} \text{ in h}$$
$$q_{SV} = q_A\cdot VSV \text{ in l/(m}^2\cdot\text{h)} \qquad V_{NB} = Q_m\cdot t_{NB} \text{ in m}^3$$

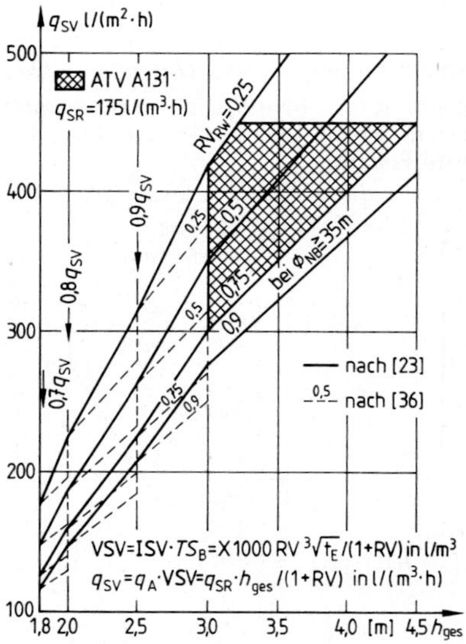


**Bild 105** **Wechselwirkung von $q_{SV}$ und $h_{ges}$ als $f\,(RV_{RW})$**

Nach Billmeier [23] können abweichend von A 131 $h_{NK}$ und $q_{SV}$ wie im Bild 105, das für $q_{SR}=175\ \text{l/(m}^3\cdot\text{h)}$ gilt, variiert werden (Verzicht auf Einzelnachweis von $h_{ges}$). Ab $D_{NB}\geqq 35$ m kann $RV$ auf bis zu 0,9 gesteigert werden. Die Randwassertiefe $h_{Rand}$ sollte aus hydraulischen Gründen $\leqq 0{,}1\ \varnothing_{NB}$ aber $\geqq 2{,}50$ m bleiben.

**Tafel 92 Abminderung von $Q_m$ als $f(h_{ges})$**

| vorh $h_{ges}$ | zul $Q_m$ |
|---|---|
| $<2{,}0$ m | $0{,}7\,Q_m$ |
| $2{,}0\leqq h\leqq 2{,}5$ m | $0{,}8\,Q_m$ |
| $2{,}5\leqq h\leqq 3{,}0$ m | $0{,}9\,Q_m$ |

[36] empfiehlt Tafel 92 für den Nachweis von bestehenden Nachklärbecken. Ausgehend vom vorhandenen $h_{ges}$ werden $q_{SV}$ und $q_A=q_{SV}/VSV$ ermittelt, das entsprechend Tafel 92 abgemindert wird. Es ist das zulässige $Q_m=$ (abgemindert $q_A$) $\cdot$ (vorhanden $A_{NB}$). In Bild 105 ist diese Empfehlung linear abnehmend eingearbeitet.

**Konstruktive Hinweise.** Sind mehrere Ablaufrinnen erforderlich, so ist ihr Abstand untereinander und zur Beckenwand etwa gleich der Beckentiefe. Radial oder parallel zur Wand in die Becken eingezogene gelochte Rohre, die ganz eingetaucht sind, haben sich besonders bei der Sanierung bestehender Becken bewährt. Überfallschwellen an der Einmündung der Rohre in die Sammelrinne halten den Beckenwasserstand über OK Rohr. Tauchwände im Abstand von $\geqq 30$ cm vor der Ablaufschwelle tauchen bei $q_L = 0$ noch 20 cm tief ein und ragen bei $Q_m$ 10 cm aus dem Wasser.

Beckenabmessungen: **Längsbecken** $\geqq 30$ m bis 60 m, wenn $\geqq 40$ m, zwei hintereinanderliegende RS-Abzüge anordnen. Einlaufstörzone: in der Länge $= h_e$ von $A_{NK}$ abziehen.

**Rundbecken** $\varnothing \geqq 20$ m, günstig $30\ \text{m} \leqq \varnothing \leqq 50$ m, max. 70 m $\varnothing$. $4{,}0 \leqq \boldsymbol{h_e} \geqq 4{,}0 + (\varnothing - 36) \cdot 0{,}1$ m. Unter 20 m $\varnothing$ als vertikal durchströmte Becken ausbilden.

In der Dükerleitung $0{,}3 \leqq v \leqq 1{,}5$ m/s. Zur besseren Entgasung empfiehlt sich vor der Dükerleitung ein Becken bzw. ein Mittelbauwerk mit $t_R = 3$ bis 5 min.

Anlagen gemäß **A 122:** $q_A = 0{,}3$ bis 0,5 m/h, $h_{zyl} \geqq 0{,}5$ m, $q_L \leqq 5\ \text{m}^3/(\text{m} \cdot \text{h})$

**Beispiel** Horizont. durchstr. NB mit Schildräumer, $a = 1{,}25$ n. Tafel 91

**Gegeben**: $Q_m = 1900\ \text{m}^3/\text{h}$; $ISV = 120$ l/kg; $RV = 0{,}9$; $t_E \leqq 1{,}5\ h$ (P-elim.)

**Forderung**: $TS_E \leqq 20$ mg/l, also $q_{SR} \leqq 175\ \text{l}/(\text{m}^3 \cdot \text{h})$ Bild 105 und $x = 0{,}7$ s. Gl. (229)

**Lösung**: $q_{SV} = 370\ \text{l}/(\text{m}^2 \cdot \text{h})$ gewählt. ($< 450$ n. Tafel 90);
$VSV = 0{,}7 \cdot 1000 \cdot 0{,}9 \sqrt[3]{1{,}5}/(1 + 0{,}9) = 380\ \text{l/m}^3$;

Gl. (225) $q_A = 370/380 = 0{,}97\ \text{m/h} < 1{,}2$ n. Tafel 90

Gl. (226) $A_{NB} = 1900/0{,}97 = 1959\ \text{m}^2$; gewählt: $2 \varnothing 36$ mit Mittelbauwerk
$d_3 = 6{,}00$ m; vorh. $A_{NB} = 2 \cdot \pi\,(18{,}0^2 - 3{,}0^2) = 1979\ \text{m}^2 > 1959$;
$q_A = 1900/1979 = 0{,}96$ m/h; zul. $TS_B = VSV/ISV = 380/120 = 3{,}17\ \text{kg/m}^3$;
Vorh $q_{SV} = 0{,}96 \cdot 380 = 364{,}8\ \text{l}/(\text{m}^2 \cdot \text{h})$
$h_{ges} = q_{SV}(1 + RV)/q_{SR}$

Bild 105 $h_{ges} = 364{,}8 \cdot (1 + 0{,}9)/175 = 3{,}96$ m. Vergleichsweise n. Bild 104
$h_1 = 0{,}5$ m; $h_2 = 0{,}5 \cdot 0{,}96\,(1 + 0{,}9)/(1 - 380/1000) = 1{,}47$ m;
$h_3 = 365 \cdot (1 + 0{,}9)/1111 = 0{,}62$ m;
$h_4 = 365\,(1 + 0{,}9) \cdot 1{,}5/(300 \cdot 1{,}5 + 500) = 1{,}10$ m; $h_{ges} = 3{,}69 < 3{,}96$ m

Gl. (234) vorh $q_L = 1900/(2 \cdot \pi \cdot 36) = 8{,}4\ \text{m}^3/(\text{m} \cdot \text{h}) < 10$; evtl. eingehängte Tauchrohre als Ablauf

Gl. (233) gewählt: $a = 1{,}25$; $v_R = 140$ m/h;
$h_R = (0{,}65 - 0{,}23 \cdot \ln 0{,}9)\,(1 + 0{,}9) \cdot 1{,}5 \cdot 365 \cdot 10^{-3}/(125 \cdot 140/36{,}0\,\pi)^{2/3}$

Gl. (232) $= 0{,}52$ m. $h_4 = 1{,}10 + (0{,}52 - 0{,}50)$; $h_{ges} = 3{,}71 < 3{,}96$ m.

Fließweg: $L_{Fl} = 18{,}0 - 3{,}0 = 15$ m; Sohlneigung 1:14;
Randwassertiefe $h_{Rand} = 3{,}96 - \frac{1}{3} \cdot 15{,}0/14 = 3{,}60 \leqq 0{,}1 \cdot 36{,}0$;
$h_e = 3{,}96 + \frac{2}{3} \cdot 15{,}0/14 = 4{,}67\ \text{m} > 4{,}00$ m
Nachweis vorhandener Becken mit $\varnothing$ 30 m, $h_{ges} = 2{,}35$ m, $RV = 0{,}9$

Tafel 92 $VSV = 380$, wie vor. $2{,}0 \leq h \leq 2{,}5 \rightarrow 0{,}8$ Qm; $q_{SV} = 175 \cdot 2{,}35 \cdot 0{,}8/(1 + 0{,}9)$

Bild 105 $= 173{,}2\ \text{l}/(\text{m}^2 \cdot \text{h})$; $q_A = 173{,}2/380 = 0{,}46$ m/h;
$A_{NK} = \pi\,(15{,}0^2 - 2{,}0^2) = 694{,}3\ \text{m}^2$ zul. $Q_m = 0{,}46 \cdot 694{,}3 = 316\ \text{m}^3/\text{h}$.
Oder nach Bild 105 $q_{SV} = 189\ \text{l}/(\text{m}^2 \cdot \text{h})$

Bild 104 Kontrolle von $h_{ges}$ mit $q_{SV} = 173{,}2/0{,}8 = 216{,}5$: $h_1 = 0{,}5$ m;
$h_2 = 0{,}5 \cdot 0{,}46 \cdot 1{,}9/(1 - 0{,}38) = 0{,}71$ m; $h_3 = 216{,}5 \cdot 1{,}9/1111 = 0{,}37$ m;
$h_4 = 216{,}5 \cdot 1{,}9 \cdot 1{,}5/(300 \cdot 1{,}5 + 500) = 0{,}65$ m; $h_{ges} = 2{,}23\ \text{m} < 2{,}35$ m

## 6.4 Biologische Reinigungsstufen

### 6.4.1 Tropfkörperanlagen (TK)

DIN 19553 (10.84) Kläranlagen, Tropfkörper mit Drehsprenger

DIN 19557 T1 (5.84) mineralische Füllstoffe für Tropfkörper. T2 (11.89) Füllstoffe aus Kunststoff.

Volumen und Oberfläche von Tropfkörpern werden nach A 135 (s. Abschn. 6.3.3) mit Tafel 93 ermittelt. Zu beachten ist der relativ niedrige Wirkungsgrad $\eta$, $\boldsymbol{\eta = 0{,}93 - 0{,}17\, B_R}$ % mit **der Raumbelastung** $\boldsymbol{B_R}$ in kg $BSB_5/(\text{m}^3\text{d})$, der eine Reduzierung der Zulaufkonzentration $\boldsymbol{C_0}$ mg $BSB_5$/l durch Verdünnung des Zulaufs zum Tk mit Rücklaufwasser der Menge $Q_{RV}$ und der Konzentration $\boldsymbol{C_1}$ aus dem Ablauf oder der Trichterspitze der Nachklärung erfordert (s. Abschn. 6.3.2). Angestrebt wird eine mittlere Zulaufkonzentration $\boldsymbol{C_m \leqq 150}$ **mg/l**.

Das Rücklaufverhältnis $RV = Q_{RV}/Q_t$ ermittelt sich für eine gewünschte Zulaufkonzentration $C_m$ zu $RV = (C_0 - C_m)/(C_m - C_1)$, (aber immer $RV \leqq 1{,}0$ wählen). Die BSB$_5$-Zulauffracht $B_B$ ermittelt man mit den Werten der Tafel 88 oder aus der gemessenen Konzentration $C_0$ einer 24-h-Mischprobe (s. a. Abschn. 6.1.2) zu.

$B_B = 10^{-3} \cdot C_0$ mg/l $\cdot Q_d$ m³/d in kg BSB$_5$/d (235)

erf. Volumen des Tropfkörpers $V_{TK} = B_B/B_R$ in m³ (236)

erf. Höhe der Tropfkörperfüllung $H_{TK} = 10^{-3} \cdot X \cdot q_{A(1+RV)} \cdot C_m/B_R$ in m (237)

(mit $X$ nach Abschn. 6.1). Bewährt haben sich $2{,}8 \leqq H \leqq 4{,}20$ m.

Nachfolgende Bemessungsansätze gelten für Tropfkörper mit Brockenfüllung oder mit Kunststoff-Füllelementen (KF) verschiedener spez. Oberfläche $A_R$ in m²/m³. Eine weitgehende Nitrifikation ist mit den Werten n. Taf. 93 nur bei häuslichem Abwasser mit TKN: BSB$_5 \leqq 0{,}3$ und T $\geqq 10$ °C zu erreichen [27] [28].

**Tafel 93 Bemessungswerte für Tropfkörper TK**

| Nitrifikation | ohne | | mit | |
|---|---|---|---|---|
| Füllung | $B_R$ | $q_{A(1+RV)}$ | $BR$ | $q_{A(1+RV)}$ |
| Brocken | 0,4¹) | 0,5 bis 1,0 | 0,2 | 0,4 bis 0,8 |
| KF, $A_R \approx 100$ | 0,4 | 0,8 bis 1,0 | 0,2 | 0,6 bis 1,0 |
| KF, $A_R \approx 150$ | 0,6 | 1,0 bis 1,5 | 0,3 | 0,8 bis 1,2 |
| KF, $A_R \gtrsim 200$ | 0,8 | 1,2 bis 1,8 | 0,4 | 1,0 bis 1,5 |

¹) Bei 24-h-Ausgleich $B_R = 0{,}6$ kg BSB$_5$/(m³ · d); $q_A$ in m³/(m² · h). Nach A 122 ist für 50 – 500 $E$: $BR \leqq 0{,}2$ kg/(m³ · d). Bei vorgefertigten Kläranlagen bis 50 $E$ nach IfB-Richtlinien: $B_R \leqq 0{,}15$ kg/m³ · d bei einem Mindestfüllvolumen von 4 m³. Die Überschußschlammproduktion betr. i. M. $ÜS_R/B_R = 0{,}75$ kg/kg einschl. 20% Erhöhung für Regenwasserbehandlung.

Zunehmend werden bei größeren Anlagen und bei hochkonzentrierten Abwässern hochbelastete Tropfkörper, in der Regel mit Kunststoffüllelementen, als erste Stufe einer zweistufigen Biologie betrieben. Hierbei werden Raumbelastungen von 3 bis 5 kg BSB$_5$/(m³ d) zugelassen. Eine nachfolgende Zwischenklärung ist unbedingt anzuraten. Sie kann als Grobentschlammung in Form von Siebbändern oder Becken mit Aufenthaltszeiten $t_R \sim 1/2$ h ausgeführt werden.

**Konstruktive Hinweise.** Brocken ∅ 4 bis 8 cm, in der unteren Stützschicht 8 bis 15 cm; die Spülkraft $SK$ des Drehsprengers soll 2 bis 6 mm je Beregnung betragen $SK = 10^3 \cdot q_A/n \cdot a$. Die Anzahl a der Arme liegt bei 4 bis 8. Damit muß die Umdrehungszahl $n$ je Stunde auf 10 bis 30 beschränkt werden.

## 6.4.2 Scheibentauchkörper (STK)

Bei einem Wasserinhalt von 4 l Wasser je 1 m² rotierender Bewuchsfläche und einer $BSB_5$ Belastung $BA$ der 1. Walze mit frischem häuslichem Schmutzwasser von $\leqq$ **60 g/(m² · d)** bzw. von $\leqq 40$ g/(m² · d) bei angefaultem Wasser kann man mit den Werten der Tafel 94 die erforderliche Bewuchsfläche wie folgt ermitteln:

$A = B_B/B_A$ bzw. $= C_m \cdot Q_d/B_A$ in m². (238)

**Tafel 94 $B_A$ von Scheibentauchkörpern**

| Nitrifikation | ohne | mit |
|---|---|---|
| $\geqq 2$ Walzen in Fließfolge | $B_A = 8$ g BSB$_5$/m² · d | |
| $\geqq 3$ Walzen in Fließfolge | $B_A = 10$¹) g BSB$_5$/m² · d) | $B_A = 4$ |
| $\geqq 4$ Walzen in Fließfolge | | $B_A = 5$ |

¹) Bei 24 h-Ausgleich $B_A = 12$. Nach A 122 für $50 \leqq$ EGW $\leqq 500$ : $B_A = 8$; ebenfalls nach IfB für $\leqq 50$ EGW aber mit $A_{min} = 90$ m². Überschußschlammproduktion $ÜS_R/B_R = 0{,}75$ kg TS/kg BSB$_5$

**Beispiel** TK mit Brockenfüllung: $B_R = 0{,}4$ kg BSB$_5$/(m³ · d); $q_{A(1+RV)} = 0{,}85$; 20000 EW mit 0,045 kg BSB$_5$/(E · d) nach Vorklärung. $q_S = 210$ l/(E · d); gewählt: $C_m = 125$ mg/l; $C_0 = 45000/210 = 214$ mg/l; $\eta = 0{,}93 - 0{,}17 \cdot 0{,}4 = 0{,}86$; $C_1 = (1 - 0{,}86) \cdot 125 = 17{,}5$ mg/l; erf $RV = (214 - 125)/(125 - 17{,}5) = 0{,}83$; Erf. $V_{TK} = 20000 \cdot 0{,}045/0{,}4 = 2250$ m³; mit $X = 14$: $H_{TK} = 10^{-3} \cdot 14 \cdot 0{,}85 \cdot 125/0{,}4 = 3{,}72$ m $\sim 3{,}70$; erf. $A_{TK} = 2250/3{,}70 = 608$ m² → 2∅20 m. Vorh. $V_{TK} = 3{,}70 \cdot 2 \cdot (10^2 \cdot \pi - 1{,}0^2 . \pi) = 3{,}7 \cdot 621 = 2297$ m³; $q_{A(1+RV)} = 20000 \cdot 0{,}210 \cdot (1 + 0{,}83)/(14 \cdot 621) = 0{,}88$ m³/(m² · h) > 0,5, < 1,0 m/h; (Abzug für Mittelschacht $= 1{,}0^2 \cdot \pi$)

**Tafel 95 Tropfkörper-Einzelabmessungen**

| Drehsprenger Modell HDB nach Passavant | größter Tropfkörper ∅ in m $d_1$ | Anschlußrohr ∅ in m $d_2$ | | Mittelschacht li ∅ in m $d_3$ | Durchflußmenge in l/s $Q$ | größte Durchflußmenge in l/s $Q_{max}$ | kleinste Durchflußmenge in l/s $Q_{min}$ |
|---|---|---|---|---|---|---|---|
| **175** | 22 | **200** | 250 | 1,5/2,0 | 35 | 50 | 10 |
| **200** | 24 | **250** | 300 | 2,0/2,0 | 50 | 75 | 15 |
| **250** | 26 | **250** | 300 | 2,0/2,0 | 65 | 100 | 20 |
| **300** | 28 | **300** | 400 | 2,0/2,5 | 100 | 150 | 30 |
| **350** | 32 | **350** | 500 | 2,0/2,5 | 130 | 200 | 40 |
| **400** | 38 | **400** | 500 | 2,5/2,5 | 170 | 250 | 50 |
| **500** | 44 | **500** | 600 | 2,5/2,5 | 250 | 400 | 80 |
| **600** | 50 | **600** | 700 | 2,5/3,0 | 400 | 600 | 120 |

## 6.4.3 Belebungsanlagen

Die Ermittlung des Volumens der Belebungsbecken sowie des erforderlichen Sauerstoffeintrages erfolgt auf der Grundlage der ATV-Arbeitsblätter A126 (12.93) und A131 (2.91). Mit dem **Schlammgehalt im Belebungsbecken $TS_B$** bzw. $TS_{-R}$ in kg $TS$/m³ sowie der **Schmutzfracht zur Belebung $B_d$** in kg $BSB_5$/d, die aus der Einwohnerzahl mit Werten der Tafel 82 ermittelt wird, ergeben sich:

**Raumbelastung** $B_R = B_{TS} \cdot TS_B$ in kg $BSB_5/(m^3 \cdot d)$ (239)

**Belebungsbeckenvolumen** $V_{BB} = B_d / B_R$ in m³ (240)

**Erf. Sauerstoffeintrag** $OV = B_d \cdot O_B / 24$ in kg $O_2$/h (241)

### 6.4.3.1 Belebungsanlagen bis 10000 EW

haben in der Regel keine Vorklärung. Für $50 \leqq EW \leqq 500$ ist nach A122 (6.91) $B_R \leqq 0{,}2$ kg/(m³ · d), $O_B \leqq 3{,}0$, $TS_B \leqq 4{,}0$ und nach IfB ist für $\leqq 50$ EW das $B_R \leqq 0{,}15$ kg/(m³ · d) bei einem Mindestvolumen von 4 m³ anzusetzen. Diese Werte gelten einschl. Mitbehandlung von Regenwasser. Der Sauerstoffeintrag sollte im Verhältnis 5:1 steuerbar sein (s.a. DIN 4261 T1 (2.91) T2 (6.84) T3 (9.90) T4 (6.84).

**Tafel 96 Bemessungswerte nach A126**

| Abwasser mit | $ISV$ in l/kg | $TS_B$ in kg/m³ | $B_R$ in $\frac{kg\,BSB_5}{m^3 \cdot d}$ |
|---|---|---|---|
| – geringem organisch-gewerblichem Anteil | 75 bis 100 | $\leqq 5$ | $\leqq 0{,}25$ |
| – mittlerem organisch-gewerblichem Anteil | 100 bis 150 | $\leqq 4$ | $\leqq 0{,}20$ |
| – hohem oder stark schwankendem organisch-gewerblichem Anteil | 150 bis 200 | $\leqq 3$ | $\leqq 0{,}15$ |

Nach A126 ist für Belebungsanlagen mit gleichzeitiger Schlammstabilisierung für 500 bis 10000 EW bei einer **Schlammbelastung $B_{TS} \leqq 0{,}05$** kg/(kg · d) mit den Werten der Tafel 96 zu rechnen.

Die **Sauerstofflast $O_B \geqq 2{,}5$ kg $O_2$/kg $BSB_5$** gilt für ein Verhältnis des Kjeldahl-Stickstoffs ($NH_4N_0$ + org. $N_0$) im Zulauf $TKN_0$: $BSB_5$ ca. 1:5. Steigt dieser Wert auf über 1:3,5 an, ist der Sauerstoffbedarf für die Stickstoffoxydation nach Abschn. 6.4.3.2 nachzuweisen.

Der **Überschußschlammanfall** bei häuslichem Abwasser von

$ÜS_R / B_R = 1{,}0$ kg $TS$/kg $BSB_5$ entspricht in etwa dem abgebauten $BSB_5$.

Er wird mit etwa 1% $TS$, d.h. 5 l/E/d entnommen. Er weist nach Eindickung 2,5% $TS$, d.h. 2 l/E/d und nach Lagerung 5% $TS$, d.h. 1 l/E/d auf. Bei Regenwetter erhöht sich die Feststoffmenge um bis zu 20%, ohne daß es zu einem nennenswerten Volumenanstieg kommt (bessere Eindickung).

### 6.4.3.2 Anlagen über 5000 EW

Mit der Neufassung des A131 werden bei 12 °C in der Regel die nachstehenden Anforderungen der 1. Abw. VwV v. 22.9.89 erfüllt. Für die Phosphorelimination sind allerdings besondere Verfahrensschritte zum biologischen oder chemischen

Abbau erforderlich. Die Denitrifikation, die schon aus verfahrenstechnischen Gründen anzustreben ist, wird (auch durch die Begrenzung des anorganischen Gesamt-N-Ablaufes auf 18 mg/l) für Gr. Kl. III bis V zwingend.

**Tafel 97 Anforderungen an den Ablauf der Kläranlagen**

| Gr.-kl. | kg $BSB_5$ (roh)/d EW | chemischer $O_2$-Bedarf *CSB* mg/l | biochem. $O_2$-Bedarf $BSB_5$ mg/l | $NH_4-N$ [1] mg/l | anorg. N [2] mg/l | Phosphor gesamt mg/l |
|---|---|---|---|---|---|---|
| I | kg $BSB_5 <$ 60<br>EW $<$ 1 000 | 150 | 40 | – | – | – |
| II | 60 bis 300<br>1000 bis 5000 | 110 | 25 | – | – | – |
| III | 300 bis 1 200<br>5000 bis 20000 | 90 | 20 | 10 | 18* | – |
| IV | 1 200 bis 6000<br>20000 bis 100000 | 90 | 20 | 10 | 18* | 2 |
| V | $>$ 6000<br>$>$ 100000 | 75 | 15 | 10 | 18* | 1 |

[1]) Ammoniumstickstoff, $T \geqq 12°$ C oder 1. Mai – 1. Okt.
[2]) $\Sigma\, NH_4N + NO_3N + NO_2N$.
* kann im Bescheid auf 25 mg/l gesetzt werden wenn $(N_{org} + anorg\,N)_{zulauf}$ um $>70$ v.H. im 24 Std-Mittel gesenkt wird

Grundlage der Bemessung ist das erforderliche Schlammalter, das nach Tafel 98 ausgewählt wird [29].

**Tafel 98 Minimales Schlammalter bei einstufigen Belebungsanlagen**

| Größe der Anlage | bis 20000 EW | bis 100000 EW |
|---|---|---|
| Reinigungsziel Abwasserreinigung | minimales Schlammalter in Tagen | |
| – ohne Nitrifikation | 5 | 4 |
| – mit Nitrifikation bei $T = 10$ °C [1]) | 10 | 8 |
| – mit Nitrifikation und Schlammstabilisierung | 25 | nicht empfohlen |
| – mit Nitrifikation und Denitrifikation bei $T = 10$ °C [1]) | | |
| $V_D/V_{BB} = 0{,}2$ | 12 | 10 |
| $= 0{,}3$ | 13 | 11 |
| $= 0{,}4$ | 15 | 13 |
| $= 0{,}5$ | 18 | 16 |

[1]) Für eine stabile Nitrifikation bei 12 °C ist eine Bemessungstemp. v. 10 °C erforderlich.

Zwischenwerte können abgeschätzt werden. Die Werte der Tafel 98 müssen erhöht werden, wenn Belastungsspitzen mehr als das 2- bis 2,5fache des Tagesmittelwertes betragen und wenn $TS_B$ bei Regenwetter über mehr als 6 Stunden um mehr als 30% vermindert wird. $V_D$ = Volumen des Denitrifikationsteils im Gesamtbecken $V_{BB}$ in m³.

Für ein ausreichendes **Nitrifikationsschlammalter** gilt

$$t_s = f \cdot 2{,}13 \cdot 1{,}103^{(15-T)} \text{ in d} \quad (242)$$

mit dem **Stoßfaktor $f = 2{,}9$** bis 20000 EW und **$f = 2{,}3$** ab 100000 EW und der Abwassertemperatur $T$ in °C (bei $t_s = 8\,d$ ist in Tafel 97 z. B. $f = 2{,}3$).

Bei gezielter Denitrifikation ist das **gesamte Schlammalter $t_{sges}$** für Nitrifikation und für Denitrifikation wie folgt zu berechnen:

$$t_{sges} = t_s/(1 - V_D/V_{BB}) \text{ in d} \quad (243)$$

**Tafel 99 Feststoffgehalte $TS_B$**

| Reinigungsziel | $TS_B$ (kg/m³) mit VB | $TS_B$ (kg/m³) ohne VB |
|---|---|---|
| ohne Nitrifikation | 2,5 bis 3,5 | 3,5 bis 4,5 |
| mit Nitri- und Denitrifikation | 2,5 bis 3,5 | 3,5 bis 4,5 |
| Schlammstabilisierung | | 4 bis 5 |
| Phosphorentfernung | 3,5 bis 4,5 | 4 bis 5 |

Für die Bemessung werden nach Tafel 99 Werte für $TS_B$ empfohlen. Mit Vorklärung $TS_B \leqq 3{,}5$ kg/m³, bei hohem *ISV*, $TS_B \leq 2{,}5$ kg/m³. Siehe auch Bild 105, wonach $TS_B$ von *VSV* abhängt.

Die zulässige Schlammbelastung $B_{TS}$ ist darüber hinaus von der Schlammproduktion abhängig. Diese wird ermittelt als **spezifische Schlammproduktion $ÜS_B$** und setzt sich zusammen aus dem **Anteil $ÜS_{BSB5}$ aus der $BSB_5$-Beseitigung** und dem **Anteil $ÜS_P$ aus der Simultananfällung** zur Reduzierung des Phosphors auf etwa 1 bis 2 mg/l.

**Tafel 100 Schlammproduktion $ÜS_{BSB5}$ in Abhängigkeit vom Schlammalter $t_s$ und $TS_0/BSB_5$ bei 10 °C**

| $t_s$ in d | 4 | 6 | 8 | 10 | 15 | 25 |
|---|---|---|---|---|---|---|
| $TS_0/BSB_5$ | $ÜS_{BSB5}$ (kg $TS$/kg $BSB_5$) | | | | | |
| 0,4 | 0,74 | 0,70 | 0,67 | 0,64 | 0,59 | 0,52 |
| 0,6 | 0,86 | 0,82 | 0,79 | 0,76 | 0,71 | 0,64 |
| 0,8 | 0,98 | 0,94 | 0,91 | 0,88 | 0,83 | 0,76 |
| 1,0 | 1,10 | 1,06 | 1,03 | 1,00 | 0,95 | 0,88 |
| 1,2 | 1,22 | 1,18 | 1,15 | 1,12 | 1,07 | 1,00 |

$ÜS_{BSB5}$ kann nach Tafel 100 für 10 °C in Abhängigkeit vom gewählten Schlammalter und dem Verhältnis der abfiltrierbaren Stoffe $TS_0$ zu $BSB_5$ im Zulauf abgelesen werden.

Für die **Schlammproduktion aus der Simultanfällung** gilt für ein molares Verhältnis von 1,5 mol Metall/1 mol Phosphor mit einem Schlammanfall von 2,5 kg TS/kg Fe bzw. 4 kg TS/kg Al:

**Fällung mit Eisensalzen** $ÜS_{PFe} = 6{,}8 \cdot P_{ges}/BSB_5$ in kg $TS$/kg $BSB_5$ (244 a)

**Fällung mit Aluminium** $ÜS_{PAl} = 5{,}3 \cdot P_{ges}/BSB_5$ in kg $TS$/kg $BSB_5$ (244 b)

$P_{ges}$ und $BSB_5$ sind die dem Belebungsbecken zufließenden Frachten.

Damit wird die **zulässige Gesamtschlammbelastung**

$B_{TSges} = 1/((ÜS_{BSB5} + ÜS_P) \cdot t_{sges})$ in kg $BSB_5$/(kg $TS \cdot$ d) (245)

**Wenn mit Fe $SO_4$ gefällt wird, sollte in Gl. (245) das Schlammalter $t_s$ bzw. $t_{sges}$ um 10% erhöht werden.**

Mit einem nach Tafel 99 gewählten $TS_B$ lassen sich $B_R$ nach Gl. (239) und das Belebungsbeckenvolumen nach Gl. (240) ermitteln.

Bei der **Denitrifikation** ist die Menge des **zu entfernenden Stickstoffs** zu bestimmen. Mit dem Überschußschlamm entfernt werden

$N(ÜS) = 0{,}04 - 0{,}05$ kg N/kg $BSB_5$ (246)

(Der davon im Filtratwasser zurückgeführte Anteil muß beim Zulauf berücksichtigt werden.)

Desweiteren wird nach Tafel 101 die Menge des durch $BSB$-Abbau denitrifizierbaren Stickstoffs in kg $NO_3N_D$/kg $BSB_5$ für 10 °C ermittelt.

$NO_3N_D/BSB_5$ (247)

$= 0{,}8 \cdot 0{,}75 \cdot OV_c \cdot V_D/(2{,}9 \cdot V_{BB})$

$V_B : V_{BB} = 0{,}2$ ist bei vorgeschalteter Deni ausreichend für eine teilweise Denitrifikation und ebenso $V_D : V_{BB} = 0{,}25$ bis 0,30 bei simultaner Deni. Wird eine weitergehende Denitrifikation erwartet, ist $V_D/V_{BB}$ auf höchstens 0,5 zu steigern.

**Tafel 101 Bemessung der Denitrifikation für Trockenwetter und durchschnittliche Verhältnisse $T$ = 10° C**

| Deni | vorgeschaltet*) | simultan |
|---|---|---|
| $V_D/V_{BB}$ | Deni-Kapazität kg $NO_3 - N_D$/kg $BSB_5$ | |
| 0,20 | 0,07 | 0,05 |
| 0,30 | 0,10 | 0,08 |
| 0,40 | 0,12 | 0,11 |
| 0,50 | 0,14 | 0,14 |

*) die Werte gelten ebenfalls für intermittierende oder alternierende Denitrifikation

Die Rezirkulationsmenge $Q \cdot RZ$ (Rücklaufschlamm aus Nachkl. und interne Rückführung im BB) begrenzt bei vorgeschalteter Denitrifikation den Anteil des zurückgeführten und damit zur Verfügung stehenden $NO_3N$ auf

$\eta_{RZ} = RZ/(1 + RZ)$ (248 a) oder erf. $RZ = \eta_{RZ}/(1 - \eta_{RZ})$ (248 b)

Der **entfernbare Stickstoffanteil** errechnet sich in mg/l zu

$$\mathbf{NO_3N_D + N(ÜS) = (NO_3N_D/}\boldsymbol{BSB_5}\mathbf{)\cdot}\boldsymbol{BSB_5}\mathbf{+(0{,}04\ bis\ 0{,}05)\cdot}\boldsymbol{BSB_5} \quad (249)$$

Der **Gesamtstickstoffablauf $N_e$** ergibt sich mit einem Gesamt-Kjeldahlstickstoff $TKN_0$ ($NH_4$-Stickstoff und org. Stickstoff) im Zulauf zu

$$N_e = TKN_0 - NO_3N_D - N(Üs) \quad \text{in mg/l} \quad (250)$$

Damit kann bei Vorgabe eines Ablaufstickstoffwertes $TKN_e$ aus $NH_4N_e$ und organischem Stickstoff der **Ablaufwert des Nitratstickstoffs** berechnet werden.

$$NO_3N_e = N_e - TKN_e \quad (251)$$

Die **tatsächlichen Abbauwirkungsgrade** betragen unter Beachtung von Gl. (248a).

für die Denitrifikation $\eta_{DN} = NO_3N_D/(NO_3N_e + NO_3N_D)$ (252)

und für die Stickstoffentfernung $\eta_N = (TKN_0 - N_e)/TKN_0$ (253)

Die erforderliche **Fällmittelmenge** errechnet man mit dem üblichen Molverhältnis $\beta = M_e : P = 1{,}5$ und den Atomgewichten von Fe = 56, Al = 27 und P = 31 für eine Phosphorzulaufkonzentration $P_0$ in mg/l.

Eisenmenge: $(56/31)\cdot 1{,}5 \cdot P\text{-Menge} = 2{,}7 \cdot P_0$ in g/m³ (254)

Aluminiummenge: $(27/31)\cdot 1{,}5 \cdot P\text{-Menge} = 1{,}3 \cdot P_0$ in g/m³ (255)

Diese Dosiermenge ist noch zu dividieren durch den Metallanteil im technischen Produkt:

Eisen(III)chlorid, $FeCl_3$: 0,138; Eisen(III)chloridsulfat, $FeClSO_4$: 0,123;

Eisen(II)sulfat $FeSO_4 \cdot 7\,H_2O$: 0,18 bis 0,20; getrocknet: 0,195

Aluminium-Eisensulfat, $Al_2(SO_4)_3\ Fe(SO_4)_3 \cdot xH_2O$: 0,071 Al u. 0,031 Fe

Aluminiumchlorid, $AlCl_3$ als 30% Lösung: 0,058

Die **Abnahme der Säurekapazität** im Belebungsbecken $K_{S0} - K_{Se}$ wird durch das Maß der Nitrifikation, der Denitrifikation, der Menge der dosierten Metallsalze und den Phosphorabbau bestimmt. Alle Konzentrationswerte in mg/l:

$$K_{S0} - K_{Se} = 0{,}07(NH_4N_0 - NH_4N_e + NO_3N_e) + 0{,}06\ Fe^{III} + 0{,}04\ Fe^{II} + 0{,}11\ Al^{III} - 0{,}03(P_0 - P_e) \quad \text{in mmol/l} \quad (256)$$

Ungünstiger Fall: keine Denitrifikation!

**Tafel 102 pH-Werte im Belebungsbecken in Abhängigkeit von der Sauerstoffausnutzung in % und der Säurekapazität $K_{Se}$**

| $K_S$ in mmol/l | Sauerstoffausnutzung in % 6 | 9 | 12 | 18 | 24 |
|---|---|---|---|---|---|
| 1 | 6,9 | 6,7 | 6,6 | 6,5 | 6,4 |
| 1,5 | 7,1 | 6,9 | 6,8 | 6,7 | 6,6 |
| 2 | 7,2 | 7,0 | 6,9 | 6,8 | 6,7 |
| 2,5 | 7,3 | 7,1 | 7,0 | 6,9 | 6,8 |
| 3 | 7,4 | 7,2 | 7,1 | 7,0 | 6,9 |

Die **Säurekapazität** im Zulauf $K_{S0}$ beträgt mit einer Karbonathärte des Abwassers (Trinkwassers) in °dH

$$K_{S0} = (°dH \cdot 100/5{,}6 + 50 \cdot NH_4N_0/14)/50 \quad \text{in mmol/l} \quad (257)$$

Im Ablauf bleibt

$$K_{Se} = K_{S0} - (K_{S0} - K_{Se}) \text{ in mmol/l} \quad (258)$$

$K_{Se}$ wird für Nitrifikation mit und ohne Denitrifikation nachgewiesen. Bei pH-Werten ab 6,9 bis 6,6 fällt die Nitrifikationsleistung stark ab (s. Tafel 102).

Die Sauerstoffzufuhr (Sauerstofflast $Q_b$) ergibt sich aus den **spezifischen Anteilen** für den **Kohlenstoffabbau $OV_c$** (nach Tafel 103) und für die **Nitrifikation $OV_N$** unter Berücksichtigung der **Stoßfaktoren $f_c$** und **$f_N$**, Tafel 104 mit deren Hilfe Zulaufkonzentrationsschwankungen von $BSB_5$ und $TKN_0$ erfaßt werden.

**Tafel 103 Spezifischer C-Sauerstoffverbrauch $OV_c$**

| $t_s$ in d | 4 | 6 | 8 | 10 | 15 | 25 |
|---|---|---|---|---|---|---|
| in °C | $OV_c$ (kg $O_2$/kg $BSB_5$) | | | | | |
| 10 | 0,83 | 0,95 | 1,05 | 1,15 | 1,32 | 1,55 |
| 12 | 0,87 | 1,00 | 1,10 | 1,20 | 1,38 | 1,60 |
| 15 | 0,94 | 1,08 | 1,20 | 1,30 | 1,46 | 1,60 |
| 18 | 1,00 | 1,17 | 1,30 | 1,40 | 1,54 | 1,60 |
| 20 | 1,05 | 1,22 | 1,35 | 1,45 | 1,60 | 1,60 |

**Tafel 104 Stoßfaktoren $f_c$ für max. $C$-Belastung und $f_N$ für max. $N$-Belastung**

| | Schlammalter in $d$ | | | | | |
|---|---|---|---|---|---|---|
| | 4 | 6 | 8 | 10 | 15 | 25 |
| $f_c$ | 1,3 | 1,25 | 1,2 | 1,2 | 1,15 | 1,1 |
| $f_N$ für $\leq 20000$ EW | – | – | – | 2,5 | 2,0 | 1,5 |
| $f_N$ für $> 100000$ EW | – | – | 2,0 | 1,8 | 1,5 | – |

Zwischenwerte abschätzen. Die Ertragswerte für Belüfter, die im Reinwasser ermittelt wurden, müssen mit $\alpha = 0{,}5$ bis 1,0 multipliziert werden.

Den Einfluß des Sauerstoffgehaltes $C_x$ in der belüfteten Zone, der für Anlagen mit und ohne Nitrifikation bei 2 mg/l $O_2$ liegen muß, (bei Anlagen mit Umlaufbecken für Nitri und simultaner Deni genügen 0,5 mg/l $O_2$) berücksichtigt der Faktor $C_S/(C_S - C_X)$ wobei $C_S$ die Sättigungskonzentration ist.

$C_S = 12{,}4$ mg/l $O_2$ bei 5 °C, $C_S = 10{,}9$ mg/l $O_2$ bei 10 °C, $C_S = 9{,}8$ mg/l $O_2$ bei 15 °C, $C_s = 8{,}8$ mg $O_2$/l bei 20 °C.

Der spezifische Sauerstoffverbrauch für die Nitrifikation ist

$$\boldsymbol{OV_N = (4{,}6 \cdot NO_3N_e + 1{,}7 \cdot NO_3N_D)/BSB_5} \quad \text{in kg } O_2/\text{kd } BSB_5 \quad (259)$$

Es ist auf jeden Fall auch der Ausfall der Denitrifikation zu beachten (Winter, gesamt $V_{BB}$ für Nitrif.), d.h. $4{,}6 \cdot NO_3N_D$.

Der gesamte **Sauerstoffbedarf eines Tages** errechnet sich mit der $BSB_5$-Fracht zu

$$\boldsymbol{OV = O_b \cdot B_d} \quad \text{in kg } O_2/\text{d} \quad (260)$$

Es sind die Lastfälle Nitrifikation (Nitri) und Denitrifikation (Deni) bei 10 °C und 20 °C nachzuweisen mit

$$\boldsymbol{O_b = (OV_c \cdot f_c + OV_N \cdot f_N) \cdot C_S/(C_S - C_X)} \quad \text{in kg } O_2/\text{kg } BSB_5 \quad (261)$$

nachzuweisen für a) maximale Kohlenstoff-, b) maximale Stickstoffbelastung
Bei der Bemessung der Belüfter ist der **Sauerstoffübertragungsfaktor $0{,}5 \leq \alpha \leq 1{,}0$** zu berücksichtigen. **Betriebs $O_b = O_b/\alpha$.**

Für manche Vorfluter werden verschärfte Einleitungsbedingungen, meist für niedrigere Temperaturen als 10 °C festgelegt. Für die Bemessung reichen die Tafeln nach A131 nicht mehr aus. Mit vorgegebener Temperatur und $V_D/V_{BB}$ wird $t_{Ssoll}$ nach Gl. (242) und (243) ermittelt und mit $t_{svorh}$ nach Gl. (262) verglichen und ggfs. iterativ $t_{Svorh}$ an $t_{Ssoll}$ angeglichen.

$t_{Svorh} = TS_B/ÜS_R$ (262) $\qquad$ $V_{EB}$ nach Gl. (240) und $B_R$ nach Gl. (239)

Näherungsweise gilt als erster Iterationsschritt für

$$B_{TS1} = 0{,}102(1 + 0{,}01\,(T - 10°) + -0{,}01)/ \\ ((0{,}144 + 0{,}055\,t_{Ssoll})(0{,}53 + 0{,}95 \cdot TS_0/BSB_5)) \quad (263)$$

mit $-0{,}01$ bei $T < 10°$ und $+0{,}01$ bei $T > 10°$

$$\boldsymbol{q_R = Q_d/V_{BB}} = \text{Tageswasserfracht/Vol. d. Belebungsbeckens in d}^{-1} \quad (264)$$

$$\boldsymbol{ÜS_R = 0{,}6 \cdot q_R(TS_0 + BSB_5) \cdot 10^{-3} - 0{,}072 \cdot X \cdot TS_B \cdot F} \quad (265)$$

in kg $TS/(m^3 \cdot d)$ mit $TS_0$ und $BSB_5$ in mg/l

$X$ = Organischer Anteil an dem Belebtschlamm

$$X = HG - \sqrt{HG^2 - 8{,}33 \cdot B_{TS}/F} \quad (266)$$

Hilfsgröße $HG = 0{,}555 + 4{,}167(B_{TS}/F)(1 + TS_0/BSB_5)$ (267)

und $\quad \boldsymbol{F = 1{,}072^{(T-15)}}$ (268)

Nach Vergleich von $t_{Svorh}$ und $t_{Ssoll}$ evtl. neue Iteration

mit $V_{BB2} = V_{BB1} \cdot t_{Ssoll}/t_{Svorh}$ (269a) und $B_{TS2} = B_d/(V_{BB2} \cdot TS_B)$ (269b)

bis $t_s$ genügend genau ermittelt ist. Dann werden Nitrifikation und Denitrifikation nach Gl. (246) bis (253) ermittelt, und es erfolgt die Kontrolle der Säurekapazität (256) bis (258).

Die Deni-Kapazität $NO_3N_D/BSB_5$ nach Gl. (247) muß für vorgeschaltete Denitrifikation erhöht werden um den Faktor

$$a = 2{,}95(100 \cdot V_D/V_{BB})^{-0{,}235} \quad (270)$$

Für $OV_c$ gelten die Ansätze

$$\boldsymbol{OV_c = OVC_R/B_R} \text{ in kg } O_2\text{/kg } BSB_5 \text{ und } OV_c \leqq 1{,}6 \quad (271)$$

$$\boldsymbol{OVC_R = 0{,}5 \cdot B_R + 0{,}24 \cdot X \cdot TS_B \cdot F} \text{ in kg } O_2/(m^3/d) \quad (272)$$

Bei der P-Fällung ist zu beachten, daß das Belebungsbecken mit Hilfe von $B_{TSges}$ zu vergrößern ist, indem nach erfolgter Iteration $B_{TSges}$ bei Berücksichtigung von $ÜS_P$ nach Gl. (244)/(245) ermittelt wird:

$$ÜS_{BSB5} = 1/(B_{TS} \cdot t_{Sges}) \quad (273) \quad \text{oder} \quad ÜS_{BSB5} = ÜS_R/B_R \quad (273\text{b})$$

$$\text{mit} \quad B_{TS} = B_d/(V_{BB} \cdot TS_B) \quad (274)$$

damit nach Gl. (245) $B_{TSges} = 1/((ÜS_{BSB5} + ÜS_P) \cdot t_{Sges})$ und $V_{BB} = B_d/(B_{TSges} \cdot TS_B)$

Meist wird dabei $TS_B$ von 3,3 auf bis 4,5 kg $TS/m^3$ erhöht.

**Beispiel** Geg.: 20000 EW, Abwasseranfall $Q_{sd} = 4000\ m^3/d$, Vorklärung mit $t_R < 1$ h → 50 g $BSB/(E \cdot d)$, $B_d = 20000 \cdot 0{,}05 = 1000$ kg $BSB_5/d$ → Konzentrationen: $BSB_5 = 250$ mg/l, $TS_0 = 200$ mg/l, $P_0 = 14$ mg/l, $TKN_0 = (NH_4N_0 = 35$ mg/l + org. N $= 20$ mg/l$) = 55$ mg/l. Säurekapazität: Zulauf $K_{S0} = 7{,}3$ mmol/l.

Forderungen: Ablauf $TKN_e = 2{,}5$ mg/l, org $N = 1$ mg/l → $NH_4N_e = 2{,}5 - 1 = 1{,}5$ mg/l; Nitrifikation + Denitrif. bei 12 °C → Bemessungstemp. 10 °C.

Vorgaben: Belebungsbecken mit $TS_B = 3{,}3$ kg/m³, vorgeschaltete Denitrif., $V_D/V_{BB} = 0{,}3$

Lösung: $TS_0/BSB_5 = 0{,}8$; $TKN_0/BSB_5 = 0{,}22$; $P_0/BSB_5 = 0{,}056$

Aus Tafel 98 für $T = 10$ °C empfohlen $t_s = 13$ d; Tafel 100 $ÜS_{BSB5} = 0{,}85$

Gl. (245): $B_{TS} = 1/(0{,}85 \cdot 13) = 0{,}091$ kg $BSB_5/(\text{kg TS} \cdot d)$

Gl.(239): $B_R = 3{,}3 \cdot 0{,}091 = 0{,}3$ kg $BSB_5/(m^3 \cdot d)$

Gl. (240): $V_{BB} = (4000\ m^3/d \cdot 0{,}25\ \text{kg } BSB_5/m^3)/0{,}3 = 3333\ m^3$

Denitrifikation: Gl. (246): $N(ÜS) = 0{,}05 \cdot 250 = 12{,}5$ mgN/l

Gl. (270) für vorgeschaltete Deni: $a = 2{,}95\,(100 \cdot 0{,}3)^{-0{,}235} = 1{,}326$

Tafel 103 $OV_c = 1{,}25 \to a \cdot OV_c = 1{,}658$

Gl. (247): $NO_3N_D/BSB_5 = 0{,}8 \cdot 0{,}75 \cdot 1{,}658 \cdot 0{,}3/2{,}9 = 0{,}103$ oder nach Tafel 101 für $T = 10$ °C: $NO_3N_D/BSB_5 = 0{,}10$ und damit $NO_3N_D = 0{,}10 \cdot 250 = 25$ mg/l

Gl. (250): $N_e = 55 - 25 - 12{,}5 = 17{,}5$ mg/l = Gesamt-Stickstoffablauf.

Gl. (251): $NO_3N_e = 17{,}5 - 2{,}5 = 15$ mg/l = Nitratstickstoffablauf.

Gl. (252): $\eta_{DN} = 25/(15 + 25) = 0{,}625 \mathrel{\hat{=}} 63\%$ Denitrifikation

Gl. (248): erforderliche Rezirkulationsmenge $RZ = 0{,}625/(1 - 0{,}625) = 1{,}67$ gewählt: Winter: 1 × intern und 1 × extern (Rücklaufschlamm) = 2; im Sommer 2 + 1 = 3 weil ggf. das Deni-Becken zu Lasten des Nitri-Beckens vergrößert werden kann.

Gl. (253): $\eta_N = (55 - 17{,}5)/55 = 0{,}68 \mathrel{\hat{=}} 68\%$ Stickstoffentfernung

Ermittlung der erforderlichen Sauerstoffzufuhr:

a) max C-Belastung, keine Denitrifikation (d.h. ungünstig)

Tafel 103 für $t_s = 13$ d und $T = 10° \to OV_c = 1{,}25$ kg/kg (oder mit Gl. (271))

Tafel 104: $f_c = 1{,}17$ und wegen normaler N-Zufuhr $f_N = 1{,}0$; $NO_3N_e = 55 - 12{,}5 - 2{,}5$

Gl. (259): $OV_N = (4{,}6 \cdot 40)/250 = 0{,}736$ kg $O_2$/kg $BSB_5$

Vorgeschaltete Deni: $c_x = 2$ mg $O_2$/l; $c_s = 10{,}9$ mg/l bei 10 °C

Gl. (261): $O_b = (1{,}25 \cdot 1{,}17 + 0{,}736 \cdot 1{,}0) \cdot 10{,}9/(10{,}9 - 2) = 2{,}2 \cdot 1{,}225 = 2{,}69$ kg $O_2$/kg $BSB_5$

b) max N-Belastung: $f_c = 1{,}0$ und n. Tafel 104: $f_N = 2{,}5$

$O_b = (1{,}25 \cdot 1{,}0 + 0{,}736 \cdot 2{,}5) \cdot 1{,}225 = 3{,}79$ kg/kg $> 2{,}69$ kg/kg

Gl. (260): erf tägl. $O_2$-Menge: $OV = 3{,}79 \cdot 1000 = 3790$ kg $O_2$/d; wenn Belüfterwerte für Reinwasser angegeben sind und es ist z.B. $\alpha = 0{,}8$ wird die erforderliche Leistung der Belüfter $3790/(0{,}8 \cdot 24) = 197$ kg $O_2$/h. Es muß jetzt noch $O_b$ für Nitri + Deni bei 10 °C und 20 °C ermittelt werden. (Fortsetzung s. nächste Seite)

**Beispiel** Forts.

Nachweis der Säurekapazität im Ablauf bzw. deren Abnahme beim Klärprozeß.

a) für $T=10$ °C und nur Nitrifikation.

Gl. (256): $K_{S0}-K_{Se}=0{,}07\,(35-1{,}5+(25+15)=5{,}15$ mmol/l

Gl. (258): $K_{Se}=7{,}3$ (Zulauf) $-5{,}15=2{,}15$ mmol/l (auch bei hoher Sauerstoffausnutzung moderner Lüfter und getrennter Umwälzung ~(18%) nach Tafel 102 mit PH ~ 6,8 noch vertretbar)

b) $T=10$ °C und Deni: $K_{S0}-K_{Se}=0{,}07\,(35-1{,}5+15)=3{,}4$ mmol/l
$K_{Se}=7{,}3-3{,}4=3{,}9$ mmol/l.

Bei P-Elimination durch Simultanfällung kann wegen des kleiner werdenden *ISV* im Belebungsbecken $TS_B=4{,}5$ kg/m³ erreicht werden.

Gl. (244a): $ÜS_P=6{,}8\cdot 14/250=0{,}38$ Fällschlammanteil.

Wegen der Fällung mit $FeSO_4$ wird $t_s$ um 10% erhöht.

Gl. (245): $B_{TS}=1/[(0{,}85+0{,}38)\cdot 13\cdot 1{,}1]=0{,}057$ kg $BSB_5$/(kg $TS\cdot$ d)

Gl. (239) u. (240): $V_{BB}=1000/(4{,}5\cdot 0{,}057)=3899$ m³

Stickstoffentfernung und Sauerstoffzufuhr bleiben wie bisher. Bei der Säurekapazität wirken sich Fällmittel und P-Abbau aus.

a) $T=10$ °C nur Nitrifikation: Gl. (256) $K_{S0}-K_{Se}=0{,}07\,[35-1{,}5+(25+15)]$
$+0{,}04\cdot 2{,}7\cdot 14-0{,}03\,(14-2)=5{,}15-1{,}51-0{,}36=6{,}3$ mmol/l;

Gl. (258): $K_{Se}=7{,}3-6{,}3=1$ mmol/l (zu niedrig, evtl. Kalkzugabe)

b) $T=10$ °C und Deni: $K_{S0}-K_{Se}=$
$0{,}07\,(35-1{,}5+15)+1{,}51-0{,}36=4{,}55$ mmol/l

**Soll z.B. auch bei 9 °C nitrifiziert u. denitrifiziert werden, gilt mit $f=2{,}9$**

Gl. (242) u. (243): $t_{S\,Gessoll}=2{,}9\cdot 2{,}13\cdot 1{,}103^{(15-9)}/(1-0{,}3)=15{,}89$ d

Für den ersten Iterationsschritt kann nach Gl. (263) angesetzt werden für
$B_{TS_1}=0{,}102\,[1+0{,}01\,(9-10)-0{,}01]/[(0{,}144+0{,}055\cdot 15{,}89)$
$(0{,}53+0{,}95\cdot 200/250)]=0{,}076$ g/kg

Auch wenn gefällt werden soll, wird dies zuerst vernachlässigt, also $TS_B=3{,}3$ kg $TS$/m³

Gl. (239) u. (240): $V_{BB}=1000/(0{,}076\cdot 3{,}3)=3987$ m³

Gl. (264): $q_r=4000/3987=1{,}003$; Gl. (268): $F=1{,}072^{(9-15)}=0{,}659$

Gl. (267): $HG=0{,}555+4{,}167\,(0{,}076/0{,}659)\,(1+0{,}8)=1{,}42$

Gl. (266): $X=1{,}42-\sqrt{1{,}42^2-8{,}33\cdot 0{,}076/0{,}659}=0{,}392$

Gl. (265): $ÜS_R=0{,}6\cdot 1{,}003\,(200+250)\cdot 10^{-3}-0{,}072\cdot 0{,}392\cdot 3{,}3\cdot 0{,}659$
$=0{,}210$ kg $TS$/(m³ · d)

Gl. (262): $t_{svorh}=3{,}3/0{,}21=15{,}72$ d; Δ zu 15,89 → 1,1%.

Also weiterer Iterationsschritt mit Gl. (269a) u. (269b):

$V_{BB_2}=3987\cdot 15{,}89/15{,}72=4030$ m³; $B_{TS_2}=1000/(4030\cdot 3{,}3)=0{,}075$
→ bis $t_s=15{,}92$ d. Der Abstand zu 15,89 d ist mit 0,2% klein genug.
$B_R=3{,}3\cdot 0{,}075=0{,}248$ kg/m³

Gl. (272): $OVC_R=0{,}5\cdot 0{,}248+0{,}24\cdot 0{,}39\cdot 3{,}3\cdot 0{,}659=0{,}327$ kg $O_2$/(m³ · d)

Gl. (271): $OV_c=0{,}327/0{,}248=1{,}32$; Gl. (270): $a=1{,}326$ s.o.

Gl. (247): $NO_3N_D/BSB_5=0{,}8\cdot 0{,}75\cdot 1{,}32\cdot 0{,}3/2{,}9=0{,}082$

$a\cdot(NO_3N_D/BSB_5)\cdot BSB_5=1{,}326\cdot 0{,}082\cdot 250=27{,}2$ mg/l

Es folgen wie gehabt die Nachweise für $\eta_N$, $\eta_{DN}$, $K_{Se}$, $OV_N$ und $O_b$. Bei Simultanfällung vergrößert sich um den Fällschlammanteil das Volumen auch bei $TS_B=4{,}5$ kg/m³:

Gl. (273a): $ÜS_{BSB5}=1/(0{,}075\cdot 15{,}92)=0{,}838$;

Gl. (273b): $ÜS_{BSB5}=0{,}2073/0{,}248=0{,}836$

Gl. (244a): $ÜS_P=6{,}8\cdot 14/250=0{,}381$ (Wegen $FeSO_4$ + 10% $t_s$)

Gl. (245): $B_{TSges}=1/[(0{,}838+0{,}381)\,15{,}92\cdot 1{,}1]=0{,}047$ kg/kg.

Gl. (239)/(240): $V_{BB}=1000/(4{,}5\cdot 0{,}047)=4728$ m³.

Nach [30] beträgt die mittlere **$NH_4N$-Ablaufkonzentration** unter Vorgabe einiger mittlerer Konstanten und mit vorh $t_{sgesaerob}$ = vorh $t_{sges}\,(1-V_D/V_{BB})$
$NH_4N_{em}=1{,}0\,[1/\text{vorh}\,t_{sgesaerob}+0{,}05\cdot 1{,}09^{(T-15)}]/[0{,}52\cdot 1{,}103^{(T-15)}$
$-1/\text{vorh}\,t_{sgesaerob}-0{,}05\cdot 1{,}09^{(T-15)}]$

### 6.4.4 Belüftungssysteme

#### 6.4.4.1 Druckluftbelüftung

In der Regel wird eine feinblasige Belüftung mit Rohr oder Scheibenbelüftern bevorzugt, neuerdings häufiger als Gummimembranlüfter (Envicon, Bioflex, Elastox), die verstopfungssicher und abschaltbar sind. Für kleine Kompaktanlagen und Sandfänge wird die grobblasige Belüftung mit $\geqq 5$ mm Lochdurchmesser eingesetzt.

**Tafel 105 Richtwerte für die Sauerstoffzufuhr bei Druckbelüftung** [19]

| Art der Belüftung | | günstige Verhältnisse | | mittlere Verhältnisse | |
|---|---|---|---|---|---|
| | | $O_2$-Zufuhr $\frac{g\ O_2}{Nm^3 \cdot m}$ | $O_2$-Ertrag $\frac{kg\ O_2}{kWh}$ | $O_2$-Zufuhr $\frac{g\ O_2}{Nm^3 \cdot m}$ | $O_2$-Ertrag $\frac{kg\ O_2}{kWh}$ |
| feinblasig | Reinwasser | 12 | 2,2 | 10 | 1,7 |
| | Betriebsbedingungen | 10 | 1,8 | 8 [1] | 1,3 [1] |
| mittelblasig, hochliegend | Reinwasser | 9 | 1,8 | 8 | 1,5 |
| | Betriebsbedingungen | 7,5 | 1,5 | 6,5 | 1,2 |
| grobblasig | Reinwasser | 6 | 1,2 | 5 | 0,9 |
| | Betriebsbedingungen | 4,5 | 0,9 | 4,0 | 0,7 |

[1]) bei getrennter Umwälzung, feinblasig, ca. 12 g $O_2/Nm^3/m$ mit 1,95 kg $O_2/kWh$, s. Bild 106

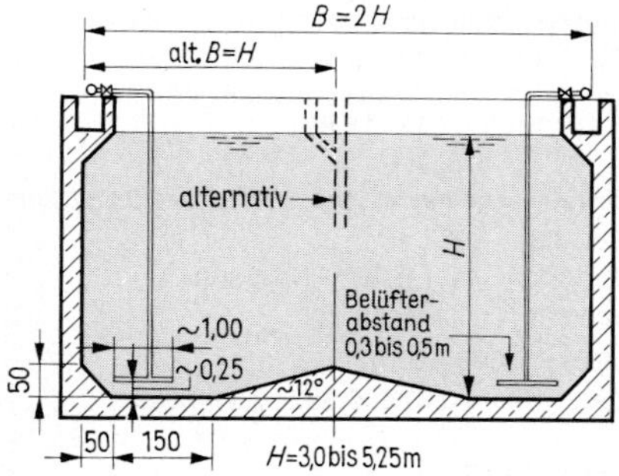


**Bild 106 Druckluftbecken mit gemeinsamer Umwälzung**

**Erf. Luftmenge: *OV*/($O_2$ · H')** $Nm^3/h$; $O_2$ nach Tafel 105, *OV* nach Gl. (260) und $H' = H - 0{,}25$ m s. Bild 106. Die Spitzenleistung der Gebläse etwa 50% höher als nach o.a. Luftbedarf zur besseren Anpassung an den Bedarf. Luftdurchsatz der Rohrbelüfter 5 bis 12 $Nm^3/(h \cdot lfm)$, Leistungsdichte $>10$ $W/m^3$. Membranscheibenbelüfter mit 4 bis 12 $Nm^3/h$/Stück (min 2, max 18). Häufig wird die Umwälzung von der Belüftung getrennt. Umlaufende Brücken mit Stauschilden (Passavant, 1 $W/m^3$) oder mit Belüftern (Schreiber 1,2 $W/m^3$) sowie separate Propeller.

Erf. Wassergeschwindigkeit im Becken nach Bild 108, rechts, 0,3 m/s, ca. 4 $W/m^3$, ohne und 0,2 m/s, ca. 2 $W/m^3$, mit Vorklärung.

#### 6.4.4.2 Oberflächenbelüfter

**Mammutrotoren** werden in Umlaufbecken in Form von Längs- oder Rundbecken eingesetzt. Gräben mit Trapezquerschnitt: Böschung 1:1, bis 1:1,5, Wassertiefe $h$ = 0,8 bis 1,5 m, Rotorlängen $L$ auf Stahlbrücken 1,0 bis 3,0 m, auch auf Betonbrücken und in Sonderfällen bis 4,5 m und 6,0 m. Rechteckquerschnitte: Grabenbreite = Rotorlänge $L$ + (0,75 bis 1,0 m). Wassertiefe $h$ und Abmessungen $R$ und $L_1$ für Rotor-⌀ 1000 wie folgt (s.a. Bild 108).

| | | | | | | | | | | | |
|---|---|---|---|---|---|---|---|---|---|---|---|
| $L$ = 3,0 | 4,5 [1]) | 6,0 [1]) | 7,5 | 9,0 m | | $h \leq$ 2,6 | 2,9 [1]) | 3,2 [1]) | 3,4 | 3,6 m |
| $R$ = 2,25 | 3,0 | 3,75 | 4,5 | 5,25 m | | $B$ = 3,80 | 5,30 | 6,8 | 8,3 | 9,8 m |
| $L_1$ = 6,8 | 8,3 | 9,8 | 11,3 | 12,8 m | | $e$ = 0,35 | 0,50 | 0,65 | 0,80 | 0,95 m |

Oberfläche des Beckens: $A_{BB} = 2BL_m + C$; Länge des Mittelstückes: $L_m = (A - C)/2B$ $C = L_1(4B + 0{,}4) - 0{,}86\,R^2 - 1{,}26\,R - 1{,}33$

[1]) auch bei ⌀ 700

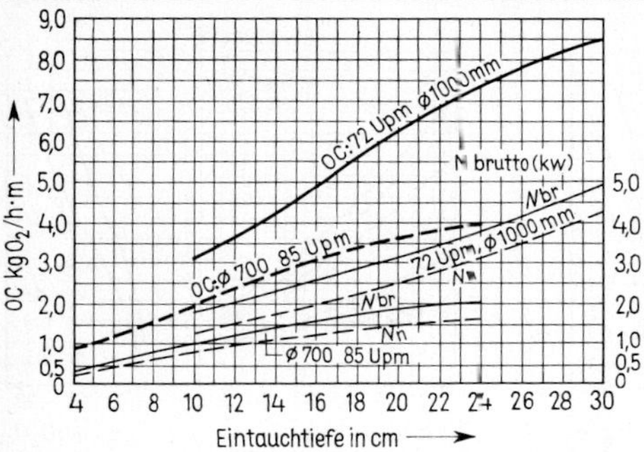


**Bild 107** **Sauerstoff-Eintragungsvermögen und Kraftbedarf für Mammutrotoren** nach Passavant

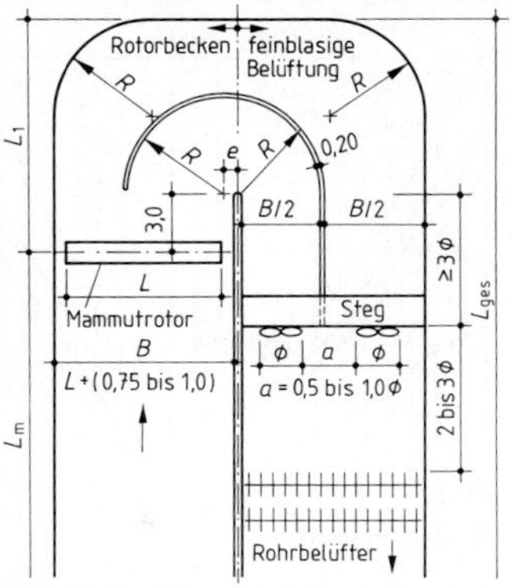


**Bild 108** **Längsbecken-abmessungen**

Die Rotoren laufen mit polumschaltbaren Motoren und den Drehzahlen 72/48 Upm bei ⌀ 1000 und 85/57 Upm bei ⌀ 700. Bei der niedrigen Drehzahl betragen der $O_2$-Eintrag 31% und die Leistungsaufnahme 34% der Werte nach Bild 107 bei gleicher Umwälzleistung wie bei hoher Drehzahl. (Einsatz als Schubrotor zur Energieeinsparung und zur simultanen Denitrifikation.)

**Sauerstoffertrag, $\alpha OC_N$.** Mit Leitschild 2 kg $O_2$/kWh und ohne 1,7 kg $O_2$/kWh. Bei kleiner Drehzahl muß ohne Leitschild gefahren werden. Es sollte eine Leistungsreserve für unbeabsichtigte Vergrößerung der Eintauchtiefe vorgesehen werden.

**Tafel 106 Mindestenergieeintrag**

| Leistungsdichte $W_R$ | | 85/72 Upm | 57/48 Upm |
|---|---|---|---|
| Längs-becken | mit VKB | 12 bis 18 W/m³ | 4 W/m³ |
| | ohne VKB | 14 bis 20 W/m³ | 5 W/m³ |
| Kreisring-becken | mit VKB | 10 bis 15 W/m³ | 4 W/m³ |
| | ohne VKB | 12 bis 18 W/m³ | 5 W/m³ |

Regelmotorgrößen in kW: 1500 Upm: 7,5, 11, 15, 18,5, 22, 30, 37, 45, 55
1000/1500 Upm: 9,5/14, 11/16,5, 13,5/20, 16/24, 21/31, 25/37, 30/45

**Kreiselbelüfter** sind in großer Typenauswahl am Markt. Hier wird der bewährte Koppers Kreisel (Vertrieb Fa. Winter) gewählt, der bei größeren Beckentiefen mit Steigrohr ausgeführt wird. Einem Kreisel wird ein quadratischer Beckengrundriß zugeordnet. Bei mehreren Kreiseln in einer Reihe laufen Wände und Sohle glatt durch. Die Leistungsvariation beträgt durch Freibordänderung etwa 3:1 und mit Drehzahlvariation bis zu 10:1. Beckenproportionen sind Bild 110 zu entnehmen. Es ist die zur Umwälzung erforderl. Leistungsdichte ≥10 bis 20 W/m³ zu beachten.

**Beispiel** 20000 EW; $B_{TS} = 0{,}15$; $TS_B = 3{,}3$; n. Vorklärung: 45 g $BSB_5$/(E·d); $B_R = 0{,}15 \cdot 3{,}3 = 0{,}5$; $OB = 2{,}5$; erf $V_{BB} = 20000 \cdot 0{,}045/0{,}5 = 1800$ m³; $OV = 20000 \cdot 0{,}045 \cdot 2{,}5/24 = 94$ kg $O_2$/h.

**Druckluftbelüftung.** Becken: $H = 5{,}25$ m, $B = 10{,}50$ m, $A = 5{,}25 \cdot 10{,}5 - 0{,}5^2 \cdot 2 - 3{,}25^2 \cdot \tan 12° = 52{,}38$ m²; erf Länge $= 1800/52{,}38 = 34{,}4$ gew. 35 lfm. erf Luftmenge: $94/(0{,}008 \cdot (5{,}25 - 0{,}25)) = 2350$ Nm³/h (feinblasig); Energie: $94/1{,}3 = 72{,}3$ kWh/h, $W_R = 72300/52{,}38 \cdot 35{,}0 = 39$ W/m³ > 10 W/m³ Vol.; Belüfterleistung 12 Nm³/(m·h): $2350/12 = 196$ lfm bzw. Stck., 2 Reihen mit 0,35 m Abstand je Kerze.

**Mammutrotoren.** $h = 3{,}0$ m, Rotoren $L = 7{,}50$ m, ⌀ 1000, erf $A_{BB} = 1800/3 = 600$ m², Länge d. Zwischenstücks $L_m = (600 - 4 \cdot 11{,}3 \cdot 8{,}3 - 0{,}86 \cdot 4{,}5^2 - 1{,}26 \cdot 4{,}5 - 1{,}33)/(2 \cdot 8{,}3 - 0{,}2) = 12{,}65$ m gew. 13,0 m damit $A_{BB} = 605{,}7$ m²; $V_{BB} = 1817$ m³. 2 Rotoren: 94 kg $O_2/(2 \cdot 7{,}5) = 6{,}3$ kg $O_2$/(h·m), Bild 107 → 18,8 cm Eintauchtiefe; $N_{br} = 2{,}95 \cdot 7{,}5 = 22$ kW/Rotor, gewählt 37,5 kW-Motor. Leistungsdichte $W_R = 2 \cdot 22000/1817 = 24$ W/m³ > 12 bis 18.

**Kreiselbelüfter.** gew.: 2 Koppers-E-Kreisel Typ 10; nach Bild 110 für 2·900 m³: $h = 4{,}0$ m, $b = 15$ m, u. Bild 109 (d) für 47 kg $O_2$/h → 23 kW brutto Leistung und etwa 28,5 Upm bei Freibord $F = 0$. Gewählte Motorgröße 30 kW.

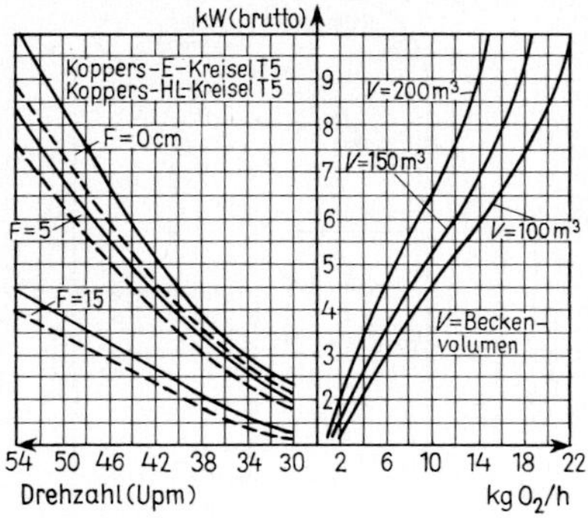


**a) Koppers-E-Kreisel T5**
**Koppers-HL-Kreisel T5**

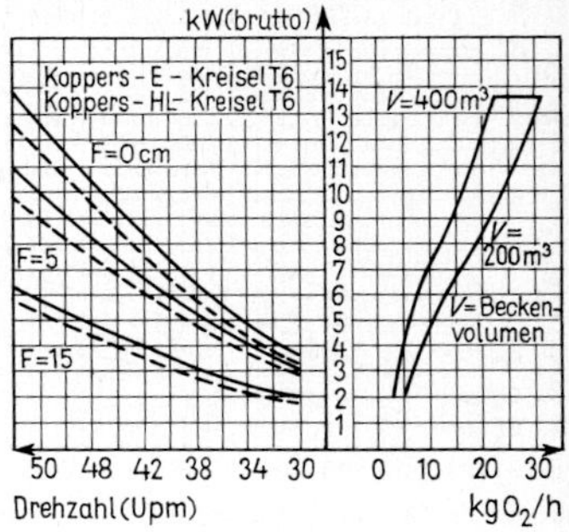


—— E-Kreisel – – – HL-Kreisel.
F = Freibord

**b) Koppers-E-Kreisel T6**
**Koppers-HL-Kreisel T6**

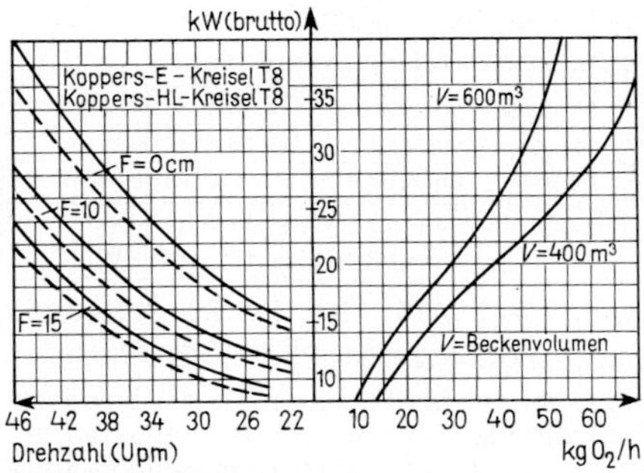


**c) Koppers-E-Kreisel T8**
**Koppers-HL-Kreisel T8**

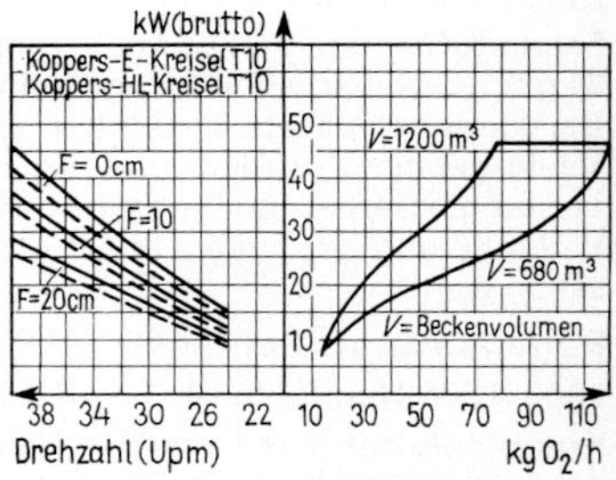


—— E-Kreisel – – – HL-Kreisel F = Freibord

**d) Koppers-E-Kreisel T10**
**Koppers-HL-Kreisel T10**

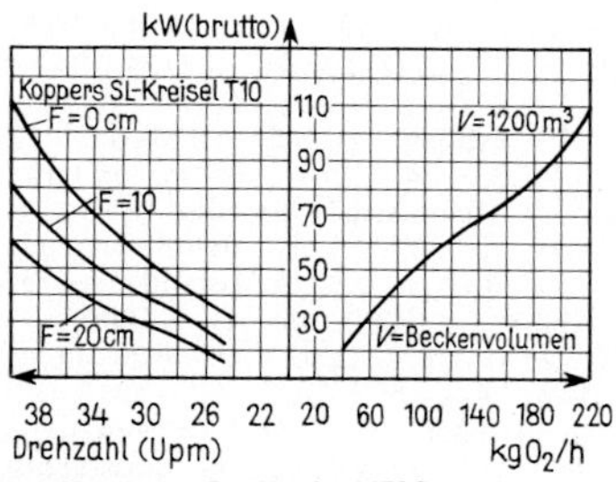


**e) Koppers-SL-Kreisel T10**

**Bild 109** **Sauerstoffeintrag und Leistungsbedarf von Kreiselbelüftern**

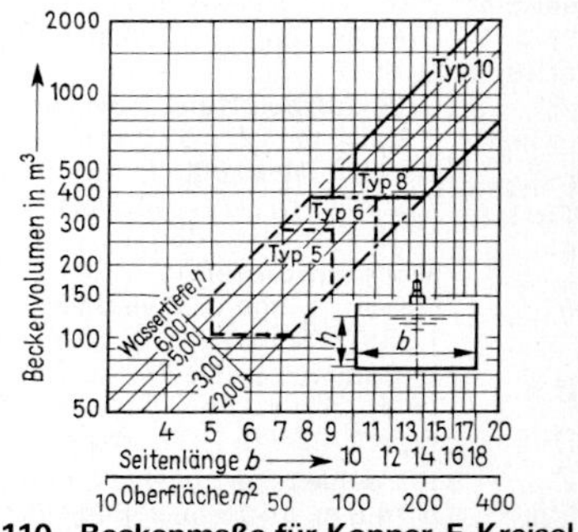


**Bild 110** **Beckenmaße für Kopper-E-Kreisel**

## 6.5 Schlammbehandlung und -entsorgung

### 6.5.1 Schlammengen

**Tafel 107 Liste der Schlammengen** nach Imhoff

| Schlammart und Herkunft | Feststoffgehalt in g/(E·d) | Feststoffgehalt in % | Menge in l/(E·d) | org. *TS* in % |
|---|---|---|---|---|
| A. Absetzanlage mit Faulraum: | | | | |
| 1. r. unter Wasser abgepumpter Schl. aus Trichterbecken | 45 | 2,5 | 1,80 | 60 bis 70 |
| 2. wie vor, eingedickt | 45 | 5,0 | 0,90 | 60 bis 70 |
| 3. ausgefaulter Schlamm, eingedickt | 30 | 10,0 | 0,30 | 42 bis 45 |
| 4. ausgefaulter Schlamm, entwässert | 30 | 30,0 | 0,10 | 42 bis 45 |
| B. Tropfkörper mit Faulraum: | | | | |
| 5. Schlamm der Nachbecken | 25 | 4,0 | 0,63 | 50 bis 70 |
| 6. roher, gemischter Schlamm aus VKB u. NKB, E. | 70 | 4,7 | 1,50 | 55 bis 70 |
| 7. ausgefaulter, gemischter Schlamm, naß | 45 | 3,0 | 1,50 | 42 bis 47 |
| 8. ausgefaulter Schlamm, entwässert | 45 | 28,0 | 0,16 | 42 bis 47 |
| C. Belebungsanlage mit Faulraum oder aerober Schlammstabilisation: | | | | |
| 9. roher, gepumpter Überschußschlamm | 35 | 0,7 | 5,00 | 50 bis 80 |
| 10. r., g. Sch. aus VKB u. Überschußschlamm, E. | 80 | 4,0 | 2,00 | 55 bis 75 |
| 11. ausgefaulter, gemischter Schlamm, naß | 50 | 2,5 | 2,00 | 43 bis 47 |
| 12. ausgefaulter, gemischter Schlamm, entwässert | 50 | 22,0 | 0,23 | 43 bis 47 |
| 13. aerob stabilisierter g. Schl., eingedickt | 50 | 2,5 | 2,00 | 45 bis 50 |
| 14. wie vor, entwässert | 50 | 20,0 | 0,25 | 45 bis 50 |
| D. Chemische Fällung und Flockung: | | | | |
| 15. **Vorfällung,** roher Schl. der VKB, eingedickt | 65 | 4,0 | 1,60 | |
| 16. Schlamm der Vorfällung, ausgefault und eingedickt | 45 | 5,0 | 0,90 | |
| 17. **Simultanfällung** (beim Belebungsverfahren), r. Schl. aus VKB u. NKB E. | 90 | 4,0 | 2,25 | |
| 18. g. Schl. der Simultanfällung, ausgefault u. E. | 60 | 3,0 | 2,00 | |
| 19. **Nachfällung,** roher Schlamm der Tertiärstufe, E. | 15 | 1,5 | 1,00 | |
| Nach Böhnke gilt für das AB-Verfahren | | | | |
| 20. r. g. ÜS – der A-Stufe incl. Primärschl. | 85 | | | 65 |
| 21. r. g. ÜS – der B-Stufe bei $B_{TS}$ A/B = 4,0/0,28 | 18 | | | 75 |
| 22. r. g. ÜS – der B-Stufe bei $B_{TS}$ A/B = 4,0/0,15 | 12 | | | 70 |

r = roh, g = gemischt, E = eingedickt, VKB = Vorklärbecken, NKB = Nachklärbecken

Die Werte der Tafel 107 schwanken bei der Mitbehandlung von Regenwasser, insbesondere aus Mischsystemen um ±25%. (+25% bei der Bemessung von Vor- und Nacheindicker und für Faulturm und Schlammentwässerung. −25% bei der Energieausbeute.)

Bei der Umrechnung werden die Schlammengen $\boldsymbol{V}$ in l (oder m³) und Feststoffgehalte $\boldsymbol{TS}$ in kg (oder l) bzw. in Prozentsätzen als Dezimale eingesetzt. Mit der Dichte von 1,0 t/m³ wird entweder $\boldsymbol{V_1 \cdot TS_1 = V_2 \cdot TS_2}$ oder $\boldsymbol{V}$ in l $= \boldsymbol{TS}$ kg/$\boldsymbol{TS}$% bzw. jede mögliche andere Variation, z.B. $V_1 = 600$ l; $TS_1 = 4\%$; $TS_2 = 6\%$; $\boldsymbol{V_2} = 600 \cdot 0{,}04/0{,}06 = 400$ l; oder mit $TS_1 = 24$ kg: $V_1 = 24/0{,}04 = 600$ l.

**Beachte!** Bei der Eindickung bleiben die Feststoffgehalte konstant. Die %TS-Werte der Tafel 107 werden nur in günstigen Fällen überschritten. Bei der Faulung wird der organische Feststoffanteil ***oTS***, der ohne Fällschlamm etwa $^2/_3$ des gesamten *TS* beträgt, auf die Hälfte reduziert, d.h. gesamt *TS* in kg nach Faulung nur $^2/_3$ der ursprünglichen *TS* bei fast gleichem Volumen. Aus dem Faulraum wird in der Regel kein Trübwasser abgezogen.

### 6.5.2 Eindicker

DIN 19552 T3 (8.78) Kläranlagen, Rundbecken als Eindicker mit Zentralantrieb

Zur Voreindickung werden (2 oder) 3 gleichgroße Standeindicker mit einem Volumen gleich der täglichen Frischschlammenge bzw. bei 5-Tagesbetrieb $^7/_5$ der täglichen Menge vorgesehen. Der zylindrische Teil soll ≥2,5 bis 3,0 m hoch sein.

Durchlaufeindicker werden nach der (Ober)flächenbelastung ***BA*** in kg $TS/(m^2 \cdot d)$ mit Feststoffen und der Aufenthaltszeit $\boldsymbol{t_R}$ in der Übergangszone $H_2$ und der Eindickzone $H_3$ mit $\boldsymbol{1\,d \leq t_R \leq 3\,d}$ bei 75% des Endfeststoffgehaltes bemessen. Nach [19] sind $H_2 + H_3$ bei häuslichem Mischschlamm zu 1,5 bis 2,5 m und bei Belebtschlamm $\leq 2{,}0$ m zu wählen. Es werden zusätzlich eine untere Räumzone $H_4 = 0{,}3$ m und eine obere Sedimentationszone $H_1 = 1{,}0$ m vorgesehen. Nach [18] soll $\boldsymbol{q_A \leqq 0{,}75}$ $m^3/(m^2 \cdot h)$ bleiben. Randhöhe i.A. 2,5 bis 4,0 m.

**Tafel 108 Flächenbelastung $B_A$** in $kg/(m^2 \cdot d)$ **für Durchlaufeindicker** nach Seyfried [24]

| Entwässerbarkeit und Art der Schlämme | $kg/(m^2 \cdot d)$ |
|---|---|
| Gut: Schlamm mit hohem Anteil an mineral. Stoffen (Schleif- u. Gießereisande) | 100 |
| Mittelmäßig: norm. Vorklär- u. Faulschlamm ohne gelartige industrielle Zusätze | 50 bis 80 |
| Schlecht: Nachklärschlamm, Hydroxidschlamm aus Galvaniken ohne Beizereien | 20 bis 50 |

Seyfried [24] empfiehlt, den Überschußschlamm von Belebungsanlagen mit $B_{TS} = 0{,}1$ bis 0,2 getrennt in einer Entspannungsfloationsanlage aufzukonzentrieren. Er wird häufig separat mit Hilfe von Maschinen entwässert. Verwendet werden Zentrifugen mit relativ hoher Leistungsaufnahme mit vorgeschalteten, automatisch reinigenden Feinsieb- oder Zerkleinerungseinrichtungen (Mono-Muncher) mit geringem oder ohne Flockungsmitteleinsatz (Polyelektrolyt bis 1,5 g/kg *TS*). Siebtrommeln haben nur eine geringe Leistungsaufnahme, der Flockungsmittelverbrauch beträgt etwa 2 bis 4 g/kg *TS*. In allen Fällen sind Versuche zur Flockungsmitteloptimierung erforderlich. Es werden *TS*-Gehalte von 5 bis 8% erreicht.

Nacheindicker, meist Standeindicker, dienen besonders bei nachfolgender mechanischer Schlammentwässerung auch als Stapelbehälter (z.B. bei Betriebsunterbrechungen). Sie werden wie Voreindicker mit reichlich Reserve bemessen. Bei Geruchsentwicklung wird abgedeckt. Die abgezogene Luft wird durch etwa 1,0 m dicke **Kompostfilterschichten** (auf verteilenden Kiesschichten mit Drännetz) gedrückt. **Luftdurchsatz** etwa **30 bis 50** $Nm^3$ Luft/$(m^3 \cdot h)$. (Filter feucht halten, alle 3 bis 10 Jahre erneuern.)

**Beispiel** 20000 E + EGW; Belebungsanlagen mit Regenwasserbehandlung: Tafel 107 0,08 kg *TS/E/d*; Mischschlamm mit 2% *TS*, gew. $B_A = 40$ $kg/(m^2\,d)$. Feststoffgehalt nach Eindickung 4%. Feststoffe: $TS = 1{,}25 \cdot 20000 \cdot 0{,}08 = 2000$ kg; $V_1 = 2000/0{,}02 = 100000$ l $\triangleq 100$ $m^3/d$; a) Durchlaufeindicker, erf. Oberfl. $O_E = 2000/40 = 50$ $m^2$ gew.: $\varnothing$ 8,0 m (50 $m^2$); während 8 Std. abgepumpt $100/8 = 12{,}50$ $m^3/h$; $q_A = 12{,}50/50 = 0{,}25$ m/h $< 0{,}75$; nach Eindickung: $V_2 = 100 \cdot 0{,}02/0{,}04 = 50$ $m^3/d$; Trübwasseranfall: $100 - 50 = 50$ $m^3/d \triangleq 50/8 = 6{,}25$ $m^3/h$; Eindickzone: *TS* etwa 75% des End-*TS*: $TS = 0{,}75 \cdot 0{,}04 = 0{,}03 \triangleq 3\%$; zul. $t_R = 1{,}5$ d, Schlammvol. $= 100 \cdot 0{,}02/0{,}03 = 66{,}7$ $m^3/d$; $H_2 + H_3 = 66{,}7 \cdot 1{,}5/50 = 2{,}00$ m; Höhe: $H_1 + H_2 + H_3 + H_4 = 1{,}0 + 2{,}00 + 0{,}30 = 3{,}30$ m; Vol. $= 3{,}30 \cdot 50 = 165$ $m^3$ (zzgl. 0,5 m Freibord). b) Standeindicker, jeder einzelne Voreindicker müßte 100 $m^3$ groß sein ($\not{o}$4,7 · 4,7 · 3,5 m zyl. Höhe, zzgl. Freibord. Trichter 1,5 : 1 geneigt, Spitze 0,5 · 0,5).

## 6.5.3 Faulräume

Für die überschlägliche sichere Bemessung beheizter bzw. unbeheizter Faulräume gilt Tafel 109. Nach Baumgart [24] sollen 40 l/E vorgehalten werden oder die Faulzeiten $\boldsymbol{t_{FB} = 30\,d}$ und die Belastung mit organischer *TS*: $\boldsymbol{B_R \leq 3{,}0}$ **kg/(m³ · d)** sein. (Bei kleineren Anlagen geht man mit $B_R$ auf 1,5 bis 2 kg o*TS*/$(m^3 \cdot d)$ zurück, bei großen mit $t_{FB}$ auf $\geq 20$ d.) Die Feststoffgehalte im Faulraum sollen $\geq 2\%$ und $\leq 6\%$ (8%) liegen. Der Faulrauminhalt soll etwa 3 bis 5mal am Tag umgewälzt werden. (Nur Heizschlammumwälzung $0{,}8 - 1{,}0$ $V_{FT}$/d.) Die günstigste Temperatur liegt bei 33 bis 35 °C. Der Frischschlamm soll mit der 3- bis 5fachen Faulschlammenge aus dem Behälter geimpft werden. Der **Gasanfall** $\boldsymbol{G_{max}}$ ermittelt sich theoretisch zu **480 l Gas/kg *oTS***. Tatsächlich nutzbar sind bei Tropfkörperanlagen 18 l/(E · d) und bei Belebungsanlagen 16 l/(E · d) [24]. Der Energiegehalt beträgt 5,8 $kWh/m^3$ Gas. Es soll ein Gasbehältervolumen $\geqq$ tägliche Frischschlammzufuhr zum Faulbehälter vorgehalten werden, oder ca. ½ tägl. Gasanfall.

Die Faulraumbeheizung erfordert ca. $\boldsymbol{q=0{,}4}$ kWh/(m³·d) [18]. Eine bessere Anpassung an unterschiedliche Volumen gibt $q=1{,}97-0{,}19\cdot\ln V$ in kWh/(m³·d).

Für die Aufheizung des Frischschlammes werden **1,163 kWh/(m³·°C)** benötigt, d.h. bei Erwärmung von 10 auf 35° C etwa 29 kWh/m³. Für die außenliegenden Wärmetauscher wird eine Wärmeübertragung von 1,1 bis 1,4 kWh/(m²·°C·h) angesetzt. Mit 70° Vorlauf-, 50° Rücklauf- und 35° Schlammtemperatur ist $\Delta t=0{,}5\,(70+50)-35=25°$, d.h. es werden etwa 28 bis 35 kWh/(m²·h) übertragen. Schlammrohre haben $\varnothing \geq$ DN 125 mit $v=1$ bis 1,5 m/s.

**Tafel 109 Faulraumgrößen** in l/EW

| Klärverfahren | Faulraum unbeheizt | Emscher-becker | Faulraum 30 bis 33° C |
|---|---|---|---|
| Absetzanlage | 150 | 50 | 20 |
| Belebungsanlage | 260 | 120 | 40 |
| Tropfkörperanlage | 220 | 100 | 30 |

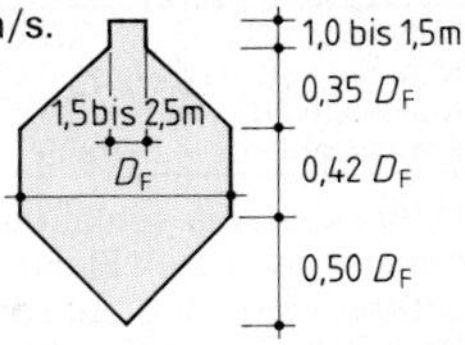


**Bild 111 Faulraummaße**

**Beispiel** Werte von Abschn. 6.5.2: $oTS=\frac{2}{3}\cdot 2000=1330$ kg. $B_R=1{,}5$ kg/m³·d: erf. $V=1330/1{,}5=887$ m³, d.h. $887/(1{,}25\cdot 20000)=0{,}035$ m³/E < 40 l/E gewählt: $V_F=1{,}25\cdot 20000\cdot 0{,}04=1000$ m³; $D_F\approx 1{,}2\sqrt[3]{V_F}=1{,}2\cdot\sqrt[3]{1000}=12{,}0$ gew. $\varnothing$ 12,0 m. Faulzeit bei 4% Feststoffgehalt: $t_{FB}=1000/50$ m³/d $=20$ d. Es empfiehlt sich, den Frischschlamm stärker einzudicken. Wärmebedarf: $q=1{,}97-0{,}19\cdot\ln 1000=0{,}66$ kWh/m³·d: $1000\cdot 0{,}66+50\cdot 29=2110$ kWh/d, d.h. 88 kW installierte Leistung. Die Wärmeaustauscherfläche muß etwa $88/30=2{,}93$ m² $=7{,}5$ lfm DN125 betragen. Das Energiedargebot aus Faulgas beträgt normal ohne Regenwasserbehandlung, $2000\cdot 0{,}016\cdot 5{,}8=1856$ kWh/d $>660+1450/1{,}25=1820$; Gasbehälter: $V=160$ m³.

## 6.5.4 Schlammentwässerungsmaschinen

Normale „Bandfilterpressen" oder „Zentrifugen" erreichen bei $B_{TS}$ 0,05 etwa 20 bis 25% *TS* und bei $B_{TS}$ 0,15 bis zu 30% *TS*. Hierbei werden Polyelektrolyte als Flockungsmittel (FM) zugegeben (2,5 bis 3,5 g/kg*TS*). Durch Hochleistungszentrifugen mit hohem Energiebedarf und speziellen Bandfilterpressen können neuerdings *TS*-Gehalte um bis zu 10% (z.B. von 25 auf 35%) gesteigert werden. Voraussetzung für einen kontinuierlichen Betrieb ist eine gleichmäßige Schlammkonsistenz (automatische Trübwasserabsaugung und Rührwerke im Eindicker). Bemessen wird für 7/5 des Tagesschlammanfalls und einen 6-Stunden-Betrieb, unter Beachtung des *TS*-Durchsatzes in kg/h. Bei Zentrifugen wird oft eine Verfügbarkeit von nur 60 bis 80% angesetzt. Die Redundanz wird häufig durch eine zweite Maschine oder durch Verträge mit Verleihern mobiler Geräte gewährleistet.

Kammerfilterpressen erreichen in der Regel bei Einsatz von Polymeren (3,5 bis 4,5 g/kg*TS*) und – zur Verbesserung der Kuchenstruktur – von EisenIII-Chlorid ($FeCl_3$ 0,12 bis 0,18 kg/kg*TS*) *TS*-Gehalte von 35% und mehr (ab da ist selbstgängige Verbrennung möglich). Bei Zugabe von zusätzlich 0,3 kg CaO/kg*TS* sind 45 bis 50% *TS* erreichbar. Verwendet werden Platten aus Sphäroguß (GGG50) und, besonders bei Einsatz ohne CaO, Polypropylen(PP)-Platten, die bei einer Kammertiefe von 30 mm folgende Kammerinhalte aufweisen: Plattenformat 1200 × 1200 mm ca. 30 bis 34 l, 1500 × 1500 ca. 48 bis 55 l, 1500 × 2000 ca. 70 bis 80 l.

Genauere Werte bei Herstellern (z.B. Passavant, Aarbergen). Im Betrieb sind 3 bis 4 Füllgänge/d erreichbar.

Verarbeitet werden arbeitstäglich 7/5 der Tages-*TS*-Menge unter Berücksichtigung von $\gamma_{TS}=1{,}05-1{,}2$ kg/l bei dem gewünschten End-*TS*-Gehalt. Die Redundanz liegt in der doppelten Ausstattung der Füll- und der Hochdruckpumpen.

**Beispiel** Werte aus Abschn. 6.5.3 und 6.5.4. *TS* nach Faulung: $\frac{2}{3}\cdot 2000=1330$ kg/d, *TS* nach Eindickung 4,5%. 5 Tagewoche: $V_s=7\cdot 1{,}33\,\text{t}/(0{,}045\cdot 5)=41{,}4$ m³/d, 6 Std Betrieb: 6,9 m³/h rd. 7 m³/h Leistung der Bandfilterpresse. FM: 45 kg*TS*/m³·3 g $=135$ g/m³ Schlamm. Kammerfilterpresse: 3 Chargen/d, Zugabe $FeCl_3$: 0,15 kg/kg*TS*; FM: 4 g/kg*TS*; $\gamma_s=1{,}05$, End $TS=35\%$, Kuchenvolumen: $1330\cdot 7(1+0{,}15+0{,}004)/(5\cdot 0{,}35\cdot 1{,}05\cdot 3)=1949$ l/Charge; PP-Platten 1500 × 1500, 52 l/Kammer $\rightarrow 1+1949/52=39$ Platten gew. 43 Platten. Gestell für 50 Stck.

## 6.5.5 Landwirtschaftliche Verwertung

Klärschlämme enthalten neben organisch gebundenem Kohlenstoff insbesondere Pflanzennährstoffe wie Stickstoff, Phosphor, aber auch Calcium, Magnesium und Kalium (s. Tafel 110).

**Tafel 110 Nährstoffgehalte in Klärschlämmen (in % der TS)** [40]

| | N | $P_2O_5$ | CaO | MgO | $K_2O$ |
|---|---|---|---|---|---|
| Mittelwerte | 3,84 | 3,64 | 0,42 | 0,97 | 7,37 |
| Minimalwert | 0,01 | 0,02 | 0,01 | 0,01 | 0,01 |
| Maximalwert | 24,6 | 34,4 | 9,5 | 12,2 | 72,7 |
| Probenzahl | 6289 | 6014 | 5863 | 5859 | 6141 |

Daher kann Klärschlamm als Düngemittelersatzstoff auf landwirtschaftlich oder gärtnerisch genutzten Flächen eingesetzt werden. Dabei ist das Düngemittelrecht zu beachten [39]. Begrenzend für den Einsatz sind die anorganischen und organischen Schadstoffe im Klärschlamm. Nach Klärschlammverordnung [37] dürfen die in Tafel 111 angegebenen Werte im Boden bzw. Klärschlamm nicht überschritten werden.

**Tafel 111 Grenzwerte der Klärschlammverordnung** [37]

| Schadstoff | Klärschlamm in mg/kg TS | Boden in mg/kg TS | Die Werte in ( ) gelten für pH 5 bis 6 oder leichte Böden/Tongehalt < 5% |
|---|---|---|---|
| Blei | 900 | 100 | Für pH < 5 ist jegliches Aufbringen von Klärschlamm untersagt |
| Cadmium | 10 (5,0) | 1,5 (1,0) | |
| Chrom | 900 | 100 | |
| Kupfer | 800 | 60 | [1]) jeweils (bezogen auf die Einzelverb. 28, 52, 101, 138, 153, 180) |
| Nickel | 200 | 50 | [2]) TCDD-Toxizitätsäquivalente |
| Quecksilber | 8 | 1 | |
| Zink | 2500 (2000) | 200 (150) | |
| PCB[1]) | 0,2 | – | |
| PCDD/PCDF[2]) (ng/kg) | 100 | – | Die maximale Aufbringungsmenge ist auf 5 Tonnen TS je Hektar in 3 Jahren begrenzt |
| AOX | 500 | – | |

## 6.5.6 Klärschlammtrocknung

Mit Verfahren der Klärschlammtrocknung lassen sich erheblich höhere Volumenreduzierungen (bis > 90% TS) als mit Eindickern oder Entwässerungsmaschinen erreichen. Man unterscheidet bezüglich der Wärmezuführung zwischen Konvektionstrocknung (direkte Trocknung) und Kontakttrocknung (indirekte Trocknung; Bild 112).

Es werden von Herstellern unterschiedliche Ausführungsformen von Trocknern angeboten (Tafel 112).

**Bild 112 Unterschiedlicher Wärmeübergang bei Klärschlammtrocknern** [38]

In Abhängigkeit von der weiteren Verwertung kann mit den Verfahren der Klärschlammtrocknung nahezu jeder geforderte TS-Gehalt erreicht werden (Tafel 113).

**Tafel 112 Verfahren der Klärschlammtrocknung**

| Konvektionstrockner | Kontakttrockner |
|---|---|
| Trommeltrockner | Scheibentrockner |
| Etagentrockner | Knettrockner |
| Bandtrockner | Schneckenwärmetrockner |
| Schwebetrockner | Dünnschichttrockner |
| Wirbelschicht-trockner | Dampfwirbelschicht-trockner (Sonderform) |

**Tafel 113 Beschaffenheit von Klärschlämmen**

| TS-Gehalt (%) | Beschaffenheit |
|---|---|
| <15 bis 20 | pumpfähig |
| 20 bis 30 | stichfest |
| 35 bis 40 | krümelig |
| 40 bis 60 | klebrig |
| 60 bis 85 | streufähig |
| 85 bis 95 | staubförmig |

Für die Verfahrenswahl ist neben dem Wärmebedarf der Trocknung, der gewünschten Restfeuchte, der Produktform auch von Bedeutung, ob der Klärschlamm stark geruchsbehaftet ist (Kontakttrocknung) oder sich nahezu geruchsneutral (Konvektionstrocknung) verhält. Der Wärmebedarf der Trocknung setzt sich zusammen aus der Enthalpiedifferenz zur Aufwärmung des Schlammes, der Enthalpie des verdampfenden Wassers und den Verlusten. Den relativ größten Anteil macht in der Regel die Verdampfungswärme aus. Bei stichfesten kommunalem Schlamm reicht gewöhnlich der Heizwert (s. Bild 113 und Abschn. 6.5.7) der organischen Stoffe aus, den Wassergehalt zu verdampfen. Angaben zu den spezifischen Kosten unterliegen starken Schwankungen, realistisch ist mit 450 bis 800 DM/t TS zu rechnen.

### 6.5.7 Klärschlammverbrennung

Da eine alleinige Verbrennung von Klärschlamm nur bei Luftüberschußzahlen von >1 (1,1 bis 1,3) gefahren werden kann und jede Verbrennungsanlage ca. 20% Energieverluste verursacht, muß für die selbstgängige Verbrennung von Klärschlamm neben der reinen Trocknungsenergie ein ca. 20 bis 25%iges Energieüberangebot vorliegen. Der Heizwert von Klärschlamm hängt ausschließlich von dem Anteil an organischer Substanz (oTS) in der Trockensubstanz ab. Für 100% organische Substanz kann dabei ein mittlerer Heizwert von 23 MJ/kg zugrunde gelegt werden [38]. Weitere Angaben für Roh- und Faulschlämme aus kommunalen Kläranlagen finden sich in Tafel 114.

Durch die vorherige Ausfaulung verliert der Schlamm also ca. 30% (bis 50%) seines Heizwertes (an die Faulgase), es verringert sich jedoch auch der Wassergehalt des Klärschlammes.

**Tafel 114 Heizwertvergleich kommunaler Klärschlämme** [38]

| | Frischschlamm | | Faulschlamm (eingedickt) | |
|---|---|---|---|---|
| | von – bis | i.M. | von – bis | i.M. |
| Trockensubstanz *TS* in % | 1 bis 4 | 2,5 | 4 bis 8 | 6 |
| Wassergehalt in % | 99 bis 96 | 97,5 | 96 bis 92 | 94 |
| Aschegehalt in % *TS* | 40 bis 10 | 25 | 55 bis 45 | 50 |
| Glühverlust in % *TS* bzw. *oTS* | 60 bis 90 | 75 | 45 bis 55 | 50 |
| Heizwert der *TS* in MJ/kg | 14 bis 21 | 17,3 | 10 bis 13 | 11,5 |

In Bild 113 sind der Energiebedarf und -überschuß bei der Trocknung und Verbrennung von Klärschlamm in Abhängigkeit von der organischen Substanz (Glühverlust) und dem Entwässerungsgrad dargestellt. Die über der Abzisse dargestellte Summe des Energiebedarfes hängt im wesentlichen von der Wasserverdampfung (s. 6.5.6) aus dem Klärschlamm und in untergeordnetem Maß von der Erwärmung der Trockenmasse ab. Es werden drei häufig in der Praxis vorkommende Klärschlammarten dargestellt. Dabei handelt es sich um Fälle mit 70% und 50% organischer Substanz (Frischschlamm und Faulschlamm) sowie 35% organischer Substanz (stabilisierter Klärschlamm) [38].

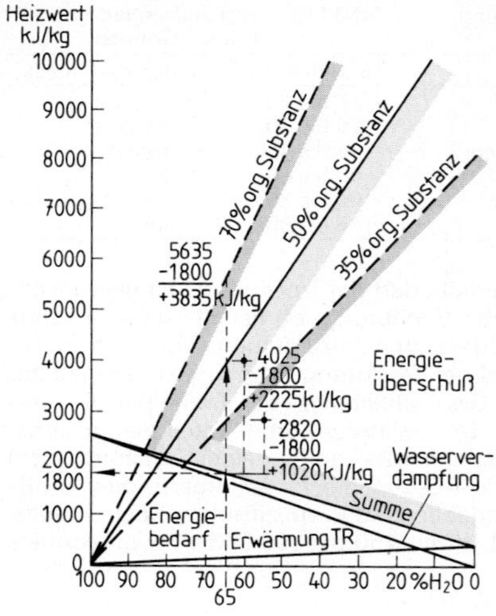


**Bild 113** **Energiebedarf und -überschuß bei der Trocknung und Verbrennung von Klärschlamm** [38]

**Beispiel zu Bild 113**
Um einen auf 35% TS entwässerten Klärschlamm zu trocknen, bedarf es ca. 1,800 kJ/kg. Besitzt dieser Klärschlamm 35% org. Substanz, verbleibt ein Energieüberschuß von ca. 1,020 kJ/kg, bei 50% organischer Substanz (für Faulschlamm) von ca. 2,225 kJ/kg und bei 70% org. Substanz (Frischschlamm) von ca. 3,385 kJ/kg [38].

Für die selbstgängige Verbrennung von Frischschlamm reicht der Energieüberschuß von 1,020 kJ/kg nur bei Rückführung heißer Verbrennungsluft in den Prozess aus (Anfahrphase mit Primärenergie). Bei 50 bzw. 70% organischer Substanz läßt der vorhandene Energieüberschuß in der Regel die Selbstgängigkeit der Verbrennung zu.

Der Mindestheizwert sollte somit mind. ca. 1,000 kJ/kg über dem Energiebedarf der Trocknung liegen [38].

Für die Verbrennung stehen Drehrohr-, Wirbelschicht- und Etagenöfen verschiedener Hersteller zur Verfügung. Neben der abfallrechtlichen Genehmigung müssen die Anlagen den Anforderungen der 17. BImSchV. bzgl. der Emissionsgrenzwerte entsprechen.

### 6.5.8 Sonstige Entsorgungsverfahren

Neben der Klärschlammdeponierung sind folgende weitere Alternativen der Klärschlammentsorgung großtechnisch erprobt:

- Zugabe in Steinkohlekraftwerke mit Schmelzkammerfeuerung (<35% Mengenanteil; *TS*>90%)
- Zugabe in Braunkohlekraftwerke (<3% Mengenanteil; *TS*>25%)
- Zugabe in Zementdrehrohröfen (<5% Mengenanteil; *TS*>75%)
- Zugabe in Asphaltmischwerken (ca. 90% Ersatz von Heizöl; *TS*>90%)
- Zugabe in Müllverbrennungsanlagen (i.d.R. <15%; *TS*>25%)

Weiterhin werden derzeit unterschiedliche Pyrolyse-Anlagen (Wirbelschicht-, Drehrohr-, und Niedertemperaturpyrolyse) für die Entsorgung von Klärschlämmen (als Demonstrationsanlagen) projektiert.

## 6.6 Filtration

Filter reduzieren Schwebstoffe z. B. von 20 auf 5 mg $TS_E$/l und damit die Inhaltsstoffe nach 6.3.3.3. Sie wirken in der Wasserversorgung chemisch-biologisch (Enteisenung und Entmanganung) und können in dem als Festbett wirkenden grobkörnigen Teil eines Raumfilters $BSB_5$, $CSB$ abbauen und/oder, bei $O_2$-Sättigung des Zulaufes, 1 – 1,5 mg/l **$NH_4$-N** nitrifizieren. Mehrabbau durch bis 300% Rezirkulation.

Bei einer der biologischen Stufe nachgeschalteten Flockungsfiltration zum P-Abbau ist die Zulauf-P-Konzentration bei 1 bis 1,5 mg/l zu halten. Das entspricht bei einem Molverhältnis $\beta$ = Fe/P von 1,5–2,2/1 etwa einer *Fe*-Dosierung um 4 mg/l (bzw. 2 mg *Al*/l mit etwa gleichem *TS*-Anfall). Damit wird die Beladung des Filters soweit begrenzt, daß sich Rückspülintervalle von etwa 1 Tag ergeben.

Die Einmischung des Fällmittels sollte mit $t_R = 1$ min bei $Q_t$ und ca. 250 W/m³ Rührwerksmotorleistung erfolgen. Flockenbildung mit langsamer Umwälzung, $t_R = 10$ min bei $Q_t$ (z. B. im Vorbelüftungsbecken mit $t_R = 20$ min).

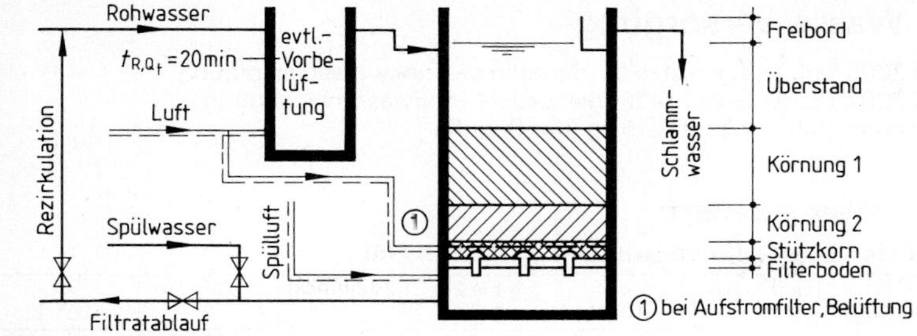


**Bild 114 Abwärtsfiltration**

Wasserüberstand $\geqq 40\% \cdot \sum$ Filterhöhe i. A. 1,0 bis 1,5 m bzw. $\geqq 1{,}7$ m bei Luft-Wasserspülung

**Beachte:** Ein Filter ist kein Schutz gegen massiven Schlammabtrieb aus der Nachklärung. Er setzt sich sofort zu und läuft über.

| Einzelgrundfläche m² | | Abstromfilter 5 bis 100 m² | | | | | | | | 10,8 bis 12 | 12 bis 140 |
|---|---|---|---|---|---|---|---|---|---|---|---|
| | | Flächenfilter | Raumfilter: F1 Anthrazit über F2 Quarzsand auf F3 Quarz Stützkorn | | | Raumfilter: F1 Bims über F2 Quarzsand auf F2 Quarz Stützkorn | | | Als Trockenfilter Blähschiefer [5] | Aufstromfilter: kontinuierlich gespült [5] | Aufstromfilter: Biologisch wirksam Anthrazit [5] |
| Filtergeschwindigkeit für n-1 Filter | m/h m/h | – 5 bis 10 | bei $Q_t$ bei $Q_m$, Rückspülen | | | 6[3]) bis 7,5[4]) bis 9 12[3]) bis 15[4]) bis 18 | | | 5 10 | 5 bis 7,5 10 bis 15 | 5 10 |
| Filterbetthöhe | F1 m | 1 bis 3 | 0,8 bis 1,0 bis 1,4 | | | 0,5 bis 1,0 | 0,5[7]) bis 1,4 | | 1,0 | 0,9 | 3 bis 4 |
| Filterkörnung | F1 mm | 0,7 bis 1,25 | 0,8 bis 1,6[6]) | 1,4 bis 2,5[6]) | 2,0 bis 4,0[6]) | 0,8 bis 1,5[7]) | 1,5 bis 2,5[7]) | 2,5 bis 3,5[7]) | 2,5 bis 4 | 0,8 bis 1,2 | 1 bis 2 |
| Schüttgewicht | kg/m³ | – | ca. 730 ± 1% | | | 360 | 340 | 330 | 750 | – | 730 |
| Filterbetthöhe | F2 m | – | 0,3 bis 0,4 bis 0,6 | | | 0,4[7]) bis 0,6 | 0,4 bis 0,6[7]) bis 0,80 | | 0,55 | | – |
| Filterkörnung | F2 mm | – | 0,4 bis 0,8[6]) | 0,71 bis 1,25[6]) | 1,0 bis 1,6[6]) | 0,4 bis 0,8[7]) | 0,63 bis 1,0[7]) | 0,71 bis 1,25[7]) | 1,5 bis 2,2 | | – |
| Stützschichthöhe | F3 m | | 0,15[6]) bis 0,20 | | | 0,20 bis 0,30 | | | 0,25 | | 0,20 bis 0,30 |
| Stützschichtkörnung | F3 mm | 2,0 bis 3,15 | 1,0 bis 2,0[6]) | 2,0 bis 3,15[6]) | 3,15 bis 5,6[6]) | Aufbau w. b. Anthraz. n. [7]) 3fach abgestuft | | | 4 bis 12 | | 2,0 bis 3,15 |
| alternativ oder zusätzlich | [7]) | 3,15 bis 5,6 | (2,0 bis 3,15) | (3,15 bis 5,6) | (5,6 bis 8) | 1 bis 2 2 bis 3,15 3,15 bis 5,6 | | | | | 3,15 bis 5,6 |
| SPÜLEN Luft | m/h[1]) | 80 | 70 bis 90[6]) bis 100 | | | 40[6]) bis 60[7]) bis 90 | | | 60 | | 70 |
| SPÜLEN Luft/Wasser | m/h | 80/20 | 60[6]) bis 90[6])/10 bis 20[6]) | | | 40[6]) bis 60 bis 80/10 bis 20 | | | 60/50 | kontinuierl. Luft 1 bis 1,4 m/h | 70/10 bis 40 |
| SPÜLEN Nur Wasser | m/h | 60–65 | 35 bis 40[6]) | 55 bis 60[6]) | 85 bis 95)[6]) | 30[7]) bis 35 | 40[7]) bis 45 | 55[7]) bis 60[7]) | 100 | | 20 bis 40 |

[1]) Mit Wasserspiegelabsenkung auf 10 cm + OK Filter [2]) Bei Flockungsfiltration
[3]) Abwasserfiltration, auch biologische Filtration
[4]) Biodrof, Biofor, Teveko, Ph. Müller, Stuttgart
[5]) nach Preussag Anthrazit GmbH, Ibbenbüren
[6]) nach Akdolit, Wülfrath, die bei Bims-Sandfiltern von Luft-/Wasserspülung ohne anschließender Trennspülung abrät.
[7]) DVGW-Arbeitsblatt W 211 (9.87)

**Ablauf der Rückspülung:** Absenkung, 0 bis 3 min Luftspülung, 3 bis 5 min Luft-Wasser. Luftstopp, Filterbodenentlüftung auf, 5 bis 10 min nur Wasserspülung. Insgesamt: Filterbetthöhe · 2/3 + 2 · Wasserüberstand durchsetzen. Filterboden 64 Polsterrohrdüsen/m²

# 7 Wasserversorgung

DIN 2000 (11.73) Leitsätze für die zentrale Trinkwasserversorgung
DIN 2001 (2.83) Leitsätze für die Einzel- Trinkwasserversorgung
DIN 4046 (9.83) Wasserversorgung, Begriffe

## 7.1 Wasserbedarf

**Tafel 115 Spezifischer Wasserbedarf $q_d$** in l/(E·d) **[15]**

| Zone | $N_{so}$ | Gemeindegröße | <5 $\cdot 10^3 \cdot$ E | | 5 bis 20 $\cdot 10^3 \cdot$ E | | 20 bis 100 $\cdot 10^3 \cdot$ E | | 1 bis 10 $\cdot 10^5 \cdot$ E | | >1 $\cdot 10^6 \cdot$ E | |
|---|---|---|---|---|---|---|---|---|---|---|---|---|
| | | Jahr | 1980 | 2000 | 1980 | 2000 | 1980 | 2000 | 1980 | 2000 | 1980 | 2000 |
| I | <200 mm | | 200 | 225 | 225 | 250 | 275 | 300 | 300 | 325 | 350 | 400 |
| II | 200 bis 400 | | 175 | 200 | 200 | 225 | 250 | 275 | 275 | 300 | 325 | 375 |
| III | >400 mm | | 175 | 200 | 200 | 225 | 225 | 275 | 225 | 300 | 300 | 375 |

$N_{so}$ = kleinste Niederschlagshöhe von Mai bis August des trockensten Jahres

Der **zukünftige Wasserbedarf** wird meist mit Hilfe von Trend-Kurven aus Statistiken vergangener Jahre ermittelt. Die Zunahme des spez. Verbrauches $q_d$ wird zukünftig gegen Null gehen, daher sind die Werte der Tafel 115 nach [15] obere Grenzwerte. Eine Steigerung des spez. Bedarfs ist dort zu erwarten, wo Ausstattung mit WC, Bädern, Wasch- und Spülmaschinen und Pkw nicht gegeben ist. Realistischer sind die Werte nach DVGW-W410 (4.72) E (11.93) in Tafel 116.

**Tafel 116 Jahresdurchschnittswerte des spezifischen Wasserbedarfs $q_d$** in l/(E·d) [W410]

| Struktur des Versorgungsgebietes | Haushaltsbedarf | Gesamtbedarf |
|---|---|---|
| | **mittl. $q_d$** l/(E·d) | |
| reine Wohngebiete, überwiegend sozialer Wohnungsbau | 100 bis 110 | 120 bis 130 |
| wie vor mit 1- bis 2-Familienhäusern, z.T. Komfortwohnungen | 110 bis 120 | 130 bis 145 |
| gemischte Wohngebiete | 130 bis 170 | 155 bis 200 |

Die **Zunahme der Einwohnerzahlen** nach der Zinseszinsformel:

$$E_n = E_0 (1 + p/100)^n \quad (275)$$

$E_0$ = Einwohnerzahl heute, $p$% Zuwachs; $n$ meist 30 Jahre.

Heute kann man in der Regel den Einwohnerzuwachs nur aus Gebietsentwicklungs-, Flächennutzungs- oder Bebauungsplänen herleiten.

**Mittlerer täglicher Wasserbedarf** $Q_d = E_n \cdot q_d$ in m³/d (276)

Hiermit werden der jährliche Wasserbedarf ermittelt (Wasserdargebot u. Wirtschaftlichkeit) und Überlegungen zu den mittleren Betriebsbedingungen (Rohrleitungsgeschwindigkeiten, Einzelgröße der Pumpen) angestellt.

Der Tagesbedarf unterliegt jahreszeitlichen Schwankungen, die in dem Verhältnis $f_{sd} = \max Q_d / Q_d$ ausgedrückt werden. Nach [15] ist in Abhängigkeit von der Gemeindegröße der

**tägliche Spitzenbedarf** $\max Q_d = f_{sd} \cdot Q_d$ in m³/d (277)

**Tafel 117 Spitzenfaktor $f_{sd} = \max Q_d / Q_d$**

| Zone | $N_{so}$ in mm | <5 $\cdot 10^3 \cdot$ E $f_{sd}$ | 5 bis 20 $\cdot 10^3 \cdot$ E $f_{sd}$ | 20 bis 100 $\cdot 10^3 \cdot$ E $f_{sd}$ | 1 bis 10 $\cdot 10^5 \cdot$ E $f_{sd}$ | <1 $\cdot 10^6 \cdot$ E $f_{sd}$ |
|---|---|---|---|---|---|---|
| I | <200 | 3,0 | 2,5 | 2,0 | 2,0 | 1,6 |
| II | 200 bis 400 | 2,7 | 2,0 | 2,0 | 1,8 | 1,5 |
| III | >400 | 2,5 | 2,0 | 1,7 | 1,6 | 1,45 |

**mit dem maximalen Stundenbedarf $_{max}Q_h$** werden **Förderpumpen und Rohrnetze** bemessen.

$$_{max}Q_h = f_{sd} \cdot f_{sh} \cdot Q_d \quad \text{in m}^3\text{/h} \qquad (278)$$

**Tafel 118 Stundenspitzenfaktoren $f_{sh}$ und Minimumfaktoren $f_{min\,h}$ und $f_{min\,d}$**

| nach [15] | | $f_{sh}$ | $1/f_{sh}$ | $f_{min\,h}$ | $f_{min\,d}$ |
|---|---|---|---|---|---|
| Landgemeinde | bis 2000 E | 0,125 | 8 | 0,005 | 0,4 bis 0,5 |
| Kleinstadt | bis 5000 E | 0,10 | 10 | 0,005 | 0,5 bis 0,7 |
| Mittelstadt | bis 20000 E | 0,08 | 12 | 0,015 | 0,7 |
| Großstadt | 200000 E | 0,06 | 16 | 0,021 | 0,75 |

**Beispiel** Geg.: 15000 E, $n = 30$ a; $N_{so} = 420$ mm; $p = 0{,}4\%$; Ber.: $E_{30} = 15000 \cdot (1 + 0{,}004)^{30} = 16900$ E $\quad Q_d = 16900 \cdot 225/1000 = 3803$ m³/d; $\quad {}_{max}Q_d = 2{,}0 \cdot 3803 = 7606$ m³/d; ${}_{max}Q_h = 0{,}08 \cdot 7606 = 609$ m³/h.

Der **Löschwasserbedarf** wird nach DVGW-W 405 (7.78) zur Dimensionierung neuer und zur Nachprüfung bestehender Wasserversorgungsnetze nach Tafel 119 angesetzt. Bei Löschwasserentnahme soll der Netzdruck an keiner Stelle des Netzes unter 1,5 bar sinken.

Für kleine ländliche Orte werden unabhängig davon 48 m³/h angesetzt. Einzelanwesen werden mit Hilfe von Tankfahrzeugen versorgt. Ein LW-Vorrat von 50 m³ je Anwesen wird empfohlen.

**Tafel 119 Richtwerte für den Löschwasserbedarf** (m³/h)

| Bauliche Nutzung nach § 17 der Baunutzungsverordnung | | Kleinsiedlung (WS) Wochenendhausgebiete (SW) | reine Wohngebiete (WR) allg. Wohngebiete (WA) bes. Wohngebiete (WB) Mischgebiete (MI) Dorfgebiete (MD) Gewerbegebiet (GE) | | Kerngebiete (MK) Gewerbegebiete (GE) | | Industrie-Gebiete (GI) |
|---|---|---|---|---|---|---|---|
| Zahl der Vollgeschosse | | $\leqq 2$ | $\leqq 3$ | $> 3$ | 1 | $> 1$ | Baumassenzahl (BMZ) $\leqq 9$ |
| Geschoßflächenzahl (GFZ) | | $\leqq 0{,}4$ | $\leqq 0{,}3$ bis 0,6 | 0,7 bis 1,2 | 0,7 bis 1,0 | 1,0 bis 2,4 | |
| **Löschwasserbedarf in m³/h (in ⇒ l/s) für mindestens 2 Stunden** | | | | | | | |
| Gefahr der Brandausbreitung | klein[1]) | 24 (6,7) | 48 (13,3) | | 96 (26,7) | | 96 (26,7) |
| | mittel[2]) | 48 (13,3) | 96 (26,7) | | 96 (26,7) | | 192 (53,3) |
| | groß[3]) | 96 (26,7) | 96 (26,7) | | 192 (53,3) | | 192 (53,3) |

Gefahr der Brandausbreitung:
[1]) klein: feuerbeständige oder feuerhemmende Umfassungen, harte Bedachungen
[2]) mittel: Umfassungen nicht feuerbeständig oder nicht feuerhemmend, harte Bedachungen oder Umfassungen feuerbeständig oder feuerhemmend, weiche Bedachungen
[3]) groß: Umfassungen nicht feuerbeständig oder nicht feuerhemmend; weiche Bedachungen, Umfassungen aus Holzfachwerk (ausgemauert). Stark behinderte Zugänglichkeit, Häufung von Feuerbrücken usw.

## 7.2 Wasseraufbereitung

Zahl, Art und Kombination der erforderlichen Aufbereitungsschritte und -verfahren sind von der jeweiligen Rohwasserqualität abhängig und erfordern entsprechend individuelle Auswahl. Wertvolle Hilfe bieten hierbei die einschlägigen Merk- bzw. Arbeitsblätter des DVGW, wie z. B. die Blätter **W 210** und **211** (*Filtration*), **W 214** (*Entsäuerung*), **W 217** (*Flockung*), **W 224** (*Einsatz von Chlordioxid*), **W 225** (*Einsatz von Ozon*), **W 226** (*Einsatz von Sauerstoff*) und **W 239** (*Aktiv-Kohle-Filterung*).

Eine bedeutsame Funktion fällt der Filtration zu, auf die in kaum einer Aufbereitungsanlage verzichtet werden kann.

### 7.2.1 Richtwerte für Einschichtfilter (Langsam- und Schnellfilter)

| | Einheit | Filterart | | |
|---|---|---|---|---|
| | | Langsamfilter | Offene Schnellfilter | Geschlossene (= rückspülbare Filter) |
| Höhe der Tragschicht | m | 0,4 bis 0,6 | 0,3 bis 0,4 | 0,3 bis 0,4 |
| Höhe der Filtersandschicht | m | 0,6 bis 1,5 | 1,0 bis 2,0 (i. M. 1,5) | 1,0 bis 4,0 (i. M. 2,0 bis 3,0) |
| Wasserhöhe über der Filterschicht | m | 0,9 bis 1,5 | 0,3 bis 0,7 | |
| Wirksamer Korndurchmesser $d_w$ | mm | 0,3 bis 0,5 | 0,6 bis 1,2 (i. M. 1,0) | 0,6 bis 4,0 (i. M. 1,0 bis 2,0) |
| Ungleichförmigkeitsgrad $d_{60}/d_{10}$ | $\frac{\text{Gew.-\%}}{\text{Gew.-\%}}$ | 1,5 bis 3,2 | 1,2 | 1,2 |
| Filtergeschwindigkeit | m/h | 0,1 bis 0,2 (selten $>0{,}2$) | 3 bis 15 (i. M. 4 bis 6) | 5 bis 30 (i. M. 8 bis 15) |
| Filterleistung | $m^3$ je $m^2$ u. d | 2,4 bis 3,0 | i. M. 100 bis 150 | i. M. 200 bis 360 |
| Bakteriologische Wirkung | Keimzahl vor/nach Filtration | 1000:1 bis 10000:1 | 10:1 bis 20:1 | 10:1 |
| Einarbeitungszeit | | 12 bis 48 h | 10 bis 30 min | 10 bis 30 min |
| Art der Filterreinigung | | Abheben der oberen 20 bis 40 mm des Filtersandes | Luft-/Wasserrückspülung | Luft-/Wasserrückspülung |
| Filterwiderstand | m | $<1$ | 0,5 bis 4,5 (i. M. 2 bis 3) | bis 15 |

Zu Filterspülung, Rückspülgeschwindigkeiten etc. s. 6.6

## 7.3 Druckerhöhungsanlagen

An der höchsten Zapfstelle im Versorgungsgebiet sollte ein „bürgerlicher Versorgungsdruck" $p_B$ von 1,0 bis 1,5 bar eingehalten werden, d. h. Netzdruck $p_e = 2{,}0$ bis 4,5 bar am Hausanschluß. Bei Ruhedrücken über 8 bar, Aufteilung in einzelne Druckzonen mit jeweils $\leq 5$ bar. Hochhäuser und kleine hochgelegene Teile des Versorgungsgebietes erhalten eine eigene Druckerhöhungsanlage.

### 7.3.1 Windkessel (Hydrophor-Anlagen)

Erforderliche **Windkesselinhalt** (auch für große Pumpstationen):

$$V = 1{,}2 \cdot q_f \cdot p_A / [n \cdot (p_A - p_E)] \qquad (279)$$

$V$ Kesselvolumen in $m^3$
$q_f$ Förderleistung der größten druckabhängig geschalteten Pumpe in l/s
$p_A$ Ausschaltdruck in bar absolut (= Überdruck + atmosphärischer Druck ($\approx 1$ bar))
$p_E$ Einschaltdruck in bar absolut
$n$ Zahl der Schaltspiele/h (bis 7,5 kW Motorleistung: $n \leq 15$, bis 30 kW: $n \leq 12$ und $>30$ kW: $n \leq 10$)

## 7.3.2 Arbeitsbereich einer Kreiselpumpe

**Beispiel** Aus einem Tiefbehälter sollen i. M. 200 m³/h mit einem **Kreiselpumpe** in einen Hochbehälter gepumpt werden. In welchem Bereich arbeitet die Pumpe?

Leitungen:

saugseitig: $l_S = 8$ m ($=0{,}008$ km); DN 300
druckseitig: $l_D = 1200$ m ($=1{,}2$ km); DN 250

$H_{man;\,min} = 90{,}00 - 55{,}00 = 35{,}00$ m
$H_{man;\,max} = 94{,}00 - 53{,}00 = 41{,}00$ m

Die Rauheit für die neuen Rohrleitungen werden mit $\boldsymbol{k_2 = 0{,}4}$ angesetzt. Im Laufe der Zeit wird die Rauheit auf $\boldsymbol{k_1 = 1{,}5}$ steigen.

Die Druckhöhenverluste in den Leitungen können näherungsweise den Rohrreibungsverlusten gleichgesetzt werden, weil die Geschwindigkeitdruckhöhe sowie die Druckhöhenverluste durch Armaturen und Formstücke vernachlässigbar klein sind.

$H_V = h_v = c \cdot l \cdot Q^2/1000$ (280)

$H_{V1} = (c_{S1} \cdot l_s + c_{D1} \cdot l_D)\, Q^2/1000$

$H_{V2} = (c_{S2} \cdot l_s + c_{D2} \cdot l_D)\, Q^2/1000$

Die zugehörigen $c$-Werte werden der **Tafel 121** entnommen.

$H_{V1} = (1{,}0455 \cdot 0{,}008 + 2{,}756 \cdot 1{,}2)\, Q^2 \cdot 10^{-3}$
$\mathbf{= 3{,}316 \cdot Q^2/1000}$

$H_{V2} = (0{,}7448 \cdot 0{,}008 + 1{,}950 \cdot 1{,}2)\, Q^2 \cdot 10^{-3}$
$\mathbf{= 2{,}346 \cdot Q^2/1000}$

Die Rohrleitungskennlinien werden zweckmäßig in Tabellenform errechnet (s. unten)

Die Pumpenkennlinie wird vom Pumpen-Hersteller geliefert.

Leistungsaufnahme einer Pumpe (s. 3.5.3).

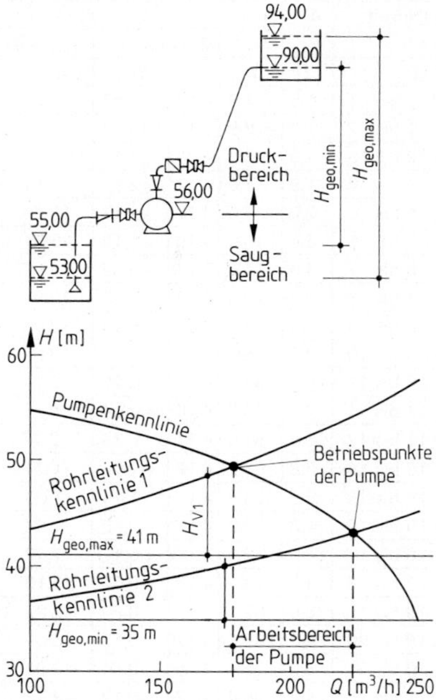


**Bild 115 Arbeitsbereich einer Pumpe**

**Beispiel für die tabellarische Ermittlung von Rohrleitungskennlinien**

| | | | | | | |
|---|---|---|---|---|---|---|
| $Q$ | m³/h | 100 | 150 | 200 | 250 | |
| $Q$ | l/s | 27,78 | 41,67 | 55,56 | 69,44 | |
| $Q^2/1000$ | l²/s² | 0,772 | 1,763 | 3,086 | 4,822 | |
| $H_{V1} = 3{,}316\, Q^2/1000$ | m | 2,56 | 5,76 | 10,23 | 15,99 | |
| $H_{V2} = 2{,}346\, Q^2/1000$ | m | 1,81 | 4,07 | 7,24 | 11,31 | |
| $H_{man;\,max} + H_{V1}$ | m | 43,56 | 46,76 | 51,23 | 56,99 | Rohrleitungs-kennlinie 1 |
| $H_{man;\,min} + H_{V2}$ | m | 36,81 | 39,07 | 42,24 | 46,31 | Rohrleitungs-kennlinie 2 |

## 7.4 Wasserspeicherung

Trinkwasserbehälter gewährleisten einen konstanten Ruhedruck. Sie dienen dem Ausgleich zwischen Bedarfs- und Fördermengen (Tagesausgleich) sowie der Bevorratung von Feuerlöschwasser-Reserven.

## 7.4.1 Bemessung eines Trinkwasserbehälters

### 7.4.1.1 Rechnerisches Verfahren

$A$ = stündl. Abgabe, $Z$ = stündl. Zugabe (in % der **maximalen** Tagesabgabe + Löschwasser-Reserve)

| Uhrzeit | $A$ | $\sum A$ | 24-h-Betrieb | | | intermittierender Betrieb | | | 16-h-Betrieb | | |
|---|---|---|---|---|---|---|---|---|---|---|---|
| | | | $Z$ | $Z-A$ | $\sum(Z-A)$ | $Z$ | $Z-A$ | $\sum(Z-A)$ | $Z$ | $Z-A$ | $\sum(Z-A)$ |
| (1) | (2) | (3) | (4) | (5) | (6) | (4) | (5) | (6) | (4) | (5) | (6) |
| 0 bis 1 | 1,5 | 1,5 | 4,17 | +2,67 | 2,67 | 8,34 | +6,84 | 6,48 | | −1,50 | 13,00 |
| 1 bis 2 | 1,0 | 2,5 | 4,17 | +3,17 | 5,84 | 8,33 | +7,33 | **14,17** | | −1,00 | 12,00 |
| 2 bis 3 | 1,0 | 3,5 | 4,16 | +3,16 | 9,00 | | −1,00 | 13,17 | | −1,00 | 11,00 |
| 3 bis 4 | 1,5 | 5,0 | 4,17 | +2,67 | 11,67 | | −1,50 | 11,67 | | −1,50 | 9,50 |
| 4 bis 5 | 2,0 | 7,0 | 4,17 | +2,17 | 13,84 | | −2,00 | 9,67 | | −2,00 | 7,50 |
| 5 bis 6 | 3,0 | 10,0 | 4,16 | +1,16 | **15,00** | | −3,00 | 6,67 | | −3,00 | 4,50 |
| 6 bis 7 | 4,5 | 14,5 | 4,17 | −0,33 | 14,67 | | −4,50 | 2,17 | | −4,50 | **0,00** |
| 7 bis 8 | 5,3 | 19,8 | 4,17 | −1,13 | 13,54 | 8,33 | +3,03 | 5,20 | 6,25 | +0,95 | 0,95 |
| 8 bis 9 | 4,8 | 24,6 | 4,16 | −0,64 | 12,90 | 8,34 | +3,54 | 8,74 | 6,25 | +1,45 | 2,40 |
| 9 bis 10 | 4,0 | 28,6 | 4,17 | +0,17 | 13,07 | 8,33 | +4,33 | 13,07 | 6,25 | +2,25 | 4,65 |
| 10 bis 11 | 5,1 | 33,7 | 4,17 | −0,93 | 12,14 | | −5,10 | 7,97 | 6,25 | +1,15 | 5,80 |
| 11 bis 12 | 7,2 | 40,9 | 4,16 | −3,04 | 9,10 | 8,33 | +1,13 | 9,10 | 6,25 | −0,95 | 4,85 |
| 12 bis 13 | 10,5 | 51,4 | 4,17 | −6,33 | 2,77 | 8,34 | −2,16 | 6,94 | 6,25 | −4,25 | 0,60 |
| 13 bis 14 | 6,8 | 58,2 | 4,17 | −2,63 | 0,14 | 8,33 | +1,53 | 8,47 | 6,25 | −0,55 | 0,05 |
| 14 bis 15 | 5,3 | 63,5 | 4,16 | −1,14 | −1,00 | 8,33 | +3,03 | 11,50 | 6,25 | +0,95 | 1,00 |
| 15 bis 16 | 4,8 | 68,3 | 4,17 | −0,63 | −1,63 | | −4,80 | 6,70 | 6,25 | +1,45 | 2,45 |
| 16 bis 17 | 4,0 | 72,3 | 4,17 | +0,17 | −1,46 | | −4,00 | 2,70 | 6,25 | +2,25 | 4,70 |
| 17 bis 18 | 4,8 | 77,1 | 4,16 | −0,64 | −2,10 | 8,34 | +3,54 | 6,24 | 6,26 | +1,45 | 6,15 |
| 18 bis 19 | 5,0 | 82,1 | 4,17 | −0,83 | −2,93 | 8,33 | +3,33 | 9,57 | 6,25 | +1,25 | 7,40 |
| 19 bis 20 | 4,3 | 86,4 | 4,17 | −0,13 | −3,06 | 8,33 | +4,03 | 13,60 | 6,25 | +1,95 | 9,35 |
| 20 bis 21 | 5,0 | 91,4 | 4,16 | −0,84 | **−3,90** | | −5,00 | 8,60 | 6,25 | +1,25 | 10,60 |
| 21 bis 22 | 4,0 | 95,4 | 4,17 | −0,17 | −3,73 | | −4,00 | 4,60 | 6,26 | +2,25 | 12,85 |
| 22 bis 23 | 3,0 | 98,4 | 4,17 | +1,17 | −2,56 | | −3,00 | 1,60 | 6,25 | +3,25 | **16,10** |
| 23 bis 24 | 1,6 | 100,0 | 4,16 | +2,65 | 0,00 | | −1,60 | **0,00** | | −1,60 | 14,50 |
| Behältergröße*) | | | | | **18,90** | | | **14,17** | | | **16,10** |

*) Behältergröße = $\max \sum (A-Z) + |\min \sum (A-Z)|$

### 7.4.1.2 Graphisches Verfahren

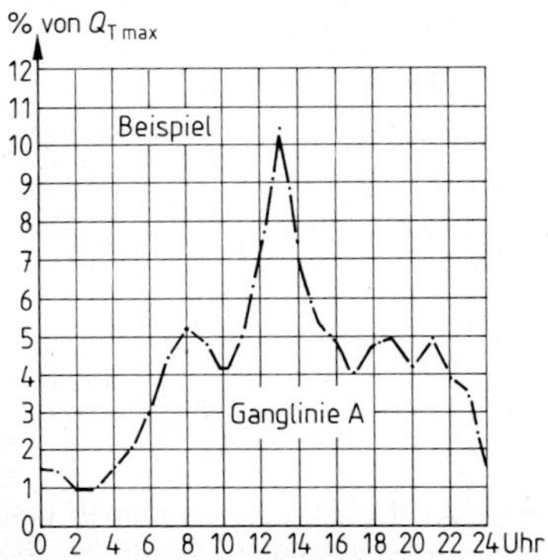


**Bild 116 Ganglinie h-Abgabe**

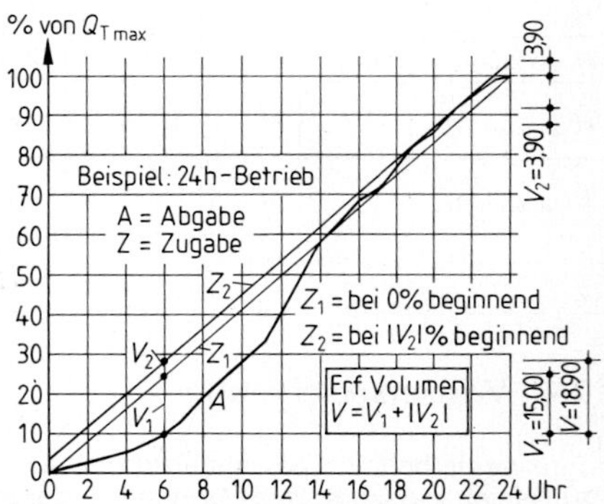


**Bild 117 Ab- und Zugabe-Summenlinien**

### 7.4.2 Schieberkammerausbildung

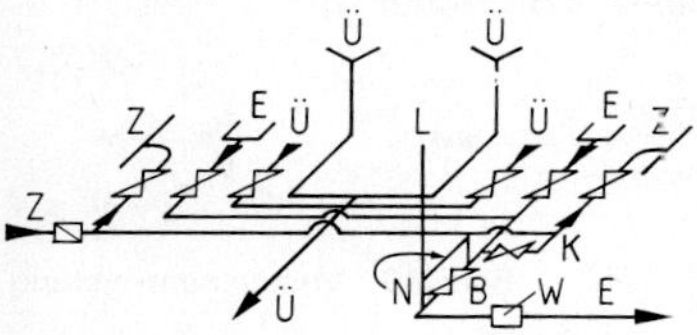


B = Brandschieber
E = Entnahme (-leitung)
L = Be- und Entlüftung
N = Umgang für Normalentnahme
Ü = Überlauf- bzw. Entleerung
Z = Zulauf (-leitung)
W = Durchflußmessung
K = Kurzschlußleitung

**Bild 118 Rohrschema für einen Zweikammerbehälter**

## 7.5 Wasserverteilung

### 7.5.1 Berechnung von Wasserversorgungsnetzen

#### 7.5.1.1 Einfache Netze

Die Rohrnetzberechnung erfolgt in einfachen Fällen als sog. Verästelungsnetz. Hierbei wird das Ringnetz durch gedachte „Schnittstellen" so weit aufgelöst, bis Rohrstränge mit eindeutiger Fließrichtung entstehen. An den Schnittstellen sollte die Druckdifferenz $\Delta p \leq 10\%$ des Netzdruckes $p_e$ sein und bei kleinen Netzen 0,2 bar nicht überschreiten. Liegen bei der Berechnung die Drücke an den Schnittstellen mehr auseinander, sind diese in Richtung auf den niedrigen Druck zu verschieben.

In der Tafel 120 werden die Durchflüsse entgegen und die Druckverluste mit der Fließrichtung aufsummiert. Für ungünstige Netzknoten (Hochpunkte, Netzendpunkte) wird vorab aus der Summe (Geländehöhe in m ü. NN + erforderlicher Netzdruck $+h_v$) der Ausgangsdruck ab Werk $H_w$ ermittelt, ehe Druckhöhe und Versorgungsdruck über Gelände bestimmt werden können.

Die Liste kann erweitert werden um $\max Q_h$ bei $\max Q_d$ ohne Löschwasser.

Metermengenwert $m = \max Q / \sum L$ in l/(s · m)

$\sum L$ Gesamtlänge der Rohrleitungen im betrachteten Teil des Versorgungsgebietes in m.

**Tafel 120 Listenkopf mit $Q = \max Q_h$ bei $Q_d$ + Löschwasser**

| 1 | 2 | 3 | | 4 | 5 | 6 | 7 | 8 | 9 | 10 | 11 |
|---|---|---|---|---|---|---|---|---|---|---|---|
| Lfd. Nr. | Name der Straße | Strecke von | bis | Strang-länge | Strangabnahme | | Strangbelastung ohne Löschwasser | | | Lösch-wasser | Strang-bela-stung |
| | | | | $L$ | Meter-men-gen-wert $m$ | Durch-fluß $Q = L \cdot m$ | Über-nahme aus Lfd. Nr. | Durch-fluß $Q$ aus Sp. 7 | Ge-samt-durch-fluß $Q$ | $Q_L$ | Gesamt-durch-fluß mit Lösch-wasser $Q + Q_L$ Sp. 9+10 |
| – | – | – | – | m | l/(s·m) | l/s | – | l/s | l/s | l/s | l/s |

| 12 | 13 | 14 | 15 | 16 | 17 | 18 | 19 | 20 | 21 | 22 |
|---|---|---|---|---|---|---|---|---|---|---|
| Bemessung | | | | | | | | | | |
| Nenn-weite DN | Fließ-ge-schwin-digkeit $v$ | Druck-ge-fälle $I_p$ | Ver-lust-höhe $h_v = L \cdot I_p$ | Über-nahme aus Lfd. Nr. | Ver-lust-höhe $h_v$ aus Sp. 16 | Gesamt-verlust-höhe $\sum h_v$ Sp. 15+17 | Druck-höhe $H$ = Werks-druck $-\sum h_v$ | Ge-lände-höhe $H_{geo}$ | Netz-druck $p_e = \frac{H - H_{geo}}{10}$ | Be-mer-kun-gen |
| | m/s | m/km | m | – | m | m | m ü NN | m ü NN | bar | |

### 7.5.1.2 Vermaschte Netze

(Näherungsverfahren nach Prof. B. Küest, FH Bochum)

**Druckverlust im Einzelstrang**

$h_i = c_i \cdot l_i \cdot Q_i |Q_i| \cdot 10^{-3}$ mit $c_i \cdot l_i = a_i$ (281)

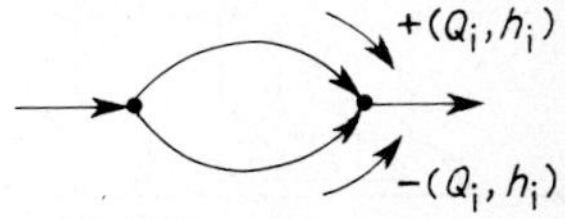


**Bild 119 Vorzeichenregelung**

**Tafel 121** *c*-Werte

| DN | 100 | 150 | 200 | 250 | 300 | 400 | 500 | 600 | 700 |
|---|---|---|---|---|---|---|---|---|---|
| $k_i$ = 0,1 mm | 196,6 | 22,70 | 4,939 | 1,518 | 0,5800 | 0,1276 | 0,03951 | 0,01519 | 0,006774 |
| $k_i$ = 0,4 mm | 252,7 | 29,18 | 6,348 | 1,950 | 0,7448 | 0,1636 | 0,05061 | 0,01943 | 0,008658 |
| $k_i$ = 1,0 mm | 324,6 | 37,13 | 8,023 | 2,452 | 0,9329 | 0,2037 | 0,06272 | 0,02399 | 0,01066 |
| $k_i$ = 1,5 mm | 370,4 | 42,06 | 9,046 | 2,756 | 1,0455 | 0,2274 | 0,06980 | 0,02664 | 0,01181 |

Zunächst wird der Durchfluß in den Einzelsträngen geschätzt. Dann wird die Korrektur

$$\Delta Q = -\sum (a_i \cdot Q_i |Q_i|) / (2 \sum |a_i \cdot Q_i|) \quad (282)$$

vorgenommen.

**Beispiel** Integrale Rauheit $k_i$ = 0,4 mm

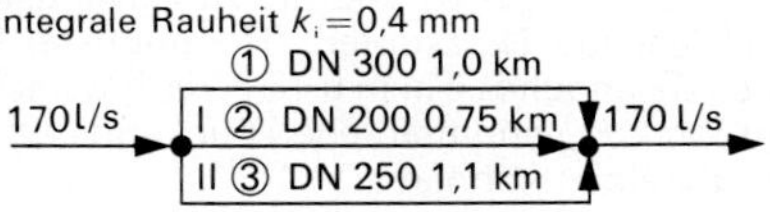


Geschätzte Durchflüsse:
①: 85,0 l/s
②: 35,0 l/s
③: 50,0 l/s

Ergebnisse:
①: 85,8 l/s
②: 33,8 l/s
③: 50,4 l/s

**Tafel 122**

| Masche Strang | $d_i$ | $l_i$ | $c_i$ $k_i$ = 0,4 | $a_i = c_i \cdot l_i$ | $a_i$ | $h_i = \frac{a_i Q_i \lvert Q_i \rvert}{10^3}$ | $\frac{\sum \lvert a_i \cdot Q_i \rvert}{10^3}$ | $\Delta Q$ | $Q'_i$ | $h'_i = \frac{a_i Q_i \lvert Q_i \rvert}{10^3}$ | $\frac{\sum \lvert a_i \cdot Q'_i \rvert}{10^3}$ | $\Delta Q'_i$ | $Q''_i$ | $h''_i = \frac{a_i Q''_i \lvert Q''_i \rvert}{10^3}$ |
|---|---|---|---|---|---|---|---|---|---|---|---|---|---|---|
| 1 | 2 | 3 | 4 | 5 | 6 | 7 | 8 | 9 | 10 | 11 | 12 | 13 | 14 | 15 |
| – | mm | km | – | – | l/s | m | – | l/s | l/s | m | – | l/s | l/s | m |
| I ① | 300 | 1,0 | 0,7448 | 0,7448 | 85 | 5,38 | 0,0633 | +1,0 | 86,0 | 5,51 | 0,0641 | −0,2 | 85,8 | 5,48 |
| I ② | 200 | 0,75 | 6,348 | 4,761 | −35 | −5,83 | 0,1666 | +1,0<br>+0,3 | −33,7 | −5,41 | 0,1604 | −0,2<br>+0,1 | −338 | −5,44 |
| | | | | | ∑: | −0,45 | 0,2299 | | ∑: | +0,10 | 0,2245 | | | |
| | | | | | $\Delta Q = -\frac{-0{,}45}{2 \cdot 0{,}2299} = +1{,}0$ | | | | $\Delta Q = -\frac{0{,}10}{2 \cdot 0{,}2245} = -0{,}2$ | | | | | |
| II ② | 200 | 0,75 | 6,348 | 4,761 | −1,0<br>35 | 5,50 | 0,1619 | +0,2<br>−0,3 | 33,9 | 5,47 | 0,1614 | −0,1 | 33,8 | +5,44 |
| II ③ | 250 | 1,1 | 1,950 | 2,145 | −50 | −5,36 | 0,1073 | −0,3 | −50,3 | −5,43 | 0,1079 | −0,1 | −50,4 | −5,45 |
| | | | | | ∑: | +0,14 | 0,2692 | | ∑: | +0,04 | 0,2693 | | | |
| | | | | | $\Delta Q = -\frac{0{,}14}{2 \cdot 0{,}2692} = -0{,}3$ | | | | $\Delta Q = -\frac{0{,}04}{2 \cdot 0{,}2693} = -0{,}1$ | | | | | |

Zuerst wird Masche I bis Spalte 9 korrigiert, dann Masche II, wobei schon $\Delta Q$ von I, d.h. 1,0 l/s im gemeinsamen Strang ② berücksichtigt wird. Es folgt Masche I bis Sp. 13 mit Berücksichtigung von Masche II (0,3 in Sp. 9), dann wieder Masche II bis Spalte 15 und Masche I Sp. 14 + 15 mit 0,1 in Sp. 13. Zu beachten ist jeweils die Vorzeichenregelung nach Bild 119 bei $\Delta Q$.

## 7.5.2 Formstücke für Rohrleitungen (Auszug aus DIN 2430)

| Benennung | Kurzzeichen | Sinnbild |
|---|---|---|
| Muffenstück | | |
| mit Flanschstutzen | A | |
| zwei Flanschstutzen | AA | |
| Muffenstutzen | B | |
| zwei Muffenstutzen | BB | |
| Muffenabzweig | C | |
| zwei Muffenabzweigen | CC | |
| Flanschmuffenstück | E | |
| Flanschmuffen-Übergangsstück | ER | |
| Muffenflansch-Übergangsstück mit Muffe am weiten Ende | ERw | |
| Einflanschstück | F | |
| mit Flanschstutzen | FA | |
| zwei Flanschstutzen | FAA | |
| Muffenstutzen | FB | |
| zwei Muffenstutzen | FBB | |
| Muffenabzweig | FC | |
| zwei Muffenabzweigen | FCC | |
| Hosenstück | H | |
| Hosenmuffenstück | HC | |
| Muffenbogen $R = 10D$ | K | |
| Muffenbogen $R = 5D$ | | |
| Einflanschbogen $R = 10D$ | FK | |
| $R = 5D$ | FL | |
| Einflanschkrümmer | FQ | |
| Flanschkrümmer | Q | |
| Muffenkrümmer | MQ | |

| Benennung | Kurzzeichen | Sinnbild |
|---|---|---|
| Flanschmuffenkrümmer | EQ | |
| Fußkrümmer | N | |
| Hydrantenfußkrümmer | EN | |
| Flanschmuffenfußkrümmer | EQN | |
| Muffenübergangsstück | R | |
| mit Muffe am weiten Ende | Rw | |
| exzentrisch | Re | |
| mit Muffe am weiten Ende, exzentrisch | Rwe | |
| Einflanschübergangsstück | FR | |
| exzentrisch | FRe | |
| mit Flansch am weiten Ende | FRw | |
| mit Flansch am weiten Ende, exzentrisch | FRWe | |
| Flanschübergangsstück | FFR | |
| exzentrisch | FFRe | |
| S-Stück | S | |
| T-Stück | T | |
| Kreuzstück | TT | |
| T-Stück geschweift | Tg | |
| Kreuzstück geschweift | TTg | |
| Überschiebmuffe | U | |
| Doppelmuffe | MM | |
| mit Flanschstutzen | MMA | |
| mit zwei Flanschstutzen | MMAA | |
| mit Muffenstutzen | NMMB | |
| Stopfen | P | |
| Kappe | O | |
| Blindflansch, flach | X | |

**Tafel 123 Abmeessungen und Nenndrücke PN [bar] von Druckrohren für die Wasserversorgung**

| Nennweite DN | | 80 | 100 | 125 | 150 | 200 | 250 | 300 | 400 | 500 | 600 | 700 | 800 | 900 | 1000 | 1200 |
|---|---|---|---|---|---|---|---|---|---|---|---|---|---|---|---|---|
| Geschweißte Stahlrohre nach DIN 2458, 2461 | $d_1$ | 81,7 | 100,8 | 125 | 150 | 209,1 | 261,8 | 311,3 | 393,8 | 495,4 | 597 | 697 | 796,8 | 894,4 | 996 | – |
| Nahtlose Stahlrohre nach DIN 2448, 2460[2]) | $d_a$ | 88,9 | 108 | 133 | 159 | 219 | 273 | 323,9 | 406,4 | 508 | 609,6 | 711,2 | 812,8 | 914,4 | 1016 | – |
| Wasserleitungen St33 Handelsgüte | $PN_1$[1]) | 25 | 25 | 25 | 25 | 20[3]) | 20[3]) | 20 | 16 | 12,5 | 10 | 10 | 6 | 6 | 6 | – |
| St37-2 ohne Abnahme | $PN_2$[1]) | 50[3]) | 40[3]) | 32[3]) | 32[3]) | 32[3]) | 25[3]) | 25[3]) | 20[3]) | 16[3]) | 16 | 16 | 12 | 16 | 16 | – |
| | $s_z$ | 3 | 3 | 3 | 3 | 3 | 3 | 3 | 5 | 5 | 5 | 6 | 6 | 6 | 6 | 6 |
| | $d_a$ | 98 | 118 | 144 | 170 | 222 | 274 | 326 | 429 | 532 | 635 | 738 | 842 | 945 | 1048 | 1255 |
| Duktile Gußrohre K 8 | $d_i$ | 80 | 100 | 126 | 152 | 204 | 256 | 307,2 | 404,6 | 506 | 607,4 | 706,8 | 809,2 | 910,6 | 1012 | 1215,8 |
| mit Zementmörtel- | PN[1]) | 40 | 40 | 40 | 40 | 32 | 25 | 25 | 25 | 20 | 20 | 20 | 20 | 20 | 20 | 20 |
| auskleidung K 9 | $d_i$ | 80 | 100 | 126 | 152 | 203,4 | 254,4 | 305,6 | 402,8 | 504 | 605,2 | 704,4 | 806,6 | 907,8 | 1009 | 1212,4 |
| DIN 28610, T1 | PN[1]) | 40 | 40 | 40 | 40 | 40 | 32 | 32 | 25 | 25 | 25 | 25 | 25 | 20 | 20 | 20 |
| K 10 | $d_i$ | 80 | 100 | 125,6 | 151 | 202 | 253 | 304 | 401 | 502 | 603 | 702 | 804 | 905 | 1006 | – |
| | PN[1]) | 40 | 40 | 40 | 40 | 40 | 40 | 40 | 32 | 32 | 32 | 25 | 25 | 25 | 25 | – |
| Duktile Gußrohre | $d_a$ | 98 | 118 | 144 | 170 | 222 | 274 | 326 | 429 | 532 | 635 | 738 | 842 | 945 | 1048 | 1255 |
| mit Muffen | $d_i$ | 86 | 105,8 | 131,6 | 157 | 208 | 259 | 310 | 411 | 512 | 613 | 714 | 816 | 917 | 1018 | 1224 |
| nach DIN 28610, T2 | PN[1]) | 40 | 40 | 40 | 40 | 32 | 32 | 32 | 25 | 25 | 25 | 16 | 16 | 16 | 16 | 16 |
| Duktile Gußrohre mit angegossenen Flanschen | $d_i$ | 81,6 | 101,2 | 126,4 | 151,8 | 202,4 | 253 | 314,8 | 403,8 | 504 | 604,2 | 704,4 | 805,6 | 905,8 | 1006 | 1207,4 |
| nach DIN 28614 | bis PN[1]) | 40 | 40 | 40 | 40 | 40 | 40 | 40 | 25 | 25 | 25 | 16 | 16 | 16 | 16 | 16 |
| Faserzementrohre nach DIN 19800 PN 20 | min $d_a$ | 97 | 119 | 148 | 176 | 232 | 284 | 340 | 453 | 563 | 677 | Ab DN 700 Anpassung an innere und äußere Belastung. Von DN 1000 bis DN 2000 auch 100 mm Zwischengrößen | | | | |
| $d_i$ = DN PN 16 | min $d_a$ | 103 | 128 | 157 | 188 | 250 | 306 | 367 | 488 | 606 | 726 | | | | | |
| Rohre aus PE-hart nach DIN 19533 | $d_i$ | 73,6 | 102,2 | 130,8 | 147,2 | 204,4 | 257,6 | 290,4 | – | $s_z$ Zementmörteldicke in mm | | | | | | |
| PN 10 | $d_a$ | 90 | 125 | 160 | 180 | 250 | 315 | 355 | – | $d_a$ Außendurchmesser in mm | | | | | | |
| Rohre aus PVC-hart | $d_a$ | 90 | 110 | 140 | 160 | 225 | 280 | 315 | 450 | $d_i$ Innendurchmesser in mm | | | | | | |
| nach DIN 19532 PN 10 | $d_i$ | 81,4 | 99,4 | 126,6 | 144,6 | 203,4 | 253,2 | 285 | 407 | PN Nenndruck in bar | | | | | | |
| PN 16 | $d_i$ | 76,6 | 93,6 | 119,2 | 136,2 | 191,6 | 238,4 | 268,2 | | K8, K9, K10 Wandstärkenklassen | | | | | | |

[1]) Die Nenndrücke gelten für das Rohr, nicht immer für die Verbindung [2]) nur bis DN 500
[3]) Nahtlose Stahlrohre mit St00, Handelsg. u. St35 o. Abn. haben höhere zul. Betriebsdrücke

**Stahlbetonrohre, Stahlbeton-Druckrohre und -Formstücke** nach DIN 4035 (8.95) und **Spannbetonrohre** n. DIN 4227 werden entsprechend den örtlichen Einbaubedingungen für praktisch jede Belastung, auch für das Rohrvertriebsverfahren, berechnet, bemessen und ausgeführt. Sie werden bezeichnet mit K für kreisrund/GM für Glockenmuffe/FM für Falzmuffe. Nennweiten von DN 250 bis DN 4000 und größer. Die Regelbaulänge beträgt mind. 2,5 m und soll durch 0,5 und bei DN 1600 und mehr durch 0,1 teilbar sein.

Die **Druckprüfung** wird nach DIN 4279 (6.90), Teil 1 – 10, durchgeführt. Der Prüfdruck beträgt in der Regel bis PN 10: 1,5 × Nenndruck, über PN 10: Nenndruck + 5 bar, und am höchsten Punkt der Prüfstrecke 1,1 × PN. Bei Stahlbetonleitungen bis PN 2,5: 1,4 × Nenndruck und über PN 2,5: Nenndruck + 1 bar. Bei PVC-Hart und PE-Hart: 1,5 × PN für die Vorprüfung und 1,3 × PN für die Hauptprüfung. Gemessen wird nach gewissen Standzeiten der Druckabfall und bei zementgebundenen Innenwänden auch die Wasseraufnahme. Siehe auch DVGW-W341 (7.90).

**Druckrohrleitungen** mit nicht zugfesten Verbindungen müssen an Krümmern, Endpunkten und T-Stücken durch **Betonwiderlager** festgelegt werden, s. Hydrodynamik, Grundl. s. Abschn. 3 und DVGW, Merkblätter GW310/I (7.71 in Überarbeitung) und GW310/II (9.73 in Überarbeitung)

# 8 Binnenwasserstraßen

$R_i$ Krümmungshalbm., in m, innerer Fahrbahnrand
$\alpha$ Zentriwinkel der Fahrbahnkrümmung
$l$ Schiffslänge in m
$R$ Krümmungshalbm. in Fahrbahnachse in m
$a$ Gesamtverbreiterungsmaß in Fahrwasserkrümmungen nach der international festgelegten Verbreiterungsformel

$$a = \frac{l^2}{2R} \quad \text{in m}$$

Nach Graewe, Die Bautechnik 1 (1971) können für Kanäle und staugeregelte Flüsse, ähnlich dem Main, die Richtwerte der nebenstehenden Tafel nach Prüfung der jeweiligen Verhältnisse angewendet werden.

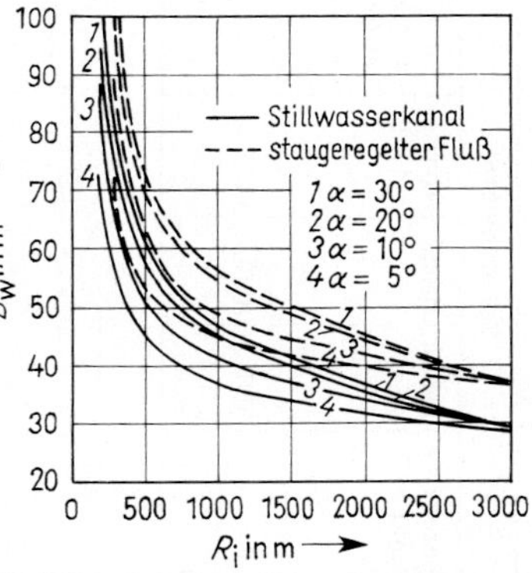


**Bild 120 Nutzbare Fahrwasserbreite $B_w$ für verschiedene $\alpha$**

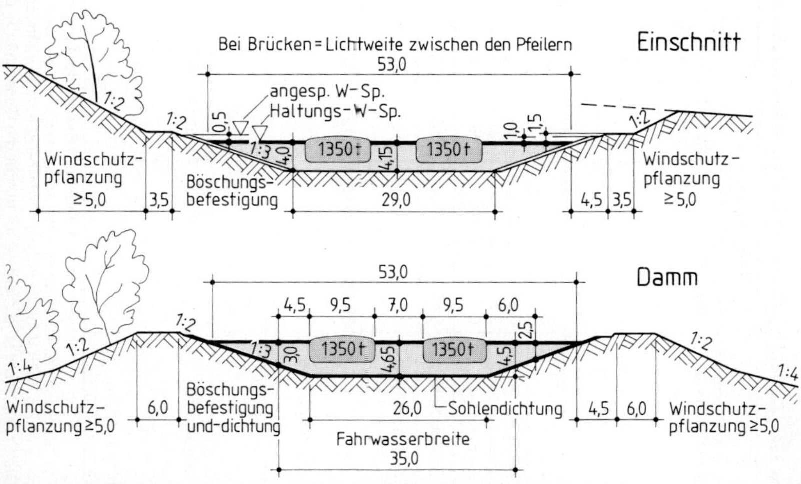


**Bild 121 Kanalquerschnitte für das Europaschiff (Elbe-Seitenkanal)**

**Tafel 124 Zuordnung von Schiffsgrößen zu Wasserstraßenklassen**

| | Motorschiff | | | | | Schubleichter | | | | | Schubverband | |
|---|---|---|---|---|---|---|---|---|---|---|---|---|
| | Bezeichnung | Länge[1]) in m | Breite[1]) in m | Abladetiefe[2]) in m | Tragfähigkeit bei der in Sp. 5 angegebenen Abladetiefe in t | Bezeichnung | Länge in m | Breite in m | Abladetiefe[2]) in m | Tragfähigkeit bei der in Sp. 10 angegebenen Abladetiefe in t | Formation[1]) | Gesamtlänge[3]) in m |
| 1 | 2 | 3 | 4 | 5 | 6 | 7 | 8 | 9 | 10 | 11 | 12 | 13 |
| I | Penische | 38,50 | 5,00 | 2,20 | 300 | | | | | | | |
| II | Kempenaar | 50,00 | 6,60 | 2,50 | 600 | | | | | | | |
| III | Gustav Königs | 67,00 | 8,20 | 2,50 | 1000 | | | | | | | |
| IV | Johann Welker | 80,00[1]) | 9,50 | 2,50 | 1350 | Europa I | 70,00 | 9,50 | 2,50 | 1240 | 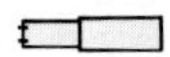 (IVa) | 90 bis 105[1]) |
| | | | | | | Europa II | 76,50 | 11,40 | | 1660 | | |
| | sog. Europaschiff | | | | | Europa II a | 76,50 | 11,40 | | 1520 |  (IVb) | 172 bis 185[1]) |
| V | | | | | | wie Wasserstraßenklasse IV | | | | | wie Wasserstraßenklasse IV | |
| VI | Groß-motorschiff | bis 110,00[1]) | bis 11,40[1]) | bis 4,50[2]) | bis 4500 | Europa II | | | bis 3,50 | bis 2520 | 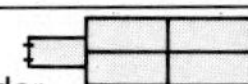 | bis 190 |
| | | | | | | | | | | | oder 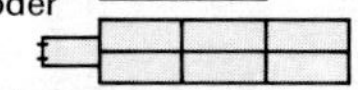 | bis 270 |
| | | | | | | Europa II a | | | bis 4,0 | bis 2940 | oder 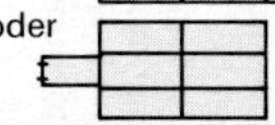 | bis 190 |

[1]) Die zulässigen Abmessungen (Länge und Breite) der Fahrzeuge und Verbände sind für die einzelnen Wasserstraßen durch Polizeiverordnungen festgelegt.
[2]) Die zulässige Abladetiefe ist bei staugeregelten Flüssen und Kanälen im allgemeinen ebenfalls durch Polizeiverordnungen festgelegt, im übrigen richtet sie sich nach den jeweiligen hydrologischen Verhältnissen.
[3]) Die Schubboote sind nicht genormt. Für die Gesamtlänge der Schubverbände können daher nur Richtmaße angegeben werden.

# Abfallwirtschaft

Bearbeitet von Prof. Dr.-Ing. Ernst Biener

## Inhalt



## Literatur


[1] Gesetz zur Förderung der Kreislaufwirtschaft und Sicherung der umweltverträglichen Beseitigung von Abfällen – Kreislaufwirtschafts- und Abfallgesetz – KrW-/AbfG v. 6.10.94; BGBl. I S. 2705

[2] Bundesminister für Umwelt, Naturschutz und Reaktorsicherheit: „Gesamtfassung der Zweiten allgemeinen Verwaltungsvorschrift zum Abfallgesetz (TA Abfall); Teil I: Technische Anleitung zur Lagerung, chemisch/physikalischen, biologischen Behandlung, Verbrennung und Ablagerung von besonders überwachungsbedürftigen Abfällen"; Bek. d. BMU v. 12.3.91, WA II 5 – 30121-1/18, GMBl. 42. Jg., Nr. 8, S. 139ff., Carl-Heymanns-Verlag, Köln 1991

[3] Bundesminister für Umwelt, Naturschutz und Reaktorsicherheit – „Dritte allgemeine Verwaltungsvorschrift zum Abfallgesetz (TA Siedlungsabfall); Technische Anleitung zur Verwertung, Behandlung und sonstigen Entsorgung von Siedlungsabfällen"; v. 14.5.93; Bundesanzeiger, Jhrg. 45, Nr. 99a, Bundesanzeiger Verlagsges. mbH, Köln 1993

[4] Landesamt für Wasser und Abfall NRW: Richtlinienentwurf zur Untersuchung und Beurteilung von Abfällen, Teil 2, Beseitigung von Abfällen durch Ablagern unter besonderer Berücksichtigung wasserwirtschaftlicher Gegebenheiten, Düsseldorf 1987

[5] *Thomé-Kozmiensky, K.J.*: Abdichtung von Deponien und Altlasten. Berlin: EF-Verlag für Energie und Umwelttechnik, 1992

[6] DIN 19667: Dränung von Deponien (05/91)


Abfall-
wirtschaft

[7] DIN 4266, Teil 1 bis 3: Sickerrohre für Deponien (01/92)

[8] Bundesanstalt für Materialforschung und -prüfung (BAM): Richtlinie für die Zulassung von Kunststoffdichtungsbahnen als Bestandteil einer Kombinationsdichtung für Siedlungs- und Sonderabfalldeponien sowie für Abdichtungen von Altlasten, Berlin 07/92

[9] *Ehrig, H.-J.*: Was ist Deponiesickerwasser – Mengen und Inhaltsstoffe. In: Deponiesickerwasser, ATV Dokumentation 4, GFA, St. Augustin 1986

[10] *Hösel, G.*; *Schenkel, W.*; *Schnurer, H.*: Müll-Handbuch; Erich Schmidt Verlag, Loseblattausgabe, Berlin

[11] *Hillebrecht, E.*: Kosten einer modernen Deponie; Stuttgarter Berichte zur Abfallwirtschaft; Heft Nr. 29; Erich Schmidt Verlag 1988

[12] Bundesminister für Umwelt, Naturschutz und Reaktorsicherheit: Gesetz zum Schutz vor schädlichen Bodenveränderungen und zur Sanierung von Altlasten (Bundes-Bodenschutzgesetz – BBodSchG); Referentenentwurf v. 21.8.95

[13] Directoraat-Generaal Milieubeheer/Directie Bodem, Afdeling, Waterbodems en Kwaliteit: Interventiewaarden bodemsanering v. 9.5.94/Nr. DBO/07494013; Staatscourant 1995

[14] Verordnung über Trinkwasser und über Wasser für Lebensmittelbetriebe (Trinkwasserverordnung – TrinkwV) v. 5.12.90; BGBl. I, S. 2612 und BGBl. I, S. 227 v. 23.1.91

[15] Rat der europäischen Gemeinschaft: EG-Richtlinie über die Qualität von Wasser für den menschlichen Gebrauch; 80/778/EWG v. 15.7.80

[16] Deutscher Verein des Gas- und Wasserfaches e.V.: Eignung von Oberflächenwasser als Rohstoff für die Trinkwasserversorgung; DVGW-Arbeitsblatt W 151 v. 07/75

[17] Länderarbeitsgemeinschaft Wasser: Empfehlungen für die Erkundung, Bewertung und Behandlung von Grundwasserschäden; Stand Okt. 1993

[18] Der Rat von Sachverständigen für Umweltfragen: Sondergutachten Altlasten, Metzler-Poeschel Verlag, Stuttgart 1990

[19] Der Rat von Sachverständigen für Umweltfragen: Sondergutachten Altlasten II, Metzler-Poeschel Verlag, Stuttgart 1995

[20] Abwassertechnische Vereinigung: Hinweise für das Einleiten von Abwasser in eine öffentliche Abwasseranlage; Arbeitsblatt A 115 v. Okt. 1994

[21] Verordnung über gefährliche Stoffe (Gefahrstoffverordnung – GefStoffV – ZH 1/220), Carl Heymanns Verlag KG, Köln

[22] Technische Regeln für Gefahrstoffe, TRGS 900; Maximale Arbeitsplatzkonzentrationen und biologische Arbeitsstofftoleranzwerte (MAK-Werte – ZH 1/401); Carl Heymanns Verlag KG, Köln

[23] Deutsches Institut für Gütesicherung und Kennzeichnung e.V.: Recycling-Baustoffe für den Straßenbau; Gütesicherung RAL-RG 501/1; Beuth-Verlag, Berlin 1985

[24] Deutsches Institut für Gütesicherung und Kennzeichnung e.V.: Aufbereitung zur Wiederverwendung von kontaminierten Böden und Bauteilen; Gütesicherung RAL-RG 501/2; Beuth-Verlag, Berlin 1994

[25] Forschungsgesellschaft für Straßen- und Verkehrswesen: Technische Lieferbedingungen für Mineralstoffe im Straßenbau; TL Min-StB 83; Köln 1983

[26] Forschungsgesellschaft für Straßen- und Verkehrswesen: Merkblatt über die Verwendung von industriellen Nebenprodukten im Straßenbau; Teil Wiederverwendung von Baustoffen; Köln 1985

[27] Länderarbeitsgemeinschaft Abfall (LAGA): Anforderungen an die stoffliche Verwertung von mineralischen Reststoffen/Abfällen; Technische Regeln; Stand September 1994

[28] *Tiltmann, K.O.* (Hrsg.): Handbuch Abfall-Wirtschaft und Recycling; Vieweg Verlag, 1993

# 1 Deponietechnik

## 1.1 Deponieklassen

Die technischen Anforderungen an die Ablagerung von Abfällen befinden sich derzeit durch die Auswirkungen der TA Siedlungsabfall stark im Umbruch [3]. Demnach wird in absehbarer Zukunft die Ablagerung von organischen Abfällen (z. B. Siedlungsabfall o. ä.) auf neu einzurichtenden Deponien nicht mehr zulässig sein. Derzeit betriebene Deponien werden jedoch auch aus Gründen der Entsorgungssicherheit noch für eine Übergangszeit in der heutigen Form weiterverfüllt.

### 1.1.1 Derzeitige Regelungen

Fast in sämtlichen alten Bundesländern erfolgte die Einteilung von Deponien nach [4]. Danach existieren die in Bild 1 angegebenen Deponieklassen. Die Ablagerung von Abfällen auf den Deponieklassen 1 bis 3 erfolgt in der Regel nach den Grenzwerten für die zulässige Konzentration von Inhaltsstoffen in Eluaten von Abfällen (Tafel 1).

Für die Ablagerung von Abfallstoffen auf den Deponieklassen 4, 5 und 6 sind keine Anforderungen an die zulässigen Konzentrationen von Inhaltsstoffen in Eluaten von Abfällen festgelegt. Bei allen Deponieklassen gelten jedoch Ausschlußkriterien für bestimmte reaktionsfreudige Abfälle und für Abfälle mit gefährlichen und toxischen

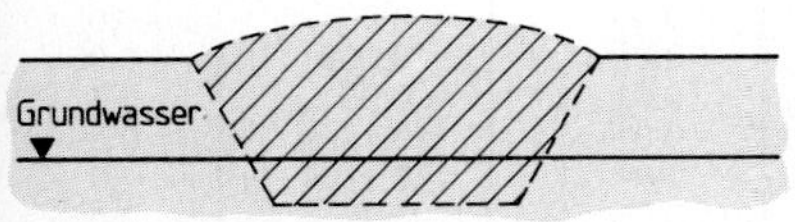


**a) Deponieklasse 1: Bodenablagerung**

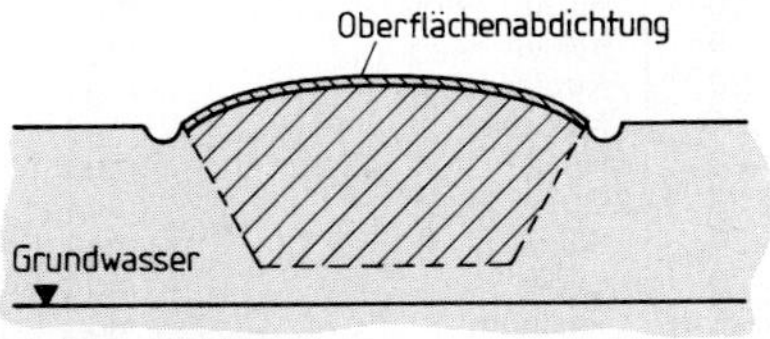


**b) Deponieklasse 2: Mineralstoffdeponie (z. B. Bauschutt)**

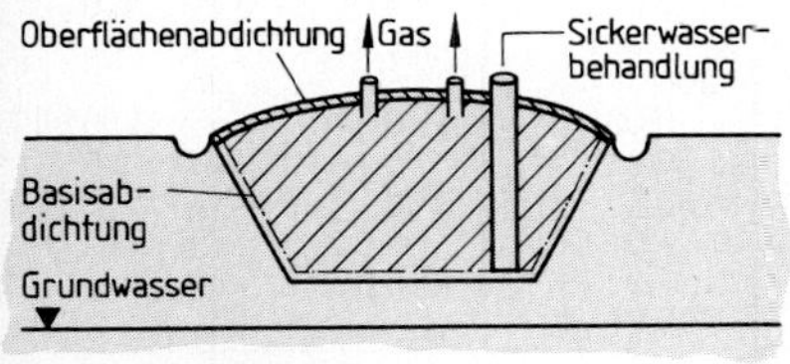


**c) Deponieklasse 3: Deponie für Siedlungsabfälle**

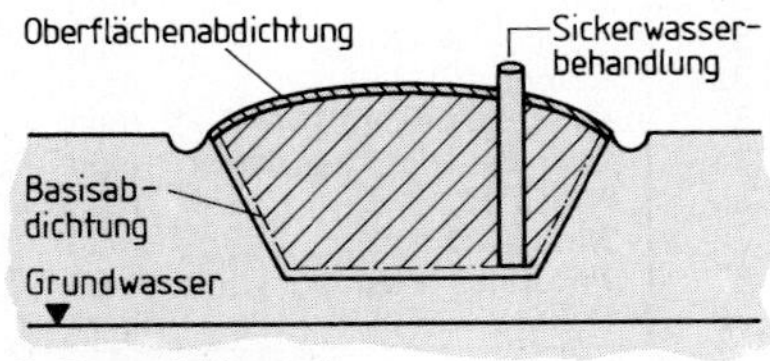


**d) Deponieklasse 4: Deponie für Gewerbe- und Industrieabfälle**

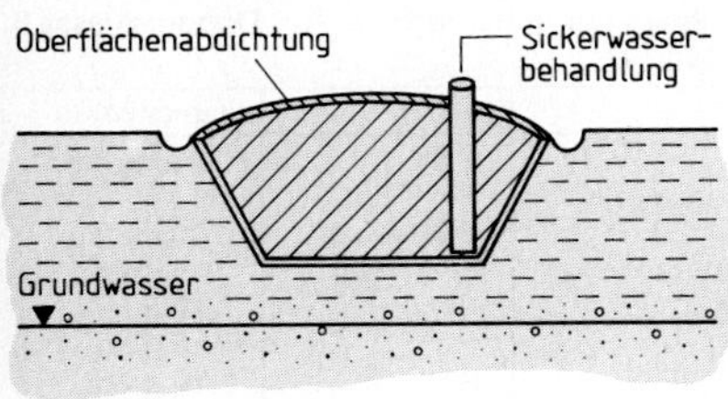


**e) Deponieklasse 5: Deponie für Sonderabfälle**

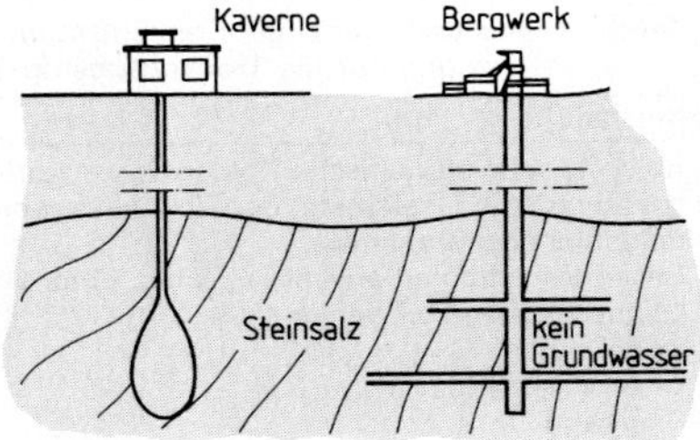


**f) Deponieklasse 6: Untertagdeponie für Sonderabfälle**

**Bild 1 Derzeitige Einteilung in Deponieklassen** nach [4]

Inhaltsstoffen. Für die Deponieklassen 1 bis 5 gelten die in Tafel 2 angegebenen maximalen Schadstoffgehalte. Die genauen bzw. weitergehende Werte sind beim jeweiligen Betreiber einer Deponie zu erfahren.

**Tafel 1 Zulässige Konzentrationen von Inhaltsstoffen in Eluaten von Abfällen** nach [4]

| Nr. | Deponieklasse | in | 1 | 2 | 3 |
|---|---|---|---|---|---|
| 1 | pH-Wert | – | 5,5 bis 10 | 5,5 bis 12 | 5,5 bis 12 |
| 2 | Leitfähigkeit | mS/m | <100 | <250 | * |
| 3 | CSB | mg $O_2$/l | < 20 | < 50 | * |
| 4 | Fischtest | – | Eluat unverdünnt negativ | | * |
| 5 | Polycyclische Aromaten | mg/l | 0,002 | 0,003 | 0,005 |
| 6 | Phenole | mg/l | 0,005 | 0,1 | 20 |
| 7 | Kohlenwasserstoffe | mg/l | 0,2 | 1,0 | 100 |
| 8 | EOX (Cl) | mg/l | 0,01 | 0,1 | 1,0 |
| 9 | Antimon | mg/l | 0,05 | 0,1 | 1,0 |
| 10 | Arsen | mg/l | 0,05 | 0,1 | 1,0 |
| 11 | Barium | mg/l | 0,5 | 1,0 | 5,0 |
| 12 | Beryllium | mg/l | 0,004 | 0,005 | 0,05 |
| 13 | Blei | mg/l | 0,05 | 0,5 | 2,0 |
| 14 | Bor | mg/l | 1,0 | 1,0 | 10,0 |
| 15 | Cadmium | mg/l | 0,005 | 0,05 | 0,5 |
| 16 | Chrom, gesamt | mg/l | 0,05 | 1,0 | 10,0 |
| 17 | Chrom-VI | mg/l | 0,01 | 0,1 | * |
| 18 | Eisen (gelöst) | mg/l | 1,0 | 2,0 | * |
| 19 | Kobalt | mg/l | 0,05 | 0,5 | 2,0 |
| 20 | Kupfer | mg/l | 0,1 | 1,0 | 10,0 |
| 21 | Mangan | mg/l | 0,5 | 1,0 | * |
| 22 | Nickel | mg/l | 0,05 | 0,5 | 10,0 |
| 23 | Quecksilber | mg/l | 0,001 | 0,005 | 0,05 |
| 24 | Selen | mg/l | 0,01 | 0,05 | 0,5 |
| 25 | Silber | mg/l | 0,01 | 0,1 | 0,5 |
| 26 | Thallium | mg/l | 0,01 | 0,1 | 2,0 |
| 27 | Vanadium | mg/l | 0,05 | 0,2 | 2,0 |
| 28 | Zink | mg/l | 1,0 | 5,0 | 10,0 |
| 29 | Zinn | mg/l | 0,5 | 0,5 | 10,0 |
| 30 | Fluorid ($F^-$) | mg/l | 2,0 | 5,0 | 20,0 |
| 31 | Ammoniak ($NH_3$) | mg/l | 1,0 | 5,0 | * |
| 32 | Chlorid ($Cl^-$) | mg/l | 200 | (x) | * |
| 33 | Cyanide, gesamt ($CN^-$) | mg/l | 0,05 | 0,5 | 20,0 |
| 34 | Cyanide, leicht freisetzbar | mg/l | 0,01 | 0,1 | 2,0 |
| 35 | Nitrat ($NO_3^-$) | mg/l | 50 | 100 | |
| 36 | Nitrit ($NO_2^-$) | mg/l | 1,0 | 1,0 | |
| 37 | Phosphat ($PO_4^{3-}$) | mg/l | 1,0 | 10,0 | |
| 38 | Sulfat ($SO_4^{2-}$) | mg/l | 250,0 | (x) | |

(x) wird durch Leitfähigkeit begrenzt
(*) Für die Beurteilung einer Zulassung auf Deponieklasse 3 nicht relevant

**Tafel 2 Maximal zulässige Konzentrationen spezieller Inhaltsstoffe für Deponieklasse 5 (bezogen auf die Trockensubstanz)** nach [4]

| Inhaltstoffe | Kurzform | Grenzwerte*) |
|---|---|---|
| Polycyclische aromatische Kohlenwasserstoffe (beschränkt auf Parameter der Trinkwasserverordnung) | PAK | 100 mg/kg |
| Polychlorierte Biphenyle | PCB | 100 mg/kg |
| Gesamtes extrahierbares organisches Chlor (Pentanextrakt) | EOX (Cl) | 5 g/kg |
| Leicht freisetzbare Cyanide | $CN_{lf}$ | 10 g/kg |
| Quecksilber | Hg | 5 g/kg |
| Arsen (wasserlöslich) | As | 10 g/kg |
| Cadmium | Cd | 10 g/kg |

*) Für Deponieklassen 1 bis 4 sind weitergehende Begrenzungen sowie Grenzwerte für andere Inhaltsstoffe unter Berücksichtigung der wasserwirtschaftlichen und deponietechnischen Gegebenheiten vorzusehen.

## 1.1.2 Künftige Regelungen

Nach Einführung der TA Abfall [2] und der TA Siedlungsabfall [3] wird es künftig nur noch 3 obertägige Deponieklassen geben.

- Deponieklasse I: (Mineralstoffdeponie)
- Deponieklasse II: (Reststoffdeponie)
- Deponieklasse III: (Sonderabfalldeponie)

Bei der Zuordnung von Abfällen zu den o.a. Deponien sind die in Tafel 3 genannten Zuordnungswerte einzuhalten. Werden diese Werte überschritten, so ist eine Abfallentsorgung auf einer Untertagedeponie (Typ 1 oder 2) vorzusehen.

**Tafel 3 Zuordnung von Abfällen zu Deponien** nach [2] und [3]

| Nr. | Parameter | | Zuordnungswerte | | |
|---|---|---|---|---|---|
| | Deponieklasse | in | I | II | III |
| 1 | Festigkeit[1]) | | | | |
| 1.01 | Flügelscherfestigkeit | $kN/m^2$ | ≧25 | ≧25 | ≧25 |
| 1.02 | Axiale Verformung | % | ≦20 | ≦20 | ≦20 |
| 1.03 | Einaxiale Druckfestigkeit (Fließwert) | $kN/m^2$ | ≧50 | ≧50 | ≧50 |
| 2 | Organischer Anteil des Trockenrückstandes der Originalsubstanz[2]) | | | | |
| 2.01 | bestimmt als Glühverlust | Masse-% | ≦3 | ≦5 | ≦10 |
| 2.02 | bestimmt als TOC | Masse-% | ≦1 | ≦3 | – |
| 3 | Extrahierbare lipophile Stoffe der Originalsubstanz | Masse-% | ≦0,4 | ≦0,8 | ≦4 |
| 4 | Eluatkriterien | | | | |
| 4.01 | pH-Wert | – | 5,5 bis 13 | 5,5 bis 13 | 4 bis 13 |
| 4.02 | Leitfähigkeit | uS/cm | ≦10000 | ≦50000 | ≦100000 |
| 4.03 | TOC | mg/l | ≦ 20 | ≦ 100 | ≦ 200 |
| 4.04 | Phenole | mg/l | ≦ 0,2 | ≦ 50 | ≦ 100 |
| 4.05 | Arsen | mg/l | ≦ 0,2 | ≦ 0,5 | ≦ 1 |
| 4.06 | Blei | mg/l | ≦ 0,2 | ≦ 1 | ≦ 2 |
| 4.07 | Cadmium | mg/l | ≦ 0,05 | ≦ 0,1 | ≦ 0,5 |
| 4.08 | Chrom VI | mg/l | ≦ 0,05 | ≦ 0,1 | ≦ 0,5 |
| 4.09 | Kupfer | mg/l | ≦ 1 | ≦ 5 | ≦ 10 |
| 4.10 | Nickel | mg/l | ≦ 0,2 | ≦ 1 | ≦ 2 |
| 4.11 | Quecksilber | mg/l | ≦ 0,005 | ≦ 0,02 | ≦ 0,1 |
| 4.12 | Zink | mg/l | ≦ 2 | ≦ 5 | ≦ 10 |
| 4.13 | Fluorid | mg/l | ≦ 5 | ≦ 25 | ≦ 50 |
| 4.14 | Ammonium-N | mg/l | ≦ 4 | ≦ 200 | ≦ 1000 |
| 4.15 | Chlorid | mg/l | – | – | ≦ 10000 |
| 4.16 | Cyanide, leicht freisetzbar | mg/l | ≦ 0,1 | ≦ 0,5 | ≦ 1 |
| 4.17 | Sulfat | mg/l | – | – | ≦ 5000 |
| 4.18 | Nitrit | mg/l | ≦ 8 | ≦ 6 | ≦ 30 |
| 4.19 | AOX | mg/l | ≦ 0,3 | ≦ 1,5 | ≦ 3 |
| 4.20 | Wasserlöslicher Anteil (Abdampfrückstand) | mg/l | ≦ 3 | ≦ 6 | ≦ 10 |

[1]) 1.02 kann gemeinsam mit 1.03 gleichwertig zu 1.01 angewandt werden.
[2]) 2.01 kann gleichwertig zu 2.02 angewandt werden; Anforderung gilt nicht für verunreinigten Bodenaushub, der auf einer Monodeponie abgelagert wird.

Darüber hinaus regeln [2] und [3] die Ablagerung von besonderen produktionsspezifischen Abfällen auf Monodeponien, wenn aufgrund der Schadstoffgehalte im Abfall oder der Bindungsform der Schadstoffe in den Abfällen eine Mobilisierung der Schadstoffe und nachteilige Reaktionen mit anderen Abfällen ausgeschlossen werden sollen. Dabei können einzelne der in Tafel 3 genannten Zuordnungswerte (außer Lfd. Nr. 1 bzw. 2) mit Zustimmung der zuständigen Behörde überschritten werden.

## 1.2 Bestandteile von Deponien

Die wesentlichen Bestandteile einer obertägigen Deponie nach dem Multibarrierenprinzip [5] sind in Bild 2 dargestellt. Gemäß [3] ist eine Anlage von Deponien in Gruben, aus denen eine Ableitung von Sickerwasser in freiem Gefälle zu außerhalb des Ablagerungsbereichs liegenden Schächten nicht möglich ist, nicht mehr zulässig. Daher ist für die Planung von Deponien in der Regel von der Form einer Hoch- bzw. Haldendeponie auszugehen.

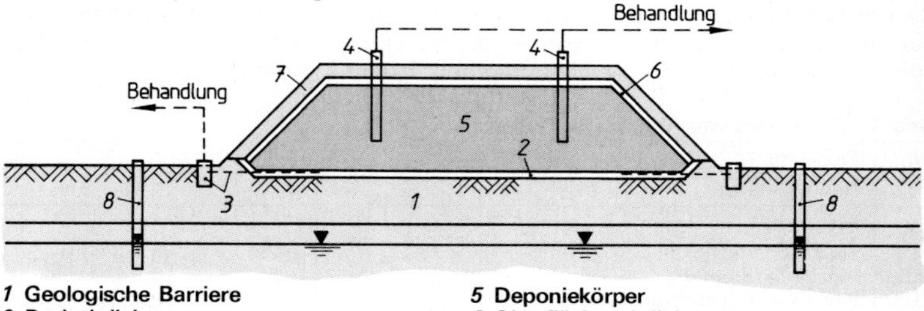


*1* **Geologische Barriere**
*2* **Basisabdichtung**
*3* **Sickerwasserfassung und -behandlung**
*4* **Gasfassung und -behandlung (bei organischen Abfällen)**
*5* **Deponiekörper**
*6* **Oberflächenabdichtung**
*7* **Rekultivierung**
*8* **Grundwasserbeobachtung (Betrieb, Nachsorge)**

**Bild 2 Prinzipielle Bestandteile einer Deponie**

## 1.3 Geologische Anforderungen

In [2] und [3] werden Anforderungen an den „geeigneten Deponiestandort" gestellt. Es sind im wesentlichen geologische und hydrogeologische Anforderungen (geringe Grundwasserneubildung, geringe Grundwassergeschwindigkeit, geringer Grundwasserdurchfluß, hohes Schadstoffrückhaltevermögen); darüberhinaus werden Ausschlußkriterien genannt.

**Ausschlußkriterien**

Oberirdische Deponien dürfen nicht errichtet werden in:

a) Karstgebieten und Gebieten mit stark klüftigem und besonders wasserwegsamem Untergrund (z. B. Kalkstein, Kalkmergel- bzw. Dolomitgestein, etc.)

b) festgesetzten, vorläufig sichergestellten oder fachbehördlich geplanten Trinkwasser- oder Heilquellenschutzgebieten sowie Wasservorranggebieten bzw. Überschwemmungsgebieten

**Deponieuntergrund**

| | |
|---|---|
| Deponieklasse I | keine besonderen Anforderungen |
| Deponieklasse II | natürlich anstehende schwach bis sehr schwach durchlässige Locker- bzw. Festgesteine ($k \leqq 1 \cdot 10^{-6}$ m/s) von mehreren Metern Mächtigkeit mit hohem Schadstoffrückhaltepotential; flächige Verbreitung über den Ablagerungsbereich hinaus; alternativ: bautechnische Barriere von 3 m Mächtigkeit mit $k \leqq 1 \cdot 10^{-7}$ m/s. |
| Deponieklasse III | natürlicher Untergrund mit einer Mindestmächtigkeit von 3 m (flächige Verteilung) und einem hohen Adsorptionsvermögen (z. B. tonmineralhaltiger Untergrund mit einer Gebirgsdurchlässigkeit $k \leqq 1 \cdot 10^{-7}$ m/s) |

## 1.4 Basisabdichtungen

Deponiebasisabdichtungssysteme umfassen neben der eigentlichen abdichtenden Schicht auch die weiteren notwendigen Komponenten, wie Entwässerungs-, Schutz- und Filterschichten. Dichtungen können aus mineralischen Materialien und/oder Kunststoffdichtungsbahnen hergestellt werden. Für die Deponieklassen II und III sind laut [2] und [3] im Regelfall nur Kombinationsdichtungen (mineralische Dichtung mit im „Preßverbund" aufliegender Kunststoffdichtungsbahn) zulässig (Bild 3).

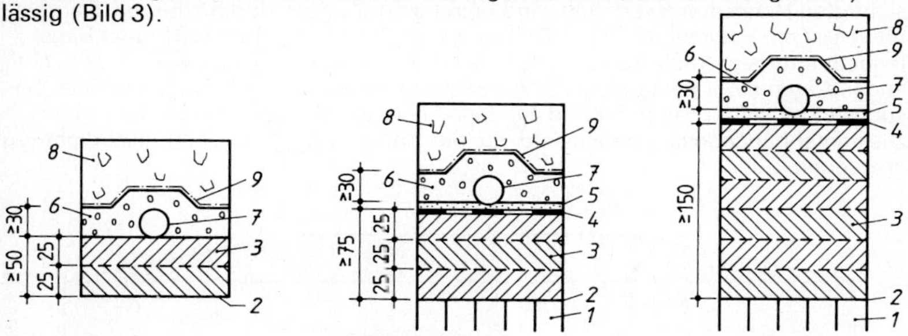

**a) Deponieklasse I** **b) Deponieklasse II** **c) Deponieklasse III**

*1* **Deponieuntergrund**
*2* **Deponieplanum**
*3* **Mineralische Dichtung**
*4* **Kunststoffdichtungsbahn**
*5* **Schutzschicht**
*6* **Entwässerungsschicht**
*7* **Sickerrohre**
*8* **Abfall**
*9* **Filterschicht (ggf.)**

**Bild 3 Basisabdichtungen für Deponien**

**Tafel 4 Anforderungen an Basisabdichtungen**

| Lfd. Nr. | Komponente der Basisabdichtung | Parameter | Werte/Maßnahmen |
|---|---|---|---|
| 1 | Deponieuntergrund | Durchlässigkeit | s. Abschn. 1.3 |
| 2 | Deponieplanum | Grundwasser<br>Verdichtung | $\geqq$1,0 m unter Planum<br>Verdichtungsgrad $D_{pr} \geqq 0{,}95$ bzw. ZTVE, Tab. 4 |
| 3 | Mineralische Dichtung (MD) | Material | Feinstkorn $\leqq$2 um $\geqq$20 Gew.-%<br>Tonmineralien $\geqq$10 Gew.-%<br>organische Substanz $\leqq$5 Gew.-%<br>Kalziumkarbonat ($CaCO_3$)-Gehalt $\leqq$15 Gew.-% |
| | | Gefälle | $\geqq$3% (nach Setzung) |
| | | Einbauwerte | Lagen à $\leqq$25 cm; $D_{pr} \geqq 0{,}95$;<br>Einbauwassergehalt $w$ muß über dem Proctorwassergehalt $w_{pr}$ liegen, d.h.:<br>$w_{pr} \leqq w \leqq w\,(0{,}95)$; bei Abweichung gilt Luftporenanteil $n_a \leqq 5\%$<br>Durchlässigkeitsbeiwert $k$ (Labor)<br>$k \leqq 5 \cdot 10^{-10}$ m/s bei $i = 30$ |
| | | Bauphase | Wetterschutz (Nässe, Frost, Austrocknung) |
| 4 | Kunststoff-dichtungsbahn (KDB) | Material<br>Dicke<br>Einbau | PEHD o.ä. (BAM-Zulassung [8])<br>$d \geqq 2{,}5$ mm<br>KDB direkt auf MD aufliegende („Preßverbund") |
| 5 | Schutzschicht | Material | Geotextil oder Verbundmateriallagen (mit Flächengewichten $\geqq$1200 g/m²)<br>oder mineralische Schutzschichten (Sand/Splitt-Gemische 0/8; $d \geqq 10$ cm)<br>jeweils nach Eignungsprüfung |
| 6 | Entwässerungs-schicht | Material | chemisch stabiles Rundkorn; u. U. gebrochenes Material 8/16 bzw. 16/32<br>Kalziumkarbonat ($CaCO_3$)-Gehalt $\leqq$15 Gew.-%<br>$k \geqq 1 \cdot 10^{-3}$ m/s (DIN 19667 [6]) |
| | | Dicke | $d \geqq 30$ cm |
| 7 | Sickerrohre | Material | PEHD o.ä. nach DIN 4266 [7]<br>2/3-gelocht oder geschlitzt<br>Nenndurchmesser DN $\geqq$300 mm |
| | | Gefälle | $\geqq$1% (nach Setzung)<br>Wassereintrittsfläche $\geqq$100 cm²/lfdm |

Die in [2] und [3] genannten Anforderungen an die einzelnen Bestandteile eines Deponieabdichtungssystems sind in Tafel 4 zusammengefaßt. Für die zur Herstellung von Deponieabdichtungssystemen benötigten Materialien sowie für die beabsichtigten Herstellungsverfahren sind Eignungsprüfungen durchzuführen. Darüberhinaus ist die Herstellbarkeit des Dichtungssystems nach [2] und [3] unter Baustellenbedingungen durch Ausführung eines Versuchsfeldes nachzuweisen. Versuchsfelder dürfen nicht Bestandteil der Abdichtung werden. Die Abmessungen des Versuchsfeldes sollen denen im Bild 4 entsprechen. Bei Böschungen steiler 1:4 ist ein zusammenhängendes Versuchsfeld für die Sohl- und die Böschungsabdichtung anzulegen.

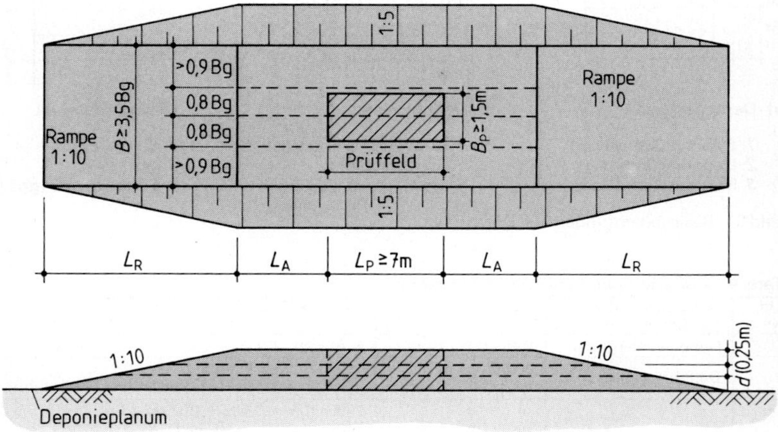


$L_p$ = Länge des Prüffeldes
$L_R$ = Rampenlänge
$d$ = Dicke einer verdichteten Lage
$B_g$ = Gerätebreite
$L_A$ = Beschleunigungs- und Verzögerungsstrecke
$B_p$ = Breite des Prüffeldes

**Bild 4 Abmessungen des Versuchsfeldes** [3]

## 1.5 Sickerwasserzusammensetzung und -erfassung

### Sickerwasserbildung

Die anfallenden Sickerwassermengen einer Deponie werden maßgeblich vom Sickerwasserhaushalt des Deponiekörpers bestimmt. Spitzenereignisse (z. B. zu Beginn der Ablagerung) sind mit den Mitteln der Hydrologie (s. dort) zu bestimmen. Für die Bemessung von Entwässerungsschichten und Sickerrohren sind neben den o. a. Spitzenereignissen gem. [6] **6 l/(s · ha)** anzusetzen.

**Tafel 5 Sickerwassermengen bei durchschnittlichen meteorologischen Verhältnissen ($N$ = 800 mm)**

| Sickerwassermengen (Anhaltswerte für jährliches Mittel): | |
|---|---|
| Betriebene Deponieabschnitte | 4,5 bis 5,5 $m^3$/(ha · d) |
| Abgeschlossene, nicht zwischenabgedeckte Abschnitte | 7,0 bis 8,0 $m^3$/(ha · d) |
| Abgeschlossene, zwischenabgedeckte Abschnitte | 1,0 bis 2,5 $m^3$/(ha · d) |

**Sickerwasserzusammensetzung** [9]

Die Zusammensetzung von Deponiesickerwasser bei derzeitigen Siedlungsabfalldeponien (Deponieklasse 3) wird von den verschiedenen biologischen Prozessen im Deponiekörper bestimmt. Allerdings weist Deponiesickerwasser gegenüber anderem belasteten Wasser eine Besonderheit auf. Das Konzentrationsniveau einiger Parameter verlagert sich von einem hohen auf ein geringeres Niveau, stetig, aber relativ kurzfristig (Zeitraum ca. 1 bis 3 Jahre). Dies gilt insbesondere für die organischen Summenparameter $BSB_5$ und CSB.

Nach Abklingen der anfänglich aeroben Vorgänge bildet sich ein anaerobes Milieu aus. Zunächst erfolgt dieser anaerobe biologische Abbau nur bis zu den niederen Fettsäuren, die (in Wasser gelöst) die hohen organischen Belastungen verursachen („Saure Gärung"). Im weiteren zeitlichen Verlauf werden dann auch die restlichen niederen Fettsäuren zu Methan und Kohlendioxyd („Methangärung") umgesetzt und damit die Belastungen des Sickerwassers drastisch reduziert. Da die niederen Fettsäuren gleichzeitig zu einer Absenkung des pH-Wertes führen, ändern sich auch die Löslichkeit und damit die Konzentration einiger anorganischer Inhaltsstoffe (Tafel 6 und 7).

**Tafel 6 Mittelwerte und Bereiche verschiedener Sickerwasserinhaltstoffe von Siedlungsabfalldeponien (Stoffe mit signifikanter Konzentrationsänderung beim Phasenwechsel)** [9]

| Parameter | **Saure Gärung** (hohe organische Belastung) | | **Methangärung** (geringe organische Belastung) | |
|---|---|---|---|---|
| | Mittelwert in mg/l | Bereich in mg/l | Mittelwert in mg/l | Bereich in mg/l |
| pH (–) | 6,1 | 4,5 bis 7,5 | 8 | 7,5 bis 9 |
| $BSB_5$ | 13000 | 4000 bis 40000 | 180 | 20 bis 550 |
| CSB | 22000 | 6000 bis 60000 | 3000 | 500 bis 4500 |
| $BSB_5$/CSB | 0,6 | | 0,06 | |
| Sulfat | 500 | 70 bis 1750 | 80 | 10 bis 420 |
| Calcium | 1200 | 10 bis 2500 | 60 | 20 bis 600 |
| Magnesium | 470 | 50 bis 1150 | 180 | 40 bis 350 |
| Eisen | 780 | 20 bis 2100 | 15 | 3 bis 280 |
| Mangan | 25 | 0,3 bis 65 | 0,7 | 0,03 bis 45 |
| Zink | 5 | 0,1 bis 120 | 0,6 | 0,03 bis 4 |
| Strontium | 7 | 0,5 bis 15 | 1 | 0,3 bis 7 |

**Tafel 7 Mittelwerte und Bereiche verschiedener Sickerwasserinhaltstoffe von Siedlungsabfalldeponien (Stoffe ohne signifikante Konzentrationsänderung beim Phasenwechsel)** [9]

| Inhaltstoffe ohne signifikante Konzentrationsänderung beim Phasenwechsel | | | Spurenelemente/Schwermetalle | | | |
|---|---|---|---|---|---|---|
| Parameter | Mittelwert in mg/l | Bereich in mg/l | Parameter | Mittelwert in µg/l | Bereich in µg/l | 95%-Bereich* in µg/l |
| TKN | 1350 | 50 bis 5000 | Arsen | 160 | 5 bis 1600 | 680 |
| $NH_4$–N | 750 | 30 bis 3000 | Blei | 90 | 8 bis 1020 | 660 |
| ges. P | 6 | 0,1 bis 30 | Cadmium | 6 | 0,5 bis 140 | 30 |
| AOX | 2 | 0,3 bis 3,35 | Chrom | 300 | 30 bis 1600 | 1110 |
| Öle, Fette | 1 | 0,1 bis 3 | Kobalt | 55 | 4 bis 950 | 270 |
| Alkalität | 6700 | 300 bis 11500 | Kupfer | 80 | 4 bis 1400 | 490 |
| ADR | 8000 | 300 bis 50000 | Nickel | 200 | 20 bis 2050 | 740 |
| Chlorid | 2100 | 100 bis 5000 | | | | |
| Natrium | 1350 | 50 bis 4000 | | | | |
| Kalium | 1100 | 10 bis 2500 | | | | |

* Unterhalb dieser Werte liegen 95% aller Messungen;
ADR: Abdampfrückstand
Alkalität: $CaCO_3$

Bezüglich der Sickerwasserzusammensetzung künftiger Reststoffdeponien (Deponieklassen I, II und III) mit vorwiegend anorganischer Belastung können derzeit aufgrund fehlender Datenlage noch keine Aussagen getroffen werden.

**Sickerwassererfassung**

Die beispielhafte Anordnung von Entwässerungseinrichtungen einer Hochdeponie ist in Bild 5 dargestellt.

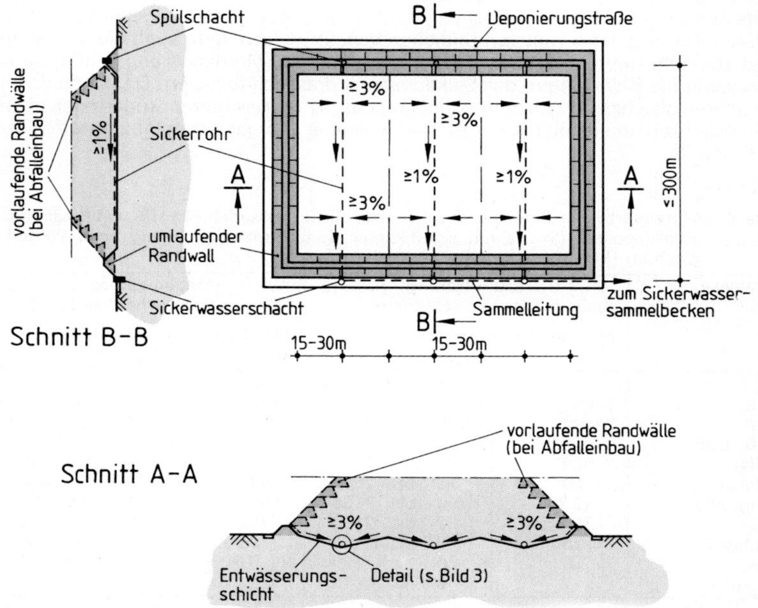


**Bild 5 Beispielhafte Anordnung der Entwässerungseinrichtungen einer Hochdeponie**

Folgende Planungsgrundsätze sind laut [3] zu beachten:

a) Entwässerungsschichten sind flächig auszubilden; die Sickerrohre sind spül- und kontrollierbar vorzusehen.

b) Die Ableitung von Sickerwasser muß in freiem Gefälle möglich sein.

c) Vertikale Durchdringungen des Dichtungssystems sind unzulässig.

d) Sonstige Rohrdurchdringungen des Dichtungssystems sind kontrollier- und reparierbar auszubilden.

e) Sämtliche Bauteile sind hydraulisch nachzuweisen (s. S. 1278).

**Sickerwasserbehandlung**

Einen Überblick über Sickerwasserbehandlungsverfahren (incl. Leistungsvergleich) geben Tafel 8 und 9.

**Tafel 8 Leistungsvergleich von Sickerwasserbehandlungsverfahren** [2]

| Verfahren zur Sickerwasserbehandlung | geeignete Stoffgruppen | ungeeignete Stoffgruppen/ Grenzen d. Verf. | Folgeprodukte/Reststoffe und deren Entsorgung | Mögliche Verfahrenskombinationen für den Hauptstrom |
|---|---|---|---|---|
| Eindampfung | grundsätzlich alle | leichtflüchtige Chlorkohlenwasserstoffe (CKW) und Ammonium | Salze → Verwendung/ Ablagerung<br>Abluft → Verbrennung | Vor der Eindampfung: Mechanische Phasentrennung; Ultrafiltration; Umkehrosmose; Mechanische Filtration<br>Nach der Eindampfung: Aktivkohlebehandlung; Verbrennung (Teilströme); Umkehrosmose; Biologische Behandlung |
| Verbrennung | grundsätzlich alle | flüchtige Oxide; hohe Gehalte an Cadmium und Quecksilber | Schlacke → Verwertung/ Ablagerung<br>Aschen/ Stäube → (SAD)/ Ablagerung<br>Rauchgasreinigung → Behandlung | Vor der Verbrennung: (Konzentrat) Ultrafiltration; Eindampfung; Mech. Filtration |
| Adsorption mit Harzen | unpolare und schwachpolare Substanzen; Molgew. <1000; besonders Halogenorganische Verbindungen | wasserlösliche organische Stoffe mit hohem Dipolmoment; Feststoffe; hohe Salzgehalte | beladene Harze → Regenerierung<br>– Extraktive Behandlg.<br>– Thermische Behandlg.<br>Ablagerung | Vor der Adsorption: Biologische Behandlung; Umkehrosmose (Permeat); Ultrafiltration<br>Nach der Adsorption: Mech. Filtration; Flockung/Fällung; Biologische Behandlung; Umkehrosmose (Permeat) |
| Adsorption an A-Kohle | organische Halogene; Phenole; Aromate; organische Lösemittel; Pestizide; Detergentien | Salze; Metalle; Ammonium; mech. Verunreinigungen | beladene A-Kohle → Regenerierung<br>– Extraktive Behandlg.<br>– Thermische Behandlg.<br>Ablagerung | Vor der Adsorption: Flockung/Fällung; Mech. Filtration; Umkehrosmose; Biologische Behandlung; Eindampfung<br>Während der Adsorption: gem. Flockung/ Fällung mit der Adsorption<br>Nach der Adsorption: Umkehrosmose; Mitbehandlung in einer biologischen Kläranlage |
| Membranverfahren (Umkehrosmose) | feststoff-„freie" Wasser; echte Lösungen | org. Säuren: <10%; org. Ester/ Ketone: <0 bis 5%; aliphat. Alkohole: <5 bis 40%; aromat. Bestandt.: <0 bis 5%; unpol. org. Bestandt.: <5 bis 40%; Formaldehyd: <5% | Konzentrat → Behandlung<br>Abluft → Behandlung | Vor dem Membranverfahren: Mech. Filtration; Eindampfung (Destillat); Adsorber-Harze<br>Nach dem Membranverfahren (Permeat): Strippung; Biologische Behandlung; Adsorber-Harze; Aktivkohlebehandlung |

**Tafel 9 Leistungsvergleich von Sickerwasserbehandlungsverfahren** [2]

| Verfahren zur Sickerwasserbehandlung | geeignete Stoffgruppen | ungeeignete Stoffgruppen/ Grenzen d. Verf. | Folgeprodukte/Reststoffe und deren Entsorgung | Mögliche Verfahrenskombinationen für den Hauptstrom |
|---|---|---|---|---|
| Biologische Behandlung | biologisch abbaubare Verbindungen (ggf. fällbare oder an den Schlamm adsorbierbare Verbindungen) | Stoffe, die auf Mikroorganismen toxisch oder hemmend wirken | Überschußschlamm → Thermische Behandlung Ablagerung | Vor der Biologischen Behandlung: Flockung/Fällung; Aktivkohlebehandlung; Membranverfahren; Adsorberharze<br>Nach der Biologischen Behandlung: Mech. Filtration; Flockung/Fällung; Aktivkohlebehandlung |
| Mechanische Filtration | Schwebstoffe | im allgemeinen keine | Filterrückstände → Behandlung oder Ablagerung | Vor der Mech. Filtration: Flockung/Fällung; Aktivkohlebehandlung; Biologische Behandlung |
| Flockung/ Fällung | Schwermetalle | Komplexbildner enthaltendes Wasser | Schlamm → Behandlung oder Ablagerung | Die Flockung/Fällung kann sowohl als Vor- als auch als Nachbehandlungsverfahren eingesetzt werden |
| Strippung | flüchtige KW u. halogenhaltige KW; Schwefelwasserstoff; Ammoniak | größerer Schlamm- oder Feststoffgehalt | Reststoffe (Gasphase) → Thermische Behandlung | Die Strippung wird insbesondere als Vorbehandlungsfahren eingesetzt, kann aber auch zur Nachbehandlung verwendet werden. |

## 1.6 Gaszusammensetzung und -erfassung

### Deponiegasbildung

Unter Deponiegas werden die gasförmigen Stoffwechselprodukte der biochemischen Prozesse verstanden, die im Deponiekörper (von Siedlungsabfalldeponien) durch mikrobielle Abbauprozesse entstehen (s. Abschn. 1.5). Bild 6 zeigt in Abhängigkeit von der Ablagerungsdauer die prinzipielle Zusammensetzung von Deponiegas (Hauptkomponenten) [10].

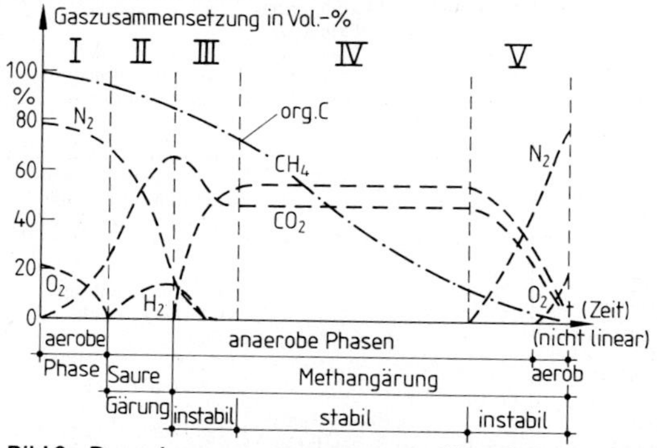


$CH_4$ Methan
$CO_2$ Kohlendioxid
$N_2$ Stickstoff
$O_2$ Sauerstoff
$H_2$ Wasserstoff
org C organischer Kohlenstoffanteil im Abfall

Phase I „Aerobe Phase"
Phase II „Saure Gärung (s. Abschn. 1.5)
Phase III „Instabile Methangärung"
Phase IV „Stabile Methangärung"
Phase V „Ausklingphase"

**Bild 6 Deponiegaszusammensetzung während des Abbaus von Siedlungsabfall**

### Deponiegaszusammensetzung

Bei der Überprüfung von Deponiegas in Entgasungsanlagen bzw. Gasverwertungsanlagen wird Deponiegas (infolge seiner Gewinnung/Absaugung) in mehr oder weniger starker Verdünnung mit (Luft) Sauerstoff und Stickstoff festgestellt [10].

**Tafel 10 Typische Deponiegaskonstellationen (Angaben in Vol-%) [10]**

| Fall | | $CH_4$ | $CO_2$ | $O_2$ | $N_2$ |
|---|---|---|---|---|---|
| **Gas 1** | Reines Deponiegas, da $CH_4$ und $CO_2$ im typischen Verhältnis von ca. 1,2:1 | 55 | 45 | – | – |
| **Gas 2** | Mit atmosphärischer Luft verdünntes Deponiegas | 40 | 30 | 6 | 24 |
| **Gas 3** | Verdünntes Deponiegas; es fehlt der Sauerstoff (Falschluftansaugung in Deponie) | 45 | 35 | 1 | 18 |
| **Gas 4** | Verdünntes Deponiegas als Mischung der Fälle 2 und 3) | 35 | 30 | 5 | 30 |

Weitere Bestandteile (Spuren) im Deponiegas sind: Wasserdampf, Schwefelwasserstoff, Ammoniak, Kohlenmonoxid, Schwermetalle und eine Vielzahl von organischen (halogenierten und nichthalogenierten) Verbindungen.

**Deponiegaserfassung**

In der Regel erfolgt die Deponiegaserfassung während der Verfüllung und nach Abschluß der Verfüllung aus betriebstechnischen Gründen mit unterschiedlichen Systemen (Bild 7):

- horizontale Systeme (während des Deponiebetriebes bestehend aus horizontalen Kiesfiltern bzw. -rigolen; Einzugsbereich ca. 10 bis 15 m)
- vertikale Systeme (während und nach Abschluß des Deponiebetriebes; Gasbrunnen mit Einzugsbereichen von ca. 25 bis 40 m).

Zusätzlich erfolgt bei abgeschlossenen Deponien eine flächige Entgasung unterhalb der Oberflächenabdichtung (s. Abschn. 1.7).

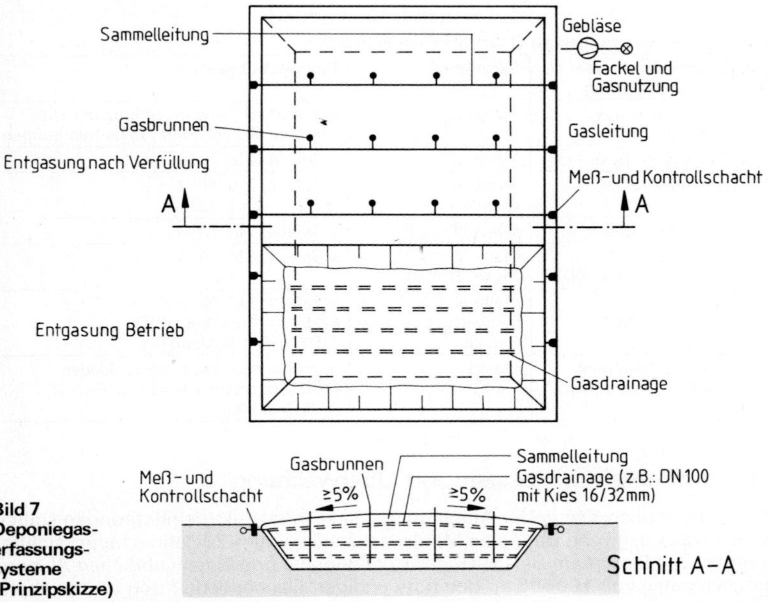


**Bild 7 Deponiegaserfassungssysteme (Prinzipskizze)**

## 1.7 Oberflächenabdichtungen

Deponieoberflächenabdichtungssysteme umfassen neben der eigentlichen abdichtenden Schicht auch die weiteren notwendigen Komponenten, wie Entwässerungs-, Schutz- und Filterschichten. Dichtungen können aus mineralischen Materialien und/oder Kunststoffdichtungsbahnen hergestellt werden. Für die Deponieklassen II und III sind laut [2] und [3] im Regelfall nur Kombinationsdichtungen zulässig (Bild 8).

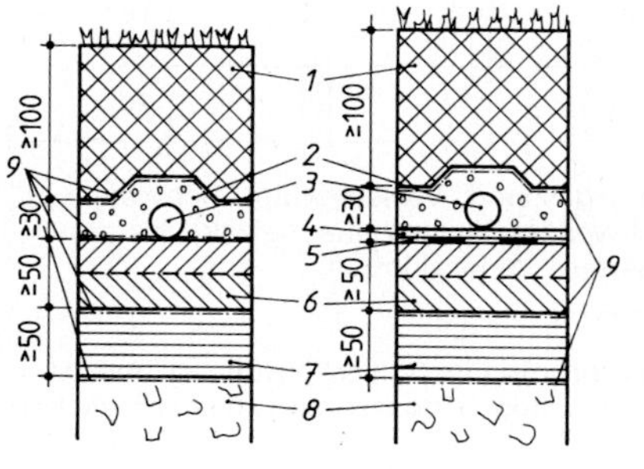


a) Deponieklasse I b) Deponieklasse II und III

**Bild 8**
**Oberflächenabdichtungen für Deponien**
***1*** **Rekultivierungsschicht**
***2*** **Entwässerungsschicht**
***3*** **Sickerrohre**
***4*** **Schutzschicht**
***5*** **Kunststoffdichtungsbahn**
***6*** **Mineralische Dichtung**
***7*** **Ausgleichsschicht**
***8*** **Abfall**
***9*** **Filterschicht (ggf.)**

Bezüglich der Anforderungen an Oberflächenabdichtungen, deren Belastungen sich wesentlich von Basisabdichtungen unterscheiden (Setzungen, Sickerwasserbelastungen, Witterungseinflüsse, Durchdringungsbauwerke, Kontrollier- und Reparierbarkeit, etc.) wird auf Tafel 4 und Tafel 11 verwiesen.

**Tafel 11 Anforderungen an Oberflächenabdichtungen**

| Lfd. Nr. | Komponente der Basisabdichtung | Parameter | Werte/Maßnahmen |
|---|---|---|---|
| 1 | Rekultivierungsschicht | Material | kulturfähiger Boden; Schutz der Dichtung vor Wurzel- und Frosteinwirkungen |
| 2 | Entwässerungsschicht | Material | s. Tafel 4; Lfd. Nr. 6 |
| 3 | Sickerrohre | Material<br>Gefälle | s. Tafel 4; Lfd. Nr. 7<br>≧5% (nach Setzung) |
| 4 | Schutzschicht | Material | s. Tafel 4; Lfd. Nr. 5 |
| 5 | Kunststoffdichtungsbahn (KDB) | Material<br>Dicke, Einbau | s. Tafel 4; Lfd. Nr. 4 |
| 6 | Mineralische Dichtung (MD) | Material, Einbauwerte, Bauphase<br>Gefälle | s. Tafel 4; Lfd. Nr. 3<br>$k \leqq 5 \cdot 10^{-9}$ m/s bei $i = 30$<br>≧5% (nach Setzung) |
| 7 | Ausgleichsschicht (ggf. Gasdränschicht) | Material | homogener, nicht bindiger Boden (Kalziumkarbonat ($CaCO_3$)-Gehalt ≦15 Gew.-%) |

## 1.8 Betriebseinrichtungen und Überwachung

Wegen der hohen Kosten für Abdichtungs- und Infrastruktureinrichtungen sollten bei der Neuanlage von Deponien Mindestlaufzeiten von >20 Jahren berücksichtigt werden. Bild 9 zeigt am Beispiel einer Hochdeponie und einem jährlichen Ablagerungsvolumen von 100000 $m^3$ den notwendigen Flächenbedarf und die zugehörigen Betriebseinrichtungen [11]. Grundsätzlich ist zu berücksichtigen, daß Deponieböschungsneigungen <1:3 und Deponiehöhen in freiem Gelände <30 m betragen sollten.

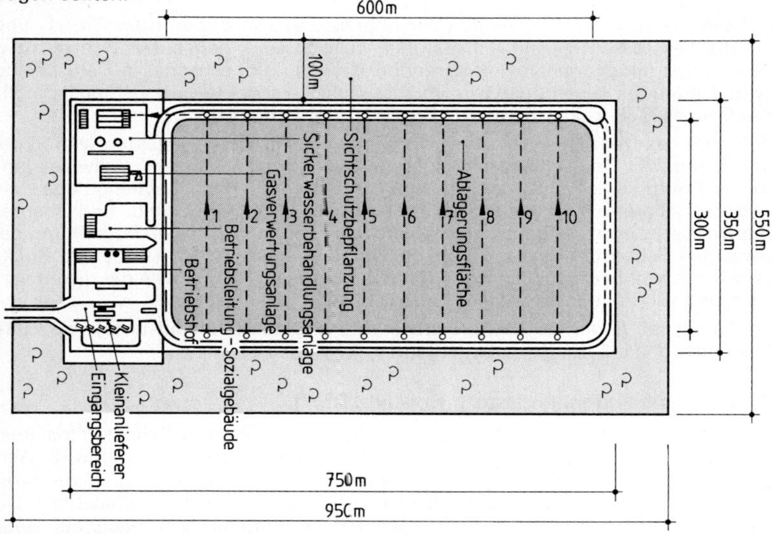


| | | | |
|---|---|---|---|
| Ablagerungsvolumen: | 100000 $m^3/a$ | Laufzeit: | ca. 20 a |
| Ablagerungs- und Betriebsanlagenfläche: | ca. 26 ha | Ablagerungsfläche: | ca. 18 ha |
| | | Gesamtflächenbedarf: | ca. 52 ha |

**Bild 9 Prinzipieller Grundriß einer Hochdeponie (schematische Darstellung) [11]**

## Überwachung von Deponien

Bezüglich des notwendigen Meß- und Kontrollprogrammes für die Durchführung von Eigenkontrollen bei Deponien wird zwischen Betriebs- und Nachsorgephase (nach Stillegung der Deponie) unterschieden (Tafel 12). Neben den dort genannten Parametern ist darüberhinaus die Kontrolle und Funktionsfähigkeit von Deponieabdichtungssystemen sicherzustellen. Dies erfolgt durch mind. jährliche Kamerabefahrung (ggf. Rohrspülung) und Höhenvermessung der Sickerrohre des Entwässerungssystems.

Während der Betriebsphase erfolgt die Kontrolle, Spülung und Vermessung der Sickerrohre am Basisabdichtungssystem, während der Nachsorgephase insbesondere am Oberflächenabdichtungssystem.

Die erfaßten Daten sind zu dokumentieren und monatlich/jährlich auszuwerten (Vorlage bei der zuständigen Behörde).

**Tafel 12 Eigenkontrollen bei Deponien [2]**

| Lfd. Nr. | Parameter | Betriebsphase | Nachsorgephase (Häufigkeit) |
|---|---|---|---|
| 1 | Meteorologische Daten | | |
| 1.1 | Niederschlagsmenge | täglich | regelmäßig |
| 1.2 | Temperatur | täglich | regelmäßig |
| 1.3 | Windrichtung/-stärke | täglich | – |
| 1.4 | Verdunstung | täglich | regelmäßig |
| 2 | Emissionsdaten | | |
| 2.1 | Sickerwassermenge | täglich | regelmäßig |
| 2.2 | Sickerwasserqualität | monatlich | halbjährl. |
| 2.3 | Oberflächenwassermengen | regelm. | – |
| 2.4 | Oberflächenwasserqualität | regelm. | – |
| 2.5 | Gasemissionen | regelm. | – |
| 2.6 | Geruchsemissionen | regelm. | – |
| 3 | Daten zum Deponiekörper | | |
| 3.1 | Aufbau und Zusammensetzung (Abfall) | täglich | – |
| 3.2 | Setzungen | jährlich | jährlich |
| 4 | Grundwasserdaten | | |
| 4.1 | Grundwasserstände | monatlich | halbjährl. |
| 4.2 | Grundwasserqualität | halbjährl. | halbjährl. |

# 2 Altlasten

## 2.1 Beurteilung von Kontaminationen

Definitive gesetzliche Regelungen zur Abgrenzung von Böden bzw. Grund- und Oberflächenwasser, die mit Schadstoffen belastet sind, gegenüber Böden (bzw. Gewässern) mit geogenen Hintergrundbelastungen gibt es bisher in Deutschland nicht. Eindeutige Regelungen wird voraussichtlich erst das in Vorbereitung befindliche Bundes-Bodenschutzgesetz (BBodSchG) [12] bringen.

Aufgrund des Defizites einer allgemeingültigen gesetzlichen Regelung wird in der Bundesrepublik Deutschland eine Vielzahl sog. „Grenzwertlisten" (teilweise länderspezifisch) angewendet. Diese Listen können jedoch nur allgemeingültige Hinweise zur Abgrenzung schadstoffbelasteter Böden (bzw. von Grund- und Oberflächenwasser) bieten, da im Einzelfall immer eine projektspezifische Beurteilung der jeweiligen Schadstoffeigenschaften, der Standorteigenschaften (Bodenart, Rückhaltevermögen, hydrogeologischen Randbedingungen, etc.) sowie der gegenwärtigen und zukünftigen Nutzung erforderlich ist.

Am häufigsten findet die sog. „Niederländische Liste" (Holland-Liste) von 1988 Anwendung, die 1994 überarbeitet wurde [13]

### 2.1.1 Niederländischen Liste („Holland-Liste")

Die niederländische Liste (Tafel 14) enthält für umweltrelevante Schadstoffparameter im Boden/Sediment bzw. im Grundwasser sogenannte Referenzwerte (S-Werte = natürliche Hintergrundbelastung) sowie Interventionswerte (I-Werte = Vorliegen einer sanierungsbedürftigen Boden- bzw. Grundwasserkontamination). Die für Böden bzw. Sedimente angegebenen I-Werte beziehen sich dabei auf einen Standardboden mit 25% Tonbestandteilen und 10% organischer Substanz [13].

Bei veränderlichen Anteilen von Tonbestandteilen bzw. organischer Substanz kann der maßgebliche I-Wert über folgende Beziehungen umgerechnet werden:

**Anorganische Verbindungen**

$$I_b = I_{st} \cdot \frac{A + B \cdot T + C \cdot O}{A + B \cdot 25 + C \cdot 10}$$

**Tafel 13 Umrechnungstabelle für I-Werte** [13]

| Stoff | A | B | C |
|---|---|---|---|
| Arsen | 15 | 0,4 | 0,4 |
| Barium[1]) | 30 | 5 | 0 |
| Cadmium | 0,4 | 0,007 | 0,021 |
| Chrom | 50 | 2 | 0 |
| Kobalt[1]) | 2 | 0,28 | 0 |
| Kupfer | 15 | 0,6 | 0,6 |
| Quecksilber | 0,2 | 0,0034 | 0,0017 |
| Blei | 50 | 1 | 1 |
| Molybdän[1]) | 1 | 0 | 0 |
| Nickel | 10 | 1 | 0 |
| Zink | 50 | 3 | 1,5 |

$I_b$ I-Wert des zu beurteilenden Bodens in mg/kg
$I_{st}$ I-Wert eines Standardbodens in mg/kg (Tafel 14)
A, B, C Stoffabhängige Konstanten (Tafel 13)
T Tonanteil im Boden in Gew.-%
O Anteil an organischer Substanz im Boden in Gew.-%
[1]) Für Barium und Kobalt abweichende Korrekturwerte; für Molybdän keine Korrektur

**Organische Verbindungen**

Da als Standardboden ein Boden mit einem Anteil von 10% an organischer Substanz gewählt wurde, erfolgt die Korrektur des I-Wertes mittels untenstehender Gleichung.
(2 Gew.-% < O < 30 Gew.-%).

$$I_b = I_{st} \cdot \frac{O}{10}$$

**Tafel 14 Grenzwerte der niederländischen Liste** [13], Fortsetzung und Fußnoten, s. S. 1288

| Substanz | Boden/Sediment | | Grundwasser | |
|---|---|---|---|---|
| | S-Wert in mg/kg TS | I-Wert in mg/kg TS | S-Wert in µg/l | I-Wert in µg/l |
| **I. Metalle** | | | | |
| Arsen | 29 | 55 | 10 | 60 |
| Barium | 200 | 625 | 50 | 625 |
| Cadmium | 0,8 | 12 | 0,4 | 6 |
| Chrom | 100 | 380 | 1 | 30 |
| Kobalt | 20 | 240 | 20 | 100 |
| Kupfer | 36 | 190 | 15 | 75 |
| Quecksilber | 0,3 | 10 | 0,05 | 0,3 |
| Blei | 85 | 530 | 15 | 75 |
| Molybdän | 10 | 200 | 5 | 300 |
| Nickel | 35 | 210 | 15 | 75 |
| Zink | 140 | 720 | 65 | 800 |
| **II. Anorganische Verbindungen** | | | | |
| Cyanide, leicht freisetzbar | 1 | 20 | 5 | 1500 |
| Cyanide, komplexgebunden (pH <5) | 5 | 650 | 10 | 1500 |
| Cyanide, komplexgebunden (pH ≥5) | 5 | 50 | 10 | 1500 |
| Thiocyanate (Summe) | – | 20 | – | 1500 |
| **III. Aromatische Verbindungen** | | | | |
| Benzol | 0,05[1]) | 1 | 0,2 | 30 |
| Ethylbenzol | 0,05[1]) | 50 | 0,2 | 150 |
| Phenol | 0,05[1]) | 40 | 0,2 | 2000 |
| Kresole (Summe) | – | 5 | [1]) | 200 |
| Toluol | 0,05[1]) | 130 | 0,2 | 1000 |
| Xylol | 0,05[1]) | 25 | 0,2 | 70 |
| Brenzcatechin | – | 20 | [1]) | 1250 |
| Resorcin | – | 10 | – | 600 |
| Hydrochinon | – | 10 | – | 800 |
| **IV. Polycyclische aromatische Kohlenwasserstoffe (PAK)** | | | | |
| PAK (Summe) [2]) [3]) | 1 | 40 | – | – |
| Naphthalin | – | – | 0,1 | 70 |
| Anthracen | – | – | 0,02 | 5 |
| Phenanthren | – | – | 0,02 | 5 |
| Fluoranthen | – | – | 0,005 | 1 |
| Benzo(a)anthrazen | – | – | 0,002 | 0,5 |
| Chrysen | – | – | 0,002 | 0,05 |
| Benzo(a)pyren | – | – | 0,001 | 0,05 |
| Benzo(ghi)perylen | – | – | 0,0002 | 0,05 |
| Benzo(k)fluoranthen | – | – | 0,001 | 0,05 |
| Indeno(1,2,3-cd)pyren | – | – | 0,0004 | 0,05 |
| **V. Chlorierte Kohlenwasserstoffe** | | | | |
| 1,2-Dichlorethan | – | 4 | 0,01[1]) | 400 |
| Dichlormethan | [1]) | 20 | 0,01[1]) | 1000 |
| Tetrachlormethan | 0,001 | 1 | 0,01[1]) | 10 |
| Tetrachlorethen | 0,01 | 4 | 0,01[1]) | 40 |
| Trichlormethan | 0,001 | 10 | 0,01[1]) | 400 |
| Trichlorethen | 0,001 | 60 | 0,01[1]) | 500 |
| Vinylchlorid | – | 0,1 | – | 0,7 |
| Chlorbenzole[2]) [4]) | – | 30 | – | – |
| Monochlorbenzol | [1]) | – | 0,01[1]) | 180 |
| Dichlorbenzol (Summe) | 0,01 | – | 0,01[1]) | 50 |
| Trichlorbenzol (Summe) | 0,01 | – | 0,01[1]) | 10 |
| Tetrachlorbenzol (Summe) | 0,01 | – | 0,01[1]) | 2,5 |
| Pentachlorbenzol | 0,0025 | – | 0,01[1]) | 1 |

**Tafel 14,** Fortsetzung

| **Substanz** | **Boden/Sediment** | | **Grundwasser** | |
|---|---|---|---|---|
| | S-Wert in mg/kg TS | I-Wert in mg/kg TS | S-Wert in µg/l | I-Wert in µg/l |
| **V. Chlorierte Kohlenwasserstoffe,** Fortsetzung | | | | |
| Hexachlorbenzol | 0,0025 | – | 0,01 [1]) | 0,5 |
| Chlorphenole [2]) [5]) | – | 10 | – | – |
| Monochlorphenol (Summe) | 0,0025 | – | 0,25 | 100 |
| Dichlorphenol (Summe) | 0,03 | – | 0,08 | 30 |
| Trichlorphenol (Summe) | 0,001 | – | 0,025 | 10 |
| Tetrachlorphenol (Summe) | 0,001 | – | 0,01 | 10 |
| Pentachlorphenol | 0,002 | 5 | 0,02 | 3 |
| Chlornaphthalin | – | 10 | – | 6 |
| PCB [6]) | 0,02 | 1 | 0,01 [1]) | 0,01 |
| **VI. Pestizide** | | | | |
| DDT/DDE/DDD [7]) | 0,025 | 4 | [1]) | 0,01 |
| Aldrin, Dieldrin, Endrin (Summe) [8]) | – | 4 | – | 0,1 |
| Aldrin | 0,0025 | – | [1]) | – |
| Dieldrin | 0,0005 | – | 0,00002 | – |
| Endrin | 0,001 | – | [1]) | – |
| HCH-Verbindungen [9]) | – | 2 | – | 1 |
| Alpha-HCH | 0,0025 | – | [1]) | – |
| Beta-HCH | 0,001 | – | [1]) | – |
| Gamma-HCH | 0,00005 | – | 0,00002 | – |
| Carbaryl | – | 5 | 0,01 [1]) | 0,1 |
| Carbofuran | – | 2 | 0,01 [1]) | 0,1 |
| Maneb | – | 35 | [1]) | 0,1 |
| Atrazin | 0,00005 | 6 | 0,0075 | 150 |
| **VII. Sonstige Verunreinigungen** | | | | |
| Cyclohexanon | 0,1 | 270 | 0,5 | 15000 |
| Phthalate (Summe) [10]) | 0,1 | 60 | 0,5 | 5 |
| Mineralöle [11]) | 50 | 5000 | 50 | 600 |
| Pyridin | 0,1 | 1 | 0,5 | 3 |
| Styrol | 0,1 | 100 | 0,5 | 300 |
| Tetrahydrofuran | 0,1 | 0,4 | 0,5 | 1 |
| Tetrahydrothiopen | 0,1 | 90 | 0,5 | 30 |

[1]) Bestimmungsgrenze

[2]) Der Summenwert für PAK, Chlorbenzole und Chlorphenole im Boden/Sediment gilt für die Gesamtkonzentration der Verbindungen aus der betreffenden Gruppe. Falls eine Verunreinigung nur eine Substanz aus einer Gruppe betrifft, gilt als Eingreifwert der Wert für die betreffende Substanz, bei zwei oder mehr Substanzen der Summenwert dieser Stoffe.

[3]) Summe folgender 10 PAK: Naphthalin, Anthracen, Phenanthren, Fluoranthen, Benzo(a)anthrazen, Chrysen, Benzo(a)pyren, Benzo(ghi)perylen, Benzo(k)fluoranthen, Indeno(1,2,3-cd)pyren

[4]) Summe aller Chlorbenzole (Mono-, Di-, Tri-, Tetra- und Pentachlorbenzole)

[5]) Summe aller Chlorphenzole (Mono-, Di-, Tri-, Tetra- und Pentachlorphenole)

[6]) Summe folgender 7 Polychlorierter Biphenyle (PCB mit IUPAC-Nr. 28, 52, 101, 118, 138, 153 und 180)

[7]) Summe von DDT/DDD/DDE

[8]) Summe von Aldrin, Dieldrin, Endrin

[9]) Summe von Alpha-, Beta-, Gamma- und Delta-HCH

[10]) Summe aller Phthalate

[11]) Mindestens Summe der Alkane; wenn Gemische (Heizöl, Benzin) vorliegen, müssen neben den Alkanen auch die Gehalte an aromatischen und/oder an polycyclischen aromatischen Kohlenwasserstoffen bestimmt werden; dieser Summenparameter wird aus Praktikabilitätsgründen aufgeführt

*) Der in der niederländischen Liste früher übliche B-Wert (nähere Untersuchung erforderlich) wird durch das Kriterium $>0,5 \cdot$ (S-+I-Wert) ersetzt

**) Die Interventionswerte gelten als überschritten, wenn ein Mindestvolumen von $>25\ m^3$ Boden bzw. $100\ m^3$ porenwassergesättigter Boden/Aquifer betroffen ist; TS = Trockensubstanz

## 2.1.2 Grund- und Oberflächenwasser

Die Beurteilung einer Kontamination von Grund- bzw. Oberflächengewässer ist immer einzelfallspezifisch durchzuführen. In Tafel 15 sind als Hilfswerte zur Beurteilung einige Grenz-, Schwellen- und Einleitungswerte angegeben. Im einzelnen sind dies:

| | |
|---|---|
| Spalte 3 | Gesetzliche Grenzwerte der Trinkwasserverordnung (TVO) [14], die im wesentlichen mit den zulässigen Höchstkonzentrationen (ZHK-Werte) der EG-Richtlinie über die Qualität von Wasser für den menschlichen Gebrauch [15] übereinstimmen |
| Spalte 4 | Grenzwerte des DVGW-Arbeitsblattes W 151 über die Eignung von Oberflächenwasser als Rohstoff für die Trinkwasserversorgung (Grenzwert B bei Anwendung weitergehender Aufbereitungsverfahren) [16] |
| Spalte 5 | Maßnahmenschwellenwerte (bei Überschreitung: Sanierung bzw. Sicherung) der Länderarbeitsgemeinschaft Wasser (LAWA) [17] |
| Spalte 6 | Anforderungen der LAWA an Gewässergüteklasse II (mäßig belastet) [aus 18]; laut [18] kann daraus (nach Aufbereitung) noch Trinkwasser hergestellt werden |
| Spalte 7 | Grenzwerte für Indirekteinleitungen gemäß ATV-Arbeitsblatt A 115 [20] |

**Tafel 15 Übersicht über Grenz-, Schwellen- und Einleitungswerte** [14], [16], [17], [18], [20]

| 1 | 2 | 3 | 4 | 5 | 6 | 7 |
|---|---|---|---|---|---|---|
| Parameter | in | TVO | DVGW W151 | LAWA '93 | GWK II | ATV A115 |
| **I. Allgemeine Parameter** | | | | | | |
| pH-Wert | – | 6,5 bis 9,5 | – | – | 6 bis 9 | 6,5 bis 10 |
| Leitfähigkeit | µS/cm | 2000 | 1000 | – | – | – |
| $KMnO_4$-Verbrauch | mg/l | 5 | – | – | – | – |
| DOC | mg/l | – | 8 | – | – | – |
| CSB | mg/l | – | 20 | – | 15 | 100 |
| $BSB_5$ | mg/l | – | 5 | – | 6 | – |
| **II. Anorganische Verbindungen** | | | | | | |
| Chlorid | mg/l | 250 | 200 | – | – | – |
| Fluorid | mg/l | 1,5 | 1 | 2 bis 3 | – | 50 |
| Sulfat | mg/l | 240 7) | 150 | – | – | 600 |
| Aluminium | mg/l | 0,2 | – | – | – | – |
| Barium | mg/l | 1 | 1 | 0,4 bis 0,6 | – | 5000 |
| Bor | mg/l | 1 | 1 | – | – | – |
| Kjeldahl-N | mg/l | 1 | – | – | 5 | – |
| Ammonium | mg/l | 0,5 4) | 1,5 | – | 0,3 | 200 |
| Nitrat | mg/l | 50 | 50 | – | – | – |
| Nitrit | mg/l | 0,1 | – | – | – | 10 |
| Cyanid | ug/l | 50 | 50 | 100 bis 250 | – | 20000 |
| Calcium | mg/l | 400 | – | – | – | – |
| Kalium | mg/l | 12 5) | – | – | – | – |
| Magnesium | mg/l | 50 6) | – | – | – | – |
| Natrium | mg/l | 150 | – | – | – | – |
| Eisen | mg/l | 0,2 | 1 | – | 1 | – |
| Mangan | µg/l | 50 | 500 | – | – | – |
| Phosphor | mg/l | 6,7 | – | – | 0,3 | – |

Fortsetzung und Fußnoten s. nächste Seite

**Tafel 15,** Fortsetzung

| Parameter | in | TVO | DVGW W151 | LAWA '93 | GWK II | ATV A115 |
|---|---|---|---|---|---|---|
| **III. Schwermetalle** | | | | | | |
| Arsen | µg/l | 10 | 30 | 20 bis 60 | – | 500 |
| Blei | µg/l | 40 | 50 | 80 bis 200 | 50 | 1000 |
| Cadmium | µg/l | 5 | 10 | 10 bis 20 | 5 | 500 |
| Chrom, gesamt | µg/l | 50 | 50 | 100 bis 250 | 50 | 1000 |
| Kupfer | µg/l | (3000) [8]) | 50 | 100 bis 250 | 40 | 1000 |
| Nickel | µg/l | 50 | 50 | 100 bis 250 | 50 | 1000 |
| Quecksilber | µg/l | 1 | 1 | 2 bis 5 | 0,5 | 100 |
| Zink | µg/l | (5000) [8]) | 1000 | 500 bis 2000 | 500 | 5000 |
| **IV. Organische Verbindungen** | | | | | | |
| Mineralöle | µg/l | 10 | 200 | 400 bis 1000 | – | 20000 |
| Phenole | µg/l | 0,5 | 10 | 30 bis 100 | – | 100000 |
| PAK | µg/l | 0,2 [1]) | 3 [1]) | 0,4 bis 2 [11]) | – | – |
| LCKW | µg/l | 10 [2]) | – | 20 bis 50 [12]) | – | 500 [9]) |
| Pestizide, PCB | | | | – | – | – |
| (Einzelsubstanz) | µg/l | 0,1 [3]) | 5 [9]) | 1 bis 3 | – | – |
| Pestizide, PCB | | | | | | |
| (Summe) | µg/l | 0,5 [3]) | 10 [9]) | – | – | 1000 [10]) |

[1]) Summe der 6 polycyclischen, aromatischen Kohlenwasserstoffe (Fluoranthen, Benzo(b)-fluoranthen, Benzo(k)fluoranthen, Benzo(a)pyren, Benzo(ghi)perylen, Indeno(1,2,3-cd)pyren)
[2]) Summe leichtflüchtiger halogenierter Kohlenwasserstoffe (1.1.1-Trichlorethan, Trichlorethen, Tetrachlorethen, Dichlormethan, Tetrachlormethan; für Tetrachlormethan als Einzelsubstanz gilt <3 µg/l)
[3]) Gilt für sämtliche organisch-chemischen Stoffe zur Pflanzenbehandlung und Schädlingsbekämpfung incl. ihrer Abbauprodukte sowie polychlorierten Biphenylen (PCB) sowie polychlorierten Terphenylen (PCT)
[4]) Geogen bedingte Überschreitungen bis <30 mg/l zulässig
[5]) Geogen bedingte Überschreitungen bis <50 mg/l zulässig
[6]) Geogen bedingte Überschreitungen bis <120 mg/l zulässig
[7]) Geogen bedingte Überschreitungen bis <500 mg/l zulässig
[8]) Bedingt durch Werkstoffe Kupfer und verzinktem Stahl
[9]) Berechnet als Cl
[10]) Berechnet als AOX
[11]) PAK nach EPA (ohne Naphthalin) s. Tafel 21
[12]) Summe der halogenierten $C_1$- und $C_2$-Kohlenwasserstoffe

### 2.1.3 Gasförmige Kontaminationen

Gasförmige Kontaminationen sind in der Regel auf Ausgasungen von leichtflüchtigen Schadstoffen bzw. Migrationen von deponietypischen Gasen (s. Abschn. 1.6) zurückzuführen.

Häufig wird bei der Bewertung auf die MAK-Werte (MAK – Maximale Arbeitsplatzkonzentration) der TRGS 900 [22] zurückgegriffen, die jedoch für eine Beurteilung in der Regel nicht geeignet sind. In Tafel 16 sind Grenzwerte für die hauptsächlich auftretenden gasförmigen Kontaminationen gemäß LAWA-Empfehlung [17] angegeben:

**Tafel 16 Grenzwerte für gasförmige Kontaminationen** [17]

| Parameter | in | Prüfwert [3]) | Maßnahmenschwellenwert [4]) | Sanierungszielwert [5]) |
|---|---|---|---|---|
| LHKW [1]) | mg/m³ | 5 bis 10 | 50 | 1 |
| BTX [2]) | mg/m³ | 5 bis 10 | 50 | 1 |

[1]) LHKW – Leichtflüchtige halogenierte Kohlenwasserstoffe (Summenparameter)
[2]) BTX – Gruppe der aromatischen Kohlenwasserstoffe Benzol, Toluol, Xylol (Summenparameter)
[3]) Prüfwert – Bei Überschreitung weitere Untersuchung erforderlich
[4]) Maßnahmenschwellenwert – Sanierung bzw. Sicherung erforderlich
[5]) Sanierungszielwert – Nach Sanierung anzustrebender Grenzwert

## 2.2 Sanierung von Altlasten

Allgemein wird als Altlast eine Altablagerung (stillgelegte, verlassene oder illegale Anlage zum Ablagern von Abfällen, stillgelegte Aufhaldungen und Verfüllungen mit Produktionsrückständen) bzw. ein Altstandort (Grundstück einer stillgelegten Anlage, auf dem mit umweltgefährdenden Stoffen umgegangen worden ist) bezeichnet, sofern von diesem (nach den Erkenntnissen einer vorausgehenden Untersuchung und Beurteilung) eine Gefahr (akute bzw. latente Gefährdung) für die öffentliche Sicherheit und Ordnung ausgeht [18] [19].

Zur Sanierung von Altlasten werden in Deutschland eine Vielzahl von Verfahren unterschiedlichster Anbieter eingesetzt. Generell ist dabei zwischen den Sicherungsverfahren (Unterbrechung der Kontaminationswege) und den Dekontaminationsverfahren (Beseitigung der Kontamination) zu unterscheiden (Tafel 17). Gemäß [18] und [19] besteht in der Wertigkeit der o.a. Verfahren kein Unterschied; beide sind als Sanierungsverfahren zu bezeichnen.

**Tafel 17 Überblick über Verfahren zur Sanierung von Altlasten** [18] [19]

| Art der Maßnahme | Verfahren / Maßnahme | Nachsorge |
|---|---|---|
| **Schutz- und Beschränkungsmaßnahmen** | **Nutzungseinschränkungen Sicherung vor Zutritt Evakuierung Keller-, Raumbelüftung, Zwischenlagerung ausgetretener Stoffe Überwachung** | **Erfolgskontrolle Untersuchung Sicherungs- bzw. Sanierungsverfahren** |
| **Sicherungsmaßnahmen** (zur Unterbrechung der Kontaminationswege) | **Einkapselungsverfahren** (Oberflächenabdichtung, vertikale Abdichtung, nachträgliche Sohl- bzw. Basisabdichtung) **Passive hydraulische Maßnahmen** (Grundwasserabsenkung, -umleitung) **Passive pneumatische Maßnahmen** (Gaserfassung, -ableitung) **Verfestigungs- bzw. Immobilisierungsverfahren** | **Erfolgskontrolle Überwachung** (nach Sicherung) **ggf. Reparatur ggf. erneute Maßnahmen** |
| **Dekontaminationsmaßnahmen** (zur Beseitigung der Kontamination) | **Thermische Verfahren** (Verbrennung, Pyrolyse, Vergasung) **Chemisch-physikalische Behandlung** (Extraktion, Laugung, Tensid-Wäsche, Hochdruck-Wäsche, Desorption, Wasserdampfdestillation, Oxidation, Strip-pink, Reduktion, Fällung, Ultraschall, Elektroosmose, etc.) **Mikrobiologische Verfahren** (Bioreaktoren, Mietenverfahren, mikrobiologische in-situ Verfahren) **Aktive hydraulische Maßnahmen** (Spülkreisläufe in Verbindung mit chemisch-physikalischen bzw. mikrobiologischen Verfahren) **Aktive pneumatische Verfahren** (Bodenluftabsaugung, evtl. in Verbindung mit hydraulischen Maßnahmen) | **Entsorgung der Rückstände Erfolgskontrolle Überwachung** (bei Bedarf) |
| **Umlagerung** | **Auskofferung und Umlagerung auf Deponien bzw. Verbringung zu stationären Bodenbehandlungsanlagen** | **Überwachung der Entsorgung Erfolgskontrolle** |

Nähere Angaben zur Planung, Bemessung und Bauausführung der in Tafel 17 genannten Verfahren finden sich in [5], [10], [18], [19] und [28].

# 3 Verwertung von Reststoffen

## 3.1 Anforderungen an die Verwertung von Reststoffen

Da die Ausgangsprodukte bei der Verwertung von Reststoffen, z.B. von aufbereitetem Bauschutt ein inhomogenes Gemisch verschiedener Materialien sein können, muß die Qualität der Aufbereitungsprodukte gesichert und kontrolliert werden. Bei aufbereitetem Bauschutt erfolgt dies in der Regel gemäß den Anforderungen der RAL-RG 501/1 [23]. Danach wird der Anwendungsbereich wiederverwertbarer Baustoffe gemäß bodenmechanischer und bauphysikalischer Parameter (Korngrößenverteilung, Kornform, zul. Über-/Unterkornanteil, abschlämmbare Bestandteile, Widerstand gegen Verwitterung, Hitzebeanspruchung, Frostbeständigkeit, Raumbeständigkeit, Bruchflächigkeit, etc.; s. auch Tafel 19) in folgende Klassen eingeteilt:

| | |
|---|---|
| Klasse I | Baustoffe für Oberbauschichten im Straßenbau, die die Gütebestimmungen nach Tabelle 1 [23] der RAL-RG 501/1 erfüllen; die Anforderungen nach dieser Tabelle entsprechen im wesentlichen den Anforderungen an Mineralstoffe gemäß TL MIN-StB 83 [25] |
| Klasse II | Baustoffe für Oberbauschichten im Straßenbau, die nicht den Anforderungen der TL Min-StB 83 [25] genügen, jedoch die Gütebestimmungen gem. Tabelle 3 (verminderte Güteanforderungen) der RAL-RG 501/1 erfüllen |
| Klasse III | Baustoffe für Lärmschutzwälle, Unterbau, Untergrundverbesserung, die die Gütebestimmungen nach Tabelle 5 der RAL-RG 501/1 (allgemeine Anforderungen an Gewinnung, Anlieferung, Aufbereitung und Lagerung) genügen |

Einen Überblick über detaillierte Verwendungsmöglichkeiten von Reststoffen im Straßenbau sowie die erforderlichen Prüfungen geben die Tafeln 18 und 19 [26].

### 3.1.1 RAL Güte- und Prüfbestimmungen für die Aufbereitung zur Wiederverwendung von kontaminierten Böden und Bauteilen

In der RAL Richtlinie RG 501/2 [24] sind darüberhinaus Grenzwerte (Tafel 20) für die Aufbereitung von Böden und Bauteilen aus dem Baubereich zur Wiederverwendung angegeben. Es wird dabei zwischen folgenden Verwertungsklassen unterschieden:

| | |
|---|---|
| Verwertungsklasse 1 | Die Werte der Klasse 1 liegen im Bereich der geogenen Grundlast; die Materialien der Klasse 1 sind generell einsetzbar, falls keine standortspezifischen Bedingungen entgegenstehen |
| Verwertungsklasse 2 | Die Verwendung von Material der Klasse 2 als Unterboden ist grundsätzlich gegeben, allerdings analytisch zu überwachen |
| Verwertungsklasse 3 | Die Verwendung von Material der Klasse 3 ist grundsätzlich geeignet für die Verfüllung von Gruben und Aufschüttungen mit abgedeckter Oberfläche unter Beachtung der Grundwasserverhältnisse, wenn dem keine standortspezifischen Bedingungen entgegenstehen |

Weiterhin sind Sicherheitsstufen beim Umgang mit kontaminierten Material angegeben, die in Anlehnung an die Gefahrstoffverordnung [21] erfolgen:

| | |
|---|---|
| Sicherheitsstufe 1 (S 1) | Für giftige und/oder explosionsgefährliche Stoffe (Kennbuchstaben T (giftig), T+ (sehr giftig) und/oder E (explosionsgefährlich) der Gefahrstoffverordnung) |
| Sicherheitsstufe 2 (S 2) | Für mindergiftige, reizend wirkende und/oder leicht entzündliche Stoffe (Kennbuchstaben Xn (mindergiftig), Xi (reizend wirkend) und/oder F (leichtentzündlich) der Gefahrstoffverordnung) |
| Sicherheitsstufe 3 (S 3) | Für Stoffe mit geringem Gefährdungspotential |

**Tafel 18 Verwendungsmöglichkeiten von Reststoffen im Straßenbau** [26]

| | Stoffgruppen / Verwendungsbereiche | A Lärmschutzwälle | B Ungeb. Verkehrsfl. und Wegebau | C1 Unterbau | C2 Hinterfüllung und Überschüttung | D1 Verfüllung von Leitungsgräben | D2 Bodenverfestigung und Untergrundverbesserung | E Tragschichten ohne Bindemittel (Oberbau) | F Hydraulisch gebundene Tragschichten (Oberbau) | G1 Tragschichten mit bitumin. Bindemitteln (Oberbau) | G2 Bit. Deck- u. Binderschichten (Oberbau) | H Betontragschichten (Oberbau) |
|---|---|---|---|---|---|---|---|---|---|---|---|---|
| 1 | Asphalt | ● | ● | ○ | ○ | ○ | ○ | ○ | ○ [1] | ● [2] | ● [2] | |
| 2 | Beton, Betonwerksteine | ● | ● | ● | ● | ● | ● | ● | ● | ○ | | ● |
| 3 | sonst. hydr. geb. Materialien (z.B. HO-Schlacke) | ● | ● | ● | ● | ● | ● | ● | ● | ○ | | ● |
| 4 | Naturwerksteine, gebr./ungebr. Materialien, Gleisschotter | ● | ● | ● | ● | ● | ● | ● | ● | ● | ● | ● |
| 5 | Kies, Sand | ● | ● | ● | ● | ● | ● | ● | ● | ● | ○ | ● |
| 6 | sonst. mineralische Massen (z.B. bindige und verwitterungsempfindliche Stoffe) | ● | ○ | ● | ○ | ○ | ○ | | | | | |
| 7 | Ziegel, Mauerwerk, Steinzeug | ● | ● | ● | ○ | ● | ● | ○ | ○ | | | ○ [1] |

● Verwendung möglich
○ Verwendung bedingt möglich

[1]) Als Beimengung zu den Stoffgruppen 2 bis 5 je nach Laboruntersuchung oder aufgrund von Praxiserfahrungen
[2]) Siehe „Merkblatt für die Erhaltung von Asphaltstraßen – Teil: Bauliche Maßnahmen – Wiederverwenden von Asphalt"; Hrsg.: Forschungsgesellschaft für Straßen- und Verkehrswesen, Köln

Recycling-Baustoffe, die den Güte- und Prüfbestimmungen (Erstüberprüfung, Eigen- und Fremdüberwachung) gemäß RAL-RG 501/1 [23] entsprechen, können mit dem Gütezeichen RAL Recycling-Baustoffe gekennzeichnet werden. Mit dem Gütezeichen ist die jeweilige Klasse (I, II oder III; s. Abschn. 3.1) des Recycling-Baustoffes anzugeben. Für die Anwendung des Gütezeichens treffen ausschließlich die Durchführungsbestimmungen für die Verleihung und Führung des Gütezeichens Recycling-Baustoffe zu.

RECYCLING-BAUSTOFFE
Gütezeichen - RAL

**Tafel 19 Prüfparameter von Reststoffen** [26]

| | Verwendungsbereiche / zu prüfende Eigenschaften | A Lärmschutzwälle | B Ungeb. Verkehrsfl. und Wegebau | C1 Unterbau | C2 Hinterfüllung und Überschüttung | D1 Verfüllung von Leitungsgräben | D2 Bodenverfestigung und Untergrundverbesserung | E Tragschichten ohne Bindemittel | F Hydraulisch gebundene Tragschichten | G1 Tragschichten mit bitumin. Bindemitteln | G2 Bit. Deck- u. Binderschichten | H Betontragschichten |
|---|---|---|---|---|---|---|---|---|---|---|---|---|
| | | | | | | | | Oberbau | | | | |
| 1 | Stoffl. Zusammensetzung | ● | ● | ● | ● | ● | ● | ● | ● | ● | ● | ● |
| 2 | Widerstand gegen Verwitterung (DIN 52106) | | ● | | | | | ● | ○ | ● | ● | ● |
| 3 | Widerstand gegen Frost | | ● | | | | | ● | ○ | ● | ● | ● |
| 4 | Raumbeständigkeit | ○ | | ○ | ○ | ● | ● | ● | ● | ● | ● | ● |
| 5 | Korn-, Rohdichte | | ● | ● | ● | ● | ● | ● | ● | ● | ● | ● |
| 6 | Korngrößenverteilung | ○ | ● | ● | ● | ● | ● | ● | ● | ● | ● | ● |
| 7 | Kornform | | | | ○ | ○ | | ● | | ● | ● | ● |
| 8 | Anteil an gebrochenen Körnern | | ○ | | | | | ○ | | ● | ● | ● |
| 9 | Kornfestigkeit | | ● | | | | | ● | ○ | ● | ● | ● |
| 10 | Schädliche Bestandteile nach DIN 4226 | | | | | | | | ● | | | ● |
| 11 | Affinität zu bit. Bindemitteln | | | | | | | | | ● | ● | |
| 12 | Verhalten in der Trockentrommel | | | | | | | | | ● | ● | |
| 13 | Proctordichte | ○ | ● | ● | ● | ● | ● | ● | ● | | | |
| 14 | Verformungsmodul, Standfestigkeit, Haufwerksfestigkeit, Scherfestigkeit | ○ | ○ | ● | ● | ○ | ○ | ● | | | | |
| 15 | Zeit – Setzungsverhalten | ○ | | ● | ● | ○ | | ○ | | | | |
| 16 | Frostempfindlichkeit | | | | ● | | | ● | ● | | | |
| 17 | Begrünbarkeit | ○ | ○ | ○ | | | | | | | | |
| 18 | Chemisch-physikalische Einwirkung auf Bauteile | ○ | ○ | ○ | ○ | ○ | ○ | ○ | ○ | ○ | ○ | ○ |
| 19 | Einwirkung auf Umwelt | ○ | ○ | ○ | ○ | ○ | ○ | ○ | ○ | ○ | ○ | ○ |

● zu prüfen ○ Unter bestimmten Umständen zu prüfen

**Tafel 20 Verwertungsklassen für aufbereitete Böden und Bauteile** [24]

| Parameter | Verw.klasse 1 | | Verw.klasse 2 | | Verw.klasse 3 | | Sicherheitsstufe |
|---|---|---|---|---|---|---|---|
| | TS[1]) in mg/kg | Eluat in mg/l | TS[1]) in mg/kg | Eluat in mg/l | TS[1]) in mg/kg | Eluat in mg/l | |
| **I. Aromatische Kohlenwasserstoffe** | | | | | | | |
| Benzol | 0,01 | – | 0,1 | – | 0,5 | – | S1 |
| Ethylbenzol | 0,05 | – | 0,5 | – | 5 | – | S2 |
| Toluol | 0,05 | – | 0,3 | – | 3 | – | S2 |
| Xylol | 0,05 | – | 0,5 | – | 5 | – | S2 |
| Phenole | 0,02 | – | 0,1 | – | 1 | – | S1 |
| Aromaten, gesamt | 0,1 | – | 2 | – | 10 | – | S1 |
| **II. Polycyclische Aromaten (PAK)** | | | | | | | |
| Naphthalin | 0,1 | – | 1 | – | 5 | – | S1 |
| Anthracen | 0,1 | – | 1 | – | 10 | – | S1 |
| Phenanthren | 0,1 | – | 1 | – | 10 | – | S1 |
| Fluoranthen | 0,1 | – | 1 | – | 10 | – | S1 |
| Fluoren | 0,1 | – | 1 | – | 10 | – | S1 |
| Pyren | 0,1 | – | 1 | – | 10 | – | S1 |
| Chrysen | 0,1 | – | 1 | – | 10 | – | S1 |
| Acenaphthen | 0,1 | – | 1 | – | 10 | – | S1 |
| Acenaphthylen | 0,1 | – | 1 | – | 10 | – | S1 |
| Dibenz(a,h)anthracen | 0,1 | – | 1 | – | 10 | – | S1 |
| Benzo(a)anthracen | 0,1 | – | 1 | – | 10 | – | S1 |
| Benzo(a)pyren | 0,05 | – | 0,5 | – | 1 | – | S1 |
| Benzo(b)fluoranthen | 0,1 | – | 1 | – | 10 | – | S1 |
| Benzo(k)fluoranthen | 0,1 | – | 1 | – | 10 | – | S1 |
| Benzo(ghi)perylen | 0,1 | – | 1 | – | 10 | – | S1 |
| Indeno(1,2,3-cd)pyren | 0,1 | – | 1 | – | 10 | – | S1 |
| PAK, gesamt | 1 | 0,005 | 5 | 0,01 | 25 | – | S1 |
| **III. Chlorierte Kohlenwasserstoffe (CKW)** | | | | | | | |
| Aliphatische CKW, einz. | 0,1 | – | 1 | – | 5 | 0,5 | S1 |
| Aliphatische CKW, ges. | 0,1 | – | 1 | 0,1 | 7 | 0,5 | S1 |
| Chlorbenzole, einzeln | 0,05 | – | 0,1 | – | 1 | – | S2 |
| Chlorbenzole, gesamt | 0,05 | – | 0,7 | – | 2 | – | S2 |
| Chlorphenole, einzeln | 0,01 | – | 0,1 | – | 1 | – | S1/S2 |
| Chlorphenole, gesamt | 0,01 | – | 0,1 | – | 1 | – | S1 |
| PCB, gesamt | 0,05 | – | 0,1 | – | 1 | – | S2 |
| EOX (EOCl) | 0,1 | – | 1 | – | 8 | – | S1/S2 |
| AOX (AOCl) | – | 0,5 | – | – | – | – | S1/S2 |
| Org. Chlorpestiz., einz. | 0,1 | – | 0,75 | – | 0,5 | – | S1 |
| Org. Chlorpestiz., ges. | 0,1 | – | 0,5 | – | 1 | – | S1 |
| Pestizide, gesamt | 0,1 | 0,005 | 1 | – | 2 | – | S1 |
| Phenole, gesamt | – | 0,1 | – | – | – | – | S1 |
| **IV. Sonstige organische Verunreinigungen** | | | | | | | |
| Mineralöle | 100 | 1 | 500 | 10 | 1000 | – | S3 |
| Tetrahydrofuran | 0,1 | – | 1 | – | 4 | – | S2 |
| Pyridin | 0,1 | – | 0,5 | – | 2 | – | S2 |
| Tetrahydrothiopen | 0,1 | – | 1 | – | 5 | – | S2 |
| Cyclohexanon | 0,1 | – | 1 | – | 5 | – | S2 |
| Styrol | 0,1 | – | 1 | – | 5 | – | S2 |

Fortsetzung und Fußnoten s. nächste Seite

**Tafel 20,** Fortsetzung

| Parameter | Verw.klasse 1 | | Verw.klasse 2 | | Verw.klasse 3 | | Sicherheitsstufe |
|---|---|---|---|---|---|---|---|
| | TS[1]) in mg/kg | Eluat in mg/l | TS[1]) in mg/kg | Eluat in mg/l | TS[1]) in mg/kg | Eluat in mg/l | |
| **V. Metalle**[1]) | | | | | | | |
| Aluminium | – | 0,2 | – | 3 | – | – | S3 |
| Arsen | 1 15 | 0,2 | 25 | 0,5 | 40 | 1 | S1 |
| Barium | 200 – | 1 | 300 | 2 | 400 | – | S2 |
| Blei | 2 80 | 0,2 | 200 | 1 | 500 | 2 | S2/S1 |
| Bor | 5 80 | 1 | 100 | – | – | – | S2/S1 |
| Cadmium | 0,1 1 | 0,02 | 2 | 0,25 | 10 | 0,5 | S2 |
| Chrom, gesamt | 1 500 | 0,05 | 150 | 1 | 300 | 3 | S1/S2 |
| Chrom, VI | – | – | – | 0,25 | – | 0,5 | S1 |
| Eisen, gelöst | – | 2 | – | 3 | – | – | S3 |
| Kobalt | 20 – | – | 40 | 1 | 60 | 5 | S1 |
| Kupfer | 3 80 | 1 | 150 | 1 | 300 | 5 | S3 |
| Mangan | 20 800 | 1 | – | 1 | – | – | S2 |
| Magnesium | – | 50 | 400 | – | – | – | S3 |
| Molybdän | 0,2 5 | – | 20 | – | 40 | – | S3 |
| Nickel | 2 500 | 0,05 | 100 | 0,5 | 500 | 5 | S1 |
| Quecksilber | 0,02 0,5 | 0,001 | 2 | 0,05 | 5 | 0,5 | S1 |
| Selen | 10 – | 0,01 | – | 0,1 | – | 1 | S1 |
| Silber | – | 0,01 | – | 0,1 | – | 2 | S3 |
| Thallium | 0,02 0,5 | – | 1 | – | – | – | S1 |
| Vanadium | 10 100 | – | 100 | 0,1 | – | – | S2 |
| Zink | 5 200 | 5 | 500 | – | 1500 | – | S2/S1 |
| Zinn | 20 – | – | 50 | 2 | 100 | 5 | S3 |
| **VI. Anionen** | | | | | | | |
| Cyanid, gesamt | 5 | 0,05 | 25 | – | 100 | 5 | S1 |
| Cyanid, leicht freis. | 1 | – | 5 | 0,5 | 20 | 1 | S1 |

[1]) TS: Trockensubstanz
[2]) Die bei den Metallen hinter dem Schrägstrich angegebenen Werte entsprechen geogen bedingten Metallgehalten, die standortabhängig berücksichtigt werden müssen.

## 3.1.2 Verwertung von Böden und Erdaushub gemäß LAGA-Liste

Im LAGA-Regelwerk [27] werden für Böden und Erdaushub (Reststoffe und Abfälle aus dem Baubereich, Altlasten und Schadensfällen) nutzungs- bzw. standortbezogene Zuordnungswerte (Einbauwerte) angegeben, bei deren Unterschreitung ein Einbau der genannten Materialien in bestimmten Bereichen möglich ist. Dabei wird folgende Unterteilung vorgenommen:

| | |
|---|---|
| Zuordnungswert Z0 | uneingeschränkter Einbau möglich (Schadstoffgehalte im Bereich der natürlichen Hintergrundbelastung |
| Zuordnungswert Z1 | offener eingeschränkter (nutzungsbezogener) Einbau möglich (Aufgliederung in Z.1.1 und Z.1.2 in Abhängigkeit von den hydrogeologischen Standortverhältnissen) |
| Zuordnungswert Z1.1 | Anforderung bei ungünstigen hydrogeologischen Voraussetzungen |
| Zuordnungswert Z1.2 | Anforderung bei günstigen hydrogeologischen Voraussetzungen (z.B. flächige Überlagerung des Grundwasserleiters durch eine ausreichend mächtige, gering durchlässige Schicht) |
| Zuordnungswert Z2 | eingeschränkter Einbau mit definierten technischen Sicherungsmaßnahmen möglich (Unterbindung des Transportes von Schadstoffen in den Untergrund bzw. das Grundwasser) |
| Zuordnungswert Z3 | Einbau nur in Deponien gemäß TA Siedlungsabfall, Deponieklasse I (siehe Tafel 3) |

Die einzelnen Zuordnungswerte werden dabei sowohl für Feststoffbestimmungen (Tafel 21) als auch für Eluate (Elution im Verwertungszustand, keine Zerkleinerung nach DIN 38414, Teil 4 erforderlich) von Böden (Tafel 22) angegeben. Eine Vermischung von Böden bzw. Reststoffen zur Erreichung der entsprechenden Zuordnungswerte ist nicht zulässig.

**Tafel 21 Zuordnungswerte nach LAGA [27] (Boden)**

| Parameter | in | Zuordnungswert | | | |
|---|---|---|---|---|---|
| | | Z0 | Z1.1 | Z1.2 | Z2 |
| pH-Wert[1]) | – | 5,5 bis 8 | 5,5 bis 8 | 5 bis 9 | – |
| EOX | mg/kg | 1 | 3 | 10 | 15 |
| Mineralöle | mg/kg | 100 | 300 | 500 | 1000 |
| Aromaten[2]) | mg/kg | <1 | 1 | 3 | 5 |
| LHKW[3]) | mg/kg | <1 | 1 | 3 | 5 |
| PAK[4]) | mg/kg | 1 | 5[6]) | 15[7]) | 20 |
| PCB[5]) | mg/kg | 0,2 | 0,1 | 0,5 | 1 |
| Arsen | mg/kg | 20 | 30 | 50 | 150 |
| Blei | mg/kg | 100 | 200 | 300 | 1000 |
| Cadmium | mg/kg | 0,6 | 1 | 3 | 10 |
| Chrom, gesamt | mg/kg | 50 | 100 | 200 | 600 |
| Kupfer | mg/kg | 40 | 100 | 200 | 600 |
| Nickel | mg/kg | 40 | 100 | 200 | 600 |
| Quecksilber | mg/kg | 0,3 | 1 | 3 | 10 |
| Thallium | mg/kg | 0,5 | 1 | 3 | 10 |
| Zink | mg/kg | 120 | 300 | 500 | 1500 |
| Cyanide, gesamt | mg/kg | 1 | 10 | 30 | 100 |

[1]) Niedrigere pH-Werte allein stellen kein Ausschlußkriterium dar
[2]) Summe BTEX (Benzol, Toluol, Ethylbenzol, Xylol)
[3]) Summe leichtflüchtiger, halogenierter Kohlenwasserstoffe
[4]) Summe polycyclischer aromatischer Kohlenwasserstoffe nach EPA (Naphthalin, Acenaphthylen, Acenaphthen, Fluoren, Phenanthren, Anthracen, Fluoranthen, Pyren, Benzo(a)anthracen, Chrysen, Benzo(b)fluoranthen, Benzo(k)fluoranthen, Benzo(a)pyren, Indeno(1,2,3-cd)pyren, Dibenz(ah)anthracen, Benzo(ghi)perylen)
[5]) Summe polychlorierter Biphenyle nach DIN 51527
[6]) Einzelwerte für Naphthalin und Benzo(a)pyren <0,5 mg/kg
[7]) Einzelwerte für Naphthalin und Benzo(a)pyren <1,0 mg/kg

**Tafel 22 Zuordnungswerte nach LAGA [27] (Eluate von Böden)**

| Parameter | in | Zuordnungswert | | | |
|---|---|---|---|---|---|
| | | Z0 | Z1.1 | Z1.2 | Z2 |
| pH-Wert[1]) | – | 6,5 bis 9 | 6,5 bis 9 | 6 bis 12 | 5,5 bis 12 |
| Leitfähigkeit | µS/cm | 500 | 500 | 1000 | 1500 |
| Chlorid | mg/l | 10 | 10 | 20 | 30 |
| Sulfat | mg/l | 50 | 50 | 100 | 150 |
| Cyanid, gesamt | µg/l | <10 | 10 | 50 | 100[3]) |
| Phenolindex[2]) | µg/l | <10 | 10 | 50 | 100 |
| Arsen | µg/l | 10 | 10 | 40 | 60 |
| Blei | µg/l | 20 | 40 | 100 | 200 |
| Cadmium | µg/l | 2 | 2 | 5 | 10 |
| Chrom, gesamt | µg/l | 15 | 30 | 75 | 150 |
| Kupfer | µg/l | 50 | 50 | 150 | 300 |
| Nickel | µg/l | 40 | 50 | 150 | 200 |
| Quecksilber | µg/l | 0,2 | 0,2 | 1 | 2 |
| Thallium | µg/l | <1 | 1 | 3 | 5 |
| Zink | µg/l | 100 | 100 | 300 | 600 |

[1]) Niedrigere pH-Werte allein stellen kein Ausschlußkriterium dar
[2]) Höhere Gehalte, die auf Huminstoffe zurückzuführen sind, stellen kein Ausschlußkriterium dar
[3]) Verwertung für Z2 > 100 µg/l ist zulässig, falls Z2 Cyanid (leicht freisetzbar) <50 µg/l

## 3.2 Aufbereitungsanlagen für Bauschutt

Aufgrund der erheblichen anfallenden Mengen von Abfällen im Bereich der Bauindustrie und des Baugewerbes kommt der Aufbereitung und Verwertung dieser als Baurestmassen bezeichneten Abfälle vordringliche Bedeutung zu. Die Baurestmassen lassen sich in folgende Abfallgruppen aufgliedern:

- Bodenaushub
- Straßenaufbruch
- Bauschutt
- Baustellen(misch)abfälle

Während die Verwertung von Bodenaushub (z. B. auch über Bodenbörsen) in der Regel ohne spezielle Aufbereitung erfolgen kann, ist die Verwertung von Bauschutt, Straßenaufbruch und ggf. Baustellenabfällen nur über die Vorschaltung einer Aufbereitung möglich.

In Abhängigkeit von den gegebenen Randbedingungen einer Baustelle werden Bauschuttaufbereitungsanlagen aus bewährten Aggregaten von Anlagen zur Mineralstoffgewinnung zusammengestellt. Beispielhafte Schemata für derartige einfache baustellengerechte Anlagenzusammenstellungen zeigen die Bilder 10 und 11 [28].

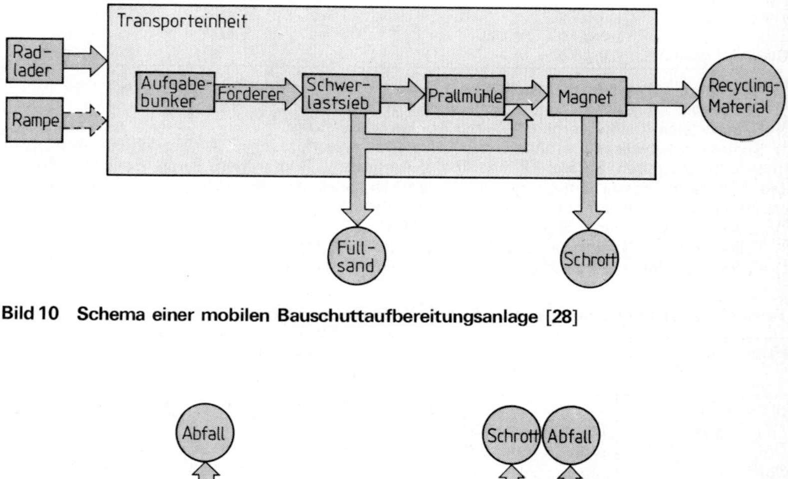


**Bild 10 Schema einer mobilen Bauschuttaufbereitungsanlage [28]**

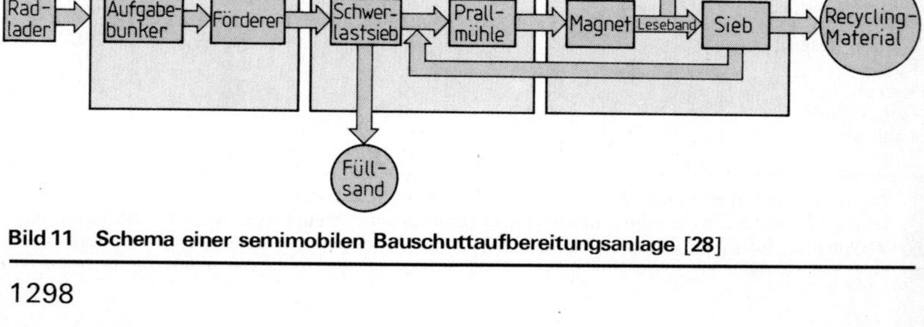


**Bild 11 Schema einer semimobilen Bauschuttaufbereitungsanlage [28]**

# Verkehrswesen

Bearbeitet von Prof. Dipl.-Ing. Henning Natzschka

## Inhalt



Verkehrswasserbau s. Abschnitt Wasserwirtschaft S. 1269

**Anmerkung** Auch wenn in den Richtlinien und Merkblättern der Forschungsgesellschaft für Straßen- und Verkehrswesen für bestimmte Größen die Großschreibung üblich ist, wurde hier für diese nach DIN 1080 die Kleinschreibung verwendet.

## Technische Baubestimmungen

(hrsg. von der Forschungsgesellschaft für Straßen- und Verkehrswesen e.V., Köln)

Empfehlungen für Radverkehrsanlagen ERA 95
Empfehlungen für die Anlage von Hauptverkehrsstraßen EAHV 92
Empfehlungen für Anlagen des ruhenden Verkehrs EAR 91/95
Empfehlungen für die Anlage von Erschließungsstraßen EAE 85/95
Hinweise zur Anwendung der Richtlinien für die Anlage von Straßen (Teile RAS-N, L, Q, K) beim Um- und Ausbau von Straßen in den neuen Bundesländern, 1992
Richtlinien für die Anlage von Landstraßen RAL,
  Teil III: Knotenpunkte – RAL-K
  Abschn. 2: Planfreie Knotenpunkte – RAL-K-2, 1976
Richtlinien für die Anlage von Straßen RAS mit den Teilen:

- Entwässerung – RAS-Ew, 1987
- Knotenpunkte – RAS-K-1, Plangleiche Knotenpunkte, 1988
- Linienführung – RAS-L-1,
  Teil: Linienführung, 1995
- Landschaftsgestaltung – RAS-LG,
  Abschn. 1: Landschaftsgerechte Planung, 1980
  Abschn. 3: Lebendverbau, 1983
  Abschn. 4: Schutz von Bäumen u. Sträuchern im Bereich von Baustellen, 1986
- Landschaftspflege – RAS-LP,
  Abschn. 2: Landschaftspflegerische Ausführung, 1993
- Straßennetzgestaltung – RAS-N,
  Abschn. 1: Leitfaden für die funktionale Gliederung des Straßennetzes, 1988
- Anlagen des öffentlichen Personalverkehrs – RAS-Ö,
  Abschn. 1: Straßenbahn, 1977
  Abschn. 2: Omnibus und Obus, 1979
- Querschnitte – RAS-Q, 1982 (in Neubearbeitung)

Fortsetzung s. nächste Seite

**Technische Baubestimmungen,** Fortsetzung

- Vermessung – RAS-Verm,
  Abschn. 1: RAS-Verm 1, Grundlagenvermessung, Geländeaufnahme, Berechnungen, 1990
  Abschn. 2: RAS-Verm 2, Planherstellungsarbeiten, Reprotechnische Arbeiten mit Anhang: Zeichenvorschrift zum Abschn. 2
- Wirtschaftlichkeitsuntersuchungen – RAS-W 1986
- Richtlinien für die Gestaltung von Entwurfspapieren – RE 85
- Richtlinien für den Lärmschutz an Straßen – RLS 1990
- Richtlinien für die Standardisierung des Oberbaus von Verkehrsflächen – RStO 86/89
- Zusätzliche Technische Vertragsbedingungen und Richtlinien für den Bau von Fahrbahndecken aus Asphalt – ZTV Asphalt-Stb 94
- Zusätzliche Technische Vorschriften und Richtlinien für die Befestigung ländlicher Wege – ZTV-LW 87
- Zusätzliche Technische Vorschriften und Richtlinien für Tragschichten im Straßenbau ZTVT-StB 86, Fassung 1990

} hrsg. von der Forschungsgesellschaft für Straßen- und Verkehrswesen e.V., Köln

- Anpassung der Entwurfsrichtlinien für planfreie Knotenpunkte (RAL-K-2 1976) an jüngere Entwurfsrichtlinien, Reihe Forschung Straßenbau und Verkehrstechnik, Heft 589/1990, Hrsg. Bundesminister für Verkehr, Bonn
- Richtlinien für den landwirtschaftlichen Wegebau – RLW, 1975, Hrsg. Kuratorium für Wasser- und Kulturbauwesen und Deutscher Verein für Wasserwirtschaft
- Eisenbahn-Bau- und Betriebsordnung – EBO, 1994, Deutsche Bahn AG
- Oberbauvorschrift für Regelspurbahnen – Obv (1969), 1987, DS 820, Deutsche Bundesbahn
- Vorschrift für das Entwerfen von Bahnanlagen – DS 800 01, 800 02, 800 03, Deutsche Bundesbahn, 1994
- Zusammenstellung von Richtlinien für das Entwerfen von Bahnanlagen sowie Tabellen und Formeln, Eisenbahn-Fachverlag, Heidelberg/Mainz, 1982

| DIN | Teil | Ausgabe | Titel |
|---|---|---|---|
| 482 | | 9.88 | Straßenbordsteine aus Naturstein |
| 483 | | 8.81 | Bordsteine aus Beton |
| 485 | | 4.87 | Gehwegplatten aus Beton |
| 1060 | 1 | 3.95 | Baukalk; Definitionen, Anforderungen, Überwachung |
| 1182 | | 10.71 | Wirtschaftswegebrücken; Profilmaße |
| 1187 | | 11.82 | Dränrohre aus weichmacherfreiem Polyvinchlorid |
| 1221 | | 2.92 | Schmutzfänger für Schachtabdeckungen |
| 1229 | E | 6.93 | Aufsätze und Abdeckungen für Verkehrsflächen |
| 1230 | 1 bis 9 | 1.80 bis 2.92 | Steinzeug für die Kanalisation |
| 1230 | E10 | 3.94 | Steinzeug für die Kanalisation |
| 1995 | 1 bis 5 | 10.89 | Bitumen und Steinkohlenteerpech; Anforderungen an die Bindemittel |
| 1998 | | 5.90 | Unterbringung von Leitungen und Anlagen in öffentlichen Flächen; Richtlinien für die Planung |
| 1999 | 1 bis 6 | 8.76 bis 2.91 | Abscheideranlagen für Leichtflüssigkeiten |
| 1999 | E7 | 3.94 | Abscheideranlagen für Leichtflüssigkeiten |
| 4032 | | 1.81 | Betonrohre und Formstücke: Maße, Technische Lieferbedingungen |
| 4033 | | 11.79 | Entwässerungskanäle und Leitungen; Richtlinien für die Ausführung |
| 4034 | 1 bis 2 | 10.90 bis 9.93 | Schächte aus Beton- und Stahlbetonfertigteilen |
| 4034 | E10 | 5.94 | Schächte aus Beton- und Stahlbetonfertigteilen |
| 4035 | | 9.76 | Stahlbetonrohre |
| 4052 | 1 bis 4 | 9.77 bis 5.88 | Betonteile und Eimer für Straßenabläufe |
| 4095 | | 6.90 | Baugrund: Dränung zum Schutz baulicher Anlagen |
| 4124 | | 8.81 | Baugruben und Gräben: Böschungen, Arbeitsraumbreiten, Verbau |
| 18005 | 1 | 5.71 | Schallschutz im Städtebau; Berechnungsverfahren |
| 18123 | | 4.83 | Baugrund: Untersuchung von Bodenproben; Bestimmung der Korngrößenverteilung |
| 18158 | | 9.86 | Bodenklinkerplatten |
| 18195 | 1 bis 10 | 8.83 bis 12.86 | Bauwerksabdichtungen |

**Technische Baubestimmungen,** Fortsetzung

| DIN | Teil | Ausgabe | Titel |
|---|---|---|---|
| 18299 | | 6.96 | VOB Verdingungsordnung für Bauleistungen, Teil C: Allgemeine Regelungen für Bauarbeiten jeder Art |
| 18300 | | 6.96 | VOB Verdingungsordnung für Bauleistungen, Teil C: Erdarbeiten |
| 18315 | | 6.96 | VOB Verdingungsordnung für Bauleistungen: Teil C: Verkehrswegebauarbeiten; Oberbauschichten ohne Bindemittel |
| 18316 | | 6.96 | VOB Verdingungsordnung für Bauleistungen, Teil C: Verkehrswegebauarbeiten; Oberbauschichten mit hydraulischen Bindemitteln |
| 18317 | | 6.96 | VOB Verdingungsordnung für Bauleistungen, Teil C: Verkehrswegebauarbeiten; Oberbauschichten aus Asphalt |
| 18318 | | 6.96 | VOB Verdingungsordnung für Bauleistungen, Teil C: Verkehrswegebauarbeiten; Pflasterdecken, Plattenbeläge, Einfassungen |
| 18325 | | 12.92 | VOB Verdingungsordnung für Bauleistungen, Teil C: Gleisbauarbeiten |
| 18354 | | 6.96 | VOB Verdingungsordnung für Bauleistungen, Teil C: Gußasphaltarbeiten |
| 18500 | | 4.91 | Betonwerkstein; Begriffe, Anforderungen, Prüfung, Überwachung |
| 18501 | | 11.82 | Pflastersteine aus Beton |
| 18502 | | 12.65 | Pflastersteine; Naturstein |
| 18503 | | 8.81 | Pflasterklinker; Anforderungen, Prüfung, Überwachung |
| 18506 | | 6.91 | Hydraulische Bindemittel für Tragschichten, Bodenverfestigungen und Bodenverbesserungen; hydraulische Tragschichtbinder |
| 18920 | E | 10.88 | Vegetationstechnik im Landschaftsbau; Schutz von Bäumen, Pflanzenbeständen und Vegetationsflächen bei Baumaßnahmen |
| 19534 | V1 bis 2 | 11.92 | Rohre und Formstücke aus weichmacherfreiem Polyvinchlorid |
| 19537 | 1 bis 3 | 10.83 bis 11.90 | Rohre und Formstücke aus Polyethylen hoher Dichte |
| 19571 | 1 bis 2 | 3.90 | Aufsätze 500 × 500 für Abläufe, rinnenförmig |
| 19580 | | 12.88 | Entwässerungsrinnen für Niederschlagswasser zum Einbau in Verkehrsflächen |
| 19583 | E1 bis 2 | 12.94 | Aufsätze 500 × 500 für Straßenabläufe |
| 19584 | E1 bis 2 | 12.94 | Schachtabdeckungen für Einsteigschächte |
| 19590 | ff. | 3.90 | Aufsätze für Abläufe |
| 19596 | 1 bis 3 | 3.90 | Schachtabdeckungen |
| 43629 | 2 | 8.78 | Kabelverteilerschrank; Sockel, Anbaumaße |
| 45642 | | 10.74 | Messung von Verkehrsgeräuschen |
| 52000 | ff. | 12.80 bis 6.89 | Bitumen und Steinkohlenteerpech; Prüfungen |
| 52100 | ff. | 3.88 bis 3.90 | Prüfung von Naturstein |

## Weiterführende Literatur


Der Elsner, Handbuch für Straßenwesen. Darmstadt: Otto Elsner Verlagsgesellschaft

*Dunker, Lothar*: Untersuchungen zur Bemessung von Verkehrsflächen und Abfertigungsanlagen für Personalkraftwagen in Anlagen für den ruhenden Verkehr, Schriftenreihe Straßenbau und Straßenverkehrstechnik (1971) Heft 123, BMW, Bonn

*Fiedler, Joachim*: Grundlagen der Bahntechnik, 2. Aufl., 1980, Werner-Verlag, Düsseldorf

*Matthews, Volker*: Bahnbau, 3. Auflage, 1996, B.G. Teubner, Stuttgart

*Natzschka, Henning*: Straßenbau – Entwurf und Bautechnik, 1996, B.G. Teubner, Stuttgart und Leipzig

*Sill, Otto*: Parkbauten. Wiesbaden: Bauverlag 1968

*Velske, Siegfried*: Straßenbautechnik, 2. Aufl., 1985, Werner-Verlag, Düsseldorf

Handbuch für städtisches Ingenieurwesen. Darmstadt: Otto Elsner Verlagsgesellschaft

Handbuch des Straßenbaus. Berlin-Heidelberg-New York: Springer 1977/1979

Forschung Straßenbau und Straßenverkehrstechnik, BMV, Abt. Straßenbau, Bonn

Straßenbau von A–Z, Loseblattsammlung. Wiesbaden: Bauverlag

# 1 Straßenbau

## 1.1 Querschnittsgestaltung

### 1.1.1 Elemente des Straßenverkehrs

**Ausgangsmaße** ($b$ = Breite, $h$ = Höhe)

für Kfz-Verkehr: Bemessungsfahrzeug mit $b \times h = 2{,}50 \times 4{,}00$ m

für Radverkehr mit $b \times h = 0{,}75 \times 2{,}00$ m

**Bewegungsspielraum** $b = 0{,}20$ m, $b$ nach Tafel 2, Spalte 4

**Verkehrsraum** für Kfz = Raum für Bemessungsfahrzeug + Bewegungsspielraum: $h = 4{,}20$ m

**Lichter Raum** von festen Hindernissen freihalten. Im Regelfall beträgt die erforderliche lichte Höhe (⊥ Fahrbahnoberfläche) 4,50 bzw. 4,70 m bei Straßen der Kategoriengruppen A, B und C, bei Rad- und Gehwegen 2,50 m. Seitliche Begrenzung s. RAS-Q.

**Querschnittsausbildung** im Bereich von Bauwerken und Ortsdurchfahrten, für Fußgänger- und Radwege s. RAS-Q.

**Querneigung** unbefestigter Seitenstreifen (Bankett): tiefe Seite 12%, hohe Seite 6%, stets nach außen geneigt (Entwässerung!).

**Tafel 1 Böschungsgestaltung**

| Böschungshöhe $h$ | $h \geqq 2{,}0$ m | $h < 2{,}0$ m |
|---|---|---|
| Damm | 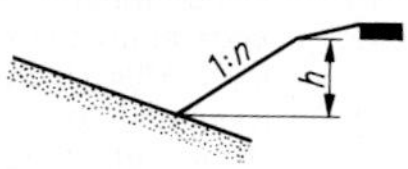  | 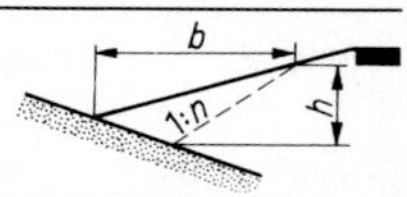  |
| Einschnitt | 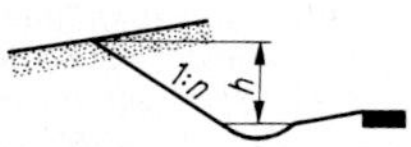  | 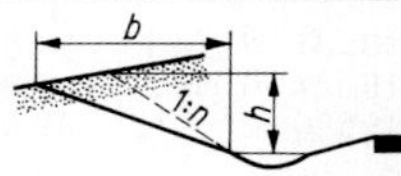  |
| Regelböschung | 1:1,5 | $b = 3{,}0$ m |
| allgemeine Böschungsmaße | 1:$n$ | $b = 2\,n$ |
| Tangentenlänge der Ausrundung | 3,0 m | 1,5$h$ |

Die Mutterbodenandeckung soll etwa 0,03 m tiefer liegen als die Außenkante der befestigten Fahrbahn.

Straßen für den öffentlichen Verkehr werden eingeteilt nach

- Lage außerhalb oder innerhalb bebauter Gebiete
- angrenzender Bebauung (anbaufrei oder angebaut)
- maßgebender Funktion (Verbindung, Erschließung, Aufenthalt).

Die Funktionsstufen für die Verbindungsfunktionen im Verkehrsnetz sind

- Funktionsstufe I: Verbindung zwischen zentralen Orten der oberen Stufe (Oberzentren)
- Funktionsstufe II: Verbindung zwischen zentralen Orten der mittleren Stufe (Mittelzentren) oder entsprechender innergemeindlicher Raumeinheiten
- Funktionsstufe III: Verbindung zwischen zentralen Orten der Grundstufe (Grund-, Unter-, Kleinzentren) oder entsprechenden innergemeindlichen Raumeinheiten
- Funktionsstufe IV: Verbindung wichtiger Teilbereiche zentraler Orte der Grundstufe sowie entsprechender innergemeindlicher Raumeinheiten
- Funktionsstufe V: Erschließung von Grundstücken für Anlieger- und Fremdverkehr und land- und forstwirtschaftlicher Flächen
- Funktionsstufe VI: Anbindung von Grundstücken für Anliegerverkehr

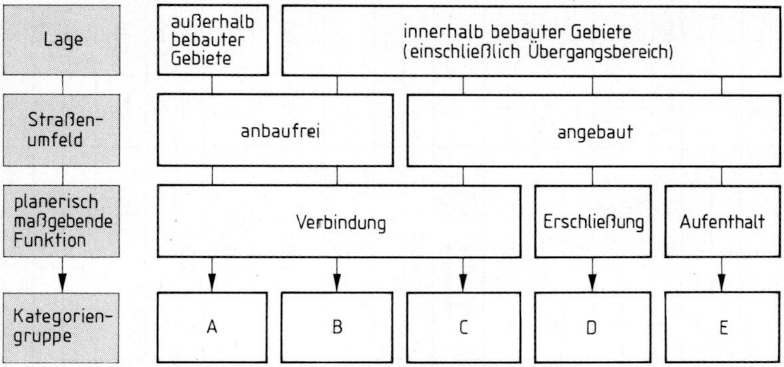


**Bild 1** Zusammenhang zwischen Lage, Umfeld, Funktion und Kategoriengruppen von Straßen

### 1.1.2 Funktionsbedeutung der Kategoriengruppen

**Kategoriengruppe A.** Großräumige, regionale, zwischengemeindliche, flächenschließende Verbindungen außerhalb bebauter Gebiete. Meist Anbaufrei mit weiten Knotenpunktsabständen. Fußgänger- und Radverkehr besonders geführt.

**Kategoriengruppe B.** Anbaufreie Schnellverkehrs-, Hauptverkehrs-, Hauptsammelstraßen innerhalb bebauter Gebiete und beim Übergang zu diesen. Verbindung innerörtlicher Zentren und Straßen der Kategoriengruppe A. Bündelung innerörtlichen Erschließungsverkehrs. Knotenpunkte engmaschig. Geh- und Radwege auf Seitenstreifen geführt.

**Kategoriengruppe C.** Angebaute oder anbaufähige Hauptverkehrs- und Hauptsammelstraßen innerhalb bebauter Gebiete sowie Ortsdurchfahrten höherer Kategoriengruppen. Verbindung des Netzes der Erschließungsstraßen mit gleichzeitig eigener Erschließungsfunktion. Oft mit Flächen für den ruhenden Verkehr ausgestattet. Geh- und Radwege hinter Hochborden.

**Kategoriengruppe D.** Sammel- und Anliegerstraßen mit maßgebender Erschließungsfunktion. Manchmal mit Einbauten zur Verkehrsberuhigung versehen. Geh- und Radwege hinter Hochborden.

**Kategoriengruppe E.** Anliegerverkehr mit maßgebender Aufenthaltsfunktion und befahrbare Wohnwege. Mischung der Verkehrsarten möglich, wenn die Entwurfsmerkmale dies deutlich machen.

### 1.1.3 Regelquerschnitte (RQ)

Nach Tafel 2 ergeben sich folgende Querschnittsgruppen als Regelquerschnitte:

**Durch Mittelstreifen baulich stets getrennt:**

a) Fahrbahnen mit mindestens je 2 Fahrstreifen, Grundfahrstreifenbreite 3,75 m.

**Mit oder ohne bauliche Mitteltrennung:**

b) Fahrbahnen mit Grundfahrstreifenbreite 3,50 m.
c) Fahrbahnen mit Grundfahrstreifenbreite 3,25 m.
d) Fahrbahnen mit Grundfahrstreifenbreite 3,00 m.

**Ohne bauliche Mitteltrennung:**

e) Fahrbahnen mit 2 Fahrstreifen, Grundfahrstreifenbreite 2,75 m.
f) Fahrbahnen mit 2 Fahrstreifen, Grundfahrstreifenbreite 2,50 m.

Bei Querschnitten ohne bauliche Mitteltrennung erhalten die beiden am Gegenverkehr liegenden Fahrstreifen den Gegenverkehrszuschlag von 0,25 m.

**Tafel 2 Breiten der Bestandteile des Straßenquerschnittes** (Bemessungsfahrzeugbreite 2,50)

| Querschnittsgruppe | | a | | b | | | c | | | d | | | e | f |
|---|---|---|---|---|---|---|---|---|---|---|---|---|---|---|
| Anzahl der Fahrstreifen | anbaufrei | 6 | 4 | 6 | 4 | 2 | | 4 | 2 | | 4 | 2 | 2 | 2 |
| | angebaut | – | | – | | | 6 | 4 | 2 | 6 | 4 | 2 | 2 | 2 |
| Bewegungsspielraum in m | | 1,25 | | 1,00 | | | 0,75 | | | 0,50 | | | 0,25 | 0,00 |
| Grundfahrstreifen in m | | 3,75 | | 3,50 | | | 3,25 | | | 3,00 | | | 2,75 | 2,50 |
| Gegenverkehrsschlag in m | | – | | – | – | 0,25 | 0,25 | | | 0,25 | | | 0,25 | 0,25 |
| Fahrstreifen in m | ohne Gegenverkehr | 3,75 | | 3,50 | | | 3,25 | | | 3,00 | | | – | – |
| | am Gegenverkehr | – | | 3,75 | | | 3,50 | | | 3,25 | | | 3,00 | 2,75 |
| Randstreifen bei anbaufreien Straßen in m | | außen 0,50<br>innen 1,00 | 0,50 | 0,50 | 0,50 | 0,25 | – | 0,50 | 0,25 | 0,25 | | | 0 | 0 |
| Mittelstreifen in m | keine Linksabbieger | 4,00 | | 3,00 | | | 2,00 | | | anbaufrei 0,00<br>angebaut 2,00 | | | – | – |
| | Linksabbieger | – | | – | | | 5,25 | | | 5,00 | | | – | – |
| Stand-/Mehrzweckstreifen in m | | 2,50 | | 2,00 | 2,00 | 1,50 | – | | | – | | | – | – |
| Bankett in m | Stand-/Mehrzweck-streifen vorhanden | 1,50 | | 1,50 | | | – | | | – | | | – | – |
| | Stand-/Mehrzweck-streifen nicht vorhanden | – | | – | – | 2,00 | 1,50 | | | 1,50 | | | 1,50 | 1,00 |
| | neben Parkstreifen, Radweg und Gehweg | – | | – | | | 0,50 | | | 0,50 | | | 0,50 | 0,50 |
| Parkstreifen in m | längs | – | | – | | | 2,00 | | | 2,00 | | | 2,00 | 2,00 |
| | schräg/quer | – | | – | | | – | | | – | | | 5,00 | 5,00 |
| Seitentrennstreifen in m | | 3,00 | | 3,00 | 3,00 | 1,75 | 1,75 | | | 1,75 | | | 1,25 | 1,25 |
| Radweg in m | einstreifig | – | | | – | 2,00 | 1,00 | | | 1,00 | | | 1,00 | – |
| | zweistreifig | | | | | | 2,00 | | | 2,00 | | | 2,00 | |
| Gehweg bei angebauten Straßen (ohne Sicherheitsraum) in m | | – | | – | | | 3,75 | 3,75 | 2,25 | 3,75 | 3,75 | 1,50 | 1,50 | 1,50 |

**Tafel 3 Einteilung der Straßen** (Werte in Klammern stellen Ausnahmen dar)

| Straßenfunktion | | Entwurfs- und Betriebsmerkmale | | | | |
|---|---|---|---|---|---|---|
| Kategoriengruppe | Straßenkategorie | Verkehrsart | zul. Geschw. $v_{zul}$ in km/h | Querschnitt | Knotenpunkte | Entwurfsgeschwindigkeit $v_e$ in km/h |
| 1 | 2 | 3 | 4 | 5 | 6 | 7 |
| **A** anbaufreie Straßen außerhalb bebauter Gebiete mit maßgebender Verbindungsfunktion | A I Fernstraße | Kfz<br>Kfz | keine<br>≦100 (120) | zweibahnig<br>einbahnig | planfrei<br>plangleich (planfrei) | 120 100<br>100 90 (80) |
| | A II überregionale oder regionale Straße | Kfz<br>Allg (Kfz) | <br>≦100 | zweibahnig<br>einbahnig | planfrei (plangleich)<br>plangleich | 100 90 (80)<br>90 80 (70) |
| | A III zwischengemeindliche Straße | Kfz<br>Allg | ≦100<br>≦100 | zweibahnig<br>einbahnig | plangleich (planfrei)<br>plangleich | (90) 80 70<br>80 70 60 |
| | A IV flächenerschließende Straße | Allg | ≦100 | einbahnig | plangleich | 70 60 (50) |
| | A V flächenerschließende Straße | Allg | ≦100 | einbahnig | plangleich | (50) keine |
| | A VI Wirtschaftsweg | Allg | ≦100 | einbahnig | plangleich | keine |
| **B** anbaufreie Straßen im Vorfeld und innerhalb bebauter Gebiete mit maßgebender Verbindungsfunktion | B I Stadtautobahn | Kfz | ≦100 | zweibahnig | planfrei | 100 90 80 (70) |
| | B II Schnellverkehrsstraße | Kfz | ≦80 | zweibahnig | planfrei (plangleich) | 80 70 (60) |
| | B III Hauptverkehrsstraße | Allg<br>Allg | ≦70<br>≦70 | zweibahnig<br>einbahnig | plangleich<br>plangleich | 70 60 (50)<br>70 60 (50) |
| | B IV Hauptsammelstraße | Allg | ≦60 | einbahnig | plangleich | 60 50 |
| **C** angebaute Straßen innerhalb bebauter Gebiete mit maßgebender Verbindungsfunktion | C III Hauptverkehrsstraße | Allg<br>Allg | 50<br>50 | zweibahnig<br>einbahnig | plangleich<br>plangleich | (70) (60) 50 (40) keine<br>(60) 50 (40) |
| | C IV Hauptsammelstraße | Allg | 50 | einbahnig | plangleich | 50 (40) |
| **D** angebaute Straßen innerhalb bebauter Gebiete mit maßgebender Erschließungsfunktion | D IV Sammelstraße | Allg | ≦50 | einbahnig | plangleich | keine |
| | D V Anliegerstraße | Allg | ≦50 | einbahnig | plangleich | keine |
| **E** angebaute Straßen innerhalb bebauter Gebiete mit maßgebender Aufenthaltsfunktion | E V Anliegerstraße | Allg | Schrittgeschw. | einbahnig | plangleich | keine |
| | E VI befahrbarer Wohnweg | Allg | Schrittgeschw. | einbahnig | plangleich | keine |

**Regelquerschnitte zweibahniger Straßen (nach Entwurf RAS-Q, 1995) für die Kategoriengruppen A I, A II, A III, A IV und B II**

RQ 35,5

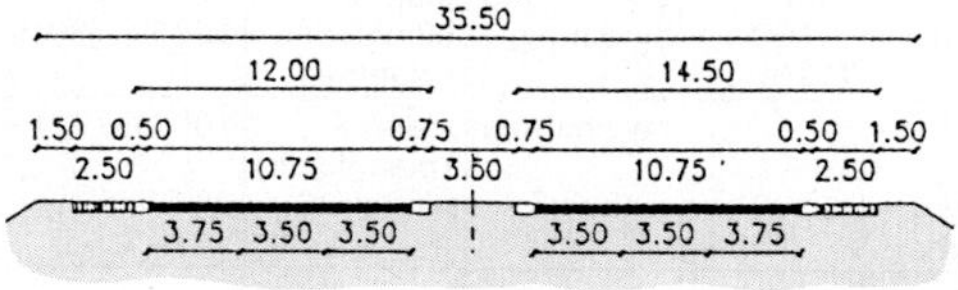


RQ 33,0

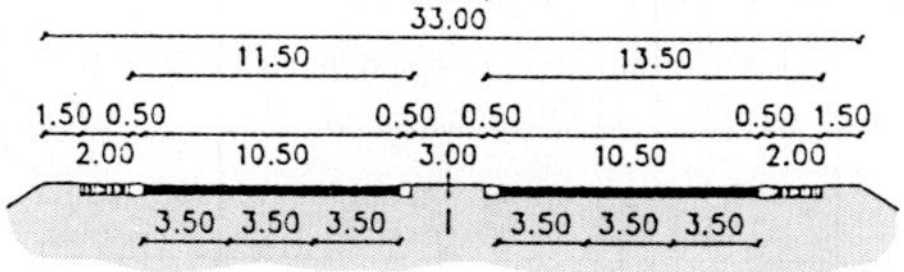


RQ 29,5

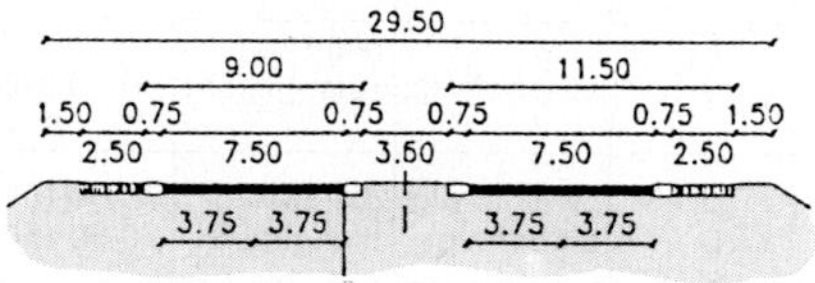


RQ 26,0

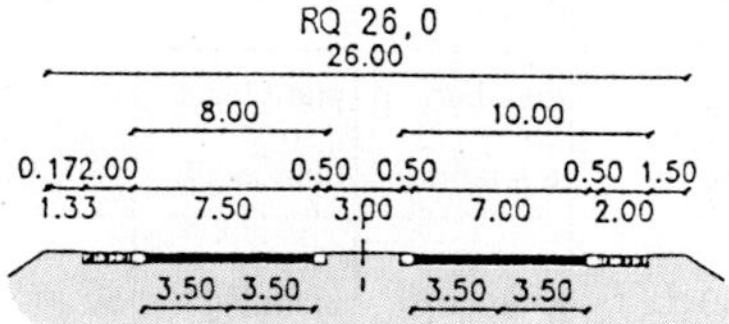


RQ 20, 0

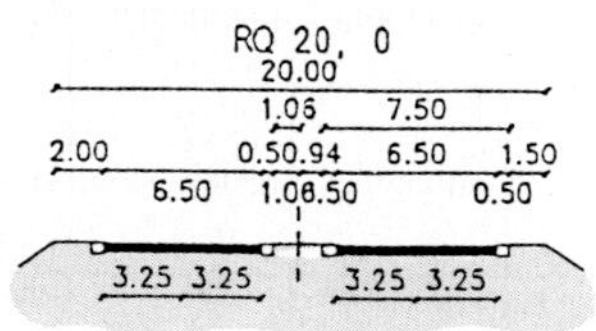


**Regelquerschnitte einbahniger Straßen (nach Entwurf RAS-Q, 1995) für die Kategoriengruppen A V, A VI, B III, B IV, C III, C IV, D IV, D V, E V, E VI**

RQ 15,5

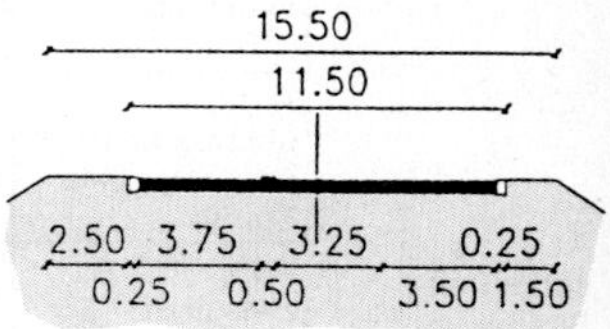


RQ 10,5

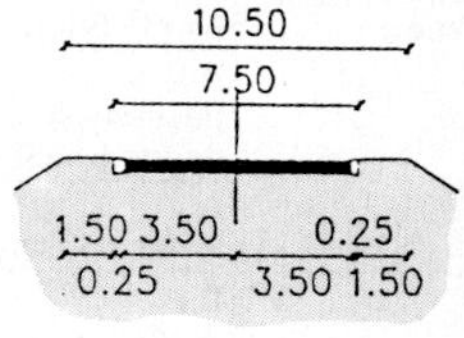


RQ 9,5

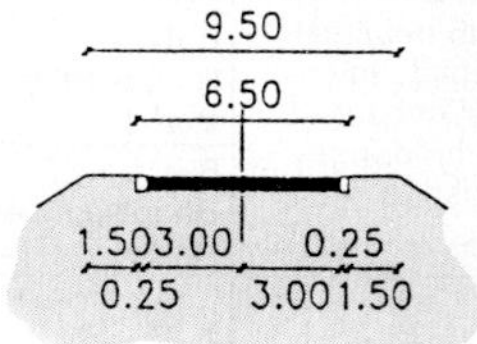


RQ 7,5

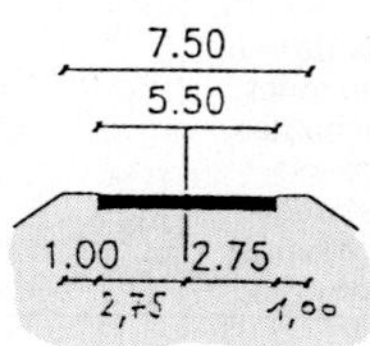


**Bild 2 Regelquerschnitte**

**Tafel 4 Einsatzbereiche und mögliche Leistungsfähigkeiten der Regelquerschnitte anbaufreier Straßen nach RAS-Q**

| Straßenkategorie | Bemessungsgeschwindigkeit $\bar{v}$ in km/h | Regelquerschnitt RQ[7]) 35,5 | 29,5 | 33,0 | 26,0 | 20,0 | 15,5 | 10,5 | 9,5 | 7,5 |
|---|---|---|---|---|---|---|---|---|---|---|
| A I | 70 | | | | | | 1700 | | | |
| | 80 | | | | | | | | | |
| | 90 | 3800 | 2400 | | 2200[2]) | | 900 | | | |
| | 100 | | | | 1800[2]) | | | | | |
| | 110 | 2800 | 1800 | | | | | | | |
| A II | 60 | | | | | | | | | |
| | | | | | | | 1700[3]) | | | |
| | 70 | | | 4100 | 2600 | 2300 | 1700 | 700[1]) | | |
| | 80 | | | | | 2100 | 1400 | | | |
| | | | | | | | 900[3]) | | | |
| | 90 | | | 3400 | 2200 | | | | | |
| A III | 50 | | | | | | | 1300 | 800 | |
| | 60 | | | | | 2600 | 1700[5]) | | 700[1]) | |
| | 70 | | | | | | 900[5]) | 700 | | |
| | 80 | | | | | 2100 | | | | |
| A IV | 40 | | | | | | | 1400[4]) | 900 | 300 |
| | 50 | | | | | | | 1000[4]) | 700 | |
| B II | 50 | | | | | | | | | |
| | 60 | | | | 2800[4]) | 2600 | | | | |
| | 70 | | | | | | | | | |
| | 80 | | | | 2400[4]) | 2100 | | | | |
| B III | 40 | | | | | | | 1400 | 900[6]) | |
| | 50 | | | | | 2500[4]) | | 1000 | 700[6]) | |
| | 60 | | | | | 2100[4]) | | | | |
| B IV | 40 | | | | | | | 1400 | 900[6]) | |
| | 50 | | | | | | | 1000 | 700[6]) | |

[1]) bei geringem Lkw-Verkehr
[2]) bei geringem Lkw-Verkehr oder Zwangsbedingungen
[3]) bei landwirtschaftlichem Verkehr >10 Fz/h
[4]) bei starkem Lkw-Verkehr
[5]) bei landwirtschaftlichem Verkehr >20 Fz/h
[6]) bei geringem Lkw-Verkehr, Linienbusverkehr eingeschränkt
[7]) Für Straßen mit 4 oder mehr Fahrstreifen gelten die angegebenen Werte für eine Fahrtrichtung, für zweistreifige Straßen für den gesamten Querschnitt

## 1.1.4 Querschnitte von Stadt- und Erschließungsstraßen, ländlichen Wegen nach EAE

Erläuterung der Fußnoten und Kurzzeichen

[1]) Tiefe des Parkstreifens 5,00 m bei 100 gon, 5,25 m bei 70 gon, 4,90 m bei 50 gon
[2]) Der Gehstreifen ist zum Ausweichen befahrbar
[3]) Fahrgasse 5,50 m breit bei großem Lkw-Anteil
[4]) Bei Ladeverkehr vor Geschäften besser 2,50 m breit
[5]) Tiefe des Parkstreifens 4,30 m (4,00 m) bei 100 gon, 4,75 m (4,45 m) bei 70 gon, 4,50 m (4,20 m) bei 50 gon
[6]) Bei geringem Lkw-Anteil Fahrgasse 4,75 m breit
[7]) Bei Schräg- und Senkrechtparkstreifen mit Lade-, Manövrier- oder Sicherheitsstreifen
[8]) Gehstreifen nur bei dicht angrenzenden Gebäuden erforderlich
[9]) Baumreihen erfordern mindestens 2,50 m breite Pflanzstreifen
[10]) Bei Trennkanalisation 4,00 m bis 4,50 m

Abkürzungen

| | | |
|---|---|---|
| F = Fußgänger | R = Radfahrer | H = Haltestreifen |
| Kfz = Kraftfahrzeug | G = Grünstreifen | |

**Tafel 5 Querschnitts-Empfehlungen für bebaute Gebiete** (mit Straßentyp-Bezeichnung)

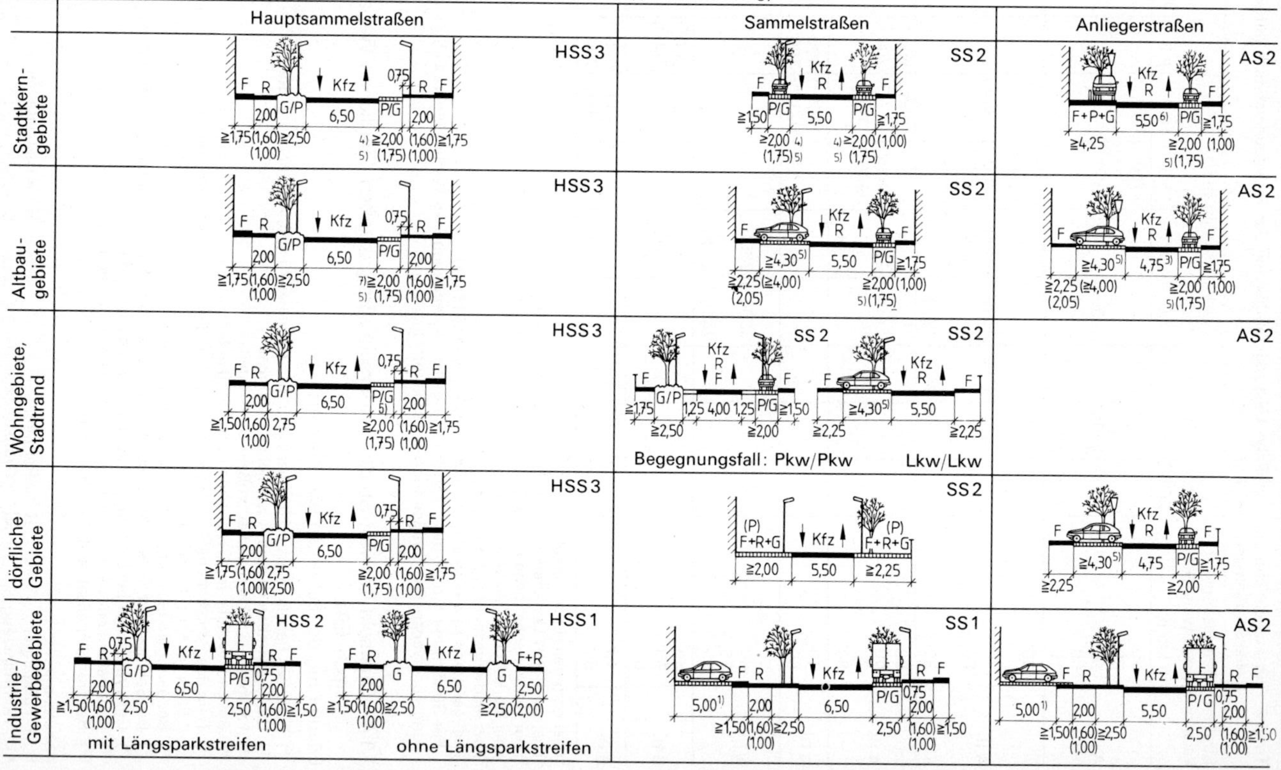

**Tafel 5,** Fortsetzung

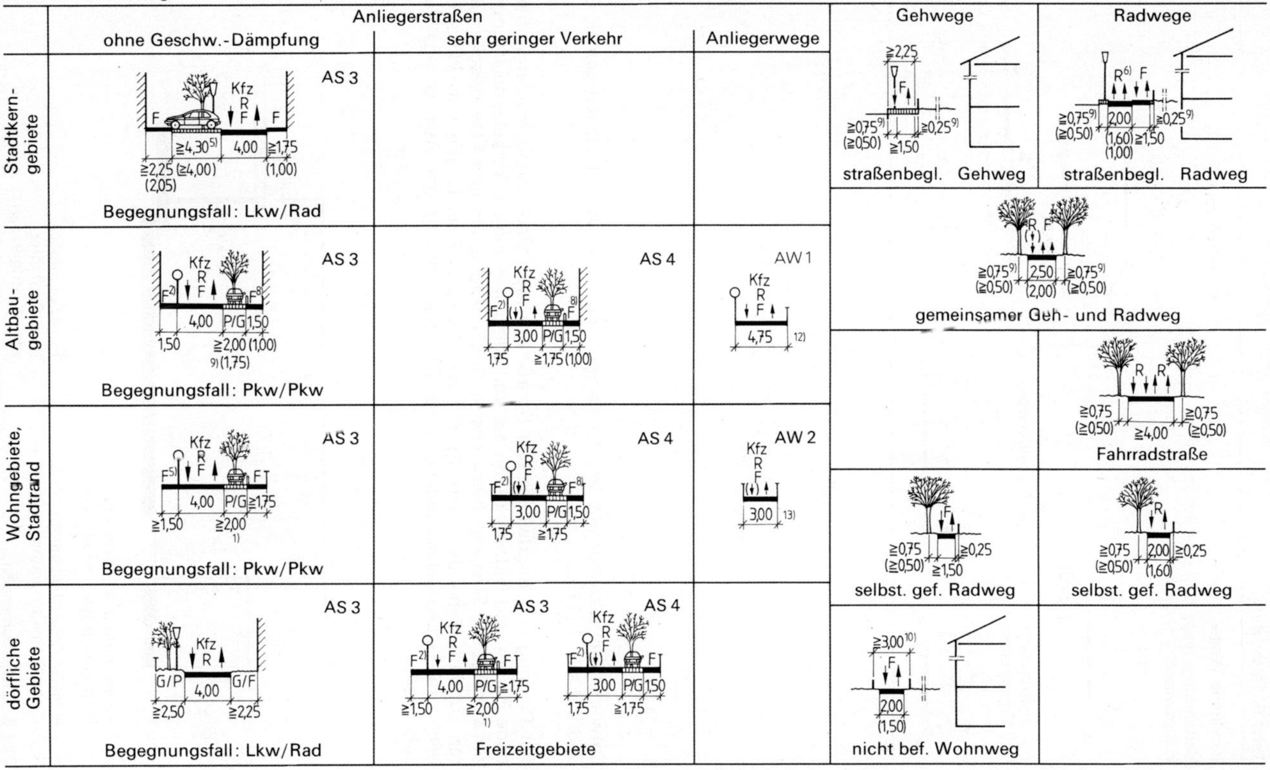

**Tafel 5,** Fortsetzung

**Ländliche Wege**

Verbindungswege und stark befahrene Hauptwirtschaftswege

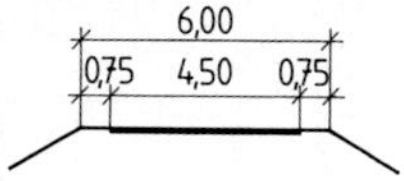


Hauptwege

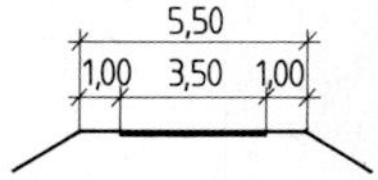


Hauptwirtschaftswege und Wirtschaftswege

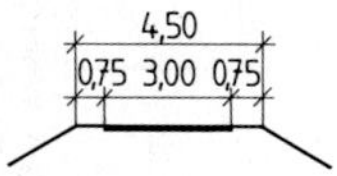


Zubringerwege

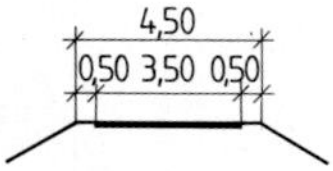


Asphalt-Spurwege

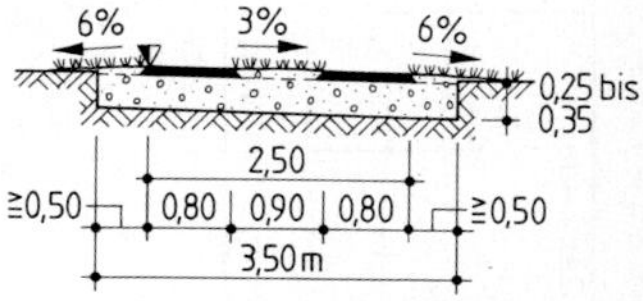


Entwurfsgrundsätze für Straßen der Kategoriengruppen A und der Kategorien B I und B II s. S. 1311

Für Planung und Beurteilung von **Straßennetzen** sind Angaben über vorhandene Raum- und Netzstrukturen der Verkehrsträger und die Verkehrsbelastungen notwendig. Die Streckencharakteristik, Straßenkategorien und Fahrtzwecke führen zur Ermittlung der **Grundgeschwindigkeit**. Dies ist die von Pkws erreichbare Reisegeschwindigkeit unter Berücksichtigung der Bemessungs-Verkehrsstärke.

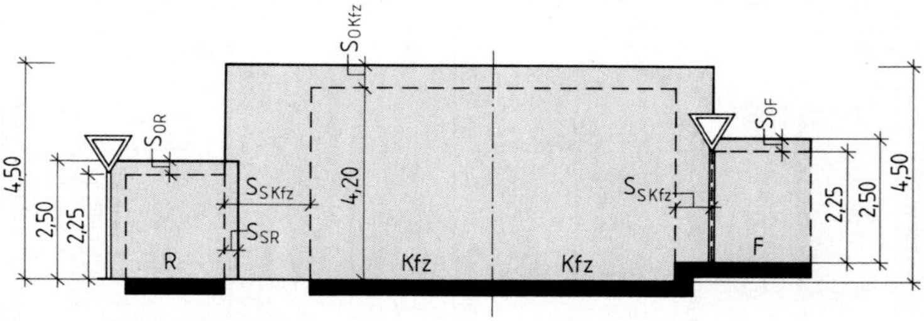


—— Begrenzung des lichten Raumes
--- Begrenzung des Verkehrsraumes

$S_s$ = seitlicher Sicherheitsraum
$S_o$ = oberer Sicherheitsraum

F = Fußgänger
R = Radfahrer
Kfz = Kraftfahrzeug

**Bild 3 Lichtraummaße**

**Tafel 6 Entwurfsgrundsätze für Straßen der Kategoriengruppen A, und der Kategorien BI und BII**

| Kategoriengruppe | Straßenkategorie | Entwurfsprinzip | Ermittlung von $v_{85}$ in km/h | Ausnutzung des radialen Kraftschlusses | Übergangsbogen | Radienrelation | Reaktions- und Auswirkdauer | Überholsichtweite |
|---|---|---|---|---|---|---|---|---|
| A anbaufreie Straßen außerhalb bebauter Gebiete mit maßgebender Verbindungsfunktion | A I Fernstraße | fahrdynamisch | zweibahnig bei $v_e \geq 100$ $v_{85} = v_e + 10$ | 50% bei max $q$, 10% bei min $q$ | erforderlich | erforderlich | 2,0 Sekunden | erforderlich (einbahnig, zweistreifige Straßen) |
| | A II überregionale/regionale Verbindung | | bei $v_e < 100$ $v_{85} = v_e + 20$ | | | | | |
| | A III zwischengemeindliche Verbindung | | einbahnig Neubau: abhängig von $K$ und $b$ Umbau: abhängig von $r$, $b$ | | | | | |
| | A IV flächenerschließende Verbindung | | | | | | | |
| | A V untergeordnete Verbindung | fahrgeometrisch | keine | keine | nicht erforderlich | nicht erforderlich | entfällt | nicht erforderlich |
| | A VI Wirtschaftsweg | | | | | | | |
| B anbaufreie Straßen im Vorfeld und innerhalb bebauter Gebiete mit maßgebender Verbindungsfunktion | B I Stadtautobahn | fahrdynamisch | $v_{85} = \text{zul}\, v$ | 50% bei max $q$, 10% bei min $q$ | erforderlich | erforderlich | 2,0 Sekunden | nicht erforderlich |
| | B II Schnellverkehrsstraße | | | | | | | |

$K$ Kurvigkeit in gon/km, $b$ Fahrbahnbreite in m, $r$ Radius in m

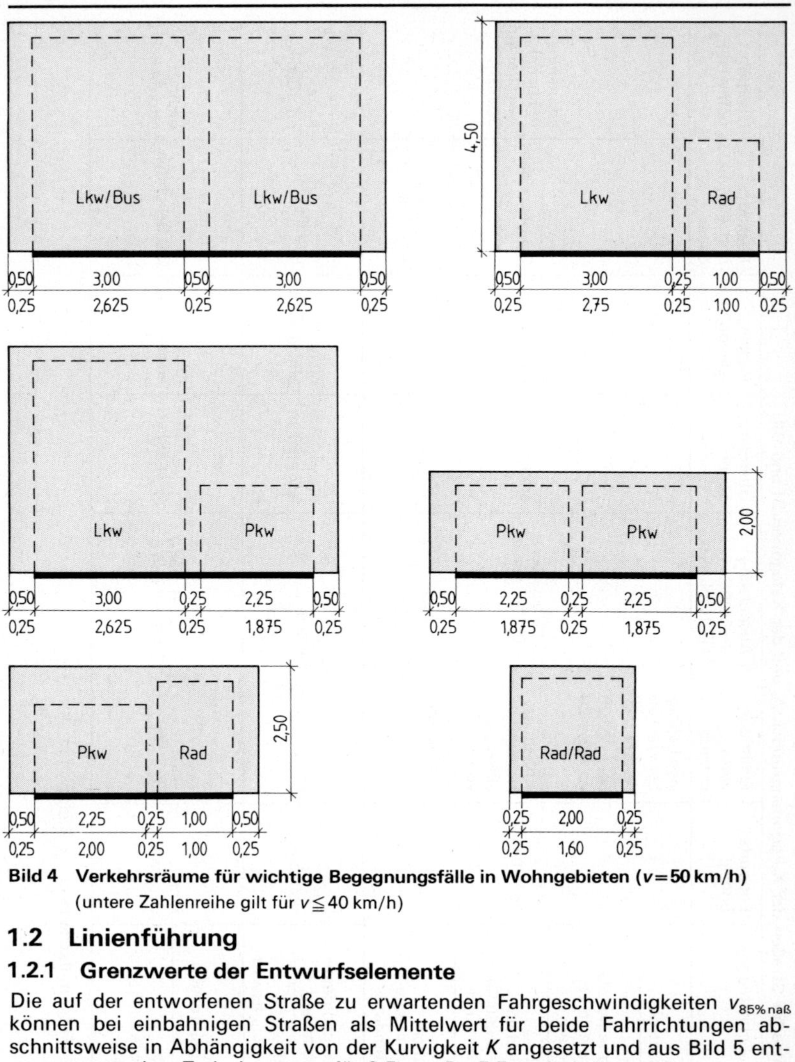


**Bild 4 Verkehrsräume für wichtige Begegnungsfälle in Wohngebieten ($v$=50 km/h)**
(untere Zahlenreihe gilt für $v \leqq 40$ km/h)

## 1.2 Linienführung

### 1.2.1 Grenzwerte der Entwurfselemente

Die auf der entworfenen Straße zu erwartenden Fahrgeschwindigkeiten $v_{85\%\,\text{naß}}$ können bei einbahnigen Straßen als Mittelwert für beide Fahrrichtungen abschnittsweise in Abhängigkeit von der Kurvigkeit $K$ angesetzt und aus Bild 5 entnommen werden. Zwischenwerte für 8,5 m $> B >$ 5,5 m sind abzuschätzen.

$$K = \sum_{i=1}^{n} \frac{|\gamma_i|}{l} \qquad (1)$$

$\gamma_i = \alpha_i + \tau_i$ in gon
$\alpha_i$ Hauptbogenwinkel in gon
$\tau_i$ Übergangsbogenwinkel in gon
$l$ Streckenlänge in km

Die *Entwurfsgeschwindigkeit* $v_e$ entnimmt man Tafel 7. Sie bestimmt die Höchst- und Minimalwerte der Entwurfselemente. Je nach Verkehrsqualität wählt man die höheren oder niedrigeren Werte. Diese bestimmen entscheidend die Streckencharakteristik, also Sicherheit und Qualität des Verkehrsablaufes und die Wirtschaftlichkeit der Straße. Diese soll über längere Strecken konstant bleiben.

**Tafel 7 Grenz- und Richtwerte für Straßen**

| | Entwurfselemente | | | Straßen-der Kategorien-gruppe | maß-gebende Geschwin-digkeit | Grenzwerte für $v$ in km/h 50 | 60 | 70 | 80 | 90 | 100 | 120 |
|---|---|---|---|---|---|---|---|---|---|---|---|---|
| Lageplan | Höchstlänge der Geraden | max $l$ | in m | A | $v_e$ | – | 1200 | 1400 | 1600 | 1800 | 2000 | 2400 |
| Lageplan | Mindestlänge der Geraden bei gleichgerichteten Kurven | min $l$ | in m | A | $v_e$ | – | 360 | 420 | 480 | 540 | 600 | 720 |
| Lageplan | Kurvenmindestradius | min $r$ | in m | A, B | $v_e$ | 80 | 120 | 180 | 250 | 340 | 450 | 720 |
| Lageplan | Klothoidenmindestparameter | min $A$ | in m | A, B | $v_e$ | 30 | 40 | 60 | 80 | 110 | 150 | 240 |
| Lageplan | Kurvenmindestradius bei einer Querneigung zur Kurvenaußenseite ($q = -2{,}0\%$) | min $r$ | in m | A, B | $v_{85}$ | – | – | 550 | 850 | 1300 | 1900 | 3500 |
| Höhenplan | Höchstlängsneigung | max $s$ | in % | A | $v_e$ | 9,0 | 8,0 | 7,0 | 6,0 | 5,0 | 4,5 | 4,0 |
| Höhenplan | | | | B | $v_e$ | 12,0 | 10,0 | 8,0 | 7,0 | 6,0 | 5,0 | – |
| Höhenplan | Mindestlängsneigung im Verwindungsbereich | min $s$ | in % | A, B | – | 0,7 [($s - \Delta s \geq 0{,}2\%$) ohne Hochbord] | | | | | | |
| Höhenplan | Kuppenmindesthalbmesser | min $h_k$ | in m | A, B | $v_e$ | 1400 | 2400 | 3150 | 4400 | 5700 | 8300 | 16000 |
| Höhenplan | Wannenmindesthalbmesser | min $h_w$ | in m | A, B | $v_e$ | 500 | 750 | 1000 | 1300 | 2400 | 3800 | 8800 |
| Querschnitt | Mindestquerneigung | min $q$ | in m | A, B | – | 2,5 | | | | | | |
| Querschnitt | Höchstquerneigung in Kurven | max $q$ | in m | A, B | – | 8,0 | | | | | | |
| Querschnitt | Anrampungshöchstneigung | max $\Delta s$ | in % | A, B | $v_e$ | $0{,}5 \cdot a$ | $0{,}4 \cdot a$ | | $0{,}25 \cdot a$ | | $0{,}225 \cdot a$ | |
| Querschnitt | | | | | | 2,0 ($a \geq 4{,}0$ m) | 1,6 ($a \geq 4{,}0$ m) | | 1,0 ($a \geq 4{,}0$ m) | | 0,9 ($a \geq 4{,}0$ m) | |
| Querschnitt | Anrampungsmindestneigung | min $\Delta s$ | in % | A, B | $v_e$ | $0{,}1 \cdot a$ | | | | | | |
| Sicht | Mindesthaltesichtweite für $s = 0{,}0\%$ | min $s_h$ | in m | A, B | $v_{85}$ | 50 | 65 | 85 | 110 | 140 | 170 | 250 |
| Sicht | Mindestüberholsichtweite für $s = 0{,}0\%$ | min $s_ü$ | in m | A | $v_{85}$ | – | 475 | 500 | 525 | 575 | 625 | – |
| Sicht | Mindeststreckenanteil mit Überholsichtweite | | in % | A | | 20 | | | | | | |

*a* Abstand des Fahrbahnrandes von der Drehachse

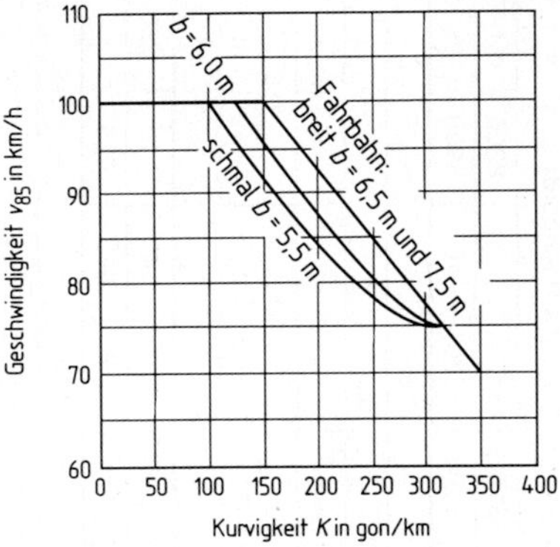


**Bild 5** **Zusammenhang zwischen Kurvigkeit und $v_{85\%,\,naß}$ auf einbahnigen Straßen**

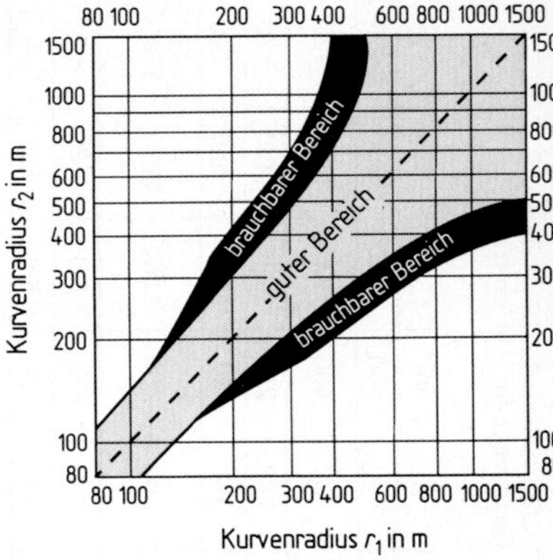


**Bild 6** **Zulässige Radienfolge nach RAL-L für Kategoriengruppe A**

Die *Geschwindigkeit* $v_{85}$ beschreibt das tatsächliche Fahrverhalten. Sie entspricht der Geschwindigkeit, die 85% aller Pkw auf dieser Strecke bei sauberer, nasser Fahrbahn nicht überschreiten. Für einbahnige Querschnitte ist in der RAS-L ein Verfahren zur Abschätzung angegeben. Für den RQ 15,5, bei dem im Wechsel der mittlere Fahrstreifen zum Überholen in einer Fahrtrichtung abmarkiert wird (2+1-Querschnitt), und zweibahnige Querschnitte der Kategoriengruppe A gelten in Abhängigkeit von der Entwurfsgeschwindigkeit folgende Werte:

$v_{85} = v_e + 10$ in km/h für $v_e \geq 100$ km/h,

$v_{85} = v_e + 20$ in km/h für $v_e < 100$ km/h.

Bei Straßen der Kategoriengruppe B II setzt man $v_{85} =$ zul $v$.

Für einbahnige Straßen ist eine *Abstimmung* der Geschwindigkeit $v_{85}$ und der Entwurfsgeschwindigkeit $v_e$ nötig. Dabei soll $v_{85}$ die Entwurfsgeschwindigkeit $v_e$ nicht mehr als 20 km/h überschreiten. Ist dies der Fall, muß entweder $v_e$ vergrößert oder die Streckencharakteristik durch kleine Radien so verändert werden, daß $v_{85}$ gedämpft wird.

Durch gleiche Entwurfsgeschwindigkeit auf längeren Strecken wird Stetigkeit in der Streckencharakteristik erzielt. Dies wird erzielt durch die Auswahl der Radien nach Bild 6.

Im innerörtlichen Bereich legt man keine Entwurfsgeschwindigkeit fest. Hier gelten vielmehr die Nutzungsansprüche, die sich aus den Zielfeldern Verkehr, Umfeld, Straßenraumgestalt und Wirtschaftlichkeit ergeben. Diese sind in den „Empfehlungen für die Anlage für Hauptverkehrsstraßen – EAHV" und den „Empfehlungen für die Anlage von Erschließungsstraßen – EAE" zusammengestellt.

### 1.2.2 Entwurfselemente im Lageplan

**Gerade.** Lange Geraden sind zu vermeiden. Für Kategoriengruppe A gilt bei konstanter Längsneigung

$$\mathbf{max}\, l = 20 \cdot v_e \quad \text{in m mit } v_e \text{ in km/h.} \quad (2)$$

Bei gleichsinnig gekrümmten Bögen muß min $l = 6 \cdot v_e$ eingehalten werden.

**Tafel 8 Anhaltswerte für innerörtliche Straßen**

| Straßentyp | Kennung | maßgebende Funktion | Begegnungsfall | maximale Verkehrsbelastung in Kfz/h | angestrebte Geschw. $v$ in km/h | erwünschte Abschnitts-Länge $l_A$ in m | Linksabbiegespur Breite $b$ in m | min $h_k$ in m | min $h_w$ in m | max $s$ in % | min lichte Höhe $LH$ in m |
|---|---|---|---|---|---|---|---|---|---|---|---|
| Hauptsammelstraße | HSS 1 | Verbindung | L/Lz<br>Bus/Bus | ≦1500 | 50 bis 60 | – | 3,0<br>(2,75) | 400 bis 900 | 250 bis 500 | 5 | 4,70 |
| | HSS 2 | Verbindung | Lz/Lz | ≦1400 | 50 bis 60 | – | 3,00<br>(2,75) | 400 bis 900 | 250 bis 500 | 5 | 4,70 |
| | HSS 3 | Verbindung | Bus/Bus | ≦1000 | 40 bis 50 | ≦100 | 3,00<br>(2,75)<br>(Aufweitung) | 400 bis 900 | 250 bis 500 | 5 | 4,70 |
| Sammelstraße | SS 1 | Erschließung | Lz/Lz | ≦1400 | 50 | – | 3,00<br>(2,75) | | | 6 | 4,50 |
| | SS 2 | Erschließung | Lkw/Lkw<br>Lkw/Pkw | ≦500 | 30 bis 40 | 50 bis 100 | Aufweitung | | | 6 | 4,50 |
| Anliegerstraße | AS 1 [1] | Erschließung | Lz/Pkw<br>Lfw/Lfw | ≦50 | 50 | 50 bis 100 | Aufweitung | | | 6 | 4,50 |
| | AS 2 | Erschließung | Lkw/Lkw<br>Lkw/Pkw<br>Lfw/Lfw | ≦500 | 30 bis 40 | 50 bis 100 | Aufweitung | | | 8 | 4,50 |
| | AS 3 | Erschließung | Pkw/Pkw<br>Lkw/R<br>(Lkw/Lkw) | ≦150 | ≦30 | ≦50 | – | | | 8 | 4,50 |
| | AS 4 | Erschließung | Pkw/R<br>(Lkw/Pkw)<br>(Lfw/Lfw) | ≦60 | ≦30 | ≦50 | – | | | 8 | 4,50 |
| Anliegerweg | AW 1 | Aufenthalt | Lkw/Pkw<br>Lfw/Lfw | bis 30 Wohnungen | ≦30 | ≦50 | – | | | 8<br>(12) | 4,50<br>(2,50) [2] |
| | AW 2 | Aufenthalt | Lkw<br>Pkw/R | bis 10 Wohnungen | ≦30 | ≦50 | – | | | 8<br>(12) | 4,50<br>(2,50) [2] |
| Spurweg | | Aufenthalt | Pkw | bis 10 Wohnungen | ≦30 | ≦50 | – | | | 8<br>(12) | 2,50 |

[1]) für kleinere Industrie- und Gewerbegebiete
[2]) falls Erreichbarkeit mit Normalhöhe auf anderen Wegen gesichert ist
$h_k$ Kuppenhalbmesser in m  $h_w$ Wannenhalbmesser in m  $s$ Längsneigung in m (Klammerwerte in Ausnahmefällen)

**Tafel 9 Richtwerte für Geh- und Radwege**

| Wegtyp | min $r$ in m | max $s$ in % | min $h_K$ in m | min $h_W$ in m | min lichte Höhe in m |
|---|---|---|---|---|---|
| nichtbefahrener Wohnweg | – | 6 (12) | – | – | 3,50 (2,50) |
| Gehweg, straßenbegleitend und selbständig geführt | – | 6 (12) | – | – | 2,50 |
| Radweg, straßenbegleitend | 10 | wie Fahrbahn | 30 | 10 | 2,50 |
| Radweg, selbständig geführt | 10 | 3 (4 bis 8) | 30 | 10 | 2,50 |
| gemeinsamer Geh- und Radweg | 10 | 3 (4 bis 8) | 30 | 10 | 2,50 |

Klammerwerte in Ausnahmefällen. Ausrundungsradius im Knotenpunktsbereich ist 2,00 m.

**Tafel 10 Richtwerte für ländliche Wege nach RLW**

| Entwurfselemente | | Anwendungsgebiet | Verbindungswege | Hauptwirtschaftswege | Wirtschaftswege | Hauptwege | Zubringerwege |
|---|---|---|---|---|---|---|---|
| Lageplan | Kurvenmindestradius $r$ in m | Ebene<br>Bergland<br>Kehren<br>Ausnahme in steilem Gelände | 150,0<br>40,0<br>15,0<br>10,0 | 50,0<br>20,0<br>12,0<br>7,5 | 30,0<br>15,0<br>10,0<br>5,5 | 50,0<br>20,0<br>12,0<br>12,0 | 20,0<br>20,0<br>12,0<br>12,0 |
| Höhenplan | Höchstlängsneigung $s$ in % | Ebene<br>Bergland<br>Ausnahme<br>bei $r \leqq 25$ m und Brücken | 4,0<br>8,0<br>12,0<br>6,0 | 4,0<br>8,0<br>12,0<br>6,0 | 4,0<br>12,0<br>15,0<br>6,0 | 4,0<br>6,0[1])/8,0[2])<br>12,0<br>6,0[4]) | 4,0<br>6,0<br>20,0/15,0[3]) |
| Höhenplan | Kuppenmindesthalbmesser $h_k$ in m | Ebene<br>Bergland | 2000,0<br>1000,0 | 400,0<br>400,0 | 200,0<br>200,0 | 400,0<br>400,0 | 400,0<br>400,0 |
| Höhenplan | Wannenmindesthalbmesser $h_w$ in m | Ebene<br>Bergland | 1500,0<br>500,0 | 200,0<br>200,0 | 100,0[5])<br>100,0[5]) | 200,0<br>200,0 | 200,0<br>200,0 |
| Querschnitt | Querneigung $q$ in % | Gerade<br>Bogen | 3,0<br>$r>300$: 3,0<br>$r \geqq 200$: 4,0<br>$r \geqq 150$: 5,0<br>$r \leqq 100$: 6,0 | 3,0<br>$r \geqq 100$: 3,0<br>$r \geqq 60$: 4,0<br>$r \geqq 40$: 5,0<br>$r \leqq 30$: 6,0 | 3,0[6]) | 3,0[7]) | 5,0 bis 7,0 |
| Querschnitt | befestigte Breite $b$ in m | einstreifig<br>zweistreifig | 3,0 bis 3,5<br>4,5 bis 5,0 | 3,0 (2,5)<br>4,5 (5,0) | 3,0 | 3,5 | 3,5 (3,0) |
| Querschnitt | Kronenbreite $b_k$ in m | einstreifig<br>zweistreifig | 5,0<br>6,0 bis 7,0 | 4,5 (4,0)<br>6,0 (7,0) | 4,5 | 5,5 | 4,5 (4,0) |

[1]) Befestigung ohne Bindemittel [2]) Befestigung mit Bindemittel
[3]) im Gebirge [4]) auch bei Schwerverkehr bergauf [5]) bei Langholzabfuhr stets 200 m
[6]) bei Befestigung ohne Bindemittel 6,0% [7]) bei Befestigung ohne Bindemittel 5,0 bis 7,0%

**Tafel 11 Mindestradien im Anschluß an Geraden**

| Straßenkategorie | Länge der Geraden $l_g$ in m | Radius des folgenden Kreisbogens $r_{min}$ in m |
|---|---|---|
| AI, AII | $\geq 600$<br>$< 600$ | $> 600$<br>$> l_g$ |
| AIII, AIV<br>BII | $\geq 500$<br>$< 500$ | $> 500$<br>$> l_g$ |

## Kreisbogen

Mindestradien s. Tafel 7. Sie sind zu benutzen, wenn größere Radien unverhältnismäßig hohe Kosten verursachen oder Bebauung oder Umwelt übermäßig beeinträchtigt werden. Bei zweibahnigen Straßen bedingen Sichtbehinderungen im Mittelstreifen (Bepflanzung, Schutzplanken, Blendschutzzäune, Wegweiser) oft größere Radien oder eine Verbreiterung des Mittelstreifens. Kann der Radius nach Bild 6 mit max $q$ nicht eingehalten werden, so ist die Sicherheitsminderung durch andere Maßnahmen (Verbesserung der Erkennbarkeit der Gefahrenstelle, Erhöhung der Querneigung um 1% bei Kat. Gruppe A und B, Geschwindigkeitsbeschränkung u.ä.) auszugleichen. Korbbögen sind ausnahmsweise zulässig, doch muß der Radiensprung im „guten Bereich" nach Bild 6 liegen. min $l$ des Kreisbogens soll der in 2 sec zurückgelegten Strecke bei $v_e$ entsprechen.

An Gerade anschließende Kreisbögen mit Übergangsbögen sollen entsprechend der Länge dieser Geraden die in Tafel 11 aufgeführten Mindestwerte einhalten.

1. Die bei Kurvenfahrt auftretende Zentrifugalbeschleunigung ändert sich stetig.
2. Lineare Krümmungsänderung ermöglicht einen dynamisch richtigen und optisch befriedigenden Trassenverlauf.
3. Die Fahrbahnverwindung kann vollständig vollzogen werden.

Der Übergangsbogen wird als Klothoide ausgebildet, weil sich bei dieser Kurve die Krümmung linear mit der Bogenlänge ändert. Das Bildungsgesetz der Klothoide lautet:

$$A^2 = r \cdot l \quad (3)$$

$A$ Parameter der Klothoide in m
$r$ Radius am Übergangsbogen-Ende in m
$l$ Länge der Klothoide in m

**Kennstellen der Klothoide.** Alle Klothoiden sind geometrisch ähnlich, d.h., an der gleichen Formstelle treten gleiche Richtungswinkel und gleiche Form- bzw. Verhältniswerte $r/a$ auf. Diese charakteristischen Stellen heißen Kennstellen. Sie sind für alle Klothoiden eindeutig bestimmt durch den Radius $r$ der Einheitsklothoide ($a = 1$).

**Anwendungsbedingungen**

1. Fahrdynamik. Der Ruck $k$ (Änderung der Zentrifugalbeschleunigung in der Zeiteinheit) darf den Wert $k = 0{,}5\ \mathrm{m/s^3}$ nicht überschreiten.

2. Formwert. Der ÜB soll in den Grenzen $A = r/3$ bis $A = r$ gewählt werden. Dies entspricht den Kennstellen $r = 3$ bis $r = 1$ bzw. einer Richtungsänderung zwischen ~3,5 und ~32 gon.

$$\min A = r/3 \quad (4)$$

3. Anrampung und Verwindung. $l$ muß so groß sein, daß die Anrampung der Fahrbahnränder im ÜB vollzogen werden kann, ohne die zul. Anrampungsneigung nach Tafel 8 zu überschreiten. Aus vorstehenden Bedingungen ergeben sich die Mindestparameter nach Tafel 7.

**Tafel 12 Anwendungsmöglichkeiten und Grenzfälle des ÜB**

| gebräuchlich | zu vermeiden |
|---|---|
| **Gerade mit Kreis** | |
| einfacher Übergangsbogen 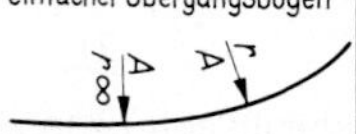 | Korbklothoide 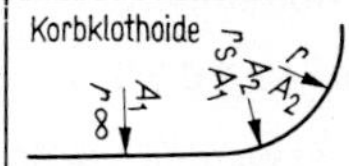 |
| **zwei Kreise** | |
| Wendeklothoide/Wendelinie 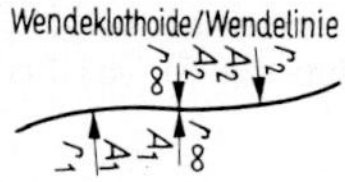 | C-Klothoide/C-Linie 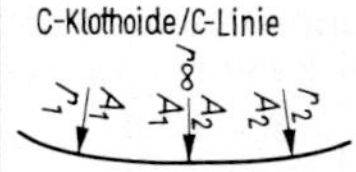 |
| Eiklothoide/Eilinie  | |
| doppelte Eilinie  | |
| **zwei Geraden nur mit Übergangsbögen** | |
| | Scheitelklothoide 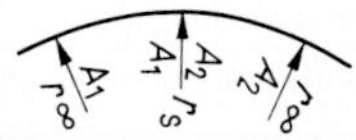 |

**Formen des Übergangsbogens.** Anwendungsmöglichkeiten s. Tafel 12.

Einfacher ÜB. Übergang Gerade-Kreisbogen. Folgt auf den Kreisbogen wieder der Übergang auf eine Gerade, spricht man vom Gesamtbogen.

Wendeklothoide. Zwei am Punkt $r = \infty$ aneinanderstoßende, gegensinnig gekrümmte Klothoiden. Einschließlich der zwei anschließenden Kreise spricht man von der Wendelinie. Bei ungleichem $A$ ist für $A_2 \leqq 200$ m Gl. (5) einzuhalten.

$$A_1/A_2 \leq 1{,}5 \quad (5)$$

Eiklothoide. Klothoidenabschnitt, der zwei gleichsinnig gekrümmte Kreise verbindet. Er bildet mit diesen zusammen die Eilinie. Die beiden Kreise dürfen sich nicht schneiden, müssen ineinander liegen, dürfen nicht konzentrisch sein. Trifft eine der Bedingungen nicht zu, führt die zweimalige Anwendung der Eilinie über einen einhüllenden Hilfskreis zur doppelten Eilinie. Zu vermeiden sind:

Korbklothoiden. Es werden Klothoidenabschnitte mit verschiedenem $A$ gestoßen, die am Stoßpunkt gleiche Tangentenrichtung und gleiches $r$ aufweisen.

Scheitelklothoiden. Die Richtungsänderung zwischen zwei Geraden erfolgt durch Klothoiden, die am Stoßpunkt gleiche Tangente und gleichen Radius aufweisen, wobei die Kreisbogenlänge gleich Null ist (s. Kreisbogen).

C-Klothoide. Zwei Klothoiden stoßen an der Stelle $r=\infty$ zusammen und besitzen gleiche Tangentenrichtung.

Der Übergang ohne Klothoide von Gerade in Kreisbogen ist nur zulässig, wenn die Abrückung $\Delta r<0{,}25$ m wird. (Optische Wirkung überprüfen!)

**Linienführung nach RAS-E**

Für die Grenzwerte gelten die Werte der Tafeln 8 und 9. Zulässig sind in Abhängigkeit von der Querneigung in der Kurve verschiedene Mindestradien. Der Ruck soll den Wert $k=0{,}8\ \mathrm{m/s^3}$ nicht überschreiten. Für eine nach dem Fahrbahnaußenrand geneigte Querneigung sind ebenfalls Minimalradien möglich.

### 1.2.3 Entwurfselemente im Höhenplan

**Längsneigung.** Die Grenzwerte können den Tafeln 8 und 9 entnommen werden. Gl. (6) ist einzuhalten.

$$s-\Delta s=\geqq 0{,}2\% \qquad (6)$$

für Bordrinnen

$$s-\Delta s\geqq 0{,}5\% \qquad (7)$$

$s$ Straßenlängsneigung in %
$\Delta s$ Anrampungsneigung in %

Damit werden der Gradiente entgegengesetzte Neigungen der Fahrbahnränder vermieden.

**Kuppen- und Wannenausrundung.** Sie erfolgt durch die quadratische Parabel. Zur Berechnung werden die Gl. (8) bis (11) verwendet (s. Bild 7).

$$t=\frac{s_1-s_2}{100}\cdot\frac{h}{2} \qquad (8)$$

$$y_P=\frac{s_1}{100}\cdot x_P+\frac{x_P^2}{2\cdot h} \qquad (9)$$

$$f=\frac{t}{4}\cdot\frac{s_2-s_1}{100} \qquad (10)$$

$$x_S=-\frac{s_1}{100}\cdot h \qquad (11)$$

$h$ Halbmesser des Schmiegkreises im Scheitel der Parabel (bei Wannen positives, bei Kuppen negatives Vorzeichen) in m
$t$ Tangentenlänge in m (Kategoriengruppe A: min $t=v_e$; Kategoriengruppe B: min $t=0{,}75\cdot v_e$
$s_1$, $s_2$ Längsneigung der Tangenten in % (Steigung positives, Gefälle negatives Vorzeichen)
$x_p$, $y_p$ Abszisse und Ordinate eines beliebigen Punktes $P$ in m
$x_S$ Abszisse des Scheitelpunktes der Ausrundung in m
$f$ Bogenstich am Tangentenschnittpunkt in m

| Kategoriengruppe | A | B | C |
|---|---|---|---|
| Mindesttangentenlänge $t$ in m | $v_e$ | 0,75 $v_e$ | 0,50 $v_e$ |

Die Längsneigung wird nach Gl. (12) berechnet.

$$s=\frac{\Delta h}{l}\cdot 100 \quad \text{in \%} \qquad (12)$$

$\Delta h$ Höhendifferenz zwischen den Tangentenschnittpunkten in m
$l$ Entfernung zwischen den Tangentenschnittpunkten in m

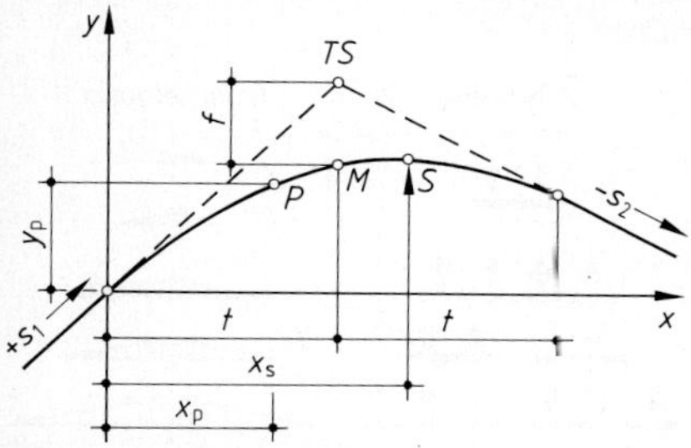


Bild 7 **Berechnung der Gradientenausrundung**

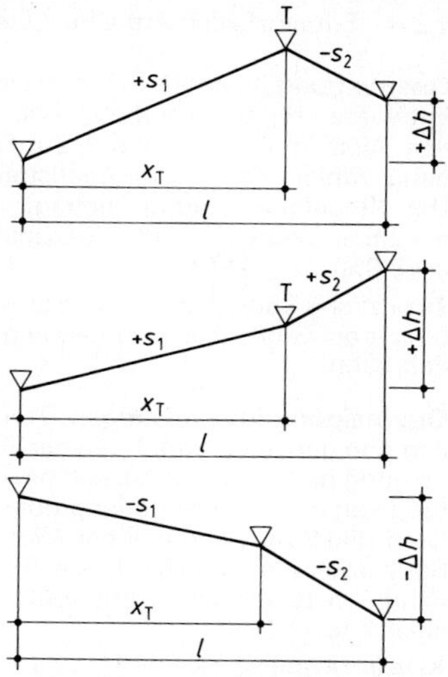


**Bild 8 Tangenten-Schnittpunktsberechnung**

Die Längsneigung an einem beliebigen Punkt *P* ergibt sich aus Gl. (13).

$$\boldsymbol{s_p = s_1 - \frac{x_p}{h} \cdot 100} \quad \text{in \%} \qquad (13)$$

Ist der Schnittpunkt zweier Tangenten zu berechnen, benutzt man Gl. (14) (Bild 8).

$$\boldsymbol{x_T = \frac{100 \cdot \Delta h - l \cdot s_2}{s_1 - s_2}} \qquad (14)$$

Längsneigungen sollen niedrig gehalten werden, um die Verkehrssicherheit zu erhöhen, Betriebskosten zu sparen, Emissionen niedrig zu halten und die Qualität des Verkehrsablaufes günstig zu gestalten. Eine Anpassung an die topographischen und baulichen Gegebenheiten verringert dagegen die Baukosten und schont das Städte- oder Landschaftsbild. Grenzwerte entnimmt man den Tafeln 8 und 9.

**Beispiel** $TS_1$: Station 1000, Höhe 400,00 m
$TS_2$: Station 2000, Höhe 450,00 m, $h = 5000$ m
$TS_3$: Station 2800, Höhe 418,00 m
Gesucht: Gradientenhöhe in Station 1880

Es wird $s_1 = \frac{50}{1000} \cdot 100 = 5{,}0\%$; $s_2 = -4{,}0\%$ (Gl. 12)

Die Tangentenlänge der Ausrundung beträgt

$$t = \frac{5{,}0 - (-4{,}0)}{100} \cdot \frac{5000}{2} = 225{,}0 \text{ m} \quad \text{(Gl. 8)}$$

Die Ausrundung beginnt bei Station 1775 und endet bei 2225. Station 1880 liegt also in der Ausrundung und hat vom Berührungspunkt aus den Abstand $x = 1880 - 1775 = 105$ m. Von der Tangentenhöhe in Station 1880 ist der Abstich für die Länge 105 m abzuziehen. Am Ausrundungsbeginn hat die Gradiente die Höhe

$$h_{1775} = \frac{775 \cdot 5}{100} + 400 = 438{,}75 \text{ m} \qquad y_{1880} = \frac{5}{100} \cdot 105 - \frac{105^2}{2 \cdot 5000} = 4{,}148 \text{ m}$$

$$h_{1880} = 438{,}75 + 4{,}353 = 442{,}898 \text{ m}$$

Im Bereich plangleicher Knoten der Kategoriengruppe A ist die Längsneigung auf 4% zu beschränken. Dadurch können anschließende Strecken günstig entworfen und die Anhaltewege begrenzt werden. Auch in Tunneln sollten 4% nicht überschritten werden, bei längeren Tunneln empfiehlt es sich, nur maximal 2,5% zu wählen, um Emissionen und Verkehrsgefahren gering zu halten.

## 1.2.4 Entwurfselemente im Querschnitt

**Querneigung.** In der Geraden ist sie zur Entwässerung der Fahrbahn erforderlich. Ausbildung nach Bild 9. Zur Fahrbahn zählen Fahr- und Randstreifen. Die Regelquerneigung beträgt min $q = 2{,}5\%$, max $q = 7{,}0\%$ (Ausnahme $q = 8{,}0\%$).

Zusätzliche Spuren erhalten nach Richtung und Größe die Querneigung der Fahrbahn.

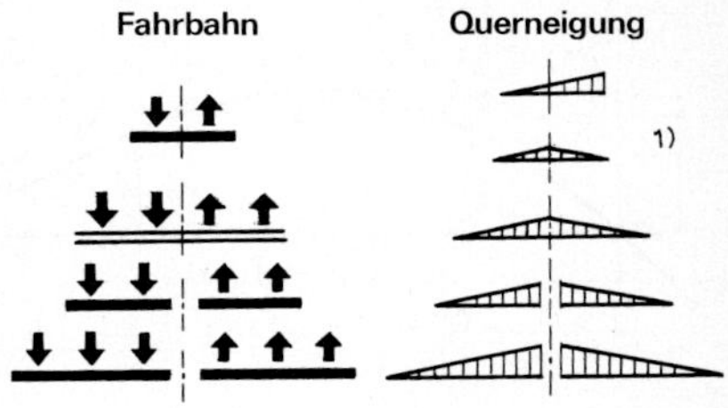


**Bild 9** **Querneigung in der Geraden** [1])

[1]) s. Tafel 13, Fußnote 1

**Querneigung im Kreisbogen.** Zum Innenrand gerichtet. Ermittlung der Querneigung nach Bild 10. Ausnahmsweise Erhöhung um 1% möglich bei Unterschreitung von min *r* in Kategoriengruppe A und B. Bei zweibahnigen Straßen Dachform nach Bild 9 zugelassen, wenn Werte der Tafel 13 nicht unterschritten werden. (Für Stadtstraßen s. Tafel 8). Diese Regelung ist sinnvoll, wenn die Verwindung der Fahrbahn zu schlechter Entwässerung oder schlechter Anpassung bei höhengleichen Knoten führt.

**Kategoriengruppe A und B II**

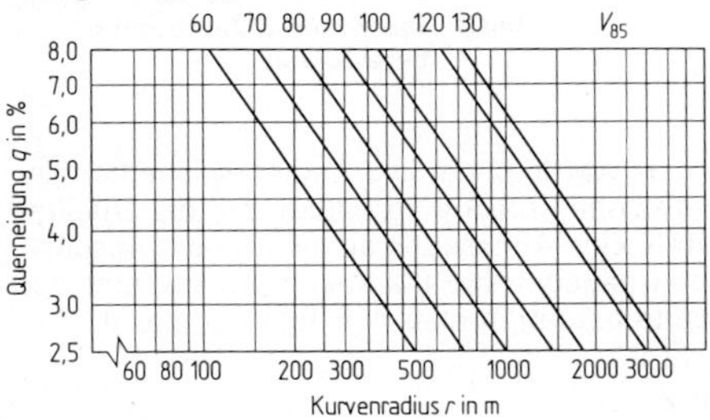


**Bild 10**
**Querneigung in Abhängigkeit von Entwurfsgeschwindigkeit und Kurvenradius**

**Kategoriengruppe B III, B IV**

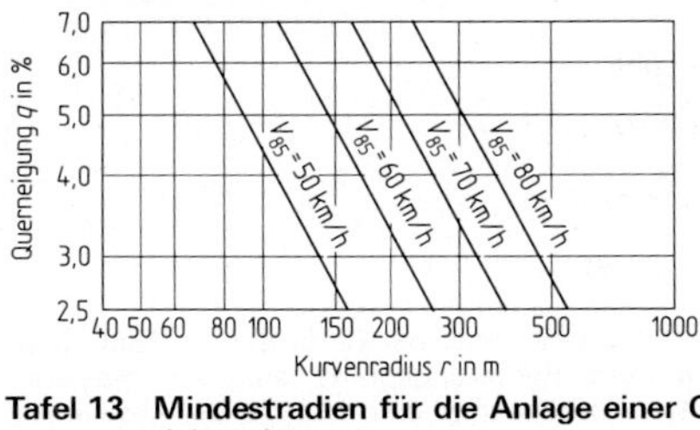


**Kategoriengruppe C**

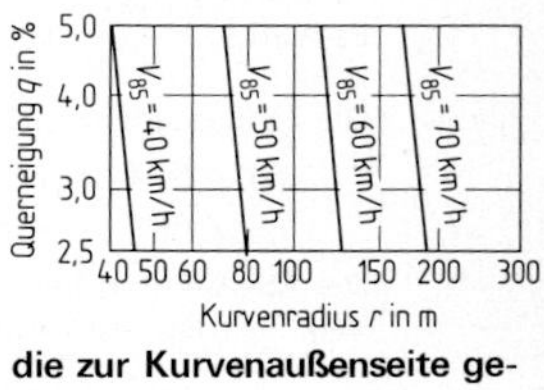


**Tafel 13** **Mindestradien für die Anlage einer Querneigung, die zur Kurvenaußenseite gerichtet ist**

| $v_{85}$ in km/h | | 40 | 50 | 60 | 70 | 80 | 90 | 100 | 110 | 120 | 130 |
|---|---|---|---|---|---|---|---|---|---|---|---|
| $n = 30$ [1]) | $q = -2{,}0\%$ | | 220 | 350 | 550 | 850 | 1300 | 1900 | 2600 | 3500 | 4600 |
| | $q = -2{,}5\%$ | | 225 | 400 | 600 | 950 | 1400 | 2100 | 3000 | 4100 | 5500 |
| $n = 50$ [2]) | $q = -2{,}5\%$ | 80 | 150 | 250 | 400 | | | | | | |

*n* Ausnutzung des radialen Kraftschlußbeiwertes in %

[1]) Für Kategoriengruppe A gelten die Geschwindigkeiten $v_e = 90$ bis 130 km/h, für Kategoriengruppe B gelten die Geschwindigkeiten $v_e = 50$ bis 80 km/h.

[2]) Gültig für Kategoriengruppe C.

**Anrampung und Verwindung.** Die Querneigungsänderung erfolgt durch Drehung der Fahrbahnfläche um die Fahrbahnachse. Die Drehung um eine andere Achse ist ausnahmsweise zulässig (Bild 11). Die Verwindung ist im Übergangsbogen zu vollziehen. Grenzwerte s. Tafel 7. Die Anrampungsneigung $\Delta s$ als Differenz zwischen der Längsneigung des Fahrbahnrandes und der Drehachse berechnet man mit

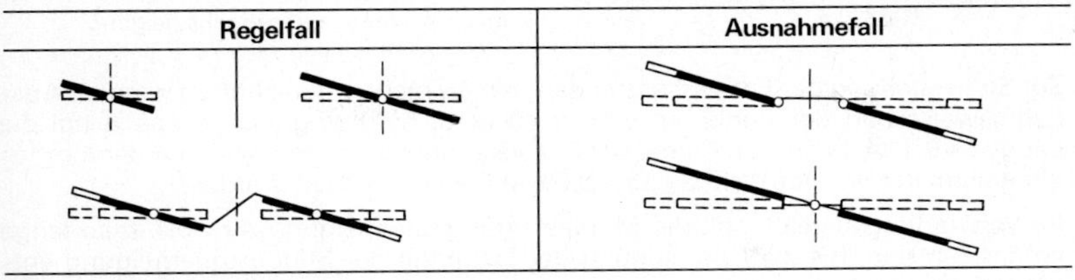


**Bild 11** Drehachsen der Fahrbahn

**Bild 12** Grundformen der Fahrbahnverwindung

| Übergang | $\Delta s$ | Gerade-Klothoide-Kreisbogen | Kreisbogen-Klothoide-Kreisbogen |
|---|---|---|---|
| vom Dachprofil 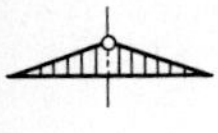 | $\geqq \min \Delta s$ | 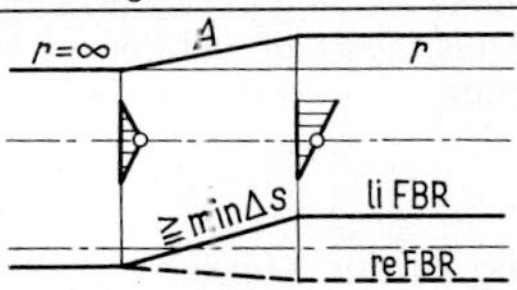 | |
| zur Einseitneigung 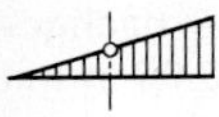 | $< \min \Delta s$ | 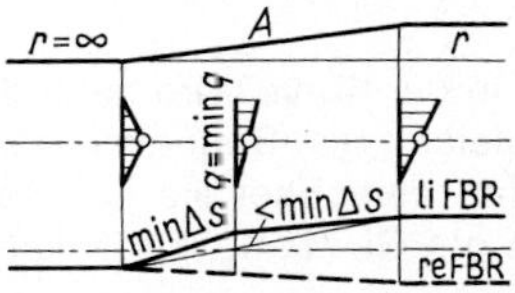 | |
| zwischen verschieden oder gleich großen gegensinnigen Querneigungen 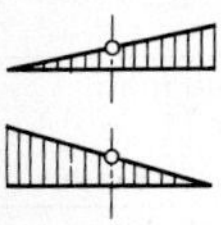 | $\geqq \min \Delta s$ | 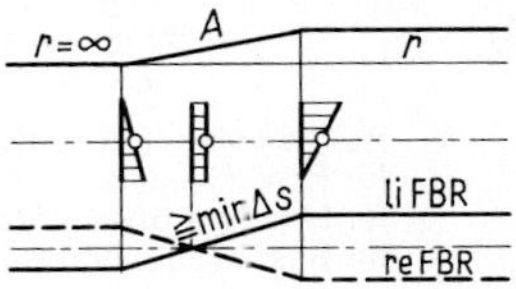 | 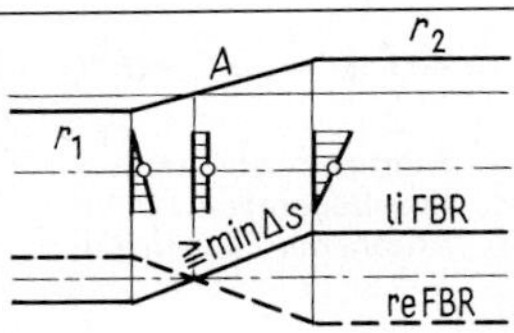 |
| | $< \min \Delta s$ | 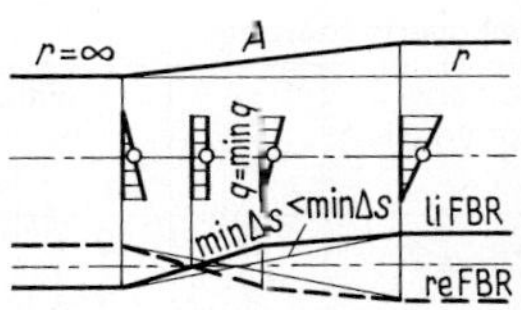 | 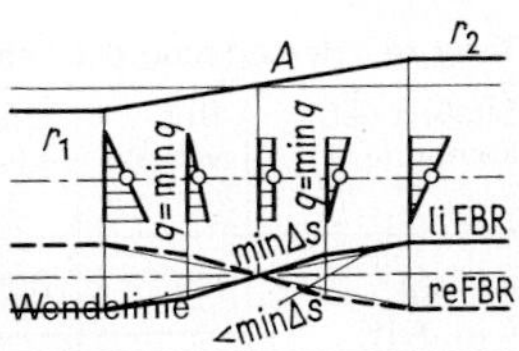 |
| zwischen verschieden großen gleichsinnigen Querneigungen 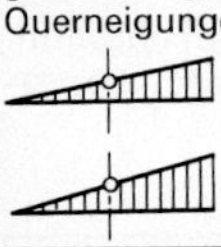 | beliebig | 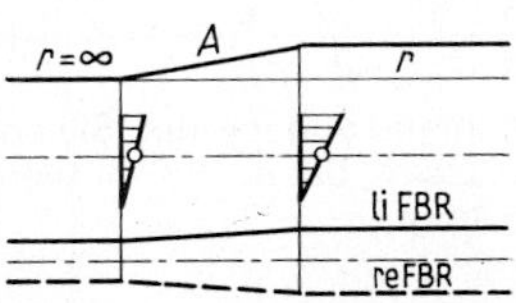 | Eilinie 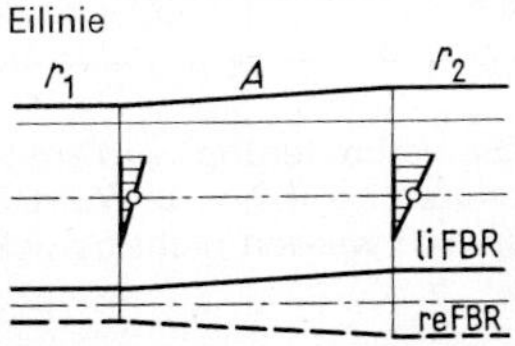 |

$$\Delta s = \frac{q_e - q_a}{l_v} \cdot a \quad \text{in \%} \qquad (15a)$$

und die Mindestlänge der Verwindungsstrecke mit

$$\min l_v = \frac{q_e - q_a}{\max \Delta s} \cdot a \quad \text{in m} \qquad (15b)$$

$q_e$, $q_a$ Querneigung am Ende bzw. am Anfang der Verwindungsstrecke in % ($q_a$ negativ einsetzen, wenn $q_e$ entgegengesetzt gerichtet ist)
$l_v$ Länge Verwindungsstrecke in m
$a$ Abstand des Fahrbahnrandes von der Drehachse in m
$\max \Delta s$ Anrampungshöchstneigung in % nach Tafel 7

Zur Sicherstellung der Entwässerung darf min $\Delta s$ nicht unterschritten werden. Ausnahmsweise darf der Punkt, an dem $q=0$ wird, bei Kategoriengruppe A um die Länge $l=0{,}1 \cdot A$, bei B und C um $l=0{,}2 \cdot A$ verschoben werden, wobei $A$ der Klothoidenparameter ist. Der Wert $s-\Delta s \geq 0{,}5\%$ sollte eingehalten werden.

Im Verwindungsbereich soll die Mindestanrampungsneigung $\Delta s = 0{,}1 \cdot a$ so lange vorhanden sein, bis die Querneigung der Fahrbahn der Mindestquerneigung entspricht. Wird nur die vorhandene Querneigung erhöht, entfällt diese Bedingung. Außerdem ist die Größe der Längsneigung im Verwindungsbereich des Querneigungswechsels zu überprüfen.

Eine einwandfreie Entwässerung erreicht man, wenn die Wendepunkte im Höhenplan etwa an der gleichen Baustation liegen wie im Lageplan. Die Anordnung der Tangentenschnittpunkte im Kreisbogen gewährleistet auch optisch eine gute Linienführung der Fahrbahnränder.

### 1.2.5 Fahrbahnverbreiterung in der Kurve

Die **Fahrbahnverbreiterung** in der Kurve wird nach der Bedeutung der Straße abgestuft (Tafel 14). Sie gleicht die Bogenverkürzung durch die nachgeschleppten Achsen aus. Man berechnet sie bei Bögen mit $r \geq 80{,}00$ m mit Gl. (16), für Radien $\geqq 30$ m gilt Gl. (16a). Für $n$ Fahrstreifen wird

$$i = n \cdot (r - \sqrt{r^2 - d^2}) \qquad (16) \qquad\qquad i = n \cdot \frac{d^2}{2 \cdot r} \qquad (16a)$$

$i$ Fahrbahnverbreiterung in m
$r$ Kreisbogenradius in m
$n$ Anzahl der Fahrstreifen
$d$ Achsabstand und vorderer Fahrzeugüberhang in m
für Pkw $d=4{,}0$ m
für Lkw und Bus 1 (Standardbus) $d=8{,}0$ m
für Bus 2 (Schubgelenkbus) $d=9{,}0$ m

**Tafel 14 Berechnung der Fahrbahnverbreiterung**

| Straßen der Kategorie | Busverkehr | Empfohlener Begegnungsfall | $\frac{d}{d}$ | Fahrbahnverbreiterung in m (bei $n=2$) für $i=$ | $b \leqq 6{,}0$ m | $b > 6{,}0$ m |
|---|---|---|---|---|---|---|
| A I, A II, A III, A IV, B II | ja | Bus 2/Bus 2 | $\frac{9}{9}$ | $\frac{40 \cdot n}{r}$ | $30 < r \leqq 320$ | $30 < r \leqq 160$ |
| | nein | Lz/Lz | $\frac{8}{8}$ | $\frac{50 \cdot n}{r}$ | $30 < r \leqq 400$ | $30 < r \leqq 200$ |

Die Verbreiterung wird am Innenrand angeordnet. Sie entfällt, wenn bei Fahrbahnbreiten $b \leqq 6{,}0$ m der Wert $i < 0{,}25$ m, bei $b > 6{,}0$ m, wenn $i < 0{,}50$ m wird. Zusatzspuren werden nicht berücksichtigt.

Die Ermittlung der Verbreiterung entnimmt man Bild 13, die Berechnung geschieht mit den Gl. (17) bis (19), für die Eiklothoide nach Gl. (20). Ist die Kreisbogenlänge $\leqq 15$ m, enden die Verziehungsbereiche in der Winkelhalbierenden des Zentriwinkels. Ist das Verhältnis $l/i \geqq 20$, kann die Verziehung linear im Übergangsbogen erfolgen. Die Verbreiterung an einer beliebigen Stelle $P_n$ wird dann nach Gl. (16b)

$$i_n = \frac{i}{l} \cdot l_n \quad (16b)$$

$i_n$ Verbreiterung am Punkt $P_n$ in m
$l_n$ Verziehungslänge bis zum Punkt $P_n$ in m
$l$ Gesamtlänge der Verziehung in m

$$i_n = \frac{i}{30 \cdot l} \cdot l_n^2 \quad \text{für } 0 \leqq l_n < 15 \text{ m} \quad (17)$$

$$i_n = \frac{i}{l}(l_n - 7{,}5) \quad \text{für } 15 \leqq l_n < l_z - 15 \quad (18)$$

$$i_n = i - \frac{i}{30 \cdot l}(l_z - l_n)^2 \quad \text{für } l_z - 15 \text{ m} \leqq l_n \leqq l_z \quad (19)$$

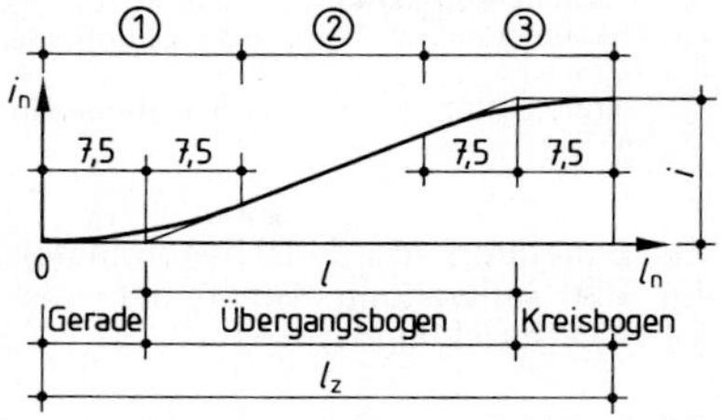


**Bild 13 Verziehung der Fahrbahnränder bei Kurvenverbreiterung**

Die Anordnung der Lage der Verbreiterung bei Wende- und Eilinie geht aus den Bildern 14 und 14a hervor. Die Verbreiterung in der Eilinie berechnet man mit Gl. (20)

$$i_n = i_a + (i_e - i_a) \cdot \frac{l_n}{l} \quad (20)$$

$i_n$ Verbreiterung am Beginn der Eiklothoide
$i_e$ Verbreiterung am Ende der Eiklothoide

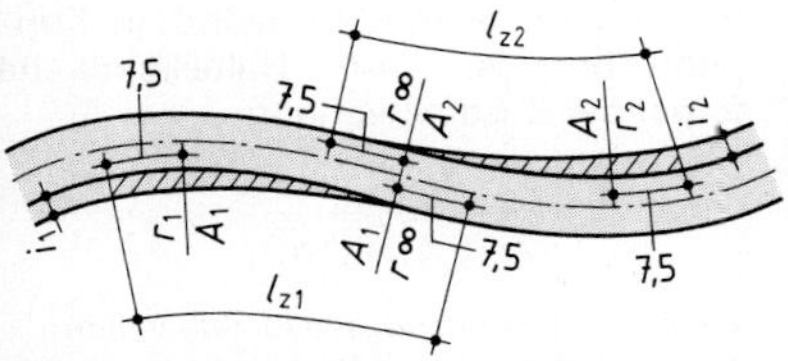


**Bild 14 Fahrbahnverbreiterung bei der Wendeklothoide**

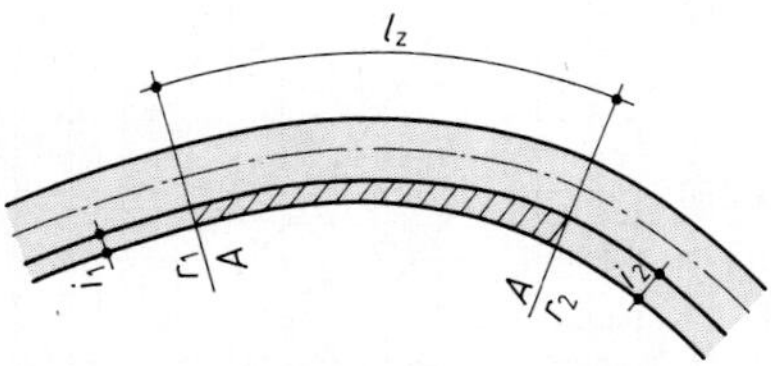


**Bild 14a Fahrbahnverbreiterung bei der Eiklothoide**

Die Verziehung des Fahrbahnrandes bei Veränderung des Querschnitts (Anlage eines weiteren Fahrstreifens. Mittelstreifens, Abbiegestreifens) nennt man **Fahrbahnaufweitung**. Sie erfolgt nach Bild 15. Ihre Länge wird

$$l_z = v_e \sqrt{\frac{i}{3}} \quad \text{in m} \quad (21)$$

$l_z$ Länge des Aufweitungsbereiches in m
$v_e$ Entwurfsgeschwindigkeit in km/h
$i$ Gesamtverbreiterung in m

$$i_n = \frac{2 \cdot i \cdot l_n^2}{l_z^2} \quad \text{für } 0 \leqq l_n < \frac{l_z}{2} \quad (22)$$

$$i_n = i - \frac{2 \cdot i\,(l_z - l_n)^2}{l_z^2} \quad \text{für } \frac{l_z}{2} \leqq l_n \leqq l_z \quad (23)$$

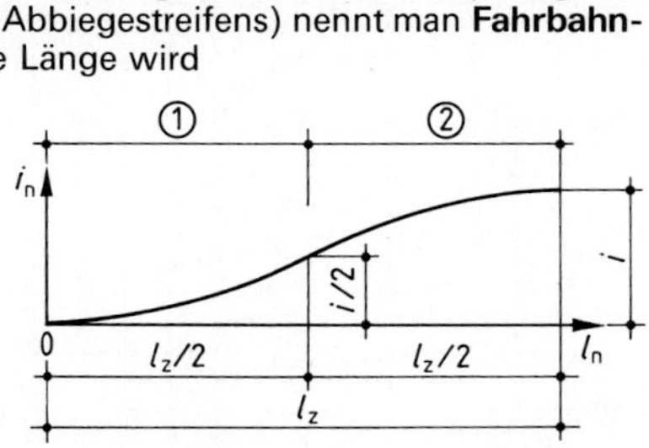


**Bild 15 Verziehung der Fahrbahnränder bei Aufweitung**

Es sind

$i$ Gesamtverbreiterung in m
$l$ Länge des Übergangsbogens in m
$l_z = l + 15$ m Länge der Verziehungsstrecke in m bei Fahrbahnverbreiterung in der Kurve, Länge der Verziehung in m bei Fahrbahnaufweitung nach Gl. (21)
$l_n$ Strecke vom Verziehungsanfang bis zum Punkt $P_n$ in m
$i_n$ Verbreiterung am Punkte $P_n$ in m
$i_a$ Verbreiterung am Beginn der Eiklothoide in m
$i_e$ Verbreiterung am Ende der Eiklothoide in m

Zur Ermittlung von Zwischenordinaten für die Aufweitung verwendet man Tafel 15. Es ist dann $i_n = e_n \cdot i$.

**Tafel 15 Interpolation von Zwischenordinaten in m**

| $a=\frac{l_n}{l_z}$ | $e_n$ | $\Delta e_n$ | $a=\frac{l_n}{l_z}$ | $e_n$ | $\Delta e_n$ |
|---|---|---|---|---|---|
| 0,00 | 0,000 | 0,005 | 0,50 | 0,500 | 0,095 |
| 0,05 | 0,005 | 0,015 | 0,55 | 0,595 | 0,085 |
| 0,10 | 0,020 | 0,025 | 0,60 | 0,680 | 0,075 |
| 0,15 | 0,045 | 0,035 | 0,65 | 0,755 | 0,065 |
| 0,20 | 0,080 | 0,045 | 0,70 | 0,820 | 0,055 |
| 0,25 | 0,125 | 0,055 | 0,75 | 0,875 | 0,045 |
| 0,30 | 0,180 | 0,065 | 0,80 | 0,920 | 0,035 |
| 0,35 | 0,245 | 0,075 | 0,85 | 0,955 | 0,025 |
| 0,40 | 0,320 | 0,085 | 0,90 | 0,980 | 0,015 |
| 0,45 | 0,405 | 0,095 | 0,95 | 0,995 | 0,005 |
| 0,50 | 0,500 | | 1,00 | 1,000 | |

### 1.2.6 Entwurfselement der Sicht

**Haltesichtweite $S_h$.** Sie ist die Strecke, die ein Fahrer bei $v_{85}$ braucht, um vor einem unerwarteten Hindernis anzuhalten. Sie setzt sich aus dem Weg während Reaktions- und Auswirkdauer und dem Bremsweg zusammen. Die erforderliche Haltesichtweite entnimmt man Bild 16.

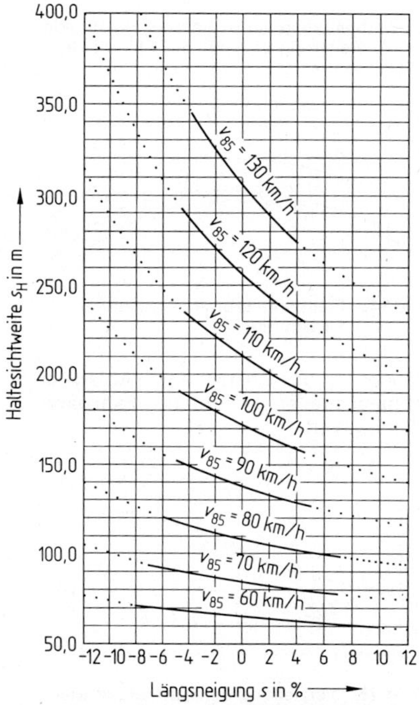


Bei Straßenkategorie C wird
$s_h = 40$ m bei $v_{85} = 50$ km/h,
$s_h = 25$ m bei $v_{85} = 40$ km/h.

Im Höhenplan besteht zwischen Kuppenhalbmesser und Haltesichtweite folgender Zusammenhang:

$$\min h_k = \frac{s_h^2}{2 \cdot (\sqrt{h_a} + \sqrt{h_z})^2}$$

$\min h_k$ Kuppenmindesthalbmesser in m
$s_h$ erforderliche Haltesichtweite in m
$h_a$ Höhe des Augpunktes in m
$h_z$ Höhe des Zielpunktes in m

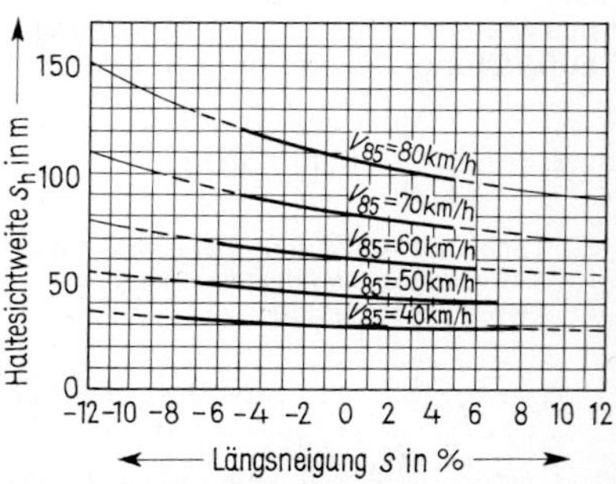


**Bild 16 Erforderliche Haltesichtweite $s_h$ bei Straßen der Kategoriengruppe A und B**

**Überholsichtweite** $s_ü$. In Bild 16a ist das Modell der Überholsichtweite dargestellt. Mindestwerte sind Tafel 7 zu entnehmen. Für die Kategoriengruppen B und C besteht kein Anspruch auf ausreichende Überholsichtweiten.

Die Eingangswerte für $h_a$ und $h_z$ entnimmt man Tafel 16. Bei zweistreifigen Straßen nimmt man Aug- und Zielpunkt in der Mitte des eigenen Fahrstreifens an. Zum Nachweis der Überholsichtweite legt man den Zielpunkt in die Mitte des Fahrstreifens für den Gegenverkehr.

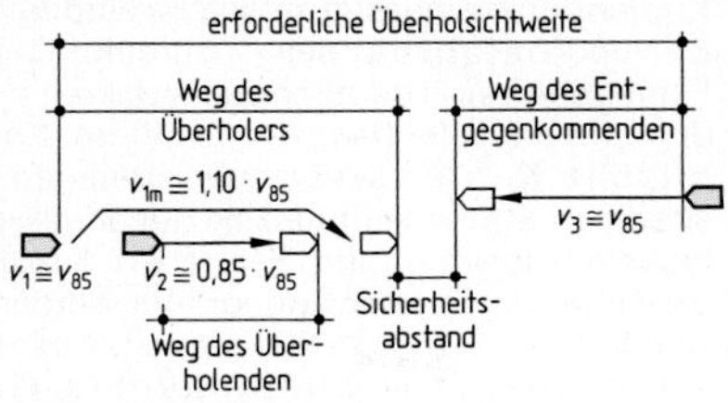


**Bild 16a Modell der Überholsichtweite**

**Vorhandene Sichtweiten** sind die von der Straßenanlage aufgrund der Linienführung, Querschnittsgestaltung und Straßenumgebung gebotenen Sichtweiten. Für ihre Ermittlung gelten folgende Regeln:

1. Sie muß unter Berücksichtigung des Straßenraums durchgeführt werden.
2. Sie ist für jede Sichtweitenart und Fahrtrichtung getrennt zu untersuchen.
3. Die Haltesichtweite muß an jeder Stelle der Strecke vorhanden sein.
4. Die Überholsichtweite soll in Kategoriengruppe A auf 20 bis 25% der Strecke vorhanden sein.

**Tafel 16 Eingangsgrößen zur Sichtweitenermittlung**

| | Augpunkt | | Zielpunkt | | |
|---|---|---|---|---|---|
| Sichtweitenart | Lage | Höhe $h_a$ in m | Lage | Höhe $h_z$ in m | bei $v_{85}$ in km/h |
| Haltesichtweite | in der Achse des eigenen Fahrstreifens | 1,0 | in der Achse des eigenen Fahrstreifens | 0,00<br>0,05<br>0,15<br>0,25<br>0,35<br>0,40<br>0,45 | ≦60<br>≦70<br>≦80<br>≦90<br>≦100<br>≦110<br>≧120 |
| Überholsichtweite | in der Achse des eigenen Fahrstreifens | 1,0 | in der Achse des Gegenfahrstreifens | 1,00 | |

möglicher Verlauf des Sichtstrahls vom Aug- und Zielpunkt bei der Haltesichtweite

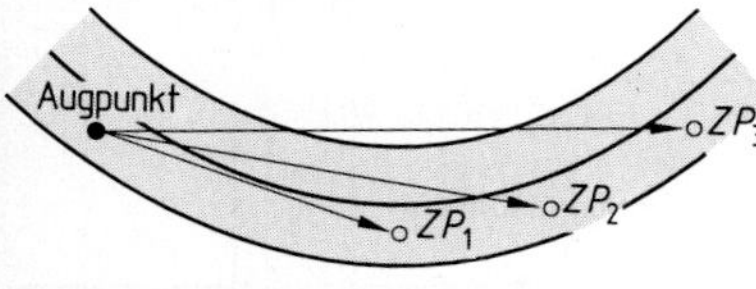


möglicher Verlauf des Sichtstrahls vom Aug- und Zielpunkt bei der Überholsichtweite

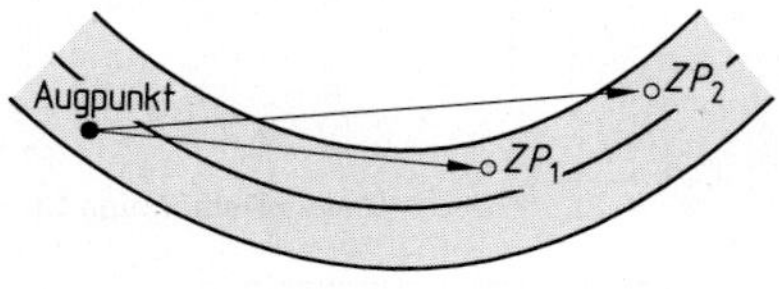


## 1.3 Knotenpunkte

Die Leistungsfähigkeit von Straßennetzen wird weitgehend durch Form und Leistungsfähigkeit der Knotenpunkte bestimmt. Die Verknüpfung zweier Straßen erfolgt entweder als Einmündung oder Kreuzung. Größtmögliche Sicherheit aller Verkehrsteilnehmer hat Vorrang. Sie sollen so gestaltet werden, daß alle Verkehrsbewegungen sicher ablaufen können, ausreichende Leistungsfähigkeit erzielt wird und bei ausreichender Verkehrsqualität der wirtschaftliche Aufwand vertretbar bleibt.

Knotenpunkte müssen als solche eindeutig erkennbar, übersichtlich, begreifbar und befahrbar sein. Fahrbahnflächen sind ausreichend zu entwässern. Die Fahrstreifen sind deutlich zu markieren und sollen ohne Einengung fortgeführt werden und die Orientierung erleichtern. Knoten sind dem Umfeld anzupassen. Plangleiche Knoten sind in zweistreifigen Straßen der Regelfall. Im Zuge von mehrstreifigen Straßen können sie nur angewendet werden, wenn sie mit Lichtsignalanlagen ausgestattet sind. Planfreie Knoten bieten mehr Sicherheit. Sie müssen bei vierstreifigen Straßen angeordnet werden, wenn die benachbarten Knoten ebenfalls planfrei sind oder $v_k > 90$ km/h ist. Ausnahme nur bei weiten Abständen möglich. Die maßgebende Knotenpunkts-Geschwindigkeit ist

$$v_k = v_{85,\,\text{trocken}} = 77{,}1 + 2{,}74 \cdot 10^{-5} \cdot v_e^3 \quad (24)$$

oder (bei Verkehrsbeschränkungen) $v_k = \text{zul}\, v$.

**Grundformen** sind Bild 17 zu entnehmen. I bis IV sind übliche, möglichst rechtwinklige Formen von Knoten mit steigendem Ausbaustandard, V bis VIII sind Sonderformen.

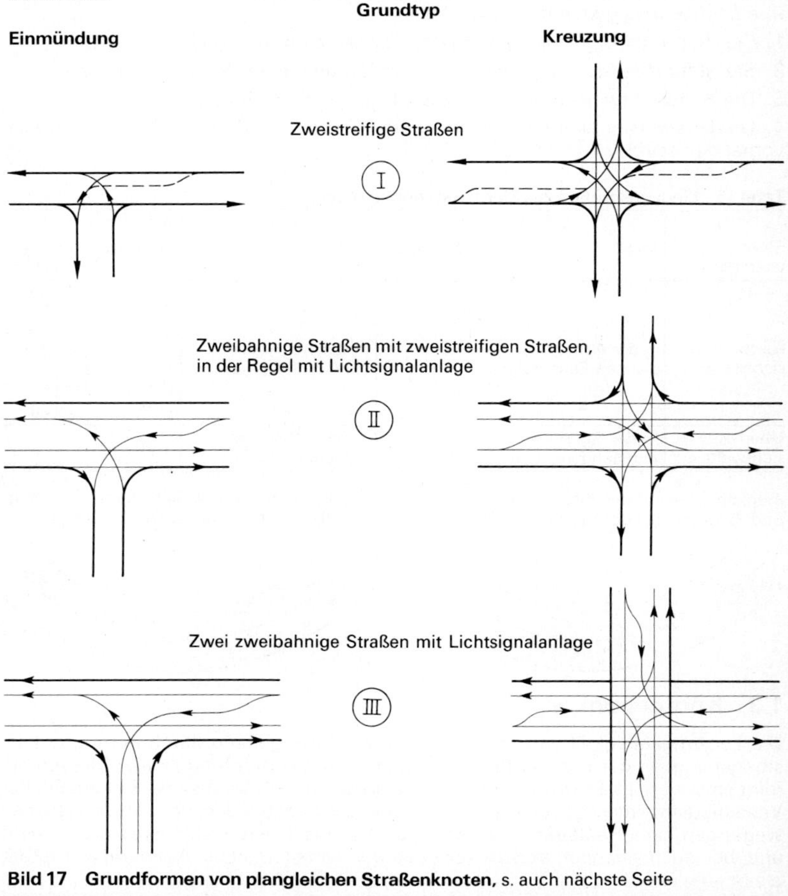


**Bild 17 Grundformen von plangleichen Straßenknoten,** s. auch nächste Seite

**Bild 17,** Fortsetzung **Grundtyp**

**Einmündung** **Kreuzung**

Teilplanfreie Kreuzung zweistreifiger oder zweibahniger Straßen

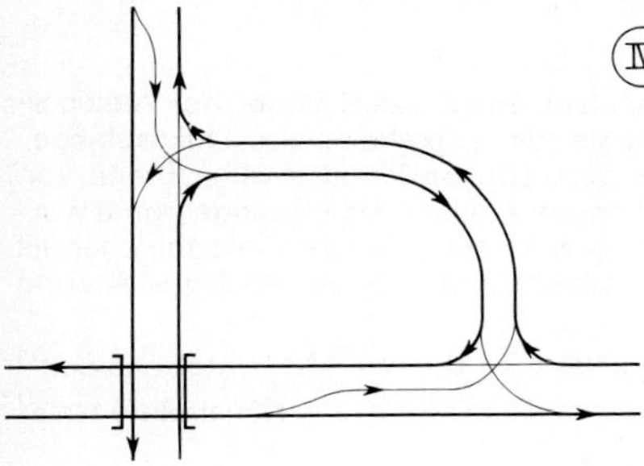

IV

Kreuzung zweistreifiger Straßen als Versatz

V

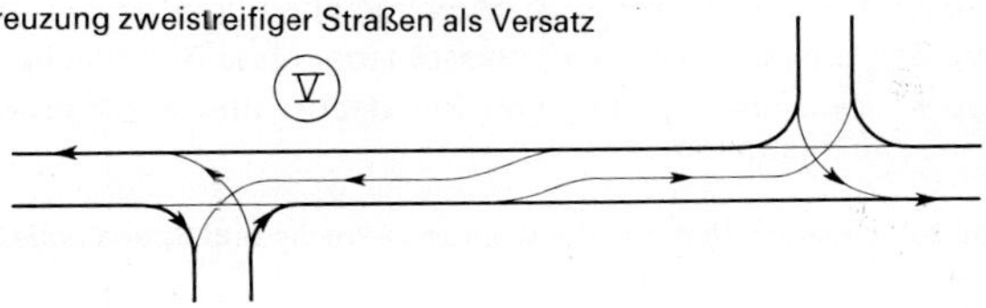

Aufgeweitet mit mindestens einer zweibahnigen Straße

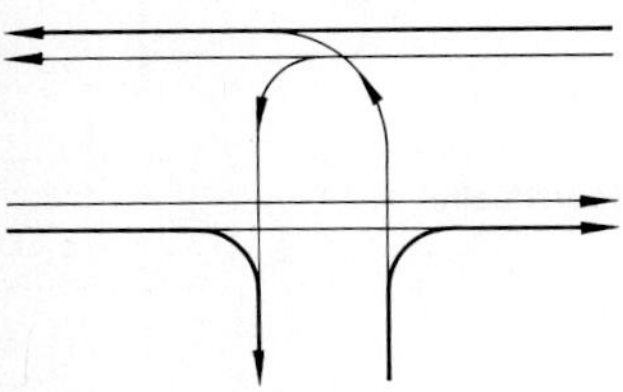

VI

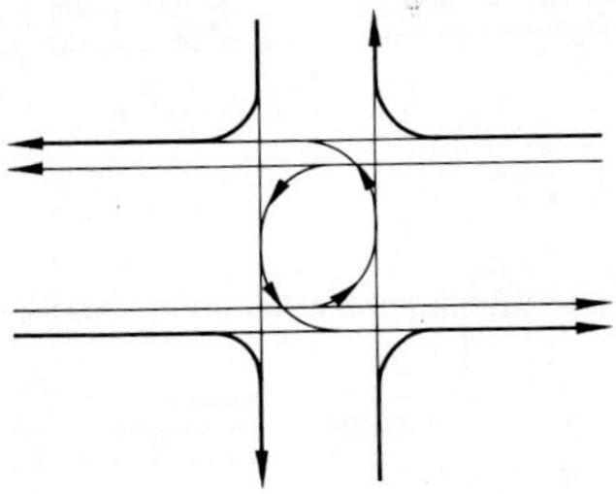

Kreisverkehrsplatz an zweistreifigen oder zweibahnigen Straßen

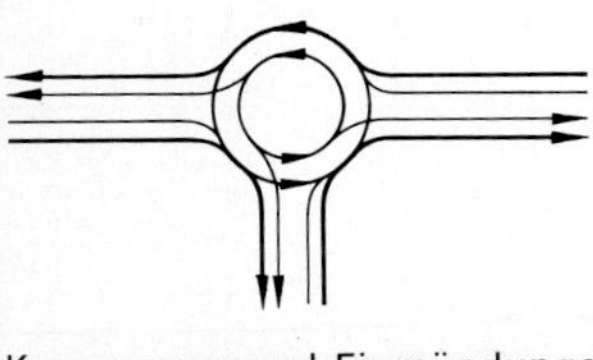

VII

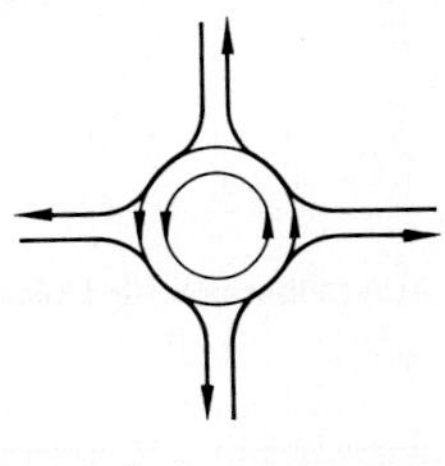

Kreuzungen und Einmündungen mit zusätzlichen Knotenpunktsarmen sind durch Umbau auf die Grundformen zurückzuführen.

Die Breite der Geradeausfahrstreifen ergibt sich nach RAS-Q, evtl. Aufweitungen nach RAS-L. Bei beengten Verhältnissen und $v_k \leqq 50$ km/h ist eine Fahrstreifenbreite von 3,0 m zulässig. Zwischen Hochborden und Fahrbahnteilern sind bei $50 \leqq v_k \leqq 70$ km/h Breiten von 4,5 m, bei $v_k > 70$ km/h jedoch 5,5 m erforderlich.

Die Leistungsfähigkeit von Knotenpunkten wird durch die Anzahl der Fahrstreifen beeinflußt. Sie kann durch Lichtsignalregelung und Anlegen von Abbiegestreifen erhöht werden.

**Abbiegespuren**

**Linksabbieger.** Sie werden außerhalb bebauter Gebiete aus Gründen der Verkehrssicherheit eingesetzt. Innerorts verbessern sie den Verkehrsablauf. Linksabbiegestreifen werden Rechtsabbiegestreifen vorgezogen. Sie erhalten eine Breite von min $b = 3{,}0$ m. Bei beengten Verhältnissen können Aufstellbereiche angeordnet werden mit min $b_A = 4{,}75$ m. Bei der Markierung zeichnet man den Linksabbiegepfeil neben dem Geradeauspfeil. Doppelte Linksabbiegestreifen bedingen Signalisierung des Knotens.

Die Konstruktion der Abbiegestreifen entnimmt man Bild 18. Man unterscheidet

- Typ 1 Linksabbiegestreifen mit vollständiger Ausbildung der Konstruktionselemente,
- Typ 2 Linksabbiegestreifen ohne Verzögerungsstrecke $l_v$, meist ohne Sperrfläche,
- Typ 3 Aufstellbereich für Linksabbieger ohne Sperrfläche mit $4{,}75 \leqq b_A < 5{,}50$ m,
- Typ 4 Zusammenfassung von Geradeaus- und Abbiegeverkehr auf gemeinsamen Fahrstreifen.

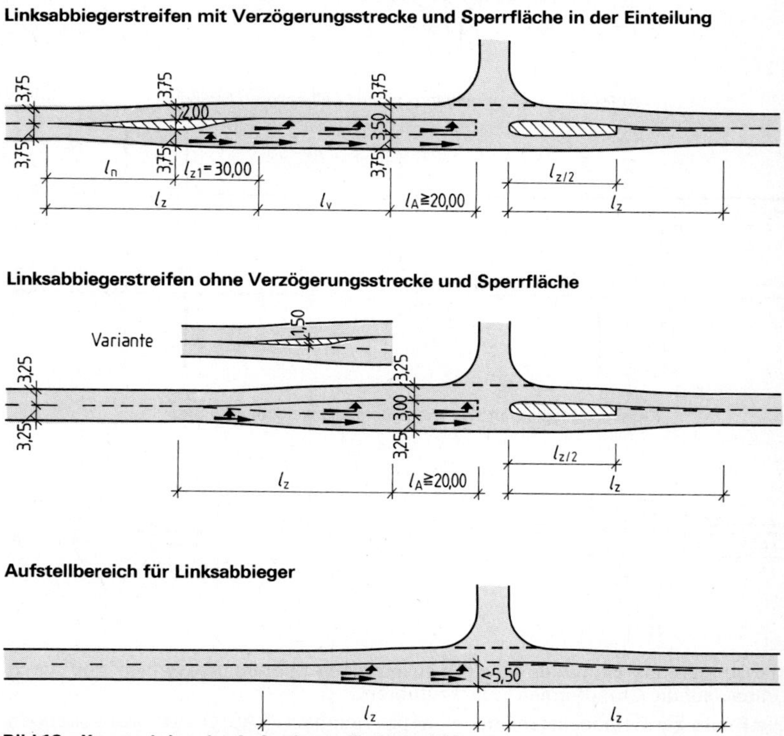


**Bild 18** Konstruktion der Aufweitung für Linksabbieger

Einsatzkriterien für Linksabbiegestreifen

Knotenpunkt mit vier oder mehr Fahrstreifen:

– Signalregelung erforderlich.

Bei zweistreifigen Straßen:

– Der Knoten wird signalgeregelt.
– der Knoten liegt außerhalb bebauter Gebiete,
– hoher Anteil der Linksabbieger,
– hochrangige Netzfunktion der übergeordneten Straße,
– Erkennbarkeit wartender Linksabbieger ist schlecht,
– abbiegender öffentlicher Personennahverkehr.

Die Einsatzbereiche sind in Tafel 17 zusammengestellt.

**Tafel 17 Typenwahl für Linksabbiegestreifen und Aufstellbereiche bei zweistreifigen Straßen**

| Straßenkategorie | | *MSV* in Kfz/h in der Richtung, aus der abgebogen wird | | | | | | |
|---|---|---|---|---|---|---|---|---|
| | | =100 | >100 | >200 | >300 | >400 | >500 | >600 |
| A I | großräumige Verbindung | 2 | 2,1 | 1 | 1 | 1 | 1 | 1 |
| A II | regionale Verbindung | 2 | 2 | 2,1 | 1 | 1 | 1 | 1 |
| A III | zwischengemeindliche Verbindung | 3,2 | 2 | 2 | 2,1 | 1 | 1 | 1 |
| A IV | flächenerschließende Verbindung | 3 | 3,2 | 2 | 2 | 2 | 2 | 2 |
| A V | untergeordnete Verbindung | 4,3 | 3 | 3,2 | 2 | 2 | 2 | 2 |
| B II | Schnellverkehrsstraße | keine zweistreifigen Straßen | | | | | | |
| B III | Hauptverkehrsstraße | 3 | 3 | 3,2 | 2 | 2 | 2 | 2 |
| B IV | Hauptsammelstraße | 4 | 4,3 | 3 | 3,2 | 2 | 2 | 2 |
| C III | Hauptverkehrsstraße | 4 | 4 | 4,3 | 3 | 3,2 | 2 | 2 |
| C IV | Hauptsammelstraße | 4 | 4 | 4 | 4,3 | 3 | 3,2 | 2 |

Die Länge der Verzögerungsstrecke $l_v$ ergibt sich aus der Geschwindigkeit $v_k$ und der Längsneigung im Knotenbereich (Tafel 18).

**Tafel 18 Länge der Verzögerungsstrecke $l_v$ bei Linksabbiegestreifen außerhalb bebauter Gebiete**

| *MSV* in der Richtung aus der abgebogen wird in Kfz/h | Längsneigung *s* in % | | | | | | | | | | | | | | |
|---|---|---|---|---|---|---|---|---|---|---|---|---|---|---|---|
| | < −4% | | | | | −4% ≦ *s* ≦ +4% | | | | | > +4% | | | | |
| | $v_k$ in km/h | | | | | $v_k$ in km/h | | | | | $v_k$ in km/h | | | | |
| | 60 | 70 | 80 | 90 | 100 | 60 | 70 | 80 | 90 | 100 | 60 | 70 | 80 | 90 | 100 |
| ≦400 | 10 | 20 | 35 | 50 | 65 | 10 | 15 | 20 | 30 | 40 | 5 | 10 | 15 | 20 | 30 |
| >400 | 25 | 40 | 60 | 80 | 105 | 20 | 30 | 40 | 55 | 75 | 15 | 20 | 30 | 40 | 55 |

Die Länge der Aufstellstrecke $l_A$, gemessen von der Haltlinie, richtet sich nach dem erforderlichen Stauraum. Bei Knoten ohne Lichtsignalregelung reicht meist $l_A = 20{,}0$ m aus, soll aber min $l_A = 10{,}0$ m nicht unterschreiten.

**Rechtsabbieger.** Man unterscheidet drei Formen, die abhängig sind von fahrdynamischen oder fahrgeometrischen Bedingungen, den Belangen anderer Verkehrsteilnehmer, vorhandenen Lichtsignalanlagen oder Belangen des Umfeldes. Mögliche Ausbildungen (Bild 19) sind:

**Ausfahrkeil am Knoten außerhalb bebauter Gebiete**

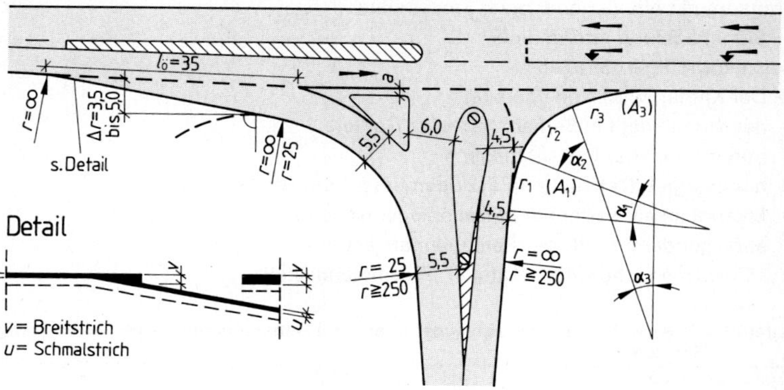


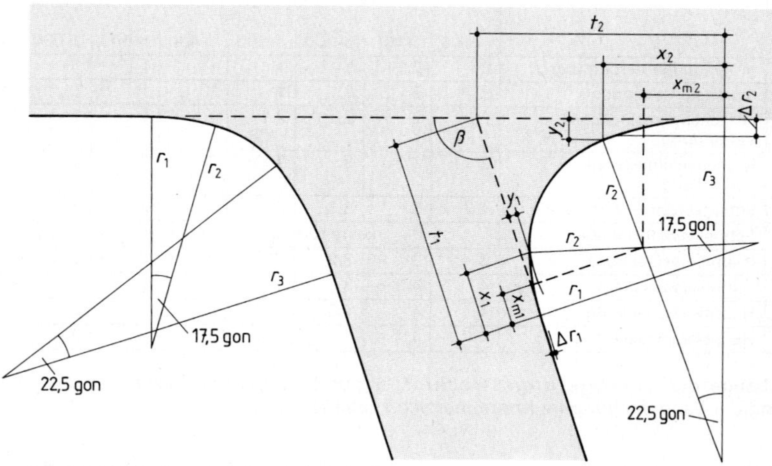


Für die Eckausrundung $r_1 : r_2 : r_3 = 2:1:3$ gilt

$\Delta r_1 = 0{,}0375 \cdot r_2$ $\qquad \Delta r_2 = 0{,}1236 \cdot r_2$

$y_1 = 0{,}0750 \cdot r_2$ $\qquad y_2 = 0{,}1854 \cdot r_2$

$x_{m1} = 0{,}2714 \cdot r_2$ $\qquad x_{m2} = 0{,}6922 \cdot r_2$

$x_1 = 0{,}5428 \cdot r_2$ $\qquad x_2 = 1{,}0383 \cdot r_2$

$$t_1 = r_2 \cdot \left(0{,}2714 + 1{,}0375 \cdot \tan\frac{\beta}{2} + \frac{0{,}0861}{\sin\beta}\right)$$

$$t_2 = r_2 \cdot \left(0{,}6922 + 1{,}1236 \cdot \tan\frac{\beta}{2} - \frac{0{,}0861}{\sin\beta}\right)$$

**Konstruktion des Rechtsabbiegestreifens**

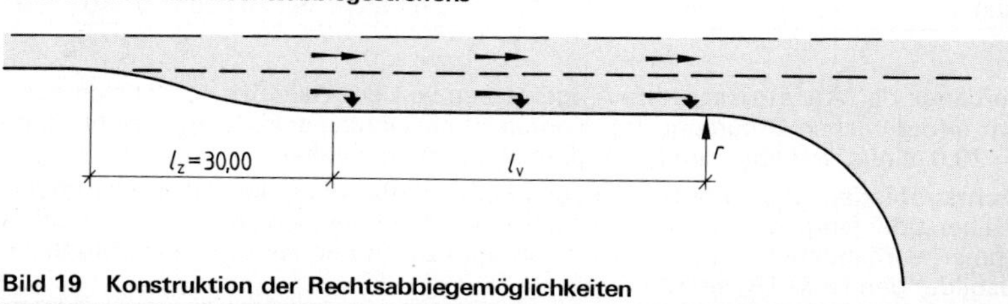


**Bild 19 Konstruktion der Rechtsabbiegemöglichkeiten**

- Eckausrundung als dreiteiliger Korbbogen oder einfacher Kreis mit $r = 15{,}0$ m,
- Ausfahrkeile mit einer Länge außerorts $l_ö = 35{,}0$ m,
- Fahrstreifen für Rechtsabbieger an Knoten mit Lichtsignalanlagen.

Ein Rechtsabbiegestreifen kann den Verkehrsfluß an Lichtsignalanlagen erhöhen. Außerhalb bebauter Gebiete wird er durch eine Verziehung mit $l_z = 30{,}0$ m eingeleitet. Die Breite soll 3,00 m nicht unterschreiten. Ist auch ein Linksabbiegestreifen vorhanden, so sollen die Aufweitungen für beide Abbiegestreifen an derselben Stelle beginnen.

Einsatzkriterien für Rechtsabbiegestreifen. Aus fahrdynamischen Gründen wendet man an Knoten der Kategoriengruppen A I bis A III Ausfahrkeile oder eigene Abbiegestreifen an, die im Knotenpunkt durch Fahrbahnteiler und Dreiecksinseln eine besondere Führung erhalten. Bei Knoten niedrigerer Stufe reichen oft schon Eckausrundungen als Korbbogen oder mit durchgehendem großen Radius aus. Innerhalb bebauter Gebiete ist die Anordnung oft von den örtlichen Platzverhältnissen abhängig.

Für Rechtseinbieger ist die Eckausrundung mit einfachem Kreisbogen oder mit Korbbogen ($r_2 = 10{,}0$ m) wegen der gewünschten Herabsetzung der Geschwindigkeit zweckmäßig, wenn der Fahrstreifen der Zu- und Ausfahrten zum Knoten min $b = 3{,}50$ m ist. An Knoten außerhalb bebauter Gebiete mit $v_k > 70$ km/h muß neben dem Fahrbahnteiler eine Fahrstreifenbreite von 4,50 m vorhanden sein.

**Wender.** Bei Straßen, deren Mittelstreifen nicht überfahren werden kann, sind Wendemöglichkeiten vorzusehen. Bedingungen dafür sind:

- vorhandene Linksabbiegestreifen genügender Größe,
- der Wendevorgang muß für alle Fahrzeugtypen ohne Rangieren möglich sein,
- gleichzeitig laufende Fußgängerströme dürfen nicht gekreuzt werden.

Wendefahrbahnen erhalten für Lastzüge einen Wendekreis von $d = 25{,}0$ m bei einer Fahrstreifenbreite von $b = 7{,}0$ m. Für Lkw genügt ein Wendekreis $d = 12{,}5$ m mit $b = 4{,}0$ m.

**Inseln.** Einsatz als Fahrbahnteiler oder Dreiecksinseln zum Führen der Fahrzeugströme, Aufstellen von Verkehrseinrichtungen, Schutz für Fußgänger, Verdeutlichen der Wartepflicht. Bordsteine im Übergangsbereich für Behinderte und Radfahrer sind abzusenken. Nur bepflanzen, wenn keine Sichtbehinderung eintritt.

Fahrbahnteiler in der übergeordneten Straße werden nur angeordnet, wenn der Knoten beleuchtet ist. Außerhalb bebauter Gebiete sollen Tropfen in untergeordneten Knotenpunktsarmen verwendet werden. Große Tropfen werden in der Regel nur zusammen mit Dreiecksinseln vorgesehen. Innerhalb bebauter Gebiete sind Fahrbahnteiler dann erforderlich, wenn ein Fußgängerüberweg vorhanden ist, der über mehr als zwei Fahrstreifen führt. Vor und hinter dem Überweg muß der Teiler mindestens 1,5 m länger sein. Die Wartefläche muß mindestens 2,5 m lang sein, um auch Radfahren und Kinderwagen Sicherheitsraum zu geben.

Dreiecksinseln sorgen für zügiges, evtl. signalunabhängiges Herausführen der Rechtsabbieger aus dem Geradeausverkehr. Außerhalb bebauter Gebiete wird die Insel 0,5 m vom Fahrbahnrand abgesetzt. In bebauten Gebieten ist auf Dreiecksinseln zu verzichten, um Flächen einzusparen.

Die Sichtweite am Knotenpunkt ist für die Verkehrssicherheit entscheidend.

**Anfahrsicht.** Erforderliche Sichtweite für ein 3,0 m vom Fahrbahnrand der übergeordneten Straße wartendes Fahrzeug, damit sichere Anfahrt aus dem Stand möglich ist (Bild 20). Die Schenkellage der Sichtdreiecke entnimmt man Tafel 19.

**Annäherungssicht.** Erforderliche Sichtweite aus 10,0 m Abstand vom Fahrbahnrand der übergeordneten Straße. Konstruktion der Sichtdreiecke nach Bild 20, Bemessung nach Tafel 19.

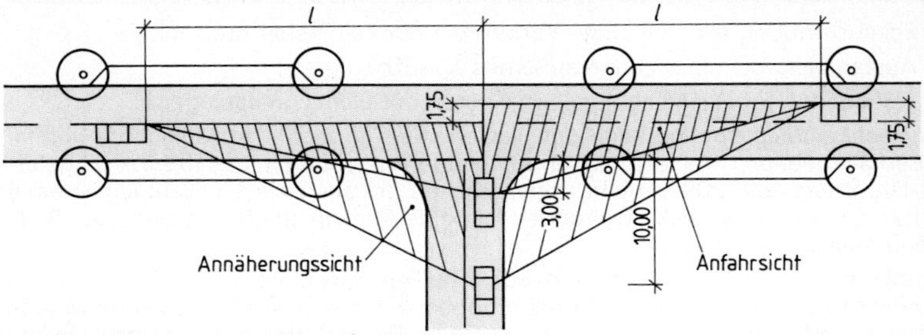


**Bild 20 Anfahr- und Annäherungssicht**

**Tafel 19 Schenkellänge *l* in m für die Sichtfelder der übergeordneten Straße**

| Kategorien-gruppe | Geschwindigkeit $v_{B5}$ in km/h 100 | 90 | 80 | 70 | 60 | 50 | 40 |
|---|---|---|---|---|---|---|---|
| A | 200 (300) | 170 (250) | 135 (210) | 110 (175) | 85 | 70 | |
| B | | | | 110 | 85 | 70 | |
| C | | | | | | 70 | 50 |

Aus Sicherheitsgründen muß für einen Pkw-Fahrer, der an der Inselspitze oder auf der Einfädelspur einer Einfahrrampe hält, die Anfahrsicht auf der übergeordneten Straße vorhanden sein. Liegt die Einfahrt in einem Rechtsbogen, so soll das Stichmaß zwischen Hauptspurachse und Anfahrsichtweite vom Sichtpunkt aus nach Bild 23 ermittelt und das Sichtfeld von Einbauten und Bewuchs freigehalten werden.

Die Entwässerung im Knotenbereich muß sorgfältig untersucht werden. Um günstige Anfahrmöglichkeiten zu schaffen, soll die Gradiente der untergeordneten Straße nach Bild 21 angeschlossen werden.

**Planfreie Knotenpunkte** führen starke, sich kreuzende Verkehrsströme in zwei Ebenen übereinander, um Kreuzungsvorgänge auszuschließen. Die Verknüpfung der Straßen erfolgt über Verbindungsrampen. Es gelten folgende Grundsätze:

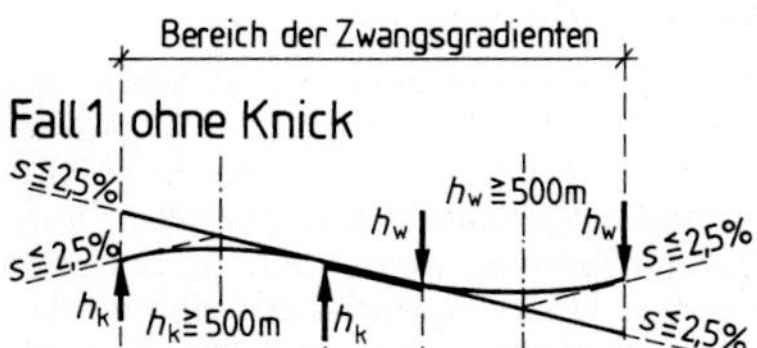


**Bild 21 Gradientenführung der untergeordneten Straße**

**Tafel 20 Rampentypen** (H. 589/90, BMV, Forsch. Straßenbau ...)

| Rampentyp | Rampengruppe 1 planfrei – planfrei | |
|---|---|---|
| (Verkehrsführung) | Linienführung nicht angepaßt | angepaßt |
| direkt | 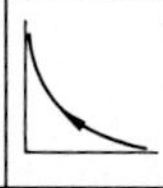 | 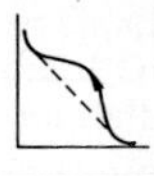 |
| halbdirekt | 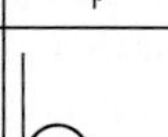 | 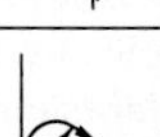 |
| indirekt | 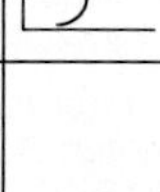 | 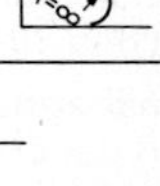  |
| (direkt) |  | |

– Die durchgehenden Fahrbahnen sind netzgerecht festzulegen.
– Ein- und Ausfahrten der durchgehenden Strecke sind immer auf der rechten Seite anzulegen. In Verbindungsrampen sind linksliegende Spurenaddition/subtraktion zugelassen.
– Ausfahrten sollen vor Einfahrten liegen
– starken Abbiegeströmen günstige Rampenführung zuordnen.
– Ausfahrende Verkehrsströme sollen durchgehende Fahrbahn gemeinsam verlassen.
– Einfahrten sollen für Verteilerfahrbahn und Tangentialrampe möglichst getrennt werden
– Wegweisende Beschilderung ist schon bei der Planung zu berücksichtigen.

Rampentypen und ihre Querschnitte zeigen die Tafeln 20 und 21, die Entwurfselemente die Tafel 22. (Bis zum Erscheinen der RAS-K-2 kann Heft 589/1990 von „Forschung Straßenbau und Straßenverkehrstechnik", herausgegeben vom Bundesminister für Verkehr, herangezogen werden.)

**Tafel 21 Querschnitte von Verbindungsrampen**

| Querschnitt Kurzbez. | Bezeichnung | Abmessungen in m | Einsatzgrenzen |
|---|---|---|---|
| Q1 | einspuriger Querschnitt mit überbreiter Fahrspur | 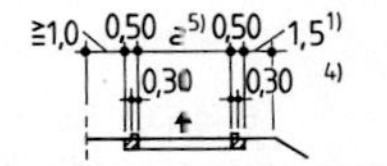 | 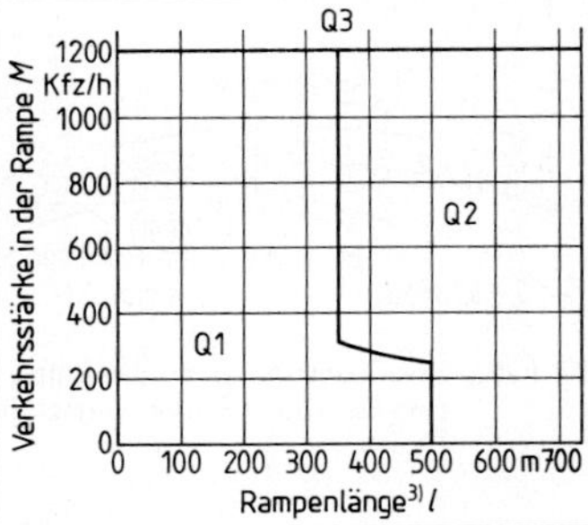 |
| Q2 | zweispuriger Querschnitt | 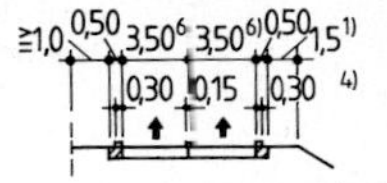 | |
| Q3 | zweispuriger Querschnitt mit Standspur | 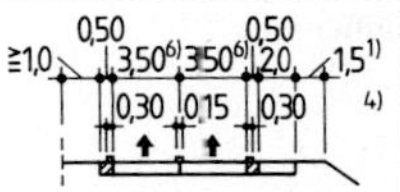 | |
| Q4 | zweispurige Gegenverkehrsfahrplan | 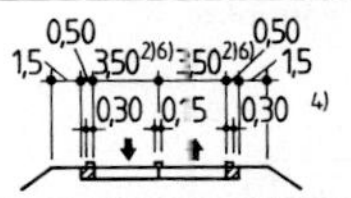 | Länge des Gegenverkehrsbereiches ≧125 m |

[1]) 1,0 m möglich in Einschnitten und auf Dämmen, die keine Schutzplanken erfordern
[2]) bei $r \leqq 130$ m ist nach Ziffer 5.2.3.4. der RAL-K-2 eine Fahrbahnverbreiterung erforderlich
[3]) Definition s. Ziffer 5.2.3.1. der RAL-K-2 [4]) Markierungsbreiten [5]) für Kat.Gr. AI, AII $a = 4{,}50$ m; für AIII, BII $a = 4{,}00$ m [6]) für Kat. Gr. AIII, BII 3,25 m

**Tafel 22 Entwurfselemente der Verbindungsrampen**

| Entwurfselement | | Geschwindigkeit, $v$ in km/h | | | | | |
|---|---|---|---|---|---|---|---|
| | | 30 | 40 | 50 | 60 | 70 | 80 |
| Kurvenmindestradius $r$ in m | | 25 | 50 | 80 | 130 | 190 | 260 |
| Höchstlängsneigung | Steigung $s$ in % | 6,0 | | | | | |
| | Gefälle $s$ in % | 7,0 | | | | | |
| Kuppenmindesthalbmesser $h_x$ in m | | 500 | 1000 | 1500 | 2000 | 2800 | 4000 |
| Wannenmindesthalbmesser $h_w$ in m | | 250 | 500 | 750 | 1000 | 1400 | 2000 |
| Mindestquerneigung $q$ in % | | 2,5 | | | | | |
| Höchstquerneigung in Kurven $q_k$ in % | | 7,0 (8,0) | | | | | |
| Anrampungsmindestneigung $\Delta s$ in % | | $0{,}1 \cdot a$ <br> $a$ = Randabstand von der Drehachsen in m | | | | | |
| Mindesthaltesichtweite $s_h$ in m bei $v_{85}$ | | 25 | 30 | 40 | 60 | 85 | 115 |

Für die Annäherungssicht soll das Sichtfeld nach Bild 22 vorgesehen werden. Die Minimalwerte sollen nur verwendet werden, wenn sonst ein wirtschaftlich unvertretbarer Aufwand entsteht. Das auf der Hauptspur der bevorrechtigten Straße fahrende Fahrzeug soll möglichst aus senkrechter Blickrichtung zur Achse der Einfahrrampe vom Sichtpunkt aus gesehen werden können.

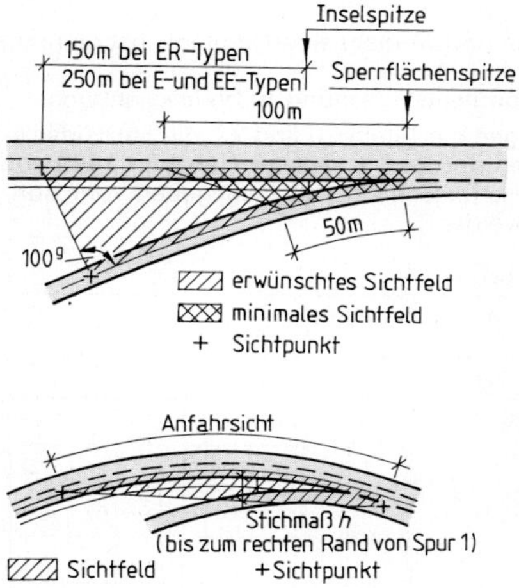


**Bild 22** **Erwünschtes und minimales Sicht feld für die Annäherungssicht**

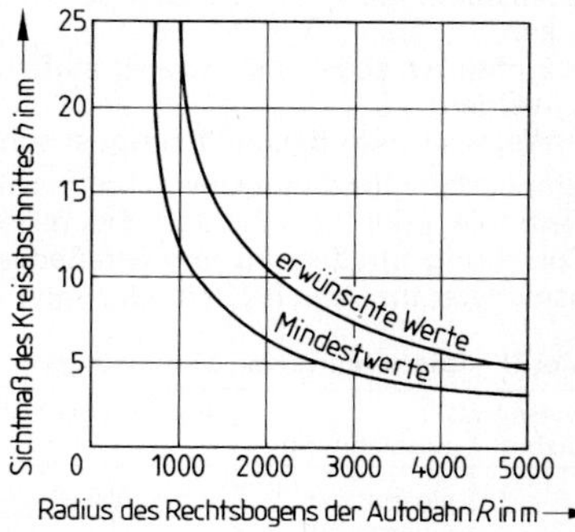


**Bild 23** **Notwendige Radien und Stichmaße der Kreisabschnitte zur Gewährleistung der Anfahrsicht im Rechtsbogen**

**Tafel 23** **Prinziplösungen planfreier Knotenpunkte**

**Einmündung**

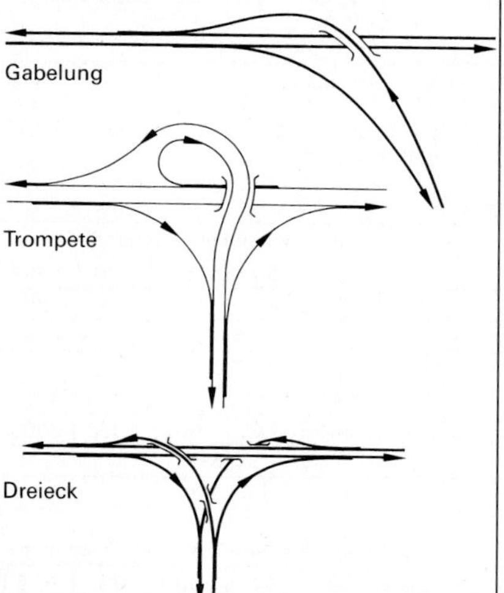


**Kreuzung**

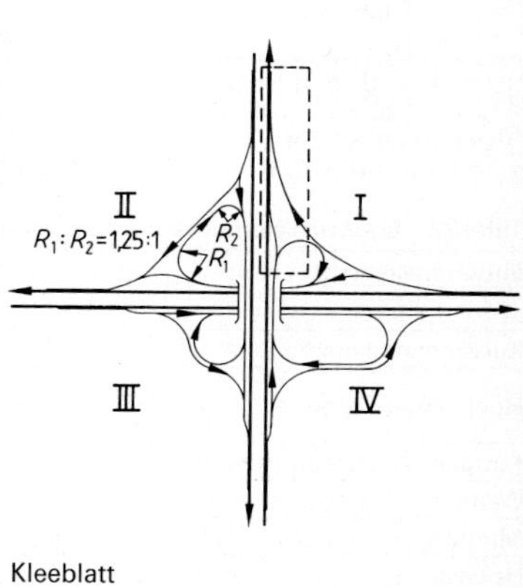

In Ostdeutschland sind auch die „Hinweise zur Anwendung der Richtlinien für die Anlage von Straßen (Teile RAS-N, L, Q, K) beim Um- und Ausbau von Straßen in den neuen Bundesländern, Ausgabe 1992" zu beachten. Bei der Gestaltung der Straßenverkehrsanlagen sind die Kriterien der Sicherheit, Umweltverträglichkeit, Wirtschaftlichkeit und Leistungsfähigkeit zugrunde zu legen.

Bei der Linienfindung im **Lageplan** sind daher nicht nur die Grenzwerte der Linienführung, sondern auch die Relationstrassierung wichtig (s. Bild 6). Liegt bei Überprüfung des Entwurfs der ermittelte Wert $v_{85}$ mehr als 20 km/h höher als $v_e$, versucht man durch erhöhte Kurvigkeit die Werte einander anzunähern. Eine gleichmäßige Streckencharakteristik ist besser als eine großzügige. Die Stetigkeit kann erreicht werden, wenn man zu einer Kurve mit dem Mindestradius hin die Radiengrößen abfallen läßt. Ist die Stetigkeit nicht zu erreichen, müssen Beschilderungen, Markierungen, Leiteinrichtungen eingesetzt werden.

Bauliche Maßnahmen beeinflussen aber das Geschwindigkeitsverhalten deutlich besser. Um eine Kurve optisch deutlich zu machen, soll eine Richtungsänderung von mindestens 5 gon erfolgen. Die anschließenden Klothoiden sind dem Wert $A = r/3$ anzunähern.

Im **Höhenplan** sind Kuppen- und Wannenhalbmesser so zu wählen, daß eine ausgewogene räumliche Linienführung entsteht. Sie sollen außerdem günstige Sichtweiten, eine Schonung des Landschaftsbildes und durch Anpassen an das Gelände wirtschaftliche Baukosten ergeben. Eine Verringerung der Grenzwerte für Wannenhalbmesser nach Tafel 8 ist vertretbar unter Berücksichtigung der Anhaltesichtweite auf nasser Fahrbahn, der Mindesttangentenlänge und der Überholsichtweite. Die Abweichungen sind in der nachstehenden Tabelle zusammengestellt.

| Entwurfsgeschwindigkeit | 40 | 50 | 60 | 70 | 80 |
|---|---|---|---|---|---|
| Mindestwannenhalbmesser $h_w$ bei $z = 0{,}5$ m/s² | 250 | 390 | 560 | 760 | 990 |

Im **Querschnitt** sollen aus Sicherheitsgründen die Abmessungen der RAS-Q eingehalten werden. Bei einer Verbesserung durch Deckenerneuerung ist die Relationstrassierung zu prüfen. Eine Verbreiterung der Fahrbahn unter Einschränkung des Banketts ist möglich, doch sollen 0,75 m Bankettbreite erhalten bleiben. Der Regelquerschnitt b2 kann auf eine Fahrbahn-/Kronenbreite von 7,50 m/10.5 m als c2 eingeschränkt werden.

An bestehenden Alleen können Querschnittseinschränkungen zum Erhalt der Bäume hingenommen werden. Bei anbaufreien Straßen mit $v_e > 80$ km/h wird in der Regel ein Rad-/Gehweg erforderlich. Der Umbau der **Knotenpunkte** beschränkt sich zunächst meist auf einfache, schnell wirksame Maßnahmen. Sie sollen einem späteren Um- und Ausbau nicht widersprechen.

Als Kriterien gelten:

1. Klare Verdeutlichung der Wartepflicht und Vorrangverhältnisse.
2. Ausreichende Sichtfelder freimachen.
3. Nur 2 Entscheidungsmöglichkeiten anbieten.
4. Kurze Überquerungswege für Radfahrer und Fußgänger schaffen.
5. Logisches Verzögerungsverhalten der Kraftfahrer provozieren.

## 1.4 Lärmschutz an Straßen

Verkehrsemissionen sind Geräusche, Abgase und Staub. Als Maß für Verkehrsgeräusche gilt ein Mittelungspegel $L_m$ in dB (A), ein nach DIN 45641 definierter zeitlicher Mittelwert des A-Schallpegels (s. Abschnitt „Bauphysik" – Schallpegelbewertung).

### Immissionsgrenzwerte für Lärmvorsorge

Für Bauvorhaben an Straßen und Schienenwegen gelten die Immissionsgrenzwerte der Tafel 24 (Verkehrslärmschutzverordnung – 16. BImSchV vom 12.6.1990).

**Tafel 24 Immissionsgrenzen in dB (A)**

| an Krankenhäusern, Schulen, Kur- und Altenheimen | | in reinen und allgemeinen Wohn- und Kleinsiedlungsgebieten | | in Kerngebieten, Dorf- und Mischgebieten | | in Gewerbegebieten und Industriegebieten | |
|---|---|---|---|---|---|---|---|
| bei Tage | bei Nacht | bei Tage | bei Nacht | bei Tage | bei Nacht | bei Tage | bei Nacht |
| 57 | 47 | 59 | 49 | 64 | 54 | 69 | 59 |

Die Schallemission einer Straße oder eines Fahrstreifens wird durch den Emissionspegel $L_{m,E}$ beschrieben. Mit dem Beurteilungspegel $L_r$ kann er mit den Immissionsgrenzwerten verglichen werden. Der Beurteilungspegel wird für Tag und Nacht (6.00 Uhr bis 22.00 Uhr bzw. 22.00 Uhr bis 6.00 Uhr) getrennt berechnet. Zwischenwerte und Pegeldifferenzen sind auf 0,1 dB (A) aufzurunden. Treten mehrere Lärmquellen auf (Straße, Parkplatz, Spiegelschallquellen), sind die einzelnen Beurteilungspegel $L_{r,j}$ zu ermitteln und daraus der resultierende Beurteilungspegel nach Gl. (25) zu berechnen.

Lärmschutzmaßnahmen sind notwendig, wenn durch Änderung oder Neubau von Verkehrswegen der Beurteilungspegel um mindestens 3 dB (A) oder bei Tage auf 70 dB (A) oder bei Nacht auf 60 dB (A) erhöht wird.

$$L_r = 10 \cdot \lg \sum_j 10^{0{,}1 \cdot L_{r,j}} \quad \text{in dB (A)} \qquad (25)$$

Der Beurteilungspegel einer Straße wird mit Gl. (26) bestimmt.

$$L_r = L_m + K \quad \text{in dB (A)} \qquad (26)$$

$L_m$ Mittelungspegel nach Gl. (27)
$K$ Zuschlag für Lichtsignalregelung nach Tafel 25

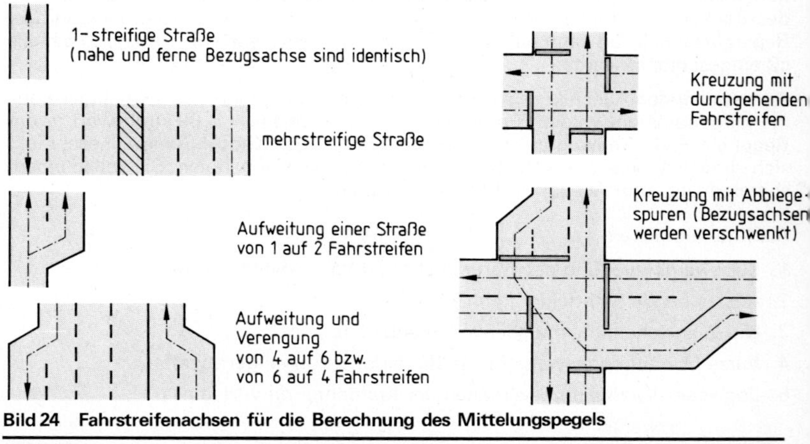


**Bild 24 Fahrstreifenachsen für die Berechnung des Mittelungspegels**

**Tafel 25 Zuschlag *K* in dB(A) für erhöhte Störwirkung an signalgesteuerten Kreuzungen und Einmündungen**

| *a* in m | von 0 bis 40 | über 40 bis 70 | über 70 bis 100 | >100 |
|---|---|---|---|---|
| *K* in dB(A) | +3,0 | +2,0 | +1,0 | 0 |

*a* ist der Abstand zwischen der zu schützenden baulichen Anlage und dem Schnittpunkt der Achsen der beiden zusammentreffenden Straßen, gemessen in Achsrichtung

Nach der 16. Verkehrslärmschutzverordnung – 16. BImSchV werden die Beurteilungspegel bei Tag oder Nacht mit Gln. (26a) und (26b) berechnet.

$$L_{r,T} = L_{m,T}^{(25)} + D_v + D_{StrO} + D_{Stg} + D_{s\perp} + D_{BM} + D_B - K \qquad (26a)$$

$$L_{r,N} = L_{m,N}^{(25)} + D_v + D_{StrO} + D_{Stg} + D_{s\perp} + D_{BM} + D_B + K \qquad (26b)$$

$L_{r,T}$; $L_{r,N}$ Beurteilungspegel bei Tag bzw. Nacht in dB(A)
$L_{m,T}^{(25)}$; $L_{m,N}^{(25)}$ Mittelungspegel bei Tag und Nacht in dB(A)
$D_v$ Korrektur für unterschiedliche Höchstgeschwindigkeiten in dB(A)
$D_{StrO}$ Korrektur für unterschiedliche Straßenoberflächen in dB(A)
$D_{Stg}$ Korrektur für Längsneigung in dB(A)
$D_{s\perp}$ Korrektur für unterschiedliche Abstände von Mitte Fahrstreifen (Höhe 0,5 m) bis Immissionsort in dB(A) (0,2 m über Fensteroberkante)
$D_{BM}$ Korrektur durch Boden- und Meteorologiedämpfung in dB(A)
$D_B$ Pegeländerung durch topographische Gegebenheiten in dB(A)
$K$ Zuschlag für Störwirkung an lichtzeichengeregelten Kreuzungen

Die Höhe der Schallquelle wird 0,50 m über den Mitten der äußeren Fahrstreifen angenommen. Für eine einbahnige Straße ergibt dies

$$L_m = 10 \cdot \lg(10^{0,1 \cdot L_{m,n}} + 10^{0,1 \cdot L_{m,f}}) \text{ in dB(A)} \qquad (27)$$

$L_{m,n}$ Mittelungspegel des nahen äußeren Fahrstreifens
$L_{m,f}$ Mittelungspegel des fernen äußeren Fahrstreifens

Die Berechnung des Mittelungspegels eines Fahrstreifens erfolgt entweder nach dem Verfahren des langen, geraden Fahrstreifens oder dem Teilstückverfahren. Er wird nach dem Verfahren des langen, geraden Fahrstreifens berechnet, wenn der Immissionspunkt

– nach beiden Seiten auf eine Länge $l_z$ eingesehen werden kann,
– der Fahrstreifen nach Bild 25 im angegebenen Bereich liegt,
– die Schallausbreitung etwa konstant bleibt.

$$L_z = 48 \frac{s_\perp}{\sqrt{100 + s_\perp}} \text{ in m} \qquad (28)$$

$s_\perp$ senkrechter Abstand des Immissionspunktes zur Straßenachse in m

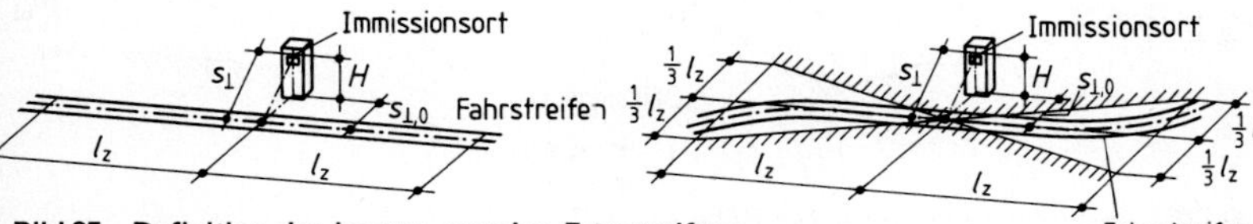


**Bild 25 Definition des langen, geraden Fahrstreifens**

Ist eine dieser Bedingungen nicht erfüllt, muß nach dem Teilstückverfahren vorgegangen werden. Hierbei wird die Strecke in etwa gleiche Teilabschnitte aufgeteilt, bei denen Emission und Schallausbreitung fast gleich sind. Die Teilabschnitte sollen eine Länge von $l_i = 0,5\, s_i$ in m erhalten. Dabei entspricht die Strecke $s_i$ der Entfernung Emissionsort bis Immissionsort in der Mitte des Teilstücks.

Der Mittelungspegel eines langen, geraden Fahrstreifens ist

$$L_m = L_{m,E} + D_{s1} + D_{BM} + D_B \text{ in dB(A)} \qquad (29)$$

$L_{m,E}$ Emissionspegel in dB(A)

Den Emissionspegel berechnet man mit Gl. (30).

$$L_{m,E} = L_m^{(25)} + D_v + D_{Stro} + D_{Stg} + D_E \quad \text{in dB (A)} \qquad (30)$$

$L_m^{(25)}$ Mittelungspegel in dB (A) in 25 m Entfernung, Fahrbahn aus nicht geriffeltem Gußasphalt, zul $v = 100$ km/h, $s \leqq 5\%$, $h_m = 2{,}25$ m

$h_m$ mittlere Höhe zwischen Gelände und Schallstrahl zwischen Emissions- und Immissionsort in m

$D_E$ Korrektur bei Spiegelschallquellen in dB (A)

Den Mittelungspegel $L_{m,T}^{(25)}$ bzw. $L_{m,N}^{(25)}$ für Tag oder Nacht berechnet man mit Gl. (31).

$$L_{m,T}^{(25)} = L_{m,N}^{(25)} = 37{,}3 + 10 \cdot \lg(M \cdot (1 + 0{,}082 \cdot p) \quad \text{in dB (A)} \qquad (31)$$

$M$ maßgebende Verkehrsstärke in Kfz/h

$p$ maßgebender Lkw-Anteil (> 2,8 t zul. Gesamtgewicht) in %

Die maßgebende stündliche Verkehrsstärke $M$ und den maßgebenden Lkw-Anteil $p$ entnimmt man Tafel 26.

**Tafel 26 Maßgebende Verkehrsstärken $M$ in Kfz/h und maßgebende Lkw-Anteile $p$ (über 2,8 t zul. Gesamtgewicht) in %**

| Straßengattung | tags (6–22 Uhr) | | nachts (22–6 Uhr) | |
|---|---|---|---|---|
| | $M$ in Kfz/h | $p$ in % | $M$ in Kfz/h | $p$ in % |
| Bundesautobahnen | 0,06 · DTV | 25 | 0,014 · DTV | 45 |
| Bundesstraßen | 0,06 · DTV | 20 | 0,011 · DTV | 20 |
| Landes-, Kreis- und Gemeindeverbindungsstraßen | 0,06 · DTV | 20 | 0,008 · DTV | 10 |
| Gemeindestraßen | 0,06 · DTV | 10 | 0,011 · DTV | 3 |

Das Verkehrsaufkommen einer Straße wird den beiden äußeren Fahrstreifen je zur Hälfte zugeordnet. Die mittlere Höhe $h_m$ ist bei ebenem Gelände

$$h_m = 0{,}50(h_{GE} + h_{GI}) \quad \text{in m} \qquad (32\,a)$$

und bei Tallagen, Senken oder Bodenerhebungen

$$h_m = 0{,}25(h_{GE} + 2 \cdot h_T + h_{GI}) \quad \text{in m} \qquad (32\,b)$$

$h_{GE}$ Höhe des Emissionsortes (0,5 m über Mitte Fahrstreifen) in m

$h_{GI}$ Höhe des Immissionsortes über Grund in m

$h_T$ bei Tallagen: größte Höhe der Verbindungslinie vom Emissionsort zum Immissionsort über Grund; bei Bodenerhebungen: kleinste Höhe über Grund

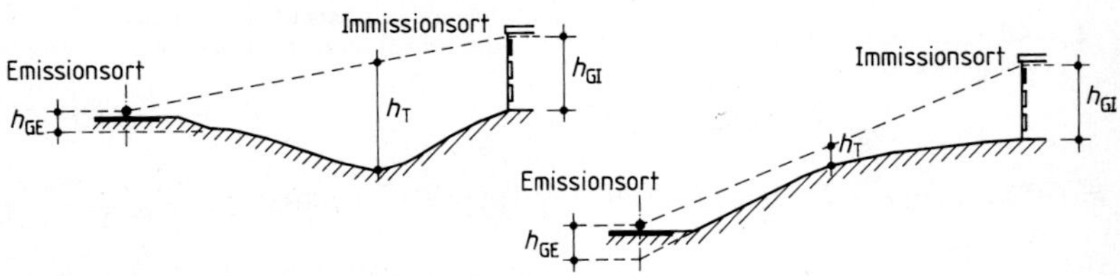


**Bild 26 Bestimmung der mittleren Höhe $h_m$**

Die Korrekturen für unterschiedliche Geschwindigkeiten entnimmt man Bild 28. Die Gleichungen für die einzelnen Berechnungen lauten:

$$D_v = L_{Pkw} - 37{,}3 + 10 \cdot \lg\left(\frac{100 + (10^{0{,}1 \cdot D} - 1) \cdot p}{100 + 8{,}23 \cdot p}\right) \quad \text{in dB (A)} \qquad (33)$$

$$L_{Pkw} = 27{,}7 + 10 \cdot \lg(1 + (0{,}02 \cdot v_{Pkw})^3) \qquad (34)$$

$$L_{Lkw} = 23{,}1 + 12{,}5 \cdot \lg(v_{Lkw}) \qquad (35)$$

$$D = L_{Lkw} - L_{Pkw} \quad \text{in dB (A)} \qquad (36)$$

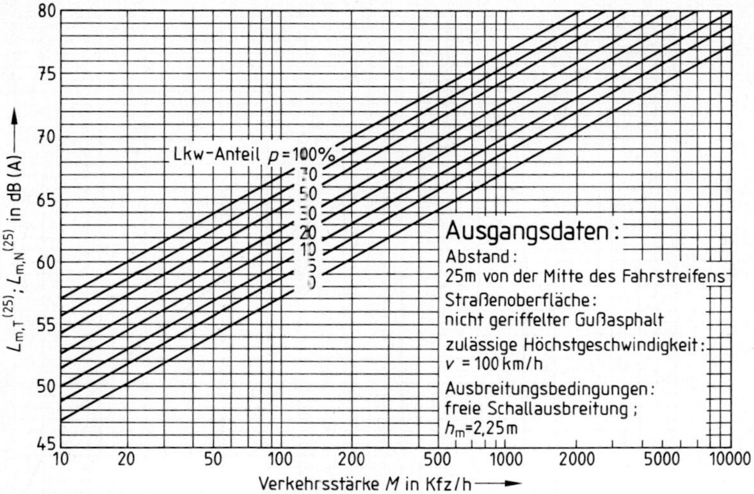


**Bild 27 Mittelungspegel $L_{m,T}^{(25)}$, $L_{m,N}^{(25)}$ in Abhängigkeit von der Verkehrsstärke**

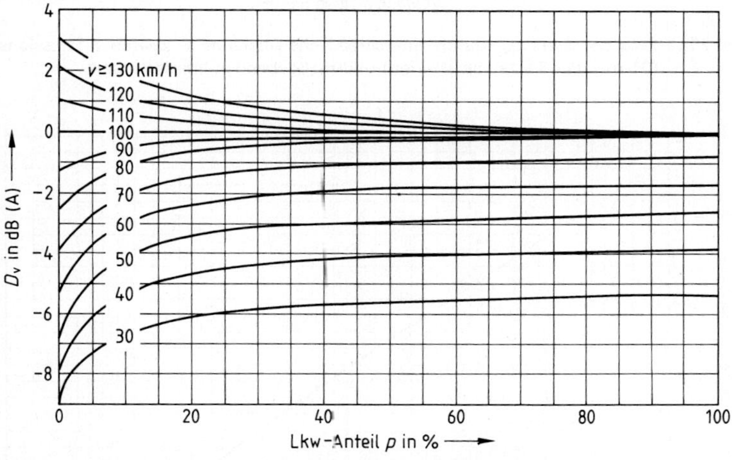


**Bild 28 Korrektur $D_v$ für unterschiedliche Höchstgeschwindigkeiten $v$**

Die Pegeländerung für unterschiedliche Abstände $s_\perp$ beträgt für lange gerade Strecken

$$D_{s\perp} = 15{,}8 - 10 \cdot \lg(s_\perp) - 0{,}0142 \cdot (s_\perp)^{0{,}9} \quad \text{in dB(A)} \qquad (37\text{a})$$

$s_\perp$ Abstand zwischen Emissions- und Immissionsort

und für das Teilstückverfahren

$$D_s = 11{,}2 - 20 \cdot \lg(s) - \frac{s}{200} \quad \text{in dB(A)} \qquad (37\text{b})$$

$s$ Abstand zwischen Emissions- und Immissionsort

Die Pegeländerung $D_{BM}$ durch Boden- und Meterologiedämpfung in Abhängigkeit von der mittleren Höhe $h_m$ ist in Bild 30a bzw. 30b abzulesen. Berechnet wird sie

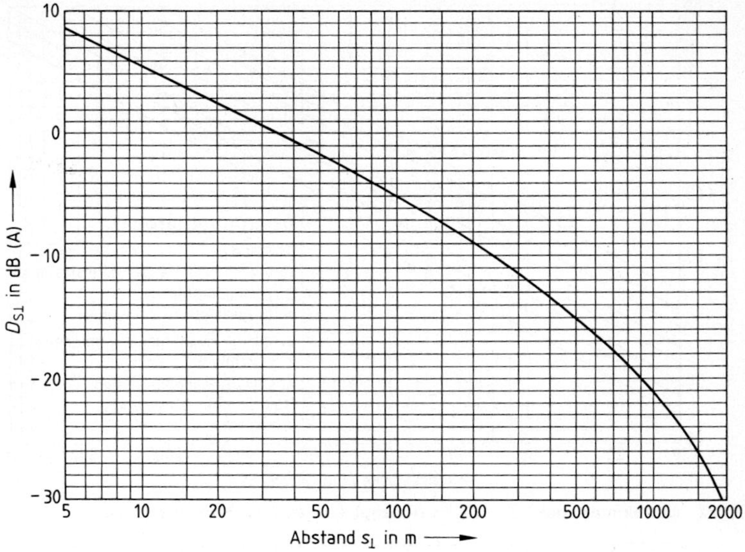


**Bild 29a** **Pegeländerung $D_{s\perp}$ durch unterschiedliche Abstände $s_\perp$ zwischen Emissionsort (0,5 m) über Mitte Fahrstreifen) und maßgebenden Immissionsort**

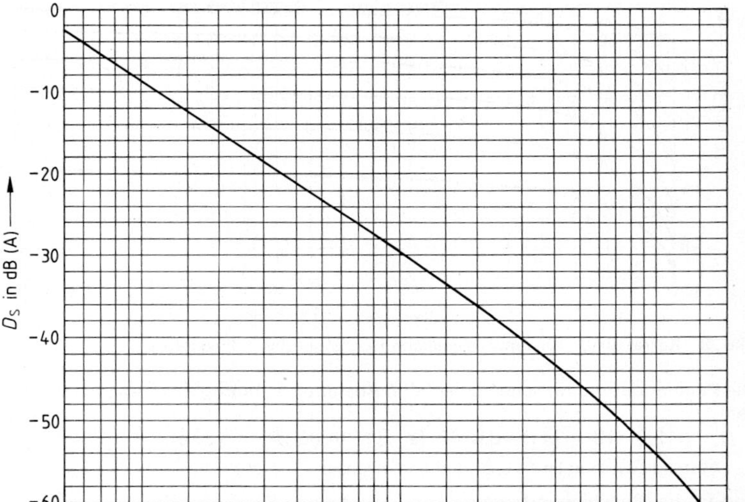


**Bild 29b** **Pegeländerung $D_s$ bei unterschiedlichen Abständen $s$ zwischen Emissionsort und Immissionsort (Teilstückverfahren)**

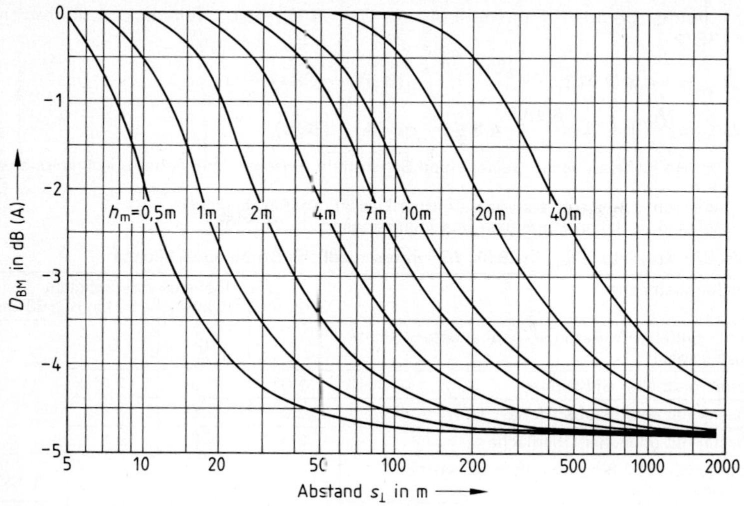


**Bild 30a** Pegeländerung $D_{BM}$ in Abhängigkeit von der mittleren Höhe $h_m$ für lange, gerade Fahrstreifen

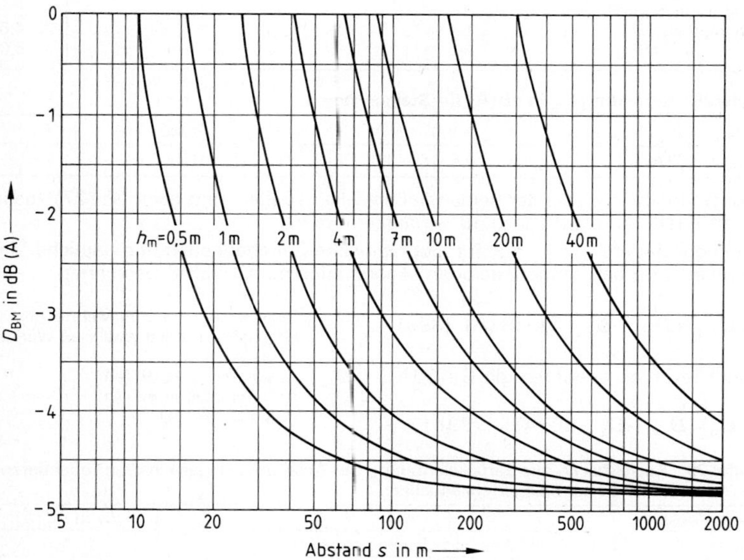


**Bild 30b** Pegeländerung $D_{BM}$ in Abhängigkeit von der mittleren Höhe $h_m$ für das Teilstück-Verfahren

für „lange, gerade" Fahrstreifen mit Gl. (38a), beim Teilstück-Verfahren mit Gl. (38b).

$$D_{BM} = -4{,}8 \cdot 2{,}718^{-\left(\frac{h_m}{s_\perp} \cdot \left(8{,}5 + \frac{100}{s_\perp}\right)\right)^{1,3}} \quad \text{dB (A)} \quad (38\text{a})$$

$$D_{BM} = \left(\frac{h_m}{s}\right) \cdot \left(34 + \frac{600}{s}\right) - 4{,}8 \leqq 0 \quad \text{dB (A)} \quad (38\text{b})$$

$h_m$ mittlere Höhe zwischen Gelände und Schallstrahl zwischen Emissions- und Immissionsort in m
$s_\perp$ senkrechter Abstand des Immissionspunktes zur Straßenachse in m
$s$ Abstand zwischen Emissions- und Immissionsort

**Tafel 27 Korrektur $D_{StrO}$ in dB (A) für unterschiedliche Straßenoberflächen**

| Straßenoberfläche | zul. Höchstgeschwindigkeit 30 km/h | 40 km/h | ≧50 km/h | ≧60 km/h |
|---|---|---|---|---|
| nicht geriffelter Gußasphalt, Asphaltbeton, Splittmastixasphalt | 0 | 0 | 0 | |
| Beton, geriffelter Gußasphalt | 1,0 | 1,5 | 2,0 | |
| Pflaster mit ebener Oberfläche | 2,0 | 2,5 | 3,0 | |
| Pflaster mit unebener Oberfläche | 3,0 | 4,5 | 6,0 | |
| Beton nach ZTV Beton mit Stahlbesenstrich mit Längsglätter | | | | 1,0 |
| Beton nach ZTB Beton ohne Stahlbesenstrich mit Längsglätter und Längstexturierung mit Jutetuch | | | | −2,0 |
| Asphaltbeton ≦0/11, Splittmastixasphalt 0/8 und 0/11 ohne Absplittung | | | | −2,0 |
| Offenporige Asphaltdeckschicht Einbauhohlraum ≧15% Kornaufbau 0/11<br>0/8 | | | | −4,0<br>−5,0 |

**Tafel 28 Korrektur $D_{Stg}$ in dB (A) für Steigungen**

| Steigung $s$ in % | >5,0 | ≦5,0 |
|---|---|---|
| $D_{Stg}$ in dB (A) | $0{,}6 \cdot \lvert s \rvert - 3{,}0$ | 0,0 |

Die Beurteilungspegel der beiden äußeren Fahrstreifen sind nach Gl. (27) zusammenzufassen und auf ganze dB (A) aufzurunden.

Die Pegeländerung $D_{B\perp}$ durch topographische Gegebenheiten und bauliche Maßnahmen wird bei „langen, geraden" Fahrstreifen mit Gl. (39a) berechnet.

$$D_{B\perp} = D_{refl} - D_{z\perp} \quad \text{in dB (A)} \quad (39\text{a})$$

Beim Teilstück-Verfahren gilt Gl. (39b).

$$D_B = D_{refl} - D_z \quad \text{dB (A)} \quad (39\text{b})$$

$D_{refl}$ Pegelerhöhung durch Mehrfachreflexion zwischen parallelen Wänden in dB (A)
$D_{z\perp}$ Abschirmmaß in dB (A)
$D_z$ Abschirmmaß in dB (A) (nach Gl. (41b))

**Tafel 29 Korrektur $D_E$ zur Berücksichtigung der Absorptionseigenschaften reflektierender Flächen bei Spiegelschallquellen**

| Reflexionsart | $D_E$ in dB (A) |
|---|---|
| glatte Gebäudefassaden, reflektierende Lärmschutzwände | −1,0 |
| gegliederte Hausfassaden (Erker, Balkone) | −2,0 |
| absorbierende Lärmschutzwände | −4,0 |
| hochabsorbierende Lärmschutzwände | −8,0 |

Stehen in der Nähe der Fahrbahn Hauswände, Stützmauern o.ä., so wird daran der Schall reflektiert. Reflexion ist zu berücksichtigen, wenn die Höhe der reflektierenden Wand $h_R \geqq 0{,}3 \cdot \sqrt{a_R}$ ist. Dabei ist $a_R$ der Abstand zwischen Schallquelle und reflektierender Wand. Die Ermittlung der Reflexion erfolgt durch die Darstellung im Spiegelbild der Straße nach Bild 31. Die gespiegelten Schallquellen werden wie Originalschallquellen berechnet. Da aber Energieverluste durch die Reflexion auftreten, werden diese durch den Korrekturfaktor $D_E$ nach Tafel 29 ausgeglichen. Mehrfachreflexionen werden durch den Faktor $D_{refl}$ erfaßt.

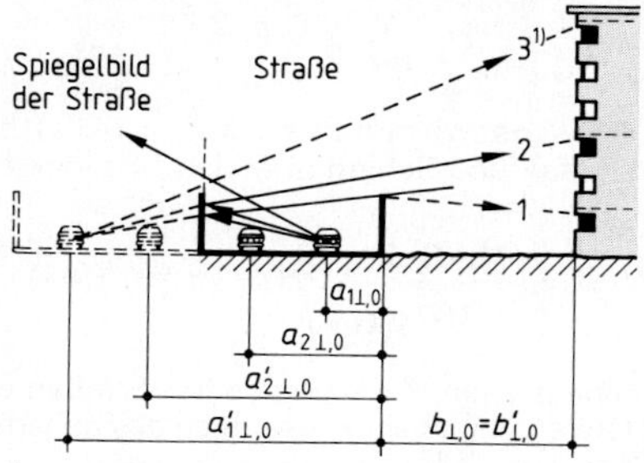


[1)] Schallstrahl unwirksam, da nicht reflektiert

**Bild 31 Reflexion und Spiegelbild der Straße**

Mehrfachreflexion tritt zwischen parallelen, reflektierenden Stützmauern, Lärmschutzwänden oder Hausfassaden auf. Ein Lückenanteil von <30% bleibt unberücksichtigt. Der Mittelungspegel erhöht sich um den Faktor

$$D_{refl} = 4 \cdot \frac{h_{Beb}}{w} \leqq 3{,}2 \quad \text{in dB(A)} \quad (40)$$

$h_{Beb}$ Mittlere Höhe der reflektierenden niedrigeren Fläche
$w$ Abstand der reflektierenden Flächen

Bei absorbierenden Wänden wird $D_{refl}$ nur mit dem halben Wert angesetzt. Bei hochabsorbierenden Wänden setzt man keine Mehrfachreflexion an.

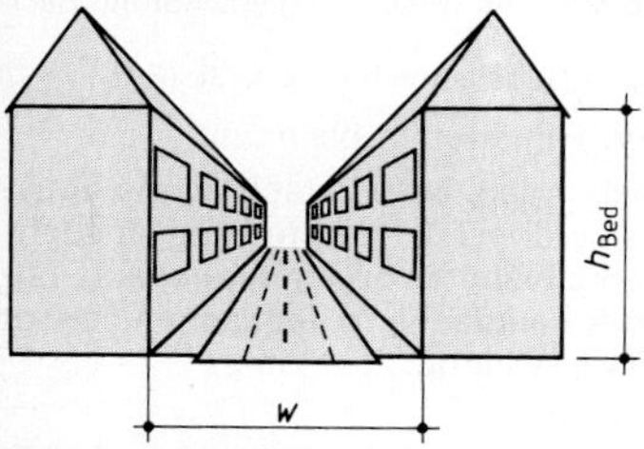


**Bild 32 Mehrfachreflexion zwischen Wänden**

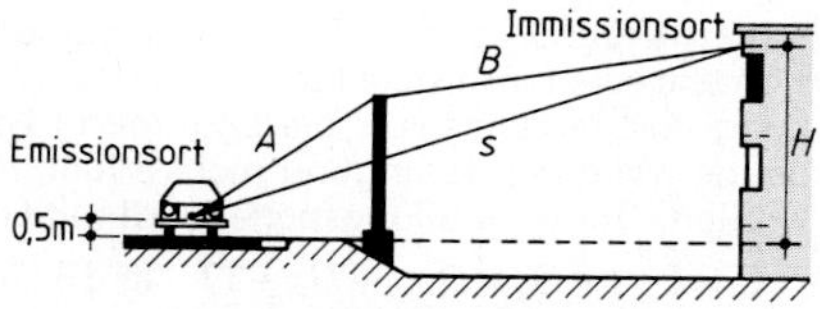


**Bild 33 Schirmwert $z_1$ bei einer Beugungskante**

Eine Abschirmung tritt auf, wenn zwischen dem Fahrstreifen und dem Immissionsort ein Hindernis liegt. Das Abschirmmaß eines Schirmes gleicher Höhe ist bei „langen, geraden" Fahrstreifen

$$D_{z\perp} = 7 \cdot \lg\left[5 + \left(\frac{70 + 025 \cdot s_\perp}{1 + 0{,}2 \cdot z_\perp}\right) \cdot z_\perp \cdot K^2_{w\perp}\right] \quad \text{in dB (A)} \quad (41\,a)$$

beim Teilstück-Verfahren

$$D_z = 10 \cdot \lg(3 + 80 \cdot z \cdot K_w) \quad \text{in dB (A)} \quad (41\,b)$$

$s_\perp$ Abstand zwischen Emissions- und Immissionsort in m
$z_\perp$ Schirmwert in m
$K_{w\perp}$ Witterungskorrektur

Die Werte $z$ und $K$ entsprechen sinngemäß den Werten des „langen, geraden" Fahrstreifens $z_\perp$ und $K_{w\perp}$

$$z_\perp = A_\perp + B_\perp - s_\perp \quad \text{in m} \quad (42)$$

$A_\perp$ Abstand vom Emissionsort bis zur ersten Beugungskante in m
$B_\perp$ Abstand der letzten Beugungskante bis zum Immissionsort in m

$$K_{\mathrm{w}\perp}=\frac{1}{2,3}\left(-\frac{1}{2000}\cdot\sqrt{\frac{A_\perp\cdot B_\perp\cdot s_\perp}{2\cdot z_\perp}}\right) \quad (43)$$

Das Abschirmmaß nach Gln. (41 a) bzw. (41 b) wird eingehalten, wenn Fahrstreifen und Schirm über den zu schützenden Immissionsort um die Länge

$$d_{\ddot{u}}=\left(\frac{34+3\cdot D_{z\perp}}{\sqrt{100+s_\perp}}\right)\cdot B_\perp \quad \text{in m} \quad (44)$$

$D_1$ Abschirmmaß in dB (A)
$B_\perp$ Abstand der letzten Beugungskante vom Immissionsort in m
$s_\perp$ Entfernung zwischen Emissions- und Immissionsort in m

hinausragen. Für mehrstreifige Straßen wird die Überstandslänge aus dem Mittelwert der Überstandslängen des näheren und ferner gelegenen Fahrstreifen gebildet.

**Teilstück-Verfahren**

Zunächst wird die Strecke in etwa gleiche Teilstücke $L_i \leqq 0{,}5\cdot s_\perp$ unterteilt, wobei $s_\perp$ der Abstand zwischen Emissions- und Immissionsort ist. Emissions- und Ausbreitungsbedingungen des Schalls sollen darin etwa gleich sein. Für jedes Teilstück werden die Mittelungspegel $L_{\mathrm{m,i}}$ berechnet und energetisch zum Mittelungspegel zusammengefaßt.

$$L_{\mathrm{m}}=10\cdot\lg\sum_i 10^{0{,}1\cdot L_{\mathrm{m,i}}} \quad \text{in dB (A)} \quad (45)$$

Der Mittelungspegel des Teilstücks ist dann

$$L_{\mathrm{m,i}}=L_{\mathrm{m,E}}+D_{\mathrm{l}}+D_{\mathrm{s}}+D_{\mathrm{BM}}+D_{\mathrm{B}} \quad \text{in dB (A)} \quad (46)$$

$D_{\mathrm{l}}$ Korrektur zur Berücksichtigung der Teilstücklängen; $D_{\mathrm{l}}=10\cdot\lg(l)$ in dB (A)
$D_{\mathrm{s}}$ Pegeländerung zur Berücksichtigung des Abstandes und der Luftabsorption nach Gl. (37b)
$D_{\mathrm{BM}}$ Pegeländerung zur Berücksichtigung der Boden- und Meteorologiedämpfung nach Gl. (38b)
$D_{\mathrm{B}}$ Pegeländerung durch topographische und bauliche Gegebenheiten nach Gl. (39b)

Die Reflexionen werden wie bei langen, geraden Fahrstreifen bestimmt.

Parkplätze werden als Flächenschallquellen behandelt. Man berechnet die Emission wie eine Einzelschallquelle, wenn $l \leqq 0{,}5\, s$ ist, wobei $l$ die größte Längsausdehnung des Parkplatzes, $s$ die Entfernung von Parkplatzmitte bis Immissionsort bedeutet. Wird die Bedingung nicht erfüllt, muß die Parkfläche in Teilflächen zerlegt werden. Der Beurteilungspegel wird mit Gl. (47) bestimmt.

$$L_{\mathrm{r}}=L_{\mathrm{m,E}}+D_{\mathrm{s}}+D_{\mathrm{BM}}+D_{\mathrm{B}}+17 \quad \text{in dB (A)} \quad (47)$$

$L_{\mathrm{m,E}}$ Mittelungspegel nach Gl. (48) in dB (A)
$D_{\mathrm{s}}$ Pegeländerung nach Gl. (35a) oder (35b) in dB (A)
$D_{\mathrm{BM}}$ Pegeländerung nach Gl. (38) in dB (A)
$D_{\mathrm{B}}$ Pegeländerung nach Gl. (39) in dB (A)

Der Emissionspegel $L_{\mathrm{m,E}}$ wird mit Gl. (48) berechnet.

$$L_{\mathrm{m,E}}=37+10\cdot\lg(N\cdot n)+D_{\mathrm{p}} \quad \text{in dB (A)} \quad (48)$$

$N$ Anzahl der Fahrzeugbewegungen je Stellplatz und Stunde nach Tafel 30
$n$ Anzahlder Stellplätze
$D_{\mathrm{p}}$ Zuschlag nach Tafel 31 für unterschiedliche Parkplatztypen

**Tafel 30 Anhaltswerte für Fahrzeugbewegungen *N* je Stellplatz/Stunde**

| Parkplatztyp | | P + R-Plätze | Tank- und Rastanlagen |
|---|---|---|---|
| Fahrzeugbewegungen *N* je Stellplatz und Stunde | 6.00 bis 22.00 Uhr | 0,3 | 1,5 |
| | 22.00 bis 6.00 Uhr | 0,06 | 0,8 |

**Tafel 31 Zuschlag $D_{\mathrm{p}}$ für unterschiedliche Parkplatztypen**

| Parkplatz für | Pkw | Motorräder | Lkw und Busse |
|---|---|---|---|
| Zuschlag $D_{\mathrm{p}}$ in dB (A) | 0 | 5 | 10 |

## Ergebnisse schalltechnischer Berechnungen

Straße: ........................................ DTV: ......... Kfz/h $v_{zul}$: ....... km/h $D_{v,T}$ ....... dB (A) $D_{v,N}$ ....... dB (A)

Ort: ...................... $p_T$: ....... % $p_N$: ....... % Straßenoberfläche: ........................ $D_{Stro}$: ....... dB (A)

| ohne Lärmschirm | | | | | | | | | | | | | mit Lärmschirm | | | | | | | | | | |
|---|---|---|---|---|---|---|---|---|---|---|---|---|---|---|---|---|---|---|---|---|---|---|---|
| Berechnungspunkt (Stat.) | Fahrstreifen | Emissionspegel Fahrstreifen | | $s_\perp$ | $D_{s\perp}$ | $H$ | $h_m$ | $D_{BM}$ | Beurteilungspegel | | | | $h$ | $D_B$ | $d_ü$ | | Beurteilungspegel | | | | Immissionsgrenzwerte | | Bem. |
| | | | | | | | | | Fahrstreifen | | Straße | | | | | | Fahrstreifen | | Straße | | | | |
| | | Tag | Nach | | | | | | Tag $L_{r,T}$ | Nacht $L_{r,N}$ | Tag $L_{r,T}$ | Nacht $L_{r,N}$ | | | Fahrstreifen | Straße | Tag $L_{r,T}$ | Nacht $L_{r,T}$ | Tag $L_{r,N}$ | Nacht $L_{r,N}$ | Tag | Nacht | |
| | | dB (A) | dB (A) | m | dB (A) | m | m | dB (A) | dB (A) | dB (A) | dB (A) | dB (A) | m | dB (A) | m | m | dB (A) | dB (A) | dB (A) | dB (A) | dB (A) | dB (A) | |
| | nah | | | | | | | | | | | | | | | | | | | | | | |
| | fern | | | | | | | | | | | | | | | | | | | | | | |
| | nah | | | | | | | | | | | | | | | | | | | | | | |
| | fern | | | | | | | | | | | | | | | | | | | | | | |

**Beispiel**

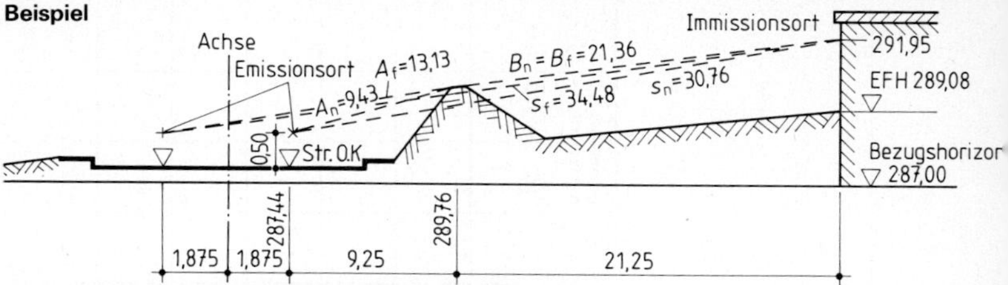


Berechnung für Allgemeines Wohngebiet (WA)

Zulässige Werte am Tag 59 dB (A), bei Nacht 49 dB (A)

Verkehrsmengen: 2578 Kfz/24 h Personenverkehr
306 Kfz/24 h Güterverkehr

$DTV$ = 2884 Kfz/24 h

$v_{Pkw} = 70$ km/h, $v_{Lkw} = 70$ km/h

Fahrbahnbelag: Asphaltbeton $v_{Pkw} = 70$ km/h, $v_{Lkw} = 70$ km/h

Längsneigung: 7,0%

Kreuzungsabstand: 30 m

Die Verkehrsmenge ist damit

bei Tag: $M_T = 0{,}06 \cdot 2884 = 173$ Kfz/h, bei Nacht: $M_N = 011 \cdot 2884 = 32$ Kfz/h

bei Tag: $p_T = \frac{306}{2884} = 10{,}6\%$, bei Nacht: $p_N = 3\%$ nach Tafel 26.

Die Emissionspegel sind mit Gl. (30)

$L^{(25)}_{m,E,T} = 37{,}3 + 10 \cdot \lg(173 \cdot (1 + 0{,}082 \cdot 10{,}6)) = 62{,}4$ dB (A)

$L^{(25)}_{m,E,N} = 53{,}3$ dB (A)

Die Mittelungspegel zur Berücksichtigung von $v$ sind nach Gln. (33) bis (36)

$L_{Pkw} = 27{,}7 + 10 \cdot \lg(1 + (0{,}02 \cdot 70)^3) = 33{,}4$ dB (A)
$L_{Lkw} = 23{,}1 + 12{,}5 \cdot \lg(70) = 46{,}2$ dB (A)
$D = 46{,}2 - 33{,}4 = 12{,}8$ dB (A)

$$D_{v,T} = 33{,}4 - 37{,}3 + 10 \cdot \lg\left(\frac{100 + (10^{1,28} - 1) \cdot 10{,}6}{100 + 8{,}23 \cdot 10{,}6}\right) = -3{,}8 \text{ dB (A)}$$
$D_{v,n} = -3{,}4$ dB (A)

Nach Tafel 27 wird die Korrektur $D_{Stro} = 0$, nach Tafel 28 die Korrektur $D_{Stg} = 1{,}2$ dB (A). Da keine Reflexion vorliegt, wird $D_E = 0$.

Die Pegeländerung $D_{s\perp}$ wird nach Gl. (37a) für den nahen und fernen Fahrstreifen berechnet.

$D_{s\perp,n} = 15{,}8 - 10 \cdot \lg(30{,}76) - 0{,}0142 \cdot (30{,}76)^{0,9} = 0{,}6$ dB (A)
$D_{s\perp,f} = 0{,}1$ dB (A)

Die mittlere Höhe zwischen Gelände und Schallstrahl beträgt nach Gl. (32a)
$h_m = 0{,}5 \cdot (2{,}87 + 0{,}5) = 1{,}69$ m

Damit werden die Pegeländerungen für den nahen bzw. fernen Fahrstreifen

$$D_{BM,n} = -4{,}8 \cdot 2{,}718 \left(-\left(\frac{1{,}69}{30{,}76} \cdot \left(8{,}5 + \frac{100}{30{,}76}\right)\right)^{1,3}\right) = -2{,}8 \text{ dB (A)} \quad \text{(nach Gl. (38a))}$$
$D_{BM,f} = -3{,}0$ dB (A)

Eine Mehrfachreflexion tritt nicht auf. Daher ist $D_{refl} = 0$.

Die Längen für den Schallstrahl über die Beugungskante sind mit Gl. (42)
$z_{\perp,n} = 9{,}43 + 21{,}36 - 30{,}76 = 0{,}03$ m, $z_{\perp,f} = 0{,}01$ m

Mit Gl. 43 wird die Witterungskorrektur

$$K_{w\perp} = \frac{1}{2{,}3 \cdot 2000} \sqrt{\frac{9{,}43 \cdot 21{,}36 \cdot 30{,}76}{2 \cdot 0{,}03}} = 0{,}1 \text{ dB (A)}$$

Die Abschirmmaße $D_{z,n}$ und $D_{z,f}$ werden mit Gl. (41a)

$$D_{z,n} = 7 \cdot \lg\left(5 + \frac{70 + 0{,}25 \cdot 30{,}76}{1 + 0{,}2 \cdot 0{,}03} \cdot 0{,}03 \cdot 0{,}01\right) = 4{,}9 \text{ dB (A)}$$

$D_{z,f} = 4{,}9$ dB (A)

**Beispiel,** Forts.

Damit wird die Dämpfung der Schallausbreitung mit Gl. (39a)

$D_B = -4{,}9$ dB (A)

Die Mittelungspegel des langen, geraden Fahrstreifens sind mit Gl. (29) zu berechnen.

$L_{m,f,T} = 62{,}4 + 0{,}1 - 3{,}0 - 4{,}9 = 54{,}6$ dB (A)
$L_{m,n,T} = 62{,}4 + 0{,}6 - 2{,}8 - 4{,}9 = 55{,}3$ dB (A)
$L_{m,f,N} = 53{,}3 + 0{,}1 - 3{,}0 - 4{,}9 = 45{,}5$ dB (A)
$L_{m,n,N} = 53{,}3 + 0{,}6 - 2{,}8 - 4{,}9 = 46{,}6$ dB (A)

Zusammengefaßt mit Gl. (27) ergibt das

$L_{m,T} = 10 \cdot \lg\,(10^{0{,}1 \cdot 55{,}3} + 10^{0{,}1 \cdot 54{,}6}) = 58{,}0$ dB (A)
$L_{m,N} = 49{,}1$ dB (A)

Der Beurteilungspegel wird nach Gl. (26a)

$L_{r,T} = 58{,}0 + 3{,}0 = 61{,}0$ dB (A) $> 59{,}0$ dB (A)
$L_{r,N} = 49{,}1 + 3{,}0 = 52{,}1 \sim 52\,0$ dB (A) $> 49{,}0$ dB (A)

Der vorhandene Lärmschutzwall muß also erhöht werden.

## 1.5 Straßenbautechnik

Die einzelnen Schichten eines Straßenaufbaus und einige dafür zu beachtende Vorschriften sind in Tafel 32 zusammengestellt.

**Tafel 32 Nomenklatur der Straßenbefestigung und wichtige technische Vorschriften**

<table>
<tr><th colspan="3">Vorschrift</th><th colspan="3">Bezeichnung</th></tr>
<tr><td rowspan="3">ZTV Asphalt</td><td rowspan="2"></td><td rowspan="5">RStO</td><td>Deckschicht</td><td rowspan="2">Decke</td><td rowspan="5">Oberbau</td></tr>
<tr><td>Binderschicht</td></tr>
<tr><td>ZTVT</td><td>3. Tragschicht</td><td rowspan="3"></td></tr>
<tr><td rowspan="4">ZTVE</td><td>TVV</td><td>2. Tragschicht (verf. Frostschutz)</td></tr>
<tr><td>ZTVT</td><td>1. Tragschicht (Frostschutz)</td></tr>
<tr><td>TVV</td><td></td><td>Unterbauverbesserung</td><td></td><td>Unterbau</td></tr>
<tr><td>TVV</td><td></td><td>Untergrundverbesserung</td><td></td><td>Untergrund</td></tr>
</table>

Die ZTV Asphalt behandeln bituminöse Fahrbahndecken, Tragdeckschichten und Oberflächenschutzschichten, die RStO geben Richtlinien für die Standardisierung des Oberbaus. Die ZTVE faßt die Erdbauvorschriften zusammen.

### 1.5.1 Richtlinien für Standardisierung des Oberbaues von Verkehrsflächen – RStO 86/Ergänzung 1989

Es wird ein einheitlicher Befestigungsstandard aller Verkehrsflächen im öffentlichen Straßennetz angestrebt. Dies soll erreicht werden durch die Anwendung technisch geeigneter und wirtschaftlicher Bauweisen. Berücksichtigt wird

- die Funktion der Verkehrsfläche,
- die Verkehrsbelastung,
- die Lage im Gelände,
- die Bodenverhältnisse,
- die Lage zur Umgebung.

Die Gleichwertigkeit verschiedener Straßenkonstruktionen wird angestrebt (bituminöse Decke, Betondecke, Pflasterdecke). Ihre Ausbildung hängt von der Bauklasse ab, also der Verkehrsstärke des durchschnittlichen täglichen Schwerverkehrs über 2,8 t Gesamtgewicht. Die Einteilung entnimmt man den Tafeln 33, wenn Zählungen bekannt sind, oder 37, wenn nur die Funktion feststeht.

Die Verkehrsbelastungszahl *VB* ermittelt man mit Gl. (49)

$$\boldsymbol{VB = DTV^{(SV)} \cdot f_{SV} \cdot f_p \cdot f_1 \cdot f_2 \cdot f_3} \quad \text{in Fz/Tag} \qquad (49)$$

mit

| | |
|---|---|
| $DTV^{(SV)}$ | durchschnittliche tägliche Verkehrsstärke des Schwerverkehrs im Gesamtquerschnitt im Jahr der Verkehrsübergabe in Fz/Tag |
| $f_{SV}$ | Faktor zur Berücksichtigung erhöhter Achslasten, $f_{SV}=1{,}5$ |
| $f_p$ | Faktor für Verkehrszunahme des $DTV^{(SV)}$; für BAB wird $f_p=(1+0{,}03\cdot N)$, sonst wird $f_p=(1+0{,}01\cdot N)$ gesetzt |
| $N$ | Anzahl der Jahre bis Mitte des Berechnungszeitpunkts (meist $N=10$) |
| $f_1$ | Fahrstreifenfaktor nach Tafel 34 |
| $f_2$ | Faktor der Fahrstreifenbreite nach Tafel 35 |
| $f_3$ | Steigungsfaktor nach Tafel 36 |

**Tafel 33 Einteilung der Bauklassen und Straßen**

| Maßgebende Verkehrsbelastungszahl VB (durchschnittlicher täglicher Schwerverkehr 2,8 t) in Kfz/Tag) | >3200 | >1800 bis 3200 | >900 bis 1800 | >300 bis 900 | >60 bis 300 | >10 bis 60 | 1 bis 10 |
|---|---|---|---|---|---|---|---|
| Bauklasse | SV | I | II | III | IV | V | VI |

**Tafel 34 Fahrstreifenfaktor $f_1$**

| Zahl der Fahrstreifen, die durch den $DTV^{(SV)}$ erfaßt sind | | 1 | 2 | 3 | 4 und 5 | 6 und mehr |
|---|---|---|---|---|---|---|
| Faktor $f_1$ bei Erfassung des $DTV$ | in beiden Fahrtrichtungen | – | 0,50 | 0,50 | 0,45 | 0,40 |
| | getrennt nach Fahrrichtungen | 1,00 | 0,90 | 0,80 | 0,80 | 0,80 |

**Tafel 35 Fahrstreifenbreitefaktor $f_2$**

| Fahrstreifenbreite in m | <2,50 | 2,50 bis 2,74 | 2,75 bis 3,24 | 3,25 bis 3,74 | ≧3,75 |
|---|---|---|---|---|---|
| Faktor $f_2$ | 2,0 | 1,8 | 1,4 | 1,1 | 1,0 |

**Tafel 36 Steigungsfaktor $f_3$**

| Höchstlängsneigung in % | <2 | 2 bis 3,9 | 4 bis 4,9 | 5 bis 5,9 | 6 bis 6,9 | 7 bis 7,9 | 8 bis 8,9 | 9 bis 9,9 | ≧10 |
|---|---|---|---|---|---|---|---|---|---|
| Faktor $f_3$ | 1,00 | 1,02 | 1,05 | 1,09 | 1,14 | 1,20 | 1,27 | 1,35 | 1,45 |

**Tafel 37 Zuordnung der Bauklasse nach Straßentyp oder Funktion**

| Straßentyp oder Funktion | | Bauklasse |
|---|---|---|
| **Straßenflächen** | | |
| Schnellverkehrsstraße | | SV, I |
| Schnellverkehrs-, Industriesammelstraße | | I, II |
| Hauptverkehrs-, Industriestraße, Fußgängerzone mit schwerem Ladeverkehr | | II, III |
| Sammelstraße, Fußgängerzone mit Ladeverkehr | | IV |
| Anliegerstraße, Fußgängerzone | | V |
| Anliegerstraße, befahrbarer Wohnweg | | VI |
| **Nebenanlagen und Nebenbetriebe** | | |
| Zufahrten zu Lkw-Abstellflächen und bei überwiegendem Schwerverkehr | | III |
| Pkw- und Lkw-Verkehr | | IV |
| Pkw-Verkehr | | VI |
| **Parkflächen** | | |
| ständig benutzt | Lkw- und Busverkehr | IV |
| | Pkw-Verkehr und geringer Lkw- und Busverkehr | V |
| | Pkw-Verkehr | VI |
| gelegentlich benutzt | Lkw- und Busverkehr | V |
| | Pkw-Verkehr und geringer Lkw- und Busverkehr | VI |
| | Pkw-Verkehr | nach Erf. |
| **Busverkehrsflächen** | | |
| Fahrgassen in Busbahnhöfen | | III |
| Busbucht, Haltestreifen in Busbahnhöfen | | IV |

**Beispiel** Bau einer Ortsumgehung, Ergebnis der Verkehrszählung 1979 $DTV^{(SV)} = 1200$ Fz/Tag, Jahr der Verkehrsübergabe 1987, Prognosezeitraum 20 Jahre, Anzahl der Fahrstreifen 2,

Fahrstreifenbreite $a = 3{,}75$ m, Längsneigung $s = 4{,}5\%$.

Bei Verkehrsübergabe ergibt sich für den Zeitraum 1979 und 1987 = 8 Jahre

$DTV^{SV} = 1200 \cdot (1 + 0{,}01 \cdot 8) = 1296$ Fz/24 h

Nach Gl. (49) ermittelt man die Verkehrsbelastungszahl für die Mitte des Prognosezeitraumes

$V_B = 1296 \cdot 1{,}5 \cdot (1 + 0{,}01 \cdot 10) \cdot 0{,}5 \cdot 1{,}0 \cdot 1{,}05 = 1123$ Kfz/Tag

Es ist Bauklasse II maßgebend

**Tafel 38 Richtwerte der Oberbaudicke *d* für frostsicheren Straßenaufbau**

| Frostempfindlichkeitsklassen nach ZTVE-StB | Dicke *d* in cm bei Bauklasse | | |
|---|---|---|---|
| | SV | I bis IV | V und VI |
| F2 | 60 | 50 | 40 |
| F3 | 70 | 60 | 50 |

Die Dicke des frostsicheren Oberbaus soll schädliche Verformungen des Unterbaus oder Untergrundes verhindern. Sie hängt ab von

- Frostempfindlichkeit des Bodens,
- Frosttemperaturverlauf,
- Frosteindringtiefe,
- Lage der Gradiente und der Trasse,
- Lage des Grundwasserspiegels,
- Art der Randbereiche neben der Fahrbahn.

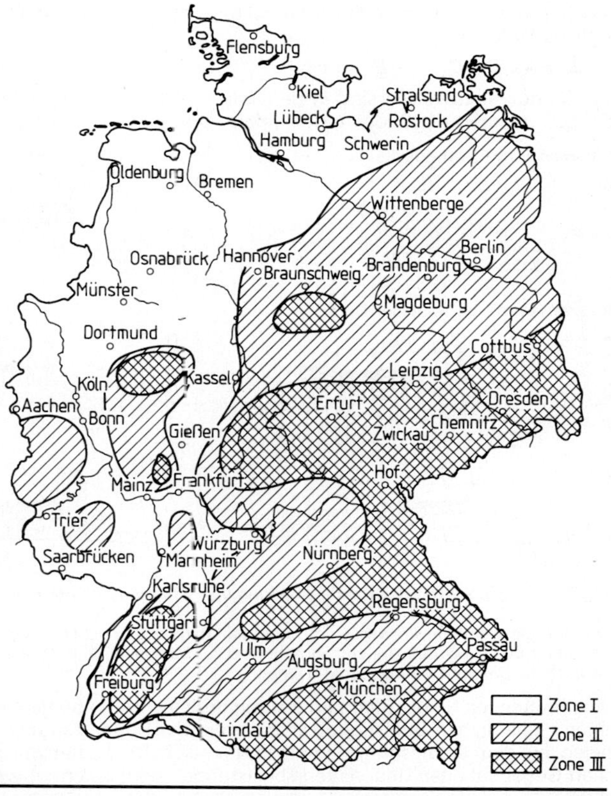


**Bild 34**
**Frostzonenkarte**

**Tafel 39 Mehr- oder Minderdicke des frostsicheren Straßenaufbaus**

| Faktor | | Mehr- oder Minderdicke infolge örtlicher Verhältnisse in cm | | |
|---|---|---|---|---|
| A | Frosteinwirkungszone | Zone I | Zone II | Zone III |
| | | 0 | +5 | +15 |
| B | Lage der Gradiente | Ein-, Anschnitt, Damm ≦2,00 m | Ortslage, Geländehöhe | Damm >2,00 m |
| | | +5 | 0 | −5 |
| C | Lage der Trasse | Nordhang, Schattenlage | Übrige Lagen | |
| | | +5 | 0 | |
| D | Wasserverhältnisse | Ungünstig gem. ZTVE-StB | Günstig | |
| | | +5 | 0 | |
| E | Ausführung der Randbereiche | Außerorts, wasserdurchlässig in geschlossener Ortslage | teilw. undurchlässig in Ortslage mit Entwässerungseinr. | undurchlässig in Bebauung, mit Entwässerungseinricht. |
| | | 0 | −5 | −10 |

Die Mehr- oder Minderdicken des frostsicheren Straßenaufbaus werden nach Tafel 39 festgelegt durch Addition der Faktoren zu den Dicken nach Tafel 38. Es ergibt sich als Differenz

$$\Delta D = A + B + C + D + E \quad \text{in cm}$$

Die Standardbauweisen sind in den Tafeln 40 bis 44 dargestellt, die Legende auf S. 1362 erläutert die Bilder in den Tafeln. Die Randausbildung zeigt Bild 35.

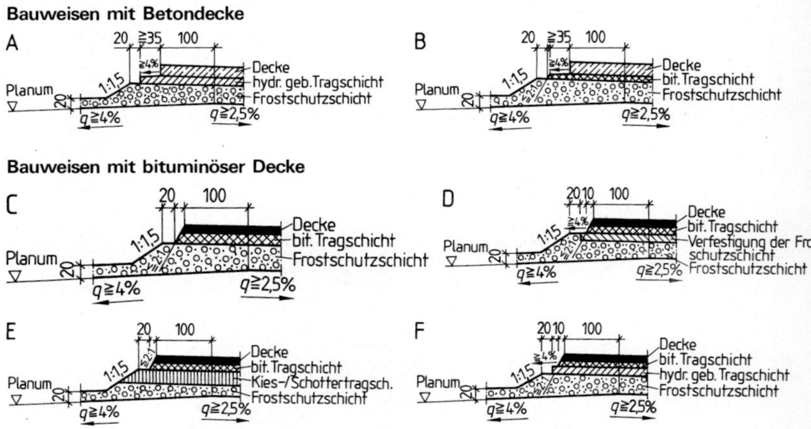


**Bild 35 Möglichkeiten der Randausbildung von Oberbauschichten**

Um eine einwandfreie Entwässerung auch am Rand zu erreichen, kann der Hochpunkt des Planums 1,00 m vom befestigten Fahrbahnrand zur Mitte verlegt und damit das Planum unsymmetrisch als Dachprofil ausgebildet werden.

Die „Richtlinien für die Standardisierung des Oberbaus von Verkehrsflächen" sollen einen einheitlichen Befestigungsstandard in der Bundesrepublik Deutschlands erzielen, bei dem technisch geeignete und wirtschaftliche Bauweisen sowie die örtlichen Gegebenheiten und Verkehrsbelastungen berücksichtigt werden.

**Tafel 40 Standardbauweisen mit bituminöser Deckschicht** (Legende s. S. 1362) mit Angabe des erforderlichen Verformungsmoduls $E_{v2}$ auf der Tragschicht und dem Planum in MN/m²

| Zeile | Bauklasse | SV | | | | I | | | | II | | | | III | | | | IV | | | | V | | | | VI | | | |
|---|---|---|---|---|---|---|---|---|---|---|---|---|---|---|---|---|---|---|---|---|---|---|---|---|---|---|---|---|---|
| | Verkehrsbelastungszahl ($V_B$) | über 3200 | | | | über 1800 bis 3200 | | | | über 900 bis 1800 | | | | über 300 bis 900 | | | | über 60 bis 300 | | | | über 10 bis 60 | | | | bis 10 | | | |
| | Dicke des frostsicheren Oberbaus in cm | 60 | 70 | 80 | 90 | 50 | 60 | 70 | 80 | 50 | 60 | 70 | 80 | 50 | 60 | 70 | 80 | 50 | 60 | 70 | 80 | 40 | 50 | 60 | 70 | 40 | 50 | 60 | 70 |
| 1 | **Bit. Tragschicht** auf Frostschutzschicht | ▽120, ▽45; 4/8/22/34 | | | | ▽120, ▽45; 4/8/18/30 | | | | ▽120, ▽45; 4/8/14/26 | | | | ▽120, ▽45; 4/4/14/22 | | | | ▽120, ▽45; 4/14/18 | | | | ▽100, ▽45; 4/10/14 | | | | ▽100, ▽45; 10[5]/10 | | | |
| | Dicke der Frostschutzschicht in cm | 26[2] | 36[1] | 46 | 56 | – | 30[1] | 40 | 50 | – | 34[1] | 44 | 54 | 28[2] | 38 | 48 | 58 | 32[1] | 42 | 52 | 62 | 26[1] | 36 | 46 | 56 | 30 | 40 | 50 | 60 |
| 2 | **Bit. Tragschicht und Bodenverfestigung** auf Frostschutzschicht | ▽45; 4/8/18/16/46 | | | | ▽45; 4/8/14/15/41 | | | | ▽45; 4/8/10/15/37 | | | | ▽45; 4/4/10/15/33 | | | | ▽45; 4/10/15[4]/29 | | | | ▽45; 4/8/15[4]/27 | | | | ▽45; 10[5]/15[4]/25 | | | |
| | Dicke der Frostschutzschicht in cm | 15[3] | 25 | 35 | 45 | 9[3] | 19[3] | 29 | 39 | 13[3] | 23 | 33 | 43 | 17[3] | 27 | 37 | 47 | 21 | 31 | 41 | 51 | 13[3] | 23 | 33 | 43 | 15[3] | 25 | 35 | 45 |
| 3.1 | **Bit. Tragschicht und Schottertragschicht** auf Frostschutzschicht | ▽150, ▽120, ▽45; 4/8/18/15/45 | | | | ▽150, ▽120, ▽45; 4/8/14/15/41 | | | | ▽150, ▽120, ▽45; 4/8/10/15/37 | | | | ▽150, ▽120, ▽45; 4/4/10/15/33 | | | | ▽150, ▽120, ▽45; 4/10/15/29 | | | | ▽120, ▽100, ▽45; 4/8/15/27 | | | | ▽120, ▽100, ▽45; 10[5]/15/25 | | | |
| | Dicke der Frostschutzschicht in cm | – | 25[2] | 35[1] | 45 | – | – | 29[2] | 39[1] | – | – | 33[1] | 43 | – | 27[2] | 37[1] | 47 | – | 31[1] | 41 | 51 | – | 23[1] | 33 | 43 | – | 25[1] | 35 | 45 |
| 3.2 | **Bit. Tragschicht auf Schottertragschicht** und Frostschutzschicht | ▽180, ▽120, ▽45; 4/8/16/20/48 | | | | ▽180, ▽120, ▽45; 4/8/12/20/44 | | | | ▽180, ▽120, ▽45; 4/8/8/20/40 | | | | ▽180, ▽120, ▽45; 4/4/8/20/36 | | | | ▽180, ▽120, ▽45; 4/8/20/32 | | | | ▽150, ▽100, ▽45 | | | | ▽150, ▽100, ▽45; 8[5]/20/28 | | | |
| | Dicke der Frostschutzschicht in cm | – | – | 32[1] | 42 | – | – | 26[2] | 36[1] | – | – | 30[1] | 40 | – | – | 34[1] | 44 | – | 28[2] | 38[1] | 48 | – | 18[2] | 28 | 38 | – | 22[2] | 32 | 42 |
| 4.1 | **Bit. Tragschicht und Kiestragschicht** auf Frostschutzschicht | ▽150, ▽120, ▽45; 4/8/18/20/50 | | | | ▽150, ▽120, ▽45; 4/8/14/20/46 | | | | ▽150, ▽120, ▽45; 4/8/10/20/42 | | | | ▽150, ▽120, ▽45; 4/4/10/20/38 | | | | ▽150, ▽120, ▽45; 4/10/20/34 | | | | ▽120, ▽100, ▽45; 4/8/20/32 | | | | ▽120, ▽100, ▽45; 10[5]/20/30 | | | |
| | Dicke der Frostschutzschicht in cm | – | – | 30[1] | 40 | – | – | – | 34[1] | – | – | 28[2] | 38 | – | – | 32[1] | 42 | – | 26[2] | 36[1] | 46 | – | 18[2] | 28 | 38 | – | 20[2] | 30 | 40 |

| | | | | | | | | |
|---|---|---|---|---|---|---|---|---|
| 4.2 | **Bit. Tragschicht und Kiestragschicht** auf Frostschutzschicht | | | ▽180 ▽120 ▽45; 4 / 8 / 8 / 25 / 45 | ▽180 ▽120 ▽45; 4 / 4 / 8 / 25 / 41 | ▽180 ▽120 ▽45; 4 / 8 / 25 / 37 | ▽150 ▽120 ▽45 | ▽150 ▽100 ▽45; 8[5] / 25 / 33 |
| | Dicke der Frostschutzschicht in cm | | | – / – / 25[2]) / 35[1]) | – / – / 29[2]) / 39 | – / – / 33[1]) / 43 | – / – / 23[1]) / 33 | – / – / 27[1]) / 37 |
| 5 | **Bit. Tragschicht und Kies- oder Schottertragschicht** auf Planum | ▽150 ▽45; 4 / 8 / 18 / 30 | ▽150 ▽45; 4 / 8 / 14 / 26 | ▽150 ▽45; 4 / 8 / 10 / 22 | ▽150 ▽45; 4 / 4 / 10 / 18 | ▽150 ▽45; 4 / 10 / 14 | ▽120 ▽45; 4 / 8 / 12 | ▽120 ▽45; 10[5] / 10 |
| | Dicke der Kies- oder Schottertragschicht in cm | 30[2]) / 40[1]) / 50 / 60 | – / 34[2]) / 44[1]) / 54 | – / 38[1]) / 48 / 58 | 32[3]) / 42[1]) / 52 / 62 | 36[1]) / 46 / 56 / 66 | 28[1]) / 38 / 48 / 58 | 30[1]) / 40 / 50 / 60 |
| 6 | **Bit. Tragschicht und hydr. geb. Tragschicht** auf Frostschutzschicht | ▽120 ▽45; 4 / 8 / 14 / 15 / 41 | ▽120 ▽45; 4 / 8 / 10 / 15 / 37 | ▽120 ▽45; 4 / 8 / 8 / 15 / 35 | ▽120 ▽45; 4 / 4 / 8 / 15 / 31 | ▽120 ▽45; 4 / 8 / 15 / 27 | ▽100 ▽45 | ▽100 ▽45; 8[5] [6] / 15 / 23 |
| | Dicke der Frostschutzschicht in cm | – / 29[2]) / 39[1]) / 49 | – / – / 33[1]) / 43 | – / 25[2]) / 35[1]) / 45 | – / 29[2]) / 39[1]) / 49 | – / 33[1]) / 43 / 53 | – / 23[1]) / 33 / 43 | – / 27[1]) / 37 / 47 |
| **Asphaltoberbau** | | | | | | | | |
| 1.1 | **Bituminöse Tragschicht** auf Planum | ▽45; 4 / 8 / 34 / 46 | ▽45; 4 / 8 / 30 / 42 | ▽45; 4 / 8 / 26 / 38 | ▽45; 4 / 4 / 26 / 34 | ▽45; 4 / 4 / 22 / 30 | ▽45; 4 / 22 / 26 | ▽45; 4 / 18 / 22 |
| 1.2 | **Bituminöse Tragschicht und hydraulisch gebundene Tragschicht** auf Planum[6]) | | ▽45; 4 / 8 / 10 / 25 / 47 | ▽45; 4 / 8 / 8 / 25 / 45 | ▽45; 4 / 4 / 8 / 26 / 42 | ▽45; 4 / 8 / 26 / 38 | ▽45; 4 / 8 / 22 / 34 | ▽45; 8[5] / 22 / 30 |

1) Mit rundkörnigem Mineralstoffen nur bei örtlicher Bewährung anwendbar
2) Nur mit gebrochenen Mineralstoffen und bei örtlicher Bewährung anwendbar 3) Nur bei Bodenverfestigung im Baumischverfahren ausführbar
4) Mit zusätzlichen Maßnahmen zur gezielten Rißbildung (z.B. ZTVT-StB) 5) Tragdeckschicht 6) Ohne umfangreiche Erprobung
7) Bei zwischenzeitlicher Nutzung der Tragschicht oder bei notwendiger Abdichtung
8) Bei zwischenzeitlicher Nutzung der Tragschicht oder notwendiger Abdichtung Anordnung einer bituminösen Tragschicht von 8,0 cm Dicke (bei Bauklasse III von 10,0 cm Dicke)
9) In Spalte 3: Dicke der Kies- oder Schotterschicht 10) Bei notwendiger Abdichtung Anordnung einer 8,0 cm dicken bituminösen Tragschicht
11) Tragdeckschicht oder eine andere ein- oder zweischichtige bituminöse Befestigung

**Tafel 41 Standardbauweisen mit Betondecke** (Legende s. S. 1362) mit Angabe des erforderlichen Verformungsmoduls $E_{v2}$ auf der Tragschicht und dem Planum in MN/m²

| Zeile | Bauklasse | SV | | | | I | | | | II | | | | III | | | | IV | | | | V | | | | VI | | | |
|---|---|---|---|---|---|---|---|---|---|---|---|---|---|---|---|---|---|---|---|---|---|---|---|---|---|---|---|---|---|
| | Verkehrsbelastungszahl ($V_B$) | über 3200 | | | | über 1800 bis 3200 | | | | über 900 bis 1800 | | | | über 300 bis 900 | | | | über 60 bis 300 | | | | über 10 bis 60 | | | | bis 10 | | | |
| | Dicke des frostsicheren Oberbaus in cm | 60 | 70 | 80 | 90 | 50 | 60 | 70 | 80 | 50 | 60 | 70 | 80 | 50 | 60 | 70 | 80 | 50 | 60 | 70 | 80 | 40 | 50 | 60 | 70 | 40 | 50 | 60 | 70 |
| 1 | **Tragschicht mit hydr. Bindemittel** auf Frostschutzschicht | 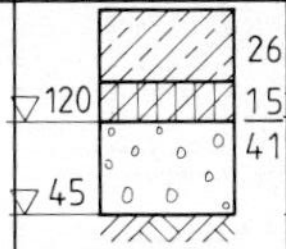 | | | | 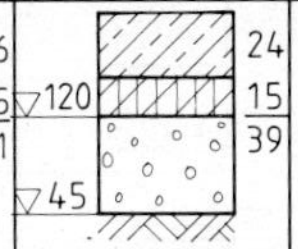 | | | | | | | 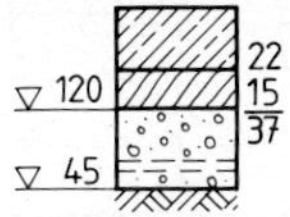 | | | | | | | | | | | | | | | | |
| | Dicke der Frostschutzschicht in cm | – | 29[2]) | 39[1]) | 49 | – | – | 31[1]) | 41 | – | – | 33[1]) | 43 | – | – | 33[1]) | 43 | | | | | | | | | | | | |
| 2.1 | **Bodenverfestigung** mit hydr. Bindemittel auf Frostschutzschicht aus weit oder intermittierend gestuftem Material (gem. DIN 18196) | 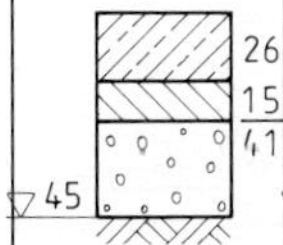 | | | | 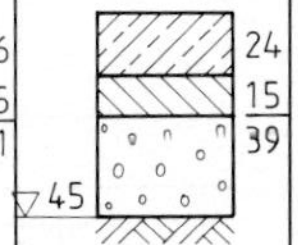 | | | | | | | 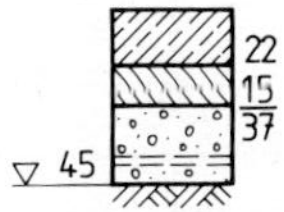 | | | | | | | | | | | | | | | | |
| | Dicke der Frostschutzschicht in cm | 19[3]) | 29 | 39 | 49 | 11[3]) | 21 | 31 | 41 | 13[3]) | 23 | 33 | 43 | 13[3]) | 23 | 33 | 43 | | | | | | | | | | | | |
| 2.2 | **Bodenverfestigung** mit hydr. Bindemittel auf Frostschutzschicht aus eng gestuftem Material (gem. DIN 18196) | 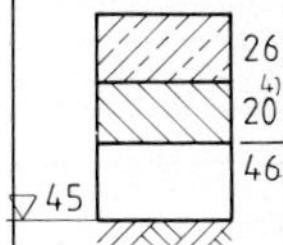 | | | | 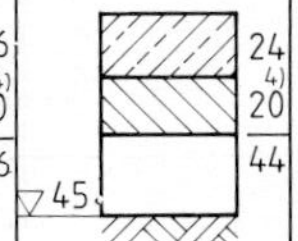 | | | | | | | 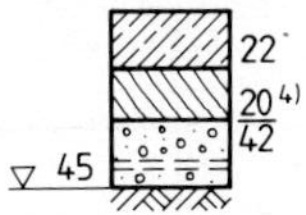 | | | | | | | | | | | | | | | | |
| | Dicke der Frostschutzschicht in cm | 14[3]) | 24 | 34 | 44 | 6[3]) | 16[3]) | 26 | 36 | 8[3]) | 18[3]) | 28 | 38 | 8[3]) | 18[3]) | 28 | 38 | | | | | | | | | | | | |
| 3 | **Bit. Tragschicht** auf Frostschutzschicht | 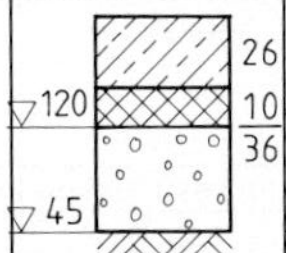 | | | | 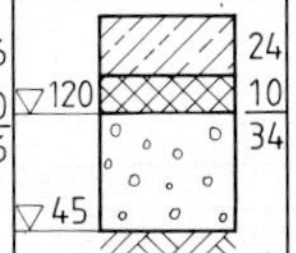 | | | | | | | 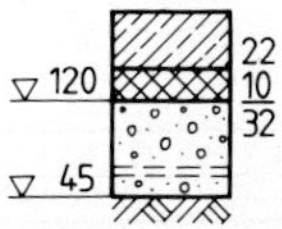 | | | | | 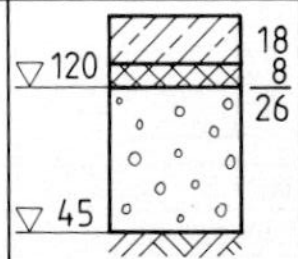 | | | | | | | 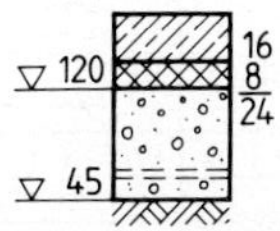 | | | | |
| | Dicke der Frostschutzschicht in cm | – | 34[1]) | 44 | 54 | – | 26[2]) | 36[1]) | 46 | – | 28[2]) | 38[1]) | 48 | – | 28[2]) | 38[1]) | 48 | – | 34[1]) | 44 | 54 | – | 26[1]) | 36 | 46 | – | 26[1]) | 36 | 46 |

| Zeile | Bauklasse | SV | I | II | III | IV | V | VI |
|---|---|---|---|---|---|---|---|---|
| | Verkehrsbelastungszahl ($V_B$) | über 3200 | über 1800 bis 3200 | über 900 bis 1800 | über 300 bis 900 | über 60 bis 300 | über 10 bis 60 | bis 10 |
| | Dicke des frostsicheren Oberbaus in cm | 60 \| 70 \| 80 \| 90 | 50 \| 60 \| 70 \| 80 | 50 \| 60 \| 70 \| 80 | 50 \| 60 \| 70 \| 80 | 50 \| 60 \| 70 \| 80 | 40 \| 50 \| 60 \| 70 | 40 \| 50 \| 60 \| 70 |
| 4.1 | **Frostschutzschicht** aus weit- oder intermittierend gestuftem Material (gemäß DIN 18196) | | | | | 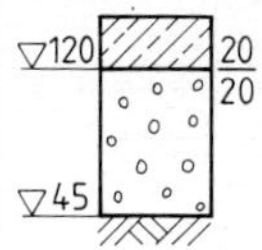 | 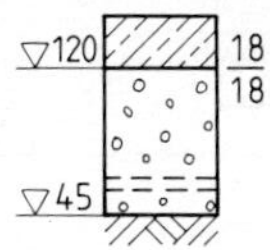 | 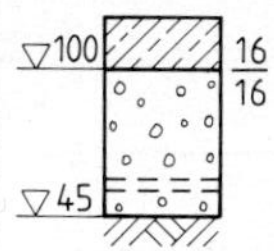 |
| | Dicke der Frostschutzschicht in cm | | | | | 30[1]) \| 40 \| 50 \| 60 | 22[2]) \| 32 \| 42 \| 52 | 24[1]) \| 34 \| 44 \| 54 |
| 4.2 | **Frostschutzschicht** aus enggestuftem Material (gemäß DIN 18196) | | | | | | 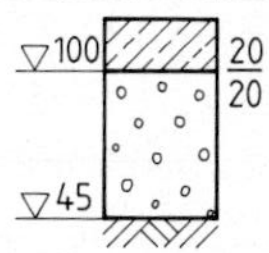 | 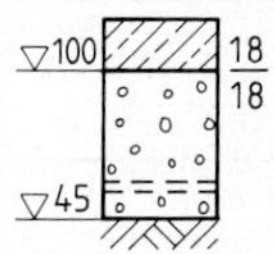 |
| | Dicke der Frostschutzschicht in cm | | | | | | – \| 30 \| 40 \| 50 | – \| 32 \| 42 \| 52 |
| **Betonoberbau** | | | | | | | | |
| 2.1 | **Tragschicht mit hydr. Bindemittel** auf Planum | 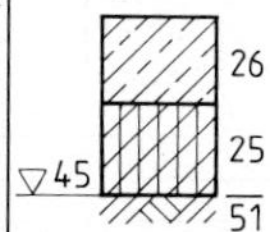 | 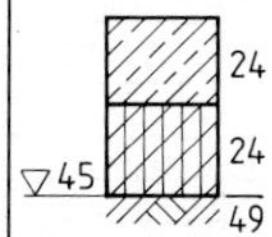 | 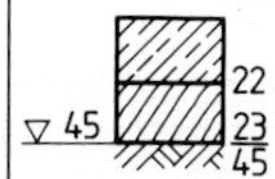 | 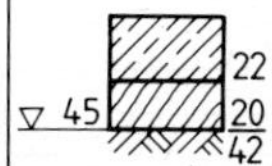 | 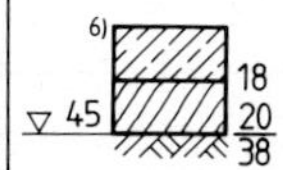 | 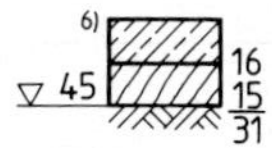 | 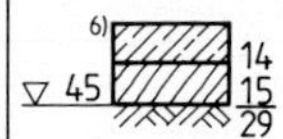 |
| 2.2 | **Bodenverfestigung mit hydr. Bindemittel** auf Planum | 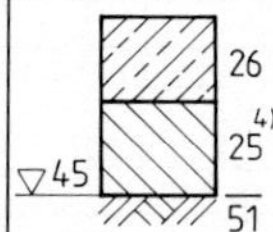 | 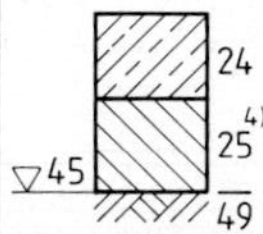 | 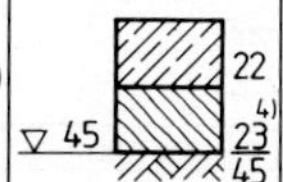 | 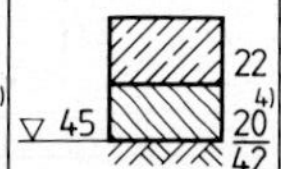 | 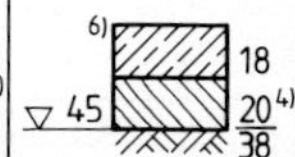 | 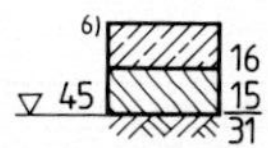 | 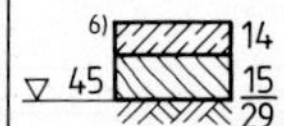 |

Fußnoten s. Tafel 40

**Tafel 42 Standardbauweisen mit Pflasterdecke** (Legende s. S. 1362) mit Angabe des erforderlichen Verformungsmoduls $E_{v2}$ auf der Tragschicht und dem Planum in MN/m²)

| Zeile | Bauklasse | III | | | | IV | | | | V | | | | VI | | | |
|---|---|---|---|---|---|---|---|---|---|---|---|---|---|---|---|---|---|
| | Verkehrsbelastungszahl ($V_B$) | über 300 bis 900 | | | | über 60 bis 300 | | | | über 10 bis 60 | | | | bis 10 | | | |
| | Dicke des frostsicheren Oberbaues in cm | 50 | 60 | 70 | 80 | 50 | 60 | 70 | 80 | 40 | 50 | 60 | 70 | 40 | 50 | 60 | 70 |
| 1 | **Bit. Tragschicht** auf Frostschutzschicht | 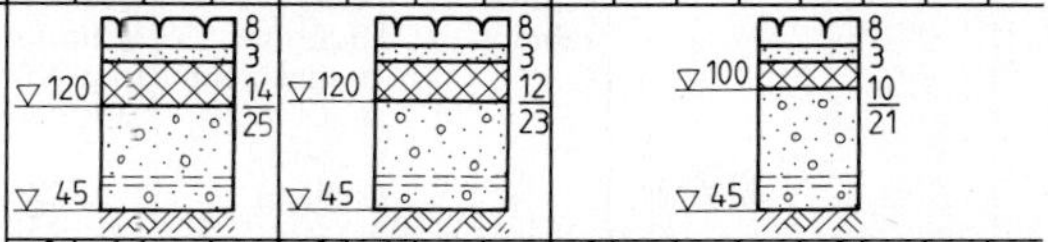 | | | | | | | | | | | | | | | |
| | Dicke der Frostschutzschicht in cm | 25[2]) | 35[1]) | 45 | 55 | 27[2]) | 37[1]) | 47 | 57 | 19[2]) | 29 | 39 | 49 | 19[2]) | 29 | 39 | 49 |
| 2 | **Bit. Tragschicht und Schottertragschicht** auf Frostschutzschicht | 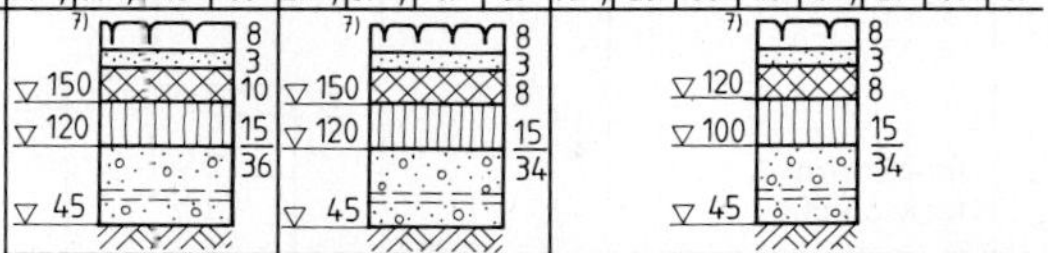 | | | | | | | | | | | | | | | |
| | Dicke der Frostschutzschicht in cm | – | – | 34[1]) | 44 | – | 26[2]) | 36[1]) | 46 | – | – | 26[1]) | 36 | – | – | 26[1]) | 36 |
| 3 | **Bit. Tragschicht und Kiestragschicht** auf Frostschutzschicht | 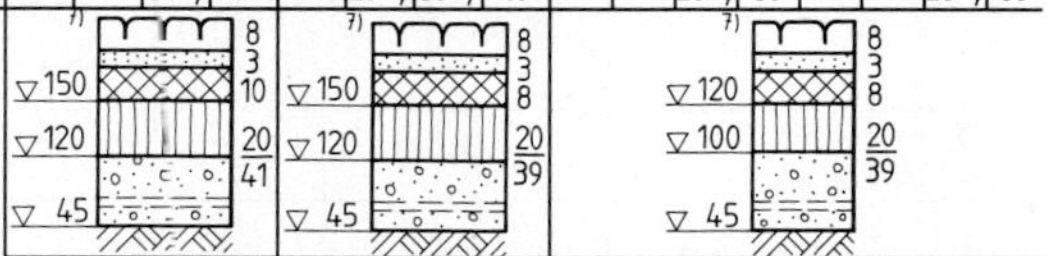 | | | | | | | | | | | | | | | |
| | Dicke der Frostschutzschicht in cm | – | – | 29[2]) | 39[1]) | – | – | 31[1]) | 41 | – | – | 21[2]) | 31 | – | – | 21[2]) | 31 |
| 4 | **Bodenverfestigung** auf Frostschutzschicht | 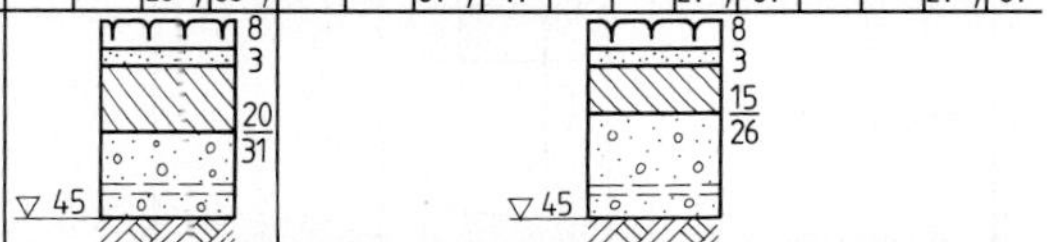 | | | | | | | | | | | | | | | |
| | Dicke der Frostschutzschicht in cm | 19[3]) | 29 | 39 | 49 | 24 | 34 | 44 | 54 | 14[3]) | 24 | 34 | 44 | 14[3]) | 24 | 34 | 44 |
| 5 | **Schottertragschicht** auf Frostschutzschicht | 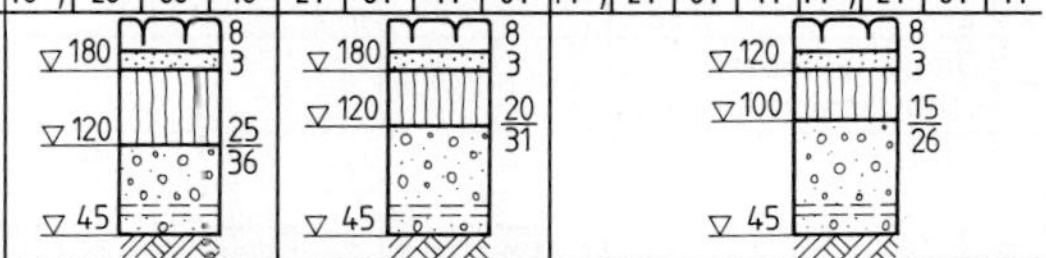 | | | | | | | | | | | | | | | |
| | Dicke der Frostschutzschicht in cm | – | – | 34[1]) | 44 | – | 29[2]) | 39[1]) | 49 | – | 24[1]) | 34 | 44 | – | 24[1]) | 34 | 44 |
| 6 | **Kiestragschicht** auf Frostschutzschicht | 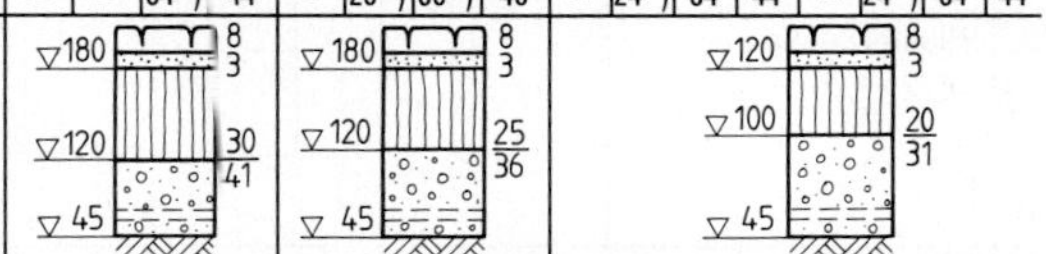 | | | | | | | | | | | | | | | |
| | Dicke der Frostschutzschicht in cm | – | – | 29[2]) | 39[1]) | – | – | 34[1]) | 44 | – | 19[2]) | 29 | 39 | – | 19[2]) | 29 | 39 |
| 7 | **Kies- oder Schottertragschicht** | 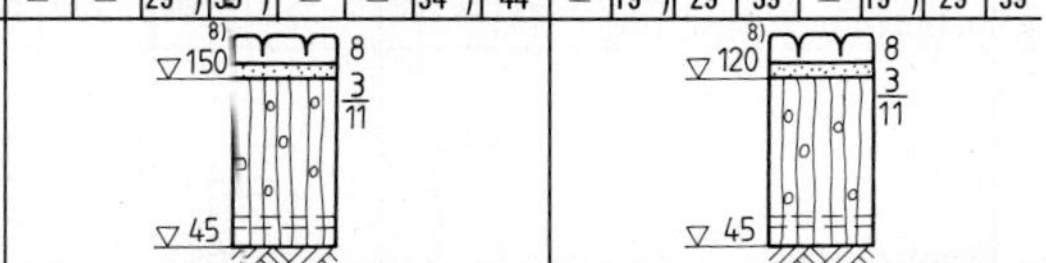 | | | | | | | | | | | | | | | |
| | Dicke der Kies- oder Schotter-Tragschicht in cm | 39[1]) | 49 | 59 | 69 | 39[1]) | 49 | 59 | 69 | 29[1]) | 39 | 49 | 59 | 29[1]) | 39 | 49 | 59 |
| 8 | **Hydr. geb. Tragschicht** auf Frostschutzschicht | 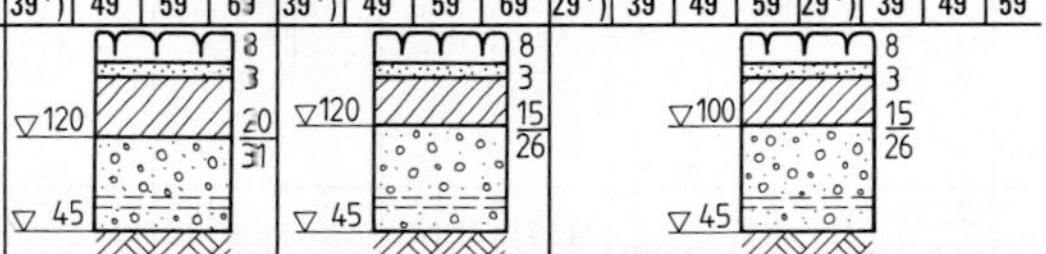 | | | | | | | | | | | | | | | |
| | Dicke der Frostschutzschicht in cm | – | 29[2]) | 39[1]) | 49 | – | 34[1]) | 44 | 54 | – | 24[1]) | 34 | 44 | – | 24[1]) | 34 | 44 |

Fußnoten s. Tafel 40, S. 1155

**Tafel 43 Standardbauweisen für Geh- und Radwege** (Legende s. S. 1362)

| | Dicke des frostsicheren Oberbaus in cm | 20 | 30 | 40 | 50 | 20 | 30 | 40 | 50 | 20 | 30 | 40 | 50 | 20 | 30 | 40 | 50 | 20 | 30 | 40 | 50 |
|---|---|---|---|---|---|---|---|---|---|---|---|---|---|---|---|---|---|---|---|---|---|
| | | auf Frostschutzschicht | | | | und Kies- oder Schottertragschicht auf Frostschutzschicht | | | | und Kies- oder Schottertragschicht auf Planum | | | | und Tragschicht mit hydraulischem Bindemittel auf Frostschutzschicht | | | | und Bodenverfestigung auf Frostschutzschicht | | | |
| 1 | Bituminöse Deckschicht | 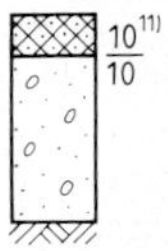 10[11)] / 10 | | | | 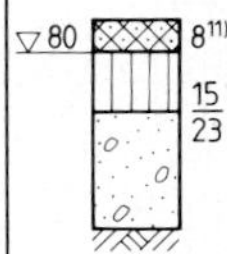 ▽80; 8[11)] / 15 / 23 | | | | 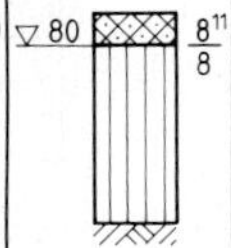 ▽80; 8[11)] / 8 | | | | 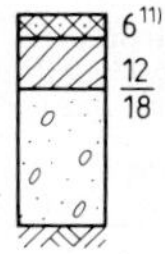 6[11)] / 12 / 18 | | | | 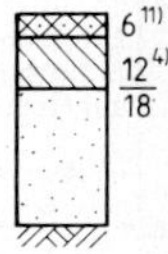 6[11)] / 12[4)] / 18 | | | |
| | Dicke der Frostschutzschicht[9)] in cm | 10 | 20 | 30 | 40 | – | – | 17 | 27 | 12 | 22 | 32 | 42 | – | 12 | 22 | 32 | – | 12 | 22 | 32 |
| 2 | Betondecke | 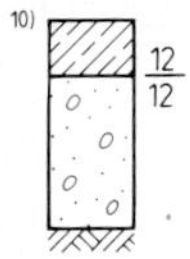 10); 12 / 12 | | | | | | | | | | | | | | | | | | | |
| | Dicke der Frostschutzschicht in cm | – | 18 | 28 | 38 | | | | | | | | | | | | | | | | |
| 3 | Pflasterdecke | 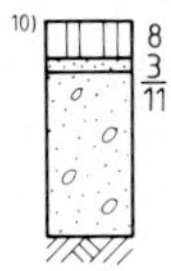 10); 8 / 3 / 11 | | | | 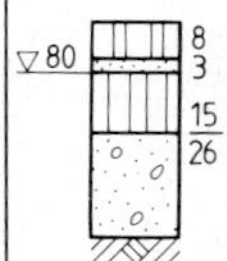 ▽80; 8 / 3 / 15 / 26 | | | | 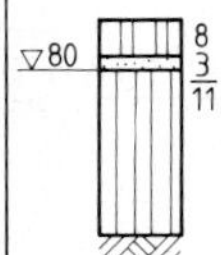 ▽80; 8 / 3 / 11 | | | | 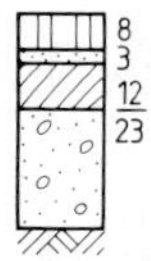 8 / 3 / 12 / 23 | | | | 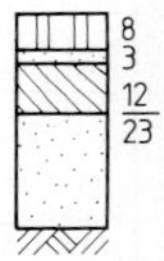 8 / 3 / 12 / 23 | | | |
| | Dicke der Frostschutzschicht[9)] in cm | – | 19 | 29 | 39 | – | – | 14 | 24 | – | 19 | 29 | 39 | – | – | 17 | 27 | – | – | 17 | 27 |
| | Plattenbelag | 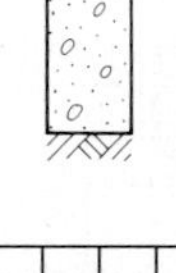 10); 6 / 3 / 9 | | | | 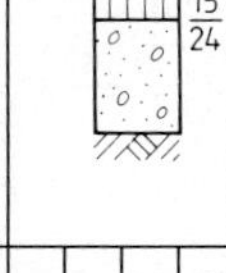 ▽80; 6 / 3 / 15 / 24 | | | | 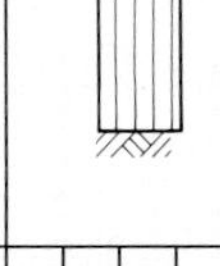 ▽80; 6 / 3 / 9 | | | | 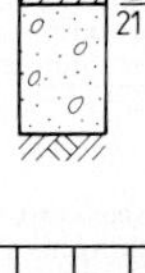 6 / 3 / 12 / 21 | | | | 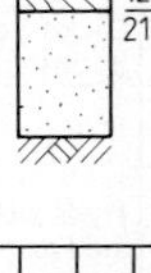 6 / 3 / 12 / 21 | | | |
| | Dicke der Frostschutzschicht[9)] in cm | 11 | 21 | 31 | 41 | – | – | 16 | 26 | 11 | 21 | 31 | 41 | – | – | 19 | 29 | – | – | 19 | 29 |

Fußnoten s. Tafel 40, S. 1352

**Tafel 44 Standardbauweisen für Wegebefestigungen nach RLW 1975**

| | Tragdeckschicht 0/16 mm | | | Bit. Deckschicht 0/5 bzw. 0/8 mm und bit. Tragschicht | | |
|---|---|---|---|---|---|---|
| Verkehrs-beanspruchung | besonders stark | stark | gering | besonders stark | stark | gering |
| auf Schotter-tragschicht 0/56 mm | 9[1)] / 25 / 34 | 6,5[2)] / 15 / 21,5 | 5[3)] / 12 / 17 | 2,5[4)] / 7,5[5)] / 25 / 35 | 2[6)] / 6[7)] / 15 / 23 | — |
| auf Kies-tragschicht 0/32 mm | 9[1)] / 30 / 39 | 6,5[2)] / 20 / 26,5 | 5[3)] / 15 / 20 | 2,5[4)] / 7,5[5)] / 30 / 40 | 2[6)] / 6[7)] / 20 / 28 | — |
| auf Tragschicht aus unsortiertem verdichtbaren Gestein | 9[1)] / 40 / 49 | 6,5[2)] / 30 / 36,5 | 5[3)] / 20 / 25 | 2,5[4)] / 7,5[5)] / 40 / 50 | 2[6)] / 6[7)] / 30 / 38 | — |
| | Zementbetondecke Bn 250 | | | Pflasterdecke aus Betonsteinen 8 cm dick auf 3 cm Kiessand 0/4 mm | | |
| auf Schotter-tragschicht 0/45 mm bzw. 0/56 mm | 16 / 12 / 28 | 14 / 12 / 26 | 10 / 15 / 25 | 11 / 20 / 31 | 11 / 15 / 26 | — |
| auf Kiestrag-schicht 0/32 mm | 16 / 15 / 31 | 12 / 15 / 27 | — | 11 / 25 / 36 | 11 / 20 / 31 | — |
| auf Tragschicht aus unsortiertem verdichtbaren Gestein | 16 / 20 / 36 | 12 / 20 / 32 | — | 11 / 35 / 46 | 11 / 30 / 41 | — |
| | Decke ohne Bindemittel aus Splitt-Sand 0/11 mm oder Kies-Sand 0/16 mm | | | Einfachbefestigung: landwirtschaftliche Wege | | Einfachbefestigung: forstwirtschaftliche Wege |
| auf Schotter-tragschicht 0/45 mm | 3 / 12 / 15 | | | 15 / 15 | | 30 / 30 |
| auf Kies-tragschicht 0/32 mm | 3 / 15 / 18 | | | | | |
| auf Tragschicht aus unsortiertem verdichtbaren Gestein | 3 / 20 / 23 | | | | | |

**Erneuerung vorhandener Verkehrsflächen.** (RStO-E, Entwurf 1991) Als Maßnahme zur vollständigen Wiederherstellung des Gebrauchswertes vorhandener Verkehrsflächen kommen Hoch- und Tiefeinbau oder eine Kombination aus beiden zum Einsatz. Tiefeinbau wird wie der Neubau durch die RStO 86/89 geregelt. Als Erneuerungs-Bauweisen können Asphalt- oder Betonbauweisen ausgeführt werden. Pflasterdecken aus wiederverwendbaren Steinen sollen nicht überbaut werden.

Vor Beginn der Baumaßnahme erfolgt eine Bewertung der Restsubstanz der vorhandenen Straßenbefestigung und die Festlegung der zweckmäßigen Erneuerungsart und -Bauweise. Bauklassen und Verkehrsbelastungszahl VB sind nach den RStO 86/89 festzulegen. Die Erneuerungsart berücksichtigt örtliche Gegebenheiten.

Entsprechend der Bewertung der Restsubstanz werden drei Erneuerungsklassen unterschieden.

**Tafel 45 Kriterien zur Zuordnung der Erneuerungsklasse**

| Befestigung | Hauptmerkmal | Zusatzmerkmal | Erneuerungsklasse |
|---|---|---|---|
| Asphalt | Netzrisse,<br>Rißhäufungen | Spurrinnen<br>Längsunebenheit<br>Flickstellen<br>Ausmagerung<br>Splittverlust | 1 |
| Beton | Längsrisse,<br>Querrisse | Eckabbrüche<br>Kantenschäden<br>Längsunebenheit<br>Plattenversatz<br>Plattenbewegung | |
| Asphalt | Spurrinnen | Längsunebenheit<br>Flickstellen<br>Ausmagerung<br>Splittverlust | 2 |
| | Längsunebenheit | Flickstellen | |
| Beton | Eckabbrüche | Kantenschäden<br>Längsunebenheit<br>Plattenversatz<br>Plattenbewegung | |
| Asphalt | Längsunebenheit | Ausmagerung<br>Splittverlust | 3 |
| | Flickstellen | Ausmagerung<br>Splittverlust | |
| | Ausmagerung,<br>Splittverlust | | |
| Beton | Längsunebenheit | Plattenversatz<br>Plattenbewegung | |
| | Plattenversatz | Plattenbewegung | |

Bei Erneuerung in Asphaltbauweise mit kombiniertem Einbau werden verbleibende frostsichere Schichten je nach Beschaffenheit auf die Dicke des Oberbaus angerechnet. Dabei werden eingestuft in

Erneuerungsklasse 1: ungebundene Schichten mit enggestuftem Material

Erneuerungsklasse 2: ungebundene Schichten mit weit- oder intermittierend gestuftem Material, schadhafte bituminös oder hydraulisch gebundene Schichten

Erneuerungsklasse 3: Schotter-, Kiestragschichten, Packlage, schadensfreie bituminös oder hydraulisch gebundene Schichten.

Die Bauweisen des standardisierten Oberbaus sind in den Tafeln 46 und 47 dargestellt.

**Tafel 46 Erneuerung in Asphaltbauweise (Dicken in cm)**

| Erneue-rungs-klasse | Bauklasse | SV | | | I | | | II | | | III | | | IV | | | V | | | VI | | |
|---|---|---|---|---|---|---|---|---|---|---|---|---|---|---|---|---|---|---|---|---|---|---|
| | Verkehrsbelastungs-zahl (VB) | > 3200 | | | 1800 bis 3200 | | | 900 bis 1800 | | | 300 bis 800 | | | 80 bis 800 | | | 10 bis 80 | | | < 10 | | |
| | Dicke des frost-sich. Oberbaues | 40 | 60 | 80 | 40 | 60 | 80 | 40 | 60 | 80 | 40 | 60 | 80 | 40 | 60 | 80 | 40 | 60 | 80 | 40 | 60 | 80 |
| 1 | Deckschicht / Binderschicht / Asphalttragschicht / Vorhandene Befestigung | 4 / 8 / 16 / 28 | | | 4 / 8 / 12 / 24 | | | 4 / 8 / 8 / 20 | | | 4 / 4 / 8 / 16 | | | 4 / 8 / 12 | | | 4 / 6 / 10 | | | 8[1)] / 8 | | |
| | Frostsich. Zone d. vorh. Aufb. | 12 | 32 | 52 | 16 | 36 | 56 | 20 | 40 | 80 | 24 | 44 | 64 | 28 | 48 | 68 | 30 | 50 | 70 | 32 | 52 | 72 |
| 2 | Deckschicht / Binderschicht / Asphalttragschicht / Vorhandene Befestigung | 4 / 8 / 12 / 24 | | | 4 / 8 / 8 / 20 | | | 4 / 4 / 8 / 16 | | | 4 / 8 / 12 | | | 4 / 6 / 10 | | | 4 / 6 / 10 | | | 8[1)] / 8 | | |
| | Frostsich. Zone d. vorh. Aufb. | 16 | 36 | 56 | 20 | 40 | 60 | 24 | 44 | 64 | 28 | 48 | 68 | 30 | 50 | 70 | 30 | 50 | 70 | 32 | 52 | 72 |
| 3 | Deckschicht / Binderschicht / Asphalttragschicht / Vorhandene Befestigung | 4 / 8 / 8 / 20 | | | 4 / 4 / 8 / 16 | | | 4 / 8 / 12 | | | 4 / 6 / 10 | | | 4 / 6 / 10 | | | 4 / 6 / 10 | | | 8[1)] / 8 | | |
| | Frostsich. Zone d. vorh. Aufb. | 20 | 40 | 60 | 24 | 44 | 64 | 28 | 48 | 68 | 30 | 50 | 70 | 30 | 50 | 70 | 30 | 50 | 70 | 32 | 52 | 72 |

| | Erneue-rungs-klasse | Bauklasse | SV | I | II | III | IV | V | VI |
|---|---|---|---|---|---|---|---|---|---|
| | | Verkehrsbelastungs-zahl (VB) | > 3200 | 1800 bis 3200 | 800 bis 1800 | 300 bis 800 | 80 bis 800 | 10 bis 80 | < 10 |
| | | Dicke des frost-sich. Oberbaues | 40 60 80 | 40 60 80 | 40 60 80 | 40 60 80 | 40 60 80 | 40 60 80 | 40 60 80 |
| Kombination von Hoch- und Tiefeinbau | 1 | Deckschicht<br>Binderschicht<br>Asphalttragschicht<br>Im Oberbau verbl. Schicht | 4<br>8<br>22<br>34 | 4<br>8<br>18<br>30 | 4<br>8<br>14<br>26 | 4<br>4<br>14<br>22 | 4<br>14<br>18 | 4<br>10<br>14 | 10[1]<br>10 |
| | | Frostsich. Zone d. vorh. Aufb. | je nach Einbindeltiefe der neuen Befestigung | | | | | | |
| | 2 | Deckschicht<br>Binderschicht<br>Asphalttragschicht<br>Im Oberbau verbl. Schicht | 4<br>8<br>18<br>30 | 4<br>8<br>14<br>26 | 4<br>8<br>10<br>22 | 4<br>4<br>10<br>18 | 4<br>10<br>14 | 4<br>6<br>10 | 8[1]<br>8 |
| | | Frostsich. Zone d. vorh. Aufb. | je nach Einbindeltiefe der neuen Befestigung | | | | | | |
| | 3 | Deckschicht<br>Binderschicht<br>Asphalttragschicht<br>Im Oberbau verbl. Schicht | 4<br>8<br>14<br>26 | 4<br>8<br>10<br>22 | 4<br>4<br>10<br>18 | 4<br>4<br>8<br>16 | 4<br>8<br>12 | 4<br>6<br>10 | 8[1]<br>8 |
| | | Frostsich. Zone d. vorh. Aufb. | je nach Einbindeltiefe der neuen Befestigung | | | | | | |

[1]) Tragdeckschicht

**Tafel 47 Erneuerung in Betonbauweise Hoch- und Tiefeinbau** (Dicken in cm, Angaben des Verformungsmoduls $E_{v2}$ in MN/m²

| Zeile | Bauklasse | SV | | | | I | | | | II | | | | III | | | |
|---|---|---|---|---|---|---|---|---|---|---|---|---|---|---|---|---|---|
| | Verkehrsbelastungszahl (VB) | > 3200 | | | | 1800 bis 3200 | | | | 800 bis 1800 | | | | 300 bis 800 | | | |
| | Dicke des frostsich. Oberbaues | 60 | 70 | 80 | 90 | 50 | 60 | 70 | 80 | 50 | 60 | 70 | 80 | 50 | 60 | 70 | 80 |

**Hocheinbau; Ausgleichsschicht auf entspannter Betondecke**

1 Betondecke / Ausgleichsschicht¹) / Entspannte Betondecke

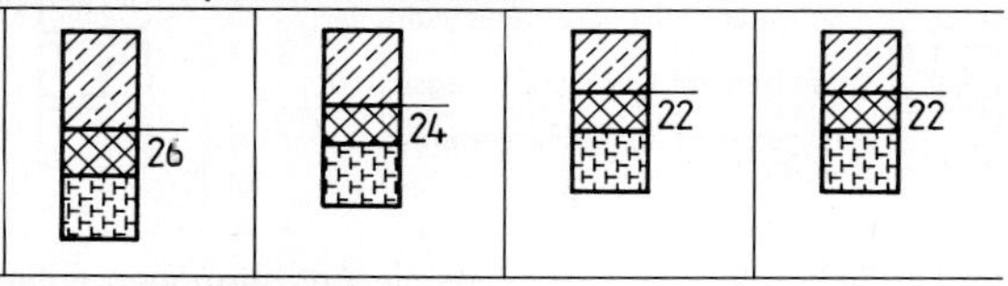


**Hocheinbau; Geotextil auf entspannter Betondecke**

2 Betondecke / Geotextil / Entspannte Betondecke

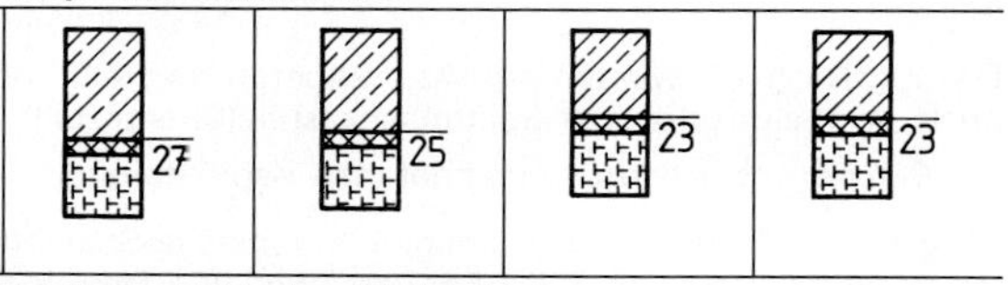


**Tiefeinbau; wasserdurchlässige Tragschicht ohne Bindemittel**

3 Betondecke / Tragschicht ohne Bindemittel

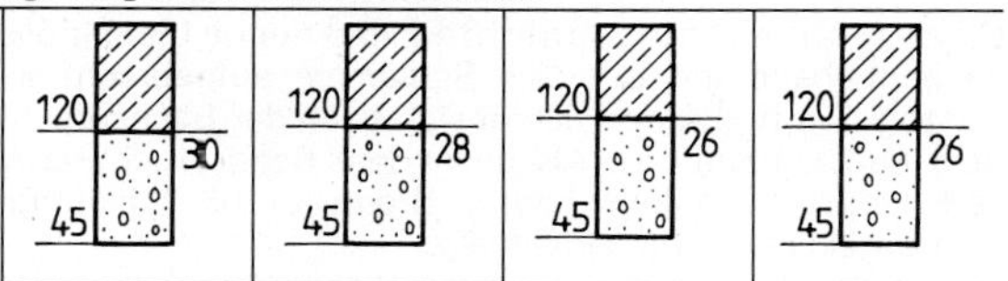


| | SV | | | | I | | | | II | | | | III | | | |
|---|---|---|---|---|---|---|---|---|---|---|---|---|---|---|---|---|
| Dicke der Tragschicht | 30 | 40 | 50 | 60 | 22 | 32 | 42 | 52 | 24 | 34 | 44 | 54 | 24 | 34 | 44 | 54 |

¹) Mindestdicke 10 cm

Vor der Erneuerung ist eine verbleibende Betontragschicht zu entspannen. Die Funktionsfähigkeit vorhandener Entwässerungseinrichtungen ist sicher zu stellen. Die Frostempfindlichkeit verbleibender Schichten und des Bodens ist nach ZTVT-StB und ZTVE-StB zu beurteilen. Frostschutzmaßnahmen entfallen, wenn die Werte der Tafel 48 eingehalten werden.

**Tafel 48 Mindestdicke frostsicheren Straßenaufbaus bei Erneuerungsmaßnahmen**

| verbleibende Schicht | | bituminös gebunden | | hydraulisch gebunden | |
|---|---|---|---|---|---|
| Erneuerungsbauweise | | Asphalt | Beton | Asphalt | Beton |
| Oberbaudicke in cm bei Bauklasse | SV | 45 | 50 | 50 | 50 |
| | I, II | 40 | 45 | 45 | 45 |
| | III, IV | 35 | 40 | 40 | 40 |
| | V, VI | 25 | 30 | 35 | 30 |

Der übliche Nutzungszeitraum beträgt 20 Jahre. Ist ein verkürzter Zeitraum anzusetzen, kann bei einer Nutzungsdauer bis zu 10 Jahren eine Minderdicke von 10 cm, bis zu 5 Jahren eine solche von 15 cm gewählt werden. In diesen Fällen wird auch die Verkehrsbelastung VB entsprechend herabgesetzt.

| | |
|---|---|
| Deckschicht | Bodenverfestigung |
| Tragdeckschicht | Betondeckschicht |
| Binderschicht | Pflaster |
| Tragschicht | Plattenbelag |
| hydraulisch gebundene Tragschicht | Pflaster- oder Plattenbett |
| Schotter- oder Kiestragschicht | Frostschutzschicht |
| kombinierte Frostschutztragschicht | Untergrund bzw. Unterbau |
| Tragschicht aus unsortiertem verdichtbaren Gestein | Gemisch aus Splitt/Sand 0/11 mm oder Kies/Sand 0/16 mm |

Im ländlichen Wegebau werden die Befestigungen entsprechend Tafel 44 ausgeführt.

Deckschichten werden aus Asphaltbeton im Heiß- oder Warmeinbau, Gußasphalt, Asphaltmastix oder Splittmastixasphalt hergestellt.

Für Binderschichten verwendet man Asphaltbinder.

Tragdeckschichten sind einlagige bituminöse Schichten, die bei untergeordneten Verkehrsflächen die Funktion von Trag- und Deckschicht aufnehmen müssen.

Oberflächenschutzschichten sind dünne bituminöse Schichten, die als Oberflächenbehandlung oder als Schlämme aufgebracht werden. Die Auswahl der Mischgutart und -sorte richtet sich nach der Beanspruchung (normal oder besondere Beanspruchung). Als besondere Beanspruchung gelten spurfahrender Verkehr, langsamer Verkehr, häufige Brems- und Beschleunigungsvorgänge, Standverkehr und klimatische Verhältnisse.

### 1.5.2 Anforderungen nach ZTV Asphalt und ZTVT

**Tragschichten** sind Bestandteile des frostsicheren Oberbaus. Sie verteilen Lasten, die auf die Fahrbahnoberfläche wirken, auf die Unterlage.

Als Unterlage bezeichnet man die Fläche unter der jeweils herzustellenden Tragschicht. Die Mindestdicke richtet sich nach RStO und ZTVE-StB.

**Tragschichten ohne Bindemittel** werden eingesetzt als Frostschutzschichten oder Kies- und Schottertragschichten.

Frostschutzschichten bestehen aus frostunempfindlichen Mineralstoffgemischen, die auch im verdichteten Zustand ausreichend wasserdurchlässig sind und Frostschäden im Oberbau vermeiden sollen (Kornanteil unter 0,063 mm Durchmesser $\leqq$7,0 Gew.-%).

Kiestragschichten bestehen aus Kies-Sand-Gemischen, denen auch gebrochene Mineralstoffe zugesetzt sein können.

Schottertragschichten aus Schotter-Splitt-Sand- oder Split-Sand-Gemischen. Die Sieblinienbereiche sind in Bild 36 und 37 dargestellt.

**Hydraulisch gebundene Tragschichten** bestehen aus Mineralstoffgemischen (Rundkorn oder gebrochenes Korn) und hydraulischen Bindemitteln. Die Sieblinienbereiche sind in Bild 38 dargestellt.

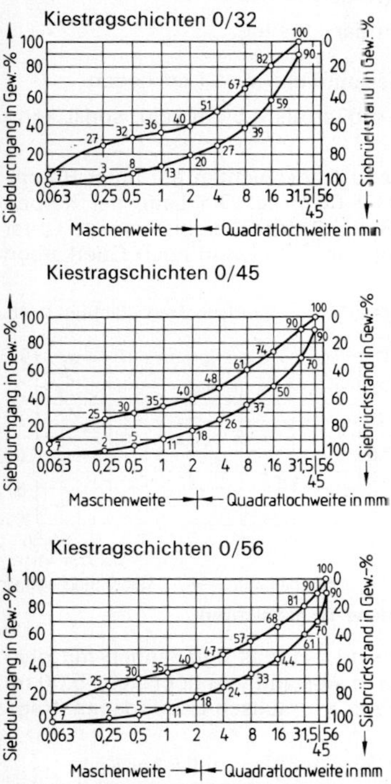


**Bild 36 Sieblinienbereiche für Kiestragschichten**

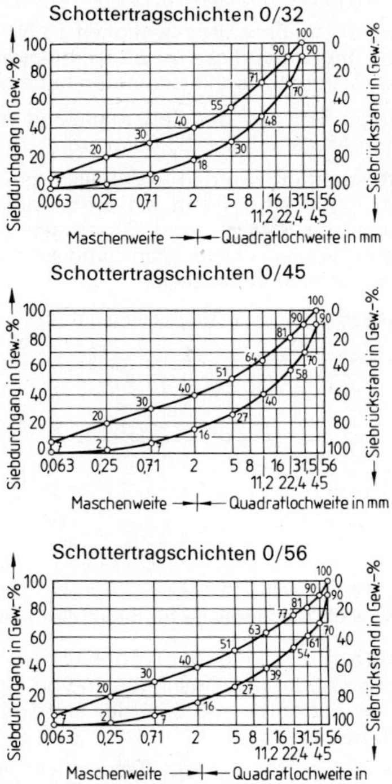


**Bild 37 Sieblinienbereiche für Schottertragschichten**

**Tafel 49 Anforderungen an Tragschichten ohne Bindemittel nach ZTVT**

| | Frostschutzschicht | | | | Kies-/Schottertragschicht | | |
|---|---|---|---|---|---|---|---|
| Lieferkörnung | 0/32[1] | 0/45 | 0/56 | 0/63 | 0/32 | 0/45 | 0/56 |
| Mindest-Einbaudicke $d$ in cm in verdichtetem Zustand | 12 | 15 | 18 | 20 | 12 | 15 | 18 |
| Zulässige Abweichung von profilgerechter Lage in cm | $\leqq \pm 2{,}0$ | | | | $\leqq \pm 2{,}0$ | | |
| Zulässige Abweichung von der Ebenheit in cm/4 m | $\leqq 2{,}0$ | | | | $\leqq 2{,}0$ | | |
| Verdichtungsgrad $D_{Pr}$ in % | Bauklasse I bis V | | Bauklasse VI[2] | | Bauklasse I bis VI | | |
| | $\geqq 103$[3][4] | | $\geqq 100$[3][5] | | $\geqq 103$[4] | | |
| | 100[5][6] | | | | | | |

1) Bei Lieferkörnung 0/22 für Geh- und Radwege beträgt die Mindesteinbaudicke 10 cm
2) Gilt auch für sonstige Verkehrsflächen, Geh- und Radwege
3) Gilt für die Bodengruppen GW, GI und Baustoffgemische aus Brechsand, Splitt und gegebenenfalls Schotter der Lieferkörnungen 0/5 bis 0/56 bis 20 cm unter Oberkante Frostschutzschicht
4) Verhältniswert der Verformungsmoduln $E_{v2}/E_{v1} = 2{,}2$
5) Verhältniswert der Verformungsmoduln $E_{v2}/E_{v1} = 2{,}5$
6) Gilt für die Bodengruppen GE, SE, SW, SI bis 20 cm unter Oberkante Frostschutzschicht und alle genannten Bodengruppen und Baustoffgemische für Bereiche tiefer als 20 cm unter Oberkante Frostschutzschicht

Die erforderlichen $E_{v2}$-Werte sind den Tafeln 40 bis 42 zu entnehmen.

In Querrichtung müssen Kerben vorgesehen werden,

- wenn die mittlere Druckfestigkeit 12 N/mm² überschreitet,
- wenn die Einbaudicke $d = 20{,}0$ cm beträgt,
- wenn sie unter Asphaltschichten mit einer Gesamtdicke $d = 14$ cm liegen.

Im letzten Fall darf der Kerbenabstand nicht größer als 2,50 m sein, sonst kann man den Abstand bis auf 5,00 m erhöhen.

In Längsrichtung werden hydraulisch gebundene Tragschichten nur unter Betondecken eingekerbt, wenn die Einbaubreite $b \geqq 8{,}00$ m ist. Die Lage der Kerben muß mit den Längs- und Querfugen der Betondecke übereinstimmen. Unter Asphaltschichten ordnet man Längskerben nur dann an, wenn auch Querkerben angeordnet werden müssen.

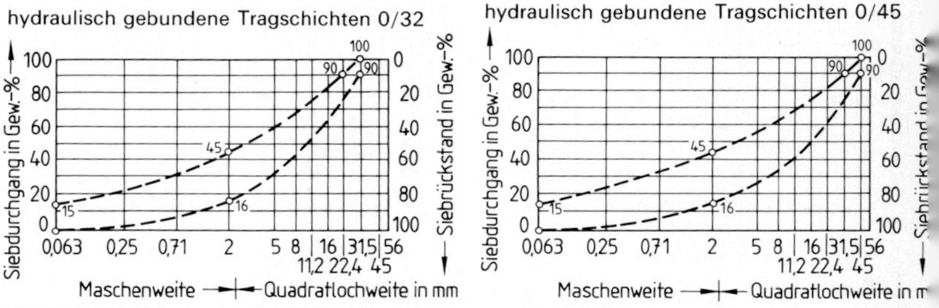


**Bild 38 Sieblinienbereiche für hydraulisch gebundene Tragschichten**

Maßnahmen zur gezielten Rißbildung sind z.B. das Entspannen mit dem Fallschwert oder das Einschneiden von Kerben im Abstand von höchstens 5,00 m. Die Tiefe der Kerbe soll 35% der Einbaudicke der hydraulisch gebundenen Tragschicht betragen.

Bindemittel sind Zement, Tragschichtbinder oder hochhydraulischer Kalk.

**Tafel 50 Anforderungen an hydraulische Tragschichten**

| Korndurchmesser in mm | <0,063 | >2,0 | gröbste Kornklasse | Überkorn |
|---|---|---|---|---|
| Kornanteil im Mineralstoffgemisch in Gew.-% | ≦15 | 55 bis 84 | ≧10 | ≦10 |
| Mittlere Druckfestigkeit in N/mm² nach 28 Tagen | unter Asphaltschichten 7 bis 12<br>unter Betondecke 9 bis 12 | | | |
| Bindemittelmenge in Gew.-% bezogen auf trockenes Mineralstoffgemisch | ≧3 | | | |
| Einbautemperatur in °C | ≧+5 | | | |
| Längenänderung bei Frostprüfung in ‰ | ≦1 | | | |
| Verdichtungsgrad in % | ≧98 | | | |
| Profilgerechte Lage in cm | unter Betondecken ≦+1,0; ≦−2,0;<br>sonstige Beläge ≦+1,5 | | | |
| Ebenheit in cm/4 m | ≦1,5 | | | |
| Mindesteinbaudicke in cm | Mineralstoffgemisch 0/32 12<br>0/45 15 | | | |

**Betontragschichten** sind Tragschichten aus Beton nach DIN 1045. Sie erhalten in der Regel Fugen. Querfugen sind im Abstand von maximal 5,00 m anzuordnen. Sie werden eingerüttelt oder eingeschnitten. Arbeitsfugen werden als Preßfugen ausgebildet. An Bauwerken sind Raumfugen erforderlich. Längsfugen sind bei Fahrbahnbreiten über 5,00 m vorzusehen. Bei Betondecken ist die Fugeneinteilung auf die Fugen in der Betondecke abzustimmen. Die Mindest-Einbaudicke beträgt 12,0 cm, bei Verwendung von Innenrüttlern 15 cm.

Als Bindemittel ist ein Zement der Festigkeitsklasse Z 35 vorzusehen. Der Beton muß der Festigkeitsklasse B 15 oder B 25 entsprechen. Frischbeton darf nur im Temperaturbereich zwischen +5 °C und +30 °C verarbeitet werden. Die ZTV Beton ist zu beachten. Ein rasches Austrocknen ist zu verhindern, der Beton muß drei Tage feucht gehalten werden. Die Oberfläche darf nur ±1,0 cm von der Sollhöhe abweichen. Die Abweichung von der Ebenheit darf 1,0 cm/4 m nicht überschreiten.

**Tragschichten mit bituminösen Bindemitteln** sind mit Straßenbaubitumen gebundene Mineralstoffgemische. Sie werden im Heißeinbau hergestellt. Zusammensetzung und Anforderungen an die Mischgutarten sind in Tafel 51 angegeben. Die Einteilung ist abhängig vom Kornanteil über 2 mm im Mineralstoffgemisch. Mischgutart C mit mindestens 60 Gew.-% gebrochenem Korn über 2 mm und einem Brechsand-Natursand-Verhältnis von 1:1 bezeichnet man als Mischgutart CS. Die Wahl der Mischgutarten bestimmt man nach Tafel 52, die Dicke wählt man nach den Tafeln 40 bis 44.

**Tafel 51 Anforderungen an Mineralstoffgemische und Mischgut bituminöser Tragschichten**

| Mischgutart | AO | A | B | C | CS |
|---|---|---|---|---|---|
| Körnung in mm | 0/2 bis 0/32 | 0/2 bis 0/32 | 0/22 0/32 0/16[1]) | 0/22 0/32 0/16[1]) | 0/22 0/32 0/16[1]) |
| Körnung > 2 mm im Mineralstoffgemisch in Gew.-% | 0 bis 80 | 0 bis 35 | über 35 bis 60 | über 60 bis 80 | über 60 bis 80 |
| Körnung < 0,09 mm im Mineralstoffgemisch in Gew.-% | 2 bis 20 | 4 bis 20 | 3 bis 12 | 3 bis 10 | 3 bis 10 |
| gröbste Körnung in Gew.-% mindestens | 10 | 10 | 10 | 10 | 10 |
| Überkorn in Gew.-% höchstens | 20 | 10 | 10 | 10 | 10 |
| Mindestbindemittelgehalt für den Regelfall in Gew.-% | 3,3 | 4,3 | 3,9 | 3,6 | 3,6 |
| Marshall-Stabilität bei 60 °C in kN mindestens | 2,0 | 3,0 | 4,0 | 5,0 | 8,0 |
| Marshall-Fließwert in mm | 1,5 bis 4,0 | 1,5 bis 4,0 | 1,5 bis 4,0 | 1,5 bis 4,0 | 1,5 bis 5,0 |
| Hohlraumgehalt[2]) (berechnet am Marshall-Probekörper) in Vol.-% | 4,0 bis 20,0 | 4,0 bis 14,0 | 4,0 bis 12,0 | 4,0 bis 10,0 | 5,0 bis 10,0 |

1) Nur für Ausgleichsschichten.
2) Werden mehr als 20 Gew.-% Hochofenstück- oder Metallhüttenstückschlacke im Mineralstoffgemisch verwendet, gelten die Werte für die Wasseraufnahme nach DIN 1996 Teil 8.

**Tafel 52 Zuordnung der Mischgutarten zu Bauklasse und Einbauart**

| | | Bauklasse | | | SV und bes. Beanspruchungen |
|---|---|---|---|---|---|
| | | I | II bis IV | V bis VI | |
| einschichtig | | B, C, CS | B[1]), C, CS | B, C, CS | CS |
| mehrschichtig | obere Schicht | B[2]), C, CS | (B[1]), C, CS)[3]) | (B, C, CS)[3]) | CS |
| | untere Schicht | A, B, C, CS (AO)[3]) | (AO, A, B, C, CS)[3]) | | B, C, CS (AO, A)[3]) |

1) Bei einer Dicke der darüberliegenden Decke von mind. 8,0 cm
2) Nicht über einer Schicht der Mischgutarten AO oder A
3) Nur beim Asphaltoberbau

Als Bindemittel werden Straßenbaubitumen B 80 oder B 65 verwendet. Beim Asphaltoberbau darf für die untere Schicht auch härteres Bitumen eingesetzt werden.

Die Mineralstoffzusammensetzung ist Bild 39 zu entnehmen. Die Anforderungen an bituminöse Tragschichten sind in Tafel 54 zusammengestellt.

Der Einbau darf nicht erfolgen, wenn auf der Unterlage ein Wasserfilm, Schnee oder Eis vorhanden ist. Unter −3 °C soll der Einbau eingestellt werden. Für Herstellung und Lagerung gilt ZTV Asphalt-StB sinngemäß.

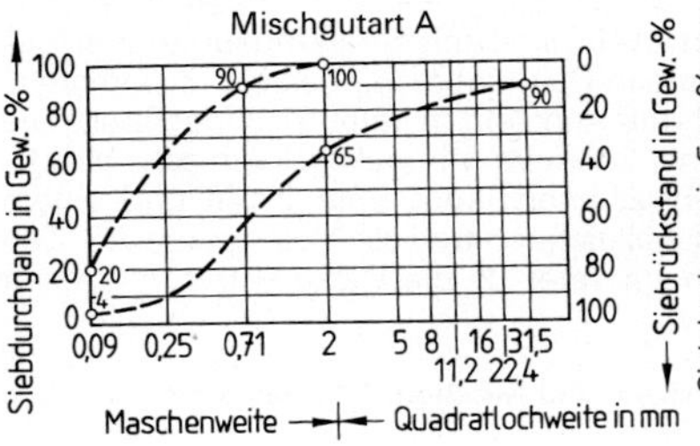


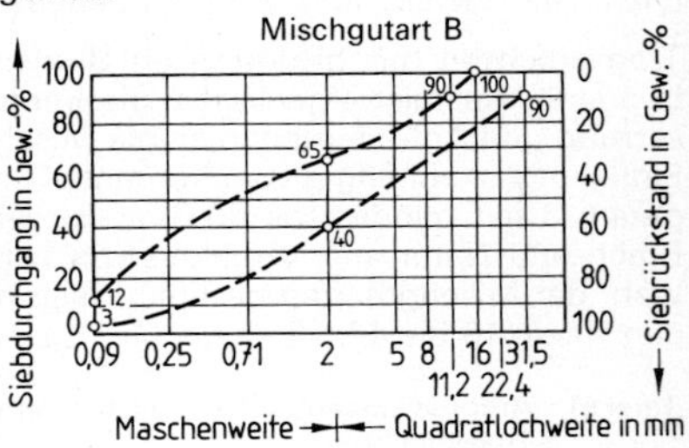


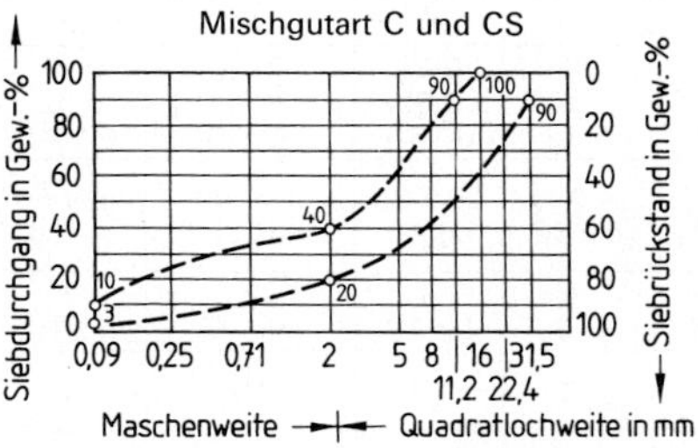


**Bild 39 Sieblinienbereiche für bituminöse Tragschichten**

**Tafel 53 Anforderungen an bituminöse Tragschichten**

| | Mischgutart | | | | |
|---|---|---|---|---|---|
| Verdichtungsgrad | AO | A | B | C | CS |
| in % | 96 | 96 | 97 | 97 | 97 |
| Zul. Abweichung von der Sollhöhe in cm | 1,0 | | | | |
| Zul. Abweichung von der Ebenheit in cm/4 m | 1,0 | | | | |

[1]) Bei Geh- und Radwegen und bei Handeinbau gilt bei einer Unterlage ohne Bindemittel ein Mindest-Verdichtungsgrad von 95%

**Tafel 54 Grenzwerte für Mischguttemperaturen**

Temperaturspannen für das Lagern und Befördern von Asphalt-Mischgut in °C (niedrige Temperatur für abgeladenes Mischgut beim Einbau, höhere Temperaturen beim Verlassen des Silos gültig)

| Vorschrift | Mischgutart | B 200 | B 80 | B 65 | B 45 | B 25 |
|---|---|---|---|---|---|---|
| ZTVT-StB | Asphalttragschicht | | 120 bis 180 | 120 bis 180 | (130 bis 190) | |
| ZTVT-StB | Asphaltbinder | | 120 bis 180 | 120 bis 180 | 130 bis 190 | |
| | Asphaltbeton | 120 bis 170 | 130 bis 180 | 130 bis 180 | 140 bis 190 | |
| | Splittmastixasphalt | 120 bis 170 | 130 bis 190 | 140 bis 200 | | |
| | Gußasphalt | | | 200 bis 250 | 200 bis 250 | 200 bis 250 |
| | Asphaltmastix | 180 bis 220 | 180 bis 220 | 180 bis 220 | 180 bis 220 | |
| | Tragdeckschicht | 120 bis 180 | 120 bis 180 | | | |
| ZTV Asphalt-StB | Tragdeckschicht | 110 bis 170 | 130 bis 180 | | | |
| | Deckschicht | 130 bis 170 | 140 bis 180 | | | |
| | Tragschicht | 120 bis 170 | 130 bis 180 | 130 bis 180 | | |

**Tafel 55 Richtwerte für bituminöses Mischgut bei verschiedenen Bauweisen** (Fußnoten s. S. 1368).

| | Art | Mineralstoffe in Gew.-% für Körnung in mm <0,09 von | <0,09 bis | >2,0 von | >2,0 bis | >5,0 von | >5,0 bis | >8,0 von | >8,0 bis | >11,2 von | >11,2 bis | >16,0 | >22,4 | Bindemittel-sorte | Bindemittel-gehalt Gew.-% von | gehalt bis | Mischgut Hohlr. Vol.-% von | Hohlr. bis | Schichteinbau Dicke cm von | Dicke bis | Gewicht kg/m² von | Gewicht bis | Verd.-grad % | Hohlr.-gehalt Vol.-% |
|---|---|---|---|---|---|---|---|---|---|---|---|---|---|---|---|---|---|---|---|---|---|---|---|---|
| Asphaltbinder 1) 5) 12) | 0/22 | 3 | 9 | 65 | 80 | | | | | | | ≧20 | ≦10 | (B 45) B 65 (B 80) | 3,8 | 5,5 | 4,0 | 8,0 | 7,0 | 10,0 | 170 | 250 | ≧97 | |
| | 0/16 | 3 | 9 | 60 | 75 | | | | | ≧20 | | ≦10 | | B 65 B 80 (B 45) | 4,0 | 6,0 | 3,0 | 7,0 | 4,0 | 8,5 | 95 | 210 | ≧97 | |
| | 0/11 | 3 | 9 | 50 | 70 | | | ≧20 | | ≦10 | | | | B 65 B 80 | 4,5 | 6,5 | 3,0 | 7,0 | Profilausgleich für Baukl. IV bis VI | | | | ≧96 9) | |
| Asphaltbeton im Heißeinbau 1) 5) | 0/16S 12) | 6 | 10 | 55 | 65 | | | 25 | 40 | ≧15 | | ≦10 | | B 65 (B 80) | 5,2 | 6,5 | 3,0 2) | 5,0 | 5,0 | 6,0 | 120 | 150 | ≧97 | ≦7 |
| | 0/11 S 12) | 6 | 10 | 50 | 60 | | | 15 | 30 | ≦10 | | | | B 65 (B 80) | 5.9 | 7,2 | 3,0 2) | 5,0 | 4,0 | 5,0 | 95 | 125 | ≧97 | ≦7 |
| | 0/11 13) | 7 | 13 | 40 | 60 | | | ≧15 | | ≦10 | | | | B 80 (B 65) | 6,2 | 7,5 | 2,0 3)<br>1,0 4) | 4,0<br>3,0 | 3,5 | 4,5 | 85 | 115 | ≧97 | ≦6 |
| | 0/8 13) | 7 | 13 | 35 | 60 | ≧15 | | ≦10 | | | | | | B 80 (B 65) | 6,4 | 7,7 | 2,0 3)<br>1,0 4) | 4,0<br>3,0 | 3,0 | 4,0 | 75 | 100 | ≧97 | ≦6 |
| | 0/5 | 8 | 15 | 30 | 50 | ≦10 | | | | | | | | B 80 (B 200) | 6,8 | 8,0 | 1,0 4) | 3,0 | 2,0 | 3,0 | 45 | 75 | ≧96 | ≦6 |
| Splittmastixasphalt 5) 12) 15) | 0/11 S | 10 | 13 | 70 | 80 | 55 | 70 | ≧35 | | ≦10 | | stabilisier. Zusätze 0,3 bis 1,5 Gew.-% | | B 65 | ≧6,8 | | 2,0 | 4,0 | 2,5 | 5,0 | 60 | 125 | ≧97 | ≦6 |
| | 0/8 S | 10 | 13 | 70 | 80 | 50 | 70 | ≦10 | | | | | | B 65 | ≧7,0 | | 2,0 | 4,0 | 2,0 | 4,0 | 45 | 100 | ≧97 | ≦6 |
| | 0/8 | 10 | 13 | 70 | 80 | 50 | 70 | ≦10 | | | | | | B 80 | ≧7,0 | | 2,0 | 4,0 | 2,0 | 4,0 | 45 | 100 | ≧97 | ≦6 |
| | 0/5 | 10 | 13 | 60 | 70 | ≦10 | | | | | | | | B 80 (B 200) | ≧7,2 | | 2,0 | 4,0 | 1,5 | 3,0 | 35 | 75 | ≧97 | ≦6 |
| | | | | | | | | | | | | | | | | | | | | | | | Eindringtiefe in mm | |
| Gußasphalt 5) 7) | 0/11 S 14) | 20 | 30 | 45 | 55 | | | ≧15 | | ≦10 | | | | B 45 (B 25) | 6,5 | 8,0 | | | 3,5 | 4,0 | 80 | 100 | 1,0 bis 3,5 10) | |
| | 0/11 | 20 | 30 | 45 | 55 | | | ≧15 | | ≦10 | | | | B 45 (B 25) | 6,5 | 8,0 | | | 3,5 | 4,0 | 80 | 100 | 1,0 bis 5,0 11) | |
| | 0/8 | 22 | 32 | 40 | 50 | >15 | | ≦10 | | | | | | B 45 (B 65) | 6,8 | 8,0 | | | 2,5 | 3,5 | 65 | 85 | 1,0 bis 5,0 11) | |
| | 0/5 | 24 | 34 | 35 | 45 | ≦10 | | | | | | | | B 45 (B 65) | 7,0 | 8,5 | | | 2,0 | 3,0 | 45 | 75 | 1,0 bis 5,0 11) | |
| Asphaltmastix | 0/2 | 30 | 60 | ≦15 | | | | | | | | | | B 65 B 80 (B 45) (B 200) | 13 | 18 | | | | | 15 | 25 | | |
| Tragdeckschicht 1) 8) | 0/16 | 7 | 12 | 50 | 70 | | | | | 10 | 20 | ≦10 | | B 80 B 200 | ≧5,2 | | 1,0 | 3,0 | 5,0 | 10,0 | 120 | 250 | ≧96 | ≦7 |
| Asphaltbeton im Warmeinbau 5) | 0/11 | 4 | 10 | 45 | 70 | | | ≧10 | | ≦10 | | | | FB 500 | 5,5 | 7,0 | | | | | 45 | 55 | | |
| | 0/8 | 5 | 10 | 40 | 65 | ≧15 | | ≦10 | | | | | | FB 500 | 6,0 | 7,5 | | | | | 35 | 45 | | |
| | 0/5 | 6 | 11 | 30 | 55 | ≦10 | | | | | | | | Fb 500 | 6,5 | 8,0 | | | | | 25 | 35 | | |

In Klammern gesetzte Werte gelten nur in besonderen Fällen.

**Fußnoten zu Tafel 55**

1) Bei > 20 Gew.-% Hochofen- oder Metallhüttenschlacke im Mineralstoffgemisch ist statt der Berechnung des Hohlraumgehalts die Bestimmung der Wasseraufnahme durchzuführen. Es gelten dieselben Werte.
2) Bauklasse I, II, III S, St SLW.
3) Bauklasse III und IV.
4) Bauklasse V, VI, St LLW und Wege.
5) Verwendung von Edelsplitt, Edelbrechsand und/oder Natursand, Gesteinsmehl.
6) Sonderbindemittel mit Viskosität wie FB500.
7) Oberfläche mit Abstreumaterial aufrauhen.
8) Stabilität nach Marshall ≧ 4 kN, Fließwert nach Marshall 2 bis 5 mm.
9) Bei Dicken ≧ 3,0 cm.
10) Zunahme in weiteren 30 min ≦ 0,4 mm.
11) Zunahme in weiteren 30 min ≦ 0,6 mm.
12) Verhältnis Brechsand : Natursand ≧ 1 : 1.
13) Verhältnis Brechsand : Natursand ≧ 1 : 1 nur bei Bauklasse III.
14) Verhältnis Brechsand : Natursand ≧ 1 : 2.
15) „Empfehlungen für die Zusammensetzung, die Herstellung und den Einbau von Splittmastixasphalt", Straßenbau von A–Z, 5/91, Erich Schmidt Verlag, Berlin – Bielefeld – München

**Bituminöse Fahrbahndecken** bilden den obersten Teil des Oberbaus. Sie werden unterteilt in die Deckschicht, eine oder zwei Binderschichten, Tragdeckschichten und Oberflächenschutzschichten. Richtwerte für das Mischgut verschiedener Deckschichtbauweisen sind in Tafel 55 zusamengestellt. Die zweckmäßige Bauweise wählt man nach der Belastung der Verkehrsfläche (s. Tafel 56). Die Baustoffe für Oberflächenbehandlungen und die Zusammensetzung entnimmt man Tafel 57. Die Sieblinienbereiche sind in den Bildern 40 bis 46 dargestellt.

Nach ZTV Asphalt-StB unterscheidet man folgende Bauweisen:

Asphaltbinder. Einbau und Verdichtung erfolgen im heißen Zustand. Binder 0/11 dienen zum Profilausgleich bei Straßen oder Bauklassen IV bis VI.

Asphaltbeton (Heißeinbau). Sie besitzen einen geringen Hohlraumgehalt und werden heiß eingebaut und verdichtet.

Splittmastixasphalt besteht aus Mineralstoffgemisch mit Ausfallkörnung, Straßenbaubitumen und stabilisierenden Zusätzen (organische und mineralische Faserstoffe, Kieselsäure, Polymere), die bei hohem Bindemittelgehalt eine Entmischung bei der Herstellung und Verarbeitung verhindern sollen. Er wird mit Edelsplitt und/oder Edelbrechsand abgestreut, um eine angemessene Anfangsrauhigkeit zu erzielen.

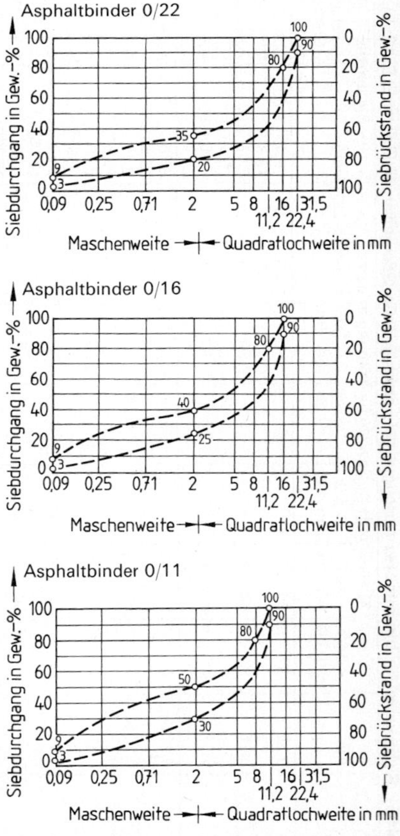


**Bild 40 Sieblinienbereiche für Asphaltbinder**

**Tafel 56 Zweckmäßige Mischgutarten und -sorten im Heißeinbau nach ZTV Asphalt-StB**

| Beanspruchung | Bauklasse/ Flächenart | Asphalt-binder | Asphalt-beton | Splittmastix-asphalt | Guß-asphalt |
|---|---|---|---|---|---|
| normal oder besondere | I und II | 0/22<br>0/16 | 0/16 S<br>0/11 S | 0/11 S | 0/11 S |
| besondere | III, StSLW | 0/22<br>0/16 | 0/16 S<br>0/11 S | 0/11 S<br>0/8 S | 0/11 S |
| normale | III, IV | 0/16 | 0/11<br>(0/8) | 0/8<br>(0/5) | (0/11)<br>(0/8) |
| | V, VI | | 0/11<br>0/8 | 0/8<br>0/5 | (0/11)<br>(0/8) |
| | StLLW, Rad- und Gehwege | | 0/11, 0/8<br>0/5 | 0/8<br>0/5 | (0/8)<br>(0/5) |

**Tafel 57 Baustoffe für Oberflächenbehandlungen**

| Bindemittel-art | Bindemittel-sorte | Lage bzw. Schicht | Bindemittel-menge in kg/m² | Edelsplittmenge in kg/m² bei Körnung 2/5 | 5/8 | 8/11 | 11/16 |
|---|---|---|---|---|---|---|---|
| **Einfache Oberflächenbehandlung** | | | | | | | |
| Unstabile Bitumen-emulsion | U70K | | 1,5 bis 2,0 | | 10 bis 17 | | |
| | | | 1,8 bis 2,3 | | | 12 bis 18 | |
| Unstabile Bitumen-emulsion | U60K | | 1,6 bis 2,2[1]) | | 10 bis 17 | | |
| Fluxbitumen | FB500 | | 1,0 bis 1,5 | | 11 bis 16 | | |
| | | | 1,2 bis 1,8 | | | 13 bis 18 | |
| **Einfache Oberflächenbehandlung mit doppelter Splittabstreuung** | | | | | | | |
| Unstabile Bitumen emulsion | U70K | 1. Lage | 1,8 bis 2,3 | | | 10 bis 16 | |
| | | 2. Lage | | 3 bis 5 | | | |
| | | 1. Lage | 2,0 bis 2,4 | | | | 14bis19 |
| | | 2. Lage | | 3 bis 5 | | | |
| **Doppelte Oberflächenbehandlung** | | | | | | | |
| Unstabile Bitumen-emulsion | U70K | 1. Schicht | 1,0 bis 1,5 | | | 9 bis 15 | |
| | | 2. Schicht | 1,3 bis 2,0 | | 7 bis 13 | | |
| | | oder | | | | | |
| | | 2. Schicht | 1,3 bis 2,0 | 6 bis 11 | | | |
| Unstabile Bitumen-emulsion | U70K | 1. Schicht | 1,0 bis 1,3 | | 7 bis 13 | | |
| | | 2. Schicht | 1,3 bis 1,7 | 6 bis 11 | | | |
| Fluxbitumen | FB500 | 1. Schicht | 1,1 bis 1,5 | | | 12 bis 16 | |
| | | 2. Schicht | 0,9 bis 1,4 | | 10 bis 12 | | |

[1]) bei Pflasterdecken 2,0 bis 2,5 kg/m²

G u ß a s p h a l t ist eine dichte Masse. Er besitzt keine Hohlräume, oft sogar Bindemittelüberschuß. Er ist im heißen Zustand gießfähig und muß nicht verdichtet werden. Die Oberfläche wird mit bitumenumhülltem Edelsplitt abgestreut.

A s p h a l t m a s t i x ist eine dichte Masse aus Sand und Füller und in heißem Zustand gieß- und streichbar. Sie wird mit bitumenumhülltem Edelsplitt abgestreut.

T r a g d e c k s c h i c h t e n übernehmen die Funktion von Deck- und Tragschicht bei Verkehrsflächen mit leichtem Verkehr. Sie besitzen einen geringen Hohlraumgehalt.

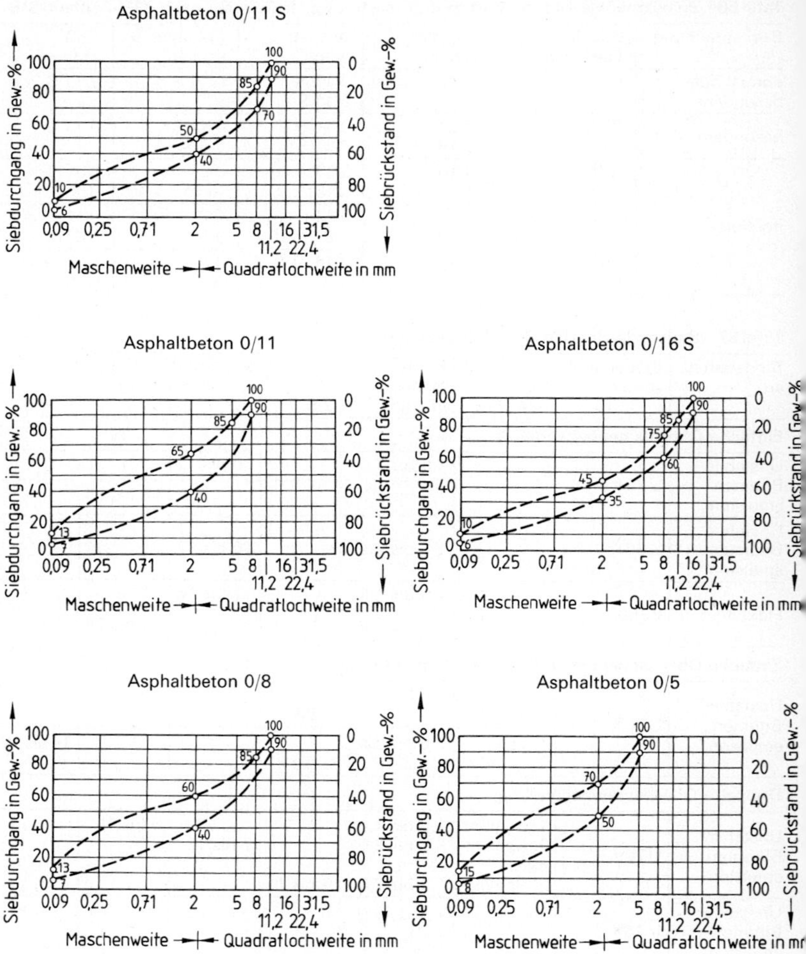


**Bild 41 Sieblinienbereiche für Asphaltbeton**

Asphaltbeton (Warmeinbau) besteht aus Mineralstoffgemisch mit Fluxbitumen. Er wird warm eingebaut und verdichtet. Durch die Nachverdichtung unter Verkehr entstehen hohlraumarme Deckschichten.

Oberflächenschutzschichten können durch Oberflächenbehandlungen oder Schlämmen erzeugt werden. Bei der Oberflächenbehandlung wird die Unterlage mit bituminösem Bindemittel angespritzt und anschließend mit Edelsplitt abgestreut. Man unterscheidet nach den Arbeitsgängen einfache, doppelte und einfache Oberflächenbehandlungen mit doppelter Splittstreuung. Bituminöse Schlämme bestehen aus feinkörnigen Mineralstoffen, bituminösem Bindemittel und Wasser. Sie dient in der Regel der Versiegelung von Oberflächen.

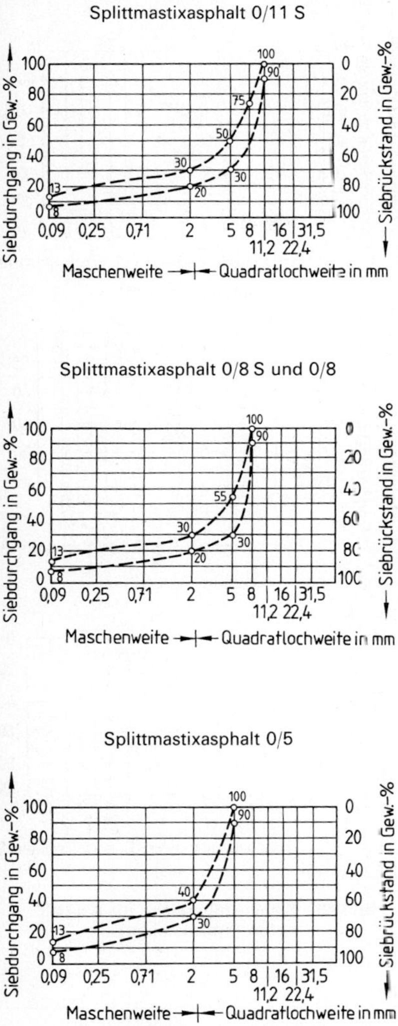


**Bild 42 Sieblinienbereiche für Splittmastixasphalt**

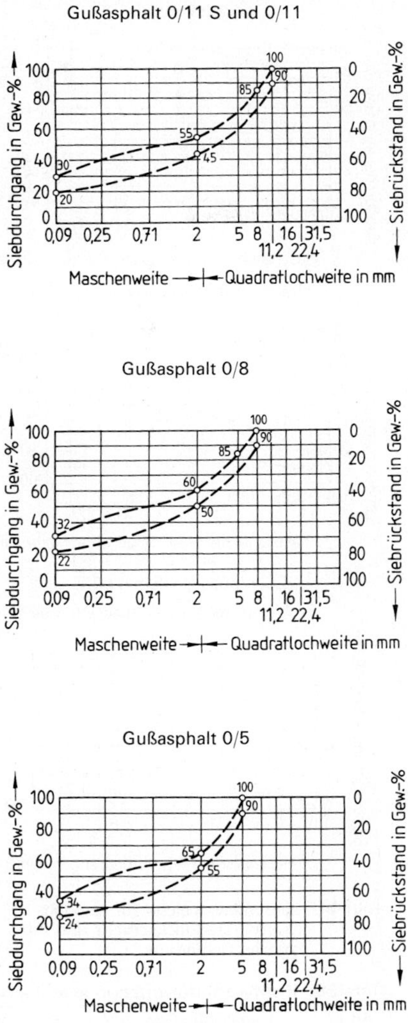


**Bild 43 Sieblinienbereiche für Gußasphalt**

**Offenporige Asphaltdeckschichten.** Diese Bauweisen werden eingesetzt zur Lärmminderung des Verkehrsgeräusches und zur Oberflächenentwässerung (Drainasphalt). Weisen sie im Neuzustand einen Hohlraumgehalt $\geqq 15$ Vol.-% auf, dürfen die Korrekturwerte $D_{\text{Stro}}$ herabgesetzt werden bei Körnungsbereich

0/11 auf $D_{\text{Stro}} = -4{,}0$ dB(A) und bei 0/8 auf $D_{\text{Stro}} = -5{,}0$ dB(A).

Der Lärmminderungs-Effekt geht nach einigen Jahren verloren.

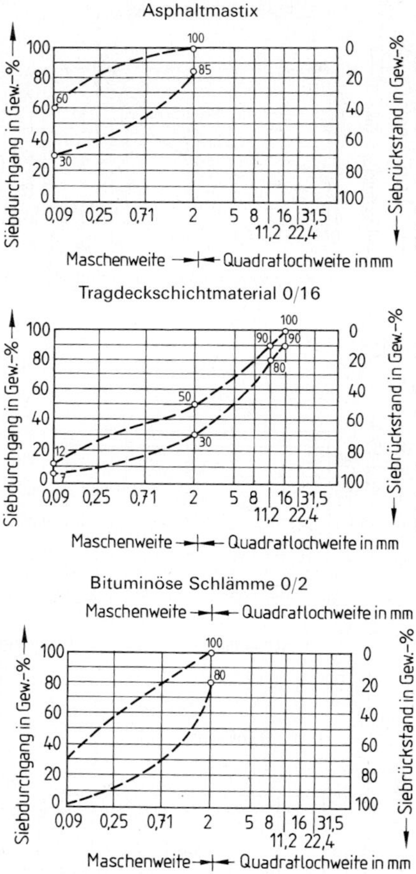


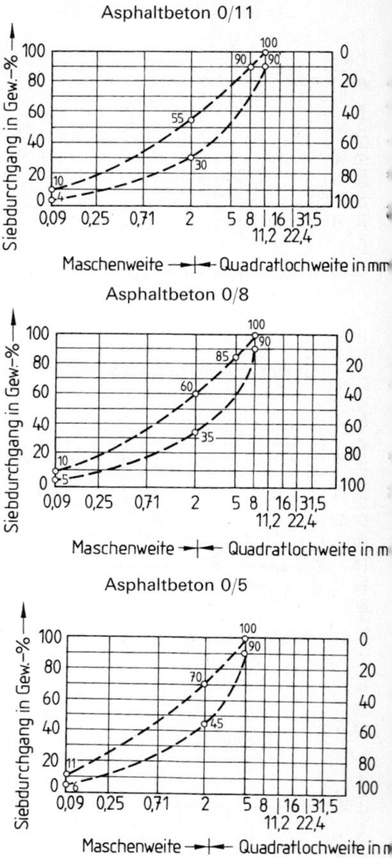


**Bild 44** Sieblinienbereiche für Asphaltmastix, Tragdeckschicht und bituminöse Schlämme

**Bild 45** Sieblinienbereiche für Asphaltbeton (Warmeinbau)

**Tafel 58** Richtwerte für offenporigen Asphalt

| Art | Mineralstoffe Gew.-% für Körnung in mm | | | | | Bindemittel- | | Mischgut | Schichteinbau | | | |
|---|---|---|---|---|---|---|---|---|---|---|---|---|
| | <0,09 | >2,0 | >5,0 | >8,0 | >11,2 | sorte, | gehalt Gew.-% | Hohlr. Vol.-% | Dicke in cm | Gewicht kg/m² | Verd.-grad % | Hohlr.-gehalt Vol.-% |
| 0/11 | 4 bis 6 | 80 bis 90 | 70 bis 85 | 50 bis 75 | ≦10 | B 65 B 80 PmB 65 PmB 80 | 5,0 bis 5,5 | 18 bis 24 | 3,5 bis 5,0 | 70 bis 100 | ≧95 | ≧15 |
| 0/8 | 4 bis 6 | 80 bis 90 | 50 bis 75 | ≦10 | | | 5,2 bis 5,8 | | 3,0 bis 4,0 | 60 bis 80 | | |
| 0/5 | 6 bis 12 | 65 bis 85 | ≦10 | | | | 5,5 bis 6,5 | | 2,5 bis 3,5 | 50 bis 70 | | |

Dem Mischgut ist ein stabilisierender Zusatz von 0,3 bis 0,5 Gew.-% zuzugeben. Die Sieblinienbereiche entnimmt man Bild 46.

**Naturasphalt** ist ein Gemisch aus Naturbitumen und feinen, gleichmäßig verteilten Mineralstoffen, das auf natürliche Weise entstanden ist. Er wird im Straßenbau als Zusatz zum Destillationsbitumen in Gußasphalt, Asphaltmastix und Walzasphalt hochbeanspruchter Deckschichten zugegeben, übt auf den Asphaltmörtel stabilisierende Wirkung aus und erleichtert die Verarbeitung der Asphaltmischung. Die Mitverwendung von Trinidad Naturasphalt macht die Asphaltmischung geschmeidiger beim Einbau. Deshalb kann das Destillationsbitumen eine Stufe härter gewählt werden. In Deutschland hat sich Trinidad Naturasphalt durchgesetzt mit dem Füller-Bitumenverhältnis 1 : 1 bis 1 : 2. Er wird in den Handelsformen Trinidad Epuré, Trinidad Epuré Z und Trinidad-Pulver geliefert. Die Handelsform hat Einfluß auf die Lagerhaltung und Zugabe zum Asphaltmischer.

**Trinidad Epuré** besteht aus rd. 54 Massen-% Naturbitumen und 46 Massen-% Mineralstoffe, die der Korngröße Durchmesser < 0,09 mm zuzurechnen sind. Es besitzt bei Normaltemperaturen feste Konsistenz. Das zerkleinerte Epuré muß vor dem Mischen aufgeschmolzen werden.

**Trinidad Epuré Z** ist bereits auf Splittkorngröße 0/12 mm gebrochen.

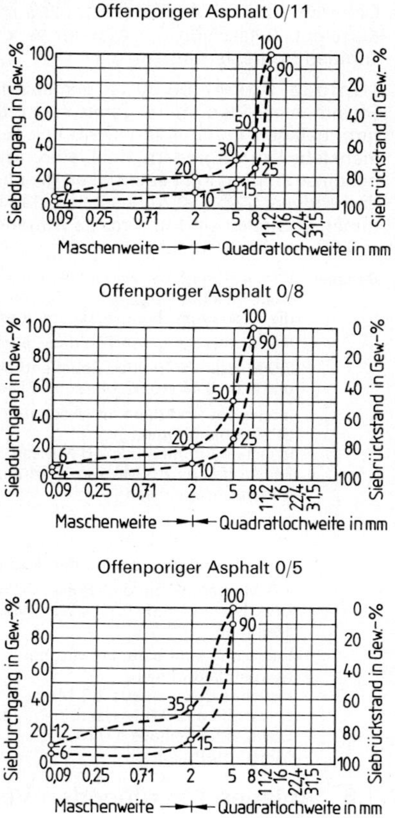


**Bild 46**
**Sieblinienbereiche für offenporigen Asphalt**

**Tafel 59 Zugabeanteile von Trinidad Naturasphalt zum Mischgut**

| Mischgutart | Empfohlene Straßenbau-bitumensorte | Naturasphaltanteil in Massen-% | |
|---|---|---|---|
| | | Trinidad Epuré<br>Trinidad Epuré Z | Trinidad-Pulver 50/50 |
| Gußasphalt 0/11 S, 0/11, 0/8, 0/5<br>Asphaltmastix | B 45<br>B 65<br>B 80 | 2,0<br>3,0¹)<br>3,0 | –<br>–<br>– |
| Asphaltbeton 0/16 S, 0/11 S | B 80 | 2,0 | 4,0 |
| Splittmastixasphalt 0/11S, 0/8 S | B 80 | 1,5²) | 3,0²) |

¹) Auch bei Brückenabdichtungen
²) in Verbindung mit stabilisierenden Zusätzen gemäß ZTV Asphalt-StB

Bei der Berechnung der Bitumen und Mineralstoffanteile im Mischgut ist der Mineralanteil im Trinidad Naturasphalt zu berücksichtigen.

Dadurch wird der Aufschmelzprozeß im Mischbehälter verkürzt. Es enthält einen Kieselgur-Zusatz von 3,0 Massen-%, der das Wiederverkleben des gebrochenen Trinidad Epuré verhindern soll.

Trinidad-Pulver 50/50 ist gemahlenes Trinidad Epuré, das mit 50 Massen-% Steinmehl als Trennmittel gemischt ist. Loses Trinidad-Pulver 50/50 wird in Füllerturm gelagert und soll innerhalb von 6 Tagen verarbeitet werden, um ein Zusammenkleben zu verhindern. Bei Lieferung in Kunststoffsäcken müssen diese vor Sonneneinstrahlung und Feuchtigkeit geschützt werden. Bei der Verwendung des Trinidad-Pulvers 50/50 ist zu beachten, daß in der Masse nur rd. 27 Massen-% Naturbitumen enthalten sind und rd. 73 Massen-% der Korngruppe mit dem Durchmesser <0,09 mm hinzuzurechnen sind.

**Beispiel** Vom Auftraggeber wird ein Anteil an löslichem Bitumen von 7,1 Massen-% gefordert. Dem Mischgut sollen 2,0 Massen-% Trinidad Epure zugemischt werden. Wie muß die Asphaltmischung zusammengestellt werden?

Bei Verwendung von Trinidad Epuré Z:

2,0 Massen-% Trinidad Epuré enthalten 2,0 · 0,54 = 1,08 Massen-% lösliches Bitumen und 2,0 · 0,46 = 0,92 Massen-% Feinstoffe, die dem Füller zuzurechnen sind.

Insgesamt sind dann im Mischgut:

| | |
|---|---|
| Straßenbaubitumen | 6,00 Massen-% |
| lösliches Bitumen aus 2,0 Massen-% Trinidad Epuré | 1,08 Massen-% |
| Feinstoffe aus 2,0 Massen-% Trinidad Epuré | 9,92 Massen-% |
| Mineralstoffgemisch | 92,00 Massen-% |
| | 100,00 Massen-% |

Bei Verwendung von Trinidad Epuré oder Trinidad-Pulver 50/50:

4,0 Massen-% Trinidad-Pulver 50/50 enthalten 4,0 · 0,27 = 1,08 Massen-% lösliches Bitumen und 4,0 · 0,23 = 0,92 Massen-% Feinstoffe und 4,0 · 0,5 = 2,0 Massen-% Steinmehl.

Insgesamt sind dann im Mischgut:

| | |
|---|---|
| Straßenbaubitumen | 6,00 Massen-% |
| lösliches Bitumen aus 2,0 Massen-% Trinidad-Pulver | 1,08 Massen-% |
| Feinstoffe aus 2,0 Massen-% Trinidad-Pulver | 0,92 Massen-% |
| Steinmehlanteil aus 4,0 Massen-% Trinidad-Pulver | 2,00 Massen-% |
| Mineralstoffgemisch | 90,00 Massen-% |
| | 100,00 Massen-% |

## 1.6 Anlagen für ruhenden Verkehr

Der Flächenbedarf für ruhenden Kraftfahrzeugverkehr hängt ab von Art und Maß der baulichen Nutzung der Grundstücke, dem Bedarf der Anlieger, der Besucher, Kunden und Beschäftigten in einem bebauten Gebiet. Die Abstellflächen können auf öffentlichem oder privatem Grund liegen. Je nach Bauordnung sind 1,0 bis 1,5 Stellplätze je Wohnung auf privatem Grund gefordert. Für Besucher und Lieferanten ist für 3 bis 6 Wohnungen ein Stellplatz auf öffentlichen Grund zu planen. Davon sollen 3% für Behinderte ausgewiesen werden.

Stellplätze sind Flächen, auf denen ein Kraftfahrzeug abgestellt werden kann einschließlich des notwendigen Manövrierraumes vor und hinter dem Fahrzeug. Parkplätze sind Flächen, auf denen eine Anzahl von Stellplätzen vereinigt sind einschließlich der notwendigen Fahrgassen. Parkbauten sind Parkplätze, die in konstruktiven Baulichkeiten als Hochbauten oder unterirdisch untergebracht sind. Ein Stellplatz kann offen, überdacht oder rundum geschlossen (Garage) ausgeführt werden.

Im öffentlichen Bereich am Straßenrand oder auf Parkplätzen wählt man dem Bedarf entsprechend entweder die Längs-, Schräg- oder Senkrechtaufstellung. Die Anordung der Stellplätze und deren Abmessungen entnimmt man Tafel 60 und Bild 47. Um ein angenehmes städtebauliches Bild zu erreichen, sollten die angeordneten Stellplätze durch Grünflächen unterbrochen werden (Bild 48).

Auf Parkplätzen kann man die Stellplätze in Senkrechtstellung, im Parkett- oder Fischgrätenmuster anordnen. Je nach vorhandener Fläche sind Kombinationen möglich (Bild 49). Für das Auftragen der Stellplatzmarkierung berechnet man die Einzelmaße nach Tafel 62. Die Anordnung von Bushaltestellen in Parkstreifen entlang dem Straßenrand zeigt Tafel 63.

Mehrgeschossige P a r k b a u t e n werden durch gerade oder Kreisbogenrampen miteinander verbunden. Die Längsneigung soll 15% (im Freien 10%) nicht überschreiten. Die Abmessungen entnimmt man der Tafel 61. Beim Übergang zur Geschoßfläche sind Neigungen >8% auszurunden oder auf 1,5 m Länge bei Kuppen und 2,5 m bei Wannen nur mit halber Längsneigung auszuführen ($h_k$=15,0 m, $h_w$=20,0 m). Bei Neigungswechseln ist die lichte Geschoßhöhe von mind. 2,10 m auf mind. 2,30 m zu vergrößern.

**Tafel 60 Abmessungen von Parkständen für Pkw** (Klammerwerte bei Pkw mit reduzierten Abmessungen)

| Aufstellungsform | Qualität des Ein- und Aus-parkens | Auf-stell-win-kel $\alpha$ in gon | Tiefe ab Fahr-gassen-rand $t-ü$ in m | Über-hang-strei-fen $ü$ in m | Park-stand-brei-te $b$ in m | Straßen-frontlänge $l_f$ in m beim Einparken vor-wärts | rück-wärts | notwendige Fahrgassen-breite $b_g$ in m beim Einparken vor-wärts | rück-wärts |
|---|---|---|---|---|---|---|---|---|---|
| **Längsaufstellung** 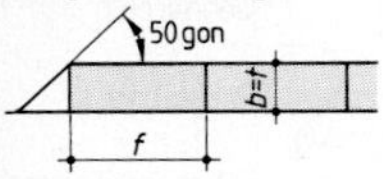  | bequem | 0 | | | 2,00 | | 5,75 | | 3,50 |
| | beengt | | | | 1,80 | | 5,25 | | 3,50 |
| **Schrägaufstellung** 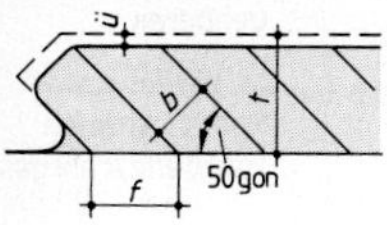  | bequem | 50 | 4,15 | | 2,50 | 3,54 | | 2,40 | |
| | beengt | | (3,95) | | 2,30 | 3,25 | | 2,60 (2,50) | |
| | bequem | 60 | 4,45 | | 2,50 | 3,09 | | 2,90 | |
| | beengt | | (4,20) | | 2,30 | 2,84 | | 3,30 (3,00) | |
| | bequem | 70 | 4,60 | | 2,50 | 2,81 | | 3,60 | |
| | beengt | | (4,30) | | 2,30 | 2,58 | | 4,30 (3,50) | |
| | bequem | 80 | 4,60 | | 2,50 | 2,63 | | 4,20 | |
| | beengt | | (4,30) | | 2,30 | 2,42 | | 5,40 (4,10) | |
| | bequem | 90 | 4,50 | | 2,50 | 2,53 | | 5,00 | |
| | beengt | | (4,20) | | 2,30 | 2,33 | | (4,80) | |
| **Senkrechtaufstellung** 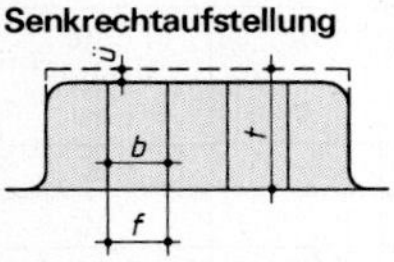  | bequem | 100 | 4,30 | 0,70 (0,50) | 2,50 | 2,50 | 2,50 | 6,00 | 4,50 |
| | beengt | | (4,00) | | 2,30 | 2,30 | 2,30 | (5,50) | 5,00 (4,50) |
| **Blockaufstellung** 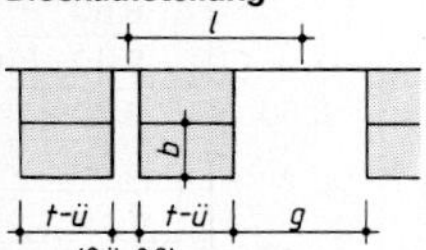  | bequem | 100 | 4,30 | | 2,50 | 7,90 | 7,15 | 6,00 | 4,50 |
| | beengt | | (4,00) | | 2,30 | (6,65) | 7,40 | (5,50) | 5,00 (4,50) |

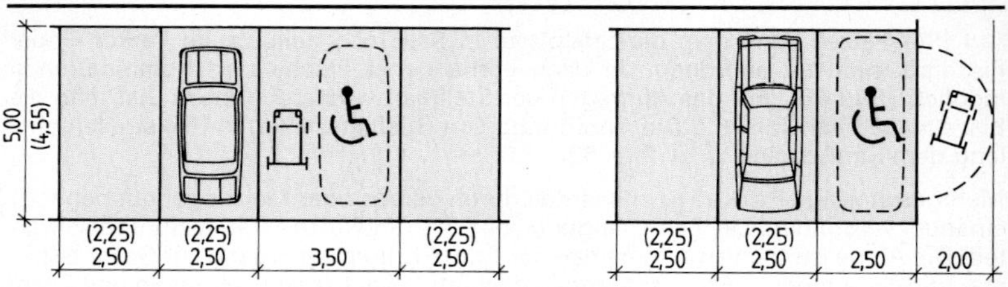


**Bild 47** **Abmessung von Parkständen für Behinderten-Pkw**

**Senkrechtaufstellung**

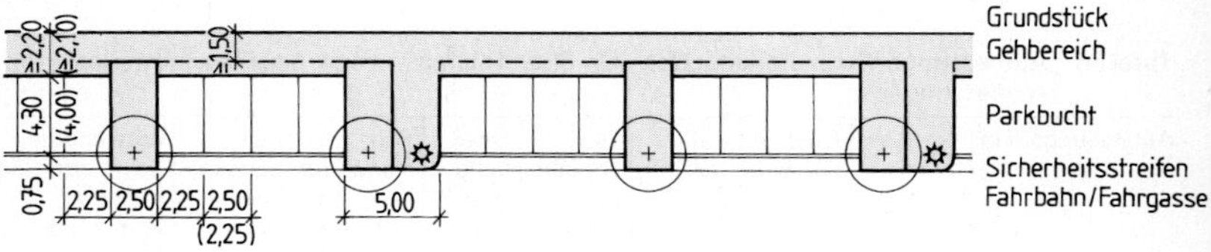


**Schrägaufstellung**

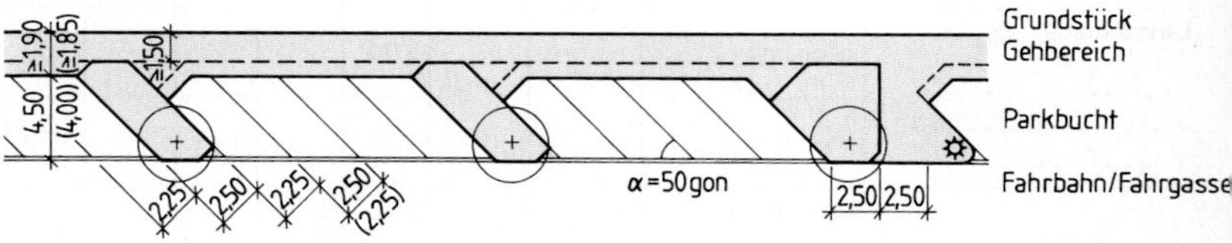


**Längsaufstellung**

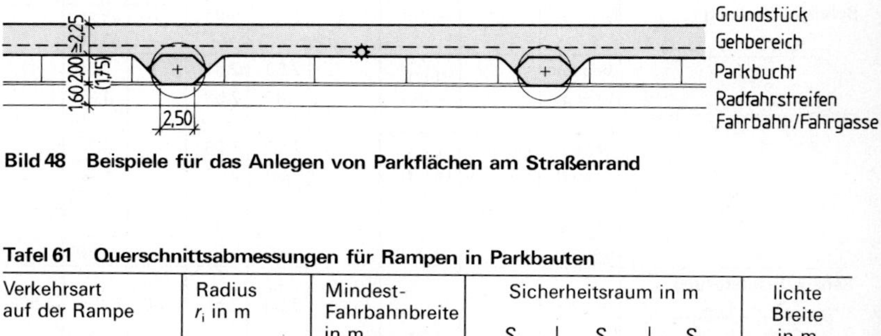


**Bild 48** **Beispiele für das Anlegen von Parkflächen am Straßenrand**

**Tafel 61** **Querschnittsabmessungen für Rampen in Parkbauten**

| Verkehrsart auf der Rampe | Radius $r_i$ in m | Mindest-Fahrbahnbreite in m | Sicherheitsraum in m | | | lichte Breite in m |
|---|---|---|---|---|---|---|
| | | | $S_i$ | $S_a$ | $S_m$ | |
| Ein-Richtungs-verkehr | ∞ | 3,00 | 0,25 | 0,25 | | 3,50 |
| | 5,00 | 4,00 | 1,00 | 0,50 | | 5,50 |
| Gegenverkehr | ∞ | 6,00 | 0,25 | 0,25 | 0,50 | 7,00 |
| | 5,00 | 7,10 | 0,50 | 0,50 | 0,50 | 8,60 |
| | 6,00 | 6,90 | | | | 8,40 |
| | 7,00 | 6,70 | | | | 8,20 |
| | 8,00 | 6,50 | | | | 8,00 |
| | 9,00 | 6,30 | | | | 7,80 |
| | 10,00 | 6,00 | | | | 7,50 |

**Senkrechtaufstellung (Gegenverkehr)**

**Schrägaufstellung 67 gon (wechselweise Einbahnverkehr)**

**Schrägaufstellung 50 gon (Einbahnverkehr)**

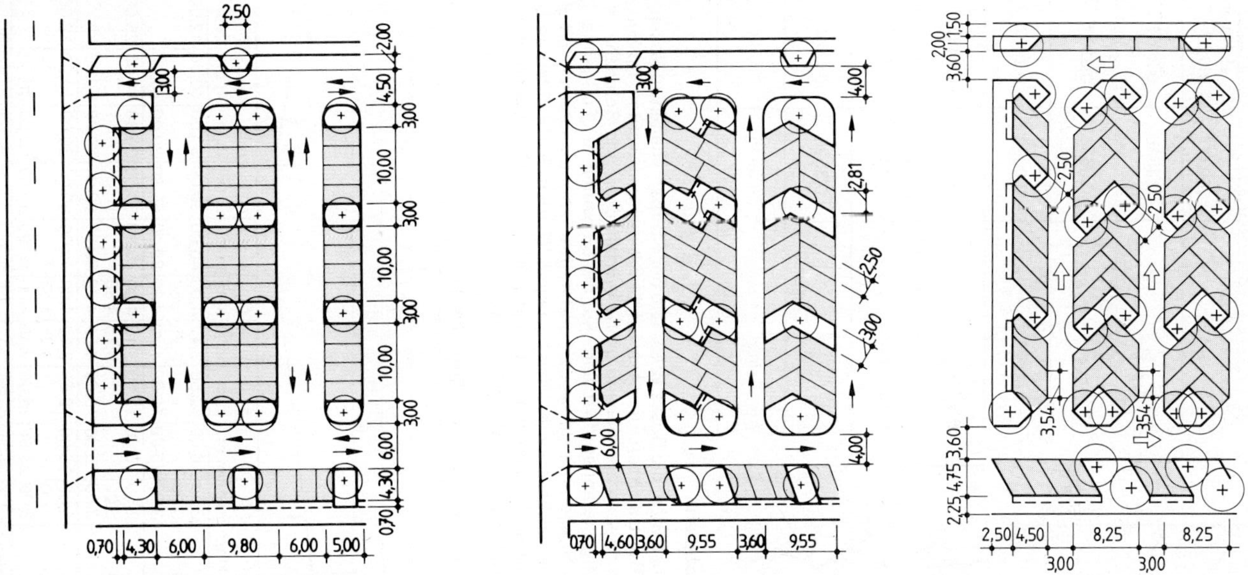


Bild 49 Beispiele für Parkplatzgestaltung

**Tafel 62 Absteckmaße für Parkett- und Fischgrätenmuster auf Parkplätzen**

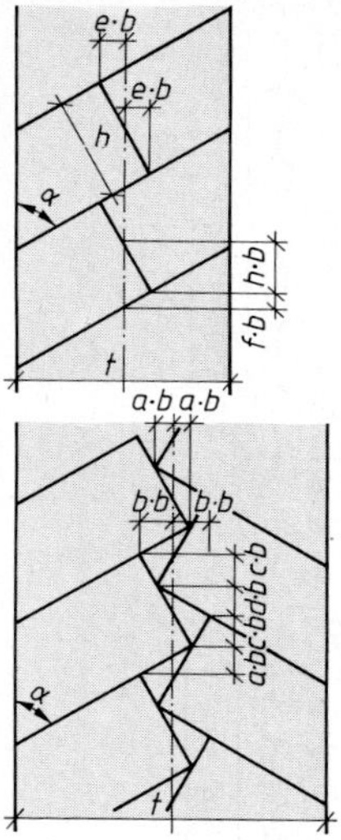


| Absteckparameter | Winkel $\alpha$ in gon 50,00 | 66,67 | 83,33 |
|---|---|---|---|
| $a=\dfrac{\cos\alpha}{4\cdot\sin^2\alpha}$ | 0,3536 | 0,3667 | 0,0693 |
| $b=\cos\alpha\cdot\left(1-\dfrac{1}{4\cdot\sin^2\alpha}\right)$ | 0,3536 | 0,3333 | 0,1895 |
| $c=\sin\alpha\cdot\left(1-\dfrac{1}{2\cdot\sin^2\alpha}\right)$ | 0,0000 | 0,2887 | 0,4483 |
| $d=\dfrac{\cos^2\alpha}{\sin\alpha}$ | 0,7071 | 0,2887 | 0,0693 |
| $e=\dfrac{1}{2}\cdot\cos\alpha$ | 0,3536 | 0,2500 | 0,1294 |
| $f=\dfrac{1}{2}\cdot\dfrac{\cos^2\alpha}{\sin\alpha}$ | 0,3536 | 0,1444 | 0,0347 |
| $h=\dfrac{1}{2}\cdot\sin\alpha$ | 0,3536 | 0,4330 | 0,4830 |

## Bushaltestellen

Es ist anzustreben, die Busse außerhalb der Fahrbahn halten zu lassen. Es entstehen dadurch Busbuchten, die nach Tafel 56 bemessen werden. Im Ein- und Aussteigebereich müssen ausreichend große Warteflächen und Schutzhäuschen für wartende Fahrgäste angeordnet sein. Auf die Sicherheit der Fußgänger bei Bushaltestellen an Straßen mit Radwegen und im Knotenpunktsbereich mit ausreichenden Sichtweiten ist besonderer Wert zu legen. Werden Busbuchten an Straßen angelegt, an denen Parkstreifen vorhanden sind, so muß gewährleistet sein, daß die Zu- und Abfahrten nicht zugeparkt werden.

**Tafel 63 Regelausbildung von Bushaltstellen**

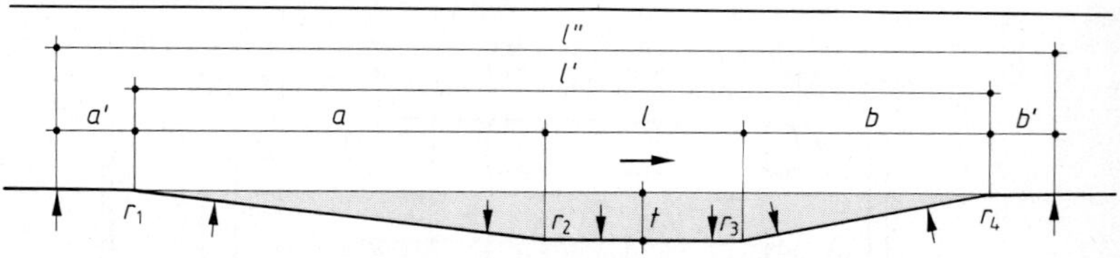


| Fahrzeug | $v$ in km/h | $t$ in m | $a$ in m | $b$ in m | $a'$ in m | $b'$ in m | $r_1$ in m | $r_2$ in m | $r_3$ in m | $r_4$ in m | $l$ in m | $l'$ in m | $l''$ in m |
|---|---|---|---|---|---|---|---|---|---|---|---|---|---|
| Einzelbus | 50 | 2,50<br>3,00<br>*3,00* | 16,00<br><br>*25,00* | 12,50<br><br>*15,00* | 3,12<br>3,75<br>*4,80* | 4,00<br>4,80<br>*4,00* | 40,00<br><br>*80,00* | 30,00<br><br>*60,00* | 30,00<br><br>*20,00* | 40,00<br><br>*40,00* | 12,00 | 40,50<br><br>*52,00* | 47,62<br>49,05<br>*60,80* |
| 2 Einzelbusse | 50 | 2,50<br>3,00<br>*3,00* | 16,00<br><br>*25,00* | 12,50<br><br>*15,00* | 3,12<br>3,75<br>*4,80* | 4,00<br>4,80<br>*4,00* | 40,00<br><br>*80,00* | 30,00<br><br>*60,00* | 30,00<br><br>*20,00* | 40,00<br><br>*40,00* | 25,00 | 53,50<br><br>*65,00* | 60,62<br>62,05<br>*73,80* |
| Gelenkbus | 50 | 2,50<br>3,00<br>*3,00* | 16,00<br><br>*25,00* | 12,50<br><br>*15,00* | 3,12<br>3,75<br>*4,80* | 4,00<br>4,80<br>*4,00* | 40,00<br><br>*80,00* | 30,00<br><br>*60,00* | 30,00<br><br>*20,00* | 40,00<br><br>*40,00* | 18,00 | 46,50<br><br>*58,00* | 53,62<br>55,05<br>*66,80* |

*kursive Zahlen* sind Werte nach RAS-Ö, Teil 2

## 1.7 Straßenentwässerung

### 1.7.1 Planungsgrundsätze

Wasser stellt eine Gefahr für die Lebensdauer der Straße und ihrer Bauwerke dar und beeinträchtigt die Sicherheit der Verkehrsteilnehmer. Bei der Planung von Straßen sind die Einwirkungen auf Gewässer und Grundwasser zu berücksichtigen. Ebenso sind die Auswirkungen des Wassers auf den Straßenbestand zu untersuchen. Flächen außerhalb der Fahrbahn sollen kein Wasser auf die Fahrbahn leiten. Ausnahmen bilden Rad- und Gehwege in bebauten Gebieten. Wasser muß schadlos zum Vorfluter abgeleitet werden.

Die Leistungsfähigkeit vorhandener Kanalleitungen ist zu überprüfen!

In Sonderfällen ist Versickerung möglich. Die Unterkante des Straßenaufbaus soll Grundwasser nicht anschneiden. Querneigungswechsel müssen in Bereichen ausreichender Längsneigung liegen. Die Schrägneigung soll $p \geqq 2{,}00\%$ (Pflaster $\geqq 3\%$) sein, in Verwindungsstrecken darf bis auf min $p = 0{,}5\%$ abgemindert werden. Im Kreuzungsbereich empfiehlt es sich, Höhenlinienpläne zur Beurteilung herzustellen. Entwässerungseinrichtungen sollen leicht zu warten sein. Oberirdische Ableitungen sind deshalb besser als unterirdische. Sind Verunreinigungen des Wassers zu erwarten, müssen diese durch Rückhalte- und Klärbecken aufgefangen werden. Auf eine landschaftsgerechte, naturnahe Ausgestaltung zu achten.

### 1.7.2 Bemessung

Die **Abfluß-Wassermenge** ist abhängig von Regenspende, Regenhäufigkeit und Abflußbeiwert. Als Regenspende ist die Regenmenge zugrunde zu legen, die sich nach Reinhold für den 15-min-Regen ergibt, der nicht mehr als einmal im Jahr auftritt (Gl. 50).

$$r_{T(n)} = r_{15(n=1)} \cdot \varphi_{T(n)} \quad \text{in l/(s·ha)} \quad (50)$$

$r_T$ Regenspende im Zeitraum T in min
$n$ Anzahl der Häufigkeiten pro Jahr
$\varphi_T$ Zeitbeiwert

Den Zeitbeiwert $\varphi_T$ entnimmt man Kapitel Wasserwirtschaft, Abschn. 5.4.3.1. Die Regenhäufigkeit legt man fest nach dem Grad der gewünschten Sicherheit gegen Überschreitungen. Übliche Werte für die Entwässerung von Straßen entnimmt man Tafel 64.

**Tafel 64 Regenhäufigkeit *n***

| Lage | Entwässerungseinrichtung | Regenhäufigkeit *n* |
|---|---|---|
| außerorts | Mulden, Gräben, Rohrleitungen | 1,0 |
| | Rohrleitungen in Mittelstreifen | 0,3 |
| | Straßentiefpunkte | 0,2 |
| | Trogstrecken | 0,1 bis 0,05 |
| innerorts | allgem. Bebauung | 1,0 bis 0,5 |
| | Innenstadt, Industriegebiete | 1,0 bis 0,2 |

Das Ableitungsvermögen eines Gebietes erfaßt man durch den Abflußbeiwert. Der Spitzenabflußbeiwert $\psi_s$ kann nach Tafel 65 festgelegt werden.

**Tafel 65 Abflußbeiwert $\psi_s$**

| Fläche | Abflußbeiwert $\psi_s$ |
|---|---|
| Fahrbahn | 0,9 |
| unbefestigte Horizontalflächen | 0,05 bis 0,1 |
| Böschungen im Dammbereich | 0,3 |
| Böschungen im Einschnitt | 0,3 bis 0,5 |
| Entwässerung befestigter Flächen über unbefestigte Seitenstreifen, Mulden mit Muldenabläufen (Einschnitt) | 0,7 |
| Entwässerung befestigter Flächen über unbefestigte Seitenstreifen, Dammböschungen und Fußmulden | 0,5 |

Die Berechnung des Regenabflusses erfolgt nach dem Zeitbeiwertverfahren oder Zeitabflußfaktorenverfahren (s. Wasserwirtschaft, Abschn. 5.4.4). Die Abflußmenge berechnet man nach der Gl. (51).

$$Q = r \cdot \varphi \cdot \sum_{i=1}^{i=n} A_E \cdot \psi_s \quad \text{in l/s} \qquad (51)$$

$Q$ Oberflächenabfluß in l/s
$r$ Regenspende in l/(s · ha)
$\varphi$ Zeitbeiwert
$A_E$ Größe der Entwässerungsfläche in ha
$\psi_s$ Spitzenabflußwert für $A_E$

**Beispiel**

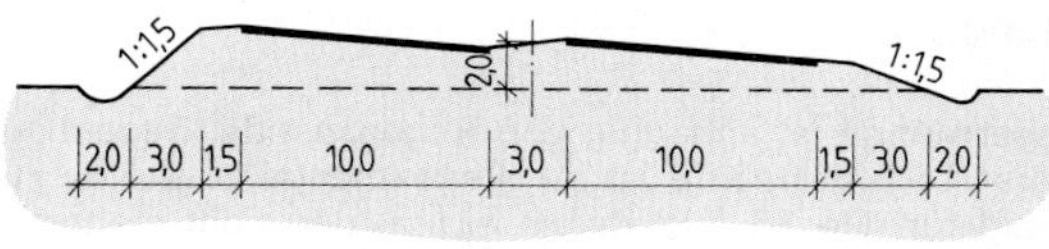


Länge der Straße 1000 m, RQ 26,0 als Sägequerschnitt, Dammhöhe 2,00 m, Böschungsneigung 1 : 1,5, Regenspende $r_{15} = 120$ l/(s · ha), Regenhäufigkeit für Rohrleitungen im Mittelstreifen $n = 0{,}3$, für Mulden $n = 1{,}0$ (Tafel 64).

Berechnung der Einzugsflächen:

| | | |
|---|---|---|
| befestigte Flächen | 10 · 1000 = | 10000 m² je Seite |
| Böschungen | 1,5 · 2,0 · 1000 = | 3000 m² je Seite |
| Seitenstreifen | 1,5 · 1000 = | 1500 m² je Seite |
| Mulde am Dammfuß | 2,0 · 1000 = | 2000 m² je Seite |
| Mittelstreifen | 3,0 · 1000 = | 3000 m² |

Zeitbeiwert $\varphi_T = 1$

Berechnung der Abflußmengen:

Abfluß hohe Seite

$Q_1 = 120 \cdot 1 \cdot 6500 \cdot 10^{-4} \cdot 0{,}3 = 23{,}4$ l/s

Abfluß über Mittelstreifen

$Q_2 = 120 \cdot (10000 \cdot 0{,}9 + 3000 \cdot 0{,}1) \cdot 10^{-4} = 111{,}6$ l/s

Mit der Regenhäufigkeit $n = 0{,}3$ erhält man aus Bild 79, Kapitel Wasserwirtschaft, Abschn. 5.4.3.1 $\varphi = 1{,}555$. Mit diesem Faktor ist die Abflußmenge des Mittelstreifens zu erhöhen:

$Q_{2(n)} = 1{,}555 \cdot 111{,}6 = 173{,}5$ l/s

Abfluß tiefe Seite

$Q_3 = 120 \cdot 1 \cdot (10000 \cdot 0{,}5 + 6500 \cdot 0{,}3) \cdot 10^{-4} = 83{,}4$ l/s

Beispiel für Listenberechnung der Regenleitungen s. Kapitel Wasserwirtschaft, Abschn. 5.4.4

Die Bemessungen der **Entwässerungseinrichtungen** erfolgt mit Hilfe der Abflußformel nach Manning-Strickler für offene Gerinne und nach Prandtl-Colebrook bei Rohrleitungen.

Offene Gerinne sind Entwässerungsmulden, Gräben und Rinnen. Die abführbare Wassermenge ist abhängig vom durchflossenen Querschnitt, dem benetzten Umfang, der Fließgeschwindigkeit und der Rauhigkeit der Gerinnewandung.

Entwässerungsmulden werden als Kreissegmente ausgebildet. Ihr nutzbarer Querschnitt ergibt sich aus Gl. (52), den Radius der Mulden erhält man aus Gl. (53), den Mittelpunktswinkel aus Gl. (54) und den benetzten Umfang aus Gl. (55).

$$A=\frac{r^2}{2}\left(\frac{\pi\cdot\alpha}{200}-\sin\alpha\right) \quad \text{in m}^2 \qquad (52)$$

$$r=\left(\frac{s}{2}\right)^2\cdot\frac{1}{2\cdot p}+\frac{p}{2} \quad \text{in m} \qquad (53)$$

$$\sin\frac{\alpha}{2}=\frac{s}{2\cdot r} \quad \text{in gon} \qquad (54)$$

$$l_u=\frac{\pi\cdot r\cdot\alpha}{200} \quad \text{in m} \qquad (55)$$

| | | |
|---|---|---|
| $A$ | Durchflußquerschnittsfläche | in $m^2$ |
| $r$ | Ausrundungsradius der Mulde | in m |
| $s$ | Sehnenlänge (Muldenbreite) | in m |
| $p$ | Pfeilhöhe (Tiefe) der Mulde | in m |
| $\alpha$ | Mittelpunktswinkel zur Sehne | in gon |
| $l_u$ | benetzter Umfang (Bogenlänge) | in m |

Straßengräben können die Form von Rechteck-, Trapez- oder Dreiecksquerschnitten erhalten. Die notwendigen Werte entnimmt man Tafel 66.

**Tafel 66 Bemessungswerte für Grabenprofile**

| Profilform | Rechteck | Trapez | Dreieck |
|---|---|---|---|
| Flächeninhalt $A$ in m | $b\cdot h$ | $h\left(\frac{a+b}{2}\right)$ | $\frac{b\cdot h}{2}$ |
| benetzter Umfang $l_u$ in m | $2\cdot h+b$ | $b+2\sqrt{h^2+\left(\frac{a-b}{2}\right)^2}$ | $2\sqrt{h^2+\left(\frac{b}{2}\right)^2}$ |

Aus den voranstehenden Werten berechnet man den hydraulischen Radius $r_{hy}$ mit

$$r_{hy}=\frac{A}{l_u} \quad \text{in m} \qquad (56)$$

Die mögliche Abflußmenge ist abhängig vom benetzten Umfang, der Rauhigkeit des Gerinnes und dem Energiegefälle. Letzteres kann im Straßenbau dem Sohlgefälle gleichgesetzt werden. Für die einzelnen Querschnittsformen ergeben sich die folgenden Gleichungen.
Für Entwässerungsmulden, Rechteck-, Trapez- oder Dreiecksgräben:

$$\max Q=A\cdot k_{St}\cdot r_{hy}^{2/3}\cdot I_E^{1/2} \quad \text{in m}^3/\text{s} \qquad (57)$$

für Bord- oder Spitzrinnen am Randstein

$$\max Q=k_{St}\cdot h^{8/3}\cdot I_E^{1/2}\cdot\frac{0{,}315}{q} \quad \text{in m}^3/\text{s} \qquad (58)$$

für Muldenrinnen am Randstein

$$\max Q=k_{St}\cdot h^{8/3}\cdot I_E^{1/2}\cdot\frac{b}{2\cdot h} \quad \text{in m}^3/\text{s} \qquad (59)$$

| | |
|---|---|
| $k_{St}$ | Rauhigkeitsbeiwert nach Strickler in $m^{1/3}$/s (Tafel 67) |
| $r_{hy}$ | hydraulischer Radius in m |
| $I_E$ | Sohlgefälle des Gerinnes in ‰ |
| $h$ | Wassertiefe am Randstein oder Muldenmitte in m |
| $q$ | Querneigung des Gerinnes in % |

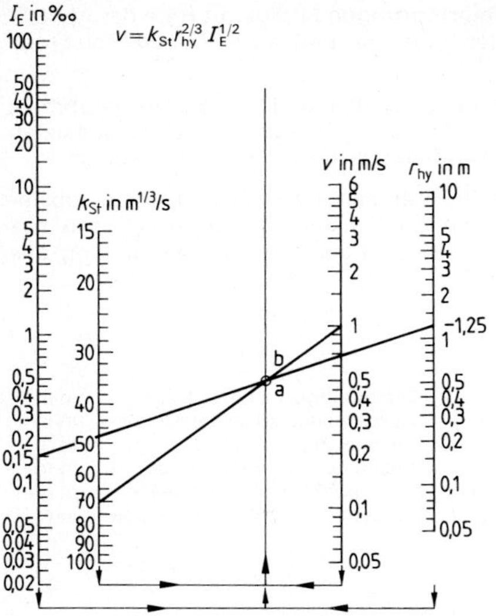


**Beispiel**
$I_E = 0{,}15‰$, $r_{hy} = 1{,}25$ m(a)
$k_{St} = 70\ m^{1/3}/s \rightarrow v = 1{,}00$ m/s (b)

**Bild 50**
**Nomogramm zur Bestimmung der Fließgeschwindigkeit $v$ nach Manning-Strickler**

**Tafel 67 Rauhigkeitsbeiwerte $k_{St}$ nach Strickler**

| Gerinneart | Wandbeschaffenheit | $k_{St}$ in $m^{1/3}/s$ |
|---|---|---|
| Mulden | Sohlschale je nach Ablagerung | 30 bis 50 |
| | Rasen | 20 bis 30 |
| | Schotter | 25 bis 30 |
| | Bruchsteinpflaster | 40 bis 50 |

Die Bemessung von Rohrleitungen erfolgt entsprechend Kap. Wasserwirtschaft, Abschn. 3.1. Für Vollfüllung gilt

$$Q = \frac{\pi \cdot d^2}{4}\left[-2 \cdot \lg\left(\frac{2{,}51 \cdot \nu}{d\sqrt{2 \cdot g \cdot I_r \cdot d}} + \frac{k_b}{3{,}71 \cdot d}\right)\right] \cdot \sqrt{2 \cdot g \cdot I_r \cdot d} \quad (60)$$

$Q$ Durchflußmenge in $m^3/s$
$d$ Rohrinnendurchmesser in m
$\nu$ kinematische Viskosität in $m^2/s$
$g$ Fallbeschleunigung in $m/s^2$
$I_r$ Gefälle in %
$k_b$ Betriebliche Rauhigkeit in mm (s. Wasserwirtschaft, Abschn. 3.1.3.1)

Teilfüllung der Rohre berechnet man nach Kap. Wasserwirtschaft, Abschn. 3.1.4.

**Beispiel** Mulde am Dammfuß des RQ 26,0 im vorhergehenden Beispiel. Sohlgefälle $I_E = 1{,}5\%$, Breite 2,0 m, Tiefe 0,3 m, Rauhigkeitsbeiwert nach Tafel 67 bei Rasen $k_{St} = 25\ m^{1/3}/s$.

Radius der Mulde nach Gl. (54)

$$r = \left(\frac{2{,}0}{2}\right)^2 \cdot \frac{1}{2 \cdot 0{,}3} + \frac{0{,}3^2}{2 \cdot 0{,}3} = 1{,}817\ \text{m}$$

Mittelpunktswinkel nach Gl. (54)

$$\sin\frac{\alpha}{2} = \frac{2{,}0}{2 \cdot 1{,}817} = 0{,}550358;\ \alpha = 74{,}20346\ \text{gon}$$

Benetzter Umfang bei Vollfüllung nach Gl. (55)

$$l_u = \frac{3{,}14 \cdot 1{,}817 \cdot 74{,}20346}{200} = 2{,}118\ \text{m}$$

**Beispiel** Durchflußquerschnitt nach Gl. (52)

$$A=\frac{1{,}817^2}{2}\left(\frac{3{,}14\cdot 74{,}20346}{200}-0{,}919\right)=0{,}407\ \text{m}^2$$

Hydraulischer Radius nach Gl. (56)

$$r_{hy}=\frac{0{,}407}{2{,}118}=0{,}192\ \text{m}$$

Die abführbare Wassermenge nach Gl. (57) wird

$$\max Q=0{,}407\cdot 25\cdot 0{,}192^{2/3}\cdot 0{,}015^{1/2}=0{,}415\ \text{m}^3/\text{s}$$

Das anfallende Oberflächenwasser 83,4 l/s kann somit abgeführt werden.

**Kreuzungsbauwerke** mit Wasserläufen sind Brücken, Durchlässe und Düker. Diese sind in jedem Fall mit der Wasserwirtschaftsverwaltung abzustimmen. Die Abmessungen sind abhängig von

- Bemessungsdurchfluß,
- Fließgeschwindigkeit,
- Durchflußquerschnitt,
- zulässiger Aufstau.

Die lichte Weite von Brücken- und Rechteckdurchlässen mit freiem Wasserspiegel und strömendem Abfluß bestimmt man mit Gl. (61).

$$l_w=\frac{Q}{h\cdot\sqrt{\dfrac{2\cdot g\cdot\Delta h}{1{,}5+\dfrac{2\cdot g\cdot l}{k_{St}^2\cdot r_{hy}^{4/3}}}}}\quad \text{in m} \qquad (61)$$

$l_w$ Lichte Weite des Bauwerkes in m
$h$ Abflußtiefe im unverbauten Querschnitt in m
$r_{hy}$ hydraulischer Radius im Bauwerk in m
$l$ durchflossene Bauwerkslänge in m
$k_{St}$ Rauhigkeitsbeiwert in $m^{1/3}/s$ (meist 65 angenommen)
$g$ Fallbeschleunigung in $m/s^2$
$\Delta h$ Spiegeldifferenz zwischen Oberwasser einschl. Aufstau und Unterwasser (s. Bild 51)
$Q$ Durchflußmenge in $m^3/s$

Die Lichte Weite für Bauwerke ohne Aufstau ergibt sich vereinfacht aus Gl. (62) (Bild 51)

$$l_w=\frac{A}{\mu\cdot h}\quad \text{in m} \qquad (62)$$

Für Brücken über Wasserläufe mit Trapezprofil gilt

$$l_w=\frac{(b+m\cdot h)\cdot h}{\mu\cdot h}\quad \text{in m} \qquad (63)$$

(s. Abschn. Wasserwirtschaft, Abschn. 3.2)

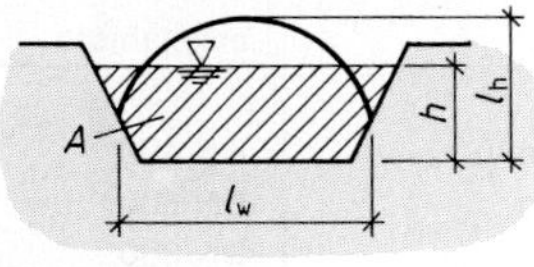


**a) Brücken**

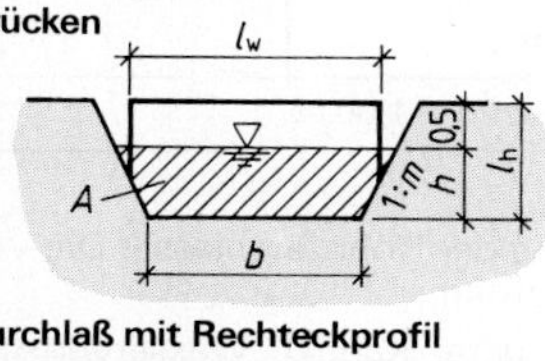


**b) Durchlaß mit Rechteckprofil**

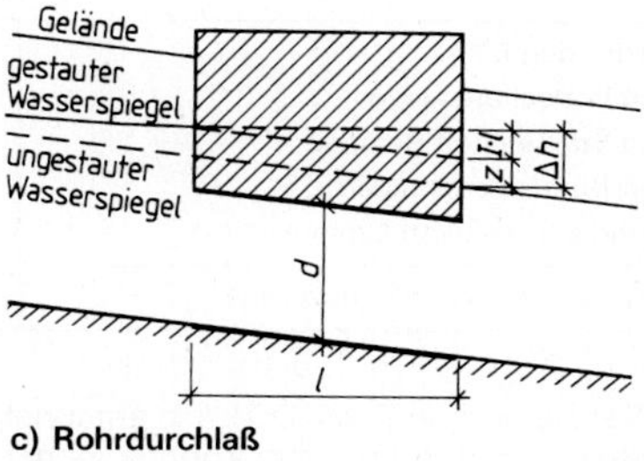


**c) Rohrdurchlaß**

**Bild 51 Bemessungsgrößen für Kreuzungsbauwerke**

Tritt ein Aufstau auf, so kann man die Lichte Weite vereinfacht nach Gl. (64) bestimmen.

$$l_w = \frac{Q}{\mu \cdot h \cdot \sqrt{2 \cdot g \cdot z + v_0^2}} \quad \text{in mm} \qquad (64)$$

$A$ Durchflossene Querschnittsfläche in $m^2$
$h$ Abflußtiefe im Querschnitt in m
$\mu$ Einschnürungsbeiwert nach Tafel 68
$g$ Fallbeschleunigung in $m/s^2$
$z$ Aufstau in m
$v_0$ Fließgeschwindigkeit im unverbauten Querschnitt

**Tafel 68 Einschnürungsbeiwert**

| Widerlagerform | gerade (Regelfall) | Halbkreis | stumpfwinklig | gleichseitig eintauchende Kämpfer |
|---|---|---|---|---|
| $\mu$ | 0,80 | 0,95 | 0,90 | 0,70 |

Die Lichte Höhe soll mindestens 0,50 m größer als die Abflußtiefe bei maximalem Abfluß sein, damit Schwemmgut nicht den Brückenquerschnitt einengt.

Für Rohrdurchlässe mit Kreisprofil müssen ebenfalls die Eintritts-, Wandreibungs- und Austrittsverluste berücksichtigt werden, die bei eingestautem Querschnitt zu einem Aufstau führen. Wendet man Gl. (65) an, so sind diese Verluste bereits berücksichtigt.

$$Q = \left[ \frac{\Delta h}{\frac{8}{g \cdot \pi^2 \cdot d^4} \cdot \left(1{,}5 + \frac{2 \cdot g \cdot l}{k_{St}^2 \, (d/4)^{4/3}}\right)} \right]^{1/2} \quad \text{in } m^3/s \qquad (65)$$

mit $\Delta h = z + I \cdot l$

$I$ Gefälle des Rohrdurchlasses in %
$\Delta h$ Spiegeldifferenz Oberwasser/Unterwasser einschließlich zulässigem Aufstau in m
$d$ Rohrinnendurchmesser in m
$l$ Bauwerkslänge in m
$k_{St}$ Rauhigkeitsbeiwert (=65) in $m^{1/3}/s$

**Tafel 69 Mindestabmessungen für Durchlässe**

| Typ | Reinigung | |
|---|---|---|
| | von Hand | mechanisch |
| Rohrdurchlaß | bekriechbar | |
| in Wirtschaftswegen | LH > 0,80 m | DN 400 |
| in Straßen und Rampen | LW > 0,60 m | DN 500 |
| in Bundesfernstraßen | begehbar | DN 800 |
| und bei größeren Längen | LH > 1,80 m | |
| Rechteckdurchlaß (Rahmen) | LH > 2,00 m, LW > 1,00 m | |

Die Bemessung von Dükern entspricht derjenigen der Rohrdurchlässe. Die Verluste durch Rohrkrümmer können vernachlässigt werden.

Regenrückhaltebecken bemißt man nach dem Kapitel Wasserwirtschaft, Abschn. 5.6.

## 1.7.3 Darstellung im Entwurf

Die Entwässerung der Straße ist in allen drei Zeichenebenen dazustellen. Bei der Eintragung sind die Planzeichen der Tafel 70 zu verwenden. Im Regelquerschnitt sind außerdem Querneigung von Fahrbahn und Planum einzutragen. Für größere Knotenpunkte mit schwierigen Fließverhältnissen verwendet man Höhenschichtenpläne im Maßstab 1 : 250, um die Lage der Einlaufschächte festzulegen. Falls durch die Eintragungen die Entwurfspläne unübersichtlich werden, fertigt man besondere Entwässerungspläne.

**Tafel 70 Planzeichen für Stadtentwässerung**

**Flächen**

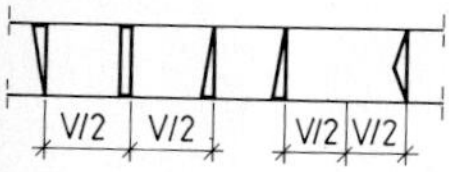


Querneigung der Fahrbahn (V Verwindungsbereich)

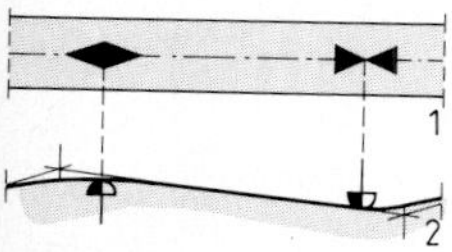


Hoch- und Tiefpunkt in der Fahrbahnachse
1 im Grundriß
2 im Höhenplan

**Höhen**

| | |
|---|---|
| 5,74 | geplant |
| (5,74) | vorhanden |
| 5,74 | unveränderlich |
| D | OK Deckel/Rost |
| S | OK Sohle |

**Mulden, Gräben, Rinnen**

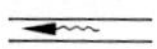

Straßenmulde,

Straßengraben

Fließrichtung
Hochpunkt
Tiefpunkt

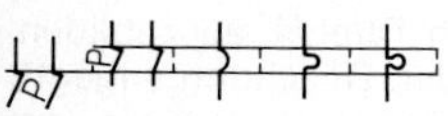

Bord-, Spitz-, Mulden-, Kasten-, Schlitzrinne

**Rohrleitungen**

Rohrart, ∅, Symbol nach DIN 2425

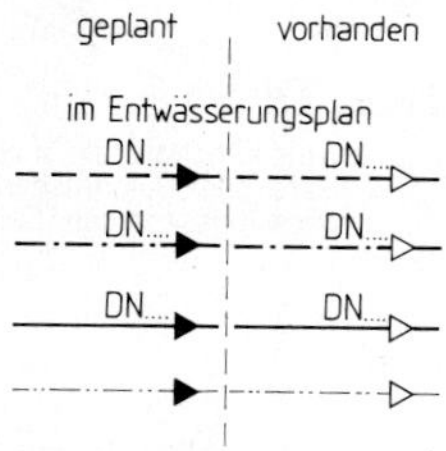


Regenwasserleitung
Mischwasserltg.
Schmutzwasserltg.
Sickerrohrleitung

**Schächte, Abläufe**

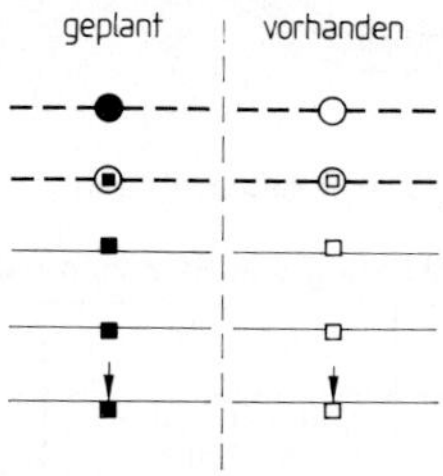


Prüfschacht
Ablaufschacht
Straßenablauf (Pultaufsatz)
Straßenablauf (Kombiaufsatz)
Seitenablauf

**Durchlässe**

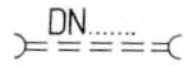


Rohrdurchlaß mit Böschungsstück

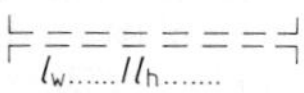


größerer Durchlaß mit Endbauwerken

## 1.7.4 Oberirdische Entwässerungsanlagen

Oberflächenwasser wird abgeleitet durch Straßenmulden, -gräben, -rinnen und -abläufe. Regelformen sind in Bild 52 bis 56 dargestellt.

Straßenmulden schließen beim Damm am Böschungsfuß, im Einschnitt am Kronenrand an. Die Breite beträgt 1,0 bis 2.5 m, die Tiefe min $h = 0{,}20$ m, max $h \leq b/5$ in m. Bei sehr geringem Längsgefälle wird die Sohle durch eine glatte Oberfläche befestigt, um besseren Abfluß zu erzielen, bei hohem Gefälle muß die Sohle durch rauhe Befestigung vor Erosion geschützt werden. Richtwerte entnimmt man Tafel 71.

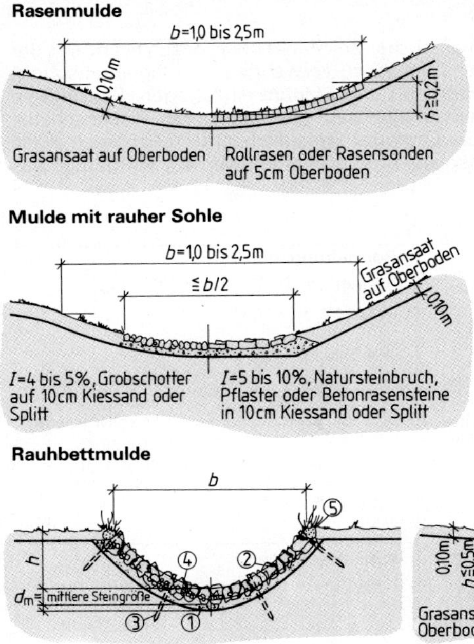


**Bild 52** Regelform von Straßenmulden

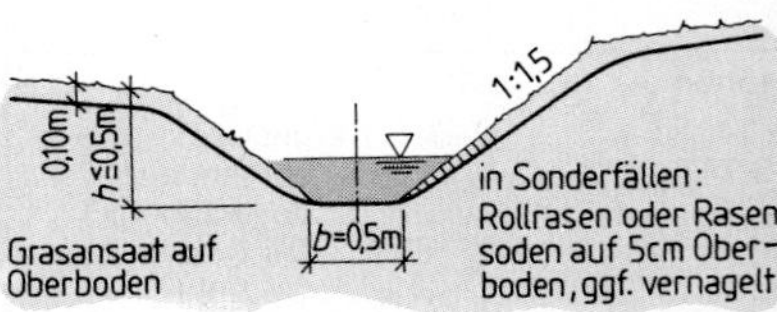


**Bild 53** Regelform des Straßengrabens

**Tafel 71** Sohlbefestigung von Straßenmulden

| Längsgefälle der Sohle $I_s$ in % | 0,3 bis 1,0 | 1,0 bis 4,0 | 4,0 bis 10,0 | >10,0 |
|---|---|---|---|---|
| Befestigung | glatt, z.B. Sohlschale, Platten | Rasen | rauhe Sohle, z.B. Pflaster | Rauhbettmulde |

Gräben werden dann ausgebildet, wenn die Querschnittsfläche von Straßenmulden nicht zur Wasserabführung ausreicht. Sie erhalten eine Sohlbreite von 0,50 m, die Tiefe soll 0,50 m nicht überschreiten. Die Sohle ist nach Tafel 71 auszubilden. Die Böschungsneigung wird meist an die der anschließenden Böschung angeglichen. Wenn aus dem Gelände viel Oberflächenwasser der Böschung zufließt, legt man am Durchstoßpunkt durch das Gelände einen Abfanggraben an. Bei ungünstigen Untergrundverhältnissen müssen Mulden und Gräben durch bindigen Boden oder Folien abgedichtet werden.

Straßenrinnen werden meist an Hochborden oder zwischen Verkehrsflächen angelegt. Sie leiten das Oberflächenwasser den Straßenabläufen zu.

min $s = 0{,}5\%$.

Man unterscheidet

- Bordrinne,
- Spitzrinne,
- Muldenrinne,
- Kastenrinne,
- Schlitzrinne.

Die Rinnenformen entnimmt man Bild 54.

Die Bordrinne wird aus der gleichen Befestigung wie die Fahrbahn hergestellt und durch einen Hochbord abgeschlossen. Sie erhält die gleiche Quer- und Längsneigung der Fahrbahn und eine Breite zwischen 0,15 m und 0,50 m.

Die Spitzrinne gehört nicht zur Fahrbahn. Sie wird deshalb mit einer anderen Befestigung als die Fahrbahn versehen. Sie erhält Breiten zwischen 0,30 m und 0,90 m. Die Querneigung beträgt je nach Befestigungsart 10,0 bis 15,0%. Als Befestigung dienen Fertigteile oder in Beton versetztes Pflaster. In diesem Falle wird sie durch einen Hochbord abgeschlossen.

Eine Muldenrinne legt man zwischen unterschiedlichen Verkehrsflächen an. Sie wird zwischen 0,5 m und 1,0 m breit. Die Tiefe wird mit $b/15$ festgelegt, muß aber mindestens 3 cm betragen. Sie kann von Verkehrsteilnehmern überfahren werden und wird zur Verbesserung der Sichtbarkeit in Pflaster ausgeführt. Häufig wird sie auf Parkflächen und in verkehrsberuhigten Bereichen ausgeführt.

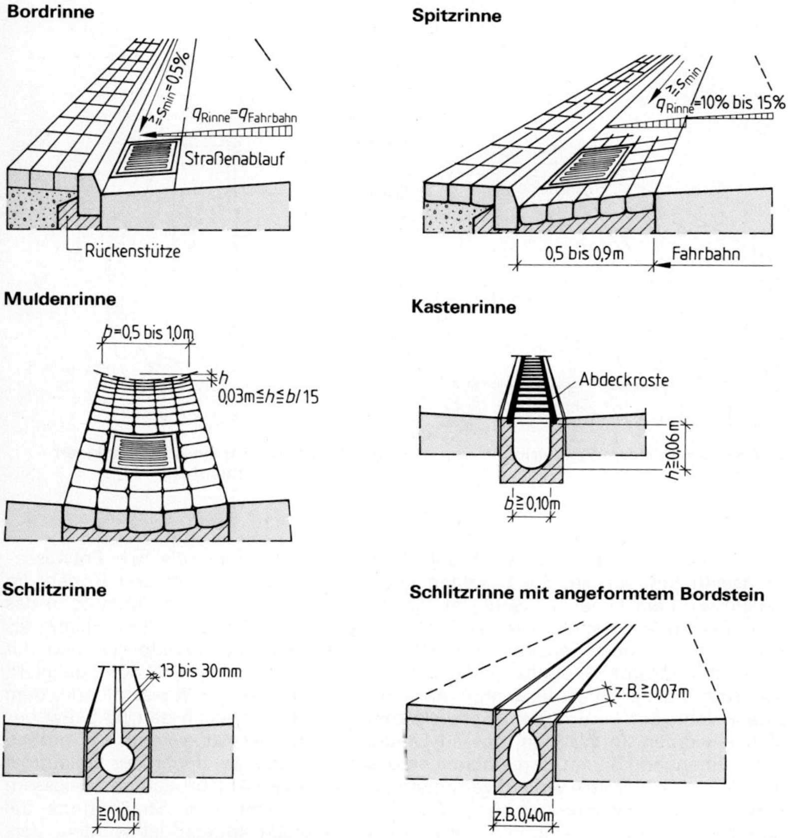


**Bild 54 Regelformen der Straßenrinnen**

Kastenrinnen sind Straßenrinnen aus Fertigteilen, die mit Gitterrosten oder Lochplatten abgedeckt sind. Die Lichte Weite soll $\geqq 0{,}10$ m, die Mindesthöhe min $h = 0{,}06$ m betragen. Das Sohlgefälle ist in die Fertigteile meist eingearbeitet und unabhängig von der Straßenlängsneigung. Kastenrinnen werden meist überfahren und müssen statische und dynamische Kräfte aufnehmen. Außerdem müssen die Roste so gestaltet sein, daß für Zweiradfahrer keine Gefahren entstehen.

Schlitzrinnen sind ebenfalls Straßenrinnen aus Betonfertigteilen, die auf der Oberseite einen Eintrittsschlitz für das Wasser besitzen. Sie sind auf Verkehrsflächen, auf denen auch Radfahrer verkehren, nicht einzusetzen. Der Schlitz darf 13 mm bis 30 mm breit sein. Der Innenquerschnitt hat einen Durchmesser $d \geqq 10$ cm. Die Fertigteile werden auch mit vorgefertigtem Sohllängsgefälle geliefert. In Sonderfällen werden die Fertigteile auch mit einem angeformten Hochbord hergestellt.

Pendelrinnen sind eine Sonderform der Spitzrinne. Sie werden bei sehr geringem Gefälle $s < 0{,}5\%$ eingesetzt. Ihre Gestaltung entspricht der Spitzrinne. Um das Rinnenlängsgefälle zu erhöhen, werden zwischen den Einläufen Hochpunkte angeordnet und die Rinnenquerneigung entsprechend verwunden. Die Bordsteinhöhe schwankt dabei zwischen 0,07 m und 0,14 m (Bild 55).

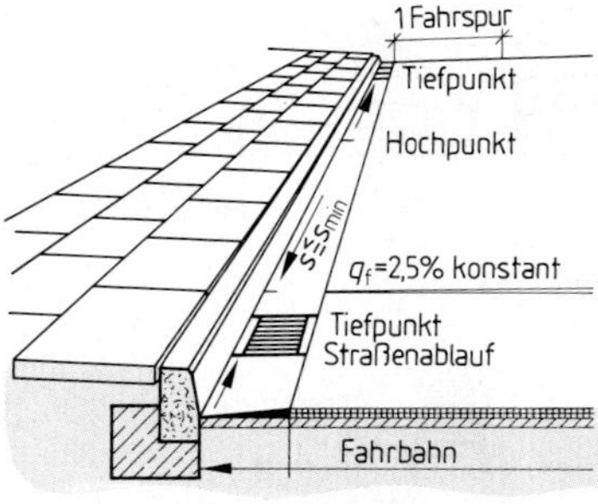


**Bild 55 Sonderform Pendelrinne**

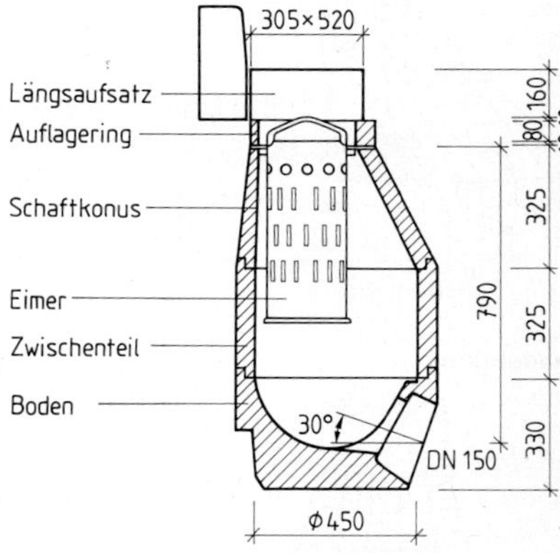


**Bild 56 Regelform eines rechteckigen Straßenablaufes**

Straßenabläufe führen das Oberflächenwasser den unterirdischen Entwässerungseinrichtungen zu. Sie bestehen aus Straßenablauf, Schaft und Boden. Im Ablauf wird ein Eimer mit Schlitzen eingehängt, damit kein Grobschmutz in das Leitungsnetz eingespült wird. Bei rechteckigen Einläufen sitzt der Aufsatz des Ablaufes auf einem Schachtkonus (Bild 56). Naßschlammabläufe kommen nur selten zum Einsatz. Straßenabläufe werden als Fertigteile nach DIN 4052 geliefert. Der Abstand der Einläufe richtet sich nach der anfallenden Wassermenge, dem Straßenlängsgefälle und dem Schluckvermögen. Er kann nach den RAS-Ew bestimmt werden. In Wannen müssen Einläufe dichter gesetzt werden. Bei großen Wassermengen können Bergeinläufe eingesetzt werden, bei denen der Einlaufrost gegenüber dem Normaleinlauf vergrößert ist. Besondere Ablaufbuchten verbessern meist das Schluckvermögen. Abläufe liegen in der Regel in der Straßenrinne. Sie dürfen nicht auf Fußgänger- oder Radfahrüberwegen angeordnet werden. Verschiedene Einlaufformen sind in Bild 57 dargestellt.

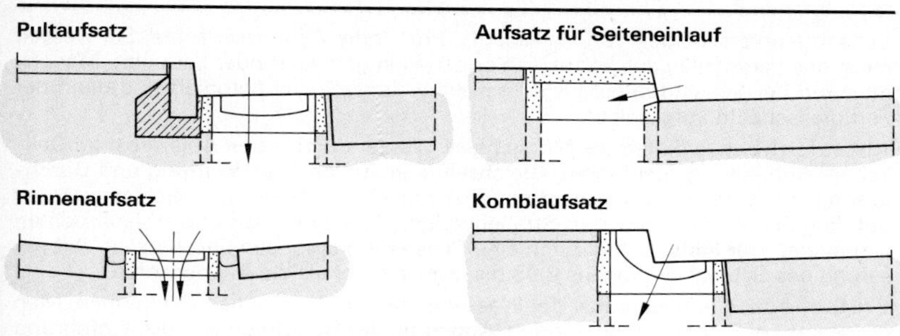


**Bild 57** **Regelformen für Aufsätze der Straßenabläufe**

## 1.7.5 Unterirdische Entwässerungsanlagen

Sie sind als Rohrleitungen ausgebildet und führen das Oberflächenwasser zum Vorfluter ab. Es werden Beton-, Steinzeug- oder Kunststoffrohre verwendet, die zwischen den Schächten geradlinig verlegt werden. Der Mindestdurchmesser beträgt bei Steinzeug- oder Kunststoffrohren DN 250, bei Betonrohren DN 300, um eine mechanische Reinigung zu ermöglichen. Die Fließgeschwindigkeit $v$ soll nicht weniger als 0,5 m/s betragen, um unerwünschtes Absetzen der Sinkstoffe bei Trockenwetter zu verhindern. Fließgeschwindigkeiten $v \geqq 6{,}0$ m/s bedingen besonders abriebfestes Rohrmaterial. Bei $v \geqq 8{,}0$ m/s ordnet man zur Energievernichtung Absturzschächte an.

Das Leitungssystem unterteilt man in Sammelleitungen, Huckepackleitungen und Teilsickerrohrleitungen. Die Regelausführungen sind in Bild 58 dargestellt.

Sammelleitungen sind geschlossene Rohrleitungen zur Wasserabführung. Ihr Durchmesser soll aus Gründen leichter Reinigung nicht unter DN 300 gewählt werden.

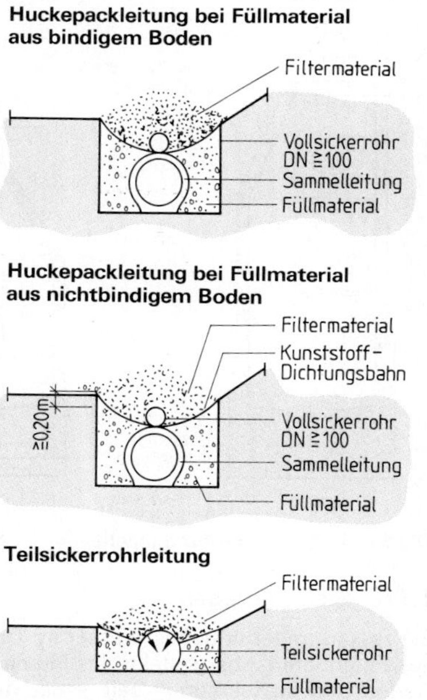


**Bild 58** **Regelausführung von Huckepack- und Teilsickerrohrleitungen**

Huckepackleitungen bestehen aus einer Sammelleitung, auf der eine mit Filtermaterial umhüllte Sickerleitung liegt. Diese nimmt in der Regel das Sickerwasser der Frostschutzschicht auf. Bei nichtbindigem Füllboden ist eine Kunststoff-Dichtungsbahn über der Sammelleitung einzubauen.

Teilsickerrohrleitungen vereinigen die Funktionen von Sammel- und Sickerleitungen. Hierbei verwendet man meist an der Oberfläche geschlitzte oder gelochte Rohre.

Schächte unterscheidet man als Ablauf-, Prüf- oder Absturzschächte. Sie werden meist aus Fertigteilen aufgebaut, in Sonderfällen gemauert oder betoniert. Manchmal wird der Schachtboden bis 0,15 m über Rohrscheitel betoniert und dann der Fertigteilschacht aufgesetzt.

Ablaufschächte bieten die Möglichkeit, Wasser durch einen Ablaufrost im Dekkel der Rohrleitung zuzuführen. Gleichzeitig ermöglichen sie Wartung und Durchlüftung der Leitung. Der Ablaufrost sitzt mit einem Konus und Schlammfänger auf dem Schaft. Sie werden in Straßenmulden, Muldenrinnen und Ablaufbuchten verwendet. Der Einlauf wird durch eine Pflasterung umgeben und sitzt zur Verbesserung des Schluckvermögens 0,03 bis 0,05 m tiefer als die Muldensohle.

Prüfschächte erfüllen außer der Wasseraufnahme die gleichen Funktionen. Man ordnet sie bei Richtungsänderungen, Änderung des Rohrdurchmessers, Einführung von Sammelleitungen und vor querenden Bauwerken an. Der maximale Abstand soll 80,0 m nicht überschreiten.

Absturzschächte sind bei großem Sohlgefälle der Leitung zur Energievernichtung anzuordnen. Regelausführungen sind im Bild 59 dargestellt.

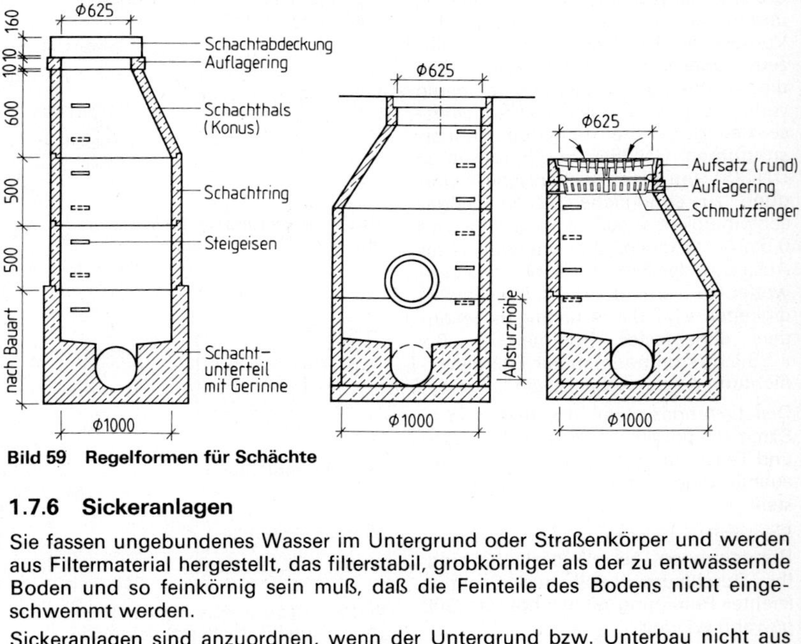


**Bild 59 Regelformen für Schächte**

## 1.7.6 Sickeranlagen

Sie fassen ungebundenes Wasser im Untergrund oder Straßenkörper und werden aus Filtermaterial hergestellt, das filterstabil, grobkörniger als der zu entwässernde Boden und so feinkörnig sein muß, daß die Feinteile des Bodens nicht eingeschwemmt werden.

Sickeranlagen sind anzuordnen, wenn der Untergrund bzw. Unterbau nicht aus grobkörnigem Material nach DIN 18196 besteht und das Erdplanum unterhalb des Geländes oder geländegleich liegt. Bei zweibahnigen Straßen gilt das auch für den Bereich unter dem Mittelstreifen. Um Sickerwasser im hochliegenden Seitenstreifen vom Oberbau fernzuhalten, wird das Erdplanum dort mit 4% Querneigung nach außen angelegt. Der Hochpunkt liegt dabei unter der Fahrbahn im Abstand von 1,0 m vom Fahrbahnrand. Im Einschnitt sind Längsentwässerungen unter der Mulde anzuordnen. Der Rohrscheitel soll 0,20 m unter der zu entwässernden Schicht liegen.

**Sickerstrang.** Er sammelt das im Boden vorhandene Wasser und leitet es weiter. Meist wird ein Sickerrohr DN 100 verwendet, das mit Filtermaterial umhüllt wird. Längere Stränge enden in Schächten des Leitungsnetzes, kurze können ins Freie geführt werden, erhalten am Auslauf aber eine Froschklappe. Das Sohlgefälle darf 0,3% nicht unterschreiten. Zur Wartung sind Schächte anzuordnen.

**Sickergraben.** Werden wasserführende Schichten angeschnitten, so ist ein Sickergraben technisch oft besser. Die Regelausführung ist in Bild 60 dargestellt.

**Sickerstrang ohne Sickerrohrleitung, Filter einstufig**

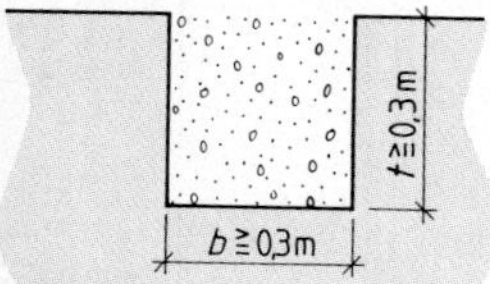


**Sickerstrang mit Sickerrohrleitung, Filter einstufig**

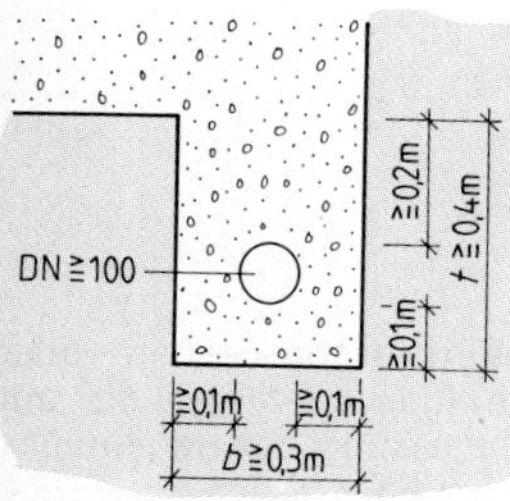


**Sickergraben**

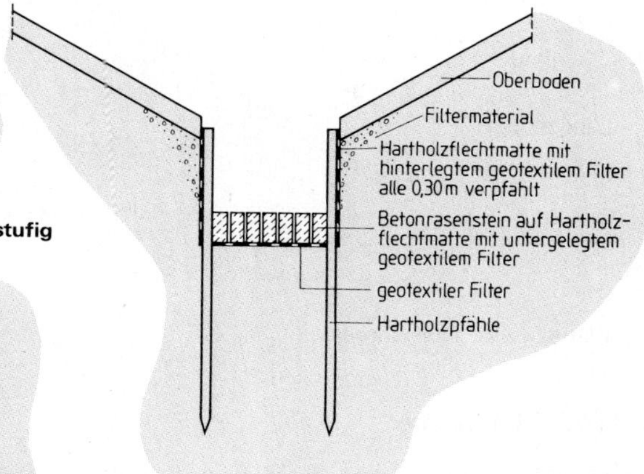


**Bild 60 Sickereinrichtung**

**Sickerschicht.** Sie kann als Tragschicht, Planums-, Böschungs-, Tiefensickerschicht oder Sickerstützscheibe eingesetzt werden.

Ungebundene Tragschichten übernehmen bei entsprechenden Kornaufbau die Funktion der Sickerschicht. Man bezeichnet sie dann als Frostschutzschicht.

Die Planumssickerschicht wird unter einer Frostschutzschicht angeordnet, wenn das Erdplanum zeitweilig oder ständig unter dem Grundwasserspiegel liegt. Sie soll mindestens 0,5 m dick sein. Diese Dicke darf nicht auf die Dicke der Frostschutzschicht angerechnet werden.

Die Böschungssickerschicht leitet Schichtwasser in der Böschung ab. Sie soll 0,5 m dick sein und ist gegen Oberflächenwasser durch bindigen Boden abzudichten (Bild 61).

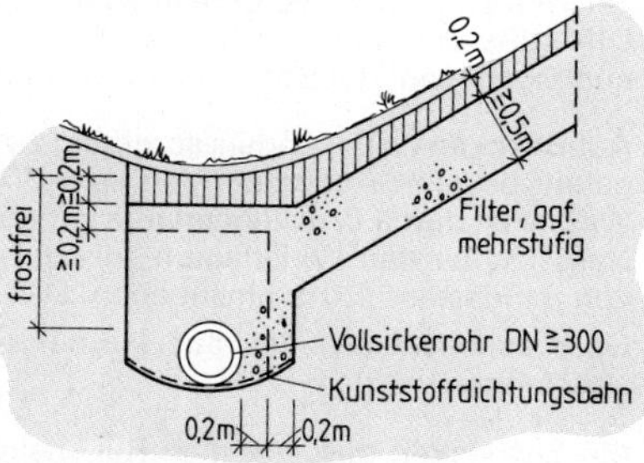


**Bild 61 Böschungssickerschicht**

Die Tiefensickerschicht sichert den Untergrund gegen seitlich andrängendes Wasser und entwässert vorwiegend tiefere Schichten. Die Mindestbreite beträgt bei mehrschichtigem Filterkörper und Sickerstrang min $b = 1{,}0$ m. Gegen Oberflächenwasser ist sie mit 0,2 m dickem bindigen Boden zu sichern. Das Wasser wird durch ein Sickerrohr abgeführt. Die Sickerstützscheibe wird in Fallinie in die Böschung senkrecht eingebaut. Sie besteht entweder aus einer Schotterschicht oder aus Einkornbeton. Sie stützt rutschgefährdete Böschungen durch Abbau des Wasserdrucks. Der Abstand der Scheiben untereinander beträgt 10,0 m bis 20,0 m, die Mindestbreite 1,20 m. Auch hier ist eine Abdichtung gegen Oberflächenwasser vorzusehen (Bild 62).

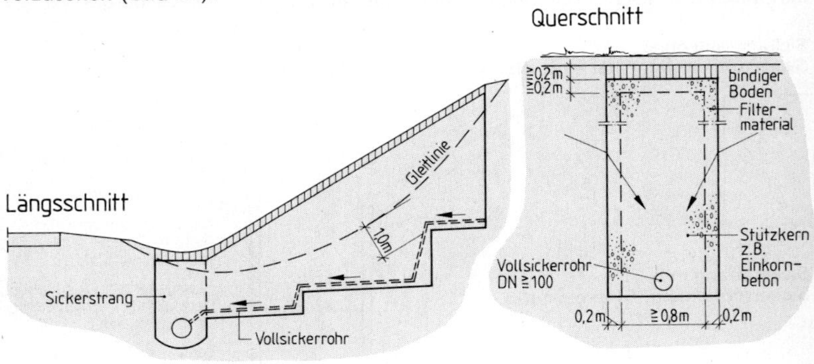


**Bild 62 Sickerstützscheibe**

### 1.7.7 Bauwerke

Oberflächenwasser wird durch Regenrückhaltebecken, große Graben- oder Rohrleitungsprofile gesammelt und gedrosselt zum Vorfluter weitergeleitet, um dessen hydraulische Überlastung zu verhindern. Die Bemessung der Regenrückhaltebecken erfolgt nach Kapitel Wasserwirtschaft, Abschn. 5.6.

Rückhaltegräben und -kanäle sind nach den Grundsätzen für Entwässerungsgräben und Rohrleitungen zu entwerfen.

Absetzanlagen trennen die Sedimente vom Straßenwasser. Hierzu verwendet man Absetzbecken, Regenwasserklärbecken oder Absetzschächte bei Versickeranlagen. Sie werden wie Absetzbecken in der Abwassertechnik ausgebildet.

Abscheider für Leichtflüssigkeiten reinigen Oberflächenwasser, das durch Leichtflüssigkeiten verunreinigt ist. Sie sind nach den Baugrundsätzen der DIN 1999 oder den „Richtlinien für bautechnische Maßnahmen in Wassergewinnungsgebieten" (RiStWag) zu gestalten.

Auf **Brücken** ist besonders sorgfältig zu entwässern, da im Winter erhöhte Glatteisgefahr besteht. Außerdem darf kein Wasser ins Bauwerk eindringen. Anfallendes Wasser ist durch Brückeneinläufe vor dem Überbauende zu sammeln. Um stauende Nässe hinter den Widerlagern zu vermeiden, ist hinter diesen eine Kiesschüttung von mindestens 1,0 m einzubauen. Das anfallende Sickerwasser ist abzuleiten.

Oberflächenwasser, das auf **Tunnel** oder **Trogstrecken** zuströmt, muß vorher abgefangen werden.

Mit **Erdbecken** gestaltet man Rückhaltebauwerke landschaftsgerecht. Im Uferbereich und bei geplanten Inseln wird das Gelände modelliert, so daß unregelmäßig geschwungene Linien entstehen. Ein Dauerstau ist in Flachwasser- und tiefe Zonen aufzuteilen. Standortgerechte Bepflanzung unterstützt das Entstehen von Biotopen. Zur Wartung sind begrünbare Zufahrten notwendig.

# 2 Schienenverkehrswesen

## 2.1 Linienführung

**Trassierungselemente.** Sie werden nach folgenden Gesichtspunkten gewählt:

- Entwurfsgeschwindigkeit $v_e$, unterschieden nach Reisezügen, Güterzügen, Zügen mit gleisbogenabhängiger Wagenkastensteuerung etc.
- zulässige Längsneigung $l$,
- Zugkonfiguration (Reisezüge, Güterzüge),
- Belastung der Reisezüge oder Güterzüge,
- Lage und Art der Betriebsstellen,
- Maßgaben der Trassenführung,
- künftige Entwicklungen.

Darüber hinaus können die Fahrzeitoptimierung und die Betriebsbedingungen Einfluß auf die Entwurfsgeschwindigkeit ausüben.

**Tafel 1 Maximale Entwurfsgeschwindigkeit $v_e$ in km/h**

| Art bzw. Nutzung der Strecke | Personen- und Güterverkehr | reiner Personenverkehr | Neubaustrecken | S-Bahnstrecken |
|---|---|---|---|---|
| max. Entwurfsgeschwindigkeit $v_e$ | $\leq$200 | $\leq$300 | 300 (min. 250) | 120 |

Die Trasse ist möglichst gestreckt zu führen. Bei Neubaustrecken sind die Radien nach Gl. (1) oder Tafel 2 zu wählen.

$$r \geq 0{,}07 \cdot v_e^2 \quad \text{in m} \qquad (1)$$

**Tafel 2 Gleisbogenradien $r$ in m, abhängig von Entwurfsgeschwindigkeit $v_e$ und Überhöhung $u_0$ für Neubaustrecken**

| Geschwindigkeit $v_e$ in km/h | ausgleichende Überhöhung $u_0$ in mm von | | | | | | |
|---|---|---|---|---|---|---|---|
| | $\leq$170 | 220 | 260 | 270 | 300[1]) | 310[1]) | 330[1]) |
| 210 | $\geq$3100 | 2365 | 2001 | 1927 | 1735 | 1679 | 1577 |
| 220 | $\geq$3400 | 2596 | 2197 | 2115 | 1904 | 1842 | 1731 |
| 230 | $\geq$3700 | 2837 | 2401 | 2312 | 2081 | 2014 | 1892 |
| 240 | $\geq$4000 | 3089 | 2614 | 2517 | 2266 | 2193 | 2060 |
| 250 | $\geq$4400 | 3352 | 2837 | 2731 | 2458 | 2379 | 2235 |
| 260 | $\geq$4700 | 3626 | 3068 | 2954 | 2659 | 2573 | 2417 |
| 270 | $\geq$5100 | 3910 | 3309 | 3186 | 2867 | 2775 | 2607 |
| 280 | $\geq$5500 | 4205 | 3558 | 3462 | 3084 | 2984 | 2803 |
| 290 | $\geq$5900 | 4511 | 3817 | 3675 | 3308 | 3201 | 3007 |
| 300 | $\geq$6300 | 4827 | 4085 | 3933 | 3540 | 3426 | 3218 |

[1]) Die Werte $u_0$ sind im Regelbetrieb noch nicht erprobt

Ausnahmsweise kann der Wert verringert werden. Dann ist

$$\min r = \frac{11{,}8 \cdot v_e^2}{u_0} \quad \text{in m} \qquad (2)$$

$$u_0 = \text{zul}\, u + \text{zul}\, u_f \qquad (3)$$

$v^2$ Entwurfsgeschwindigkeit in km/h
$u_0^e$ ausgleichende Überhöhung in mm nach Tafel 3
zul $u$ Überhöhung in mm
zul $u_f$ Überhöhungsfehlbetrag in mm

Bögen durchgehender Hauptgleise erhalten Übergangsbögen und Überhöhungen. Der Übergangsbogen soll mit der Überhöhungsrampe zusammenfallen. Kreisbogen und Geraden sollen die Mindestlänge $l > 0{,}4 \cdot v_e$ haben.

Gleise, die von allen Fahrzeugen freizügig befahren werden sollen, erhalten Radien mit $r \geq 150$ m. Liegen Bahnsteige auf der Innenseite eines Bogens, so muß der Gleisbogenradius $r \geq 500$ m gewählt werden. Für Bogenaußenseiten ist ein möglichst großer Radius vorzusehen.

**Tafel 3 Planungswerte für die ausgleichende Überhöhung $u_0$**

| | ausgleichende Überhöhung $u_0$ in mm | | min $r$ in m |
|---|---|---|---|
| | Gleise | Weichen[1]) | |
| unterer Regelgrenzwert $Rg_u$ | 20 | | 500[2]) |
| oberer Regelgrenzwert $Rg_o$<br>an Bahnsteigen | 170<br>130 | 120 | 300[3])<br>180[4]) |
| Ermessensgrenzwert $Eg$<br>an Bahnsteigen | 290<br>230 | $u_0 = \text{zul}\,u + \text{zul}\,u_f$ | |

zul $u$ zulässige Überhöhung in mm

[1]) die Werte gelten für Weichen, Bogenweichen, Kreuzungen, Bogenkreuzungen und Schienenauszüge

[2]) min $r = 500$ m in durchgehenden Hauptgleisen

[3]) min $r = 300$ m in durchgehenden Hauptgleisen

[4]) min $r = 180$ m bei allen anderen Gleisen

**Überhöhung.** Sie wird mit Überhöhungsrampen durch Anheben der äußeren Schiene hergestellt. Die Regelüberhöhung für Schnellfahrstrecken und S-Bahn-Strecken berechnet man mit

$$\text{reg}\,u = \frac{7{,}1 \cdot v_e^2}{r} \leq \max u \quad \text{in mm} \qquad (4)$$

Sie ist auf eine durch 5 teilbare Zahl aufzurunden. Die Überhöhung ist in Tafel 4 angegeben. Bei Bögen mit $r < 300$ m darf die zulässige Überhöhung zul $u$ nicht überschritten werden. Sie wird berechnet mit Gl. (5).

$$\text{zul}\,u = \frac{r \cdot 50}{1{,}5} \quad \text{in mm} \qquad (5)$$

Für vorhandene Strecken gilt

$$\text{reg}\,u = 0{,}6 \cdot u_0 = 7{,}1 \cdot \frac{v_e^2}{r} \leq \text{zul}\,u \quad \text{in mm} \qquad (6)$$

$u_0$ ausgleichende Überhöhung in mm
$v_e$ Entwurfsgeschwindigkeit in km/h

Die größte zulässige Überhöhung beträgt

– bei Gleisen mit Schotterbett max $u = 160$ mm
– bei Gleisen mit fester Fahrbahn max $u = 170$ mm

**Tafel 4 Planungswerte für die Überhöhung $u$**

| | Überhöhung $u$ in mm | |
|---|---|---|
| | Gleise | Weichen |
| unterer Regelgrenzwert $Rg_u$ | 20 | |
| oberer Regelgrenzwert $Rg_o$<br>an Bahnsteigen | 100<br>60 | 60 |
| Ermessensgrenzwert $Eg$ | zul $u$ in mm | |
| Schotterbett | 160 | 120 |
| feste Fahrbahn | 170 | 100[1]) |
| an Bahnsteigen | 100 | |

[1]) bei Außenbogenweichen mit festem Herzstück

**Tafel 5 Planungswerte für Überhöhungsfehlbeträge $u_f$**

| | Überhöhungsfehlbetrag $u_f$ in mm | |
|---|---|---|
| | Gleise | Weichen |
| unterer Regelgrenzwert $Rg_u$ | – | |
| oberer Regelgrenzwert $Rg_o$ | 70 | 60 |
| Ermessensgrenzwert $Eg$ | zul $u_f$ in mm | |
| | 130[1]) | [2]) |

[1]) zul $u_f = 150$ mm bei Reisezügen in Radien $r \geq 650$ m

[2]) zul $u_f$ s. Tafel 6

Die Mindestüberhöhung beträgt

$$\min u = u_0 - \text{zul}\,u_f = \frac{11{,}8 \cdot v_e^2}{r} - \text{zul}\,u_f \quad \text{in mm} \qquad (7)$$

Negative Überhöhungen sind zulässig.

Die Überhöhungsfehlbeträge $u_f$ entnimmt man Tafel 5.

**Tafel 6 Zulässiger Überhöhungsfehlbetrag zul $u_f$ in Weichen, Kreuzungen und Schienenauszügen**

| Konstruktion | zulässiger Überhöhungsfehlbetrag $u_f$ in mm bei einer Entwurfsgeschwindigkeit $v_e$ in km/h | | | |
|---|---|---|---|---|
| | ≤120 | >120 bis 160 | >160 bis 200 | >200 bis 300 |
| Bogenweichen mit feststehender Herzstückspitze im Innenstrang | ≤110 | | ≤90 | – |
| Bogenweichen mit feststehender Herzstückspitze im Außenstrang | ≤110 | ≤100 | ≤60 | |
| Bogenkreuzungen und Bogenkreuzungsweichen | ≤100 | | – | – |
| Bogenweichen mit beweglicher Herzstückspitze | – | ≤130 | | ≤60 |
| Schienenauszüge im Bogen | ≤100 | | | ≤60 |

**Übergangsbogen.** In durchgehenden Hauptgleisen werden Übergangsbögen erforderlich, wenn der Unterschied der Überhöhungsfehlbeträge $u_f$ folgende Werte erreicht:

- bei $v_e \leq 200$ km/h $u_f \geq 40$ mm,
- bei $v_e > 200$ km/h $u_f \geq 20$ mm.

Es dürfen aber die Grenzwerte nach Tafel 7 nicht überschritten werden.

Übergangsbögen sollen mit gerader Krümmungslinie, also als Klothoiden entworfen werden. Für Neubaustrecken soll die Länge des Übergangsbogens

$$l_u = 10 \cdot v_e \cdot \frac{\Delta u}{1000} \quad \text{in m} \quad (8)$$

$v_e$ Entwurfsgeschwindigkeit in km/h
$\Delta u$ Änderung der Überhöhung in mm

betragen.

Übergangsbögen entfallen bei Krümmungsunterschieden von

$$\Delta k = \frac{2000}{v_e^2} \quad (9)$$

Bei Gegenbögen gilt

$$\Delta k = \frac{1000}{r_1} + \frac{1000}{r_2} \quad (10)$$

und für Korbbögen

$$\Delta k = \frac{1000}{r_1} - \frac{1000}{r_2}, \quad \text{wobei } r_1 < r_2 \text{ ist.} \quad (11)$$

**Tafel 7 Grenzwerte für die Änderung des Überhöhungsfehlbetrages**

| Geschwindigkeit $v_e$ in km/h | ≤100 | 130 | 200 | 300 |
|---|---|---|---|---|
| Änderung des Überhöhungsfehlbetrags $\Delta u_f$ in mm | 106 | 83 | 47 | 24 |

Der Unterschied der Überhöhungsfehlbeträge ist in Bild 1 dargestellt. Übergangsbögen sind aber auch erforderlich, wenn keine Überhöhungsrampe notwendig ist.

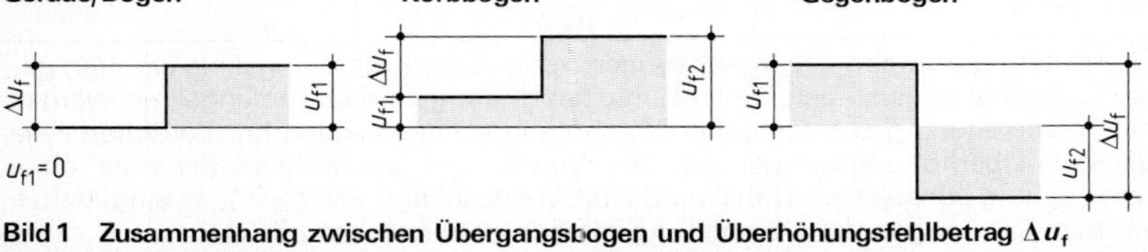


**Bild 1 Zusammenhang zwischen Übergangsbogen und Überhöhungsfehlbetrag $\Delta u_f$**

Der Übergangsbogen muß so lang sein, daß sich ein Tangentenabrückmaß $f \geq 15$ mm ergibt. Er wird als Klothoide entworfen. S-förmige Übergangsbögen oder solche nach *Bloss* sind zugelassen, wenn mit gerader Krümmungslinie der obere Regelgrenzwert $Rg_0$ nach Tafel 7 nicht eingehalten werden kann. Die Krümmungsbilder und Überhöhungsfehlbeträge stellt Bild 2 dar.

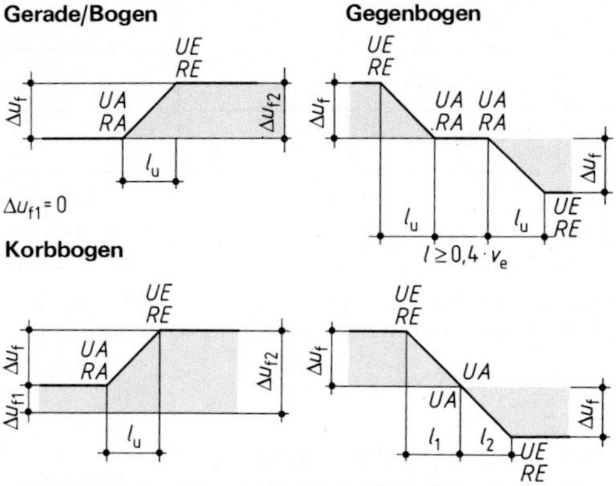


**Bild 2 Zusammenhang zwischen Übergangsbogen und Überhöhungsfehlbetrag $\Delta u_f$**

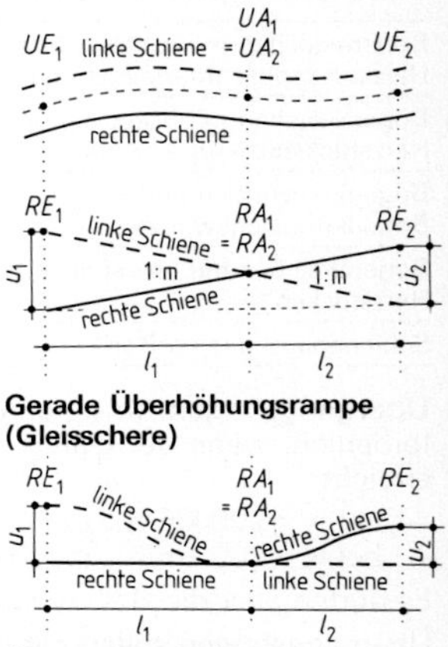


**Bild 3 Gegenbögen mit Übergangsbögen ohne Zwischengerade**

Die Mindestlänge $l_u$ des Übergangsbogens und das Tangentenabrückmaß $f$ entnimmt man für die verschiedenen Formen der Krümmungslinie Tafel 8.

Bei Gegenbögen sollen zwei getrennte Übergangsbögen mit gerader Krümmungslinie angeordnet werden, wenn dazwischen eine Gerade der Länge

$$l_g \geq 0,4 \cdot v_e \quad \text{in m} \qquad (12)$$

hergestellt werden kann. Ist dies nicht möglich, ist die Überhöhung $u_1$ geradlinig in die Überhöhung $u_2$ zu überführen und die Übergangsbögen mit gerader Krümmungslinie zu planen. Eine andere Möglichkeit ist, zwei getrennte geschwungene Übergangsbogen mit entsprechenden Überhöhungsrampen zu entwerfen. Bild 3 erläutert die Anwendung.

**Tafel 8 Berechnungsgleichungen für die Mindestlänge $l_u$ und das Tangentenabrückmaß $f$**

| Krümmungslinie des Übergangsbogens | Mindestlänge $\min l_u$ in m | Tangentenabrückmaß $f$ in mm |
|---|---|---|
| gerade | $\min l_u = \frac{4 \cdot v_e \cdot \Delta u_f}{1000}$ | $f = \frac{l_u^2 \cdot 1000}{24 \cdot r}$ |
| s-förmig | $\min l_{uS} = \frac{6 \cdot v_e \cdot \Delta u_f}{1000}$ | $f = \frac{l_{uS}^2 \cdot 1000}{48 \cdot r}$ |
| nach *Bloss* | $\min l_{uB} = \frac{4,5 \cdot v_e \cdot \Delta u_f}{1000}$ | $f = \frac{l_{uB}^2 \cdot 1000}{48 \cdot r}$ |

**Überhöhungsrampen.** Übergangsbögen mit gerader Krümmungslinie erhalten gerade Überhöhungsrampen. Solche mit geschwungener Krümmungslinie werden mit entsprechend geschwungener Überhöhungsrampe ausgeführt. Zwischen zwei geraden Überhöhungsrampen ist eine Strecke mit gleichbleibender oder ohne Überhöhung vorzusehen. Dabei muß eine Mindestlänge von $l \geq 0,1 \cdot v_e$ eingehalten werden. Die Längen der Überhöhungsrampen entnimmt man Tafel 9.

**Tafel 9 Berechnungsgleichungen für die Mindestlänge $l_R$ von Überhöhungsrampen**

| Regelgrenzwert | Länge $l_R$ der Überhöhungsrampe in m bei gerader Rampe | geschwungener Rampe s-förmig | geschwungener Rampe nach *Bloss* |
|---|---|---|---|
| $Rg_u$ | – | | |
| | $l_R = 12 \cdot v_e \cdot \frac{\Delta u}{1000}$ $\geq 0{,}6 \cdot \Delta u$ | | |
| $Rg_0$ | $l_R = 10 \cdot v_e \cdot \frac{\Delta u}{1000}$ $\geq 0{,}6 \cdot \Delta u$ | | |
| | | $l_{RS} = 10 \cdot v_e \cdot \frac{\Delta u}{1000}$ $\geq 0{,}8 \cdot \Delta u$ | $l_{RB} = 7{,}5 \cdot v_e \cdot \frac{\Delta u}{1000}$ $\geq 0{,}6 \cdot \Delta u$ |
| $Eg$ | $l_R = 8 \cdot v_e \cdot \frac{\Delta u}{1000}$ $\geq 0{,}4 \cdot \Delta u$ | $l_{RS} = 8 \cdot v_e \cdot \frac{\Delta u}{1000}$ $\geq 0{,}8 \cdot \Delta u$ | $l_{RB} = 6 \cdot v_e \cdot \frac{\Delta u}{1000}$ $\geq 0{,}6 \cdot \Delta u$ |

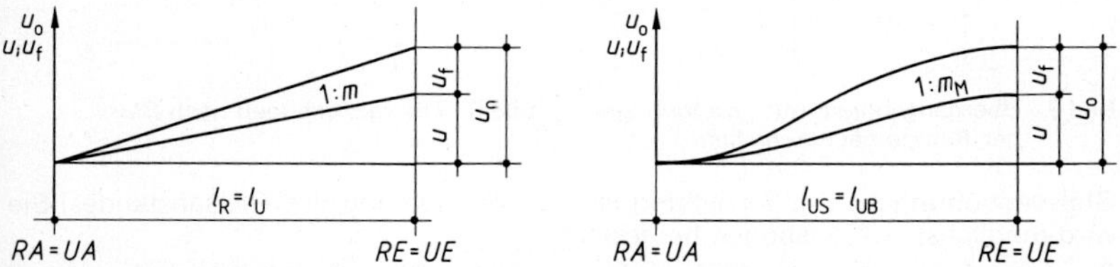


**Übergangsbogen mit gerader Krümmungslinie**

**Übergangsbogen mit geschwungener Krümmungslinie**

**Krümmungslinie**

$$m = \frac{1000 \cdot l_R}{u} \quad \text{gerade} \qquad m_M = \frac{1000 \cdot l_{RS}}{2 \cdot u} \quad \text{S-förmig} \qquad m_M = \frac{1000 \cdot 2 \cdot l_{RB}}{3 \cdot u} \quad \text{nach } Bloss$$

**Bild 4 Ausbildung der Überhöhungsrampen**

Während bei der Klothoide die Krümmung linear zunimmt, ändert sich diese bei der Blosskurve nach Gl. (13),

$$K(l) = \frac{1}{r} \cdot (3 \cdot t^2 - 2 \cdot t^3) \quad (13) \qquad t = \frac{l}{l_u}$$

$l$ Abstand des Kurven*punktes von ÜA* in m
$l_u$ Gesamtlänge des Bogens in m

Die Konstruktion ergibt sich aus Bild 6. Es sind

$$y = \frac{x^4}{4 \cdot l_u^2 \cdot r} - \frac{x_5}{10 \cdot l_u^3 \cdot r} \quad \text{in m} \quad (14) \qquad y_E = 0{,}15 \cdot \frac{l_u^2}{r} = 6 \cdot f \quad \text{in m} \quad (15)$$

$$\tan a = \frac{l_u}{2r} \quad (16) \qquad s = 0{,}3 \cdot l_u \quad (17) \qquad f \approx \frac{l_u^2}{40 \cdot r} \quad (18)$$

$y_E$ Abstand des Punktes *ÜE* von der Tangente
$l_u$ Länge des Übergangsbogens
$r$ Bogenradius am Ende des Übergangsbogens
$s$ Abstand des Tangentenschnittpunktes vom Lotfußpunkt durch *ÜE*

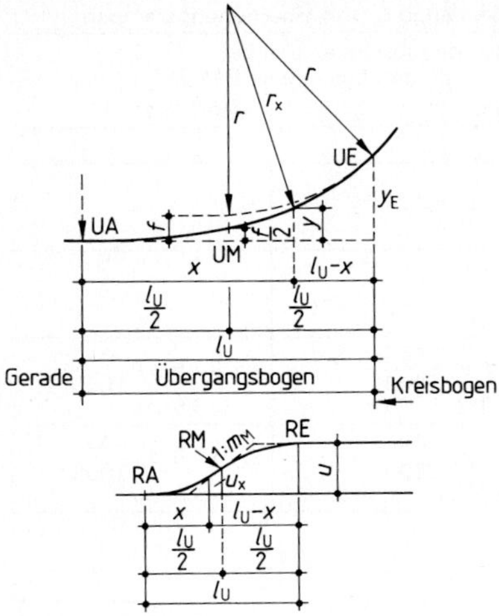


**Bild 5 Übergangsbogen mit geschwungener Rampe nach** ***Schramm***

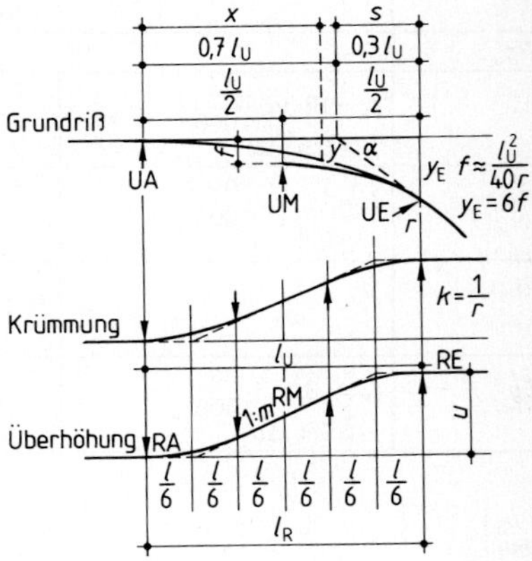


**Bild 6 Übergangsbogen nach** ***Bloss***

**Gleisverziehungen.** Die Verziehung ist eine Veränderung des Gleisabstandes. Sie wird möglichst im Gleisbogen hergestellt.

Gleisverziehungen werden bei geraden, parallelen Gleisen ohne Überhöhung und Übergangsbogen mit Radien nach Gl. (19) geplant.

$$r \geq \frac{v_e^2}{2} \quad \text{in m} \qquad (19)$$

Dazwischen ist eine Zwischengerade der Länge

$$l_g \geq 0{,}4 \cdot v_e \quad \text{in m} \qquad (20)$$

einzuschalten.

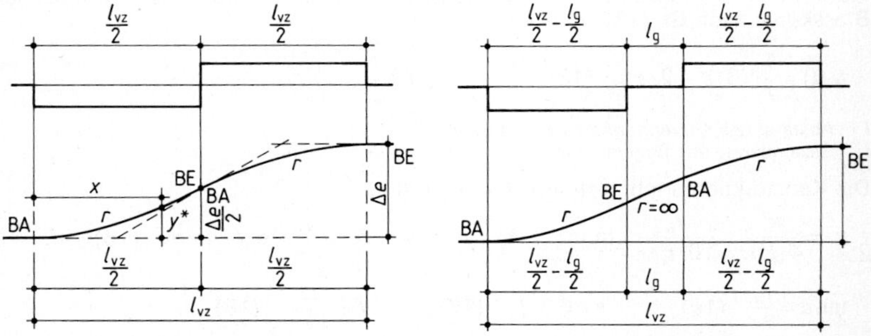


**a) Parallelverziehung aus zwei Kreisbögen** **b) Parallelverziehung aus zwei Kreisbögen mit einer Zwischengeraden**

**Bild 7 Konstruktion der Gleisverziehung**

**Längsneigung.** Die Längsneigung $s$ soll auf freier Strecke die Werte der Tafel 10 einhalten.

**Tafel 10 Maximale Längsneigung max $s$ in ‰**

| auf freier Strecke | | in Tunneln der Länge | | bei Bahnhofs- gleisen |
|---|---|---|---|---|
| Hauptbahnen | Neben- und S-Bahnen | ≤1000 m | >1000 m | |
| 12,5 | 40,0 | 2,0 | 4,0 | 2,5 |

Neigungswechsel in der Längsneigung $s \geq 1{,}0$‰ werden ausgerundet. Das soll aber nicht in Überhöhungsrampen geschehen. Ist dies nicht einzuhalten, soll eine Ausrundung von

$$r_a = 0{,}4 \cdot v_e^2 > 2000 \quad \text{in m} \qquad (21)$$

angeordnet werden. Die Länge des Ausrundungsbogens $l_a$ soll mindestens 20,00 m betragen. Die Werte für Ausrundungsradien entnimmt man Bild 8.

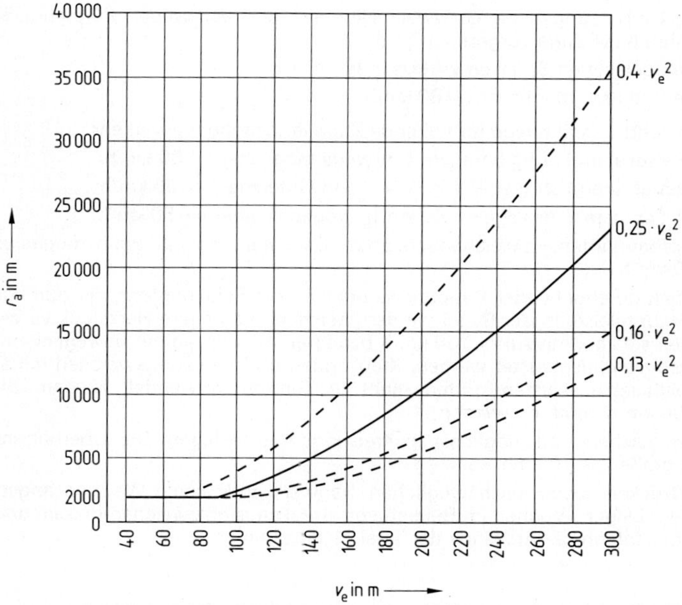


**Bild 8 Ausrundungsradius $r_a$ in Abhängigkeit von der Entwurfsgeschwindigkeit $v_e$**

## 2.2 Weichen und Kreuzungen

Verzweigungen und Fahrwegüberschreidungen werden durch Weichen und Kreuzungen ermöglicht. Sie sollen auf das notwendige Maß beschränkt werden. In der Regel sind gerade Weichen einzusetzen, Bogenweichen nur dann, wenn gerade Weichen die Linienführung verschlechtern würden. Die Lage der Weichen soll nicht im Bereich von Übergangsbögen, Überhöhungsrampen und Ausrundungen geplant werden.

Weichen sollen als einfache Weichen in der Grundform eingesetzt werden. Kreuzungen und Kreuzungsweichen werden nur verwendet, wenn die Fahrwegüberschneidungen nicht mit einfachen Weichen ausgebildet werden können. In der Regel werden Weichen mit starrem Herzstück verwendet. Weichen werden so angeordnet, daß im Hauptfahrweg kein Krümmungswechsel eintritt.

In den Hauptgleisen werden die Weichen entsprechend der Abzweiggeschwindigkeit gewählt. Weichen mit Schienen S 49 und dem Zweiggleisradius der Grundformen $r = 190{,}00$ m dürfen in durchgehenden Hauptgleisen nicht eingebaut werden, wenn diese mit Geschwindigkeiten $v > 100$ km/h befahren werden.

In Nebengleisen verwendet man Zweiggleisradien der Grundform $r_0 = 190$ m oder $r_0 = 250$ m. Die zulässige Abzweiggeschwindigkeit soll $v = 40$ km/h, aber mindestens $v = 25$ km/h betragen.

Es werden folgende Geschwindigkeiten zugrunde gelegt:

— Verzweigung von Streckengleisen:

wenn die abzweigende Strecke mit $v \geq 80$ km/h befahren wird, möglichst mit zul $v$ der abzweigenden Strecke, aber min $v = 80$ km/h,

— Gleisverbindungen für Gleiswechselbetrieb und Fahrwege, die planmäßig für durchfahrende Züge vorgesehen sind:

in stark belasteten Strecken $v = 80$ km/h,

in allen übrigen möglichst $v = 80$ km/h,

— Ein- und Ausfahrwege für haltende Züge im Durchgangsverkehr:

von Reisezügen häufig benützte Fahrwege möglichst $v = 80$ km/h,

bei den übrigen Fahrwegen für Reise- und Güterzüge $v = 60$ km/h,

selten benutzte Fahrwege $v = 40$ km/h, möglichst aber $v = 50$ km/h,

in Kopfbahnhöfen, im Weichenbereich vor Bahnsteigen $v = 40$ km/h, möglichst aber $v = 50$ km/h.

Weichen durchgehender Hauptgleise erhalten die Schienenform der durchgehenden Hauptgleise. In der Regel werden Weichen mit starrem Herzstück verwendet. Werden sie aber mit zul $v > 160$ km/h befahren, müssen sie mit beweglichen Herzstückspitzen ausgerüstet werden. Kreuzungen und Kreuzungsweichen mit starren Doppelherzstückspitzen dürfen nicht in Gleisen verwendet werden, die mit $v > 100$ km/h befahren werden.

Bogenweichen sind möglichst in Kreisbögen zu verlegen. Die Überhöhung soll nicht größer als 100 mm sein.

Auf Brücken sollen am beweglichen Tragwerksende keine Weichen angeordnet werden. Liegen Weichen im Bereich von Brücken, sind zwischen diesem und dem Weichenanfang die Abstände der Tafel 11 einzuhalten.

**Tafel 11 Mindestabstände der Weichen vom beweglichen Brückenende**

| Brückengesamtlänge in m | 41 bis 60 | 61 bis 90 | >90 |
|---|---|---|---|
| Mindestabstand des Weichenanfangs vom beweglichen Tragwerksende in m | 10 | 20 | 30 |

Von diesen Grundformen können eine große Anzahl Kreuzungsweichen abgeleitet werden. Diese sind in der DS 80001, Anlage 2 näher beschrieben.

Für Schnellfahrstrecken gilt darüber hinaus, daß in durchgehenden Gleisen die Weichen mit Schienen UIC 60 auszustatten sind. In den übrigen Gleisen sollen Schienen UIC 60 oder S 54 vorgesehen werden.

**Tafel 12 Grundformen einfacher Weichen**

**Einfache Weichen mit geradem Herzstück**

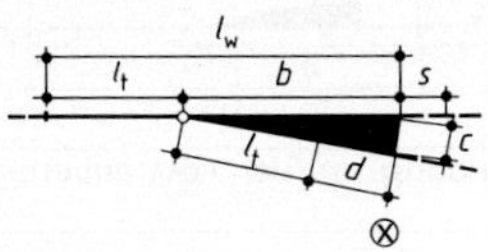


⊗ = Ende des Zweiggleisbogens

s = Abstand der letzten durchgehenden Schwelle (ldS) vom Weichenende bei Holzschwellen

| Bezeichnung | $l_t$ in m | b in m | d in m | $l_w$ in m | c in m | s in m | v in km/h |
|---|---|---|---|---|---|---|---|
| 49/54 – 190 – 1:9 | 10,523 | 16,615 | 6,092 | 27,138 | 1,838 | 4,051<br>3,945 | 40 |
| 49 – 300 – 1:14 | 10,701 | 24,537 | 13,836 | 35,238 | 1,749 | 6,602 | 50 |
| 54/60 – 300 – 1:14 | 10,701 | 27,108 | 16,407 | 37,809 | 1,933 | 5,125 | 50 |
| 49 – 500 – 1:14 | 17,834 | 24,537 | 6,703 | 42,371 | 1,749 | 6,602 | 60 |
| 54/60 – 500 – 1:14 | 17,834 | 27,108 | 9,274 | 44,942 | 1,933 | 5,125 | 60 |
| 49/54/60 – 760 – 1:18,5 | 20,526 | 32,409 | 11,883 | 52,953 | 1,750 | 9,217<br>9,920<br>9,920 | 80 |

**Einfache Weichen mit Bogenherzstück (Bogenende am Weichenende)**

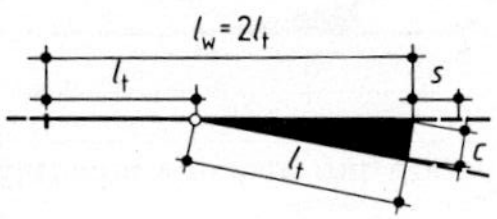


| Bezeichnung | $l_t$ in m | $l_w$ in m | c in m | s in m | v in km/h |
|---|---|---|---|---|---|
| 49/54/60 – 300 – 1:9 | 16,615 | 33,230 | 1,838 | 4,051<br>3,940<br>3,940 | 50 |
| 49/54/60 – 500 – 1:12 | 20,797 | 41,594 | 1,729 | 5,850<br>6,334<br>6,334 | 60 |
| 49/54/60 – 760 – 1:14 | 27,108 | 54,216 | 1,933 | 5,125 | 80 |
| 49/54/60 – 1200 – 1:18,5 | 32,409 | 64,818 | 1,750 | 9,217<br>9,920<br>9,920 | 100 |

Fortsetzung s. nächste Seite

**Tafel 12,** Fortsetzung

symm. Außenbogenweiche

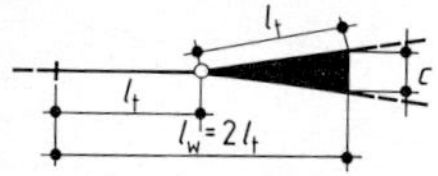

| Bezeichnung | $l_t$ in m | $l_w$ in m | c in m | S in m | v in km/h |
|---|---|---|---|---|---|
| 49/54 – 215 – 1:4,8 | 11,050 | 22,100 | 2,266 | | 40 |

**Einfache Weichen mit Bogenherzstück und gerader Verlängerung des Zweiggleises**

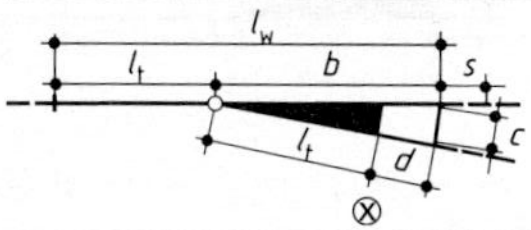

| Bezeichnung | $l_t$ in m | b in m | d in m | $l_w$ in m | c in m | s in m |
|---|---|---|---|---|---|---|
| 49 – 190 – 1:7,5 | 12,611 | 17,428 | 4,817 | 30,039 | 2,308 | – |
| 54 – 190 – 1:7,5 | 12,611 | 13,251 | 0,640 | 25,862 | 1,755 | 3,348 |

**Einfache Weiche mit beweglicher Herzstückspitze**

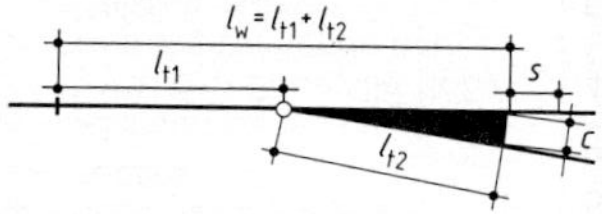

| Bezeichnung | $l_{t1}$ in m | $l_{t2}$ in m | $l_w$ in m | c in m | s in m |
|---|---|---|---|---|---|
| 60 – 300 – 1:9 – gb | 16,615 | 16,615 | 33,230 | 1,838 | 3,940 |
| 60 – 500 – 1:12 – gb | 20,797 | 20,797 | 41,594 | 1,729 | 6,334 |
| 60 – 760 – 1:14 – gb und fb | 27,108 | 27,108 | 54,216 | 1,933 | 5,215 |
| 60 – 1200 – 1:18,5 – gb | 32,409 | 32,409 | 64,818 | 1,940 | 9,920 |
| 60 – 2500 – 1:26,5 – fb | 47,153 | 47,153 | 94,306 | 1,778 | 14,514 |
| 60 – 6000/3700 – 1:32,5 – fb | 64,569 | 57,684 | 122,253 | 1,774 | 16,504 |
| 60 – 7000/6000 – 1:42 – fb | 80,104 | 74,162 | 154,266 | 1,765 | 19,501 |

**Einfache Weichen mit Bogenherzstück und gerader Verlängerung des Zweiggleises**

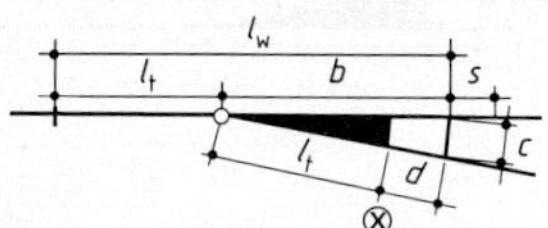

| Bezeichnung | $l_t$ in m | b in m | d in m | $l_w$ in m | c in m | s in m |
|---|---|---|---|---|---|---|
| 60 – 500 – 1:12 – fb | 20,797 | 24,564 | 3,767 | 45,361 | 2,042 | 2,730 |
| 60 – 1200 – 1:18,5 – fb | 32,409 | 34,206 | 1,797 | 66,615 | 1,847 | 8,123 |

Einfache Weichen mit geradem Herzstück

| Bezeichnung | $l_t$ in m | b in m | d in m | $l_w$ in m | c in m | s in m |
|---|---|---|---|---|---|---|
| 60 – 500 – 1:14 – fb | 17,834 | 27,108 | 9,274 | 44,942 | 1,933 | 5,125 |
| 60 – 700 – 1:18,5 – fb | 20,526 | 34,275 | 13,749 | 54,801 | 1,851 | 8,048 |

**Tafel 12,** Fortsetzung

Einfache Weichen mit Bogenherzstück und verkürztem Zweiggleisbogen

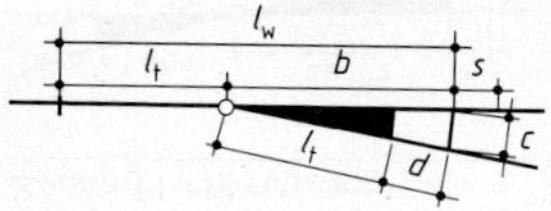


| Bezeichnung | $l_t$ in m | $b$ in m | $d$ in m | $l_w$ in m | $c$ in m | $s$ in m |
|---|---|---|---|---|---|---|
| 60 – 300 – 1:9 /1:9,4 – gb | 15,912 | 17,318 | 1,406 | 33,230 | 1,835 | 3,940 |
| 60 – 760 – 1:14 /1:15 – fb | 25,305 | 28,911 | 3,606 | 54,216 | 1,924 | 5,125 |
| 60 – 1200 – 1:18,5/1:19,277 – fb | 31,104 | 35,511 | 4,407 | 66,615 | 1,840 | 8,160 |
| 60 – 2500 – 1:26,5/1:27,85 – fb | 44,869 | 49,437 | 43568 | 94,306 | 1,774 | 13,514 |

**Von den Grundformen abgeleitete Weichen**

Einfache Weichen mit Bogenherzstück und verkürztem Zweiggleisbogen

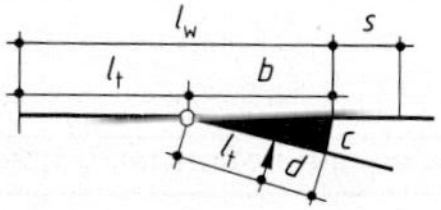


| Bezeichnung | $l_t$ in m | $b$ in m | $d$ in m | $l_w$ in m | $c$ in m | $s$ in m | $v$ in km/h |
|---|---|---|---|---|---|---|---|
| 49<br>54 – 300 – 1: 9 /1:9,4<br>60 | 15,912 | 17,318 | 1,406 | 33,230 | 1,835 | 4,051<br>3,940 | 50 |
| 49<br>54 – 760 – 1:14 /1:15<br>60 | 25,305 | 28,911 | 3,606 | 54,216 | 1,924 | 4,037<br>5,125 | 80 |
| 49<br>54 – 1200 – 1:18,5/1:19,277<br>60 | 31,105 | 33,713 | 2,608 | 64,818 | 1,747 | 9,217<br>9,920 | 100 |

Einfache Weichen mit Bogenherzstück und verlängertem Zweiggleisbogen

Weiche 49 – 190 – 1:7,5/1:6,6

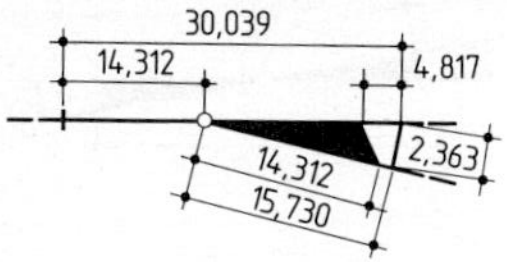


Weiche 54 – 190 – 1:7,5/1:6,6

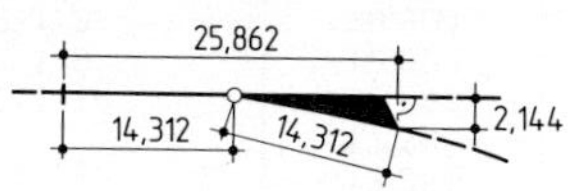


Weiche 500 – 1:12/1:9

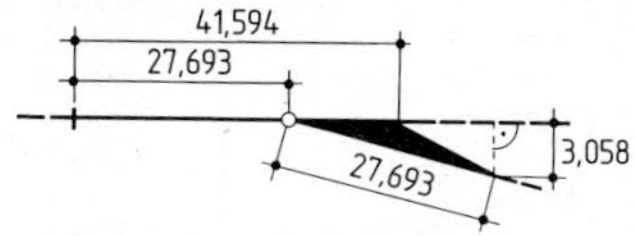

## Tafel 13 Grundformen der Kreuzungen

### Kreuzungen mit starren Doppelherzstücken

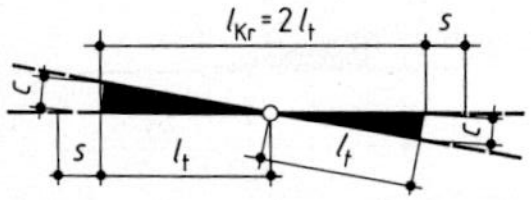


| Bezeichnung | $l_t$ | $l_{Kr}$ | $c$ | $s$ |
|---|---|---|---|---|
| 49 – 1:9 | 16,615 | 33,230 | 1,838 | 4,051 |
| 54 – 1:9 | 16,615 | 33,230 | 1,838 | 3,940 |
| 49 – 1:7,5 | 18,512 | 37,024 | 2,452 | – |
| 54 – 1:7,5 | 13,251 | 26,502 | 1,755 | 3,348 |
| 49 – 1:6,6 | 17,396 | 34,792 | 2,613 | – |
| 54 – 1:6,964 ≙ 2 · 1:14 | 12,690 | 25,380 | 1,808 | 3,351 |
| 49 – 1:4,444 ≙ 2 · 1:9 | 10,907 | 21,814 | 2,409 | – |
| 54 – 1:4,444 ≙ 2 · 1:9 | 10,904 | 21,808 | 2,408 | – |
| 49 – 1:3,683 ≙ 2 · 1:7,5 | 9,881 | 19,762 | 2,612 | – |
| 54 – 1:3,683 ≙ 2 · 1:7,5 | 9,448 | 18,896 | 2,497 | – |
| 49 – 1:3,224 ≙ 2 · 1:6,6 | 7,920 | 15,840 | 2,373 | – |
| 54 – 1:3,224 ≙ 2 · 1:6,6 | 7,920 | 15,840 | 2,373 | – |
| 49 – 1:2,9 ≙ 2 · 1:9 | 6,904 | 13,808 | 2,281 | – |
| 54 – 1:2,9 ≙ 2 · 1:9 | 6,904 | 13,808 | 2,281 | – |

### Flach-Kreuzungen mit beweglichen Doppelherzstückspitzen

| Bezeichnung | $l_t$ in m | $l_{kr}$ in m | $c$ in m | $s$ in m |
|---|---|---|---|---|
| 49 | 24,537 | 49,074 | 1,749 | 6,602 |
| 54 – 1:14 | 27,108 | 54,216 | 1,933 | 5,125 |
| 60 | 27,108 | 54,216 | 1,933 | 5,125 |
| 49 | 32,409 | 64,818 | 1,750 | 9,217 |
| 54 – 1:18,5 | 32,409 | 64,818 | 1,750 | 9,920 |
| 60 | 32,409 | 64,818 | 1,750 | 9,920 |

### Bogen-Flachkreuzung

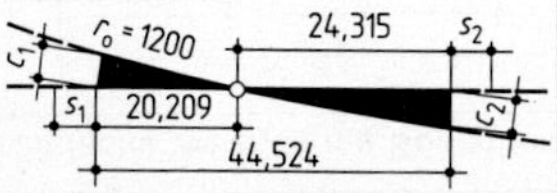


| Bezeichnung | $c_1$ in m | $c_2$ in m | $s_1$ in m | $s_2$ in m |
|---|---|---|---|---|
| 49 | 1,920 | 1,860 | 2,712 | 6,399 |
| 54 – $\frac{1200}{\infty}$ – 1:11,515 | 1,920 | 1,860 | 3,337 | 6,324 |
| 60 | 1,920 | 1,860 | 3,337 | 6,324 |

**Tafel 13,** Fortsetzung

**Kreuzungsweichen mit innenliegenden Zungenvorrichtungen der Grundform 190–1:9**

| | | Bezeichnung | $l_1$ in m | $b$ in m | $d$ in m | $l_{kw}$ in m | $c$ in m | $s$ in m | $v$ in km/h |
|---|---|---|---|---|---|---|---|---|---|
| 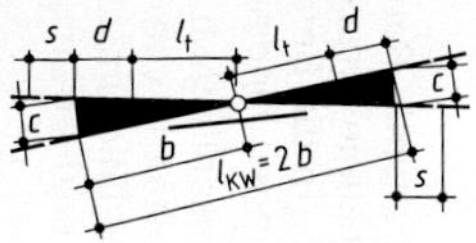 | Einfache Kreuzungs-weiche | S 49 –190–1:9 S 54 | 10,523 | 16,615 | 6,092 | 33,230 | 1,838 | 4,051<br>3,940 | 40 |
| 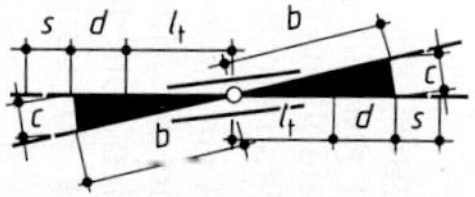 | Doppelte Kreuzungs-weiche | S49 –190–1:9 S54 | 10,523 | 16,615 | 6,092 | 33,230 | 1,838 | 4,051<br>3,940 | 40 |

**Kreuzungsweichen mit außenliegenden Zungenvorrichtungen der Grundform 500–1:9**

| | | Bezeichnung | $l_t$ in m | $b$ in m | $l_{kw}$ in m | $c$ in m | $s$ in m | $v$ in km/h |
|---|---|---|---|---|---|---|---|---|
| 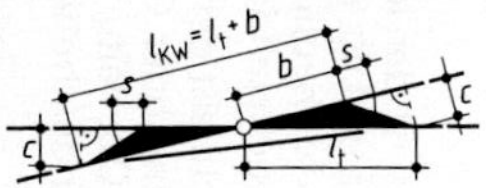 | Einfache Kreuzungs-weiche | S 49 –500–1:9 S 54 | 27,693 | 16,615 | 44,308 | 3,058 | 3,197<br>3,438 | 60 |
| 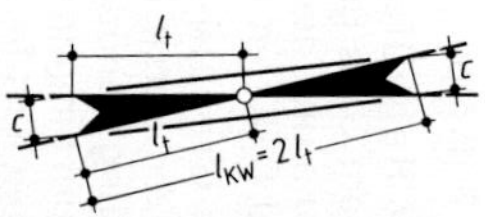 | Doppelte Kreuzungs-weiche | S 49 –500–1:9 S 54 | 27,639 | | 55,386 | 3,063 | | 60 |

**Tafel 14 Biegbarkeit von einfachen Weichen zu Innenbogenweichen**

| | | | | | |
|---|---|---|---|---|---|
| Radius der Weichengrundform $r_0$ in m | 190 | 300 | 500 | 760 | 1200 |
| Kleinster Zweiggleisradius $r_z$ in m | 175 | 175 | 200 | 300 | 442 |
| zugehöriger Stammgleisradius $r_s$ in m | 2200 | 420 | 333 | 500 | 700 |

Bogenweichen entstehen durch Verbiegen von Weichen mit gerader Grundform. Der wichtigere, stärker befahrene Gleisabschnitt heißt Stammgleis, der andere Zweiggleis. Radius des Zweiggleises nach Gl. (18).

$$r_z = \frac{r_0 \cdot r_s \pm l_t}{r_0 \mp r_s} \qquad (102)$$

$r_z$ Radius des Zweiggleises in m
$r_0$ Radius des Zweiggleises der Weichengrundform in m
$r_s$ Radius des Stammgleises in m
$l_t$ Tangente der Weiche in m nach Tafel 15

Die oberen Vorzeichen gelten für Außenbogen-, die unteren für Innenbogenweichen.

**Tafel 15 Tangentenlängen $l_t$ in m**

| Weiche | 190–1:7,5 | 190–1:9 | 300–1:9 | 500–1:12 | 500–1:14 | 760–1:14 | 1200–1:18,5 |
|---|---|---|---|---|---|---|---|
| Tangentenlänge $l_t$ | 159.037 | 110.734 | 276.058 | 432.515 | 318.052 | 734.844 | 1050.343 |

**Beispiel** Außenbogenweiche, $r_0 = 500$ m, $r_s = 750$ m, gewählt: Außenbogenweiche 500 – 1:12

$$r_Z = \frac{500 \cdot 750 + 432{,}515}{500 - 750} = -1501{,}73 \text{ m (Linksbogen)}$$

Innenbogenweiche: $r_S = 1000$ m, $v_2 = 60$ km/h mit min $r_Z = 425$ m,

$$k_0 = k_Z - k_S = \frac{1}{425} - \frac{1}{1000}, \quad \text{daraus } r_0 = 739{,}13 \text{ m} \left(\text{Krümmung } k = \frac{1}{r}\right)$$

gewählt: Innenbogenweiche 760 – 1:14

$$r_Z = \frac{760 \cdot 1000 - 734{,}844}{760 + 1000} = 431{,}402 > 425 \text{ m}$$

## 2.3 Querschnittsgestaltung

**Elemente des Querschnitts** sind

- Umgrenzung des lichten Raumes, evtl. mit Raum für die Oberleitung
- Anzahl der Gleise,
- Gleisabstände,
- Fahrbahnquerschnitt,
- Rand-, Zwischen- und Rangierwege,
- Erdkörper,
- Entwässerung,
- Oberleitungsanlagen,
- Signalanlagen,
- Fernmeldeeinrichtungen,
- Kabelanlagen,
- evtl. Lärmschutzanlagen.

Der Regellichtraum ist der in Bild 9 dargestellte, freizuhaltende Raum, der zu jedem Gleis gehört. Er umfaßt den von der jeweiligen Grenzlinie umschlossenen Raum und die Räume für bauliche und betriebliche Zwecke. In die Bereiche A, B und C dürfen feste Gegenstände unter bestimmten Bedingungen hineinragen.

Die Grenzlinie umschließt den Raum, den ein Fahrzeug einschließlich aller Toleranzen durch Bewegung oder Gleislage und der Mindestabstände von der Oberleitung benötigt. Die Oberleitung darf in den von der Grenzlinie umschlossenen Raum hineinragen. Mindesthöhen s. Tafel 14. Der von der Grenzlinie umschlossene Bereich ist freizuhalten.

**bei durchgehenden Hauptgleisen und anderen Hauptgleisen für Reisezüge** **bei den übrigen Gleisen**

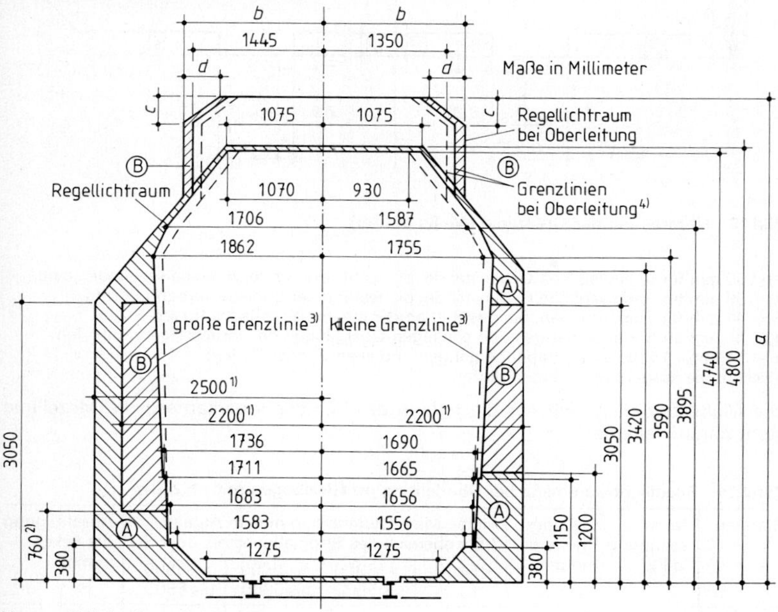


Unterer Teil der Grenzlinie s. Bild 10

[1]) Verkehren nur Stadtschnellbahnen, dürfen die Maße 100 mm verringert werden. In Tunneln ist die Verringerung der halben Breite auf 1900 mm zulässig, wenn Fluchtwege vorhanden.

[2]) Bei überwiegendem Stadtschnellbahn-Verkehr 960 mm.

[3]) Der Grenzlinie liegen die Bezugslinie G2, der Regelwert $s_0 = 0,4$ des Neigungskoeffizienten des Fahrzeuges und folgende bautechnische Einflußgrößen zugrunde:

| | Radius $r$ | Überhöhung $u$ | Überhöhungsfehlbetrag $u_f$ | Spurweite $l$ | Ausrundungsradius bei Neigungswechsel $r_a$ | Hebungsreserve | Schienenabnutzung |
|---|---|---|---|---|---|---|---|
| große Grenzlinie | 250 m | 160 mm | 150 mm | 1470 mm | 2000 m | 50 mm | 10 mm |
| kleine Grenzlinie | ∞ | 50 mm | 50 mm | 1445 mm | 2000 m | 50 mm | 10 mm |

Bei Oberleitungen zusätzlich für beide Grenzlinien: Arbeitshöhe der Stromabnehmer: 5600 mm, Mindestabstand von der Oberleitung (15 kV ≈): 150 mm

[4]) Den Grenzlinien bei Oberleitungen liegt das halbe Breitenmaß eines Stromabnehmers (975 mm) und $s_0 = 0,225$ zugrunde.

**Bild 9 Regellichtraum in der Geraden und in Bögen, $r \geq 250,00$ m** nach EBO

**Bereich A** Zulässig ist das Hereinragen baulicher Anlagen, wenn es der Bahnbetrieb erfordert (z. B. Bahnsteige, Rangiereinrichtungen, Signalanlagen, Einengung bei Bauarbeiten, wenn erforderliche Sicherheitsmaßnahmen getroffen wurden).

**Bereich B** Zulässig ist das Hineinragen bei Bauarbeiten, wenn die erforderlichen Sicherheitsmaßnahmen getroffen sind.

**Bereich C** Raum für das Durchrollen der Räder. Zulässig ist das Hineinragen von Einrichtungen und Geräten, deren Zweck es erfordert (z. B. Rangiereinrichtungen).

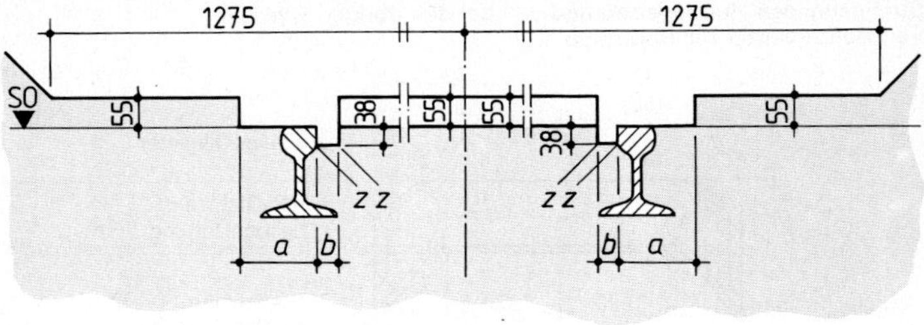


**Bild 10 Unterer Teil der Grenzlinie (Maße in mm)**

$a \geq 150$ mm für unbewegliche Gegenstände, die nicht fest mit der Schiene verbunden sind.
$a \geq 135$ mm für unbewegliche Gegenstände, die fest mit der Schiene verbunden sind.
$b =$ 41 mm für Einrichtungen, die das Rad an der inneren Stirnfläche führen.
$b \geq$ 45 mm an Bahnübergängen und sonstigen Übergängen bei vorhandenen Einläufen.
$b \geq$ 61 mm + 1435 mm an Bahnübergängen und allen übrigen Fällen.
$z$ Ecken, die ausgerundet werden dürfen.

Die Maße beziehen sich auf die Istlage der Schienenoberkanten; die Mittellinie steht darauf senkrecht.

**Tafel 14 Regellichtraummaße bei Oberleitung im Gleisbogen mit $r \geq 250$ m**

| Stromart | Nennspannung in kV | Mindesthöhe α in mm | Halbe Mindestbreite $b$ in mm im Arbeitshöhenbereich des Stromabnehmers über SO | | | | Abschrägung der Ecken in mm | |
|---|---|---|---|---|---|---|---|---|
| | | | ≤5300 | > 5300 bis 5500 | > 5500 bis 5900 | > 5900 bis 6500 | c | d |
| Wechselstrom | 15 | 5200 | 1430 | 1440 | 1470 | 1510 | 300 | 400 |
| | 25 | 5340 | 1500 | 1510 | 1540 | 1580 | 335 | 447 |
| Gleichstrom | bis 1,5 | 5000 | 1315 | 1325 | 1355 | 1395 | 250 | 350 |
| | 3 | 5030 | 1330 | 1340 | 1370 | 1410 | 250 | 350 |

**Tafel 15 Vergrößerung des Regellichtraums in Bögen mit $r < 250$ m**

| Erforderliche Vergrößerung der halben Breitenmaße des Regellichtraumes in mm | Bogenradius $r$ in m | | | | | | | |
|---|---|---|---|---|---|---|---|---|
| | 100 | 120 | 150 | 180 | 190 | 200 | 225 | 250 |
| an der Bogeninnenseite | 530 | 335 | 135 | 80 | 65 | 50 | 25 | 0 |
| an der Bogenaußenseite | 570 | 365 | 170 | 100 | 80 | 65 | 30 | 0 |
| bei Oberleitung | 110 | 80 | 50 | 30 | 25 | 20 | 10 | 0 |

Bei Neubaustrecken muß das vergrößerte Lichtraumprofil GC freigehalten werden, das Bild 11 zeigt.

Für reine S-Bahn-Strecken wird der Regellichtraum nach Bild 12 ausgebildet. In Bögen mit $r \leq 250$ m sind Vergrößerungen der halben Breitenmaße nach Tafel 16 erforderlich.

Dem S-Bahn-Lichtraumprofil liegen folgende Werte zugrunde:

- Radien $r \geq 250$ m
- Spurweite $s \leq 1470$ mm
- Überhöhung $u = 160$ mm
- Überhöhungsfehlbetrag $u_f = 150$ mm

**bei durchgehenden Hauptgleisen und anderen Hauptgleisen für Reisezüge** — **bei den übrigen Gleisen**

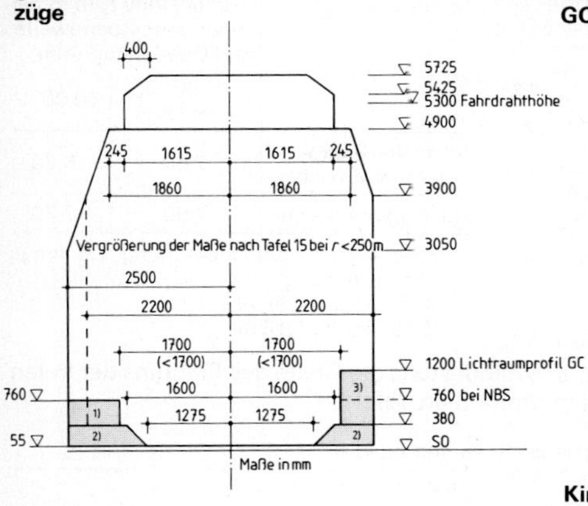


**Gleise mit Huckepack- und ICE-Verkehr (Kinematische Grenzlinien GC und ICE)** — **Gleise mit Regelverkehr (Kinematische Grenzlinien GB und GZ)**

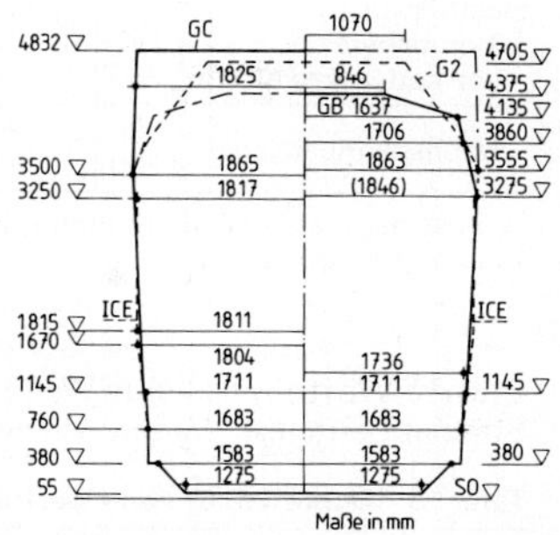


**Kinematische Grenzlinien GC, ICE, GB und GZ**

**Bild 11 Umgrenzung des lichten Raums bei Neubaustrecken**

[1]) Raum für Bahnsteige, Rampen, Rangiereinrichtungen, Signalanlagen
[2]) Raum für bauliche Anlagen, soweit Bahnbetrieb dies erfordert
[3]) Bei überwiegendem Stadtschnellbahnverkehr Bahnsteighöhe 980 mm

**Regellichtraum in Geraden und Bögen mit $r \geq 250{,}00$ m**

[1]) Freizuhaltender Seitenraum an Bahnhofsgleisen bei sämtlichen Gegenständen, an Hauptgleisen der freien Strecke, bei Kunstbauten sowie bei Signalen, die zwischen Hauptgleisen der freien Strecke stehen
[2]) Freizuhaltender Seitenraum an Hauptgleisen der freien Strecke bei sämtlichen Gegenständen
[3]) Nur mit Ausnahmegenehmigung
[4]) Raum für bauliche Anlagen, soweit der Bahnbetrieb das erfordert

Die Festlegung der jeweiligen Grenzlinien ist nach den Vorschriften der Deutschen Bahn, DS 800 01, 800 02 oder 800 03 vorzunehmen.

Lichte Höhe. Bei Bauwerken, die über die Strecke führen, sind die Werte der Tafel 16 einzuhalten. Sie muß aber bei nicht überhöhten Gleisen der freien Strecke und in Bahnhöfen mindestens 4,90 m über SO betragen. Bei überhöhten Gleisen ermittelt man sie aus den Lichtraummaßen GC.

Für S-Bahnen sind die Werte der Tafel 16 einzuhalten.

**bei durchgehenden Hauptgleisen und anderen Hauptgleisen für Reisezüge** — **bei den übrigen Gleisen**

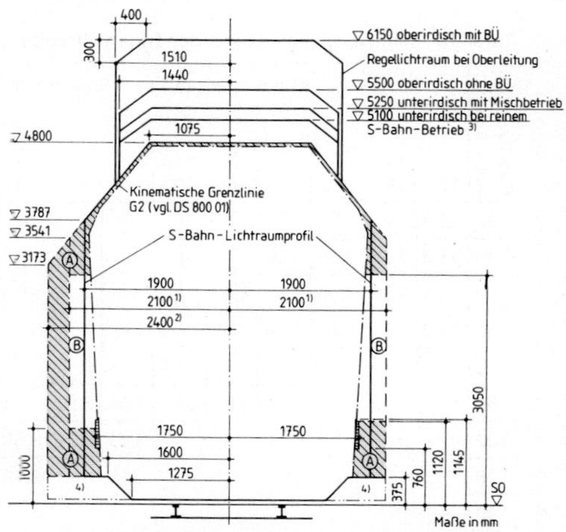


**Bild 12 Regellichtraum für S-Bahnen in der Geraden und in Bögen mit $r \geq 250$ m bei reinem S-Bahn-Betrieb**

**Tafel 16 Lichte Höhen unter Überführungsbauwerken vorhandener Strecken**

| Streckenbereich[1]) | $v$ in km/h | Lichte Höhe $h_l$ in m über SO |
|---|---|---|
| Nicht elektrifiziert | | ≥4,90 |
| Elektrifiziert | | |
| Normalbereich der Kettenwerke | ≤160 | 5,70 |
| | ≤200 | 5,90 |
| Nachspannbereich | ≤160 | 6,15 |
| | ≤200 | 6,40 |

[1]) Zuschlag: 2/3 der Überhöhung, 1,5 mm je 1‰ Längsneigung

**Tafel 17 Lichte Höhen unter Überführungsbauwerken bei Neubaustrecken**

| Streckenbereich[1]) | Lichte Höhe $l_h$ in m bei einer Längsspannweite der Oberleitung in m | |
|---|---|---|
| | 40,00 ≤ $a$ ≤ 65,00[2]) | 40,00[3]) |
| Normalbereich der Kettenwerke | 7,40 | 6,70 |
| Nachspannbereich | 7,90 | 7,20 |

[1]) Zuschlag: 2/3 der Überhöhung, 1,5 mm je 1‰ Längsneigung
[2]) Systemhöhe 1,80 m
[3]) Systemhöhe 1,10 m

Lichte Weite. Die lichte Weite $l_w$ soll mindestens die Breite des Planums der freien Strecke betragen. Weitere Werte entnimmt man Tafel 18.

**Tafel 18 Lichte Weite von Überführungsbauwerken $l_w$ in m**

| | | bei einer Überhöhung $u$ in mm | | | |
|---|---|---|---|---|---|
| | | 0 und 20 | 25 bis 50 | 55 bis 100 | 105 bis 160 |
| Neubaustrecken | zweigleisig | 13,30 | 13,40 | 13,55 | 13,70 |
| | eingleisig | 8,60 | | | |
| vorhandene und S-Bahn-Strecken | zweigleisig | 11,60 | 11,70 | 11,80 | 11,90 |
| | | | (mindestens ≥ Planumsbreite) | | |
| | eingleisig | 7,60 | | | |

Mit Gleisabstand bezeichnet man die Entfernung zwischen den Mitten benachbarter Gleise. Der Mindestgleisabstand wird entweder durch Addition der halben Breitenmaße der Grenzlinien errechnet oder Tafel 19 entnommen. Der größere Wert

**Tafel 19 Mindestgleisabstand der freien Strecke**

| Geschwindigkeit $v$ in km/h | Mindestgleisabstand min $a$ in m bei einem Radius $r$ in m von | | | | | | | | | | | | | | | |
|---|---|---|---|---|---|---|---|---|---|---|---|---|---|---|---|---|
| | 180 | 200 | 225 | 250 | 300 | 400 | 450 | 500 | 600 | 700 | 850 | 950 | 1100 | 1300 | 1600 | 2100 |
| 30 | 3,68 | 3,62 | 3,50 | | | | | | | | | | | | | |
| 40 | 3,69 | 3,62 | 3,56 | 3,50 | | | | | | | | | | | | |
| 50 | 3,74 | 3,66 | 3,58 | 3,51 | 3,50 | | | | | | | | | | | |
| 60 | 3,80 | 3,71 | 3,63 | 3,55 | 3,52 | 3,50 | | | | | | | | | | |
| 70 | | | | 3,60 | 3,56 | 3,52 | 3,50 | | | | | | | | | |
| 80 | | | | | 3,61 | 3,55 | 3,54 | 3,52 | 3,50 | | | | | | | |
| 100 | | | | | | | 3,61 | 3,59 | 3,55 | 3,53 | 3,50 | | | | | |
| 120 | | | | | | | | | 3,62 | 3,59 | 3,55 | 3,53 | 3,51 | 3,50 | | |
| 140 | | | | | | | | | | | 3,61 | 3,59 | 3,56 | 3,53 | 3,50 | |
| 160 | | | | | | | | | | | | | 3,61 | 3,58 | 3,54 | 3,50 |

Bei kleinen Radien müssen die Gleisabstände nach Tafel 20 vergrößert werden.

ist maßgebend. In Geraden und Bögen mit $r \geq 250$ m gilt bei Neubaustrecken ein Regelgleisabstand von $a = 4{,}00$ m. für Schnellfahrstrecken $a = 4{,}70$ m, bei Strecken mit $v \leq 200$ km/h darf er auf $a = 4{,}50$ m herabgesetzt werden. Bei reinem S-Bahn-Verkehr ist $a = 3{,}80$ m zulässig. Unterirdisch ist ein Abstand von $a = 4{,}70$ m einzuhalten.

**Tafel 20 Vergrößerung der Gleisabstände in Bögen mit $r < 250$ m**

| Radius $r$ in m | 100 | 120 | 150 | 170 | 180 | 200 | 225 | 250 |
|---|---|---|---|---|---|---|---|---|
| Vergrößerung in mm | 1100 | 700 | 305 | 215 | 180 | 120 | 50 | 0 |

**Tafel 21 Vergrößerung der Gleisabstände in Bögen mit $r < 250$ m für reine S-Bahn-Strecken**

| Radius $r$ in m | 100 | 120 | 150 | 180 | 190 | 200 | 225 | 250 |
|---|---|---|---|---|---|---|---|---|
| Vergrößerung in mm | 1100 | 700 | 300 | 180 | 150 | 120 | 50 | 0 |

Ist die Überhöhung des äußeren Gleises größer als die des inneren, wird die Vergrößerung mit Gl. (22) errechnet.

$$a' = \frac{3{,}53}{1{,}50} \cdot (u_a - u_i) \quad \text{in mm} \qquad (22)$$

$a'$ Vergrößerung des Gleisabstandes in mm
$u_a$ Überhöhung des äußeren Gleises in mm
$u_i$ Überhöhung des inneren Gleises in mm

In Bahnhöfen muß ein Gleisabstand von 4,00 m mindestems vorhanden sein. Bei Neubauten und S-Bahn-Strecken sind 4,50 m auszuführen. Durchgehende Gleise ohne Zwischenbahnsteig erhalten den Gleisabstand der freien Strecke, wenn sonst erhebliche Mehrkosten entstehen. Müssen Zwischenwege nach jedem zweiten Gleis angeordnet werden, entnimmt man für Hauptgleise den Gleisabstand der Tafel 22.

**Tafel 22 Gleisabstände bei Zwischenwegen**

| Geschwindigkeit $v$ in km/h im Hauptgleis | $\leq 160$ | $> 160$ | |
|---|---|---|---|
| | | auf einem der beiden Gleise | auf beiden Gleisen |
| Gleisabstand in m zwischen zwei Hauptgleisen | 5,80 | 6,30 | 6,80 |
| zwischen durchgehenden Haupt- und Überholungsgleis | 5,00 | 5,50 | |
| zwischen Haupt- und Nebengleis | 5,30 | 5,80 | |

Bahnsteige sollen bei Neubauten oder umfassenden Umbauten eine Höhe von 0,76 m über SO erhalten. Sie dürfen nicht niedriger als 0,38 m und nicht höher als 0,96 m sein. Halten am Bahnsteig ausschließlich S-Bahnen, erhält dieser die Höhe von 0,96 m. Liegen Bahnsteige im Bogen, so ist die Überhöhung zu berücksichtigen. Feste Gegenstände auf Bahnsteigen müssen bis 3,05 m Höhe über SO den Abstand $a \geq 3{,}00$ m von der Gleismitte einhalten. Die Breite der Bahnsteige soll folgende Maße aufweisen:

- an Außenbahnsteigen $\geq 3{,}00$ m,
- an Inselbahnsteigen, Treppe am Bahnsteigende $\geq 6{,}00$ m,
  Treppe im Mittelbereich $\geq 7{,}00$ m.

Die mittlere Bahnsteigbreite $b$ ermittelt man in Abhängigkeit vom Verkehrsaufkommen und den vorhandenen Einbauten auf der Bahnsteigfläche. Es ist

$$b = \frac{n_P}{l \cdot d} + \frac{A_e}{l} + n_B \cdot b_s \qquad (23)$$

$n_P$ zu erwartende höchste Bahnsteigbelegung durch ankommende, wegfahrende und wartende Reisende in Personen
$l$ nutzbare Bahnsteiglänge in m
$d$ Personenverkehrsdichte in Personen/m², (Spitzenstunde: 1,5 P/m², sonstige Zeit: 1,0 P/m²)
$A_e$ Summe der Flächen, die durch Einbauten oder Treppen nicht als Standfläche genutzt werden können in m²
$n_B$ Anzahl der Bahnsteigkanten
$b_s$ Breite des Sicherheitsstreifens an der Gleisseite in m
$\alpha_B$ waagerechter Abstand der Bahnsteigkante von Gleismitte in m
bei $v \leq 160$ km/h ist $b_s = 2{,}50 - \alpha_B$
$v > 160$ km/h ist $b_s = 3{,}00 - \alpha_B$
$v \leq 120$ km/h ist $b_s = 2{,}30 - \alpha_s$ bei reinem S-Bahn-Betrieb

Die Querneigung der Bahnsteige fällt vom Gleis aus auf nicht überdachten Flächen oberirdischer Strecken mit $q = 2{,}00\%$. Unterirdisch genügt $q = 1{,}00\%$. In geschlossenen Bahnhofshallen wird die Bahnsteigoberfläche horizontal angelegt. Sind nur Bahnsteigdächer vorhanden, läßt man die äußeren 2,00 m mit $q = 2{,}00\%$ zum Gleis hin fallen, während der Mittelbereich horizontal gehalten wird.

Seitenrampen zum Be- und Entladen von Wagen dürfen bis 1,20 m über SO hoch sein. Für Güterwagen, deren Türen nach außen aufschlagen, beträgt die maximale Höhe 1,10 m. Werden dort Reisezugwagen mit nach außen aufschlagenden Türen geöffnet, darf die Höhe von 1,00 m nicht überschritten werden.

Randwege werden bei eingleisigen Strecken beidseits, bei mehrgleisigen Strekken neben den äußeren Gleisen angeordnet. Die Breite des Randweges soll mindestens 0,80 m, bei Neubaustrecken mit hohen Geschwindigkeiten 1,30 m betragen. Sie ergibt sich aus dem Abstand des Planumrandes vom Schotterbettfußpunkt. Die Planumskante ergibt sich aus dem Gefahrenbereich des Gleises (3,50 m) und dem Sicherheitsraum (0,80 m).

Zwischenwege werden bei höhengleich und parallel geführten Strecken nach jedem zweiten Gleis angeordnet. Sie müssen mindestens die Breite von 0,80 m erhalten.

Einbauten in den Rand- und Zwischenwegen sind erst ab 2,20 m Höhe über der Wegoberkante zulässig.

Das Planum wird bei eingleisigen Strecken einseitig zur Bogeninnenseite geneigt, bei zweigleisigen Strecken dachförmig hergestellt. Die Querneigung soll 5% betragen. Damit ergeben sich die in Tafel 23 genannten Werte.

**Tafel 23 Planumsbreiten**

| | bei einer Überhöhung $u$ in mm | | | |
|---|---|---|---|---|
| | 0 bis 20 | 25 bis 50 | 55 bis 100 | 105 bis 160 |
| eingleisige Neubaustrecke | 8,60 | | | |
| vorhandene Strecke | 7,60 | | | |
| S-Bahnen | 6,10 | 6,20 | 6,30 | 6,30 |
| zweigleisige Neubaustrecke | 13,30 | 13,40 | 13,55 | 13,70 |
| vorhandene Strecke | 11,60[1]) | 11,70[1]) | 11,80[1]) | 11,90[1]) |
| S-Bahnen | 10,20 | 10,30 | 10,40 | 10,40 |

[1]) bei $v \leq 160$ km/h und ohne Kabeltrasse im Randweg können die Maße um 0,60 m verringert werden.

Die durch die Überhöhung bedingte Verbreiterung wird an der Bogenaußenseite durchgeführt. Sie beginnt am Anfang des Übergangsbogens und wird auf eine Länge von 10,00 m verzogen. Der Wechsel der Planumsneigung wird im Bereich von etwa 5,00 m verzogen.

## Tafel 24 Abstand fester Gegenstände von Gleismitte der freien Strecke

### a) bei Neubaustrecken

| Überhöhung $u$ in mm | Abstand Gleismitte bis fester Gegenstand in m: eingleisige Strecke | zweigleisige Strecke[1]) Bogeninnenseite | zweigleisige Strecke[1]) Bogenaußenseite |
|---|---|---|---|
| 0 bis 20 | 4,30 | 4,30 | 4,30 |
| 25 bis 50 | | | 4,40 |
| 55 bis 100 | | | 4,55 |
| 105 bis 160 | | | 4,70 |

[1]) auf Überholungsbahnhöfen
bei Gefälle zum festen Gegenstand hin 4,30 m,
bei Gefälle vom festen Gegenstand weg 3,90 m

### b) auf vorhandenen Strecken

| Überhöhung $u$ in mm | Abstand Gleismitte bis fester Gegenstand in m: eingleisige Strecke | zweigleisige Strecke Bogeninnenseite | zweigleisige Strecke Bogenaußenseite |
|---|---|---|---|
| 0 bis 20 | 3,80 (3,50) | 3,80 (3,50) | 3,80 (3,50) |
| 25 bis 50 | | | 3,90 (3,60) |
| 55 bis 100 | | | 4,00 (3,70) |
| 105 bis 160 | | | 4,10 (3,80) |

Klammerwerte nur bei beengten Verhältnissen und nur bei Strecken ohne Kabeltrasse im Randweg

### c) bei S-Bahn-Strecken

| Überhöhung $u$ in mm | Abstand Gleismitte bis fester Gegenstand in m: eingleisige Strecke, Richtung der einseitigen Planumsneigung zum festen Gegenstand: Bogeninnenseite | eingleisige Strecke, zum festen Gegenstand: Bogenaußenseite | eingleisige Strecke, vom festen Gegenstand: Bogeninnenseite | eingleisige Strecke, vom festen Gegenstand: Bogenaußenseite | zweigleisige Strecke: Bogeninnenseite | zweigleisige Strecke: Bogenaußenseite |
|---|---|---|---|---|---|---|
| 0 bis 20 | 3,20 | 3,20 | 2,90[1]) | 2,90[1]) | 3,20 | 3,20 |
| 25 bis 50 | | 3,30 | | 3,00 | | 3,30 |
| 55 bis 160 | | 3,40 | | 3,10 | | 3,40 |
| 105 bis 160 | | 3,50 | | 3,20 | | 3,50 |

[1]) Bei Kunstbauten und Lärmschutzwänden 3,00 m

Die Lage der Böschungsfußpunkte zweigleisiger Strecken kann man mit Bild 13 bestimmen. Werden 0,50 m Schotter vor dem Schwellenkopf eingebaut, sind die Maße $b_i$ und $b_a$ um 0,10 m zu vergrößern.

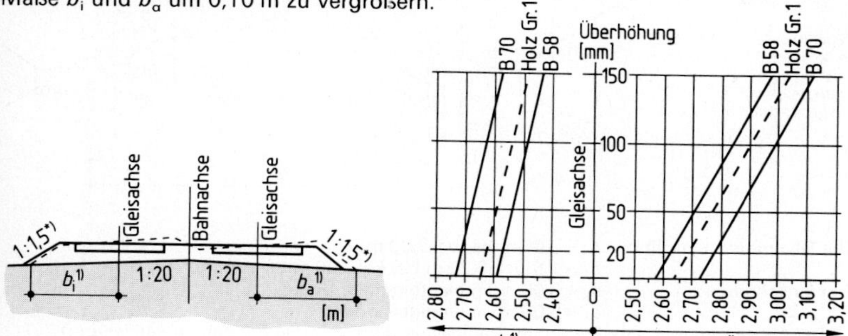


*) Konstruktionsmaß

[1]) bei 0,50 m Schotter vor Schwellenkopf Maße $b_i$ und $b_a$ um je 0,10 m vergrößern

**Bild 13** Ermittlung der Bettungsfußpunkte von zweigleisigen Strecken, 0,40 m Schotter vor dem Schwellenkopf

Die Regelquerschnitte für Neubaustrecken sind in Bild 14 und 15 dargestellt.

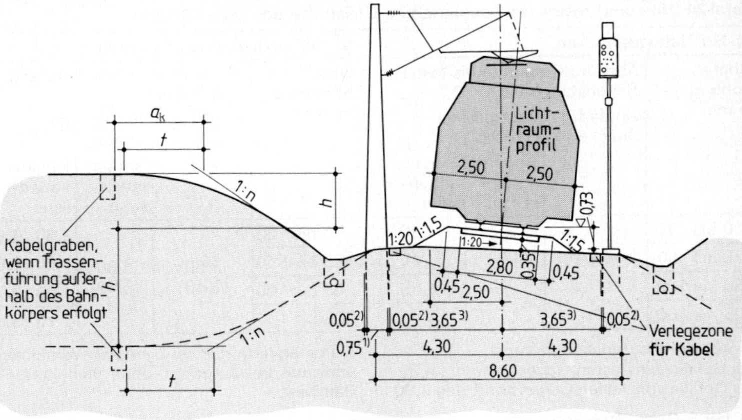


¹) bei Abspannmasten aus Beton, bei Tragmasten 0,55 m (ohne Fundamentdarstellung)
²) Bautoleranz 0,05 m
³) ohne Kabeltrasse 3,50 m

**Bild 14 Regelquerschnitt eingleisiger Neubaustrecken im Bogen**

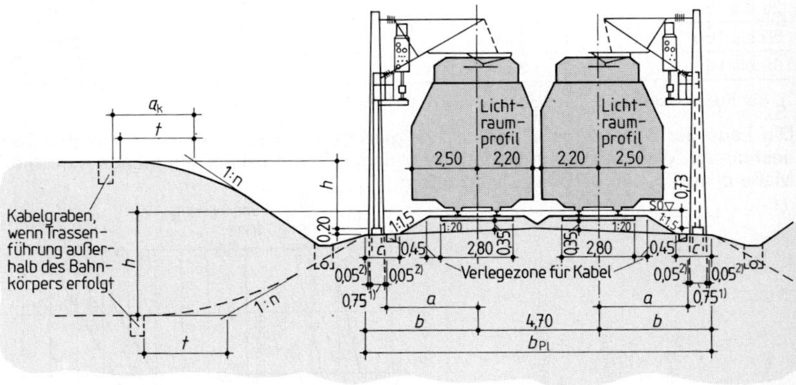


Bei Damm und Einschnitt $t = 3{,}00$ m bei $h \geq 2{,}00$ m
$t = 1{,}5$: $h \geq 0{,}20$ m bei $h < 2{,}00$ m
Bei Einschnitten: $a_K = 3{,}00$ m im nichtbindigen Boden
$a_K = 5{,}00$ m im bindigen Boden

¹) bei Abspannmasten aus Beton, bei Tragmasten 0,55 m (ohne Fundamentdarstellung)
²) Bautoleranz 0,05 m
³) ohne Kabeltrasse 3,50 m

*Anmerkung*: Bei geneigtem Planum oder Überhöhung der Gleise müssen bei Neubaustrecken unter der Schiene, die dem Planum am nächsten liegt, mindestens 0,35 m Schotterbett vorhanden sein!

**Bild 15 Regelquerschnitt zweigleisiger Neubaustrecken**

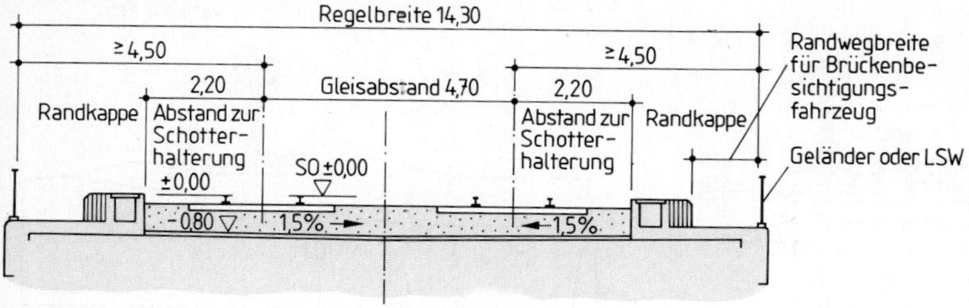


[1]) bei Schotterbett, bei Fester Fahrbahn je nach Konstruktionsart 0,70 m bis 0,80 m
[1]) bei Schotterbett, bei Fester Fahrbahn je nach Konstruktionsart 1,70 m bis 2,20 m

**Bild 16 Regelquerschnitt auf Brücken**

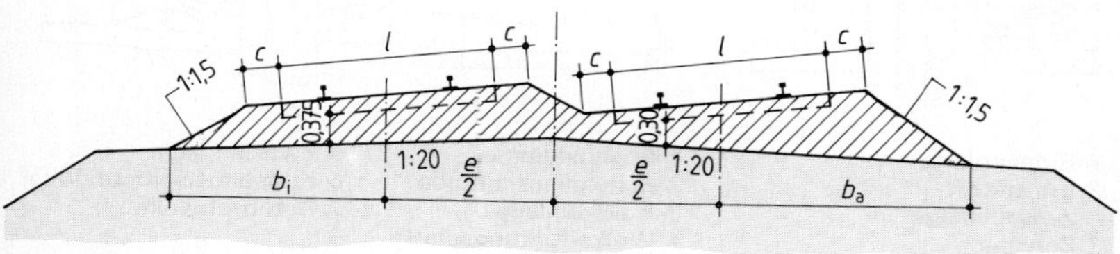


$e$ Gleisachsabstand
$l$ Schwellenlänge
$b_i$, $b_a$ Abstand Gleisachse – Bettungsfußpunkt
$c$ Schotterbreite vor den Schwellenköpfen

**Bild 17 Regelbettungsquerschnitt zweigleisiger Strecken mit Überhöhung**

**Schienen und Schwellen.** Bild 18 zeigt die gebräuchlichsten Schienenformen. Sie werden auf Holz-, Stahl- oder Betonschwellen befestigt und gegebenenfalls isoliert. Die Befestigungsmittel für Holz- und Stahlschwellen sind als Oberbau KS zusammengefaßt (Bild 19). Für Betonschwellen verwendet man den Oberbau W (Bild 20).

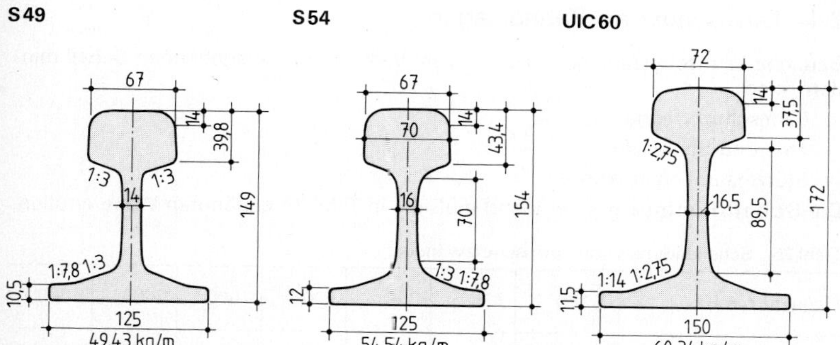


**Bild 18 Abmessungen der gebräuchlichsten Schienenformen in mm**

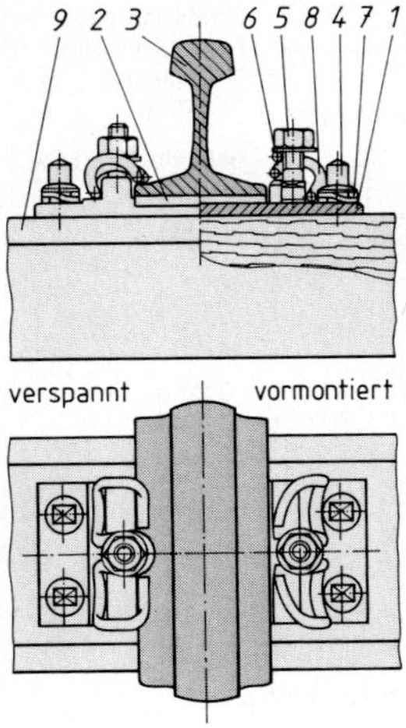


1 Rippenplatte
2 Kunststoff-zwischenlage
3 Schiene
4 Schwellenschraube
5 Hakenschraube
6 Unterlagsscheibe
7 doppelter Federring
8 Spannklemme
9 Holzschwelle

**Bild 19**
**Oberbau KS (Holzschwellen für Schienen S49/54 und UIC60)**

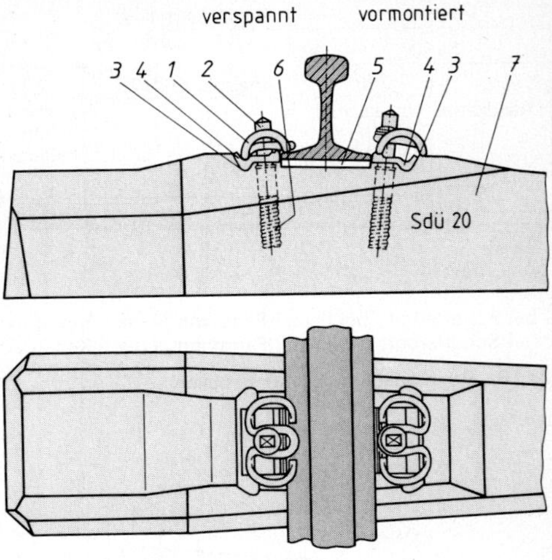


1 Spannklemme
2 Schwellenschraube
3 Isoliereinlage
4 Winkelführungsplatte
5 Zwischenlage
6 Kunststoffschraubdübel
7 Betonschwelle

**Bild 20 Oberbau W (Betonschwelle B70W-60 für UIC60 und B70W-54 für S49/S54)**

## 2.4 Lärmschutz an Bahnanlagen

Bauliche Lärmschutzanlagen, die den vom Verkehrsweg ausgehenden Schall mindern, sind

- Lärmschutzwände,
- Erd- und Steilwälle,
- Stützmauerkonstruktionen.

Die Schalldämmung einer Wand muß die in Tafel 25 genannten Werte erfüllen.

**Tafel 25 Schalldämmaß von Lärmschutzwänden**

| Frequenz $f$ in Hz | 100 | 125 | 250 | 500 | 1000 | 2000 | 4000 |
|---|---|---|---|---|---|---|---|
| Schalldämmaß $R$ in dB | 10 | 12 | 18 | 24 | 30 | 35 | 35 |

Die dem Zug zugewandte Seite w rd schallabsorbierend ausgebildet. Der Schallabsorptionsgrad $\alpha_s$ darf folgende Werte nicht unterschreiten:

**Tafel 26 Schallabsorptionsgrad von Lärmschutzwänden**

| Frequenz in Hz | 100 | 125 | 250 | 500 | 1000 | 2000 | 4000 |
|---|---|---|---|---|---|---|---|
| Schallabsorptionsgrad $\alpha_s$ | 0,20 | 0,30 | 0,50 | 0,80 | 0,90 | 0,90 | 0,80 |

Aus betriebstechnischen Gründen sollen nur senkrechte Außenwände hergestellt werden. Abgeknickte Außenwände sind nur zu verwenden, wenn der bessere Schutzeffekt ausschlaggebend ist. Die Ausbildung ist in Bild 21 dargestellt. Die Wandhöhe beträgt bei Außenwänden 2,00 m, bei Mittelwänden 1,00 m, doch dürfen solche nur in Ausnahmefällen angeordnet werden.

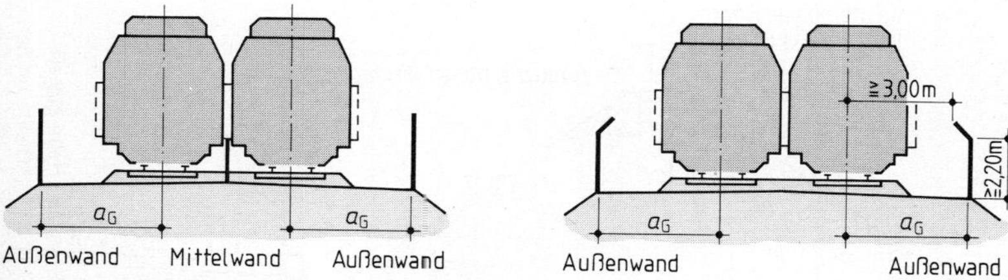


**Bild 21 Anordnung von Lärmschutzwänden**

**Tafel 27 Abstand $a_G$ zwischen Gleismitte und Lärmschutzwand**

| Betriebsart oder max $v$ in km/h | 300 | 200 | auf Brücken ≤160 | auf Brücken ≤200 | auf Brücken ≤250 | S-Bahn |
|---|---|---|---|---|---|---|
| Abstand $a_G$ in m | 4,30 | 3,80 | 3,00 | 3,50 | 4,50 | 3,20 |

Lärmschutzwälle werden vorgesehen, wenn die notwendige Grundfläche und das Erdreich vorhanden sind und die Landschaftsgestaltung es verlangt. Ein Ausbildungsbeispiel zeigt Bild 22.

**Immissionsgrenzwerte** s. Lärmschutz an Straßen.

Die **Beurteilungspegel** für Tag und Nacht berechnet man mit

$$L_{r,T} = L_{m,T}^{(25)} + D_{Fz} + D_{L,v} + D_{Fb} + D_{s\perp} + D_{BM} + D_B + S \tag{24a}$$

$$L_{r,N} = L_{m,N}^{(25)} + D_{Fz} + D_{L,v} + D_{Fb} + D_{s\perp} + D_{BM} + D_B + S \tag{24b}$$

$L_{r,T}$; $L_{r,N}$ Beurteilungspegel bei Tag bzw. Nacht in dB(A)
$L_{m,T}^{(25)}$; $L_{m,N}^{(25)}$ Mittelungspegel bei Tag bzw. Nacht in dB(A)
$D_{Fz}$ Korrektur zur Berücksichtigung der Fahrzeugart in dB(A)
$D_{L,v}$ Korrektur in dB(A) für unterschiedliche Zuglängen $l$ in m und Geschwindigkeiten $v$ in km/h
$D_{Fb}$ Korrektur zur Berücksichtigung unterschiedlicher Fahrbahnen in dB(A)
$D_{s\perp}$ Korrektur für unterschiedliche Abstände von Achse Gleis in Höhe SO bis Immissionsort in dB(A)
$D_{BM}$ Korrektur durch Boden- und Meterologiedämpfung in dB(A)
$D_B$ Pegeländerung durch topographische Gegebenheiten in dB(A)
$S$ Korrektur um −5 dB(A) zur Berücksichtigung geringerer Störwirkung des Schienenverkehrslärms

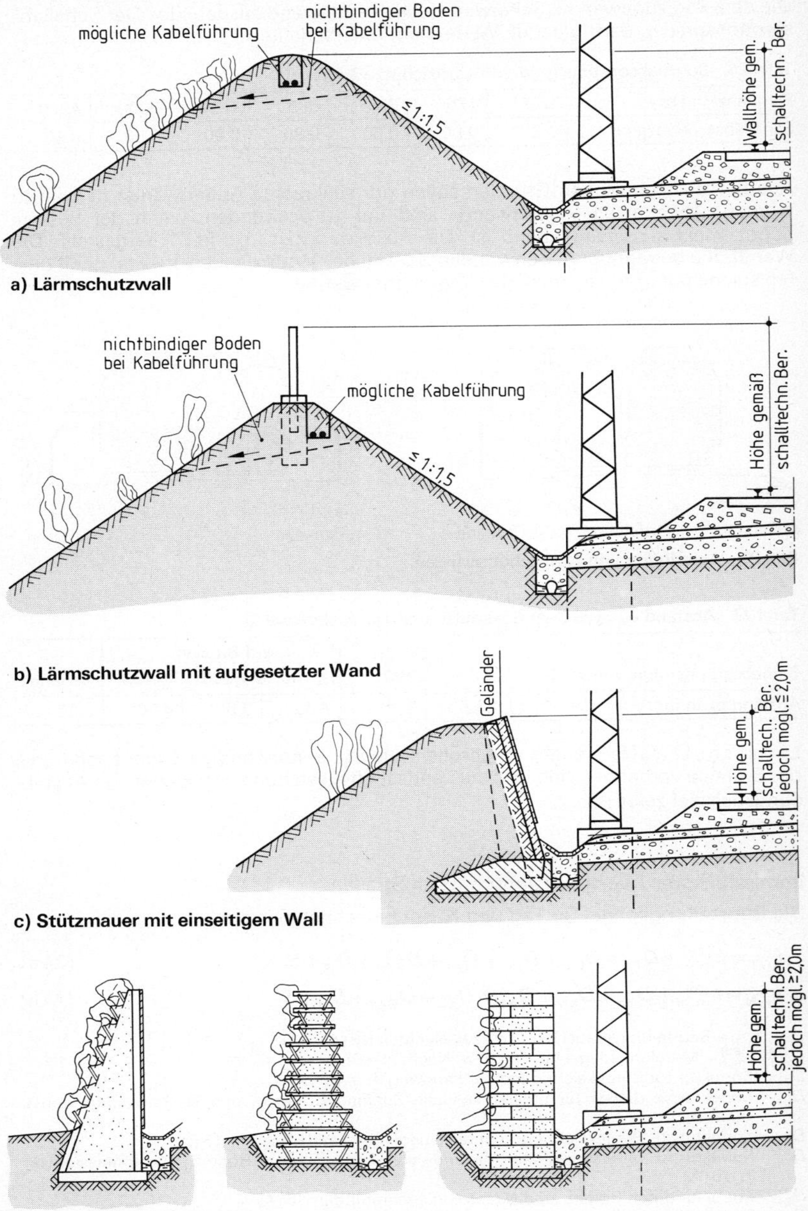


**Bild 22 Ausführungsbeispiele für Lärmschutzwälle**

Man faßt die Züge zu Zugklassen zusammen, die nach Tafel 28 derselben Fahrzeugart angehören, gleiche mittlere Zuglängen und Geschwindigkeiten aufweisen und einen gleichen Anteil an scheibengebremsten Fahrzeugen haben. Für den Beurteilungszeitraum ist dann die mittlere Zugzahl/Stunde $n$ zu ermitteln. Für die verschiedenen Zugklassen berechnet man nach Gl. (25a) oder (25b) den Mittelungspegel $L_{m,T}^{(25)}$ bzw. $L_{m,N}^{(25)}$ oder entnimmt ihn aus Bild 23. Die Beurteilungspegel mehrerer Gleise sind nach Gl. (25) zusammenzufassen.

$$\boldsymbol{L_{m,T}^{(25)} = 51 + 10 \cdot \lg [n \cdot (5 - 0{,}04 \cdot p)]} \quad \text{in dB(A)} \qquad (25a)$$

$$\boldsymbol{L_{m,N}^{(25)} = 51 + 10 \cdot \lg [n \cdot (5 - 0{,}04 \cdot p)]} \quad \text{in dB(A)} \qquad (25b)$$

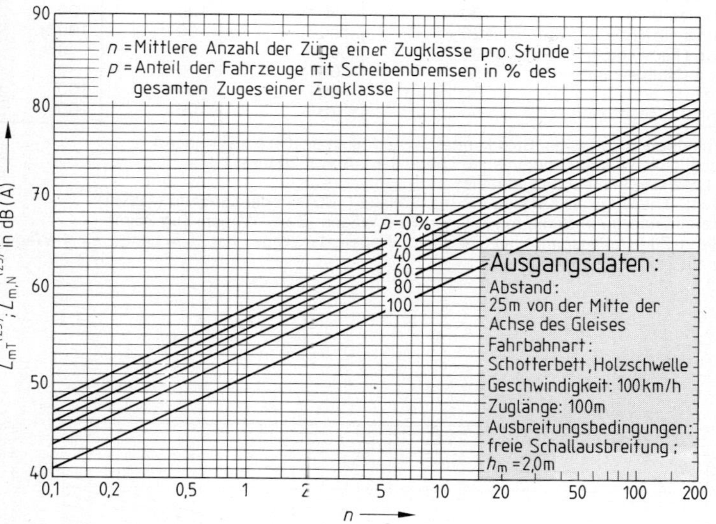


**Bild 23** **Mittelungspegel $L_{m,T}^{(25)}$ bzw. $L_{m,N}^{(25)}$**

**Tafel 28** **Korrektur $D_{Fz}$ zur Berücksichtigung der Fahrzeugart**

| Fahrzeugart der Züge | $D_{Fz}$ [1]) in dB(A) |
|---|---|
| Fahrzeuge mit Radscheibenbremsen | −2 |
| Fahrzeuge mit $v > 100$ km/h mit Radabsorbern | −4 |
| Straßenbahn- und Stadtbahnfahrzeuge | +3 |
| U-Bahn-Fahrzeuge | +2 |
| alle anderen Fahrzeuge | 0 |

[1]) Für Fahrzeugarten mit dauerhafter Lärmminderung können entsprechende Korrekturen berücksichtigt werden.

Die Korrektur $D_{L,v}$ wird berechnet mit

$$\boldsymbol{D_{L,v} = 10 \cdot \lg (l \cdot v^2) - 60} \quad \text{in dB (A)} \qquad (26)$$

Die unterschiedlichen Fahrbahnbeschaffenheiten $D_{Fb}$ berücksichtigt man nach Tafel 29

**Tafel 29 Geschwindigkeiten, Längen und Anteile der Wagen mit Scheibenbremsen verschiedener Zugarten**

| Zugart | max. Geschwindigkeit $v$ [1]) in km/h | mittlere Zuglänge $l$ in m | Wagenanteil mit Scheibenbremsen in % im Jahre 1988 | 2000 |
|---|---|---|---|---|
| ICE | 250 | 420 | 100 | 100 |
| EC/IC | 200 | 340 [2]) | 100 [3]) | 100 [3]) |
| IR | 200 | 205 [2]) | 100 [3]) | 100 [3]) |
| D/FD-Zug | 160 | 340 [2]) | 30 [3]) | 100 [3]) |
| Eilzug | 140 | 205 [2]) | 20 [3]) | 30 [3]) |
| Nahverkehrszug | 120 | 150 [2]) | 20 [3]) | 30 [3]) |
| S-Bahn (Triebzug) | 120 | 130 [4]) | 100 | 100 |
| S-Bahn Berlin | 100 | 70 [5]) | 100 | 100 |
| S-Bahn Hamburg | 100 | 130 [4]) | 100 | 100 |
| S-Bahn Rhein-Ruhr | 120 | 120 [6]) | 100 [3]) | 100 [3]) |
| Güterzug (Fernverkehr) | 100 | 500 [2]) | 0 | 0 |
| Güterzug (Nahverkehr) | 90 | 200 [2]) | 0 | 0 |
| U-Bahn | 80 | 80 | 100 | 100 |
| Straßenbahn/Stadtbahn | 60 | 25 | 100 | 100 |

[1]) Bei niedrigerer zulässiger Streckengeschwindigkeit ist diese maßgebend
[2]) Einschließlich der angenommenen Länge der Lok von 20,0 m
[3]) Die Loks sind immer klotzgebremst
[4]) S-Bahn-Triebzüge als Kurzzug (65 m), Vollzug (130 m) oder Langzug (195 m)
[5]) S-Bahn-Triebzug in Berlin mit 2, 4, 6 oder 8 Wagen (Zwei-Wagen-Zug 35 m)
[6]) S-Bahn-Züge lokbespannt mit 3, 4 oder 5 Wagen, der Wagen hat 25 m Länge, ein 4-Wagen-Zug mit Lok ist 120 m lang

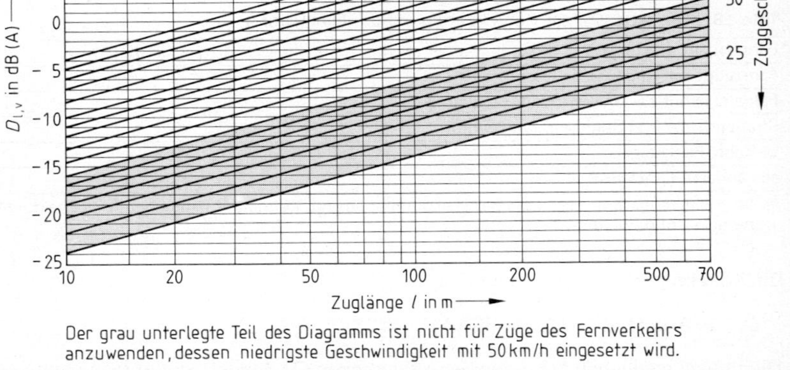


Der grau unterlegte Teil des Diagramms ist nicht für Züge des Fernverkehrs anzuwenden, dessen niedrigste Geschwindigkeit mit 50 km/h eingesetzt wird.

**Bild 24 Korrektur $D_{L,v}$ für unterschiedliche Zuglängen und -geschwindigkeiten**

**Tafel 30 Korrektur $D_{Fb}$ zur Berücksichtigung unterschiedlicher Fahrbahnen**

| Fahrbahnart | $D_{Fb}$ in dB (A) |
|---|---|
| Gleiskörper mit Raseneindeckung | −2 |
| Holzschwelle auf Schotterbett | 0 |
| Betonschwelle auf Schotterbett | +2 |
| Nicht absorbierende feste Fahrbahn und in Straßenfahrbahnen liegende Gleise | +5 |

Treten in engen Kurven Quietschgeräusche auf, so ist ein Korrekturwert $D_{Ra}$ zusätzlich zu berücksichtigen.

**Tafel 31 Einfluß $D_{Ra}$ in Kurven**

| Kurvenradius $r$ in m | <300 | ≧300 bis <500 | ≦500 |
|---|---|---|---|
| $D_{Ra}$ | 8 | 3 | 0 |

Die Pegeländerung $D_{s\perp}$ entnimmt man Abschnitt 1.4, Bild 29a oder berechnet sie mit Gl. (37). Die Pegeländerung $D_{BM}$ erhält man aus Bild 30a oder Gl. (38). Der Gesamtbeurteilungspegel wird mit Gl. (27) errechnet. Die Pegeländerungen durch topographische Gegebenheiten $D_B$ sind nach der „Richtlinie zur Berechnung der Schallimmissionen von Schienenwegen — Ausgabe 1990 — Schall 03" zu berechnen.

Der Emissionspegel wird mit Gl. (27) berechnet.

$$L_{m,E} = 10 \cdot \lg \left(\sum_i 10^{0,1 \cdot (51 + D_{Fz} + D_{l,v} + D_D)}\right) + D_{Fb} + D_{Br} + D_{Bü} + D_{Ra} \quad (27)$$

in dB (A)

- $D_{Fz}$ Korrektur zur Berücksichtigung der Fahrzeugart in dB(A)
- $D_{l,v}$ Korrektur für Zuglänge und Geschwindigkeit in dB(A)
- $D_D$ Einfluß der Bremsbauart in dB(A)
- $D_{Fb}$ Korrektur zur Berücksichtigung unterschiedlicher Fahrbahnen in dB(A)
- $D_{Br}$ Einfluß der Brücken in dB(A) ($D_{Br}$ = 3,0 dB(A))
- $D_{Bü}$ Korrektur im Bereich von Bahnübergängen in dB(A) ($D_{Bü}$ = 5,0 dB(A))
- $D_{Ra}$ Einfluß der Kurven in dB (A)
- $n_{ges}$ Gesamtzahl der Wagen
- $n_D$ Anzahl scheibengebremster Wagen

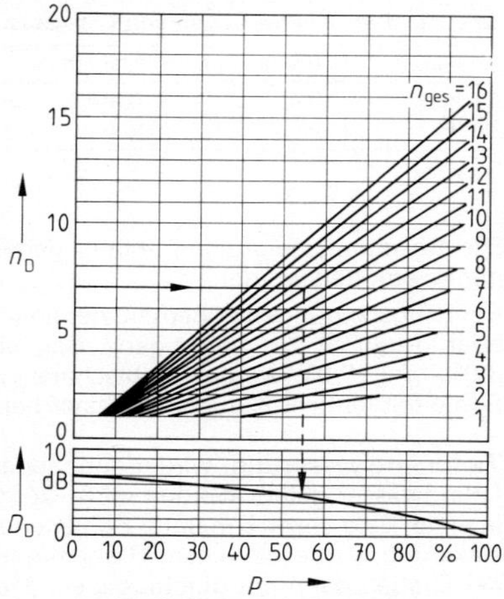


**Bild 25 Einfluß $D_D$ der Bremsbauart für Reisezüge bis 16 Wagen mit klotzgebremster Lok**

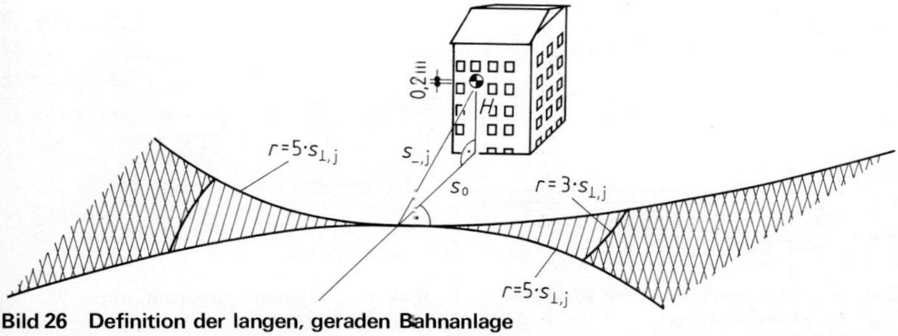


**Bild 26 Definition der langen, geraden Bahnanlage**

## 2.5 Entwässerung von Bahnanlagen

Da über den Gleiskörper dynamische Lasten abgetragen werden, darf der Unterbau des Bahnkörpers oder der Untergrund durch stehende Nässe nicht aufgeweicht werden. Geeignete Entwässerungsmaßnahmen sorgen dafür, daß die Tragfähigkeit des Bodens erhalten bleibt. Dazu erhält das Planum unter dem Bahnkörper eine Querneigung von 1:20, die bei eingleisigen Strecken i.d. Regel einseitig, bei mehrgleisigen Strecken als Dachformprofil ausgebildet wird (s. Bettungsquerschnitte). Das Planum wird in den seitlich angeordneten Bahngraben entwässert. Im Einschnitt wird dadurch gleichzeitig vom Gelände auf den Bahnkörper zufließendes Wasser abgefangen.

Die Entwässerung bildet man aus als offene Entwässerung oder als Tiefenentwässerung.

**Offene Entwässerung** geschieht durch einen Graben oder eine Mulde. Die Regelabmessungen entnimmt man Tafel 32.

**Tafel 32 Regelabmessungen von Entwässerungseinrichtungen**

| Anlage | Breite in m | Tiefe in m | Längsgefälle in % | Böschungsneigung |
|---|---|---|---|---|
| Graben | 0,40 | 0,40 | 0,3 bis 3,0 | 1:1,5 bis 1:1,8 |
| Mulde | 0,8 bis 1,6 | 0,20 | 0,3 bis 3,0 | 1:1,5 bis 1:1,8 |

Die Böschungsneigungen sollten dabei durch erdmechanische Untersuchungen genau ermittelt werden.

Bei Längsneigungen außerhalb der genannten Grenzen sind die Sohlen der Gräben oder Mulden zu befestigen. Bei einem Gefälle $I<0{,}3\%$ und im Bereich $3{,}0\%<I<10{,}0\%$ werden Sohlschalen verwendet. Bei steilerem Gefälle muß die Sohle mit rauhem Natursteinpflaster befestigt werden.

**Tiefenentwässerung** wird dann angewendet, wenn unterirdisch Sicker- oder Grundwasser gefaßt werden muß. Der Grundwasserspiegel soll dann mindestens in einer Tiefe von 1,5 m unter Schienenoberkante gehalten werden. Bei der Tiefensickerung werden in einem Grabem entsprechender Tiefe Sickerrohre verlegt und der Graben dann mit durchlässigem Material aufgefüllt. Zweckmäßig ordnet man den Graben unter der Mulde an.

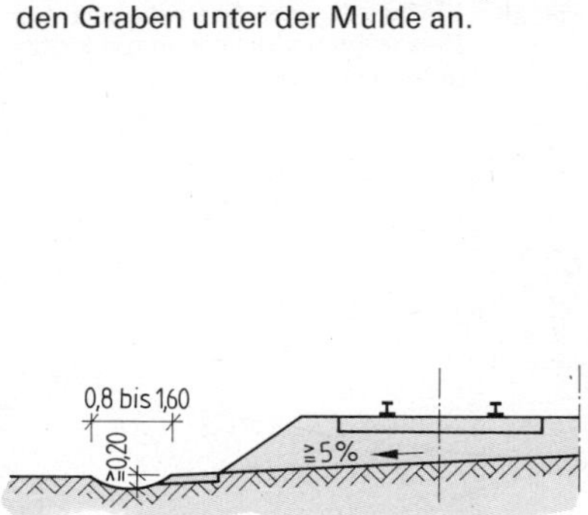


**Bild 27 Regelausführung der Muldenentwässerung**

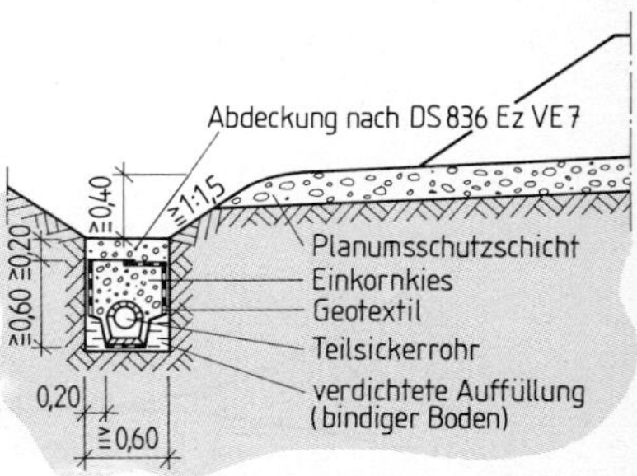


**Bild 28 Tiefenentwässerung mit Geotexil**

## 2.6 Bahnübergänge

Höhengleiche Kreuzungen von Eisenbahnen mit Straßen, Wegen oder Plätzen bezeichnet man als Bahnübergänge. Übergänge für Reisende in Bahnhöfen oder Haltestellen sowie Übergänge für den innerdienstlichen Verkehr zählen nicht dazu. Nicht höhengleiche Kreuzungen nennt man Überführungen, wobei diese nach dem jeweils obenliegenden Verkehrsweg benannt werden. Neue Kreuzungen sind als Überführungen zu planen. Neue Bahnübergänge bedürfen der Ausnahmegenehmigung des Bundesministers für Verkehr. Vorhandene Bahnübergänge sollen nach Möglichkeit durch Überführungen ersetzt werden.

Der Bahnverkehr hat auf Bahnübergängen Vorrang, der durch Aufstellen von Andreaskreuzen geregelt wird.

Die Beurteilung der Sicherung des Bahnübergangs hängt ab von

- Art der Bahn und Zahl der Gleise,
- Entwurfsgeschwindigkeit $v_e$ der Straße und zulässige Geschwindigkeit zul $v$,
- Klassifizierung und Verkehrsdichte der Straße,
- Sichtverhältnisse und Kreuzungswinkel am Bahnübergang.

Bahnübergänge ohne technische Sicherung müssen im Kreuzungsbereich ausreichende Sichtfelder aufweisen, damit die nachgeordneten Verkehrsteilnehmer ihr Verhalten rechtzeitig auf die Verkehrslage im Gleisbereich einrichten können. Können diese nicht hergestellt werden, müssen technische Sicherungen angeordnet werden.

**Technische Sicherungen** (Lichtzeichenanlagen) zeigen dem Verkehrsteilnehmer das Nahen des Schienenfahrzeugs. Als Sicherung dienen Blinklichter, Lichtzeichen, Lichtzeichen in Verbindung mit Halbschranken und Schranken. Bei Anschlußbahnen sind Blinklicht- oder Lichtzeichenanlagen üblich. Man unterscheidet sie je nach Art der Einschaltung oder Überwachung.

Die Einschaltung kann entweder durch das Triebfahrzeug automatisch oder durch den Fahrdienstleiter während der Fahrt oder nach einem Betriebshalt erfolgen. Die Überwachung wird möglich durch ein ortsfestes Überwachungssignal, das im Abstand des erforderlichen Bremsweges vor dem Übergang steht. Eine weitere Möglichkeit besteht in der Fernüberwachung von einer Zentrale aus oder durch Handschaltung eines Bedieners (z. B. Schrankenwärter).

**Tafel 33 Sicherungsarten von Bahnübergängen**

| Art des kreuzenden Verkehrsweges und Verkehrsbelastung in Kfz/24 Stunden | Art der Bahn und Zahl der Gleise | | |
|---|---|---|---|
| | Hauptbahnen $v_e > 80$ km/h | Nebenbahnen, Nebengleise von Hauptbahnen<br>mehrgleisig | eingleisig |
| | Art der Sicherung | | |
| $>2500$ | Technische Sicherung | | |
| $>100$ bis 2500 | Technische Sicherung | | Übersicht + Pfeifsignal |
| $<100$ | Technische Sicherung | Übersicht | Übersicht, sonst Pfeifsignale bei $v = 20$ km/h |
| Feld- und Waldwege | Technische Sicherung | Übersicht | Übersicht, sonst Pfeifsignale bei $v = 60$ km/h |
| Fuß- und Radwege | Übersicht + D oder Pfeifsignal + D[1]) | Übersicht oder Pfeifsignale | |

[1]) D Drehkreuze oder ähnlich wirkende Einrichtung

## 2.7 Oberleitungsanlagen

Die Höhe des Fahrtdrahts muß 5,30 über der Sollhöhe der SO liegen. Oberleitungen sind an Einzelmasten aufzuhängen. Bei Neubaustrecken sollen Betonmaste vorgesehen werden. Stahlmaste sind nur in Ausnahmefällen zu verwenden.

Die Mastfundamente quer zum Gleis entnimmt man Tafel 34.

**Tafel 34 Breiten der Oberleitungsmast-Fundamente**

| Fundamentbreite in m für | Beton | Stahl |
|---|---|---|
| Abspannmaste | 0,65 (0,75) | 1,20 (1,40) |
| Tragmaste | 0,45 (0,55) | 0,95 (1,00) |

Klammerwerte gelten für Neubaustrecken

Die Vorderkanten der Betonmaste oder der Stahlmastfundamente müssen von der Gleismitte die Abstände der Tafel 35 einhalten.

**Tafel 35 Abstand der Mastfundamente von Gleismitte**

| Abstand in m bei Gleisen | in der Geraden | im Bogen auf der Bogen-innenseite | Bogenaußenseite bei $u$ in mm 0 bis 20 | 25 bis 50 | 55 bis 100 | 105 bis 160 |
|---|---|---|---|---|---|---|
| mit Kabeltrasse im Randweg | 3,65 | 3,65 | 3,65 | 3,75 | 3,85 (3,90) | 3,95 (4,05) |
| ohne Kabeltrasse im Randweg | 3,50 | 3,50 | 3,50 | 3,60 | 3,70 (3,75) | 3,80 (3,90) |

Klammerwerte gelten für Neubaustrecken

Bei eingleisigen Strecken mit Planumsgefälle vom Fundament weg gelten für alle Fälle 3,65 m bzw. 3,50 m.

Die Längspannweite der Oberleitung soll nicht kleiner als 40,00 m sein und darf 65,00 m nicht überschreiten.

# Vermessung

Bearbeitet von Prof. Dipl.-Ing. Henning Natzschka

## Inhalt



## Literatur

*Baumann*: Vermessungskunde. Bonn: Dümmlers Verlag, Band 1, 2. Aufl. 1989, Band 2, 3. Aufl. 1992

*Breuer/Hirle/Jöckel*: Freie Stationierung. Dt. Verein für Vermessungswesen, Landesverein Baden-Württemberg e.V., 1983

*Desenritter*: DV-gerechte Funktionen für Klothoidenberechnungen. Straßen- und Tiefbau, H. 37, 3/1983, Isernhagen: Giesel Verlag für Publizität

*Gelhaus/Kolouch*: Vermessungskunde für Architekten und Bauingenieure. Düsseldorf: Werner Verlag, 1991

*Leupold, W.* u.a.: Algebra und Geometrie für Ingenieure. Thun: Harri Deutsch Verlag, 1978

*Hennecke/Werner*: Ingenieur-Geodäsie – Anwendungen im Bauwesen und Anlagenbau. Berlin: VEB Verlag für Bauwesen, 2. Aufl. 1986

*Kaspar/Schürba/Lorenz*: Die Klothoide als Trassierungselement. Bonn: Ferd. Dümmlers Verlag, 5. Aufl. 1968

*Matthews*: Vermessungskunde. Teil 1, 28. Aufl., 1996, Teil 2, 16. Aufl., 1993. Stuttgart – Leipzig: B.G. Teubner

*Müller*: Ingenieur-Geodäsie – Verkehrsbau – Grundlagen, 1. Aufl. – Straßenbau, 1. Aufl. Berlin: VEB Verlag für Bauwesen, 1984, 1983

*Netz/Arnold*: Formeln der Mathematik, Braunschweig – Berlin – Hamburg – München – Kiel – Darmstadt: Georg Westermann Verlag, 1965

*Osterloh*: Erdmassenberechnung. 4. Aufl. Wiesbaden: Bauverlag, 1985

ders.: Straßenplanung mit Klothoiden und Schleppkurven. 5. Aufl. Wiesbaden: Bauverlag, 1991

REB-Verfahrensbeschreibung 21.003, Massenberechnung aus Querprofilen (Elling), 1979

Forschungsgesellschaft für das Straßenwesen e.V., Köln

Richtlinien für die Anlage von Straßen RAS, Teil: Vermessung (RAS-Verm), 1990, Forschungsgesellschaft für Straßen- und Verkehrswesen e.V., Köln

*Schnädelbach*: Zur Berechnung von Schnittpunkten mit der Klothoide. Zeitschrift für Vermessungswesen, 3/83, Stuttgart: Konrad Wittwer Verlag

Bautechnische Vermessungen im Verkehrswesen lehnen sich meist an das vorhandene Koordinatennetz an. Verwendet werden in der Bundesrepublik Deutschland Koordinaten nach Gauß-Krüger. Für andere bautechnische Vermessungen sind auch örtliche Netze möglich.

## 1 Festpunktfeld

Grundlage für die Vermessung von Ingenieurbauten ist das Festpunktfeld. Man benutzt meist die Festpunkte der Vermessungsverwaltung. Sind keine vorhanden oder liegen diese ungünstig, muß ein Festpunktfeld durch eine Grundlagenvermessung erstellt werden. Bei Straßen ist das Festpunktfeld auf die Linienführung abzustimmen und in das Netz der Vermessungsverwaltung einzubinden. Folgemessungen sind an das Festpunktfeld anzuschließen. Das gilt dafür als fehlerfrei.
Für die Erkundung ist zu beachten:

1. Die Punkte müssen gute Sichten zu den Nachbarpunkten und möglichst auch zu Anschlußpunkten gewährleisten. (Belaubung in der Sommerzeit berücksichtigen!)
2. Bei freier Standpunktwahl müssen die Sichten nach mehreren Punkten für Aufnahme und Absteckung vorhanden sein. Das gilt auch für die Einbindung ins Festpunktfeld.
3. Die Punkte sind leicht zugänglich anzuordnen.
4. Als Anschlußpunkte sind Festpunkte zu verwenden, die Sichten zu Fernzielen zulassen.
5. Der Abstand der Lagefestpunkte soll maximal 250 m betragen.
6. Die Punkte sollen auf Sicherungspunkte eingemessen und vor Zerstörung geschützt werden.
7. Soll das Gelände durch Befliegung aufgenommen werden, müssen möglichst alle Punkte aus der Luft sichtbar sein.
8. Von den Festpunkten sind Einmeßskizzen zu fertigen.
9. Das Festpunktfeld ist mit den Punktnummern zu kartieren.
10. Bei Straßen legt man zweckmäßig die Festpunkte als Polygonzug außerhalb des Baubereiches.
11. Höhenfestpunkte sollen höchstens 300 m Abstand von einander haben. In der Nähe von Bauwerken sind zwei Höhenfestpunkte einzumessen.
12. Die Messungen müssen die für das jeweilige Bauwerk erforderliche Genauigkeit garantieren. Meßgeräte und Meßanordnung sind darauf abzustimmen.

## 2 Polygonzug

Um bestimmte Punkte einer Kurve oder bestimmte Meßpunkte abzustecken, benutzt man im Straßenbau einen trassennahen Polygonzug. Dieser wird in das bestehende Festpunktnetz eingebunden. Er soll möglichst gestreckt angelegt werden. Von den Polygonpunkten (Polarabsteckung) oder -seiten (Orthogonalabsteckung) sollen möglichst viele Aufnahmepunkte einsehbar sein.

Ausgangspunkt ist ein Punkt mit bekannten Koordinaten ($Y_0; X_0$) und eine bekannte Anschlußrichtung. Diese kann auch aus Koordinaten eines zweiten Punktes (Anschlußziel) berechnet werden. Es gilt dann für die Richtung von $P_i$ nach $P_{i+1}$

$$\alpha = \arctan \frac{Y_{i+1} - Y_i}{X_{i+1} - X_i} \quad (1)$$

Die Entfernung zwischen den Punkten ist

$$s = \sqrt{(Y_{i+1} - Y_i)^2 + (X_{i+1} - X_i)^2} \quad (2)$$

$\alpha$ Richtungswinkel in gon
$s$ Strecke in m

Vom Ausgangspunkt zielt man den nächsten Punkt des Polygonzuges an und liest den Brechungswinkel zwischen Anschlußziel und Neupunkt ab. Außerdem mißt man die Strecke zwischen den beiden Punkten. Dazu benutzt man Theodolite mit elektrooptischen Entfernungsmessern, die die Horizontalentfernung oder Schrägdistanz zeigen. Im letzten Falle muß auch der Zenitwinkel abgelesen und die Horizontalentfernung berechnet werden. Moderne Geräte registrieren alle Meßwerte automatisch, manche werten sie bereits im Feld elektronisch aus. Die Richtung zum neuen Punkt errechnet man mit

$$\alpha_i = \alpha_{i-1} + \beta_i - 200 \quad \text{in gon} \quad (3)$$

$\alpha_i$ Richtung zum Neupunkt in gon
$\alpha_{i-1}$ Richtung zum vorhergehenden Punkt in gon
$\beta_i$ abgelesener Brechungswinkel in gon

Die Messung des Polygonzuges wird solange fortgesetzt, bis wieder ein bekannter Festpunkt erreicht ist, von dem ein Fernziel angezielt werden kann (Abschlußziel). Nun müssen ablesebedingte Meßungenauigkeiten ausgeglichen werden. Die Winkelabschlußverbesserung wird mit Gl. (4) bestimmt. Sie ergibt sich aus dem Unterschied zwischen der abgelesenen und der aus den bekannten Koordinaten errechneten Abschlußrichtung.

$$F_w = \alpha_n - (\alpha_0 + \alpha_1 + \alpha_2 + \ldots + \alpha_n - n \cdot 200) - a \cdot 400 \quad \text{in gon} \quad (4)$$

$n$ Anzahl der gemessenen Brechungswinkel
$a$ Vielfaches von 400, bis $F_w < 400$ gon ist

Sind die zulässigen Fehlergrenzen eingehalten, wird die Winkelabschlußverbesserung gleichmäßig auf die gemessenen Winkel verteilt. Dann wird die Verbesserung für den Winkel

$$v_\beta = \frac{F_w}{n} \quad \text{in gon} \quad (5)$$

und die verbesserten Richtungswinkel

$$\bar{\alpha}_i = \alpha_i + v_\beta \quad \text{in gon} \quad (6)$$

Daraus ergeben sich die Koordinatenunterschiede (Bild 1)

$$\Delta Y_i = s \cdot \sin \bar{\alpha}_i \quad (7) \qquad \Delta X_i = s \cdot \cos \bar{\alpha}_i \quad (8)$$

Die Koordinatenverbesserung erhält man aus den Gln. (9) und (10).

$$F_Y = Y_n - Y_1 - \sum_{i=1}^{i=n} \Delta Y_i \quad (9)$$

$$F_X = X_n - X_1 - \sum_{n=1}^{i=n} \Delta X_i \quad (10)$$

Die Längs- und Querabweichung ($F_L$, $F_Q$) bestimmt man aus dem Richtungswinkel zwischen Anfangs- und Endpunkt und erhält so die Längsabweichung

$$F_L = F_Y \cdot \sin \alpha + F_X \cdot \cos \alpha \quad (11)$$

und die Querabweichung

$$F_Q = F_Y \cdot \cos \alpha - F_X \cdot \sin \alpha \quad (12)$$

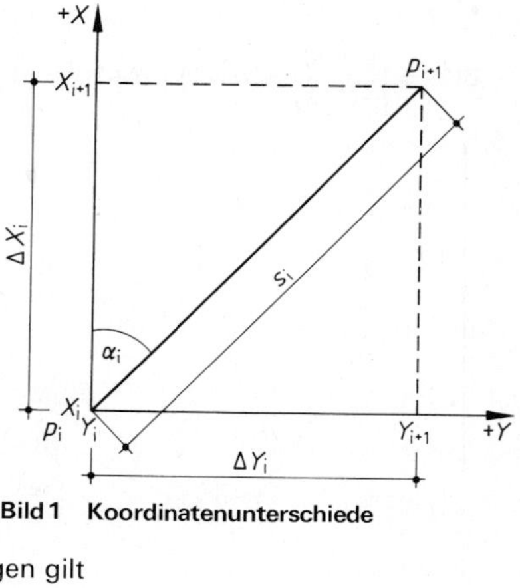


**Bild 1 Koordinatenunterschiede**

Für die einzelnen Koordinatenverbesserungen gilt

$$F_{Y,i} = F_Y \cdot \frac{s_i}{\sum s} \quad (13) \qquad F_{X,i} = F_X \cdot \frac{s_i}{\sum s} \quad (14)$$

$$DY_i = \Delta Y_i + F_{Y,i} \quad (15) \qquad DX_i = \Delta X_i + F_{X,i} \quad (16)$$

Die endgültigen Punktkoordinaten der einzelnen Polygonpunkte ergeben sich mit den Gln. (17) und (18).

$$Y_{i+1} = Y_i + DY_i \quad (17)$$
$$X_{i+1} = X_i + DX_i \quad (18)$$

$s_i$ Strecke zwischen zwei gemessenen Punkten
$\sum s$ Summe aller Seitenlängen
$n$ Anzahl der gemessenen Brechungswinkel einschließlich der am Anfangs- und Endpunkt

**Fehlertoleranzen.** Für die Grenzen der tolerierten Fehler wurden von den Vermessungsverwaltungen der einzelnen Bundesländer Grenzwerte festgelegt. Als Anhalt können die Werte der baden-württembergischen Vermessungsverwaltung dienen. Es werden unterschieden

- Genauigkeitsstufe 1 für besonders festgelegte Gebiete
- Genauigkeitsstufe 2 für die übrigen Gebiete.

Die zulässige Längsabweichung *ZL* beträgt für Genauigkeitsstufe 1

$$ZL_1 = \tfrac{2}{3}\sqrt{0{,}03^2 \cdot (n-1) + 0{,}06^2} \quad \text{in m} \quad (19\text{a})$$

für die Genauigkeitsstufe 2

$$ZL_2 = \sqrt{0{,}03^2 \cdot (n-1) + 0{,}06^2} \quad \text{in m} \quad (19\text{b})$$

*ZL* zulässige Längsabweichung in m
$n$ Anzahl der Brechungspunkte des Polygonzuges einschließlich Anfangs- und Endpunkt

Bei Bestimmung der Polygonpunkte im Soldnernetz erhöht sich die zulässige Längsabweichung auf den doppelten Wert.

Die zulässige Winkelabweichung ist für Genauigkeitsstufe 1

$$ZW_1 = \frac{2}{3}\sqrt{\frac{600^2}{(\sum s)^2} \cdot (n-1)^2 \cdot n + 10^2} \quad \text{in m} \quad (20\text{a})$$

und für Genauigkeitsstufe 2

$$ZW_2 = \sqrt{\frac{600^2}{(\sum s)^2} \cdot (n-1)^2 \cdot n + 10^2} \quad \text{in m} \quad (20\text{b})$$

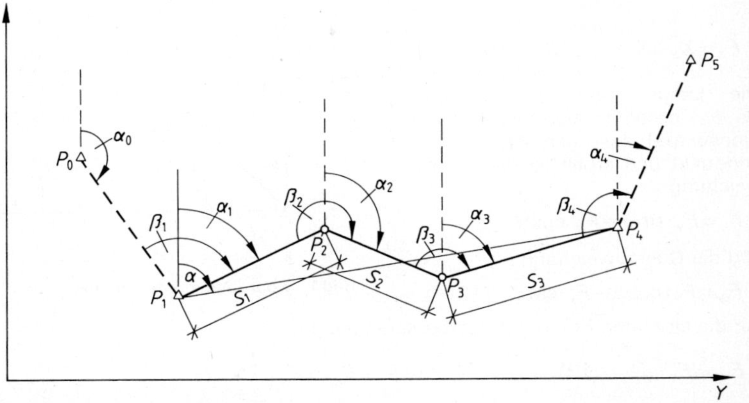


**Bild 2 Beispiel für einen Polygonzug**

**Beispiel** In Bild 2 ist ein gemessener Polygonzug dargestellt mit folgenden Werten

| Bekannte Werte | Koordinaten $Y$ | $X$ | Gemessene Werte bei | Strecke in m | Winkel in gon |
|---|---|---|---|---|---|
| Anschlußziel $P_0$ | 12131,19 | 20219,05 | Punkt $P_1$ | 212,67 | 101,391 |
| Ausgangspunkt $P_1$ | 12520,78 | 20219,02 | $P_2$ | 173,28 | 196,909 |
| Endpunkt $P_4$ | 12652,68 | 20654,48 | $P_3$ | 140,92 | 278,743 |
| Abschlußziel $P_5$ | 12982,79 | 20714,83 | $P_4$ | | 211,436 |

Als Anschluß- bzw. Abschlußrichtung ergeben sich nach Gl. (1)

$$\alpha_0 = \arctan \frac{12520,78}{20219,02} - \frac{12131,19}{20219,05} = 100,0049 \text{ gon}, \quad \alpha_4 = 88,4886 \text{ gon}$$

Die Winkelabschlußverbesserung wird mit Gl. (4)

$$FW = 88,4886 - (100,0049 + 101,391 + 196,909 + 278,743 + 211,436 - 4,200)$$
$$= 0,0047 \text{ gon}$$

Die zul. Winkelabweichung nach Gl. (20b) ist $ZW = 12,1$ mgon $>$ 4,7 mgon (nach RAS-Verm 11 mgon)

Die Verbesserung der Brechungswinkel ergibt mit Gl. (5)

$v_\beta = 0,0047 : 4 = 0,00118$ gon.

Damit werden die verbesserten Brechungswinkel

$\beta_1 = 101,391 + 0,00118 = 101,39218$ gon, $\quad \beta_2 = 196,91018$ gon,

$\beta_3 = 278,74418$ gon, $\quad \beta_4 = 211,43718$ gon

und die Richtungswinkel der Polygonseiten mit Gl. (6)

$\alpha_1 = 100,0049 + 101,39218 - 200 = 1,39708$ gon, $\quad \alpha_2 = 398,30726$ gon,

$\alpha_3 = 77,05144$ gon, $\quad \alpha_4 = 88,48862$ gon.

Die Koordinatenunterschiede werden mit Gln. (7) und (8)

$\Delta Y_2 = 212,67 \cdot 0,02195 = 4,669$ m, $\quad \Delta X_2 = 212,619$ m,

$\Delta Y_3 = -4,607$ m, $\quad \Delta X_3 = 173,219$ m, $\quad \Delta Y_4 = 131,863$ m, $\quad \Delta X_4 = 49,705$ m

Die Koordinatenabschlußverbesserungen werden mit Gln. (9) und (10) berechnet.

$F_Y = 12652,68 - 12520,78 - (4,669 - 4,607 + 131,863) = -0,025$ m

$F_X = -0,083$ m

Der Richtungswinkel von $P_1$ nach $P_4$ ist mit Gl. (1)

$\alpha = 18,7238$ gon, die Entfernung $s = 454,998$ m.

Die Längsabweichung beträgt nach Gl. (11)

$F_L = -0,025 \cdot 0,28989 + (-0,083 \cdot 0,95706) = -0,087$ m.

Die zul. Längsabweichung ist nach Gl. (19b) $ZL_2 = 0,08$ m $<$ m 0,087 (RAS-Verm: 0,09 m)

Die Querabweichung ist nach Gl. (12)

$F_Q = -0,0239 + 0,0241 = 0,002$ m

Die zul. Querabweichung ist nach Gl. (20b) $ZQ_2 = 0,065$ m $>$ 0,002 m.

Verteilt man die Längsabweichung anteilig auf die gemessenen Seiten, erhält man

$s_1 = 212,635$ m, $s_2 = 173,251$ m, $s_3 = 140,897$ m.

Mit Gln. (13) und (14) werden die Koordinatenverbesserungen

$$F_{Y,2} = -0,025 \cdot \frac{212,635}{526,783} = -0,01 \text{ m}, \quad F_{X,2} = -0,083 \cdot 0,40365 = -0,034 \text{ m},$$

$F_{Y,3} = -0,008$ m, $\quad F_{X,3} = -0,027$ m, $\quad F_{Y,4} = -0,007$ m, $\quad F_{X,4} = -0,022$ m.

Die Koordinatenunterschiede sind dann

$DY_2 = 4,669 - 0,01 = 4,659$, $\quad DY_3 = -4,615$ m, $\quad DY_4 = 131,856$ m,

$DX_2 = 212,585$ m, $\quad DX_3 = 173,192$ m, $\quad DX_4 = 49,683$ m.

Die abgeglichenen Neupunkt-Koordinaten erhält man mit Gln. (17) und (18).

$Y_2 = 12520,78 + 4,66 = 12525,44$, $\quad X_2 = 20431,61$

$Y_3 = 12525,44 - 4,62 = 12520,82$, $\quad X_3 = 20604,80$

Zur Probe werden die Koordinaten des Abschlußpunktes errechnet.

$Y_4 = 12520,82 + 131,856 = 12652,68$

$X_4 = 20604,80 + 49,683 = 20654,48 =$ Sollwert.

# 3 Nivellementszug

Um ein Bauwerk höhengerecht einzumessen, werden Nivellementszüge von bekannten Höhenpunkten zu dauerhaft vermarkten Punkten in Bauwerksnähe eingemessen. Die vermarkten Höhenpunkte müssen bis zur Beendigung der Baustelle erhalten bleiben.

Die Meßgenauigkeit ist aus der Bautoleranz abzuleiten und die Auswahl der Geräte darauf abzustimmen. An- und Abschlußpunkte dürfen nicht identisch sein. In der Regel sind die Nivellementszüge hin und zurück zu messen. Die gemessenen Punkte ergeben das Höhenfestpunktfeld.

**Tafel 1 Grenzwerte für Meßgenauigkeiten von Nivellementszügen** (nach RAS-Verm)

| Widerspruch des Hin- und Rücknivellements zwischen zwei aufeinanderfolgenden Punkten $D$ in mm | Widerspruch zwischen Meßergebnis und vorgegebenem Höhenunterschied zwischen An- und Abschlußpunkt $F$ in mm | Standardabweichung eines Höhenfestpunktes $S_h$ in mm |
|---|---|---|
| $\pm\sqrt{S}$ | $\pm(2+5\sqrt{S})$ | 5 |

Als Anhalt für andere Messungen können die Werte der baden-württembergischen Vermessungsverwaltung dienen. Für Nivellementszüge aus neuer Messung zwischen zwei veröffentlichten Höhenunterschieden gilt für Züge

1. Ordnung $d_1 = \pm(2+2\sqrt{r})$ in mm
2. Ordnung $d_1 = \pm(2+3\sqrt{r})$ in mm
3. Ordnung $d_1 = \pm(2+5\sqrt{r})$ in mm

$d_1$ Differenz zwischen tatsächlichem und gemessenem Höhenunterschied
$r$ Entfernung in km

Der Fehler wird gleichmäßig auf alle Standpunkte verteilt.

Zur Darstellung des Geländes im Längsschnitt benötigt man die Geländehöhen in Straßenachse. Für dieses Liniennivellement gilt entsprechend der folgenden Skizze $\sum_1^n h = h_1 + h_2 + \ldots + h_n$. Sie entspricht der Summe der Lattenablesungen rückwärts abzüglich der Summe der Lattenablesungen vorwärts. Beim Anschluß des Liniennivellements an Höhenmarken am Anfang und am Ende entspricht der Wert $\sum h$ dem Höhenunterschied beider Marken.

Für steigendes Gelände ist $\sum h_i$ positiv, für fallendes negativ einzusetzen. Es bedeuten $r_1$ bis $r_n$ die Rückblicke, $v_1$ bis $v_n$ die Vorblicke, WP die Wechselpunkte.

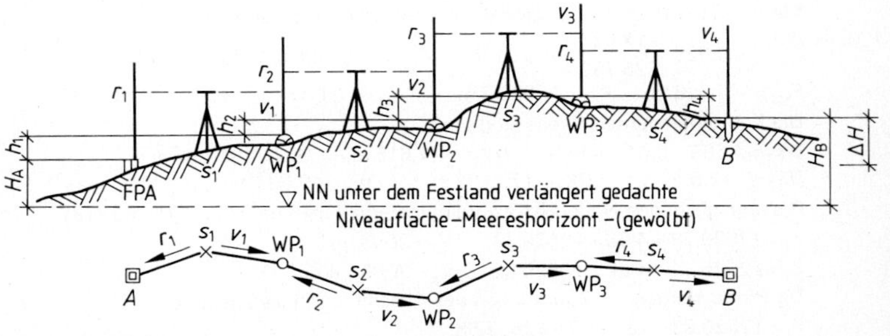


**Bild 3 Schematische Darstellung eines Liniennivellements**

# 4 Geländeaufnahmen

## 4.1 Terrestrische Geländeaufnahme

Einzelpunkte werden vom Lage- bzw. Höhenfestpunktfeld aus eingemessen. Sie treten auf als Zwangspunkte für die Linienführung und Höhenlage des Bauwerks, Paßpunkte für die Befliegung bei photogrammetrischer Aufnahme oder Punkte zur Katastereinpassung. Folgende Standardabweichungen sollen nicht überschritten werden (RAS-Verm):

**Tafel 2 Zulässige Standardabweichungen für Einzelpunkte**

| Punktart | Standardabweichung in m | |
|---|---|---|
| | Lage | Höhe |
| Zwangspunkt | 0,02 | 0,01 |
| Paßpunkt für Modellorientierung | 0,05 | 0,05 |
| Luftbildentzerrung | 0,15 | 0,50 |
| Katastereinpassung | 0,10 | |

**Tafel 3 Punktdichte in Abhängigkeit von der Geländeform**

| Geländeform | eben | bewegt | schwierig | Ortslage |
|---|---|---|---|---|
| Punktdichte/ha | 20 bis 40 | 30 bis 60 | >50 | >100 |
| Punktabstand bei quadratischem Raster in m | 15 bis 22 | 13 bis 18 | 14 | 10 |

**Tachymeteraufnahme.** Ausgangspunkt ist das Festpunktfeld. Alle Geländepunkte und topographischen Objekte sind nach Lage und Höhe zu erfassen, soweit sie zur Geländebeschreibung notwendig sind. Da die Auswertung in der Regel elektronisch erfolgt, sind erforderliche Codierungen und die Formate der Schnittstellen für die Registrierung und das Auflisten der Meßpunkte programmkompatibel abzustimmen. Zwischen zwei Punkten soll das Gelände geradlinig beschrieben werden können. Die Punktdichte ist abhängig von der Geländeform.

Besonders erfaßt werden müssen Geländebruchkanten, Rücken-, Muldenlinien, besondere Hoch- und Tiefpunkte u. ä. Zur Kontrolle erfaßt man von jedem Messungsstandpunkt benachbarte Standpunkte. Hierbei ist darauf zu achten, daß das DV-Auswerteprogramm diese Punkte nicht doppelt registriert.

Soll die Geländeaufnahme als Digitales Geländemodell ausgewertet werden, ist die Aufnahme entsprechend weit über den Interessenstreifen auszudehnen, damit auch die Randbereiche sicher berechnet werden können.

Bei Querprofilaufnahmen durch Tachymetrie mißt man die Abstände vom Bezugspunkt entweder direkt oder durch Feststellen der Winkeldifferenz zwischen Richtung zum Bezugs- und zum Meßpunkt. Außerdem muß die Entfernung vom Standpunkt zu beiden Punkten gemessen werden. Die Entfernung vom Bezugspunkt zum Meßpunkt erhält man aus

$$e_i = \sqrt{a^2 + b_i^2 - 2 \cdot a \cdot b_i \cdot \cos(\alpha - \beta_i)} \quad (21)$$

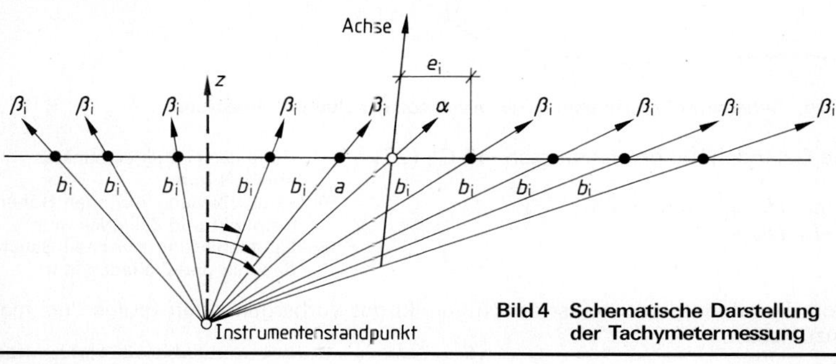


**Bild 4 Schematische Darstellung der Tachymetermessung**

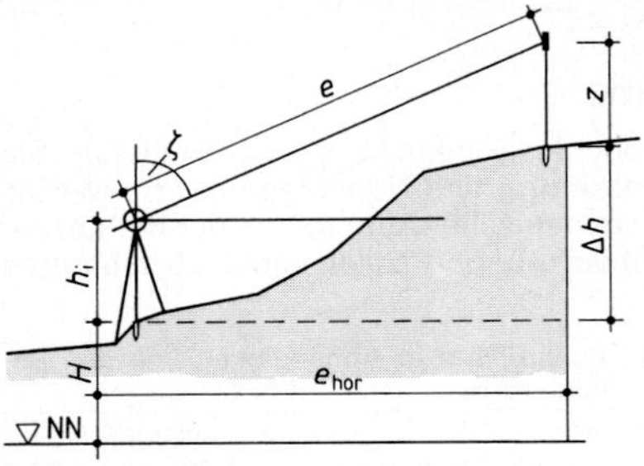


**Bild 5** **Darstellung der Höhenmessung mit dem Tachymeter**

Ist die Standpunkthöhe bekannt, dann ist die Höhe des Meßpunktes nach Gl. (22) zu ermitteln.

$$\boldsymbol{h_P = h_s + h_i + e \cdot \cos \gamma - z} \quad (22)$$

$h_s$ Standpunkthöhe
$h_i$ Instrumentenhöhe
$e$ Entfernung Standpunkt bis Zielpunkt (schräg)
$\zeta$ Höhenwinkel zum Zielpunkt
$z$ Zielpunkthöhe

Die Messung wird vereinfacht, wenn man einen Reduktionstachymeter verwendet. Er verwandelt direkt die gemessene Schrägdistanz in die Horizontalentfernung. Der Anteil $e \cdot \sin \zeta$ entfällt dann.

Lage- und Höhengenauigkeit sind auf den Verwendungszweck abzustimmen. Die Genauigkeit nimmt mit Vergrößerung des Abstandes des Meßpunkts vom Standpunkt ab. Das Instrument muß nicht auf der Achse stehen.

Querprofile werden allgemein senkrecht zu einer Leitlinie (Achse, Fahrbahnrand, Parallele dazu) aufgenommen. Meist werden vorher die Stationspunkte auf der Leitlinie abgesteckt, danach alle für das Geländequerprofil relevanten Punkte eingemessen. Beim Standpunktwechsel ist der Nullpunkt des letzten gemessenen Profils zur Kontrolle erneut aufzunehmen.

Bei Achsverschiebungen oder -änderungen können mit Hilfe einer Umformung im Digitalen Geländemodell die Querprofile senkrecht auf die neue Achse berechnet werden.

Die Höhengenauigkeit ist bei nivellitischer Aufnahme besser. Aufnahmepunkte sind hierbei die Nullpunkte der Querprofile und alle Geländeknickpunkte in der Leitlinie.

**Nivellementsaufnahme.** Das Querprofil wird senkrecht zur Leitlinie gemessen. Die Entfernungen der Geländepunkte werden horizontal mit dem Maßband oder der Meßlatte gemessen. Die Punkthöhe wird auf einen bekannten Höhenpunkt bezogen. Die Ziellinie liegt dabei horizontal. Durch Aufstellen der Nivellierlatte auf den Geländepunkt läßt sich die Punkthöhe berechnen aus dem Instrumentenhorizont und der Lattenablesung (Bild 6).

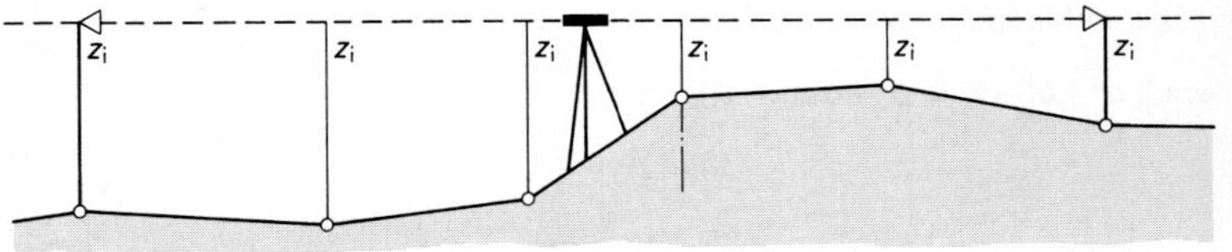


**Bild 6** **Schematische Darstellung der nivellitischen Querprofilmessung**

Die Geländehöhe berechnet man mit Gl. (23).

$$h_P = H_i - z_i \quad \text{in m} \quad (23)$$
$$H_i = H + h_i$$

$H$ Höhe des Höhenfestpunktes über NN in m
$h_i$ Lattenablesung zwischen Höhenfestpunkt und Zielfaden in m
$z_i$ Lattenablesung zwischen Geländepunkt und Zielfaden in m

Beim Standpunktwechsel ist der Nullpunkt des vorhergehenden Profils nochmals einzumessen.

## 4.2 Photogrammetrische Aufnahme

**Paßpunkte.** Für die Orientierung der Stereomodelle sind vier Lagepaßpunkte je Modell, für die Bildentzerrung sieben vorzusehen. Drei sollen in beiden Fällen in der Nähe des Bauwerkes liegen. Sie sind mit der Genauigkeit nach Tafel 2 terrestrisch zu bestimmen. Die Paßpunkte sind für die Befliegung zu signalisieren.

Beim **Bildflug** soll die Trasse in der Mitte des Flugkorridors liegen. Die mittlere Überdeckung der Luftbilder muß in Längsrichtung mindestens 60%, die Überlappung in Querrichtung mindestens 20% betragen.

Bei der Auswertung der Luftbilder soll die Modellorientierung mindestens über drei Lagepaßpunkte und über sechs Höhenfestpunkte erfolgen. Es sind alle Geländepunkte und topographischen Gegebenheiten auszuwerten, die zur Geländedarstellung erforderlich sind. Die stereoskopische Auswertung muß die Genauigkeiten der Tafel 4 einhalten.

**Tafel 4 Zulässige Standardabweichungen stereoskopischer Luftbildauswertung**

| | Höhen | | Lagepaßpunkte | Höhenschichtlinien |
|---|---|---|---|---|
| | im Gelände | auf Straßen, Wegen | | |
| Standardabweichung in % der Flughöhe über Grund | ±0,2 | ±0,1 | 0,15 | ±0,25 bis ±0,30 |

Längs- und Querprofile können direkt aus Luftbildern ausgemessen werden. Um spätere Änderungen besser berücksichtigen zu können, ist die Speicherung als Digitales Geländemodell zweckmäßig. Bruchkanten, Rand- und Gerippelinien sowie Straßenränder sind gesondert zu erfassen. Die DV-Schnittstellen des anzuwendenden Programmsystems sind zu beachten.

Nach der Auswertung ist ein Feldvergleich durchzuführen.

## 4.3 Digitalisierung

Bei der Digitalisierung werden Punkte aus vorhandenen Karten oder Zeichnungen mit ihren Lage- bzw. Höhenkoordinaten entnommen. Sie können am Digitalisiertisch oder von einem Scanner elektronisch erfaßt werden. Die Auflösung des Digitalisiergeräts muß besser als 0,1 mm sein. Bei Punkten darf eine Standardabweichung von 0,2 mm nicht überschritten werden.

Die gespeicherten digitalisierten Punkte werden gegebenenfalls durch Codes oder Punktnummer ergänzt, welche die Punktart (z. B. Grenzpunkt, Hauseckpunkt, Paßpunkt, Festpunkt) erkennen lassen.

Das gespeicherte Punktfeld wird dann mit dem Digitalen Geländemodell weiter bearbeitet.

# 5 Achsberechnung

Achsen von Verkehrswegen bestehen aus Geraden, Klothoiden und Kreisbögen. Andere Bauwerke zeigen meist nur die Elemente Gerade und Kreis. Um Kleinpunkte von Geraden zu berechnen, verwendet man die Gln. (1), (2), (17) und (18). Der Kreisbogen benötigt zur Berechnung verschiedene Elemente. In der Regel geht man vom Bogenanfangspunkt und der dort herrschenden Tangentenrichtung aus. Nach Bild 7 ergibt sich als

Tangentenlänge $$t = r \cdot \tan\frac{\alpha}{2} \qquad (24)$$

Scheiteltangente $$t_s = r \cdot \tan\frac{\alpha}{4} \qquad (25)$$

Scheitelabstand $$f = \frac{r}{\cos\frac{\alpha}{2}} - r \qquad (26)$$

Pfeilhöhe $$p = r - r \cdot \cos\frac{\alpha}{2} \qquad (27)$$

Sehnenlänge $$s = 2 \cdot r \cdot \sin\frac{\alpha}{2} \qquad (28)$$

Bogenlänge $$b = \frac{\pi \cdot r \cdot \alpha}{200} \qquad (29)$$

mit $\alpha$ in gon

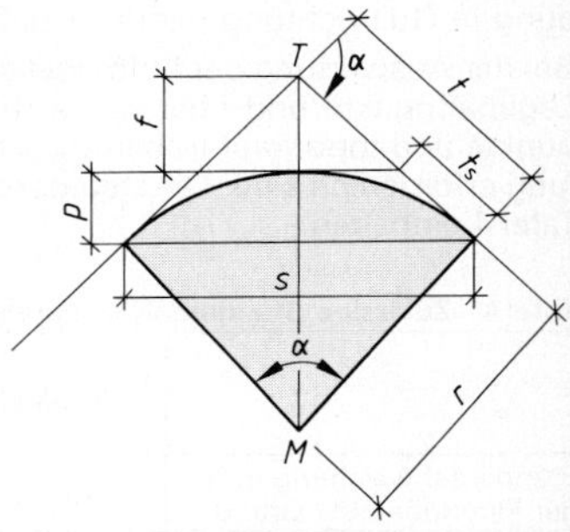

**Bild 7 Kreisbogenelemente**

Für einen beliebigen Bogenpunkt $P_i$ gilt, daß für die Entfernung $x_i$ des Lotes durch $P_i$ auf die Tangente die Ordinate $y_i$ nach Gl. (30) bestimmt wird.

Ordinate $$y_i = r - \sqrt{r^2 - x_i^2} \qquad (30)$$

Für beliebige Werte $x$ berechnet man die Ordinaten mit

$$y_i = \frac{x_i^2}{2 \cdot r} + \frac{x_i^4}{8 \cdot r^3} + \frac{x_i^6}{16 \cdot r^5} + \dots \qquad (31)$$

oder – für $x \leqq \frac{r}{5}$ – näherungsweise

$$y_i = \frac{x_i^2}{2r} + \frac{1}{2r} \cdot \left(\frac{x_i^2}{2r}\right)^2 \qquad (32)$$

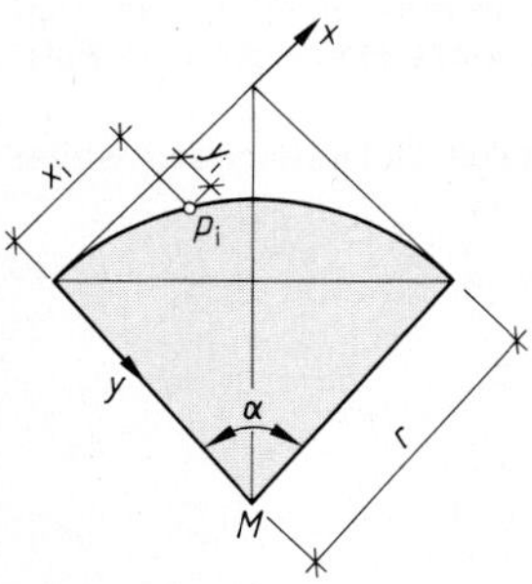

**Bild 8 Bogenpunkt $P_i$**

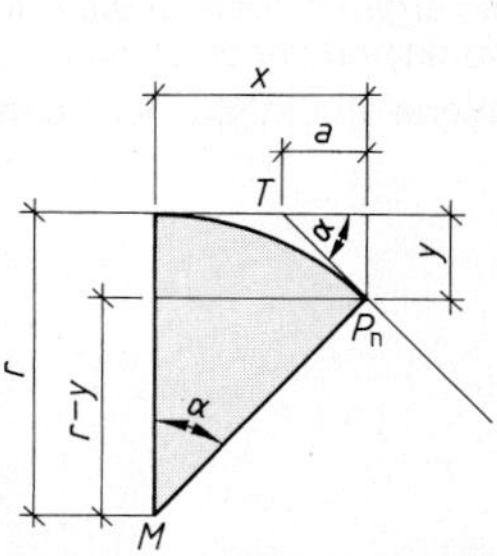

**Bild 9 Kreisbogenabsteckung**

Für den Bereich $x \leqq \frac{r}{10}$ genügt die Genauigkeit des ersten Gliedes. Die Lage des Tangentenschnittpunktes $T$ (Bild 9) kann man errechnen mit Gl. (33)

$$a=\frac{y\cdot(r-y)}{\sqrt{y\cdot(2\cdot r-y)}} \quad (33)$$

Will man die Kleinpunkte in gleicher Bogenlänge angeben, legt man den jeweiligen Mittelpunktswinkel mit

$$\varphi=\frac{200\cdot b}{\pi\cdot r}=63{,}661977\cdot\frac{b}{r} \quad \text{in gon} \quad (34)$$

fest. Für jeden Einzelpunkt gilt dann

$$x_n=r\cdot\sin(n\cdot\varphi) \quad (35) \qquad y_n=r\cdot[1-\cos(n\cdot\varphi)]. \quad (36)$$

Dabei ist $n$ die Anzahl der Einzelstrecken, die vom Bogenanfang mit gleichem Zentriwinkel abgesetzt werden, $x_n$ die Abszisse auf der Bogentangente und $y_n$ die zugehörige Ordinate. Die vorgenannten Gleichungen lassen sich leicht auf einem Taschenrechner programmieren, so daß sich die früher üblichen Bogen-Abstecktafeln erübrigen.

**Beispiel** Gegeben $r=400$ m. Gesucht $y$ für $x=50$ m. Da $x<\frac{r}{5}$ ist, wird nach Gl. (32) $y=3{,}125+0{,}012=3{,}137$ m. Mit Gl. (31) errechnet man $y=3{,}137$ m.
Für $x=40$ m ergibt sich, da $x=\frac{r}{10}$ ist, mit Gl. (32) die Ordinate $y=2{,}005$ m.
Mit Gl. (31) ergeben sich ebenfalls 2,005 m.

Da alle Werte $x_i$ auf der Tangente durch den Bogenanfangspunkt abgetragen werden, lassen sich die Koordinaten der Bogenpunkte mit den Gleichungen für die Gerade berechnen.

Will man nicht gleiche Bogenlängen, sondern beliebige Stationen im Kreisbogen berechnen, kann man zunächst vom Bogenanfang die Streckenlänge bis zur gewünschten Station berechnen. Daraus ergibt sich der Mittelpunktswinkel $\alpha$ mit Gl. (34). Die Koordinaten des Mittelpunktes ergeben sich aus Gl. (17) und (18), wenn man zur Tangentenrichtung im Bogenanfangspunkt BA 100 gon für Rechtsbögen und 300 gon für Linksbögen addiert und als Entfernung den Radius $r$ einsetzt. Dann addiert man zu dem Winkel, mit dem man vorher den Kreismittelpunkt errechnete, den Winkel $\alpha+200$ gon hinzu und nimmt als Ausgangspunkt die Koordinaten des Kreismittelpunktes (vgl. Abschn. 6 Absteckung).

Die Klothoide als Übergangsbogen folgt dem Bildungsgesetz

$$A^2=r\cdot l \quad (37)$$

Die Ordinaten $y$ lassen sich nur durch Reihenentwicklung lösen. Für den Gebrauch gibt Schnädelbach (Z. für Vermessungswesen, 3/83) folgende Gleichungen an

$$y=\frac{x^3}{6\cdot A^2}\left(1-0{,}205\left(\frac{x}{A}\right)^4\right)^{-0{,}27875} \quad (38)$$

$$\tan\tau=\frac{1}{2}\left(\frac{x}{A}\right)^2\cdot\left(1-0{,}27371\left(\frac{x}{A}\right)^4\right)^{-0{,}487134} \quad (39)$$

$$l=x\left(1-0{,}205\left(\frac{x}{A}\right)^4\right)^{-0{,}12195} \quad (40)$$

Restfehler bis zur Kennstelle $A=r=l$

$\Delta y=2\cdot 10^{-6}\cdot A$, $\Delta\tau=0{,}02$ in mgon, $\Delta l=5\cdot 10^{-6}\cdot A$

Damit liegen Gleichungen für die Berechnung von Ordinaten vor, die von ÜA aus, mit den Abszissenwerten $x$ auf der langen Tangente, abgetragen werden. Für gleiche Bogenlängen $l$ gibt Desenritter (Straßen- u. Tiefbau 37,3/83) Polynome an, die auch auf Taschenrechnern zu programmieren sind.

$$\boldsymbol{x=A\sum_{i=1}^{i=n} a_i\cdot l_e^{4n-3}} \quad (41) \qquad \boldsymbol{y=|A|\cdot\sum_{i=1}^{i=n} b_i\cdot l_e^{4n-1}} \quad (42) \qquad \text{mit } l_e=\frac{l}{A}$$

Die Gln. (41) und (42) werden zweckmäßig nach dem Horner-Schema gelöst. Die Koeffizienten entnimmt man der Tafel 6. Sehr hohe Genauigkeit erzielt man, wenn man die ersten sieben Glieder berücksichtigt.

**Tafel 5 Koeffizienten des Klothoidenpolynoms**

| $i$ | $a$ | $b$ |
|---|---|---|
| 1 | $1{,}000000000\cdot 10^{-0}$ | $1{,}666666667\cdot 10^{-1}$ |
| 2 | $-2{,}500000000\cdot 10^{-2}$ | $-2{,}976190476\cdot 10^{-3}$ |
| 3 | $2{,}893518519\cdot 10^{-4}$ | $2{,}367424242\cdot 10^{-5}$ |
| 4 | $-1{,}669337607\cdot 10^{-6}$ | $-1{,}033399471\cdot 10^{-7}$ |
| 5 | $5{,}698894141\cdot 10^{-9}$ | $2{,}832783637\cdot 10^{-10}$ |
| 6 | $-1{,}281497360\cdot 10^{-11}$ | $-5{,}318467304\cdot 10^{-13}$ |
| 7 | $2{,}038745799\cdot 10^{-14}$ | $7{,}260490737\cdot 10^{-16}$ |

Außerdem sind die Werte $x_M$, $\Delta r$, $t_K$ und $t_L$ wichtig. Man erhält sie aus

$$\boldsymbol{x_M=x_{ÜE}-r\cdot\sin\tau} \quad (43) \qquad \boldsymbol{\Delta r=y_{ÜE}-r(1-\cos\tau)} \quad (44)$$

$$\boldsymbol{t_K=\frac{y_{ÜE}}{\sin\tau}} \quad (45) \qquad \boldsymbol{t_L=x_{ÜE}-y_{ÜE}\cdot\frac{\cos\tau}{\sin\tau}} \quad (46)$$

**Beispiel** Gegeben $A=250$ m, $l=50$ m. Gesucht werden $r$, $x$, $y$, $t_K$, $t_L$, $x_M$ und $\Delta r$.

Nach Gl. (37) ist $r=\frac{A^2}{l}=\frac{62500}{50}=1250$ m.

Es wird mit $l_e=\frac{50}{250}=0{,}2$ nach Gln. (41) und (42)

$x=0{,}199992\cdot 250=49{,}998$ m, $y=0{,}00133329\cdot 250=0{,}333$ m.

Mit Gl. (39) berechnet man den Tangentenwinkel

$$\tan\tau=0{,}5\cdot\left(\frac{49{,}998}{250}\right)^2\cdot\left(1-0{,}27371\cdot\left(\frac{49{,}998}{250}\right)^4\right)^{-0{,}487134}=0{,}0200027$$

Damit ist der Tangentenschnittwinkel der Klothoide $\tau=1{,}27324$ gon.

Die übrigen Werte erhält man aus den Gln. (43) bis (46)

$x_M=49{,}998-1250\cdot 0{,}01999=25{,}000$ m

$\Delta r=0{,}333-1250\cdot(1-0{,}9998)=0{,}083$ m

$t_K=\frac{0{,}333}{0{,}01999}=16{,}666$ m

$t_L=49{,}998-0{,}333\cdot\frac{0{,}9998}{0{,}01999}=33{,}335$ m

# 6 Absteckung

Zur Achsabsteckung berechnet man die Achshauptpunkte *ÜA, ÜE, WP* oder *BA, BE* und die Kleinpunkte. Sofern die Geländeform dies erlaubt, wählt man einen Querprofilabstand von 20,0 m, weil sich dann Mengenermittlungen leicht berechnen lassen. Für elektronische Berechnungen ist dies nicht ausschlaggebend. Liegen Anfangspunkt und -richtung fest, kann zur Koordinatenberechnung das Tangentenpolygon der Achse herangezogen werden. Da heute elektronische Meßgeräte verwendet werden, ist die Absteckung als Polarabsteckung (z. B. von einem Polygonpunkt aus) gebräuchlich. Die Absteckwerte für Entfernung und Richtungswinkel werden aus den Koordinaten von Standpunkt und Kleinpunkt mit den Gln. (1) und (2) berechnet. Vom Standpunkt aus braucht man zusätzlich den Richtungswinkel zu einem Anschlußziel. Von dieser Richtung setzt man den Richtungswinkel zum Kleinpunkt ab und korrigiert den Standpunkt des Reflektors solange, bis die angezeigte Entfernung *e* mit dem Rechenwert übereinstimmt.

Bei Bauwerken kleinerer Ausdehnung kann auch die Orthogonalabsteckung zweckmäßig eingesetzt werden. Hierzu ist auf der nächstliegenden Polygonseite, deren Anfangs- und Endkoordinaten sowie Richtung bekannt sind, und aus den Koordinaten des Kleinpunktes der Lotfußpunkt zu berechnen. Sind auch diese Koordinaten bekannt, kann die Lotlänge ermittelt werden (Bild 10). Dazu berechnet man die Transformationskonstanten auf das örtliche System der Polygonseite.

$$o = -\frac{Y_E - Y_A}{s} \cdot \frac{e}{s} \quad (47)$$

$$a = \frac{X_E - X_A}{s} \cdot \frac{e}{s} \quad (48)$$

Zum Ausgleich von Längenänderungen (ausgeglichener PZ, anderes Meßwerkzeug) muß mit dem Faktor

$$V_m = \frac{e}{s}$$

multipliziert werden, wobei *s* die berechnete, *e* die gemessene Strecke bedeutet.

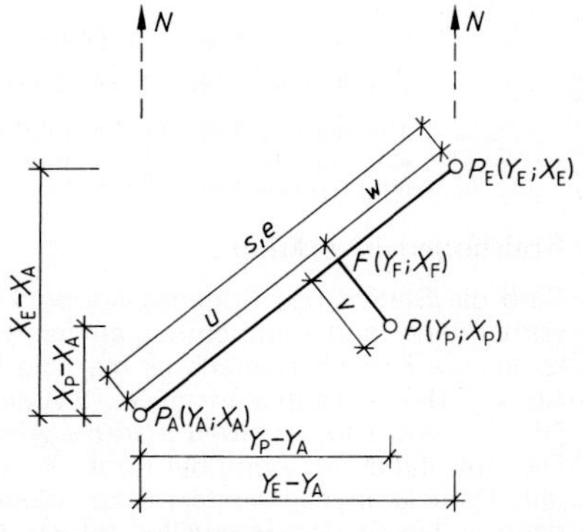


**Bild 10 Orthogonalabsteckung**

Auf der Polygonseite wird die Entfernung *u* vom Anfangspunkt aus abgesetzt und dort rechtwinklig die Lotlänge *v* abgetragen. Die Strecke vom Lotfußpunkt zum Endpunkt bezeichnet man mit *w*.

$$u = (X_P - X_A) \cdot a - (Y_P - Y_A) \cdot o \quad (49)$$

$$v = (X_P - X_A) \cdot o + (Y_P - Y_A) \cdot a \quad (50)$$

$$w = s - u \quad (51)$$

Die Koordinaten des Lotfußpunktes erhält man aus

$$Y_F = Y_A - o \cdot u \quad (52) \qquad X_F = X_A + o \cdot a \quad (53)$$

**Beispiel** Gegeben die Polygonpunkte $P_1$ und $P_2$. Abgesteckt werden soll ein Schacht mit den Koordinaten $Y_s$ und $X_s$.

$Y_1 = 12652{,}680 \quad X_1 = 20654{,}480$

$Y_2 = 12982{,}790 \quad X_2 = 20714{,}830$

$Y_s = 12710{,}173 \quad X_s = 20673{,}632$

Es wird

$$o = -\frac{12982{,}79 - 12652{,}68}{335{,}581} = -0{,}983697 \quad a = \frac{20714{,}83 - 20654{,}48}{335{,}581} = 0{,}179837$$

Die Entfernung des Lotfußpunktes $F$ von $P_1$ auf dem Polygonzug ist dann

$u = 19{,}152 \cdot 0{,}179837 - 57{,}493 \cdot (-0{,}983697) = 63{,}444$ m,

und der Abstand des Schachtes vom Polygonzug beträgt

$v = 19{,}152 \cdot (-0{,}983697) + 57{,}493 \cdot 0{,}179837 = -8{,}50$ m

(Das negative Vorzeichen bedeutet, daß der Punkt links vom Polygonzug in Absteckrichtung liegt.)

Für die Polarabsteckung stellt man die Richtung der Polygonseite fest.

$$\tan\alpha = \frac{12982{,}79 - 12652{,}68}{20714{,}83 - 20654{,}48} = 5{,}4699254, \text{ und damit } \alpha = 88{,}488577 \text{ gon.}$$

Entsprechend wird die Richtung zum Schacht

$$\tan\alpha = \frac{57{,}493}{19{,}152} = 3{,}00193 \text{ und } \alpha = 79{,}5290 \text{ gon.}$$

Die Entfernung vom Polygonpunkt $P_1$ zum Schacht ist

$e = \sqrt{57{,}493^2 + 19{,}152^2} = 60{,}599$ m.

Man erleichtert sich bei Polarabsteckung die Arbeit, wenn man vorher den Teilkreis auf die berechnete Polygonzugsrichtung einstellt, weil man dann die neue Zielrichtung direkt eingeben kann.

## Kreisbogenabsteckung

Sind die Station des Bogenanfangpunktes *BA*, dessen Koordinaten und die dort vorhandene Tangentenrichtung an den Bogen bekannt, steckt man von der Tangente aus ab. Zunächst berechnet man die Bogenlänge von *BA* zur nächsten runden Station. Daraus kann man mit Gl. (34) den Mittelpunktswinkel $\alpha_1$ ermitteln. Mit den Gl. (35) und (36) ermittelt man die Absteckwerte auf der Tangente von *BA* aus. Dies tritt dann auf, wenn der Punkt *BA* nicht mit einer runden Station zusammenfällt. Dann kann man wieder mit konstanten Bogenlängen arbeiten, da die Abstände dann vollen Stationsintervallen folgen. Mit Gl. (34) erhält man die Mittelpunktswinkel $\alpha_{ks}$. Zur weiteren Berechnung benutzt man die Gl. (54) und (55)

$$\mathbf{x_n = r \cdot \sin(\alpha_1 + n \cdot \alpha_{ks})} \qquad (54)$$

$$\mathbf{y_n = r \cdot (1 - \cos(\alpha_1 + n \cdot \alpha_{ks})} \qquad (55)$$

Es sind

- $x_n$ Abstand des Lotfußpunktes durch $P_n$ von *BA* auf der Tangente
- $y_n$ Abstand Lotfußpunkt bis $P_n$
- $r$ Kreisbogenradius
- $b_1$ Bogenlänge von *BA* bis $P_n$
- $\alpha_1$ Mittelpunktswinkel für die Bogenlänge $b_1$
- $n$ Anzahl der Winkel mit gleicher Bogenlänge (= Stationsentfernung)
- $\alpha_{ks}$ Mittelpunktswinkel für Stationsentfernung

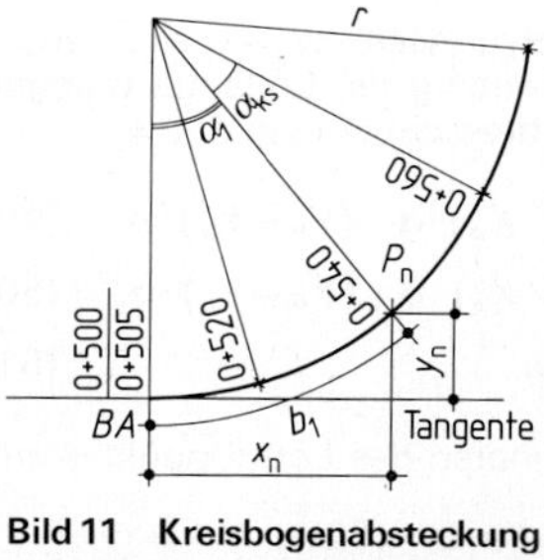


**Bild 11 Kreisbogenabsteckung**

**Beispiel** Gegeben: $r=40$ m, Station des Bogenanfangs $BA=104{,}362$ m
Gesucht: die Absteckwerte für 0+120,0+140 und 0+160

Berechnung für Station 0+120,00:
Bogenlänge $BA$ bis Stat. 120: $b=120{,}00-104{,}362=15{,}638$ m

Nach Gl. (29) wird $\alpha_1=\dfrac{15{,}638\cdot 200}{\pi\cdot 40{,}00}=24{,}8887$ gon

Mit Gl. (35) wird $x_n=40\cdot 0{,}38107=15{,}243$ m,
mit Gl. (36) wird $y_n=40\cdot(1-0{,}92455)=3{,}018$ m.

Berechnung für Station 0+140,00:

Nach Gl. (29) wird $\alpha=\dfrac{20{,}000\cdot 200}{\pi\cdot 40{,}00}=31{,}8310$ gon

Mit Gl. (54) wird $x_n=40\cdot\sin(24{,}8887+1\cdot 31{,}831)=31{,}107$ m,
mit Gl. (55) wird $y_n=40\cdot(1-\cos 56{,}7197)=14{,}853$ m.

Berechnung für Station 0+160,00:
Mit Gl. (54) wird $x_n=40\cdot\sin(24{,}8887+2\cdot 31{,}831)=39{,}355$ m,
mit Gl. (55) wird $y_n=40\cdot(1-\cos 88{,}5507)=32{,}845$ m.

Für die Berechnung der Absteckung von Stationen in der Klothoide verwendet man die Gl. (41) und (42) sinngemäß. Zuerst stellt man die Bogenlänge von $\ddot{U}A$ bis zur ersten Station fest und errechnet die Werte $x_n$ und $y_n$ nach Desenritter. Für weitere Stationen mit konstanter Stationsentfernung ermittelt man die Absteckwerte mit den Gl. (57) und (58).

Es gilt

$$\boldsymbol{l_{en}=l_a+n\cdot l_{ks}} \quad (56)$$

$l_\varepsilon$ Klothoidenlänge von $\ddot{U}A$ bis zur ersten Station
$n$ Anzahl der Stationsentfernungen mit konstanter Bogenlänge
$l_{ks}$ Bogenlänge mit konstanter Stationsentfernung

Damit wird

$$\boldsymbol{x_n=A\cdot\sum_{i=1}^{i=n} a_i\cdot l_{en}^{4n-3}} \quad (57) \qquad \boldsymbol{y_n=|A|\cdot\sum_{i=1}^{i=n} b_i\cdot l_{en}^{4n-1}} \quad (58)$$

**Beispiel** Gegeben: $A=150$ m, Station bei $\ddot{U}A$ 0+205,733
Gesucht: orthogonale Absteckmaße auf der Klothoidentangente für die Stationen 0+220,0+240 und 0+260

Berechnung für Station 0+220
$l_{en}=220{,}000-205{,}733=14{,}267$ m;

$l_e=\dfrac{14{,}267}{150}=0{,}09511333$

Mit Gl. (41) wird $x_n=150\cdot 0{,}0951131=14{,}267$ m, und
mit Gl. (42) $y_n=150\cdot 0{,}0001434=0{,}022$ m.
Berechnung für Station 0+240
$l_{en}=14{,}267+1\cdot 20{,}000=34{,}267$ m
Mit Gl. (57) wird $x_n=150\cdot 0{,}2284311=34{,}265$ m und
mit Gl. (58) $y_n=150\cdot 0{,}0019869=0{,}298$ m.
Berechnung für Station 0+260
$l_{en}=14{,}267+2\cdot 20{,}000=54{,}267$ m
Mit Gl. (54) wird $x_n=150\cdot 0{,}3616251=54{,}244$ m und
mit Gl. (55) $y_n=150\cdot 0{,}0078943=1{,}184$ m.

Sind die Koordinaten des Punktes *ÜA* bekannt, kann man die Koordinaten der Stationen nun berechnen.

**Beispiel** Gegeben: Koordination bei Station 0 + 205,733 mit $Y_{ÜA} = 12525,44$; $X_{ÜA} = 30431,65$; Richtungswinkel in *ÜA*: $\varphi = 65,4236$ gon

Gesucht: Koordinaten der Station 0 + 260

Mit Gln. (6) bis (8) erhält man zunächst den Fußpunkt des Lotes auf der Klothoidentangente

$Y_F = 12525,44 + (54,244 \cdot 0,856098) = 12571,878$

$X_F = 30431,65 + (54,244 \cdot 0,516814) = 30459,684$

Wenn die Klothoide nach rechts gekrümmt ist, wird die Richtung des Lotes durch den Fußpunkt = 165,4236 gon und der Klothoidenpunkt bei Station 0 + 260

$Y_{260} = 12572,49$, $X_{260} = 30458,67$

Das Abstecken dieses Punktes von *ÜA* aus mit der Polarabsteckung erfordert die Bestimmung des Richtungswinkels von *ÜA* nach Punkt 0 + 260. Diesen berechnet man aus

$\alpha = \arctan(1,184 : 54,244) = 1,38935$ gon

und zählt ihn zum Richtungswinkel in *ÜA* hinzu. Damit ergibt sich der Richtungswinkel in *ÜA* zum neuen Punkt 0 + 260 mit

$\varphi + \alpha = 66,8129$ gon

Die Länge der Klothoidensehne ist dann $s = 54,257$ m.

Damit werden die Polarkoordinaten

$Y_{260} = (54,257 \cdot 0,86717) + 12525,44 = 12572,49$

$X_{260} = (54,257 \cdot 0,39373) + 30431,65 = 30458,67$

**Koordinatentransformation.** Nicht immer werden Meßdaten auf das überregionale System der Vermessungsverwaltung bezogen. Besonders im Hochbau wählt man oft örtliche Aufnahmeachsen. Zur Einrechnung ins überörtliche Netz bedarf es dann einer Koordinatentransformation. Es gibt zwei Freiheitsgrade, um das gegebene Netz in das gesuchte zu überführen (Bild 12):

**Translationen.** Verschiebung des Koordinaten-Nullpunkts parallel zu den Koordinatenachsen.

**Rotation.** Drehung des Bezugssystems um den Winkel $\alpha$.

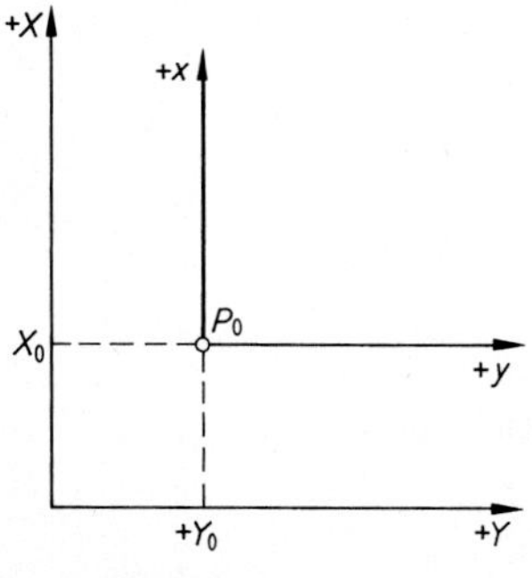


**a) Translationen**

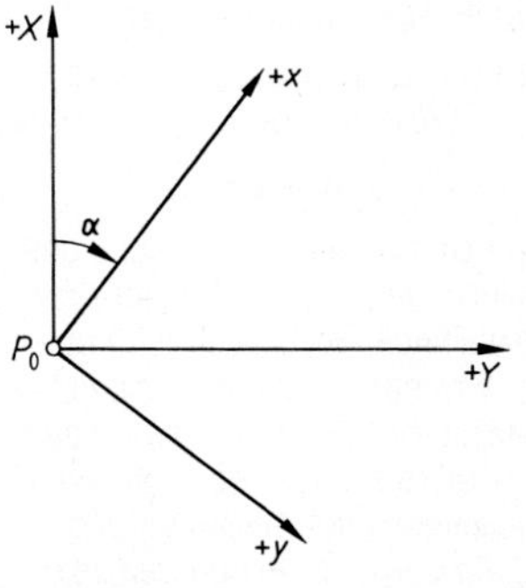


**b) Rotation**

**Bild 12 Koordinatentransformation**

**Transformation.** Kombination aus Translation und Rotation mit Maßstabsänderung (Bild 13).

Die vier Transformationsparameter $Y_0$, $X_0$, $M$, $\alpha$ kann man bestimmen, wenn mindestens zwei Punkte mit ihren Koordinaten in beiden Systemen bekannt sind (identische Punkte). Setzt man

$$\boldsymbol{a}=\cos\alpha\cdot \boldsymbol{M} \quad (59\,a) \qquad \boldsymbol{o}=\sin\alpha\cdot \boldsymbol{M} \quad (59\,b)$$

erhält man

$$\boldsymbol{Y}_i=\boldsymbol{Y}_0+\boldsymbol{o}\cdot \boldsymbol{x}_i+\boldsymbol{a}\cdot \boldsymbol{y}_i \quad (60\,a) \qquad \boldsymbol{X}_i=\boldsymbol{X}_0+\boldsymbol{a}\cdot \boldsymbol{x}_i-\boldsymbol{o}\cdot \boldsymbol{y}_i \quad (60\,b)$$

Aus $a$ und $o$ lassen sich der Maßstabsfaktor $M$ und der Drehwinkel $\alpha$ bestimmen.

$$\boldsymbol{M}=\sqrt{\boldsymbol{a}^2+\boldsymbol{o}^2} \quad (61)$$

$$\alpha=\arctan\frac{\boldsymbol{o}}{\boldsymbol{a}} \text{ in gon} \quad (62)$$

Nach Bild 12 ist

$$(Y_2-Y_1)^2+(X_2-X_1)^2$$
$$=(M\cdot y_2-M\cdot y_1)+(M\cdot x_2-M\cdot x_1)^2$$

oder

$$\boldsymbol{M}=\frac{\boldsymbol{S}}{\boldsymbol{s}} \quad (63)$$

Außerdem sind

$$T=\arctan\frac{Y_2-Y_1}{X_2-X_1} \quad \text{und}$$

$$t=\arctan\frac{y_2-y_1}{x_2-x_1} \quad \text{und somit}$$

$$\alpha=\boldsymbol{T}-\boldsymbol{t} \quad (64)$$

mit

$t$, $T$ gemessener Winkel im Ausgangs- bzw. Zielsystem
$s$, $S$ gemessene Strecken im Ausgangs- bzw. Zielsystem

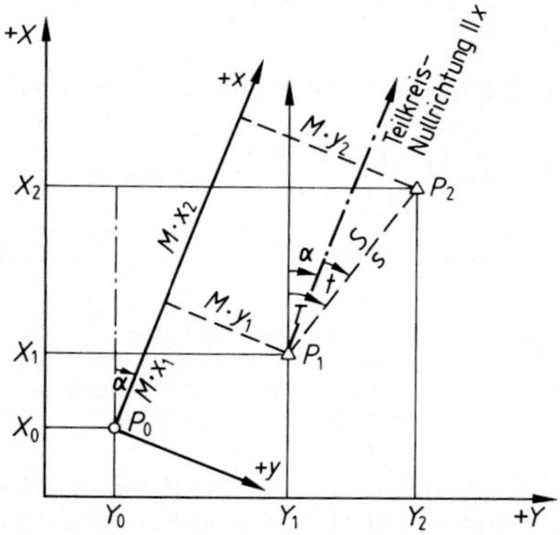


△ identische Punkte
○ Nullpunkt im örtlichen System

**Bild 13 Bestimmung der Transformationsparameter mit identischen Punkten**

Mit den Gln. (59) und (60) und den Koordinaten eines identischen Punktes berechnet man den Koordinatennullpunkt des Systems.

$$\boldsymbol{Y}_0=\boldsymbol{Y}_1-\boldsymbol{o}\cdot \boldsymbol{x}_1-\boldsymbol{a}\cdot \boldsymbol{y}_1 \quad (65\,a) \qquad \boldsymbol{X}_0=\boldsymbol{X}_1-\boldsymbol{a}\cdot \boldsymbol{x}_1+\boldsymbol{o}\cdot \boldsymbol{y}_1 \quad (65\,b)$$

Die Koordinaten eines beliebigen Punktes $P_i$ werden dann

$$\boldsymbol{Y}_i=\boldsymbol{Y}_1+\boldsymbol{M}\cdot s_i\cdot \sin(\alpha+\boldsymbol{t}_i) \quad (66\,a) \qquad \boldsymbol{X}_i=\boldsymbol{X}_1+\boldsymbol{M}\cdot s_i\cdot \sin(\alpha+\boldsymbol{t}_i) \quad (66\,b)$$

**Helmert-Transformation.** Da wegen der Nachbarschaftstreue mehr als zwei identische Punkte für die Transformation erwünscht sind, andererseits aber mathematische Überbestimmung eintritt, muß die Transformation ausgeglichen werden. Vereinfacht stellt man sich die Figuren der identischen Punkte im Flächenschwerpunkt übereinandergelegt vor und bringt sie durch Rotation und Skalierung optimal zur Deckung. Anwendungen sind:

- Übertragen von Koordinaten zwischen zwei Netzsystemen,
- Übertragen photogrammetrischer Modellkoordinaten ins übergeordnete Netz,
- Berechnen von Näherungskoordinaten zur Punktbestimmung,
- Aufnahme und Absteckung von nicht koordinierten Standpunkten aus (freie Stationierung).

Es erfolgt hierbei eine Ähnlichkeitstransformation, deren Parameter durch eine Ausgleichsrechnung bestimmt werden. Zur Ausgleichung werden sämtliche im Punktfeld bekannten identischen Punkte herangezogen. Die Meßungenauigkeiten werden durch entsprechende Verbesserungen minimiert. Die Schwerpunktsbestimmung des Ausgangssystems ($y$; $x$) und des Zielsystems ($Y$; $X$) erfolgt mit den Gln. (67) bis (70).

$$y_s = \frac{y_i}{n} \quad (67\,a) \qquad x_s = \frac{x_i}{n} \quad (67\,b)$$

$$Y_s = \frac{Y_i}{n} \quad (68\,a) \qquad X_s = \frac{X_i}{n} \quad (68\,b)$$

$$y' = y - y_s \quad (69\,a) \qquad x' = x - x_s \quad (69\,b)$$

$$Y' = Y - Y_s \quad (70\,a) \qquad X' = X - X_s \quad (70\,b)$$

Die weiteren Parameter erhält man mit

$$a = \frac{(y' \cdot Y' + x' \cdot X')}{(x'^2 + y'^2)} = M \cdot \cos\alpha \quad (71) \qquad o = \frac{(x' \cdot Y' - y' \cdot X')}{(x'^2 + y'^2)} = M \cdot \sin\alpha \quad (72)$$

$$M = \sqrt{o^2 + a^2} \quad (73)$$

$y_s$; $x_s$ Schwerpunktskoordinaten
$y_i$; $x_i$ Koordinaten der identischen Punkte
$y'$; $x'$ } auf den Schwerpunkt reduzierte
$Y'$; $x'$ } Koordinaten der Systeme
$n$ Anzahl der Punkte
$M$ Maßstabsfaktor
$\alpha$ Drehwinkel, um ein System in das andere zu überführen

Die Verbesserung der Restfehler der Transformation berechnet man für die auf den Schwerpunkt bezogenen Koordinaten mit

$$v_Y = o \cdot x' + a \cdot y' - Y' \quad (74\,a) \qquad v_X = a \cdot x' - o \cdot y' - X' \quad (74\,b)$$

Die Summe der Verbesserungen soll $\sum v = 0$ sein. Den Lagefehler für jeden Punkt bestimmt man aus

$$f_s = \sqrt{v_y^2 + v_x^2} \quad (75)$$

Den mittleren Koordinatenfehler $m$ für die Gesamtheit aller Punkte sowie den mittleren Lagefehler für den Einzelpunkt $M_P$ errechnet man mit den Gln. (76) und (77).

$$m = \sqrt{\frac{\sum(v_y^2 + v_x^2)}{2 \cdot n - 4}} \quad \text{in m} \quad (76)$$

$$M_P = m\sqrt{2} \quad \text{in m} \quad (77)$$

$n$ Anzahl der identischen Punkte

Die nichtidentischen Punkte werden in das Zielsystem umgerechnet.

$$Y_T = o \cdot x' + a \cdot y' + Y_s = M(x' \cdot \sin\alpha + y' \cdot \cos\alpha) + Y_s \quad (78\,a)$$

$$X_T = a \cdot x' - o \cdot y' + X_s = M(x' \cdot \cos\alpha - y' \cdot \sin\alpha) + X_s \quad (78\,b)$$

**Beispiel** $P_1: Y_1 = 12525{,}44;\ X_1 = 20431{,}65$
$P_2: Y_2 = 12520{,}82;\ X_2 = 20604{,}87$
$P_3: Y_3 = 12652{,}68;\ X_3 = 20654{,}48$

Es wurde von einem beliebigen Standpunkt gemessen nach

$P_1: t_1 = 0{,}0000$ gon; $s_1 = 161{,}581$ m
$P_2: t_2 = 92{,}4316$ gon; $s_2 = 84{,}627$ m
$P_3: t_3 = 206{,}7296$ gon; $s_3 = 95{,}353$ m

Zu einem nichtidentischen Punkt wurde gemessen

$P_4: t_4 = 56{,}7246$ gon; $s_4 = 89{,}282$ m

Seine Koordinaten, polar errechnet, sind dann

$P_4: y_4 = 69{,}436;\quad x_4 = 56{,}124$

Für die Helmert-Transformation benutzt man nachstehendes Muster.

| | Punkt 1 | 2 | 3 | Summe | Schwerpunkt-Koordinaten |
|---|---|---|---|---|---|
| $y_i$ | 0,00 | 84,03 | −10,06 | 73,97 | 24,657 |
| $x_i$ | 161,58 | 10,04 | −94,82 | 76,80 | 25,600 |
| $Y_i$ | 12525,44 | 12520,82 | 12652,68 | 37698,94 | 12566,313 |
| $X_i$ | 20431,65 | 20604,87 | 20654,48 | 61691,00 | 20563,667 |
| $y'$ | −24,657 | 59,373 | −34,717 | −0,001 | $(y_i - y_s)$ |
| $x'$ | 135,980 | −15,560 | −120,420 | 0,000 | $(x_i - x_s)$ |
| $Y'$ | −40,873 | −45,493 | 86,367 | 0,001 | $(Y_i - Y_s)$ |
| $X'$ | −132,017 | 41,203 | 90,813 | −0,001 | $(X_i - X_s)$ |
| $y' \cdot X'$ | 3255,143 | 2446,346 | −3152,755 | 2548,734 | |
| $x' \cdot Y'$ | −5557,911 | 707,371 | −10400,314 | −15250,315 | |
| $y' \cdot Y'$ | 1007,806 | −2701,056 | −2998,403 | −4691,653 | |
| $x' \cdot X'$ | −17951,672 | −641,119 | −10935,701 | −29528,492 | |
| $y'^2$ | 607,968 | 3525,153 | 1205,270 | 5338,391 | |
| $x'^2$ | 18490,560 | 242,114 | 14500,976 | 33233,650 | |

$$o = \frac{-15250{,}315 - 2548{,}734}{33233{,}650 + 5338{,}391} = -0{,}461449 \text{ (s. Gl. (72))}$$

$$a = \frac{-4691{,}653 - 29528{,}492}{38572{,}041} = -0{,}887175 \text{ (s. Gl. (71))}$$

$$M = \sqrt{0{,}212935 + 0{,}787079} = 1{,}000015 \text{ (s. Gl. (73))}$$

$$\alpha = \arctan \frac{-0{,}461449}{-0{,}887175} = 169{,}466 \text{ gon (s. Gl. (62))}$$

d. h. durch eine Rechtsdrehung kommt man vom Ausgangssystem in das Zielsystem.
Die Verbesserungen sind nach Gln. (74) und (75)

| Punkt | $v_Y$ | $v_X$ | $f_s$ |
|---|---|---|---|
| 1 | 0,000 | 0,001 | 0,001 |
| 2 | −0,001 | −0,001 | 0,001 |
| 3 | 0,001 | 0,001 | 0,001 |

Der mittlere Koordinatenfehler beträgt

$$m = \sqrt{\frac{0{,}000002 + 0{,}000003}{2 \cdot 3 - 4}} = 0{,}002 \text{ m (s. Gl. (76)}$$

und der mittlere Lagefehler nach Gl. (77)

$M_P = 0{,}002 \cdot \sqrt{2} = 0{,}003$ m

Die Koordinaten des Punktes $P_4$ werden im Zielsystem mit der Gl. (78) berechnet.

$Y_{P4} = -14{,}085 - 39{,}727 + 12566{,}313 = 12512{,}501$

$X_{P4} = -27{,}080 + 20{,}663 + 20563{,}667 = 20557{,}250$

**Freie Standpunktwahl.** Die freie Standpunktwahl (in der Literatur auch „freie Stationierung") wird durch den Einsatz elektronischer Meßgeräte in Verbindung mit einem Feldcomputer zur Absteckung besonders günstig eingesetzt. Voraussetzung dafür ist, daß außer der elektronischen Meß- und Datenverarbeitungs-Ausrüstung ein Lagefestpunktfeld und mehrere gut sichtbare Anschlußziele vorhanden sind. Der Standpunkt bildet den Koordinaten-Nullpunkt für ein örtliches System mit beliebig festgelegten Richtungen. Die Koordinaten des Standpunktes werden über die Richtungen und Entfernungen zu bekannten Lagefestpunkten errechnet.

Das örtliche System ist das Ausgangssystem, das übergeordnete Landessystem ist das Zielsystem. Die vom Standpunkt polar gemessenen Anschlußpunkte sind die identischen Punkte. Ihnen können sowohl im Ausgangs- wie im Zielsystem Lagekoordinaten zugeordnet werden.

Die Berechnung der Koordinaten weiterer polar gemessener Punkte erfolgt zunächst durch Koordinierung im Ausgangssystem. Anschließend nimmt man die Umformung ins Zielsystem mit Transformationsparametern vor, die man mit der Helmert-Transformation gewinnt. Dafür müssen die Standpunktkoordinaten nicht unbedingt bekannt sein. Je nach Aufgabe kann auch die Messung eines Polygonzuges bei freier Standpunktwahl entfallen (Bild 14).

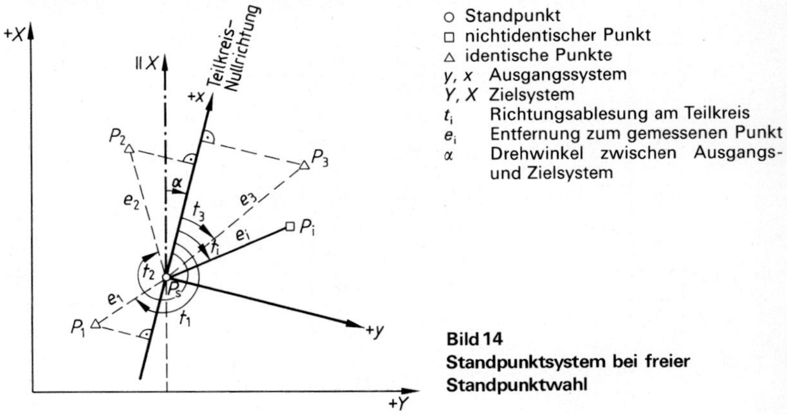


**Bild 14**
**Standpunktsystem bei freier Standpunktwahl**

**Schnittpunktberechnung.** Kreuzende Verkehrswege erfordern die Bestimmung des Schnittpunktes beider Achsen oder Parallelen dazu. Handelt es sich dabei um Geraden, so berechnet man die Steigung derselben nach Bild 15 mit

$$m_1 = \frac{y_a - y_b}{x_a - x_b} \quad \text{und} \quad m_2 = \frac{y_d - y_c}{x_d - x_c}$$

Die $y$-Achse schneiden die Geraden in den Entfernungen $b_1$ und $b_2$ vom Nullpunkt.

$$\boldsymbol{b_1 = y_a - m_1 \cdot x_a = y_b - m_1 \cdot x_b} \quad (79) \qquad \boldsymbol{b_2 = y_c - m_2 \cdot x_c = y_d - m_2 \cdot x_d} \quad (80)$$

Die Koordinaten des Schnittpunktes erhält man mit den folgenden Gleichungen:

$$\boldsymbol{x_s = \frac{b_2 - b_1}{m_1 - m_2}} \quad (81) \qquad \boldsymbol{y_s = m_1 \cdot x_s + b_1 = m_2 \cdot x_s + b_2} \quad (82)$$

Die Berechnung von Böschungs-Durchstoßpunkten erfolgt sinngemäß unter Verwendung der Böschungsneigung und der Geländeneigung im Schnittpunktbereich.

Schneidet eine Gerade einen Kreisbogen (Bild 16), dann legt man zunächst die Gerade von $P_1$ nach $P_2$ als x-Achse eines örtlichen Koordinatensystems fest. Auf diese Achse wird mit dem Drehwinkel, der dem Richtungswinkel im übergeordneten Koordinatensystem entspricht, und den Koordinatenunterschieden $Y_M - Y_1$ und $X_M - X_1$ der Kreismittelpunkt transformiert. Mit

$o = \sin\varepsilon$ und $a = \cos\varepsilon$

werden

$$\boldsymbol{y_M = (Y_M - Y_1) \cdot a + (X_M - X_1) \cdot o} \quad (83\,a)$$

$$\boldsymbol{x_M = (Y_M - Y_1) \cdot o + (X_M - X_1) \cdot a} \quad (83\,b)$$

$Y, X$ Koordinaten im übergeordneten System
$x, y$ Koordinaten im örtlichen System

Die $x$-Koordinaten der Schnittpunkte im örtlichen System berechnet man mit

$$\boldsymbol{x_{S1}, x_{S2} = x_M \pm \sqrt{r^2 - y_M^2}} \quad (84)$$

Damit werden die Schnittpunkte für $i = 1, 2$

$$\boldsymbol{Y_{S,i} = Y_1 + x_{S,i} \cdot o} \quad (85\,a) \qquad \boldsymbol{X_{S,i} = X_1 + x_{S,i} \cdot a} \quad (85\,b)$$

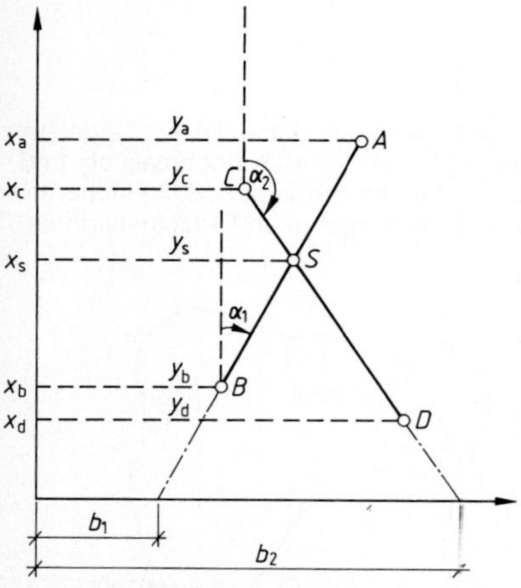


**Bild 15 Schnittpunktberechnung**

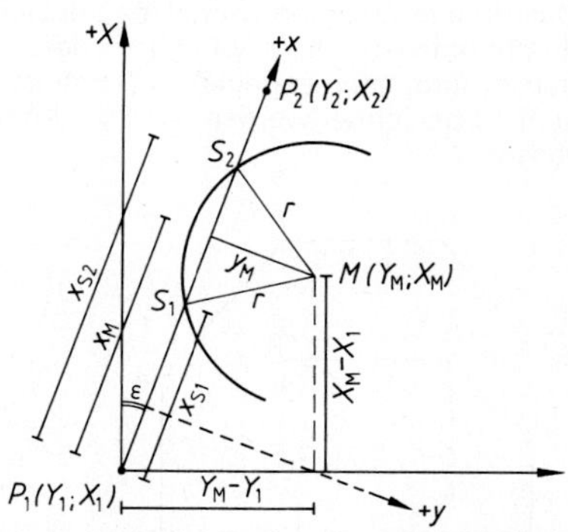


**Bild 16 Schnittpunkte zwischen Gerade und Kreis**

Die Schnittpunkte zwischen Gerade und Kreis bestimmt man nach Bild 16. Mit

$o = \sin\varepsilon$ und $a = \cos\varepsilon$

sind

$$\boldsymbol{y_M = (Y_M - Y_1) \cdot a - (X_M - X_1) \cdot o} \quad (86\,a)$$

$$\boldsymbol{x_M = (Y_M - Y_1) \cdot o + (X_M - X_1) \cdot a} \quad (86\,b)$$

Für das örtliche System, bezogen auf die Gerade von $P_1$ nach $P_2$, das um den Winkel $\varepsilon$ verdreht ist, werden die x-Koordinaten

$$x_{S1}, x_{S2} = x_M \pm \sqrt{r^2 - y_M^2}$$

und damit die Schnittpunkt-Koordinaten

$$\boldsymbol{Y_{Si} = Y_1 + x_{Si} \cdot o} \quad (87\,a) \qquad \boldsymbol{X_{Si} = X_1 + x_{Si} \cdot a} \quad (87\,b)$$

Für die Berechnung aller Achs- und Absteckwerte steht heute leistungsfähige Anwender-Software zur Verfügung.

# 7 Mengenberechnung

**Flächenberechnung.** Zwei Einsatzgebiete finden bei der Mengenberechnung besondere Anwendung:

– Berechnung von Grundstücksflächen,
– Berechnung von Baukörper-Volumina.

Für Flächenberechnungen von Grundstücken teilt man die jeweilige Fläche entweder in Dreiecke oder Trapeze auf (Bild 17). Summiert man die Einzelflächen zur Gesamtfläche, erhält man die Gauß'schen Flächenformeln. Dies sind für Dreiecke

$$A=\frac{1}{2}\sum_{i=1}^{n} x_i\cdot(y_{i+1}-y_{i-1}) \quad (88\,a)$$

oder

$$A=\frac{1}{2}\sum_{i=1}^{n} y_i\cdot(x_{i-1}-x_{i+1}) \quad (88\,b)$$

Für die Trapezformel lautet die Gleichung

$$A=\frac{1}{2}\sum_{i=1}^{n} (y_i+y_{i-1})\cdot(x_i-x_{i-1}) \quad (89)$$

Die Punkte einer polygonal begrenzten Fläche werden dabei im Uhrzeigersinn durchnumeriert. Die Koordinaten des Anfangspunktes werden nochmals als Endpunktkoordinaten angegeben. Damit ist die Fläche geschlossen. Sollen Flächenteile nicht berechnet werden, sind die Koordinaten entgegen dem Uhrzeigersinn einzusetzen.

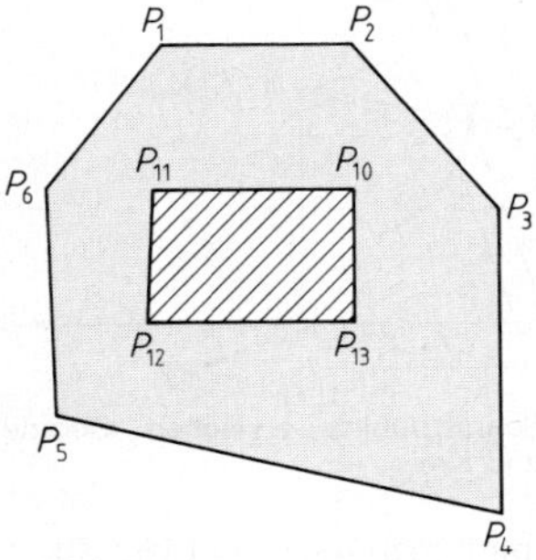


**Bild 17 Flächenberechnung**

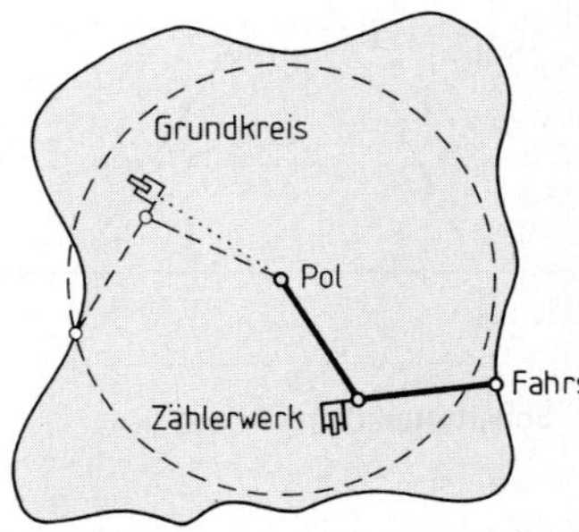


**Bild 18 Planimetermessung**

Für Querprofilflächen wendet man bei der Berechnung nach den „Regelungen für die elektronische Bauabrechnung – REB" ebenfalls die Trapezformel nach Gauß an. Hierbei benutzt man als Abszisse den Abstand von der Bauwerksachse und als Ordinate die Höhe über NN. Damit wird die Querprofilfläche berechnet.

$$A=\frac{1}{2}\sum_{i=1}^{n-1} (y_i+y_{i+1})\cdot(z_i-z_{i-1}) \quad (90)$$

**Planimetermessung.** Aus Karten oder Plänen kann die Fläche durch Planimetrieren gewonnen werden. Dazu verwendet man meist den Polarplanimeter, weil mit ihm nicht nur geradlinig, sondern auch durch Kurven begrenzte Flächen ausgemessen werden können. Die umfahrene Fläche wird dabei vom Gerät integriert und auf einer Registrierrolle abgelesen als Differenz von Anfangs- und Endablesung. Die Umfahrung geschieht im Uhrzeigersinn. Um Abweichungen auszugleichen, ist die Fläche mindestens zweimal zu umfahren und der Mittelwert zu bilden (Bild 18).

**Digitalisieren.** Die Datenverarbeitung ermöglicht es, auf einem Digitalisiertisch Punkte mit einem Fadenkreuz in einer Lupe anzufahren und dessen Koordinaten elektronisch zu registrieren. Dazu müssen einige bekannte Punkte als Paßpunkte vorher angefahren werden, damit Papierverzerrung oder andere Ungenauigkeiten eliminiert werden können. Mit entsprechender Anwender-Software läßt sich die Fläche rechnerisch bestimmen.

**Mengenermittlung.** Um die Menge eines Körpers, der von zwei Querprofilen begrenzt wird, zu berechnen, verwendet man bei gerader Achse die Gl. (91).

$$m=\frac{A_1+A_2}{2}\cdot l \quad (91)$$

$l$ ist der Abstand der beiden Querprofilstationen.

Da aber die Mengen über das Querprofil hin nicht symmetrisch verteilt liegen, muß besonders bei engen Radien der Schwerpunktsabstand von der Achse berücksichtigt werden.

$$y_s=\frac{\frac{1}{6}\sum_{i=1}^{n}(y_i^2+y_i\cdot y_{i+1}+y_{i+1}^2)\cdot(z_i-z_{i+1})}{A} \quad (92)$$

Bei gekrümmter Achse ist ein Verbesserungsfaktor anzusetzen.

$$k=\frac{r-y_s}{r} \quad (93)$$

Die verbesserte Menge ist dann

$$m_V=m\cdot k_{mittel} \quad (94)$$

$k_{mittel}=(k_i+k_{i+1})\cdot 0{,}5$

$r$ Radius an der Station des Querprofils

Geländequerprofile müssen so gelegt werden, daß sie den Verlauf des Geländes genügend genau repräsentieren, um eine genaue Leistungsberechnung zu ermöglichen. Es ist heute üblich, größere Bauwerke mit Hilfe der EDV zu berechnen. Deshalb kann von der gleichen Stationsentfernung (z.B. 20 m) abgewichen werden. Dies bedeutet aber auch, daß bei der Achsabsteckung unrunde Stationen eingemessen werden müssen.

**Beispiel** Die Fläche der im Bild 19 dargestellten Querprofile ist zu bestimmen und der Abtrag dazwischen zu berechnen. Die Profile liegen im Kreisbogen mit $r=300$ m.

Bei Station 0+420 entsteht ein Anschnittsprofil. Der Ausgleich durch Quertransport soll nicht vorgenommen werden. Die Mengen sind getrennt zu ermitteln. Hier wird nur der Abtrag weiter berücksichtigt.

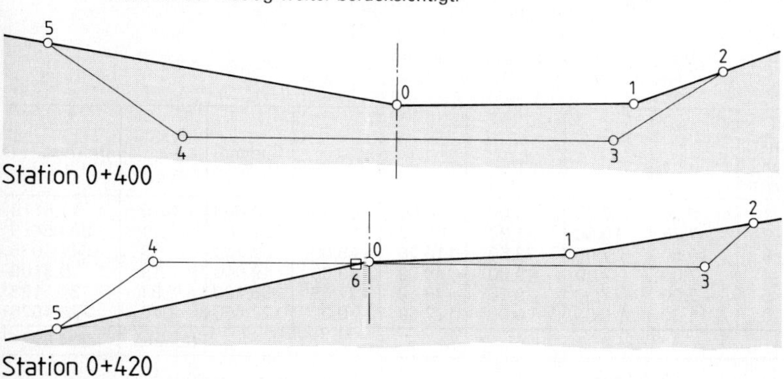


**Bild 19 Beispiel für Mengenberechnung**

**Beispiel,** Forts.

Station 0+400

| Punktnr. | Achsabstand | Höhe |
|---|---|---|
| 0 | 0,00 | 500,00 |
| 1 | 7,75 | 500,19 |
| 2 | 10,50 | 501,40 |
| 3 | 7,00 | 499,07 |
| 4 | −7,00 | 498,88 |
| 5 | −11,30 | 501,75 |

Station 0+420

| Punktnr. | Achsabstand | Höhe |
|---|---|---|
| 0 | 0,00 | 500,50 |
| 1 | 6,50 | 501,00 |
| 2 | 12,35 | 502,25 |
| 3 | 10,85 | 500,75 |
| 4 | −7,00 | 500,30 |
| 5 | −10,00 | 497,96 |

Der Schnittpunkt des Planums mit dem Gelände ist nach den Gln. (79) bis (82) zu errechnen.

$$m_1 = \frac{0{,}0-6{,}5}{500{,}5-501} = 13{,}0$$

$$m_2 = \frac{-7{,}0-10{,}85}{500{,}3-500{,}75} = 39{,}6667$$

$$b_1 = 0{,}0 - 13 \cdot 500{,}50 = -6506{,}5$$

$$b_2 = 7{,}00 - 39{,}6667 \cdot 500{,}30 = -19852{,}25$$

$$x_s = \frac{-19852{,}25+6506{,}5}{13{,}0-39{,}6667} = 500{,}465$$

$$y_s = 13{,}0 \cdot 500{,}465 - 6506{,}5 = -0{,}455$$

Anstelle der Punkte 4 und 5 ist in die Flächenbegrenzung der Punkt 6 mit den Koordinaten −0,455; 500,465 einzuführen.

Die Flächenberechnung für Profil 0+400 ergibt

| von Punkt $i$ nach Punkt $i+1$ | $y_i+y_{i+1}$ | $z_i-z_{i+1}$ | Produkt |
|---|---|---|---|
| 0−1 | 7,75 | −0,19 | −1,4725 |
| 1−2 | 18,25 | −1,21 | −22,0825 |
| 2−3 | 17,50 | 2,33 | 40,7750 |
| 3−4 | 0,00 | 0,19 | 0,0000 |
| 4−5 | −18,30 | −2,87 | 52,5210 |
| 5−0 | −11,30 | 1,75 | −19,7750 |
| | | Summe | 49,966 |

$$A = \frac{49{,}966}{2} = 24{,}983\ \text{m}^2$$

Die Schwerpunktlage wird bestimmt

| von Punkt nach Punkt | $y_i$ | $y_{i+1}$ | $y_i \cdot y_{i+1}$ | $y_i^2$ | $y_{i+1}^2$ | Summe | $z_i-z_{i+1}$ | Produkt |
|---|---|---|---|---|---|---|---|---|
| 0−1 | 0,00 | 7,75 | 0,00 | 0,00 | 60,063 | 60,063 | −0,19 | 11,4119 |
| 1−2 | 7,75 | 10,50 | 81,375 | 60,063 | 110,250 | 251,688 | −1,21 | −304,5419 |
| 2−3 | 10,50 | 7,00 | 73,50 | 110,25 | 49,00 | 232,750 | 2,33 | 542,3075 |
| 3−4 | 7,00 | −7,00 | −49,00 | 49,00 | 49,00 | 49,000 | 0,19 | 9,3100 |
| 4−5 | −7,00 | −11,30 | 79,10 | 49,00 | 127,69 | 255,790 | −2,87 | −734,1173 |
| 5−0 | −11,30 | 0,00 | 0,00 | 127,69 | 0,00 | 127,690 | 1,75 | 223,4575 |
| | | | | | | | Summe | −274,9961 |

$$y_s = \frac{-274{,}9961}{6 \cdot 24{,}983} = -1{,}835\ \text{m}$$

**Beispiel,** Forts.

d.h. der Flächenschwerpunkt liegt $-1{,}835$ m von der Achse entfernt.
Für den Kreisbogen mit $r=300$ m ergibt das den Korrekturwert

$$k_{400}=\frac{300+1{,}835}{300}=1{,}0061$$

Auf gleiche Weise verfährt man für Profil $0+420$. Die Werte sind dann

$A=5{,}484\ \mathrm{m}^2$, $y_s=8{,}316$ m, $k_{420}=0{,}9723$

$$k_{\text{mittel}}=\frac{1{,}0061+0{,}9723}{2}=0{,}9892$$

Zwischen den beiden Profilen liegen dann als Aushubmengen

$$m=\frac{24{,}983+5{,}484}{2}\cdot 20\cdot 0{,}9892=301{,}380\ \mathrm{m}^3$$

Ohne Berücksichtigung des Korrekturfaktors würde die Berechnung $m=304{,}67\ \mathrm{m}^3$, also $3{,}29\ \mathrm{m}^3$ mehr, ergeben.

**Digitale Geländemodelle** (DGM). Sie stellen das Gelände durch Koordinaten-Tripel ($y$; $x$; $z$) dar. Die Punkte werden als Festpunktfeld aufgenommen und mit elektronischer Datenverarbeitung zu einem Dreiecksmaschennetz verknüpft. Jede Dreiecksfläche wird dabei als eben angenommen und der Übergang zur nächsten durch Parameter nachbarschaftstreu ausgeglichen. Die Anordnung der Punkte kann im Raster mit gleichen Seitenlängen oder auch unregelmäßig vorliegen (Bild 20). Geländequerschnitte erhält man aus senkrechten Schnitten durch das Dreiecksmaschennetz, wobei auf jeder geschnittenen Dreiecksseite die Höhen interpoliert werden. Das DGM wird nun mit dem geplanten Kunstkörper überlagert und die Durchstoßpunkte ermittelt. Die Mengenermittlung erfolgt dann in der vorher beschriebenen Weise (Bild 21).

— äußere Begrenzung des zu berechnenden Erdkörpers (ist für alle Horizonte gleich)
— Dreiecksnetz des Urgeländes
--- Dreiecksnetz eines Bodenhorizontes
• Aufnahmepunkte des Urgeländes
∘ Aufnahmepunkte eines Bodenhorizontes
•A Aufnahmepunkte des Urgeländes außerhalb des zu berechnenden Erdkörpers

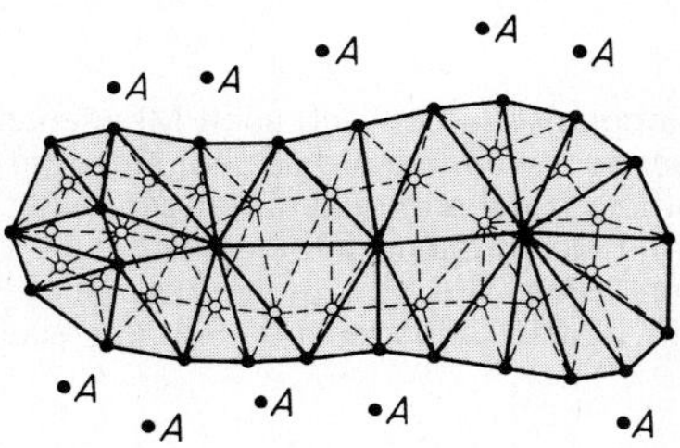


**Bild 20 Maßfeld digitaler Punkte**

Anmerkung: Die als Urgelände aufgemessenen Punkte A liegen außerhalb der äußeren Begrenzung und werden für die Mengenberechnung nicht benötigt.

**Mengenermittlung zwischen Schichten.** Will man die Mengen verschiedener Schichten (Erdabtrag, Fels, Frostschutz u.ä.) getrennt ermitteln, beschreibt man diese durch Begrenzungslinien ebenfalls wie die Umgrenzung des Sollprofils und ermittelt deren Flächen. Desgleichen kann man auch aus Höhenlinienplänen grobe Mengenberechnungen erstellen, wenn man die Flächen der von gleichen Höhenlinien umschlossenen Flächen planimetriert und mit den äquidistanten vertikalen Abständen multipliziert. Die Menge ist dann nach der Trapezregel

$$\boldsymbol{m_n=\tfrac{1}{2}h_{ad}\cdot(A_1+2\cdot A_2+2\cdot A_3+2\cdot A_{n-1}+A_n)} \quad (95)$$

$m_n$ Menge zwischen mehreren Höhenlinien in $\mathrm{m}^3$
$h_{ad}$ äquidistante Höhe zwischen zwei Höhenlinien in m
$A_1$ bis $A_n$ Flächen, die von den Höhenlinien eingeschlossen werden in $\mathrm{m}^2$

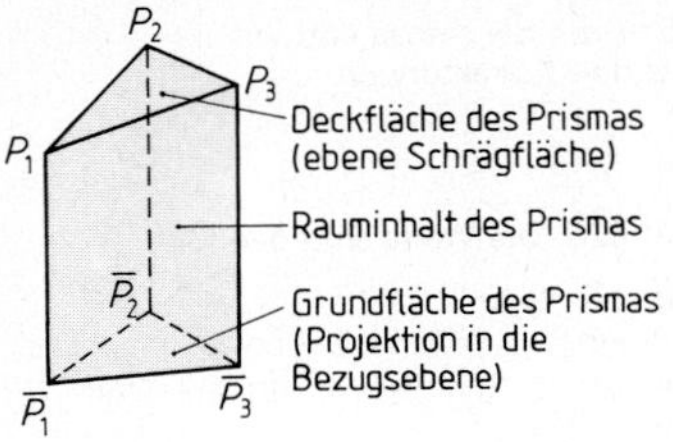


**Bild 21**

Für Baugruben mit unregelmäßigen Abmessungen verwendet man auch die Berechnung mit Hilfe von Dreiecksprismen (Bild 21). Die Grundlage bildet dafür das Dreiecksmaschennetz. Die im Raum aufgespannten Dreiecke des Netzes werden auf eine horizontale Bezugshöhe projiziert. Verbindet man die Dreiecke mit der Projektion durch senkrechte Kanten, entstehen Prismen, deren Inhalt leicht vermittelt werden kann. Bezeichnet man die Punkte des Dreiecks der Geländefläche mit $P_1(X_1; Y_1; Z_1)$, $P_2(X_2; Y_2; Z_2)$, $P_3(X_3; Y_3; Z_3)$, und die Eckpunkte der Projektion bei der Höhe des Bezugshorizontes $h_{BH}$ mit $p_1(x_1; y_1; z_1)$, $p_2(x_2; y_2; z_2)$, $p_3(x_3; y_3; z_3)$, wird der Flächeninhalt des Projektionsdreiecks nach Bild 21

$$\boldsymbol{A_{Pr} = \tfrac{1}{2} \cdot [x_1 \cdot (y_2 - y_3) + x_2 \cdot (y_3 - y_1) + x_3 \cdot (y_1 - y_2)]} \quad \text{in m}^2 \quad (96)$$

und der Inhalt des Prismas zwischen den Dreiecken

$$\boldsymbol{m_{Pr} = \tfrac{1}{3} \cdot (Z_1 + Z_2 + Z_3) - 3 \cdot h_{BH} \cdot |A_{Pr}|} \quad \text{in m}^3 \quad (97)$$

Das Volmen zwischen Gelände und horizontaler Bezugsfläche ist dann bei $n$ Prismen

$$\boldsymbol{m = \sum_{i=1}^{n} m_i} \quad \text{in m}^3 \quad (98)$$

$A_{Pr}$ Projektionsfläche des Dreiecks auf dem Bezugshorizont in m²
$m_{Pr}$ Prismeninhalt zwischen Projektions- und Geländedreieck in m³
$m_i$ Summe aller Dreiecksprismen in m³
$h_{BH}$ Höhe des Bezugshorizonts

Sinngemäß lassen sich auch Mengen zwischen zwei Dreiecksmaschennetzen berechnen, wenn man diese auf einen gemeinsamen Horizont bezieht und dann die Differenz der ermittelten Mengen bildet. Will man Einschnitt und Auftrag getrennt ermitteln, müssen allerdings vorher die Verschneidungen der Prismen ermittelt werden. Dies wird von guter Anwender-Software berücksichtigt. Die in der REB, Ziff. 22.013, angegebenen Schnittstellenbeschreibungen sind dabei zu beachten.

# Sachverzeichnis